Handbuch des internationalen und ausländischen Baurechts

Götz-Sebastian Hök

Handbuch des internationalen und ausländischen Baurechts

Zweite Auflage

Springer

Dr. Götz-Sebastian Hök
Kanzlei Dr. Hök, Stieglmeier & Kollegen
Berlin, Deutschland

ISBN 978-3-642-12999-5 e-ISBN 978-3-642-13000-7
DOI 10.1007/978-3-642-13000-7
Springer Heidelberg Dordrecht London New York

Die Deutsche Nationalbibliothek verzeichnet diese Publikation in der Deutschen Nationalbibliografie; detaillierte bibliografische Daten sind im Internet über http://dnb.d-nb.de abrufbar.

Gedruckt auf säurefreiem Papier

Springer ist Teil der Fachverlagsgruppe Springer Science+Business Media (www.springer.com)

Geleitwort

Gerne habe ich die Gelegenheit wahrgenommen, einen Vorabzug dieses Werkes zu lesen. Denn: „Ignorance of the law is no excuse“. Dieser Leitsatz begleitet mich nun schon seit mehr als 30 Jahren auf Baustellen in der ganzen Welt. Mit dem Autor dieses Standardwerkes zum ausländischen und Internationalen Baurecht verbinden mich nicht zuletzt deshalb mittlerweile viele Jahre gemeinsamer fruchtbarer Aktivitäten im In- und Ausland. Dabei war es rückschauend stets von Nutzen, die ingenieurmäßige Sicht mit der des Juristen zu verbinden, um das Beste für das Bauvorhaben zu tun.

Eine erfolgreiche Bauabwicklung hängt unter anderem von der Güte des Vertragswerkes, aber vor allem von einem guten Verständnis der Bauabläufe und der Vertragsgrundlagen ab. Bauverträge sind aus meiner Sicht eine zu Papier gebrachte Summe an Erfahrung. Die Bauabwicklung wird gelernt sein. Der Schreibtisch ist dafür nicht der beste Platz. Es ist Erfahrung vor Ort erforderlich. Der Autor verbindet beide Ansätze und gibt dabei Einblick in viele Details der Bauabwicklung, nationale rechtliche Rahmenbedingungen und international genutzte Standardverträge. An den FIDIC Standardverträgen arbeitet der Autor bereits Jahren mit. Inzwischen ist er Mitglied der FIDIC Task Groups für das Design & Build Subcontract sowie das Design, Build & Operate (Brown Field) Vertragswerk als Legal Advisor. Die 2. Auflage des Buches profitiert davon nachhaltig, denn vieles von dem, was in dem Buch zu FIDIC und der internationalen Bauabwicklung dargestellt wird, stammt damit sozusagen aus 1. Hand.

Seit jeher wesentlich und wichtig sind der Umgang mit fremden Sprachen und der Respekt vor anderen Kulturen. Die Sprache der Ingenieure ist die Zeichnung, die der Juristen das Wort. Worte ergeben aber nur einen Sinn, wenn sie den Sachverhalt zutreffend wiedergeben. Eben diese Erkenntnis muss bei der internationalen Bauabwicklung beachtet werden. Da die internationale Bauabwicklung vor allem von Ingenieuren gehandhabt wird, müssen auch sie sich in die juristisch relevanten Sachverhalte einfühlen und einarbeiten. Dazu gehört es, die Probleme zu erfassen und nachvollziehbare Lösungen aus dem technischen Sachverhalt und den rechtlichen Vorgaben zu entwickeln. Ein guter Ingenieur kann auf diese Weise sehr viele Streitigkeiten vermeiden. Ein schlechtes Baustellenmanagement führt dagegen oftmals schnurgerade in Streitigkeiten.

Die 2. Auflage des Handbuchs gibt unter anderem einen umfangreichen Einblick in viele wichtige Rechtsordnungen. Im Vordergrund steht dabei naturgemäß die Darstellung der angelsächsischen Praxis, die weltweit führend ist, weil die meisten grenzüberschreitenden Vergaben auf englischsprachigen Vertragsmustern basieren. Immer wieder wird in dem Werk deutlich herausgearbeitet, wie unterschiedlich die rechtlichen Vorgaben und die darauf beruhende Praxis sind, obwohl sie doch immer nur zum Gegenstand haben, ein Bauprojekt abzuwickeln. Gleichzeitig beschäftigt sich das Werk nachhaltig mit den wesentlichen und grundlegenden Anforderungen an das Baustellenmanagement einschließlich der schwierigen Themen Mehrkosten und Bauzeit. Sodann gibt der Autor einen anschaulichen und vertieften Einblick in die Streitbeilegungspraxis bei internationalen Bauvorhaben, in die er unter anderem als FIDIC gelisteter Adjudicator und auch als Schiedsrichter involviert ist.

Insgesamt stellt dieses Buch in seiner nunmehr 2. Auflage eine hochwillkommene Aktualisierung des weltweiten Geschehens dar, das nicht nur Rechtsanwälten und Schiedsrichtern sondern auch Bauunternehmen und vor allem Ingenieurbüros nachdrücklich als Lektüre zu empfehlen ist.

Köln, im September 2011

Dipl.-Ing., Dipl.-Wirt.-Ing. Axel-V. Jaeger
Vormaliger Vorsitzender des FIDIC Contracts Committee
Special Advisor Contracts Committee

Vorwort

Die 1. Auflage dieses Buches ist nach sechs Jahren vergriffen. Der Bedarf an Informationen zum internationalen und ausländischen Baurecht scheint unterdessen nicht geringer zu werden oder nachzulassen. Es ist also Zeit für eine 2. Auflage. Gegenüber der ersten Auflage, die sich noch weitgehend auf die Darstellung des Kollisionsrechts und der baurechtlich relevanten Regelungsinhalte verschiedener Rechtsordnungen beschränkte, um den Einstieg in das **Internationale Baurecht** zu ermöglichen, wird in der 2. Auflage nun verstärkt die **internationale Kautelarpraxis** beleuchtet. Praxisrelevante Regelungsschwerpunkte in international üblichen Verträgen und für die Praxis wichtige Fragen der Vertragsabwicklung sind nun eingehend dargestellt. Es finden sich wichtige Hinweise für Juristen (Gerichtsstandsklauseln, Rechtswahlklauseln, Haftungsklauseln). Aber auch von Juristen häufig eher vernachlässigte Felder, wie das internationale Baustellenmanagement im Allgemeinen sowie das Kosten- und Zeitmanagement im Besonderen werden erörtert.

Aufbau, Umfang und Inhalt orientieren sich weiterhin an praktischen Bedürfnissen. Dargestellt werden das Kollisionsrecht, das Verfahrensrecht und die Internationale Vertragspraxis. Ferner konnten weitere Länderberichte aufgenommen werden, die einen vertieften Einstieg in nunmehr 19 nationale Rechtsordnungen erlauben.

Obwohl es nach überwiegender Meinung kein einheitliches Welthandels- oder gar Weltbaurecht gibt, ist festzustellen, dass sich jedenfalls partiell spezielle Usancen bzw. Bedingungen durchgesetzt haben. Die Weltbank und ihre Unterorganisationen sowie regionale Entwicklungsbanken und andere Fonds finanzieren jährlich weltweit mit unterschiedlichen Schwerpunkten mit Milliardenbeträgen Infrastrukturmaßnahmen. Die Weltbank hat hierfür eigene Vergabebedingungen und Überwachungsmechanismen entwickelt, die in der deutschsprachigen Literatur bislang weitgehend unbeachtet geblieben sind. Das Werk gibt auch einen Überblick über diese Bedingungen.

Nach wie vor gilt, dass das internationale und rechtsvergleichende Baurecht bislang nur wenig entwickelt ist. Während das ausländische Kaufrecht sehr umfangreich aufgearbeitet und verglichen wurde, beschränkt sich die deutschsprachige Auseinandersetzung mit dem ausländischen Werkvertragsrecht auf Einzelunterbetrachtungen, die häufig am akademischen Interesse zu einzelnen Rechtsentwicklungen orientiert sind. Ausländische Rechtsprechung zum Werkvertragsrecht wird nur sehr selten in deutschen Fachzeitschriften veröffentlicht. Auch die seit 1994 existierenden **Unidroit Principles** und die etwas später erschienenen **Grundregeln des Europäischen Vertragsrechts** orientieren sich überwiegend am Kaufrecht. Es ist daher schwer, zuverlässig ausländisches Werkvertragsrecht zu erschließen und verwendbar zu machen. Dieses Buch soll wie die 1. Auflage den Einstieg in die unterschiedlichen Rechtssysteme erleichtern und den Boden für eine fachliche und praktische Auseinandersetzung bereiten.

Der Markt für internationale Bauleistungen und der internationale Anlagenbau wird von der **englischen Sprache** beherrscht. Auch die 2. Auflage trägt diesem Umstand Rechnung und erläutert das international übliche Regelwerk aus der englischen Rechtsterminologie heraus. Es wurde viel Wert darauf gelegt, auf authentische Quellen des insbesondere des australischen, belgischen, englischen, französischen, österreichischen, polnischen, schweizerischen, südafrikanischen, US-amerikanischen und türkischen Rechts zurück zu greifen. Soweit dies unter Verwendung fremdsprachiger Quellen möglich war, wurde weitgehend darauf verzichtet, auf deutschsprachige Aufsätze und Erläuterungen zu verweisen. Das Werk bietet eine Fülle von Übersetzungen an, die allerdings jeweils immer mit der Warnung verwendet werden sollten, dass Übersetzungen stets Interpretationscharakter haben und die persönliche Auffassung des Autors wiedergeben.

Auf die Wiedergabe umfangreicher eigener Vertragsmuster wurde weiterhin bewusst verzichtet, weil individuelle Entwürfe stets mit Misstrauen betrachtet werden. Einzig ein umfangreiches Vertragsmuster zum GMP-Vertrag wurde aufgenommen, weil für ein solches nach wie vor kein internationaler Standardvertrag erhältlich ist, wenn man einmal von sog. Target Price Verträgen absieht. In der Praxis haben die FIDIC-Bedingungen eine herausragende Bedeutung, nicht nur weil sie teilweise von supranationalen Organisationen (Weltbank, Europäische Kommission) empfohlen werden, sondern auch deshalb, weil es hierzu konkrete Erfahrungen und Ausbildungsmöglichkeiten gibt. Die 2. Auflage vertieft die Erläuterung dieser Vertragsbedingungen, die in den letzten Jahren durch neue Vertragsmuster, wie das FIDIC Gold Book und das FIDIC Red Book Subcontract Form ergänzt wurden.

Da Auslandsinvestitionen in der Regel nicht ohne Fremdmittel und sonstige Bankdienstleistungen auskommen, zeigt das Werk auch weiterhin die Grundlagen für die Finanzierung und banktechnische Absicherung auf. Banken und Investoren müssen naturgemäß die Besicherungsmöglichkeiten kennen und sich damit vertraut machen, wenn sie ein Vorhaben finanzieren wollen. Andererseits müssen sie aber auch Grundkenntnisse zu den Bauabläufen, Abnahmevorgängen und Zertifizierungsvorgängen haben, damit die Zahlungsabwicklung reibungslos erfolgen kann. Einige Rechtsordnungen beziehen die finanzierenden Institute zwingend in die Bauabwicklung mit ein, so dass schon deshalb auch Banken daran interessiert sein müssen, wie die von ihnen finanzierten oder (z.B. durch Erfüllungsgarantien) abgesicherten und refinanzierten Vorhaben abgewickelt werden.

Nach wie vor ist das Werkvertragsrecht von starken nationalen Unterschieden geprägt. Dieses Buch gibt Einblick in zahlreiche Rechtsordnungen, vor allem aber in das englische, französische und belgische Recht, denn diese Rechtsordnungen haben weltweiten Vorbildcharakter. Doch sollte der geneigte Leser dringend auf eigene und weitergehende Recherchen zurückgreifen, wenn er grenzüberschreitende Verträge abschließen und abwickeln möchte. Zu diesem Zweck eröffnet das Werk dem Leser eine Vielzahl von Quellen, namentlich auch im Internet. Ferner bietet der Anhang eine Fülle weiterführender Informationen, namentlich sind auszugsweise Vergabebedingungen der Weltbank für Bauleistungen sowie mit freundlicher Genehmigung der FIDIC die Allgemeinen Vertragsbedingungen des FIDIC Red Book (1999) und das FIDIC Silver Book (1999) abgedruckt.

Der Autor bedankt sich bei Herrn stud. iur Henry Stieglmeier für die nachhaltige Bearbeitung des Stichwortverzeichnisses und sein unermüdliches Engagement beim Korrekturlesen. Ferner bedankt sich der Autor bei Frau Eileen Busse sowie bei Frau Michaela Jacobi für die geduldige und fleißige Nachbearbeitung der Korrekturfahnen.

Berlin, im September 2011 Der Autor und Herausgeber

Inhaltsverzeichnis

Kapitel 5 – Vergaberecht der Weltbank

Kapitel 6 – Finanzierung und Sicherheiten im internationalen Baurecht

Abkürzungsverzeichnis

a.F.	alte Fassung	Deutsch
a.A.	anderer Ansicht	Deutsch
a.a.O.	am angegebenen Ort	Deutsch
A.C.	Official Law Reports Appeal Court	Englisch
A.C.L.R.	Australian Company Law Reports	Englisch
A.D.R.L.J.	Arbitration and Dispute Resolution Law Journal	Englisch
A.J.P.I.	Actualité juridique, Propriété immobilière	Französisch
A.L.D.	Actualité législative Dalloz	Französisch
A.L.J.	Australian Law Journal	Englisch
A.L.J.R.	Australian Law Journal Reports	Englisch
ABGB	Österreichisches Allgemeines Bürgerliches Gesetzbuch vom 1.6.1811	Deutsch
ABl.	Amtsblatt der Europäischen (1952–1957: Gemeinschaft für Kohle und Stahl) Gemeinschaft (1958 ff.)	Deutsch
AcP	Archiv für die civilistische Praxis (1818 ff.)	Deutsch
ADR	Alternative Dispute Resolution	Englisch
AG	Amtsgericht	Deutsch
AG	Aktiengesellschaft	Deutsch
AGB	Allgemeine Geschäftsbedingungen	Deutsch
AGBCA	Department of Agriculture Board of Contract Appeals	Englisch
AGBG	Gesetz zur Regelung des Rechts der Allgemeinen Geschäftsbedingungen (AGB-Gesetz) vom 9.12.1976 (BGBl.I,3317)	Deutsch
AHKABl.	Amtsblatt der Alliierten Hohen Kommission in Deutschland (1949–1955)	Deutsch
AHKG 23	Gesetz Nr. 23 der Alliierten Hohen Kommission über die Rechtsverhältnisse verschleppter Personen und Flüchtlinge vom 17.3.1950 (AHKABl.S.140)	Deutsch
AIA	American Institute of Architects	Englisch
AIR	All India Reporter	Englisch
AktG	Aktiengesetz vom 6.9.1965 (BGBl. 1965 I, 1089)	Deutsch
All E.R.	All England Law Reports	Englisch
All E.R. (EC)	All England Reports	Englisch
ALR	Allgemeines Landrecht für die preußischen Staaten, gültig ab 1.6.1794	Deutsch
AmJCompL	American Journal of Comparative Law, Baltimore (1. 1952 ff.)	Deutsch
Anh.	Anhang	Deutsch
App. Cas.	Official Law Reports Appeal Cases	Englisch
AppLEXIS	Appellate Cases Lexis	Englisch
ArbG	Arbeitsgericht	Deutsch

ArbGG	Arbeitsgerichtsgesetz vom 3.9.1953 (BGBl. I, 1267) in der Fassung der Bekanntmachung vom 2.7.1979 (BGBl. I, 853, berichtet 1036)	Deutsch
Art.	Artikel	Deutsch
ASBCA	Armed Services Board of Contract Appeals	Englisch
AsylVfG	Asylverfahrensgesetz vom 26.6.1992 (BGBl. I, 1126) in der Fassung der Bekanntmachung vom 27.7.1993 (BGBl. I, 1361)	Deutsch
Aufl.	Auflage	Deutsch
AuslG	Gesetz über die Einreise und den Aufenthalt von Ausländern im Bundesgebiet (Ausländergesetz) vom 9.7.1990 (BGBl. I, 1354)	Deutsch
AVAG	Gesetz zur Ausführung zwischenstaatlicher Anerkennungs- und Vollstreckungsverträge in Zivil- und Handelssachen vom 30.5.1988 (BGBl. I, 662)	Deutsch
AWD	Außenwirtschaftsdienst des Betriebs-Beraters. Recht der internationalen Wirtschaft (1958–1974; vorher RiW, nachher RIW)	Deutsch
B.C. Ct. App.	British Columbian Court of Appeal	Englisch
B.C.L.	Butterworth's Current Law	Englisch
B.C.L.	Building and Construction Law	Englisch
B.C.L.R.S.	Building and Construction Legal Reporting Service	Englisch
B.C.S.S.Ct.	British Columbia Supreme Court	Englisch
B.L.R.	Building Law Reports	Englisch
BAG	Bundesarbeitsgericht	Deutsch
BauR	Zeitschrift für das gesamte öffentliche und private Baurecht	Deutsch
BauRB	Der Bau-Rechts-Berater (2004 ff.)	Deutsch
BayOLG	Bayrisches Oberstes Landesgericht	Deutsch
BayOLGZ	Sammlung von Entscheidungen des Bayrischen Obersten Landesgerichts in Zivilsachen (Neue Folge 1948/50 ff.)	Deutsch
BB	Betriebs-Berater (1946 ff.)	Deutsch
BC/DR	(Schweizerische) Mitteilungen des Instituts für Schweizerisches und Internationales Baurecht (Baurecht/Droit de la construction)	Deutsch
BCA	Federal Board of Contract Appeals	Englisch
Bd.	Band	Deutsch
BerGesVR	Berichte der Deutschen Gesellschaft für Völkerrecht (1. 1957 ff.)	Deutsch
BeurkG	Beurkundungsgesetz vom 28.8.1969 (BGBl. I, 1513)	Deutsch
BFH	Bundesfinanzhof	Deutsch
BG	Schweizerisches Bundesgericht	Deutsch
BGB	Bürgerliches Gesetzbuch vom 18.8.1896 (RGBl. 1896, 195)	Deutsch

BGBl.	Bundesgesetzblatt (1951 ff.)	Deutsch
BGE	Amtliche Sammlung der Entscheidungen des Schweizerischen Bundesgerichts	
BGH	Bundesgerichtshof	Deutsch
BGHZ	Entscheidungen des Bundesgerichtshofes in Zivilsachen (1. 1951 ff.)	Deutsch
Bing	Bingham	Englisch
BLM	Building Law Monthly	Englisch
BLR	Building Law Reports	Englisch
BOT	Build Operate Transfer	Englisch
BR-Drucks.	Bundesrats-Drucksache	Deutsch
BSozG	Bundessozialgericht	Deutsch
BT-Drucks.	Bundestags-Drucksache	
Bull EG	Bulletin der Europäischen Gemeinschaft, Luxemburg (1. 1968 ff.)	Deutsch
Bull. Civ.	Bulletin des arrêts des Chambres civiles de la Cour de cassation	Französisch
Bull. inf. C. cass.	Bulletin d'information de la Cour de cassation	Französisch
BverfG	Bundesverfassungsgericht	Deutsch
BVerfGE	Entscheidungen des Bundesverfassungsgerichts (1952 ff.)	Deutsch
BVerwG	Bundesverwaltungsgericht	Deutsch
BVerwGE	Entscheidungen des Bundesverwaltungsgerichts (1954 ff.)	Deutsch
bzw.	beziehungsweise	Deutsch
C. assur.	Code des assurances	Französisch
CCH	Code de la construction et de l'habitation	Französisch
C.E.	Arrêt du Conseil d'Etat	Französisch
C.G.I.	Code général des impôts	Französisch
C.I.L.L.	Construction Industry Law Letter	Englisch
C.L.C.	Company Law Cases, früher Australian Company Law Cases) (CCH)	Englisch
C.L.R.	Canadian Law Reports	Englisch
C.L.R.	Common Law Reports	Englisch
C.L.R.	Commonwealth Law Reports	Englisch
Cah dr. eur	Cahiers de droit européen, Bruxelles (1965 ff.)	Französisch
Cal.	California Reports	Englisch
Cal. 2d	California Reports, Second Series	Englisch
Cal. 3d	California Reports, Third Series	Englisch
Cal. App.	California Apellate Reports	Englisch
Cal. Rptr.	California Reporter	Englisch
CEN	Europäisches Komitee für Normung	Deutsch
CENELEC	Europäisches Komitee für elektrotechnische Normung	Deutsch
Ch.	Official Law Reports Chancery Division	Englisch
Ch.D.	Official Law Reports Chancery Division	Englisch

Chron.	Chronique	Französisch
CIEC	Commission International d'Etat Civil	Französisch
CILL	Construction Industry Law Letter	Englisch
Civ. 1re, 2e, 3^{e}	Arrêts de la première, deuxième ou troisième Chambre civile de la Cour de cassation	Französisch
CLD	Construction Law Digest	Englisch
CLL	Construction Law Letter	Englisch
Clunet	Journal du droit international privé e de la jurisprudence comparée, Paris (1874-41. 1914); Journal du droit international (1915 ff.)	Französisch
CMLRev	Common Market Law Review, London und Leyden (1962 ff.)	Englisch
CMP	Code des marches publics	Französisch
CMR	Genfer Übereinkommen über den Beförderungsvertrag im internationalen Straßengüterverkehr vom 19.5.1956 (BGBl. 1961 II, 1120)	Deutsch
Code Civil	Französischer Code Civil/Belgischer Code Civil	Französisch
Code de commerce	Französischer Code de commerce	Französisch
Code de l'urbanisme	Französischer Code de l'urbanisme	Französisch
Com.	Arrêt de la Chambre commerciale de la Cour de cassation (Entscheidung der Handelskammer der Cour de Cassation)	Französisch
Con. L.R.	Construction Law Reports	Englisch
Const. L.J.	Construction Law Journal	Englisch
CPR	Civil Procedures Rules	Englisch
Crim.	Arrêt de la Chambre criminelle de la Cour de cassation (Entscheidung der Strafkammer der Cour de Cassation)	Französisch
CSIG	Convention on Contracts for the International Sale of Goods	Englisch
Ct.Cl.	Federal Court of Claims	Englisch
D.	Recueil Dalloz-Sirey bis 1986: D. 1965. Somm. 8, pour les sommaires D. 1985. I.R. 293 (obs. X.), pour les sommaires rapides et les sommaires commentés A partir de 1987: D. 1987. Somm. 18 (obs. X. Pour les sommaires seuls ou avec commentaires D. 1987. I.R. 393, pour les informations rapides	Französisch
D.A.	Recueil analytique Dalloz (D.A. 1942. L.97)	Französisch
D.C.	Recueil critique Dalloz	Französisch
D.H.	Recueil hebdomadaire Dalloz	Französisch
d.h.	das heißt	Deutsch

D.P.	Recueil périodique et critique Dalloz	Französisch
DB	Der Betrieb (1948 ff.)	Deutsch
DIP	Droit International Privé	Französisch
DLR	Dominion Law Reports	Englisch
DNotZ	Deutsche Notarzeitschrift (bis 1933 Zeitschrift des Deutschen Notarvereins; 1901 ff.)	Deutsch
DOTBCA	Department of Transportation Contract Appeal Board	Englisch
DSJur	Recueil Dalloz Sirey, Jurisprudence, Paris (1965 ff.)	Französisch
DtZ	Deutsch-Deutsche Rechts-Zeitschrift (1990 ff.)	Deutsch
Ecolex	Fachzeitschrift für Wirtschaftsrecht (1990 ff.)	Deutsch
EFTA	European Free Trade Association	Englisch
EG	Estates Gazette	Englisch
EG	Europäische Gemeinschaft(en)	Deutsch
EGBGB	Einführungsgesetz zum Bürgerlichen Gesetzbuch vom 18.8.1896 (RGBl.S.604) in der Fassung vom 16.12.1993 (BGBl. I, 2054)	Deutsch
EGCS	Estates Gazette Case Summaries	Englisch
EGGVG	Einführungsgesetz zum Gerichtsverfassungsgesetz vom 27.1.1877 (RGBl.S.77)	Deutsch
EGV	Vertrag zur Gründung der Europäischen Gemeinschaft vom 25.3.1957 (BGBl. II, 766) in der Fassung des Vertrags über die Europäische Union vom 7.2.1992 (BGBl.II,1253, 1256)	Deutsch
EGVVG	Einführungsgesetz zu dem Gesetz über den Versicherungsvertrag vom 30.5.1908 (RGBl. I, 305)	Deutsch
EheG	Ehegesetz (Gesetz Nr. 16 des Kontrollrates) vom 20.2.1946 (KRABl. S. 77, berichtigt S 294)	Deutsch
EMRK	Konvention zum Schutz der Menschenrechte und Grundfreiheiten vom 4.11.1950 (BGBl. 1952II, 685, 953)	Deutsch
ENAA	Engineering Advancement Association of Japan	Englisch
EPC	Engineer Procurement Construction	Englisch
EPCT	Engineer Procurement Construction Turnkey	Englisch
Erstes StAngRegG	Gesetz zur Regelung von Fragen der Staatsangehörigkeit vom 22.2.1955 (BGBl. I, 65)	Deutsch
EU	Europäische Union	Deutsch
EuGH	Gerichtshof der Europäischen Gemeinschaft	Deutsch
EuGHE	Sammlung der Rechtssprechung des Gerichtshofes und des Gerichts Erster Instanz der Europäischen Gemeinschaften; bis 1989 Sammlung der Rechtssprechung des Gerichtshofes der Europäischen Gemeinschaften (5. 1958/59 ff.; vorher Sammlung der Rechtsprechung des Gerichtshofes der Europäischen Gemeinschaft für Kohle und Stahl: 1. 1954/55–4. 1958)	Deutsch

EuGVÜ	Brüsseler EWG-Übereinkommen über die gerichtliche Zuständigkeit und die Vollstreckung gerichtlicher Entscheidungen in Zivil- und Handelssachen vom 27.9.1968 (BGBl. 1972 II, 774)	Deutsch
EuGVVO	Europäische Verordnung über die gerichtliche Zuständigkeit und Anerkennung und Vollstreckung von Entscheidungen in Zivil- und Handelssachen EG/44/2001 v. 22.12.2000	Deutsch
EuR	Europarecht (1966 ff.)	Deutsch
EUV	Vertrag über die Europäische Union	Deutsch
EuZW	Europäische Zeitschrift für Wirtschaftsrecht	Deutsch
EuZW	Europäische Zeitschrift für Wirtschaft (1990 ff.)	Deutsch
EvBl	Evidenzblatt der Rechtsmittelentscheidungen (bis 1938); seit 1946 Beilage zur ÖJZ	Deutsch
EVÜ	Römisches EWG-Übereinkommen über das auf vertragliche Schuldverhältnisse anzuwendende Recht vom 19.6.1980 (BGBl. 1986 II, 810)	Deutsch
EWCA civ.	England and Wales Court of Appeal (Civil Division)	Englisch
EWG	Europäische Wirtschaftsgemeinschaft	Deutsch
EWHC	England and Wales High Court	Englisch
EWiR	Entscheidungen zum Wirtschaftsrecht (1985 ff.)	Deutsch
EWS	Europäisches Wirtschafts- und Steuerrecht	Deutsch
EWS	Europäisches Wirtschafts- & Steuerrecht (1990 ff.)	Deutsch
Ex	Official Law Exchequer Cases	Englisch
F.	Federal Reporter	Englisch
F.Supp.	Federal Supplement	
F.2d	Federal Reporter, Second Series	Englisch
F.3d	Federal Reporter, Third Series	Englisch
F.R.C.P.	Federal Rules of Civil Procedure	Englisch
F.S.R.	Fleet Street Reports	Englisch
FamRZ	Zeitschrift für das gesamte Familienrecht. Ehe und Familie im privaten und öffentlichen Recht (1954 ff.)	Deutsch
Fed.Cir.	United States Cicuit Court, Federal Circuit	Englisch
ff.	Fortfolgende	Deutsch
FG	Freiwillige Gerichtsbarkeit	Deutsch
FGG	Gesetz über die Angelegenheiten der freiwilligen Gerichtsbarkeit vom 17.5.1896 (RGBl. S. 189) in der Fassung der Bekanntmachung vom 20.5.1898 (RGBl. 1898, 771)	Deutsch
FIDIC	Fédération Internationale des Ingénieurs Conseils	Französisch
Fn.	Fußnote	Deutsch
FS	Festschrift	Deutsch
GATT	General Agreement on Tariffs and Trade	Englisch
Gaz. Pal.	Gazette du Palais	Französisch

GBO	Grundbuchordnung	Deutsch
GG	Grundgesetz für die Bundesrepublik Deutschland v. 23.05.1949, BGBl 1949, 1	Deutsch
GmbH	Gesellschaft mit beschränkter Haftung	Deutsch
GmbHG	Gesetz betreffend die Gesellschaft mit beschränkter Haftung	Deutsch
GOA	Gebührenordnung für Architekten	Deutsch
GoA	Geschäftsführung ohne Auftrag	Deutsch
GPR	Zeitschrift für Gemeinschaftsprivatrecht	Deutsch
GRUR	Gewerblicher Rechtsschutz und Urheberrecht (1896 ff.)	Deutsch
GRUR Int	Gewerblicher Rechtsschutz und Urheberrecht, Internationaler Teil; bis 1966 Auslands- und internationaler Teil (1952 ff.)	Deutsch
GSBCA	General Service Board of Contract Appeals	Englisch
GVG	Gerichtsverfassungsgesetz	Deutsch
GWB	Gesetz gegen Wettbewerbsbeschränkungen	Deutsch
H & N	Hurlston and Norman	Englisch
H. & C.	Hurlston & Coltman	Englisch
H.B.C.	Hudsons Building Contracts	Englisch
H.L.	Official Law Reports House of Lords	Englisch
h.L.	herrschende Lehre	Deutsch
h.M.	herrschende Meinung	Deutsch
HarvLRev	Harvard Law Review, Cambridge/Massachusetts (1. 1887/88 ff.)	Englisch
HBÜ	Haager Übereinkommen über die Beweisaufnahme im Ausland in Zivil- und Handelssachen vom 18.3.1970 (BGBl. 1977 II, 1472)	Deutsch
HGB	Handelsgesetzbuch vom 10.5.1897 (RGBl. 1897, 219)	Deutsch
HGRCA	Housing Grants Construction and Regeneration Act 1996	Englisch
HOAI	Honorarordnung für Architekten und Ingenieure	Deutsch
Hrsg.	Herausgeber	Deutsch
HS.	Halbsatz	Deutsch
HZPÜ	Haager Übereinkommen über den Zivilprozess vom 1.3.1954 (BGBl. 1958 II, 577)	Deutsch
HZÜ	Haager Übereinkommen über die Zustellung gerichtlicher und außergerichtlicher Schriftstücke im Ausland in Zivil- oder Handelssachen vom 15.11.1965 (BGBl. 1977 II, 1453)	Deutsch
I.R.	Informations rapides (Recueil Dalloz)	Französisch
IBCA	Department of Interior Board of Contract Appeals	Englisch
IBR	Immobilien und Baurecht (Zeitschrift)	Deutsch
ICC	International Chamber of Commerce (Internationale Handelskammer) mit Sitz in Paris	Englisch

ICE	Institution of Civil Engineers	Englisch
ICJ Rep	International Court of Justice. Reports of Judgements, Advisory Opinions und Orders, Leyden (1. 1947/48 ff.)	Englisch
ICLR	The International Construction Law Review	Englisch
IECL	International Encyclopedia of Comparative Law, The Hague/Tübingen	Englisch
IEHC	Irish High Court Decisions	Englisch
IHR	Internationales Handelsrecht (Zeitschrift)	Deutsch
ILM	International Legal Materials, Washington 81. 1962 ff.)	Englisch
ILR	Irish Law Reports	Englisch
ILRM	Irish Law Reports Monthly	Englisch
InsO	Insolvenzordnung vom 05.10.1994, BGBl 1994 I, 2866	Deutsch
IntCompLQ	The International and Comparative Law Quarterly, London (1. 1952 ff.)	Englisch
IPR	Internationales Privatrecht	Deutsch
IPRax	Praxis des Internationalen Privat- und Verfahrensrechts (1981 ff.)	Deutsch
IPRG	Schweizerisches Bundesgesetz über das Internationale Privatrecht vom 1.1.1989	Deutsch
IPRspr	Die deutsche Rechtssprechung auf dem Gebiet des internationalen Privatrechts (1926 ff.)	Deutsch
IR	Irish Reports	Englisch
ITLR	International Technology Law Review	Englisch
IZVR	Internationales Zivilverfahrensrecht	Deutsch
J.C.P.	Juris-classeur périodique, La Semaine juridique (J.C.P. 1977. IV. 64)	Französisch
J.C.P. (E)	Juris-classeur périodique, La Semaine juridique, édition entreprise	Französisch
J.C.P. (N)	Juris-classeur périodique, La Semaine juridique, édition notariale	Französisch
J.L.M.B.	Revue Juridique Liège Mons Bruxelles	Französisch
J.O.	Journal officiel des lois et décrets	Französisch
JBl	Juristische Blätter	Deutsch
JCT	Joint Court Tribunal	Englisch
JJP	Journal des Juges de Paix	Französisch
JN	Jurisdiktionsnorm	Deutsch
JP	Justice of the Peace Reports	Englisch
JPL	Journal of Planning Law	Englisch
JR	Juristische Rundschau (1925 ff.)	Deutsch
JuS	Juristische Schulung (1961 ff.)	Deutsch
JZ	Juristenzeitung (1951 ff.)	Deutsch
K.B.	Official Law Reports King's Bench Division	Englisch
KC	Kodeks cywilny	Polnisch

KG	Kammergericht	Deutsch
KG	Kommanditgesellschaft	Deutsch
KMU	Kleine und mittlere Unternehmen	Deutsch
KonsularG	Gesetz über die Konsularbeamten, ihre Aufgaben und Befugnisse (Konsulargesetz) vom 11.9.1974 (BGBl. I, 2317)	Deutsch
Ky.	Kentucky Reports	Englisch
L.	Loi	Französisch
L.R.C.P.	Law Reports Common Pleas Cases	Englisch
L.R.Exch.	Exchequer Cases	Englisch
LAG	Landesarbeitsgericht	Deutsch
LG	Landgericht	Deutsch
LGR	Local Government Reports	Englisch
lit.	Litera	Deutsch
LJCP	Law Journal Reports Common Lpeas	Englisch
LJR	Law Journal Reports	Englisch
Lloyd's LawRep	Lloyd's Law Reports, London (1. 1968 ff.)	Englisch
Lloyd's MCLQ	Lloyd's Maritime and Commercial Law Quarterly, London (81. 1974 ff.)	Englisch
Lloyd'sRep.	Lloyd'd Law Reports	Englisch
LM	Lindenmaier/Möhring, Nachschlagewerk zur BGH-Rechtsprechung (Zeitschrift)	Deutsch
LQR	Law Quarterly Review	Englisch
LT	Law Times Reports	Englisch
LuGVÜ	Luganer Übereinkommen über die gerichtliche Zuständigkeit und die Vollstreckung gerichtlicher Entscheidungen in Zivil- und Handelssachen vom 16.9.1988 (Abl. EG Nr. L 319/9)	Deutsch
M&W	Meeson and Welsby	Englisch
m. (w.) Nachw.	mit (weiteren) Nachweisen	Deutsch
m.Anm.	mit Anmerkung	Deutsch
M.B.	Moniteur Belge (Belgischen Gesetzblatt)	Französisch
MDR	Monatsschrift für Deutsches Recht (1. 1947 ff.)	Deutsch
Mitt Rhein Notarkammer	Mitteilungen der Rheinischen Notarkammer (1. 1977 ff.)	Deutsch
Mo.	Missouri Supreme Court	Englisch
MPI	Management, Procurement and Law	Englisch
MüKo-Bearbeiter	Münchener Kommentar zum BGB-Bearbeiter, Bd. VII: EGBGB/IPR, 2. Aufl. (1990)	Deutsch
n.F.	Neue Fassung	Deutsch
N.E.	North Eastern Reporter	Englisch
N.E.2d	North Eastern Reporter, Second Series	Englisch
N.J.Super	New Jersey Superior Law Reports	Englisch
N.S.W.L.R.	New South Wales Law Reports	Englisch
N.W.	NorthWestern Report	Englisch

N.W.2d	North Western Reports, Second Series	Englisch
N.Y.	New York Reports	Englisch
N.Y.2d	New York Reports, Second Series	Englisch
N.Y.S.2d	New York Supplement, Second Series	Englisch
Nachw.	Nachweis	Deutsch
NCPC	Nouveau Code de procédure civile	Französisch
NE 2d	North Eastern Reporter 2d Series, St. Paul (1. 1936 ff.)	Englisch
NEC	New Engineering Contract	Englisch
NILR	Netherlands International Law Review; bis 1974 Nederlands Tijdschrift voor Internationaal Recht, Leyden (1. 1953/54 ff.)	Niederländisch
NILR	Northern Ireland Law Report	Englisch
NJW	Neue Juristische Wochenzeitschrift (1947/48 ff.)	Deutsch
NJW-RR	NJW-Rechtsprechungs-Report Zivilrecht (1986 ff.)	Deutsch
NSA	Verwaltungsgerichtshof (Polen)	Polnisch
NY 2d	New York Supplement 2d Series, St. Paul (1938 ff.)	Deutsch
NZBau	Neue Zeitschrift für Baurecht und Vergaberecht	Deutsch
o.	oben	Deutsch
OECD	Organization for Economic Cooperation and Development	Englisch
ÖGBl.	Bundesgesetzesblatt für die Republik Österreich (1920 ff.)	Deutsch
OGH	Österreichischer Oberster Gerichtshof	Deutsch
OHG	Offene Handelsgesellschaft	Deutsch
ÖJZ	Österreichische Juristen-Zeitung, Wien (1946 ff.)	Deutsch
OLG	Oberlandesgericht	Deutsch
OLGZ	Entscheidungen der Oberlandesgerichte in Zivilsachen (1. 1965 ff.)	Deutsch
OR	Schweizerisches Obligationenrecht vom 30.3.1911	Deutsch
ÖstVerfGH	Österreichischer Verfassungsgerichtshof	Deutsch
P.2d	Pacific Reporter, Second Series	Englisch
P.D.	Official Law Reports Probate Division	Englisch
P.S.B.C.A.	Postal Services Board of Contract Appeals	Englisch
Pas	Pasicrisie (Entscheidungssammlung)	Französisch
PFI	Private Finance Initiative	Englisch
ProdHaftG	Gesetz über die Haftung für fehlerhafte Produkte (Produkthaftungsgesetz) vom 15.12.1989 (BGBl. I, 2198)	Deutsch
PSBCA	Postal Service Board of Contract Appeals	Englisch
Q.B.	Official Law Reports Queen's Bench Division	Englisch
Q.J.P.R.	Queensland Justice of the Peace Reports	Englisch
R.C.J.B.	Revue Critique de Jurisprudence Belge	Französisch

RabelsZ	Rabels Zeitschrift für ausländisches und internationales Privatrecht (1927 ff.)	Deutsch
RAG	Gesetz über die Anwendung des Rechts auf internationale zivil-, familien- und arbeitsrechtliche Beziehungen sowie auf internationale Wirtschaftsverträge (Rechtsanwendungsgesetz) vom 5.12.1975 (DDR GBl. I, 748), geändert durch Gesetz vom 11.1.1990 (DDR GBl. I, 10)	Deutsch
RBF	Revue Bancaire et Financière	Französisch
RD Aff. Int.	Revue des affaires internationales	Französisch
RdA	Recht der Arbeit (1948 ff.)	Deutsch
RDI. dr. immob.	Revue de droit immobilier	Französisch
RdW	Österreichisches Recht der Wirtschaft	Deutsch
Rec des Cours	Recueil des Cours de lÁcademie international. Leyden (1923 ff.)	Französisch
Ref. E.	Referentenentwurf	Deutsch
Rép. Defrénois	Répertoire du notariat Defrénois	Französisch
Req.	Arrêt de la Chambre des requêtes de la Cour de cassation	Französisch
Resp. civ. et ass.	Responsabilité civile et assurances	Französisch
Rev crit dr i p	Revue critique de droit international privé, Paris (1905 ff.)	Französisch
Rev int dr comp	Revue internationale de droit comparé, Paris (1949 ff.)	Französisch
Rev. trim. dr. civ.	Revue trimestrielle de droit civil	Französisch
Rev.crit.dr.int.pr. (Rev.crit.DIP)	Revue critique de droit international privé	Französisch
RG	Reichsgericht	Deutsch
RGBl.	Reichsgesetzblatt (1871–1945)	Deutsch
RGZ	Entscheidungen des Reichsgerichts in Zivilsachen (1880–1945)	Deutsch
RIBA	Royal Institute of British Architects	Englisch
RICS	Royal instate of Chartered Surveyors	Englisch
RIW	Recht der internationalen Wirtschaft, Außenwirtschaftsdienst des Betriebs-Beraters (1975 ff., vorher AWD)	Deutsch
Rpfleger	Der Deutsche Rechtspfleger (1889 ff.)	Deutsch
Rs	Rechtssache	Deutsch
S CtRep	US-Supreme Court Reporter, St. Paul (1883 ff.)	Englisch
SA	South African Law Reports	Englisch
s.o.	siehe oben	Deutsch
s.u.	siehe unten	Deutsch
S.C.R.	Supreme Court Reports	Englisch
S.Ct.	Supreme Court Reporter	Englisch
S.E.	South Eastern Reporter	Englisch
S.R.	State Reports (New South Wales)	Englisch

S.W.2d	South Western Reporter (Second Series)	Englisch
SAE	Sammlung arbeitsrechtlicher Entscheidungen (Hrsg.: Bundesvereinigung der Deutschen Arbeitgeberverbände (1. 1928 ff.)	Deutsch
SAL Ann Rev	Annual Review of Singapore Cases	Englisch
SCAdjR	Singapore Construction Adjudication Review	Englisch
ScheckG	Scheckgesetz vom 14.8.1933 (RGBl. I, 597)	Deutsch
SchiedsVZ	Zeitschrift für Schiedsverfahren	Deutsch
SchKG	(Schweizerisches) Schuldbetreibungs- und Konkursgesetz	Deutsch
SchwJZ	Schweizerische Juristenzeitung, Zürich (1905 ff.)	Deutsch
SeuffArch	Seuffert's Archiv für Entscheidungen der obersten Gerichte in den deutschen Staaten (1847-98. 1944)	Deutsch
SGB IV	Sozialgesetzbuch, Buch IV: Sozialversicherung vom 23.12.1976 (BGBl. I, 3845)	Deutsch
SGCA	Singapore Court of Appeal (unreported judgments)	Englisch
SGHC	Singapore High Court (unreported judgments)	Englisch
SI	Statutory Instrument	Englisch
SSC	Supreme Court Cases (India)	Englisch
Slg. (siehe EuGHE)	Sammlung der Rechtsprechung des Europäischen Gerichtshofes	Deutsch
So	Southern Reporter	Englisch
Somm.	Sommaires (Recueil Dalloz)	Französisch
SR	Systematische Sammlung des Bundesrechts	Deutsch
StAZ	Das Standesamt. Zeitschrift für Standesamtswesen, Ehe- und Kindschaftsrecht, Staatsangehörigkeitsrecht (Neue Folge 1. 1948 ff.)	Deutsch
StGB	Strafgesetzbuch vom 15.5.1871 (RGBl. 1871, 127) in der Fassung der Bekanntmachung vom 10.3.1987 (BGBl. I, 945, berichtigt S. 1160)	Deutsch
StPO	Strafprozessordnung vom 1.2.1877 (RGBl. S. 253 in der Fassung der Bekanntmachung vom 7.4.1987 (BGBl. I, 1074, berichtigt S. 1319)	Deutsch
str.	Strittig	Deutsch
StVG	Straßenverkehrsgesetz vom 19.12.1952 (BGBl. I, 837)	Deutsch
SZ	Entscheidungen des österreichischen Obersten Gerichtshofes in Zivilsachen	Deutsch
T.G.I.	Tribunal de grande instance	Französisch
T.I.	Tribunal d'instance	Französisch
T.L.R.	Times Law Reports	Englisch
T.R.	Times Law Reports	Englisch
TVG	Tarifvertragsgesetz vom 9.4.1949 (WiGBl. S. 55, 68) in der Fassung der Bekanntmachung vom 25.8.1969 (BGBl. I, 1323)	Deutsch
u.a.	unter anderem	Deutsch

U.S.	United States Supreme Court Reports	Englisch
UCC	Uniform Code of Commerce	Englisch
UN(O)	United Nations (Organization)	Englisch
UNCITRAL	United Nations Commission on International Trade Law	Englisch
UNIDROIT	International Institute for the Unification of Private Law	Deutsch
US	United States	Englisch
USC	United States Code	Englisch
UWG	Gesetz gegen den unlauteren Wettbewerb vom 7.6.1909 (RGBl. S. 499)	Deutsch
v.	Versus	Deutsch
V.A.B.C.A.	Veterans' Association Board of Contract Appeals	Englisch
Va.	Virginia Reports	Englisch
VersR	Versicherungsrecht. Juristische Rundschau für die Individualversicherung (1. 1950 ff.)	Deutsch
vgl.	Vergleiche	Deutsch
VKR	Vergabekoordinierungsrichtlinie	Deutsch
VR	Victoria Law Reports	Englisch
W.L.R.	Weekly Law Reports	Englisch
Wash.App.	Washington Appeals Reports	Englisch
WechselG	Wechselgesetz vom 21.6.1933 (RGBl. I. 399)	Deutsch
Wis.	Wisconsin Reports	Englisch
WL	Westlaw	Englisch
WLR	The Weekly Law Reports, London (1953 ff.)	Englisch
WM	Wertpapier-Mitteilungen (1947 ff.)	Deutsch
WÜD	Wiener UN-Übereinkommen über diplomatische Beziehungen vom 18.4.1961 (BGBl. 164 II, 959)	Deutsch
WÜK	Wiener UN-Übereinkommen über konsularische Beziehungen vom 24.4.1963 (BGBl. 1969 II, 1585)	Deutsch
YCA	Yearbook Commercial Arbitration	Englisch
ZACC	South African Constitutional Court Cases	Englisch
ZAGPHC	Gauteng High Court	Englisch
ZASCA	South African Supreme Court of Appeal	Englisch
ZAFSHC	South Africa Free State High Court	Englisch
z.B.	zum Beispiel	Deutsch
ZaöRV	Zeitschrift für ausländisches öffentliches Recht und Völkerrecht (1929 ff.)	Deutsch
ZEuP	Zeitschrift für Europäisches Privatrecht	Deutsch
ZfA	Zeitschrift für Arbeitsrecht (1970 ff.)	Deutsch
ZfRV	Zeitschrift für Rechtsvergleichung	Deutsch
ZfBR	Zeitschrift für deutsches und internationales Baurecht	Deutsch
ZfIR	Zeitschrift für Immobilienrecht	Deutsch
ZGB	Schweizerisches Zivilgesetzbuch vom 10.12.1907	Deutsch

ZIP	Zeitschrift für Wirtschaftsrecht (1983 ff.; zuvor Zeitschrift für Wirtschaftsrecht und Insolvenzpraxis)	Deutsch
ZPO	Zivilprozessordnung vom 30.1.1877 (RGBl. 1877, 83) in der Fassung der Bekanntmachung vom 12.9.1950 (BGBl. I, 533)	Deutsch
ZRHO	Rechtshilfeordnung für Zivilsachen vom 19.10.1956, Neufassung 1976	Deutsch
ZRvgl	(Österreichische) Zeitschrift für Rechtsvergleichung, Wien (1960 ff.)	Deutsch
ZTG	Ziviltechnikergesetz	Deutsch
ZustErgG	Zuständigkeitsergänzungsgesetz vom 7.8.1952 (BGBl. I, 407)	Deutsch
ZvglRW	Zeitschrift für vergleichende Rechtswissenschaft (1878 ff.)	Deutsch
ZZP	Zeitschrift für Zivilprozess (63. 1943 ff.; 1. 1879-62. 1941 Zeitschrift für deutschen Zivilprozess)	Deutsch
ZZPInt	Zeitschrift für Zivilprozess International	Deutsch

Glossar

Glossar IPR

Angleichung

Vorgang, mit dem Fälle des Normenmangels (das Vertragsstatut und die lex rei sitae sind nicht aufeinander abgestimmt, so dass der Handwerker keine Sicherheit am Baugrundstück erhält) oder der Normenhäufung (z.B. das anwendbare Vertragsstatut und die lex rei sitae halten unterschiedliche konkurrierende Normen für die Handwerkerbesicherung bereit) beigelegt werden

Anknüpfung

Herstellung einer Verbindung zwischen einem Lebenssachverhalt und einer Rechtsordnung (z.B. Lage der Baustelle als ausschlaggebendes Element für die Bestimmung des Bauvertragsstatuts, umstritten)

Bauvertragsstatut

Recht, das auf den Bauvertrag anwendbar ist, siehe auch *Statut*

Dienstleistung

Europarechtlich (z.B. für EuGVVO) der umfassende Begriff für alle Leistungen, die gegen Entgelt erbracht werden, soweit sie nicht den Vorschriften über den freien Waren- und Kapitalverkehr und die Freizügigkeit der Personen unterliegen. Zu den Dienstleistungen gehören also auch die Leistungen des Werkunternehmers und des Architekten.

Gesamtverweisung

Kollisionsnorm des Gerichtsortes verweist auf die gesamte Rechtsordnung eines Staates einschließlich des dort geltenden IPR (mit der Folge einer möglichen Rück- oder Weiterverweisung) oder soweit auf einen Staat mit mehreren Rechtsordnungen verwiesen wird, mit der Folge der Verweisung auf die dortigen Teilrechtsordnungen (z.B. Verweisung auf Vereinigtes Königreich, das auf die schottische Rechtsordnung verweist).

Internationales Privatrecht (IPR)

Synonym für Kollisionsrecht: Komplex der Normen eines Staates, die im Falle von Auslandsbezügen eines Rechtsverhältnisses darüber befinden, welches Recht auf das Rechtsverhältnis anzuwenden ist (Englisch: Private international law, conflicts of law; Französisch: Droit international privé, conflits de droits).

Kollisionsnorm

Regel, die für einen Fall mit Auslandsbezug ein bestimmtes Recht für anwendbar erklärt

Lex causae

Recht des zugrunde liegenden Geschäfts, auch Geschäftsstatut oder Wirkungsstatut genannt. Man spricht z.B. von der lex causae, wenn man sagen will, dass das auf den Vertrag anwendbare Recht für einen besonderen Aspekt maßgeblich ist, z.B. die Frage der Form oder der Wirksamkeit einer Gerichtsstandvereinbarung. Bsp: Über die Wirksamkeit der Gerichtsstandvereinbarung urteilt die lex causae.

Lex fori

Recht am Gerichtsort, z.B. maßgeblich für prozessuale Fragen

Lex loci delicti commissi

Recht des Tatortes, z.B. maßgeblich bei unerlaubten Handlungen. Maßgebliche Rechtsquelle ist die Verorndung Rom II.

Lex rei sitae

Recht der Belegenheit der Sache, sprich das am Lageort der Sache geltende Recht, z.B. anwendbar auf eigentumsrechtliche Fragen an Mobilien und Immobilien

Ordre public

Öffentliche Ordnung, siehe Art. 6 EGBGB

Qualifikation

Begriff des IPR, mit dem der Vorgang beschrieben wird, in dem ein Lebenssachverhalt unter eine Kollisionsnorm subsumiert wird

Renvoi

Kollisionsrechtliche Rückverweisung (auf die Rechtsordnung des angerufenen Gerichts) oder auch Weiterverweisung (auf die Rechtsordnung eines dritten Staates)

Richtlinie

Rechtssetzungsakt der EU ohne unmittelbare Wirkung

Rückverweisung

Siehe Renvoi

Sachnormverweisung

Verweisung auf materielle Regelungen einer Rechtsordnung unter Ausschluss des IPR dieser Rechtordnung

Sonderanknüpfung

Eigenständige Anknüpfung eines Teilsachverhalts, z.B. wird die HOAI gesondert angeknüpft.

Statut

Recht, das aufgrund einer Kollisionsnorm einen Lebenssachverhalt beherrscht; z.B. Vertragsstatut ist das auf den Vertrag anwendbare Recht

Verweisung

Durch eine Kollisionsnorm ausgelöster Vorgang, mit dem das Recht des Gerichtsortes auf eine andere Rechtsordnung verweist

Vorfrage

Der Tatbestand einer Rechtsnorm enthält eine rechtlich vorab zu klärende Frage, wie z.B. danach ob der Anspruchsprätendent Eigentümer ist. Grundsätzlich wird die Vorfrage gesondert angeknüpft. Wer also Eigentümer ist, richtet sich nach der lex rei sitae.

Weiterverweisung

Siehe Renvoi

Englische Fachbegriffe

Balance of probabilities

Der angelsächsische Begriff beschreibt das Maß, in dem der Richter davon überzeugt sein muss, ob eine Tasache bewiesen oder nicht bewiesen ist. Im Grunde genommen stellt der Begriff in Aussicht, dass eine Tatsache als bewiesen gelten muss, für die mehr Beweis vorliegt als für das Gegenteil. Es ist weniger gefordert als die Erhabenheit über jeden Zweifel[1]. In angelsächsischen Urteilen heißt es, es handele sich schlicht um eine faire Abwägung der Beweise[2]. Spricht also mehr für die Wahrheit als gegen die Wahrheit, wird zugunsten der beweisbelasteten Partei entschieden. Man kann den Begriff in die Formel bringen, dass der Richter davon überzeugt sein muss, dass 51% Wahscheinlichkeit für die Wahrheit spricht, wiewohl auch gesagt wird, dass Beweise nicht anhand einer Messlatte gewürdigt werden können[3]. Der Standard ist zudem flexibel und richtet sich nach der Bedeutung des Beweises im Einzelfall[4]. Nach deutschen Maßstäben muss der Richter dagegen persönlich von der Wahrheit überzeugt sein. Auf Wahrscheinlichkeitsgrade kommt es nicht an.

Bill of Quantity

Man könnte den Begriff mit Leistungsverzeichnis übersetzen. Allerdings wird er im Sinne einer Massenaufstellung verstanden, die zum Zwecke der Kalkulation verwendet wird. Der Begriff Leistungsverzeichnis lässt sich nur schwer übersetzen. Zumeist wird der Begriff der *Specification* verwendet.

Burden of proof

Der Begriff kann mit Beweislast übersetzt werden und meint auch das Entsprechende. Die Beweislast richtet sich nach dem materiellen Recht. Häufig wird die Formel verwendet, wer sich auf eine Tatsache beruft, die zu seinen Gunsten ist, muss die Tatsache auch beweisen.

Claim

Die Übersetzung mit dem Wort Anspruch wird dem Begriff nicht gerecht. Der Begriff Claim meint in den meisten Fällen lediglich, dass die Behauptung aufgestellt wird, auf etwas ein Recht zu haben. Ob dieses Recht auch besteht, soll aber erst noch geprüft werden. Deshalb müssen häufig Ereignisse oder Umstände, die einen Anspruch auslösen könnten, angezeigt werden. Das nennt man Claim Management. Häufig regelt das Vertragswerk zudem, dass ein Dritter (der *Engineer*) eine Feststellung in Bezug auf den Anspruch vornehmen muss, bevor er geltend gemacht werden kann.

Contemporary Records

Hierbei handelt es sich um zeitnahe Aufzeichnungen. Sie sollen als Beweismittel herangezogen werden und unterliegen foglich im Rahmen von FIDIC-Verträgen der Überwachung durch den Engineer. Fehlende Contemporary Records führen nicht zwangsläufig zum Anspruchsverlust. Ihr Fehlen kann aber zu einer Herabsetzung des Anspruchs führen[5].

---

1 Burch v. Reading Co, 240 F2d 574, 578–579 (CA), cert. denied 353 U.S. 965.

2 William Harvey Porter v. American Export Lines, Inc, 387 F2d 409 (3rd Cir.).

3 Burch v. Reading Co, 240 F2d 574, 578–579 (CA), cert. denied 353 U.S. 965.

4 Bater v. Bater [1951] P 35; Hornal v. Neuberger Products Ltd [1957] 1 QB 247; R v. Secretary of State for the Home Department, ex parte Khawaja [1984] AC 74; In Re B (Children) Appellate Committee [2008] EWCA Civ 282.

5 High Court Trinidad and Tobago, Urt. v. 21.10.2009 – CV 2008-04881, IBR 2011, 1112 – Hök.

Contingency

Unter diesem Begriff werden häufig Eventualbeträge für Unvorhergesehenes erfasst. Es muss sehr auf den Wortlaut geachtet werden. Es kann sich um klassische Eventualpositionen handeln, um ein offenes Budget für Unvorhergesehenes oder auch um eine haftungsbeschränkende Klausel.

Critical Path

Der kritische Weg. In den meisten angelsächsischen Vertragsmustern wird Wert darauf gelegt, dass der Unternehmer den von ihm beabsichtigten Bauablauf detailliert plant und abbildet. In dem Bauablaufprogramm ist der kritische Weg aufzuzeigen, d.h. der Weg, der durch die kritisch hintereinander liegenden Aktivitäten führt, die abgearbeitet werden müssen, um das Werk fertig zu stellen. Es kommt auf den Vertragswortlaut an, wem der freie Puffer gehört.

Delay

Delay ist die Verspätung oder Verzögerung gegenüber dem ursprünglichen Fertigstellungstermin oder eine Verspätung oder Verzögerung in Bezug auf eine bestimmte Bauaktivität. Delay wird von Disruption unterschieden. Disruption wird in der Regel als kompensationsfähige Bauablaufstörung verstanden. Delay und Disruption können gleichzeitig vorliegen, bedingen einander aber nicht.

Design

Mit dem Begriff Design wird zumeist der Planungsvorgang oder die Planung umschrieben. Wie umfangreich die Planung zu sein hat, hängt von den Umständen ab, von landestypischen Vorstellungen und rechtlichen Anforderungen.

Dispute

Hierbei handelt es sich im vertraglichen Kontext häufig um einen juristisch belegten Begriff im Sinne einer Verfahrensvoraussetzung, ohne deren Vorliegen eine Klage abgewiesen werden kann. Im weitesten Sinne ist zu prüfen. Ob mehr als eine bloße Meinungsverschiedenheit vorliegt. Häufig wird darauf abgestellt, ob der Engineer (z.B. nach FIDIC) bereits vorentschieden hat und Unzufriedenheit mit seiner Entscheidung besteht.

Disruption

Siehe Delay

Engineer

Ingenieur allerdings nicht im Sinne der Berufsbezeichnung. Häufig wird in angelsächsischen Verträgen ein mehr oder weniger unabhängiger Dritter benannt (Engineer, Certifier, Contract Administrator, Project Manager oder ähnlich), der besondere Befugnisse besitzt, auf die sich die Bauvertragsparteien geeinigt haben. Diese Befugnisse soll der Dritte vertragsgerecht ausüben, wobei in der Regel gemeint ist, dass der Engineer in Angelegenheiten der Leistungs- und Zahlungsfeststellung keinen auftraggeberseitigen Weisungen unterliegt, obwohl er von diesem verdungen wird. In FIDIC-Verträgen ist der Begriff definiert (siehe Unterklausel 1.1.2.4 FIDIC 1999 sowie Klausel 3 FIDIC 1999).

Extension of Time for Completion

Anspruch auf Bauzeitverlängerung. Die meisten angelsächsischen Vertragsmuster schließen eine Diskussion über entschuldigte Bauzeitüberschreitung aus. Stattdessen gewähren die Vertragsmuster Ansprüche auf Bauzeitverlängerung, die vertragskonform geltend gemacht werden müssen. In FIDIC findet sich dazu eine Regelung in Unterklausel 8.4 FIDIC 1999.

Force Majeure

Schillernder Begriff, der in angelächsischen Verträgen üblicherweise sehr eingehend definiert wird und dann keine andere Beudetung haben soll als im Vertrag genannt. Allerdings hat der Begriff in verschiedenen Rechtsordnungen eine klare juristische Belegung, die von Act of God bis hin zu höherer Gewalt im Sinne des deutschen Rechts gehen kann. In FIDIC findet sich dazu die Klausel 19 FIDIC 1999.

Hardship

Der Begriff wird gelegentlich auch synonym mit *Force Majeure* verwendet. Im Zweifel meint er aber einen Zustand temporärer Behinderung oder Leistungserschwerung.

IPC

Interim Payment Certifcate: Gemeint ist eine Bescheinigung über eine Abschlagszahlung, die von einem nach dem Vertrag ermächtigten Dritten ausgestellt wird. Es hängt vom Wortlaut ab, ob es sich um eine *condition precedent* handelt, d.h. ob es sich um eine Voraussetzung handelt, die erfüllt sein muss, damit ein durchsetzbarer Anspruch besteht. Gemäß Unterklausel 14.6 FIDIC 1999 muss der Engineer Zwischenzahlungsbescheinigungen austellen.

Jurisdiction

Der Begriff umschreibt je nach dem Kontext in dem er verwendet wird, unterschiedliche Aspekte. Er kann mit Rechtsordnung oder Gerichtsbarkeit übersetzt werden. Geprüft wird, ob ein Schiedsgericht jurisdiction hat (Verfahrensvorausetzung) oder ob eine bestimmte Rechtsordnung einschlägig ist (z.B. als Vertragsstatut oder governing law).

Latent Condition

Häufig wird dieser Begriff verwendet, um unvorhergesehene Baugrundbedingungen zu beschreiben. Gelegentlich wird er auch in einem breiteren Sinne für unvorhergesehene Bedingungen eingesetzt.

Liquidated Damages

Im Voraus geschätzter Schadensersatzbetrag für Bauzeitüberschreitung oder Nichterreichung von Leistungsparametern. Aus rechtsdogmatischen Gründen wird im angelsächsischen Recht davon abgesehen, Vertragsstrafen (Penalties) zu vereinbaren.

Lump sum

Pauschalpreis. Handelt es sich um einen *fixed lump sum*, dann ist ein Festpreis vereinbart.

Maintenance Period

Der Begriff wird synonym mit Defects Correction Period verwendet und meint zumeist eine besondere Haftungsperiode, innerhalb derer der Unternehmer verpflichtet ist, Mängelbeseitigungsarbeiten vorzunehmen. Nur selten dürfte die gesetzliche Mängelgewährleistung erfasst oder ausgeschlossen sein, d.h. die Klausel regelt einen eigenständigen Rechtsbehelf, ohne die gesetzliche Mängelgewährleistung zu ersetzen oder auszugestalten. Letztere bleibt vollinhaltlich erhalten.

May
Können oder dürfen. Allerdings kann es der vertragliche Kontext erfordern, dass das Verb *may* die Bedeutung von *shall* hat. Im FIDIC Gold Book findet sich eine Definition zu den Begriffen.

Overheads
Häufig verwendeter Begriff, der keine klare Definition erfahren hat[6]. Zumeist beschreibt der Begriff das Phänomen von Kosten oder Ausgaben, die zum Betrieb eines Unternehmens oder zur Abwicklung einer Baustelle entstehen, ohne dass sie konkret einer vertraglichen Leistung zugeordnet werden können[7]. Dann handelt es sich um direkte Kosten (direct cost). Im Gegensatz dazu werden *Overheads* zu den indirekten Kosten (indirect cost) gerechnet[8]. Solche Kosten entstehen z.B., um den Betrieb zu führen, der die Bauleistung erbringen soll, oder um die Baudurchführung zu erleichtern oder sie zu kontrollieren. Es können auch Gebäudekosten, Gerätekosten, Gerüstkosten, Baustelleneinrichtungen und Versicherungskosten dazu gehören. Häufig wird zwischen *Head Office Overheads* und *Site Overheads* unterschieden[9]. Es existiert auch ein Vorschlag, *original overheads* und *further overheads* voneinander zu unterscheiden[10]. Sämtliche vorstehende Definitionen dienen allein dem Zweck festzustellen, worauf der Unternehmer Anspruch haben könnte. Sie können folglich nur unzuverlässig übersetzt werden, da sie stets in einem juristischen Kontext gemeint sind. In der Regel sind konkrete Angaben zu machen und Nachweise zu erbringen.

Im deutschen Nachtragswesen werden Allgemeine Geschäftskosten in Form eines Zuschlages auf die kalkulierten Kosten aufgeschlagen[11]. Der Satz wird i.d.R. von der Geschäftsleitung vorgegeben. Einzelnachweise sind unüblich, denn die Rechtsprechung begnügt sich im Rahmen von Nachtragskalkulationen mit Schätzungen oder Verweisen auf die Urkalkulation[12]. Bei der „Zuschlagskalkulation" werden die Allgemeinen Geschäftskosten umsatzbezogen kalkuliert, das heißt, der kalkulatorisch ermittelte Aufwand für die ausgeschriebenen Leistungen wird mit einem festen Prozentsatz beaufschlagt. Im Gegensatz zu den objektspezifischen Baustellengemeinkosten handelt es sich bei den Allgemeinen Geschäftskosten um umsatzbezogene Gemeinkosten für den Geschäftsbetrieb des Unternehmers[13].

---

6 Siehe Mastrandrea, The Evaluation of Contractors' Overheads Claims, ICLR 2010, 299, 300; vgl. Grand Trunk Western R Co v. HW Nelson Co, Inc, 116 F2d 823 (1941): „... These [overhead expenses] are not definable with pricision but may be said to include broadly the continuous expenses of the business, irrespective of the outlay on a particular contract."

7 Siehe den Definitionsversuch in British Telecommunications plc v. Bell Cable Media (Leeds) Ltd,[2001] BLR 343.

8 Vgl. Charles G. Williams Construction, Inc v. Thoams E White, Secretary of the Army, 271 F3d 1055 (2001); ferner Complete General Construction Co v. Ohio Department of Transportation, 760 NE 2d 364 (2002).

9 Vgl. Markanda, Building and Engineering Contracts, 994, 996.

10 Siehe Mastrandrea, The Evaluation of Contractors' Overheads Claims, ICLR 2010, 299, 301: Orginal Overheads sollen die sein, die Bestandteil des Vertragspreises sein sollten oder sind. Further Overheads sind die, die zusätzlich anfallen oder nicht vom Vertragspreis gedeckt sind.

11 Drittler, Nachträge und Nachtragsprüfung beim Bau- und Anlagenbauvertrag, Rn. 870.

12 OLG Nürnberg, Urteil vom 18.12.2002 – 4 U 2049/02, IBR 2003, 55 – Reister.

13 Siehe OLG Nürnberg, Urteil vom 18.12.2002 – 4 U 2049/02, IBR 2003, 55 – Reister.

Mit diesen Annahmen und Aussagen kann im **internationalen Geschäft** nicht gearbeitet werden. In der Regel sind konkrete Nachweise erforderlich. Es überwiegt der Kompensationsgedanke.

Preliminaries

Schwer fassbarer Begriff, der im weitesten Sinne alle Kosten umfasst, die baustellenabhängig anfallen und bauzeitabhängig oder methodenabhängig Veränderungen unterliegen. Der Begriff wird häufig synonym mit *Site Overheads* eingesetzt[14].

Proper Law of the Contract

Gemeint ist das Vertragsstatut im Sinne des „governing law".

Rate

Gemeint ist in der Regel ein Einheitspreis (*unit rate* oder *rate*), der in der BoQ (Bill of Quantity = Leistungsverzeichnis bzw. Massenverzeichnis) angegeben ist.

Reasonable

Schwer übersetzbarer Begriff (angemessen, vernünftig), der üblicherweise zur Qualifikation von Begriffen oder Standards benutzt wird. Im Einzelfall muss davon ausgegangen werden, dass der Begriff *reasonable* im angelsächsischen Recht eine konkrete Belegung hat, die sich allerdings nur im jeweiligen Kontext erschließt.

Specification

Man könnte den Begriff mit Leistungsbeschreibung übersetzen. Zumeist wird er in diesem Sinne verstanden.

Shall

Das Verb wird aus dem sächsischen Sculan (Schulden, sollen) abgeleitet. Im vertraglichen Kontext verwendet, begründet es daher zumeist eine Verpflichtung.

Substantial Completion

Im Wesentlichen umschreibt der Begriff die vertragsgerechte Fertigstellung des Werkes. Der Begriff wird teilweise synonym mit dem Zustand bei Abnahme benutzt. Allerdings führt die im Wesentlichen vertragsgerechte Fertigstellung häufig nicht unmittelbar in die Abnahme. Wann das Werk als abgenommen gilt, also der Besteller das Werk als vertragsgrecht akzeptiert, wird vertraglich häufig auf einen späteren Zeitpunkt verlagert. Im Rahmen eines FIDIC Vertrages erfolgt die „deutsche" Abnahme mit Erfüllung des Performancee Certificate.

Taking Over

Der Begriff bedeutet in der Regel das, was ihm nach dem Wortlaut des Vertrages beigemessen wird. Keinesfalls kann aus der Verwendung des Begriffes geschlussfolgert werden, hier werde die Abnahme im Sinne des deutschen Rechts gemeint sein. Häufig ist das vertraglich gerade nicht gewollt, sondern vielmehr nur das, was ursprünglich darunter zu verstehen ist, nämlich die körperliche Übergabe des Werkes. Ob und wann die juristische Abnahme erfolgt, ergibt sich aus dem Vertrag.

---

14 Siehe Mastrandrea, The Evaluation of Contractors' Overheads Claims, ICLR 2010, 299, 300.

Time at large

Zustand, der eintritt, wenn die ursprünglich vereinbarte Bauzeit aus dem Ruder gelaufen ist und der Unternehmer nicht mehr auf Zahlung von Liquidated Damages für Bauzeitüberschreitung haftet. Der Zustand tritt namentlich dann ein, wenn das Vertragswerk keine Ansprüche oder nicht in ausreichendem Umfang Ansprüche auf Bauzeitverlängerung vorsieht. Solche Ansprüche sollen verhindern, dass der Unternehmer auf Schadensersatz haftet, wenn er durch das Verhalten des Bestellers daran gehindert wird, vertargstreu zu bleiben. Der Begriff umschreibt mithin eine Situation, in der aufgrund des *prevention principle* das Festhalten an einer vertraglichen Vereinbarung nicht mehr verlangt werden kann, da der Versprechende anderenfalls Gefahr läuft, für das Fehlverhalten der anderen Vertragspartei einstehen zu müssen.

Variation

Der Begriff wird häufig mit *Change Order* synonym verwendet. In den meisten angelsächsischen Vertragsmustern wird damit eine einseitige Anordnung beschrieben, die die Leistung ändert, ohne den Leistungsgegenstand wesentlich zu ändern. Die Folgen sind im Vertragswerk näher geregelt. Häufig ist es nicht erforderlich, dass sich die Parteien vor Ausführung der geänderten Leistung auf einen Preis einigen. Die Preisanpassung erfolgt dann über den *Engineer*.

Warranty

Ein schillernder Begriff ohne klare Korrekturen, soweit er übersetzt werden soll. Letztlich handelt es sich um eine Vereinbarung, aus der Haftung folgen kann. Ob es sich im Einzelfall um eine Garantiehaftung handelt oder lediglich eine allgemeine Vertragshaftung begründet wird, hängt vom Wortlaut ab. Keinesfalls kann der Begriff schlicht mit Mängelgewährleistung übersetzt werden.

Europa-ABC

Amtsblatt der Europäischen Gemeinschaften (ABl)[15]

Das Amtsblatt erscheint in mehreren Teilen. Teil Nr. L ist für die legislativen Akte vorbehalten, das Supplement zum Amtsblatt der Europäischen Gemeinschaften (Amtsblatt S) dient zur Veröffentlichung öffentlicher Ausschreibungen.

Arbeitnehmerfreizügigkeit

Innerhalb der EU ist die Freizügigkeit der Arbeitnehmer gewährleistet, d.h. Arbeitnehmer können frei wählen, wo sie eine Arbeit aufnehmen wollen (Art. 39 EGV).

Assoziierung

Die EU kann mit einem oder mehreren Staaten Assoziierungsabkommen schließen (vgl. Art. 310 EGV), d.h. dritte Staaten in besonderer Weise zumindest teilweise am Gemeinschaftssystem teilhaben lassen (z.B. Türkei).

Berufsqualifikation

Ausländische Berufsqualifikationen sind grundsätzlich auf ihre Vergleichbarkeit mit inländischen Qualifikationen zu prüfen; es darf nicht ausschließlich darauf bestanden werden, dass inländische Diplome erworben werden und erlangt werden können[16].

---

[15] Zugang über www.europa.eu.int.

[16] Vgl. dazu Groeben/Schwarze/Tiedje/Troberg, EUV/EGV, Art. 43 EGV Rn. 81 ff.

CEN

Comité européen de normalisation (Europäische Normungseinrichtung)

CENELEC

Comité européen de normalisation électrotechnique (Europäische Normungseinrichtung)

Dienstleistungsfreiheit

In Europa herrscht Dienstleistungsfreiheit, d.h. Dienstleistungen können europaweit grenzüberschreitend erbracht werden (Art. 49 EGV).

EBWE

Europäische Bank für Wiederaufbau und Entwicklung, deren Zweck es ist, den Wiederaufbau in den mittel- und osteuropäischen Ländern zu unterstützen

EIB

Europäische Investitionsbank, deren Anteilseigner die Mitgliedstaaten der Europäischen Union sind, wird vom Rat der Gouverneure geleitet. Sie besitzt eigene Rechtspersönlichkeit und Finanzautonomie und übernimmt die langfristige Finanzierung konkreter Projekte, deren wirtschaftliche, technische, ökologische und finanzielle Lebensfähigkeit garantiert ist. Die Mittel für die Vergabe von Darlehen stammen im Wesentlichen aus Anleihen auf Kapitalmärkten; außerdem setzt sie eigene Mittel ein. Von 1994 bis 1999 engagierte die EIB sich hauptsächlich in den Bereichen Verkehr, Telekommunikation, Energie, Wasser, Bildung und Ausbildung.

ETSI

European Telecommunication Standard Institute (Europäische Normungseinrichtung)

EuGH

Europäischer Gerichtshof

EZB

Europäische Zentralbank

Freizügigkeit

Jeder Unionsbürger hat das Recht, sich im Hoheitsgebiet der EU-Mitgliedsstaaten frei zu bewegen und aufzuhalten (Art. 18 EGV).

Grünbuch

In Grünbüchern werden konzeptionelle Standpunkte dargestellt. Sie präsentieren zumeist grundlegende Konzeptionen für einen bestimmten Politikbereich, um eine breit gefächerte Diskussion auszulösen[17].

Grundfreiheiten

Europarechtlich fallen hierunter die Dienstleistungsfreiheit, die Niederlassungsfreiheit, die Freizügigkeit der Personen, die Kapitalfreiheit.

---

17 Streinz/Kugelmann, EUV/EGV, Art. 211 EGV Rn. 39.

Inländerdiskriminierung

Die Mitgliedsstaaten dürfen zwar Angehörige von Mitgliedsstaaten nicht gegenüber eigenen Staatsangehörigen diskriminieren, jedoch dürfen sie eigene Staatsangehörige gegenüber Angehörigen anderer Mitgliedstaten diskriminieren[18].

Inländergleichbehandlung

Ausländische Staatsangehörige sind wie Inländer zu behandeln und dürfen nicht schlechter als diese gestellt werden.

ISPA

Instrument structurel de préadhésion (Wirtschaftshilfeprogramm für Beitrittsbewerber von Bedeutung für den Bausektor)[19], mit dem die EU allein im Jahr 2001 eine Mrd. € bereit stellte. Gegenwärtig konzentrieren sich die ISPA Maßnahmen auf das ehemalige Jugoslawien.

Kommission

Europäische Kommission, bestehend aus Kommissaren, untergliedert in Generaldirektionen.

Niederlassungsfreiheit

In Europa herrscht Niederlassungsfreiheit, d.h. jeder kann frei wählen, von wo aus er wirtschaftlich tätig werden will (Art. 43 EGV).

PHARE

Europäisches Wirtschaftshilfeprogramm von Bedeutung für den Bausektor.[20]

Rat

Europäischer Rat, bestehend aus den Regierungen der Mitgliedsstaaten.

Richtlinie

Rechtsetzungsinstrument, mit dem die Mitgliedsstaaten verpflichtet werden, Recht zu setzen und an einen einheitlichen Standard anzupassen.

SAPARD

Special Accession Programme for Agriculture und Rural Development (Hilfeprogramm zu Strukturverbesserung für die Verarbeitung landwirtschaftlicher Erzeugnisse) der Generaldirektion Landwirtschaft mit einem Finanzvolumen von 500 Mio € im Jahr 2001.

Sprache

Die generelle Auferlegung der Verpflichtung zum Nachweis von Kenntnissen der Landessprache kann diskriminierend sein[21]; für das Vergabewesen existiert das Common Procurement Vocabulary[22].

---

18 Vgl. dazu Groeben/Schwarze/Zuleeg, EUV/EGV, Art. 12 EGV Rn. 14.

19 ABl 1999 Nr. L 161, 73; Vgl. dazu den sehr instruktiven Sonderbericht Nr. 5/2003 über die Finanzierung von Umweltprojekten in den Bewerberländern aus den Programmen PHARE und ISPA, zusammen mit den Antworten der Kommission, ABl Nr. C 167 v. 17.07.2003, 1–20; vgl. ferner § 20 1.

20 ABl 1989 Nr. L 375, 11, ABl 1999 Nr. L 161, 68; vgl. dazu den sehr instruktiven Sonderbericht Nr. 5/2003 über die Finanzierung von Umweltprojekten in den Bewerberländern aus den Programmen PHARE und ISPA, zusammen mit den Antworten der Kommission, ABl Nr. C 167 v. 17.07.2003, 1–20; vgl. ferner § 20 1.

21 Vgl. dazu Groeben/Schwarze/Tiedje/Troberg, EUV/EGV, Art. 43 EGV Rn. 84 ff.

Umsatzsteuer

Die europaweite Harmonisierung der Umsatzsteuer ist noch nicht verwirklicht. Die Binnenmarktrichtlinie schafft jedoch einen Rahmen, der im Umsatzsteuer-Binnenmarktgesetz[23] eine Regelung erfahren hat. Nach wie vor gilt im innergemeinschaftlichen nicht kommerziellen Verkehr das Ursprungslandprinzip. Im innereuropäischen Handelsverkehr gilt dagegen das Bestimmungslandprinzip. Alle Unternehmen, die am Handel mit Mitgliedsstaaten beteiligt sind, erhalten eine Umsatzsteueridentifikationsnummer (§ 27 a UStG), die wechselseitig bekannt zu geben ist. Die Umsätze sind vierteljährlich an die mitgliedsstaatlichen Verwaltungen zu melden (§ 18 a UStG). Es wird empfohlen, steuerfreie Lieferungen und Leistungen nur an Abnehmer vorzunehmen, die eine Umsatzsteueridentifikationsnummer haben[24].

Die Richtlinie 2006/112/EG des Rates vom 28. 11.2006 über das gemeinsame Mehrwertsteuersystem hat Rahmenbedingungen für ein gemeinsames Mehrwertsteuersystem geschaffen. Das gemeinsame Mehrwertsteuersystem sollte, selbst wenn die Sätze und Befreiungen nicht völlig harmonisiert werden, eine Wettbewerbsneutralität in dem Sinne bewirken, dass gleichartige Gegenstände und Dienstleistungen innerhalb des Gebiets der einzelnen Mitgliedstaaten ungeachtet der Länge des Produktions- und Vertriebswegs steuerlich gleich belastet werden. Zwei weitere Europäische Richtlinien regeln den Ort der Erbringung von Dienstleistungen bzw. die Mehrwertsteuererstattungen. Diese Richtlinien bringen grundlegende Änderungen des Umsatzsteuerrechts mit sich. Sie wurden durch den EU-Ministerrat am 12.2.2008 angenommen. Seither ist die Mehrwertsteuer auf Dienstleistungen in dem Land abzuführen, in dem die Dienstleistung in Anspruch genommen wird (d.h. in dem der Verbrauch erfolgt). Außerdem wurde ein neues Verfahren für die Einforderung von Mehrwertsteuer Erstattungen eingeführt, durch das die Bearbeitung beschleunigt wird.

- Richtlinie 2008/8/EG v. 12.02.2008 zur Änderung der Richtlinie 2006/112/EG bezüglich des Ortes der Dienstleistung (sog. Mehrwertsteuer-Systemrichtlinie – MWStSystRL): Nach den neuen Regelungen werden ab 1.1.2010 Dienstleistungen, die ein Unternehmen für ein anderes Unternehmen erbringt, dort besteuert, wo der Kunde ansässig ist, und nicht an dem Ort der Niederlassung des Dienstleistungserbringers. Dienstleistungen von Unternehmen an private Verbraucher werden dagegen nach wie vor an dem Ort besteuert, an dem der Dienstleistungserbringer ansässig ist.

  Besondere Regelungen gelten für Dienstleistungen an Unternehmen und an Verbraucher, die den Grundsatz der Besteuerung am Ort des Verbrauchs widerspiegeln sollen. Solche Ausnahmen betreffen Dienstleistungen wie Restaurant- und Verpflegungsdienstleistungen, die Vermietung von Beförderungsmitteln, Dienstleistungen in den Bereichen Kultur, Sport, Wissenschaft, Unterricht und Erziehung sowie Telekommunikationsdienstleistungen, Rundfunk- und Fernsehdienstleistungen und elektronisch erbrachte Dienstleistungen für Verbraucher.
- Richtlinie 2008/9/EG v. 12.02.2009 zur Regelung der Erstattung der Mehrwertsteuer gemäß der RL 2006/112/EG an nicht im Mitgliedstaat der Erstattung, sondern in einem anderen Mitgliedstaat ansässige Steuerpflichtige: Ebenfalls ab dem 1.1.2010 wird das bisherige Verfahren zur Erstattung von Mehrwertsteuer, die Unternehmen in der EU in Mitgliedstaaten zu entrichten haben, in denen sie nicht niedergelassen sind, durch ein neues, rein elektronisches Verfahren ersetzt. Dieses Verfahren soll für eine Beschleunigung der Erstattungen sorgen.

---

22 ABl Nr. L 340 v. 16.12.2002, 1.
23 Das Gesetz ist im UStG integriert.
24 Vgl. Lenz/Borchhardt/Wolffgang, EGV, Art. 93 Rn. 24.

Verordnung

Rechtssetzungsakt der EU mit unmittelbarer Wirkung; Rechtssetzungsinstrument, mit dem europaweit unmittelbar geltendes Recht gesetzt wird

Vorsteuerabzug

Ein steuerpflichtiger Bauunternehmer, der nach Art. 21 Nr. 1 der 6. USt-Richtlinie als Empfänger einer Dienstleistung (Subunternehmerleistungen) die darauf entfallende Mehrwertsteuer schuldet, braucht für die Ausübung seines Vorsteuerabzugsrechts keine nach Art. 22 Abs. 3 der 6. Richtlinie ausgestellte Rechnung zu besitzen[25].

Warenverkehr

Innerhalb der EU gilt der Grundsatz des freien Warenverkehrs. Behinderungen des freien Warenverkehrs sind grundsätzlich verboten.

Weißbuch

In Weißbüchern werden konzeptionelle Standpunkte dargestellt. Sie beinhalten in der Regel bereits konkrete Vorschläge für Maßnahmen[26].

Zölle

Ein- und Ausfuhrzölle oder Abgaben gleicher Wirkung sind zwischen den Mitgliedsstaaten verboten (Art. 23, 25 EGV).

25 EuGH, Urt. v. 01.04.2004, Rs C-90/02.

26 Streinz/Kugelmann, EUV/EGV, Art. 211 EGV Rn. 39.

Kapitel 1
Einführung

§ 1 Rechtsquellen

Schrifttum

Hök/Manterfeld, Internationales Bau- und Architektenrecht in: Korbion, Baurecht, Köln 2005; Kegel/ Schurig, Internationales Privatrecht, 9. Auflage, München 2004; Günal. An Example of Consensual Contracts: Locatio Conductio Rei, Ankara Law Journal, Vol.1 No.2 (Winter 2004), 201–211; Koch/Magnus/Winkler v. Mohrenfels, IPR und Rechtsvergleichung, 3. Auflage, München 2004; Lenz/Borchhardt, EGV, 3. Auflage, Köln 2003; Streinz/Bearbeiter, EUV/EGV, München 2003; Wehberg, Pacta sunt servanda, The American Journal of International Law, Vol. 53, No. 4 (Oct., 1959), 775–786

Das Bauhandwerk gehört mit zu den ältesten Handwerksberufen auf der Welt. Es befriedigt ein natürliches menschliches Bedürfnis. Wohn- und Gewerbebauten sowie Gebäude zu Repräsentationszwecken und Infrastrukturvorhaben (Brücken, Wasserleitungen, Straßen, Häfen, etc.) sind ein Bestandteil der menschlichen Kultur; und dies seit mehr als 3000 Jahren. Bautechniken und Baustile entwickelten sich zumeist lokal und verbreiteten sich, in dem die Baumeister ihre Dienste manchmal freiwillig und manchmal unfreiwillig neuen Dienstherren anboten, jeweils aber zu den lokal üblichen Bedingungen. 1

Aus dem einstigen Bauhandwerk hat sich bis in die heutige Zeit ein wichtiger Wirtschaftsfaktor entwickelt. In Europa überwiegen die kleinen und mittelständischen Unternehmen, die sich oftmals noch als lokale Handwerksunternehmen verstehen, während die größeren Bauunternehmen schon seit Jahrzehnten vor allem im **Anlagenbau** und für **Infrastrukturvorhaben** grenzüberschreitend tätig sind. Aber auch kleinere und mittlere Handwerksunternehmen sowie zunehmend auch Architekten und Ingenieure müssen sich international grenzüberschreitend orientieren und sich dem Wettbewerb ausländischer Konkurrenz stellen oder mit ihr zusammenarbeiten. In der Europäischen Union werden die lokalen Märkte transparenter; der Wettbewerb um Aufträge internationalisiert sich. Es herrscht grundsätzlich Dienstleistungs- und Niederlassungsfreiheit, d.h. alle Berufe und Berufsgruppen sind grundsätzlich berechtigt, ihre Leistungen europaweit anzubieten. 2

In die Bewältigung eines Bauvorhabens sind verschiedene Berufsgruppen involviert, die jeweils besondere Fachkenntnisse besitzen, weil der Bauherr in der Regel nicht über die ausreichenden Kenntnisse verfügt. Zur Bewältigung des Bauvorhabens gehört Zusammenarbeit verschiedener Berufsgruppen und deren Koordinierung bzw. Steuerung einerseits und die Beachtung des lokalen Bauplanungs- und Bauordnungsrechts andererseits. Die besondere Problemstellung auf der Baustelle hat weltweit umfangreiches Kautelarrecht entstehen lassen, das ohne das jeweils zugrunde liegende Recht oftmals unverständlich wirkt. Bei internationalen Bauvorhaben arbeiten aber typischerweise für den Bauherrn Berufsträger aus verschiedenen Ländern mit unterschiedlichen Rechtsordnungen zusammen. Damit gewinnt das Internationale Baurecht (als das Recht, das über die Frage nach dem eigentlich anwendbaren Baurecht entscheidet[1]) an Bedeutung, denn auch im internationalen Geschäft hängt die Kalkulierarbeit eines Auftrages davon ab, ob und wie Rechtssicherheit besteht und welche Möglichkeiten zur Streitbeilegung sich auftun. Zwar herrscht im Baugewerbe weitgehend Vertragsfreiheit; doch kollidie- 3

---

[1] Hierzu unten §§ 3 ff.

ren nationale Gesetze und Gebräuche, wenn Bauhandwerker oder -unternehmen aber mit Auftraggebern aus anderen Nationen zusammenarbeiten oder sich die Baustelle in einem Drittstaat befindet.

4 Die Zusammenarbeit zwischen Bauherrrn, Auftragnehmern, Architekten und Ingenieuren wird aus juristischer Sicht stets unter dem Gesichtspunkt einer etwaigen Streitigkeit beurteilt. Das gilt auch, wenn es niemals zu einer Streitigkeit kommt. Der zukünftige Standpunkt des voraussichtlich zuständigen Gerichts gibt den Orientierungsmaßstab für die Gestaltung von Verträgen. Grundsätzlich bestehen zwei Möglichkeiten, streitige Rechtsfragen zu bewältigen, die sich aus grenzüberschreitenden Sachverhalten ergeben. Traditionell regelt das **Internationale Privatrecht** der von dem Streitfall betroffenen Staaten, welches nationale Recht das fragliche Rechtsverhältnis beherrscht. Daneben, oftmals auch vorrangig, finden sich Regelungen im so genannten **Einheitsrecht** (z.B. dem **Wiener UN-Kaufrecht** oder kurz **CISG**). Überdies wird die Literatur[2] nicht müde, das Vorhandensein einer weltweiten ungeschriebenen Rechtsordnung der Kaufleute zu behaupten, der sog. **lex mercatoria**[3]. Tatsächlich ist es schwer, eine solche lex mercatoria zu identifizieren[4]. Innerhalb der europäischen Union wird auch über die Vereinheitlichung des Bauvertragsrechts nachgedacht[5].

5 Das materielle Recht kann aus verschiedenen Rechtsquellen geschöpft werden[6]. Insoweit lassen sich keine verallgemeinernden Aussagen treffen, weil die kulturelle und rechtliche Entwicklung in den unterschiedlichen Staaten sehr unterschiedlich vor sich ging und diese Unterschiede sich noch heute prägend auswirken. Während in den Staaten des anglo-amerikanischen Rechtskreises (grob zusammengefasst USA, England, Irland, Australien, Kanada (teilweise), Indien, Kenia[7]) überwiegend Fallrecht und nur sekundär förmliche Gesetze vorherrschen, überwiegen in den kontinentaleuropäischen Staaten und den zu dieser Großfamilie gehörenden Rechtsordnungen Kodifikationen mit allerdings unterschiedlicher Geschichte und Prägung, so dass man insoweit wiederum eine romanische Rechtsfamilie (Italien, Spanien, Portugal, Frankreich, Belgien, Niederlande und im Zweifel deren ehemalige Kolonien)[8], eine deutsche Rechtsfamilie (Deutschland, Österreich, Schweiz) und eine skandinavische Rechtsfamilie unterscheiden kann. Das **Richterrecht** hat jedoch auch in den Ländern des Civil Law eine nicht zu unterschätzende Bedeutung, denn überall dort, wo der Gesetzgeber auf Standards (z.B. Grundsätze des Islam, Sitten und Gebräuche, etc.) und/oder offene Rechtsbegriffe zurückgreift, haben die Gerichte quasi Gesetzgebungsbefugnisse.

6 Ein vereinheitlichtes europäisches Bauvertragsrecht existiert bislang nicht[9]. In den Mitgliedsstaaten der Europäischen Union wird die Rechtsentwicklung heute maßgeblich

---

2 Vgl. Schilf IHR 2004, 236, 237.

3 Zu den Unidroit Principles als Vertragsstatut siehe Hök ZfBR 2008, 115. Molineaux gebührt das Verdienst, erstmals eingehend die lex mercatoria constructionis beleuchtet zu haben; siehe Molineaux, „Moving Toward a Construction Lex Mercatori—A Lex Constructionis“, (1997) 14 Journal of International Arbitration 55.

4 Mankowski RIW 2011, 30, 40 f.

5 Siehe dazu Jansen, Towards a European Building Contract Law, Zwolle 1998, 87; Kohl, Droit de la construction et de la promotion immobilière en Europe: Vers une harmonisation de la protection du consommateur en droit de la construction, Brüssel 2008; Kohl, Towards a European Consumer Construction Law, ICLR 2010, 211 ff.

6 Informativ ist die Linkliste bei http://www.constructionweblinks.com/.

7 Vgl. Koch/Magnus/Winkler v. Mohrenfels, IPR und Rechtsvergleichung, 333 ff.

8 Vgl. Koch/Magnus/Winkler v. Mohrenfels, IPR und Rechtsvergleichung, 364 ff.

9 Siehe Kohl, Towards a European Consumer Construction Law, ICLR 2010, 211 ff.

von Rechtsetzungsakten der Europäischen Union mitgeprägt[10]. Teilweise verdrängt das europäische Recht sogar das nationale Recht. Es ist Tatsache, aber leider nur wenig bekannt, dass inzwischen bis zu 80% des deutschen Wirtschaftsrechtes seinen Ursprung in Rechtsetzungsakten der Europäischen Union hat. Das Europarecht, auf dem viele nationale Regelungen beruhen (z.B. das deutsche Vergaberecht), muss auch im Bausektor zwingend beachtet werden. Bei der praktischen Anwendung gelten einige Besonderheiten. Das Europäische Recht ist z.B. einheitlich und autonom auszulegen. Hierüber wacht der Europäische Gerichtshof (Art. 220 EGV). Die europäische Rechtslage ist bislang uneinheitlich. Es existieren z.B. wesentliche und grundlegende Unterschiede in Bezug auf die Haftung und die Versicherung[11]. Allerdings wird nachhaltig an einer Rechtsvereinheitlichung gearbeitet[12].

Recht ist eine tatsächliche Erscheinung in allen zivilisierten Gemeinschaften. Sukzessi- 7
ve haben sich Regeln des Zusammenlebens entwickelt, begleitet oder gefolgt von Modellen zur Rechtsdurchsetzung. Eine der ältesten Sammlungen von rechtlichen Regeln ist im **Codex Hammurabi** zusammengefasst, wo es sinngemäß heißt: Wenn jemand einen Anspruch auf Korn oder Geld gegen einen anderen hat und er ihn einsperrt und der Gefangene im Gefängnis eines natürlichen Todes stirbt, soll die Angelegenheit nicht weiter verfolgt werden (Regel 115 Code Hammurabi). In Regel 229 des Codex Hammurabi heißt es weiter: Wenn der Unternehmer ein Haus für einen anderen baut und es nicht ordnungsgemäß herstellt und das Haus, das er errichtet hat, zusammenfällt und den Eigentümer tötet, soll der Unternehmer den Tod erleiden. Nachhaltige Bedeutung hat noch heute der Corpus Iuris Civils aus römischer Zeit. Der **Codex Iustinianus** gehört zu dem Gesamtwerk welches später den Namen Corpus Iuris Civilis, zu dem neben dem Codex Iustinianus noch die Digestae (Rechtsurteile), die Institutiones (ein Rechtslehrbuch) und die Novellae (später ergänzte Kaiserkonstitutionen) gehören. Die Sammlung wurde vom römischen Kaiser Iustinian um 530 in Auftrag gegeben. Im Hochmittelalter erlebten der Codex Iustinianus und die anderen Teile des Corpus eine Renaissance. Auf dieses römische Recht berufen sich heute noch Juristen weltweit. In Schottland, Südafrika und Botswana ist das alte römische Recht nach wie vor eine unmittelbare Rechtsquelle. Das römische Recht hat vor allem auch die kontinentaleuropäischen Rechtsordnungen beeinflusst und geprägt. Das gilt namentlich für das Vertragsrecht und im Besonderen für das Werkvertragsrecht. Zwar hatte das Werkvertragsrecht anders als das Kaufrecht im Römischen Reich nur eine geringe praktische Bedeutung. Doch sind die Ursprünge des heutigen deutschen und französischen Werkvertragsrechts unzweifelhaft römisch-rechtlicher Natur. Im internationalen Geschäft hilft es ungemein, sich dieser Ursprünge bewusst zu sein. Das heutige von Land zu Land geltende Recht scheint auf den ersten Blick sehr unterschiedlich zu sein. Doch häufig trügt dieser Schein und ein Rückbesinnen auf die gemeinsamen Wurzeln ist hilfreich, um Brücken zu bauen und Missverständnisse abzubauen. Das römische Recht kannte keinen Werkvertrag. Stattdessen gab es die *locatio conductio*, die in drei Formen vorkam: (1) Locatio conductio rei (Miete eines Gegenstandes), (2) locatio conductio operarum (Miete von Dienstleistungen), (3) locatio conductio operis (Miete eines Werkes). Die Parteien dieser

[10] Vgl. dazu § 2.

[11] Mathurin, Etude des responsabilités, des garanties et des assurances dans la construction en vue d'une harmonisation au niveau communautaire, Rapport Final, Brüssel, EU Kommission, III/8326/89-FR, 1989; Jansen, Unification of Liabilites in the European Construction Industry, ICLR 1995, 440 ff.

[12] Siehe zu den Anstrengungen, die auf verschiedenen Ebenen innerhalb der EU vorangetrieben werden Kohl, Towards a European Consumer Construction law, ICLR 2010, 211, 216 f. Siehe auch Wendehorst, Das Vertragsrecht der Dienstleistungen im deutschen und künftigen europäischen Recht, AcP 2006, 205, 290–296.

Verträge waren der Locator (Vermieter) und der Conductor (Mieter). Im römischen gemeinen Recht übergab der Locator dem Conductor das Werk zur Ausführung, der es nach Fertigstellung an den Locator zurückgibt (locatio conductio operis)[13]. Rechtssystematisch wurde also eine Werkleihe vereinbart, die noch heute den gesetzlichen Wortlaut in Frankreich und Rumänien prägt (Französisch: Louage d'Ouvrage). Das deutsche Recht hat sich von dem römisch-rechtlichen Wurzeln begrifflich emanzipiert, ohne sie allerdings völlig aufzugeben. Es spricht heute vom Werkvertrag (§§ 631 ff. BGB). In Schottland und Südafrika hingegen wird noch heute der lateinische Begriff *locatio conductio operis* verwendet. Südafrikanische Gerichte definieren den Werkvertrag (*locatio conductio operis*) als Vertrag, der die Lieferung eines Arbeitsproduktes gegen Zahlung beinhaltet[14]. Er verpflichtet den „Conductor" die Arbeit auszuführen, die er verpflichtet ist zu erledigen, bevor das Vertragsentgelt verlangt werden kann[15]. Gegelegentlich wird der Begriff „*locatio conductio operis*" synonym mit Pauschalpreisvertrag verwendet[16]. Es handelt sich um einen gegenseitigen Vertrag, bei dem die Verpflichtung zur Zahlung unter der Bedingung fällig wird, dass die Vorleistung, sprich das Werk herzustellen, ausgeführt ist[17]. Das römische Recht hat eine Vielzahl von bis heutigen gültigen Aussagen und Rechtssätzen geprägt und formuliert, wie z.B.

- **Pacta sunt servanda**: Vertrag ist Vertrag. Dieser Grundsatz ist in Art. 1134 Code Civil (F), dem deutschen Recht, im angelsächsischen Recht und in der Shari'a anerkannt[18].
- **Clausula rebus sic stantibus**: Wegfall der Geschäftsgrundlage. Hierbei handelt es sich um ein Rechtsinstitut, das in der internationalen Praxis als gefährliche Ausnahme vom Grundsatz „pacta sunt servanda" verstanden wird, das eng auszulegen ist[19].
- Exceptio non adimpleti contractus (Einwand der Nichterfüllung)[20]
- **Prevention Principle**: Nullus commodum capere potest ex sua injuria propria – No one can derive an advantage from his own wrong[21] (Niemand soll einen Vorteil aus seinem eigenen Fehlverhalten erlangen).
- **Venire contra factum proprium**: Widersprüchliches Verhalten.

8 **Religionsgemeinschaften** hatten in der Vergangenheit und haben auch noch heute einen großen Einfluss auf die Gestaltung des Rechts. Im Koran steht, dass der Gläubige alle Verträge erfüllen muss[22]. Ähnliche Anhaltspunkte finden sich in der Bibel[23]: Wenn jemand dem HERRN ein Gelübde tut oder einen Eid schwört, daß er seine Seele verbindet, der soll sein Wort nicht aufheben, sondern alles tun, wie es zu seinem Munde ist ausgegangen[24]. Während allerdings der christliche Einfluss auf Gesetzgebung und Recht-

13 Günal. Ankara Law Journal, Vol.1 No.2 (Winter 2004), 201–211.
14 Vgl. auch Thompson v. Scholtz (167/96) [1998] ZASCA 87; 1999 (1) SA 232 (SCA); [1998] 4 All SA 526 (A) (28 September 1998).
15 Kamaludin v. Gihwala, 1956 (2) SA 323 (C), 326.
16 Pellow & Williams v. Club Refrigeration (South African Court of Appeal, 29.9.2004, Az. 469/03).
17 Vgl. Du Plesiss v. Ndjavera (A. 245.2001) [2001] NAHC32 (27 September 2001; Ndjavera v. Du Plessis (SA23/01; SA23/01) [2003] NASC 2 (24 January 2003).
18 Liamco v. Libya award, April 12, 1977, Yearbook Commercial Arbitration, (1981), 101.
19 ICC Schiedsspruch Nr. 1512 (1972), YCA 1976, 129 = Clunet 1974, 905 ff.
20 Vgl. Wynns Car Care Products (Pty) Ltd v. First National Industrial Bank 1991(2) SA 754 (A) at 757 E–F; ESE Financial Services (Pty) Ltd v. Cramer 1973(2) SA 805 (C) at 809 D–E.
21 620 Collins Street Pty Ltd v. Abigroup Contractors Pty Ltd (No. 2) [2006] VSC 491; Reynolds v. United States, 98 U.S. 145, 158 (1879).
22 Koran, 5:1.
23 Wehberg, The American Journal of International Law, Vol. 53, No. 4 (Oct., 1959), 775–786.
24 Bibel, 30:2.

sprechung als Ergebnis der Aufklärung und der nachfolgenden Trennung von Staat und Kirche nachgelassen hat, beeinflusst der Koran auch heute noch stark Gesetzgebung und Rechtsprechung. In Saudia Arabien und dem Oman gelten die Gebote des Koran noch unmittelbar. In den Magrebh-Staaten und Ägypten verweisen die Kodifikationen auf den Koran als sekundäre Rechtsquelle (vgl. Art. 1 Code Civil (Ägypten). Art. 2 Code Civil der Vereinigten Arabischen Emirate verweist bezüglich des Verständnisses und der Auslegung des Gesetzestextes auf die Prinzipien der islamischen Rechtsprechung. Art. 1 Abs. 2 des Code Civil von Qatar besagt: Wenn keine gesetzliche Regelung vorhanden ist, soll der Richter gemäß der Islamischen Shari'a entscheiden; wird er darin nicht fündig, soll er gemäß den Sitten und Gebräuchen oder anderenfalls nach Billigkeit entscheiden. Das islamische Recht wird also nach wie vor stark von den Lehren des Koran geprägt. Auch in den islamischen Ländern, in denen das Zivilrecht kodifiziert ist, ist dies der Fall, da die Kodifikationen bewusst eine richterliche Ermächtigung enthalten, islamische Rechtsgrundsätze anzuwenden (vgl. Art. 1 Civil Code Ägypten). Die Grundsätze von Riba (Verbot der Kapitalverzinsung) und Gharar (Verbot der Rechtsunsicherheit) haben großen Einfluss auf Gesetzgebung, Rechtsprechung und das Verhalten von Vertragspartnern.

Istisna: Istisna'a ist eine Entwicklung der islamischen Rechtslehre (Fiqh)[25], denn damit ist ausnahmsweise eine vertragliche Bindung bezüglich eines noch nicht existenten Gegenstandes zulässig, obwohl grundsätzlich das Verbot von Gharar besteht[26]. Es handelt sich um einen Vertrag, durch den sich eine Partei verpflichtet, eine bestimmte Sache gegen einen festgelegten Preis zu einem bestimmten Termin herzustellen, die auf der Grundlage bestimmter vereinbarter Spezifikationen hergestellt werden kann. Der Vertragsgegenstand existiert also bei Lieferung. Heute versteht man unter **Istisna** vermehrt eine Finanzierungsform. Der Bauvertrag wird durch dem Begriff **Muqawala** gekennzeichnet.

Gharar: Grundsätzlich verbietet der Koran Geschäfte bezüglich Dingen, die es noch nicht gibt, wenn der Vertrag geschlossen wird[27]. Diese Prinzip wird Gharar (kurz: Risiko, Zufall, Unsicherheit) genannt. Praktische Gründe und Gerichtigkeitserwägungen haben die islamische Rechtslehre (Fiqh) veranlasst, Istisna ausnahmsweise für zulässig zu erachten.

Riba: Im Islam ist die Fruchtziehung aus Kapital verboten. Jeder Erwerb eines zusätzlichen Vorteils muss auf sich aus der Entfaltung einer Anstrengung, sei sie individueller oder gemeinsamer Art, einem Tausch, einem Geschenk oder einer Erbschaft ergeben. Ausschließlich diese vier Aspekte sind legitime Quellen der Wertschöpfung[28]. Das islamische Recht verbietet die Ansammlung von Geld. Geld stellt für sich keinen Wert dar, sondern es ist lediglich Mittel zum Zweck. Die Vorgaben des Koran ermutigen dazu, Geld auszugeben und es zirkulieren zu lassen[29]. Folglich ist Gewinnstreben nur legitim, wenn es auf einer Anstrengung und der Übernahme eines Risikos beruht. Hieraus folgt wiederum das allgemeine Zinsverbot (Arabisch: Riba). Gemeint ist jede Form von Wu-

---

[25] Vgl. auch Schacht, An Introduction to Islamic Law, 1965, 155; Comair-Obeid, Les contrats en droit musulman des affaires, 153.
[26] Vgl. Art. 124 Majella (siehe unten).
[27] Bunni, FDIC forms of contract, 44.
[28] Karich, Revue Bancaire et Financière 2004, 225, 226.
[29] Karich, Revue Bancaire et Financière 2004, 225, 226.

cher und unverdienter Kapitalzuwachs[30]. Riba kann man daher als monetären Vorteil ohne Gegenwert, oder einen Vorteil, der zugunsten einer von zwei Parteien im Austausch von zwei Geldwerten gewährt wird, definieren[31].

Muqawala: Der eigentliche Bauvertrag (Muqawala) ist in den VAE (in Art. 872 ff. Code Civil VAE) und Qatar (in Art. 682 ff. Code Civil Qatar) gesetzlich geregelt. In der Praxis finden häufig FIDIC-Muster Verwendung, z.B. auch im Oman, dessen Zivilrecht bislang unkodifiziert ist.

9 Das Heilige Recht (*Shari'a*) wird von den Juristen aus drei Quellen mit Offenbarungsrang abgeleitet. Es sind dies erstens der *Koran*, Gottes Wort, zweitens die *Sunna*, die normative Praxis des Propheten in Wort und Tat, durch die Gottes Botschaft verbindlich interpretiert wird und drittens – spätestens seit dem 10. Jahrhundert – der *consensus* (*idschmaa*) der gelehrten Juristen. Als vierte Quelle der Normen des heiligen Rechts gilt die Methode des Analogieschlusses (*qiyas*). Zum Analogieschluss treten andere Methoden der Rechtsfindung, die nicht als Rechtsquellen gelten, sondern als zulässige Methoden der Argumentation und der Rechtsfindung. Die wichtigste ist zweifellos die der „individuellen Bemühung um die Feststellung der richtigen Norm" (*idschtihad*). Diese Methode erlaubt es den Juristen, neue Normen durch individuelle Vernunftanstrengungen zu begründen. Diese Rechtsquellen und Rechtfindungsmethoden finden sich in der juristischen Literatur, die in der zweiten Hälfte des 8. Jahrhunderts und im 9. Jahrhundert in den Städten des Irak, des Hedschaz, Syriens und Ägyptens entsteht.

10 Das islamische Recht, die Shari'a, ist also kein Gesetzeswerk, vergleichbar dem BGB. Shari'a ist eher der Oberbegriff für die Gesamtheit der dem Menschen auferlegten Handlungsweisen; eine Art Regelwerk für alle Lebenslagen. Ihre primären Quellen sind der **Koran** und die **Sunna**. Der Koran ist aber weder wissenschaftliches Werk noch Gesetzestext. Es handelt sich um die Aufzeichnungen der Offenbarungen, aus der Sicht eines gläubigen Moslems das unmittelbare Diktat Gottes. Die **Sunna** besteht aus Überlieferungen über die Taten und Worte des Propheten Mohammad. Als dritte Quelle existiert der Konsens (Ijma – *idschmaa*) der Rechtsgelehrten und als vierte die Rechtsfindung durch die Juristen mittels Analogie (Qiyas) und Logik (aql). Das selbständige Denken der Juristen ist im Grunde nichts anderes als die Anwendung von **Ijtihad** *(idschtihad)*. Nach westlichem Verständnis handelt es um eine Methode, um Vorschriften abzuleiten, die die Qualität einer Rechtsquelle erlangen. Diese Methode wird bei den Sunniten qiyas (Analogie), bei den Schiiten aql (Vernunft oder Logik) genannt[32]. Die Tür zur Analogie (Ijtihad) ist allerdings seit dem 10. Jahrhundert weitgehend verschlossen[33]. Die Ableitung juristischer Aussagen nennt man Fiqh. Fiqh bedeutet wörtlich das Verstehen oder die Einsicht. Damit wird ausgedrückt, dass es 2 Stufen gibt: zum einen die Shari'a, die göttlichen Ursprungs ist und in der Offenbarung versteckt. Und das Fiqh-Recht: das Ergebnis menschlicher, daher fehlbarer Analyse. Eine andere Art, dieses Verhältnis zu umschreiben, ist, Shari'a-Recht als Gottesrecht und Fiqh-Recht als Juristenrecht zu bezeichnen.

[30] Majid ICLR 2003, 177, 185.

[31] Majid ICLR 2003, 177, 185.

[32] Maury in: Travaux de la Semaine Internationale de Droit – Influence du Code Civil dans le Monde, Paris 1954, 827, 832.

[33] Maury in: Travaux de la Semaine Internationale de Droit – Influence du Code Civil dans le Monde, Paris 1954, 827, 832.

Die islamische juristische Wissenschaft wurde von Hanafi als die Kenntnis, die der Mensch von dem hat, was für ihn und was gegen ihn ist, d.h. das Wissen um die spirituelle Belohnung und die Bestrafung[34]. Hieraus entwickelte sich die Definition, wonach Fiqh das Wissen über das ist, was erlaubt und was verboten ist[35]. Im 19. Jahrhundert sprach man bereits von der Kenntnis der offenbarten oder von den Rechtsgelehrten hergeleiteten Gesetze[36]. Shari'a und Fiqh ergänzen sich[37]. Der Koran und die Tradition, vervollständigt um die Erkenntnisse der Lehre und die gemeinsame Grunderkenntnis formen ein großes Ganzes, das gleichzeitig religiös, ethisch und juristisch ist[38]. 11

Es existieren vier sunnitische juristische Schulen und eine schiitische Schule des Islam (Shī'ah). Jede sunnitische Rechtsschule ist nach einem klassischen islamischen Juristen benannt. Zu nennen sind 12

- Shafi'i (Verbreitung in Indonesien, Malaysia und dem Vorderen Orient)
- Hanafi (Verbreitung in Zentralasien, Pakistan, Türkei, Syrien, Jordanien)
- Maliki (Nord Afrika und West Afrika und Sudan)
- Hanbali (Arabien, Saudi Arabien)

Diese Gelehrten haben die vier bekanntesten sunnitischen Rechtsschulen begründet, die sich trotz Differenzen in rechtlichen und rituellen Fragen als rechtgläubig anerkennen und sich gegenseitig respektieren. Es handelt sich um die Hanafiten, Gründer Abu-Hanifa (699–767), die Malikiten, Gründer Malik (715–795), die Shafiiten, Gründer Shafi'i (767–820), und die Hanbaliten, Gründer Ibn Hanbal (780–855). Der Iran gehört zur schiitischen Rechtsschule. Dort gilt Shī'ah Recht (schiitisches Recht).

Die erste Sammlung islamischen Rechts ist die osmanische **Majella** aus dem Jahr 1876. 13
Die Majella fasst die islamische Jurisprudenz in einem kodifizierten Gesetzbuch zusammen. Dabei kompiliert sie die herkömmlichen islamischen Vorschriften und basiert hauptsächlich auf hanafitischem Recht. Mit der Majella sollte das materielle Recht übersichtlicher und dem Rechtsanwender ein praktikablerer Gesetzestext in die Hand gegeben werden. Im 20. Jahrhundert haben im arabischen Raum die Sanhouri Codes (siehe unten) das osmanische Recht abgelöst, das heute de facto nur in den palästinensischen Gebieten gilt[39]. Die Türkei hat dagegen schweizerisches Recht übernommen, was sich zum Beispiel auch in der Trennung zwischen Obligationenrecht (Borclar Kanunu) und Zivilgesetzbuch (Medeni Kanunu) ausdrückt.

Abdel Razzak el **Sanhouri** (1895–1971) war ein ägyptischer Jurist und Gelehrter, der 14
den ägyptischen Civil Code und den syrischen Civil Code entworfen und geprägt hat. Diese Gesetzeswerke haben anschließend den gesamten arabischen Raum und Teile des Maghreb beeinflusst. Sanhouri ist für seinen Ansatz bekannt, das islamische Recht wiederherzustellen, in dem er sich von modernen kontinentaleuropäischen Kodifikationen sowie dem US-amerikanischen Recht inspirieren ließ. Er unternahm es, die Shari'a und traditionelle Ansätze in einen modernen Kontext zu setzen und das islamische Recht zu kodifizieren. Soweit sich hierin keine besonderen Ansätze fanden, griff er

34 Vgl. Milliot/Blanc, Introduction à l'étude du droit musulman. Rn. 197.
35 Vgl. Milliot/Blanc, Introduction à l'étude du droit musulman. Rn. 197.
36 Vgl. Milliot/Blanc, Introduction à l'étude du droit musulman. Rn. 197.
37 Milliot/Blanc, Introduction à l'étude du droit musulman. Rn. 198.
38 Milliot/Blanc, Introduction à l'étude du droit musulman. Rn. 198.
39 Vgl. Maury in: Travaux de la Semaine Internationale de Droit – Influence du Code Civil dans le Monde, Paris 1954, 827, 834.

pragmatisch auf westliche Vorbilder zurück. Regelungstechnisch ließ sich Sanhouri stark vom schweizerischen Recht inspirieren, z.B. hinsichtlich der Rolle der Gerichte als rechtssetzende Kraft. Hierauf ist Art. 1 Abs. 2 des ägyptischen Civil Code aufgebaut, der den Gerichten aufgibt, ergänzend Bräuche und islamisches Recht anzuwenden[40]. Das ägyptische Bauvertragsrecht ist wiederum stark an das französische Vorbild angelehnt, was sich darin ausdrückt, dass der ägyptische und syrische Code Civil jeweils die französische *responsabilité décennale* übernommen haben. Diesem Vorbild sind viele arabische Gesetzgeber gefolgt[41].

15 Das ägyptische Zivilgesetzbuch von 1949 hat großen Einfluss auf das Zivilrecht Libyens, des Sudans, Algeriens, Jordaniens, Syriens, Somalias, des Iraks, Kuwaits und anderer Golfstaaten ausgeübt, ausgenommen Oman und Saudi Arabien. Es hat auf diese Weise zur Schaffung eines „ägyptischen Rechtskreises" in der arabischen Welt beigetragen, innerhalb dessen das Vermögensrecht stärker vereinheitlicht wurde als im Rahmen der Europäischen Gemeinschaft. Die Diskussionen der Rechtswissenschaft über diese Arabisierung des Zivilrechts haben die Grundlagen für eine Vereinheitlichung der arabischen Rechtswissenschaft in diesem Bereich gelegt. Sanhuri's Studien haben auch heute noch große Bedeutung für das Verständnis des arabischen Zivilrechts.

16 **Bauvertrag und seine rechtliche Natur**: Dieses Buch beschäftigt sich mit Vertragsverhältnissen, die für die Abwicklung eines Bauvorhabens erforderlich sind. Typischerweise regeln solche Verträge die Aufgabenstellung eines Unternehmers und die für die Erledigung der Aufgabe zu entrichtende Vergütung. Außerdem verteilen sie die Verantwortung für den Produktionsprozess auf die Schultern der Vertragsparteien. Vor allem von den Mitgliedern zweier Berufsgruppen wird traditionell erwartet, dass sie über die Kunst des Bauens Bescheid wissen: der Architekt und der Bauunternehmer. Nur sie allein sind – so die Vermutung oder Annahme – in der Lage sämtliche Umstände in Betracht zu ziehen[42]. Es wird erwartet, dass sie das Bauvorhaben (so wie es geplant ist) studieren und den Baugrund und die damit verbundenen Risiken beurteilen[43]. Auf der anderen Seite nehmen diese beiden Berufsgruppen dieses Wissen für sich in Anspruch; es ist Teil ihres Werbens um Aufträge. Während allerdings der Architekt der Fachmann für das „Was" ist, versteht sich der Unternehmer als Fachmann für das „Wie"[44]. Insoweit ergänzen sich Architekt und Unternehmer und ersetzen sich nicht.

17 Schon traditionell hat die Natur des Bauvertrages bzw. der Leistungen für ein Bauvorhaben eine wichtige Bedeutung. In verschiedener Hinsicht prägt sie den Inhalt der relevanten Verträge. So versteht etwa das französische Recht, gefolgt von den Ländern, die die *Responsabilité Décennale* übernommen haben, die arbeitsteilige Beteiligung von Architekt und Bauunternehmen als Gesamtverantwortung (vgl. Art. 1792-1 Code Civil (F)[45]). Folglich ist es verständlich, dass beide im französischen Rechtskreis sowie in den meisten arabischen Staaten wie Gesamtschuldner für die Qualität der Gebäudesub-

[40] Siehe Shalakany, Between Identity and Resdistribution: Sanhouri, Genealogy and the Will to Islamise, Islamic Law and Society Journal 8 (2001), 201, 225.

[41] Die sog. Décennale gilt folglich auch den VAE, in Qatar, im Yemen, im Sudan, im Irak und in Bahrain, ferner etwa in Algerien, Marokko, Tunesien.

[42] De Page, Traité élémentaire de droit civil belge, Band IV, Rn. 892; HudsOn's Building and Engineering Contracts, Rn. 4-055.

[43] De Page, Traité élémentaire de droit civil belge, Band IV, Rn. 892.

[44] Hudson's Building and Engineering Contracts, Rn. 4-053.

[45] Siehe Cass.civ. (F), 3.7.1996, Bull.civ. III n° 166.

stanz einstehen müssen[46]. Das klassische Modell eines Bauvertrages ist ein Vertrag, mit dem der Unternehmer die gesamte Verantwortung für die Errichtung des Bauwerkes übernimmt, denn nur dieser verfügt typischerweise über das Fachwissen, ein Bauwerk zu errichten. Das strahlt grundsätzlich auch auf die Vergütungsaspekte aus[47]. Im klassischen Bauvertrag schätzt der Unternehmer sämtliche Risiken ein, für die er einen Preis bildet und anbietet[48]. Lediglich völlig außerhalb seiner Kontrolle liegende bzw. unvorhersehbare Umstände und Ereignisse muss er nicht berücksichtigen[49]. So stellt z.B. de Page[50] fest, dass der Unternehmer im Pauschalpreisvertrag das Risiko unzureichender Pläne (in persönlicher wie in bautechnischer Hinsicht, vgl. Art. 1793 Code Civil (F)) ebenso wie das Risiko der falschen Kosteneinschätzung für die Bewältigung der sich aus der Planung ergebenden Leistung sowie das Risiko der Materialpreise trägt. Generell wird unterstellt, dass der Bauherr nicht über die hinreichende Fachkenntnis verfügt, den Unternehmer zu kontrollieren, und dass er quasi dem Rat des Unternehmers ausgeliefert ist[51]. Folglich beinhaltet der Umstand, dass dem Unternehmer Pläne übergeben werden, keine Gewähr dafür, dass das Werk wie geplant hergestellt werden kann[52]. Der Besteller muss klar über die Risiken seiner (eventuell falschen) Entscheidung aufgeklärt werden[53]. Der Unternehmer kann sich aber exkulpieren, wenn er sehr präzise auf die mit der Entscheidung des Bestellers verbundenen Risiken hinweist. Die französische Cour de Cassation hat diesen Einwand in dem Fall zugelassen, wo der Besteller von einem kompetenten Berater auf das Risiko hingewiesen wurde, bestimmte zwingend notwendige Arbeiten nicht auszuführen[54].

Die Natur des Bauvertrages hat sukzessive eine gesetzliche oder gesetzesähnliche Ausprägung erfahren:

---

46 Zur Gesamtschuld des Architekten und des Bauunternehmers für Gebäudemängel durch mangelhaften Baugrund siehe OLG Celle, Urteil vom 31.01.2008 – 13 U 57/07; BauR 2009, 529; OLG-Report Celle 2008, 677 = IBR 2008, 508 –Schalk, nachfolgend: BGH, 19.06.2008 – VII ZR 65/08 (Nichtzulassungsbeschwerde zurückgenommen). Wie allerdings im vorstehenden Fall zu entscheiden gewesen wäre, wenn das vorhandene Baugrundgutachten keine Hinweise auf das Baugrundrisiko gegeben hätte, muss offen gelassen werden. Aus französischer Sicht bedarf es solcher Hinweise im Zweifel nicht.

47 Vgl. Hudson's Building and Engineering Contracts, Rn. 4-055.

48 Hudson's Building and Engineering Contracts, Rn. 4.055.

49 De Page, Traité élémentaire de droit civil belge, Band IV, Rn. 910 mit Nachweisen aus der Rechtsprechung zum Biepsiel zu anormalen Baugrundbedingungen.

50 De Page, Traité élémentaire de droit civil belge, Band IV, Rn. 905.

51 De Page, Traité élémentaire de droit civil belge, Band IV, Rn. 892.

52 Thorn v. London Conuty Conucil 1 App. Cas. 120 (1876); de Page, Traité élémentaire de droit civil belge, Band IV, Rn. 905; Hudson's Building and Engineering Contracts, Rn. 4-053 ff.; differenzierter ist die Haltung in den USA: Design specifications „... beschreiben präzise und detailliert die Materialien, die eingesetzt werden sollen und die Art und Weise, in der die Arbeit ausgeführt werden soll. Sie gestatten dem Unternehmer keine Ermessensausübung, der sie wie eine Straßenkarte zu befolgen hat." Blake Constr. Co. v. United States, 987 F.2d 743, 745 (Fed. Cir. 1993) (quoting J.L. Simmons Co. v. United States, 188 Ct. Cl. 684, 689, 412 F.2d 1360, 1362 (1969). Demgegenüber legen Performance Specifications „eine [vom Unternehmer] zu erreichende Zielvorgabe oder Standard fest". Von dem Unternehmer wird erwartet, dass er bei der Auswahl der Mittel seinen Einfallsreichtum einsetzt, um die Zielvorgabe oder den Ausführungsstandard zu erreichen. Hierfür übernimmt er die korrespondierende Verantwortung (Siehe Blake Constr., 987 F.2d 745). Ist anzunehmen, dass die Zeichnungen Design Specifications darstellen, liegt die Verantwortung für darin befindliche Fehler beim Auftraggeber (siehe Stuyvesant Dredging Co. v. United States, 834 F.2d 1576, 1582 (Fed. Cir. 1987) (citing United States v. Spearin, 248 U.S. 132 (1918)). Sind die Zeichnungen hingegen lediglich Performance Specifications, liegt die Verantwortung beim Unternehmer (Apollo Sheet Metal, Inc v. The United States, Urt. v. 16.6.1999, No. 98-719C; siehe Blake Constr., 987 F.2d at 745 (citing J.L. Simmons, 188 Ct. Cl. at 689, 412 F.2d at 1362)).

53 Cass.civ. (F), 3.3.2004, RD imm 2004, 304.

54 Cass.civ. (F), 22.7.1998, JCP (G) 1998, 1831.

Ägypten (Art. 646 Code Civil)[55]: Durch den Werkvertrag[56] verpflichtet sich eine der Parteien gegen eine Vergütung, die sich die andere Partei verpflichtet, ihr zu bezahlen, ein Werk auszuführen oder eine Arbeit zu leisten.

Um jedoch eine Verwechslung von Arbeitsvertrag und Werkvertrag zu verhindern[57], denn diese Definition rekurriert auf die Elemente Arbeit und Vergütung, hat die Lehre eine andere Definition erarbeitet: „Der Werkvertrag ist der Vertrag, auf dessen Grundlage jemand (Unternehmer genannt in arabisch: *muqawil*) für die Rechnung eines anderen (Besteller genannt in arabisch *rab al-'amal)* gegen eine Vergütung eine Arbeit leistet, ohne dass er seiner Kontrolle oder seiner Anordnungsmacht unterworfen wäre[58]".

Algerien (Art. 549 Code Civil)[59]: Der Werkvertrag ist der Vertrag, durch den sich eine der Parteien verpflichtet, gegen Zahlung einer Vergütung, die sich die andere Partei verpflichtet zu zahlen, ein Werk herzustellen oder einen Dienst zu verrichten.

Australien: Das australische Recht (als eine Rechtsordnung, die sich dem Common Law zugehörig fühlt) definiert den Werkvertrag an sich nicht. Gelegentlich kommen aber Probleme auf, zu deren Lösung die Gerichte auf eine Qualifikation von Rechtsverhältnissen zurückgreifen. In einem seerechtlichen Fall kam es darauf an zu klären, ob der Schiffscharterer Besitz (im Sinne eines Eigentumstitels) an dem Schiff hat[60]. Das Gericht griff auf die Figuren der *locatio rei* und *locatio operis* einerseits und die *locatio operarum* andererseits zurück. Es verwies sodann darauf, dass der Gegenstand der *locatio operis* und der *locatio rei* die Überlassung von Arbeit oder einer Sache sei, während bei der *locatio operarum* der Mieter lediglich das Recht erlangt, Leistungen zu erbringen. Folglich hatte der Schiffscharterer in letzerem Fall keinen Besitz (in vorstehendem Sinne) am Schiff. In einem anderen Fall ging es in ähnlicher Weise um Eigentumsfragen. Ein Schiff hatte eine Pipeline beschädigt, in der Öl von einem Hafenterminal zu einer Raffinerie befördert wurde. Die Raffinerie und die Pipeline einerseits und das Terminal andererseits gehörten unterschiedlichen Eigentümern. Der Eigentümer des Terminals transportierte auf vertraglicher Grundlage Öl zu Verfeinerungszwecken zu dem Eigentümer der Raffinerie. Beide machten Schadensersatz auf sachenrechtlicher Grundlage gegen den Schiffseigner geltend. Die Klage des Terminaleigentümers (Caltex) wurde erstinstanzlich abgewiesen. In 2. Instanz ging es nun darum, ob Caldex eine Eigentumsverletzung geltend machen konnte, weil Öl verloren gegangen war. Gegenstand der Vereinbarung zwischen Caltex und dem Eigentümer der Raffinerie war die Veredelung des Öls und dessen Rücktransport zu Caldex. Das Gericht erörterte die Veredelungsvereinbarung und kam zu dem Ergebnis, dass Caldex niemals Eigentum verloren habe, weil der Gegenstand der Vereinbarung eine *locatio operis* gewesen sei. Wenn so das Gericht, der Wille der Parteien dahin gehe, dass der „Vermieter" einem

[55] Übersetzung aus dem Französischen.

[56] In der französischen Übersetzung wird der Begriff „contrat d'entreprise" verwendet. Dieser Begriff ist aus der französischen Fassung des schweizerischen Obligationrechts entlehnt und wird in der deutschsprachigen Version mit Werkvertrag übersetzt. Diese Version ist prägend für alle Kodifikationen, die wesentlich von Sanhouri beeinflusst wurden. In einigen Ländern wird noch der der alte Begriff „contrat de louage d'ouvrage" verwendet, der hier mit Werkleihe übersetzt wird.

[57] Art. 674 definiert den Arbeitsvertrag.

[58] Shanab, Egyptian Construction Contracts, 11–12; Yasin, Al-mas'uliyyah al-khassah bil-muhandis almi'mari wa-muqawil al-bina', Dissertation, Rechtswissenschaftliche Fakultät, Universität Assiout, 1987, 83.

[59] Übersetzung aus dem Französischen.

[60] Australasian United Steam Navigation Company Co Ltd v. The Shipping Control Board [1945] HCA 45; vgl. auch Comandate Marine Corp v. The Ship Boomerang I [2006] FCAFC 106 (27 June 2006); siehe auch zur Abgrenzung zwischen Schenkung und Werkvertrag Collector of Imposts (Vic) v. Cuming Campbell Investments Pty Ltd [1940] HCA 17; (1940) 63 CLR 619 (19 August 1940).

Dritten verschiedene Materialien zum Zwecke der Herstellung oder Verarbeitung einer Sache überlasse, verliere er niemals Eigentum daran[61]. Interessant ist, dass die australischen Gerichte mangels eigener Abgrenzungskriterien durchaus auf römische Rechtsquellen zurückgreifen[62].

Bahrain (Art. 584 Code Civil)[63]: Durch den Werkvertrag verpflichtet sich eine der Parteien gegen eine Vergütung eine Arbeit zu verrichten, ohne abhängig von dieser Partei zu sein oder sie zu vertreten.

Botswana: Das gemeine Recht von Botswana ist das römisch-holländische Recht[64]. Die Grundlagen dafür wurden im Jahre 1909 in der Proklamation Nr. 36/1909 geschaffen als Botswana noch das Bechuanaland Protectorate war. Holländisches Recht wurde und wird bis in die heutige Zeit angewendet.In der Entscheidung Pearl Assurance hat Lord Tomlin gesagt[65]: Römisch-holländisches Recht ist ein lebendes Rechtssystem, das immer danach getrachtet hat, sich selbst aus dem ihm eigenen Prinzipien zu entwickeln, um die zunehmende Komplexität einer modernen Gesellschaft effektiv zu bewältigen. Im gemeinen Recht von Botswana wird zwischen *locatio conductio operis* und *locatio conductio operarum* unterschieden. Die *locatio conductio operis* ist der Werkvertrag (contract for works)[66]. Die *locatio conductio operaum* ist der Arbeitsvertrag (contract for employment). Obwohl der Werkvertrag die Erbringung von Arbeitsleistung zum Inhalt hat, ist der unabhängige Unternehmer kein Arbeitnehmer. Die Abgrenzung von Werkvertrag und Arbeitsvertrag erfolgt nach verschiedenen Testkriterien. Geprüft wird die Weisungsabhängigkeit und der Grad der Eingliederung in die Arbeitsorganisation des Auftraggebers. Schließlich wird auf den Gesamteindruck abgestellt[67].

Brasilien: Das brasilianische Zivilrecht unterscheidet wie das deutsche den Dienst- vom Werkvertrag[68]. Im Werkvertrag (Art. 610 ZGB) übernimmt der Werkunternehmer die Leistung, in dem er lediglich seine Arbeitsleistung überlässt oder in dem er auch das Material liefert. Einige Elemente des Werkvertrages lehnen sich an das französische Vorbild an. Zum Beispiel sind Nachforderungen im Pauschalpreisvertrag grundsätzlich kaum möglich (vgl. Art. 619 ZGB); nach Art. 618 ZGB haftet der Unternehmer zwingend für die Dauer von fünf Jahren für die Gebäudestabilität. Entsprechende Ansprüche sind binnen 180 Tagen ab Kenntnisnahme vom Mangel gerichtlich zu verfolgen.

Bulgarien (Art. 258 Code Civil)[69]: In einem Werkvertrag, ist der Unternehmer auf eigenes Risiko verpflichtet, etwas in Übereinstimmung mit dem Auftrag der anderen Partei herzustellen, und letztere eine Vergütung zu bezahlen.

---

61 Caltex Oil (Australia) Pty Ltd v. Dredge „Willemstad“ [1976] HCA 65; (1976) 136 CLR 529 (9 December 1976) unter Hinweis auf Kansas FlourMills Co. v. Board of Commissioners of Harper County (1927) 54 ALR 1164 and Commissioner of Internal Revenue v. San Carlos Milling Co. (1933) 63 F (2d) 153).

62 So z.B. in Beal v. Marrickville Margarine Pty Ltd [1966] HCA 9; (1966) 114 CLR 283 (3 March 1966) auf Instit. III. 24. 4.: Dig. 19. 22. 1.

63 Übersetzung aus dem Französischen.

64 Silverstone (Pty) Ltd. and Another v. Lobatse Clay Works (Pty) Ltd. (Civil Appeal No. 42 of 1995) [1996] BWCA 29; [1996] BLR 190 (CA) (5 February 1996).

65 Pearl Assurance Co. v. Union Government 1934 A.C. 570 [P.C.I at 579.

66 Marope and Others v. Signal Signs (IC. 542/2004) [2006] BWIC 9; [2006] 1 BLR 468 (1 March 2006).

67 Marope and Others v. Signal Signs (IC. 542/2004) [2006] BWIC 9; [2006] 1 BLR 468 (1 March 2006) mit zahlreichen Rechtsprechungsnachweisen.

68 Art. 593 bis 609 ZGB (Da Prestação de Serviço – Dienstvertrag), Art. 610 bis 626 ZGB (Da Empreitada – Werkvertrag).

69 Übersetzung aus dem Englischen.

China (Art. 251 Vertragsgesetz)[70]: Ein Vertrag über Arbeiten bezieht sich auf einen Vertrag, vermöge dessen ein Unternehmer, im Lichte der Anforderungen der bestellenden Partei eine Arbeit ausführen und das Ergebnis hieraus abliefern soll, und die bestellende Partei zahlt den Preis hierfür. Arbeit umfasst die Verarbeitung, Bestellung, Reparatur, Vervielfältigung, Prüfung, Inspektion, etc.

Art. 259 Vertragsgesetz regelt ausdrücklich eine Mitwirkungspflicht des Bestellers.

Dänemark: Das dänische Vertragsgesetz enthält keine spezifischen Regelungen zum Werk- oder Bauvertrag. In der Praxis werden die Allgemeinen Bedingungen für Arbeiten und Lieferungen im Hoch-, Tief- und Ingenieurbau 1992 (AB 1992) verwendet.

Deutschland (§ 631 BGB): (1) Durch den Werkvertrag wird der Unternehmer zur Herstellung des versprochenen Werkes, der Besteller zur Entrichtung der vereinbarten Vergütung verpflichtet. (2) Gegenstand des Werkvertrags kann sowohl die Herstellung oder Veränderung einer Sache als auch ein anderer durch Arbeit oder Dienstleistung herbeizuführender Erfolg sein.

Der Werkvertrag kam schon in sehr alter Zeit vor[71]. Insbesondere die Kunstfertigkeit einer Person machte diese begehrlich. Für seinen Dienst erhielt diese Person einen Lohn, den Werklohn, der oftmals durch Taxen bestimmt wurde. Die Qualität der Leistung wurde von den Zünften überwacht[72]. Der Auftragnehmer verpflichtete sich, das Werk rechtzeitig zu liefern. Der Besteller konnte bis zur Abnahme des Werkes die Nachbesserung verlangen. Bezeugt sind zudem Schadenersatzpflichten, Minderungs- und Wandelungsrechte des Bestellers. Letzterer hatte regelmäßig den Werkstoff zu stellen, der in seinem Eigentum verblieb. Der Unternehmer haftete dem Besteller für die unversehrte Rückgabe, der wiederum dem Unternehmer den Werklohn schuldete[73].

Im gemeinen Recht unterstellte man den Werkvertrag der Miete. Heute ist der Werkvertrag Arbeitsauftrag. Vielfach ähneln sich das römische und deutsche Recht noch heute. Unterschiede sind vor allem in Bezug auf die Haftung für Sachmängel, die Gefahrtragung und das Zurückbehaltungsrecht festzustellen[74].

Der Werkvertrag ist heute ein Konsensualvertrag, gerichtet auf die erfolgreiche Leistungserbringung. Das Handwerk ist nach wie vor von zentraler Bedeutung, jedoch nimmt die Bedeutung der handwerksrechtlich organisierten Berufsgruppen ab, weil die deutsche Handwerkstradition im europäischen Wettbewerb ein Fremdkörper darstellt und weil Qualitätsstandards nicht mehr handwerksspezifisch sind.

England: Der Bauvertrag ist ein ganzheitlicher (entire) Vertrag, der sich auf den Verkauf von Waren und die Erbringung von Werkleistungen (work and labour) gegen Zahlung eines Pauschalpreises richtet, der in Abschlägen für gelieferte Waren und geleistete Arbeit zahlbar ist[75].

Das „entire contract“-Prinzip entspricht im Wesentlichen dem Gedanken eines synallagmatischen Vertrages. Die Frage, ob ein Vertrag oder eine Verpflichtung eine einheitliche ist oder im Gegensatz teilbar, ist eine Frage der Auslegung[76]. Ein Bauvertrag

---

[70] Übersetzung aus dem Englischen.
[71] Planitz, Deutsches Privatrecht, 1948, 165.
[72] Vgl. Planitz, Deutsches Privatrecht, 1948, 166.
[73] Planitz, Deutsches Privatrecht, 1948, S. 166.
[74] Planitz, Deutsches Privatrecht, 1948, S. 166.
[75] Lord Diplock in Modern Engineering v. Gilbert-Ash [1974] A.C. 689, 717, HL; siehe auch Lord Hope in Beaufort Developments (N.I.) Ltd v. Gilbert-Ash (N.I.) Ltd [1999] 1 A.C. 266, HL.
[76] Vgl. GEC Marconi Systems Pty Limited v. BHP Information Technology Pty Limited [2003] FCA 50 (12 February 2003).

wird prima facie gemeinhin als einheitlicher oder Pauschalpreisvertrag angesehen[77]. In solchen Verträgen ist eine Aufteilung der Gegenleistung (Zahlung) grundsätzlich nicht vorgesehen. Zahlungsansprüche werden erst mit Fertigstellung fällig[78].

Finnland: Das finnische Vertragsgesetz enthält keine spezifischen Regelungen zum Werk- oder Bauvertrag. Es herrscht Vertragsfreiheit. In der Praxis werden die YSE-Bedingungen verwendet.

Frankreich: Art. 1710 Code Civil: Die Miete des Werkes ist ein Vertrag, durch den sich eine der Parteien verpflichtet, etwas für die andere gegen einen zwischen ihnen vereinbarten Preis zu tun.

Aus französischer Sicht gehört der Werkvertrag nach wie vor zu den Mietverträgen (contrat de louage d'ouvrage). Das französische Recht setzt den Werkvertrag voraus und definiert ihn – unbeschadet der Definition in Art. 1710 Code Civil – nicht. Er ist ein Unterfall der Dienstleihe mit umgekehrten Vorzeichen, also eine Werkleihe. In Art. 1779 Code Civil heißt es: Es gibt drei Hauptfälle der Dienstleihe ... 3° den der Architekten, Werkunternehmer und Ingenieure nach Planung, Kostenanschlag oder Vertrag. Die Rechtspechung hat eine präzisere, den Bedürfnissen nach Unterscheidung von anderen Vertragstypen gerechte Definition gefunden: *Eine Vereinbarung, durch die sich eine Person verpflichtet, für die andere, ohne diese zu vertreten und in unabhängiger Weise eine bestimmte Arbeit gegen eine Vergütung auszuführen*[79].

Griechenland (Art. 681 Code Civil)[80]: Durch den Werkvertrag verpflichtet sich der Unternehmer ein Werk zu erbringen und der Besteller die vereinbarte Vergütung zu entrichten.

Indien: Ein Bauvertrag kann als ein Vertrag definiert werden, aufgrund desssen ein Unternehmer es unternimmt gegen eine Gegenleistung (consideration) für einen Besteller Bauarbeiten auszuführen[81].

Im indischen Contracts Act 1872 findet sich lediglich eine Definition zum Vertrag im Allgemeinen.

Irak (Art. 864 Code Civil): Der Werkvertrag ist der Vertrag, durch den sich eine der Parteien verpflichtet, gegen Zahlung einer Vergütung, die sich die andere Partei verpflichtet zu zahlen, ein Werk herzustellen oder eine Arbeit zu verrichten.

Italien (Art. 1655 Codice Civile): Der Unternehmerwerkvertrag (Art. 2222)[82] ist der Vertrag, mit dem eine Partei die Ausführung eines Werkes (Art. 1655 ff.) oder die Leistung eines Dienstes (1677) unter organisiertem Einsatz der notwendigen Mittel und auf eigene Verantwortung um eine Gegenleistung in Geld (1657) übernimmt.

---

77 Modern Engineering v. Gilbert-Ash [1974] A.C. 689, 717.

78 Vgl. GEC Marconi Systems Pty Limited v. BHP Information Technology Pty Limited [2003] FCA 50 (12 February 2003).

79 Cour de Cassation, 1ère civ. 19.2.1968, Bull I n° 69.

80 Übersetzung aus dem Französischen.

81 Markanda, Building and Engineering Contracts, § 1.1.

82 Art. 2222: Wenn sich eine Person gegen Entgelt verpflichtet, mit überwiegend eigener Arbeit und ohne zum Besteller in ein Verhältnis der Unterorndung zu treten, ein Werk zu erstellen oder einen Dienst zu leisten, sind die Vorschriften dieses Abschnitts anzuwenden, es sei denn, dass die Rechtsbeziehung im 4. Buch gesondert geregelt ist (Art. 1655 ff.).

Kuwait (Art. 661 Code Civil)[83]: Durch den Werkvertrag verpflichtet sich eine der Parteien gegen eine Vergütung, eine Arbeit für die andere Partei zu verrichten, ohne abhängig von dieser Partei zu sein oder ihr Bevollmächtigter zu sein.

Libanon (Art. 624 Abs. 1 Obligationenrecht)[84]: Die Miete von Arbeit oder von Dienstleistungen ist der Vertrag, durch den sich eine der Vertragsparteien verpflichtet, ihre Arbeit oder Dienstleistung der anderen nach deren Anweisung gegen eine Vergütung, die sich diese verpflichtet ihr zu zahlen, zur Verfügung zu stellen.

Art. 624 Abs. 2 Obligationenrecht): Der Werkvertrag oder die Überlassung des Werkes ist der, durch den sich eine Person gegen einen Preis, der auf der Grundlage der Bedeutung des Werkes kalkuliert ist, verpflichtet, für eine andere eine bestimmte Arbeit zu erbringen.

Louisiana/USA (Art. 2757 Code Civil): Eine Person, die es unternimmt ein Werk herzustellen, kann entweder zustimmen, ausschließlich ihre Arbeit oder ihr Gewerbe zu überlassen oder auch das notwendige Material für dieses Werk zu liefern[85].

Madagaskar (Art. 1710 Code Civil): Die Werkmiete ist ein Vertrag durch den sich eine Partei verpfllichtet, etwas für die andere gegen einen zwischen ihnen vereinbarten Preis zu tun.

Gemäß Art. 1779 gibt es drei Arten der Werk- oder Dienstmiete: (1) die Heuer von Arbeitskräften, (2) die Transportleistungen und (3) die der Werkunternehmer infolge eines Kostenanschlags oder Auftrags.

Majella[86] (Art. 124 Majella[87]): Man nennt Istisna (Bestellung) die Vereinbarung mit einem Handwerker über die Herstellung eines Gegenstandes. Der Handwerker nennt sich „Sani“, der die Bestellung auslöst „Mustesni“ und die herzustellende Sache „Masnou“.

Art. 388: Beauftragt man einen Handwerker eine bestimmte Arbeit gegen einen festgelegten Preis auszuführen, den der Handwerker annimmt, kommt eine Art Verkauf zustande, die man Istisna (Bestellung) nennt. Das kommt zum Beispiel vor, wenn man seinen Fuß einem Schuhmacher zeigt und ihm sagt, „Machen Sie mir ein Paar Schuhe aus der Art Leder für soundsoviele Piaster“, was dieser annimmt, oder ebenso wenn man sich mit einem Zimmermann über den Bau eines Bootes einigt, in dem man spezifiziert, dass man es von einer solchen Länge und Größe und von der oder der Qualität haben will. Es verhält sich ebenso, wenn man sich mit einem Fabrikanten über die Herstellung einer bestimmten Menge von Zündnadelgewehren einigt, wofür man den Preis, die Dimensionen und die Reichweite festlegt.

In Art. 421 unterschied die Majella zwei Formen des Werkvertrages. Lieferte der Besteller das Material handelte es sich um Dienstleihe, lieferte dagegen der Unternehmer das Material handelte es sich um Istisna[88].

---

83 Übersetzung aus dem Französischen.

84 Übersetzung aus dem Französischen.

85 A person, who undertakes to make a work, may agree, either to furnish his work and industry alone, or to furnish also the materials necessary for such a work.

86 Die Majella war einst in Syrien, Irak, Jordanien, Kuwait, Yémen und Libanon in Kraft, wurde aber später dourch eigenständige Kodifikationen ersetzt. Die Majella gilt allerdings offiziell noch in den palästinensischen Gebieten, obwohl dort auch auf die Arbeiten von Sanhouri zurückgegriffen wird. Vgl. dazu Abu-Sahlieh, Le contrat d'entreprise en droit arabe, 168.

87 Übersetzung aus dem Französischen.

88 Vgl. Abu-Sahlieh, Le contrat d'entreprise en droit arabe, 170.

Marokko (Art. 723 Abs. 2 Obligationenrecht)[89]: Die Miete des Werkes (louage d'ouvrage) ist die, durch die sich eine Person verpflichtet, ein bestimmtes Werk (l'ouvrage) gegen einen Preis, den sich die andere Partei verpflichtet ihr zu bezahlen, herzustellen.

Mauretanien (Art. 706 Abs. 2 Code Civil)[90]: Die Miete des Werkes (louage d'ouvrage) ist die, durch die sich eine Person verpflichtet, ein bestimmtes Werk (l'ouvrage) gegen einen Preis, den sich die andere Partei verpflichtet ihr zu bezahlen, herzustellen.

Namibia: Das namibische Recht ist nicht kodifiziert. Es beruht auf gemeinem Recht, das stark an die Traditionen in Südafrika angelehnt ist. Der Werkvertrag, bei dem der Unternehmer unabhängig ist, ist unter dem Begriff *locatio conductio operis* bekannt[91].

Niederlande (Art. 7:750 Burgerlijk Wetrboek)[92]: Der Werkvertrag ist die Vereinbarung, worin eine Partei, der Unternehmer, mit der anderen Partei, dem Kunden, übereinkommt, in eine Beziehung außerhalb eines Beschäftigungsverhältnisses zu treten, um gegen einen von dem Kunden in bar zu entrichtenden Preis ein Werk materieller Art herzustellen und zu liefern.

Österreich (Art. 1151 Abs. 1 2. Halbsatz ABGB): *...wenn jemand die Herstellung eines Werkes gegen Entgelt übernimmt, [so entsteht] ein Werkvertrag.* Der Werkvertrag ist in den Art. 1165 ff. ABGB geregelt. Nach Art. 1165 ABGB verpflichtet sich der Unternehmer, das Werk persönlich auszuführen oder unter seiner persönlichen Verantwortung ausführen zu lassen. Das Entgelt ist gemäß Art. 1170 ABGB in der Regel nach vollendetem Werk zu entrichten. Im Werkvertrag schuldet der Unternehmer einen bedungenen Erfolg[93]. Die Gestellung von Baumaschinen und -geräten mit oder ohne Bedienungspersonal ist keine Bauleistung. Das Überlassen eines Kranes mit Kranführer wird als Sachmiete mit einem Dienstverschaffungsvertrag verstanden[94].

Polen (Art. 647 Kodeks Civilnis): Durch den Bauvertrag verpflichten sich der Bauunternehmer zur Übergabe des im Vertrage vorgesehenen, in Übereinstimmung mit dem Entwurf und mit den Grundsätzen der Technik ausgeführten Bauwerks und der Bauherr zur Vornahme der mit der Vorbereitung der Arbeiten verbundenen, nach den einschlägigen Vorschriften erforderlichen Geschäfte, insbesondere zur Übertragung des Baugrundstücks und zur Lieferung des Entwurfs sowie zur Abnahme des Bauwerks und zur Bezahlung der vertraglichen Vergütung.

Qatar (Art. 682 Civil Code): Der Werkvertrag[95] ist der Vertrag vermöge dessen eine der Vertragsparteien es gegen eine Gegenleistung unternimmt, etwas für die andere herzustellen oder für sie einen Dienst zu leisten, ohne von dieser Person abhängig oder ihr Bevollmächtiger zu sein.

---

89 Übersetzung aus dem Französischen.
90 Übersetzung aus dem Französischen.
91 S v. Cloete (CR 184/07) [2008] NAHC 116 (21 January 2008) unter Bezugnahme auf Smit v. Workmen's Compensation Commissioner 1979 (1) SA 51; vgl. zur Diskusson auch den namibischen Supreme Court in Africa Personnel Services (Pty) Ltd v. Government of Republic of Namibia and Others (SA 51/2008) [2009] NASC 17 (14 December 2009).
92 Übersetzung aus dem Englischen, vgl. Wassenaer ICLR 2010, 114, 115.
93 Karasek, Önorm B 2110, Rn. 16.
94 OGH, Urteil v. 1.4.1976 HS 9525.
95 Acqd muqawala.

Québec (Art. 2098 Code Civil)[96]: Der Werkvertrag oder der Dienstvertrag ist der Vertrag, durch den sich eine Person, je nach Fall entweder der Unternehmer oder der Dienstleister, gegenüber einer anderen Person, dem Kunden, verpflichtet, gegen einen Preis, den sich der Kunde ihr verpflichtet zu bezahlen, ein materielles oder intellektuelles Werk zu realisieren oder einen Dienst zu leisten.

Der frühere Wortlaut lehnte sich enger an das französische Vorbild an. **Art.** 1602 Code Civil[97] lautete. Die Miete oder Überlassung von Arbeit ist ein Vertrag durch den sich eine der Parteien, genannt der Vermieter, verpflichtet, eine bestimmte Arbeit für die andere zu tun, genannt der Mieter, gegen Zahlung eines Preises, den sich letzterer verpflichtet zu zahlen[98].

In der Literatur wurde die alte *Louage d'Ouvrage* allerdings als ein Vertrag beschrieben, durch den sich eine Partei, die man Vermieter (Locateur) nennt, verpflichtet, die Arbeit einer anderen Partei zu nutzen, die sich verpflichtet diesen zu bezahlen und den man Mieter (Locataire) nennt[99].

Rumänien: Der Werkvertrag (Contractul de antrepriză) ist in den Art. 1470 ff. Codul Civil geregelt. Wie in Frankreich handelte es sich um einen Vertrag über die Miete von Dienstleistungen in der Unterform des Vertrages über Leistungen des Unternehmers gemäß Art. 1412, 1413, 1471, 1473 ff., 1478 ff. Codul Civil. Nach Art. 1478 Codul Civil kann der Unternehmer entweder nur mit der Ausführung der Arbeiten oder auch mit der Lieferung des Materials beauftragt werden. Seit dem 24.7.2010 existiert ein neuer Codul Civil. Darin regeln die Vorschriften in der Art. 1874 ff. Codul Civil den Bauvertrag als besonderen Fall des Werkvertrages. Bedeutende inhaltliche Änderungen sind mit der Neuregelung nicht verbunden.

Schottland: Der Vertrag über die „Miete von Arbeit" beinhaltet die Verpflichtung der einen Seite, gegen eine bestimmte Vergütung ein bestimmtes Werk zu liefern oder während einer bestimmten Zeit Arbeit zu leisten und die der anderen Seite die Vergütung zu bezahlen[100].

Diese Definition beruht auf der Aussage des berühmten französischen Juristen Pothier[101] der geschrieben hat: „Die Dienstleihe ist ein Vertrag durch den eine der Vertragsparteien der anderen eine bestimmte Arbeit zur Erledigung aufgibt, die zweite Partei es unternimmt, die Arbeit gegen die zwischen ihnen vereinbarte Zahlung auszuführen, für die es die erste Partei, die die Arbeit vergeben hat, unternimmt, zu zahlen. Die Partei, die der anderen die Arbeit vergibt, wird der Locator – locator operis faciendi – genannt, die andere, die es unternimmt, die Arbeit zu leisten, Conductor – conductor operas."

96 Wortlaut in der Fassung des Code Civil aus dem Jahre 1991 (in Kraft seit 1994). Übersetzung aus dem Französischen.

97 In der Fassung aus dem Jahre 1866.

98 Aus der englischen Übersetzung des Supreme Court of Canada in The King v. Carroll, [1950] S.C.R. 73: Art. 1602. The lease or hire of work is a contract by which one of the parties, called the lessor, obliges himself to do certain work for the other, called the lessee, for a price which the latter obliges himself to pay.

99 Vgl. Supreme Court of Canada in The King v. Carroll, [1950] S.C.R. 73 unter Hinweis auf Marcandé, Civil Code, vol. 6.

100 Siehe Marjandi Ltd v. Bon Accord Glass Ltd [1998] ScotSC 55 (15 October 2007), wobei anzumerken ist, dass sich diese Entscheidung eingehend mit dem Unterschied zwischen Kaufvertrag und Werkvertrag befasst und insoweit auf römische und französische Rechtsquellen zurückgreift, die das Gericht als Rechtsquellen anerkannte.

101 Pothier, Traité des Contrats, Rn. 392.

Somalia (Art. 585 Code Civil)[102]: Durch den Werkvertrag verpflichtet sich eine der Parteien, gegen eine Vergütung, die sich die andere Partei verpfichtet zu bezahlen, ein Werk zu erbingen und eine Arbeit zu verrichten.

Schweiz (Art. 363 OR): Durch den Werkvertrag verpflichtet sich der Unternehmer zur Herstellung eines Werkes und der Besteller zur Leistung einer Vergütung.

Spanien (Art. 1542 Codigo Civil)[103]: Beim Werk- oder Dienstvertrag verpflichtet sich eine der Parteien, für einen bestimmten Preis ein Werk zu erstellen oder der anderen Partei einen Dienst zu leisten[104].

Südafrika: Der Werkvertrag (locatio conductio operis) ist ein Vertrag, der die Lieferung eines Arbeitsproduktes gegen Zahlung beinhaltet[105]. Er verpflichtet den „Conductor“ die Arbeit auszuführen, die er verpflichtet ist zu erledigen, bevor das Vertragsentgelt verlangt werden kann[106]. Es handelt sich um einen gegenseitigen Vertrag, bei dem die Verpflichtung zur Zahlung unter der Bedingung fällig wird, dass die Vorleistung, sprich das Werk herzustellen, ausgeführt ist[107]. In der Rechtsprechung finden sich wie in Schottland (siehe oben) Zitate von Pothier[108].

Sudan (Art. 378 Code Civil)[109]: Durch den Werkvertrag verpflichtet sich eine der Parteien gegen eine Vergütung, die sich die andere Partei ihr verpflichtet zu bezahlen, ein Werk zu erbringen oder einen Dienst zu verrichten.

Syrien (Art. 612 Code Civil)[110]: Durch den Werkvertrag verpflichtet sich eine der Parteien gegen eine Vergütung, die sich die andere Partei verpflichtet, ihr zu bezahlen, ein Werk auszuführen oder eine Arbeit zu leisten.

Türkei (Art. 355 Borclar Kanunu = Art. 470 BC n.F.)[111]: Durch den Werkvertrag verpflichtet sich der Unternehmer zur Herstellung eines Werkes und der Besteller zur Leistung einer Vergütung.

Tunesien (Art. 828 Abs. 2 Obligationenrecht): Die Miete des Werkes (Louage d'ouvrage) ist die, durch die sich eine Person verpflichtet, gegen eine Vergütung, die sich die andere Partei verpflichtet, ihr zu bezahlen, ein bestimmtes Werk zu erbringen.

---

102 Übersetzung aus dem Französischen.

103 Übersetzung von Peuster, Codigo Civil – Das spanische Zivilgesetzbuch, 2002.

104 Peuster (a.a.O., 785.) weist darauf hin, dass der spanische Ausdruck „contrato de arrendamiento“ ein Oberbegriff ist, der der deutschen Terminologie fremd ist. Er umfaßt (als „contrato de cosas“) den Mietoder Pachtvertrag, (als „contrato de obras“) den Werkvertrag und (als „contrato de servicios“) den Dienstvertrag. Im folgenden werden je nach dem sachlichen Zusammenhang die entsprechenden deutschen Begriffe verwendet; wo im Spanischen das „arrendamiento“ als Oberbegriff gemeint ist, steht im Deutschen der ad hoc geschaffene Ausdruck „Beschaffungsvertrag“.

105 Vgl. Thompson v. Scholtz (167/96) [1998] ZASCA 87; 1999 (1) SA 232 (SCA); [1998] 4 All SA 526 (A) (28 September 1998.

106 Kamaludin v. Gihwala, 1956 (2) SA 323 (C) at p. 326.

107 Vgl. Du Plesiss v. Ndjavera (A. 245.2001) [2001] NAHC 32 (27 September 2001; Ndjavera v. Du Plessis (SA23/01; SA23/01) [2003] NASC 2 (24 January 2003); Seasonaire v. Mahe Construction (Pty) Ltd (A. 245/2001) [2001] NAHC 36 (17 October 2001).

108 B C Plant Hire cc t/a B C Carriers v. Grenco (SA) (PTY) Ltd (1090/2002) [2003] ZAWCHC 70 (12 December 2003).

109 Übersetzung aus dem Französischen.

110 Übersetzung aus dem Französischen.

111 Übersetzung aus dem Türkischen.

Ungarn (Art. 402 Code Civil)[112]: Bauverträge sollen abgeschlossen werden, um Unternehmer zu verpflichten, Bau- und Installationsleistungen zu erbringen und um Kunden zu verpflichten, die Leistung abzunehmen und die vertragliche Vergütung für diese Arbeit zu leisten.

Der ungarische Code Civil differenziert unter dem Obertitel „Berufliche Leistungen" die Bauverträge (Art. 402 ff.), die Installationsverträge (Art. 407 ff.) die Planungsverträge (Art. 408 ff.) und die Forschungsverträge (Art. 412 ff.). In Art. 389 heißt es zunächst: Mit dem Abschluss von Verträgen für berufliche Leistungen, werden Unternehmer verpflichtet, Dinge zu planen, herzustellen, zu entwickeln, umzuwandeln, zu installieren oder zu reparieren oder andere Ergebnisse durch Arbeit zu erreichen, und Kunden werden verplichtet, die Lieferung solcher Dinge anzunehmen und die vertraglich vereinbarte Vergütung zu bezahlen.

Uzbekistan (Art. 666 Civil Code): Im Rahmen eines (unabhängigen) Bauvertrages verpflichtet sich der (unabhängige) Auftragnehmer, innerhalb der durch den Vertrag festgelegten Zeit einen bestimmten Gegenstand nach der Planungsvorgabe des Bestellers herzustellen oder andere Bauleistungen zu erbringen, und der Besteller ist verpflichtet, die notwendigen Bedingungen für den (unabhängigen) Unternehmer zu schaffen, damit dieser die Arbeit erbringen kann, das Ergebnis abzunehmen und den vereinbarten Preis zu bezahlen.

Vereinigte Ararbische Emirate (Art. 872 Code Civil)[113]: Durch den Werkvertrag verpflichtet sich eine der Parteien gegen eine Vergütung, die sich die andere Partei ihr verpflichtet zu bezahlen, ein Werk zu erbringen oder einen Dienst zu verrichten.

Vietnam (Art. 3 Nr. 23 Gesetz QH11): Generalunternehmerbauvertrag bedeutet, dass ein Unternehmer unmittelbar mit einem Investor in einen Vertrag über die Erstellung von Arbeiten eintritt, um einen umfassenden Vertrag für eine Art von Arbeit oder alle Arbeiten für ein Investitionsvorhaben in Bezug auf die Herstellung von Arbeiten zu erhalten. Generalunternehmer sollen folgende Gestaltungen umfassen: Generalunternehmer für die Planung, Generalunternehmer für die Ausführung der Bauarbeiten, Generalunternehmer für Planung und Ausführung der Bauarbeiten, Generalunternehmer für Planung, Vergabe von technologischer Ausrüstung und Ausführung der Bauarbeiten und Generalunternehmer für die Formulierung eines Investitionsvorhabens für Bauarbeiten, Planung, Vergabe industrieller Ausrüstung und Ausführung der Bauarbeiten.

Yemen (Art. 874 Code Civil)[114]: Durch den Werkvertrag verpflichtet sich eine der Parteien, der Unternehmer, gegen eine Vergütung, die sich die andere Partei, der Urheber des Auftrages, verpflichtet ihr zu bezahlen, ein Werk zu erbringen oder eine Arbeit zu verrichten, gleich ob der Urheber des Auftrages das Material geliefert hat oder ob der Unternehmer das Material gleichzeitig mit der Arbeit geliefert hat.

Die ICSID Rechtsprechung[115] trägt ergänzend zur Aufhellung der Natur des Bauvertrages bei, in dem sie den Bauvertrag von längerer Dauer als Investment qualifiziert, wenn der Unternehmer Risiken unter anderem der folgenden Art übernimmt: einseitiges Recht zur Vertragsauflösung und einseitige leistungsändernde Anordnungen unter Zugrundelegung der urspünglichen Preise, Risiko von Veränderungen der Rechtslage

[112] Übersetzung aus dem Englischen.
[113] Übersetzung aus dem Französischen.
[114] Übersetzung aus dem Französischen.
[115] ICSID Schiedsspruch, Urt. v. 23.1.2001, 42 ILM 609 (2003) –Salini v. Marocco, Rn. 53, 55.

im Bauland, Sachleistungsgefahr während der Bauphase, Koordinationsrisiken in Bezug auf andere Arbeiten, Übernahme des Risikos unvorhergesehener Ereignisse, etc.

Üblicherweise übernehmen die Regelungen zum Werkvertrag vor allem die Aufgabe, das Vertragsverhältnis von anderen Vertragstypen abzugrenzen. Aus klassischer Sicht übergibt der Besteller dem Unternehmer das Werk (bestehend aus einer Werkdefinition und dem Grund und Boden), das dieser durch eigene Leistung materialisiert und sodann als fertiges Werk dem Besteller zurückgibt. Damit ist der Besteller nicht nur Auftraggeber, sondern er erbringt wesentliche Vorleistungen, ohne die der Unternehmer nicht tätig werden kann. Der Werkvertrag ist damit weder Arbeitsvertrag noch Dienstvertrag noch Kaufvertrag noch Auftrag. Vom **Kaufvertrag** unterscheidet ihn, dass der Werkunternehmer nicht nur das Ergebnis sondern auch die Leistung schuldet. Naturgegeben existiert das Werk nicht, während der Kaufgegenstand bereits vorhanden sein kann und in der Regel auch ist (aber nicht sein muss). Vom Arbeitsvertrag und vom **Dienstvertrag** unterscheidet sich der Werkvertrag, weil der Werkunternehmer seine Leistung unter eigener Aufsicht erbringt und koordiniert (vgl. Qatar). Typischerweise wählt der Unternehmer die Herstellungsmethoden und er ist für die Reihenfolge, in der die Arbeit zu erledigen ist, verantwortlich. Kommt die Verpflichtung hinzu, das Material zu liefern, entscheidet er im Wesentlichen über die Art, die Qualität und die Tauglichkeit des Materials. Ferner regelt der Werkvertrag das Vergütungsrisiko gänzlich anders als der Dienstvertrag, bei dem der Auftraggeber unabhängig vom Werkerfolg zeitabhängige Zahlungen leistet. Im Werkvertrag schuldet der Besteller dagegen erst dann eine Vergütung, wenn das Werk übergeben wurde. Vom **Auftrag** unterscheidet sich der Werkvertrag, weil der Unternehmer nicht im Namen des Bestellers tätig wird sondern auf eigene Rechnung (vgl. Qatar). Soweit er auftragsähnliche Leistungen erbringt, wie z.B. die Beschaffung der Baugenehmigung, ändert dies nichts an der Hauptverpflichtung, im eigenen Namen ein Werk herzustellen, das abzuliefern ist. Zudem kann der Auftrag unentgeltlich sein, während im Werkvertrag stets ein Entgelt geschuldet wird. In der internationalen Schiedsgerichtsbarkeit herrscht das Prinzip, dass die juristische Qualifikation einer Rechtsbeziehung weder davon abhängig ist, was die Parteien beabsichtigten zu begründen, noch von der Überschrift, die die Parteien gefunden haben, um ihre Beziehung zu definieren[116]. Folgerichtig müssen die Schiedsgerichte die Beziehung jeweils neu qualifizieren, wenn sich herausstellt, dass die von den Parteien ursprünglich vorgenommene Qualifikation bestimmte wesentliche Elemente der Vereinbarung ignoriert[117].

In einigen Rechtsordnungen gehören unter anderem auch Mitwirkungspflichten des Bestellers zu den Charaktermerkmalen des Werkvertrages (vgl. Uzbekistan, Polen)[118]. In anderen werden typische Nebenpflichten des Unternehmers (Einhaltung der vereinbarten Bauzeit) expressis verbis als Hauptpflichten benannt, z.B. in den Kodifikationen von Kuwait[119], Bahrain[120] und Qatar[121]. Letzere spiegeln die ägyptische und syrische Rechtsauffassung, obwohl dort eine entsprechende Regelung im Code Civil fehlt[122]. In

[116] ICC Schiedsspruch n° 8056 aus 1996, Bull. int. arb. CCI, Vol. 12, n° 1. 2001. 2001, 68.

[117] Arfaoui, L'interprétation arbitrale du contrat de commerce international, Limoges 2008 (Diss.), Rn. 308.

[118] Vgl. Keating on Construction Contracts, Rn. 3-052 zum englischen Recht.

[119] Art. 666 Abs. 1: Der Unternehmer hat das Werk in Übereinstimmung mit den Vertragsbedingungen innerhalb der vereinbarten Zeit zu erbringen. Mangels Bedingungen oder Zeitvereinbarung, ist er verpflichtet, es gemäß den Bräuchen innerhalb angemessener Frist, wie sie die Natur des Werkes erfordert, sowie gemäß der Berufspraxis zu erbringen.

[120] Art. 589 Abs. 1 Code Civil hat Art. 666 des kuwaitischen Code Civil übernommen.

[121] Art. 667 Abs. 1 Code Civil hat Art. 666 des kuwaitischen Code Civil übernommen.

[122] Abu-Sahlieh, Le contrat d'entreprise en droit arabe, 79.

den angelsächsischen Rechtsordnungen[123] sowie in Südafrika[124] verstehen sich wiederum Bauzeitvereinbarungen als Mitwirkungspflicht des Auftraggebers, der verpflichtet ist, die vereinbarte Bauzeit zur Verfügung des Unternehmers zu stellen oder zu belassen. Maßnahmen, die die freie Nutzung der Bauzeit beeinträchtigen, stellen eine Vertragsverletzung dar.

---

[123] Wells v. Army & Navy Co-operative Society (1902) Hudson's Building Contracts, 4th ed. 346; vgl. zu Indien Markanda, Building & Engineering Contracts, 447 unter Beugnahme auf vorstehende englische Entscheidung.

[124] Group Five Building Ltd. v. Minister of Community Development (449/91) [1993] ZASCA 75; 1993 (3) SA 629 (AD) (28 May 1993).

§ 2 Europarecht

Schrifttum

v.d. Groeben/Schwarze/Bearbeiter, Vertrag über die Europäische Union und Vertrag zur Gründung der Europäischen Gemeinschaft, 6. Auflage, Baden-Baden 2004; Höffner/Schubert, Export im Binnenmarkt der Europäischen Union, München 2004; Kohl, Towards a European Consumer Construction Law, ICLR 2010, 211; Kutschker, Die VOB/B, das AGB-Gesetz und die EG-Richtlinie über mißbräuchliche Klauseln in Verbraucherverträgen, BauR 1994, 417 ff.; Lenz/Borchardt, EGV, 3. Auflage, Köln 2003; Schmidt-Eichstaedt, Das Bau- und Planungsrecht in der Europäischen Union, DÖV 1995, 969; Steiff, EU-Osterweiterung, Grundfreiheiten und Vergaberecht, NZBau 2004, 75; Streinz/Bearbeiter, EUV/EGV, München 2003; Wagner, Die europarechtliche Seite des Bauträgervertrages-Aus Anlass des Vorlagebeschlusses des BGH vom 2.5.2002 – VII ZR 178/01, ZNotP 2002, Beilage zu Heft 7

Inhaltsübersicht

I. Einführung

1. Einleitung. Die Europäische Union ist in **wirtschaftlicher** und in **rechtlicher** Hinsicht ein bedeutender Faktor. Die zahlreichen (milliardenschweren) Investitionsprogramme der EU (PHARE, ISPA, SAPARD u.a.[1]) sind vor allem für den Anlagenbau und die Strukturbaumaßnahmen von erheblicher wirtschaftlicher Bedeutung[2]. Aus rechtlicher Sicht haben diese Programme Auswirkungen auf die Vergabe von Aufträgen. Der PRAG[3] schreibt detailliert vor, wie zu vergeben ist und auf welcher Grundlage zu vergeben ist. Überwiegend werden für in den EU finanzierten Vorhaben FIDIC-Vertragsmuster verwendet. Auch das eigentliche Europarecht beeinflusst das Baurecht enorm, und zwar national[4], international-privatrechtlich[5] und im europäischen Ausland[6]. Die Europäische Union hat bei der Rechtsetzung für eine kohärente Gestaltung des Gemeinschaftsrechts sowie für dessen einheitliche Umsetzung und Anwendung in den Mitgliedstaaten zu sorgen. Die von der Europäischen Gemeinschaft erlassenen Maßnahmen müssen aufeinander abgestimmt sein, in allen Mitgliedstaaten gleich ausgelegt werden und dieselben Wirkungen entfalten. Der EuGH[7] hat entschieden, dass die ein- 1

---

1 Vgl. Lenz/Borchhardt, EGV, Art. 181 a 1 ff.

2 Vgl. auch § 20 1 ff.

3 Practical Guide for Contract Procedures.

4 Vgl. Finke, Die Auswirkungen der europäischen technischen Normen und des Sicherheitsrechts auf das nationale Haftungsrecht, 81 ff.

5 Vgl. das Römische EWG Übereinkommen über das auf vertragliche Schuldverhältnisse anzuwendende Recht vom 19.08.1980.

6 Vgl. Uff, Construction Law, 18.

7 EuGH Rs C-357/98, Slg. 2000, I-9265, Rn. 26 (The Queen v. Secretary of State for the Home Department ex parte: Nana Yaa Konadu Yiadom), vgl. auch EuGH Rs C-287/98, Slg. 2000, I-6917, Rn 43 (Luxemburg/

heitliche Anwendung des Gemeinschaftsrechts und der Gleichheitsgrundsatz verlangen, dass die Begriffe einer Vorschrift des Gemeinschaftsrechts, die für die Ermittlung ihres Sinnes und ihrer Bedeutung nicht ausdrücklich auf das Recht der Mitgliedstaaten verweist, in der Regel in der gesamten Gemeinschaft autonom und einheitlich auszulegen sind. Dies wird gelegentlich übersehen und von den nationalen Gerichten missachtet. Aber auch die betroffenen Unternehmen müssen sich bewusst sein, dass sich ihre herkömmliche – national geprägte – Denkweise nicht gegen europäische Grundprinzipien durchsetzen lassen, die gelegentlich deutlich von deutschen Vorstellungen abweichen, z.B. im Handwerksrecht oder bei der Frage der Bauvorlageberechtigung.

Das Europäische Recht soll insbesondere Verbraucher und KMU, die mit anderweitigen Vertragsrechtssystemen nicht vertraut sind, ermutigen, grenzüberschreitende Geschäfte abzuschließen. Dies war einer der Gründe für eine Reihe von Gemeinschaftsvorschriften, die zur Verbesserung des Funktionierens des Binnenmarktes beitragen sollen. Nach wie vor besteht aber aus Sicht der EU die Gefahr, dass Anbieter von Waren und Dienstleistungen den Handel mit Verbrauchern in anderen Ländern als unwirtschaftlich erachten und davon Abstand nehmen, denn im Bereich der Weitervergabe sind die für Unter- und Lieferaufträge geltenden Rechtsvorschriften in den verschiedenen Mitgliedstaaten sehr unterschiedlich. Die Vertragsparteien sind daher unter Umständen gezwungen, sich über die Auslegung und Anwendung des ihnen unbekannten Rechts eines anderen Landes zu informieren oder einen Rechtsberater einzuschalten. Es ist daher damit zu rechnen, dass die Harmonisierungsbemühungen der EU weiter fortschreiten und sich bis in die Kernbereiche des Baurechts erstrecken werden. Bislang ist das EU-Recht vor allem im Bereich der Vergabe öffentlicher Aufträge, der Schaffung von Dienstleistungs- und Niederlassungsfreiheit und im Verbraucherschutzrecht zu bemerken.

Rechtssetzung, Rechtsprechung und Handhabung des europäischen Rechts weichen von den deutschen Bedingungen in vielfältiger Weise ab. Grundkenntnisse des europäischen Rechts sind inzwischen unverzichtbarer Bestandteil eines erfolgreichen Wettbewerbs mit den im europäischen Ausland ansässigen Unternehmen um private und öffentliche Aufträge und deren Abwicklung. Überdies stellen die europäischen Rechtsquellen einen Grundstandard dar, der im europäischen Ausland wieder zu finden ist. Schließlich ermöglichen die europäischen Rechtsquellen den Zugang zum jeweils spezifischen Wortschatz der Vertragsstaaten, den das europäische Recht existiert jeweils in allen europäischen Sprachen.

2 **a. Definition.** Der Begriff des **Europarechts** ist eigentlich keiner klaren Definition zugänglich. Er umschreibt letztlich die Gesamtheit der Rechtsregeln, die einerseits das Verhältnis der Staaten normieren, die sich in der Europäischen Union und im Europarat zusammengeschlossen haben, und die andererseits auf Rechtsetzungsakte der Gemeinschaft zurückgehen und entweder unmittelbar und mittelbar geltendes Recht setzen, das die Mitgliedsstaaten und die in ihnen wohnhaften Rechtssubjekte bindet. Geltung und Anwendung des Europarechts hängen in Deutschland von dem Rechtsanwendungsbefehl des Zustimmungsgesetzes zur Europäischen Union ab[8]. Das Europarecht bezeichnet somit eine eigene Rechtsordnung, die auf dem Boden der EU-Mitgliedsstaaten und

---

Linster), EuGH Rs C-387/97, Slg. 2000, I-5047 (Kommission/Griechenland), EuGH Rs. C-327/82 Slg. 1984-107, Rn. 11 (Ekro/Produktschapvoor Vee en Vlees). Der Grundsatz der einheitlichen Anwendung ist auch im Bereich des Privatrechts anwendbar, vgl. EuGH Rs C-373/97, Slg. 2000, I-1705, Rn. 34 (Dionisios Diamantis/Elliniko Dimosio, Organismos Ikonomikis Anasinkrotisis Epikhiriseon AE (OAE)) und EuGH Rs. C-441/93, Slg. 1996, I-1347, Rn. 68 bis 70 (Pafitis u.a./ TKE u.a.).

[8] BVerfG v. 12.10.1993, 2 BvR 2134/92 u. 2 BvR 2159/92.

getrennt von den Rechtsordnungen der Mitgliedsstaaten gilt[9]. Für den **Bauunternehmer, Bauherren, Architekten** oder **Ingenieur** sind vor allem die Bereiche von Bedeutung, in denen die EU aufgrund der ihr überantworteten Gesetzgebungskompetenz mittelbar oder unmittelbar verbindliches Recht gesetzt hat. Dieses Recht in seiner Bedeutung und Qualität einschätzen zu können, erfordert gewisse systematische Grundkenntnisse des Europarechts:

Innerhalb der Rechtsordnung der Europäischen Gemeinschaften unterscheidet man das 3
primäre und das **sekundäre** Gemeinschaftsrecht. Entfaltet das Gemeinschaftsrecht unmittelbare Wirkung im nationalen Bereich, was nur bei einem Teil des Europarechts der Fall ist, spricht man von integriertem Gemeinschaftsrecht. Dieses kann primäres (die Europäischen Verträge) oder sekundäres Gemeinschaftsrecht (Richtlinien, Verordnungen, Entscheidungen und Empfehlungen) sein und entfaltet seine unmittelbare Wirkung ohne Rechtssetzungsakte der Gemeinschaftsmitglieder.

Verordnungen nach Art. 249 EGV sind unmittelbar geltendes Europarecht. Richtlinien gelten grundsätzlich nur mittelbar, denn sie richten sich an die Mitgliedsstaaten. Aber auch Richtlinien können im Einzelfall unmittelbare Wirkungen entfalten, wenn sie von den Mitgliedsstaaten nicht rechtzeitig umgesetzt werden[10]. Wichtige Verordnungen sind die Verordnungen Rom I und Rom II, die das internationale Privatrecht der vertraglichen und außervertraglichen Schuldverhältnissse regeln. Hinzu kommt die Verordnung (EG) Nr. 1422/2007 der Kommission vom 4. Dezember 2007 zur Änderung der Richtlinien 2004/17/EG und 2004/18/EG des Europäischen Parlaments und des Rates im Hinblick auf die Schwellenwerte für Auftragsvergabeverfahren. Aus der Vielzahl der Richtlinien sind die Richtlinien 2004/17/EG und 2004/18/EG zu nennen, die das deutsche materielle Vergaberecht inhaltlich reglementieren.

Kein Gemeinschaftsrecht im eigentlichen Sinne ist das innerstaatliche Recht, das auf 4
Grund von Richtlinien usw. im sog. doppelstufigen Rechtssetzungsverfahren erlassen worden ist. Es nähert sich aber dem Gemeinschaftsrecht, weil der nationale Gesetzgeber hinsichtlich der angeglichenen Normen an einer Abweichung der zugrunde liegenden Richtlinie gehindert ist (vgl. z.B. Art. 94 EGV). Insoweit ist zu bemerken, dass Richtlinien eine sehr viel stärkere Kraft haben als die, einen besonderen Regulierungsbereich zu harmonisieren. Eigentlich nicht harmonisierte Bereiche (also solche, für die es keine Richtlinie gibt) sind stets im Lichte der harmonisierten Bereiche zu sehen, weil der Beschluss des nationalen Gesetzgebers, bei der Umsetzung der Bestimmungen einer Richtlinie in nationales Recht, rein innerstaatliche Sachverhalte und Sachverhalte, die unter die Richtlinie fallen, gleich zu behandeln, und seine innerstaatlichen Rechtsvorschriften deshalb insgesamt an das Gemeinschaftsrecht anzupassen, nach der Rechtsprechung des EuGH die Folge hat, den europarechtlich ungeregelten Bereich wie einen geregelten zu verstehen, auch wenn der ungeregelte Bereich an sich nicht in die Zuständigkeit des EuGH fiele[11]. Die Folge ist, dass nationale Normen, die eine Richtlinie umsetzen, aber zugleich auch andere Sachverhalte regeln als die, die von der zugrunde liegenden Richtlinie erfasst werden, europarechtskonform sein müssen. Dies führt z.B. dazu, dass das deutsche Bauträgerrecht im Lichte des Europarechts auf Bedenken stößt[12], wenngleich es kein europäisches bauertragliches Verbrauchschutz-

[9] Von der Groeben/Schwarze/Zuleeg, EUV/EGV, Art. 1 EGV Rn. 22.
[10] Vgl. EuGH Slg. 1991 I, 5414 – Francovich; Lenz/Borchardt/Hetmeier, EGV, Art. 249 Rn. 14.
[11] EuGH, Urteil vom 17. Juli 1997, Rs C-28/95 – A. Leur-Bloem.
[12] Vgl. Wagner ZNotP 2002, Beil. zu Heft 7, 1 ff.

recht[13] oder Bauträgerrecht gibt[14]. Art. 3 Abs. 1 der Richtlinie 93/13/EWG vom 5. April 1993 regelt nur die wichtigsten Rahmenbedingungen, namentlich dass eine Vertragsklausel nicht entgegen dem Gebot von **Treu und Glauben** zum Nachteil des Verbrauchers ein erhebliches und ungerechtfertigtes Missverhältnis der vertraglichen Rechte und Pflichten der Vertragspartner verursachen darf. Die Beantwortung der Frage, welche Art von Klauseln dieses erhebliche und ungerechtfertigte Missverhältnis verursachen kann, ist den nationalen Stellen überlassen. Art. 3 der Richtlinie definiert mit der Bezugnahme auf die Begriffe von Treu und Glauben und des erheblichen und ungerechtfertigten Missverhältnisses zwischen den Rechten und Pflichten der Vertragspartner nur abstrakt die Faktoren, die einer nicht im Einzelnen ausgehandelten Vertragsklausel missbräuchlichen Charakter verleihen[15]. Die Zuständigkeit des Gerichtshofes für die Auslegung des Gemeinschaftsrechts geht nicht so weit, dass er Klauseln, die in einem konkreten Rechtsstreit vor dem nationalen Gericht eine Rolle spielen, auslegen muss. Rechtsunterschiede sind bislang durchaus hinzunehmen. Es bedarf keiner einheitlichen Auslegung des Gemeinschaftsrechts zum Begriff des erheblichen und ungerechtfertigten Missverhältnisses. Der Gemeinschaftsgesetzgeber in Art. 3 der Richtlinie 93/13/EWG vom 5. April 1993 ist darauf beschränkt, eine allgemeine Norm aufzustellen, die ein hohes Schutzniveau für die Verbraucher, wie in Art. 95 Abs. 3 EGV vorgesehen, bewirken muss. Folglich ist etwa die Frage des BGH, ob die in AGB eines Verkäufers enthaltene Klausel, nach der der Erwerber eines zu errichtenden Bauwerks den gesamten Preis hierfür unabhängig von einem Baufortschritt zu zahlen hat, wenn der Verkäufer ihm zuvor die Bürgschaft eines Kreditinstituts stellt, welche wiederum die Geldansprüche des Erwerbers sichert, die diesem wegen mangelhafter oder unterlassener Erfüllung des Vertrages erwachsen können, als missbräuchlich (im Sinne von Art. 3 Abs. 1 der Richtlinie 93/13/EWG des Rates vom 5. April 1993 über missbräuchliche Klauseln in Verbraucherverträgen) anzusehen ist, dahin zu beantworten, dass es Sache des nationalen Gerichts ist, festzustellen, ob die Klausel als missbräuchlich im Sinne von Art. 3 Abs. 1 der Richtlinie 93/13/EWG des Rates vom 5. April 1993 über missbräuchliche Klauseln in Verbraucherverträgen anzusehen ist[16].

5 **b. Autonome Rechtsordnung.** Das Gemeinschaftsrecht ist eine eigene autonome Rechtsordnung, die anders als das Völkerrecht im innerstaatlichen Bereich unmittelbar normativ wirkt[17]. Der EuGH[18] hat entschieden, dass das Gemeinschaftsrecht Vorrang vor nationalem Recht genießt. Das BVerfG[19] erkennt dies im Grundsatz an, in dem es ausführt, die mitgliedstaatliche Rechtsordnung und die Gemeinschaftsrechtsordnung stehen nicht unvermittelt und isoliert nebeneinander, sondern sind in vielfältiger Weise aufeinander bezogen, miteinander verschränkt und wechselseitigen Einwirkungen geöffnet. Nach Auffassung des BVerfG[20] ist mittlerweile im Hoheitsbereich der EU ein Maß an **Grundrechtsschutz** erwachsen, das nach Konzeption, Inhalt und Wirkungs-

---

13 Vgl. Kohl, Towards a European Consumer Protection Law, ICLR 2010, 211 ff.
14 Wagner ZNotP 2002, Beil. zu Heft 7, 1, 2.
15 Vgl. in diesem Sinne EuGH, Urt. v. 7.5.2002, C-478/99, Kommission/Schweden, Slg. 2002, I-4147, Rn. 17; EuGH, Urt. v. 1.4.2004, C-237/02 – Freiburger Kommunalbauten GmbH Baugesellschaft & Co. KG v. Hofstätter.
16 Schlussanträge des Generalanwalts Geelhoed, Rs C-237/02 zur Vorlage BGH, Beschluss v. 22.05.2002 – VII ZR 178/01 IBR 2002, 312.
17 Von der Groeben/Schwarze/Zuleeg, EUV/EGV, Art. 1 EGV Rn. 22.
18 EuGH Rs. 6/64 (Costa/ENEL) Slg 1964, 1251; von der Groeben/Schwarze/Zuleeg, EUV/EGV, Art. 1 EGV Rn. 24.
19 BVerfG NJW 1987, 577, 578.
20 BVerfG NJW 1987, 577, 580.

weise dem Grundrechtsstandard des Grundgesetzes im Wesentlichen gleich zu achten ist. Solange die Europäischen Gemeinschaften, insbesondere die Rechtsprechung des EuGH, einen wirksamen Schutz der Grundrechte gegenüber der Hoheitsgewalt der Gemeinschaften generell gewährleisten, der dem vom Grundgesetz als unabdingbar gebotenen Grundrechtsschutz im Wesentlichen gleich zu achten ist, zumal den Wesensgehalt der Grundrechte generell verbürgt, wird das BVerfG seine Gerichtsbarkeit über die Anwendbarkeit von abgeleitetem Gemeinschaftsrecht, das als Rechtsgrundlage für ein Verhalten deutscher Gerichte und Behörden im Hoheitsbereich der BRD in Anspruch genommen wird, nicht mehr ausüben und dieses Recht nicht mehr am Maßstab der Grundrechte des GG überprüfen[21].

Über das Verhältnis des abgeleiteten Gemeinschaftsrechts zum Grundgesetz entscheidet das BVerfG jedoch in Kooperation mit dem EuGH. Grundsätzlich behält sich das BVerfG den wirksamen Schutz der Grundrechte auch gegenüber der Hoheitsgewalt der Gemeinschaft vor[22]. Das BVerfG gewährleistet durch seine Zuständigkeit, dass ein wirksamer Schutz der Grundrechte für die Einwohner Deutschlands auch gegenüber der Hoheitsgewalt der Gemeinschaften generell sichergestellt und dieser dem vom GG als unabdingbar gebotenen Grundrechtsschutz im Wesentlichen gleich zu achten ist, zumal den Wesensgehalt der Grundrechte generell verbürgt. Das BVerfG[23] sichert so den Wesensgehalt auch gegenüber der Hoheitsgewalt der Gemeinschaft. Allerdings übt das BVerfG seine Gerichtsbarkeit über die Anwendbarkeit des abgeleiteten Gemeinschaftsrechts in Deutschland in einem Kooperationsverhältnis zum EuGH aus, in dem der EuGH den Grundrechtsschutz in jedem Einzelfall für das gesamte Gebiet der Europäischen Gemeinschaften garantiert, so dass sich das BVerfG[24] auf eine generelle Gewährleistung der unabdingbaren Grundrechtsstandards beschränken kann. 6

c. Primäres Gemeinschaftsrecht. Das primäre Gemeinschaftsrecht beinhaltet die Gründungsverträge mit den dazugehörigen Protokollen, Ergänzungen und Änderungsverträgen, also den EG-Vertrag (EGV) sowie die Protokolle dazu (z.B. Fusionsvertrag, EEA und andere) sowie den EU-Vertrag (EUV) und die auf den Verfassungstraditionen der Mitgliedsstaaten beruhenden allgemeinen Rechtsgrundsätze wie die Rechtsstaatlichkeit, Demokratiegebot und die Achtung der Grundrechte, wie sie in der Europäischen Konvention zum Schutze der Menschenrechte und Grundfreiheiten festgelegt sind. Einer der wichtigsten Grundsätze ist das Diskriminierungsverbot in Art. 12 EGV, das jede Diskriminierung aus Gründen der Staatsangehörigkeit verbietet. Bis zum Inkrafttreten entsprechenden sekundären Gemeinschaftsrechts gehörten auch zum Europäischen Gemeinschaftsrecht: 7

- Römisches EWG-Übereinkommen über das auf vertragliche Schuldverhältnisse anzuwendende Recht vom 19.08.1980 (EVÜ)[25]
- Brüsseler EWG-Übereinkommen über die gerichtliche Zuständigkeit und die Vollstreckung gerichtlicher Entscheidungen in Zivil- und Handelssachen vom 27.09.1968 i.d.F. des 3. Beitrittsübereinkommens vom 26.05.1989 (EuGVÜ)[26]

---

21 BVerfG NJW 1987, 577, 582.
22 BVerfGE 37, 271; BVerfGE 73, 339; BVerfGE 89, 155, 174; vgl. dazu von der Groeben/Schwarze/Zuleeg, EUV/EGV, Art. 1 EGV Rn. 25.
23 BVerfG NJW 1993, S. 3047, 3049.
24 BVerfG NJW 1993, S. 3047, 3049.
25 BGBl 1995 II, 307. Das Übereinkommen wurde durch die Verordnung Rom I ersetzt.
26 BGBl 1994 II, 519. Das Übereinkommen wurde durch die EuGVVO ersetzt.

8 Ferner zählen zum primären Gemeinschaftsrecht die Grundsätze, die der EuGH aus allgemeinen Rechtsgrundsätzen entwickelt. Das BVerfG[27] erkennt die Befugnis des EuGH zur Rechtsfortbildung grundsätzlich an. Zulässig und von den Auslegungsregeln für die Gemeinschaftsverträge her nachgerade geboten sei es, vorhandene Kompetenzen der Gemeinschaft im Lichte und im Einklang mit den Vertragszielen auszulegen und zu konkretisieren[28]. Der EuGH hat die Entscheidungsbefugnis über die Auslegung des EWGV sowie über die Gültigkeit und Auslegung der in Art. 177 EWGV (Art. 234 EGV) genannten angeleiteten gemeinschaftsrechtlichen Akte. Die nach Maßgabe des Art. 177 EWGV (Art. 234 EGV) ergangenen Urteils des EuGH sind für alle mit demselben Ausgangsverfahren befassten mitgliedschaftlichen Gerichte bindend[29].

9 Folgende 15 weitere Grundrechte sind durch die Rechtssprechung des EuGH als Primärrecht anerkannt:

- Würde der Person
- Unverletzlichkeit des Privatlebens, der Wohn- und Geschäftsräume
- Meinungsfreiheit
- Gleichheitssatz
- Berufsfreiheit
- Eigentumsrecht
- Achtung des Familienlebens
- Vereinigungsfreiheit
- Religionsfreiheit
- Rückwirkungsverbot
- Doppelbestrafung
- Recht auf fairen Prozess
- Anspruch auf rechtliches Gehör
- Effektiver Rechtsschutz
- Recht auf Verteidigung

10 Aufgrund der Rechtsprechung des EuGH zu den Grundrechten hatten sich das Europäische Parlament, der Rat und die Kommission in der feierlichen Erklärung vom 5. April 1977 zur Achtung der Grundrechte bekannt und verpflichtet. Dem schlossen sich die Staats- und Regierungschefs auf dem Kopenhagener Gipfeltreffen vom 7./8. April 1978 an. Weiterhin hat das Europäische Parlament am 12. April 1989 einen Grundrechtskatalog verabschiedet, den es für sich als verbindlich ansieht. Er beinhaltete das Recht auf Leben, die Gedankenfreiheit, das Recht auf gerechte Arbeitsbedingungen, das Recht auf Bildung, eine Rechtsschutzgarantie und ein Rückwirkungsverbot. Dies ist nun zum Teil durch Art. F des EU-Vertrages überholt worden. Am 1.12.2009 trat die Europäische Grundrechtecharta in Kraft. Neben den Verträgen selbst zählen Rechtsakte der Gemeinschaft, mit denen ausschließlich eine Vertragsänderung durchgeführt wird, auch zum primären Gemeinschaftsrecht.

11 **d. Sekundäres Gemeinschaftsrecht.** Die Rechtsakte der Gemeinschaftsorgane bilden das sekundäre Gemeinschaftsrecht. Rechtssetzungsorgane sind das Europäische Parla-

---

[27] BVerfG NJW 1988, 1988, S. 1459, 1461.
[28] BVerfG NJW 1988, 1988, S. 1459, 1461.
[29] BVerfG NJW 1988, 1459, 1459; BVerfG NJW 1977, 2024; BVerfG NJW 1980, 519; BVerfG NJW 1987, 577.

ment, der Rat, die Kommission und der Wirtschafts- und Sozialausschuss, die entweder allein oder gemeinsam tätig werden. Es handelt sich der Art nach um folgende Rechtssetzungsakte:

Verordnungen (Beispiele): 12

- EWIV-Verordnung[30]
- Europäische Gerichtsstands- und Vollstreckungsverordnung (EuGVVO)[31]
- Europäische Verordnung zum Internationalen Vertragsrecht (Rom I)[32]
- Europäische Verordnung zum Internationalen Privtrecht der außervertraglichen Schuldverhältnisse (Rom II)[33]
- Verordnung (EG) Nr. 1422/2007 der Kommission vom 4. Dezember 2007 zur Änderung der Richtlinien 2004/17/EG und 2004/18/EG des Europäischen Parlaments und des Rates im Hinblick auf die Schwellenwerte für Auftragsvergabeverfahren[34]
- Verordnung (EG) Nr. 1564/2005 der Kommission vom 7. September 2005 zur Einführung von Standardformularen für die Veröffentlichung von Vergabebekanntmachungen im Rahmen von Verfahren zur Vergabe öffentlicher Aufträge gemäß der Richtlinie 2004/17/EG und der Richtlinie 2004/18/EG des Europäischen Parlaments und des Rates
- Verordnung Nr. 2195/2002 des Europäischen Parlaments und des Rates vom 5. November 2002 über das gemeinsame Vokabular für öffentliche Aufträge (Common Procurement Vocabulary)[35]

Richtlinien (Beispiele): 13

- Richtlinie 89/106/EWG[36] des Rates zur Angleichung der Rechts- und Verwaltungsvorschriften der Mitgliedstaaten über Bauprodukte[37]
- Richtlinie 71/305/EWG des Rates über die Koordinierung der Verfahren zur Vergabe öffentlicher Aufträge[38] und Richtlinie 89/440/EWG des Rates zur Änderung der Richtlinie 71/305/EWG[39], aufgegangen in Richtlinie 93/37/EWG des Rates vom 14. Juni 1993 zur Koordinierung der Verfahren zur Vergabe öffentlicher Bauaufträge
- Richtlinie 85/374/EWG des Rates zur Angleichung der Rechts- und Verwaltungsvorschriften der Mitgliedstaaten über die Haftung für fehlerhafte Produkte[40]

---

30 Verordnung (EWG) Nr. 2137/85 des Rates vom 25. Juli 1985.

31 Verordnung (EG) Nr. 44/2000 des Rates vom 22. Dezember 2000, ABl 2001, Nr. L 12, 1 ff.

32 Verordnung (EG) Nr. 593/2008 des Europäischen Parlaments und des Rates vom 17.6.2008 über das auf vertragliche Schuldverhältnisse anzuwendende Recht, Kurzbezeichnung Rom I-Verordnung, in Kraft seit dem 11.1.2009, ABl 2008, Nr. L 177, 6 ff.

33 Verordnung (EG) Nr. 864/2007 des Europäischen Parlaments und des Rates vom 11. Juli 2007 über das auf außervertragliche Schuldverhältnisse anzuwendende Recht, Kurzbezeichnung Rom II, in Kraft seit dem 11.1.2009, ABl. 2007, Nr. L 99, 40 ff.

34 In der Fassung der Verordnung Nr. 1177/2009 vom 30. November 2009.

35 ABl Nr. L 340 v. 16.12.2002, 1. Durch die Verordnung EG 596/2009 des Europäischen Parlaments und des rates vom 18.6.2009 (ABl Nr. L 188, 1 ff.) hat die Kommission die Befugnis erhalten, die CVP Struktur und die Kodes zu aktualisieren und die technischen Anpassungen aller Anhänge der CVP Verordnung vorzunehmen.

36 Hierzu eingehend Molkenbur DVBl 1991, 745 ff.

37 ABl Nr. L v. 11.02.1989, 12.

38 ABl Nr. L 185 v. 16.08.1971, 5.

39 ABl Nr. L 210 v. 21.07.1989, 1.

40 ABl Nr. L 210 v. 25.07.1985, 29.

- Richtlinie 77/62/EWG des Rates über die Koordinierung der Verfahren zur Vergabe öffentlicher Lieferaufträge[41] und Richtlinie 88/295/EWG zur Änderung der Richtlinie 77/62/EWG[42]
- Richtlinie 92/50/EWG des Rates über die Koordinierung der Verfahren zur Vergabe öffentlicher Dienstleistungsaufträge[43]
- Richtlinie 89/665/EWG des Rates zur Koordinierung der Rechts- und Verwaltungsvorschriften für die Anwendung der Nachprüfungsverfahren im Rahmen der Vergabe öffentlicher Liefer- und Nachprüfungsverfahren im Rahmen der Vergabe öffentlicher Liefer- und Bauaufträge[44]
- Richtlinie 92/13/EWG des Rates vom 25. Februar 1992 zur Koordinierung der Rechts- und Verwaltungsvorschriften über die Auftragsvergabe durch Auftraggeber im Bereich der Wasser-, Energie- und Verkehrsversorgung sowie im Telekommunikationssektor[45]
- Richtlinie 93/38/EWG des Rates vom 14. Juni 1993 zur Koordinierung der Auftragsvergabe durch Auftraggeber im Bereich der Wasser-, Energie- und Verkehrsversorgung sowie im Telekommunikationssektor[46]
- Richtlinie 93/36/EWG des Rates v. 14. Juni 1993 über die Koordinierung der Verfahren zur Vergabe öffentlicher Lieferaufträge[47]
- Richtlinie 71/304/EWG des Rates v. 26. Juli1971 zur Aufhebung der Beschränkungen des freien Dienstleistungsverkehrs auf dem Gebiet der öffentlichen Bauaufträge und bei öffentlichen Bauaufträgen, die an die Auftragnehmer über ihre Agenturen oder Zweigniederlassungen vergeben werden[48]
- Richtlinie 89/106/EWG des Rates vom 21. Dezember 1988 zur Angleichung der Rechts- und Verwaltungsvorschriften der Mitgliedstaaten über Bauprodukte
- Richtlinie 92/57/EWG des Rates über die auf zeitlich begrenzte oder ortsveränderliche Baustellen anzuwendenden Mindestvorschriften für die Sicherheit und den Gesundheitsschutz[49]
- Richtlinie 93/13/EWG des Rates über missbräuchliche Klauseln in Verbraucherverträgen[50]
- Richtlinie 95/16/EG des Europäischen Parlaments und des Rates vom 29. Juni 1995 zur Angleichung der Rechtsvorschriften der Mitgliedstaaten über **Aufzüge**
- Richtlinie 93/15/EWG des Rates vom 5. April 1993 zur Harmonisierung der Bestimmungen über das Inverkehrbringen und die Kontrolle von **Explosivstoffen für zivile Zwecke**
- Richtlinie 89/686/EWG des Rates vom 21. Dezember 1989 zur Angleichung der Rechtsvorschriften der Mitgliedstaaten **für persönliche Schutzausrüstungen**
- Richtlinie 85/337/EWG des Rates vom 27. Juni 1985 über die Umweltverträglichkeitsprüfung bei bestimmten öffentlichen und privaten Projekten

41 ABl Nr. L 13 v. 15.01.1977.
42 ABl Nr. L 127 v. 20.05.1988, 1.
43 ABl Nr. L 209 v. 24.07.1992, 1.
44 ABl Nr. L 395 v. 30.12.1989, 33.
45 ABl Nr. L 76 v. 23.03.1992, 14.
46 ABl Nr. L 199 v. 09.08.1993, 84.
47 ABl Nr. L 199 v. 09.08.1993, 1.
48 ABl Nr. 185 v. 16.08.1971, 1.
49 ABl Nr. L 245 v. 26.08.1992, 6.
50 ABl Nr. L 95 v. 21.04.1993, 29.

- Die kürzlich erlassene Richtlinie 2004/18/EG des Europäischen Parlaments und des Rates vom 31. März 2004 **über die Koordinierung der Verfahren zur Vergabe öffentlicher Bauaufträge, Lieferaufträge und Dienstleistungsaufträge**[51] (VKR) trat am 30. April 2004 in Kraft und muss bis zum 31. Januar 2006 umgesetzt werden
- Die kürzlich erlassene Richtlinie 2004/17/EG des Europäischen Parlaments und des Rates vom 31. März 2004 zur Koordinierung der Zuschlagserteilung durch Auftraggeber im Bereich der Wasser-, Energie- und Verkehrsversorgung sowie der Postdienste[52] (SKR) trat am 30. April 2004 in Kraft und muss bis zum 31. Januar 2006 umgesetzt werden

Entscheidungen 14

- Entscheidung gemäß Art. 93 Abs. 2 EGV im Verfahren der Beihilfenaufsicht[53]
- 2003/728/EG: Entscheidung der Kommission vom 3. Oktober 2003 über das Verfahren zur Bescheinigung der Konformität von Bauprodukten gemäß Art. 20 Abs. 2 der Richtlinie 89/106/EWG betreffend **Bausätze für Stahlskelettbauten, Bausätze für Betonskelettbauten, vorgefertigte Gebäudeeinheiten, Bausätze für Kühlräume und Bausätze für Steinschlagschutzbauten** (bekannt gegeben unter Aktenzeichen K(2003) 3452)
- 2003/722/EG: Entscheidung der Kommission vom 6. Oktober 2003 über das Verfahren zur Bescheinigung der Konformität von Bauprodukten gemäß Art. 20 Abs. 2 der Richtlinie 89/106/EWG betreffend **Bausätze für flüssig aufzubringende Abdichtungen von Brückenfahrbahnen** (bekannt gegeben unter Aktenzeichen K(2003) 3483)
- 2003/656/EG: Entscheidung der Kommission vom 12. September 2003 über das Verfahren zur Bescheinigung der Konformität von Bauprodukten gemäß Art. 20 Abs. 2 der Richtlinie 89/106/EWG betreffend **sieben Produkte für europäische technische Zulassungen ohne Leitlinie** (bekannt gegeben unter Aktenzeichen K(2003) 3247)
- 2003/655/EG: Entscheidung der Kommission vom 12. September 2003 über das Verfahren zur Bescheinigung der Konformität von Bauprodukten gemäß Art. 20 Abs. 2 der Richtlinie 89/106/EWG betreffend **Bausätze für wasserdichte Boden- und Wandbeläge für Nassräume** (bekannt gegeben unter Aktenzeichen K(2003) 3246)
- 2003/640/EG: Entscheidung der Kommission vom 4. September 2003 über das Verfahren zur Bescheinigung der Konformität von Bauprodukten gemäß Art. 20 Abs. 2 der Richtlinie 89/106/EWG des Rates betreffend **Bausätze für vorgehängte Außenwandbekleidungen** (bekannt gegeben unter Aktenzeichen K(2003) 3160)
- 2003/639/EG: Entscheidung der Kommission vom 4. September 2003 über das Verfahren zur Bescheinigung der Konformität von Bauprodukten gemäß Art. 20 Abs. 2 der Richtlinie 89/106/EWG betreffend **Querkraftdorne für tragende Verbindungen** (bekannt gegeben unter Aktenzeichen K(2003) 3159)
- 2003/312/EG: Entscheidung der Kommission vom 9. April 2003 über die Veröffentlichung der Fundstelle der **Normen für Wärmedämmstoffe, Geotextilien, ortsfeste Löschanlagen und Gips-Wandbauplatten** entsprechend der Richtlinie 89/106/EWG des Rates (bekannt gegeben unter Aktenzeichen K(2003) 1161)

---

[51] ABl 2004 Nr. L 134, 114.

[52] ABl 2004 Nr. L 134, 1.

[53] Vgl. Entscheidung der Kommission vom 25. November 1998 über Massnahmen Deutschlands zugunsten der InfraLeuna Infrastruktur und Service GmbH (bekannt gegeben unter Aktenzeichen K(1998) 3840), ABl Nr. L 260 vom 06/10/1999, 1–18.

- 2003/43/EG: Entscheidung der Kommission vom 17. Januar 2003 zur Festlegung der **Brandverhaltensklassen für bestimmte Bauprodukte** (bekannt gegeben unter Aktenzeichen K(2002) 4807)
- 2002/359/EG: Entscheidung der Kommission vom 13. Mai 2002 über das Verfahren zur Bescheinigung der Konformität von Bauprodukten gemäß Art. 20 Abs. 2 der Richtlinie 89/106/EWG des Rates betreffend **Produkte, die in Kontakt mit Wasser für den menschlichen Gebrauch kommen** (bekannt gegeben unter Aktenzeichen K(2002) 1417)
- 2001/671/EG: Entscheidung der Kommission vom 21. August 2001 zur Durchführung der Richtlinie 89/106/EWG des Rates im Hinblick auf die **Klassifizierung des Brandverhaltens von Dächern und Bedachungen bei einem Brand von außen** (bekannt gegeben unter Aktenzeichen K(2001) 2474)
- 2001/308/EG: Entscheidung der Kommission vom 31. Januar 2001 über das Verfahren zur Bescheinigung der Konformität von Bauprodukten gemäß Art. 20 Abs. 2 der Richtlinie 89/106/EWG des Rates betreffend **vorgefertigte Außenwandbekleidungselemente mit Wärmedämmschicht** (bekannt gegeben unter Aktenzeichen K(2000) 4359)
- 2001/19/EG: Entscheidung der Kommission vom 20. Dezember 2000 über das Verfahren zur Bescheinigung der Konformität von Bauprodukten gemäß Art. 20 Abs. 2 der Richtlinie 89/106/EWG des Rates betreffend **Fahrbahnübergänge für Straßenbrücken** (bekannt gegeben unter Aktenzeichen K(2000) 3694)
- 2000/606/EG: Entscheidung der Kommission vom 26. September 2000 über das Verfahren zur Bescheinigung der Konformität von Bauprodukten gemäß Art. 20 Abs. 2 der Richtlinie 89/106/EWG des Rates betreffend **sechs Produkte für europäische technische Zulassungen ohne Leitlinie** (bekannt gegeben unter Aktenzeichen K(2000) 2641)
- 2000/553/EG: Entscheidung der Kommission vom 6. September 2000 zur Durchführung der Richtlinie 89/106/EWG des Rates hinsichtlich des **Verhaltens von Bedachungen bei einem Brand von außen** (bekannt gegeben unter Aktenzeichen K(2000) 2266)
- 2000/447/EG: Entscheidung der Kommission vom 13. Juni 2000 über das Verfahren zur Bescheinigung der Konformität von Bauprodukten gemäß Art. 20 Abs. 2 der Richtlinie 89/106/EWG des Rates betreffend **vorgefertigte tragende Tafeln aus Holz und Holzwerkstoffen und leichte nichttragende (selbsttragende) Verbundelemente** (bekannt gegeben unter Aktenzeichen K(2000) 804)
- 2000/367/EG: Entscheidung der Kommission vom 3. Mai 2000 zur Durchführung der Richtlinie 89/106/EWG des Rates im Hinblick auf **die Klassifizierung des Feuerwiderstands von Bauprodukten, Bauwerken und Teilen** davon (bekannt gegeben unter Aktenzeichen K(2000) 1001)
- 2000/273/EG: Entscheidung der Kommission vom 27. März 2000 über das Verfahren zur Bescheinigung der Konformität von Bauprodukten gemäß Art. 20 Absatz2 der Richtlinie 89/106/EWG des Rates betreffend **sieben Produkte für europäische technische Zulassungen ohne Leitlinie** (bekannt gegeben unter Aktenzeichen K(2000) 668)
- 2000/245/EG: Entscheidung der Kommission vom 2. Februar 2000 über das Verfahren zur Bescheinigung der Konformität von Bauprodukten gemäß Art. 20 Abs. 4 der Richtlinie 89/106/EWG des Rates betreffend **Flachglas, Profilglas und Glassteinerzeugnisse** (bekannt gegeben unter Aktenzeichen K(1999) 5016)

- 2000/147/EG: Entscheidung der Kommission vom 8. Februar 2000 zur Durchführung der Richtlinie 89/106/EWG des Rates im Hinblick auf die **Klassifizierung des Brandverhaltens von Bauprodukten** (bekannt gegeben unter Aktenzeichen K(2000) 133)
- 1999/472/EG: Entscheidung der Kommission vom 1. Juli 1999 über das Verfahren zur Bescheinigung der Konformität von Bauprodukten gemäß Art. 20 Abs. 2 der Richtlinie 89/106/EWG des Rates betreffend **Rohre, Behälter und Zubehörteile, die nicht mit Trinkwasser in Berührung kommen** (bekannt gegeben unter Aktenzeichen K(1999) 1482)
- 1999/471/EG: Entscheidung der Kommission vom 29. Juni 1999 über das Verfahren zur Bescheinigung der Konformität von Bauprodukten gemäß Art. 20 Abs. 2 der Richtlinie 89/106/EWG des Rates betreffend **Raumerwärmungsanlagen** (bekannt gegeben unter Aktenzeichen K(1999) 1479)
- 1999/470/EG: Entscheidung der Kommission vom 29. Juni 1999 über das Verfahren zur Bescheinigung der Konformität von Bauprodukten gemäß Art. 20 Abs. 2 der Richtlinie 89/106/EWG des Rates betreffend **Bauklebstoffe** (bekannt gegeben unter Aktenzeichen K(1999) 1478)
- 1999/469/EG: Entscheidung der Kommission vom 25. Juni 1999 über das Verfahren zur Bescheinigung der Konformität von Bauprodukten gemäß Art. 20 Abs. 2 der Richtlinie 89/106/EWG des Rates betreffend **Produkte für Beton, Mörtel und Einpreßmörtel** (bekannt gegeben unter Aktenzeichen K(1999) 1480)
- 1999/455/EG: Entscheidung der Kommission vom 22. Juni 1999 über das Verfahren zur Bescheinigung der Konformität von Bauprodukten gemäß Art. 20 Abs. 2 der Richtlinie 89/106/EWG des Rates betreffend **Bausätze für vorgefertigte Holzrahmen- und Blockhäuser** (bekannt gegeben unter Aktenzeichen K(1999) 1483)
- 1999/454/EG: Entscheidung der Kommission vom 22. Juni 1999 über das Verfahren zur Bescheinigung der Konformität von Bauprodukten gemäß Art. 20 Abs. 2 der Richtlinie 89/106/EWG des Rates betreffend **Brandschutzabschottungen und Brandschutzbekleidungen** (bekannt gegeben unter Aktenzeichen K(1999) 1481)
- 1999/94/EG: Entscheidung der Kommission vom 25. Januar 1999 über das Verfahren zur Bescheinigung der Konformität von Bauprodukten gemäß Art. 20 Abs. 2 der Richtlinie 89/106/EWG des Rates betreffend **vorgefertigten Normal-, Leicht- oder Porenbeton** (bekannt gegeben unter Aktenzeichen K(1999) 118)
- 1999/93/EG: Entscheidung der Kommission vom 25. Januar 1999 über das Verfahren zur Bescheinigung der Konformität von Bauprodukten gemäß Art. 20 Abs. 2 der Richtlinie 89/106/EWG des Rates betreffend **Türen, Fenster, Fensterläden, Rolläden, Tore und Beschläge** (bekannt gegeben unter Aktenzeichen K(1999) 117)
- 1999/92/EG: Entscheidung der Kommission vom 25. Januar 1999 über das Verfahren zur Bescheinigung der Konformität von Bauprodukten gemäß Art. 20 Abs. 2 der Richtlinie 89/106/EWG des Rates betreffend **leichte Verbundbalken und -stützen auf Holzbasis** (bekannt gegeben unter Aktenzeichen K(1999) 116)
- 1999/91/EG: Entscheidung der Kommission vom 25. Januar 1999 über das Verfahren zur Bescheinigung der Konformität von Bauprodukten gemäß Art. 20 Abs. 2 der Richtlinie 89/106/EWG des Rates betreffend **Wärmedämmprodukte** (bekannt gegeben unter Aktenzeichen K(1999) 115)
- 1999/90/EG: Entscheidung der Kommission vom 25. Januar 1999 über das Verfahren zur Bescheinigung der Konformität von Bauprodukten gemäß Art. 20 Abs. 2 der

Richtlinie 89/106/EWG des Rates betreffend **Dichtungsbahnen** (bekannt gegeben unter Aktenzeichen K(1999) 114)

- 1999/89/EG: Entscheidung der Kommission vom 25. Januar 1999 über das Verfahren zur Bescheinigung der Konformität von Bauprodukten gemäß Art. 20 Abs. 2 der Richtlinie 89/106/EWG des Rates betreffend **Bausätze für Fertigtreppen** (bekannt gegeben unter Aktenzeichen K(1999) 113)
- 98/601/EG: Entscheidung der Kommission vom 13. Oktober 1998 über das Verfahren zur Bescheinigung der Konformität von Bauprodukten gemäß Art. 20 Abs. 2 der Richtlinie 89/106/EWG des Rates betreffend **Produkte für den Straßenbau** (bekannt gegeben unter Aktenzeichen K(1998) 2925)
- 98/600/EG: Entscheidung der Kommission vom 12. Oktober 1998 über das Verfahren zur Bescheinigung der Konformität von Bauprodukten gemäß Art. 20 Abs. 2 der Richtlinie 89/106/EWG des Rates betreffend **Bausätze für selbsttragende lichtdurchlässige Bedachungen** (Bausätze mit Glaselementen ausgenommen) (bekannt gegeben unter Aktenzeichen K(1998) 2926)
- 98/599/EG: Entscheidung der Kommission vom 12. Oktober 1998 über das Verfahren zur Bescheinigung der Konformität von Bauprodukten gemäß Art. 20 Abs. 2 der Richtlinie 89/106/EWG des Rates betreffend **Bausätze für flüssig aufzubringende Dachabdichtungen** (bekannt gegeben unter Aktenzeichen K(1998) 2924)
- 98/598/EG: Entscheidung der Kommission vom 9. Oktober 1998 über das Verfahren zur Bescheinigung der Konformität von Bauprodukten gemäß Art. 20 Abs. 2 der Richtlinie 89/106/EWG des Rates betreffend **Zuschläge** (bekannt gegeben unter Aktenzeichen K(1998) 2923)
- 98/457/EG: Entscheidung der Kommission vom 3. Juli 1998 betreffend den in Entscheidung 94/611/EG zur Durchführung von Art. 20 der Richtlinie 89/106/EWG über Bauprodukte genannten **Single-Burning-Item-(SBI)Test** (bekannt gegeben unter Aktenzeichen K(1998) 1743)
- 98/456/EG: Entscheidung der Kommission vom 3. Juli 1998 über das Verfahren zur Bescheinigung der Konformität von Bauprodukten gemäß Art. 20 Abs. 2 der Richtlinie 89/106/EWG des Rates betreffend **Bausätze zum Nachspannen von vorgespannten Bauteilen** (bekannt gegeben unter Aktenzeichen K(1998) 1506)
- 98/437/EG: Entscheidung der Kommission vom 30. Juni 1998 über das Verfahren zur Bescheinigung der Konformität von Bauprodukten gemäß Art. 20 Abs. 2 der Richtlinie 89/106/EWG des Rates betreffend **Innen- und Außenwand- und Deckenbekleidungen** (bekannt gegeben unter Aktenzeichen K(1998) 1611)
- 98/436/EG: Entscheidung der Kommission vom 22. Juni 1998 über das Verfahren zur Bescheinigung der Konformität von Bauprodukten gemäß Art. 20 Abs. 2 der Richtlinie 89/106/EWG des Rates betreffend **Bedachungen, Oberlichter, Dachfenster und Zubehörteile** (bekannt gegeben unter Aktenzeichen K(1998) 1598)
- 98/279/EG: Entscheidung der Kommission vom 5. Dezember 1997 über das Verfahren zur Bescheinigung der Konformität von Bauprodukten gemäß Art. 20 Abs. 2 der Richtlinie 89/106/EWG des Rates betreffend **nichtlasttragende Schalungssysteme/-bausätze, bestehend aus Hohlkörperelementen aus Wärmedämmmaterialien und – mitunter – Beton**
- 98/214/EG: Entscheidung der Kommission vom 9. März 1998 über das Verfahren zur Bescheinigung der Konformität von Bauprodukten gemäß Art. 20 Abs. 2 der Richtlinie 89/106/EWG des Rates betreffend **Metallbauprodukte und Zubehörteile**

- 98/213/EG: Entscheidung der Kommission vom 9. März 1998 über das Verfahren zur Bescheinigung der Konformität von Bauprodukten gemäß Art. 20 Abs. 2 der Richtlinie 89/106/EWG des Rates betreffend **Bausätze für Trennwände**
- 98/143/EG: Entscheidung der Kommission vom 3. Februar 1998 über das Verfahren zur Bescheinigung der Konformität von Bauprodukten gemäß Art. 20 Abs. 2 der Richtlinie 89/106/EWG des Rates betreffend **Systeme von mechanisch befestigten Dachabdichtungen**
- 97/808/EG: Entscheidung der Kommission vom 20. November 1997 über das Verfahren zur Bescheinigung der Konformität von Bauprodukten gemäß Art. 20 Abs. 2 der Richtlinie 89/106/EWG des Rates betreffend **Bodenbeläge**
- 97/740/EG: Entscheidung der Kommission vom 14. Oktober 1997 über das Verfahren zur Bescheinigung der Konformität von Bauprodukten gemäß Art. 20 Abs. 2 der Richtlinie 89/106/EWG des Rates betreffend **Mauerwerk und verwandte Erzeugnisse**
- 97/638/EG: Entscheidung der Kommission vom 19. September 1997 über das Verfahren zur Bescheinigung der Konformität von Bauprodukten gemäß Art. 20 Abs. 2 der Richtlinie 89/106/EWG des Rates betreffend **Verbindungsmittel für Bauholz für tragende Holzbauteile**
- 97/597/EG: Entscheidung der Kommission vom 14. Juli 1997 über das Verfahren zur Bescheinigung der Konformität von Bauprodukten gemäß Art. 20 Abs. 2 der Richtlinie 89/106/EWG des Rates betreffend **Betonstahl/Bewehrungsstahl und Spannstahl für Beton**
- 97/571/EG: Beschluss der Kommission vom 22. Juli 1997 über das Muster einer europäischen technischen **Zulassung für Bauelemente**
- 97/556/EG: Entscheidung der Kommission vom 14. Juli 1997 über das Verfahren zur Bescheinigung der Konformität von Bauprodukten gemäß Art. 20 Abs. 2 der Richtlinie 89/106/EWG des Rates betreffend **außenliegende Wärmedämmverbundsysteme oder -bausätze mit Putz** (WDVS)
- 97/555/EG: Entscheidung der Kommission vom 14. Juli 1997 über das Verfahren zur Bescheinigung der Konformität von Bauprodukten gemäß Art. 20 Abs. 2 der Richtlinie 89/106/EWG des Rates betreffend **Zement, Baukalk und andere hydraulische Binder/Bindemittel**
- 97/464/EG: Entscheidung der Kommission vom 27. Juni 1997 über das Verfahren zur Bescheinigung der Konformität von Bauprodukten gemäß Art. 20 Abs. 2 der Richtlinie 89/106/EWG des Rates betreffend **Produkte für die Abwasserentsorgung und -behandlung**
- 97/463/EG: Entscheidung der Kommission vom 27. Juni 1997 über das Verfahren zur Bescheinigung der Konformität von Bauprodukten gemäß Art. 20 Abs. 2 der Richtlinie 89/106/EWG des Rates betreffend **Kunststoffdübel zur Verwendung in Beton und Mauerwerk**
- 97/462/EG: Entscheidung der Kommission vom 27. Juni 1997 über das Verfahren zur Bescheinigung der Konformität von Bauprodukten gemäß Art. 20 Abs. 2 der Richtlinie 89/106/EWG des Rates betreffend **Holzwerkstoffe**
- 97/177/EG: Entscheidung der Kommission vom 17. Februar 1997 über das Verfahren zur Bescheinigung der Konformität von Bauprodukten gemäß Art. 20 Abs. 2 der Richtlinie 89/106/EWG des Rates betreffend **Injektionsdübel aus Metall zur Verwendung im Mauerwerk**

- 97/176/EG: Entscheidung der Kommission vom 17. Februar 1997 über das Verfahren zur Bescheinigung der Konformität von Bauprodukten gemäß Art. 20 Abs. 2 der Richtlinie 89/106/EWG des Rates betreffend **Produkte aus Bauholz für tragende Zwecke und Holzverbindungsmittel**
- 97/161/EG: Entscheidung der Kommission vom 17. Februar 1997 über das Verfahren zur Bescheinigung der Konformität von Bauprodukten gemäß Art. 20 Abs. 2 der Richtlinie 89/106/EWG des Rates betreffend **Metalldübel zur Verwendung in Beton zur Befestigung von leichten Systemen**
- 96/603/EG: Entscheidung der Kommission vom 4. Oktober 1996 zur Festlegung eines Verzeichnisses von **Produkten, die in die Kategorien A „Kein Beitrag zum Brand"** gemäß der Entscheidung 94/611/EG zur Durchführung von Art. 20 der Richtlinie 89/106/EWG des Rates über Bauprodukte **einzustufen sind**
- 96/582/EG: Entscheidung der Kommission vom 24. Juni 1996 über das Verfahren zur Bescheinigung der Konformität von Bauprodukten gemäß Art. 20 Abs. 2 der Richtlinie 89/106/EWG des Rates betreffend **geklebte Glaskonstruktionen und Metallanker für Beton**
- 96/581/EG: Entscheidung der Kommission vom 24. Juni 1996 über das Verfahren zur Bescheinigung der Konformität von Bauprodukten gemäß Art. 20 Abs. 2 der Richtlinie 89/106/EWG des Rates betreffend **Geotextilien**
- 96/580/EG: Entscheidung der Kommission vom 24. Juni 1996 über das Verfahren zur Bescheinigung der Konformität von Bauprodukten gemäß Art. 20 Abs. 2 der Richtlinie 89/106/EWG des Rates betreffend **Vorhangfassaden**
- 96/579/EG: Entscheidung der Kommission vom 24. Juni 1996 über das Verfahren zur Bescheinigung der Konformität von Bauprodukten gemäß Art. 20 Abs. 2 der Richtlinie 89/106/EWG des Rates betreffend **Straßenausstattungen**
- 96/578/EG: Entscheidung der Kommission vom 24. Juni 1996 über das Verfahren zur Bescheinigung der Konformität von Bauprodukten gemäß Art. 20 Abs. 2 der Richtlinie 89/106/EWG des Rates betreffend **Sanitäreinrichtungen**
- 96/577/EG: Entscheidung der Kommission vom 24. Juni 1996 über das Verfahren zur Bescheinigung der Konformität von Bauprodukten gemäß Art. 20 Abs. 2 der Richtlinie 89/106/EWG des Rates betreffend **ortsfeste Brandbekämpfungssysteme**
- 95/467/EG: Entscheidung der Kommission vom 24. Oktober 1995 über die Durchführung von Art. 20 Abs. 2 der Richtlinie 89/106/EWG des Rates über Bauprodukte
- 2005/15/EG: **Entscheidung** über die Durchführungsmodalitäten für das Verfahren nach Art. 30 der Richtlinie 2004/17/EG des Europäischen Parlaments und des Rates zur Koordinierung der Zuschlagserteilung durch Auftraggeber im Bereich der Wasser-, Energie- und Verkehrsversorgung sowie der Postdienste (7.1.2005)

15 Empfehlungen und Stellungnahmen

- **Beispiel**: Art 102 EGV: Empfehlung als Voraussetzung für das in Abs. 2 bezeichnete Verhalten der Mitgliedstaaten
- **Empfehlung der Kommission** vom 11. Dezember 2003 zur Einführung und Anwendung von Eurocodes für **Bauwerke und tragwerksrelevante Bauprodukte** (bekannt gegeben unter Aktenzeichen K(2003) 4639)

16 Zwischen diesen Handlungsarten besteht ein Rangverhältnis etwa in der Reihenfolge ihrer Aufzählung. Jedoch existiert der allgemeine (europarechtliche) Grundsatz, wonach Vorschriften des abgeleiteten Rechts (z.B. Richtlinien) Bestimmungen des Primärrechts (z.B. die Europäischen Verträge) verdrängen können. Das hat zur Folge, dass nationale Maßnahmen in einem Bereich, der auf Gemeinschaftsebene abschließend harmonisiert worden ist, anhand der Harmonisierungsregelung und nicht anhand der Art. 28 EGV und 30 EGV zu beurteilen sind[54]. Allerdings gilt es zu beachten, dass die aus dem Gemeinschaftsrecht übernommenen Bestimmungen oder Begriffe unabhängig davon, unter welchen Voraussetzungen sie angewandt werden sollen, einheitlich ausgelegt werden, um künftige Auslegungsunterschiede zu verhindern[55], vor allem dann, wenn sich nationale Rechtsvorschriften zur Regelung rein innerstaatlicher Sachverhalte nach den im Gemeinschaftsrecht getroffenen Regelungen richten, um zu verhindern, dass es zu Benachteiligungen der eigenen Staatsangehörigen oder zu Wettbewerbsverzerrungen kommt. Die Entscheidung des EuGH in Sachen Francovic[56] hat gezeigt, dass die Vertragsstaaten im Falle der Nichtumsetzung oder der verspäteten Umsetzung von EU-Richtlinien auf Schadensersatz haften. Wie der EuGH seither wiederholt entschieden hat, folgt der Grundsatz der Haftung des Staates für Schäden, die dem Bürger durch dem Staat zuzurechnende Verstöße gegen das Gemeinschaftsrecht entstehen, aus dem Wesen der mit dem EGV geschaffenen Rechtsordnung[57].

2. Auslegung und Auslegungskompetenz. Der Europäische Gerichtshof sichert die Wahrung des Rechts bei der Auslegung und Anwendung des Europäischen Vertrages (Art. 220 EGV). Er wird tätig, wenn ihn die Mitgliedstaaten, die Kommission, der Rat oder im Einzelfall auch betroffene Individuen anrufen (Art. 227 EGV, Art. 230 EGV). Ferner entscheidet der Gerichtshof im Wege der Vorabentscheidung (Art. 234 EGV). Von dieser Möglichkeit und Pflicht zur Vorlage von Fragen an den EuGH machen die deutschen Instanzgerichte indessen nur ungern Gebrauch[58]. 17

Soweit die deutsche Rechtsprechung Auslegungsspielräume hat, darf sie EU-Recht nicht negieren. Gegebenenfalls muss Rat bei dem EuGH nach Art. 234 EGV eingeholt werden, denn der EuGH überwacht die Einheit des Europäischen Rechts. Das BVerfG[59] hat demgemäß entschieden, dass die Verletzung des Art. 234 EGV gegen Art. 101 GG verstößt. Damit ist der Europäische Gerichtshof gesetzlicher Richter im Sinne des Art. 101 GG[60]. 18

Zur Vorlage an den EuGH verpflichtet sind die Gerichte, deren Entscheidungen selbst nicht mehr mit Rechtsmitteln des innerstaatlichen Rechts angefochten werden können. Das sind nach inzwischen einhelliger Ansicht die Gerichte, die in dem jeweiligen konkreten Fall die letzte Instanz darstellen, also unter Umständen auch Amts- oder Landge- 19

54 Vgl. in diesem Sinne die Urteile des EuGH vom 23. November 1989 in der Rechtssache 150/88 (Parfümerie-Fabrik, Slg. 1989, 3891, Rn. 28), vom 12. Oktober 1993 in der Rechtssache C-37/92 (Vanacker und Lesage, Slg. 1993, I 4947, Rn. 9), vom 13. Dezember 2001 in der Rechtssache C-324/99 (DaimlerChrysler, Slg. 2001, I-9897, Rn. 32) und vom 24. Oktober 2002 in der Rechtssache C-99/01 (Linhart und Biffl, Slg. 2002, I9375, Rn. 18).

55 EuGH, Urteile vom 15. Januar 2002, Rs C-43/00-Andersen og Jensen ApS, vom 17. Juli 1997, Rs C-28/95-A. Leur-Bloem, Randnr. 32.

56 EuGH, Rs. C 6 u. 9/90 Slg. 1991 I, 5357.

57 EuGH, Urt. vom 19.11.1991, Rs C-6/90 und C-9/90, Slg. 1991, I-5357 (Francovich I) Rn. 35; EuGH, Urt. v. 05.03.1996, Rs C-46/93 und 48/93, Slg. 1996, I-1029 (Brasserie du pêcheur und Factortame), Rn. 31; EuGH, Urt. v. 26.03.1996, Rs C-392/93, Slg. 1996, I-1631, (British Telecommunications), Rn. 38; EuGH, Urt. v. 23.05.1996, Rs C-5/94, Slg. 1996, I-2553 (Hedley Lomas), Rn. 24, EuGH, Urt. v. 8.10.1996, Rs C-178/94, C-179/94, C-188/94, C-189/94 und C-190/94, Slg. 1996, I-4845 (Dillenkofer u.a.), Rn. 20; EuGH, Urt. v. 10.07.1997, Rs C-261/95 (Palmisani), Rn. 24.

58 Der EuGH hat Hinweise zur Vorlage von Streitigkeiten veröffentlicht (http://europa.eu.int/cj/index.htm).

59 BVerfGE 73, S. 339, 366, 369.

60 BVerfGE 73, S. 339, 369; zustimmend Beckmann Europarecht, Rn. 1215.

richte. Von der Vorlage kann abgesehen werden, wenn zu der Auslegungs- oder Geltungsfrage bereits eine Entscheidung des EuGH ergangen ist (sog. acte eclairé – dazu BGH I ZR 31/92) oder die Rechtslage offensichtlich ist (sog. *acte clair*).

20 Nach dem Urteil Murphy[61] ist es Sache des nationalen Gerichts, das innerstaatliche Recht unter voller Ausschöpfung des Beurteilungsspielraums, den ihm das innerstaatliche Recht einräumt, in Übereinstimmung mit den Anforderungen des Gemeinschaftsrechtes auszulegen und anzuwenden. Soweit eine gemeinschaftskonforme Auslegung nicht möglich ist, darf es eine innerstaatliche Vorschrift nicht anwenden. Für das gesamte nationale Recht ist eine den Anforderungen des Gemeinschaftsrechtes entsprechende Auslegung geboten und eine andere Auslegung verboten[62].

21 Insbesondere für Unternehmen, die international tätig sind, kann die Auslegungs- und Kontrollzuständigkeit des EuGH von Bedeutung sein. Natürlich sind auch reine Inlandssachverhalte geeignet, EU-Recht zu verletzen. Inzwischen sind die Protokolle[63] zum Römischen Schuldvertragsübereinkommen[64] in Kraft getreten, die das Internationale Privatrecht für schuldrechtliche Vereinbarungen in Europa abschließend harmonisiert haben. Seither hat der EuGH das Auslegungsmonopol für das völkervertragliche europäische IPR. Zudem besteht die Auslegungszuständigkeit des EuGH für das Brüsseler Gerichtsstands- und Vollstreckungsübereinkommen sowie für das parallele Lugano-Übereinkommen sowie selbstverständlich für die EuGVVO. Im Übrigen besteht die Zuständigkeit des EuGH stets, wenn EU-Recht berührt ist. Die zur Vorabentscheidung vorgelegten Fragen müssen sich auf die Auslegung oder Gültigkeit von Gemeinschaftsrechtsvorschriften beziehen. Der Ausgangsrechtsstreit muss einen hinreichenden Bezug zu einem durch die fragliche Gemeinschaftsrechtsvorschrift unmittelbar oder mittelbar geregelten Sachverhalt aufweisen[65].

22 Für die Praxis der Bauunternehmen bedeutsame EU-Regelungen finden sich vor allem im harmonisierten Vergaberecht[66], im Bereich der Qualitätsnormen, in den Zuständigkeitsregelungen der EuGVVO, ferner in den Bilanzierungsrichtlinien sowie im EU-Steuerrecht. Sofern im Einzelfall ausländisches nationales Recht eines Mitgliedstaates entscheidungserheblich ist, muss es EU-konform sein. Die Tätigkeit des EuGH belegt, dass dies nicht immer der Fall ist.

23 **3. Entscheidungen zum Baurecht.** Zum Kernbereich des zivilen Baurechts hatte der EuGH bislang keine Gelegenheit Stellung zu nehmen. Allerdings dringt z.B. die Richtlinie 93/13/EWG vom 5. April 1993[67] bis in den Kernbereich der Vertragsfreiheit vor[68]. Es ist aber nach Auffassung des EuGH Sache des nationalen Gerichts, festzustellen, ob eine Klausel in einem Bauvertrag, nach der der Gesamtpreis vor der Erfüllung der Verpflichtungen des Gewerbetreibenden fällig und diesem die Stellung einer Bürgschaft auferlegt ist, die Kriterien erfüllt, um als missbräuchlich im Sinne des Artikels 3 Abs. 1 der Richtlinie 93/13 über missbräuchliche Klauseln in Verbraucherverträgen qualifi-

---

61 EuGH NJW 1984, 2021.
62 Münchener Kommentar/Sonnenberger, BGB, Einl. EGBGB Rn. 179.
63 BGBl 1995 II, 916; BGBl 1995 II, 923.
64 BGBl 1995 II, 307.
65 Lenz/Borchhardt, EGV, Art. 234 Rn. 27.
66 Siehe das Vertragsverletzungsverfahren gegen die Bundesrepublik Deutschland in der Rechtssache C-341/96, entschieden am 16. Dezember 1997 in Bezug auf die Richtlinie 93/36/EWG.
67 ABl 1993 Nr. L 95, 23 ff.
68 Vgl. zu den Auswirkungen der Richtlinie auf die VOB/B Kutschker BauR 1994, 417 ff.

ziert zu werden[69]. Der EuGH kann zwar die vom Gemeinschaftsgesetzgeber zur Definition des Begriffes der missbräuchlichen Klausel verwendeten allgemeinen Kriterien auslegen; er kann sich aber nicht zur Anwendung dieser allgemeinen Kriterien auf eine bestimmte Klausel äußern, die anhand der Umstände des konkreten Falles zu prüfen ist.

Am 17. September 1997 hat der EuGH in der Rechtssache C-130/96 entschieden, dass Art. 33 der Sechsten Richtlinie 77/388/EWG des Rates vom 17. Mai 1977 zur Harmonisierung der Rechtsvorschriften der Mitgliedstaaten über die Umsatzsteuern dahin auszulegen ist, dass er der Beibehaltung einer nationalen Steuer nicht entgegensteht, die die Merkmale einer Stempelsteuer aufweist, die auf Werkverträge und Verträge über die Lieferung von Material oder Verbrauchsartikeln unter Ausschluss eines erheblichen Teils der wirtschaftlichen Vorgänge in dem beteiligten Mitgliedstaat erhoben wird. **24**

Am 14. September 1999 hat der EuGH in der Rechtssache C-275/97 auf Vorlage des Finanzgerichts Köln entschieden, dass die Vierte Richtlinie 78/660/EWG des Rates vom 25. Juli 1978 aufgrund von Art. 54 Abs. 3 lit. g des Vertrages über den Jahresabschluss von Gesellschaften bestimmter Rechtsformen die Bildung einer Rückstellung für **potentielle Gewährleistungsverbindlichkeiten** vorschreibt, die rechtlich vor dem Bilanzstichtag entstehen, deren Folgen sich aber erst nach diesem zeigen. Eine einheitliche Rückstellung für alle derartigen Risiken sei dann zu bilden, wenn eine Pauschalbewertung dieser Rückstellung das geeignete Mittel sei, um ein den tatsächlichen Verhältnissen entsprechendes Bild von der Höhe des Aufwands zu geben, der abzusetzen sein werde. Mangels einer gemeinschaftsrechtlichen Regelung, die die Methode und die Kriterien für die Bewertung der Höhe der Rückstellungen spezifisch erfasse, müssten diese Rückstellungen im Rahmen der in den verschiedenen nationalen Regelungen festgelegten Voraussetzungen bestimmt werden, jedoch mit der Maßgabe, dass der Jahresabschluss ein den tatsächlichen Verhältnissen entsprechendes Bild der Vermögens-, Finanz- und Ertragslage der Gesellschaft vermittelt und die Rückstellungen nur in Höhe des für die Gesellschaft notwendigen Betrages angesetzt werden. **25**

Die Klägerin des Ausgangsverfahrens setzte in vorstehendem Fall zur Ausführung ihrer Aufträge neben eigenen Arbeitnehmern auch **Subunternehmer** ein. Im Rahmen der Ermittlung der für das Jahr 1993 geschuldeten Körperschaft- und Gewerbesteuer, wollte sie für bestimmte Baustellen betreffende potentielle Gewährleistungsverbindlichkeiten, die vor dem Bilanzstichtag entstanden waren, deren Folgen sich aber erst nach diesem Zeitpunkt zeigen würden, eine Pauschalrückstellung in Höhe von 2% des Umsatzes bilden. Die Klägerin begehrte demzufolge eine entsprechende Steuerminderung. Sie machte geltend, eine solche Rückstellung sei notwendig, weil sie Verträge aus dem Vorjahr über Bauleistungen mangelhaft ausgeführt habe und deshalb in den nächsten Jahren Mängelrügen und Gewährleistungsaufwand zu erwarten seien. Das Finanzamt bestritt nicht, dass die Klägerin verpflichtet war, die Leistungen zu erbringen, die durch die Rückstellungen abgedeckt werden sollen. Diese Rückstellungen umfassten kostenlose Nacharbeiten, Minderungen oder Schadensersatz. Das Finanzamt beanstandete auch nicht die Bildung von Pauschalrückstellungen für Verbindlichkeiten, die nach dem Bilanzstichtag entstehen würden, wirtschaftlich aber in das betreffende Geschäftsjahr fielen. Das Finanzamt lehnte jedoch die Rückstellung in der vorgenommenen Höhe ab und hielt eine Rückstellung in Höhe von 0,5% der Umsätze der letzten beiden Jahre **26**

[69] EuGH, Urt. v. 1.4.2004, C-237/02 – Freiburger Kommunalbauten GmbH Baugesellschaft & Co. KG v. Hofstätter.

für angemessen. Dabei vertrat es die Auffassung, wenn ein Unternehmen eine höhere Pauschalrückstellung geltend mache, als in der betreffenden Branche üblich sei, so müsse es nachweisen, dass es in der Vergangenheit über das übliche Maß hinaus in Anspruch genommen worden sei. Der EuGH räumte ein, dass die Berechnung der Höhe einer Pauschalrückstellung in der betreffenden Richtlinie keine Regelung gefunden habe. Unter welchen Voraussetzungen, nach welchen Bewertungskriterien und in Höhe welcher Prozentsätze die Bildung von Pauschalrückstellungen zulässig sei, lasse sich folglich nur im Rahmen der in den verschiedenen nationalen Rechtssystemen festgelegten Voraussetzungen bestimmen. Die Befugnis der nationalen Stellen in diesem Zusammenhang sei jedoch durch die Richtlinie begrenzt. Erstens ergebe sich aus dem Hauptzweck der Richtlinie, dass die Jahresabschlüsse ein den tatsächlichen Verhältnissen entsprechendes Bild der Vermögens-, Finanz- und Ertragslage der Gesellschaft zu vermitteln haben. Zweitens ergibt sich aus Art. 42 Abs. 1 der Richtlinie, dass Rückstellungen nur in Höhe des notwendigen Betrages anzusetzen seien. Daraus folge, dass die von den nationalen Stellen festgelegten Bewertungskriterien diesen beiden Voraussetzungen entsprechen müssten. Die von den nationalen Stellen festgelegten Kriterien für die Bewertung der Pauschalrückstellung müssten es daher zulassen, die Erfahrungen zu berücksichtigen, die die betroffene Gesellschaft oder andere in derselben Branche tätige Unternehmen mit der Inanspruchnahme auf Gewährleistung aus ähnlichen Verträgen gemacht hätten. Die in diesem Zusammenhang erheblichen Kriterien könnten u.a. die Art des betreffenden Bauvorhabens, die Wahrscheinlichkeit des Eintritts des Risikos, die sich daraus wahrscheinlich ergebenden Kosten, die Möglichkeit und der Umfang von Regreßansprüchen gegen Subunternehmer und schließlich alle sonstigen für die bestmögliche Bewertung der Risiken sachdienlichen Kriterien sein. Die Bildung einer Pauschalrückstellung für Gewährleistungsrisiken könne daher von der Verwaltung nicht vornherein abstrakt auf einen festen Prozentsatz des garantiebehafteten Umsatzes beschränkt werden. Andererseits dürfe das betreffende Unternehmen eine solche Pauschalrückstellung aber nicht höher festsetzen, als es in Anbetracht des jeweiligen Risikos angemessen erscheine.

II. Niederlassungsfreiheit

27 Innerhalb der EU gilt der Grundsatz der Niederlassungsfreiheit (Art. 43 EGV). Beschränkungen der Niederlassungsfreiheit für Angehörige der Mitgliedstaaten im Hoheitsgebiet eines anderen Mitgliedstaates sind grundsätzlich unzulässig. Der Gerichtshof hat z.B. wiederholt entschieden, dass die in Art. 43 EGV garantierte **Niederlassungsfreiheit** die Möglichkeit umfasst, unter Beachtung der Berufsregelungen im Gebiet der Gemeinschaft mehr als eine Stätte für die Ausübung einer Tätigkeit einzurichten und beizubehalten[70]. Art 43 EGV in Verbindung mit Art. 48 EGV gewährt den nach den Rechtsvorschriften eines Mitgliedstaats gegründeten Gesellschaften, die ihren satzungsmäßigen Sitz, ihre Hauptverwaltung oder ihre Hauptniederlassung innerhalb der Gemeinschaft haben, zudem das Recht, in anderen Mitgliedstaaten Agenturen, Zweigniederlassungen oder Tochtergesellschaften zu gründen und zu leiten, und zwar nach den Bestimmungen des Aufnahmestaats für seine eigenen Angehörigen. Hieraus folgt nach ständiger Rechtsprechung des EuGH unmittelbar, dass diese Gesellschaften das Recht haben, ihre Tätigkeit in einem anderen Mitgliedstaat auszuüben, wobei ihr sat-

[70] In diesem Sinne Urteile des EuGH vom 12. Juli 1984, Rs 107/83, Klopp, Slg. 1984, 2971, Rn. 19, vom 20. Mai 1992, Rs C-106/91, Ramrath, Slg. 1992, I-3351, Rn. 20 bis 22 und 28, und vom 18. Januar 2001, Rs C-162/99, Kommission/Italien, Slg. 2001, I-541, Rn. 20.

zungsmäßiger Sitz, ihre Hauptverwaltung oder ihre Hauptniederlassung ebenso wie die Staatsangehörigkeit bei natürlichen Personen dazu dient, ihre Zugehörigkeit zur Rechtsordnung eines Mitgliedstaats zu bestimmen[71]. Im Urteil in der Rechtssache Überseering hat der Gerichtshof hieraus den Schluss gezogen, dass die Inanspruchnahme der Niederlassungsfreiheit zwingend die Anerkennung dieser Gesellschaften durch alle Mitgliedstaaten voraussetzt, in denen sie sich niederlassen wollen[72]. Diese Rechtsprechung hat zu nachhaltigen Diskussionen[73] und einem fundamentalen Wandel im internationalen Gesellschaftsrecht geführt.

Die Niederlassungsfreiheit muss im Einzelfall zur Dienstleistungsfreiheit abgegrenzt **28** werden. Für die Frage, ob die Tätigkeiten des Leistenden im Aufnahmemitgliedstaat vorübergehenden Charakter haben, sind nach der Rechtsprechung des EuGH nicht nur die Dauer der Leistung, sondern auch ihre Häufigkeit, regelmäßige Wiederkehr oder Kontinuität zu berücksichtigen. Der vorübergehende Charakter der Leistung schließt für den Dienstleistenden im Sinne des Vertrages nicht die Möglichkeit aus, sich im Aufnahmemitgliedstaat mit einer bestimmten Infrastruktur (einschließlich eines Büros, einer Praxis oder einer Kanzlei) auszustatten, soweit diese Infrastruktur für die Erbringung der fraglichen Leistung erforderlich ist[74].

III. Dienstleistungsfreiheit

Innerhalb der EU gilt der Grundsatz der Dienstleistungsfreiheit (Art. 49 EGV). **Dienst-, Werk- und Bauleistungen** sind hinsichtlich des Verhältnisses von Auftraggeber und **29** Auftragnehmer unter die Dienstleistungsfreiheit zu subsumieren[75]. Beschränkungen des freien Dienstleistungsverkehrs für Angehörige der Mitgliedstaaten, die in einem anderen Staat der Gemeinschaft als demjenigen des Leistungsempfängers ansässig sind, sind grundsätzlich verboten. Sie kommen vor allem in Form diskriminierender Maßnahmen, sonstiger Beschränkungen in Form von Zugangsbeschränkungen vor[76].

Die Dienstleistungsfreiheit bezieht sich auf dieselben Leistungen wie bei der Niederlas- **30** sungsfreiheit. Für die Abgrenzung zur Niederlassungsfreiheit ist der vorübergehende Charakter der Dienstleistung (Art. 50 EGV) entscheidend. Dabei kommt es auf die Dauer, Häufigkeit, Regelmäßigkeit und Kontinuität der erbrachten Leistungen an. Voraussetzung für die Inanspruchnahme der Dienstleistungsfreiheit ist einmal ein grenzüberschreitendes Element und zum anderen das Merkmal der Entgeltlichkeit. Die Gewährleistung der Dienstleistungsfreiheit enthält in Art. 49 EGV über den Grundsatz der Inländergleichbehandlung hinaus ein umfassendes Beschränkungsverbot. Beschränkungen können auch hier nur durch zwingende Gründe des Allgemeininteresses und nur insoweit gerechtfertigt werden, als sie zur Verwirklichung des angestrebten Ziels geeignet und erforderlich sind. Nach Art. 55 EGV finden auf die Dienstleistungsfreiheit die Schranken der Niederlassungsfreiheit (Art. 45 ff. EGV) entsprechende Anwendung.

---

[71] EuGH NJW 1999, 2027-Centros; EuGH NJW 2002, 3514-Überseering, vgl. dazu auch Horn, NJW 2004, 893 ff.
[72] EuGH NJW 2002, 3514-Überseering.
[73] Horn NJW 2004, 893 ff.; Behrens IPRax 1999, 323; Behrens IPRax 2003, 193; Meilicke DB 1999, 627; Werlauff ZIP 1999, 867; Kindler NJW 1999, 1993; Ebke JZ 1999, 656; Zimmer BB 2003, 1.
[74] EuGH, Urt. v. 11.12.2003, Rs C-215/01 – Bruno Schnitzer –, Rn. 28.
[75] Steiff NZBau 2004, 75, 80.
[76] Vgl. Lenz/Borchardt/Hakenberg, EGV, Art. 49/50 Rn. 17.

31 Der Begriff Dienstleistung im Sinne des EGV kann Dienstleistungen ganz unterschiedlicher Art umfassen, einschließlich solcher, deren Erbringung sich über einen längeren Zeitraum, bis hin zu mehreren Jahren, erstreckt, z.B., wenn es sich um Dienstleistungen handelt, die im Rahmen eines Großbauprojekts erbracht werden. Auch Leistungen, die ein in einem Mitgliedstaat ansässiger Wirtschaftsteilnehmer mehr oder weniger häufig oder regelmäßig, auch über einen längeren Zeitraum, für Personen erbringt, die in einem oder mehreren anderen Mitgliedstaaten niedergelassen sind, können Dienstleistungen im Sinne des Vertrages sein, etwa die entgeltliche Beratung oder Auskunftserteilung[77].Der EGV enthält keine Vorschrift, die eine abstrakte Bestimmung der Dauer oder Häufigkeit ermöglicht, ab der die Erbringung einer Dienstleistung oder einer bestimmten Art von Dienstleistung in einem anderen Mitgliedstaat nicht mehr als eine Dienstleistung im Sinne des Vertrages angesehen werden kann[78]. Folglich reicht allein die Tatsache, dass ein in einem Mitgliedstaat niedergelassener Wirtschaftsteilnehmer gleiche oder ähnliche Dienstleistungen mehr oder weniger häufig oder regelmäßig in einem anderen Mitgliedstaat erbringt, ohne dass er dort über eine Infrastruktur verfügt, die es ihm erlauben würde, in diesem Mitgliedstaat in stabiler und kontinuierlicher Weise einer Erwerbstätigkeit nachzugehen, und von der aus er sich u.a. an die Angehörigen dieses Mitgliedstaats wendet, nicht aus, um ihn als in diesem Mitgliedstaat niedergelassen anzusehen[79].

Beispiel: Der EuGH[80] hat festgestellt, dass Dienstleistungen, wie etwa die entgeltliche Beratung oder Auskunftserteilung, die ein in einem Mitgliedstaat niedergelassener Wirschaftsteilnehmer mehr oder weniger häufig oder regelmäßig auch über einen längeren Zeitraum hinweg für Personen erbringt, die in einem oder mehreren anderen Mitgliedstaaten niedergelassen sind, Dienstleistungen im Sinne von Art. 49 EGV sein können.

32 Es verstößt gegen die Verpflichtungen aus den Art. 43 und 49 EGV, wenn einem in einem Mitgliedstaat niedergelassenen Berufsträger in einem anderen Mitgliedstaat auferlegt wird, in diesem Mitgliedstaat über die zur Erbringung seiner Dienstleistungen erforderliche Infrastruktur zu verfügen und er anderenfalls seinen Beruf in diesem Staat nicht ausüben darf. Es ist auch unzulässig, von dem ausländischen Berufsträger zu verlangen, dass er am Sitz seiner berufsrechtlichen Niederlassung zugleich seinen Wohnsitz nehmen muss[81].

33 Dass der soziale Schutz der Arbeitnehmer des Baugewerbes zu den zwingenden Gründen des Allgemeininteresses gehört, die eine Beschränkung des freien Dienstleistungsverkehrs rechtfertigen können, ist ständige Rechtsprechung[82]. Aus der Rechtsprechung des Gerichtshofes ergibt sich ferner, dass die zwingenden Gründe des Allgemeininteresses, die die materiellen Vorschriften einer Regelung rechtfertigen, auch die zur Sicherstellung ihrer Beachtung erforderlichen Kontrollmaßnahmen rechtfertigen können[83]. Der Gerichtshof hat jedoch immer darauf hingewiesen, dass Erwägungen rein administrativer Art eine Beschränkung des freien Dienstleistungsverkehrs nicht recht-

77 EuGH, Urt. v. 11.12.2003, Rs C-215/01 – Bruno Schnitzer –, Rn. 30.
78 EuGH, Urt. v. 11.12.2003, Rs C-215/01 – Bruno Schnitzer –, Rn. 31.
79 EuGH, Urt. v. 11.12.2003, Rs C-215/01 – Bruno Schnitzer –, Rn. 32.
80 Vgl. EuGH, Urt. v. 29.04.2004, Rs C- 171/02.
81 EuGH, Urt. vom 7. März 2002, Rs C-145/99-zu Anwaltsdienstleistungen in Italien.
82 EuGH, Urt. 25.10.2001, Rs C-493/99, Slg 2001, I-8163, Rn. 20; EuGH, Urt. v. 28.03.1996, Rs C-272/94, Guiot, Slg. 1996, I-1905, Rn. 16.
83 Vgl. in diesem Sinne EuGH, Urt. v. 27.03.1990, Rs C-113/89, Rush Portuguesa, Slg. 1990 I-1417, Rn. 18.

fertigen können[84]. So hat der Gerichtshof z.B. entschieden, dass der Mitgliedstaat der Dienstleistung einem Unternehmen nicht die Führung von Unterlagen, die für diesen Staat spezifisch sind, vorschreiben darf, wenn das Unternehmen bereits in dem Staat, in dem es ansässig ist, für dieselben Arbeitnehmer und dieselben Beschäftigungszeiten Verpflichtungen unterliegt, die im Hinblick auf ihren Zweck, den Schutz der Interessen der Arbeitnehmer, mit den in der Regelung des ersten Mitgliedstaats enthaltenen vergleichbar sind[85]. Der EuGH hat auch entschieden, dass es den Mitgliedstaaten untersagt ist, die Zulässigkeit des grenzüberschreitenden Arbeitskräfteverleihs insbesondere von der Gebundenheit des Unternehmens an einen deutschen Tarifvertrag und vom Vorhandensein eines inländischen Sitzes oder zumindest einer inländischen Niederlassung abhängig zu machen[86].

1. Handwerk. Die Dienstleistungsfreiheit hat nachhaltig Auswirkungen auf das deutsche **Handwerk**. Die Richtlinie 64/427 soll die Verwirklichung der Niederlassungsfreiheit und des freien Dienstleistungsverkehrs für ein breites Spektrum von Berufstätigkeiten in Industrie und Handwerk bis zur Harmonisierung der Bedingungen für die Aufnahme der betreffenden Tätigkeiten in den verschiedenen Mitgliedstaaten, die eine unerlässliche Voraussetzung für eine vollständige Liberalisierung in diesem Bereich ist, erleichtern[87]. In Ermangelung einer solchen Harmonisierung bleiben die Mitgliedstaaten zwar grundsätzlich befugt, die Bedingungen für die Aufnahme dieser Tätigkeiten festzulegen. Sie müssen jedoch ihre Befugnisse in diesem Bereich unter Beachtung der durch die Art. 43 EGV und 49 EGV garantierten Grundfreiheiten wie auch der praktischen Wirksamkeit der Bestimmungen einer Richtlinie, die Übergangsmaßnahmen enthält, ausüben[88]. Das betrifft nicht nur die materiellen Voraussetzungen für die Aufnahme dieser Tätigkeiten, sondern auch die Verfahrensanforderungen, die das nationale Recht aufstellt. 34

Nach ständiger Rechtsprechung verlangt Art. 49 EGV nicht nur die Beseitigung jeder Diskriminierung des in einem anderen Mitgliedstaat ansässigen Dienstleistenden aufgrund seiner Staatsangehörigkeit, sondern auch die Aufhebung aller Beschränkungen – selbst wenn sie unterschiedslos für inländische Dienstleistende wie für solche aus anderen Mitgliedstaaten gelten –, sofern sie geeignet sind, die Tätigkeiten des Dienstleistenden, der in einem anderen Mitgliedstaat ansässig ist und dort rechtmäßig entsprechende Dienstleistungen erbringt, zu unterbinden, zu behindern oder weniger attraktiv zu machen[89]. In dieser Hinsicht stellt es eine Beschränkung im Sinne des Artikels 49 EGV dar, wenn einem Unternehmen, das in einem Mitgliedstaat ansässig ist und in einem anderen Mitgliedstaat als Dienstleistender eine handwerkliche Tätigkeit ausüben möchte, die Verpflichtung zur Eintragung in die Handwerksrolle des letztgenannten 35

[84] In diesem Sinne u.a. EuGH, Urt. v. 26.01.1999, Rs C-18/95, Terhoeve, Slg. 1999, I-345, Rn. 45.
[85] Vgl. EuGH, Urt. 25.10.2001, Rs C-493/99, Slg 2001 I-8163, Rn. 21.
[86] EuGH, Urt. 25.10.2001, Rs C-493/99, Slg 2001 I-8163.
[87] EuGH vom 29. Oktober 1998, Rs C-193/97 und C-194/97, De Castro Freitas und Escallier, Slg. 1998, I-6747, Rn. 19.
[88] EuGH vom 29. Oktober 1998, Rs C-193/97 und C-194/97, De Castro Freitas und Escallier, Slg. 1998, I-6747, Rn. 23.
[89] EuGH vom 25. Juli 1991, Rs C-76/90, Säger, Slg. 1991, I-4221, Rn. 12; EuGH vom 9. August 1994, Rs C-43/93, Vander Elst, Slg. 1994, I-3803, Rn. 14; EuGH vom 28. März 1996, Rs C-272/94, Guiot, Slg. 1996, I-1905, Rn. 10; EuGH vom 12. Dezember 1996, Rs C-3/95, Reisebüro Broede, Slg. 1996, I-6511, Rn. 25, EuGH vom 9. Juli 1997, Rs C-222/95, Parodi, Slg. 1997, I-3899, Rn. 18; EuGH vom 23. November 1999, Rs C-369/96 und C-376/96, Arblade u.a., Slg. 1999, I-8453, Rn. 33; EuGH vom 3. Oktober 2000, Rs C-58/98, ZfBR 2001, 30 mit Anm. Hök ZfBR 2001, 77–79.

Mitgliedstaats auferlegt wird, so wie es in Deutschland die Handwerksordnung vorsieht. Auch wenn eine Harmonisierung in diesem Bereich fehlt, kann nach ständiger Rechtsprechung eine solche Beschränkung des fundamentalen Grundsatzes des freien Dienstleistungsverkehrs nur durch Regelungen gerechtfertigt werden, die auf zwingenden Gründen des Allgemeininteresses beruhen und für alle im Hoheitsgebiet des Aufnahmelandes tätigen Personen oder Unternehmen gelten, und soweit dieses Interesse nicht durch die Vorschriften geschützt wird, denen der Dienstleistende in dem Mitgliedstaat unterliegt, in dem er ansässig ist[90]. Folglich darf das durch das Aufnahmeland eingerichtete Verfahren zur Erteilung der Erlaubnis die Ausübung des Rechts einer in einem anderen Mitgliedstaat ansässigen Person, ihre Dienstleistungen im Hoheitsgebiet des erstgenannten Staates zu erbringen, weder verzögern noch erschweren, nachdem die Voraussetzungen für die Aufnahme der betreffenden Tätigkeiten bereits geprüft worden sind und festgestellt worden ist, dass diese Voraussetzungen erfüllt sind[91]. Sind diese Voraussetzungen erfüllt, kann eine etwa erforderliche Eintragung in die Handwerksrolle des Aufnahmemitgliedstaats nur noch automatisch erfolgen, sie kann weder eine **Voraussetzung** für die Erbringung der Dienstleistung sein, noch **Verwaltungskosten** für den betroffenen Leistenden verursachen, noch die obligatorische **Zahlung von Beiträgen** an die Handwerkskammern nach sich ziehen[92].

36 **2. Architekten.** Die immer wieder unzureichende innerdeutsche Auftragslage zwingt nicht wenige Architektinnen und Architekten, sich um Auslandsaufträge zu bemühen. Entsprechendes gilt für die Bauingenieure. Die Akquisition erstreckt sich dabei vor allem auf Architektenleistungen für Projekte im Bereich der EU-Mitgliedstaaten. Dies ist dadurch bedingt, dass öffentliche Auftraggeber vermittels Ausschreibungen im Amtsblatt der EU allen in den EU-Mitgliedstaaten ansässigen Architekten den Zugang zu Planungsaufträgen eröffnen müssen und wird dadurch erleichtert, dass die sog. Architektenrichtlinie (85/364/EWG i.V.m. der Richtlinie2001/19/EG, ersetzt durch die Richtlinie 2005/36/EG des Europäischen Parlaments und des Rates vom 7.9.2005 über die Anerkennung von Berufsqualifikationen[93]) die gegenseitige Anerkennung der Diplome und sonstiger Befähigungsnachweise auf dem Gebiet der Architektur und damit die Ausübung des Niederlassungsrechts und des Rechts auf freien Dienstleistungsverkehr gewährleistet. Der Grundsatz der gegenseitigen Anerkennung von Befähigungsnachweisen ergibt sich aus der Rechtsprechung des Gerichtshofs zur Niederlassungsfreiheit[94]. Er gilt jedoch gleichermaßen im Dienstleistungsverkehr[95].

---

[90] EuGH vom 17. Dezember 1981, Rs 279/80, Webb, Slg. 1981, 3305, Rn. 17; EuGH vom 26. Februar 1991, Rs C-180/89, Kommission/Italien, Slg. 1991, I-709, Rn. 17; EuGH ZfBR 2001, 30 mit Anm. Hök ZfBR 2001, 77.

[91] EuGH, Urt. v. 11.12.2003, Rs C-215/01 – Bruno Schnitzer –, Rn. 36; EuGH, Urt. v. 03.10.2000, Rs C-58/98 – Corsten –, Slg. 2000, I-7919, Rn. 47.

[92] EuGH, Urt. v. 11.12.2003, Rs C-215/01 – Bruno Schnitzer –, Rn. 37.

[93] ABl 2005, Nr. L 134, 131 ff., zuletzt geändert durch die Verordnung (EG) der Kommission vom 5.12. 2007, ABl. Nr. L 320, 311.

[94] Vgl. z.B. EuGH, Urteile vom 7.5. 1991, Vlassopoulou, C-340/89, Slg. 1991, I-2357, Rn. 15 bis 17, und vom 7.10. 2004, Markopoulos u.a. C-255/01, Slg. 2004, I-9077, Rn. 63 und die dort angeführte Rechtsprechung.

[95] Nach ständiger EuGH Rechtsprechung verlangt Art. 49 EG nicht nur die Beseitigung jeder Diskriminierung des Dienstleistenden aufgrund seiner Staatsangehörigkeit, sondern auch die Aufhebung aller Beschränkungen, sofern sie geeignet sind, die Tätigkeiten des Dienstleistenden, der in einem anderen Mitgliedstaat ansässig ist und dort rechtmäßig ähnliche Dienstleistungen erbringt, zu unterbinden, zu behindern oder weniger attraktiv zu machen. Vgl. z.B. EuGH, Urt. v. 17.7.2008, Kommission/Frankreich, C-389/05, Slg. 2008, I-0000, Rn. 57.

Die **Richtlinie 2005/36/EG des Europäischen Parlaments und des Rates vom 7.9.2005 über die Anerkennung von Berufsqualifikationen**[96] regelt die Anerkennung von Berufsqualifikationen mit dem Ziel, einen Beitrag zur Flexibilität der Arbeitsmärkte zu leisten, eine weitergehende Liberalisierung der Erbringung von Dienstleistungen herbeizuführen, einen stärkeren Automatismus bei der Anerkennung von Berufsabschlüssen zu fördern und die Verwaltungsverfahren zu vereinfachen. Diese Richtlinie gilt für alle Angehörigen eines Mitgliedstaats, die als Selbständige oder abhängig Beschäftigte einen reglementierten Beruf in einem anderen Mitgliedstaat ausüben wollen als dem, in dem sie ihre Berufsqualifikationen erworben haben. Die Richtlinien 89/48/EWG[97] und 92/51/EWG des Rates sowie die Richtlinie 1999/42/EG des Europäischen Parlaments und des Rates über die allgemeine Regelung zur Anerkennung beruflicher Befähigungsnachweise sowie die Richtlinien 77/452/EWG, 77/453/EWG, 78/686/EWG, 78/687/EWG, 78/1026/EWG, 78/1027/EWG, 80/154/EWG, 80/155/EWG, 85/384/EWG, 85/432/EWG, 85/433/EWG und 93/16/EWG des Rates wurden aufgehoben. In Bezug auf die **Architekten** ließ sich der europäische Gesetzgeber davon leiten, dass die nationalen Vorschriften für das Gebiet der Architektur und die Aufnahme und Ausübung der Architektentätigkeit ihrem Geltungsumfang nach sehr unterschiedlich sind[98]. In den meisten Mitgliedstaaten werden die Tätigkeiten auf dem Gebiet der Architektur de jure oder de facto von Personen mit dem Berufstitel Architekt, gegebenenfalls in Verbindung mit einem weiteren Berufstitel, ausgeübt, ohne dass deshalb ausschließlich diese Personen das Recht hätten, diese Tätigkeiten auszuüben, es sei denn, es liegen gegenteilige Rechtsvorschriften vor. Diese Tätigkeiten, oder einige davon, können auch von Angehörigen anderer Berufe ausgeübt werden, insbesondere von Ingenieuren, die auf dem Gebiet des Bauwesens oder der Baukunst eine besondere Ausbildung erhalten haben. Im Interesse der Vereinfachung dieser Richtlinie ist es angezeigt, die Bezeichnung „Architekt" zu verwenden, um den Anwendungsbereich der Bestimmungen über die automatische Anerkennung der Ausbildungsnachweise auf dem Gebiet der Architektur abzugrenzen, unbeschadet der Besonderheiten der nationalen Vorschriften für diese Tätigkeiten[99]. Die **Architekten** fallen unter Art. 10 der Richtlinie. Seit Inkrafttreten der Richtlinie soll sich die Freizügigkeit und die gegenseitige Anerkennung der Ausbildungsnachweise der Architekten auf den Grundsatz der automatischen Anerkennung der Ausbildungsnachweise im Zuge der Koordinierung der Mindestanforderungen an die Ausbildung stützen. Dieses System soll durch eine Reihe erworbener Rechte ergänzt werden, auf die sich qualifizierte Berufsangehörige unter bestimmten Voraussetzungen berufen können[100]. Nach Auffassung der Kommission sind die architektonische Gestaltung, die Qualität der Bauwerke, ihre harmonische Einpassung in die Umgebung, der Respekt vor der natürlichen und der städtischen Landschaft sowie vor dem kollektiven und dem privaten Erbe von öffentlichem Interesse[101]. Daher soll sich die gegenseitige Anerkennung der Ausbildungsnachweise auf qualitative und quantitative Kriterien stützen, die gewährleisten, dass die Inhaber der anerkannten Ausbildungsnachweise in der Lage sind, die Bedürfnisse der Einzelpersonen, sozialen Gruppen und Gemeinwesen im Bereich 37

96 ABl 2005, Nr. L 134, 131 ff., zuletzt geändert durch die Verordnung (EG) der Kommission vom 5.12. 2007, ABl. Nr. L 320, 311.

97 ABl. 1989, Nr. L 19 vom 24.1.1989, 16, geändert durch die Richtlinie 2001/19/EG des Europäischen Parlaments und des Rates (ABl. 2001, Nr. L 206 vom 31.7.2001, 1).

98 Erwägungsgrund 28 der Richtlinie 2005/36/EG.

99 Siehe Erwägungsgrund 28 der Richtlinie 2005/36/EG.

100 Erwägungsgrund 19 Richtlinie 2005/36/EG.

101 Erwägungsgrund 27 der Richtlinie2005/36/EG.

der Raumordnung, der Konzeption, der Vorbereitung und Errichtung von Bauwerken, der Erhaltung und Zurgeltungbringung des architektonischen Erbes sowie des Schutzes der natürlichen Gleichgewichte zu verstehen und ihnen Ausdruck zu verleihen[102]. Gemäß Art. 21 Abs. 1 der Richtlinie gilt der Grundsatz der automatischen Anerkennung. Jeder Mitgliedstaat erkennt die in Anhang V unter den Nummern 5.1.1., 5.1.2., 5.2.2., 5.3.2., 5.3.3., 5.4.2., 5.6.2. und 5.7.1. aufgeführten Ausbildungsnachweise an, die die Mindestanforderungen für die Ausbildung nach den Artikeln 24, 25, 31, 34, 35, 38, 44 und 46 erfüllen und die Aufnahme der beruflichen Tätigkeiten des **Architekten** gestatten, und verleiht diesen Nachweisen in Bezug auf die Aufnahme und Ausübung der beruflichen Tätigkeiten in seinem Hoheitsgebiet dieselbe Wirkung wie den von ihm ausgestellten Ausbildungsnachweisen. Zum Zwecke der Anerkennung werden in der Richtlinie für alle diese Berufe Mindestanforderungen der Ausbildung festgelegt, unter anderem in Bezug auf die Mindeststudiendauer. Nach Art. 46 Abs. 1 der Richtlinie umfasst die Gesamtdauer der Ausbildung des **Architekten** mindestens entweder vier Studienjahre auf Vollzeitbasis oder sechs Studienjahre, die zumindest drei Jahre Vollzeitstudium an einer Hochschule oder einer vergleichbaren Bildungseinrichtung umfassen. Diese Ausbildung muss mit einer Prüfung auf Hochschulniveau erfolgreich abgeschlossen werden. Einzelne Ausbildungsinhalte sind in Art. 46 Abs 1 (a) bis (k) der Richtlinie geregelt. Ausnahmetatbestände finden sich in Art. 47 der Richtlinie. Die von den Mitgliedstaaten ausgestellten der Richtlinie entsprechenden Ausbildungsnachweise sind in Anhang Verordnung aufgeführt. Sie ermöglichen den Inhabern, ihren Beruf in jedem Mitgliedstaat auszuüben. Die Mitgliedstaaten können von den Migranten verlangen, dass sie über die **Sprachkenntnisse** verfügen, die für die Ausübung ihrer Berufstätigkeit im Aufnahmemitgliedstaat erforderlich sind. Diese Bestimmung ist nach dem Prinzip der Verhältnismäßigkeit anzuwenden, d.h. die entsprechenden Berufsangehörigen dürfen vor Aufnahme ihrer Tätigkeit nicht systematischen Sprachtests unterworfen werden. Gemäß Art. 63 der Richtlinie musste die Richtlinie bis zum 20.10.2007 umgesetzt werden. Der Bundestag hat die Richtlinie in dem Gesetz zur Umsetzung der Richtlinie 2005/36/EG des Europäischen Parlaments und des Rates über die Anerkennung von Berufsqualifikationen in der Gewerbeordnung (EUBerufsQuUG) umgesetzt[103]. Versäumt ein Staat die Umsetzung, kann ein Vertragsverletzungverfahren eingeleitet werden[104].

38 Die europäischen Anerkennungsvorschriften gestatten keinen Zugang zu einem reglementierten Beruf im Wege der einfachen Auslandsregistrierung zum Zwecke der Inlandshomologierung[105]. Im Ausgangsfall hatte ein italienischer Maschinenbauingenieur Cavallera in Spanien seine Zeugisse anerkennen lassen. Er war anschließend befugt, in Spanien den reglementierten Beruf des industrietechnischen Ingenieurs, Fachgebiet Maschinenbau, auszuüben. Auf der Grundlage der Bescheinigung über die Homologation seines italienischen Studienabschlusses ließ sich Herr Cavallera in das Verzeichnis eines der katalanischen „colegios de ingenieros técnicos industriales“ eintragen und begehrte anschließend die Anerkennung seiner spanischen Qualifikationen gemäß dem italienischen Decreto legislativo Nr. 115/1992 zum Zweck der Eintragung in das italienische Ingenieurverzeichnis. Nach den Feststellungen des Gerichtshofes beruhten aber weder die Homologation noch die Eintragung in das Verzeichnis eines der katalani-

102 Erwägungsgrund 27 der Richtlinie 2005/36/EG.
103 Gesetz v. 12.12.2008, BGBl. I S. 2423; Geltung ab 18.12.2008.
104 EuGH, Urt. v. 15.6.2006, Kommission/Österreich, Rs C-262/05; Urt. v. 15.6.2006, Kommission/Deutschland, Rs. C-264-05; Urt. v. 8.6.2006, Kommission/Frankreich, Rs. C-164/05.
105 EuGH, Urt. v. 29.1.2009, Consiglio Nazionale degli Ingegneri, Rs. C-311/06.

schen „colegios de ingenieros técnicos industriales" auf einer Überprüfung der beruflichen Qualifikationen oder Erfahrungen von Herrn Cavallera. Würde man unter solchen Umständen eine Berufung auf die Richtlinie 89/48 mit dem Ziel, sich Zugang zu dem im Ausgangsverfahren in Rede stehenden reglementierten Beruf in Italien zu verschaffen, zulassen, so liefe das nach Auffassung des EuGH darauf hinaus, denjenigen, die nur einen in diesem Mitgliedstaat ausgestellten Befähigungsnachweis erworben haben, der für sich nicht den Zugang zu diesem reglementierten Beruf eröffnet, den Zugang gleichwohl zu ermöglichen, ohne dass die in Spanien erworbene Homologationsbescheinigung den Erwerb einer zusätzlichen Qualifikation oder von Berufserfahrung belegt. Ein solches Ergebnis liefe dem im fünften Erwägungsgrund der Richtlinie 89/48 verankerten Grundsatz zuwider, dass die Mitgliedstaaten die Möglichkeit behalten, das Mindestniveau der notwendigen Qualifikation mit dem Ziel zu bestimmen, die Qualität der in ihrem Hoheitsgebiet erbrachten Leistungen zu sichern. Andererseits ist es den Behörden eines Mitgliedstaats, bei denen der Inhaber eines in einem anderen Mitgliedstaat erworbenen Diploms einen Antrag auf Genehmigung des Zugangs zu einem reglementierten Beruf in diesem Mitgliedstaat stellt, nicht verwehrt, dem Antrag auf entsprechendes Ersuchen des Inhabers des Diploms teilweise stattzugeben, indem sie den Geltungsbereich der Genehmigung auf die Tätigkeiten beschränken, zu denen das betreffende Diplom in dem Mitgliedstaat, in dem es erworben wurde, Zugang gewährt[106]. Die Art. 39 EGV und 43 EGV verwehren es einem Mitgliedstaat auch nicht, den partiellen Zugang zu einem Beruf zu versagen. Es verstößt jedenfalls gegen die Richtlinie 85/384 sowie Art. 49 EGV, dass ein Mitgliedstaat verlangt bzw. verbietet,

- dass eine Zweigniederlassung über eine Mindestanzahl von Beschäftigten verfügen muss[107]
- dass dem Antrag auf Anerkennung eines Befähigungsnachweises das Originaldiplom oder eine beglaubigte Kopie dieses Diploms beigefügt wird[108],
- dass dem Antrag auf Anerkennung eines Befähigungsnachweises ein Staatsbürgerschaftszeugnis beigefügt wird[109],
- dass einem Antrag auf Anerkennung eines Befähigungsnachweises beigefügten Unterlagen in allen Fällen eine amtliche Übersetzung beigefügt werden muss[110]
- dass die in einem Mitgliedstaaten niedergelassenen Architekten, die Dienstleistungen in einem anderen Staat (z.B. Italien) erbringen möchten, generell verboten wird, in diesem (z.B. dem italienischen) Hoheitsgebiet eine Haupt- oder Zweigniederlassung zu errichten[111]
- dass in einem Mitgliedstaat niedergelassene Architekten, die Dienstleistungen in einem anderen Staat (z.B. Italien) erbringen möchten, verpflichtet werden, sich bei der örtlich zuständigen regionalen Architektenkammer einzuschreiben[112]
- dass bei der Vergabe öffentlicher Aufträge (z.B. in Frankreich) nur Architekten berücksichtigt werden, die in das nationale oder lokale Architektenverzeichnis eingetragen sind[113].

[106] EuGH, Urt. v. 19.1.2006, Colegio de Ingenieros de Caminos, Canales y Puertos, Rs. C-330/03.
[107] EuGH, Urt. v. 26.1.2006, Kommission/Spanien, Rs C-514/03.
[108] EuGH, Urt. v. 21.3.2002, Rs C-298/99, Slg 2002, I-3129.
[109] EuGH, Urt. v. 21.3.2002, Rs C-298/99, Slg 2002, I-3129.
[110] EuGH, Urt. v. 21.3.2002, Rs C-298/99, Slg 2002, I-3129.
[111] EuGH, Urt. v. 21.3.2002, Rs C-298/99, Slg 2002, I-3129.
[112] EuGH, Urt. v. 21.3.2002, Rs C-298/99, Slg 2002, I-3129.
[113] EuGH, Urt. v. 26.9.2000, Rs C-225/98, Slg 2000, I-7445.

39 Bei öffentlichen Dienstleistungsaufträgen dürfen die Zuschlagskriterien nicht die Anwendung nationaler Bestimmungen beeinträchtigen, die die Vergütung bestimmter Dienstleistungen, wie beispielsweise die Vergütung von Architekten, Ingenieuren und Rechtsanwälten, regeln[114]. Folgende Klausel in den Vergabedingungen verstößt im Zweifel gegen das Transparenzgebot[115]: „… ausländischen Beratungsfirmen, die nach den Rechtsvorschriften eines Mitgliedstaats der Europäischen Union oder des EWR gegründet sind und die ihre Hauptverwaltung, ihre Hauptniederlassung oder ihren satzungsmäßigen Sitz innerhalb der Europäischen Union oder des EWR haben … Ausländische Berater müssen für jede einzelne Kategorie der Studie die formellen und sachlichen Qualifikationen besitzen, die denen entsprechen, die von den im griechischen Beraterregister eingetragenen griechischen Beratern verlangt werden; Beratungsfirmen müssen für jede einzelne Kategorie der Studie Personal aufweisen, das dem bei griechischen Beratungsfirmen verlangten Personal entspricht. *Es wird darauf hingewiesen, dass ausländische Beratungsfirmen/Berater, die in den sechs Monaten vor der Bekundung ihres Interesses an der Teilnahme an dem gegenwärtigen Wettbewerb ihr Interesse an der Teilnahme an dem Ausschreibungsverfahren der ERGA OSE AE bekundet und Qualifikationen angegeben haben, die anderen als den jetzt verlangten Zeugniskategorien entsprechen, nicht berücksichtigt werden.“*

3. Technische Normung

Schrifttum

Finke, Die Auswirkungen der europäischen technischen Normen und des Sicherheitsrechts auf das nationale Haftungsrecht, München 2001; Höffner/Schubert, Export im Binnenmarkt der Europäischen Union, München 2004; Kilian, Veränderungen zum anerkannten Stand der Technik bezogen auf die Betonherstellung, BauR 1993, 664; Molkenbur, Die EG-Bauproduktenrichtlinie, DVBl 1991, 745

40 Die Normungsaktivitäten in Europa haben sich in erheblichem Umfang von der nationalen auf die europäische und die internationale Ebene verlagert. Unterschiedliche technische Normen können Handelshemmnisse aufbauen oder aufrechterhalten. Es liegt daher im Interesse der EU, technische Normen zu harmonisieren. Die zunächst angestrebte Totalharmonisierung konnte aus verschiedenen Gründen nicht zügig erreicht werden. Man entwarf daher eine „Neue Konzeption auf dem Gebiet der technischen Harmonisierung und der Normung“[116], die die Harmonisierung erleichtern und beschleunigen sollte. Seither legen die einschlägigen Richtlinien nur noch grundlegende Sicherheitsanforderungen fest, während die Detailregelung durch eine europäische Normungsorganisation erfolgen sollte. Die Normung ist eine freiwillige, vom Konsens getragene Tätigkeit, die von den und für die interessierten Kreise auf der Grundlage von Offenheit und Transparenz im Rahmen unabhängiger und anerkannter Normungsorganisationen durchgeführt wird und zur Verabschiedung von Normen führt, deren Befolgung freiwillig ist[117]. Aus europäischer Sicht sollen die Normen zweckmäßig sein, aufgrund der umfassenden Beteiligung aller interessierten Kreise am Normungsprozess einen hohen Akzeptanzgrad aufweisen, untereinander kohärent sein und technologische Innovation und Wettbewerb zulassen. Sie sollten auf fundierten wissenschaftlichen Forschungsergebnissen basieren, in regelmäßigen Abständen auf den neuesten Stand gebracht werden und nach Möglichkeit leistungsbezogen sein. Soweit die Mitglied-

114 Vgl. Erwägungsgrund Nr. 47 der VKR.
115 Schlussanträge Generalanwalt bei dem EuGH v. 9.7.2009, Rs. C-199/07.
116 ABl 1985 Nr. C 136, 1 ff.
117 ABl 2000 Nr. C 42, 1 Nr. 11.

staaten befugt sind, die Bedingungen für die Ausübung gewisser Tätigkeiten festzulegen, müssen sie ihre Befugnisse unter Beachtung der durch den EG-Vertrag garantierten Grundfreiheiten ausüben[118].

Die Richtlinie 89/106/EWG des Rates vom 21. Dezember 1988 zur Angleichung der Rechts- und Verwaltungsvorschriften der Mitgliedstaaten über Bauprodukte[119] in der Fassung der Richtlinie **93/68/EWG** des Rates vom 22. Juli 1993 zur Änderung der Richtlinien 87/404/EWG (einfache Druckbehälter), 88/378/EWG (Sicherheit von Spielzeug), 89/106/EWG (Bauprodukte), 89/336/EWG (elektromagnetische Verträglichkeit), 89/392/EWG (Maschinen), 89/686/EWG (persönliche Schutzausrüstungen), 90/384/EWG (nichtselbsttätige Waagen), 90/385/EWG (aktive implantierbare medizinische Geräte), 90/396/EWG (Gasverbrauchseinrichtungen), 91/263/EWG (Telekommunikationssendeeinrichtungen), 92/42/EWG (mit flüssigen oder gasförmigen Brennstoffen beschickte neue Warmwasserheizkessel) und 73/23/EWG (elektrische Betriebsmittel zur Verwendung innerhalb bestimmter Spannungsgrenzen)[120] soll ebenso wie die Richtlinie 97/23/EG des Europäischen Parlaments und des Rates vom 29. Mai 1997 zur Angleichung der Rechtsvorschriften der Mitgliedstaaten über Druckgeräte[121] und die Richtlinie 1999/36/EG des Rates vom 29. April 1999 über ortsbewegliche Druckgeräte[122] insbesondere Hemmnisse des freien Verkehrs von Bauprodukten beseitigen. Ergänzend gelten die **Vergaberichtlinien** (siehe unten Rn. 47 ff.). Sie schließen nach der Rechtsprechung des EuGH z.B. aus, dass öffentliche Auftraggeber, die ein Vergabeverfahren für die Lieferung von mit der CE-Kennzeichnung versehenen Medizinprodukten eingeleitet haben, das Angebot solcher Produkte aus Gründen des Schutzes der öffentlichen Gesundheit nicht direkt und außerhalb des Schutzverfahrens nach den Art. 8 und 18 der Richtlinie 93/42 ablehnen dürfen. Ist ein öffentlicher Auftraggeber der Ansicht, dass angebotene mit der CE-Kennzeichnung versehene Medizinprodukte die öffentliche Gesundheit gefährden können, so ist er verpflichtet, zum Zweck der Durchführung des genannten Schutzverfahrens die zuständige Stelle zu unterrichten[123].

a. Bauprodukterichtlinie. Die Vorschriften der Mitgliedstaaten enthalten Anforderungen nicht nur hinsichtlich der baulichen Sicherheit, sondern auch bezüglich Gesundheit, Dauerhaftigkeit, Energieeinsparung, Umweltschutz, Aspekten der Wirtschaftlichkeit und anderer Belange des öffentlichen Interesses. Diese nationalen Anforderungen beeinflussen die Beschaffenheit der verwendeten Bauprodukte unmittelbar und spiegeln sich in den nationalen Produktnormen, den technischen Zulassungen, anderen technischen Spezifikationen und Bestimmungen wieder, die infolge ihrer Verschiedenheit den Warenverkehr innerhalb der Gemeinschaft behindern. Die Richtlinie 89/106/EWG des Rates vom 21. Dezember 1988 zur Angleichung der Rechts- und Verwaltungsvorschriften der Mitgliedstaaten über Bauprodukte[124] (Bauprodukterichtlinie) legt fest, dass es den Mitgliedstaaten obliegt sicherzustellen, dass auf ihrem Gebiet die Bauwerke des Hoch- und des Tiefbaus derart entworfen und ausgeführt werden, dass die Sicherheit der Menschen, der Haustiere und der Güter nicht gefährdet und andere wesentliche Anforderungen im Interesse des Allgemeinwohls beachtet werden. Im Sinne der Baupro- 41

[118] EuGH, Urt. v. 14.12.2006, Kommission/Österreich, C-257/05 – Kesselprüfstelle.
[119] ABl 1989 Nr. L 40, 12.
[120] ABl 1973 Nr. L 220, 1.
[121] ABl. 1997 Nr. L 181, 1.
[122] ABl. 1999 Nr. L 138, 20.
[123] EuGH, Urt. v. 14.6.2007, Medipac Kazantzidis, C-6/05, Slg. 2007, I-4557, Rn. 55; Urt. v. 19.3.2009, Kommsission/Griechenland, Rs C-489/06.
[124] ABl 1989 Nr. L 40, 12 ff.

dukterichtlinie ist unter „Bauprodukt“ jedes Produkt zu verstehen, das hergestellt wird, um dauerhaft in Bauwerke des Hoch- oder Tiefbaus eingebaut zu werden. Art. 2 Abs. 1 der Richtlinie 89/106 sieht vor, dass Bauprodukte nur in den Verkehr gebracht werden dürfen, wenn sie brauchbar sind, d.h. solche Merkmale aufweisen, dass das Bauwerk, für das sie durch Einbau, Zusammenfügung, Anbringung oder Installierung verwendet werden sollen, bei ordnungsgemäßer Planung und Bauausführung bestimmte wesentliche Anforderungen erfüllen kann, wenn und wo für bestimmte Bauwerke Regelungen gelten, die entsprechende Anforderungen enthalten. In Deutschland wurde die Richtlinie mit dem Bauproduktegesetz[125] umgesetzt. Danach ist ein Bauprodukt brauchbar, wenn es solche Merkmale aufweist, dass die bauliche Anlage, gebrauchstauglich ist und die wesentlichen Anforderungen der mechanischen Festigkeit und Standsicherheit, des Brandschutzes, der Hygiene, der Gesundheit und des Unweltschutzes, der Nutzungssicherheit, des Schallschutzes sowie der Energieeinsparung und des Wärmeschutzes erfüllt. Aus Sicht des EuGH treffen die Mitgliedstaaten alle erforderlichen Maßnahmen, damit „Bauprodukte“ im Sinne der Richtlinie 89/106/EWG nur in den Verkehr gebracht werden können, wenn sie brauchbar sind, d.h. solche Merkmale aufweisen, dass das Bauwerk, für das sie durch Einbau, Zusammenfügung, Anbringung oder Installierung verwendet werden sollen, bei ordnungsgemäßer Planung und Bauausführung die wesentlichen Anforderungen nach Art. 3 dieser Richtlinie erfüllen kann, wenn und wo für bestimmte Bauwerke Regelungen gelten, die entsprechende Anforderungen enthalten[126]. Ein Mitgliedstaat verstößt aber nicht allein dadurch gegen seine Verpflichtungen aus dem Gemeinschaftsrecht, dass er ein Zulassungsverfahren für Produkte vorsieht, für die weder technische Spezifikationen bestehen noch Konformitätsbescheinigungen gegenseitig anerkannt werden[127].

42 **b. Normungsinstitute.** Die Richtlinie 89/106 sieht die Erstellung gemeinschaftlicher „technischer Spezifikationen“ vor. So können nach Art. 4 Abs. 1 Unterabsatz 2 der Richtlinie das Europäische Komitee für Normung (CEN) und das Europäische Komitee für elektrische Normung (CENELEC) „Normen“ und „technische Zulassungen“ für Bauprodukte festlegen. Diese Normen und technischen Vorschriften werden gemeinsam als „**harmonisierte Normen**“ bezeichnet. Derzeit existieren drei Organisationen, die sich mit der Normung befassen, die CEN (Comité européen de normalisation), die CENELEC (Comité européen de normalisation électrotechnique) und die ETSI (European Telecommunication Standard Institute). Mit diesen hat die Kommission Allgemeine Grundsätze für die Zusammenarbeit sowie weitere Rahmenverträge betreffend der Ausarbeitung europäischer Normen vereinbart[128]. CEN, CENELEC und ETSI einerseits sowie die Europäische Kommission und die Europäische Freihandelsgemeinschaft (EFTA) andererseits haben kürzlich bekräftigt, dass die Normung eine freiwillige, vom Konsens getragene Tätigkeit ist, die von den und für die interessierten Parteien auf der Grundlage von Offenheit und Transparenz im Rahmen unabhängiger und anerkannter Normungsorganisationen durchgeführt wird und zur Verabschiedung von Normen führt, deren Befolgung freiwillig ist[129].

---

[125] BGBl 1992 I, 1495.
[126] EuGH, Urt. v. 10.9.2009, Kommission/Portugal, Rs C-457/07, Rn. 2.
[127] EuGH, Urt. v. 10.9.2009, Kommission/Portugal, Rs C-457/07, Rn. 46.
[128] Finke, Die Auswirkungen der europäischen technischen Normen und des Sicherheitsrechts auf das nationale Haftungsrecht, 81.
[129] ABl 2003 Nr. C 91, 11 ff.

Für den Bereich der Bauprodukte sind das Europäische Komitee für Normung (CEN) und das Europäische Komitee für elektrische Normung (CENELEC) als die Stellen anerkannt, die für die Festlegung der harmonisierten Normen gemäß den am 13. November 1984 unterzeichneten allgemeinen Leitlinien für die Zusammenarbeit zwischen der Kommission und diesen beiden Stellen zuständig sind. Im Sinne der Bauprodukterichtlinie ist eine harmonisierte Norm eine technische Spezifikation (Europäische Norm oder Harmonisierungsdokument), die von einer der beiden oder von beiden vorgenannten Stellen im Auftrag der Kommission gemäß der Richtlinie 83/189/EWG des Rates vom 28. März 1983 über ein Informationsverfahren auf dem Gebiet der Normen und technischen Vorschriften festgelegt wurde. Nach Erstellung der harmonisierten Normen durch die europäischen Normenorganisationen gemäß Art. 7 Abs. 3 der Richtlinie 89/106 veröffentlicht die Europäische Kommission die Normen durch Angabe der Fundstellen im Amtsblatt der Europäischen Union. 43

c. Konformitätsvermutung. Für Produkte, die mit den nationalen Normen, die die harmonisierten Normen umsetzen, übereinstimmen, gilt die Vermutung der Konformität mit den wesentlichen Anforderungen. So ist gemäß Art. 4 Abs. 2 der Richtlinie Nr. 89/106 von der Brauchbarkeit von Bauprodukten auszugehen, wenn sie so beschaffen sind, dass die Bauwerke, für die sie verwendet werden, bei ordnungsgemäßer Planung und Bauausführung den wesentlichen Anforderungen entsprechen, und die CE-Kennzeichnung tragen. Die CE-Kennzeichnung besagt insbesondere, dass die Bauprodukte mit den entsprechenden nationalen Normen übereinstimmen, in die die harmonisierten Normen umgesetzt worden sind und deren Fundstellen im Amtsblatt der Europäischen Union veröffentlicht worden sind. 44

d. Rechtsschutz. Es kann sich die Frage stellen, ob die Normadressaten (also Baustoffproduzenten) Normungsakte mit der **Nichtigkeitsklage** angreifen können. Die gemäß der Richtlinie 89/106 festgelegten harmonisierten Normen dienen zur Definition der Merkmale der Produkte, die die Wirtschaftsteilnehmer vermarkten oder kaufen können. Sie erzeugen daher Wirkungen insbesondere gegenüber allen Herstellern und Verwendern von Bauprodukten in der Europäischen Union. Folglich gilt die Veröffentlichung solcher Normen selbst für objektiv bestimmte Situationen und erzeugt Rechtswirkungen gegenüber allgemein und abstrakt umschriebenen Personengruppen, nämlich gegenüber allen Herstellern und Verwendern von Bauprodukten in der Europäischen Union. Daher hat die Veröffentlichung einer solchen Norm im Amtsblatt aufgrund ihrer Rechtsnatur und ihrer Tragweite allgemeinen Charakter. Der allgemeine Charakter der Veröffentlichung schließt es jedoch als solcher noch nicht aus, dass ein Einzelner eine Nichtigkeitsklage gegen sie erheben kann, denn nach ständiger Rechtsprechung des EuGH kann ein Rechtsakt von allgemeiner Geltung natürliche oder juristische Personen dann individuell betreffen, wenn er diese wegen bestimmter besonderer Eigenschaften oder aufgrund von Umständen betrifft, die sie aus dem Kreis aller übrigen Personen herausheben und sie in ähnlicher Weise individualisieren wie einen Adressaten[130]. Baustoffverwender oder Baustoffhersteller sind allenfalls unter besonderen Voraussetzungen 45

[130] EuGH, Urt. v. 25.07.2002, Rs C-50/00 (Unión de Pequeños Agricultores ./. Rat), Slg. 2002, I-6677, Rn. 36; EuGH, Urt. v. 10.04.2003, Rs C-142/00 P (Kommission ./. Nederlandse Antillen), Slg. 2003, I-3483, Rn. 65, EuGH, Beschluss v. 12.12.2003, Rs C-258/02 P (Bactria ./. Kommission), Slg. 2003, II-0000, Rn. 34; EuGH, Beschluss v. 25.05.2004, Rs T-264/03 (Schmoldt ./. Kommission).; EuGH, Beschluss v. 16.9.2005, Rs C-342/04 P (Schmoldt ./. Kommission).

zungen individuell von Normungsakten der CEN und der CENELEC betroffen und können diese daher im Zweifel nicht mit einer Nichtigkeitsklage anfechten[131].

46 **e. Haftung.** Die harmonisierten technischen Normen rücken trotz ihrer Herkunft in die Nähe gesetzlicher Verbindlichkeit und es wird bereits diskutiert, ob sich aus ihrer Existenz Haftungsfolgen herleiten lassen[132]. Finke[133] bejaht eine Bindung an CE-Zeichen im Rahmen des § 823 Abs. 2 BGB und des ProdHaftG. Produkte mit CE-Kennzeichnung unterliegen jedenfalls ebenso wie solche ohne CE-Kennzeichnung der Produkthaftung. Das bloße Fehlen des CE-Zeichens besagt andererseits nicht, dass das betroffene Produkt nicht dem Stand der Technik entspricht. Es kann qualitativ gleichwertig sein zu einem Produkt mit CE-Zeichen, ggf. sogar qualitativ höherstehend, da EU-Richtlinien nur Mindestanforderungen an die Qualität stellen können. Dagegen führt die Einhaltung der in den Richtlinien angesprochenen Normen nicht notwendigerweise zu einer Entlastung des Herstellers. Eine andere Frage ist, welche Folgen eine fehlende Normung hat. Im Fall Ecorad beauftragte Ecorad die Fa. Carp mit der Lieferung und dem Einbau dreier mit Antipanikstangen ausgestatteter Außentüren. Nach dem Einbau der ersten dieser Türen vertrat Ecorad die Ansicht, dass das eingebaute Erzeugnis nicht den gemeinschaftsrechtlichen Vorschriften entspreche, da Carp nicht über ein durch eine zugelassene Zertifizierungsstelle erteiltes Konformitätszertifikat im Sinne der Entscheidung 1999/93 (d.h. nach dem Zertifizierungssystem Nr. 1) verfüge, obwohl feststand, dass es zu der im Ausgangsverfahren maßgeblichen Zeit noch keine harmonisierte Norm für Außentüren gab, die mit Antipanikstangen versehen werden können. Gleichwohl weigerte sich Ecorad, ihre vertraglichen Verpflichtungen zu erfüllen. In dem Ausgangsverfahren vor dem Tribunale ordinario di Novara vertrat Carp hierzu die Ansicht, dass die Entscheidung 1999/93 ihr gegenüber gegenwärtig keine verbindlichen Rechtswirkungen entfalte, da sie nicht deren Adressat sei und keine verbindliche Normung existiere. Der EuGH gab ihr im Vorlageverfahren Recht[134]. Er erinnerte daran, dass nach ständiger Rechtsprechung eine Richtlinie nicht selbst Verpflichtungen für einen Einzelnen begründen kann, so dass ihm gegenüber eine Berufung auf die Richtlinie als solche nicht möglich ist. Daraus folgt, dass sogar eine klare, genaue und unbedingte Richtlinienbestimmung, mit der dem Einzelnen Rechte gewährt oder Verpflichtungen auferlegt werden sollen, im Rahmen eines Rechtsstreits, in dem sich ausschließlich Private gegenüberstehen, nicht als solche Anwendung finden kann[135]. Sie ist ein Rechtsakt von allgemeiner Geltung, der die jeweils für Türen, Fenster, Fensterläden, Rollläden, Tore und Beschläge geltenden Arten von Verfahren der Konformitätsbescheinigung festlegt und dem CEN/Cenelec das Mandat erteilt, diese in den betreffenden harmonisierten Normen, die anschließend von den für Normung zuständigen Stellen der einzelnen Mitgliedstaaten umzusetzen sind, inhaltlich auszugestalten. Gemäß Art. 249 EGV ist die Entscheidung 1999/93 daher nur für die Mitgliedstaaten verbindlich, die nach Art. 4 deren alleinige Adressaten sind. Folgerichtig kann sich ein Einzel-

---

131 Vgl. EuGH, Beschluss v. 25.05.2004, Rs T-264/03 (Schmoldt ./. Kommission).

132 Vgl. Finke, Die Auswirkungen der europäischen technischen Normen und des Sicherheitsrechts auf das nationale Haftungsrecht, 196 f.

133 Finke, Die Auswirkungen der europäischen technischen Normen und des Sicherheitsrechts auf das nationale Haftungsrecht, 217.

134 EuGH, Urt. v. 7.6.2007, Carp, Rs C-80/06.

135 EuGH, Urteile v. 26.2.1986, Marshall, 152/84, Slg. 1986, 723, Rn. 48, v. 14.7.1994, Faccini Dori, C-91/92, Slg. 1994, I-3325, Rn. 20, v. 7.3.1996, El Corte Inglés, C-192/94, Slg. 1996, I-1281, Rn. 16 und 17, v. 7.1.2004, Wells, C-201/02, Slg. 2004, I-723, Rn. 56, und vom 5.10.2004, Pfeiffer u.a., C-397/01 bis C-403/01, Slg. 2004, I-8835, Rn. 108 und 109.

ner nicht auf die Entscheidung berufen. Die Vorlagefrage beantwortete der EuGH[136] somit dahin, dass sich ein Einzelner in einem gegen einen anderen Einzelnen geführten Rechtsstreit über vertragliche Haftung nicht darauf berufen kann, dass Letzterer gegen die Vorschriften in den Art. 2 und 3 sowie in den Anhängen II und III der Entscheidung 1999/93 verstoßen habe.

IV. Vergaberecht

Schrifttum

Bultmann, Beschaffungsfremde Kriterien: Zur neuen Formel des Europäischen Gerichtshofes, ZfBR 2004, 134; Koman, Die Funktionalität des Auftraggeberbegriffes neuerlich bestätigt durch den EuGH, ZfBR 2003, 127; Kullack/Terner, EU-Legislativpaket: Die neue klassische Vergabekoordinierungsrichtlinie, 1. Teil, ZfBR 2004, 244; Kullack/Terner, EU-Legislativpaket: Die neue klassische Vergabekoordinierungsrichtlinie, 2. Teil, ZfBR 2004, 346

1. Rechtliche Rahmenbedingungen. Das öffentliche Auftragswesen ist von großer wirtschaftlicher Bedeutung und Teil des freien Waren- und Dienstleistungsverkehrs. Der wirtschaftliche Umgang mit der öffentlichen Hand ist stark reglementiert. Die Regeln für das öffentliche Beschaffungswesen in den EU-Mitgliedstaaten werden durch europäisches Recht geprägt, ohne dass es bislang ein einheitliches erschöpfendes EU-Vergaberecht geben würde. Vielmehr ist es den Mitgliedstaaten unbenommen, unter Beachtung aller einschlägigen Bestimmungen des EU-Rechts eigenes Vergaberecht beizubehalten und zu erlassen[137]. Die Europäische Union hat jedoch in mehreren Richtlinien[138] ein umfangreiches Vorschriftenpaket geschaffen. Sie verfolgt mit diesen Richtlinien den deutlichen politischen Willen, die öffentliche Auftragsvergabe europaweit transparent, einheitlich und fair zu gestalten. Unter anderem soll so die grenzüberschreitende öffentliche Beschaffung im Europäischen Binnenmarkt gefördert werden. 47

Die Richtlinien 92/50/EWG des Rates vom 18. Juni 1992 über die Koordinierung der Verfahren zur Vergabe öffentlicher Dienstleistungsaufträge, 93/36/EWG des Rates vom 14. Juni 1993 über die Koordinierung der Verfahren zur Vergabe öffentlicher Lieferaufträge und 93/37/EWG des Rates vom 14. Juni 1993 über die Koordinierung der Verfahren zur Vergabe öffentlicher Bauaufträge[139] wurden durch die Richtlinie 97/52/EG des Europäischen Parlaments und des Rates geändert. Am 30. April 2004 trat ferner die Richtlinie 2004/18/EG des Europäischen Parlaments und des Rates vom 31. März 2004 über die **Koordinierung der Verfahren zur Vergabe öffentlicher Bauaufträge, Lieferaufträge und Dienstleistungsaufträge**[140] (VKR) in Kraft und musste bis zum 31. Januar 2006 umgesetzt werden. Ebenfalls am 30. April 2004 trat die Richtlinie 2004/17/EG des Europäischen Parlaments und des Rates vom 31. März 2004 **zur Koordinierung der Zuschlagserteilung durch Auftraggeber im Bereich der Wasser-, Energie- und Verkehrsversorgung sowie der Postdienste**[141] (SKR) in Kraft. Auch sie musste bis zum 31. Januar 2006 umgesetzt werden. Hinzu gekommen ist die Richtlinie 2009/81/EG des Europäischen Parlaments und des Rates vom 13. Juli 2009 48

[136] EuGH, Urt. v. 7.6.2007, Carp, Rs C-80/06, Rn. 22.
[137] Lenz/Borchhardt/Fischer, EGV, nach Art. 49–55 Rn. 6.
[138] Vgl. § 2 48.
[139] Dazu noch das EuGH Verfahren C- 74/09 zur Frage, mit welchen Mitteln die Behörden des Mitgliedstaats, in dem ein öffentlicher Bauauftrag vergeben werden soll, überprüfen dürfen, ob die am Vergabeverfahren beteiligten Bauunternehmer ihre Verpflichtungen zur Zahlung von Steuern und Sozialabgaben erfüllen.
[140] ABl 2004 Nr. L 134, 114.
[141] ABl 2004 Nr. L 134, 1.

über die Koordinierung der Verfahren zur Vergabe bestimmter Bau-, Liefer- und Dienstleistungsaufträge in den Bereichen Verteidigung und Sicherheit und zur Änderung der Richtlinien 2004/17/EG und 2004/18/EG. Ergänzend gilt die Verordnung der Kommission Nr. 1177/2009 vom 30. November 2009 zur Änderung der Richtlinien 2004/17/EG, 2004/18/EG und 2009/81/EG des Europäischen Parlaments und des Rates im Hinblick auf die Schwellenwerte für Auftragsvergabeverfahren.

Gemäß Erwägungsgrund 2 der VKR ist die Vergabe von Aufträgen **in den Mitgliedstaaten** auf Rechnung des Staates, der Gebietskörperschaften und anderer Einrichtungen des öffentlichen Rechts an die Einhaltung der im Vertrag niedergelegten Grundsätze gebunden. Der Wortlaut erlaubt die Schlussfolgerung, dass das europäische Vergaberecht nur Vergaben **innerhalb des Territoriums der EU-Mitgliedstaaten** regeln, so dass Vergaben der Europäischen Mitgliedstaaten der EU außerhalb des EU-Territoriums nicht erfasst sind. Aus französischer Sicht sind Vergaben von Stellen, die im Ausland ansässig sind, noch nicht einmal dem nationalen französischen Vergaberecht unterworfen[142].

49 **2. Entwicklung.** Nach Auffassung der Kommission und des Rates erfordert die Verwirklichung des freien Warenverkehrs bei öffentlichen Lieferaufträgen, der Niederlassungsfreiheit und des freien Dienstleistungsverkehrs bei öffentlichen Dienstleistungs- und Bauaufträgen, die in den Mitgliedstaaten für Rechnung des Staates, der Gebietskörperschaften sowie sonstiger juristischer Personen des öffentlichen Rechts vergeben werden, neben der Aufhebung der Beschränkungen die Einführung von Bestimmungen zur Koordinierung der nationalen Verfahren zur Vergabe öffentlicher Aufträge, die auf den für diese drei Freiheiten geltenden Vorschriften und den daraus abgeleiteten Grundsätzen basieren, nämlich dem Grundsatz der Gleichbehandlung, von dem der Grundsatz der Nichtdiskriminierung nur eine besondere Ausprägung darstellt, sowie den Grundsätzen der gegenseitigen Anerkennung, der Verhältnismäßigkeit und der Transparenz sowie auf der Öffnung dieser Märkte für den Wettbewerb. Folglich müssen diese Koordinierungsbestimmungen gemäß den genannten Regeln und Grundsätzen sowie gemäß den anderen Bestimmungen des Vertrages interpretiert werden.

50 Mit dem Beschluss 94/800/EG des Rates vom 22. Dezember 1994 über den Abschluss der Übereinkünfte im Rahmen der multilateralen Verhandlungen der Uruguay-Runde (1986–1994) im Namen der Europäischen Gemeinschaft in Bezug auf die in ihre Zuständigkeiten fallenden Bereiche wurde unter anderem das Übereinkommen über das öffentliche Beschaffungswesen, nachstehend „Beschaffungsübereinkommen", genehmigt, das zum Ziel hat, einen multilateralen Rahmen ausgewogener Rechte und Pflichten im öffentlichen Beschaffungswesen festzulegen, um den Welthandel zu liberalisieren und auszuweiten. Aufgrund der internationalen Rechte und Pflichten, die sich für die Gemeinschaft aus der Annahme des Beschaffungsübereinkommens ergeben, sind auf Bieter und Erzeugnisse aus Drittländern, die dieses Übereinkommen unterzeichnet haben, die darin enthaltenen Regeln anzuwenden. Das Beschaffungsübereinkommen hat keine unmittelbare Wirkung. Es schien daher angebracht, dass die unter das Beschaffungsübereinkommen fallenden Auftraggeber, die der Richtlinie nachkommen und die gleichen Bestimmungen auf Wirtschaftsteilnehmer aus Drittländern anwenden, die das Beschaffungsübereinkommen unterzeichnet haben, sich damit im Einklang mit dem Beschaffungsübereinkommen befinden. Die Richtlinie soll den Wirtschaftsteilnehmern in der Gemeinschaft die gleichen günstigen Teilnahmebedingungen bei der Vergabe

[142] Conseil d'État, 4.7.2008, Az: 316028 – Djibouti.

öffentlicher Aufträge garantieren, wie sie auch den Wirtschaftsteilnehmern aus Drittländern, die das Beschaffungsübereinkommen unterzeichnet haben, gewährt werden.

1996 hat die Kommission ein Grünbuch mit dem Titel „Das öffentliche Auftragswesen in der Europäischen Union – Überlegungen für die Zukunft" veröffentlicht[143], auf das mehr als 300 Reaktionen aus der Wirtschaft, den Mitgliedstaaten und den Institutionen eingingen. Auf der Grundlage dieser Beiträge hat die Kommission in ihrer Mitteilung „Das öffentliche Auftragswesen in der Europäischen Union" mögliche zukünftige Maßnahmen dargelegt[144]. In den Diskussionen um das Grünbuch wurde im Wesentlichen darauf hingewiesen, wie notwendig eine Vereinfachung des Rechtsrahmens und seine Anpassung an das digitale Zeitalter sei, wobei jedoch seine Grundstruktur erhalten bleiben sollte. Die Kommission hat dieser Forderung Rechnung getragen und missverständliche oder komplexe Bestimmungen klarer formuliert und rechtliche Änderungen vorgenommen, wenn Probleme nicht im Wege der Auslegung gelöst werden können. Daneben hat sie eine Kodifizierung der drei „klassischen" Richtlinien im Rahmen einer Neufassung in einem einzigen Text angekündigt. **51**

Die Kommission hielt in sieben Bereichen gegenüber der bisherigen Rechtslage inhaltliche Änderungen für angebracht. Dies sind: **52**

- die Einführung elektronischer Beschaffungsmechanismen und die Folgen, die sich daraus hinsichtlich einer Verkürzung der Fristen der Ausschreibungsverfahren ergeben;
- die Einführung einer neuen Art des Verhandlungsverfahrens, das für besonders komplexe Aufträge den „Dialog" zwischen dem Auftraggeber und den verschiedenen Bewerbern ermöglicht, wobei jedoch Wettbewerb und Gleichbehandlung zu gewährleisten sind;
- die Möglichkeit für die Auftraggeber, sogenannte Rahmenvereinbarungen zu schließen, die nicht in allen Punkten festgelegt sind und auf deren Grundlage Aufträge vergeben werden können, ohne dass für jeden einzelnen Auftrag alle Verpflichtungen der Richtlinie zur Anwendung kommen;
- eine Klarstellung der Bestimmungen über die technischen Spezifikationen, die einen echten Wettbewerb gewährleistet, da die größtmögliche Zahl von Bietern, insbesondere von innovativen Unternehmen teilnehmen kann;
- strengere Bestimmungen über die Zuschlagskriterien und die Eignungskriterien;
- eine Vereinfachung der Schwellenwerte;
- die Einführung eines gemeinsamen Vokabulars für öffentliche Aufträge;
- infolge der von der Kommission vorgeschlagenen Änderungen für die „Sektorenrichtlinie" 93/38/EWG über die Koordinierung der Verfahren zur Vergabe öffentlicher Aufträge im Bereich der Wasser-, Energie und Verkehrsversorgung und der Telekommunikation, vor allem der Änderungen, die ihren Anwendungsbereich betreffen und der fortschreitenden Liberalisierung dieser Sektoren Rechnung tragen, ist es ebenfalls angebracht, auch einige Bestimmungen der „klassischen" Richtlinien zu ändern.

Die bisherigen Schwellenwerte sind unterschiedlichen Rechtsquellen zu entnehmen[145]: **53**

---

143 KOM(96) 583 endg. vom 27.11.1996.
144 KOM(1998) 143 endg. vom 11.03.1998.
145 Zum EWR vgl. ABl 2004 Nr. C 51, 7.

Tabelle 1.1. Schwellenwerte für die Ausschreibung (aktuell)

	Bauleistungen	**Liefer- und Dienstleistungen**			**Rechtsschutz**	
Auftraggeber	allgemein, Regierungen und Sektoren	Allgemein	Regierungen	Sektoren	allgemein und Regierungen	Sektoren
EG-Verordnung Richtlinie	1422/2007	1422/2007	1422/2007	1422/2007	2004/18/EG	2004/17/EG
Schwellenwert	4.485.000 €	193.000 €	125.000 €	387.000 €		

Die EU-Schwellenwerte ergeben sich aus der Verordnung Nr. 1177/2009 vom 30. November 2009.[146] Diese Schwellenwerte sind ab dem 01.01.2010 bei der Vergabe durch öffentliche Auftraggeber verbindlich zu beachten. Folgende EU-Schwellenwerte sind festgesetzt (jeweils ohne Mehrwertsteuer):

- für Bauaufträge 4,845 Mio. EUR (bis zum 31.12.2009: 5,150 Mio EUR),
- für Dienstleistungs- und Lieferaufträge: 193.000 EUR (bis 31.12.2009: 206.000 EUR),
- für Dienstleistungs- und Lieferaufträge im Sektorenbereich: 387.000 EUR (bis 31.12.2009: 412.000 EUR),
- für Liefer- und Dienstleistungen der Obersten und Oberen Bundesbehörden sowie vergleichbare Bundeseinrichtungen: 125.000 EUR (bis 31.12.2009: 133.000 EUR).

54 **3. Eckpunkte des Europäischen Vergaberechts.** Zu den wesentlichen Eckpunkten des europäischen Beschaffungsrechts, dessen Ziel die Öffnung für einen möglichst umfassenden Wettbewerb ist[147], an dem möglichst viele Bieter beteiligt werden[148], gehören[149]:

55 **Der sprachliche Zugang:** Bereits im Jahre 1996 hat die Kommission eine Empfehlung bezüglich des gemeinsamen Vokabulars für öffentliche Aufträge ausgesprochen. Mit der Verordnung Nr. 2195/2002 des Europäischen Parlaments und des Rates vom 05.11.2002 über das gemeinsame Vokabular für öffentliche Aufträge (Common Procurement Vocabulary)[150] existiert nun eine verbindliche Grundlage für die Verwendung eines gemeinsamen Vokabulars. Die Verordnung wird durch die Verordnung (EG) Nr. 213/2008 vom 28.11.2007 ergänzt[151]. Die darin vorgenommene Klassifikation stellt eine Weiterentwicklung und eine Verbesserung der CPA und der NACE dar, da sie besser an die Besonderheiten öffentlicher Aufträge angepasst ist. Seit 1996 wird das CPV systematisch für die Beschreibung des Auftragsgegenstands und die Übersetzung in die

---

[146] Verordnung (EG) Nr. 1177/2009 der Kommission vom 30. November 2009 zur Änderung der Richtlinien 2004/17/EG, 2004/18/EG und 2009/81/EG des Europäischen Parlaments und des Rates im Hinblick auf die Schwellenwerte für Auftragsvergabeverfahren.

[147] Vgl. in diesem Sinne EuGH, Urteil vom 13.12.2007, Bayerischer Rundfunk u.a., C-337/06, Slg. 2007, I-11173, Rn. 39, und Urteil vom 19.5. 2009, Assitur, C-538/07, Slg. 2009, I-0000, Rn. 26 sowie Urteil vom 15.10.2009, Hochtief und Linde-Kca-Dresden, C-138/08 Rn. 30.

[148] Vgl. EuGH, Urteil vom 23.12.2009, CoNISMa, C-305/08, Rn. 37, und Urteil vom 19.5.2009, Assitur, C-538/07, Slg. 2009, I-0000, Rn. 26.

[149] Vgl. auch Lenz/Borchardt/Fischer, EGV, nach Art. 49–50 Rn. 1 ff.

[150] ABl Nr. L 340 v. 16.12.2002, 1.

[151] ABl Nr. L 74 v. 15.3.2008 (in Kraft seit dem 14.4.2008).

elf Amtssprachen aller Bekanntmachungen verwendet, die sich auf die Richtlinien beziehen und im Supplement zum Amtsblatt der Europäischen Gemeinschaften veröffentlicht werden. Das CPV ist bei der Auswahl und Identifikation potentieller Aufträge zu einem unabdingbaren Suchkriterium geworden. Der Tatsache, dass es eine besondere Klassifikation für öffentliche Aufträge gibt, muss künftig voll Rechnung getragen werden.

Die Definition des öffentlichen Auftraggebers: Die Europäische Union hat verbindlich festgelegt, wer öffentlicher Auftraggeber ist und europaweit ausschreiben muss. 56
Öffentliche Auftraggeber sind qua Definition in den einschlägigen europäischen Richtlinien die Institutionen der Zentralregierungen, der Länder, Regionen und Kommunen. Auch Körperschaften, Anstalten und Stiftungen öffentlichen Rechts sowie juristische Personen des öffentlichen Rechts sind betroffen, sofern sie Aufgaben im Allgemeininteresse wahrnehmen oder staatlich kontrolliert sind. Darunter fallen Krankenhäuser, Sozialversicherungen, Bildungseinrichtungen, Wasser- und Energieversorger, Wirtschaftskammern, Zweckverbände (z.B. kommunale Abfallentsorgungsverbände) und viele andere Einrichtungen[152]. Die **Kommission** selbst verfügt nach der Rechtsprechung über einen weiten Spielraum bei der Beurteilung der Gesichtspunkte, die beim Erlass einer Entscheidung über die Vergabe eines öffentlichen Auftrags im Wege der Ausschreibung zu berücksichtigen sind[153]. Sie verfügt in diesem Zusammenhang auch über einen weiten Beurteilungsspielraum bei der Entscheidung sowohl über den Inhalt als auch die Anwendung der Vorschriften, die für die Vergabe eines öffentlichen Auftrags im Wege einer Ausschreibung gelten[154]. Als öffentlicher Auftraggeber muss die Kommission zwar die Ausschreibungsbedingungen genau und klar abfassen, doch ist sie nicht verpflichtet, alle Fallgestaltungen, die sich, so selten sie auch sein mögen, in der Praxis ergeben können, in Betracht zu ziehen[155]. Wenn zu entscheiden ist, ob ein **öffentlicher Bauauftrag** vorliegt, kommt es nach der Rechtsprechung des Gerichtshofs auf die gemeinschaftsrechtliche Qualifizierung an[156]. Die Qualifizierung nach nationalem Recht ist unmaßgeblich[157]. Weist ein Vertrag zugleich Elemente eines öffentlichen Bauauftrags und Elemente eines Auftrags anderer Art auf, ist auf den Hauptgegenstand des Vertrags abzustellen, um zu klären, welche gemeinschaftsrechtlichen Vorschriften anwendbar sind[158]. Ein öffentlicher Bauauftrag im Sinne des Gemeinschaftsrechts schließt sämtliche Vorhaben ein, in denen ein entgeltlicher Vertrag – unabhängig von seiner offiziellen Bezeichnung – zwischen einem öffentlichen Auftraggeber und einem Unternehmer geschlossen wird, der die Errichtung eines Bauwerks durch den Unternehmer zum Gegenstand hat. Das ausschlaggebende Kriterium ist insoweit, ob das Bauwerk gemäß den vom öffentlichen Auftraggeber genannten Erfordernissen errichtet wird, gleichgültig, welche Mittel hierfür eingesetzt werden. Ein als Mietvertrag gekennzeichneter Vertrag, der hauptsächlich das Ziel verfolgt, Messehallen (in Köln)

---

152 Vgl. dazu Lenz/Borchhardt, EGV, nach Art. 49–55 Rn. 8 ff.

153 EuGH, Urteil vom 10.12.2009, Bouwwerken / Kommission, T-195/08, Rn. 49, Urteil vom 26.2.2002, Esedra/Kommission, T-169/00, Slg. 2002, II-609, Rn. 95, und Urteil vom 14.2.2006, TEA-CEGOS u.a./Kommission, T-376/05 und T-383/05, Slg. 2006, II-205, Rn. 50.

154 Urteil vom 14.2.2006, TEA-CEGOS u.a./Kommission, T-376/05 und T-383/05, Slg. 2006, II-205, Rn. 51.

155 EuGH, Beschluss vom 20.4.2007, TEA-CEGOS und STG/Kommission, C-189/06 P, nicht in der amtlichen Sammlung veröffentlicht, Rn. 30.

156 EuGH, Urteil vom 19.4.1995, C-331/92, Slg. 1994, I-1329; vgl. auch Schlussanträge des Generalanwalts vom 17.11.2009, C-451/08.

157 EuGH, Urteil vom 29.10.2009, C-536/07, Rn. 54.

158 EuGH, Urteil vom 29.10.2009, C-536/07, Rn. 56.

nach sehr detaillierten Spezifikationen zu errichten, ist mithin ein Bauvertrag im Sinne des europäischen Vergaberechts, zumal dann, wenn zum Zeitpunkt des Mietvertragsabschlusses der Vertragsgegenstand noch nicht errichtet war[159]. In der betroffenen Vereinbarung vorgesehene Dienstleistungselemente wie der Erwerb von Grundstücken, die Beschaffung von Finanzmitteln, die Organisation eines Auswahlverfahrens für Architekten und/oder Planungsbüros sowie die Vermarktung der Gebäude gehören zur Fertigstellung dieses Bauwerks. Umfasst die Verpflichtung die Errichtung des Bauwerks, handelt es sich um einen öffentlichen Bauauftrag[160]. Unbeachtlich ist, ob der mit dem öffentlichen Bauauftrag betraute Unternehmer in der Lage ist, die Leistung unmittelbar mit eigenen Mitteln zu erbringen[161]. Folglich ist es für die Beurteilung, ob der Hauptgegenstand der Vereinbarung die Ausführung einer Bauleistung ist, unwesentlich, ob der Auftragnehmer die Arbeiten nicht selbst ausführt, sondern durch einen Subunternehmer ausführen lässt[162].

57 Die **europaweite Bekanntmachungspflicht:** Öffentliche Auftraggeber[163] aus der EU müssen **die Vergabe öffentlicher Aufträge** im Supplement zum Amtsblatt der Europäischen Gemeinschaften (Amtsblatt S) ankündigen und bekannt machen. Die Datenbankversion des Amtsblatts S (Datenbank TED) ist über das Internet zugänglich. In vielen EU-Mitgliedstaaten gibt es kein zentrales Ausschreibungsorgan.

58 Die **Vereinheitlichung der Vergabeverfahren:** Europaweite Vergaben laufen in allen EU-Mitgliedstaaten unter denselben Bedingungen ab. Im Rahmen der derzeit in Kraft befindlichen gemeinsamen Bestimmungen steht es den Mitgliedstaaten nicht mehr frei, andere Vergabeverfahren als diejenigen vorzusehen, die in der Richtlinie 2004/18 aufgeführt sind[164]. Die Auswahl der Bewerber sollte in einem völlig transparenten Rahmen erfolgen. Damit das Ziel der Entstehung eines echten Wettbewerbs erreicht wird, ist die Vergabe der Aufträge so auszugestalten, dass der öffentliche Auftraggeber in der Lage ist, verschiedene Angebote miteinander zu vergleichen und aufgrund objektiver Kriterien das günstigste Angebot auszuwählen[165]. Zu diesem Zweck sind objektive Kriterien festzulegen, anhand deren die Auftraggeber die Bewerber auswählen können, sowie die Mittel, mit denen die Wirtschaftsteilnehmer nachweisen können, dass sie diesen Kriterien genügen. Im Hinblick auf die Transparenz sollte der Auftraggeber gehalten sein, bei einer Aufforderung zum Wettbewerb für einen Auftrag die Auswahlkriterien zu nennen, die er anzuwenden gedenkt, sowie gegebenenfalls die Fachkompetenz, die er von den Wirtschaftsteilnehmern fordert, um sie zum Vergabeverfahren zuzulassen. Das EU-Recht lässt drei unterschiedliche Vergabeverfahren zu, nämlich das offene und das nicht offene Verfahren sowie das Verhandlungsverfahren. Offene Verfahren sind diejenigen einzelstaatlichen Verfahren, bei denen alle interessierten Unternehmer ein Angebot abgeben können. Nicht offene Verfahren sind diejenigen einzelstaatlichen Verfahren, bei denen nur die vom öffentlichen Auftraggeber aufgeforderten Unternehmen ein Angebot abgeben können. Verhandlungsverfahren sind diejenigen einzelstaatlichen

---

[159] EuGH, Urteil vom 29.10.2009, C-536/07, Rn. 56 ff.

[160] EuGH, Urteil vom 18.1.2007, Auroux, C-220/05, Slg. 2007, I-385, Rn. 47.

[161] Vgl. in diesem Sinne Urteile des EuGH vom 14.4. 1994, Ballast Nedam Groep, C-389/92, Slg. 1994, I-1289, Rn. 13, und vom 2.12.1999, Holst Italia, C-176/98, Slg. 1999, I-8607, Rn. 26 und vom vom 18.1.2007, Auroux, C-220/05, Slg. 2007, I-385, Rn. 38.

[162] EuGH vom 18.1.2007, Auroux, C-220/05, Slg. 2007, I-385, Rn. 38.

[163] Vgl. dazu Koman ZfBR 2003, 127.

[164] EuGH, Urteil vom 10.12.2009, Europäische Kommission/Frankreich, C-299/08, Rn. 33.

[165] Urteil vom 15.10.2009, Hochtief und Linde-Kca-Dresden, C-138/08 Rn. 48.

Verfahren, bei denen die öffentlichen Auftraggeber ausgewählte Unternehmen ansprechen und mit einem oder mehreren dieser Unternehmen über die Auftragsbedingungen verhandeln. Insbesondere das offene und das nicht offene Verfahren sollen als Wettbewerb durchgeführt werden. Es gewinnt jeweils das Unternehmen, das nach objektiven Kriterien das wirtschaftlichste Angebot eingereicht hat. Nachverhandlungen sind nur im so genannten Verhandlungsverfahren möglich. **Ausnahme**: Nach ständiger Rechtsprechung des EuGH[166] ist eine Ausschreibung gemäß den Richtlinien über die Vergabe öffentlicher Aufträge – selbst wenn der Vertragspartner eine Einrichtung ist, die sich vom öffentlichen Auftraggeber rechtlich unterscheidet – dann nicht zwingend, wenn zwei Voraussetzungen erfüllt sind: Erstens muss die öffentliche Stelle, die ein öffentlicher Auftraggeber ist, über die fragliche Einrichtung eine ähnliche Kontrolle ausüben wie über ihre eigenen Dienststellen, und zweitens muss diese Einrichtung ihre Tätigkeit im Wesentlichen für die öffentliche Körperschaft oder die öffentlichen Körperschaften verrichten, die ihre Anteile innehaben.

Das **Diskriminierungsverbot:** Grundsätzlich ist in der Europäischen Union jede Form der Diskriminierung aus Gründen der Staatsangehörigkeit verboten (Art. 12 EGV). Hinzu kommen die speziellen Diskriminierungsverbote in den Art. 39 ff. EGV. Art. 2 VKR bestimmt, dass die öffentlichen Auftraggeber alle Wirtschaftsteilnehmer gleich und nichtdiskriminierend behandeln und in transparenter Weise vorgehen. Die Ausschreibungsbedingungen dürfen daher keine Bestimmungen enthalten, die einzelne Bieter bevorzugen, zum Beispiel einheimische Bieter gegenüber ausländischen. Die Auftragsvergabe muss auf der Grundlage objektiver Kriterien erfolgen, die die Einhaltung der Grundsätze der Nichtdiskriminierung und der Gleichbehandlung gewährleisten und sicherstellen, dass die Angebote unter echten Wettbewerbsbedingungen bewertet werden. Dementsprechend sind lediglich zwei Vergabekriterien zugelassen: das des „niedrigsten Preises“ und das des „wirtschaftlich günstigsten Angebots“. Die Zuschlagserteilung muss also nach vorab festgelegten, objektiven Kriterien erfolgen, die schon mit der Ausschreibung bekannt gegeben werden. Das **Transparenzgebot** verlangt, den Gegenstand des Auftrags, die Eignungskriterien hinsichtlich der Bieter oder die Auswahlkriterien für die Vergabe des betreffenden Auftrags hinreichend genau festzulegen[167]. Sowohl der Gleichheitsgrundsatz als auch die daraus folgende Verpflichtung zur Transparenz gebieten, dass der Gegenstand des Auftrags sowie die Kriterien für seine Vergabe klar bestimmt werden[168]. Nach ständiger Rechtsprechung des Gerichtshofs schließt der Grundsatz der Gleichbehandlung den Grundsatz der Transparenz mit ein. Diese Grundsätze, die die Grundlage der Gemeinschaftsrichtlinien im Bereich der öffentlichen Aufträge bilden, bedeuten nach Auffassung des EuGH u.a., dass die Bieter, auch potenzielle, allgemein gleichbehandelt werden und über die gleichen Chancen bei der Abfassung ihrer Teilnahmeanträge oder Angebote verfügen müssen[169]. 59

[166] Vgl. EuGH, Urteile vom 18.11.1999, Teckal, C-107/98, Slg. 1999, I-8121, Rn. 50, vom 11.1.2005, Stadt Halle und RPL Lochau, C-26/03, Slg. 2005, I-1, Rn. 49, vom 13.1.2005, Kommission/Spanien, C-84/03, Slg. 2005, I-139, Rn. 38, vom 10.11.2005, Kommission/Österreich, C-29/04, Slg. 2005, I-9705, Rn. 34, vom 11.5.2006, Carbotermo und Consorzio Alisei, C-340/04, Slg. 2006, I-4137, Rn. 33, und vom 19.4.2007, Asociación Nacional de Empresas Forestales (Asemfo), C-295/05.

[167] Vgl. EugH, Urteil vom 10.12.2009, Europäische Kommission/Frankreich, C-299/08, Rn. 33.

[168] Vgl. in diesem Sinne Urt. v. 14.10.2004, Kommission/Frankreich, C-340/02, Slg. 2004, I-9845, Rn. 34 und Urt. v. 10.12.2009, Europäische Kommission/Frankreich, C-299/08, Rn. 33.

[169] Vgl. in diesem Sinne EuGH, Urteile v. 12.12 2002, Universale-Bau u.a., C-470/99, Slg. 2002, I-11617, Rn. 93, und vom 16.12.2008, Michaniki, C-213/07, Slg. 2008, I-0000, Rn. 44 und 45 und die dort angeführte Rechtsprechung sowie vom 12.11.2009, Kommission/Griechenland, C-199/07, Rn. 37.

60 Das europäische Vergaberecht schützt grundsätzlich **alle Marktbeteiligten**. Alle potenziell Interessierten müssen sich insbesondere in Bezug auf den Umfang der in einer Vergabebekanntmachung enthaltenen Informationen in die gleiche Situation versetzt werden[170]. Es würde nach Auffassung des EuGH diesen Grundsätzen nicht entsprechen, wenn eine Gruppe dieser Interessierten sich an den betreffenden Auftraggeber wenden müsste, um Klarstellungen und ergänzende Informationen über die tatsächliche Bedeutung des Inhalts einer Vergabebekanntmachung zu erhalten, da der Wortlaut der Mitteilung für einen verständigen und sorgfältigen Interessierten keinen Raum für Zweifel lässt. Die Ungleichbehandlung von Bietern setzt keine formale Beteiligung am Ausschreibungsverfahren voraus. Geschützt ist auch derjenige, der von der Angebotsabgabe abgeschreckt wurde, weil er durch die Ausgestaltung des vom Auftraggeber angewandten Verfahrens benachteiligt wurde[171].

61 Die Kriterien für die Vergabe sind wiederholt Gegenstand von Verfahren vor dem EuGH gewesen, die es zum Ziel hatten die sog. **beschaffungsfremden Zuschlagskriterien** zu durchleuchten und einheitliche Bedingungen festzulegen. Ausgangspunkt ist, dass sog. beschaffungsfremde Eignungskriterien europarechtlich grundsätzlich unzulässig sind[172]. Nach Auffassung des EuGH[173] darf allerdings das Merkmal des wirtschaftlichsten Angebots nicht dahin ausgelegt werden, dass jedes Vergabekriterium, das der Auftraggeber festlegt, notwendigerweise rein wirtschaftlicher Art sein muss. Zulässig ist es daher z.B., dass der Auftraggeber das wirtschaftlichste Angebot unter Einbeziehung von Umweltschutzkriterien auswählt[174]. Die **Versorgungssicherheit** kann zwar zu den Kriterien gehören, die bei der Ermittlung des wirtschaftlich günstigsten Angebots im Fall von Dienstleistungen wie denen zu berücksichtigen sind, die Gegenstand des Ausgangsverfahrens sind, die das Leben und die Gesundheit von Personen schützen sollen, indem sie eine diversifizierte eigene Produktion nahe am Verbrauchsort vorsehen[175]. Diese Kriterien dürfen jedoch nicht als dem angestrebten Ziel unangemessen erscheinen. Unzulässig, weil diskriminierend, ist auch eine automatische, endgültige Entscheidung zugunsten des Wirtschaftsteilnehmers, der bereits auf dem betreffenden Markt tätig ist[176]. Ein Zuschlagskriterium, das sich ausschließlich auf die Menge Strom aus erneuerbaren Energieträgern bezieht, die den im Rahmen des ausgeschriebenen Auftrags zu erwartenden jährlichen Verbrauch übersteigt, kann nicht als mit dem Gegenstand des Auftrags zusammenhängend angesehen werden[177]. Folgerichtig hat der EuGH ein Zuschlagskriterium, wonach die Bieter anzugeben haben, wie viel Strom aus erneuerbaren Energieträgern sie an einen nicht näher eingegrenzten Abnehmerkreis liefern können, und derjenige Bieter die höchste Punktezahl erhält, der die größte Menge angibt, wobei nur die Liefermenge gewertet wird, die die Menge des im Rahmen des ausgeschriebenen Auftrags zu erwartenden Verbrauchs überschreitet, als mit den für die Vergabe öffentlicher Aufträge geltenden Vorschriften des Gemeinschaftsrechts

---

170 EuGH, Urt. v. 12.11.2009, Kommission/Griechenland, C-199/07, Rn. 38.
171 EuGH, Urt. v. 5.10.2000, Kommission/Frankreich, C-16/98, Slg. 2000, I-8315, Rn. 109 und Urteil vom 12.11.2009, Kommission/Griechenland, C-199/07, Rn. 39.
172 EuGHE 1988, 4635- C-31/87; vgl. auch Bultmann ZfBR 2004, 134 Fn. 2.
173 EuGH ZfBR 2003, 812-Concordia Bus Finland.
174 EuGH ZfBR 2003, 812 Rn. 57.
175 Vgl. entsprechend EuGH, Urt. v. 28.3.1995, C-324/93, Slg. 1995, I-563, Rn. 44 und Urteil vom 27.10.2005, Contse u.a., C- C-234/03, Rn. 61.
176 EuGH, Urt. v. 27.10.2005, Contse u.a., C- C-234/03, Rn. 61.
177 EuGH, Urt. v. 4.12.2003, EVN und Wienstrom, C-448/01, Rn. 68.

nicht vereinbar erachtet[178]. Weiter hat der EuGH entschieden, dass die Gemeinschaftsvorschriften jeder nationalen Regelung entgegenstehen, die Bewerber oder Bieter, die gemäß den Rechtsvorschriften des Mitgliedstaats, in dem sie ansässig sind, zur Erbringung der betreffenden Dienstleistung berechtigt sind, von der Vergabe öffentlicher Dienstleistungsaufträge, deren Wert den jeweiligen Schwellenwert überschreitet, allein deshalb ausschließt, weil sie nicht die einer bestimmten Kategorie von juristischen Personen entsprechende Rechtsform haben[179].

Die VKR geht insoweit neue Wege. Sie ist seit Ablauf der Umsetzungsfrist anwendbar[180]. Das Europäische Parlament schreibt sich als Erfolg an, gegen den Widerstand der Kommission die Berücksichtigungsfähigkeit vergabefremder Aspekte durchgesetzt zu haben. Gemäß Art. 26 VKR können die öffentlichen Auftraggeber **zusätzliche Bedingungen** für die Ausführung des Auftrags vorschreiben, sofern diese mit dem Gemeinschaftsrecht vereinbar sind und in der Bekanntmachung oder in den Verdingungsunterlagen angegeben werden. Die Bedingungen für die Ausführung eines Auftrags können insbesondere soziale und umweltbezogene Aspekte betreffen. Die Bedingungen für die Ausführung eines Auftrags sind mit der VKR vereinbar, sofern sie nicht unmittelbar oder mittelbar zu einer Diskriminierung führen und in der Bekanntmachung oder in den Verdingungsunterlagen angegeben sind. Die Einzelheiten sind bislang weitgehend unklar[181]. Art. 26 VKR ist jedenfalls im Lichte des Art. 6 EGV zu betrachten[182]. Nach Art. 6 EGV müssen die Erfordernisse des Umweltschutzes bei der Festlegung und Durchführung der in Art. 3 EGV genannten Gemeinschaftspolitiken und Maßnahmen insbesondere zur Förderung einer nachhaltigen Entwicklung einbezogen werden. Die VKR stellt daher klar, wie die öffentlichen Auftraggeber zum Umweltschutz und zur Förderung einer nachhaltigen Entwicklung beitragen können, und garantiert ihnen gleichzeitig, dass sie für ihre Aufträge ein optimales Preis/Leistungsverhältnis erzielen können[183]. Ferner können ausweislich des Erwägungsgrundes Nr. 33 der VKR öffentliche Aufträge dem Ziel dienen, die berufliche Ausbildung auf den Baustellen sowie die Beschäftigung von Personen zu fördern, deren Eingliederung besondere Schwierigkeiten bereitet, die Arbeitslosigkeit zu bekämpfen oder die Umwelt zu schützen. In diesem Zusammenhang sind z.B. unter anderem die – für die Ausführung des Auftrags geltenden – Verpflichtungen zu nennen, Langzeitarbeitslose einzustellen oder Ausbildungsmaßnahmen für Arbeitnehmer oder Jugendliche durchzuführen, oder die Bestimmungen der grundlegenden Übereinkommen der Internationalen Arbeitsorganisation (IAO), für den Fall, dass diese nicht in innerstaatliches Recht umgesetzt worden sind, im Wesentlichen einzuhalten, oder ein Kontingent von behinderten Personen einzustellen, das über dem nach nationalem Recht vorgeschriebenen Kontingent liegt. 62

Der **Rechtsschutz:** Die EU-Vergaberegeln garantieren der Wirtschaft einen umfangreichen Rechtsschutz. In allen Mitgliedstaaten muss bei Verstößen gegen das Gemeinschaftsrecht im Bereich des öffentlichen Auftragswesens oder gegen die nationalen Vorschriften, die in Umsetzung dieses Rechts ergangen sind, Möglichkeiten einer wirksamen und raschen Nachprüfung bestehen, um die tatsächliche Anwendung der Richt- 63

[178] EuGH, Urt. v. 4.12.2003, EVN und Wienstrom, C-448/01 Rn. 71.
[179] Vgl. in diesem Sinne EuGH, Urt. v. 18.12.2007, Frigerio Luigi & C., C-357/06, Slg. 2007, I-12311, Rn. 22; und Urteil vom 23.12.2009, CoNISMa, C-305/08, Rn. 39.
[180] EuGH, Urt. v. 15.10.2009, Hochtief und Linde-Kca-Dresden, C-138/08 Rn. 30.
[181] Vgl. Kullack/Terner ZfBR 2004, 244, 247.
[182] Vgl. Kullack/Terner ZfBR 2004, 244, 247.
[183] Vgl. Erwägungsgrund Nr. 5 VKR.

linien über die Koordinierung der Verfahren zur Vergabe öffentlicher Aufträge zu gewährleisten[184]. Unternehmen, die Vergabefehler vermuten, können das Vergabeverfahren zum Stillstand bringen oder Schadensersatz einfordern[185]. Zum Schutze benachteiligter Bieter muss Primärrechtsschutz gewährt werden[186]. Sie können innerhalb angemessener kurzer Fristen die Aufhebung des bereits erteilten Zuschlages geltend machen[187]. Der EU-Rechtsschutz wird von Unternehmen zunehmend in Anspruch genommen. Als Hüterin der Verträge kann jedoch die Kommission jederzeit entscheiden, ob sie im Einzelfall ein Vertragsverletzungsverfahren einleiten will, auch wenn bereits sämtliche Fristen abgelaufen sind, so dass nach nationalem Recht kein Rechtsbehelf mehr gegeben ist[188]. Der Grundsatz der Rechtssicherheit kann nicht eingewendet werden[189]. Die entsprechenden Regelungen aus den Europäischen Richtlinien wurden endgültig im Gesetz zur Modernisierung des Vergaberechts vom 20.4.2009[190] verabschiedet. Im Rechtsschutzverfahren wurde zuletzt die Rügeobliegenheit des Bieters verschärft. Ein Bieter muss nun alle Verstöße gegen die Vergaberegeln unverzüglich rügen und nicht nur Verstöße, die bei der Vergabebekanntmachung erkennbar sind. § 101b GWB regelt die anfängliche Nichtigkeit vergaberechtswidrig vergebener Verträge. Derartige Vorschriften werfen völlig neue Fragen auf, z.B. nach der kollisionsrechtlichen Einordnung.

64 Die Bestimmung des anwendbaren Rechts beinhaltet einen mehrstufigen Vorgang, der nicht nur darin besteht, ein Rechtsverhältnis oder einen rechtlich relevanten Aspekt unter eine Kollisionsnorm zu subsumieren. Das Ziel ist es, die geeignete Kollisionsnorm zu finden. Deshalb muss zunächst das relevante Rechtsverhältnis charakterisiert werden[191]. Im Vergaberecht sind folgende Rechtsverhältnisse voneinander zu unterscheiden:

- die Rechtsverhältnisse, die sich durch die Beteiligung an einem Vergabeverfahren ergeben, und zwar zwischen Staat und dem erfolgreichen Bieter und dem Staat und dem erfolglosen Bieter (welche man als den öffentlich rechtlichen Anspruch auf ein vergabegerechtes, d.h. faires, transparentes und diskriminierungsfreies Verfahren umschreiben kann),
- die vorvertraglichen Rechtsverhältnisse zwischen dem Staat und allen Bietern,
- das Rechtsverhältnis, das aufgrund der erfolgreichen Vergabe zwischen Staat und Bieter entsteht (der Vertrag),
- das außervertragliche Rechtsverhältnis zwischen erfolglosem Bieter und dem Staat, das auf einer Vergabeentscheidung zu Lasten des Bieters beruht.

---

[184] EuGH, Urt. v. 12.12. 2002, Universale-Bau u.a., C-470/99, Slg. 2002, I-11617, Rn. 71; Urt. v. 18.7.2007, Kommission/Bundesrepublik Deutschland, C- 503/04 Rn. 35.

[185] Zum Schutz abgeschreckter Bieter (also solcher, die sich gar nicht erst beteiligen), vgl. EuGH, Urteil vom 5.10.2000, Kommission/Frankreich, C-16/98, Slg. 2000, I-8315, Rn. 109, wonach Art. 4 Abs. 2 der Richtlinie 93/38 dadurch, dass er eine Ungleichbehandlung der Bieter verbietet, zugleich diejenigen schützt, die von der Angebotsabgabe abgeschreckt wurden, weil sie durch die Ausgestaltung des vom Auftraggeber angewandten Verfahrens benachteiligt wurden (siehe zuletzt auch EuGH, Urteil vom 12.11.2009, Kommission/Griechenland, C-199/07, Rn. 37).

[186] EuGH, Urt. v. 28.10.1999 – Rs. C-81/98.

[187] EuGH, Urt. v. 12.12.2002, Universale-Bau u.a., C-470/99, Slg. 2002, I-11617, Rn. 76.

[188] EuGH, Urt. v. 21.1.2010, C-17/09, Rn. 21.

[189] EuGH, Urt. v. 21.1.2010, C-17/09, Rn. 23; Urteil vom 18.7.2007, Kommission/Bundesrepublik Deutschland, C- 503/04 Rn.

[190] BGBl 2009 I, 790.

[191] Raiffeisen Zentralbank Osterreich AG v. An Feng Steel Co. Ltd. & Ors [2001] EWCA Civ 68 (26 January 2001).

Im Vergabeverfahren sind folgende Schritte vorzunehmen: Zunächst wird ein Auftrag ausgeschrieben. Ziel ist es einen Auftrag unter Wettbewerbsbedingungen zu vergeben. Im besten Fall bewerben sich mehrere Bieter um den Auftrag. Sie haben einen Anspruch auf eine vergaberechtskonforme Prüfung der Angebote und den Zuschlag, wenn sie das, im Sinne des Verfahrens und der darin festgelegten Kriterien, beste Angebot vorlegen. Ich neige dazu, diesen Vorgang rein verwaltungsverfahrensrechtlich zu qualifizieren.

In diesem öffentlichen Vergabeverfahren wird der Vertrag auf privatrechtlicher Grund- 65
lage vergeben. Dessen Wirksamkeit muss also zivilrechtlich beurteilt werden. Aus deutscher Sicht begründet § 101b GWB einen Nichtigkeitsgrund im Sinne des § 134 BGB[192]. Der eigentliche Grund für die Anordnung der Nichtigkeit liegt aber im Vergaberecht. Das Vergaberecht oberhalb der Schwellenwerte hat zwei Ziele, namentlich die geordnete Vergabe unter haushaltsrechtlichen Gesichtspunkten und die wettbewerbskonforme Vergabe, die insbesondere die Bevorzugung nationaler Anbieter ausschließt. Normadressat ist zunächst der Staat und seine Einrichtungen. Zugleich schützen die europarechtlich inspirierten Regelungen die Wettbewerber. Der Anspruch der Wettbewerber auf eine vergaberechtsgerechte Vergabe verschärft den Druck auf den Staat und seine Einrichtungen, die ohnehin bestehende Verpflichtung das Vergaberecht zu beachten. Im Vordergrund steht also eine Reglementierung staatlichen Handelns. Der Staat agiert auf der Grundlage ihm gegebenen Verfassung. Art. 20 Abs. 3 GG bindet die Verwaltung an Recht und Gesetz. Im Kern ist der Staat allerdings selbst Richter über die Zweckmäßigkeit seines Handelns innerhalb der Schranken des Ermessensmissbrauchs und in einigen Fällen des manifesten Irrtums[193] sowie der europarechtlichen Gebote. Vieles spricht mithin für eine ganzheitliche verwaltungsverfahrensrechtliche Qualifikation des Vergaberechts. Nur sie stellt sicher, dass das Vergaberecht als System erhalten und angewendet wird.

Soweit das GWB auch Folgen eines etwaig rechtswidrigen Handelns regelt, also z.B. in 66
§ 101b GWB die Nichtigkeit des Vertrages anordnet, betreffen sie das Vergabeverfahren. § 101b GWB greift Fehler im Vergabeverfahren auf, die im Verwaltungshandeln liegen. Solche Fehler haben ihre Ursache nicht im privatrechtlichen Handeln des Staates, sondern im davor liegenden Auswahlverfahren innerhalb der staatlichen Verwaltung. Anschließend begibt sich der Staat jedoch auf die privatrechtliche Ebene und schließt einen Vertrag. Deshalb schützt § 101b GWB den Vertragspartner und den Bestand eines vergaberechtswidrig geschlossenen Vertrages, wenn sich kein Wettbewerber beschwert fühlt. Hierauf kann sich der Vertragspartner berufen. § 101 B GWB hat also eine doppelte Aufgabe. Auf der verwaltungsrechtlichen Ebene ordnet § 101b GWB die Nichtigkeit des Vertrages unter Vorbehalt eines Nachprüfungsverfahrens an. Auf der privatrechtlichen Ebene schützt § 101b GWB den Vertragspartner.

Das folgt aus Sinn und Zweck des § 101b GWB. Der Primärrechtsschutz zielt darauf ab, einen bereits geschlossenen Vertrag mit einem erfolgreichen Bieter für unwirksam zu erklären. Insoweit ist die Festlegung einer absoluten Ausschlussfrist von vergleichsweise kurzer Dauer angemessen[194]. Die besonders schwerwiegende Rechtsfolge der Unwirksamkeit eines bereits geschlossenen Vertrags rechtfertigt es, eine Frist vor-

[192] BGHZ 158, 43; Palandt/Ellenberger, BGB, Art. 134 Rn. 19.

[193] Gaillard, Le pouvoir en droit privé, 1984, Rn. 143 ff.; vgl. ICSID Schiedspruch, 20.11. 1984, 24 ILM 1022 (1985) (excerpts); 1 International Arbitration Report (Int'l Arb. Rep.) 601 (1986); 89 I.L.R. 405 (1992); 1 ICSID Rep. 413 (1993) – Amco I.

[194] Schlussantrag GA in Rs C-408/08 –Uniplex.

zusehen, die auch unabhängig davon läuft, ob der Antragsteller Kenntnis von der Vergaberechtswidrigkeit der Auftragsvergabe hatte oder ob er diese wenigstens kennen musste. Denn sowohl für den öffentlichen Auftraggeber als auch für seinen Vertragspartner besteht ein klares und schützenswertes Bedürfnis nach Rechtssicherheit hinsichtlich der Wirksamkeit des geschlossenen Vertrags[195]. Dem Erfordernis einer „möglichst raschen“ Nachprüfung kommt also im Bereich des Primärrechtsschutzes ein besonderes Gewicht zu[196]. Der Vertrag selbst wird in dem Vergabeverfahren auf privatrechtlicher Grundlage vergeben. Dessen Wirksamkeit muss also zivilrechtlich beurteilt werden. Wegen § 101b GWB liegt ein Nichtigkeitsgrund im Sinne des § 134 BGB vor[197]. Der eigentliche Grund für die Anordnung der Nichtigkeit liegt aber im Vergaberecht. Beleg dafür ist, dass ein besonderes Überprüfungsverfahren vorgesehen ist (§§ 107 ff. GWB).

67 Ähnlich verhält es sich in Bezug auf §§ 125, 126 GWB. Bedient sich der Staat in Bezug auf die Kontrolle des Vergaberechts des Privatrechts, etwa in dem es wie in §§ 125, 126 GWB außervertragliche Schadensersatzansprüche zur Verfügung stellt, fallen derartige Ansprüche aus dem originären Vergaberecht heraus. Die Ansprüche aus §§ 125, 126 GWB regeln die Folgen von Vergabeverstößen auf privatrechtlicher Ebene. Sie gehören folglich nicht mehr zum Vergabeverfahrensrecht. Sie fallen unter die Normen des Internationalen Privatrechts.

68 Auf die kollisionsrechtliche Einordnung des Vergaberechts hat dies folgende Auswirkungen:

- Das Vergaberecht ist Verwaltungsverfahrensrecht, so dass der Staat stets an sein eigenes Vergaberecht gebunden ist, es sei denn es erfolgt eine exterritoriale Vergabe durch ausländische Stellen
- Mängel im Vergabeverfahren sind staatlicherseits zu beachten, denn der Staat ist an Recht und Gesetz gebunden. Ob solche Fehler auf den auf privatrechtlicher Ebene geschlossenen Vertrag durchschlagen, muss das Privatrecht entscheiden. Folglich muss auf das Vertragsstatut abgestellt werden, um die Wirksamkeit des Vertrages zu beurteilen. Nur dieses kann beurteilen, ob es einen gegen ein gesetzliches Verbot zustande gekommenen Vertrag aufrechterhalten will oder nicht.
- Ansprüche, die aus einem vorvertraglichen Rechtsverhältnis beruhen, oder außervertragliche Ansprüche sind über die Verordnung Rom II anzuknüpfen. Ansprüche aus culpa in contrahendo unterliegen dem präsumtiven Vertragsstatut (Art. 12 Rom II). Ansprüche aus § 126 GWB unterlegen dem Recht des Staates, dessen Markt beeinträchtigt ist.

69 Vorstehende Aussagen stehen im Einklang mit allgemeinen kollisionsrechtlichen Prinzipien. Kollisionsrechtlich kommt es jeweils darauf an, den Sitz des jeweiligen Rechtsverhältnisses zu ermitteln. Nicht die Norm, sondern das betroffene Rechtsverhältnis, das geregelt werden soll, muss untersucht werden.

70 Der vergaberechtswidrig geschlossene Vertrag ist ein Vertrag, der als solcher untersucht werden muss. Seine Wirksamkeit hängt davon ab, ob das Vertragsstatut den außerhalb des Vertrages angesiedelten Rechtsverstoß ahndet oder nicht. Das europarecht-

[195] Schlussantrag GA in Rs C-408/08 –Uniplex.
[196] Schlussantrag GA in Rs C-408/08 –Uniplex.
[197] BGHZ 158, 43; Palandt/Ellenberger, BGB, Art. 134 Rn. 19.

lich untersetzte gesetzliche Verbot, vergaberechtswidrig Verträge zu schließen, besteht unabhängig vom Vertragsstatut. Eine Umgehung ist mithin ausgeschlossen (solange die Vergabestellen an ihr Heimatrecht gebunden sind). Ist deutsches Recht anwendbar, können sich die Vertragsparteien unmittelbar auf § 101b GWB berufen. Unterliegt der Vertrag ausländischem Recht, muss es entscheiden, wie es mit dem Verbot umgeht. Dass es existiert, ist hingegen keine Frage des Vertragsstatuts.

Für außervertragliche Ansprüche existieren besondere Kollisionsnormen. Der Anspruch **71**
aus § 125 GWB beruht auf dem Verfahrensrechtsverhältnis[198]. Er unterliegt mithin der lex fori. Der Anspruch aus § 126 GWB knüpft unmittelbar an die Vergabe und die staatliche Pflicht zur Gewährleistung einer fehlerfreien Vergabe an. Wie ein solcher Anspruch zu qualifizieren ist, hängt davon ab, ob die Beteiligung an einem Vergabeverfahren auf vertraglicher oder außervertraglicher Grundlage erfolgt. Im englischen[199], US-amerikanischen[200], australischen[201] und kanadischen[202] Recht hat es sich durchgesetzt, die Beteiligung im öffentlichen Vergabeverfahren (zumindest teilweise) vertragsrechtlich zu qualifizieren. In Deutschland belegt die Rechtsprechung[203] die Annahme, dass kein vertragliches Rechtsverhältnis besteht, und zwar weder in Bezug auf den erfolglosen noch in Bezug auf den erfolgreichen Bieter. Hat die Beziehung zwischen Bieter und Staat eine außervertragliche Natur, verweist Art. 6 Abs. 3 Rom II auf das Recht des Staates, dessen Markt beeinträchtigt ist. Hat sie hingegen vertragliche Natur, müsste an das jeweilige Vertragsstatut angeknüpft werden. Der Wortlaut der Norm[204] schließt weder die eine noch die andere Einordnung aus. Klar ist nur, dass die Haftung aus § 126 GWB verschuldensunabhängig ist[205]. Aus Sicht des IPR könnte sie mithin in dem Sinne funktional verstanden werden, dass sie den Schutz des erfolglosen Bieters komplettiert, da sie lediglich voraussetzt, dass sich der Bieter erfolglos aber aussichtsreich an dem Vergabeverfahren beteiligt hat. Weitergehender Schadensersatz bleibt ohnehin unberührt und mag sich entweder aus dem Vertragsstatut oder dem Deliktsstatut ergeben. Gemäß Art. 6 Abs. 3 Rom II wäre das Recht des Staates anzuwenden, dessen Markt beeinträchtigt ist. Nach Auffassung des Verordnungsgebers sollen sich außervertragliche Schuldverhältnisse, die aus einem den Wettbewerb einschränkenden Verhalten im Sinne des Art. 6 Abs. 3 Rom II entstanden sind, auf Verstöße sowohl gegen nationale als auch gegen gemeinschaftliche Wettbewerbsvorschriften erstrecken[206]. Da eine rege-

198 Vgl. zu § 945 ZPO Dethloff RabelsZ (62) 1998, 304 f.; Gottwald in FS Schumann, 293.

199 Harmon CFEM Facades (UK) Ltd v. The Corporate Officer of the House of Commons [1999] EWHC Technology 199 (28th October, 1999), Rn. 216.

200 United States v. John C. Grimberg, Inc., 702 F.2d 1362, 1368 (Fed.Cir.1983), Labarge Products Inc v. D West, 46 F3d 1547; allerdings nur in Bezug auf das Verhältnis zwischen erfolgreichem Bieter und dem Staat und ausdrücklich nicht in Bezug auf den erfolglosen Bieter.

201 Vgl. Service Station Association v. Berg Bennett & Associates Pty Limited (1993) 45 SCR 84.

202 The Queen in the Right of Ontario v. Ron Engineering & Construction (Eastern) Limited [1981] 1 SCR 111.

203 OLG Düsseldorf IBR 2009, 467 – v. Münchhausen (vorvertragliches Schuldverhältnis); vgl. auch BGH, Urt. v. 27.11.2007 – X ZR 18/07, VergabeR 2008, 219 = IBR 2008, 171 –Weyand (vorvertragliches Schuldverhältnis).

204 Hat der Auftraggeber gegen eine den Schutz von Unternehmen bezweckende Vorschrift verstoßen und hätte das Unternehmen ohne diesen Verstoß bei der Wertung der Angebote eine echte Chance gehabt, den Zuschlag zu erhalten, die aber durch den Rechtsverstoß beeinträchtigt wurde, so kann das Unternehmen Schadensersatz für die Kosten der Vorbereitung des Angebots oder der Teilnahme an einem Vergabeverfahren verlangen. Weiterreichende Ansprüche auf Schadensersatz bleiben unberührt.

205 BGH IBR 2008, 171 – Weyand.

206 Erwägungsgrund 22 Rom II.

lungsautonome Auslegung geboten ist, dürfte der in Art. 6 Abs. 3 Rom II verwendete Begriff „Markt" auch den Einkaufsmarkt der öffentlichen Hand betreffen.

72 Auf § 130 Abs. 2 GWB kann im außervertraglichen Bereich nicht ausgewichen werden. Zwar findet gemäß § 130 Abs. 2 GWB das GWB auf alle Wettbewerbsbeschränkungen Anwendung, die sich im Geltungsbereich des GWB auswirken, auch wenn sie außerhalb des Geltungsbereiches des GWB veranlasst wurden. Damit sind grundsätzlich sämtliche Rechtswirkungen des GWB erfasst[207]. Bittrich[208] vertritt eine engere Auffassung. Er versteht § 130 Abs. 2 GWB so, dass lediglich Wettbewerbsbeschränkungen im Sinne des Ersten Teils des GWB erfasst sind, wofür unter anderem spricht, dass das Vergaberecht später in das GWB einfügt wurde. Doch letztlich kann die Frage dahinstehen, ob § 130 Abs. 2 GWB das Vergabeprivatrecht erfasst. Denn das in § 130 Abs. 2 GWB geregelte Auswirkungsprinzip ist seit Inkrafttreten der Verordnung Rom II europäisch geregelt und genießt Vorrang[209]. Einschränkend macht Immenga aber zutreffend darauf aufmerksam, dass die Verordnung Rom II nach richtiger Auffassung nur für zivilrechtliche Schuldverhältnisse gilt, nicht hingegen die behördliche Anwendung des Kartellrechts regelt. Das folgt aus der Ermächtigungsgrundlage der Verordnung Rom II (justizielle Zusammenarbeit in Zivilsachen) und dem durch Art. 1 Rom II limitierten Anwendungsbereich der Verordnung. Folgerichtig ist Immenga darin zu folgen, dass weder die Europäische Kommission noch nationalen Behörden an die Regelung der Verordnung gebunden ist. Diese Differenzierung verdeutlicht nach zutreffender Ansicht von Immenga, dass die Aufnahme der kartellrechtlichen Regelung in die Verordnung in Verbindung mit der in den letzten Jahren verfolgten Politik der Kommission zu sehen ist, das Kartellrecht auch durch geschädigte private Kläger durchzusetzen. Eine ähnliche Entwicklung hat meines Erachtens das Vergaberecht erfahren. Auch insoweit dürfte es richtig sein, Art. 6 Abs. 3 Rom II als Kollisionsregel anzuwenden, soweit sie sich auf privatrechtliche Folgen vergaberechtlicher Vorgänge bezieht. In Bezug auf vorvertragliche Schuldverhältnisse muss hingegen Art. 12 Rom II beachtet werden. Folgerichtig findet auf Ansprüche aus culpa in contrahendo das präsumtive Vertragstatut Anwendung.

73 Es muss immer beachtet werden, dass die Aussagen zu den europäischen Richtlinien zum Vergabewesen zwei **Einschränkungen** unterliegen. Aus dem Umstand, dass die europäischen Richtlinien keine direkte Anwendung in den Mitgliedstaaten finden, sondern nur in der jeweils durch den nationalen Gesetzgeber ausgeprägten Form, ergibt sich, dass die Rechtslage von Mitgliedstaat zu Mitgliedstaat differieren kann. Lediglich die Mindeststandards und Zielvorgaben der europäischen Richtlinien müssen in allen EU-Ländern eingehalten werden[210]. Nach ständiger Rechtsprechung des Gerichtshofs erfordert daher die Umsetzung einer Richtlinie nicht notwendigerweise eine förmliche und wörtliche Übernahme ihrer Bestimmungen in eine ausdrückliche und besondere Rechts- oder Verwaltungsvorschrift. Doch muss die jeweilige Regelung hinreichend klar und bestimmt sein, damit die Begünstigten in die Lage versetzt werden, von allen ihren Rechten Kenntnis zu erlangen und diese gegebenenfalls vor den nationalen Ge-

---

207 Münchner Kommentar/Immenga, BGB, IntWettbR/IntKartR, Rn. 26.

208 Bittrich IPRax 2009, 465.

209 Vgl. Immenga WuW vom 09.10.2008, Heft 10, 1043.

210 Der EuGH hat in den letzten Jahren mehrfach eingegriffen, vgl. EuGH Urteile vom 10.4.2003, C-20/01 und C-28/01, Slg. 2003, I-3609 Kommission/Deutschland, Rn. 30, vom 15.10.2009, Kommission/Deutschland, C-275/08, Rn. 27; und vom 28.1.2010, C-456/08, Rn. 41.

richten geltend zu machen[211]. Im Vertragsverletzungsverfahren kann nach ständiger Rechtsprechung nicht nur die Vereinbarkeit der Rechts- und Verwaltungsvorschriften eines Mitgliedstaats mit dem Gemeinschaftsrecht überprüft, sondern auch ein Verstoß der innerstaatlichen Stellen gegen das Gemeinschaftsrecht in einem konkreten Einzelfall festgestellt werden[212]. Die Auseinandersetzung mit den nationalen Vergabegesetzen ist daher immer erforderlich, wenngleich nur bei speziellen rechtlichen Fragen nötig oder ausnahmsweise dann, wenn in den Ausschreibungsunterlagen Regelungen und Gesetze erwähnt werden, die nicht im Wortlaut abgedruckt sind. Ferner können Unterschiede in den Vergabebedingungen dann bestehen, wenn die in den europäischen Richtlinien vorgesehenen Schwellenwerte unterschritten werden. Die EU-Bestimmungen gelten nur für größere Aufträge. Die von der EU definierten Schwellenwerte bestimmen, welche Auftragsvolumina erreicht werden müssen, damit europäisches Vergaberecht zur Anwendung kommt. Die Schwellenwerte sind je nach Auftragsart oder Typ des öffentlichen Auftraggebers unterschiedlich. Als Faustregel gilt, dass Bauaufträge ab einem Auftragswert von ca. 5.000.000 € europaweiten Bestimmungen unterliegen, Liefer- und Dienstleistungsaufträge ab rund 200.000 €. Wird ein Liefer- oder Dienstleistungsauftrag von einer zentralen Regierungsstelle vergeben, liegt der Schwellenwert etwas niedriger bei 130.000. So genannte Sektorenauftraggeber, d.h. öffentliche Auftraggeber aus den Bereichen Energie-, Wasser und Verkehrsversorgung, müssen das europäisches Recht erst dann beachten, wenn das Auftragsvolumen 400.000 € überschreitet.

4. Überblick über die VKR. Die VKR und die SKR mussten bis Ende 2006 in natio- 74
nales Recht transponiert werden. Die VKR hat übersichtsartig folgenden Inhalt:

Titel I (Art. 1 bis 3 VKR): Definitionen und Allgemeine Grundsätze
Titel II (Art. 4 bis 55 VKR): Materielle Vergaberegeln
Titel III (Art. 56 bis 65 VKR): Baukonzessionen
Titel IV (Art. 66 bis 74 VKR): Dienstleistungswettbewerbe
Titel V (Art. 75 bis 83 VKR): Statistiken, Befugnisse, Schlussbestimmungen

Die neuen Schwellenwerte (geschätzter Wert netto ohne Mehrwertsteuer) nach Art. 7 75
VKR und Art. 16 SKR werden betragen:

Tabelle 1.2. Schwellenwerte für die Ausschreibung[213]

	Bauleistungen	**Liefer- und Dienstleistungen**			**Rechtsschutz**	
Auftraggeber	allgemein, Regierungen und Sektoren	Allgemein	Regierungen	Sektoren	allgemein und Regierungen	Sektoren
EG-Richtlinien	VKR/SKR	VKR	VKR	SKR	04/18/EG	04/73/EG
Schwellenwert	4.845.000 €	193.000 €	125.000 €	387.000 €		

---

211 Siehe EuGH, Urt. v. 29.10.2009, Kommission/Belgien, C-474/08, Rn. 19 und die dort angeführte Rechtsprechung.

212 Vgl. zur Vergabe öffentlicher Aufträge EuGH Urteile vom 10.4.2003, C-20/01 und C-28/01, Slg. 2003, I-3609 Kommission/Deutschland, Rn. 30, vom 15.10.2009, Kommission/Deutschland, C-275/08, Rn. 27; und vom 28.1.2010, C-456/08, Rn. 41.

213 Gemäß Verordnung der Kommission Nr. 1177/2009 vom 30. November 2009 zur Änderung der Richtlinien 2004/17/EG, 2004/18/EG und 2009/81/EG des Europäischen Parlaments und des Rates im Hinblick auf die Schwellenwerte für Auftragsvergabeverfahren.

76 Ein öffentlicher Auftrag gilt nur dann als **öffentlicher Bauauftrag**, wenn er speziell entweder die Ausführung oder gleichzeitig die Planung und die Ausführung von Bauvorhaben im Zusammenhang den in Anhang I der VKR (2004/18/EG) genannten Tätigkeiten zum Gegenstand hat; er kann sich jedoch auf andere Leistungen erstrecken, die für die Ausführung dieser Tätigkeiten erforderlich sind. Öffentliche Dienstleistungsaufträge, insbesondere im Bereich der Grundstücksverwaltung, können unter bestimmten Umständen Bauleistungen umfassen. Sofern diese Bauleistungen jedoch nur Nebenarbeiten im Verhältnis zum Hauptgegenstand des Vertrags darstellen und eine mögliche Folge oder eine Ergänzung des letzteren sind, rechtfertigt die Tatsache, dass der Vertrag diese Bauleistungen umfasst, nicht eine Einstufung des Vertrags als öffentlicher Bauauftrag. Ein „**Bauwerk**" ist das Ergebnis einer Gesamtheit von Tief- oder Hochbauarbeiten, das seinem Wesen nach eine wirtschaftliche oder technische Funktion erfüllen soll.

77 Die **persönliche** und **fachliche Qualifikation** der Bewerber ist in Art. 45 ff. VKR näher geregelt. Art 45 VKR regelt im Einzelnen, unter welchen Voraussetzungen Bewerber generell aus Vergabeverfahren auszuschließen sind (z.B. bei kriminellen oder in Insolvenz befindlichen Bewerbern). Nach Art. 46 VKR kann jeder Wirtschaftsteilnehmer, der sich an einem Auftrag beteiligen möchte, aufgefordert werden, nachzuweisen, dass er im Berufs- oder Handelsregister seines Herkunftslandes vorschriftsmäßig eingetragen ist, bzw. eine Erklärung unter Eid oder eine Bescheinigung vorzulegen. Gemäß Art. 47 VKR kann der Bewerber seine finanzielle und wirtschaftliche Leistungsfähigkeit in der Regel durch Bankerklärungen oder gegebenenfalls den Nachweis einer entsprechenden Berufshaftpflichtversicherung, die Vorlage von Bilanzen oder Bilanzauszügen sowie einer Erklärung über den Gesamtumsatz und gegebenenfalls den Umsatz für den Tätigkeitsbereich, der Gegenstand der Ausschreibung ist, belegen. Art. 48 VKR regelt detailliert den Nachweis der technischen Leistungsfähigkeit.

78 Öffentliche Aufträge sind im Wege des **offenen** oder des **nichtoffenen** Verfahrens zu vergeben (Art. 28 VKR). Unter den besonderen in Art. 29 VKR ausdrücklich genannten Umständen können die öffentlichen Auftraggeber ihre öffentlichen Aufträge im Wege des **wettbewerblichen Dialogs** vergeben. In den Fällen und unter den Umständen, die in den Artikeln 30 und 31 ausdrücklich genannt sind, können sie auf ein **Verhandlungsverfahren** mit oder ohne Veröffentlichung einer Bekanntmachung zurückgreifen (Art. 28 VKR).

79 Öffentliche Auftraggeber wenden gemäß Art. 53 Abs. 1 VKR unbeschadet der für die Vergütung von bestimmten Dienstleistungen geltenden einzelstaatlichen Rechts- und Verwaltungsvorschriften bei der Erteilung des Zuschlags folgende Kriterien an:

- entweder – wenn der Zuschlag auf das aus Sicht des öffentlichen Auftraggebers wirtschaftlich günstigste Angebot erfolgt – verschiedene mit dem Auftragsgegenstand zusammenhängende Kriterien, z.B. Qualität, Preis, technischer Wert, Ästhetik, Zweckmäßigkeit, Umwelteigenschaften, Betriebskosten, Rentabilität, Kundendienst und technische Hilfe, Lieferzeitpunkt und Lieferungs- oder Ausführungsfrist
- oder ausschließlich das Kriterium des niedrigsten Preises.

80 Soll das **wirtschaftlich günstigste** Angebot den Zuschlag erhalten, sind die Angebote unter dem Gesichtspunkt des besten Preis-Leistungs-Verhältnisses zu bewerten[214]. Zu

[214] Erwägungsgrund Nr. 46 VKR.

diesem Zweck legen die öffentlichen Auftraggeber die wirtschaftlichen und qualitativen Kriterien fest, anhand derer insgesamt das für den öffentlichen Auftraggeber wirtschaftlich günstigste Angebot bestimmt werden kann. Die Festlegung dieser Kriterien hängt insofern vom Auftragsgegenstand ab, als sie es ermöglichen müssen, das Leistungsniveau jedes einzelnen Angebots im Verhältnis zu dem in den technischen Spezifikationen beschriebenen Auftragsgegenstand zu bewerten sowie das Preis-Leistungs-Verhältnis jedes Angebots zu bestimmen.

Die von öffentlichen Beschaffungsstellen zu erarbeitenden **technischen Spezifikationen** 81
(vgl. Art. 23 VKR) sollten es erlauben, die öffentlichen Beschaffungsmärkte für den Wettbewerb zu öffnen. Während bislang die Bezugnahme auf gemeinschaftsrechtliche Technische Spezifikationen Vorrang genoss, soll nunmehr die Freiheit bestehen, den Bedarf durch individuelle Leistungsbeschreibungen zu bestimmen[215]. Es muss nach Auffassung in Brüssel möglich sein, Angebote einzureichen, die die Vielfalt technischer Lösungsmöglichkeiten wiederspiegeln[216]. Um dies zu gewährleisten müssen einerseits Leistungs- und Funktionsanforderungen in technischen Spezifikationen erlaubt sein und andererseits müssen im Falle der Bezugnahme auf eine europäische Norm – oder wenn eine solche nicht vorliegt, auf eine nationale Norm – Angebote auf der Grundlage gleichwertiger Lösungen vom öffentlichen Auftraggeber geprüft werden. Die Bieter sollten die Möglichkeit haben, die Gleichwertigkeit ihrer Lösungen mit allen ihnen zur Verfügung stehenden Nachweisen zu belegen. Die öffentlichen Auftraggeber müssen jede Entscheidung, dass die Gleichwertigkeit in einem bestimmten Fall nicht gegeben ist, begründen können. Öffentliche Auftraggeber, die für die technischen Spezifikationen eines Auftrags Umweltanforderungen festlegen möchten, können die Umwelteigenschaften – wie eine bestimmte Produktionsmethode – und/oder Auswirkungen bestimmter Warengruppen oder Dienstleistungen auf die Umwelt festlegen. Sie können – müssen aber nicht – geeignete Spezifikationen verwenden, die in Umweltgütezeichen wie z.B. dem Europäischen Umweltgütezeichen, (pluri)nationalen Umweltgütezeichen oder anderen Umweltgütezeichen definiert sind, sofern die Anforderungen an das Gütezeichen auf der Grundlage von wissenschaftlich abgesicherten Informationen im Rahmen eines Verfahrens ausgearbeitet und erlassen werden, an dem interessierte Kreise – wie z.B. staatliche Stellen, Verbraucher, Hersteller, Händler und Umweltorganisationen – teilnehmen können, und sofern das Gütezeichen für alle interessierten Parteien zugänglich und verfügbar ist. Die öffentlichen Auftraggeber sollten, wo immer dies möglich ist, technische Spezifikationen festlegen, die das Kriterium der Zugänglichkeit für Personen mit einer Behinderung oder das Kriterium der Konzeption für alle Benutzer berücksichtigen. Die technischen Spezifikationen sind klar festzulegen, so dass alle Bieter wissen, was die Anforderungen des öffentlichen Auftraggebers umfassen.

Von besonderer Bedeutung ist der europarechtlich geforderte Vergaberechtsschutz. In 82
Deutschland gewährleisten die §§ 97 ff. GWB, dass der benachteiligte Bieter das Vergabeverfahren überprüfen lassen kann. Etwaig vergebene Verträge sind nach § 101b GWB nichtig, wenn sich der Vergabeverstoß im Nachprüfungsverfahren bestätigt. Die antragsbefugte Person muss den Vergaberechtsverstoß binnen 30 Tagen ab Kenntnis bzw. unabhängig von der Kenntnis binnen 30 Tagen ab Veröffentlichung der Vergabe im EU Amtsblatt mit einem Nachprüfungsantrag geltend gemacht haben. Der EuGH hat entschieden, dass die europäischen Vergaberichtlinien einer nationalen Regelung

[215] Kullack/Terner ZfBR 2004, 346, 349.
[216] Erwägungsgrund Nr. 29 VKR.

nicht entgegensteht, nach der die Nachprüfung einer Entscheidung des öffentlichen Auftraggebers binnen einer bestimmten Frist beantragt werden muss, wobei sämtliche Mängel des Vergabeverfahrens, auf die der Antrag gestützt wird, innerhalb dieser Ausschlussfrist gerügt werden müssen, so dass bei Versäumnis der Frist im weiteren Verlauf des Verfahrens weder die betreffende Entscheidung angefochten noch ein solcher Mangel geltend gemacht werden kann, sofern die fragliche Frist angemessen ist[217]. Diese Rechtsprechung beruht auf der Erwägung, dass die vollständige Verwirklichung der mit der Richtlinie 89/665 verfolgten Ziele gefährdet wäre, wenn Bewerber und Bieter in jedem Stadium des Vergabeverfahrens Verstöße gegen die Regeln über die Auftragsvergabe rügen und dadurch den öffentlichen Auftraggeber zwingen könnten, das gesamte Verfahren erneut durchzuführen, um den Verstoß zu beheben. Jedoch dürfen nationale Ausschlussfristen einschließlich der Art und Weise ihrer Anwendung nicht als solche die Ausübung der Rechte, die dem Betroffenen gegebenenfalls nach dem Gemeinschaftsrecht zustehen, praktisch unmöglich machen oder übermäßig erschweren[218]. Bewerber und Bieter können allerdings nur dann rechtzeitig die nötigen Vorkehrungen treffen, um etwaige Verstöße gegen das Vergaberecht wirksam nachprüfen zu lassen, wenn aus den nationalen Rechtsvorschriften klar hervorgeht, dass auch Vorbereitungshandlungen oder Zwischenbescheide, die Vergabebehörden im Rahmen von öffentlichen Vergabeverfahren erlassen, den Lauf einer Ausschlussfrist auslösen. Es entspricht daher nicht den europarechtlichen Anforderungen, dass eine nationale Frist für den Nachprüfungsantrag, ohne dass dies im Wortlaut dieser Bestimmung klar ausgesprochen wäre, auch für die Nachprüfung von Zwischenbescheiden gilt, die Vergabebehörden im Rahmen von öffentlichen Vergabeverfahren erlassen[219]. Die Länge einer Ausschlussfrist ist für den Betroffenen nicht vorhersehbar, wenn sie in das Ermessen des zuständigen Gerichts gestellt wird[220].

V. Europäisches Vertragsrecht

Schrifttum

Dauner-Lieb, Auf dem Weg zu einem europäischen Schuldrecht. NJW 2004, 1431; Gandolfi, Pour un code européen des contrats, R.T.D.civ. 1992, 707; Kötz, Europäisches Vertragsrecht I, Tübingen 1996; Lando, Principes de droit européen des contrats, une première étape vers un code civil européen?, R.D.A.I. 1997, 189; Ranard, Les Principes du droit européen des contrats: une lex mercatoria à la mode européenne, R.T.D.civ. 1998, 1006; Legrand, Sens et non sens d'un code civil européen, Rev.int.dr.comp. 1996, 779; Montag/von Bonin, Die Entwicklung des europäischen Gemeinschaftsrechts bis Mitte 2009, NJW 2009, 3620

83 Das europäische Schuldrecht ist bislang nur in Teilbereichen harmonisiert. Vorreiter ist das Verbraucherschutzrecht. Die Bereiche des allgemeinen Schuldrechts und des Handelsrechts sind bisher gänzlich der Regelung durch die Mitgliedstaaten vorbehalten. Das verwundert, denn im Schuldrecht sind die marktwirtschaftlichen Grundprinzipien verankert[221]. Vertragsautonomie, pacta sunt servanda sowie die Folgen von Vertrags- und Rechtsverletzungen sind wesentliche Eckpfeiler im Wirtschaftsaustausch. Zwar wurde im Kaufrecht mit der Kaufgewährleistungs- und der Produkthaftungs-Richtlinie einheitliches Recht geschaffen, doch ist im Dienstleistungssektor der Vorschlag für

---

217 EuGH, Urteil vom 11.10.2007, Lämmerzahl, C-241/06, Slg. 2007, I-8415, Rn. 50 und die dort angeführte Rechtsprechung.

218 EuGH, Urteil vom 11.10.2007, Lämmerzahl, C-241/06, Slg. 2007, I-8415, Rn. 50.

219 EuGH, Urteil vom 18.1.2010, Kommission/Irland, C-456/08 Rn. 58.

220 EuGH, Urteil vom 18.1.2010, Kommission/Irland, C-456/08 Rn. 75.

221 Dauner-Lieb NJW 2004, 1431.

eine Haftungs-Richtlinie[222] gescheitert. Die Initiative scheiterte nicht zuletzt, weil vertragliche und deliktische Fragen gleichzeitig harmonisiert werden sollten[223].

Die Wissenschaft beschäftigt sich schon seit Jahrzehnten mit der Harmonisierung des Privatrechts. Die Vorarbeiten haben zu zahlreichen Veröffentlichungen geführt[224]. Aus der rechtsvergleichenden Analyse sind zudem Vorschläge für ein einheitliches Zivilrecht entstanden. Beispielhaft seien die Arbeiten der Lando-Kommission (**Principles of European Contract Law**) und der Unidroit (**Principles of International Commercial Contracts**) zitiert. Beide Regelwerke stellen zumindest eine gute Grundlage für Ausarbeitung und Prüfung internationaler Verträge dar. Ein Ersatz für nationales Recht analog der United Nations Convention on Contracts for the International Sale of Goods (CSIG) sind sie nicht. Gleichwohl haben die EPCL und die Unidroit Prinzipien in der Schiedsgerichtspraxis eine gewisse Bedeutung erlangt[225]. 84

Das eigentliche europäische Vertragsrecht steckt noch in den Kinderschuhen. Im Juli 2001 veröffentlichte die Kommission ihre Mitteilung zum europäischen Vertragsrecht[226]. Diese Mitteilung war das erste Konsultationspapier, mit dem die Europäische Kommission eine grundsätzlichere Diskussion über die Frage in Gang setzen wollte, wie die sich aus den Unterschieden im Vertragsrecht der EU-Mitgliedstaaten ergebenden Probleme auf europäischer Ebene angegangen werden sollten. Durch die Mitteilung zum europäischen Vertragsrecht wurde ein Konsultationsverfahren eingeleitet, in dessen Verlauf bei der Kommission zahlreiche Beiträge von Regierungen und Interessengruppen eingingen, u.a. von Unternehmen, rechtsanwendenden Berufen, Hochschullehrern und Verbraucherverbänden. Es folgte die Entschließung des Rates zum Thema „Ein kohärenteres europäisches Vertragsrecht“[227]. Danach sollte die Gesetzgebung der Gemeinschaft, insbesondere im Bereich Vertragsrecht, kohärent sein und eine ordnungsgemäße Umsetzung in einzelstaatliches Recht gewährleisten. Es ist nach Auffassung des Rates von entscheidender Bedeutung, eine reibungslose und effiziente Abwicklung grenzüberschreitender Geschäfte im Binnenmarkt sicherzustellen. In diesem Zusammenhang hält er es für zweckmäßig, geeignete und angemessene Maßnahmen zu ergreifen, um den Abschluss grenzüberschreitender Verträge zu erleichtern, die Transaktionskosten zu senken und alle Wirtschaftsteilnehmer und Verbraucher in die Lage zu versetzen, die Vorteile des Binnenmarktes in vollem Umfang zu nutzen. Alle Maßnahmen, einschließlich des Gemeinsamen Referenzrahmens, sollten an die Gegebenheiten des Binnenmarktes und damit an die praktischen Bedürfnisse der Wirtschaftsteilnehmer und der Verbraucher angepasst sein. Die Mitgliedstaaten sollten aktiv in die Konzipierung und Ausarbeitung dieser Maßnahmen einbezogen werden. 85

Zwischenzeitlich hat die EU-Kommission ein **Grünbuch zur Einführung eines Europäischen Vertragsrechts** vorgelegt[228]. Das Grünbuch enthält sieben Optionen für die Einführung von europaweit einheitlichen Regeln im Vertragsrecht. Die Kommission

222 Vorschlag 91/C 12/11 für eine Richtlinie des Rates über die Haftung bei Dienstleistungen, ABl 1991 Nr. C 12, 8; zurückgezogen am 23. 6. 1994, KOM(94)260 endg.
223 Vgl. Grundmann NJW 2000, 14, 21.
224 Gordley, The enforceability of promises in European Contract Law, Cambridge 2001; v. Bar, Sachenrecht in Europa, Band I bis IV, Osnabrück; Fontaine/Dely, Droit des contrats internationaux, 2. Auflage, Brüssel 2003.
225 Mankowski RIW 2011, 30, 41.
226 Mitteilung der Kommission an den Rat und das Europäische Parlament zum europäischen Vertragsrecht, KOM (2001) 398 endgültig vom 11.7.2001, ABl Nr. C 255 vom 13.9.2001, 1.
227 ABl Nr. C 246 vom 14.10.2003, 1.
228 KOM/2010/348 endg.

will, dass die Bürger die Vorteile des Binnenmarkts voll ausschöpfen. Mit dem Grünbuch, das als Grundlage für eine öffentliche Konsultation dienen soll, möchte die Kommission Wege zur Stärkung des Binnenmarkts durch die Entwicklung eines europäischen Vertragsrechts aufzeigen. Je nachdem, wie die Konsultation ausfällt, wird die Kommission gegebenenfalls 2012 weitere Vorschläge vorlegen. Jeder Legislativvorschlag wird eine Folgenabschätzung enthalten.

86 Europaweit existiert ein **einheitliches Kollisionsrecht** für vertragliche Schuldverhältnisse. Vorreiter war das Römische EWG-Übereinkommen über das auf vertragliche Schuldverhältnisse anzuwendende Recht vom 19. Juni 1980 in der Fassung des 3. Beitrittsübereinkommens vom 29.11.1996[229]. Das Römische Übereinkommen wurde zwischenzeitlich durch die **Verordnung des Europäischen Parlaments und des Rates über das auf vertragliche Schuldverhältnisse anzuwendende Recht** („Rom I“) ersetzt. Auch die Vereinheitlichung des Kollisionsrechts für außervertragliche Schuldverhältnisse vermittels der **Verordnung des Europäischen Parlaments und des Rates über das auf außervertragliche Schuldverhältnisse anzuwendende Recht** („Rom II“)[230] ist abgeschlossen. Die Ansichten darüber, ob es wünschens- und erstrebenswert wäre, auch das materielle Schuldrecht zu vereinheitlichen, gehen weit auseinander[231]. Angesichts der gravierenden Unterschiede zwischen dem kontinentaleuropäischen Recht und dem Common Law erscheint es ohnehin kühn, über ein solches Vorhaben nachzudenken[232], wenngleich alle europäischen Rechtssysteme auf dem Konzept der Privatautonomie beruhen und damit der Realisierung privater Interessen dienen[233]. Tatsächlich besteht vor allem partiell einheitliches Schuldrecht für Verbraucher, vereinzelt auch für Kaufleute und Unternehmen. Zu nennen sind vor allem folgende Richtlinien:

- Richtlinie 2000/35/EG des Europäischen Parlaments und des Rates zur Bekämpfung von Zahlungsverzug im Geschäftsverkehr vom 29. Juni 2000;
- Richtlinie 93/13/EWG des Rates über missbräuchliche Klauseln in Verbraucherverträgen vom 5. April 1993;
- Richtlinie 85/577/EWG des Rates betreffend den Verbraucherschutz im Falle von außerhalb von Geschäftsräumen geschlossenen Verträgen vom 20. Dezember 1985;
- Richtlinie 97/7/EG des Europäischen Parlaments und des Rates über bestimmte Aspekte der Dienste der Informationsgesellschaft, insbesondere des elektronischen Geschäftsverkehrs vom 8. Juni 2000;
- Richtlinie 76/207/EWG des Europäischen Parlaments und des Rates zu bestimmten Aspekten des Verbrauchsgüterkaufs und der Garanten für Verbrauchsgüter vom 25. Mai 1999.

Das **Grünbuch zur Einführung eines Europäischen Vertragsrechts** hebt hervor: Für **Verbraucherverträge** hat die EU jedenfalls einheitliche Kollisionsnormen eingeführt, um den Verbrauchern zu helfen, die Forderungen gegen Unternehmen anderer Mitgliedstaaten geltend machen wollen, mit denen sie einen Vertrag geschlossen haben. Falls keine Rechtswahl getroffen wurde, gilt nach Art. 6 Rom I bei Verbraucherverträgen das Recht des Landes, in dem der Verbraucher seinen gewöhnlichen Aufenthalt

---

229 ABl 1998 Nr. C 27, 36.
230 KOM/2003/0427 endg. – COD 2003/0168.
231 Vgl. Dauner-Lieb NJW 2004, 1431.
232 Chaillé de Néré, Les difficultés d'exécution du contrat en droit international privé, Rn. 145.
233 Vgl. Gandolfi, R.T.D.civ. 1992, 707.

hat, wenn das Unternehmen seine gewerbliche Tätigkeit dort ausübt oder eine solche Tätigkeit auf dieses Land ausrichtet. Wählen die Vertragsparteien ein anderes Recht als das des Staates des gewöhnlichen Aufenthalts des Verbrauchers, darf diesem der durch das Recht seines Aufenthaltsstaats garantierte Schutz nicht verweigert werden. Sinn dieser Regelung ist es, Verbrauchern überall den Schutz zu gewähren, den sie in ihrem Aufenthalsstaat genießen. In einem **Unternehmervertrag** bleibt die Wahl des geltenden Vertragsrechts den Vertragsparteien überlassen. Sie können auch andere Instrumente wie das UN-Kaufrecht oder die Grundregel der internationalen Handelsverträge des Internationalen Instituts für die Vereinheitlichung des Privatrechts UNIDROIT auf ihre Verträge anwenden. Ein gemeinsames Europäisches Vertragsrecht, das in allen Mitgliedstaaten einheitlich angewandt und ausgelegt wird, steht ihnen jedoch nicht zur Verfügung. Im Vordergrund der Vereinheitlichungsbestrebungen in Brüssel steht die Beseitigung von Wettbewerbshindernissen. Ob das Privatrecht allerdings ausschließlich Wettbewerbsinteressen dienen sollte und ein geordneter Wettbewerb der Rechtsordnungen nicht auch eine sinnvolle Option darstellt, sollte nachdrücklicher diskutiert werden. Die Vielfalt des Rechts stellt auch eine Chance dar. Das Kollisionsrecht ist eine durchaus geeignete und hinreichende Lösung, um mit Rechtsvielfalt leben zu können.

§ 3 Allgemeine Lehren des IPR

Schrifttum

Born, International Commercial Arbitration, 2009; Bunni, The FIDIC Form of Contract, 3. Auflage, London 2006; Fontaine/Dely, Droit des contrats internationaux, Brüssel 2003; Glavinis, Le contrat international de construction, Paris 1993; Hök/Manterfeld, Internationales Bau- und Architektenrecht in: Korbion, Baurecht, Köln 2005; Jacquet/Delebecque/Corneloup, Droit du Commerce International, 2. Auflage, Paris 2010; Kegel/Schurig, Internationales Privatrecht, 9. Auflage, München 2004; Koch/Magnus/Winkler v. Mohrenfels, IPR und Rechtsvergleichung, 3. Auflage, München 2004; Lalive, Les règles de conflits de lois appliquées au fond du litige par l'arbitre international siègant en Suisse, Rev. Arb. 1976, 155; Looschelders, Internationales Privatrecht, Heidelberg 2004; Loussouarn/Bourel/de Vareilles-Sommières, Droit international privé, 9. Auflage, Paris, 2007; Markanda, Law relating to Arbitration and Condilation, 7. Auflage, New Delhi 2009; Mansel/Thorn/Wagner, Europäisches Kollisionsrecht 2010: Verstärkte Zusammenarbeit als Motor der Vereinheitlichung, IPRax 2011, 1; Münchener Kommentar/Bearbeiter, BGB, 5. Auflage, München 2010; Palandt/Bearbeiter, Kommentar zum BGB, 70. Auflage, München 2011; Patil, The Law of Arbitration and Concilitation, 5. Auflage, Pune 2008; Reithmann/Martiny, Internationales Vertragsrecht, 7. Auflage, Köln 2010; Sonnenberger, Privatrecht und Internationales Privatrecht im künftigen Europa: Fragen und Perspektiven, RIW 2002, 489

Inhaltsübersicht

I. Einführung

1 Das Internationale Privatrecht (IPR) oder auch Kollisionsrecht (conflict of laws rules) ist kein typisches Gesetzesrecht neuerer Zeit. So ist z.B. der Begriff des Internationalen Privatrechts („Private International Law") erstmals von Story in seinem berühmten Werk „Commentaries on Conflicts of Law" verwendet worden. Die orginären Quellen des IPR liegen in den praktischen Bedürfnissen der Handelstreibenden und der Lehre. Der Grund für den Bedarf an sog. Kollisionsregeln liegt in der **Rechtszersplitterung** und der Erkenntnis, dass nicht alle Fälle des täglichen Lebens allein nach dem Recht am Gerichtsort ausgeurteilt werden können, womit bereits eine Kollisionsregel benannt wäre. Rechtshistorisch liegen die Ursprünge des modernen IPR in Oberitalien, wo ab dem 12. Jahrhundert mit der Wiederentdeckung des römischen Rechts die sog. Postglossatoren (vor allem Bartolus und Baldus) erste Meilensteine mit der Entwicklung der sog. Statutentheorie setzten. Die Postglossatoren unterschieden die statuta personalia (personenbezogene Regeln) von den statuta realia (sachbezogene Regeln). Es kamen ferner die sog. statuta mixta hinzu. Das Verfahrensrecht richtete sich nach der lex fori. Im Einzelfall wurde durch Auslegung ermittelt, welches Recht letztlich galt. Es blieb **Savigny** vorbehalten, diese klassische Betrachtungsweise für die Erfordernisse der Neuzeit aufzubereiten[1]. Seine Arbeit bewirkte ein Umdenken hin zu einer Trennung des Kollisionsrechts von dem materiellen Recht. Seither wird das Recht ermittelt, mit dem das betreffende Rechtsverhältnis die **engste Beziehung** aufweist. Die Regeln, die die-

---

1 Vgl. dazu Hök ZfBR 2006, 741 ff.

sem Zwecke dienen, sind heutzutage weitgehend kodifiziert, doch nach wie vor ist das IPR eine Domäne der Lehre und der Rechtsprechung. Es bleibt in der Regel den Gerichten vorbehalten, komplizierte Qualifikations- und Angleichungsfragen zu lösen (siehe unten). Letztlich wird man das kodifizierte und unkodifizierte IPR in einem gewissen Sinne als richterliche Ermächtigung zur Feststellung des anwendbaren Rechts begreifen müssen, durch die die Bindung an das Recht des Gerichtsstaates aufgelöst und gelockert wird[2]. Es ist insbesondere Sache des Gesetzgebers, den Ermessensspielraum der Gerichte vermöge konkreter Kollisionsregeln einzuschränken. Die Bandbreite reicht von Vorschriften, die das Gericht ermächtigen, das Recht anzuwenden, welches es für geeignet erachtet (vgl. Art. 1 schweizerisches ZGB[3]) bis hin zu ganz konkreten Vorgaben, wie sie z.B. in Art. 4 Abs. 1 Rom I zu finden sind. Die Bestimmung des anwendbaren Rechts kann als dreistufiger Prozess betrachtet werden, der zunächst darin besteht, den relevanten Aspekt zu charakterisieren. Es folgt die Auswahl der geeigneten Kollisionsnorm, die eine Anknüpfung des Aspekts an eine Rechtsordnung erlaubt. Schließlich wird das anwendbare Recht bestimmt, das durch den Anknüpfungspunkt mit dem Aspekt verbunden ist[4]. Man kann hinzufügen, dass dieser Prozess in einem internationalen Geist auf der Grundlage des betreffenden Kollisionsrechts abläuft[5]. Schließlich muss das anwendbare Recht ermittelt werden. Insoweit gilt der Grundsatz *iura novit curia* allenfalls eingeschränkt[6].

II. Rechtsquellen

Die erste Kodifikation des deutschen IPR entstand 1896. Die Art. 7 bis 31 EGBGB a.F. 2
enthielten allerdings ganz überwiegend noch einseitige Kollisionsnormen, die lediglich bestimmten, wann deutsches Recht anzuwenden war. Sukzessive wandelten sich die gesetzlichen Regelungen in allseitige Kollisionsnormen, die heute in den Art. 3 bis 46 c EGBGB zu finden sind, wobei wesentliche Teile des IPR nunmehr in Europäischen Verordnungen geregelt sind (siehe unten). Verschiedentlich tauchen Kollisionsnormen auch in Sondergesetzen auf (z.B. § 130 Abs. 2 GWB, § 244 BGB, Arbeitnehmerentsendegesetz, § 50, 55 ZPO). Doch trotz aller Kodifikationsbemühungen sind immer noch weite Bereiche des nationalen IPR nicht oder nur unvollkommen gesetzlich geregelt. Lücken bestehen namentlich im Bereich der Stellvertretung und dem Recht der juristischen Personen sowie dem Prozess- und Vollstreckungsrecht. Hinzu kommen staatsvertragliche und europarechtliche Kollisionsnormen[7], von denen hier bis zum Inkraft-

2 Aus der Sicht des deutschen Rechts besteht die Pflicht zur Stellung der kollisionsrechtlichen Frage, vgl. BGH NJW 1998, 1321; BGH FamRZ 2001, 412; Zöller/Geimer, ZPO, § 293 Rn. 9. Das französische Recht ist insoweit deutlich zurückhaltender. Die französische Rechtsprechung unterscheidet zwischen disponiblen und nicht disponiblen Rechten. Im Falle disponibler Rechte bleibt es den Parteien vorbehalten, die Anwendbarkeit des ausländischen Rechts zu reklamieren. Tun sie es nicht, behandelt der Richter den Streit als inländischen. Nur im Falle nicht disponibler Rechte muss der Richter die kollisionsrechtliche Frage stellen, vgl. dazu Loussouarn/Bourel/de Vareilles-Sommières, Droit international privé, Rn. 242.

3 In Art. 1 Abs. 2 ZGB heißt es: Kann dem Gesetz keine Vorschrift entnommen werden, so soll das Gericht[1] nach Gewohnheitsrecht und, wo auch ein solches fehlt, nach der Regel entscheiden, die es als Gesetzgeber aufstellen würde. Das schweizerische Bundesgericht versteht diese Norm als international-privatrechtliche Rechtschöpfungsquelle, vgl. Schnitzer, IPR, Band I, 4. Auflage, 1957, 80 f. unter Hinweis auf BGE 49 II 223; vgl. auch BGE 115 II 97, 98, 100.

4 Siehe Macmillan Inc. v. Bishopsgate Investment Trust Plc [1996] 1 WLR 387, 391-2 per Staughton LJ.

5 Raiffeisen Zentralbank Osterreich AG v. An Feng Steel Co. Ltd. & Ors [2001] EWCA Civ 68 (26 January 2001).

6 Zöller/Geimer, ZPO, § 293 Rn. 2 ff.

7 Siehe zur Rechtsentwicklung seit dem Inkrafttreten der Verordnungen Rom I und Rom II Mansel/Thorn/Wagner IPRax 2011, 1, 28 ff.

treten der Europäischen Verordnung 593/2008 des Europäischen Parlaments und des Rates vom 17. Juni 2008 über das auf vertragliche Schuldverhältnisse anzuwendende Recht (Rom I) vor allem das EWG-Übereinkommen über das auf vertragliche Schuldverhältnisse anzuwendende Recht vom 19. Juni 1980 in der Fassung des 3. Beitrittsübereinkommens vom 29.11.1996[8] zu nennen waren. Mit der seit der Vorauflage ebenfalls in Kraft getretenen Europäischen Verordnung 864/2007 des Europäischen Parlaments und des Rates vom 11. Juli 2007 über das auf außervertragliche Schuldverhältnisse anzuwendende Recht („Rom II") ist auch die Vereinheitlichung des europäischen Kollisionsrechts für außervertragliche Schuldverhältnisse abgeschlossen. Die Ansichten darüber, ob es wünschens- und erstrebenswert wäre, auch das materielle Schuldrecht zu vereinheitlichen, gehen weit auseinander[9]. Auch über die Methodik einer solchen Vereinheitlichung ist man sich uneins[10]. Eine wichtige Rechtsquelle des IPR ist nach wie vor das **Richterrecht**, zumal in den Ländern, in denen Kodifikationen des Privatrechts eher die Ausnahme als die Regel darstellen.

III. Einheitsrecht

3 Im internationalen Rechtsverkehr bedeutet die Vielfalt nationaler Rechtsordnungen Chance und Risiko zugleich. Der Kenntnisreiche vermag durchaus erhebliche Vorteile aus Rechtsunterschieden zu ziehen. Es überwiegen jedoch insbesondere im Wirtschaftsverkehr die Nachteile der nationalen Rechtsvielfalt, die sich nicht nur in Rechtsunsicherheit sondern oftmals vor allem in überlangen Verfahren niederschlagen, da sich in aller Welt Richter schwer tun, ausländisches Recht anzuwenden und zu ermitteln. Deshalb besteht in der Völkergemeinschaft die Tendenz, so genanntes Einheitsrecht zu schaffen. Vor allem die UNO, die EU und die Haager Konferenz für Internationales Privatrecht arbeiten ständig an der Vereinheitlichung wichtiger Bereiche des Wirtschaftrechts. Ihre Vorschläge werden zumeist in völkerrechtlichen Verträgen umgesetzt und in das nationale Recht implementiert. Zu den bedeutsamsten Regelungswerken mit internationaler Akzeptanz gehören:

- Genfer Scheck- und Wechselrecht
- UNCITRAL-Kaufrecht (Wiener Kaufrecht = CISG)
- CMR, CIV

Bei diesen Übereinkommen handelt es sich zwar ihrem Ursprunge nach um Völkerrecht, mit der völkerrechtlich wirksamen Ratifizierung wird es jedoch nationales Recht. Mithin ist es zwingend anzuwenden. Der Jurist muss es kennen. Der Rechtsanwalt haftet für die Anwendung der Übereinkommen wie für die Anwendung deutschen Rechts im Übrigen[11].

Bislang ist das materielle Schuldrecht -von Ausnahmen abgesehen (z.B. CSIG)- unvereinheitlicht. Weltweit sind vor allem drei Rechtssysteme zu unterscheiden[12]:

- die germanisch-römische Rechtsfamilie (die wiederum in eine romanische und eine deutsche Familie zerfällt)

---

8 ABl 1998 Nr. C 27, 36.
9 Vgl. Dauner-Lieb NJW 2004, 1431; Sonnenberger RIW 2002, 489 ff.
10 Vgl. Sonnenberger RIW 2002, 489, 491.
11 Vgl. Palandt/Grünberg, BGB, § 280 Rn. 66.
12 Bunni,The FIDIC Form of Contract, Rn. 2.7; vgl. auch Sonnenberger RIW 2002, 489, 491.

- die Common-Law-Gruppe (bestehend aus Case Law, demgegenüber zweitrangigem Statute law und Equity[13])
- die islamische Rechtsfamilie

Die vormals bestehende sozialistische Rechtsfamilie ist weitgehend untergegangen. Insofern findet eine Reorientierung statt. Die osteuropäischen Staaten haben sich weitgehend an den Vorgaben der EU ausgerichtet und übernehmen je nach Tradition westeuropäische Standards. Im Juli 2010 hat z.B. Rumänien einen neuen Codul Civil verabschiedet, der den alten – am französischen Recht orientierten – Codul Civil ablösen soll. Trotz vielfältiger Gemeinsamkeiten einzelner Rechtsordnungen, die es erlauben Rechtsfamilien zu unterscheiden, ist jede Rechtsordnung ein Unikat. Sie setzt sich aus einer Gerichtsstruktur, Verfahrensrecht und materiellem Recht zusammen. In einigen Rechtsordnungen werden vielfältige Probleme eher prozessual gelöst, in anderen eher materiell-rechtlich (z.B. ist das Verjährungsrecht im angelsächsichen Rechtsraum Verfahrensrecht, während es in den kontinentaleuropäischen Rechtsordnungen zum materiellen Recht gehört). Während in einigen Ländern das Verfassungsrecht prägenden Einfluss auf das Zivilrecht nimmt, fehlt es in anderen Ländern an einer Verfassung. Vielfach unterscheiden sich aber vor allem die Wege zum Ziel und nicht die Ergebnisse. Gleichzeitig sind in richterrechtlich geprägten Rechtsordnungen oftmals flexiblere Ergebnisse und schnellere Reaktionen auf neue Rechtsentwicklungen möglich als in Rechtsordnungen in denen das kodifizierte Recht dominiert. So kommt z.B. die südafrikanische Rechtsordnung, die im Ansatz zur römisch-rechtlichen Rechtsfamilie gehört, oftmals sehr gut mit angelsächsischen Rechtsgedanken zurecht, ohne diese immer voll zu übernehmen.

IV. Verweisung: Rück- und Weiterverweisung

Das IPR ist **Verweisungsrecht**. Eine IPR-Regel unterscheidet sich von einer Rechts- 4
norm aus dem materiellen Recht oder dem Verfahrensrecht dadurch, dass sie keine unmittelbare Rechtsfolge anordnet, sondern lediglich auf eine Rechtsordnung verweist, wobei diese selbst darüber entscheidet, unter welchen Voraussetzungen welche Rechtsfolge eintritt. Das IPR regelt die materielle Rechtslage also nicht eigenständig, sondern es verweist zu diesem Zweck auf eine bestimmte Rechtsordnung, deren Rechtssätze in der Sache entscheiden sollen. Auch Kollisionsnormen setzten sich aus einem **Tatbestand** und einer **Rechtsfolgenanordnung** (in diesem Fall einer Verweisung auf eine konkrete Rechtsordnung) zusammen. Art. 3 EGBGB sieht vor, dass bei Sachverhalten mit einer Verbindung zum Recht eines ausländischen Staates die Vorschriften der Art. 3 ff. EGBGB bestimmen, welche Rechtsordnung anzuwenden ist, soweit nicht die Verordnungen Rom I und Rom II einschlägig sind oder völkervertragliche Vereinbarungen vorgehen.

Beispiel: Der Bauherr hat seinen Sitz in der Schweiz. Die finanzierende Bank hat ihren Sitz in Deutschland. Das Baugrundstück liegt in Frankreich und der Architekt hat seinen Sitz in Belgien. Ein deutscher Richter wird angerufen, um streitige Fragen zwischen dem Architekten und dem Bauherren sowie dem Bauherrn und der finanzierenden Bank zu entscheiden. Die Berührungspunkte zum Ausland sind evident. Die Frage ist nun nicht, welche Vorschrift des deutschen Rechts Anwendung findet, sondern zunächst, welche **Rechtsordnung** die anwendbaren Regelungen zur Verfügung stellt.

13 Vgl. Sonnenberger RIW 2002, 489, 491.

Zwecks Entscheidung dieser Frage ist das sog. **Kollisionsrecht** oder **Internationale Privatrecht** (IPR) heranzuziehen. Die Regelungen des Kollisionsrechts verweisen auf das anwendbare Recht, das über die Streitfragen zu entscheiden hat.

5 Grundsätzlich verweist das deutsche IPR auf die **gesamte ausländische Rechtsordnung** unter Einschluss des jeweiligen Internationalen Privatrechts (**Gesamtverweisung**), Art. 4 Abs. 1 EGBGB. Die Gesamtverweisung bedeutet, dass der Verweisungsvorgang nicht damit abgeschlossen ist, dass das IPR eines Staates auf eine bestimmte Rechtsordnung verweist. Vielmehr kann das IPR dieser Rechtsordnung (auf die verwiesen wurde) eine weitere Verweisung vorsehen, die dazu führt, dass eine dritte Rechtsordnung berufen wird. Diese dritte Rechtsordnung kann auch die Rechtsordnung am Gerichtsort sein, von dem der Verweisungsvorgang startet. Voraussetzung für derartige Weiterverweisungen oder Rückverweisungen ist jeweils, dass das IPR des Erststaates und das des Zweitstaates differieren. Solche Verweisungen kommen vor allem im Familien- und Erbrecht vor.

Beispiel: Nach deutschem IPR bestimmt sich das anwendbare Erbecht nach der Staatsangehörigkeit des Erblassers. In Frankreich hingegen wird auf das Domizil des Erblassers und hinsichtlich unbeweglicher Sachen auf deren Lage abgestellt. Stirbt also ein französischer Staatsangehöriger mit Wohnsitz in Deutschland verweist das deutsche IPR auf französisches Recht, das wiederum (hinsichtlich des beweglichen Nachlasses) auf das deutsche Recht zurückverweist. Enthält der Nachlass zusätzlich eine Immobilie in England, kommt zudem englisches Recht zur Anwendung, d.h. der bewegliche Nachlass ist nach deutschem Recht und der Immobiliennachlass nach englischem Recht zu beurteilen, der Nachlass unterliegt mithin unterschiedlichen Rechtsordnungen (**Nachlassspaltung**).

6 Ausnahmen von dem Prinzip der Gesamtverweisung sind in Art. 3 a Abs. 1 EGBGB, Art. 3 a Abs. 2 EGBGB und in Art. 4 Abs. 2 EGBGB (früher Art. 35 EGBGB) vorgesehen (Sachnormverweisung). Verweisungen auf Sachvorschriften beziehen sich auf die Rechtsnormen der maßgeblichen Rechtsordnung unter Ausschluss derjenigen des Internationalen Privatrechts, Art. 3 a Abs. 1 EGBGB. Soweit Verweisungen im Familien- und Erbrecht das Vermögen einer Person dem Recht eines Staates unterstellen, beziehen sie sich nicht auf Gegenstände, die sich nicht in diesem Staat befinden und nach dem Recht des Staates, in dem sie sich befinden, besonderen Vorschriften unterliegen, Art. 3 a Abs. 2 EGBGB.

7 Die **Sachnormverweisung** gemäß Art. 3 a Abs. 1 EGBGB bedeutet, dass ein **Renvoi** nach Art. 4 Abs. 1 EGBGB unbeachtlich ist. Sachnormenverweisungen sind eher selten. Einen bedeutenden Fall regeln Art. 4 Abs. 2 EGBGB und Art. 20 Rom I (früher Art. 35 EGBGB), die die Verweisungsregelungen des **Internationalen Schuldrechts** zu Sachnormverweisungen erklären. Im Internationalen Vertragsrecht sind demnach Rück- und Weiterverweisungen die Ausnahme. Vorsichtshalber sollte allerdings stets geprüft werden, welche Regelungen das einschlägige IPR enthält. Eine entsprechende Sachnormverweisung regelt z.B. Section 28 des indischen Arbitration und Conciliation Act 1996.

Beispiel: Ein deutsches Gericht hat über den Werklohnanspruch des in Frankreich ansässigen Architekten zu entscheiden, der ein Bauvorhaben in Italien geleitet hat. Nach h.M. in Deutschland findet auf den Werkvertrag französisches Vertragsrecht Anwendung (Art. 28 Abs.2 EGBGB, Art. 4 Abs. 1 Rom I). Das französische IPR zieht es aber tendenziell vor, das Baustellenrecht anzuwenden[14], so dass italienisches Recht maßgeblich wäre. Da das deutsche IPR eine Sachnormverweisung vornimmt, spielt der Unterschied aber keine Rolle. Es würde also französisches Architektenrecht anzuwenden sein. Bedeutsamer, zumal nach dem Inkrafttreten der Verordnung Rom I sind Fälle mit Berührung zu außereuropäischen Staaten. Im südafrikanischen Recht beherrscht die „*lex loci contractus*" die Natur, die Verpflichtungen und die Auslegung der Verträge[15]. Der „*locus contractus*" ist der Ort, wo der Vertrag geschlossen wurde, es sei denn er soll woanders erfüllt werden. In diesem Fall ist dieser Ort der „*locus contractus*"[16].

Art. 3 a Abs. 2 EGBGB trägt der Erwägung Rechnung, dass sich schwerwiegende Konflikte auftun können, wenn etwa bei Immobilien das Recht des Belegenheitsstaates unbeachtlich bleibt, die andere Rechtsfolgen vorsieht als das eigentliche anwendbare Recht. Befindet sich Vermögen der Ehegatten nicht nur in dem Staat, dessen Güterrecht nach Art. 15 EGBGB maßgeblich ist, sollen widersprüchliche Entscheidungen in Deutschland und im Belegenheitsstaat vermieden werden[17]. 8

Beispiel: Der Bauentwickler soll aufklären, wem ein Nachbargrundstück gehört, das als Zufahrt für die Bauphase genutzt werden soll. Er schließt mit dem vermeintlichen Eigentümer eine Duldungs- und Nutzungsvereinbarung. Nach Aufnahme der Bauarbeiten meldet sich N und verbietet die Überfahrt, da er der wahre Erbe des Grundstücks sei. Liegt das Grundstück in Frankreich oder England, kommt es für die Frage nach der Erbfolge nicht darauf an, welche Staatsangehörigkeit der Erblasser hatte (so Art. 25 EGBGB), sondern nur auf die Lage des Grundstücks, denn in England und Frankreich bestimmt sich das Erbstatut nach der lex rei sitae.

V. Rechtsspaltung

Das IPR eines Staates verweist jeweils auf das IPR eines anderen Staates. Doch haben nicht alle Staaten einheitliches Recht. Diesem Umstand trägt Art. 4 Abs. 3 EGBGB Rechnung. Die Vorschrift überlässt es dem jeweiligen Verweisungsstaat, das dann anwendbare Recht (die sog. Teilrechtsordnung) dieses Staates zu bestimmen. Das Problem taucht häufiger auf, als man denkt. **Großbritannien** zerfällt unter anderem in die schottische, englische und nordirische Rechtsordnung; die **USA** zerfallen in über 50 einzelstaatliche Rechtsordnungen. In **Kanada** weichen die Zivilrechtsordnungen in den Provinzen zum Teil erheblich voneinander ab. Auch in **Australien** besteht keine einheitliche Rechtsordnung. **Kamerun** zerfällt in eine Common Law Rechtsordnung und eine, die durch den Code Napoléon geprägt ist. Das nationale Kollisionsrecht des Verweisungsstaates muss dann entscheiden, welche Teilrechtsordnung des Verweisungsstaates, Anwendung findet. In Großbritannien übernimmt diese Aufgabe die Verordnung Rom I (früher das EVÜ[18], das seit seinem Inkrafttreten in England das dortige interlokale Kollisionsrecht bestimmte). Die ersten englischen Entscheidungen zum internationalen Baurecht beschäftigen sich vorwiegend mit interlokalen Problemen. 9

Beispiel: Die Baustelle liegt in Schottland, das von dem Auftraggeber beauftragte Bauunternehmen hat seinen Sitz in England und Niederlassungen in Schottland. Der Bau-

[14] Vgl. TGI Poitiers Rev. crit. dr. int. pr. 2001, 670, 671.
[15] Maschinen Frommer GMBH & co kg v. Trisave Engineering & Machinery Supplies (PTY) limited (415/02) [2002] ZAWCHC 55 (10 October 2002).
[16] Standard Bank of South Africa Limited v. Efroiken and Newman 1924 AD 171 at 185.
[17] Vgl. Münchener Kommentar/Sonnenberger, BGB, Art. 3a EGBGB Rn. 18.
[18] Vgl. Britton ICLR 2003, 381 ff.

herr hat seinen Sitz in Deutschland und wird auf Zahlung des Werklohns in Anspruch genommen. Art. 28 Abs. 2 EGBGB (Art. 4 Abs. 1 Rom I) verweist auf britisches Recht, denn der Unternehmer hat seinen Sitz in Großbritannien. Es gibt aber keine einheitliche britische Rechtsordnung, so dass festzustellen ist, ob englisches oder schottisches Recht gilt. Da der Unternehmer aber seinen Sitz in England hat, verweist Art. 28 Abs. 2 EGBGB (Art. 4 Rom I) auf englisches Recht[19].

VI. Rechtswahl

10 Auch im IPR herrscht weithin der Grundsatz der **Parteiautonomie** vor. Die Parteien eines Rechtverhältnisses können mithin das insoweit anwendbare Recht wählen. Das Ausmaß der Rechtswahlfreiheit steht jedoch im Ermessen des Gesetzgebers. Er kann die Rechtswahlfreiheit einschränken oder ganz oder teilweise ausschließen. Aus iranischer h.M. ist beipielsweise eine Rechtswahl nur unter Ausländern zulässig. Ist ein Iraner beteiligt, ist sie unzulässig[20]. Überdies eignen sich nicht alle Rechtsbereiche gleichermaßen, um Rechtswahlfreiheit zu gewähren. Jedenfalls für das Gebiet der vertraglichen Schuldverhältnisse besteht nahezu ausnahmslos Rechtswahlfreiheit (vgl. Art. 27 EGBGB, Art. 3 Rom I). Dagegen bestand für außervertragliche Schuldverhältnisse die Rechtswahlfreiheit bis zum Inkrafttreten der Verordnung Rom II nur **nach** Eintritt des Ereignisses, durch das das Schuldverhältnis entstanden ist (Art. 42 EGBGB). Seither herrscht mehr Privatautonomie (vgl. Art. 14 Rom II). Im Sachenrecht besteht dagegen grundsätzlich keine Rechtswahlmöglichkeit.

VII. Objektive Anknüpfung

11 Haben die Parteien eines Rechtsverhältnisses kein anwendbares Recht gewählt oder besteht keine Rechtswahlmöglichkeit, muss das jeweilige Rechtsverhältnis **objektiv** angeknüpft werden. Bis zum Inkrafttreten der Verordnung Rom I ermittelte der Rechtsanwender die **engsten Beziehungen** des Rechtsverhältnisses zu einer bestimmten Rechtsordnung. Die Suche wurde ihm vermittels Vorgabe verschiedener Kollisionsnormen erleichtert, die für eine Reihe typischer Fälle die jeweils maßgebliche engste Beziehung bezeichneten. Art. 28 Abs. 1 EGBGB formulierte eine – allerdings widerlegliche (Art. 28 Abs. 5 EGBGB) – Vermutung zugunsten des Rechts am Sitz der Partei, die die vertragscharakteristische Leistung erbringt. Seit dem Inkrafttreten der Verordnung Rom I kann nicht mehr generell nach der engsten Beziehung gesucht werden.

Bei Sachen wird an die Lage der Sache angeknüpft (Art. 43 Abs. 1 EGBGB), d.h. die Eigentumsverhältnisse an einer Sache bestimmen sich nach dem Lagerecht. Bei vertraglichen Schuldverhältnissen war bislang der Sitz der Partei, die die vertragscharakteristische Leistung erbringt (Art. 28 Abs. 2 EGBGB), und bei unerlaubten Handlungen war entweder der Handlungs- oder der Erfolgsort maßgeblich (vgl. Art. 40 Abs. 1 EGBGB). Seit dem Inkrafttreten der Verordnung Rom I stehen in Bezug auf die vertraglichen Schuldverhältnisse die zwingenden Anknüpfungsregeln des Art. 4 Abs. 1 Rom I im Vordergrund. Nur wenn sich dort keine spezielle Regel findet, ist auf den Sitz der Partei abzustellen, die die vertragscharakteristische Leistung erbringt (Art. 4 Abs. 2 Rom I). Ist auch eine solche nicht feststellbar, kommt es auf die engste Beziehung an (Art. 4 Abs. 3 Rom I). Ausnahmsweise kann auch in den anderen Fällen auf die engere Beziehung abgestellt werden (Art. 4 Abs. 4 Rom I). Unerlaubte Handlungen be-

---

[19] Vgl. Ennstone Building Products Ltd v. Stanger Ltd [2002] 1 WLR 3059.

[20] Siehe Yassari, Das internationale Vertragsrecht des Irans, IPRax 2009, 451, 454.

urteilen sich seit Inkrafttreten der Verordnung Rom II nach dem Recht des Landes, in dem der Schaden eintritt. In allen diesen Fällen gibt es also objektive Anknüpfungspunkte, die für die Ermittlung des anwendbaren Rechts ausschlaggebend sind.

VIII. Qualifikation und Angleichung

Kollisionsnormen sind Rechtssätze, die es zum Ziel haben, das anwendbare Recht zu bestimmen. Die bestehenden Kollisionsnormen haben grundsätzlich keinen ihnen innewohenden Regelungsgehalt, der über den der Bestimmung des anwendbaren Rechts hinausgeht[21]. Ziel ist es jedoch, das jeweils geeignete Recht für einen bestimmten Sachverhalt zu ermitteln. Im Einzelfall müssen daher starre Kollisionsnormen angepasst oder differenziert werden[22]. Überdies gibt es nicht nur eine Kollisionsnorm, sondern eine Vielzahl hiervon (z.B. lex rei sitae für Sachen, lex fori für Verfahrensfragen, Staatsangehörigkeit für die Geschäftsfähigkeit). Was aber nun zu den sachenrechtlichen Fragen gehört, welche Fragen solche der Geschäftsfähigkeit sind und was eine Verfahrensproblematik ist, ist nicht immer einfach zu beantworten, denn es sind mit dem IPR inhaltliche und systematische Unterschiede zu überwinden. Der Rechtsanwender, der wissen will, welches Recht auf einzelne Fragen Anwendung findet, steht also vor dem Problem, dass ihm das Kollisionsrecht eine Vielzahl von Verweisungsregeln zur Verfügung stellt, die ihm sagen, welche Rechtsordnung seine Frage beantworten wird. Problematisch ist nun, welche Kollisionsnorm der lex fori die Frage nach der anwendbaren Rechtsordnung beantwortet. Das ist eine Frage der Subsumtion unter die Kollisionsnormen. 12

Beispiel: Es steht an zu fragen, welche Verjährungsfrist für Ansprüche aus einem Bauvertrag gilt. Auf den ersten Blick ist die Frage einfach zu beantworten, denn gefragt ist nach Regelungen des Vertragsrechts. Einschlägig sind insoweit die Art. 27, 28 EGBGB. Doch wird man bei systematischer Betrachtung im anglo-amerikanischen Recht keine materiellen Verjährungsregeln finden. Sie gehören dort zu der Kategorie der Prozessregeln. Verweist also die deutsche Kollisionsnorm nur auf das englische Vertragsrecht im engeren Sinne, bliebe die Verjährungsfrage offen[23]. Würde die deutsche Kollisionsregel dagegen auf die gesamte englische Rechtsordnung verweisen, wäre die konkrete Regel eben dem englischen Prozessrecht zu entnehmen. Andererseits gilt in Deutschland wie in den anglo-amerikanischen Rechtsordnungen für Fragen des Prozessrechts die lex fori, also das Prozessrecht des Gerichtsortes[24]. Berücksichtigt man also auf die systematischen Vorstellungen der beiden beteiligten Rechtsordnungen, besteht die Gefahr des Normenwiderspruches. Das Recht, auf das verwiesen wird, nimmt die Verweisung nicht ohne weiteres an, z.B. wenn es Verjährungsregeln prozessual qualifiziert. Dieser Normenwiderspruch lässt sich nach h.M. ggf. durch die sog. teleologische Qualifikation bewältigen. Die Systemunterschiede werden dadurch bewältigt, dass die deutsche Kollisionsnorm einen weiten Verweisungsbereich erhält und auch die anglo-amerikanischen Verjährungsregeln erfasst[25].

---

21 Raiffeisen Zentralbank Osterreich AG v. An Feng Steel Co. Ltd. & Ors [2001] EWCA Civ 68 (26 January 2001).

22 Raiffeisen Zentralbank Osterreich AG v. An Feng Steel Co. Ltd. & Ors [2001] EWCA Civ 68 (26 January 2001).

23 Vgl. RGZ 77, 21: Unverjährbarkeit des Tennessee-Wechsels.

24 Vgl. Bunni, The FIDIC Form of Contract, Rn. 2.5.

25 Looschelders, IPR, vor Art. 3–6 Rn. 17, 18.

13 Es wird deutlich, dass Kollisionsnormen keine starren Regelungen sind. Sie müssen auf der Tatbestands- wie auf der Rechtsfolgenseite jeweils flexibel je nach den Erfordernissen des Einzelfalles gehandhabt werden. Allerdings liegt es nicht ohne weiteres auf der Hand, die flexible Handhabung auf der Rechtsfolgenseite (Verweisungsanordnung) noch als Problem der Qualifikation zu empfinden. Das Verjährungsproblem wird so gelöst, dass die systematischen Unterschiede zwischen den beiden in Frage kommenden Rechtsordnungen aus Sicht des Gerichtsstaates zufriedenstellend aufgelöst werden. Letztlich beruht die Lösung auf einem Rechtsanwendungsbefehl des Kollisionsrechts am Gerichtsort. Während die Kollisionsregel im Prinzip nur die zutreffende Rechtsordnung auswählt (... das Recht des Staates, mit dem er die engsten Beziehungen aufweist, Art. 28 Abs. 2 EGBGB, vgl. auch Art. Art. 4 Rom I), wird das durch die Systemunterschiede bedingte Rechtsanwendungsproblem durch Qualifikation des anwendbaren ausländischen Rechts bewältigt[26]. Letztlich wird also am Gerichtsort eine Kollisionsnorm entwickelt, die die gesuchte materielle Rechtsregel der ausländischen Rechtsordnung trotz der bestehenden Systemunterschiede erfasst.

14 Tatsächlich könnte man das Problem auch anders bewältigen. Wendet man die Verweisungsregel der lex fori strikt an, verweist sie auf die ermittelte ausländische Rechtsordnung einschließlich deren Kollisionsrecht. Bestehen dort systematische Unterschiede zum deutschen Recht könnte es zu einer Rück- oder Weiterverweisung kommen. Würde man dies mit der Verjährungsfrage so handhaben, käme man hinsichtlich der Verjährung zur Anwendung deutschen Gerichtsrechts. Unabhängig davon, dass eine derartige Rückverweisung im Vertragsrecht durch Art. 35 Abs. 1 EGBGB a.F. (vgl. Art. 20 Rom I) ausgeschlossen ist, liegt es auf der Hand, dass die Spaltung des anwendbaren Vertragsrechts wenig sinnvoll ist.

15 Das Problem der Qualifikation wurde 1891 von Kahn entdeckt. Der Begriff wurde von Bartin für das französische Recht geprägt und von dort in das deutsche Recht übernommen. Gemeint ist die Bestimmung der Rechtsnatur einer Rechtsfigur, ihre Beurteilung und schließlich ihre Subsumtion unter einer Kollisionsnorm[27]. Das Problem liegt darin, dass die Vielzahl der Sachnormen aus den Rechtsordnungen der Rechtsgemeinschaft unter eine sehr kleine Anzahl von Kollisionsnormen zu subsumieren ist. Üblicherweise löst man das Problem, ob eine Norm für einen konkreten Fall anwendbar ist, in dem man die Norm daraufhin prüft, welchen Anwendungsbereich sie hat. Rechtstechnisch geschieht dies durch Normauslegung. Hilfsmittel sind der Wortlaut der Norm, ihre Geschichte, der Sinn, den ihr der Gesetzgeber gegeben hat, und ihr Kontext. Im Bereich des IPR sind allerdings besondere Probleme zu bewältigen. Es macht sich bemerkbar, dass die bestehenden Rechtsordnungen nicht aufeinander abgestimmt sind und vielfach unterschiedliche Lösungen anbieten.

Beispiel: Das deutsche Leistungsstörungsrecht arbeitet mit Begriffen wie Unmöglichkeit und Verzug oder Wegfall der Geschäftsgrundlage. In den Common-Law-Staaten ist an Institute wie „breach of contract", „specific performance" und „frustration" zu denken. Frankreich arbeitet z.B. mit dem Begriff von „Force Majeure". In internationalen Vertragswerken arbeitet man mit **Force Majeure** und **Hardship-Klauseln**[28].

---

26 Looschelders, IPR, vor Art. 3–6 Rn. 15.
27 Vgl. Münchener Kommentar/Sonnenberger, BGB, 3. Auflage, Einl. IPR Rn. 481.
28 Vgl. dazu Münchener Kommentar/Spellenberg, BGB, 4. Auflage, Art. 32 Rn. 39.

16 Das Thema der Qualifikation lässt deshalb viel Raum für wissenschaftliche Betrachtungen, an denen sich in der Vergangenheit gerade auch deutsche Gelehrte sehr intensiv beteiligt haben. Zu nennen sind vor allem die Namen Kahn und Bartin, Wolff und Rabel. Im Prinzip können drei Grundhaltungen unterschieden werden. Traditionell wird der Qualifikation nach der lex fori (Recht des Gerichtsortes) der Vorrang eingeräumt[29], aber auch Vertreter der Lex-causae-Qualifikation (Recht, das aufgrund der IPR-Verweisung voraussichtlich zur Anwendung käme) können sich auf gute Gründe für ihre Haltung berufen. Daneben hat Rabel die rechtsvergleichende Qualifikation entwickelt. Schließlich will insbesondere Kegel stärker das Interesse an der internationalprivatrechtlichen Gerechtigkeit in den Vordergrund stellen und plädiert für eine internationalprivatrechtliche Qualifikation[30]. Die deutsche Rechtsprechung folgte lange Zeit strikt der Qualifikation nach der lex fori[31]. In neuerer Zeit will Kegel[32] eine Tendenz der deutschen Rechtsprechung hin zur internationalprivatrechtlichen Qualifikation entdeckt haben[33]. Deutlich zum Ausdruck kommt diese Tendenz in BGHZ 125, 196. Es sei deshalb kurz dargestellt, was unter der internationalprivatrechtlichen Qualifikation zu verstehen ist: Die Systembegriffe, die in den Kollisionsnormen angetroffen werden, sind nach den Zielen, die die Kollisionsnormen verfolgen, auszulegen. Dabei ist davon auszugehen, dass die IPR-Regelungen der internationalprivatrechtlichen Gerechtigkeit dienen. Was gerecht ist, muss durch Interessenabwägung ermittelt werden. Einzubeziehen sind solche Interessen, die aus der Auslandsberührung folgen. Kegel umschreibt sie mit dem Begriff „internationalprivatrechtliche Interessen". Zu diesen Interessen zählt Kegel (1) das Interesse der Parteien, möglichst einen ihnen verbundenes Recht anzuwenden, (2) das Verkehrsinteresse und (3) die Ordnungsinteressen. Das Verkehrsinteresse lebt davon, dass der Rechtsverkehr leicht und sicher abläuft. Unter den Ordnungsinteressen versteht Kegel, einerseits möglichst hinkende Rechtsverhältnisse zu vermeiden (äußerer Entscheidungseinklang) und andererseits möglichst Normenwidersprüche in Gestalt von Normenmangel und Normenhäufung zu verdrängen (innerer Entscheidungseinklang). Daneben kann von Bedeutung sein, dass ausländisches Recht nur schwer ermittelbar oder anwendbar ist. Die wesentlichen Ordnungsinteressen seien kurz an Beispielen verdeutlicht:

17 Wenn die in den beteiligten Staaten geltenden Normen des Internationalen Privatrechts verschieden sind, kann dies dazu führen, dass in den beiden Staaten unterschiedliches Recht angewendet wird. Sind die beiden Rechtsordnungen auch noch inhaltlich verschieden, kann dies zu sog. hinkenden Rechtsverhältnissen führen. Wird z.B. die Herstellungsverpflichtung mit einer Bürgschaft abgesichert, beurteilt sich die Bürgschaft aus bisheriger französischer Sicht[34] nach dem Recht der hierdurch besicherten Hauptforderung, also dem Recht des Bauvertrages. Ob diese Haltung im Lichte der Cerordnung Rom I Bestand haben kann, muss dahingestellt bleiben. In Deutschland wird dagegen an den Sitz des Bürgen angeknüpft. Sind beide Rechtsordnungen auch noch inhaltlich unterschiedlich, liegt ein hinkendes Rechtsverhältnis vor. Derartige Rechtsverhältnisse sind das Gegenteil von internationalem Entscheidungseinklang.

---

29 OLG Celle IPRspr. 1999 Nr. 31.

30 Vgl. Kegel, IPR, § 2 und § 7 III 3.

31 KG DR 1940, 1375; KG JW 1937, 1974; vgl. neuerdings OLG Celle IPRspr. 1999 Nr. 31, das die lex fori Qualifikation als herrschende Auffassung bezeichnet, was angesichts der dort zitierten veralteten Literatur nicht verwundert.

32 Kegel/Schurig, IPR, § 7 III 1 a.

33 Vgl. BGHZ 29, 137, 139; BGHZ 44, 121, 124; BGH NJW 1967, 1177; OLG Düsseldorf AG 1976, 107.

34 Cass.civ., 01.07.1981, Bull.civ.I n° 241; Jacquet/Delebecque/Corneloup, Droit du commerce international, 2. Auflage, n° 819.

18 Dagegenspricht man von innerem Entscheidungseinklang, wenn es zu keiner Normenhäufung oder keinem Normenmangel kommt. Übernimmt etwa ein französisches Bauunternehmen den Auftrag, ein Bauvorhaben in Deutschland auszuführen, würde zwar der Unternehmer nach französischem Recht qua Gesetz eine Hypothek an dem Baugrundstück erwerben, denn seine Forderung ist privilegiert (Art. 2103 Code Civil a.F. =Art. 2374 Code Civil n.F.). Doch nach deutschem Recht hat der Unternehmer lediglich einen Anspruch auf Eintragung der Bauhandwerkersicherungshypothek (§ 648 BGB), den wiederum das französische Recht nicht kennt. Auf den ersten Blick jedenfalls besteht **Normenmangel**, der dazu führt, dass der französische Unternehmer ungeschützt wäre, wenn nach Art. 28 Abs. 2 EGBGB (Art. 4 Abs. 1 Rom I) sein Heimatrecht Anwendung fände. Denn das deutsche Sachenrecht gewährt dem Unternehmer keine gesetzliche Hypothek sondern eben nur einen Anspruch auf Eintragung der Bauhandwerkersicherungshypothek.

19 Würde hingegen der Baustellenstaat dem Werkunternehmer originär ein dingliches Recht an dem Baugrundstück gewähren und würde zugleich das auf den Bauvertrag anwendbare Recht einen Anspruch auf Bauhandwerkersicherung vorsehen, käme es zu einem Fall der **Normenhäufung**.

20 Da es letztlich keine Ideallösung für das **Qualifikationsproblem** gibt, kann nicht immer ausgeschlossen werden, dass inhaltlich nicht aufeinander abgestimmte Rechtssätze kollidieren, wodurch es zu Normenwidersprüchen kommt, deren Hauptfälle die Normenhäufung und der Normenmangel sind. Treten Normenwidersprüche auf, müssen sie einer Lösung zugeführt werden. Dies kann durch Angleichung geschehen[35]. Die hierzu vertretenen Lösungsansätze sind vielfältig und im Grunde genommen nur am Einzelfall zu verdeutlichen. Generalisierend kann die Aussage gemacht werden, dass entweder die Grenze zwischen den Kollisionsnormen verschoben werden muss, um eine neue Kollisionsnorm zu bilden, die den Normenwiderspruch verhindert (internationalprivatrechtliche Lösung), oder dass das anzuwendende materielle Recht so angepasst wird, damit das untragbare Ergebnis ausgeschlossen wird (materiellrechtliche Lösung). Die deutschen Gerichte versuchen sich sachgerechten Ergebnissen durch Interessenabwägung zu nähern. Oftmals wird dem Gesetz des geringsten Widerstandes gefolgt, wobei die stärksten Interessen die schwächeren verdrängen[36].

21 Auch im **Baurecht** treten immer wieder **Qualifikationsprobleme** auf. So muss z.B. entschieden werden, ob ein Vertrag unter Art. 28 Abs. 2 oder Abs. 3 EGBGB (Art. 4 Abs. 1 (b) oder (c) Rom I) fällt, wenn die Bauverpflichtung zugleich die Verschaffung von Eigentum oder mehr oder weniger verdinglichten Nutzungsrechten beinhaltet. Was unter einem Grundstück zu verstehen ist, beurteilt sich nach herrschender Auffassung grundsätzlich nach dem Recht am Lageort[37]. Schwierigkeiten werfen insoweit sog. **Time-Sharing-Verträge** auf, denn der Inhalt dessen, was dem Erwerber verschafft werden soll, muss zunächst festgestellt werden[38]. Je nach anwendbarer Rechtsordnung trifft man auf überaus unterschiedliche Lösungsansätze. Während manche Rechtsordnung sachenrechtliche Lösungen vorhält (z.B. Belgien, Spanien, Italien, Portugal), las-

---

35 Looschelders, IPR, vor Art. 3–6 Rn. 59.

36 OLG Bremen FamRZ 1964, S. 219; OLG Saarbrücken FamRZ 1966, S. 42; OLG Hamm FamRZ 1968, S. 321; BGH WPM 1963, S. 506, 507; BGH FamRZ 1979, S. 793, 795.

37 Vgl. Münchener Kommentar/Martiny, BGB, 4. Auflage, Art. 28 EGBGB Rn. 103; Story, Conflict of Laws, § 447.

38 Vgl. hierzu aber die EG-Richtlinie 94/47/EWG vom 26.10.1994.

sen es andere bei Regelungen zum Schutze der Verbraucher bewenden (z.B. Frankreich u. Deutschland). Schwierig ist auch die Behandlung von Bauhandwerkersicherheiten, zumal sich auch insoweit schuldrechtliche (der Anspruch auf die Einräumung der Sicherheit) und sachenrechtliche (z.B. die Ausformung der Sicherheit als Hypothek) Komponenten ergänzen. Schließlich werfen das vorvertragliche Handeln und die sich hieraus ergebende Haftung erhebliche Qualifikationsprobleme auf, da das Thema in anderen Rechtsordnungen zu den **unerlaubten Handlungen** gerechnet wird (z.B. in Frankreich und Belgien).

IX. Zwingende Vorschriften

Schrifttum

D'Avout, Le sort des règles impératives dans le règlement Rome I, D. 2008, 2165; Martiny, Inländische gewerbe-, berufs- und preisrechtliche Vorschriften als international zwingende Normen, FS Heldrich, München 2005, 907; Niggemann, Eingriffsnormen auf dem Vormarsch, IPRax 2009, 444

Das IPR hat sich heute grundsätzlich von der Betrachtung gelöst, man müsse Rechtsanwendungsprobleme vermittels Auslegung der jeweils nach Anwendung strebenden Rechtsnorm lösen. Heute wird nach dem Sitz (engste Beziehung) des Rechtsverhältnisses gesucht, um das anzuwendende Recht zu ermitteln (vgl. aber Art. 4 Rom I). Die Diskussion um international zwingend anzuwendende Normen (auch Eingriffsnormen genannt) belegt aber, dass die Loslösung von der traditionellen Betrachtungsweise nicht vollständig gelungen ist. Soweit nämlich eine Norm nicht bereits ausdrücklich die Anordnung enthält, sie sei international zwingend, muss der international zwingende Charakter aus dem Sinn und Zweck der Vorschrift durch Auslegung ermittelt werden[39]. Nach h.M. ist es erforderlich, dass eine solche Norm nicht nur dem Schutz und Ausgleich von individuellen Interessen der Vertragsparteien dient[40]. Vielmehr muss sie auch öffentlich-rechtliche Gemeinwohlinteressen verfolgen. Aus dem baurechtlichen Sektor sind hier vor allem die Preisvorschriften der HOAI, § 648a BGB und die MaBV zu diskutieren. Im französischen Recht stellt das Gesetz Nr. 75/1334 über Subunternehmerverträge ein *Loi de Police* dar[41]. 22

Ausländische Verbotsgesetze fallen grundsätzlich nicht unter § 134 BGB[42]. Im vorstehenden Fall wurde argumentiert, der Vertrag sei unter Zugrundelegung russischen Rechts unwirksam, weil die bedungenen Werkleistungen in Russland zu erbringen waren, wo es der Unternehmerin an der erforderlichen russischen Lizenz gefehlt habe.

Dass das IPR offen für derartige Normen ist, die international nach Anwendung streben, ergibt sich aus Art. 34 EGBGB a.F., der Art. 7 Abs. 2 EVÜ umsetzt. Art. 34 EGBGB a.F. relativiert die Geltung des nach Art. 27, 28 EGBGB a.F. ermittelten Vertragsstatuts, ohne allerdings selbst Kollisionsnorm zu sein. Die Bedeutung des Art. 34 EGBGB a.F. legt mithin in der Klarstellung, dass die Normen des EVÜ zurücktreten, wenn international zwingende Normen ermittelt werden[43]. 23

Nach Art. 9 Abs. 1 Rom I ist eine Eingriffsnorm eine zwingende Vorschrift, deren Einhaltung von einem Staat als so entscheidend für die Wahrung seines öffentlichen

[39] Looschelders, IPR, Art. 34 Rn. 10.

[40] BAG IPRax 2003, 258, 260; BAG DB 1990, 1666, 1668; Junker IPRax 2000, 65, 70; Schubert RIW 1987, 729, 731; Staudinger/Magnus, BGB, Art. 34 EGBGB Rn. 57.

[41] Vgl. dazu Hök ZfBR 2008, 741, 752; Niggemann IPRax 2009, 444.

[42] Siehe OLG Celle, Beschluß v. 18.11.2010 – 8 Sch 4/10 zu einer Schiedsklausel.

[43] Looschelders, IPR, Art. 34 Rn. 2.

Interesses, insbesondere seiner politischen, sozialen oder wirtschaftlichen Organisation, angesehen wird, dass sie ungeachtet des nach Maßgabe dieser Verordnung auf den Vertrag anzuwendenden Rechts auf alle Sachverhalte anzuwenden ist, die in ihren Anwendungsbereich fallen.

Die Eingriffsnormen („lois d'application immédiate" oder „lois de police") drängen sich in das Vertragsstatut hinein, weil sie von dem Gerichtsstaat als unverzichtbar zur Wahrung seines öffentlichen Interesses, insbesondere seiner politischen, sozialen oder wirtschaftlichen Organisation, angesehen wird.

Jüngstes Beispiel für die Diskussion um baurechtliche Eingriffsnormen ist die französische Rechtsprechung zum Subunternehmerdurchgriff[44]. Die französische Cour de Cassation[45] hat einen französischen Bauherrn auf Zahlung des Werklohnes an einen von einem deutschen Generalunternehmer beauftragten französischen Subunternehmer verurteilt und ausgeführt, das Gesetz vom 31.12.1975 gehöre zu den **Polizeigesetzen** im Sinne des Art. 3 Code Civil. Es sei daher anwendbar, wenn das **Bauvorhaben auf französischem Boden belegen** sei. Diese Entscheidung der gemischten Kammer der Cour de Cassation, die inzwischen von der 3. Kammer des Gerichtshofes aufgegriffen wurde[46], weicht von einer kurz zuvor ergangenen Entscheidung der 1. Kammer des Gerichtshofes[47] ab, die zuvor in der französischen Literatur weithin Zustimmung fand[48]. Die Anknüpfung derartiger Direktansprüche des Subunternehmers ist schon für sich genommen ein Problem[49]. Französische Autoren haben den Anspruch als vertraglich qualifiziert und ihn dem Recht des Hauptvertrages unterstellt[50]. Die Cour de Cassation hat das Problem umgangen und das Gesetz vom 31.12.1975 selbständig angeknüpft. Dabei ist allerdings kein klarer kollisonsrechtlicher Ansatz erkennbar, denn der beabsichtigte Schutz des Subunternehmers rechtfertigt für sich genommen noch nicht, das Vertragsstatut zu verdrängen. Jedoch liegt der von Cour de Cassation gewählte Anknüpfungspunkt, die Belegenheit der Baustelle, auf dieser Linie[51]. Das Ziel, den in Frankreich ansässigen Subunternehmer als Rückgrat der französischen Arbeitsmarktpolitik zu schützen, hätte stattdessen zur Anknüpfung an den Sitz des Subunternehmers führen müssen, was wiederum europarechtlich bedenklich war und eine einseitige Privilegierung französischer Unternehmen bedeutet und mithin zur Verzerrung des Wettbewerbs geführt hätte[52]. Der Anknüpfung an den Ort der Baustelle liegt mithin eine Negativauswahl zugrunde[53].

X. Ordre public

24 Der ordre-public-Vorbehalt verdrängt das eigentlich anwendbare Recht, soweit es mit der öffentlichen Ordnung des angerufenen Gerichts unvereinbar ist. Soweit es qua Verweisung zur Anwendung ausländischen Rechts kommt, könnte ein Gericht gezwungen sein, ausländische Normen anzuwenden, die mit der inländischen **öffentlichen Ord-**

---

44 Vgl. dazu auch Hök ZfBR 2008, 741, 752.
45 Cass.mixte, Urteil vom 30.11.2007 – 06-14006, IBR 2008, 428 –Hök = Juris-Data n° 2007-041758.
46 Cass.civ, Urteil vom 30.01.2008, D. 2008, 478 mit Anm. Delpech betreffend einen deutschen Subunternehmer, der gegen einen französischen Bauherrn vorging.
47 Cass.civ., Urteil vom 23.01.2007, IBR 2007, 1262 – nur online = D. 2007, 2008.
48 Nourissat/Pellegrini, Revue Lamy Droit des Affaires 2008, 57, 58.
49 Ausführlich dazu unter § 13 Rn. 3 ff.
50 Glavinis, Le contrat international de construction, R. 653; Jacquet/Delebecque/Corneloup, Droit du Commerce international, Paris 2007, Rn. 654; Heuzé Rev. Crit. DIP 1996, 243.
51 Vgl. Berlioz JCP (E) 2008, 23, 24.
52 Vgl. Berlioz JCP (E) 2008, 23, 24.
53 Berlioz JCP (E) 2008, 23, 24.

nung unvereinbar sind. Art. 6 S. 1 EGBGB stellt klar, dass ausländisches Recht nicht anzuwenden ist, wenn seine Anwendung zu einem Ergebnis führt, das mit wesentlichen Grundsätzen des deutschen Rechts offensichtlich unvereinbar ist. Dies gilt namentlich dann, wenn die Anwendung mit den Grundrechten unvereinbar ist (Art. 6 S. 2 EGBGB). Art. 6 EGBGB darf allerdings nicht als eine Art Kontrollmechanismus in Bezug auf ausländisches Recht missverstanden werden. Das IPR geht von der prinzipiellen Gleichwertigkeit aller Rechtsordnungen aus[54]. Rechtsunterschiede sind hinzunehmen. Erst wenn sie mit den tragenden Grundsätzen und Wertvorstellungen der inländischen Rechtsordnung unvereinbar sind, kann die Anwendung des ausländischen Rechts verweigert werden. Seit dem Inkrafttreten der Verordnungen Rom I und Rom II sind vorrangig deren Normen anzuwenden. In der Verordnung Rom I findet sich der Ordre-public-Vorbehalt in Art. 21 Rom I; Art. 26 Rom II gilt für außervertragliche Schuldverhältnisse. Beide Normen haben folgenden Inhalt: Die Anwendung einer Vorschrift des nach dieser Verordnung bezeichneten Rechts kann nur versagt werden, wenn ihre Anwendung mit der öffentlichen Ordnung („ordre public") des Staates des angerufenen Gerichts offensichtlich unvereinbar ist. Im baurechtlichen Kontext kommen nur selten Fälle vor, in denen der ordre public eine Rolle spielt.

XI. Force Majeure

Schrifttum

Plate, Die Gestaltung von Force Majeure Klauseln in internationalen Wirtschaftsverträgen, RIW 2007, 42

Die sog. „**Force Majeure-Klauseln**"[55] behandeln im Kern die Haftung im Falle außergewöhnlicher und unvermeidbarer Ereignisse, die die Erfüllung vertraglich geschuldeter Leistungen unmöglich machen oder verzögern. Sie beeinflussen damit das Recht der Leistungsstörungen. Klauseln, die dieses Risiko regeln, finden international immer häufiger Verwendung[56]. In internationalen Verträgen ist es nahezu üblich, **Haftungsbegrenzungsklauseln** aufzunehmen, die den Eintritt derartiger Ereignisse und ihre Rechtsfolgen regeln. In internationalen Bauverträgen drängen internationale Organisationen, wie z.B. die Weltbank, die Vertragspartner, umfangreiche Force-Majeure-Klauseln zu vereinbaren. Internationalprivatrechtlich unterfallen solche Klauseln dem Vertragsstatut[57]. 25

Der Begriff der „Force Majeure" findet hier deshalb Erwähnung, weil die **Kautelarpraxis** damit einen besonderen Fall der privatautonomen Eingriffsnorm geschaffen hat. Stets muss sich eine der Vertragsparteien einer ihr fremden Rechtsordnung unterwerfen. Das liegt in der Natur der Sache, wenn grenzüberschreitende Verträge geschlossen werden. Im internationalen Wirtschaftsverkehr ist es aber wichtig, bestimmte Risiken nicht nur in Abhängigkeit von einer Rechtsordnung zu regeln, sondern an den Eintritt dieser Risiken bestimmte und überschaubare Rechtsfolgen zu knüpfen. Die nicht im Vertrag ausdrücklich verankerten Nuancen und Verästelungen dieser Rechtsordnung sind quasi das „Kleingedruckte" des Vertrages. Kaum einmal wird eine Partei bei Vertragsschluss eingehend die ausländische Rechtsordnung studiert haben, die das Vertragsverhältnis beherrscht. Gerade in Bezug auf diese Nuancen sind aber die Unterschiede in den Rechtsordnungen oftmals groß. Während staatliche Gerichte dazu nei- 26

54 Looschelders, IPR, Art. 6 Rn. 1.
55 Vgl. zu solchen Klauseln Plate RIW 2007, 42 ff.
56 Bunni, ICLR 2001, 523, 527; Seppälä, ICLR 2000, 235 ff.; Pickavance, Delay and Disruption, 4.47.
57 Jacquet/Delebecque, Droit du commerce international, n° 231.

gen, diese Nuancen sehr detailliert anzuwenden, tendieren Schiedsgerichte dazu, sich streng an den Vertragswortlaut zu halten und wenig Raum für die Bewältigung außergewöhnlicher Ereignisse zu lassen[58]. Wie sich nicht vorhersehbare, tiefgreifende Veränderungen der äußeren Verhältnisse auf den Vertrag auswirken, soll aber für die Parteien eines grenzüberschreitenden Vertrages vorhersehbar sein. Den sog. „Force-Majeure" und/oder Hardship-Klauseln wird daher in der internationalen Kautelarpraxis große Aufmerksamkeit gewidmet[59].

27 Klausel 19 der FIDIC-Bedingungen des Red Book 1999 enthält z.B. eine sehr eingehende Regelung zur Regelung zum Thema „höheren Gewalt". Unterklausel 19.1 definiert den Begriff „höhere Gewalt" für die Zwecke der Vertragsbedingungen als ein außergewöhnliches Ereignis,

- das von keiner der Vertragsparteien beeinflussbar ist,
- gegen das diese Partei bei Vertragsschluss vernünftigerweise keine Vorkehrungen treffen konnte,
- das von dieser Partei nicht verhindert oder überwunden werden kann, und
- das nicht grundsätzlich der anderen Partei zugeschrieben werden kann.

28 Force Majeure-Klauseln sind dem französischen und dem belgischen Recht entlehnt[60]. Hier wurde der Begriff kreiert, den andere Rechtsordnungen von dort entlehnt haben[61]. Während „Force Majeure" in England ursprünglich inhaltlich **Akte Gottes** (vis major) regelte, ist heute klar, dass der Begriff auch in England einen weiteren Sinn hat (z.B. Krieg, Überschwemmungen, Epedemien, Erdbeben, Streiks)[62]. Der Umstand, dass der Force Majeure Begriff teilweise sehr stark durch Rechtsprechung nationaler Gerichte zu einzelnen Rechtsordnungen belegt ist, hat FIDIC bewogen, den Begriff nicht mehr zu verwenden. Im FIDIC Gold Book findet sich anstelle der früheren Force Majeure Klausel eine Klausel zu den außergewöhnlichen Risiken.

XII. IPR vor Schiedsgerichten und in der Alternativen Streitbeilegung

Schrifttum

Legum, The definition of precedent in international arbitration in: Gaillard, Yas Banifatemi (Ed), Precedent in International Arbitration, New York 2008, 12; Schmidt-Ahrendts/Höttler, Anwendbares Recht bei Schiedsverfahren mit Sitz in Deutschland, SchiedVZ 2011, 267; Seppälä, The development of case law in construction disputes relating to FIDIC Contracts, ICLR 2009, 105

29 Das IPR ist staatliches Kollisionsrecht. Vor den Gerichten findet weltweit jeweils das IPR der lex fori Anwendung[63]. Im internationalen Bauvertragsrecht besteht aber die große Neigung, die Zuständigkeit der staatlichen Gerichte zu derogieren. An ihre Stelle treten dann Schiedsgerichte als die im Prinzip einzige anerkannte Form privater Gerichtsbarkeit (im Sinne von Gleichwertigkeit). In angelsächsischen Verträgen werden den Schiedsgerichten zudem vielfach sogenannte Dispute Review Boards (DRB) oder

[58] Vgl. Reithmann/Martiny/Martiny, Internationales Vertragsrecht, Rn. 329 unter Hinweis auf ICC Schiedssprüche Nr. 2216 und 2139, beide Clunet 102 (1975), 917, 929.

[59] Dazu eingehend Fontaine/Dely, Droit des contrats internationaux, 435 ff.

[60] Delvaux/Dessard, Le contrat d'entreprise, Rn. 171.

[61] Pickavance, Delay and Disruption, 4.47.

[62] Vgl. Matsoukis v. Priestman & Co. [1915] 1 K.B. 681; Lebeaupin v. Crispin [1920] 2 K.B. 714; Pickavance, Delay and Disruption, 4.49.

[63] Thor Shipping A/S v. The Ship „Al Duhail" [2008] FCA 1842.

Dispute Adjudication Boards (DAB) vorgeschaltet, die in möglichst kurzer Zeit zu vertretbaren wirtschaftlichen Bedingungen mehr oder weniger summarischen vorläufigen Rechtsschutz bieten sollen. Durch ihren internationalen Kontext wirft diese Praxis die Frage danach auf, welches Recht von diesen Schiedsgerichten und alternativen Streitbeilegungsstellen angewendet werden soll oder ob sie gar gänzlich auf internationale Usancen oder eventuell eine lex mercatoria constructionis ausweichen sollten[64].

Vor **deutschen Schiedsgerichten** stellt sich diese Frage im Grunde kaum, es sein denn 30 die Parteien einigen sich auf eine Entscheidung nach Billigkeit (§ 1051 Abs. 3 ZPO). Anderenfalls verweist § 1051 Abs. 1 ZPO auf das anwendbare Recht, auf das sich die Parteien geeinigt haben; hilfsweise bestimmt § 1051 Abs. 2 ZPO, dass auf das Recht abzustellen ist, mit dem das Rechtsverhältnis die engste Beziehung aufweist. Damit enthält das deutsche Schiedsrecht eine eigenständige Kollisionsnorm für vertragliche Schuldverhältnisse, die von den Schiedsgerichten anzuwenden ist, die ihren Sitz in Deutschland haben[65]. Während bislang vertreten wurde, dass zur Auslegung auf die widerleglichen Vermutungen des Art. 28 EGBGB rekurriert werden sollte[66], muss seit Inkrafttreten der Verordnung Rom I ggf. auf Art. 4 Rom I geschaut werden, wiewohl dies wegen Art. 1 Abs. 2 Rom I schwer fällt[67]. Vor deutschen Schiedsgerichten ist folglich staatliches Recht anzuwenden[68]. Der „deutsche" Schiedsrichter ist verpflichtet, eine Rechtsentscheidung zu fällen, so wie wenn ein staatlicher Richter angerufen worden wäre[69]. Gerade vor Schiedsgerichten mag es aber attraktiv sein, den Pfad der strengen Lehre zu verlassen und über das Tor des Erwägungsgrundes 13 in Rom I auf Unidroit Prinzipien auszuweichen, wenn das feststellbare anwendbare Recht lückenhaft ist und eine methodisch belastbare Weiterentwicklung des Vertragsstatuts zu unsicher erscheint. Mankowski[70] (wiewohl mit seiner Auffassung nicht alleine stehend) geht zu weit, wenn er Schiedsgerichten unterstellt, sie würden zum *amiabale compositeur*, sobald sie verdichtete Grundsätze einer vermeintlichen lex mercatoria zur Entscheidungsgrundlage machten. Die Bandbreite zwischen Willkür und belastbarer Ersatzlösung ist eher breit. Unterentwickelte Rechtsordnungen bedürfen gelegentlich der Anreicherung, um Willkür zu vermeiden. Richtig ist dagegen, dass der vorschnelle Rückgriff auf allgemeine Grundsätze zu vermeiden ist. Schiedsgerichte sollten ihre Aufklärungsmöglichkeiten ernst nehmen.

International wird aber durchaus vertreten, dass sich komplizierte international-privat- 31 rechtliche Fragen nicht mit den Zielen der internationalen Schiedsgrichtsbarkeit vertragen[71]. Häufig räumen die Parteien dem Schiedsgericht breite Befugnisse ein, das anwendbare Recht festzustellen, sofern sie keine Rechtswahlvereinbarung getroffen haben[72]. In solchen Befugnissen können sich Formulierungen verbergen, das Schiedsge-

---

[64] Siehe dazu Seppälä ICLR 2009, 105 ff.; zur Bedeutung der EPCL und Unidroit Prinzipien in der Schiedsgerichtsbarkeit siehe Mankowski RIW 2011, 30, 41 f.

[65] Vgl. dazu Zöller/Geimer, ZPO, § 1051 Rn. 2, wonach der Gesetzgeber kein Sonderkollisionsrecht schaffen wollte, sondern lediglich den Grundastz der Bindung des Schiedsrichters an das Kollisionsrecht der lex fori verankern wollte. Nach Schmidt-Arendts/Höttler SchiedsVZ 2011, 267, 268 ist § 1051 ZPO die zentrale Kollisionsnorm.

[66] Zöller/Geimer, ZPO, § 1051 Rn. 5.

[67] Mankowski RIW 2011, 30 ff.

[68] Ähnliches gilt für das indische Recht, vgl. Markanda, Arbitration and Condilation, 568.

[69] BGH WM 1975, 910; Zöller/Geimer, ZPO, § 1051 Rn. 1.

[70] Mankowski RIW 2011, 30, 41 m.w.N.

[71] Vgl. Lando, FS Konrad Zweigert (1981), 157, 159; Born, International Commercial Arbitration, 2108.

[72] Born, International Commercial Arbitration, 2120; Lalive Rev arb. 1976, 155.

richt könne auf die Kollisionsregeln rekurrieren, die sie für anwendbar erachten oder die materiellen Vorschriften anwenden, die sie für geeignet oder angemessen erachten[73]. Insbesondere in den Fällen, wo die Parteien auf unvollständiges oder nicht feststellbares staatliches Recht verweisen, fühlen sich Schiedsgerichte in der Regel frei, auf anderweitiges Recht auszuweichen. Lord Asquith hat z.B. die Anwendung einer Klausel zugunsten des damals unkodifizierten Rechts von Abu Dahbi abgelehnt und schlicht englisches Recht angewendet[74]. Ähnliche Fälle werden von Seppälä berichtet[75].

32 Wo es im internationalen Rechtsverkehr an einer Kollisionsnorm für Schiedsverfahren fehlt, ist auf die normalen Kollisionsnormen am Sitz des Schiedsgerichts abzustellen, sofern nicht bereits aus der Wahl des Schiedsgerichtsortes eine Rechtswahl zugunsten der lex fori des Schiedsgerichts abgeleitet wird[76]. Der kollisionsrechtlichen Frage kann ein Schiedsgericht allenfalls dann entrinnen, wenn die Parteien eine Entscheidung „ex aequo et bono" begehren. Erwägungsgrund 13 der Verordnung Rom I gestattet es den Parteien eines Vertrages aber in Zukunft, ein nicht staatliches Recht zu vereinbaren, wobei der Verordnungsgeber insoweit an die European Principles of Contract Law (EPCL) oder die Unidroit Principles of Commercial Contracts gedacht hat[77]. Dabei sind Schranken zu berücksichtigen. Nicht staatliches Recht kann nur insoweit gewählt werden als es mit dem einschlägigen staatlichen Recht vereinbar ist. Mankowski beschreibt dies so, dass Rahmen und Grenzen des Vertragsstatuts zu beachten sind[78]. Im Übrigen bleibt es bei der Geltung nationalen Rechts. Lediglich wenn dieses nicht inhaltlich aufklärbar ist, kann auf eine andere Rechtsordnung ausgewichen werden.

Gegelentlich wird aber auch (zumindest inzident) vertreten, die staatlichen Kollisionsnormen seien disponibel[79]. Diese Annahme letztlich sich schwerlich mit dem Grundsatz vereinbaren, dass es keine internationale Schiedsgerichtsbarkeit gibt. Letzteres lässt sich schwerlich bestreiten, denn letztlich ist jede Form der Gerichtsbarkeit staatlich in dem Sinne, dass jeder Staat souverän entscheidet, welche Form der Gerichtsbarkeit er neben den staatlichen Gerichten für zulässig erachtet. Diese Annahme beruht auf der Einsicht, dass jede Form der Rechtsdurchsetzung einen rechtlichen Rahmen braucht, der staatlicherseits anerkannt wird. Anderenfalls wäre es aussichtslos darauf zu hoffen, dass der Schiedsspruch von staatlichen Stellen durchgesetzt werden wird. Sowenig es einen Vertrag ohne Recht gibt, sowenig gibt es außerstaatliche Stellen, die ihn durchsetzen. Folglich hat jedes Schiedsgericht einen rechtlichen Sitz. Aus dem Sitz des Schiedsgerichts folgt die Anwendbarkeit des Kollisionsrechts am Sitz des Schiedsgerichts. Dieses Kollisionsrecht mag den Schiedsgerichten gewisse kollisionsrechtliche Beurteilungsspielräume zubilligen; keinesfalls wohnt dem Grundsatz der Parteiautonomie die Befugnis inne, das Kollisionsrecht abzuschaffen[80]. Diese Grundhaltung hat in den letzten Jahrzehnten eine Aufweichung erfahren[81]. Doch Todgesagte

[73] Born, International Commercial Arbitration, 2120 mit Hinweisen auf Art. 1496 CPCN (F) und das UNCITRAL Modellgesetz.

[74] Petroleum Dev. (Trucial Coast) Ltd and the Sheik of Abu Dhabi, Schiedsgeichtsurteil vom 28.8.1951, International and Comparative Law Quarterly 1952, 247, 251; siehe zu weiteren ähnlichen Enstcheidungen Born, International Commercial Arbitration, 2203.

[75] Seppälä ICLR 2009, 105 ff.

[76] Vgl. dazu Born, International Commercial Arbitration, 2208.

[77] Vgl. dazu Hök, FIDIC Verträge im Lichte der Unidroit Prinzipien als Vertragsstatut, ZfBR 2008, 115 ff.

[78] Mankowski RIW 2011, 30, 40.

[79] Schmdit-Ahrendts/Höttler, SchiedsVZ 2011, 267, 268 f.

[80] Vgl. Mann, Lex Facit Arbitrum, Nachdruck, 2 Arb. Int'l 241, 244-245, 248 (1986); siehe auch Born, International Commercial Arbitration, 2121.

[81] Born, International Commercial Arbitration, 2123 f.

leben länger, und hier zu Recht. Gegen die Aufweichung der Sitzregel für die Anwendung des staatlichen Kollisionsrechts am Sitz des Schiedsgerichts spricht das Bedürfnis nach Rechtssicherheit. Das Kollisionsrecht nimmt wesentliche Weichenstellungen vor und gibt Orientierung. Schiedsrichter sollten die wesentlichen anwendbaren Regeln zuverlässig und für alle Beteiligten vorhersehbar bestimmen können. Staatliche Gerichte, die in die Anerkennung und Vollstreckbarerklärung von Schiedssprüchen involviert sind, bedürfen ebenfalls klarer Beurteilungsmaßstäbe. Es macht wenig Sinn, klare Beurteilungsmaßstäbe aufzugeben, um sich absolut dem Parteiwillen zu unterwerfen. Die provokative rhetorische Frage Lalive's[82] danach, ob es nicht bedeuten würde, den internationalen Schiedsrichter in eine Art Prokrustesbett zu zwingen, wenn man ihn wie einen staatlichen Richter behandeln würde, der zwingend an das Internationale Privatrecht des Landes gebunden ist, wo er seinen Sitz hat und aus dem er seine Befugnis zur Entscheidungsfindung ableitet, entkoppelt die Schiedsgerichtsbarkeit ohnehin nicht von Maßstäben, sondern ersetzt allenfalls den einen Maßstab (das Kollisionsrecht) durch den anderen (die Parteiautonomie). Damit ist den Parteien nicht geholfen, wenn sie es versäumen, das anwendbare Recht zu bestimmen, oder wenn ihnen gar das Recht und die Befugnis abgesprochen wird, das wendbare Recht zu wählen (wie z.B. im Rahmen von Ansprüchen aus Quasiverträgen oder unerlaubten Handlungen, die erst in neuerer Zeit partiell kollisionsrechtlichen Vereinbarungen zugänglich sind). Letzteres spielt vor allem im Rahmen der erweiterten Schiedsgerichtsklausel eine Rolle, mit der dem Schiedsgericht nicht nur vertragliche Angelegenheiten sondern auch solche in Verbinding mit dem Vertrag zur Entscheidung überwiesen werden (vgl. Unterklausel 20.6 FIDIC 1999). Nicht zuletzt aber widerspricht es den gesetzlichen Regelwerken in Deutschland und in der Schweiz, die Sitzregel zu ignorieren[83]. Mit der herrschenden Meinung in Deutschland ist an der Sitzregel festzuhalten. Folglich müssen deutsche Schiedsgerichte die deutschen Kollisionsregeln anwenden[84]. Nicht gefolgt werden kann allerdings der Auffassung, dass § 1051 ZPO eine abschließende Regelung beinhalte. Die Gesetzgebungsmaterialien legen es nahe, dass ein deutsches Schiedsgericht neben § 1051 ZPO die Grundentscheidungen des deutschen Kollisionsrechts berücksichtigt. Zudem ist § 1051 ZPO viel zu eng, um als alleinige Kollisionsnorm der Aufgabe gerecht zu werden, das maßgebliche Sachrecht zuverlässig und interessegerecht zu bestimmen. Ohnehin ist das Kollisionsrecht seit jeher vielfältiger als es sich in einer Regelung ausdrücken ließe. Allenfalls, wenn man § 1051 ZPO als Verweisung auf allgemeine kollisionsrechtliche Grundsätze – ungeachtet gesetzlicher Vorgaben – verstünde, würde § 1051 ZPO eine abschließende Funktion haben können.

In **Indien** herrscht auf der Grundlage von Section 28 Arbitration and Conciliation Act 1996, wo unter anderem der Grundsatz der Sachnormverweisung verankert ist, die Auffassung, der Schiedsrichter habe in internationalen Fällen das „proper law of the parties" anzuwenden. Um dieses festzustellen, möge er sich in die Lage eines „reasonable man" versetzen. In die Überlegungen fließt ein: (1) Ort des Vertragsschlusses, (2) Form und Natur des Vertrages, (3) Erfüllungsort, (4) Sitz oder Wohnsitz der Parteien, (5) Sitz des Gerichts[85], aber auch: (6) der Stil und die Terminologie, in der der Vertrag entworfen wurde, (7) die Nutzung einer bestimmten Sprache, obgleich dieses Indiz geringere 33

82 Lalive, Les règles de conflits de lois appliquées au fond du litige par l'arbitre international siégeant en Suisse, 1976 Rev.arb. 155.

83 Siehe auch Born, International Commercial Arbitration, 2127.

84 Schmdit-Ahrendts/Höttler, SchiedsVZ 2011, 267, 269 ff.

85 Markanda, Arbitration and Concilation, 570.

Bedeutung besitzt, (8) die Verbindung mit einem vorangehenden Geschäft, (9) die Wirksamkeit des Vertrages nach einem Recht, während es nach einem anderen in Frage kommenden unwirksam wäre[86]. In der Sache läuft dies auf die Ermittlung des vermutlichen (hypthetischen) Parteiwillens hinaus, denn der Schiedsrichter soll den Parteiwillen aus dem Vertragswortlaut und den Umständen der Transaktion ermitteln[87], obgleich neuere Äußerungen darauf hinweisen, dass auf die tatsächlich engste Beziehung des Vertrages zu einer Rechtsordnung abzustellen ist[88]. In **Frankreich** lässt Art. 1496 CPCN a.F. den Schiedsrichtern erheblich mehr Raum. Der gleichlautende Art. 1511 Code de Procédure Civile in der Fassung vom 13.1.2011 verweist auf das von den Parteien vereinbarte Recht, hilfsweise auf das Recht, welches das Schiedsgericht für geeignet erachtet[89]. Die Vorschriften gestatten es dem Schiedsgericht, den Rechtsstreit in Übereinstimmung mit den Regeln des Rechts zu entscheiden, das die Parteien gewählt haben; mangels einer solchen Wahl, in Übereinstimmung mit denen, die es für geeignet erachtet. Es berücksichtigt in jedem Fall die Handelsbräuche. Art. 1495 CPCN (a.F.) verweist nicht auf das Recht eines Staates, sondern auf die Regeln „des Rechts“[90]. Es verwundert daher nicht, dass vor allem die französischen Gerichte auch solche Schiedssprüche anerkennen, die auf der Anwendung allgemeiner Rechtsprinzipien beruhen[91]. Ab dem 1. Mai 2011 gilt in Frankreich das neue Schiedsrecht der Artikel 1442 Code de Procédure Civile in der Fassung des Dekrets Nr. 2011-48 vom 13.1.2011[92]. Kernstück der Reform ist die vollständige Unabhängigkeit der Schiedsgerichtsklausel vom zugrunde liegenden Vertrag[93]. Die Schiedsgerichtsvereinbarung wird nicht durch die Unwirksamkeit des zugrunde liegenden Vertrags beeinträchtigt.

34 Gemäß Art. 42 (1) der ICSID (International Centre for Settlement of Disputes) gilt folgende Kollisionsregel:

(1) The Tribunal shall decide a dispute in accordance with suchrules of law as may be agreed by the parties. In the absence of such agreement, the Tribunal shall apply the law of the Contracting State party to the dispute (including its rules on the conflict of laws) and such rules of International Law as may be applicable.

Regel Nr. 1 bestätigt den Grundsatz der Parteiautonomie. Falls die Parteien es versäumen, eine Rechtswahlklausel zu vereinbaren, muss das Schiedsgericht auf den 2. Satz abstellen[94]. Der Umstand, dass ein Staat Vertragsstaat eines bilateralen Investitionsschutzabkommens ist, kann aus Sicht der ICSID Gerichte als stillschweigende Unterwerfung unter dessen Regelungen verstanden werden[95]. Auch der Umstand, dass der Kläger Rechte aus dem bilateralen Investitionsschutzabkommen herleitet, kann als

---

86 Patil, The Law of Arbitration and Concilitation, 496.

87 Markanda, Arbitration and Concilation, 571.

88 Markanda, Arbitration and Concilation, 571, unter Hinweis auf das englische Recht, das in neuerer Zeit erheblich durch europäisches Recht beeinflusst wurde.

89 Siehe zum neuen Recht gemäß Dekret vom 13.1.2011 Gaillard/Lapasse, Le nouveau droit français de l'arbitrage interne et international, D. 2011, Chron. 175.

90 Poudret/Besson, Droit comparé de l’arbitrage international, Rn. 700.

91 Poudret/Besson, Droit comparé de l’arbitrage international, Rn. 700.

92 Vgl. Gaillard/Lapasse, Le nouveau droit français de l'arbitrage interne et international, D. 2011, Chron. 175.

93 Vgl. Art. 1447 Code de Procédure Civile n.F.

94 ICSID Award, 3.10.2006, LG&E Energy Corp., LG&E Capital Corp. and LG&E International Inc. v. Argentine Republic (ICSID Case No. ARB/02/1).

95 ICSID Award, 3.10.2006, LG&E Energy Corp., LG&E Capital Corp. and LG&E International Inc. v. Argentine Republic (ICSID Case No. ARB/02/1).

Rechtswahl gedeutet werden. Doch genügen solche Anhaltspunkte nicht, um eine Rechtswahl anzunehmen[96]. Fehlt es an einer Rechtswahl muss der 2. Teil des Art. 42 (1) ICSID angewendet werden, um das anwendbare Recht zu bestimmen.

Art. 42 (1) S. 2 verweist auf das IPR und die Regeln des internationalen Rechts „as may be applicable". In der Regel rekurrieren die ICSID Gerichte nicht auf das IPR des Staates, der in den Streit involviert ist. Jedenfalls soweit die Parteien einvernehmlich auf das Recht des beteiligten Staates Bezug nehmen, unterbleibt eine nähere Untersuchung der kollisionsrechtlichen Problematik[97].

Der Begriff „as may be applicable" wird in der Weise verstanden, und zwar unter Bezugnahme auf das französische Vorbild, dass es die Anwendbarkeit der internationalen Regeln nicht unter eine Bedingung stellt, sondern vielmehr in dem Sinne als seien die „in der Sache" anwendbaren Regeln anzuwenden. Gleichermaßen umfasst die Anordnung, die internationalen Regeln anzuwenden, die Anwendung des allgemeinen internationalen Rechts einschließlich des gewöhnlichen internationalen Rechts als Interpretationshilfe[98].

Noch schwieriger ist die Frage danach zu beantworten, welches Recht vor **alternativen** 35
Streitbeilegungsstellen angewendet werden sollte, weil diese keine echte Gerichtsbarkeit ausüben und keinesfalls an die Stelle eines staatlichen Gerichts oder Schiedsgerichts treten sollen. Solche Streitbeilegungsstellen, die ihre Rechtsmacht ausschließlich dem Parteiwillen verdanken, haben keinen Sitz[99]. Sie sind aber Vorstufe der Schiedsgerichtsbarkeit, auch wenn die Parteien auf den Gang zum Schiedsgericht verzichten können.

Die Frage nach dem anwendbaren Recht ist praktisch durchaus von Bedeutung, denn in vielen Standardverträgen verpflichten sich die Parteien, einen vorläufig bindenden DAB Spruch quasi anzuerkennen, aber auf jeden Fall auf vertraglicher Grundlage zu vollziehen. In einem von Seppälä berichteten Fall, der vor einem ICC Schiedsgericht anhängig war, ging es darum, ob das ICC Schiedsgericht einen vorläufig bindenden Spruch des Engineer (in seiner Rolle als Adjudicator nach FIDIC 1987) vollziehen muss. Das Gericht befand, dass ein vorläufig bindender Spruch (vgl. Unterklausel 67.1 FIDIC 1987)[100]

„... so gewürdigt werden muss, als entfalte er umgehend rechtliche Wirkung gegenüber den Parteien, solange er nicht entweder im Wege einer Einigung oder durch ein Schiedsurteil aufgehoben wurde".

Es ordnete daher im einstweiligen Verfahren die Vollziehbarkeit des Spruches an. Ohne eine ausdrückliche Ermächtigung kann aber ein nur vorläufig bindener DAB Spruch nicht endgültig vollzogen werden. Jedenfalls bedarf es dann eines Hauptsacheverfahrens[101]. Nach Auffassung des Court of Appeal Singapore besteht bereits eine ständige Praxis der Schiedsgerichte, in Schiedsgerichtsverfahren, die nach Unterklausel 20.6 der

---

96 ICSID Award, 3.10.2006, LG&E Energy Corp., LG&E Capital Corp. and LG&E International Inc. v. Argentine Republic (ICSID Case No. ARB/02/1), Rn. 85.

97 ICSID Award, 3.10.2006, LG&E Energy Corp., LG&E Capital Corp. and LG&E International Inc. v. Argentine Republic (ICSID Case No. ARB/02/1), Rn. 87.

98 ICSID Award, 3.10.2006, LG&E Energy Corp., LG&E Capital Corp. and LG&E International Inc. v. Argentine Republic (ICSID Case No. ARB/02/1), Rn. 89.

99 Siehe dazu Hök, Zur international-privat- und verfahrensrechtlichen Behandlung des Schiedsgutachtens und DAB Spruches, ZfBR 2008, 323 ff.

100 ICC Case No. 10619; vgl. dazu Seppälä ICLR 2009, 414 ff.

101 High Court Singapore, PT Perusahaan Gas Negara (Persero) TBK v. CRW Joint Operation [2010] SGHC 202 PT Perusahaan Gas Negara (Persero) TBK v. CRW Joint Operation [2010] SGHC 202. Der Court of Appeal Singapore hat die Vorinstanz inzwischen letztinstanzlich bestätigt.

1999iger FIDIC Bedingungen anhängig gemacht wurden, eine nicht endgültig bindende DAB Entscheidung im Wege eines entweder vorläufigen oder teilweisen Spruches als sofort durchsetzbar zu behandeln, solange die endgültige Beilegung der Streitigkeit der Parteien anhängig ist[102]. Auch aus der englischen Rechtsprechung ist bekannt, dass vorläufig bindende DAB-Sprüche nicht vollständig der Kontrolle durch die Gerichte entzogen sind. Folgende Formeln sind aus der englischen Rechtsprechung geläufig:

„Obgleich Adjudication nicht Schiedsgerichtsbarkeit ist, beabsichtigt nach meinem Urteil der Satz ‚die Entscheidung des Adjudicator ist bindend' einen ähnlichen Grad von Befolgung durch die Parteien, mit Ausnahme dass im Falle der Adjudicator Entscheidung die Entscheidung nicht endgültig sondern einstweilig ist, es sei denn die Parteien vereinbaren, sie als endgütige Beilegung des Streites zu akzeptieren. Die Absicht des Parlaments muss es sein, dass die Entscheidung bindend ist und einstweilig durchgesetzt werden kann. Wenn die Entscheidung nicht mehr als eine weitere vertragliche Verpflichtung wäre, die durch andere vertragliche Verpflichtungen verletzt oder eingeschränkt oder herabgesetzt werden könnte, würde der grundsätzliche Zweck, in der Bauindustrie Liquidität bereitzustellen unterminiert"[103].

36 Die englischen Gerichte überpüfen im Wesentlichen, ob das Dispute Adjudication Board Gerichtsgewalt (Jurisdiction) besaß und ob es die fundamentalen Grundsätze eines justizförmigen Verfahrens (natural justice) eingehalten hat[104]. Ist das der Fall, vollziehen sie den DAB Spruch[105]. Um dies tun zu können, müssen folgende Vorfragen geklärt werden:

- Haben sich die Parteien wirksam geeinigt, den Spruch eines DAB zu vollziehen?
- Welche Grundsätze muss das DAB beachten, wenn es Recht spricht?

37 Das läuft zunächst darauf hinaus, dass die Rechtsnatur dieser Vereinbarung zu prüfen hat. Dabei sollte vor allem auf den Parteiwillen abgestellt werden[106]. Handelt es sich z.B. um eine Schiedsgutachtenvereinbarung, wie es in Deutschland vielfach vertreten wird[107], wäre der Schiedsgutachter letztlich weder gehalten seine Gerichtsgewalt zu überprüfen, noch wäre er gezwungen verfahrensrechtliche Grundsätze für seine Entscheidungsfindung zu beachten. Kommt man hingegen zu der wohl zutreffenden Auffassung[108], es handele sich um eine Vereinbarung, wonach das DAB gerichtsähnliche Gewalt ausübt, wäre die lex fori des DAB zu ermitteln. Folglich stellt sich die Frage nach dem Sitz des DAB. Nach der hier vertretenen Auffassung besitzt das DAB keinen eigenen Verfahrenssitz, sondern es muss auf den Sitz des ergänzend vereinbarten Schiedsgerichts

---

[102] Court of Appeal Singapore, Urteil vom 13.7.2011, 59/2010 – CRW Joint Operation v. PT Perusahaan Gas Negara [2011] SGCA 3.

[103] William Verry Ltd v. London Borough Of Camden [2006] EWHC 761 (TCC).

[104] Carillion Construction Ltd v. Devonport Royal Dockyard [2005] EWHC 778 (TCC).

[105] Vgl. Mead General Building Ltd v. Dartmoor Properties Ltd, Urteil vom 04.02.2009 – [2009] EWHC 200 (TCC) = IBR 2009, 1092 -Hök.

[106] Holland House Property Investments Ltd v. Norna Forsyth Crabbe & Anor, Urteil vom 02.07.2008 – [2008] ScotCS CSIH_40 = IBR 2008, 1094 -Hök.

[107] Siehe z.B. Lembcke IBR 2009, 485 zu OLG Jena, Urteil vom 26.09.2007 – 2 U 227/07; dres. IBR 2008, 371, wo Lembcke die englischen Adjudication-Sprüche unzutreffend als aufschiebend bedingte Schiedsgutachten bezeichnet. Tatsächlich sind DAB Sprüche auflösend bedingt, denn vorläufig bindende Sprüche können vollzogen werden, so auch Lembcke, Zur Rechtsnatur des Adjudicationverfahrens, IBR Online Rn. 3.

[108] Siehe Hök IBR 2009, 1095; zustimmend Schulze-Hagen, Plädoyer für Adjudication in Deutschland, IBR-Online, Rn. 29.

abgestellt werden[109]. Dieser Sitz entscheidet dann auch darüber, welches Kollisionsrecht ggf. das Recht bestimmt, das über die Frage der Wirksamkeit der Vereinbarung über die bindende Wirkung des DAB Spruches befindet. In der Praxis werden Dispute Adjudication Boards den Parteien in Zweifelsfällen vorschlagen, sich auf das anwendbare Recht zu einigen. Eine solche Vereinbarung sollte ausdrücklich auch außervertragliche Ansprüche einschließen.

109 Hök ZfBR 2008, 323 ff.

Kapitel 2
Internationales Bau- und Architektenvertragsrecht

§ 4 Bauvertragsstatut

Schrifttum

Audit, Droit International privé, 3. Auflage, Paris 2000; Berger, The Practice of Transnational Law, 2001; Bonell, Das autonome Recht des Welthandels, Rechtsdogmatische und rechtspolitische Aspekte, RabelsZ 42 (1978), 485 ff.; Böckstiegel (hrsg.), Vertragsgestaltung Streiterledigung in der Bauindustrie und im Anlagenbau, 1984; Brabant, Le contrat international de construction, Brüssel 1981; Britton, Oxalic Acid and the Applicable Law: The Rome Convention and Construction, ICLR 2003, 381 ff.; Britton, The right law for construction? Choice of law and European Reform, ICLR 2008, 347; Britton, The right law for construction? Choice of law and European Reform: Update, ICLR 2008, 518; Britton, Choice of Law: A happy end, ICLR 2009, 359; Brödermann, Die erweiterten Unidroit Principles 2004, RIW 2004, 721; Bunni, The FIDIC Form of Contract, 2. Auflage, London 1997; Dicey & Morris, The Conflict of Laws, Vol. I + II, 13. Auflage, London 2000; Dünnweber, Vertrag zur Errichtung einer schlüsselfertigen Industrieanlage im internationalen Wirtschaftsverkehr, 1984, Ehlers, Welches nationale Recht gilt bei binationalen Bauaufträgen, NZBau 2002, 19; Glavinis, Le contrat international de construction, Paris 1993; Hök/Manterfeld, Internationales Bau- und Architektenrecht in: Korbion, Baurecht, Köln 2005; Hök, Neues zum Internationalen Privatrecht des Bauvertrages, ZfBR 2000, 7 ff.; Hök, Internationales und Europäisches Baurecht-Bericht 2000–2002, ZfBR 2002, 430; Hök, Risiken und Sicherheiten im grenzüberschreitenden Geschäft, BauRB 2004, 346; Hök, Anm. zu OLG Düsseldorf, Urt. v. 23.09.2003, 23 U 218/02, BauRB 2004, 295; Hök, Neues Europäisches Internationales Baurecht, ZfBR 2008, 741 ff.; Hök, Zum Sitz des Rechtsverhältnisses beim internationalen Bau- und Architektenvertrag, ZfBR 2006, 741 ff.; Jacquet/Delebecque/Corenloup, Droit du commerce international, 2. Auflage, Paris 2010; Kartzke, Internationales Erfüllungsortsgerichtsstand bei Bau- und Architektenverträgen, ZfBR 1994, 1; Kötz, Allgemeine Rechtsgrundsätze als Ersatzrecht, RabelsZ 34 (1970), 663 ff.; Kulick, Auslandsbau, Stuttgart 2003; Markowsky, Der Bauvertrag im internationalen Rechtsverkehr, Diss 1997; Mankowski, Die Rom-I-Verordnung – Änderungen im europäischen IPR für Schuldverträge, IHR 2008, 133; Martiny, Anwendbares Recht für internationale Bauverträge, BauR 2008, 241 ff.; Martiny, Neues deutsches internationales Vertragsrecht, RIW 2009, 737 ff.; Nuyts, Les contrats relatifs aux immeubles en droit international privé conventionnel européen, Rev.dr.int. et dr.comp. 2000, 143; Reithmann/Martiny, Internationales Vertragsrecht, 7. Auflage, Köln 2010; Schmitthoff, Das neue Recht des Welthandels, RabelsZ 28 (1964), 47 ff.; Sonnenberger, Privatrecht und Internationales Privatrecht im künftigen Europa: Fragen und Perspektiven, RIW 2002, 489; Spickhoff, Internationales Handelsrecht vor Schiedsgerichten und staatlichen Gerichten, RabelsZ 56 (1992), 116 ff.; Thode/Wenner, Internationales Architekten- und Bauvertragsrecht, Köln 1998; Thode, Die Bedeutung des neuen internationalen Vertragsrechts bei grenzüberschreitenden Bauverträgen, ZfBR 1989, 45; Vetter, Kollisionsrechtliche Fragen bei grenzüberschreitenden Subunternehmerverträgen im Industrieanlagenbau, ZvglRWiss 87 (1988), 248 ff.; Wenner, Die objektive Anknüpfung grenzüberschreitender Verträge im deutschen Internationalen Anlagen- und Bauvertragsrecht, FS Jagenburg, München 2000, 205; Werner /Pastor, Bauprozess, 12. Auflage, Neuwied 2008.

Inhaltsübersicht

I. Vorbemerkung zum Internationalen Schuldrecht

1 Das **Internationale Privatrecht** ist bislang unverzichtbarer Bestandteil aller Rechtsordnungen; es ist denknotwendig vorhanden, es sei denn man wollte leugnen, dass es in anderen Staaten „Recht" gibt. Es verschwindet erst, wenn die Verschiedenheit der Privatrechte endet, weil ein überall geltendes Weltprivatrecht eingeführt wird[1]. Es kann weder durch eine imaginäre **lex mercatoria** noch durch den Verzicht der Parteien auf eine anwendbare Rechtsordnung entbehrlich gemacht werden, wenngleich Molineaux[2] überaus überzeugend Grundinhalte einer *lex mercatoria constructionis* zusammengefasst hat. Zwar ist nicht zu leugnen, dass es in der Schiedsgerichtspraxis[3] und sogar in staatlichen Gerichtsentscheidungen[4] hin und wieder Ansätze dazu gibt, Streitigkeiten ohne ausdrückliche Referenz zu einem anwendbaren Recht beizulegen. Doch letztlich macht die Existenz internationaler Sitten und Gebräuche es keinesfalls entbehrlich, den Vertrag an ein staatliches Recht anzuknüpfen. Ansonsten würde es sich um einen Vertrag ohne Recht handeln[5], dessen Durchsetzbarkeit bezweifelt werden muss[6]. Sitten und Gebräuche können das nationale Recht allenfalls in den von ihm zugelassenen Grenzen verdrängen[7]. Fehlt es an zwingend anwendbarem staatlichem Recht und steht ein solches der Anwendung der lex mercatoria nicht entgegen, können anerkannte Handelsbräuche und Übungen zur Anwendung kommen[8]. Sie sind aber auch in einzelnen Rechtsordnungen durchaus Rechtsquelle (vgl. Art. 1 Code Civil (Ägypten).

Beispiel: Schweigen auf ein kaufmännisches Bestätigungsschreiben

1. Die Konvention von Rom (EVÜ) und die Verordnung Rom I

Schrifttum

Britton, Oxalic Acid and the Applicable Law: The Rome Convention and Construction, ICLR 2003, 381; Britton, The Right Law for Construction? Choice of Law and European Reform, ICLR 2008, 347; Britton, The Right Law for Construction? Choice of Law and European Reform: Update, ICLR 2008,

[1] Kegel/Schurig, IPR, § 1 III.
[2] Molineaux, Charles, Moving Toward a Lex Mercatoria – A Lex Constructionis, 14 J. Int'l Arb. 1997, No. 1, 55 ff.
[3] ICC Urteil Nr. 8486, Clunet 1998, 1047; Chaillé de Néré, Les difficultés d'exécution du contrat, Rn. 147; Schilf IHR 2004, 236 ff.
[4] Tan Hung Nguyen v. Luxury Design Homes [2004] NSWCA 178; vgl. Kuijer, „Een vergelijking van 'hardship' uit de UNIDROIT-regeling met de onvoorziene omstandigheden uit artikel 6:258 van het BW", Ars Aequi (1996) p. 16, 19; Zur weiteren Diskussion über die Rechtsnatur der UP und die Möglichkeiten zur Vereinbarung der UP siehe Heidemann, Methodology of Uniform Contract Law, Heidelberg 2007, 149 ff.
[5] Vgl. dazu Wengler Rev.crit. DIP 1982, 467.
[6] Vgl. Mankowski RIW 2011, 30 ff.
[7] Chaillé de Néré, Les difficultés d'exécution du contrat, Rn. 147.
[8] Le Tourneau, L'ingénierie, les transferts de technologie et de maîtrise industrielle, Rn. 177.

347; Britton, Choice of Law: A happy ending?, ICLR 2009, 359; Firsching, Übereinkommen über das auf vertragliche Schuldverhältnisse anzuwendende Recht (IPR-VertrgsÜ) vom 11.6.1980, IPRax 1981, 37 ff.; Gaudement-Tallon, Le nouveau droit international privé européen des contrats, RTD eur. 1981, 250; Lagarde, Le nouveau droit international privé des contrats après l'entrée en vigueur de la Convention de Rome du 19 juin 1980, Rev.crit.dr.int.pr. 1991, 311 ff.; Martiny, Neues deutsches internationales Vertragsrecht, RIW 2009, 737; Martiny, Anwendbares Recht für internationale Bauverträge, BauR 2008, 241; Mankowski, Die Rom I Verordnung – Änderungen im europäischen IPR für Schuldverträge, IHR 2008, 133; Mankowski, Rom I und Schiedsverfahren, RIW 2011, 30

Internationales Privatrecht ist im Kern nationales (Verweisungs-) Recht. Im Interesse des internationalen Entscheidungseinklanges besteht aber der Wunsch nach Rechtsvereinheitlichung. Innerhalb der Europäischen Union wurde das Internationale Schuldvertragsrecht zunächst durch die Konvention von Rom vom 19. Juni 1980[9] (EVÜ) vereinheitlicht[10]. Das deutsche Zustimmungsgesetz zum EVÜ bestimmte, dass das Übereinkommen in Deutschland keine unmittelbare Anwendung fand. Innerstaatlich wurde das EVÜ daher in den Art. 11, 27 bis 37 EGBGB a.F. umgesetzt. Unvereinheitlicht blieb das außervertragliche Schuldrecht. In beiden Bereichen hat der Europäische Gesetzgeber nach umfangreichen Vorarbeiten[11] zwischenzeitlich rechtsvereinheitlichende Verordnungen erlassen. Zu nennen sind die Europäische **Verordnung 864/2007** des Europäischen Parlaments und des Rates vom 11. Juli 2007 über das auf **außervertragliche Schuldverhältnisse anzuwendende Recht** („Rom II") und die Europäische **Verordnung 593/2008** des Europäischen Parlaments und des Rates vom 17. Juni 2008 über das auf **vertragliche Schuldverhältnisse anzuwendende Recht** (Rom I). 2

Der Text des Römischen Übereinkommens (EVÜ) galt in der Bundesrepublik Deutschland nicht unmittelbar, denn der Gesetzgeber hat in Art. 1 Abs. 2 des Gesetzes zu dem Übereinkommen vom 19.06.1980 über das auf vertragliche Schuldverhältnisse anzuwendende Recht vom 25. Juli 1986[12] die Zustimmung zu dem Übereinkommen mit der Maßgabe erklärt, dass die in den Artikeln 1 bis 21 des Übereinkommens enthaltenen Vorschriften innerstaatlich keine unmittelbare Anwendung finden. Das EVÜ wurde mit Gesetz vom 25. Juli 1986[13] in das nationale deutsche Recht umgesetzt. Das Übereinkommen ist dagegen erst zum 1. April 1991 in Kraft getreten[14]. Das deutsche internationale Recht der Schuldverträge war daher in den Artikeln 27 bis 37 EGBGB a.F. kodifiziert und streng genommen rein nationales Recht. 3

Am 11.1.2009 trat die Europäische **Verordnung 864/2007** des Europäischen Parlaments und des Rates vom 11. Juli 2007 über das auf **außervertragliche Schuldverhältnisse anzuwendende Recht** („Rom II") in Kraft. Am 17.12.2009 folgte die Europäischen **Verordnung 593/2008** des Europäischen Parlaments und des Rates vom 17. Juni 2008 über das auf **vertragliche Schuldverhältnisse anzuwendende Recht** (Rom I) nach. Damit ist die Vereinheitlichung des europäischen Kollisionsrechts für außervertragliche und vertragliche Schuldverhältnisse weitgehend abgeschlossen. Das EVÜ wurde im Verhältnis zu allen Europäischen Staaten mit Ausnahme Dänemarks aufgehoben.

---

[9] BGBl 1986 II, 810.

[10] Das Übereinkommen trat am 1. April 1991 im Verhältnis zu Belgien, Dänemark, Frankreich, Italien, Luxemburg und dem Vereinigten Königreich in Kraft. Es gilt heute auch für die Niederlande (seit dem 1. September 1991) und Irland (seit dem 1. Februar 1992) sowie für Griechenland (seit dem 1. April 1991, allerdings in der Fassung des Beitrittsübereinkommens vom 10. April 1984).

[11] Vgl. Kohler IPRax 2003, 401, 407; Grünbuch KOM (2002) 654 endgültig.

[12] BGBl 1986 II, Seite 809.

[13] BGBl 1986 I, Seite 1142.

[14] Bek. v. 12.07.1991, BGBl 1991 II, 871.

4 Obwohl das EVÜ das Kollisionsrecht der Mitgliedstaaten vereinheitlicht hatte, waren nationale **Unterschiede** festzustellen. Es fehlte bis vor kurzem an einer zentralen und übergeordneten Auslegungskompetenz (Alleinzuständigkeit der nationalen Gerichte)[15] und die maßgeblichen sprachlichen Fassungen eröffneten unterschiedliche Auslegungsspielräume. So regelte z.B. die englische Fassung des Art. 3 Abs. 1 EVÜ, dass sich der stillschweigende Parteiwille „with reasonable certainty" aus dem Vertrag ergeben muss, während die französische Fassung von „de façon certaine" sprach, woraus viele Kommentatoren gegenüber dem deutschen und dem englischen Text einen strengeren Maßstab für die Feststellung eines stillschweigenden Parteiwillens ableiteten[16]. Hinzu kommen seit jeher unterschiedliche Ansichten zu den Grundlagen des IPR, also z.B. Unterschiede bei der Art der Anknüpfung (selbständige oder unselbständige Anknüpfung akzessorischer Rechtsverhältnisse). Die Folge ist, dass in Frankreich die **Bürgschaft** mangels ausdrücklicher Rechtswahl dem Statut der besicherten Forderung unterliegt[17], während in Deutschland an den Sitz des Bürgen angeknüpft wird.

Beispiel: Der Staat Kongo beauftragt den Bau einer Fernstraße und es verbürgt sich die französische Bank F für die Werklohnforderung. Auf den Bauvertrag findet vereinbarungsgemäß das „neutrale" schweizerische Recht Anwendung. Nach deutschem IPR würde sich der Einwand der Vorausklage aus dem französischen Recht ergeben, weil das Recht am Sitz der Bank durchgreift. Nach französischem IPR müsste mangels anderweitiger Anhaltspunkte im Einzelfall schweizerisches Recht beurteilen, ob der Einwand der Vorausklage besteht.

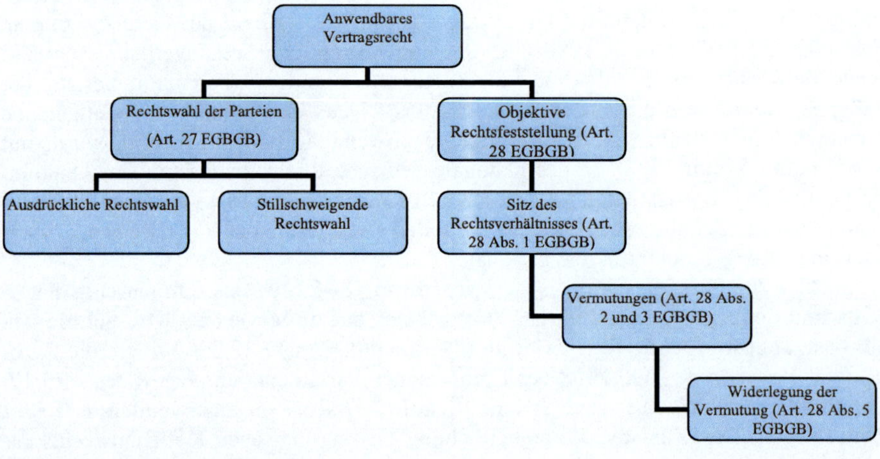

Abb. 1.1. Stufenleiter Vertragsstatut

5 Bis zum Inkrafttreten der Verordnung Rom I konnte das anwendbare Recht nach der in Abb. 1.1 dargestellten Stufenleiter ermittelt werden.

15 Erst die beiden Auslegungsprotokolle zum EVÜ vom 19.12.1988, die beide am 1.8.2004 in Kraft traten, verschafften dem EuGH die Auslegungshoheit. Erst seither war eine einheitliche Anwendung des EVÜ in den Vertragsstaaten sichergestellt.

16 Vgl. Britton ICLR 2003, 381, 399; zur Auslegung inDeustchland siehe zuletzt OLG München, Urt. v. 13.1.2009 – 5 U 2283/08, Neck RS 2009, 04136 sowie dazu Rauscher/Pabst NJW 2009, 3614, 3616.

17 Cass.civ., 01.07.1981, Bull.civ. I n° 121; Jacquet/Delebecque/Corneloup, Droit du Commerce International, Rn. 919; vgl. auch Dicey & Morris, The Conflict of laws, 32-123.

Fehlerhaft war es[18],

- auf den hypothetischen Parteiwillen abzustellen[19]
- den Erfüllungsort als allein ausschlaggebendes Merkmal heranzuziehen[20]
- in den Erwägungen zu Art. 28 Abs. 5 EGBGB auf den stillschweigenden Parteiwillen zurück zu greifen[21].

Zur Feststellung des Vertragsstatuts war entweder auf Art. 27 EGBGB (Art. 3 EVÜ) oder auf Art. 28 EGBGB (Art. 4 EVÜ) abzustellen[22]. Auf Verträge, die nach dem 17.12.2009 geschlossen werden, findet nunmehr die Verordnung Rom I Anwendung. Sie bevorzugt gegenüber der allgemeinen Regel des EVÜ eine vertragstypenbezogene Anknüpfung und listet in Art. 4 Abs. 1 Rom I zahlreiche Vertragstypen mit entsprechenden Verweisungregeln auf. Hilfsweise ist an die vertragscharakteristische Leistung anzuknüpfen (Art. 4 Abs. 2 Rom I). Ist eine vertragstypenbezogene Anknüpfung und die Anknüpfung an die vertragscharakteristische Leistung ausgeschlossen, weil ein sogenannter unbenannter Vertrag vorliegt, muss an die engste Beziehung des Vertragsverhältnisses angeküpft werden (Art. 4 Abs. 4 Rom I). Falls eine dieser Anknüpfungen offensichtlich nicht einer engeren Beziehung des Vertragsverhältnisses zu einer anderen Rechtsordnung Rechnung trägt, kann auch diese offensichtlich engere Beziehung ausschlaggbend sein (Art. 4 Abs. 3 Rom I).

2. Rechtswahlfreiheit. Die Konvention von Rom (EVÜ) und Art. 3 Rom I bekräftigen das weithin anerkannte Prinzip der **Privatautonomie**[23]. In Deutschland wurde es in Art. 27 EGBGB umgesetzt; seit dem 17.12.2009 gilt unmittelbar Art. 3 Rom I. Die Parteien können grundsätzlich das auf den Vertrag anwendbare Recht frei wählen (Art. 3 EVÜ, Art. 3 Rom I). Die Konvention und die Verordnung Rom I lassen den Parteien praktisch unbegrenzte Freiheit, das gewünschte Recht zu vereinbaren. Sie können sich auf ein Recht einigen, das Bezug zum Vertrag hat (z.B. zum Heimatstaat einer der Parteien oder zum Baustellenort). Sie können aber auch ein neutrales drittes Recht vereinbaren[24]. Erwägungsgrund 13 der Verordnung Rom I schließt es auch nicht mehr aus, auf ein nichtstaatliches Recht zu verweisen. Auch in der Art und Weise, wie die Parteien das anzuwendende Recht vereinbaren, besteht großer Freiraum. Die Parteien können sich ausdrücklich auf das anwendbare Recht einigen oder auch stillschweigend[25]. Schwierigkeiten bei der Feststellung des anwendbaren Rechts sind im zweiten Fall unvermeidlich. Zwar überwiegt die Auffassung, wonach es dem angerufenen Gericht verboten ist, nach einem hypothetischen Parteiwillen zu suchen[26]. Auch kann nicht einfach auf den Erfüllungsort zurückgegriffen werden[27]. Doch bleibt es dem Richter jedenfalls unbenommen, aus äußeren Umständen den Einigungswillen der Parteien zu ermitteln, 6

[18] Vgl. Reithmann/Martiny/Thode, Internationales Vertragsrecht, 6. Aufl., Rn. 1117.

[19] So aber OLG Celle IPRspr. 1999 Nr. 31, zur alten Rechtslage vor 1986 vgl. Kürschner ZfBR 1986, 259, 262.

[20] So aber OLG Celle IPRspr. 1999 Nr. 31.

[21] So aber OLG Celle IPRspr. 1999 Nr. 31 und das OLG Köln IPRspr. 2000 Nr. Nr. 26.

[22] OLG Karlsruhe IPRspr. 2001 Nr. 24.

[23] Van Ommeslaghe, Éléments de Théorie Générale des Contrats, Rn. 233; Cheshire/Fifoot & Furmston's, Law of Contract, 19; Le Tourneau, L'ingénierie, les transferts de technologie et de maîtrise industrielle, Rn. 178; vgl. auch Klausel 1.1 Unidroit Principles; Herdegen, Internationales Wirtschaftsrecht, § 10 Rn. 6.

[24] Reithmann/Martiny/Martiny, Internationales Vertragsrecht, Rn. 93.

[25] Siehe OLG München, Urt. v. 13.1.2009 – 5 U 2283/08, Beck RS 2009, 04136.

[26] Gaudemet-Tallon, Jurisclasseur Europe, Fasc 3200, Nr. 59.

[27] So noch ROHG 6, 30; ROHG 9, 8; RGZ 12, 37; RGZ 53, 140; RGZ 74, 174; vgl. Melchior, IPR, 169; Nussbaum, IPR, 219.

wenngleich Art. 3 Rom I etwas höhere Anforderungen stellt, weil sich die Rechtswahl eindeutig aus den Bestimmungen des Vertrags aufdrängen muss. Anhaltspunkte für eine Rechtswahl bilden Gerichtsstandklauseln[28], das Verhalten der Parteien im Prozess und die Vertragsstrafe, die vereinbarte Währung und der Baustellenort[29]. Auf solche Vertragselemente ist daher stets besonderes Augenmerk zu legen.

7 Insbesondere bei Verträgen mit **Staaten** oder **staatlichen Organisationen** kann die Frage aufgeworfen werden, ob es zulässig ist, das gewählte Vertragsstatut gegen ungewünschte Änderungen abzusichern[30]. Derartige **Stabilisierungs-** oder **Versteinerungsklauseln** existieren in der internationalen Praxis durchaus[31]. Die internationale Schiedsgerichtsbarkeit hat sich unterdessen für die Wirksamkeit solcher Klauseln ausgesprochen, die im Interesse des Investorenschutzes liegen[32]. In Verträgen zwischen ausschließlich privaten Parteien sind allerdings Zweifel in Bezug auf die Wirksamkeit und Durchsetzbarkeit solcher Klauseln geäußert worden[33]. Die französischen Gerichte erkennen z.B. den Vertrag ohne zugrunde liegendes Recht nicht an[34]. In Deutschland herrscht die Auffassung vor, Versteinerungsklauseln könnten keine kollisionsrechtliche Wirkung entfalten und ihre Bedeutung lasse sich ausschließlich dem jeweiligen Vertragsstatut entnehmen[35]. Ändert ein Staat das anwendbare Recht zu seinen Gunsten, soll hierin ein Verstoß gegen den ordre public liegen[36]. Diese Lösung ist jedoch unvollkommen, denn damit können lediglich unzumutbare Ergebnisse abgewendet werden, die durch die Anwendung des geänderten Rechts entstehen.

8 **3. Objektive Anknüpfung**. Fehlt es dagegen an einer Rechtswahlvereinbarung oder lässt sich eine solche nicht feststellen, so müssen andere Anknüpfungspunkte herangezogen werden. Art. 4 der Konvention von Rom (EVÜ) stellte darauf ab, mit welchem Staat der Vertrag **die engsten Beziehungen** aufwies. Art. 28 EGBGB entsprach – abgesehen von unnötigen redaktionellen Änderungen[37] – wortgetreu der Regelung in Art. 4 EVÜ. Die Konvention und das EGBGB arbeiteten insoweit mit einer Vermutung, die aus zwei Elementen bestand. Anknüpfungspunkt für die engste Beziehung waren die Parteien selbst, d.h. ihr jeweiliger Sitz. Im Geschäftsverkehr war der jeweilige Hauptsitz der beteiligten Unternehmen maßgeblich. Um zu dem anwendbaren Recht zu gelangen, musste allerdings ein zweites Element eingeführt werden, das darüber zu entscheiden hatte, auf welche Partei (und damit deren Sitz oder Hauptsitz) abzustellen sein sollte. Das EVÜ griff auf eine schweizerische Lösung zurück und knüpfte an die **vertragscharakteristische** Leistung an. Diese Festlegung beruhte auf der Überlegung, dass in vielen Vertragstypen eine Partei die Zahlung erbringt, während die andere zu einer Leistung verpflichtet ist, die den Vertrag charakterisiert, also nicht lediglich in

---

[28] Siehe Erwägungsgrund 12 Verordnung Rom I.
[29] Vgl. TGI Poitiers Rev. crit. dr. int. pr. 2001, 670, 671; Looschelders, IPR, Art. 27 Rn. 18.
[30] Vgl. Nicklisch ICLR 2003, 81, 86.
[31] Chaillé de Néré, Les difficultés d'exécution du contrat, Rn. 101.
[32] Vgl. die Entscheidung vom 19.01.1977, Clunet 1977, 367, betreffend eine Stabilisierungsklausel in einem Vertrag mit dem lybischen Staat; vgl. Entscheidung Aminoil v. Kuwait vom 24.03.1982, Clunet 1982, 869; vgl. auch Chaillé de Néré, Les difficultés d'exécution du contrat, Rn. 104.
[33] Rigaux, Cahiers de droit européen 1988, 306, 321; Chaillé de Néré, Les difficultés d'exécution du contrat, Rn. 113.
[34] Cass,civ., 21.06.1950, D. 1951, 749.
[35] Erman/Hohloch, BGB, Art. 27 EGBGB Rn. 27; Looschelders, IPR, Art. 27 Rn. 14.
[36] Vgl. Looschelders, IPR, Art. 27 Rn. 14.
[37] Wenner FS Jagenburg, 205, 207.

einer Zahlungsverpflichtung besteht[38]. Die Vermutung führte regelmäßig zu relativ einfachen Ergebnissen. Der oftmals schwierig festzustellende Erfüllungsort spielte in den Überlegungen keine Rolle mehr. Bei internationalen Verträgen, an denen ein Unternehmer beteiligt ist, der die vertragscharakteristische Leistung erbringt, führte das EVÜ regelmäßig zur Anwendbarkeit des Rechtes am Sitz dieses Unternehmens. Damit wurde gewährleistet, dass ein Unternehmer seine Verpflichtung jeweils nach seinem Sitzrecht erbringen kann, während den Zahlungsschuldner das internationale Risiko voll trifft.

Die Verordnung Rom I hat dieses Regime geändert. Wurde keine Rechtswahl getroffen, 9
so soll das anzuwendende Recht nach der für die Vertragsart spezifizierten Regel bestimmt werden. Auf die alte Regel wird nur noch hilfsweise zurückgegeriffen. Kann der Vertrag keiner der in Art. 4 Abs. 1 Rom I spezifizierten Vertragsarten zugeordnet werden oder sind die Bestandteile des Vertrags durch mehr als eine der spezifizierten Vertragsarten abgedeckt, so soll der Vertrag dem Recht des Staates unterliegen, in dem die Partei, welche die für den Vertrag charakteristische Leistung zu erbringen hat, ihren gewöhnlichen Aufenthalt hat. Besteht ein Vertrag aus einem Bündel von Rechten und Verpflichtungen, die mehr als einer der spezifizierten Vertragsarten zugeordnet werden können, so soll die charakteristische Leistung des Vertrags nach ihrem Schwerpunkt bestimmt werden. Kann das bei Fehlen einer Rechtswahl anzuwendende Recht weder aufgrund der Zuordnung des Vertrags zu einer der spezifizierten Vertragsarten noch als das Recht des Staates bestimmt werden, in dem die Partei, die die für den Vertrag charakteristische Leistung zu erbringen hat, ihren gewöhnlichen Aufenthalt hat, so sollte der Vertrag dem Recht des Staates unterliegen, zu dem er die engste Verbindung aufweist. Bei der Bestimmung dieses Staates sollte unter anderem berücksichtigt werden, ob der betreffende Vertrag in einer sehr engen Verbindung zu einem oder mehreren anderen Verträgen steht. Die Anknüpfungsleiter ist also wie folgt:

- Anknüpfung an den Vertragstyp (Art. 4 Abs. 1 Rom I)
- Hilfsweise Anknüpfung an die vertragscharakteristische Leistung (Art. 4 Abs. 2 Rom I)
- Hilfsweise Anknüpfung an die engste Beziehung (Art. 4 Abs. 4 Rom I)

In **Ausnahmefällen** kommt eine Sonderanknüpfung an die offensichtlich engere Beziehung in Frage (Art. 4 Abs. 3 Rom I). Weist ein Vertrag eine offensichtlich engere Verbindung zu einem anderen als dem in Art. 4 Absätze 1 und 2 genannten Staat auf, so sieht eine Ausweichklausel vor, dass das Recht dieses anderen Staats anzuwenden ist. Zur Bestimmung dieses Staates sollte unter anderem berücksichtigt werden, ob der betreffende Vertrag in einer sehr engen Verbindung zu einem oder mehreren anderen Verträgen steht[39].

4. Internationales Bauvertragsrecht. Das Internationale Bauvertragsrecht ist im enge- 10
ren Sinne Teil des Internationalen Schuldvertragsrechts. Der Bauvertrag zeichnet sich allerdings gegenüber anderen Schuldverhältnissen dadurch aus, dass er schon seiner Natur nach so ausschließend an einen Ort gebunden ist, dass die Erfüllung seiner wesentlichen Verpflichtungen nur an diesem gedacht werden kann[40]. Hieran hat sich auch nach Inkrafttreten der Verordnung Rom I nichts geändert[41]. Der Bauvertrag ist und

[38] Pulkowski IPRax 2001, 306, 308.
[39] Siehe Erwägungsgrund 20 Verordnung Rom I.
[40] Savigny, System des heutigen Römischen Rechts, VIII, 213.
[41] Martiny weist darauf hin, dass der Entwurf zur Verordnung Rom I eine ausnahmsweise Anknüpfung an den Baustellenort unmöglich machen sollte, siehe dazu Martiny BauR 2008, 241, 243. Die Verordnung enthält den Ausweichtatbestand aber wieder.

bleibt eng mit dem Ort verbunden, an dem sich die Leistungen konkretisieren, für deren Zwecke der Vertrag geschlossen wurde. Es sind seit der Zeit, als Savigny den vorstehenden Satz prägte, eher noch Elemente hinzugekommen, die ihn bestätigen, wie z.B. die am Baugrundstück haftende Ruina-Haftung oder Décennale, die zunehmende vertikale Arbeitsteilung auf der Baustelle und das komplexe Baustellenmanagement. Vernachlässigt werden in der Diskussion häufig auch die Finanzierungszusammenhänge, die Haftung des Baugrundes für den Werklohn sowie die Gesamtverantwortung ausführender, überwachender und planender Unternehmen.

11 **a. Vermutungsregeln.** Im bisherigen internationalen Bauvertragsrecht könnte man zunächst mit Blick auf Art. 4 Abs. 3 EVÜ und Art. 28 Abs. 3 EGBGB a.F. meinen, die darin enthaltene Vermutungsregelung erleichtere die Feststellung des anwendbaren Rechts im Bauvertrag[42]. Art. 4 Abs. 3 EVÜ regelt die Verträge, die Rechte an einem Grundstück zum Inhalt haben. In diesen Fällen wird vermutet, dass der Vertrag die engsten Beziehungen mit dem Staat aufweist, in dem die Immobilie belegen ist. Die Regelung findet Anwendung auf Immobilienkaufverträge, Verträge über dingliche Rechte an Grundstücken und Mietvereinbarungen. Der einfache Bauvertrag wird allerdings von Art. 4 Abs. 3 nicht erfasst[43]. Es bleibt insoweit zunächst bei der (allerdings widerleglichen) Vermutung des Art. 4 Abs. 2 EVÜ, der auf das Recht abstellt, das am Sitz derjenigen Partei gilt, die die vertragscharakteristische Leistung erbringt. Regelmäßig erbringt der Bauunternehmer die vertragscharakteristische Leistung, so dass er mangels einer feststellbaren Rechtswahl den Vorzug der Anwendbarkeit seines Heimatrechtes genießt. Die Annahme, der Bauunternehmer erfülle seine Aufgaben am Heimatort, unterstellt aber eine lokal geprägte Bauindustrie, bei der der Unternehmer vom Baustellenort verdungen wird. Seiner Natur nach ist der Bauvertrag nicht Kaufvertrag, obwohl der Unternehmer heute typischerweise das Baumaterial aussucht und liefert, und nicht Dienstvertrag, soweit der Unternehmer die Bauabwicklung, Baukoordinierung, die Materialauswahl und den Personal- sowie Geräteeinsatz frei und in eigener Verantwortung plant. Das Typische des Bauvertrages ist also eine eigenverantwortliche Leistung, die darin besteht, auf einem vorgegebenen Baugrund ein spezifisches Werk zu erstellen und abzuliefern. Insoweit kann die Koordinierungspflicht im Vordergrund stehen (Management Contracting) oder die Ausführung der Leistung mit eigenem Personal (traditioneller Bauunternehmer). Wesentlich ist nicht, ob der Unternehmer die Leistung selbst erbringt, sondern ob er die Verantwortung übernimmt, das Werk zu erstellen. Das ist im Übrigen eigentlich nichts Neues, denn auch der Handwerksmeister oder Baumeister alter Schule verstand sich häufig nicht als einfacher Handwerker (Maurer, Schreiner, Tischler, Flaschner, etc.), sondern als Fachmann, der das Handwerk anleitete und überwachte. Ein weiterer Aspekt kommt hinzu, der latent immer vorhanden war, der sich jedoch heute stärker manifestiert als in grauer Vorzeit. Es wohnt der Natur des Bauvertrages inne, dass der Besteller zumindest eine besondere Leistung erbringt, ohne die das Bauwerk nicht erstellt werden kann. Der Besteller übergibt den Baugrund, wenngleich es in neuerer Zeit durchaus – aus vorwiegend finanztechnischen Gründen – gelegentlich der Bauunternehmer ist, der den Baugrund stellt oder beschafft. Dies geschieht allerdings häufig nach Vorgaben des Bauherrn, so dass sich dadurch nicht die wahre Natur des Vertrages ändert. Der Besteller ist also in der Regel zu ganz wesentlichen Mitwirkungsleistungen verpflichtet, auch wenn der BGH

[42] So Rémy-Corlay Anm. zu TGI Poitiers Rec. Crit. dr. int. pr. 2001, 674, 675.

[43] Jacquet/Delebecque/Corneloup, Droit du Commerce International, Rn. 645; Collier, Conflicts of Law, 201.

hierin eher Obliegenheiten erkennt. Das wiederum schwächt die Notwendigkeit, einseitig auf die vermeintlich charakterisierende Vertragspflicht abzustellen. Der Besteller stellt aber nicht nur den Baugrund sondern auch die Idee oder die Planung, nach der der Unternehmer das Werk zu erstellen hat. Hierin liegt eine besondere Verantwortung, die am Baustellenort zu erfüllen ist, der damit eine überragende Bedeutung für die beiderseitigen Verpflichtungen der Bauvertragsparteien erlangt. Häufig verbleibt bei ihm auch eine Koordinierungsverpflichtung, zumal dann, wenn das Werk durch ein Zusammenwirken mehrerer Unternehmer erstellt wird. Auch enthalten Bauverträge regelmäßig Ermächtigungen, in den Produktionsprozess einzugreifen, etwa im Wege leistungsändernder Anordnungen (Variations). All das macht die Theorie angreifbar, der Werk- und Bauvertrag müsse an den Sitz des Unternehmers angeknüpft werden, der (vermutetermaßen) die charakteristische Leistungspflicht (an seinem Sitz) erbringe.

Unter der **Verordnung Rom I** gibt es keine Vermutungsregel mehr. Der Bauvertrag wird aus Gründen der Rechtssicherheit verordnungsautonom und analog zur EuGVVO als Dienstleistungsvertrag im Sinne des Art. 4 Abs. 1 (b) Rom I angesehen[44], der kein dingliches Recht an unbeweglichen Sachen und auch keine Miete oder Pacht einer unbeweglichen Sache im Sinne von Art. 4 Abs. 1 (c) Rom I zum Gegenstand hat. Rechtshistorisch gesehen ist diese Einschätzung indessen nicht ganz zutreffend, denn der Bauvertrag ist historisch eine Dienstleihe mit umgekehrten Vorzeichen. Der Besteller verleiht dem Unternehmer das Werk, beauftragt ihn also unter Übergabe des Baugrundstücks das Werk herzustellen und es an ihn zu übergeben. Hieraus resultiert die Erfolgshaftung, die das Vergütungsrisiko auf den Unternehmer verlagert, der erst bezahlt wird, wenn er das an ihn übergebene Werk mit der darauf erbrachten Leistung an den Besteller zurückgibt. Rechtshistorisch gesehen verleiht also der Besteller das Baugrundstück an den Unternehmer, damit es dieser während der Vertragslaufzeit inhaltlich verändert, also bebaut. Die Gleichstellung von Dienst- und Werkvertrag leidet also an einer Fehleinschätzung, die die historische Prägung des Bauvertrages ignoriert.

Mangels einer Rechtswahlvereinbarung führte das **EVÜ** auch beim Subunternehmervertrag regelmäßig zum Recht am Sitz des Auftragnehmers[45]. Es spricht aber nichts dagegen, dass sich die Parteien des Subunternehmerauftrages auf das Recht einigen, das auf den Hauptauftrag Anwendung findet. Die Verordnung **Rom I** dürfte bei Subuntermerverträgen keine andere Lösung anbieten. Allerdings ist darauf hinzuweisen, dass Art. 4 Abs. 3 Rom I eine Sonderanknüpfung möglich macht, wenn das betroffene Rechtsverhältnis nach der Gesamtheit der Umstände eine offensichtlich engere Beziehung zu einem anderen Staat als dem hat, in dem der Subunternehmer seinen Sitz unterhält. Zur Bestimmung dieses Staates sollte unter anderem berücksichtigt werden, ob der betreffende Vertrag in einer sehr engen Verbindung zu einem oder mehreren anderen Verträgen steht[46]. Das könnte der Hauptvertrag sein.

b. Deutsches IPR. Bis zum Inkrafttreten der Verordnung Rom I beruhte das deutsche 12
internationale Schuldvertragsrecht inhaltlich auf dem EVÜ. Jedoch waren die aus dem EVÜ übernommenen Regelungen der Art. 27 ff. EGBGB unmittelbar anwendbar. Die IPR-Novelle von 1999 rundete das deutsche internationale Schuldrecht ab. Seither regelten die Art. 38 ff. EGBGB das Recht der ungerechtfertigten Bereichung, die Geschäftsführung ohne Auftrag und das internationale Deliktsrecht. Das hat sich mit In-

44 Siehe Erwägungsgrund 17 Verordnung Rom I; vgl. dazu Hök ZfBR 2008, 741, 748.
45 Pulkowski IPRax 2001, 306, 308.
46 Siehe Erwägungsgrund 20 Verordnung Rom I.

krafttreten der Verordnungen Rom I und Rom II geändert. Nunmehr ist das deutsche internationale Schuldrecht unmittelbar in den europäischen Verordnungen geregelt. Wegen des Zitierverbotes muss auf die Übernahme der Verordnungsregelungen in das deutsche Recht verzichtet werden[47]. Allerdings finden sich im EGBGB einige Anpassungsregeln[48]. Das alte deutsche internationale Schuldrecht gilt nur noch für Fälle, die nicht in den räumlichen und zeitlichen Anwendungsbereich der beiden Verordnungen fallen. Unter die Verordnung Rom I fallen grundsätzlich alle vertraglichen zivil- und handelsrechtlichen Schuldverhältnisse, die nach dem 17.12.2009 geschlossen werden, mit Ausnahme der in Art. 1 Abs. 1 Rom I genannten Materien, wie z.B. das Familien-, Güter- und Wertpapierrecht. Ausgenommen sind insbesondere Fragen der Stellvertretung und bestimmte Versicherungsverträge für Arbeitnehmer und Angehörige eines Berufes[49]. Die Verordnung Rom I findet im Verhältnis zu allen EU-Mitgliedstaaten mit Ausnahme Dänemarks Anwendung[50]. Entsprechendes gilt für die Verordnung Rom II, die seit dem 11.1.2009 in Kraft ist.

13 **c. Rechtswahl.** Bei bedeutenderen Bauvorhaben vereinbaren die Parteien regelmäßig ausdrücklich das anwendbare Recht, das ihre Beziehungen regelt[51]. Allerdings wird in der Praxis gelegentlich das Vertragsstatut mit dem Baustellenrecht verwechselt, das ohnehin einzuhalten ist (siehe Unterklausel 1.13 FIDIC 1999). Im Übrigen stimmen die Parteien die Details ihrer Verpflichtungen, die sie treffen werden, im Einzelnen ab. Die Verordnungen Rom I und Rom II räumen der Parteiautonomie jedenfalls weiten Raum ein. Gemäß Art. 3 Rom I herrscht in Bezug auf vertragliche Schuldverhältnisse grundsätzlich Rechtsfreiheit. Art. 14 Abs. 1 Rom II erlaubt auch Rechtswahlvereinbarungen in Bezug auf außervertragliche Schuldverhältnisse. Das Neue daran ist, dass Art. 14 Abs. 1 Rom II im kaufmännischen Verkehr auch Rechtswahlvereinbarungen in Bezug auf zukünftige gesetzliche Schuldverhältnisse gestattet. Das dürfte insbesondere für die Fälle der vorvertraglichen Handlungen von Bedeutung sein.

5. Lex mercatoria

Schrifttum

Berger, Lex mercatoria in der internationalen Wirtschaftsschiedsgerichtsbarkeit: Der Fall Compania Valenciana, IPRax 1993, 281; Berger, Lex mercatoria Online, RIW 2002, 256; Brödermann, Die erweiterten Unidroit Principles 2004, RIW 2004, 721 ff.; Jacquet/Delebecque/Corneloup, Droit du commerce international, 2. Auflage, Paris 2010; Janssen, Die Einbeziehung von Allgemeinen Geschäftsbedingungen in internationale Kaufverträge, IHR 2004, 194 ff.; Herber, „Lex mercatoria" und „Principles" – gefährliche Irrlichter im Internationalen Kaufrecht, IHR 2003, 1; Hök, FIDIC Verträge im Lichte der Unidroit Prinzipien als Vertragsstatut, ZfBR 2008, 115 ff.; Lando, Das neue Schuldrecht des Bürgerlichen Gesetzbuchs und die Grundregeln des europäischen Vertragsrechts, RabelsZ 67 (2003), 231; Letterman, Unidroit's Principles, Den Haag 2001; Loquin/Kessedjian, La Mondialisation du Droit, Paris 2000; Mankowski, Rom I und Schiedsverfahren, RIW 2011, 30; Martiny, Anwendbares Recht für internationale Bauverträge, BauR 2008, 241; Schmidt-Kessel, Auf dem Weg zu einem Europäischen Vertragsrecht, RIW 2003, 481; Schilf, Unidroit Principles 2004, Auf dem Weg zu einem Allgemeinen Teil des internationalen Einheitsprivatrechts, IHR 2004, 236; Wichard, Unidroit Prinzipien und staatliche Gerichte, RabelsZ 60 (1996), 268;

47 Vgl. Martiny RIW 2009, 737.
48 Vgl. dazu Martiny RIW 2009, 737 ff.
49 Vgl. auch Martiny RIW 2009, 731.
50 Siehe dazu im Einzelnen Martiny RIW 2009, 731, 732.
51 Vgl. zur Praxis Wenner FS Jagenburg, 205.

Trotz vielfältiger interessanter Ansätze, eines gewissen Bedürfnisses und unbestreitbarer Vorteile hat sich weder im Baurecht noch im Handelsrecht eine internationale lex mercatoria durchgesetzt[52], die auch als dritte Rechtsmasse neben dem nationalen Recht und dem Völkerrecht bezeichnet wird[53]. Über die Existenz und den Charakter der lex mercatoria herrscht erheblicher Streit, der hier allerdings nicht vertieft werden soll[54]. Mit der Veröffentlichung der **Unidroit Principles** für internationale Handelsverträge durch die Unidroit[55] sind jedoch an die Stelle akademischer Diskussionen praktische Vorschläge für ein transnationales Recht getreten, die von einer globalisierten Wirtschaftswelt mit Interesse aufgenommen wurden[56]. In Anlehnung an die Praxis der amerikanischen **Restatements**[57] wird mit den Unidroit Principles versucht, aufgrund fundierter rechtsvergleichender Studien gemeinsame Grundprinzipien festzustellen und sie festzuschreiben[58]. Einen ähnlichen Weg ging die Lando-Kommission, die inzwischen die **Principles of European Contract Law** (Grundprinzipien des europäischen Vertragsrechts) vorgelegt hat[59]. Doch auch diese Bedingungen werden nur dann Vertragsbestandteil, wenn sie ausdrücklich vereinbart werden[60], es sei denn sie entwickeln sich in Zukunft zu einem anerkannten Abbild einer lex mercatoria[61]. So wird bereits argumentiert, die Unidroit Principles könnten hilfsweise dann zur Anwendung kommen, wenn die anwendbaren gesetzlichen Standards ihrerseits Teil der lex mercatoria sind[62]. Die Schiedspraxis ist gelegentlich allerdings schon weiter und wendet die Grundsätze der lex mercatoria, also rosso modo die Gesamtheit der Regeln der internationalen Wirtschaft, die nach und nach von der internationalen Praxis und insbesondere von der internationalen Schiedsgerichtsbarkeit, sanktioniert durch nationale Gerichtsentscheidungen, entwickelt wurden und damit zu Rechtsregeln geworden sind, schlicht an[63]. Soweit sich die Bezugnahme auf die lex mercatoria im Rahmen der Parteivorgaben bewegt, bestehen dagegen auch keine Bedenken (patca sunt servanda)[64]. Doch auch die Privatautonomie kann den Rückgriff auf eine nationale Rechtsordnung nicht gänzlich überflüssig machen[65]. Letztlich sind die Parteien eines Vertrages immer darauf angewiesen, dass sie einen staatlichen Richter finden, der unter Hinweis auf eine Rechtsord- **14**

---

52 Vgl. Le Tourneau, L'ingénierie, les transferts de technologie et de maîtrise industrielle, Rn. 177; siehe auch Hök, FIDIC Verträge im Lichte der Unidroit Prinzipien als Vertragsstatut, ZfBR 2008, 115.

53 Berger IPRax 1993, 281, 281; vgl. Herdegen, Internationales Wirtschaftsrecht, § 2 Rn. 35.

54 Vgl. hierzu eingehend Berger IPRax 1993, 281, 283 ff.; Ehricke JuS 1990, 967 ff.; Jacquet/Delebecque/Corneloup, Droit du commerce international, Rn. 90 ff.

55 Das Internationale Institut für die Vereinheitlichung des Privatrechts (International Institute for the Unification of Private Law, UNIDROIT) ist eine unabhängige zwischenstaatliche Organisation, die bereits 1926 als Hilfsorgan des Völkerbundes mit Sitz in Rom gegründet wurde. Ihr Ziel ist die Erforschung des Bedürfnisses und der Methoden für eine grenzüberschreitende Modernisierung, Harmonisierung und Koordinierung des Privatrechts (und insbesondere des Handelsrechts). Zu den Mitgliedern von UNIDROIT zählen derzeit 59 Staaten aller Kontinente und Rechtssysteme.

56 Vgl. dazu Brödermann RIW 2004, 721 ff.

57 Vgl. dazu § 49 4.

58 Berger RIW 2002, 256, 257.

59 Vgl. Schmidt-Kessel RIW 2003, 481, 483; die Grundprinzipien sind inzwischen in Englisch, Deutsch und Französisch erhältlich.

60 Vgl. auch Herdegen, Internationales Wirtschaftsrecht, § 2 Rn. 35.

61 Vgl. dazu Jacquet/Delebecque/Corneloup, Droit du commerce international, Rn. 406.

62 Letterman, Unidroit's Rules in Practise, 69.

63 ICC Schiedsspruch Nr. 5953 zitiert nach Berger IPRax 1993, 281, 282; vgl. dazu auch CA Paris, 13.07.1989, Compania Valenciana de Cementos Portland c. Primary Coal, Clunet 1990, 430 mit Anm. Goldmann; vgl. auch Herdegen, Internationales Wirtschaftsrecht, § 2 Rn. 37 und Schilf IHR 2004, 236, 243.

64 Cass.civ., 22.10.1991 (F), Compania Valenciana de Cementos Portland c. Primary Coal, Revue de l'Arbitrage 1992, 457 mit Anm. Lagarde.

65 Chaillé de Néré, Les difficultés d'exécution du contrat, Rn. 147.

nung bereit ist, die transnationalen Regelungen anzuwenden[66]. Vor staatlichen Gerichten hat die Verweisung auf die lex mercatoria nur materiell-rechtliche Wirkung[67]. Die zwingenden Vorschriften des objektiv zu ermittelnden Vertragsstatuts bleiben anwendbar[68]. Zu weit geht allerdings Mankowski, wenn er Schiedsrichtern unterstellt, sie handelten als amiable compositeur und damit willkürlich, wenn sie sich der lex mercatoria öffneten[69]. Für eine solche Äußerung fehlt es an Befunden und an einer Rechtfertigung. Tatsächlich ist es allemal besser, eine in der Praxis erprobte Regel anzuwenden als keine. Natürlich ist es nicht gerechtfertigt, geltende und aufklärbare Regeln durch anderen Ortes erprobte Regeln zu ersetzen.

Doch sind die European Principles und die Unidroit Principles unbestreitbar auf dem Vormarsch[70]. Soweit z.B. das CISG **Auslegungszweifel** lässt, die auch nicht bewusst der Lückenfüllung durch das kollisionsrechtlich anwendbare nationale Recht vorbehalten bleiben sollten, soweit es also um „interne" Lücken des CISG geht, stellen die UNIDROIT- und Lando-Principles nach Auffassung von Magnus „excellent evidence" einer international akzeptablen Lösung dar, der gefolgt werden sollte, soweit nicht überzeugende Gründe gegen sie sprechen. Das gilt nach Magnus[71] in jedem Fall, wenn beide Prinzipienwerke übereinstimmen. Soweit Unterschiede zwischen ihnen bestehen, haben die auf internationale Verträge zugeschnittenen UNIDROIT-Principles dagegen Vorrang. Eine erste niederländische Entscheidung hat sich bereits im Jahr 1997 zur Begründung ihres Ergebnisses auf die UNIDROIT-Principles berufen[72]. Von einer weiteren Entscheidung berichtet Janssen[73].

15 Im Baurecht existiert zudem eine Reihe von Modellverträgen unterschiedlichster Herkunft. Zu nennen sind die General Conditions of the Contract for Construction, die von dem American Institute of Architects herausgegeben wurden. Die **Engineering Advancement Association of Japan** (ENAA) hat das „Model Form International Contract for Process Plant Construction (Turnkey Lumpsum Basis)" herausgegeben. Die Japanische Maschinenbau-Export-Vereinigung hat einen Modellvertrag mit dem Titel „Consortium Agreement for Tender and Execution of Turnkey Project" erarbeitet. Zu den am meisten verbreiteten Vertragsmustern in der Bauindustrie gehören aber die der **FIDIC**[74], die aus technischer und juristischer Sicht abgefasst wurden[75]. In Konkurrenz

---

66 Herdegen, Internationales Wirtschaftsrecht, § 2 Rn. 37.

67 Looschelders, IPR, Art. 27 Rn. 12; Erman/Hohloch, BGB, Art. 27 EGBGB Rn. 9; vgl. aber Schilf IHR 2004, 236, 237.

68 Looschelders, IPR, Art. 27 Rn. 12.

69 Mankowski RIW 2011, 30, 41.

70 Vgl. auch Schilf IHR 2004, 236 ff.

71 Magnus ZEuP 1999, 642 ff.

72 Rechtbank Zwolle vom 5.3.1997, NIPR 1997 Nr. 230.

73 Janssen IHR 2004, 194, vgl. Hof's-Hertogenbosch, Urt. v. 23.10.2002, NIPR 2003 Nr. 192.

74 Vgl. dazu § 18 113 ff.; siehe auch Martiny BauR 2008, 241.

75 Zur neueren Entwicklung im Bereich der FIDIC-Bedingungen Hök, Zur Sprachregelung in den FIDIC-Verträgen, ZfBR 2005, 332; Hök, Zum FIDIC Red Book „harmonised version" als Variante des FIDIC Red Book 1999 und zu den Weltbank Standard Bidding Documents Works 2005, ZfBR 2005, 742; Hök, Was sind FIDIC-Verträge, IBR 2006, 3; Hök, Zur Bauzeitüberschreitung im englischen Baurecht mit Erläuterungen zum FIDIC Red Book unter Berücksichtigung der neueren Rechtsprechung des BGH zu Vertragsstrafeklauseln, ZfBR 2006, 107; Hök, Dispute Adjudication-Verfahren ZAP 2007 Fach 5, 191; Hök, Zum Baugrundrisiko in Deutschland mit einem Blick ins Ausland, ZfBR 2007, 3; Hök, FIDIC Verträge im Lichte der Unidroit Prinzipien als Vertragsstatut, ZfBR 2008, 115; Hök, The FIDIC Red Book harmonised version, ICLR 2006, 405; Hök, Difficulties encountered in the English-French translation of FIDIC's Standard Form Contracts, ICLR 2007, 271; Hök, Engineer und Dispute Adjudication Board in FIDIC-Verträgen, ZfBR 2007, 416; Hök, Chinese Arbitration Requirements – A trap for FIDIC Arbitration?, ICLR 2008, 190; Hök, Relationship between FIDIC Conditions and Public Procurement Law – Reliability of Tender

dazu sind die **NEC**-Bedingungen entwickelt worden[76]. Aber auch die vorgenannten Bedingungen werden – soweit ersichtlich – bislang allein auf der Grundlage ausdrücklicher Parteivereinbarung Vertragsbestandteil. Einen wichtigen Beitrag für die Verbreitung solcher Standardmuster leisten die Finanzinstitute, allen voran die **Weltbank** und die anderen multilateralen Entwicklungsbanken, wie die **African Development Bank** und die **Asian Development Bank**, die im Bereich „reine Bauleistungen" die Bedingungen der **FIDIC**[77] und im Bereich des Anlagenbaus die Bedingungen der **Engineering Advancement Association of Japan** empfehlen[78].

Häufig ersetzen die Parteien eigene Verhandlungen durch die Verwendung solcher Standardmuster. Überwiegend werden FIDIC Bedingungen eingesetzt, die es für unterschiedliche Zwecke und Zielvorstellungen gibt. Allerdings passen die FIDIC-Bedingungen oftmals nicht ohne weiteres in die Begebenheiten, da sie dem beratenden Ingenieur eine bedeutende Rolle zuweisen, die nicht immer der Realität entspricht oder starkes Einfühlungsvermögen der Beteiligten erfordern. Auch sind die aus dem englischen Recht entwickelten FIDIC Vertragsmuster nicht immer ohne weiteres mit kontinentalen Vorstellungen vereinbar[79]. Die Auftraggeber versuchen daher oftmals, die FIDIC-Bedingungen umfangreich abzuändern. Häufig kommt es dabei zu Unstimmigkeiten und Missverständnissen. Zudem stoßen unterschiedliche Rechtsauffassungen aufeinander, die im Ergebnis die Justitiabilität der Vereinbarung erschweren. Einer besonderen Betrachtung ist der **Subunternehmervertrag** zu unterziehen. Selbstverständlich spricht nichts dagegen, dass sich die Parteien eines Subunternehmervertrages auf das anwendbare Recht einigen. Die Rechtswahlfreiheit kann allerdings durch nationale Gesetzte eingeschränkt sein. So sieht z.B. das französische Gesetz über den Subunternehmervertrag vom 31. Dezember 1975[80] zwingende Regelungen vor, von denen nicht abgewichen werden kann. Eine Rechtswahlvereinbarung, die keinerlei Bezug zum Subunternehmervertrag hat, kann daher eine Umgehung darstellen, die zur Unwirksamkeit der Rechtswahlklausel führt. Diese Diskussion hat durch die neuere französische Rechtsprechung neuen Nährboden gefunden[81]. Solche staatliche Regelungen zum Schutz von Subunternehmern zeigen die Grenzen der vertraglichen Gestaltungsfreiheit auf. Zugleich wird eutlich, wie weit die Industrie tatächlich von einer sog. Lex Mercatoria entfernt ist. Ein ICC Schiedsgericht hat den FIDIC Bedingungen die Bedeutung eines Handelsbrauches abgesprochen[82]. 16

Documents, ICLR 2009, 23 ff.; Hök, FIDIC Design, Build & Operate, the Gold Book, ZfBR 2009, 213 ff.; Hök, Zur Versicherungsdeckung beim Auslandsbau unter Berücksichtigung der FIDIC Verträge und der Contractor's All Risk Insurance (CAR), VersR 2009; siehe auch Kehlenbach, ZfBR 1999, 291 ff.; EIC Contractor's Guide to the FIDIC Yellow Book ICLR 2003, 332 ff.; EIC Contractor's Guide to the FIDIC Red Book ICLR 2003, 53 ff.

76 Vgl. Gralla, GMP, 93, zu den Bedingungen siehe § 50 42, 60 ff., 102, 166 ff.

77 In der Fassung aus dem Jahre 1987, vgl. dazu § 20 1 ff.

78 Vgl. dazu § 17 22.

79 Kus/Markus/Steding, ICLR 1999, 533 ff.

80 Loi n° 75-1334 du 31 décembre 1975 relative à la sous-traitance, Journal Officiel du 03.01.1976, p. 80, erweitert in Loi n° 81-1 du 02.01.1981 (J.O. du 03.01.1981, p. 150) und erweitert durch Loi n° 84-46 du 24.01.1984 (J.O. du 25.01.1984, p. 380), erweitert durch Loi du 06.01.1986 und Loi du 10.06.1994.

81 Cour de Cassation IBR 2008, 428 – Hök.

82 ICC Schiedsspruch Nr. 4873, JDI 1998, n° 4; siehe dazu Jacquet/Delebecque/Corneloup, Droit du commerce international, Rn. 646 Fn. 1.

II. Einführung zur Rechtswahlfreiheit

17 **1. Rechtsgrundlagen.** Das im EGBGB kodifizierte deutsche internationale Schuldrecht der Verträge war keine deutsche Eigenschöpfung, sondern wörtlich aus dem Römischen EWG-Übereinkommen über das auf vertragliche Schuldverhältnisse anzuwendende Recht vom 19. Juni 1980 (EVÜ) übernommen[83].

18 Trotz der vereinheitlichten Wurzeln entwickelte sich das internationale Schuldvertragsrecht in den nationalen Rechtsordnungen in der Vergangenheit (d.h. bis zum Inkrafttreten der Verordnungen Rom I und Rom II) gelegentlich auseinander. Dafür gab es unterschiedliche Ursachen, z.B. eine fehlende übergeordnete Auslegungskompetenz, an die nationale Gerichte gebunden gewesen wären, sprachliche Unterschiede und ein gelegentlich unterschiedliches Grundlagenverständnis. Die sich hieraus ergebenden Schwierigkeiten, insbesondere eine zu befürchtende nationale Eigenentwicklung, hatte der deutsche Gesetzgeber durch Art. 36 EGBGB a.F. zu entschärfen versucht. In Art. 36 EGBGB a.F. war das Erfordernis der einheitlichen Auslegung des am 1. April 1991 in Kraft getretenen Übereinkommens vom 19. Juni 1980 über das auf vertragliche Schuldverhältnisse anzuwendende Recht[84] in den Vertragsstaaten aufgestellt. Das Streben nach Einheitlichkeit setzt eine Auslegung aus dem Übereinkommen selbst voraus. Art. 36 EGBGB a.F. sollte die internationale Rechtseinheit bei der Rechtsanwendung der Art. 27 ff. EGBGB gewährleisten. Das Gebot des Art. 36 EGBGB warf allerdings neue und ungewohnte Auslegungsaufgaben auf. In Zweifelsfällen musste der Rechtsanwender bei der Auslegung der Vorschriften des EGBGB dem Wortlaut des Römischen Übereinkommens, das nach Art. 33 in dänischer, deutscher, englischer, französischer, irischer, italienischer und niederländischer Sprache abgefasst ist, den Vorrang vor der Wortwahl und der Systematik des nationalen Gesetzes einräumen. Das hört sich einfach an, ist es jedoch nicht. Gerade sprachliche Unterschiede führen oftmals in unterschiedliche Ergebnisse. Für die Auslegung der Art. 27 ff. EGBGB a.F. hatte der Bericht über das Übereinkommen über das vertragliche Schuldverhältnis anzuwendende Recht von Guiliano und Lagarde[85] besondere Bedeutung[86]. Stets waren auch die ausländische Rechtsprechung und das ausländische Schrifttum in die Auslegungsarbeit einzubeziehen[87]. Der BGH[88] nahm Art. 36 EGBGB a.F. ernst, jedoch hatte Art. 36 EGBGB a.F. in der instanzgerichtlichen Praxis nahezu keine Bedeutung[89]. Erst wenige Jahre vor der Aufhebung des Römischen Übereinkommens traten die Brüsseler Auslegungsprotokolle[90] in Kraft, die dem EuGH die Auslegungshoheit über das völkervertraglich vereinbarte Kollisionsrecht verschafften.

Die Verordnungen Rom I und Rom II schaffen unterdessen nicht nur ein einheitliches Kollisionsrecht. Da die Auslegungshoheit von Beginn an bei dem EuGH liegt, ist auch eine kohärente Rechtsentwicklung weitgehend sichergestellt.

19 **2. Rechtsentwicklung.** Da das Römische Übereinkommen (EVÜ) erst am 1. April 1991 in Kraft trat, während es in Deutschland inhaltsgleich (vgl. Art. 27 ff. EGBGB)

---

[83] Vgl. § 4 2 ff.

[84] EuSchVÜ, BGBl 1986 II S. 809; s. auch BGBl 1991 II S. 871.

[85] BT-Drucks. 10/503; ABl 1980 Nr. C 282, 1 ff.

[86] Vgl. Dicey & Morris, The Conflict of laws, 32-008, 32-014.

[87] Dicey & Morris, The Conflict of laws, 32-018.

[88] BGHZ 123, 380, 384.

[89] Vgl. Looschelders, IPR, Art. 36 Rn. 1 ff.

[90] Erstes Brüsseler Protokoll v. 19.12.1988 und zweites Brüsseler Protokoll v. 19.12.1988, beide in Kraft seit dem 1.8.2004 (Bek. v. 11.1.2005, BGBl 2005 II, 148).

seit 1986 Anwendung fand, bestand in Deutschland ein Rechtsanwendungsvorsprung, der in anderen Staaten erst aufgeholt werden musste. Aus England ist der Lord Chancellor, Lord Mackay of Clashfern, zu zitieren, dem zufolge die englischen Entscheidungen aus der Zeit vor Inkrafttreten des EVÜ schlicht weiter angewendet werden könnten, sofern die Grundsätze des Common Law und die des EVÜ dieselben seien[91]. Anderseits bestand die Gefahr, dass die in Deutschland zu dem Übereinkommen entwickelten Kriterien in den anderen Vertragsstaaten nicht anerkannt werden, soweit sie sich zu weit von den Grundprinzipien des Übereinkommens entfernt hatten. Ernstzunehmende Differenzen waren allerdings nicht aufgetreten. Eingehende Untersuchungen dazu gab es allerdings nicht. Zu überraschenden unterschiedlichen Ergebnissen kam es vor allem in Verbindung mit allgemeinen kollisionsrechtlichen Prinzipien. So knüpften z.B. die französischen Gerichte die Bürgschaft aufgrund ihres akzessorischen Charakters an das Statut der verbürgten Forderung an (unselbständige Anknüpfung)[92], während die deutschen Gerichte die Bürgschaft seit jeher selbständig anknüpfen und dem Recht des Bürgen Vorrang einräumen. Das vorvertragliche Verhalten wird in Deutschland seit jeher vertragsrechtlich und in Frankreich deliktsrechtlich qualifiziert, mit der Folge, dass die Haftung aus culpa in contrahendo entweder dem präsumptiven Vertragsstatut oder aber dem Tatortrecht unterliegt. Dass die Vertragsstaaten, wie im Grunde gefordert, jeweils in ihre Auslegung der Regelungen zum Internationalen Schuldvertragsrecht tatsächlich die anderen Rechtsordnungen einbeziehen, kann nicht wirklich beobachtet werden[93]. Art. 34 EGBGB weicht sogar bewusst von den Regelungen in Art. 7 Abs. 2 EVÜ ab[94]. Es wird zu beobachten sein, ob nach dem Inkrafttreten der Verordnungen Rom I und Rom II derartig unterschiedliche Auffassungen fortexistieren können und Bestand haben. In Bezug auf vorvertragliche Rechtsverhältnisse verweist z.B. die Verordnung Rom I auf die Verordnung Rom II[95]. Erwägungsgrund 16 der Verordnung Rom I hebt hervor, dass die Kollisionsnormen ein hohes Maß an Berechenbarkeit aufweisen sollten, um zum allgemeinen Ziel dieser Verordnung, nämlich zur Rechtssicherheit im europäischen Rechtsraum, beizutragen. Allerdings wird auch erwähnt, dass die Gerichte dennoch über ein gewisses Ermessen verfügen sollten, um das Recht bestimmen zu können, das zu dem Sachverhalt die engste Verbindung aufweist. Da es an einer Vereinheitlichung der allgemeinen Grundsätze des IPR bislang fehlt, kann nicht ausgeschlossen werden, dass sich die nationalen Gerichte auf diesen Auslegungsspielraum berufen werden.

3. Deutsches IPR. Kern des deutschen und römischen IPR zum Schuldvertragsrecht waren bislang die Art. 27 und 28 EGBGB (Art. 3 und 4 EVÜ). Art. 27 EGBGB postulierte die **Rechtswahlfreiheit**, wobei die Rechtswahl entweder ausdrücklich erfolgen musste oder sich mit hinreichender Sicherheit aus den Bestimmungen des Vertrages oder aus den Umständen des Falles ergeben musste. Fehlte es an einer Rechtswahl, griff Art. 28 EGBGB ein, der auf das Recht abstellt, das die **engsten Verbindungen** zum Vertrag aufweist. Art. 28 Abs. 2 EGBGB vermutete, dass ein Vertrag die engsten Verbindungen mit dem Staat aufweist, in dem die Partei, welche die vertragscharakteristische Leistung erbringt, im Zeitpunkt des Vertragsschlusses ihren gewöhnlichen Aufenthalt oder Sitz hat. Soweit dingliche Rechte an einem Grundstück oder ein Recht **20**

[91] H.L. 515, 15.02.1990, col. 1489; kritisch dazu Dicey & Morris, The Conflict of laws, 32-32-019.
[92] Vgl. Dicey & Morris, The Conflict of laws, 32-123.
[93] Vgl. aber Ennstone Building Products Ltd v. Stanger Ltd [2002] 1 WLR 3059.
[94] Hierzu BGHZ 121, 224, 235.
[95] Siehe Erwägungsgrund 10 Verordnung Rom I.

zur Nutzung eines Grundstücks Streitgegenstände sind, wurde die engste Verbindung mit dem Staat vermutet, in dem das Grundstück belegen ist (Art. 28 Abs. 3 EGBGB).

Seit Inkrafttreten der Verordnung Rom I folgt das Prinzip der Rechtswahlfreiheit aus Art. 3 Rom I. Die bisherige objektive Anknüpfung an die engsten Beziehungen ist einer Kasuistik gewichen, die eine vermeintlich bessere Vorhersehbarkeit der Ergebnisse gewährleisten soll (vgl. Art. 4 Rom I).

III. Rechtswahlfreiheit

Schrifttum

Lorenz, Die Auslegung schlüssiger und ausdrücklicher Rechtswahlerklärungen im internationalen Schuldvertragsrecht, RIW 1992, 697; Le Tourneau, L'ingénierie, les transferts de technologie et de maîtrise industrielle, Paris 2003; Martiny, Neues deutsches internationales Vertragsrecht, RIW 2009, 737; Martiny, Anwendbares Recht für internationale Bauverträge, BauR 2008, 241; Mankowski, Die Rom I Verordnung – Änderungen im europäischen IPR für Schuldverträge, IHR 2008, 133; Thode/Wenner, Internationales Architekten- und Bauvertragsrecht, Köln 1998

21 Bisheriger Ausgangspunkt war Art. 27 EGBGB. Nach Art. 27 Abs. 1 EGBGB unterlag der Vertrag dem von den Parteien gewählten Recht. Die Rechtswahl musste **ausdrücklich** getroffen worden sein oder sich mit **hinreichender Sicherheit** aus den Bestimmungen des Vertrages oder aus den Umständen des Falles ergeben. Die Parteien konnten die Rechtswahl für den ganzen Vertrag oder nur für einen Teil treffen. Sie konnten jedenfalls im Prinzip auch ein neutrales Recht wählen[96]. Gemäß Art. 27 Abs. 2 EGBGB konnten die Parteien jederzeit vereinbaren, dass der Vertrag einem anderen Recht unterliegen soll als dem, das zuvor auf Grund einer früheren Rechtswahl oder auf Grund anderer Vorschriften dieses Unterabschnitts für ihn maßgebend war. Die Formgültigkeit des Vertrages nach Art. 11 EGBGB und Rechte Dritter wurden durch eine Änderung der Bestimmung des anzuwendenden Rechts nach Vertragsabschluss nicht berührt. War der sonstige Sachverhalt im Zeitpunkt der Rechtswahl nur mit einem Staat verbunden, so konnte nach Art. 27 Abs. 3 EGBGB die Wahl des Rechts eines anderen Staates – auch wenn sie durch die Vereinbarung der Zuständigkeit eines Gerichts eines anderen Staates ergänzt wurde – die Bestimmungen nicht berühren, von denen nach dem Recht jenes Staates durch Vertrag nicht abgewichen werden konnte (zwingende Bestimmungen). Gemäß Art 27 Abs. 4 EGBGB waren auf das Zustandekommen und die Wirksamkeit der Einigung der Parteien über das anzuwendende Recht die Art. 11, 12, 29 Abs. 3 und Art. 31 EGBGB anzuwenden. Bei der Wahl eines neutralen Rechts war allerdings darauf zu achten, dass dieses Recht und die Gerichtsstands- bzw. Schiedsgerichtsvereinbarung miteinander harmonieren und die lex fori die Wahl eines neutralen Rechts zulässt[97]. Das **neue Recht** ändert an der vorstehend beschriebenen Rechtslage nichts Grundsätzliches. Die Verordnung Rom I hält am Grundsatz der Rechtswahlfreiheit fest[98]. Art. 3 Abs. 1 Rom I sieht vor, dass der Vertrag dem von den Parteien gewählten Recht unterliegt. Die Rechtswahl muss ausdrücklich erfolgen oder sich eindeutig aus den Bestimmungen des Vertrags oder aus den Umständen des Falles ergeben. Die Parteien können die Rechtswahl für ihren ganzen Vertrag oder nur für einen Teil desselben treffen. Wurde eine Rechtswahl getroffen und sind alle anderen Elemente des Sachverhalts in einem anderen als demjenigen Staat belegen, dessen

---

96 Le Tourneau, L'ingénierie, les transferts de technologie et de maîtrise industrielle, Rn. 178.

97 Rosener in: Münchener Vertragshandbuch, Band IV, VI. 1 Rn. 12.

98 Vgl. Erwägungsgrund 11 Verordnung Rom I; siehe auch Nourissat RLDA 2008 (n° 29), 61. 63.

Recht gewählt wurde, so sollte nach Auffassung des Verordnungsgebers[99] die Rechtswahl nicht die Anwendung derjenigen Bestimmungen des Rechts dieses anderen Staates berühren, von denen nicht durch Vereinbarung abgewichen werden kann. Diese Regel sollte unabhängig davon angewandt werden, ob die Rechtswahl zusammen mit einer Gerichtsstandsvereinbarung getroffen wurde oder nicht.

1. Parteiautonomie. In Art. 27 Abs. 1 EGBGB hat der deutsche Gesetzgeber das Prinzip der (internationalen) Privatautonomie kodifiziert. Entprechendes gilt nach Art. 3 Rom I. Die Parteien können, wenn der Sachverhalt eine Verbindung zum Recht unterschiedlicher Staaten aufweist (Auslandsbezug), die Rechtsordnung eines bestimmten Staates frei wählen Art. 3 Abs. 1 EGBGB, Art. 3 Abs. 1 Rom I. Voraussetzung ist also ein Auslandsbezug[100]. Nur dieser eröffnet die vollständige Rechtswahlfreiheit, denn anderenfalls gilt Art. 3 Abs. 3 Rom I. Weder die bisherigen Vorschriften des EGBGB noch die der Verordnung Rom I regeln, unter welchen Voraussetzungen die erforderliche Auslandsberührung besteht. Er kann sich aus der unterschiedlichen Staatsangehörigkeit, dem unterschiedlichen Sitz oder Wohnsitz der Parteien oder ggf. auch aus dem Erfüllungsort der vertraglichen Verpflichtungen ergeben[101]. **22**

Art. 27 Abs. 3 EGBGB und Art. 3 Abs. 3 Rom I schränken die Rechtswahlfreiheit jedoch in gewisser Weise ein. Bei rein inlandsbezogenen Sachverhalten hat die Rechtswahl nach Art. 27 Abs. 3 EGBGB und Art. 3 Abs. 3 Rom I nur die Wirkung einer materiellrechtlichen Verweisung auf die Sachnormen des fremden Rechts. Die zwingenden Normen des an sich maßgeblichen (deutschen) Vertragsstatutes bleiben beachtlich. **23**

Das Zustandekommen und die Wirksamkeit des **Rechtswahlvertrages** unterliegt dem von den Parteien gewählten Schuldstatut und nicht der lex fori (Art. 27 Abs. 4, 31 EGBGB sowie Art. 3 Abs. 5, Art. 10, 11, 13 Rom I). Die Rechtswahlvereinbarung und der diesbezügliche Vertrag haben unterschiedliche Schicksale. Die Rechtswahlvereinbarung teilt also nicht das Schicksal des Hauptvertrages. Letzerer mag unwirksam sein. Trotzdem kann die Rechtswahlvereinbarung Wirkungen entfalten. Dann richtet sich die Unwirksamkeit des Hauptvertrages nach dem gewählten Recht[102]. **24**

2. Art der Vereinbarung. Art. 27 Abs. 1 S. 2 EGBGB ließ eine Rechtswahl entweder durch ausdrückliche Vereinbarung oder stillschweigend geäußerten realen Parteiwillen zu[103]. Der stillschweigende Parteiwille durfte nur festgestellt werden, wenn sich ein realer nicht geäußerter Parteiwille mit **hinreichender Sicherheit** (Franz: „de façon certaine", Eng: „with reasonable certainty") aus den Bestimmungen des Vertrages oder aus den Umständen des Falles ergab. Auch das deutsche Recht ging davon aus, dass der hypothetische oder fiktive Parteiwille unbeachtlich ist[104]. Das **neue Recht** entspricht im Wesentlichen der Regelung in Art. 27 Abs. 1 EGBGB a.F. In Art. 3 Abs. 1 Rom I wurde allerdings der Wortlaut in Bezug auf stillschweigende Rechtswahlklauseln an den strengeren Wortlaut der französischen Version des EVÜ angepasst (de façon certaine). Zukünftig muss sich eine stillschweigende Rechtswahlvereinbarung „eindeutig" aus den Bestimmungen des Vertrages oder aus den Umständen des Falles ergeben. Der **25**

---

[99] Vgl. Erwägungsgrund 15 Verordnung Rom I.
[100] Siehe Palanadt/Thorn, BGB, Art. 3 Rom I Rn. 5.
[101] Vgl. dazu Palandt/Thorn, BGB, Art. 3 Rom I Rn. 5.
[102] Palandt/Thorn, BGB, Art. 3 Rom I Rn. 9.
[103] Vgl. dazu Lorenz RIW 1992, 697 ff.
[104] Reithmann/Martiny/Thode, Internationales Vertragsrecht, 6. Auflage, Rn. 1117; anders die Rechtslage vor 1986: vgl. dazu OLG München BauR 1986, 242.

Plan, ausdrücklich eine Verweisung auf nichtstaatliches Recht zuzulassen, wurde aufgegeben, wenngleich Erwägungsgrund 13 zur Verordnung Rom I diese Möglichkeit nicht ausschließt. In Erwägungsgrund 4 heißt es dann sogar: Sollte die Gemeinschaft in einem geeigneten Rechtsakt Regeln des materiellen Vertragsrechts, einschließlich vertragsrechtlicher Standardbestimmungen, festlegen, so kann in einem solchen Rechtsakt vorgesehen werden, dass die Parteien entscheiden können, diese Regeln anzuwenden. Dieser Erwägungsgrund behält es den Parteien vor, materielle Regeln zu vereinbaren, die auf europäischem Niveau entwickelt werden[105].

26 **3. Ermittlung des stillschweigenden Parteiwillens.** Wann mit hinreichender Sicherheit (Art. 27 Abs. 1 EGBGB) oder eindeutig (Art. 3 Abs. 3 Rom I) aus den Bestimmungen des Vertrages oder aus den Umständen des Falles der Wille der Parteien ermittelt werden kann, ihr Vertragsverhältnis einem bestimmten Recht zu unterwerfen, bleibt der Konkretisierung durch Rechtsprechung und Literatur vorbehalten. Daran hat auch die Verordnung Rom I nichts geändert.

27 **a. Bestimmtheitsanforderungen.** Gänzlich vage Anhaltspunkte kommen als Grundlage für die Annahme einer stillschweigenden Rechtswahl nicht in Betracht. Dies lässt sich bereits aus der englischen und französischen Fassung des Römischen Übereinkommens entnehmen. In jedem Fall ist der Grad der Bestimmtheit der in Art. 27 Abs. 1 S. 2 EGBGB (und zumal der in Art. 3 Abs. 1 Rom I) gefordert wird, höher als derjenige, der in der ursprünglichen deutschen Rechtsprechung zum hypothetischen Parteiwillen als ausreichend angesehen wurde. Die französische Vertragsfassung legte seit jeher eine strengere Betrachtung nahe als die deutsche und die englische. Doch folgerte man in Frankreich aus Art. 3 Abs. 1 EVÜ auch nicht mehr als dass die Anknüpfung an den puren hypothetischen Parteiwillen ausgeschlossen ist[106]. Die Feststellung des einfachen impliziten Willens reicht aus, belegt durch eine Gerichtsstandsklausel, das Verhalten der Parteien im Prozess oder die verwendete Sprache[107]. In der neueren französischen Literatur zur Verordnung Rom I werden die beiden Wege beschrieben, die beschritten werden können. Entweder man versucht einen möglichst hohen Grad der Rechtssicherheit zu schaffen oder es muss der Parteiwille ermittelt werden[108]. Die Verordnung selbst betont in Erwägungsgrund 16 das Prinzip der Berechenbarkeit. Aus französischer Sicht regelte Art. 3 Abs. 1 EVÜ bereits eine sehr liberale Herangehensweise, die es zuließ z.B. auf frühere Verträge zu schauen, die eine Rechtswahlklausel enthielten[109]. Die deutschen Vorschläge gingen dahin, dem vereinbarten Gerichtsstand verstärkten Indizcharakter beizumessen, was sich nicht gegen die französische Haltung durchsetzen ließ[110]. Stattdessen enthält Erwägungsgrund 12 die Formulierung, wonach „eine Vereinbarung zwischen den Parteien, dass ausschließlich ein Gericht oder mehrere Gerichte eines Mitgliedstaats für Streitigkeiten aus einem Vertrag zuständig sein sollen, […] bei der Feststellung, ob eine Rechtswahl eindeutig getroffen wurde, einer der zu berücksichtigenden Faktoren sein [sollte]“. Diese Formulierung hat Nourissat[111] als ein bißchen unklar (quelque peu obscur) bezeichnet und sie dahin erläutert, dass die Gerichtsstandsvereinbarung ein Indiz für eine stillschweigende Rechtswahlvereinbarung darstelle.

---

[105] Nourissat RLDA 2008 (n° 29), 61. 64.
[106] Loussouarn/Bourel, Droit international privé, Rn. 378-2.
[107] Loussouarn/Bourel, Droit international privé, Rn. 378-2.
[108] Nourissat RLDA 2008 (n° 29), 61. 63.
[109] Nourissat RLDA 2008 (n° 29), 61. 64.
[110] Nourissat RLDA 2008 (n° 29), 61. 64.
[111] Nourissat RLDA 2008 (n° 29), 61. 64.

b. Allgemein anerkannte Indizien. Die deutsche Rechtsprechung hat auf der Grundlage des alten Rechts vielfältige Indizien für eine stillschweigende Rechtswahlvereinbarung anerkannt[112]: Vertragsabschluss zwischen im Inland ansässigen Parteien in deutscher Sprache (ja)[113], Vereinbarung eines einheitlichen Gerichtsstandes (ja)[114], Vereinbarung eines institutionellen Schiedsgerichts mit ständigem Sitz (ja), die Vereinbarung der AGB einer Partei (ja), Verwendung von Formularen, die auf einer Rechtsordnung aufbauen (ja)[115], wörtliche Wiedergabe einer ausländischen Rechtsnorm (ja)[116], innerer Zusammenhang mit anderen Verträgen, für die eine ausdrückliche oder konkludente Rechtswahl feststellbar ist (ja)[117]. Bei der Beurteilung ist darauf zu achten, dass die Grenzen zur Feststellung eines hypothetischen Parteiwillens nicht überschritten werden (dürfen)[118]. Der **hypothetische Parteiwille** darf seit 1986 nicht mehr herangezogen werden[119]. Der Abschlussort sowie die Währung, in der gezahlt werden soll, sowie der vertraglich vereinbarte Erfüllungsort haben allenfalls untergeordnete Bedeutung[120]. 28

c. Bauvertrag. Hinreichende Anhaltspunkte für die stillschweigende Rechtswahl zugunsten des deutschen Rechts in einem grenzüberschreitenden Bauvertrag liegen nach ständiger Rechtsprechung in Deutschland im Regelfall dann vor, wenn die Vertragsparteien die VOB/B, die VOL sowie die deutschen DIN-Vorschriften vereinbart und die besonderen Vereinbarungen des Vertrages an der VOB/B und den gesetzlichen Vorschriften des deutschen Werkvertragsrechts orientiert haben[121]. Ob sich aus der Verwendung der VOB/B allein bereits mit hinreichender Sicherheit ergibt, dass die Parteien den Willen besaßen, das deutsche Recht zu vereinbaren, ist zumindest fraglich. Verlangt wird in der Regel, dass die Parteien entweder ausdrücklich auf deutsche Rechtsvorschriften Bezug nehmen[122] oder dass sie gemeinsam Rücksicht auf die Anforderungen der deutschen Rechtsordnung nehmen[123]. Zwar verweist die VOB/B an vielen Stellen auf Vorschriften des BGB, doch bleibt der Erklärungsgehalt dürftig, weil diese Verweisungen im Zweifel nicht in das Erklärungsbewusstsein rücken und weil die öffentliche Hand letztlich gezwungen ist, die VOB/B zu verwenden. Keinesfalls kann aber aus der Verwendung internationaler Standardbedingungen (z.B. FIDIC-Bedingungen oder der Orgalime Turnkey-Vertrag) ein Parteiwille zugunsten einer Rechtsordnung abgeleitet werden, obgleich solche Vertragsmuster durchaus implizit auf rechtliche Regelungen in den Common Law Staaten zurückgreifen. Diese Bedingungen müssen allenfalls im Lichte der ihnen zugrunde liegenden Rechtssprache ausgelegt werden. Das ist bei fremdsprachigen Klauselwerken durchaus anerkannt[124]. 29

[112] Vgl. auch Looschelders, IPR, Art. 27 Rn. 18.
[113] BGH NJW-RR 1997, 686, 687.
[114] BGH NJW 1996, 2569; OLG Frankfurt RIW 1998, 477.
[115] Vgl. BGH NJW-RR 2000, 1002, 1004; OLG Köln IPRspr. 2000 Nr. 21.
[116] LG Waldshut Tiengen IPRax 1984, 100.
[117] BGH NJW 2001, 1936, 1937.
[118] Vgl. Thode, ZfBR 1989, 45.
[119] A.A. OLG Celle IPRspr. 1999 Nr. 31, das erkennbar mit völlig veralteter Literatur und ohne Prüfung der Rechtsprechung geurteilt hat.
[120] Looschelders, IPR, Art. 27 Rn. 18; vgl. auch RG JW 1911, 532.
[121] BGH NJW 2003, 288 und 2605; BGH IBR 1999, 206 = BB 1999, 928 = MDR 1999, 609–610 = NJW-RR 1999, 813 = BauR 1999, 631–632 = WM 1999, 1177–1178 = ZfIR 1999, 435–436 = ZfBR 1999, 193 = RIW/AWD 1999, 537–538 = AW-Prax 1999, 299–300.
[122] Vgl. BGH NJW-RR 1996, 1034; BGH NJW-RR 1997, 686, 687; BGH NJW-RR 2000, 1002, 1004.
[123] BGH RIW 1992, 54. 55.
[124] Vgl. RGZ 122, 233, 235.

30 **d. Compliance-Regelungen.** Häufig enthalten internationale Standardverträge sog. „*compliance*"-Vorschriften (so z.B. die FIDIC-Familie in Unterklausel 1.13 FIDIC Red Book, Yellow Book, Silver Book). Solche Regelungen verpflichten den Unternehmer dazu, seine Leistungen in Übereinstimmung mit dem Recht des Baustellenlandes und/oder anderer Rechtsordnungen zu erfüllen (Klausel 1.6 FIDIC Green Book: *The Contractor shall comply with the laws of the countries where activities are performed*, vgl. auch die ähnlichen ausführlicheren Klauseln in 1.13 Silver Book, Red Book und Yellow Book). Solche Klauseln sollen den Unternehmer für den Verstoß gegen die zu beachtenden Rechtsnormen haftbar machen[125]. Sie können im Rahmen der Erwägungen zur stillschweigenden Rechtswahl nicht ignoriert werden. Denn im Zweifel gehen sie weiter als die generelle – außervertragliche – Verpflichtung, zwingende lokale Bestimmungen zu beachten, die sich auch im Rahmen einer Sonderanknüpfung aufdrängen können[126]. Andererseits geben solche Vertragsklauseln lediglich zu erkennen, dass die Parteien den Willen haben, bei der Arbeitsausführung lokales (öffentliches) Recht (in Bezug auf die technischen Standards) zu beachten. Wie weit diese Verpflichtung im Rahmen des Bauvertrages geht, ist eine Frage der Vertragsauslegung[127]. Compliance-Klauseln unterscheiden mithin zwischen den vertraglichen Beziehungen und den äußeren Rahmenbedingungen. Die Folgen der Nichtbeachtung lokalen Rechts sollen sich ausschließlich nach dem Vertrag richten, nicht jedoch zwangsläufig nach der örtlichen Rechtsordnung. Sog. „compliance"-Klauseln haben mithin allenfalls geringen Indizwert, zumal dann, wenn sie auf mehrere Rechtsordnungen hinweisen, wie dies die FIDIC-Familie tut (*Laws of the countries, where ...*). Die von Thode[128] vorgeschlagene Sonderanknüpfung zwingender baurechtlicher Vorschriften über Art. 9 Rom I dürfte nur in Bezug auf privatrechtliche Sondervorschriften gemeint sein. Das öffentliche Recht ist nicht über Rom I anzuküpfen. Da der Unternehmer in der Regel qua öffentlichen Rechts verpflichtet sein wird, das lokale öffentliche Baurecht anzuwenden, stellt sich anschließend nur die Frage, inwieweit eine Missachtung vertragsrechtlich erheblich ist. Darüber entscheidet allerdings das Vertragsstatut, z.B. auch im Wege der Differenzierung zwischen *obligation de résultat* oder *obligation de moyens* (Frankreich) oder im Wege der Unterscheidung zwischen *skill and care* und *fit for purpose* nach englischem Recht.

31 **4. Vertragsauslegung.** Im Einzelfall kann das anwendbare Recht auch durch **Auslegung** ermittelt werden[129]. Deutsche Gerichte haben dies mehrfach[130] unter Rückgriff auf die *lex fori* getan, obwohl grundsätzlich das Vertragsstatut maßgeblich ist[131]. Im Fall des BGH[132] ging es um einen Vergleich, in dem die Parteien auf Art. 2044 ff. Code Civil[133] Bezug genommen hatten, während der ursprüngliche Vertrag ausdrücklich deutsches Recht für anwendbar erklärte. Der BGH hielt den Hinweis auf Art. 2044 ff.

---

125 Vgl. The FIDIC Contract's Guide, 72.
126 Vgl. Reithmann/Martiny/Thode, Internationales Vertragsrecht, Rn. 1085.
127 Reithmann/Martiny/Thode, Internationales Vertragsrecht, Rn. 1085.
128 Reithmann/Martiny/Thode, Internationales Vertragsrecht, Rn. 1085.
129 Vgl. dazu Lando RabelsZ 38 (1974), 388, 391; Lorenz RIW 1992, 697, 698.
130 BGH IPRspr. 2000 Nr. 20; RG IPRspr. 1929 Nr. 35; LG Essen IPRspr. 2001 Nr. 29; vgl. auch LG München I IPRax 1984, 318.
131 Lorenz RIW 1992, 697, 698.
132 BGH IPRspr. 2000 Nr. 20.
133 Art. 2044 ff. Code Civil regeln die Voraussetzungen, unter denen nach französischem Recht ein Vergleich zustande kommt: Der Vergleich (transaction) ist ein Vertrag, durch den die Parteien eine bereits entstandene Streitigkeit oder eine aufkommende Streitigkeit beenden. Der Vertrag kann nur schriftlich abgefasst werden (Art. 2044 Code Civil).

Code Civil unter Anwendung deutscher Auslegungsregeln (§§ 133, 157 BGB) für eine hinreichend bestimmte Rechtswahl im Sinne des Art. 27 Abs. 1 S. 2 EGBGB[134]. Im Fall des RG[135] war der Ausgangspunkt, dass sich in den Allgemeinen Versicherungsbedingungen einer der Parteien eine Verweisung auf das italienische Recht fand, während sich in dem handschriftlichen Text der Versicherungspolice eine Klausel zugunsten des französischen Rechts fand. Das RG entschied, dass es nach deutschem Recht zu entscheiden habe, welches Recht anwendbar sei. Da der handschriftliche Text im deutschen Recht Vorrang vor den gedruckten Bedingungen hat, wendete das RG im Ergebnis französisches Recht an. Im Fall des LG Essen[136] hatten die Parteien nach Rechtshängigkeit aus prozessualen Überlegungen das ursprünglich anwendbare kuwaitische Recht zugunsten des deutschen Rechts abbedungen. Die Auslegung des LG[137] ergab, dass die Parteien keine rückwirkende Abänderung des maßgeblichen Rechts wünschten.

Besondere Schwierigkeiten werfen sog. „***construction-Klauseln***" auf. Sie haben ihren 32
Ursprung in der anglo-amerikanischen Rechtsordnung. Richtig übersetzt handelt es sich um Auslegungsklauseln[138]. Findet sich im Vertrag eine Klausel mit der Formulierung: „*This Agreement shall be construed under the laws of the state Iowa*", stellt sich die Frage nach der Bedeutung der Klausel. Soll es sich um eine Rechtswahlvereinbarung handeln, muss sich dies mit „hinreichender Sicherheit" aus den Umständen ergeben. Wie die Klausel zu verstehen ist, muss also durch Auslegung ermittelt werden[139]. Ob die Auslegung nach der in Bezug genommenen Rechtsordnung zu erfolgen hat oder nicht, ist schwer zu beantworten. In England wurde auf der Grundlage einer Äußerung bei Dicey & Morris[140] entschieden, dass die Auslegung nicht nationalen Regeln erfolgen sollte, sondern auf der Grundlage einer an der EVÜ orientierten Auslegung[141]. In aller Regel dürfte die Auslegung einer solchen Klausel ergeben, dass eine Rechtswahl gewollt war[142].

5. Nachträgliche Rechtswahl. Durch Art. 27 Abs. 2 EGBGB war und Art. 3 Abs. 2 33
Rom I ist zudem die Möglichkeit eröffnet, dass sich die Parteien nachträglich, entweder ausdrücklich oder stillschweigend, auf das anwendbare Recht einigen können[143]. Im Prozess muss mit der gebotenen Bestimmtheit festgestellt werden, dass beide Parteien das dazu erforderliche Erklärungsbewusstsein hatten[144]. Im Grunde genommen reicht es nicht aus, dass sich die Parteien übereinstimmend verhalten. Wenn sich die Parteien lediglich irrtümlich auf eine bestimmte Rechtsordnung berufen, ist dies kein hinreichendes Indiz für einen konkreten Parteiwillen[145]. Die Rechtsprechung lässt es jedoch z.B. ausreichen, dass die erstinstanzliche Urteilsbegründung im Berufungsverfahren rügelos hingenommen wird[146]. Ausreichend ist auch, dass beide Parteien in Kenntnis der Problematik übereinstimmend von einer bestimmten Rechtsordnung ausgehen bzw.

---

134 BGH IPRspr. 2000 Nr. 20.
135 RG IPRspr. 1929 Nr. 35.
136 LG Essen IPRspr. 2001 Nr. 29.
137 LG Essen IPRspr. 2001 Nr. 29.
138 Schröder IPRax 1985, 131, 132.
139 Vgl. Schröder IPRax 1985, 131, 132; LG München I IPRax 1984, 318.
140 Dicey & Morris, Conflict of Laws, Rn. 32-078.
141 Egon Oldendorff v. Libera Corporation (No. 2) [1996] 1 Lloyd's Report 380, 387.
142 Schröder IPRax 1985, 131, 132; vgl. auch Dicey & Morris, Conflict of Laws, Rn. 32-078.
143 Vgl. auch BGH IPRspr. 2000 Nr. 20.
144 BGHNJW 1991, 1293; vgl. BGH NJW-RR 1990, 249; OLG Celle RIW 1990, 322.
145 LG Hamburg AWD 1977, 787; OLG Köln NJW 1987, 1151.
146 OLG Köln RIW 1993, 1025.

sich auf Vorschriften einer nationalen Rechtsordnung stützen[147] oder sich auf sie berufen[148]. Eher bizarr ist die Auffassung, man könne eine Rechtswahl aus dem Umstand herleiten, dass sich die Parteien einvernehmlich auf deutsche ZPO Normen berufen haben[149]. Dass vor deutschen Gerichten die ZPO gilt, ist auf das lex fori Prinzip zurückzuführen. Es wäre absurd, vor einem deutschen Gericht die Anwendbarkeit deutschen Kollisionsrechts oder Prozessrechts zu beanstanden. Folglich kann man aus dem Umstand, dass sich die Parteien auf solche Normen berufen, keinen Rechtswahlwillen ableiten.

34 **6. Internationales Einheitsrecht.** Interational gültiges Einheitsrecht ist staatliches Recht. Zum internationalen Einheitsrecht, das zum materiellen deutschen Recht gehört, ist insbesondere das **CISG** (UN-Kaufrecht) zu rechnen. Es genügt mithin nicht, dass sich die Parteien auf deutsches Recht einigen, wenn sie die Anwendung des **CISG** (UN-Kaufrecht) ausschließen wollen, das der BGH auch auf **Werkverträge** anwenden will[150], was allerdings richtigerweise nur für Lieferverträge mit Montageverpflichtung oder Anlagenbauverträge denkbar ist, bei denen der Lieferanteil deutlich überwiegt[151]. Auch auf Werklieferungsverträge über ein Fertighaus wurde das CISG angewendet[152]. Da das CISG nationales Recht ist, beinhaltet die Wahl des deutschen Rechts zugleich die Anwendbarkeit des CISG, wenn es sachlich anzuwenden wäre. Um das CISG zu vermeiden müsste also eine Rechtsordnung gewählt werden, die die Anwendbarkeit des CISG nicht unmittelbar vorsieht. Rechtswahlklauseln können folgenden Wortlaut haben:

> Die Parteien vereinbaren die Anwendbarkeit des deutschen Rechts. Die Anwendung des CISG ist ausgeschlossen.

35 **7. Multiple Rechtsordnungen.** Gelegentlich reicht es nicht aus, die Rechtsordnung eines Nationalstaates zu wählen. In einer Reihe von Nationalstaaten existieren Teilrechtsordnungen nebeneinander, so z.B. in Großbritannien (England und Wales, Schottland, Nordirland), in den USA (Bundesstaaten, z.B. Kalifornien, Florida, etc.), in Kanada (Provinzen, z.B. Québec, British Columbia), Kamerun (Common Law und Civil Law Rechtsordnung) und in der Schweiz (Kantone).

36 **8. Reichweite des Vertragsstatuts.** Auf das Zustandekommen und die Wirksamkeit der Einigung der Parteien über das anzuwendende Recht sind die Art. 10, 11 und 13 Rom I (früher Art. 11, 12, 29 Abs. 3 und Art. 31 EGBGB) anzuwenden. Einige den Bauvertrag berührende Fragen (z.B. sein Zustandekommen und seine Wirksamkeit) werden dem Vertragsstatut unterstellt, andere hingegen (z.B. die Form des Vertrages und die Partei- und Rechtsfähigkeit der Parteien) werden anderweitig angeknüpft (z.B. an die Staatsangehörigkeit oder den Ort des Vertragsschlusses) und unterliegen ggf. einer anderen Rechtsordnung als der des Vertrages generell. In einigen Fällen ist die lex

---

147 OLG Köln IPRspr. 2001 Nr. 28.

148 OLG Karlsruhe IPRspr. 2001 Nr. 34.

149 Vgl. aber KG, Urt. v. 13.7.2006, 20 U 202/04 (unveröffentlicht) wo es heißt: „Weiterhin ist zu berücksichtigen, dass der Beklagte sich gegen die Zugrundelegung von Vorschriften des deutschen Rechts anstelle des türkischen Rechts nicht berufen hat, sondern in seiner Berufungsbegruündung sich ausdruücklich damit auseinander setzt, ob die entsprechenden Vorschriften der ZPO vorliegend eingehalten wurden. In der Anführung von Vorschriften des deutschen Rechts liegt aber zugleich in der Regel eine stillschweigende Vereinbarung des deutschen Recht“. Daneben berief sich das Gericht auf den deutschen Vertragsabschlussort sowie die Verwendung der deutschen Sprache, zwei Indizien die kaum Aussagewert besitzen.

150 BGH, Urteil vom 06. Juli 2004 – X ZR 171/02.

151 Schlechtriem/Ferrari, CSIG, Art. 3 Rn. 17 ff.

152 Obergericht Kanton Aargau, Urt. v. 3.3.2009, ZOR.2008.16/eb, IHR 2010, 209.

fori anzuwenden, etwa bezüglich verfahrensrechtlicher Fragen vertraglicher Leistungsfeststellungen durch Dritte (Schiedsgutachten und arbitraggio irrituale).

Beispiele: Bauverträge können z.B. dann unwirksam sein, wenn sie den Vertragsgegenstand nicht klar genug definieren[153]. Sofern allerdings naturgegeben eine präzise Beschreibung von Details unmöglich ist, sind geringere Anforderungen an die Wirksamkeit eines Bauvertrages zu stellen[154].

9. Praxishinweis. In der Praxis kommt es immer wieder vor, dass die wesentliche Frage nach dem anwendbaren Recht zur Chefsache gemacht wird, die zum Schluss im Rahmen einer Paketlösung endverhandelt wird. Kann man sich nicht einigen, wird nach Kompromisslösungen gesucht. Häufig wird in solchen Fällen ein sog. neutrales Recht vereinbart, d.h. es wird ein Recht gewählt, das weder das Heimatrecht der einen noch das der anderen Partei ist. Weder diese Vorgehensweise noch das Ergebnis können befriedigen. Zulässig und wirksam ist eine solche Vereinbarung gleichwohl[155]. 37

a. Bedeutung der Rechtswahl. Die Bedeutung der Rechtswahl darf nicht unterschätzt werden. Mit der Rechtswahl werden Grundlagen geschaffen, an denen sich das Vertragswerk orientieren muss, zumindest aber orientieren sollte. Das anwendbare Recht entscheidet über den Inhalt der wechselseitigen vertraglichen Verpflichtungen, die mit dem Vertragsabschluss verbundene gesetzliche Regelungsdichte, die je nach gewählter Rechtsordnung sehr unterschiedlich ausfallen kann[156], die Risikoverteilung und die Rechtsbehelfe im Falle von Leistungsstörungen. Von Bedeutung ist auch, in welchem Umfang das gewählte Recht richterliche Auslegungs- und Rechtsergänzungsspielräume schafft[157], z.B. in dem es anstelle klarer Regelungen offene Rechtsbegriffe verwendet oder in dem es auf Sitten und Gebräuche (§§ 157, 133, 242 BGB) oder etwa den Rückgriff auf islamische Rechtsgrundsätze zulässt (vgl. Art. 1 Abs. 2 des ägyptischen Code Civil). Wer über alle diese Fragen verhandelt, ohne zu wissen, in welcher Rechtsordnung er sich bewegt, kann ohne Zweifel keinen die eigenen Interessen zufrieden stellenden Vertrag verhandeln. Es können sich durch die Rechtswahl Vertragslücken auftun oder vertragliche Regelungen können unwirksam werden. Zudem können spezifische Risiken der gewählten Rechtsordnung nicht mehr verhandelt werden. Das Offenlassen der Frage nach dem anwendbaren Recht stellt die Verhandlungsführer mithin so wie einen KFZ-Designer, der ein Auto entwerfen soll, ohne zu wissen, ob er es für den Rechts- oder Linksverkehr entwirft. Der Inhalt des jeweiligen Vertragstatuts ist mithin sorgfältig aufzuklären[158]. 38

[153] Quick and Grice v. Ashley, 1956, 227 Miss. 273, 86 So.2d 40; James A. Jackson v. Sam Finley, Inc 366 F.2d 148.

[154] Vicksburg Waterworks Co. v. J. M. Guffy Petroleum Co., 1905, 86 Misc. 60, 38 So. 302; James A. Jackson v. Sam Finley, Inc 366 F.2d 148.

[155] Reithmann/Martiny/Thode, Internationales Vertragsrecht, Rn. 1088.

[156] Als Faustregel kann gelten, dass die Regelungsdichte in Civil Law Rechtsordnungen hoch ist, während sie in ComonLaw Rechtsordnungen eher niedrig ist.

[157] Vgl. Shalakany, Between Identity and Resdistribution: Sanhuri, Genealogy and the Will to Islamise, Islamic Law and Society Journal 8 (2001), 201, 224 unter Bezugnahme auf das Zitat von Sanhouri, Redrafting the Code, 41: Recht kann nicht zwischen Buchdeckeln oder in einer Sammlung von Artikeln zusammengefasst werden ... eine wertvolle Einsicht, die wir der historischen Rechtsschule mit Savigny an der Spitze verdanken.

[158] Siehe auch Reithmann/Martiny, Internatioanles Vertragsrecht, Rn. 242.

39 **b. Neutrales Recht.** Die Wahl eines (vermeintlich) neutralen Rechts (oder Schiedsortes) kommt häufiger vor als man denken würde[159]. Sie ist nicht wünschenswert, weil sie in eine unnötige Komplexität führt[160]. Das neutrale Recht kann das Parteienverhältnis nur im Rahmen des am Baustellenort zulässigen Rahmens gestalten. Zwingendes Baustellenrecht bleibt ohnehin wirksam[161]. Häufig kommt hinzu, dass keine der beiden Parteien wirklich weiß, welchen Inhalt das vereinbarte neutrale Recht hat. Erfahrungen mit dieser Rechtsordnung bestehen in der Regel schon gar keine. Diese Situation lässt sich der eines Autodesigners vergleichen, der sein Auto nach den Bedingungen auf dem Mond entwerfen soll.

40 **c. Parteiinteressen.** Die Rechtswahl sollte möglichst den Erfahrungen und den Kenntnissen der Parteien Rechnung tragen. In die Überlegungen sollte zudem einfließen, welche Vertragssprache gewählt wird, weil sich der juristische Inhalt eines Vertrages nur in der Sprache der jeweiligen Rechtsordnung wirklich zuverlässig ausformulieren lässt. Lässt sich weder das Recht der einen noch das der anderen durchsetzen, sollte eine möglichst ähnliche und sprachlich zugängliche Rechtsordnung gewählt werden (statt französischem Recht wird belgisches Recht, statt brasilianischem Recht wird portugiesisches Recht, statt türkischem Recht wird schweizerisches Recht[162] oder statt australischem Recht wird englisches Recht vereinbart). Nicht wirklich zu empfehlen aber einer neutralen Rechtsordnung ggf. doch vorzuziehen ist die Spaltung des Vertragsstatuts für bestimmte Rechtsbehelfe[163], etwa wenn die an sich gewählte Rechtsordnung einen Rechtsbehelf nicht kennt (z.B. englisches Recht ist Vertragsstatut und es soll der deutsche Anspruch auf eine Bauhandwerkersicherungshypothek zur Vermeidung andersartiger Sicherungsinstrumente erhalten werden). Auf jeden Fall sollte aber ein Recht ausgewählt und vereinbart werden[164]. Die anderenfalls entstehende Rechtsunsicherheit ist unter Umständen noch problematischer.

IV. Das objektive Vertragsstatut

Schrifttum

Ehrecke, Der Schutz des Subunternehmers gegen den Ausfall des Unternehmers nach französischem Recht, IHR 2009, 237; Hök, Zum Sitz des Rechtsverhältnisses beim internationalen Bau- und Architektenvertrag, ZfBR 2006, 741 ff.; Hök, Neues europäisches Internationales Baurecht, ZfBR 2008, 741 ff.; Jacquet/Delebecque/Corneloup, Droit du commerce international, 2. Auflage, Paris 2010; Jayme, Der Subunternehmervertrag im deutsch-französischen Rechtsverkehr, IPRax 1985, 372; Jayme, Komplexe Langzeitverträge und IPR, IPRax 1987, 63; Kegel/Schurig, IPR, 9. Auflage, München 2004; Kürschner, Zur Bedeutung des Erfüllungsortes bei Streitigkeiten aus Bauverträgen für die internationale Zuständigkeit und das nach IPR anzuwendende materielle Recht, ZfBR 1986, 259; Leible/Lehmann, Die Rom I Verordnung, RIW 2008, 528 ff.; Looschelders, Internationales Privatrecht, Heidelberg 2003; Mankowski, Gemischte Verträge, objektive dépeçage, Handhabung der Ausweichklausel und Auslegungsmethodik im Internationalen Schuldvertragsrecht, IHR 2010, 89; Martiny, Anwendbares Recht für internationale Bauverträge, BauR 2008, 241 ff.; Martiny, Neues deutsches internationales Vertragsrecht,

[159] Vgl. die ICC Entscheidungen in den Rechtssachen Nr. 11972/2002 (englischsprachiger Vertrag zwischen einer deutschen und einer türkischen Gesellschaft nach deutschem Recht aber mit Schiedsgerichtsort Zürich), Nr. 9419/1998 (Vertrag zwischen einer bulgarischen und einer schweizerischen Gesellschaft nach französischem Recht).

[160] Le Tourneau, L'ingénierie, les transferts de technologie et de maîtrise industrielle, Rn. 178.

[161] Budin, Guide pratique de l'exécution des contrats internationaux de construction, Rn. I 16; vgl. Britton ICLR 2003, 381, 396 zum englischen Housing Act 1996.

[162] Das türkische Zivilrecht wurde aus dem schweizerischen ZGB und OR entlehnt.

[163] Vgl. dazu Le Tourneau, L'ingénierie, les transferts de technologie et de maîtrise industrielle, Rn. 178.

[164] Le Tourneau, L'ingénierie, les transferts de technologie et de maîtrise industrielle, Rn. 178.

RIW 2009, 737 ff.; Nicklisch, Rechtsfragen des Subunternehmervertrages bei Bau- und Anlagenprojekten im In- und Auslandsgeschäft, NJW 1985, 2361; Thode/Wenner,Internationales Architekten- und Bauvertragsrecht, Köln 1998; Thode, Die Bedeutung des neuen internationalen Vertragsrecht bei grenzüberschreitenden Bauverträgen, ZfBR 1989, 45; Le Tourneau, L'ingénierie, les transferts de technologie et de maîtrise industrielle, Paris 2003; Vetter, Akzessorische Anknüpfung von Subunternehmerverträgen bei internationalen Bau- und Industrieanlagen-Projekten?, NJW 1987, 2124; Wenner, Die objektive Anknüpfung grenzüberschreitender Verträge im deutschen Internationalen Anlagen- und Bauvertragsrecht, FS Jagenburg, München 2000, 205

Ausgangspunkt war Art. 28 EGBGB bzw. ist Art. 4 Rom I: Soweit das auf den Vertrag anzuwendende Recht nicht nach Art. 27 EGBGB (Art. 3 Rom I) vereinbart worden ist, unterliegt der Vertrag dem Recht des Staates, mit dem er die engsten Verbindungen aufweist (Art. 28 Abs. 1 S. 1 EGBGB) oder dem Recht des Staates, auf dasArt. 3 Abs. 1 Rom I verweist. Lässt sich jedoch ein Teil des Vertrages von dem Rest des Vertrages trennen und weist dieser Teil eine engere Verbindung mit einem anderen Staat auf, so konnte auf ihn nach altem Recht ausnahmsweise das Recht dieses anderen Staates angewandt werden (Art. 28 Abs. 1 S. 2 EGBGB). Art. 4 Rom I enthält keine vergleichbare Regelung. **Altes Recht:** Nach Art. 28 Abs. 2 S. 1 EGBGB wurde vermutet, dass der Vertrag die engsten Verbindungen mit dem Staat aufweist, in dem die Partei, welche die charakteristische Leistung zu erbringen hat, im Zeitpunkt des Vertragsabschlusses ihren gewöhnlichen Aufenthalt oder, wenn es sich um eine Gesellschaft, einen Verein oder eine juristische Person handelt, ihre Hauptverwaltung hat. Wurde der Vertrag jedoch in Ausübung einer beruflichen oder gewerblichen Tätigkeit dieser Partei geschlossen worden, so wurde vermutet, dass er die engsten Verbindungen zu dem Staat aufweist, in dem sich deren Hauptniederlassung befindet oder in dem, wenn die Leistung nach dem Vertrag von eineranderen als der Hauptniederlassung zu erbringen ist, sich die andere Niederlassung befindet (Art. 28 Abs. 2 S. 2 EGBGB). Art. 28 Abs. 2 EGBGB war nicht anzuwenden, wenn sich die charakteristische Leistung nicht bestimmen ließ. Soweit der Vertrag ein dingliches Recht an einem Grundstück oder ein Recht zur Nutzung eines Grundstücks zum Gegenstand hatte, wurde gemäß Art. 28 Abs. 3 EGBGB vermutet, dass er die engsten Verbindungen zu dem Staat aufweist, in dem das Grundstück belegen ist. Gemäß Art. 28 Abs. 5 EGBGB galten die Vermutungen nach Art. 28 Abs. 2 und 3 EGBGB nicht, wenn sich aus der Gesamtheit der Umstände ergab, dass der Vertrag engere Verbindungen mit einem anderen Staat aufweist. **Neues Recht**: Haben die Parteien keine Rechtswahl getroffen, greift Art. 4 Rom I. Der allgemeine Obersatz, wonach auf die engsten Beziehungen des Vertrages zu einem Recht abzustellen ist (vgl. Art. 3 Abs. 1 EVÜ, Art. 28 Abs. 1 EGBGB), musste weichen. Er taucht nun als Auffangregel in Art. 4 Abs. 4 Rom I auf. Art. 4 Abs. 1 Rom I enthält Anknüpfungen für eine Vielzahl von benannten Schuldverträgen (insbesondere auch für Dienstverträge, denen z.B. auch der Werkvertrag zuzuordnen ist), die inhaltlich eine Vorwegnahme der aus dem EVÜ übernommenen Regelung des Art. 4 Abs. 2 der Verordnung sind. Nach Art. 4 Rom I also zunächst zu untersuchen, ob für den jeweils betroffenen Vertragstyp (z.B. den Dienstvertrag) eine besondere Anknüpfungsregel existiert (was für den Dienstvertrag zu bejahen ist, vgl. Art. 4 Abs. 1 (b) Rom I). Art. 4 Abs. 1 Rom I listet zu diesem Zweck eine Reihe von Vertragstypen auf, für die jeweils eine besondere Kollisionsregel aufgestellt wird. Nur wenn der jeweilige Vertrag nicht unter Art. 4 Abs. 1 Rom I fällt oder etwa wenn die Bestandteile des Vertrags durch mehr als einen der Buchstaben a bis h des Absatzes 1 abgedeckt sind (also bei gemischttypischen Verträgen), so unterliegt der Vertrag dem Recht des Staates, in dem die Partei, welche die für den Vertrag charakteristische Leistung zu erbringen hat, ihren gewöhnlichen Aufenthalt 41 hat. Die bisherige Vermutung (vgl. Art. 4 Abs. 2 EVÜ, Art. 28 Abs. 2 EGBGB) wird also für die (in Art. 4 Abs. 1 Rom I) nicht benannten Vertragstypen zur Regel. Die bisherige Vermutungsregel in Art. 4 Abs. 2 EVÜ, wonach die engste Beziehung des Vertragsverhältnisses mit dem Staat besteht, in dem die Partei ihren Sitz hat, die die vertragscharakteristische Leistung erbringt, ist mithin nicht mehr nur die Leitfigur, sondern die Regel, allerdings nur für Fälle, die nicht ausdrücklich in Art. 4 Abs. 1 Rom I benannt sind. Es überwiegt also für die kollisionsrechtliche Anknüpfung der schuldrechtlichen Verträge das Prinzip der Rechtssicherheit. Dies auch deshalb, weil der in Art. 4 Abs. 1 EVÜ enthaltene Obersatz, wonach es stets auf die engste Beziehung eines Rechtsverhältnisses zu einem Staat ankommt, nur noch die Bedeutung einer Auffangregel hat, die sich in Art. 4 Abs. 4 Rom I wieder findet. Es gilt mithin nach Art. 4 Rom I folgende **Anknüpfungsleiter**:

1. Fällt der zu beurteilende Vertrag unter einen der benannten Verträge in Art. 4 Abs. 1 Rom I?
   - Art. 1 Abs. 1 Rom I → z.B. beim Bauvertrag Verweisung auf den Sitz des Unternehmers
2. Falls nicht, lässt sich bezüglich des Vertrages eine vertragscharakteristische Leistung ermitteln?
   - Art. 1 Abs. 2 Rom I → z.B. beim Lizenzvertrag Verweisung auf den Sitz des Lizenzgebers
3. Falls nicht, zu welchem Staat besteht die engste Beziehung des Vertrages?
   - Art. 1 Abs. 4 Rom I → z.B. beim Tauschvertrag Verweisung auf das Land mit der engsten Beziehung
4. In den Fällen 1 und 2 kann ausnahmsweise eine engere Beziehung zu einem anderen Staat ausschlaggebend sein (Art. 4 Abs. 3 Rom I).
   - Art. 1 Abs. 3 Rom I → z.B. beim Back-to-back-Subunternehmervertrag Verweisung auf das Land mit der engsten Beziehung (den Hauptvertrag)

42 **1. Einleitung.** Zwar wird gelegentlich behauptet, es komme praktisch nicht vor, dass die Parteien eines internationalen Bauvertrages die Frage des anwendbaren Rechts offen ließen, doch ist dies eine Mär. In ca. 20% der bei der ICC im Jahre 2001 registrierten Fälle fehlte eine Rechtswahlvereinbarung[165]. Das IPR hat mithin weiterhin einen hohen Stellenwert. Fehlt eine Rechtswahlvereinbarung oder kann ein stillschweigender Parteiwille nicht festgestellt werden, muss das anwendbare Recht also auf andere Weise als durch den Blick auf den Parteiwillen ermittelt werden.

43 Vor 1986 hatte der Erfüllungsort des Bauvertrages eine zentrale Bedeutung für die Bestimmung des anwendbaren Rechts[166]. Mit Inkrafttreten des Artikels 28 EGBGB (im Jahre 1986) hat der Erfüllungsort seine bis dahin maßgebliche Bedeutung für die Bestimmung des Vertragsstatuts verloren. Der deutsche Gesetzgeber knüpfte seither auf der Grundlage des EVÜ an objektive Kriterien an. Art. 28 Abs. 1 EGBGB a.F. bestimmte, dass der Vertrag dem Recht des Staates unterliegt, mit dem er die engsten Verbindungen aufweist. Insoweit waren ausschließlich objektive Kriterien maßgeblich.

[165] Le Tourneau, L'ingénierie, les transferts de technologie et de maîtrise industrielle, Rn. 178.
[166] RGZ 96, 272; BGHZ 57, 72; 75; BGH NJW 1958, 750.

Der hypothetische Parteiwille, der vor Inkrafttreten des Art. 28 EGBGB oftmals zur Bestimmung des anwendbaren Rechts herangezogen wurde, ist kein Kriterium mehr[167]. Seit dem 17.12.2009 gilt die Verordnung Rom I. Sie hat gegenüber vorstehenden Aussagen keine wesentlichen Änderungen mit sich gebracht. Die beachtlichen Abweichungen liegen mehr im Detail.

a. Vermutungsregelungen. Worin die engste Verbindung eines Vertrages mit einem Staat besteht, konkretisieren widerlegbare Vermutungen in den Artikeln 28 Abs. 2 bis 4 EGBGB a.F. Danach wird die engste Verbindung des Vertrages mit dem Staat vermutet, 44

- in dem die Partei ihren gewöhnlichen Aufenthalt oder ihre Niederlassung hat, welche die charakteristische Leistung zu erbringen hat (Art. 28 Abs. 2 EGBGB)
- bei schuldrechtlichen Verträgen über dingliche Grundstücksrechte oder über ein Recht zur Nutzung des Grundstücks, in dem das Grundstück belegen ist (Art. 28 Abs. 3 EGBGB)
- in dem der Güterbeförderer seine Hauptniederlassung hat, wenn sich in diesem Staat der Ort der Beladung oder Entladung oder der Hauptniederlassung des Absenders befindet (Art. 28 Abs. 4 EGBGB).

Art. 4 Rom I **ersetzt** die früheren Vermutungsregelungen, um mehr Rechtssicherheit zu schaffen. Für die in Art. 4 Abs. 1 Rom I genannten Vertragstypen enthält die Vorschrift jeweils eine besondere Verweisungsregel. Der Verweisungskatalog umfasst sieben Vertragstypen. Zu den wichtigsten benannten Vertragstypen gehören der Kaufvertrag (Art. 4 Abs. 1 (a) Rom I), der Diensleistungsvertrag (Art. 4 Abs. 1 (b) Rom I) und der Vertrag über dingliche Rechte an Grundstücken (Art. 4 Abs. 1 (c) Rom I). Unlängst wurde für das Baurecht auch Art. 4 Abs. 1 (g) Rom I ins Spiel gebracht, der die Fälle des Verkaufs beweglicher Sachen durch Zwangsversteigerung regelt[168]. Art. 4 Abs. 1 Rom I verweist hinsichtlich des Kaufvertrages auf den Sitz des Verkäufers, hinsichtlich der Dienstleistungsverträge auf den Sitz des Dienstleisters und bezüglich der Verträge über dingliche Rechte an Grundstücken auf das Lagerecht der Immobilie.

b. Bauvertrag ohne Eigentumsverschaffungspflicht. Altes Recht: Art. 28 Abs. 2 EGBGB vermutete die engste Beziehung des Vertrages mit dem Staat, in dem die Vertragspartei ansässig ist, die die sog. vertragscharakteristische Leistung erbringt. Nicht definiert war, was als vertragscharakteristische Leistung anzusehen ist[169]. Bei Bau- und Anlagenbauverträgen bereitete jedoch die Bestimmung der vertragscharakteristische Leistung grundsätzlich keine Probleme, weil im synallagmatischen Vertragsverhältnis stets die Leistung charakeristisch ist, die die Sachleistung ist, für die eine Geldleistung erbracht wird[170]. Die Verpflichtung zur Entgeltzahlung ist unmaßgeblich. Allerdings sollte diese Erkenntnis nicht zu vorschnellen Entscheidungen verleiten, denn je komplexer die Vertragswerke werden und je stärker sie den Gedanken des **Partnering** aufgreifen, desto schwieriger wird die Bestimmung der vertragscharakteristischen Verpflichtung. Im Einzelfall kann es gänzlich unmöglich sein, eine vertragscharakteristische Leistung zu ermitteln. Dann galt Art. 28 Abs. 5 EGBGB i.V.m. Art. 28 Abs. 1 EGBGB[171]. **Neues Recht**: Der Bauvertrag ohne Eigentumsverschaffungspflicht fällt unter Art. 4 45

[167] Vgl. Thode, ZfBR 1989, 45; Looschelders, IPR, Art. 28 Rn. 22.
[168] Vgl. Bittrich IPRax 2009, 465 ff., der die Auffassung vertritt, es könnte im Rahmen öffentlicher Vergaben eine analoge Anwendung des Art. 4 Abs. 1 (g) Rom I in Betracht kommen.
[169] Wenner FS Jagenburg, 205, 208.
[170] Wenner FS Jagenburg, 205, 208.
[171] Vgl. Apple Corps Ltd. v. Apple Computer Inc. [2004] EWHC 768 (Ch).

Abs. 1 (b) Rom I, so dass das Recht am Sitz des Bauunternehmers maßgeblich ist. Ob dies allerdings auch für den Bereich der öffentlichen Vergaben gilt, bleibt abzuwarten. Zweifel hieran, ergeben sich unter anderem daraus, dass manche Staaten öffentliche Aufträge als Teil des Verwaltungshandelns begreifen und die entsprechenden Verträge dem öffentlichen Recht unterstellen. Klassisches Beispiel hierfür ist Frankreich.

46 In der Verordnung Rom I wird der Bau- oder Werkvertrag nicht ausdrücklich erwähnt. Stattdessen greift Rom I auf den bereits in der EuGVVO verwendeten Begriff der **Dienstleistungsverträge** zurück. Die Erwägungsgründe zur Verordnung Rom I machen darauf aufmerksam, dass, soweit es das mangels einer Rechtswahl anzuwendende Recht betrifft, die Begriffe „Erbringung von Dienstleistungen" und „Verkauf beweglicher Sachen" so ausgelegt werden sollten wie bei der Anwendung von Art. 5 der Verordnung (EG) Nr. 44/2001 (EuGVVO), soweit der Verkauf beweglicher Sachen und die Erbringung von Dienstleistungen unter jene Verordnung fallen. Damit ist der Begriff der Dienstleistung autonom zu bestimmen[172]. Werk- und Bauverträge fallen nach ständiger Rechtsprechung[173] zur EuGVÜ und zur EuGVVO und einhelliger Meinung in der Literatur unter den Begriff der Dienstleistungsverträge[174]. Folglich ist das Bauvertragsrecht künftig in Art. 4 Abs. 1 Rom I ausdrücklich geregelt. Es findet das Recht des Staates Anwendung, in dem der Dienstleister (sprich der Werkunternehmer, Architekt oder Ingenieur) seinen gewöhnlichen Aufenthalt hat. Das steht im Einklang mit der bisherigen deutschen Rechtsprechung zu Art. 28 EGBGB.

47 Die h.M.[175] zur Behandlung grenzüberschreitender Bau- und Anlagenbauverträge führte in der Vergangenheit normalerweise zur Anwendung des Rechts am Sitz des Unternehmers, wenn auch u.U. mit Einschränkungen, die sich aus der lex rei sitae ergeben[176], wenngleich die Anknüpfung an die lex rei siate im Grundsatz obsolet geworden ist[177]. Der BGH[178] hat insoweit ausgeführt:

„Die Regelvermutung des Art. 28 Abs. 2 EGBGB gilt auch für Bauverträge[179]. Danach ist das Recht des Staates anzuwenden, in welchen die Partei ihren Sitz hat, welche die charakteristische Leistung des Vertrages zu erbringen hat. Der Werkvertrag wird wie beispielsweise der Dienstvertrag[180] nicht durch die Geldleistung des Auftraggebers, sondern durch die Leistung des Auftragnehmers charakterisiert. Das führt regelmäßig zum Recht des Ortes der Niederlassung des Werkunternehmers. Die Baustelle ist für sich genommen kein hinreichender Umstand, der abweichend von der Vermutung des Art. 28 Abs. 2 EGBGB eine engere Verbindung im Sinne des Art. 28 Abs. 5 EGBGB begründen könnte."

---

[172] So auch Leible/Lehmann RIW 2008, 528, 535; OGH, 18.11.2003, 1Ob 63/03a, RdW 2004, 222 (RS) = ÖJZLSK 2004/78 und 79 (RS).

[173] Vgl. OGH, 24.01.2008, 2Ob 192/07k (Österreich); OLG Düsseldorf IHR 2004, 108, 117 Anmerkung Herber.

[174] Kropholler, Europäisches Zivilprozessrecht, 8. Auflage, Heidelberg 2005, Art. 5 Rn. 44.

[175] BGH RIW 1999, 456 = BauR 1999, 677 = ZfBR 1999, 208; OLG Hamm NJW-RR 1996, 1144; Looschelders, IPR, Art. 28 Rn. 34; Erman/Hohloch, BGB, Art. 28 EGBGB Rn. 39; Staudinger/Magnus, BGB, Art. 28 EGBGB Rn. 310; Vetter ZvglRWiss 87 (1988), 248, 260; Wenner FS Jagenburg, 205, 209.

[176] Vgl. Nussbaum, IPR, 246.

[177] Reithmann/Martiny/Thode, Internationales Vertragsrecht, Rn. 1084.

[178] BGH RIW 1999, 456, ihm folgend OLG Brandenburg IPRspr. 2000 Nr. 23 A.

[179] Vgl. auch Jacquet/Delebecque/Corneloup, Droit du commerce international, Rn. 645 zu Art. 4 EVÜ; Nuyts Rev.dr.int. et dr.comp. 2000, 143.

[180] BGHZ 128, 41, 48.

Gelegentlich hat der BGH[181] den engen Zusammenhang zweier Sachverhalte darüber entscheiden lassen, welches Recht maßgeblich ist. So unterwarf er eine Vereinbarung über die Lieferung von Küchenmöbeln dem Vertragsstatut des Bauvertrages, mit dem diese in einem engen Zusammenhang stand. Im Rahmen der Verordnung Rom I müsste der BGH nun auf Art. 4 Abs. 3 Rom I zurückgreifen. Ausgeschlossen ist das nicht[182]. Bei Subunternehmerverträgen geht die Rechtsprechung stillschweigend von einer selbständigen Anknüpfung aus[183]. Aber gerade insoweit wäre in Zukunft genauer zu untersuchen, ob nicht über Art. 4 Abs. 3 Rom I eine unselbständige Anknüpfung in Betracht kommt[184]. Immerhin haben Haupt- und Nachauftrag Bezug zum selben Vertragsgenstand, auf dessen Erfüllung auch der Subauftrag tendenziell gerichtet ist. 48

c. Bauvertrag mit Eigentumsverschaffungspflicht. Bei grenzüberschreitenden Bauverträgen waren nach h.M. regelmäßig Art. 28 Abs. 2 oder Art. 28 Abs. 3 EGBGB maßgeblich[185]. Welche der beiden Regelungen einschlägig war, hing ausschließlich davon ab, ob die Bauverpflichtung zugleich die Verpflichtung zur Eigentumsverschaffung an dem Baugrundstück enthielt (dann Art. 28 Abs. 3 EGBGB)[186] oder nicht. Einfache Bauverträge fielen keinesfalls unter Art. 28 Abs. 3 EGBGB. Der Bericht von Giuliano/Lagarde[187] und die Denkschrift der Bundesregierung kommentieren die Vermutungsregelung in Art. 28 Abs. 3 EGBGB übereinstimmend dahin, dass Bauverträge nicht unter die Sondervorschrift fallen, weil sie keine Grundstücks- oder Grundstücknutzungsrechte zum Gegenstand haben, sondern die auszuführende Bauleistung an den Gebäuden im Vordergrund steht. **Neues Recht**: Beinhaltet der Bauvertrag auch die Verschaffung des Eigentums am Baugrundstück oder der Eigentumswohnung verweist Art. 4 Abs. 1 (c) Rom I auf das Lagerecht der Immobilie. Grundsätzlich lässt sich auch über Art. 4 Abs. 1 Rom I nicht argumentieren, dass der einfache Bauvertrag quasi eine Eigentumsverschaffung im Sinne der Norm beinhalte. 49

d. Atypische Beziehungen. Weist der Vertrag aufgrund von atypischen, ungewöhnlichen oder besonderen tatsächlichen Umständen eine engere Beziehung zu der Rechtsordnung eines anderen Staates auf, so galten die vorstehenden Vermutungen gemäß Art. 28 Abs. 5 EGBGB a.F. als widerlegt[188].Art. 4 Abs. 3 Rom I (siehe auch Art. 4 Abs. 5 EVÜ) enthält eine ähnliche Regelung. Weder das bisherige deutsche Gesetz noch die Verordnung Rom I enthalten jedoch nähere Informationen darüber, welche Umstände und Konstellationen vorliegen müssen, damit anstelle des Art. 28 Abs. 2 EGBGB die Regelung des Art. 28 Abs. 5 EGBGB oder anstelle des Art. 4 Abs. 1 Rom I die Regelung in Art. 4 Abs. 3 Rom I über das anwendbare Recht entscheidet[189]. Beide Ausnahmetatbestände (Art. 28 Abs. 5 EGBGB und Art. 4 Abs. 3 Rom I) enthalten keine ausdrückliche Anknüpfungsregel. Diese muss das Gericht aus den vorgefundenen Umständen und Konstellationen entwickeln. Nach der Rechtsprechung des BGH[190] galt bislang die Vermutung, dass der Vertrag die engsten Verbindungen mit dem Staat aufweist, in dem die Partei, welche die charakteristische Leistung zu erbringen hat, im 50

---

[181] BGHZ 125, 196.
[182] Vgl. Azzi D. 2008, 2169, 2174.
[183] BGHZ 83, 197 ff.; BGH NJW 1982, 1458, 1459; vgl. auch Pulkowski IPRax 2001, 306, 308.
[184] Siehe Azzi D. 2008, 2169, 2174.
[185] BGH RIW 1999, 456.
[186] So auch Britton ICLR 2003, 381, 396.
[187] BT-Drucks. 10/503.
[188] Vgl. TGI Poitiers Rev. crit. dr. int. pr. 2001, 670, 671.
[189] Wenner FS Jagenburg, 205, 211.
[190] BGH, Urteil vom 26.7. 2004 – VIII ZR 273/03.

Zeitpunkt des Vertragsabschlusses ihren gewöhnlichen Aufenthalt hat, nicht, wenn solche Anknüpfungspunkte zu einem anderen als dem vermuteten Recht führen, die an Gewicht den von der Vermutung verwendeten Anknüpfungspunkt deutlich übertreffen, und sich ein anderes Zentrum des Leistungsaustauschs eindeutig ermitteln lässt. Das konnte etwa bei einem **Kaufvertrag** über eine Forderung gegenüber dem nach Deutschland weisenden Sitz des Verkäufers der Fall sein, wenn die deutschem Recht unterliegende Forderung durch eine an einem französischen Grundstück bestellte Hypothek gesichert ist, es dem Käufer entscheidend auf den Erwerb der Hypothek ankommt, eine Beurkundung des Kaufvertrags durch einen französischen Notar in französischer Sprache erfolgen und die Parteien dabei von französischen Rechtsanwälten vertreten werden sollen und der Kaufpreis in französischer Währung vereinbart ist[191]. Der EuGH betont, dass das Kriterium der Rechtssicherheit in die Abwägung einfließen muss[192]. Die Ausweichklausel ist unter Bezugnahme auf den Bericht von Giuliano/Lagarde[193] auszulegen[194]. Für den Bauvertrag liegt es auf der Hand, den Baustellenort als alternative Anknüpfung zu verstehen[195], zumal dann, wenn man mitberücksichtigt, dass der Besteller wesentliche Leistungen zu erbringen hat, die keine Geldzahlung beinhalten. Gelegentlich wird auch die gesonderte (akzessorische) Anknüpfung von Subunternehmerverträgen an den Hauptvertrag diskutiert[196]. In Bezug auf gemischttypische Verträge (z.B. Design, Build & Operate) soll nur ganz ausnahmsweise eine Aufspaltung vorgenommen werden. Die Regel geht dahin, Verträge einheitlich anzuknüpfen[197].

51 In der älteren Vergangenheit überwog in der Rechtsprechung die Neigung, den Sitz des Bauvertrages am Ort der Baustelle anzunehmen[198]. Seit Inkrafttreten der Novelle zum EGBGB im Jahre 1986 ging man allerdings in Deutschland davon aus, Art. 28 Abs. 5 EGBGB stelle eine echte Ausnahme dar[199] und komme nur zum Tragen, wenn Umstände des Einzelfalles den Anknüpfungsgehalt der gesetzlichen Vermutung deutlich überwögen[200]. Jedoch übersah man dabei, dass Art. 28 Abs. 1 EGBGB als fundamentale Grundregel den Satz aufstellte, dass bei der Anknüpfung eines Rechtsverhältnisses die engsten Beziehungen desselben zu einer Rechtsordnung zu ermitteln waren[201]. Doch regelte Art. 28 Abs. 1 EGBGB nur das Grundanliegen und keine eigenständige Kollisionsnorm im engeren Sinne. Ausschlaggebend waren deshalb die Regeln in Art. 28 Abs. 2 bis 5 EGBGB. Die Vermutungsregel in Art. 28 Abs. 2 EGBGB (Art. 4 Abs. 2 EVÜ) stellte nicht unmittelbar auf den Schwerpunkt des Rechtsverhältnisses ab, sondern verwies auf das Recht der Partei, die die vertragscharakteristische Leistung erbrachte, weil die Regelanknüpfung an den Erfüllungsort problematisch war[202]. Die Regelvermutung sollte nicht angewendet werden, wenn es engere Beziehungen des Rechtsverhältnisses zu einer anderen Rechtsordnung gab. Nur wer dies beachtete, hielt sich innerhalb des Programmsatzes des Art. 28 Abs. 1 EGBGB auf.

---

191 BGH, Urteil vom 26.7. 2004 – VIII ZR 273/03.
192 EuGH, Urt. v. 6.10.2009, Rs. C-133/08, IHR 2010, 128 ff.
193 Bericht Giuliano/Lagarde, ABl 1980, C-282/1 = BT-Drucks. 10/503.
194 EuGH, Urt. v. 6.10.2009, Rs. C-133/08, IHR 2010, 128 ff.; vgl. auch Mankowski IHR 2010, 89, 93.
195 Vgl. Wenner FS Jagenburg, 205, 211.
196 Vgl. Wenner FS Jagenburg, 205, 211.
197 EuGH, Urt. v. 6.10.2009, Rs. C-133/08, IHR 2010, 128 ff.; vgl. auch Mankowski IHR 2010, 89, 90.
198 BGH NJW 1986, 935; siehe dazu auch Kegel FS R. Schmidt (1966), 215, 223; Art. 6 des Empfehlungsentwurfs für die Schiedsrichter der IHK; vgl. auch Lando FS Zweigert 1981), 157, 173.
199 BT-Drucks. 10/504, 79.
200 Looschelders, IPR, Art. 28 Rn. 81; Erman/Hohloch, BGB, Art. 28 EGBGB Rn. 17; Wenner FS Jagenburg, 205, 211.
201 Vgl. Audit, Droit International Privé, Rn. 803.
202 Audit, Droit International Privé, Rn. 803.

Ob es daher im Einzelfall nicht sinnvoll gewesen wäre, den **Baustellenort** über Art. 28 Abs. 5 EGBGB zum maßgeblichen Kriterium für die Ermittlung des anwendbaren Rechts zu berufen, hat der Bundesgerichtshof[203] nie diskutiert. Er stellte lediglich lapidar fest, dass die Baustelle keine engere Verbindung im Sinne des Art. 28 Abs. 5 EGBGB herstellen könne[204]. Bezeichnend ist, dass die naturgegebenen besonderen Beziehungen des Bauvertrages zum Baustellenort nicht erwähnt wurden. Es sprach aber insbesondere bei **Konsortialverträgen** viel dafür, den Baustellenort als objektives Anknüpfungsmoment heranzuziehen, da in einem Konsortium nicht ohne weiteres auf den Sitz der beteiligten Unternehmen abgestellt werden kann, denn der Sitz dieser Unternehmen befindet sich oftmals in verschiedenen Staaten. In der Literatur hatten sich eine Reihe von Autoren für das Recht des Baustellenlandes ausgesprochen[205]. In **Frankreich** wird zudem traditionell das Baustellenrecht bevorzugt[206], denn dem Zugriff des Baustellenrechts konnte man sich nur schwerlich entziehen[207]. So wurde vertreten, dass die Anziehungskraft des Baustellenortes so stark sei, dass der Bauvertrag praktisch zur Immobilienoperation werde, auf die die lex rei sitae Anwendung finden müsse[208]. Diese Haltung hat auch für die französische Rechtsprechung[209] Anziehungskraft. Die **englischen** Gerichte tendieren dahin, bei Bauverträgen Art. 28 Abs. 5 EGBGB (Art. 4 Abs. 5 EVÜ = Art. 4 Abs. 3 Rom I) als ernsthafte Alternative zu prüfen[210]. Unter Berücksichtigung der Rechtsprechung des **Bundesgerichtshofes**[211] habe ich daher zum alten Recht vertreten, es solle das Baustellenrecht zur Anwendung kommen, wenn das anwendbare Recht nicht ohne weiteres über Art. 28 Abs. 2 EGBGB feststellbar ist und sich weitere, wenn auch geringfügig Merkmale zu Gunsten des Baustellenlandes feststellen lassen[212]. Meines Erachtens bedeutete die Anwendung des Rechtes des Baustellenlandes keine unnötige Annäherung an Art. 28 Abs. 3 EGBGB. Sie trug vielmehr dem Umstand Rechnung, dass die Vermutung in Art. 28 Abs. 2 EGBGB dazu diente, den Sitz des Vertragsverhältnisses zu ermitteln, was die schematische Bevorzugung des Sitzes einer Partei ausschließt. Gerade deshalb existierte Art. 28 Abs. 5 EGBGB, der im Übrigen von der deutschen Rechtsprechung in anderen Konstellationen ohne große Hemmungen herangezogen wurde, etwa um Art. 28 Abs. 3 EGBGB auszuhebeln. Nach Auffassung des OLG Köln[213] reichte es z.B. bereits aus, dass der Grundstückskaufvertrag zwischen zwei deutschen Vertragspartnern in deutscher Sprache abgefasst ist und der Kaufpreis in DM ausgewiesen wird, um das niederländische lex rei sitae auszuschalten. 52

Das **neue Recht** verbietet es auf den ersten Blick, die Diskussion über die Anknüpfung des Werkvertrages fortzusetzen, weil der Leitsatz in Art. 28 Abs. 1 EGBGB in der Verordnung Rom I keine Entsprechung hat. Tatsächlich aber öffnet Art. 4 Abs. 3 Rom I[214] durchaus Raum für eine solche Diskussion. Ergibt sich aus der Gesamtheit der

203 Vgl. BGH RIW 1999, 456; anders noch BGH NJW 1986, 935 zum alten Recht.
204 Ebenso OLG Brandenburg IPRspr. 2000 Nr. 23 A.
205 Thode, ZfBR 1989, 43, 47.
206 TGI Poitiers Rev. crit. dr. int. pr. 2001, 670, 671 mit Anm. Rémy-Corlay (zustimmend) m.w.N. zur französischen Rechtsprechung; Jacquet/Delebecque, Droit du commerce international, 3. Auflage, 2002, Rn. 315.
207 Glavinis, Le contrat international de construction, Rn. 7.
208 Glavinis, Le contrat international de construction, Rn. 643.
209 TGI Poitiers Rev. crit. dr. int. pr. 2001, 670, 671.
210 Vgl. Samcrete Egypt Engineers and Contractors SAE v. Land Rover Exports Ltd [2001] EWCA Civ 2019; Britton ICLR 2003 381, 395.
211 BGH RIW 1999, 456.
212 Vgl. auch Looschelders, IPR, Art. 28 Rn. 34.
213 OLG Köln IPRspr. 2000 Nr. 26; vgl. auch den ähnlichen Fall OLG Nürnberg NJW-RR 1997, 1484.
214 Vgl.zur Ausweichklausel eingehend Mankowski IHR 2008, 133, 137 f., der z.B. eine Sonderanknüpfung von Subunternehmerverträgen für möglich hält.

Umstände, dass der Vertrag eine offensichtlich engere Verbindung zu einem anderen als dem nach Art. 4 Abs. 1 oder 2 Rom I bestimmten Staat aufweist, so ist das Recht dieses anderen Staates anzuwenden. Diese Regelung war im Entwurf der Kommission nicht enthalten. Das stieß auf Kritik in der Lehre[215] und des Wirtschafts- und Sozialausschusses des Europäischen Parlaments, die sich der europäische Gesetzgeber schlussendlich zueigen gemacht hat. Jedoch betont Art. 4 Abs. 3 Rom I stärker den Ausnahmecharakter einer Sonderanknüpfung als dies nach dem EVÜ der Fall war. Zukünftig muss eine „offensichtlich" engere Verbindung zu einem anderen Staat bestehen. Überdies hat der Gesetzgeber in der französischen Version der Verordnung die Formulierung „l'ensemble des circonstances de la cause" aufgenommen, die in der deutschen Übersetzung fehlt, wo nur von der „Gesamtheit der Umstände" die Rede ist, die in die Überlegungen einzubeziehen sind. Ob und inwieweit die französische Variante eine restriktivere Handhabung des Ausnahmetatbestandes zur Folge haben wird, muss abgewartet werden.

Festzuhalten bleibt, dass es die Verordnung Rom I nicht verbietet, das anzuknüpfende Rechtsverhältnis näher zu untersuchen[216]. Eine sklavische Anküpfung über Art. 4 Abs. 1 Rom I ist weder geboten noch sinnvoll, wenn eine offensichtlich engere Verbindung zu einem anderen als dem nach Art. 4 Abs. 1 oder 2 Rom I bestimmten Staat besteht. Die Baustelle erzeugt für sich genommen besondere Verpflichtungen der Bauvertragsparteien, etwa in Form der französischen Décennale-Haftung oder in Form der französischen Subunternehmerdurchgriffsansprüche. Hinzu kommen die oftmals komplexe Arbeitsteilung auf der Baustelle sowie der Einfluss des öffentlichen Baurechts auf den Inhalt der vertraglichen Verpflichtungen. Ferner sollte nicht unberücksichtigt bleiben, dass der Bauvertrag typischerweise Mitwirkungspflichten des Bauherrn bedingt, die vor allem in der Überlassung des Baugrundes und der Bereitstellung der Ausgangsplanung bestehen. Sodann sehen nahezu alle Bauverträge Befugnisse des Bauherrn vor, in die Bauabwicklung einzugreifen und Leistungsänderungen anzuordnen. Schließlich übernimmt der Bauherr Koordinierungspflichten, wenn er das Bauvorhaben in unterschiedlichen und getrennten Losen vergibt. Alle diese Aspekte zusammen genommen rechtfertigen es aus Sicht des Autors, von der Anknüpfung in Art. 4 Abs. 1 Rom I abzuweichen. Dem Umstand, dass der manifeste Ausnahmecharakter des Art. 4 Abs. 3 Rom I vermeiden soll, dass ein Abweichen von der Regel zu einer Beliebigkeit bei der Berufung des anwendbaren Rechts führt[217], wird Rechnung getragen. Die gebotene sorgfältige Prüfung führt nahezu zwangsläufig dazu, sich von der wenig überzeugenden Bindung an das Unternehmerrecht abzuwenden. Die Anknüpfung an den Ort der Baustelle ist gut vorhersehbar und drängt sich auf. Sie löst Spannungen zwischen dem Baustellenrecht und dem Vertragsrecht auf, die gerade im Bauvertragsrecht möglichst vermieden werden müssen, weil Bauqualität auch im öffentlichen Interesse liegt.

---

[215] Lagarde, Remarques sur la proposition de règlement sur la loi applicable aux obligations contractuelles, Rev. Crit. DIP 2006, 331, 338; Corbion/Poillot-Perizzetto, Les modifications apportés par la proposition de Règlement Rome I, RLDA 2006/4, n° 225; Hartley, The Proposed Rome I Regulation : Applicable Law in the Absence of Choice, in Mélanges en l'honneur de Gaudemet-Tallon, Paris 20008, 717; Wirtschafts- und Sozialausschuss, n° 2006/C-318/10 v. 13.9.2006; ABl v. 23.12.2006, Nr. C-318, 56.

[216] Siehe auch Mankowski IHR 2008, 133, 137 f.

[217] Wirtschafts- und Sozialausschuss, n° 2006/C-318/10 v. 13.9.2006; ABl v. 23.12.2006, Nr. C-318, 56, 59 unter Ziffer 3.2.4.

2. Zur Anknüpfung des Bauvertrages

Schrifttum

v. Bar, IPR, Band I, 2. Auflage, München 2003; Battifol/Lagarde, Droit International Privé, Band I + II, 7. Auflage, Paris 1983; Kegel/Schurig. IPR, 9. Auflage, München 2004; Seif, Savigny und das IPR des 19. Jahrhunderts, RabelsZ 65 (2001), 492; Martiny, Anwendbares Recht für internationale Bauverträge, BauR 2008, 241

Art. 28 EGBGB a.F. war nicht einfach zu handhaben. Es fehlte an offenkundigen Regeln für das Arbeiten mit der Vorschrift. Ein schönes Lehrbeispiel fand sich in der englischen Rechtsprechung. Richter Mann hat verallgemeinernd folgende Arbeitsschritte zusammengestellt[218]: **53**

- Ich muss, wenn möglich, die nach dem Vertrag geschuldete charakteristische Leistung aufklären.
- Wenn ich das tun kann, muss ich aufklären, welche Partei diese Leistung erbringt.
- Ist einmal diese Partei identifiziert (wenn möglich) muss ich den Ort des tatsächlichen Verwaltungssitzes dieser Partei feststellen. Dieser begründet den Anlass für die Vermutung, dass dies das Recht ist, mit dem der Vertrag die engste Beziehung aufweist, und diese enge Beziehung liefert das anwendbare Recht.
- Doch, habe ich diese Partei einmal ermittelt, muss ich erwägen, ob der Vertrag tatsächlich und nach den Umständen enger mit einem anderen Land verbunden ist (Art. 4 Abs. 5 EVÜ); wenn dem so ist, dann liefert dieser Staat das anwendbare Recht.
- Auch wenn ich die vertragscharakteristische Leistung nicht aufklären könnte, müsste ich entscheiden, mit welchem Land der Vertrag die engsten Beziehungen aufweist, und dieser Staat würde dann das anwendbare Recht bereithalten (Art. 4 Abs. 5 und Art. 4 Abs.1 EVÜ).

Diese Vorgehensweise ist pragmatisch und richtig. Es sollte ergänzt werden, dass es bei der Suche nach der geeigneten Anknüpfung des Rechtsverhältnisses zunächst auch darauf ankommt, das betroffene Rechtsverhältnis richtig zu qualifizieren[219]. Letzeres gewinnt gerade unter der Herrschaft der Verordnung Rom I wieder mehr an Bedeutung, weil die Kasuistik in Art. 4 Abs. 1 Rom I eine Charakterisierung erfordert. Die vorstehende Vorgehensweise muss nach Maßgabe der Verordnung Rom I allerdings neu formuliert werden.

1. **Qualifikation möglich**: Ich muss, wenn möglich, den Charakter des Vertragsverhältnisses ermitteln.
2. Wenn ich das tun kann, muss ich die entsprechende Regelung in Art. 4 Abs. 1 Rom I anwenden (aber ggf. nach Schritt 5 verfahren). Sie verweist dann auf das anwendbare Recht.
3. **Qualifikation unmöglich**: Ist es mir unmöglich, das Vertragsverhältnis zu qualifizieren und einem in Art. 4 Abs. 1 Rom I benannten Vertragstyp zuzuordnen (z.B. beim Allianceing), muss ich, wenn möglich, die nach dem Vertrag geschuldete **charakteristische Leistung** aufklären (Art. 4 Abs. 2 Rom I)
4. Ist einmal diese Partei identifiziert (wenn möglich) muss ich den Ort des tatsächlichen Verwaltungssitzes dieser Partei feststellen. Dieser bestimmt das Recht, mit

[218] Apple Corps Ltd. v. Apple Computer Inc.[2004] EWHC 768 (Ch).

[219] Raiffeisen Zentralbank Osterreich AG v. An Feng Steel Co. Ltd. & Ors [2001] EWCA Civ 68 (26 January 2001).

dem der Vertrag die engste Beziehung aufweist, und diese enge Beziehung liefert das anwendbare Recht.

5. Doch, habe ich entweder das Recht nach Art. 4 Abs. 1 Rom I ermittelt oder die Partei einmal ermittelt, die die vertragscharakteristische Leistung erbringt, muss ich erwägen, ob der Vertrag tatsächlich und nach den Umständen **offensichtlich enger** mit einem anderen Land verbunden ist (Art. 4 Abs. 3 Rom I); wenn dem so ist, dann liefert dieser Staat das anwendbare Recht.
6. Wenn ich weder einen geregelten Vertragstyp ermitteln noch die vertragscharakteristische Leistung aufklären könnte, müsste ich entscheiden, mit welchem Land der Vertrag die **engsten Beziehungen** aufweist, und dieser Staat würde dann das anwendbare Recht bereit halten (Art. 4 Abs. 4 Rom I).

54 **a. Von den Schwierigkeiten der Anknüpfung.** Es ist stets ein schwieriges Unterfangen, die engsten Verbindungen eines Bauvertrages zu einem bestimmten Staat zu ermitteln[220]. Dazu ist es erforderlich den richtigen Anknüpfungspunkt (z.B. Staatsangehörigkeit, gemeinsamer Aufenthaltsort, Lageort etc.)[221] zu finden. Der Anknüpfungspunkt führt auf eine Rechtsordnung hin[222]. Die ausschlaggebenden Elemente für den Anknüpfungsvorgang sind nicht beliebig vermehrbar[223]. Zu ihnen gehören jedenfalls vier Kategorien, nämlich die rechtssubjektbezogenen, die rechtsobjektbezogenen und die handlungsbezogenen Anknüpfungspunkte, ergänzt um die Parteiautonomie[224]. Wenn man aber auf die einem Rechtsverhältnis eigentümliche Natur abstellt[225], kommt ein fünftes Element, die Natur des Rechtsverhältnisses, hinzu[226].

55 Das schuldrechtliche Rechtsverhältnis lässt sich nicht allein über den Erfüllungsort lokalisieren und es ist auch nicht schlechthin handlungsbezogen[227]. Möglicherweise ist es dagegen marktbezogen[228]. Da im Rahmen der objektiven Anknüpfung subjektive Momente keine Rolle spielen sollten (dann gilt Art. 27 EGBGB oder nunmehr Art. 3 Rom I), muss m.E. auf den Charakter des Rechtsverhältnisses abgestellt werden, das sich seinen Schwerpunkt selbst sucht, soweit sich keine Anknüpfung über Art. 4 Abs. 1 Rom I aufdrängt, was von der herrschenden Meinung jedenfalls in der überwiegenden Zahl der Fälle bejaht werden wird[229].

56 **aa. Charakter des Rechtsverhältnisses.** Der Bauvertrag verpflichtet den Bauunternehmer – gleich unter welcher Rechtsordnung – zur Ausführung von Bauleistungen, wohingegen der Auftraggeber die Zahlung einer bestimmten Summe Geldes verspricht. Während im deutschen Recht die Lieferung des Materials dem Werkvertrag immanent ist und die getroffene Vereinbarung in die Nähe der Arbeitskräfteüberlassung rückt, wenn der Bauherr das Material stellt, muss unter anderem in Frankreich und Belgien die Materiallieferung gesondert vereinbart werden (vgl. Art. 1787 Code Civil). Häufig verpflichtet der „Bauvertrag“ aber nicht nur zur Ausführung sehr spezieller Handwerks-

[220] Die Verordnung Rom I will dies in Zukunft erleichtern, in dem sie Regelanknüpfungen zur Verfügung stellt.
[221] Zur Definition vgl. v. Bar, IPR, Band I, § 7 Rn. 3.
[222] v. Bar, IPR, Band I, § 7 Rn. 12.
[223] v. Bar, IPR, Band I, § 7 Rn. 14.
[224] v. Bar, IPR, Band I, § 7 Rn. 14.
[225] Savigny, System des heutigen römischen Rechts, VIII 28, 108.
[226] Vgl. Hök BauRB 2004, 295, 296 (Anm. zu OLG Düsseldorf, Urt. v. 23.09.2003 – 23 U 218/02).
[227] Vgl. zum Bauvertrag v. Bar, IPR, Band I, § 7 Rn. 58.
[228] v. Bar, IPR, Band I, § 7 Rn. 66.
[229] Siehe zur Sonderanknpüfung des Subunternehmervertrages Mankowski IHR 2008, 133, 137 f.

leistungen (Maurerleistungen, Heizung/Sanitär, Elektroleistungen etc.) sondern umfasst umfangreiche Planungs- und Ingenieurleistungen sowie Projektkoordinierungsleistungen, die anschließende Wartung und je nach Aufgabenstellung auch die Verschaffung des Eigentums an Grund und Boden sowie dem Gebäude bis hin zur schlüsselfertigen Industrieanlage. Solche Verträge umfassen Planungsleistungen, Lieferungsleistungen, Transportleistungen, Hochbauleistungen, Montageleistungen und Inbetriebnahmeleistungen[230].

Der Bauvertrag wird im deutschen Recht als Werkvertrag (§§ 631 ff. BGB) charakterisiert. Im französischen, ägyptischen und syrischen Recht gehört er zu den Dienst- und Werkmietverträgen (*contrats de louage*). Als Vertragsgegenstand des contrat de louage d'ouvrage gilt nicht die Immobilie sondern die auszuführende Arbeit[231]. Der Bauträgervertrag (contrat de promotion) hat in Art. 1831-1 Code Civil eine spezielle Regelung erfahren. Bei Anlagenbauverträgen ist in Frankreich umstritten, ob sie den Kauf- oder den Dienstleiheverträgen zuzuordnen sind[232]. In der Sache Tunzini hat die französische Cour de Cassation hinsichtlich der Lieferung der Anlage Kaufrecht und hinsichtlich der Montage Werkvertragsrecht angenommen[233]. Im anglo-amerikanischen Recht wird die Tätigkeit der Bauunternehmer als *contract of service* verstanden. Im modernen englischen Recht findet man einen dem deutschen Werkvertrag sehr ähnlichen, wenn auch mit ihm sich nicht völlig deckenden *contract of work and labour* (oder *hire of work and labour*), der eine der Arten des *bailment of valuable consideration* bildet. 57

Die gesetzlichen Werkvertragsdefinitionen und ihre von der Rechtsprechung in den Common-Law-Staaten anerkannten Schwestern und Brüder verdeutlichen aber, dass man insbesondere den Bauvertrag nicht auf eine Herstellungs- und eine Zahlungsverpfichtung reduzieren darf. Der Charakter von Bauverträgen wird naturgemäß ganz maßgeblich von Mitwirkungspflichten des Bauherrn mitbestimmt[234]. Ohne diese Mitwirkungspflichten ist der Bauvertrag weder denkbar noch erfüllbar. Erst diese Mitwirkungspflichten ermöglichen es dem Unternehmer, das Werk herzustellen. Sie sind so wesentlich, dass sie den Bauvertrag vom Sitz des Unternehmers entkoppeln. Als drittes Moment kommt die sich aus dem Herstellungsprozess entwickelnde Mitverantwortung für das Gemeinwesen am Baustellenort hinzu. Die französische *Responsabilité Décennale* bringt dies deutlich zum Ausdruck. Sie besteht im Interesse des Gemeinwohls und knüpft stets an den Ort des Bauwerkes an. Die römischrechtliche *locatio conductio operis*, die es noch heute in verschiedenen Ländern gibt, belegt diese Beschreibung und Einordnung, die auf einer sehr treffenden Beobachtungsgabe der römischen Juristen beruhrt. 58

230 Boon/Goffin, Le contrat clé en mains, Rn. 30.
231 Gaudemet-Tallon RTD eur. 1981, 250.
232 Niggemann RIW 1998, 192, 193 f.
233 Cass.civ., 16.03.1977, JCP 1978 (G) II 18931 (Lieferung eines Wärmekraftwerks); ähnlich Cass.com., 23.01.1978, D. 1978 IR 24 (Lieferung und Montage eines Gewächshauses), vgl. zur Lieferung und Montage einer Destillationsanlage Cass.com., 04.07.1989, D. 1990, 246, näher zur Abgrenzung Huet, Les principaux contrats spéciaux, Rn. 32135, Niggemann RIW 1998, 192, 194.
234 Letztlich nicht überzeugend ist die Auffassung des BGH (BGHZ 11, 80; BGHZ 50, 175; BGH NJW 2008, 511), wonach die Mitwirkungspflichten des Bauherrn lediglich Obliegenheiten darstellen, denn es darf nicht ignoriert werden, dass der Bauherr dem Unternehmer ein Werk überantwortet, das dieser nach Erbringung der Werkleistung an den Bauherrn herausgibt. Der Werkvertrag, mit dem der Besteller dem Unternehmer das Werk überantwortet wird, begründet zwangsläufig die Sorge für das Baugrundstück und die Notwendigkeit der Überlassung des Baugrundstücks. Ohne Besitz am Baugrundstück ist jedenfalls der Bauvertrag nicht denkbar.

59 **bb. Auslandsberührung.** Beide Vertragsparteien können sich in unterschiedlichen Staaten aufhalten bzw. dort ihren Sitz unterhalten. Doch kommt der Bauvertrag in Berührung mit einem Drittstaat, sobald das Bauvorhaben nicht in einem der Sitzstaaten der Vertragsparteien errichtet werden soll. Oftmals muss sich daher der Rechtsanwender nicht nur zwischen zwei Rechtsordnungen, sondern vielmehr sogar zwischen drei Rechtsordnungen entscheiden[235]. Das unterscheidet den Bauvertrag stark von anderen Rechtsverhältnissen.

60 **b. Schwerpunkt des Bauvertrages.** Nach alter Rechtslage verdeutlichte ein Blick auf Art. 28 EGBGB, dass der Gesetzgeber grundsätzlich alle vertraglichen Schuldverhältnisse gleich behandelte. Es wurde nicht nach bestimmten Vertragstypen unterschieden. Es war vielmehr individuell der Schwerpunkt des Vertragsverhältnisses zu suchen. Damit knüpfte die gesetzliche Regelung an die Lehren von Savigny an, der allerdings nur noch im Ausland ernsthaft als Autorität in konkreten Fragen anerkannt ist[236], während die Autorität und der Nutzen des Savigny'schen Werkes zum IPR in Deutschland in Zweifel gezogen wird[237]. Dies mag daran liegen, dass sich in Deutschland die Autorität Savignys deshalb abgenutzt hat, weil sich hier seine Erkenntnis vom Schwerpunkt des Vertragsverhältnisses vor allem vermittels der Schlussfolgerung durchgesetzt hat, der **Ort der Erfüllung** stelle die für das IPR wichtigste Beziehung des Schuldverhältnisses dar[238]. Der durchschlagende Erfolg dieser These hat zu einer lang anhaltenden wissenschaftlichen Diskussion[239] geführt, die praktisch erst mit Inkrafttreten des heutigen Art. 28 EGBGB beendet wurde. Letzteres hängt damit zusammen, dass die Väter des EVÜ den Erfüllungsort als Anknüpfungspunkt wegen seiner nicht eindeutigen Ergebnisse als ungeeignetes Kriterium angesehen haben[240]. Außer in Art. 32 Abs. 2 EGBGB vermag der Erfüllungsort als Anknüpfungspunkt allenfalls noch über Art. 28 Abs. 5 EGBGB eine gewisse Rolle spielen[241]. Hiervon völlig unabhängig ist aber die eigentliche Erkenntnis von Savigny auch heute noch modern, nämlich dass es auf den Schwerpunkt des Vertragsverhältnisses ankommt (centre de gravité),[242] wo es seinen Sitz hat[243]. Nach **neuem Recht** kann nicht mehr ohne Weiteres argumentiert werden, es müsse für jedes Vertragsverhältnis individuell nach dessen Schwerpunkt gesucht werden, denn Art. 4 Abs. 1 Rom I regelt nunmehr einzelne Vertragstypen. Erklärter Hintergrund dieser Neureglung ist das Interesse an Rechtssicherheit und -klarheit[244]. Erwägungsgrund 21 Rom I stellt aber voran, dass falls das anzuwendende Recht weder aufgrund der Zuordnung des Vertrags zu einer der spezifizierten Vertragsarten noch als das Recht des Staates bestimmt werden kann, in dem die Partei, die die für den Vertrag charakteristische Leistung zu erbringen hat, ihren gewöhnlichen Aufenthalt hat, der Vertrag dem Recht des Staates unterliegen sollte, zu dem er die engste Verbindung aufweist. Bei der Bestimmung dieses Staates sollte unter anderem berücksichtigt werden, ob der betreffende Vertrag in einer sehr engen Verbindung zu einem oder mehreren anderen

[235] JMJ Contractors Ltd. v. Marples Ridgway Ltd (1985) 1 B.L.R. 100: Irakisches Recht in Bezug einem Subunternehmervertrag zwischen einem nordirischen und einem englischen Unternehmer, wenn das Baustellenland der Irak ist.
[236] Vgl. Rémy-Corlay Anm. zu TGI Poitiers Rec. Crit. dr. int. pr. 2001, 674, 675 Fn. 5.
[237] Vgl. Neuhaus RabelsZ 46 (1982), 4 ff.; zusammenfassend Seif RabelsZ 65 (2001), 492 ff.
[238] Savigny, System des heutigen römischen Rechts, VIII 208.
[239] Vgl. Nussbaum, IPR, 219.
[240] Vgl. Loussouarn/Bourel, Droit international privé, Rn. 378-6.
[241] Vgl. v. Bar, IPR, Band I, § 7 Rn. 58.
[242] Vgl. Loussouarn/Bourel, Droit international privé, Rn. 378-6.
[243] Vgl. v. Bar, IPR, Band I, § 6 Rn. 55.
[244] Vgl, Erwägungsgrund 16 Verordnung Rom I.

Verträgen steht. Die Regelung des Art. 4 Abs. 1 Rom I hat mithin Vereinfachungscharakter ohne einen dogmatischen kollisonsrechtlichen Hintergrund. Der Verordnungsgeber bevorzugt zu Lasten der Einzelfalllösung allgemeine Regeln, ohne sich letztlich der Kritik zu verschließen, dass eine solche Pauschallösung nicht immer zu angemessenen Ergebnissen führt. Diese Erkenntnis gebietet es, in Zukunft viel intensiver als zuvor über Ausnahmefälle nachzudenken. Was für einen Kaufvertrag angemessen sein mag, war noch niemals für einen Werkvertrag angemessen. Auch eine wirkliche Dienstleistung hat wenig gemein mit einem Werk- oder Bauvertrag. Die Behandlung des Werkvertrages als Dienstleistungsvertrag ist unnatürlich. Sie verdrängt die traditionelle Unterscheidung zwischen Dienstvertrag und Werkvertrag, die es aus guten Gründen gibt. Um es beispielhaft auszudrücken: Es macht einen deutlichen Unterschied, ob man einen Maschinenpark seefertig verpackt und am Kai abstellt, damit er dem Käufer überbracht werde, oder ob der abgeschlossene Vertrag die produktionsfertige Herstellung einer Fabrik umfasst, womit das Vertragsverhältnis einen Produktionsprozess steuert, in dem der Unternehmer im Baustellenland Risiken bewältigt, die sich gerade erst im Baustellenland materialisieren. Zudem gewinnen Mitwirkungspflichten des Bestellers an Bedeutung, ohne die der Maschinenpark nicht aufgestellt werden kann.

Worin nun der **Schwerpunkt des Vertragsverhältnisses** liegen soll, wird in Art. 28 EGBGB und Art. 4 Abs. 2 Rom I nicht festgeschrieben. Die früheren Abs. 2 und 3 des Art. 28 EGBGB sollten dem Richter insoweit Hilfe leisten[245]. Infolgedessen gehörte die Ermittlung des Schwerpunktes zu den Aufgaben der Rechtsprechung. Sie bestand darin, die sich gegenüberstehenden verschiedenen Interessen wertend gegeneinander abzuwägen[246]. 61

aa. Standardvertragswerke. In der Praxis ist augenfällig, dass sich die großen Standardvertragswerke nicht mit der internationalprivatrechtlichen Frage befassen, sondern dieses Problem regelmäßig offen lassen. Das FDIC Silver Book 1999 regelt: „*The Contract shall be governed by the law of the country stated in the Particular Conditions*“. Zwar muss davon ausgegangen werden, dass gerade große Bauvorhaben einem vereinbarten Recht unterworfen werden (dann gilt Art. 27 EGBGB bzw. Art. 3 Rom I), doch oftmals können sich die Parteien hierauf entweder nicht einigen oder es unterbleibt die Rechtswahl aus (anderen) Gründen, die auch taktisch motiviert sein können[247]. International anerkannte einheitliche Regelungen zur Feststellung des anwendbaren Rechts bestehen nicht. Die Internationale Handelskammer Paris hat sich deshalb zu einer Empfehlung durchgerungen, die darauf abzielt, den Grad der Vorhersehbarkeit des anzuwendenden materiellen Rechts bei unterlassender Rechtswahl durch die Parteien zu erhöhen. Sie hat insoweit versucht, den Konflikt zwischen Einzelfallgerechtigkeit und Rechtssicherheit durch eine vermittelnde Lösung zu entschärfen. Auch diese Empfehlung folgt der im Internationalen Privatrecht weitgehend anerkannten Lehre vom Vertragsschwerpunkt. Für bestimmte Vertragstypen wird auf die **engste sachliche Verknüpfung** des Vertrages mit einer bestimmten Rechtsordnung abgestellt, wobei es für die Feststellung des anwendbaren Rechtes auf den Zeitpunkt des Vertragsschlusses ankommen soll. Bei Austauschverträgen wird diejenige Partei privilegiert, die die so genannte vertragscharakteristische Leistung erbringt, also beim Werkvertrag die Werklieferung. Bis dahin entspricht die Empfehlung den Regelungen in Art. 28 EGBGB a.F. bzw. in Art. 4 des 62

[245] Loussouarn/Bourel, Droit international privé, Rn. 378-6.
[246] Loussouarn/Bourel, Droit international privé, Rn. 378-6; Looschelders, IPR, Art. 28 Rn. 7.
[247] Vgl. Le Tourneau, L'ingénierie, les transferts de technologie et de maîtrise industrielle, Rn. 178.

Römischen Schuldvertragsübereinkommen. Doch weder Art. 28 EGBGB a.F. noch Art. 4 EVÜ regelten den Bauvertrag gesondert. Hingegen wird in Art. 6 der Empfehlung der Internationalen Handelskammer Paris vorgeschlagen, für die Errichtung von Fabrikanlagen, von Gebäuden und für andere Werkverträge zu vermuten, dass sie ihre engste kennzeichnende Verbindung mit dem Recht desjenigen Landes haben, in dem die Werkleistung **ausgeführt** wird[248]. Das erscheint sachgerecht.

63 Allerdings haben die Vorschläge der internationalen Handelskammer Paris keinen Einfluss auf die nationale Gesetzgebung gewonnen. Auch in den internationalen Konventionen ist der Bauvertrag ungeregelt geblieben. Letztendlich ist es daher praktisch weltweit dabei geblieben, dass die Anknüpfung von Bauverträgen Rechtsprechung und Lehre überlassen bleibt. Dies führt zu Zufallsergebnissen und bietet aus der Sicht der Betroffenen recht wenig Rechtssicherheit, wenngleich sich doch über die Lehre vom Vertragsschwerpunkt eine grobe Linie erkennen lässt. Insbesondere Verträge über Baustellen in Drittländern sind jedoch nach wie vor rechtlich schwierig zu erfassen. Die Schwierigkeiten treten offen zu Tage, wenn der Bauherr einen Generalübernehmer beschäftigt, der seinerseits praktisch ausschließlich lokale Arbeitskräfte im Rahmen von Subunternehmerverträgen bindet. In einem solchen Falle mag zwar der Auftragnehmer ein Interesse daran haben, dass sein Heimatrecht zur Anwendung kommt, doch wird er in der Praxis schnell bemerken, dass sich sein Heimatrecht im Baustellenland schwer durchsetzen lässt, denn die örtlichen Bauunternehmen und Gerichte sind nicht mit dem ausländischen Recht vertraut. Doch nur dann, wenn die auf der Baustelle zur Anwendung kommenden Rechtsordnungen weitgehend harmonieren, treten keine Schwierigkeiten auf. Unterscheiden sich die Pflichten der Subunternehmer jedoch weitgehend von denjenigen des Generalübernehmers, treten ernstzunehmende Probleme auf, die vermieden würden, wenn man auf das Baustellenland abstellen würde.

64 **bb. Emanzipation des Bauvertrages.** Vor diesem Hintergrund kann es wichtig werden, den Bauvertrag von den nationalen Rechtsordnungen zu emanzipieren. Eine internationalprivatrechtliche Typenbildung des Bauvertrages würde es erleichtern, zuverlässig Kriterien für die Anknüpfung von Bauverträgen zu finden. Von dieser internationalprivatrechtlichen Methode ist die Praxis allerdings weit entfernt. Sie behilft sich mit anerkannten Standardvertragswerken. Dies hat gelegentlich dazu geführt, das private Bauvertragsrecht als einen Fall selbst geschaffenen Rechts der Wirtschaft zu bezeichnen. Die deutsche Verdingungsordnung für Bauleistung (VOB), die SIA-Normen der Schweiz, die österreichischen ÖNORM, die französischen AFNOR-Normen sowie die FIDIC-Bedingungen für Ingenieurbauten und die RIBA Standard forms kennzeichnen das private Bauvertragsrecht. Diese hochspezialisierten Vertragswerke lösen das nationale gesetzliche Bauvertragsrecht – innerhalb der dafür vorgesehenen Schranken – ab. Mit dieser Entwicklung hat das internationale Schuldvertragsrecht nicht Schritt gehalten. Auch der internationalen Wirtschaft ist es bislang nicht gelungen, das Kollisionsrecht zu harmonisieren. Deshalb muss weiterhin auf das Internationale Privatrecht zurückgegriffen werden, das mangels Typisierung der Spezialisierung im Bauvertragsrecht (z.B. BOT-Modelle, EPCT-Verträge, design & build) oftmals nicht mehr gerecht wird. Allerdings darf nicht verkannt werden, dass es auf internationalem Niveau durchaus gewisse Emanzipierungstendenzen gibt, die von den internationalen Schiedsgerichten zunehmend mitgetragen werden.

[248] Lando FS Zweigert, Seite 173 ff., 175,176.

c. Die deutsche Praxis. Die deutsche Gerichtspraxis hat sich bislang wenig flexibel gezeigt und beharrte auf einer universalen Anknüpfung des Werkvertrages. Die alte Regelvermutung des Art. 28 Abs. 2 EGBGB galt auch für Bauverträge[249], zumindest soweit es sich um typische Bauverträge handelte, bei denen die Werkleistung im Vordergrund steht. Danach war das Recht des Staates anzuwenden, in welchem die Partei ihren Sitz hat, welche die charakteristische Leistung des Vertrages zu erbringen hat. Der Werkvertrag wird wie beispielsweise der Dienstvertrag[250] nicht durch die Geldleistung des Auftraggebers, sondern durch die Leistung des Auftragnehmers charakterisiert[251]. Das führt regelmäßig zum Recht des Ortes der Niederlassung des Werkunternehmers[252]. Die Baustelle war aus deutscher Sicht für sich genommen kein hinreichender Umstand, der abweichend von der Vermutung des Art. 28 Abs. 2 EGBGB eine engere Verbindung im Sinne des Art. 28 Abs. 5 EGBGB begründen konnte[253]. Das TGI Poitiers[254] hatte dagegen dem Baustellenort zusammen mit anderen weniger wichtigen Kriterien so viel Gewicht beigemessen, dass es im Ergebnis zur Anwendung des Rechts am Baustellenort kam. Die Entscheidung steht im Einklang mit der älteren (vor Inkrafttreten des EVÜ ergangenen) französischen Rechtsprechung[255] und Literatur[256]. Auch in England ist eine (ältere) Entscheidung zugunsten des Baustellenrechts nachweisbar[257]. 65

d. Stellungnahme. Der Bauvertrag regelt ein Schuldverhältnis, das auf Dauer angelegt ist (Regelung eines Produktionsprozesses). Es bindet Bauherrn und Bauunternehmer auf Zeit. Es gibt eine Vorbereitungsphase, eine Ausführungsphase und eine Mängelgewährleistungsphase. Das Leistungsspektrum des Unternehmers kann sehr klein oder sehr groß sein, und z.B. neben den gewerblich handwerklichen Leistungen auch Planungsaufwand und -koordinierung umfassen. Oftmals erst nach einem Jahrzehnt enden die Beziehungen der Parteien. Der Bauvertrag begründet wechselseitige Verpflichtungen, die für das Ergebnis des Bauverlaufes wesentliche Bedeutungen haben. Bauwerke werden in einem gleitenden Prozess errichtet, der ein ständiges wechselseitiges Geben und Nehmen voraussetzt. Der Bauherr ist in der Regel verpflichtet, den Baugrund zu übergeben und dem Bauunternehmen die Planungsvorgaben zu liefern. Da die vertraglichen Planungsvorgaben oftmals nicht ausreichend spezifiziert sind, bedarf es umfänglicher baubegleitender Einzelabstimmungen, die in der Bauphase eine ständige Kommunikation zwischen Bauherrn und Bauunternehmer erforderlich machen. Der regelmäßig vorleistungspflichtige Bauunternehmer wird andererseits darauf angewiesen sein, während der Bauphase vom Bauherren Zahlungen zu erhalten, obwohl dies die 66

[249] BGH MDR 1999, 670–671 = BauR 1999, 677–680 = RIW/AWD 1999, 456–457 = WM 1999, 1182–1185 = ZfBR 1999, 208–210 = NJW 1999, 2442–2443; OLG Hamm NJW-RR 1996, 1144, 1145; OLG Brandenburg IPRspr. 2000 Nr. 23 A; vgl. auch Pulkowski IPRax 2001, 306 ff.; Hök BauRB 2004, 295, 296 (Anm. zu OLG Düsseldorf, Urt. v. 23.09.2003 – 23 U 218/02).

[250] BGH, Urteil vom 17. November 1994 – III ZR 70/93 = BGHZ 128, 41, 48.

[251] Schleswig-Holsteinisches Oberlandesgericht SchlHA 1992, 190–191 = IPRax 1993, 95–96 = NJW-RR 1993, 314 = RIW/AWD 1993, 669–670; OLG Brandenburg IPRspr. 2000 Nr. 23 A.

[252] Zu den Schwierigkeiten, wenn der Unternehmer mehrere Niederlassungen unterhält vgl. Ennstone Building Products Ltd v. Stanger Ltd [2002] 1 WLR 3059.

[253] BGH NJW 1999, 2442, 2443 = IPRspr. 1999 Nr. 110; OLG Brandenburg IPRspr. 2000 Nr. 23 A; Münchener Kommentar/Martiny, BGB, 4. Auflage, Art. 28 EGBGB Rn. 193 f; Thode/Wenner, Internationales Architekten- und Bauvertragsrecht Rn. 280 ff.; v. Bar, IPR, Band I, § 7 Rn. 58; Schröder/Wenner, Internationales Vertragsrecht, Rn. 408 f, jeweils m.w.N.

[254] TGI Poitiers Rev. crit. dr. int. pr. 2001, 670, 671.

[255] Paris, 22.09.1980 Gaz. Pal. 1981 I, 227; Cass.civ., 15.06.1982, D. 1983 IR 150; Cass.civ., 26.110.1980, JDI 1981, 355.

[256] Glavinis, Le contrat international de construction, Rn. 643, 647; Rémery D. 1985, 255.

[257] JMJ Contractors Ltd v. Marples Ridgway Ltd (1985) 31 B.L.R. 100.

Natur des vereinbarten Rechtsverhältnisses etwa nach englischem und deutschem Recht eigentlich ausschließt. Insoweit sind wiederum Kontrollen erforderlich, um den Baufortschritt beurteilen zu können und Überzahlungen auszuschließen. Zwischen den Parteien eines Bauvertrages bestehen mithin zahlreiche Konsultations-, Informations- und Mitwirkungspflichten. Die FIDIC-Vertragsmuster sind ein gutes Beispiel für die praktischen Kommunikationsbedürfnisse (vgl. Unterklauseln 8.3, 4.21, 6.10, 20.1, etc. FIDIC 1999). Die Konsultations-, Informations- und Mitwirkungspflichten machen auf beiden Seiten ein effektives Vertragsmanagement erforderlich. Bauvorhaben, die in einem gerichtlichen Verfahren aufgearbeitet werden müssen, sind letztendlich in praktisch der überwiegenden Zahl der Fälle an unzureichender Kommunikation zwischen dem Bauherren und Bauunternehmer gescheitert. Es reicht mithin regelmäßig nicht aus, den Bauvertrag als ein Verhältnis zu verstehen, in dem der eine die Leistung und der andere die Zahlung erbringt. Dies macht es im Ergebnis sehr schwierig, im Bauvertrag einen Schwerpunkt zu finden bzw. die engsten Beziehungen des Bauvertrages zu einer Partei festzustellen. Jedenfalls kommen Zweifel darüber auf, ob es wirklich gerechtfertigt ist, generell an den Sitz des Auftragnehmers anzuknüpfen.

67 In einem solchen konfliktträchtigen Verhältnis ist es aber erforderlich, verlässliche Leitlinien für die Feststellung des anwendbaren Rechtes zu entwickeln. Diese können sich nur außerhalb der nationalen Rechtsordnungen entwickeln und müssen gleichzeitig einen Kern haben, der sich mit den nationalen Rechtsordnungen und ihrer Vielfalt verträgt. Als Kernstück eines Internationalen Bauvertragsrechts kommt eine Lösung in Betracht, die die international privatrechtlichen Interessen in den Vordergrund stellt und den Sitz des Schuldverhältnisses zuverlässig charakterisieren. Wie das materielle Privatrecht dient auch das internationale Privatrecht der Gerechtigkeit zwischen den Einzelnen[258]. Während es allerdings im materiellen Recht um den Inhalt des Rechts geht, befasst sich das internationale Privatrecht mit der Feststellung des anwendbaren Rechts, gleich welchen Inhalts[259]. Wenn es aber im internationalen Privatrecht nur um die Feststellung des anwendbaren Rechts geht, können nur die dem internationalen Privatrecht innewohnenden Interessenlagen erfasst werden. Das Ergebnis, nachdem man im Rahmen der internationalen privatrechtlichen Fragen strebt, darf nur ein international privatrechtliches sein. Es muss das anzuwendende Recht festgestellt werden[260]. Kegel gebührt der Verdienst, drei Kerninteressen des internationalen Privatrechtes systematisch zusammengefasst zu haben, um diese Aufgabe zu bewältigen[261]. Von v. Bar lässt sich lernen, wie man mit den Grundfragen der Anknüpfung umgeht[262].

68 Im Vordergrund stehen die Parteiinteressen, die Verkehrsinteressen und die so genannten Ordnungsinteressen:

- Im Rahmen der Rechtsanwendungsfrage liegt es nahe, dass die betroffenen Parteien jeweils ein Interesse daran haben, ihr Heimatrecht anzuwenden. Den Parteiinteressen an der Auswahl einer Rechtsordnung, mit der die Partei eng verbunden ist, wird vom internationalen Recht grundsätzlich Rechnung getragen in allen Angelegenheiten, die die Partei persönlich nahe angehen[263].

---

[258] Kegel/Schurig, IPR, § 2 I.
[259] Kegel/Schurig, IPR, § 2 I.
[260] Kegel/Schurig, IPR, § 2 I.
[261] Kegel/Schurig, IPR, § 2 II.
[262] v. Bar/Mankowski, IPR, Band I, § 7 Rn. 3 ff.
[263] Kegel/Schurig, IPR, § 2 II 1.

- Unter den Verkehrsinteressen versteht man, dass es dem Verkehr dient, wenn er leicht und sicher geht[264].
- Ordnungsinteressen bestehen insoweit, als die Regelungen des internationalen Privatrechts leicht auffindbar sein müssen und verständliche Regelungen treffen sollten. Das internationale Privatrecht sollte möglichst einheitlich gelten und die Regeln, die in ihm niedergelegt sind, sollten zueinander passen[265]. Es besteht ein Interesse am internationalen Entscheidungseinklang[266]. Die Rechtsverhältnisse sollen dieselbe Beurteilung zu erwarten haben, ohne Unterschied ob in diesem oder jenem Staate das Urteil gesprochen wird[267]. Vermieden werden müssen so genannte hinkende Rechtsverhältnisse oder Fälle von Normenmangel oder Normenhäufung. Ferner besteht ein Interesse an realen Entscheidungen, also an solchen, die international auch durchsetzbar sind.

Nach herrschender Auffassung in der deutschen Literatur und Rechtsprechung überwiegen bei der Anknüpfung des Bauvertrages die Parteiinteressen, ohne dass dies ausdrücklich gesagt wird[268]. Kegel spricht sich für die lex rei sitae aus und betont das Interesse am inneren Entscheidungseinklang im Hinblick auf das Grundstücksrecht des Baustellenlandes[269]. Wenigstens für den Anlagenbauvertrag folgt Hohloch dieser Auffassung[270]. Hingegen treten bei der herrschenden Meinung[271] Verkehrs- und Ordnungsinteressen hinter die Parteiinteressen zurück. Über Art. 28 Abs. 2 S. 1 EGBGB wurde regelmäßig auf das Recht der charakteristischen Leistung abgestellt, wo auch immer das Bauwerk errichtet wurde[272]. Fielen das Recht am Ausführungsort und das am Ort der Niederlassung des Bauunternehmers geltende Recht auseinander, so wurde nur gelegentlich vertreten, das Belegenheitsrecht solle ausschlaggebend sein[273]. Diese Auffassung lässt sich gesetzlich nur an Art. 28 Abs. 5 EGBGB a.F. (Art. 4 Abs. 5 EVÜ) anbinden[274]. Jetzt stellt Art. 4 Abs. 3 Rom I die Rechtfertigung für die Anknüpfung an den Baustellenort dar. Operiert dagegen der Bauunternehmer im Ausführungsland mit einer Tochtergesellschaft, so galt auch nach h.M. schon immer das Recht dieses Landes[275]. In diesen Fällen bestand die engste Beziehung zum Ausführungsstaat. Art. 28 Abs. 2 EGBGB kam also auf dem Umweg über die willkürliche Einbeziehung einer Tochtergesellschaft zur lex rei sitae. Ähnliches ist anzunehmen, wenn die Bauleitung von einer Zweigniederlassung im Ausführungsstaat zu erbringen ist[276]. 69

264 Kegel/Schurig, IPR, § 2 II 2.
265 Kegel/Schurig, IPR, § 2 II 3.
266 Savigny, Römisches Recht, VIII, 27; v. Bar, IPR, Band I, § 6 Rn. 56; Seif RabelsZ 65 (2001), 492, 504.
267 Savigny, Römisches Recht, VIII, 27; vgl. Seif RabelsZ 65 (2001), 492, 504.
268 Vgl. Looschelders, IPR, Art. 28 Rn. 34; Palandt/Heldrich, BGB, 68. Auflage, Art. 28 Rn. 15; Staudinger/Magnus, BGB, [2002] Art. 28 EGBGB Rn. 310; Thode/Wenner, Internationales Bau- und Architektenrecht, Rn. 282; Kartzke ZfBR 1994, 1; Wenner, BauR 1993, 257, 260.
269 Kegel, FS Rudolf Schmidt, 223.
270 Erman/Hohloch, BGB, Art. 28 Rn. 39.
271 Looschelders, IPR, Art. 28 Rn. 34; Palandt/Heldrich, BGB, 68. Auflage, Art. 28 Rn. 15; Staudinger/Magnus, BGB, [2002] Art. 28 EGBGB Rn. 310; Thode/Wenner, Internationales Bau- und Architektenrecht, Rn. 282; Kartzke ZfBR 1994, 1; Wenner, BauR 1993, 257, 260.
272 BGH RIW 1999, 456; OLG München BauR 1986, 242; LG Kaiserslautern IPRax 1987, 368 mit Anm. Mezger IPRax 1987, 346.
273 Vgl. Looschelders, IPR, Art. 28 Rn. 34.
274 Vgl. Rémery, D.S. 1985, Chon. 258 f.; Kegel FS R. Schmidt, Seite 215, 223; vgl. auch Cass. civ. 15.06.1982 Clunet 110 (1983) 602, krit. Anm. Kahn = D.S. 1983 I.R. 150 zust. Anmerkung Anm. Audit.
275 Vgl. dazu auch Ennstone Building Products Ltd v. Stanger Ltd [2002] 1 WLR 3059.
276 Vgl. Weigand in: Böckstiegl, 86; Thode in: Reithmann/Martiny, Internationales Vertragsrecht, Rn. 953.

70 M.E. ist die Kritik an der lex rei sitae-Anknüpfung des Bauvertrages im Ergebnis unberechtigt. Nur genügt es nicht, das Interesse des Baustellenlandes an der Klärung der eigentumsrechtlichen Verhältnisse zu betonen. Die **sachenrechtlichen Verhältnisse** auf der Baustelle werden ohnehin von der lex rei sitae beherrscht (Art. 43 EGBGB). Zwar ist der Lagestaat an einer Klärung der Eigentumssituation auf der Baustelle interessiert, doch steht dieser Aspekt regelungstechnisch sicherlich nicht im Vordergrund. Viel wesentlicher ist es, den **Schwerpunkt** der wechselseitigen **schuldrechtlichen Verpflichtungen** zu ermitteln, die der Bauvertrag begründet. Diese Verpflichtungen werden von öffentlichen-rechtlichen Bauvorschriften überlagert, die in die tägliche Arbeit des Unternehmers einfließen, die den Gestaltungsfreiraum des Bauherrn einengen und letztlich bis zur Undurchführbarkeit eines Bauvertrages führen können, der den örtlichen Gegebenheiten keine Rechnung trägt[277]. Qualitätsnormen spielen eine Rolle und die oftmals arbeitsteilige Vorgehensweise auf der Baustelle ist zu berücksichtigen[278]. Zudem sind Arbeitsschutzbestimmungen zu beachten. Der Bauherr hat ein starkes Interesse an der Einhaltung solcher Bestimmungen (vgl. Klausel 1.6 FIDIC Green Book: „The Contractor shall comply with the laws of the countries where activities are performed“). Die genannten Regelungskomplexe werden weltweit oftmals unterschiedlich qualifiziert. Was in Deutschland in öffentlich-rechtlichen Bauvorschriften eine Regelung gefunden hat, kann in den USA privatrechtlich eingeordnet werden. Die Folge ist ein Normenmangel. Außerdem können örtliche Arbeitsschutzbedingungen mit vertraglichen Verpflichtungen kollidieren, ein Fall der Normenhäufung. Hinzu kommt, dass zunehmend Verbraucherschutzrecht[279] Bedeutung erlangt, das zum Teil über den nationalen ordre public im Rahmen von Sonderanknüpfungen jedenfalls im Baustellenland Geltung begehrt (Normenhäufung). Das Interesse an einem einheitlichen **Recht der Baustelle** liegt mithin auf der Hand. Dem steht allein das Interesse der Parteien an der Anwendung ihres Heimatrechtes gegenüber. Insoweit ist es aber irrig, über den Langzeitcharakter des Bauvertrages, die aus ihm erwachsenden wechselseitigen Kommunikations- und Mitwirkungspflichten und über den Umstand der arbeitsteiligen Bewältigung des Bauvorhabens Hinweise dafür zu finden, den Vertragsschwerpunkt im Bauexportland anzusiedeln, zumal diese Zuordnung angesichts der heute sehr arbeitsteiligen Vorgehensweise (Zulieferungen aus dem Staat A, Planung erfolgt im Staat B und Überwachung wird im Staat C gebunden) eher zufällig ist. Sicherlich treffen den Auftragnehmer auf der Baustelle vielfältige Verpflichtungen, doch erscheint es nicht unzumutbar, diese aus dem Recht des Bauexportlandes herauszulösen. Es erscheint dagegen wenig sinnvoll, örtlich unbekannten Gewährleistungsvorschriften den Vorrang vor den örtlichen Regelungen einzuräumen, die wiederum ggf. in örtlichen Qualitätsvorschriften und -vorstellungen sowie öffentlich-rechtlichen Regelungen ihre Grundlage finden. Zwingende Arbeitsschutzbestimmungen mit Auswirkungen auf den Leistungsumfang (z.B. Gerüstbauarbeiten) oder die Art der einzusetzenden Maschinen und Materialien harmonieren nicht zwangsläufig mit einem wildfremden Vertragsstatut. Durchgriff-

---

[277] Vgl. Nussbaum, IPR, 246.

[278] Welche Qualitätsnormen vereinbart sind, muss allerdings ggf. die Auslegung des Vertrages ergeben (vgl. Wenner FS Jagenburg, 205, 214). Zum Verbraucherrecht in Europa siehe Kohl, Towards a European Consumer Construction Law, ICLR 2010, 211 ff.

[279] Vgl. für Frankreich den Code de la Consommation und den Code de la construction et de l’habitation. In Italien ist das Gesetz Nr. 210 vom 2.8.2004 über Bestimmungen für den Schutz der Eigentumsrechte von Käufern von zu errichtenden Immobilien nebst Gesetzesdekret Nr. 122 v. 20. 6.2005, veröffentlicht im Amtsblatt Nr. 155 v. 6.7.2005 zu nennen. In den Niederlanden wurde das neue Bürgerliche Gesetzbuch durch Gesetz v. 5.6.2003 mit Regelungen zum Bauträgerrecht ergänzt. Für Belgien ist auf das Loi Breyne v. 9.7.1971 hinzuweisen.

sansprüche aus den Leistungsketten müssen nicht mühsam angeglichen werden. Sicherungsrechte des Unternehmers (Stichwort: Bauhandwerkersicherungshypothek), die auf die lex rei sitae abgestimmt sein müssen, bleiben auf diese Weise wirksam. Die Anpassung des Vertrages an örtliche Gegebenheiten wird erschwert, wenn das Recht des Baustellenlandes über die Vertragsparteien herrscht. Gerade wenn man das Bauen als Prozess versteht, in dem ein gemeinsames Vorhaben verwirklicht wird, dessen Spielregeln wiederum der Bauvertrag vorgibt, muss dieser in die örtliche Situation eingebettet sein. Damit ist auch der Leichtigkeit des Verkehrs gedient, der nicht unnötig durch Verweisungen auf verschiedene Rechtsordnungen der am Bau beteiligten Personen und Unternehmen beschwert wird. Letztlich ausschlaggebend aber ist, die Einheitlichkeit des Vertragsstatuts zu erhalten und der Tendenz Einhalt zu gebieten, über Sonderanknüpfungen eben die Korrekturen durchzuführen, die notwendig werden, wenn das Schwerpunktrecht nicht die Nähe zu seinem Schwerpunkt aufweist, die erforderlich wäre. Immerhin ist das internationale Privatrecht Kollisionsrecht. Es entscheidet, welche Rechtsordnung das fragliche Rechtsverhältnis beherrschen soll. Dass dies nicht immer zur Zufriedenheit gelingt, belegt die intensive Diskussion darüber, ob es inländische oder ausländische Sachnormen gibt, die gegenüber dem Vertragsstatut durchgreifen. In einem Bereich, der von öffentlichen-rechtlichen, polizeirechtlichen und anderen Eingriffsnormen durchsetzt ist, spricht viel dafür, von vornherein klare Verhältnisse zugunsten des Baustellenlandes zu schaffen. Hier liegt der Schwerpunkt des Bauvertrages[280]. Dass es Lösungsansätze dafür gibt, wie örtliche Regeln der Baukunst und zwingende öffentlich-rechtliche Normen eingehalten werden[281] müssen und dass zur Wahrung eines angemessenen Interessenausgleichs zwischen den Parteien die Sicherheits- und Verhaltensregeln des Staates, in dem die schädigende Handlung begangen wurde, selbst dann eingehalten werden müssen, wenn auf das außervertragliche Schuldverhältnis ein anderes Recht anzuwenden ist[282], widerlegt nicht, dass es ein Interesse gibt, die Schnittstelle zwischen Vertragsstatut und den am Errichtungsort geltenden zwingenden Bestimmungen zu schließen.

Gestützt werden diese Überlegungen durch ein rechtsvergleichend zu erlangendes Argument. Aus Art. 1792, 2070 des französischen Code Civil a.F. (Décennale) und **71**
Art. 1792 ff., Art. 1792-4-1 Code Civil n.F. erhellt sich, dass von der Baustelle **Risiken** ausgehen, deren Verteilung unter den Vertragsparteien einer Regelung zugeführt werden muss. Die sog. *responsabilité décennale* ist nach belgischem und französischem, aber auch nach ägyptischem und syrischem Verständnis zwingendes Recht im Interesse unbeteiligter Dritter. Die Parteien sollen Vorkehrungen dafür treffen, dass von dem Gebäude keine Gefahren für Dritte ausgehen und es soll über einen Zeitraum von 10 Jahren sichergestellt werden, dass die Parteien im Falle der Risikoverwirklichung haften. Das wirtschaftliche Risiko wird in Frankreich, Algerien und Ägypten über eine Pflichtversicherung abgefangen. Es kommt also insoweit nicht darauf an, aus welchem Land die Baubeteiligten kommen und wo sie ihre Verpflichtungen ganz oder teilweise erfüllen. Zu regeln ist ein baustellenimmanentes Risiko im Drittinteresse mit erheblichen rechtlichen und wirtschaftlichen Auswirkungen für die betroffenen Parteien. Nur eine baustellenbezogene Anknüpfung kann diesem besonderen Interesse gerecht werden.

---

[280] Kürschner, ZfBR 1986, 259, 262 unter Berufung auf einen Nichtannahmebeschluss des BGH vom 09.10.1986, Az: VII ZR 54/85.
[281] Vgl. dazu Wenner FS Jagenburg, 205, 214.
[282] Vgl. Erwägungsgrund Nr. 18 des Entwurfs der VO Rom II.

72 Dieses Ergebnis hat einen wichtigen Vertreter in **Savigny**[283], der ausgeführt hat, es gebe einige Verträge, die ihrer Natur nach ausschließlich an ein speziellen Ort gebunden sind. Dies seien die Verträge über Leistungen, die an einem festgelegten Ort zu erbringen sind. Mit der Zuordnung der Rechtsverhältnisse nach ihrer eigentümlichen Natur wird dem Idealbild des internationalen Entscheidungseinklanges Rechnung getragen[284]. Der Bauvertrag würde dieselbe Beurteilung erfahren, gleich in welchem Staat das Urteil gesprochen würde. Die formelhafte Anwendung der Vermutungsregel in Art. 28 Abs. 2 EGBGB a.F. und der Regelung in Art. 4 Abs. 1 Rom I ist demgegenüber weder geboten noch gerechtfertigt.

73 Die Sorge, es bliebe mit der hier vertretenen Auffassung nur noch ein funktionsloser Torso des gesetzlichen Kollisionsrechts[285] übrig, kann nicht geteilt werden. Es war schon früher richtig, dass die speziellen gesetzlichen Regelungen[286] nicht nur eine Art Auffangfunktion für Fälle haben, in denen eine Abwägung der Umstände kein Ergebnis bringt[287]. Doch setzt Art. 4 Rom I voraus, dass das Vertragsverhältnis entweder einem der geregelten Vertragstypen entspricht oder die sog. vertragscharakteristische Leistung ermittelt werden kann[288]. Auch in Zukunft muss insoweit ein – allerdings gegenüber der alten Rechtslage erweiterter – Negativtest angewendet werden. Die Partei, deren Hauptverpflichtung in der Erbringung eine Geldzahlung besteht, erbringt **nicht** die charakteristische Leistung. Es wird anschließend geschlussfolgert, dann müsse die andere Partei zu dieser Leistung verpflichtet sein. Doch wenn, wie im komplexen Bauvertrag, Mitwirkungspflichten so wesentlich werden, dass sie die Leistungspflicht der anderen Seite bedingen, fällt es schwer die vermeintlich vertragscharakteristische Leistung einfach als Gegenstück zur Geldleistung zu betrachten. Im komplexen Bauvertrag, der den Bauherrn zur Lieferung der Planung, zur Bereitstellung des Baugrundes und zur fortwährenden Mitwirkung an Entscheidungen verpflichtet, hat die Bauverpflichtung als solche kein wirklich deutlich überwiegendes Gewicht mehr. Auch wenn der Unternehmer die Planungsverantwortung übernimmt, bleibt der Bauherr zur Mitwirkung verpflichtet, denn er muss die Planung prüfen, genehmigen und freigeben und bedingt damit den Baufortschritt. Nur bei Vorhaben, bei denen die Mitwirkungsverpflichtungen des Bauherrn marginal sind und sich quasi in der Überlassung des Baugrundes und der Abnahme erschöpfen, ist es letztlich möglich, die vertragscharakteristische Leistung im Wege des Negativtests zu ermitteln. Alle typischen Unternehmerpflichten sind eng mit dem Ort der Baustelle verbunden. Typischerweise übernimmt der Alleinunternehmer die Koordinierung der Bauleistungen, ihre Überwachung und Leitung. Die eigentliche Vertragsabwicklung geschieht also vor Ort, nicht vom Hauptsitz des Bauunternehmens aus. Dessen Tätigkeit wird vom lokalen öffentlichen Baurecht beeinflusst. Häufig übernimmt er zudem quasi hoheitliche Aufgaben, z.B. im Rahmen der Baustellensicherheit. Die Bauleistungen als solche und die Haftung des Unternehmers sind ebenfalls eng an das Baustellenland angebunden. Ein Teil des Werklohns wird häufig unmittelbar im Baustellenland zum Zwecke des Einkaufs von Dienstleistungen und Waren lokaler Anbieter verwendet. Selbst wenn der Vertrag zulässigerweise einem anderen Recht als

283 Savigny, Römisches Recht, VIII, 213; vgl. auch Battifol/Lagarde, Droit international privé, n° 586.
284 Vgl. Seif RabelsZ 65 (2001), 492, 504.
285 Jetzt Art. 4 Rom I, früher Art. 4 EVÜ bzw. Art. 28 EGBGB.
286 Jetzt Art. 4 Abs. 1 und Abs. 2 Rom I, früher Art. 4 Abs. 2 EVÜ und Art. 28 Abs. 2 EGBGB).
287 Vgl. Dicey & Morris, Conflict of Laws, Rn. 32-123; Ennstone Building Products Ltd. v. Stanger Ltd. [2002] EWCA Civ. 916 (CA); Iran Continental Shelf Oil Co. v. IRI International Corp. [2002] EWCA Civ. 1024 (CA).
288 Vgl. zum alten Recht Apple Corps Ltd. v. Apple Computer Inc. [2004] EWHC 768 (Ch).

dem des Baustellenlandes unterstellt wird, bleibt letzteres oftmals fortbestehen, z.B. in den Ländern, die die französische Décennale übernommen haben[289]. Schließlich spricht auch das ggf. arbeitsteilige Vorgehen auf der Baustelle für einen einheitlichen Anknüpfungspunkt[290]. Ein Bauvorhaben muss geplant und überwacht werden. Neben dem bauausführenden Betrieb muss der Auftraggeber mithin Planer, Projektsteuerer, Bauüberwacher etc. beschäftigen, die wiederum im Falle des strengen Festhaltens an Art. 4 Rom I nach ihrem Heimatrecht beurteilt werden müssen. Das wird der Interessenlage auf der Baustelle nicht gerecht, wo alle Einzelleistungen einem Ziel, der Herstellung des Bauwerkes, verpflichtet sind, was sich wiederum in einer gesamtschuldnerischen oder ähnlichen Haftung aller Beteiligten für die Bauqualität bzw. -solidität ausdrücken kann.

3. Sonderanknüpfung von Spezialnormen. Das Vertragsstatut wird durch die Rege- 74
lung in Art. 34 EGBGB bzw. Art. 9 Rom I durchbrochen[291]. Aus dem Wortlaut beider Vorschriften lässt sich jedoch zunächst entnehmen, dass es den Parteien durchaus gestattet ist, an die Stelle deutschen Rechts das gewählte ausländische Recht zu setzen. Die Rechtswahl ist grundsätzlich universell. Nur wenn im Einzelfall die einschlägige Regel den Sachverhalt ohne Rücksicht auf das auf den Vertrag anzuwendende Recht zwingend regeln will, soll das Vertragsstatut zurücktreten. Art. 9 Abs. 1 Rom I definiert die Eingriffsnorm nunmehr als *eine zwingende Vorschrift, deren Einhaltung von einem Staat als so entscheidend für die Wahrung seines öffentlichen Interesses, insbesondere seiner politischen, sozialen oder wirtschaftlichen Organisation, angesehen wird, dass sie ungeachtet des nach Maßgabe dieser Verordnung auf den Vertrag anzuwendenden Rechts auf alle Sachverhalte anzuwenden ist, die in ihren Anwendungsbereich fallen.* Abzustellen ist damit auf die Intentionen des Gesetzgebers des Gerichtsstaates. Zu fragen ist, ob das von ihm gesetzte Recht sozusagen „international zwingend“ ist[292]. Da der Gesetzgeber darauf verzichtet hat, solche Normen zu kennzeichnen, müssen sie durch Auslegung festgestellt werden. Unstreitig ist insoweit lediglich, dass nicht jede zwingende Regelung des deutschen Rechts auch international zwingend ist. Im Einzelnen ist vieles streitig. Lediglich wenn deutsche Normen ohnehin auslandsbezogene Sachverhalte regeln (wie z.B. in § 130 Abs. 2 GWB oder § 61 BörsG), ist die Feststellung unproblematisch. Ansonsten sprechen ordnungspolitische Regelungsinhalte einer Norm für eine international zwingende Norm, während Regelungen, die vor allem Interessen des Privatrechtsverkehrs ausgleichen, weniger in Verdacht stehen, international zwingend zu sein[293]. Zudem fordert die h.M. einen sog. Inlandsbezug, ohne den Art. 34 EGBGB und Art. 9 Rom I nicht einschlägig sein sollen[294]. Gemäß Art. 9 Abs. 3 Rom I können allerdings nunmehr auch ausländische zwingende Normen Beachtung finden, soweit es sich um Normen des Staates handelt, in dem die durch den Verrtag begründeten Verpflichtungen erfüllt werden sollen oder erfüllt worden sind.

---

289 Zu diesen Ländern gehören u.a. Ägypten, Algerien, Angola, Belgien, Frankreich, Kamerun, Libanon, Luxemburg, Malta, Marokko, Philippinen, Rumänien, Tunesien, Vereinigte Arabische Emirate sowie viele Länder Südamerikas.

290 Vgl. Britton ICLR 2008, 347, 377.

291 Vgl. dazu eingehend Martiny, Inländische gewerbe-, berufs- und preisrechtliche Vorschriften als international zwingende Normen, FS Heldrich, 2005, 907 ff.

292 Reithmann/Martiny/Freitag, Internationales Vertragsrecht, Rn. 511.

293 Vgl. Reithmann/Martiny/Freitag, Internationales Vertragsrecht, Rn. 513; Rehbinder JZ 1973, 151, 156, Hoffmann IPRax 1989, 263 ff.; Junker IPRax 1989, 69, 73.

294 Palandt/Heldrich, BGB, 68. Auflage, Art. 34 EGBGB Rn. 3; Reithmann/Martiny/Freitag, Internationales Vertragsrecht, 6. Auflage, Rn. 401; Münchener Kommentar/Martiny, BGB, 4. Auflage, Art. 34 EGBGB Rn. 126, 136; Schurig RabelsZ 54 (1990), 217, 234; Lorenz RIW 1987, 578; a.A. Radtke ZvglRWiss 84 (1985), 329, 331.

75 Ein wichtiges Beispiel für die praktische Anwendung von Eingriffsnormen kommt aus Frankreich. Die französische Cour de Cassation[295] hat einen französischen Bauherrn auf Zahlung des Werklohnes an einen von einem deutschen Generalunternehmer beauftragten französischen Subunternehmer verurteilt und in den Urteilsgründen ausgeführt, das Gesetz Nr. 1334 vom 31.12.1975 gehöre zu den **Polizeigesetzen** im Sinne des Art. 3 Code Civil[296]. Es sei daher anwendbar, wenn das **Bauvorhaben auf französischem Boden belegen** sei. Diese Entscheidung der gemischten Kammer der Cour de Cassation, die inzwischen von der 3. Kammer des Gerichtshofes aufgriffen wurde[297], weicht von einer kurz zuvor ergangenen Entscheidung der 1. Kammer des Gerichtshofes[298] ab, die zuvor in der französischen Literatur weithin Zustimmung fand[299]. Die Anknüpfung derartiger Direktansprüche des Subunternehmers ist schon für sich genommen ein Problem[300]. Französische Autoren haben den Anspruch als vertraglich qualifiziert und ihn dem Recht des Hauptvertrages unterstellt[301]. Die Cour de Cassation hat das Problem umgangen und das Gesetz vom 31.12.1975 selbständig angeknüpft. Dabei ist allerdings kein klarer kollisonsrechtlicher Ansatz erkennbar, denn der beabsichtigte Schutz des Subunternehmers rechtfertigt für sich genommen noch nicht das Vertragsstatut zu verdrängen. Jedoch liegt der von Cour de Cassation gewählte Anknüpfungspunkt, die Belegenheit der Baustelle, auf dieser Linie[302]. Das Ziel, den in Frankreich ansässigen Subunternehmer als Rückgrat der französischen Arbeitsmarktpolitik zu schützen, hätte stattdessen zur Anknüpfung an den Sitz des Subunternehmers führen müssen, was wiederum europarechtlich bedenklich war und eine einseitige Privilegierung französischer Unternehmen bedeutet und mithin zur Verzerrung des Wettbewerbs geführt hätte[303]. Der Anknüpfung an den Ort der Baustelle liegt mithin eine Negativauswahl zugrunde[304]. Rechtstatsächlich könnten inzwischen auch deutsche Gerichte den Subunternehmerdurchgriff erlauben, selbst wenn das Vertragsstatut des Subunternehmervertrages das deutsche Recht wäre. Hintergrund ist Art. 9 Abs. 3 Rom I. Allerdings gilt dies nur dann, wenn der Subunternehmervertrag in Frankreich erfüllt werden muss.

76 Eine wirklich zwingende Argumentation bringt die Cour de Cassation allerdings nicht hervor. Nach Art. 9 Abs. 1 Rom I ist eine Eingriffsnorm eine zwingende Vorschrift, deren Einhaltung von einem Staat als so entscheidend für die Wahrung seines öffentlichen Interesses, insbesondere seiner politischen, sozialen oder wirtschaftlichen Organisation, angesehen wird, dass sie ungeachtet des nach Maßgabe dieser Verordnung auf den Vertrag anzuwendenden Rechts auf alle Sachverhalte anzuwenden ist, die in ihren Anwendungsbereich fallen. Entsprechende Anhaltspunkte hat die französische Cour de Cassation in den vorstehend zitierten Fällen angenommen. Doch ist die Rechtsprechung der Cour de Cassation zum Subunternehmerdurchgriff ersichtlich ergebnisorientiert und wenig motiviert. Sie öffnet die Tür für eine ausufernde Rechtsprechung zugunsten einer ausschließlichen Anwendung französischen Rechts für alle in Frankreich belegene

295 Cass.mixte, Urteil vom 30.11.2007 – 06-14006, IBR 2008, 428 –Hök = Juris-Data n° 2007-041758.

296 Das Gesetz regelt den Durchgriffsanspruch des Subunternehmers.

297 Cass.civ, Urteil vom 30.01.2008, D. 2008, 478 mit Anm. Delpech betreffend einen deutschen Subunternehmer, der gegen einen französischen Bauherrn vorging.

298 Cass.civ., Urteil vom 23.01.2007, IBR 2007, 1262 – nur online = D. 2007, 2008.

299 Nourissat/Pellegrini, Revue Lamy Droit des Affaires 2008, 57, 58.

300 Ausführlich dazu Hök, Handbuch des internationalen und ausländischen Baurechts, § 13 Rn. 3 ff.

301 Glavinis, Le contrat international de construction, R. 653; Jacquet/Delebecque/Corneloup, Droit du Commerce international, Paris 2007, Rn. 654; Heuzé Rev. Crit. DIP 1996, 243.

302 Vgl. Berlioz JCP (E) 2008, 23, 24.

303 Vgl. Berlioz JCP (E) 2008, 23, 24.

304 Berlioz JCP (E) 2008, 23, 24.

Bauvorhaben[305]. Das wäre vermeidbar gewesen, wenn die Cour de Cassation der Eigenart des Subunternehmerdurchgriffs nachgegangen wäre, die in ihrer Ähnlichkeit zur Pfändung beim Drittschuldner liegt[306]. Tatsächlich hat die Zustellung der Kopie einer Mahnung des Subunternehmers an seinen Auftraggeber an den Bauherrn ähnliche Wirkungen wie eine Vorpfändung. Der Bauherr kann nur noch schuldbefreiend an den Subunternehmer zahlen. Dann aber stellt sich die Frage nach der Natur des Subunternehmerdurchgriffs neu. Hat er große Ähnlichkeit mit einer Vollstreckungsmaßnahme, müsste er verfahrensrechtlich qualifiziert werden. Das wiederum schlösse eine universelle Anwendung des Subunternehmerdurchgriffs aus. In der französischen Literatur wird hingegen eine Anknüpfung an den Sitz der Forderung favorisiert[307]. Aus französischer wie aus deutscher Sicht ist eine Forderung am Sitz des Drittschuldners belegen[308], so dass allerdings wiederum der Durchgriff nur gegen Bauherrn mit französischem Sitz durchsetzbar wäre.

Welche Folgen es hat, dass das deutsche Recht das ausländische Vertragsstatut verdrängt, wurde noch nicht sehr eingehend untersucht. Oftmals regeln aber Vorschriften, die im Sinne des Art. 34 EGBGB bzw. Art. 9 Rom I zwingend anzuwenden sind, ihre Rechtsfolgen nicht ausdrücklich, so dass auf andere Vorschriften zurückgegriffen werden muss. Grundsätzlich sind bei Verboten die Rechtsfolgen des Vertragsstatuts zu beachten[309]. Jedoch kann nur das Verbot im engeren Sinne seine Folgen bestimmen, da nur ihm latent die Folgen innewohnen und nur rein zufällig (vor allem aus systematischen Gründen) die Folgen eines Verbotes nicht in der eigentlichen Verbotsnorm geregelt werden, da sie quasi als selbstverständlich erachtet werden, sollte im Rahmen des Art. 34 EGBGB nur das Eingriffsrecht nach den unmittelbaren Folgen befragt werden[310]. Die mittelbaren Folgen (etwa die Rückabwicklung eines nichtigen Geschäftes) indessen sind wohl entweder dem Vertragsstatut oder dem ihm ggf. folgenden Bereicherungsstatut zu entnehmen[311]. 77

Die Vorschrift des § 138 BGB[312] ist keine **Eingriffsnorm** im Sinne des Art. 34 EGBGB bzw. Art. 9 Rom I, die ohne Rücksicht auf das auf den Vertrag anzuwendende Recht den Sachverhalt zwingend regelt[313]. Der Wahrung der im deutschen Rechtsraum herrschenden Wertordnung dient vielmehr die allgemeine ordre-public-Klausel. Art. 30 EGBGB 1986 erwähnte die „guten Sitten“ noch ausdrücklich. Art. 6 EGBGB, der an die Stelle des vorherigen Art. 30 EGBGB getreten ist, tut dies zwar nicht mehr. Eine 78

---

305 Berlioz JCP (E) 2008, 23, 24.

306 Vgl. Malaurie/Aynès/Stoffel-Munck, Les obligations: Défrenois, 3. Auflage, 2007, Rn. 1157.

307 Berlioz JCP (E) 2008, 23, 26.

308 Deutschland: unter Bezugnahme auf § 23 ZPO RGZ 36, 355, 357; RGZ 77, 250, 252; RGZ 140, 340, 343; RG Seuff. Arch. 63 Nr. 27; Frankreich: Dalloz Action, Droit et Pratique des voies d'exécution, Rn. 9951; Perrot/Théry, Procédures civiles d'exécution, Rn. 33; Cuniberti JCP (E) 2003, 664, 665; Loussouarn/Bourel, Droit international privé, Rn. 448; Mayer/Heuzé, Droit international privé, Rn. 287; Cass.civ., 30.01.2002, JCP (E) 2003, 663; England: Société Eram Shipping Company Ltd. v. Hong Kong and Shanghai Banking Corp. Ltd. [2003] UKHL 30: a debt is [generally] situate in the country where the debtor resides; Swiss Bank Corp. v. Boehmische Industrial Bank [1923] 1 K.B. 673: „If the debt is situate, or in other words if it is properly recoverable, in this country“; USA: Scoles/Hay, Conflict of Laws, § 7.3; Österreich: § 99 Abs. 2 JN.

309 Vgl. dazu Bittrich IPRax 2009, 465 ff., der die Folgen der rechtswidrigen Vergabe (vgl. § 101b GWB) stets an das Vertragsstatut anknüpft.

310 Münchener Kommentar/Martiny, BGB, 4. Auflage, Art. 34 EGBGB Rn. 71.

311 Münchener Kommentar/Martiny, BGB, 4. Auflage, Art. 34 EGBGB Rn. 72.

312 U.a. entgegen LG Detmold NJW 1994, 3301, 3302; LG Berlin NJW-RR 1995, 754, 755.

313 BGHZ 135, S. 124, 139; eingehend dazu Mankowski RIW 1996, 382 m.w.Nachw.

Veränderung des sachlichen Gehalts ist damit jedoch nach dem erklärten Willen des Gesetzgebers nicht beabsichtigt gewesen[314]. Die ordre-public-Klausel greift indessen nur ein, wenn die Anwendung einer Vorschrift des ausländischen Rechts zu einem mit wesentlichen Grundsätzen des deutschen Rechts offensichtlich unvereinbaren Ergebnis führt[315]. Art. 34 EGBGB a.F. stand auch einer Anwendung von Art. 11 Abs. 2 und 3 EGBGB in keinem Fall entgegen. Die erstgenannte Bestimmung bezieht sich nach ihrem mit dem Willen des Gesetzgebers übereinstimmenden Wortlaut[316] – insoweit bewusst abweichend von der weitergehenden Sonderanknüpfung in Art. 7 Abs. 2 des EG-Schuldvertragsübereinkommens[317] – allein auf den Ersten Unterabschnitt des Fünften Abschnitts des Zweiten Kapitels EGBGB und damit nicht auf Art. 11 EGBGB, der zum Zweiten Abschnitt dieses Kapitels gehört. Mit dem Inkrafttreten der Verordnung Rom I hat Art. 11 EGBGB allerdings seine vorherige Bedeutung im Recht der vertraglichen Schuldverhältisse verloren. Stattdessen gilt jetzt Art. 11 Rom I[318]. Art. 9 Abs. 1 Rom I verdrängt daher auch das Formstatut[319]. Art. 9 Abs. 1 Rom I beschränkt sich allerdings nicht auf Eingriffsnormen der lex fori. Für diese gilt ausdrücklich Art. 9 Abs. 2 Rom I.

79 Das deutsche **Haustürgeschäftewiderrufsrecht** stellt ebenfalls keine Eingriffsnorm im Sinne des Art. 34 EGBGB bzw. Art. 9 Rom I dar[320], wonach die für vertragliche Schuldverhältnisse geltenden Kollisionsnormen der Art. 27 ff. EGBGB bzw. 3 ff. Rom I nicht die Anwendung der Bestimmungen des deutschen Rechts berühren, die ohne Rücksicht auf das auf den Vertrag anzuwendende Recht den Sachverhalt zwingend regeln. Das folgte im alten Recht allerdings nicht bereits aus einem Vorrang des Art. 29 EGBGB a.F. gegenüber Art. 34 EGBGB a.F. In der amtlichen Begründung zu dieser Vorschrift[321] hieß es zwar, zwingende Vorschriften (im Sinne des Art. 34 EGBGB a.F.) können angewandt werden, soweit in Art. 29 EGBGB a.F. für den Bereich des Verbraucherschutzes nicht schon speziellere Regelungen getroffen worden seien; soweit das der Fall sei, seien diese Vorschriften im Verhältnis zu Art. 34 EGBGB a.F. Spezialvorschriften, die die allgemeine Norm verdrängten und deren Anwendung ausschlössen. Demgemäß schied eine Sonderanknüpfung über Art. 34 EGBGB a.F. aus, wenn es lediglich an dem nach Art. 29 Abs. 1 Nrn. 1–3 EGBGB a.F. erforderlichen Inlandsbezug fehlte, während einer der in Art. 29 Abs. 1 EGBGB a.F. aufgeführten Vertragstypen vorlag[322]. Sofern allerdings etwa ein Immobiliengeschäft unter den Voraussetzungen der §§ 312 ff. BGB zustande kommt, die per se nicht unter Art. 29 EGBGB a.F. fielen, dürfte Art. 34 EGBGB ggf. einschlägig gewesen sein, so dass insofern das Haustürwiderrufsrecht einmal einschlägig werden konnte.

80 Auch **§ 648a BGB** ist zwingend (§ 648a Abs. 7 BGB)[323]. Rechtsprechung mit internationalem Bezug hierzu ist bislang nicht bekannt geworden. Der Sinn der Regelung besteht darin, den aus § 648 BGB nur unzureichend geschützten Werkunternehmer besser zu

314 BT-Drucks. 10/504, 42.
315 BGHZ 135, S. 124, 140; siehe auch Leible/Lehmann RIW 2008, 528, 543.
316 Vgl. BT-Drucks. 10/504, 43.
317 Vgl. BT-Drucks. 10/503, 63 zu Nr. 4.
318 Zum verbleibenden Anwendungsbereich des Art. 11 EGBGB vgl. Palandt/Thorn, BGB, Art. 11 EGBGB Rn. 1.
319 Palandt/Thorn, BGB, Art. 11 EGBGB Rn. 6; vgl. zur alten Rechtslage BGH NJW 1993, 1126, 1128.
320 BGHZ 134, S. 124, 135.
321 BT-Drucks. 10/504, 83.
322 BGHZ 135, 124, 135; BGHZ 123, 380, 391.
323 Ähnlich Art. 1799-1 Code Civil zum französischen Recht.

schützen[324]. Aus dem Wortlaut als auch aus der Systematik des Gesetzes folgt, dass der Unternehmer für den noch nicht gezahlten Werklohn die Sicherheitsgestellung begehren darf[325]. Dies findet zudem eine Stütze in der Zielrichtung der Vorschrift. Maßgeblich ist danach das konkrete Sicherungsbedürfnis des Unternehmers[326]. Im Vordergrund steht daher ersichtlich der privatrechtsausgleichende Charakter. § 648a BGB dient letztlich der Entschärfung der im BGB vorgesehenen Vorleistungspflicht des Werkunternehmers. Ordnungspolitische Gesichtspunkte kommen in der Norm allenfalls insoweit zum Tragen, als die Werkunternehmer generell besser geschützt werden sollen. Dem steht gegenüber, dass Sinn und Zweck der Regelung in § 648a Abs. 7 BGB nicht nur dagegen schützt, den Schutz des § 648a BGB aufzuheben, sondern vor allem auch dagegen, ihn zu umgehen, wie z.B. durch Manipulationen hinsichtlich der Vorleistungspflicht[327]. Insgesamt treten aber Gesichtspunkte der Steuerung des Wirtschaftsverkehrs und der Sozialordnung ersichtlich in den Hintergrund, so dass im Ergebnis nicht davon ausgegangen werden kann, dass § 648a BGB internationalprivatrechtlich zwingend auf das ausländische Vertragsstatut durchschlägt.

Die strafbewehrten, aber früher wenig beachteten Vorschriften des Baugeldsicherungs- **81**
gesetzes (GSB) vom 1. Juni 1909 dürften hingegen gerade wegen ihrer Strafbewehrung immer durchgegriffen haben, zumal § 1 GSB ein Schutzgesetz im Sinne des § 823 Abs. 2 BGB war, so dass im Zweifel eine kollisionsrechtliche Anknüpfung über Art. 40 EGBGB bzw. neuerdings über Art. 4 Abs. 1 Rom II möglich war. Das neue Bauforderungssicherungsgesetz (BauFordSiG) vom 23.10.2008 erweiterte zwischenzeitlich den Gesetzeszweck auch auf Unternehmen, die Subunternehmer beschäftigen. Durch die zum 1.1.2009 in Kraft getretene Neuregelung wurde der Baugeldbegriff auf die gesamte Kette von Bauherrn – Generalunternehmer – alle Nachunternehmer ausgeweitet. Unter den Baugeldbegriff fallen seitdem nicht nur kreditfinanzierte Gelder, sondern auch Eigenmittel des Bauherren bzw. Auftraggebers, die dieser an einen Baugeldempfänger für die Baumaßnahme zahlt. Durch Gesetz vom 18.6.2009 wurde kurze Zeit später § 1 Abs. 2 Bauforderungssicherungsgesetz dahin geändert, dass ein Baugeldempfänger, der selbst an der Herstellung oder dem Umbau beteiligt ist, das Baugeld in Höhe des angemessenen Werts der von ihm erbrachten Leistung für sich behalten darf. Gleichwohl hat sich seit der Novelle des GSB vom 23.10.2008 der Anwendungsbereich des Baugeldsicherungsrechts erheblich erweitert. Gemäß § 1 Abs. 1 Bauforderungssicherungsgesetz (BauFordSiG) ist der Empfänger von Baugeld verpflichtet, das Baugeld zur Befriedigung solcher Personen, die an der Herstellung oder dem Umbau des Baues auf Grund eines Werk-, Dienst- oder Kaufvertrags beteiligt sind, zu verwenden. Eine anderweitige Verwendung des Baugeldes ist bis zu dem Betrag statthaft, in welchem der Empfänger aus anderen Mitteln Gläubiger der bezeichneten Art bereits befriedigt hat. Die Verpflichtung nach S. 1 hat auch zu erfüllen, wer als Baubetreuer bei der Betreuung des Bauvorhabens zur Verfügung über die Finanzierungsmittel des Bestellers ermächtigt ist. Die Frage ist, welchen Anwendungsbereich § 1 Abs. 1 BauFordSiG hat. Ziel des BauFordSiG ist es, durch eine erhebliche Erweiterung des Baugeldbegriffs insbesondere die Nachunternehmer vor Forderungsausfällen im Falle der Insolvenz ihres Auftraggebers zu schützen328. Die Vorschrift will verhindern, dass das Entnahme-

[324] Palandt/Sprau, BGB, § 648 a Rn. 2.
[325] Oberlandesgericht des Landes Sachsen-Anhalt vom 18.02.1999, Az: 11 U 259/98.
[326] Begründung des Gesetzentwurfes, BT-DS 12/1836, S. 8; OLG Düsseldorf BauR 1999, 47, 48.
[327] Ingenstau/Korbion/Joussen, VOB/B, Anh. 2 Rn. 210.
[328] BT-Drucks. 16/13159.

recht des selbst an der Herstellung des Baus beteiligten Baugeldempfängers zur Vorwegbefriedigung auf Kosten der übrigen Beteiligten eingesetzt wird329. Die zweckwidrige Verwendung von Baugeld durch den Empfänger führt zu strafrechtlicher Verantwortung und gemäß § 823 des Bürgerlichen Gesetzbuchs (BGB) über die Schutzgesetzeigenschaft des BauFordSiG auch zu möglichen persönlichen Schadensersatzansprüchen gegenüber den Handelnden des insolventen Unternehmens, das den Verstoß begangen hat330. Erkennbar wird, dass der Gesetzgeber beabsichtigt, die Folgen eines Verstoßes über Ansprüche aus dem Recht der unerlaubten Handlungen abzuwickeln. Selbige werden an den Erfolgsort angeküpft (Art. 4 Abs. 1 Rom II angeküpft). Nach Erwägungsgrund 17 der Verordnung Rom II sollte das anzuwendende Recht das Recht des Staates sein, in dem der Schaden eintritt, und zwar unabhangig von dem Staat oder den Staaten, in dem bzw. denen die indirekten Folgen auftreten konnten. Daher sollte auch bei Personen- oder Sachschaden als Staat, in dem der Schaden eintritt, der Staat gelten, in dem der Personen- oder Sachschaden tatsachlich eingetreten ist. Würde man Ansprüche aus einer Verletzung des BauFordSiG an den Erfolgsort anknüpfen, könnte stets dann Schadensersatz begehrt werden, wenn geschützte Anspuchsprätendenten mit Sitz im Inland geschädigt wurden. Allerdings schützt Art. 17 Rom II ausländische Bauherrn, Bauträger und Generalunternehmer, weil bei der Beurteilung des Verhaltens der Person, deren Haftung geltend gemacht wird, faktisch und soweit angemesen die Verhaltensregeln zu berücksichtigen sind, die an dem Ort und zu dem Zeitpunkt des haftungsbegründenden Ereignisses in Kraft sind. Dass die Separierungspflicht nach dem BauFordSiG eine Verhaltensregel im Sinne des Art. 17 Rom II ist, folgt aus dem Umstand, dass nach Erwägungsgrund 34 der Verordnung Rom II der Begriff „Sicherheits- und Verhaltensregeln" in dem Sinne auszulegen ist, dass er sich auf alle Vorschriften bezieht, die in Zusammenhang mit Sicherheit und Verhalten stehen, einschließlich beispielsweise der Straßenverkehrssicherheit im Falle eines Unfalls. Zur Wahrung eines angemessenen Interessenausgleichs zwischen den Parteien müssen, soweit dies angemessen ist, die Sicherheits- und Verhaltensregeln des Staates, in dem die schädigende Handlung begangen wurde, selbst dann beachtet werden, wenn auf das außervertragliche Schuldverhältnis das Recht eines anderen Staates anzuwenden ist. Da es sich um ein Distanzdelikt handelt, wird man überdies grundsätzlich auf die Verhaltensregeln am Handlungsort abstellen[331].

Problematisch ist das BauFordSiG, weil es den internationalen Wettbewerb verzerren könnte. Während im Inland tätige Unternehmen mit Sitz im Ausland über Art. 17 Rom II geschützt sind, fallen in Deutschland ansässige Unternehmen ausnahmslos unter das Gesetz. Damit drängt sich die Frage auf, ob § 1 BauFordSiG eine Eingriffsnorm im Sinne des Art. 16 Rom II ist. In diesem Falle käme in Betracht, das BauFordSiG auch anzuwenden, wenn der Unternehmer seinen Sitz im Ausland hat. Aus europarechtlichen Gründen wird man aber nicht nur deutsche Subunternehmer und Unternehmer schützen können. Als Vorbild könnte die französische Rechtsprechung[332] zum Eingriffscharakter des Gesetzes Nr. 1334/1975 (Subunternehmerdurchgriff) dienen. Dann käme eine Sonderanknüpfung an den Ort der Baustelle in Betracht. Es müsste allerdings ein sehr großzügiges Verständnis zum Begriff der Eingriffsnorm an den Tag gelegt werden. Das BauFordSiG ist erklärtermaßen ein Gesetz, das dem Interessenaus-

329 BR-Drucks. 443/09; BT-Drucks. 16/13159.
330 BT-Drucks. 16/13159.
331 Wagner IPRax 2008, 5; Palandt/Thorn, BGB, Art. 17 Rom II Rn. 3.
332 Cass.mixte, Urteil vom 30.11.2007 – 06-14006, IBR 2008, 428–Hök = Juris-Data n° 2007-041758.

gleich zwischen Bauherrn und Generalunternehmern einerseits und Unternehmer und Subunternehmern andererseits dient. Letzere sollen vor der Zweckentfremdung der Mittel geschützt werden, die für die Baumaßnahme gedacht sind. In Art. 16 Rom II fehlt eine Definition der Eingriffsnorm. Im Zweifel kann man aber auf die Regelung in Art. 9 Abs. 1 Rom I zurückgreifen[333]. Nach Art. 9 Abs. 1 Rom I ist eine Eingriffsnorm eine zwingende Vorschrift, deren Einhaltung von einem Staat als so entscheidend für die Wahrung seines öffentlichen Interesses, insbesondere seiner politischen, sozialen oder wirtschaftlichen Organisation, angesehen wird, dass sie ungeachtet des nach Maßgabe dieser Verordnung auf den Vertrag anzuwendenden Rechts auf alle Sachverhalte anzuwenden ist, die in ihren Anwendungsbereich fallen. Erwägungsgrund 28 der Verordnung Rom II gibt sanfte Hinweise auf Normen, die unter Art. 16 Rom II fallen können. Es bleiben aber Zweifel, ob das BauFordSiG entscheidend für die Wahrung des öffentlichen Interesses ist.

[333] Vgl. Palandt/Thorn, BGB, Art. 16 Rom II Rn. 4.

§ 5 Reichweite des Bauvertragsstatuts

Schrifttum

Audit, Droit International privé, 3. Auflage, Paris 2000; Glavinis, Le contrat international de construction, Paris 1993; Berger, The Practice of Transnational Law, 2001; Brabant, Le contrat international de construction, Brüssel 1981; Bonell, Das autonome Recht des Welthandels, Rechtsdogmatische und rechtspolitische Aspekte, RabelsZ 42 (1978), 485 ff.; Böckstiegel (hrsg.), Vertragsgestaltung Streiterledigung in der Bauindustrie und im Anlagenbau, 1984; Brödermann, Die erweiterten Unidroit Principles 2004, RIW 2004, 721; Dünnweber, Vertrag zur Errichtung einer schlüsselfertigen Industrieanlage im internationalen Wirtschaftsverkehr, 1984, Markowsky, Der Bauvertrag im internationalen Rechtsverkehr, Diss 1997; Thode/Wenner, Internationales Architekten- und Bauvertragsrecht, Köln 1998; Thode, Die Bedeutung des neuen internationalen Vertragsrecht bei grenzüberschreitenden Bauverträgen, ZfBR 1989, 45; Vetter, Kollisionsrechtliche Fragen bei grenzüberschreitenden Subunternehmerverträgen im Industrieanlagenbau, ZvglRWiss 87 (1988), 248 ff.; Britton, Oxalic Acid and the Applicable Law: The Rome Convention and Construction, ICLR 2003, 381 ff.; Dicey & Morris, The Conflict of Laws, Vol. I + II, 13. Auflage, London 2000; Hök, Neues zum Internationalen Privatrecht des Bauvertrages, ZfBR 2000, 7 ff.; Hök, Risiken und Sicherheiten im grenzüberschreitenden Geschäft, BauRB 2004, 346; Hök, Neues europäisches Internationales Baurecht, ZfBR 2008, 741 ff.; Hök, Zum Sitz des Rechtsverhältnisses beim internationalen Bau- und Architektenvertrag, ZfBR 2006, 741 ff.; Kötz, Allgemeine Rechtsgrundsätze als Ersatzrecht, RabelsZ 34 (1970), 663 ff.; Schmitthoff, Das neue Recht des Welthandels, RabelsZ 28 (1964), 47 ff.; Spickhoff, Internationales Handelsrecht vor Schiedsgerichten und staatlichen Gerichten, RabelsZ 56 (1992), 116 ff.; Jacquet/Delebecque/Corneloup, Droit du commerce international, 2. Auflage, Paris 2010; Nuyts, Les contrats relatifs aux immeubles en droit international privé conventionnel européen, Rev.dr.int. et dr.comp. 2000, 143; Brabant, Le contrat international de construction, Brüssel 1981; Bunni, The FIDIC Form of Contract, 3. Auflage, London 2005; Kulick, Auslandsbau, Stuttgart 2003; Sonnenberger, Privatrecht und Internationales Privatrecht im künftigen Europa: Fragen und Perspektiven, RIW 2002, 489; Wenner, Die objektive Anknüpfung grenzüberschreitender Verträge im deutschen Internationalen Anlagen- und Bauvertragsrecht, FS Jagenburg, München 2000, 205; Martiny, Neues deutsches internationales Vertragsrecht, RIW 2009, 737; Martiny, Anwendbares Recht für internationale Bauverträge, BauR 2008, 241; Mankowski, Die Rom I Verordnung – Änderungen im europäischen IPR für Schuldverträge, IHR 2008, 133

Inhaltsübersicht

1 Das Recht der vertragscharakteristischen Leistung regelt die Beziehungen der Vertragsparteien nahezu umfassend. Wie der Vertrag zu erfüllen ist, wann er zu erfüllen ist und wo er zu erfüllen ist, muss dem **Vertragsstatut** entnommen werden (vgl. Art. 12 Rom I). Das Recht der Bauabnahme und der Mängelgewährleistung, Dokumentationspflichten

und wechselseitige Informations- sowie Mitwirkungspflichten sind allesamt dem Vertragsstatut zu entnehmen. Das Zustandekommen des Vertrages beurteilt sich ebenfalls nach dem Vertragsstatut (Art. 31 EGBGB, Art. 10 Rom I). Allerdings gilt das Vertragsstatut nicht grenzenlos. Welche zwingenden baurechtlichen Vorschriften oder zwingenden technischen Standards im Baustellenland einzuhalten sind, muss dem Recht im Baustellenland entnommen werden. Insoweit können sich Konflikte zwischen dem Vertragsstatut und dem Recht im Baustellenland ergeben (vgl. Art. 34 BGBGB a.F. und Art. 9 Rom I).

I. Zustandekommen des Vertrages

1. Gesetzliche Regelung. Aus Art. 31 Abs. 1 EGBGB a.F. und Art. 10 Rom I folgt, dass sich die Frage nach dem Zustandekommen und der Wirksamkeit eines Vertrages nach dem Recht beurteilt, das auf den Hauptvertrag anzuwenden wäre. Eine Ausnahme ist in Art. 31 Abs. 2 EGBGB a.F. und Art. 10 Abs. 2 Rom I vorgesehen. Danach kann sich eine Partei darauf berufen, sie habe dem Hauptvertrag oder dem Verweisungsvertrag nicht zugestimmt, sofern dieser Einwand nach dem Recht am gewöhnlichen Aufenthaltsort der Partei erheblich ist. Für die Sonderanknüpfung des zum Vertragsabschluss erforderlichen Konsenses an das Recht des gewöhnlichen Aufenthaltes einer Partei ist es erforderlich, **2**

- dass das Vertragsstatut ein anderes Recht ist, als das des gewöhnlichen Aufenthaltes,
- dass der Vertrag nach dem Vertragsstatut wirksam zustande gekommen ist und
- dass es nach den Umständen des Einzelfalles nicht gerechtfertigt wäre, die Wirkungen der Zustimmung nach dem der Partei fremden Vertragsstatut zu beurteilen.

Art. 31 Abs. 2 EGBGB und Art. 10 Abs. 2 Rom I haben insoweit praktische Bedeutung, als darüber zu entscheiden ist, ob das Schweigen einer Partei als Zustimmung anzusehen ist.

Ägypten: Lädt der Besteller Unternehmer ein, ein Angebot abzugeben, in dem er die Bedingungen nennt, unter denen ein Auftrag erteilt wird, muss er den Auftrag dem Bieter erteilen, der den Wettbewerb gewinnt. Allerdings kann sich der Besteller ausdrücklich vorbehalten, dass er keinen Zuschlag erteilt, sondern z.B. dem Gewinner nur eine Prämie aussetzt[1].

England: Die Einladung zur Angebotsabgabe ist eine *invitatio ad offerendum* und kein Angebot. Im öffentlichen Vergabeverfahren entsteht vor dem Hauptvertrag ein Vorvertrag, der Pflichten des Bestellers begründet[2].

Kanada: Die Einladung zur Angebotsabgabe ist kein Angebot, das der Unternehmer annehmen kann. Allerdings kommt ein Vertrag A zustande, der im Vergabeverfahren Rechte und Pflichten begründet. Der Bauvertrag kommt als Vertrag B zustande, wenn der Zuschlag an einen bestimmten Unternehmer erteilt wird[3].

Indien: Die Einladung zur Angebotsabgabe ist eine *invitatio ad offerendum* und kein Angebot[4].

---

1 Abu-Sahlieh, Le contrat d'entreprise en droit arabe, 37.

2 Vgl. Harmon CFEM Facades (UK) Ltd v. The Corporate Officer of the House of Commons [1999] EWHC Technology 199 (28th October, 1999).

3 The Queen in the Right of Ontario v. Ron Engineering & Construction (Eastern) Limited [1981] 1 SCR 111.

4 Red Rose Co-operative Labour and Construction (LOC) ltd v. State of Ounjab AIR 1999 P&H 244; vgl. Ratan Kumar Sarangi v. Union Of India AIR 1992 Gau 64; Desai, Tenders and Government Contracts, 30 f.

3 **a. Grundsatz des einheitlichen Vertragsstatuts.** Art. 31 EGBGB a.F. (gleichlautend Art. 8 EVÜ) und Art. 10 Rom I bekräftigen den Grundsatz des einheitlichen Vertragsstatuts. Das Vertragsstatut beherrscht nicht nur den Vertrag und seine Abwicklung, sondern auch sein Zustandekommen[5]. Es ist auf das Recht abzustellen, das anwendbar wäre, wenn der Vertrag zustande gekommen wäre oder ist. Insoweit das Vertragsstatut objektiv ermittelt werden kann, also eine Rechtswahl fehlt, begegnet die Ausweitung des Vertragsstatuts auf vorkonsensuale Elemente kein Bedenken. Da aber Art. 10 Rom I (früher Art. 31 Abs. 1 EGBGB) auch Rechtswahlklauseln in die Feststellung des anwendbaren Rechts einbezieht (vgl. Art. 3 Abs. 5 Rom I), besteht Erläuterungsbedarf. Es scheint auf den ersten Blick schwer vermittelbar zu sein, dass ein noch nicht zustande gekommener Vertrag vorgeben soll, welches Recht anwendbar sein soll. Wie kann die Frage nach dem anwendbaren Recht davon abhängen, was die Parteien erst noch vereinbaren wollen, nämlich das anwendbare Recht? Der scheinbare Widerspruch löst sich auf, wenn man zunächst die Vorteile des einheitlichen Vertragsstatutes betrachtet. Es macht keinen Sinn, das Zustandekommen eines Vertrages von seinem rechtlich vorgegeben Inhalt abzulösen. Vertragsinhalt und Vertragsschluss gehören inhaltlich zusammen. Im Ernstfall wird es nur schwer gelingen, Inhalt und konstitutive Elemente eines Vertrages voneinander zu trennen. Es steht im Vordergrund, für den Vertrag eine einheitliche Rechtsordnung zu ermitteln. Hiervon im Falle der Rechtswahl abzurücken, würde bedeuten, erhebliche Abgrenzungsprobleme aufzuwerfen. Deshalb ordnen Art. 27 Abs. 4 EGBGB a.F. und Art. 3 Abs. 5 Rom I ausdrücklich an, dass über das Zustandekommen und die Wirksamkeit der Einigung der Parteien über das anzuwendende Recht das „hypothetische“ Vertragsstatut entscheidet[6].

4 **b. Vorkonsensuale Bereiche.** Das Vertragsstatut erfasst gemäß Art. 31 Abs. 1 EGBGB a.F. und Art. 10 Abs. 1 Rom I praktisch alle vorkonsensualen Bereiche. Art. 10 Rom I übernimmt nahtlos die Vorgängerregelung aus Art. 9 EVÜ, so dass sich insoweit keine Änderungen gegenüber der früheren Rechtslage ergeben haben[7]. Die Voraussetzungen des Vertragsschlusses, also Angebot und Annahme, Zugang und Zugangserfordernisse von Willenserklärungen, Konsens, Dissens und deren Folgen sowie das Erfordernis der *consideration*[8] des anglo-amerikanischen Rechtskreises sind dem Vertragsstatut zu entnehmen. Es beherrscht vorbehaltlich des Art. 11 Abs. 1 S. 1 2. Alt EGBGB a.F. und Art. 10 Abs. 2 ff. Rom II auch die Formerfordernisse sowie weiterhin die Wirkungen des Schweigens im Rechtsverkehr, die Bedeutung des kaufmännischen Bestätigungsschreibens und die Voraussetzungen der Einbeziehung von Allgemeinen Geschäftsbedingungen[9].

5 **c. Ausnahmen.** Art. 31 Abs. 1 EGBGB a.F. und Art. 10 Abs. 1 Rom I knüpfen das Zustandekommen des Verrtages an das präsumtive Vertragssstatut an. Das Zustandekommen und die Wirksamkeit des Vertrages sind nach dem Recht zu beurteilen, das bei Wirksamkeit des Vertrages anzuwenden wäre. In Ergänzung hierzu bestimmen Art. 31 Abs. 2 EGBGB und Art. 10 Abs. 2 Rom I, dass sich eine Partei unter besonderen Umständen „für die Behauptung, sie habe dem Vertrag nicht zugestimmt“, auf das Recht des Staates ihres gewöhnlichen Aufenthaltsorts berufen kann. Die Sonderregelung des

---

5 OLG Celle IPRspr. 2001 Nr. 31, Zum Sonderprivatrecht für internationale Verträger siehe Landbrecht R/W 2011, 291 ff.

6 Vgl. auch Leible/Lehmann RIW 2008, 528, 532.

7 Vgl. auch Leible/Lehmann RIW 2008, 528, 540.

8 Vgl. dazu OLG Celle IPRspr. 2001 Nr. 31.

9 Münchener Kommentar/Martiny, BGB, 4. Auflage, Art. 31 EGBGB Rn. 4, 5.

Art. 31 Abs. 2 EGBGB a.F. und Art. 10 Abs. 2 Rom I erfasst damit lediglich einen begrenzten Ausschnitt aus dem Regelungsbereich des Art. 31 Abs. 1 EGBGB a.F. und Art. 10 Abs. 1 Rom I. Sie bezieht sich nur auf die Frage des Zustandekommens der Einigung, nicht aber auf deren Wirksamkeit[10]. Zweck der Vorschriften ist es, der Partei für ihr Verhalten bei Vertragsabschluss das ihr vertraute Recht des Staates ihres gewöhnlichen Aufenthaltsorts zugute kommen zu lassen. Die Partei soll nicht nach einem ihr fremden Recht rechtsgeschäftlich gebunden werden, mit dessen Geltung sie noch nicht zu rechnen brauchte, so dass sie ihr Verhalten nicht nach diesen fremden rechtsgeschäftlichen Verhaltensregeln ausrichten musste. Dabei geht es insbesondere um die Bedeutung des Schweigens auf ein Angebot, die Einbeziehung von Allgemeinen Geschäftsbedingungen und die Vertragsänderung durch widerspruchslose Entgegennahme eines Bestätigungsschreibens (vgl. das oben angeführte Schrifttum). Demnach schützen Art. 31 Abs. 2 EGBGB a.F. und Art. 10 Abs. 2 Rom I nur vor dem Fehlen des Erklärungsbewusstseins. Die Vorschrift betrifft allein die Frage, ob überhaupt eine rechtsgeschäftliche Willenserklärung vorliegt, nicht dagegen die Frage, ob die Willenserklärung wirksam ist[11]. Dieser beschränkte Anwendungsbereich des Art. 31 Abs. 2 EGBGB und des Art. 10 Abs. 2 Rom I schließt die Berufung auf ein Widerrufsrecht nach § 312 BGB aus[12].

2. Individualvertrag. Das Wechselspiel von Angebot und Annahme, das in der Regel zum Vertragsschluss führt, erfordert auf dem internationalen Parkett der Bauwirtschaft besonders viel Geschick und Einfühlungsvermögen. Zu Beginn der Verhandlungen steht noch nicht fest, worauf sich die Parteien einlassen und auf welcher Rechtsgrundlage sie es tun werden. Wie sich aus Art. 31 Abs. 1 EGBGB a.F. und Art. 10 Abs. 1 Rom I ergibt, entscheidet sich erst mit Vertragsschluss, welche Rechtsordnung die Beziehungen der Parteien bestimmen wird. Werden die Verhandlungen abgebrochen, stellt sich die Frage nach den vorvertraglichen Ansprüchen, die jedenfalls auf den ersten Blick nicht unter Art. 31 EGBGB a.F. sowie Art. 10 Abs. 1 Rom I passen. 6

a. Ansprüche aus culpa in contrahendo. Grundsätzlich sind die Parteien frei zu verhandeln. Kommt es zu keinem Vertragsschluss, bleiben die Parteien frei[13]. Doch völlig schutzlos sind die Parteien nach deutschem Recht in der Verhandlungsphase nicht. Gegen missbräuchliche Verhaltensweisen sind sie durch das Institut der culpa in contrahendo (c.i.c.) geschützt. In England herrschen grundsätzlich andere Ansichten. Dort kann ein Angebot bis zum Vertragsschluss sanktionslos zurückgezogen werden[14]. Nach wie vor findet man in England durchaus die Auffassung, dass der Grundsatz von „good faith" weder vorvertraglich noch nachvertraglich im Sinne kontinentaleuropäischen Verständnisses existiere. Wenn überhaupt, so ist ein Vertrag unter Berücksichtigung von Treu und Glauben zu erfüllen, aber nicht nach Treu und Glauben zu verhandeln. Wenn auch inzwischen eine gewisse Diskussion im Gange ist, so muss man doch durch aus damit leben, dass Treu und Glauben jedenfalls vorvertraglich keine Rolle spielt, was sich z.B. dadurch ausdrückt, dass der willkürliche Abbruch von Vertragsverhandlungen 7

[10] So ausdrücklich der Bericht Giuliano/Lagarde BT-Drucks. 10/503 S. 33/60 zu dem Art. 31 EGBGB zugrundeliegenden Art. 8 EVÜ; BGHZ 135, S. 124, 137; Mankowski RIW 1996, 382, 384 ff.; Münchener Kommentar/Martiny, BGB, 4. Auflage, Art. 31 EGBGB Rn. 13; Münchener Kommentar/Spellenberg, BGB, 4. Auflage, vor Art. 11 EGBGB Rn. 50 ff.).

[11] Münchener Kommentar/Martiny, BGB, 4. Auflage, Art. 31 EGBGB Rn. 13; Münchener Kommentar/Spellenberg, BGB, 4. Auflage, vor Art. 11 Rn. 52; Mankowski RIW 1996, 382, 385.

[12] BGHZ 135, S. 124, 138; a.A. u.a. LG Aachen NJW 1991, 2221; LG Gießen NJW 1995, 406; LG Koblenz NJW-RR 1995, S. 133; OLG Stuttgart RIW 1996, 424; Klingsporn WM 1994, S. 1093, 1097; dagegen eingehend Mankowski RIW 1996, 382.

[13] Lando RabelsZ 67 (2003), 231, 242.

[14] Routledge v. Grant (1828) 4 Bing 653.

bislang sanktionslos möglich ist[15] und dass überragendes Wissen der einen Vertragsseite der anderen nicht mitgeteilt werden muss. Schweigen ist Gold, denn anderenfalls greifen eventuell die Grundsätze der Haftung für *Misrepresentation*. Die **European Principles** greifen dagegen die von Ihering entwickelten Grundsätze zur c.i.c. auf. Art. 2:301 der European Principles bestimmt, dass eine Partei, die entgegen gegen den Geboten von Treu und Glauben und des redlichen Geschäftsverkehrs verhandeln oder die Verhandlungen abbrechen, dafür in die Haftung genommen werden kann[16]. Die bestehenden Rechtsunterschiede verdeutlichen, dass die Frage, welches Recht die Phase bis zum Vertragsschluss beherrscht, große Bedeutung hat. Die deutsche Rechtsprechung stellte bislang auf das Statut des angebahnten Vertrages ab[17]. Teilweise wurde die analoge Anwendung des Art. 31 Abs. 1 EGBGB a.F. befürwortet[18]. Die h.L. bevorzugte eine differenzierte Anknüpfung. Für vertragsbezogene Vertragspflichten (z.B. Aufklärungs- und Beratungsverpflichtungen[19]) sollte das Vertragsstatut und für deliktsähnliche Pflichtverletzungen sollte das Deliktsstatut herangezogen werden[20]. In Frankreich wurden beide Qualifikationen genutzt[21]. Wurde dort der fragliche Anspruch deliktsrechtlich qualifiziert, wurde an den Baustellenort angeknüpft, weil dort der Schaden lokalisiert ist[22]. Diese Einordnungsversuche waren allerdings bereits in der Vergangenheit im Lichte der EuGH-Rechtsprechung zu betrachten. Der EuGH[23] hatte schon vor Inkrafttreten der Verordnungen Rom I und Rom II die vorvertragliche Haftung als deliktische Haftung unter Art. 5 Nr. 3 EuGVÜ (jetzt EuGVVO) subsumiert und damit den Weg aufgezeigt, wie zukünftig das europäische Kollisionsrecht aussehen würde[24]. Letztlich wird der EuGH davon geleitet gewesen sein, dass die meisten europäischen Rechtsordnungen vorvertragliche Ansprüche deliktsrechtlich qualifizieren[25]. Seit Inkrafttreten der beiden Verordnungen Rom I und Rom II sind die vorvetraglichen Schuldverhältnisse ausdrücklich in der Verordnung Rom II geregelt. Art. 12 Abs. 1 Rom I knüpft die außervertraglichen Schuldverhältnisse aus Verhandlungen vor Abschluss eines Vertrags, unabhängig davon, ob der Vertrag tatsächlich geschlossen wurde oder nicht, an den Vertrag an, der geschlossen worden ist oder der geschlossen worden wäre. Kann das anwendbare Recht auf diese Weise nicht ermittelt werden, greift Art. 12 Abs. 2 Rom II ein. Dann gilt Folgendes: Kann das anzuwendende Recht nicht nach Art. 12 Abs. 1 Rom II bestimmt werden, so ist das anzuwendende Recht a) das Recht des Staates, in dem der Schaden eingetreten ist, unabhängig davon, in welchem Staat das schadensbegründende Ereignis oder indirekte Schadensfolgen eingetreten sind, oder, b) wenn die Parteien zum Zeitpunkt des Eintritts des schadensbegründenden Ereignisses ihren gewöhnlichen Aufenthalt in demselben Staat haben, das Recht dieses Staates, oder, c) wenn sich aus der Gesamtheit der Umstande ergibt, dass das außervertragliche Schuldverhältnis aus Verhandlungen vor Abschluss eines Vertrags eine offen-

15 Vgl. Chitty on contracts, Rn. 37-053.
16 Lando RabelsZ 67 (2003), 231, 243.
17 BGH NJW 1987, 1141; LG Braunschweig IPRax 2002, 213, 215.
18 Dörner JR 1987, 198, 203; Looschelders, IPR, Art. 32 Rn. 29.
19 Art. 7:754 des niederländischen Wetboek erlegt dem Unternehmer eine umfassende Aufklärungspflicht in Bezug auf Mängel in den Bauspezifikationen auf.
20 Bernstein RabelsZ 41 (1977), 281 ff.; Scheffler IPRax 1995, 20; Fischer JZ 1991, 168; Stoll FS Ferid (1988), 495, 505; Thorn IPRax 2002, 349, 361; Mankowski IPRax 2003, 127.
21 Vgl. Glavinis, Le contrat international de construction, Rn. 631.
22 Glavinis, Le contrat international de construction, Rn. 631.
23 EuGH IPRax 2003, 143, 144, kritisch Mankowski IPRax 2003, 127 ff.
24 Vgl. Art. 9 des Entwurfs für eine Verordnung über das auf außervertragliche Schuldverhältnisse anzuwendende Recht (Rom II).
25 Vgl. Looschelders, IPR, Art. 32 Rn. 29.

sichtlich engere Verbindung mit einem anderen als dem in den Buchstaben a oder b bezeichneten Staat aufweist, das Recht dieses anderen Staates.

In der Praxis wird die **vorvertragliche Phase** bzw. werden die Vertragsverhandlungen oftmals mit Absichtserklärungen, „letters of intent“, „memorandum of understanding“, „heads of agreement“ etc. untersetzt. Solche Absichtsvereinbarungen regeln (noch) nicht den Vertragsinhalt[26]. Sie sollen die Handlungsfreiheit der Parteien einschränken. Der Sinn solcher Vereinbarungen liegt darin, komplexe Verhandlungen über Großprojekte zu strukturieren und für die Verhandlungsphase, die sich oftmals über Monate, gelegentlich über Jahre hinziehen kann, eine gewisse Sicherheit zu gewinnen, zumal durch die Verhandlungen Know-how offen gelegt wird und Ressourcen gebunden werden. In kommissionsrechtlicher Hinsicht werden solche Abmachungen im Prinzip selbständig behandelt[27]. Allerdings lassen sich solche Abmachungen nur schwerlich unter Art. 4 Abs. 1 und Art. 4 Abs. 2 Rom I subsumieren. Es kommt daher in Betracht, über Art. 4 Abs. 3 Rom I zu verfahren[28]. Nach Erwägungsgrund 21 der Verordnung Rom I kann dann berücksichtigt werden, ob der betreffende Vertrag in einer sehr engen Verbindung zu einem oder mehreren anderen Verträgen steht. Das dürfte bei vorvertraglichen Vereinbarungen stets der Fall sein, so dass im Ergebnis wieder das Recht des Hauptvertrages maßgeblich ist. Schwierig wird es dann, wenn dieses Recht nur schwer zu ermitteln ist. Dann muss im Einzelfall untersucht werden, zu welcher Rechtsordnung die vorvertragliche Vereinbarung besonders enge Beziehungen unterhält. 8

Der rechtliche Charakter derartiger Vereinbarungen ist zumindest unsicher[29]. Das Spektrum der Vereinbarungen ist groß. Es reicht von erkennbar völlig **unverbindlichen** Absichtserklärungen bis hin zur Herstellung bereits **rechtsverbindlicher** Beziehungen der Parteien. Inwieweit ein MoU bereits Rechtsbeziehungen schafft oder nicht, hängt wesentlich davon ab, welche Rechtsordnung zugrunde liegt[30]. Ausgangspunkt für die Diskussion zur Bindungswirkung eines MoU ist in jedem Fall, dass ein Vertrag durch Angebot und Annahme zustande kommt. Im Prinzip gilt überall auf der Welt, dass die Parteien ungebunden sind, bis ein Vertrag zustande kommt. Die Parteien behalten ihre Freiheit selbst dann noch, wenn sie in Vertragsverhandlungen stehen[31]. Allerdings sind insoweit gewisse Vorbehalte angebracht, denn in einigen Ländern können bereits Verhandlungen über einen Vertrag rechtlich erhebliche Beziehungen begründen. Jedenfalls werden nach dem Beginn von Verhandlungen nicht mehr alle Verhaltensweisen gebilligt, z.B. wenn eine Partei sich zuwider den guten Sitten verhält, etwa wenn es ihr nur darum ging, die Verhandlungen zu führen, um Betriebsgeheimnisse zu erfahren[32]. In Frankreich, Belgien und Italien kann ein solches Verhalten Ansprüche aus unerlaubter Handlung auslösen[33], in Deutschland käme eine Haftung aus c.i.c. in Betracht. Dagegen verhalten sich die Länder des common law diesbezüglich erheblich zurückhaltender[34]. 9

---

26 Vgl. Le Tourneau, L'ingénierie, les transferts de technologie et de maîtrise industrielle, 156; Merkt/Göthel in : Reithmann/Martiny, Internationales Vertragsrecht, Rn. 4501.
27 Vgl. Merkt/Göthel in: Reithmann/Martiny, Internationales Vertragsrecht, Rn. 4501.
28 Vgl. Merkt/Göthel in: Reithmann/Martiny, Internationales Vertragsrecht, Rn. 4502.
29 Fontaine/Dely, Droit des Contrat Internationaux, 7.
30 Fontaine/Dely, Droit des Contrat Internationaux, 7.
31 Fontaine/Dely, Droit des Contrat Internationaux, 44.
32 Fontaine/Dely, Droit des Contrat Internationaux, 44.
33 Fontaine/Dely, Droit des Contrat Internationaux, 44 m.w.N.
34 Cheshire/Fifoot & Furmston's, Law of Contract, 48.

10 **b. Vertragsschluss.** Gelegentlich kommt es in der vorvertraglichen Phase bereits zu Missverständnissen über die Kriterien, unter denen ein Vertrag zustande kommt. Ein Kontinentaleuropäer wird sich in der Regel damit begnügen zu fragen, ob sein Angebot angenommen wurde (vgl. Art. 1108 Code Civil). Ein **Engländer** oder US-Amerikaner aber auch Inder verstehen hingegen unter Vertragsschluss nicht nur die Abgabe übereinstimmender Willenserklärungen sondern es muss als weiteres Element „consideration" hinzukommen[35]. Der angloamerikanische Jurist setzt also voraus, dass ein Vertrag ohne „consideration[36]" kein Vertrag ist. Unterhalten sich mithin ein englischer Solicitor und ein deutscher Rechtsanwalt über den Abschluss eines Vertrages, sprechen sie schon im Ansatz über zwei verschiedene Dinge[37]. In der Praxis ist auf solche Unterschiede zu achten, damit keine Missverständnisse auftreten[38].

Beispiel: Wenn der Unternehmer bereits freiwillig Leistungen ausgeführt hat, ist die tags darauf zugesagte Vergütung im Prinzip nicht bindend, weil der Unternehmer keine frische „consideration" geben kann[39]. Auch kann es zweifelhaft sein, ob consideration vorliegt, wenn der Bauherr im Zweifel darüber, ob die Arbeiten rechtzeitig fertig gestellt werden würden, eine zusätzliche Zahlung für den Fall der zeitgerechten Vertragserfüllung zusagt[40].

Letztlich beurteilen sich die Anforderungen an den Vertragsschluss nach dem Vertragsstatut. Doch der Weg dorthin ist unsicher, zumal am Ende auch eine Vereinbarung über das anwendbare Recht stehen kann, die den Erwartungen einer Partei nicht Rechnung trägt.

11 **c. Willenserklärungen.** Das Recht der Willenserklärungen kann nicht darauf reduziert werden, ob die Parteien Konsens erzielt haben. Auch die Frage, ob und wie dieser Konsens erzielt wurde, ist bedeutsam, zumal im grenzüberschreitenden Verkehr. Art. 31 Abs. 1 EGBGB und Art. 10 Abs. 1 Rom I enthalten insofern eine umfassende Verweisungsregel. Das Vertragsstatut befindet über die Voraussetzungen und die Wirkungen von Willenserklärungen ebenso wie über ihren Zugang und ihre die Bindefrist und die Rücknahme von Willenserklärungen sowie über Willensmängel[41]. Nicht erfasst wird die Geschäftsfähigkeit[42]. Sie beurteilt sich nach dem Personalstatut des Erklärenden (Art. 7 EGBGB, Art. 12 EGBGB a.F., Art. 13 Rom I). Ausnahmsweise durchbricht Art. 13 Rom I das Personalstatut, soweit Verkehrsschutzinteressen vorgehen. Im Einzelfall kann es erhebliche Schwierigkeiten aufwerfen, die Frage zu klären, ob eine Regelung die Rechts- und Geschäftsfähigkeit oder die Wirksamkeit eines Vertrages betrifft. Diese Diskussion hat jüngst der englische High Court geführt, wo es auf die Frage ankam, ob Handlungsbefugnisse einer norwegischen Kommune zum Personalstatut ge-

[35] Bunn v. Guy (1803) 4 East 190; OLG Celle IPRspr. 2001 Nr. 31.

[36] Auch nach englischem Recht kommt ein Vertrag durch Angebot und Annahme zustande. Die Vereinbarung muss allerdings ein Wertelement enthalten, das man unter dem Begriff „consideration" kennt, obwohl auch eine unentgeltliche Vereinbarung zulässig ist, wenn sie in der Form einer „deed" zustandekommt, wobei die Übersetzung mit notarieller Urkunde missverständlich ist, weil es in England die Einrichtung des Notars nicht gibt. Üblich ist die Formel, dass etwas für etwas getan wird (something for something). Ferner müssendie Parteien die Absicht haben, rechtsverbindliche Beziehungen einzugehen.

[37] Vgl. Sacco ZEuP 2002, 727, 735.

[38] Vgl. Re Bonacina [1912] 2 Ch 394.

[39] Uff, Construction Law, 154.

[40] Vgl. Williams v. Roffrey Bros. [1991] 1 Q.B. 1 (im konkreten Fall wurde eine verpflichtende Erklärung angenommen).

[41] RGZ 53, 138; RGZ 78, 55; vgl. auch Looschelders, IPR, Art. 31 Rn. 6.

[42] Looschelders, IPR, Art. 31 Rn. 4.

hören oder schlicht eine Frage der Unwirksamkeit des Vertrages betreffen[43]. Das Recht der Stellvertretung wird nach h.M. gesondert angeknüpft[44]. Die Verordnung Rom I regelt die Stellvertretung nicht[45].

Nach deutschem Recht muss z.B. eine Willenserklärung, die unter Abwesenden abgegeben wird, dem Adressaten zugehen, um wirksam zu werden. Nach englischem Recht reicht die Absendung der Erklärung[46]. Das hypothetische Vertragsstatut[47] entscheidet in einem solchen Fall, ob die Absendung der Willenserklärung ausreicht oder ob sie zugegangen sein muss[48].

d. Schweigen und Kaufmännisches Bestätigungsschreiben. Das Vertragsstatut entscheidet auch über die Frage, wie das Schweigen einer Partei zu behandeln ist. Nach deutschem Recht kann z.B. ein Architekt durch Schweigen gebunden werden[49]. Schweigt ein Architekt mit Sitz in England, würde er gebunden sein, wenn das deutsche Recht Vertragsstatut wäre, nicht jedoch nach englischem Recht[50]. Dem englischen Architekten hilft jedoch ggf. Art. 31 Abs. 2 EGBGB bzw. Art. 10 Abs. 2 Rom I, wenn seine Bindung durch Schweigen unbillig wäre, weil er nicht mit der Anwendung deutschen Rechts rechnen musste[51]. 12

Entsprechend sind die Fälle des kaufmännischen Bestätigungsschreibens zu behandeln. Grundsätzlich beurteilen sich die Wirkungen eines kaufmännischen Bestätigungsschreibens nach dem Vertragsstatut. Kennt das Aufenthaltsrecht des Empfängers keine dem deutschen Recht vergleichbaren Wirkungen eines solchen Bestätigungsschreibens, kann sich der Empfänger auf Art. 31 Abs. 2 EGBGB bzw. Art. 10 Abs. 2 Rom I berufen[52]. 13

3. Allgemeine Geschäftsbedingungen

Schrifttum

Drobnig, Allgemeine Geschäftsbedingungen im internationalen Rechtsverkehr, FS Mann, München 1977, 591; Kus/Markus/Steding, FIDIC's new Silver Book under the German Standard Form Contracts Act, ICLR 1999, 533 ff.; Landbrecht, Ein Sonderprivatrecht für internationale Verträger, RIW 2011, 291 ff.; Rosener, Unforeseeable Ground (Including Water) Conditions-Principle and Practise under German and related Law, ICLR 2000, 102 ff.

Gerade die Bauwirtschaft greift gerne auf bestehende Vertragsmuster und Allgemeine Geschäftsbedingungen zurück. In manchen Ländern ist es gänzlich unüblich, eigene Verträge zu entwerfen. In England etwa existieren zahlreiche renommierte Einrichtungen (RICS, ICE, ICHem), die sich mit der Entwicklung und dem Vertrieb von Vertragsmustern für die unterschiedlichsten Zwecke beschäftigen. Sie sind in der Praxis weitgehend akzeptiert und werden öffentlich diskutiert. Ein Grund dafür liegt darin, dass die sog. „proferentum-rule" keine Anwendung findet, soweit Vertragsmuster verwendet werden, die von Einrichtungen entwickelt wurden, in denen die 14

---

43 Vgl. dazu Kommune & Anor v. DEPFA ACS Bank [2009] EWHC 2227 (Comm) (04 September 2009).
44 Looschelders, IPR, Art. 31 Rn. 5; Palandt/Thorn, BGB, Anh. Art. 10 EGBGB Rn. 1.
45 Palandt/Thorn, BGB, Anh. Art. 10 EGBGB Rn. 1.
46 Household Fire Insurance Co v. Grant (1879) 4 Ex D 216.
47 Gemeint ist das Recht, das anwendbar gewesen wäre, wenn der Vertrag zustande gekommen wäre, nicht jedoch dass Vertragsstatut, das durch Anknüpfung an den hypothetischen Parteiwillen ermittelt wird. Letzteres ist seit Inkrafttreten des EVÜ nicht mehr zulässig.
48 Vgl. Albeko Schuhmaschinen v. The Kamborian Shoe Machine Co Ltd (1961) 111 LJ 519.
49 Thode/Wenner, Internationales Architekten- und Bauvertragsrecht, Rn. 329.
50 Thode/Wenner, Internationales Architekten- und Bauvertragsrecht, Rn. 330.
51 Thode/Wenner, Internationales Architekten- und Bauvertragsrecht, Rn. 330.
52 OLG Karlsruhe IPRspr 1993 Nr. 136; OLG Schleswig IPRspr 1989 Nr. 48.

Vertreter beider Berufsgruppen mitgewirkt haben[53]. Im internationalen Bereich haben sich vor allem die International Federation of Consulting Engineers (FIDIC) und die International Chamber of Commerce (ICC) profiliert. Beide geben international anerkannte Vertragsmuster heraus.

15 Die wirksame Einbeziehung von **Allgemeinen Geschäftsbedingungen** beurteilt sich nach dem Vertragsstatut (Art. 31 Abs. 1 EGBGB a.F., Art. 10 Abs. 1 Rom I). Erfasst wird die Einbeziehung als auch eine mögliche Inhaltskontrolle der AGB[54]. Bei internationalen Großbauvorhaben setzen sich zunehmend die sog. FIDIC-Bedingungen durch. Deutsche Stimmen haben sich wiederholt für eine inhaltliche **Kontrolle** von Klauselwerken ausgesprochen, die von Internationalen Organisationen und Berufsverbänden ohne Rechtssetzungskompetenz herausgegeben werden[55]. Kus/Markus/Steding halten eine ganze Reihe von EPC-Standardklauseln für AGB-widrig. Mallmann[56] spricht sich jedoch gegen eine Inhaltskontrolle der FIDIC-Bedingungen aus. Stattdessen solle eine allgemeine Gerechtigkeitskontrolle durchgeführt werden. Nach Auffassung des BGH[57] gebietet es allerdings der Zweck des AGB-Rechts (nämlich den Rechtsverkehr von unwirksamen Allgemeinen Geschäftsbedingungen freizuhalten) auch solche Klauseln einer gerichtlichen Kontrolle zu unterwerfen, die inhaltsgleich als Allgemeine Geschäftsbedingungen in anderen Ländern gelten. Das inländische Interesse an einem wirksamen und unbeschränkten Verbraucherschutz gehe dem Streben nach internationaler Rechtseinheitlichkeit vor. Die weltweite Verwendung der zu prüfenden AGB und die damit beabsichtigte Rechtseinheitlichkeit vermag daran nach Auffassung des BGH nichts zu ändern.

16 Die Entstehungsgeschichte der FIDIC-Standardbedingungen, der Umstand, dass sie von der Weltbank empfohlen werden und die Tatsache, dass sie weitgehend ausgewogen sind[58], sprechen nachhaltig gegen eine einzelfallbezogene Überprüfung der FIDIC-Klauseln. An die Stelle einer Inhaltskontrolle bzw. einer allgemeinen Gerechtigkeitskontrolle sollte eine im Geiste der Ausgewogenheit vorzunehmende Auslegung der Bedingungen stehen, was den beteiligten Ingenieuren eine große Verantwortung überbürdet und andererseits eine gewisse Förmelei und das strenge Fristenregime erklärt, denn angesichts großer Entscheidungsspielräume muss wenigstens die Verfahrensweise durchschaubar und kontrollierbarsein. Unverzichtbar ist in diesem Zusammenhang eine Auseinandersetzung mit dem Geist und dem rechtlichen Hintergrund der Internationalen Bauvertragsbedingungen. Diese findet allerdings gegenwärtig – weitgehend unter Ausschluss der interessierten Fachöffentlichkeit – nahezu ausschließlich in der englischsprachigen Fachpresse statt[59].

Bevor über einzelne Regelungen aus FIDIC-Standardverträgen im Lichte deutscher gesetzlicher Regelungen geurteilt wird, sollte der Versuch unternommen werden, die Klauseln insgesamt zu würdigen und zu verstehen. Das AGB-Recht schützt generell gegen unangemessene Benachteiligungen § 307 Abs. 1 BGB). Geprüft wird, ob das Klauselwerk mit wesentlichen Grundgedanken der gesetzlichen Regelungen unverein-

---

[53] Vgl. Tersons Ltd. v. Stevenage Development Cor. [1963] 2 Lloyd's Rep 333 a bezüglich einer JCT-Klausel; siehe aber auch British Fermentation Products Ltd. v. Compair Reavell Ltd. zitiert nach Allery, Overseas Supply, 9-04 (dort Fn. 3); zur Rechtslage nach dieser Entscheidung vgl. Allery, Overseas Supply, 9-04.

[54] Looschelders, IPR, Art. 31 Rn. 8.

[55] Vgl. Drobnig, FS Mann, 591, 596; Wolf, ZHR 153 (1989), 300, 310; Stoll, FS Kegel, 651 f.

[56] Mallmann, Bau- und Anlagenbauverträge, 66.

[57] BGHZ 86, 284, 288; vgl. auch BGHZ 84, 109, 116.

[58] Vgl. Kennedy, ICLR 2000, 504.

[59] Kus/Markus/Steding ICLR 1999, 533 ff.; Rosener ICLR 2000, 102 ff.

bar ist und ob wesentliche Rechte und Pflichten, die sich aus der Natur des Vertrages ergeben, so eingeschränkt werden, dass die Erreichung des Vertragszwecks gefährdet ist. Andererseits herrscht Vertragsfreiheit. Sie umfasst die Freiheit des Einzelnen, seine Lebensverhältnisse durch Verträge eigenverantwortlich zu gestalten. Der BGH hat herausgearbeitet, dass es den Parteien freisteht, Risiken zu verteilen und zu übernehmen[60]. Es ist zulässig, riskante Verträge abzuschließen[61]. Der Umstand, dass an der Klauselformulierung alle interessierte gesellschaftliche Gruppen beteiligt werden, kann in die AGB Kontrolle einfließen und die anzulegenden Maßstäbe absenken. Gleichwohl besteht keine schrankenlose Vertragsfreiheit. Die Gestaltungsfreiheit muss insbesondere im Lichte der verfassungsmäßigen Ordnung gewürdigt werden, die es gebietet, dem sozialen und wirtschaftlichen Ungleichgewicht entgegenzuwirken[62]. Eine formelhafte Würdigung von AGB verbietet sich mithin. § 307 BGB beinhaltet Wertungsmaßstäbe[63]. Es ist weder zulässig noch erforderlich, AGB sklawisch an gesetzlichen Grundregeln zu messen. Zunächst ist der objektive Inhalt der Klausel zu ermitteln.

FIDIC-Bedingungen sollten mit Blick auf die AGB Kontrolle ähnlich wie die VOB/B behandelt werden. Die von dem BGH entwickelte Privilegierung der VOB/B, mit der die Inhaltskontrolle einzelner Regelungen entfällt, wenn die VOB Teil B als Ganzes vereinbart ist, hat der BGH als gerechtfertigt angesehen, solange gewährleistet ist, dass die Vertragspartner, denen gegenüber die VOB/B verwendet wird, durch ihre Interessenvertretungen im Vergabe- und Vertragsausschuss vertreten sind und ausreichend Gelegenheit haben, sich in eine ausgewogene, den Bedürfnissen der Bauvertragsparteien entsprechende Gestaltung der VOB/B einzubringen. Voraussetzung ist allerdings stets, dass das Klauselwerk in diesem Sinne tatsächlich ausgewogen ist, was für jede neue Fassung der VOB Teil B von den Gerichten zu überprüfen ist[64]. FIDIC-Vertragsbedingungen kommen unter ähnlichen Bedingungen zustande, wie die VOB/B. Das **FIDIC Contracts Committee** entwickelt die Vertragsmuster in Task Groups. Die Entwürfe werden sodann den wesentlichen Interessengruppen und Fachleuten zur Stellungnahme zugeleitet. In der Regel werden unter anderem die Verbände der Bauindustrie, die finanzierenden Einrichtungen sowie Versicherungsunternehmen gehört (z.B. die European International Contractors -EIC). Erst wenn diese Interessengruppen Gelegenheit zur Stellungnahme hatten, fertigt die Task Group einen endgültigen Entwurf, der als Test Edition auf den Markt kommt. Zwischenzeitlich holt die Task Group ein externes juristisches Gutachten ein. Die 1. Auflage wird sodann etwa ein Jahr später veröffentlicht. Die Vertragswerke sind ständig unter Beobachtung und werden in regelmäßigen Abständen geprüft und fortgeschrieben.

Viele Klauseln in den FIDIC-Vertragswerken beruhen auf jahrelangen Erfahrungswerten. Allerdings stammen diese Erfahrungen aus der internationalen Praxis, die sich vorwiegend damit begnügt, die ursprünglichen Common Law Ansätze in den Vertragswerken fortzuschreiben. Dabei achtet FIDIC stets darauf, ausgewogene vertragliche Bedingungen zu schaffen. Letzteres ist weltweit anerkannt. Einige Konzepte können aber bei unzureichender Prüfung der Grundlagen und Vernachlässigung der Konzeptgrundlagen relativ schnell zu Missverständnissen führen, zumal dann, wenn voreilige Schlüsse gezogen werden. Zum Beispiel:

---

60 BGH, Urt. v. 13.3.2008 – VII ZR 194/06; MDR 2008, 739; NJW 2008, 2106; NZBau 2008, 437.
61 BGH, Urt. v. 27.6.1996 – VII ZR 59/95, BauR 1997, 126 = ZfBR 1997, 29.
62 Vgl. BVerfG NJW 1990, 1470; BVerfG NJW 1994, 38; BVerfG ZIP 1006, 60, 63.
63 Vgl. Palandt/Grüneberg, BGB, § 307 Rn. 1.
64 BGH, Urt. v. 24.7.2008 – VII ZR 55/07; BauR 2008, 1603; MDR 2008, 1151; NZBau 2008, 640; ZIP 2008, 1729.

- Unterklausel 8.7 FIDIC sieht einen Anspruch auf Zahlung von Schadensersatz für Bauzeitüberschreitung vor. Dabei handelt es sich auf den ersten Blick um eine verschuldensunabhängige Haftung. Auf den zweiten Blick ist das falsch. Der Klausel liegt das englische Konzept von *Liquidated Damages* zugrunde, das nur fest bleibt, solange das Vertragswerk Klauseln vorsieht, die dem Unternehmer einen Anspruch auf Bauzeitverlängerung verschaffen, wenn er an der Leistungserbringung gehindert wird. Die Unterklausel 8.7 hat zudem eine haftungsbeschränkende Wirkung und wird daher in der Praxis durchaus begrüßt.
- Nach Unterklausel 20.1 muss der Unternehmer eventuelle Ansprüche innerhalb von 28 Tagen anmelden. Versäumt er dies, entfällt sein Anspruch. Auf den ersten Blick verkürzt das Fristenregime die Verjährungsfrist. Auf den zweiten Blick ist das falsch. Zunächst handelt es sich zumindest bei den im Vertrag selbst angelegten Ansprüchen auf Zahlung von Kosten und Gewinn sowie auf Bauzeitverlängerung um vertraglich generierte Ansprüche. Das Vertragswerk begreift aber solche Regelungen nicht als Anspruchsschaffung im Sinne des § 194 BGB. Erst wenn der angemeldete Anspruch im Prüfungsverfahren nach Unterklausel 20.1 bestätigt wird und der vertraglich eingesetzte Engineer den Anspruch gemäß Unterklausel 3.5 bestätigt, erstarkt die Rechtsbehauptung zum Recht oder Anspruch. Der Sinn der Verfahrensregelungen liegt darin, die zumeist komplexen Ansprüche möglichst frühzeitig einer Prüfung zu unterziehen und Klarheit zu gewinnen. Der Bauherr soll stets wissen, ob er seinen finanziellen Spielraum erhöhen muss und wann das Bauvorhaben fertig gestellt wird. Die Anzeigefristen dienen zudem dem Zweck, die Baubeteiligten frühzeitig über Probleme aufzuklären, damit jene Gegenmaßnahmen einleiten können, etwa durch Planungsänderungen. Es sei angemerkt, dass die gegenwärtige deutsche Praxis regelmäßig dazu führt, dass sich der Bauunternehmer seine Ansprüche bis zur Schlussrechnungslegung vorbehält, um sie erst dann geltend zu machen. Kostenreduzierendes Eingreifen, rechtzeitige finanzielle Vorkehrungen für die Bezahlung des Endpreises und Rechtssicherheit bleiben auf der Strecke.
- Die Abnahme ist kein FIDIC-Konzept. Sie erfolgt im Grunde erst – als Regellösung – ein Jahr nach der Fertigstellung. Das erfüllt auf den ersten Blick den Tatbestand des unangemessenen Hinausschiebens der Abnahme und Schlusszahlung[65]. Auf den zweiten Blick ist das falsch. Der Unternehmer erbringt vertragsgemäß zwischen Fertigstellung (Taking-Over) und Abnahme (Performance Certificate) eine zusätzliche Hauptpflicht. Nach Fertigstellung wird die 1. Schlussrechnung gelegt. Die Gefahr geht im Prinzip auf den Besteller über. Allerdings verpflichtet sich der Unternehmer, alle Mängel zu beseitigen, die bei Taking-Over noch vorhanden sind oder während der vertraglich vereinbarten Mängelbeseitigungsperiode auftreten, auch wenn sie ihm nicht zuzurechnen sind. Sind sie ihm nicht zuzurechnen, erhält er dafür eine zusätzliche Vergütung. Erst die Erteilung des Performance Certificate führt den Beweis, dass alle vertraglichen Hauptpflichten erfüllt sind. Es schließt sich die gesetzliche Mangelhaftung an. Letztendlich handelt es sich also – zumal wenn man Unterklausel 11.1 genau liest- um eine Art Unterhaltungsverpflichtung, die zusätzlich zur Herstellungsverpflichtung übernommen wird. Die Rechte des Unternehmers werden aber durchaus gewahrt. Die Gefahr ist übergegangen, der Leistungsstand ist bezahlt, ein Teil der Einbehalte ist ausbezahlt.

---

[65] Vgl. BGHZ 107, 75, BGHZ 131, 92; BGH NJW 1997, 394.

- Der Engineer, der nach dem FIDIC Red Book und dem FIDIC Yellow Book sowie unter anderem Namen auch nach dem FIDIC Gold Book benannt wird, um wesentliche Befugnisse auszuüben[66], wird einseitig vom Besteller beauftragt und bezahlt. Es könnte also angenommen werden, dass über den Engineer quasi auf Auftraggeberweisung Zahlungen vereitelt werden können oder unzulässig in den Vertrag eingegriffen werden kann. Auch das ist falsch, weil zu unterstellen ist, dass der Engineer streng an den Vertrag gebunden ist. Unternehmer und Besteller vereinbaren, dass der Engineer seine Befugnisse aus dem Vertrag vertragsgemäß ausüben soll und muss. Damit ist auch zu unterstellen, dass der Geist des Auftrages an den Engineer, den der Besteller diesem erteilt, definiert ist. Der Engineer nimmt folglich keine Vertreterrolle war, sondern er verfügt qua Vereinbarung im Bauvertrag über bestimmte Befugnisse, die er vertragsgebunden ausüben muss und soll.
- Unterklausel 14.2 FIDIC-Bedingungen sieht zwingend die Legung einer Vertragserfüllungssicherheit vor. Dabei handelt es sich im internationalen Geschäft typischerweise häufig um eine Garantie auf erstes Anfordern. Das ist angesichts des Auslandsbezuges im Lichte der internationalen Praxis zu würdigen.
- Annex F der FIDIC Books empfiehlt die Ablösung von Sicherheitseinbehalten gegen Stellung einer auf Anfordern zahlbaren Bankgarantie, die auf den ersten Blick gegen AGB-Recht verstößt[67]. Insoweit wird zu bedenken sein, dass nach FIDIC alle Sicherheitseinbehalte auszuzahlen sind, sobald das Performance Certificate erteilt wurde. Die gesetzliche Mängelgewährleistungsperiode wird nicht besichert. Vielmehr ist der Unternehmer bis zur Erteilung des Performance Certificate noch vorleistungspflichtig.

4. Öffentliche Vergabeverfahren

Schrifttum

Agdag-Güney, Das neue türkische Vergabegesetz im Lichte der europäischen Vergaberichtlinien, RIW 2003, 519; Bowsher, EC Procurement Law and Change during the Tender or the Contract, ICLR 2003, 154; Bultmann, Beschaffungsfremde Kriterien: Zur neuen Formel des Europäischen Gerichtshofes, ZfBR 2004, 134; Kullack/Terner, EU-Legislativpaket: Die neue klassische Vergabekoordinierungsrichtlinie, 1. Teil, ZfBR 2004, 244; Kullack/Terner, EU-Legislativpaket: Die neue klassische Vergabekoordinierungsrichtlinie, 2. Teil, ZfBR 2004, 346

Bauaufträge werden in der Regel ausgeschrieben. Es überwiegen die offene und die beschränkte Ausschreibung. Lokale Besonderheiten und Gewohnheiten sind nicht unüblich. In den USA wird z.B. zunächst eine Machbarkeitsstudie ausgeschrieben[68]. Kommt eine positive Beurteilung heraus, folgt die Überprüfung der Ergebnisse durch ein zweites Ingenieurbüro. Erst anschließend wird das Vorhaben als solches ausgeschrieben. Dies gilt vor allem für öffentliche Bauaufträge[69]. Damit auf dem Gebiet des öffentlichen Auftragswesens ein echter Wettbewerb entsteht, ist es nach Auffassung der Europäischen Kommission erforderlich, dass die beabsichtigten Auftragsvergaben der öffentlichen Auftraggeber der Mitgliedstaaten in der gesamten Gemeinschaft bekannt gemacht werden. Die in diesen Bekanntmachungen enthaltenen Angaben sollten es den in der Gemeinschaft ansässigen Unternehmen ermöglichen zu beurteilen, ob die vorgesehenen Aufträge für sie 17

66 Er soll Zahlungsbescheinigungen ausstellen, Leistungsstände bescheinigen, über Ansprüche „entscheiden", den Vertrag auslegen, etc.

67 Vgl. BGHZ 136, 27; BGH NJW 2002, 894; BGH NJW-RR 2007, 1625; BGH WM 2009, 1643.

68 Vgl. Le Tourneau, L'ingénierie, les transferts de technologie et de maîtrise industrielle, 144.

69 Zu den Vor- und Nachteilen einer solchen Vorgehensweise vgl. Le Tourneau, L'ingénierie, les transferts de technologie et de maîtrise industrielle, 145 f.

von Interesse sind, und sie zu diesem Zweck über die zu erbringenden Bauleistungen und die damit verbundenen Bedingungen ausreichend informieren. Bei den nicht offenen Verfahren sollte die Bekanntmachung es den Unternehmen der Mitgliedstaaten insbesondere ermöglichen, ihr Interesse an den Aufträgen dadurch zu bekunden, dass sie sich bei den öffentlichen Auftraggebern um eine Aufforderung bewerben, unter den vorgeschriebenen Bedingungen ein Angebot einzureichen.

18 Für die aus dem von der Europäischen Kommission verwalteten Europäischen Entwicklungsfonds (EEF) finanzierten Bau-, Liefer- und Dienstleistungsaufträge legt der Beschluss Nr. 3/90 des AKP-EWG-Ministerrats vom 29. März 1990 betreffend die Genehmigung und Anwendung der allgemeinen Vorschriften, der allgemeinen Bedingungen sowie der Schlichtungs- und Schiedsordnung für vom Europäischen Entwicklungsfonds (EEF finanzierte Bau-, Liefer- und Dienstleistungsaufträge) fest[70]. Die Allgemeinen Bedingungen für die Ausführung der vom EEF finanzierten Liefer- und Dienstleistungsaufträge sehen vor, dass für die Aufträge das Recht des Staates des Auftraggebers gilt, sofern in den Besonderen Bestimmungen nichts anderes vorgesehen ist. Auf alle Angelegenheiten, die nicht unter die vorliegenden Allgemeinen Bedingungen fallen, findet das Recht des Auftrags Anwendung. Die Schlichtungs- und Schiedsgerichtsordnung enthält Kollisionsregeln.

19 Glavinis meint, dass der öffentliche Auftraggeber aufgrund seiner Vergabemacht jeweils seine örtlichen Vergabevorschriften anwendet. Nur auf dieser Grundlage könnten die Anbieter prüfen lassen, ob die Vergabe regulär erfolgte. Hieraus folgert Glavinis, dass das öffentliche Recht des Auftraggebers über die vorvertraglichen Beziehungen der Bieter zum Vergabestaat entscheidet[71]. Das anwendbare Recht müsse ggf. an die Europäischen Vergabevorschriften oder an Finanzierungsverträge angepasst sein[72].

20 Die deutsche öffentliche Hand ist an die **Richtlinie 2005/36/EG** des Europäischen Parlaments und des Rates vom 7.9.2005 über die Anerkennung von Berufsqualifikationen[73], die **Richtlinie 2004/18/EG** des Europäischen Parlaments und des Rates vom 31. März 2004 über die Koordinierung der Verfahren zur Vergabe öffentlicher Bauaufträge, Lieferaufträge und Dienstleistungsaufträge[74] (VKR), die **Richtlinie 2004/17/EG** des Europäischen Parlaments und des Rates vom 31. März 2004 zur Koordinierung der Zuschlagserteilung durch Auftraggeber im Bereich der Wasser-, Energie- und Verkehrsversorgung sowie der Postdienste[75] (SKR), die **Verordnung (EG) Nr. 2195/2002** des Europäischen Parlaments und des Rates vom 5. November 2002 über das Gemeinsame Vokabular für öffentliche Aufträge (CPV)[76] sowie die Richtlinie für die Verwendung von Standardformularen für die Bekanntmachung von öffentlichen Aufträgen **EG Nr. 78/2001** vom 13. September 2001[77] gebunden. Die VKR trat am 30. April 2004 in Kraft und musste bis zum 31. Januar 2006 umgesetzt werden. Die SKR trat ebenfalls am 30. April 2004 in Kraft und musste bis zum 31. Januar 2006 umgesetzt werden. Dieses Gesetzgebungspaket ist das Ergebnis einer breit angelegten Sondierung bei öf-

---

[70] ABl Nr. L 382 v. 31.12.1990, 1 ff.
[71] Glavinis, Le contrat international de construction, Rn. 633.
[72] Glavinis, Le contrat international de construction, Rn. 633.
[73] ABl 2005, Nr. L 134, 131 ff., zuletzt geändert durch die Verordnung (EG) der Kommission vom 5.12. 2007, ABl. Nr. L 320, 311.
[74] ABl 2004 Nr. L 134/114.
[75] ABl 2004 Nr. L 134, 1.
[76] ABl 2002 Nr. L 340 vom 16/12/2002, 1–562, in Kraft seit dem 16.12.2003.
[77] ABl 2001 Nr. L 285.

fentlichen Auftraggebern und Unternehmen. Es verfolgte zwei Hauptziele: Zum einen ging es darum, die bisherigen geltenden Richtlinien zu vereinfachen, zum anderen, die Vorschriften an die Bedürfnisse einer modernen Verwaltung anzupassen, beispielsweise durch Erleichterung der elektronischen Abwicklung von Vergabeverfahren sowie, bei komplexen Aufträgen, durch Erweiterung der Dialogmöglichkeiten zwischen Vergabebehörden und Bietern zwecks Bestimmung der Auftragsbedingungen. Um mehr Transparenz im Vergabeverfahren zu erreichen und Korruption und organisierte Kriminalität zu bekämpfen, enthält das Gesetzgebungspaket auch Elemente, die mehr Klarheit bei den Kriterien für die Zuschlagserteilung und die Auswahl der Bieter bringen sollen. Die Richtlinien verbieten den Mitgliedstaaten bei der Vergabe öffentlicher Bauaufträge eine Ungleichbehandlung von Unternehmern aus EU-Staaten[78].

Wie vorstehend ausgeführt ist die grenzüberschreitende Vergabe von Bauleistungen auf dem Gebiet des öffentlichen Auftragswesens Gegenstand einer Reihe europäischer Harmonisierungsvorschriften. Doch beschränken sie sich inhaltlich im Wesentlichen auf die Regelung von Schwellenwerten für die europaweite Ausschreibung. Das Vergabeverfahren regelt die Vorschriften nur rudimentär. Die Umsetzung und Ausgestaltung des Vergaberechts bleibt den Mitgliedstaaten vorbehalten. Soweit keine europäischen Bestimmungen existieren oder Geltung beanspruchen, kann das Vergabeverfahren national geregelt werden, wenn auch nur in den Schranken der EU-Grundfreiheiten[79]. Hierzu gehört es auch, keine Maßnahmen zu ergreifen, die den Marktzugang ausländischer Marktteilnehmer erschweren[80] und/oder Leistungen solcher Anbieter weniger attraktiv zu machen[81]. Die Vergabe des Auftrages selbst erfolgt auf der Grundlage nationaler Vorschriften. In Deutschland sind vor allem die Vergabeverordnung (VgV)[82], die Vorschriften des GWB und die Regelungen der VOB/A von Bedeutung. In Frankreich erfolgt die Vergabe nach dem Code des Marchés Publics (CMP)[83]. Die nationalen Regelungen zur **Abwicklung öffentlicher Aufträge** sind bislang nicht harmonisiert. Die VOB/A wie auch die VOB/B enthalten keine besonderen Vorschriften für die grenzüberschreitende Vergabe von Bauleistungen. 21

Es fragt sich daher, welches Recht auf die Vergabephase sowie auf öffentlich auszuschreibende Aufträge anzuwenden ist. Die Beteiligung einer staatlichen Stelle soll ein starkes Indiz für die Anwendung des Rechts darstellen, auf dessen Grundlage sie normalerweise tätig wird[84]. Die deutsche Rechtsprechung folgert zudem aus dem Umstand, dass ein Bauvertrag die VOB/B einbezieht, dass der Vertrag dem deutschen Recht unterliegt[85]. Mithin könnte man mit Rücksicht auf die Reichweite des Vertragsstatuts schlussfolgern, dass Bauaufträge der (deutschen) öffentlichen Hand praktisch zwangsläufig ausschließlich nach deutschem Recht abgewickelt werden, es sei denn die Aus- 22

78 Portz, NJW 1993, 2145, 2146.

79 Vgl. EuGH Rs C-225/98 (Kommission ./. Frankreich), Slg. 2000, I-7445 (zu kurze Fristbemessung bei der Vergabe).

80 Streinz/Müller-Graff, EGV, Art. 49 Rn. 88.

81 Streinz/Müller-Graff, EGV, Art. 49 Rn. 87.

82 Vergabeverordnung (VGV) in der Fassung der Bekanntmachung vom 11.2.2003 (BGBl. I, 169), zuletzt geändert durch Art. 2 der Verordnung vom 23.9.2009 (BGBl. I, 3110).

83 Vgl. § 36 152 ff.

84 OLG Frankfurt NJW-RR 1993, 182, 183; OLG Köln RIW 1993, 415; LG Hamburg RIW 1977, 747; Looschelders, IPR, Art. 28 Rn. 17 (zu Art. 28 Abs. 5 EGBGB).

85 BGHZ 104, 268, 270; BGH, Urt. 05.05.1988 – VII ZR 119/87 zitiert nach Thode/Wenner, Internationales Architekten- und Bauvertragsrecht, Rn. 84; OLG Köln IPRspr 1993 Nr. 133; vgl. auch Nicklisch IPRax 1987, 286, 287;Thode ZfBR 1989, 43, 45.

schreibungsbedingungen sehen etwas anderes vor. Über Art. 31 Abs. 1 EGBGB a.F. und Art. 10 Abs. 1 Rom I käme man dann auch für die vorvertragliche Phase zum deutschen Recht. Dies verträgt sich nicht ohne weiteres mit Art. 28 Abs. 2 EGBGB a.F. und den Regelungen in Art. 4 Rom I, die deutlich entweder eine Vermutung zugunsten des Rechtes am Sitz des (ausländischen) Unternehmers (EGBGB a.F.) oder eine ausdrückliche Verweisung auf eben dieses Recht enthalten (Art. 4 Abs. 1 Rom I). Auch enthält die VOB/B keinen ausdrücklichen Hinweis auf das deutsche Recht. Warum aber sollte der ausländische Bieter davon ausgehen müssen, sich im Zweifel dem Recht der ausschreibenden Stelle zu unterwerfen, wo er doch mangels gegenteiliger Vereinbarung auf Art. 28 Abs. 2 EGBGB bzw. auf Art. 4 Rom I verweisen kann?

23 Zunächst einmal dürfte davon auszugehen sein, dass es nicht gegen EU-Recht verstößt, wenn auf inländische Bauvorhaben der öffentlichen Hand mehr oder weniger zwangsläufig deutsches Recht zur Anwendung kommt, denn hierin kann keine spezifische Beschränkung der Ausfuhrströme gesehen werden[86]. Andererseits existiert kein Rechtssatz des Inhalts, dass ein staatlicher Auftraggeber Anspruch auf die Geltung seines Heimatrechtes besitzt. Es kann daher lediglich über Art. 27 Abs. 1 2. Alt. oder Art. 28 Abs. 5 EGBGB a.F. bzw. über Art. 3 Abs. 1 S. 2 2. Alt., Art. 4 Abs. 3 Rom I die Anwendung deutschen Rechts hergeleitet werden, wenn die Ausschreibungsbedingungen keine ausdrückliche Wahl des deutschen Rechts vorsehen. Nach der hier vertretenen Ansicht zur Maßgeblichkeit des Baustellenrechts käme man zwar ohnehin zur Anwendung inländischen Rechts (Art. 28 Abs. 5 EGBGB und Art. 4 Abs. 3 Rom I), so dass weitere Überlegungen nicht anzustellen wären. Folgt man jedoch der h.M. in Deutschland, spräche viel für die Anwendbarkeit ausländischen Rechts, es sei denn die Vermutung des Art. 28 Abs. 2 EGBGB a.F. könnte widerlegt werden oder es läge ein Fall von Art. 4 Abs. 3 Rom I vor. Nur bei hinreichender Indizienlage zugunsten der inländischen ausschreibenden Stelle käme man dann zur Anwendung deutschen Rechts (Art. 28 Abs. 5 EGBGB bzw. Art. 4 Abs. 3 Rom I). Die öffentliche Hand besser oder anders zu behandeln als private Auftraggeber ist aber m.E. nicht vertretbar, denn auch das IPR ist nicht wertneutral; außerdem unterfällt es vermöge Art. 65 EGV der Brüsseler Regelungskompetenz. An den inländischen Sitz einer Behörde anzuknüpfen, ist daher Lichte der verbotenen Ausländerdiskriminierung bedenklich. Allein Art. 3 Abs. 1 Rom I (früher: Art. 27 Abs. 1 EGBGB a.F.) kann daher der öffentlichen Hand helfen, doch muss dann der Wille, deutsches Recht vereinbaren zu wollen, mit hinreichender Sicherheit feststellbar sein (altes Recht) oder sich eindeutig aus den Bestimmungen des Vertrages oder den Umständen des Falles ergeben (Art. 3 Abs. 1 Rom I).

24 Praktisch bedeutsam wird die hier diskutierte Frage vor allem dann, wenn ein Bieter erfolglos aus dem Verfahren ausscheidet und wenn Nachaufträge vergeben werden sollen und/oder müssen.

Die erste Variante führt zu dem Problem, nach welchem Recht ggf. Schadensersatzansprüche wegen unklarer Leistungsbeschreibung in der Ausschreibung entstanden sein können[87]. Die h.M. in Deutschland qualifizierte bislang Ansprüche aus c.i.c. nach dem präsumtiven Vertragsstatut[88]. Hieran hat sich wegen Art. 12 Rom II nicht wirklich etwas geändert. Bei Vergaberechtsfällen mit Auslandsbezug kann letztlich wie folgt vorgegangen werden:

---

[86] Vgl. dazu Streinz/Schroeder, EGV, Art. 29 Rn. 4.
[87] Vgl. zum deutschen Recht Ingenstau/Korbion/Vygen, VOB, Einl. Rn. 53.
[88] BGH NJW 1987, 1141; LG Braunschweig IPRax 2002, 213, 215.

- Das Vergaberecht ist **Verwaltungsverfahrensrecht**, so dass der Staat stets an sein eigenes Vergaberecht gebunden ist, es sei denn es erfolgt eine exterritoriale Vergabe durch ausländische Stellen.
- Mängel im Vergabeverfahren sind staatlicherseits zu beachten, denn der Staat ist an Recht und Gesetz gebunden.
- Ob solche Fehler auf den auf privatrechtlicher Ebene geschlossenen Vertrag durchschlagen, muss das Privatrecht entscheiden. Folglich muss auf das Vertragsstatut abgestellt werden, um die Wirksamkeit des Vertrages zu beurteilen. Nur dieses kann beurteilen, ob es einen gegen ein gesetzliches Verbot zustande gekommenen Vertrag aufrechterhalten will oder nicht.
- Ansprüche, die aus einem vorvertraglichen Rechtsverhältnis beruhen, oder außervertragliche Ansprüche sind über die Verordnung Rom II anzuknüpfen. Ansprüche aus culpa in contrahendo unterliegen dem präsumtiven Vertragsstatut (Art. 12 Rom II). Ansprüche aus § 126 GWB unterliegen dem Recht des Staates, dessen Markt beeinträchtigt ist (Art. 6 Rom II).

Die zweite Variante ist vor allem europarechtlich von Bedeutung. Der EuGH[89] macht die Frage danach, ob ein Nachauftrag neu auszuschreiben ist, von den Einzelumständen abhängig. Handelt es sich um eine geringfügige Änderung des Auftragsgegenstandes und lässt es sich bei einem Verhandlungsverfahren, das sich seinem Wesen nach über einen längeren Zeitraum hinziehen kann, nicht ausschließen, dass die Parteien im Laufe der Verhandlungen eintretende neue technologische Entwicklungen berücksichtigen, ohne dass darin jedes Mal eine Neuverhandlung wesentlicher Vertragsbestimmungen gesehen werden könnte, kann es sich um ein und das selbe Vergabeverfahren handeln.

Bei Bauaufträgen muss gemäß § 10a VOB/A die Aufforderung zur Angebotsabgabe die maßgebenden Wertungskriterien, d.h. neben technischem Wert und Wirtschaftlichkeit (Angebotspreis, Unterhaltungs- und Betriebskosten) besondere Kriterien, auf die der Auftraggeber im Einzelfall Wert legt, z.B. gestalterische und funktionsbedingte Gesichtspunkte, Nutzungsdauer und Ausführungsfrist, diese Angaben möglichst in der Reihenfolge der ihnen zuerkannten Bedeutung enthalten. Ferner ist anzugeben, dass die Angebote in deutscher Sprache abzufassen sind. 25

Die Bestimmung zur Angebotssprache ist ein Hinweis für Unternehmer aus dem nicht deutschsprachigen Bereich der übrigen EU-Länder. Dies ist erforderlich, um eine ordnungsgemäße Handhabung im Bereich der öffentlichen Bauvergabe zu gewährleisten[90]. Von den nicht deutschsprachigen Unternehmern wird damit verlangt, dass sie sich vor Angebotsabgabe darum bemühen, die erforderlichen baubetrieblichen, bautechnischen und auch baurechtlichen Begriffe nach deutschem Verständnis zu erlernen. 26

§§ 10a Abs. 1 und 10 b Abs. 1 VOB/A schreiben vor, dass bei Bauaufträgen i.S. von § 1 b VOB/A das Anschreiben (Aufforderung zur Angebotsabgabe) außer den Angaben nach § 10 Nr. 5 Abs. 2 VOB/A Folgendes enthalten muss: 27

- die maßgebenden Wertungskriterien i.S. von § 25 Nr. 3, d.h. neben technischem Wert und Wirtschaftlichkeit (Angebotspreis, Unterhaltungs- und Betriebskosten) besondere Kriterien, auf die der Auftraggeber im Einzelfall Wert legt, z.B. gestalteri-

[89] EuGH Rs. 337/98 (Kommission ./. Frankreich) Slg. 2000 I-8377, vgl. dazu auch Bowsher ICLR 2003, 154, 161.

[90] Ingenstau/Korbion, VOB/A, § 10 a Rn. 3.

sche und funktionsbedingte Gesichtspunkte, Nutzungsdauer und Ausführungsfrist, diese Angaben möglichst in der Reihenfolge der ihnen zuerkannten Bedeutung, sofern nicht in der Bekanntmachung angegeben (§ 17 a Nr. 2 bis 4 VOB/A),

- die Angabe, dass die Angebote in deutscher Sprache abzufassen sind,
- den Hinweis auf die Veröffentlichung der Bekanntmachung.

II. Wirksamkeit des Bauvertrages

Schrifttum

Thode/Wenner, Internationales Architekten- und Bauvertragsrecht, Köln 1998; Looschelders, IPR, Heidelberg 2003

28 Die Wirksamkeit eines Bauvertrages entscheidet sich nach dem präsumtiven Vertragsstatut (Art. 31 Abs. 1 EGBGB a.F., Art. 10 Abs. 1 Rom I).

Beispiel aus dem englischen Recht (privity-Grundsatz): Kommt zwischen Bauherr und Bauunternehmer ein Vertrag zustande, sehen diese Verträge häufig Klauseln vor, wonach weder der Generalunternehmer noch der Subunternehmer noch ihre Mitarbeiter und Bevollmächtigten für Baumängel haftbar sein sollen. In einem solchen Fall, fußend auf den Standardbedingungen des Institute of Mechanical Engineers/Institute of Electrical Engineers Model Contract Form A, die vorsahen, dass der Generalunternehmer für sich selbst und als „trustee" seiner Subunternehmer den Vertrag schloss, wurde entschieden, dass sich der Subunternehmer auf den Haftungsausschluss berufen konnte[91]. In einem solchen Fall entscheidet das Vertragsstatut des Vertrages zwischen Generalunternehmer und Subunternehmer über die Einbeziehung von Klauseln aus dem Hauptvertrag in den Subunternehmervertrag.

29 Nach Art. 31 Abs. 1 EGBGB und Art. 10 Abs. 1 Rom I entscheidet das Vertragsstatut auch über verbraucherschützende Widerrufsrechte, die Folgen von Bedingungen und Befristungen, Sitten- und Gesetzwidrigkeit, die Teilunwirksamkeit von Verträgen[92]. Die eigentliche Schwierigkeit liegt nicht darin, das anwendbare Recht zu finden, sondern dessen Inhalte.

30 Ergibt sich jedoch aus den Umständen, dass es nicht gerechtfertigt wäre, die Wirkung des Verhaltens einer Partei nach dem Vertragsstatut zu bestimmen, so kann sich diese Partei für die Behauptung, sie habe dem Vertrag nicht zugestimmt, auf das Recht des Staates ihres gewöhnlichen Aufenthaltsortes berufen (Art. 31 Abs. 2 EGBGB a.F., Art. 10 Abs. 1 Rom I). Hier geht es vor allem darum, ob einer Partei ihr Schweigen als Willenserklärung zugerechnet werden kann[93]. Die Vorschrift schütz die sog. negative Vertragsfreiheit. Zu diesem Zweck bringt sie das Umweltrecht der betroffenen Partei zur Geltung. Art. 31 Abs. 2 EGBGB ist nur anwendbar, wenn das Vertragsstatut und das Recht am gewöhnlichen Aufenthaltsort der betroffenen Partei auseinander fallen und das Vertragsstatut das Zustandekommen des Vertrages bejaht, während das Recht am gewöhnlichen Aufenthaltsort von der Unwirksamkeit ausgeht[94]. Ob ggf. das Recht des gewöhnlichen Aufenthaltsortes heranzuziehen ist, entscheidet sich nach den Ge-

[91] Southern Water Authority v. Carey [1985] 2 All. E.R. 1077; vgl. auch The Pioneer Container [1994] 2 All. E.R. 250; Clark, Contract Law in Ireland, 161.

[92] Looschelders, IPR, Art. 31 Rn. 6; zum europäischen Verbraucherschutzrecht siehe Kohl, Towards a European Consumer Construction Law, ICLR 2010, 211 ff.

[93] Looschelders, IPR, Art. 31 Rn. 14.

[94] Looschelders, IPR, Art. 31 Rn. 15.

samtumständen. Kannte die betroffene Partei die beanstandete Wirkung des Vertragsstatutes und wollte sie sie eventuell sogar herbeiführen, greifen Art. 31 Abs. 2 EGBGB a.F. und Art. 10 Abs. 2 Rom I nicht ein[95].

III. Inhalt des Bauvertrages

Schrifttum

Fontaine/Dely, Droit des contrats internationaux, Brüssel 2003; Kohl, Towards a European Consumer Construction law, ICLR 2010, 211; Lando, Das neue Schuldrecht des Bürgerlichen Gesetzbuchs und die Grundregeln des europäischen Vertragsrechts, RabelsZ 67 (2003), 231; Toubiana, Le domaine de la loi du contrat en droit international privé, Paris 1972; Hubert, Le contrat d'ingénérie-conseil, 2. Auflage, Paris 1984; Bunni, The FIDIC Form of Contract, 3. Auflage, London 2006

1. Zwingendes Recht. Der Inhalt des Bauvertrages richtet sich nach dem anwendbaren 31 Vertragsstatut. Allerdings können sich sog. „lois de police" oder Regeln „d'application immédiate" in das Vertragsstatut schieben. Solche Regeln können u.a. im Wettbewerbsrecht, im Mietrecht und im Arbeitsrecht enthalten sein, das am Gerichtsort gilt[96]. Gelegentlich muss aber auch zwingendes Baurecht angewendet werden. Der englische HGCRA ist ein solches Beispiel. Die dort geregelten zwingenden Inhalte des Bauvertrages sind auf in England belegene Vorhaben immer anzuwenden[97]. Ähnliches dürfte z.B. für die sog. Décennale des belgischen[98] und des französischen[99] Rechts gelten, neuerdings auch für die ähnliche Regelung in Spanien[100]. Ein weiteres Beispiel aus der Rechtsprechung sind die französischen Ansprüche der Subunternehmer gegen den Bauherrn aus dem Gesetz Nr. 1334/1975[101].

Die Inhalte des Bauvertrages werden rechtsvergleichend unterschiedlich aufgefüllt. In den Ländern, in denen das Bauvertragsrecht kodifiziert ist, finden ergänzend die auf den jeweiligen Vertragstyp anzuwendenden zwingenden und dispositiven Vorschriften Anwendung. Es muss also zunächst der jeweilige Charakter des Vertrages bestimmt werden, um den ergänzenden Vertragsinhalt zu ermitteln. In den Ländern, in denen es keine Kodifikation gibt, z.B. in Südafrika oder England, muss unterschieden werden. Handelt es sich um ein Civil Law Land (Südafrika) ist wiederum zunächst das Vertragsverhältnis zu qualifizieren und sodann das der Natur des Vertrages entsprechende ergänzende Recht (in Südafrika das gemeine römische Recht) heranzuziehen. In England verhält es sich partiell ähnlich. Allerdings ist in England die Bestimmung der Vertragsnatur entbehrlich. Es findet das allgemeine Vertragsrecht des Common Law Anwendung. Dieses wiederum erlaubt den Gerichten die Annahme von impliziten Vertragsbestimmungen (implied terms). Viele Rechtsordnungen enthalten ergänzende Verweisungen auf Sekundärrecht, wie zum Beispiel auf Sitten und Gebräuche (§§ 157, 242 BGB) oder die Grundsätze des islamischen Rechts (vgl. Art. 1 Code Civil Ägypten). Solche Öffnungsklauseln enthalten eine Ermächtigung der Gerichte zur Rechtsfeststellung oder Rechtsfortbildung[102]. Das Richterrecht sollte daher nicht vernachlässigt werden, wenngleich es oftmals sehr schwer festzustellen ist. Der ägyptische Code

[95] Looschelders, IPR, Art. 31 Rn. 16.
[96] Mayer/Heuzé, Droit international privé, Rn. 741.
[97] Britton ICLR 2003, 381, 396; Chitty on Contract, Rn. 37-006.
[98] Vgl. § 34 61 ff.
[99] Vgl. § 36 84 ff.
[100] Vgl. § 45 7.
[101] Vgl. dazu Hök ZfBR 2008, 741, 752.
[102] Vgl. Shalakany, Between Identity and Resdistribution: Sanhouri, Genealogy and the Will to Islamise, Islamic Law and Society Journal 8 (2001), 201 ff.

Civil ermächtigt die Gerichte einen Vertrag zu ergänzen, wenn sich die Parteien zwar über alle essentialia negotii geeinigt haben, nicht jedoch über bestimmte Details, die sie einer späteren Einigung vorbehalten haben. In einem solchen Fall bestimmt Art. 95 Code Civil, dass der Vertrag als wirksam anzusehen ist und dass die Gerichte den Inhalt im Falle einer Streitigkeit im Einklang mit der Natur der Angelegenheit, den gesetzlichen Regelungen, der Bräuche und der Gerechtigkeit festlegen.

Es dürfen jedoch aus der Zugehörigkeit einer Rechtsordnung zu einer Rechtsfamilie (Common Law oder Civil Law) keine vorschnellen Schlussfolgerungen gezogen werden. Das Recht eines Common Law Staates kann ausdrücklich anordnen, dass im Falle fehlender anders lautender vertraglicher Vereinbarung gesetzliche Regelungen Bestandteil des Vertrages sind, als seien sie ausdrücklich vereinbart worden[103]. Trotzdem eine Entscheidung anders gedeutet werden könnte, wurde in dieser das Problem nicht diskutiert[104]. Mit anderen Worten sind z.B. im US Staat Illinois Gesetze eine Quelle für implizite Vertragsklauseln[105]. Wichtigste Quelle ist in Illinois z.B. der Uniform Commercial Code, so wie Common Law Lehren[106]. Wie z.B. die Pflicht zu Treu und Glauben, die in Illinois in alle Verträge hineingelesen wird[107]. Auf dieser Grundlage kann z.B. das Recht aufzurechnen, Vertragsbestandteil werden[108].

2. Auslegung des Vertrages

Schrifttum

Schröder, Auslegung und Rechtswahl, IPRax 1985, 131; Lando, The Interpretation of Contracts in the Conflict of Laws, RabelsZ 1974, 388; Lorenz, Die Auslegung schlüssiger und ausdrücklicher Rechtswahlerklärungen im internationalen Schuldvertragsrecht, RIW 1992, 697; Seppälä, The development of a case law in Construction disputes relating to FIDIC Contracts, ICLR 2009, 105

32 Nach Art. 32 EGBGB a.F. und Art. 12 Abs. 1 (a) Rom I ist das Vertragsstatut für die Auslegung des Vertrages maßgebend. Diese lapidare Feststellung ist allerdings wenig hilfreich, denn häufig geht es gerade darum, das anwendbare Recht zu ermitteln. In aller Regel rekurrieren alle Rechtsordnungen zunächst auf den klaren Wortlaut des Vertrages. Schwierigkeiten bereitet die Feststellung des Vertragsinhaltes, wenn der Vertrag zweideutig ist oder gänzlich in Bezug auf eine Problemstellung schweigt. Die englische Rechtsprechung hat bei Zweifeln über die Existenz einer Rechtswahlklausel ursprünglich stets englische Auslegungsregeln herangezogen[109]. Im Übrigen wurden die Auslegungsregeln des Vertragsstatuts angewendet[110]. Seit Inkrafttreten des EVÜ und der Verordnung Rom I scheint sich in England in Bezug auf Rechtswahlklauseln eine Auslegung im Rahmen der gesetzlichen Regelungen ohne Rückgriff auf nationales Recht anzubahnen[111].

---

[103] McMahon v. Chicago Mercantile Exchange, 221 Ill.App.3d 935, 164 Ill.Dec. 369, 375, 582 N.E.2d 1313, 1319 (1991) zu Illinois (USA); siehe auch S & D Service, Inc. v. 915, 925 W. Schubert Condominium Ass'n, 132 Ill.App.3d 1019, 88 Ill.Dec. 163, 168, 478 N.E.2d 478, 483 (1985); Merrill Tenant Council v. U.S. Department of Housing & Urban Development, 638 F.2d 1086, 1089–90, 1092 (7th Cir.1981).

[104] Siehe Washburn v. Societe Commerciale de Reassurance, 831 F.2d 149, 152 (7th Cir.1987).

[105] Washburn v. Societe Commerciale de Reassurance, 831 F.2d 149, 152 (7th Cir.1987).

[106] Nevin v. Pullman Palace Car Co., 106 Ill. 222, 233 (1883).

[107] P.A. Bergner & Co. v. Lloyds Jewelers, Inc., 112 Ill.2d 196, 97 Ill.Dec. 415, 418, 492 N.E.2d 1288, 1291 (1986); Scherer v. Rockwell Int'l Corp., 975 F.2d 356, 360 (7th Cir.1992).

[108] Stephen F. Selcke v. New England Insurance Company 995 F.2d 688.

[109] Compagnie Tunisienne de Navigation S.A. v. Compagnie d'Armement Maritime S.A. [1971] A.C. 572, 603.

[110] Vita Food Products Inc. v. Unus Shipping Co. [1939] A.C. 277.

[111] Egon Oldenhoff v. Libera Corporation (No. 2) [1996] 1 Lloyd's Report 380, 387; Dicey & Morris, Conflict of Laws, Rn. 32-078.

a. Verfahrenstechnische Einflüsse. Man muss in Bezug auf die Problemstellung zunächst davon ausgehen, dass es einen Unterschied macht, ob die Feststellung des Vertragsinhalts in einem Mediationsverfahren, einem Schiedsverfahren oder einem justizförmigen Verfahren streitig ist. Während die Methodik im Mediationsverfahren abhängig von der kulturellen und juristischen Prägung des Mediators ist und die Parteien aufgrund des Konsensprinzips großen Einfluss auf die Ergebnisse der Mediation haben, lässt dieser Einfluss im Schiedsverfahren schon spürbar nach. Im Schiedsverfahren dominiert der Grundsatz „pacta sunt servanda", d.h. die Schiedsgerichte neigen erkennbar dazu, den Buchstaben des Vertragswortlautes ernst zu nehmen und Gerechtigkeitswägungen zurück zu stellen[112]. Andererseits führt der Umstand, dass Schiedssprüche in der Regel nicht überprüfbar sind, dazu, dass die Schiedsgerichte im Rahmen der Auslegung einen weiten Ermessensspielraum nutzen[113]. Wird in ordentlichen Gerichtsverfahren streitig über den Vertragsinhalt diskutiert, muss man sich vergegenwärtigen, dass es ganz unterschiedliche Konzepte für die Feststellung von Vertragsinhalten gibt. Während in einigen Rechtsordnungen nach dem gemeinsamen Willen der Parteien gesucht wird (subjektive Theorie), überwiegt in anderen Rechtsordnungen die Feststellung des Vertragsinhaltes anhand des unstreitigen Vertragsinhaltes (objektive Theorie)[114]. In die objektive Methode fließen allgemeine Prinzipien wie Treu und Glauben, die Regeln der Technik, die Handelsbräuche oder Industriestandards ein[115]. Der zu ermittelnde Wille der Partei ist Bestandteil der Abwägung, aber nicht mehr. 33

In den Ländern des „droit civil" (z.B. Frankreich, Belgien, Italien) steht an erster Stelle die Vertragsfreiheit der Parteien. Der Vertragsinhalt orientiert sich grundsätzlich daran, was die Parteien bei Vertragsschluss gewollt haben. Andererseits fließen die klaren und präzisen Vertragsklauseln in die Auslegung mit ein und es werden ggf. auch implizite Vertragsinhalte berücksichtigt[116]. In Deutschland ist der Vertragsinhalt nach Treu und Glauben mit Rücksicht auf die Verkehrssitte festzustellen (§ 157 BGB). Der Grundsatz von Treu und Glauben ermöglicht Vertragsergänzungen und -korrekturen. Das englische Recht und australische Recht verbieten hingegen grundsätzlich Korrekturen[117]. Wenn der Wortlaut mehrdeutig ist, muss das Gericht ihnen Wirkung geben, auch wenn das Ergebnis kapriziös oder unangemessen erscheinen mag und gleichwohl gemutmaßt oder befürchtet werden muss, dass die Parteien etwas anderes beabsichtigten. Das Gericht hat keine Befugnis, den Vertrag neu herzustellen oder zu ergänzen, um ein Ergebnis zu vermeiden, das ungeeignet oder ungerecht erscheint. Andererseits, wenn die Sprache offen für zwei Auslegungen ist, wird die bevorzugt, die Konsequenzen vermeidet, die kapriziös, unangemessen, unpassend oder ungerecht erscheinen, obwohl die übernommene Auslegung nicht die offensichtlichste oder die grammatikalisch akkurate ist[118]. 34

b. Auslegungsgrundsätze. Das Vertragsstatut legt die Regeln fest, nach denen die Parteierklärungen oder ein Verhalten zu beurteilen sind[119]. Es bestimmt, ob eine Ver- 35

[112] Fontaine/Dely, Droit des contrats internationaux, 119.
[113] Fontaine/Dely, Droit des contrats internationaux, 119.
[114] Fontaine/Dely, Droit des contrats internationaux, 120.
[115] Fontaine/Dely, Droit des contrats internationaux, 120.
[116] Fontaine/Dely, Droit des contrats internationaux, 121.
[117] Eden Construction Pty Ltd v. New South Wales (No 2) [2007] FCA 689 (9 May 2007).
[118] Vgl. Locke v. Dunlop ((1888) 39 Ch D 387 at 393).
[119] Looschelders, IPR, Art. 32 Rn. 6; Cass.civ. (F), 23.11.1892, S. 94.1.441; Battifol/Lagarde, Droit international privé, Rn. 604, Mayer/Heuzé, Droit international privé, Rn. 740; a.A. z.B. Lorenzen 31 Yale Law Journal 65; vgl. zum Problem auch Lando RabelsZ 1974, 388; Toubiana, Le domaine de la loi du contrat en droit international privé, Paris 1972, Rn. 92.

kehrssitte zu berücksichtigen ist und ob Handelsbräuche bestehen, die den Fall betreffen. Auch die Grundsätze einer ergänzenden Vertragsauslegung sind dem Vertragsstatut zu entnehmen[120]. Bei der Vertragsauslegung soll zudem der internationale Bezug des Falles zu berücksichtigen sein[121]. Doch gibt diese Zusammenfassung kein vollständiges Bild von den Problemen, weil die einzelnen Fragen teilweise unterschiedlich gehandhabt werden und damit Situationen auftreten können, in denen der einfache Hinweis auf das Vertragsstatut nicht ausreicht.

36 Aus englischer bzw. angelsächsischer Sicht muss ein Vertrag nach dem auf ihn anwendbaren Recht zustande gekommen sein. Dabei ist es die Aufgabe des Gerichts, den Willen der Parteien festzustellen[122]. Aus dem Vertragsstatut ergibt sich, welche Handelsbräuche oder implizite Vertragsinhalte zu berücksichtigen sind und welche Bedeutung technische, gesetzliche oder gewerbliche Klauseln haben[123]. Misst also das Vertragsstatut einem im Vertrag verwendeten Begriff eine besondere Bedeutung bei, sind die Parteien an die Bedeutung gebunden, die der Begriff im Vertragsstatut hat[124]. Die Regel, wonach vor- und nachvertragliches Verhalten im englischen Recht unbeachtlich ist[125], wird nicht prozessual qualifiziert und mithin bei anwendbarem ausländischem Recht vor englischen Gerichten nicht beachtet[126]. Andererseits kann es z.B. als Tatsachenfrage darauf ankommen, ob es am Erfüllungsort eine bestimmte im Vertrag verwendete Maßeinheit gibt oder nicht[127]. Andererseits wird z.B. eine sog. construction-clause gar nicht mehr anhand nationaler Regeln ausgelegt[128]. In Bezug auf Bauverträge ist davon auszugehen, dass es einer sehr klaren Formulierung bedarf, um die gesetzlichen Rechte des Auftraggebers aus dem Bauvertrag zu beschränken oder auszuschließen[129]. Bei der Auslegung von Verträgen beginnt man mit der Vermutung, dass keine der Parteien beabsichtigt, ihre gesetzlichen Ansprüche aus Vertragsverletzung aufzugeben. Klare Worte sind erforderlich, um diese Vermutung zu widerlegen[130].

37 **c. Praxis staatlicher Gerichte.** Üblicherweise gehen die Gerichte nicht ausschließlich von dem Wortlaut einer Klausel aus. Sie berücksichtigen vielmehr, was die Parteien gemeinsam gewollt haben[131], was die Parteien „reasonably would have understood to mean“[132] oder was der wirkliche Wille der Parteien war (§ 133 BGB). Art. 5:101 der Principles of European Contract Law lautet: „*A contract is to be interpreted according to the common intention of the parties even if this differs from the literal meaning of the words*“[133]. Aus Südafrika stammen folgende Auslegungsregeln: Sehr wenige Worte … haben eine einzige Bedeutung, und die gewöhnliche Bedeutung von Worten, die in einem

---

[120] Looschelders, IPR, Art. 32 Rn. 6.
[121] Vgl. OLG Hamburg VersR 1996, 229.
[122] Dicey & Morris, The Conflicts of Law, Rn. 32-188; Eden Construction Pty Ltd v. New South Wales (No 2) [2007] FCA 689 (9 May 2007).
[123] Dicey & Morris, The Conflicts of Law, Rn. 32-188.
[124] Cf. Di Sora v. Phillips (1863) 10 H.L.C 524, 638.
[125] Investors Compensation Scheme v. West Bromwich Buidling Society [1998] 1 W.L.R. 896.
[126] Whitworth Street Estates (Manchester) Ltd. v. James Miller and Partners Ltd. [1970] A.C. 583.
[127] Vgl. Battifol/Lagarde, Droit international privé, Rn. 604.
[128] Egon Oldendorff v. Libera Corporation (No. 2) [1996] 1 Lloyd's Report 380, 387; Dicey & Morris, Conflict of Laws, Rn. 32-078.
[129] Billyack v. Leyland Construction Company Limited [1968] 1 All E.R. 783, 787 E-F durch LJ Davies; Pearce & High Ltd v. Baxter & Anor [1999] EWCA Civ 789 (15 February 1999).
[130] Gibert-Ash (Northern) Limited v. Modern Engineering (Bristol) Limited [1974] A.C. 689,717H durch Lord Diplock; Pearce & High Ltd v. Baxter & Anor [1999] EWCA Civ 789 (15 February 1999).
[131] Van Ommeslaghe, Éléments de Théorie Générale des Contrats, Rn. 229.
[132] Investors Compensation Scheme Ltd. v. West Bromwich Building Society [1998] 1 All ER 98.
[133] Übersetzung: Ein Vertrag wird nach dem gemeinsamen Willen der Parteien ausgelegt, auch wenn dieser nicht mit dem Wortlaut der Erklärungen übereinstimmt.

Vertrag auftauchen, hängt notwendigerweise vom Kontext, in dem sie benutzt werden, ihrer Beziehung und von der Natur der Transaktion, ab, so wie es aus dem Vertrag insgesamt hervorgeht[134]. Es ist wesentlich, auf den Kontext, in dem ein Wort oder ein Satz benutzt wird in Beziehung zu dem gesamten Vertrag zu setzen, und zwar einschließlich der Vertragsnatur und des Vertragszweckes[135].

Im Bauvertragsrecht geht es vor allem darum, die Leistung des Unternehmers zu bestimmen. In Ägypten verlangen die Gerichte, dass bestimmte Dokumente vorliegen, z.B. der Vertrag, die Leistungsbeschreibung oder das Leistungsverzeichnis, ein Kostenanschlag und Pläne. Diese Dokumente ergänzen sich und dienen als Auslegungsgrundlage für die Bestimmung des Vertragsinhalts[136]. Im Falle von Abweichungen in den Dokumenten, bevorzugen die Gerichte bestimmte Dokumente gegenüber anderen. Das Leistungsverzeichnis verdrängt den Kostenanschlag, die Einheitspreisliste verdrängt den Kostenvoranschlag, die handschriftlichen Ergänzungen verdrängen mit der Maschine geschriebene Angaben, die schriftlichen Bedingungen verdrängen die Pläne, die Pläne im großen Maßstab verdrängen die Pläne im kleinen Maßstab.

Bei der Redaktion und der Auslegung anglo-amerikanischer Verträge ist z.B. die sog. **38**
contra-proferentum-Regel zu beachten. Nach dieser in der Rechtsprechung entwickelten Auslegungsvorschrift ist eine Vertragsklausel, die eine Partei begünstigt, gegen diese Partei zu verwenden[137]. Demzufolge gehen Zweifel, Unsicherheiten und Unwägbarkeiten zu Lasten der Partei, die die Klausel in den Vertrag eingebracht hat und sich auf die Klausel beruft[138]. Nur soweit Vertragsmuster verwendet werden, die von Einrichtungen entwickelt wurden, in denen die Vertreter beider Berufsgruppen mitgewirkt haben, findet die Regel keine Anwendung[139].

Die proferentum-Regel hat als verallgemeinerungsfähig und international bekannt Eingang in die Unidroit Principles (Klausel 4.6) und die Principles of European Contract Law (Art. 5:103) gefunden. Entsprechende Regelungen gelten z.B. in Deutschland (vgl. § 305 c Abs. 2 BGB)[140], Frankreich und Belgien[141]. Allerdings sind dort Ausnahmen für allgemein anerkannte und ausgewogene Klauselwerke nicht ausdrücklich vorgesehen. Nachweisbare Rechtsprechung zur Anerkennung von Standardmustern existiert bislang nicht[142].

In Südafrika wird gerne die *ejusdem* Regel herangezogen, um Klauseln auszulegen, die Beispiele benennen. Wo z.B. eine Bauzeitverlängerungsklausel spezifische Gründe auflistet, aus denen der Unternehmer Zeitverlängerung beantragen kann und Worte hinzufügt, „oder andere Gründe außerhalb der Kontrolle des Unternehmers", muss der letzte Satz eng und *ejusdem generis* mit den vorangehenden Kategorien ausgelegt werden[143].

---

[134] Sassoon Confirming and Acceptance Co (Pty) Ltd v. Barclays National Bank Ltd 1974 (1) SA 641 (A) at 646B.

[135] Hollard Life Assurance Company Ltd. v. Van Der Merwe NO (569/2003) [2004] ZASCA 115; [2006] 4 All SA 333 (SCA); (30 November 2004); Coopers & Lybrand and Others v. Bryant 1995 (3) SA 761, 768A (A); Aktiebolaget Hässle and Another v. Triomed (Pty) Ltd 2003 (1) SA 155 (SCA).

[136] Abu-Sahlieh, Le contrat d'entreprise en droit arabe, 49.

[137] Cheshire/Fifoot & Furmston's, Law of Contract, 181.

[138] Allery, Overseas Supply, 17–46.

[139] Vgl. Tersons Ltd. v. Stevenage Development Cor. [1963] 2 Lloyd's Rep 333 a bezüglich einer JCT-Klausel; siehe aber auch British Fermentation Products Ltd. v. Compair Reavell Ltd. zitiert nach Allery, Overseas Supply, 9-04 (dort Fn. 3); zur Rechtslage nach dieser Entscheidung vgl. Allery, Overseas Supply, 9-04.

[140] OLG Frankfurt OLGZ 1973, 230.

[141] Van Ommeslaghe, Éléments de Théorie Générale des Contrats, Rn. 230.

[142] Allery, Overseas Supply, 9-04.

[143] Group Five Building Ltd. v. Minister of Community Development (449/91) [1993] ZASCA 75; 1993 (3) SA 629 (AD) (28 May 1993).

39 **d. Auslegung fremdsprachiger Verträge.** Aus Sicht des OLG Stuttgart liegt die Auslegung fremdsprachiger Vertragsbindungen ausschließlich dem Gericht ob. Es kann sich über eine wörtliche Übersetzung eines Dolmetschers hinwegsetzen, wenn das die teleologische Auslegung gebietet und diese mit dem fremdsprachigen Text (noch) vereinbar ist[144]. In der deutschen Rechtsprechung scheint die Auslegung fremdsprachiger Vertragstexte ansonsten auf kein besonderes Problembewusstsein zu stoßen. Vor den Instanzgerichten wird nahezu grundsätzlich nicht aufgeklärt, welche Auslegungsregeln im ausländischen Vertragsstatut gelten. Es wird schlicht auf das eigene Handwerkszeug zurückgegriffen. In der Theorie ermitteln die Gerichte das anwendbare Recht und entlehnen ihm die Auslegungsregeln[145]. Gelegentlich wird für die Zwecke der Auslegung vom Vertragsstatut zugunsten der lex fori abgewichen[146]. Eine besondere Technik für die Auslegung fremdsprachiger Texte scheint nicht zu existieren. Ausländische Urkunden sind grundsätzlich in deutscher **Übersetzung** vorzulegen (§ 142 Abs. 3 ZPO). Sprachkundig besetzte Spruchkörper können auf eine Übersetzung verzichten[147]. Häufig werden Gutachten eingeholt[148]. Anerkannt ist, dass ausländische Rechtsbegriffe im Lichte ihrer Herkunft ausgelegt werden können[149]. Die Rechtsprechung[150] hat demgemäß Begriffe des englischen Rechts im Lichte des englischen materiellen Rechts ausgelegt. Von dieser Art der Auslegung wird abgewichen, wenn die Parteien erkennbar etwas anderes wollten[151]. In jüngerer Zeit hat das OLG Frankfurt[152] auf der Grundlage eines MPI-Gutachtens – ohne große Umstände zu machen – den italienischen Begriff der „caparra confirmatoria" ausgelegt. Die deutschen Standardwerke[153] beschäftigen sich – abgesehen von der kollisionsrechtlichen Frage nach dem Auslegungsstatut – aber nicht weiter mit dem Problem, wobei es nicht um Auslegungsregeln als solche, sondern darum geht, wie man den Parteiwillen zuverlässig aus fremdsprachigen Texten ermittelt.

40 Übersetzungen bergen das **Risiko** in sich, dass die Bedeutung der fremdsprachigen Urkunde gefiltert wird[154]. Die Übersetzung kann zu einer inhaltlichen Änderung des Vertragswortlauts führen (z.B. anstelle einer Auslegungsregel – einer sog. construction clause – eine Rechtswahlklausel)[155]. Die französische Cour de Cassation[156] nimmt solche Umdeutungen unter Umständen hin. Klar ist, dass nur Begriffe, die anschauliche Objekte bezeichnen, problemlos übersetzt werden können. Wo jedoch Anschauungen oder rechtliche Konzeptionen zu übersetzen sind, muss der Übersetzer zwangsläufig seine persönliche Meinung wiedergeben[157]. Diese sollte er deutlich machen[158]. Unterlässt er dies, übernimmt er richterliche Aufgaben.

[144] OLG Stuttgart, Urt. v.15.5.2006 – 5 U 21/06; NJOZ 2006, 2836 = IBR 2006, 1407 – Moufang.
[145] Vgl. Looschelders, IPR, Art. 32 Rn. 6.
[146] Vgl. RG JW 1911, 225; BayObLG Recht 1913 Nr. 70; BGH IPRspr. 2000 Nr. 20; LG München I IPRax 1984, 318.
[147] BGH NJW 1989, 1432.
[148] Vgl. LG München I IPRax 1984, 318.
[149] Reithmann/Martiny/Martiny, Internationales Vertragsrecht, Rn. 310; Looschelders, IPR, Art. 32 Rn. 7; vgl. auch Battifol/Lagarde, Droit international privé, Band II, Rn. 604.
[150] RGZ 39, 65, 67; RGZ 122, 233, 235; RGZ 71, 9.
[151] OLG München IPRspr. 1993 Nr. 48; OLG Hamburg VersR 1996, 229.
[152] OLG Frankfurt IPRspr. 2001 Nr. 23.
[153] Vgl. Reithmann/Martiny/Martiny, Internationales Vertragsrecht, Rn. 307 ff.; Looschelders, IPR, Art. 32 Rn. 6 ff.; Münchener Kommentar/Spellenberg, BGB, 4. Auflage, Art. 32 EGBGB Rn. 9 ff.
[154] Vgl. Dies v. British and International Mining and Finance Corp. Ltd. [1939] 1 K.B. 724, 733; LG München I IPRax 1984, 318.
[155] Vgl. LG München I IPRax 1984, 318, hierzu Schröder IPRax 1985, 131.
[156] Cass.com., 25.06.1968, J. 1969, 96; vgl. dazu Battifol/Lagarde, Droit international privé, Band II, Rn. 604.
[157] Dies v. British and International Mining and Finance Corp. Ltd. [1939] 1 K.B. 724, 733.

Aus der englischen Rechtsprechung ist bekannt, dass zunächst eine Übersetzung des fremdsprachigen Dokuments erfordert wird[159]. Dabei übernimmt der Übersetzer die Aufgabe eines Zeugen über die Bedeutung und die grammatikalische Konstruktion der gewählten fremdsprachigen Worte. Technische Begriffe und Worte mit spezieller inhaltlicher Belegung muss sich der Richter mündlich erläutern lassen. Hierzu gehört ggf. auch die Erläuterung der einschlägigen Rechtsprechung des betreffenden Staates. Hat der Zeuge diese Aufgaben erfüllt, liegt die Auslegung in den Händen des Gerichts. Die eigentliche Meinungsbildung gehört zu den originären richterlichen Aufgaben. Eigene Sprachkenntnisse darf der englische Richter einfließen lassen[160]. Letzteres entspricht der deutschen Auffassung[161].

IV. Erfüllung und Erfüllungswirkung

Schrifttum

Thode/Wenner, Internationales Architekten- und Bauvertragsrecht, Köln 1998; Looschelders, Internationales Privatrecht, Heidelberg 2003; Chaillé de Néré, Les difficultés d'exécution du contrat en droit international privé, Marseille, 2003

1. Inhalt der Verpflichtungen. Gemäß Art. 32 Abs. 1 Nr. 2 EGBGB a.F. und Art. 12 Abs. 1 (b) Rom I richtet sich die Frage der Erfüllung nach dem Vertragsstatut. Das Vertragsstatut bestimmt, was der Bauunternehmer und der Bauherr einander wechselseitig schulden[162]. Ob die Regeln der Technik und Baukunst des Baustellenlandes oder etwa jene am Sitz des ausführenden Unternehmens zu beachten sind, ist ebenfalls dem Vertragsstatut zu entnehmen[163]. Fehlt es in der anwendbaren Rechtsordnung an eindeutigen Entscheidungen zu Qualitätsstandards, die sich z.B. aus gesetzlichen Anordnungen ergeben können, muss der Vertrag nach dem Schuldstatut ausgelegt werden. Auf die diesbezüglichen Schwierigkeiten wurde bereits hingewiesen. Es kann jedenfalls nicht generell davon ausgegangen werden, dass nicht vereinbarte Qualitätsstandards vermittels Auslegung definiert werden können (siehe aber Art. 95 Code Civil Ägypten). Im Zweifel dürfte gegen denjenigen zu entscheiden sein, der sich auf die strengere Qualitätsvorschrift beruft (vgl. Klausel 4.6 Unidroit Principles). Unzulässig ist es, unabhängig von dem Vertragsstatut durch Auslegung Lücken zu schließen. Es ist daher nicht ohne weiteres zulässig, den dänischen Fertighauslieferanten qua Auslegung zur Lieferung nach deutschen Standards zu verpflichten[164]. Vielmehr ist zunächst aus dem Vertragsstatut zu ermitteln, ob eine derartige Auslegung zulässig ist. Auch geht die Ansicht zu weit, dass sich zwingend geregelte technische Standards, Vorschriften des öffentlichen Bau- und Grundstücksrechts ebenso wie Bauzulassungsnormen gegen das Vertragsstatut durchsetzen[165]. Richtig daran ist, dass der Bauherr diese Normen beachten muss[166]. Ob er deren Einhaltung von seinen Vertragspartner abverlangt, ist hingegen seine Sache. Erst dann, wenn eine Norm des Baustellenrechts etwa drittschützenden Charakter hat 41

---

158 Dies v. British and International Mining and Finance Corp. Ltd. [1939] 1 K.B. 724, 733; vgl. auch Lewison, The interpretation of contracts, Rn. 5-06.

159 Si Sora v. Phillips (1863) 10 H.L.Cas. 624, etwas restriktiver Rouyer Guillet et Cie. v. Rouyer Guillet & Co. Ltd. [1949] 1 All E.R. 244.

160 Fothergill v. Monarch [1981] A.C. 251.

161 BGH NJW 1989, 1432.

162 Thode/Wenner, Internationales Architekten- und Bauvertragsrecht, Rn. 341.

163 Reithmann/Martiny/Thode, Internationales Vertragsrecht, Rn. 1094.

164 Vgl. zu diesem Beispiel Thode/Wenner, Internationales Architekten- und Bauvertragsrecht, Rn. 342.

165 So aber Thode/Wenner, Internationales Architekten- und Bauvertragsrecht, Rn. 343.

166 Vgl. Wenner FS Mantscheff, 205, 214.

und zum nationalen ordre public gehört, kann sie sich gegen das Vertragsstatut durchsetzen. Der Verstoß gegen nachbarschützende Normen ist nur dann vertragsrelevant, wenn sich der Unternehmer zur Einhaltung der örtlichen Regeln verpflichtet hat. Hingegen wird er örtliche Normen, die Leben und Gesundheit schützen, also etwa Regeln zur Baustellensicherheit, beachten müssen.

42 **2. Erfüllungswirkung.** Gemäß Art. 32 Abs. 1 Nr. 4 EGBGB a.F. und Art. 12 Abs. 1 (d) Rom I ergeben sich auch die verschiedenen Arten des Erlöschens der vertraglichen Verpflichtungen aus dem Vertragsstatut. Art. 32 Abs. 1 Nr. 4 EGBGB a.F. und Art. 12 Abs. 1 (d) Rom I erfassen die Erfüllungssurrogate (Aufrechnung, Erlass, Verzicht und Hinterlegung)[167] und die Erfüllungshandlungen. Allerdings ist das gesetzliche Aufrechnungsrecht jetzt in Art. 17 Rom I geregelt. Es gilt seither für die Aufrechnung zwingend das Recht, dem die Forderung unterliegt, gegen die aufgerechnet wird. Im Bauvertragsrecht stehen sich zumeist ohnehin nur Forderungen gegenüber, die aus dem Vertrag abgeleitet sind, so dass das Recht der beiden wechselseitigen Forderungen nicht auseinanderfällt. Schwieriger wird es, wenn sich eine vertragliche und eine außervertragliche Forderung gegenüberstehen (z.B. der Anspruch des Bestellers auf Schadensersatz und der Anspruch des Unternehmers aus ungerechtfertigter Bereicherung oder Geschäftsführung ohne Auftrag). Sind dann auf Forderung und Gegenforderung unterschiedliche Rechtsordnungen anzuwenden, kommt es darauf an, wer die Aufrechnung erklärt. Der jeweilige Aufrechnungsgegner kann sich auf das Recht seiner Forderung berufen, die durch die Aufrechnung vernichtet werden soll. Besonders problematisch sind Erfüllungshandlungen, die nicht direkt an den Vertragspartner erfolgen, sondern z.B. zur Abwendung von Verfolgungsmaßnahmen oder aus Opportunitätsgründen durch den Bauherrn an Subunternehmer erbracht werden (vgl. Unterklausel 5.4. FIDIC Red Book 1999). Die Frage ist, ob solche Leistungen schuldbefreiend wirken und aus welchem Recht sich dies ergibt. Die Frage ist kollisionsrechtlich nur unvollkommen geregelt. Unproblematisch ist der Fall, wenn beide betroffenen Rechtsverhältnisse demselben Recht unterliegen. Unproblematisch ist wohl auch, dass der Hauptunternehmer durch die Zahlung des Bauherrn an den Subunternehmer frei wird[168]. Fallen die Rechtsordnungen auseinander und ermittelt man die rechtliche Verpflichtung des Bauherrn gegenüber dem Subunternehmer aus dem Recht des Subunternehmervertrages, dann läuft der Bauherr Gefahr mit der Zahlung an den Subunternehmer nicht von seiner Zahlungspflicht gegenüber dem Hauptunternehmer frei zu werden. Diese Gefahr kann man natürlich dadurch bannen, dass man die Durchgriffshaftung des Bauherrn allein aus dem Vertragsstatut des Hauptvertrages entnimmt[169]. Doch diese Auffassung ist jedenfalls international nicht durchgängig gegeben, so dass das Problem der Erfüllungswirkung im Falle der Durchgriffshaftung bestehen bleibt. Es hilft ein Blick auf Art. 33 Abs. 3 EGBGB a.F. bzw. Art. 15 Rom I. Danach entscheidet das Recht, das über die Verpflichtung des Bauherrn zur Zahlung an den Subunternehmer bestimmt, ob der Bauherr gegen den Hauptunternehmer ein Regressrecht hat[170]. Dementsprechend kann der Bauherr gegenüber dem Hauptunternehmer in Bezug auf die Erfüllung aus diesem Vertrag ggf. nach dem Recht, dem der Direktanspruch unterliegt, den Erfüllungseinwand erheben. Allerdings ist anzumerken, dass weder Art. 33 Abs. 3 EGBGB a.F.

[167] Erman/Hohloch, BGB, Art. 32 EGBGB Rn. 13; Palandt/Thorn, BGB, Art. 12 Rom I Rn. 8.
[168] Pulkowski ICLR 2004, 31, 48.
[169] Pulkowski ICLR 2004, 31, 48.
[170] Vgl. Erman/Hohloch, BGB, Art. 33 EGBGB Rn. 9.

noch Art. 15 Rom I freiwillige Leistungen erfassen. FIDIC löst das Problem durch einen eigenständigen Regressanspruch gegen den Unternehmer.

3. Durchsetzbarkeit der Erfüllungsansprüche. Im Bereich der Erfüllung vertraglicher Verpflichtungen stehen sich das kontinentaleuropäische Recht und das Common Law unversöhnlich gegenüber. Es entscheidet jeweils das Vertragsstatut (Art. 12 Abs. 1 Rom I). Nach deutschem und nach französischem Recht kann der Gläubiger die Erfüllung in Natur verlangen. Gemäß Art. 1243 Code Civil muss der Gläubiger nichts anderes akzeptieren als das, was vereinbart ist[171]. Immer dann, wenn die Erfüllung in Natur juristisch und tatsächlich möglich ist, kann der Gläubiger die Annahme einer Ersatzleistung ablehnen[172]. Nur in Ausnahmefällen kann der Richter sein Ermessen ausüben[173]. Im Common Law ist dagegen „*specific performance*" die Ausnahme. Der Regelrechtsbehelf ist Schadensersatz[174]. Der englische Richter kann die Erfüllung als Rechtsbehelf der „pure equity" nur zuerkennen, wenn sie ihm im Einzelfall adäquat und akzeptabel erscheint[175]. Die Zuerkennung von „*specific performance*" ist keine Frage des Rechts sondern des freien richterlichen Ermessens[176]. In einigen Fällen kann der Gläubiger die Erfüllung auch im Wege einer bei Gericht zu beantragenden „injunction" durchsetzen. Der Richter kann entweder ein Verbot oder ein Gebot aussprechen[177]. Weniger problematisch sind die Unterlassungsanordnungen, die verhängt werden, wenn sich der Schuldner zu einer Unterlassung verpflichtet hat. Die sog. „*mandatory injunctions*", mit denen der Schuldner zu einem Tun oder Handeln verpflichtet wird, dürfen nicht angeordnet werden, es sei denn sie erzielen ein faires Ergebnis[178]. Unzulässig sind solche Anordnungen, wenn es sich um persönliche Dienstleistungen handelt oder solche, die einer fortwährenden Kontrolle durch das Gericht bedürften[179]. Zulässig sind dagegen Anordnungen, die den Schuldner verpflichten, ein Gebäude abzureißen, das er errichtet hat[180] oder eine Straße zu verlegen, die er nicht in Übereinstimmung mit dem Vertrag konstruiert hat[181]. Im Common Law-System ist der Gläubiger mithin hinsichtlich seines Wahlrechtes erheblich eingeschränkt. Dies muss letztlich bereits bei Vertragsschluss in die Überlegungen einbezogen werden, um im Grundsatz vorhersehbare Nachteile aus der reduzierten Wahlfreiheit zu kompensieren. 43

Ägypten (Art. 213 Abs. 1 Code Civil): Wenn die Erfüllung in Natur nicht möglich oder es nicht opportun ist, dass der Schuldner sie selbst erbringt, kann der Gläubiger ein Urteil erlangen, das den Schuldner verurteilt, seine Verpflichtung unter Androhung eines Zwangsgeldes zu erfüllen.

Wird dem Schuldner die Erfüllung in Natur zu aufwändig, kann er den Gläubiger gemäß Art. 203 in Geld entschädigen, wenn dies dem Gläubiger keinen schweren Nachteil bringt.

---

171 Chaillé de Néré, Les difficultés d'exécution du contrat, Rn. 684.
172 Chaillé de Néré, Les difficultés d'exécution du contrat, Rn. 684.
173 Cass.civ., 19.04.1977, D. 1977, 487.
174 Cheshire/Fifoot/Furmston's, Law of Contract, 698.
175 Wilson v. Northampton and Barnbury Junction Rly Co (1874) 9 Ch App 279, 284 (Lord Selborne).
176 Lamare v. Dixon (1873) LR 6 HL 414, 423 (Lord Chelmsford).
177 Cheshire/Fifoot/Furmston's, Law of Contract, 701.
178 Cheshire/Fifoot/Furmston's, Law of Contract, 701.
179 Cheshire/Fifoot/Furmston's, Law of Contract, 702.
180 Lord Manners v. Johnson (1875) 1 ChD 673; Jackson v. Normanby Brick Co. [1899] 1 Ch 438.
181 Charrington v. Simons & Co. Ltd. [1970] 2 All ER 257.

Indien: In Indien kann keine Vertragserfüllung in Natur verlangt werden[182]. Die öffentliche Hand hatte dem Unternehmer wegen vermeintlicher Bauzeitüberschreitung gekündigt. Daraufhin begehrte der Unternehmer eine einstweilige Anordnung des Inhalts, dass es dem Auftraggeber verwehrt werde, einen neuen Auftrag zu erteilen. Der indische Supreme Court[183] wies das Begehren mit dem Hinweis ab, dass es darauf hinauslaufe, ein Recht auf Vertragserfüllung anzunehmen. Ein solches könne aber allenfalls dann gewährt werden, wenn Schadensersatz kein angemessener Rechtsbehelf sei.

V. Leistungsstörungen

Schrifttum

Thode/Wenner, InternationalesArchitekten- und Bauvertragsrecht, Köln 1998; Pickavance, Delay and Disruption in Construction Contracts, 3. Auflage, London 2005

44 Kern des Schuldrechts ist das Recht der Leistungsstörungen. Rechtsvergleichend bestehen erhebliche Unterschiede. Im Common Law ist die vertragliche Haftung generell **verschuldensunabhängig** ausgestaltet (contract liability is strict liability). Allerdings muss im Einzelfall geklärt werden, ob es sich um eine absolute oder eine qualifizierte Verpfllichtung handelt. Planungsverpflichtungen werden im Common Law überwiegend als qualifizierte Verpflichtungen angesehen (skill and care, best efforts). In Frankreich haften Ingenieure und Architekten partiell „de moyens" und partiell „de résultat". Vor allem übernehmen französische Planer und Unternehmer eine gesamtschuldnerische und verschuldensunabhängige Haftung für die Gebäudestabilität. Das CISG, die Unidroit Principles und die European Principles gehen ebenfalls von einer verschuldensunabhängigen Haftung aus[184]. Die Haftung entfällt nach Art. 8:108 European Principles, wenn die Nichterfüllung entschuldigt ist. Entschuldigungstatbestände sind solche, bei denen der Schuldner aufgrund unvorhersehbarer und unüberwindbarer höherer Gewalt nicht leisten kann[185]. Im Common Law ist die Nichterfüllung entschuldigt, wenn die Nichterfüllung vertraglich vereinbart ist oder die Erfüllung unmöglich wird[186]. Allerdings werden die Ausnahmen traditionell streng ausgelegt. So wurde z.B. entschieden, dass ein Unternehmer, der sich verpflichtet, ein Haus in der vereinbarten Zeit zu errichten, für die Zeitüberschreitung einzustehen hat, trotzdem er durch einen Streik[187] oder unvorgesehene **Baugrundverhältnisse**[188] daran gehindert war. Enthaftung tritt ein, wenn die doctrine of frustration greift[189]. Leistungsstörungen können im Übrigen auf beiden Seiten eintreten. Auch die Frage nach Mitwirkungspflichten des Bauherrn ist über das Vertragsstatut zu beantworten. Große Bedeutung haben häufig Grundsätze von Treu und Glauben oder ähnliche Ansätze, z.B. das *prevention principle* (Australien, USA, England). Das Prinzip der Behinderung findet im australischen Recht generell auf Verträge Anwendung. Es hat den Effekt, dass eine Partei gegen die andere keine vertragliche Verpflichtung durchsetzen kann, wo sie die andere daran gehindert hat, die Verpflichtung zu erfüllen[190].

---

182 Vgl. Markanda, Building and Engineering Contracts, § 8.2.1.
183 Ranjit Chandra Mitter v. Union of India AIR 1963 Cal 594; siehe Markanda, Building and Engineering Contracts, § 8.2.2.
184 Lando RabelsZ 67 (2003), 231, 239.
185 Lando RabelsZ 67 (2003), 231, 239.
186 Cheshire/Fifoot/Furmston's, Law of Contract, 589.
187 Budgett & Co. V. Binnington & Co. [1891] 1 QB 35.
188 Bottoms v. York Coro. (1892) 2 Hudson's BC (4th edition) 208.
189 Vgl. Cheshire/Fifoot/Furmston's, Law of Contract, 631 ff.
190 Griffiths Dave v. Gnd Developments Pty Ltd C510-95 [1997] QBT 91 (30 May 1997).

European Principles Art. 8:101: Mögliche Rechtsbehelfe

(1) Wenn eine Partei eine ihr nach dem Vertrag obliegende Verpflichtung nicht erfüllt und die Nichterfüllung nicht gemäß Art. 8:108 entschuldigt ist, kann die benachteiligte Partei von jedem der in Kapitel 9 vorgesehenen Rechtsbehelfe Gebrauch machen.

(2) Ist die Nichterfüllung gemäß Art. 8:108 entschuldigt, kann die benachteiligte Partei von jedem der in Kapitel 9 vorgesehenen Rechtsbehelfe Gebrauch machen, mit Ausnahme der Ansprüche auf Erfüllung und auf Schadenersatz.

European Principles Art. 8:108: Entschuldigung aufgrund eines Hinderungsgrundes

(1) Eine Nichterfüllung durch eine Partei ist entschuldigt, wenn sie beweist, dass die Nichterfüllung auf einem außerhalb ihres Einflussbereichs liegenden Hinderungsgrund beruht und dass von ihr vernünftigerweise nicht erwartet werden konnte, den Hinderungsgrund bei Vertragsschluss in Betracht zu ziehen oder den Hinderungsgrund oder seine Folgen zu vermeiden oder zu überwinden.

(2) Besteht der Hinderungsgrund nur vorübergehend, so wirkt die Entschuldigung aufgrund dieses Artikels nur für den Zeitraum, während dessen der Hinderungsgrund besteht. Sofern jedoch die Verzögerung eine wesentliche Nichterfüllung darstellt, kann der Gläubiger sie als solche behandeln.

(3) Die Partei, die nicht erfüllt, muss sicherstellen, dass eine Mitteilung des Hinderungsgrundes und seiner Auswirkung auf ihre Fähigkeit zu erfüllen der anderen Partei innerhalb einer angemessenen Zeit zugeht, nachdem die nicht erfüllende Partei diese Umstände kannte oder kennen musste. Die andere Partei kann Schadenersatz für alle Verluste verlangen, die sich daraus ergeben, dass ihr diese Mitteilung nicht zugegangen ist.

Nach Art. 32 EGBGB a.F. und Art. 12 Rom I richtet sich die Frage nach der vollständigen oder teilweisen Nichterfüllung der Verpflichtungen einschließlich der Schadensbemessung sowie die verschiedenen Arten des Erlöschens der Verpflichtungen nach dem Vertragsstatut. Aus dem Vertragsstatut sind mithin Voraussetzungen und Rechtsfolgen von Verzug, Unvermögen, Unmöglichkeit, des Gefahrübergangs und der Gewährleistung zu entnehmen[191], aber auch die Voraussetzungen der Entschuldigungsgründe. Das Vertragsstatut entscheidet zudem über die Art der einzelnen Rechtsbehelfe, also z.B. Rücktrittsrechte, Kündigungsmöglichkeiten und Schadensersatz. Zu erwähnen ist, dass manche Rechtsordnungen sehr starke Differenzierungen vornehmen, während andere (Common Law) nicht zwischen Verzug, Unmöglichkeit und Schlechterfüllung unterscheiden. 45

VI. Mängelgewährleistung

Schrifttum

Thode/Wenner, Internationales Architekten- und Bauvertragsrecht, Köln 1998; Glavinis, Le contrat international de construction, Paris 1993

In Deutschland hat sich das Thema der Mängelgewährleistung vom allgemeinen Recht der Leistungsstörungen emanzipiert. Durch die Schuldrechtsreform haben sich beide Materien wieder inhaltlich angenähert. Doch nach wie vor hat das Mängelgewährleistungsrecht in §§ 633, 634, 634 a, 635, 636, 637, 638, 639 BGB einen eigenständigen 46

[191] Thode/Wenner, Internationales Architekten- und Bauvertragsrecht, Rn. 344.

Platz. In anderen kodifizierten Rechtsordnungen wird dagegen das Mängelgewährleistungsrecht ganz überwiegend als Teil des allgemeine Leistungsstörungsrechts behandelt (vgl. Art. 1792, 1134 ff. Code Civil (F)). Die Haftung für die „conformité" ist Teil des „droit commun". Im Common Law ist die *defects liability* Teil des allgemeinen Leistungsstörungsrechts (breach of contract). Die englischen Standardvertragsmuster (JCT 1998, IFC 1998 und ICE) regeln zumeist ausdrücklich die Inhalte der Verpflichtungen, die den Unternehmer während der defects liability period treffen[192].

47 Internationale Verträge sehen in der Regel konkrete Standards für die auszuführenden Arbeiten vor[193]. Schweigt der Vertrag oder lassen sich in den Verhandlungen nicht die gewünschten Standards aushandeln, wäre es gleichwohl verfehlt zu meinen, es gäbe sie nicht. Sie können in gesetzlichen Regelungen, der Rechtsprechung und Sitten und Gebräuchen versteckt sein. Der *standard of workmanship* taucht in vielen Rechtsordnungen auf die eine oder andere Weise auf[194]. Welchen Inhalt er jeweils hat, ist anhand der auffindbaren Rechtsprechung und Literatur aufzuklären.

48 Grundsätzlich sind Fragen nach der Gewährleistung nach dem Vertragsstatut zu beurteilen (Art. 32 Abs. 1 Nr. 3 EGBGB a.F. = Art. 12 Abs. 1 (c) Rom I)[195]. Unter Art. 32 Abs. 1 Nr. 3 EGBGB a.F. bzw. Art. 12 Abs. 1 (c) Rom I fallen alle Institute und Regelungen, die Leistungsstörungen abarbeiten, wie z.B. die Haftung nach §§ 275 ff., 311 a, 313, 323 ff. BGB oder „*breach of contract*", „*specific performance*" oder die sog. „*décennale*" des französischen Rechts. Doch sind gelegentlich Sonderanknüpfungen vorzunehmen oder zu berücksichtigen (z.B. der décennale). Neben der Frage, welche Rechtsbehelfe der Bauherr im Falle von Mängeln geltend machen kann, steht die danach, innerhalb welcher Fristen solche Rechtsbehelfe geltend gemacht werden müssen, um Rechtsnachteile zu vermeiden. In einigen Rechtsordnungen gehören solche Fristen zu den prozessrechtlichen Instrumentarien. Gleichwohl werden sie international-privatrechtlich dem Vertragsstatut entnommen.

VII. Beweislast und gesetzliche Vermutungen

Schrifttum

Thode/Wenner, Internationales Architekten- und Bauvertragsrecht, Köln 1998;; Glavinis, Le contrat international de construction, Paris 1993

49 Im Falle von Auseinandersetzungen kommt es nicht nur auf die materielle Rechtslage an. Oftmals müssen in Bezug auf die eigene Position Risikoeinschätzungen vorgenommen werden. Maßgeblichen Einfluss hat jeweils die Beweislast. Die Verteilung der Beweislast entscheidet weitgehend über die Verhandlungspositionen der Parteien. Gemäß Art. 32 Abs. 3 EGBGB a.F. und Art. 18 Abs. 1 Rom I ist das für den Vertrag maßgebende Recht (Vertragsstatut) auch insoweit anzuwenden, als es für vertragliche Schuldverhältnisse **gesetzliche Vermutungen** aufstellt oder die **Beweislast** verteilt. Zum Beweis eines Rechtsgeschäfts sind alle Beweismittel des deutschen Verfahrensrechts und, sofern dieses nicht entgegensteht, eines der nach Art. 11 Rom I maßgeblichen Rechte, nach denen das Rechtsgeschäft formgültig ist, zulässig (Art. 18 Abs. 2 Rom I). Hiervon zu unterscheiden sind Vereinbarungen über die Zulässigkeit von Beweismitteln.

---

[192] Vgl. dazu Murdoch/Hughes, Construction Contracts, 184 ff.

[193] Allery, Overseas Supply, 17–14.

[194] Allery, Overseas Supply, 17–14 zum englischen Recht; vgl. ferner Fontaine/Dely, Droit des Contrats Internationaux, 211 ff.

[195] Looschelders, IPR, Art. 31 Rn. 14.

Nach Auffassung des Supreme Court der Falkland Inseln schließt Klausel 53 FIDIC 1987 den Zeugenbeweis insoweit aus, als er durch Vorlage zeitnaher Aufzeichnungen erbracht werden könnte[196]. Letztlich entfällt danach der Anspruch, wenn keine zeitnahen Aufzeichnungen vorliegen. Nach einer neueren Entscheidung aus Trinidad und Tobago ist die ähnliche Unterklausel 20.1 FIDIC 1999 weniger einschneidend. Nach dieser Klausel können Ansprüche auch ohne zeitnahe Aufzeichnungen durchgesetzt werden[197]. Derartige Vereinbarungen sind nach der Rechtsprechung des BGH grundsätzlich zulässig[198].

Ganz neuartige Fragen stellen sich durch alternative Streitbeilegungsverfahren. So hat ein schottisches Gericht entschieden, dass die Existenz einer DAB-Entscheidung über Zeitverlängerung im späteren Hauptsacheverfahren keine Beweislastumkehr zur Folge hat[199]. In alternativen Baustreitbeilegungsverfahren wird im Rahmen der Beweiswürdigung überwiegend der angelsächsische Maßstab *the standard of proof is that of the balance of probabilities* angewendet[200]. Bewiesen ist der Umstand, für den auf der Grundlage der Beweismittel die größere Wahrscheinlichkeit spricht: *That degree is well settled. It must carry a reasonable degree of probability, not so high as is required in a criminal case. If the evidence is such that the tribunal can say: „we think it more probable than not", the burden is discharged, but if the probabilities are equal it is not*[201]. Es genügt ein leichtes Überwiegen. In der Praxis läuft dieser Standard häufig auf die Entscheidung hinaus, w essen Beweisantritte bevorzugt werden[202]. Die übliche Formulierung in Urteilen lautet wie folgt: *On the balance of probabilities I am satisfied that* ... Oder: *I therefore find, on the balance of probability, that the value of this head of claim is ...*[203].

VIII. Kündigung

Schrifttum

Thode/Wenner, Internationales Architekten- und Bauvertragsrecht, Köln 1998

Kündigungs- und Rücktrittsrechte richten sich grundsätzlich nach dem Vertragsstatut[204]. Verschiedentlich kommt es allerdings zu Konflikten mit dem Insolvenzstatut[205], nämlich dann, wenn die anwendbare Rechtsordnung auf Vertragsdurchführung besteht[206]. Im Einzelfall kommt es auf den Charakter der anwendbaren nationalen Insolvenzregelung an. Ist sie zwingend oder wird sie gar dem ordre public zugerechnet, sind Kündigungsklauseln ggf. unwirksam[207]. Keinesfalls sollten Klauseln gewählt werden, die den Vertrag bei Eintreten der Insolvenz einer Vertragspartei automatisch auflösen. Grundsätzlich soll die Wirksamkeit eines für den Insolvenzfall vorgesehenen vertraglichen Kündigungsrechtes an den Bestimmungen des Insolvenzstatuts gemessen werden[208]. 50

---

[196] Her Majesty's Attorney General for the Falklands Islands v. Gordon Forbes Construction (Falklands) Ltd, Falklands Islands Supreme Court, Urteil vom 14.3.2003, [2003] BLR 280 = IBR 2006, 1107 – Hök.

[197] National Insurance Property Development Co Ltd v. NH International (Carribean) Ltd, High Court of Trinidad and Tobago, Urteil vom 21.10. 2009 (Claim No CV2008-04881), IBR 2010, -Hök.

[198] BGHZ 109, 19, 29, vgl. auch Zöller/Greger, ZPO, vor § 284 Rn. 2b.

[199] City Inn Ltd. v. Shepherd Construction Ltd. [2001] ScotHC 54 (17th July, 2001).

[200] Chern on Dispute Boards, 196.

[201] Siehe Denning J. in Millar v. Minister of Pensions [1947] 2 All E.R. 372.

[202] Chern on Dispute Boards, 196.

[203] Siehe HS Works Ltd v. Enterprise Managed Services Ltd [2009] EWHC 729 (TCC) (08 April 2009). Die Praxis wendet den englischen Standard eher unreflektiert an. Richtigerweise sollte jeweils auf den Standard abgestellt werden, der am Sitz des vertraglich vereinbarten Schiedsgerichts gilt.

[204] Thode/Wenner, Internationales Architekten- und Bauvertragsrecht, Rn. 345.

[205] Thode/Wenner, Internationales Architekten- und Bauvertragsrecht, Rn. 346.

[206] Vgl. Fontaine/Dely, Droit des Contrat Internationaux, 628.

[207] Fontaine/Dely, Droit des Contrat Internationaux, 628, 629.

[208] Thode/Wenner, Internationales Architekten- und Bauvertragsrecht Rn. 349.

Seit Inkraftreten der Verordnung 1346/2000 des Rates vom 29. Mai 2000 über Insolvenzverfahren[209] sind grenzüberschreitende Insolvenzverfahren und insbesondere grenzüberschreitende Zugriffe auf Verträge zunehmend wahrscheinlich.

51 Vertragliche Kündigungsvorbehalte zugunsten der Parteien werden häufig von Regelungen des Vertragsstatuts überlagert. Nicht in allen Rechtsordnungen ist es zudem selbstverständlich, dass es dem Besteller vorbehalten ist, den Vertrag grundlos – d.h. ohne einen durch den Auftragnehmer gesetzten oder zu vertretenden Anlass – aufzukündigen. Nach den älteren FIDIC-Mustern (1987) darf der Besteller z.B. nur in besonderen Fällen kündigen. Die neueren FIDIC-Muster regeln ein allgemeines Kündigungsrecht des Bestellers. Gelegentlich werden die Rechtsfolgen einer einseitigen und aus Sicht des Auftragnehmers grundlosen Kündigung in den nationalen Rechtsordnungen ergänzend oder verbindlich geregelt (z.B. in Frankreich und Belgien). In einigen Ländern bedarf es im Falle einer Kündigung, die aufgrund eines Fehlverhaltens der anderen Partei ausgesprochen wird, eines besonderen – gerichtlichen – Vertragsaufhebungsverfahrens (z.B. in Frankreich und Belgien).

IX. Verjährung

Schrifttum

Thode/Wenner, Internationales Architekten- und Bauvertragsrecht, Köln 1998; Glavinis, Le contrat international de construction, Paris 1993

52 Die Verjährung vertraglicher Ansprüche und andere Formen des Rechtsverlustes durch Zeitablauf beurteilen sich gemäß Art. 32 Abs. 1 Nr. 4 EGBGB bzw. Art. 11 Abs. 1 (d) Rom I nach dem Vertragsstatut[210]. Ob die Verjährung durch Klageerhebung oder andere gerichtsförmige Verfahren unterbrochen oder gehemmt wird, entscheidet ebenfalls grundsätzlich das Vertragsstatut[211]. Allerdings fallen häufig das anwendbare Vertragsrecht und das anwendbare Verfahrensrecht auseinander, so dass Entscheidungsdisharmonien auftreten können. Vielfach wird zumindest verlangt, dass eine im Ausland erhobene Klage nur dann Berücksichtigung findet, wenn das auf die Klage folgende Urteil im Inland anerkannt werden würde[212]. Andere wollen es ausreichen lassen, wenn die im Ausland vorgenommene Handlung materiell gleichwertig ist, wobei unterschiedlich beantwortet wird, ob und wie der Schuldner Kenntnis erhalten muss[213].

Im Baurecht wird vielfach mit Ausschlussfristen gearbeitet, die ebenfalls materiellrechtlich zu qualifizieren sind (vgl. Unterklausel 20.1 FIDIC). Solche Verfahrensregeln haben aber eine besondere Bedeutung und sollten zumindest nicht voreilig unter Hinweis auf gesetzliche Verjährungsregeln für unbeachtlich oder unwirksam gehalten werden[214]. Ferner finden sich in internationalen Bauverträgen vielfach Ansprüche und Rechtsbehelfe (siehe Klausel 11 FIDIC), die einen eigenständigen Hintergrund haben. Vor der Anwendung spezifischer Regelungen aus dem Vertragsstatut sollte daher stets

[209] ABl 2000 Nr. L 160 vom 30/06/2000, 1–13.

[210] Thode/Wenner, Internationales Architekten- und Bauvertragsrecht Rn. 350.

[211] BGH NJW 1960, 1720, 1721.

[212] RGZ 129, 385, 389; OLG Düsseldorf IPRspr. 1977 Nr. 8.

[213] Münchener Kommentar/Spellenberg, BGB, 4. Auflage, vor Art. 11 EGBGB Rn. 209–212; vgl. Thode/Wenner, Internationales Architekten- und Bauvertragsrecht, Rn. 350.

[214] Siehe dazu Gaymark Investments v. Walter Construction Group (1999) NTSC 143; Multiplex Constructions (UK) Ltd v. Honeywell Control Systems Ltd (No. 2) [2007] EWHC 447 (TCC) (06 March 2007); Steria Ltd v. Sigma Wireless Communications Ltd [2007] EWHC 3454 (TCC) (15 November 2007); vgl. auch Jones, Can Prevention Be Cured By Time Bars? (2009) ICLR 26(1), 57-74.

geprüft werden, ob die jeweiligen gesetzlichen Regelungen auf den Vertrag passen. Das Mangelgewährleistungs- und Verjährungsrecht passt nicht auf Klausel 11 FIDIC. Hierbei handelt es sich um einen eigenständigen vertarglichen rehctsbehelf, der das eigentliche –gesetzliche- Haftungsrecht für Mängel nicht ersetzen will. Vielmehr handelt es sich um einen zusätzlichen Rechtsbehelf gegenüber den gesetzlichen Regelungen[215]. In Englisch würde man Unterklausel 11.1 FIDIC 1999 im Zweifel so auslegen: *Sub-Clause 11.1 is, as it states on its face, an added guarantee, inserted in the contract to extend rather than limit the Contractor's liability for faulty construction. As such, it does not prescribe the Employer's exclusive remedy, and it in no way impairs the Contractor's general obligation to perform his contract in a proper, workmanlike manner*[216].

X. Vertragsmanagement

Die Vielfalt der Aufgabenstellungen und Situationen, das Arsenal von Klauseln und die Reichhaltigkeit der ihnen zugrundeliegenden Rechtsordnungen machen ein umfangreiches Vertragsmanagement erforderlich. Dies belegen die einschlägigen Handbücher mit Standardbriefen und -erklärungen[217]. Zu handhaben sind vor allem folgende Bereiche: 53

- Überlassung des Baugrundes
- Bauzeit und Bauzeitverlängerung
- Auftragsvolumen und Auftragumfang
- Preisfeststellung, Mehrkosten und Preisanpassung
- Zahlungsabwicklung
- Tests (Pre-Commissioning, Commissioning, etc.)
- Abnahme und vergleichbare Schritte
- Mängelgewährleistung im vertraglichen Kontext
- Haftungsabwicklung (liquidated damages, Vertragsstrafen etc., Ersatzvornahmekosten)
- sonstige nachvertragliche Verpflichtungen

Bauverträge erfordern ein umfassendes Vertragsmanagement. Kaum ein Vorhaben wird abgewickelt, ohne dass mehr oder weniger unvorhergesehene Schwierigkeiten und Änderungen gegenüber den Kalkulationserwartungen auftreten, Planungsänderungen erfolgen oder schlicht Kalkulationsirrtümer offenbart werden. Hinzu kommen schwer planbare Entscheidungen der Beteiligten, die sich auf den Vertragspreis auswirken können, z.B. die nachvertragliche Streichung von Leistungen mit Auswirkungen auf den Kostenapparat des Unternehmers, seine Gewinnerwartungen und die Kostenbeiträge einzelner Leistungsabschnitte oder die Anordnung zusätzlicher Leistungen mit Auswir-

---

[215] Pearce & High Ltd v. Baxter & Anor [1999] EWCA Civ 789 (15 February 1999); Burton-Dixie Corporation v. Timothy McCarthy Construction Company, 436 F2d 405 (United States Court of Appeals, 5th Cir.); Houston Fire & Cas. Ins. Co. v. Riesel Ind. School Dist., Tex. Civ.App.1964, 375 S.W.2d 323.

[216] Ähnlich Burton-Dixie Corporation v. Timothy McCarthy Construction Company, 436 F2d 405 (United States Court of Appeals, 5th Cir.) zu einer Klausel mit folgenden Wortlaut: *The Contractor shall remedy any defects due to faulty materials or workmanship and pay for any damage to other work resulting therefrom, which shall appear within a period of one year from the date of final payment, or from the date of the Owner's substantial usage or occupancy of the project, whichever is earlier, and in accordance with the terms of any special guarantees provided in the contract. Neither the foregoing nor any provision in the contract documents, nor any special guarantee time limit, shall be held to limit the Contractor's liability for defects, to less than the legal limit of liability in accordance with the law of the place of building. The Owner shall give notice of observed defects with reasonable promptness. All question arising under this Article shall be decided by the Architect subject to arbitration, notwithstanding final payment.*

[217] Vgl. Chappel, Standard Letters for Building Contracts, 1 ff.; Allery, Overseas Supply, P 1 ff.

kungen auf die Kostensitutation und Rentabilität einzelner Leistungen. Im internationalen Geschäft sind solche Probleme in einem Verfahrenskorsett zu bewältigen. Hinzu kommen die mehr oder weniger täglich anfallenden Routineaktivitäten, wie z.b. Rechnungslegung, Zahlungsfreigaben, Qualitätskontrollen, Aufmaße, Inbetrieb- und Abnahmen. Im internationalen Geschäft ist das Vertragsmanagement üblicherweise eingehend im Vertragswerk geregelt, zumal die weltweit zur Verfügung stehenden Rechtsordnungen nur selten konkrete Regelungen zur Vertragsadministration enthalten. Solche Regelungen finden sich etwa

- in Art. 2374 Abs. 4 Code Civil (F), wo sich Vorgaben dazu finden, wie der Unternehmer, Architekt oder Ingenieur seine Ansprüche gegenüber dem Bauherrn durch ein Privileg sichern kann, das in eine Hypothek am Grundstück erstarkt.
- in Art. 886 Abs. 1 Civil Code (VAE), wonach der Unternehmer wesentliche Massenüberschreitungen unverzüglich anzeigen muss, wenn er seine Ansprüche bewahren will
- in Art. 1793 Code Civil (F) in Bezug auf Mehrforderungen im Pauschalpreisvertrag
- im rumänischen Gesetz 10/1995 zur Abnahme von Bauleistungen, etc.
- im algerischen Code des Marchés Publics in Bezug auf Mehrforderungen und andere vertraglich relevante Aspekte, wie z.B. die Genehmigung von Subunternehmern

Hingegen finden sich kaum gesetzliche Vorschriften zu Tests, Inbetriebnahmen, Bestandzeichnungen, Bedienungsanleitungen, zum Aufmaß und zur Abrechnung. Diesbezügliche Anforderungen sind dem Vertragstext zu entnehmen. Die sorgfältige Lektüre des Vertragswerks unter dem Gesichtspunkt des Vertragsmanagements ist ratsam, denn es ist zum Beispiel von erheblicher Bedeutung, wer die Tests durchführt (z.B. im Hinblick auf die Versorgung mit Strom und Wasser) und wie sie durchzuführen sind (z.B. vor Ort oder unter simulierten Laborbedingungen. Oftmals müssen im Anlagenbau die Tests unter provisorischen Bedingungen durchgeführt werden. Es fehlt Schmutzwasser für die Kläranlage, Strom für die Inbetriebnahme von Turbinen oder schlicht die Außenlast für die Tests der Klimaanlage, etwa weil gerade Winter ist. Häufig sehen die Verträge vor, dass der Unternehmer die Testvoraussetzungen und -bedingungen herstellen muss, wozu auch die Anlieferung von Rohstoffen, Wasser und Energie gehören kann.

Vereinbarungen zum Vertragsmanagement werfen vielfältige Probleme auf. Zu beruteilen ist, ob einzelne Klauseln mit Sanktionscharakter, ohne die kein effektives Vertragsmanagement auskommt, durchsetzbar sind oder nicht. Übliche Sanktionen sind der Verlust von Ansprüchen, Nachteile bei der Beweisführung und –würdigung, und der Verlust von Einwänden. Durchgängig sind solche Regelungen am Vertragsstatut zu messen. In Ausnahmefällen ist die lex fori maßgeblich, z.B. hinsichtlich der *Beweisregeln*, nicht der Beweislastregeln[218].

XII. Claim Management

54 Das Claim Management umfasst im weitesten Sinne eine gehörige Risikoanalyse, die Erfassung aller Anspruchsgrundlagen sowie verfahrensrechtlichen Regelungen. Im engeren Sinne befasst sich das Claim Management mit dem Ausgleich für die Bewältigung finanzieller und bauzeitrelevanter Veränderungen gegenüber der Urkalkulation. Echte innere Kalkulationsirrtümer sind nahezu in allen Rechtsordnungen unbeachtlich.

---

[218] Vgl. § 5 Rn. 45.

Ägypten (Art. 123 Code Civil): Einfache Kalkulationsirrtümer berühren nicht die Wirksamkeit des Vertrages, sie müssen korrigiert werden.

Es ist andererseits nicht zulässig, die Kalkulation zu erneuern, nachdem sie von beiden Parteien genehmigt wurde, die an die Vereinbarung gebunden sind[219].

England: Der einseitige Kalkulationsirrtum ist unbeachtlich, solange ihn die andere Partei nicht kennt[220].

Indien: War der Irrtum unvermeidlich, konnte er jedoch von dem Angebotsempfänger erkannt werden, kann nicht erlaubt werden, dass er aus dem Irrtum Vorteil erlangt. Irrt der Bieter, muss er den Irrtum unverzüglich anzeigen[221]. Der Auftraggeber kann dann das ursprüngliche Angebot nicht mehr annehmen[222]. Tut er es, liegt Dissens vor[223]. Nach Vertragsschluss ist ein Kalkulationsirrtum unbeachtlich. Keinesfalls können reine Rechen- oder Schreibfehler korrigiert werden[224].

USA: Einseitige Kalkulationsirrtümer sind unbeachtlich, es sei denn es handelt sich um reine Schreibfehler. Erkennt der Besteller den Irrtum, kann der Vertrag angepasst werden[225].

Claim Management ist kein Verfahrensrecht im Sinne von Prozessrecht. Die Regelungen zum Claim Management gehören zum materiellen Recht und ihre Beurteilung und Ergänzung erfolgt durch das Vertragstatut.

Generell ist die Handhabung von Umständen, die nicht vorhersehbar waren oder vorhergesehen wurden, aber durchaus sehr unterschiedlich. Grob vereinfacht kann man sagen, dass vor allem die französische und die englische Rechtsordnung sehr zurückhaltend sind, in den Grundsatz *pacta sunt servanda* einzugreifen. Hingegen sind zum Beispiel die arabischen Rechtsordnungen eher lösungsoffen und bereit, den Vertrag anzupassen. In praktischer Hinsicht gewollt ist, dass der Unternehmer keine Mondpreise kalkuliert. Vielmehr soll der Angebotspreis Vorkehrungen für die vorhersehbaren Risiken beinhalten[226]. Ausgewogene Vertragswerke regeln also ausgepreiste und nicht ausgepreiste Risiken. **55**

Ägypten (Art. 147 Code Civil): (1) Der Vertrag bildet das Gesetz der Parteien. Er kann nur durch ihre einvernehmliche Einigung oder aus den im Gesetz vorgesehenen Gründen widerrufen oder geändert werden. (2) Wenn jedoch infolge von außergewöhnlichen, unvorhersehbaren Ereignissen, die einen allgemeinen Charakter haben, die Erfüllung der vertraglichen Verpflichtung, ohne unmöglich zu werden, in der Weise unmäßig aufwändig wird, dass sie den Schuldner mit einem exorbitanten Verlust bedroht, kann der Richter nach den Umständen und nachdem er die Interessen der Parteien gewürdigt hat, die unmäßig gewordene Verpflichtung in angemessenem Umfang herabsetzen. Jede entgegenstehende Vereinbarung ist nichtig.

---

[219] Cour de Cassation (Ägypten), 7.11.1935, Collection Umar, vol. I, no 297, 923.
[220] Keating on Construction Contracts, Rn. 11-013.
[221] Markanda, Building and Engineering Contracts, § 4.5.8.
[222] Patil, Building and Engineering Contracts, 100.
[223] W.B. State Electricity Board v. Patel Engineering Co AIR 2001 SC 682.
[224] W.B. State Electricity Board v. Patel Engineering Co AIR 2001 SC 682.
[225] Allen/Martin, Construction Law Handbook, § 27.03 [B].
[226] Metropolitan Sewerage Com'n v. R. W. Const., 241 N.W.2d 371, 376 (Wis. 1976); Olympus Corp. v. United States, 98 F.3d 1314, 1316 (Fed. Cir. 1996).

Niederlande (Art. 7:753 Abs. 1 Burgerlijk Wetboek): Wenn, nachdem der Vertrag geschlossen wurde, Umstände auftreten oder bekannt werden, die die Kosten erhöhen und [diese] nicht vom Unternehmer zu vertreten sind, kann das Gericht auf Antrag des Unternehmers den vereinbarten Preis vollständig oder teilweise an die gestiegenen Kosten anpassen, vorausgesetzt, dass der Unternehmer bei Angebotsabgabe nicht verpflichtet war, die Wahrscheinlichkeit solcher Umstände in Betracht zu ziehen.

Art. 7:753 Abs. 2 regelt eine Preisanpassung für den Fall inkorrekter Angaben in den Ausschreibungsunterlagen. Art. 7:753 Abs. 3 verpflichtet den Unternehmer, die Fälle des Absatzes 1 und 2 unverzüglich anzuzeigen, so dass die Rechte nach Art. 7:764 [Kündigung] ausgeübt werden können oder ein Vorschlag zur Kostenreduzierung unterbreitet werden kann.

USA: In den USA hat sich die „cardinal change"-Doktrin etabliert. Ansprüche aus einer kardinalen Veränderung umfassen allerdings nach herrschender Auffassung in den USA nur Kosten für Arbeiten, die zusätzlich ausgeführt werden müssen. Nicht eingeschlossen sind Schadensersatzansprüche für die verbleibenden Arbeiten, die unverändert auszuführen sind. Dieser Grundsatz wurde von dem Supreme Court etabliert (Rice Doktrin)[227].

Explizite Klauseln zum Baugrundrisiko haben in den USA und anderen Common Law Staaten zuvörderst den Zweck einen Teil der Wette in Bezug auf die Gegebenheiten der Baugrundbedingungen aus dem Bietungsprozess herauszunehmen. Bieter müssen die Kosten und Mühe eigener Baugrundaufklärung nicht gegen das Risiko widriger Baugrundbedingungen abwägen. Sie sind gegen Ausfälle geschützt. Der Auftraggeber profitiert von einer zutreffenderen Angebotslage, die keine inflationären Risiken berücksichtigt[228].

56 Der Bauvertrag regelt üblicherweise zwei Dinge. Zunächst beschreibt er den Vertragsgegenstand und die darauf entfallende Vergütung (Leistung und Gegenleistung). Sodann organisiert er einen Produktionsprozess, in dem Unwägbarkeiten eine Rolle spielen. In der internationalen Praxis liegt der Schwerpunkt der vertraglichen Regelungen auf der Abwicklung des Produktionsprozesses, in dem vor allem die Bewältigung unvorhergesehener Ereignisse, Umstände und Handlungen der Parteien Probleme bereiten. Ausgewogene Vertragsmuster organisieren transparente und berechenbare Verfahren, in denen auf der Grundlage des Vertragswerkes vorhersehbare Entscheidungen ergehen (oder Folgen eintreten). Drei Herangehensweisen sind üblich und wohl auch nur denkbar. Entweder bedingt jede Änderung von Leistung und Gegenleistung eine vorherige Einigung der Vertragsparteien (vgl. VOB/B), oder das Vertragswerk schafft einseitige Anordnungsrechte mit Regelungen, die die Auswirkungen auf den Preis und/oder die Bauzeit regeln (vgl. FIDIC). Schließlich können auch Mechanismen aufgenommen werden, die die Folgen antizipierter Ereignisse und Umstände abschließend regeln (vgl. FIDIC). Im internationalen Geschäft findet man selten Verträge, in denen jede Änderung und ihre Abwicklung eine Vertragsänderung voraussetzt. Üblich sind kombinierte Systeme, die es (1) erlauben, einseitige Anordnungen zu erteilen, deren Folgen in Bezug auf den Preis und die Bauzeit vorhersehbar sind, aber keiner Einigung durch die Parteien bedürfen, und (2) möglichst genaue Tatbestände (z.b: schlechte Baugrundbedingungen) formulieren, bei deren Vorliegen im voraus bestimmte Folgen eintreten (z.B. Erstattung zusätzlicher Kosten und Bauzeitverlängerung).

---

[227] Rice [U. S. v. Rice] v. U.S., 317 U.S. 61 [63 S.Ct. 120, 87 L.Ed. 53]; Choteau [sic] v. U.S., 95 U.S. 61 [24 L.Ed. 371]; Crook Co. v. U.S., 270 U.S. 4 [46 S.Ct. 184, 70 L.Ed. 438].

[228] Olympus Corporation v. United States, 98 F3d 1314; Foster Constr. C.A. & Williams Bros. Co. v. United States, 435 F.2d 873, 887 (Ct. Cl. 1970); Metropolitan Sewerage Com'n v. R.W. Const., 241 N.W.2d 371, 376 (Wis. 1976).

1. Einleitung. Die Abwicklung größerer Bauvorhaben ist ohne Erkenntniszugewinn und das Auftreten vorhergesehener oder unvorhergesehener Ereignisse und Umstände kaum denkbar, denn eine perfekte Vorplanung ist mit Blick auf die Bauzeit und den Baupreis einfach zu aufwändig. Folglich besteht eine der Hauptaufgaben des Vertragsmanagements darin, die Folgen von Erkenntniszugewinn und Ereignissen zu bewältigen. Häufig stellen aber die Parteien ihre unterschiedlichen subjektiven Erkenntnisse und persönlichen Annahmen in den Vordergrund und verlieren aus den Augen, worauf sie sich eigentlich geeinigt haben. Sie räumen ihren gefühlten oder empfundenen Interessen, die sie nicht gewahrt sehen, Vorrang gegenüber den vereinbarten Vertragszielen ein, die nicht unbedingt mit den subjektiven Erwartungen übereinstimmen müssen. Das Vertragsmanagement kann aber nur selten persönliche Einschätzungen und Vorstellungen korrigieren. Beim Vertragsmanagement geht es darum, die vertragsrelevanten Ziele zu verwirklichen und das Gleichgewicht von Leistung und Gegenleistung trotz geänderter Grundbedingungen zu erhalten. Ausgehend von der Idee eines Werkvertrages einigen sich die Parteien über die Herstellung eines Werks, das der Unternehmer gegen Zahlung des vereinbarten Entgelts liefern soll. Leistung und Gegenleistung stehen fest, obwohl zum Zeitpunkt des Vertragsschlusses häufig der Aufwand für die Herstellung des Werkes noch nicht abschließend bekannt ist, z.B. weil bei Vertragsabschluss noch nicht sämtliche Produktionsparameter (Umfang und Komplexität der Leistung sind noch Gegenstand der Planung und Planungsoptimierung sowie Feinplanung) der Werkleistung feststehen. Diese haben einen ganz wesentlichen Einfluss auf die zwei wichtigsten Aspekte des Vorhabens, nämlich Baupreis und Bauzeit. 57

Weltweit steht einer fehlenden abschließenden Vereinbarung über den Werklohn der Wirksamkeit des Vertrages nichts entgegen (vgl. § 632 Abs. 2 BGB[229]). Der Werklohn kann also vertraglich offen bleiben. In einem solchen Fall wird anstelle der vereinbarten Vergütung die (ortsübliche und) angemessene Vergütung geschuldet[230]. Zumeist übernimmt dann ein staatlicher Richter die Aufgabe der Vergütungsfeststellung. Der klassische vergütungsoffene Bauvertrag ist der Aufmaßvertrag, bei dem die Massen über im Voraus vereinbarte Einheitspreise abgerechnet werden. International eignet sich vor allem der sog. Engineer als Leistungsfeststeller. Komplexere Verträge definieren den absehbaren Teil der Vergütung und lassen lediglich den nicht absehbaren Teil der Vergütung offen (z.B. sehen sie die ergänzende Kostenerstattung für Baugrunderschwernisse vor[231]). Insoweit ist zunächst weniger die persönliche Vorhersehbarkeit als die typische Vorhersehbarkeit Maßstab[232]. Typische Risiken werden nicht verpreist, sondern erst dann, wenn sie tatsächlich auftreten. Im Rahmen einer Risikoanalyse werden zunächst die wesentlichen Risiken ermittelt. Sodann wird entschieden, von welcher Partei sie zu tragen sind und ob ihre Bewältigung bereits mit dem vertraglich vereinbarten Preis abgegolten ist. In den Verträgen finden sich dann Klauseln, die für den Fall des Auftretens des in der Klausel beschriebenen Risikos Ansprüche auf zusätzliche Vergütung oder Kostenerstattung sowie Bauzeitverlängerung regeln. Solche Klauseln haben eine besondere Zielsetzung und einen speziellen Hintergrund, denn sie werden 58

229 Free State High Court, Bloemfontein (South Africa), Newstadt v. H Amm (Pty) Limited (2328/2002) [2005] ZAFSHC 20 (20 January 2005), English House of Lords, Thorn v. London Corp. (1876).

230 Free State High Court, Bloemfontein (South Africa), Newstadt v. H Amm (Pty) Limited (2328/2002) [2005] ZAFSHC 20 (20 January 2005), English House of Lords, Thorn v. London Corp. (1876).

231 Z.B. NEC3 und FIDIC.

232 Abgestellt wird in den international üblichen Vertragsmustern z.B. auf den „experienced Contractor" oder den „reasonable Contractor".

als wechselseitig begünstigend verstanden[233]. Der Unternehmer kann klar erkennen, für welches Risiko er keine Vorkehrungen im Preis treffen muss, weil er im Falle, dass das Risiko eintritt nach Maßgabe der Klausel entschädigt oder vergütet wird. Der Besteller kann hingegen erwarten, dass der Unternehmer das Risiko nicht im Vertragspreis einkalkuliert hat, so dass er es im Falle des Nichteintretens nicht vergüten muss[234]. Häufig wird in den Verträgen die spezifische Risikotragung nach dem Kriterium der Vorhersehbarkeit vorgenommen.

59 Soweit auf die Vorhersehbarkeit abgestellt wird, kommt es nicht darauf an, was die jeweilige Partei vorhersehen konnte, sondern im Grunde genommen auf das, wofür die Parteien Vorkehrungen getroffen haben oder wofür die betroffene Partei (also diejenige die letztlich das Risiko nach der vertraglichen Risikoverteilung zu tragen hat) Vorkehrungen treffen konnte. Vorkehrungen wird man für die Dinge treffen, für die man Verantwortung übernommen hat oder wofür man ein Risiko trägt. Auf die persönliche Vorhersehbarkeit kann es nur bedingt ankommen, denn sie ist kein wirklich prüfbarer Umstand. Zu fragen ist also:

- Was ist Vertragsgegenstand?
- Wie wurde die Gegenleistung (die Bezahlung/Vertragspreis) geregelt?
  - Denkbar ist ein Pauschalpreis oder die Vereinbarung einer Methode, mit der man die Vergütung ermitteln kann (Vereinbarung von Einheitspreisen, die zum Aufmaß abgerechnet werden).
- Was ist bereits durch den vereinbarten Vertragspreis (also Pauschalpreis oder der nach der vereinbarten Methode zu errechnende oder zu ermittelnde Preis) abgedeckt und was nicht?
  - Ausgenommen ist die Vergütung für Risiken, für die das Vertragswerk eine besondere Regelung oder einen besonderen finanziellen Ausgleich vorsieht.
  - Ausgenommen ist die Vergütung für Leistungen, die über den ursprünglichen Vertragsgegenstand hinausgehen (Leistungsänderungen)
  - Eingeschlossen sind alle Leistungen, die erforderlich sind, um das Werk herzustellen, wobei es im Grundsatz nicht darauf ankommt, wie beschwerlich die Leistung ist und was vorhersehbar war oder nicht vorhergesehen werden konnte. Der Vertrag oder das Recht können aber Feinjustierungen vornehmen.
- In Bezug auf welche Risiken haben die Parteien im Vertrag ausdrücklich oder konkludent eine Regelung herbeigeführt?
  - In Bezug auf solche Risiken kann das Vertragswerk zwei Dinge tun. Zunächst kann die Regelung klare Verhältnisse bezüglich der Risikotragung schaffen. Der Vertrag wird also klarstellen, wer das Risiko trägt. Wer das Risiko trägt, muss für den Fall, dass es eintritt, auch entsprechende Vorkehrungen treffen es zu bewältigen. Sodann kann der Vertrag Regelungen dazu treffen, ob das entsprechende Risiko entweder in dem vereinbarten Vertragspreis oder in der nachgelassenen Bauzeit bereits berücksichtigt ist, oder ob es erforderlich ist, den Baupreis oder die Bauzeit anzupassen. Billigkeit und Erfahrung können es nahelegen, abgestufte Regelungen zu treffen.

---

[233] Metropolitan Sewerage Com'n v. R.W. Const., 241 N.W.2d 371, 376 (Wis. 1976).
[234] Metropolitan Sewerage Com'n v. R.W. Const., 241 N.W.2d 371, 376 (Wis. 1976).

- Haben die Parteien bestimmte Fragen bewusst oder unbewusst offen gelassen?
  - Für solche Risiken musste weder der Besteller noch der Unternehmer eine Vorkehrung treffen. In den meisten Fällen wird der Gesetzgeber aushelfen, in dem er eine Risikozuweisung vornimmt. Geschieht das nicht, mag im Einzelfall eine gerichtliche ergänzende Vertragsauslegung helfen.

Beruht der Vertrag auf einer systematischen Risikoanalyse mit nachfolgender Risikoverteilung ist das Feld für das Claim Management abgesteckt. Das Vertragswerk wird relativ präzise Ansprüche regeln, und zwar in Bezug auf die tatbestandlichen Voraussetzungen (z.B. unvorhergesehene Baugrundbedingungen) und die Rechtsfolge (Kostenerstattung ohne Gewinnaufschlag). In der Praxis hat es sich jedoch bewährt, angemeldete vertragliche Ansprüche ein Verfahren durchlaufen zu lassen, in dem geklärt wird, ob es sich wirklich um Ansprüche oder bloße Behauptungen handelt. Die Parteien wollen in der Regel nicht abwarten, wie die Gerichte Jahre später, nach dem sich die anspruchsbegründenden Dinge ereignet haben, über einen möglichen Anspruch urteilen werden und sich dann in diesem Verfahrensumfeld an Substantiierungsanforderungen, Beweisführung etc. erinnern. Folglich regelt das Vertragswerk Anzeigepflichten, Substantiierungspflichten und Beweisanforderungen, damit der behauptete Anspruch frühzeitig einer sachkundigen Prüfung oder Vorprüfung unterzogen werden kann, die spätere, streitige Auseinandersetzungen auf unsicherer Tatsachengrundlage entbehrlich macht. **60**

Der Begriff Claim Management drückt präzise aus, was vorstehend erläutert wurde[235]. **61** Die Parteien erwerben im internationalen Kontext keine Ansprüche im Sinne des § 194 BGB, die sie zu gegebender Zeit (unter Berücksichtigung bestimmter Anzeigepflichten) geltend machen bzw. verfolgen können. Stattdessen obliegt es den Parteien, ihre möglichen Rechte und Ansprüche zügig anzumelden, zu substantiieren und einer Prüfung zuzuführen. Erfüllt die betroffene Partei die materiellen Anspruchsvoraussetzungen, ohne den Weg zu beschreiten und die Verfahrensanforderungen einzuhalten, den bzw. die das Vertragswerk vorgibt, um den behaupteten Anspruch einer Prüfung zuzuführen, entsteht kein Anspruch. Man mag diese Rigorosität im Lichte der §§ 305 ff. BGB beklagen und Anstoß an kurzen Anmelde- und Substantiierungspflichten sowie strengen Beweisanforderungen nehmen, doch muss man sich vor Augen führen, dass diese Bedingungen die spätere Prozessführung erleichtern, weil vollständige und zeitnahe Aufzeichnungen über alle anspruchsrelevanten Umstände vorliegen, die einen substaniierten Prozessvortrag und geordnete Beweisantritte ermöglichen[236]. Wer das nicht will, muss sich nicht über ruinöse überlange Verfahren vor Schiedsgerichten und staatlichen Foren beklagen. Die international üblichen Verträge konzipieren ein Claim Management, das vor Gerichten so beschrieben wurde, dass es darauf ausgerichtet ist, überlange Verfahren zu vermeiden und eine Klärung herbeizuführen, solange der Sachverhalt allen Beteiligten präsent ist und unmittelbarer Zugang zu den Beweismitteln besteht[237].

---

[235] Im angelsächsischen Sprachraum wird der Begriff Claim üblicherweise in dem Sinne der *Behauptung eines Rechts* verstanden, das noch kein Recht ist. Die Behauptung des Rechts gehört zu den Anspruchsvoraussetzungen. Fehlt die Anzeige des behaupteten Anspruchs, fehlt ein den Anspruch begründendes Tatbestandsmerkmal, nicht etwa nur die Klagbarkeit. Soweit zusätzlich die Einhaltung von Fristen gefordert wird, sind auch die Fristen einzuhalten.

[236] Siehe zu zeitnahen Aufzeichnungen und ihrer Bedeutung im FIDIC Vertrag die karibische Entscheidung National Insurance Property Development Co Ltd v. NH International (Carribean) Ltd, High Court of Trinidad and Tobago, Urteil vom 21.10. 2009 (Claim No CV2008-04881), IBR 2010, – Hök; Attorney General v. Forbes IBR 2006, 1107 – Hök (Supreme Court Falkland Islands).

[237] Attorney General v. Forbes IBR 2006, 1107 – Hök (Supreme Court Falkland Islands).

Daran ist im Kern nichts Falsches, auch wenn es im ersten Augenblick beschwerlich erscheinen mag und AGB Puristen keinen Einklang mit dem Leitbild des Gesetzgebers zu erkennen vermögen.

62 International gebräuchliche Vertragswerke enthalten deshalb robuste Verfahrens- und Bewertungsregeln. (1) Üblicherweise müssen behauptete Ansprüche binnen einer relativ kurzen Frist zumeist schriftlich angezeigt werden. Der Anspruch muss identifizierbar beschrieben werden. Diese Anzeigepflicht erfüllt ein wichtiges Informationsinteresse der anderen Seite, die möglicherweise eigene Beweise erheben möchte oder Maßnahmen zur Anspruchsreduzierung in Erwägung ziehen will. Diese Ziele sind in der angelsächsischen Praxis anerkannt und erfüllen nach Auffassung angelsächsischer Gerichte eine wichtige Aufgabe[238]. (2) Der Anspruchsprätendent muss sodann seinen Anspruch begründen und geeignete Beweismittel vorlegen. Häufig soll auch dies binnen einer vertraglich vorgesehenen Frist geschehen. (3) Viele Vertragswerke schreiben ferner besondere zeitnahe Aufzeichnungen vor[239], die von der anderen Seite eingesehen werden können, um zeitnah die Übereinstimmung mit der eigenen Wahrnehmung überprüfen zu können. (4) Zögerliche und unvollständige Anspruchsbegründungen können zum Nachteil des Anspruchsprätendenten gewürdigt werden. (5) In die Bewertung können auch unterlassene Warnmeldungen einbezogen werden. (6). Sodann wird der vollständig begründete Anspruch möglichst kurzfristig gewüdigt und in einer vorläufig bindenden Entscheidung dokumentiert. Manche Vertragswerke regeln auch dafür eine Frist. (7) Schließlich sehen immer mehr international übliche Verträge einen Mechanismus zur zügigen Überpüfung dieser vorläufig bindenden Entscheidungen vor, die entweder unter dem Begriff Dispute Adjudication oder dem Begriff Dispute Review bekannt sind.

63 Sachlich wird häufig zwischen den Folgen einer einseitig veranlassten Leistungsänderung und den unmittelbaren Folgen einer vertraglich vorausgesetzten Preis- oder Zeitanpassung unterschieden. Zu letzteren gehören auch alle gesetzlichen Anspruchsgrundlagen, die neben den unmittelbar vertraglich begründeten Ansprüchen verfolgt werden können. Change Orders oder auch Variation Orders (Leistungsändeungen oder leistungsändernde Anordnungen) bedürfen einer vertraglichen Autorisierung. Anderenfalls sind sie vertragswidrig. Leistungsänderungen, die auf der Grundlage und im Rahmen des Vertrages angeordnet werden, bedürfen einer Bewertung. Sie kann entweder auf der Grundlage der vorhandenen Bewertungskriterien, wie z.B. einem Leistungsverzeichnis mit Einheitspreisen, erfolgen oder es wird die angemessene Vergütung geschuldet, wenn der Vertrag keine speziellen Bewertungsmaßstäbe regelt. Soweit der Vertrag jedoch bestimmte Situationen antizipiert, die sich auf den Baupreis oder die Bauzeit auswirken, verweisen die Klauseln häufig nicht auf die Bewertungsregeln für Change Orders. Stattdessen regelt der Vertrag die Rechtsfolgen (Claims im engeren Sinne) abschließend, entweder in Anlehnung an Schadensersatzbestimmungen aus dem anwendbaren Recht oder eigenständig. Viele Vertragswerke rekurrieren auf das Cost Plus System, d.h. der Unternehmer

[238] Johnson Const. v. Rugby Municipal Airport, 492 N.W.2d 61, 63 (N.D. 1992) (discussing change of contract price provision); Clark-Fitzpatrick, Inc./Franki Foundation Co. v. Gill, 652 A.2d 440, 447 (R.I. 1994) (same); Multiplex Constructions (UK) Ltd v. Honeywell Control Systems Ltd (No. 2) [2007] EWHC 447 (TCC) (06 March 2007); siehe aber Shepherd v. United States, 113 F. Supp. 648, 651–52 (Ct. Cl. 1953), wonach Anzeigepflichten in Bezug auf erschwerte Baugrundbedingungen im Kostensenkungsinteresse des Staates liegen, so dass der Unternehmer seine Ansprüche nicht verliert, wenn er Anzeigefristen nicht einhält.

[239] Siehe zur Auslegung einer derartigen Klausel: National Insurance Property Development Co Ltd v. NH International (Carribean) Ltd, High Court of Trinidad and Tobago, Urteil vom 21.10. 2009 (Claim No CV2008-04881), IBR 2010 -Hök.

erhält in solchen Fällen entweder nur die echten Kosten (erstattet), wobei die Vertragswerke häufig Gemeinkosten als Kosten verstehen. Gelegentlich wird ein Aufschlag bezahlt, der entweder als Gewinn bezeichnet wird, ohne ihn zu definieren, oder schlicht eine Pauschale umfasst. Die Existenz dieser Ansprüche hängt weitgehend von der Risikoverteilung im Vertrag ab. Ihre Natur ist vertraglich. Es handelt sich um gekürzte Ansprüche, die keine direkten Vorbilder in gesetzlichen Vorschriften oder Leitentscheidungen haben. Das Vertragswerk gewährt diese Ansprüche auch nur unter besonderen weiteren Voraussetzungen, die einer typischen angelsächsischen Betrachtungsweise entsprechen. Alle Ansprüche, die sich aus dem Vertrag oder in Verbindung mit dem Vertrag ergeben (wobei insofern schon die Verwendung des Begriffs Anspruchs anstatt des englischen Begriffs „Claim" irreführend ist) müssen in einem geordneten Verfahren geltend gemacht werden, ohne dessen Einhaltung die Existenz des Anspruches quasi undenkbar ist. Fristen, Beweisanforderungen, Substantiierungsgrade etc. sind Anspruchsvoraussetzungen und keine Ausschlussfristen. Ausgehend vom Begriff „Claim", der letztlich nur beschreibt, dass jemand ein Recht behauptet, vorgetragen oder angemeldet hat, jedoch noch nicht einschließt, dass ein solches Recht auch tatsächlich besteht, muss der Claim erst weitere Schritte durchlaufen, bevor er zum Recht erstarkt. Unter einem FIDIC-Vertrag ist diese Erstarkung erst abgeschlossen, sobald der Engineer (siehe Klausel 3 FIDIC) den Anspruch verfahrensgemäß gemäß Vertrag festgestellt hat.

Das internationale Claim Management umfasst nicht nur geldwerte Ansprüche. Auch **64**
das Bauzeitmanagement erfordert ein Claim Management. Die angelsächsische Vertragspraxis hat ein komplexes System zur Bauzeitverwaltung entwickelt, das in einem engen Kontext zum Thema Haftung für Bauzeitüberschreitung steht. Die angelsächsische Rechtsprechung erachtet Vertragsstrafeklauseln für unwirksam, weil sie sie für unbillig hält und es an einer Gegenleistung fehlt. Stattdessen wird in der angelsächsischen Praxis mit pauschalisierten Schadensersatzansprüchen (*Liquidated Damages*) für Bauzeitüberschreitung gearbeitet (vgl. Unterklausel 8.7 FIDIC 1999), wobei vorausgesetzt wird, dass die Pauschale auf einer (angemessenen) Schätzung des zukünftigen Schadens beruht, die bei Vertragsschluss vorgenommen wurde. Diese Ansprüche verwirkt der Unternehmer, wenn er die Bauzeit überschreitet, ohne dass es auf ein Verschulden ankäme. Gleichzeitig verstehen die angelsächsischen Gerichte die Vereinbarung einer Bauzeit als eine Art Leistung des Bestellers, der dem Unternehmer die vereinbarte Bauzeit effektiv zur Verfügung stellen muss[240]. Verkürzt der Besteller die Bauzeit, in dem er den eigenen Beitrag verspätet erbringt oder zusätzliche Leistungen verlangt, muss die Bauzeit verlängert werden, um den Verlust von Ansprüchen auf *Liquidated Damages* zu verhindern. Allerdings wird es weithin für hinreichend erachtet, dass der Vertrag ein effektives System zur Bauzeitverlängerung zur Verfügung stellt, das es grundsätzlich ausschließt, dass der Unternehmer in die Haftung für Bauzeitüberschreitung genommen werden kann, sofern der Besteller die Bauzeit verkürzt (z.B. durch eine Leistungsänderung) oder das Risiko einer Bauzeitverkürzung vertraglich übernommen hat (z.B. das Risiko unvorhergesehener Baugrundbedingungen).

2. Management-Ansatz. Das Claim Management ist naturbedingt eine Tätigkeit, in der **65**
juristische Kenntnisse hilfreich sind. Es kommt nicht unbedingt darauf an, vertiefte juristische Kenntnisse zu besitzen, sondern sich einen Denkansatz aufzuerlegen, der es

[240] Vgl. Wells v. Army & Navy Co-operative Society (1902) Hudson's Building Contracts, 4th ed. 346; siehe aber auch die Rechtsprechung in Südafrika: Group Five Building Ltd. v. Minister of Community Development (449/91) [1993] ZASCA 75; 1993 (3) SA 629 (AD) (28 May 1993).

erleichtert, die jeweiligen vertraglichen oder außervertraglichen Ansprüche aufzufinden und vertragsgerecht zu verfolgen. In der **ersten Stufe** ist der zu verfolgende Anspruch und das einzuhaltende Verfahren zu identifizieren. Hilfreich ist, sich über die unterschiedlichen Rechtsfolgen im Vertrag klar zu werden. Die meisten Bauverträge sehen Vertragspreisanpassungen, Ansprüche auf Kostenerstattung und zusätzlichen Gewinn, Schadensersatz und Bauzeitverlängerung vor, die in einem geordneten Verfahren geltend zu machen sind. Hat man die Rechtsfolge identifiziert, ist im **zweiten Schritt** im Vertrag eine Klausel zu suchen, die die begehrte Rechtsfolge regelt, sobald die in der Klausel beschriebenen Voraussetzungen vorliegen. Dabei sind **drittens** sämtliche Anspruchsvoraussetzungen aufzuklären, auch die verfahrensrechtlichen. Sämtliche Voraussetzungen sind anschließend vorzutragen und (möglichst mit Urkunden oder ähnlichen Beweismitteln) zu beweisen. Sämtliche Anforderungen an die im Vertrag geforderte anspruchsspezifische Dokumentation von Aufwand und Kosten sowie zusätzlicher Zeit sind fortwährend einzuhalten. Da die etablierten Ansprüche in einem geordneten Verfahren aufzuklären, zu begründen und einer Entscheidung zuzuführen sind, müssen die vorstehenden Aufgaben nach Maßgabe der vertraglichen Verfahrensanforderungen bewältigt werden. Eine Fristenkontrolle ist oftmals unvermeidlich. Der Unternehmer muss ein Management aufbauen, das in der Lage ist, die juristische Leistung im Verbund mit Ingenieurleistungen und Kalkulationsfachleuten zeitnah zu erbringen. Eingehende Informationen müssen laufend auf ihre Relevanz für das Claim Management geprüft werden. Der Vertragsadministrator (z.B. der FIDIC Engineer) muss seinerseits sämtliche Verfahrensschritte des Anspruchsprätendenten würdigen sowie den angemeldeten Anspruch inhaltlich prüfen.

§ 6 Internationales Architekten- und Ingenieurrecht

Schrifttum

Allery, Overseas Supply, London 2000; Glavinis, Le contrat international de construction, Paris 1993; Huet, Droit de l'architecture, Paris 2001; 304; Kartzke, Internationaler Erfüllungsgerichtsstand bei Bau- und Architektenverträgen, ZfBR 2994, 1; Korbion/Mantscheff/Vygen, HOAI, 6. Auflage, München 2004; Looschelders, Internationales Privatrecht, Heidelberg 2003; Murdoch/Hughes, Construction Contracts, 3. Auflage, London 2000; Reithmann/Martiny, Internationales Vertragsrecht, 7. Auflage, Köln 2010; Steinle, Konkludente Rechtswahl und objektive Anknüpfung nach altem und neuem deutschen Internationalen Vertragsrecht, ZVglRWiss 93 (1994); Thode/Wenner, Internationales Architekten- und Bauvertragsrecht, 1998; Le Tourneau, L'ingénierie, les transferts de technologie et de maîtrise industrielle, Paris 2003; Werner/Pastor, Bauprozess, 12. Auflage, Neuwied 2008; Wirtz, Architektenvertragsmuster – Ein neuer Weg, BauR 2003, 1121

Inhaltsübersicht

I. Einleitung

1. Der internationale Markt. Deutsche und europäische Architekturbüros spielen auf der internationalen Bühne eine eher untergeordnete Rolle. Führend sind US-amerikanische Firmen. Die Gründe hierfür liegen zum einen in der Struktur europäischer Architekturbüros zum anderen in der traditionell starken lokalen und nationalen Protektion der Architekten in Europa. Zwar existiert mittlerweile ein geöffneter europäischer Markt für Architektenleistungen, doch in dem traditionellen Tätigkeitsfeld der Genehmigungsplanung bestehen zahlreiche Zulassungsbeschränkungen für ausländische Architekten. In Frankreich ist das Berufsrecht im Gesetz vom 3. Januar 1977 geregelt[1]. Das Gesetz hat den französischen Architekten die Möglichkeit eröffnet, sich in Gesellschaften mit beschränkter Haftung zu assoziieren und angestellte Architekten zu beschäftigen[2]. In England ist lediglich die Berufsbezeichnung des Architekten geschützt[3]. Im Übrigen herrscht dort vollkommene Liberalität der Berufsausübung. Doch hat der Architekt wesentliche Aufgaben an die Zunft der **Quantity Surveyor** verloren[4]. 1

Die Internationale Vereinigung der Architekten (Union Internationale des Architectes-UIA) vereinigt 108 Länder und wurde im Jahre 1948 in Lausanne gegründet. Satzungsgemäß beschäftigt sich die UIA damit, die Beziehungen der Architekten untereinander zu vertiefen und einen intellektuellen, beruflichen und wissenschaftlichen Gedankenaustausch zu pflegen. 2

---

1 Vgl. § 36 127 ff., 132 f.
2 Huet, Droit de l'architecture, 586.
3 Vgl. § 50 136 ff.
4 Vgl. Huet, Droit de l'architecture, 587.

3 **2. Berufsausübungsbeschränkungen.** Die Ausübung des Architektenberufes im Ausland ist kein einfaches Unterfangen. Der Architekt steht zunächst vor der Frage, ob er seinen Beruf im Zielland überhaupt ausüben darf. Die diesbezügliche Handhabung ist international sehr unterschiedlich. Während in einigen Ländern keinerlei Berufsausübungsbeschränkungen existieren (z.B. in England), bestehen in anderen monopolartige Verhältnisse, die es ausländischen Architekten praktisch unmöglich machen, in ihrem angestammten Berufsfeld tätig zu werden (Frankreich, Belgien, Deutschland). Ferner sind die Rahmenbedingungen für die Berufsausübung von Land zu Land verschieden. Die planungsrechtlichen und bauordnungsrechtlichen Voraussetzungen müssen von Land zu Land aufgeklärt werden. Dabei erweist es sich schnell, dass die Planungsinstrumentarien, die Anzahl der einzuholenden Genehmigungen und mit den in Deutschland erlernten Denkstrukturen nur unzulänglich erschlossen werden können. Der ins Ausland strebende Architekt steht quasi vor einem beruflichen Neuanfang.

4 **3. Aufgabenstellung.** Es sollte von vorneherein nicht das Missverständnis aufkommen, das Internationale Architekten- und Ingenieurrecht erschöpfe sich in der Diskussion um den Internationalen Anwendungsbereich der **HOAI**. Denn auch die Aufgabenstellung an die Architekten und Ingenieure variiert von Land zu Land erheblich.

5 Vor allem in den Ländern des Common Law herrschen Design & Build-Verträge vor. Der ausschließlich planende Architekt oder Ingenieur ist nicht (mehr) gefragt. Er hat vielmehr seine Planung tatsächlich umzusetzen. Neue Vertragstypen haben sich heraus gebildet. Beim sog. **Management Contracting** übernimmt der Architekt oder Ingenieur alle Arbeiten mit dem Ziel, diese vermittels vollständiger eigenhändiger Vergabe bis zur Fertigstellung zu managen[5]. Auf gleicher Ebene beschäftigt der Bauherr weitere Architekten und Ingenieure mit spezifischen Planungs- und Überwachungsaufgaben. Beim **Construction Management** kontrahiert der Bauherr dagegen direkt mit allen wesentlichen Leistungserbringern[6]. Auf gleicher Ebene beschäftigt er allerdings einen **Construction Manager**. Allerdings wird die Terminologie uneinheitlich verwendet. Mischformen sind verbreitet. Es kommt die Übernahme von Teilleistungen zur Eigendurchführung und Subvergabe genau so vor wie die vollständige Übernahme aller Leistungen, so dass der Architekt oder Ingenieur als Generalunternehmer (entrepreneur général) auftritt[7]. Noch weitergehend sind Aufträge, die die schlüsselfertige Herstellung des Vorhabens zum Gegenstand haben[8]. Industrieanlagen werden gelegentlich sogar mit dem Zusatz „produits en main" oder „product in hand" vergeben[9]. Schließlich kann der Auftrag sogar die Abnahme des mit der Anlage herzustellenden Produkts durch den Auftraggeber bzw. eine Garantie für die Abnahme umfassen[10]. Zu den klassischen Consultant Aufgaben gehören nach wie vor das Projektmanagement, wenn gleich insoweit finanzstarke Bauunternehmen auf den Markt drängen, ferner die Bauüberwachung und spezielle Aufgaben wie die des **Quantity Surveyors**. Consultant Leistungen können sich erstrecken auf:

---

5 Mudoch/Hughes, Construction Contracts, 57.
6 Mudoch/Hughes, Construction Contracts, 71.
7 Cass.com., 07.06.1994, D. 1994, inf. rap. 182; vgl. Le Tourneau, L'ingénierie, les transferts de technologie et de maîtrise industrielle, Rn. 410.
8 Le Tourneau, L'ingénierie, les transferts de technologie et de maîtrise industrielle, Rn. 423.
9 Le Tourneau, L'ingénierie, les transferts de technologie et de maîtrise industrielle, Rn. 443.
10 Le Tourneau, L'ingénierie, les transferts de technologie et de maîtrise industrielle, Rn. 448.

Technische Assistenz bei der Umsetzung von Bauvorhaben: Sie umfasst typischerweise unter anderem die Verpflichtung sicherzustellen, dass das Vorhaben professionell, effizient und optimal koordiniert wird. Dazu gehört es, organisatorische Unterstützung in Bezug auf die Einhaltung der Bauzeit und die finanzielle Abwicklung zu geben. Ergänzend wird die Mitwirkung im täglichen Management und insbesondere beim Anspruchsmanagement geschuldet. Der Consultant soll schließlich als eine Art Bindeglied zwischen den bauüberwachenden Ingenieuren und oder Architekten, involvierten Unternehmern und deren Verantwortlichen mitwirken. Einzelne Leistungsbilder sind: 6

- Sicherstellung einer raschen und effizienten Umsetzung des Bauablaufprogramms in Übereinstimmung mit dem Vertrag und der technischen Beschreibung.
- Technische Beratung
- Überwachung der projektbezogenen Verträge und ihrer Abwicklung
- Kommunikation mit den verschiedenen Vertretern der Baubeteiligten
- Erstellung von Projektberichten
- Identifizierung von Projektrisiken

Typische Aufgabenfelder der technischen Assistenz folgen aus den projektspezifischen Risiken, die in dem Vertragswerk entweder beschrieben werden oder aber schlicht tatsächlich existieren, wie z.B. das Risiko von Kostensteigerungen und Budgetüberschreitungen, das Risiko von Bauzeitverlängerungen und eventueller Terminuntreue. Die Tätigkeit umfasst die Dokumentation des Bauablaufs und das Berichtswesen, die Überwachung der Bauzeit mit dem Ziel einer termingerechten Fertigstellung, die Budgetüberwachung mit dem Ziel der Budgeteinhaltung, die Qualitätsüberwachung mit dem Ziel hohe Qualitätsstandards zu erreichen, Überwachung des Personal- und Materialeinsatzes, Identifizierung von Risiken und Risikobewältigungsmaßnahmen, Überwachung der Vergaben und Einhaltung des Vergaberechts, Management von Ansprüchen und Assistenz in Streiterledigungsverfahren.

Eine derartige Aufgabenstellung geht zumeist mit einer allgemeinen Verpflichtung zu sorgfältigem, effizientem und ökonomischen Verhalten einher.

Bauüberwachung: Vertragswerke für Bauüberwachungsleistungen können z.B. folgende Formulierungen enthalten: 7

Throughout the construction project, the consultant shall provide the General Administration of the other services in connection with the carrying out of the works.

Für Vorhaben, die nach FIDIC-Bauverträgen abgewickelt werden, haben sich zwischenzeitlich spezifische Leistungsbilder entwickelt. Sie umfassen, inter alia:

(1) Leistungen vor der Bauphase, wozu gehören:

   a. Genehmigung der Versicherungspolicen gemäß den Bedingungen des Bauvertrages
   b. Genehmigung des Qualitätssicherungsplans
   c. Unterstützung der Kommunikation zwischen den Baubeteiligten vor Beginn der Arbeiten, Teilnahme an vorbereitenden Baustellenbesprechungen, etc.
   d. Sicherstellen, dass Umweltschutzauflagen aus dem Vertragswerk eingehalten werden
   e. Sicherstellen, dass z.B. Planungen für die baubegleitende Wasserversorgung oder die baubegleitende Bewältigung des Verkehrsaufkommens erstellt werden

f. Mitwirken bei der Festlegung der Referenzpunkte und Höhen und Prüfung der Leistungen Dritter
g. Genehmigung der Herkunft von Materialien, die vom Unternehmer eingesetzt werden sollen

(2) Administration der Bauleistungsverträge, wozu gehören,

a. Finanzmanagement und wirtschaftliche Überwachung der Bauverträge
b. Fortwährende Verfolgung der unternehmerseitig zu erstellenden Bauablaufprogramme und des Cash-flow
c. Warnungen in Bezug auf Änderungen im geplanten Mittelabfluss
d. Aufmaßerstellung und Massenaufzeichnungen
e. Tägliches Berichtswesen in Bezug auf Baustellenereignisse
f. Führung eines Baustellentagebuchs
g. Monatliche Berechnung der ausgeführten Massen
h. Monatlicher Vergleich des tatsächlichen und geplanten Bauablaufs
i. Vorbereitung der Bescheinigungen für Abschlagszahlungen und Schlusszahlungen (Mitwirkung an Zahlungsfreigaben)

(3) Genehmigung der Bauablaufprogramme, Baumaterialien und Baumethoden, wozu gehören

a. Genehmigung der Baustelleneinrichtung
b. Genehmigung nicht dauerhaft importierter Ausrüstung
c. Genehmigung baubegleitenden Planungen, wie zum Verkehrswegeplanung und Wasserversorgungsmaßnahmen
d. Genehmigung von Subunternehmern
e. Genehmigung von SiGeKo
f. Genehmigung von Bauablaufprogrammen
g. Genehmigung der Absteckungen
h. Genehmigung von Betonierplänen etc.
i. Genehmigung von Muster für die Zahlungsabwicklung und anderer Dokumente, die für das Vertragsmanagement erforderlich sind
j. Genehmigung eventueller Planungsleistungen

(4) Unmittelbare Bauüberwachung und Überwachung des Baufortschritts

a. Inspektion der Arbeiten und Prüfung, ob die Leistungen mit den Spezifikationen und Zeichnungen übereinstimmen
b. Anordnung und Genehmigung von Tests in Bezug auf Materialien und Arbeiten
c. Kontrolle von verwendeten Materialien
d. Untersuchung auf Aufmaß von Arbeiten, die später nicht mehr geprüft und aufgemessen werden können
e. Tägliche Dokumentation von Baustellenereignissen und Baustellenfortschritten mit Aufmaß zum Zwecke der Zahlungsabwicklung
f. Prüfung und Anordnung von Beschleunigungsmaßnahmen
g. Einrichten eines wöchentlichen/monatlichen Berichtswesens
h. Teilnahme an öffentlich-rechtlichen Baustellenbesichtigungen
i. Vornahme von vorläufigen Abnahmen
j. Berechnung von Schadensersatzansprüchen für Bauzeitüberschreitung
k. Überwachung und Inspektion der Arbeiten während der Mängelanzeigefrist
l. Überprüfung und Genehmigung des Qualitätssicherungssystems

m. Prüfung und Entscheidung über Claims bzw. Vorbereitung von diesbezüglichen Entscheidungsvorschlägen
n. Überwachung der Einhaltung aller Regeln zur Baustellensicherheit
o. Erteilung der Abnahmebescheinigung
p. Prüfung von Bestands- und Revisionsplänen

(5) Technische Mitwirkung während der Bauphase, namentlich

Prüfung von Planungsvorschlägen des Unternehmers im Rahmen von Leistungsänderungen oder zur Vorbereitung von Leistungsänderungen

(6) Vorbereitung der abschließenden Berichte

Derartige Leistungen werden üblicherweise auf der Grundlage des FIDIC White Book vergeben, wobei es allerdings zahllose hybride Formen dieses Vertragswerkes gibt. Üblicherweise werden für diese Leistungen Pauschalpreise ausbedungen. Das Vertragswerk sieht basierend auf der Ausschreibung Präsenzpflichten für spezielle Leistungserbringer vor, wie z.B. den im Vertrag benannten Engineer und den Spezialisten für das Vertragsmanagement.

Projektmanagement: Projektmanager verstehen ihre Aufgabe zumeist darin, ein Be- 8
richtswesen zu organisieren, ohne Entscheidungskompetenzen und -verantwortung zu übernehmen. Typischerweise umfassen die Leistungen eines Projektmanagers eine Projektanalyse, die Planungssteuerung und die Auswahl des Projektteams, den Aufbau einer Organisationsstruktur, die Steuerung des Finanzierungsprozesses und der Budgetbildung, die Steuerung der Vergabephase einschließlich Angebotsanalyse, die Mitwirkung bei der Vertragsadministration und die Koordinierung des Berichtswesens. Im Einzelnen lassen sich folgende Leistungen identifizieren:

- Einrichtung eines Berichtswesen und Entwickeln von Berichtsanforderungen für die Beziehung zwischen dem Besteller und den Beratern.
- Beteiligung an der Auswahl des Baugrundes, an der Entscheidung über die Vergabeform (z.B. Design, Bid, Build oder Design & Build) und Einrichtung einer Vertretung des Bauherrn
- Mitwirkung an der Auswahl und Verpflichtung des Beraterteams
- Managen und koordinieren aller Berater
- Entwicklung und Management des genehmigten Bauablaufprogramms und Budgets
- Überprüfung und Ergänzung der Projektziele
- Abliefern regelmäßiger Berichte und Ausarbeitung von Vorschlägen
- Leiten von Businessplanstudien
- Vorbereiten, managen, koordinieren und sicherstellen von Vertragsdokumenten
- Bewertung von Angeboten und Erarbeitung von Vergabevorschlägen
- Sicherstellen eines geeigneten Qualitätssicherungssystems einschließlich nachhaltiger Baustellenbesprechungen und Risikomanagementvorkehrungen
- Vertretung des Bestellers als Überwacher
- Management der Inbetriebnahme
- Überprüfung von Berichtswesen in Bezug auf Leistungsparameter
- Übernahme der Berichterstattung und Schlussbewertung nach Inbetriebnahme (zumeist 12 Monate nach Inbetriebnahme)

Standardverträge für solche Leistungen haben etwa die Association for Project Management als „Standard Terms for the Appointment of a Project Manager“ oder die Association of Construction Project Managers als „Client/Project Manager Agreement" (Oktober 2001) herausgegeben. Letztere regeln in typischer Weise: „The Project Manager shall exercise reasonable skill, care and diligence in providing the Scope of Services (Unterklausel 3.2)", was bedeutet, dass er lediglich für Fahrlässigkeit einzustehen hat, wenn nicht die Natur des Vertrages einen anderen Haftungsstandard vorgibt.

9 Kaum eine Aufgabe nimmt der Projektmanager selbst wahr. In der Regel übt er sie zusammen mit einem direkt Verantwortlichen (Architekt, Quantity Surveyor oder Fachplaner) aus, der ihm berichten muss. Sämtliche Projektbeteiligten berichten folglich dem Projektmanager. Projektbeteiligte sind auf der Planungs- und Managementebene häufig Quantity Surveyor, Planer, Fachplaner, Finanzierungsspezialisten, Projektsteuerer, Vermietungs- und Vermarktungsspezialisten etc. Eine solche Organisationsstruktur geht vielfach an den Bedürfnissen für ein effektives und dem Bauvertrag angemessenes Management vorbei. Der im Bauvertrag vorgesehene Vertragsadministrator, der gemäß Bauvertrag die Aufgaben der Bewertung von Leistungen und Leistungsständen, der Anordnung von Leistungsänderungen und der Feststellung bzw. Bewertung und Festlegung ihrer Folgen sowie auch die Aufgabe der Beurteilung von Ansprüchen, die sich aus dem Vertrag und in Verbindung mit dem Vertrag ergeben, übernimmt, wird faktisch zum Weisungsempfänger einer Vielzahl von Beratern, ohne echte eigene Entscheidungsspielräume, obgleich er formal für alle vorstehend aufgelisteten Aufgaben verantwortlich ist und haftbar gemacht werden kann. Der Projektmanager weigert sich in der Praxis häufig, die formale Verantwortung als Vertragsadministrator (Engineer nach FIDIC oder Project Manager nach NEC3) zu übernehmen. Seine einzige wirklich werthaltige Aufgabe liegt darin, Fehler der anderen Projektbeteiligten aufzudecken und Beweise zu sichern. Eine echte Leistungskoordination erfolgt im Zweifel nicht.

10 **Quantity Survey**: Üblicherweise ist der Quantity Surveyor verantwortlich für:

- Kostenmanagement und -kontrolle
- Kostenschätzung einschließlich der Vorbereitung von Massenverzeichnissen
- Unabhängige Prüfung der Ingenieurkostenschätzungen
- Kostenplanung und Gewährleistung, dass sich die Vorangebotsschätzung innerhalb des genehmigten Budgets bewegt
- Überwachung der finanziellen Entwicklung einschließlich der Leistungsänderungen und der Kosten für Unvorhergesehenes
- Identifizierung der möglichen Verbindlichkeiten (bei Fertigstellung)
- Mitwirkung an der Projektauswertung nach Fertigstellung

11 Auf dem internationalen Parkett fallen häufig auch Fragen des Grundstücksrechts in Aufgabenbereich der Architekten und Ingenieure[11]. Zudem müssen inländische Architekten und Ingenieure lernen, dass ihre Vergütung exakt kalkuliert und verhandelt werden muss, da die HOAI praktisch nicht durchsetzbar ist. Statt dessen kommen u.a. Honorare in Form einer prozentualen Beteiligung an den Baukosten[12], in Form des Systems „cost plus fee", in Form von Pauschalpreisen oder in Form einer Vergütung, die sich an der errichteten Geschossfläche orientiert[13]. Schließlich sind die Haftungssysteme in den verschiedenen Staaten grundverschieden.

---

[11] Vgl. Huet, Droit de l'architecture, 637.
[12] Vgl. Guidelines Selection and employment of consultants by World Bank Borrowers, Rn. 4.4.
[13] Vgl. Huet, Droit de l'architecture, 637, 638.

Das Berufsbild der Ingenieure wird von jeher weniger dogmatisch betrachtet, als das der Architekten. Wettbewerb ist den Ingenieuren weltweit geläufig, weil sie unter keinen expliziten Protektionismus fallen. Gleichwohl unterscheiden sich die Aufgabenstellungen und Herangehensweisen für Architekten und Ingenieure international ganz erheblich. Aus englischer Sicht erfüllen Architekten und Ingenieure ihre Aufgabe entweder als Beauftragter des Bauherren oder als Vertragsadministrator mit einer eigenen beruflichen Meinung, die sie auf der Gurndlage der vertraglichen Vorgaben zu fassen haben. In letzterem Falle wird die Rolle des Architekten oder Ingenieurs sinngemäß wie folgt beschrieben[14]: 12

„Der Bauherr und der Unternehmer sollen ihren Vertrag mit dem Verständnis schließen, dass der Architekt oder Ingenieur in allen diesbezüglichen Angelegenheiten in einer fairen und unparteiischen Weise handelt und dass es deshalb dem Vertrag zwischen dem Bauherrn und dem Architekten oder Ingenieur innewohnen muss, dass dieser nicht nur mit der gebührenden Sorgfalt und Fertigkeit sondern dass er solche Entscheidungen fair treffen soll, so dass die Balance zwischen seinem Kunden und dem Unternehmer gewahrt bleibt.“

Damit verpflichten sich Architekten und Ingenieure, in Übereinstimmung mit dem Bauvertrag tätig zu werden[15]. Andererseits kann sich der Architekt oder Ingenieur im Verhältnis zum Bauherrn nicht auf den Bauvertrag berufen, dessen Partei er nicht ist[16]. In dieser etwas konfliktträchtigen Aufgabenstellung und mit dieser Grundeinstellung werden Architekten und Ingenieure im Common Law-Bereich eingesetzt (vgl. ICE–Verträge, AIA-Verträge, NEC3-Verträge, MF/1-Verträge oder auch FIDIC-Verträge). Die Bezeichnungen, unter denen die Berufsträger tätig werden, variieren von Vertrag zu Vertrag. In den FIDIC-Vertragswerken ist es entweder der Employer's Representative (Silver Book, Gold Book) oder der Engineer (Red Book, Yellow Book); in AIA Verträgen ist es entweder der *Architect* oder neuerdings *der Initial Decision Maker*[17]. 13

Anhaltspunkte für die international übliche Vertragspraxis ergeben sich aus den Guidelines der Weltbank für „Selection and employment of consultants by World Bank Borrowers“ und aus den dazugehörigen von der Weltbank empfohlenen Vertragsbedingungen. Zu den in den Guidelines erwähnten „Consultants“ gehören auch Architekten und Ingenieure[18]. Zu ihren Leistungsbildern gehören die oben unter Rn. 5b aufgelisteten Aufgaben. 14

4. Der Charakter der Leistungen. Architekten und Ingenieure sind nicht immer austauschbar. Verfügen sie über spezifisches Fachwissen, sind ihre Leistungen als höchstpersönlich (**intuitu personae**) zu qualifizieren[19]. Dies kann Auswirkungen auf die Haftung der Mitglieder einer Arbeitsgemeinschaft, die Abtretbarkeit von Forderungen aus solchen Verträgen sowie die Möglichkeit zur Vergabe von Subaufträgen haben[20]. In der Praxis kommen häufig spezielle Klauseln vor, die die Subvergabe und die Abtretung an besondere Genehmigungen knüpfen[21]. 15

---

14 Sutcliffe v. Thackrah [1974] 727, 737.
15 Glavinis, Le contrat international de construction, Rn. 479.
16 Glavinis, Le contrat international de construction, Rn. 479.
17 Siehe Brunder ICLR 2010, 375.
18 Vgl. http://www.worldbank.org.
19 Le Tourneau, L'ingénierie, les transferts de technologie et de maîtrise industrielle, Rn. 11.
20 Le Tourneau, L'ingénierie, les transferts de technologie et de maîtrise industrielle, Rn. 11, 515.
21 Le Tourneau, L'ingénierie, les transferts de technologie et de maîtrise industrielle, Rn. 11.

II. Anwendbares Recht

16 Die Parteien eines Architektenvertrages können das anwendbare Recht entweder frei wählen (Art. 27 EGBGB, Art. 3 Rom I) oder die Rechtswahl offen lassen[22]. Dann ergibt sich das Vertragsstatut aus Art. 28 EGBGB a.F. oder Art. 4 Rom I.

17 **1. Die Rechtswahl kann entweder ausdrücklich oder stillschweigend erfolgen.** **a. Ausdrückliche Rechtswahl.** Rechtswahlvereinbarungen sind weitgehend unproblematisch. Es reicht aus, dass die Parteien auf ein bestimmtes Recht Bezug nehmen und es vereinbaren. Sie können das anwendbare Recht auch erst nachträglich vereinbaren oder abändern[23]. Die Auslegung der Abänderungsvereinbarung kann allerdings ergeben, dass die Abänderung nicht rückwirkend gewollt war. Dies führte im Fall einer Vereinbarung, die sachlich unter das SteuerberaterG fiel, dazu, dass das nach dem deutschen SteuerberaterG bestehende Verbot von Erfolgshonoraren nicht zur Anwendung kam. Insoweit wendete das Gericht das ursprüngliche (kuwaitische) Recht an[24]. Auf diese Weise ließe sich auch die Anwendbarkeit der HOAI verneinen, wenn die Parteien erst nachträglich das deutsche Recht vereinbaren. Andererseits legt die Entscheidung auch die Gefahren derartiger Nachtragsvereinbarungen offen, denn im Ergebnis wies das LG die Honorarklage ab, weil der Anspruch nach deutschem Recht verjährt war[25]. Die nachträgliche Rechtswahlvereinbarung war also im Ergebnis schädlich.

18 **b. Konkludente Rechtswahl.** Nach Art. 27 Abs. 1 S. 2 EGBGB a.F. ist für eine konkludente Rechtswahl erforderlich, dass sich die Rechtswahl „mit hinreichender Sicherheit aus den Bestimmungen des Vertrages oder aus den Umständen des Falles" ergibt. Welche Umstände hinreichende Indizien dafür sind, dass die Parteien stillschweigend eine Rechtswahl getroffen haben, hängt vor allem von der Zahl und der Bedeutung der relevanten Indizien ab[26]. Haben die Parteien des Architektenvertrages parallel einen zweiten Vertrag über Bauleistungen für das selbe Vorhaben abgeschlossen, ist das Vertragsstatut des zweiten Vertrages ein gewichtiges Indiz dafür, dass die Parteien des Architektenvertrages auch diesen Vertrag dem deutschen Vertragsrecht unterstellen wollten, jedenfalls sofern die Leistungen aufgrund beider Verträge für dasselbe Bauvorhaben in Deutschland erbracht werden sollen[27]. Dagegen ist die fehlende Vereinbarung der HOAI allenfalls von geringer indizieller Bedeutung für die Beurteilung einer konkludenten Rechtswahl, weil die HOAI nicht Gegenstand des Schuldstatuts im Sinne des Art. 32 Abs. 1 EGBGB a. F. ist[28]. Die HOAI gilt als zwingendes Preisrecht des öffentlichen Rechts unabhängig von einer Rechtswahl der Vertragsparteien[29]. Die Vereinbarung der deutschen technischen Regeln ist ein weiteres maßgebliches Indiz für die Wahl des deutschen Rechts, denn die deutschen technischen Vorschriften betreffen den Inhalt der von dem Architekten geschuldeten Leistung[30] und damit eine vom Schuldstatut

---

22 Reithmann/Martiny/Thode, Internationales Vertragsrecht, Rn. 1089.
23 LG Essen RIW 2001, 943 = IPRax 2002, 396 = IPRspr. 2001 Nr. 29.
24 LG Essen RIW 2001, 943 = IPRax 2002, 396 = IPRspr. 2001 Nr. 29.
25 LG Essen RIW 2001, 943 = IPRax 2002, 396 = IPRspr. 2001 Nr. 29.
26 Reithmann/Martiny/Thode, Internationales Vertragsrecht, Rn. 1089; Steinle, ZVglRWiss 93 (1994), 300, 310.
27 BGH NJW 2001, 1936 = MDR 2001, 686 = BauR 2001, 979 = ZfBR 2001, 309 = NZBau 2001, 333.
28 BGH NJW 2001, 1936 = MDR 2001, 686 = BauR 2001, 979 = ZfBR 2001, 309 = NZBau 2001, 333.
29 BGHZ 154, 110 = BGH ZfBR 2003, 367 = BGH MDR 2003, 683 mit Anm. Hök BauRB 2003, 76; Thode/Wenner, Internationales Architekten- und Bauvertragsrecht, Rn. 90.
30 Reithmann/Martiny/Thode, Internationales Vertragsrecht, Rn. 1094.

erfasste Frage[31]. Von untergeordneter Bedeutung sind der Abschlussort und die vereinbarte Währung der Vergütung[32].

2. Hypothetischer Parteiwille. Lässt sich ein übereinstimmender Parteiwille nicht feststellen, darf nicht auf den sog. hypothetischen Parteiwillen oder den Erfüllungsort rekurriert werden[33], so wie dies vor 1986 der Fall war[34]. Maßgeblich ist allein, welches Recht nach Art. 28 EGBGB a.F. berufen ist. Zu prüfen ist, mit welchem Recht der Architektenvertrag die engsten Beziehungen hat (Art. 28 Abs. 2 EGBGB). Das ist aus deutscher Sicht in der Regel das Recht des Staates, in dem der Architekt seinen Sitz hat[35]. Wenn also ein ausländischer Architekt mit der Planung eines Bauvorhabens in Deutschland beauftragt wird, findet auf den Vertrag im Zweifel das am Sitz des Architekten geltende Schuldrecht Anwendung[36]. Allerdings kann trotzdem die HOAI einschlägig sein[37]. Aus französischer Sicht hat der Architekten- und Ingenieurvertrag die engsten Beziehungen mit dem Ort der Baustelle[38]. Die Cour d'Appel Beyrouth hat auf einen Architektenvertrag zwischen einem libanesischen Auftraggeber und einem italienischen Architekten für ein Vorhaben in Saudi Arabien libanesisches Recht angewendet[39]. 19

III. Zustandekommen des Vertrages

Das Zustandekommen eines Architektenvertrages richtet sich gemäß Art. 31 Abs. 1 EGBGB a.F. und Art. 10 Rom I nach dem voraussichtlichen Vertragsstatut des Architektenvertrages, d.h. die Voraussetzungen des Vertragsschlusses ergeben sich aus dem Recht, das anwendbar wäre, wenn ein Vertrag zustande gekommen wäre. 20

Beispiel: Die Parteien streiten darüber, ob der Architekt sein Angebot vor Vertragsschluss widerrufen durfte oder nicht. Nach deutschem Recht ist er zunächst gebunden (§§ 145, 147 BGB), nach englischem Recht nicht. Hat der Architekt seinen Sitz in England, kann er widerrufen, weil sein Recht anwendbar ist (Art. 28 Abs. 2 EGBGB, Art. 4 Abs. 1 Rom I).

Eine Ausnahmeregelung enthält Art. 31 Abs. 2 EGBGB (Art. 10 Abs. 2 Rom I) für solche Fälle, in denen das Zustandekommen des Vertrages davon abhängig ist, ob das Schweigen des anderen Vertragspartners als Annahme gewertet werden kann. Gelegentlich treten zu den allgemein bekannten und weltweit akzeptierten Grundsätzen des Vertragsschlusses (Angebot und Annahme) weitere Erfordernisse hinzu, wie z.B. die „consideration" nach common law[40]. In England fasst man unter den Begriff Bauvertrag auch Verträge über die Leistungen von Architekten und Ingenieuren, so dass der Architektenvertrag den Mindestinhalt des **Housing Act 1996** haben muss[41].

---

31 BGH NJW 2001, 1936 = MDR 2001, 686 = BauR 2001, 979 = ZfBR 2001, 309 = NZBau 2001, 333.
32 BGH NJW 2001, 1936 = MDR 2001, 686 = BauR 2001, 979 = ZfBR 2001, 309 = NZBau 2001, 333.
33 Reithmann/Martiny/Thode, Internationales Vertragsrecht, Rn. 1089.
34 OLG München BauR 1986, 242.
35 Reithmann/Martiny/Thode, Internationales Vertragsrecht, Rn. 1090.
36 OLG Brandenburg OLG-NL 2002, 3 = BauR 2002, 119.
37 BGHZ 154, 110 = BGH ZfBR 2003, 367 = BGH MDR 2003, 683 mit Anm. Hök, BauRB 2003, 76.
38 Glavinis, Le contrat international de construction, Rn. 644; Cass.civ., 15.06.1982, JDI 1983, 602.
39 CA Beyrouth, 04.07.1967, JDI 1972, 92 zitiert nach Glavinis, Le contrat international de construction, Rn. 645.
40 Allery, Overseas Supply and Installation Contracts, Rn. 6-06; vgl. hierzu auch § 50 7.
41 Vgl. dazu § 50 76, 124.

21 In Deutschland bedürfen Architekten- und Ingenieurverträge wegen § 7 HOAI (2009) der Schriftform. Mangels Schriftform ist die Vereinbarung nichtig[42]. Trotzdem wird der Architekten- oder Ingenieurvertrag als wirksam behandelt, mit der Maßgabe, dass dann die Mindestsätze nach der HOAI vereinbart sind[43]. In Fällen mit Auslandsbezug richtet sich nach Art. 11 EGBGB, welche Formvorschriften zu beachten sind. Gemäß Art. 11 Abs. 1 EGBGB muss entweder die Form der lex cause oder die Form des Staates erfüllen, in dem das Geschäft vorgenommen wird. Bei Distanzgeschäften genügt (Art. 11 Abs. 2 EGBGB), dass alternativ die Formerfordernisse eines Ortsrechts erfüllt sind[44]. Bedarf daher der Vertrag entweder am Sitz des Auftraggebers oder am Sitz des Auftragnehmers keiner Form, ist er wirksam[45]. Das Formerfordernis aus § 4 HOAI bezweckt vor allem die Sicherung der Rechtsklarheit[46]. Doch soll die Formvorschrift der HOAI daneben auch die Begrenzung des Preisanstiegs absichern helfen[47]. Diese besondere Zielrichtung der HOAI kann jedoch im Lichte des Art. 11 EGBGB nur untergeordnete Bedeutung erlangen, denn Art. 11 EGBGB soll das Formrisiko im internationalen Geschäftsverkehr minimieren[48]. Dass die HOAI im Übrigen (d.h. preisrechtlich) gesondert anzuknüpfen ist, ist in Ansehung der Form nach hiesiger Auffassung unbeachtlich.

IV. Wirksamkeit des Architektenvertrages

22 Die Wirksamkeit des Architektenvertrages beurteilt sich ebenfalls nach dem Vertragsstatut (Art. 31 Abs. 1 EGBGB a.F.). Zu denken ist insoweit vor allem an Bedingungen, Befristungen, Widerrufsrechte sowie an Regelungen zur Sittenwidrigkeit und Rechtswidrigkeit von Verträgen[49]. Insbesondere Widerrufsvorbehalte sind gelegentlich bedeutsam, weil sie etwa bei Baumaßnahmen in Frankreich zwingender Bestandteil des Bauvertrages sein können[50]. Zunehmend bedeutsam sind Regelungen, die die Korruption sanktionieren. Verträge, die dazu dienen, einen Beamten zu bestechen, sind z.B. nach Common Law nichtig[51]. Teilweise sind auch Vereinbarungen, die eine Verpflichtung zur Verhandlungsführung enthalten problematisch. Solche Klauseln (*subject to negotiation in good faith, or subject to mutual agreement*) kommen in der Praxis häufig vor, wenn und weil sich die Parteien bei Vertragsschluss nicht über alle Aspekte einigen wollten oder konnten. Das Common Law erkennt solche Verpflichtungen nicht generell an[52].

V. Inhalt des Architektenvertrages

23 Der ausdrückliche Inhalt des Architektenvertrages wird von den Regelungen des Vertragsstatutes überlagert. Zwingendes Recht kann der Vertrag ohnehin nicht abändern. Dispositives Recht greift lückenfüllend. Aus deutscher Sicht entscheidet das Schuldstatut auch darüber, ob der Architekt technische Standards einhalten muss, die, obwohl im Baustellenrecht nicht zwingend vorgeschrieben, am Baustellenort üblicherweise beach-

42 BGH BauR 1989, 222; BGH BauR 1985, 582; OLG Stuttgart BauR 1981, 404.
43 Korbion/Mantscheff/Vygen, HOAI, § 4 Rn. 20.
44 Looschelders, IPR, Art. 11 Rn. 27.
45 BGHZ 121, 224, 235; Looschelders, IPR, Art. 11 Rn. 27.
46 Korbion/Mantscheff/Vygen, HOAI, § 4 Rn. 8.
47 Korbion/Mantscheff/Vygen, HOAI, § 4 Rn. 8.
48 Looschelders, IPR, Art. 11 Rn. 16.
49 Looschelders, IPR, Art. 31 Rn. 6.
50 Z.B. Finanzierungsbedingung des französischen Code de la Consommation: siehe § 36 134.
51 Lord Major of Dublin v. Hayes [1876] 10 IRCL 226.
52 Allery, Overseas Supply and Installation Contracts, Rn. 6-11.

tet werden[53]. Solche Regelungen gehören zum Vertragsinhalt[54]. Zwingende technische Vorschriften des Baustellenortes sind dagegen über das Baustellenrecht zu beachten[55]. Insoweit hilft ggf. Art. 34 EGBGB a.F.[56].

Von besonderer Bedeutung ist der Umfang der Verantwortung, die der Architekt oder Ingenieur auf der Baustelle übernimmt. Die französische Cour de Cassation hat z.B. entschieden, dass der Architekt dem Bauherrn für Schäden verantwortlich ist, die von Subunternehmern des Generalunternehmers verursacht werden. Der Architekt hatte eingewendet, die schadensträchtigen Arbeiten seien von einem Subunternehmer ausgeführt worden, die nicht seiner Überwachungsaufgabe unterfielen[57]. Insoweit sei allein der Generalunternehmer zur Verantwortung zu ziehen. Die Cour de Cassation entschied, dass der Architekt nicht von seiner Überwachungspflicht in Bezug auf das Vorhaben dadurch befreit war, dass der Generalunternehmer Subunternehmer einsetzte[58]. Unzweifelhaft fallen derartige Fragen unter das Vertragsstatut, so dass der deutsche Architekt oder Ingenieur bei Anwendbarkeit des französischen Rechts die Gesamtverantwortung übernimmt. 24

VI. Preisrecht

Schrifttum

Hök, HOAI; Preisbindung im Geschäft mit Auslandsberührung, BauRB 2003, 76; Hök, Zur Preisautonomie bei Architekten- und Ingenieurleistungen mit und ohne Auslandsberührung, BauR 2002, 1471; Quack, Europarecht und HOAI, ZfBR 2003, 419; Wenner, Internationales Kollisionsrecht der HOAI und EG-rechtliche Folgen, ZfBR 2003, 421

Im internationalen Wettbewerb um Architekten- und Ingenieuraufträge sind für die Praxis Orientierungslinien wichtig. In Deutschland übernimmt diese Aufgabe die HOAI. Die HOAI ist nicht allein deshalb anwendbar, weil deutsches Recht vereinbart wird oder ex lege anzuwenden ist[59]. Anderseits kann sie anzuwenden sein, wenn ausländisches Recht Vertragsstatut ist. Wann aber gilt nun die HOAI, wenn sie nicht vereinbart wird? Das war bis zum Inkrafttreten der HOAI 2009 unklar. Der BGH[60] vertrat, die HOAI sei nicht Gegenstand des Vertragsstatuts, sondern sie gelte als zwingendes Preisrecht des öffentlichen Rechts unabhängig von einer Rechtswahl der Vertragsparteien[61]. 25

Allerdings ist diese Betrachtungsweise unscharf und wenig lösungsorientiert. Der BGH wendete die HOAI 2002 an, wenn Leistungen für ein inländisches Bauvorhaben erbracht wurden. Gilt dies aber auch für den Fall, dass der Bauherr und der Architekt im Ausland ansässig sind? Was ist mit den inländischen Architekten und Ingenieuren, die im Ausland tätig werden wollen? Es wird deutlich, dass der BGH Fragen offen ließ.

---

53 A.A. wohl Münchener Kommentar/Martiny, BGB, 4. Auflage, Art. 28 EGBGB Rn. 155, der insoweit eine Anknüpfung über Art. 32 Abs. 2 EGBGB a.F. empfiehlt.

54 Reithmann/Martiny/Thode, Internationales Vertragsrecht, Rn 1094.

55 Münchener Kommentar/Martiny, BGB, 4. Auflage, Art. 28 EGBGB Rn. 193; Reithmann/Martiny/Thode, Internationales Vertragsrecht, Rn 1094.

56 Münchener Kommentar/Martiny, BGB, 4. Auflage, Art. 28 EGBGB Rn. 193; Reithmann/Martiny/Thode, Internationales Vertragsrecht, Rn 1094.

57 Glavinis, Le contrat international de construction, Rn. 479.

58 Cass.civ., 25.10.1977, Bull.civ. 1977 III n° 352.

59 BGH ZfBR 2003, 367 = BGHZ 154, 110 = BGH MDR 2003, 683 mit Anm. Hök, BauRB 2003, 76, zustimmend Wenner ZfBR 2003, 421, 422.

60 BGH ZfBR 2001, 309–310; BGH ZfBR 2003, 367 = BGHZ 154, 110 = BGH MDR 2003, 683 mit Anm. Hök, BauRB 2003, 76.

61 Thode/Wenner, Internationales Architekten- und Bauvertragsrecht, Rn. 90.

26 Dies liegt daran, dass der BGH nur eine Einzelfallentscheidung zu fällen hatte. Fraglich ist, ob die vorbenannte Entscheidung verallgemeinerungsfähig ist. Dem BGH ist beizupflichten, dass Art. 34 EGBGB a.F. keine Kollisionsregel enthält und dass eine solche für die HOAI zu entwickeln ist[62]. Der BGH hat aber lediglich eine **einseitige** Kollisionsregel formuliert, der zufolge die Mindestsatzregel für Leistungen gilt, die für ein im Inland gelegenes Bauwerk erbracht werden. Wäre der Satz als **allseitige** Kollisionsregel zu verstehen, die an die Lage des Bauwerks anknüpft, bestünde für die inländischen Architekten und Ingenieure im Wettbewerb um im Ausland belegene Aufträge keine Bindung an die HOAI mehr. Dass der BGH seine Rechtsprechung so konsequent weiterentwickeln wird, ist zu bezweifeln, weil er die HOAI auch als Regelung der Berufstätigkeit der Architekten und Ingenieure versteht und die Verletzung der HOAI berufsrechtlich geahndet werden kann[63]. Zu bezweifeln ist jedoch, dass die einseitige Kollisionsregel des BGH praktisch durchsetzbar ist. So mag zwar ein Interesse daran bestehen, dass Architekten- und Ingenieurleistungen für inländische Bauvorhaben der HOAI unterliegen, doch dürfte sich die HOAI nicht durchsetzen lassen, wenn die Vertragsparteien im Ausland ansässig sind, insbesondere nicht vor ausländischen Gerichten. Vorzuziehen ist deshalb eine **marktorientierte** Anknüpfung der HOAI[64]. Eine derartige Anknüpfung führt dann zur Anwendbarkeit der HOAI, wenn sich der Auftrag spürbar auf den Inlandsmarkt für Architektenleistungen auswirkt. Keine spürbare Marktwirkung hätten Aufträge, die von deutschen Auftraggebern im Ausland vergeben werden oder solche eines ausländischen Auftraggebers an einen ausländischen Architekten in Bezug auf ein inländisches Bauvorhaben. Ähnliche Ansätze sind im Berufsrecht der Rechtsanwaltschaft vorhanden. Um einen lückenlosen Schutz der Rechtssuchenden sicherzustellen, ist es nach Auffassung des OLG Stuttgart[65] grundsätzlich erforderlich, die Tätigkeit von ausländischen Rechtsberatern im Inland den Regelungen des Rechtsberatungsgesetzes zu unterwerfen. Dies gilt auch dann, wenn im Geltungsbereich des Gesetzes keine Niederlassung oder Zweigstelle unterhalten wird. Für die Anwendung des Rechtsberatungsgesetzes besteht jedoch dann keine Veranlassung, wenn sich der (Wohn-)Sitz des die Beratung oder Besorgung in Anspruch nehmenden Mandanten ebenfalls im Ausland befindet.

27 Die neuere BGH-Rechtsprechung[66] machte darauf aufmerksam, dass die BGH Rechtsprechung (bzw. die HOAI) europarechtswidrig sein könnte[67]. Immerhin führte die BGH-Rechtsprechung dazu, dass ausländische Architekten und Ingenieure, die an Inlandsvorhaben beteiligt sind, zwingend der HOAI unterlagen, auch wenn Vertragsstatut ausländisches Recht war[68]. Die Dienstleistungsrichtlinie 2006/123/EG verbietet es, Architekten und Ingenieuren mit (ausschließlichem) Sitz im Ausland die Anwendung der HOAI vorzuschreiben. Die VKR (Vergabekoordinierungsrichtlinie 2004) sieht vor, dass bei öffentlichen Dienstleistungsaufträgen die Zuschlagskriterien nicht die Anwendung nationaler Bestimmungen beeinträchtigen dürfen, die die Vergütung bestimmter Dienstleistungen, wie beispielsweise die Vergütung von Architekten, Ingenieuren und Rechtsanwälten, regeln[69]. Das scheint darauf hinzudeuten, dass man in Brüssel lokales Preisrecht respektieren will.

---

62 So auch Wenner ZfBR 2003, 421, 422.
63 BVerwG NJW-RR 1999, 1542–1543.
64 Eingehend Hök, BauR 2002, 1471 ff.
65 OLGR Stuttgart 2001, 204–206.
66 BGHZ 154, 110 = BGH ZfBR 2003, 367, 368.
67 Zur Verfassungsmäßigkeit der HOAI siehe BVerfGE vom 26.9. 2005, – 1 BvR 82/03.
68 Vgl. BGHZ 154, 110 = BGH ZfBR 2003, 367.
69 Vgl. Erwägungsgrund Nr. 47 der VKR.

Präzisierungen finden sich in der EuGH Rechtsprechung. [Gebührenordnungen, die sich auf das gesamte Hoheitsgebiet eines Mitgliedstaats erstreckt, im Sinne von Art. 81 Abs. 1 EGV zur Beeinträchtigung des Handels zwischen Mitgliedstaaten geeignet ist[70].] Allerdings läuft es nach Auffassung des EuGH den Art. 10 EGV, 81 EGV und 82 EGV nicht zuwider, wenn ein Mitgliedstaat eine Norm erlässt, die auf der Grundlage eines von einer berufsständischen Vertretung [von Rechtsanwälten] erarbeiteten Vorschlags eine Gebührenordnung genehmigt, die eine Mindestgrenze für die Honorare der Mitglieder der Rechtsanwaltschaft festlegt, von der grundsätzlich ebenso wenig bei Leistungen, die diesen Mitgliedern vorbehalten sind, wie bei Leistungen abgewichen werden kann, die, wie außergerichtliche Dienstleistungen, auch von jedem anderen, der genannten Gebührenordnung nicht unterworfenen Wirtschaftsteilnehmer erbracht werden können[71]. Das Verbot, durch Vereinbarung von den durch die Gebührenordnung festgesetzten Mindesthonoraren abzuweichen, kann den Zugang von in einem anderen Mitgliedstaat niedergelassenen Marktteilnehmern für Dienstleistungen erschweren und ist somit nach Auffassung des EuGH geeignet, die Ausübung ihrer Dienstleistungstätigkeiten in diesem Mitgliedstaat zu beschränken. Dem EuGH stellt sich folglich dieses Verbot als eine Beschränkung im Sinne von Art. 49 EGV dar. Ein derartiges Verbot kann jedoch gerechtfertigt sein, wenn es zwingenden Gründen des Allgemeinwohls entspricht, geeignet ist, die Verwirklichung des mit ihm verfolgten Zieles zu gewährleisten, und nicht über das hinausgeht, was zur Erreichung dieses Zieles erforderlich ist. Aus Sicht des EuGH können allerdings hohe Mindesthonorare die Mitglieder des Berufsstands nicht davon abhalten, minderwertige Dienstleistungen zu erbringen, obwohl nicht von vornherein ausgeschlossen werden kann, dass solche Honorare helfen, einen Konkurrenzkampf zwischen Marktteilnehmern zu vermeiden, der zu Billigangeboten führen könnte, was das Risiko eines Verfalls der Qualität der erbrachten Dienstleistungen zur Folge hätte[72].

Die **HOAI 2009** regelt ihren Anwendungsbereich europarechtskonform so: Diese Verordnung regelt die Berechnung der Entgelte für die Leistungen der Architekten und Architektinnen und der Ingenieure und Ingenieurinnen (Auftragnehmer oder Auftragnehmerinnen) mit Sitz im Inland, soweit die Leistungen durch diese Verordnung erfasst und vom Inland aus erbracht werden. Damit soll den europarechtlichen Bedenken Rechnung getragen werden. Gleichzeitig wird eine Inländerdiskriminierung hingenommen.

VII. Erfüllung

Gemäß Art. 32 Abs. 1 Nr. 2 EGBGB richtet sich die Frage der Erfüllung nach dem Vertragsstatut. Das Vertragsstatut bestimmt, was der Architekt und der Bauherr einander wechselseitig schulden[73]. Ob die Regeln der Technik und Baukunst des Baustellenlandes oder etwa jene am Sitz des ausführenden Unternehmens zu beachten sind, ist ebenfalls dem Vertragsstatut zu entnehmen[74]. Nach dem Vertragsstatut beurteilen sich auch Fragen nach der Schuldnermehrheit[75]. **28**

[70] Vgl. in diesem Sinne EuGH, Urt. v. 17.10. 1972, Vereeniging van Cementhandelaren/ Kommission, 8/ 72, Slg. 1972, 977, Rn. 29, vom 10. 12.1991 in der Rechtssache C-179/ 90, Merci convenzionali porto di Genova, Slg. 1991, I-5889, Rn. 14 und 15, sowie vom 19.2. 2002 in der Rechtssache C-35/ 99, Arduino, I-1529, Rn. 33 und vom 5.12.2006 in der Rechtssache C-94/04, Cipolla, Rn. 45.

[71] EuGH, Urt. v. 5.12.2006 in der Rechtssache C-94/04, Cipolla, Rn. 55.

[72] EuGH, Urt. v. 5.12.2006 in der Rechtssache C-94/04, Cipolla, Rn. 68.

[73] Thode/Wenner, Internationales Architekten- und Bauvertragsrecht, Rn. 341.

[74] Reithmann/Martiny/Thode, Internationales Vertragsrecht, Rn 1094.

[75] Looschelders, IPR, Art. 32 Rn. 10.

VIII. Leistungsstörungen

29 Das Thema der Leistungsstörungen wird gemäß Art. 32 Abs. 1 EGBGB ebenfalls nach dem Vertragsstatut abgehandelt. Lediglich hinsichtlich der Art und Weise der Leistungserfüllung verweist Art. 32 Abs. 2 EGBGB auf das Recht des Staates, in dem die Erfüllung erfolgt. Hierdurch soll den tatsächlichen Gegebenheiten im Erfüllungsstaat Rechnung getragen werden[76]. Unter der Art und Weise sind vor allem Öffnungszeiten, Feiertagsregelungen und Ähnliches zu verstehen[77]. Art. 32 Abs. 2 EGBGB erstreckt sich aber auch auf Maßnahmen im Falle einer **mangelhaften Erfüllung**, also auf etwa Rügepflichten und auf Aufbewahrungspflichten[78]. Das Ortsrecht kann also unter Umständen für die Fristenberechnung erhebliche Bedeutung haben. Die neuen Unidroit Principles (2004) wollen solche Probleme bewältigen, in dem sie Feiertage in die Fristenberechnung einbeziehen[79]. Die Mängelgewährleistung ist Teil der Vertragserfüllung und unterliegt mithin gemäß Art. 32 Abs. 1 EGBGB dem Vertragsstatut.

IX. Ergänzende Haftung

30 Architekten und Ingenieure stehen auf der Baustelle nicht nur in der vertraglichen Haftung. Der Architekt oder Ingenieur kann tendenziell von beteiligten Unternehmen, Baustellennachbarn, Mitarbeitern der beteiligten Unternehmen sowie unbeteiligten Dritten in Anspruch genommen werden, wenn er Schaden verursacht. Ihr Wirken muss sich ggf. an den außervertraglichen Sorgfalts- und Haftungsstandards messen lassen, die am Baustellenort gelten (Art. 40 EGBGB). Zwar steht der Architekt oder Ingenieur z.B. in keinem Vertragsverhältnis mit dem Generalunternehmer. Doch kann er ggf. außervertraglich in Anspruch genommen werden. In einigen Rechtsordnungen (z.B. Frankreich, Belgien) haftet der Architekt als Garant für die Solidität und die Konstruktion für die Dauer von 10 Jahren. Diese Haftung folgt aus dem örtlichen Recht und schlägt aufgrund des ordre-public-Charakters dieser Normen jedenfalls gegenüber dem deutschen Vertragsstatut durch, wenn die Baustelle etwa in Belgien oder Frankreich belegen ist.

X. Checkliste für Architekten- und Ingenieurverträge[80]

31 Folgende Checkliste kann bei Verhandlungen über Architekten- und Ingenieurverträge weiterhelfen:

- Honorarpauschalisierungen[81]
- Baugenehmigungsverfahren: Dauer, Umfang der Planungsvorlagen, etc.[82]
- Detaillierte Aufstellung der Anzahl und Art der geforderten Pläne und Studien
- Beabsichtigte Form der Vergabe der Bauausführungsleistungen[83]

---

76 Looschelders, IPR, Art. 32 Rn. 11.
77 Looschelders, IPR, Art. 32 Rn. 12.
78 Looschelders, IPR, Art. 32 Rn. 12.
79 Brödermann RIW 2004, 721, 732.
80 Vgl. auch Huet, Droit de l'architecture, 624.
81 Auftraggeber neigen dazu, das Honorar entweder vollständig oder teilweise zu pauschalisieren. Teilpauschaliserungen werden über sogenannte Deckelungen (ceilings) aufgenommen. In solchen Fällen erfolgt die Vergütung z.B.nach Mannstunden. Nach oben wird aber eine „Decke" eingeführt. Solche Teilpauschalen sind vor allem für die Bauüberwachung und vertragsadministrative Leistungen sehr gefährlich.
82 Die Verantwortung für die Erstellung von Planungsunterlagen für die Zwecke der Beantragung einer Baugenehmigung birgt erhebliche Risiken in sich. Die Planungstiefe sollte bei Angebotsabgabe klar definiert sein (ergibt sich aber häufig nur aus einer Verweisung auf das lokale Recht). Geklärt sollte auch sein, ob der Planer besondere persönliche Anforderungen erfüllen muss, damit er planvorlageberechtigt ist.

- Umfang der Bauüberwachungsleistung[84]
- Geltende Vorschriften, die es bei der Projektrealisierung zu beachten gilt
- Auskünfte bzgl. des Standortes der Grundstücke
- Datum der Zurverfügungstellung der Grundstücke
- Grundstückspläne
- Freizügigkeit (Zulassungsbeschränkungen)
- Telefon, Fax
- Wohnmöglichkeiten
- das auf die Verträge anwendbare Steuer- und Abgabenrecht
- Hermes-Deckung, falls erhältlich
- Notwendige und nützliche Versicherungen
- Übermittlung der Vergütung nach Deutschland/Devisentransfer
- Vertragsstrafen (Bauzeit, Baubudget)
- Diverse Garantien und Bürgschaften
- Zölle für Pläne und Projekte
- Haftungsgrenze[85]
- Abnahmevorgang
- Künstlerisches und gewerbliches Eigentum
- Überführung der Technik
- Vertrags-, Kommunikations und Gerichtssprache
- Anwendbares Recht
- Aufenthalts- und Arbeitserlaubnis
- Bedingungen der Planungsänderungen
- Zusätzliche Studien und Arbeiten
- Abtretung oder Vergabe des Vertrages an Subunternehmer
- Übernahme der Transportkosten
- Häufigkeit der Treffen vor Ort
- Inkrafttreten des Vertrages
- Festlegung der Schieds- bzw. Gerichtsbarkeit

XI. FIDIC White Book-Client-Consultant Model Services Agreement

Im internationalen Geschäft gibt es nicht sehr viele Standardverträge. Ein gebräuchliches Vertragsmuster ist das FIDIC White Book, 4. Auflage, 2006. 32

---

83 Art und Umfang der Planungsleistung von Architekten und Ingenieuren sind abhängig davon, wie die Bauausführung vergeben wird. Wird die Planung ganz oder Teilweise vom Unternehmer ausgeführt, sinkt der Planungsanteil des Architekten und/oder des Ingenieurs. Die Planungsschnittstelle sollte daher möglichst exakt definiert werden. Das gilt selbstverständlich auch für die Koordinierung von Architekten und Ingenieurleistungen sowie anderen Fachplanern.

84 Der Umfang dessen, was unter dem Titel Bauüberwachungsleistung zu erbringen ist, klärt sich häufig erst dann, wenn der Bauherr über zahlreiche Details entschieden hat: Es muss geklärt werden, (1) ob der Bauherr einen Generalübernehmer beschäftigen möchte oder nicht, (2) ob vergabebedingt Koordinierungsbedarf zwischen verschiedenen ausführenden Unternehmern besteht, (3) ob und welche Entscheidungskompetenzen beim Überwacher liegen (wobei sich solche Kompetenzen häufig aus dem vom Bauherrn verwendeten Bauvertragsmuster ergeben), (4) ob der verwendete Bauvertrag erfordert, dass der Überwacher auch noch nach Fertigstellung des Werkes Befugnisse ausüben soll, (5) ob der Überwacher kommerzielle Aufgaben wahrnehmen soll (Budgetüberwachung und Mittelbeantragung bei der finanzierenden Einrichtung).

85 Sie sollte auf die Versicherungsbedingungen abgestimmt werden.

In das Vorwort des FIDIC White Book hätte die Warnung oder der Hinweis aufgenommen werden können, dass in einigen Rechtsordnungen (z.B. in Deutschland, Italien) zwingendes Preisrecht existiert, das vertraglich nicht abbedungen werden kann. In vielen Ländern ist die Tätigkeitsaufnahme für Architekten und Ingenieure gesetzlich reglementiert. Wer für die Beschaffung der Genehmigung, Registrierung etc. verantwortlich sein soll, sollte daher genau festgelegt sein bzw. werden.

In einigen Ländern müssen Architekten und Ingenieure eine Berufshaftpflichtversicherung abschließen, in anderen nicht. Soweit dies der Fall ist, steigt ggf. die Begehrlichkeit Ansprüche gegen Consultants durchzusetzen, und zwar insbesondere dann, wenn der Consultant wie z.B. in Frankreich gesamtschuldnerisch für Fehler des Bauvorhabens haftet. Letzteres bedeutet, dass der ausführende Betrieb und der Consultant gemeinsam auf alles haften. Insbesondere in solchen Ländern, in denen die décennale gilt, wird häufig eine gesamtschuldnerische Haftung vorgesehen sein (vgl. Länderüberblick).

Es erscheint aus Sicht von Auftraggebern sinnvoll, Planungsleistungen und Überwachungsleistungen voneinander zu trennen. Planungsleistungen sind für sich genommen besser mit „due skill and care" zu erfüllen als Überwachungsleistungen, die dafür sorgen sollen, dass die Bauqualität stimmt. Für letzeres ist eher „*fit for purpose*" geeignet. Im Übrigen wird so auch in manchen Ländern (vgl. insbesondere Frankreich) differenziert. Wird der Consultant als Subunternehmer eines Design & Build Unternehmers tätig, muss er ggf. den Standard *fit for purpose* akzeptieren.

33 Die Leistungsbilder der Consultants variieren von Land zu Land. FIDIC hat kürzlich eigene Leistungsbilder für Planungsleistungen definiert.

Es könnte gelegentlich bezweifelt werden, dass das White Book optimal auf die Bedürfnisse der FIDIC Rainbow Edition abgestimmt ist. Im FIDIC Red Book und im Yellow Book soll der Engineer „Determinations" erlassen und „Certificates" ausstellen. Diese spezifischen Aufgaben sollte man m.E. im White Book wieder finden. In Unterklausel 3.1 Red Book heißt es zudem, „The Engineer shall have no authority to amend the Contract". Auch das sollte man im White Book klarstellen.

34 Das White Book regelt unterschiedliche Vergütungsansprüche. Es unterscheidet zwischen normalen Dienstleistungen, besonderen Dienstleistungen und außergewöhnlichen Dienstleistungen, für die jeweils Vergütungsabreden zu treffen sind. In der Praxis wird häufig versucht, Pauschalpreise zu bilden und die Vergütung für besondere Dienstleistungen auszuschließen.

Wird das White Book für die Verdingung von Vertragsadministrationsleistungen im Sinne des FIDIC Red Book oder Yellow Book verwendet, ist eine Pauschalisierung zu vermeiden, weil der Consultant nicht abschätzen kann, wie viel Administrationsaufwand auf ihn zukommen wird. Ferner ist auch zu bedenken, dass der Consultant mit Vertragsadministrationsaufgaben im Sinne des FIDIC Red Book oder Yellow Book reguläre und irreguläre Bauzeitverlängerung sowie die Verlängerung der Defects Notification Period (siehe Unterklausel 11.3 FIDIC Red Book 1999) berücksichtigen muss.

35 Neuerdings machen sich z.B. im JCT Major Project Form Klauseln zugunsten Dritter breit. Damit soll dem Umstand Rechnung getragen werden, dass manche Leistungen ohnehin zugunsten Dritter erbracht werden (z.B. Hotelnutzer ist Mieter und nimmt auf die Planung Einfluss, Betreiber der Autobahn nimmt Einfluss, Bank nimmt Einfluss und will Überwachungsberichte). Das JCT MPF hat dafür Klauseln zugunsten Dritter eingefügt. Auch Planungsleistungen können für Dritte oder im Interesse Dritter erbracht werden.

In der Praxis hat sich gezeigt, dass umfangreiche Klauselwerke für Consultant Leistungen deswegen problematisch sind, weil die Einsicht in die Notwendigkeit solcher Regelungen nicht vorhanden ist und der Kunde gelegentlich keine Lust hat, sich mit umfassenden Regelungen zu beschäftigen. Das führt dazu, dass der Kunde abspringt. Deutsche Consultants, die diese Erfahrung gemacht haben, wollen daher oftmals ein Short Form of Agreement mit den Essentials vereinbaren. Ein solches Short Form kann man liefern, aber man sollte dann Hinweise geben, wo Risiken entstehen. Zu einzelnen Klauseln des White Book: **36**

In den vertraglichen Definitionen findet sich keine Definition zu den relevanten Feiertagen im Baustellenland. Fristen werden aber häufig unterschiedlich berechnet. Das kann ganz erhebliche Probleme hervorrufen. **37**

Wird das FIDIC-Vertragsmuster unverändert in einen Vertrag übernommen, der z.B. dem deutschen Recht unterliegt, muss Unterklausel 3.3.1 aufgrund ihres angelsächsischen Hintergrundes so verstanden werden, als bilde sie lediglich eine bereits bestehende Rechtslage ab. Die Klausel will also keine Haftung mildern, sondern lediglich die bestehende Rechtslage bekräftigen. Unterklausel 3.3.1 dürfte daher nur dann dazu führen, dass tatsächlich der englische Haftungsstandard *skill and care* gilt, wenn das zugrunde liegende Recht (das Vertragsstatut) keine Vertragsqualifizierung vornimmt, wie es das deutsche tut. Nach deutscher Auffassung kann man aus einem Werkvertrag keinen Dienstvertrag machen, ohne die Natur des Vertrages vollständig zu ändern. Man kann jedoch die Erfolgshaftung im Werkvertrag besonders ausgestalten. Zur Klarstellung wäre daher wenigstens der Zusatz „only" due skill and care erforderlich, wenn wirklich eine Art Dienstvertrag gewollt ist. Im Zweifel sollte man aber eine derartige Herangehensweise eingehend besprechen und dann das Leistungsbild so ändern, dass im Ergebnis nur eine sorgfältige Anstrengung geschuldet wird. Im internationalen Einsatz muss der Haftungsstandard der Unterklausel 3.3.1 dagegen häufig verschärft werden, z.B. wenn der Consultant als Subunternehmer eines Design & Build Unternehmers beauftragt wird. **38**

Unterklausel 3.3.2 regelt die Schnittstelle zur Aufgabenstellung des FIDIC Engineer, wie er im FIDIC Red Book und im FIDIC Yellow Book eingesetzt wird. Viele Architekten und Ingenieure, die als Contract Administrator eingesetzt werden, verkennen den Umfang und die Bedeutung dieser Aufgabenstellung. Vor allem die Befugnis zur Entscheidung über Ansprüche aus dem Bauvertrag ist pikant. Ein Hinweis darauf, dass der Consultant in seine Entscheidungen (im Rahmen von Zertifizierung und Determination) einfließen lassen sollte, dass diese von einem DAB und einem Schiedsgericht überprüft werden können (vgl. Unterklauseln 20.4 ff. FIDIC Red Book 1999) und dass er deshalb auch **rechtliche Aspekte** nicht außer Acht lassen sollte, würde der Reduzierung von DAB-Verfahren dienlich sein. Vielfach fehlt es den Consultants schlicht am geeigneten Personal für solche Leistungen. **39**

Unterklausel 5.5 ist im Zweifel wenig geeignet, Zahlungen zu beschleunigen. Entweder es wird geregelt, dass Zahlungen innerhalb einer bestimmten Anzahl von Tagen zu leisten ist, oder es müssen die Konsequenzen einer überfälligen Zahlung geregelt werden. So dürfte die Klausel keine effektive Beschleunigung zur Folge haben. Klausel 5.2.2 ist leider of den Fall von *contested claims* nicht (unmittelbar) anwendbar. Ich gebe zu bedenken, dass die Engländer das Problem des stockenden cash flow dadurch geregelt haben, dass Anordnungen Dritter oder des DAB sofort vollzogen werden können. **40**

41 Das Thema von Zahlungseinbehalten und möglicher Gründe für Retention Monies wird in den White-Book-Bedingungen nicht angesprochen.

42 Die Haftung ist in Klausel 6 geregelt. Grundsätzlich soll der Consultant nur für die Verletzung der Sorgfaltspflicht aus Unterklausel 3.3.1 einstehen. Unterklausel 6.1.3 (a) lautet: Such compensation shall be limited to the amount of reasonably foreseeable loss and damage suffered as a result of such breach, but not otherwise.

Die Haftung schließt mithin im Zweifel Mangelfolgeschäden ein. Es ist die Frage, ob das gewollt ist? Falls nicht, empfehlen sich Präzisierungen.

43 Unterklausel 6.1.3 (c) lautet: If either party is considered to be liable jointly with third parties to the other, the proportion of compensation payable by him shall be limited to that proportion of liability which is attributable to his breach.

Diese Klausel beschränkt die Haftung nur prozentual. Das bedeutet für den Consultant, dass er z.B. bei einem Vorhaben für 1 Mrd. USD ggf. für 100 Mio USD haftet (10% des auf ihn entfallenden Schadens), obwohl sein Auftragsvolumen nur 50 Mio USD beträgt. Das scheint mir keine sinnvolle Regelung zu sein. Natürlich muss die Regelung in Verbindung mit der Haftungshöchstsumme in Unterklausel 6.3.1 gelesen werden. Diese dürfte doch jedenfalls stets ausgeschöpft werden, wenn gesamtschuldnerische Haftung besteht.

Zu bedenken ist, dass die französische Décennale regelmäßig eine gesamtschuldnerische Haftung für Gebäudestandfestigkeit vorsieht. Diese Haftung kann nicht eingeschränkt werden.

44 Unterklausel 6.2.1 (Verjährung) könnte im Einzelfall unwirksam sein, wenn das anwendbare nationale Recht längere zwingende Fristen vorsieht. Überdies sollte man ggf. daran denken, die Fristen nicht von der *Defects Notification Period* im FIDIC Red Book, Silver Book und Yellow Book abzukoppeln.

45 Es ist nicht verständlich, weshalb für die Consultants Mediation statt Dispute Adjudication vorgeschlagen wird, zumal z.B. in Großbritannien die Adjudication auch und gerade für den Architekten und den Ingenieur zwingend vorgegeben ist.

Kapitel 3
Besondere Vertragstypen

§ 7 Generalunternehmervertrag

Schrifttum

Bunni, The FIDIC Form of Contract, 3. Auflage, London 2005; Chitty on Contracts, Vol. II, 29. Auflage, London 2004; Kapellmann/Schiffers, Vergütung, Nachträge und Behinderungsfolgen beim Bauvertrag, Band II, 3. Auflage, Düsseldorf 2000; Glavinis, Le contrat international de construction, Paris 1993; Looschelders, Internationales Privatrecht, Heidelberg 2004; Jacquet/Delebecque/Corneloup, Droit du Commerce International, 2. Auflage, Paris 2010; Murdoch/Hughes, Construction Contracts, 3. Auflage, London 2000; Pickavance, Delay and Disruption in Construction Contracts, 3. Auflage, London 2005; Letterman, Unidroit's Rules in Practise, Den Haag 2001; Delvaux/Dessard, Le Contrat d'Entreprise de Construction, Brüssel 1991; Kulick, Auslandsbau, Stuttgart 2003.

Inhaltsübersicht

I. Vertragstyp

1 Der Generalunternehmervertrag ist ein Vertrag, mit dem ein Unternehmen die Ausführung der gesamten Bauleistungen übernimmt, die es zumindest teilweise mit eigenen Fachkräften ausführt. Planungsaufgaben gehören nicht zwingend zum Aufgabenbereich eines Generalunternehmers. Hierin unterscheidet sich der Generalunternehmervertrag von anderen Vergabeformen[1]. Hinzu kommt, dass der Generalunternehmer die Verpflichtung übernimmt, eventuelle Subunternehmerleistungen zu koordinieren.

II. Vertragsstatut

2 Der Generalunternehmervertrag stellt kollisionsrechtlich einen Bauvertrag dar, der gegenüber den allgemeinen Ausführungen zum Bauvertrag keine Besonderheiten aufweist. Entweder die Parteien vereinbaren das Vertragsstatut (Art. 27 EGBGB, Art. 3 Rom I) oder es sind die engsten Beziehungen des Vertrages zu einer Rechtsordnung festzustellen. Letztere wird nach h.M. am Sitz des Auftragnehmers vermutet (Art. 28 Abs. 2 EGBGB, Art. 4 Rom I).

Gelegentlich kann allerdings die Beauftragung eines Unternehmens, das die entsprechenden nationalen Zulassungsvoraussetzungen des Baustellenortes nicht erfüllt, problematisch werden. In Belgien bestehen für bestimmte Arbeiten besondere Zulassungs- und Eintragungsvoraussetzungen für Bauunternehmen[2]. Die Vergabe von Arbeiten an ein Unternehmen, das die Voraussetzungen nicht erfüllt, führt zur Nichtigkeit des Vertrages[3]. Die Nichtigkeit kann sich nicht nur aus dem Vertragsstatut ergeben, sondern auch über Art. 7 Abs. 1 EVÜ und Art. 9 Abs. 1 Rom I aus einen Drittrecht (hier also z.B. dem belgischen Recht, obwohl Vertragsstatut deutsches Recht ist), wenn entsprechende Berührungspunkte existieren. In aller Regel sind von dem inländischen Unternehmen, das im Ausland tätig werden will, eine Fülle von Formalien zu erfüllen[4], deren Nichterfüllung nicht nur strafrechtliche sondern auch zivilrechtliche Folgen haben kann.

---

[1] Vgl. Murdoch/Hughes, Construction Contracts, 25.

[2] Gesetz vom 06.07.1976; Gesetz vom 15.12.1970.

[3] Delvaux/Dessard, Contrat d'entreprise, Rn. 45; Comm. Namur, 16.01.1990, JT 1990, 597.

[4] Vgl. für Frankreich Mémento Pratique, Urbanisme/Construction, Rn. 15385; Art. R 324-7 Code du travail (F).

III. Vertragsmuster

3 Die Vergabe reiner Bauleistungen erfolgt auf internationaler Ebene häufig auf der Grundlage des FIDIC Red Book 1987 oder 1999. Die Bedingungen des Red Book werden für Bau- und Ingenieurarbeiten empfohlen, die von dem Besteller oder seinem Beauftragten geplant wurden. Es handelt sich um einen Einheitspreisvertrag, der die Risiken des Vorhabens nach verbreiteter Meinung ausgewogen auf die Vertragsparteien verteilt. Das Red Book zeichnet sich durch eine dem deutschen Recht fremdartig ausgeprägte Instrumentalisierung des Ingenieurs aus, dessen Aufgaben und Rechte Bestandteil des Vertrages zwischen Besteller und Unternehmer sind. Im Zentrum steht das „decision-finding" oder „decision-making". Zu den hauptsächlichen Aufgaben gehört die Erteilung von Zertifikaten oder Bescheinigungen (z.B. Interim Payment Certificate, Taking-Over Certificate, Performance Certificate). Ferner stellt der „Dritte" Ansprüche fest, die im Bauverlauf entstehen mögen. In allen diesen Fällen handelt es sich um eine Aktivität, die es beinhaltet, dass der Dritte in Bezug auf eine Angelegenheit, die im Vertrag geregelt ist[5], in einer im voraus festgelegten Weise Urteile fällt, Auffassungen mitteilt oder fachliche Aussagen trifft. Letztlich fasst der „Dritte" eine berufliche Meinung, die eine rechtliche Beurteilung einschließt. Die Entscheidungen des Dritten sind gerichtlich überprüfbar, es sei denn der Vertrag schließt eine Überprüfung expressis verbis aus[6].

---

5 Token Construction Co Ltd. v. Charlton Estates Ltd. (1973) 1 B.L.R. 50.

6 Beaufort Developments Ltd. v. Gilbert-Ash Ltd. (1998) 88 B.L.R. 1.

§ 8 Generalübernehmervertrag

Inhaltsübersicht

I. Vertragstyp

1 Der Generalübernehmervertrag ist der Vertrag, mit dem ein Unternehmen die Ausführung der gesamten Bauleistungen übernimmt, ohne eigene Fachkräfte einzusetzen. Dieser Vertragstyp entspricht dem international bekannten **Management Contracting**[1]. Das eigentliche Augenmerk liegt auf der Koordinierung und dem Baustellenmanagement. Der Vergabeform eigentümlich ist die weitgehende Haftungsübernahme durch den Unternehmer. Allerdings sind die Gestaltungsformen vielfältig. Unter anderem kommt es sehr darauf an, ob der Management Contractor nur das Qualitätsrisiko übernimmt, ohne sich auf einen Pauschalpreis einzulassen. In vielen Fällen kommen Cost-plus-fee-Modelle zum Tragen.

II. Vertragsstatut

2 Der Generalübernehmervertrag stellt kollisionsrechtlich einen Bauvertrag dar, der gegenüber den allgemeinen Ausführungen keine Besonderheiten aufweist. Auf ihn findet daher nach h.M. grundsätzlich das Recht am Sitz des Unternehmers Anwendung. Die hier vertretene Mindermeinung würde zum Recht am Ort der Baustelle führen.

3 Übernimmt der Generalübernehmer zusätzlich zur Bauausführung die Planung des Vorhabens (Design & Build), sind Besonderheiten zu beachten. In verschiedenen Ländern besteht nach wie vor ein Bauvorlagemonopol, das es nur Architekten oder anderen akkreditierten Berufsgruppen erlaubt, die Genehmigungsplanung zu erstellen und Bauanträge einzureichen. Gelegentlich besteht die Unvereinbarkeit zwischen Bauvorlageberechtigung und Bauausführung. In Belgien kann die Bauvorlage in der Regel nur von einem Architekten erarbeitet werden. Verspricht jemand solche Leistungen, der kein Architekt ist, ist der Vertrag nichtig[2]. Die Nichtigkeit kann sich nicht nur aus dem Vertragsstatut ergeben, sondern auch über Art. 7 Abs. 1 EVÜ oder nunmehr über Art. 9 Rom I aus einem Drittrecht (hier also dem belgischen Recht), wenn entsprechende Berührungspunkte existieren.

III. Vertragsmuster

4 Eine der bekanntesten Formen des Management Contracts ist das JCT Standard Form of Management Contract[3]. Hierbei handelt es sich um ein englisches Standardvertragsmuster. Das FIDIC Red Book, das FIDIC Silver Book, aber auch das FIDIC Yellow Book eignen sich durchaus für diese Variante, vorausgesetzt die Zahlungsmodalitäten sind hinreichend auf die Bedürfnisse des Generalübernehmers abgestimmt. Häufig

[1] Vgl. Murdoch/Hughes, Construction Contracts, 57.
[2] Flamme/Flamme/Delvaux/Pottier, Contrat d'entreprise, Rn. 55; Delvaux/Dessard, Contrat d'entreprise, Rn. 32; Cass.civ (B)., 10.09.1976, Pas. 1977 I, 32.
[3] Vgl. Uff, Construction Law, 316.

werden insoweit *Cost plus fee*-Verträge sinnvoll sein. Eine derartige Option enthalten die FIDIC-Bücher allerdings nicht, wenn man einmal davon absieht, dass es im FIDIC Green Book (Short Form of Contract) eine solche Variante gibt.

IV. Typische Klauseln

5 Im Cost Plus Modell wird der von dem Anbieter vorbereitete Kostenanschlag im Bauverlauf durch die Bezahlung der tatsächlich angefallenen Kosten ersetzt. Eine interessante Variante des Cost Plus Modells findet sich in Option E NEC3.

§ 9 Bauträgervertrag

Inhaltsübersicht

Schrifttum

Chitty on Contracts, Vol. II, 29. Auflage, London 2004; Glavinis, Le contrat international de construction, Paris 1993; Looschelders, Internationales Privatrecht, Heidelberg 2004; Kohl, Towards a European Consumer Construction Law, ICLR 2010, 211; Kohl, Droit de la construction et de la promotion immobilière en Europe: Vers une harmonisation de la protection du consommateur en droit de la construction, Brüssel 2008

I. Vertragstyp

Grenzüberschreitende Bauträgerverträge sind nicht selten[1]. Mit diesem Vertragstyp verpflichtet sich der Unternehmer, ein Grundstück zu übereignen (zu liefern) und es zu bebauen. Auch im Ausland hat der Bauträgervertrag weithin spezifische (verbraucherschützende) Regelungen erfahren. Sie wirken sich auf den Vertragsinhalt wie auf dessen Wirksamkeit aus. Grenzüberschreitende Bauträgerverträge sind daher stets mit besonderer Vorsicht zu betrachten. Kollisionsrechtlich werfen Bauträgerverträge spezifische Fragen auf, da das Bauträgerrecht oft zwingend ist und dann zu klären ist, ob die entsprechenden Regelungen Eingriffscharakter haben oder zum nationalen ordre public gehören. 1

Der Bauträgervertrag wird in der deutschen Rechtsprechung als einheitlicher Vertrag qualifiziert, der neben werkvertraglichen auch kaufvertragliche Elemente und je nach den Umständen des Einzelfalles auch Bestandteile aus dem Auftrags- und Geschäftsbesorgungsrecht enthält[2]. Das Vertragswerk beurteilt sich ergänzend nach den Vorschriften der MaBV. Die MaBV enthält Schutzvorschriften für Bauträgerverträge. Der Bauträger hat bestimmte Sicherheiten zu leisten und darf keine unbesicherten Zahlungen annehmen, solange der Vertragsgegenstand nicht fertig gestellt wurde. Gebaut und verkauft wird nach Plan. Der Vertragsgegenstand wird erst nach Fertigstellung übergeben. Häufig ist zukünftiges Wohnungseigentum Vertragsgegenstand. 2

Sonderreglungen für Verbraucherverträge mit bauvertraglichen Charakter bestehen ferner in Belgien, England und Wales, Frankreich, Italien und den Niederlanden[3].

---

[1] Vgl. OLG Hamm NJW-RR 1996, 1144.

[2] BGHZ 96, 275 = NJW 1986, 925; jüngst OLG Koblenz NJW-RR 2003, 1173.

[3] Siehe Kohl, Towards a European Consumer Construction Protection Law, ICLR 2010, 211, 224 mit Hinweisen auf das belgische Loi Breyne v. 9.7.1971, den französischen Code de la Construction et de l'Habitation (CCH), das niederländische Gesetz v. 5.6.2003 sowie den englischen Defective Premises Act 1972 und die italienischen Regelungen im gesetz v. 2.8.2004 nebst Dekret v. Nr. 122 v. 20. 6.2005, veröffentlicht im Amtsblatt Nr. 155 v. 6.7.2005.

II. Vertragsstatut

3 **1. Grundsatz.** Liegt der Vertragsgegenstand im Ausland, hat der Vertrag Auslandsbezug und es stellt sich die Frage nach dem anwendbaren Recht und nach der anwendbaren Sprache[4]. Die Verhältnisse am Vertragsgegenstand beurteilen sich nach dem Lagerecht (Art. 43 EGBGB) und der Vertrag entweder nach dem vereinbarten (Art. 27 EGBGB, Art. 3 Rom I) oder dem objektiv festzustellenden Vertragsstatut (Art. 28 EGBGB, Art. 4 Rom I).

Beispiel: Ein deutsches Unternehmen bewirbt in Deutschland noch herzustellende Ferienwohnungen, die in Frankreich belegen sein werden. Interessenten bietet es gegen einen Festpreis den Abschluss eines Vertrages über die Ferienwohnungen an. Es kommt zum Vertragsschluss. Die Eigentumsverschaffung soll nach Fertigstellung durch den Eigentümer erfolgen.

4 Das OLG Koblenz[5] hat diesen Fall vollständig nach deutschem Recht beurteilt, ohne die Frage nach dem anwendbaren Recht auch nur aufzuwerfen. Auch die Anwendbarkeit der MaBV stand für das OLG Koblenz außer Frage. Dies erstaunt, denn die Auslandsbezüge waren in diesem Fall so evident, dass mindestens eine kurze Erwähnung der kollisionsrechtlichen Fragen geboten gewesen wäre. Dass es sich gelohnt hätte, die kollisionsrechtliche Frage zu stellen, steht außer Zweifel, denn das französische Recht enthält zugunsten des Erwerbers einer noch zu erstellenden Eigentumswohnung eine Vielzahl von Schutzregelungen[6].

5 **2. Verbraucherschutz.** Der Bauträgervertrag mit Auslandsberührung ist mit besonderer Sorgfalt zu betrachten, denn in seine Gestaltung und Abwicklung fließen verbraucherschützende Gedanken ein, für die es spezielle kollisionsrechtliche Regelungen gibt, so dass es nicht ausreicht das anwendbare Recht mehr oder weniger pauschal zu ermitteln. Nach französischer Auffassung unterscheidet sich z.B. der Vertrag über die Errichtung eines individuellen Hauses vom Verkauf eines zu errichtenden Gebäudes (vente d'immeuble à construire) dadurch, dass sich der Unternehmer in letzterem Falle gleichzeitig zur Veräußerung des Baugrundstücks verpflichtet[7]. Der Bauträgervertrag wird als Kaufvertrag, auf den bestimmte werkvertragstypische Regelungen Anwendung finden, qualifiziert[8]. Die Abkoppelung des Verkaufes von dem Vertrag, der die Bauverpflichtung enthält, hat die Nichtigkeit beider Verträge zur Folge[9]. Aus französischer Sicht muss der Bauträgervertrag, selbst wenn er ausländischem Recht unterliegt, im Einklang mit den verbraucherschützenden Regelungen des französischen Rechts stehen[10]. Einschlägig sind die Regelungen des Code de la construction et de l'habitation (CCH), des Loi Carrez und des Code de la Consommation[11]. Nach Auffassung der Cour de Cassation[12] ist die Anwendbarkeit des französischen Verbraucherschutzrechtes bezüglich der

---

4 Cass.crim., 14.11.2000, JCP 2001, 940 zum Loi Tourbon in Frankreich und dem Recht des französischen Verbrauchers auf die eigene Sprache, dazu Micklitz ZEuP 2003, 635 ff.

5 OLG Koblenz NJW-RR 2003, 1173.

6 Hierzu ausführlich Dalloz Action/Tournafond, Droit de la Construction, Rn. 9311 ff., 9381 ff., 9521 ff., ferner auch Pfleiderer, Einführung in das französische Immobilienrecht, 94–97.

7 Zu weiteren Regelungen im europäischen Ausland siehe Kohl, Towards a European Consumer Protection Law, ICLR 2010, 211, 224.

8 Pfleiderer, Einführung in das französische Immobilienrecht, 95.

9 Trib. Gr. Inst. Lorient, 9 März 1977, JCP 1978 éd. N, II, p. 59; Trib. Gr. Inst. Toulouse, 23. Oktober 1979, Rev. Droit et Ville 1981, Nr. 11, S. 25.

10 Revillard, Droit international privé et partique notariale, Rn. 704; Ryssen, Défrenois 1992 Art. 35245.

11 Tribunal d'Instance Niort, R.J.D.A. 1999 Nr. 598 zum zwingenden französischen Verbraucherkreditrecht.

12 Cass.civ., 19.01.1999, Défrenois 1999 Art. 36976.

Kreditvergabe allerdings abhängig davon, dass der Verbraucher oder die finanzierende Bank ihren Wohnsitz oder Sitz in Frankreich haben. Inwieweit diese Einschränkung auch für die Regelungen des CCH in Bezug auf den Bauträgervertrag gelten, wurde bislang noch nicht entschieden. Das französische Recht regelt den Bauträgervertrag in den Art. L.261-1 ff. CCH. Die Art. L.261-11 bis L.261-15 sind zwingend; Abweichungen sind unwirksam (Art. L.261-16 CCH). Insbesondere bedarf der Vertrag der notariellen Beurkundung (Art. L.261-11 CCH). In der Urkunde müssen der Kaufpreis und die Zahlungsbedingungen festgelegt sein, der Vertragsgegenstand ist exakt zu beschreiben und es ist eine Lieferfrist anzugeben.

Es kann hier dahinstehen, zu welchem konkreten Ergebnis das OLG Koblenz hätte kommen müssen, wenn es das französische Recht angewendet hätte. Dass die Entscheidung bei Anwendung französischen Rechts anders ausgefallen wäre, kann jedoch unterstellt werden.

3. Handhabung. Die Handhabung von Bauträgerverträgen mit Auslandsbezug bereitet 6 aufgrund ihrer Komplexität große Schwierigkeiten[13]. Erstaunlicherweise hat es, soweit ersichtlich, seit 1977 kaum Entscheidungen zum Internationalen Bauträgerrecht gegeben[14]. Das OLG Hamm hat im Jahre 1995 kein Bauträgerrecht angewendet[15]. Erst im Jahr 2003 hat sich das OLG Koblenz wieder mit dem Bauträgervertrag mit Auslandsbezug beschäftigen müssen.

a. Objektive Rechtsfeststellung. Während nach h.M.[16] für Bauverträge das Recht des 7 Bauunternehmers maßgeblich ist, findet auf den Bauträgervertrag grundsätzlich das Recht des Lageortes der Immobilie Anwendung[17]. Denn beim typischen Bauträgervertrag ist das maßgebliche Recht mangels Rechtswahl über Art. 28 Abs. 3 EGBGB a.F. = Art. 4 Abs. 1 (d) Rom I zu ermitteln, weil er auch die Verschaffung eines dinglichen Rechts zum Gegenstand hat[18]. Diese Verpflichtung überlagert die Bauverpflichtung so erheblich, dass mangels einer Rechtswahl einheitlich das Recht am Ort der Baustelle gilt. Art. 28 Abs. 5 EGBGB a.F. könnte nur ausnahmsweise zu einem anderen Ergebnis führen[19]. Die komplexen Verhältnisse, die in einem Bauträgervertrag geregelt werden, sprechen dafür, den Lageort gegenüber dem gemeinsamen Wohnsitz der Vertragsparteien größere Bedeutung beizumessen, zumal ansonsten die Gefahr besteht, dass vor Ort geltende Verbraucherschutzregelungen unbeachtet bleiben, was komplizierte Abwicklungsprobleme aufwerfen kann. Ohnehin verbleibt es in Ansehung der sachenrechtlichen Vertragsbestandteile (Eigentumsübertragung) bei der Anwendung der lex rei sitae (Belegenheitsrecht). Art. 27 Abs. 1 S. 3 EGBGB a.F. = Art. 3 Abs. 5 Rom I gestattet es aber, hinsichtlich der Bauverpflichtung und der Eigentumsverschaffungspflicht das anwendbare Recht gesondert zu wählen[20].

---

[13] Vgl. dazu eingehend Hök, Internationales Baurecht, 61 f.

[14] Vgl. OLG Hamm NJW 1977, 1594–1595.

[15] OLG Hamm NJW-RR 1996, 1144.

[16] BGH MDR 1999, 670, 671; Thode/Wenner, Internationales Architekten- und Bauvertragsrecht, Rn. 280; Martiny ZEuP 2003, 590, 599; Jacquet/Delebecque, Droit du Commerce International, Rn. 310; a.A. Hök, Internationales Baurecht, 52; TGI Poitiers, 22.12.1999, Rev. crit.dr.int.pr. 90 (2001), 670 mit zustimmender Anmerkung Rémy-Coilay.

[17] Hök, Internationales Baurecht, 61; zum Grundstückskaufvertrag bzw. zur Rückabwicklung nichtiger Kaufverträge vgl. jüngst LG Bonn IPRax 2003, 65.

[18] Zustimmend Martiny, FS Heldrich, 907, 922; vgl. hierzu auch Britton ICLR 2003, 381, 396.

[19] Vgl. Ryssen, Défrenois 1992 Art. 35245; vgl. aber OLG Hamm NJW-RR 1996, 1144.

[20] Ryssen, Défrenois 1992 Art. 35245.

8 Da der Bauträgervertrag regelmäßig zwei Komponenten in sich vereint, nämlich die Bauverpflichtung und die Verpflichtung zur Verschaffung von Eigentum an Grundstücken, fällt er aus dem Anwendungsbereich des Art. 29 EGBGB a.F. heraus. Art. 29 Abs. 1 EGBGB a.F. bezieht nur Verträge über die Lieferung **beweglicher** Sachen oder die Erbringung von Dienstleistungen zu einem Zweck, der nicht der beruflichen oder gewerblichen Tätigkeit des Berechtigten (Verbrauchers) zugerechnet werden kann, sowie Verträge zur Finanzierung eines solchen Geschäfts, ein. Soweit in den nationalen Rechtsordnungen Schutzbestimmungen enthalten sind, müssen sie sich daher gegenüber dem eigentlichen Vertragsstatut, das über Art. 27 und 28 EGBGB a.F. bzw. Art. 3 und 4 Rom I zu ermitteln gilt, durchsetzen, um angewendet werden zu können. Klar ist, dass die Vorschriften der MaBV, die Regelungen über die Allgemeinen Geschäftsbedingungen und andere verbraucherschützende Normen jedenfalls dann einschlägig sind, wenn deutsches Recht Vertragsstatut ist **und** der Bauträger seinen Sitz in Deutschland hat. Sodann sind zwei Fälle zu unterscheiden: (1) Entweder der in Deutschland ansässige Bauträger nimmt seine Tätigkeit im Ausland auf oder (2) der im Ausland ansässige Bauträger wird in Deutschland tätig, wobei nachfolgende Betrachtungen ihren Ausgangspunkt stets in einer Auseinandersetzung vor deutschen Gerichten haben, wobei zu erwähnen ist, das schuldrechtliche Ansprüche aus Bauträgerverträgen nicht unter Art. 22 Nr. 1 EuGVVO fallen[21]. Neben dem Allgemeinen Gerichtsstand (Art. 2 EuGVVO) besteht allerdings der Gerichtsstand des Erfüllungsortes (Art. 5 Nr. 1 EuGVVO) am Lageort des Vertragsgegenstandes[22].

9 **aa. Inländischer Bauträger.** Der in Deutschland ansässige Bauträger, der für einen im Ausland ansässigen Kunden tätig wird, exportiert zwangsläufig den deutschen Verbraucherschutz in das Ausland[23], wenn die Baustelle im Inland liegt und keine Rechtswahl zugunsten des Rechts des Verbraucherlandes getroffen wurde. Trachtet der Bauträger danach, das deutsche Makler- und Bauträgerrecht und andere Schutzvorschriften zu umgehen, wird er das ausländische Recht wählen und muss dann (im Prinzip) nur noch die dortigen Regelungen beachten. Inwieweit er zudem zwingende Normen des deutschen Rechts (z.B. der MaBV) beachten muss, ist über Art. 34 EGBGB a.F. (Art. 9 Rom I) zu lösen[24].

10 Liegt die Baustelle dagegen im Ausland, findet über Art. 28 Abs. 3 EGBGB a.F. (Art. 4 Abs. 1 1 (c) Rom I) ausländisches Recht Anwendung, es sei denn die Parteien kommen überein, das deutsche Recht zu wählen oder es greift Art. 28 Abs. 5 EGBGB a.F. (Art. 4 Abs. 3 Rom I) ein, denn Art. 28 Abs. 3 EGBGB a.F. enthält eine widerlegliche Vermutung und Art. 4 Abs. 3 Rom I verdrängt Art 4 Abs. 1 Rom I im Einzelfall. Das Belegenheitsrecht kann verdrängt werden, wenn beide Parteien im Inland ansässig sind und sich lediglich der Vertragsgegenstand im Ausland befindet. Die deutsche Rechtsprechung[25] hat Immobilienkaufverträge unter Deutschen häufig nach deutschem Recht beurteilt. Dass diese Rechtsprechung allerdings ohne weiteres auf den Bauträgervertrag übertra-

[21] Vgl. Schlosser, EU-Zivilprozeßrecht, Art. 22 EuGVVO Rn. 1 ff.
[22] Schlosser, EU-Zivilprozeßrecht, Art. 5 EuGVVO Rn. 10 b.
[23] Vgl. Reithmann/Martiny/Limmer, Internationales Vertragsrecht, Rn. 1513.
[24] Thode/Wenner, Internationales Baurecht, Rn. 214; Reithmann/Martiny/Freitag, Internationales Vertragsrecht, Rn. 579, 580.
[25] BGHZ 52, 239 (deutsche Parteien und spanisches Grundstück); BGHZ 53, 189 (deutsche Parteien und holländisches Grundstück); BGHZ 73, 391 (deutsche Parteien und spanisches Grundstück); OLG München NJW-RR 1989, 663 (deutsche Parteien und spanisches Grundstück); OLG Celle RIW 1988, 137 (deutsche Parteien und spanisches Grundstück); OLG Frankfurt OLG Report 2/1995, 15 (deutsche Parteien und spanisches Grundstück); OLG Hamm NJW-RR 1996, 1144 (deutsche Käufer und spanisches Grundstück).

gen werden kann, muss bezweifelt werden. Insoweit hilft die Rückbesinnung auf die Grundlagen des IPR. Danach soll der Sitz des Rechtsverhältnisses darüber entscheiden, welches Recht zur Anwendung kommt[26]. Ziel soll es sein, den internationalen Entscheidungseinklang herzustellen, d.h. hinkende Rechtsverhältnisse zu vermeiden[27]. Dies kann nur gelingen, wenn man komplexe Rechtsverhältnisse dort ansiedelt, wo sie sich verwirklichen und wo sich ihr Gegenstand befindet.

Im Rahmen der Auslegung des Art. 28 EGBGB a.F. darf man nicht vergessen, dass in den dort normierten Regelvermutungen nur zum Ausdruck kommt, wo der Gesetzgeber typischerweise den Sitz eines Rechtsverhältnisses vermutet. Von der Rechtsprechung zu Art. 28 EGBGB a.F. entwickelte Fallgruppen können daher die Einzelfallprüfung nur erleichtern, nicht aber ersetzen. Dies muss auch für die Interpretation und praktische Anwendung des Art. 28 Abs. 5 EGBGB a.F. gelten. Das Inkrafttreten der Verordnung Rom I erleichtert die Anknüpfung insoweit als in der Regel das Lagerecht greift. Nur in Ausnahmefällen wird auf Art. 4 Abs. 3 Rom I rekurriert werden können. Typischerweise sind dies Fälle, in denen der Bauträger und der Käufer aus demselben Land kommen.

Bauträgerverträge begründen umfangreiche wechselseitige Beziehungen, die es zum Ziel haben, einem Erwerber mangelfreies Eigentum gegen Zahlung eines Entgeltes (vorzugsweise eines Pauschalpreises) zu verschaffen. Die in der Praxis vorherrschende arbeitsteilige Abwicklung von Bauvorhaben und der erst durch gesetzliche Regelungen (z.B. das WEG, den Code de la Copropriété) greifbar werdende Vertragsgegenstand setzen eine Vertragsabwicklung voraus, die den lokalen Gegebenheiten möglichst entsprechen sollte. Die Beziehung des Bauträgers zum Endkunden kann nicht ohne weiteres isoliert betrachtet werden, zumal viele Rechtsordnungen direkte Rechtsbeziehungen des Bauherren zu Subunternehmern herstellen. Überdies sieht z.B. das englische Recht (vgl. Section 104 (7) des Housing Grants, Construction and Regeneration Act 1996) international zwingende (*mandatory*) Streitschlichtungsregelungen vor[28], die zwangsläufig umgangen würden, wenn man den Lageort zugunsten des gemeinsamen Heimatortes der Parteien verdrängen würde. Zwar handelt es sich insoweit um Prozessrecht, dessen Anwendung die lex fori beurteilt, doch beruht die Zuständigkeit des Schlichters bzw. des Schiedsgerichts gerade auf dieser Zwangsvereinbarung, so dass sich das Zustandekommen und die Wirksamkeit der Schiedsklausel nach dem Vertragsstatut richtet[29]. Schließlich muss sich der Bauträger unabhängig von seinem Sitzrecht im Rahmen seiner Leistungserbringung an die Gegebenheiten vor Ort halten (Qualitätsvorgaben, Verkehrssicherungspflichten, bauordnungsrechtliche und planungsrechtliche Rahmenbedingungen, Arbeitsschutzvorschriften, Materialvorgaben, Kennzeichnungspflichten, Grundbuchstandards, Beleihungsbedingungen und nachbarrechtliche Vorschriften, etc.). All dies spricht gegen eine amtswegige Anwendung des Heimatrechtes der Parteien. Was im Grunde schon für Bauverträge gelten sollte (Baustellenrecht)[30], ist beim Bauträgervertrag wegen des vertraglichen Bezuges zum Eigentum eigentlich zwingend. Das gemeinsame Heimatrecht der Parteien kann sich gegen die starke Indizwirkung des Baustellenortes nicht durchsetzen.

---

26 Savigny, System des heutigen Römischen Rechts, VIII, 28, 108.

27 V. Bar/Mankowski, IPR, Bd I, 2. Auflage, § 6 Rn. 56.

28 Britton ICLR 2003, 381, 396.

29 Vgl. Hamlyn v. Talisker Destillery [1894] AC 202 HL; BGHZ 23, 198, 200; BGHZ 40, 320, 322; OLG Hamburg RIW 1979, 482, 484; vgl. zur a.A. in Frankreich Jacquet/Delebecque, Droit du Commerce International, Rn. 536 (autonomer Vertrag ohne Bezüge zu einem nationalen Recht) mit Rechtsprechungsnachweis.

30 Vgl. Savigny, System des heutigen Römischen Rechts, VIII, 213.

11 Allerdings kann nicht verhindert werden, dass die Parteien inländisches Recht zum Vertragsstatut erheben, denn hinreichende Inlandsbeziehung besteht zweifelsfrei. Findet dagegen nach Art. 28 Abs. 3 EGBGB a.F. bzw. Art. 4 Abs. 1 (c) Rom I oder kraft Rechtswahl ausländisches Recht Anwendung, stellt sich wiederum die Frage nach der Anwendbarkeit der MaBV. Das OLG Hamm[31] hat in einer stark kritisierten Entscheidung[32] die Vorschriften der MaBV gegen das spanische Vertragsstatut durchgesetzt. Die Entscheidung leidet zunächst daran, dass zur Begründung der deutsche ordre public herangezogen wurde. Dieser wehrt allerdings nur ausländisches Recht ab, das mit den Grundsätzen des deutschen Rechts unvereinbar ist. Es dient nicht dazu, deutsches Recht weltweit zu verbreiten. Das Problem kann daher nur über die Lehre von der Sonderanknüpfung zwingenden Rechts gelöst werden, die bislang in Art. 34, 27 Abs. 3, 29 und 30 EGBGB a.F. eine Regelung erfahren hatte. Während Art. 34 EGBGB a.F. nur für inländische zwingende Normen eine Sonderanknüpfung zuließ und gebot, waren Art. 29, 30 EGBGB allseitig ausformuliert, d.h. sie bezogen sich auch auf ausländisches zwingendes Recht. Art. 27 Abs. 3 EGBGB a.F. hingegen schränkte die Rechtswahlfreiheit ein, wenn der Sachverhalt keinen Auslandsbezug aufwies (echtes Umgehungsverbot).

Durch das Inkrafttreten der Verordnung Rom I hat sich an vorstehendem Befund nicht wirklich etwas geändert. Maßgeblich sind nunmehr Art. 3 Abs. 3 Rom I (Einschränkung der Rechtswahlfreiheit), Art. 9 Rom I (Eingriffsnormen) und ggf. das Verbraucherkollisionsrecht in Art. 6 Rom I.

12 Da Art. 34 EGBGB a.F. und Art. 9 Rom I keine Kollisionsnormen enthalten[33], muss geklärt werden, wie man zur Anwendung der §§ 3, 7 MaBV kommt. Es ist allerdings fraglich, ob den Vorschriften der MaBV, die sich vornehmlich mit der Abwicklung des Bauvorhabens beschäftigen und daher streng genommen nur auf den inländischen Markt abgestimmt sind[34], tatsächlich der Wille des Gesetzgebers innewohnt, sich auf Vorgänge im Ausland zu erstrecken. Dies ist zu verneinen[35], denn im Vordergrund stehen Berufsausübungsregelungen[36] bzw. solche, die sich im Ausland nicht ohne weiteres erfüllen lassen (z.B. Eintragung einer Auflassungsvormerkung[37], Freistellung des Vertragsobjektes von Grundpfandrechten[38]). Es überwiegen ferner individualschützende Erwägungen, trotz des gewerberechtlichen Umfeldes, in dem sich die maßgeblichen MaBV Regelungen finden[39].

Soweit die Entscheidung des OLG Hamm darauf abstellt, dass der vorleistungspflichtige Erwerber besonderen Schutzes bedürfe, kann ihr gefolgt werden. Doch hätte das Gericht sich zunächst der Frage widmen müssen, wie das spanische Recht den vorleistungsverpflichteten Erwerber schützt. Dies hat es nicht getan, sondern einen gegenüber dem Vertragsstatut weitergehenden Schutzbedarf unterstellt. Vertretbar ist die Entscheidung daher allenfalls deswegen, weil der Bauträger seinen Sitz in Deutschland hatte, so dass er den gewerberechtlichen Verpflichtungen der MaBV im Grundsatz ohne-

---

31 OLG Hamm RIW 1977, 781, 782.

32 Vgl. Ahrens, RIW 1977, 781; Dörner NJW 1977, 2032; Lichtenberger, MittBayNotK 1977, 182; Hegmanns, MittRhNotK 1987, 8; Reithmann FS Ferid, 363, 368; a.A. Kothe EuZW 1990, 150, 154.

33 Thode/Wenner, Internationales Baurecht, Rn. 224.

34 Vgl. zu dieser Differenzierung Réponse Ministérielle Bosson, Journal Officiel (éditions des débats) 15-2-1993, 620 betreffend das Geschäft mit Time-Sharing-Rechten.

35 Siehe Martiny, FS Heldrich, 907, 923.

36 Ebenso Reithmann/Martiny/Freitag, Internationales Vertragsrecht, Rn. 579, 580.

37 Eine Auflassungsvormerkung kann in Frankreich nicht eingetragen werden.

38 In Frankreich können gesetzliche Hypotheken zugunsten privilegierter Gläubiger entstehen (z.B. zugunsten des Architekten, des Verkäufers und des Bauunternehmers, Art. 2103 Code Civil).

39 Martiny, FS Heldrich, 907, 923.

hin unterlag. Die Anknüpfung der MaBV-Schutzregelungen an den Sitz oder die Niederlassung des Gewerbetreibenden, die verschiedentlich als Lösung vorgeschlagen wird[40], ist angesichts eines zusammenwachsenden justizgrenzenfreien Europas allerdings problematisch, denn ausländische Bauträger ohne deutsche Niederlassung könnten dann im Inland die MaBV-Regeln ohne weiteres missachten. Knüpft man dagegen an den Baustellenort an, müssten die zivilrechtlichen Vorgaben der MaBV auch von ausländischen Wettbewerbern beachtet werden. Wie problembelastet die Sonderanknüpfung der MaBV ist, zeigt sich darin, dass die Folgen eines Verstoßes gegen die Regelungen der MaBV ohnehin nur dem Vertragsstatut entnommen werden können, da die MaBV keine eigenen Lösungen vorsieht[41]. Auch insofern wird die vorstehende Entscheidung des OLG Hamm[42] zu Recht kritisiert[43].

bb. Ausländischer Bauträger. Wird der ausländische Bauträger im Inland tätig, d.h. liegt die Baustelle im Inland, führen Art. 28 Abs. 3 EGBGB a.F. und Art. 4 Abs. 1 (c) Rom I zum deutschen Recht. Allerdings sind die Parteien frei, das Rechtsverhältnis einem anderen Recht zu unterstellen. Dann allerdings taucht das Problem auf, inwiefern die Parteien eines schuldrechtlichen Vertrages das zwingende Recht eines Staates (z.B. § 648 a BGB, MaBV) allein durch eine geeignete Rechtswahl umgehen können. Denn grundsätzlich – systembedingt – führt eine Rechtswahl dazu, dass eine andere Rechtsordnung das Rechtsverhältnis abschließend regelt, ohne dass deutsches – auch zwingendes Recht – anwendbar wäre. Über den Geltungswillen deutscher verbraucherschützender Normen entscheiden §§ 27 Abs. 3, 29 a, 34 EGBGB a.F. und neuerdings Art. 3 Abs. 3, 6 und 9 Rom I. 13

Die Vorschriften der MaBV haben ihren Ursprung im Gewerberecht. Ihnen fehlt mithin eine europarechtliche Legitimation. Es fragt sich also, wie die MaBV gegenüber ausländischem Vertragsrecht Geltung erlangen kann. § 27 Abs. 3 EGBGB a.F. und Art. 3 Abs. 3 Rom I scheiden aus, weil hinreichende Auslandsberührung durch den ausländischen Sitz des Bauträgers besteht. Es spricht aber viel dafür, die verbraucherschützenden Regelungen der MaBV dann qua Sonderanknüpfung anzuwenden (Art. 34 EGBGB a.F. und Art. 9 Rom I), wenn der ausländische Bauträger den Erwerb einer deutschen Immobilie auf der Grundlage ausländischen Rechts anbietet[44]. Inwieweit allerdings §§ 3, 7 MaBV europarechtskonform sind, muss hier dahingestellt bleiben. 14

Die generelle Erstreckung der Makler- und BauträgerVO auf im **Ausland ansässige** Bauträger dürfte jedoch nicht vertretbar sein. Hat der ausländische Bauträger bei einem inländischen Bauvorhaben sein Heimatrecht durchgesetzt, besteht eine hinreichende Inlandsbeziehung, die es rechtfertigt die MaBV durchzusetzen[45]. Im Gegenzug müssen aber dann auch ausländische gewerberechtliche Vorschriften das Vertragsstatut durchbrechen, wenn deutsches Recht Vertragsstatut ist und der Gewerbetreibende seinen gewöhnlichen Aufenthalt im Ausland hat sowie das Bauvorhaben im Ausland belegen ist[46]. Bewirbt der ausländische Bauträger dagegen nur Vorhaben in seinem Heimatstaat oder in Drittstaaten, kann er mangels hinreichender Inlandsbeziehung nicht zur Einhaltung der MaBV gezwungen werden.

40 Münchener Kommentar/Martiny, BGB, 4. Aufl., Art. 34 EGBGB Rn. 110; Reithmann/Martiny/Freitag, Internationales Vertragsrecht, Rn. 580; vgl. auch Reithmann ZfBR 1988, 168 f.
41 Vgl. BGH NJW 2001, 818; OLG Dresden DnotZ 2000, 16.
42 OLG Hamm RIW 1977, 781, 782.
43 Ahrens Anm. zu OLG Hamm RIW 1977, 782 ff.
44 Vgl. Reithmann/Martiny/Freitag, Internationales Vertragsrecht, Rn. 579, 580.
45 Vgl. Reithmann/Martiny/Freitag, Internationales Vertragsrecht, Rn. 579, 580; Martiny, FS Heldrich, 907, 923.
46 Reithmann/Martiny/Freitag, Internationales Vertragsrecht, Rn. 579, 580.

15 **b. Formvorschriften.** Verträge, die die Verschaffung von Eigentum an Grundstücken zum Gegenstand haben, sind tendenziell formbedürftig. Für innerdeutsche Verträge ergibt sich dies aus § 311 b BGB. Nach Art. 11 Abs. 4 EGBGB a.F. und Art. 11 Abs. 1 Rom I unterliegen Verträge über ausländische Immobilien, durch die die Verpflichtung zur Übertragung oder Begründung eines Rechts an einem Grundstück geschaffen werden soll, den zwingenden Formvorschriften des Rechts des Staates, in dem die betroffene Immobilie liegt, sofern diese nach dem Recht dieses Staates ohne Rücksicht auf den Ort des Abschlusses des Vertrages und das Recht, dem er unterliegt, anzuwenden sind[47]. Ob das jeweilige Lagerecht ausschließliche Geltung beansprucht, entscheidet es selbst[48]. Das OLG Koblenz hat Art. 11 Abs. 4 EGBGB a.F. nicht untersucht. Nach französischem Recht hätte der Bauträgervertrag insgesamt notariell beurkundet werden müssen (Art. L.261-11 CCH), und zwar mit dem zwingenden Inhalt, der durch Art. L.261-11 ff. CCH vorgegeben ist. Anderenfalls ist der Vertrag nichtig[49]. Die spätere Beurkundung des eigentumsverschaffenden Aktes hätte im Zweifel nicht ausgereicht; allerdings hätte die Formunwirksamkeit spätestens bis zur Fertigstellung gerügt werden müssen[50]. Die Ortsform wurde nach den Feststellungen des OLG Koblenz ebenfalls nicht gewahrt. Ob deutsches Recht Sachstatut war, unterzog das OLG Koblenz keiner Prüfung. Insgesamt blieb also letztlich offen, ob der Bauträgervertrag formwirksam geschlossen bzw. ob er wirksam geheilt wurde. Der Hinweis des OLG auf die spätere Beurkundung des eigentumsverschaffenden Aktes unter Bezugnahme auf den BGH war nicht zulässig, ohne zuvor über Art. 11 Abs. 4 EGBGB a.F. das anwendbare Recht festzustellen.

16 **4. Zusammenfassung.** Der Bauträgervertrag vereint regelmäßig zwei Komponenten in sich: eine Bauverpflichtung und eine Verpflichtung zur Verschaffung von Eigentum an Grundstücken. Er fällt damit aus dem Anwendungsbereich des Art. 29 EGBGB a.F. heraus. Art. 29 Abs. 1 EGBGB a.F. bezieht nur Verträge über die Lieferung **beweglicher** Sachen oder die Erbringung von Dienstleistungen zu einem Zweck, der nicht der beruflichen oder gewerblichen Tätigkeit des Berechtigten (Verbrauchers) zugerechnet werden kann, sowie Verträge zur Finanzierung eines solchen Geschäfts ein. Art. 6 Rom I ist nicht einschlägig, wenn ein dingliches Recht betroffen ist (vgl. Art. 6 Abs. 4 (c) Rom I).

Soweit in den nationalen Rechtsordnungen Schutzbestimmungen enthalten sind, müssen sie sich daher gegenüber dem eigentlichen Vertragsstatut, das es über Art. 27 und 28 EGBGB a.F. oder Art. 3 und 4 Rom I zu ermitteln gilt, durchsetzen, um angewendet werden zu können. Klar ist lediglich, dass die Vorschriften der Makler- und BauträgerVO, die Regelungen über die Allgemeinen Geschäftsbedingungen und andere verbraucherschützende Normen jedenfalls dann einschlägig sind, wenn deutsches Recht Vertragsstatut ist und der Bauträger seinen Sitz in Deutschland hat. Sodann sind zwei Fälle zu unterscheiden: Entweder der in Deutschland ansässige Bauträger nimmt seine Tätigkeit im Ausland auf oder der im Ausland ansässige Bauträger wird in Deutschland tätig, wobei nachfolgende Betrachtungen ihren Ausgangspunkt stets in einer Auseinandersetzung vor deutschen Gerichten haben.

17 **a. Anknüpfung.** Der typische Bauträgervertrag ist mangels Rechtswahl über Art. 28 Abs. 3 EGBGB a.F. oder Art. 4 Abs. 1 (c) Rom I anzuknüpfen, denn er hat die Verschaffung eines dinglichen Rechts zum Gegenstand. Diese Verpflichtung überlagert die

---

47 Vgl. OLG Brandenburg RIW 1997, 425.

48 Schotten, Das IPR der notariellen Praxis, Rn. 376.

49 Mémento Pratique Francis Lefebvre, Urbanisme Construction, Rn. 21925; Cour d'Appel Versailles, 23.10.1992, JCP (N) 1994, Prat. 2844, 1.

50 Dalloz Action/Tournafond, Droit de la Construction, Rn. 9498.

Bauverpflichtung so erheblich, dass mangels einer Rechtswahl einheitlich das Recht am Ort der Baustelle gilt. Art. 28 Abs. 5 EGBGB a.F. bzw. Art. 4 Abs. 3 Rom I können nur ausnahmsweise zu einem anderen Ergebnis führen. Ohnehin bliebe es aber in Ansehung der sachrechtlichen Vertragsbestandteile (Eigentumsübertragung) bei der Anwendung der lex rei sitae. Art. 27 Abs. 1 S. 3 EGBGB a.F. (= Art. 3 Abs. 1 S. 3 Rom I), gestattet es aber, hinsichtlich der Bauverpflichtung und der Eigentumsverschaffungspflicht das anwendbare Recht gesondert zu wählen.

b. Export. Der in Deutschland ansässige Unternehmer exportiert den deutschen Verbraucherschutz zwangsläufig in das Ausland[51], wenn die Baustelle im Inland liegt und er keiner Rechtswahl zugunsten des Rechts des Verbraucherlandes zustimmt. Wird er dagegen vollständig im Ausland tätig, entfällt die Notwendigkeit einer Sonderanknüpfung deutschen Rechts. Trachtet er danach, das deutsche Makler- und Bauträgerrecht und andere Schutzvorschriften für Inlandsvorhaben zu umgehen, wird er das ausländische Recht wählen und muss dann nunmehr die dortigen Regelungen beachten. Inwieweit er zwingende Normen des ausländischen Rechts beachten muss, ist über Art. 34 EGBGB a.F. und Art. 9 Rom I zu lösen. Liegt die Baustelle im Ausland, findet ohnehin über Art. 28 Abs. 3 EGBGB a.F. und Art. 4 Abs. 1 (c) Rom I nahezu zwangsläufig ausländisches Recht Anwendung, es sei denn die Parteien kommen überein, das deutsche Recht zu wählen. 18

c. Import. Wird der ausländische Bauträger im Inland tätig, d.h. liegt die Baustelle im Inland, führt Art. 28 Abs. 3 EGBGB a.F. (= Art. 4 Abs. 1 (c) Rom I) wiederum zum deutschen Recht. Allerdings sind die Parteien frei, das Rechtsverhältnis einem anderen Recht zu unterstellen. Dann allerdings stellt sich die Frage nach der Anwendbarkeit zwingender deutscher Schutzvorschriften. Die Vorschriften der Makler- und BauträgerVO haben ihren Ursprung im Gewerberecht, die keine Regelung zum Geltungswillen enthalten. Das OLG Hamm[52] hat in einer stark kritisierten Entscheidung die Vorschriften der Makler- und BauträgerVO gegen das spanische Vertragsstatut durchgesetzt, anstatt eine Sonderanknüpfung nach Art. 34 EGBGB a.F. vorzunehmen. 19

d. Folgen eines Verstoßes. Die Folgen eines Verstoßes gegen die Regelungen der Makler- und BauträgerVO können nur dem Vertragsstatut entnommen werden[53]. 20

III. Vertragsmuster

Die Gestaltung von Bauträgerverträgen über Objekte im Ausland ist nach Vorstehendem eine diffizile Sache. International übliche Standardvertragsmuster haben sich in diesem Bereich nicht entwickelt, weil die sachenrechtlichen Bezüge im Vordergrund stehen und häufig eine notarielle Beurkundung erfolgt. Um Rechtssicherheit über das anwendbare Recht zu gewinnen, ist eine Rechtswahlklausel zu empfehlen. Wird inländisches Recht gewählt, ist damit allerdings noch lange nicht abschließend sichergestellt, ob das inländische Recht den Sachverhalt abschließend beurteilen wird. In Ansehung der Formbedürftigkeit muss zuvor sichergestellt werden, ob das Lagerecht ausschließliche Geltung beansprucht. Das ist für das französische Recht zu bejahen, denn die Vorschriften des CCH sind zwingend und Teil des französischen ordre public[54]. Hinsicht- 21

---

51 Vgl. Reithmann/Martiny/Limmer, Internationales Vertragsrecht, Rn. 1513.

52 OLG Hamm RIW 1977, 781, 782.

53 Ahrens Anm. zu OLG Hamm RIW 1977, 782 ff.

54 Revillard, Droit international privé et pratique notariale, Rn. 704; Ryssen, Défrenois 1992 Art. 35245; Mémento Pratique Francis Lefebvre, Urbanisme Construction, Rn. 21925.

lich der Ausgestaltung eines Bauträgervertrages über französische Immobilien gilt Entsprechendes. Wird dagegen ausländisches Recht gewählt, kann damit nicht das deutsche zwingende Recht ausgeschlossen werden (Art. 34 EGBGB und Art. 9 Rom I). Unbeachtlich sind allerdings nach der hier vertretenen Auffassung die Vorschriften der MaBV.

22 Gemäß Art. 9 Rom I sind stets auch ausländische Eingriffsnormen beachtlich. Zweifelhaft waren Äußerungen[55] zum alten Recht, wonach durch die Vereinbarung deutschen Rechts zwingendes ausländisches Recht unbeachtlich war. Allein der Umstand, dass Deutschland den Vorbehalt nach Art. 22 des Römischen Abkommens über das auf vertragliche Schuldverhältnisse anwendbare Recht erklärt hatte, so dass Art. 7 Abs. 1 des Abkommens unbeachtlich war, schaffte keine dahingehende Sicherheit. Man muss dem Umstand Rechnung tragen, dass durch die Nichtberücksichtigung ausländischer zwingender Normen sog. „hinkende Rechtsverhältnisse" entstehen können[56]. Dies kann dazu führen, dass ein Vertrag im Ausland anfechtbar oder nicht durchsetzbar ist[57]. Sind die Parteien darauf angewiesen, dass der Vertrag auch im Ausland anerkannt wird, müssen sie das ausländische Recht beachten[58]. Sie sollten auch davon Abstand nehmen, einen deutschen Notar zur Beurkundung heranzuziehen, denn dieser wird in aller Regel keine gründliche Kenntnis des ausländischen Rechts haben. In Fällen, in denen inländische Notare gleichwohl beurkunden, sollten sie folgende Hinweise aufnehmen:

- der Notar kennt das Recht am Lageort des Vertragsgegenstandes nicht; er ist auch nicht verpflichtet, über dieses Recht zu belehren und er hat dies auch nicht getan
- der Notar hat nicht geprüft, ob der Vertrag zwingendes Recht des Ortes berücksichtigt, an dem der Vertragsgegenstand liegt
- die Lage der Immobilie im Ausland kann im Belegenheitsstaat zur Anwendung zwingender nationaler Normen führen, die durch die Rechtswahlklausel zugunsten des deutschen Rechts nicht verdrängt werden
- das ausländische Lagerecht kann an das Rechtsgeschäft Folgen knüpfen, die vom deutschen Recht abweichen
- auf die sachenrechtlichen Verhältnisse des Vertragsgegenstandes findet ausschließlich das Lagerecht Anwendung

23 Ob es dem Notar abgenommen werden kann, die Voraussetzungen des Art. 11 Abs. 4 EGBGB a.F. (= Art. 11 Abs. 5 Rom I) zu prüfen, erscheint zweifelhaft. Immerhin handelt es sich insoweit um deutsches Recht. Im Zweifel muss der Notar die Beurkundung ablehnen, wenn er nicht prüfen kann, ob die lex rei sitae zwingende Formvorschriften enthält. Eine solche Vorschrift existiert in Frankreich z.B. für die Belastung von Immobilien durch Hypotheken. Diese kann nur durch französische Notare erfolgen (Art. 2128 Code Civil). Art. 11 Abs. 4 Rom I enthält zudem einen Vorbehalt zugunsten der Formregelungen des anwendbaren Verbraucherrechts.

24 Überdies sind bei der Gestaltung von Verträgen, die die Verschaffung von Eigentum an unbeweglichen Gegenständen zum Ziel haben, gelegentlich auch besondere erbrechtliche und steuerrechtliche Aspekte zu beachten. Das französische Familien- und Erbrecht bringt es mit sich, dass in Frankreich belegene Immobilien grundsätzlich nach französischem Erbrecht vererbt werden (Art. 3 a Abs. 2 EGBGB i.V.m. Art. 3 Abs. 2 Code

---

[55] Vgl. Reithmann in: Reithmann/Röll/Geßele, Handbuch der notariellen Vertragsgestaltung, Rn. 167.
[56] Schotten, Das IPR der notariellen Praxis, Rn. 381.
[57] Vgl. Hegmanns MittRhNotK 1987, 3.
[58] So zutreffend Schotten, Das IPR der notariellen Praxis, Rn. 383.

Civil)[59]. Ehegatten werden im französischen Erbrecht gegenüber Kindern nach wie vor benachteiligt, was auch nicht durch letztwillige Verfügungen und Verfügungen unter lebenden Ehegatten geändert werden kann. Die Nachlassgestaltung setzt daher in Frankreich bereits mit dem Kauf der Immobilie ein, z.B. vermittels der Gründung einer Société Civile Immobilière (SCI) oder durch die Vereinbarung einer Überkreuzvereinbarung (tontine).

IV. Checkliste

Die Parteien eines Bauträgervertrages über eine im Ausland belegene Immobilie sollten u.a. Folgendes beachten: 25

- Die Formwirksamkeit des Vertrages richtet sich im Zweifel ausschließlich nach dem Ort an dem der Vertragsgegenstand belegen ist (Art. 11 Abs. 4 EGBGB = Art. 11 Abs. 5 Rom I).
- Eine Inlandsbeurkundung kann u.U. nicht ausreichend sein.
- Die Rechte und Pflichten aus einem Bauträgervertrag können von dem Lagerecht stark beeinflusst werden (vgl. z.B. Art. L.261-11 ff. CCH).
- Durch den Verzicht auf das Lagerecht können sich erhebliche Rechtsnachteile für den Erwerber ergeben, z.B. durch kürzere Verjährungsfristen (in Frankreich beträgt die Mängelgewährleistungsfrist zum Teil bis zu 10 Jahre: sog. *Décennale*) und Beweislastregeln in Bezug auf Mängel.
- Das ausländische Sachrecht kann Ansprüche von Subunternehmern gegen Bauherren begründen (was allerdings in Frankreich für den Kunden eines Bauträgers verneint wird[60]).
- Das ausländische Sachrecht kann ergänzende Gewährleistungsansprüche begründen, die dem deutschen Recht unbekannt sind (z.B. nach dem französischen Loi Carrez, wonach eine sehr präzise Haftung für fehlerhafte Flächenangaben besteht).
- Das ausländische Lagerecht kann besondere Regelungen in Bezug auf die Finanzierung und hypothekarische Belastung von Immobilien vorsehen, die sich auch auf die Wirksamkeit des Bauträgervertrages auswirken können (vgl. Art. L.312-16 Code de la Consommation, wonach der Bauträgervertrag, wenn der Erwerb bankfinanziert wird, unter der aufschiebenden Bedingung der Krediterlangung zustande kommt).
- Der nach deutschen Vorstellungen durchaus sinnvolle und übliche Kauf von Ehegatten zu Miteigentum kann erhebliche steuerrechtliche und zivilrechtliche Nachteile im Erbfall zur Folge haben.
- Die angeblich vor Ort übliche Nichtbeurkundung von Kaufpreisanteilen sollten unterbleiben, schon um spätere Spekulationsgewinne, deren Besteuerung nicht zu unterschätzen ist, zu vermeiden.
- Der Erwerb von ausländischem Wohnungseigentum ohne Kenntnis der WEG-Satzung kann für böse Überraschungen sorgen (in Frankreich muss sie bei Vertragsschluss übergeben werden, Art. L.261-11 CCH).

---

59 Cass.civ., 14.03.1961, Rev.crit. droit int. privé 1961, 774; Cass.civ., 21.03.2000, D. 2000, 359.
60 Dalloz Action/Bénabent, Droit de la Construction, Rn. 8931.

§ 10 Baubetreuervertrag

Inhaltsübersicht

I. Vertragstyp

1 In Deutschland hat sich ein einheitlicher Begriff für die Baubetreuung nicht heraus gebildet[1]. Der Begriff stammt aus der Wohnungswirtschaft. Der Baubetreuer verpflichtet sich zur Vorbereitung und Durchführung eines Bauvorhabens auf einem Grundstück, das in der Regel dem Auftraggeber bereits gehört[2]. Zu den Aufgaben des Baubetreuers gehört die technische und wirtschaftliche Vorbereitung des Vorhabens und seine Durchführung[3]. Die Baubetreuung im engeren Sinne wird durch § 34 c GewO definiert, wonach Baubetreuer derjenige ist, der in fremdem Namen und für fremde Rechnung Bauvorhaben wirtschaftlich vorbereitet oder durchführt. Der Schwerpunkt der Tätigkeit liegt in der Beschaffung und Verwaltung der Finanzmittel für das Vorhaben[4]. Diese Tätigkeit hat die Aufmerksamkeit des Gesetzgebers geweckt, der insoweit besondere Verpflichtungen des Baubetreuers normiert hat, deren Einhaltung strafbewehrt ist. Im Einzelfall kann die Tätigkeit des Baubetreuers auch dem Vorschriften des Baugeldsicherungsgesetzes unterliegen[5].

II. Vertragsstatut

2 Grundsätzlich ist der Baubetreuervertrag nach Art. 28 Abs. 2 EGBGB anzuknüpfen. Er unterliegt mithin dem Recht, das am Sitz des Baubetreuers gilt.

3 Doch verdient die Baubetreuung kollisionsrechtlich eine besondere Betrachtung, da die Regelungen der GewO und des Forderungssicherungsgesetzes (FoSIG) zum zwingenden deutschen Recht gehören. In grenzüberschreitenden Fällen bereiten die beiden Regelungskomplexe Probleme, denn ihre Qualifikation und ihre Durchsetzung gegenüber dem möglicherweise anders lautenden Vertragsstatut sind zu beantworten. Nach überwiegender Meinung gehört § 34 c GewO zu den typischen Vorschriften, die unter Art. 34 EGBGB a.F. und Art. 9 Rom I fallen[6]. Allerdings gehören beide Regelungskomplexe nicht zu denen, die selbst ausdrücklich anordnen, dass sie ohne Rücksicht auf das Vertragsstatut anzuwenden sind. Es muss sich also aus Sinn und Zweck der Vorschriften ergeben, ob sie international zwingend anzuwenden sind[7]. Voraussetzung ist, dass die in Frage kommende Norm nicht nur dem Schutz und Ausgleich individueller Interessen der Vertragsparteien im Auge hat, sondern zumindest auch öffentlich-rechtliche Gemeinwohlinteressen verfolgt[8]. Was für die MaBV gilt, muss nach hiesiger Auffas-

---

[1] Eschenbruch, Recht der Projektsteuerung, Rn. 345.
[2] Eschenbruch, Recht der Projektsteuerung, Rn. 345.
[3] Eschenbruch, Recht der Projektsteuerung, Rn. 345.
[4] Eschenbruch, Recht der Projektsteuerung, Rn. 349.
[5] Eschenbruch, Recht der Projektsteuerung, Rn. 351.
[6] Erman/Hohloch, BGB, Art. 34 EGBGB Rn. 14; Reithmann FS Ferid (1988), 368; Thode/Wenner, Internationales Baurecht, Rn. 214; a.A. Münchener Kommentar/Martiny, BGB, 4. Auflage, Art. 28 EGBGB Rn. 154.
[7] Looschelders, IPR, Art. 34 Rn. 10.
[8] Looschelders, IPR, Art. 34 Rn. 10; Erman/Hohloch, BGB, Art. 34 EGBGB Rn. 13; Junker IPRax 2000, 65, 70; BAG IPRax 2003, 258, 261.

sung auch für § 34 c GewO und das FoSiG gelten. Primär dienen die Regelungen in beiden Gesetzen individuellen Interessen. Sie wenden sich an den Gewerbetreibenden zum Schutz des anderen Vertragsteils. Die Bedeutung des FoSiG liegt darin, dass es den Normadressaten gegenüber dem Begünstigten im Falle des Verstoßes gegen Verpflichtungen aus dem FoSiG schadensersatzpflichtig macht[9]. Die Vorschrift ist Schutzgesetz im Sinne des § 823 Abs. 2 BGB[10]. In diesem Kontext sollte sie daher auch verstanden und angewendet werden. Letztlich entscheidet das Deliktsstatut über die Anwendbarkeit des FoSiG[11].

III. Vertragsmuster

International übliche Baubetreuerverträge sind nicht bekannt. Die Tätigkeit des Baube- 4
treuers ist beratender und geschäftsführender Natur. Hilfreich kann das von der Weltbank entworfene Muster eines CONTRACT FOR CONSULTANTS' SERVICES sein[12]. Es kann den Standardauswahlbedingungen der Weltbank für Berater (Consultants) entnommen werden.

---

9 Ingenstau/Korbion, VOB, Anhang 2 Rn. 214.

10 RGZ 84, 188; BGH BauR 1989, 758.

11 Münchener Kommentar/Junker, BGB, 4. Auflage, Art. 40 EGBGB Rn. 199; vgl. auch Erman/Hohloch, BGB, Art. 40 EGBGB Rn. 60.

12 Vgl. www.worldbank.org.

§ 11 Guaranteed Maximum Price-Contracts

Inhaltsübersicht

I. Vertragstyp

1 GMP-Verträge sind aus dem Bedürfnis erwachsen, Bauvorhaben zu Festpreisen zu errichten, die im Rahmen der Finanzierungsgespräche noch gar nicht abschließend geplant sind, weil die Kosten für die Vorfinanzierung der Planung ebenfalls finanziert werden müssen und weil zwischen Finanzierungsbereitstellung und Fertigstellung möglichst wenig Zeit vergehen sollte[1]. Solche Verträge erfordern wechselseitiges Vertrauen, denn der Unternehmer muss im Zweifel seine Ursprungskalkulation offenlegen.

2 **1. Einleitung.** Voraussetzung für die Übernahme des Festpreisrisikos ist es, dass der Unternehmer das Planungswagnis mit übernimmt. Nur dann kann er Einfluss auf die Kosten nehmen. Der Bauherr verzichtet in einem solchen Fall auf die Detailplanung und -vergabe. Die Zielsteuerung übernimmt die Funktionalausschreibung. In den USA und England werden daher GMP-Verträge ganz selbstverständlich zu den sog. „Design & Build" Contracts gezählt bei dem einzig das Element hinzukommt, dass Kosteneinsparungen gegenüber dem „garantierten Maximalpreis" entstehen sollen[2]. Solche Verträge können die schlüsselfertige Herstellung (clé en mains) oder die Übernahme der Verpflichtung zur Lieferung „produits en main" vorsehen[3]. Im französischen oder französisch geprägten Rechtsraum bedeutet die Lieferung „produits en main" ein Mehr an Haftung für den Unternehmer, der sich dazu verpflichtet, etwas Effizientes zu liefern[4], d.h. er ist verantwortlich für die Einhaltung der vorgegebenen Leistungsparameter der Anlage[5]. NEC3-Vertragsmuster enthalten Target-Price-Optionen (Main Option Clauses C und D)

3 **2. Elemente des GMP-Vertrages.** Der GMP-Vertrag (*guaranteed maximum price contract*) wird in der Regel auf der Grundlage einer Genehmigungsplanung geschlossen. Der GU lässt dann sein Know-how in die Ausführungsplanung einfließen[6]. Die Vergütung des GU setzt sich aus dem tatsächlichen Preis und einer Bonusbeteiligung zusammen. Die Gesamtvergütung des GU ist durch den garantierten Maximalpreis begrenzt. Der garantierte Maximalpreis besteht wiederum aus verschiedenen Vergütungsbestandteilen. Grundbausteine sind eine Pauschale für bestimmte GU-Leistungen und eine variable Größe für die sog. direkten Kosten, die durch die Beauftragung von Nachunternehmern

---

[1] Vgl. Eschenbruch, Recht der Projektsteuerung, Rn. 513.
[2] Murdoch/Hughes, Construction Contracts, 43.
[3] Vgl. zur Unterscheidung Jacquet/Delebecque/Corneloup, Droit du commerce international, 2. Auflage, Rn. 650 f.
[4] Jacquet/Delebecque/Corneloup, Droit du commerce international, 2. Auflage, Rn. 651.
[5] Cass.com., 12.12.1984, RTD civ. 1986, 142.
[6] Kapellmann/Schiffers, Vergütung, Band II, Rn. 425.

entstehen[7]. Insoweit ähnelt der GMP-Vertrag einem Cost-plus-Vertrag[8]. Die Pauschale besteht in der Regel aus drei Anteilen:

- Eigenleistungen (vor allem Planungsleistungen)
- Koordinationspauschale
- Gemeinkosten/Wagnis und Gewinn

Die Variable (die sog. direkten Kosten) setzt sich aus den Gesamtkosten für Nachunternehmer zusammen.

Die Addition aus Pauschalen und direkten Kosten ergibt den sog. **tatsächlichen Preis**. Zwischen ihm und dem garantierten Preis liegt eine Spanne, in die zahlreiche Überlegungen einfließen können.

Die Ausgangslage ist davon geprägt, dass der garantierte Maximalpreis ganz überwiegend nicht im Wettbewerb ermittelt wird[9]. Der GU kalkuliert einen **sicheren Preis**, von dem er hofft, ihn mindestens einhalten zu können, möglichst aber ihn zu unterschreiten. Zu Beginn gehen beide Parteien davon aus, dass der tatsächliche Preis niedriger liegen wird als der GMP. Für den AG ist „worst case" die Ausschöpfung des GMP durch den GU.

In die Vergabe der Nachunternehmeraufträge (Variable Kosten) wird Transparenz gebracht. Die Nachunternehmerpreise werden im Wettbewerb (durch Ausschreibung) ermittelt und sind für den AG prüfbar, d.h. die Ausschreibungsergebnisse sind offen zu legen oder der AG wird an der Ausschreibung beteiligt. Hierdurch ergeben sich wesentliche Kosteneinsparungspotentiale[10]. Zu Lasten der Qualität darf dies nicht gehen, denn diese wird über die Pauschale für die Ausführungsplanung definiert und muss geliefert werden. Weitere Einsparungspotentiale ergeben sich durch die verkürzte Planungs- und Bauzeit. 4

Ziel ist es, für den GU und den Auftraggeber einen Bonus zu erarbeiten, der verteilt werden kann[11]. In der Praxis haben sich derartige Verträge bereits bewährt[12]. Kann zudem noch eine vollständige Vorfinanzierung dargestellt werden, dürften sich ergänzende Einsparungspotentiale ergeben. Die Vorteile des GMP-Vertrages können wie folgt zusammengefasst werden[13]: 5

- Frühzeitige Verzahnung von Planung und Bauausführung
- Frühzeitige Gewinnung von Preis- und Terminsicherheit durch frühzeitige Bindung eines Generalunternehmers
- Sicherung des Bauherreneinflusses in Bezug auf Preis und Qualität durch Mitwirkung an der Vergabe

3. England. In den USA und England gehört der GMP-Vertrag zu den Design & Build-Verträgen[14]. Der Preis ist die Vergütung für alle Verpflichtungen des Auftragnehmers. Sein Leistungsvolumen bestimmt sich nach dem *„implied term of fitness for purposes"*[15]. 6

---

[7] Blecken/Gralla, Jahrbuch Baurecht 1998, 251 ff., 257; Moesner ZfBR 1997, 113; Grünhoff NZBau 2000, 313.

[8] Chern, The Law of Construction Disputes, 39.

[9] Kapellmann/Schiffers, Vergütung, Band II, Rn. 425; siehe aber Gralla, GMP, 104.

[10] Vgl. Grünhoff NZBau 2000, 313, 314.

[11] Eschenbruch, Recht der Projektsteuerung, Rn. 514.

[12] Zur Kritik siehe Kapellmann/Schiffers, Vergütung, Band II, Rn. 425; Eschenbruch, Recht der Projektsteuerung, Rn. 514, 515, 518.

[13] Vgl. Eschenbruch, Recht der Projektsteuerung, Rn. 517.

[14] Eschenbruch NZBau 2001, 585, 586; Murdoch/Hughes, Construction Contracts, 43.

[15] IBA v. EMI and BICC (1980) 14 B.L.R. 1, 47, wo Lord Scarman sinngemäß ausgeführt hat: in Abwesenheit einer klaren entgegenstehenden vertraglichen Regelung sehe ich keinen Grund, warum jemand, der im

Es handelt sich um eine ungeschriebene Vertragsklausel, die gewährleistet, dass der Auftragnehmer die vertragliche Zielstellung erfüllt, womit auch sein Arbeitsumfang definiert ist. Der „*implied term*" wird um so bedeutsamer, je weniger genau die Leistungsbeschreibung ist, nach der zu bauen ist[16]. Der Auftragnehmer muss also tun, was immer erforderlich ist, um den Anforderungen des Auftraggebers zu entsprechen, gleich ob spezielle Konkretisierungen für die Ausführung vereinbart wurden oder nicht. Damit ist der finanzielle Auftrag des Auftraggebers klar. Jegliches Risiko, das die Kosten den Preis übersteigen, geht zu Lasten des Unternehmers[17]. Lediglich Änderungsanordnungen und Behinderungen durch den Auftraggeber können zusätzliche Vergütungsansprüche auslösen[18]. Die Leistung des Auftragnehmers muss mit dem Wortlaut des Vertrages übereinstimmen. Der Auftragnehmer ist nicht verpflichtet, Änderungen auszuführen, es sei denn der Vertrag enthält eine „variation-clause"[19]. Auch eine solche variation-Klausel gilt allerdings nicht schrankenlos. Unzulässig sind Änderungen die „*to the root of the contract*" gehen und den Abschluss eines neuen Vertrages erfordern[20]. Aus englischer Sicht ist der Design & Build Contract keine geeignete Vertragsform, wenn der Auftraggeber Einfluss auf die Gestaltung der Baulichkeit nehmen will[21]. Er muss hinnehmen, dass die Vorstellungen in Bezug auf die architektonische Qualität hinter die praktischen Bedürfnisse bei der Herstellung zurücktreten[22]. Treten Umstände ein, die sich auf den Bauverlauf auswirken, ohne dass eine der Parteien Einfluss auf sie hat, ist zunächst daran zu erinnern, dass englische Verträge legally binding instruments sind, so dass eine Partei nicht entlastet wird, nur weil die Vertragsdurchführung teurer, schwieriger oder gar unmöglich wird[23]. Unvorhergesehenes Hochwasser, Bürgerkrieg und nicht verschuldete unzulängliche Versorgung mit Arbeitskräften wirken sich nicht auf die Leistungspflicht des Auftragnehmers aus[24]. Bis zur Entscheidung Taylor v Caldwell[25] betrachtete man in England die Vertragsparteien als in der Lage, für das Auftreten unerwarteter Ereignisse Regelungen zu treffen, so dass eine sehr strenge Sichtweise bestand[26]. Seither können die Gerichte die frustration-Doktrin anwenden, wenn die strikte Betrachtungsweise zu ungerechten und zu unverhältnismäßigen Ergebnissen führen würde. Baugrundrisiken etwa gehen stets zu Lasten des Unternehmers, denn er muss sich vor Vertragsschluss davon vergewissern, ob Baugrundrisiken bestehen[27].

7 Die englische Leitentscheidung zu Mehrkosten bei Baumaßnahmen beruhte auf dem Fall, dass sich ein Bauunternehmen verpflichtet hatte, Häuser für den Preis von 94.000 engl. Pfund zu errichten. Die Arbeiten sollten innerhalb von acht Monaten abgeschlossen sein. Die Bauzeit belief sich im Ergebnis auf 22 Monate, vor allem verursacht durch

---

Rahmen eines Vertrages, der darauf gerichtet ist, einen Fernsehsendemast zu planen, zu liefern und zu errichten, nicht verpflichtet ist sicherzustellen, dass er vernünftig für die dem Unternehmer bekannten Zwecke beschaffen ist, für die er verwendet werden soll. Vgl. auch Viking Grain v. H.T. White (1985) 33 B.L.R. 103.

16 Chitty on Contracts Rn. 37-074.

17 Murdoch/Hughes, Construction Contracts, 53, 88.

18 Murdoch/Hughes, Construction Contracts, 53.

19 Murdoch/Hughes, Construction Contracts, 201.

20 Vgl. Blue Circle Industries plc v. Holand Dredging Company (UK) Ltd (1987) 37 B.L.R. 40; McAlpine Humvberoak Ltd v. Mc Dermott International Inc (1992) 58 B.L.R. 1.

21 Murdoch/Hughes, Construction Contracts, 49.

22 Vgl. Murdoch/Hughes, Construction Contracts, 45.

23 Paradine v. Jane (1647) Aleyn 26.

24 Vgl. The Company of Proprietors of the Brecknock and Abergavenny Canal Navigation Co v. Pritchard (1796) 6 T.R. 750; Davis Contractors Ltd v. Fareham U.D.C. [1956] A.C. 696, 729, HL.

25 (1863) 3 B. & S. 826.

26 Chitty on Contracts, Rn. 37-216.

27 Chitty on Contracts, Rn. 37-217.

Materialknappheit und Probleme mit Arbeitnehmern. Die Kosten betrugen im Ergebnis 115.000 engl. Pfund. Das Unternehmen machte geltend, diese Umstände hätten den Vertrag beendet und es könne deshalb den Wert der Baumaßnahmen geltend machen, der höher lag als der Vertragspreis. Das House of Lords[28] wies die Klage ab. „Hardship" und materieller Verlust seien nicht ausreichend, um „frustration" anzunehmen. Es sei vielmehr zu verlangen, dass es eine Veränderung in der Bedeutung der übernommenen Verpflichtung gebe, so dass die Ausführung der Verpflichtung etwas anderes darstelle als die Ausführung der ursprünglichen Verpflichtung. Es ist auch kein Fall von „frustration", wenn der Käufer eines Gebäudes kurz nach Vertragsschluss feststellt, dass es denkmalgeschützt (listed as a historical building) ist und dass es deshalb nicht wie vorgesehen als Kaufhaus genutzt werden kann, wodurch der Preis von ursprünglich 1,7 Mio engl. Pfund auf 200.00 engl. Pfund sinkt[29], denn letztlich lag der Fehler darin, dass der Käufer die Gegebenheiten nicht ausreichend aufgeklärt hatte. Auch in einem irischen Fall, bei dem ein Unternehmer Bauleistungen zugesagt hatte, die dadurch erschwert wurden, dass eine der anliegenden Gemeinden sich weigerte, ein Stück Land an den Bauherrn zu veräußern, womit der Zugang zur Baustelle und die Erschließung des Vorhabens nicht mehr wie vorgesehen gewährleistet war, wobei beide Vertragspartner bei Vertragsschluss davon ausgingen, dass der Kaufvertrag zustande kommen werde, hat der Supreme Court im Ergebnis „frustration" verneint, weil die Zugangsprobleme lediglich die Arbeiten verteuerten[30]. Es lässt sich zusammen fassen, dass ein englisches Unternehmen an den Pauschalpreis gebunden ist, auch wenn es substantiell mehr Leistung erbringen muss als vorhersehbar war[31]. Sein Leistungsvolumen bestimmt sich nach dem „implied term of fitness for purposes"[32].

Es wird klar, dass das englische Recht relativ problemlos Kostensicherheit regeln lässt. Sie wohnt dem englischen Bauvertragsrecht quasi inne und wird auch unter außergewöhnlichen Umständen nicht verlassen.

4. Kompatibilität mit dem deutschen Recht. Der GMP-Vertrag ist eine anglo-amerikanische Erfindung[33]. Auch dort wird die Preisabrede nicht als unabänderlich verstanden[34], doch sind die Risiken – wie gesehen – überschaubar. Andererseits kann aus deutscher Sicht der Begriff der Kostengarantie nur als schillernd und trügerisch bezeichnet werden. Bereits die Übersetzung aus dem Englischen trügt, denn die Begriffe „guarantee" und „Garantie" sind sich nur äußerlich ähnlich[35]. Jedenfalls ist eine solche Garantie nicht wirklich hart[36], manche sprechen ihr gar jegliche Funktion ab[37]. Andererseits soll der GU aufgrund einer solchen Klausel verpflichtet sein, die über dem garantierten Maximalpreis liegenden Kosten selbst zu tragen[38]. 8

28 Davis Contractors v. Fareham U.D.C. [1956] A.C. 696.
29 Amalgamated Investments v. John Walker [1977] 1 W.L.R. 164.
30 Neville and Sons Ltd v. Guardian Builders Ltd [1995] 1 I.L.R.M. 1.
31 Sharpe v. Sao Paulo Railway (1873) L.R. 8 Ch. App. 597.
32 IBA v. EMI and BICC (1980) 14 B.L.R. 1, 47.
33 Eschenbruch NZBau 2001, 585, 586.
34 Siehe City of Worcester v. Granger Bros., 19 Mass. App. Ct. 379 = 474 N.E. 2d 1151 (1985); vgl. auch Eschenbruch, Recht der Projektsteuerung, Rn. 519; Biebelheimer/Wazlawik BauR 2001, 1639 ff.; Grünhoff NZBau 2000, 313 ff.
35 Vgl. Biebelheimer/Wazlawik BauR 2001, 1639, 1640 Fn. 4.
36 Vgl. Eschenbruch, Recht der Projektsteuerung, Rn. 519; 1234 ff.
37 Beispielsweise Oberhauser BauR 2000, 1397, 1409; Eschenbruch NZBau 2001, 585, 589: keine Garantie im Rechtssinne.
38 Grünhoff NZBau 2000, 313, 315; Eschenbruch NZBau 2001, 585, 589 unter Bezugnahme auf amerikanische Vertragsmuster; mit Einschränkungen auch Biebelheimer/Wazlawik BauR 2001, 1639, 1643.

9 Es ist daher zu untersuchen, wie der GMP-Vertrag in das deutsche Vertragsrecht passt. Die seltene praktische Anwendung der „partnering“-Modelle in Deutschland und Frankreich mahnt zur Vorsicht. Möglicherweise liegt der Grund hierfür an der geringen Flexibilität der kontinentaleuropäischen Rechtsordnungen[39]. Auf den ersten Blick handelt es sich bei dem GMP-Vertrag um einen Pauschalpreisvertrag ohne Detailplanung, der es zum Ziel hat, dem Bauherrn absolute Preissicherheit zu geben[40]. In Deutschland ähnelt daher der GMP-Vertrag dem sog. Global-Pauschalvertrag[41]. Dieser zeichnet sich dadurch aus, dass Mehr- und Minderleistungen, aber auch Erschwernisse, grundsätzlich nicht auszugleichen sind, soweit sie sich im Rahmen des vertraglichen Leistungsumfanges halten. Der vertragliche Leistungsumfang wird durch das Leistungsziel definiert, so dass der Leistungsumfang bewusst durch ein grobes Raster pauschaliert wird. Die Leistungsbeschreibung ist bewusst und erkennbar unvollständig und lückenhaft, so dass dem Auftragnehmer Spielräume zur Vervollständigung der Leistungsbeschreibung eingeräumt werden. Der Auftragnehmer liefert ein schlüsselfertiges und voll funktionsfähiges Bauwerk. Kernelement ist die Übernahme des Planungsrisikos durch den Auftragnehmer, der die Genehmigungsplanung und die Ausführungsplanung, mindestens aber die Ausführungsplanung übernimmt und damit die Leistungsermittlung in eigenen Händen hält[42].

10 Ob man allerdings mit dieser Charakterisierung dem GMP-Vertrag wirklich gerecht wird, muss bezweifelt werden. Es ist nicht nur im Internationalen Privatrecht anerkannt, dass nicht die Geldleistungsverpflichtung sondern die Sachleistungsverpflichtung charakterisierend wirkt. Die Versuche, den GMP-Vertrag vermittels der Vergütungsweise zu verstehen, sind daher wenig ergiebig und nicht zielführend. Eigentlich handelt es sich um einen „partnering-Vertrag“, der das Spannungsverhältnis zwischen Bauherrn und GU in einen Interessenverbund auflösen soll[43]. Der Schwerpunkt liegt in der Schaffung gemeinsamer Verantwortungsbereiche in einem zielführenden festen Kostenrahmen. Deutlich wird dies am Beispiel der Mitwirkungsrechte des AG bei der Vergabe der Subunternehmerleistungen. Zu diesem Zweck bindet der AG frühzeitig das Know-how des GU ein. Das verkürzt die Bauzeit und die Sachkenntnis des GU schafft Einsparungspotentiale. Die transparente Vergabe soll im Wettbewerb marktgerechte Preise gewährleisten, von denen beide Seiten profitieren sollen. Der Leistungsgegenstand wird nicht exakt definiert. Er setzt sich vielmehr aus dem Bausoll im engeren Sinne und der Übernahme besonderer Leistungsrisiken zusammen[44]. Der „garantierte Maximalpreis“ stellt von vornherein keine äquivalente Vergütung dar. Er ist vielmehr ein Zielpreis[45], der durch das zu finanzierende Budget des AG vorgegeben ist und tendenziell unterschritten werden soll. Die dadurch gewonnenen Finanzierungsvorteile lassen sich auf die Vertragsparteien verteilen und stellen den besonderen Anreiz zum „partnering“ dar.

11 **a. Kostendeckelung.** Ob der GMP-Vertrag die gewünschte Kostensicherheit schaffen kann, hängt von verschiedenen Aspekten ab. Grundsätzlich hat der Unternehmer Anspruch auf den vereinbarten Pauschalpreis, wenn er das Leistungsziel = Bausoll (im weiteren Sinne) erreicht hat. Ob er mehr oder weniger leisten musste als ursprünglich

---

39 Vgl. Skeggs ICLR 2003, 456, 458.
40 Eschenbruch, Recht der Projektsteuerung, Rn. 513.
41 Kapellmann NZBau 2001, 592, 596.
42 Kapellmann/Schiffers, Vergütung, Band II, Rn. 425.
43 Biebelheimer/Wazlawik BauR 2001, 1639, 1639.
44 Grünhoff NZBau 2000, 313, 316.
45 Eschenbruch NZBau 2001, 585, 586.

veranschlagt war, ist unerheblich[46]. Es folgt aus der „gewerblichen Verkehrssitte, dass der Pauschalpreis auch Leistungen umfasst, welche von den betreffenden Fachkreisen am Ort der Leistung als mit zur Bauleistung gehörig zu betrachten sind“[47]. Es herrscht allerdings Einigkeit dahin, dass damit nur Korrekturen am Randbereich gemeint sind[48]. Die Verkehrssitte ist jedoch kein Komplettierungsinstrument. Vielmehr ist davon auszugehen, dass die Bindung des Unternehmers an den Pauschalpreis auf der Erwägung eines von vornherein feststehenden Leistungsinhaltes beruht[49]. In der Praxis wird die Preissicherheit deshalb letztlich durch Formulierungen folgenden Inhalts[50] zu gewährleisten versucht:

Der Auftragnehmer erkennt an, dass in dem Pauschalpreisvertrag auch alle Arbeiten enthalten sind, die nicht ausdrücklich in der Leistungsbeschreibung benannt sind, jedoch dem Richtmaß der Baukunst entsprechen und sich während der Bauzeit als notwendig erweisen, damit das Werk vollständig nach den anerkannten Regeln der Baukunst fertig gestellt werden kann[51].

Mit dem Pauschalpreis sind alle Leistungen und Lieferungen abgegolten, die für eine vollständige, vertragsgemäße, funktionsgerechte und gebrauchsfähige Erstellung des Bauvorhabens nach dem Grundsatz der anerkannten Regeln der Baukunst erforderlich sind, und zwar unabhängig davon, ob die Leistungen und Lieferungen in den Vertragsunterlagen nicht oder nicht näher beschrieben sind[52].

Die schlüsselfertige Errichtung des Gebäudes soll nach Maßgabe der Leistungsbeschreibung, Ausführungszeichnungen und sonstigen Bestandteilen des Vertrages als Gesamtbauziel erfolgen[53].

b. Wirksamkeit von Komplettheitsklauseln. Das deutsche Recht steht solchen Vertragsklauseln, zumal wenn sie in AGB enthalten sind, eher misstrauisch gegenüber. 12
Nach OLG München liegt in solchen Klauseln die Übernahme des Risikos einer fehlerhaften und/oder unvollständigen Leistungsbeschreibung, das einseitig auf den Auftragnehmer abgewälzt wird, was mit den § 307 BGB unvereinbar sei, während das OLG Düsseldorf eine ähnliche Klausel unbeanstandet ließ[54]. Letztlich hängt die Wirksamkeit derartiger Komplettheitsklauseln davon ab, welcher Vertragstyp vereinbart wird[55]. Haben die Parteien des Bauvertrages einen Detail-Pauschalvertrag abgeschlossen, soll es unzulässig sein, dem Unternehmer das Risiko aufzubürden, weitere Leistungen ohne Vergütung erbringen zu müssen[56]. Wurde hingegen ein Globalpauschalvertrag abgeschlossen, soll eine solche Klausel wirksam sein, weil der Auftragnehmer aufgrund der globalen Ausschreibung das Risiko der möglichen Vervollständigung der in der Baube-

46 BGH VersR 1965, 803; vgl. auch Ingenstau/Korbion/Keldungs, VOB/B, § 2 Nr. 7 Rn. 9.
47 Vgl. Ingenstau/Korbion/Keldungs, VOB/B, § 2 Nr. 7 Rn. 17.
48 Kapellmann/Schiffers, Vergütung, Band II, Rn. 598.
49 Ingenstau/Korbion/Keldungs, VOB/B, § 2 Nr. 7 Rn. 11.
50 Werner/Pastor, Der Bauprozeß, Rn. 1196.
51 Vgl. OLG München BauR 1990, 776.
52 Vgl. OLG Düsseldorf BauR 1996, 396.
53 LG Mainz IBR 1999, 412; vgl. auch OLG Koblenz BauR 2003, 721.
54 Vgl. auch OLG Koblenz BauR 1997, 143, kritisch dazu Kapellmann/Schiffers, Vergütung, Band II, Rn. 522 Fn. 542.
55 So OLG München BauR 1990, 776; OLG München NJW-BauR 1996, 396; LG München ZfBR 1990, 117; LG Frankfurt Bunte Bd. 3 Nr. 17 a; Werner/Pastor, Der Bauprozeß, Rn. 1196; Kapellmann/Schiffers, Vergütung, Band II, Rn. 523.
56 Roquette NZBau 2001, 57, 60; Beck'scher VOB-Komentar/Jagenburg, B, vor § 2 Rn. 286; Werner/Pastor, Der Bauprozeß, Rn. 1196; a.A. Putzier, Der Pauschalpreisvertrag, Rn. 244 unter Hinweis auf OLG Koblenz BauR 1997, 143, 144.

schreibung erfassten Leistung bewusst übernimmt[57]. Im Einzelfall ist jedoch schwierig zwischen einem Detail-Pauschalvertrag und einem Global-Pauschalvertrag zu unterscheiden. Als Ausweg bleibt nur, eine Komplettheitsklausel **individuell** zu vereinbaren, die in jedem Fall wirksam ist[58], denn es ist den Parteien eines Vertrages grundsätzlich unbenommen, individualvertraglich riskante Geschäfte abzuschließen[59]. Allerdings sollen solche Komplettheitsklauseln nur sehr eingeschränkte Auswirkungen haben[60]. Die Verantwortlichkeit des Auftraggebers für die mangelhafte Leistungsbeschreibung[61], insbesondere die Planung, bleibt erhalten und die Komplettheitsklausel begründet keine generelle Pflicht des Auftragnehmers, die zur Schlüsselfertigkeit notwendige, aber nicht ausgeschriebene Leistung ohne zusätzliche Vergütung zu erbringen[62].

13 Doch auch bei der individuell vereinbarten Komplettheitsklausel kann nicht ohne weiteres von einer Preisgarantie gesprochen werden[63]. Außerhalb der Reichweite der Klausel liegt, was der Auftragnehmer nach „Empfängerhorizont" nicht mehr als vollständige Leistung erkennen konnte[64]. Im Ausnahmefall kann eine Kontrolle nach § 242 BGB geboten sein, die zu Nachforderungsansprüchen führen kann[65]. Die Rechtsprechung[66] neigt z.B. dazu, eine Vertragsanpassung vorzunehmen, wenn es zu erheblichen Massenmehrungen kommt. Eine generelle Schwelle lässt sich insofern nicht ermitteln. Es variieren die Werte um die 20% herum[67]. Allerdings hatte z.B. das OLG Oldenburg[68] über einen Fall zu entscheiden, bei dem die Ausführungsplanung in den Händen des Auftraggebers lag, so dass es nahelag auf die Planungsverantwortung zu rekurrieren. Nicht zulässig ist es, dem Auftragnehmer ausdrücklich das Ausführungsrisiko für mangelhafte auftraggeberseitige Planung aufzuerlegen[69].

Ob die vorstehende Analyse gleichermaßen uneingeschränkt für den GMP-Vertrag passt, muss allerdings bezweifelt werden. Der GMP-Vertrag intendiert nicht, dem AN einseitig Risiken aufzuerlegen. Vielmehr soll im „partnering"-Modell versucht werden, den Zielpreis zu unterschreiten, dessen Ausgangspunkt das gesamtwirtschaftliche Wagnis der Investition ist. Durch die Beteiligung des AN an den Ersparnissen gegenüber diesem Zielpreis ist es gerechtfertigt, dem AN die sich aus dem Bauprozess ergebenden Risiken weitgehend aufzuerlegen. Fremdkörper ist bei dieser Konstruktion das einseitige Weisungsrecht des AG. Die übrigen Einflüsse auf die Baukosten liegen im Einflussbereich des AN, wenn man einmal von den Fällen der höheren Gewalt absieht. Für eine einschränkende Definition des vereinbarten Bausolls ist daher kein Raum. Komplettheitsklauseln geben in diesem Kontext nur wieder, was dem echten GMP-Vertrag immanent ist, d.h. was auf seiner Basis von AG und AN gemeinsam als Bausoll erarbeitet

[57] Werner/Pastor, Der Bauprozeß, Rn. 1196.
[58] Kapellmann/Schiffers, Vergütung, Band II, Rn. 531, 515.
[59] BGH BauR 1997, 126; BGH BauR 1997, 464.
[60] Kapellmann/Schiffers, Vergütung, Band II, Rn. 409.
[61] Vgl. auch Kapellmann/Schiffers, Vergütung, Band II, Rn. 517.
[62] Kapellmann/Schiffers, Vergütung, Band II, Rn. 524.
[63] Kapellmann/Schiffers, Vergütung, Band II, Rn. 516.
[64] Kapellmann/Schiffers, Vergütung, Band II, Rn. 516.
[65] Vgl. Ingenstau/Korbion/Keldungs, VOB/B, § 2 Nr. 7 Rn. 22 ff.
[66] OLG Stuttgart BauR 1995, 286; OLG München BauR 1987, 479; OLG Stuttgart IBR-Schulze-Hagen 2000, 593; BGH Schäfer-Finnern Z.2.311 Bl. 5.
[67] Vgl. Ingenstau/Korbion/Keldungs, VOB/B, § 2 Nr. 7 Rn. 25.
[68] Vgl. OLG Oldenburg BauR 1993, 228, 229.
[69] Vgl. BGH BauR 1994, 795; Kapellmann/Schiffers, Vergütung, Band II, Rn. 518.

wird[70]. Man kann daher nicht sagen, dass sie dem GMP-Vertrag wesensfremd sind[71]. Es ist daher eigentlich für eine Inhaltskontrolle weder ein Bedürfnis noch eine Notwendigkeit zu erkennen[72].

c. Was gehört zum Pauschalpreis. Selbst wenn die Parteien einen Global-Pauschalpreis vereinbart haben, kann Streit darüber entstehen, ob eine bestimmte Leistung bereits vertraglich gebunden ist oder nicht. Im Zweifel trägt der Auftragnehmer die Beweislast dafür, dass eine bestimmte Leistung nicht vom Pauschalpreisvertrag gedeckt ist sondern eine Zusatzleistung darstellt. Der BGH[73] hilft dem Unternehmer jedoch mit der Vermutung, dass alle nicht vorher festgelegten Leistungen im Zweifelsfall nicht mit dem Pauschalpreis abgegolten sind. Was nicht geregelt ist, ist auch nicht Vertragsinhalt[74]. Andererseits hat der BGH[75] geurteilt, dass alle zur Vervollständigung notwendigen Leistungen zu erbringen sind, wenn ein bestimmter Erfolg auf ein erkennbar nicht vollständiges Leistungsverzeichnis hin angeboten worden ist. Die schlüsselfertige Herstellung umfasst alles was für die ordnungsgemäße vollständige Nutzung erforderlich ist[76]. Bietet also ein Unternehmer offen eine unvollständig beschriebene Leistung wie z.B. Wasserhaltung an, kann der Bieter nicht Standard erwarten. Er muss vielmehr wissen, dass er ein hohes Risiko läuft[77]. Bei versteckten Risikozuweisungen, die vornehmlich bei teilweise detaillierter Leistungsbeschreibung auftreten, soll dagegen das Risiko beim Auftraggeber liegen[78]. Unabhängig davon wird diskutiert, dass die Übernahme ungewöhnlicher Risiken gar nicht Bausoll ist. Leistungen zur Bewältigung ungewöhnlicher Risiken sollen gesondert zu vergüten sein, gleich ob sie angeordnet wurden oder nicht[79]. Ist eine vom Auftraggeber kommende Leistungsbeschreibung nicht erkennbar lückenhaft oder unrichtig, ist der Auftragnehmer nicht an sie gebunden[80]. Er kann Schadensersatz für die Pflichtverletzung des Auftraggebers verlangen, und zwar in Höhe dessen, was er berechnet hätte, wenn ihm die fragliche Leistung bei Vertragsschluss in ihren wirklichen Erfordernissen bekannt gewesen wäre[81]. Klar ist, dass außerhalb des vereinbarten Leistungsvolumens liegende Leistungen gesondert zu vergüten sind. Deshalb sollen bereits auch nur ganz geringfügige Planungsänderungen durch den Bauherren zu Mehrforderungen führen können[82]. 14

Die vorstehende Einschätzung geht von einem klassischen Pauschalpreisvertrag aus. Dessen Grundanliegen ist eine angemessene Vergütung für eine bestimmte oder bestimmbare Leistung. Das Verständnis zur Preisgewinnung wird maßgeblich von der VOB/A geprägt. Aufträge sollen nur in Ausnahmefällen zu Pauschalpreisen vergeben werden, nämlich dann, wenn die Leistung nach Art und Umfang genau bestimmt ist und mit Änderungen bei der Ausführung nicht zu rechnen ist (§ 5 Nr. 1 lit. b) VOB/A). § 9 VOB/A gibt detailliert vor, auf welcher Grundlage ein Pauschalpreis kalkuliert 15

70 Vgl. Gralla, GMP, 65.
71 So aber Grünhoff NZBau 2000, 313, 316.
72 Gralla, GMP, 65.
73 BGH BauR 1971, 124.
74 Grünhoff NZBau 2000, 313, 316.
75 BGH BauR 1992, 759.
76 OLG Koblenz Bau 2003, 721.
77 Kapellmann/Schiffers, Vergütung, Band II, Rn. 613.
78 Kapellmann/Schiffers, Vergütung, Band II, Rn. 614.
79 Kapellmann/Schiffers, Vergütung, Band II, Rn. 622 zur VOB/B.
80 Ingenstau/Korbion/Keldungs, VOB/B, § 2 Nr. 7 Rn. 7.
81 OLG Stuttgart BauR 1992, 639.
82 Vgl. BGH BauR 2002, 787, 790; BGH BauR 2002, 1847; BGH BauR 2000, 1754; vgl. auch Putzier BauR 2002, 546; Ingenstau/Korbion/Keldungs, VOB/B, § 2 Nr. 7 Rn. 14, 15, 16.

werden soll. Von diesem Leitbild weicht der GMP-Vertrag weit ab[83]. Sein Grundanliegen ist die frühzeitige Einbindung des AN ohne detaillierte Beschreibung der Risiken. Diese sind Bestandteil des Bausolls im weiteren Sinne. Dafür erhält der Unternehmer eine Beteiligung am unternehmerischen Wagnispotential des Bauherrn, das dieser in den Zielpreis einrechnet, der wiederum von Ertragserwartungen und dem Finanzierungspotential für die Baumaßnahme zielgesteuert ist. Mit der Einbindung des GU in die Planung und Steuerung schränkt der AG allerdings seine Gestaltungsfreiheit zugunsten eines festen Kostenrahmens ein. Es herrscht Kostenstringenz. Halten sich beide Parteien an diese Idealvorstellung, ist der GMP-Ansatz ausgewogen[84]. Wird aber vermittels § 1 Nr. 3 VOB/B ein einseitiges Abweichen vom „partnering" ermöglicht, setzten die Parteien die Ausgewogenheit aufs Spiel. Änderungen des Bauentwurfs dürften daher allenfalls einvernehmlich erfolgen, denn sie können sich ganz erheblich auf die Bauzeit und die Baukoordinierung sowie die Gesamtkosten auswirken. Unvereinbar mit dem echten GMP-Vertrag sind allerdings Aussagen[85], wonach der GMP den gleichen Anpassungsregeln unterliegt wie der Pauschalpreis, jedenfalls solange die VOB/B nicht vereinbart wird.

16 **d. Äußere Einflüsse.** Absolute Preissicherheit bedeutet gegenüber der Pauschallösung ein Mehr. Der Auftragnehmer übernimmt bei absoluter Preissicherheit letztlich auch sämtliche Unwägbarkeiten, die auf äußeren Umständen beruhen, wie etwa das Baugrundrisiko, Wettereinflüsse, Streik, Unruhen sowie die Veränderung rechtlicher Vorgaben. Das Baugrundrisiko wird in Deutschland als Teil des Auftraggeberrisikos betrachtet, gleich ob die VOB/C vereinbart wurde oder nicht[86]. Ungewöhnliche Baugrundrisiken sind aber nicht kostenlos zu bewältigen. Verwirklicht sich das Baugrundrisiko, entstehen Mehraufwendungen. Ob sie zu vergüten sind, muss der Vertrag regeln (siehe dazu Unterklausel 4.12 FIDIC Red Book 1999). Andere Risiken, wie etwa die Erhöhung der Einstandskosten durch Inflation etc. gehen aus deutscher Sicht zu Lasten des Auftragnehmers[87]. Echte Fälle höherer Gewalt lösen ebenfalls keine Ansprüche des Auftragnehmers aus[88]; es muss wenigstens eine Behinderung aus dem Risikobereich des Auftraggebers hinzutreten[89].

17 Zum GMP-Vertrag wird vertreten, dass nur die global beschriebene Leistung geschuldet werde[90]. Darüber hinaus gehende Leistungen müssten die GMP-Obergrenze erhöhen[91]. Das ist in dieser Pauschalität nicht richtig. Bei erkennbar unvollständig beschriebener Leistung trägt der GU die damit zusammenhängenden Leistungsrisiken in vollem Umfang[92]. Ein durchschnittlich sorgfältiger Bieter muss erkennen, dass eine unvollständige Ausschreibung Risiken beinhaltet[93]. Jedenfalls das Baugrundrisiko fällt daher voll in das erweiterte Bausoll (soweit man diesen Begriff überhaupt verwenden sollte). Anders sieht es mit Umständen aus, die von den Parteien gar nicht beeinflusst werden können. Hier bedarf es entweder einer konkreten Risikoübernahme oder es greifen die allgemeinen Regelungen.

---

83 A.A. Biebelheimer/Wazlawik BauR 2001, 1639, 1643.
84 Vgl. dazu Skeggs ICLR 2003, 456, 462 f.
85 Biebelheimer/Wazlawik BauR 2001, 1639, 1643; Moeser ZfBR 1997, 113, 117.
86 Kapellmann/Schiffers, Vergütung, Band II, Rn. 558, 562; siehe dazu auch Hök, Zum Baugrundrisiko in Deutschland mit einem Blick ins Ausland und auf internationale Vertragsmuster, ZfBR 2007, 3 ff.
87 Kapellmann/Schiffers, Vergütung, Band II, Rn. 1512.
88 Kapellmann/Schiffers, Vergütung, Band II, Rn. 1600.
89 Vgl. Kapellmann/Schiffers, Vergütung, Band II, Rn. 1607.
90 Oberhauser BauR 2000, 1397, 1409.
91 Oberhauser BauR 2000, 1397, 1409.
92 Grünhoff NZBau 2000, 315, 316.
93 Grünhoff NZBau 2000, 315, 316.

e. Die Garantie. Dem deutschen Wortlaute nach handelt es sich bei einem GMP-Vertrag um einen Pauschalvertrag mit garantiertem Maximalpreis. Hierin kann entweder eine Bausummengarantie[94] oder eine vertraglich vereinbarte Kostenobergrenze zu verstehen sein[95]. Von einer Bausummengarantie wäre zu sprechen, wenn der Auftragnehmer verschuldensunabhängig die die vereinbarte Bausumme übersteigenden Kosten selbst trägt[96], also letztlich einen Erfolg garantiert, der über die Pflicht zur vertragsgemäßen Herstellung hinausgeht[97]. Ist lediglich eine Baukostenobergrenze vereinbart, hat der Auftragnehmer für eine fehlende Beschaffenheit einzustehen, § 633 Abs. 2 BGB[98]. 18

Die Bedeutung derartiger Klauseln ist noch wenig untersucht. Wie weit die Garantie reicht, muss durch Auslegung ermittelt werden. Schrankenlos ist sie nicht. Nur wo liegen die Grenzen? Zutreffend weist Grünhoff[99] darauf hin, dass nicht erwartet werden kann, der Unternehmer werde eine Versicherung ins Blaue hinein abgeben. Es besteht ferner weiterhin Einigkeit, dass die Garantie alle Kosten umfasst, welche die Garantiesumme überschreiten[100]. In die Garantiesumme eingeschlossen sind nach Auffassung von Eschenbruch[101] die Kosten aus nicht vorhersehbaren Preissteigerungen (Personal- und Materialkosten) sowie solche Kosten, die sich als bautechnisch notwendig oder aufgrund baurechtlichen Vorgaben ergeben, nicht jedoch die Mehrkosten, die aus Änderungen der Bauvorlage resultieren, jedenfalls soweit sie auf Zweckmäßigkeitserwägungen oder Gestaltungswünschen beruhen[102]. Versteht man den GMP-Vertrag als Partnering-Modell, der den Leistungsinhalt aus Bausoll im engeren Sinne und Risikoübernahme festlegt[103], fallen jedenfalls die von dem Vertrag erfassten Risiken unter die Garantie. Welche Risiken dies sind, muss sich an dem Umstand orientieren, dass der Auftragnehmer das Planungsrisiko zumindest teilweise übernimmt. Da sich der Auftragnehmer am Wagnispotential des Auftraggebers beteiligen lässt, dürfen wirtschaftliche Überlegungen des Bauherrn nicht außen vor bleiben, solange sie sich in der gleitenden Projektierung als Teil des normalen Bauverlaufs einbinden lassen. 19

Doch darf man nicht aus den Augen verlieren, dass eine echte Garantie ein selbständiges Schuldversprechen beinhaltet. Der Garant steht verschuldensunabhängig für einen von ihm zugesagten Erfolg ein[104]. Mit der Bausummengarantie übernimmt der Auftragnehmer letztlich ein anderes Risiko als mit dem Pauschalpreis[105]. Seine an sich bestehenden Nachforderungsansprüche könnten an der Garantie scheitern. Zunächst einmal hat der Unternehmer die Voraussetzungen für Nachforderungen darzulegen und zu beweisen. Mit der Vereinbarung der Garantie steht dem Anspruch aber ein Einwand entgegen. Der Auftraggeber muss nur darlegen und beweisen, dass die Garantie vereinbart wurde[106]. Gelingt ihm dies, folgt daraus, dass der Auftragnehmer nicht nur das Vorliegen von Nachforderungsansprüchen darlegen und beweisen muss sondern zunächst das

94 Verneinend Oberhauser BauR 2000, 1397, 1409; Grünhoff NZBau 2000, 313, 316.
95 Zum Unterschied Eschenbruch, Recht der Projektsteuerung, Rn. 1234.
96 Eschenbruch, Recht der Projektsteuerung, Rn. 1231; vgl. auch Grünhoff NZBau 2000, 313, 316.
97 Palandt/Sprau, BGB, § 634 Rn. 26.
98 BGH BauR 1991, 366; BGH BauR 1994, 268; OLG Naumburg BauR 2001, 1293.
99 Grünhoff NZBau 2000, 313, 317.
100 Kapellmann NZBau 2001, 592, 595; Eschenbruch, Recht der Projektsteuerung, Rn. 1232 m.w.N.
101 Eschenbruch, Recht der Projektsteuerung, Rn. 1232.
102 Weitergehend Kapellmann NZBau 2001, 592, 595.
103 So Grünhoff NZBau 2000, 313, 316.
104 Kapellmann NZBau 2001, 592, 595.
105 Vgl. Kapellmann NZBau 2001, 592, 595; a.A. Eschenbruch NZBau 2001, 585, 589: Der GMP beinhaltet in der Regel keinen Garantie im Rechtssinne.
106 Vgl. OLG Celle BauR 1998, 1030, 1031.

Nichtvorliegen eines Garantiefalles. Ist die Garantie nicht erkennbar eingeschränkt, spricht eine Vermutung dafür, dass der Garantiefall eingetreten ist, wenn die Bausumme objektiv überschritten wird. Handelt es sich also um ein selbständiges Garantieversprechen, dann würden bestehende Nachforderungsansprüche nicht durchsetzbar sein, denn der Auftraggeber könnte wegen Überschreitung der Garantiesumme die Auszahlung verweigern. Die Ausnahme muss der Unternehmer darlegen und beweisen. Mithin verschlechtert sich die Lage des Auftragnehmers durch eine Bausummengarantie ganz erheblich. Es liegt nicht auf der Hand, dass die Garantie nur den Planungsstand und den erkennbaren Leistungsinhalt bei Vertragsschluss deckt[107]. Es muss vielmehr der Preis gehalten werden, gleich was passiert[108]. Der AN übernimmt zumindest das Risiko, das Gegenteil darlegen zu müssen. Gemessen an §§ 309 Nr. 12, 307 BGB dürfte daher eine Bausummengarantie in Allgemeinen Geschäftsbedingungen bedenklich sein, zumal die Garantie auch solche Nachforderungen betreffen würde, die auf Änderungswünschen des Auftraggebers oder verschärften Baubestimmungen beruhen[109]. Die Differenzierung in erkennbar lückenhaft und unvollständige vertragliche Vorgaben und solche, die nur verdeckt lückenhaft und unvollständig sind, dürfte mit einer Garantie hinfällig werden.

20 **5. Vergleich.** Der GMP-Vertrag intendiert absolute Preissicherheit. Sein Ziel ist, Kostenreduzierungen zu erreichen und sie an den Auftraggeber zurück zu vergüten. Die Öffnung des GMP-Vertrages durch Kostenmehrungen ginge an die Substanz des Vertragstyps. Am Beispiel des Baugrundrisikos wird deutlich, wie grundlegend sich das deutsche und das englische Recht unterscheiden. Während das englische Recht das Risiko vollständig auf den Unternehmer verlagert, besteht in Deutschland die Neigung, dieses Risiko als Auftraggeberisiko zu sehen. Zwar ist hinsichtlich der Möglichkeit zur einseitigen Einflussnahme des Bauherrn auf die Vertragsdurchführung in Deutschland und England die Lage gleich, denn weder das englische Fallrecht noch das BGB[110] lassen einseitige Eingriffe des Bauherrn in das Leistungsbild des Unternehmers zu. Doch hat in Deutschland die weite Verbreitung der VOB/B dazu geführt, dass einseitige Anordnungen des Bauherrn an der Tagesordnung sind. § 1 Nr. 3 VOB/B berechtigt den Bauherrn, Änderungen des Bauentwurfs anzuordnen. Diese Möglichkeit hat die deutsche Denkweise weithin geprägt, wenngleich das Recht aus § 1 Nr. 3 VOB/B nicht uneingeschränkt gilt[111]. Es wird jedenfalls gemeinhin davon ausgegangen, dass der Pauschalpreis nur den von vornherein feststehenden Leistungsinhalt vergütet[112]. Wie man allerdings bei Abweichungen zu einem Anspruch kommt, wird nicht problematisiert, was nahe läge. Immerhin setzen auch Mehrvergütungsansprüche eine vertragliche Grundlage voraus. Von § 2 Nr. 7 VOB/B wird das nicht in Abrede gestellt. Im direkten Anwendungsbereich der Vorschrift ist dann auch die Herleitung eines Mehranspruches unproblematisch. Aber auch außerhalb seines Anwendungsbereiches kommt die Rechtsprechung zu Mehrforderungen, etwa wenn auf Verlangen des Bauherrn über den Vertragsinhalt hinaus zusätzliche Leistungen erbracht werden. Dass die Leistung fix und fertig zu erbringen war, steht dem nicht entgegen[113], d.h. es kann durchaus durch Auslegung des Vertrages festgestellt werden, dass ein bloßer Hinweis des Bauherrn auf ei-

[107] A.A. wohl Grünhoff NZBau 2000, 313, 317 und vor allem Oberhauser BauR 2000, 1397, 1409.
[108] Kapellmann NZBau 2001, 592, 595.
[109] Vgl. Kapellmann NZBau 2001, 592, 595.
[110] Hierzu Werner/Pastor, Der Bauprozeß, Rn. 1149; siehe aber Ingenstau/Korbion/Keldungs, VOB/B, § 1 Rn. 3.
[111] Ingenstau/Korbion/Keldungs, VOB/B, § 1 Rn. 7; Vygen, Bauvertragsrecht, Rn. 165.
[112] Brandt BauR 1982, 524; Ingenstau/Korbion/Keldungs, VOB/B, § 2 Nr. 7 Rn. 11.
[113] BGH BauR 1971, 124.

ne aus seiner Sicht bestehende Unvollständigkeit im Ergebnis als Anordnung von Zusatzmaßnahmen zu betrachten ist. Während nach englischer Vorstellung der zusätzliche Einbau einer Abdichtung gegen drückendes Wasser in der Regel Inhalt einer schlüsselfertigen Herstellung sein dürfte, soll dies nach deutscher Auffassung zusätzliche Ansprüche begründen[114]. Hierin liegt letztendlich die Krux des deutschen Pauschalpreissystems, denn es liegt gerade in der Natur eines Global-Pauschalvertrages, dass die Leistungsbilder nicht konkret beschrieben sind. Die beschriebene Handhabung führt aber dazu, dass der Bauherr trotz eines eindeutigen Bekenntnisses des Auftragnehmers zu einem auf der Grundlage einer funktionalen Leistungsbeschreibung gebildeten Pauschalpreises ein Preisrisiko übernimmt.

II. Vertragsstatut

21 Obwohl die komplexe Struktur von GMP-Verträgen viele Fragen aufwirft, handelt es sind kollisionsrechtlich um einen Vertrag, der nach Art. 27 EGBGB a.F. und Art. 3 Rom I für Rechtswahlklauseln offen ist und der nach Art. 28 EGBGB a.F. oder Art. 4 Rom I anzuknüpfen ist, wenn es an einer Rechtswahlklausel fehlt. Mithin unterliegt der GMP-Vertrag entweder dem vereinbarten Recht oder dem objektiven Vertragsstatut, das nach h.M. das Recht am Sitz des Unternehmers ist, während hier die Meinung vertreten wird, dass Bauverträge dem Recht der Baustelle enger verbunden sind als dem Recht des ausführenden Unternehmers (Art. 28 Abs. 5 EGBGB a.F. = Art. 4 Abs. 3 Rom I). Versteht man den GMP-Vertrag als Partnering-Modell, ist die Anknüpfung an den Baustellenort zwingend geboten, weil eine isolierte vertragscharakteristische Leistung letztlich nicht mehr feststellbar ist.

III. Vertragsmuster

22 Der GMP-Vertrag ist zwar im Ansatz einem Global-Pauschalvertrag mit Rückvergütungsansatz vergleichbar, doch handelt es sich um einen Vertrag eigener Art[115]. Zunächst müssen Leistung und Gegenleistung wie bei einem Global-Pauschalvertrag ermittelt und vereinbart werden, wenn auch zunächst auf unsicherer Grundlage. Hinzu kommen spezifische Details, die den GMP-Vertrag charakterisieren. Der Auftragnehmer soll in den Planungsprozess eingebunden werden. Das Verhältnis zwischen Eigenleistungen und Fremdleistungen muss festgelegt werden. Die gemeinsame Vergabe der Subunternehmerleistungen ist regelungsbedürftig. Schließlich ist der Rückfluss aus der Unterschreitung des Maximalpreises vertraglich zu gestalten. Hier muss einfließen, dass die Beteiligung des Unternehmers am Bauherrenwagnis das Recht auf Nachforderungen grundsätzlich einschränkt. Es erhellt, dass sich die Vereinbarung der VOB/B nicht mit dem GMP-Modell verträgt, zumal der AN regelmäßig ein Generalübernehmer ist, der als Bauleistungshändler auftritt[116]. Vielmehr muss dem Unternehmer anliegen in speziell auf den GMP-Vertrag abgestimmter Weise Rechnung getragen werden, wenn nicht vollständig auf Nachträge verzichtet werden soll.

23 **1. Planungsverantwortung.** Bereits in der Planungsphase soll der Auftragnehmer Verantwortung übernehmen. Typisch ist das zweiphasige Modell, bei dem der Auftraggeber mit Hilfe eines Architekten zunächst die Entwurfs- oder die Genehmigungsplanung

[114] So BGH BauR 1984, 395 und Ingenstau/Korbion/Keldungs, VOB/B, § 2 Nr. 7 Rn. 17.
[115] Vgl. Grünhoff NZBau 2000, 313 ff., a.A. offenbar Biebelheimer/Wazlawik BauR 2001, 1639, 1643.
[116] Gralla, GMP 179.

erarbeitet. Es schließt sich die Ausführungsplanung (oder ggf. auch die Genehmigungsplanung) an, die der Auftragnehmer übernimmt. Hierdurch sollen kostenaufwendige Nachplanungen und Nachträge möglichst vermieden werden. Regelungstechnisch ist darauf zu achten, dass die Planungsverantwortung des Auftragnehmers exakt oder besser vollständig geregelt wird. Zwischen Genehmigungsplanung und Ausführungsplanung dürfen keine Verantwortungslücken auftreten. Das Nachtragsrisiko sollte möglichst vollständig einer Regelung zugeführt werden. Dabei führen Verweise auf die VOB/B zwangsläufig zu Nachtragsszenarien[117], die nur durch ein konsequentes Controlling handhabbar bleiben. Die sich möglicherweise aus der Planungsverantwortung zugunsten des Auftragnehmers ergebenden Urheberrechte dürfen den Bauverlauf nicht behindern und den Auftraggeber in keine Abhängigkeit bringen.

In einem zweiten Schritt muss das sogenannte Bausoll so beschrieben werden, dass sich eine Komplettheitsgewähr ergibt. Detailaussagen zum Bausoll verbieten sich damit. Das Plansoll muss möglichst in Form einer funktionalen Beschreibung konkretisiert werden, die erkennbar unvollständig und lückenhaft sein sollte. Sie muss für wirtschaftliche und technische Überlegungen offen bleiben, damit der Unternehmer das vom Bauherrn beabsichtigte Investitionsziel erreichen kann.

24 **2. Mitwirkung in der Vergabephase.** Kern des GMP-Vertrages ist Transparenz bei der Vergabe der Subunternehmerleistungen. Sie kann nicht ohne ein Mindestmaß an Mit- und Einwirkungsrechten des Auftraggebers hergestellt werden. Die Parteien können Vetorechte vereinbaren, einzelne Subunternehmerleistungen in Eigenleistungen des Auftragnehmers umwandeln und Entscheidungen zur Gewährleistungsübernahme durch Subunternehmer treffen. Mit der Subunternehmervergabe sind ferner Entscheidungen über Zeitabläufe und den Verlust von Mitwirkungsrechten verbunden.

Unzulänglicher Regelungsaufwand führt in Risiken. Zwar trägt auch beim GMP-Vertrag der Auftragnehmer die Risiken aus den Nachunternehmerbeziehungen. Durch die Beteiligung an der Vergabe übernimmt der Auftraggeber aber eine Auswahlverantwortung. Es empfiehlt sich daher, die Folgen der Mitwirkungs- und Eingriffsrechte in die Vergabe detailliert zu regeln[118].

25 **a. Abrechnungsphase.** Die GMP-Konstruktion soll Unterschreitungen des Maximalpreises für den Auftraggeber verfügbar machen, jedenfalls teilweise. Diese Konzeption setzt nicht nur in der Vergabe Subunternehmerleistungen sondern auch bei der Abrechnung derselben Transparenz voraus. Der Auftraggeber benötigt umfassende Informationsrechte, die sich nicht mit den Geheimhaltungsinteressen des Auftragnehmers vertragen, so dass die regelungsbedürftige Situation tendenziell konfliktträchtig ist. Das Informationsrecht des Auftraggebers muss das gesamte Verhältnis zwischen Auftragnehmer und Subunternehmer umfassen, so dass Auskünfte über Vertragspreise, Rabatte, Skonti, Gewährleistungsbeschränkungen, Abrechnungsmodalitäten, Vertragsstrafen etc. erlangt werden können. Daneben ist eingehend zu regeln, wie der Abrechnungsprozess zwischen Auftragnehmer und Auftraggeber von Statten geht. Hier muss einfließen, dass die Endabrechnung zwischen Auftragnehmer und Auftraggeber das Vorliegen sämtlicher Nachunternehmerabrechnungen voraussetzt. Soweit diese Abrechnungen streitig sind, ergeben sich angesichts der bekannten Prozesslaufzeiten, die die Gesamtabrechnung erheblich verzögern können, massive praktische Probleme. Deshalb sind im Zweifel Regelungen zu Teilschlussrechnungen oder vorläufige Abrechnungen erforderlich.

[117] Eschenbruch, Recht der Projektsteuerung, Rn. 530.
[118] Eschenbruch, Recht der Projektsteuerung, Rn. 531.

Die Abrechnungstransparenz kann alternativ auch durch ein Mitwirkungsrecht bei der Prüfung der Subunternehmerrechnungen gewährleistet werden. Da damit nicht alle Umgehungsmöglichkeiten abgewendet sind, wird gelegentlich empfohlen, vertragsstrafenbewehrte Umgehungsverbote zu vereinbaren (z.B. Verbot der Vorteilsannahme durch Preisvorteile oder Zuschlagsrechte an anderen Bauvorhaben)[119].

b. Projektcontrolling. GMP-Modelle erfordern ein spezielles und erweitertes Projektcontrolling[120]. Es bietet sich an, ein Modell zu wählen, das die Situation zwischen den Parteien möglichst frühzeitig verbindlich regelt, um die einzelnen Projektphasen möglichst reibungslos und ohne zeitliche Verzögerung abwickeln zu können. Das gilt auch für die Abrechnungsphase. Zu denken wäre an eine der Position des „engineer" im FIDIC Red Book angenäherte Position, was zudem ein besonderes Streiterledigungsmanagement (ADR) notwendig machen würde. Englische Bauverträge sehen ein solches alternatives Streiterledigungsmanagement schon aus gesetzlichen Gründen vor[121]. 26

3. Standardverträge. In keinem der FIDIC-Muster ist eine Maximalpreisgarantie als Option enthalten. Eine echte Maximalpreisvariante ist in den meisten international typischen Mustern bislang nicht eingearbeitet. Lediglich NEC3 enthält eine derartige *Target* Variante (Option C NEC3)[122]. Eggleston favorisiert jedenfalls Anreizlösungen. Beide Vertragspartner sollen sich zu diesem Zweck das Kostenrisiko teilen[123]. Auch das FIDIC Silver Book eignet sich durchaus dazu, einen Maximalpreis zu vereinbaren. Jedenfalls ist mit der Verwendung des FIDIC Silver Book eine bereits sehr weitgehende Preissicherheit verbunden, weil das Nachtragsrisiko nachhaltig geregelt ist. Die meisten noch beherrschbaren Risiken trägt der Unternehmer. Vor allem übernimmt der Auftragnehmer die Verantwortung für die auftraggeberseitige Vorplanung, die er vor Vertragsschluss zu prüfen hat (vgl. Unterklausel 5.1 FIDIC Silver Book). Planungsfehler, -defizite etc. gehen zu Lasten des Auftragnehmers. Ferner liegen Schlechtwetterrisiken und Baugrundrisiken nahezu ausschließlich beim Auftragnehmer (vgl. Unterklauseln 4.11, 4.12, 8.4 FIDIC Silver Book). 27

[119] Vgl. Oberhauser BauR 2000, 1397, 1405.
[120] Eschenbruch NZBau 2001, 585, 591.
[121] Section 104 Housing Grants, Construction and Regeneration Act 1996.
[122] Siehe dazu Eggleston, The NEC3 Engineering and Construction Contract, 22.
[123] Siehe dazu Eggleston, The NEC3 Engineering and Construction Contract, 23.

§ 12 Anlagenbauvertrag

Schrifttum

Gaede, An Unfortunate Shift From FIDIC's Tradition of Being Evenhanded and Focusing on the Best Interests of the Project, ICLR 2000, 477 ff.; Henchie, The Orgalime Turnkey Contract for Industrial Works, ICLR 2004, 67 ff.; Henchie, FIDIC Conditions of Contract for EPC Projects – The Silver Book, Problem in Stone?, ICLR 2001, 41 ff.; Hök, FIDIC Design, Build & Operate Form, the Gold Book, ZfBR 2009, 213; Hök/Jaeger, FIDIC Gold Book, ICLR 2010, 36 ff.; Mallmann, Bau- und Anlagenbauverträge nach den FIDIC-Standardbedingungen, München 2002; Michaelis de Vasconcellos, Das besondere Vertragsrecht des Anlagenbaus: Auf dem Weg zu einer internationalen Rechtsvereinheitlichung?, RIW 1997, 455 ff.; Michaelis de Vasconcellos, Garantien in der Praxis des Anlagenvertrages und das neue Schuldrecht: Ein unauflöslicher oder nur ein scheinbarer Konflikt?, NZBau 2003, 121 ff.; Nicklisch, Rechtsfragen des Subunternehmervertrages bei Bau- und Anlagenprojekten im In- und Auslandsgeschäft, NJW 1985, 2361; Niggemann, Haftung und Haftungsbegrenzung bei Werk- und Anlagenverträgen nach französischem Recht, RIW 1998, 192 ff.; Schumann, Anforderungen des Claim Management an die rechtliche Begleitung komplexer Projekte des Anlagenbaus. ZfBR 2002, 739; Vetter, Kollisionsrechtliche Fragen bei grenzüberschreitenden Subunternehmerverträgen im Industrieanlagenbau, ZvglRWiss 87 (1988), 248 ff.; Wade, The Silver Book: The Reality, ICLR 2001, 497 ff.; Wenner, Die objektive Anknüpfung grenzüberschreitender Verträge im deutschen Internationalen Anlagen- und Bauvertragsrecht, FS Mantscheff, München 2000, 205 ff.

Inhaltsübersicht

I. Vertragstyp

1 Der Anlagenbau hat für die deutsche Wirtschaft eine ganz besondere Bedeutung. Der Industrieanlagenvertrag ist ohne feste Konturen[1]. Er richtet sich typischerweise auf die Errichtung einer Anlage, in der Prozeßtechnik im Vordergrund steht. Der Anlagenbauvertrag bildet üblicherweise eine Kombination aus Planungs-, Lieferungs-, Errichtungs- und Inbetriebnahmeleistungen, bei dem die arbeitsteilige Aufgabenbewältigung überwiegt[2]. Es handelt sich daher in der Regel um einen gemischt-typischen Vertrag mit Elementen aus dem Kauf-, Werk-,Werklieferungs- und Dienstvertragsrecht oder besser er beinhaltet Lieferanteile, die Überlassung gewerblicher Arbeit (Montage etc.) und intellektuelle Leistungen (Planung, Ingenieurleistungen) und häufig einen massiven Technologietransfer[3]. Auf die Erfolgsorientierung sollte man nicht abstellen, denn sie ist graduell unterschiedlich und eignet sich wenig zur Typisierung, zumal sie in anderen Rechtsordnungen (z.B. in Frankreich) Gegenstand der Dienstleihe sein kann. Typisch für Anlagenbauverträge sind funktionale Leistungsbeschreibungen und Regelungen, durch die sichergestellt wird, dass die Anlage die Leistungsparameter erfüllt. Der Abnahme oder Übernahme des Werkes werden besondere Testverfahren vorgeschaltet. Aber erst nach Abnahme kommt es zur Inbetriebnahme der Anlage (dem Commissioning), die als zweite Testphase ausgestaltet wird. Typischerweise trägt dann bereits der Besteller die Gefahr.

---

[1] Vetter ZvglRWiss 87 (1988), 248, 259.
[2] Vetter ZvglRWiss 87 (1988), 248, 248.
[3] Vgl. Rosener in: Münchener Vertragshandbuch, Band IV, VI. 1 Rn. 2 unter (h).

Der Industrieanlagenvertrag soll insbesondere für Projekte in Entwicklungsländern wegen des üblicherweise schwer aufklärbaren Baustellenrechts möglichst eine umfassende und abschließende Regelung erfahren[4]. So richtig es ist, dass das Recht von Entwicklungsländern vielfach unvollkommen und schwer feststellbar ist, so falsch ist es, den Eindruck zu erwecken, dem könne mit einer möglichst eingehenden und abschließenden vertraglichen Regelung begegnet werden, die die vertragliche Regelung von dem zugrunde liegenden Recht quasi emanzipiert. 2

Der Vertrag muss vielmehr stets mit dem ihm zugrunde liegenden Recht harmonieren, damit er von den Gerichten vollzogen wird. Das führt dazu, dass niemals ein Vertrag geschaffen werden kann, der wirklich alles regelt. Der Vertrag kann allenfalls Lücken füllen und das geltende Recht abändern, soweit dies zulässig ist. Zwingendes Recht setzt sich ohnehin immer durch. Die Sicherheit einer kompletten Rechtsordnung kann ein Vertrag daher niemals schaffen. Dieser Eindruck sollte daher auch nicht vermittelt werden. Es ist aber auch nicht generell sinnvoll, anstelle des schwer ermittelbaren Rechts ein neutrales Recht, z.B. das schweizerische, zu vereinbaren[5]. Eine solche Lösung setzt zumindest voraus, dass beide Seiten vollständig über die gewählte Rechtsordnung unterrichtet sind und praktische Erfahrung damit haben. Dies dürfte in den seltensten Fällen anzunehmen sein. Anderenfalls sind erhebliche Missverständnisse schon im Ansatz angelegt. Das Streitpotential ist in solchen Fällen enorm groß.

Die international üblichen Industrieanlagenverträge regeln folglich kein Ersatzrecht. Sie greifen aber in Bezug auf die Herstellungsabläufe auf Erfahrungswerte zurück. Sie formulieren die Steuerung des Bauablaufs, die Überwachung des Bauablaufs, das Verfahren zur Klärung von Mehrkostenansprüchen und die Zahlungsabwicklung. Ferner regeln sie vertragliche Streitbeilegungsmodelle.

II. Vertragsstatut

Auch in Bezug auf den Anlagenbauvertrag muss das Vertragsstatut gemäß Art. 27, 28 EGBGB a.F. bzw. Art. 3 und 4 Rom I ermittelt werden. 3

1. Rechtswahl. Der **Guide sur la rédaction de contrats relatifs à la réalisation d'ensembles industriels**[6] der Commission économique pour l'Europe de l'Organisation des Nations Unies enthält eine Reihe von sinnvollen Hinweisen zur Rechtswahl: 4

Ausgehend von der Überlegung, dass die Parteien möglichst frühzeitig wissen wollen, welches Recht ihren Vertrag beherrscht und dass zu diesem Zweck Rechtswahlvereinbarungen sinnvoll sind, heißt es dort sinngemäß:

Es kommt vor, dass die Parteien das Recht des ausführenden Unternehmens vereinbaren, wodurch der Unternehmer seine Risiken relativ einfach einschätzen kann, doch kann es sein, dass sich das Recht des Unternehmers nicht mit zwingenden Regeln am Baustellenort verträgt (Regelungen über die Arbeitsbedingungen, die soziale Sicherheit, die Arbeitssicherheit und des Steuerrechts, etc.).

Gelegentlich kommt es vor, dass die Parteien das Baustellenrecht vereinbaren. Diese Lösung beinhaltet den Nachteil, dass dieses Recht und die dazu ergangene Rechtsprechung wenig bekannt ist. Ferner wird darauf hingewiesen, dass diese Lösung das Verhältnis zwischen Hauptunternehmer und Subunternehmer schwieriger gestalten könne.

---

[4] Rosener in: Münchener Vertragshandbuch, Band IV, VI. 1 Rn. 2 unter (i).

[5] Vgl. aber Rosener in: Münchener Vertragshandbuch, Band IV, VI. 1 Rn. 12.

[6] Siehe dort Rn. 45.

Eine Zwischenlösung kann sein, das Recht eines Drittstaates zu vereinbaren. Doch könne es vorkommen, dass auch das Recht des Drittstaates mit dem Recht des Baustellenortes unvereinbar ist.

Eine andere Zwischenlösung kann darin bestehen, verschiedene Rechtsordnungen anzuwenden, und zwar je nach Liefer- und Leistungsverhältnis unterschiedlich, d.h. das Recht des Lieferanten für die Lieferung und das Recht des Käufers für die Montage und die Baumaßnahmen. Der Mangel dieser Lösung liegt darin, dass die Anwendbarkeit verschiedener Rechtsordnungen zu widersprüchlichen Ergebnissen führen könne.

Es komme auch vor, dass die Parteien die Entscheidung streitiger Fragen in das billige Ermessen eines Schiedsrichters stellen. Hierin liege jedoch eine große Rechtsunsicherheit.

Angesichts der Schwierigkeiten bei der Rechtswahl könnten die Parteien auch die Lösung vorziehen, nach Art. VII der Europäischen Konvention über die Internationale Schiedsgerichtsbarkeit 1961 zu verfahren und es den Schiedsrichtern anzuvertrauen, das anwendbare Recht unter Berücksichtigung der vertraglichen Regelungen und der betroffenen Branchenbräuche zu ermitteln. Doch erlaube es die Lösung nicht, frühzeitig Rechtssicherheit in Bezug auf das anwendbare Recht zu erlangen. Auch könne man den Parteien empfehlen, den Vertragsinhalt so hinreichend klar zu verhandeln, dass der Rückgriff auf nationales Recht bis auf Ausnahmefälle entbehrlich werde.

Die Hinweise der Commission économique pour l'Europe de l'Organisation des Nations Unies sind sicherlich keine effektiven Ratschläge für die eine oder die andere Variante. Doch sind die in den Hinweisen enthaltenen Erwägungen jedenfalls hilfreich, um sich zugunsten der einen oder anderen Lösung zu entscheiden. Auch wird das Spektrum der möglichen Entscheidungen deutlich aufgezeigt.

5 **2. Objektive Anknüpfung.** In kollisionsrechtlicher Hinsicht wurde für den Fall des Fehlens einer Rechtswahlklausel diskutiert, ob die Vermutung des Art. 28 Abs. 2 EGBGB a.F. auch für Anlagenbauverträge galt. Unter der Herrschaft der Verordnung Rom I stellt sich die Frage in ähnlicher Weise aber unter geänderten Vorzeichen. Unabhängig davon, dass es bei internationalen Anlagenbauverträgen vielfach üblich ist, das anwendbare Recht zu wählen[7], wird erwogen, ob es gerade bei Anlagenbauverträgen nicht nahe liege, den Schwerpunkt des Vertrages am Erfüllungsort (also dem Baustellenort) zu sehen[8]. Doch überwogen in der Vergangenheit auch hier die Stimmen zugunsten der Vermutungsregel in Art. 28 Abs. 2 EGBGB a.F.[9], so dass nach h.M. der Sitz des Anlagenbauers ausschlaggebend über das anwendbare Recht bestimmte[10]. Gemäß Art. 4 Abs. 1 Rom I kommt man zu demselben Ergebnis. Erbringt der Anlagenbauer die Leistung durch eine Zweigniederlassung, ist das Recht dieser Niederlassung maßgeblich[11].

6 Trotzdem der Anlagenbauvertrag ein gemischttypischer Vertrag ist, verpflichtet sich sicherlich der Anlagenbauer zu der kollisionsrechtlich ausschlaggebenden vertragscharakteristischen Leistung, ohne sie allerdings in aller Regel vollständig selbständig erbringen zu können. Auf der anderen Seite setzt der Anlagenbauvertrag jedoch voraus, dass der Besteller mitwirkt. Das FIDIC Silver Book 1999 regelt solche Mitwirkungs-

[7] De Vasconcellos RIW 1997, 455, 458.
[8] Erman/Hohloch, BGB, Art. 27 EGBGB Rn. 39; Joussen, Industrieanlagenvertrag, 403.
[9] Thode/Wenner, Internationales Architekten- und Bauvertragsrecht, Rn. 311; Wenner, FS Mantscheff, 205, 209; Lorenz IPRax 1995, 329, 331; Kartzke ZfBR 1994, 1.
[10] BGH RIW 1999, 456; vgl. dazu Wenner EWiR 1999, 505.
[11] Wenner FS Mantscheff, 205, 208.

pflichten nur vereinzelt (z.B. Besitzverschaffung an der Baustelle (Unterklausel 2.1), Unterstützung bei der Beschaffung von Genehmigungen, örtlichen Rechtsvorschriften etc. (Unterklausel 2.2)). Häufig kommen aber weitere Pflichten hinzu, wie z.B. hinsichtlich der Beschaffung von Arbeitsgenehmigungen sowie von Im- und Exportgenehmigungen sowie der Erledigung von Zollformalitäten. Immer wieder wird auch eine baubegleitende Fortschreibung der Planung zum Problem. Wird das Vorhaben in einem Staat mit Devisenbewirtschaftung durchgeführt, kann die Mitwirkung bei der Beschaffung von Transfergenehmigungen große Bedeutung erlangen[12]. Die Mitwirkung des Bestellers ist daher vielfach Voraussetzung für den Leistungserfolg und erschwert aus kollsionsrechtlicher Sicht die Feststellung der sog. vertragscharakteristischen Leistung. Bei komplexeren Vorhaben verliert daher die Leistungserbringung durch den Unternehmer zunehmend ihre charakterisierende Kraft. Daher ist auch eine statische Anknüpfung des Anlagenbauvertrages über Art. 4 Abs. 1 Rom I sicherlich nicht immer angemessen.

Die im Anlagenbau grundsätzlich starke Arbeitsteilung macht es vorhersehbar, dass der Hauptunternehmer die bedungenen Leistungen allenfalls teilweise selbst ausführt. Seine Leistung ist deshalb deutlich von seinem Sitz abgekoppelt. Die Gesamtleistung konkretisiert sich am Baustellenort, mit dem der Anlagenbauvertrag die engsten Beziehungen aufweist. An diesem Ort sind die Teilleistungen zu koordinieren und Systeme zu integrieren. Noch deutlicher wird die Beziehung zum Baustellenort, wenn das Vorhaben nicht vertikal sondern horizontal arbeitsteilig ausgeführt wird. Arbeiten mehrere hoch spezialisierte Unternehmen gleichberechtigt nebeneinander am selben Ergebnis, ist es nahezu zwangsläufig, das Recht des Baustellenortes heranzuziehen, um das Vorhaben justitiabel zu halten. Unterschiedliche Rechtsbehelfe, Rechtsbehelfsfristen und eine unterschiedliche Risikotragung führen zu einer Problemfülle, der man den Auftraggeber nicht ohne Not aussetzen sollte. 7

Die h.M. zum alten Recht trennte nicht deutlich zwischen der Verpflichtung zur Leistung und ihrer Ausführung. Sie stellte darauf, dass der Werkunternehmer wesentliche Teile seiner Leistung an seinem Sitz erbringt. Das mochte noch für die Verhandlungs- und Vergabephase zutreffen, nicht jedoch für die gesamte Ausführungsphase bzw. den gesamten Projektzeitraum. Die reine Koordinierungsleistung zum zentralen Dreh- und Angelpunkt und zur Hauptaufgabenstellung zu machen, geht zu weit. Zwar haben die Koordinierung- und das Pre-engineering eine große Bedeutung, doch rein wirtschaftlich machen beide Leistungen nur einen ganz geringen Teil des Anlagenbaus aus. Insbesondere bei größeren Anlagenbauvorhaben dürfte der gewerbliche Teil (Hochbau, Tiefbau, Außenanlagen etc.) wirtschaftlich ein Vielfaches des Planungsvolumens ausmachen. 8

Soweit die h.M. zudem mit dem Argument auftritt, es bedürfe keines Gleichlaufes zwischen dem Recht des Lageortes und dem anwendbaren Schuldrecht, um öffentliche Normen zur Anwendung zu bringen[13], ist ihr zwar beizupflichten, doch verstellt diese Diskussion den Blick für das Wesentliche. Ein Schwerpunkt muss auf der Koordinierung der Gesamtbaustelle liegen. Sie liegt im Interesse nicht nur des Auftraggebers, sondern auch im Interesse des Auftragnehmers, denn auch er ist auf den Gleichlauf des Rechts aller für die Zwecke des Baus geschlossenen Verträge angewiesen, sei es um Ansprüche durchreichen zu können, Ansprüche abwehren zu können oder um klare Vorgaben für die sog. Schnittstellen (interfaces) zu haben. 9

[12] Rosener in: Münchener Vertragshandbuch, Band IV, VI. 1 Rn. 17.
[13] Wenner FS Mantscheff, 205, 214.

III. Vertragsmuster

10 Im Anlagenbau überwiegen Festpreisverträge, denen bei komplexeren Leistungen globale oder funktionale Leistungsbeschreibungen zugrunde liegen[14]. Wie bereits festgestellt, ist der Anlagenbauvertrag eine besondere Vertragsspezies ohne eigene gesetzliche Konturen. Aus deutscher Sicht kann es sich um einen gemischttypischen Vertrag mit werkvertraglichen, kaufrechtlichen und dienstrechtlichen Elementen handeln.

11 **1. Regelungsbedarf.** In der Praxis zeigen sich jedoch spezifische Regelungsbedürfnisse[15], die wie folgt zusammengefasst werden können:

- Preissicherheit
- Vorfinanzierungsrisiko des Anlagenbauers, da anderenfalls sein Zahlungsanspruch erst mit der Abnahme durchsetzbar wird
- Haftungsbegrenzung insbesondere für das Risiko der fehlerfreien Inbetriebnahme
- Mitwirkungspflichten des Bestellers
- Know-how Transfer und Know-how Schutz
- Änderung der politischen und wirtschaftlichen Bedingungen
- Tests
- Änderungen wesentlicher Kalkulationsgrundlagen
- Terminsicherheit
- Risiko der vorzeitigen Vertragsbeendigung

Teilweise kann den Risiken im Anlagenbau durch ein geeignetes Claim Management begegnet werden. Ein solches Management soll ungewöhnliche Projektrisiken (unvorhergesehene Baugrundbedingungen, geänderte rechtliche Verhältnisse, Behinderungen im Brown Field Szenario, etc.), die zu eigenen Mehrkosten und/oder fremden Nachforderungen führen können, zielgerichtet handhaben[16]. Vor allem der Beteiligung von Subunternehmern ist Beachtung zu schenken. Sie sollen häufig, die typischen Baurisiken übernehmen, die der Anlagenbauer häufig nicht beherrscht. In vielen Fällen hat aber der Analgenbauer bereits ein hohes Maß an Risiko akzeptiert, für das sich am Markt keine geeigneten Subunternehmer finden lassen. Anlagenbauer sollten daher darauf achten, nur für die Anlage selbst Festpreise zu akzeptieren. Die reinen Bauleistungen sollten dagegen möglichst nur zu Einheitspreisen angenommen werden. Häufig hilft auch ein Ansatz Cost plus (fee).

12 **a. Spezifische Risiken.** Gelegentlich lauern in ausländischen Rechtsordnungen besondere Risiken für den Anlagenbauer, die ihm aus seiner heimischen Rechtsordnung nicht bekannt sind. Klassisches Beispiel ist die extensive französische Rechtsprechung zur sog. **Décennale**, die auch technische Ausrüstungsgegenstände erfassen kann (z.B. die defekte Entlüftungs- und Entladevorrichtung eines Getreidesilos)[17]. Infolgedessen zeichnen sich Anlagebauverträge vor allem durch folgende Vertragsklauseln aus, wobei man zwischen den Allgemeinen Klauseln und den Besonderen Klauseln unterscheidet[18].

---

[14] Schuhmann ZfBR 2002, 739, 741.

[15] Mallmann, Bau- und Anlagenbauverträge, 266 ff.; Michaelis de Vasconcellos RIW 1997, 455 ff.; Fenn ICLR 2000, 439, Llyod ICLR 1996, 502; Smith ICLR 1996, 549; Jones ICLR 1996, 570.

[16] Schuhmann ZfBR 2002, 739.

[17] Cass.civ., 26.03.1996 (FR), RGDA 1997, 90 mit Anmerkung Karilla; vgl. dazu eingehend Niggemann RIW 1998, 192, 198.

[18] Michaelis de Vasconcellos RIW 1997, 455, 457 ff.; vgl. auch Schuhmann ZfBR 2002, 739, 741 f.

Allgemeine Klauseln[19]:

- Präambel, in der die Absichten und Zielstellungen des Vertrages näher beschrieben werden
- Begriffsdefinitionen, mit denen die zentralen Vertragsbegriffe möglichst exakt und durchgängig festgelegt werden
- Force Majeure-Klauseln
- Rechtswahl und Schiedsklauseln
- Klauseln zur Sicherheitenstellung

Besondere Klauseln[20]:

- Leistungsumfang
- Zahlungsbedingungen
- Bauzeitklauseln
- Pauschalisierter Schadensersatz
- Tests und Abnahmeverfahren
- Mangelbeseitigung, Gewährleistung und Garantien
- Haftung und Versicherung
- Haftungsbegrenzung
- Change Orders
- Kündigung und Suspendierung
- Stand der Technik
- Klauseln zu speziellen Risiken

b. Französisches und belgisches Vertragsstatut. Aus deutscher Sicht sind bei der Abfassung von Anlagenbauverträgen vor allem die Vorschriften der französischen und der belgischen „Décennale" problematisch[21], zumal versicherungstechnische Probleme zu lösen sind[22]. Bei Anlagenbauverträgen, die nach anglo-amerikanischem Recht abgewickelt werden, fehlt es an der grundlegenden Verpflichtung, das Vertragsziel in den Grenzen von Treu und Glauben zu fördern und nicht zu gefährden[23], die in Deutschland[24], Frankreich (Art. 1134 Code Civil), Italien (Art. 1366 Codice Civile) und den Niederlanden anerkannt ist[25]. Das sog. Commissioning (also die Einarbeitung des Bestellers in die Bedienung und Wartung der Anlage) wird nach Auffassung von Rosener weder im FIDIC Red Book noch im FIDIC Yellow Book detailliert angesprochen[26], ist aber in der Praxis von großer Bedeutung. Ist es Teil des Leistungsumfanges des Unternehmers, kann sich der Fertigstellungszeitpunkt nach hinten verlagern[27]. Im Einzelfall ist daher auf Klauseln, die die Personalschulung und -anleitung durch den Unternehmer einschließen, viel Sorgfalt zu verwenden. Einzelheiten des Commissioning sind ohnehin in den spezifisch da- 13

19 Michaelis de Vasconcellos RIW 1997, 455, 457, 458.
20 Michaelis de Vasconcellos RIW 1997, 455, 458 ff.
21 Niggemann RIW 1998, 192, 199; Bigot/Hauteville, Code Pratique de l'assurance construction, 120.
22 Vgl. Art. L.241-1 ff. Code des assurances (FR).
23 Allery, Overseas Supply and Installation Contracts, Rn. 4-03.
24 Vgl. zum deutschen Recht BGH NJW 2001, 1932, 1934; Schumann ZfBR 2002, 739, 741.
25 Vgl. Allery, Overseas Supply and Installation Contracts, Rn. 4-04.
26 Rosener in: Münchener Vertragshandbuch, Band IV, VI. 1 Rn. 11.
27 Vgl. Le Tourneau, L'ingénierie, les transferts de technologie et de maîtrise industrielle, Rn. 447.

für vorgesehenen Vertragsbestandteilen zu regeln (siehe Unterklausel 5.5 FIDIC Yellow Book). Darüberhinaus ist auf Klauseln 9 und 12 FIDIC Yellow Book hinzuweisen.

14 **2. Standardverträge.** Internationale Organisationen haben verschiedene Mustervorschläge für **internationale Anlagenbauverträge** entwickelt. Hervorzuheben sind vor allem das FIDIC Silver Book[28], das FIDIC Yellow Book[29], das FIDIC Gold Book und der Orgalime Turnkey Contract for Industrial Works[30] sowie die Vorschläge der Commission économique pour l'Europe de l'Organisation des Nations Unies. Gern wird auch das ENAA-Vertragsmuster eingesetzt. Bei dem Silver Book handelt es sich um einen EPC-Vertrag auf Pauschalpreisbasis, bei dem der Unternehmer die Planung übernimmt. Das Silver Book besteht aus den Allgemeinen Vertragsbedingungen mit zwanzig Klauseln (mit jeweils zahlreichen Unterklauseln) sowie einem Guidance zur Erstellung Besonderer Vertragsbedingungen und einer Reihe zusätzlicher Mustertexte. Das FIDIC Gold Book lehnt sich an das Klauselwerk im FIDIC Yellow Book an und erweitert den Leistungskatalog des Unternehmers auf den Betrieb der zu planenden und zu errichtenden Anlage. Das Orgalime-Muster besticht durch eine auszufüllende Checkliste, deren Nützlichkeit allerdings auch in Zweifel gezogen wird[31]. Das ENAA-Vertragswerk ist ein sehr detaillierter Anlagenbauvertrag, der bislang auch von der Weltbank empfohlen wird. Ein vollständiges französischsprachiges Vertragsmuster für die Errichtung einer Chemiefabrik findet sich bei Le Tourneau[32]. Aus England stammen die Anlagenbauverträge der IChem und das Vertagsmuster MF/1.

15 Rosener[33] qualifiziert auch das FIDIC **Red Book**[34] als Anlagen- und Industrieanlagenvertrag, für den grundsätzlich auch an das FIDIC Silver Book gedacht werden könne, wobei allerdings letzteres unter Verwendung deutschen Rechts teilweise als AGB-widrig zu beurteilen sei[35]. Beide Aussagen sind bedenklich, denn das FIDIC Red Book ist zuvörderst als Muster für reine Bauleistungen gedacht. In der Praxis wird es vor allem im Straßen- und Dammbau eingesetzt. Das FIDIC **Yellow Book** (und sein Vorgänger, das FIDIC Orange Book) wird von Rosener im Zusammenhang mit Anlagenbauvorhaben gar nicht erwähnt, obwohl es gerade für den technischen Anlagenbau konzipiert wurde. Das **Silver Book** ist dagegen insbesondere für BOT-Verträge entworfen worden und orientiert sich an Anforderungen, die die Weltbank formuliert hat. Die darin enthaltenen Klauseln dürfen nicht isoliert untersucht und beurteilt werden, denn dem Muster wohnt eine besondere Philosophie inne, die sich wiederum an Marktbedürfnissen orientiert, die vor allem von Interessen der finanzierenden Institute bestimmt sind. Das Äquivalent für die nicht zu bestreitende Risikoübernahme durch den Unternehmer liegt im Preis. Die Verwendung des FIDIC Silver Book setzt eine den Risiken angemessene Kalkulation voraus, was FIDIC nicht verkennt. Das FIDIC Silver Book verteilt die Risiken eher auftraggeberfreundlich (vgl. Unterklauseln 1.9, 4.11, 4.12, 5.1, 8.4, 17.3), was sich in einem angemessenen Preis niederschlagen muss. Die Beurteilungen des FIDIC Silver Book differieren ganz erheblich[36]. Der Orgalime-Vorschlag für

[28] Hierzu näher § 18 146 ff.
[29] Hierzu näher § 18 152 ff.
[30] Hierzu näher § 17 22, § 18 172 ff.
[31] Henchie ICLR 2004, 67, 68.
[32] Le Tourneau, L'ingénierie, les transferts de technologie et de maîtrise industrielle, Anhang III (255).
[33] Rosener in: Münchener Vertragshandbuch, Band IV, VI. 1 Rn. 2 unter (a).
[34] Hierzu näher § 18 139 ff.
[35] Rosener in: Münchener Vertragshandbuch, Band IV, VI. 1 Rn. 2 unter (d).
[36] Vgl. Mallmann, Bau- und Anlagenbauverträge, 272; Henchie ICLR 2001, 41; Gaede ICLR 2000, 477; Wade ICLR 2001, 497.

einen Turnkey Contract for Industrial Works nimmt für sich eine gegenüber dem FIDIC Silver Book ausgewogenere Risikoverteilung in Anspruch[37]. Da es den Parteien frei steht, grundsätzlich jedes Risiko zu übernehmen, sind gegen die etwas einseitige Risikoverteilung des Silver Book jedenfalls aus deutscher Sicht keine spezifischen Einwendungen zu erheben[38].

Die Unterschiede zwischen dem Orgalime Muster und dem Silver Book lassen sich wie folgt gegenüberstellen[39]: 16

Tabelle 3.1. Vergleichsübersicht Silver Book/Orgalime

Gegenstand	**Orgalime Vertrag**[40]	**Silver Book**[41]
Entscheidungsfindung	Unabhängige Expertenentscheidung für bestimmte Themen, gefolgt von ICC-Schiedsverfahren	Entscheidung durch den Besteller, gefolgt von DAB-Verfahren und ICC-Schiedsverfahren
Abschlagszahlungen	30 Tage	28 Tage
Verzugszinsen	8% über dem Satz der EZB	3% über dem Diskontsatz der relevanten Bank
Bauaussetzung	Mitteilung mit 7-Tagesfrist	Mitteilung mit 21-Tagesfrist
Unvorhergesehene Bodenverhältnisse	Berechtigt den Unternehmer zur Bauzeitverlängerung und Kostenerstattung	Keine Bauzeitverlängerung und Kosten
Planungsverantwortung	Ja, aber kein ausdrücklicher Vertragsstandard. Der Unternehmer ist nicht für Planungsfehler des Bestellers verantwortlich	Ja, die Arbeiten müssen „fit for intended purpose" sein. Der Unternehmer ist verantwortlich für Planungsfehler des Bestellers
Haftung	Alle direkten und indirekten Schäden, soweit vertraglich vereinbart	Haftung auf den Vertragspreis beschränkt
Force Majeure	Jedes Ereignis ausserhalb der Kontrolle der Parteien, das nicht vorhergesehen werden konnte und dass die Vertragserfüllung unmöglich macht	Detaillierte vertragliche Definition; es sind von der Partei, die sich darauf beruft, hohe Hürden zu überwinden
Beendigung wegen Force Majeure	Nach 180 Tagen	Nach 84 Tagen
Zahlung während Force Majeure	Vertrag schweigt	Besteller muss weiterhin die vertraglich vereinbarten Zahlungen leisten

[37] Vgl. dazu eingehend Henchie ICLR 2004, 67 ff.
[38] Mallmann, Bau- und Anlagenbauverträge, 272 f.
[39] Henchie ICLR 2004, 67, 81, 82.
[40] Hierzu näher § 17 22, 25, § 18 172 ff.
[41] Hierzu näher § 18 146 ff.

17 Individuell zu verhandeln sind bei Zugrundelegung des Silver Book folgende Aspekte:

1.1.3.3 & 8.2	Time for Completion (Date d'achèvement/Fertigstellungsdatum)
1.1.3.7 & 11.1	Defects Notification Period (Période de notification des vices/ Mängelmitteilungsfrist)
1.1.5.6	Definition of each section, if any (Définition des sections, s'il y en a/ Definition der Sektionen/Abschnitte, falls es welche gibt)
1.3	Electronic Systems for communication (système électronique de communication)
1.4	Laws and Languages (Droit et Langues/Anwendbares Recht und Sprache)
2.1	Time for possession of the Site (Date de prise en possession de la site/Übernahmetag der Baustelle)
4.2	Performance Security (Garantie d'exécution du contrat/Erfüllungssicherheit)
4.4	Notice of Subcontractors (Notification des sous-traitants/Mitteilung der Subunternehmer)
8.7/12.4 & 14.15 (d)	Delay/Performance damages (Retard/Dommages de retard/Verspätung und Verzugsschäden)
13.8	Adjustements for changes in Cost (ajustements pour les changements coûts/Anpassungen für Kostenänderungen)
14.2	Advance Payments (accomptes/Vorauszahlungen)
14.3 (c)	Retention (Droit de retention/Zurückbehaltungsrecht)
17.6	Limitation of Liability (Limitation de la responsabilité/Haftungsbeschränkung)
18.1	Employer's Insurance (Assurance du maître de l'ouvrage)
18.2 (d)	Insurance of Employer's risks (Assurance des risques du maître de l'ouvrage)
18.3	Insurance against injury to persons and damage to property
20.2	Number of members of the dispute adjudication board (Nombre des membres du DAB/Anzahl der Mitglieder des DAB)
20.3	Appointing entity for the dispute adjudication board (Institution de dénommination pour le DAB/Benennungseinrichtung für das DAB)

2.1	Time for possession of the Site (Date de prise en possession de la site/Übernahmetag der Baustelle)
4.2	Performance Security (Garantie d'exécution du contrat/Erfüllungssicherheit)
4.4	Notice of Subcontractors (Notification des sous-traitants/Mitteilung der Subunternehmer)
8.7/12.4 & 14.15 (d)	Delay/Performance damages (Retard/Dommages de retard/Verspätung und Verzugsschäden)
13.8	Adjustements for changes in Cost (ajustements pour les changements coûts/Anpassungen für Kostenänderungen)
14.2	Advance Payments (accomptes/Vorauszahlungen)
14.3 (c)	Retention (Droit de retention/Zurückbehaltungsrecht)
17.6	Limitation of Liability (Limitation de la responsabilité/Haftungsbeschränkung)
18.1	Employer's Insurance (Assurance du maître de l'ouvrage)
18.2 (d)	Insurance of Employer's risks (Assurance des risques du maître de l'ouvrage)
18.3	Insurance against injury to persons and damage to property
20.2	Number of members of the dispute adjudication board (Nombre des membres du DAB/Anzahl der Mitglieder des DAB)
20.3	Appointing entity for the dispute adjudication board (Institution de dénommination pour le DAB/Benennungseinrichtung für das DAB)

18 **3. Ergänztes Inhaltsverzeichnis Silver Book.** Die FIDIC hat zwischenzeitlich eine Übersicht für Besondere Vertragsbedingungen herausgegeben, die die Allgemeinen Bedingungen ergänzen.

Contents

5 DESIGN
5.1 General Design Obligations
5.2 Contractor's Documents
5.3 Contractor's Undertaking
5.4 Technical Standards and Regulations
5.5 Training
5.6 As-Built Documents
5.7 Operation and Maintenance Manuals
5.8 Design Error

6 STAFF AND LABOUR
6.1 Engagement of Staff and Labour
6.2 Rates of Wages and Conditions of Labour
6.3 Persons in the Service of Others
6.4 Labour Laws
6.5 Working Hours
6.6 Facilities for Staff and Labour
6.7 Health and Safety
6.8 Contractor's Superintendence
6.9 Contractor's Personnel
6.10 Records of Contractor's Personnel and Equipment
6.11 Disorderly Conduct

7 PLANT, MATERIALS AND WORKMANSHIP
7.1 Manner of Execution
7.2 Samples
7.3 Inspection
7.4 Testing
7.5 Rejection
7.6 Remedial Work
7.7 Ownership of Plant and Materials
7.8 Royalties

8 COMMENCEMENT, DELAYS AND SUSPENSION
8.1 Commencement of Works
8.2 Time for Completion
8.3 Programme
8.4 Extension of Time for Completion
8.5 Delays Caused by Authorities
8.6 Rate of Progress
8.7 Delay Damages
8.8 Suspension of Work
8.9 Consequences of Suspension
8.10 Payment for Plant and Materials in Event of Suspension
8.11 Prolonged Suspension
8.12 Resumption of Work

9 TESTS ON COMPLETION
9.1 Contractor's Obligations
9.2 Delayed Tests
9.3 Retesting
9.4 Failure to Pass Tests on Completion

10 EMPLOYER'S TAKING OVER
10.1 Taking Over of the Works and Sections
10.2 Taking Over of Parts of the Works
10.3 Interference with Tests on Completion

11 DEFECTS LIABILITY
11.1 Completion of Outstanding Work and Remedying Defects
11.2 Cost of Remedying Defects
11.3 Extension of Defects Notification Period
11.4 Failure to Remedy Defects
11.5 Removal of Defective Work
11.6 Further Tests
11.7 Right of Access
11.8 Contractor to Search
11.9 Performance Certificate
11.10 Unfulfilled Obligations
11.11 Clearance of Site

12 TESTS AFTER COMPLETION
12.1 Procedure for Tests after Completion
12.2 Delayed Tests
12.3 Retesting
12.4 Failure to Pass Tests after Completion
13 VARIATIONS AND ADJUSTMENTS
13.1 Right to Vary
13.2 Value Engineering
13.3 Variation Procedure
13.4 Payment in Applicable Currencies
13.5 Provisional Sums
13.6 Daywork
13.7 Adjustments for Changes in Legislation
13.8 Adjustments for Changes in Cost

14 CONTRACT PRICE AND PAYMENT
14.1 The Contract Price
14.2 Advance Payment
14.3 Application for Interim Payments
14.4 Schedule of Payments
14.5 Plant and Materials intended for the Works
14.6 Interim Payments
14.7 Timing of Payments
14.8 Delayed Payment
14.9 Payment of Retention Money
14.10 Statement at Completion
14.11 Application for Final Payment
14.12 Discharge
14.13 Final Payment
14.14 Cessation of Employer's Liability
14.15 Currencies of Payment

15 DEFAULT OF CONTRACTOR
15.1 Notice to Correct
15.2 Termination by Employer
15.3 Valuation at Date of Termination
15.4 Payment after Termination
15.5 Employer's Entitlement to Termination

16 DEFAULT OF EMPLOYER
16.1 Contractor's Entitlement to Suspend Work
16.2 Termination by Contractor
16.3 Cessation of Work and Removal of Contractor's Equipment
16.4 Payment on Termination

17	**RISK AND RESPONSIBILITY**
17.1	Indemnities
17.2	Contractor's Care of the Works
17.3	Employer's Risks
17.4	Consequences of Employer's Risks
17.5	Intellectual and Industrial Property Rights
17.6	Limitation of Liability
18	**INSURANCE**
18.1	General Requirements for Insurances
18.2	Insurance for Works and Contractor's Equipment
18.3	Insurance against Injury to Persons and Damage to Property
18.4	Insurance for Workers
19	**FORCE MAJEURE**
19.1	Definition of Force Majeure
19.2	Notice of Force Majeure
19.3	Time of Notice
19.4	Duty to Minimise Delay
19.5	Consequences of Force Majeure
19.6	Optional Termination, Payment and Release
19.7	Release from Performance under the Law
20	**CLAIMS, DISPUTES AND ARBITRATION**
20.1	Contractor's Claims
20.2	Appointment of the Dispute Adjudication Board
20.3	Failure to Agree Dispute Adjudication Board
20.4	Obtaining Dispute Adjudication Board's Decision
20.5	Amicable Settlement
20.6	Arbitration
20.7	Failure to Comply with Dispute Adjudication Board's Decision
20.8	Expiry of Dispute Adjudication Board's Appointment
APPENDIX: GENERAL CONDITIONS OF DISPUTE ADJUDICATION AGREEMENT	
INDEX OF SUB-CLAUSES	

IV. Vertragsklauseln

19 Im Anlagenbau ist es vor allem wichtig zu prüfen, ob die Anlage die vertraglichen Vorgaben erfüllt. Besonderes Augenmerk ist darauf zu legen, ob die Anlage die Produktionsanforderungen (Qualität, Anzahl, Produktionskosten, Wartungsanfälligkeit, etc) erfüllt. Letzeres lässt sich häufig erst nach der Inbetriebnahme testen. Folgerichtig sehen die typischen Anlagenbauverträge kalte und warme Tests vor (*Tests on Completion* und *Tests after Completion*). International üblich ist es, dass der Unternehmer die kalten Tests in eigener Verantwortung und Regie durchführt. Personal und Verbrauchsgüter (Strom, Wasser, Abwasser, etc.) sind vom Unternehmer zu stellen. Nach dem Taking-Over durchzuführende warme Tests fallen hingegen zumeist in die Verantwortung des Bestellers, d.h. er muss Personal und Verbrauchsgüter stellen. FIDIC-Verträge sehen allesamt Tests on Completion vor, nicht jedoch auch Tests after Completion. Solche Tests sind standardmäßig nur im FIDIC Yellow Book und im FIDIC Silver Book vorgesehen (siehe dort jeweils Klausel 12). Die Vertragswerke regeln die Verteilung der Verantwortung für die Tests (und damit auch für die Risiken) und enthalten im Übrigen nur eine Anleitung für die Durchführung der Tests. Welche Tests durchzuführen sind und was im Einzelnen zu testen ist, muss individuell vereinbart werden. Es empfiehlt sich eine sehr sorgsame Überprüfung des Vertragsinhaltes sowie des anwendbaren Rechts einschließlich des lokalen öffentlichen Rechts, das häufig ergänzende Anforderungen enthält.

Im Anlagenbau sind ferner Bedienungs- und Wartungsanleitungen besonders wichtig. Die Vertragswerke nehmen darauf Rücksicht und regeln die Übergabe von Bedienungs- und Wartungsanleitungen als eine der Anforderungen, die vor den Tests on Completion erfüllt sein müssen.

Problematisch sind sodann die Schulungsanforderungen, die standardmäßig erfüllt sein müssen, bevor das Taking-Over Certificate ausgestellt wird. Die Steuerung von Industrieanlagen stellt häufig hohe Anforderungen an die schulische und berufliche Qualifikation des einzusetzenden Personals. Es ist ratsam, die Anforderungen an das zu schulende Personal exakt zu definieren, um zu vermeiden, dass sich die Schulung und Personaleinweisung in die Länge zieht oder gar scheitert. Sofern die Schulung Teil der Hauptleistung des Unternehmers ist (z.B. in FIDIC-Verträgen), führt eine überlange Schulung ggf. zu Bauzeitüberschreitungen, die schadensersatzbewehrt ist (vgl. Unterklausel 8.7 FIDIC).

Schließlich werden häufig Ersatzteilklauseln und Know-how Klauseln nicht genau evaluiert. Es empfiehlt sich, solche Klauseln sehr genau zu prüfen und die Details exakt zu regeln. Es kommen z.B. Ersatzteilklauseln vor, die eine Lieferverpflichtung über eine im Voraus bestimmten Zeitraum ohne mengenmäßige Begrenzung vorsehen. Solche Klauseln sollten vermieden werden. Manche Auftraggeber verstehen die Verpflichtung zum Know-how Transfer zeitlich unbeschränkt und wollen auch noch Neuentwicklungen abschöpfen. Deshalb ist es ratsam, Technologietransferklauseln so zu formulieren, dass Missbrauch ausgeschlossen ist.

§ 13 Ingenieurbauvertrag

Schrifttum

Eggleston, The NEC3 Engineering and Construction Contract, London 2006; Hudson's Building and Engineering Contracts, 11. Auflage, London 1995; Hubert, Le contrat d'ingénierie, 2. Auflage, Paris 1984; Jones, The International Civil Engineering Contract, London 1979; Markanda, Building & Engineering Contracts, 2. Auflage, New Delhi 2007; Patil, Building and Engineering Contracts, 5. Auflage, Pune 2005

Inhaltsübersicht

I. Vertragstyp

1 **1. Einleitung.** Die Tätigkeiten von Ingenieuren sind insbesondere im reinen Ingenieurbau (Straßen, Brücken, Tunnel, Dämme, Eisenbahnstrecken, etc.) unverzichtbar. Sie werden entweder als Beratende Ingenieure (Ingenieur-conseil, Consulting Engineer), als Prozessleitende Ingenieure oder als Unternehmer tätig. Nur von letzteren soll hier die Rede sein. Ingenieurbauverträge erschöpfen sich nicht im Planungs- oder Überwachungsauftrag sondern beinhalten vor allem die Herstellungsverpflichtung, mindestens aber die Koordinierungsverpflichtung bezüglich aller für das Vorhaben zu bindenden Gewerke und Leistungen, häufig auch einen Know-how-Transfer[1]. Im weiteren Sinne sind Ingenieurbauverträge **Bauverträge**, die häufig Planungsleistungen einschließen. Letztere erstrecken sich vor allem auf die Planung von Behelfsbauten, wie z.B. im Brückenbau oder im Wasserbau. Manche Ingenieurbauwerke erfordern so viel Engineering, dass der Bauherr davon Abstand nimmt, ein klassisches Bauunternehmen in der Verantwortung zu nehmen. Stattdessen werden dann klassische Consultant Unternehmen zum Generalübernehmer gemacht. Folgende Leistungen sind denkbar:

- Übernahme des Einkaufs von Lieferungen und Leistungen
- Planungsleistungen
- Baudurchführung
- Know-how-Transfer
- Ausbildung des Personals des Bestellers
- Finanzierung
- Betrieb des Vertragsgegenstands nach Fertigstellung

Die Übernahme des Einkaufs von Lieferungen und Leistungen kann als Geschäftsbesorgung oder im eigenen Namen erfolgen. Bei reinen Ingenieurunternehmen überwiegt die Gestaltung als Geschäftsbesorgung, da reine Ingenieurunternehmen die mit der

---

1 Hubert, Le contrat d'ingénierie, Rn. 235.

kompletten Übernahme des Leistungsrisikos verbundenen wirtschaftlichen Risiken oftmals gar nicht in der Lage sind zu tragen.

Zu den typischen Standardverträgen gehören das FIDIC Red Book 1999 und das FIDIC Dredging and Reclamation Form[2]. Bei beiden Formaten handelt sich um Aufmaßverträge, die nach Einheitspreisen abgerechnet werden. Erwähnenswert ist auch das NEC3-Vertragsmuster[3]. Letzteres ist etwas flexibler als die FIDIC-Standards, die im Vergleich nur sehr wenige Gestaltungsspielräume aufzeigen. Allerdings ist FIDIC im Ingenieurbau traditionell weitaus bekannter und verbreiteter. In der Vertragsabwicklung verwenden die FIDIC-Vertragsmuster die bekannteren Begriffe und sind daher erfahrunsgemäß etwas besser zu handhaben.

Übernimmt der Unternehmer eine Komplettleistung sind in der Regel Subunternehmer unverzichtbar[4], etwa für den Signalbau oder die Wasserhaltung. Komplettleistungen werden häufig als schlüsselfertige Vorhaben (contrat clé en mains) vereinbart[5]. Noch weitergehend sind die Aufträge „produits en main" oder „product in hand"[6]. Verträge über schlüsselfertige Anlagen und solche „produits en main" unterscheiden sich wie in Tabelle 3.2 dargestellt[7]. 2

Verträge über schlüsselfertige Anlagen werden aber überwiegend im klassischen Anlagenbau eingesetzt. Im Ingenieurbau sind sie nicht sehr häufig anzutreffen, denn die Unternehmen müssen oftmals große Risiken beherrschen (z.B. im Tunnelbau), die nur schwer kalkulierbar sind. Folgerichtig wird im Ingenieurbau gerne auf Einheitspreis- und Aufmaßverträge zurückgegriffen. Erforderlichenfalls können kombinierte Verträge geschlossen werden.

2. Inhalt und Ablauf. Mit dem Vertrag zur Lieferung eines schlüsselfertigen Vorhabens übernimmt der Unternehmer die vollständige Verantwortung für die Planung, Lieferung, Herstellung, ggf. Inbetriebnahme und ggf. auch die Schulung des Personals. Im klassischen Ingenieurbau fallen die Teilleistungen Inbetriebnahme und Schulung häufig weg. Doch übernimmt der Unternehmer im Ingenieurbau sehr häufig auch umfangreiche Planungsaufgaben. Der Planungsanteil beschränkt sich aber zumeist auf die Ausführungs- 3

Tabelle 3.2. Abnahmestufen

	Provisorische Abnahme (PA)	Endgültige Abnahme (EA)	Abnahme am Ende der Verwaltung
Schlüsselfertige Verträge	Lieferung der Anlage Übertragung des Eigentums und der Risiken	PA + x Monate	
Produit en mains	Lieferung der Anlage Übertragung des Eigentums und der Risiken	Inbetriebnahme der Anlage durch den Unternehmer PA + x Monate	Betreiben der Anlage durch den Unternehmer und Schulung des Personals des Bestellers PA + EA + x Monate

2 Siehe dazu Hök, FIDIC gibt das Contract Form for Dredging and Reclamation Works heraus, IBR 2007, 1018.
3 Siehe dazu Hök, New Engineering and Construction Contract ist eine Alternative zu FIDIC, IBR 2006, 1541.
4 Vgl. Hubert, Le contrat d'ingénierie, Rn. 235.
5 Hubert, Le contrat d'ingénierie, Rn. 236.
6 Le Tourneau, L'ingénierie, les transferts de technologie et de maîtrise industrielle, Rn. 443.
7 Vgl. auch Le Tourneau, L'ingénierie, les transferts de technologie et de maîtrise industrielle, Rn. 447.

planung. Im Anlagenbau kommt stets die Prozesstechnik hinzu. Im Ingenieurbau werden solche Teilleistungen häufig untervergeben. Wesentlich ist, dass Aufträgen mit Planungsanteil nicht lediglich eine Dienstverpflichtung innewohnt, sondern eine auf den Erfolg gerichtete Leistung (vgl. Unterklausel 4.1 (c) FIDC Red Book 1999). Das ist nicht immer selbstverständlich. Zwar ist die Erfolgshaftung auch in Frankreich und Belgien grundsätzlich anerkannt[8]. Doch dort stellen die Leistungen von Architekten und Ingenieuren im Ansatz eine solche „de moyens" dar, die sich auf die Anstrengung zur Erreichung des Zieles beschränken können. Bei der Vertragsredaktion ist größtmögliche Sorgfalt angebracht, denn die erfolgsorientierte „obligation de résultat" kann jederzeit abbedungen werden. Dies geschieht etwa durch eine „best endeavours"-Klausel, die möglicherweise zur Haftungsverschärfung gedacht war und das Gegenteil bewirkt[9].

Der Schwerpunkt von Ingenieurbauvorhaben liegt häufig in der Bewältigung der Aufgabe durch Behelfsbauten und in der mit der Bauabwicklung verbundenen logistischen Leistung (z.B. Umleitung von Verkehrsströmen, Umleitung von Wasser, Wasserhaltung, etc.). Auch insoweit wird ein Erfolg geschuldet. Der Vertragswortlaut muss jeweils sehr genau evaluiert werden, um eventuelle Probleme frühzeitig zu erkennen. Der Umfang von Drainageleistungen und Wasserhaltung kann je nach Vertragswortlaut sehr unterschiedlich verstanden werden.

II. Vertragsstatut

4 Das Vertragsstatut eines sog. Ingenieurbauvertrages richtet sich nach Art. 3, 4 Rom I, so dass entweder das anwendbare Recht vereinbart wird (Art. 3 Rom I) oder es an den Sitz des Ingenieurbauunternehmens angeknüpft wird (Art. 4 Rom I). In diesem Fall – also ohne Rechtswahlvereinbarung – gilt das Recht am Sitz des Unternehmers. Je nach Ausgestaltung des Vertrages können die Bezüge zum Baustellenort allerdings so stark sein, dass diese letztlich überwiegen und das Baustellenrecht Vertragsstatut ist (vgl. Art. 28 Abs. 5 EGBGB a.F. = Art. 3 Abs. 3 Rom I), wenn die Parteien keine Rechtswahl getroffen haben. Daher sollte stets eine Rechtswahl vorgenommen werden, um Zweifel auszuräumen. Soweit Subunternehmer einbezogen werden, sollte stets darauf geachtet werden, dass diese eine möglichst lückenlose Verantwortung und Haftung übernehmen. Das kann im Grunde genommen nur dann sichergestellt werden, wenn die Subunternehmer dieselbe Rechtsordnung akzeptieren wie sie im Hauptvertrag vereinbart wurde.

III. Vertragsmuster

5 Wie bereits erwähnt, überwiegen im Ingenieurbau FIDIC-Standards. Die **Commission économique pour l'Europe de l'Organisation des Nations Unies** hat einen **Guide pour la rédaction de contrats internationaux d'ingénierie-conseil y compris certains aspects connexes d'assistance technique** herausgegeben, der das Abfassen von Ingenieurverträgen erleichtern soll. Der Guide enthält eine **Checkliste** bezüglich der zu verhandelnden Vertragsklauseln:

---

8 Vgl. auch Le Tourneau, L'ingénierie, les transferts de technologie et de maîtrise industrielle, Rn. 426.

9 Le Tourneau, L'ingénierie, les transferts de technologie et de maîtrise industrielle, Rn. 413.

1) Parties (Parteien)[10]
2) Préambule (Präambel)[11]
3) Définitions des termes employés dans le contrat (Definitionen der verwendeten Begriffe)[12]
4) Objet et portée du contrat (Gegenstand und Inhalt des Vertrages)[13]
5) Dates du début et de la fin des services du consultant (Anfangs- und Enddatum der Leistungen des Beraters)[14]
6) Transfert des droits et obligations contractuels du consultant (Übertragung der Rechte und vertragliche Verpflichtungen des Beraters)[15]
7) Sous-traitance (Subunternehmerverträge)[16]
8) Transfert des droits et obligations contractuels du client (Übertragung der Rechte und vertragliche Verpflichtungen des Auftraggebers)[17]
9) Obligations des parties (Verpflichtungen der Parteien)[18]
10) Assistance technique en tant qu'obligation éventuelle du consultant (Technische Assistenz des Beraters als Eventualverpflichtung)[19]
11) Accomplissement et services de tiers (Erfüllung und Dienstleistungen Dritter)[20]
12) Défaut d'exécution des obligations contractuelles (Nichterfüllung vertraglicher Verpflichtungen)[21]
13) Conséquences du défaut d'exécution des obligations contractuelles (Folgen der Nichterfüllung vertraglicher Verpflichtungen)[22]
14) Exonération de responsabilité pour les conséquences d'un manquement aux obligations contractuelles (Haftungsausschluss bei Nichterfüllung vertraglicher Verpflichtungen)[23]
15) Changement de circonstances et adaptation du contrat (Veränderung der Umstände und Änderung des Vertrages)[24]

[10] Kommentar Rn. 30 et 31 des Guide pour la rédaction de contrats internationaux d'ingénierie-conseil y compris certains aspects connexes d'assistance technique.

[11] Kommentar Rn. 32 des Guide pour la rédaction de contrats internationaux d'ingénierie-conseil y compris certains aspects connexes d'assistance technique.

[12] Kommentar Rn. 33 des Guide pour la rédaction de contrats internationaux d'ingénierie-conseil y compris certains aspects connexes d'assistance technique.

[13] Kommentar Rn. 34 des Guide pour la rédaction de contrats internationaux d'ingénierie-conseil y compris certains aspects connexes d'assistance technique.

[14] Kommentar Rn. 35, 36 des Guide pour la rédaction de contrats internationaux d'ingénierie-conseil y compris certains aspects connexes d'assistance technique.

[15] Kommentar Rn. 37 des Guide pour la rédaction de contrats internationaux d'ingénierie-conseil y compris certains aspects connexes d'assistance technique.

[16] Kommentar Rn. 38–41 des Guide pour la rédaction de contrats internationaux d'ingénierie-conseil y compris certains aspects connexes d'assistance technique.

[17] Kommentar Rn. 42 des Guide pour la rédaction de contrats internationaux d'ingénierie-conseil y compris certains aspects connexes d'assistance technique.

[18] Kommentar Rn. 43–51, 58 des Guide pour la rédaction de contrats internationaux d'ingénierie-conseil y compris certains aspects connexes d'assistance technique.

[19] Kommentar Rn. 52–57 des Guide pour la rédaction de contrats internationaux d'ingénierie-conseil y compris certains aspects connexes d'assistance technique.

[20] Kommentar Rn. 59 des Guide pour la rédaction de contrats internationaux d'ingénierie-conseil y compris certains aspects connexes d'assistance technique.

[21] Kommentar Rn. 60–65 des Guide pour la rédaction de contrats internationaux d'ingénierie-conseil y compris certains aspects connexes d'assistance technique.

[22] Kommentar Rn. 66–79 des Guide pour la rédaction de contrats internationaux d'ingénierie-conseil y compris certains aspects connexes d'assistance technique.

[23] Kommentar Rn. 80–87 des Guide pour la rédaction de contrats internationaux d'ingénierie-conseil y compris certains aspects connexes d'assistance technique.

16) Questions financières (Finanzielle Fragen)

17) Méthodes de calcul de la rémunération due au consultant (Berechnungsmethoden zur Honorarermittlung)[25]

18) Hausse et ajustement des prix (Erhöhung und Anpassung des Preises)[26]

19) Paiement des sommes dues au consultant (Zahlung der dem Berater geschuldeten Beträge)[27]

20) Versement d'intérêts moratoires (Zahlung von Verzugszinsen)[28]

21) Prime pour achèvement des travaux avant la date prévue (Prämie für vorzeitige Fertigstellung)[29]

22) Rémunération des „sous-consultants" (Vergütung der Unter-Berater)[30]

23) Suspension des paiements (Aussetzen der Zahlung)[31]

24) Garantie d'exécution (Erfüllungsgarantie)[32]

25) Transfert des sommes dues au consultant[33] (Zahlung geschuldeter Beträge an Ratgeber)

26) Monnaie et lieu de paiement; taux de change (Währung und Zahlungsort, Wechselkurs)[34]

27) Garantie de paiement (Zahlungsgarantie)[35]

28) Impôts, autres prélèvements et droits de douane (Steuern, andere Abgaben und Zölle)[36]

29) Propriété intellectuelle et informations sur les droits de propriété (Geistiges Eigentum und Informationen über die Eigentumsrechte)

30) Utilisation de documents établis par un consultant pour achever le projet (Benutzung der Unterlagen, die von einem Berater für die Herstellung des Projekts erarbeitet wurden)[37]

31) Utilisation répétée des études techniques (Wiederholte Verwendung der Planungsunterlagen)[38]

32) Concession de licences concernant la propriété industrielle (Lizenzen betreffend geistiges Eigentum)[39]

---

[24] Kommentar Rn. 88–90 des Guide pour la rédaction de contrats internationaux d'ingénierie-conseil y compris certains aspects connexes d'assistance technique.

[25] Kommentar Rn. 91–99 des Guide pour la rédaction de contrats internationaux d'ingénierie-conseil y compris certains aspects connexes d'assistance technique.

[26] Kommentar Rn. 100 des Guide pour la rédaction de contrats internationaux d'ingénierie-conseil y compris certains aspects connexes d'assistance technique.

[27] Kommentar Rn. 101–103 des Guide pour la rédaction de contrats internationaux d'ingénierie-conseil y compris certains aspects connexes d'assistance technique.

[28] Kommentar Rn. 104 des Guide pour la rédaction de contrats internationaux d'ingénierie-conseil y compris certains aspects connexes d'assistance technique.

[29] Kommentar Rn. 105 des Guide pour la rédaction de contrats internationaux d'ingénierie-conseil y compris certains aspects connexes d'assistance technique.

[30] Kommentar Rn. 106 des Guide pour la rédaction de contrats internationaux d'ingénierie-conseil y compris certains aspects connexes d'assistance technique.

[31] Kommentar Rn. 107 des Guide pour la rédaction de contrats internationaux d'ingénierie-conseil y compris certains aspects connexes d'assistance technique.

[32] Kommentar Rn. 108 des Guide pour la rédaction de contrats internationaux d'ingénierie-conseil y compris certains aspects connexes d'assistance technique.

[33] Kommentar Rn. 109 des Guide pour la rédaction de contrats internationaux d'ingénierie-conseil y compris certains aspects connexes d'assistance technique.

[34] Kommentar Rn. 110–112 des Guide pour la rédaction de contrats internationaux d'ingénierie-conseil y compris certains aspects connexes d'assistance technique.

[35] Kommentar Rn. 113 des Guide pour la rédaction de contrats internationaux d'ingénierie-conseil y compris certains aspects connexes d'assistance technique.

[36] Kommentar Rn. 114–116 des Guide pour la rédaction de contrats internationaux d'ingénierie-conseil y compris certains aspects connexes d'assistance technique.

[37] Kommentar Rn. 117–118 des Guide pour la rédaction de contrats internationaux d'ingénierie-conseil y compris certains aspects connexes d'assistance technique.

[38] Kommentar Rn. 119–120 des Guide pour la rédaction de contrats internationaux d'ingénierie-conseil y compris certains aspects connexes d'assistance technique.

33)	Inventions et améliorations (Erfindungen und Verbesserungen)[40]
34)	Maintien du secret (Verschwiegenheitspflicht)[41]
35)	Assurance (Versicherung)[42]
36)	Entrée en vigueur et modification du contrat (Inkrafttreten und Modifikation des Vertrages)[43]
37)	Fin du contrat (Ende des Vertrages)[44]
38)	Suspension et résiliation unilatérales (Einseitige Einstellung und Kündigung)[45]
39)	Langues (Sprachen)[46]
40)	Normes techniques applicables (Anwendbare technische Normen)[47]
41)	Loi applicable et questions connexes (Anwendbares Recht und damit zusammenhängende Fragen)[48]
42)	Règlement des litiges (Streiterledigung)[49]

In Rn. 137 des Guide heißt es sinngemäß: Die Parteien sollen das Recht vereinbaren, das auf den Vertrag und seine Auslegung Anwendung findet. Wenn sie wünschen, dass andere Regelungen – Allgemeine Vertragsbedingungen, Standardverträge oder berufsrechtliche Regelungen – Anwendung finden sollen, sollen sie sie benennen und spezifizieren. Die Berater sind generell gehalten, ihr Berufsrecht und die Regeln ihrer berufsständischen Einrichtung zu beachten.

In Rn. 138 des Guide heißt es sinngemäß: Unabhängig davon, welches gewählte Recht auch immer auf den Vertrag Anwendung findet, existieren immer zwingende Vorschriften, die Auswirkungen auf die Aktivitäten der Parteien haben. Diese Regeln finden auf den Vertrag als solchen (Form, Vertragsschluss), auf die Durchführung des Vorhabens (währungsrechtliche Vorschriften, verwaltungsrechtliche Vorschriften) und auf das Vorhaben selbst (z.B. in Form zwingender Ausschreibungsregelungen) Anwendung. Bestimmte Regelungen des Ingenieurvertrages können für nichtig erklärt werden, wenn sie gegen zwingende Regelungen verstoßen.

In Rn. 139 des Guide heißt es sinngemäß: Die Parteien sollen in dem Vertrag dahin übereinkommen, dass sich der Ingenieur über die zwingenden Regelungen des betroffenen Staates unterrichtet.

---

[39] Kommentar Rn. 121 des Guide pour la rédaction de contrats internationaux d'ingénierie-conseil y compris certains aspects connexes d'assistance technique.

[40] Kommentar Rn. 122 des Guide pour la rédaction de contrats internationaux d'ingénierie-conseil y compris certains aspects connexes d'assistance technique.

[41] Kommentar Rn. 123–124 des Guide pour la rédaction de contrats internationaux d'ingénierie-conseil y compris certains aspects connexes d'assistance technique.

[42] Kommentar Rn. 125 des Guide pour la rédaction de contrats internationaux d'ingénierie-conseil y compris certains aspects connexes d'assistance technique.

[43] Kommentar Rn. 126–128 des Guide pour la rédaction de contrats internationaux d'ingénierie-conseil y compris certains aspects connexes d'assistance technique.

[44] Kommentar Rn. 129 des Guide pour la rédaction de contrats internationaux d'ingénierie-conseil y compris certains aspects connexes d'assistance technique.

[45] Kommentar Rn. 130–134 des Guide pour la rédaction de contrats internationaux d'ingénierie-conseil y compris certains aspects connexes d'assistance technique.

[46] Kommentar Rn. 135 des Guide pour la rédaction de contrats internationaux d'ingénierie-conseil y compris certains aspects connexes d'assistance technique.

[47] Kommentar Rn. 136 des Guide pour la rédaction de contrats internationaux d'ingénierie-conseil y compris certains aspects connexes d'assistance technique.

[48] Kommentar Rn. 137–139 des Guide pour la rédaction de contrats internationaux d'ingénierie-conseil y compris certains aspects connexes d'assistance technique.

[49] Kommentar Rn. 140–143 des Guide pour la rédaction de contrats internationaux d'ingénierie-conseil y compris certains aspects connexes d'assistance technique.

6 Aus dem umfangreichen Arsenal der international üblichen Vertragsmuster kann je nach Eignung das FIDIC Red Book, das FIDIC Yellow Book oder das FIDIC Silver Book herangezogen werden. Auch das Dredging and Reclamation Form von FIDIC ist eine durchaus interessante Alternative[50]. Üblicherweise wird im Ingenieurbau aber auf entweder das FIDIC Red Book oder das FIDIC Yellow Book zurückgegriffen. Beide zeichnen sich durch eine ausgewogene Risikoverteilung aus. Das FIDIC Silver Book eignet sich dagegen im risikobehafteten klassischen Ingenieurbau wenig, weil es eine sehr einseitige Risikoverteilung vorsieht. Passende angelsächsische Vertragsmuster sind das ICE-Vertragsmuster (England), das NEC3 Muster (England), das EJCDC-Vertragsmuster (USA) sowie die AS Standardverträge (Australien). In Indien überwiegen lokale Standardverträge; es werden aber auch FIDIC-Standards verwendet (dann zumeist das FIDIC Red Book1987).

IV. Typische Klauseln

7 Typisch für Ingenieurbauleistungen sind die Behelfsbauten. Deshalb ist es nicht unüblich, Behelfsbauten (*temporary works*) wenigstens ansatzweise zu regeln. In den FIDIC-Vertragswerken gehören qua Definition alle Behelfsbauten zu den originär geschuldeten Leistungen. Im Straßenbau und Schienenbau überwiegen die Aufmaß- und Einheitspreisverträge, in denen die Einheitspreisanpassungsklauseln hervorzuheben sind. Sie übernehmen eine ganz wichtige Ausgleichsfunktion. Allerdings müssen sie im vertraglichen Kontext gelesen werden. Häufig sind Preisanpassungen schon generell ausgeschlossen, etwa weil die preistreibenden Umstände bereits in einer spezifischen Klausel (z.B. zum Baugrundrisiko) geregelt sind.

8 **1. Einheitspreisverträge.** Einheitspreisverträge zeichnen sich dadurch aus, dass sie die Vergütung des Unternehmers nicht abschließend festlegen. Der Besteller übernimmt in diesem Falle das Massenrisiko[51]. Ändern AGB diese grundsätzliche Risikoverteilung, ist eine dementsprechende Klausel aus Sicht des BGH überraschend[52], obgleich §§ 631 ff. BGB keine erkennbaren Anhaltspunkte dafür enthalten, dass der deutsche Gesetzgeber den Einheitspreisvertrag regeln oder gar gegenüber dem Pauschalpreisvertrag privilegieren wollte. Die Abrechnung der Leistung erfolgt jedenfalls zu den vereinbarten Bedingungen, d.h. zu den vereinbarten Einheitspreisen. Die angefallenen Massen werden zu den jeweils gültigen Einheitspreisen abgerechnet. Damit stellen sich zwei grundsätzliche Herausforderungen: (1) Wie werden die Massen ermittelt? (2) Welcher Einheitspreis ist für welche Leistung anzusetzen? Viele Vertragsmuster erlauben zudem Einheitspreisanpassungen und die Neufestlegung von Einheitspreisen. Insoweit besteht die Herausforderung darin, die Kriterien zu beschreiben, unter denen eine solche Einheitspreisanpassung erfolgen kann und soll. Die Rechtsordnungen enthalten üblicherweise keine Vorschriften über die Abrechnung zu Einheitspreisen. Gelegentlich finden sich Vorschriften, die den Unternehmer zwingen, wesentliche Massenabweichungen unverzüglich anzuzeigen (vgl. Art. 657 Code Civil (Ägypten)).

Im internationalen Kontext ist eines der wichtigsten Bestandteile des Einheitspreisvertrages das Massenverzeichnis (**Bill of Quantity** oder kurz **BoQ**). *Bills of Quantities* haben zunächst den Zweck, die voraussichtlichen Kosten für die geforderten Arbeiten

---

[50] Siehe dazu Hök, FIDIC gibt das Contract Form for Dredging and Reclamation Works heraus, IBR 2007, 1018.

[51] BGH NJW-RR 2005, 246.

[52] BGH NJW-RR 2005, 246.

zu ermitteln, womit die BoQ zur Entscheidungsgrundlage für die Vergabe werden. Gleichzeitig erfüllen BoQ die Aufgabe, die ausgeführten Arbeiten bewertbar zu machen, d.h. sie sind Grundlage für die Bewertung der Arbeiten und die Preisermittlung. Die BoQ beschreiben weder die Qualität noch die Dimension der Arbeiten. Auch geben sie nicht vor, wie die Arbeiten zu erbringen sind. Die Methodenwahlfreiheit bleibt bei dem Unternehmer. Qualität, Dimensionen und Baumethoden werden in den Plänen und Spezifikationen geregelt. Die BoQ stehen gemäß Unterklausel 1.5 FIDIC Red Book 1999 an letzter Stelle der Reihenfolge, in der die Vertragsdokumente untereinander gewichtet sind. Massenvorgaben aus den BoQ sind in der Regel nicht als vereinbarte Massen zu verstehen, sondern zweckgebunden als geschätzte Vorgaben zu Kalkulationszwecken.

Aufmaßverträge werfen oftmals erhebliche Schwierigkeiten auf, die ausgeführten Arbeiten zu bewerten[53]. Am häufigsten treten Probleme auf, den zutreffenden Einheitspreis aus der Bill of Quantity (BoQ) zu ermitteln oder Massenmehrungen zutreffend zu beurteilen. Bereits geringfügige Leistungsabweichungen können erhebliche Auswirkungen auf die vereinbarten Einheitspreise haben (z.B. Querschnittsveränderungen von Rohren oder Luftschächten mit Auswirkungen auf die Beschaffungskosten für Material und Transport oder Installation von Lüftungskanälen vor oder nach dem Abhängen der Decke mit Auswirkungen auf die Produktionsbedingungen, Schalungsarbeiten mit großteiliger Schalung oder kleinteiliger Schalung). Massenabweichungen gehen oftmals mit geänderten Produktionsbedingungen einher, z.B. im Straßenbau, wenn die Verwendung von Bodenaushub für die Herstellung der Straßenböschung vorgesehen ist und der Aushub nicht geeignet ist oder nicht in hinreichender Menge zur Verfügung steht. Zusammenfassend können folgende Probleme identifiziert werden:

- Die BoQ wurden fehlerhaft erstellt, weil sie Positionen nicht enthalten, die enthalten sein sollten, die wiederum aus technischer Sicht in den Spezifikationen enthalten und in Plänen und Zeichnungen ausgewiesen sind.
- Die BoQ enthalten unklare Abrechnungspositionen oder alternative Abrechnungspositionen, die dem Unternehmer die Wahlfreiheit lassen, wie er die Leistung ausführen möchte.
- Die BoQ wurden nicht stringent nach einer Aufmaßmethode erstellt, sondern es wurden mehrere Methoden verwendet.
- Die BoQ weisen zeitabhängige oder methodenabhängige Positionen aus, doch entweder wird die antizipierte Methode nicht verwendet, z.B. weil sie nicht eingesetzt werden kann (das vorgesehene Rohmaterial aus dem bezeichneten Steinbruch erweist sich als ungeeignet), oder der kalkulierte Zeit- und Kostenaufwand ist unzutreffend (z.B. weil der neue Steinbruch erheblich weiter entfernt liegt als der ursprünglich vorgesehene).
- Die endgültigen Massen weichen deutlich von den geschätzten Massen ab (z.B. weil die erforderliche Menge an Humusabtrag vorvertraglich unzutreffend festgestellt wurde oder weil die zur Verfügung stehenden Mengen an geeignetem Material auf der Baustelle unzutreffend eingeschätzt wurden).
- Massenabweichungen treten in der Art auf, dass die ausgewiesenen Preise nicht mehr zutreffend den Aufwand widerspiegeln (z.B. weil die einzusetzenden Maschinen größer oder kleiner dimensioniert sind als ursprünglich kalkuliert wurde oder weil sie länger eingesetzt werden müssen als gedacht, z.B. hinsichtlich der Wasserhaltung).

[53] Zum Aufmaß in der internationalen Praxis siehe Jones, The International Civil Engineering Contract, 227 ff.

Vorsorglich sei angemerkt: Die Bauzeit ist ein Kostenfaktor. Doch im internationalen Geschäft führt eine verlängerte Bauzeit nicht notwendigerweise (schon gar nicht automatisch) zur Anpassung der vereinbarten Einheitspreise. Hierfür bedarf es im internationalen Geschäft einer besonderen Grundlage. In FIDIC-Verträgen werden solche Kosten üblicherweise über Cost (siehe Unterklausel 1.1.4.3 FIDIC 1999) Claims abgewickelt.

Ausgenommen sind nur solche Bauzeitverlängerungen, die der Engineer einseitig anordnet. Dann handelt es sich in der Regel um eine **Variation**. Im Falle einer Variation kann wiederum eine Einheitspreisanpassung erfolgen, in die die bauzeitbedingte Kostenbelastung einfließen kann. Massenbedingte Bauzeitverlängerungen sind gesondert zu beurteilen (siehe unten).

9 Die Einheitspreisliste (Schedule oder Bill of Quantity) weist die vertraglich vereinbarten Einheitspreise aus, auf deren Grundlage die ausgeführten Leistungen abzurechnen sind. Im FIDIC Red Book 1999 und vergleichbaren anderen Verträgen besteht eine der wesentlichen Aufgaben des Engineer darin, für die jeweils ausgeführte Leistung den richtigen Einheitspreis anzuwenden (zwei ähnliche Einheitspreise sind verfügbar, z.B. einer für Ausschachtungsarbeiten mit Bagger und einer für Handausschachtungsarbeiten)[54]. Probleme treten dann auf, wenn Massenveränderungen Auswirkungen auf die Gesamtkalkulation des Unternehmers haben. Hat der Unternehmer für die sehr geringe Menge an spezifischen Aushubleistungen einen sehr wettbewerbsfähigen Preis angeboten, bleibt er daran grundsätzlich auch dann gebunden, wenn sich die tatsächlich auszuführende Menge deutlich erhöht. Das Vertragswerk kann Korrekturen zulassen. Unterklausel 12.3 FIDIC Red Book 1999 enthält eine solche Regelung.

10 **a. Vorfrage.** Im FIDIC-Vertrag wird der Engineer im Einzelfall zunächst zu beurteilen und festzulegen haben, ob die ausgeführten Mengen überhaupt nach Einheitspreisen abzurechnen sind, z.B. wenn es sich um vorhersehbare Baugrunderschwernisse im Sinne der Unterklausel 4.12 FIDIC Red Book handelt. Dann trägt der Unternehmer das Risiko von Massenmehrungen oder Methodenänderungen. Andererseits ist z.B. eine Einheitspreisanpassung nicht generell dadurch ausgeschlossen, dass der Vertrag die Anpassung von Einheitspreisen aufgrund von Massenabweichungen generell ausschließt[55]. Letzteres wäre z.B. der Fall, wenn auf der Grundlage des FIDIC Red Book feste Einheitspreise (fixed rates) vereinbart wurden. Im FIDIC-Vertrag werden solche Probleme aber über Cost Claims gelöst. Andere Vertragsmuster verweisen aber in solchen Fällen gelegentlich auch auf die Möglichkeit zur Einheitspreisanpassung.

Beispiel: Ein Straßenbauvertrag sah vor, dass das Material für die Herstellung und Verfestigung der Böschung zu einem Drittel aus dem Aushub erfolgen sollte, der durch die Herstellung des Straßenbetts anfallen sollte. Zu weiteren zwei Dritteln sollte das Material aus anderen Entnahmestellen herbeigeführt werden. Der Vertrag enthielt Bodeninformationen und beschrieb die Entnahmestellen sowie das Material sowie dessen Feuchtigkeitsgehalt. Der Unternehmer war verpflichtet, eigene Untersuchungen anzustellen und sich über alle Umstände zu unterrichten, die die Ausführung der Arbeiten betreffen konnten. Der Vertrag sah ausdrücklich vor, dass der Besteller keine Verantwortung für die Richtigkeit und Vollständigkeit der Information übernahm, die von ihm

[54] In den angelsächsischen Ländern, aber z.B. auch in Südafrika, übernimmt diese Aufgabe in der Regel ein Quantity Surveyor. Diese Berufsgruppe ist in den Civil Law Ländern vollkommen unbekannt.

[55] Met-Pro Corporation v. United States ASBCA N° 49694.

überlassen wurde. Der Vertrag sah überdies vor, dass der Unternehmer keine Ansprüche aus unrichtigen oder unvollständigen Angaben herleiten konnte. Der Unternehmer machte gleichwohl geltend, er habe Material mit unzutreffenden Feuchtigkeitswerten angetroffen. Sand, der Feuchtigkeitsgehalt senken sollte und gesenkt hätte, war tatsächlich nicht vorhanden. Zudem hatte die Planung in Bezug auf die Festlegung des Fertigstellungstermins keine Rücksicht auf die unzureichende natürliche Verdichtung des vorhandenen Straßenmaterials und der gebietsbezogenen Niederschläge genommen. Während das Eingangsgericht dem Unternehmer USD 1,3 Mio Mehrkosten zusprach wies das Berufungsgericht die Klage unter Hinweis auf die Entscheidung Thorn v. L.C.C. und die Wirksamkeit der Enthaftungsklausel ab[56].

Bevor also der Engineer die Leistungsbewertung vornimmt, wird er festzustellen haben, ob die abgerechnete Leistung abrechnungsfähig ist. Das ist ausgeschlossen, wenn das Vertragswerk bestimmte Leistungen bereits als im Preis kalkuliert ansieht. Das FIDIC-Vertragswerk geht grundsätzlich davon aus, dass der Unternehmer das Werk zum vereinbarten Preis abliefert, auch wenn dies unter erschwerten Produktionsbedingungen erfolgt oder erfolgen muss (inclusive price principle). Es existieren angelsächsische Urteile, die Grund für die Auffassung geben, dass auch im Aufmaßvertrag nicht alle Massen abgerechnet werden können. 11

Es lässt sich eine Entscheidung nachweisen, nach der z.B. eine unzureichende Drainage zu den Bedingungen gehört, die unter eine Unvorhersehbarkeitsklausel fallen können[57]. In dem erwähnten Fall sah Klausel 9d(2) vor:

zuvor unbekannte physikalische Bedingungen der Baustelle, von unüblicher Natur, die deutlich von denen abweichen, die gewöhnlich angetroffen werden und allgemein den Arbeiten der Art, die in dem Hausbauvertrag vorgesehen sind, als innewohnend anerkannt sind, die entweder nicht oder unter Beachtung der Sorgfalt, die von anderen Bestimmungen dieses Vertrages verlangt wird, von dem auswählbaren Unternehmer nicht hätten erkannt werden können[58].

Gestützt auf diese Tatsachen hatte das Gericht keine Schwierigkeit festzustellen, dass das Drainagesystem für die Bauzeit ungeeignet war und dass hierdurch große Überschwemmungen verursacht wurden, die den Boden nachhaltig durchfeuchteten. Es nahm an, dass der Umstand, dass etwa die Hälfte der Baustelle überflutet war, eine unbekannte physikalische Bedingung im Sinne der vorstehenden Vertragsklausel darstellte. 12

b. Bewertung. Das FIDIC Red Book 1999 enthält einige wichtige Grundregeln zur Preisfeststellung durch den Engineer: 13

- Die in den BoQ angegebenen Massen sind lediglich **geschätzte Massen** und sollen nicht als tatsächliche oder korrekte Massenangaben Verwendung finden (Unterklausel 14.1 (c)).
- Die Aufmassmethode ist die, die bei der Erstellung der BoQ verwendet wurde (Unterklausel 12.2).

---

[56] Catre Industries Ltd v. Alberta (1990) 63 D.L.R. 4th 74; vgl. dazu Hudson's Building and Engineering Contracts, Rn. 4-052.

[57] Phillips Construction Co., Inc. v. The United States, No. 334-63, United States Court of Claims, 394 F.2d 834.

[58] Phillips Construction Co., Inc. v. The United States, No. 334-63, United States Court of Claims, 394 F.2d 834.

- Der Engineer soll den geeigneten Einheitspreis zugrunde legen (Unterklausel 12.3).
- Wenn der Vertrag keinen geeigneten Einheitspreis ausweist, soll der Einheitspreis angewendet werden, der ähnliche Arbeiten regelt (Unterklausel 12.3).
- Im Falle von Massenabweichungen soll ein neuer Einheitspreis gebildet werden, soweit die Position in den BoQ keinen festen Einheitspreis ausweist.
- Im Falle von angeordneten Leistungsänderungen soll ein neuer Einheitspreis gebildet werden, wenn das Vertragswerk keinen geeigneten Einheitspreis ausweist (keine ähnlichen Leistungen oder abweichende Arbeitsbedingungen).
- In Unterklausel 4.11 FIDIC Red Book bestätigt der Unternehmer, dass der *Accepted Contract Amount* alle Leistungen abdeckt, die für die Fertigstellung der Arbeiten erforderlich sind.

14 Ergänzend enthält Unterklausel 13.1 wichtige Regelungen in Bezug auf die Frage, was eine Leistungsänderung ist. Nach Unterklausel 13.1 (a) können Massenänderungen den Charakter einer Leistungsänderung haben. Nach Unterklausel 13.1 (b) ist jede Änderung der Qualität und anderer Charakteristika von Arbeiten eine Leistungsänderung, wobei der in dieser Unterklausel verwendete Begriff der „Arbeiten" nicht im Sinne der definierten Arbeiten zu verstehen ist, weil er mit einem Kleinbuchstaben beginnt. Zu nennen sind ferner auch Änderungen in Bezug auf die Reihenfolge und Zeit der einzelnen Leistungen. Unterklausel 8.3 schreibt vor, dass der Unternehmer Methoden angeben soll, die er zu verwenden gedenkt.

15 **c. Massenabweichungen.** Zu klären ist, wie unabhängig von Leistungsänderungen Leistungen aufgemessen und bewertet werden, wenn die tatsächlichen Massen und Leistungen von den geschätzten und ausgewiesenen Positionen in der BoQ abweichen. Folgende Methoden sind denkbar:

- Die ausformulierten Positionspreise werden unverändert angewendet.
- Die ausformulierten Positionspreise werden angepasst, wenn sie den Aufwand nicht mehr zutreffend widerspiegeln.
- Massenabweichungen werden durch Anpassungen berücksichtigt, vor allem dann, wenn sie zeitabhängig waren.

16 Das FIDIC-Vertragswerk sieht eine Anpassung von Einheitspreisen vor, wenn entweder eine Leistungsänderung (Variation) angeordnet wurde (Unterklausel 12.3 (b) FIDIC Red Book) oder schlicht eine erhebliche Massenabweichung vorliegt (Unterklausel 12.3 (a) i) – (iii) FIDIC Red Book), vorausgesetzt, dass keine unveränderlichen Einheitspreise (fixed rates) vereinbart wurden (Unterklausel 12.3 (a) (iv) FIDIC Red Book).

Was eine erhebliche Massenabweichung ist, wird in Unterklausel 12.3 (a) qualifiziert. Die Unterklausel baut drei Hürden auf: (1) die Massenveränderung muss eine bestimmte Quote überschreiten (Relevanzkriterium), (2) die Massenänderung muss sich maßgeblich auf den Vertragspreis auswirken (Erheblichkeitskriterium), (3) die Massenänderung muss mit einer geänderten Kostenstruktur einhergehen (Strukturkriterium). Das FIDIC-Regime wird allerdings häufig individuell abgeändert. In Verträgen, die von der Weltbank oder anderen Finanzierungseinrichtungen finanziert werden, finden sich häufig Regularien, die die Preisanpassung im Falle von Massenabweichungen erheblich erschweren. Entweder werden die Grenzwerte deutlich angehoben oder es gibt gar einen ermessensabhängigen Genehmigungsvorbehalt. Es ist daher sehr ratsam, jeden FIDIC-Vertrag genau zu studieren, da gerade in Bezug auf Massenänderungen gerne Änderungen vorgenommen werden, die über die Vorschläge der finanzierenden Einrichtungen hinaus gehen. Solche Änderungen finden sich nicht nur in den Particular Conditions. Häufig sind sie in den Specifications enthalten.

Es bedarf zunächst einer Mengenminderung oder -mehrung in Höhe von mehr als 10% in Bezug auf die Leistungsposition, deren Einheitspreis geändert werden soll. Damit trägt das Vertragswerk dem Umstand Rechnung, dass die angegebenen Massen nur geschätzte Massen sind (vgl. Unterklausel 14.1 (c)). Diese Minderung oder Mehrung muss zugleich eine Preisveränderung von mehr als 0,01% des Accepted Contract Amount ausmachen (Erheblichkeit). Damit wird verhindert, dass gänzliche unerhebliche Auswirkungen auf den Endpreis beachtlich sind. Sodann muss die Massenänderung eine Kostenauswirkung von mehr als 1% auf den Kostenanteil im Einheitspreis haben, d.h. es muss ermittelt werden, welche tatsächlichen Kosten pro Einheit gegenüber den hypothetischen Kosten pro Einheit angefallen sind und diese Abweichung im Prozent ausgedrückt muss mehr als 1% betragen (Strukturänderung). Mit den Worten des FIDIC Contracts Guide[59] muss geprüft werden, ob die tatsächlichen Kosten pro Einheit von den fiktiven Kosten pro Einheit abweichen. Ermittelt werden zunächst die tatsächlichen Kosten pro Einheit für die Ausführung der tatsächlichen Massen (Cqm = Tatsächliche Kosten ./. tatsächliche Massen). Sodann muss geprüft werden, wie hoch die Kosten gewesen wären, wenn die tatsächlichen Massen denen entsprochen hätten, die in der BoQ genannt waren (Cqb = Kosten, die der Unternehmer tatsächlich getragen hätte, wenn er die in der BoQ angegeben Massen ausgeführt hätte. Das Kriterium aus Unterklausel 12.3 (a) (iii) verweist also erstens auf die tatsächlich für die aufgemessenen Massen angefallenen Kosten und zweitens darauf, welche Kosten angefallen wären, wenn die in der BoQ angegebenen Massen zutreffend gewesen wären. Dabei muss davon ausgegangen werden, dass die Kosten, die der Contractor für die in der BoQ angegebenen Massen hätte aufwenden müssen (Cqb), gedanklich denen entsprechen sollten, die der Contractor hätte tatsächlich aufwenden müssen, wenn die tatsächlich ermittelten Massen mit den in der BoQ angegebenen Massen übereingestimmt hätten. Es kommt also nicht darauf an, was der Contractor vorhergesehen oder geschätzt hat. Liegt dem Einheitspreis also eine unrealistisch niedrige Masseneinschätzung zugrunde, die sich nicht bewahrheitet (z.B. weil der Unternehmer an dieser Stelle den Wettbewerb unterbieten wollte), muss der Unternehmer (1) den geringen Kostenbeitrag über die Gesamtmasse aus der BoQ grundsätzlich hinnehmen. (2) Weichen die tatsächlichen Massen von denen in der BoQ ab, werden zudem für die Zwecke der Preisanpassung nicht die angebotenen (niedrigen) Kosten sondern die fiktiven tatsächlichen Kosten mit den Kosten verglichen, die für die erhöhten Massen veranlasst sind. Die unrealistisch niedrigen kalkulierten Kosten, die sich kaum auf den Gesamtpreis ausgewirkt hätten, können jedoch nicht herangezogen werden, um die Kostenabweichung aus Unterklausel 12.3 (a) (iii) zu begründen. Die Beweisschwierigkeiten liegen allerdings auf der Hand.

---

[59] FIDIC Contracts Guide, 209.

17 FIDIC hat dafür die folgende Formel formuliert:

(Cqm) = (Cost actually incurred ./. Measured quantity (QM))
= actual Cost per unit ./. (Cost if measured quantity had been equal to BoQ (CqB) ./. quantity in BoQ (BQ) = Planned Cost per unit)

(Cqm ./. QM) ./. (Cqb ./. QB)

Beispiel:

Cost actually incurred	**= 100.000**
Measured quantity (QM))	**= 1000**
Cqm	**= 100**
Cost if measured quantity had been equal to BoQ (CqB)	**= 80.000**
Quantity in BoQ (BQ)	**= 800**
Cqb	**= 100**

[100.000 ./. 1000 = 100 = 80.000 ./. 800]

In diesem Fall entwickeln sich die Kosten pro Einheit linear. Eine Preisanpassung ist ausgeschlossen.

Cost actually incurred	**= 100.000**
Measured quantity (QM))	**= 1000**
Cqm	**= 100**
Cost if measured quantity had been equal to BoQ	**= 40.000**
Quantity in BoQ (BQ)	**= 800**
CqB	**= 50**

[100.000 ./. 1000 = 100 ≥ 50 = 40.000 ./. 800]

In diesem Fall sind die Kosten pro Einheit deutlich gestiegen. Typischerweise erhöht sich etwa der Anteil des für den Straßenbau zusätzlich erforderlichen Erdreichs, der nicht aus dem Aushub auf der Baustelle gewonnen werden kann. Auch kann sich der Umfang erforderlicher Behelfsleistungen, wie z.B. der Umfang von Rüstung und Schalung erhöhen oder es wird der Einsatz von besonderer Ausrüstung erforderlich.

18 Die Formel für die Ermittlung der Abweichung ist folgerichtig:

x (Abweichung in Prozent) = (A – P) : (P : 100)
A = Actual cost per actual unit (Cqm)
P = Assumed actual cost per unit as per BoQ (Cqb)

Nimmt man das Beispiel, in dem sich die Kosten pro Einheit erhöhen, beträgt die Abweichung pro Einheit 100%.

(100 – 50) : (50 : 100) = 50 : 0,5 = 100%

Beispiel: Die Massenmehrung bei Erdarbeiten geht einher mit zusätzlichen Verbauarbeiten, die ursprünglich nicht erforderlich waren, aber letztlich vertraglich mit geschuldet sind. Die Massenmehrung muss mehr als 10% betragen. Sie muss sich mit mehr als 0,01% im Accepted Contract Amount niederschlagen. Sodann müssen die Kosten der Erdarbeiten einschließlich des Verbaus ermittelt werden und mit den hypothetischen tatsächlichen (nicht den angebotenen Kosten) ohne Verbau verglichen werden. Beträgt die Kostenabweichung mehr als 1% (nach oben oder nach unten), muss der Einheitspreis angepasst werden. Wendet man nun die Formel **x (Abweichung in Prozent) = (A – P) : (P : 100)** an, ergibt sich bei einer Kostendifferenz pro Einheit von 2 € bei ursprünglich geplanten Kosten von 5 € eine Abweichung von 0,1. Beträgt die Kostenabweichung 4 € beträgt die Abweichung 0,2%. Beträgt die Kostenabweichung 10 € beträgt die Abweichung 5%.

Damit ist aber noch nichts darüber ausgesagt, wie die Einheitspreise anzupassen sind. 19
Der Contract Guide schweigt dazu weitgehend. Es findet sich lediglich der Hinweis, dass der neue Einheitspreis aus den alten Einheitspreisen entwickelt werden soll[60]. Unterklausel 12.3 ist schon etwas präziser. Danach soll der neue Einheitspreis aus den relevanten Einheitspreisen im Vertrag entwickelt werden. Es sollen angemessene Anpassungen vorgenommen werden, um den Aspekten Rechnung zu tragen, die in Unterklausel 12.3 (a) erwähnt sind (siehe dazu näher unten Rn. 27).

d. Geänderte Methoden. Theoretisch soll der Unternehmer seine Preise und seine Preis- 20
bildung an den in den BoQ angegebenen Massen orientieren.

Es folgt aus der Natur des Bauvertrages, dass der Unternehmer in der Auswahl der 21
Baumethode völlig frei ist; jedenfalls ist dieser Grundsatz anerkannt[61], soweit der Vertrag keine Einschränkungen vornimmt oder Auflagen macht. Unterklausel 8.3 schreibt zwar vor, dass mit dem Bauablaufprogramm die vorgesehenen Baumethoden aufzuzeigen sind; einen Genehmigungsvorbehalt gibt es aber grundsätzlich nicht. Im Rahmen dieser Freiheit kann der Unternehmer also wählen, ob er den Leitungsschacht in Handarbeit oder maschinell ausheben lassen will[62]. Üblicherweise bieten Bieter methodenabhängige Preise an, um die von ihnen ausgewählte oder beabsichtigte Baumethode zu reflektieren. Solche Preise können zeitabhängig abgerechnet werden; doch regen die bekannten Aufmassstandards an, dass sie zeitunabhängig abgerechnet werden. Ein Beispiel sind Pfahlgründungsarbeiten, die wie folgt aufgeschlüsselt werden können:

- Pfahlgründungsausrüstung mobilisieren und vorhalten
- Einkauf der Spundpfähle
- Vortreiben der Spundpfähle bis zur angegebenen Tiefe
- Herausziehen der Spundpfähle

Ändert sich die Baumethode, wird also z.B. die Pfahlgründung mit verlorener Schalung 22
vorgenommen, ändert sich auch die Kostenkalkulation. Im Grundsatz kann der Unternehmer, soweit der Vertrag nichts Gegenteiliges vorsieht, jederzeit die Baumethode ändern[63]. Eine andere Frage ist, ob er in einem solchen Fall eine andere Vergütung erhält als die, die ursprünglich vorgesehen war. In der Regel ist das ohne eine Weisung des Engineer, die eine Leistungsänderung darstellen kann, zu verneinen[64]. Probleme treten dann auf, wenn die BoQ Leistungspositionen enthält, die massenabhängig abgerechnet werden können, aber in Abhängigkeit zur eingesetzten Baumethode stehen. Kann z.B. beim Straßenbau das Straßenbett hergestellt werden, ohne dass es erforderlich ist, große Mengen Boden auszuheben, fehlt möglicherweise Füllmaterial, das später für die Herstellung der Böschung beschafft werden muss. Auch entfällt das Zwischenlagern des Materials. Wurde bei der Ausschreibung davon ausgegangen, dass das Material für die

---

[60] FIDIC Contracts Guide, 210.

[61] Sawyer/Gilliot, The FIDIC Conditions, 2nd Edition, 1985, 20; Stephen D. Butler, Construction Change Claim, 1995, 114, 115; Simon in: Hatern, Subsurface conditions, 187; see also John McShain, Inc. v. United States, 199 Ct.Cl. 364; 462 F.2d 489 (1972).

[62] Sawyer/Gilliot, The FIDIC Conditions, 2nd Edition, 1985, 20.

[63] Abrahamson, Engineering Law and the I.C.E. Contracts, 218.

[64] Abrahamson, Engineering Law and the I.C.E. Contracts, 218.

Herstellung der Böschung überwiegend aus dem Aushub für das Straßenbett gewonnen wird, ändern sich die Abrechnungsbedingungen, zumal dann, wenn im Angebot von der antizipierten Herstellung der Straße ausgegangen wird, die sich sodann ändert. Hat der Unternehmer in einem solchen Fall die Einheitspreise gewichtet, kann der Endpreis deutlich ansteigen.

23 **Beispiel**: Der Unternehmer hatte im Rahmen von Straßenbauarbeiten in Alaska die Ausführung von umfangreichen Erdbauarbeiten übernommen. Das Vertragswerk sah vor, dass der Aushub für den Dammbau wieder zu verwenden sei. Der Unternehmer traf Permafrostboden an und machte geltend das gefrorene Material sei ungeeignet für den Dammbau. Er begehrte vom Engineer die Genehmigung, den gefrorenen Boden entsorgen zu dürfen und durch frischen Boden austauschen zu können, was ihm verweigert wurde. Nach Auffassung des Unternehmers behinderte ihn diese Entscheidung, denn er musste nun den gefrorenen Boden zum Dammbau einsetzen. Dies verursachte zusätzlichen Aufwand, denn der Boden musste auftauen und entwässert werden, bevor er verfestigt werden konnte. Das Gericht analysierte den Vertrag und erkannte, dass der gefrorene Boden keine außergewöhnliche Baugrundbedingung darstellte, so dass der Unternehmer letztlich gehalten war, den zusätzlichen Aufwand zu tragen. Dabei spielte eine Rolle, dass der Aushub nicht grundsätzlich ungeeignet war, sondern lediglich mit zusätzlichem Aufwand bearbeitet werden musste, um die Straße herzustellen[65].

24 **Hinweis**: Der Engineer wird es aufgrund der bestehenden Methodenwahlfreiheit zumeist vermeiden, in die Wahlfreiheit einzugreifen, um keine leistungsändernde Anordnung zu geben. Er kann dies vermeiden, ohne seine Fachkenntnis zu unterdrücken, in dem er gezielte Fragen aufwirft oder Hinweise gibt, welche Methoden denkbar sind. Er wird aber stets bemüht sein, eine Anordnung zu unterlassen, soweit dies möglich ist, um die Anwendung der jeweiligen Variation Klausel (z.B. Klausel 13 FIDIC) zu vermeiden[66]. Der Engineer kann z.B. fragen, ob die gewählte Grundwasserabsenkungsmethode geeignet ist, um die geforderte Absenkung zu erreichen und damit den Hinweis verbinden, „Haben Sie schon diese Methode versucht[67]?"

25 **e. Leistungsänderung.** Einheitspreisanpassungen und die Neufestlegung von Einheitspreisen werden auch erforderlich, wenn sich der Leistungsgegenstand ändert. Was eine Variation ist, ergibt sich aus Unterklausel 1.1.6.8. Im FIDIC Red Book muss die ändernde Anordnung die Works (Arbeiten) ändern. Erst dann liegt eine Variation vor.

26 **f. Zeitabhängige Leistungen.** Enthält die BoQ zeitabhängige Positionen, die z.B. die Standzeit von Schalung oder Gerüstbauten, den Einsatz des Tunnelbohrgeräts oder die Dauer der Durchführung von Wasserhaltungsmaßnahmen umfassen, ohne dass nach Einsatzdauer abgerechnet wird, obwohl sich die tatsächliche Bauzeit gegenüber der ins Auge gefassten Bauzeit verlängert, so wirkt sich die verlängerte Bauzeit zweifelsfrei auf das wirtschaftliche Ergebnis aus. Dieser Kostenaspekt wird in Unterklausel 12.3 FIDIC 1999 nur unvollkommen gespiegelt, denn neue Preise können nach Unterklausel 12.3 FIDIC 1999 nur gebildet werden, wenn die Bauzeitverlängerung Folge einer Leistungsänderung oder einer Massenänderung ist. Über Unterklausel 12.3 lit. (a) FIDIC 1999 könnte die Preisanpassung über eine Massenänderung erfolgen. Über Unterklausel

65 WM. A. Smith Contracting Company, Inc. and Brown & Root, Inc. v. The United States, 412 F.2d 1325 (Unites States Court of Claims).

66 Vgl. Simon in : Hatem, Subsurface conditions, 187.

67 Vgl. Simon in : Hatem, Subsurface conditions, 187.

12.3 (b) FIDIC 1999 führt eine Leistungsänderung zur Preisanpassung. Doch nicht immer schafft Unterklausel 12.3 FIDIC 1999 Abhilfe. Das wird am Beispiel von Schalung deutlich, die länger vorgehalten werden muss als vorgesehen. Ist die Schalung nicht gesondert ausgeschrieben, sondern Bestandteil des Einheitspreises für Betonwände, baut sich zwangsläufig Kostendruck auf. Ausweg bietet ein Cost Claim, der die Ursache für die verlängerte Stellung der Schalung kompensieren kann. Allerdings wird eine selbständige Anspruchsgrundlage vorausgesetzt, die nicht immer in allen Punkten gegeben sein muss. Ansonsten muss entweder eine Massenänderung oder eine leistungsändernde Anordnung Ursache für die längere Vorhaltezeit sein.

g. Preisanpassung. FIDIC geht davon aus, dass die vereinbarten Einheitspreise anzupassen sind, wenn die entsprechenden Voraussetzungen in Unterklauseln 12.3 (a) oder 12.3 (b) vorliegen (siehe oben Rn. 15 ff., 25). Ein neuer Einheitspreis ist zu bilden, wenn sich entweder die Kostensituation in Bezug auf einen Einheitspreis nachhaltig verändert oder wenn aufgrund einer Variation eine Leistung gefordert wird, für die kein Einheitspreis existiert. In Deutschland wird der Weg bevorzugt, die Wettbewerbspreise fortzuschreiben[68]. Nach Unterklausel 12.3 soll der neue Preis aus den relevanten vorhandenen Einheitspreisen entwickelt werden. Es sind angemessene Anpassungen vorzunehmen, um den Aspekten in Unterklauseln 12.3 (a) und (b) Rechnung zu tragen. Fehlt eine geeignete Rate, soll der neue Einheitspreis auf der Grundlage der angemessenen Kosten für die betreffende Leistung einschließlich Gewinn gebildet werden. Anderen Aspekten (z.B. dem der Bauzeit) ist ergänzend Rechnung zu tragen. Der FIDIC Contracts Guide schlägt vor, dass eine Einheitspreisanpassung nach Unterklausel 12.3 (a) in der Weise vorgenommen werden sollte, dass der vorhandene Preis an die veränderte Kostensituation angepasst wird[69]. Der Einheitspreis soll in dem Verhältnis angepasst werden, wie sich die Kosten pro Einheit aufgrund der Massenmehrung oder Massenminderung verändert. FIDIC schlägt die Formel (Cqm ./. QM) ./. (Cqb ./. QB) vor. Ausschlaggebend ist die Kostensituation, die sich ohne und mit der Massenmehrung ergibt. Die Schwellenwerte der Unterklausel 12.3 (a) (i) bis (iii) FIDIC 1999 spielen bei der Festlegung des neuen Einheitspreises keine Rolle mehr[70]. Steigen die Kosten pro tatsächlich ausgeführte Einheit über den Grenzwert, wird mithin der Preis in Höhe der tatsächlichen Steigerung angepasst. 27

Üblicherweise sind angelsächsische Preisanpassungsklauseln so ausgestaltet, dass sie dem Unternehmer günstige Preise nicht aberkennen, ihn aber andererseits auch nicht vor ungünstigen Preisen schützen[71]. Günstige Preise können daher ebenso fortgeschrieben werden wie ungünstige Preise. FIDIC folgt diesem Ansatz, in dem Unterklausel 12.3 zunächst auf die vorhandenen Preise abstellt. Allerdings besteht in der englischen Rechtsprechung die Neigung den Umstand zu berücksichtigen, dass der Unternehmer jedenfalls keine Preise angeboten hat, die sich auf Leistungsänderungen erstrecken[72]. Diese sind grundsätzlich nicht vorhersehbar und damit auch nicht kalkulierbar. Hieraus folgt sodann die Überlegung, neue Einheitspreise auf der Grundlage eines *Cost plus*

---

68 Schottke, Vergütungsanspruch und Nachtragskalkulation gemäß §§ 1und 2 VOB/B, 27.

69 FIDIC Contracts Guide, 209.

70 FIDIC Contracts Guide, 209.

71 Mastrandrea, The Evaluation of Preliminaries (or Site Overheads) in the Construction Prolongation Claims, ICLR 2009, 428, 431.

72 Weldon Plant Ltd v. The Commission for the New Towns [2000] EWHC Technology 76 (14th July, 2000) zu der ähnlichen Klausel 52 (1) ICE.

Fee Ansatzes unter Berücksichtigung der vertraglichen Hintergründe festzulegen[73]. Ziel ist es, den Unternehmer jedenfalls in die Situation zu versetzen, in der er sich ohne die Variation befunden hätte. Auf diese Zielsetzung ist im Rahmen der Neufestlegung von Einheitspreisen zu achten[74].

Es gibt auch Klauseln, die ausdrücklich die Berücksichtigung von Baustellengemeinkosten vorsehen (vgl. Unterklausel 5.6.3.3 JCT 2005 (with quantities)). Unterklausel 12.3 FIDIC1999 enthält eine entsprechende Klausel, denn sie verwendet den *Cost* Begriff, wie er in Unterklausel 1.1.4.3 FIDIC 1999 definiert ist. Die Definition schließt auch Gemeinkosten ein. Der Begriff *Overheads* ist allerdings nicht eindeutig definiert[75].

28 **2. Pauschalpreisverträge.** Im Pauschalpreisvertrag übernimmt der Unternehmer das Massenrisiko. Mehr- oder Mindermengen gegenüber der ursprünglich angebotenen oder geschätzten Leistung sind bereits mit dem Pauschalpreis abgegolten. Der Unternehmer muss folglich einen Risikozuschlag in den Preis einkalkulieren, um Vorkehrungen für erforderliche Mehrmengen zu treffen. Üblicherweise bestehen keine Bedenken gegen die Übernahme des Massenrisikos durch den Unternehmer (vgl. Art. 658 Abs. 1 Code Civil (Ägypten); Art. 1793 Code Civil (F)).

29 **3. Extraleistungen.** Ein besonderes Problem stellen die sogenannten **Extras** dar. Hierbei handelt es sich um Leistungen, die aus den Vergabeunterlagen nicht ausdrücklich hervorgehen, die sich aber andererseits als notwendig herausstellen. Die Lösungsansätze sind in den jeweiligen Rechtsordnungen sehr unterschiedlich. Es empfiehlt sich jeweils eine Einzelfallanalyse, bevor ein Angebot abgegeben wird.

Eigentlich handelt es sich um ein **Scheinproblem**. Nimmt man die Idee eines Werkvertrages ernst, wird niemand in Abrede stellen wollen, dass der Unternehmer ein Stück Leistung schuldet, gleich wie sie sich zusammensetzt oder auf welche Weise die Leistung zu erbringen ist. Der Besteller verpflichtet sich im Gegenzug zu einer Gegenleistung, der Bezahlung des Werklohnes. Kommen die Parteien überein, den Preis nicht im voraus abschließend zu bestimmen, sondern eine Abrechnung des Werkes nach Einheitspreisen vorzunehmen, dienen die Einheitspreistitel nicht dazu, Teilleistungen zu definieren, sondern die Abrechnung der Gesamtleistung zu ermöglichen. Notwendige Leistungen sind von Anfang an geschuldete Leistungen, die mit dem Vertragspreis abgegolten sind, gleich wie dieser ermittelt wird. Letztlich beinhaltet die Frage nach der zusätzlichen Vergütung von Extras daher häufig die Frage, wer das Risiko einer fehlerhaften Interpretation des Vertrages trägt. Beantwortet man diese Frage, wird sich häufig herausstellen, dass dies der Unternehmer ist.

In Deutschland wird diese Erscheinung unter den Stichworten Globalpauschalpreisvertrag und Detailpauschalpreisvertrag diskutiert. Im Detailpauschalpreisvertrag sollen die Leistungen exakt abgebildet sein und jede Mehrleistung wäre dann zusätzlich zu vergüten. Im Globalpauschalvertrag sind hingegen sämtliche Leistungen durch den vereinbarten Preis abgegolten. Ein Zahlungsanspruch für Leistungen, die zum geschuldeten Werkerfolg gehören, aber nicht zum Leistungsumfang, soll sich – systemwidrig –

---

[73] Siehe Abrahamson, Engineering Law and the ICE Conditions, 4th ed, 186; Weldon Plant Ltd v. The Commission for the New Towns [2000] EWHC Technology 76 (14th July, 2000). LJ Acker hat ausgeführt, es sei der Zweck von Unterklasuel 11 (6) JCT 1963, dem Contractor die tatsächlichen Kosten zu erstatten, die ihm durch eine Variation entstehen. Siehe dazu FG Minter Ltd v. WHTSO (1980) 13 BLR 1.

[74] Siehe FG Minter Ltd v. WHTSO (1980) 13 BLR 1; Mastrandrea, The Evaluation of Preliminaries (or Site Overheads) in the Construction Prolongation Claims, ICLR 2009, 428, 431.

[75] Mastrandrea, The Evaluation of Contractor's Overheads Claims, ICLR 2010, 299, 300.

unmittelbar aus § 631 Abs. 1 BGB ergeben[76]. Jedenfalls stellt sich das Problem der Extras nicht nur im Pauschalpreisvertrag sondern auch im Einheitspreisvertrag. Versteht man die BoQ als Preisliste, in der die einzelnen Leistungen abgebildet sind, die zum Werk gehören, das vom Unternehmer zu erstellen ist, ist das Werk insgesamt, und zwar mit allen erforderlichen Teilleistungen, gegen die **vereinbarten** Einheitspreise abzurechnen. Der Leistungsgegenstand, der prinzipiell nichts anderes ist als das geschuldete Werk, ist generell durch Vertragsauslegung festzustellen[77]. Es besteht kein Bedarf und keine Notwendigkeit für die Bildung neuer Einheitspreise für Leistungen, die in den Vertragsdokumenten nicht ausdrücklich erwähnt wurden. Eine andere Beurteilung würde der Natur des Werkvertrages nicht gerecht, der darauf gerichtet ist, dass der Besteller ein Werk erhält, das sich für die vorgesehenen Zwecke oder die vorgesehene Nutzung eignet. Im deutschen Recht folgt dies aus dem Umstand, dass nicht etwa der Einheitspreisvertrag sondern vielmehr der Pauschalpreisvertrag dem gesetzlichen Leitbild entspricht, denn der Besteller verpflichtet sich zur Entrichtung des „vereinbarten Preises“. Gleichwohl wird in Deutschland überwiegend vertreten, dass den Unternehmer keine Pflicht treffe, das Leistungsverzeichnis auf Vollständigkeit zu prüfen und dass entgehende Vertragsklauseln AGB widrig seien oder allenfalls einen Hinweis auf die generelle Erfolgshaftung enthalten[78]. In anderen Rechtsordnungen finden sich eher Anhaltspunkte für die strikte Betrachtung, die hier bevorzugt wird. Die angelsächsischen Rechtsordnungen gehen überwiegend vom „inclusive price“ Prinzip aus. Folgerichtig werden sämtliche Einheitspreise als „kleine Pauschalpreise“ angesehen, die alle Leistungen einschließen, die für die Herstellung des Werkes erforderlich sind[79]. Entsprechendes gilt selbstverständlich für den Pauschalpreisvertrag, der ebenfalls die Erbringung sämtlicher Leistungen, die für das Werk erforderlich sind, einschließt. Die deutsche Diskussion über ein vom Bauerfolgssoll abgekoppeltes Bausoll gibt es international nicht.

Hinweise zu einzelnen anderen Rechtsordnungen finden sich in Kapitel 10.

---

76 Messerschmidt/Voit, Privates Baurecht, § 632 Rn. 26.

77 Gajrias, Law Relating to Building and Engineering Contracts in India, 499; Williams v. Fitzmaurice (1853) 3 H & N 844 (Lieferung und Einbau von Türem schließt die Lieferung und den Einbau von Türbeschlägen ein); Messerschmidt/Voit, Privates Baurecht, § 2 VB/B Rn. 1, 7.

78 Messerschmidt/Voit, Privates Baurecht, § 2 VOB/B Rn. 1.

79 Appleby v. Myers ((1867) LR 2 CP 651); Supreme Court of Canada in Fairbanks Soap Co. Ltd. v. Sheppard, 1953 1 S.C.R. 314; Kituni Construction Co. Ltd v. Julius Okeny (HCT-00-CC-CS-0250-2004) [2007] UGCommC 70 (31 October 2007, Uganda Commercial Court) referring to Hoening v. Isaacs [1952] EWCA Civ 6; [1952] 2 All ER 176, 181.

§ 14 Subunternehmervertrag

Schrifttum

Kratochvilova, Testing the Water – A new FIDIC Subcontract, ICLR 2011, 46 ff.; Pulkowski, The subcontractor's direct claim in international business law, ICLR 2004, 31 ff.; Heuzé, La loi applicable aux actions directes dans les groupes de contrats, Rev.crit.dr.int.pr. 1996, 243; Allery, Overseas Supply and Installation Contracts, Chap. 13; Vetter, Kollisionsrechtliche Fragen bei grenzüberschreitenden Subunternehmerverträgen im Industrieanlagenbau, ZvglRWiss 87 (1988), 248 ff.; Bismuth, Le contrat international de sous-traitance, RD aff. Int. 1986, 575; van Houtte, International subcontracting, ICLR 1991, 311; Wenner, Die objektive Anknüpfung grenzüberschreitender Verträge im deutschen Internationalen Anlagen- und Bauvertragsrecht, FS Jagenburg, München 2000, 205; Sinjakli, Nominated Subcontractors under UAE Law, Arab Law Quaterly 2003, 104

Inhaltsübersicht

I. Vertragstyp

1 In einer Entscheidung aus Südafrika[1] findet sich folgende hübsche und aufhellende Formulierung: *Anyone who has had experience of the electrician driving a hole through the wall after the plasterer has completed his work, or the installer of the alarm lights putting nails into the handiwork of the waterproofer, will understand the frustrations caused by everybody blaming someone else, in the absence of a single contractor to whom one may look to sort out such matters*[2]. Es liegt im Interesse des Bestellers, dass der von ihm beauftragte Unternehmer die Verantwortung für das Werk behält und seine Mitarbeiter und Subunternehmer überwacht und koordiniert[3]. Subunternehmerverträge sind gleichwohl ein uraltes Phänomen[4] und zeichnen sich gegenüber Verträgen, die der Besteller mit einem Unternehmer schließt, durch ihre besondere Komplexität aus. Sie entsteht durch die Mechanismen, die erforderlich sind, um den Subunternehmer in die Risikolage des Unternehmers einzubinden, die er mit dem Abschluss des Hauptvertrages eingegangen ist. Zudem darf der Subunternehmervertrag möglichst keine oder nur beherrschbare eigenständige Risiken begründen. Diese Anforderung kann wiederum leicht in eine unangemessene Risikoverlagerung auf den Subunternehmer münden. Aufgabe des Subunternehmervertrages ist es, das Beziehungsgeflecht, in dem sich Unternehmer und Subunternehmer gegenüberstehen, in dem die Interessenlage des Bestellers eine bedeutende Rolle spielt, angemessen zu regeln. Zu diesem Zweck müssen sich die Parteien eines solchen Vertrages zunächst über die Natur des angestrebten Rechtsverhältnisses klar werden. Wirtschaftlich betrachtet organisiert der Subunternehmerver-

---

[1] Minister of Public Works and Land Affairs v. Group Five Building Ltd (606/96) [1999] ZASCA 36 (28 May 1999).

[2] Jedermann, der Erfahrung mit einem Elektriker hat, der ein Loch durch eine Wand bohrt, nachdem der Putzer seine Arbeit erledigt hat, oder mit dem Installateur, der die Alarmleuchten montiert und einen Nagel durch die Handwerksleistung des Isolieres treibt, wird die Frustrationen verstehen, die durch Anschuldigungen von Jedem gegen Jeden entstehen, wenn kein einheitlicher Ansprechpartner vorhanden ist, an den man sich wenden kann, um solche Probleme zu lösen.

[3] Minister of Public Works and Land Affairs v. Group Five Building Ltd (606/96) [1999] ZASCA 36 (28 May 1999).

[4] Vgl. Buckland/McNair, Roman Law & Common Law, 225; D. 19.2.48 pr.

trag die arbeitsteilige Bearbeitung eines Bauvorhabens auf vertikaler Ebene. Es kann einfache Hoch- oder Tiefbauarbeiten genauso umfassen wie komplizierte Ingenieurleistungen und erhält seinen typischen Charakter durch die Einbindung in die Herstellungskette. Aus deutscher Sicht ist der Subunternehmer **Erfüllungsgehilfe** des Hauptunternehmers[5]. Sub-contracting erfreut sich auch international großer Beliebtheit[6]. Unterklausel 4.4 FIDIC Red Book 1999 stellt klar, dass der Subunternehmer Erfüllungsgehilfe des Generalunternehmers ist. Damit haftet der Generalunternehmer über § 278 BGB für das Verschulden seines Erfüllungsgehilfen[7]. Der Gegenstand von Subverträgen variiert je nach den Bedürfnissen. Es kommen reine Lieferverträge ebenso vor wie das Binden hochqualifizierter Planungs- und Ausführungsleistungen[8]. Häufig kommt es bereits auf Wunsch des Bestellers zum „sub-contracting" (nominated system), um die Qualität der einzubindenden Subunternehmer sicher zu stellen[9]. Auch im internationalen Vergleich besteht kein generelles Verbot des Sub-contracting, es sei denn die Art der Leistung macht die höchstpersönliche Ausführung durch den Vertragspartner erforderlich[10]. Allerdings kann die Subvergabe von Leistungen vertraglich ausgeschlossen werden[11]. Häufig ist das Regime des sub-contracting Gegenstand **spezieller Klauseln** im Hauptauftrag. „Pay-if-paid"-Klauseln stoßen überwiegend auf Kritik[12], kommen aber auf dem internationalen Parkett häufig vor[13]. In Deutschland sind sie individualvertraglich zulässig[14]. Daneben existieren pay-when-paid Klauseln[15]. Im neuen FIDIC-Subcontract-Form findet sich eine pay-when-paid Klausel. Weiteres Thema ist die Durchgriffshaftung in der Auftragskette. Häufig finden sich z.B. sog. „Back to Back"-Absprachen, die den Gleichlauf zwischen Hauptauftrag und Subauftrag sicherstellen sollen[16]. Solche Absprachen haben weitreichende Konsequenzen:

- Der Subunternehmer bindet sich an vertragliche Regelungen im Hauptvertrag, die in einem direkten Zusammenhang zu seiner Leistung stehen, also z.B. an Zeitvorgaben aus dem Hauptvertrag[17].
- Der Subunternehmer kann verpfichtet werden, für Schäden einzustehen, die sich dadurch ergeben, dass der Hauptunternehmer aufgrund eines Fehlverhaltens des Subunternehmers seine Verpflichtungen nicht einhalten kann[18]: Diese Verpflichtung kann sehr weit gehen, z.B. wenn der Subunternehmer den Hauptunternehmer in die Lage

---

5 OLG Hamm IBR 2007, 129 – Sienz.

6 Vgl. Minister of Public Works and Land Affairs v. Group Five Building Ltd (606/96) [1999] ZASCA 36 (28 May 1999).

7 Rosener in: Münchener Vertragshandbuch, Band IV, VI. 1 Rn. 22.

8 Allery, Overseas Supply, 13-01.

9 Vgl. dazu Murdoch/Hughes, Construction Contracts, 33.

10 Allery, Overseas Supply, 13-01; vgl. z.B. Wentworth v. Clock (1839) 10 Ad & El 42, 45.

11 Allery, Overseas Supply, 13-01.

12 Sec. 113 des englischen Housing Grants, Construction and Regeneration Act 1996 verbietet z.B. solche Klauseln; vgl. auch American National Electric Corp. v. Poythress Commercial Contractors, Inc. and Brown & Jones Architets, Inc. 604 S.E.2d 315 (N.C. App. 2004).

13 Le Tourneau, L'ingénierie, les transferts de technologie et de maîtrise industrielle, Rn. 501.

14 OLG Köln IBR 2010, 278 – Fuchs.

15 Pay-if-paid Klauseln knüpfen den Zahlungsanspruch an die Bedingung der Zahlung durchden Besteller. Pay-when-paid Klauseln sehen die Zahlung innerhalb einer bestimmten Frist nach Zahlungseingang beim Generalunternehmer vor. Eine pay-if-paid Klausel verhindert eine Zahlung an den Subunternehmer solange bis der Generalunternehmer bezahlt ist. Aus internationaler Sicht handelt es sich also bei der Klausel im Fall des OLG Köln IBR 2010, 278 um eine pay-if-paid Klausel.

16 Vgl. das Beispiel bei Allery, Overseas Supply, P4.

17 Allery, Overseas Supply, 13-10.

18 Siehe FIDIC Sucontract Form, Unterklausel 2.2.

versetzen soll, dass der Hauptunternehmer erfolgreich Mehrvergütungsansprüche aus dem Hauptvertrag durchsetzen kann, an denen der Subunternehmer seinerseits ein Interesse haben könnte[19]

- Der Subunternehmer haftet dem Hauptauftragnehmer nur in dem Umfang, in der der Hauptauftragnehmer dem Bauherrn haftet[20], wenngleich diese Schlussfolgerung nicht immer zutreffen wird.
- Die Mängelbeseitigungsverpflichtung wird an den Subunternehmer durchgereicht, wobei prinzipiell die selben Fristen gelten, wie im Hauptvertrag, wobei allerdings aus praktischen Erwägungen darauf zu achten ist, dass die Mängelbehebungsfristen des Subunternehmers etwas länger ausfallen als die des Hauptauftragnehmers, damit der Hauptauftragnehmer am Ende der Frist ausreichend Zeit hat, den Subunternehmer in Anspruch zu nehmen[21].
- Echte Back-to-back-Verträge können ein Indiz für eine Rechtswahl zugunsten des Rechts des Hauptauftrages darstellen[22] und eventuell die Vermutung in Art. 28 Abs. 2 EVÜ widerlegen[23].

2 Der Begriff des Subunternehmervertrages (subcontract, contrat de sous-traitance) ist in **Deutschland** und **England** nicht gesetzlich definiert. In **Frankreich**[24] und **Belgien**[25] hat er zum Schutze des Subunternehmers eine gesetzliche Regelung erfahren. Auf der Suche nach aussagekräftigen Definitionen des Subunternehmervertrages stößt man zwangsläufig auf das französische Recht, das dem Subunternehmervertrag in Form des Gesetzes 75-1334 vom 31.12.1975 Gesicht gegeben hat. Im Rahmen des Gesetzes definiert die französische Rechtsprechung den Nachunternehmervertrag als ein dem Hauptvertrag nachgeordneten Werkvertrag (andere Arten der Subvergabe sind vom Anwendungsbereich des Gesetzes 75-1334 nicht erfasst), der die Existenz eines Hauptvertrages voraussetzt[26]. In einem Einzelfall wurde dem eingesetzten Nachunternehmer der Subunternehmerstatuts abgesprochen, weil ihm der Hauptunternehmer lediglich einfache Arbeiten anvertraut hatte, ohne ihn Arbeiten für den Besteller ausführen zu lassen[27]. Diese Rechtsprechung macht darauf aufmerksam, dass zwischen Nachauftrag und Hauptauftrag eine direkte Beziehung bestehen muss, die der Beziehung ein besonderes Gepräge gibt. Allerdings dienen das Gesetz 75-1334 und damit die vorstehenden Definitionen allein zu dem Zweck, um dem Nachunternehmer im Baugewerbe hinsichtlich seiner Vergütung einen Durchgriffsanspruch gegen den Besteller zu geben, was die Aussagekraft der Definitionen relativiert. Im deutschen Recht erlangt die Vertragsnatur vor allem dann Bedeutung, wenn es darum geht, Haftungsfragen zu lösen[28]. Das **italienische Recht** definiert die „subfornitura“ als untergeordnetes Liefer- und Leistungsverhältnis, während das französische Recht z.B. reine Lieferbeziehungen aber auch z.B. den Gerüstbau[29] aus

[19] Siehe FIDIC Subcontract Form, Unterklausel 20.3.
[20] Allery, Overseas Supply, 13-10.
[21] Allery, Overseas Supply, 13-10.
[22] Vgl. JMJ Contractors v. Marples Ridgeway (1985) 31 B.L.R. 100; Samcrete Egypt Engineers and Contractors SAE v. Land Rover Exports Ltd [2001] EWCA Civ 2019; vgl. aber auch Caledonian Subsea Ltd. V. Micoperi Srl (2002) SLT 1022 (Schottland); BGH IPRax 2001, 331.
[23] Lagarde Virg.J.Int.L 1981, 91, 98; Dicey & Morris, The Conflict of Laws, Rn. 32-123.
[24] Gesetz Nr. 75-1334.
[25] Art. 1798 Code Civil (B).
[26] Vgl. dazu Lamy, Droit Immobilier, Rn. 3024.
[27] Cass.com., 12.03.1991, JCP (G) 1991 IV, 182; ähnlich Cass.civ., 23.01.2002, Gaz.Pal. 2003, 3 somm., 1909.
[28] OLG Rostock IBR 2003, 22 –Schulze-Hagen; OLG Hamm IBR 2007, 23–Bolz, beide zum Subunternehmervertrag als Vertrag zugunsten Dritter und mit Schutzwirkung zugunsten Dritter.
[29] Cass.civ., 23.01.2002, RJDA 2002 n° 883; a.A. Cass.civ., 11.07.2001, Bull. Civ. 2001 III n° 95.

dem Sonderrecht der Subunternehmerverträge heraus nimmt, weil es an einem direkten Beitrag zur Konzeption, der Bauausführung oder zum Material fehlt[30].

In allen diesen Rechtsordnungen sind Hauptvertrag und Subunternehmervertrag rechtlich selbständige Verträge, die in ihrem Bestand und Inhalt voneinander zu unterscheiden sind[31]. Doch obwohl dies so ist, bedarf der Subunternehmervertrag einer besonderen Betrachtung. Die enge Verflechtung der am Bau beteiligten Unternehmen wirft besondere Probleme auf[32], und zwar in Form der Haftung des Bauherrn für Werklohnansprüche der Subunternehmer (**Durchgriffshaftung**) einerseits und in Form der Haftung des Subunternehmers für Schäden und Mängel gegenüber dem Bauherrn andererseits. Das französische, das belgische und das spanische Recht lassen für Werklohnansprüche die *„action directe"* gegen den Bauherrn zu[33]. Auch im italienischen Recht existieren den Subunternehmervertrag betreffende Sonderregelungen[34]. Im englischen Recht kann sich der Subunternehmer dagegen nur vermittels versicherungsrechtlicher Gestaltungen schützen[35]. Die direkte Mangelhaftung des Subunternehmers gegenüber dem Bauherrn gehört im französischen Recht zu den unerlaubten Handlungen[36].

Die Verlagerung von Aufgaben an Subunternehmer lässt ein Beziehungsgeflecht entstehen, das ineinander verwoben ist. Gelegentlich wurde deshalb bereits vertreten, dass mehrere Verträge, von denen keiner erfüllt werden kann, bevor nicht alle Verträge zusammen erfüllt wurden, eine Reihe von Verträgen darstellt, die zusammen zu beurteilen ist[37]. In Nord Dakota (USA) regelt der N.D. Cent. Code § 9-07-07 (1997), dass mehrere Verträge in Bezug auf dieselben Angelegenheiten, die von denselben Parteien geschlossen wurden und als Teil einer im Wesentlichen einheitlichen Transaktion geschlossen wurden, zusammen genommen werden sollen. Doch hat der Nord Dakota Supreme Court[38] entschieden, die Anforderung, dass mehrere Verträge zusammen genommen werden sollen, bedeute nicht, dass sie zusammenzuführen seien und dass sie damit zu einem einheitlichen Vertrag verbunden werden, sondern, dass sie für die Zwecke der Auslegung zusammen betrachtet werden sollen. Es ist also nicht beabsichtigt, die separate Identität der einzelnen Verträge zu zerstören. Andererseits hat die „single contract" Betrachtung z.B. bereits Einzug in die Bilanzierungsregeln gefunden[39]. 3

Bislang werden jedoch Haupt- und Nachvertrag überwiegend als rechtlich selbständige Verträge gesehen[40]. In der deutschen Literatur wird vertreten, das Vertragsverhältnis zwischen Unternehmer und Nachunternehmer entspreche dem Grundtypus des Bauvertrages[41]. Er unterliege dem Werkvertragsrecht des BGB[42]. Gleichzeitig wird aller-

30 Vgl. Mémento Pratique, Urbanisme/Construction, Rn. 14802.
31 Vetter ZvglRWiss 87 (1988), 248, 249.
32 Hierzu eingehend Nicklisch, NJW 1985, 2361 ff.
33 Eingehend Pulkowski ICLR 2004, 31 ff., zum französischen Recht vgl. Le Tourneau, L'ingénierie, les transferts de technologie et de maîtrise industrielle, 501 ff.
34 Vgl. Pulkowski ICLR 2004, 31, 33.
35 Allery, Overseas Supply, 13-08.
36 Le Tourneau, L'ingénierie, les transferts de technologie et de maîtrise industrielle, 511.
37 Vgl. Craig v. Craig, United States Court of Appeal, 8 Cir., No. 97-1862; C.H. Varco-Pruden, Inc v. Hampshire Construction Co, 50 App.3d 654, 123 Cal Rep. 606 (1975) dictum.
38 First National Bank of St. Thomas v. Flath, 86 N.W. 867, 870 (1901).
39 Nach IAS 11 sind einzelne Fertigaufträge ggf. zusammenzufassen und mithin als einheitlicher wirtschaftlicher Vorgang zu betrachten. Das ist z.B. der Fall, wenn eine Gruppe von Verträgen, wenn sie als Paket verhandelt werden und sehr eng miteinander verwoben sind und gleichzeitig erfüllt oder aufeinanderfolgend erfüllt werden.
40 Vgl. Minister of Public Works and Land Affairs v. Group Five Building Ltd (606/96) [1999] ZASCA 36 (28 May 1999) zum benannten Nachunternehmer.
41 Messerschmidt/Voit/Richter, Privates Baurecht, D 232.

dings anerkannt, dass Haupt- und Nachvertrag in einem faktischen Zusammenhang stehen[43], und dass der Generalunternehmer das Interesse besitzt, das Vertragsverhältnis mit seinem Nachunternehmer gleichlaufend mit seinem Vertragsverhältnis mit dem Auftraggeber zu regeln[44]. Babando schlussfolgert aus französischer Sicht, es sei mithin fraglich, dass der Subunternehmervertrag völlig selbständig sei[45]. In England spricht man von der stellvertretenden Erfüllung des Vertrages zugunsten des Hauptunternehmers durch den Subunternehmer (vicarious performance)[46].

Englert/Grauvogel/Maurer begründen den faktischen Zusammenhang zwischen Haupt- und Nachvertrag mit dem Umstand, dass die Nachunternehmerleistung ausschließlich der Durchführung des Hauptvertrages dient[47]. Die Verallgemeinerung der Zwecksetzung geht zu weit, auch wenn sie sicherlich in vielen, wenn nicht sogar den meisten Fällen dem Willen der Parteien entspricht. Doch diese allein sind in der Lage, einen solchen Willen zu begründen. Spiegelt er sich nicht in einer ausdrücklichen Regelung wider oder lässt er sich nicht aus dem Zweck der Vereinbarung oder aus den Umständen ermitteln, ist der zutreffend erkannte Zusammenhang als solcher noch nicht juristisch belastbar. Er beschreibt lediglich eine besondere Problemstellung. Diese äußerliche Einheit aus Vertrag und Nachvertrag wird in der französischen Literatur als gebeugte Vertragskette definiert, wobei die Kette als Hintereinanderreihung von Verträgen verstanden wird, die sich um dieselbe wesentliche Vertragsleistung herum organisiert und sich dadurch auszeichnet, dass ein Vertragspartner in der Kette vorgelagert ist und der andere nachgelagert in derselben Position tätig wird[48].

4 Aus hiesiger Sicht ist die Natur des Subunternehmervertrages dadurch vorgegeben, dass sich der Gegenstand des Subunternehmervertrages am Hauptvertrag orientiert, ohne allerdings zwingend dessen rechtliche Natur zu teilen[49]. Die Bandbreite reicht von der Weitervergabe des Werkes bis hin zur Vergabe von Einzelleistungen. Häufig werden reine „Lohnleistungen“ vergeben, z.B. Rohrverlegung, Verputzen. Ob das Material und die Arbeitsgeräte gestellt werden, wird individuell entschieden. Auch Art, Umfang und Inhalt eventueller Planungsverpflichtungen sowie vertragsadministrativer Leistungen, orientieren sich an der jeweiligen Interessenlage. Ferner ist es möglich, reine Planungsleistungen an Nachunternehmer zu vergeben. Ob es sich bei solchen Teilleistungen um ein Werk im Sinne des § 631 Abs. 1 BGB, um eine Dienstleistung im Sinne des § 611 BGB oder um einen Kauf mit untergeordneter Montageverpflichtung im Sinne des § 433 BGB handelt oder eventuell sogar um eine (in Deutschland erlaubnispflichtige) Arbeitnehmerüberlassung[50], hängt vom Einzelfall ab. Damit der Subunternehmervertrag als Werkvertrag qualifiziert werden kann, muss er die diesem eigentümlichen Charakte-

[42] Messerschmidt/Voit/Richter, Privates Baurecht, D 232; Englert/Grauvogel/Maurer, Handbuch des Baugrund- und Tiefbaurechts, 3. Auflage, Rn. 435.
[43] Englert/Grauvogel/Maurer, Handbuch des Baugrund- und Tiefbaurechts, 3. Auflage, Rn. 435.
[44] Messerschmidt/Voit/Richter, Privates Baurecht, D 233; Ingenstau/Korbion/Korbion, VOB, Anh. 3 Rn. 88.
[45] Babando, La sous-traitance dans la construction, Rn. 388.
[46] Vgl. Uff, Construction Law, 9. Auflage, 309.
[47] Eine ähnliche Formulierung findet sich bei Babando, La sous-traitance dans la construction, Rn. 389, der davon spricht, der Unternehmer trete mit dem Subunternehmer in eine vertragliche Beziehung, um den Hauptvertrag ganz oder teilweise zu realisieren.
[48] Vgl. Train, Les contrats liés devant l’arbitre du commerce international, Rn. 334 unter Bezugnahme auf Teyssie, les groupes de contrats, Rn. 70 f, 122 ff.
[49] Das wird am Beispiel des Management Contracting deutlich, bei dem der Unternehmer kein Preisrisiko eingeht, weil er Anspruch auf vollständige Erstattung der Baukosten hat und bei dem zudem das Haftungsrisiko des Unternehmers auf das begrenzt wird, was von den ausführenden Betrieben erlangt werden kann (vgl. zu dieser Vertragsform Murdoch/Hughes, Construction Contracts, 4. Auflage, 67 f.). Ein solcher Vertrag ist mit dem Leitbild des Werkvertrages unvereinbar und stellt mithin tendenziell ein Dienstverhältnis dar.
[50] Vgl. dazu Messerschmidt/Voit/Drossart, Privates Baurecht, J6.

ristika aufweisen. Charakterisierend ist die Verpflichtung zur Herstellung und Lieferung eines Werkes (§§ 631 Abs. 1, 633 Abs. 1 BGB). Dieses Werk muss hinreichend sicher bestimmt oder bestimmbar sein[51]. Ergänzend kommt hinzu, dass Erfolg und Vergütung im Verhältnis von Leistung und Gegenleistung stehen müssen[52]. Bei der Betrachtung verbietet sich eine schematische Betrachtungsweise, denn Maßstab ist nicht der Weg zum Erfolg, sondern lediglich der Erfolg. Letzterer kann unterschiedlich ausgedrückt oder konkretisiert werden, etwa in der Erwartung einer künstlerisch wertvollen Planung für ein Bürogebäude, einer reinen Zweckbeschreibung oder mittels Angaben zu den Produktionsparametern einer Fabrik oder Anlage. Selbstverständlich können die Parteien auch den Weg (Herstellungsmethoden, Bauabläufe) beschreiben und Details (Größe, Maße, Farbgebung, Materialien) regeln. Wie das Beispiel vom Bauen nach Plan oder nach Katalog zeigt, kann z.B. auch die konkrete Lage oder Ausrichtung der Baulichkeit von untergeordneter Bedeutung sein, wenn das Werk im Übrigen bestimmbar ist.

Aus vorstehender Analyse folgt, dass der Subunternehmervertrag einen Hauptvertrag voraussetzt, den der Hauptunternehmer nicht oder nicht vollständig mit eigenen Mitteln, sondern mit Hilfe eines Dritten erfüllen will. Diese Absicht muss er nicht offen legen oder zur Geschäftsgrundlage des Nachunternehmervertrages machen. Deshalb muss er aus Sicht des Subunternehmers nicht zwingend der Erfüllung des Hauptvertrages dienen. Legt der Hauptunternehmer allerdings den Zweck des Subunternehmervertrages offen und machen ihn die Parteien damit zur Geschäftsgrundlage des Subunternehmervertrages, besteht zwischen Hauptvertrag und Subunternehmervertrag eine rechtlich erhebliche Verbindung. Es ist also zwischen dem rechtlich selbständigen und dem rechtlich verbundenen Subunternehmervertrag zu unterscheiden. In der Regel wird die Verbindung allerdings nicht so weit gehen, dass der Bestand des Hauptvertrages conditio des Subunternehmervertrages ist. Die rechtliche Verbindung erschöpft sich darin, dass der Hauptvertrag Geschäftsgrundlage des Nachunternehmervertrages wird, kann aber beliebig erweitert werden, etwa durch einseitige Risikoverlagerung auf den Nachunternehmer. Das kann z.B. dadurch geschehen, dass die Parteien des Hauptvertrages den Durchgriff auf den Subunternehmer vereinbaren[53] und gleichzeitig die Haftung des Hauptunternehmers entsprechend beschränken. Hierauf hat der Nachunternehmer keinen Einfluss. Eine derartige Haftung kann sehr weit gehen und etwa das Vertragsstrafeversprechen des Hauptunternehmers gegenüber dem Besteller einschließen[54].

II. Vertragsstatut

Die Parteien des Subunternehmervertrages können das Vertragsstatut grundsätzlich frei wählen (Art. 27 EGBGB, Art. 3 Rom I). Häufig wird gewünscht und vorgeschlagen, den Subunternehmervertrag ausdrücklich qua Vereinbarung an das Statut des Hauptvertrages anzuknüpfen. FIDIC schlägt folgende Klausel vor (Unterklausel 3.2 FIDIC Subcontract for Works of Civil Engineering Construction 1994): 5

Soweit nicht anders in Teil II der Bedingungen des Subvertrages geregelt, soll das Recht des Landes, das auf den Hauptvertrag Anwendung findet und gemäß dem der Hauptvertrag ausgelegt wird, auch auf den Subvertrag Anwendung finden und danach ausgelegt werden.

---

[51] Bamberger/Roth/Voit, § 631 Rn. 32.

[52] RGZ 88, 223.

[53] Vollzogen wird der Durchgriff durch Abtretung der Gewährleistungsansprüche gegen den Subunternehmer.

[54] Vgl. BGH IBR 1998, 105.

Das neue FIDIC Subcontract Form (2009 test edition) knüpft hieran und sieht in Unterklausel 1.8 vor:

Das Recht des Landes (oder anderen Rechtsordnung), das den Hauptvertrag regelt, regelt auch den Subunternehmervertrag.

6 Fehlt es an einer Rechtswahlklausel erfordert der wirtschaftliche (und teilweise auch rechtliche) Zusammenhang zwischen Haupt- und Subunternehmervertrag gelegentlich sehr komplizierte Überlegungen. Die Befürworter[55] einer generellen akzessorischen Anknüpfung des Subunternehmervertrages an das Vertragsstatut des Hauptunternehmervertrages haben sich zwar nicht durchgesetzt (z.B. in Frankreich[56]). Dort besteht allerdings die Neigung zur Anknüpfung des Subunternehmervertrages an den Baustellenort[57], wenn nicht andere Merkmale wie der gemeinsame Sitz oder die gemeinsame Staatsangehörigkeit überwiegen. Das deutsche Internationale Privatrecht knüpft die Subunternehmerverträge jedoch grundsätzlich **selbständig** an[58]. Es wird folglich in Bezug auf den Subunternehmervertrag nach Art. 28 Abs. 2 EGBGB und Art. 4 Abs. 1 Rom I grundsätzlich auf den **Sitz des Subunternehmers** abgestellt, wenn nicht engere Beziehungen zu einem anderen Recht bestehen (Art. 28 Abs. 5 EGBGB oder Art. 4 Abs. 3 Rom I), wie z.B. das gemeinsame Herkunftsland der Parteien[59]. Im Übrigen besteht Rechtswahlfreiheit[60]. „Back-to-back"-Verträge allerdings können mangels ausdrücklicher Rechtswahl im Subunternehmervertrag die Anwendung des Rechts des Hauptvertrages nahe legen[61]. Hieran ändert wohl auch das Inkrafttreten der Verordnung Rom I nichts.

7 Während das deutsche Recht keine speziellen Schutzregelungen für den Subunternehmer kennt, schützt z.B. der französische Gesetzgeber den (genehmigten) Subunternehmer gegen die Insolvenz des Generalunternehmers[62]. Das Sonderrecht für Subunternehmer gehört zum französischen ordre public (*de protection*) (vgl. Art. 15 des Gesetzes v. 31. Dezember 1975[63]) und jeder Verstoß hiergegen führt zur Nichtigkeit der getroffenen Vereinbarung[64]. Insbesondere gewährt es dem schutzbedürftigen Subunternehmer eine Direktklage (Art. 12 des Gesetzes) gegen den Auftraggeber, wenn der Hauptunternehmer den Werklohn nicht innerhalb eines Monats nach Verzugseintritt bezahlt[65]. Der

---

55 Berger JuS 1999, 10,91, 1095; Jayme FS Pleyer, 371, 377; Battifol/Lagarde, Droit international privé, Rn. 587; Bismuth RD aff. Int. 1986, 579; von der Seipen, Akzessorische Anknüpfung und engste Verbindung im Kollisionsrecht, 272; vgl. auch BGH WM 1969, 1140; BGHZ 83, 197.

56 Jacquet/Delebecque, Droit du commerce international, Rn. 294; vgl. aber zur Rechtslage in England JMJ Contractors Ltd. v. Marples Ridgway Ltd. (1985) 31 BLR 100 und die diesbezüglichen Ausführungen von Seppälä ICLR 1995, 9 in Fußnote 14: große Wahrscheinlichkeit der akzessorischen Anknüpfung.

57 Glavinis, Le contrat international de construction, Rn. 652.

58 Vetter NJW 1987, 2124, 2126; Reithmann/Martiny/Thode, Internationales Vertragsrecht, Rn. 1082; Thode/Wenner, Internationales Architekten- und Bauvertragsrecht, Rn. 302.

59 V. Bar, IPR II, Rn. 504; Erman/Hohloch, BGB, Art. 28 EGBGB Rn. 39; Wenner FS Jagenburg, 205, 219; Vetter NJW 1987, 2124, 2126; vgl. auch BGH RIW 1999, 456.

60 Vgl. auch Nicklisch, NJW 1985, 2361, 2368.

61 Samcrete Egypt Engineers and Contractors SAE v. Land Rover Exports Ltd [2001] EWCA Civ 2019.

62 Loi n° 75-1334 du 31 décembre 1975 relative à la sous-traitance, Journal Officiel du 03.01.1976, p. 80, erweitert in Loi n° 81-1 du 02.01.1981 (J.O. du 03.01.1981, p. 150) und erweitert durch loi n° 84-46 du 24.01.1984 (J.O. du 25.01.1984, p. 380), erweitert durch loi du 06.01.1986, loi du 10.06.1994, loi n° 96-906 du 05.07.1996 und loi n° 2001-1168 du 11.12.2001.

63 Loi n° 75-1334 du 31 décembre 1975 relative à la sous-traitance, Journal Officiel du 03.01.1976, p. 80, erweitert in Loi n° 81-1 du 02.01.1981 (J.O. du 03.01.1981, p. 150) und erweitert durch loi n° 84-46 du 24.01.1984 (J.O. du 25.01.1984, p. 380), erweitert durch loi du 06.01.1986 und loi du 10.06.1994.

64 Bènabent in: Dalloz, Construction, Rn. 8926.

65 Jayme, IPRax 1985, 372, 373.

Durchgriff ist auch bei Kettenverträgen zulässig[66]. Für die öffentliche Hand gelten Sonderregelungen[67].

Diese Direktklage des französischen und des belgischen Rechts bereitet im internationalen Rechtsverkehr naturgemäß Schwierigkeiten[68]. In Betracht kommen folgende Anknüpfungen[69]: 8

- Anknüpfung allein an den Hauptvertrag
- Anknüpfung an das gemeinsame Recht des Hauptvertrages und des Subunternehmervertrages
- Anknüpfung an den Subunternehmervertrag
- Anknüpfung an das Baustellenland

Qualifiziert man den Anspruch als vertragsrechtlich, so soll nach deutschem IPR ein Direktanspruch nur anzunehmen sein, wenn sowohl für den Werkvertrag zwischen dem Besteller und dem Hauptunternehmer als auch für den Subunternehmervertrag einheitlich französisches Recht gilt[70]. Die herrschende deutsche Auffassung führt mangels Rechtswahl nur dann zu einem Direktanspruch, wenn Hauptunternehmer und Subunternehmer ihren Sitz im Herkunftsland der Schutzregelung (z.B. Frankreich, Belgien) haben oder die Parteien zugunsten dieses Rechts (also z.B. des französischen Rechts) eine Vereinbarung getroffen haben. Nur mit der hier vertretenen Mindermeinung, die den Baustellenort als Vertragsschwerpunkt ansieht, käme es auch ohne Rechtswahl stets zum Gleichlauf. Unterliegt dagegen der Hauptvertrag deutschem Recht, spricht der Gedanke des Schuldnerschutzes dafür, die Direktklage zu versagen, und zwar selbst dann, wenn der Subunternehmervertrag französischem Recht unterliegt[71].

Das französische materielle Recht klassifiziert die „action directe" teilweise als deliktisch[72], teilweise als vertraglich[73]. Der mangelbedingte Direktanspruch des Bauherrn gegen den Subunternehmer hat Deliktscharakter, während der Zahlungsanspruch des Unternehmers gegen den Bauherren vertragsrechtlich qualifiziert wird[74]. Der EuGH interpretiert den Begriff des vertraglichen Anspruches im Sinne des Art. 5 Nr. 1 EuGVÜ sehr eng und verlangt eine zweiseitige freiwillige Vereinbarung, so dass Direktansprüche gegen eine nicht unmittelbar vertraglich gebundene Partei am Gerichtsstand des Erfüllungsortes ausgeschlossen sind[75]. 9

Im französischen Internationalen Privatrecht wird das Problem der Qualifikation und der kollisionsrechlichen Behandlung der Direktklage naturgemäß auch diskutiert. Dort geht man davon aus, dass es bezüglich des Zahlungsanspruches des Subunternehmers auf das Recht ankommt, dem die **garantierte Forderung** unterliegt, d.h. es ist das Ver- 10

[66] Bènabent in: Dalloz, Construction, Rn. 9057; Mémento Pratique, Urbanisme/Construction, Rn. 14838; Cass.civ., 12.05.1999, D 1999 n° 753.
[67] Vgl. Art. 14-1 Gesetz Nr. 75-1334.
[68] Hierzu auch Reithmann/Martiny/Thode, Internationales Vertragsrecht, Rn. 1082; Pulkowski ICLR 2004, 31, 43.
[69] Vgl. Pulkowski ICLR 2004, 31,43 f.
[70] Reithmann/Martiny/Thode, Internationales Vertragsrecht, Rn 1082.
[71] Jayme, IPRax 1985, 372, 373; vgl. Pulkowski ICLR 2004, 31, 44.
[72] Cour de Cassation 22.06.1982, J.C.P. 1982 IV 316; Cass.Ass.plén., 12.07.1991 D. 1991, 549 note J. Ghéstin bezüglich der Haftung des Subunternehmers gegenüber dem Bauherrn für Mängel, vgl. dazu auch Mémento Pratique, Urbanisme/Construction, Rn. 14951.
[73] Cass.civ., 13.03.1981, D. 1981, 309; Pulkowski ICLR 2004, 31, 40.
[74] Malaurie/Aynès, Les contrats spéciaux, Rn. 756.
[75] EuGH RIW 1994, 680-Handte.

tragsstatut zwischen Hauptunternehmer und Subunternehmer maßgeblich[76]. Es wird jedoch nicht verkannt, dass es schwierig ist, den Bauherrn im Wege der Direktklage in Anspruch zu nehmen, wenn die Rechtsordnung, die das Verhältnis zwischen Bauherrn und Hauptunternehmer beherrscht, die Direktklage nicht kennt[77]. Französische Rechtsprechung ist zu diesem Problem praktisch nicht bekannt[78]. Aus einem ICC-Schiedsspruch[79] wird allerdings gefolgert, dass das französische Gesetz aus dem Jahre 1975 ohnehin nur im Inland Anwendung findet, dann aber auch, wenn auf den Subunternehmervertrag kein französisches Recht Anwendung findet[80]. Zugrunde lag diesem Fall ein Streit zwischen dem französischen Subunternehmer und dem französischen Hauptunternehmer, wobei der Vertrag zwischen Bauherrn und Hauptunternehmer dem Recht von Kamerun unterlag. Aus deutscher Sicht jedenfalls käme die Direktklage in den Problemfällen nur dann zum Tragen, wenn man sie deliktisch qualifiziert. Abzustellen wäre in diesem Falle auf den Erfolgsort, also den Ort, an dem der Schaden anfällt. Dies wäre regelmäßig der Sitz des Subunternehmers.

11 Beide vorstehenden Auffassungen sind diskutabel. Namentlich die deutsche wird dem Schutzcharakter der Sonderregelungen nicht gerecht. Ausgangspunkt der Überlegungen sollte sein, dass ein Anspruch immer dem Recht seines Ursprunges unterliegt[81]. Zu unterscheiden sind Ansprüche aus Rechtsgeschäften und solche aus tatsächlichem Verhalten. Andererseits sind Ansprüche auch vermögensrechtliche Positionen, deren Durchsetzbarkeit von der jeweils anwendbaren Rechtsordnung gewährleistet wird.

12 In Frankreich und Belgien wird aus dem besonderen Charakter eines Schuldverhältnisses ein besonderes Schutzbedürfnis des Gläubigers abgeleitet. In beiden Ländern konkretisiert sich die bevorzugte Stellung bestimmter Gläubiger in sog. **Privilegien**. Ähnliche Funktion hat z.B. die „action oblique" des französischen Rechts (Art. 1166 Code Civil (F)), die es dem Gläubiger einer Forderung unter bestimmten Umständen erlaubt, direkt gegen den Drittschuldner vorzugehen, wenn der Schuldner untätig bleibt[82]. Auch diese Klagemöglichkeit unterliegt dem Recht der **geschützten Forderung**[83]. Ähnlich geht man an die Direktklage des Geschädigten gegen die Versicherung des Schädigers heran. Auch sie unterliegt dem Recht der geschützten Forderung und nicht dem des Versicherungsvertrages[84]. Betrachtet man den Anspruch des Subunternehmers gegen seinen Vertragspartner in diesem Licht und billigt man ihm ebenfalls eine vermögensrechtliche Komponente zu, dann wäre die Frage nach der Existenz eines Direktanspruches gegen den Bauherrn aus dem Recht abzuleiten, dem der **Subunternehmervertrag** unterliegt.

13 Das vorstehende Ergebnis kollidiert allerdings mit dem **Schutzbedürfnis** des Bestellers, der keinen unmittelbaren Einfluss darauf hat, welchem Recht der Subunternehmervertrag unterliegt. Diesem Schutzbedürfnis will man in der deutschen Literatur damit Rechnung tragen, dass man die Direktklage an das Recht des Hauptvertrages anbindet[85].

---

[76] Jacquet/Delebecque/Corneloup, Droit du Commerce international, Rn. 653; Glavinis, Le contrat international de construction, Rn. 653.

[77] Jacquet/Delebecque/Corneloup, Droit du Commerce international, Rn. 653; vgl. ferner Heuzé Rev.crit.dr. int.pr. 1996, 243; Glavinis, Le contrat international de construction, Rn. 653.

[78] Vgl. Jacquet/Delebecque, Droit du commerce international, Rn. 315.

[79] ICC-Schiedsspruch Nr. 4071, 13.12.1984.

[80] Glavinis, Le contrat international de construction, Rn. 653.

[81] Audit, Droit International Privé, Rn. 759.

[82] Vgl. de Page, Droit Civil Belge, IV Rn. 918.

[83] Aix-en-Provence, 30.05.1979, RC 1980, 717; Battifol/Lagarde, Droit international privé, Rn. 541.

[84] Audit, Droit International Privé, Rn. 781.

[85] Pulkowski ICLR 2004, 31, 56.

Auf das Recht des Subvertrages soll es nicht ankommen[86]. Diese Lösung gewährleistet den Schutz des Bestellers vor einer unvorhersehbaren Inanspruchnahme. Sie eröffnet gleichzeitig einen weiten Anwendungsbereich der Schutznorm selbst[87]. Erfasst werden mit dieser Lösung alle Subunternehmer, die für den Besteller auf der Grundlage der Rechtsordnung mitarbeiten, die auf das Vertragsverhältnis zwischen Besteller und Hauptunternehmer Anwendung findet. Auf die Umstände dieser Rechtsordnung müsste sich der Besteller bei der Vergabe einstellen. Der Schutz gegen die ungenehmigte Subvergabe an Dritte wäre durch das auf die Direktklage anwendbare Recht gewährleistet. Der Subunternehmer würde allerdings auf diese Weise aus der Rechtsordnung ausgekoppelt, auf die er normalerweise vertrauen darf. Durch den Schutz des Bestellers wird dem Subunternehmer Haftungsmasse entzogen. Sieht die Rechtsordnung, der sein Vertrag unterliegt, die Direktklage vor, wird ihm allein deshalb der Verzicht auf die Direktklage abverlangt, weil sich der Bauherr und der Generalunternehmer auf eine andere Rechtsordnung geeinigt haben. Das ist jedenfalls dann kaum durchsetzbar, wenn der Generalunternehmer und der Subunternehmer ihren Sitz im Baustellenland haben, das die Direktklage vorsieht. Überdies kann das Schutzbedürfnis des Bauherrn nicht weiter gehen als sein Interesse daran, nicht doppelt in Anspruch genommen zu werden. Eben diesem Interesse tragen aber die belgische und die französische Regelung weitgehend Rechnung. In beiden Ländern kann der Subunternehmer nur bis zur Höhe der noch offenen Forderung des Hauptunternehmers gegen den Bauherrn vorgehen (vgl. Art. 1798 Code Civil (B) und Art. 13 Gesetz Nr. 75-1334 (F)). Letztlich ist es daher kollisionsrechtlich nicht nachvollziehbar, dass einseitige Schutzbedürfnisse herangezogen werden, um eine Kollisionsnorm zu bilden, die sich überwiegend rechtsvernichtend auswirkt. Zwar kann das Schutzbedürfnis des Bauherrn gegenüber dem Schutzbedürfnis des Subunternehmers diskutiert werden. Woraus sich aber ergeben soll, dass der Bauherr schutzwürdiger ist als der Subunternehmer, erschließt sich nicht. Die „action oblique“ ist anders als die „action paulienne“ kein außergewöhnlicher Rechtsbehelf, die es rechtfertigen würde, den Dritten besonders nachdrücklich zu schützen[88]. Reine Praktikabilitätserwägungen, wie sie Pulkowski anstellt, eignen sich nicht zur Herleitung einer Kollisionsnorm, die auf das Recht des Hauptvertrages abstellt. Mit der anhand geeigneter Beispiele getroffenen Feststellung Pulkowskis, die These von der Maßgeblichkeit des Rechts des Hauptvertrages führe nicht in Schwierigkeiten und sie gewährleiste den Schutz des Bauherrn, wird keine Erkenntnis gewonnnen, die internationalprivatrechtlich verwertbar ist. Sie ruft vielmehr gerade in solchen Fällen, in denen der Subunternehmer einen französischen oder belgischen Sitz hat, erheblichen Diskussionsbedarf über den Schutzcharakter der betroffenen nationalen Regelungen auf. Im Ernstfall sollte man jedenfalls nicht verwundert sein, wenn belgische oder französische Gerichte die entsprechenden Schutzregelungen über Art. 7 Abs. 2 EVÜ anwenden. Auf diese Gefahr weist Pulkowski[89] zu Recht hin, ohne ihr aber Bedeutung beizumessen.

Das auf den Subunternehmervertraganwendbare Recht regelt die gesamten Beziehun- 14
gen des Subunternehmers zu seinem Auftraggeber. Soweit aber etwa französisches Recht maßgeblich ist, war bis zum Erscheinen der Vorauflage noch nicht entschieden, ob die dortigen Schutzbestimmungen zum ordre public gehören[90]. Diese Frage ist inzwischen geklärt. Die Cour de Cassation hat entschieden, das Gesetz vom 31.12.1975

86 Vgl. Pulkowski ICLR 2004, 31, 56.
87 Vgl. Pulkowski ICLR 2004, 31, 56.
88 Battifol/Lagarde, Droit international privé, Rn. 541.
89 Pulkowski ICLR 2004, 31, 46.
90 Vgl. aber Art. 15 loi n° 75-1334 du 31 décembre 1975.

gehöre zu den Polizeigesetzen im Sinne des Art. 3 Code Civil[91]. Es sei daher anwendbar, wenn das Bauvorhaben auf französischem Boden belegen sei. Die neuerliche Entscheidung der gemischten Kammer Cour de Cassation weicht damit von einer kurz zuvor ergangenen der 1. Kammer des Gerichtshofes[92] ab, die in der französischen Literatur weithin Zustimmung fand[93]. Die französische Rechtsprechung hat sich also im Sinne einer Sonderanknüpfung des Subunternehmerrechts entschieden, so dass die Beauftragung von Subunternehmern für französische Bauvorhaben stets der Kontrolle des französischen Rechts unterliegt. Insoweit gilt es zu beachten, dass das französische Recht die Direktklage des Subunternehmers gegen den Hauptauftraggeber kennt.

III. Vertragsmuster

15 Für das FIDIC Red Book 1987 hatte FIDIC eigens einen Subunternehmervertrag[94] konzipiert, der im Herbst 1994 herausgegeben wurde. Das Muster besteht aus 22 Klauseln: Klausel 1 (Definitionen und Auslegung), Klausel 2 (Allgemeine Pflichten), Klausel 3 (Subunternehmervertragsunterlagen), Klausel 4 (Hauptvertrag), Klausel 5 (Baustelleneinrichtung etc.), Klausel 6 (Arbeit auf der Baustelle und Zugang), Klausel 7 (Beginn und Abschluss), Klausel 8 (Anweisungen und Entscheidungen), Klausel 9 (Änderungen), Klausel 10 (Bewertung von Änderungen), Klausel 11 (Mitteilungen und Ansprüche), Klausel 12 (Geräte, Baustelleneinrichtung und Material des Subunternehmers), Klausel 13 (Entschädigung), Klausel 14 (Unerledigte Arbeit und Mängel), Klausel 15 (Versicherung), Klausel 16 (Zahlung), Klausel 17 (Kündigung des Hauptvertrages), Klausel 18 (Vertragsstörung durch den Subunternehmer), Klausel 19 (Beilegung von Streitigkeiten), Klausel 20 (Mitteilungen und Anweisungen), Klausel 21 (Kostenänderungen und gesetzliche Veränderungen) Klausel 22 (Währung und Wechselkurs). Das ältere Muster der FIDIC sieht insbesondere vor, dass der Subvertrag im Falle der vorzeitigen Beendigung des Hauptvertrages ebenfalls vorzeitig beendet werden kann, und zwar gleich aus welchem Grund der Hauptvertrag beendet wurde (Klausel 17 des Musters). Zwar sieht das alte FIDIC Red Book keine generelle Kündigungsmöglichkeit durch den Besteller vor, doch wird dieses Recht oftmals gesondert vereinbart und etwa von der Weltbank auch empfohlen. Klausel 17 regelt die Folgen der Kündigung relativ ausführlich, insbesondere hinsichtlich der Bezahlung des Subunternehmers. Doch dürften diese Regelungen je nach anwendbarem Vertragsstatut entweder nicht abschließend sein oder sogar nichtig, denn z.B. das belgische und das französische Recht sehen für den Fall der Beliebigkeitskündigung auch den Ausgleich des entgangenen Gewinns für noch nicht erledigte Arbeiten vor. Zwar ist die Durchschaltung der Kündigung sicherlich im dringenden Interesse des Hauptunternehmers[95], doch auch hier wird wieder deutlich, dass unterschiedliche Vertragsstatute erhebliche Probleme aufwerfen können.

16 Für die Neufassung des FIDIC Red Book 1999 war lange Zeit kein derartiges Vertragsmuster vorgesehen, weil man der Auffassung war, dass die großen internationalen Bauunternehmer keinen Bedarf für ein solches Vertragsmuster sahen. Doch seit einigen Jahren hat sich die Auffassung gewandelt und FIDIC hat eine Task Group eingesetzt, die ein derartiges Vetragsmuster erarbeiten sollte. Die Task Group hatte Ende 2009 die Test Edition des neuen Subcontract Form veröffentlicht. Eine Vielzahl von Friendly

---

91 Cour de Cassation, gemischte Kammer, Urteil vom 30.11.2007 – 06-14006, IBR 2008, 428 – Hök.
92 Cour de Cassation IBR 2007, 1262 -Hök.
93 Vgl. Nourissat/Pellegrini, Revue Lamy Droit des Affaires 2008, 57, 58.
94 Vgl. Münchener Vertragshandbuch, Band 4 (Wirtschaftsrecht III), VI.2 mit Kommentierung von Rosener.
95 Rosener in: Münchener Vertragshandbuch, Band 4, VI. 2 Rn. 40.

Reviewern unterbreitete anschließend sachdienliche Ergänzungs- und Änderungsvorschläge. Erst 2011 folgte daher die Veröffentlichung der 1st Edition des Subcontract Form for Construction. Eine neue Task Group beschäftigt sich inzwischen mit der Erarbeitung eines Subcontract for Design & Build. Das neue Vertragsmuster (Subcontract Form for Construction) verfolgt das Ziel, einen echten Back-to-back-Vertrag zur Verfügung zu stellen. Das Vertragsmuster will erreichen, dass der Subunternehmer eine Leistung erbringt, die der Erfüllung des Hauptvertrages dient. Das kommt deutlich in Unterklausel 2.2 zum Ausdruck, wo es sinngemäß heißt, „dass der Subunternehmer in Bezug auf die Subunternehmerleistungen alle Verpflichtungen des Hauptauftragnehmers aus dem Hauptauftrag erfüllen und übernehmen soll“. Einzelne besondere Pflichten aus dem Hauptvertrag sind zwar ausgenommen, doch im Übrigen soll der Subunternehmer darauf achten, dass er seine Leistungen so erbringt, wie es für den Hauptauftragnehmer zum Zwecke der Erfüllung seines Vertrages erforderlich ist. Diese Lösung geht mit einem pay-when-paid Klauselwerk einher, dass die Zahlung an den Subunternehmer weitgehend davon abhängig macht, dass der Hauptauftragnehmer seinerseits Zahlung erhalten hat, wenngleich jedenfalls im Rahmen der Schlusszahlung dieser Vorbehalt entfällt. Das Vertragswerk regelt z.B. auch, dass neue Einheitspreise nur festgelegt werden sollen, wenn im Hauptauftrag entsprechende neue Preise fixiert wurden. Schließlich enthält das Vertragswerk vor allem einen Vorschlag, der sicherstellen soll, dass in Bezug auf vertragliche Ansprüche einheitliche Entscheidungen ergehen und dass der Subunternehmer jeweils nur den auf ihn entfallenenden Anteil erhalten soll.

Das neue FIDIC Subcontract Form for Construction beinhaltet vor allem vier neue Ansätze. (1) Es handelt sich um einen Back-to-back-Vertrag, (2) das Vertragswerk sieht eine Pay-when-paid-Klausel vor, (3) das Vertragswerk regelt die Übernahme und Abnahme der vertraglich zu erbringenden Arbeiten in Abhängigkeit zum Hauptvertrag und (4) regelt es sehr eingehend den Umgang mit Ansprüchen, die aus dem Vertrag hervorgehen. Insoweit bietet das Vertragswerk drei Optionen an, die für unterschiedliche Zwecke geeignet sind bzw. sein sollen. Das Back-to-back-Prinzip wird dadurch erreicht, dass der Hauptauftragnehmer Einsicht in sein Vertragswerk gewähren muss. Er muss zu diesem Zweck eine vollständige Kopie seines Vertragswerkes an den Subunternehmer herausgeben. Lediglich die wirtschaftlichen Daten, wie Einheitspreise bleiben geheim. Der Subunternehmer wird anschließend so behandelt, als habe er volle Kenntnis vom Hauptauftrag. Nach Unterklausel 2.2 soll der Subunternehmer seine Subunternehmerleistung so erbringen, dass keine seiner Handlungen oder Unterlassungen einen Beitrag oder die Ursache für eine Vertragsverletzung des Hauptauftragnehmers begründet. Für Schäden aus der Verletzung dieser Subunternehmerpflicht steht dieser dem Hauptauftragnehmer ausdrücklich ein. Im Gegenzug soll der Hauptauftragnehmer alle „vernünftigen (angemessenen) Schritte unternehmen, um aus dem Hauptauftrag alle Ansprüche und Rechte geltend zu machen und zu verfolgen, die im Interesse des Subunternehmers liegen (Unterklausel 2.4)“. Insoweit verzeichtet das Vertragswerk allerdings auf die Regelung der Folgen eines Verstoßes durch den Hauptauftragnehmer. Aus Sicht der Task Group stellt die Verpflichtung aus Unterklausel 2.2 eine absolute Verpflichtung dar, also eine, die eine verschuldensunabhängige Einstandspflicht des Subunternehmers begründet. Klausel 20 regelt eingehend das Claim- und Streitmanagement. Kernstück der Klausel ist zunächst, dass sich der Subunternehmer verpflichtet, alle anspruchsrelevanten Umstände in der Weise anzuzeigen, dass der Hauptauftragnehmer rechtzeitig und vertragsgerecht eventuelle Ansprüche aus dem Hauptauftrag anmelden und verfolgen kann. Diese Anzeigeverpflichtung umfasst auch eine Frühwarnungsverpflichtung in Bezug auf Umstände, 17 die sich ereignen können und Ansprüche auslösen könnten (vgl. Unterklausel 20.1). Versäumt der Subunternehmer seine Anzeige- und Unterstützungsverpflichtungen aus Unterklausel 20.1 macht er sich nach Unterklausel 20.3 schadensersatzpflichtig. Das Fristenregime für die Anzeige von Ansprüchen aus dem Subunternehmervertrag und ihre Begründung wurde zu diesem Zweck verkürzt. Anstelle der 28tägigen Anzeigepflicht aus dem FIDIC Red Book ist im Subcontract form eine 21tägige Frist vorgesehen; die Begründung ist binnen 35 Tagen anstatt von 42 Tagen einzureichen.

18 Alles in allem stellt das FIDIC Subcontract Form for Construction eine interessante Variante des Subunternehmervertrages dar. Für Subunternehmer begründet es allerdings eine Herausforderung an das Vertrags- und Forderungsmanagement. Für einfache Subunternehmerbetriebe, die sich ohne Vorbereitung auf diese Art der Vertragsabwicklung einlassen, dürfte das Vertragswerk schnell zum Desaster werden. Unabhängig davon waren noch einige kleinere Ungereimtheiten auszuräumen. Nach Maßgabe der Test Edition verpflichtete sich etwa der Subunternehmer in Unterklausel 4.1 dazu, etwaige Planungsleistungen sorgfältig zu erbringen, womit der internationale Standard einer verschuldensabhängigen Haftung eingeführt wäre. Doch vertrug sich diese Erleichterung nicht mit Unterklausel 2.2, denn der Hauptunternehmer ist jedenfalls über Unterklausel 4.1 (c) FIDIC Red Book gehalten, die Planung verschuldensunabhängig vertragsgerecht zu erbringen. In der 1st Edition ist inzwischen der Zusatz „with due care and diligence" aus der Unterklausel 4.1 gestrichen. Das Pay-when-paid-System ist noch nicht abschließend auf die Fälle abgestimmt, wo Unterklausel 5.5 FIDIC Red Book direkte Zahlungen an den benannten Subunternehmer zulässt. Auch dürfte gerade der pay-when-paid Ansatz noch Diskussionen auslösen, da einzelne Rechtsordnungen derartigen Lösungen überaus feindlich gegenüber stehen. Zugegebenermaßen ist die Lösung im FIDIC Subcontract sehr einseitig und belastend. Sie kann überhaupt nur Bestand haben, wenn man dem Back-to-back-Ansatz als besonderer Vertragsform eine Chance gibt. Die Aneinanderreihung von Vertragsverhältnissen mit dem Ziel der Erfüllung eines übergeordneten Vertrages ist naturgegeben nicht oder nur wenig geeignet, gemeinsam ein übergeordnetes Ziel zu erreichen[96]. Ist es Gegenstand eines Bauvertrages, diese Interessenlage zu regeln, unterscheidet dieser Regelungsgehalt den Subunternehmervertrag von anderen Werkverträgen[97]. Der Hauptvertrag ist nicht nur Geschäftsgrundlage sondern die gewollte Beteiligung an dessen Erfüllung ist das eigentlich Prägende des Subunternehmervertrages. Ist es der gemeinsame Wille der Vertragsparteien, die Erfüllung des Hauptvertrages sicherzustellen, handelt es sich um einen eigenständigen Vertragstyp[98]. Ein solcher Vertrag wird regelmäßig folgende Elemente enthalten:

- Ausgleich des Vergütungsrisikos
- Ausgleich des Kündigungsrisikos
- Ausgleich des Weisungsrisikos
- Ausgleich der Nichterfüllungsfolgen
- Ausgleich des Gewährleistungsrisikos
- Ausgleich des Nacherfüllungsrisikos

Erst die Praxis wird zeigen können, wie weit das FIDIC-Subcontract-Vertragswerk diesen Anforderungen gerecht wird.

---

[96] Vgl. Babando, La sous-traitance dans la construction, Rn. 382 ff.
[97] Babando, La sous-traitance dans la construction, Rn. 389 ff.
[98] Puig, La qualification du contrat d'entreprise, Rn. 121.

IV. Back-to-Back

Es ist ständige Praxis, dass in Subunternehmerverträgen auf den Hauptvertrag verwiesen wird. Das geschieht zum Beispiel wie folgt[99]: 19

The Subcontractor agrees to be bound to the Contractor by the terms of the General Contract to the extent that it is applicable to this Contract and to assume toward the Contract all of the obligations and responsibilities that the Contractor by that document assumes toward the Owner insofar as applicable to this Contract.

Article 23 of the subcontract states, in relevant part, as follows: Claims for extra or altered work, changes, modifications, changed conditions, subsurface conditions or obstructions at the site, any Act of God, the elements, delays, equitable adjustments, and the damages resulting from requirements, acts or omission of the Owner or any third party, or from any cause beyond the control of the Contractor shall be governed by the provisions of the General Contract and the Contractor shall make payments to the Subcontractor on account of such claims only to the extent that the Contractor is paid thereof by the Owner.

Gelegentlich verpflichtet sich der Generalunternehmer ausdrücklich, entsprechende Vorkehrungen zu treffen. Eine derartige Klausel aus einem südafrikanischen Vertrag lautete wie folgt[100]: 20

61. (1) All specialists, merchants, tradesmen and others executing any work or supplying any goods for which provisional or prime cost sums are included in the Schedule of Quantities, who may have been or be nominated or selected by the Employer or the Engineer and all persons to whom by virtue of the provisions of the Schedule of Quantities or Specification, the Contractor is required to sub-let any work shall, in the execution of such work or the supply of such goods, be deemed to be subcontractors employed by the Contractor and are herein referred to as ‚nominated Sub-Contractors‘. Provided always that the Contractor shall not be required by the Employer or the Engineer or be deemed to be under any obligation to employ any nominated Sub-Contractor against whom the Contractor shall make reasonable objection or who shall decline to enter into a sub-contract with the Contractor containing provisions:

(a) that in respect of the work or the goods, the subject of the sub-contract, the nominated Sub-Contractor will undertake to the Contractor the like obligations and liabilities as are imposed upon the Contractor to the Employer by the terms of the Contract and will hold harmless and indemnify the Contractor from and against the same and from all claims, demands, proceedings, damages, costs, charges and expenses whatsoever arising out of or in connection therewith or arising out of or in connection with any failure to perform such obligations or to fulfil such liabilities and (b) that the nominated Sub-Contractor will hold harmless and indemnify the Contractor from and against:

(i) failure of the sub-contract works if and where the design of the works was undertaken by the nominated Sub-Contractor,

[99] American National Electric Corp. v. Poythress Commercial Contractors, Inc. and Brown & Jones Architets, Inc. 604 S.E.2d 315 (N.C. App. 2004).

[100] Van Immerzeel & Pohl and Another v. Samancor Ltd (543/98) [2000] ZASCA 79; 2001 (2) SA 90 (SCA); [2001] 2 All SA 235 (A) (30 November 2000).

(ii) failure of the goods if and where the goods were manufactured and/or supplied by the nominated Sub-Contractor;

(iii) any negligence by the nominated Sub-Contractor, his agents, workmen and servants;

(iv) any mis-use by the nominated Sub-Contractor of any Constructional Plant, Temporary Works, or Materials provided by the Contractor for the purposes of the Contract; and from

(v) any claims as aforesaid.

21 Hierdurch soll erreicht werden, dass der Subunternehmer 1:1 alle Verpflichtungen erfüllt, die der Hauptunternehmer übernommen, aber vermeintlich vermittels eines Unterauftrages delegiert hat. Falsch hieran ist, dass sich vertragliche Pflichten einfach delegieren lassen. Der Hauptunternehmer bleibt voll verantwortlich für das von ihm übernommene Werk[101]. Soweit er sich bei der Vertragserfüllung Dritter bedient, die er als Subunternehmer einsetzt, trifft ihn trotz der Vergabe an den Dritten die alleinige und volle Verantwortung. Der Subunternehmer kann z.B. qua einfacher Verweisung auf den Hauptvertrag nicht die Verpflichtung der Koordinierung der Subunternehmerleistungen mit denen des Hauptvertrages oder anderer Subunternehmer übernehmen. Auch führt eine Verweisung auf den Hauptvertrag nicht immer dazu, dass der Inhalt des Vertrages, auf den verwiesen wird, den Subunternehmer bindet. Solche Konstrukte sind daher stets mit großer Vorsicht zu betrachten. In den USA sind solche Verweisungen gelegentlich als nicht bindend erachtet worden[102]. In anderen Fällen, z.B. in einem Fall, wo die Garantieurkunde, die eine Bank herausgegeben hatte, auf den zugrunde liegenden Vertrag verwies, hielt das Gericht eine in dem zugrunde liegenden Vertrag enthaltene Schiedsgerichtsklausel für bindend[103]. Entsprechendes wurde auch für eine Schiedsgerichtsklausel anerkannt, die in einem Hauptvertrag enthalten war und im Subunternehmerverhältnis eingewendet wurde[104].

22 Auch erfreuen sich in sog. Back-to-Back Verträgen Kündigungsklauseln großer Beliebtheit. In einem amerikanischen Fall enthielt der Vertrag die folgende Klausel: *„In the event that the Owner terminates or cancels the Principal Contract for any cause whatsoever ..." the Contractor may terminate the Subcontract*[105]. Das erstinstanzliche Gericht urteilte, der Unternehmer könne sich wegen eines vorherigen Verstoßes gegen den Subunternehmervertrag nicht auf die Klausel berufen. Das Berufungsgericht korrigierte die Entscheidung und befand, die Kündigung des Hauptvertrages sei der operative Grund für die Kündigung des Subunternehmervertrages gewesen, nicht die vorherige Vertragsverletzung. Es wies demgemäß die auf die vertragswidrige Kündigung gestützte Schadensersatzklage des Subunternehmers ab.

---

101 Sinjakli, Nominated Subcontractors under UAE Law, Arab Law Quaterly 2003, 104.

102 Vgl. S. Leo Harmonay, Inc. v. Binks Manufacturing Company, 597 F.Supp. 1014, 1024 (S.D.N.Y.1984); U.S. Steel v. Turner, 560 F.Supp. 871, 874 (S.D.N.Y.1983); Windowmaster Corporation v. B.G. Danis Company, 511 F.Supp. 157 (S.D.Ohio 1981); H.W. Caldwell & Son, Inc., et al.v. John H. Moon & Sons, Inc., 407 F.2d 21 (5th Cir.1969); United States v. Cleveland Electric Company of South Carolina, 373 F.2d 585 (4th Cir.1967), wobei allerdings anzumerken ist, dass die Gerichte jeweils auf dem Hintergrund des US-amerikanischen Miller's Act Bedenken hatten, die Verweisung für gültig zu erachten.

103 United States Fidelity and Guarantee Co v. West Point Construction Company, Inc., 837 F.2d 1507.

104 J.S. & H. Construction Co., v. Richmond County Hosp. Auth., 473 F.2d 212 (5th Cir.1973).

105 Manganaro Bros., Inc. v. Gevyn Construction Corp., 610 F.2d 23 (1st Cir. 1979).

VI. Benannte Nachunternehmer

Die wesentliche Eigenart des benannten Subunternehmers ist, dass sich der Besteller das Recht vorbehält, bestimmte Personen als benannte Subunternehmer zu ernennen, die spezifische Teile der Gesamtleistung ausführen[106]. Ein allgemeiner Grund ist, dass er wünscht, die Kontrolle über die Auswahl der Personen zu haben, die spezialisierte und qualifizierte Arbeit ausführen werden. Benannte Nachunternehmer verdanken ihre Benennung aber auch anderen Gründen. Zu nennen sind zusammenfassend u.a. die Aspekte der Qualitätssicherung, Buy National, existierende Lieferantenbindungen, Verwendung von Fabrikaten der Planung, Preiskontrolle, etc. Ein spezieller Grund, der infolge der zunehmenden Spezialisierung und Nutzung von Subunternehmern immer wichtiger wird, liegt darin, auf Bestellerseite wettbewerbsfähige Angebote für Subunternehmerarbeiten zu erhalten[107]. Für den Unternehmer entsteht das Problem, dass er seine Entscheidungs- und Auswahlfreiheit verliert. Ferner kann er den Nachunternehmerpreis nicht selbst im Wettbewerb ermitteln. Bereits die Vorbereitung der Vergabe liegt beim Besteller. Im Grunde genommen übernimmt der Unternehmer damit fremdverantwortete Risiken. Gleichwohl wurde in Südafrika entschieden, dass der benannte Nachunternehmer in Bezug auf die Pflichten des Hauptunternehmers gegenüber dem Besteller nicht anders behandelt werden kann als der nicht benannte Nachunternehmer[108]. Überdies sieht z.B. Klausel 5 FIDIC Red Book 1999 besondere Vorkehrungen vor, die sicherstellen sollen, dass der benannte Nachunternehmer auf jeden Fall bezahlt wird. 23

[106] Vgl. Minister of Public Works and Land Affairs v. Group Five Building Ltd (606/96) [1999] ZASCA 36 (28 May 1999).

[107] Vgl. Minister of Public Works and Land Affairs v. Group Five Building Ltd (606/96) [1999] ZASCA 36 (28 May 1999).

[108] Vgl. Minister of Public Works and Land Affairs v. Group Five Building Ltd (606/96) [1999] ZASCA 36 (28 May 1999).

§ 15 Rechtsanwaltsvertrag

1 Beim Rechtsanwaltsvertrag herrscht grundsätzlich Rechtswahlfreiheit. Fehlt es an einer Rechtswahl, käme über Art. 28 Abs. 2 EGBGB a.F. und Art. 4 Abs. 1 Rom I das Recht am Sitz des Rechtsanwaltes zur Anwendung[1]. Ausländische Anwälte, die in ihren Beruf ständig in Deutschland ausüben, unterliegen dem deutschen Berufsrecht[2].

2 Das auf den Anwaltsvertrag anwendbare Recht umfasst insbesondere auch Vergütungsfragen. Im internationalen Bereich überwiegen deutlich Honorarvereinbarungen. Die Honorare werden nach Tages- oder Stundensätzen berechnet. Die Honorare variieren länderweise ganz erheblich. Während die Honorarvorstellungen international operierender französischer und deutscher Kanzleien sich in etwa decken, ist in England mit wesentlichen Aufschlägen zu rechnen. Günstiger sind anwaltliche Leistungen in Belgien und Spanien erhältlich. In Österreich existiert eine Honorarordnung, die für ein deutlich höheres Honoraraufkommen sorgt als es in Deutschland üblich ist.

Auf der anderen Seite schuldet der Rechtsanwalt nach Maßgabe des Vertragsstatuts eine sorgfältige Beratung und Vertretung. Nach gefestigter Rechtsprechung des Bundesgerichtshofs zum deutschen Recht schuldet der um eine Beratung ersuchte Rechtsanwalt eine umfassende und erschöpfenden Belehrung seines Auftraggebers verpflichtet, sofern dieser nicht eindeutig zu erkennen gibt, dass er des Rats nur in einer bestimmten Richtung bedarf[3]. Der Anwalt muss den ihm vorgetragenen Sachverhalt daraufhin prüfen, ob er geeignet ist, den vom Auftraggeber erstrebten Erfolg herbeizuführen. Rechtsprüfung und Rechtsberatung setzen zwingend die Kenntnis der einschlägigen Rechtsnormen voraus, zu denen auch die auf der Grundlage von Bundesgesetzen erlassenen Rechtsverordnungen gehören. Notfalls muss sich der anwaltliche Berater die mandatsbezogenen Rechtskenntnisse, soweit sie nicht zu seinem präsenten Wissen gehören, ungesäumt verschaffen und sich auch in eine Spezialmaterie einarbeiten[4]. Gegebenenfalls gehören hierzu auch Kenntnisse des ausländischen Rechts[5].

Im Team eines Engineer nach FIDIC wird aus internationaler Sicht ein gutes Verständnis der grundlegenden Prinzipien des Baurechts sowie die Fähigkeit dieses Verständnis bei der Vertragsadministration einzusetzen verlangt. Vertragliche Fragen setzen keine allgemeinen Kenntnise des Vertragsrechts voraus, aber immerhin ein gutes Verständnis des zum Einsatz kommenden Standardvertragswerks[6].

3 Erfolgshonorare und Streitanteilsvereinbarungen mit Rechtsanwälten sind nach deutschem Recht unwirksam[7], nicht allerdings wenn das deutsche Recht nachträglich vereinbart wird[8]. Eine Vereinbarung des Inhalts, dem Rechtsanwalt stünden im Erfolgsfalle prozentual Anteile an der Streitsumme zu, hat der BGH[9] grundsätzlich für unwirk-

---

1 OLG Hamburg IPRspr 1989 Nr. 233 b; LG Paderborn EWS 1995, 248; BGH RIW 1991, 513.
2 AGH Nordrhein-Westfalen IPRspr. 2000 Nr. 180.
3 BGH, Urt. v. 22.9.2005 – IX ZR 23/04, NJW 2006, 501.
4 BGH, Urt. v. 22.9.2005 – IX ZR 23/04, NJW 2006, 501.
5 BGH NJW 1972, 1044.
6 Royal Brompton Hospital National Health Service Trust v. Hammond & Ors [2002] EWHC 2037 (TCC) (11 October 2002).
7 BGHZ 118, S. 312, 332.
8 LG Essen IPRspr. 2001 Nr. 29 (zum Steuerberater).
9 BGHZ 118, S. 312, 332; vgl. BGHZ 34, S. 64, 70 ff.; Urt. v. 31. Oktober 1991 – IX ZR 303/90, WM 1992, 279, 281 m.w. Nachw.

sam erklärt. Obwohl eine entsprechende Vereinbarung mit einem deutschen Rechtsanwalt in der Regel gemäß § 138 Abs. 1 BGB nichtig wäre, ist der zugrunde liegende Ansatz jedoch für deutsche Gerechtigkeitsvorstellungen nicht so wesentlich, dass er in jedem Falle weltweit unbedingte Geltung beansprucht[10]. Es steht grundsätzlich jeder Rechtsordnung frei, welche standes- oder berufsrechtlichen Beschränkungen sie ihrer eigenen Rechtsanwaltschaft auferlegt[11]. Der Bundesgerichtshof hat deshalb für Vergütungsvereinbarungen zwischen deutschen und ausländischen Rechtsanwälten nach ausländischem Recht, die aufgrund deutschen materiellen internationalen Privatrechts auf ihre Vereinbarkeit mit Art. 30 EGBGB a.F. zu überprüfen waren, entschieden, dass eine Erfolgshonorarvereinbarung nicht am ordre public scheitern muss[12]. Anders als im Falle BGHZ 51, S. 290, 293 ff., in dem einem ausländischen Rechtsanwalt – gemäß § 183 Abs. 1 BEG – die Befugnisse eines inländischen Rechtsanwalts zugebilligt worden waren, lag dem Erfolgshonorar im Fall BGHZ 118, S. 312 ff. eine im Ausland geschlossene Vereinbarung einer ausländischen Partei mit ihrem ausländischen Rechtsanwalt für die Führung eines Prozesses im Ausland zugrunde. Wenn das ausländische Gericht nach dem von ihm anzuwendenden Recht eine solche Absprache durchsetzt, berührt das die deutsche öffentliche Ordnung nicht in unerträglicher Weise[13].

Rechtsanwälte, die für ihre Mandanten im Ausland Kollegen hinzuziehen und beauftragen, sollten bedenken, dass ihre ausländischen Kollegen in der Regel der Auffassung sind, dass der beauftragende Rechtsanwalt quasi als Bürge für den gemeinsamen Mandanten auftritt, obwohl die Mandatsbeziehung des ausländischen Anwalts mit dem Mandanten direkt zustande kommt.

[10] BGHZ 118, 312, 332.
[11] BGHZ 118, 312, 332.
[12] BGHZ 22, 162, 166; BGHZ 44, S. 183, 190 f.
[13] BGHZ 118, S. 312, 332.

§ 16 Verträge mit Regelungen zugunsten Dritter

1 Seit einigen Jahren existiert ein Standardvertragsmuster, das die Institution des Vertrages zugunsten Dritter instrumentalisiert. Dabei handelt es sich um das englische JCT Major Project Form (JCT MPF), das einen internationalen Anwendungsbereich haben soll, worauf z.B. die Rechtswahlklausel in Klausel 35.2 JCT MPF hindeutet, die ansonsten in den englischen Standardverträgen

nicht auftaucht.

2 Im deutschen Baurecht sind Verträge zugunsten Dritter eher unüblich und werden nur als Hilfskonstruktionen oder in Sonderfällen eingesetzt, z.B. wenn es darum geht, die Wirkungen eines Vergleiches zwischen dem Bauherrn und dem Architekten auf den Bauunternehmer zu erstrecken[1] oder wenn Direktansprüche zwischen Bauherrn und Baustofflieferant wegen Qualitätsmängeln eine Rolle spielen[2]. Das JCT MPF geht angesichts zunehmender wirtschaftlicher Verflechtungen neue Wege und eröffnet einigen privilegierten Baubeteiligten, die nicht unmittelbar in einer vertraglichen Beziehung stehen, Einwirkungsmöglichkeiten auf den Bauvertrag. Damit sollen sog. „collateral warranties" entbehrlich werden. Klausel 30 JCT MPF schafft zusammen mit dem „The Third Party Rights Schedule" direkte Rechte von Geldgebern (Funder), Käufern und Mietern gegenüber dem Unternehmer. Die Basis für diese Innovation ist der englische Third Party Rights Act 1999, der England den bis dahin unbekannten und unwirksamen Vertrag zugunsten Dritter beschert hat.

3 Der **Vertrag zugunsten Dritter** stellt kollisionsrechtlich eine Konstruktion dar, die sich nur vermittels einer Analyse seiner Eigenheiten erschließt. Beim echten Vertrag zugunsten Dritter verschafft der Hauptvertrag (z.B. zwischen Besteller und Unternehmer) einer dritten Person (Versprechensempfänger) vermittels eines Versprechens des Schuldners eigene Forderungsrechte[3]. Die Zulässigkeit und die Wirkungen eines solchen Drittversprechens beurteilen sich nach dem Statut des Hauptvertrages[4]. Die begründeten Rechte des Dritten können hinsichtlich des anwendbaren Rechts nicht nachträglich verändert werden (Art. 27 Abs. 2 S. 2 EGBGB a.F.). Die Rechtsposition des Versprechensempfängers unterliegt mithin unwandelbar dem ursprünglichen Vertragsstatut des Hauptvertrages[5].

---

[1] Vgl. dazu BGHZ 47, 376.
[2] Vgl. dazu BGHZ 75, 75.
[3] Vgl. Reithmann/Martiny/Martiny, Internationales Vertragsrecht, Rn. 318.
[4] Lorenz FS Zweigert, 218; Reithmann/Martiny/Martiny, Internationales Vertragsrecht, Rn. 318.
[5] v. Bar, IPR, Band I Rn. 481.

Kapitel 4
Internationale Standardverträge

§ 17 Einführung in Vertragsstandards

Schrifttum

Abrahamson, Risk Management, 2 ICLR 1984, 241; Pickavance, Delay and Disruption, 2. Auflage, London 2000; Wright, Forms of Contract User Guide, 4. Auflage, London 2004

Inhaltsübersicht

Auf der Grundlage des sog. Grove Report[1] werden hier die Schwerpunkte und Unterschiede in den international üblichen Vertragsstandards zusammengefasst. Der Grove Report hat es primär zum Ziel, die in Hong Kong gebräuchlichen Government's General Conditions of Contract (GCCs) zu verbessern. Er gibt interessante Einblicke in die internationale Vertragspraxis und Aufschluss über die Herangehensweise und Grundüberlegungen bei Vertragsverhandlungen. 1

I. Allgemeines

Das Thema der Risikoverteilung (Risk Allocation) wird vor allem in den Common Law Staaten eingehend erörtert und diskutiert. Das hängt vor allem damit zusammen, dass dort keine gesetzliche Risikoverteilung vorgegeben ist, was den Blick für die vertragliche Risikoverteilung schärft. Die Risikoverteilung ist dort im Grunde genommen schlicht eine Angelegenheit der geschäftlichen Verhandlungen[2]. Ausgangspunkt ist die Analyse, dass die Interessen der Baubeteiligten naturgegeben auseinander laufen, während das Ziel – vertraglich definiert – dasselbe ist[3]. Der Unternehmer trachtet danach, für die 2

---

1 http://www.constructionweblinks.com/Resources/Industry_Reports__Newsletters/Nov_6_2000/grove_report.htm.

2 Pickavance, Delay and Disruption in Construction Contracts, Rn. 2.40.

3 Pickavance, Delay and Disruption in Construction Contracts, Rn. 2.39.

Übernahme von so wenig wie möglich Risiko so viel wie möglich Zahlung zu erlangen[4]. Der Besteller dagegen will so wenig wie möglich bezahlen und so viele Risiken als möglich auf den Unternehmer übertragen. Andererseits muss man sich stets vergegenwärtigen, dass Risikoverlagerung keine Risikoreduzierung beinhaltet[5]. Im Einzelfall kann daher eine Risikoverlagerung auch zu einer Risikoerhöhung führen, etwa wenn die belastete Partei wirtschaftlich nicht in der Lage ist, das Risiko zu schultern[6]. Häufig – und gerade bei internationalen Infrastrukturmaßnahmen – sind allerdings die Verhandlungsspielräume sehr klein, weil die Kredit gebenden Einrichtungen massive Vorgaben machen, die teilweise als einseitig empfunden werden[7]. Verkürzt gesagt, liegen die Risiken bei einem Design & Build-Vertrag überwiegend beim Unternehmer, während sie beim Management Contracting überwiegend auf Seiten des Bestellers liegen[8].

3 Alle Bauverträge verteilen die identifizierten Risiken. Insoweit sind einige grundlegende Anmerkungen zu machen. Die bedeutsamste Überlegung ist die, wer das Risiko der Nichterfüllung trägt[9]. In den Civil Law Rechtsordnungen orientieren sich die Vertragsparteien an der gesetzlichen Risikoverteilung. In den Common Law Rechtsordnungen trägt üblicherweise der Unternehmer sämtliche Risiken, die der Besteller nicht ausdrücklich übernommen hat. Nahezu alleiniger Verteilungsmaßstab ist das Vertragswerk selbst. Dies war möglicherweise die Ausgangsüberlegung für das NEC-Muster, in dem alle Risiken definiert sind, die eine der Parteien trägt[10]. Das „American Institute of Architects“ (AIA) hat die Sichtweise, dass der Besteller alle Risiken trägt, die keine der Parteien kontrollieren kann oder gegen deren Schäden keine Vorkehrung getroffen werden kann. Die Regierung der Vereinigten Staaten hat diese Position lange geteilt. Weithin anerkannt ist der Risikoverteilungsansatz von Max Abrahamson[11]. Er schlägt vor, Risiken derjenigen Partei aufzuerlegen, die sie am besten tragen bzw. bewältigen kann. In diese Überlegungen fließt ein, wer jeweils den größten Vorteil davon hat, dass das Risiko bewältigt wird. Im Hintergrund steht die Überlegung, dass möglichst alle versicherbaren Risiken einer Versicherungsdeckung zugeführt werden.

4 Das Thema der Risikoverteilung wird von der Überlegung überlagert, dass Versicherer die Risiken decken sollten, wenn sie Willens sind, dies zu angemessenen Kosten zu tun. In der Regel trägt der Besteller die Kosten, gleich wer versicherte Person ist. Nach Auffassung von Grove[12] ist dies eine richtige Überlegung, doch gibt er zu bedenken, dass damit das Risiko auf die Allgemeinheit verlagert wird, weil die Versicherer das Risiko verteilen.

5 Mit der Auswahl des Vertragstyps wird die Risikoverteilung bereits teilweise festgeschrieben, denn die jeweiligen Zahlungsmodalitäten (Pauschalpreis, Aufmaßvertrag, Kostenerstattung etc.) stellen mangels anders lautender Regelungen eine Materialisierung der Risken dar, die die Parteien übernehmen.

Zum Beispiel trägt im Aufmaßvertrag der Besteller das Massenrisiko. Feinjustierungen sind über die Anpassung der Einheitspreise möglich, z.B. wenn die Massenerhöhung eine Umverteilung der Gemeinkosten nahe legt, die zuvor auf geringe Massen verteilt wurden.

---

4 Pickavance, Delay and Disruption in Construction Contracts, Rn. 2.39.
5 Pickavance, Delay and Disruption in Construction Contracts, Rn. 2.34.
6 Pickavance, Delay and Disruption in Construction Contracts, Rn. 2.42.
7 Vgl. Huse ICLR 2000, 384, 391.
8 Cox/Clamp, Which contract?, 37.
9 Grove Report, aaO., Anm. 4.1.
10 Grove Report, aaO., Anm. 4.1.
11 Abrahamson, Risk Management, 2 ICLR 1984, 241.
12 Grove Report, aaO., Anm. 4.2.

Im Pauschalpreisvertrag trägt dagegen der Unternehmer das Massenrisiko. Massenabweichungen spielen grundsätzlich gar keine Rolle bzw. sie sind einseitig vom Unternehmer zu tragen. Erhöhen sich die Massen bei gleichbleibenden Gemeinkosten mag der Nachteil gering ausfallen oder beträchtliche Ausmaße annehmen. Reduzieren sich die Massen, obwohl erhöhte Gemeinkosten anfallen, kann der Vorteil geringer Massen durch erhöhte Kosten kompensiert werden. Allgemeingültige Rezepte gibt es insoweit nicht.

Der typische Werkvertrag zeichnet sich dadurch aus, dass der Unternehmer das Vergütungsrisiko trägt, während im Dienst- und Arbeitsrecht der Auftraggeber das Vergütungsrisko trägt.

Es ist immer möglich, die Risiken zu teilen. Mechanismen hierfür existieren u.a. in Form der Teilung der Mehrkosten, der Gewährung von Zeitverlängerung ohne Mehrkosten, Beschränkungen der erstattungsfähigen Kostenarten, der Vereinbarung von niedrigeren als gerechtfertigten pauschalisierten Ersatzbeträgen und der Nutzung von Haftungsbeschränkungen. Eine logische Rechtfertigung für solche Risikoteilungsmechanismen gibt es eigentlich nicht. Ihr Sinn liegt vielmehr darin, im Einzelfall Kompromissfähigkeit zu beweisen[13]. Einige Vertragsmuster versuchen jedoch durchaus, die Risiken zu teilen, etwa in dem die nicht primär risikobelastete Partei verpflichtet wird, Risikomanagement zu betreiben[14]. 6

Das ultimative Ziel einer optimalen Risikoverteilung besteht darin, die frist- und budgetgerechte Projektumsetzung zu fördern, ohne dafür die Qualitätsanforderungen zu lockern[15]. Die Zielsetzung eines Bestellers sollte es sein, die Gesamtkosten des Projekts zu minimieren und nicht notwendigerweise die Kosten einer der Parteien. Eine US-Studie hat aufgezeigt, dass 5% der Projektkosten allein dadurch gespart werden können, dass der am besten geeignete Vertragstext ausgewählt wird[16]. Die Frage ist allerdings, was ist am besten geeignet und wie kann es erkannt werden? 7

Die theoretische Auseinandersetzung mit dem Thema hat zu einer Reihe von Lösungsansätzen geführt[17], die nachstehend erläutert werden:

II. Der Nichterfüllungsstandard

Vielleicht muss es nicht eigens ausgesprochen werden, dass die Auswirkungen eines Fehlverhaltens auf Kosten und Zeit immer diejenige Partei treffen sollten, die die Risiken verursacht oder ihre Folgen nicht vermieden hat. Diese einfache Regel zieht sich durch alle Vertragsmuster, die Grove untersucht hat. Grove erwähnt die Regel in seinem Report nur deswegen, weil einige Regelungen der Government's General Conditions of Contract (GCCs) in Hong Kong dieser Grundregel zuwiderlaufen. 8

III. Der Vorhersehbarkeitsstandard

Der britische ICE legte in den früheren 70iger Jahren fest, dass der Unternehmer nur solche Risiken auspreisen sollte, die er als erfahrener Unternehmer bei der Angebotsabgabe vernünftigerweise erwarten konnte vorauszusehen. Diese These wird in allen ICE- 9

13 Grove Report, aaO., Anm. 4.4.

14 Vgl. JCT98 Klausel 25, wonach der Unternehmer bei schlechtem Wetter entschuldigt ist, aber keine Mehrkosten für die Zeitverlängerung verlangen kann.

15 Grove Report, aaO., Anm. 4.5.

16 The Business Round Table. Contractual Arrangements: a construction industry cost effectiveness report. U.S.A., 1982. Zur Schätzung von Einsparungen durch rationale Risikoverteilung, siehe Smith, Allocation of Risk -- The Case for Manageability, ICLR 1996, 549.

17 Vgl. auch Pickavance, Delay and Disruption in Construction Contracts, Rn. 2.42.

Mustern deutlich und in mancher Hinsicht auch in allen anderen Mustern, die dem Grove Report zugrunde liegen. Obwohl es für Besteller von keinem erkennbaren Wert ist, handelt es sich um ein nützliches Konzept, soweit es nicht reicht. Allerdings geht das Konzept nicht weit genug, um einen zufrieden stellenden Weg zur Bewältigung der Risikoverteilungsfragen aufzuzeigen, wenn die Risiken generell vorhersehbar sind aber nicht als spezifische Umstände identifiziert wurden. Auch hilft das Prinzip nur bedingt, wenn die Umstände unvorhersehbar sind aber zumindest teilweise vermeidbar und wenn sie unvorhersehbar aber versicherbar sind[18]. Erst ein klarer Ansatz, der diese Aspekte in Klauseln umsetzt ist hilfreich. Identifiziert das Vertragswerk eindeutige Risiken, für die es im Falle der Risikoverwirklichung einen Ausgleich vorsieht, kann der Unternehmer diese Risiken preislich vernachlässigen. Identifiziert das Vertragswerk eindeutige Risiken, für die eine Versicherungsdeckung beschafft werden kann, muss lediglich die Versicherungsprämie kalkuliert werden. Schließlich kommt es auch darauf an, unvorhersehbare aber vermeidbare Risiken eindeutig zu regeln, damit insoweit Risikovorsorge getroffen wird.

10 Die übliche Überlegung in diesem Bereich ist, dass der Besteller ggf. für nicht eingetretene Risiken bezahlen muss, die der Unternehmer gezwungen wurde, in Positionen für Unvorhergesehenes einzukalkulieren, um sich gegen das abzusichern, was nicht vorhersehbar ist[19]. Zwar sorgt der Wettbewerb für eine Korrektur, doch kann nicht verhindert werden, dass sich risikofreudige und gleichzeitig sehr versierte und geübte „Anspruchskünstler" im Wettbewerb durchsetzen[20].

11 Das Konzept der Vorhersehbarkeit ist allerdings Gegenstand fairer Kritik, denn es führt Unsicherheit in die vertraglichen Beziehungen ein. Es tauchen Fragen danach auf, welche Grundkenntnisse anzunehmen sind und auf welchen Zeitpunkt der Kenntniserlangung jeweils abzustellen ist. Unklar ist auch, was ein vernünftiger Unternehmer ist. Wie wird die Grenze gezogen, wenn das Risiko grundsätzlich erkennbar war, aber nicht mit dem tatsächlichen Bedeutungsgrad? Dass es insoweit keine Patentlösungen gibt, liegt auf der Hand. Es sind Urteile auf der Grundlage einzigartiger Umstände gefordert, die Raum für Streitigkeiten bieten. Mithin ist das Prinzip der Vorhersehbarkeit nur dann nützlich, wenn keine andere Regel Sinn macht[21].

IV. Der Management-Standard

12 Diese Regel besagt, dass Risiken der Partei auferlegt werden sollten, die am besten in der Lage ist, die Risiken einzuschätzen und zu kontrollieren, also sie zu managen[22]. Diese Partei wird am besten die Risiken beschränken und sie bei ihrem Auftreten in ihrer Bedeutung klein halten. Doch auch dieser Herangehensweise sind Grenzen gesetzt, denn Voraussetzung ist, dass die betreffenden Risiken getragen werden können. Das ist unmöglich, wenn ein erdrückendes Risiko auftritt, denn ein solches ist nicht handhabbar[23].

13 Die Befürworter des Managament Standards liefern keine vernünftige Grundlage für Risiken, die keine der Parteien einschätzen und kontrollieren kann, wie z.B. Gottesakte und solche, die auf dritte Parteien zurückzuführen sind. Auch muss berücksichtigt warden, das eine solche Lösung nicht ohne weiteres mit den wohl etablierten Grundsätzen der Fairness vereinbar sind.

---

18 Grove Report, aaO., Anm. 6.1.
19 Pickavance, Delay and Disruption in Construction Contracts, Rn. 2.40.
20 Grove Report, aaO., Anm. 6.2.
21 Grove Report, aaO., Anm. 6.3.
22 Pickavance, Delay and Disruption in Construction Contracts, Rn. 2.42.
23 Grove Report, aaO., Anm. 7.1.

Man muss zudem berücksichtigen, dass es zumeist der Besteller ist, der die Risiken durch Vorplanungen, Untersuchungen und Planungsanstrengungen reduzieren kann, während zumeist der Unternehmer besser in der Lage ist, die während der Bauphase aufgetretenen Risiken zu bewältigen. Wenn ein Risiko, wie z.B. das Baugrundrisiko, durch Maßnahmen vor und nach der Durchführungsphase bewältigt werden kann, stellt der Management-Standard keine offensichtliche Risikoverteilungsregel zur Verfügung[24]. 14

Es gibt deshalb eine Variante der Management-Theorie. Nach dieser Theorie sollen die Risiken nicht danach verteilt werden, wer das Risiko am besten managen kann, sondern danach, welche Partei das Risiko im Falle seines Auftretens nicht managen kann bzw. die Konsequenzen der Risikoübernahme nicht durchsteht[25]. 15

V. Der Anreiz-Standard

Der NEC wird nachgesagt, sie habe eine Variante des Management-Standards eingeführt, der als Anreizphilosophie bezeichnet werden könnte. Die Grundannahme besteht darin, dass Risiken der Partei auferlegt werden sollten, die den größten Anreiz braucht, um sie zu verhindern und zu kontrollieren[26]. Der Gedanke ist, die Parteien anzuregen, ihre Aufgabe wahrzunehmen. Die Untersuchung der ECC-Muster belegt nicht, dass der Standard einheitlich angewendet wurde[27]. 16

Der gedankliche Ansatz dieser Idee geht aber in den Realitäten vorbei. Interesse am Erfolg der Mission haben grundsätzlich beide Parteien[28]. Allerdings können gewisse Sonderanreize positive Wirkungen haben. Unterklausel 13.2 FIDIC Red Book enthält einen solchen Anreiz. Der Unternehmer kann danach einen Vorschlag einreichen, der Kosten oder Bauzeit spart und partizipiert im Falle der Annahme des Vorschlages an den Vorteilen. Häufig kommen auch Anreize für die vorzeitige Baufertigstellung oder die Kostenunterschreitung vor. Planern wird etwa angesonnen, das urspüngliche Massengerüst an Stahl möglichst zu reduzieren, wofür sie dann einen Anteil an der Ersparnis des Unternehmers erhalten. Doch ein Patentrezept stellen diese Ansätze nicht dar, denn sie gewährleisten nicht ohne weiteres auch einegleich bleibende Qualität oder Haltbarkeit. Ein versierter Unternehmer ist ohne weiteres in der Lage die ursprünglich vorgesehene Haustechnik so umzuplanen, dass sie kurzeitig durchaus dieselben Anforderurngen erfüllt wie die Lösung der urspünglichen Planung. Es können z.B. kleine Pumpen mit hoher Laufleistung anstatt Pumpen kleiner Laufleistung eingesetzt werden. Die kleinen Pumpen haben aber eine erheblich kürzere Standzeit als die großen und verursachen folglich massive Folgekosten. Anreize wollen daher wohl überlegt sein und sollten nicht nur kurzfristigen Zielen gewidmet sein. 17

VI. Umsetzung der Philosophie

Es ist sicherlich nicht ausreichend, von einer Ausgewogenheit der Risiken oder der Effizienz bei der Risikoverteilung zu sprechen, denn im konkreten Einzelfall gehen die Meinungen zur Ausgewogenheit und der fairen Verteilung im Zweifel erheblich auseinander. Hinzu tritt, dass die finanzierenden Banken gerade bei Großprojekten erheblichen Einfluss auf die Vertragsgestaltung nehmen[29]. 18

---

24 Grove Report, aaO., Anm. 7.3.
25 Pickavance, Delay and Disruption in Construction Contracts, Rn. 2.42.
26 Vgl. auch Pickavance, Delay and Disruption in Construction Contracts, Rn. 2.42.
27 Grove Report, aaO., Anm. 8.1.
28 Grove Report, aaO., Anm. 8.2.
29 Vgl. den Bericht von Huse ICLR 2000, 384 ff. zum Silver Book.

19 Wenn man die verschiedenen Ansichten studiert, ist man geneigt davon auszugehen, dass ihnen allen dieselben Prinzipien zugrunde liegen. Sicherlich scheinen die folgenden gemeinsamen Überlegungen zu bestehen[30]:

- Welche Partei kann am besten die Ereignisse kontrollieren, die zum Auftreten eines Risikos führen?
- Welche Partei kann das Risiko am besten managen, wenn es auftritt?
- Ob es für den Besteller nicht vorzuziehen ist, in das Management eines Risikos einbezogen zu bleiben?
- Welche Partei sollte das Risiko tragen, wenn es nicht kontrollierbar ist?
- Ob das Aufgeld, das der Übernehmer berechnet, angemessen und akzeptabel ist?
- Ob der Übernehmer in der Lage ist, die Konsequenzen der Risikoübernahme durchzustehen, wenn das Risiko eintritt?
- Ob, wenn ein Risiko übertragen wurde, dieses zu der Möglichkeit von Risiken anderer Natur führt, die zurück auf den Besteller übertragen werden?
- Ob die Partei, die das Risiko nicht übernommen hat, motiviert werden sollte, die Konsequenzen des eingetretenen Risikos zu managen[31]?

Mit diesen Überlegungen sollte es möglich sein, klare und realistische Vertragsformulierungen zu finden, die für den Besteller akzeptabel sind und die den Unternehmer in die Lage versetzen, Angebote zu Preisen zu unterbreiten, die keine Sicherheitsmargen für unklare Formulierungen oder für wesentliche Risiken enthalten, die nicht mit der gebotenen Sicherheit abgeschätzt werden können[32].

20 Max Abrahamson[33] hat eine Formel für die Risikoverteilung entwickelt, die wie folgt lautet:

Eine Partei sollte ein Baurisiko übernehmen, wenn:

(1) es sich unter seiner Kontrolle befindet, z.B. wenn es aufgrund vorsätzlichen Fehlverhaltens oder aufgrund fehlender Sorgfalt auftritt; oder

(2) sie das Risiko durch eine Versicherung verlagern kann und ihr die Kosten der Versicherung erstattet werden und es ökonomisch und praktisch sinnvoll ist, das Risiko in dieser Weise zu behandeln; oder

(3) der überwiegend wirtschaftliche Vorteil der Risikoübernahme ihr zukommt; oder

(4) die Risikoübernahme im Interesse der Effizienz (die Planung, Anreiz und Innovation einschließt) und der andauernden Gesundheit der Bauindustrie liegt, von der das abhängt; oder

(5) wenn das Risiko eintritt, der Verlust ihr in erster Linie zur Last fällt und es nicht praktikabel ist oder kein Grund im Sinne der oben stehenden vier Regeln besteht, Kosten und Unsicherheit zu verursachen und möglicherweise Fehler zumachen, indem man versucht, den Verlust auf die andere Partei zu übertragen.

---

30 Grove Report, aaO., Anm. 9.2.
31 Pickavance, Delay and Disruption in Construction Contracts, Rn. 2.42.
32 Grove Report, aaO., Anm. 9.2.
33 Abrahamson, Risk Management, 2 ICLR 1984, 241.

Die Aufgabe, die fünf Prinzipien ausgewogen anzuwenden, ist hart. Doch ist es am besten, auf der Grundlage ausgesprochener Regeln zu arbeiten anstatt anhand nicht erklärter und möglicherweise unbewusster Vorurteile.

VII. Übersicht über einige spezifische Risiken und relevante Regelungen

Die nachstehende Übersicht soll einen Überblick über die Vertragsphilosophien geben: 21

Tabelle 4.1. Vergleichende Übersicht internationaler Vertragsmuster

Muster/ Regelungsbereich	Baugrund-verhältnisse	Rechtliche und natürliche Unmöglichkeit	Gefahrtragung	Gesetzliche Änderungen	Subunternehmer
FIDIC 1987[34]	C[35] hat Anspruch auf zusätzliche Vergütung für Verzug resultierend aus physikalischen Behinderungen oder Bedingungen, mit Ausnahme klimatischer Bedingungen, die vernünftigerweise nicht vorhersehbar waren (12.2).	P[36] sind von Verpflichtungen befreit (Klauseln 13.1, 66.1).	C trägt die Gefahr während der Ausführung und für die während der Mangelgewährleistungszeit auszuführenden Arbeiten (Ausnahme speziell ausgeschlossene Risken). Eine „all risk insurance" wird verlangt.	Grundsätzlich Anspruch auf Mehrkosten, Zeitverlängerung nicht vorgesehen	Der Ingenieur ist berechtigt Zahlungen (Ausnahme Sicherheitseinbehalte) direkt an benannte Subunternehmer zu leisten, die C nicht an diese geleistet hat. Der Anspruch des C wird entsprechend gekürzt.
FIDIC Silver Book 1999	Es wird vermutet, dass C alle Informationen für die Preisbildung, Unwägbarkeiten und Risiken erhalten hat. Der Unternehmer trägt das volle Preisrisiko, allerdings sind eine Reihe von Ausnahmen vorgesehen[37].	Nichterfüllung ist nur im Falle von Force Majeure entschuldigt, die vertraglich definiert ist.	C trägt die Gefahr bis zur Ausstellung der Abnahmebescheinigung (taking over certificate), danach für alle zum Zeitpunkt der Ausstellung der Abnahmebescheinigung noch ausstehenden Arbeiten zu tragen, bis diese fertig gestellt sind.	Der Vertragspreis wird wegen solcher zusätzlicher Kosten angepasst, die nach dem vertraglichen Ausgangsdatum aufgrund einer geänderten Rechtslage im Baustellenland entstehen und den Unternehmer in der Ausführung seiner vertraglichen Verpflichtungen beeinflussen.	Direktzahlungen sind nicht vorgesehen, C hat eine Vorauszahlungsbürgschaft zu stellen.
Australian Standard	C hat Anspruch auf Preisanpassung für Bodenverhältnisse, die tatsächlich von denen abweichen, die auf der Grundlage der Ausschreibungsunterlagen vernünftigerweise von einem kompetenten Unternehmer vorhergesehen werden mussten. Auch Zeitanpassung kann verlangt werden.	Nicht ausdrücklich angesprochen, ggf. ist die Lehre von frustration anwendbar	C trägt die Gefahr während der Ausführung (bis tatsächliche Fertigstellung) und für die während der Mangelgewährleistungszeit auszuführenden Arbeiten (Ausnahme speziell ausgeschlossene Risken). Eine „all risk insurance" wird verlangt.	Grundsätzlich Anspruch auf Mehrkosten, Zeitverlängerung nicht vorgesehen	E kann direkt Zahlungen an Subunternehmer leisten, wenn dies gesetzlich vorgesehen ist, gerichtlich angeordnet wurde oder C angewiesen hat. Solche Zahlungen verkürzen den Anspruch des C.

34 Sie werden weiterhin von der Weltbank sowie in den EU-Programmen PHARE und ISPA verwendet.
35 C = Contractor (Auftragnehmer), E = Employer (Auftraggeber).
36 P = Parties (Vertragsparteien).
37 Huse ICLR 2000, 384, 402 f.

Tabelle 4.1 (Fortsetzung)

Muster/ Regelungs-bereich	**Baugrund-verhältnisse**	**Rechtliche und natürliche Un-möglichkeit**	**Gefahrtragung**	**Gesetzliche Änderungen**	**Subunter-nehmer**
ECC	C hat Anspruch auf Preisanpassung für Bodenverhältnisse, deren Chance des Vorliegens ein erfahrener Unternehmer bei Vertragsschluss als so klein beurteilt hätte, dass es unvernünftig gewesen wäre, sie zu berücksichtigen (Klausel 60.1.12).	C hat den Projektmanager zu benachrichtigen, wenn der Vertrag von ihm etwas illegales oder unmögliches fordert; der Projektmanager kann u.U. den Vertrag anpassen (Clause 19.1).	C trägt Gefahr für Beschädigung und Verlust der Arbeiten bis zur Ausstellung des „defects certificate". Eine „all risk insurance" wird verlangt.	Anspruch auf Mehrkosten und Zeitverlängerung für Veränderungen im Baustellenrecht	E kann einen Trust einrichten, aus dem Zahlungen an Subunternehmer geleistet werden können.
FAR	C hat Anspruch auf gerechte Preisanpassung und Zeitverlängerung für Bodenverhältnisse, die wesentlich von denen abweichen, die im Vertrag angegeben sind oder die unbekannte oder ungewöhnliche physikalische Bedingungen darstellen und die wesentlich von solchen Bedingungen abweichen, die normalerweise berücksichtigt werden und allgemein für Arbeiten dieser Art als gegeben anerkannt werden (Section 52.236-2).	Nicht ausdrücklich angesprochen. C trifft kein Verschulden für jegliche Nichterfüllung, wenn diese Ursachen zurückzuführen ist, die außerhalb der Kontrolle des C liegt (Section 52.249-14).	C trägt Gefahr bis zur vollständigen Fertigstellung und Abnahme (mit Ausnahme der teilweise fertig gestellten und teilweise abgenommenen Teile). Versicherungen sind jeweils individuell festzulegen.	Anspruch auf Mehrkosten bei Erhöhung der Steuern und Abgaben für Eigentumstransfer	C soll bei allen Verträgen über mehr als 100.000 USD eine Bürgschaft geben
AIA	C hat Anspruch auf gerechte Preisanpassung und Zeitverlängerung für Bodenverhältnisse, die wesentlich von denen abweichen, die im Vertrag angegeben sind oder die unbekannte oder ungewöhnliche physikalische Bedingungen darstellen und die wesentlich von solchen Bedingungen abweichen, die normalerweise berücksichtigt werden und allgemein für Arbeiten dieser Art als gegeben anerkannt werden.	Nicht ausdrücklich angesprochen. Der Vertrag sieht vor, dass er keine Rechte oder Rechtsbehelfe ausschliesst, die das Gesetz bereit hält (Subparagraph 13.4.1).	C soll angemessene Vorkehrungen treffen, um Schäden oder den Verlust der Arbeiten, des Materials und der Ausrüstung zu vermeiden, die sich unter der Kontrolle des C oder seiner Subunternehmer befinden (Klausel 10.2.1). E stellt eine „all risk insurance" (Klausel 11.4.1)	Nicht ausdrücklich vorgesehen.	E kann den Vertrag beenden, wenn C es versäumt, die Subunternehmer zu bezahlen (Clause 14.2.1.2) und soll die Abtretung der Verträge mit den Subunternehmern akzeptieren (Subparagraph 5.4.1). Bis C den E[38] mit einer Zahlungsbürgschaft ausstattet, soll C jegliche Zahlungen, die er für Arbeiten erhält, die von Subunternehmern ausgeführt werden, zurückhalten, obwohl er sie nicht auf einem Sonderkonto halten muss (Klausel 9.6.7).

[38] E = Employer (Auftraggeber).

Tabelle 4.1 (Fortsetzung)

Muster/ Regelungs-bereich	**Baugrund-verhältnisse**	**Rechtliche und natürliche Unmöglichkeit**	**Gefahrtragung**	**Gesetzliche Änderungen**	**Subunter-nehmer**
ENAA	C hat Anspruch auf zusätzliche Kosten für Ausgaben und Zeitverlängerung für Verzögerungen, die auf physikalischen Bedingungen beruhen, die vernünftigerweise von einem erfahrenen Unternehmer auf der Grundlage der von dem E zur Verfügung gestellten Informationen und solchen, die bei einer Ortsbesichtigung erhältlich waren, nicht vorhersehbar waren (GC 35.1-35.3).	Nicht ausdrücklich angesprochen. C ist entschuldigt, wenn die Nichterfüllung durch ausdrücklich vorgesehene force-majeure-Umstände bedingt ist (GC 37.3).	C trägt die Gefahr während der Ausführung (bis tatsächliche Fertigstellung) und für die während der Mangelgewährleistungszeit auszuführenden Arbeiten (Ausnahme speziell ausgeschlossene Risiken). Eine „all risk insurance" wird verlangt.	Anspruch auf Zeitverlängerung und Mehrkosten für Änderungen des Baustellenrechts oder des Rechts des Ortes, an dem Teile der Anlage gefertigt werden.	C soll eine Vorauszahlungsbürgschaft übergeben.
Singapore	C hat Anspruch auf zusätzliche Kosten für Ausgaben und Zeitverlängerung für Verzögerungen, die von unnatürlichen Behinderungen herrühren und die bei Ausführung von Bodenarbeiten auftreten und vernünftigerweise von einem erfahrenen Unternehmer nicht vorhersehbar waren (Clauses 5.2; 22.1 (g)).	Nicht ausdrücklich angesprochen. Gesetzliche Rechtsbehelfe sind nicht ausgeschlossen Clause 4.1).	C ist vollständig verantwortlich mit Ausnahme spezieller Risiken. „All risk insurance" wird verlangt.	Anspruch auf Zeitverlängerung	Siehe FIDIC
GC/Works/1	C hat Anspruch auf eine Anpassung des Vertragspreises für Arbeit, die er ausgeführt hat und auf Zeitverlängerung für Verzögerungen aufgrund von Bodenbedingungen, die er nicht kannte und die er mit Blick auf die Information, die er hatte oder vernünftigerweise aufgeklärt haben sollte, vernünftigerweise nicht vorhersehen konnte (Condition 7 (2) to (5); Condition 36 (2)(d)).	Nicht ausdrücklich angesprochen.	C soll während der Ausführung alle angemessenen Möglichkeiten und Vorkehrungen treffen, die notwendig sind, um Sorge für die Baustelle und alle Güter, Materialien auf der Baustelle gegen Verlust und Schaden und Feuer oder andere Ursachen zu schützen, und zwar bis Fertigstellung oder Beendigung des Vertrages. „All risk insurance" ist optional vorgesehen.	Nicht geregelt	E ist berechtigt, direkt Zahlungen an benannte Subunternehmer und Sublieferanten zu entrichten. Durch die Zahlung wird er gegenüber dem C befreit.

Tabelle 4.1 (Fortsetzung)

Muster/ Regelungs-bereich	Baugrund-verhältnisse	Rechtliche und natürliche Unmöglichkeit	Gefahrtragung	Gesetzliche Änderungen	Subunter-nehmer
JCT 80 and 81	Es handelt sich um einen Aufmassvertrag, der das Bodenrisiko weitgehend auf den Besteller verlagert.	P können den Vertrag beenden, wenn die vertraglichen Verpflichtungen für eine vertraglich bestimmte Zeit aus Force-Majeure-Gründen (die nicht definiert sind) suspendiert wurden (Clause 28A.1.1.1).	Gefahrtragung für Arbeiten ist nicht ausdrücklich geregelt. C ist verantwortlich für Verlust und Schaden an noch nicht verarbeitetem Material, das an oder auf der Baustelle lagert und bereits bezahlt ist (Clauses 16.1, 16.2). P vereinbaren, wer Versicherungen abschliesst.	Anspruch auf Zeitverlängerung und Mehrkosten, wenn die Änderungen die Ausführung verändern	E ist berechtigt, direkt Zahlungen an alle benannte n Subunternehmer zu entrichten, die C unterlässt zu leisten. Durch die Zahlung wird er gegenüber dem C befreit.
ICE 6th Edition	C hat Anspruch auf zusätzliche Kosten und angemessenen Gewinn und Zeitverlängerung für Verzögerungen, die auf Bodenbedingungen beruhen, die von einem erfahrenen C vernünftigerweise nicht vorhersehbar waren (Clauses 12 (1), 12 (6)). Auch wenn der Ingenieur meint, solche Bedingungen seien vernünftigerweise vorhersehbar gewesen, soll jede darauf beruhende Ände-rungsanordnung entsprechend den spezifizierten Preisen bewertet werden (Clause 12 (5)).	C soll in strenger Übereinstimmung mit dem Vertrag arbeiten und das Werk fertig stellen, es sei denn dies ist aus gesetzlichen oder natürlichen Gründen unmöglich (Clause 13(1)).	C trägt die Gefahr für die Arbeiten und das Material, Anlagen und Ausrüstung (soweit darin eingeschlossen) vom vereinbarten Beginn bis zur substantiellen Fertigstellung sowie für Arbeiten während der Mängelgewährleistungszeit. Ausgeschlossen sind spezielle Risiken. „All risk insurance" wird verlangt.	Nicht geregelt	E ist berechtigt, direkt Zahlungen an alle benannte n Subunternehmer zu entrichten, die C unterlässt zu leisten. Durch die Zahlung wird er gegenüber dem C befreit.
Orgalime Turn Key	C hat Anspruch auf Zeitverlängerung und Kostenerstattung, wenn Umstände auftreten, die ein erfahrener Unternehmer nicht vorhersehen konnte.	Wird nicht ausdrücklich angesprochen. Force majeure wird sehr weit definiert, u.a. sind „industrial disputes inbegriffen".	C trägt Gefahr bis „taking over". Ausnahmen sind vorgesehen, soweit Risiken des Bestellers schadensursächlich sind.	C ist verpflichtet, Änderungsanordnungen zu befolgen, die erforderlich werden, weil sich die rechtlichen Grundlagen geändert haben. Preis und Bauzeit sollen angemessenen angepasst werden.	Keine Vorkehrungen

VIII. Bewältigung baubetrieblicher Störungen

Störungsfreie Bauabläufe gibt es selten oder gar nicht. Zur rechtlichen Bewältigung gestörter Bauabläufe gehört die Diskussion über die Vertragspreisanpassung. Diese Diskussion wird international und national durch den Wortlaut der Klauselwerke beeinflusst. Die vertraglichen Regelungen geben den Ordnungsrahmen für die betriebswirtschaftliche Bewältigung von Baubetriebsstörungen vor. Das Klauselwerk wird wiederum von den Regelungen des jeweiligen Vertragsstatuts überlagert und beeinflusst, z.B. durch die Regelungen zum **Schadensersatzrecht**. Das Recht hat maßgeblichen Einfluss auf die Gestaltung der Klauselwerke, die ständig an die Rechtsentwicklung angepasst werden. Da die meisten international verwendeten Vertragsmuster eine angelsächsische Herkunft haben, muss vor allem der angelsächsische Rechtskreis im Kontext mit den Klauseln, die aus ihm hervorgegangen sind, beleuchtet werden. Zum besseren Verständnis sei die angelsächsische Sicht vorausgeschickt, dass sich der Unternehmer im Falle von Ansprüchen aus gestörten Bauabläufen (Disruption claims) zunächst in keiner Verhandlungsposition befindet, sondern dass die Störung einen schadensersatzfähigen Umstand darstellt, bei dem das Verhalten des Bestellers die vermeintliche Ursache für gestiegene Kosten ist und dass diese Kosten mit hinreichender Sicherheit dargelegt werden müssen[39]. Der beste Ansatz ist nach Cushman/Carter in solchen Fällen[40]: 22

- Kausale Beziehung zwischen Ursache und Wirkung herstellen
- Zeitnahe Aufzeichnungen zu Beweiszwecken erstellen[41]
- Erfassen sämtlicher Kosten
- Zusammentragen zuverlässiger Beweismittel für sämtliche Kosten
- Angemessen bleiben
- Begründung möglichst einfach halten

Definitionen: 23

Kritischer Weg (Critical Path): Ein US-Gericht hat den Begriff kritische Aktivität als eine [solche] definiert, die – wenn gestattet würde, sie zu verlängern – eine Verlängerung der Bauzeit für die Herstellung des Werkes erfordern würde[42].

Schadensersatz (Damages): Schadensersatz ist die Rechtsfolge von Vertragsbruch. In der Regel ist Ersatz in dem Umfang zu leisten, der erforderlich ist, um den Geschädigten in die Vermögenslage zu versetzen, in der er sich ohne den Vertragsbruch befände.

Bauablaufstörung (Disruption): Wirtschaftlich messbare Störung des Bauablaufes mit Verzögerungswirkung.

Latente physikalische Bedingungen: Die australische AS2124-1992 Klausel 12 definiert Latent Conditions im Wesentlichen als solche physikalische Bedingung oder künstliche Behinderung, auf der der Unternehmer während der Bauausführung trifft, die:

- wesentlich von denen abweichen, die von dem Unternehmer aufklärbar gewesen wären
- bei Angebotsabgabe vernünftigerweise nicht angenommen werden konnten.

---

[39] Cushman/Carter, Proving and Pricing construction claims, § 3.07.
[40] Cushman/Carter, Proving and Pricing construction claims, § 3.07.
[41] Zur Auslegung von Klauseln, die derartige Anforderungen stellen siehe National Insurance Property Development Co Ltd v. NH International (Carribean) Ltd, High Court of Trinidad and Tobago, Urteil vom 21.10. 2009 (Claim No CV2008-04881), IBR 2010, – Hök.
[42] Weaver-Bailey v. United States, 19 Cl. Ct. 471 (1990).

24 **1. Deutsches Recht.** In Deutschland ruht die Diskussion über die Vertragspreisanpassung (oder der Nachträge) im Falle baubetrieblicher Störungen oder gestörter Bauabläufe auf vier Säulen.

Ausgehend von der These, dass der Bauvertrag den Umfang der Bauleistung abschließend regelt, bedarf es einer Anordnung, die die vertragliche Leistungspflicht ändert. Das BGB regelt allerdings weder ein ausdrückliches Weisungsrecht des Bestellers noch die Folgen solcher Weisungen.

1. Deshalb ergänzen §§ 1 und 2 VOB/B die BGB Bestimmungen und sehen ein einseitiges Weisungsrecht vor, dessen Folgen in § 2 VOB/B geregelt sind. Hierin findet sich die 1. Säule der Vertragspreisanpassung.
2. Ergänzend schützt § 4 Nr. 1 Abs. 4 VOB/B den Unternehmer gegen unberechtigte und unzweckmäßige Anordnungen des Bestellers, gegen die der Unternehmer Bedenken erhoben hat. Entstehen aus solchen Anordnungen Mehrkosten, können sie geltend gemacht werden.
3. Die dritte Säule stellt Ansprüche aus Annahmeverzug dar, die über § 642 BGB entwickelt werden können.
4. Die vierte Säule findet sich in § 6 Nr. 6 VOB/B, der Ansprüche aus „hindernden Ereignissen" ermöglicht, die adäquat kausal Schaden verursachen und vom Besteller zu vertreten sind.

25 Vermeidbare Binderungen, also solche, die der Besteller zu vertreten hat und die die Arbeitsausführung verzögern, die zum Beispiel verlängerte Gerätekosten verursachen oder erhöhten Materialeinsatz auslösen, können unter Umständen als Schadensersatz geltend gemacht werden. Zusätzliche Arbeit, durch die die ursprünglich vereinbarte Qualität, Nutzungsdauer des Werkes oder seine Gestalt verändert wird, ist hingegen nicht geschuldet, es sei denn der Besteller hat sich ein Änderungsrecht vorbehalten. Übt der Besteller sein Änderungsrecht aus, muss gefragt werden, ob die zusätzlichen Leistungen bereits im Vertragspreis enthalten sind oder nicht. Solche Arbeit kann bereits in Einheitspreisen abgegolten sein oder im Pauschalpreis aufgehen. Ergibt die Vertragsprüfung, dass die Ausführung der geänderten Leistung nur gegen eine Vergütung vorzunehmen war, muss diese nach § 632 BGB ermittelt werden.

26 **a. Zusätzliche Leistungen.** Macht eine Behinderung zusätzliche Leistungen erforderlich, die für die Fertigstellung des Werkes erforderlich sind, bestehen aus deutscher Sicht unterschiedliche Auffassungen über die sich hieraus ergebenden Ansprüche. Legt man den klassischen Werkvertrag zugrunde, schuldet der Unternehmer ein Werk. Auf welche Weise und mit welchem Aufwand er seine Schuld erfüllt, ist allein seine Angelegenheit. Es stellt sich allerdings die Frage, welche Leistung vereinbart wurde. Weicht die erbrachte Leistung von der vertraglich vereinbarten Leistung ab, stellt sich die Frage nach der Vergütung der abweichenden Leistung. Einig ist man sich darüber, dass die vertraglich vereinbarte Leistung aus dem Vertrag zu entnehmen ist[43]. In die Bestimmung des Leistungsumfangs fließt ein, was in der Leistungsbeschreibung enthalten ist. An dieser Stelle wird in der Literatur jedoch häufig auf den Begriff des Bausolls rekurriert, der von dem des Bauerfolgsolls zu unterscheiden sein soll[44]. Diese Unterscheidung ist künstlich und nicht mit dem Wortlaut des § 631 BGB sowie der Rechtsnatur des Werkvertrages vereinbar, denn naturgemäß schuldet der Unternehmer einen werkvertraglichen Erfolg.

---

[43] BGH BauR 2002, 935; BGH BauR 1994, 625; BGH ZfBR 1995, 129; Jacob/Ring/Wolf, Freiberger Handbuch zum Baurecht, § 2 Rn. 74.

[44] Vgl. Leupertz BauR 2005, 775, 785; Kappellmann/Schiffers, Vergütung, Nachträge und Behinderungsfolgen beim Bauvertrag, Band 2, Rn. 1608, 1416.

Was vertraglich geschuldet ist, steht mit Abschluss des Bauvertrages objektiv fest. Ist die Werkleistung nicht bestimmbar, fehlt es am Vertrag. Soweit als Gegenleistung eine Vergütung vereinbart wurde, ist sie verbindlich und abschließend. Nur was nicht geschuldet ist, muss zusätzlich vergütet werden. Dafür steht zwangsläufig auch keine Vergütung fest. Unwägbarkeiten sind entweder einzukalkulieren oder nicht. Im Einzelfall muss sorgsam untersucht werden, welche Risiken der Unternehmer mit der Übernahme der Bauaufgabe schultern wollte (und sollte) und welche nicht (§§ 133, 157 BGB), wobei sich aus deutscher Sicht die Risikoverteilung bereits überwiegend aus der Eigenart des jeweiligen Vertrages ergibt, was eine Vertragsauslegung zum Zwecke der Risikoermittlung vermeintlich entbehrlich macht. Ergänzend sei erwähnt, dass das Vertragswerk die Bestimmbarkeit von Leistung und Gegenleistung delegieren kann (vgl. §§ 315 ff. BGB). Für eine solche Absprache bedarf es aber einer klaren Regelung.

Der deutsche Begriff des **Bausolls** macht auf ein Problem aufmerksam, das bislang keiner sauberen Lösung zugeführt wurde. Schuldet der Unternehmer ein Werk, ist er durch den Vertrag verpflichtet, die entsprechende Leistung zu erbringen. Abgesehen davon, dass der Vertrag eine Ermächtigung zur einseitigen Leistungsbestimmung enthalten kann, die die ursprüngliche vereinbarte Leistung ändert, können auch Umstände eintreten, die sich auf den Produktionsprozess auswirken. Die Frage ist dann, wer das Risiko des Eintritts solcher Umstände trägt. Ist diese Frage geklärt, muss anschließend beantwortet werden, welche wirtschaftlichen Auswirkungen die Risikoverteilung hat.

Im Grundsatz trägt der Unternehmer das Herstellungsrisiko. Er beherrscht den Herstellungsprozess und muss Vorsorge dafür treffen, dass er das Werk herstellen kann. Der Vertrag kann dieses Risiko justieren und das Gesetz enthält Schranken der Risikotragung.

Es gibt jedoch auch noch andere Ursachen für Bauablaufstörungen. Kommt es zu einer Bindefristverlängerung bzw. Verspätung des Baubeginns wegen z.B. fehlender Bewilligung beantragter Fördermittel und dadurch verursachter Verschiebung der Bauzeit um fast sieben Monate, muss das Bauunternehmen alle auf der Zeitverschiebung beruhenden Mehrkosten und auch damit verbundene Minderkosten darlegen und nachweisen[45]. Hierfür ist auf der Grundlage der für den Auftrag maßgebenden Urkalkulation eine **Vergleichsberechnung** zu erstellen, die aufzeigt, ob sich für die einzelne Position ein Mehrvergütungsanspruch ergibt[46]. Für einen derartigen Anspruch bietet das FIDIC-Vertragswerk keinen direkten Ansatz. Unterklausel 2.1 greift nicht. In Frage käme allenfalls, über Unterklausel 2.4 eine Baueinstellung zu erzwingen und die Folgekosten geltend zu machen.

b. Annahmeverzug 27

§ 642 BGB

(1) Ist bei der Herstellung des Werkes eine Handlung des Bestellers erforderlich, so kann der Unternehmer, wenn der Besteller durch das Unterlassen der Handlung in Verzug der Annahme kommt, eine angemessene Entschädigung verlangen.

(2) Die Höhe der Entschädigung bestimmt sich einerseits nach der Dauer des Verzugs und der Höhe der vereinbarten Vergütung, andererseits nach demjenigen, was der Unternehmer infolge des Verzugs an Aufwendungen erspart oder durch anderweitige Verwendung seiner Arbeitskraft erwerben kann.

---

[45] LG Gera, Urteil vom 16.08.2007 – 4 O 354/06; NZBau 2008, 185 = IBR 2008, 1059 – Asam; OLG Frankfurt, Urteil vom 19.09.1996 – 1 U 67/95, NJW-RR 1997, 84 = IBR 1997, 138 -Vygen.

[46] LG Gera, Urteil vom 16.08.2007 – 4 O 354/06; NZBau 2008, 185 = IBR 2008, 1059 – Asam.

Ursprünglich hat der Bundesgerichtshof[47] eine Haftung des Bestellers gegenüber dem Nachunternehmer bei mangelbedingter Verzögerung der Arbeiten des Vorunternehmers aus § 642 BGB abgelehnt. Er hat dies damit begründet, dass es schon an einer gegenüber dem Nachfolgeunternehmer pflichtwidrig unterlassenen Mitwirkungshandlung fehle, weil die Herstellung einer mangelfreien Vorleistung nicht in den Verantwortungsbereich des Auftraggebers falle. Der Bundesgerichtshof hat dabei offen gelassen, ob § 642 BGB neben § 6 Nr. 6 VOB/B Anwendung findet. Dass § 642 BGB nicht angewandt worden ist, stieß in der Literatur auf Kritik[48]. Andere stimmen der Entscheidung nur mit der Erwägung zu, § 642 BGB werde bei fortbestehendem Vertrag durch § 6 Nr. 6 VOB/B ausgeschlossen[49]. Später hat der Bundesgerichtshof[50] die Frage der Anwendung des § 642 BGB erneut geprüft und ausdrücklich nicht daran festgehalten, dass eine Haftung des Auftraggebers aus § 642 BGB bei Verzögerungen wegen mangelhafter Vorunternehmerleistungen ausscheidet.

28 Der Auftraggeber kann dem Nachunternehmer aus § 642 BGB haften, wenn er durch das Unterlassen einer bei der Herstellung des Werkes erforderlichen Mitwirkungshandlung in den Verzug der Annahme kommt[51]. Dies gilt für den BGB- und den VOB/B-Vertrag[52]. § 642 BGB regelt einen verschuldensunabhängigen Entschädigungsanspruch bei Gläubigerverzug. Er knüpft an die Obliegenheit des Bestellers an, bei der Herstellung des Werkes mitzuwirken[53]. Unterlässt der Besteller diese Mitwirkungshandlung, die in weitem Sinn zu verstehen ist und sowohl in einem Tun wie in einem Unterlassen bestehen kann, und gerät er in Gläubigerverzug (§§ 293–299 BGB), so kann dem Unternehmer über den Ersatz für Mehraufwendungen gemäß § 304 BGB hinaus ein Anspruch auf angemessene Entschädigung zustehen. Der Entschädigungsanspruch kann auch dann selbständig und unabhängig neben dem Anspruch auf vereinbarte Vergütung bestehen, wenn der Gläubiger die ihm obliegende Handlung nachholt und das Werk hergestellt wird. Er besteht auch neben den Ansprüchen aus §§ 649, 645 Abs. 1 S. 2 BGB, wenn das Werk infolge Kündigung durch den Besteller oder gemäß § 643 BGB unvollendet bleibt[54]. Der Anspruch aus § 642 BGB umfasst im Unterschied zum Anspruch aus § 286 Abs. 1 BGB nicht entgangenen Gewinn und Wagnis[55]. Denn er besteht wegen Gläubigerverzugs des Bestellers und nicht wegen Verletzung seiner Schuldnerpflicht[56].

29 Gemäß § 642 BGB kann der Unternehmer eine angemessene Entschädigung verlangen, wenn der Besteller durch das Unterlassen einer bei der Herstellung des Werkes erfor-

---

47 BGH, Urteil vom 27. Juni 1985 -VII ZR 23/84 = BGHZ 95, 128, 134.

48 Vgl. Kraus, BauR 1986, 17, 22.

49 Kapellmann/Schiffers, Vergütung, Nachträge und Behinderungsfolgen beim Bauvertrag, Bd. 1, 3. Aufl. Rn. 1384; Ingenstau/Korbion, VOB, 13. Aufl., B § 6 Rn. 116 m.w.N.; Staudinger/Peters (1994) § 636 Rn. 105.

50 BGH, Urteil vom 21.10.1999 – VII ZR 185/98 = BGHZ 143, 32; BauR 1999, 1335 (Ls.); BauR 2000, 722; BauR 2000, 934 (Ls.).

51 BGH, Urteil vom 21.10.1999 – VII ZR 185/98 = BGHZ 143, 32; BauR 1999, 1335 (Ls.); BauR 2000, 722; BauR 2000, 934 (Ls.).

52 BGH, Urteil vom 21.10.1999 – VII ZR 185/98 = BGHZ 143, 32; BauR 1999, 1335 (Ls.); BauR 2000, 722; BauR 2000, 934 (Ls.).

53 BGH, Urteil vom 16. Mai 1968 – VII ZR 40/66, BGHZ 50, 175, 178.

54 RG, Urteil vom 21. September 1920 – VII ZR 143/20, RGZ 100, 46, 47.

55 BGH, Urteil vom 21.10.1999 – VII ZR 185/98 = BGHZ 143, 32; BauR 1999, 1335 (Ls.); BauR 2000, 722; BauR 2000, 934 (Ls.).

56 BGH, Urteil vom 21.10.1999 – VII ZR 185/98 = BGHZ 143, 32; BauR 1999, 1335 (Ls.); BauR 2000, 722; BauR 2000, 934 (Ls.).

derlichen Mitwirkungshandlung in Verzug der Annahme kommt. Der Annahmeverzug setzt zunächst Nichtannahme der angebotenen Leistung voraus. Nichtannahme der angebotenen Leistung liegt nicht nur vor, wenn der Gläubiger die erforderliche Mitwirkungshandlung überhaupt nicht, sondern auch, wenn er sie nicht rechtzeitig vornimmt. Weiter ist erforderlich, dass der Schuldner leisten darf, zur Leistung bereit und imstande ist (§ 297 BGB) und seine Leistung wie geschuldet dem Gläubiger anbietet (§§ 294–296 BGB). Zu einem ordnungsgemäßen Angebot des Schuldners gehört bei einem VOB/B-Vertrag auch, dass er gemäß § 6 Nr. 1 VOB/B anzeigt, wenn er wegen hindernder Umstände zur Leistungserbringung nicht imstande ist. § 642 BGB setzt weiter voraus, dass der Besteller die zur Herstellung des Werkes erforderliche und ihm obliegende Mitwirkungshandlung nicht vornimmt. Diese besteht bei Bauverträgen darin, dass er das Baugrundstück als für die Leistung des Auftragnehmers aufnahmebereit zur Verfügung stellt[57]. Das gilt auch, wenn noch andere Unternehmer Vorarbeiten zu erbringen haben. Es ist unerheblich, ob der Besteller einen gänzlich unbearbeiteten Stoff nicht rechtzeitig zur Verfügung stellt oder einen Stoff, an dem schon andere Unternehmer Arbeiten auszuführen hatten[58]. Die Mitwirkung obliegt dem Besteller gleichermaßen bei Beginn und während der Durchführung des Vertrags.

Zusammengefasst: Ein Anspruch aus § 642 setzt grundsätzlich das Angebot der Leistung i.S.d. §§ 294 ff. BGB voraus[59], beim VOB/B-Vertrag zusätzlich eine Behinderungsanzeige[60]. Ist eine Mitwirkungshandlung des Bestellers notwendig, genügt ein wörtliches Angebot, § 295 BGB. Dieses kann auch dadurch erklärt werden, dass der Besteller seine Mitarbeiter auf der Baustelle zur Verfügung hält und zu erkennen gibt, dass er zur Leistung bereit und in der Lage ist. Wenn der Besteller auf die Behinderung des Unternehmers damit reagiert, dass er einen neuen Bauzeitenplan mit einer verlängerten Fertigstellungsfrist vorlegt, liegt bereits eine Offenkundigkeit der Behinderung nahe, so dass insoweit weder ein wörtliches Angebot noch eine Behinderungsanzeige vorliegen müsse. 30

Verlängert sich z.B. durch nachträglich notwendig werdende Deckensanierungsmaßnahmen, Abbruch von Treppenhauskernen, ferner zusätzlichen Nachrüstungsmaßnahmen für den Brandschutz, aber insbesondere auch wegen fehlender Fenster der gesamte Ausführungszeitraum für die vertraglich geschuldeten Elektroarbeiten auf 36 Monate, kann der Unternehmer aus § 642 BGB einen Anspruch für die um 18 Monate auf 36 Monate verlängerte Bauzeit geltend machen[61]. Es bedarf keiner **bauablaufbezogenen Darstellung der jeweiligen Behinderung,** wenn die Leistung eines Unternehmers unstreitig bzw. bewiesenermaßen wegen **eines ganz bestimmten Umstands** (wie hier die fehlenden Fenster) nicht fertig gestellt werden kann[62].

---

57 BGH, Urteil vom 21.10.1999 – VII ZR 185/98 = BGHZ 143, 32; BauR 1999, 1335 (Ls.); BauR 2000, 722; BauR 2000, 934 (Ls.); Kraus, BauR 1986, 22.

58 Staudinger/Peters, BGB, § 642 Rn. 17.

59 BGH IBR 2003, 182 -Sienz.

60 BGH IBR 2000, 217 -Kraus.

61 KG, Urteil vom 12.02.2008 – 21 U 155/06, nachfolgend: BGH, 27.11.2008 – VII ZR 78/08 (Nichtzulassungsbeschwerde zurückgewiesen) IBR 2009, 68 – Kainz.

62 KG, Urteil vom 12.02.2008 – 21 U 155/06, nachfolgend: BGH, 27.11.2008 – VII ZR 78/08 (Nichtzulassungsbeschwerde zurückgewiesen) IBR 2009, 68 – Kainz; vgl. auch BGH vom 19.12.2002 IBR 2003, 182 -Sienz.

31 **c. Positive Vertragsverletzung**

> ***§ 280 BGB***
>
> *(1) Verletzt der Schuldner eine Pflicht aus dem Schuldverhältnis, so kann der Gläubiger Ersatz des hierdurch entstehenden Schadens verlangen. Dies gilt nicht, wenn der Schuldner die Pflichtverletzung nicht zu vertreten hat.*
>
> *(2) Schadensersatz wegen Verzögerung der Leistung kann der Gläubiger nur unter der zusätzlichen Voraussetzung des § 286 verlangen.*
>
> *(3) Schadensersatz statt der Leistung kann der Gläubiger nur unter den zusätzlichen Voraussetzungen des § 281, des § 282 oder des § 283 verlangen.*

32 In der Regel ist die Erfüllung des Bauvertrages ohne Mitwirkungshandlungen des Bestellers undenkbar. Es liegt in der Natur dieser Art von Schuldverhältnis begründet, dass der Besteller für die Übergabe des Projektes und des Baugrundes verantwortlich ist. Sofern sich aus dem Gesetz oder den vertraglichen Vereinbarungen nichts anderes ergibt, stellen nach der höchstrichterlichen Rechtsprechung diese Mitwirkungshandlungen regelmäßig Obliegenheiten des Bestellers dar[63]. Im Rahmen seiner Mitwirkungsobliegenheiten hat der Besteller dem Unternehmer unter anderem zuverlässige Pläne und Unterlagen zur Verfügung zu stellen. In gleicher Weise trifft den Besteller regelmäßig die Obliegenheit, dem bauaufsichtsführenden Architekten einwandfreie Pläne zur Verfügung zu überlassen[64]. Zwar hat der BGH gelegentlich den Begriff „Obliegenheit" nicht mehr verwendet, sondern ausgeführt, der Besteller „schulde" dem Unternehmer zuverlässige Pläne oder „habe" diese zu stellen[65]. Diese Formulierung ändert jedoch nichts daran, dass es sich aus strenger juristischer Sicht insoweit jedenfalls um eine Obliegenheit des Bauherrn handelt, die allerdings durch die vertragliche Vereinbarung zu einer Leistungspflicht erhoben werden kann[66].

33 Vorbehaltlich einer abweichenden Vereinbarung der Parteien haben der Architekt und der Unternehmer also weder einen durchsetzbaren Anspruch auf die vorbezeichneten Mitwirkungshandlungen, noch handelt es sich um eine Pflicht des Bestellers, deren Verletzung zu einem Schadensersatzanspruch führen könnte[67]. Überlässt der Besteller dem bauaufsichtsführenden Architekten oder dem Unternehmer fehlerhafte Pläne, verletzt er lediglich sein Interesse an einem mangelfreien Ergebnis im Sinne eines Verschuldens gegen sich selbst[68]. Auf dieser Grundlage entgeht der Besteller auf der Vergütungsseite jeglicher Verantwortung für Störungen des Bauablaufes.

34 Diese vermeintliche Lücke schließt die Praxis über die VOB/B. § 6 VOB/B regelt die Behinderung und Unterbrechung der Bauausführung. Dass § 6 Nr. 6 VOB/B einen Schadensersatzanspruch anbietet, wenn die Behinderung von der anderen Vertragspartei zu vertreten ist, lässt allerdings nicht automatisch den Rückschluss zu, § 6 VOB/B schaffe einen klagbaren Anspruch auf Mitwirkung des Bestellers. Dieser Betrachtungsweise

---

63 BGH, Urteile vom 27.11.2008 – VII ZR 206/06; 16. Mai 1968 – VII ZR 40/66, BGHZ 50, 175, 179 und vom 21. Oktober 1999 – VII ZR 185/98, BGHZ 143, 32, 39, 40; Messerschmidt/Voit/Stickler, § 642 BGB Rn. 10; Staudinger/Peters (2003) § 642 BGB Rn. 17.

64 BGH, Urteil vom 27.11.2008 – VII ZR 206/06.

65 Vgl. z.B. Urteile vom 27. Juni 1985 – VII ZR 23/84, BGHZ 95, 128, 131; vom 23. Oktober 1986 – VII ZR 267/85, BauR 1987, 86 = ZfBR 1987, 34 und vom 21. Oktober 1999 – VII ZR 185/98, BGHZ 143, 32, 37.

66 BGH, Urteil vom 27.11.2008 – VII ZR 206/06.

67 BGH, Urteil vom 27.11.2008 – VII ZR 206/06.

68 BGH, Urteil vom 27.11.2008 – VII ZR 206/06.

steht schon entgegen, dass § 6 Nr. 6 VOB/B ein Angebot an beide Vertragsparteien ist. Jedoch ist nur der Unternehmer verpflichtet, die Behinderung anzuzeigen, damit der Besteller in die Lage versetzt wird, die Behinderung abzustellen. Im Zweifel handelt es sich also bei dem Schadensersatzanspruch des Unternehmers aus § 6 Nr. 6 VOB/B in systematischer Sicht um einen Schadensersatzanspruch, der den Anspruch aus § 642 BGB modifiziert, aber nicht ersetzt.

Aus Sicht der höchstrichterlichen Rechtsprechung regelt § 6 Nr. 6 VOB/B den **Schadensersatzanspruch** einer der Vertragsteile bei zu vertretenden Behinderungen[69]. Der Anspruch ist gegeben, wenn eine Behinderung vorliegt, sie angezeigt worden ist oder offenkundig bekannt war und wenn die Behinderung adäquat-kausal durch Umstände verursacht worden ist, die auf einer schuldhaften Verletzung einer vertraglichen Pflicht eines der Vertragsteile beruht. Sein Umfang richtet sich nach § 249 ff. BGB. Bei Vorsatz oder grober Fahrlässigkeit gehört zum Schaden auch der entgangene Gewinn[70]. 35

Anmerkung: In angelsächsischen Verträgen wird die Mitwirkungsverpflichtung des Bestellers als **Vertragspflicht** anerkannt[71]. Es existiert eine anerkannte Regel, wonach jedem Bauvertrag eine Vereinbarung innewohnt, dass der Besteller dem Unternehmer zeitgerechten Zugang zur Baustelle gewährt, um die Ausführung der Arbeiten zu ermöglichen[72]. Wenn erforderliche Genehmigungen nicht vorliegen oder Zugang zur Baustelle nicht gewährt wird, ist die implizite Vereinbarung verletzt[73].

2. Französische Herangehensweise bei Baubetriebsstörungen. Das französische Nachtragsmanagement bei privaten Bauverträgen gestaltet sich in Abhängigkeit der vereinbarten Vergütungsform. Grundsätzlich werden drei Vergütungsformen unterschieden: 1. Pauschalpreis, 2. Einheitspreis, 3. Abrechnung nach offenen Kosten. 36

Handelt es sich im einen Pauschalpreis, ist der Unternehmer an diesen gebunden und Mehrkosten sind nur in wenigen Ausnahmefällen durchsetzbar. Handelt es sich um einen Einheitspreisvertrag, haftet der Unternehmer für die Einhaltung der veranschlagten Kosten, allerdings nur im Rahmen einer „obligation de moyens", so dass der Besteller das Verschulden des Unternehmers nachweisen muss[74]. 37

Nach französischem Recht ist die Vereinbarung eines Preises kein notwendiger Bestandteil des Vertrages[75]. 38

Im Einheitspreisvertrag wird nach Aufmaß zu den vereinbarten Einheitspreisen abgerechnet. Im Kostenabrechnungsvertrag werden die jeweiligen tatsächlichen Kosten (Arbeitsleistung, Materialien, Verbrauchsstoffe, Transport) abgerechnet. Hinzu kommt ein vorab vereinbarter Zuschlag in Prozent von den abgerechneten Kosten. 39

---

[69] BGH, Urteil vom 21.10.1999 – VII ZR 185/98 = BGHZ 143, 32; BauR 1999, 1335 (Ls.); BauR 2000, 722; BauR 2000, 934 (Ls.).

[70] BGH, Urteil vom 21.10.1999 – VII ZR 185/98 = BGHZ 143, 32; BauR 1999, 1335 (Ls.); BauR 2000, 722; BauR 2000, 934 (Ls.).

[71] Vgl. Howard Contracting, Inc. v. G.A. Macdonald Construction Co., Inc, 71 Cal. App. 4th 38.

[72] Vgl. Freeman v. Hensler (1900) H.B.C. (4th edition), Vol. 2, 292, CA; vgl. ergänzend die kanadische Entscheidung R. v. Walter Cabott Ltd (1975) 21 BLR 46 (Canadian Federal Courts of Appeal); Keating on Construction Contracts, Rn. 3-052; Hudson's Building and Engineering Contracts, Rn. 4-146 unter Bezugnahme auf Roberts v. Bury Commissioners (1870) L.R. 5 C.P. 310, 320, 325.

[73] Howard Contracting, Inc. v. G.A. Macdonald Construction Co., Inc, 71 Cal. App. 4th 38; D.A. Parrish & Sons v. County Sanitation Dist. (1959) 174 Cal. App. 2d 406 [344 P.2d 883]; Hensler v. City of Los Angeles (1954) 124 Cal. App. 2d 71 [268 P.2d 12].

[74] Cour de Cassation, 5.6.1987, JCP 1987, IV, 27.

[75] Cour de Cassation, 24.11.1993, RD imm 1994, 248, mit Anmerkung Mallinvaud und Boubli.

40 Im Pauschalpreisvertrag ist die Geltendmachung zusätzlicher Kosten nahezu ausgeschlossen. Der Unternehmer, der einen Pauschalpreis akzeptiert, kann keine zusätzlichen Pauschalleistungen abrechnen, es sei denn, der Besteller hat sie veranlasst. Um eine gängige Formel der französischen Richter aufzugreifen: Mehrkosten können für Leistungsänderungen nur verlangt werden, wenn sie das wirtschaftliche Gleichgewicht des Vertrages erschüttern, solange keine schriftliche und vorherige Autorisierung der Arbeiten durch den Besteller vorliegt, bzw. er seine ausdrückliche unzweifelhafte Genehmigungen der ausgeführten Arbeiten erklärt[76]. Ein Anspruch auf Zahlung muss also aus einer Erschütterung des wirtschaftlichen Gleichgewichts des Vertrages folgen oder in vorstehender Weise autorisiert bzw. genehmigt worden sein. Die Autorisierung muss von dem Besteller selbst ausgehen. Sie kann nicht durch eine Anordnung ersetzt werden, die von dem nicht ausdrücklich bevollmächtigten Maître d'oeuvre erlassen wird. Eine relevante Störung des wirtschaftlichen Gleichgewichts des Vertrages wurde unter anderem in einem Fall angenommen, in dem die ursprünglichen Pläne und Leistungsbeschreibungen in keiner Weise beachtet wurden und sich dadurch das Volumen und die Art der erbrachten Leistungen in spürbarer Weise änderte[77]. Ähnlich wurde in einem Fall entschieden, in dem sich das Arbeitsvolumen verdoppelte[78]. Eine nachträgliche Genehmigung der Arbeiten kann auch konkludent erfolgen, vorausgesetzt das Verhalten entbehrt jeden Zweifels.

Der Vertrag kann eine Preisgleitklausel enthalten (vgl. Norme AFNOR Art. 6-4-1-2-1).

41 **3. Angelsächsische Herangehensweise bei Baubetriebsstörungen. a. Überblick.** Auf welche Weise der Unternehmer im Falle von Behinderungen und Leistungserschwerungen zu vergüten bzw. zu entschädigen ist, ist auch im angelsächsischen Recht ein weites Diskussionsfeld. In Betracht kommen Vergütungsansprüche, ferner zusätzliche Schadensersatzansprüche. Letztere setzen zweifelsohne eine **Vertragsverletzung** voraus, so dass zunächst zu prüfen ist, ob eine Vertragspflicht besteht, die der Besteller verletzt haben könnte. In den Vereinigten Staaten hat der Federal Supreme Court im Jahre 1918 erkannt, dass dem Besteller die Verpflichtung obliegt, dem Unternehmer „akkurate" Planungsunterlagen zu übergeben (Spearin Doktrin)[79]. Die kalifornischen Gerichte haben sich dieser Lehre angeschlossen[80]. Ferner ist auch im englischen Recht anerkannt, dass dem Bauvertrag eine Verpflichtung zur Kooperation innewohnt[81]. Der Besteller verspricht implizit, alles zu tun was erforderlich ist, um die Fertigstellung des Vorhabens zu ermöglichen. Dazu gehört die implizite Verpflichtung, binnen angemessener Zeit den Baugrund zu überlassen bzw. Zugang zu gewähren[82]. Ergänzend kann im Einzelfall ein implizites Versprechen vorliegen, erforderliche Genehmigungen beizubringen. Auch schuldet der Besteller dem Unternehmer die Bestellung des vertraglich vereinbarten Certifiers oder Contract Administrators (Engineers etc.)[83]. Die impliziten Kooperationspflichten können sich auch darauf erstrecken, dass der Architekt oder Planer seinen Verpflichtungen in der Weise nachkommen muss, dass der Unternehmer das vertraglich vereinbarte Werk herstellen kann. Sind Anordnungen (aller Art), Ernennungen

76 Cour de Cassation 24.01.1990, D. 1990, Jurisprudence 258 mit Anmerkung Bénabent.

77 Cour de Cassation 8.3.1995, Bull. civ. III, Nr. 73.

78 Cour de Cassation 12.3.1997, RD imm 1997, 445 mit Anmerkungen Boubli.

79 United States v. Spearin (1918) 248 U.S. 132.

80 Public Contract Code Section 1104; City of Salinas v. Souza & McCue (1967) 66 Cal.2d 217; Howard Contracting, Inc. v. G.A. McDonald Construction (1998) 71 Cal.App. 138.

81 Vgl. Keating on Construction Contracts, Rn. 3-052.

82 Vgl. Freeman v. Hensler (1900) H.B.C. (4th edition), Vol. 2, 292, CA; vgl. ergänzend die kanadische Entscheidung R. v. Walter Cabott Ltd (1975) 21 BLR 46 (Canadian Federal Courts of Appeal); Keating on Construction Contracts, Rn. 3-052; Hudson's Building and Engineering Contracts, Rn. 4-146 unter Bezugnahme auf Roberts v. Bury Commissioners (1870) L.R. 5 C.P. 310, 320, 325.

83 Hunt v. Bishop (1853) 8 Ex. 675; Keating on Construction Contracts, Rn. 3-052.

(z.B. des Engineers oder Project Managers als Vertragsadministrator), Benennungen (z.B. von Subunternehmern), Informationen, Pläne oder andere Details gefordert, müssen sie in angemessener Zeit vorgenommen bzw. übergeben werden[84]. Allerdings müssen die Vertragspflichten des Bestellers im Einzelfall festgestellt werden und in der Regel erstrecken sie sich z.B. nicht darauf, dass der Baugrund geeignet ist[85] oder dass es keine Störungen durch Dritte geben wird[86]. Werden derartige Vertragspflichten verletzt, muss entstehender Schaden ersetzt werden[87].

Angesichts von Schadensersatzansprüchen unterscheidet das angelsächsische Recht nicht zwischen verzugsbedingten und anderen Leistungsstörungen. Allenfalls auf der Rechtsfolgenseite wird differenziert. Der Anspruch auf Schadensersatz setzt eine Vertragsverletzung voraus[88], wobei im Einzelfall zu klären ist, ob die verletzte Vertragspflicht eine verschuldensunabhängige (absolute duty) oder eine verschuldensabhängige (qualified duty) ist[89]. In der Regel handelt es sich um absolute, d.h. verschuldensunabhängige Vertragspflichten, aber im Einzelfall kann auch nur eine „beste Anstrengung" (best endeavours) geschuldet sein[90]. Der Schaden muss kausal auf die Vertragsverletzung zurückgeführt werden können[91]. Die Vertragsverletzung kann entweder darin liegen, dass der Besteller den Unternehmer daran hindert, das Werk rechtzeitig fertig zu stellen (Verspätungsfälle) oder darin, dass der Unternehmer Beschleunigungsmaßnahmen einleiten muss (constructive acceleration), um rechtzeitig fertig zu werden (Beschleunigungsfälle). In den Verspätungsfällen liegt die Grundlage für den Schaden in dem Umstand, dass die Fertigstellung der Leistung erst zu einer Zeit erfolgt, in der der Unternehmer an sich in der Lage gewesen wäre, auf dem Markt neue Aufgaben zu suchen und zu übernehmen, die einen kombinierten Beitrag zum Gewinn und zur Deckung der 42

Deutsches Recht	Englisches Recht

Breach of contract
• Specific performance
  o Right to demand performance in specie if non performance is not absolutely excused (impossibility)
• Non performance (Breach)
  o Right to claim for damages if excuse is attributable to debtor
  o In exchange for specific performance
• Delayed performance (Breach)
  o Right to claim for delay damages as a collateral claim
• Breach of collateral duties
  o Right to claim for damages
	Breach of contract
	• Specific performance
	  o Exceptional remedy
	• Breach of an absolute duty
	  o Recovery of damages
	• Breach of a qualified duty (with fault)
	  o Recovery of damages in case of fault, e.g. architects and engineers

84 Keating on Construction Contracts, Rn. 3-053 m.w.N.
85 Appleby v. Myers (1867) L.R. 2 C.P. 651; vgl. auch Allridge v. Grand Actual (1996) 55 Con.L.R. 91, 122 in Bezug auf die Einhaltung von Sicherheitsanforderungen in Bezug auf die Baustelle.
86 Porter v. Tottenham UDC [1915] 1 KB 776, CA; LRE Engineering v. Otto Simon Carves (1981) 24 BLR 127; vgl. auch Keating on Construction Contracts, Rn. 3-054.
87 Vgl. Keating on Construction Contracts, Rn. 3-052 ff.
88 Thomas, Construction Contract Claims, 148.
89 Vgl. Hudson's Building and Engineering Contracts, note 1-189.
90 Vgl. Hudson's Building and Engineering Contracts, note 1-189.
91 Norwest Holst Construction Ltd v. Co-Operative Wholesale Society Ltd [1997] EWHC Technology 356 (2nd December, 1997).

Gemeinkosten geleistet hätten[92]. Ein auf Ersatz des Verspätungsschadens gerichteter Anspruch hängt nicht von der Profitabilität des verzögerten Vertrages ab. Die Profitabilität ist für die Schadensermittlung vollkommen irrelevant[93].

43 Das angelsächsische Grundverständnis zu bauablaufbedingten Ansprüchen wird in dem schottischen Fall John Doyle[94] sinngemäß wie folgt erläutert:

Ein erfolgreicher Anspruch aus einem Bauvertrag auf Zahlung von Verlust und Auslagen (loss and expense), setzt drei Dinge voraus, die der Unternehmer vortragen und beweisen muss: (1) Die Existenz eines oder mehrerer Ereignisse, für die der Besteller verantwortlich ist, (2) tatsächlich durch den Unternehmer erlittene Verluste und Auslagen und (3) eine kausale Verbindung zwischen dem Ereignis und dem Verlust oder den Auslagen. Normalerweise müssen individuelle Kausalverbindungen zwischen jedem Ereignis, für das der Besteller verantwortlich ist, und einem bestimmten Schaden und Aufwendungen dargetan werden. Häufig resultieren Verluste und Auslagen aus Verspätung und Behinderung, die durch eine Reihe unterschiedlicher Ereignisse verursacht werden, und zwar so, dass es unmöglich ist, die einzelnen Ursachen herauszuarbeiten und voneinander zu unterscheiden. In einem solchen Fall können die Ereignisse, für die der Besteller verantwortlich ist, in einer Weise interagieren, dass sie einen kumulativen Effekt haben. Ist der Unternehmer in der Lage, darzulegen, dass alle diese Ereignisse, auf die er rekurriert in rechtlicher Sicht in die Verantwortung des Bestellers fallen, muss er keine kausalen Beziehungen zwischen einzelnen Ereignissen und bestimmten Verlusttatbeständen darlegen. Da in einem solchen Fall alle kausalen Ereignisse in die Verantwortung des Bestellers fallen, haftet der Besteller notwendiger Weise für alle Verluste und Auslagen, die durch diese Ereignisse verursacht wurden. Das ist im Wesentlichen die Natur eines globalen Anspruchs (global claim).

Das angelsächsische Recht unterscheidet zwischen individuellen Ereignissen und Umständen und den sich jeweils anschließenden Folgen einerseits und den bauablaufbezogenen Störungen, die kumuliert eine Bauverzögerung herbeiführen.

44 **b. Schadensersatz.** Als Rechtsfolge des Vertragsbruches wird Schadensersatz geschuldet. Die Verfolgung von Schadensersatzansprüchen aus Vertragsbruch ist ausgeschlossen, solange kein hinreichender Beweis dargetan ist, dass die begehrten Schadensersatzansprüche aus der Vertragsverletzung stammen und von ihr verursacht wurden[95]. Wie in allen Fällen von Vertragsbruch beläuft sich der Schadensersatzbetrag auf die zusätzlichen direkten Kosten, die der Vertragsverletzung zugeordnet werden können[96]. Sie haben die Natur von Schadensersatz für Verzögerung, der in der Form von entstandenen erhöhten Gemeinkosten als Folge der verzögerten Fertigstellung zugestanden wird. Außerdem kann der Unternehmer den Ersatz der direkten Schäden geltend machen. In Bezug auf Gemeinkosten hat der Unternehmer Anspruch auf Zahlung der Gemeinkosten auf Tagesbasis für die Zeit der Zeitüberschreitung, für die der Besteller verantwortlich ist[97].

---

92 Hudson's Building and Engineering Contracts, Rn. 8-176.

93 Hudson's Building and Engineering Contracts, Rn. 8-176.

94 John Doyle Construction Ltd v. Laing Management (Scotland) LTD [2004] ScotCS 141 (11 June 2004). Die Entscheidung kann nur als Beispiel, nicht aber als verallgemeinerungsfähige Aussage zum englischen Recht verwendet werden, da das schottische Recht einen eigenständigen Charakter hat.

95 River Construction Corp. v. United States, 159 Ct.Cl. 254, 270 (1962).

96 J. D. Hedin Construction Co. v. United States, 347 F.2d 235, 259, 171 Ct.Cl. 70, 108 (1965); vgl. Saddler v. United States, 287 F.2d 411, 152 Ct.Cl. 557 (1961).

97 F. H. McGraw & Company v. United States, 130 F.Supp. 394, 131 Ct.Cl. 501 (1955); Fred R. Comb Co. v. United States, 103 Ct.Cl. 174 (1945); Boyajian v. United States (Ct.Cl. 1970) 423 F.2d 1231 (Boyajian).

Nach englischem Recht schuldet der Vertragsbrüchige im Prinzip den kausalen bzw. unmittelbaren Schaden (direct damages)[98]. Abseits der unmittelbaren Schäden kann nur der Schaden ersetzt verlangt werden, den der Geschädigte selbst erlitten hat[99]. Zu ersetzen ist der unmittelbare Schaden, d.h. der Geschädigte ist in die Lage zu versetzen, in der er sich ohne das schadensträchtige Ereignis befände[100]. Das Leitprinzip für die Ermittlung von Schäden aus Vertragsverletzungen findet sich in der Entscheidung Robinson v. Harman[101], wo Parke B ausgeführt hat: 45

Die Common Law Regel ist die, dass eine Partei, die aufgrund einer Vertragsverletzung einen Verlust erlitten hat, hinsichtlich des Schadensersatzes in dieselbe Lage zu versetzen ist, als sei der Vertrag erfüllt worden, soweit Geld dies leisten kann.

Im Fall Livingstone v. Raywards[102] hat Lord Blackburn ausgeführt, dass Schadensersatz aus Vertragsverletzung „der Geldbetrag [ist], der die Partei, die verletzt wurde oder die gelitten hat, in die selbe Lage versetzt, in der sie sich befinden würde, wenn sie das Übel nicht ertragen hätte, für das sie nun die Wiedergutmachung oder Ersatz erhält". In British Westinghouse Electric hat Viscount Haldane LC ausgeführt[103], „so weit wie möglich, ist derjenige, der die Verletzung einer vertraglichen Verpflichtung das zu liefern, was vereinbart war, bewiesen hat, in die Lage zu versetzen, soweit Geld dies zu leisten kann, als sei der Vertrag erfüllt worden. Die grundlegende Basis ist deshalb Ersatz des finanziellen Schadens, der natürlicher Weise aus der Verletzung folgt ...". 46

Schaden (zum Teil synonym gebraucht mit loss and expense) wird wie bereits erwähnt als direkter und indirekter Schaden qualifiziert. Der direkte Schaden folgt unmittelbar aus dem Verstoß (breach); indirekter Schaden (consequential losses) ist der, den die Parteien in vernünftiger Weise als mögliche Folge eines Verstoßes unterstellt haben (Vorhersehbarkeitstest). Die Beurteilung von Schadensersatz und von Folgeschäden (consequential losses) unterliegt dem Test aus der Entscheidung Hadley v. Baxendale[104], die in England und Schottland die Rechtslage wiedergibt[105], wo es heißt: 47

Wenn zwei Parteien einen Vertrag geschlossen haben, den eine der beiden Parteien gebrochen hat, sollte der Schadensersatz, den die andere in Ansehung des Vertragsbruchs zu erhalten hat, dem entsprechen, was fairer und angemessener Weise als das angesehen werden kann, was entweder (1) natürlicher Weise aus dem normalen Verlauf der Dinge aus einem solchen Vertragsbruch als solchem folgt (natural or direct damages), oder (2) was die Parteien bei Vertragsschluss in vernünftiger Weise als mögliche Folge seiner Verletzung unterstellt haben (indirect or consequential losses).

In Hadley v. Baxendale übernahm es der Unternehmer, ein Maschinenteil für eine Mühle, das gebrochen war, zu einem Reparaturbetrieb zu transportieren. Das geschah fünf Tage 48

---

98 Siehe Robertson Group (Construction) Ltd v. Amey-Miller (Edinburgh) Joint Venture & Ors [2005] ScotCS CSOH_60 (10 May 2005); FG Minter Ltd v. Welsh Health Technical Services Organisation, (1980) 13 BLR 1, Rees & Kirby Ltd v. Swansea City Council, (1985) 30 BLR 1.

99 Lord Diplock in The Albazero [1977] A.C. 774, 845G.

100 Livingstone v. Rawyards Coal company (1880) 5 App. Cas. 25 at 39 (H.L.

101 Robinson v. Harman1 Exch 850, 855; Senate Electrical Wholesalers Ltd. v. Alcatel Submarine Networks Ltd [1998] EWCA Civ 3534 (22 June 1998).

102 Livingstone v. Rawyards Coal Co. (1880) 5 App Cas 25, 39.

103 British Westinghouse Electric and Manufacturing Co Ltd v. Underground_Electric Railways Co. of London Ltd [1912] AC 673, 689.

104 Hadley v. Baxendale (1854) 9 Ex. 341.

105 Vgl. Ogilvie Builders Ltd v. City of Glasgow District Council, 1995 SLT 15; Siehe Robertson Group (Construction) Ltd v. Amey-Miller (Edinburgh) Joint Venture & Ors [2005] ScotCS CSOH_60 (10 May 2005); FG Minter Ltd v. Welsh Health Technical Services Organisation, (1980) 13 BLR 1, Rees & Kirby Ltd v. Swansea City Council, (1985) 30 BLR 1.

verspätet. Der Mühlenbesitzer nahm den Transportunternehmer auf Schadensersatz in Anspruch und forderte 300 engl. Pfund als Gegenwert für den ihm im Verspätungszeitraum entgangenen Gewinn. Der Transportunternehmer wusste nicht, dass ein Schaden dieser Art entstehen konnte, konnte ihn aber vorhersehen. In späteren Entscheidungen wurde der Umfang dessen, was infolge der 2. Alternative aus Hadley v. Baxendale geschuldet wird, präzisiert. Geschuldet wird das, was als Folge des Vertragsbruchs vorhersehbar war[106]. Vorhersehbar ist, was zum Zeitpunkt des Vertrages vernünftigerweise vorhersehbar war. Was vernünftig ist, ergibt sich aus den Umständen und der Kenntnis der Parteien, die die Parteien besitzen[107].

49 Die Rechtsprechung Hadley v. Baxendale umfasst nur Ansprüche, die vorhersehbar sind bzw. waren. Solche Ansprüche, die die Parteien nicht mehr im Auge gehabt haben, sind ohnehin zu weit entfernt liegend (too remote). Den Test für die Frage, ob ein Schaden zu weit entfernt liegt, wird in der Entscheidung Victoria Laundry v. Newman präzisiert[108]. Die Testfragen zur Bestimmung der Reichweite der 2. Alternative von Hadley v. Baxendale lauten danach:

- Die beeinträchtigte Partei ist nur berechtigt, den Teil des Schadens zu fordern, der die tatsächliche Folge dessen ist, was bei Vertragsschluss angemessener Weise als Schaden aus dem Vertragsbruch vorhersehbar war.
- Was angemessen vorhersehbar war, hängt von den Kenntnissen der Parteien ab, die diese hatten.
- Kenntnis haben bedeutet zweierlei: zugerechnete Kenntnis und tatsächliche Kenntnis. Jeder wird als vernünftiger Mensch so behandelt, als habe er den gewöhnlichen Verlauf der Dinge gekannt und folglich kennen müssen, welcher Schaden als Folge des Vertragsbruchs in dieser gewöhnlichen Hinsicht zu vertreten war. Dieser Kenntnis kann Kenntnis hinzugerechnet werden, die der Vertragsbrüchige tatsächlich besaß.

50 US-Gerichte haben sich auf ähnliche Formulierungen festgelegt. Der Idaho Supreme Court[109] hat z.B. ausgeführt, dass „consequential losses“ dann geltend gemacht werden können, „wenn angenommen werden kann, dass solche Schäden von den Parteien bei Vertragsschluss in angemessener Weise als mögliche Folge seiner Verletzung ins Auge gefasst wurden, oder wie gelegentlich ausgeführt, solche, die bei Vertragsschluss in angemessener Weise vorhersehbar waren und von den Parteien ins Auge gefasst wurden“. Im Fall Cannon Builder konnte der Generalunternehmer das Straßenbauvorhaben erst 35 Tage nach dem vorgesehenen Fertigstellungsdatum fertig stellen, weil sein Subunternehmer Absturzsicherungen aus Beton zu spät lieferte. Für die Verzögerung musste der Generalunternehmer $24,000 als Verzögerungsschadensersatz zahlen, die er sodann von dem Subunternehmer einforderte. Das Gericht (Idaho Court of Appeals)[110] sprach den Ersatzanspruch zu, weil es der Auffassung war, es habe hinreichender Beweis dafür vorgelegen, dass der Subunternehmer über den Inhalt der Schadensersatzklausel für Bauverzögerung aus dem Generalunternehmervertrag informiert war.

51 Aus baubetrieblichen Störungen kann folglich Schadensersatz unter folgenden Überschriften gefordert werden:

---

106 Victoria Laundry (Windsor) Ltd v. Newman Industries Ltd [1949] 1 All ER 997.
107 Victoria Laundry (Windsor) Ltd v. Newman Industries Ltd [1949] 1 All ER 997.
108 Victoria Laundry (Windsor) Ltd v. Newman Industries Ltd (1949) 2 KB 528.
109 Suitts v. First Security Bank of Idaho, N.A., 713 P.2d 1374 (Idaho 1985); vgl. auch Construct tech Corporation v. City of Coeur d'Alene, 67 F.3d 306 (United States Court of Appeals, Ninth Circuit).
110 Cannon Builders, Inc. v. Rice, 888 P.2d 790 (Idaho 1995).

- Entgangener Gewinn (loss of profit)
- Finanzierungskosten (financial charges)[111]
- Gemeinkosten (Overheads)
- Produktivitätsschaden (loss of productivity)
- Inflationsbedingte Mehrkosten (increased cost resulting from inflation)

c. Delay and Disruption claims. Im angelsächsischen Baurecht hat es sich eingebürgert, die schadensersatzrechtlichen Grundlagen von Ansprüchen aus Behinderungen unter dem Stichwort Delay and Disruption Claims zu erörtern. Im amerikanischen Vergaberecht hat sich zudem die Doktrin der „constructive suspension claims“ und „cardinal change claims“ etabliert. 52

Constructive suspension liegt vor, wenn die Umstände einen Baustillstand verursachen, so als sei eine Baueinstellungsanordnung ergangen. Letztlich handelt es sich um eine Störung, die ähnliche Wirkungen wie bei einer ***Cardinal Change*** (kardinale Veränderung) hat. Voraussetzung ist in beiden Fällen eine wesentliche Veränderung, die der Unternehmer nicht zu vertreten hat. Ansprüche aus einer kardinalen Veränderung umfassen allerdings nach herrschender Auffassung in den USA nur zusätzliche Kosten für solche Arbeiten, die zusätzlich ausgeführt werden müssen. Nicht eingeschlossen sind Schadensersatzansprüche für die verbleibenden Arbeiten, die unverändert auszuführen sind. Dieser Grundsatz wurde von dem Supreme Court etabliert (Rice Doktrin)[112]. Der Court of Claims hat sich der bundesgerichtlichen Rechtsprechung angeschlossen[113]. In den „constructive suspension“ Fällen nimmt das Gericht an, was getan hätte werden sollen, sprich es unterstellt, der Auftraggeber habe die Einstellung der Bauarbeiten angeordnet[114]. In Fällen der „constructive suspension“ ist aber die Rice-Doktrin nicht einschlägig[115]. Es können folglich die Verzögerungskosten in Bezug auf die ursprünglich vereinbarten Arbeiten geltend gemacht werden. 53

Liegen die Voraussetzungen für einen *Disruption Claim* vor, wird nur noch erörtert, wie hieraus folgende Ansprüche, insbesondere aber der Schaden, vorgetragen und bewiesen werden müssen, d.h. die eigentliche Anspruchsgrundlage in Form einer Vertragsverletzung wird quasi gar nicht mehr in Frage gestellt[116]. Man muss sich deshalb darüber klar werden, was die Begriffe ***Delay*** und ***Disruption*** bedeuten. Sie umschreiben Ansprüche aus Bauablaufstörungen[117], die auf Ersatz zusätzlicher Kosten und Schäden im weiteren Sinne gerichtet sind. Auf der Rechtsfolgenseite wird nach direkten und indirekten Schäden differenziert[118]. Maßstab ist die englische Hadley-v.-Baxendale-Rechtsprechung[119] in Verbindung mit den Victoria Laundry Tests[120]. 54

---

[111] Siehe dazu Bernhard's Rugby Landscapes Ltd v. Stockley Park Consortium Ltd [1998] EWHC Technology 326 (22nd April, 1998).

[112] Rice [U. S. v. Rice] v. U.S., 317 U.S. 61 [63 S.Ct. 120, 87 L.Ed. 53]; Choteau [sic] v. U.S., 95 U.S. 61 [24 L.Ed. 371]; Crook Co. v. U.S., 270 U.S. 4 [46 S.Ct. 184, 70 L.Ed. 438].

[113] Mount Vernon Contracting Corp. v. U.S., 153 F.Supp. 469 [139 Ct.Cl. 688]; Magoba Construction Company v. U. S., 99 Ct.Cls. 662.

[114] Siehe zum Beispiel John A. Johnson & Sons, Inc. v. United States, 180 Ct.Cl. 969 (1967); Laburnum Constr. Corp. v. United States, 325 F.2d 451, 163 Ct.Cl. 339 (1963).

[115] Merrit–Chapman & Scott Corp. v. The United States, 429 F.2d 431 (United States Court of Claims); vgl. Engineers Board of Contract Appeals in Ivey Bros. Constr. Co., Eng BCA; 1764 als Illustration für eine Preisanassung für sogenannte indirekte oder Verspätungskosten. Siehe auch Cosmo Constr. Co., 66-2 BCA; 5736 (Interior Dept. Board), und Hardeman-Monier-Hutcherson, 67-1 BCA; 6210 (Armed Services Board).

[116] Vgl. Thomas, Construction Contract Claims, 148.

[117] Vgl. Thomas, Construction Contract Claims, 148.

[118] Vgl. Chappel/Powell-Smith/Sims, Building Contract Claims, 86 ff.

[119] Hadley v. Baxendale (1854) 9 Ex. 341.

[120] Victoria Laundry (Windsor) Ltd v. Newman Industries Ltd (1949) 2 KB 528.

55 Das SCL[121]-Protokoll (Protocol on Delay and Disruption) aus dem Jahre 2003 erläutert die Begriffe *Delay* und *Disruption* (ein zusammengesetzter Begriff, der mit Unterbrechung und Betriebsstörung oder Störung übersetzt werden kann und ähnliche Symptome beschreibt wie der deutsche baurechtliche Begriff „Behinderung") wie folgt:

Störung (Disruption) wird von der Bauindustrie oft so behandelt als wäre es dasselbe wie Verzögerung (Delay). Er [der Begriff Disruption] wird landläufig zusammen mit Verspätung (Delay) gebraucht, wie z.B. in Verzögerung und Störung (Delay and Disruption). Verzögerung (Delay) und Störung (Disruption) meinen aber zwei selbständige Dinge. Sie haben ihre normale alltägliche Bedeutung. Verzögerung ist Verspätung (z.B. ist verzögerte Fertigstellung gleich späte Fertigstellung). Störung beinhaltet Verlust von Produktivität, Beeinträchtigung (Disturbance), Hinderung (Hindrance) oder Unterbrechung (Interruption) des Fortschritts. Im baulichen Kontext ist beeinträchtigte Arbeit oft Arbeit, die weniger effizient ausgeführt wird, als es ohne den störenden Grund geschehen würde.

Störung der Bauarbeiten kann zu einer verspäteten Fertigstellung der Arbeiten führen, aber das ist nicht notwendigerweise so. Es ist möglich, dass Arbeit gestört wird und dass der Vertrag trotzdem zum Fertigstellungstermin erfüllt wird. In diesem Fall hat der Unternehmer keinen Anspruch auf Verlängerung der Bauzeit (EOT), aber er kann einen Anspruch für die Kosten aus der reduzierten Effektivität seiner Arbeitskraft haben.

56 Delay (Verzögerung) ist ebenfalls kein feststehender klarer Begriff. Es handelt sich auch um keinen Begriff aus der Fachsprache, der eine klare technische Bedeutung hat. Es gibt keine klare Definition dazu, was vorgetragen werden muss, um den Begriff „Verzögerung" auszufüllen[122].

57 **d. Zusammenhang zwischen Ansprüchen auf Verlängerung der Bauzeit und Zahlungsansprüchen.** Immer wieder wird vergebens darauf hingewiesen, dass es auf einem Missverständnis beruht anzunehmen, dass ein Anspruch auf Verlängerung der Bauzeit automatisch mit einem Anspruch auf ergänzende Bezahlung verbunden ist[123]. Andersherum setzt ein Mehrvergütungsanspruch auch keine Verlängerung der Bauzeit voraus[124]. Andererseits lässt sich selbstverständlich nicht leugnen, dass sich die Dauer der Bauzeit entscheidend auf die Baukostensituation auswirkt. Ein Anspruch auf Bauzeitverlängerung kann also neben einem Anspruch auf Mehrvergütung bestehen, er kann aber auch ohne ihn bestehen[125]. Die Gründe hierfür sind vielfältig: Zum einen setzt in der Regel ein Anspruch auf Verlängerung der Bauzeit ein Ereignis voraus, das auf dem kritischen Fertigstellungsweg liegt; eine solche Voraussetzung ist im Rahmen der bauzeitbedingten Mehrvergütungsansprüche nicht zwingend erforderlich. Zum anderen mag das betreffende Ereignis zwar auf dem kritischen Weg liegen, doch bedeutet das noch lange nicht, dass der Unternehmer hierdurch zusätzliche Kosten oder Auslagen erleidet oder dass ihm andere Nachteile erwachsen. Keinesfalls muss eine Verzögerung oder die Wahrscheinlichkeit einer Verzögerung, die sich auf den Baufortschritt auswirkt, gleichzeitig auch einen Einfluss auf den Endfertigstellungstermin haben[126].

---

121 Society of Construction Law.

122 Ascon Contracting Ltd v. Alfred McAlpine Construction Isle of Man Ltd (1999) 66 Con LR 119; Pickavance, Delay and Disruption, Rn. 1.18.

123 Thomas, Construction Contract Claims, 93; Chappel/Powell-Smith/Sims, Buildung Contract Claims, 9; vgl. Bunni, FIDIC forms of contract, 365.

124 Chappel/Powell-Smith/Sims, Buildung Contract Claims, 9.

125 Bunni, FIDIC forms of contract, 365.

126 Pickavance, Delay and Disruption, Rn. 6.1.

e. Anspruchsvoraussetzungen. Ein auf Bauablaufstörungen beruhender Anspruch setzt voraus, dass der Baubetrieb die Haftung des Bestellers, den Kausalzusammenhang und Schaden sowie den Schaden (Verlust und/oder Auslagen) darlegt und beweist[127]. Jeder einzelne Aspekt ist aufzugreifen und abzuarbeiten. 58

(1) Obwohl hierauf zumeist wenig geachtet wird, so müssen doch die Elemente für die Haftung dem Grunde nach durchaus gegeben sein. Sie mögen aus dem Vertrag selbst folgen oder eine Vertragsverletzung voraussetzen. Je nach Sachlage ist entweder das eine oder das andere darzulegen. 59

(2) Der Kausalzusammenhang zwischen Haftung und Schaden kann problematisch sein. In dem US Fall Bay Construction Co[128] hatte es der Unternehmer versäumt, den Kausalzusammenhang darzulegen, der darin bestand, dass er während der durch den Besteller verursachten Bauablaufstörungen arbeitsbereit war. Der Unternehmer hatte seinen Anspruch auf Erstattung von Gemeinkosten auf die Eichleay-Formel gestützt und es versäumt, für eines der beiden wesentlichen Elemente seines Anspruches, die Arbeitsbereitschaft, Beweis anzutreten. Das angerufene Department of Veterans Affairs Board of Contract Appeals entschied, dass „selbst wenn wir festgestellt hätten, dass Verzögerung und Einstellung vorhanden waren, würde Bay immer noch keinen Eichleay-Anspruch haben, weil er es versäumte, darzulegen, dass er bereit stand bzw. arbeitsfähig war – (standby)". 60

(3) Der Geschädigte muss den Schaden darlegen und beweisen, was sich als schwierig erweisen kann. In Ascon Contracting hatte McAlpine Ascon für ein Hotelbauvorhaben mit Stahlbetonarbeiten beauftragt. Die späte Baustellenübergabe sowie eine Überflutung der Baustelle, gegen die McAlpine-Schutzmaßnahmen hätte ergreifen müssen, verzögerten die Subunternehmerarbeiten. Ascon machte Ansprüche auf Verlängerung der Bauzeit sowie Schadensersatz für Verzögerung geltend. Der Schadensersatzanspruch beinhaltete Ansprüche für Verlust und Auslagen (loss and expense) für die Dauer der Bauzeitverlängerung sowie einen separaten Anspruch für Beschleunigungsmaßnahmen. HHJ Hicks[129] führte unter anderem aus: 61

Der erste Aspekt des sachverständigen Zeugen des Subunternehmers ist der des Arbeitumfangs. Er berechnet ihn, in dem er die vollen Arbeitskosten während der verlängerten Bauzeit würdigt. Der rechtliche Beistand des ... beanstandet, dass das prinzipiell falsch ist. Ich stimme dem zu; der Umfang der Arbeit für die vertraglichen Leistungen hat sich durch eine Verlängerung der Bauzeit nicht notwendigerweise erweitert, geschweige denn verhältnismäßig. Es kann tatsächlich arbeitsbedingte Verluste aufgrund von Verzögerung geben, z.B. aufgrund von Stillstandszeiten, Produktivitätsverlust, Wiederholung von Aufgaben oder anderes unökonomisches Arbeiten, doch es ist an dem [Subunternehmer] die Ansprüche auf Verluste dieser Art darzulegen und zu quantifizieren, wenn er sie erlitten hat.

(4) Schließlich ist es erforderlich, den Unterschied zwischen den Kosten ohne den Einfluss der Betriebsstörung und den Kosten unter Berücksichtigung der Betriebsstörung zu vergleichen. Im Fall Centex Bateson Construction Company[130] hat das Gericht dieses Verhältnis wie folgt erklärt: 62

[127] Pickavance, Delay and Disruption, Rn. 17.2.
[128] 2002 WL 442118 (V.A.B.C.A.).
[129] Ascon Contracting Ltd v. Alfred McAlpine Construction Isle of Man Ltd (1999) 66 Con LR 119.
[130] Centex Bateson Construction Company, Inc., VABCA Nos. 4613, et. al. 99-1 BCA, 30,153 and 149,257.

Ursächliche Kosten sind zusätzliche Kosten, die als Folge des Produktivitätsverlustes auftreten; Produktivitätsverlust ist ebenfalls benannte Unwirtschaftlichkeit. Folglich sind kausale Kosten einfach erhöhte Arbeitskosten, die aus der Störung der Arbeitsproduktivität folgen, die bedingt durch eine Änderung des Vertrages aus einer Veränderung der Arbeitsbedingungen resultieren. Produktivität ist umgekehrt proportional zu den Mann Stunden, die notwendig sind, um ein gegebenes Stück Arbeit zu produzieren. Wie es offenbar ist, steigt die Anzahl der Mann Stunden, um eine gegebene Aufgabe zu erledigen, wenn die Produktivität sinkt. Wenn die Anzahl der Mannstunden steigt, steigen offenkundig auch die Arbeitskosten ... Der Umstand, dass der Beweis der Produktivitätsverluste anerkanntermaßen notorisch schwierig ist, bedingt nicht die fundamentale Verantwortung des [...] ab, durch eine Gewichtung der Beweismittel zu beweisen, dass eine Handlung des [Bestellers] für die weniger als geplante effiziente Arbeit ursächlich war und welches Ausmaß diese Kausalität besaß[131].

63 Erforderlich ist jedenfalls, im Rahmen eines Anspruchs aus einer Betriebsablaufstörung den **Ursachenzusammenhang** zwischen dem auslösenden Ereignis und dem Schaden darzulegen[132].

64 **f. Darlegung und Beweisführung in Bezug auf die Produktivitätsstörung.** Die Baubetriebsstörung führt zu einer Verzögerung, sobald sie den Grad der Produktivität beeinträchtigt. Produktivität wird in diesem Zusammenhang als Produktivitätseffizienz verstanden und kann zu jeder Messung des Arbeitsergebnisses in Bezug gesetzt werden. Ökonomen haben die geeigneten Maßstäbe für Produktivität wie folgt definiert[133]:

- Arbeitsproduktivität
- Kapitalproduktivität
- Zeitproduktivität
- Gesamtproduktivitätsfaktor
- Wertschöpfungs-Gesamtproduktivitätsfakor

Diese fünf Kriterien können wie folgt kalkuliert werden[134]:

Index (Output/Input)	Output	Input
Arbeitsproduktivität	Einheiten oder Massen	Mann Stunden
Kapitalproduktivität	Einheiten oder Massen	Maschinenstunden
Zeitproduktivität	Einheiten oder Massen	Stunden
Gesamtproduktivitätsfaktor	Einheiten oder Massen	€
Wertschöpfungs-Gesamtproduktivitätsfakor	Einheiten oder Massen	€ (Kosten)

[131] Vgl. auch Centex Bateson Construction Company, Inc., VABCA Nos. 4613, et.al. 99-1 BCA § 20,153; Dawson Construction Company, Inc., VABCA Nos. 3306-08, 3309-10, 993-3 BCA § 26,177, aff'd sub nom, Dawson Construction Company v. Brown, 34 F.3d 1080 (Fed.Cir. 1994); Triple „A" South, ASBCA No. 46866, 94-3 BCA § 27,194; Bechtel National, Inc., NASA BCA No. 1186-7, 90-1 BCA § 22,549; Thomas, Construction Contract Claims, 152.

[132] Norwest Holst Construction Ltd v. Co-Operative Wholesale Society Ltd [1997] EWHC Technology 356 (2nd December, 1997).

[133] Pickavance, Delay and Disruption, Rn. 17.6 unter Bezugnahme auf Loewe (1987) Construction Management and Economics, Vol. 5, 101–113.

[134] Pickavance, Delay and Disruption, Rn. 17.6.

Grundproblem ist es, den richtigen Vergleichsmaßstab zu finden. Es bietet sich an, auf die Angaben im Angebot abzustellen bzw. diese zugrunde zu legen. Dabei wird so vorgegangen, dass die tatsächlichen Mann Stunden, die aufgrund der Änderungen oder Störungen angefallen sind, mit den Mann Stunden, die sich aus dem Angebot ermitteln lassen, verglichen werden. Diese Methode ist verschiedentlich richterlich gebilligt worden[135]. 65

Wenn es erforderlich wird, Kosten aus Produktivitätsstörungen zu belegen, kann dies mittels einer der folgenden Methoden geschehen, die auch kombiniert werden können[136], wobei Aufzeichnungen und Zeugen als Beweismittel herangezogen werden können: 66

- Measured mile method: Bauabschnittsvergleiche (verglichen wird ein vergleichbarer Bauabschnitt ohne Behinderung mit dem Bauabschnitt, in dem die Behinderung eingetreten ist)
- Soll-/Ist-Vergleich
- Berücksichtigung von Behinderungsfaktoren (z.B. schlechtes Wetter[137], Überstundenvergütung, Betriebsunterbrechung etc.)

Die „measured mile method“ ist die bevorzugte Methode. Ihr Hauptziel besteht darin, die tatsächlich aufgewendeten Arbeitskosten (z.B. Mann Stunden) und das hierdurch erreichte Arbeitsergebnis aus einem ungestörten Bauzeitabschnitt mit dem tatsächlichen Arbeitsergebnis und dem Ergebnis aus einem gestörten Bauzeitabschnitt zu vergleichen. Das Produktionsergebnis aus der ungestörten Arbeitsperiode wird als *„measured mile“* bezeichnet. Die Differenz aus dem während der *measured mile* geforderten Aufwand und dem aus der gestörten Periode wird als Verlust in Verbindung mit der oder aus der Behinderung betrachtet, der eingeklagt werden kann[138]. Diese Methode wird durch das SCL Protokoll und amerikanische Bundesgerichte anerkannt[139]. 67

Dieser Ansatz beruht auf der Zuverlässigkeit und Vollständigkeit zeitnaher Aufzeichnungen sowie auf den Fähigkeiten und der Sorgfalt des Analysten[140].

g. Qualifikation von Schadensersatz aus Betriebsablaufstörungen. Die unterschiedlichen Formen des Schadensersatzes aus Betriebsstörungen unterfallen in der Regel den beiden Alternativen aus der Hadley v. Baxendale Rechtsprechung. Der Wortlaut einschlägiger Vertragsklauseln kann jedoch variieren und eine Zuordnung der einzelnen Fallgruppen unter die beiden Alternativen der Hadley Rechtsprechung erfordern: 68

Eine solche Klausel kann z.B. lauten[141]:

135 Vgl. Thomas, Construction Contract Claims, 153.
136 Davison & Mullen, Evaluating Contract Claims, 2. Auflage, 196.
137 Schlechtes Wetter ist als solches in der Regel unbeachtlich, es sei denn es handelt sich um außergewöhnlich schlechte Wetterbedingungen. Führt jedoch eine Behinderung dazu, dass jahreszeitbedingtes Schlechtwetter in Kauf genommen werden muss, kann dies in die Bewertung einfließen; vgl. Davison & Mullen, Evaluating Contract Claims, 2. Auflage, 211.
138 Keane/Caletka, Delay Anaylsis in Construction Contracts, 104.
139 Vgl. Keane/Caletka, Delay Anaylsis in Construction Contracts, 104.
140 Vgl. Keane/Caletka, Delay Anaylsis in Construction Contracts, 104.
141 Civil and Civic Pty v. Isicob Pty Ltd; Kone Elevators (Australia) Pty Ltd; Kilpatrick Green Pty Ltd; Triad plumbing Pty Ltd; Pioneer Concrete (NT) Pty Ltd and Avery Australia Ltd No. 19 of 1993 [1993] NTSC 25 (19 April 1993).

The extra cost, if any, of completing the Works incurred by the Subcontractor by reason of a direction given by (the plaintiff) „pursuant to clause 9.1 of the Special Conditions shall be borne and paid for by the Subcontractor unless the suspension is due directly to an act, default or omission of" (the plaintiff) „in which case the Subcontractor shall be entitled to payment of the amount of any extra cost of completing the Works incurred by it that is directly attributable to such act, default or omission."	Eventuelle zusätzliche Kosten für die Fertigstellung der Arbeiten, die dem Subunternehmer aufgrund einer Anweisung durch (den Kläger) entstehen, sollen gemäß Clause 9.1 der Besonderen Vertragsbedingungen von dem Subunternehmer getragen und bezahlt werden, es sei denn die Anweisung ist direkt einer Handlung, Unterlassung oder Weglassung des (Klägers) geschuldet, in welchem Falle der Subunternehmer einen Anspruch auf den Betrag der ihm zusätzlich entstandenen Kosten für die Fertigstellung der Arbeiten, die direkt auf eine solche Handlung, Unterlassung oder Weglassung zurückzuführen ist.

69 Ob ein solcher Anspruch besteht, hängt davon ab, ob der Anspruch (a) in Übereinstimmung mit den vertraglichen Regelungen erhoben wird oder (b) außerhalb des Vertrages. Wenn der Anspruch in Übereinstimmung mit den Regelungen des Vertrages erhoben wird, müssen sämtliche vertraglichen Voraussetzungen erfüllt sein. Wenn der Anspruch außerhalb des Vertrages erhoben wird, ist zu prüfen, ob die Vertragsverletzung dargetan ist und ob die Ansprüche aus der Verletzung hervorgehen und nicht zu weit entfernt liegen[142].

70 Gemeinkosten beziehen sich auf die Kosten, die für die Führung des Betriebs im Allgemeinen aufgewendet werden müssen. In Alfred McAlpine v. Property and Land Contractors[143] erkannte das Gericht an, dass der Verlust in Form von erhöhten Gemeinkosten, den der Unternehmer infolge unzureichender Mitwirkung durch den Besteller erlitt, unter die 1. Alternative der Baxendale Rechtsprechung (direkter Schaden) fällt.

71 Im australischen Fall Victoria Laundry[144] hat das Gericht geurteilt, dass der nach der Hudson- und Eichleay-Formel auf der Grundlage von Geschäftsberichten und anderen Unterlagen des Baubetriebes berechnete Schadensersatz ein einklagbarer Schaden im Sinne der 1. Alternative der Baxendale Rechtsprechung (direkter Schaden) darstellt.

72 Im Fall Semco Salvage v. Lancer Navigation wurde die Klausel „expenses incurred" restriktiv verstanden und ausgelegt und erfasste nur Gemeinkosten aber keinen Gewinn[145].

73 Der Fall Tate & Lyle[146] belegt, dass auch zusätzlich aufgewendete Managementkosten und finanzielle Schäden einen Anspruch begründen können, wenngleich solche An-

142 Civil and Civic Pty v. Isicob Pty Ltd; Kone Elevators (Australia) Pty Ltd; Kilpatrick Green Pty Ltd; Triad plumbing Pty Ltd; Pioneer Concrete (NT) Pty Ltd and Avery Australia Ltd No. 19 of 1993 [1993] NTSC 25 (19 April 1993).
143 Alfred McAlpine Homes North v. Property and Land Contractors Ltd(1995) 76 BLR 59.
144 Victoria Laundry (Windsor) Ltd v. Newman Industries Ltd [1949] 2 KB 528, 548 (per Asquith LJ).
145 Semco Salvage and Marine Pte Ltd v. Lancer Navigation Co Ltd [1997] 1 All ER 502.
146 Tate & Lyle Food and Distribution Ltd. v. Greater London Council [1982]1 WLR 149 at 152; Tate & Lyle Industries v. Greater London Council [1983] UKHL 2 (24 March 1983), HL.

sprüche schwierig darzulegen sind[147]. Der Fall Tate & Lyle betraf Kosten für Baggerarbeiten in der Themse, die erforderlich wurden, weil Maßnahmen der öffentlichen Hand die Schiffbarkeit der Themse beeinträchtigt hatten. In rechtlicher Hinsicht ging es um Ansprüche, die auf Fahrlässigkeit der öffentlichen Hand gestützt waren. Forbes J hat dort in Bezug auf die *restitutio in integrum* gesagt[148]:

Man betrachtet dafür nicht den Gewinn, den der Beklagte rechtswidrig mit den einbehaltenen Geldbeträgen erzielt hat, was in der Tat die Untersuchung der finanziellen Situation des Beklagten erfordern würde, sondern die Kosten des Klägers, die er durch das Vorenthalten des Geldes, das ihm zugestanden hätte, erlitten hat. Ich empfinde es als gerechtfertigt, dass es in kaufmännischen Fällen beabsichtigt ist, das Interesse an dem Zinssatz zu reflektieren, zu dem der Kläger Geld leihen hätten müssen, um die einbehaltenen Mittel zu ersetzen.

Das Gericht fügte hinzu, es komme insoweit nicht auf die speziellen Umstände an, sondern darauf, zu welchen Bedingungen üblicherweise Geld geliehen werden konnte. Hinsichtlich der dem Grunde nach bejahten Managementkosten scheiterten die Kläger, weil sie den Aufwand nicht nachweisen konnten[149].

Im Fall Hotel Services Ltd. v. Hilton International Hotels[150] hatte der Auftragnehmer 74
für ein Hotel Minibars geliefert, aus denen Amonium austrat. Der Mangel konnte nicht behoben werden, so dass das Hotel die Ersatzvornahme betrieb und anschließend Kosten in Höhe von £150.000 für den Austausch und die Einlagerung von Kälteaggregaten und -einheiten sowie £127.000 entgangenen Gewinn geltend machte. Letzterer entsprach dem Gewinn, der aus dem Betrieb der Minibars erwartet worden war. Das Vertragswerk schloss die Haftung für „indirect and consequential losses" aus. Der Court of Appeal kam einstimmig zu der Auffassung, dass der entgangene Gewinn in diesem Fall unter die erste Alternative der Hadley v. Baxendale Rechtsprechung fiel. Die Ausschlussklausel war folglich nicht einschlägig.

US-Gerichte hatten sich mehrfach mit der Frage zu befassen, ob eine verzögerungsbe- 75
dingte Belastung der Kreditlinie des Unternehmers, die es ihm unmöglich macht Bürgschaften und Garantien für Folgeaufträge zu stellen, Schadensersatzpflichten auslösen kann, die insbesondere auch entgangene Gewinne einschließen. In älteren Fällen wurde ein solcher Anspruch aus beeinträchtiger Kreditfähigkeit mehrfach abgelehnt[151]. Der Court of Appeal of California[152] und der Colorado Supreme Court[153] haben diese Möglichkeit in jüngerer Zeit bejaht.

Ein aus Sicht der Unternehmer ermutigendes Beispiel ist der Fall *Denny Construction* 76
v. Denver:

Denny Construction litt unter einem geminderten Bürgschaftsrahmen, nachdem der Besteller den Contractor für vertragsbrüchig erklärt hatte. Vor Gericht legte Denny Con-

147 Wincanton Group Ltd v. Reid Furniture Ltd [2008] ScotCS CSOH_109 (01 August 2008).

148 Vgl. auch Jaura v. Ahmed [2002] EWCA Civ 210 (21st February, 2002).

149 Vgl. aber Tate & Lyle Industries v. Greater London Council [1983] UKHL 2 (24 March 1983), HL.

150 Hotel Services Ltd. v. Hilton International Hotels (Uk) Ltd. [2000] EWCA Civ 74 (15 March 2000).

151 Rowan v. Harris 532 F Supp 969 (D.La 1982) betreffend den unberechtigten Einbehalt von Forderungen; Hirsch Electric Co v. Community Services Inc, 133 A.D. 2d 140, 518 N.Y.S. 2d 818 (1987) betreffend einen Fall von verzögerten Bauleistungen.

152 Begl Construction Company, Inc v. Los Angeles Unified School District, 154 Cal. App.4th 970; [2007] Cal. App LEXIS 1432.

153 Denny Construction v. Denver, Case No. 07SC236 (January 12, 2009).

struction dar, dass der Besteller seinerseits vertragswidrig gehandelt hatte, was einen geminderten Bürgschaftsrahmen zur Folge hatte. Hieraus entwickelte Denny Construction einen Schadensersatzanspruch. Die Behauptung ging dahin, der geminderte Bürgschaftsrahmen habe Denny Construction daran gehindert, an neuen Ausschreibungen teilzunehmen. Infolgedessen habe Denny Construction Gewinnausfälle erlitten. Erstinstanzlich folgte das Gericht den Argumenten des Contractors. Der Court of Appeal hob die Entscheidung auf. Der Colorado Supreme Court stellte die erstinstanzliche Entscheidung wieder her[154]. Der Supreme Court führte aus, dass die Gewinneinbuße in rechtlicher Hinsicht nicht als Spekulationsschaden zu betrachten sei. Der Court of Appeals habe in Bezug auf die Vorhersehbarkeit des Schadens einen inkorrekten Standard angewendet. Nach Auffassung des Supreme Court war nicht zu klären, ob der Besteller tatsächlich wusste, sondern ob er es entweder wusste oder hätte wissen müssen, dass der Schaden möglicherweise eintreten könnte.

77 Diese Rechtsprechung muss allerdings auf dem Hintergrund des jeweiligen Vertragsstatuts überprüft werden. Unter Berücksichtigung der in Malta geltenden Gesetzgebung und ggf. existierenden Rechtsprechung ist vor allem Art. 1150 Code Civil (F) = Art. 1136 Code Civil (M) von Bedeutung. Die Vorschriften regeln wortidentisch, dass der Schuldner den Schaden zu ersetzen hat, den er vorhergesehen hat **oder hätte vorhersehen können**, soweit ihm kein Vorsatz vorzuwerfen ist. Abzustellen ist nach französischer Rechtsprechung[155] auf den normalerweise vorhersehbaren Schaden. Ergänzend muss Unterklausel 17.6 FIDIC (Red Book/Yellow Book) als Haftungsbegrenzungsklausel herangezogen werden.

78 Das französische Recht begrenzt den Schaden durch Art. 1150 Code Civil. Die Gerichte stellen ausschließlich auf die Vorhersehbarkeit des Schadens ab[156]. Es wird zwischen den direkten und sicher bestimmbaren Schäden einerseits und dem Verlust einer Chance (perte d'une chance) unterschieden. Der zukünftige sicher bestimmbare Schaden wird ersetzt. Der eventuelle Schaden wird dagegen nicht ersetzt. Insoweit kommt es darauf an, ob es wahrscheinlich war, dass sich das Eventualereignis ereignen würde[157].

79 Die vorstehend zitierte Entscheidung aus Colorado enthält ähnliche Argumentationsansätze. Es heißt dort[158]:

Erstens sind entgangene Gewinne nur einklagbar, wenn sie mit angemessener Sicherheit bewiesen werden können (see Pomeranz v. McDonald's Corp.*, 843 P.2d 1378, 1381-82 (Colo. 1991); Friedman, 846 P.2d at 174 (wo gesagt wird, dass entgangene Gewinne nicht für den Einwand der Unsicherheit offen sein dürfen)). Wie wir festgestellt haben, muss ein Kläger, der Schadensersatz verlangt, dem Tatsachenprüfer (1) den Beweis der Tatsache unterbreiten, dass Schäden in der Zukunft auftreten und (2) ausreichend zulässigen Beweis vorlegen, der den Sachverhaltsprüfer in die Lage versetzt, eine faire Schätzung des Schadens vorzunehmen (*Pomeranz*, 843 P.2d at 1382). Folglich, so lange die Tatsache eines zukünftigen Schadens sicher ist, kann die Höhe des Schadens geschätzt werden.*

154 Denny Construction v. City and County of Denver, 199 P.3d 742 (Colo. 2009).
155 Cour de Cassation, 25.01.1989, D 1989 IR 47.
156 Vgl. Malaurie/Aynès, Les obligations, Rn. 964.
157 Malaurie/Aynès, Les obligations, Rn. 242.
158 Denny Construction v. City and County of Denver, 199 P.3d 742 (Colo. 2009).

Noch im Fall Lewis Jorge[159] hatte der kalifornische Court of Appeal geurteilt, dass potentieller Gewinn aus potentiellen zukünftigen Bauverträgen, der aufgrund fehlender Kreditfähigkeit nicht als Schadensersatz verlangt werden könne, weil der entgangene Gewinn in Bezug auf zukünftige Aufträge nicht direkt und notwendigerweise ursächlich auf die Vertragsverletzung (in diesem Fall die Auftragskündigung) zurückgeführt werden könne. Letztlich fehlte in diesem Fall der Beweis hierfür. Im Fall Begl allerdings hatte ein Zeuge ausgesagt, dass wann immer ein Streit über eine begebene Sicherheit ausbreche, kein anderer Sicherungsgeber bereit sei, mit dem Unternehmer zusammenzuarbeiten bis der Streit beigelegt sei. Folgerichtig war der Kausalzusammenhang bewiesen und das Gericht verurteilte den Auftraggeber zur Zahlung des entgangenen Gewinns[160]. Dem Argument, es handele sich um einen zu spekulativen Anspruch, folgte das Gericht nicht. Vielmehr schloss es sich der Auffassung an, von dem Unternehmer könne nicht gefordert werden, Angebote zu unterbreiten, die mangels bestehender Kreditfähigkeit ohnehin keinen Erfolg haben konnten[161]. Auch der Colorado Supreme Court vermochte nicht dem Argument zu folgen, solche Ansprüche seien spekulativer Natur. Das Gericht führte wörtlich aus[162]: **80**

Eine Reduzierung der Kapazität, Sicherheiten zu stellen, indiziert eine Reduzierung von Verantwortung, die wiederum die Möglichkeiten des Unternehmers beeinträchtigt, öffentliche Bauaufträge zu erlangen. Das ist keine Spekulation; im Gegenteil, es ist die beabsichtigte Funktion des Sicherheitensystems.

In Bezug auf die zu prüfende Vorhersehbarkeit des Schadens[163] vertrat das Gericht die Ansicht, dass es nicht darauf ankomme, ob der Besteller tatsächlich wusste, dass dem Unternehmer aufgrund der beeinträchtigten Kreditfähigkeit Gewinne entgehen. Stattdessen komme es darauf an, ob der Besteller wusste (*knew*) oder hätte wissen können (*or should have known*), dass ein derartiger Schaden eventuell eintreten kann. **81**

Solche Fälle fallen mit großer Sicherheit unter die 2. Alternative von Hadley v. Baxendale, so dass sie in einem FIDIC-Vertrag über Sub-Clause 17.6 aus der Haftung des Bestellers herausgenommen sind.

Man kann zusammenfassen[164]: **82**

- Ansprüche auf entgangenen Gewinn fallen entweder unter die 1. oder die 2. Alternative der Hadley v. Baxendale Rechtsprechung.
- Ansprüche auf Ersatz finanzieller Aufwendungen fallen unter die 1. Alternative der Hadley v. Baxendale Rechtsprechung.
- Ansprüche auf Ersatz von Gemeinkosten fallen unter die 1. Alternative der Hadley v. Baxendale Rechtsprechung.
- Ansprüche auf Ersatz von Produktivitätsbehinderungen fallen unter die 1. Alternative der Hadley v. Baxendale Rechtsprechung.

---

[159] Lewis Jorge Construction Management Inc v. Pomona Unified School District (2004) 34 Cal.4th 960, 973, 975; 22 Cal.Rptr 3d 340.

[160] Begl Construction Company, Inc v. Los Angeles Unified School District, 154 Cal. App.4th 970; [2007] Cal. App LEXIS 1432.

[161] Begl Construction Company, Inc v. Los Angeles Unified School District, 154 Cal. App.4th 970; [2007] Cal. App LEXIS 1432.

[162] Denny Construction v. Denver, Case No. 07SC236 (January 12, 2009).

[163] Vgl. Giampapa v. Am. Family Mut. Ins. Co., 64 P.3d 230, 240 (Colo. 2003).

[164] Lee, Xia Sheng (2006) Direct loss and expense relating to remoteness of damages. Masters thesis, Universiti Teknologi Malaysia, unter 5.2.

83 Wenn der Unternehmer notwendige Informationen (z.B. Planungsdetails) später erhält als er dies in seinem Bauablaufprogramm vorgesehen hat, aber immer noch früher als es gemessen am tatsächlichen Bauverlauf notwendig war, lässt sich hieraus kein Verzögerungsschaden ableiten, weder auf der Grundlage einer Vertragsverletzung (breach of contract), oder Verspätung (delay) oder Störung (disruption)[165]

84 **h. Tatsächliche Kosten.** Grundsätzlich wird die ‚actual cost method' bevorzugt[166]. Sie stellt sicher, dass dem Gericht dokumentierte Ausgaben vorliegen, wodurch gewährleistet wird, dass das Gericht den endgültigen Betrag zutreffend und gerecht ermitteln kann und weder der Besteller noch der Unternehmer ungerechtfertigt bevorzugt wird[167].

85 In *Boyajian v. United States*[168] hat der United States Court of Claims verschiedene vertragliche Schadensersatzansprüche abgewiesen, weil der Schadensnachweis nicht erbracht worden war. In diesem Fall hatte der Kläger *Boyajian* alle behaupteten Vertragsverletzungen zusammengefasst, ohne in irgendeiner Weise zu versuchen, eine Kausalbeziehung zwischen den Vertragsverletzungen und bestimmten Schäden aufzuzeigen. Der Anspruch lief darauf hinaus, dass der Kläger lediglich den Gesamtbetrag der Ausgaben für die Vertragserfüllung mit den vereinnahmten Zahlungen verglich. Der Schadensnachweis bestand darin, eine von dem Buchhalter des Unternehmers bestätigte Gesamtkostenaufstellung vorzulegen, die dieser aus der Buchhaltung des Klägers entwickelt hatte. Diese Aufstellung zeigte die Gesamtkosten, die Gesamtzahlungen sowie den Gesamtverlust des Unternehmers auf, der sich aus der Differenz zwischen Kosten und Einnahmen ergab. Diese Art der Schadensermittlung stellte keine hinreichende Grundlage dar. Die Kosten hätten vielmehr dem Fehlverhalten des Vertragspartners zugeordnet werden müssen. Schadensersatz kann nur zugesprochen werden, wenn dargelegt ist, dass der einzelne Schaden aus einem bestimmten Fehlverhalten folgt. Die Gerichte verlangen, dass die Unternehmer ein geeignetes Buchwerk entwickeln, aus dem sie einzelne Ansprüche konkret ableiten können[169].

86 Konkret bedeutet dies Folgendes: Der Besteller hat Anspruch darauf, anhand exakter Daten nachprüfen zu können, welche Kosten und Ausgaben aufgrund einer Änderung angefallen sind, und zwar zu einer Zeit, zu der er sie prüfen und bewerten kann. Die Einhaltung dieser Verpflichtung ist umso dringender notwendig, wenn der Unternehmer in andere Aktivitäten in Bezug auf das Vorhaben involviert ist. Er ist dann gehalten, alle durch die Änderung bedingten Kosten und Ausgaben von solchen zu isolieren, die durch die Lieferung und Durchführung des Vorhabens an sich entstanden sind[170].

87 Im vertraglichen Kontext bedeutet dies[171], dass der Unternehmer darlegen muss, was für die vertragliche Leistung als Gegenleistung vorgesehen war oder was vorgesehen

---

[165] Royal Brompton Hospital National Health Service Trust v. Hammond & Ors [2002] EWHC 2037 (TCC) (11 October 2002), Rn. 65.

[166] Vgl. Abigroup Contractors v. Sydney Catchment Authority [2007] NSWSC 220 (NSW Supreme Court).

[167] Dawco Construction, Inc. v. United States (Fed.Cir. 1991) 930 F.2d 872, 882, overruled on other grounds in Reflectone, Inc. v. Dalton (Fed. Cir. 1995) 60 F.3d 1572, 1583.

[168] Boyajian v. United States (Ct.Cl. 1970) 423 F.2d 1231 (Boyajian).

[169] Amelco Electric v. The City of Thousand Oaks (2000) 82 Cal. App. 4th 373.

[170] Sabemo (Sa) Pty Ltd v. AIW Engineering Pty Ltd File No. SCGRG 92/36 Judgment No. 3630 Number of pages – 15 Arbitration (1992) 9 BCL 280; [1992] SASC 3630 (24 September 1992), Supreme Court of South AustraliaSabemo (Sa) Pty Ltd v. AIW Engineering Pty Ltd File No. SCGRG 92/36 Judgment No. 3630 Number of pages – 15 Arbitration (1992) 9 BCL 280; [1992] SASC 3630 (24 September 1992), Supreme Court of South Australia.

[171] Vgl. Sabemo (SA) Pty Ltd v. AIW Engineering Pty Ltd File No. SCGRG 92/36 Judgment No. 3630 Number of pages – 15 Arbitration (1992) 9 BCL 280; [1992] SASC 3630 (24 September 1992).

hätte sein sollen. Nachdem dargetan ist, was für die spezifizierte Leistung als Gegenleistung vorgesehen war, muss aufgezeigt werden, dass diese angemessen war. Sodann sind unter Bezugnahme auf Aufzeichnungen die einzelnen Beträge aufzuschlüsseln, die für die geänderte Leistung angefallen sind. Hinzu kommen Kosten, die für die tatsächliche Arbeitsmethoden anzusetzen sind. Abzusetzen sind solche Kosten, die aus ineffizienter Arbeit des Unternehmers entstehen. Keinesfalls darf nach dem **Motto** verfahren werden, **aufgrund des hindernden Umstandes müssten Kosten entstanden sein**, obwohl die Beweismittel es nicht erlauben festzustellen, welche Kosten entstanden sind oder in welcher Höhe[172]. Geschätzt werden kann nur, wenn dafür hinreichende Grundlagen vorhanden sind, die eine Schadensschätzung auf der Grundlage der Bilanz der Wahrscheinlichkeiten (balance of probabilities) zulassen.

Im Einzelfall kann die Frage gestellt werden, was wäre gewesen wenn? Es kommt dann **88** nicht nur auf den Vergleich zwischen der vereinbarten Leistung und der tatsächlichen Leistung an, sondern darauf, was geschehen wäre, wenn der Umstand bekannt gewesen wäre, aus dem die Mehrkosten resultieren[173].

aa. Anspruchsberechnung in Bezug auf direkte Kosten. Im Grundsatz ist zum Zwe- **89** cke der Darlegung des zusätzlichen Aufwands für Material und Arbeit eine Vergleichsrechnung zu erstellen. Zu diesem Zweck muss der tatsächliche Aufwand dem vorgesehenen Aufwand gegenübergestellt werden[174].

Soweit es um die direkten Kosten aus Behinderungen geht (also z.B. Material und Ar- **90** beitskosten für zusätzliche Leistungen), wurde immer wieder einmal darüber gestritten, ob es nicht besser wäre, in solchen Fällen anstelle des „cost plus profit" Ansatzes faire und gerechte Preise oder Einheitspreise zugrunde zu legen[175]. Im etwas abseits gelagerten Fall Laserbore v. Morrison Biggs[176] wurde erwogen, anstelle des *quantum meruit* faire und angemessene Preise als Berechnungsgrundlage heranzuziehen. Das *quantum meruit* ist der objektive Wert der erledigten Arbeit[177]. Welche Kriterien und Maßstäbe allerdings anzulegen sind, um das *quantum meruit* zu ermitteln, ist Gegenstand der Diskussion. Im Fall Laserbore v. Morrison Biggs[178] führte das Gericht aus, der bessere Ansatz sei es zu fragen, was würde ein fairer kommerzieller Preis für die geleistete Arbeit sein[179]?. Folgende ergänzende Passage findet sich in der Entscheidung:

Ich komme auf die Herangehensweise der jeweiligen Sachverständigen in Bezug auf die „angemessenen Preise" und die cost plus Basis auf der anderen Seite, zurück. Ich halte die „angemessenen Preise" Grundlage, die die klägerischen Sachverständigen benutzen, für den „fairen kommerziellen Preis für die erledigten Arbeiten" von Saville J. In

---

[172] Sabemo (SA) Pty Ltd v. AIW Engineering Pty Ltd File No. SCGRG 92/36 Judgment No. 3630 Number of pages – 15 Arbitration (1992) 9 BCL 280; [1992] SASC 3630 (24 September 1992).

[173] Abigroup Contractors v. Sydney Catchment Authority [2007] NSWSC 220 (NSW Supreme Court).

[174] Vgl. Baltimore Contractors, Inc., GSBCA 4808, 80-2 BCA 14,539, at 71,672; Cherry Hill Construction, Inc., v. General Services Administration, GSBCA 12087 (11317-REIN) 93-2 BCA 25,810; Coastal Marine Corp., AGBCA 89-190-3, 90-2 BCA 22,895, at 114,894; P.J. Dick Incorporated v. General Services Administration GSBCA 12036, 12449 (20 July 1994); vgl. Nager Electric Co. v. United States, 194 Ct. Cl. 835, 851, 442 F.2d 936, 945 (1971); see also Plaza Maya Ltd. Partnership, GSBCA 9086, 91-1 BCA 23,425, at 117,501 (1990); Dawson Construction Co., GSBCA 5364, 82-1 BCA 15,701, at 77,661.

[175] Davison & Mullen, Evaluating Contract Claims, 2. Auflage, 146.

[176] Laserbore Ltd v. Morrison Biggs Wall Ltd (1993) CILL 896.

[177] Crown House Engineering v. Amec Projects 48 Build LR 37.

[178] Laserbore Ltd v. Morrison Biggs Wall Ltd (1993) CILL 896.

[179] Vgl. auch Saville J in Greenmast Shipping Co v. Jean Lion et Cie (The Saronikos) [1986] 2 Lloyds Rep 277 at 279 col 1.

einem wettbewerbsfähigen Markt würde man erwarten, dass beide Ansätze annähernd zu den selben Zahlen kommen würden, insbesondere wenn man akzeptiert, dass derjenige der mit hoher Qualität anstelle von niedrigen Kosten im Markt antritt, nach beiden Tests eine höhere Vergütung erhalten sollte. Angebote sind üblicherweise auf „cost plus" Basis aufgebaut und die Annahme oder Ablehnung von Angeboten legt fest, was als Marktpreis angesehen werden kann. Aber ein Problem der Kläger ist, dass sie nicht erwartet haben, dass sie ihren Anspruch auf der Grundlage von „cost plus" zu beweisen haben und sie verfügen über keine ausreichenden Belege, um ihren Anspruch auf diese Weise zu beweisen.

Ich ziehe nicht in Zweifel, dass die „cost plus" Basis in der Form, in welcher sie von dem Wertsachverständigen des Beklagten angewendet wurde (obwohl nicht in anderer Hinsicht) im Prinzip falsch ist, wenngleich sie in mancher Hinsicht die richtigen Ergebnisse hervorbringen mag. Man kann dies mit Beispielen prüfen. Wenn die Geschäftsführung einer Gesellschaft hinreichend geschickt ist, zu Niedrigstpreisen von einem Liquidator Material auf Lager zu nehmen, muss sie dann den Vorteil ihres Geschickes an ihre Kunden weitergeben? Wenn ein Unternehmer zwei Kräne mit gleicher Kapazität und gleicher Effizienz bereit stellt, um ein gleiches Maß an Arbeit zu erledigen, sollte dann einer zu einem niedrigeren Preis als der andere abgerechnet werden, nur weil ein Kran ein Jahr alt ist, aber der andere drei Jahre alt? Wenn ein teurer Ausrüstungsgegenstand in den Büchern der Gesellschaft auf Null abgeschrieben ist, die Gesellschaft ihn aber aufgrund sorgfältiger Wartung weiter nutzt, muss dann die Ausrüstung mit Ausnahme der Aufwendungen (Treibstoff und Arbeit) kostenlos zur Verfügung gestellt werden? Auf der Grundlage der Argumente des Beklagten, ist die Antwort darauf ja. Ich kann nicht akzeptieren, dass dies richtig sein sollte.

91 **bb. Gemeinkosten (Overheads).** Das größte Problem stellen die indirekten Kosten oder auch Gemeinkosten dar[180]. Die Frage nach ihrer Erstattungsfähigkeit und ihrer Berechnung muss dem Umstand Rechnung tragen, dass sie teilweise zeitabhängig sind (Bauüberwachung oder Baustelleneinrichtung), während einige gemischt zeit- und massenabhängig (Betonmischmaschine, Kran, Versicherungsprämien) Kosten verursachen und andere gänzlich massenabhängig sind (Elektrizität, Versicherungsprämien)[181]. Wieder andere sind fest oder fallen nur einmalig an (Baustellenmobilisierung)[182].

92 Bauzeitabhängige Kosten setzen Klarheit über die Defintion von Bauzeit voraus. Bedauerlicherweise herrscht schon an dieser Stelle Meinungsvielfalt. Bauzeit wurde z.B. wie folgt definiert[183]:

1. Die Bauzeit ist die Zeit, die sich aus dem kritischen Weg ergibt, auf dem kein Raum für eine Bauzeitreduzierung mehr ist (Barrie and Paulson, 1992).
2. Zeit bedeutet die Zeit, die erforderlich ist, um eine konkrete Aufgabe oder Aktivität zu bewältigen, und die Bauzeit ist die Zeit, die durch die Bedürfnisse des Bestellers bestimmt wird, das fertig gestellte Vorhaben nutzen zu können (Callahan et al., 1992).

---

[180] Siehe dazu Mastrandrea, The Evaluation of Contractor's Overheads Claims in Construction, ICLR 2010, 299 ff.

[181] Vgl. Markanda, Building and Engineering Contracts, § 19.14.

[182] Vgl. Markanda, Building and Engineering Contracts, § 19.14.

[183] Barrie/Paulson, Professional Construction Management, 3. Auflage, London 1992; Callahan/Quackenbush/Rowings, Construction Project Scheduling. Boston 1992; Kwaku/Tenah/Guevera, Fundamental of Construction Management and Organization, Virginia 1985; Nkado, R.N. (1995). Construction time-influencing factors: The contractors perspective. Construction Management and Economics, 13, 81–89; Pilcher, Principles of Construction Management, 3. Auflage, London 1992.

3. Bauzeit ist die Zeit, die aufgrund von Untersuchungen nach einer oder mehreren Methoden für die Herstellung zu minimalen Kosten benötigt wird (Pilcher, 1992).
4. Bauzeit bezieht sich auf eine gegebene Zeit, die auf der Grundlage sämtlicher Projektdaten und Ressourcen für die Herstellung und Fertigstellung von Arbeit zu den geschätzten oder vorausberechneten Kosten benötigt wird (Kwaku, 1994).
5. Bauzeit kann als die Zeit definiert werden, die von dem Beginn der Arbeiten bis zur Fertigstellung verstreicht. Sie wird üblicherweise vorab festgelegt (Nkado, 1995).

Indirekte Gemeinkosten sind in der Regel erstattungsfähig[184]. Sie liegen nach Beobach- 93
tung von Markanda bei größeren Vorhaben, die öffentlich unter Wettbewerbsbedingungen vergeben werden, üblicherweise zwischen 3 und 7% der Herstellungskosten[185]. Die Gemeinkosten können im Prinzip aus dem Buchwerk entwickelt werden. Voraussetzung ist, dass das Buchwerk entsprechende Positionen enthält, wie z.B. Verwaltungskosten und Personalkosten. Der Darlegungs- und Beweisdruck ist allerdings so groß, dass versucht wird, den „Schaden" über eine formelhafte Betrachtung zu ermitteln[186]. Dividiert man die ermittelten Verwaltungskosten durch die ermittelten Arbeitskosten, ergibt sich ein **Prozentsatz der Gemeinkosten im Verhältnis zu den Arbeitskosten**. Dieser Faktor kann anschließend mit den auf der Baustelle angefallen tatsächlichen Arbeitskosten multipliziert werden[187]. Obwohl den englischen Gerichten die Unzulänglichkeit derartiger Formeln bewusst ist, wird ihre Anwendung von den Gerichten gebilligt, wenn die Formel nicht blindlings und ohne Berücksichtigung der tatsächlichen Gegebenheiten angewendet wird[188]. Es ist in **England** allgemein anerkannt, dass ein Unternehmer, der von dem Besteller bei der Vertragserfüllung behindert wird, eigentlich einen Anspruch auf allgemeine Gemeinkosten und Baustellengemeinkosten für die Dauer der Behinderung geltend machen kann, falls die Arbeitskräfte, hätte es die Behinderung nicht gegeben, die Möglichkeit gehabt hätten, auf einem anderen Vorhaben eingesetzt zu werden, was zur Folge gehabt hätte, dass die Gemeinkosten erwirtschaftet worden wären[189]. Auch in den **USA**[190] haben die Gerichte über Jahrzehnte hinweg durchgängig entschieden, dass öffentliche Auftraggeber für die Dauer der von ihnen zu vertretenden Behinderung Gemeinkosten schulden[191]. Ausgangspunkt ist, dass die Kalkulation des Auftragnehmers zeitabhängige Gemeinkosten einschließt, für die es an einem Kostenbeitrag fehlt, wenn sich die Bauzeit verlängert.

Zur Ermittlung und Berechnung von Gemeinkosten in Behinderungsfällen hat die an- 94
gelsächsische Praxis im Wesentlichen drei Formeln hervorgebracht[192]:

---

[184] Shore & Horowitz Construction Co. v. Franki Canada Ltd. [1964] S.C.R.; Ace Constructors, Inc., v. United States, 70 Fed. Cl. 253 (2006); Luria Brothers & Co v. United States, 369 F.2d 701, 709–710 (Ct. Cl. 1966); J.D. Hedin Construction Co v. United States, 347 F.2d 235 (Ct. Cl. 1965).
[185] Markanda, Building and Engineering Contracts, § 19.14.1.
[186] Murdoch/Hughes, Construction Contracts, 231; Markanda, Building and Engineering Contracts, § 19.14.1.
[187] Vgl. Miller Dredging Ltd. v. Dorothy MacKenzie (The), 1994 CanLII 1312 (Court of Appeal for British Columbia).
[188] Muroch/Hughes, Construction Contracts, 231.
[189] J.F. Finnegan Ltd –v.- Sheffield City Council (1988) 43 BLR 124 per Sir William Stabb QC.
[190] Der Leading Case war Fred R. Comb Co. v. United States, 103 Ct.Cl. 174 (1945), dem die Gerichte vielfach gefolgt sind, z.B. in Luria Brothers & Co. v. United States, 177 Ct.Cl. 676, 369 F.2d 701, 709-10 (1966); J.D. Hedin Construction Co. v. United States, 347 F.2d 235, 259 (Ct.Cl.1965).
[191] Erneut bestätigt in Capital Electric Co. V. United States, 729 F.2d 743 (Fed. Cir., 1984).
[192] Zu anderen Formeln siehe Manshul Construction Corp. v. Dormitory Authority, 436 N.Y.S.2d 724 (App. Div.) (1981) – Manshul-Formel; Carteret Work Uniforms, Inc., ASBCA No. 1647, 6 CCF § 61, 651–1951 (1954) – Carteret-Formel; Allegheny Sportswear Co., ASBCA No. 4163, 58-1 BCA (CCVH); 1684 (1958) – Allegheny-Formel.

- die Hudson-Formel,
- die Emden-Formel und
- die Eichleay-Formel.

95 Der Zweck der Hudson-, Eichleay- und Emden-Formel besteht darin, eine angemessene Kalkulation dieses Verlustes aus dem eigenen Buchwerk oder anderen Daten des Unternehmers herzuleiten[193]. Folgende Überlegungen fließen in die Formeln ein: Ein Unternehmer, der einen Preis für ein individuelles Vorhaben anbietet, nachdem er die geschätzten Gemeinkostenarten geschätzt hat, die für die Durchführung des Vertrages selbst anfallen, muss sodann auf der Grundlage der Herstellungskosten ergänzend die kombinierte Durchführungsmarge für das Vorhaben ermitteln, aus der nicht nur der Gewinn hervorgeht, sondern die auch – zusammen mit anderen Vorhaben – einen geeigneten Beitrag zu den festen Gemeinkosten des Unternehmens als Ganzes leisten muss (der ebenso wie der reine Gewinn nur aus dem Gesamtumsatz aller Verträge des Unternehmens generiert werden kann)[194]. Im Falle eines verzögerten Bauablaufs, wo es darauf ankommt, den Gewinn festzustellen, den das betroffene Unternehmen im Geschäft aus anderen Aufträgen erwartet hat, ist es dieses notwendige Produkt aus Gewinnmarge und festen Gemeinkosten, dass das Unternehmen unter geeigneten Marktbedingungen als Folge der von dem Besteller verursachten Verzögerung des konkreten Auftrages eingebüßt hat, auf dessen Ersatz er Anspruch hat[195].

96 Die drei vorgenannten Formeln genießen je nach Region unterschiedliches Ansehen. In Indien wird die Emden-Formel bevorzugt[196], obgleich aus Sicht des Indischen Supreme Court je nach Lage der Dinge alle drei Formeln angewendet werden können[197], während in den USA häufiger die Eichleay-Formel genutzt wird[198], wenngleich auch dort die Emden-Formel eine anerkannte Berechnungsgrundlage ist[199]. Englische Gerichte haben häufiger die Hudson-Formel angewendet[200]. Zu den berücksichtigungsfähigen allgemeinen Gemeinkosten des Unternehmens gehören nach gängiger Auffassung[201]:

- Gehälter der Geschäftsführung und der Angehörigen der Hauptverwaltung
- Rechtsberatungs- und Buchhaltungskosten

---

193 Norwest Holst Construction Ltd v. Co-Operative Wholesale Society Ltd [1998] EWHC Technology 339 (17th February, 1998) unter Bezugnahme auf Hudson's Building and Engineering Contracts, Rn. 8-179.

194 Norwest Holst Construction Ltd v. Co-Operative Wholesale Society Ltd [1998] EWHC Technology 339 (17th February, 1998) unter Bezugnahme auf Hudson's Building and Engineering Contracts, Rn. 8-179.

195 Norwest Holst Construction Ltd v. Co-Operative Wholesale Society Ltd [1998] EWHC Technology 339 (17th February, 1998) unter Bezugnahme auf Hudson's Building and Engineering Contracts, Rn. 8-179.

196 Supreme Court of India in McDermott International Inc. v. Burn Standard Co Ltd 2006 (11) SCC 181; vgl. zur Nutzung der Emden-Formel auch Norwest Holst Construction Ltd. v. Cooperative Wholesale Society Ltd., decided on 17 February, 1998, Beechwood Development Company (Scotland) Ltd. v. Mitchell, decided on 21 February, 2001 and Harvey Shoplifters Ltd. v. Adi Ltd., decided on 6 March, 2003; vgl. aber Markanda, Building and Engineering Contracts, § 19.14.1.

197 Supreme Court of India in McDermott International Inc. v. Burn Standard Co Ltd 2006 (11) SCC 181, siehe auch Markanda, Building and Engineering Contracts, § 19.14.1.

198 Dawson Construction Co., GSBCA No. 4956, 79-2 BCA p 13,989, at 68,635 (1979); Luria Bros. & Co. v. United States, 369 F.2d 701, 706-07, 711, 177 Ct.Cl. 676(1966) (Anordnung von Baugrunduntersuchungen); J.D. Hedin Constr. Co. v. United States, 347 F.2d 235, 242, 245, 171 Ct.Cl. 70 (1965) (für die Dauer von 11 Wochen war keine produktive Arbeit möglich); Cbc Enterprises Inc v. United States, 978 F2d 669.

199 Vgl. Nicon Inc.v. United States, decided on 10 June, 2003 (USCA Fed. Cir.), Gladwynne Construction Company v. Balmimore, decided on 25 September, 2002; Charles G. William Construction Inc. v. White, 271 F.3d 1055; Capital Electric Co. V. United States, 729 F.2d 743 (Fed. Cir., 1984).

200 Ellis-Don v. Parking Authority of Toronto (1978) 28 BLR 98.

201 Vgl. Schwartzkopf/McNamara/Hoffar, Calculating Construction Damages, 1992.

- Miete und Kosten des Hauptsitzes
- Kosten für Werbung
- Unternehmensversicherung
- Mitarbeiterrekrutierung
- Gerätekosten, Fax, Telefon, Computer
- Mitarbeiterpflege
- Zinsen auf Unternehmenskredite
- Reisekosten für Mitarbeiter des Hauptsitzes
- Risiko für schlechte Forderungen
- Abschreibung auf Unternehmensaktiva
- Externe Beratungskosten
- Beiträge an Berufsorganisationen und Verbände

Die drei Formeln lauten wie folgt:

Hudson Formula: „(Contract head office overhead & (Profit percentage) : 100) x (contract sum : contract period) x period of delay" 97

In anderen Worten: Vertragliche Gemeinkosten in Prozent geteilt durch 100 x (Vertragssumme geteilt durch Vertragsdauer (weeks/days)) x Verspätung (weeks/days)

Diese Formel wurde namentlich in zwei kanadischen Fällen angewendet. Im Fall Ellis-Don Ltd v. The Parking Authority of Toronto[202] befand das Gericht, der Unternehmer habe Anspruch auf verzögerungsbedingten Schadensersatz für Baustellengemeinkosten in Höhe eines wöchentlichen Beitrages und entgangenen Gewinn in Anlehnung an die im Angebot angegeben Gewinnmarge von 3,8%.

In einem anderen kandischen Fall[203] hatte der Kläger den Beklagten mit Pfahlgründungsarbeiten beauftragt. Der Beklagte führte die Arbeiten mangelhaft aus und verursachte dadurch 4 ¾ Monate Bauverzug im Hauptvertrag. Daraufhin nahm der Kläger den Beklagten auf Schadensersatz in Anspruch. Der verzugsbedingte Schaden wurde mit $99,598.13 ermittelt. Das Berufungsgericht setzte den ermittelten Betrag für Gemeinkosten von $16,909.33 auf $3,692.10 herab. Dagegen wandte sich der Kläger vor dem Supreme Court. Der Supreme Court hob das Berufungsurteil insoweit auf. Spence J, der die Meinung des Gerichts formulierte, führte sinngemäß aus, die jährlichen Gemeinkosten werden als Prozentsatz der direkten Kosten ausgedrückt und dann wird dieser Prozentsatz auf die direkten Kosten des individuellen Auftrages übertragen. Soweit der Auftrag mehr als 4 Monate mehr von der Zeit des Klägers in Anspruch nahm, fielen zusätzliche Gemeinkosten für diesen Zeitraum an, ohne dass der Kläger dafür einen Beitrag erhielt. Der fehlende Beitrag ist für den starken Anstieg des Gemeinkostenanteils gegenüber den direkten Kosten im Geschäftsjahr des Klägers verantwortlich. In der abweichenden Stellungnahme von Judson, J., der die Revision abweisen wollte, hieß es dagegen, dass der Klagevortrag unzureichend gewesen sei, der darin bestand, dass der Kläger vorgetragen hatte, die Gemeinkosten pro Monat hätten $2,802 betragen, so dass dieser Betrag mit 4 ¾ zu multiplizieren sei. Das Gericht erkannte zwar grundsätzlich an, dass die von dem Subunternehmer zu vertretende Verzögerung Schadensersatzansprüche begründen könne, die auf dem Umstand beruhen können, dass der Kläger keine neuen Aufgaben übernehmen konnte. Doch dazu hatte der Kläger nichts vorge-

[202] Ellis-Don Ltd v. Parking Authority of Toronto (1978) 28 BLR 98.
[203] Shore & Horwitz Construction Co. Ltd. v. Franki of Canada Ltd., [1964] S.C.R. 589.

tragen. Auch war nicht vorgetragen worden, dass der Kläger seinen Geschäftsbetrieb nur zum Zwecke der Erledigung dieses Auftrages aufrechterhielt oder die Gemeinkosten nur für diesen Auftrag erforderlich waren.

98 **Emden Formula**: head office overhead & profit percentage (= Total Overhead cost & profit ./. Total turnover) x (Contract sum ./. Contract Period) x period of delay[204]

Vermittels der Emden-Formel ermittelt man zunächst den Prozentsatz der Gemeinkosten, in dem man die vollständigen unternehmensbezogenen Gemeinkosten und Gewinne durch den Unternehmensumsatz im Vergleichszeitraum teilt. Anschließend wird der ermittelte Prozentsatz mit dem Verhältnis aus Vertragssumme zu Vertragslaufzeit multipliziert. Das Ergebnis wird ermittelt, in dem sodann das letzte Zwischenergebnis mit den auf den Besteller entfallenden Verzögerungstagen multipliziert wird. Diese Formel hat den Vorteil, dass die tatsächlichen Gemeinkosten und Gewinnsätze genutzt werden anstatt derjenigen, die im Vertrag enthalten sind.

Beispiel[205]: In dem englischen Fall Norwest Holst Construction hatte sich der Schiedsrichter auf die Emden-Formel berufen:

C x D x HO

P

where C = Contract Sum

34. D = Delay in weeks

35. P = Contract Period in weeks

36. HO= Head Office Overheads and Profit as expressed as a % of turnover

Die Klausel wandte er wie folgt an:

1. Die Verzögerung verursachte CWS zusätzliche Kosten. Sie beruhten auch während der Verzögerung zusätzlich aufgewendeter Zeit für das Führungspersonal auf der Baustelle.
2. Einige Schäden und Ausgaben fielen in Form von Gemeinkosten an, u.a. für Beleuchtung und Heizung.
3. Ein Anspruch auf Ersatz des fehlenden Kostenbeitrages zu Gemeinkosten wäre gegeben, wenn CWS darlegen könnte, Schaden erlitten zu haben.
4. Die zusätzlich aufgewendete Zeit wäre anderen Bauvorhaben zugute gekommen, wenn sie nicht für diesen Vertrag erforderlich gewesen wäre.
5. CWS erlitt einen Schaden aufgrund des fehlenden Kostenbeitrages infolge des Umstandes, dass das Führungspersonal auf der Baustelle weniger Zeit auf andere Baustellen verwenden konnte.
6. Es war nicht möglich anzunehmen, dass der fehlende Kostenbeitrag so hoch war wie er über die Emden-Formel zugestanden werden kann.
7. Der angemesene Weg für beide Schäden war es, CWS einen kombinierten Betrag für 19 Wochen zuzusprechen, der einem Fünftel des Betrages entsprach, der über die Emden-Formel als wöchentlicher Betrag errechnet werden kann.

---

204 Zur Anwendung dieser Formel vgl. Property and Land Contractors Ltd v. Alfred McAlpine Homes North Ltd.

205 Norwest Holst Construction Ltd v. Co-Operative Wholesale Society Ltd [1998] EWHC Technology 339 (17th February, 1998).

Das später angerufene Gericht führte aus, dass die **Emden**-Formel nachhaltig ist und unter nachstehenden Bedingungen als Grundlage für die Berechnung der Ansprüche des Unternehmers herangezogen werden kann:

1. Der fragliche Verlust muss als erlitten dargetan und bewiesen werden.
2. Es muss dargetan sein, dass die fragliche Verzögerung den Unternehmer darin gehindert hat, vorhandene andere Arbeit anzunehmen, die einen Kostenbeitrag geleistet hätte. Alternativ muss die Verzögerung im relevanten Geschäftsjahr einen geringeren Gemeinkostenbeitrag verursacht haben als er ohne die Verzögerung geleistet worden wäre.
3. Die Verzögerung darf nicht mit einem entsprechenden Anstieg des Umsatzes und Gemeinkostenbeitrages einhergehen.
4. Die Gemeinkosten dürfen nicht solche sein, die ohnehin angefallen wären, ohne dass der Unternehmer Umsatz erzielt hätte, der einen Gemeinkostenbeitrag geleistet hätte.
5. Es darf keine Marktveränderung eingetreten sein, die die Möglichkeit zur anderweitigen Gewinnerzielung beeinträchtigt und ein anderer Markt muss vorhanden gewesen sein. Auch darf keine Möglichkeit bestanden haben, trotz der Verzögerung seine Ressourcen anderweitig einzusetzen. Mit anderen Worten es darf keine Einschränkung bestanden haben, den Gemeinkostenbeitrag anderweitig zu erlangen[206].

Eichleay Formula: Hierbei handelt es sich um eine dreistufige Formel, wie folgt[207]: **99**

- Vertragsbezogener Umsatz während der Vertragslaufzeit geteilt durch vollständigen unternehmensbezogenen Umsatz in der Vertragslaufzeit multipliziert mit dem unternehmensbezogenen Gemeinkostensatz in der Vertragslaufzeit = die zuteilungsfähigen Gemeinkosten für die **Vertragslaufzeit**
- Zuteilungsfähige Gemeinkosten geteilt durch Vertragslaufzeit = **tägliche** zuteilungsfähige Gemeinkosten in Bezug auf den Vertrag
- Tägliche Gemeinkosten x Verlängerungszeit = Daily overhead x prolongation period = loss of contribution to Head Office overhead
- Diese Formel richtet sich darauf, zunächst die gesamten Gemeinkosten während der Vertragdauer zu ermitteln, in dem der Wert der während der Vertragslaufzeit ausgeführten Arbeiten mit denen im Vergleichszeitraum insgesamt von dem Unternehmen ausgeführten Arbeiten verglichen wird. Der Anteil an Gemeinkosten wird in ähnlicher Weise ermittelt und dann als Betrag pro Tag festgestellt. Dieser Satz wird anschließend mit dem in Tagen ausgedrückten Verzögerungszeitraum multipliziert[208].

Die Hudson-Formel wurde kritisiert, weil sie den vertraglichen Gemeinkostensatz verwendet, was wenig oder gar keinen Bezug zu den tatsächlichen Kosten des Unternehmers herstellt[209].

Berechnungsvergleich: Die Ergebnisse variieren je nachdem, welche Formel angewendet wird. Das lässt sich anhand eines Beispiels nachweisen. Folgende Ausgangsdaten werden nachstehend zugrunde gelegt: **100**

- Unternehmensumsatz: Ursprüngliche Vertragslaufzeit € 250.000.000
- Unternehmensumsatz: Tatsächliche Vertragslaufzeit € 400.000.000

---

[206] Vgl. auch Murdoch/Hughes, Construction Contracts, 231.
[207] Vgl. Supreme Court of India in McDermott International Inc. v. Burn Standard Co Ltd 2006 (11) SCC 181.
[208] Vgl. Supreme Court of India in McDermott International Inc. v. Burn Standard Co Ltd 2006 (11) SCC 181.
[209] Vgl. Supreme Court of India in McDermott International Inc. v. Burn Standard Co Ltd 2006 (11) SCC 181.

- Arbeitskosten gesamt: Tatsächliche Vertragslaufzeit € 150.000.000
- Ursprünglicher Vertragswert € 70.000.000
- Vertragswert vor dem Anspruch € 80.000.000
- Rechnungen: Ursprüngliche Vertragslaufzeit € 70.000.000
- Rechnungen: Tatsächliche Vertragslaufzeit € 80.000.000
- Rechnungen: Verzögerungszeitraum € 10.000.000
- Arbeitskosten: Verzögerungszeitraum € 3.000.000
- Unternehmensbezogene Gemeinkosten: Ursprüngliche Vertragslaufzeit € 16.000.000
- Unternehmensbezogene Gemeinkosten: Tatsächliche Vertragslaufzeit € 28.000.000
- Gesamtgemeinkosten und Gewinn: Tatsächliche Vertragslaufzeit € 37.000.000
- Geplante Vertragslaufzeit Dauer 400 Kalendertage
- Tatsächliche Laufzeit 700 Kalendertage
- Verlängerte Bauzeit 300 Kalendertage
- Bestellerursächliche Verzögerung 250 Kalendertage
- Geplante Gemeinkosten und Gewinn in % gemäß Angebot 7 %

101 **(1) Eichleay-Formel.** Rechnungsvolumen in der tatsächlichen Laufzeit ./. Unternehmensumsatz in der tatsächlichen Laufzeit x Unternehmensbezogene Gemeinkosten der tatsächlichen Laufzeit = **vertragsbezogene Gemeinkosten (allocable overheads)**

Vertragsbezogene Gemeinkosten ./. Tatsächliche Vertragslaufzeit = vertragsbezogene Gemeinkosten pro Tag (**daily rate**)

Tägliche Gemeinkosten x bestellerursächliche Verzögerung = geschuldete Gemeinkosten (**attributable overheads**)

80.000.000 ./. 400.000.000 x 28.000.000 = 5.600.000

5.600.000 ./. 700 = 8.000 pro Tag

8000 x 250 = 2.000.000

102 **(2) Hudson-Formel.** Geplante Gemeinkosten und Gewinn in % gemäß Angebot x Ursprünglicher Vertragswert ./. Ursprüngliche Vertragslaufzeit = x (Gemeinkosten pro Tag)

Gemeinkosten pro Tag x bestellerursächliche Verzögerung = geschuldete Gemeinkosten

7% x 70.000.000 ./. 400 = 12.250 pro Tag

12.250 x 250 = 3.062.500

103 **(3) Emden-Formel.** (Gesamtgemeinkosten und Gewinn ./. Unternehmensumsatz: Tatsächliche Vertragslaufzeit (= Gemeinkosten und Gewinn aus Unternehmensumsatz in Prozent)) x (Ursprünglicher Vertragswert ./. ursprünglicher Vertragslaufzeit) x bestellerursächliche Verzögerung (in Tagen) = geschuldete Gemeinkosten

37.000.000 ./. 400.000.000 = 0,0925

0,0925 x 70.000.000 ./. 400 = 16.187,5

16.187,5 x 250 = 4.046.875

Es wird deutlich, dass mit der Emden-Formel im Zweifel der höchste Anspruch ausgewiesen wird.

Es gilt stets zu beachten, dass die Emden-Formel, ebenso wie die Hudson-Formel und ihr amerikanisches Pendant, die Eichleay-Formel abhängig von verschiedenen Annahmen sind, die nicht immer gegeben sind. Sind sie nicht gegeben, ist die Anwendung der Formeln nicht gerechtfertigt[210]. Zum Beispiel setzt die Hudson-Formel in Bezug auf den Gewinn voraus, dass es möglich war, anderweitig Gewinn zu erwirtschaften und dass keine Änderung in Bezug auf die Marktbedingungen eingetreten war, die sich auf die Profitabilität der Arbeit auswirkt. Es muss auch festgestellt werden, dass der Unternehmer nicht in der Lage war, seine Ressourcen anderweitig einzusetzen und dass er keine Möglichkeit besaß den Kostenbeitrag für die Gemeinkosten aus anderen Ressourcen zu ziehen, z.B. aus einer Vergrößerung des Auftragsvolumens. Im Fall der Bauverzögerung gibt es eine Unterdeckung zum Gemeinkostenbeitrag als Folge des durch die Behinderung verursachten reduzierten Arbeitsvolumens, doch dieser Umstand muss tatsächlich dargetan werden. Wenn das Gesamtgeschäft des Unternehmers während der Behinderung nicht nachgelassen hat, ist ein entsprechender Gemeinkostenbeitrag vorhanden, der einen Verlust ausschließt[211]. 104

cc. Ausrüstung. Auch direkte Gemeinkosten in Form von längeren Gerätestandzeiten sind erstattungsfähig[212]. Ausrüstungskosten können in der Weise ermittelt werden, dass ein Kostensatz pro Stunde ermittelt wird. Dieser Satz kann dann mit den angefallen Gerätekosten multipliziert werden[213]. Es können auch Mietkosten oder Kosten eigener Ausrüstung, die durch Nutzungsausfall entstehen, angesetzt werden[214]. 105

i. Global and Total Claims. Der Ausdruck globaler Anspruch (global claim) wird üblicherweise in Schottland, England und anderen Common Law Jurisdiktionen verwendet, um einen Anspruch aus einer Baubetriebsstörung zu beschreiben, der nicht nach einzelnen Betriebsstörungen differenziert ist. In den USA verwendet man stattdessen den Begriff ganzheitlicher Kostenanspruch (total cost claim); gelegentlich kommt auch der so genannte modifizierte ganzheitliche Anspruch (modified total cost claim) vor[215]. Aus englischer und australischer Sicht sind globale Kostenansprüche ausnahmsweise zulässig[216]. Bryne J. hat im Fall John Holland ausgeführt: 106

Der behauptete Anspruch ist ein globaler Anspruch, was bedeutet, dass der Kläger nicht danach trachten muss, irgendwelche spezifische Verluste einer spezifischen Vertragsverletzung zuzuordnen, sondern sich damit begnügen kann, einen zusammengesetzten Verlust als Resultat aller behaupteten Verletzungen vorzutragen, oder möglicherweise das Resultat solcher bewiesener Verletzungen.

---

210 McAlpine v. Property and Land Contractors (1995) 76 BLR 59.

211 McAlpine v. Property and Land Contractors (1995) 76 BLR 59.

212 Vgl. Ace Constructors, Inc., v. United States, 70 Fed. Cl. 253 (2006), nachfolgend bestätigt von dem zuständigen Court of Appeal, Urteil vom 19.12.2007.

213 Vgl. Miller Dredging Ltd. v. Dorothy MacKenzie (The), 1994 CanLII 1312 (Court of Appeal for British Columbia).

214 Vgl. Shore & Horowitz Construction Co. v. Franki Canada Ltd. [1964] S.C.R.

215 John Doyle Construction Ltd v. Laing Management (Scotland) LTD [2004] ScotCS 141 (11 June 2004) mit weiteren Erläuterungen zur Terminologie.

216 Borough of Merton v. Stanley Hugh Leach Ltd, (1985) 32 BLR 51; Wharf Properties Ltd v. Eric Cumine Associates, (1991) 52 BLR 8; John Holland Construction & Engineering Pty Ltd v. Kvaerner RJ Brown Pty Ltd, (1996) 82 BLR 81 = 13 BCL 262; Nauru Phosphate Royalties Trust v. Matthew Hall Mechanical & Electrical Engineers Pty Ltd & Anor [1994] 2 VR 386; vgl. auch John Holland Pty Ltd v. Hunter Valley Earthmoving Company Pty Limited [2002] NSWSC 131 (8 March 2002).

107 Ein globaler Anspruch muss nicht generell scheitern. Die Beweislage kann aber ergeben, dass trotz komplizierter Kausalketten, die den globalen Anspruch letztlich ausmachen, einzelne Beträge einzelnen Ereignissen zugeordnet werden können. Der globale Anspruch als solcher wird also scheitern, sofern die Beweislage eine ausreichende Grundlage dafür bildet, dass einzelne Beziehungen hergestellt werden können, die die Aufteilung des Gesamtschadens nach einzelnen Ursachen ermöglicht, für die eine der Parteien verantwortlich ist. Es heißt in John Doyle[217] wörtlich:

Wir sind der Auffassung, dass nach gründlicher Analyse die vorstehende Berechnungsmethode in Bezug auf den Anspruch des Klägers in relevanter Weise vorgetragen wurde. Der Anspruch auf unwirtschaftliche Arbeitskosten wie er in den vorstehenden Paragraphen ... zusammengefasst ist, ist kein globaler Anspruch im Sinne eines ganzheitlichen Kostenanspruchs. Er setzt keinen Vergleich der vollständigen tatsächlichen Kosten des Unternehmers mit seiner Angebotsschätzung für dieselben Arbeiten voraus. In erster Linie ist er auf die unwirtschaftlichen Arbeitskosten beschränkt, und schließt tatsächlich bestimmte Arbeitskosten aus, die eher auf der Grundlage von Verzögerung als auf der Grundlage von Behinderung kalkuliert werden können (die Arbeitskosten, die ...). Er schließt ebenfalls zusätzliche Kosten für die Baustelleneinrichtung des Klägers und Gemeinkosten und Finanzierungskosten aus, die aus 22 Wochen Verzögerung resultieren. In zweiter Linie werden tatsächliche Arbeitskosten in Bezug auf Block A nicht mit der Angebotsschätzung verglichen. Stattdessen werden sie mit tatsächlichen Arbeitskosten in Abschnitten verglichen, von denen nicht vorgetragen wird, dass sie behindert wurden ...

108 Im US-Fall *Boyajian v. United States*[218], hat das Gericht die Zulässigkeit der „total cost method“ wie folgt bestätigt und kommentiert:

Diese Theorie wurde niemals von diesem Gericht bevorzugt und wurde nur toleriert, wenn keine andere Methode verfügbar war und wenn die Verlässlichkeit der unterstützenden Beweisführung vollständig dargelegt war ... Die Eignung der Methode hängt von dem Beweis ab, dass (1) die Natur der einzelnen Verluste es unmöglich oder undurchführbar macht, sie mit angemessener Sicherheit festzustellen, (2) das Angebot des Klägers realistisch war, (3) seine tatsächlichen Kosten angemessen waren und (4) er nicht für die zusätzlichen Aufwendungen verantwortlich war.

In diesem Fall wurde entschieden, dass keine Vermutung besteht, die Aufwendungen des Unternehmers seien angemessen.

109 **4. Auswirkungen auf die Vertragsauslegung und Vertragsgestaltung.** Die angelsächsischen Vertragswerke enthalten üblicherweise Klauseln mit folgendem Wortlaut:

a. **If ... the Contractor shall be entitled to „any costs which may be reasonably incurred by the Contractor“** (ICE 6th)

b. Unterklausel 4.23 JCT05 gewährt einen Anspruch **auf „as ‚loss and/or expense‘ caused by matters materially affecting the regular progress of the works“.**

c. Die US-amerikanischen Federal Acquisition Regulation (FAR) sehen in FAR 52.236-2 vor

217 John Doyle Construction Ltd v. Laing Management (Scotland) LTD [2004] ScotCS 141 (11 June 2004), bei Paragraph 29.

218 Boyajian v. United States, 423 F 2d 1231, at 1243 (1970).

(a) The Contractor shall promptly, and before conditions are disturbed, give a written notice to the Contracting Officer of (1) ... latent physical conditions at the site which differ materially from those indicated in this contract ...

...

(b) The Contracting Officer shall investigate the site conditions promptly after receiving the notice. *If the site conditions do materially so differ and cause an increase ... **in the Contractor's cost of, or the time required for, performing any part of the work*** **under this contract**, whether or not changed as a result of the conditions, ***an equitable adjustment** shall be made* under this clause and the contract modified in writing accordingly.

(c) No request by the Contractor for an equitable adjustment to the contract under this clause shall be allowed, unless the Contractor has given the written notice required.

Der United States Court of Federal Claims hat die vorstehende Anpassungsklausel ganz selbstverständlich so verstanden und angewendet, als handele es sich um eine vertragliche Schadensersatzklausel[219]. Es heißt in dem Urteil sinngemäß: **110**

*Die Darlegungslast für die nach dem Beweisergebnis zu bestimmende Höhe des Anpassungsbetrages liegt bei dem Unternehmer[220]. Allerdings muss der Unternehmer die Höhe **seines Schadens** nicht mit absoluter Sicherheit oder mathematischer Genauigkeit beweisen[221]. Es ist ausreichend, dass der Unternehmer dem Gericht eine ausreichende Schätzgrundlage vorträgt, auch wenn das Ergebnis eher approximativ ist.*

Das zutreffende Maß der gerechten Anpassung beläuft sich auf die zusätzlichen Kosten, die der Unternehmer erlitten hat, wenn diese Kosten angemessen waren[222]. Der Unternehmer klagte insbesondere auf Zahlung von Kosten, die ihm durch „abweichende Baugrundbedingungen" entstanden waren. Er machte zusätzliche direkte Kosten, wie Mehrkosten für Personal, Ausrüstung und Betriebskosten für Ausrüstung, zusätzliche Wasserkosten, Kosten für den Transport zusätzlichen Füllmaterials sowie Kosten für Bodenmengenberechnung, Überwachung und Bodenuntersuchungen geltend. Die Betriebskosten für die Ausrüstung wurde z.B. auf der Gurndlage von Stundensätzen gebilligt. Die Anzahl der Stunden ermittelte das Gericht aus bestätigten Lohnlisten und Betriebsberichten. Zusätzliche baustellenbezogene und allgemeine Gemeinkosten billigte das Gericht ebenfalls als Aufschlag zu den direkten Kosten zu. Die baustellenbezogenen Gemeinkosten ermittelte es als Prozentsatz von den direkten Kosten vor Anpassung. Die allgemeinen Gemeinkosten wurde über den von den Parteien vereinbarten Prozentsatz von 5,8% von den direkten Kosten errechnet[223].

a. Letter of Intent. In einem Letter of intent fand sich die Klausel wonach ein Anspruch auf „**all direct costs and directly incurred losses**" bestand[224]. **111**

---

[219] Ace Constructors, Inc.,v. United States, 70 Fed. Cl. 253 (2006), nachfolgend bestätigt von dem zuständigen Court of Appeal, Urteil vom 19.12.2007.

[220] Siehe Teledyne McCormick-Selph v. United States, 558 F.2d 808, 810 (Ct. Cl. 1978).

[221] Wunderlich Contracting Co. v. United States, 351 F.2d 956, 968 (Ct. Cl. 1965) unter Hinweis auf Houston Ready-Cut House Co. v. United States, 96 F. Supp. 629 (Ct. Cl. 1951); vgl. auch Daly Constr., Inc. v. Garrett, 5 F.3d 520, 522 (Fed. Cir. 1993).

[222] George Sollit Constr. Co. v. United States, 64 Fed. Cl. 229, 245 (2005).

[223] Ace Constructors, Inc., v. United States, 70 Fed. Cl. 253 (2006), nachfolgend bestätigt von dem zuständigen Court of Appeal, Urteil vom 19.12.2007.

[224] Robertson Group (Construction) Ltd v. Amey-Miller (Edinburgh) Joint Venture & Ors [2005] ScotCS CSOH_60 (10 May 2005).

Das Gericht legte die Klausel in dem *Letter of Intent* dahin aus, dass sie den Unternehmer berechtige, indirekte Gemeinkosten und Gewinn zu fordern. Solche Ansprüche müssten allerdings natürlicherweise aus dem normalen Verlauf der Dinge folgen[225]. Im Grundsatz werden also solche Klauseln als schadensersatzähnlich angesehen und im Lichte der englischen Hadley v. Baxendale Rechtsprechung ausgelegt[226].

112 In Bezug auf Unterklausel 4.23 of JCT 05, auf deren Grundlage der Unternehmer Verlust und/oder Auslagen (loss and/or expense) geltend machen kann, wenn der reguläre Arbeitsfortschritt beeinträchtigt ist, haben die englischen Gerichte ausdrücklich bejaht, dass deren Wortlaut mit dem „gesetzlichen" Wortlaut zum Schadensersatz identisch ist[227]. Der englische Court of Appeal[228] hat zudem entschieden, dass die Begriffe „direkter Verlust und/oder Auslagen" den direkten Schäden im Sinne der ersten Alternative in der Hadley v. Baxendale Rechtsprechung entsprechen. In einer australischen Entscheidung finden sich sodann folgende Ausführungen zu vertraglichen Ansprüchen[229]:

Was ist dann Verlust oder Auslagen gemäß Clause 24 (i)? Ich kann nur sagen, dass es ein Verlust ist, den der Ausführende nicht erlitten haben würde, wenn die Ursache für die Verzögerung nicht bestanden hätte. Die in Rede stehenden Begriffe sind weit. Sie fassen eine einfache Beziehung von Ursache und Wirkung zwischen dem Verlust oder der Auslage und der Verzögerung ins Auge. Damit solch ein Verlust oder eine Auslage erstattungsfähig sind, müssen sie als Folge der Verzögerung erlitten werden. Herr Bell [für den Minister] bemühte sich, zwischen vorhersehbaren und nicht vorhersehbaren Verlusten und Auslagen zu unterscheiden. Ich denke nicht, dass eine solche Unterscheidung relevant ist. Wir beurteilen keinen Schadensersatz aus Vertragsverletzung, wie er solchen Fällen wie Hadley v. Baxendale und Victoria Laundry v. Newman zugrunde lag. Eine Vertragsverletzung liegt hier nicht notwendigerweise vor. Vielmehr legen wir die ausdrücklichen Begriffe aus dem Vertrag aus, die dem Ausführenden ein Recht geben. Ich sehe keinen Grund einen Anspruch für Produktivitätsverlust von den Begriffen Verlust und Auslagen auszunehmen, wenn eine kausale Beziehung zwischen dem Verlust der Produktivität und der Verzögerung aufgezeigt wird. Das Wort Verlust, so scheint es mir, war darin zusätzlich zu dem Wort Auslage aufgenommen, um zu zeigen, dass das Recht nicht auf Erstattung von verauslagtem Geld gerichtet ist, was eine Auslage darstellen würde, sondern sich auf den weniger einfach quantifizierbaren Verlust erstreckte. Es gibt kein qualifizierendes Adjektiv wie direkt, das den Begriffen vorangestellt ist.

113 Nach einem Rekurs auf die Common Law Rechtsprechung zu Schadensersatz heißt es dann in der vorstehend zitierten Entscheidung wie folgt[230]:

---

225 Robertson Group (Construction) Ltd v. Amey-Miller (Edinburgh) Joint Venture & Ors [2005] ScotCS CSOH_60 (10 May 2005).

226 Vgl. Markanda, Building and Engineering Contracts, § 19.14.6.

227 Wraight Ltd v. PH &T (Holdings) Ltd (1968) 13 BLR 26; vgl. auch Adriaanse, Construction Contract Law, 2. Auflage, 175.

228 FG Minter v. WHTSO (1980) 13 BLR 1 CA.

229 In Re an Arbitration Between Taylor Woodrow International Limited and the Minister of Health [1978] 19 SASR 1, auf die Co-ordinated Construction Co Pty Limited v. Climatech (Canberra) Pty Ltd [2005] NSWSC 312 (13 April 2005) Bezug nimmt.

230 In Re an Arbitration Between Taylor Woodrow International Limited and the Minister of Health [1978] 19 SASR 1, auf die Co-ordinated Construction Co Pty Limited v. Climatech (Canberra) Pty Ltd [2005] NSWSC 312 (13 April 2005) Bezug nimmt.

Ich wiederhole hier, dass es keine Frage einer Vertragsverletzung, sondern der Anwendung des tatsächlichen Vertragswortlauts ist, aber nichtsdestotrotz mutatis mutandis denke ich, sind die vorstehenden Anmerkungen anwendbar. Meine Ansicht ist daher, dass, wenn der Ausführende beweisen kann, dass er als Folge unproduktiver Arbeit einen Verlust erlitten hat, den er nicht erlitten habe würde, wenn die Verzögerung nicht eingetreten wäre, und wenn er zur selben Zeit die anderen Voraussetzungen der Klausel 24(i) erfüllt und er unter diesen Umständen angemessen gehandelt hat, ist er berechtigt, den Betrag des Verlustes insoweit beizutreiben, als er ihn nicht bereits unter einer anderen Überschrift bereits beigetrieben hat, und er muss von dem Architekten oder den Schiedsrichtern geschätzt werden, wenn ihnen diese Angelegenheit überlassen wurde, wie ihn eine Jury unter Berücksichtigung aller involvierten Eventualitäten, Wahrscheinlichkeiten und Chancen geschätzt hätte. Wenn sie nicht imstande sind, eine präzise Schätzung vorzunehmen, muss gleichwohl eine generelle Schätzung vorgenommen werden.

b. Civil Law. Allerdings finden sich in anderen Rechtsordnungen auch Beispiele für eine gänzlich andere Herangehensweise, etwa in Südafrika, einer Rechtsordnung, die vor allem auf dem traditionellen römischen Recht beruht[231]. In Südafrika werden häufig angelsächsische Boilerplates verwendet, ohne dass strikt auf die Auslegungsergebnisse aus den Common Law Rechtsordnungen rekurriert wird. Ein Cost Claim, der sich auf den Ausgleich von Erschwernissen aus unvorhersehbaren Baugrundbedingungen richtete, wurde z.B. von einem südafrikanischen Gericht als ein Anspruch ausgelegt, der sich auf eine „angemessene Vergütung" für die durch die unvorhergesehenen Baugrundbedingungen erforderlichen Leistungen richtet[232]. Die entscheidende Klausel aus dem Vertragswerk lautete wie folgt: **114**

No claim by the Contractor will be considered on account of the materials, methods of construction and/or site conditions being different from those assumed by him in tendering for the contract, except in the case of adverse sub surface conditions which in the opinion of the engineer could not reasonably have been foreseen.	Kein Anspruch des Unternehmer in Bezug auf Materialien, Baumethoden und/oder Baustellenbedingungen, die anders sind als solche, die er für die Angebotsabgabe zugrunde gelegt hat, wird in Betracht gezogen, mit Ausnahme in dem Fall von gegenteiligen Untergrundbedingungen, die nach Meinung des Ingenieurs vernünftigerweise nicht vorhergesehen werden konnten.

Der Besteller argumentierte, der Anspruch werde nur über die Variation Clause ausgelöst und sei mithin abhängig von der Anordnung einer Variation durch den Engineer. Diesem Argument folgte das Gericht nicht, weil der Claim aus Klausel 2b aus seiner Sicht ein unbedingter Anspruch war, der allein auf der Grundlage der tatsächlichen Voraussetzungen entstehe, die in der betreffenden Klausel vorgesehen seien. Hingegen liege es im freien und ungebundenen Ermessen, ob der Engineer eine Variation auslösen wolle. Hinweise dafür, dass das Vertragswerk in der Weise auszulegen sei, dass der Engineer es im Falle des Auftretens erschwerter Baugrundbedingungen in seiner Hand habe, ob sich hieraus Ansprüche des Unternehmers ergeben, enthalte das Vertragswerk nicht. Stattdessen formuliere die Klausel 2b einen unbedingten Anspruch, der allein davon abhänge, ob die Erschwernisse nach Meinung des Ingenieurs vernünftigerweise nicht vorhergesehen werden konnten. **115**

[231] Christie/Bradfield, The Law of Contract in South Africa, 6. Auflage, 2.
[232] Compagnie Interafricaine de Travaux v. South African Transport Services and Others (680/89) [1991] ZASCA 16; 1991 (4) SA 217 (AD); (21 March 1991).

116 Das Gericht erkannte durchaus, dass der Unternehmer das ursprüngliche Werk schuldete, allerdings unter erschwerten Bedingungen. Es führte aus:

... Derselbe Tunnel war in Übereinstimmung mit derselben Planung und Spezifikation auszuheben und zu bauen: es ist nur so, dass aus der Sicht des Unternehmers die Ausführung der Arbeiten schwieriger, zeitintensiver und folglich teurer ist.

Gleichwohl hat das vorstehende Gericht die vorstehende Regelung als eine solche angesehen, aus der ein Anspruch auf eine **angemessene Mehrvergütung** herauszulesen sei.

In einem ähnlich gelagerten Fall sah der Vertrag im Falle erschwerter Baubedingungen eine Anpassung der Einheitspreise vor, ohne zu regeln, wie die Anpassung vonstatten gehen sollte. Auch hier rekurrierte das Gericht auf den Grundsatz, dass, wenn die Parteien sich auf keine Anhebung der Vergütung einigen, der Kläger auf jeden Fall Anspruch auf eine angemessene Vergütung für die zusätzliche Arbeit hat[233].

117 **c. AGB-Kontrolle.** Aus angelsächsischer Sicht kann das Vertragswerk den vertraglich bedungenen Ansprüchen Vorrang einräumen und weitergehende gesetzliche Ansprüche ausschließen. Unterklausel 44.4 MF/1 lautet wie folgt:

The purchaser and the Contractor intend that their respective rights, obligations and liabilities as provided for in the conditions, shall be exhaustive of the rights, obligations and liabilities of each of them to the other arising out of, under or in connection with the contract or the works, whether such rights, obligations and liabilities arise in respect of or in consequence of a breach of contract or of statutory duty or a tortious or negligent act or omission which gives rise to a remedy at common law. Accordingly, except as expressly provided for in the Conditions, neither party shall be obligated or liable to the other in respect of any damages or losses suffered by that other which arise out of, under or in connection with the Contract or the Works, whether by reason or in consequence of any breach of contract or of statutory duty or tortious or negligent act or omission.	Der Einkäufer und der Unternehmer beabsichtigen, dass ihre jeweiligen Rechte, Verpflichtungen und Haftung wie in den Bedingungen vorgesehen, ihre wechselseitigen Rechte, Verpflichtungen und Haftung aus dem, nach dem und in Verbindung mit dem Vertrag oder den Arbeiten abschließend, gleich ob solche Rechte, Verpflichtungen oder Haftung im Hinblick auf oder als Folge der Verletzung des Vertrages oder einer gesetzlichen Pflicht oder einer unerlaubten oder fahrlässigen Handlung oder Unterlassung, die einen Rechtsbehelf nach Common Law begründen, auftreten. Demgemäß, mit Ausnahme der ausdrücklich in den Bedingungen vorgesehen ist keine Partei der anderen verpflichtet oder haftbar in Bezug auf Schäden oder Verluste, die diese andere erleidet, die aus, nach oder in Verbindung mit dem Vertrag oder den Arbeiten entsteht, gleich ob aufgrund oder als Folge einer Verletzung des Vertrages oder einer gesetzlichen Pflicht oder unerlaubten oder fahrlässigen Handlung oder Unterlassung.

118 Die vorstehende Klausel war Gegenstand eingehender gerichtlicher Prüfung und Auslegung, in einem Fall, bei dem es um die Kosten aus einer Anordnung ging, Pausenkabinen von einem nahe bei der Baustelle liegenden Standort an einen anderen zu verlegen, wodurch die Mitarbeiter des Unternehmers erheblich längere Gehzeiten hatten, um Pause zu machen, was der Unternehmer als verlorene Produktivitätskosten geltend machte[234]. Das zunächst angerufene Schiedsgericht hielt die vorstehende Klausel für wirksam. Der sodann damit befasste englische High Court beanstandete die Klausel, weil sie die Gerichte davon abhalte, über gesetzliche Rechtsbehelfe zu entscheiden. Der Court of Appeal änderte die Entscheidung. Er unterstellte, dass die Parteien bei komplexen Verträgen dieser Art die wesentlichen geschäftlichen Risiken evaluieren und

233 Chamotte (Pty) Ltd v. Carl Coetzee (Pty) 1973 (1) SA 644 (A); vgl. auch Inkin v. Borehole Drillers 1949 (2) SA 366 (A).

234 Strachan & Henshaw v. Stein Industries (UK) Ltd (1997) CILL 1349.

übernehmen. Der Court of Appeal war bereit, den wirtschaftlichen Sinn dieser Klausel anzuerkennen, wobei eine Rolle spielte, dass das MF/1 Vertragswerk einen umfänglichen Katalog von 33 Anspruchsgrundlagen enthält. Ob eine solche allgemeine Klausel auch dann Bestand hat, wenn sie substantielle Vertragsverletzungen erfasst, für die das Vertragswerk keine eigenen Regelungen vorhält, muss im Einzelfall geprüft werden. Der Anspruch des Unternehmers auf Produktivitätsverlust wurde jedenfalls im konkreten Fall abgewiesen. Auch wies das Gericht den Anspruch auf Preisanpassung, den der Unternehmer auf die Variation Klausel des Vertragswerks gestützt hatte ab, da die Anordnung des Auftraggebers keine Variation beinhaltete.

5. FIDIC-Cost-Klausel. Soweit Klauseln in den FIDIC-Vertragswerken Ansprüche auf zusätzliche Vergütung von Kosten (Cost) vorsehen, verweisen sie auf die Definition zum Begriff Kosten (Cost in Unterklausel 1.1.4.3). Das FIDIC Red Book definiert Cost (Kosten) wie erwähnt wie folgt: 119

*1.1.4.3 „**Kosten**" sind alle Aufwendungen (expenditure), die vernünftigerweise (reasonably) beim Unternehmer auf der Baustelle oder außerhalb davon angefallen sind oder anfallen werden. Sie beinhalten Gemeinkosten (overheads) und vergleichbare Kosten (similar charges), jedoch nicht einen Gewinn (profit).*

FIDIC benutzt in ihren Cost-Claim-Klauseln keine herkömmlichen Common Law Begriffe wie „Verlust" und „Schaden" (loss and damage). Auch der Hinweis auf „direct and indirect losses" unterbleibt. Das wirft die Frage auf, ob die vielfältigen Cost Claims aus den FIDIC-Vertragswerken gleichwohl denselben oder einen ähnlichen Regelungsgehalt haben wie ähnliche Klauseln aus anderen angelsächsischen Vertragswerken. Das ist in zweierlei Hinsicht von Bedeutung. Zum einen ist die vorstehende Definition nur insoweit klar und deutlich, als Kosten auf alle Fälle Gemeinkosten und vergleichbare Kosten einschließen, so dass der Umfang dessen, was als Kosten im Anspruchsumfang liegt im Einzelfall bestimmt werden muss. Insbesondere muss geklärt werden, was ähnliche Kosten im Sinne der Defintion in Unterklausel 1.1.4.3 FIDIC 1999 sind. Zum anderen stellt sich die Frage, ob Ansprüche aus Bauablaufstörungen durch Unterklausel 17.6 FIDIC 1999 ausgeschlossen werden, denn diese Klausel erwähnt ausdrücklich den Begriff „consequential losses", der mit dem Begriff in der 2. Alternative der Baxendale Rechtsprechung deckungsgleich ist. Schließlich muss geklärt werden, wie Mehraufwand abzurechnen ist. 120

a. Auslegung. FIDIC selbst gibt wenig Hinweise zum Verständnis der Cost Claims und zu ihrer Berechnung bzw. Ermittlung. Es muss daher aus Common Law Sicht zunächst auf den gewöhnlichen Wortlaut der Begriffe abgestellt werden. In die Auslegung können sodann angelsächsische Präjudizien einfließen[235]. In die Auslegung muss der Kontext einbezogen werden, in dem Cost Claims geregelt werden. In der Regel gewähren FIDIC-Klauseln dann einen Anspruch auf Kosten im Sinne von Unterklausel 1.1.4.3, wenn ein Ereignis oder Umstände zusätzliche Kosten verursacht („due to" oder „as a result of"). Der Begriff Kosten wird also immer in einen Kausalzusammenhang verwendet. 121

aa. Zusätzliche Leistungen. Der englische Begriff „expenditure" (Auslagen oder Aufwendungen) umfasst finanziellen Aufwand jeglicher Art. Die Konstellationen, in denen zusätzliche Kosten verlangt werden können, sind vielfältig. In einigen Fällen 122

[235] Siehe Bunni, FIDIC Forms of Contract, 335.

liegt es auf der Hand, dass sich das Interesse des Unternehmers zunächst darauf richtet, für eventuell angefallene zusätzliche Leistungen vergütet zu werden. Das beste Beispiel für solche Fälle bildet Sub-Clause 4.12 FIDIC (geänderte Baugrundbedingungen). In solchen Fällen ist der Unternehmer verpflichtet, die Baugrundbedingungen zu bewältigen und kann im Gegenzug die Erstattung zusätzlicher Kosten verlangen. Die Frage ist nur, auf welche Weise dies geschehen soll. Zunächst ist im FIDIC Red Book daran zu denken, die Mehrmassen über die Einheitspreise abzurechnen, denn immerhin trägt der Unternehmer kein Massenrisiko. Das verbietet sich jedoch, weil der Sinn der Klausel darin besteht, baugrundbedingte Mehrkosten abschließend zu regeln. Der Unternehmer soll keine Mondpreise kalkulieren, um sich gegen alle Risiken, seien sie vorhersehbar oder unvorhersehbar, abzusichern[236]. Der Angebotspreis soll Vorkehrungen für die vorhersehbaren Risiken beinhalten[237]. Treten allerdings unvorhersehbare Umstände ein, besteht Anspruch auf Kostenausgleich[238]. Amerikanische Gerichte haben zudem aufgezeigt, dass Klauseln, die Baugrunderschwernisse behandeln, nicht durch Massenabsprachen und feste Einheitspreise verdrängt werden, also einen eigenen Anwendungsbereich haben[239], wenngleich es durchaus möglich ist, durch eine geeignete Definition des Auftragsumfanges Baugrundrisiken nahezu umfassend auf den Unternehmer zu verlagern[240].

123 Die Frage ist jedoch, wie die zusätzlichen Kosten zu quantifizieren sind, zumal dann, wenn die zusätzlichen Leistungen teilweise deckungsgleich mit solchen sind, die bereits ursprünglich im Leistungsumfang enthalten waren. US-amerikanische Gerichte haben in solchen Fällen die Formel aufgestellt, dass die abrechenbaren Zusatzkosten solche sind, die der Unternehmer tatsächlich aufwenden musste, um das Baugrundrisiko zu bewältigen, abzüglich derjenigen, die er ohne die anspruchsbegründenden Erschwernisse zu tragen hatte[241]. Es ist also ein Vergleich zwischen den tatsächlichen und den geplanten Kosten vorzunehmen. Im Yellow Book wird eine solche Berechnungsweise allerdings erhebliche Schwierigkeiten aufwerfen, denn – sofern der Unternehmer keine Urkalkulation vorlegt – lassen sich die geplanten Kosten nur schwer feststellen.

124 **bb. Gemeinkosten.** Der in Unterklausel 1.1.4.3 verwendete Begriff Gemeinkosten (*Overheads*) erstreckt sich im Zweifel auf indirekte Kosten, die für den Betrieb des Bauunternehmens erforderlich sind, sowie direkte Kosten, die für den Betrieb der Baustelle anfallen.

---

236 Foster Constr. C.A. & Williams Bros. Co. v. United States, 435 F.2d 873, 887 (Ct. Cl. 1970); vgl. dazu auch Hudson's Building and Engineering Contracts, Rn. 8-060.

237 Metropolitan Sewerage Com'n v. R.W. Const., 241 N.W.2d 371, 376 (Wis. 1976); Olympus Corp. v. United States, 98 F.3d 1314, 1316 (Fed. Cir. 1996).

238 Metropolitan Sewerage Com'n v. R.W. Const., 241 N.W.2d 371, 376 (Wis. 1976); Olympus Corp. v. United States, 98 F.3d 1314, 1316 (Fed. Cir. 1996).

239 Met-Pro Corporation v. United States ASBCA N° 49694: Unvorhersehbarkeitsklausel wird nicht von Klausel zu Massenabsprachen verdrängt, d.h. das Massenrisiko wird teilweise zurückverlagert.

240 Vgl. Thiess Services v. Mirvac QLD [2006] QCA 50 (Supreme Court of Queensland (Court of Appeal)): Übernahme eines Auftrages zur Baugrundsanierung – Verunreinigungsrisiko trug der Unternehmer.

241 Baltimore Contractors, Inc., GSBCA 4808, 80-2 BCA 14,539, at71,672; Cherry Hill Construction, Inc., v. General Services Administration, GSBCA 12087 (11317-REIN) 93-2 BCA 25,810; Coastal Marine Corp., AGBCA 89-190-3, 90-2 BCA 22,895, at 114,894; P.J. Dick Incorporated v. General Services Administration GSBCA 12036, 12449 (20 July 1994); vgl. Nager Electric Co. v. United States, 194 Ct. Cl. 835, 851, 442 F.2d 936, 945 (1971); see also Plaza Maya Ltd. Partnership, GSBCA 9086, 91-1 BCA 23,425, at 117,501 (1990); Dawson Construction Co., GSBCA 5364, 82-1 BCA 15,701, at 77,661.

In der englischsprachigen Kommentarliteratur zu FIDIC-Verträgen finden sich keine umfassenden Auslegungsversuche zum Begriff „Cost" und seinem Umfang[242]. Der ähnliche Wortlaut aus den ICE-Vertragswerken gab bislang ebenfalls keine Veranlassung zu ergiebigen Auslegungsversuchen durch englische Gerichte[243].

Es ist deshalb hilfreich darauf zu schauen, wie die englischen Gerichte z.B. an NEC3-Vertragswerke herangehen, die ebenfalls ein ausgesprochen eigenständiges Vokabular verwenden[244]. In Costain v. Bechtel[245] musste das Gericht die Verpflichtung des Project Managers im Rahmen der Erteilung von Payment Certificates beurteilen. Der streitgegenständliche Vertrag sah vor, dass diese Verpflichtung in gutem Glauben (with good faith) auszuüben war. Das NEC3-Vertragswerk regelt, dass der Project Manager im Geiste wechselseitigen Vertrauens und der Kooperation (in a spirit of mutual trust and co-operation) tätig werden soll. Um zu entscheiden, was die Begriffe bedeuten, zog das Gericht Präzedenzfälle heran, die die Pflichten eines Certifiers behandeln. Es entschied, dass in solchen Fällen, die andere Vertragsmuster betrafen, die Aufgabenstellung des Certifiers die Ausübung von Fairness und Unparteilichkeit erforderte. Nachdem es dies entschieden hatte, bedurfte es keiner weiteren Beurteilung, was die Klausel in ihrem vertraglichen Kontext tatsächlich bedeutete. Folgerichtig werden die Gerichte auch andere unbekannte Begriffe mit Blick auf ihre Funktion unter Berücksichtigung ähnlicher Regelungen in anderen Verträgen beurteilen. **125**

Eine eingehende Analyse der Bedeutung der Begriffe loss and/or expense findet sich im Fall *Robertson Group v. Amey-Miller*[246]. Dort hatte Lord Drummond Young die Formulierung in dem Satz, all direct costs and directly incurred losses' in einem Letter of Intent auszulegen. Der Besteller argumentierte, dass die Formulierung eine Beschränkung auf den Kosten der Arbeit, Anlagen und Materialien beinhalte, so dass Gemeinkosten (overheads) und Gewinn (profit) ausgeschlossen seien. Der Unternehmer machte jedoch nicht nur Material- und Arbeitskosten geltend, sondern auch Gemeinkosten und Gewinne. Das Gericht zog das Fallrecht in Bezug auf die Begriffe „loss/and or expense" zu den JCT-Vertragsmustern heran. Hieraus ergaben sich zwei Annahmen: (1) das Wort „direct" in der Formulierung „direct loss and/or expense" befasst sich mit dem zu weit entfernt liegenden Schaden (remoteness of damages), (2) das Wort beschreibt, dass „loss and/or expense" in der in Frage stehenden Klausel natürlicher Weise aus dem vertraglichen Ereignis folgen muss, und zwar im Sinne der Rechtsprechung Hadley v. Baxendale. Lord Drummond schloss daraus, dass der Klauselwortlaut Gewinne und Gemeinkosten einschloss. **126**

Herauszuheben ist folgende Stellungnahme von Lord Drummond Young[247]: **127**

Der vorliegende Fall befasst sich nicht mit einer Vertragsverletzung, er behandelt vielmehr einen spezifischen Anspruch auf Vergütung. Nichtsdestotrotz liegt es in der Natur

---

242 Vgl. Glover/Hughes, Understanding FIDIC, Rn. 1-033; Totterdill, FIDIC Users'Guide, 80; siehe aber Bunni, FIDIC Forms of Contract, 335; Baker/Mellors/Chalmers/Lavers, FIDIC Contracts: Law and Practise, Rn. 8.276 ff.

243 Vgl. Keating on Construction Contracts, Rn. 20-016.

244 Zur Auslegung von Vertragsklauseln unter Heranziehung von Präjudizien zu vergleichbaren Klauseln siehe Beaufort Developments Limited v. Gilbert-Ash Limited [1999] AC 266.

245 Costain Ltd & Ors v. Bechtel Ltd & Anor [2005] EWHC 1018 (TCC).

246 Robertson Group (Construction) Ltd v. Amey-Miller (Edinburgh) Joint Venture & Ors [2005] ScotCS CSOH_60 (10 May 2005).

247 Robertson Group (Construction) Ltd v. Amey-Miller (Edinburgh) Joint Venture & Ors [2005] ScotCS CSOH_60 (10 May 2005).

des Vertrages, dass die Partei eines Vertrages, die Güter oder Dienstleistungen liefert, erwartet oder letztendlich hofft, einen Gewinn zu machen. Die Absicht Gewinn zu erwirtschaften steht im Zentrum aller oder fast aller wirtschaftlicher Aktivitäten und das Recht muss diesen elementaren ökonomischen Umstand anerkennen. Ich bin folglich der Auffassung, dass das Scheitern des Unternehmers, einen Gewinn zu erwirtschaften, nicht allein bei der Berechnung von Schadensersatz aus Vertragsverletzung sondern auch bei der Auslegung vertraglicher Regelungen in Bezug auf Zahlungen für Waren und Leistungen als „Verlust" ausgemacht werden sollte. Dasselbe gilt für das Erwirtschaften eines Beitrages zu den Gemeinkosten; in der Tat, solange kein solcher Beitrag erwirtschaftet wurde, kann möglicherweise nicht gesagt werden, dass ein Gewinn generiert wurde.

128 Die Ausführungen aus vorstehendem Urteil legen es nahe, nicht nur Gemeinkosten, Finanzierungskosten, Steuern und Abgaben einzubeziehen, sondern auch Gewinnanteile auf den Aufwand. Unterklausel 1.1.4.3 schließt allerdings derartige Gewinnanteile ausdrücklich aus. Insoweit stellt Unterklausel 1.1.4.3 bereits eine Haftungsbeschränkung dar, soweit die FIDIC-Klauseln partiell schadensersatzersetzenden Charakter haben und keinen ergänzenden Anspruch auf Gewinn (Profit) vorsehen.

129 Bunni[248] verweist auf die Entscheidung Whittal[249], wo es heißt:

Was hier zu berechnen ist, ist der Beitrag zu den „Off-site-Overheads" ..., die der Unternehmer angemessener Weise mit diesen Ressourcen zu erwirtschaften erwarten konnte, wenn sie ihm nicht vorenthalten werden. Der Prozentsatz, der für diesen Zweck für Gemeinkosten genommen werden darf, ist daher nicht der Prozentsatz, den der Unternehmer im Rahmen seiner Preiskalkulation für diesen konkreten Vertrag vorgesehen hat, der größer oder kleiner als sein üblicher Prozentsatz sein konnte und der realisiert werden konnte oder nicht. Es ist nicht dieser Prozentsatz, den man für diese Zwecke nehmen muss, sondern der durchschnittliche Prozentsatz, den der Unternehmer auf der Grundlage seiner Buchhaltung aus seinem Umsatz ableiten muss.

130 Die bekannten Formeln (Hudson, Emden und Eichleay, siehe dazu oben) müssen nach Auffassung von Bunni[250] mit großer Sorgfalt und mit den in der angelsächsischen Rechtsprechung entwickelten Maßgaben angewendet werden. Es folgt aus diesen Entscheidungen, dass die jeweiligen Voraussetzungen der anzuwendenden Formel vollständig vorliegen müssen. Soll z.B. die Emden-Formel genutzt werden bedeutet dies[251]:

- Der Schaden muss bewiesen sein.
- Der Unternehmer muss nachgewiesen haben, dass anderweitige Arbeit vorhanden war und verzögerungsbedingt nicht geleistet werden konnte.
- Die Verzögerung darf nicht auf eine Variation zurückzuführen sein, die das Preisvolumen erhöht hat, so dass sich der Gemeinkostenbeitrag hierdurch erhöht hat.
- Die Gemeinkosten dürfen nicht ohnehin angefallen sein.
- Die Marktbedingungen dürfen sich nicht in einer Weise verändert haben, die die Möglichkeit des Unternehmers beeinträchtigt, anderweitige Arbeit zu erlangen.
- Es darf keine Möglichkeit bestehen, die Ressourcen anderweitig einzusetzen.

---

248 Bunni, FIDIC Forms of Contract, 334.
249 Whittal Builders v. Chester-le-Street DC (1987) 40 BLR 82.
250 Bunni, FIDIC Forms of Contract, 335 unter Hinweis auf die Entscheidungen Property and Land Contractors Ltd v. Alfred McAlpine Homes North Ltd; Norwest Holst Construction Ltd v. Co-Operative Wholesale Society Ltd [1998] EWHC Technology 339 (17th February, 1998).
251 Bunni, FIDIC Forms of Contract, 335.

Hinsichtlich der ähnlichen Kosten, also solchen, die kein unmittelbarer Aufwand für die Bewältigung von Behinderungen darstellen, dürften Finanzierungskosten sowie z.B. Abgaben, Steuern und verwandte Lasten gemeint sein. Jedenfalls sind die vorgenannten Kostengruppen im Kontext eines Bauvertrages, in dem zur Bewältigung der Aufgabenstellung Sonderaufwand anfällt, nahe liegend und im Zweifel vom Sinn der Klausel gedeckt. 131

cc. Kombinierte Auslegung von Unterklausel 17.6 und Unterklausel 1.1.4.3 132

Auslegungsergebnis: Liest man Unterklausel 1.1.4.3 und Unterklausel 17.6 jedoch zusammen, kann auf der Grundlage des Vorstehenden angenommen werden, dass Vertragsklauseln, die direkten Aufwand zusprechen, solchen im Sinne der ersten Alternative aus der Hadley v. Baxendale Rechtsprechung meinen. Eingeschlossen sind insoweit Gemeinkosten, Finanzierungsaufwand und (entgangener) Gewinn. Die Cost Claim Klauseln in den FIDIC-Vertragswerken schließen allerdings Gewinn ausdrücklich aus (Unterklausel 1.1.4.3 FIDIC) und erwähnen lediglich Gemeinkosten und ähnliche Lasten. Konsequenterweise müsste man daher wie folgt argumentieren:

1. FIDIC Cost Claims fallen unter die 1. Alternative der Baxendale Rechtsprechung.
2. FIDIC Cost Claims schließen Gewinnanteile aus.
3. Unterklausel 17.6 schließt Ansprüche aus, die unter die 2. Alternative der Hadley v. Baxendale Rechtsprechung fallen. Das deckt sich partiell mit der Definition in Sub-Clause 1.1.4.3. Letztere geht jedoch weiter und schließt generell jede Form von Gewinn aus.
4. Ansprüche auf Ersatz des Produktivitätsverlustes sind ähnliche Lasten im Sinne der Definition von Unterklausel 1.1.4.3 und fallen unter die 1. Alternative der Hadley v. Baxendale Rechtsprechung.

Folglich dürften im Ergebnis Ansprüche, deren Höhe über Unterklausel 1.1.4.3 zu bestimmen ist, keinesfalls indirekte Kosten und Verluste umfassen, die unter die 2. Alternative von Hadley v. Baxendale fallen. Entgangene Gewinne sind ohnehin gesondert zu verfolgen (Profit Claims).

b. Angemessene Kosten. Die Definition in Sub-Clause 1.1.4.3 beschränkt Cost auf alle Aufwendungen (expenditure), die vernünftigerweise – angemessener Weise (reasonably) beim Unternehmer auf der Baustelle oder außerhalb davon angefallen sind oder anfallen werden. Der Begriff „reasonable" scheint ebenfalls zu weit entfernt liegende Aufwendungen auszuschließen. Ob damit bereits solche aus der 2. Alternative der Hadley v. Baxendale Rechtsprechung ausgenommen sind, ist fraglich, kann aber letztlich wegen Sub-Clause 17.6 dahinstehen. Der Begriff „Kosten" beinhaltet jedenfalls neben den direkten Kosten für Material und Personal die Gemeinkosten (overheads) sowie vergleichbare Kosten (similar charges). Angemessen im Lichte der Hadley v. Baxendale Rechtsprechung sind solche Aufwendungen, die als natürliche Folge des dem Anspruch begründenden Ereignisses oder Umstandes gelten können, also auch Finanzierungsaufwand, den Aufwand für den Ausgleich von Produktivitätsbeeinträchtigungen (also Aufwand für zusätzliche Ausrüstungsstandzeiten, Überstundenzuschläge etc.), den erhöhten Aufwand für die Einrichtung der Baustelle und zusätzliche Aufwendungen für Bauleitung und Baukoordinierung. 133

c. Kontrollüberlegung. Wie bereits erwähnt, hat z.B. ein südafrikanisches Gericht einen vertraglich geregelten Anspruch, der auf den finanziellen Ausgleich von unvorhergesehenen Baugrundverhältnissen gerichtet war, in der Weise ausgelegt, dass er als An- 134 spruch auf eine „angemessene Vergütung" für die durch die unvorhergesehenen Baugrundbedingungen erforderlichen Leistungen zu verstehen ist[252]. Allerdings enthielt das Vertragswerk keinerlei Definitionshilfen für die Bestimmung des Anspruchsinhalts. Im Rahmen der Auslegung ließ sich das Gericht von dem Grundgedanken leiten, dass im Falle einer fehlenden Preisbestimmung eine angemessene Vergütung geschuldet ist, sofern das Vertragswerk keine Hinweise dazu gibt, wie diese Vergütung ermittelt werden soll. Im streitgegenständlichen Vertragswerk fehlte auch eine Regelung, der zufolge die Parteien den neuen Preis zu verhandeln gehabt hätten. Das Gericht lehnte es auch ab, sich der Ansicht anzuschließen, die Klausel habe reinen Kompensationscharakter für Erschwernisse, so dass kein Raum für eine implizite Vertragsklausel sei, wonach die angemessene Vergütung geschuldet sei[253].

135 Die Besonderheit des südafrikanischen Falles lag darin, dass dem Anspruch keine Vertragsverletzung zugrunde lag, sondern eine antizipierte Problemstellung in Form von unvorhergesehenen Baugrundbedingungen. In einem solchen Fall liegt es nahe, den als Folge des insoweit nicht vom Unternehmer übernommenen Baugrundrisikos eingetretenen Mehraufwand zu vergüten und zum Zwecke der Ermittlung der Vergütung mangels vertraglicher Bestimmungskriterien auf die Idee der „angemessenen Vergütung" zurückzugreifen.

136 FIDIC behandelt alle Behinderungsfälle gleich, d.h. die Cost Klauseln in den General Conditions differenzieren nicht nach zu vertretenden Behinderungsfällen und solchen, die schlicht einen Ausgleich für nicht übernommene und damit nicht ausgepreiste Risikopotentiale vorsehen. Der Unternehmer muss folglich auch kein Verschulden des Bestellers darlegen und nachweisen. Erforderlich ist lediglich ein Kausalzusammenhang zwischen dem relevanten Ereignis und/oder Umstand und den Kosten.

137 **6. Erzwungene Beschleunigung (Constructive Acceleration).** Das englische *SCL Protocol on Delay and Disruption* definiert Beschleunigung als „Beschleunigung infolge Unterlassens durch den Besteller anzuerkennen, dass der Unternehmer eine Verzögerung erleidet, für die er Anspruch auf Bauzeitverlängerung hat und deren Versagung vom Unternehmer Beschleunigungsmaßnahmen erforderte, um die Arbeiten gemäß dem vorrangigen vertraglichen Baufertigstellungsdatum fertig zu stellen". In der Praxis nehmen die Fälle zu, in denen der Engineer oder Architect praktisch eine Beschleunigung der Arbeitsleistung erzwingt, in dem er vermeintlich berechtigte Ansprüche auf Zeitverlängerung abweist. In solchen Fällen kann der Unternehmer versuchen, entweder über die Regelungen, die die Anordnung einer Leistungsänderung zulassen oder im Wege der Behauptung einer Vertragsverletzung die enstehenden zusätzlichen Kosten geltend zu machen. In den USA hat sich hierzu eine komplexe Rechtsprechung entwickelt[254], die allerdings in England bislang keine wirklichen Freunde gefunden hat[255]. Dort wird unter Hinweis auf den Fall *Motherwell*[256] empfohlen wie folgt zu verfahren[257]:

---

[252] Compagnie Interafricaine de Travaux v. South African Transport Services and Others (680/89) [1991] ZASCA 16; 1991 (4) SA 217 (AD); (21 March 1991).

[253] Compagnie Interafricaine de Travaux v. South African Transport Services and Others (680/89) [1991] ZASCA 16; 1991 (4) SA 217 (AD); (21 March 1991).

[254] Fraser Construction Co. v. United States, 384 F.3d 1354 (Fed. Cir. 2004); vgl. C. Norman Peterson v. Container Corp. of America (1985) 172 Cal.App.3d 628; State v. Guy F. Atkinson (1986) 187 Cal.App.3d 25.

[255] Vgl. Chappell/Powell-Smith/Sims, Building Contract Claims, 32 f.

[256] Motherwell Bridge Construction Limited v. Micafil Vakuumtecchnik (2002) CILL 1913.

[257] Atkinson, Delay and Disruption – Constructive Acceleration Claims, http://www.atkinson-law.com/library/article.php?id=137.

- Prüfung der Rechtslage: Die Weigerung oder das andauernde Unterlassen des Engineer, ordnungsgemäß Zeitverlängerung zu gewähren, kann eine Vertragsverletzung darstellen.
- Warnung: In den meisten Fällen wird es auf der Grundlage moderner Vertragsmuster schwierig sein, eine Vertragsverletzung des Bestellers darzustellen, die den Unternehmer berechtigt, Schadensersatz wegen unterlassener ordnungsgemäßer Zeitverlängerung zu fordern.
- Ratschlag: Bevor der Unternehmer entscheidet, die Arbeit zu beschleunigen, ist der Unternehmer gut beraten, eine Anordnung des Engineer einzuholen.
- Ratschlag: Bevor der Unternehmer entscheidet, die Arbeit zu beschleunigen, ist der Unternehmer gut beraten, den Engineer darüber zu unterrichten, dass er ausreichend Informationen besitzt, um über Zeitverlängerung zu entscheiden.
- Ratschlag: Bevor der Unternehmer entscheidet, die Arbeit zu beschleunigen, ist der Unternehmer gut beraten, von dem Engineer eine Stellungnahme darüber zu erbeten, dass er grundsätzlich Anspruch auf Zeitverlängerung hätte, selbst wenn der Engineer gegenwärtig nicht darüber entscheiden kann.
- Ratschlag: Bevor der Unternehmer entscheidet, die Arbeit zu beschleunigen, sollte der Unternehmer dem Besteller den Hinweis geben, dass er der Auffassung ist, dass es der Engineer andauernd unterlässt, Zeitverlängerung zu gewähren, wenn dies tatsächlich seine Auffassung ist.
- Ratschlag: Bevor der Unternehmer entscheidet, die Arbeit zu beschleunigen und wenn er immer noch beabsichtigt, zu beschleunigen, ist der Unternehmer gut beraten, den Engineer und den Besteller darüber zu unterrichten, dass ihn das zeitweilige verschuldete Unterlassen des Engineer dazu zwingt, die Arbeiten zu beschleunigen und dass er die Mehrkosten von dem Besteller einfordern wird.

In *Motherwell* hat das Gericht über einen Fall von entschuldbarer Verzögerung entschieden[258]: Der Auftraggeber verweigerte die Gewährung von Zeitverlängerung, obwohl der Unternehmer vertraglich Anspruch darauf besaß. Der Unternehmer beschleunigte die Fertigstellung und konnte nachweisen, dass die Arbeiten ohne die Beschleunigungsmaßnahmen später fertig gestellt worden wären. Der Unternehmer hatte dem Besteller mitgeteilt, welche Kosten zur Vermeidung von Verspätung anfallen würden. Der Unternehmer konnte die Mehrkosten beanspruchen, die für die mitgeteilten Beschleunigungsmaßnahmen angefallen waren. Das Gericht erkannte die **erzwungene Beschleunigung** als Anspruchsgrundlage an. 138

In den USA sind die tatbestandlichen Voraussetzungen eines Anspruchs auf Beschleunigungskosten folgende: 139

- Entschuldbare Verzögerung
- Zeitnahe Anzeige der Verzögerung und ordnungsgemäßer Antrag auf Zeitverlängerung
- Antrag auf Zeitverlängerung wird verschleppt, bearbeitet oder zurück gewiesen
- Der Besteller oder Engineer muss durch Handeln oder Anordnung oder in anderer Weise, die als Anordnung ausgelegt werden kann, zu erkennen geben, dass er auf Einhaltung der ursprünglichen Bauzeit besteht.
- Der Unternehmer muss tatsächlich seine Anstrengungen verstärken und beschleunigen und hierdurch Kosten erleiden.

---

[258] Motherwell Bridge Construction Limited v. Micafil Vakuumtecchnik (2002) CILL 1913.

IX. Vergleichende Übersicht über die Vertragsstruktur[259]

140 Die nachfolgende Übersicht soll einen Überblick über die unterschiedlichen Vertragsstrukturen geben:

Tabelle 4.2. Vertragsstruktur

VOB-Vertrag[260]	JCT-Vertrag	NEC-Vertrag	FIDIC/Weltbank Works[261]
Auftragsschreiben und/oder Vertragsurkunde (1)	Articles of Agreement	Letter of Acceptance	Letter of Acceptance (1)
Angebot (1a)	Contract Drawings + Bills of quantities + Specifications	Form of Tender	Bid and Appendix to Bid (2)
Leistungsbeschreibung (2)	Contract Drawings + Bills of quantities + specifications	Contractor's Pricing Document	Specifications (5) Priced Bill of Drawings (6) Quantities (7)
Besondere Vertragsbedingungen (3)	Appendix	Contract Data	Conditions of Contract (Part II: Conditions of Particular Application-COPA) (3)
Zusätzliche Vertragsbedingungen (4)	Appendix	Contract Data	Conditions of Contract (Part II: Conditions of Particular Application-COPA) (3)
Zusätzliche Technische Vertragsbedingungen (5)	Contract Drawings + Bills of quantities + specifications	Contract Data	Specifications (5) Priced Bill of Drawings (6) Quantities (7)
Allgemeine Technische Vertragsbedingungen (VOB/C) (6)	Contract Drawings + Bills of quantities + specifications	Contract Data	Specifications (5) Priced Bill of Drawings (6) Quantities (7)
Allgemeine Vertragsbedingungen für die Ausführung von Bauleistungen (VOB/B) (7)	JCT Standard Form of Building Contract	NEC/ECC Engineering and Construction Contract	Conditions of Contract (Part I: General Conditions of Contract) (4)

X. Stellungnahme

141 Es fällt auf, dass die international gebräuchlichen Standardmuster praktisch vollständig unter dem Einfluss des Common Law entstanden sind[262]. Standardmuster, die maßgeblich durch das kontinentaleuropäische Recht beeinflusst sind, gibt es praktisch nicht. Auch das Orgalime Turnkey Muster erinnert in Wortwahl und Aufbau an Common Law Vorgaben. Ferner verwenden auch die großen internationalen Geld- und Kreditinstitute nahezu ausschließlich Common Law Modelle. Die verwendeten Muster unterscheiden sich nur partiell, nicht aber dogmatisch und in der Denkweise. Sie sind untereinander austauschbar, wenn auch gelegentlich nur für bestimmte Zwecke geeignet. Die Vereinbarkeit der international gebräuchlichen Muster mit den kontinentaleuropäischen Rechtsordnungen ist bislang praktisch nicht untersucht. Jedenfalls setzt die Teilhabe der deutschen Marktteilnehmer an dem Markt, in dem Aufträge auf der Grundlage vorstehend erwähnten Standardverträge abgewickelt werden, vertiefte Kenntnisse der englischen Rechtssprache und – Rechtsdogmatik voraus, denn die anglo-amerikanische und die deutsche Vertragsgestaltung und auch die Vertragsabwicklung weisen grundle-

[259] Vgl. Kulick, Auslandsbau, 143.
[260] Vgl. zur Reihenfolge § 1 VOB/B.
[261] Vgl. zur Reihenfolge SBDW, Form of Agreement.
[262] Vgl. auch Kulilck. Auslandsbau, 36.

gende Unterschiede auf. Neben dem beträchtlichen Umfang der englischen, aber insbesondere der amerikanischen Verträge, die maßgeschneiderte Vertragswerke für den jeweiligen Mandanten darstellen, wirkt der knappe deutsche Vertragsstil für manch einen phantasielos[263]. Rechtstatsächlich sind weniger die Ergebnisse als die Wege zu den Ergebnissen sehr unterschiedlich. Fehler werden von deutschen Marktteilnehmern vor allem aufgrund mangelnder Vertragskenntnis begangen. Angelsächsische Verträge nehmen gegenüber vergleichbaren Verträgen aus Civil Law Rechtsordnungen erheblichen Einfluss auf die Verteilung der bautypischen Risiken. Sie setzen zudem erheblich stärkere Anstrengungen in der täglichen Vertragsadministration voraus als es deutsche Unternehmen, Beratende Ingenieure und Architekten gewohnt sind. Unangenehme Schritte lassen sich nicht vertagen, ohne Nachteile in Kauf zu nehmen. Häufig fehlt es deutschen Unternehmen und ihren Mitarbeitern an der notwendigen Inspiration die richtigen Schritte einzuleiten. So wollen etwa Behinderungen nicht nur angezeigt werden. Vielmehr müssen zumeist Ansprüche auf Bauzeitverlängerung verfolgt werden. Nicht immer ist es erforderlich, auf Anweisungen zu warten. Vielmehr ist schlicht zu überlegen, wie die Vertragserfüllung gewährleistet werden kann. Mehrkosten und zusätzliche Bauzeit müssen dann nachdrücklich verfolgt werden. Das Basiswissen für die Vertragsadministration muss auf der Baustelle verfügbar sein.

[263] So Döser NJW 2000, 1451.

§ 18 Standardverträge

Schrifttum

Abrahamson, Risk Management, ICLR 1984, 241; Allery, Overseas Supply and Installation Contracts, London 2000; Cox/Clamp, Which contract, 3. Auflage, London 2003; Döser, Anglo-amerikanische Vertragsstrukturen in deutschen Vertriebs-, Lizenz- und sonstigen Vertikalverträgen, NJW 2000, 1451; Glavinis, Le contrat international de construction, Paris 1993; Hök, Vertragsgestaltung mit Auslandsbezug – Rechtliche und sprachliche Besonderheiten bei der Mandatsbetreuung, MDR 2003, 672; Hök, Zugang zu internationalen Großbauvorhaben nach FIDIC, BauRB 2003, 190; Hök, Risiken und Sicherheiten im grenzüberschreitenden Geschäft, BauRB 2004, 346; Hök, Internationales Vergaberecht der Weltbank für Bau- und Anlagenbau auf der Grundlage von FIDIC- und ENAA-Musterverträgen, ZfBR 2004, 731; Hök/Jaeger, FIDIC Conditions of Contract for Design, Build and Operate Projects, First Edition 2008 – A New Approach, ICLR 2010, 36; Huse, Understanding and Negotiating Turnkey Contracts, London 1997; Mallmann, Neue FIDIC-Standardbedingungen für Bau- und Anlagenverträge, RIW 2000, 532 ff.; Reithmann/Martiny, Internationales Vertragsrecht, 7. Auflage, Köln 2010; Hök, Zur Vertragsredaktion und -auslegung im grenzüberschreitenden Geschäft, ZAP 2007, Fach 25, 211; Hök, Engineer und Dispute Adjudication Board in FIDIC-Verträgen: Entwicklung, Grundlagen und rechtliche Einordnung, ZfBR 2007, 416 ff.; Hök, Alternative zu FIDIC Conditions: ORGALIME Turnkey Contracts for Industrial Works, IBR 2007, 6; Hök, Europäische Union veröffentlicht eigene Vertragsbedingungen für Förderprogramme, IBR 2007, 5; Hök, Zum Baugrundrisiko in Deutschland mit einem Blick ins Ausland und auf internationale Vertragsmuster, ZfBR 2007, 3 ff.; Hök, The FIDIC Red Book „Harmonised Version" as a Variation of the FIDIC Red Book 1999 and the Standard Bidding Formulas of the World Bank Bidding Documents 2005, ICLR 2006, 405 ff.; Hök, FIDIC Contract Conditions: Anspruchsverlust durch fehlendes „RecordKeeping" auch unter deutschem Recht, ZfBR 2006, 419 ff.; Schuhmann, Anforderungen des Claim Management an die rechtliche Begleitung komplexer Projekte des Anlagenbaus, ZfBR 2002, 739; Schumacher, Vertragsmangement beim Bauen, BR/DC 2000, 113; Smith, Allocation of Risk – The Case for Manageability, ICLR 1996, 549; Triebel/Balthasar, Auslegung englischsprachiger Vertragstexte unter deutschem Vertragsstatut-Fallstricke des Art. 32 I Nr. 1 EGBGB, NJW 2004, 2189; Le Tourneau, L'ingénierie, les transferts de technologie et de maîtrise industrielle, Paris 2003

Inhaltsübersicht

I. Überblick

Verträge, auch wenn sie komplexe Vorgänge regeln sollen, schaffen verbindliche, durchsetzbare Rechtsbeziehungen. Man spricht von „legally binding contracts" oder „enforceable contracts". Die Kunst liegt darin, alle vorhersehbaren Konstellationen einer Regelung zuzuführen. In Wirklichkeit ist dies wohl nicht möglich. Die Parteien lassen deshalb vielmals gewollt oder ungewollt Raum für die Interpretation vertraglicher Regelungen. Dann verwenden sie unbestimmte bzw. ausfüllungsbedürftige Begriffe (reasonable contractor, experienced contractor, good workmanship, etc.). Gelegentlich behalten sie bestimmte Sachverhalte einer zukünftigen Vereinbarung vor (subject to agreement), z.B. wenn es um zusätzlich Leistungen geht[1]. Häufig nehmen die Parteien in Kauf, dass das anwendbare Recht Lücken auffüllt. Das kann geschehen, wenn dispositives oder zwingendes Recht vorhanden ist oder indem das Recht selbst richterliche Beurteilungsmaßstäbe oder Ermessensspielräume schafft. Manche Rechtsordnungen (z.B. die englische) üben sich jedoch in Bezug auf die Ergänzung und Vervollständigung von Verträgen in starker Zurückhaltung. Gelegentlich wollen die Parteien aber auch möglichst viel oder sogar jegliches Risiko für unvorhergesehene oder besser nicht wirklich in Betracht gezogene Umstände ausschließen. Klassisches Beispiel sind die Pauschalpreisverträge, die jegliche Nachforderung des Unternehmers für Massenabweichungen und eventuell auch sonstige unvorhergesehene Mehrkosten ausschließen. Das Gegenteil einer derartigen Klausel sind Generalklauseln, mit denen die Parteien 1

[1] Diese Art der Vertagung ist sehr streitanfällig, wenn –was häufig vorkommt- kein Einigungswille besteht. Dieser Weg wird mithin in der internationalen Praxis nur selten beschritten.

Interpretations- und Ermessensspielräume schaffen, die letztlich nur im Gerichtswege in verbindliche Entscheidungen münden. Zu derartigen Öffnungsklauseln kann man z.B. den Hinweis auf Treu und Glauben, „good faith", „best efforts" oder auch Klauseln zählen, die eine Verpflichtung beinhalten„reasonable" (vernünftig oder angemessen) zu handeln[2]. Häufige Verwendung finden auch sog. „Force Majeure-Klauseln". Im anglo-amerikanischen Bereich herrscht jedenfalls die Überzeugung, vollständige Regelungen würden jedenfalls dann erzielt, wenn sich die Parteien wechselseitig umfassend informieren[3]. Jedenfalls führe die vollständige Verwendung der ausgetauschten Informationen zu einem vollständigen Vertrag[4]. Dass dies gerade im Baurecht eine trügerische Vermutung ist, belegt die US-amerikanische „*cardinal change*" Rechtsprechung[5]. Ohnehin gilt im angelsächsischen Rechtsraum die goldene Regel „Schweigen ist Gold", denn jede auch noch so kleine falsche Aussage kann in eine Haftung führen, während Aufklärungsrisiken (fehlende Baugrunduntersuchung, fehlende Klimadaten, etc.) zumeist auf den Unternehmer verlagert werden oder bereits auf ihm lasten.

2 Die Diskussion über vollständige oder unvollständige Verträge mutet aus deutscher Sicht etwas fremd an, doch ist sie international ein bedeutendes Thema, denn sie führt zu der Frage, ob und wie **Lücken** ausgefüllt werden. Während in Kontinentaleuropa die Dogmatik und das gesetzte Recht lückenausfüllend herangezogen werden, greift das anglo-amerikanische Case Law auf sog. „implied terms" zurück. Sie sollen sich am Willen der Parteien orientieren, was nicht einfach ist, da ja die Lücke gerade deshalb aufgetreten ist, weil der Wille der Parteien auf den ersten Blick unklar ist. Es muss daher ggf. auf den hypothetischen Willen der Parteien abgestellt werden[6]. Letztlich aber stellen die Richter auf das ab, was unter den gegebenen Umstände „reasonable" ist[7]. Auch die sog. „good faith"-Klauseln können herangezogen werden, um „implied terms" zu ermitteln und zu konkretisieren[8]. Implied terms können sich aber auch aus der Natur der Sache und dem Zweck von Verpflichtungen ergeben[9]. Eine echte Lückenfüllungsfunktion, wie die des dispositiven Rechts in den Civil Law Rechtsordnungen, übernehmen die „implied terms" aber gerade nicht. Angelsächsische Richter sind überaus zurückhaltend, den Willen der Vertragsparteien zu ergänzen. Unvollständige angelsächsische Verträge müssen daher ggf. so angewendet werden wie sie sind. Um keine Lücken aufkommen zu lassen, hat sich die angelsächsische Praxis angewöhnt, eine möglichst vollständige Risikoeinschätzung vorzunehmen, d.h. möglichst sämtliche Risiken zu ermitteln und zu identifizieren, die im Rahmen der Vertragsabwicklung auftreten könnten. Die identifizierten Risiken werden erwogen und verteilt. Aus der Risikoübernahme folgt die Verantwortung, das Risiko zu beherrschen. Kommt der Vertragspartner seinen Verpflichtungen nicht nach, haftet er auf Schadensersatz. Gesetzliche oder rechtliche Risikoverteilungsmechanismen sind dem Common Law überwiegend fremd. Nur ver-

---

2 Vgl. Letterman, Unidroit's Rules and Principles, 2001, 166.

3 Vgl. Cohen in: Buckaert/de Geest, Encyclopedia of Law and Economics, Vol. III, 78, 81; Hermalin/Katz, Journal of Law, Economics and Organization, 230, 235.

4 Hermalin/Katz, Journal of Law, Economics and Organization, 230, 235.

5 Siehe Edward R. Marden Corp. v. United States, 442 F.2d 364, 370 (Ct. Cl. 1971) (bezüglich eines Vertrages über die Herstellung von 1.100 Generatoren, wo der Besteller während der Herstellungsphase zahlreiche Änderungen der Planung und der Spezifikationen bezüglich der Generatoren angeordnet hatte); Saddler v. United States, 287 F.2d 411 (Ct. Cl. 1961) (große Massenänderung in Bezug auf Erdarbeiten infolge Spezifikationsänderung).

6 Cohen in: Buckaert/de Geest, Encyclopedia of Law and Economics, Vol. III, 78, 81.

7 Liverpool City Council v. Irwin [1977] AC 239, [1976] 2 All. ER 39.

8 Letterman, Unidroit's Rules and principles, 2001, 166.

9 Letterman, Unidroit's Rules and principles, 2001, 166.

einzelt finden sich generelle Common Law Aussagen zur Risikoverteilung, z.B. in Bezug auf[10]:

- die Baubarkeit des Vorhabens, wobei die Haltung die ist, dass der Unternehmer zu prüfen hat, ob das geplante Vorhaben von ihm realisiert werden kann, was zur Folge hat, dass von ihm die Fachkompetenz gefordet wird, die Baubarkeit beurteilen zu können.
- das Herstellungsrisiko, wobei der Unternehmer das Risiko trägt, dass das Werk auf dem Weg zur Fertigstellung beschädigt wird oder untergeht.
- den Baugrund, der von dem Unternehmer zu beurteilen ist, bevor er sein Angebot abgibt, denn das angelsächsiche Recht geht davon aus, dass die Fachkompetenz des Unternehmers mindestens so groß ist, wie die des Planers des Bestellers, so dass sein Angebot die Aussage beinhaltet, er werde das Werk auf dem betreffenden Baugrund zu dem vereinbarten Preis herstellen, gleich wie schwer und beschwerlich die Herstellung auch sein möge.

Im Civil Law ist die Regelungsdichte dagegen deutlich größer und die Vertragsparteien verstehen die Vertragsredaktion üblicherweise als eine Art Feinjustierung des dispositiven Rechts, von dem – je nach Rechtsordnung – ohnehin nur in einem sehr begrenzten Maße abgewichen werden kann. Hinzu kommt, dass die Civil Law Rechtsordnungen deutlich komplexere Systeme zur Bewältigung von Leistungsstörungen zur Verfügung stellen, als es die Common Law Rechtsordnungen tun. Während im Common Law im Falle von Vertragsverletzungen der übliche Rechtsbehelf dahin geht, dem Geschädigten einen Anspruch auf Schadensersatz zur Verfügung zu stellen, unterscheiden die Civil Law Rechtsordnungen traditionell zwischen Mängelgewährleistung, Verzugsfolgen und Schlechtleistung. Beiden Rechtssystemen ist aber gemeinsam, dass Bauverträge als komplexe Erscheinung des Wirtschaftslebens eine Vielzahl von Risikofaktoren zu regeln haben. Eindeutige Regelungen haben in beiden Rechtsystemen den Vorteil, dass ihre Folgen vorhersehbar und kalkulierbar sind.

Wenn sich die Parteien nicht deutlich darauf einigen, unter welchen Voraussetzungen 3
sie welche Rechte mit welchen Rechtsfolgen ausüben können, führt dies in Interpretationsspielräume, die ggf. richterlich verdichtet werden müssen. Kennen sich die Vertragsparteien nicht mit den „**Ergänzungsspielregeln**" aus, führt die Unvollständigkeit des Vertrages in Rechtsunsicherheit und zu Zeitverlusten, denn einerseits sind richterliche Entscheidungen empirisch betrachtet nicht immer voraussehbar und andererseits nimmt die Herbeiführung einer Gerichtsentscheidung viel Zeit in Anspruch. Dies ist gerade bei Großbauvorhaben kein wünschenswerter Zustand, weshalb z.B. die FIDIC-Baubedingungen und die meisten angelsächsischen Vertragsmuster Vorkehrungen dafür treffen, dass die Baumaßnahme trotz im Streit befindlicher Aspekte fortgeführt werden kann und muss.

Letztlich ist es daher gerade bei internationalen Vorhaben angebracht, viel Sorgfalt auf 4
den Entwurf der Vertragsbedingungen und das Aushandeln der Vertragskonditionen zu verwenden[11]. Die Flucht in **Generalklauseln** ist dabei möglichst zu vermeiden, wenngleich sie natürlich nicht immer vermieden werden kann und aus Sicht eines Praktikers oftmals den einzigen Ausweg aus einer verfahrenen Verhandlungssituation darstellen. Die international weit verbreitete Diskussion über den Inhalt und die Tragweite sog.

---

[10] Hudson's Building and Engineering Contracts, Rn. 4-055.
[11] Vgl. Hök, Vertragsgestaltung mit Auslandsbezug, MDR 2003, 672 ff.

„Hardship“ und „Force Majeure Klauseln“ ist ein deutlicher Beleg dafür, dass die Parteien vielfach vor der Aufgabe kapitulieren, ihre Rechtsbeziehung abschließend und klar zu regeln. Allerdings zeigt gerade dieses Beispiel, dass die Parteien oftmals kein klares Verständnis von den vorhandenen Instrumentarien haben, denn weder „Force Majeure“ noch „Hardship“-Klauseln öffnen den Weg in eine Vertragsanpassung für mehr oder weniger übliche baubetriebliche Abwicklungsschwierigkeiten, die bei den meisten Vorhaben in irgendeiner Form auftreten, ohne dass höhere Gewalt eine Rolle spielen würde.

Beispiel: In einem indischen Fall stellte sich die Frage danach, ob der Unternehmer sich in einem FIDIC-Vertrag auf die Force Majeure Klausel berufen konnte, nachdem eine Herde von wilden Elefanten sein Materiallager verwüstet hatte. Die klare Antwort ist nein, denn in Indien sind wild lebende Elefanten üblich und die Parteien müssen folgerichtig Vorkehrungen treffen, wenn Schäden durch Elefanten zu befürchten sind. Tun sie das nicht, trägt der Unternehmer das Risiko allein.

5 Gelingt es den Parteien dagegen nicht, ihr vertragliches Verhältnis klar und deutlich zu normieren, dann liefern sie sich letztlich der Gerichtsgewalt aus. Die Praxis der Gerichte ist im internationalen Vergleich sehr unterschiedlich. Ihre Entscheidungen sind nicht nur davon abhängig, welches Recht sie zugrunde legen. Richterliche Entscheidungen werden zwangsläufig auch durch das Prozessrecht der lex fori und Beweislastregelungen beeinflusst. Überdies sind die Ausbildung und die Arbeitsweise der Richter je nach Rechtsordnung sehr unterschiedlich. Es fliessen zudem unterschiedliche (kulturelle, rechtspolitische und rechtstatsächliche) Grundüberzeugungen in die Entscheidungspraxis ein. So kann z.B. nicht ausgeschlossen werden, dass das angerufene Gericht mit der Vermutung arbeitet, dass es möglich und wünschenswert ist, dass Verträge vollständig sind. In diesem Fall wird das Gericht Lücken nur sehr vorsichtig ausfüllen und darauf hinweisen, dass es eben einer vertraglichen Regelung bedurft hätte, um den aufgeworfenen Streit zu bewältigen. Eine andere Schule vertritt dagegen, dass es letztlich (aus finanziellen, zeitlichen und Verständnisgründen sowie mangelnder Vorhersehbarkeit) unmöglich ist, vollständige Verträge zu entwerfen. Folgt das Gericht dieser Schule, wird es das vorangegangene Verhalten der Parteien, den Vertragskontext und Branchenusancen oder Handelsbräuche zur Lückenfüllung heranziehen[12]. Diese Risiken lassen sich zwar nicht vollständig ausschließen, aber eben doch durch sorgfältige Verträge reduzieren.

6 Eine gewisse Klarheit über den Regelungsumfang eines Vertrages schaffen sog. „merger clauses“. Sie haben z.B. folgenden Inhalt: „Dieser Vertrag beinhaltet die vollständige Einigung zwischen den Parteien“[13]. Richtig Sinn machen solche Klauseln aber nur in den Common Law Rechtsordnungen, denn sobald eine Civil Law Rechtsordnung anwendbar ist, kann eine solche allgemeine Klausel keinesfalls dazu führen, dass sämtliche dispositive Regelungen des Vertragsstatuts abbedungen sind. Hilfreich sind vor allem international erprobte Standardverträge, in die die Erfahrungen aus vielen Bauvorhaben eingeflossen sind.

7 Das internationale Geschäft wird deshalb ganz überwiegend auf der Grundlage bereits existierender Standardverträge abgewickelt. Zu diesen Vertragsmustern gehören ohne Anspruch auf Vollständigkeit:

[12] Vgl. dazu Cohen in: Buckaert/de Geest, Encyclopedia of Law and Economics, Vol. III, 78, 82, 83.
[13] Vgl. Letterman, Unidroit's Rules and Principles, 2001, 134.

- **Fédération Internationale des Ingénieurs-Conseils** (International Federation of Consulting Engineers or FIDIC): *Conditions of Contract for Works of Civil Engineering Construction, Part I*, General Conditions, Fourth Edition (1987, reprinted in 1988 and 1992 with amendments)[14]; Conditions of Contract for EPC Turnkey Projects/ FIDIC 1st edition, 1999 (Silver Book), Conditions of Contract for Plant and Design-Build/FIDIC 1st edition, 1999 (Yellow Book), Conditions of Contract for Construction[15]/FIDIC 1st edition, 1999 (Red Book), Conditions of Contract for Design, Build & Operate FIDIC 1st edition, 2008 (Gold Book); Conditions of Subcontract for Construction for Building and Engineering Works, FIDIC 1st edition, 2011
- **Australian Standard**, AS 4000–1997, *General Conditions of Contract* (1997);
- **The Institution of Civil Engineers** (United Kingdom), *The Engineering and Construction Contract*, Second Edition (1995, reprinted with corrections May, 1998) („ECC," formerly the „NEC");
- **Federal Acquisition Regulation** (United States), Title 48, Subpart 52.2, Code of Federal Regulations, *Text of Provisions and Clauses* (1997);
- **American Institute of Architects** (United States), AIA Document A201-1997, *General Conditions of Contract for Construction* (1997);
- **Engineering Advancement Association of Japan** (Japan), *ENAA Model Form International Contract for PowerPlant Construction* (Turnkey Lumpsum Basis),Vol. I, General Conditions (1996)[16];
- Construction Industry Development Board (Singapore), Public Sector Standard Conditions of Contract for Construction Works (1995);
- GC/Works/1 Without Quantities, Contract for Building and Civil Engineering Major Works, General Conditions (England, 1998) („GC/Works/1");
- The World Bank, Standard Bidding Documents, Procurement of Works (1995/2004) („World Bank"), seit 2005 ersetzt durch die SBDW 2005, die auf einer lizenzierten Fassung des FIDIC Red Book beruhen[17];
- Joint Contracts Tribunal for the Standard Form of Building Contract (England) („JCT98")[18]
- Joint Contracts Tribunal for the Standard Form of Building Contract (United States), *Standard Form of Building Contract, Private With Quantities* (1980 Edition, incorporating Amendments issued through April, 1998) („JCT 80");
- Joint Contracts Tribunal for the Standard Form of Building Contract (United States), *Standard Form of Building Contract With Contractor's Design* (1981 Edition, incorporating Amendments issued through April 1998) („JCT 81");
- Institution of Civil Engineers, Association of Consulting Engineers and Federation of Civil Engineering Contractors, *ICE Conditions of Contract* (Sixth Edition, January 1991; reprinted with amendments, November 1995; reprinted November 1997) („ICE 6th Edition").
- Institution of Chemical Engineers, Red Book – International Form of Contract, Lump Sum Contracts, 1st Edition
- Institution of Mechanical Engineers, Home or overseas contracts for the supply of electrical, electronic or mechanical plant (MF/1)

---

14 Die älteren FIDIC-Bedingungen haben ihre Bedeutung bislang nicht verloren, weil sie weiterhin von der Weltbank empfohlen werden und von EU in den Programmen PHARE und ISPA eingesetzt werden. Vgl. zu den älteren Bedingungen Bunni, The FIDIC Form of Contract, 17 ff.

15 Zum typischen Anwendungsfeld vgl. Nisja ICLR 2003, 230.

16 Vgl. zum japanischen Bauvertragsrecht Kurita BauR 1988, 385.

17 Seit Juli 2010 liegt eine neue Fassung vor.

18 Zur Entwicklung der JCT Forms vgl. Lupton/Cox ICLR 2003, 430.

8 Allen diesen Bedingungen ist gemeinsam, dass sie in Englisch abgefasst sind und auch ihren rechtlichen Hintergrund im anglo-amerikanischen Recht haben. Die vorstehenden Vertragsmuster werden nur selten unverändert angewendet und insbesondere bei größeren Bauvolumen mit ausführlichen **Besonderen Vertragsbedingungen** untersetzt. Ergänzende Vertragsbestandteile sind die allgemein üblichen Dokumente: Specifications, Bills of Quantities, Employer's Requirements, etc.

9 In der Praxis sind für die Erarbeitung **Besonderer Vertragsbedingungen** rechtsvergleichende Vorarbeiten von großem Nutzen, die eigenen Rechercheaufwand zumindest reduzieren. Im Einzelfall können vor allem die **Unidroit Principles of International Commercial Contracts** Hilfe leisten[19]. Sie enthalten für die Zwecke internationaler Verträge einen umfassenden Katalog von Regelungen, die auf den Grundsätzen der Vertragsfreiheit, der Offenheit für Sitten und Gebräuche, gutem Glauben und fairem Verhalten im internationalen Verkehr beruhen, denen das Prinzip des favor contractus inne wohnt und die eine Politik verfolgen, die unfaires Verhalten eindämmt und verhindert. Die englischsprachigen **Unidroit Principles** (Stand 1994) enthalten folgende Klauseln[20]:

10

Kapitel 1: Allgemeine Bestimmungen	
Art. 1.1	Vertragsfreiheit
Art. 1.2	Keine Formbedürftigkeit
Art. 1.3	Bindender Charakter des Vertrages
Art. 1.4	Zwingende Regelungen
Art. 1.5	Ausschluss von Veränderungen durch die Parteien
Art. 1.6	Auslegung und Ergänzung der Prinzipien
Art. 1.7	Guter Glaube und faires Verhalten
Art. 1.8	Gebräuche und Sitten
Art. 1.9	Zugang
Art. 1.10	Definitionen
Kapitel 2: Zustandekommen des Vertrages und Vertretungsmacht	
Art. 2.1	Zustandekommen des Vertrages
Art. 2.2	Definition des Angebotes
Art. 2.3	Widerruf des Angebotes
Art. 2.4	Rücknahme des Angebotes
Art. 2.5	Zurückweisung des Angebotes
Art. 2.6	Art und Weise der Annahme
Art. 2.7	Zeit der Annahme
Art. 2.8	Annahme innerhalb bestimmter Zeit
Art. 2.9	Verspätete Annahme
Art. 2.10	Widerruf der Annahme
Art. 2.11	Modifizierte Abnahme
Art. 2.12	Schriftliche Bestätigung
Art. 2.13	Vertragsschluss abhängig von der Einigung zu bestimmten Aspekten oder in einer spezifischen Form
Art. 2.14	Vertrag mit Regelungen, die bestimmte Punkte offen halten
Art. 2.15	Verhandlungen in gutem Glauben
Art. 2.16	Vertraulichkeit
Art. 2.17	Merger Clause

19 Vgl. zur Herkunft § 4 13.
20 Vgl. zur Weiterentwicklung aus dem Jahr 2004 Brödermann RIW 2004, 721 ff.

Art. 2.18 Schriftformklausel für Veränderungen
Art. 2.19 Vertrag mit Allgemeinen Geschäftsbedingungen
Art. 2.20 Überraschende Klauseln
Art. 2.21 Konflikt zwischen Allgemeinen Geschäftsbedingungen und Individualregelungen
Art. 2.22 Widersprüchliche Allgemeine Geschäftsbedingungen

Kapitel 3: Wirksamkeit

Art. 3.1 Nicht geregelte Fragen
Art. 3.2 Wirksamkeit übereinstimmender Erklärungen
Art. 3.3 Anfängliche Unmöglichkeit
Art. 3.4 Definition des Fehlers
Art. 3.5 Relevanter Fehler
Art. 3.6 Irrtum in der Erklärung oder bei der Übermittlung
Art. 3.7 Rechtsbehelfe bei Nichterfüllung
Art. 3.8 Arglistige Täuschung
Art. 3.9 Drohung
Art. 3.10 Grobe Unausgewogenheit
Art. 3.11 Dritte Personen
Art. 3.12 Genehmigung
Art. 3.13 Verlust des Rechts, sich auf die Unwirksamkeit des Vertrages zu berufen
Art. 3.14 Mitteilung des Rechts, sich auf die Unwirksamkeit des Vertrages zu berufen
Art. 3.15 Zeitbeschränkungen
Art. 3.16 Teilunwirksamkeit
Art. 3.17 Rückwirkende Unwirksamkeit
Art. 3.18 Schäden
Art. 3.19 Zwingender Charakter der Regelungen
Art. 3.20 Einseitige Erklärungen

Kapitel 4: Auslegung

Art. 4.1 Absicht der Parteien
Art. 4.2 Auslegung von Erklärungen und anderem Verhalten
Art. 4.3 Relevante Umstände
Art. 4.4 Bezugnahme auf den Vertrag als Ganzen
Art. 4.5 Alle Regelungen sollen wirksam sein
Art. 4.6 Unklare Regelungen
Art. 4.7 Sprachliche Diskrepanzen
Art. 4.8 Vertragsergänzung

Kapitel 5: Inhalt

Art. 5.1 Ausdrückliche und stillschweigende Regelungen
Art. 5.2 Stillschweigende Regelungen
Art. 5.3 Kooperation zwischen den Parteien
Art. 5.4 Verpflichtung ein bestimmtes Ergebnis zu erzielen-Verpflichtung zu besten Anstrengungen
Art. 5.5 Bestimmung der Art der geschuldeten Verpflichtung
Art. 5.6 Bestimmung der Qualität der Erfüllung
Art. 5.7 Preisfestlegung
Art. 5.8 Verträge über unbestimmte Zeit

Kapitel 6

Abteilung I: Erfüllung

Art. 6.1.1 Zeit der Erfüllung
Art. 6.1.2 Einheitliche Erfüllung oder Erfüllung in Teilen
Art. 6.1.3 Teilweise Erfüllung
Art. 6.1.4 Reihenfolge der Erfüllung
Art. 6.1.5 Vorzeitige Erfüllung

Art. 6.1.6 Erfüllungsort
Art. 6.1.7 Zahlung per Scheck oder andere Instrumente
Art. 6.1.8 Zahlung durch Überweisung
Art. 6.1.9 Zahlungswährung
Art. 6.1.10 Währung nicht geregelt
Art. 6.1.11 Kosten der Erfüllung
Art. 6.1.12 Tilgungsbestimmung
Art. 6.1.13 Tilgungsbestimmung bei Nichtgeldleistungen
Art. 6.1.14 Antrag auf öffentliche Genehmigung
Art. 6.1.15 Verfahren bei Beantragung einer öffentlichen Genehmigung
Art. 6.1.16 Nichterteilung der Genehmigung ohne Verweigerung der Genehmigung
Art. 6.1.17 Versagung der Genehmigung

Abteilung II: Härtefälle

Art. 6.2.1 Bindung an den Vertrag
Art. 6.2.2 Definition des Härtefalles
Art. 6.2.3 Folgen des Härtefalles

Kapitel 7

Abteilung I: Nichterfüllung im Allgemeinen

Art. 7.1.1 Definition der Nichterfüllung
Art. 7.1.2 Störung durch die andere Partei
Art. 7.1.3 Zug-um-Zug Erfüllung
Art. 7.1.4 Heilung der Nichterfüllung
Art. 7.1.5 Zusätzliche Frist für Erfüllung
Art. 7.1.6 Ausschlussklausel
Art. 7.1.7 Force Majeure

Abteilung II: Recht auf Nichterfüllung

Art. 7.2.1 Erfüllung von Zahlungsverpflichtungen
Art. 7.2.2 Erfüllung von Nichtzahlungsverpflichtungen
Art. 7.2.3 Reparatur oder Ersatz bei fehlerhafter Erfüllung
Art. 7.2.4 Gerichtliche Strafe
Art. 7.2.5 Wechsel zu anderen Rechtsbehelfen

Abteilung III: Beendigung

Art. 7.3.1 Recht das Vertragsverhältnis zu beenden
Art. 7.3.2 Mitteilung der Beendigung
Art. 7.3.3 Vorweggenommene Nichterfüllung
Art. 7.3.4 Adäquate Zusicherung ordnungsgemäßer Erfüllung
Art. 7.3.5 Wirkungen der Beendigung im Allgemeinen
Art. 7.3.6 Rückabwicklung

Abteilung IV: Schadensersatz

Art. 7.4.1 Recht auf Schadensersatz
Art. 7.4.2 Vollständiger Ersatz
Art. 7.4.3 Sicherer Schaden
Art. 7.4.4 Vorhersehbarkeit des Schadens
Art. 7.4.5 Beweis des Schadens im Fall der Ersatzvornahme
Art. 7.4.6 Beweis des Schadens bei üblichem Preis
Art. 7.4.7 Mitverursachung durch die geschädigte Partei
Art. 7.4.8 Schadensminderungspflicht
Art. 7.4.9 Verzinsung bei Zahlungsverzug
Art. 7.4.10 Zinsen bei Schadensersatz
Art. 7.4.11 Zahlungsmodalitäten
Art. 7.4.12 Währung bei Schadensersatz
Art. 7.4.13 Vereinbarte Zahlung bei Nichterfüllung

In der kurz vor der Veröffentlichung der ersten Auflage dieses Buches erschienenen Fassung der Principles 2004 wurden nur geringfügige Änderungen an den bestehenden Regelungen vorgenommen. So erwähnt die Präambel nunmehr die Möglichkeit, die Principles auch dann heranzuziehen, wenn die Parteien keine Rechtswahl getroffen haben oder wenn sie zur Auslegung oder Unterstützung von nationalem Recht gebraucht werden[21]. Neu aufgenommen wurde das Verbot des venire contra factum proprium[22] (Verbot des widersprüchlichen Verhaltens). Art. 1.12 regelt den Umgang mit Feiertagen bei der Fristenberechnung. Vor allem aber werden neue Abschnitte zu den Themen Vertretung, Rechte Dritter, Aufrechnung, Abtretung, Übertragung von Rechten, Pflichten und Verträgen sowie Verjährungsfristen[23] aufgenommen. Leider sind die Unidroit Prinzipien vor allem aus Sicht des Kaufrechts formuliert. Ein Bauvertrag, der allein auf die Unidroit Regeln verweist, antizipiert die Probleme auf der Baustelle nur unzureichend[24].

Ein internationaler Vertrag über ein Bauvorhaben hat die Interessen einer Vielzahl von Beteiligten zu berücksichtigen. Die Anzahl und die Rolle der Beteiligten variieren je nach Vorhaben. Es kommt etwa darauf an, ob die Planung Gegenstand des Vertrages (kombinierter Planungs- und Bauvertrag) ist oder nicht (reiner Bauvertrag), ob ein Ingenieur die Bauleitung einschließlich der Vertragsadministration übernehmen soll oder ob eine schlüsselfertige Anlage geliefert werden soll. Es kommt ferner darauf an, ob das Vorhaben zu einem Pauschalpreis ausgeschrieben wird oder ob nach Aufmaß abgerechnet wird. Nicht zu unterschätzen ist auch der Einfluss der Finanzierungsmodalitäten und der Zahlungssicherungsinstrumente auf den Vertrag und seine Abwicklung. Schließlich hängen die Funktion und die Aufgaben der Beteiligten und ihre jeweilige Verantwortung (für Planung, Baugrundrisiken, Massenrisiken etc.) maßgeblich von dem Vertragstyp ab, der letztlich gewählt wird. 11

Es gilt auch bereits vor Vertragsschluss, die Frage nach der Beteiligung von Subunternehmern und Sonderfachleuten nachhaltig zu klären, denn im internationalen Geschäft führt die Beteiligung von Personen, die keine direkte vertragliche Beziehung zum Bauherrn unterhalten, in oftmals erhebliche Haftungsrisiken für den Bauherrn. Es ist aus Auftraggebersicht überaus wichtig, von vorneherein Regelungen in Bezug auf die Beteiligung von Subunternehmern vorzusehen und deren Einhaltung zu kontrollieren bzw. sicherzustellen. Da es international zudem üblich ist, an einem Bauvorhaben einen Ingenieur oder Architekten als Vertragsadministrator zu beteiligen, der gegenüber dem deutschen Verständnis von dessen Rolle eine ungleich stärkere Funktion und verantwortungsvollere Aufgabe wahrnimmt, sind Vorkehrungen zu treffen, wie diese Rolle ausgeübt und wahrgenommen wird. Das schließt es ein, sich über die Aufgabenstellung des Vertragsadministrators klar zu werden.

Natürlich muss auch überlegt werden, wie sich eine Arbeitsgemeinschaft oder ein Konsortium konstituieren sollte, wenn an dem Auftrag auf der einen oder der anderen Seite ein solches Konsortium beteiligt wird. Häufig fehlen klare Regelungen innerhalb des Konsortiums über die Arbeitsteilung und die Risikotragung.

Risikoverteilung: Im Hinblick auf die zentrale Bedeutung der Haftung des Auftragnehmers für den Projekterfolg wird der vertraglichen Ausgestaltung der Risikovertei- 12

[21] Vgl. Brödermann RIW 2004, 721, 731.
[22] Brödermann RIW 2004, 721, 732.
[23] Brödermann RIW 2004, 721, 732.
[24] Siehe dazu Hök, FIDIC Verträge im Lichte der Unidroit Prinzipien als Vertragsstatut, ZfBR 2008, 115 ff.

lung besondere Beachtung geschenkt[25]. Es wird vorausgesetzt, dass die Parteien zunächst möglichst viele Risiken identifizieren. Manche Risiken werden allerdings – zumeist aufgrund fehlender Erfahrung – gar nicht erst wahrgenommen. Zu den identifizierbaren Risiken gehören unter anderem: Erfolgsrisiko (Werkvertrag[26]), Vorleistungsrisiko (Werkvertrag), Vergütungsrisiko (Werkvertrag), Sachleistungsgefahr (bis zur Abnahme ein Risiko des Unternehmers), Risiko gesetzlicher Änderungen (when completed, the Works shall be fit for the intended purpose), Koordinierungsrisiko, Planungsrisiko (Design & Build), Baugrundrisiko, Wetterrisiko, Naturereignisse, Auslegungsrisiko (Risiko nachteiliger Auslegung durch Vertragsadminsitratoren und Gerichte), Übersetzungsrisiko, Vollständigkeitsrisiko, etc. Ferner sind zu erwähnen: das Zeitrisiko, das zeitabhängige Kostenrisiko, das Planungsrisiko und das Liquiditätsrisiko. Auch das Risiko von Fehlentscheidungen ist zu berücksichtigen, etwa durch Ermächtigungen zur Fehlerkorrektur. So ist z.B. der Engineer im FIDIC-Vertrag ermächtigt, Zahlungsbescheinigungen (Payment Certificates) zu korrigieren.

Im klassischen Bauvertrag übernimmt der Unternehmer regelmäßig das Liefer- und Leistungsrisiko. Ggf. kommt das Planungsrisiko hinzu, wenn er auch die Planung der auszuführenden Arbeiten übernimmt. Üblich ist, diese Risiken entweder ganz oder teilweise bis zur Abnahme bei dem Unternehmer zu belassen und sie mit der Abnahme auf den Besteller zu verlagern. Von Low und Liu[27] wird aus chinesischer Sicht für zur Vermeidung von Bauzeitüberschreitungen folgende Strategie vorgeschlagen:

1. Übertragung des Risikos auf die Partei, die es am besten handhaben kann[28]
2. Sicherstellung, dass sich alle Parteien ihrer jeweiligen Risiken bewusst sind
3. Nachlassen angemessener Zeit für das Planungsteam, um Planungsfehler zu beheben[29]
4. Implementierung von mehr Personaltraining zur Vorbereitung auf das Vertragsmanagement
5. Änderung der Vergabestrategie mit der Hinwendung zu einer stärkeren Berücksichtigung früherer Projekterfahrung des Unternehmers und einer geringeren Gewichtung des Preises
6. Verbesserung der Baubarkeit des Vorhabens durch den Einsatz moderner Vergabemethoden, wie z.B. Design & Build Verträgen
7. Verbesserung der vertraglichen Beziehungen der Beteiligten
8. Entwerfen und Implementieren effektiverer Kommunikationsmechanismen zwischen allen Beteiligten am Vorhaben
9. Klare Definitionen der Verantwortlichkeit für die Risiken, die Grund für Bauverzögerungen sind
10. Verbesserung der Effektivität von Management und Überwachung

---

[25] Zum Baugrundrisiko in Deutschland mit einem Blick ins Ausland und auf internationale Vertragsmuster siehe Hök, ZfBR 2007, 3 ff.

[26] Der gesetzliche Typ des deutschen Werkvertrages antizipiert eine sehr weitgehende Risikoverteilung, die in manchen Rechtsordnungen erst durch entsprechende ausdrückliche Regelungen hergestellt werden kann. Gleichzeitig besteht aber in anderen Rechtsordnungen oftmals eine sehr viel größere Gestaltungsfreiheit, die ohne jeden Typenzwang auskommt.

[27] Low/Liu, Construction Delays and Contracts in China, ICLR 2009, 463, 487.

[28] Dieser Ansatz beruht auf Vorschlägen von Abrahamson, Risk Management, ICLR 1984, 241.

[29] Dieser Ansatz ist im Lichte der FIDIC Vertragsmuster etwas undifferenziert, weil z.B. im FIDIC Yellow Book die Planungsverantwortung letztlich bei dem Unternehmer liegt. Hingegen lässt sich die Frage im Red Book kaum regeln, weil dort die Planungsverantwortung bei dem Auftraggeber liegt. Jedenfalls muss insoweit angesichts diametral unterschiedlicher Risikoverteilung über die Ausgestaltung nachgedacht werden. Zwar ist es sicherlich im Interesse des Vorhabens, wenn ausreichend Zeit für Planung zur Verfügung steht. Doch kann das im Red Book keinesfalls zu Lasten des Unternehmers gehen.

Der **Abnahmevorgang** kann zeitlich gestreckt werden (z.B. geschieht dies in Rumänien, wo die Abnahme in zwei Schritten erfolgt). Zwischen der vorläufigen Abnahme und der endgültigen Abnahme trägt der Unternehmer häufig das Unterhaltungsrisiko. Nach der endgültigen Abnahme trifft den Unternehmer nur noch das Gewährleistungsrisiko. Bereits durch die Übernahme von Planungsaufgaben kann sich der Charakter des Vertrages vollständig ändern. Übernimmt der Unternehmer jedoch zusätzlich den Betrieb des Werkes, wie es z.B. im FIDIC Gold Book vorgesehen ist, handelt es sich im Zweifel um einen gemischtypischen Vertrag, dessen einzelne Elemente isoliert betrachtet werden müssen.

Erfahrene Unternehmen werden sehr sorgfältig studieren, wie exakt die Massenverzeichnisse und Spezifikationen die zu erbringende Leistung antizipieren. Das Risiko von Massenveränderungen, nicht ausdrücklich benannter Teilleistungen (z.B. Transportleistungen für Baugrund im Straßenbau), unvollständiger Baugrundbeschreibungen etc. will wohl erwogen sein. Gerade im Straßen- und Schienenbau sind solche Erwägungen oftmals entscheidende Erfolgsfaktoren.

Sind auf Auftragnehmerseite mehrere Firmen beteiligt (Konsortiallösung), muss der Auftraggeber dafür Sorge tragen, dass keine Haftungslücken entstehen. Diese können etwa dadurch eintreten, dass die einzelnen Unternehmen ihre Vertragspflichten zwar ordnungsgemäß erfüllen, jedoch das Zusammenspiel der einzelnen Komponenten deswegen nicht richtig funktioniert, weil Spezifikationen und Zeitpläne nicht hinreichend aufeinander abgestimmt sind (sog. Schnittstellenprobleme). Derartige Unstimmigkeiten haben häufig eine erst verspätet und mit erhöhten Kosten zu erreichende Funktionstüchtigkeit des Gesamtprojekts zur Folge, wobei die Verantwortlichkeit für Fehlleistungen schwer oder gar nicht festzustellen ist, weil diese in Bereichen auftreten, für die eine eindeutige Haftungsregelung fehlt. Zur Vermeidung von Haftungslücken und im Interesse einer reibungslosen Projektdurchführung sollte daher nach Möglichkeit – insbesondere, wenn es sich um technisch und zeitlich schwer zu koordinierende komplexe Projekte handelt – eine Vertragskonstellation gewählt werden, bei der ein Vertragspartner die Gesamtverantwortung für Projektdurchführung und -erfolg übernimmt. Diese Lösung bietet den Vorteil, dass sich der Auftraggeber trotz Vorhandenseins einer Mehrzahl von Lieferanten und Leistenden lediglich mit diesem Vertragspartner auseinander zu setzen hat. Anderenfalls trägt er das Koordinierungsrisiko. Werden die Bauleistungen von einer Arbeitsgemeinschaft ausgeführt, ist die gesamtschuldnerische Haftung der beteiligten Firmen üblich.

Bezahlung: Der Besteller übernimmt im Gegenzug die Verpflichtung zur vollständigen **13**
Bezahlung des vereinbarten **Werklohnes**. Bei größeren Vorhaben ist es üblich, den Werklohn nicht abschließend zu vereinbaren. Vielmehr liegt der Schwerpunkt der vertraglichen Vergütungsregelungen darauf, den Werklohn möglichst bestimmbar zu machen. Insoweit sind unter anderem Preisanpassungen im Falle von Leistungsänderungen sowie Währungs- und Devisenrisiken vorhersehbare Regelungsthemen. In vielen Fällen sind auch Regelungen dazu sinnvoll, wer Einfuhrzölle und öffentliche Abgaben zu entrichten hat. Im internationalen Geschäft sind differenzierte Risikotragungsregelungen mit Ausgleichsansprüchen für den Fall des Risikoeintritts üblich. Ihre Erfassung und Auswertung hat erheblichen Einfluss auf die Wettbewerbsfähigkeit von Unternehmen. Die unzureichende Prüfung der vertraglichen Anspruchsgrundlagen führt entweder in zu hohe Gebote (weil der Unternehmer sehr vorsichtig ist) oder in zu niedrige Gebote (weil der Unternehmer das von ihm übernommene Risiko falsch einschätzt).

14 Angelsächsische Vertragswerke enthalten üblicherweise ein sehr differenziertes Regelwerk zur Preisbestimmung und -anpassung. Häufig wird ein mehr oder weniger unabhängiger Dritter (der Vertragsadministrator: Engineer, Architect, etc.) mit der Feststellung der endgültigen Vergütung betraut. Die Preisfeststellung durch den Dritten erfolgt auf der Grundlage möglichst präziser Regelungen. Preisanpassungen müssen in einem besonderen Verfahren geltend gemacht werden, das die Prüfbarkeit der Mehrforderungen sicher- bzw. herstellen soll. Häufig enthalten die Vertragswerke unterschiedliche Preisanpassungsregelungen für angeordnete Leistungsänderungen und für spezifische Risikoszenarien (schlechtes Wetter, geänderte Baugrundbedingungen, verspätete Anordnungen, etc.). Während im Falle angeordneter Leistungsänderungen zumeist der ursprünglich vereinbarte Preis fortgeschrieben wird, sehen die Regelungen in Bezug auf spezifische Risiken vielfach einen Anspruch auf Erstattung der zusätzlichen (tatsächlichen) Kosten vor (siehe unten).

15 Das **FIDIC-Vertragswerk** verfolgt ein **klassisches Managementkonzept**. Es knüpft an das Vorliegen besonderer Ereignisse, wie z.B. an Ansprüche auf Kostenerstattung (vgl. Unterklauseln 2.1, 4.12, 8.9 FIDIC 1999) an. Leistungsänderungen (Variations) werden vom Engineer angeordnet und bewertet (vgl. Unterklauseln 13.3, 3.5 FIDIC 1999), entweder unter Berücksichtigung der vereinbarten Einheitspreise (FIDIC Red Book 1999) oder schlicht mit der Auflage an den Engineer, eine faire Festlegung zu treffen, die Gewinn einschließt (FIDIC Yellow oder Silver Book 1999). Auf der Grundlage eines solchen Vertragswerkes sind drei Maßnahmen geradezu zwingend: (1) Vollständige Risikoanalyse und -bewertung, (2) Erfassung und Prüfung sämtlicher Preisanpassungsgrundlagen vor Angebotsabgabe, (3) Einrichtung eines zuverlässigen und kundigen Claim und Vertrags-Managements. Unterlässt ein Unternehmen auch nur eine der drei Anforderungen, ist mit erheblichen wirtschaftlichen Schwierigkeiten zu rechnen.

16 Die englischen **NEC3-Verträge** haben sich dagegen von dem traditionellen Claim-Konzept in gewisser Weise abgewendet und das System der sog. **Kompensationsereignisse** eingeführt (Cl. 60 ff.). Das beabsichtigte Ziel, dem Unternehmer Kostenneutralität in Bezug auf Veränderungen, die aufgrund bestimmter Ereignisse auftreten, zu gewährleisten, wird jedoch, so die Kritiker[30], tatsächlich nicht erreicht. Kritisiert wird auch, dass das NEC-Vertragswerk keine deutlichen Regelungen dazu enthält, welche Änderungsanordnungen tatsächlich ein Kompensationsereignis darstellen. Nach dem Vertrag ist der Unternehmer verpflichtet, die Arbeiten gemäß den Inhalten der „Works Information“ auszuführen. Konkrete Angaben dazu, wie diese auszusehen haben, gibt es nicht. Cl. 11.2 (19) besagt lediglich, dass es sich dabei um Informationen handelt, die entweder die Arbeiten spezifizieren oder beschreiben oder Angaben dazu enthalten, welche Auflagen der Unternehmer zu beachten hat, und dass sich diese Informationen in Dokumenten befinden müssen, die in den Contract Data genannt sind, oder in Anordnungen enthalten sind, die auf der Grundlage des Vertrages erteilt wurden. Damit besteht die Gefahr, dass vertragsimplizite Anordnungsmöglichkeiten bestehen, die kein Kompensationsereignis darstellen[31].

17 **Kompensationsereignisse**: Festzuhalten ist jedenfalls, dass Cl. 60.1 zahlreiche sog. Kompensationsereignisse auflistet. Begegnet der Unternehmer etwa Baugrundbedingungen, deren Auftreten ein erfahrener Unternehmer bei Vertragsabschluss für so unwahr-

[30] Vgl. z.B. Egglestone, NEC Contract, 194 (zu NEC2), siehe auch Uff, Construction Law, 322.
[31] Vgl. Pickavance, Delay and Disruption, Rn. 14.48.

scheinlich halten durfte, dass es ihm unangemessen erscheinen musste, dafür Vorkehrungen zu treffen, liegt ein Kompensationsereignis vor (Cl. 61.1 (12)). Ein solches Ereignis ist zur Vermeidung des Anspruchsverlusts innerhalb von acht Wochen nach dessen Bekanntwerden anzuzeigen (Cl. 61.3). In der Regel erfolgt dann eine Anpassung des Vertrages (hinsichtlich Kosten und Zeit) auf der Grundlage von Kostenvoranschlägen des Unternehmers. Doch in die Entscheidung über die Anpassung des Vertrages fließt ein, ob es der Unternehmer unterlassen hat, eine Frühwarnanzeige zu machen, wozu er nach Cl. 16 verpflichtet ist. Stellt der Project Manager gemäß Cl. 61.5 fest, dass der Unternehmer eine Frühwarnanzeige hätte machen müssen, weil dies ein erfahrener Unternehmer getan hätte, so fließt dies in die Bewertung nach Cl. 63.5 ein. Dort heißt es: „Hat der Project Manager dem Unternehmer seine Entscheidung mitgeteilt, dass der Unternehmer keine Frühwarnanzeige gemacht hat, die ein erfahrener Unternehmer hätte geben können, wird das Ereignis so bewertet, als habe der Unternehmer die Warnung tatsächlich gegeben". Dies wiederum stellt den Unternehmer tatsächlich schlechter als ohne die vorausgegangene Feststellung nach Cl. 61.5, denn der Project Manager kann mit der Feststellung die Bewertung der Vorschläge des Unternehmers so beurteilen als habe der Beteteller bereits vor längerer Zeit möglicherweise kosten- und zeitsparender reagieren können. Cl. 63.5 NEC3 (=Cl. 63.4 NEC2) stellt also eine Sanktion gegen den Unternehmer dar[32].

Zudem soll Cl. 63.4 den Ausschluss oder den Verzicht auf andere Rechtsbehelfe als solche beinhalten, die als Kompensationsereignis ausdrücklich mit den genannten konkreten Folgen geregelt sind. Als Beispiel wird genannt, dass der Unternehmer z.B. nur nach Cl. 60 ff. vorgehen kann, wenn der Besteller den Vertrag verletzt. Dagegen sei es ihm genommen, Schadensersatz geltend zu machen[33].

Zeitmanagement: Das Zeitmanagement ist neben dem Kostenmanagement die zweite 18
wichtige vertragsadministrative Aufgabe. Geringe Bauzeitentreue führt häufig in Streitigkeiten[34]. Als eines der wenigen Standard-Vertragswerke befasst sich das NEC-Muster mit Zeitrisiken und Pufferzeiten (Float)[35]. Insoweit ist zunächst klarzustellen, dass weder die erhältlichen NEC3 Flow Charts noch die Guidance Notes zum Vertragswerk gehören[36] und damit jedenfalls aus englischer Sicht auch nicht ohne Weiteres herangezogen werden können, um den Vertrag zu vervollständigen oder Lücken zu füllen[37]. Allerdings hat der englische Technology and Construction Court (TCC) in der Vergangenheit durchaus sog. Guidances Notes zur Auslegung eines Vertrages, der auf dem Model Form of Conditions of Contract for Process Plants (1981 revision) beruhte, herangezogen[38]. Dort enthielt der Guidance allerdings keine Aussagen zu seiner vertraglichen Relevanz[39].

32 O'Reilly, Civil Engineering Construction Contracts, 315.

33 Guidance Notes NEC3, 78.

34 Vgl. Marshall, Delay, Progress and Programming, ICLR 2010, 137 ff.

35 Vgl. Pickavance, Delay and Disruption, Rn. 11.10; Williamson, NEC User Groups Newsletter Nr. 31/2004, 4.

36 Siehe den ausdrücklichen Warnhinweis in den Guidance Notes NEC3, 1.

37 Sweet/Schneier, Legal Aspects of Architecture, Engineering and the Construction Process, 414 zur „plain meaning rule"; vgl. aber Lewison, The Interpretation of Contrats, Rn. 4.06, wonach bei Standardmustern eine möglichst einheitliche Auslegung erfolgen soll, um Rechtssicherheit zu gewährleisten.

38 Matthew Hall Ortech Ltd v. Tarmac Roadstone Ltd (1997) 87 BLR 96 = [1997] EWHC Technology 352 (11th December, 1997); siehe dazu auch Lewison, The Interpretation of Contrats, Rn. 3.11 (unter Illustrations n°. 11).

39 Matthew Hall Ortech Ltd v. Tarmac Roadstone Ltd (1997) 87 BLR 96 = [1997] EWHC Technology 352 (11th December, 1997), Rn. 31.

Cl. 31.2 NEC3 enthält umfangreiche Vorgaben zum Inhalt des sog. Programms (Bauablaufprogramms). Angesichts dieser Vorgaben ist davon auszugehen, dass das Vertragswerk bezüglich des Zeitmanagements die Anwendung der Methode des kritischen Weges zum Zwecke der Entscheidung über Zeitverlängerungsanträge verbindlich macht[40]. Allerdings finden sich in dem Klauselwerk keine klaren Angaben dazu, wem Pufferzeiten gehören. In Cl. 32.1 NEC3 heißt es:

Der Unternehmer zeigt in jedem überarbeiteten Programm auf,

- den tatsächlichen erreichten Fortschritt in Bezug auf jede Operation und seine Auswirkungen auf das Timing der verbleibenden Arbeit
- die Auswirkungen von umgesetzten Kompensationsereignissen und von angezeigten Frühwarnungsangelegenheiten
- wie der Unternehmer plant, mit jeglicher Verzögerungen umzugehen und angezeigte Mängel zu beheben
- jede andere Veränderung des genehmigten Programms, die der Unternehmer vorschlägt

Aus der Formulierung „den tatsächlichen erreichten Fortschritt in Bezug auf jede Operation und seine Auswirkungen auf das Timing der verbleibenden Arbeit" ist zu entnehmen, dass „ungenutztes Zeitrisiko" späteren Aktivitäten zugeschlagen werden kann. Aus dem Kontext mit Cl. 63.5 und 65.2 NEC3 kann geschlussfolgert werden, dass Pufferzeit (aus Kompensationsereignissen wie ursprünglich eingeplante Pufferzeit) nicht automatisch dem Bauherrn gehört[41]. Diese Erkenntnis ist bedeutsam, denn angesichts des Umstandes, dass das Delay and Disruption Protocol der englischen Society of Construction law (SCL) verbreitet als allgemeiner Standard unterstellt wird, ist mangels einer solchen entgegenstehenden vertraglichen Aussage davon auszugehen, dass Pufferzeit „owner-owned" ist[42]. Doch steht das vorstehende Ergebnis im Einklang mit den Erläuterungen in den Guidance Notes. Dort heißt es[43]:

„Pufferzeit (Float) ist jede eingesparte Zeit (spare time) innerhalb des Programms nachdem die Zeitrisikogenehmigungen einbezogen wurden."

Außerdem ist den Guidance Notes zu entnehmen, dass solche Zeitnachlässe dem Unternehmer gehören[44]. Pickavance beklagt allerdings, dass sich dieses Ergebnis nicht ohne Weiteres aus dem Wortlaut des Vertrages ablesen lässt[45], was wiederum angesichts des Umstandes, dass die Guidance Notes kein Vertragsbestandteil sind, in Auslegungsrisiken führen kann[46].

19 Bei der Regelung der **Leistungsstörungen** geht man in Deutschland von einem hoch entwickelten Gesetzesrecht aus, das seinerseits in langjähriger Gerichtspraxis auf die Bedürfnisse der Baubranche angepasst wurde. Die langjährige Tradition der VOB/B erübrigt aus Sicht der deutschen Praxis eine eingehende individualvertragliche Regelung der Leistungsstörungen. Im internationalen Geschäft kann auf eine derartige Tra-

40 Vgl. Williamson, NEC User Groups Newsletter Nr. 31/2004, 4.
41 Vgl. Williamson, NEC User Groups Newsletter Nr. 31/2004, 4.
42 Vgl. dazu Hök ZfBR 2006, 107, 111 ff.
43 Guidance Notes NEC3, 47.
44 Guidance Notes NEC3, 47.
45 Pickavance, Delay and Disruption, Rn. 11.10.
46 Vgl. nochmals Matthew Hall Ortech Ltd v. Tarmac Roadstone Ltd (1997) 87 BLR 96 = [1997] EWHC Technology 352 (11th December, 1997).

dition oftmals gar nicht rekurriert werden oder sie entspricht jedenfalls nicht der deutschen. Voraussetzungen und Rechtsfolgen von Ansprüchen und Rechten aus Leistungsstörungen sind daher in internationalen Verträgen konkret zu regeln. Dabei trifft man vor allem in englischsprachigen Mustern auf eine Terminologie, die schon im Ansatz nicht mit dem Grundverständnis deutscher Juristen vereinbar ist. Unbill droht, wenn die englische Sprache nicht mit dem notwendigen juristischen Hintergrund verstanden wird: *may* means *shall*[47]. Oftmals begründen vor allem Garantieerklärungen (*warranties*) Rechte und Ansprüche der Vertragsparteien. Die Rechtsfolgen einer Garantieverletzung werden in den Verträgen ausführlich beschrieben. Generalklauselartige Haftungsregelungen, die auf dem Hintergrund der deutschen Praxis entwickelt wurden, sind angesichts oftmals großer Unterschiede in den verschiedenen Rechtsordnungen sehr unsicher, unter anderem weil sich Beweislastregelungen und die Höhe der Schadensersatzansprüche sehr unterscheiden. Verschiedentlich ist es gar nicht möglich, die Haftung im Ansatz zu limitieren, sondern sie muss ausdrücklich eingeschränkt werden. Dies ist etwa der Fall, wenn die betreffende Rechtsordnung eine generell verschuldensunabhängige Haftung vorsieht (strict liability), die vertraglich eingeschränkt werden kann, während etwa die deutsche Rechtsordnung überwiegend von der verschuldensabhängigen Haftung der Vertragsparteien ausgeht, also schon bei den Haftungsvoraussetzungen limitierend eingreift.

Gewährleistung: Bei internationalen Vorhaben enthalten die Allgemeinen Vertragsbe- **20**
dingungen stets eingehende Regelungen über die Mangelbeseitigungsverpflichtungen des Auftragnehmers. In Bezug auf reine Bauleistungen besteht die Mangelhaftung darin, innerhalb der vertraglichen Laufzeit am Bauwerk auftretende Mängel zu beseitigen. Die Mangelbeseitigungsverpflichtung erstreckt sich vorbehaltlich anders lautender landesrechtlicher Regelungen in der Regel auf ein bis zwei Jahre. Bei den FIDIC-Mustern ist darauf zu achten, dass die „Defects Notification Period" keine klassische Verjährungsregelung darstellt und inhaltlich keinesfalls die gesetzlichen Gewährleistungsrechte (§§ 634 ff. BGB) ersetzt. Ähnliches gilt für die meisten angelsächsischen Vertragswerke, die mangels eines durchsetzbaren gesetzlichen Mangelbeseitigungsanspruches die Mangelbeseitigung vertraglich ausdrücklich regeln. Bei Anlagenverträgen werden zudem regelmäßig besondere Garantien für das Material, die Qualität von Maschinen, Aggregaten und sonstigen wesentlichen Teilen der Anlage vereinbart. Oft wird zudem eine Leistungsgarantie gefordert, die die Quantität und Qualität der Produkte sowie den Verbrauch an Roh-, Hilfs- und Betriebsstoffen sicherstellt. An solche Vereinbarungen werden üblicherweise Pönalen und/oder Liquidated Damages Klauseln geknüpft.

Beispiel NEC3: Die Bauphase beginnt mit dem „First Access Date", das in den Contract Data spezifiziert wird. Die Arbeiten werden nicht vorher aufgenommen (Cl. 30.1). Die Arbeiten sind fertig gestellt, wenn der Unternehmer alle Arbeiten ausgeführt hat und er alle Mängel beseitigt hat (Cl. 11.2 (2)). Der Project Manager entscheidet über die Fertigstellung und bescheinigt sie innerhalb einer Woche nach Fertigstellung (Cl. 30.2). Anschließend bleibt der Unternehmer für die Dauer der in den Contract Data festgelegten Periode verpflichtet, solche Mängel zu beheben, die die Fertigstellung nicht beeinträchtigt haben, also auch solche, die erst nach Bescheinigung der Fertigstellung durch den Project Manager auftreten (vgl. Cl. 43.2). Diese letzte Phase endet mit der Erteilung des Defects

[47] State of Uttar Pradesh v. Jogendra Singh AIR 193, SC 1618 quoted in Orissa State Prevention and Control of Pollution Board v. Orient Paper Mills AIR 2003 SC 1966, 1971.

Certificate, das der Supervisor erteilt[48]. Cl. 43.3 sieht allerdings vor, dass die allgemeine Mangelhaftung nicht erlischt, d.h. sie bleibt trotz der Erteilung des Defects Certificate erhalten, soweit Mängel nicht aufgefunden oder mitgeteilt wurden. Das Defects Certificate hat folglich lediglich eine Bedeutung für den vertraglichen Nachbesserungsanspruch und die Freigabe der Schlusszahlung[49]. Das entspricht den Verhältnissen in den FIDIC-Mustern. Es ist also unter einem NEC3-Vertrag davon auszugehen, dass erst die Erteilung des Defects Certificate die Wirkung der Abnahme nach deutschem Recht erzeugt.

21 **Zahlungsbedingungen**: Internationale Großbauvorhaben können finanziell nur dann bewältigt werden, wenn der Unternehmer unter Berücksichtigung der international für die jeweilige Branche üblichen Konditionen und des Baufortschritts regelmäßig Teilzahlungen erhält. Die Zahlungsbedingungen müssen mithin so ausgestaltet werden, dass sie jeweils dem Leistungsstand des Unternehmers entsprechen. Die Parteien können sich zudem über Anzahlungen bzw. Vorauszahlungen verständigen, soweit diese für sinnvoll gehalten werden. Die Anzahlung, die bei oder unmittelbar nach Vertragsschluss zu leisten ist und die grundsätzlich 20 % des Vertragswertes nicht übersteigen sollte, beinhaltet eine Vorleistung des Auftraggebers[50], mit der dem Vertragspartner entstehende Anlaufkosten (Baustelleneinrichtung, Planung etc.) abgedeckt werden. Weitere Zahlungen werden üblicherweise so vereinbart, dass sie bei Lieferungen entsprechend der Verschiffung der einzelnen Güter, bei Bauleistungen in monatlichen Abschlagszahlungen und bei Schiffsbauvorhaben in Raten entsprechend dem Baufortschritt geleistet werden. Es empfiehlt sich, das gesamte Vertragswerk auf **Regelungen zur Zahlungsabwicklung** zu überprüfen. Oftmals sind solche Regelungen über das gesamte Vertragswerk verteilt zu finden. Folgende Regelungen sind typisch:

- Leistungsfeststellungsregelungen einschließlich Aufmaßvorschriften
- Zuständigkeit für Zahlungsfreigaben und Rechnungsprüfung
- Vorauszahlungen (Mobilisierungsanzahlung) mit Regelungen zur Verrechnung und Rückführung
- Abschlagszahlungen
- Sicherheitseinbehalte mit Regelungen zur Höhe und zur Auszahlungsfälligkeit
- Einbehalte mit Rücksicht auf Gegenforderungen
- Zahlungsfristen
- Verzugszinsen
- Schlusszahlungen
- Sicherheiten in Bezug auf Zahlungsansprüche

22 Bei der Gestaltung der Zahlungsbedingungen sind die Bedürfnisse und Anforderungen der finanzierenden Einrichtungen zu berücksichtigen. Üblich ist, dass das Finanzierungsinstitut im Verhältnis zum tatsächlichen Fortschritt des Projekts Auszahlungen an den Bauherrn vornimmt. Verzögert sich die Durchführung wesentlicher Teile des Projekts, so nehmen die Finanzierungsinstitute oftmals Einfluss auf den Mittelabfluss. Auszahlungen werden nur dann vorgenommen, wenn die ordnungsgemäße Fertigstellung des Projekts weiterhin gewährleistet ist. Die Schlusszahlung in einer Höhe von i.d.R. 10 % ist entweder von der vorläufigen Abnahme unter der Voraussetzung abhän-

---

[48] Vgl. Guidance Notes NEC3, 57 (zu Cl. 43.3).

[49] Vgl. Guidance Notes NEC3, 57.

[50] Der Begriff Vorleistung ist nicht notwendigerweise im Sinne einer Anzahlung zu verstehen. In der internationalen Praxis werden zinslose Darlehen bevorzugt, die über Abzüge von den Abschlagszahlungen getilgt werden.

gig, dass die Garantieperiode durch eine Erfüllungsgarantie abgesichert ist, oder, falls eine derartige Besicherung fehlt, von der endgültigen Abnahme.

Ggf. sind die vertraglichen Auszahlungsbedingungen auf die Bedürfnisse und Anforderungen des Finanzierungsinstitutes abzustimmen. Die KfW verweist z.B. auf ihre „Richtlinien für die Auszahlung von Mitteln der Finanziellen Zusammenarbeit und vergleichbarer Programme durch die KfW".

Neuerdings machen sich Klauseln breit, die sicherstellen sollen, dass die abrechenbare Leistung möglichst innerhalb bestimmter Zeiträume erbracht wird. Der Unternehmer muss sich verpflichten, 15 % des Leistungsvolumens binnen eines bestimmten Zeitvolumens zu erbringen. Gelingt ihm dies nicht, greift eine Verpflichtung zur Zahlung von Vertragsstrafen. Wie unsinnig solche Klauseln sind, zeigt sich, wenn man sieht, dass manche Unternehmer das vertragsstrafebewehrte Leistungsvolumen mit der Baustelleneinrichtung bewältigen. Falls solche Klauseln unumgänglich sind, sollte darauf geachtet werden, dass sie praktikabel sind. Knüpft die Verpflichtung zur Zahlung der Vertragsstrafe in einem FIDIC-Red-Book-Vertrag an den *Accepted Contract Amount* an, lässt sich im Grunde genommen keine der Klausel gerecht werdende Leistungsbewertung vornehmen. Da der *Accepted Contract Amount* eine Art realistische Preisschätzung für Vergabezwecke darstellt und die Abrechnung der tatsächlichen Leistung nach Einheitspreisen erfolgt, hängt es letztlich vom Zufall ab, ob die ursprünglich für Vergabezwecke geplanten Massen in der ursprünglich veranschlagten Zeit abgearbeitet werden können. In der Regel wird dies nicht der Fall sein, so dass die Klausel entweder vollständig ihren Sinn verliert oder sie zu einer mehr oder weniger ungerechtfertigten Haftung führt.

Bauzeit: Die Erfüllung von Bauverpflichtungen hat regelmäßig zeitgebunden zu erfol- **23**
gen. Risiken lauern aber überall[51]. Zu den klassischen Gründen für Verzögerungen zählen: Unvorhergesehene Baugrundbedingungen, unzureichende Menge an Personal, Streiks, Force Majeure Ereignisse, Behindeurngen durch andere Unternehmer auf der Baustelle, Gesetzesänderungen, fehlender Zugang zur Baustelle oder Besitz an der Baustelle, Leistungsänderungen und schlechte sowie unzureichende Planung des Vorhabens[52]. Die Komplexität der zu erbringenden Leistung einerseits, der Einfluss unvorhersehbarer oder unvorhergesehener Umstände andererseits und schließlich die Möglichkeit zur Leistungsänderung durch den Besteller machen klare Regelungen zur Bauzeit, aber auch zu deren Verlängerung erforderlich.

Während in Deutschland überwiegend Baufristen vereinbart werden, werden in internationalen Bauverträgen analog zur angelsächsischen Praxis Bauzeiten (oder präziser Bauzeitenvolumen) vereinbart. Es ist in jedem Fall erforderlich, Behelfe zur Frist- oder **Bauzeitveränderung** vorzusehen. Dabei können oder müssen Fragen des Vertretenmüssens berücksichtigt werden. Eine exakte Risikobeschreibung und -abgrenzung ist diesbezüglich zu empfehlen. Anzumerken ist, dass aus angelsächsischer Sicht Ansprüche auf Bauzeitverlängerung die unabdingbare Folge bzw. Kehrseite von Vereinbarungen zur Haftung für Bauzeitüberschreitung darstellen. Der Grund dafür liegt im *prevention principle*, das es ausschließt, aus eigenem Fehlverhalten Vorteil zu ziehen[53].

---

51 Zu den Gründen für Bauzeitüberschreitungen in China siehe Low/Liu, Construction Delays and Contracts in China, ICLR 2009, 463, 481 ff. An erster Stelle stehen in China die langsamen Entscheidungsfindungsprozesse, die zögerliche Genehmigungserteilung durch öffentliche Stellen sowie das schlechte Baustellenmanagement.

52 Wallace, Delay, Progress and Programming, ICLR 2010, 137, 138.

53 Siehe dazu auch Bailey, Concurrency, Causation, Commonsense and Compensation, ICLR 2010, 197 ff.; Wallace, Prevention and Liquidated Damages: A Theroy too far?, (2002) 18 BCL 82; Baker/Bremen/Lavers, The Development of the Prevention Principle in English and Australian Jurisdictions,, ICLR 2005, 197.

24 **Sicherheiten**: Die sich aus einem internationalen Bauvertrag ergebenden wechselseitigen Verpflichtungen stellen in der Regel erhebliche Werte dar. Es ist daher üblich, ihre Erlangung banktechnisch abzusichern. Die Allgemeinen oder Besonderen Vertragsbedingungen können vorsehen, dass der Auftragnehmer eine Bietungs-, Anzahlungs- und Erfüllungsgarantie zu stellen hat. Bei den genannten Garantien kann es sich um abstrakte Zahlungsversprechen von Banken handeln, die auf erstes Anfordern zahlbar sind, ohne dass die Möglichkeit besteht, Gegenrechte geltend zu machen. Es können aber auch bürgschaftsähnliche Instrumente oder Bürgschaften eingesetzt werden. Die Bietungsgarantie soll bewirken, dass der erfolgreiche Bieter zu seinem Angebot steht und den ihm zugeschlagenen Vertrag abschließt. Die Anzahlungsgarantie dient dem Auftraggeber als Sicherheit dafür, dass er eine von ihm geleistete Anzahlung zurückerhält, falls der Auftragnehmer seine vertraglichen Verpflichtungen, die er aus den Mitteln der Anzahlung zu erbringen hat, nicht erfüllt. Die Höhe der Anzahlungsgarantie richtet sich nach der Höhe der Anzahlung, wobei es üblich ist, die Garantie entsprechend dem Wert der erbrachten Lieferungen und Leistungen herabzusetzen. Mit der Vertragserfüllungsgarantie erhält der Auftraggeber eine Sicherheit für die ordnungsgemäße Erfüllung sämtlicher Vertragsverpflichtungen einschließlich der Gewährleistungsansprüche durch den Auftragnehmer. Die Erfüllungsgarantie deckt üblicherweise die gesamte Vertragsdauer ab, also den Zeitraum zwischen Vertragsschluss und Ablauf der Gewährleistungsperiode. Sie beträgt in der Regel bis zu 10 % des Auftragswertes und erlischt mit Ablauf der Gewährleistungsfrist.

Die FIDIC-Bedingungen enthalten Vorschläge für derartige Garantien auf der Grundlage der ICC-Publikationen Nr. 524 und 458. Allerdings sollte berücksichtigtwerden, dass der Begriff der Garantie international mehrdeutig belegt ist. Es kann sich um abstrakte selbständige Garantien handeln aber auch um bürgschaftsähnliche Instrumente[54].

25 **Kündigung und Vertragsaufhebung**: Es ist quasi internationaler Konsens, dass Bauverträge praktisch jederzeit aufgelöst werden können, jedenfalls dann, wenn eine Vertragspartei nicht vertragskonform handelt. Allerdings sind die jeweiligen Rechtsfolgen sehr unterschiedlich. Es empfiehlt sich in jedem Fall, Voraussetzungen und Folgen einer Vertragskündigung eingehend zu erwägen und vertraglich zu regeln. Lassen die Vertragsbedingungen oder bzw. und das zugrunde liegende Recht eine „grundlose" oder „beliebige" Kündigung durch die Vertragsparteien zu, müssen die Rechtsfolgen einer Kündigung danach differenziert werden, ob die Kündigung „grundlos" oder aufgrund eines Fehlverhaltens ausgesprochen wird. Das Fehlverhalten, auf das eine Kündigung gestützt werden kann, sollte ebenso umschrieben werden wie die Rechtsfolgen einer derartigen Kündigung. Differenzierungskriterien können insoweit sein, ob das Fehlverhalten auf ein Verschulden zurückzuführen ist oder nicht. Eine klare Regelung sichert die Parteien davor, Fehlentscheidungen zu treffen. Es macht gerade bei internationalen Bauverträgen keinen Sinn, an dieser Stelle Streitpotentiale zu schaffen, denn entbrennt der Streit darum, ob eine Kündigung wirksam ist oder nicht, kann das Vorhaben nicht weitergeführt werden. Jedenfalls die Kriterien für die Wirksamkeit einer Kündigung sollten daher keinen Auslegungsspielraum beinhalten. Differenzierungen machen deshalb nur auf der Rechtsfolgenseite wirklich Sinn.

26 **Einheitspreis- und Pauschalpreisverträge**: International üblich sind Pauschalpreisals auch Einheitspreisverträge. In beiden Fällen sollte der Versuch unternommen werden, klare Verhältnisse zu schaffen. Der Schwerpunkt liegt darin, Preisklarheit und

[54] Vgl. Letterman, Unidroit's Rules and Principles, 2001, 312.

Preistransparenz zu finden. Dies ist nicht einfach, denn komplexe Bauvorhaben ziehen sich oftmals über Jahre hin und sie unterliegen inhaltlichen Veränderungen. In die Gestaltung der Preisregelungen sollten daher der Zeitfaktor (zusätzliche Leistungen führen zur Bauzeitverlängerung) und der Umstandsfaktor (Ausschachtungsarbeiten können per Hand oder maschinell ausgeführt werden) einfließen. Bei Projekten, bei denen Lieferungen und Leistungen über einen längeren Zeitraum hinweg erfolgen, können die Ausschreibungsbedingungen Preisgleitklauseln enthalten, die es dem Auftragnehmer erlauben, im Laufe der Vertragsdurchführung auftretende Kostenänderungen an den Auftraggeber weiterzugeben. Die Preisgleitung soll auf der Basis einer in den Ausschreibungsbedingungen enthaltenen Klausel vereinbart werden, die Änderungen der wesentlichen Kostenelemente wie Löhne, Preise für Materialien und Rohstoffe sowie Ausrüstungsgegenstände nach einem vorgegebenen Schema durch Indexzahlen oder andere vertraglich vereinbarte Grundlagen berücksichtigt. Der Nachweis derartiger Kostenänderungen sollte regelmäßig durch die Vorlage offizieller Unterlagen, z.B. Nachweise von Handelskammern oder statistischen Ämtern, geführt werden. Im **Einheitspreisvertrag** spiegeln die Einheitspreise den kalkulierten Gesamtaufwand auf der Basis eines vorläufigen Mengengerüstes. Die endgültigen Massen können erst nach Fertigstellung aufgemessen werden. Weichen die endgültigen Massen erheblich von den kalkulierten Massen ab, spiegeln die Einheitspreise häufig nicht mehr zuverlässig den Aufwand wider. Muss für eine geringe Aushubmenge ein Bagger vorgehalten werden, erhöhen sich die umzulegenden Kosten für den Bagger pro Maßeinheit. Steigen die Massen, können die Bereithaltungs- und Betriebskosten auf die gestiegene Menge pro Einheitspreis umgelegt werden. Daher sehen die meisten international genutzten Standardverträge Regelungen dazu vor, unter welchen Bedingungen die Einheitspreise geändert werden können. Gelegentlich müssen auch neue Einheitspreise gebildet werden, wenn Leistungen hinzu kommen, die zuvor unbekannt waren und nicht in den ursprünglichen Einheitspreisen enthalten sind. Häufig wird das Thema der Einheitspreise auch unter dem Missbrauchsgesichtspunkt diskutiert. Findige Unternehmer neigen dazu, ihre Einheitspreise „aufzuladen". In der Urkalkulation, die mit dem Angebot abgeben wird, kalkulieren sie die Einheitspreise so, dass geringen Massenvorgaben hohe Einheitspreise und hohen Massenvorgaben niedrige Einheitspreise zugeordnet werden. Im Bauverlauf ändern sie die Baumethode und rechnen die großen Massen zu hohen Einheitspreisen ab. Es obliegt den Fachleuten, die die Ausschreibungsunterlagen vorbereiten, solche Praktiken zu unterbinden, denn die jeweiligen Rechtsordnungen bieten nur selten Abhilfe an, zumal im Kern davon auszugehen ist, dass die Methodenwahlfreiheit grundsätzlich beim Unternehmer liegt. In Allgemeinen und Besonderen Vertragsbedingungen sind üblicherweise keine Vorkehrungen gegen aufgeladene Einheitspreise zu finden. Unterbinden die individuellen Ausschreibungsunterlagen das „Aufladen" nicht, kann allenfalls eine sachkundige Angebotsprüfung ausschließen, dass derartige Praktiken Erfolg haben. Im **Pauschalpreisvertrag** übernimmt der Unternehmer folglich auch nicht nur das Massenrisiko. Hat er seine Urkalkulation auf einem Massengerüst aufgebaut, haben spätere Massenänderungen eine Hebelwirkung, weil der über die ursprünglichen Massen errechnete Kostenbeitrag nicht mehr zutrifft. Beruht der Pauschalpreis hingegen auf keinem Mengengerüst, sondern z.B. auf dem Zeitfaktor (etwa bei Planungs- und Bauüberwachungsleistungen), mag eine reine Massenänderung weniger bedeutende Auswirkungen haben. Der Pauschalpreisvertrag lässt aber den Zeitfaktor völlig unberührt. Gleichwohl können sich Störungen im Bauablauf wie im Einheitspreisvertrag kostenerhöhend auswirken. Will der Bauherr auch die Bauzeit pauschalisieren, muss der Unternehmer zusätzlich das Zeitrisiko berücksichtigen. Während dies im klassischen Turn-

Key-Vertrag, bei dem es lediglich auf die Erreichung der funktionalen Anforderungen ankommt, noch hinnehmbar ist (weil der Unternehmer im Zweifel sein eigenes Planungsrisiko beurteilen können wird), wird die Pauschalisierung der Bauzeit dann bedenklich, wenn sich der Bauherr weiterhin Eingriffe in den Bauablauf und Leistungserweiterungen vorbehält. Solche Verträge sind praktisch unkalkulierbar. Bauherrn, die sich einen großen baubegleitenden Einfluss vorbehalten wollen, müssen folglich in Bezug auf Zeit- und Preissicherheit Abstriche machen.

27 **Force Majeure und Änderung der Geschäftsgrundlage**: Obwohl sie nicht immer im Interesse beider Parteien liegen (können), wird immer wieder darauf gedrungen, dass in die Allgemeinen Vertragsbedingungen Klauseln aufgenommen werden, die das Eintreten von Fällen „höherer Gewalt" und „Hardship" regeln. Beide Arten dieser Klauseln erfassen ähnliche, aber doch zu differenzierende Fälle[55], die rechtsvergleichend unter sehr unterschiedlichen dogmatischen und praktischen Ansätzen diskutiert werden. Hierzu gehören Begriffe wie Unmöglichkeit, Force Majeure, Frustration, Impossibilty of Performance, Impracticability einerseits[56] und Imprévision und Wegfall der Geschäftsgrundlage andererseits[57]. Bevor solche Regelungen in den Vertrag aufgenommen werden, sollte der Standard geklärt werden, der damit eingeführt wird. Nicht immer fallen unter solche Klauseln lediglich völlig außergewöhnliche Ereignisse, die die ordnungsgemäße Vertragserfüllung verhindern und von keiner der Vertragsparteien zu vertreten sind, wie etwa Naturkatastrophen, Krieg, Störung der öffentlichen Ordnung und Streik. Sie können auch Baugrundrisiken und andere kostensteigernde Hintergründe erfassen oder wirtschaftliche und politische Umwälzungen aufgreifen, die sich erheblich auf das Vertragsgleichgewicht auswirken. Der Nachweis für das Vorliegen „höherer Gewalt" oder „Hardship" als auch für die Kausalität des Ereignisses, das die Nichteinhaltung der vertraglichen Verpflichtungen bedingt, sollte gefordert werden. Insoweit bieten sich Erklärungen öffentlicher Stellen zwar an, doch sind solche Erklärungen nicht immer zweifelsfrei, zumal dann, wenn es sich um staatsnahe Stellen handelt.

Die Vertragsbedingungen sollten zudem nicht nur Regelungen dazu enthalten, wann ein Fall höherer Gewalt vorliegt. Auch die Folgen des Eintretens der höheren Gewalt sollten zweifelsfrei normiert werden. In Betracht kommen: das Ruhen der vertraglichen Verpflichtung, die hierdurch bedingte Verschiebung des Liefer- und Leistungstermins und damit auch der Gewährleistungsfristen. Gegebenenfalls ist der Auftragnehmer zur Behebung des Leistungshindernisses und zur Durchführung von Schadensbeseitigungsmaßnahmen oder sonstigen außerordentlichen Vorkehrungen (z.B. Einlagerung) gegen Erstattung der Kosten zu verpflichten. In Einzelfällen kann die Kündigung des Vertrages in Betracht kommen oder der Wegfall von Schadensersatzansprüchen bei Nichterfüllung[58]. Fälle von *Hardship* können z.B. über Preisanpassungen gelöst werden[59].

Unterklausel 19.1 der FIDIC-Baubedingungen enthält ein entsprechendes Beispiel für eine derartige Öffnungsklausel. Baugrundrisiken haben eine besondere Regelung (vgl. Unterklauseln 4.10, 4.11 und 4.12 FIDIC) erfahren und sind daher aus dem Anwendungsbereich der Force Majeure Klausel ausgenommen. Da der Begriff Force Majeure von Rechtsordnung zu Rechtsordnung unterschiedlich belegt ist, enthält das neue FIDIC Gold Book keine Force Majeure Klausel mehr. An die Stelle dieser Klausel ist

---

55 Vgl. Letterman, Unidroit's Rules and Principles, 2001, 200, 219.
56 Vgl. Letterman, Unidroit's Rules and Principles, 2001, 218.
57 Letterman, Unidroit's Rules and Principles, 2001, 200.
58 Vgl. Letterman, Unidroit's Rules and Principles, 2001, 219.
59 Vgl. Letterman, Unidroit's Rules and Principles, 2001, 201.

eine Klausel mit der Überschrift „Außergewöhnliche Risiken“ getreten, die eine vergleichbare Funktion wie die alte Klausel 19 hat, ohne das Mißverständnis aufzuwerfen, es würden darin die Fälle der höheren Gewalt nach Maßgabe des jeweiligen Vertragsstatuts abschließend geregelt. Auch Veränderungen der Geschäftsgrundlage sind nur schwer einer allgemeinen Regelung zugänglich, da etwa die englische und die französische Rechtsordnung einen sehr zurückhaltenden Umgang mit solchen Veränderungen pflegen, während in den arabischen und in der deutschen Rechtsordnung sehr weitgehende richterliche Befugnisse zur Vertragsanpassung bestehen, wenn sich die Geschäftsgrundlage ändert.

Rechtswahl: Internationale Bauverträge lassen sich nicht nachhaltig von den nationalen Rechtsordnungen abkoppeln, obwohl dies in mancherlei Hinsicht sicherlich sinnvoll wäre. Die rechtlichen Bedingungen des Baustellenlandes wirken ohnehin stark in den Bauablauf hinein und es ist daher oftmals sinnvoll, anstelle des nationalen Rechts der einen oder der anderen Partei das Baustellenrecht zu vereinbaren. Vor allem das oftmals zwingende Subunternehmerrecht sowie die je nach Baustellenland variierenden Möglichkeiten zur Besicherung des Werklohnanspruches am Baugrundstück sprechen dafür. Ist das Baustellenrecht nur wenig entwickelt und sind Eingriffe in ein abweichendes Vertragsstatut kaum zu befürchten, kann natürlich auch eine Rechtsordnung gewählt werden, die besser mit dem Vertragswerk harmoniert als das Baustellenrecht. In jedem Fall sollten sich beide Vertragsparteien über die von ihnen gewählte Rechtsordnung eingehend informieren und Personal einsetzen, das zumindest ein Grundverständnis für das anwendbare Recht besitzt. Andererseits sollte man die Bedeutung von Rechtswahlklauseln auch nicht überbewerten. Anzunehmen, dass die Rechtswahl das wichtigste Gestaltungselement in internationalen Verträgen sei[60], lenkt davon ab, sich mit den eigentlich relevanten Themen und Risiken hinreichend auseinanderzusetzen. Mit der Rechtswahl allein lassen sich weder Verständnisprobleme noch Vertragsrisiken bewältigen. 28

Streitbeilegung: Gerade bei Bauverträgen empfiehlt es sich, Regelungen zur Streitbeilegung zu finden, die vor allem sicherstellen, dass das Vorhaben auf jeden Fall fertig gestellt wird, und zwar möglichst termingerecht. Es überwiegen insoweit Schiedsgerichtsvereinbarungen, denen allerdings besondere Streitschlichtungsvereinbarungen vorangestellt werden. Allerdings sollte niemals außer Acht gelassen werden, dass eine Schiedsgerichtsvereinbarung nur dann wirklich sinnvoll ist, wenn davon auszugehen ist, dass eine Schiedsgerichtsentscheidung im Ergebnis freiwillig erfüllt wird. Muss der Schiedsspruch zwangsweise durchgesetzt werden, müssen stets die nationalen Gerichte das „Exequatur“ erteilen, d.h. den Schiedsspruch für vollstreckbar erklären. Insoweit kann es schon durch die Besetzung des Schiedsgerichts zu Schwierigkeiten kommen. Ist das Schiedsgericht ausschließlich von Nicht-Juristen besetzt, kann dies aus deutscher Sicht unter Umständen zur Aufhebung des Schiedsspruches führen oder seine Anerkennung und Vollstreckbarerklärung hindern[61]. Das Schiedsgericht muss also in der Lage sein, rechtliche Probleme zu erkennen und zu würdigen. 29

Nachstehend wird zunächst allgemein und schwerpunktartig die redaktionelle Arbeit am internationalen Bauvertrag am Beispiel der internationalen Standardverträge beleuchtet und erläutert. Sodann werden einzelne Standardverträge zusammenfassend vorgestellt. Den Abschluss bildet ein Kapitel zur Abwicklung von Standardverträgen.

---

[60] So Mankowski, Überlegungen zur sach- und interessegerechten Rechtswahl für Verträge des internationalen Wirtschaftsverkehrs, RIW 2003, 2.

[61] BGH MDR 1992, 229, 229.

II. Abfassen von Verträgen

Schrifttum

Allery, Overseas Supply and Installation Contracts, London 2000; Boon/Goffin, Les contrats clé en main, Paris, 1987; Cheshire/Fifoot & Furmston's, Law of Contract, 14. Auflage, London 2001; Chappuis, Les clauses de best efforts, reasonable care, due diligence et les règles de l'art dans les contrats internationaux, RD aff. Int. 2002/3–4, 281; Fontaine/Dely, Droit des Contrat Internationaux, 2. Auflage, Brüssel 2003; Hök, Zur Vertragsredaktion und -auslegung im grenzüberschreitenden Geschäft, ZAP 2007, Fach 25, 211; Hök, Risiken in Bauverträgen und ihre Handhabung – eine rechtsvergleichende Betrachtung, ZfBR 2009, 515; Letterman, Unidroit's Rules in Practise, Den Haag 2001; Looschelders, IPR, Heidelberg 2003; Murdoch/Hughes, Construction Contracts, 3. Auflage, London 2000; van Ommeslaghe, Éléments de Théorie Générale des Contrats, Brüssel 1999; Reithmann/Martiny, Internationales Vertragsrecht, 7. Auflage, Köln 2010; Michaelis de Vasconcellos, Das besondere Vertragsrecht des Anlagenbaus: Auf dem Weg zu einer internationalen Rechtsvereinheitlichung?, RIW 1997, 455, 457, 458; Fenn, Review of International Practice on the Allocation of Risk s of Ground Conditions, ICLR 2000, 439 ff.; Llyod, Prevalent Philosophies of Risk Allocation – An Overview, ICLR 1996, 502 ff., Smith, Philospohies for Risk Allocation – The Case for Manageability, ICLR 1996, 549 ff.; Jones, Philosophies for Risk Allocation – The Case of Foreseeability, ICLR 1996, 570 ff.; Hubert, Le contract d'ingénierie-conseil, 2. Auflage, Paris 1984

30 Für das Abfassen von internationalen Verträgen gibt es keine allgemein gültigen Regeln, weil die Grundlagen zu unterschiedlich sind. Doch gibt es Obersätze: „Une négociation d'affaire, surtout internationale, suppose un savoir-faire particulier, comprenant un savoir-vivre spécial et un don d'adaptation aux habitus, us et coutumes locaux." Übersetzung: Eine Vertragsverhandlung, insbesondere eine internationale, setzt ein besonderes Wissen voraus, das ein spezielles Lebensgefühl und die Gabe der Anpassung an Gewohnheiten, Sitten und Gebräuche einschließt[62]. Es ist z.B. unmöglich, mit russischen oder chinesischen Partnern kurzfristig zu einem Vertragsabschluss zu kommen[63]. Geschäfte mit arabischen Banken und Investoren setzen eine spezifische Rücksichtnahme auf den Koran voraus[64]. Im Übrigen gilt es zu berücksichtigen, dass weder das Recht noch der Vertrag Selbstzweck sind. Beide erfüllen nur eine Hilfsfunktion. Ihre Vorzüge und Mängel erweisen sich erst in der Vollzugsphase[65].

Das FIDIC Red Book 1999 enthält in seiner Anleitung zur Anfertigung von Vertragsbedingungen folgende einleitende Hinweise:

Die Bestimmungen der „Bedingungen für Bauverträge" wurden von der Fédération Internationale des Ingénieurs-Conseils (dem Internationalen Verband Beratender Ingenieure) (FIDIC) erstellt und werden zur Anwendung auf sämtliche Bau- und Ingenieurarbeiten (mit Ausnahme der meisten Planungsarbeiten) empfohlen, bei denen ein Angebot auf internationaler Basis erforderlich ist. In einigen Rechtsordnungen können Änderungen der Bedingungen erforderlich sein, insbesondere bei nationalen Verträgen.

Gemäß den gebräuchlichen Vereinbarungen bei dieser Vertragsart führt der Unternehmer die Arbeiten in Übereinstimmung mit dem vom Besteller oder seinem Repräsentanten, dem Ingenieur, zur Verfügung gestellten Bauplan durch. Auch wenn diese Bedingungen die Möglichkeit zulassen, dass der Unternehmer einen Teil der Arbeiten selbst plant, so sind sie jedoch nicht für solche Verträge gedacht, bei denen der Unternehmer den größten Teil der Arbeiten selbst plant. Für diese Arbeiten wird die Anwen-

---

62 Le Tourneau, L'ingénierie, les transferts de technologie et de maîtrise industrielle, Rn. 123.

63 Vgl. Picques, L'art des affaires en Chine, 1996.

64 Vgl. Karich RBF 2004, 225 ff.

65 Schumacher BR/DC 2000, 113, 120.

dung der FIDIC-Bedingungen für Anlagen und Planungsarbeiten oder der Bedingungen für Verträge über schlüsselfertige Projekte empfohlen.

Die nachfolgende Anleitung soll dem Verfasser von Besonderen Bedingungen helfen, indem sie Möglichkeiten für verschiedene Unterklauseln aufzeigt, wenn dies angebracht ist. Soweit möglich, wird auch ein Formulierungsvorschlag gegeben. In anderen Fällen werden jedoch nur Erläuterungen gegeben.

Bevor ein Formulierungsvorschlag übernommen wird, muss genau geprüft werden, ob er genau zu den einzelnen Umständen passt. Anderenfalls muss er verbessert und angepasst werden.

1. Vertragsinhalt. Entweder die Parteien handeln den gesamten Vertragstext Klausel für Klausel aus, wobei der Aufbau je nach Komplexität der Aufgabenstellung variieren kann, oder die Parteien nehmen auf existierende Vertragsmuster und Allgemeine Bedingungen Bezug, wobei dann das Vertragswerk auf die spezifischen Verhältnisse angepasst wird. Die zweite Vorgehensweise überwiegt. Bauverträge bestehen also, zumal dann, wenn für sie keine besondere Form vorgeschrieben ist, überwiegend aus einer Vielzahl von einzelnen Dokumenten (Vertragsurkunde, Allgemeine Vertragsbedingungen, Besondere Vertragsbedingungen, Anhänge, Zeichnungen, Spezifikationen, Massenverzeichnisse, Leistungsverzeichnisse etc.), deren Maßgeblichkeit und Rangfolge durch den Vertrag näher bestimmt wird. Hinzu können mündliche Abreden treten, wobei sich dann im Streitfall die Beweisfrage stellt. 31

Klauselbeispiel: 32

(1) Contract shall mean the Conditions, the Schedules, any additional conditions laid down by the Contractor, and any documents specifically agreed as forming part of the Contract[66].

(2) The documents constituting an integral part of this Contract and the priority of their interpretation in the event of contradiction between these documents, are set out below[67]:

- The provisions of this Agreement
- The annexes to this Agreement to be mutually agreed upon by the parties
- Any correspondance signed by both parties hereto concerning mutually agreed changes, amendments or interpretations of the Agreement

Problematisch sind solche vertragsrelevanten Regelungen, die sich aus der dem Vertrag zugrunde liegenden Rechtsordnung (dem Vertragsstatut) ergeben, ohne dass sie im Vertrag ausdrücklich benannt oder in Bezug genommen werden. In den kontinentaleuropäischen Rechtsordnungen lässt sich das ergänzend heranzuziehende Recht (loi supplétive[68]) aus den jeweiligen Gesetzbüchern entnehmen (Code Civil[69], Codice Civile[70], Codul Civil[71], Kodeks Civilnis[72], BGB, ABGB[73] etc.). Ggf. sind auch Handels- 33

[66] Allery, Overseas Supply, P1-03.
[67] Fontaine/Dely, Droit des Contrat Internationaux, 142.
[68] Vgl. dazu van Ommeslaghe, Éléments de Théorie Générale des Contrats, Rn. 78.
[69] Frankreich, Belgien, Luxemburg, Algerien.
[70] Italien.
[71] Rumänien.
[72] Polen.
[73] Österreich.

bräuche und Gewohnheitsrecht einzubeziehen (vgl. § 346 HGB; Klausel 1.8 Unidroit Principles). In machen Rechtsordnungen, vornehmlich den arabischen, sind allgemeine Grundsätze des islamischen Rechts zu berücksichtigen (vgl. Art. 1 Code Civil (Ägypten). Aber auch in den Common Law-Rechtsordnungen existieren ergänzende und lückenausfüllende Regelungen. Sie werden über das Stichwort „*implied terms*" erschlossen. Solche „*implied terms*" sind z.B. im englischen Supply of Goods and Services Act 1982 enthalten. Die englischen Gerichte greifen aber auch auf ungeschriebene „*implied terms*" zurück, z.B. auf die Pflicht des Unternehmers, das Bauvorhaben innerhalb angemessener Frist fertig zu stellen oder auf den „*standard of workmanship*" oder auf den Standard „*to use proper materials*"[74].

34 Zusammenfassend lässt sich sagen, dass sich Verträge rechtsvergleichend wie folgt zusammensetzen (ohne dass mit der Auflistung eine Rangfolge beschrieben werden soll, die im Einzelfall festgestellt werden muss):

- Gesetzesrecht
- Ausdrückliche Regelungen des Hauptvertrages
- Ausdrückliche Regelungen in den Vertragsdokumenten, auf die der Hauptvertrag Bezug nimmt
- Ungeschriebene Regeln (z.B. Sitten und Gebräuche, religiöse Quellen)[75]

35 Im Allgemeinen ist in Verträgen, die einer kontinentaleuropäischen Rechtsordnung unterliegen, das Prinzip von Treu und Glauben (*good faith, bonne foi*) zu beachten[76], und zwar schon während der Vertragsverhandlungen. Dieser Grundsatz ist dem Common Law weitgehend fremd[77], wenngleich im Einzelfall durchaus und trotz wesentlicher konzeptioneller Unterschiede ähnliche Lösungen erzielt werden. Unterschiede müssen des Weiteren vor allem bei folgenden Aspekten in Betracht gezogen werden:

- Formvorschriften[78]
- Auslegung von Verträgen[79], was z.B. dazu führt, dass vorvertragliche Gesprächsinhalte häufig nicht in die Vertragsauslegung einbezogen werden können
- Rechtsbehelfen im Falle von Vertragsverletzungen, die z.B. dazu geführt haben, dass sich in angelsächsischen Verträgen eine ausdrückliche Verpflichtung zur Mangelbeseitigung findet, die als vertragliche Hauptpflicht zu verstehen ist
- Abreden zu Pönalen
- Wirksamkeit von Vertragsklauseln, insbesondere bei Haftungsbeschränkungsklauseln (z.B. bei grober Fahrlässigkeit)[80] und Klauseln zur Unmöglichkeit[81]

36 Zwar kann davon ausgegangen werden, dass weithin das Prinzip der Vertragsautonomie gilt[82]. Doch sind allen Rechtsordnungen Beschränkungen dieses Prinzips immanent. Stets muss daher zunächst ermittelt werden, von welchen gesetzlichen und sonstigen

---

[74] Murdoch/Hughes, Construction Contracts, 144; Allery, Overseas Supply, 17-14.
[75] Vgl. Klausel 1.8 Unidroit Principles.
[76] Van Ommeslaghe, Éléments de Théorie Générale des Contrats, Rn. 109.
[77] Allery, Overseas Supply, 4-03.
[78] Allery, Overseas Supply, 4-06.
[79] Allery, Overseas Supply, 4-07.
[80] Allery, Overseas Supply, 4-08.
[81] Allery, Overseas Supply, 4-10.
[82] Van Ommeslaghe, Éléments de Théorie Générale des Contrats, Rn. 233; Cheshire/Fifoot & Furmston's, Law of Contract, 19; vgl. auch Klausel 1.1 Unidroit Principles.

Regelungen der zugrunde liegenden Rechtsordnung abgewichen wird bzw. werden soll. Dabei kommt es nicht darauf an, welchen Charakter die vertraglichen Klauseln ihrem Wortlaute nach haben, sondern darauf, wie sie in der anwendbaren Rechtsordnung qualifiziert werden. So macht es z.B. keinen Sinn, einen im Kern werkvertraglichen Charakter des Vertrages dadurch zu umgehen, dass er als Dienstvertrag bezeichnet und ausgestaltet wird. Es ist auch unsinnig, Vertragsstrafeklauseln so zu formulieren, dass sie nur formal einem anderen Regime (z.B. der *liquidated damages*) als dem der Vertragsstrafen unterfallen. Ein Richter wird sich nicht davon blenden lassen und aufgrund seiner Qualifikation das zutreffende Regelwerk seiner Rechtsordnung anwenden[83]. Die Unwirksamkeit einer Vertragsklausel kann sodann in Abhängigkeit ihrer rechtlichen Qualifikation aus konkreten gesetzlichen Anordnungen (z.B. Nichtigkeit im Falle der Abweichung) oder aufgrund der konkreten Umstände eintreten[84]. Diese Umstände sind nur schwer abschließend zu beschreiben und sind oftmals in allgemeinen Rechtsgrundsätzen versteckt. Zu nennen sind die Grundsätze des Rechtsmissbrauches (*abus de droit*)[85], von Treu und Glauben („*bonne foi*“, „*good faith*“)[86] und der guten Sitten (*bonnes moeurs*), wobei die Inhalte dieser Rechtsinstitute z.B. im Common Law oftmals unter anderen Überschriften diskutiert werden als in Civil Law Rechtsordnungen. Einzelne Rechtssätze wie das Verbot des „*venire contra factum proprium*“ und das sog. *prevention principle* besitzen im Common Law große Bedeutung[87], lassen sich aber nicht aus dem allgemeinen Gebot von Treu und Glauben ableiten. Die Grundsätze zur vorvertraglichen Haftung unterscheiden sich im Common Law (*Misrepresentation*) und im Civil Law (*culpa in contrahendo*) grundlegend. In vielen Rechtsordnungen wird die wirtschaftliche und intellektuelle Übermacht einer Partei (*bargaining power*) bei der Frage nach der Wirksamkeit von Vertragsklauseln und Allgemeinen Geschäftsbedingungen berücksichtigt.

Sog. „*Side letters*“ sind insbesondere im anglo-amerikanischen Rechtskreis meist bedeutungslos. Ein Schreiben, mit dem z.B. der Auftragnehmer zu verstehen gibt, dass sein Angebot mit der Maßgabe zu verstehen ist, dass er selbst ordnungsgemäß und zeitgerecht beliefert wird, ist in der Regel unverbindlich[88], es sei denn ein Vertragsdokument verweist ausdrücklich auf das Schreiben[89]. Ähnliches dürfte für ein Schreiben anzunehmen sein, mit dem der Unternehmer klarstellt, dass sein Angebot nur mit der Maßgabe unterbreitet wird, dass die übermittelten Massenangaben zutreffend sind. **37**

2. Absichtsvereinbarungen (Letters of Intent/Lettres d'intention). Sog. Absichtsvereinbarungen (*accord de principe, memorandum of understanding*, häufig abgekürzt MOU) leiten in der Regel vertragliche Vereinbarungen ein. Sie regeln (noch) nicht den Vertragsinhalt, aber sie schränken die Handlungsfreiheit der Parteien ein. Diese verpflichten sich zu einem durch die Absichtsvereinbarung näher bestimmten Verhalten[90]. **38**

---

83 Van Ommeslaghe, Éléments de Théorie Générale des Contrats, Rn. 234.

84 Van Ommeslaghe, Éléments de Théorie Générale des Contrats, Rn. 235.

85 Van Ommeslaghe, Éléments de Théorie Générale des Contrats, Rn. 236.

86 Vgl. Klausel 1.7 Unidroit Principles.

87 Vgl. zum Recht von New York Quaker-Empire, 88 A.D.2d at 1044, 452 N.Y.S.2d at 694; see also Shalman v. Board of Educ., 31 A.D.2d 338, 341, 297 N.Y.S.2d 1000, 1003 (3d Dept.1969) („[employer] impliedly agrees that the contractor will not be unreasonably delayed by the failure of other contractors to perform work which is essential to the performance of the work in question“). Indeed, each party has an affirmative obligation to facilitate the other's performance. See Savin Bros., Inc. v. State, 62 A.D.2d 511, 516, 405 N.Y.S.2d 516, 519–20 (4th Dept.1978), aff'd, 47 N.Y.2d 934, 419 N.Y.S.2d 969, 393 N.E.2d 1041 (1979).

88 Vgl. Davis Contractors Ltd. v. Fareham Urban District Council (1956) A.C. 696.

89 Allery, Overseas Supply, 6–56.

90 Fontaine/Dely, Droit des Contrats Internationaux, 5.

Der Sinn solcher Vereinbarungen liegt darin, komplexe Verhandlungen über Großprojekte zu strukturieren und für die Verhandlungsphase, die sich oftmals über Monate, gelegentlich über Jahre hinziehen kann, eine gewisse Sicherheit zu gewinnen, zumal durch die Verhandlungen Know-how offen gelegt wird und Ressourcen gebunden werden.

39 In der Regel findet auf solche Vereinbarungen das Recht des späteren Vertrages Anwendung, jedenfalls dann, wenn ein innerer Zusammenhang zwischen Vorvertrag und Hauptvertrag besteht[91]. In der Praxis wird jedoch häufig bereits ausdrücklich das anwendbare Recht vereinbart, schon um für die sich anschließenden Verhandlungen eine Grundlage zu schaffen[92]. Einen guten Überblick über die Rechtslage in Bezug auf vorvertragliche und vorbereitende Vereinbarungen geben die Unidroit Principles und die European Principles:

Klausel 2.15 Unidroit Principles lautet:

(1) A party is free to negotiate and is not liable for failure to reach an agreement.

(2) However a party who negotiates or breaks off negotiations in bad faith is liable for the losses caused to the other party.

(3) It is bad faith, in particular, for a party to enter into or continue negotiations when intending not to reach an agreement with the other party.

Art. 2:301 EPCL (Vertragsverhandlungen entgegen Treu und Glauben) lautet:

(1) Die Parteien sind frei zu verhandeln und haften nicht, wenn keine Einigung erzielt wird.

(2) Wenn jedoch eine Partei entgegen den Geboten von Treu und Glauben und des redlichen Geschäftsverkehrs verhandelt oder Verhandlungen abgebrochen hat, haftet sie für die Schäden, die sie der anderen Partei zugefügt hat.

(3) Ein Verstoß gegen die Gebote von Treu und Glauben und des redlichen Geschäftsverkehrs liegt insbesondere dann vor, wenn eine Partei in Verhandlungen eintritt oder diese fortsetzt, ohne tatsächlich mit der anderen Partei eine Vereinbarung erzielen zu wollen.

40 Der rechtliche Charakter derartiger Vereinbarungen ist zumindest unsicher[93]. Das Spektrum der Vereinbarungen (Memorandum of Understanding (MoU), Heads of Agreement etc.) ist groß[94]. Es reicht von erkennbar völlig unverbindlichen Absichtserklärungen über Verpflichtung zur Verhandlungsführung bis hin zur Herstellung bereits rechtsverbindlichen Beziehungen der Parteien[95]. Inwieweit ein MoU bereits Rechtsbeziehungen schafft oder nicht, hängt wesentlich davon ab, welche Rechtsordnung zugrunde liegt[96]. Manche einseitige Erklärungen schaffen bereits Beziehungen von großer Tragweite (so

---

91 Reithmann/Martiny/Martiny bzw. Merkt, Internationales Vertragsrecht, Rn. 180, 4501 f., 4553.

92 Vgl. das Muster bei Le Tourneau, L'ingénierie, les transferts de technologie et de maîtrise industrielle, Muster 4 (Formule 4), Art. 6 (Disputes).

93 Fontaine/Dely, Droit des Contrat Internationaux, 7.

94 Vgl. Le Tourneau, L'ingénierie, les transferts de technologie et de maîtrise industrielle, Rn. 150 ff.

95 Vgl. Le Tourneau, L'ingénierie, les transferts de technologie et de maîtrise industrielle, Rn. 153.

96 Fontaine/Dely, Droit des Contrat Internationaux, 7.

z.B. die sog. Patronatserklärungen/Déclaration de patronage/letter of comfort)[97], allerdings abhängig von der jeweiligen Formulierung. Andere bleiben im Bereich des Unverbindlichen, z.B. die Formulierung: „the erection of the building is to be committed at a price of xyz, subject to the contract". Mit dieser Formulierung (subject to the contract) aus dem **englischen** Rechtskreis wird die gänzliche Unverbindlichkeit des Schreibens deutlich gemacht[98]. Ein **französisches** Schreiben könnte entsprechend wie folgt enden: „Bon pour lettre d'intention seulement, sans être contractuel", und ebenfalls keine Bindung verursachen[99]. Aus **deutscher Sicht** kommt es zu einem Vorvertrag, wenn der Inhalt des künftigen Vertrags zu Genüge bestimmt ist. Der Inhalt des abzuschließenden Hauptvertrags muss danach wenigstens bestimmbar sein, ohne dass der Vorvertrag die gleiche Vollständigkeit aufweisen muss, wie sie für den Hauptvertrag zu verlangen ist[100]. Es reicht aus, wenn der Vorvertrag so viel regelt, dass sich im Streitfall der Inhalt des Hauptvertrages in Anknüpfung daran im Wege ergänzender Auslegung bestimmen lässt[101]. Vorausgesetzt wird demgemäß eine Einigung über alle wesentlichen Punkte[102]. Ein Vorvertrag zu einem Kaufvertrag ist in der Regel hinreichend bestimmt, wenn der Kaufgegenstand und der Kaufpreis sowie die von den Vertragspartnern für wesentlich angesehenen Nebenpunkte geregelt sind oder sich bestimmen lassen. Entsprechendes gilt für einen Vorvertrag zu einem Schiffbauvertrag[103]. Soweit ein Vorvertrag offene Regelungspunkte enthält, handelt es sich um keinen Dissens i.S. des § 154 BGB, der im Zweifel zur Nichtigkeit führen würde, sondern um eine typische Eigenheit des Vorvertrags, die eine Regelung im Hauptvertrag, notfalls mit ergänzender Auslegung, erforderlich macht[104].

Ausgangspunkt für die Diskussion zur Bindungswirkung eines MoU ist in jedem Fall, dass ein Vertrag durch Angebot und Annahme zustande kommt. Bereits an dieser Stelle ist im internationalen Rechtsverkehr Vorsicht angesagt, denn in einigen Rechtsordnungen sind Willenserklärungen fristungebunden widerrufbar[105], solange sie nicht angenommen wurden, in anderen nicht (vgl. § 130 Abs. 1 S. 2 BGB). In England ist ein „Memorandum of Understanding" oder sind „Heads of Agreement" in der Regel unverbindlich[106]. Andererseits hat die uneingeschränkte Annahme des Angebotes stets und in allen Rechtsordnungen den Vertragsschluss zur Folge[107]. Eine solche Vereinbarung kann aber wiederum unter einer aufschiebenden oder auflösenden Bedingung stehen, z.B. einem Gremienvorbehalt. Auch ist der Vorbehalt des Eintretens einer Frist nicht unüblich. 41

Im Prinzip gilt überall auf der Welt, dass die Parteien ungebunden sind, bis ein Vertrag zustande kommt. Die Parteien behalten ihre Freiheit selbst dann noch, wenn sie in Vertragsverhandlungen stehen[108]. Allerdings sind insoweit gewisse Vorbehalte angebracht, 42

---

97 Fontaine/Dely, Droit des Contrat Internationaux, 11, 12; Le Tourneau, L'ingénierie, les transferts de technologie et de maîtrise industrielle, Rn. 157.

98 Rose and Frank Co. v. Crompton Brothers Ltd (1925) AC 445; Walford v. Miles (1992) AC 128; Fontaine/Dely, Droit des Contrat Internationaux, 27, 51.

99 Fontaine/Dely, Droit des Contrat Internationaux, 28.

100 OLG Bremen NJW-RR 1995, 1453.

101 BGH LM § 705 BGB Nr. 3; BGH LM § 256 ZPO Nr. 40; BGH WM 1958, 1014; BGH NJW 1990, 1234, 1235; BGH NJW-RR 1994, 317 = WM 1994, 752, 754; s. auch schon RGZ 156, 308.

102 OLG Bremen NJW-RR 1995, 1453.

103 OLG Bremen NJW-RR 1995, 1453.

104 OLG Bremen NJW-RR 1995, 1453.

105 OLG Celle IPRspr. 2001 Nr. 31 zum Recht der Isle of Man.

106 Allery, Overseas Supply and Installation Contracts, Rn. 6-48.

107 Fontaine/Dely, Droit des Contrat Internationaux, 39.

108 Fontaine/Dely, Droit des Contrat Internationaux, 44.

denn in einigen Ländern können bereits Verhandlungen über einen Vertrag rechtlich erhebliche Beziehungen begründen. Jedenfalls werden nach dem Beginn von Verhandlungen nicht mehr alle Verhaltensweisen gebilligt, z.B. wenn eine Partei sich zuwider den guten Sitten verhält, etwa wenn es ihr nur darum ging, die Verhandlungen zu führen, um Betriebsgeheimnisse zu erfahren[109]. In Frankreich, Belgien und Italien kann ein solches Verhalten Ansprüche aus unerlaubter Handlung auslösen[110], in Deutschland käme eine Haftung aus *culpa in contrahendo* in Betracht[111]. Dagegen verhalten sich die Länder des Common Law diesbezüglich erheblich zurückhaltender[112]. Gleichwohl sind auch dort Ausnahmen festzustellen. In British Steel v.Cleveland Bridge[113] wurden Schadensersatzansprüche gegen den Subunternehmer zurückgewiesen, weil es an einem Vertrag fehlte, jedoch Zahlungsansprüche des Subunternehmers auf der Basis „quantum meruit" zuerkannt. Maßgeblich war ein „letter of intent" des Auftraggebers, der bestimmte Stahlarbeiten auf der Grundlage seiner Geschäftsbedingungen bestellte. Der Subunternehmer machte klar, dass er die Geschäftsbedingungen nicht akzeptierte, begann aber die Arbeiten und setzte die Verhandlungen fort. Das House of Lords hat sich jedoch in einer jüngeren Entscheidung gegen die Möglichkeit ausgesprochen, sich vertraglich zum Abschluss eines Vertrages zu verpflichten[114]. Damit sei es auch nicht möglich, sich zu Verhandlungen in „good faith" zu verpflichten[115]. In den USA sind derartige Klauseln ebenfalls wirksam. Doch kann ein entgegenstehendes Verhalten durchaus Schadensersatzansprüche auslösen[116]. Dagegen akzeptieren die Unidroit Principles (Ziffer 2.15) die Haftung für Verstöße gegen Treu und Glauben während der Vertragsverhandlungen.

43 In der Praxis sind allgemeine Absichtsbekundungen und solche, die bestimmte Verhaltensweisen konkret festlegen, zu unterscheiden. Zu den letzteren gehören z.B. Vereinbarungen über die Vertraulichkeit der Verhandlungen, den Schutz von Know-how und die Kostentragung (etwa für nutzlose Vorplanungen) für den Fall des Abbruchs der Verhandlungen. Werden hierüber schriftlich Vereinbarungen getroffen, ist im Zweifel von einer rechtsverbindlichen Vorvereinbarung auszugehen, die das nachfolgende Verhalten der Parteien bestimmt[117]. Wird eine solche Vereinbarung treuwidrig gebrochen, können Schadensersatzansprüche entstehen[118].

Praxishinweis: Wer sich nicht binden will, muss also sehr sorgfältig mit der Wahl seiner Worte umgehen und zudem prüfen, mit welcher Rechtsordnung die Erklärungen in Berührung kommen. Vorbehalte in Bezug auf den Bindungswillen sollten deutlich gemacht werden. Es wird auch vorgeschlagen, die Bindungswirkung ausdrücklich auf solche Passagen des MoU zu beschränken, die ihre Wirksamkeit ausdrücklich anordnen[119].

---

109 Fontaine/Dely, Droit des Contrat Internationaux, 44.

110 Fontaine/Dely, Droit des Contrat Internationaux, 44 m.w.N.; Le Tourneau, L'ingénierie, les transferts de technologie et de maîtrise industrielle, Rn. 153; Cass.soc., 19.12.1989 RTD civ. 1991, 330.

111 Vgl. § 311 Abs. 2 BGB.

112 Cheshire/Fifoot & Furmston's, Law of Contract, 48.

113 [1984] 1 All ER 504 (QB).

114 Walford v. Miles (1992) 2 AC 128 (HL).

115 Walford v. Miles (1992) 2 AC 128 (HL); vgl. auch Pitt v. PHH Asset Management [1993] 4 All ER 961 und zur Kritik an der englischen Rechtsprechung Cheshire/Fifoot & Furmston's, Law of Contract, 74; vgl. auch Fontaine/Dely, Droit des Contrat Internationaux, 50.

116 Texaco Inc. v. Pennzoil Co. 784 F 2nd 1133 (2nd circuit 1986).

117 Fontaine/Dely, Droit des Contrat Internationaux, 47.

118 Comm. Bruxelles, 24.06.1984, JT 1986, 236; Bruxelles, 27.11.1984, JT 1984, 721; anders Bruxelles, 14.06.1984, Rev. Comm. Belg. 1985, 472; vgl. auch Cass. (B), 17.04.1986, R.D.A.I. 1991, 566–568.

119 Fontaine/Dely, Droit des Contrat Internationaux, 67.

44 Allery[120] gibt eine Reihe von sinnvollen Hinweisen für das Abfassen von Absichtserklärungen, die dem Kontinentaleuropäer die Gedankenwelt eines common-law-Juristen erschließen. So regt er an, dass der Auftragnehmer den 1. Entwurf fertigt und dass der Auftragnehmer niemals den 1. Entwurf des Auftraggebers akzeptieren sollte. Common-law-Juristen empfiehlt er, ggf. anwendbares kontinentaleuropäisches Recht darauf hin zu prüfen, ob es Bindungswirkungen vorgibt, obwohl der Wortlaut unverbindlich gehalten ist. Zahlungsbedingungen sollten bereits präzise festgehalten werden. Der Auftragnehmer sollte sich Preisanpassungsmöglichkeiten vorbehalten.

45 **3. Interpretationsregeln (Clauses d'interprétation).** Grundsätzlich sind die Auslegungsregeln anzuwenden, die das Vertragsstatut bereithält[121]. Europarecht ist nach europäischen Standards zu interpretieren[122]. Dazu gehören auch die Auslegungsprinzipien und -regeln[123]. Doch gelegentlich überwiegen die Traditionen des Gerichts und die Erfahrung des Richters[124] und manchmal gilt der Satz, dass Regeln zur Aufklärung der Bedeutung vertraglicher Regelungen auf keinen Fall eine Frage des Internationalen Privatrechts sind[125]. Soweit es um die Frage des anwendbaren Rechts geht, wendet der BGH[126] ohnehin deutsche Auslegungsgrundsätze an, gleich welches Recht im Ergebnis anwendbar ist. Doch sollten solche Ausnahmen restriktiv behandelt werden[127]. Dagegen haben vertragliche Interpretationsregeln eine zweifelhafte Bedeutung, weil die Grundsätze zur Auslegung von Verträgen in den verschiedenen Rechtsordnungen stark variieren[128]. Sinnvoll ist es allerdings, in fremdsprachigen Vertragstexten ggf. das deutsche Wort in Klammern hinzuzufügen, um den eigentlichen Wortsinn hervorzuheben[129]. In die Überlegungen muss einfließen, dass die Prinzipien der Parteiautonomie (autonomie de la volonté), dass die Beschränkungen dieser Autonomie, die Bedeutung des nachgiebigen Rechts und die der Allgemeinen Regeln (wie z.B. Treu und Glauben/„bonne foi" oder „abus de droit"/Rechtsmissbrauch) erhebliche Auswirkungen und je nach anwendbarem Recht und auch nach dem jeweiligen lex fori des Gerichtsortes unterschiedliche Auswirkungen haben können. Während auf dem Kontinent häufig gesetzliche Auslegungsregeln existieren (z.B. §§ 242, 133, 157 BGB oder Art. 1156–1164) Code Civil (belge et français), sind in England derartige Instrumente nur aus der Rechtsprechung bekannt[130]. Dort ist die wörtliche Auslegung vorrangig[131]. Deshalb sind folgende Aspekte auseinander zu halten[132]:

---

120 Vgl. Allery, Overseas Supply and Installation Contracts, Rn. 6-49.

121 BGH IPRspr. 1968–69 Nr. 3; St. Pierre and Others v. South American Stores [1937] 3 All ER 349; Battifol, Les conflits de lois en matière de contrats, 1938, 133; Looschelders, IPR, Art. 32 Rn. 6; Lorenz RIW 1992, 697, 698; siehe auch Hök, Zur Vertragsredaktion und -auslegung im grenzüberschreitenden Geschäft, ZAP 2007, Fach 25, 211.

122 Vgl. Hahn ZfRV 2003, 163.

123 Lando, RabelsZ 38 (1974, 388, 392; Triebel/Balthasar NJW 2004, 2189, 2192.

124 Vgl. RGZ 102, 214.

125 Parkway Baking Co. v. Freihofer Baking Co. 255 F 2nd 641, 645.

126 BGH IPRspr 2000 Nr. 20, vgl. auch LG Essen IPRspr. 2001 Nr. 29.

127 Lando RabelsZ 38 (1974, 388, 393.

128 Vgl. Fontaine/Dely, Droit des Contrat Internationaux, 117.

129 Triebel/Balthasar NJW 2004, 2189, 2196.

130 Investors Compensation Scheme v. West Bromwich Building Society [1998] 1 W.L.R. 896; vgl. Fontaine/Dely, Droit des Contrat Internationaux, 118; Allery, Oversaes Supply, 4-07.

131 Triebel/Balthasar, NJW 2004, 2189, 2192.

132 Vgl. Fontaine/Dely, Droit des Contrat Internationaux, 118.

- Welche Auswirkungen hat die Verwendung einer Sprache, die nicht dem Vertragsstatut entspricht?
  - Das ist der Fall, wenn z.B. polnisches Recht vereinbart wird, obwohl der Vertragstext in Englisch abgefasst ist. Die Frage ist dann, ob englische juristische Fachbegriffe ihre Bedeutung verlieren. Hierzu gibt es keine klaren Regeln. In der Schiedsgerichtspraxis argumentieren die Parteien häufig unter Berufung auf englische und US-amerikanische Urteile, wenn sie den Vertragstext auslegen, aber stets nur soweit sie damit die Abweichungen vom polnische Sprachgebrauch erläutern wollen.
  - Es darf dann nicht verwundern, wenn sich das Schiedsgericht ebenfalls durch solche Urteile inspirieren lässt.
- Welche Auswirkungen hat es, wenn die Gerichtssprache nicht der Vertragssprache entspricht?
  - Das ist der Fall, wenn die Gerichtssprache unabänderlich feststeht. Das ist vor allem vor staatlichen Gerichten der Fall. Wurde der Vertrag in einer anderen Sprache abgefasst, muss das Vertragswerk in Übersetzung vorgelegt werden. Das Gericht legt dann den Vertrag aus seiner Übersetzung heraus aus. Wenn es der Originalsprache nicht mächtig ist, was in der Regel der Fall ist, ist das Gericht nicht in der Lage Übersetzungsprobleme zu identifizieren. Es liefert sich den vereidigten Übersetzern aus. Es ist jedenfalls ratsam, Übersetzungen zu hinterfragen.
  - Auch Schiedsgerichte sind oftmals auf Übersetzungen angewiesen, etwa wenn Zeugen gehört werden, die der Verfahrenssprache nicht mächtig sind. Es empfehlen sich daher Aufzeichnungen der Zeugenanhörung, um spätere Diskussionen über falsche oder ungenaue Übersetzungen auf der Grundlage der Originalaufzeichnungen führen zu können. Schiedsgerichte sollten sich angewöhnen, Fragen an die Zeugen in kurze und präzise Sätze zu verpacken.
- Was ist der Vertragsinhalt, auf den sich die Parteien geeinigt haben, und wie ist der Inhalt der Einigung festzustellen, wenn eine Partei einwendet, dass es vertragliche Klauseln gibt, die ergänzend heranzuziehen sind, die den Vertrag modifizieren oder die dem Wortlaut des Vertrages widersprechen?
  - Es muss das Vertragsstatut ermittelt werden, um zu klären, ob solche Klauseln Vertragsbestandteil geworden sind. Vor deutschen Gerichten geschieht dies in der Regel durch Einholung von Gutachten. Ohne renommierten Lehrstuhlinhabern an deutschen Universitäten zu nahe treten zu wollen, ist anzumerken, dass solche Gutachten oftmals nicht sehr aussagekräftig sind. In einem Fall fehlten z.B. korrekte Zitate der Quellen. So hat in einem Fall, in den der Autor involviert war, ein Gutachter türkisches Recht unter Zugrundelegung einer veralteten englischen Übersetzung des einschlägigen Gesetzes kommentiert, ohne dies deutlich offen zu legen. Da der Gutachter der türkischen Sprache nicht mächtig war, konnte er keinerlei Originalquellen auswerten. In einem anderen Fall hat der Gutachter seine fehlende Kenntnis des lettischen Rechts durch Hinweise auf EuGH Urteile ersetzt. In einem Fall zum kenianischen Recht hat die Gutachterin schlicht Quellen interpretiert, ohne über belastbare Nachweise zu verfügen. Solche Gutachten werden ihrem Ziel nicht gerecht.

- Es ist deshalb vorzugsweise auf das Europäische Übereinkommen betreffend Auskünfte über ausländisches Recht vom 7.6.1968 abzustellen[133]. Zweck der Auskünfte ist es, das Gericht, von dem das Ersuchen ausgeht, in objektiver und unparteiischer Weise über das Recht des ersuchten Staates zu unterrichten. Die Antwort hat, je nach den Umständen des Falles, in der Mitteilung des Wortlauts der einschlägigen Gesetze und Verordnungen sowie in der Mitteilung von einschlägigen Gerichtsentscheidungen zu bestehen. Ihr sind, soweit dies zur gehörigen Unterrichtung des ersuchenden Gerichts für erforderlich gehalten wird, ergänzende Unterlagen wie Auszüge aus dem Schrifttum und aus den Gesetzesmaterialien anzuschließen. Erforderlichenfalls können der Antwort erläuternde Bemerkungen beigefügt werden.

- Wie ist der Vertrag zu interpretieren, wenn er auf der Grundlage von zweideutigen Klauseln zu unterschiedlichen Auslegungen der Parteien führt?
  - Das ist Sache der Auslegungsregeln des Vertragsstatuts, die wiederum zu ermitteln sind (siehe oben).
- Gibt es andere Verpflichtungen der Parteien, als die, auf die man sich geeinigt hat, und worauf beruhen diese Verpflichtungen?
  - Solche Verpflichtungen können auf Gesetz, Brauch, Verkehrssitte, Präjudizien etc. beruhen, wobei die Anknüpfungspunkte jeweils von Fall zu Fall zu ermitteln sind.
- Wie sind Vertragslücken zu behandeln?
  - Echte Vertragslücken können ggf. durch Auslegung geschlossen werden. Die Kriterien sind jeweils dem Vertragsstatut zu entnehmen.
- Ist der Vertrag im Falle der Änderung von Umständen unveränderlich oder anpassbar?
  - Das hängt davon ab, wie streng die jeweilige Rechtsordnung den Grundsatz „Vertrag ist Vertrag“ (pacta sunt servanda) handhabt. Manche Rechtsordnungen sind eher sehr streng (Frankreich), andere sind wiederum sehr offen (Ägypten).
- Obliegen den Parteien die vertraglichen Verpflichtungen zwingend oder welche Mechanismen existieren, um die Ausübung dieser Rechte zu korrigieren?
  - Wiederum ist auf das Vertragsstatut zu rekurrieren.
- Die rechtlichen Gegebenheiten (Gesetz, Rechtsprechung, etc.) können gerichtliche Ermächtigungen zur Vertragsanpassung oder Vertragsaufhebung vorsehen.

Üblicherweise gehen die Gerichte bei der Vertragsauslegung nicht ausschließlich von dem Wortlaut einer Klausel aus[134]. Sie berücksichtigen vielmehr, was die Parteien gemeinsam gewollt haben[135], was die Parteien „reasonably would have understood to mean“[136] oder was der wirkliche Wille der Parteien war (§ 133 BGB), wobei vom Wortlaut der Erklärung auszugehen ist[137]. 46

[133] BGBl 1975 II, 300.
[134] Zur Methodenvielfalt in Europa vgl. Hahn ZfRV 2003, 163 ff.
[135] Van Ommeslaghe, Éléments de Théorie Générale des Contrats, Rn. 229.
[136] Investors Compensation Scheme Ltd. v. West Bromwich Building Society [1998] 1 All ER 98.
[137] BGH IPRspr. 2000 Nr. 20.

47 Südafrikanische, englische und indische Gerichte benutzen gerne die ***ejusdem generis*** Regel: Wo etwa eine Klausel auf Bauzeitverlängerung spezifische Gründe auflistet, bei deren Vorliegen der Unternehmer Bauzeitverlängerung beantragen kann und der Zusatz aufgenommen wurde, „oder andere Gründe außerhalb der Kontrolle des Unternehmers", muss der letzte Satz eng und ejusdem generis mit den vorangehenden Kategorien ausgelegt werden[138]. „Ejusdem generis" bedeutet von derselben Art oder Spezies[139]. Die Regel besagt, dass allgemeine Begriffe, die analog verwendet werden können, sich wechselseitig beeinflussen, so dass sie eine weniger allgemeine Bedeutung haben als ohne den Kontext, in dem sie verwendet werden. Wird im Anschluss an eine Liste eher enger Begriffe eine generelle Auffangregel angehängt, muss diese eng ausgelegt werden[140].

48 Bei der Redaktion und der Auslegung anglo-amerikanischer Verträge ist stets die sog. **contra proferentum**-Regel zu beachten[141]. Nach dieser in der Rechtsprechung entwickelten Auslegungsvorschrift ist eine Vertragsklausel, die eine Partei begünstigt, gegen diese Partei zu verwenden[142]. Die Regel bezweckt die Begrenzung der Macht des dominanten Vertragspartners[143]. Ihr zufolge gehen Zweifel, Unsicherheiten und Unwägbarkeiten zu Lasten der Partei, die die Klausel in den Vertrag eingebracht hat und sich auf die Klausel beruft[144]. Nur soweit der Verwender nicht identifiziert werden kann, etwa weil die Klausel die beste Herangehensweise darstellt oder die Parteien gleich stark sind, wird die Regel nicht angewendet[145]. Folglich, soweit Vertragsmuster verwendet werden, die von Einrichtungen entwickelt wurden, in denen die Vertreter beider Berufsgruppen mitgewirkt haben, findet die Regel keine Anwendung[146]. Die proferentum-Regel hat als verallgemeinungsfähig und international bekannt Eingang in die Unidroit Principles (Klausel 4.6) und die European Principles (Klausel 5:103) gefunden. In letzteren heißt es: Wenn Zweifel über die Bedeutung einer nicht individuell ausgehandelten Vertragsbedingung bestehen, wird eine Auslegung der Bedingung zu Lasten der Partei bevorzugt, welche die Bedingung verwandt hat (Klausel 5:103 European Principles). Entsprechende Regelungen gelten z.B. in Deutschland (vgl. § 305 c Abs. 2 BGB)[147], Frankreich und Belgien[148]. Allerdings sind dort Ausnahmen für allgemein anerkannte und ausgewogene Klauselwerke nicht ausdrücklich vorgesehen. Nachweisbare Rechtsprechung zur Anerkennung von Standardmustern existiert bislang nicht[149].

49 Auf relativ sicherem Terrain bewegt sich, wer die Auslegungsregeln der **European Principles of Contract Law** beachtet. Die Prinzipien folgen einer vermittelnden Lösung. Bei der Auslegung ist zunächst der gemeinsame Wille der Parteien zu ermitteln, auch wenn er vom tatsächlichen Wortlaut des Vertrages abweicht. Sodann ist auf den objek-

---

[138] Group Five Building Ltd. v. Minister of Community Development (449/91) [1993] ZASCA 75; 1993 (3) SA 629 (AD) (28 May 1993).

[139] Aiyar, The Law Lexicon, Ejusdem generis, 618.

[140] Aiyar, The Law Lexicon, Ejusdem generis, 618, vgl. auch Mirch v. Russell AIR 1928 R. 31; In re Miller [1889] 61 LT 365; siehe auch Cronin v. Lunham Brothers Ltd [1986] ILRM 416.

[141] Lewison, The Interpretation of Contracts, Rn. 7.07.

[142] North v. Marina [2003] N.S.W.S.C. 64; Cheshire/Fifoot & Furmston's, Law of Contract, 181.

[143] Association of British Travel Agents Ltd. V. British Airways plc [2000] 2 Lloyd's Report 209, 220.

[144] Allery, Overseas Supply, 17-46.

[145] Lewison, The Interpretation of Contracts, Rn. 7.07.

[146] Vgl. Tersons Ltd. v. Stevenage Development Cor. [1963] 2 Lloyd's Rep 333 a bezüglich einer JCT-Klausel; siehe aber auch British Fermentation Products Ltd. v. Compair Reavell Ltd. zitiert nach Allery, Overseas Supply, 9-04 (dort Fn. 3); zur Rechtslage nach dieser Entscheidung vgl. Allery, Overseas Supply, 9-04.

[147] OLG Frankfurt OLGZ 1973, 230.

[148] van Ommeslaghe, Éléments de Théorie Générale des Contrats, Rn. 230.

[149] Allery, Overseas Supply, 9-04.

tiven Betrachter abzustellen, so dass auch Aspekte wie der gute Glaube und der vernünftige Mensch eine Rolle spielen können (Art. 5: 101 der Prinzipien). Bei der Auslegung können die Umstände des Vertragsschlusses, das Verhalten der Parteien, die Natur und die Ziele des Vertrages, die einvernehmliche Auslegung von Klauseln der Parteien mit ähnlichem oder vergleichbarem Inhalt, Gebräuche und der gute Glaube Berücksichtigung finden (Art. 5:102 der Prinzipien). In Bezug auf vorvertragliches und nachvertragliches Verhalten ist allerdings bei der Berührung mit dem common law Vorsicht angesagt. Englische Richter messen derartigen Umständen in der Regel keine Bedeutung bei[150]. Eine Auslegung soll solche Ergebnisse bevorzugen, die den Vertrag erhält. Im Zweifel soll also ein Vertrag nicht durch Auslegung unwirksam gemacht werden (Art. 5:106 der Prinzipien).

Sprachliche Diskrepanzen werden nach Art. 5:107 der Prinzipien wie folgt behandelt: 50

> *„Im Falle von Unterschieden zwischen den in unterschiedlichen Sprachen abgefassten Vertragsfassungen, von denen keine als maßgeblich vereinbart ist, wird derjenigen Fassung Vorzug gegeben, die zuerst abgefasst wurde."*

In der Praxis tauchen Sprachschwierigkeiten leider sehr häufig auf[151]. Vielfach werden 51
Verträge in einer Sprache abgefasst, die nicht die Sprache der Rechtsordnung ist, die zur Anwendung kommt[152]. Es stellt sich dann die Frage, ob die verwendeten Begriffe in Übereinstimmung mit der verwendeten Schriftsprache zu verstehen sind oder ob sie in Übereinstimmung mit den entsprechenden Vokabeln des anwendbaren Rechts verstanden werden müssen. In der Praxis gibt es Beispiele für beide Varianten[153]. Gelegentlich kommen die deutschen Gerichte zu Auslegungsergebnissen, die dem ausländischen Sprachgebrauch widersprechen (z.B. „caparra confirmatoria" = Anzahlung, anstatt „caparra confirmatoria" = Draufgabe)[154]. In diesem Fall war das italienische Recht Vertragsstatut[155]. Manchmal sind Übersetzungen sinnentstellend (act of god = höhere Gewalt)[156]. Letztlich besteht aber in Deutschland und England Einigkeit darüber, dass fremdsprachige Begriffe ggf. im Licht der ausländischen Rechtsordnung ausgelegt werden sollten[157]. Englischsprachige Begriffe werden daher in der Regel nach englischem Rechtsverständnis verstanden[158]. Diese eher schlichte Herangehensweise wirft zahlreiche Probleme auf, denn nur selten lassen sich dabei dogmatische und systematische Ungereimtheiten vermeiden[159]. Unbeantwortet bleibt auch die Frage,warum nicht etwa das schottische, irische oder US-amerikanische Rechtsverständnis zugrunde gelegt wird. Richtig ist allerdings, dass fremdsprachige Texte aus ihrem sprachlichen Umfeld heraus verstanden werden sollten. Dabei muss aber berücksichtigt werden, wer der Verfasser des Textes war. Wird die englische Sprache nicht von Muttersprachlern benutzt, ist Vorsicht angesagt[160].

[150] Rouhette, Principes du droit européen du contrat, Art. 5:102 Note.
[151] Triebel/Balthasar NJW 2004, 2189 ff.
[152] Vgl. zu den Verständnisrisiken Le Tourneau, L'ingénierie, les transferts de technologie et de maîtrise industrielle, Rn. 165.
[153] Vgl. Lando RabelsZ 38 (1974), 388, 394 f.; Triebel/Balthasar NJW 2004, 2189 ff.
[154] OLG Frankfurt IPRspr. 2001 Nr. 23.
[155] OLG Frankfurt IPRspr. 2001 Nr. 23.
[156] Triebel/Balthasar, NJW 2004, 2189, 2191.
[157] RGZ 122, 233, 235; OLG Hamburg VersR 1996, 229; LG Hamburg MDR 1954, 422, 423; Looschelders, IPR, Art. 32 Rn. 7; Reithmann/Martiny/Martiny, Internationales Vertragsrecht, Rn. 310.
[158] Vgl. BGH NJW-RR 1992, 423, 425; Triebel/Balthasar NJW 2004, 2189, 2192.
[159] Triebel/Balthasar NJW 2004, 2189, 2193.
[160] Triebel/Balthasar NJW 2004, 2189, 2196.

Wurde der Text ursprünglich in Deutsch verfasst und lediglich ins Englische übersetzt, sollte das deutsche Sprachverständnis überwiegen[161]. Wird die englische Sprache als Entwurfssprache verwendet, ist ebenfalls Vorsicht geboten: Ist der Verfasser Amerikaner sollte nicht vorschnell auf englisches Recht rekurriert werden. Englisches und US-amerikansiches Recht haben zwar prinzipiell gemeinsame Wurzeln. Im Einzelfall lassen sich aber die Auffassungen nicht übereinbringen. Hinzu kommt, dass sich in den USA eine spezifische Rechtsprechung zu öffentlichen Bauaufträgen entwickelt hat, die sich nicht ohne weiteres auf das allgemeine Zivilrecht übertragen lässt.

52 **4. Präambeln (Pratique du préambule).** Eine große Zahl internationaler Verträge beginnt mit einer Präambel. Sie stellt, zuweilen recht ausführlich, die Entstehungsgeschichte der Vereinbarung und die Motivation der Vertragsparteien dar, ohne ausdrückliche Verpflichtungsformulierungen zu benutzen. Meist ist sie in einzelne kurze Absätze unterteilt[162]. Diese beginnen mit fast stereotypen Konjunktionen, die den Motivationscharakter bezeichnen, wie „considering that“ oder „whereas“, weshalb sie im Fachjargon auch als „whereas clauses“ oder „recitals“ bezeichnet werden[163]. Häufig sind in der Präambel folgende Inhalte zu finden:

- Beschreibung der Parteien
- Qualität der Parteien (Fachmann, Laie etc.)
- Ziele des Vertrages[164]
- Geist des Vertrages
- Vorvertragliche Umstände und solche, in die der Vertrag eingebettet ist
- Beziehungen zu anderen Verträgen
- Darstellung der Vertragsverhandlungen
- Tatsächliche Feststellungen und Zusicherungen
- Regelung besonderer Verpflichtungen (z.B. Gesamtschuldverhältnis; Vertragsgebiet, etc.)
- Definitionen

53 Die juristische Bedeutung der Präambel hängt zunächst davon ab, ob bereits an dieser Stelle echte Verpflichtungen aufgenommen werden oder nicht. Überwiegend ist dies nicht der Fall, was aber nicht bedeutet, dass die eher unverbindliche Fassung der Präambel im rechtlichen Freiraum stünde. Untersuchungen haben ergeben, dass die Präambel durchaus juristische Bedeutung haben kann, auch wenn dort keine echten Verpflichtungen enthalten sind[165]:

- Der Inhalt der Präambel kann sich auf die Auslegung des Vertrages auswirken.
- Die Inhalte der Präambel können die Grundlage für einen Dissenseinwand bilden.
- Die Inhalte der Präambel können die Geschäftsgrundlage ausmachen, deren Veränderung in einigen Rechtsordnungen Auswirkungen auf die Vertragsinhalte haben kann (z.B. in Deutschland).

---

[161] Triebel/Balthasar NJW 2004, 2189, 2195.
[162] Döser NJW 2000, 1451, 1453.
[163] Döser NJW 2000, 1451, 1453.
[164] Im Bauvertrag ist es von besonderer Bedeutung, das Werk vorzugeben, das erstellt werden soll. Am Werkbegriff ist die Erfolgs- und Vollständigkeitsverpflichtung zu messen. Entsteht der Eindruck, der Bauunternehmer werde zur Herstellung und Lieferung von Komponenten verpflichtet, sind Mehrforderungen sehr wahrscheinlich.
[165] Fontaine/Dely, Droit des Contrat Internationaux, 98.

- Die Inhalte der Präambel können das Vertrauen auf ein bestimmtes Verhalten einer Partei wecken bzw. das Vertrauen darauf begründen, dass sich eine Partei nicht anders verhalten wird als in der Präambel zum Ausdruck kommt.
- Die Beschreibung bestimmter Qualifikationen einer Partei kann Auswirkungen auf die Auslegung bestimmter Verpflichtungen der Vertragsparteien haben.
- Der Hinweis auf die Chronologie der Vertragsverhandlungen kann es erleichtern, die Bedeutung bestimmter Aussagen oder Dokumente zu ermitteln.
- Der Hinweis auf bestimmte andere Verträge oder Personen kann Beziehungen zu diesen und dem Vertrag herstellen.
- Die Präambel kann bereits echte vertragliche Regelungen enthalten.
- Die Präambel kann bezwecken, sich Dritte gewogen zu machen (z.B. den Fiskus, Wettbewerbsbehörden oder eine Regierung), ohne ernsthafte Auswirkungen auf den Vertrag zu haben[166].

Da im deutschen Recht auf den tatsächlichen Willen der Vertragsschließenden und nicht allein auf den Vertragswortlaut abzustellen ist[167], kann einer Präambel im Rahmen der Auslegung besonderes Gewicht beikommen, etwa im Hinblick auf die in der Präambel des Vertrags dargestellte Interessenlage der Parteien[168]. Vor allem nicht zu unterschätzen ist die Bedeutung der Präambel für die Haftung des Unternehmers und die Budgetsicherheit. Der Bauvertrag richtet sich seiner Natur nach auf die Herstellung eines Werkes. Am Anfang steht die Planung, auf deren Grundlage der Unternehmer das Werk herstellt. Die Planung und das auf ihr beruhende Vertragswerk sind häufig sehr detailverliebt, damit der Unternehmer qualitätssichernde Methoden einsetzt, qualitätsbewusste Materialien verwendet und einen möglichst transparenten und günstigen Preis anbietet. Kommt eine sehr intensive Bauüberwachung hinzu, die letztlich eine Art Oberbauleitung ausmacht und dem Unternehmer jede Verantwortung für die Methodenauswahl und die Materialauswahl nimmt, kann sich die Natur des Vertragswerkes von einem Werkvertrag in einen Dienstvertrag oder Arbeitsvertrag wandeln. Geschieht dies, wird der Unternehmer für jede zustätzliche Leistung eine zusätzliche Vergütung verlangen. Ferner wird er seine Haftung für die Bauausführung leugnen, die letztlich auf Einzelweisungen des Bestellers beruht. Damit dies nicht geschieht, muss der Unternehmer Verantwortung für die Materialauswahl und das „Wie" der Bauausführung übernehmen. Das setzt wiederum eine Zielstellung voraus, an der sich der Unternehmer orientieren kann, wenn es an Einzelfallweisungen fehlt. Diese Zielstellung kann in der Präambel formuliert werden. Sie stellt sicher, dass der Unternehmer für Preissicherheit und Qualität einsteht[169].

---

166 Eine solche Klausel kann allerdings in verschiedenen Rechtsordnungen Probleme bereiten (vgl. das System der „simulation" im französischen Recht: Der geheime Wille der Parteien stellt den wirklichen Willen dar, z.B. verdeckte Schenkung in der Form eines Kaufes, wobei das nicht offfen gelegte Schreiben den Verzicht auf den Kaufpreis enthält. Zwischen den Parteien gilt nur der wirkliche Wille. Dritte können jedoch den wirklichen Willen ignorieren und sich an den offen gelegten Akt halten, sie können sich aber auch auf den verdeckten Akt berufen, wenn sie ein Interesse daran haben). Häufig sind solche Klauseln nichtig (Umgehungsverbot, vgl. zum franz. Recht Ghestin/Jamin/Billiau, Traité de Droit Civil, Les effets du contrat, 3. Auflage, 2001, n° 865-921).

167 Vgl. hierzu BGHZ 20, 109, 110 ff. = NJW 1956, 665 = LM § 282 ZPO Nr. 3; BGH NJW 1998, 746, 747.

168 Vgl. BGH VIZ 2001, 499, 500.

169 Vgl. Hudson's Building and Engineering Contracts, Rn. 4-057 unter Hinweis auf die Fälle Thorn v. London Council (176) 1 App. Cas. 120 und Tharsis Sulphur & Copper Company v. McElroy & Sons (1878) 3 App. Cas. 1040. Im Tharsis Fall heißt es wörtlich: Überzeugen Sie sich davon, ob Sie es tun können, bevor Sie den Vertrag abschließen.

54 **5. Best efforts, resonable care, due diligence, Regeln der Kunst.** Mit der Übernahme bestimmter Verpflichtungen geht oftmals einher, diese um besondere Verhaltensweisen zu ergänzen. Eine Bank erbringt z.B. ihre Verpflichtung mit „*soin raisonable*" und ein Unternehmer verpflichtet sich zur Ausführung der Arbeiten „*with due diligence and care*[170]" oder „*selon les règles de l'art*[171]". Die Tragweite solcher Ergänzungen ist sehr unterschiedlich. Es kann sich um eine Floskel handeln, die nicht über die normale vertragliche Verpflichtung hinausgeht. Es kann sich aber auch um eine Modifikation der vertraglichen Verpflichtungen mit erheblicher Tragweite handeln. In Bauverträgen tauchen üblicherweise folgende englischsprachige und französischsprachige Klauseln auf:

- „with due diligence and care"
- „reasonable standard of skill and diligence"
- „to use best efforts"
- „règles de l'art"
- „Regeln der Technik"
- „Regeln der Baukunst"
- will make every possible effort[172]

55 Oftmals werden die Formulierungen kombiniert:

> „The contractor shall, commencing within … days of the effective date of the contract, proceed with utmost diligence and care in carrying out all of the works specified as his obligations in the contract. The contractor shall exercise a reasonable standard of skill and diligence normally expected and accepted by the profession of an engineer.[173]"

In französischen Vertragstexten wird der ähnliche Sachverhalt wie folgt geregelt:

> „L'entrepeneur garantit que ses prestations, travaux et montage seront réalisés selon les règles de l'art, en conformité sur tous les plans avec les soins, les décrets, les règlements, les precriptions et normes en vigueur … lors de la signature du marché[174]."

56 Die verwandten Klauseln lassen sich trotz ihrer Vielfalt in Wortwahl, Sprache und Ausdruck in verschiedene Gruppen einordnen[175]. In der ersten Gruppe finden sich die Klauseln, mit denen sich der Unternehmer dazu verpflichtet, seine bestmöglichen Anstrengungen zu unternehmen (*his best efforts, tous ses efforts, tout en son pouvoir, to the best of his ability, au mieux de son expérience, de son mieux, nach besten Kräften, etc.*). Eine zweite Gruppe vereinigt die Klauseln, die die Angemessenheit (die Vernunft) zum Ausdruck bringen (*all reasonable efforts, tous les moyens raisonables, les efforts raisonablement possibles*). Zur dritten Gruppe gehören die Klauseln, die das Konzept der Sorgfalt aufgreifen (*with due diligence, de manière diligente, with utmost*

---

170 Deutsch: mit Sorgfalt (diligence and care drücken in etwa dasselbe aus).

171 Deutsch: nach den Regeln der Kunst (wobei dann zu fragen ist, ob es sich z.B. um die anerkannten Regeln der Kunst (Technik) oder um einen höheren Standard handelt.

172 Vgl. dazu OLG Bremen NJW-RR 1995, 1453, 1454.

173 Beispiel aus Fontaine/Dely, Droit des Contrat Internationaux, 215.

174 Beispiel aus Fontaine/Dely, Droit des Contrat Internationaux, 215.

175 Vgl. Fontaine/Dely, Droit des Contrat Internationaux, 230.

diligence and care). Die vierte Gruppe nimmt Bezug auf die Regeln des Berufes, der Wissenschaft und des Handwerks (*in accordance with recognized professional standards, in accordance with good engineering practise, nach den Regeln der Technik, entsprechend dem Stand von Wissenschaft und Technik*).

a. Best efforts. Die Bedeutung dieser Klausel erschließt sich nicht ohne weiteres. Verschiedentlich wurde geurteilt, der Sinn der Klausel erschließe sich gar nicht[176]. Anderweitig hieß es, die Klausel sei dahin zu verstehen, dass jedenfalls nicht die zweitbeste Möglichkeit gesucht werden dürfe[177]. 57

„*Best efforts*" und „*due diligence*"-Klauseln (gelegentlich auch „*reasonable care*"-Klauseln) werden weitgehend synonym verwandt[178] und legen einen objektiven Verhaltensmaßstab fest, der das beinhaltet, was man normalerweise von dem jeweiligen Schuldner der Verpflichtung erwartet[179]. In der französischen Rechtsordnung wird aus der Verwendung solcher Begriffe oftmals lediglich eine „*obligation de moyens*" abgeleitet[180]. Enthält ein Vertrag, der typischerweise eine *obligation de résultat* beinhaltet, eine derartige Klausel, wandelt sich die Verpflichtung in eine solche „*de moyens*"[181]. Die Unterscheidung in „*obligation de moyens et obligation de résultat*" hat eine große praktische Bedeutung, denn im Prinzip besteht im Falle einer „*obligation de résultat*" eine Haftungsvermutung, wenn der versprochene Erfolg nicht eintritt[182]. Richtet sich die Verpflichtung auf eine *obligation de moyens*, ist eine konstante Anstrengung geschuldet, die sich eignen muss, um das versprochene Ziel zu erreichen[183]. Vergleichsmaßstab ist ein guter Fachmann derselben Fachrichtung[184]. Auch wenn man von dem anglo-amerikanischen Recht ausgeht, wo die *strict liability*-Doktrin den Nachweis des Verschuldens entbehrlich macht, schränken *best efforts*-Klauseln ggf. die Haftung ein, anstatt sie lediglich zu erläutern[185]. Die Haftung des Planers beschränkt sich nach englischem Recht auf „*good skill and care*"[186]. Dagegen richtet sich die Haftung des Unternehmers in der Regel auf „*fit for purpose*". Verpflichtet man den Unternehmer angesichts seiner Planungsverantwortung zur Erfüllung mit „*reasonable care*", schränkt man in Zweifel seine Haftung ein[187]. In Deutschland sollen *best efforts*-Klauseln (z.B. in Pflegeverträgen für Computer) geeignet sein, aus einer im Kern werkvertraglichen Verpflichtung eine dienstrechtliche zu machen[188]. Im Prinzip dienen die vorstehenden Maßstabsregeln oftmals als Ersatz für eine fehlende Vertragstypisierung. Die anglo-amerikanischen Rechtsordnungen kennen keine benannten Vertragstypen, wie den Werkvertrag oder den Dienstvertrag. Deshalb wird dort vorsorglich der Handlungsmaßstab ausdrücklich geregelt. Richter können zwar den Vertrag durch implizite Klauseln (implied terms) ergänzen und greifen dann durchaus auf Charaktermerkmale des Vertrages zurück. Eine systematische Vertragseinordnung unterbleibt aber, weil sie nicht zielführend ist.

---

176 Bowe v. Bantam Investments Ltd. (1972) 3 All ER 349, 355; Oversea Buyers Ltd. v. Grandex S.A. (1980) 2 Lloyd's Rep. 608.
177 Sheffield District Railway Co. v. Great Central Railway Co. (1911) 27 TLR 451.
178 Chappuis RD aff. Int. 2002/3-4, 281.
179 Fontaine/Dely, Droit des Contrat Internationaux, 243.
180 Le Tourneau, L'ingénierie, les transferts de technologie et de maîtrise industrielle, Rn. 323, 413.
181 Le Tourneau, L'ingénierie, les transferts de technologie et de maîtrise industrielle, Rn. 323, 413.
182 Fontaine/Dely, Droit des Contrat Internationaux, 245.
183 Le Tourneau, L'ingénierie, les transferts de technologie et de maîtrise industrielle, Rn. 323.
184 Le Tourneau, L'ingénierie, les transferts de technologie et de maîtrise industrielle, Rn. 323.
185 Vgl. Fontaine/Dely, Droit des Contrat Internationaux, 246, 247.
186 Turner v. Garland & Christopher (1853) Hudson's Building Contracts, (4. Auflage), Vol. II, 1; Pickavance, Dealy and Disruption in Construction Contracts, Rn. 2.29.
187 Vgl. Uff, Construction Law, 277.
188 Vgl. Junker NJW 2003, 2792, 2798.

58 **b. Reasonable.** Dieser Begriff wird vor allem im anglo-amerikanischen Rechtsraum sehr häufig verwendet, wobei der Wortsinn von „vernünftig" bis „angemessen" reicht. Gelegentlich kommt es aber auch vor, dass sich Richter zur Rechtfertigung ihrer Entscheidung selbst auf die Vernunft beziehen[189]. In internationalen Verträgen dient der Begriff u.a. dazu, Fristen zu qualifizieren, Ausnahmen zu begründen und Beweise zu definieren[190]. Gelegentlich kommt es darauf an, was „reasonably foreseeable" war, etwa um den Haftungsumfang (*for consequential losses*) zu begrenzen[191].

Hintergrund der Klausel ist es, einen Verhaltensmaßstab zu entwickeln bzw. festzulegen. In einigen Rechtsordnungen sind Verhaltensmaßstäbe gesetzlich verankert. In Frankreich und Belgien etwa ist die Rede vom „*bon père de famille*". In England hat der „*reasonbless-test*" z.B. im Unfair Trade Terms Act 1977 eine gesetzliche Grundlage gefunden. Was ist aber nun „*reasonable*" oder „*raisonable*"? „*Reasonable*" bedeutet nicht logisch im Sinne der Vernunft im Bereich der Philosophie. „Reasonable" umschreibt eher eine Art „praktische Vernunft" unter Berücksichtigung allgemein anerkannter Werte[192]. Derjenige, der gute Entscheidungen trifft, ist ein vernünftiger Mann (a reasonable man). Doch damit ist der Begriff noch nicht definiert. Häufig wird auf ein Verhalten Bezug genommen, das üblicherweise in gleichen Fällen als vernünftig angesehen wird, wobei auf das soziale Milieu abgestellt wird, in dem der Fall angesiedelt ist. Damit ist der Weg offen zu Vergleichen mit einem erfahrenen, sorgfältigen Mann, der die Interessen aller Beteiligten in Betracht zieht[193].

59 **c. Stand von Wissenschaft und Technik.** Insbesondere im Baurecht haben Klauseln, die auf die Regeln eines Berufsstandes Bezug nehmen, große Bedeutung. Ein beratender Ingenieur verpflichtet sich etwa, seine Leistungen „*in accordance with recognized professional standards*" zu erbringen oder ein Architekt praktiziert einen „*reasonable standard of skill and diligence normally expected and accepted by the profession of architecture*". Ein Bauunternehmer arbeitet nach den Regeln der Baukunst (*good workmanlike practise*) und dem Stand der Technik. Solche Klauseln sind bedeutend klarer als solche, die lediglich auf den „*reasonable man*" abstellen, denn sie nehmen Bezug auf die Erfahrung und Erkenntnisse eines ganzen Berufsstandes[194]. Andererseits sind solche normativen Begriffe ausfüllungsbedürftig und damit streitanfällig. In der angelsächsischen Praxis ersetzt der „unabhängige Dritte" (Enginer, Architect, Project Manager) die Gutachter. Seine Auffassung ist im Einzelfall verbindlich. Es ist ratsam, sich die jeweilige Vertragslösung sehr genau anzuschauen. Bei FIDIC ist die Auffassung des Engineer in der Regel lediglich vorläufig bindend. Im Vertragsmuster MF/1 sind die Festlegungen des Engineer partiell abschließend bindend.

60 Klauseln, die den Stand der Technik regeln, haben auch und gerade für den Anlagenbau große Bedeutung. Es handelt sich um Klauseln, die den Stand der Technik auf ein bestimmtes Referenzdatum fixieren und damit das Entwicklungsrisiko beschränken, wodurch das Kostenrisiko und das Haftungsrisiko erheblich reduziert bzw. eingeschränkt wird[195]. Spätere Entwicklungen können dann nur noch vermittels Änderungsanordnungen

---

[189] Vgl. Salmon, Le concept de raisonable en droit international privé, 449, 451.
[190] Fontaine/Dely, Droit des Contrat Internationaux, 240.
[191] Hadley v. Baxendale [1854] 9 Ex. 341.
[192] Fontaine/Dely, Droit des Contrat Internationaux, 240.
[193] Vgl. Fontaine/Dely, Droit des Contrat Internationaux, 241.
[194] Fontaine/Dely, Droit des Contrat Internationaux, 248.
[195] Michaelis de Vasconcellos RIW 1997, 455, 463.

Vertragsbestandteil werden[196]. Klauseln, die auf den Stand der Wissenschaft rekurrieren, sind spekulativ, denn die Wissenschaft hat häufig noch keine Erprobung erfahren.

Der Begriff „*Règle de l'art*" ist vage und unpräzise. Er eröffnet erhebliche Auslegungs- 61
potentiale. Letztlich beinhaltet die Klausel die Übernahme der Haftung des Unternehmers oder Ingenieurs für Irrtum und Fehler, die ein durchschnittlich sorgfältiger Berufsgenosse nicht begehen würde[197]. Der konkrete Inhalt der Regeln der Kunst lässt sich oftmals nur vermittels eines Sachverständigen ermitteln[198]. In vielen international üblichen Vertragsmustern übernimmt die Aufgabe der Leistungsbestimmung der Vertragsadministrator, der über die Auslegungshoheit verfügt (vgl. Unterklausel 1.5 FIDIC 1999).

6. Vertragsstrafeklauseln (penalties/clauses de pénalité)

Schrifttum

Lal, The Doctrine of Penalties and the Absurd Paradox: Does it really matter in 2003, ICLR 2003, 505; Reithmann/Martiny, Internationales Vertragsrecht, 7. Auflage, Köln 2010; Citty on Contracts, Band I und II, 29. Auflage, London 2004; Le Goff, Die Vertragsstrafe in internationalen Verträgen zur Errichtung von Industrieanlagen, Marburg 2004 (Dissertation); Le Tourneau, L'ingénierie, les transferts de technologie et de maîtrise industrielle, Paris 2003

Die Vertragsstrafe hat nach deutschem Recht stets eine zweifache Funktion, denn sie 62
soll entstehenden Schaden kompensieren und zugleich ein Zwangsmittel sein, mit dem Vertragstreue durchgesetzt werden soll[199]. In grenzüberschreitenden Verträgen müssen sich die Parteien vergegenwärtigen, dass Vertragsstrafeklauseln unterschiedliche rechtliche und wirtschaftliche Bedeutungen und Zielsetzungen haben[200]. Sie müssen von Regelungen unterschieden werden, die es lediglich zum Ziel haben, einen Schaden zu pauschalisieren, also im Ergebnis den Beweis des Schadens erleichtern oder ersparen sollen[201]. Je nach Ausprägung der Klausel handelt es sich um eine Vertragsstraferegelung oder eine Regelung mit dem Ziel, lediglich den eventuell zu leistenden Ersatz für Verzug bzw. Verspätung[202] oder Schlechtleistung zu pauschalisieren. Der rechtliche Grundtyp variiert von Rechtsordnung zu Rechtsordnung. Die Bezeichnung solcher Klauseln wird teilweise unreflektiert vorgenommen[203] und übersetzt (z.B. *pénalités* mit *liquidated damages*[204]). Konsens herrscht allerdings weithin dahin, dass Regelungen, die einen angemessenen Ersatz für erlittenen Schaden pauschalisieren, zulässig sind[205]. In vielen Rechtsordnungen sind folglich beide Klauseltypen denkbar, wenngleich in der Praxis Vertragsstrafeklauseln überwiegen. Im deutschen Recht ist es durchaus denkbar, Schadensersatzansprüche im Voraus zu pauschalisieren[206], auch wenn die Zielsetzung

---

196 Michaelis de Vasconcellos RIW 1997, 455, 463.

197 Hubert, Le contrat d'ingénierie, Rn. 115.

198 Hubert, Le contrat d'ingénierie, Rn. 115.

199 Rosener in: Münchener Vertragshandbuch, Band IV, VI. 1 Rn. 35.

200 Siehe dazu eingehend Le Goff, Die Vertragsstrafe in internationalen Verträgen zur Errichtung von Industrieanlagen, 20 ff. (französisches Recht), 29 ff. (angelsächsisches Recht).

201 Palandt/Grüneberg, BGB, § 276 Rn. 26.

202 Verzug und Verspätung sind nicht dasselbe. Der Begriff Verzug drückt die im deutschen Recht eine verschuldete Verspätung aus. Die Parteien können aber auch vereinbaren, dass die Haftung verschuldensunabhängig eintritt. Genau dies geschieht in angelsächsischen Vertragsmustern.

203 Vgl. Stummel, Standardvertragsmuster zum Handels- und Gesellschaftsrecht Deutsch-Englisch, 353 (Bauentwicklungsvertrag für eine Industrieanlage), der den Begriff zwar richtig übersetzt, aber nicht auf das Sprachrisiko hinweist.

204 Vgl. Le Tourneau, L'ingénierie, les transferts de technologie et de maîtrise industrielle, 154.

205 Vgl. Michaelis de Vasconcellos RIW 1997, 455, 459.

206 Siehe Palandt/Grüneberg, BGB, § 276 Rn. 26.

(Haftungserweiterung) etwas anderes ist als in den Common Law Staaten (dort: Haftungsbeschränkung). Nur geschieht dies in der Praxis kaum, weil es sich anbietet Vertragsstrafevereinbarungen (§§ 339 ff. BGB) zu treffen.

63 Im **englischen Recht** (aber auch in den australischen und US-amerikanischen sowie in den mit ihnen verwandten Rechtsordnungen, z.B. Indien) sind Klauseln, die Zwangscharakter (*in terrorem*) haben, nicht durchsetzbar (*not enforceable*). In England geht man davon aus, dass eine Vereinbarung über sog. „*Liquidated Damages*" abschließend ist[207]. Überschreitet also z.B. der Unternehmer die vereinbarte Bauzeit, schuldet er ausschließlich die vereinbarten „*Liquidated Damages*"[208], es sei denn die betroffene Klausel wird als „*Penalty*" qualifiziert. Den Unterschied zwischen „*Liquidated Damages*" und „*Penalties*" macht aus, ob es sich um eine Klausel handelt, die lediglich den voraussichtlichen und geschätzten Schaden pauschalisiert, oder um eine solche, die eine Sicherheit beinhaltet, dass die betroffen Partei eine bestimmte Verpflichtung erfüllt[209]. Was vereinbart ist, muss durch Auslegung ermittelt werden[210], und zwar zum Zeitpunkt des Vertragsschlusses[211]. Es kommt nicht zwingend auf die Wortwahl an[212]. Exzessive Schadensersatzklauseln („*Penalties*"), das sind solche, deren Bedeutung sich nicht darin erschöpft, den entstandenen Schaden zu kompensieren, sind in England (aber auch in Schottland und den USA) nichtig[213]. In den Civil Law-Ländern (z.B. Deutschland und Frankreich) ist die Rechtslage dagegen völlig anders[214]. In Deutschland kann der Gläubiger die verwirkte Vertragsstrafe als Mindestbetrag des Schadens verlangen, wenn ein Anspruch auf Schadensersatz wegen Nichterfüllung existiert (§ 340 Abs. 2 BGB). In Frankreich kann der Richter eine Vertragsstrafe von Amts wegen abändern, wenn sie offenkundig viel zu niedrig oder viel zu hoch ist (Art. 1152 Code Civil (FR)). Ähnliches gilt in Belgien, Luxemburg, der Schweiz, Italien, den Niederlanden und Portugal[215]. Es wird ersichtlich, dass in Common Law Staaten die Unterscheidung zwischen „*Penalty*" und „*Liquidated Damages*" ungleich wichtiger ist als auf dem Kontinent[216]. Um die Gerichte bei der Unterscheidung zwischen beiden Erscheinungsformen zu unterstützen, wurden zahlreiche Tests vorgeschlagen, die sich, falls sie auf diesen zu beurteilenden Fall anwendbar sind, als hilfreich erweisen könnten oder sogar abschließend sind. Solche sind[217]:

(a) Es handelt sich um eine Vertragsstrafe, wenn die vereinbarte Summe im Vergleich mit dem infolge der Vertragsverletzung größten denkbaren Verlust außergewöhnlich und unangemessen ist.
(b) Es handelt sich um eine Vertragsstrafe, wenn die Vertragsverletzung allein darin besteht, dass ein bestimmter Geldbetrag nicht bezahlt wird, und der vereinbarte Betrag größer ist als die Summe, die hätte gezahlt werden müssen.

---

[207] Cheshire/Fifoot & Furmston's, Law of Contract, 689.
[208] Allery, Overseas Supply, 17-11; Wallis v. Smith (1882) 21 ChD 243, 267.
[209] Cheshire/Fifoot & Furmston's, Law of Contract, 689.
[210] Cheshire/Fifoot & Furmston's, Law of Contract, 689.
[211] Biodiesel Producers Limited (ACN 099 165 876) v. Stewart [2007] FCA 722 (16 May 2007).
[212] Cheshire/Fifoot & Furmston's, Law of Contract, 689.
[213] Fontaine/Dely, Droit des Contrat Internationaux, 374.
[214] Vgl. Allery, Overseas Supply, 17-11, der allerdings übersieht, dass es auch in Civil-Law-Ländern „liquidated damages" gibt.
[215] Fontaine/Dely, Droit des Contrat Internationaux, 374.
[216] Vgl. zu Einzelheiten Cheshire/Fifoot & Furmston's, Law of Contract, 690 ff.
[217] Biodiesel Producers Limited (ACN 099 165 876) v. Stewart [2007] FCA 722 (16 May 2007).

(c) Es besteht eine Vermutung (aber nicht mehr), dass es sich um eine Vertragsstrafe handelt, wenn in Abhängigkeit von dem Auftreten eines oder mehrerer Ereignisse, von denen einige ernsthafte und andere unbedeutende Schäden verursachen, ein einheitlicher Pauschalbetrag zur Zahlung gestellt wird[218].

Andererseits ist die „Penalty-Doctrine“ im Common Law nur anwendbar, wenn die Zahlung aufgrund einer Vertragsverletzung verlangt werden kann. Das bedingte Versprechen einer Zahlung ist dagegen unbedenklich, wenn der Zahlungsgrund keine Vertragsverletzung ist[219]. Dies kann zu dem Paradoxon führen, dass die vertragstreue Partei keinen Einwand erheben kann, während die vertragsuntreue Partei die Zahlung unter Hinweis auf die „Penalty-Doctrine“ verweigern kann. Dies hat zu Diskussionen geführt. In einem Fall aus dem Jahre 1962 sah der Vertrag für den Fall der vorzeitigen Vertragsbeendigung eines Ratenzahlungsvertrages über ein Kraftfahrzeug die Zahlung einer zusätzlichen Summe für „Wertminderung“ vor. Das House of Lords[220] wies die Klage unter Hinweis auf die„Penalty-Doctrine“ ab. Andererseits sind die englischen Gerichte grundsätzlich wenig geneigt, die „Penalty-Doctrine“ auf andere Fälle auszuweiten und die Parteien von einer schlechten Vereinbarung zu befreien[221]. Eine akkurat abgefasste Vereinbarung, die keinen Zweifel daran lässt, dass das Versprechen nicht für den Fall einer Vertragsverletzung abgegeben wird, wird daher in der Regel wirksam sein[222]. Während Unterklausel 47.1 des alten **Red Book** ausdrücklich vorsieht, dass der Besteller die für den Fall der Fristüberschreitung vorgesehene Summe nur als Schadensersatz, nicht aber als Vertragsstrafe, verlangen kann, wird diese Unterscheidung im neuen Red Book (vgl. Unterklausel 8.7) bedauerlicherweise nicht mehr hervorgehoben[223]. Sie ist gleichwohl von Bedeutung, weil die Klausel auch unter der Herrschaft des Common Law durchsetzbar sein soll. 64

Hervorzuheben ist, dass die angelsächsischen *Liquidated Damages* Klauseln einen **haftungsbegrenzenden Charakter** besitzen. Der Besteller kann im Falle der Vereinbarung von *Liquidated Damages* für Bauzeitüberschreitung in der Regel nicht mehr fordern als vereinbart wurde[224]. In den FIDIC-Büchern hat daher Unterklausel 8.7 einen Anwendungsbereich neben Unterklausel 17.6. Unterklausel 8.7 regelt die Haftung für Schäden aus Bauzeitüberschreitung gesondert. 65

Ferner gilt es zu beachten, dass der Unternehmer gegen eine unverschuldete Haftung für Bauzeitüberschreitung geschützt werden muss. Angelsächsische Vertragswerke, aber z.B. auch südafrikanische[225], sehen daher uni sono Klauseln vor, die den Unternehmer berechtigen, eine Bauzeitanpassung geltend zu machen, wenn ein Risiko eintritt, das vom 66

218 An diesem Testkriterium scheitert oftmals die Vereinbarung von sanktionsbewährten Meilensteinvereinbarungen (Milestones). Werden Meilensteine pönalisiert, muss sich der entsprechende Schadensersatzbetrag exakt ermitteln lassen. Eine Verweisung auf die allgemeine Sanktion für Bauzeitüberschreitung ist keine exakte Kalkulationsgrundlage.

219 Export Credits Guarantee Department Ltd. v. Universal Oil Products Co [1983] 1 WLR 399; Lal ICLR 2003, 505.

220 Bridge v. Campbell Discount Co. Ltd. [1961] AC 600.

221 Lal ICLR 2003, 505, 516.

222 Lal ICLR 2003, 505, 516.

223 Vgl. § 20 31.

224 Vgl. Beckhaus v. Brewarrina No 2 [2004] NSWSC 1160 (7 December 2004).

225 Group Five Building Ltd. v. Minister of Community Development (449/91) [1993] ZASCA 75; 1993 (3) SA 629 (AD) (28 May 1993.

Besteller zu vertreten ist[226]. Besteht nach dem Vertrag eine Befugnis (zu unterscheiden vom Anspruch auf Bauzeitverlängerung[227]), unter bestimmten Voraussetzungen Zeitverlängerung zu gewähren und wird diese Befugnis nicht oder nicht innerhalb der vertraglich ausdrücklich oder implizit vorgegebenen Fristen ausgeübt, verliert der Besteller den Schutz, den ihm der Anspruch auf Zeitverlängerung gegen den Verlust seiner Ansprüche auf Verzögerungsschadensersatz gewährt, weil die vereinbarte Bauzeit nicht mehr gilt (*Time at large*)[228]. An die Stelle der ursprünglichen Verpflichtung, das Bauwerk innerhalb der vorgegebenen Zeit herzustellen, tritt die Verpflichtung, die Arbeiten binnen angemessener Frist abzuschließen. Allerdings haben die australischen Gerichte in neuerer Zeit einen etwas differenzierten Ansatz vertreten. Die nach ihrer Auffassung geänderten Haltung zu „Liquidated Damages", insbesondere aber der Umstand, dass solche Klauseln häufig haftungsbegrenzende Wirkung haben, spricht aus ihrer Sicht dafür, dem Unternehmer in den Fällen, in denen der Ingenieur[229] verspätet Zeitverlängerung gewährt, nur noch das Recht auf Schadensersatz vorzubehalten, anstatt den Anspruch auf Liquidated Damages in Wegfall zu bringen[230].

In der internationalen Schiedsgerichtspraxis wie auch in außergerichtlichen Auseinandersetzungen fehlt es häufig an einschlägigen Erfahrungen mit Liquidated Damages Klauseln. Die Parteien rekurrieren dann auf einschlägige Gerichtsentscheidungen aus England und anderen Common Law Staaten, um ihre praktischen Probleme mit der Handhabung solcher Klauseln zu bewältigen. Jede Partei pickt sich dann die für sie günstigen Aspekte der *Liquidated Damages* Klauseln heraus und rekurriert im Übrigen auf das Vertragsstatut. Solchen Tendenzen lässt sich nur schwer entgegenwirken. Es ist deshalb überaus wichtig, das Konzept der *Liquidated Damages* Klauseln als Ganzes zu verstehen und zu implementieren. Nicht hinnehmbar, weil entstellend, ist eine partielle Implementierung. Da nahezu alle Rechtsordnungen widersprüchliches Verhalten nicht hinnehmen, bedarf es lediglich des Bewusstseins, dass die *Liquidated Damages* Klauseln (wie z.B. in Unterklausel 8.7 FIDIC 1999) Ansprüche auf Zeitverlängerung voraussetzen, die sicherstellen, dass der Besteller im Falle des Eigenverschuldens entsprechende Möglichkeiten zur Zeitverlängerung einräumt und sie anschließend auch vertragsgerecht gewährt.

Illustration: In einer neueren Entscheidung hat sich der englische High Court durch HHJ Akenhead im Rahmen der Überprüfung einer schiedsrichterlichen Entscheidung zu dem Thema der *Delay Damages* geäußert. Der Schiedsrichter hatte folgende Formulierung als unwirksame Vertragsstrafevereinbarung behandelt, die im Ansatz auf Unterklausel 8.7 FIDIC Silver Book beruhte[231]:

[226] Das sogenannte prevention principle greift auf jeden Fall, wenn der Besteller eigenmächtig in die Bauabwicklung eingreift oder Mitwirkungshandlungen unterlässt oder verzögert. Das Vertragswerk kann aber spezifische Risiken dem Besteller zuordnen (z.B. besonders schlechtes Wetter, unvorhersehbare Baugrundbedingungen, etc.), wodurch der Anwendungsbereich des prevention principle erweitert wird.

[227] Befugnis und Anspruch sind deshalb zu unterscheiden, weil zumeinst ein unabhängiger Dritter oder der Besteller selbst befugt ist, über einen Anspruch auf Bauzeitverlängeurng zu entscheiden. Übt er die Befugnis (Ermächtigung) vertragswidrig aus, tritt time at large ein.

[228] Hudson's Building and Engineering Contracts, Rn. 10-080 unter Bezugnahme auf den neuseeländischen Fälle Murdoch v. Lockie (1897) 15 N.Z.L.R. 296 und Anderson v. Tuapeka County Council (1900) 19 N.Z.L.R 1.

[229] Gemeint ist der mit den von den Vertragsparteien mit Befugnissen ausgestatte Dritte (Certifier, Project Manager, Architect, Engineer, Site Engineer, etc.).

[230] Beckhaus v. Brewarrina No 2 [2004] NSWSC 1160 (7 December 2004).

[231] Braes of Doune Windfarm (Scotland) Ltd v. Alfred McAlpine Business Services Ltd [2008] EWHC 426 (TCC).

8.7.1 Subject to the limitations contained in this Clause 8.7, if the requirements of Clause 8.2 [Time for Completion] are not complied with, the Contractor shall ... pay delay damages to the Employer for this default at therate set out in Clause 8.7.2 below. These delay damages shall be paid for every day which shall elapse between the relevant Time for Completion up to and including the date of issue of the Taking-Over Certificate. For the avoidance of doubt, the Contractor will be entitled to an extension of time pursuant to Clause 8.4.1(c) to the extent that it suffers any delay, impediment or prevention caused by or attributable to other contractors on the Site (including for the avoidance of doubt the Wind Turbine Contractor) subject to compliance by the Contractor of his applicable and relevant obligations under this Contract and under the Interface Agreement.

8.7.2 The amount of delay damages shall be £642...for each MW of the total installed capacity for the Plant which is unavailable („Unavailable Capacity") for each day of such unavailability for the period from 1 October to 31 March and £385... for each MW of Unavailable Capacity for each day of such unavailability for the period from 1 April to 30 September, provided that the Contractor's maximum total liability to pay delay damages under this Clause 8.7 shall not exceed 50% ... of the Contract Price ...

Problematisch erschien dem Schiedsrichter Folgendes: Der streitbefangene Vertrag betraf Leistungen im Zusammenhang mit der Lieferung von 36 Windturbinen durch ein anderes Unternehmen, die in der Nähe von Stirling in Schottland aufgestellt werden sollten. Die Vestas-Celtic Wind Technology Ltd sollte die 36 Windturbinen planen, liefern und installieren. Der Contractor sollte hingegen die verbleibenden Arbeiten planen und ausführen, so z.B. die Gründungsarbeiten und die Verbindung der Turbinen mit dem Leitungsnetz etc. Der Vertrag mit dem Contractor enthielt im Ergebnis eine Regelung der zufolge der Unternehmer für Bauverzögerungen haftete, die durch den Lieferanten der Windturbinen verursacht wurden. Grundsätzlich können – auch nach Auffassung des High Court – sog. „Liquidated Damages-Klauseln" den Schaden für entgangene Stromproduktion umfassen. Doch darf dies nicht dazu führen, dass der Unternehmer, der mit den Arbeiten für die Windturbinen beauftragt ist, für Verzögerungen des Windturbinenlieferanten einstehen muss. Folgende Erwägungspunkte waren nach Auffassung von HHJ Akenhead maßgeblich und durften den Schiedsrichter veranlassen, die„Delay Damages-Klausel" als unwirksam zu behandeln[232]:

- Der Vertrag enthielt eine Klausel 8.4, wonach der Contractor Anspruch auf Zeitverlängerung für Ereignisse geltend machen konnte, die auf dem kritischen Weg lagen. Der Anspruch umfasste auch **kritische Verzögerungen** durch den Windturbinenhersteller.
- Die Vertragsparteien hatten allerdings keine Abschnitte (Sections[233]) vereinbart. Folglich konnte der Contractor nicht abschnittsweise aus der Haftung für Delay Damages entlassen werden. Erst wenn alle 36 Windturbinen vollständig geliefert und vollständig aufgestellt und angeschlossen waren, konnten die Arbeiten des Contractor fertig gestellt werden.
- Verursachte nun der Contractor Verzögerungen auf dem kritischen Weg, während der Windturbinenlieferant einzelne Windturbinen verspätet lieferte, sah das Vertragswerk keine abschnittsweise Entlassung des Contractor aus der Haftung für Delay Damages vor.

---

[232] Braes of Doune Windfarm (Scotland) Ltd v. Alfred McAlpine Business Services Ltd [2008] EWHC 426 (TCC): jedenfalls hielt das Gericht die Entscheidung des Schiedsrichters im Ergebnis nicht für grob falsch.

[233] Vgl. Unterklausel 1.1.5.6 FIDIC 1999.

- Der Vertrag sah eine tägliche Schadensersatzpauschale pro Megawatt fehlender Leistung vor. Jede Windturbine hatte eine Leistung von zwei Megawatt. Folglich konnte der Contractor auf Delay Damages in Anspruch genommen werden, die durch den Windturbinenhersteller verursacht wurden, obwohl der Vertrag vorsah, dass der Contractor für Verzögerungen des Windturbinenherstellers eigentlich nicht einstehen sollte.
- Die Vertragsauslegung ergab, dass der Contractor nicht beabsichtigt hatte, für Verzögerungen des Windturbinenherstellers einzustehen, die er aufgrund guter Koordinierung der Leistungen hätte vermeiden können.
- Dies rechtfertigte die Auffassung, dass es sich bei der „Delay Damages-Klausel" um eine unzulässige Vertragsstrafevereinbarung handelte.

Ob das Gericht selbst in diesem Sinne entschieden hätte, blieb offen. Jedenfalls konnte es keinen schweren Rechtsfehler entdecken, der es gerechtfertigt hätte, den Schiedsspruch aufzuheben.

67 **7. Haftungsbegrenzungsklauseln (limitation clauses/clauses limitatives et d'exonération de responsabilité et de garantie).** Haftungsfragen haben bei komplexen Verträgen eine wesentliche Bedeutung. Nur in den seltensten Fällen, werden z.B. englische Unternehmer bereit sein, eine unbeschränkte Common Law-Haftung zu übernehmen[234]. Die Haftung kann in zweierlei Hinsicht beschränkt werden. Entweder die Parteien beschränken die Anzahl oder das Maß der von ihnen zu übernehmenden Verpflichtungen oder sie schränken die zunächst übernommenen Aufgaben, an die die Haftung anknüpft, vermittels geeigneter und zulässiger Klauseln wieder ein. Während die erste Variante weitgehend unbedenklich ist, muss der zweiten größeres Augenmerk geschenkt werden. Die grundsätzliche Unbedenklichkeit der ersten Variante erklärt sich damit, dass aus einer nicht vorhandenen vertraglichen Verpflichtung zwangsläufig auch keine Haftung resultieren kann[235]. Die wirksamste Haftungseinschränkung besteht daher darin, den vertraglichen Aufgabenkatalog zu reduzieren[236]. In einigen Rechtsordnungen (Frankreich, Belgien) ist z.B. möglich, statt einer „obligation de résultat" eine „obligation de moyen" zu übernehmen[237]. Grundsätzlich ist es zulässig, im Vertrag den Charakter der Verpflichtung zu vereinbaren, allerdings nur solange dies nicht mit dem eigentlichen Charakter des Vertrages unvereinbar ist[238], also z.B. der Verwahrer seiner Sache schuldet die Herausgabe der Sache nur„de moyens". Bei Bauverträgen ist jedoch – wie die belgische Haltung belegt[239] – die Vereinbarung einer „obligation de moyens" durchaus denkbar.

68 Im Vordergrund vertraglicher Verhandlungen stehen aber Regelungen zur Haftungsminimierung, ohne inhaltliche Einschränkung der Hauptverpflichtung. Manchmal wird diesem Aspekt sogar zu viel Aufmerksamkeit gewidmet[240]. Übersichtsartig geht es um Folgendes[241]:

[234] Allery, Overseas Supply, 17-39.
[235] Van Ommeslaghe, Éléments de Théorie Générale des Contrats, Rn. 268.
[236] Van Ommeslaghe, Éléments de Théorie Générale des Contrats, Rn. 268.
[237] Van Ommeslaghe, Éléments de Théorie Générale des Contrats, Rn. 286.
[238] Van Ommeslaghe, Éléments de Théorie Générale des Contrats, Rn. 286.
[239] Cass.civ. (B), 07.02.1992, Pas. DE 1992 I, 503.
[240] Vgl. Allery, Overseas Supply, 17-01.
[241] Allery, Overseas Supply, 17-02.

(1) Vertragliche Haftung des Unternehmers für

- Verspätung
- Mängel am Werk
- Vertragsbruch
- Schäden am Werk
- Verletzung von geistigem Eigentum Dritter

(2) Vertragliche Haftung des Bestellers für

- Ungerechtfertigte Beschleunigungsmaßnahmen
- Mehrkosten aufgrund von Bestellerrisiken (z.B. Koordinierungsschwierigkeiten)
- Vertragsbruch (z.B. verspätete Rückgabe von Erfüllungssicherheiten)
- Falsche Angaben in den Angebotsunterlagen
- Schäden am Werk (z.B. verursacht durch Planung des Bestellers)
- Vertraglich nicht gedeckte Änderungsanordnungen

(3) Deliktische Haftung des Unternehmers für Umstände, die als Folge des Vertrages eintreten

(3) Deliktische Haftung des Unternehmers gegenüber Dritten

Ausgangspunkt für die Verhandlungen sind die zwei wesentlichen Haftungsansätze: (1) 69
Vertragliche Haftung und (2) Haftung aus unerlaubter Handlung. Mit dem Abschluss eines Vertrages ist regelmäßig die Übernahme der Haftung (Liability/Responsabilité) für mögliche Schäden aus der Nichterfüllung des Vertrages verbunden, die in der Regel verschuldensabhängig ist. Parallel besteht tendenziell auch die Gefahr einer Inanspruchnahme aus den Tatbeständen der unerlaubten Handlung (Tort/Responsabilité délictuelle). Ferner können Garantien (Warranties[242]) gegeben worden sein, für die der Garant jeweils verschuldensunabhängig einstehen muss. Die Unterscheidung in allgemeine Haftung und Garantiehaftung ist allerdings nur für den Juristen auf dem Kontinent von praktischer Bedeutung, denn im „Common Law“ sind alle vertraglichen Pflichten letztlich Garantien, für die der Schuldner verschuldensunabhängig einzustehen hat (strict liability). Es muss aber im Einzelfall überlegt werden, ob es sich um eine qualifizierte Verpflichtung handelt, die eine lediglich verschuldensabhängige Haftung zur Folge hat.

In Bezug auf die Qualität überwiegen in der Praxis Regelungen zur Mängelhaftung, die die Dauer der Mängelhaftung beschränken. Ferner soll das Maß der Gesamthaftung limitiert werden und es wird häufig darauf gedrungen, die Haftung für bestimmte Aspekte vollständig auszuschließen[243]. Auf Bestellerseite haben namentlich Klauseln zur Beschränkung der Mehrkostenhaftung Bedeutung.

Die Wirksamkeit von **Haftungsbegrenzungsklauseln** hängt zunächst von dem auf den 70
Vertrag anwendbaren Recht ab[244]. Besonders freundlich zu Haftungsbeschränkungsklauseln ist das Common Law[245]. Voraussetzung ist eine eindeutige und klare Rege-

[242] Der Begriff der „Warranty“ hat je nach Verwendung eine etwas unterschiedliche Bedeutung. Der Begriff wird schlicht im Sinne einer vertraglichen Hauptpflicht benutzt, deren Verletzung Schadensersatzansprüche auslöst. Das Gegenstück zu der „Warranty“ ist insoweit die „Condition“, deren Verletzung die Vertragsaufhebung rechtfertigt. Gelegentlich hat der Begriff aber auch die Bedeutung der Garantie. Der Unterschied muss jeweils aus dem Kontext und dem Wortlaut ermitelt werden.

[243] Allery, Overseas Supply, 17-39.

[244] Vgl. Looschelders, IPR, Art. 32 Rn. 16; vgl. zu den Unterschieden zwischen common law und civil law Allery, Overseas Supply, 17-45.

[245] Allery, Overseas Supply, 17-39.

lung. Das französische Recht ist weitaus weniger großzügig[246]. Immer ist darauf zu achten, dass die in Rede stehende Haftung auch wirklich als vertraglich zu qualifizieren ist, denn die Haftung aus einer unerlaubten Handlung ist kollisionsrechtlich gesondert anzuknüpfen und bestimmt sich nach dem Deliktsstatut. Ferner ist immer zu bedenken, dass Haftungsbegrenzungsklauseln gegen den *ordre public* einer beteiligten Rechtsordnung verstoßen können[247].

71 **a. Haftung für vorvertragliche Äußerungen.** In einigen Rechtsordnungen lösen vorvertragliche oder bei Vertragsschluss abgegebene Äusserungen eine selbständige Haftung für falsche tatsächliche Angaben aus. Namentlich das englische Recht[248] sanktioniert derartige Erklärungen (*Misrepresentation*) mit Schadensersatzansprüchen oder der Auflösung des Vertrages, in Abhängigkeit davon, ob die Erklärung vorsätzlich, fahrlässig oder unbewusst abgegeben wurde[249]. Haftungsgrund ist nicht etwa ein vorvertragliches Schuldverhältnis, sondern vielmehr der Umstand der falschen Angabe, die den Vertagspartner veranlasst, sich auf ein Vertragsverhältnis einzulassen. Auch diese Haftung wird gelegentlich ausgeschlossen, wie z.B. mit folgender Formulierung (auch *Disclaimer* genannt):

A makes no representation or warranty with regard to the property, completion dates, efficacy or efficiency of the equipment, machinery, plant or processes, production quotas, mine yield or other results of the operation of the facilities[250].

72 Während der Kunde nach englischem Recht offen legen muss, für welche Zwecke er den Vertragsgegenstand erwirbt, besteht nach französischem Recht keine derartige Verpflichtung. Auf der anderen Seite kann der Lieferant dann die Haftung für „fitness for purpose“ ausschließen[251]. Nach französischem Recht wäre das nicht möglich.

73 **b. Haftungsbegrenzungs- und Haftungsausschlussklauseln.** Derartige Klauseln verändern das Haftungsregime, das das Vertragsstatut vorsieht. Eine Haftungsausschlussklausel hat es zum Ziel, die Haftung vollständig auszuschließen. Eine Haftungsbegrenzungsklausel soll die Haftung lediglich einschränken oder abmildern. Veränderungen können jeweils auf Tatbestandsseite und auf der Rechtsfolgenseite vorgenommen werden[252]. Haftungsausschlussklauseln sind selten und zudem häufig mit dem zugrundeliegenden Vertragsstatut unvereinbar. Es überwiegen die Haftungsbegrenzungsklauseln. Letztere lassen sich danach unterscheiden, ob die Haftungsbeschränkung auf Tatbestandsseite oder auf der Rechtsfolgenseite vorgenommen wird.

Beispiele (Tatbestandsseite)[253]*:*

The consultant will provide all the expert advice and skills which are normally required for the class of services for which it is engaged.

oder:

Le bureau d’études s’engage à exécuter les études qui lui sont confiées au mieux de son expérience et selon les règles de l’art de l’ingénieur.

---

246 Allery, Overseas Supply, 17-45.
247 Vgl. Cass. (FR), 16.04.1991, Bull.civ. 1991 IV n° 147 zu einem Vertrag, der belgischem Recht unterlag.
248 Misrepresentation Act 1967.
249 Cheshire/Fifoot & Furmston’s, Law of Contract, 291 ff.
250 Vgl. Fontaine/Dely, Droit des Contrat Internationaux, 386, 387.
251 Allery, Overseas Supply, 17-45.
252 Fontaine/Dely, Droit des Contrat Internationaux, 387.
253 Fontaine/Dely, Droit des Contrat Internationaux, 395.

Beispiele (Rechtsfolgenseite):

The total liability of the contractor for all claims in respect of the warranties shall not exceed ... EUR[254].

In no event shall either party be liable for special, indirect or consequential damages[255].

Ein Unternehmer, der auf die Regeln der Baukunst oder den Standard seiner Branche Bezug nimmt, muss nicht befürchten, dass von ihm etwas gefordert wird, was den üblichen Methoden seiner Branche widerspricht. Ob eine entsprechende Klausel allerdings tatsächlich eine Haftungsbeschränkung beinhaltet, hängt wieder von dem zugrunde liegenden Vertragsstatut ab, denn auf der anderen Seite beinhaltet die Bezugnahme auf Berufsstandards eine erhöhte Sorgfalt, wirkt sich also haftungsverschärfend aus[256]. Haftungsbegrenzungen, die bestimmte Verschuldensgrade haftungsfrei stellen, sind häufig problematisch. In verschiedenen Rechtsordnungen kann die Haftung für Vorsatz (vgl. § 276 Abs. 3 BGB) und grobe Fahrlässigkeit nicht ausgeschlossen werden[257]. Klauseln, die die Haftung für verschiedene Umstände (namentlich für vertragliche und deliktische Haftung) ausschließen sollen und deswegen die Formulierung „howsoever arising“ enthalten, erfassen u.U. die Haftung für Fahrlässigkeit (negligence) nicht[258]. **74**

c. Haftungsreichweite. Bedingt durch wesentliche Unterschiede in den Rechtsordnungen ist der Frage der Haftungsreichweite besonderes Augenmerk zu widmen. Die Diskussion kann an den Begriffen der *„consequential losses“* oder der sog. *„dommages indirects“* festgemacht werden. Die Nichterfüllung einer Verbindlichkeit verursacht normalerweise direkte oder voraussehbare Schäden. Häufig aber besteht das Risiko der Inanspruchnahme auch für nicht vorhersehbare Schäden. **75**

Beispiele: (1) Der Unternehmer errichtet auftragsgemäß ein Gebäude. Dabei unterlaufen ihm Fehler, die zu einer erheblichen Bauverzögerung führen. Vorhersehbar sind in einem solchen Fall z.B. zusätzliche Finanzierungskosten. Hat der Bauherr aber bereits einen Investor gefunden, der das Objekt erwerben will und springt dieser ab, können erhebliche Veräusserungsgewinne entgehen. (2) Die Trocknungsanlage für eine Fabrik im Bestellwert von 1.000.000 EUR ist mangelhaft, so dass Produktionsausfälle in mehrfacher Millionenhöhe entstehen.

Das Problem wird rechtsvergleichend sehr unterschiedlich bewältigt. In Frankreich und Belgien regeln Art. 1150 und 1151 Code Civil nur die vorhersehbaren Schäden, wenngleich die Rechtsprechung gelegentlich vorteilhafter für den Gläubiger ist[259]. Im Common Law hat der Fall Hadley v. Baxendale[260] eine dem französischen Recht ähnliche Rechtslage geschaffen[261]. In Deutschland und Skandinavien bringt die Adäquanztheorie zur Kausalität eine etwas breitere Haftung mit sich. Rechtsvergleichende Arbeiten schlagen nachfolgende Regelung als weithin akzeptabel vor: **76**

---

[254] Fontaine/Dely, Droit des Contrat Internationaux, 403.
[255] Fontaine/Dely, Droit des Contrat Internationaux, 407.
[256] Fontaine/Dely, Droit des Contrat Internationaux, 395; vgl. auch Allery, Overseas Supply, 17-45.
[257] Fontaine/Dely, Droit des Contrat Internationaux, 396; van Ommeslaghe, Éléments de Théorie Générale des Contrats, Rn. 276 ff. für Belgien.
[258] Allery, Overseas Supply, 17-46.
[259] Fontaine/Dely, Droit des Contrat Internationaux, 426.
[260] Hadley v. Baxendale [1854] 9 Ex. 341.
[261] Vgl. Fontaine/Dely, Droit des Contrat Internationaux, 426.

Klausel 7.4.2 Unidroit Principles lautet:

(1) The aggrieved party is entitled to full compensation for harm sustained as a result of the non-performance. Such harm includes both any loss which it suffered and any gain of which it was deprived, taking into account any gain to the aggrieved party resulting from its avoidance of cost or harm.

Klausel 7.4.5 Unidroit Principles schränkt dann allerdings ein[262]*:*

The non performing party is liable only for harm which it foresaw or could reasonably have foreseen at the time of the conclusion of the contract as being likely to result from its non-performance.

77 Generell sind Klauseln, die die Haftung für indirekte Schäden limitieren, eher unbedenklich. Englischen Vertragspartnern werden Klauseln, die die Haftung für indirekte Schäden einschränken, unter Hinweis auf das deutsche Recht nachdrücklich empfohlen[263].

Jedoch ist z.B. § 2–718 (3) des amerikanische Uniform Commercial Code zu beachten, der Beschränkungsklauseln nur mit der Maßgabe zulässt, „unless the limitation or exclusion is unconscionable". Klausel, die die Haftung erweitern (etwa auf indirekte Schäden), sind ebenfalls grundsätzlich unbedenklich, unterliegen aber insbesondere bei Pauschalisierungen ggf. richterlicher Kontrolle[264].

78 **d. Hinweise.** Ratsam sind Klauseln, die den Umfang des Schadensersatz regeln, allemal[265]. Klauseln, die die Haftung einschränken und/oder begrenzen sollen, sollten vor allem klar und deutlich sein und keine Auslegungspotentiale eröffnen[266]. Vorzugsweise sind Standardklauseln einzusetzen, die von paritätisch besetzten Einrichtungen erarbeitet wurden und als **ausgewogen und fair** gelten, weil dann die contra proferentum-Regel des englischen Rechts nicht greift, wenngleich jüngst diesbezüglich Unsicherheit eingetreten ist[267]. In FIDIC-Verträgen findet sich standardmäßig die Unterklausel 17.6, die die Haftung für*consequential losses* ausschließt. Zu beachten ist, dass diese Klausel die Haftung beidseitig beschränkt. Überdies sieht die Unterklausel eine Haftungshöchstsumme vor. FIDIC-Verträge beruhen im Übrigen auf der von Abrahamson vorgeschlagenen Idee, Haftung möglichst über eine Versicherungsdeckung zu beschränken. FIDIC-Verträge gehen deshalb davon aus, dass alle wesentlichen versicherbaren Risken auch tatsächlich versichert wurden. Soweit dies nicht möglich ist, trägt der Besteller die sogenannten großen wirtschaftlichen Risken (vgl. Unterklausel 17.3 FIDIC).

79 **8. Hardship.** Die sich aus einem Bauvertrag ergebenden – seien es erkannte oder unerkannte – Risiken sind ein Kostenfaktor. Die Verteilung der Risiken wirkt sich also auf den Vertragspreis aus:

[262] Dies übersehen Fontaine/Dely, Droit des Contrat Internationaux, 426.
[263] Allery, Overseas Supply, 17-35.
[264] Van Ommeslaghe, Éléments de Théorie Générale des Contrats, Rn. 294.
[265] Van Ommeslaghe, Éléments de Théorie Générale des Contrats, Rn. 294.
[266] Ailsa Craig Fishing v. Malvern Fishing Co. [1983] 1 W.L.R. 964 (HL).
[267] British Fermentation Products Ltd. v. Compair Reavell Ltd. zitiert nach Allery, Overseas Supply, 9-04 (dort Fn. 3).

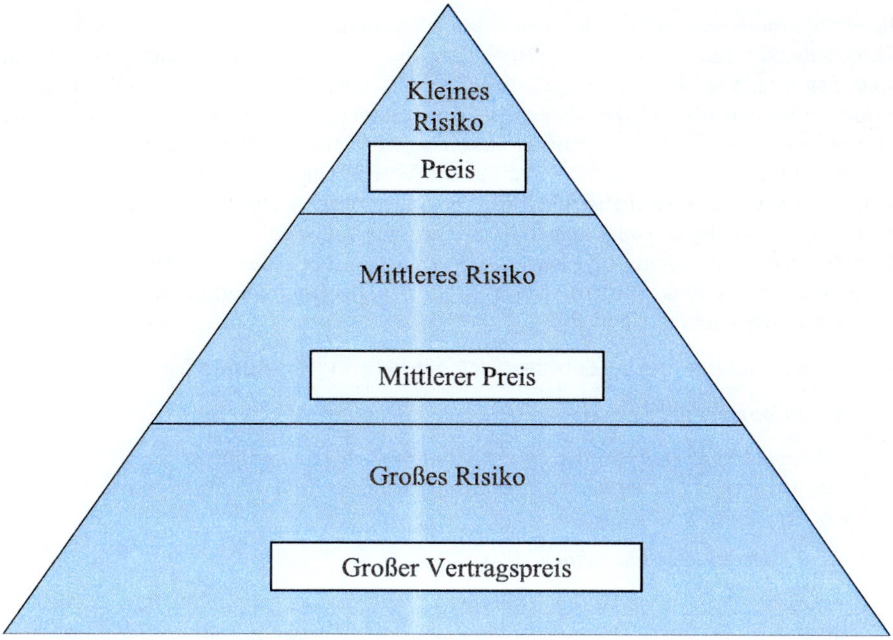

Abb. 4.1. Verhältnis Risiko-Vertragspreis

Verträge schaffen Verläßlichkeit zwischen den Parteien. Es handelt sich um bindende Vereinbarungen (*legally binding instruments, enforceable agreements*), denen zufolge die Parteien die vereinbarten Leistungen erwarten können. Doch beruhen die getroffenen Vereinbarungen in der Regel auf gewissen Erwartungen oder Annahmen in Bezug auf die zugrundeliegenden, die gelegentlich sogar im Vertrag (z.B. in der Präambel) niedergelegt sind. Ändern sich diese Erwartungen oder Annahmen grundlegend (z.B. starke Inflation, technische Entwicklung) und führen die Veränderungen dazu, dass die getroffenen Vereinbarungen und Ansprüche inhaltlich wertlos werden, stellt sich die Frage, ob ein solcher Vertrag durchgeführt oder angepasst werden soll bzw. muss. Die Frage stellt sich in allen Rechtsordnungen[268]. Doch sind die Lösungen höchst unterschiedlich[269]. In Frankreich und Belgien findet die Diskussion unter dem Begriff der „sujétions imprévisibles" statt. Die dortige Rechtsprechung geht jedoch recht restriktiv an die Problemstellung heran[270]. Unvorhergesehene Ereignisse wirken sich in der Regel nur dann auf den Vertrag aus, wenn sie zu einem Ungleichgewicht der Leistungen führen[271]. In anderen Rechtsordnungen wird das Problem weniger restriktiv angegangen. In Deutschland hilft die Theorie vom Wegfall der Geschäftsgrundlage (§ 313 BGB), die aus dem Grundsatz von Treu und Glauben entwickelt wurde, wenngleich die Voraussetzungen für eine Anpassung eher restriktiv gehandhabt werden[272]. Kooperationsverträgen ist die Verpflichtung immanent, mit ernsthaftem Willen zu einer einvernehm- 80

[268] Boon/Goffin, Les contrats clé en main, 128.
[269] Fontaine/Dely, Droit des Contrat Internationaux, 488.
[270] Flamme/Flamme/Delvaux/Pottier, Contrat d'entreprise, Rn. 375.
[271] CA Bruxelles, 16.06.2000; vgl. Flamme/Flamme/Delvaux/Pottier, Contrat d'entreprise, Rn. 369; Delvaux/Dessard, Contrat d'entreprise de construction, Rn. 101.
[272] Palandt/Grüneberg, BGB, § 313 Rn. 1.

lichen Vertragsanpassung zu kommen, wenn Projektänderungen notwendig sind[273]. In Griechenland, Italien und den Niederlanden existieren gesetzliche Vorschriften (Art. 388 griech. ZGB. Art. 1467 Codice Civile, Art. 6:259 N.B.W.). In England ist die *„Doctrin of Frustration*" zu nennen. In der Kautelarpraxis finden sich oftmals sog. Hardship-Klauseln, um die Unwägbarkeiten wesentlicher Veränderungen der Geschäftsgrundlagen aufzufangen. Sie sollen die Vertragsanpassung in Fällen gewährleisten, bei denen die Wirtschaftlichkeit des Vertrages durch äußere Veränderungen nachhaltig (§ 313 BGB: schwerwiegend verändert) gestört wird[274]. Zunächst ist insoweit klarzustellen, dass solche Regelungen der Lehre von der *clausula rebus sic stantibus* zuzuordnen sind und der Begriff „Hardship" bestenfalls irreführend ist, aber mittlerweile häufig synonym gebraucht wird.

81 Klausel 6.2 Unidroit Principles befasst sich mit Fällen von Hardship wie folgt:

> ***6.2.1 Contract to be observed***
>
> *Where the performance of a contract becomes more onerous for one of the parties, the party is nevertheless bound to perform its obligations subject to the following provisions on hardship.*
>
> ***6.2.2 Definition of hardship***
>
> *There is hardship where the occurrence of events fundamentally alters the equilibrium of the contract either because the cost of a party's performance has increased or because the value of the performance a party receives has diminished, and*
>
> *(a) the event occurs or becomeknown to the disadvantaged party after the conclusion of the contract*
>
> *(b) the events could not reasonably have been taken into account by the disadvantaged party at the time of the conclusion of the contract*
>
> *(c) the events are beyond the control of thedisadvantaged party; and*
>
> *(d) the risk of the events was not assumed by the disadvantaged party*
>
> ***6.2.3 Effects of hardship***
>
> *(1) In case of hardship the disadvantaged party is entitled to request renegotiations. The request shall be made without undue delay and shall indicate the grounds on which it is based*
>
> *(2) The request for renegotiation does not itself entitle the disadvantaged party to withhold performance*
>
> *(3) Upon failure to reach agreement within a reasonable time either party may resort to the court*
>
> *(4) If the court finds hardship it may, if reasonable,*
>
> *(a) terminante the contract at a date and on terms to be fixed; or*
>
> *(b) adapt the contract with a view to restoring its equilibrium*

---

273 Schuhmann ZfBR 2002, 739, 741.

274 Fontaine/Dely, Droit des Contrat Internationaux, 490.

In der Praxis finden sich zahllose Varianten solcher Hardship-Klauseln[275]. Allen gemeinsam ist zunächst die Bezugnahme auf Veränderungen[276], z.B. mit der Formulierung „si par suite de circonstances d'ordre économique ou commercial survenant après la signature du contrat, l'économie des rapports contractuels venait à se trouver modifiée ...[277]". Sodann wird versucht, die maßgeblichen Veränderungen zu filtern. In der Regel wird auf die Vorhersehbarkeit oder Einflussmöglichkeit abgestellt (Beispiele: „circonstances en dehors des prévisions normales des parties", „circumstances beyond the control of the parties")[278]. Aber auch Generalklauseln sind anzutreffen, etwa mit der Formulierung „tous faits qui pourraient mettre en péril la bonne fin du marché", „if for any bona fide cause the revenue accruing to you for this transaction is insufficient to meet the costs"[279]. Gelegentlich werden bestimmte Ereignisse ausdrücklich ausgenommen, wie z.B. amtliche Preisregulierungen. Anschließend finden sich in Hardship-Klauseln Formulierungen zu den engeren Voraussetzungen von „*hard-ship*", also z.B. zu den konkreten Auswirkungen auf den Vertrag, z.B. wesentliche Kostenerhöhungen etc[280]. Schließlich regeln Hardship-Klauseln auch die Rechtsfolgen der genannten Veränderungen[281]. Üblich sind die Anpassung des Vertrages an die geänderten Bedingungen mit Formulierungen wie: „*either party shall have the right to ask for re-negotiations*", „*à se mettre d'accord sur une adaption du prix*" etc.[282], oder die Auflösung des Vertrages mit Klauseln wie: „*à défaut d'accord dans un délai raisonable, chacune des parties pourra invoquer la résiliation du contrat*"[283]. In vielen Fällen werden Dritte zur Streitbeilegung vorgesehen[284]. Die Ausübung der Rechtsbehelfe (Anspruch auf Nachverhandlungen, Kündigung) ist oftmals an Fristen gebunden. 82

9. Force Majeure. Nicht zu verwechseln mit Hardship-Klauseln sind sog. Force Majeure-Klauseln[285]. Letzere haben ihren Ursprung im **französischen** Recht[286] und behandeln die Haftung im Falle außergewöhnlicher und unvermeidbarer Ereignisse (*circumstances beyond control*), die die Erfüllung vertraglich geschuldeter Leistungen unmöglich machen oder dauerhaft verzögern, während Hardship-Klauseln dazu dienen, die wirtschaftlichen Auswirkungen, die mit Veränderungen der Geschäftsgrundlagen einhergehen, beherrschbar zu machen. Klauseln, die das Risiko der tatsächlichen Undurchführbarkeit des Vertrages regeln, finden international immer häufiger Verwendung[287]. In internationalen Verträgen ist es nahezu üblich, Haftungsbegrenzungsklauseln aufzunehmen, die den Eintritt derartiger Ereignisse und ihre Rechtsfolgen regeln. Gelegentlich wird aber auch versucht, die Reichweite von „*force majeure*" als Instrument der Haftungsbegrenzung einzuschränken oder ganz auszuschließen, also die Haftung des Schuldners zu verschärfen[288]. Solche Haftungsverschärfungen 83

---

[275] Vgl. Boon/Goffin, Les contrats clé en main, 128.
[276] Fontaine/Dely, Droit des Contrat Internationaux, 498.
[277] Boon/Goffin, Les contrats clé en main, 128.
[278] Fontaine/Dely, Droit des Contrat Internationaux, 499.
[279] Fontaine/Dely, Droit des Contrat Internationaux, 500.
[280] Fontaine/Dely, Droit des Contrat Internationaux, 507.
[281] Boon/Goffin, Les contrats clé en main, 128.
[282] Fontaine/Dely, Droit des Contrat Internationaux, 513, vgl. auch § 313 Abs. 3 BGB.
[283] Fontaine/Dely, Droit des Contrat Internationaux, 518.
[284] Boon/Goffin, Les contrats clé en main, 128.
[285] Siehe zu solchen Klauseln Plate, Die Gestaltung von Force Majeure Klauseln in internationalen Wirtschaftsverträgen, RIW 2007, 42.
[286] Letterman, Unidroit's Rules in Practise, 340; Fontaine/Dely, Droit des Contrat Internationaux, 435.
[287] Bunni, ICLR 2001, 523, 527; Seppälä, ICLR 2000, 235 ff.
[288] Van Ommeslaghe, Éléments de Théorie Générale des Contrats, Rn. 291 ff.

sind im Lichte des französischen Rechts prinzipiell zulässig, denn Art. 1147 Code Civil ist nicht zwingend[289].

84 Soweit solche Klauseln mit dem Begriff „*höhere Gewalt*“ übersetzt werden, sollte nicht vorschnell ein bestimmter Inhalt damit verbunden werden[290]. Bei der Abfassung von Force Majeure-Klauseln darf nicht vernachlässigt werden, dass der Begriff traditionell belegt ist und andererseits nicht in allen Rechtsordnungen bekannt ist. Wo er bekannt ist, hat er sehr unterschiedliche Interpretationen erfahren, so dass bei der Verwendung des Begriffes große Sorgfalt und Vorsicht geboten ist[291]. Man findet z.B. folgende Definitionen von Force Majeure[292]:

Force Majeure are contingencies caused by neither of the parties and which are unforeseeable at the time of concluding the contract, uncontrollable and which render the further performance of the contractual obligations impossible

On entend par force majeure tous les événements indépendants de la volonté des parties, imprévisbles et inévitables, intervenues après l'entrée en vigueur du contrat et qui empêchent l'éxécution intégrale ou partielle des obligations dérivant de ce contrat.

Höhere Gewalt ist ein von außen auf den Betrieb einwirkendes außergewöhnliches Ereignis, das unvorhersehbar ist, selbst bei Anwendung äußerster Sorgfalt ohne Gefährdung des wirtschaftlichen Erfolges des Unternehmens nicht abgewendet werden kann und auch nicht wegen seiner Häufigkeit von dem Unternehmer in Rechnung zu stellen und mit in Kauf zu nehmen ist. Geringstes eigenes Verschulden schließt höhere Gewalt aus[293].

Gelegentlich fehlt aber auch das Kriterium der Vorhersehbarkeit: „*in the contract force majeure shall mean any occurrence outside the control of the parties preventing or delaying their performance of the contract*[294]“.

85 In Belgien und Frankreich haben „Force-Majeure“-Klauseln einen legalen und durch Rechtsprechung abgesicherten Hintergrund. Dort entgeht der Schuldner der vertraglichen Haftung von Gesetzes wegen, wenn er darlegen kann, dass die Nichterfüllung des Vertrages auf einen außerhalb des Vertrages liegenden Umstand zurückzuführen ist[295]. In Deutschland und Italien werden Lösungen über den Begriff der Unmöglichkeit vorgezogen. Das common law Recht unterscheidet sich dagegen fundamental von dem auf dem Kontinent entwickelten Lösungen. Dort wird die Thematik unter den Stichworten „*frustration*“ und „*impracticability*“ besprochen[296]. Wenn in englischen Verträgen von „*force-majeure*“ die Rede ist, ist damit in der Regel mehr als ein lediglich unvorhersehbares Ereignis gemeint, das die Erfüllung des Vertrages hindert[297]. Gelegentlich wird daher zwischen römisch-rechtlichen Force Majeure-Klauseln und angelsächsischen Force Majeure Klauseln unterschieden[298]. Während die römisch-rechtliche Variante lediglich das Prinzip nennt, enthalten die angelsächsischen Varianten in der Regel eine nicht abschließende Auflistung der Fälle von Force Majeure[299]:

[289] Van Ommeslaghe, Éléments de Théorie Générale des Contrats, Rn. 293.
[290] Vgl. zur Auslegung einer force majeure Klausel im deutschen Recht BGH NJW 1995, 1959, 1960.
[291] Fontaine/Dely, Droit des Contrat Internationaux, 437.
[292] Fontaine/Dely, Droit des Contrat Internationaux, 437.
[293] OLG Jena NJW-RR 1999, 895, 896; BGH NJW 1997, 3018, 3019.
[294] Fontaine/Dely, Droit des Contrat Internationaux, 438.
[295] Van Ommeslaghe, Éléments de Théorie Générale des Contrats, Rn. 271.
[296] Fontaine/Dely, Droit des Contrat Internationaux, 473.
[297] Vgl. Murdoch/Hughes, Construction Contracts, 187.
[298] Boon/Goffin, Les contrats clé en main, 134.
[299] Boon/Goffin, Les contrats clé en main, 136.

Beispiel: Neither party to the contract shall be liable to the other for any loss or damage of any nature whatsoever incurred or suffered by such party due to omissions delays or defaults in performance under the contract caused by circumstances beyond its control including acts of nature, hostilities, war, rebellion, sabotage, insurrection, riots, strikes or other concerted acts of workmen, fires, explosions, floods, acts of the enemies of the Republic of … of restraints of any de jure or de facto governments.

Die Auslegung von Force Majeure Klauseln ist schwierig, zumal die Erwartungshaltung der Vertragsparteien oftmals an der Rechtswirklichkeit vorbeigeht. In einem indischen Fall hatten das Schiedsgericht und später der Calcutta High Court über einen Generatorausfall zu entscheiden. Der Kläger hatte durch den Ausfall des Generators Schaden erlitten und der Beklagte erhob den Force Majeure Einwand. Der Vertrag enthielt folgende Klausel: **86**

Beispiel: *Neither Party shall be heldresponsible for any loss or damage or delay in or failure of performance of the contract if any to the extent, thath such loss or damge or such delay in or failure of performance is caused by FORCE MAJEURE including but not limited to acts of God, restraint od State/Central Government, devasting fires, major accidents, declared or undeclared hostilities, riots, rebellion, explosion, strikes, epidemic, severe inclement weather like cyclone, gale etc. compliance with any request, ruling orders or decree or local or any Indian Government authorities and any similar cause or causes which cannot with reasonable dilligence be controlled or provided against by the parties thereto …*

Das Schiedsgericht wies den Force Majeure Einwand zurück. Es war der Auffassung, dass ein Generatorausfall nicht zu den in der Klausel genannten Ereignissen gehörte, da der Beklagte in der Lage gewesen sei, durch Ersatzgeneratoren Abhilfe zu schaffen[300]. Das sei fahrlässig unterblieben, so dass Schadensersatz gefordert werden könne.

a. Unidroit. Die Unidroit Principles regeln in Art. 7.1.7 (Force majeure) Folgendes: **87**

> *(1) Non-performance (Nichterfüllung) by a party is excused if that party proves that the non-performance was dueto an impediment beyond its control (Hindernis außerhalb ihrer Kontrolle) and that it could not reasonably be expected (das vernünftigerweise nicht erwartet werden konnte) to have taken the impediment into account at the time of the conclusion of the contract or to have avoided or overcome it or its consequences.*
>
> *(2) When the impediment (Hindernis) is only temporary, the excuse shall have effect for such period as is reasonable having regard to the effect of the impediment on the performance of the contract.*
>
> *(3) The party who fails to perform must give notice to the other party of the impediment and its effect on its ability to perform. If the notice is not received by the other party within a reasonable time after the party who fails to perform knew or ought to have known of the impediment, it is liable for damages resulting from such non-receipt.*
>
> *(4) Nothing in this article prevents a party from exercising a right to terminate the contract or to withhold performance or request interest on money due.*

[300] Oil & Natural Gas Commision Ltd v. M/s Dilip Constructions, AIR 2000 Cal. 100.

88 Geregelt wird also, was ein Hindernis ist, das die Vertragsparteien berücksichtigen wollen. In Betracht gezogen werden solche Hindernisse, die ursächlich ausserhalb des Einflussbereiches einer Partei entstehen und die die Parteien vernünftigerweise nicht vorausgesehen haben oder voraussehen konnten. In solchen Fällen ist die fehlende Leistungserbringung entschuldigt, allerdings gekoppelt an Anzeigepflichten.

89 **b. FIDIC.** Auch Klausel 19 der FIDIC-Bedingungen 1999 enthält eine sehr eingehende Regelung zur Regelung der Tatbestände der „höheren Gewalt". Klausel 19.1 definiert den Begriff „höhere Gewalt" für die Zwecke der Vertragsbedingungen als ein außergewöhnliches Ereignis,

(a) das von keiner der Vertragsparteien beeinflussbar ist,
(b) gegen das diese Partei bei Vertragsschluss vernünftigerweise keine Vorkehrungen treffen konnte,
(c) das von dieser Partei nicht verhindert oder überwunden werden kann, und
(d) das nicht grundsätzlich der anderen Partei zugeschrieben werden kann.

Das FIDIC Gold Book 2008 enthält neuerdings keine derartige Regelung mehr. Dort wird nur noch von außergewöhnlichen Risiken (Exceptional Risks) gesprochen, wenngleich die angesprochene Klausel eine ähnliche Funktion hat, wie die Klausel 19 FIDIC 1999. Hintergrund dieser Sinnesänderung ist, dass der Begriff Force Majeure in vielen Rechtsordnungen eindeutig belegt ist und eine zusätzliche vertragliche Definition Konfliktpotentiale schafft.

90 **aa. Definition.** Aus deutscher Sicht ist weitere Voraussetzung, dass der betroffenen Vertragspartei die Ausführung ihrer Vertragspflicht unmöglich wird. Der BGH[301] definiert den Begriff als ein außergewöhnliches und nicht vorhersehbares Ereignis, das von außen auf den Betrieb einwirkt, und auch bei äußerster Sorgfalt ohne Gefährdung des wirtschaftlichen Erfolges des Unternehmens nicht abgewendet werden kann und das von dem Unternehmen nicht in Rechnung zu stellen und mit in Kauf zu nehmen ist, weil es nicht häufig vorkommt. Die franz. Cour de Cassation interpretiert die in Art. 1148 Code Civil erwähnte *„force majeure"* als Umstände, die eine vertragliche Verpflichtung unmöglich machen, ohne sie lediglich zu verteuern[302]. Die Vorhersehbarkeit, Unvermeidbarkeit und Außergewöhnlichkeit des Ereignisses wird auch hier berücksichtigt[303]. Im englischen Recht wird der Begriff benutzt, um Umstände zu beschreiben, die völlig außerhalb des Einflussbereiches der Parteien eintreten können[304].

Die FIDIC-Klausel 19 hat deshalb erkennbar zwei Anliegen. Sie regelt den typischen Fall „höherer Gewalt", der zur Unmöglichkeit der Leistungserbringung führt. Der Hinweis auf mögliche Vorkehrungen belegt aber, dass zugleich im weitesten Sinne Fälle der Veränderung der Geschäftsgrundlage gemeint sind, also Fälle, die die Leistungserbringung nicht verhindern, sie aber erschweren und die wechselseitige Leistungserbringung in ein Missverhältnis stellen.

---

[301] BGHZ 7, 338; BGH NJW 1997, 3018, 3019.
[302] Cass.civ., 04.08.1015, DP 1916.1.22.
[303] Vgl. Cass.civ., 19.03.1985, Bull.civ. III n° 57; Cass.civ., 26.01.1971, Bull.civ. I n° 27; Cass.com., 28.04.1998, D. 199, 469.
[304] Vgl. Lebeaupin v. Crispin [1920] 2 K.B. 714, 718.

bb. Maßstab. Die Regelung in Klausel 19 FIDIC 1999 hält sich mithin in etwa in dem im englischen, deutschen und französischen Recht abgesteckten Rahmen[305], wenngleich sie darauf verzichtet, auf die Unvorhersehbarkeit des Ereignisses abzustellen. Maßstab ist, ob die Parteien das Ereignis vernünftigerweise bewältigen können und schon bei Vertragsschluss Vorkehrungen treffen konnten. Damit steht die Möglichkeit zur Folgenbeseitigung im Vordergrund. In die Abwägung dürfen Zumutbarkeitsgesichtspunkte einfließen. Anschließend zählt die Klausel eine Reihe von Beispielsfällen wie Krieg, Feindseligkeiten etc. auf, bei deren Vorliegen die Voraussetzungen der „höheren Gewalt" unterstellt werden kann. 91

cc. Rechtsfolgen. Nach Klausel 19 FIDIC 1999 wird die betroffene Partei im Falle der „Force Majeure" jedoch nicht automatisch von ihrer Leistungspflicht frei. Vielmehr wird der Fall der Force Majeure durch Bauzeitverlängerungen und Kostenregelungen aufgefangen. Dies entspricht weitgehend der internationalen Praxis[306]. Erst nach längerem Baustillstand kann der Vertrag gekündigt werden. 92

Ungeachtet der anderen Bestimmungen in Klausel 19 sind jedoch die Parteien gemäß Klausel 19.7 von ihrer Leistungspflicht befreit, wenn ihnen die Erfüllung ihrer Pflichten nach dem Vertragsstatut aus Gründen, die außerhalb ihres Einflussbereiches (dazu gehört unter anderem höhere Gewalt) liegen, unmöglich wird oder ungesetzlich wäre. Diese Klausel ist zunächst insoweit von Bedeutung als sie den Vorrang des Vertragsstatutes vor den Vertragsbedingungen klarstellt. Die Parteien sind z.B. nach französischem Recht frei, bestimmte Ereignisse solchen der höheren Gewalt ausdrücklich gleichzustellen[307]. Die Klauseln liefern also ein gewisses Maß an Klarstellung, ohne weitergehende Regelungen des Vertragsstatutes anzutasten. Ob es dagegen sinnvoll ist, im Rahmen der Vertragsverhandlungen die Öffnungsklausel in Unterklausel 19.7 zu streichen[308], muss bezweifelt werden, denn die „höhere Gewalt" ist nur bedingt der Parteiautonomie zugänglich. Darüber hinaus macht Klausel 19.7 deutlich, dass die Folgen der „*force majeure*" durchaus unterschiedlich behandelt werden können. Im französischen Recht kann ggf. die Feststellung der Auflösung des Vertragsverhältnisses begehrt werden[309]. Im Fall der temporären Unmöglichkeit wird der Schuldner allerdings nicht von der Verbindlichkeit befreit[310]. Im englischen Recht endet der Vertrag automatisch mit Eintritt des Ereignisses[311], jedoch sind die bis dahin fällig gewordenen Verpflichtungen zu erfüllen[312]. Im deutschen Recht führt „höhere Gewalt" in die Untiefen des § 275 BGB. Die in Klausel 19 FIDIC 1999 genannten Fälle der höheren Gewalt werden in Deutschland nach den Grundsätzen der Unmöglichkeit und des Wegfalls der Geschäftsgrundlage abgehandelt[313].

305 A.A. Bunni, ICLR 2001, 523, 527.
306 Letterman, Unidroit's Rules in Practise, 341.
307 Vgl. Cass.com., 08.07.1981, Bull.civ. IV n° 312.
308 So Mallmann, Bau- und Anlagenbauverträge, 275.
309 Vgl. Cass.civ., 02.06.1982, Bull.civ. I n° 205.
310 Vgl. Cass.req., 12.12.1922, DP 1924,1.186.
311 Fibrosa Spolka Akcjna v. Fairbairn Lawson Combe Barbour Ltd [1943] AC 32, 70.
312 Fibrosa Spolka Akcjna v. Fairbairn Lawson Combe Barbour Ltd [1943] AC 32, 70; vgl. aber auch Chandler v. Webster [1904] 1 K.B. 493 und Krell v. Henry [1903] 2 K.B. 740.
313 Vgl. Palandt/Grüneberg, BGB, § 242 Rn. 13 ff.

93 **c. ICC-Klausel.** Die ICC hat ihrerseits eine Modellklausel entwickelt[314]:

> A party is not liable for failure to perform any of his obligations in so far as he proves:
>
> - that the failure was due to an impediment beyond his control; and
> - that he could not reasonably be expected to have taken the impediment and its effects upon his liability to perform into account at the time of the conclusion of the contract; and
> - that he could not reasonably have avoided or overcome it or at least its effects.

Anschließend definiert die Klausel die relevanten Ereignisse (impediments), regelt eine Anzeigepflicht des Betroffenen und die Rechtsfolgen. Letzteres tut die Klausel sehr differenziert, beginnend mit dem Verlust bestimmter Ansprüche (z.B. Vertragsstrafen), der Verlängerung von Vertragsfristen und Kündigungsrechten.

94 **d. Hinweise.** Force Majeure-Klauseln regeln also einerseits die Voraussetzungen, unter den sie greifen, und andererseits die Rechtsfolgen. Obgleich sie nicht mit Hardship-Klauseln verwechselt werden dürfen, gibt es in der Praxis Mischformen, die beide Fälle abdecken:

> Des circonstances telles que la grève, l'incendie, l'inodation, les pénuries de matières premières ou de moyens de transport … sont à considerer comme des hypotheses de force majeure lorsqu'elles ont pour effet d'entraver ou de render plus difficile l'exécution de la prestation du débiteur[315].

95 Üblicherweise sind die in den Klauseln genannten Rechtsbehelfe von einer Mitteilung oder Anzeige an den Vertragspartner abhängig. Die Mitteilungsverpflichtung wird an Formalien und die Einhaltung von Fristen gebunden. Die Nichtbeachtung von Formen und Fristen wird häufig sanktioniert. Die Sanktionen kommen in unterschiedlichen Versionen vor. Entweder ist der durch die verspätete Anzeige entstehende Schaden zu kompensieren oder zu berücksichtigen oder der Betroffene verliert gänzlich die ihm vermöge der Klausel zugute kommenden Vergünstigungen[316], z.B. „si la partie contractante se dérobe à son obligation d'informer l'autre partie par telex, elle ne pourra plus invoquer le cas de force majeure“[317]. Ein klassisches Beispiel findet sich in Unterklausel 20.1 FIDIC 1999, wonach behauptete Ansprüche auf Mehrvergütung (Cost & Profit) und Zeitverlängerung (EOT) spätestens innerhalb von 28 Tagen bei Meidung des Anspruchsverlustes anzuzeigen sind. Die verspätete Anzeige führt also zum Anspruchsverlust[318].

Da die Verpflichtung zur Anzeige anspruchsauslösender Ereignisse und Umstände eine wichtige Aufgabe hat, namentlich soll der Besteller oder der Engineer in die Lage versetzt werden, frühzeitig schadensmindernde Maßnahmen einzuleiten und eventuelle kostenauslösende Maßnahmen zu überwachen sowie Beweissicherung zu erlauben, wird der Einwand, der Besteller habe ohnehin Kenntnis besessen, eher zurückhaltend gewür-

---

314 ICC Veröffentlichung Nr. 421 (März 1985).

315 Philippe, Les clauses de force majeure, d'imprévision et le transfert des risques dans les conditions générales in: La rédaction des conditions générales contractuelles, 1985, 33.

316 Fontaine/Dely, Droit des Contrat Internationaux, 456.

317 Fontaine/Dely, Droit des Contrat Internationaux, 457.

318 National Insurance Property Development Co Ltd v. NH International (Carribean) Ltd, High Court of Trinidad and Tobago, Urteil vom 21.10.2009 (Claim No CV2008-04881), IBR 2010, – Hök.

digt oder schlicht ignoriert[319]. In den USA haben die Gerichte allerdings wiederholt entschieden, dass das Versäumnis des Unternehmers, rechtzeitig bzw. fristgebunden einen Antrag auf Mehrkosten oder Zeitverlängerung zu stellen, unbeachtlich wird, wenn der Engineer (als Vertragsadministrator) oder der Besteller einen angemeldeten Anspruch oder angezeigten Rechtsbehelf inhaltlich und materiell würdigen, ohne auf das Fristversäumnis als solches als Abweisungsgrund zu rekurrieren[320].

Eine weitere Frage ist die, ob Unterklausel 20.1 FIDIC 1999 auch den Verstoß gegen die Verpflichtung zeitnahe Aufzeichnungen (contemporary records) zu erstellen und aufzubewahren mit dem Verlust des Anspruchs sanktioniert. Die Auslegung des Supreme Court der Falklands Islands in der Sache Gordon Forbes zu Klausel 53 FIDIC 1987 legte diese Auffassung nahe[321]. Eine Entscheidung aus Trinidad und Tobago zu FIDIC 1999 lehnte es ab, in Unterklausel 20.1 eine derartige Sanktion zu sehen[322]. NHI verklagte NIPDEC aus einem FIDIC-Red-Book-Vertrag auf Zahlung von 233 Mio $TT. Das Schiedsgericht verurteilte NIPDEC zur Zahlung von 133 Mio $TT. In seinem Urteil formulierte das Schiedsgericht drei Fragen, davon zwei zu Unterklausel 20.1 FIDIC Conditions zur Vorlage an das staatliche Gericht. Diesbezüglich sah das Schiedsgericht mit Billigung der Parteien vor, dass der Schiedsspruch endgültig werden sollte, sofern nicht eine der Parteien binnen einer festgelegten Frist die Vorlagefragen einem staatlichen Gericht vorlegte. Die zwei FIDIC relevanten Vorlagefragen lauteten:

- Meint zeitnahe Aufzeichnungen in Unterklausel 20.1 Aufzeichnungen, die zu der Zeit gemacht wurden als das Ereignis Anlass für den Claim bot?
- Erlischt der Claim, wenn keine zeitnahen Aufzeichnungen vorhanden sind?

Beide Parteien griffen den Schiedsspruch an. Das Gericht musste nun zur Auslegung von Unterklausel 20.1 Stellung nehmen. Zunächst befasste es sich mit dem Urteil Falklands Islands v. Gordon Forbes, in dem das Supreme Court der Falklands Islands zu Klausel 53 FIDIC 1987 entschieden hatte, dass ein Claim scheitern muss, der nicht durch zeitnahe Aufzeichnungen unterlegt ist. In seiner eigenen Analyse gewinnt das Gericht in Trinidad und Tobago sodann zutreffend die Auffassung, dass sich Klausel 53 FIDIC 1987 und Unterklausel 20.1 FIDIC 1999 trotz weitgehend ähnlicher Formulierungen maßgeblich unterscheiden. Vor allem in Bezug auf die Sanktionen im Falle von Pflichtverletzungen des Unternehmers erkennt es unterschiedliche Ansätze. Während Klausel 53 einen Anspruch von der Vorlage zeitnaher Aufzeichnungen abhängig macht, fehlt es dem Gericht in Unterklausel 20.1 an dieser Klarheit. Das Gericht verweist darauf, dass Unterklausel 20.1 zwei Sanktionen regelt. Verspätet angezeigte Claims gehen nach Unterklausel 20.1 Abs. 2 unter. Das Versäumnis zeitnahe Aufzeichnungen zu bewahren,

---

319 Multiplex Constructions (UK) Ltd v. Honeywell Control Systems Ltd (No. 2) [2007] EWHC 447 (TCC) (06 March 2007), unter Zurückweisung des Ansatzes aus der australischen Rechtsprechung in Sachen Gaymark Investments Pty Limited v. Walter Construction Group Limited [1999] NTSC 143; (2005) 21 Construction Law Journal 71; Steria Ltd v. Sigma Wireless Communications Ltd [2007] EWHC 3454 (TCC) (15 November 2007).

320 Fox Valley Engineering v. The United States, 151 Ct. Cl. 228 (1960); Appeal of General Excavating Company, 60-2 BCA; 2771 (1960); Palumbo v. United States, 113 F. Supp. 450 (1953); Charles Thompson and George K. Thompson, Copartners, Trading as Charles and George K. Thompson v. The United States, 91 Ct. Cl. 166 (1940); W.E. Callahan Construction Company and Peterson, Shirley & Gunther v. The United States, 91 Ct. Cl. 538 (1940).

321 Falklands Islands v. Gordon Forbes Construction (Falklands) Ltd (No 2) [2003] BLR 280 = IBR 2006, 1107 – Hök.

322 National Insurance Property Development Co Ltd v. NH International (Carribean) Ltd, High Court of Trinidad and Tobago, Urteil vom 21.10.2009 (Claim No CV2008-04881), IBR 2010, – Hök.

sie zur Untersuchung durch den Ingenieur bereit zu halten oder einen Anspruch zu begründen, wird dagegen im letzten Absatz der Unterklausel 20.1 geregelt. Der Wortlaut dieses Absatzes rechtfertigt nach Auffassung des Gerichts nicht den Wegfall des Anspruches sondern lediglich die Berücksichtigung des Versäumnisses insoweit als es eine ordnungsgemäße Untersuchung des Anspruchs beeinträchtigt hat. Hieraus schlussfolgert das Gericht, Unterklausel 20.1 sanktioniere das Versäumnis fehlender zeitnaher Aufzeichnungen lediglich im Rahmen der Anspruchsprüfung, schließe sie aber nicht bereits aus.

Sodann antwortet das Gericht[323] auf die zwei Vorlagefragen:

- Zeitnahe Aufzeichnungen im Sinne der Unterklausel 20.1 FIDIC 1999 bedeutet Aufzeichnungen, die zu der Zeit hergestellt, erlangt oder erzeugt wurden als das Ereignis eintrat, das Anlass für den Claim bot.
- Das Nichtvorliegen von zeitnahen Aufzeichnungen führt nicht zum Versagen des Anspruchs.

96 **10. Abtretungsklauseln.** Die Abtretung von Ansprüchen hat eine große wirtschaftliche Bedeutung, namentlich für das Beitreiben offener Forderungen, zu Refinanzierungszwecken und zur Besicherung von Forderungen. In internationalen Verträgen sind spezifische Fragen zu lösen, vor allem weil sich die anwendbaren Kollisionregeln teilweise erheblich unterscheiden. Dabei ist zu berücksichtigen, dass Civil Law-Rechtsordnungen überwiegend keine gesetzlichen Regelungen zu Klauseln zur Vertragsübernahme enthalten (Ausnahme: Italien, Niederlande, Portugal[324]), so dass sich hierzu besondere Vertragsmodelle entwickelt haben. Oftmals ist eine Schuldübernahme nur mit Zustimmung des Gläubigers möglich, so dass in den entsprechenden Klauseln Verfahren zur Erlangung der Zustimmung des Gläubigers geregelt werden. In Common Law-Ländern können nur die sich aus einem Vertrag ergebenden Ansprüche und Vorteile zediert werden. Die Übertragung von Verpflichtungen ist wiederum von der Zustimmung des Gläubigers abhängig[325]. FIDIC-Verträge sehen z.B. vor, dass in eventuellen Subunternehmerverträgen eine Regelung aufzunehmen ist, die es gestattet, den Subunternehmervertrag auf den Besteller zu übertragen[326].

97 **a. Kollisionsregel.** Abtretungsklauseln sind im Lichte der Art. 33 EGBGB bzw. Art. 14 Rom I zu formulieren und zu handhaben. Es muss zwischen dem Verhältnis des Zedenten zum Zessionar und dem des Zessionars zum Schuldner und schließlich dem des Zessionars zu Dritten unterschieden werden[327]. Die Vorschrift ist nur schwer verständlich. Sie erschließt sich nur dem unschwer, der mit der verwendeten Terminologie vertraut ist. Man spricht von dem Vertragsstatut, wenn man das auf einen Vertrag anwendbare Recht meint.

Beispiel: Das auf den Bauvertrag anwendbare Recht ist deutsches Recht, mithin ist Vertragsstatut deutsches Recht.

98 Wird der Zahlungsanspruch aus dem Bauvertrag abgetreten, spricht man von dem **Forderungsstatut** in Bezug auf den Zahlungsanspruch. Gemeint ist das Vertragsstatut des

---

323 National Insurance Property Development Co Ltd v. NH International (Carribean) Ltd, High Court of Trinidad and Tobago, Urteil vom 21.10.2009 (Claim No CV2008-04881), IBR 2010, – Hök.

324 Fontaine/Dely, Droit des Contrat Internationaux, 579.

325 Fontaine/Dely, Droit des Contrat Internationaux, 579.

326 Vgl. Unterklausel 4.4 Red Book 1999.

327 Leible/Lehmann RIW 2008, 528, 540.

Bauvertrages. Das Recht des Bauvertrages (Vertragsstatut) und des aus dem Vertrag folgenden Zahlungsanspruches (Forderungsstatut) ist identisch. Wird der Zahlungsanspruch aus dem Bauvertrag abgetreten, ist einerseits das Vertragsstatut und damit das Forderungsstatut der Werklohnforderung zu ermitteln, andererseits aber etwa auch zu klären, nach welchem Recht sich das Geschäft beurteilt, weshalb der Bauunternehmer seine Forderung an einen Dritten abtritt (wiederum Vertragsstatut, aber nicht zwangsläufig das selbe, das für den Bauvertrag gilt). Die Abtretbarkeit der Forderung beurteilt sich nach dem Forderungsstatut[328]. Unterliegt der Bauvertrag dem griechischen Recht, beurteilt sich also die Abtretbarkeit der Forderung nach griechischem Recht.

Kollisionsrechtlich ist zunächst also zu unterscheiden, ob über das Verhältnis zwischen dem alten und dem neuen Gläubiger gesprochen wird (Art. 33 Abs. 1 EGBGB, Art. 14 Abs. 1 Rom I)[329] oder ob Voraussetzungen und Wirkungen der Abtretung im Verhältnis zwischen dem neuen Gläubiger und dem Schuldner in Rede stehen (Art. 33 Abs. 2 EGBGB, Art. 14 Abs. 2 Rom I)[330]. Das schuldrechtliche Verhältnis zwischen dem alten Gläubiger (Zedent) und dem neuen Gläubiger (Zessionar) richtet sich nach dem Recht, dem der Vertrag zwischen ihnen unterliegt (Vertragsstatut). Gemeint ist hier lediglich das Geschäft, das den Rechtsgrund für die Abtretung legt (also z.B. der Kaufvertrag über die Forderung, der Sicherungsvertrag). Die Abtretung als solche (die Verfügung) und die Übertragbarkeit beurteilen sich nach dem Recht, dem die abgetretene Forderung unterliegt (Forderungsstatut)[331]. Das Verhältnis (zwischen dem neuen Gläubiger, also dem Zessionar, und dem Schuldner), das sich dadurch ergibt, dass der neue Gläubiger durch die Abtretung Inhaber der gegen den Schuldner gerichteten Forderung wird, richtet sich ebenfalls nach dem Forderungsstatut[332]. Nach dem Forderungsstatut beurteilt sich ferner auch die **Übertragbarkeit der Forderung** und unter welchen Voraussetzungen dem Schuldner die Übertragung entgegengehalten werden kann sowie ob der Schuldner mit befreiender Wirkung geleistet hat[333]. Fälle der Legalzession waren bislang in Art. 33 Abs. 3 EGBGB geregelt. Jetzt ist Art. 15 Rom I einschlägig. Ob und in welcher Höhe eine Forderung kraft Gesetzes (Legalzession) auf den leistenden Dritten übergeht, richtet sich gemäß Art. 33 Abs. 3 S. 1 EGBGB sowie nach Art. 15 Rom I nach dem Recht, welches für die Verpflichtung des Dritten maßgeblich ist, der die Forderung kraft Gesetzes erwirbt. Es ist also auf die **Verpflichtung des Dritten** gegenüber dem Gläubiger abzustellen (auch Zessionsgrundstatut genannt[334]). Die Wirkungsweise des Art. 15 Rom I ist wie folgt: Die deutsche Bank B (Dritter) verbürgt sich (nach deutschem Recht) für die Erfüllung des Bauvertrages durch den französischen Unternehmer U (Schuldner) gegenüber dem deutschen Auftraggeber A (Gläubiger). Wenn B (Dritter) von A (Gläubiger) aus der Bürgschaft in Anspruch genommen wird und zahlt, bestimmt sich der Forderungsübergang auf B nach deutschem Recht, weil der Bürgschaftsvertrag dem deutschen Recht unterliegt. Darauf, dass auf den Bauvertrag ggf. französisches Recht anzuwenden ist, kommt es nicht an[335]. Ob das Forderungsstatut die **99**

[328] Reithmann/Martiny/Martiny, Internationales Vertragsrecht, Rn. 388.
[329] Looschelders, IPR, Art. 33 Rn. 4.
[330] Looschelders, IPR, Art. 33 Rn. 8.
[331] BGH IPRspr. 2000 Nr. 31; Looschelders, IPR, Art. 33 Rn. 6; Reithmann/Martiny/Martiny, Internationales Vertragsrecht, Rn. 388.
[332] OLG Saarbrücken IPRspr. 2001 Nr. 30.
[333] OLG Saarbrücken IPRspr. 2001 Nr. 30; Leible/Lehmann RIW 2008, 528, 540.
[334] Siehe Reithmann/Martiny/Martiny, Internationales Vertragsrecht, Rn. 406.
[335] Vgl. Reithmann/Martiny/Martiny, Internationales Vertragsrecht, Rn. 406.

Legalzession vereiteln kann, in dem es etwa die Unabtretbarkeit unterstellt, ist streitig. Nach h.M. ist insoweit auf das Statut der zedierten Forderung abzustellen[336]. Nach anderer Auffassung kann das Zessionsgrundstatut die Forderung verfügbar machen[337]. Zu den wichtigsten Dritten, von denen in Art. 33 Abs. 3 S. 1 EGBGB und Art. 15 Rom I die Rede ist, gehören der Bürge und Versicherer. Der Bürge erwirbt die Forderung gegen den Schuldner, wenn er die Verbindlichkeit des Schuldners bedient und dies das Recht, dem die Bürgschaft unterliegt, anordnet[338]. Entsprechendes gilt für den Versicherer. Allerdings betrifft Art. 33 Abs. 3 EGBGB nur die Fälle, in denen der Dritte verpflichtet ist, den Gläubiger zu befriedigen. Nicht erfasst sind freiwillige Leistungen also z.B. die Fälle des § 268 Abs. 3 BGB[339]. Hier beurteilen sich die Voraussetzungen der Legalzession allein nach dem Forderungsstatut (Recht der getilgten Leistung)[340] Die Schuld- und Vertragsübernahme sind in Art. 33 EGBGB und Art. 14 ff. Rom II gar nicht geregelt[341]. Die h.M. beurteilt die Schuldübernahme dem Recht, das für die übernommene Schuld maßgeblich ist[342]. Die Vertragsübernahme unterliegt bei fehlender Rechtswahl dem Recht, dem der übernommene Vertrag unterliegt[343]. Klassisches Beispiel für eine Vertragsübernahme sind die Fälle der Übernahme von Arbeitsverträgen bei der Betriebsübernahme[344].

Beispiel: Der FIDIC-Red-Book-Vertrag wird gekündigt. Der Unternehmer hat Subunternehmer beschäftigt. Der Besteller verlangt nun vom Unternehmer die Übertragung der Subunternehmerverträge gemäß Unterklausel 4.4 (d) FIDIC Red Book 1999. Die Vereinbarung über die Vertragsübernahme unterliegt sodann dem Recht des Subunternehmervertrages.

100 **b. Regelungsgegenstand.** Aus der Natur der Sache ergibt sich, dass die Interessen Dritter nur sehr eingeschränkt regelbar sind, denn sie sind bei Vertragsschluss nicht beteiligt. Folgende Aspekte sind daher einer vertraglichen Regelung generell nicht zugänglich[345]:

- Abtretbarkeit von Forderungen
- Wechselseitige Rechte und Verpflichtungen des Zedenten und des Zessionars
- Garantien des Zedenten gegenüber dem Zessionar
- Rechte des Zessionars gegenüber dem Schuldner
- Verpflichtungen und Verteidigungsmittel des Schuldners gegenüber dem Zessionar
- Vorrangrechte des Zessionars mit Blick auf vorangegangene und nachträgliche Abtretungen
- Kollisionsregeln bezüglich des Verhältnisses zwischen dem Zedenten und dem Zessionar einerseits und zwischen dem Zessionar und dem Schuldner andererseits

101 Abtretungsklauseln beschäftigen sich in der Regel dagegen mit folgenden Problemen[346]:

---

336 Reithmann/Martiny/Martiny, Internationales Vertragsrecht, Rn. 409; Erman/Hohloch, BGB, Art. 33 EGBGB Rn. 10.
337 Vgl. v. Bar RabelsZ 53 (1989), 478 f.
338 Looschelders, IPR, Art. 33 Rn. 16.
339 Vgl. hierzu Unterklausel 5.4 FIDIC Red Book.
340 Looschelders, IPR, Art. 33 Rn. 15; Palandt/Thorn, BGB, Art. 15 Rom I Rn. 3.
341 Siehe Palandt/Thorn, BGB, Art. 14 Rom I Rn. 7.
342 Looschelders, IPR, Art. 33 Rn. 22; Palandt/Thorn, BGB, Art. 14 Rom I Rn. 7.
343 Looschelders, IPR, Art. 33 Rn. 23.
344 Vgl. § 613 a BGB, Richtlinie EG/77/187 vom 14.02.1977.
345 Fontaine/Dely, Droit des Contrat Internationaux, 581.

- Ziele der Abtretung
- Unterscheidung zwischen der Abtretung existierender und der Abtretung zukünftiger Ansprüche
- Unterscheidung zwischen Einzelabtretung und Globalzession
- Abtretungsform
- Weigerung des Schuldners und seine Verteidigungsmittel
- Teilabtretungen
- Streitigkeiten zwischen Zedent und Schuldner

c. Klauselüberschrift. Abtretungsklauseln tauchen unter den verschiedensten Bezeichnungen auf. Zu finden sind Formulierungen wie „Assignment", „Successors and Assigns", „Assignability", „Cession du contrat", „Successors", „Novation and Assignment", „Assignment and Sub-Contracting", „Bordereau Dailly", „Abtretung", „Vertragsübernahme", „Zession"[347]. In manchen Klauseln wird nicht zwischen der Zession von Forderungen und der Vertragsübernahme unterschieden, in anderen schon, z.B.: **102**

Klauseln ohne Unterscheidung:

> „Neither Company nor Contractor shall be entiteld to assign in whole or in part any of its rights and obligations", oder „Les droits et obligations résultants du présent contrat sont incessibles à des tiers sans l'accord exprès de chacune des deux parties contractantes"[348].

Klauseln mit Unterscheidung:

> „Otherwise, Contract shall not be assigned in whole or in part by either party without the consent of the other".

d. Verschiedene Klauseln. Abhängig von den jeweilige Regelungszielen sind die Regelungsinhalte von Abtretungsklauseln sehr unterschiedlich. Hier das Beispiel aus dem FIDIC Red Book 1999: **103**

> 1.7 Abtretung
>
> Keine der Parteien darf den Vertrag, Teile davon, den Gewinn oder Ansprüche daraus abtreten. Jedoch darf jede Partei:
>
> (a) den ganzen Vertrag oder Teile davon mit vorheriger Zustimmung der anderen Partei abtreten. Die Erteilung der Genehmigung liegt im freien Ermessen dieser anderen Partei.
>
> (b) ihr zustehende vertragliche Ansprüche auf fällige oder fällig werdende Zahlungen als Sicherheit zugunsten einer Bank oder eines Finanzinstitutes abtreten.

Aus der Kautelarpraxis lassen sich folgende wichtige Gruppen herausheben: **104**

---

346 Fontaine/Dely, Droit des Contrat Internationaux, 584.
347 Vgl. Fontaine/Dely, Droit des Contrat Internationaux, 586.
348 Fontaine/Dely, Droit des Contrat Internationaux, 586.

aa. Recht zur Abtretung. Gelegentlich behält sich eine Seite vor, den Vertrag insgesamt auf geeignete Tochtergesellschaft oder einen anderen Dritten zu übertragen, z.B.[349]:

„Owner at his sole discretion and by simplenotice of assignment to Contractor shall have the right to freely assign, transfer or declare any trust over the contract or any part thereof or any right, benefit or interest arising thereunder to any shareholders of the Owner or any of its affiliates."

Häufig enthalten die Verträge eine Verpflichtung zur Abtretung von Subunternehmerverträgen für den Fall der vorzeitigen Auflösung des Hauptauftrages (vgl. Orgalime Turnkey-Vertrag, Klausel 19.11).

bb. Abtretungsverbote. Sehr häufig kommen Abtretungsverbote vor. Sie sind allerdings konfliktbelastet, zumal wenn die betroffenen Parteien ihre Refinanzierung mit Sicherungszessionen zugunsten von Banken darstellen, die im Regelfall nicht aufgedeckt werden.

cc. Abtretungsbeschränkungen. Noch häufiger allerdings sind Abtretungsbeschränkungen. Solche Beschränkungen bestehen selten darin, bestimmte Abtretungen gänzlich zu untersagen. Sie dienen eher dazu, die Möglichkeit und Wirksamkeit der Abtretung zu regeln und kontrollierbar zu machen. Geregelt wird häufig u.a. Folgendes[350]:

- Zeitpunkt der Abtretung
- Verfahren zur Erlangung einer Genehmigung durch den Schuldner
- Einzuhaltende Förmlichkeiten bei der Abtretung
- Kriterien, unter denen die andere Vertragspartei ihre Zustimmung versagen darf
- Folgen der Nichterteilung der Genehmigung
- Möglichkeiten zur Erlangung der Genehmigung
- Sanktionen für den Fall der Nichteinhaltung von vertraglichen Abtretungsregelungen

105 **11. Beendigungsklauseln.** Klauseln, die sich mit dem Ende einer vertraglichen Beziehung befassen, betreffen ein weites Gebiet. Zum Thema gehören Klauseln, die[351]:

- die Nichtigkeit oder Unwirksamkeit eines Vertrages regeln
- die eine auflösende Bedingung regeln
- die die Aufhebung des Vertrages beinhalten
- die die Erfüllung der Verpflichtungen betreffen
- die die Unmöglichkeit der Vertragsdurchführung betreffen (siehe „force-majeure"-Klauseln)
- die Schwäche einer Partei aufgreifen und die Option zur Vertragskündigung regeln
- die das Überschreiten von Fristen aufgreifen und die Option zur Vertragskündigung regeln
- die die Kündigung von Verträgen mit unbestimmter Laufzeit regeln
- die den Tod oder die Insolvenz einer Vertragspartei aufgreifen und die Option zur Vertragskündigung regeln
- die ein richterliches Auflösungsrecht vorsehen
- die das allgemeine Kündigungsrecht der Parteien regeln

[349] Fontaine/Dely, Droit des Contrat Internationaux, 591.
[350] Fontaine/Dely, Droit des Contrat Internationaux, 592.
[351] Fontaine/Dely, Droit des Contrat Internationaux, 613.

Die vorzeitige Auflösung von Bauverträgen geht typischerweise mit erheblichen Abrechnungsproblemen einher. Die bis zur Vertragsaufhebung oder -auflösung erbrachten Leistungen müssen bewertet werden. Hier liegt ein wesentlicher Regelungsschwerpunkt internationaler Bauvertragsmuster. Ein weiterer liegt in der Formulierung der Auflösungstatbestände sowie der Abstufung der Kündigungsfolgen nach dem Verursacherprinzip. Derjenige, der die Kündigungsgründe zu vertreten hat, wird sich in der Regel schadensersatzpflichtig gemacht haben. Dementsprechend sind die FIDIC-Klauseln aufgebaut. Das Vertragswerk unterscheidet die auftraggeberseitige (Klausel 15 FIDIC 1999) und die auftragnehmerseitige Kündigung (Klausel 16 FIDIC 1999). Die Folgen der Kündigung richten sich vor allem danach, wer sie zu vertreten hat. Zur Leistungsfeststellung ist der Engineer berufen.

a. Einseitige Auflösungsrechte. Der Vertrag kann einseitige Kündigungsrechte vorsehen, etwa für den Fall der Nichtzahlung der vereinbarten Vergütung. Derartige Klauseln sind im Ansatz unproblematisch. Allein die Rechtsfolgen einseitiger Kündigungserklärungen sind erläuterungs- und regelungsbedürftig. Sie unterliegen zunächst unzweifelhaft dem Vertragsstatut[352]. Einseitige Kündigungen sind aber nicht in allen Rechtsordnungen hinsichtlich ihrer Voraussetzungen und Rechtsfolgen näher ausgestaltet. Dies kann in unabsehbare Risiken führen. Das englische Recht etwa behandelt eine vertraglich nicht vorgesehene Kündigung als „*breach of contract*“[353]. Der Vertrag endet erst, wenn „*frustration*“ eintritt[354]. 106

Nach belgischem Recht endet der Werkvertrag durch den Tod des Unternehmers oder die Kündigung durch den Bauherrn. Der Bauherr kann den Bauvertrag jederzeit kündigen (Art. 1794 Code Civil belge), schuldet aber dann die Vergütung für die bereits erbrachte Leistung und Ersatz dessen, was der Unternehmer ohne die Kündigung verdient hätte[355]. Art. 1794 Code Civil belge hat allerdings keinen zwingenden Charakter und kann daher abbedungen werden[356]. Das belgische Recht ähnelt also ansatzweise § 649 BGB. Doch sind Modifikationen in AGB nach deutschem Recht nur beschränkt zulässig[357]. 107

In komplexen Bauverträgen finden sich in der Regel sehr aufwändige Regelungsmechanismen, die die Kündigungsmöglichkeiten und vor allem die Abwicklung des gekündigten Vertrages sehr detailliert vorgeben (vgl. Orgalime Turnkey Klauseln 18, 19). Im FIDIC Red Book findet sich folgende **Klausel:** 108

15. Kündigung durch den Besteller

15.1 Aufforderung zur Abstellung von Vertragsverletzungen

Wenn der Unternehmer ihm nach dem Vertrag obliegende Verpflichtungen nicht erfüllt, kann der Ingenieur ihn auffordern, den Fehler zu beheben und innerhalb einer angemessenen Frist Abhilfe zu schaffen.

---

352 Looschelders, IPR, Art. 32 Rn. 18.
353 Cheshire/Fifoot & Furmston's, Law of Contract, 612.
354 Allery, Overseas Supply, 16-04.
355 De Page, Droit Civil Belge, IV, Rn. 914.
356 Flamme/Flamme/Delvaux/Pottier, Contrat d'entreprise, Rn. 633.
357 Vgl. BGHZ 92, 244.

15.2 Kündigung durch den Besteller

Der Besteller kann den Vertrag kündigen, wenn der Unternehmer

- die Bestimmungen der Unterklausel 4.2 [Erfüllungssicherheit] nicht einhält oder der Aufforderung zur Abstellung von Vertragsverletzungen gemäß Unterklausel 15.1 nicht nachkommt,
- die Arbeiten verlässt oder auf andere Weise seine Absicht deutlich macht, seiner vertraglichen Pflichten nicht weiter erfüllen zu wollen,
- es ohne vernünftigen Grund versäumt

  (i) die Arbeiten in Übereinstimmung mit Klausel 8 [Beginn, Verzögerung und Einstellung] auszuführen, oder

  (ii) einen gemäß Unterklausel 7.5 [Zurückweisung] oder 7.6 [Nachbesserung] erlassenen Hinweis innerhalb von 28 Tagen nach dessen Erhalt zu befolgen,
- den gesamten Vertrag an einen anderen Unternehmer weitervergibt oder den Vertrag ohne das erforderliche Einverständnis abtritt,
- bankrott oder insolvent wird, in Liquidation geht, ein vorläufiger Konkurseröffnungs- oder Verwaltungsbeschluss gegen ihn vorliegt, seine Geschäfte unter Aufsicht eines Konkursverwalters, Treuhänders oder Managers zum Vorteil seiner Kreditgeber führt oder ein vergleichbarer Fall eintritt oder
- jemandem (direkt oder indirekt) Bestechungsgelder, Geschenke, Gratifikationen, Provisionen oder andere wertvolle Dinge als Anreiz oder Belohnung dafür,

  (i) eine Handlung in Verbindung mit dem Vertrag zu tun oder zu unterlassen oder

  (ii) eine Person im Zusammenhang mit dem Vertrag zu begünstigen bzw. dies zu unterlassen,

  gibt oder ihm zu geben anbietet oder wenn Personal, Vertreter oder Subunternehmer des Unternehmers jemandem solche Anreize oder Belohnungen wie in Unterklausel (f) beschrieben direkt oder indirekt anbietet oder gibt. Rechtmäßige Anreize und Belohnungen an das Personal des Unternehmers berechtigen jedoch nicht zur Kündigung.

In jedem dieser Fälle oder Umstände kann der Besteller, nachdem er den Unternehmer davon 14 Tage vorher unterrichtet hat, den Vertrag kündigen und den Unternehmer von der Baustelle ausschließen. In den Fällen der Unterklausel (e) oder (f) kann der Besteller den Vertrag sogar fristlos kündigen.

Die Entscheidung des Bestellers, den Vertrag zu kündigen, berührt nicht die ihm nach dem Vertrag oder auf andere Weise zustehenden Rechte.

Der Unternehmer hat dann die Baustelle zu verlassen und alle benötigten Güter, alle seine Dokumente und Planungsunterlagen, die von ihm oder für ihn angefertigt wurden, an den Ingenieur zu übergeben. Der Unternehmer hat sein Möglichstes zu tun, um alle in der Benachrichtigung enthaltenen vernünftigen Anweisungen bezüglich

(i) der Abtretung von Untervergabeverträgen und

(ii) des Schutzes von Leben, Eigentum und Sicherheit der Arbeiten.

umgehend zu erfüllen.

Nach der Kündigung kann der Besteller die Arbeiten selbst ausführen und/oder den Auftrag an einen Drittunternehmer vergeben. Der Besteller und die Drittunternehmer können dann die Güter und Dokumente des Unternehmers sowie andere Planungsunterlagen, die vom oder für den Unternehmer angefertigt wurden, benutzen.

Der Besteller hat dem Unternehmer dann mitzuteilen, dass seine Ausrüstung und vorübergehende Bauten auf und in der Nähe der Baustelle an ihn übergeben werden. Der Unternehmer hat umgehend deren Beseitigung auf eigene Kosten und eigenes Risiko zu veranlassen. Stehen zu diesem Zeitpunkt noch Zahlungen des Unternehmers aus, auf die der Besteller einen Anspruch hat, so kann er diese Gerätschaften verkaufen und die geschuldete Summe aus den Erlösen einbehalten. Den die eigene Forderung übersteigenden Erlös muss der Besteller an den Unternehmer auskehren.

15.3 Bewertung zum Zeitpunkt der Kündigung

Der Ingenieur hat so schnell wie möglich, nachdem die Kündigung gemäß Unterklausel 15.2 [Kündigung durch den Besteller] wirksam wird, in Übereinstimmung mit Unterklausel 3.5 [Entscheidungen] den Wert der Arbeiten, Güter und Dokumente des Unternehmers sowie andere Summen, die dem Unternehmer als Vergütung für vertragsgemäß ausgeführte Arbeiten zustehen, zu vereinbaren oder zu bestimmen.

15.4 Zahlung nach der Kündigung

Nachdem die Kündigung gemäß Unterklausel 15.2 [Kündigung durch den Besteller] wirksam geworden ist, kann der Besteller:

- in Übereinstimmung mit Unterklausel 2.5 [Ansprüche des Bestellers] verfahren;
- Zahlungen an den Unternehmer so lange zurückhalten, bis die Kosten für Ausführung, Fertigstellung und die anschließend erforderliche Mängelbeseitigung, die Höhe des Verzugsschadensersatzanspruches sowie weitere Kosten, die dem Besteller entstehen, feststehen, und/oder
- von der dem Unternehmer gemäß Unterklausel 15.3 [Bewertung zum Zeitpunkt der Kündigung] zustehenden Summe diejenigen Summen einbehalten, die dem Besteller als Schadensersatz oder als Ausgleich der Zusatzkosten für die Fertigstellung der Arbeiten zustehen. Die nach Abzug dieser Kosten verbleibende Restsumme muss an den Unternehmer ausgezahlt werden.

15.5 Recht des Bestellers zur Kündigung

Der Besteller kann den Vertrag jederzeit nach seinem Belieben kündigen, indem er dem Unternehmer eine entsprechende Mitteilung macht. Die Kündigung wird 28 Tage, nachdem der Unternehmer die Mitteilung erhalten oder der Besteller die Erfüllungssicherheit zurückgezahlt hat (je nachdem, welcher Zeitpunkt der spätere ist), wirksam. Der Besteller darf den Vertrag jedoch nicht nach dieser Unterklausel kündigen, um die Arbeiten anschließend selbst oder durch einen anderen Unternehmer auszuführen.

Nach der Kündigung hat der Unternehmer in Übereinstimmung mit Unterklausel 16.3 [Beendigung der Arbeiten und Entfernung der Ausrüstung des Unternehmers] zu verfahren und muss in Übereinstimmung mit Unterklausel 19.6 [Freies Kündigungsrecht, Bezahlung und Befreiung] bezahlt werden.

Eine Kündigung nach Belieben im Sinne der Unterklausel 15.5 kann allerdings im Zweifel nicht schrankenlos und ohne jede Rechtfertigung erfolgen. US-amerikanische Gerichte haben geurteilt, dass ein so weitgehendes Kündigungsrecht den Vertrag zum illusorischen Versprechen mache[358]. Stattdessen haben US-Gerichte angenommen, eine Kündigung nach Belieben stelle eine Vertragsverletzung dar, wenn sie von bösem Glauben oder Mißbrauchsabsichten geleitet sei[359]. Eine solche Klausel könne den Besteller nicht vor der Haftung für bösen Glauben oder Mißbrauch schützen, da jedem Vertrag das Prinzip von gutem Glauben inne wohne[360].

109 **b. Objektive Beendigungsgründe.** Es mag eine ganze Reihe von Gründen geben, aus denen die Parteien die vorzeitige Beendigung eines Vertrages für sinnvoll erachten, z.B. im Falle der Insolvenz einer Partei. Die überwiegende Anzahl der nationalen Rechtsordnungen hält keine Regelungen vor, denen zufolge ein Vertrag durch die Insolvenz einer Vertragspartei aufgelöst wird[361]. Klauseln, die im Falle der Insolvenz zur Vertragsbeendigung führen, sind daher üblich und notwendig. Abzuraten ist von Klauseln, die generell die Auflösung allein aufgrund der Insolvenz vorsehen, denn verschiedentlich lassen die nationalen Insolvenzordnungen die Durchführung des Vertrages zu, wenn der Insolvenzverwalter entsprechend optiert[362]. Vorzugsweise sind Kündigungsklauseln einzubauen. Aus Unternehmersicht werden Klauseln begrüßt, die das Zahlungsverhalten des Bestellers sanktionieren. In einigen Rechtsordnungen wird der Anspruch des Unternehmers auf Werklohnzahlung rechtlich abgesichert. In Deutschland gelten §§ 648, 648a BGB, in Frankreich haftet den Ansprüchen des Unternehmers ein Privileg an, in den USA kann sich der Unternehmer auf ein *Mechanical Lien* berufen. Solche „Privilegien" tragen den individuellen Gegebenheiten einer Rechtsordnung Rechnung, lassen sich aber nur schwer vertraglich harmonisieren. FIDIC (Unterklausel 2.4) und einige amerikanische Vertragsmuster[363] haben deshalb einen Anspruch im Vertrag verankert, der sich auf Beweislegung für den Umstand richtet, dass der Besteller Vorkehrungen getroffen hat und aufrecht erhält, die ihn in die Lage versetzen, den Vertragspreis zu bezahlen. Erbringt der Besteller den Nachweis nicht, kann der Unternehmer den Vertrag aufkündigen. Das FIDIC Gold Book (2008) enthält eine weiterentwickelte Klausel. Leider sind in der Praxis Verständnisschwierigkeiten zur Anwendung der Klausel aufgetreten. Gelegentlich kommen auch Missbrauchsversuche vor. Klar ist, dass Unterklausel 2.4 dann greift, wenn der Besteller nicht belegen kann, dass er alle notwendigen Vorkehrungen getroffen hat, die ihn tatsächlich in die Lage versetzen, Zahlung zu leisten. Der Hinweis auf einen Staatshaushalt oder eine bestehende Finanzierung reicht aus[364].

110 **12. Zeitmanagement.** Zeitmanagement ist ein wichtiges und wesentliches Thema bei den Vertragsverhandlungen[365]. Dabei muss vorausschauend verhandelt werden, denn immer wieder passiert es, dass den Überlegungen aus den Vertragsverhandlungen Annahmen zugrunde liegen, die sich später nicht bewahrheiten.

---

358 Torncello v. United States, 231 Ct.Cl. 20, 681 F.2d 756, 768-72 (1982).

359 Krygoski Construction Co. v. United States, 94 F.3d 1537, 1541 (Fed. Cir. 1996); Harris Corp. v. Giesting & Assocs., Inc., 297 F.3d 1270, 1272-73 (11th Cir. 2002).

360 Vgl. Lloyd Noland Found., Inc. v. City of Fairfield Healthcare Auth., 837 So.2d 253, 267 (Ala. 2002).

361 Fontaine/Dely, Droit des Contrat Internationaux, 626.

362 Fontaine/Dely, Droit des Contrat Internationaux, 628.

363 AIA Muster.

364 High Court of Justice Trinidad und Tobago, Urt. v. 14.11.2008 – CV 2007-0224, IBR 2009, 506 – Hök.

365 Vgl. auch Schuhmann ZfBR 2002, 739, 743; siehe ferner Hök, Zur Bauzeitüberschreitung im englischen Baurecht mit Erläuterungen zum FIDIC Red Book unter Berücksichtigung der neueren Rechtsprechung des BGH zu Vertragsstrafeklauseln, ZfBR 2006, 107-116.

Beispiel: Im Vergabeverfahren begehrt der Besteller eine Verlängerung der Bindefrist. Der Unternehmer hat anhand der Zuschlags- und Bindefristen eingeplant, noch vor dem Winter wesentliche Leistungen zu erbringen, die angesichts der im Frühjahr anstehenden Schneeschmelze kaum innerhalb der kalkulierten Zeit erbracht werden können. Verlängert der Unternehmer nun bedenkenlos die Bindefrist, verschiebt sich die Leistungsaufnahme in den Winter. Seine Grundannahmen treffen nicht mehr zu. Der Besteller wird sich jedoch darauf berufen, dass der Unternehmer seine Bauzeit frei einteilen muss und winterbedingte Folgen zu berücksichtigen hat.

Das Klauselwerk und das darauf fußende Management sollen Terminsicherheit gewährleisten, Bauzeiten kurz halten und damit Finanzierungskosten eindämmen und eine Rentabilitätsvorschau ermöglichen. Obgleich diese Ziele überall auf der Welt Bedeutung haben, sind die Systeme zur Herstellung von Terminsicherheit überaus unterschiedlich. Jedes System setzt zudem Management-Kompetenz voraus: (1) Schnittstellenprobleme lassen sich nur bedingt vertraglich lösen[366]. (2) Zeitmanagement setzt ein sehr gutes Verständnis von den Baustellenabläufen voraus[367]. (3) Das Zusammenspiel wirtschaftlicher Überlegungen und bautechnischer Abläufe muss bedacht werden[368]. (4) Anzeigefristen bedingen ein engmaschiges Informationssystem, das die rechtzeitige Anzeige von Behinderungen sicherstellt. (5) Die zuverlässige Beurteilung von Bauablaufstörungen setzt ein hohes Maß an zuverlässiger Dokumentation voraus. (6) Streitigkeiten über Bauablaufstörungen sollten zeitnah beigelegt werden, damit die Entscheidung unmittelbare Auswirkung auf den Bauablauf nimmt.

Die Klauselwerke müssen vor allem drei Dinge regeln. Zum einen müssen das Datum des Baubeginns festgelegt und die Baufreiheit sichergestellt werden. Sodann bedarf es entweder eines Endfertigstellungstermins oder eines festen Bauzeitvolumens. Es muss ferner möglichst einfache und eindeutige Regelungen zur Bauzeitverlängerung und zur Berechnung solcher Verlängerungen geben, damit zweifelsfrei festgestellt werden kann, ab wann der Unternehmer aufgrund eigenen Versagens nicht in der Lage ist, die vertragliche Bauzeit einzuhalten. Erst dann ist es möglich, zuverlässig zu beurteilen, ab wann der Unternehmer für verzögerungsbedingte Schäden eintreten muss. In der internationalen Praxis werden daher anstatt fester Endfertigstellungstermine überwiegend Bauzeitvolumina vereinbart, deren Beginn über ein Datum des Baubeginns festgelegt wird. Das jeweilige Endfertigstellungsdatum lässt sich dann jeweils exakt errechnen, auch wenn baubegleitend Bauzeitverlängerung (extension of Time for Completion) gewährt wird. Schließlich finden sich in international üblichen Standardvertragswerken Streiterledigungsklauseln, die eine *just-in-time* Streiterledigung gewährleisten sollen.

a. Klauselbeispiele. In Klausel 23.1 JCT 98 (England) heißt es: **111**

> On the Date of Possession of the site shall be given to the Contractor who shall thereupon begin the Works, regularly and diligently proceed with the same and shall complete the same on or before the Completion Date.

---

366 Schuhmann ZfBR 2002, 739, 743.

367 Muss eine Kläranlage im laufenden Betrieb saniert und erweitert werden, muss bedachat werden, dass eine Kläranlage ein hydraulisches System ist, in das man nicht ohne weiteres eingreifen kann.

368 Im Straßenbau mag es sinnvoll sein, Behelfsstraßen zu vermeiden, wenn der Verkehrsfluss aufrechterhalten werden muss. Muss aber aus geologischen Gründen zunächst im höher nivellierten Gelände gebaut werden, um die Entwässerung des Geländes sicherzustellen, mag es gleichwohl angezeigt sein, Behelfsstraßen anzulegen, um großflächige temporäre Wasserhaltungsmaßnahmen zu vermeiden.

Eine belgische Klausel (mit zahlreichen Öffnungsansätzen) lautet wie folgt:

Sauf pour toute raison qui ne lui serait pas directement imputable ainsi que pour les cas de force majeure … l'entrepreneur s'engage à ce que la réception provisoire soit réalisée le … pour autant que la mise en vigueur du contrat soit faite avant le … et pour autant que les conditions … soient respectées.

In Deutschland werden Bauzeitüberschreitungen üblicherweise mit Vertragsstrafen sanktioniert, wobei insbesondere die Höhe der Vertragsstrafe und das Hinzutreten weiterer Ersatzansprüche Probleme aufwerfen können. Alternativ kann aber für die nicht rechtzeitige Fertigstellung auch pauschalisierter Schadensersatz versprochen werden. Im Einzelfall muss sehr sorgfältig erwogen werden, welche Alternative vorzuziehen ist, da Vertragsstrafen insbesondere im Common Law bedenklich sind. In deutschen Individualvereinbarungen ist die Vereinbarung der Vertragsstrafe für den Fall bloßer Terminüberschreitung ohne Verschulden des Verpflichteten wirksam[369]. Grundsätzlich ist der Begriff „bei der Abnahme" in § 341 Abs. 3 BGB nach der Rechtsprechung des BGH eng auszulegen und der Vorbehalt bei derAbnahme auszusprechen, vorherige Erklärungen reichen prinzipiell nicht aus[370]. Diesen engen Zusammenhang hat der BGH in einer späteren Entscheidung zeitlich definiert[371]. Werden international übliche englischsprachige Standardvertragswerke genutzt, spricht viel dafür, dass die Verfasser des Vertragswerkes keine Vertragsstrafe regeln wollten, sondern vielmehr eine dem englischen Recht entsprechende Klausel über pauschalisierten Schadensersatz vorschlagen wollten. Findet auf das Standardvertragswerk eine Civil Law Rechtsordnung Anwendung, sollte nicht vorschnell im Wege der Übersetzung von *Liquidated Damages* in *Vertragsstrafe* eine solche als vereinbart angesehen werden.

112 **b. Rechtlicher Hintergrund.** Regelungen zur Termintreue sind in erheblichem Maße abhängig von dem zugrunde liegenden Recht. Unterschiede bestehen vor allem bei der Frage, ob Verzug erst eintritt, wenn die Fertigstellung angemahnt wurde. So besteht etwa in Frankreich die Regel, dass Verzug niemals ohne Mahnung eintritt (Art. 1139 Code Civil (FR)). Das deutsche Recht hält eine Mahnung in bestimmten Fällen für entbehrlich (§ 286 Abs.2 BGB). Im Common Law ist der Satz „Dies non interpellat pro homine" gänzlich unbekannt[372]. Auch unterscheidet sich die Herangehensweise an die Problematik.

113 In den Common Law-Staaten besteht der wesentliche Grund für Klauseln, die die Bauzeitverlängerung regeln, darin, ein ausverhandeltes Enddatum auch dann als fest beizubehalten, wenn im Bauverlauf Umstände eintreten, die der Bauherr zu vertreten hat oder für die er die Verantwortung übernimmt, und die sich auf die Bauzeit auswirken[373]. In der Regel werden bei Überschreitung des Endtermins pauschalisierte Ersatzansprüche (*Liquidated Damages*) verwirkt[374], die vollständig entfallen, wenn „*Time at Large*" eingetreten ist, d.h. wenn der Bauherr es versäumt, die Bauzeit zu verlängern, sobald er Bauzeitverlängerungen zu vertreten hat[375]. Auch wenn der Eingriff des Bau-

[369] OLG Düsseldorf NJW-RR 2000, 1688, 1689; vgl. BGH NJW-RR 1997, 686, 688 m.w. Nachw. = LM H. 6/1997 Art. 27 EGBGB Nr. 4.
[370] Vgl. BGHZ 85, 240 = NJW 1983, 384 = BauR 1983, 77, 79.
[371] BGH BauR 1992, 232, 233.
[372] Fontaine/Dely, Droit des Contrat Internationaux, 341.
[373] Chappel, Standard Letters for Building Contracts, 144; Murdoch/Hughes, Construction Contracts, 186.
[374] Chappel, Standard Letters for Building Contracts, 144.
[375] Murdoch/Hughes, Construction Contracts, 186.

herrn noch so geringfügig ist, tritt diese Rechtsfolge ein[376]. Um die Gefahr von „*Time at Large*" auszuschließen, muss ein Vertrag nach Common Law Regelungen zur Bauzeitverlängerung vorsehen[377]. Damit es nicht zu uferlosen Bauzeitverlängerungen kommt, regeln Common-Law-Verträge das Verfahren für Fristverlängerungen sehr eingehend und in der Regel in einem System fristgebundener Anzeige- und Antragspflichten, die der Unternehmer beachten muss, wenn er seine Ansprüche auf Bauzeitverlängerung nicht verwirken will[378]. In englischen Verträgen werden beispielsweise folgende Gründe für Ansprüche auf Bauzeitverlängerung geregelt[379]:

- Force Majeure
- Exceptionally adverse weather conditions
- Loss or damages occaisoned by specific perils
- Civil commotion, strike, lock-out etc.
- Compliance with the contract dadministrator's instructions
- Delay in supply of information
- Delay on the part of nominated sub-contractors
- Delay of execution of work not forming the part of the contract
- Latent ground conditions
- Delay caused by authorities
- Late supply of materials by the employer

Das Problem der englischen Lösung liegt darin, dass „*Liquidated Damages*" nur geschuldet wird, wenn die strengen formalen Voraussetzungen dafür vorliegen. Maßgeblich ist nicht allein, dass sich der Unternehmer mit der Fertigstellung im Verzug befindet, sondern dass nicht „*Time at Large*" eingetreten ist. Andererseits ist aber auch in anderen Rechtsordnungen Vorsicht angebracht. Die folgende französische Klausel[380] scheint dem Unternehmer für alle Fälle in die Pflicht zu nehmen, unabhängig davon, welche Gründe ursächlich sind: **114**

> „En cas de dépassement des délais contractuels fixés dans le Marché ou prorogés dans les conditions prévues à l'art. ..., le fournisseur est passible de pénalités, quelle que soit la cause du retard et sans qu'il soit besoin d'aucune notification préalable, la seule échéance du terme le constituant en demeure."

Doch der Hinweis auf die Möglichkeit zur Terminabänderung öffnet letztlich die Klausel für den Einwand der „Force Majeure" nach französischem Recht[381].

Ein weiteres Problem stellt sich im „Common Law" in Bezug auf die Möglichkeit zur verzugsbedingten Beendigung des Vertrages. „**Liquidated Damages**" decken den gesamten Schaden. Übersteigt der verzugsbedingte Schaden den vereinbarten Betrag und ist die Fertigstellung nicht absehbar, kann der Bauherr zwar eine erneute Frist setzen, erhält aber in der Wartezeit keine weiteren *liquidated damages*[382]. Sanktionslos kündigen **115**

---

[376] Murdoch/Hughes, Construction Contracts, 186.
[377] Allery, Overseas Supply, 17-12.
[378] Siehe zur Zulässigkeit solcher Klauseln nach englischem Recht Multiplex Constructions (UK) Ltd v. Honeywell Control Systems Ltd (No. 2) [2007] EWHC 447 (TCC) (06 March 2007).
[379] Murdoch/Hughes, Construction Contracts, 187 ff. zu JCT 98-Forms.
[380] Vgl. Fontaine/Dely, Droit des Contrat Internationaux, 336.
[381] Fontaine/Dely, Droit des Contrat Internationaux, 336.
[382] Allery, Overseas Supply, 17-11.

kann der Bauherr dagegen nur, wenn er sich diese Option für den Fall der Bauzeitüberschreitung vertraglich vorbehalten hat[383]. Auf der anderen Seite kann ein Unternehmer nach Common Law seine Arbeiten bei Nichtzahlung der vereinbarten Raten nur dann einstellen, wenn ihm dies im Vertrag ausdrücklich vorbehalten ist[384]. Anderenfalls bricht er den Vertrag[385]. Im belgischen und französischen Recht können die Arbeiten im Falle von „**Force Majeure**" durchaus eingestellt werden[386]. Regelungen zur Termintreue sind daher gelegentlich sehr umfangreich und aufwändig. Sie knüpfen (vor allem bei Verträgen, die dem common-law unterliegen) pauschalisierten Schadensersatz an die Nichteinhaltung des Fertigstellungstermins, räumen dem Besteller eine Kündigungsoption ein und sie regeln die Möglichkeit zur Ersatzvornahme auf Kosten des Unternehmers[387]. Ersatzvornahmeregelungen können entweder Teil des Schadensersatzrechtes sein (§ 281 BGB) oder den Charakter von Vollstreckungsmaßnahmen haben (vgl. Art. 1143, 1144 Code Civil (B)[388]). Der unterschiedliche Charakter kann recht differenzierte Überlegungen zur Wirksamkeit von Klauseln erfordern, die die Ersatzvornahme einschränken, erweitern oder ausschließen[389].

Ganz praktische Gründe haben also dazu geführt, dass im angelsächsischen System keine Endtermine vereinbart werden und dass stattdessen Bauzeitvolumina bevorzugt werden, die im Falle klarer Berechnungsgrundlagen um solche Zeiträume verlängert werden können, für die der Unternehmer nicht verantwortlich zeichnet. Voraussetzung ist ein klares Anfangsdatum und ein klarer Maßstab für Zeitverlängerung. Die Vertragswerke sehen mithin Regelungen vor, die das Datum des Baubeginns exakt feststellbar machen. Sodann stellen die Klauseln über Bauzeitverlängerung eine Beziehung zwischen Behinderungsursache (z.B. außergewöhnlich schlechtes Wetter) und Behinderungsfolgen (Verzögerung) her. Bauzeitverlängerung wird für die Dauer der konkreten Behinderung gewährt. Ursache und Folge sind nachzuweisen. Erschwerend regeln die Vertragswerke ggf., dass Zeitverlängerung nur dann gewährt wird, wenn es sich um eine kritische Aktivität handelt. Kritisch ist eine Aktivität, die – wenn gestattet würde, sie zu verlängern – eine Verlängerung der Bauzeit für die Herstellung des Werkes erfordern würde[390]. Folgerichtig muss jeweils geprüft werden, ob das Vertragswerk Formulierungen enthält, die Bauzeitverlängerung nur für kritische Aktivitäten zulässt, in dem sie den Nachweis verlangt, dass anderenfalls das zu errechnende Fertigstellungsdatum nicht erreicht werden würde. Das ist z.B. in Unterklausel 8.4 FIDIC 1999 der Fall.

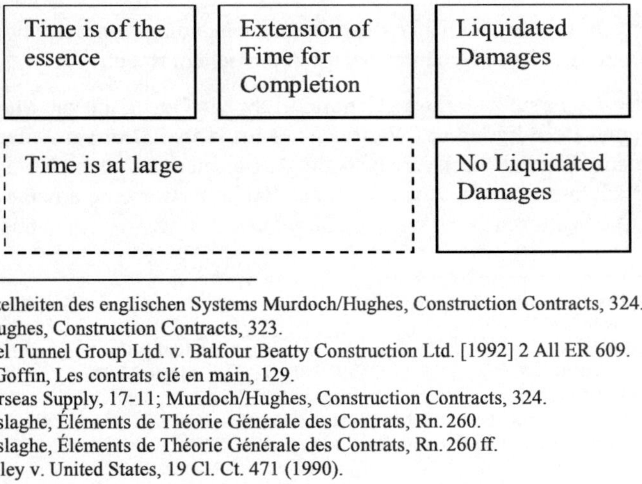

383 Zu den Einzelheiten des englischen Systems Murdoch/Hughes, Construction Contracts, 324.
384 Murdoch/Hughes, Construction Contracts, 323.
385 Vgl. Channel Tunnel Group Ltd. v. Balfour Beatty Construction Ltd. [1992] 2 All ER 609.
386 Vgl. Boon/Goffin, Les contrats clé en main, 129.
387 Allery, Overseas Supply, 17-11; Murdoch/Hughes, Construction Contracts, 324.
388 Van Ommeslaghe, Éléments de Théorie Générale des Contrats, Rn. 260.
389 Van Ommeslaghe, Éléments de Théorie Générale des Contrats, Rn. 260 ff.
390 Weaver-Bailey v. United States, 19 Cl. Ct. 471 (1990).

13. Abnahmeregelungen. Auf dem europäischen Kontinent hat die Abnahme des bestellten Werkes eine gesetzlich definierte und relativ klare Bedeutung (vgl. § 640 BGB, Art. 1792–6 Code Civil (F)). Die Abnahme verändert (mit Nuancen in den verschiedenen Rechtsordnungen) ipso iure die Risikoverteilung, der Werklohn wird fällig und es beginnen die (gesetzlichen) Gewährleistungs- und Garantiefristen zu laufen. Das Common Law ist demgegenüber weniger ergiebig und präzise. In englischen Verträgen ist die Fertigstellung (Completion oder meist Substantial Completion) ein vages Konzept[391]. Der Begriff der Abnahme ist rechtlich praktisch irrelevant. Jedenfalls verbindet ein englischer Jurist mit dem Begriff *acceptance of works* keine ernsthaften Rechtsfolgen. Auf der Grundlage der englischen Rechtsprechung finden sich in englischsprachigen Verträgen stattdessen Begriffe wie „Substantial Completion" oder „Practical Completion"[392]. Die Folgen von „Completion", die der Bauherr bestätigen muss, damit sie eintreten, werden in englischen Verträgen typischerweise wie folgt geregelt[393]: 116

- The employer is entitled and obliged to take possession of the contract works
- The employer's responsibility for insuring the contract works comes to an end
- Any liability for the contractor to pay damages for late completion ceases
- The defect liability period begins

In einigen Rechtsordnungen, z.B. in Algerien, Belgien und Rumänien, unterscheidet man die vorläufige und die endgültige Abnahme (réception provisoire et définitive). Das Konzept ist etwas undurchsichtig und die Folgen einer vorläufigen Abnahme sind mangels konkreter Vertragsklauseln eher unklar[394]. Es soll jedenfalls sicherstellen, dass vor der endgültigen Abnahme alle Mängel beseitigt wurden. Die zwei- oder mehrstufige Abnahme ist aber auch in Deutschland bekannt. Die Vorabnahme ist zwar keine Annahme als Erfüllung i.S. von § 341 Abs. 3 BGB, denn das Gesetz kennt den Begriff der Vorabnahme nicht. Er ist allerdings im Anlagenbau gebräuchlich[395], insbesondere bei aus mehreren Teilen individuell für den Bedarf des Bestellers entwickelten und hergestellten Anlagen. Festgestellt werden dann beim Vorabnahmetermin der Zustand der bis dahin fertig gestellten Teile und die noch durchzuführenden Arbeiten. Dabei wird die noch nicht fertig gestellte Maschine nicht als Erfüllung angenommen, sondern lediglich festgelegt, was zur Erfüllung noch zu tun ist[396]. Bei Verträgen „produits en mains" werden sogar drei Abnahmeschritte unterschieden: (1) vorläufige Abnahme, (2) endgültige Abnahme und (3) Abnahme nach Beendigung der Verwaltungsphase[397]. Mit letzterer ist der Übergang der technischen Risiken verbunden[398].

Das **Taking-Over** des FIDIC Red Book wird in der deutschen Literatur mit dem Abnahmekonzept des deutschen Rechts verglichen, wiewohl vor einer einfachen Gleichsetzung der Rechtsinstitute gewarnt wird[399]. Diese Einschätzung ist schon im Ansatz bedenklich, obwohl sie in vielen Civil Law Ländern geteilt wird, denn wenn deutsches 117

---

391 Murdoch/Hughes, Construction Contracts, 181.
392 Murdoch/Hughes, Construction Contracts, 181.
393 Murdoch/Hughes, Construction Contracts, 184.
394 Vgl. dazu Flamme/Flamme/Delvaux/Pottier, Contrat d'entreprise, Rn. 260; Delvaux/Dessard, Contrat d'entreprise de construction, Rn. 183.
395 OLG Düsseldorf NJW-RR 2000, 1688, 1689; vgl. BGH NJW-RR 1998, 916, 917 = LM H. 1/1999 § 823 [Bc] BGB Nr. 2; NJW 1996, 250, 253 = LM H. 3/1996 § 818 Abs. 2 BGB Nr. 35.
396 OLG Düsseldorf NJW-RR 2000, 1688, 1689.
397 Le Tourneau, L'ingénierie, les transferts de technologies et de maîtrise industrielle, Rn. 447.
398 Le Tourneau, L'ingénierie, les transferts de technologies et de maîtrise industrielle, Rn. 447.
399 Rosener in: Münchener Vertragshandbuch, Band IV, VI. 1 Rn. 38.

Recht (oder ein anderes Recht) anwendbar ist, dann entscheidet es autonom über die Abnahme, d.h. die Voraussetzungen der Abnahmefolgen ergeben sich aus dem deutschen Recht. Soweit die Umstände der Abnahme und ihre Folgen in vertraglichen Klauseln besonders geregelt werden, bleibt zumindest das gedankliche Grundgerüst des § 640 BGB erhalten. Aus der schlichten Verwendung des Terminus „Abnahme" folgt damit noch nicht unmittelbar, dass bereits die Abnahme vollzogen wurde[400]. Entsprechendes gilt für andere Civil Law Rechtsordnungen, z.B. in Rumänien, wo es eine zweistufige Abnahme gibt, die die öffentlich-rechtliche mit der zivilrechtlichen Abnahme verbindet. Das FIDIC-Abnahmesystem dient besonderen Zwecken, die nur auf der Grundlage des englischen Rechts verständlich sind und folglich – weil das englische Recht systematisch erheblich von dem deutschen abweicht – keinesfalls deutschen Vorstellungen ähneln.

118 Das deutsche Recht knüpft folgende Rechtsfolgen an die Feststellung der Abnahme an[401]:

- Feststellung der fristgerechten Erfüllung
- Verlust von Mängelbeseitigungsansprüchen für bekannte Mängel
- Verlust von Vertragsstrafen, die sich der Besteller nicht ausdrücklich vorbehält
- Übergang der Leistungsgefahr
- Übergang der Vergütungsgefahr
- Eigentumsübergang
- Beginn der Gewährleistung
- Fälligkeit des Werklohnanspruches
- Beweislastverlagerung in Bezug auf Mängel auf den Besteller
- Ende der Vorleistungspflicht

119 Das FIDIC Red Book fußt nicht in der BGB-Systematik sondern in der des englischen Rechts[402]. Die Abnahme ist daher z.B. gedanklich keine Fälligkeitsvoraussetzung des Werklohnanspruchs. Die Bedeutung des FIDIC Taking Over liegt materiell-rechtlich vor allem darin, die Vollständigkeit der Leistung zu verifizieren. In formeller Hinsicht dient das Taking-Over Certificate vor allem der Beweisführung für den Umstand, dass die Arbeiten tatsächlich im Wesentlichen mangelfrei ausgeführt wurden. Das ergibt sich bereits aus dem Kontext, denn das **Taking-Over Certificate** ist redaktionell zwischen Tests on Completion (Klausel 9 FIDIC 1999) und Defects Liability (Klausel 11 FIDIC 1999) geregelt (Defects Notification Period). Trotzdem sieht das Red Book – auf einer Linie mit dem Common Law – nicht den Verlust des Rügerechts in Bezug auf bekannte Mängel vor. Nur hinsichtlich der Termintreue wird auf das Taking-Over Certificate abgestellt. Der Unternehmer bleibt aber nach wie vor zur Leistung verpflichtet, die sich vertraglich auf die Beseitigung von Mängeln konkretisiert, bei denen es sich aber nicht (nur) um solche handeln muss, die der Unternehmer zu vertreten hat. Folglich erst mit Erteilung des Performance Certificate (im Abschluss an den Ablauf der Defects Notification Period[403]) ist der Unternehmer endgültig aus der Haftung entlassen. Zwar beginnt ab Erteilung des Taking-Over Certificate die **Defects Notification Period** zu laufen (Klausel 1.1.3.7), doch handelt es sich dabei nicht um die deutsche Gewährleistungsfrist im Sinne der Einrede der Verjährung gegenüber jeglichen Mängelgewährleistungsansprüchen, denn diese existieren neben dem Anspruch auf Mangelbeseitigung weiter

---

400 Siehe aber Lange/Rogers, Musterbriefe in Englisch für den Auslandsbau, 29, 74.
401 Ingenstau/Korboin, VOB/B, § 12 Rn. 51 ff.
402 Vgl. dazu § 50 70 ff.
403 Vgl. Klausel 11.9 Red Book.

bzw setzen erst ein, sobald das Performance Certificate erteilt wurde (vgl. Klausel 11.10 Red Book), d.h. der Anspruch auf Herstellung und Mangelbeseitigung (Klausel 11.1 ff. Red Book) im Sinne einer „Garantiewartung“[404] stellt in der Systematik des Red Book lediglich eine Ergänzung der allgemeinen Rechtsbehelfe des Common Law (vor allem Schadensersatz) dar[405]. Die FIDIC Defects Notification Period regelt daher nach richtiger Einschätzung zusätzliche Rechtsbehelfe, die die allgemeinen Rechtsbehelfe des Vertragsstatuts lediglich ergänzen, nicht aber ersetzen[406]. Der Eigentumsübergang ist im Red Book zwar nicht vollends ungeregelt (vgl. Unterklausel 7.7 FIDIC 1999), richtet sich aber ausschließlich nach der lex rei sitae. Der Gefahrübergang wird in Klausel 17.2 Red Book angesprochen und an das Taking-Over angeknüpft, doch ist sorgsam zu hinterfragen, welche Bedeutung der Begriff **„the care of the works“** im Einzelfall hat. Schwierigkeiten treten diesbezüglich vor allem im FIDIC Gold Book auf, das den Begriff für die Design & Build Phase ebenso wie für die Operation Phase benutzt[407].

14. Zahlungs- und Währungsklauseln. In allen EU-Staaten werden Fragen des Währungsrechts nach der „lex monetae“ durch das Währungsrecht des Staates entschieden, in dessen Währung eine Schuld ausgedrückt ist[408]. Die „lex monetae“ gilt auch in vielen Drittländern[409]. In den USA wurde ihr nach bisheriger Rechtsprechung im Ergebnis gefolgt, obwohl sie ausdrücklich als Institut nicht angewendet wurde[410]. Währungsklauseln sind unverzichtbarer Bestandteil grenzüberschreitender Bauverträge, soweit Währungssicherheit nicht auf andere Weise hergestellt wurde (z.B. Währungsunion) oder hergestellt werden kann. **120**

Üblicherweise wird in internationalen Bauverträgen zwischen der Vertragswährung und der Zahlungswährung unterschieden. Die Vertragswährung stellt die Abrechnungsbasis dar, auf deren Grundlage die Zahlungen erfolgen sollen. Die Zahlungswährung ist die Währung, in der gezahlt wird. Währungsrisiken treten auf, wenn die Zahlungswährung nicht die einer der beiden Parteien ist[411]. Große Probleme können auftreten, wenn sich aufgrund von Rechtsstreitigkeiten der Zahlungszeitpunkt sehr weit nach hinten verschiebt und der Grund für Zahlungen in vereinbarter lokaler Währung dadurch weggefallen ist, dass die lokalen Subunternehmer schon lange bezahlt wurden. Schiedsgerichte sind in solchen Fällen nicht ohne Weiteres ermächtigt, die Zahlung in einer anderen Währung als der vereinbarten auszuurteilen[412]. Regelungsbedarf besteht grundsätzlich wie folgt:

- Es muss der Wechselkurs exakt definiert werden, z.B. „middle rate of a leading clearing bank as at say 12 noon local time“[413].
- Kommt es auf den Wechselkurs am Zahlungstag an, gehen Wechselkursveränderungen im Falle des verspäteten Zahlungseingangs zu Lasten des Enpfängers; kommt es hingegen auf den Zahlungseingang an, gehen Wechselkursveränderungen im Falle des verspäteten Zahlungseingangs zu Lasten des Absenders[414].

---

404 Vgl. Rosener in: Münchener Vertragshandbuch, Band IV, VI. 1 Rn. 45.
405 Burton-Dixie Corporation v. Timothy McCarthy Construction Company 436 F.2d 405 (5th Cir. 1971).
406 Vgl. Jaeger/Hök, FIDIC for Practitioners, 311.
407 Vgl. dazu Hök/Jaeger, FIDIC Conditions of Contract for Design, Build and Operate Projects, First Edition 2008 – A New Approach, ICLR 2010, 36 ff.; Hök, FIDIC Design, Build & Operate Form, the Gold Book, ZfBR 2009, 213, 214 f.
408 Clausius NJW 1998, 3148, 3149.
409 Clausius NJW 1998, 3148, 3149.
410 Clausius NJW 1998, 3148, 3149.
411 Allery, Overseas Supply, 15-28.
412 Siehe Lesotho Highlands Development Authority v. Impreglio SpA and others [2005] UKHL 43.
413 Allery, Overseas Supply, 15-28.
414 Allery, Overseas Supply, 15-28.

- Eine Risikoteilung kann das wechselseitige Risiko u.U. auffangen.
- Wird der Vertragspreis in unterschiedlichen Währungen bezahlt, können sich diffizile Anpassungsschwierigkeiten ergeben, z.B. im Rahmen von Unterklausel 13.8 FIDIC 1999 (Preisanpassung im Falle von Kostenänderungen).

Zahlungsklauseln regeln entweder die Zahlungsmodalitäten[415] oder sie schaffen echte Zahlungsvoraussetzungen. Dabei ist immer zu berücksichtigen, dass der Geldfluss die Lebensader der Unternehmen darstellt (*cash flow is the life blood of the industry*).

Beispiel[416]: *The total price to be paid to Subcontractor shall be …… Dollars ($115,000.00) lawful money of the United States, no part of which shall be due until five (5) days after Owner shall have paid Contractor therefor, provided however, that not more than …… per cent (90%) thereof shall be due until thirty-five (35) days after the entire work to be performed and completed under said contract shall have been completed to the satisfaction of Owners, and provided further that Contractor may retain sufficient moneys to fully pay and discharge any and all liens, stopnotices, attachments, garnishments and executions. Nothing herein is to be construed as preventing Contractor from paying to the Subcontractor all or any part of said price at any time hereafter as an advance or otherwise.*

Aus deutscher Sicht haben Klauseln, die den Werklohnanspruch an weitere Bedingungen als die Erbringung der Werkleistung koppeln, eine nur geringe Bedeutung. In angelsächsichen Rechtsordnungen sind hingegen derartige Klauseln nicht unüblich. Es muss dann jeweils der Klauselwortlaut ausgelegt werden, um zu klären, ob eine Fälligkeitsbedingung gewollt ist oder nicht.

Ein Gericht aus Kentucky hat z.B. entschieden, dass das Zahlungsversprechen ein bedingtes war, so dass Zahlung erst eingeklagt werden konnte, als die Bedingung eingetreten war[417]. In einem anderen Fall betreffend Architektenleistungen erkannte dasselbe Gericht[418], dass das Zahlungsversprechen „when I can make it convenient" dahin zu verstehen war, dass Zahlung innerhalb angemessener Zeit zu leisten war. Die auftraggebende Kirchengemeinde hatte im Zahlungsprozess eingewandt, der Architekt müsse warten, bis die Kirchengemeinde nach ihrem Ermessen bereit und in der Lage sei, das geplante Gebäude zu bezahlen und zu errichten. Ein Gericht aus Ohio[419] hat die Klausel „if and when funds are available" als eine echte Bedingung verstanden[420]. Andererseits hat der Supreme Court in Ohio[421] die Klausel „when I can make it convenient" als seine solche ausgelegt, die Zahlung innerhalb angemessener Zeit beinhalte.

Es ist deshalb angezeigt, sich näher mit der Analyse von Zahlungsklauseln zu beschäftigen. Im Wesentlichen geht es um Klauseln, die auf externe Ereignisse oder Umstände abstellen. Der Erfüllungszeitpunkt wird z.B. von der Vornahme einer anderen spezifischen Handlung abhängig gemacht, als sie von den Parteien selbst vereinbart wird zu unternehmen oder er wird von dem Eintritt eines Ereignisses abhängig ge-

---

415 Vgl. Klausel 14 FIDIC.

416 Klausel aus: Thomas Dyer Company v. Bishop International Engineering Company, 303 F2d 655: Der Besteller fiel in Insolvenz und der Generalunternehmer verweigerte die Zahlung offener Beträge unter Berufung auf das vom Subuntrenehmer übernommene Insolvenzrisiko.

417 Fox v. Buckingham, supra, 228 Ky. 176, 180–181, 14 S.W.2d 421 (Court of Appeals of Kentucky).

418 Mock v. Trustees of First Baptist Church of Newport, 252 Ky. 243, 67 S.W.2d 9, 94 A.L.R. 716 (Court of Appeals of Kentucky).

419 North Market Association, Inc. v. Case, 99 Ohio App. 187, 132 N.E.2d 122 (Court of Appeals of Ohio).

420 Ebenso Smith v. Shoemaker, 162 N.E. 2d 237 (Court of Common Pleas of Highland County, Ohio).

421 Lewis v. Tipton, 10 Ohio St. 88 (Supreme Court of Ohio).

macht, von dem die Parteien nicht vereinbaren, dass sie es auslösen. Die Neigung der US-amerikanischen Gerichte ist die, dass solange der Vertrag nicht deutlich aufzeigt, dass es sich um eine ausdrückliche Bedingung handelt, es sich bei der Verweisung auf eine solche Handlung um eine Vereinbarung zum Erfüllungszeitpunkt handelt, die keine echte Bedingung beinhaltet. Ist dies die Absicht der Parteien, führt der Umstand, dass das Ereignis nicht eintritt, nicht zur Schuldbefreiung sondern dazu, dass die Erfüllung innerhalb angemessener Zeit geschuldet wird[422].

Im vorstehenden Beispielsfall[423] hat das Gericht die Klausel als eine Zahlungsmodalität und nicht als Bedingung gewürdigt. Zahlungsbedingungen bedürfen nach Auffassung des Gerichts einer ausdrücklichen und eindeutigen Regelung[424]. Das Gericht begründete seine Auffassung damit, dass das übliche Risiko einer Bestellerinsolvenz beim Hauptunternehmer liegt und das seine abweichende Regelung explizit erfolgen hätten müssen. Auf der Grundlage des Sachverhalts ging das Gericht davon aus, die Parteien hätten schlicht die Absicht gehabt, dass der Subunternehmer für die Arbeit und das Material bezahlt werden solle. Dies – so das Gericht – entspreche dem normalen Verständnis der Situation[425].

Das Vorstehende belegt, dass im Einzelfall sehr sorgfältig gewürdigt werden muss, welchen Inhalt Zahlungsklauseln haben. Die FIDIC-Bedingungen sehen z.B. in Unterklausel 20.1 eine echte Zahlungsbedingung vor. Gewollt ist, dass der Unternehmer etwaige Ansprüche auf zusätzliche Vergütung in einem speziellen Verfahren geltend macht. Ignoriert der Unternehmer die Verfahrensanforderungen (rechtzeitige Claim Notice, zeitnahe Aufzeichnungen, etc.), kommt der behauptete Anspruch (considered claim) nicht zum Tragen[426]. Für die Gerichts- und Schiedsgerichtspraxis dürfte es auch von Bedeutung sein, dass das FIDIC-Vertragswerk Zahlungen davon abhängig macht, dass der Engineer (Klausel 3 FIDIC Red Book) eine Zahlungsbescheinigung im Sinne der Unterklausel 14.6 FIDIC ausstellt. Hintergrund ist, dass der Besteller nur im Zertifizierungsverfahren aufrechnen kann. Der Unternehmer profitiert wiederum von dieser Regelung, weil „wilde“ Aufrechnungen und Einbehalte wegen Unterklausel 2.5 FIDIC ausgeschlossen sind[427]. Entscheidungen der Gerichte können also nur unter dem Vorbehalt ergehen, dass ausgeurteilte Zahlungsansprüche in das Zertifizierungsverfahren einfließen müssen. Anderenfalls liefe Unterklausel 2.5 FIDIC leer. Der vertraglich vereinbarte Engineer muss über die FIDIC-Unterklauseln 20.1, 14.6 verfahren, sobald ein Anspruch ausgeurteilt ist. Für Schlusszahlungen ist ein besonderes Verfahren vorgesehen (vgl. Unterklausel 14.11 FIDIC).

---

422 Mock v. Trustees of First Baptist Church of Newport, supra, 252 Ky. 243, 67 S.W.2d 9, 94 A.L.R. 716.

423 Thomas Dyer Company v. Bishop International Engineering Company, 303 F2d 655.

424 Thomas Dyer Company v. Bishop International Engineering Company, 303 F2d 655 unter Bezugnahme auf North American Graphite Corp. v. Allan, 87 U.S.App.D.C. 154, 184 F.2d 387, 390.

425 Thomas Dyer Company v. Bishop International Engineering Company, 303 F2d 655.

426 Klausel 53 FIDIC 1987 schließt Ansprüche aus, wenn sie zu spät angemeldet wurden oder zeitnahe Aufzeichnungen fehlen. Unterklausel 20.1 FIDIC 1999 schließt hingegen lediglich den verspätet angemeldeten Anspruch aus. Fehlende zeitnahe Aufzeichnungen können im Einzelfall hingenommen werden. Sie sind kein Anspruchsvoraussetzung. Siehe zu dieser differenzierenden Auslegung National Insurance Property Development Co Ltd v. NH International (Carribean) Ltd, High Court of Trinidad and Tobago, Uretil vom 21.10.2009 (Claim No CV2008-04881).

427 Eine etwas bedenkliche Auslegung der Unterklausel 2.5 FIDIC hat das Schiedsgericht im Fall National Insurance Property Development Co Ltd v. NH International (Carribean) Ltd, High Court of Trinidad and Tobago, Urteil vom 21.10.2009 (Claim No CV2008-04881) gewählt.

121 **15. Fortwirkende Klauseln (clauses survivant le contrat).** Gegenstand eines Vertrages ist in der Regel die Lieferung von Waren und Dienstleistungen. Sind die Hauptpflichten erfüllt, ist der Vertrag quasi erledigt. Doch insbesondere bei komplexen Sachverhalten und Leistungsbeziehungen, setzt sich die Rechtsbeziehung über die reine Erfüllung der Hauptpflichten fort. Klassisches Beispiel sind die Mängelgewährleistungsverpflichtungen und -ansprüche. Im belgischen und französischen Recht etwa bereitet die sog. „décennale" besondere Schwierigkeiten, denn die Haftung nach der „décennale" besteht unabhängig von der Kenntnis von Mängeln und die Abnahme beendet die Haftung auch nicht ansatzweise. Der zwingende Charakter dieser Regelungen schließt vertragliche Haftungserleichterungen aus. Nachvertragliche Verpflichtungen können aber auch in Bezug auf Know-how, die Vertraulichkeit gewonnener Erkenntnisse, die Herausgabe von Plänen und Unterlagen sowie von Sicherheiten bestehen. Auch werden häufig nachvertragliche Wettbewerbsverbote vereinbart. Schließlich sind die vertraglichen Streiterledigungsklauseln (Mediations-, Dispute Adjudication- und Schiedsgerichtsklauseln) zu nennen, die auch nach Abnahme des Werkes fortgelten. Viele Fragen nach dem Bestehen solcher nachwirkender Verpflichtungen, ihrer Durchsetzbarkeit und der Sanktionen im Falle der Nichterfüllung sind wenig untersucht. Es empfiehlt sich, die Interessen ausdrücklich zu regeln und Sanktionen vorzusehen, die die Einhaltung der nachvertraglichen Verpflichtungen gewährleisten.

III. Überblick über die FIDIC-Bedingungen (1999)[428]

Schrifttum

Baker/Mellors/Chalmers/Lavers, FIDIC Contracts: Law and Practise, London 2010, Goedel, Die Neufassung der FIDIC-Bauvertragsbedingungen vom März 1977, ZfBR 1978, 10 ff., 41 ff.; Goedel, The EIC Turnkey Contract – A Comparison with the FIDIC Orange Book, ICLR 1997, 33 ff.; Mallmann, Neue FIDIC-Standardbedingungen für Bau- und Anlagenverträge, RIW 2000, 532 ff.; Mallmann, Bau- und Anlagenbauverträge nach den FIDIC-Standardbedingungen, München 2002 (Diss); Kehlenbach, Die neuen FIDIC-Musterbauverträge, ZfBR 1999, 291 ff.; Hök, Zur Absicherung der Verpflichtungen aus einem FIDIC-Bauvertrag durch Bankgarantien und Bürgschaften in der internationalen Praxis, ZfBR 2003, 527 ff.; Hök, Internationales Vergaberecht der Weltbank für Bau und Anlagenbau auf der Grundlage von FIDIC- und ENAA-Musterverträgen, ZfBR 2004, 731; Hök, Zugang zu internationalen Großbauvorhaben nach FIDIC, BauRB 2003, 190; Hök, FIDIC Design, Build & Operate Form, the Gold Book, ZfBR 2009, 213 Hök, FIDIC Design, Build & Operate Form, the Gold Book, ZfBR 2009, 213; Hök/Jaeger, FIDIC Conditions of Contract for Design, Build and Operate Projects, First Edition 2008 – A New Approach, ICLR 2010, 36; Hök, The FIDIC Red Book „Harmonised Version" as a Variation of the FIDIC Red Book 1999 and the Standard Bidding Formulas of the World Bank Bidding Documents 2005, ICLR 2006, 405 ff.; Kus/Markus/Steding, FIDIC's new Silver Book under the German Standard Form Contracts Act, ICLR 1999, 533 ff.; Lange/Rogers, Musterbriefe für den Auslandsbau unter besonderer Berücksichtigung der FIDIC-Bauvertragsbedingungen, Wiesbaden 1994; Petersen, Vente d'ensembles industriels et Conditions FIDIC, Dr.prat.com.int. 1978, 221 ff.; Le Goff, A new standard for international turn key contracts: the FIDIC Silver Book, RD aff. Int. 2002/2,151; Cazalet/Reece, Le nouveau livre jaune de la FIDIC, RD aff. Int. 2000/7, 815

122 **1. Einführung.** FIDIC ist ein international ausgerichteter Berufsverband von Ingenieuren mit Sitz in Genf mit weltweiten nationalen Mitgliedsverbänden[429]. In FIDIC sind die nationalen Verbände der Beratenden Ingenieure organisiert. Deutschland wird von dem VBI (Verband der Beratenden Ingenieure) vertreten. FIDIC ist mithin eine private Organisation, keine supranationale Einrichtung mit Rechtssetzungskompetenz. Die FIDIC-Bedingungen gehören auch nicht zu einer mehr oder weniger definierbaren lex mercatoria

---

[428] Die FIDIC Bedingungen 1987 sind weiter in Gebrauch und werden eigenständig dargestellt (vgl. § 20).
[429] Vgl. auch Hök BauRB 2003, 190.

(einem allgemeingültigen Welthandelsrecht)[430], wenngleich das FIDIC-Vertragswerk zweifelsohne in weiten Bereichen international anerkannte Standards widerspiegelt. Zwar wird bereits seit geraumer Zeit diskutiert, dass die FIDIC-Verträge eine Art *lex mercatoria* abbilden[431], doch hierzu fehlt es doch an grundlegenden Voraussetzungen, die erst dann gegeben wären, wenn es sich um ein Regelwerk handeln würde, das sich aufgrund seiner Schlichtheit und Vorhersehbarkeit quasi automatisch aufdrängt[432]. Bislang fehlt es insoweit vor allem an einer akzeptablen Regelungsdichte in den Bereichen der nachvertraglichen Mängelhaftung oder in den Bereichen des Wegfalls der Geschäftsgrundlage und verwandten Instituten anderer Rechtsordnungen. Der Schwerpunkt des Vertragswerkes liegt in der Bauabwicklung aus Ingenieursicht. Das Vertragswerk grenzt Risikosphären ab und regelt die Verfahren in Bezug auf Ansprüche, Dokumentation, Bauablaufplanung, Zahlungsfreigaben, Anordnungen, Leistungsänderungen, Tests und die Mängelbehebung. Es wird weltweit verwendet. Somit handelt es sich aus deutscher Sicht bei dem FIDIC-Regelwerk um Allgemeine Geschäftsbedingungen im Sinne der §§ 305 ff. BGB. Das Klauselwerk muss vereinbart werden. Anderenfalls gilt es nicht, weder in Gänze noch in Teilen. In der Praxis wird allerdings häufig lediglich auf das Vertragswerk verwiesen und den Bietungsunterlagen nicht beigefügt. Stets sollte sorgfältig hinterfragt werden, welches FIDIC Vertragswerk einbezogen wird. FIDIC ist nicht gleich FIDIC.

Die FIDIC-Bedingungen (im Sinne der von FIDIC empfohlenen unterschiedlichen Vertragswerke) waren in Deutschland lange Zeit weitgehend unbekannt. Erst seit einigen Jahren öffnen sich die Universitäten, Fachhochschulen und Verbände für das Thema. Seit der Öffnung der osteuropäischen Märkte haben sich die FIDIC-Bedingungen jedoch auch in Europa rasant verbreitet. In Polen, Tschechien, Ungarn, Bulgarien und Rumänien, in den baltischen Staaten und in Russland aber auch der Türkei sind die FIDIC-Bedingungen häufig in Gebrauch[433]. Hinzu kommen weite Teile Asiens (vor allem China und Indien und die Golfstaaten, z.B. Qatar und Oman) sowie einzelne Märkte in Afrika (Botswana, Tansania, Südafrika). In Polen und Rumänien wird oftmals die Vergabe öffentlicher Bauaufträge an die FIDIC-Bedingungen geknüpft, was dadurch erleichtert wird, dass es polnische und rumänische Übersetzungen der Bedingungen gibt. Es existieren in Polen zudem Schulungs- und Maßnahmenprogramme, um die FIDIC-Baubedingungen für die Praxis bekannt zu machen. Die SIDIR (der nationale polnische Ingenieurverband) akkreditiert sog. FIDIC-Ingenieure. Dies hat einen triftigen wirtschaftlichen Hintergrund, denn bis November 2001 war Polen das Land, in das mit Abstand die meisten Mittel aus den europäischen Progammen PHARE und ISPA flossen (im Jahr 2000 wurden für Umweltmaßnahmen in Polen Mittel in Höhe von 133 Millionen Euro aus dem ISPA-Programm gebunden)[434]. In den letzten Jahren gingen die Mittel überwiegend nach Bulgarien und Rumänien. Gegenwärtig kommen Maßnahmen im früheren Jugoslawien hinzu. Die Verbreitung der FIDIC-Vertragswerke wird vor allem von den multilateralen Entwicklungsbanken unterstützt, die das FIDIC Red Book 1999 als Grundlage für eine sogenannte „harmonisierte Version" verwenden, die für alle von den Entwicklungsbanken finanzierte Vorhaben zum Einsatz kommt. Diese harmonisierte Version der multilateralen Entwicklungsbanken (auch MDB harmonised Version genannt) hat den Stand Juni 2010. **123**

---

[430] Vgl. dazu Letterman, Unidroit's Principles, 266.
[431] Petersen, Dr.Prat.com.int. 1978, 221.
[432] Glavinis, Le contrat international de construction, Rn. 701.
[433] Vgl. Hök BauRB 2003, 190, 191.
[434] Vgl. dazu den sehr instruktiven Sonderbericht Nr. 5/2003 über die Finanzierung von Umweltprojekten in den Bewerberländern aus den Programmen PHARE und ISPA, zusammen mit den Antworten der Kommission, ABl Nr. C 167 v. 17.07.2003, 1–20.

124 **2. Eignung der FIDIC-Bedingungen.** FIDIC gibt seit Jahrzehnten Vertragsmuster heraus. Aktuell sind zwei Sätze von FIDIC-Bedingungen, und zwar zunächst die FIDIC-Bedingungen 1987 ff. (Red Book, Orange Book) und die FIDIC-Bedingungen 1999 (Red Book, Silver Book, Yellow Book, Green Book). Erstere hatten bis 2005 noch einen großen Anwendungsbereich, denn die Weltbank empfahl sie in ihren **Standard Bidding Documents** für Bauarbeiten (Standard Bidding Documents Works). Außerdem existieren zu diesen älteren FIDIC-Bedingungen (1987) eine Reihe von Übersetzungen in Landessprachen (z.B. Portugisisch, Russisch, Türkisch und Polnisch). Die neuen Bedingungen (1999) waren bis 2005 vor allem im freien Wirtschaftsverkehr im Vordringen. Erst seit 2005 nutzen die Weltbank und andere multilaterale Entwicklungsbanken die FIDIC Books 1999 in einer leicht modifizierten Form, die als *harmonised version* bekannt geworden ist.[435]. Im freien Wirtschaftsverkehr werden neben den Red Book- und Yellow-Book-Vertragsmustern namentlich das Silver Book, aber auch z.B. das Green Book gerne verwendet. Auch das FIDIC Gold Book, das 2008 erschienen ist, hat zwischenzeitlich Freunde gefunden.

125 Die FIDIC-Bedingungen 1999 sind auf Großbauvorhaben zugeschnitten. Drei Vertragstypen werden inzwischen unterschieden. Werden die Planungs- und Projektierungsleistungen seitens des Auftraggebers bzw. der von ihm beauftragten Ingenieure (und/oder Architekten) erbracht, ist das **Red Book** einschlägig. Der Auftragnehmer schuldet im Wesentlichen die Ausführung der vertraglich vorgegebenen Arbeitsleistungen. Im angelsächsischen Bereich überwiegt dagegen der klassische Design & Build-Vertrag in Form des **Yellow Book** oder des **Silver Book**. Seit 2008 existiert zudem das Design, Build & Operate-Vertragsmuster (auch Gold Book genannt), das den klassischen Design & Build-Vertragstyp mit einer Betriebs- und Unterhaltungsverpflichtung kombiniert, die sich an die Fertigstellung des Vorhabens anschließt und etwa 15 bis 30 Jahre umfassen kann[436]. Charakterisierend für das Red Book und das Yellow Book ist, dass im Zentrum der Aufgabenbewältigung ein externer (unabhängiger) Ingenieur steht, dessen Aufgabenbereich die unterschiedlichsten Aufgaben einschließt. Der Stellung des Ingenieurs (vgl. dazu Klausel 3 FIDIC Red Book 1999) und seinen Aufgaben widmen das Red Book und das Yellow Book jedenfalls breiten Raum[437], wobei anzumerken ist, dass der Umstand, dass die FIDIC-Bedingungen nur den Ingenieur erwähnen, wohl eher auf den Umstand zurückzuführen ist, dass die Architekten keine Internationale Vereinigung mit dem Range der FIDIC geschaffen haben als auf den Umstand, dass der Architekt entbehrlich wäre[438]. Die Rolle des vorbenannten Ingenieurs ist jedenfalls von ausschlaggebender Bedeutung für das Verständnis des Vertragsmusters und vor allem die Vertragsabwicklung. Ohne den Engineer ist eine Vertragsabwicklung nahezu undenkbar.

126 Die den FIDIC-Bedingungen eigentümliche Stellung des Ingenieurs, der einerseits Auftragnehmer des Bestellers ist und von diesem bezahlt wird, und der andererseits eine Aufgabe wahrnimmt, die sich aus dem Vertrag zwischen Besteller und Unternehmer ergibt, kann nur aus der Praxis des englischen and angelsächsischen Rechts erklärt werden. Aus englischer Sicht erfüllen Architekten und Ingenieure ihre Aufgabe entweder als Beauftragter des Bauherrn oder als **Vertragsadministrator** mit einer eigenen beruflichen Meinung. In letzterem Falle wird die Rolle des Architekten oder Ingenieurs sinngemäß wie folgt beschrieben[439]:

---

[435] Seit Juni 2010 existiert eine fortgeschriebene Version des FIDIC Red Book harmonised version.
[436] Siehe dazu Hök ZfBR 2009, 213 ff.
[437] Vgl. Nisja ICLR 2003, 230.
[438] So Budin, Guide pratique de l'exécution des contrats internationaux de construction, Chapitre I Rn. 2.
[439] Sutcliffe v. Thackrah [1974] 727, 737.

„Der Bauherr und der Unternehmer schließen ihren Vertrag mit dem Verständnis, dass der Architekt oder Ingenieur in allen diesbezüglichen Angelegenheiten in einer fairen und unparteiischen Weise handelt und dass es deshalb dem Vertrag zwischen dem Bauherrn und dem Architekten oder Ingenieur innewohnen muss, dass dieser nicht nur mit der gebührenden Sorgfalt und Fertigkeit handelt sondern dass er solche Entscheidungen fair treffen soll, so dass die Balance zwischen seinem Kunden und dem Unternehmer gewahrt bleibt.“

Es soll allerdings nicht verschwiegen werden, dass Lord Hoffmann in einer anderen Entscheidung[440] ausgeführt hat: „Er (gemeint ist der Architekt) ist ein professioneller Mann (professional man), kann aber kaum unabhängig genannt werden“.

In diesem Sinne ist der Ingenieur gemäß FIDIC-Bedingungen zu verstehen[441]. Eine seiner zentralen Aufgaben ist die der Leistungsfeststellung (im weiteren Sinne). Die FIDIC-Bedingungen arbeiten im Stil englischer Vertragsmuster mit einem ausgeprägten Zertifizierungswesen, mit dem die Zahlungsabwicklung, das Claim Management und die Ab- bzw. Übernahme bewältigt werden. In den meisten Fällen muss der Engineer auf der Grundlage vertraglicher Regelungen eine berufliche Meinung bilden.

3. Sprachliches Verständnis

Schrifftum

Mauro, Au carrefour des droits et des langues: la langue applicable au contrat, le risque linguistique, Gaz. Pal. 1988, 1 doctrine 214; Galonnier, Les difficultés linguistiques de contrat anglais, JCP (E) 1997, Cah. Dr. Entr. N° 6, 1 ff.; Chatillon, Droit et langue, RID comp. 2002, 687; Freitag, Sprachenzwang, Sprachenrisiko und Formanforderungen im IPR, IPRax 1999, 142; Sacco; Souvenirs d'un vieux comparatiste, ZEuP 2002, 727; Hök, Vertragsgestaltung mit Auslandsbezug – Rechtliche und sprachliche Besonderheiten bei der Mandatsbetreuung, MDR 2003, 672; Hök, Zur Sprachregelung in den FIDIC-Verträgen, ZfBR 2005, 332; Hök, Zur Vertragsredaktion und -auslegung im grenzüberschreitenden Geschäft, ZAP 2007, Fach 25, 211;Landbrecht, Ein Sonderprivatrecht für internationale Verträge, RIW 2011, 291 ff.

Der beste Einstieg in das Sprachverständnis führt über ein Zitat von Oliver Wendell Holmes: „*A word is not a crystal, transparent and unchanged; it is the skin of a living thought and may vary greatly in color and content according to the circumstances and time in which it is used*“[442]. Die FIDIC-Bedingungen sind in Englisch abgefasst und in ihrer Terminologie und ihren Grundansätzen dem anglo-amerikanischen Recht sehr verwandt[443]. Hieran erinnern z.B. äußerlich die Begriffsdefinitionen zu Beginn der Bedingungen[444]. Inhaltlich ist die an die englische Tradition anknüpfende herausragende Stellung des beratenden Ingenieurs (the Engineer) hervorzuheben, die auch in der Neuauflage der FIDIC-Bedingungen (1999) kaum geändert wurde. Das FIDIC-Regelungswerk erschließt sich also schon formal nur dem der englischen Sprache Mächtigen. Einzelne Rechtsinstitute und Regelungsansätze setzen zudem Kenntnisse des englischen 127

---

[440] Vgl. Beaufort Developments Ltd. v. Gilbert Ash Ltd [1998] 2 All E.R. 778, 786.

[441] Vgl. Chitty on contracts, 28. Auflage, 1999, Rn. 37-182, dort allerdings noch zu den alten Bedingungen. In der 29. Auflage werden die FIDIC Bedingungen bei Chitty on Contracts, Rn. 37-186 nicht mehr als Beispiel zitiert, sondern statt dessen ICE, 7. Auflage, Klausel 14 (2) und ICE, 7. Auflage, Klausel 65 (1) sowie JCT 80 Klausel 27.1.4.

[442] Übersetzung: Ein Wort ist kein transparenter und unveränderlicher Kristall, es ist die Hülle eines lebendigen Gedankens und kann je nach den Umständen und der Zeit, in der es genutzt wird, farblich und inhaltlich variieren.

[443] Letterman, Unidroit's Principles, 337.

[444] Mallmann, Bau- und Anlagenbauverträge nach den FIDIC-Vertragsbedingungen, 2002, S. 50.

Rechts voraus (z.B. zum Zusammenspiel von „Time Extension“ und „Liquidated Damages“). Dies muss bei der Auslegung der Klauseln und der Ermittlung ihrer Aussagekraft und Bedeutung berücksichtigt werden[445]. Die Verwendung der FIDIC-Bedingungen birgt also ein großes Verständnisrisiko in sich. Solche sprachlichen Risiken dürfen nicht außer Acht gelassen werden. In der Regel wird das Sprachrisiko von dem Vertragsstatut (dem auf den Vertrag anwendbaren Recht) verteilt[446]. **Fehlerquellen** gibt es viele[447]:

- Übersetzungsfehler (Taking-Over wird mit Abnahme übersetzt, ohne zu warnen, dass nicht die Abnahme im Sinne des § 640 BGB gemeint ist)[448]
- Mehrdeutigkeiten (Force Majeure wird mit höherer Gewalt gleichgestellt, ohne den wahren Inhalt zu prüfen).
- Systemunterschiede (Ingenieur (*Engineer*) wird im Sinne einer Berufsbezeichnung verstanden).
- *Defects Notification Period* wird als Mängelgewährleistungsfrist missverstanden.
- Voreilige Schlüsse (das englische Adjektiv „prompt“ wird mit unverzüglich übersetzt, wobei der Begriff unverzüglich gesetzlich definiert ist).
- Unübersetzbarkeit (der Auslegungsspielraum im Verb „*may*“).
- *Extension of Time* wird aus dem vertraglichen Kontext entkoppelt.
- Das FIDIC-Claim-Konzept wird nicht hinterfragt (Die Ausschlussfrist in Unterklausel 20.1 wird im Sinne einer Verkürzung von Verjährungsfristen verstanden; von solchen Missverständnissen in Mainland China wurde z.B. auch auf der IBC Users′ Conference 2010 in Peking berichtet)[449].

128 Ausdrückliche Vereinbarungen zur **Vertragssprache** sind grundsätzlich zu empfehlen. Nicht immer sind solche Vereinbarungen wirksam[450]. Im Rahmen von FIDIC-Verträgen sind solche Vereinbarungen grundsätzlich entbehrlich, es sei denn der Vertrag ist in verschiedenen Sprachen abgefasst[451]. Vertragssprache und **Kommunikationssprache** müssen nicht identisch sein, wie sich aus Unterklausel 1.4 FIDIC ergibt. Es sollte in FIDIC-Verträgen darauf geachtet werden, dass mit der Kommunikationssprache zugleich die Gerichtssprache festgelegt wird (vgl. Unterklausel 20.6 FIDIC).

Mit **Übersetzungen** ist jedenfalls sehr vorsichtig umzugehen, denn durch die Verwendung von Begriffen der Übersetzungszielsprache, die in dieser Sprache eindeutig (juristisch) belegt sind, können sich Ungenauigkeiten einschleichen[452], zumal auch die englische Sprache keine Einheitssprache mehr ist[453]. Sich auf der Grundlage einer kontinentalen Rechtsordnung systematisch in Englisch auszudrücken, führt notwendigerweise zu einer Deformation der ursprünglichen konzeptionellen Ansätze und Ideen[454].

[445] Vgl. RGZ 39, 65, 67 zur Auslegung eines Begriffes aus der englischen Rechtsordnung.

[446] OLG Stuttgart RIW 1989, 56; AG Langenfeld IPRspr. 1998 Nr. 31; Reithmann/Martiny/Martiny, Internationales Vertragsrecht, Rn. 274.

[447] Vgl. Triebel/Balthasar NJW 2004, 2189 ff.

[448] Siehe dazu auch Hillig, Die Mängelhaftung des Bauunternehmers im deutschen und englischen Recht, 195 ff.

[449] Siehe dazu Gaymark Investments v. Walter Construction Group 1999 NTSC 143; Multiplex Constructions (UK) v. Honeywell Control Systems Ltd (No 2) [2007] EWHC 447 (6 March 2007); Steria Ltd v. Sigma Wireless Communications Ltd [2007] EWHC 3454 (TCC) (15 November 2007).

[450] Frankreich (wirksam): Cass.com., 11.03.1997 Bull.civ. 1997 IV n° 66 (für internationale Verträge), vgl. aber Loi Toubon Nr. 94-665 vom 4.08.1994.

[451] FIDIC, Contracts Guide, S. 60.

[452] Vgl. Galonnier JCP (E) 1997, Cah. Dr. Entr. N° 6, 1 ff.; Mauro Gaz. Pal. 1988, 1, doctrine 214.

[453] Le Tourneau, L'ingénierie, les transferts de technologie et de maîtrise industrielle, 165.

[454] Le Tourneau, L'ingénierie, les transferts de technologie et de maîtrise industrielle, 166.

Sprache ist immer auch Ausdruck einer kulturellen Entwicklung und Einstellung. Sie lässt sich nicht beliebig umfärben.

Beispiel: In den FIDIC-Bedingungen wird der Begriff „Force Majeure" verwandt (vgl. Unterklausel 19.1 FIDIC 1999). Die Bedeutung des Begriffes variiert von Rechtsordnung zu Rechtsordnung[455]. Der in den FIDIC-Bedingungen verwendete Begriff meint keinesfalls die Voraussetzungen und Rechtsfolgen der Force Majeure des französischen Rechts[456]. Dort wird Force Majeure eher restriktiv verstanden[457]. Im Common Law setzt z.B. „frustration" nicht zwingend Unvorhersehbarkeit voraus[458]. Auf dem Kontinent ist das in der Regel anders[459].

Beispiel: „Return of equity" bedeutet mitnichten „Rückkehr von Gerechtigkeit" sondern die Rentabilität des Eigenkapitals[460].

Beispiel: *Unverzüglich* im Sinne des deutschen Rechts (§ 121 BGB) darf nicht ohne weiteres im Sinne von *prompt* oder *forthwith* oder *as soon as practicable* übersetzt werden[461].

Force Majeure ist in vielen Fällen der einzige Einwand, mit dem sich der Unternehmer verteidigen kann, zumal dann, wenn das Vertragsstatut keine Vertragsanpassungsregeln für Unvorgesehenes oder Erschwerungen bereithält[462]. In der Praxis helfen solche Klauseln jedoch nur bedingt weiter[463]. Um der Gefahr nachhaltiger Veränderungen zu begegnen, kommen daher in der Praxis verschiedentlich sog. **Nachbesserungsklauseln** vor, deren Durchsetzbarkeit aber fraglich ist, wenn kein ausreichender Rechtsschutz besteht, etwa weil die Schiedsgerichtsklausel zu eng gefasst ist[464]. Übersetzungsschwierigkeiten sind in diesem Bereich angesichts unterschiedlicher systematischer Ansätze und Wortbedeutung an der Tagesordnung (z.B. wird „act of god" fälschlich zu weit mit **Akt höherer Gewalt** übersetzt[465]). **129**

Das deutsche Recht geht traditionell sehr differenziert an Leistungsstörungen heran. Es unterscheidet in Unmöglichkeit, Verzug und positive Vertragsverletzung. Die mangelhafte Lieferung und Leistung ist Gegenstand besonderer Regelungen. Mindestens begrifflich hat sich an dieser Differenzierung auch nach der Schuldrechtsreform nichts geändert. „Breach of contract" verpflichtet zur Leistung von Schadensersatz. Voraussetzung ist lediglich die Nichterfüllung der konkreten Vertragspflicht. Der Anspruch entfällt nur dann, wenn er vertraglich abbedungen ist. Dagegen besteht die Haftung für fehlerhafte Vertragserfüllung nach deutschem, französischem und spanischem Recht grundsätzlich nur dann, wenn der Vertragsverletzung ein Verschulden zugrunde liegt. Hinsichtlich der Anforderungen und der Ausprägung dieses Merkmales sind allerdings **130**

---

455 Allery, Overseas Supply and Installation Contracts, Rn. 16-14.
456 Vgl. Le Tourneau, L'ingénierie, les transferts de technologie et de maîtrise industrielle, 165.
457 Allery, Overseas Supply and Installation Contracts, Rn. 16-14.
458 W.J. Ratem Ltd. V. Gamboa [1938] 3 All. ER 135.
459 Vgl. Allery, Overseas Supply and Installation Contracts, Rn. 16-14.
460 Vgl. Le Tourneau, L'ingénierie, les transferts de technologie et de maîtrise industrielle, 165.
461 Zur Auslegung des Begriffs „forthwith" durch australische Gerichte siehe BMD Major Projects Pty Ltd v. Victorian Urban Development Authority [2007] VSC 409 (19 October 2007). Dort sah eine Klausel vor: *The ... may give forthwith notice tot he Superintendent that ... has become aware of a latent condition.*
462 Vgl. Berger in: Rechtsprobleme von Auslandsinvestitionen, 65, 67.
463 Vgl. Berger in: Rechtsprobleme von Auslandsinvestitionen, 65, 69; Triebel/Balthasar NJW 2004, 2189, 2191.
464 Vgl. Berger in: Rechtsprobleme von Auslandsinvestitionen, 65, 74.
465 Triebel/Balthasar NJW 2004, 2189, 2191.

in den genannten Rechtsordnungen erhebliche Unterschiede festzustellen[466]. In Bezug auf die Gewährleistung entfällt jedoch nach deutschem Recht die Voraussetzung des Verschuldens. Insofern haftet der Hersteller oder Lieferant verschuldensunabhängig.

Die FIDIC-Bedingungen regeln die sog. „Defects Liability" in Klausel 11. Der Begriff wird hier mit Mängelgewährleistung übersetzt. Die Übersetzung beinhaltet bereits eine sehr weitgehende Interpretation. Streng genommen ist „Defects Liability" etwas anderes als Mängelgewährleistung[467]. Das Common Law bezeichnet jede Nichterfüllung einer Vertragspflicht als „breach of contract". Ins Französische wird Mängelgewährleistung mit „garantie pour vices" übersetzt. Seit der Neuregelung des deutschen Schuldrechts sind aber haftungsbeschränkende Klauseln in Bezug auf Garantien (im Sinne des deutschen Rechts) wirkungslos (§ 639 BGB). Die Neuregelung wirft Wirksamkeitszweifel auf die Haftungsbegrenzungsregeln (vgl. Unterklausel 17.6) in den FIDIC-Bedingungen[468]. Die Reform von § § 639 BGB hat die Probleme jedoch zwischenzeitlich entschärft. Es wird zur Risikoreduzierung vorgeschlagen, in den Vertragsbedingungen deutlich zu machen, dass die Parteien ein individuelles Haftungssystem schaffen wollen und dass alle Garantien in dem Vertrag in diesem Lichte zu sehen sind, sowie dass sie nicht voneinander unabhängig gelten sollen[469]. Im FIDIC-Kontext aber bedeutet „Defects Liablity" noch einmal etwas anderes, „Defects Liablity" im Sinne der vorstehenden Klausel 11 bezeichnet eine zusätzliche – rein vertraglich zu verstehende – Periode, innerhalb derer der Unternehmer verpflichtet ist, Restarbeiten zu erledigen und Mängel zu beheben. Erst hiernach schließt sich die (gesetzliche) Mängelgewährleistung (nach Maßgabe des Vertragsstatuts) oder „Defects Liablity" an[470].

131 Auch im französischen Recht erlischt die Haftung für „*vices*" mit der Abnahme (im FIDIC-Vertrag ist das der Zeitpunkt zu dem das Performance Certificate erteilt wird), es sei denn es handelt sich um sog. „*vices chachés*" (verdeckte Mängel). Eine Ausnahme besteht im Rahmen der sog. „Décennale", innerhalb derer auch offenkundig bei Abnahme bestehende Mängel abgestellt werden müssen.

„*Duty of best efforts*" korrespondiert in etwa mit der französischen „obligation de moyen"[471], also einer gegenüber der „obligation de résultat" weniger strengen Haftung. Der Maßstab „fit for purpose" führt im Bereich der Planung in eine Erfolgshaftung, die zwar vom deustchen Recht qua Anwendung des Werkvertragsrechts imlpiziert ist, aber in England besonders geregelt werden muss, weil anderenfalls nur der Standard „skill and care" gilt.

132 Der Standard „fit for purpose" ist international sehr gefragt und wird häufig gefordert[472]. Der Unternehmer übernimmt damit aus anglo-amerikanischer Sicht eine verschuldensunabhängige Haftung für das Erreichen der Planungsziele[473]. Die aktuellen FIDIC-Muster verwenden den Begriff nur partiell ausdrücklich (vgl. Unterklausel 4.1 Yellow Book, Unterklausel 4.1 (c) Red Book). Die Bedeutung des Begriffes in einem dem deutschen Recht unterliegenden Vertrag muss durch Auslegung ermittelt werden.

---

466 Rouhette, Principes du droit européen du contrat, Art. 8:101 Note 2.
467 Rouhette, Principes du droit européen du contrat, Art. 8:101 Note 1.
468 Vgl. Beaumart ICLR 2004, 21, 28.
469 Beaumart ICLR 2004, 21, 29.
470 Vgl. Burton-Dixie Corp v. Timothy McCarthy Construction Company 436 F.2d 405.
471 Le Tourneau, L'ingénierie, les transferts de technologie et de maîtrise industrielle, 165.
472 Delmon/Scriven ICLR 2001, 240, 247; vgl. auch Allery, Overseas Supply and Installation Contracts, Rn. 17-14.
473 Uff, Construction law, 277.

Dies kann und muss unter Berücksichtigung seines englischen Ursprunges geschehen. Im englischen Recht ist „fit for purpose" ein zentraler Begriff, der aus dem Kaufrecht stammt. „*Reasonably fit for purpose*" deckt die Zwecke ab, für die das Gut üblicherweise geliefert wird, zugleich aber auch die, die dem Verkäufer genannt wurden[474]. Die Eignung für eine unvorhersehbare Nutzung oder eine anormale spezielle Nutzung ist nicht geschuldet[475]. Im Baurecht wird der Begriff „*fit for purpose*" ähnlich verstanden. Der Unternehmer schuldet z.B. nach JCT 98 im Rahmen der „Practical Completion" fitness for all practical purposes[476]. Besondere Bedeutung erlangt der Begriff im Ingenieurbau, d.h. wenn der berufliche Standard lediglich „due skill and care" ist. Im Design & Build Contract ist dagegen in Bezug auf die Planung regelmäßig „fit for purpose" geschuldet[477]. Im deutschen Recht hat der Begriff „fit for purpose" daher letztlich seine Entsprechung in § 633 Abs. 2 Nr. 1 BGB. Seine Verwendung löst also keine strengeren Rechtsfolgen aus als sie im Gesetz vorgesehen sind. Wird er allerdings im Kontext mit einem englischsprachigen „engineering contracts" verwendet, kann nicht ausgeschlossen werden, dass deutsche Gerichte dem Begriff eine Art Garantieinhalt geben, obgleich sich seine Primärfunktion darin erschöpft, eine im Kern dienstvertraglichen Leistungspflicht in eine werkvertragliche abzuwandeln. Denn nach deutschem Recht stellt allenfalls die isolierte Planungsleistung einen Dienstvertrag dar. Beschränkt sich die Architektenleistung nicht nur auf die Fertigung des Vorentwurfs, des Entwurfs sund der Bauvorlage, sondern übernimmt der Architekt alle anderen Leistungen der HOAI, handelt es sich um einen Werkvertrag[478]. Auch die Übernahme der Vollarchitektur ist Werkvertrag[479], ebenso die isolierte Objektüberwachung[480] und das Planungs- und Fertigungscontrolling[481]. Mithin bedarf es im deutschen Baurecht keiner haftungsverschärfenden Korrekturen im Ingenieur- und Architektenvertrag. Das mit dem Werkvertrag übernommene Erfolgsrisiko bezieht sich auf die Ordnungsmäßigkeit und Vollständigkeit der Herstellung[482]. Das eigentliche Problem liegt darin, ob die Angaben in den Leistungsbeschreibungen und Leistungsverzeichnissen Garantiecharakter haben, denn der Gesetzgeber wollte den Begriff der zugesicherten Eigenschaft durch den Begriff der unselbständigen Garantie ersetzen[483]. Der neue Wortlaut des § 633 BGB deutet darauf hin, dass Leistungsverzeichnisse die vertraglich vorausgesetzte Beschaffenheit definieren. Erst wenn erkennbar wird, dass der Unternehmer für die Beschaffenheit einstehen will, auch wenn er nicht die Ursache dafür gesetzt hat, kann von einer Garantie ausgegangen werden[484].

Ergänzend sei darauf hingewiesen, dass der englische Begriff „*Warranty*" in Deutschland häufig unreflektiert verwendet wird. So wird z.B. „Gewährleistungszeit" mit „Warranty Term"[485] oder Gewährleistung mit „Warranty"[486] übersetzt. Richtiger ist **133**

474 Chitty on Contracts, Rn. 43-097.
475 Chitty on Contracts, Rn. 43-097.
476 Fellows/Fenn, JCT Standard Form of Building Contract, 46.
477 Allery, Overseas Supply and Installation Contracts, Rn. 17-14, wobei allerdings anzumerken ist, dass die Auffassung von Allery nicht überall geteilt wird.
478 Eschenbruch, Recht der Projektsteuerung, Rn. 762.
479 BGHZ 31, 224.
480 BGH BauR 1982, 79.
481 BGH NJW-RR 1998, 1027.
482 Kapellmann/Schiffers, Vergütung, Nachträge und Behinderungsfolgen beim Bauvertrag, Band 2, Rn. 259.
483 BT-Drucks. 240/6040, 240.
484 Vgl. Palandt/Sprau, BGB, § 634 Rn. 25; Mundt NZBau 2003, 73, 77.
485 Stummel, Standardvertragsmuster zum Handels- und Gesellschaftsrecht Deutsch-Englisch, 345 (Bauentwicklungsvertrag für eine Industrieanlage).
486 Lange/Rogers, Musterbriefe in Englisch für den Aulandsbau, 76.

schon Gewährleistung mit „*warranty for defects*" zu übersetzen[487]. Der Begriff „*warranty*" ist einer der meist verwendeten Begriffe in englischen Rechtswörterbüchern[488]. In den Dictionaries wird ***Warranty*** als vertragliche Regelung definiert, die ein Recht auf Schadensersatz schafft, wenn gegen die Regelung verstoßen wird, die aber kein Recht zur Vertragsauflösung auslöst[489]. Tatsächlich wird der Begriff im Sinne eines vertraglichen Versprechens (zu Qualität, Zeit, etc.) begriffen[490]. In mehr technischer Hinsicht, dient er der Unterscheidung vertraglicher Pflichten in weniger wichtige und wesentliche Pflichten, denn danach richten sich im Falle des Verstoßes die Folgen (Schadensersatz oder Vertragsauflösung)[491]. Daneben existieren die sog. „*collateral warranties*". Dabei handelt es sich um ein unabhängiges Versprechen, das neben oder in Ergänzung zu einem Vertrag (entweder gegenüber dem Vertragspartner oder auch gegenüber einem Dritten) selbständig abgegeben wird[492]. Da die englische Vertragshaftung verschuldensunabhängig ist, läuft man schnell Gefahr, den Begriff im Sinne eines Garantieversprechens miss zu deuten. Doch eigentlich beschreibt der Begriff nur einen Qualifikationsvorgang. Was daher im Einzelfall wirklich gewollt ist, ergibt sich aus dem Inhalt der „*Warranty*" und den Umständen unter denen sie abgegeben wird. Im deutschen Recht ist eine besondere Erklärung zur Gewährleistung entbehrlich. Wer den Begriff „Warranty" verwendet, läuft Gefahr, dass sie im Ergebnis als „collateral warranty" verstanden wird, also als selbständiges Gewährleistungsversprechen, das naturgemäß als Ergänzung zur ohnehin bestehenden Gewährleistung verstanden wird. Damit liegt man nahe an einer unselbständigen Garantie im Sinne des § 639 BGB. Solch eine Garantie lässt sich – aus deutscher Sicht – nicht wieder einschränken[493]. In Verhandlungen mit amerikanischen Parteien wird der Begriff „*Warranty*" zudem häufig zur Festlegung wesentlicher Vertragsverpflichtungen verwendet[494].

134 **4. Anwendbares Recht.** Das FIDIC Red Book 1999 (Conditions of Contract for Civil Engineering Works), das FIDIC Silver Book 1999 (EPC & Turn Key Contract) und das FIDIC Yellow Book 1999 (Design & Build) sind umfangreiche Vertragskonditionen für Bauvorhaben im internationalen Geschäft[495]. Die aktuellen Vertragsbedingungen von 1999 stellen gegenüber der Vorgängerversion aus dem Jahr 1987 (FIDIC Red Book, 4. Auflage 1987) eine Neuentwicklung dar. Die Vertragsbedingungen aus dem Jahr 1999 greifen jedoch durchaus auf altbewährte Traditionen, Erfahrungen und Konzepte aus dem Common Law zurück, wenngleich auch das Civil Law Berücksichtigung fand (z.B. in Unterklausel 11.9 Red Book 1999). Zudem wurde vielfach der Wortlaut einzelner Unterklauseln aus der Vorgängerfassung 1987 entlehnt. Man kann also durchaus sagen, dass die FIDIC Bedingungen ursprünglich aus englischen Standardbedingungen entwickelt wurden und folglich dem Common Law sehr nahestehen[496]. Doch kann hieraus nicht abgeleitet werden, die Parteien wollten in Ermangelung einer ausdrücklichen Rechtswahlvereinbarung konkludent das englische Recht vereinbaren. Voraussetzung wäre, dass die Parteien mit Erklärungsbewusstsein auf die Vorschriften der englischen

[487] Lange, Wörterbuch Auslandsprojekte Deutsch-Englisch, 248.
[488] Finnegan v. Allen [1943] 1 K.B. 425 430.
[489] Murdoch's Dictionary of Irish Law, 850; Osborn's Concise Law Dictionary, 406.
[490] Vgl. Chitty on Contracts, Rn. 12-031.
[491] Vgl. Chitty on Contracts, Rn. 12-031.
[492] Vgl. Chitty on Contracts, Rn. 12-032.
[493] Vgl. zu den Schwierigkeiten im Anlagenbau Beaumart ICLR 2004, 21 ff.
[494] Vgl. Le Tourneau, L'ingénierie, les transferts de technologie et de maîtrise industrielle, Rn. 316.
[495] Vgl. auch Uff, Construction Law, 311.
[496] Letterman, Unidroit's Principles, 337; Uff, Construction Law, 311.

Rechtsordnung Bezug nehmen[497] oder sie auf die Anforderungen der englischen Rechtsordnung Rücksicht nehmen[498]. Gerade dies ist typischerweise nicht der Fall. Die FIDIC-Bedingungen werden von einer international besetzten Arbeitsgruppe entworfen. Typischerweise sind in die Bearbeitung der Vertragswerke Ingenieure aus allen Kontinenten eingebunden. Die FIDIC Vertragsmuster haben mithin einen internationalen und von einer Rechtsordnung unabhängigen Charakter[499].

Die Urheber des FIDIC-Vertragswerkes haben kein abschließendes Regelwerk geschaffen, das ausschließlich aus sich selbst heraus verstanden und abgewickelt werden kann. In Unterklausel 1.4 der Allgemeinen Bedingungen des Red Book heißt es: **135**

> Der Vertrag soll von dem Recht des Landes (oder einer anderen Jurisdiktion) beherrscht werden, das im Anhang zum Angebot bezeichnet ist[500].

Der Hinweis auf eine andere Jurisdiktion soll verdeutlichen, dass entweder das Recht eines Staates oder aber eines Teilstaates gemeint ist (Beispiel USA: Bundesrecht und das Recht der Bundesstaaten)[501]. In der FIDIC-Praxis findet sich die Angabe zum anwendbaren Vertragsrecht im *Appendix to Tender* oder in den *Contract Data*. Fehler folgen meist aus Unkenntnis, etwa wenn ignoriert wird, dass das Recht des Auftraggebers in unterschiedliche Rechtsordnungen zerfällt. Stets ist darauf zu achten, dass das Vertragsrecht nicht immer dem Recht entsprechen muss, das im Übrigen zu beachten ist (vgl. Unterklausel 1.13 FIDIC 1999). Bauordnungs-, Bauplanungs- und Umweltrecht sind stets dem Baustellenland zu entnehmen. Häufig gelten lokale Besonderheiten.

Die FIDIC-Bedingungen enthalten selbst keine Kollisionsregeln und sie schließen sie auch nicht aus. Auch andere Klauselwerke verweisen auf Rechtswahlvereinbarungen (vgl. die Turn-Key-Bedingungen der ORAGLIME, Art. 27.2). Sämtliche Standardverträge sind jedoch abhängig von nationalen Rechtsordnungen, wenn man einmal davon absieht, dass sie im Rahmen des Zulässigen der nationalen ordentlichen Gerichtsbarkeit zugunsten der Schiedsgerichtsbarkeit (weitgehend) entzogen werden können[502]. Doch auch Schiedsgerichte kommen letztlich nicht vollständig ohne gesetztes Kollisionsrecht und Sachrecht aus (vgl. 1051 Abs. 2 ZPO)[503]. Obgleich beispielsweise der französische Art. 1496 CPCN eigentlich keine kollisionsrechtlichen Erwägungen des Schiedsrichters zu verlangen scheint, verzichten französische Schiedsrichter nicht vollständig auf kollisionsrechtliche Überlegungen[504]. Letztlich müssen daher auch die FIDIC-Bedingungen **136**

---

497 Vgl. BGH NJW-RR 1996, 1034; BGH NJW-RR 1997, 686, 687; BGH NJW-RR 2000, 1002, 1004.

498 Vgl. BGH RIW 1992, 54, 55.

499 Siehe Lloyd ICLR 2007, 503, 505: *It is of course true that, as ... made clear in ..., the latest edition of the FIDIC Red Book has not yet rid itself of its origins in the UK ICE Conditions of Contract.* Vgl. auch Hök ICLR 2007, 271.

500 Der Anhang (Appendix to Tender) ist in den Conditions of Contract for Construction (Red Book) unter ii abgedruckt.

501 Vgl. Hinweise FIDIC Contracts Guide, 60 (Ziffer 1.4).

502 Nach § 1051 Abs. 3 ZPO besteht die Möglichkeit das Schiedsgericht zu ermächtigen, nach Billigkeit zu entscheiden.

503 Die FIDIC-Bedingungen enthalten in Klausel 20.6 eine Schiedsgerichtsklausel zugunsten der ICC. Die Schiedsgerichtsbedingungen der ICC erlauben den streitenden Parteien, das anzuwendende Recht frei zu wählen. Fehlt es an einer Parteivereinbarung, wendet das ICC-Schiedsgericht die Rechtsregeln an, die es für angemessen erachtet. Das öffnet den Weg in die Rechtsunsicherheit (vgl. Art. 17 ICC Schiedsgerichtsordnung 1998 = Art. 21 ICC Schiedsgerichtsordnung 2012).

504 Vgl. Berger IPRax 1993, 281, 286; vgl. auch Train, Les contrats liés devant l'arbitre du commerce international, Rn. 47 ff.

mit den nationalen Rechtsordnungen harmonieren, mit denen sie in Berührung kommen. Nationales IPR entscheidet darüber, mit welcher Rechtsordnung die Harmonie herzustellen ist[505]. Die anzuwendende Rechtsordnung wiederum bildet den Maßstab für die inhaltliche Kontrolle des Klauselwerkes. Im Einzelfall greift das IPR in die anzuwendende nationale Rechtsordnung ein, um bestimmte Standards des Gerichtsortes (gegenüber dem Vertragsstatut) durchzusetzen (vgl. Art. 27 Abs. 3, 34 EGBGB a.F., Art. 3, 9 Rom I).

137 Die FIDIC-Konzeption überlässt es den Parteien, das anzuwendende Recht vorzugeben. Üblicherweise bereitet der Auftraggeber den Anhang zum Angebot (Appendix to Tender, Contract Data) vor. Zu Unterklausel 1.4 FIDIC 1999 wird das Vertragsrecht (Govenonmg Law) eingetragen. Lücken kann der Aufttragnehmer auffüllen, soweit dies in den Bieterbedingungen gestattet wird. Das vorformulierte „Contract Agreement" erhebt das Angebotsschreiben (einschließlich Anhang zum Angebot bzw. Vertragsdaten) zum Vertragsinhalt. Hingegen ist im „Dispute Adjudication Agreement" eine gesonderte Rechtswahlklausel enthalten.

Gemäß Art. 27 Abs. 4 i.V.m. Art. 31 EGBGB a.F. (Art. 3 und 10 Rom I) beurteilt sich das Zustandekommen eines Vertrages nach dem Recht, das anzuwenden wäre, wenn der Vertrag wirksam wäre. Dies umfasst auch die Rechtswahl[506]. Mithin beurteilt sich die Frage, ob die Angaben im Appendix to Tender oder den Contract Data wirksam vereinbart wurden, nach dem Recht, was dort angegeben ist. Wenngleich der Vertrag grundsätzlich einem einheitlichen Statut unterliegt[507], so ist es doch zulässig, das Vertragsstatut zu spalten (vgl. Art. 27 Abs. 1 S. 3 EGBGB a.F., Art. 3 Abs. 1 Rom I). Das Vertragsrecht des Bauvertrages (Unterklausel 1.4 FIDIC 1999) und das auf das Dispute Adjudication Board Agreement anzuwenden Recht können folglich voneinander abweichen. Da grundsätzlich Parteiautonomie herrscht (vgl. aber Art. 27 Abs. 3 EGBGB, Art. 3 Abs. 3 Rom I), ist lediglich darauf zu achten, dass die Rechtswahl **ausdrücklich** erfolgt (Art. 27 Abs. 1 S. 2 EGBGB, Art. Abs. 1 S. 2 Rom I). Zwar kann sich die Rechtswahl auch aus den Bestimmungen des Vertrages oder den Umständen des Falles ergeben. Doch müssen dann **hinreichend sichere Anhaltspunkte** vorliegen (Art. 27 EGBGB a.F.) oder neuerdings muss sich die Rechtswahl **eindeutig** aus den Bestimmungen des Vertrages oder aus den Umständen des Falles ergeben (Art. 3 Abs. 1 S. 1 Rom I). Im Rahmen eiens FIDIC Vertrages sind grundsätzlich alle Vorkehrungen dafür getroffen, dass sich die Parteien über das anwendbare Recht ausdrücklich einigen. Das muss nicht immer das Recht des Baustellenlandes sein.

Wenn z.B. eine multilaterale Einrichtung den Auftrag erteilt, kann deren Sitzrecht vereinbart werden, schon um politischen Schwierigkeiten aus dem Weg zu gehen, z.B. wenn im Grenzgebiet zweier verfeindeter Staaten oder Bevölkerungegruppen gebaut wird.

138 Zu den wenigen Standardmustern, die eine **vorformulierte Rechtswahlklausel** enthalten, gehört das neue JCT Major Projects Form (JCT MPF). In Klausel 35.1 JCT MPF wird das englische Recht vereinbart. Der Vertrag soll nach englischem Recht beurteilt und ausgelegt (construed) werden.

139 Fehlt eine Rechtswahlklausel muss das anwendbare Recht über Art. 28 EGBGB (Art. 4 Rom I) ermittelt werden. Das Inkrafttreten der Verordnung Rom I macht eine doppelte Betrachtung erforderlich: Nach Maßgabe des **EGBGB** bestanden bzw. bestehen zwei Möglichkeiten. Entweder man kommt über Art. 28 Abs. 2 EGBGB a.F. zum Recht am

505 Vgl. zum Bauvertragsstatut eingehend § 4 9 ff.
506 Palandt/Thorn, BGB, 68. Auflage, Art. 31 EGBGB Rn. 1.
507 Vgl. Palandt/Thorn, BGB, 68. Auflage, Art. 32 EGBGB Rn. 1.

Sitz derjenigen Partei, die die vertragscharakteristische Leistung erbringt (der Regelfall), oder man kommt über Art. 28 Abs. 5 EGBGB a.F. (Art. 4 Abs. 3 Rom I) zu einer Lösung, die die standardisierte (aber widerlegliche) Vermutung des Art. 28 Abs. 2 EGBGB a.F. oder die Anküpfungen aus Art. 4 Abs. 1und 2 Rom I zugunsten anderer Anknüpfungspunkte verdrängt. Herrschend ist die Anknüpfung über Art. 28 Abs. 2 EGBGB und Art. 4 Abs. 1 Rom I, womit der Bauvertrag dem Recht am Sitz des Bauunternehmers unterliegt. Die Mindermeinung vertritt die Anknüpfung an den Baustellenort (Art. 28 Abs. 5 EGBGB a.F., Art. 4 Abs. 3 Rom I). Es ist jedoch unzulässig vereinfachend, den Baustellenort als isoliertes Kriterium hinzustellen und darauf zu verweisen, dass Art. 28 Abs. 2 EGBGB a.F. nicht darauf abstellt, wo die Leistung erbracht wird, sondern von wem[508]. Der Baustellenort ist Sammelpunkt verschiedener Interessen. Dies zeichnet ihn aus. An ihm wird die das Werk gerichtet, das vertraglich vereinbart wird. Hier kommt es zu der bautypischen vertikalen und horizontalen Arbeitsteilung, hier muss sich entscheiden, was ein Mangel ist und vor allem auch, wie der Werklohnanspruch des oder der Unternehmer durchgesetzt und besichert werden kann. Es ist geradezu widersinnig, den Unternehmen Mechanismen zu oktroyieren, die nicht mit dem lokalen Sachenrecht harmonieren oder Subunternehmerschutzregelungen in eine fremde Welt zu implantieren. Solange es nationale Rechtsordnungen gibt, die letztlich über das Schicksal des zu errichtenden Bauwerkes entscheiden, drängt im Grunde alles danach, deren Recht anzuwenden. Demgegenüber stehen Partikularinteressen des bauausführenden Unternehmens, die dem zu regelnden Bauprozess (also das jahrelange Kooperieren auf der Baustelle zwischen Auftraggeber und Unternehmer, Unternehmer und Subunternehmer, Architekt und Unternehmer sowie Subunternehmern sowie der staatlichen Bauaufsicht etc.) nicht gerecht werden, sondern allenfalls die gebündelten Interessen der am Bau beteiligten Personen und Unternehmen stören. Nach Maßgabe der Verordnung Rom I kommt man in den von der Verordnung typisiert erfassten Fällen direkt zu einem Ergebnis. Fällt der Vertragstyp unter keine der Regelungen in Art. 4 Abs. 1 Rom I, kommt man über Art. 4 Abs. 2 Rom I zum Recht am Sitz derjenigen Partei, die die vertragscharakteristische Leistung erbringt. Die engste Beziehung des Rechtsverhältnisses muss nur ermittelt werden, wenn das anwendbare Recht weder über Art. 4 Abs. 1 noch über Art, 4 Abs. 2 Rom I ermittelt werden kann (Art. 4 Abs. 4 Rom I).

Aufgrund der Regelung in Art. 35 Abs. 1 EGBGB kann es zwar zu keinen Rückverweisungen aufgrund unterschiedlicher nationaler Sichtweisen zur Anknüpfung des Bauvertrages kommen, doch lässt sich nicht immer exakt vorhersagen, welche Gerichte sich für zuständig erachten werden, so dass jedenfalls in der vorgerichtlichen Phase mindestens Unsicherheit über das anzuwendende Recht besteht, soweit andere Staaten dem Baustellenort mehr Gewicht beimessen als die deutschen Gerichte. Zu verweisen ist insofern auf die französische Rechtsprechung und Literatur, die bislang geneigt war, über Art. 4 Abs. 5 EVÜ den Baustellenort zu favorisieren[509]. Ob diese Rechtsprechung im Lichte der Verordnung Rom I Bestand haben wird, bleibt abzuwarten. Die Grundbedenken gegen eine starre Anknüpfung an den Sitz des Leistungserbringers bleiben jedenfalls erhalten. **140**

508 So Mallmann, Bau- und Anlagenverträge nach den FIDIC-Standardbedingungen, 2002, § 4 III.

509 TGI Poitiers, 22.12.1999, Rev.crit.dr.int.pr. 2001, 670; Jacquet/Delebecque/Corneloup, Droit du Commerce international, Rn. 645.

141 Das Vertragsstatut bildet jedoch keine unantastbare Einheit. Die Internationalität der zugrunde liegenden Sachverhalte einerseits und staatliche Vorbehalte andererseits führen in komplizierte Fragestellungen. Art. 27 Abs. 3 EGBGB (Art. 3 Abs. 3 Rom I) und Art. 34 EGBGB (Art. 9 Rom I) enthalten derartige Vorbehalte. Stellen die Parteien eines Vertragsverhältnisses den internationalen Bezug dadurch her, dass sie ein fremdes Recht wählen, unterstützt gar durch eine Gerichtsstandsklausel zugunsten der gewählten Rechtsordnung, darf hierdurch das zwingende Recht des Ausgangsstaates nicht abbedungen werden. Noch schärfer sind Art. 34 EGBGB a.F. und Art. 9 Rom I. Danach darf weder die Rechtswahl noch die objektive Anknüpfung nach Art. 28 EGBGB (Art. 4 Rom I) dazu führen, dass zwingende Bestimmungen des deutschen Rechts verdrängt werden. Schließlich enthält Art. 6 EGBGB a.F. (Art. 21 Rom I) den Auffangtatbestand des ordre public. Danach sind Rechtsnormen eines anderen Staates nicht anzuwenden, wenn ihre Anwendung zu einem Ergebnis führen würde, das mit den wesentlichen Grundsätzen des deutschen Rechts offensichtlich unvereinbar wäre. Hinzu tritt das der sachliche Anwendungsbereich der Art. 27 ff. EGBGB a.F. (Art. 3 ff. Rom I) im Ergebnis deutlich eingeschränkt ist. Die Kollisionsregeln bestehen nicht vorhabenbezogen. Sie bilden ein System, das aus verschiedenen Gründen sehr unterschiedliche Anknüpfungspunkte bereit hält. So sind sachenrechtliche Fragen nach der lex rei sitae (Art. 43 EGBGB)[510], deliktsrechtliche Fragen nach dem Tatortrecht oder ggf. nach dem Erfolgsort (Art. 40 EGBGB) oder nach Art. 4 Rom I der Ort, an dem Schaden eintritt und bereicherungsrechtliche Fragen entweder nach dem Recht, das auf das Leistungsverhältnis anzuwenden wäre oder nach dem Recht des Ortes, an dem der Eingriff stattgefunden hat (Art. 38 EGBGB, vgl. Art. 10 Rom II), zu beurteilen.

142 Die Baustelle unterliegt mithin unterschiedlichster Betrachtung. Die Handhabung einer Baustelle verlangt nach einer komplexen Sichtweise mit exakter Differenzierung der Einzelsachverhalte. Hinzu treten öffentlich-rechtliche Anforderungen an die Baustellensicherheit, auf Beachtung baupolizeilicher Bestimmungen (Bauwich etc.), gewerberechtliche Auflagen etc. (vgl. hierzu Klausel 17, 1.13 Red Book). Erschwert wird die Betrachtung durch Subunternehmerketten und versicherungsrechtliche Betrachtungen.

5. Auslegung

Schrifttum

Triebel/Balthasar, Auslegung englischsprachiger Vertragstexte unter deutschem Vertragsstatut-Fallstricke des Art. 32 Nr. 1 EGBGB, NJW 2004, 2189; Hök, Vertragsgestaltung mit Auslandsbezug – Rechtliche und sprachliche Besonderheiten bei der Mandatsbetreuung, MDR 2003, 672

143 Das Abfassen und das Auslegen eines FIDIC-Vertrages oder einer Willenserklärung mit Auslandsbezug setzt akademische oder praktische Erfahrung in der Rechtsvergleichung[511] voraus. Man muss gelernt haben oder lernen, gesetzliche Regeln, Definitionen und Konzepte der Lehre, die in der Praxis angewendeten Regeln, die richterrechtlichen Regeln und das akademische Beispiel voneinander zu unterscheiden und man muss sich die spezifischen Eigenheiten eines jeden Rechtssystems vor Augen halten (wie z.B. das Prinzip der „dissenting opinion“, das „distinguishing“, die Ausbildung der Juristen, die Bedeutung der Doktrin und ihre Auswirkungen auf die Ausbildung) und jeweils die Folgen für die juristische Interpretation beachten[512]. Das ungeschriebene Recht, Tradi-

---

[510] Vgl. zum Eigentum an eingebrachtem Baumaterial Klausel 7.7 des construction contract (Red Book).

[511] Vgl. zu diesem Begriff David/Jauffret-Spinosi, Les grands systèmes de droit contemporains, 9. Auflage, 1988, Rn. 1 ff.

[512] Vgl. Sacco ZEuP 2002, 727, 729.

tionen und Gebräuche dürfen keinesfalls außer Acht gelassen werden[513]. Zunächst aber sollte man sich mit den vertraglich vereinbarten Definitionen (vgl. Klausel 1 FIDIC) vertraut machen, die eine große Bedeutung für das Vertragsverständnis haben können und leider in der Praxis zu oft vernachlässigt werden.

Machen die Parteien den Vertrag oder Ansprüche aus dem Vertrag gerichtshängig, wird der Vertrag von einem Richter gewürdigt. Handelt es sich um einen Richter, der in der Sprache und unter Zugrundelegung der Rechtsordnung des Entwurfsverfassers arbeitet, ist ein gewisser Konsens nahezu zwangsläufig vorhanden, wenngleich unterschiedliche Auslegungen naturgemäß nicht immer zu vermeiden sind. Doch sind solche Fälle noch handhabbar. Kommt der Akt dagegen vor ein Gericht, das in einer anderen Sprache als der Entwurfssprache arbeitet und dessen Richter es nicht gewohnt sind, in der Rechtsordnung des Entwurfsverfassers zu arbeiten, sind richterliche Missverständnisse, Fehlinterpretationen und mit dem Wortlaut an sich unvereinbare Auslegungsergebnisse die nahezu unvermeidliche Folge. Gelegentlich kommen auch unnötige Untersuchungen zum ordre public vor, einfach weil das ausländische Recht nur unvollständig evaluiert wird. Tatsache ist, dass der ausländische Richter in der Regel über nur wenige Quellen[514] zum ausländischen Recht verfügt. In den meisten Fällen ist er der Entwurfssprache nicht mächtig. Er ist deshalb häufig auf die Kompetenz und Qualität der Rechtsanwälte und Übersetzer angewiesen, die den Rechtsakt und das zugrunde liegende Recht erläutern müssen[515], zumal dann, wenn eine rechtsvergleichende Auslegung anzuwendender Normen (vgl. Art. 36 EGBGB a.F.) angeordnet ist[516], was allerdings in Deutschland nur selten praktiziert wird[517]. 144

Streitigkeiten aus FIDIC-Verträgen sind häufig nur schwer justitiabel, weil die Parteien es versäumen, den Vertrag vollständig auszuwerten, zu würdigen und korrekt anzuwenden. Vor Gericht wird der Vertragsinhalt dann verkürzt und entstellend vorgetragen. Streit keimt auf, weil der Vertrag falsch verstanden und angewendet wird. In rechtlichen Auseinandersetzungen sollte stets danach getrachtet werden, den gesamten Vertrag einzureichen und vorzutragen, denn häufig sind einzelne Klauseln aus den Particular Conditions nur im Kontext mit anderen Klauseln verständlich. Von Dispute Adjudication Boards und Schiedsgerichten wird erwartet, dass sie das falsche Vertragsverständnis nicht gedankenlos fortführen, solange sich noch keine neue bindende Praxis herausgebildet hat. Allerdings wird es dann gelegentlich notwendig sein, den Parteien rechtliche Hinweise zu geben, damit sie sich (neu) orientieren können.

Ein weiteres Problem internationaler Standardbedingungen liegt darin, dass die internationalprivatrechtliche Verweisungstechnik zur lückenausfüllenden und zwingenden Anwendung nationalstaatlicher Normen führt, denen die unterschiedlichsten Systemansätze zugrunde liegen und deren Rechtsterminologie sich damit nicht unmittelbar in den Vertragsbedingungen wieder findet. Der FIDIC Contracts Guide weist dann auch vorsorglich darauf hin, dass die in den FIDIC-Klauseln enthaltenen Begriffe in den verschiedenen Rechtsordnungen unterschiedliche Auslegungen erfahren können. Im Ernstfall können sich unterschiedliche Rechtsfolgen ergeben oder es können sich Lücken auftun. 145

---

513 Vgl. Sacco ZEuP 2002, 727, 731.

514 Hilfe bietet das Londoner Europäische Übereinkommen betreffend die Auskünfte über ausländisches Recht vom 07.06.1968, BGBl 1974 II, 938.

515 Vgl. Mankowski, ZEuP 2002, 804, 821.

516 Zum Vorgehen in solchen Fällen vgl. Defintely Maybe (Touring) Ltd. v. Marek Lieberberg Konzertagentur GmbH [2001] 2 All E.R. (Comm) 1; Caledonia Subsea Ltd. v. Micoperi Srl 2001 Scots Law Times (SLT) 1186.

517 Vgl. zu einem solchen Fall LG Hamburg ZIP 1991, 1507 ff.

Beispiel: Gemäß Unterklausel 1.4 FIDIC 1999 in Verbindung mit dem Appendix to Tender ist rumänisches Recht anwendbar. Das rumänische Recht normiert detailliert, wie die baurechtliche Abnahme zu erfolgen hat. Das rumänische Konzept muss mit den Begriffen Taking-Over Certificate und Performance Certificate in Einklang gebracht werden. Das setzt ein präzises Verständnis des englischen Rechts voraus, das seinerseits nicht mit dem Begriff *Abnahme* arbeitet. Voreilige Schlussfolgerungen führen dazu, die Abnahmewirkungen des rumänischen Rechts an die Erteilung des Taking-Over Certificate zu koppeln. Tatsächlich findet die Abnahme erst nach Ablauf der Defects Notification Period statt. Die rumänische Décennale beginnt mit dem Tag der Erteilung des Performance Certificate (siehe Unterklausel 11.9 FIDIC).

146 Es ist also die Frage danach zu stellen, wie die FIDIC-Bedingungen zu verstehen und auszulegen sind. Grundsätzlich sind Verträge nach dem anwendbaren Vertragsstatut auszulegen. Wünschenswert wäre es, dass das Vertragsstatut eine den internationalen Rahmenbedingungen und der Herkunft der Vertragsbedingungen angepasste Auslegung zulässt[518]. In der Praxis scheitert dies in der Regel an der fehlenden Vorbildung der Richter und Rechtsanwälte. Zwar ist es durchaus denkbar, das Vertragswerk aus sich heraus auszulegen und Lücken so zu schließen, dass insgesamt eine vernünftige – dem Parteiwillen entsprechende – Lösung gefunden wird[519]. Doch darf nicht verkannt werden, dass gerade die ungeschriebenen Regeln und vor allem die Arbeitsweise der beteiligten Juristen sehr national geprägt sind, da es an einem grenzüberschreitenden Erfahrungsaustausch fehlt. Die Denkweise eines Common-Law-Juristen ist mit der eines kontinentaleuropäischen Juristen ganz und gar nicht vergleichbar. Hilfe bieten rechtsvergleichende Veröffentlichungen und veröffentlichte Schiedsgerichtssprüche. Unabdingbar sind indessen Sprachkenntnisse und ein Grundverständnis für andere Rechtssysteme. Juristen in aller Welt neigen zunächst dazu, das Wort abzuwägen und zu interpretieren. Sind die Vertragsbedingungen nicht von den Parteien vorgegeben und haben sie keinerlei Einfluss auf die konkrete Vertragsgestaltung genommen sondern lediglich fremde Vorschläge übernommen (wie etwa die FIDIC-Bedingungen), ist es schwierig einen konkreten Parteiwillen festzustellen[520]. Die Wortanalyse muss dann auf objektiver Grundlage vorgenommen werden. Gelegentlich kommt es zu merkwürdigen Fallkonstallationen: Vereinbart ein deutsches Unternehmen mit einem türkischen Kunden in englischer Vertragssprache eine *warranty* und zugleich die Anwendung deutschen Rechts, herrscht Erklärungsnotstand.

Es darf aber keinesfalls unerwähnt bleiben, dass FIDIC-Verträge häufig bereits eigene spezielle Regelungen enthalten, die die Streitlösung befruchten. Leider wird vielfach voreilig auf nationales Recht rekurriert, weil vermeintlich Lücken existieren. Letzteres ist nur sehr selten der Fall, so zum Beispiel in Bezug auf die klassische Mangelgewährleistung. Den Bauablauf regeln FIDIC-Verträge dagegen nahezu lückenlos. Insbesondere das gesamte Claim Management ist eingehend normiert. Ein gutes FIDIC Claim Management ist für Unternehmer praktisch ein unabdingbares Erfordernis. Als Gegengewicht muss ein erfahrener Ingenieur die Projektinteressen im Auge behalten und die ihm zur Verfügung gestellten Instrumentarien vertragsgerecht einsetzen.

147 Als **Merksatz** lässt sich zusammenfassen, dass die FIDIC-Bedingungen als internationale Vertragsbedingungen (mit englischem Ursprung) keinesfalls in wörtlicher Übersetzung

518 Vgl. Mallmann, Bau- und Anlagenverträge nach den FIDIC-Standardbedingungen, 2002, § 4 VI 2.
519 Ähnlich Mallmann, Bau- und Anlagenverträge nach den FIDIC-Standardbedingungen, 2002, § 4 VI 3.
520 Vgl. Sweet, Standard Construction Contracts: Some advice to Construction Lawyers, Constr. LJ 1991, 8, 9.

wortgetreu angewendet werden dürfen. Zu fordern ist eine Einarbeitung in die englische Rechtssprache und ein Grundverständnis des englischen Rechts, um die Mechanismen der FIDIC-Bedingungen zu verstehen. Aufgrund der sprachlichen und gedanklichen Herkunft der FIDIC-Bedingungen und der bislang nur wenig untersuchten Kompatibilität mit dem deutschen Recht ist Vorsicht angebracht, wenn deutsches Recht vereinbart werden soll[521]. Die FIDIC-Bedingungen sind zwar AGB, doch sollten sie bei zweckgerechter Verwendung als insgesamt ausgewogen anerkannt werden, nicht jedoch Klausel für Klausel betrachtet werden[522].

Der angelsächsische Kontext von FIDIC-Bedingungen erschwert es, belastbare Aussagen zur Vertragsauslegung in den Civil Law Rechtsordnungen zu finden, denn es fehlt oftmals an Entscheidungen von Civil Law Gerichten zu vergleichbaren Klauseln. Es macht daher Sinn, entsprechende Rechtsprechung in den angelsächsischen Jurisdiktionen zu befragen. Insoweit ist es wiederum hilfreich auf eine Entscheidung des vormaligen englischen House of Lords hinzuweisen, in der Lord Hoffmann[523] sinngemäß Folgendes ausgeführt hat: *Es ist also wichtig einen Blick auf den Lauf der früheren gerichtlichen Entscheidungen und Praxis zur Auslegung ähnlicher Verträge zu werfen. Die Entwicklung von Standardverträgen ist häufig das Ergebnis einer Interaktion von Entwurfsverfassern und den Gerichten und die Anstrengungen der Entwurfsverfasser können ohne Hinweis auf die Auffassung der Richter zu der Bedeutung des älteren Wortlauts nicht richtig verstanden werden.*

Soweit deutsches Recht gewählt wurde, bietet es sich an, folgende Klauseln zunächst im Lichte des englischen und angelsächsischen Rechts zu würdigen, bevor darüber nachgedacht wird, deutsche Lösungen zu etablieren:

Klausel 3 (Engineer): Der Engineer ist nicht bloß ein Beauftragter des Bauherrn. Seine Funktion ist eher die eines Sachkundigen, der vertraglich gebundene und fachkundige Entscheidungen herbeiführen soll. Die Rolle erfordert ein gewisses Maß an Unabhängigkeit und persönlicher Integrität.

Unterklausel 4.12 (Baugrundbedingungen): Die Klausel begründet nach vielfach geäußerter Auffassung einen wechselseitigen Vorteil. Der Auftraggeber kann erwarten, dass der Auftragnehmer keine unnötigen Risiken in den Accepted Contract Amount einkalkuliert. Der Auftragnehmer kann erwarten, dass er für unvorhersehbare Risiken zusätzlich vergütet wird und Bauzeitverlängerung erhält.

Unterklausel 8.7 (Delay Damages): Die Klausel ist im Lichte der Rechtsprechung zu Liquidated Damages zu lesen.

Klausel 11 (Defects Notification Period): Hierbei handelt es sich um eine Klausel, die auf der Grundlage des englischen Rechtsverständnisses eine zusätzliche Leistungsverpflichtung begründet, die keinesfalls mit der deutschen Mängelgewährleistung verwechselt werden sollte. Versuche, Teilaspekte der Klausel, etwa die der Beweislasttragung für Mängel, nutzbar zu machen und gleichwohl die Defects Notification Period als Mängelgewährleistungsfrist festzuschreiben, dürften im Lichte der deutschen Rechtsprechung zu AGB wenig beständig sein.

Unterklausel 11.1: Die Klausel ist im Lichte der englischen Rechtsprechung zu *specific performance* zu würdigen.

---

521 Vgl. Hök BauRB 2003, 190, 191.
522 Hök BauRB 2003, 190, 192.
523 Beaufort Developments Limited v. Gilbert-Ash Limited [1999] AC 266.

Unterklausel 19.1: Die Klausel sollte nicht vorschnell als allgemeine Regelung der höheren Gewalt missverstanden werden. Sie lässt sich besser handhaben, wenn sie im engeren eigenständigen Sinne der englischen Rechtsprechung verstanden wird.

Unterklausel 20.1: Die Fristenregelung zu Claims sollte nicht vorschnell als Ausschlussklausel missgedeutet werden. Die Fristenregelung ist Teil eines verfahrensrechtlichen Ansatzes, der eine möglichst zügige Kommunikation von Problemen und rasche Herbeiführung von Entscheidungen fördern soll[524].

Unterklausel 20.4: Das Dispute Adjudication Board sollte nicht als sachverständiger Gutachter missverstanden werden, der Schiedsgutachten fertigt. Die Rolle des DAB ist die eines Quasi-Schiedsrichters mit rechtsprechungsähnlichen Funktionen. Allerdings erwachsen die Entscheidungen des DAB nicht in Rechtskraft, sondern begründen im Zweifel eine neue vertragliche Verpflichtung, die aufgrund der vertraglichen Regelungen zu erfüllen ist.

6. Inhalt FIDIC Red Book 1999

Schrifttum

Bunni, The FIDIC Form of Contract, 3. Auflage, London 2005; Hök in VBI (hrsg), Red Book (Übersetzung), Berlin 2004; Hök, Zugang zu internatioanlen Großbauvorhaben nach FIDIC, BauRB 2003, 190; Seppala, Les nouveaux modèles FIDIC de contrat de construction international, RDI 2002, 183; Wade, FIDIC's Standard Forms of Contract – Principles and Scope of the Four New Books, ICLR 2000, 5; Corbett, FIDIC's New Rainbow 1st Edition – An Advance?, ICLR 2000, 253; EIC Contractor's Guide to the FIDIC Conditions of Contract for Plant and Design-Build (The New Yellow Book), ICLR 2003, 53

148 Das Red Book ist ein **Einheitspreisvertrag**, bei dem der Abrechnungspreis (Contract Price) aufgrund des Aufmaßes ermittelt wird. Der sog. **Accepted Contract Amount** dient praktisch nur als Mittel zum Vergleich der konkurrierenden Angebote[525]. Zu zahlen ist der **Contract Price**, also die Summe aus (Masse x Einheitspreis) + Anpassungen (Claims & Variations). Der Accepted Contract Amount und der Contract Price sind mithin streng voneinander zu unterscheiden. Das Vertragswerk verweist auf beide Begriffe zu höchst unterschiedlichen Zwecken, z.B. auf den Accepted Contract Amount zum Zwecke der Festlegung des Mindestbetrages, über den Rechnung gelegt werden kann, oder z.B. auf den Contract Price zum Zwecke der Vereinbarung der Höchstgrenze der Haftung für Delay Damages.

Das FIDIC Red Book unterscheidet sich von den anderen FIDIC Vertragswerken (Yellow, Silver, Gold) vor allem dadurch, dass der Auftragnehmer keine besonderen Planungsverpflichtungen übernimmt. Im wesentlichen liegt die Planungsverantwortung bei dem Auftraggeber (vgl. auch Unterklausel 1.9 Red Book). Allerdings kann das Vertragswerk naturgegeben, implizit und ausdrücklich, Planungsverantwortung auf den Unternehmer verlagern bzw. bei ihm belassen. Planung ist in diesem Zusammenhang nicht technisch im Sinne einer vollen Architektur- oder Ingenieurplanung zu verstehen. Planung bedeutet letztlich jede Art der Gedankenarbeit die erfordelrich ist, um das Werk fertigstzustellen, einschließlich der Wahl von Baumethoden, der Auswahl von Materialien, statischen Berechnungen, Schal- und Bewehrungsplänen, Vorgaben für den Verbau der Baugrube oder zur Sicherung von Nachbargebäuden während der Bauphase sowie Werkstattpläne und –zeichnungen aller Art, die auf der Baustelle benötigt werden,

---

[524] Siehe dazu Gaymark Investments v. Walter Construction Group 1999 NTSC 143; Multiplex Constructions (UK) v. Honeywell Control Systems Ltd (No 2) [2007] EWHC 447 (6 March 2007); Steria Ltd v. Sigma Wireless Communications Ltd [2007] EWHC 3454 (TCC) (15 November 2007).

[525] Rosener in: Münchener Vertragshandbuch, Band IV, VI. 1 Rn. 7.

um die genaue Lage von Durchbrüchen, Kabeln, etc. zu bestimmen und Montagskizzen aller Art.

Das FIDIC Red Book eignet sich vor allem für größere Bauvorhaben mit einem großen Ingenieurbauanteil. Der Vorgänger des aktuellen Red Book[526] wurde von der Weltbank bis in das Jahr 2005 als Standardvertragsmuster empfohlen, wenn die Weltbank das geplante Vorhaben finanzierte. Seither empfiehlt die Weltbank das aktuelle Red Book 1999 (allerdings in einer etwas geänderten Version (auch *harmonised version* genannt: die letzte Version datiert von Juni 2010). Das aktuelle Red Book (wie die *harmonised version* der Weltbank in der Fassung August 2010) besteht aus 20 Klauseln, die wiederum in zahlreiche Unterklauseln untergliedert sind. Zur besseren Übersicht folgt nachstehend eine Inhaltsangabe:

1. Allgemeine Bestimmungen
2. Der Besteller
3. Der Ingenieur
4. Der Unternehmer
5. Benannte Subunternehmer
6. Personal und Arbeiten
7. Anlagen, Materialien und technische Ausführung
8. Beginn, Verzug und Einstellung
9. Prüfungen bei Fertigstellung
10. Abnahme durch den Besteller
11. Mängelgewährleistung
12. Aufmaß und Bewertung
13. Leistungsänderungen und Anpassungen
14. Vertragspreis und Bezahlung
15. Kündigung durch den Besteller
16. Unterbrechung und Kündigung durch den Unternehmer
17. Risiko und Haftung
18. Versicherung
19. Höhere Gewalt (Force Majeure)
20. Ansprüche, Streitigkeiten und Schiedsgericht

a. Regelungsgegenstand. Die FIDIC-Baubedingungen regeln nur die Abwicklung des 149
Bauvorhabens zwischen Besteller und Unternehmer. Das Verhältnis zwischen Architekt oder Ingenieur einerseits und dem Bauherrn andererseits wird gesondert vertraglich geregelt, z.B. über das FIDIC White Book.

Klausel 1 FIDIC Red Book 1999 enthält zahlreiche Definitionen und Angaben zu den Vertragsdokumenten. Die Reihenfolge der Vertragsdokumente wird in Unterklausel 1.5 näher festgelegt. Eingeschlossen in ihrer genannten Reihenfolge sind das „Contract Agreement", die Allgemeinen Bedingungen, die Besonderen Bedingungen, Spezifikationen (Leistungsverzeichnisse) und Zeichnungen. Klausel 2 enthält eine Zusammenfassung der Rechte des Bestellers. Klausel 3 beschäftigt sich im Wesentlichen mit dem Ingenieur. Die allgemeinen Verpflichtungen des Unternehmers sind Gegenstand der Klausel 4. Unterklausel 4.4 regelt ausdrücklich die Verantwortung des Unternehmers für Subunternehmer. Aus Unterklausel 4.11 FIDIC 1999 ergibt sich, dass der Unternehmer generell für die ausreichende Auspreisung seines Angebotes verantwortlich ist. Allerdings kann er weitergehende Ansprüche wegen nicht vorhersehbarer Baugrundverhältnisse und anderer Ereignisse geltend machen (vgl. Unterklausel 4.12 FIDIC

[526] Vgl. § 20.

1999). Klausel 8 behandelt den Baubeginn, Bauzeiten, Verzögerungen und Baueinstellung sowie Bauzeitverlängerungen. Klausel 13 befasst sich mit Leistungsänderungen. Das Aufmaß, die Bewertung und die Bezahlung werden in den Klauseln 12 und 14 geregelt. Die Arbeit wird nach Aufmaß und Einheitspreisen abgerechnet. Preisanpassungen für Änderungen werden berücksichtigt. Klausel 9 beschäftigt sich mit den baubegleitenden Tests. Klauseln 10 und 11 regeln die Abnahme im Sinne der Bedingungen und die sog. Mängelgewährleistung. Mängel sind grundsätzlich abzustellen. Verweigert der Ingenieur die Zertifizierung der Leistung, muss der Unternehmer nachbessern. Klappt die Abnahme auch ein zweites Mal nicht, kann der Besteller aus einer Reihe von Rechtsbehelfen den für ihn geeigneten auswählen. Scheitert die Fertigstellung ganz oder teilweise substantiell, kann der Besteller den Vertrag außerordentlich beenden. Die Möglichkeiten und Folgen der Vertragsbeendigung sind in Klauseln 15 und 16 näher geregelt. Klauseln 17 und 18 beschäftigen sich mit Risiken und Versicherungsfragen. Klausel 19 regelt eingehend Force Majeure, wobei es sich um eine Neuheit handelt, denn die älteren FIDIC-Bedingungen sahen diese Klauseln nicht vor. Damit hat die FIDIC letztlich einem Wunsch der Weltbank entsprochen. Die abschließende Klausel 20 regelt eingehend das Streitmanagement. Anstelle der früheren Entscheidungsgewalt des Ingenieurs (siehe Unterklauseln 13.1 und 67.1 Red Book 1987) sieht das aktuelle Klauselwerk nun die Einrichtung eines Dispute Adjudication Board vor. Die Entscheidung des DAB ist bindend, entweder endgültig, wenn keine der Parteien ihre Unzufriedenheit mit der Entscheidung anzeigt, oder vorläufig, wenn die Parteien ihre Unzufriedenheit (dissatisfaction) mit der Entscheidung erklären und das Schiedsgericht anrufen. Die Bindungswirkung entfällt erst, wenn das die DAB Entscheidung aufhebt.

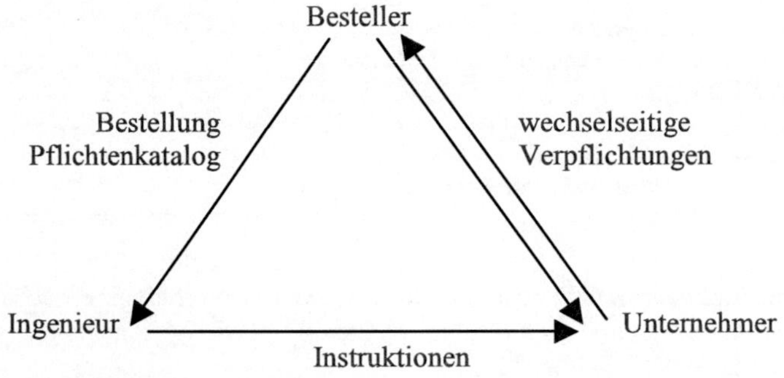

Abb. 4.2. Vertragsbeziehungen

150 **b. Rolle des Ingenieurs.** Unterklausel 1.1.2.4 FIDIC Red Book beschreibt den „**Ingenieur**" als die im Anhang zum Angebotsschreiben genannte Person, die vom Besteller dazu ernannt wurde, für die Zwecke des Vertrages tätig zu werden. Als Ingenieur wird auch jede andere Person bezeichnet, die zeitweise vom Besteller gemäß Klausel 3.4 [*Vertretung des Ingenieurs]* beauftragt und deren Beauftragung dem Unternehmer angezeigt wird. Dem Ingenieur werden eine Vielzahl von Aufgaben anvertraut, sei es in bautechnischer Hinsicht, sei es im Bereich der Streitschlichtung und -entscheidung, sei es im Bereich der Baukoordinierung oder der Bauleitung. Der Ingenieur ist **Auftragnehmer** des Bauherrn und zugleich soll er **fairer Interessenmittler** sein. Die Rolle des FIDIC-Ingenieurs ist Gegenstand einer umfangreichen Diskussion und Kritik, die insbesondere darauf fußt, dass der Ingenieur eine Zwitterstellung inne hat, nämlich einmal

die eines Bauherrenvertreters und einmal die eines fairen Interessenmittlers[527] sowie die eines unparteiischen und streng an den Vertrag gebundenen Tatsachenfeststellers (vgl. Unterklausel 3.5 FIDIC).

c. Aufgaben des Ingenieurs. Der Ingenieur hat nach den FIDIC-Baubedingungen (Red Book) eine wichtige und herausgehobene Aufgabe, die sehr facettenreich ausgestaltet ist[528]. Diese Aufgabenstellung soll hier kurz beleuchtet werden. 151

Zu mannigfaltigen Aufgaben des Ingenieurs gehören nach den FIDIC-Bedingungen:

- Tauchen in den Unterlagen Doppeldeutigkeiten oder Widersprüche auf, soll der Ingenieur die notwendige Klarstellung oder Anweisung anfertigen (Unterklausel 1.5).
- Der Ingenieur führt die ihm durch den Vertrag ausdrücklich oder konkludent zugewiesenen Befugnisse aus. Ist zur Ausführung einer bestimmten Aufgabe die Einholung der Erlaubnis durch den Besteller erforderlich, so ist dies in den Besonderen Bedingungen festgelegt. Der Besteller verpflichtet sich, die Befugnisse des Ingenieurs nicht weiter einzuschränken, wenn dies nicht mit dem Unternehmer vereinbart ist (Unterklausel 3.1).
- Der Ingenieur kann gegenüber dem Unternehmer im Rahmen des Vertrages jederzeit neue Anweisungen erlassen und ihm zusätzliche oder veränderte Baupläne übergeben, die für die Ausführung der Arbeiten oder die Beseitigung von Mängeln erforderlich sind. Der Unternehmer darf Anweisungen nur vom Ingenieur oder von einem gemäß diesem Punkt entsprechend bevollmächtigten Assistenten entgegennehmen (Unterklausel 3.3).
- Der Ingenieur hat in vielen Fällen Entscheidungen (im Sinne von Tatsachenfeststellungen) zu treffen, vor allem in Bezug auf die Vergütung des Unternehmers. Zuvor hat der Ingenieur beide Parteien zu konsultieren, um eine Einigung zu erzielen. Wird eine Einigung nicht erreicht, hat der Ingenieur mit Rücksicht auf alle relevanten Umstände und in Übereinstimmung mit dem Vertrag eine gerechte Entscheidung zu treffen (Unterklausel 3.5).
- Der Ingenieur hat beide Parteien über jede Einigung oder Entscheidung unter Nennung von Einzelheiten zu informieren. Beide Parteien haben jede Einigung oder Entscheidung zu befolgen, wenn bzw. bis sie nicht gemäß Punkt 20 *[Ansprüche, Streitigkeiten und Schiedsgericht]* abgeändert wurde (Unterklausel 3.5).

Der Unternehmer muss die Bauarbeiten in dem im Vertrag festgelegten Umfang planen, ausführen und in Übereinstimmung mit dem Vertrag und den **Anweisungen des Ingenieurs** fertig stellen sowie sämtliche auftretende Mängel beseitigen (Unterklausel 4.1). 152

Die Macht des Ingenieurs Anweisungen zu geben ist jedoch nicht grenzenlos. Der Ingenieur ist z.B. nicht dazu berechtigt, den Vertrag abzuändern (Unterklausel 3.1) oder seine Befugnisse schrankenlos auszuüben (etwa in dem er zu weit reichende Änderungsanordnungen erteilt).

Die Anweisungen des Ingenieurs bleiben nicht folgenlos. Sie können erhebliche Rechtsfolgen auslösen, insbesondere können sie Ansprüche auf Bauzeitverlängerung nach sich ziehen und eine Vertragspreisanpassung erforderlich machen (siehe Klausel 13 in Verbindung mit Unterklausel 8.4). 153

---

527 Vgl. Corbett, ICLR 2000, 253, 255.

528 Vgl. auch Kulick, Auslandsbau, 42 zu den ähnlichen ICE Conditions of Contract.

Wird durch eine Anweisung des Ingenieurs eine Leistungsänderung bewirkt, findet Klausel 13 *[Leistungsänderungen und Anpassungen]* Anwendung (Klausel 3.3). Anordnungen wirken sich zu Lasten des Bestellers aus.

Soweit in den Bedingungen nichts anderes festgelegt ist (Klausel 3.1):

- wird vermutet, dass der Ingenieur für den Besteller handelt, wenn er eine ihm durch den Vertrag ausdrücklich oder konkludent zugewiesenen Aufgabe ausführt;
- hat der Ingenieur nicht das Recht, eine Partei von vertraglich festgelegten Pflichten, Obliegenheiten oder Verpflichtungen zu entbinden; und
- wird der Unternehmer durch Genehmigung, Kontrolle, Bescheinigung, Zustimmung, Untersuchung, Prüfung, Weisung, Mitteilung, Vorschlag, Anfrage, Test oder vergleichbare Handlung des Ingenieurs nicht von seinen vertraglich festgelegten Verantwortlichkeiten befreit. Dazu gehört die Haftung für Fehler, Versäumnisse, Diskrepanzen und Nichterfüllung.

154 **d. Risiken.** Die fehlerhafte Tätigkeit (einschließlich der Untätigkeit) des Ingenieurs kann sich folglich sehr nachteilig für den Besteller auswirken:

Wenn es zu einer Verspätung des Unternehmers und/oder zur Verursachung von Kosten kommt, weil der Ingenieur die erbetene Zeichnung oder Anweisung nicht innerhalb einer angemessenen Zeit ausstellt, obwohl die Anfrage Details dazu enthielt, kann der Unternehmer den Ingenieur erneut darauf hinweisen und hat gemäß Unterpunkt 20.1 [*Ansprüche des Unternehmers*] Anspruch auf (Unterklausel 1.9 Red Book 1999):

(a) Fristverlängerung für jede Verspätung, wenn die Fertigstellung verspätet ist oder sein wird; Unterpunkt 8.4 *[Verlängerung der Frist für Fertigstellung]*, und
(b) Ersatz daraus entstehender Kosten zuzüglich eines angemessenen Gewinns, der dem Vertragspreis hinzuzurechnen ist.

Wenn es der Ingenieur versäumt, seine Verpflichtungen zu erfüllen, kann der Unternehmer ggf.:

- die Leistung verweigern (Klausel 16.1 Abs. 1)
- Bauzeitverlängerung verlangen (Klausel 16.1 Abs. 4 lit. a)
- Kostenersatz verlangen (Klausel 16.1 Abs. 4 lit.b)
- den Bauvertrag kündigen (Klausel 16.2)

7. Inhalt Silver Book

Schrifttum

Delmon/Scriven, A Contractor's View of BOT Projects and the FIDIC Silver Book, ICLR 2001, 240; Huse, Use of the FIDIC Silver Book in the Context of a BOT Project, ICLR 2000, 384; Henchie, The Orgalime Turnkey Contract for Industrial Works – An Alternative to FIDIC's Silver Book?, ICLR 2004, 67; Henchie, FIDIC Conditions of Contract for EPC Projects – The Silver Book, Problem in Store?, ICLR 2001, 41; Gaede, An Unfortunate Shift From FIDIC's Tradition of Being Even handed and Focusing on the best Interests of the project, ICLR 2000, 477; Hök, FIDIC Silver Book, 2. Auflage, 2010; Sandberg, A Contractor's View on FIDIC Conditions of Contract for EPC Turnkey Projects, ICLR 1999, 47; Wade, The Silver Book: The Reality, ICLR 2001, 497; Le Goff, A new standard for international turn key contracts: the FIDIC Silver Book, RD aff. Int. 2002/2, 151

155 Das Silver Book besteht aus 20 Klauseln, die wiederum in zahlreiche Unterklauseln untergliedert sind. Zur besseren Übersicht folgt nachstehend eine Inhaltsangabe:

1.	Allgemeine Bestimmungen
2.	Der Besteller
3.	Verwaltungskräfte des Bestellers
4.	Der Unternehmer
5.	Planung
6.	Personal und Arbeiten
7.	Anlagen, Materialien und technische Ausführung
8.	Beginn, Verzug und Einstellung
9.	Prüfungen bei Fertigstellung
10.	Abnahme durch den Besteller
11.	Mängelgewährleistung
12.	Tests nach Fertigstellung
13.	Leistungsänderungen und Anpassungen
14.	Vertragspreis und Bezahlung
15.	Kündigung durch den Besteller
16.	Unterbrechung und Kündigung durch den Unternehmer
17.	Risiko und Haftung
18.	Versicherung
19.	Höhere Gewalt (Force Majeure)
20.	Ansprüche, Streitigkeiten und Schiedsgericht

Das Silver Book schlägt einen Vertrag über ein schlüsselfertig zu erstellendes Vorhaben zum Pauschalpreis vor. Der Unternehmer übernimmt die Planung. Der Ingenieur ist als Institution nicht vorgesehen. Gegenüber dem Red Book lassen sich also folgende Abweichungen feststellen: 156

- Planung durch den Unternehmer
- Fehlen des Ingenieurs als Institution
- Pauschalfestpreis
- Größere Risikoverlagerung auf den Unternehmer

Der Vertragspreis ist ein Pauschalpreis (mit Neigung zum Fixpreischarakter): 157

14.1 Der Vertragspreis

Wenn in den Besonderen Bedingungen nichts anderes vorgeschrieben ist,

- soll Zahlung für die Arbeiten auf der Basis eines Pauschalpreises geleistet werden, der Gegenstand von Anpassungen in Übereinstimmung mit dem Vertrag ist; und
- hat der Unternehmer alle anfallenden Steuern, Gebühren und Abgaben zu tragen, soweit er vertraglich dazu verpflichtet ist. Der Vertragspreis wird aufgrund solcher Kosten nicht angepasst, es sei denn nach den Vorschriften der Unterklausel 13.7 [*Anpassungen aufgrund von Gesetzesänderungen*];

14.2 Vorauszahlung

Der Besteller hat eine Vorauszahlung in Form eines zinsfreien Start-Kredits für die Aufnahme der Arbeiten und die Planung zu leisten, wenn der Unternehmer eine Sicherheit in Übereinstimmung mit dieser Unterklausel einschließlich der Einzelheiten, die in den Besonderen Bedingungen angegeben sind, vorlegt. Wenn die Besonderen Bedingungen nicht

- den Betrag der Vorauszahlung angeben, soll diese Unterklausel keine Anwendung finden
- die Anzahl und die Zeitpunkte für Raten angeben, soll lediglich eine Rate geschuldet werden
- die anwendbare Währung und Wechselkurse angeben, sollen sie in der Währung und mit dem Wechselkurs gezahlt werden, in der der Vertragspreis zu zahlen ist
- die Tilgungsrate für die Rückzahlungen angeben, soll sie mittels Divison des Gesamtbetrages der Vorauszahlung durch den Vertragspreis, der in der Vertragsvereinbarung genannt ist, abzüglich provisorischer Zahlungen ermittelt werden.

Der Besteller soll die erste Rate bezahlen nach dem Empfang (i) einer Erklärung (gemäß Unterklausel 14.3 [*Antrag auf Zwischenzahlungen*], (ii) der Erfüllungssicherheit in Übereinstimmung mit Unterklausel 4.2 [*Erfüllungssicherheit*], und (iii) einer Garantie in Höhe des Betrages und der Währung entsprechend der Vorauszahlung. Diese Garantie soll von einer Einrichtung und aus einem Land [oder einer anderen Rechtsordnung], die von dem Besteller genehmigt wurde, begeben werden, und soll in der Form, die im Anhang zu den Besonderen Bedingungen oder in einer anderen von dem Besteller genehmigten Form sein. Wenn und soweit der Besteller diese Garantie nicht erhält, soll diese Unterklausel keine Anwendung finden.

Der Unternehmer hat sicherzustellen, dass die Sicherheit bis zur Rückzahlung der Vorauszahlung gültig und vollstreckbar ist. Der Betrag der Sicherheit kann jedoch jeweils um die vom Unternehmer gemäß den Rechnungen zurückgezahlten Beträge reduziert werden. Läuft die Sicherheit an einem bestimmten Datum ab und hat der Unternehmer 28 Tage vor diesem Ablaufdatum noch nicht die gesamte Vorauszahlung zurückgezahlt, hat er die Gültigkeit der Sicherheit bis zur Rückzahlung der Vorauszahlung zu verlängern.

Die Vorauszahlung ist durch proportionale Abzüge von den Zwischenzahlungen zurückzuzahlen. Die Abzüge sollen mit der Tilgungsrate vorgenommen werden, die in den Besonderen Bedingungen genannt ist (oder, wenn nicht angegeben, wie in Unterabsatz (d) oben angegeben), die auf den anderenfalls geschuldeten Betrag anzuwenden ist (die Vorauszahlung und Abzüge und Rückzahlungen auf Einbehalte ausgenommen), bis zu jedem Zeitpunkt, wenn die Vorauszahlung zurückbezahlt ist.

Wird die Vorauszahlung nicht bis zur Ausstellung der Abnahmebescheinigung oder vor einer Kündigung gemäß Klausel 15 *[Kündigung]*, gemäß Klausel 16 *[Unterbrechung und Kündigung durch den Unternehmer]* oder gemäß Klausel 19 *[Höhere Gewalt]* vollständig zurückgezahlt, wird die gesamte noch ausstehende Restsumme, die der Unternehmer an den Besteller zu zahlen hat, sofort fällig.

158 Das Silver Book wird gelegentlich als unausgewogen bezeichnet und es bestehen zahlreiche Bedenken gegen eine Reihe von Klauseln[529]. Doch wird diese Meinung nicht überall geteilt[530]. Das Silver Book ist sicherlich problematisch, weil es in gewisser Weise gewollt unausgewogen ist[531]. Es dient erklärtermaßen besonderen Zwecken und ist nicht für jeden Zweck geeignet. Andererseits entspricht es einem praktischen Bedürfnis der Wirtschaft, insbesondere dann wenn bei der Investitionsentscheidung Kostensicherheit von hervorragender Bedeutung ist. Der erhöhten Risikoübernahme durch

529 Rosener ICLR 2000, 102 ff.; Kus/Markus/Steding ICLR 1999, 533 ff.
530 Wade ICLR 2001, 497; Henchie ICLR 2004, 69.
531 Vgl. Henchie ICLR 2004, 67 ff.; Sandberg ICLR 1999, 47, 58.

den Besteller sollte allerdings eine entsprechend gewichtete Vergütung gegenüberstehen[532]. In der Praxis hat sich zwischenzeitlich erwiesen, dass das Silver Book einen sehr großen Anwendungsbereich hat. Es wird gerne in Anlagenbauverträge einbezogen. Doch es findet auch Zuspruch für Event Verträge und den Messebau. In Einzelfällen wird das Silver Book aber durchaus auch für Straßenbauvorhaben eingesetzt.

Es ist jedenfalls nicht zu leugnen, dass der Besteller gegenüber dem Unternehmer grundsätzlich folgende Vorteile genießt: **159**

- Der Vertragspreis unterliegt weniger Anpassungsmöglichkeiten als im Yellow Book; ähnliches gilt für die Bauzeit.
- Risiko unvorhergesehener Schwierigkeiten einschließlich unvorhergesehener physikalischer Risiken des Baugrundes gehen zu Lasten des Unternehmers (vgl. Unterklauseln 4.11, 4.12).
- Der Unternehmer übernimmt mehr Großrisiken als nach dem Yellow Book (vgl. Unterklausel 17.3).
- Verantwortung für die Richtigkeit der Informationen und der Planung gehen zu Lasten des Unternehmers.
- Der Besteller hat gleichwohl starke Einflussmöglichkeiten auf die Arbeitsdurchführung.
- Das Streitmanagementsystem kommt ohne einen Ingenieur aus.
- Wird ein Ingenieur eingesetzt, ist er Beauftragter des Bestellers, wiewohl seine Aufgabenstellung im Kern durchaus ähnliche Aufgaben umfasst, wie nach dem FIDIC Yellow Book.

Als nicht AGB-konform werden gerügt[533]:

- Unterklauseln 4.10 und 5.1 EPCT
- Unterklauseln 4.11 und 4.12 EPCT mit 5.1 EPCT
- Klausel 10 EPCT

Baugrundrisiko: Nach deutschem, schweizerischem und österreichischem Recht trägt grundsätzlich der Auftraggeber das Baugrundrisiko, soweit nicht der Unternehmer ihm obliegende Untersuchungs- und Hinweispflichten verletzt hat[534]. Das EPCT-Risikoverteilungskonzept des **Silver Book** ist vor allem mit Blick auf das Baugrundrisiko grundsätzlich bedenklich[535], allerdings von Land zu Land unterschiedlich. Es wird vor allem auch für Vorhaben vorgeschlagen, bei denen der Darlehensgeber „Alles aus einer Hand" haben will[536]. Klausel 4.12 **Red Book** dürfte dagegen AGB-fest sein[537]. Eine Alternative zum Silver Book existiert in Form des ORGALIME-Turnkey-Vertragsmusters und jüngst auch in der Form des JCT Major Project Form.

Das Silver Book wurde vor allem für sog. BOT-Vorhaben konzipiert[538]. Hier stehen sich oftmals ein eigens für diesen ausschließlichen Zweck gegründeter Projektträger und **160**

---

[532] Boon/Goffin, Contrat clé en mains, Rn. 50.3 zum belgischen Recht.
[533] Vgl. Kus/Markus/Steding ICLR 1999, 533 ff.; Kennedy ICLR 2000, 504, 505.
[534] Rosener in: Münchener Vertragshandbuch, Band IV, VI. 1 Rn. 24.
[535] Rosener in: Münchener Vertragshandbuch, Band IV, VI. 1 Rn. 24.
[536] Huse ICLR 2000, 384, 391.
[537] Rosener in: Münchener Vertragshandbuch, Band IV, VI. 1 Rn. 24.
[538] Sandberg ICLR 1999, 47, 48.

das ausführende Unternehmen gegenüber[539]. Das birgt nicht unerhebliche finanzielle Risiken in sich, denn in aller Regel verfügt der Projektträger über wenige oder keine eigenen Finanzquellen. Er ist vollständig abhängig von den Initiatoren und Finanziers. Der Unternehmer muss daher wirtschaftliche Vorkehrungen treffen. Das Silver Book bietet insoweit nur wenig Handlungsspielraum, etwa mit der Regelung in Klausel 2.4, die vorsieht, dass der Unternehmer angemessene Beweise für die ausreichende wirtschaftliche Ausstattung des Projektträgers verlangen kann. Über substantielle Änderungen in den wirtschaftlichen Umständen und Vorkehrungen muss der Projektträger den Unternehmer unterrichten (Unterklausel 2.4). Druck kann der Unternehmer über Klausel 16.1 ausüben, die ihn zur Arbeitseinstellung berechtigt, wenn die Informationen gemäß Klausel 2.4 ausbleiben. Das wirtschaftliche Risiko des Unternehmers wird durch den Umstand erhöht, dass Klausel 14.3 Sicherheitseinbehalte vorsieht, die der Besteller von den Zahlungen abziehen kann. Das Silver Book enthält allerdings keine Vorkehrungen dazu, dass diese Einbehalte auf ein Sonderkonto einbezahlt werden. Hierauf sollte der Unternehmer bestehen[540].

8. Inhalt des Yellow Book

Schrifttum

Seppäla, Les nouveaux modèles FIDIC de contrat de construction internationale, RDI 2002, 183; Wade, FIDIC's Standard Forms of Contract – Principles and Scope of the Four New Books, ICLR 2000, 5; Corbett, FIDIC's New Rainbow 1st Edition – An Advance?, ICLR 2000, 253; EIC Contractor's Guide to the FIDIC Conditions of Contract for Plant and Design-Build (The New Yellow Book), ICLR 2003, 332; Cazalet/Reece, Le nouveau livre jaune de la FIDIC, RD aff.Int. 2000/7, 815

161 Das Yellow Book besteht aus 20 Klauseln, die wiederum in zahlreiche Unterklauseln untergliedert sind. Zur besseren Übersicht folgt nachstehend eine Inhaltsangabe:

1. Allgemeine Bestimmungen
2. Der Besteller
3. Der Ingenieur
4. Der Unternehmer
5. Planung
6. Personal und Arbeiten
7. Anlagen, Materialien und technische Ausführung
8. Beginn, Verzug und Einstellung
9. Prüfungen bei Fertigstellung
10. Abnahme durch den Besteller
11. Mängelgewährleistung
12. Tests nach Fertigstellung
13. Leistungsänderungen und Anpassungen
14. Vertragspreis und Bezahlung
15. Kündigung durch den Besteller
16. Unterbrechung und Kündigung durch den Unternehmer
17. Risiko und Haftung
18. Versicherung
19. Höhere Gewalt (Force Majeure)
20. Ansprüche, Streitigkeiten und Schiedsgericht

[539] Vgl. Delmon/Scriven ICLR 2001, 240, 244.
[540] Delmon/Scriven ICLR 2001, 240, 245.

Das Yellow Book ist wie das Silver Book ein Design & Build-Vertrag. Der Preis ist ein Pauschalfestpreis (Unterklausel 14.1). Allerdings sieht der Vertrag den institutionalisierten Ingenieur vor (Klausel 3). Die Allgemeinen Bedingungen des Yellow Book wurden auf folgender Grundlage erstellt[541]: 162

- Abschlagszahlungen werden unter Berücksichtigung des Pauschalpreises gemäß Baufortschritt geleistet und beruhen typischerweise auf Raten, die im Zahlungsplan festgelegt sind.
- Wenn der Wortlaut der Allgemeinen Bedingungen weitere Angaben erfordert, dann verweist die Unterklausel auf die Angaben im Anhang zum Angebot (Appendix to Tender), wobei die Daten entweder von dem Besteller vorgegeben werden oder von dem Unternehmer eingesetzt werden.
- Wo eine Unterklausel der Allgemeinen Bedingungen sich mit einer Angelegenheit beschäftigt, auf die andersartige Vertragsklauseln für andersartige Verträge passend erscheinen, waren die Prinzipien bei der Abfassung der Unterklauseln
  (a) Nutzer würden es angenehmer finden, wenn Regelungen, die sie nicht anzuwenden wünschen schlicht gestrichen oder nicht eingewendet werden könnten, als wenn zusätzlicher Text (in den Besonderen Vertragsbedingungen) geschrieben werden müsste, weil die Allgemeinen Bedingungen nicht ihre Bedürfnisse decken oder
  (b) in anderen Fällen, wenn die Anwendung von (a) unangemessen erschien, die Unterklausel die Regelungen beinhaltet, die für die meisten Verträge anwendbar gehalten wurden.

Beispiel: Im Yellow Book wurde Unterklausel 14.2 [*Vorauszahlung*] aus praktischen und nicht aus grundsätzlichen Erwägungen der FIDIC eingefügt[542]. Die Unterklausel wird unanwendbar, auch wenn sie nicht gestrichen wird, wenn sie missachtet wird, in dem der Betrag der Vorauszahlung nicht spezifiziert wird.

Kernstück des Yellow-Book-Vertrages sind die **Employer's Requirements** (Anforderungen des Bestellers). Sie definieren das Werk im Sinne einer Funktionalbeschreibung. Sinn ist es, die Innovationskraft des Unternehmers abzuschöpfen und zu nutzen. Er soll die wesentlichen Planungsleistungen erbringen. Bei der Formulierung der Employer's Requirements ist darauf zu achten, dass das Werk so beschrieben ist, dass die mit dem Werk beabsichtigten Ziele erreicht werden, z.B. Produktion von x Megawatt Leistung (bei einem Kraftwerk oder Windkraftanlagenpark). Ergänzend können Angaben zu den Betriebskosten, Ersatzteilkosten, Erweiterungsmöglichkeiten der Anlage etc. aufgenommen werden. Auch sollten die Requirements erst abgefasst werden, nachdem sich der Verfasser eine solide Kenntnis der General Conditions verschafft hat, denn diese verweisen wiederholt auf Angaben in den Employer's Requirements (z.B. zu den vom Unternehmer zu Prüfungs- oder Genehmigungszwecken vorzulegenden Planungsunterlagen, die Prüfungsfristen, Testspezifikationen, etc.). 163

9. Inhalt Gold Book

Schrifttum

Wade, The New Gold Book for DBO Projects, ICLR 2008, 14; Landsberry, FIDIC Design Build Operate – Glitter or Gold?, ICLR 2008, 156; Hök, FIDIC Design, Build & Operate Form, the Gold Book, ZfBR 2009, 213; Jaeger/Hök, FIDIC Conditions of Contract for Design, Buildand Operate Projects, First Edition 2008 – A new approach, ICLR 2010, 36.

[541] Vorwort zum Yellow Book.
[542] Vorwort zum Yellow Book.

164 Das Gold Book besteht ebenfalls aus 20 Klauseln, die wiederum in zahlreiche Unterklauseln untergliedert sind. Zur besseren Übersicht folgt nachstehend eine Inhaltsangabe:

1. Allgemeine Bestimmungen
2. Der Besteller
3. Der Vertreter des Bestellers
4. Der Unternehmer
5. Planung
6. Personal und Arbeiten
7. Anlagen, Materialien und technische Ausführung
8. Beginn, Verzögerung und Einstellung
9. Planung und Herstellung
10. Betriebsphase
11. Tests
12. Mängel
13. Leistungsänderungen und Anpassungen
14. Vertragspreis und Bezahlung
15. Kündigung durch den Besteller
16. Unterbrechung und Kündigung durch den Unternehmer
17. Risikoverteilung
18. Außergewöhnliche Risiken
19. Versicherung
20. Ansprüche, Streitigkeiten und Schiedsgericht

165 Das Gold Book schlägt einen Vertrag über ein schlüsselfertig zu erstellendes Vorhaben zum Pauschalpreis vor. Der Unternehmer übernimmt die Planung und den Betrieb der Anlage bzw. des Vorhabens. Anstelle des klassischen Ingenieurs ist ein Vertreter des Bestellers vorgesehen, der die Vertragsadministration übernimmt. Gegenüber dem Red Book lassen sich also folgende Abweichungen feststellen:

- Planung durch den Unternehmer
- Vertreter des Bestellers übernimmt die Vertragsadministration
- Betriebsphase ist Vertragsgegenstand
- Pauschalpreis

166 Die Leistungen unter dem Gold Book beginnen wie unter dem Yellow Book mit dem Planungsstadium (Klausel 5). Es folgt die Bauphase. Sie wird äußerlich mit der Erteilung des Commissioning Certificate abgeschlossen (Unterklausel 11.7). Es folgt die Betriebsphase, an deren Ende das Contract Completion Certificate erteilt wird (Unterklausel 8.6.). Die Betriebsphase umfasst den Betrieb und die Instandhaltung der baulichen Anlage. Für besondere Instandhaltungsmaßnahmen wird ein spezieller **Asset Replacement Fund** eingerichtet (Unterklausel 14.18). Normale Instandhaltung bezahlt der Unternehmer aus seiner Vergütung. Während der Betriebsphase behält der Besteller einen Teil der Vergütung zurück, der den **Maintenance Retention Fund** speist (Unterklausel 14.19). Dieser Einbehalt wird ausbezahlt, wenn der Unternehmer seinen Verpflichtungen zur Instandhaltung nachkommt. Als besondere Neuerung wird es für die Betriebsphase ein unabhängiges Audit geben (Unterklausel 10.3). Über allen Verpflichtungen steht optional, dass das Werk am Ende der Betriebsphase eine vereinbarte Restlaufzeit haben muss, die in den Contract Data zu vereinbaren ist (Unterklausel 8.7). Der Unternehmer verpflichtet sich, die Restlaufzeit als Anforderung an seine Planung und Bauausführung zu verstehen.

Das Gold Book wurde international weithin begrüßt. Es füllt eine echte Lücke, denn die Vorhaben, die auch vom Unternehmer betrieben werden sollen, nehmen ständig zu. Das Gold Book ist als ausgewogenes Muster anerkannt, birgt allerdings eine Vielzahl von Schwierigkeiten in sich, die es zu bewältigen gilt. Erstens arbeitet das Vertragswerk mit einer Reihe neuer Begriffe, deren Bedeutung entscheidende Auswirkungen auf die Kalkulation und die Risikotragung haben. Zweitens verwendet das Vertragswerk Begriffe, die aus anderen Büchern bekannt sind, aber im Gold Book nicht dieselbe Bedeutung haben: (Der Employer's Representative hat im Gold Book eine andere Rolle als im Silver Book). Er übernimmt inhaltlich eher die Aufgabe des Engineer aus dem Yellow Book, das inhaltlich das Vorbild für das Gold Book ist. Besonders deutlich wird dies in Unterklausel 3.5, die den Representativen wiederum zu einer fairen Feststellung über Ansprüche und Rechte der Vertragsparteien verpflichtet. 167

Die wichtigste Neuheit im Gold Book ist die Betriebsphase. Sie ist in Klausel 10 geregelt. Durch die Aufnahme der Betriebsphase ergaben sich eine Reihe von Überlegungen und Schwierigkeiten, die es zu berücksichtigen bzw. zu bewältigen galt: 168

- Der Unternehmer bleibt bis zum Ablauf der Betriebsphase Besitzer des Werkes, so dass es keine klassische Abnahme geben kann, die mit der Übergabe des Besitzes an den Bauherrn verbunden ist.
- Der Unternehmer muss das Werk am Ende der Betriebsphase heraus geben. Als Unternehmer wäre er generell verpflichtet, das Werk so zu überegeben, wie es der Vertragszweck erfordert. Da der Unternehmer das Werk unterhalten und instandhalten muss, stellt sich also die Frage, in welchem Zustand das Werk zurückzugeben ist.
- Trägt der Unternehmer in der Betriebsphase das Risiko, dass das Werk beschädigt wird?
- Schließt das Betriebsrisiko ein, dass der Unternehmer verpflichtet ist, das Werk als für den Vertragszweck geeignet bereit zu halten?
- Wie geht man mit Streitigkeiten aus der Betriebsphase um?

Als wichtige Meilensteine werden betrachtet:

- Planungsphase
- Herstellungsphase
- Betriebsphase

Das FIDIC-DBO-Muster vereinigt die Planungs-, Herstellungs- und Betriebsverpflichtung in einem Vertrag, der eine Gesamtlaufzeit hat und für den letztlich ein Gesamtpreis bezahlt wird. Auch nach der Fertigstellung des Werkes bleibt der Unternehmer verpflichtet, konkrete Leistungen zu erbringen, z.B. die Instandhaltung (vgl. Unterklausel 12.1 lit. b)). Es lässt sich mithin durchaus rechtfertigen, auf den gesamten Vertrag Werkvertragsrecht anzuwenden. Es bleibt dann den Parteien oblassen, wann sie eine Abnahme im Sinne des § 640 BGB durchführen. Geschieht dies nach Ende der Herstellungsphase, also im Sprachgebrauch des FIDIC-Musters nach Erteilung des Commissioning Certificate, trägt fürhin der Besteller die Sachleistungsgefahr, anderenfalls verbleibt sie bei dem Unternehmer. Wie bereits angedeutet, regelt FIDIC diese Frage nicht eindeutig. Unter steuerrechtlichen Gesichtspunkten wird jedenfalls beim sog. Immobilienleasing vertreten, der Unternehmer müsse die Sachleistungsgefahr bis zum Auslaufen der Betriebsphase tragen[543]. Andererseits ist es nach Ansicht des BGH[544] für das 169

[543] Immobilien-Leasing Erlass des BMF vom 23.12.1991.

herkömmliche Finanzierungsleasing typisch, dass der Leasingnehmer die allgemeine Sachgefahr trägt. Die Aussagekraft dieser Rechtsprechung für das „FIDIC Design, Build & Operate"-Modell ist indes eher gering, weil hier typischerweise alles aus einer Hand stammt, während beim Immobilienleasing Gewährleistungsansprüche gegen Dritte bestehen, die an den Leasingnehmer abgetreten werden können.

170 Auch aus den FIDIC-Klauseln zur Versicherungsdeckung wird nicht klar ersichtlich, welche Risikoverteilung FIDIC in Bezug auf die Sachleistungsgefahr beabsichtigt. In Unterklausel 19.3 verpflichtet sich der Unternehmer, das Werk (die Arbeiten) zu versichern. Allerdings geschieht dies ohne Bezugnahme auf die ausführlicheren Regelungen in Unterklausel 19.2, die unzweifelhaft das Risiko der Sachleistungsgefahr abdecken sollen, denn dort steht geschrieben, dass der Versicherungsschutz den vollen Wiederherstellungswert der Arbeiten umfassen soll. Wade führt aus, das FIDIC Contracts Commitee habe in Unterklausel 19.3 lediglich die spezifischen Betriebsrisiken reflektiert[545]. Das wiederum erklärt, warum das DBO Form in Klauseln 17, 18 und 19 zwischenden Risiken in der D & B Phase einerseits und den Risiken in der Operation Service Phase andererseits differenziert. Folglich kann man zusammenfassen, dass FIDIC die Sachleistungsgefahr bei Erteilung des Commissioning Certificate auf den Besteller übertragen sehen möchte. Was bleibt ist die Verpflichtung zur Sorge für die Arbeiten während der Betriebsphase. Da es unsinnig wäre zu unterstellen, FIDIC habe in Unterklausel 17.5 Abs. 2 die Sachleistungsgefahr umgehend zurück übertragen wollen, muss „care of the Permanent Works" eine andere Bedeutung haben als die Sachleistungsgefahr.

171 Unterklausel 4.1 fasst die Gesamtleistung des Unternehmers zusammen. Er soll die Arbeiten planen, ausführen und fertig stellen und den Betrieb besorgen. Im Zweifel dürfte das englische Verb „to provide" an dieser Stelle zutreffend mit „besorgen" übersetzt sein, denn mit „liefern", „beschaffen" oder „beistellen" dürfte die Verpflichtung nicht zutreffend zum Ausdruck kommen. Jedenfalls wird die „Besorgungsverpflichtung" in Klausel 10 spezifiziert. In Klausel 10 deutet unterdessen alles darauf hin, dass der Unternehmer nurmehr eine Dienstleistung schuldet, was insbesondere durch Unterklausel 10.7 zum Ausdruck kommt. Danach schuldet der Unternehmer die notwendigen Schritte (Steps necessary) zur Erreichung der vertraglichen „Leistungsabgabe". Schadensersatz schuldet er nur für die unzureichenden Maßnahmen zur Wiederherstellung der vertraglichen Leistungsabgabe, nicht hingegen für das Nichterreichen der vertraglichen Leistungsabgabe. Das steht in Widerspruch zu der Verpflichtung die Arbeiten „fit for purpose" herzustellen, die sich Unterklausel 4.1 ergibt. Einen deutlichen Gegensatz stellt auch die Verpflichtung aus Unterklausel 12.1 lit. b) nicht dar, wonach der Unternehmer für die Reparatur und Abstellung von Schäden oder Mängeln verantwortlich ist. Erst aus Unterklausel 12.3 wird klar, dass die Reparaturverpflichtung eine werkvertragliche Natur hat.

172 Schließlich darf man die versteckte Unterklausel 8.7 nicht übersehen, die mit der englischen Überschrift „Handback Requirements" versehen wurde. In DBO-Verträgen ist es üblich, Reststandzeiten zu vereinbaren. So verlangt etwa die englische Straßenbaubehörde eine 10-jährige Restlaufzeit von 85% des Straßenbelages nach Ablauf der Betriebsphase. Für Brücken wird eine 30-jährige Reststandzeit vereinbart. Unterklausel 8.7 eröffnet auch für das FIDIC DBO diese Möglichkeit. In der Seminar Edition des Gold Book verdeutlichte Unterklausel 8.7 den werkvertraglichen Charakter der Unterhaltungspflicht, denn der Unternehmer übernahm mit der Vereinbarung einer Restlaufzeit (Residual Life) eine

[544] BGH NJW 1977, 1058; BGH NJW 1978, 1432; BGH NJW 1982, 105.
[545] Wade ICLR 2008, 14, 25.

Erfolgshaftung. Die aktuelle Version des Gold Book hat allerdings den Begriff „Residual Life“ aufgegeben und regelt nunmehr in Unterklausel 8.7 den Begriff der „Handback Requirements“. Gewollt ist insoweit, dass sich die Parteien über die Absichten einigen, die der Besteller nach Auslaufen der Operation Service Period hat. Beabsichtigt er, die Anlage zu verschrotten, kann während und vor allem zum Ende des Operation Service unter Umständen darauf verzichtet werden, aufwändige Instandhaltungsmaßnahmen zu betreiben, die vor allem den Asset Replacement Fund belasten. Will der Besteller hingegen die Anlage weiter betreiben, ist eine kontinuierliche Instandhaltung und Instandsetzung erforderlich. Nicht gewollt ist dagegen, dass der Unternehmer über das Ablaufen der Betriebsphase hinaus Haftung übernimmt. Möglich bleibt diese Option natürlich, etwa wenn die Handback Requirements Restlaufzeiten ab Übergabe der Anlage festlegen. Der Unternehmer wird daher die Handback Requirements sehr genau studieren müssen.

10. Green Book

Schrifttum

Wade, FIDIC's Standard Forms of Contract – Principles and Socpe of the four New Books, ICLR 2000, 5; Hök/Ludwig, FIDIC Green Book, Berlin 2008

Das wegen seiner Farbgebung so genannte Green Book hat keinen älteren Bruder und stellt eine Innovation der FIDIC dar. Es wurde versucht, eine klare und einfache sowie leicht zu übersetzende Sprache zu benutzen[546]. Das Buch eignet sich für kleinere oder einfache Arbeiten bis etwa 500.000 USD[547], die aber auch ein größeres wirtschaftliches Volumen ausmachen können[548]. Das Green Book besteht aus einem Muster für ein „Agreement“ (in dem Angebot und Annahme zusammengefasst sind)[549], einem Anhang zum Agreement (in den alle notwendigen Informationen aufgenommen werden sollen)[550], Allgemeinen Bedingungen, Rules for Adjudication, einem Adjudicator's Agreement und Notes for Guidance. Das Green Book wurde auf der Grundlage des Orange Book sowie der dann erarbeiteten 20 Klauseln der Construction and Plant & Design-Build-Bücher entworfen. Ausgehend von diesen Rahmenbedingungen konzentrierte man sich auf die wesentlichen Dinge und strich sechs Klauseln des Orange Book (6 Staff and Labour, 7 Plant, Materials and Workmanship, 9 Tests on Conpletion, 11 Tests after Completion, 16 Default of Employer, 19 Force Majeure). Hinzu kamen einige Änderungen in den Überschriften. Aus dem „Vertrag“ (Contract) wurden die Allgemeinen Bedingungen (General Provisions), aus Anlage, Materialien und Handwerkskunst (Plant, Materials and Workmanship) wurde „Risiko des Bestellers“, aus „Änderungen“ (Variations) entstand Änderungen und Ansprüche. Besonderes Augenmerk legte FIDIC auf die Harmonisierung der Definitionen[551]. 173

Die FIDIC geht davon aus, dass das Green Book ohne Besondere Vertragsbedingungen verwendet werden kann. Trotzdem wurde auf einen Guidance nicht vollständig verzichtet. Er soll es erleichtern, die Unterschiede zu den anderen FIDIC-Büchern zu erschließen und ggf. alternative oder ergänzende Klauseln zu entwerfen[552]. Die Allgemeinen Bedingungen bestehen aus nur 15 Klauseln: 174

546 Wade ICLR 2000, 7, 19.
547 Wade ICLR 2000, 7, 18.
548 Wade ICLR 2000, 7, 15.
549 Wade ICLR 2000, 7, 17.
550 Wade ICLR 2000, 7, 18.
551 Wade ICLR 2000, 7, 17.
552 Wade ICLR 2000, 7, 18.

1.	Allgemeine Regelungen
2.	Der Besteller
3.	Vertreter des Bestellers
4.	Unternehmer
5.	Planung durch den Unternehmer
6.	Haftung des Bestellers
7.	Fertigstellungszeit
8.	Abnahme
9.	Mängelbeseitigung
10.	Änderungen und Ansprüche
11.	Vertragspreis und Zahlung
12.	Nichterfüllung
13.	Risiko und Verantwortung
14.	Versicherung
15.	Streitbeilegung

175 Für die normale Verwendung des Musters wird unterstellt, dass die Planung von dem Besteller vorgenommen wird. Doch kann das Muster auch als Design & Build-Vertrag angewendet werden[553]. Auf die Institution des Ingenieurs wird in den Bedingungen verzichtet. Die Task Group entschied frühzeitig, auf den unparteiischen Ingenieur zu verzichten. Man hielt ihn für überflüssig[554]. Stattdessen ist vorgesehen, dass der Besteller eine autorisierte Person ernennt, die für ihn handelt (Klausel 3: Eine Person aus dem Personal des Bestellers soll berechtigt sein, für ihn zu handeln). Sie erfüllt nicht die Aufgaben des traditionellen Ingenieurs, es sei denn dies ist ausdrücklich vereinbart. Das Green Book verzichtet auf ein Zertifizierungswesen. Leistungsbewertung und Bezahlung erfolgen nach den im Anhang zum Agreement festzulegenden Verfahren. Dort finden sich eine Reihe von Auswahlmöglichkeiten.

176 **11. Rolle des Ingenieurs im FIDIC-System.** Im FIDIC-System hat der Ingenieur in Bezug auf die Administration des FIDIC-gestützten Bauvertrages eine herausgehobene Stellung. Der Engineer übt insbesondere folgende Aufgaben aus: (1) Er trifft alle notwendigen Anordnungen, (2) er stellt Leistung und Gegenleistung fest, (3) er stellt Preisanpassungen und Bauzeitanpassungen fest und (4) er verfügt über die Auslegungshoheit über den Vertrag (zu letzterem siehe Unterklausel 1.5). Von dem Engineer wird erwartet, dass er sich seine berufliche Meinung bildet[555]. Dabei muss er sich von den Rahmenbedingungen leiten lassen, die der Vertrag aufstellt.

Ohne den Engineer gibt es also keine Leistungsfeststellung, keine Zahlungsabwicklung, keine Preisanpassung und keine Bauzeitfortschreibung. In allen diesen Bereichen wird der Engineer im Interesse des Bauvorhabens aktiv. Seine Aktivitäten binden Auftragnehmer und Auftraggeber gleichermaßen, wenn auch nur vorübergehend und nicht per se endgültig (vgl. Unterklausel 20.4). Die herausgehobene Stellung des Engineers speist sich aus zwei Rechtsquellen (vgl. auch oben Rn. 150 ff.). Der Besteller erteilt dem Ingenieur einen Auftrag (den Ingenieurauftrag[556]), dessen wesentlicher Inhalt sich aus dem eigentlichen Bauvertrag ergibt (siehe Klausel 3 FIDIC Red Book 1999), dessen Partei der Ingenieur nicht ist. Die besondere Stellung des Ingenieurs erfordert daher

553 Wade ICLR 2000, 7, 16.
554 Wade ICLR 2000, 7, 17.
555 Sutcliffe v. Thackrah [1974] AC at 727 (Lord Reid).
556 Häufig wird dieser Auftrag oder Vertrag auf die Bedingungen des FIDIC White Book verweisen (siehe dazu oben § 6 Rn. 32 ff.; Hök, FIDIC White Book, Berlin 2007).

zwangsläufig eine Koordinierung der zwei Verträge (Auftrag an den Ingenieur und Bauvertrag), aus denen der Ingenieur seine Position definiert, die sich als sehr unabhängig qualifizieren lässt; eine Unabhängigkeit, die gegenüber beiden Parteien des Bau- bzw. Anlagenbauvertrages besteht[557]. Soweit in den Besonderen Bedingungen nichts anderes festgelegt ist (Unterklausel 3.1), wird vermutet, dass der Ingenieur für den Besteller handelt, wenn er eine ihm durch den Vertrag ausdrücklich oder konkludent zugewiesenen Aufgabe ausführt. Soweit der Ingenieur Aufgaben wahrnimmt, die eine Genehmigung des Bestellers voraussetzen, wird vermutet, dass eine solche erteilt wurde. Diese Regelungen dienen dem Schutz des Unternehmers, der nicht wissen kann, welche Vereinbarungen zwischen dem Ingenieur und dem Besteller bestehen[558].

Mit dem Abschluss eines FIDIC-Vertrages, der die Einsetzung eines Ingenieurs vorsieht, kommen die Parteien des Bauvertrages überein, sich der Vertragsinterpretation des Ingenieurs anzuschließen[559] und sich seiner beruflichen Auffassung zu unterwerfen. Gegenüber früheren FIDIC-Fassungen knüpfen aber das FIDIC Red Book und das Yellow Book 1999 nicht mehr an die persönlichen Qualitätsvorstellungen des Ingenieurs an, was früher in der Formulierung *„to the satisfaction of the Engineer"* (vgl. Unterklausel 13.1 FIDIC Red Book 1987) zum Ausdruck kam. Vielmehr verweisen die Vertragswerke auf die Regelungen des Vertrages. Der Vertrag formuliert die Qualitätsanforderungen und normiert, unter welchen Voraussetzungen Leistung und Gegenleistung festzustellen sind. Die Aufgaben des Ingenieurs sind vielfältig, teilweise ermessensgebunden (Variations, vgl. Klausel 13) und teilweise streng objektiv (Unterklausel 3.5 Red Book/Yellow Book 1999). Insbesondere hängen Leistungsfeststellung, Leistungsanpassung und Bezahlung vom Ingenieur ab. Der Unternehmer hat daher ein Interesse daran, dass der Ingenieur faire und unabhängige Entscheidungen trifft, die auf dem Vertrag beruhen, der die Grundlage für seine Bestellung und seine Ermächtigungen bildet. Ersetzt der Besteller daher einen unabhängigen Ingenieur durch einen unternehmensgebundenen oder bei staatlichen Aufträgen durch einen regierungsabhängigen Ingenieur, kann hierin eine Vertragsverletzung liegen, die es rechtfertigt, dass der Unternehmer Entscheidungen des Ingenieurs nicht respektiert[560]. Im Einzelfall kann auch die Verweigerung einer Genehmigung durch den Besteller an den Ingenieur „improper" sein und dazu führen, dass das Verhalten eines Ingenieurs unbeachtlich ist. Entsprechendes gilt für unlautere Weisungen des Bestellers an den Ingenieur, etwa das Verhalten bei der Abnahme oder bei der Erteilung von Zahlungsbescheinigungen betreffend[561]. Der Test lautet: Auf die Frage des Bestellers an den Ingenieur, „Are you or are you not our man" ist sinngemäß die folgende Antwort des Ingenieurs zu erwarten: „My strength in your support depends upon me not being your man"[562].

Doch auch der Besteller hat häufig ein Interesse daran, dass der Ingenieur sachlich richtige Entscheidungen fällt. Das angelsächsische System ist sehr darauf bedacht, wechselseitige Vorteile zu kreieren (win-win Situationen). Bauzeitverlängerungsansprüche, über die der Ingenieur zu befinden hat, schützen den Besteller vor dem Verlust seiner eventuellen Ansprüche auf Liquidated Damages (vgl. Unterklausel 8.7). Auch schafft ein FIDIC-Ingenieur zeitnah rechtssichere Verhältnisse, die es erlauben rechtzeitig finanzielle Vorkehrungen zu treffen.

---

557 Glavinis, Le contrat international de construction, Rn. 492.
558 Glavinis, Le contrat international de construction, Rn. 495.
559 Glavinis, Le contrat international de construction, Rn. 499.
560 ICC-Schiedsspruch ICLR 1985, 67; vgl. dazu Glavinis, Le contrat international de construction, Rn. 500 (zum Red Book 1987).
561 Glavinis, Le contrat international de construction, Rn. 500.
562 Vgl. Glavinis, Le contrat international de construction, Rn. 500 Fn. 374.

177 Die aus deutscher Sicht sehr betonte Stellung des „Engineers" ist kein Grund zum Misstrauen[563]. Trotz aller Konfliktpotentiale, die sich durch die exponierte Stellung des Ingenieurs ergeben können, ist bei der AGB Inhaltskontrolle Zurückhaltung angebracht. Der internationale Ansatz der FIDIC-Bedingungen und der Umstand, dass in der Regel beide Seiten Kaufleute sind oder jedenfalls über geschäftliche Erfahrung verfügen, sollte dazu führen, dass § 305 c BGB nur sehr behutsam angewendet wird[564]. Ohnehin sind die Entscheidungen des „Engineer" stets überprüfbar[565]. Die betonte Stellung des „Engineers" erfordert schlichtweg ein gewisses Maß an Umdenken und Einfühlungsvermögen. Ob die Regelungen zum „Engineer" gelungen sind oder nicht[566], kann daher in der Praxis zunächst einmal dahingestellt bleiben. Bezüglich seiner Entscheidungskompetenz dürfte der Ingenieur aus deutscher Sicht im Einvernehmen beider Parteien des Bauvertrages in gewisser Weise die Kompetenzen des § 317 BGB haben. Allerdings ist er weder Schiedsgutachter noch Schiedsrichter. Er ist aufgrund der vertraglichen Einbettung nicht lediglich einseitig vom Bauherren beauftragt und dessen Erfüllungsgehilfe[567], denn der Besteller und der Ingenieur werden nicht arbeitsteilig tätig[568]. Folglich haftet der Besteller auch nicht für Fehlentscheidungen des Ingenieurs. Der Besteller muss allerdings die Entscheidungen des Ingenieurs gegen sich gelten lassen, dessen Tatsachenfeststellungen vorläufig verbindlich sind[569]. Das System funktioniert jedoch nur, solange die Parteien an den ergänzenden Regelungen zu Dispute Adjudication festhalten (vgl. Unterklauseln 20.2 bis 20.4). Wird Dispute Adjudication für entbehrlich gehalten, fehlt es an einem effektiven Korrektiv zum Engineer. Die als vorläufig anzusehenden Leistungsfeststellungen des Engineers (vgl. Unterklausel 3.5) werden dann faktisch lange Zeit Bestand haben, weil es im Gerichts- oder Schiedsgerichtsverfahren einfach zu lange dauert, die Entscheidungen des Engineer zu überprüfen.

178 **12. Streitmanagement.** Anders als in Deutschland, wo die Stellung des bauleitenden und planenden Architekten oder Ingenieurs wenig institutionalisiert ist, verschaffen die FIDIC-Bedingungen dem Architekten oder *Ingenieur* eine herausgehobene Stellung (siehe oben Rn. 176). Auch falsche Entscheidungen des Engineer müssen grundsätzlich beachtet werden. Sie sind grundsätzlich vorläufig bindend. Ihre Nichtbeachtung wird als Vertragsbruch angesehen. Dadurch erwächst ein Bedarf an schnellen und effektiven Korrekturmöglichkeiten. Die FIDIC-Bedingungen regeln deshalb ein für den deutschen Betrachter zunächst kompliziert aussehendes und förmliches Überprüfungssystem, durch das der Unternehmer Anordnungen und Entscheidungen des Architekten und des Ingenieurs überprüfen lassen kann. Zunächst sind die Entscheidungen des Vertragsadministrators sofort bindend (vgl. Unterklausel 3.5 Abs. 2 Red Book). Es kann dann nach Klausel 20 verfahren werden: Vorgesehen sind ein Dispute Adjudication Verfahren (Unterklauseln 20.2 bis 20.4), eine Abkühlungs- und Verhandlungsphase (Unterklausel 20.5) und ggf. sogar ein Schiedsverfahren (Unterklausel 20.6). In den EPCT-Bedingungen ist dagegen ein verkürzter Verfahrensweg vorgegeben, weil die Bedingungen keinen

---

563 Zur Kritik an der Machtfülle des „engineers" vgl. ausführlich Mallmann, Bau- und Anlagenbauverträge nach den FIDIC-Vertragsbedingungen, 2002, S. 103 (zum alten Red Book), S. 113 (zum neuen Recht).

564 Gegen eine Inhaltskontrolle ist Mallmann, Bau- und Anlagenbauverträge nach den FIDIC-Vertragsbedingungen, 2002, S. 66.

565 Vgl. unter VI. Streitschlichtung.

566 Verneinend Mallmann, Bau- und Anlagenbauverträge nach den FIDIC-Vertragsbedingungen, 2002, S. 123.

567 So aber Rosener in: Münchener Vertragshandbuch, Band 4, 563.

568 Vgl. zu einer ähnlichen Konstellation OLG München NJW-RR 1997, 1514, 1515 (keine Haftung des öffentlichen Auftraggebers für Fehler eines Architekten in Bezug auf ein von diesem zu beurteilendes Angebot).

569 Palandt/Grünberg, BGB, § 317 Rn. 6.

institutionellen Ingenieur vorsehen. Das FIDIC Gold Book 2008 folgt wiederum im Wesentlichen den Verfahrenswegen aus der FIDIC Rainbow Edition 1999, allerdings in einer fortentwickelten Form. Anstelle eines Ingenieurs (Engineers) agiert dort ein Vertreter des Bestellers (Employer's Representative). Dessen Aufgaben entsprechen aber exakt denen des traditionellen FIDIC Engineer. Erste Streitentscheidungsinstanz ist das DAB. Hiernach kann das Schiedsgericht bemüht werden. Die Betonung liegt im Gold Book ganz ausdrücklich auf Streitvermeidung. Interessant ist, dass das Gold Book auch in der Operation Service Period nicht auf Adjudication verzichtet.

a. Entscheidungen des Ingenieurs. Die Entscheidungen (besser: Festlegungen oder 179
Feststellungen) des Ingenieurs im Sinne von Unterklausel 3.5 FIDIC 1999 sind vorläufig und bis zu ihrer Überprüfung in einem ADR-Verfahren oder durch ein Schiedsgericht bindend (Unterklauseln 3.5, 20.4 Yellow Book und Red Book). Sie umfassen die Feststellung von Claims in Bezug auf Kosten und Bauzeit sowie die Vertragspreisanpassung aufgrund von Leistungsänderungen. Im Red Book kann der Engineer zudem neue Einheitspreise festlegen und alte Einheitspreise anpassen (vgl. Unterklausel 12.3 FIDIC Red Book). Ferner fallen letztlich auch Zahlungsbescheinigungen im Sinne der Unterklausel 14.6 FIDIC darunter. Alle vorgenannten Entscheidungen oder Festlegungen sind vorläufig bindend. Nur ganz ausnahmsweise, z.B. im Falle krimineller Handlungen und Bestechung wird man die Entscheidungen des Engineer als gänzlich unbeachtlich ansehen. Im EPCT-Vertrag haben die Entscheidungen des Bestellers (der die Funktion ds Engineer selbst ausübt) keine effektive vorläufige Bindungswirkung (Unterklausel 3.5 Silver Book). Erhebt der Unternehmer allerdings keinen oder keinen rechtzeitigen Widerspruch, wird die Festlegung des Bestellers jedoch endgültig bindend. Im Silver Book sind mithin umgehend Maßnahmen einzuleiten, die die Bindungswirkung der Festlegung des Bestellers aufheben.

Die Bedeutung der Entscheidung des Ingenieurs und ihre gerichtliche Überprüfbarkeit werden seit langem kontrovers diskutiert. Soweit der Ingenieur als „Expert" anerkannt wird, sind seine Entscheidungen praktisch nicht gerichtlich überprüfbar[570]. Doch hat die Autorität des Ingenieurs durchaus Grenzen. Da es ihm untersagt ist, den Vertrag zu ändern bzw. zu ergänzen, ist der Unternehmer gegen Anordnungen geschützt, die ihm seine im Bauvertrag geregelten grundsätzlichen Rechte nehmen[571].

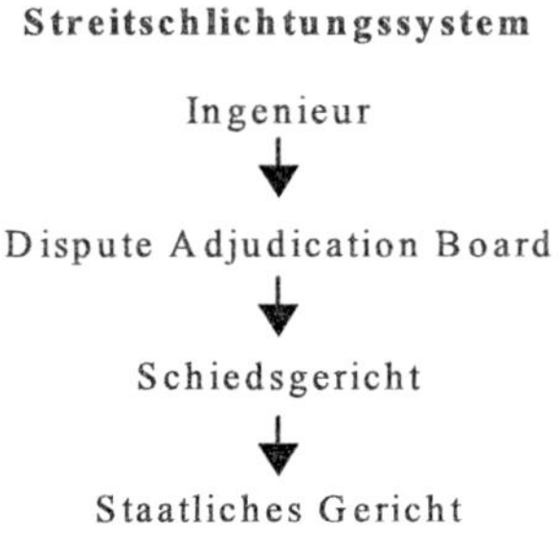

Abb. 4.3. Übersicht

[570] Vgl. Hibberd/Newman, ADR and Adjudication, 100 f.
[571] Vgl. Parry/Johnston, Scottish Engineering Contracts, 30.

b. Dispute Adjudication Board

Schrifttum

Chern, Dispute Boards, London 2008; Hök, FIDIC Adjudication, Berlin 2007; Hök IBR 2010, 378; Owen/Totterdill, Dispute Boards, London 2008

180 Unter der Voraussetzung, dass der Ingenieur (im Sinne der Klausel 3), die vorläufige Leistungsfeststellung in Bezug auf Ansprüche im Sinne der Unterklauseln 20.1 und 3.5 sowie die Freigabe von Zahlungen vornimmt, sollte der Vertrag die Vorschriften gemäß Unterklauseln 20.2 ff. enthalten. Dadurch sollen die Parteien keinesfalls entmutigt werden, sich gütlich zu einigen. Das FIDIC Gold Book ermutigt die Parteien ausdrücklich sich gütlich zu einigen. Es sollte ihnen jedoch auch jederzeit gestattet sein, streitige Fragen einer unparteiischen Streitentscheidungsstelle (Dispute Adjudication Board-DAB) zur Entscheidung vorzulegen[572]. Das dient der zügigen Streiterledigung, auf die das FIDIC-Vertragswerk ausgerichtet ist[573]. Das FIDIC-DAB-Verfahren führt in 84 Tagen zu einer Entscheidung, die über Unterklausel 20.7 FIDIC 1999 und Unterklausel 20.9 FIDIC Gold Book im Schiedsgerichtsverfahren durchgesetzt werden können[574], wenn sich der beschwerte Vertragspartner nicht vertragskonform der DAB Entscheidung unterwirft und den DAB Spruch nicht honoriert.

181 Der Erfolg des FIDIC-Streitentscheidungsverfahrens (siehe dazu auch § 28 Rn. 40 ff.) hängt unter anderem vom Vertrauen der Parteien in die Person(en) ab, die als Streitentscheidungsstelle fungiert/fungieren. Ein weiteres wichtiges Auswahlkriterium ist die Qualifikation (Fachrichtung, Sprachkompetenz, Erfahrung) und die spezifische Eignung des Kandidaten für das Projekt. Letztere kann sich von Projekt zu Projekt ändern. Für die Kandidatenauswahl ist es wichtig, dass die Kandidaten nicht allein von der einen oder der anderen Partei festgelegt werden, und dass die Auswahl der Person gemäß Unterklausel 20.3 ggf. von einer absolut unparteiischen Stelle (Adjudicator Nominating Body-ANB) vorgenommen wird. In England sind zahlreiche Einrichtungen als ANBs anerkannt (z.B. RIBA, RICS, IEE)[575]. Auch die FIDIC ist in der Lage, diese Aufgabe wahrzunehmen, wenn ihr eine entsprechende Befugnis in Übereinstimmung mit dem Beispielswortlaut im Anhang zum Angebot übertragen wurde. Das Ernennungsverfahren über FIDIC ist kostenpflichtig. Die Ernennung erfolgt aus der Liste der von FIDIC geprüften Adjudicatoren. Die Prüfung setzt eine sehr fundierte Kenntnis der FIDIC-Verträge sowie der Streiterledigungspraxis voraus. Zur Prüfung zugelassen werden zumeist nur sehr erfahrene Ingenieure und Juristen. Seit einigen Jahren steht auch der Verband der Beratenden Ingenieure in Deutschland (VBI) als Benennungseinrichtung zur Verfügung. Auf der Benennungsliste des VBI sind nur Adjudicatoren gelistet, die eine dreitätige Prüfung bestanden haben, die sich weitgehend an den Anforderungen des internationalen FIDIC Assessment orientieren.

182 Die einzelnen Mitglieder des Streitentscheidungsgremiums können vor Ausstellung des Annahmeschreibens (Letter of Acceptance) bestimmt werden. Regelmäßige Treffen der Streitentscheidungsstelle auf der Baustelle zum Zweck der Information und des Meinungsaustausches sind empfehlenswert. Gemäß dem Beispielstext im Anhang zum Angebot (Appendix to Tender) des FIDIC Red Book 1999 können die Parteien eine ent-

572 Zum Charakter von Entscheidungen des Adjudicators vgl. Hibberd/Newman, ADR and Adjudication, 88 ff.

573 Attorney General for the Falklands Islands v. Gordon Forbes Construction (Falklands) Ltd Falklands, IBR 2006, 1107 – Hök.

574 Siehe dazu eingehend High Court Singapore IBR 2010, 724 – Hök.

575 Vgl. dazu Levy ICLR 2003, 413 ff.

sprechende Einigung entweder vor der Ausstellung des Annahmeschreibens (*Letter of Acceptance*) oder innerhalb eines bestimmten Zeitraums danach erzielen. Sie können jedoch eine Einigung auch bis zum Auftreten einer Streitigkeit hinausschieben. In diesem Fall sollten sowohl Unterklausel 20.2 samt Anhang – Allgemeine Bedingungen einer Streitschlichtungsvereinbarung mit Anhang (Verfahrensregeln) als auch die Streitschlichtungsvereinbarung geändert werden, um eine Übereinstimmung mit dem entsprechenden Wortlaut in den FIDIC-Bedingungen für Anlagen- und Konstruktionsbau (Yellow Book) zu erreichen.

c. Schiedsverfahren

Schrifttum

Aden, Internationale Handelsschiedsgerichtsbarkeit, 2. Auflage, München 2002; Born, International Commercial Arbitration, Alphen aan den Rijn, 2009; Derains/Schwartz, A Guide to the ICC Rules of Arbitration, 2. Auflage, Den Haag 2005;Jenkins/Stebbings, International Construction Arbitration Law, Den Haag 2006; Markanda, Law relating to Arbitration and Conciliation, 7. Auflage, New Delhi 2009; Patil, The Law of Arbitration and Conciliation, 5. Auflage, Pune 2008; Redfern and Hunter on International Arbitration, 5. Auflage, London 2009

Am Ende des FIDIC-Streitentscheidungssystems steht die Schiedsgerichtsbarkeit[576]. In **183** der 1. Stufe kann der „Engineer" Entscheidungen bzw. Festlegungen im Sinne von Tatsachenfeststellungen (Determinations) treffen. Dabei soll er alle relevanten Umstände in Betracht ziehen. In der 2. Stufe, wenn ein Dispute (Streitigkeit) vorliegt, kommt es zur Anrufung des Dispute Adjudication Board (DAB). Das DAB fällt eine Entscheidung. Dabei ist es an den Vertrag gebunden. Jedoch bleibt es den Parteien vorbehalten, ggf. ihre Unzufriedenheit über die Schlichtung (Adjudication) und ihre Ergebnisse zu äußern und letztlich ein Schiedsgericht anzurufen (Unterklausel 20.6). Insoweit sind enge Fristen zu beachten (vgl. dazu C § 3). Die FIDIC-Bedingungen verweisen hinsichtlich der Schiedsoption auf die Schiedsgerichtsordnung der **Internationalen Handelskammer in Paris**. Seit dem 1.1.2012 gelten neue ICC-Regeln. Die SBDW der Weltbank haben den Hinweis auf die ICC zwischenzeitlich durch den Hinweis auf UNCITRAL ersetzt. Das Stufenprogramm hat einen Sinn. Es lässt sich nicht, ohne Nachteile in Kauf zu nehmen, abändern. In der Praxis wird diesem Umstand allerdings häufig kaum Rechnung getragen, weil die logischen Zusammenhänge weitgehend ignoriert werden. Historisch gesehen, scheint Dispute Adjudication eine zusätzliche Hürde zu sein, die zudem weitere Kosten verursacht. Bei genauem Hinsehen stellt sich jedoch schnell heraus, dass die drei Stufen lediglich eine neue Aufgabenverteilung beinhalten, nicht aber eine neue Instanz. In den früheren FIDIC-Bedingungen aus dem Jahre 1987 hatte der Engineer eine Doppelfunktion. Aus englischer Sicht würde man diese mit dem Begriffen des *Certifier* und des *Quasi Arbitrator* unterscheiden. Ein wenig mehr Unabhängigkeit des Quasi Arbitrator herzustellen, ist Sinn der Einführung von Adjudicaton. Der Adjudicator wird nicht mehr vom Besteller beauftragt und bezahlt sondern von beiden Parteien (vgl. unten § 28). Der FIDIC-Vertrag ist also ein geschlossenes System, in dem behauptete Ansprüche einer Beurteilung zugeführt werden, für die eingangs der Ingenieur zuständig ist. Die Beurteilungen des Ingenieurs (Determinatons) sind jedoch nur vorläufig bindend und unterliegen der Kontrolle durch das Dispute Adjudication Board. Soll schließlich der Streit unter Wahrung voller Verfahrensgarantien ausgefochten werden, steht das Schiedsgericht zur Verfügung. Zwischen Schiedsgerichtsbarkeit und Adjudication besteht der Unterschied darin, dass eine Adjudication-Entscheidung

[576] Vgl. dazu § 29.

kein Schiedsspruch darstellt und nicht den Status eines Schiedsspruches genießt. Sprüche eines DAB können damit nicht nach §§ 1060, 1061 ZPO für vollstreckbar erklärt werden. Schiedssprüche können endgültig sein, da sie üblicherweise lange Zeit nach Fertigstellung der Arbeiten und häufig zu allen streitigen Fragen ergehen. Adjudicator-Entscheidungen ergehen entlang des Bauverlaufes in Bezug auf Einzelfragen, die fortwährend während der Arbeiten und nach Fertigstellung wieder auftreten können[577]. Adjudicator Entscheidungen nehmen mithin häufig unmittelbar Einfluss auf den Bauverlauf, etwa in dem das DAB Bauzeitverlängerung gewährt, bevor die vereinbarte Bauzeit abgelaufen ist. Es entfallen dann unnötige Beschleunigungsmaßnahmen. Die praktischen Vorteile der Adjudication liegen also auf der Hand.

IV. Checklisten für FIDIC-Bedingungen

184 Das FIDIC Red Book, das FIDIC Yellow Book und das FIDIC Silver Book enthalten jeweils einen Guidance für die Vorbereitung „Besonderer Bedingungen" (Guidance for the Preparation of Particular Conditions). Der Guide für das Gold Book ist noch in Bearbeitung. In den Guides finden sich jeweils Hinweise zu Klauselalternativen und dem individuellen Verhandlungsbedarf. Eine eigenständige Überprüfung des individuellen Regelungsbedarfs ist stets ratsam. Vorausgehen sollte allerdings ein eingehendes Risk Assessment und die Aufklärung des konkreten Regelungsbedarfs. In der Praxis werden die Anforderungen aus dem FIDIC-Vertragswerk häufig sträflich vernachlässigt. Es enthält ganz wesentliche Regelungsanreize und -erfordernisse (siehe den Regelungsbedarf im Appendix to Tender oder in den Contract Data). Ingenieure, Kalkulatoren und Rechtsberater sollten konzertiert alle praktischen Regelungsbedürfnisse abfragen und entsprechende Vorkehrungen in dem Appendix to Tender (respektive den Contract Data), den Specifications oder Employer's Requirements[578], den Bill of Quantities[579] und sodann den Particular Conditions (in exakt dieser Reihenfolge) treffen. Dabei ist nicht daran gedacht, das Vertragswerk an das eigene Grundverständnis zur Bauabwicklung anzupassen oder gar das Vertragswerk an ein spezifisch deutsches Grundverständnis anzulehnen, sondern es auf die besonderen Anforderungen des spezifischen Vorhabens zu trimmen. Schnittstellenverantwortung, Koordinierungs- und Kooperationsbedarf, Genehmigungsvorläufe etc. sollten ermittelt und vertraglich geregelt werden. Dafür stehen der Appendix to Tender, die besonderen Vertragsbedingungen die Leistungsverzeichnisse, die Anforderungen des Bestellers (Employer's Requirements) und die Schedules zur Verfügung. In den meisten Fällen hat FIDIC bereits den Regelungsbedarf vorausgesehen und ihm einen speziellen Platz im Regelungswerk zugewiesen (z.B. Spezifikation von Tests in in den Anforderungen des Bestellers, Dauer der Defects Notification Period in dem Appendix to Tender und Regelungen zur gesetzlichen Mängelgewährleistung in den Besonderen Vertragsbedingungen). Bevor man daran geht, das Vertragswerk zu ergänzen, sollte man sich dieser Vorgaben bewusst sein und sie vertragsgerecht nutzen.

---

[577] Vgl. David McLean Housing Contractors Limited v. Swansea Housing Association Limited (2001) [2002] BLR 125.

[578] Zu den zu empfehlenden Regelungen gehören unter anderem: (1) Anforderungen an Tests, (2) Regelungen zur Prüfung von Unternehmerplanung, (3) Kooperationsanforderungen, (4) Anforderungen an den Unternehmer in der Defects Notification Period.

[579] Zu den zu empfehlenden Regelungen gehören unter anderem: (1) Aufmaßregeln, (2) Einheitspreise für Leistungen in der Defects Notification Period, die unter Unterklausel 11.2 fallen, (3) Einheitspreise für Tests (ggf. nur zu solchen, die speziell gefordert werden), (4) Berücksichtigung des Umfang der fehlt etwas?

1. Silver Book. Verhandlungsbedarf besteht vor allem in Bezug auf folgende Klauseln: **185**

1.1.3.3 & 8.2	Time for Completion (Date d'achèvement/Fertigstellungsdatum)
1.1.3.7 & 11.1	Defects Notification Period (Période de notification des vices/Mängelmitteilungsfrist)
1.1.5.6	Definition of each section, if any (Définition des sections, s'il y en a/Definition der Sektionen, falls es welche gibt)
1.3	Electronic Systems for communication (système électronique de communication)
1.4	Laws and Languages (Droit et Langues/Anwendbares Recht und Sprache)
2.1	Time for possession of the Site (Date de prise en possession de la site/ Übernahmetag der Baustelle)
4.2	Performance Security (Garantie d'exécution du contrat/Erfüllungssicherheit)
4.4	Notice of Subcontractors (Notification des sous-traitants/Mitteilung der Subunternehmer)
8.7/12.4 & 14.15 (d)	Delay/Performance damages (Retard/Dommages de retard/Verspätung und Verzugsschäden)
13.8	Adjustements for changes in Cost (ajustements pour les changements coûts/ Anpassungen für Kostenänderungen)
14.2	Advance Payments (accomptes/Vorauszahlungen)
14.3 (c)	Retention (Droit de retention/Zurückbehaltungsrecht)
17.6	Limitation of Liability (Limitation de la responsabilité/Haftungsbeschränkung)
18.1	Employer's Insurance (Assurance du maître de l'ouvrage)
18.2 (d)	Insurance of Employer's risks (Assurance des risques du maître de l'ouvrage)
18.3	Insurance against injury to persons and damage to property
20.2	Number of members of the dispute adjudication board (Nombre des membres du DAB/Anzahl der Mitglieder des DAB)
20.3	Appointing entity for the dispute adjudication board (Institution de dénommination pour le DAB/Benennungseinrichtung für das DAB)

2. Red Book. Veränderungen sind vor allem in Bezug auf folgende Klauseln mehr oder weniger erforderlich oder üblich: **186**

- 1.8 Requirements of Contractor's Documents
- 1.13 Permissions being obtained by the employer
- 2.1 Phased possession of foundations, structures, plant or means of access
- 4.1 Contractor's designs
- 4.6 Other Contractors
- 4.7 Setting-out points, lines and levels of reference
- 4.14 Third parties
- 4.18 Environmental constraints
- 4.19 Electricity, water, gas and other services available on the site
- 4.20 Employer's Equipment and free-issue material
- 5.1 Nominated Contractors
- 6.6 Facilities for Personal
- 7.2 Samples
- 7.4 Testing during manufacture and/or construction
- 9.1 Tests on completion
- 13.5 Provisional Sums

Entscheidungen der Vertragsparteien sind bei Vertragsschluss vor allem bezüglich folgender Aspekte erforderlich: **187**

- Vertragssprache (Unterklausel 1.4, Appendix to Tender)
- Anwendbares Recht (Unterklausel 1.4, Appendix to Tender)
- Vertragsstrafe (Unterklausel 8.7, Appendix to Tender)
- Schiedsgericht (Einfachschiedsrichter, Kollegialschiedsgericht)
- Mängelanzeigefrist (Unterklausel 1.1.3.7, Appendix to Tender)
- Bauzeit (Unterklausel 1.1.3.3, Appendix to Tender)
- Sicherheitsleistung (Unterklausel 4.2, Appendix to Tender)
- Regelungen zu Tests (Specifications)
- Regelungen zu festen Einheitspreisen (Bill of Quantity), die massenbedingte Einheitspreisanpassungen ausschließen

188 **3. Yellow Book.** Verträge, die auf der Grundlage des Yellow Book geschlossen werden sollen, erfordern keine Daten, die auszuverhandeln und in den Besonderen Vertragsbedingungen auszufüllen sind (vgl. Guidance Yellow Book). Das bedeutet allerdings nicht, dass die Parteien keine individuellen Verhandlungen führen könnten oder müssten. Individuelle Festlegungen sind im Anhang zum Angebot (Appendix to Tender) sowie in die Employer's Requirements aufzunehmen:

- Der Fertigstellungszeit wird (in Form einer Anzahl von Tagen ergänzt um Bauzeitverlängerungen gemäß Unterklausel 8.4) im Anhang zum Angebot (Appendix to Tender) festgeschrieben.
- Die Mängelanzeigefrist (Defects Notification Period) wird im Anhang zum Angebot (Appendix to Tender) geregelt. Sie wird wiederum in Tagen ausgedrückt und kann sich entsprechend Unterklausel 11.3 verlängern.
- Freibeträge, Haftungssummen etc. zur Versicherung (Appendix to Tender)
- Anpassungsdaten zu Unterklausel 13.8 für die Zwecke der Preisanpassung (Appendix to Tender)
- Besondere Anforderungen an den Zustand des Werkes nach Ablauf der Defects Notification Period (Employer's Requirements oder Specifications)
- Fristen zur Durchführung der Prüfung der Anforderungen des Bestellers gemäß Unterklausel 5.1 Yellow Book (Employer's Requirements)
- Abschlagszahlungen sollen im Zahlungsplan näher geregelt werden.
- Vorauszahlungen sind nicht zwingend vorgesehen. Fehlt eine Festlegung der Zahlungshöhe im Anhang zum Angebot, findet Unterklausel 14.2 keine Anwendung, wenn sie nicht ohnehin gestrichen wurde.
- Angaben und Regelungen zu Tests und zur Vorlage der Planungsunterlagen (Employer's Requirements)

189 Entscheidungen der Vertragsparteien sind bei Vertragsschluss vor allem bezüglich folgender Aspekte erforderlich:

- Vertragssprache (Unterklausel 1.4, Appendix to Tender)
- Anwendbares Recht (Unterklausel 1.4, Appendix to Tender)
- Vertragsstrafe (Unterklausel 8.7, Appendix to Tender)
- Schiedsgericht (Einfachschiedsrichter, Kollegialschiedsgericht)
- Mängelanzeigefrist (Unterklausel 1.1.3.7, Appendix to Tender)
- Bauzeit (Unterklausel 1.1.3.3, Appendix to Tender)
- Sicherheitsleistung (Unterklausel 4.2, Appendix to Tender)

V. ORGALIME Turnkey Contract for Industrial Works

Schrifttum

Henchie,The Orgalime Turnkey Contract for Industrial Works – an alternative to FIDIC's Silver Book?, ICLR 2004, 67

Die Orgalime ist der Europäische Verband der mechanischen, elektronischen und Metallartikelindustrie. Die Organisation hat drei wesentliche Zielsetzungen, nämlich Informationen über die Aktivitäten der Europäischen Union und anderer internationaler Organisationen zu sammeln, abgestimmte Meinungen des betreffenden Industriezweiges zu entwickeln und diese in die Aktivitäten der vorgenannten Organisationen einzubringen sowie die Beziehungen der Mitgliedsorganisationen untereinander zu fördern. Seit den 50iger Jahren des letzten Jahrhunderts beschäftigt sich die Orgalime mit der Redaktion von Vertragsmustern. Im Anschluss an die Veröffentlichung des neuen FIDIC Silver Book entschied sich die Orgalime ein eigenes Turnkey-Modell zu entwickeln, das als Alternative zum Silver Book eingesetzt werden kann[580]. 190

Das im Jahr 2003 veröffentlichte Muster soll für „industrial works" eingesetzt werden, womit jede Art von Betriebsanlage gemeint ist, also z.B. Kraftwerke, Papierproduktionsanlagen oder eine automatisierte Produktionsstätte für die Herstellung industrieller Produkte[581]. Es handelt sich um einen Vertrag über die schlüsselfertige Erstellung einer Anlage in dem Sinn, dass in die Aufgabenstellung des Unternehmers die Lieferung und Montage der Betriebsanlage eingeschlossen ist[582]. Der Unternehmer hat die Verantwortung für Lieferung und Montage der gesamten Ausrüstung, die Teil der Anlage ist. Er ist ferner verantwortlich für die Tests und die Inbetriebnahme[583]. Das Vertragsmuster besteht aus Allgemeinen Bedingungen mit 27 Klauseln, einem „Main Contract Document" und einer Checkliste, die einzelne Verpflichtungen der Parteien auflistet, die zu verteilen sind. 191

Übersicht über die Allgemeinen Bedingungen 192

1.	Anwendbarkeit
2.	Definitionen
3.	Abschließende Vereinbarung, Reihenfolge der Dokumente
4.	Verpflichtungen des Unternehmers, Vertragsumfang
5.	Dokumentation
6.	Vertreter, Koordinierung, Zeitverlängerung
7.	Arbeiten auf der Baustelle
8.	Änderungen
9.	Zahlung, Sicherheiten
10.	Stilllegungsanordnung durch den Besteller
11.	Tests und Inspektionen
12.	Mechanische Fertigstellung
13.	Fertigstellungstests
14.	Übernahme
15.	Tests nach Fertigstellung
16.	Pauschalisierter Schadensersatz für Verspätung und Erfüllung
17.	Mängel

[580] Henchie, ICLR 2004, 67, 68.
[581] Introduction to the Orgalime Turnkey Contract for Industrial Works, 2.
[582] Introduction to the Orgalime Turnkey Contract for Industrial Works, 2.
[583] Introduction to the Orgalime Turnkey Contract for Industrial Works, 2.

18. Einseitiges Kündigungsrecht des Bestellers
19. Kündigung bei Nichterfüllung
20. Haftung für Personenschäden and Sachschäden
21. Versicherung
22. Vertraulichkeit
23. Rechte an Computersoftware, Verletzung von geistigen Schutzrechten dritter Parteien
24. Force Majeure
25. Haftungsbeschränkungen
26. Mitteilungen und Sprache
27. Streitigkeiten, Anwendbares Recht

193 Der Orgalime-Vertrag ist ein Zwei-Parteien-Vertrag, d.h. er kommt – ebenso wie das Silver Book – ohne Ingenieur als Entscheidungsträger aus. Streitigkeiten können einem unabhängigen Experten zur Entscheidung vorgelegt werden[584]. Die Vergütung des Unternehmers wird in Form eines Pauschalpreises vereinbart. Zahlungen sollen innerhalb von 30 Tagen erfolgen, allerdings nicht vor dem Tag, der im Vertrag vereinbart ist. Diese Klausel ist als unklar und unverständlich kritisiert worden[585]. Offen ist insbesondere, welche Folgen ein Verstoß gegen diese Klausel haben soll[586]. Im Übrigen sind die Orgalime-Zahlungsbedingungen erheblich weniger detailliert als die Zahlungsbedingungen der FIDIC-Bedingungen[587]. Unternehmerfreundlich ist die Orgalime-Klausel, wonach Zahlung auch dann zu leisten ist, wenn Bauverzögerung aufgrund von Umständen eintritt, die der Besteller zu vertreten hat. Dies hat zur Folge, dass Zahlungspläne, die an Meilensteine geknüpft sind, in zeitlicher Hinsicht zu erfüllen sind, obwohl der vorgegebene Leistungsstand nicht erreicht ist[588].

194 Bauzeitüberschreitungen werden mit pauschalen Schadensersatzbeträgen kompensiert. Das Orgalime-Muster regelt die Sätze allgemeinverbindlich. Dieser Ansatz ist bedenklich, worauf Henchie[589] zu Recht hinweist, denn in vielen Rechtsordnungen sind „liquidated damages" nur solange zulässig, wie es sich um im Voraus geschätzte Kosten handelt. Anderenfalls handelt es sich um echte Vertragsstrafen, die für unzulässig erachtet werden. Erreicht der Unternehmer die vertraglich vorgegebenen Leistungsparameter nicht, soll er ebenfalls auf pauschalen Schadensersatz in Anspruch genommen werden können. Insoweit sehen die Orgalime-Bedingungen keine Bemessungszahlen vor, sondern nur Kappungsgrenzen. Sind die Kappungsgrenzen (für Zeitverzug und Nichterfüllung) überschritten, kann der Besteller den Vertrag ausserordentlich kündigen (Klausel 19).

195 Der Vorteil des Orgalime-Musters soll in der größeren Flexibilität und der größeren Ausgewogenheit der Risikoverteilung gegenüber dem Silver Book liegen[590]. Die Orgalime geht davon aus, dass das FIDIC Silver Book praktisch alle Risken dem Unternehmer auferlegt. Das FIDIC Silver Book eröffne dem Besteller einen großen Einfluss auf die Erfüllung des Vertrages. Dies berge die Gefahr komplizierter und kostenträchtiger Streitigkeiten in sich[591]. Diese Ansicht wird in der Fachliteratur nicht uneingeschränkt

[584] Introduction to the Orgalime Turnkey Contract for Industrial Works, 3.
[585] Henchie ICLR 2004, 67, 75.
[586] Henchie ICLR 2004, 67, 75.
[587] Henchie ICLR 2004, 67, 75; vgl. auch die Gegenüberstellung unter § 12 16.
[588] Henchie ICLR 2004, 67, 76.
[589] Henchie ICLR 2004, 67, 76.
[590] Introduction to the Orgalime Turnkey Contract for Industrial Works, 2.
[591] Introduction to the Orgalime Turnkey Contract for Industrial Works, 2.

geteilt[592]. Richtig ist sicherlich, dass das Silver Book eine Reihe besonderer Risiken auf den Unternehmer verlagert[593]. Doch beruht dies auf einem Bedürfnis, das sich vor allem in Gesprächen mit der Weltbank gezeigt hat[594]. Ein vergleichender Überblick soll die Einschätzung erleichtern:

Tabelle 4.3. Vergleich Orgalime-FIDIC Silver Book

Thema[595]	**Orgalime**	**Silver Book**
Entscheidungsfindung	In einigen Fällen unabhängige Entscheidung durch Experten, gefolgt von ICC-Schiedsgerichtsbarkei.	Entscheidung durch den Besteller, gefolgt von DAB-Entscheidung und ICC-Schiedsgerichtsbarkeit.
Abschlagszahlungen	30 Tage	28 Tage
Verzugszins	8% oberhalb des Zinssatzes der EZB[596]	3% oberhalb des Diskontsatzes der relevanten Bank
Einstellung der Arbeit im Falle verspäteter Zahlung	Ankündigung von 7 Tagen	Ankündigung von 21 Tagen
Unvorhersehbare Bodenverhältnisse	C[597] hat Anspruch auf Zeitverlängerung und Kostenanpassung.	C hat keinen Anspruch auf Zeitverlängerung und Kostenanpassung.
Planungsverantwortung	Ja, aber es besteht kein vertraglicher Standard. C ist nicht verantwortlich für Irrtum in der Planung des Bestellers.	Ja, die fertig gestellten Arbeiten müssen „fit for purpose" sein. C ist verantwortlich für Fehler in der Planung des Bestellers.
Haftung	Alle direkten oder indirekten Schäden sind unbeschadet anders lautender besonderer Vorschriften im Vertrag ausgeschlossen.	Die Haftung ist auf den Vertragspreis beschränkt. Einige direkte und indirekte Schäden sind ausgeschlossen.
Zeitverzug	Zeitverzug wird mit pauschalem Schadensersatz (liquidated damages) sanktioniert.	Zeitverzug wird mit pauschalem Schadensersatz (liquidated damages) sanktioniert.
Force-Majeure-Ereignisse	Alle Ereignisse außerhalb der Kontrolle der Parteien, die nicht vorhersehbar waren und die die Erfüllung unmöglich machen.	Detaillierte Definition von Force Majeure mit hohen Hürden.
Vertragsbeendigung wegen Force Majeure	Nach 180 Tagen	Nach 84 Tagen
Zahlung während Force Majeure	Vertrag schweigt	Besteller ist weiterhin verpflichtet, die nach dem Vertrag geschuldeten Zahlungen zu entrichten.

[592] Wade ICLR 2001, 497; Henchie ICLR 2004, 67, 69.
[593] Henchie ICLR 2004, 67, 70.
[594] Vgl. Henchie ICLR 2004, 67 ff.
[595] Wiedergabe der Gegenüberstellung von Henchie ICLR 2004, 67, 82.
[596] Hier wird ein gewisser europarechtlicher Einfluss bemerkbar (vgl. Richtlinie 2000/35/EG des Europäischen Parlaments und des Rates zur Bekämpfung von Zahlungsverzug im Geschäftsverkehr vom 29.06.2000, ABl Nr. L 200, 35.
[597] C= Contractor.

196 Es fällt nicht schwer zu vermuten, dass die Unternehmerschaft den Orgalime-Vertrag vorziehen wird[598]. Andererseits wird es auf Seiten der Auftraggeber häufig erheblichen Änderungsbedarf geben, namentlich in den Bereichen Planungsverantwortung, Force Majeure und Haftungsbeschränkung[599]. Das Hauptproblem wird aber darin bestehen, dass der Orgalime-Vertrag nur bedingt auf die Bedürfnisse der international tätigen Finanzierungsinstitute[600] eingeht.

Tabelle 4.4. Vergleich Orgalime-Weltbank-Bedingungen

Thema[601]	**Orgalime**	**SBD (2003) plant and equipment Worldbank**
Entscheidungsfindung	In einigen Fällen unabhängige Entscheidung durch Experten, gefolgt von ICC-Schiedsgerichtsbarkeit.	Ein Ingenieur ist nicht vorgesehen.
Vertragspreis	Der gesamte Preis für die Arbeiten.	Pauschalpreis. C wird so behandelt als habe er sich von der Richtigkeit und der Auskömmlichkeit des Vertragspreises überzeugt.
Vorauszahlung	Nicht zwingend vorgesehen.	Zwingend vorgesehen (Terms and Procedures of Payment)
Vorauszahlungsgarantie	Nicht generell vorgesehen, nur optional im Main Contract Document (Klausel 9).	Zwingend vorgesehen (Klausel 13 SBD).
Abschlagszahlungen	30 Tage	45 Tage
Verzugszins	8% oberhalb des Zinssatzes der EZB	Zinssatz gemäß Individualvereinbarung
Einstellung der Arbeit im Falle verspäteter Zahlung	Ankündigung von 7 Tagen	Nicht vorgesehen
Unvorhersehbare Bodenverhältnisse	C[602] hat Anspruch auf Zeitverlängerung und Kostenanpassung.	C hat Anspruch auf Zeitverlängerung und Kostenanpassung für Bedingungen, die ein erfahrener C nicht vorhersehen konnte (Klausel 35 SBD).
Gefahrtragung	C trägt Gefahr bis „taking over". Ausnahmen sind vorgesehen, soweit Risiken des Bestellers schadensursächlich sind.	Gefahrtragung bis zur Fertigstellung. Gewisse Ausnahmen sind vorgesehen, z.B. wenn der Besteller Besitz ergreift.
Planungsverantwortung	Ja, aber es besteht kein vertraglicher Standard. C ist nicht verantwortlich für Irrtum in der Planung des Bestellers.	Liegt bei C, der sich bei Fehlern, die der Besteller zu verantworten hat, exkulpieren kann, in dem er auf solche Fehler hinweist.

[598] Henchie ICLR 2004, 67, 82.
[599] Henchie ICLR 2004, 67, 82.
[600] Vgl. dazu Bell ICLR 2004, 164 ff.
[601] Wiedergabe der Gegenüberstellung von Henchie ICLR 2004, 67, 82.
[602] C= Contractor.

Tabelle 4.4 (Fortsetzung)

Thema	Orgalime	SBD (2003) plant and equipment Worldbank
Haftung	Alle direkten oder indirekten Schäden sind unbeschadet anders lautender besonderer Vorschriften im Vertrag ausgeschlossen.	Mit Ausnahme für strafbares und vorsätzliches Verhalten haftet C weder für direkte noch für indirekte Schäden, soweit nicht Anspruch auf pauschalisierten Schadensersatz besteht. Die Haftung ist auf den Vertragspreis beschränkt (Klausel 30 SBD).
Force Majeure Ereignisse	Alle Ereignisse außerhalb der Kontrolle der Parteien, die nicht vorhersehbar waren und die die Erfüllung unmöglich machen.	Alle definierten Ereignisse außerhalb der Kontrolle der Parteien, die unvermeidbar sind und die Erfüllung hindern. Es besteht Anspruch auf Zeitverlängerung (Klausel 37 SBD).
Vertragsbeendigung wegen Force Majeure	Nach 180 Tagen	Nach 60 Tagen oder mehreren Perioden, die sich auf insgesamt 120 Tage addieren (Klausel 37 SBD)
Zahlung während Force Majeure	Vertrag schweigt	Zahlungspflicht bleibt bestehen
Einseitige Vertragsbeendigung durch Besteller	Es besteht ein freies Kündigungsrecht des Bestellers. Zu zahlen sind der anteilige Vertragspreis zuzüglich definierter Kosten zuzüglich einer Beendigungspauschale von 4% des Vertragspreises (Klausel 18.4).	Es besteht ein freies Kündigungsrecht des Bestellers (Klausel 42 SBD). Zu zahlen ist der anteilige Vertragspreis zuzüglich definierter Kosten. Eine Beendigungspauschale ist nicht vorgesehen.

Das neue Silver Book sieht dagegen eine Reihe von Regelungen vor, die von der Weltbank gefordert werden, z.B. dass der Unternehmer verpflichtet ist, ortsübliche Löhne zu zahlen, kein Personal aus dem Bereich des Bestellers anzuwerben, Unterbringungsmöglichkeiten für das Personal vorzuhalten und einen Unfallverhütungsbeauftragten zu benennen und vorzuhalten[603]. 197

VI. Abwicklung von FIDIC-Verträgen

1. Erfüllung. Die Auftragnehmerpflichten im Rahmen des FIDIC-Bauvertrages ergeben sich aus Klausel 4. Zu nennen sind Haupt- und Nebenpflichten. Zu den Hauptpflichten zählen: 198

- der Auftragnehmer muss die Bauarbeiten bestimmungsgemäß planen (soweit dies ausdrücklich vorgesehen ist (vgl. Unterklausel 4.1 (c) FIDIC Red Book 1999)
- der Auftragnehmer muss die Bauarbeiten ausführen (und zwar gemäß Unterklausel 7.1)
- der Auftragnehmer muss sämtliche auftretende Mängel beseitigen (siehe auch Unterklauseln 7.6, 11.1)

[603] Bell ICLR 2004, 164, 184.

199 Bei den Anlagenbauverträgen und/oder Design & Build Verträgen kommt als weitere Hauptpflicht eine ansonsten nicht auf den Auftragnehmer abgewälzte Planungsleistung hinzu (vgl. Anlagen- und EPC-Vertrag (Yellow Book, Silver Book, Gold Book), jeweils Klausel 5). Im FIDIC Red Book wird das geschuldete Werk in den *Specifications* und Zeichnungen spezifiziert. Im Yellow Book, Silver Book sowie neuerdings im Gold Book treten an die Stelle von *Specifications* die *Employer's Requirements*. Letztere formulieren in der Regel eine funktionale Leistungsbeschreibung.

Die Klauseln 6 und 7 regeln die Art und Weise der Leistungserbringung. Klausel 8 FIDIC 1999 verpflichtet den Unternehmer zur Termintreue. Naturbedingt sind im Werkvertrag vor allem die geschuldeten Ziele deutlich zu formulieren. Sind die Ziele klar, erübrigen sich unangenehme Diskussionen über Zusatzleistungen.

200 **a. Zahlungsabwicklung.** Das **Red Book** regelt die Vergütung des Unternehmers nach Einheitspreisen und Aufmaß. Ist in den Besonderen Bedingungen nichts anderes vorgeschrieben, muss der Vertragspreis gemäß Klausel 12.3 *[Bewertung]* bestimmt und in Übereinstimmung mit den Vorschriften des Vertrages angepasst werden (Klausel 14.1). Für die Erstellung des Aufmaßes ist der Ingenieur zuständig. Der Unternehmer mag ihm assistieren. Die Parteien können zwar wie beim VOB/B-Vertrag zwischen den Vergütungsformen Einheitspreis, Pauschalpreis und Stundenlohn wählen, doch hält das Red Book dafür keine Regelungen bereit. Im **Silver Book** und dem **Yellow Book** ist der Pauschalpreis die Regel, denn beide Verträge gehen von funktionalen Leistungsbeschreibungen aus.

201 **aa. Vertragspreis.** Die Definition des Vertragspreises variiert in den drei FIDIC-Büchern aus dem Jahre 1999. Im **Silver Book** beziffert der Contract Price den Betrag, der in dem Contract Agreement für die Planung, die Ausführung und die Fertigstellung der Arbeiten sowie für die Mängelbeseitigung genannt ist[604]. Eingeschlossen sind alle Veränderungen, die nach dem Vertrag zustande gekommen sind (Klausel 1.1.4.1). Im **Yellow Book** wird zwischen dem Contract Price und dem Accepted Contract Amount unterschieden. Der Accepted Contract Amount ist der mit dem Annahmeschreiben für die Ausführung und die Fertigstellung der Arbeiten und die Mängelbeseitigung akzeptierte Preis. Zu zahlen ist allerdings der Contract Price, der sich aus dem vereinbarten Pauschalpreis zuzüglich der Vergütung für Vertragspreisanpassungen (Claims und Variations) zusammensetzt. Das **Red Book** definiert in Klausel 1.1.4.1 die **„vereinbarte Auftragssumme"** als die Summe, die mit dem Annahmeschreiben für die Ausführung und Fertigstellung der Arbeiten sowie die Mängelbeseitigung angenommen wurde. Der tatsächliche Preis wird im Ergebnis über das Aufmaß ermittelt. Ergänzend sind Preisanpassungen zu berücksichtigen. Auch im FIDIC Red Book ist der Endpreis der Contract Price. Die in der *Bill of Quantity* angegebenen Massen sind nach FIDIC **geschätzte** Massen. Für die Zwecke der Abrechnung kommt es dagegen ausschließlich auf die **tatsächlichen** Massen an. Ob sich Massenveränderungen auf die Einheitspreise auswirken, hängt von den Unterklausel 12.3 geregelten Voraussetzungen ab. Sind *fixed rates* vereinbart, sind die Einheitspreise unveränderlich. Die *Bill of Quanity* ist im Übrigen eine reine Preisliste, kein Leistungsverzeichnis, das die zu erbringende Leistung inhaltlich beschreibt. Diese Aufgabe übernimmt im FIDIC Red Book die *Specification*.

202 **bb. Vorauszahlung.** Die Vorauszahlung ist in allen drei Büchern als zinsloses Darlehen ausgestaltet (Unterklausel 14.2). Die Zahlung erfolgt mithin nicht auf den Werk-

---

[604] Vgl. dazu § 18 157.

lohn, sondern ist eine echte Sicherheit[605]. Der Anspruch auf Vorauszahlung wird erst mit Übergabe einer Rückzahlungsgarantie fällig, die neben der Erfüllungsgarantie (vgl. Unterklausel 4.2) zu stellen ist. Die Sicherheit ist als Bankgarantie zu begeben, die auf erstes Anfordern zahlbar, unbedingt und unwiderruflich ausgestaltet sein muss. Die Weltbank empfiehlt eine Anzahlung in Höhe von 10 bis 15 % des Vertragspreises, die bei Fertigstellung bis zu 80 % zurückbezahlt sein soll. Im Appendix to Tender (oder den Contract Data) sind Angaben über den Prozentsatz zu machen, der von jeder Zwischenzahlung einbehalten wird, bis die Vorauszahlung getilgt ist. Auch ist zu regeln, bei welchem Leistungsstand die Rückzahlungspflicht einsetzt.

cc. Abschlagszahlungen. Klausel 14 der drei Bücher regelt den Anspruch auf Ab- **203**
schlagszahlungen nicht ausdrücklich. Es ist allerdings ein Mechanismus enthalten, der Abschlagszahlungen sicherstellen soll (siehe Unterklauseln 14.3 und 14.6). Alle drei Bücher machen Abschlagszahlungen von der Stellung der Erfüllungssicherheit abhängig. Gemäß Unterklausel 14.3 soll der Unternehmer monatliche Zwischenrechnungen legen[606]. Die Rechnung hat entweder der Ingenieur gemäß Klausel 14.6 (Red Book oder Yellow Book) oder der Besteller (im Silver Book) zu prüfen. Der Rechnungsbetrag ist innerhalb von 28 Tagen zu bescheinigen. Auf die bescheinigte Zwischenrechnung ist innerhalb von weiteren 28 Tagen zu zahlen. Zwischen Rechnungslegung und Zahlung sollen maximal 56 Tage liegen. Wird die Frist überschritten, werden Verzugszinsen fällig (vgl. Unterklausel 14.8).

Der Aufwand, den der Unternehmer nach dem Red Book für die Zwischenrechnungen **204**
zu erbringen hat, ist hoch. Vorzulegen sind alle in Unterklausel 14.3 genannten Unterlagen. Zudem regelt Klausel 14.4 für den Fall des Fehlens eines Zahlungsplanes, dass der Unternehmer unverbindliche Schätzungen darüber abzugeben hat, welche Beträge im Laufe eines jeden Vierteljahreszeitraumes fällig werden. Die erste Schätzung ist innerhalb von 42 Tagen nach dem Datum des Baubeginns abzugeben. Diese Schätzungen dienen jedoch nur der Planung. Sie sind noch keine Grundlage für die Zwischenbescheinigungen, die der Ingenieur ausstellen soll. Die Ausstellung der Zwischenbescheinigungen beruht auf den monatlich abzugebenden Zwischenrechnungen, so wie sie in Klausel 14.3 beschrieben ist. Diese soll allerdings den geschätzten Vertragswert der ausgeführten Arbeiten und die Dokumente des Unternehmers, die er bis zum Ende des Monats erstellt hat, enthalten, so dass die nach Klausel 14.3 einzureichenden Zwischenrechnungen auf den nach Klausel 14.4 zu erstellenden Schätzungen aufbauen.

dd. Schlusszahlung. Die Schlussrechnungslegung ist in zwei Phasen aufgeteilt. Zu- **205**
nächst soll der Unternehmer eine vorläufige Schlussrechnung einreichen, sobald die Abnahmebescheinigung (Taking Over Certificate) erteilt wurde. Der Ingenieur prüft und bescheinigt die vorläufige Schlussrechnung. Nach Erteilung der Erfüllungsbescheinigung (Performance Certificate) kann dann die endgültige Schlussrechnung gelegt werden, die ebenfalls wieder von dem Ingenieur zu bescheinigen ist. Im Silver Book obliegt die Rechnungsprüfung allein dem Besteller.

Klausel 14.14 ist insoweit von besonderer Bedeutung als sie einen Haftungsausschluss **206**
für solche Forderungen regelt, die weder in der vorläufigen Schlussrechnung noch in der endgültigen Schlussrechnung benannt sind. Ausgenommen sind lediglich solche Forderungen, die aus Ereignissen entspringen, die nach der Abnahme eingetreten

[605] Vgl. § 18 157.
[606] Vgl. § 18 157.

sind[607]. Es wird deshalb empfohlen in der Schlussrechnung einen allgemein gehaltenen Vermerk aufzunehmen, demzufolge sich der Unternehmer Ansprüche aus allen noch in Betracht zu ziehenden Haftungsgründen vorbehält[608].

207 Klausel 14.4 enthält keine dem § 16 Nr. 3 Abs. 2 VOB/B entsprechende Hinweispflicht und ist daher nicht ganz unbedenklich[609].

208 **ee. Störungen in der Zahlungsabwicklung.** Nach Common Law darf der Unternehmer die Arbeiten nicht einstellen, wenn sich der Besteller nicht an Zahlungsziele hält. Der Unternehmer hat lediglich Anspruch auf Schadensersatz, muss aber im Übrigen weiterhin den Vertrag erfüllen[610]. Deshalb sehen die Standardverträge üblicherweise die Möglichkeit zur Arbeitsniederlegung ausdrücklich vor (vgl. Unterklausel 16.1 FIDIC 1999). Überdies hat aber der englische Gesetzgeber inzwischen reagiert und in Section 112 HGCRA ein entsprechendes Recht geregelt[611]. Die FIDIC-Bedingungen sehen ohnehin entsprechende Rechte vor (siehe Unterklausel 16.1). Überdies sichert Unterklausel 2.4 den Unternehmer dahin ab, dass der Besteller die erforderlichen finanziellen Vorkehrungen treffen und unterhalten muss, die ihn in die Lage versetzen, den Vertragspreis zu entrichten. Kann der Besteller keine diesbezüglichen Beweise vorlegen, besteht ein Sonderkündigungsrecht (vgl. Unterklausel 16.2 FIDIC 1999).

209 **b. Bauabwicklung.** Der Unternehmer muss seine Arbeit gemäß den vertraglichen Vereinbarungen und den Anordnungen des Ingenieurs bzw. des Bestellers planen (soweit vertraglich gefordert), ausführen und vervollständigen und soll alle Mängel des Werkes beseitigen. Für den Unternehmer ergibt sich hieraus vor allem Zweierlei. Er muss vertrags- und termingerecht leisten. Den Umfang seiner vertraglichen Pflichten muss der Unternehmer aufklären. Gleichzeitig muss er auch noch Anordnungen des Ingenieurs Folge leisten. Letzteres hat vor allem für die Mangelbeseitigung und bei Planungsänderungen große Bedeutung und verlangt von ihm ein hohes Maß an Aufmerksamkeit und Sorgfalt. Die Einsetzung eines sog. „Claim Managers" wird gelegentlich empfohlen[612]. Letztlich ist sie unverzichtbar. Das Claim Management ist eine unabdingbare tägliche Aufgabe, die große Fachkunde erfordert. FIDIC-Verträge stellen über Claims sicher, dass das Vertragswerk ausgewogen bleibt und der Unternehmer keine Mondpreise kalkulieren muss, um sämtliche Risiken zu berücksichtigen. Eine Vielzahl von Risiken ist im Vertragswerk identifiziert und liegt nur im vertraglich geregelten Umfang bei dem Unternehmer. Allerdings muss der Unternehmer jeweils umgehend aktiv werden, um seine Rechte und Ansprüche zu wahren (vgl. Unterklausel 20.1 FIDIC 1999).

210 **aa. Bauzeitverlängerung.** Die FIDIC-Bedingungen verlangen in Bezug auf die Termintreue von deutschen Unternehmern ein Umdenken. Die FIDIC-Bücher regeln, fußend auf dem englischen Rechtsverständnis und vor allem seiner Terminologie, die Frage der Bauzeit sehr eingehend, aber unübersichtlich (siehe Klausel 8, Klausel 20). Das FIDIC-Regime kennt im Prinzip keine entschuldigten Bauzeitüberschreitungen, sondern nur Bauzeitverlängerungen (*Extension of Time for Completion*). Es werden keine Fertigstellungstermine sondern Bauzeiten (oder Bauzeitvolumen) vereinbart. Jedoch ist gewährleistet, dass der vertragliche Endfertigstellungstermin zu jeder Zeit

607 Vgl. Mallmann, Bau- und Anlagenbauverträge, 265.
608 Corbett, A practical legal guide, 4. Auflage, 1991, 385.
609 Vgl. auch Kus/Markus/Steding ICLR 1999, 533, 546.
610 Murdoch/Hughes, Construction Contracts, 323.
611 Murdoch/Hughes, Construction Contracts, 323.
612 Vgl. Corbett, ICLR 1999, 39, 40.

exakt festgestellt werden kann, sobald der Ingenieur das *Commencement Date* mitgeteilt hat. Der Schwerpunkt der Regelungen zur Bauzeit liegt deshalb auf dem Mechanismus, mit dem bauzeitbeeinflussende Umstände abgearbeitet werden (müssen). Die Bauzeit kann unter gewissen Voraussetzungen über den Vertragsadministrator verlängert werden. Alternativ und kumulativ können Ansprüche auf Mehrkosten (*cost*) und Gewinn (*profit*) entstehen[613]. Unentschuldigte Bauzeitüberschreitungen (also solche, für die keine Bauzeitverlängerung gewährt werden konnte) werden mit der Verwirkung von pauschalisierten Schadensersatzansprüchen (*Liquidated Damages*) kompensiert. Sie müssen vertraglich geregelt werden (siehe Appendix to Tender, Contract Data). Hinsichtlich ihrer Höhe ist darauf zu achten, dass sie einen im Voraus geschätzten Schaden (genuine preestimate of damage) widerspiegeln, jedenfalls soweit englisches Recht oder eine Rechtsordnung, die der englischen Rechtsfamilie zugehörig ist, anwendbar ist[614]. Letztlich sollte diese Praxis aber auch dann geübt werden, wenn das Vertragswerk einer Civil Law Rechtsordnung unterliegt. Anderenfalls rückt die Vereinbarung in Unterklausel 8.7 bedenklich in die Nähe einer Vertragsstrafenvereinbarung, die im Grunde nicht beabsichtigt ist. Das FIDIC-Vertragswerk intendiert die Regelung eines pauschalisierten Schadensersatzanspruches, der zugleich haftungsbegrenzend wirkt. Auch ist nicht beabsichtigt, dass der vereinbarte Betrag richterlicher Kontrolle unterliegt oder dass der Nachweis eines Schadens geführt werden muss.

Die FIDIC-Bücher regeln Fragen in Zusammenhang mit der Bauzeit in Klausel 8. Die **211**
Klausel regelt keinen abschließenden Bautermin und keine feste Bauzeit (im Sinne von unabänderlich). Die Parteien verabreden ein Bauzeitvolumen, das vertragsgemäß vergrößert werden kann. Zu Beginn teilt der Auftraggeber (Silver Book) oder der Ingenieur (Red Book, Yellow Book) oder der Employer's Representative (Gold Book) dem Unternehmer den Beginn der Bauarbeiten mit (Datum des Baubeginns). Ausgehend davon, dass kein fester Fertigstellungstermin sondern ein Bauzeitvolumen (in Tagen) vereinbart wird, legt Unterklausel 8.3 das weitere Vorgehen zur Konkretisierung der Bauzeitnutzung fest. Innerhalb von 28 Tagen nach Erhalt der Mitteilung gemäß Unterklausel 8.1 *[Beginn der Arbeiten]* hat der Unternehmer einen detaillierten Zeitplan (Bauablaufplan) einzureichen. Entspricht der zunächst eingereichte Zeitplan später nicht mehr dem tatsächlichen Baufortschritt, muss der Unternehmer einen überarbeiteten und entsprechend angepassten Zeitplan einreichen. Der ursprüngliche Zeitplan muss folglich laufend an die tatsächliche Entwicklung angepasst werden.

Der Ingenieur bzw. der Besteller hat innerhalb von 21 Tagen nach Erhalt des ursprünglichen oder des überarbeiteten Zeitplans dem Unternehmer Mitteilung darüber zu machen, wenn der Zeitplan nicht den vertraglichen Bestimmungen entspricht (Unterklausel 8.3). Geschieht dies nicht, hat der Unternehmer seine vertraglichen Verpflichtungen gemäß dem eingereichten Zeitplan zu erfüllen. Das Personal des Bestellers kann sich bei der Planung seiner Tätigkeiten auf diesen Zeitplan verlassen.

Der Bauablaufplan erfüllt eine wichtige Aufgabe. Er soll aufzeigen, welche einzelnen Aktivitäten der Unternehmer in welcher Reihenfolge durchführen möchte, um das Werk herzustellen. Zu jeder einzelnen Aktivität soll der Unternehmer Angaben über ihren Beginn, ihr Ende und ihre Dauer machen. Ergänzend soll er angeben, welche Materialien, Methoden und Ausrüstung er verwenden will und welches Personal er jeweils in welcher Stärke einsetzen möchte. Geschieht dies, ist der Ingenieur in der Lage zu

---

613 Vgl. dazu EIC-Kommentar zum Red Book, 2002, 14.
614 Vgl. Delmon/Scriven, ICLR 2001, 240, 254.

beurteilen, ob eine Störung auf dem kritischen Weg liegt und welche Auswirkungen die Störung auf den vorgesehenen Bauablauf hat. Geschieht dies nicht, ist eine rasche Beurteilung solcher Fragen undenkbar. Die Vorlage eines vertragsgerechten Bauzeitprogramms liegt daher vor allem auch im Interesse des Unternehmers. Weist der Ingenieur hingegen ein nicht vertragsgerechtes Programm nicht zurück, kann er sich später unter Umständen (Treu und Glauben) nicht mehr darauf berufen, dass es der Unternehmer versäumt habe, in seinem Programm den kritischen Weg aufzuzeigen. Folgende Liste von FIDIC Programming Requirements soll helfen, ein vertragsgerechtes Bauablaufprogramm zu errichten oder seine Vertragsgemäßheit zu überprüfen:

- Access to the Site shall be granted in accordance with the Programme unless otherwise stated in the Appendix to Tender
- Programme shall be submitted within 28 days after the Contractor received the notice of the Commencement Date
- If the Contractor provides for design documents to be reviewed or approved the Contract provides for a minimum period of 21 days for each approval (Sub-Clause 5.2)
- The Programme shall make allowance for Tests: the Contractor shall agree with the Engineer, the time and place for the specified testing of any Plant, Materials and other parts of the Works (Sub-Clause 7.4)
- The Programme shall show when the Employer shall have obtained construction or zoning permits in accordance with Sub-Clause 1.13
- The Programme shall show when the documents as referred to in Sub-Clause 5.6 will be submitted
- The Programme shall make reference to the 21 days' notice requirement under Sub-Clause 9.1 as to Tests on Completion
- The Programme shall make provision for all tests under Sub-Clause 9.1 and in line with Sub-Clause 9.1
- The Programme should make allowance for enough time for the issue of the Taking-Over Certificate as referred to in Sub-Clause 10.1 (28 days)

212 Unterklausel 8.3 verpflichtet den Unternehmer, dem Ingenieur bzw. dem Besteller über bestimmte zukünftige Ereignisse oder Umstände, die die Arbeiten wahrscheinlich nachteilig beeinflussen, den Vertragspreis erhöhen oder die Ausführung der Arbeiten verzögern könnten, unverzüglich Mitteilung zu machen. Unterklausel 8.4 ergänzt diese Mitteilungsverpflichtung dahin, dass der Unternehmer, der sich zu einer Bauzeitverlängerung berechtigt hält, dem Ingenieur bzw. dem Besteller darüber gemäß Klausel 20.1 *[Ansprüche des Unternehmers]* Mitteilung zu machen hat. Üblicherweise wird davon gesprochen, dass der Unternehmer eine Claim Notice zu geben hat.

Die so genannte Frühwarnungsverpflichtung aus Unterklausel 8.3 ist ernst zu nehmen. Versäumt es der Unternehmer, derartige zukünftige Umstände anzuzeigen, kann dies im Rahmen einer späteren Claim Beurteilung gegen ihn verwendet werden (siehe Unterklausel 20.1 letzter Absatz). Der Engineer wiederum tut gut daran, Unterklausel 8.3 so einzusetzen, dass ihm der Unternehmer stets frühzeitig alle Probleme offenlegen muss. Zu diesem Zweck kann der Engineer den Unternehmer anhören und ihn auf bestimmte Umstände aufmerksam machen. Richtig eingesetzt führt die Kommunikation über Unterklausel 8.3 zu einer wechselseitigen Abstimmung über anstehende Probleme.

Beispiel: Der Ingenieur hat im Red Book die Planung geprüft und Unzulänglichkeiten festgestellt. Er kann nun warten, bis der Unternehmer die Unzulänglichkeiten erkennt. Er kann aber den Unternehmer auch von sich aus auffordern, die eventuellen Folgen der Unzulänglichkeiten für den Bauablauf aufzuzeigen. Reagiert der Unternehmer dann nicht, kann ihm im Falle eines späteren Claims vorgehalten werden, dass er Unterklausel 8.3 verletzt hat.

Unterklausel 8.4 regelt den Anspruch auf Bauzeitverlängerung für die Umstände, die nach dem Vertrag kein Risiko des Unternehmers darstellen. Sobald der Unternehmer behindernde Umstände erkennt, muss er sie dem Ingenieur mitteilen und Bauzeitverlängerung beantragen[615]. Das FIDIC-Regime ist so aufgebaut, dass Umstände, die sich auf die Bauzeit auswirken und verspätet angezeigt werden, unbeachtlich sind (vgl. Unterklausel 20.1). Der Unternehmer muss daher im Bauablauf darauf achten, dass er die Anzeigepflichten aus Unterklausel 8.4 streng einhält, denn nur so kann er seine Haftung für Bauzeitüberschreitung erheblich einschränken bzw. ausschließen. **213**

Der Unternehmer hat Anspruch auf Bauzeitverlängerung nur, wenn und soweit die Fertigstellung zum Zwecke der Abnahme durch einen der in Unterklausel 8.4 bezeichneten Gründe verzögert wird. Das behindernde Ereignis muss daher auf dem kritischen Weg zur Fertigstellung liegen. In der Regel wird die **Netzplantechnik** eingesetzt, um den kritischen Weg zu ermitteln. Der Begriff Netzplantechnik umfasst „alle Verfahren zur Analyse, Planung, Steuerung und Überwachung von Abläufen auf der Grundlage der Graphentheorie, wobei Zeit, Kosten, Einsatzmittel bzw. Ressourcen und weitere Einflussgrößen berücksichtigt werden können" (DIN 69900, Teil 1). Ein Netzplan ist die „graphische oder tabellarische Darstellung von Abläufen und der Abhängigkeiten (DIN 69900, Teil 1)". Per Definition in Unterklausel 8.4 kann der Unternehmer keine EOT für Leistungen verlangen, die seit jeher Vertragsbestandteil waren, aber zunächst nicht im Bauablaufprogramm abgebildet waren (z.B. Wasserhaltung mit Pumpeneinsatz, die zunächst nicht für erforderlich gehalten wurde). EOT kann nur für Verzögerungen beansprucht werden, die der Unternehmer durch ein konkretes Ereignis erleidet. Der Kausalitätsnachweis ist vom Unternehmer zu erbringen. Von der Darstellung des tatsächlichen Verlaufs, der alle Aktivitäten auf dem kritischen Weg aufzeigen muss, ist zu unterscheiden, wieviel zusätzlich Zeit auf diesem kritischen Weg erforderlich ist, weil es ein Ereignis gibt, dass zusätzliche Zeit erforderlich macht (Unterbrechung, für die EOT begehrt wird, fehlende Baugenehmigung, für die EOT beansprucht wird, etc.). Die tatsächlich zu gewährende Bauzeitverlängerung hängt davon ab, wie sich das störende Ereignis auf die Baufertigstellung auswirkt. Beipielsweise können sich die durch die Bauzeitverschiebung bedingten besseren Wetterbedingungen so auswirken, dass die gestörten Aktivitäten in kürzerer Zeit als ursprünglich geplant abgewickelt werden können. Hingegen kann es das Ereignis auch Folgen zeitigen, die deutlich gravierender sind, als die unmittelbar durch das Ereignis bedingte Störung, etwa wenn der Unternehmer störungsbedingt in einer Schlechtwetterperiode arbeiten muss. Auch wenn es vorkommt, dass ein Ereignis zunächst nicht kritisch aussieht, so kann es doch kritisch werden. Es ist deshalb auf der Grundlage eines FIDIC-Vertragswerkes immer sinnvoll, Ansprüche anzumelden, auch wenn zunächst die Auffassung besteht, der Claim habe keine Aussicht auf Erfolg, weil er eine unkritische Aktivität betreffe.

Hat der Unternehmer die Verzögerung mit zu vertreten, spricht man von *concurrent delay*. Derartige Situationen, in den die Ursache einer Bauverzögerung zugleich bei beiden Parteien zu finden ist bzw. ihnen zugerechnet werden muss, werden in Literatur

---

[615] Vgl. dazu Motherwell Bridge v. Micafill (2002) CILL 1913.

und Rechtsprechung heftig diskutiert[616]. Es überwiegt die Neigung, die Partei zu benachteiligen, die für den hauptsächlichen Anteil an der Verzögerung verantwortlich zeichnet. Der sogenannte *dominant cause approach* ist jedoch überholt[617]. Die Praxis nimmt eine Gesamtwürdigung vor und berücksichtigt Mitverschulden[618]. Auch erkennt die Praxis das **Delay and Disruption Protocol** der Society of Construction Law (SCL) als wertvolle Hilfe für die Beurteilung von Verzögerungen an. Hierin wird zwischen der wahren konkurrierenden Behinderung (true concurrent delay) und der einfachen konkurrierenden Behinderung unterschieden. *True concurrent delay* bedeutet, dass parallel zwei Ursachen gesetzt werden, eine von Unternehmer und eine vom Besteller. Beide Ereignisse oder Umstände wirken sich auf die Bauzeit aus. Der häufigere Fall ist der, dass die behindernden Ereignisse nicht zur selben Zeit eintreten. Allerdings wirken sich diese Ereignisse parallel auf den Bauverlauf aus (Beispiel: Der Besteller kann keinen vollständigen Besitz an der Baustelle gewähren, der Unternehmer ist nicht in der Lage, die Arbeiten fortzuführen, z.B. weil die Tunnelbohrmaschine durch unsachgemäße Bedienung defekt wird). Der besondere Zweck von EOT Claims (Vermeidung von Haftung für Bauzeitüberschreitung) bringt es mit sich, dass vom Besteller verursachte Behinderungen grundsätzlich voll berücksichtigt werden[619]. Gänzlich davon zu trennen ist die Frage, ob der Unternehmer gleichzeitig auch Mehrkosten geltend machen kann. Das wird im Falle von *concurrent delay* häufig zu verneinen sein[620].

Folgende Regeln lassen sich aufstellen[621]:

- **Keine Bauzeitverlängerung**: Konkurriert ein berechtigter Anspruch auf Bauzeitverlängerung auf dem nicht kritischen Weg mit einer Verzögerung auf dem kritischen Weg, für die kein Anspruch auf Bauzeitverlängerung besteht, kann keine Bauzeitverlängerung gewährt werden.
- **Bauzeitverlängerung**: Konkurriert ein verzögerndes Ereignis, das nicht auf dem kritischen Weg liegt, mit einem Ereignis auf dem kritischen Weg, für das ein Anspruch auf Bauzeitverlängerng besteht, soll Bauzeitverlängerung gewährt werden.
- **Bauzeitverlängerung**: Liegen die konkurrierenden Ereignisse oder Umstände beide auf dem kritischen Weg, sollte Bauzeitverlängerung gewährt werden (umstritten)[622].
- **Mehrkosten**: Liegen die konkurrierenden Ereignisse oder Umstände beide auf dem kritischen Weg, muss für die Beurteilung, ob ein finanzieller Ausgleich zu gewähren ist, darauf abgestellt werden, welcher Zweck damit verfolgt wird. Die Absicht geht dahin, den Unternehmer für entschuldbare Verzögerungen zu entschädigen. Wäre jedoch das entschuldbare Ereignis nicht eingetreten, wäre der Unternehmer gleichwohl verspätet. Folglich würde ein Entschädigungsanspruch keine Wiedergutmachungsfunktion haben, sondern den Unternehmer in eine bessere Position bringen als er sich befinden würde, wenn das entschuldbare Ereignis nicht eingetreten wäre[623].

---

[616] Siehe dazu Marshall, Delay, Progess and Programming, ICLR 2010, 137 ff.; Stephenson, Concurrency, Causation, Commonsense and Compensation (Part 1), ICLR 2010, 166 ff.:; Bailey, Concurrency, Causation, Commonsense and Compensation (Part 2), ICLR 2010, 197 ff.

[617] Siehe hierzu Thomas, Construction Contract Claims, 143: Der dominant cause approach stellt allein darauf ab, wer die wesentliche Verzögerung zu vertreten hat.

[618] Vgl. auch Thomas, Construction Contract Claims, 143.

[619] Vgl. Henry Boot Construction (UK) Ltd v. Malmaison Hotel (Manchester) Ltd, (1999) 70 Con LR 32; Steria Ltd v. Sigma Wireless Communications Ltd, [2008] BLR 79; erläuternd Stephenson, Concurrency, Causation, Commonsense and Compensation (Part 1), ICLR 2010, 167, 190 f., 193 f.

[620] Vgl. Stephenson, Concurrency, Causation, Commonsense and Compensation (Part 1), ICLR 2010, 166, 187.

[621] Vgl. Thomas, Construction Contract Claims, 143.

[622] Vgl. Stephenson, Concurrency, Causation, Commonsense and Compensation (Part 1), ICLR 2010, 166, 192; a.A. Thomas, Construction Contract Claims, 143.

[623] Stephenson, Concurrency, Causation, Commonsense and Compensation (Part 1), ICLR 2010, 167, 187 f.

Jede Behinderung muss angezeigt werden. Das gilt im Zweifel auch dann, wenn der Unternehmer keine Bauzeitverlängerung oder Mehrkosten geltend machen möchte. Der Unternehmer muss aktiv werden, und zwar auch dann, wenn dem Bauherrn die Umstände bereits bekannt sind. Die haftungsbeschränkenden Aspekte der Unterklausel 8.4 können nicht erst gegen die bereits verwirkte Vertragsstrafe eingewendet werden. Maßgeblich ist insoweit Unterklausel 20.1. Hält sich der Unternehmer zu einer Bauzeitverlängerung und/oder zu einer Zusatzvergütung gemäß einer Bestimmung in diesen Bedingungen oder auf andere Weise im Zusammenhang mit dem Vertrag für berechtigt, so hat er gemäß Klausel 20.1 dem Ingenieur fristgebunden eine entsprechende Anzeige zu machen. Diese Anzeige muss auf das Ereignis oder den Umstand, aufgrund dessen der geltend gemachte Anspruch bestehen soll, Bezug nehmen. Der Umstand oder das Ereignis sind in der Anzeige zu beschreiben. Die Anzeige hat spätestens binnen 28 Tage, nachdem der Unternehmer von dem Ereignis oder dem Umstand Kenntnis erlangt hat oder hätte erlangen müssen, zu erfolgen. Versäumt der Unternehmer die Frist, verliert er seine diesbezüglichen Ansprüche auf Bauzeitverlängerung und Zusatzvergütung. Darüber hinaus wird der Besteller im Hinblick auf dieses Ereignis von seiner Haftung freigestellt.

Die EIC weist darauf hin, dass die Formulierung in Unterklausel 8.4 lit (e) in einigen Rechtsordnungen nicht ausreicht um Vertragsverletzungen abschließend zu erfassen[624]. Gemeint sein dürften die anglo-amerikanischen Rechtsordnungen, die in solchen Fällen „*time at large*" annehmen, wenn keine Bauzeitverlängerung gewährt wurde. Mit anderen Worten, der Unternehmer kann seine Leistungen in angemessener Zeit (*in due time*) und ohne Haftungsdruck fertig stellen. Die Haftung für *Liquidated Damages* entfällt.

Wird die Gewährung von Bauzeitverlängerung vertragswidrig verweigert, kann der Unternehmer die Kosten für den Mehraufwand geltend machen, der zur Einhaltung der Bauzeit erforderlich wurde und zwar auch dann, wenn sich mehrere Ursachen für die Verzögerung überlagern, von denen nur eine dem Besteller zugerechnet werden kann[625]. Auch kann ein etwaiger Anspruch auf Delay Damages entfallen. Die Diskussion ist im Fluss. Australische Gerichte[626] wollen dem Unternehmer gerne die haftungsbeschränkende Wirkung von *Delay Damages* Klauseln erhalten und verzichten dann auf die Berücksichtigung des Einwandes *time at large*. Stattdessen gewähren sie Schadensersatz, der gegen den Anspruch auf *Delay Damages* aufgerechnet werden kann. 214

Hat der Unternehmer bereits aus eigenem Verschulden die vertragliche Bauzeit überschritten, muss keine Bauzeitverlängerung mehr gewährt werden[627]. Vorhersehbare Ereignisse können nicht nur zur Unmöglichkeit der Vertragserfüllung führen. Soweit der Vertrag eingehende Regelungen über den Ausgleich von auftraggeberseitig zu vertretenden Verzögerungen vorsieht, gibt es keinen Anlass den Vertrag durch einen anderen zu ersetzen[628]. Folglich muss dann auch angesichts einer großen Anzahl von Änderungsanordnungen nicht angenommen werden, dass die Erfüllung eines Pauschalpreisvertrages unmöglich geworden ist.

bb. Baukostenerhöhung. Bei Bauvorhaben mit einer komplexen Aufgabenstellung und einer längeren Ausführungszeit, sind Leistungsänderungen im Bauverlauf regelmäßig unvermeidlich, gelegentlich sogar von vornherein absehbar. Die FIDIC-Bedin- 215

624 EIC-Kommentar zum Red Book, 2002, 14.
625 Motherwell Bridge v. Micafill (2002) CILL 1913 zu FIDIC-Konditionen.
626 Beckhaus v. Brewarrina No 2 [2004] NSWSC 1160 (7 December 2004).
627 Kane Constructions Pty Ltd v. Sopov [2005] VSC 237 (30 June 2005).
628 McAlpine Humberoak Ltd v. McDermott International Inc (No.1) (1992) 58 BLR 1; vgl. auch Kane Constructions Pty Ltd v. Sopov [2005] VSC 237 (30 June 2005).

gungen verschließen sich diesen Anforderungen nicht. Baukostenerhöhungen haben vielfältige Ursachen und werden mithin auch vielschichtig berücksichtigt. Denkbare Ansätze sind Preisanpassungen und Kompensationsansprüche. FIDIC sieht beide Möglichkeiten vor. Der Vertragspreis kann im Falle leistungsändernder Anordnungen und über sogenannte Claims angepasst werden.

- Leistungsänderungen führen zu einer Preisanpassung über Unterklausel 13.3, in die kostenerhöhende Umstände einfließen können.
- Treten antizipierte Risikoumstände oder -ereignisse ein, können Mehrkosten geltend gemacht werden. Es hat sich eingebürgert, in solchen Fällen von Claims zu sprechen.
- Gelegentlich kann der Ingenieur sein Ermessen ausüben und in einer Situation, die grundsätzlich über einen Claim abgewickelt werden kann, eine Leistungsänderung anordnen (vgl. Unterklausel 4.12 FIDIC Red Book 1999).

216 **Leistungsänderungen**: Im Rahmen des **Red Book** kann der Ingenieur jederzeit vor Ausstellung der Übernahmebescheinigung (Taking-Over Certificate) Leistungsänderungen (Variation) verlangen, entweder indem er sie anordnet oder indem er den Unternehmer auffordert, einen entsprechenden Änderungsvorschlag vorzulegen (Unterklausel 13.1)[629]. Der Unternehmer ist an jede angeordnete oder genehmigte Leistungsänderung gebunden und hat sie auszuführen. Nur in einem Fall kann der Unternehmer die Ausführung verweigern. Zeigt er dem Ingenieur unverzüglich an, dass er die zur Umsetzung der Leistungsänderung erforderlichen Güter nicht rechtzeitig erlangen kann, muss der Ingenieur die Anordnung zurückzunehmen, sie bestätigen oder abändern. Der Unternehmer soll dem Ingenieur einen Vorschlag für die Bewertung der geänderten Leistung unterbreiten (Unterklausel 13.3 FIDIC 1999). Über diesen Vorschlag soll der Ingenieur so schnell wie möglich entscheiden. Was eine Leistungsänderung ist, wird von Verrtagswerk zu Vertragswerk unterschiedlich definiert. Im Red Book ist jede Anordnung eine Leistungsänderung, die die im vertraglichen Sinne definierten „Arbeiten" ändert. Im **Yellow Book** ist eine Leistungsänderung jede Anorndung, die die vertraglich vereinbarten „Arbeiten" oder die Anforderungen des Bestellers (Employer's Requirements) ändert. Was jeweils der „Scope of Works" ist, muss aus dem Vertrag entnommen werden. Eine Anordnung, die lediglich auf die Einhaltung bauordnungsrechtlicher Erfordernisse gerichtet ist, muss nicht immer eine Leistungsänderung darstellen, z.B. wenn der Vertrag ohnehin die Verpflichtung regelt, dass der Unternehmer alle bauordnungsrechtlichen Anforderungen zu erfüllen hat[630].

217 Auch im Rahmen des **Silver Book** kann der Besteller Änderungen anordnen. In diesem Fall soll der Unternehmer einen Vorschlag für die Änderung des Vertragspreises unterbreiten (Unterklausel 13.3). Der Besteller soll so schnell wie möglich über den Vorschlag entscheiden. Der Unternehmer darf die Arbeiten nicht verzögern, während er auf eine Antwort wartet.

218 Im Rahmen des **Yellow Book** gilt, dass der Ingenieur Änderungen anordnen kann. Wiederum ist der Unternehmer gehalten, Vorschläge für die Änderung des Vertragspreises vorzulegen (Unterklausel 13.3). Der Ingenieur soll so schnell wie möglich über den Vorschlag entscheiden. Der Unternehmer darf die Arbeiten nicht verzögern, während er auf eine Antwort wartet.

---

629 Vgl. dazu auch Kennedy, ICLR 2000, 504, 522 ff.

630 Vgl. Bonvillain Builders LLC v. Gentile (Louisiana Appeal Court, 1st Cir.), Urteil vom 30.10.2009, Az: 2008 CA 1995.

Die Bewertung von Leistungsänderungen ist jeweils in Unterklausel 13.3 geregelt. Das **Red Book** verweist in Unterklausel 13.3 unzweideutig auf Klausel 12. Nach Unterklausel 12.3 Red Book 1999 sollen neue Einheitspreise grundsätzlich aus den vorhandenen Einheitspreisen entwickelt werden. Fehlen entsprechende Vergleichspreise, soll der neue Einheitspreis auf Kostenbasis mit Gewinnaufschlag ermittelt werden. Es fehlt lediglich, ähnlich wie in dem ICE-Vertragswerk, ein deutlicher Hinweis auf Gemeinkosten. Mangels einer Einigung ist der Engineer verpflichtet, eine faire Festlegung zu treffen. Das **Yellow Book** (sowie das Silver Book und das Gold Book) verlangen schlicht eine faire Festlegung der Vergütung unter Berücksichtigung von Gewinn. Weitere Einzelheiten regeln die FIDIC-Bücher nicht[631]. Man kann sich aber von englischer Rechtsprechung zu ähnlichen Klauseln in ICE-Verträgen leiten lassen (siehe unten). **219**

Ähnliche Klauseln wie in den FIDIC-Vertragswerken finden sich in den englischen ICE Conditions, 6th[632]: **220**

„Valuation of ordered Variations:

(1) The value of all variations ordered by the Engineer in accordance with clause 51, shall be ascertained by the Engineer after consultation with the Contractor in accordance with the following principles.

(a) Where work is of similar character and executed under similar conditions to work priced in the Bill of Quantities it shall be valued at such rates and prices contained therein as may be applicable[.]

(b) Where work is not of a similar character or is not executed under similar conditions or is ordered during the Defects Correction Period the rates and prices in the Bill of Quantities shall be used as the basis for valuation so far as may be reasonable, failing which a fair valuation shall be made.

Failing agreement between the Engineer and the Contractor as to any rate or price to be applied in the valuation of any variation, the Engineer shall determine the rate or price in accordance with the foregoing principles and he shall notify the Contractor accordingly."

Die in den angelsächsischen Vertragsmustern enthaltenen Preisanpassungsklauseln unterliegen der Auslegung. Aus angelsächsischer Sicht ist Klausel 52 ICE 6th edition wie folgt auszulegen: Die Klausel beinhaltet letztlich drei Regeln: **221**

Regel 1

Ist Arbeit von ähnlichem Charakter und wird sie unter vergleichbaren Bedingungen von Arbeiten ausgeführt, für die die BoQ einen Preis vorsehen, soll die Arbeit gegen diesen Preis abgerechnet (bewertet) werden.

Regel 2

Ist die Arbeit nicht von ähnlichem Charakter und wird sie nicht unter vergleichbaren Bedingungen ausgeführt oder wird sie erst in der Mangelbeseitigungsphase (Defects Correction Period) angeordnet, sollen die Preise in der BoQ als Grundlage für die Bewertung herangezogen werden, soweit dies angemessen ist.

---

[631] Siehe aber den FIDIC Contracts Guide, 209 f.

[632] Eine ähnliche Klausel findet sich in Klausel 52 ICE, 7th; siehe dazu Keating, Construction Contracts, Rn. 20-242 ff.

Regel 3

Ist das nicht möglich, soll eine faire Bewertung vorgenommen werden.

222 Zwei englische Entscheidungen haben sich mit der Auslegung von Klausel 52 ICE, 6th edition befasst[633]. Die beiden Urteile laufen auf folgende Festlegungen hinaus[634]:

- Grundsätzlich sind die vorhandenen Preise anzuwenden, wenn es sich um ähnliche oder vergleichbare Leistung handelt.
- Handelt es sich nicht um ähnliche oder vergleichbare Leistungen, müssen die vorhandenen Preise fortgeschrieben werden, soweit dies angemessen ist. Anderenfalls muss eine faire Bewertung vorgenommen werden[635].
- Eine faire Bewertung muss normalerweise auf einer Ermittlung der Kosten plus eines angemessenen Prozentsatzes für Gewinn bestehen.
- Gemeinkosten erfordern eine gesonderte Betrachtung. Gemeinkosten, die einen Beitrag zu den festen und laufenden Kosten des Betriebes gehören, können ohne Nachweis gefordert werden, dass sie tatsächlich erlitten wurden.
- Zeitabhängige Kosten müssen nachgewiesen werden.

Die erste Entscheidung hat den Begriff „**Reasonable**" in Klausel 52 (1) (b) ICE, 6th beleuchtet, während die zweite Entscheidung Regel Nr. 3 unter die Lupe genommen hat, also die Frage danach stellt, was eine **faire Bestimmung** ist.

223 Im **ersten Fall**[636] hatte Boot die Fa. Alstom auf der Grundlage von ICE, 6th edition mit Ingenieurbauarbeiten an einem Kraftwerk beauftragt. Die Arbeiten umfassten unter anderem Stahlbauarbeiten und Dachdeckungsarbeiten. Die vorvertraglichen Verhandlungen schlossen die Forderung nach Vertiefung der Ausschachtungsarbeiten um einen weiteren Meter an zwei Stellen in der Nähe der Turbinenhalle und dem (Anhitzedampferzeuger) Heat Recovery Steam Generator ein. Die Arbeiten machten zusätzliche Spundwände für die Ausschachtungsleistungen erforderlich. Boot legte eine Forderung in Höhe von £250,880 vor, die Boot irrtümlicherweise als lediglich zu den Arbeiten an der Turbinenhalle gehörig beschrieben hatte. Allerdings hatte Boot den Preis unter Bezugnahme auf die Massen in beiden Bereichen errechnet.

Nachfolgend wurde entdeckt, dass die Spundwände an einer anderen Stelle, in der Nähe der Kühltürme, ebenfalls benötigt wurden. Die Frage, ob ein Einheitspreis für sämtliche Spundwandleistungen aus dem Pauschalpreis für die Turbinenhalle entwickelt werden konnte, wurde streitig. Der Schiedsrichter lehnte es ab, den Einheitspreis aus dem Pauschalpreis abzuleiten, erstens wegen der Schwierigkeit bei der Ableitung und zweitens weil er den Pauschalpreis selbst für fehlerhaft hielt und er der Auffassung war, man könne diesen Fehler nicht auf andere Leistungen übertragen. Der Streit konzentrierte sich auf die weithin bekannten Bewertungsregeln für Leistungsänderungen aus den ICE-Verträgen. Der Einfachheit halber brach das Gericht das Klauselwerk in die drei vorerwähnten Grundregeln herunter.

---

633 Weldon Plant Ltd v. The Commission for the New Towns [2000] EWHC Technology 76 (14th July, 2000) = [2001] 1 All ER (Comm) 264, [2000] BLR 496, [2000] EWHC Technology 76, 77 Con LR 1, (2000) 2 TCLR 785, [2000] EWHC 76 (TCC); Henry Boot Construction v. Alston Combined Cycles [2000] EWCA Civ 99 (4 April 2000).

634 Siehe auch Keating, Construction Contracts, Rn. 20-242 ff.

635 Ein Fehler in den Einheitspreisen des Unternehmers schließt es nicht aus, das diese zur Bewertung einer Variation herangezogen werden, siehe Henry Boot Construction v. Alston Combined Cycles [2000] EWCA Civ 99 (4 April 2000).

636 Henry Boot Construction v. Alston Combined Cycles [2000] EWCA Civ 99 (4 April 2000).

Regel 1

Ist Arbeit von ähnlichem Charakter und wird sie unter vergleichbaren Bedingungen von Arbeiten ausgeführt, für die die BoQ einen Preis vorsehen, soll die Arbeit gegen diesen Preis bewertet werden.

Regel 2

Ist die Arbeit nicht von ähnlichem Charakter und wird sie nicht unter vergleichbaren Bedingungen ausgeführt oder wird sie erst in der Defects Correction period angeordnet, sollen die Preise in der BoQ als Grundlage für die Bewertung herangezogen werden, soweit dies angemessen ist.

Regel 3

Ist das nicht möglich, soll eine faire Bewertung vorgenommen werden.

Folglich erforderte der Begriff „Angemessen" in Clause 52 (1) (b) eine Untersuchung. Vor dem TCC hatte HHJ Lloyd geurteilt, dass für die Zwecke der Klausel 52 (1) (b) die Angemessenheit der Preise strikt mit Blick auf die ausgeführte Arbeit beurteilt werden sollte. Es sei untunlich, andere (externe) Erwägungen wie z.B. die, wie der Preis zustande gekommen sei und ob er zu hoch oder zu niedrig sei, einzubeziehen. HHJ Lloyd entschied, dass dieser Preis für die Bewertung von Leistungsänderungen herangezogen werden solle. HHJ Lloyd führte sinngemäß aus:

„Die Arbeit wird nicht unter unterschiedlichen Bedingungen ausgeführt, nur weil der anwendbare Einheitspreis zu einer markanten Besser- oder Schlechterstellung des Unternehmers gegenüber dem führen kann, was als fair angesehen werden könnte, also mehr oder weniger als tatsächlich oder als angemessene Kosten plus Gewinn und Gemeinkosten".

Im Berufungsverfahren folgten zwei Lordrichter dem Richter erster Instanz, einer vertrat eine abweichende Meinung.

Auch der **zweite Fall**[637] zwischen Weldon und CNT betraf letztlich Erdarbeiten. Wieder beruhte der Vertrag auf ICE, 6th editon. Das auszuhebende Material betraf Lehm und Kies. Da Weldon den Kies weiterveräußern konnte, war der Einheitspreis für Kies negativ und betrug 3,6 cbm. Den Lehm musste Weldon hingegen auf einer Kippe entsorgen. Hierfür betrug der vertraglich vereinbarte Einheitspreis 3,66/cbm. Der Vertrag sah vor, dass Weldon auf eigenes Risiko tiefer ausschachten durfte als vorgesehen, um mehr als die vorgesehene Menge an Kies zu gewinnen. Der vertraglich eingesetzte Engineer ordnete an, dass Weldon den gesamten Kies ausheben sollte und den Untergrund mit Lehm auffüllen solle. Daraufhin sah sich Weldon berechtigt, Mehrforderungen geltend zu machen. Der Engineer bewertete die zusätzliche Menge an Kies und Lehm nach den vertraglichen Einheitspreisen. Damit war Weldon nicht einverstanden, so dass eine Streitigkeit ausbrach. Der zunächst angerufene Schiedsrichter urteilte, es handele sich bei der Anordnung des Engineers um eine Variation, weil sie den Unternehmer verpflichtete, den zusätzlichen Kies auszuheben, während der Vertrag lediglich vorsah, dass Weldon berechtigt war, zusätzliche Mengen an Kies zu entnehmen, so dass Weldon jederzeit frei entscheiden konnte, ob es z.B. wirtschaftlich sinnvoll war, die Entnahme von Kies zu beenden. Der Höhe nach wies der Schiedsrichter jedoch alle Forderungen ab, die über eine Erstattung der direkten Kosten hinausgingen. Er befand, 224

[637] Weldon Plant Ltd v. The Commission for the New Towns [2000] EWHC Technology 76 (14th July, 2000).

Weldon sei weder berechtigt, Gewinn oder Gemeinkosten zu verlangen. Hiergegen wendete sich Weldon vor den staatlichen Gerichten. Dort sah sich der erneut befasste HHJ Lloyd zu folgenden Aussagen veranlasst:

Leistungsänderungen werden vom Unternehmer in dem Sinne ungewollt erfüllt, als der Unternehmer [bei Vertragsschluss] nicht anbietet, die Leistungsänderung zu erledigen, soweit sie zum Datum der Angebotsabgabe oder des Vertragsschlusses unbekannt war. Ein Unternehmer bietet an, angeordnete Leistungsänderungen zu erfüllen ... die von dem Engineer verlangt werden, um die Bedürfnisse des Bestellers zu befriedigen; aber das Angebot ist unqualifiziert.

(1) Erstens muss die Leistungsänderung innerhalb des Auftragsumfanges liegen. (2) Zweitens, die Leistungsänderung muss nach Clause 52 [ICE 6th edition] bewertet werden, deren Regelungen klar so formuliert sind, dass man erkennen kann, dass der Unternehmer nicht die Kosten der Leistungsänderung tragen soll, ausgenommen in dem Umfang, wo Regel 1 und 2 anwendbar sind, wie die vertraglichen Einheitspreise in sich unzureichend waren, oder in dem Umfang, wie die erlittenen Kosten weder angemessener Weise noch richtiger Weise so behandelt werden können, als bildeten sie einen Vertragsbestandteil.

Der Unternehmer übernimmt deshalb das Risiko, dass seine Einheitspreise für die [angebotene] Arbeit seine Kosten aus einer Leistungsänderung nicht decken, die [Leistungsänderung] dasselbe wie oder vergleichbar ist mit vertraglicher Arbeit, just in derselben Weise, wie der Besteller das Risiko übernimmt, dass bei nochmaliger Überlegung mehr für die Arbeit zu zahlen gewesen wäre als es anderenfalls der Fall gewesen wäre, wäre das Bedürfnis vor dem Tag des Vertragsschlusses bekannt gewesen und wären die Einheitspreise für die fragliche Arbeit erhalten worden.

Vorbehaltlich der Umstände, die unter Regeln 1 und 2 von Clause 52 fallen, könnte der Unternehmer mithin eine faire Bewertung beanspruchen, die gewöhnlich auf den angemessenen Kosten für die Durchführung der Arbeit, falls [sie] angemessener und gerechtfertigter Weise erlitten [wurden], beruhen würde.

Klarerweise, falls bei der Ausführung der Arbeit Kosten oder Auslagen erlitten werden, die von einem angemessen kompetenten [sach- und fachkundigen] Unternehmer in derselben oder einen vergleichbaren Situation nicht erlitten worden wären, dann sollten diese Kosten kein Bestandteil der fairen Bewertung sein. Die Regeln, die in Clause 52(1) vorgesehen sind, sollten den Unternehmer nicht mit einem Nachteil belasten, außer in dem Umfang als sie auf seinem eigenen Tun oder Willen beruhen.

Nach meiner Beurteilung liegt Mr. ... richtig, eine faire Bewertung an die Ermittlung des Bereicherungsausgleichs mit vertraglichen Hintergrund anzupassen, obwohl ich nicht die Annahme akzeptiere, dass Leistungsänderungen außerhalb des Vertrages fallen (da Clause 51 voraussetzt, dass sie in den Leistungsbereich fallen).

... In der Tat muss nach meiner Entscheidung bei Fehlen besonderer Umstände (von denen der Schiedsrichter keinen ausgemacht hat) eine faire Bewertung ein Gewinnelement enthalten. Erstens befindet sich der Unternehmer im Geschäft um Gewinn auf der Grundlage der Kosten für die eingesetzten Ressourcen zu machen und mithin muss ein Besteller nach Clause 52 einen Gewinn auf die Kosten ... erhalten, weil es anderenfalls keine faire Bewertung im Sinne der Klausel 52 wäre. Zweitens würde eine Bewertung, die keinen Gewinn berücksichtigen würde, ein Element ignorieren, dass einen integralen Bestandteil der Bewertungsregeln 1 und 2 ist. Eine faire Bewertung nach Regel 3 würde nicht im Einklang mit den Prinzipien der Clause 52 stehen, wenn sie nicht alle Elemente, die zu würdigen sind, berücksichtigen würde.

Bezüglich der Gemeinkosten vertrat HHJ Lloyd allerdings einen differenzierenden Ansatz und führte aus:

***Gemeinkosten** müssen gesondert beurteilt werden. Es ist wichtig, Klarheit darüber zu haben, welche Bestandteile von Gemeinkosten involviert sind. Einige Gemeinkosten, z.B. Baustellengemeinkosten, können unveränderlich sein und haben normalerweise keinen Bezug zu den Herstellungskosten (es sei denn sie werden in die Beurteilung von herstellungsbedingten Verlängerungskosten einbezogen); andere haben einen Bezug zu ihnen. Gemeinkosten können in unmittelbarer Abhängigkeit zum Wert der Arbeit stehen. Folglich können einige nur verlangt werden, wenn der Beweis erbracht ist, dass sie in der Tat erlitten wurden oder angestiegen sind, da sie bereits für geleistete Arbeit geltend gemacht werden oder geltend gemacht wurden. Der Schiedsrichter hat korrekt berücksichtigt, dass die ICE Conditions unbestreitbar die zusätzliche Abrechnung von Gemeinkosten auf Nettokostenbasis erlauben. Der Schiedsrichter hat die Ansicht vertreten, dass zeitabhängige Gemeinkosten dargetan werden müssen. Insoweit kann keine Ausnahme von seinem Ansatz zugelassen werden. Jedoch hat sich der Schiedsrichter nicht mit dem Zuschlag befasst, der nach meiner Beurteilung gemacht werden muss, um sicherzustellen, dass der Unternehmer einen Beitrag zu den Kosten erhält, die er durch den Betrieb seines Unternehmens durch feste oder laufende Betriebskosten hat. Aus Gründen, die ich bereits genannt habe, würde es nicht fair sein, wenn die Bewertung keinen derartigen Beitrag berücksichtigen würde. Es würde bedeuten, dass der Unternehmer einen solchen Beitrag anderweitig erbringen müsste, vermutlich über die Gewinnmarge des Unternehmers oder den Wagnisanteil. Aus meiner Sicht würde eine Bewertung, die darauf hinauslaufen würde, dass der Unternehmer den Beitrag selbst tragen müsste, keine faire Bewertung gemäß den Prinzipien aus Clause 52 darstellen, die beabsichtigen sicherzustellen, dass der Unternehmer keinen Nachteil aus dem Umstand erleiden sollte, dass er eine Variation ausführen muss. Anders als bei Gemeinkosten, die zeitabhängige Gemeinkosten sind, ist es nicht erforderlich nachzuweisen, dass sie tatsächlich erlitten wurden, um eine faire Bewertung durchführen zu können (obwohl ihr geschätzter Betrag selbstverständlich dargelegt werden muss, z.B. durch Ableitung eines Prozentsatzes aus den Buchhaltungsunterlagen einschließlich, wo tunlich, der beteiligten Unternehmen, die Leistungen erbringen, oder ähnlichen [Beteiligten], die als Gemeinkosten qualifiziert werden können.*

Auf der Grundlage der beiden vorstehenden Urteile sollte in FIDIC-Verträgen wie folgt verfahren werden: 225

- Im **Einheitspreisvertrag** (vgl. Unterklauseln 13.3, 12.3 FIDIC Red Book) sind grundsätzlich die vorhandenen Preise anzuwenden, wenn es sich um ähnliche oder vergleichbare Leistung handelt. Handelt es sich nicht um ähnliche oder vergleichbare Leistungen, müssen die vorhandenen Preise fortgeschrieben werden, soweit dies angemessen ist. Anderenfalls muss eine faire Bewertung vorgenommen werden. Im **Pauschalpreisvertrag** (vgl. Unterklausel 13.3 Yellow Book) muss stets eine faire Bewertung vorgenommen werden. Eine faire Bewertung muss normalerweise auf einer Ermittlung der Kosten plus eines angemessenen Prozentsatzes für Gewinn bestehen.
- **Gemeinkosten** erfordern eine gesonderte Betrachtung. Gemeinkosten, die einen Beitrag zu den festen und laufenden Kosten des Betriebes gehören, können ohne Nachweis gefordert werden, dass sie tatsächlich erlitten wurden.
- **Zeitabhängige Kosten** müssen nachgewiesen werden.

226 Generelle Öffnungsklauseln sind im Pauschalpreissystem gelegentlich problematisch. Das französische und das belgische Recht schützen den Besteller im Pauschalpreissystem strikt vor Nachforderungen (Art. 1793 Code Civil (F/B). Allerdings versteht z.B. die belgische Rechtsprechung[638] Klauseln, mit denen sich der Bauherr einseitige Änderungen vorbehält, dahin, dass kein Pauschalfestpreis besteht.

227 Im Übrigen sind die Möglichkeiten zur Preisanpassung für Baukostenerhöhungen im Pauschalpreissystem des Yellow Book und des Silver Book mehr oder weniger beschränkt. Obwohl das Silver Book eher einen Festpreischarakter hat, sind aber auch dort Preisanpassungen nicht völlig ausgeschlossen. Im Vergleich mit dem FIDIC Red Book oder Yellow Book fehlen im Silver Book z.B. Ansprüche aus Unterklausel 4.12. Einige Anspruchsgrundlagen in Unterklausel 17.4 sind weggefallen und Bauzeitverlängerung gibt es im Silver Book auch nur in einem sehr reduzierten Umfang.

Unterklausel 14.1 FIDIC 1999 schließt Preisanpassungen wegen der Erhöhung der dort geregelten Kosten (z.B. Steuern und Abgaben) aus. Zulässig sind Begehren auf Preisanpassung im Falle von Kostenerhöhungen infolge von Gesetzesänderungen (vgl. Unterklausel 13.7). In Unterklausel 13.7 FIDIC 1999 ist die Preisanpassung wegen Änderungen der gesetzlichen oder rechtlichen Verhältnisse geregelt. In Klausel 13.8 FIDIC 1999 ist die Preisanpassung wegen Änderungen der Kosten für die Arbeitskosten, Material oder anderen Zutaten vorgesehen. Diese Klausel findet jedoch nur Anwendung, wenn im Appendix to Tender die entsprechenden Daten eingetragen sind. Im **Silver Book** wird insoweit auf die Besonderen Vertragsbedingungen verwiesen. Das **Yellow Book** sieht dagegen eine umfängliche Regelung für die Preisanpassung in solchen Fällen vor. Auf die dort zu findende Formel wird hier verwiesen.

228 **Claims**: Nach allen FIDIC-Büchern können unter gewissen Voraussetzungen Mehrkosten für Bauzeitverlängerung beantragt werden. Anspruchsgrundlagen finden sich unter anderem in den FIDIC-Unterklauseln 1.9, 2.1, 4.7, 4.12, 4.24, 7.4, 17.4, 19.4. In FIDIC-Verträgen setzen derartige Ansprüche keine Ansprüche auf Bauzeitverlängerung voraus (siehe dazu Unterklausel 8.4 FIDIC 1999). Sie können aber aus Bauzeitverlängerung folgen, z.B. für Overheads. Die vertraglichen Ansprüche richten sich auf Kosten (Cost) im Sinne der Unterklausel 1.1.4.3 FIDIC 1999 sowie gelegentlich auch auf Gewinn (Profit). Bauzeitabhängige Gemeinkosten können (vorbehaltlich des Vertragsstatuts) mangels eines Einzelnachweises entweder nach der Hudson-Formel, nach der Eichleay-Formel oder nach der Emden-Formel ermittelt werden[639]. Inwieweit die nachstehenden Formeln insbesondere den Kausalitätsnachweis ersetzen können, muss individuell für jede Rechtsordnung gesondert geprüft werden.

Die drei Formeln lauten wie folgt:

- **Hudson Formula**: „(Contract head office overhead & (Profit percentage) : 100) x (contract sum : contract period) x period of delay“

  In anderen Worten: Vertragliche Gemeinkosten in Prozent geteilt durch 100 x (Vertragssumme geteilt durch Vertragsdauer (weeks/days)) x Verspätung (weeks/days)

- **Emden Formula**: „Head office overhead & profit percentage (= Total Overhead cost & profit ./. Total turnover) x (Contract sum ./. Contract Period) x period of delay“

[638] Bruxelles, 11.02.1983, Entr. et dr. 1990, 374; Liège, 21.02.1995, J.L.M.B. 1995, 1328.
[639] Siehe Bunni, FIDIC Forms of Contract, 335.

Vermittels der Emden-Formel ermittelt man zunächst den Prozentsatz der Gemeinkosten, in dem man die vollständigen unternehmensbezogenen Gemeinkosten und Gewinne durch den Unternehmensumsatz im Vergleichszeitraum teilt. Anschließend wird der ermittelte Prozentsatz mit dem Verhältnis aus Vertragssumme zu Vertragslaufzeit multipliziert. Das Ergebnis wird ermittelt, in dem sodann das letzte Zwischenergebnis mit den auf den Besteller entfallenden Verzögerungstagen multipliziert wird. Diese Formel hat den Vorteil, dass die tatsächlichen Gemeinkosten und Gewinnsätze genutzt werden anstatt derjenigen, die im Vertrag enthalten sind.

- **Eichleay Formula**: Hierbei handelt es sich um eine dreistufige Formel, wie folgt[640]:

  Vertragsbezogener Umsatz während der Vertragslaufzeit geteilt durch vollständigen unternehmensbezogenen Umsatz in der Vertragslaufzeit multipliziert mit dem unternehmensbezogenen Gemeinkostensatz in der Vertragslaufzeit = die zuteilungsfähigen Gemeinkosten für die **Vertragslaufzeit**

  Zuteilungsfähige Gemeinkosten geteilt durch Vertragslaufzeit = **tägliche** zuteilungsfähige Gemeinkosten in Bezug auf den Vertrag

  Tägliche Gemeinkosten x Verlängerungszeit = Daily overhead x prolongation period = loss of contribution to Head Office overhead

  Diese Formel richtet sich darauf, zunächst die gesamten Gemeinkosten während der Vertragdauer zu ermitteln, in dem der Wert der während der Vertragslaufzeit ausgeführten Arbeiten mit denen im Vergleichszeitraum insgesamt von dem Unternehmen ausgeführten Arbeiten verglichen wird. Der Anteil an Gemeinkosten wird in ähnlicher Weise ermittelt und dann als Betrag pro Tag festgestellt. Dieser Satz wird anschließend mit dem in Tagen ausgedrückten Verzögerungszeitraum multipliziert[641].

Die Hudson-Formel wurde kritisiert, weil sie den vertraglichen Gemeinkostensatz verwendet, was wenig oder gar keinen Bezug zu den tatsächlichen Kosten des Unternehmers herstellt[642].

c. Klagbarkeit. In Bezug auf vertragliche Verpflichtungen, die keine Geldzahlung beinhalten, existieren zwischen den verschiedenen Rechtsordnungen traditionell große Unterschiede. Im englischen und irischen Recht kann *„specific performance“* nur dann gewährt werden, wenn Schadensersatz kein adäquater Behelf ist[643]. Im deutschen, italienischen, holländischen und österreichischen Recht ist dagegen die Erfüllung einer Leistungsverpflichtung, die nicht in Geld ausgedrückt wird, generell klagbar[644]. Das französische und das belgische Recht nehmen eine besondere Stellung ein, weil es im Ermessen des Richters liegt, die Art und Weise der Erfüllung festzulegen[645]. Erfüllung kann zwar verlangt werden, muss aber nicht zwingend gewährt werden. Die ablehnende Haltung des Common Law zu *„specific performance“* hat konkrete Auswirkungen auf angelsächsisch inspirierte Vertragswerke, denn es kann weder Mangelbeseitigung verlangt werden noch Mangelbeseitigung angeboten werden. Folglich regeln nahezu sämtliche angelsächsischen Vertragswerke eine zusätzliche Hauptverpflichtung zur Man- 229

640 Vgl. Supreme Court of India in McDermott International Inc. v. Burn Standard Co Ltd 2006 (11) SCC 181.
641 Vgl. Supreme Court of India in McDermott International Inc. v. Burn Standard Co Ltd 2006 (11) SCC 181.
642 Vgl. Supreme Court of India in McDermott International Inc. v. Burn Standard Co Ltd 2006 (11) SCC 181.
643 Rouhette, Principes du droit européen du contrat, Art. 9:102 Note 1.
644 Rouhette, Principes du droit européen du contrat, Art. 9:102 Note 1.
645 Rouhette, Principes du droit européen du contrat, Art. 9:102 Note 1.

gelbeseitigung (siehe unten Rn. 239), die Teil der Hauptpflichten des Unternehmers ist (vgl. FIDIC, NEC3, ICE). Solange diese Hauptpflicht besteht, existiert letztlich keine Haftung für Mängelgewährleistung im Sinne des deutschen Gewährleistungsrechts. Erst nachdem die vertraglich gekürte Mangelbeseitigungspflicht erloschen ist, kommt die gesetzliche Mängelgewährleistung zum Tragen.

230 Die **Europäischen Prinzipien** zum Vertragsrecht regeln angesichts dieser Unterschiede Folgendes: Der Gläubiger einer anderen Verpflichtung als einer Geldleistungsverpflichtung hat das Recht, die Erfüllung in Natur zu verlangen, hierin eingeschlossen ist die Beseitigung von Mängeln (Art. 9:102 Abs. 1). Jedoch kann Leistung in Natur nicht begehrt werden, wenn die Erfüllung unmöglich oder unzulässig wäre, wenn die Erfüllung für den Schuldner unvernünftige Anstrengungen oder Ausgaben erfordern würde, wenn die Erfüllung darin besteht, Dienste zu leisten oder ein Werk herzustellen, das einen persönlichen Charakter hat oder von persönlichen Beziehungen abhängig ist, oder wenn die Erfüllung von dem Gläubiger vernünftigerweise auf andere Weise erlangt werden kann (Art. 9:102 Abs. 2). Die Erfüllung in Natur ist ausgeschlossen, wenn der Gläubiger es versäumt, sie innerhalb einer vernünftigen Frist geltend zu machen, und zwar beginnend mit der Kenntnisnahme oder dem Kennenmüssen von der Nichterfüllung (Art. 9:102 Abs. 3).

231 **2. Abnahme und Erfüllungsbescheinigung.** Die FIDIC-Bedingungen regeln das Abnahmeverfahren (besser: Übernahmeverfahren) und ihre Bescheinigung sehr eingehend. Nach Fertigstellung kann der Unternehmer die Abnahme verlangen. Die Abnahme wird mit der Übernahmebescheinigung (Taking-Over Certificate) bestätigt. Sie bringt die Mängelanzeigefrist (Defects Notification Period) zum Laufen und führt zur Gefahrverlagerung auf den Besteller (siehe Unterklausel 17.2). Außerdem kann vorläufig schlussgerechnet werden. Nach Ablauf der Mängelanzeigefrist kann zudem die Erfüllungsbescheinigung (Performance Certificate) verlangt werden. Von ihrer Erteilung ist die Möglichkeit zur Schlussabrechnung und der Anspruch auf Herausgabe der Erfüllungssicherheit abhängig. Das FIDIC-Vertragswerk deutet allerdings den Begriff der Abnahme eigenständig. Die Abnahme im Sinne von FIDIC stellt nicht die Abnahme im Sinne des § 640 BGB dar. Wie sich klar aus Unterklausel 11.9 ergibt, begründet erst die Ausstellung des **Performance Certificate** die eigentliche Abnahme (Acceptance of the Works).

232 **a. Abnahme.** Die FIDIC-Abnahme (Übernahme) ist in den Klauseln 9 und 10 geregelt. Sie erfolgt, wenn die Baumaßnahmen vertragsgemäß innerhalb der vereinbarten Bauzeit fertig gestellt wurden. Für die Abnahme im Sinne der Unterklausel 10.1 ist der Ingenieur zuständig. Ihn ersucht der Unternehmer um Abnahme, die der Ingenieur bei Abnahmereife innerhalb von 28 Tagen mit dem „Taking-Over Certificate" (Abnahmebescheinigung) bescheinigt. Unterlässt der Ingenieur die förmliche Abnahme, gilt sie nach Fristablauf als erteilt.

233 Teilabnahmen sind grundsätzlich statthaft (Unterklausel 10.2). Die Entscheidung hierüber liegt im Ermessen des Bestellers. Der Besteller kann das Werk teilweise in Gebrauch nehmen. Tut er dies ohnevorherige Teilabnahme, wird die Teilabnahme fingiert. Wenn der Ingenieur eine Teilabnahmebescheinigung ausgestellt hat, ist dem Unternehmer so schnell wie möglich die Gelegenheit zur Durchführung eventuell noch offener Abschlusstests zu geben, welche der Unternehmer unverzüglich, insbesondere vor Ablauf der Mängelanzeigefrist, durchzuführen hat. Entstehen dem Unternehmer durch die vom Besteller durchgeführte Teilabnahme und/oder teilweise Ingebrauchnahme, die weder vertraglich festgelegt noch zwischen den Parteien vereinbart war, zusätzliche Kosten,

kann er diese nebst entgangenem Gewinn ersetzt verlangen. Die Teilabnahme kann Auswirkungen auf den pauschalisierten Schadensersatz haben (vgl. Unterklausel 10.1 Abs. 5).

aa. Tests. Der förmlichen Abnahme (Übernahme) gehen die *„Tests on Completion"* (Klausel 9) voraus. In der Regel werden diese von dem Ingenieur verlangt und müssen mindestens 24 Stunden vorher angekündigt werden (Unterklausel 7.4). Die Einzelheiten der Fertigstellungstests regelt Klausel 9. Sind die Tests erfolgreich, folgt die Abnahme (Unterklausel 10.1 Abs. 1). Sind sie nicht erfolgreich, wird sie verweigert (Unterklausel 9.4 in Verbindung mit Klausel 10.1). Klausel 10 regelt damit letztlich nur das förmliche Verfahren zur Erteilung der Übernahmebescheinigung. Die eigentliche Überprüfung erfolgt in den Tests, allerdings ohne eine Rechtsfolge, solange keine förmliche Abnahme verlangt und erteilt wird. 234

Schlägt ein Test fehl, können Unternehmer und Besteller gemäß Unterklausel 9.3 die Wiederholung verlangen. Schlagen auch die erneuten Tests fehl, sieht Unterklausel 9.4 drei Möglichkeiten vor. Entweder es wird der Test erneut wiederholt, oder es wird die Abnahme zurückgewiesen, oder es wird eine Abnahmebescheinigung unter Berücksichtigung der Mängel erstellt. Der Vertragspreis wird dann gemindert. 235

bb. Abnahmeverfahren. Die Abnahme gehört prinzipiell zu den Mitwirkungspflichten des Bestellers. Erachtet der Unternehmer seine Leistungen für abnahmefähig, beantragt er die Abnahme (Übernahme). Die Übernahme muss 14 Tage vor dem Übernahmetermin beantragt werden (Unterklausel 10.1 Abs. 2). Der Ingenieur muss die Übernahme innerhalb von 28 Tagen nach Zugang des Übernahmeersuchens bescheinigen. Geringfügige Mängel oder noch zu erbringende Restarbeiten hindern die Abnahme nicht. Damit weichen die FIDIC-Bedingungen von der englischen Rechtsprechung ab, die „substantial completion" oder „sensibly finished work" verlangt[646]. 236

Gemäß Unterklausel 10.1 letzter Absatz gilt die Abnahmebescheinigung als erteilt, wenn der Ingenieur oder der Besteller diese nicht innerhalb von 28 Tagen nach der Abnahmeaufforderung ausstellt. Es handelt sich um eine Abnahmefiktion.

b. Rechtsfolgen. Die vertraglich vorgesehenen Rechtsfolgen der Übernahme können wie folgt umschrieben werden: 237

- Gefahrübergang gemäß Unterklausel 17.2
- Recht auf vorläufige Schlussrechnung und Anspruch auf Zwischenbescheinigung gemäß Unterlausel 14.10
- Beginn der Mängelanzeigefrist (vgl. Unterklausel 1.1.3.7)

aa. Gefahrübergang. Der Unternehmer trägt vom Baubeginn bis zur Ausstellung der Übernahmebescheinigung die Gefahr (vgl. Unterklausel 17.2). Mit der Ausstellung der Übernahmebescheinigung oder ihrem Ersatz geht die Gefahr auf den Besteller über. Die Gefahr kann auch teilweise übergehen. Nach Gefahrübergang auf den Besteller hat der Unternehmer noch die Gefahr für alle zum Zeitpunkt der Ausstellung der Abnahmebescheinigung noch ausstehenden Arbeiten zu tragen, bis diese fertig gestellt sind. Die Gefahrtragung beinhaltet vor allem die Sachgefahr. Der Unternehmer muss das Werk wiederherstellen, wenn es beschädigt wird oder untergeht. 238

bb. Rechnungslegung. Klausel 14 regelt im Einzelnen die Bezahlung des Unternehmers. Im Bauverlauf kann er monatlich Abschlagszahlungen verlangen (Unterklausel 14.3 und Unterklausel 14.6). Mit Ausstellung der Übernahmebescheinigung hingegen kann er vor- 239

---

[646] Vgl. Hoenig v. Isaacs [1952] 2 All E.R. 176; Bolton v. Mahadeva [1972] 1 W.L.R. 1009.

läufig schlussrechnen (Unterklausel 14.10). Die vorläufige Schlussrechnung muss binnen 84 Tagen nach Ausstellung der Übernahmebescheinigung bei dem Ingenieur eingereicht werden, der wiederum eine Zwischenbescheinigung (Interim Payment Certificate) ausstellt, auf die gezahlt wird (Klausel 14.10 und 14.6). Die eigentliche Schlussrechnung ist binnen 56 Tagen nach Ausstellung der Erfüllungsbescheinigung zu legen. Das Verfahren ist in Unterklausel 14.11 genau geregelt. Zahlungen sind innerhalb der Fristen der Unterklausel 14.7 zu leisten. Die Zahlungsfrist für Abschlagszahlungen beträgt generell 56 Tage. Abweichende Regelungen in den Particular Condition sind nicht selten.

240 **cc. Mängelanzeigefrist.** Die Mängelanzeigefrist (Unterklausel 1.1.3.7) wird üblicherweise in dem Anhang zum Angebot bzw. in den Besonderen Bedingungen konkretisiert. In den von der FIDIC veröffentlichten Mustern findet sich ein Voreintrag von 365 Tagen. Die Parteien können diese Frist verkürzen oder verlängern. Einzelheiten zu den Pflichten in der Mängelanzeigepflicht sind in Klausel 11 geregelt.

241 Die ausdrücklich vertraglich vereinbarten Mängelbeseitigungsverpflichtungen des Unternehmers (siehe Unterklausel 11.1) erlöschen grundsätzlich mit Ablauf der Mängelanzeigefrist, sofern bis dahin keine unerledigten Mängelanzeigen vorliegen. Die vollständige Erfüllung des Vertrages wird mit der sog. Erfüllungsbescheinigung (Unterklausel 11.9) quittiert. Es handelt sich um eine Erklärung, deren Bedeutung nach Auffassung von Mallmann[647] über die Abnahme hinausgeht. Richtig ist, dass der Besteller mit ihr die vollständige Vertragserfüllung anerkennt. Jedoch wird aus Unterklausel 11.10 entwickelt, der Unternehmer schulde auch über den Tag der Erfüllungsbescheinigung hinaus z.B. Mängelgewährleistung, wenn das Vertragsstatut eine längere Verjährung vorsehe[648]. Die FIDIC selbst scheint dies auch so zu sehen und empfiehlt im Contracts Guide[649] zu Unterklausel 11.10 die Frage der Verjährung (gesetzlicher Mängelgewährleistungsansprüche) ausdrücklich (ergänzend) zu regeln.

242 Die besondere Bedeutung der Erfüllungsbescheinigung liegt denn auch nicht darin, dass sie das Vertragsverhältnis zum Erlöschen bringt. Sie ist vielmehr darin zu sehen, dass der Unternehmer nun endgültig schlussrechnen kann und dass er Anspruch auf Rückgabe der Erfüllungssicherheit hat. Hierin scheint sich die Bedeutung der Erfüllungsbescheinigung aus angelsächsischer Sicht zu erschöpfen. Unterklausel 11.9 FIDIC stellt allerdings klar, dass offene vertragliche Ansprüche, wie z.B. die Haftung für Mängel, unbenommen bleiben. Hieraus erhellt eindeutig, dass die Abnahme im Sinne des § 640 BGB erst dann erfolgt ist, wenn der Engineer das Performance Certificate (Erfüllungsbescheinigung) ausgestellt hat. Nur so ist auch der ausdrückliche Zusatz in Unterklausel 11.9 zu erklären, wonach erst mit der Erteilung der Erfüllungsbescheinigung das Werk anerkannt wird. Dieser Satz ist im angelsächsischen Kontext überflüssig und sinnentleert. Im Civil Law Kontext soll er Tendenzen entgegenwirken, die dahin gehen, bereits das Taking-Over als Abnahme zu bewerten. Genau das will FIDIC vermeiden, denn die Ansprüche, die in Unterklauseln 11.1 und 11.4 geregelt sind, machen nur Sinn, wenn man sie als primäre Erfüllungsansprüche qualifiziert, die das gesetzliche Haftungsrecht ergänzen[650].

---

647 Mallmann, Bau- und Anlagenbauverträge, 254).

648 Vgl. Seppala ILCR 2000, 236, 240.

649 FIDIC Contracts Guide, 203.

650 Pearce & High Ltd v. Baxter & Anor [1999] EWCA Civ 789 (15 February 1999); Hancock v. B.W. Brazier (Anerley) Limited [1966] 2 All E.R. 901 durch Lord Denning M.R. auf Seite 904F-I; Adams v. Richardson and Starling Limited (1969) 2 All E.R. 1221: zusätzliches Recht ohne Ausschluss allgemeiner Rechtsbehelfe; siehe zur englischen und schottischen Diskussion fener P. & M. Kaye Limited v. Hosier & Dickinson [1972] 1 W.L.R. 146 durch LJ Diplock; Johnston v. WH Brown Construction (Dundee) Ltd [2000] ScotCS 94 (4 April 2000) sowie Jaeger/Hök, FIDIC for Practitioners, 307 ff.

FIDIC empfiehlt, dass die Parteien kurz vor Ablauf der „Defects Notification Period" eine gemeinsame Baubegehung vornehmen, um die noch bestehenden Mängel gemeinsam aufzunehmen[651]. Dabei ist zu berücksichtigen, was das Vertragswerk insgesamt über den Zustand des Werkes nach Ablauf der Defects Notification Period vorsieht (siehe unten). Die Defects Notification Period ist eine besondere Pflicht, die allein vertraglich motiviert ist. Sie hat keinen Hintergrund im Mängelgewährleistungsrecht der Civil Law Rechtsordnungen. FIDIC lässt dieses Thema ungeregelt und verweist letztlich auf das Vertragsstatut. Da sich der Inhalt der Verpflichtungen aus der Defects Notification Period ausschließlich aus dem Vertrag ergibt, muss sorgfältig geklärt werden, welche Anforderungen das Vertragswerk aufstellt. Es können sich im Vertrag Unterhaltungspflichten, Instandhaltungspflichten oder sogar Instandsetzungspflichten finden. Ob der Unternehmer im Einzelfall Anspruch auf eine Vergütung hat, regelt Unterklausel 11.2. Das Vertragswerk kann, wie sich aus dem Wortlaut der Unterklausel 11.1 FIDIC 1999 entnehmen lässt, Bedingungen festlegen, die das Werk am Ende der Defects Notification Period erfüllen muss. Sie können Instandhaltungs- und Instandsetzungspflichten begründen. Es ist ratsam, das Vertragswerk sehr sorgsam daraufhin zu prüfen, inwieweit solche leistungserweiternden Pflichten vorgesehen sind (z.B. im Hinblick auf den Zustand der Straßenbeläge bei Erteilung der Erfüllungsbescheinigung). 243

3. Nichterfüllung. a. Fälle von Nichterfüllung. Bei Bau- und Anlagenbauverträgen sind die Fälle der Nichterfüllung grundsätzlich in drei Kategorien einteilbar. Es kommen vor: 244

- Zeitüberschreitungen
- Vollständige oder teilweise Nichterfüllung (Ausbleiben der Leistung)
- Qualitätsabweichungen

aa. Zeitüberschreitungen. Mit den FIDIC-Bedingungen werden keine Fertigstellungstermine sondern Bauzeiten (oder Bauzeitenvolumen) vereinbart, d.h. anstelle eines Endtermines wird eine Bauzeit in Tagen geregelt, die ab dem Tag des Baubeginns läuft. Das Vertragswerk sieht ergänzende Ansprüche auf Bauzeitverlängerung vor, wenn ein Risiko eintritt, das dem Besteller zugeordnet wird. Der Schwerpunkt liegt auf dem Mechanismus, mit dem bauzeitbeeinflussende Umstände abgearbeitet werden (müssen). Nur wenn die Regularien zur Bauzeitverlängerung korrekt angewendet werden, können sich nach den FIDIC-Bedingungen konkrete Folgen aus effektiven Bauzeitüberschreitungen ergeben. Die sog. Liquidated Damages (Delay Damages) werden nur geschuldet, wenn kein Zustand von „Time at Large" eintritt, d.h. es muss ausgeschlossen sein, dass sich der Unternehmer auf von dem Besteller zu vertretende bzw. verursachte Umstände berufen kann, die den Baufortschritt verzögert haben, ohne dass dem Unternehmer Bauzeitverlängerung gewährt wurde oder gewährt werden konnte. 245

Beispiel: Der Besteller hat in einem FIDIC-Vertrag sämtliche Ansprüche auf Bauzeitverlängerung vertraglich ausgeschlossen. Anschließend behindert er den Unternehmer bei der Fertigstellung. Da das Vertragswerk keinen Anspruch auf Bauzeitverlängerung mehr vorsieht, der die vertraglich vereinbarte Bauzeit verlängern würde, entfällt die Haftung des Unternehmers für *„Liquidated Damages"*, denn es herrscht die Ansicht vor, dass dem Unternehmer die ursprünglich vereinbarte Bauzeit auch tatsächlich zur Verfügung stehen muss. Auf diese Weise wird eine Haftung für Bauzeitüberschreitung ausgeschlossen, wenn der Besteller den Unternehmer behindert.

[651] FIDIC Contracts Guide, 195, 196.

246 **bb. Vollständige oder teilweise Nichterfüllung (Ausbleiben der Leistung).** Die FIDIC-Bedingungen regeln den Fall der gänzlichen oder teilweisen Nichterfüllung nicht abschließend. Gemäß Unterklausel 15.1 kann der Besteller/Ingenieur den Unternehmer auffordern, unterlassene Leistungen nachzuholen. Kommt der Unternehmer einer solchen Aufforderung nicht nach, kann der Besteller den Vertrag kündigen (Unterklausel 15.2) und die in Unterklausel 15.3 genannten Mehrkosten geltend machen.

247 **cc. Qualitätsabweichungen.** Qualitätsabweichungen sind in Unterklausel 7.6 und Klausel 11 näher geregelt. Der Unternehmer schuldet zunächst Nachbesserung. Kommt der Unternehmer seinen Verpflichtungen nicht nach, kann der Besteller die Ersatzvornahme betreiben oder im Einzelfall auch Minderungsrechte ausüben.

248 **b. Vertragsstrafe/Liquidated Damages.** Das Thema der Vertragsstrafen (besser Verzögerungsschadensersatzklauseln) ist sehr komplex und unübersichtlich, weil die systematischen Unterschiede in den einzelnen Rechtsordnungen besondere Überlegungen erfordern[652]. Bereits die Wortwahl ist mit Bedacht vorzunehmen, weil Vertragsstrafen in einigen Rechtsordnungen schlechthin unzulässig oder bedenklich sind, während vertragliche Vereinbarungen über die Verpflichtung zur Leistung eines pauschalisierten Schadensersatzes (*Liquidated Damages*) durchaus zulässig sind. Eine typische Klausel lautet[653]:

> If the Works or a Section are or is not completed by the relevant Date for Completion, the Contractor shall immediately become liable to pay to the Employer liquidated damages in accordance with the Abstract of Particulars. Nothing herein shall prevent the Employer being entitled to such damages prior to certification of completion of the Works or any Section under …
>
> Subject to … (Withholding payment), the Employer may deduct any amount of liquidated damages to which he may be entitled under this Condition from any advances to which the Contractor may otherwise be entitled under Condition … (Advances on account).

249 **aa. Zeitüberschreitung.** Schadensersatzregelungen zur Bauzeitüberschreitung sind weltweit üblich[654]. Sie regeln üblicherweise gleichzeitig Interessen des Unternehmers und des Bestellers[655]. Folgende Regelungsinhalte sind typisch[656]:

- Verschuldensunabhängiger Anspruch auf Zahlung von pauschalisierten Schadensersatz für Bauzeitüberschreitung
- Regelungen über Bauzeitverlängerung bzw. Regelungen zu unverschuldeter Bauzeitüberschreitung
- Prüfungs- und Feststellungsrecht des Vertragsadministrators in Bezug auf Bauzeitverlängerung
- Kürzung des Anspruchs auf Schadensersatz für unverschuldete Bauzeitüberschreitung
- Prüfungs- und Feststellungsrecht des Vertragsadministrators in Bezug auf die Höhe des Anspruches auf Schadensersatz für Bauzeitüberschreitung

---

652 Siehe Le Goff, Die Vertragstrafe in internationalen Verträgen zur Errichtung von Industrieanlagen, 7 ff.
653 Die nachstehende Klausel wurde verwendet in: Masons (A Firm) v. WD King Ltd & Anor [2003] EWHC 3124 (TCC) (17 December 2003).
654 Siehe Bailey, Concurrency, Causation, Commonsense and Compensation (Part 2), ICLR 2010, 197 ff.
655 Bailey, Concurrency, Causation, Commonsense and Compensation (Part 2), ICLR 2010, 197, 200.
656 Bailey, Concurrency, Causation, Commonsense and Compensation (Part 2), ICLR 2010, 197, 200 f.

In den FIDIC Books 1999 ist der Verzögerungsschadensersatz nach englischer Tradition in Form von „*Liquidated Damages*" geregelt. Regelungssystematisch sind damit zugleich Klauseln erforderlich, die Bauzeitverlängerung regeln, soweit sich das Verhalten des Bestellers nachteilig auf die Bauzeit auswirkt. Die Regelungen zu Bauzeitverlängerung begründen einen wechselseitigen Vorteil. Dem Besteller bleiben die Ansprüche auf *Liquidated Damages* erhalten, wenn er den Unternehmer behindert, während der Unternehmer über die Bauzeitverlängerung aus der Haftung für Bauzeitüberschreitung entkommt[657]. Fehlt es an solchen Regelungen, läuft der Besteller Gefahr, seine Ansprüche auf *Liquidated Damages* wegen Verstoßes gegen das *prevention principle* (*Nullus commodum capere potest de injuria sua propria*) zu verlieren. Dieses Prinzip ist letztlich allen Rechtsordnungen immanent[658]. Die englischen Gerichte nennen diese Situation „time at large".

Die Höhe der „*Liquidated Damages*" und ihr Maximalbetrag ist im Anhang zum Angebot (Appendix to Tender) festzulegen. Nicht ganz klar ist, was gilt, wenn es versäumt wird, den Anhang zum Angebot bezüglich der „*Liquidated Damages*" auszufüllen bzw. eine entsprechende Einigung in den Besonderen Bedingungen herbeizuführen. In Unterklausel 4.2 heißt es zu den Erfüllungsicherheiten, dass im Falle einer fehlenden Angabe zur Höhe der Sicherheit (in den Vertragsunterlagen) die entsprechende Unterklausel nicht zur Anwendung kommt. Da eine fehlende Einigung zur Höhe der „*Liquidated Damages*" nicht durch Auslegung ersetzt werden kann, dürfte die gesamte Pauschalisierung aber auch ggf. die darin liegende Haftungsbegrenzung wegfallen.

Wichtig ist es, dass der *Engineer* und auch die Gerichte in die Lage versetzt werden, den exakten Schaden zu berechnen. Anfangs- und Enddatum von Time for Completion müssen exakt feststellbar sein. Da der Schaden jeweils nur einmal anfallen kann, muss auch der anteilige Schaden (z.B. für Milestones) exakt berechenbar sein.

Ansprüche auf Bauzeitverlängerung werden zumeist **zeitlich befristet**. Der Unternehmer muss eventuelle Ansprüche auf Bauzeitverlängerung fristgebunden anmelden, wenn er sie nicht verlieren will[659]. Im FIDIC-Vertrag müssen Bauzeitverlängerungsansprüche binnen 28 Tagen angezeigt werden.

„Verzugsbedingte" Ansprüche werden durch die vereinbarten „Liquidated Damages" allerdings nicht vollständig gedeckelt. Es können Belastungen aus Klausel 8.6 FIDIC 1999 [*Rate of Progress*] hinzukommen. Wird der Vertrag verzugsbedingt aufgelöst, muss der Unternehmer dem Besteller alle Verluste und Schäden ersetzen (vgl. Klausel 15.4 FIDIC 1999). Dieser Anspruch wird wiederum in Klausel 17.6 FIDIC 1999 [*Limitation of Liability*] beschränkt. Ausgeschlossen sind danach aus Sicht der EIC Ansprüche auf Ersatz von Gewinnausfällen[660]. Diese Auffassung ist jedoch im Lichte der englischen Rechtsprechung Hadley v. Baxendale[661] zu würdigen. **250**

---

657 Vgl. Steria Ltd v. Sigma Wireless Communications Ltd [2007] EWHC 3454 (TCC) (15 November 2007).

658 Zur Anwendung des *prevention principle* in einer Civil Law Rechtsordnung vgl. Group Five Building Ltd. v. Minister of Community Development (449/91) [1993] ZASCA 75; 1993 (3) SA 629 (AD) (28 May 1993). Siehe ferner die englischen Entscheidungen: Home v. Guppy (1838) 3 M & H 387 (150 ER 1195); Russell v. Sa da Bandeira (1862) 13 C.B. (N.S.) 149; Jones v. St John's College (1870) LR 6 Q.B. 115; Dodd v. Churton [1897] 1 Q.B. 562; Wells v. Army & Navy Co-operative Society (1902) Hudson's Building Contracts, 4th ed. 346; Trollope & Colls Ltd v. North West Metropolitan Regional Hospital Board [1973] 1 W.L.R 601 (HL); Percy Bilton Ltd v. Greater London Council [1982] 1 W.L.R 794 (HL); sowie auch die südafrikanischen Entscheidungen, in denen die englische Haltung gewürdigt wurde: Hansen and Schrader v. Deare (1883) 3 EDC 36; Barker v. Townsend (1903) 24 NLR 145, erwähnenswert ferner Kelly and Hingle's Trustees v. Union Government 1928 TPD 272.

659 Zur Funktion von Ausschlussfristen siehe Bailey, Concurrency, Causation, Commonsense and Compensation (Part 2), ICLR 2010, 197, 205.

660 EIC-Kommentar zum Red Book, 2002, 15.

661 Hadley v. Baxendale (1854) 9 Ex. 341.

251 Der Anspruch auf „*Liquidated Damages*“ deckt allerdings die Schäden aus der gesamten Zeit zwischen dem vertraglich vereinbarten Fertigstellungstag (der anhand der vereinbarten Bauzeit zu berechnen ist) und dem Tag der Ausstellung der Abnahmebescheinigung (Taking-Over Certificate) und er besteht verschuldensunabhängig[662]. Er kann nur in der Bauphase verhindert werden, in dem jeweils rechtzeitig Behinderungsanzeigen gefertigt werden. Das Vertragswerk selbst spricht von der Anzeige von Ansprüchen auf Bauzeitverlängerung. Unter deutschem Recht ist Unterklausel 8.7 FIDIC 1999 daher problematisch[663]. Allerdings sollte bedacht werden, dass das FIDIC-Vertragswerk ein sehr komplexes, aber durchaus gerechtes System regelt, das trotz einer verschuldensunabhängigen Haftung für Bauzeitüberschreitung letztlich eine Haftung für die Zeiträume ausschließt, in denen der Unternehmer durch den Besteller behindert wurde. Allerdings muss der Unternehmer seinerseits aktiv werden, um die Haftung zu vermeiden (vgl. Unterklauseln 8.4 und 20.1). Damit begründen die Regelungen zu Bauzeitverlängerung eine *win-win* Situation[664]. Der Unternehmer haftet nicht für unverschuldete Verspätung, während der Besteller uneingeschränkt und ohne Beweisprobleme Schadensersatz fordern kann, wenn der Unternehmer die vereinbarte Bauzeit überschreitet.

252 Verwirkte Ansprüche auf Delay Damages muss der Ingenieur im Rahmen der Zahlungsfreigaben (vgl. Unterklausel 14.6 FIDIC 1999) von den geltend gemachten Werklohnansprüchen abziehen. Voraussetzung ist, dass der Besteller einen Claim nach Unterklausel 2.5 angemeldet hat. Delay Damages dürfen nicht gesondert und willkürlich von den von dem Ingenieur in den Zahlungsbescheinigungen festgestellten Summen abgezogen werden[665].

253 In vielen Rechtssystemen (z.B. im englischen[666] und im irischen[667]) muss der Betrag des im Voraus vertragsmäßig festgelegten Schadensersatzes (*Liquidated damages*) eine angemessene Schätzung des wahrscheinlichen Verlustes des Bestellers im Falle des verspäteten Fertigstellung widerspiegeln. Anderenfalls kann der Einwand erhoben werden, es handele sich um eine (unzulässige) Vertragsstrafe mit Sicherungscharakter (*Penalty*)[668]. Wird die vereinbarte Auftragssumme als Summe von einzelnen Zahlen in mehreren Währungen angegeben, kann es sinnvoll sein, den Schadensersatz (pro Tag) als prozentualen Abzug, der auf jede der Zahlen Anwendung findet, festzulegen[669]. Wird die vereinbarte Auftragssumme in inländischer Währung angegeben, kann der Schadensersatz entweder als Quote oder als Zahl in inländischer Währung festgelegt werden.

254 Nach deutschem Recht sind Klauseln, wonach der Verzug mit der Fertigstellung pauschalisierte Zahlungsansprüche auslöst, Vertragsstrafevereinbarungen[670]. Der BGH hat herausgestellt, dass Klauseln über pauschalisierten Verzögerungsersatz nicht darauf hinauslaufen dürfen, den Unternehmergewinn binnen weniger Tage aufzuzehren[671]. Maximale Obergrenze sind 5 % der Vertragssumme. Auch nach deutschem Recht scheint daher eine Orientierung am tatsächlichen Schaden sinnvoll, um unverhältnis-

---

662 Vgl. Mallmann, Bau- und Anlagenverträge, München 2000, 246.
663 Vgl. vom 23.01.2003, VII ZR 210/01.
664 Steria Ltd v. Sigma Wireless Communications Ltd [2007] EWHC 3454 (TCC) (15 November 2007).
665 Booen, ICLR 2000, 24, 37.
666 Law v. Redditch Local Board [1892] 1 Q.B. 127.
667 Toomey v. Murphy [1897] 2 I.R. 601.
668 Delmon/Scriven ICLR 2001, 240, 254.
669 Vgl. Guidance zu den Besonderen Vertragsbedingungen im Red Book.
670 BGH ZIP 2003, 908 = IBR 2003, 291.
671 BGH ZIP 2003, 908 = IBR 2003, 291; BGH ZfBR 2002, 471.

mäßig hohe Ansprüche auszuschließen[672]. Vertragsstrafeklauseln sollten sich mithin an den Finanzierungskosten des Auftraggebers orientieren. Bei einem Bau- und Finanzierungsvolumen von 10.000.000 EUR beliefe sich die maximal zulässige Vertragsstrafe auf 500.000,– EUR. Betrüge die Zinslast für die Baukosten 7 % p.a. ergäbe sich für jeden Tag des Verzuges mit der Fertigstellung eine Belastung von ca. 2.000,– EUR. Auf diese Weise könnten ca. 250 Verzugstage refinanziert werden bis 5 % der Bausumme erreicht sind. Ob man allerdings die Verpflichtungen aus Unterklausel 8.7 FIDIC 1999 grundsätzlich und diskussionslos als Vertragsstrafevereinbarung einordnen sollte, muss bezweifelt werden. Der angelsächsische Ursprung der Klausel, ihre Einbettung in das System von Bauzeitverlängerung[673], ihr haftungsbegrenzender Ansatz[674] und die Zielsetzung einer möglichst klaren Risikobeschreibung und -verteilung sprechen gegen die Vertragsstrafelösung. Insbesondere will FIDIC belastbare Kalkulationsgrundlagen schaffen. Nimmt man der Liquidated Damages Klausel ihren haftungsbegrenzenden Charakter, in dem man sie als Vertragsstrafevereinbarung versteht, entfällt die belastbare Kalkulationsgrundlage.

bb. Andere Fälle. Für andere Fälle als für Bauzeitverzögerungen sehen die FIDIC-Bedingungen keine Liquidated Damages vor. Sie können aber z.B. für die Nichterreichung von Leistungsdaten vereinbart werden. Eine entsprechende Klausel in einem FIDIC-Vertrag könnte lauten: 255

If the Contractor fails to comply with the Performance Guarantees[675] *the Contractor shall subject to Sub-Clause 2.5 pay Performance Liquidated Damages*[676] *to the Employer for this default. These Performance Liquidated Damages shall be the sum stated in the Appendix to Tender. With respect to those Performance Guarantees for which Performance Liquidated Damages are provided, the payment by Contractor to Employer of such Performance Liquidated Damages shall be Employer's sole and exclusive remedy in full and final satisfaction of Contractor's liability for performance shortfall.*

c. Schadensersatz. Das FIDIC-Vertragswerk enthält keine abschließende Regelung zur Nicht- oder Schlechterfüllung des Vertrages. Lediglich die Schadensersatzfrage wird näher geregelt (vgl. Unterklauseln 1.1.4.3 und 17.6). Die sogenannten *consequential losses* werden ausgeschlossen[677]. Die Schadensersatzhaftung ist mangels anderweitiger Vereinbarung auf den Vertragspreis beschränkt. Ansprüche auf Mangelbeseitigung setzt FIDIC nicht voraus, denn specificperformance kann nach angelsächsichem Recht nur ganz ausnahmsweise zugesprochen werden. Zudem ist das Thema sehr komplex, weil Rechtsinstitute wie **Hardship** und **Force Majeure** das Thema beeinflussen. Die FIDIC-Bedingungen beschäftigen sich vornehmlich mit der Frage des Verzuges mit der Baufertigstellung und Qualitätsmängeln. Wegen der unvollkommenen Regelungsdichte ist in Bezug auf Voraussetzungen und vor allem die Folgen von Schadensersatzansprüchen auf die jeweils anwendbare nationale Rechtsordnung abzustellen. Hat der FIDIC-Vertrag Auslandsbezüge, besteht ein rechtliches Risiko hinsichtlich der Vorhersehbarkeit von Schadensersatzansprüchen, sei es wegen der Eventualität von Schadensersatzansprüchen aufgrund von Unkenntnis des anwendbaren Rechts oder der Anwendbarkeit 256

[672] Zu dieser Zielsetzung im irischen Recht vgl. Clark, Contract Law in Ireland, 489.
[673] Siehe dazu Steria Ltd v. Sigma Wireless Communications Ltd [2007] EWHC 3454 (TCC) (15 November 2007).
[674] Siehe dazu Beckhaus v. Brewarrina No 2 [2004] NSWSC 1160 (7 December 2004).
[675] Die Verwendung von Großbuchstaben impliziert, dass der Begriff definiert wurde.
[676] Die Verwendung von Großbuchstaben impliziert, dass der Begriff definiert wurde.
[677] Siehe dazu die englische Entscheidung Hadley v. Baxendale (1854) 9 Ex. 341.

eines unanwendbar geglaubten Rechts[678]. Bei Verträgen mit staatlichen Organisationen oder dem Staat selbst, die oftmals dem Recht des kontrahierenden Staates unterworfen werden, kommt das Risiko hinzu, dass der Staat nicht gehindert werden kann, die anwendbaren Regeln zu seinen Gunsten zu verändern[679]. Diesen Problemen wird mit Stabilisierungsklauseln begegnet, die weithin als wirksam angesehen werden[680].

4. Mängelgewährleistung

Schrifttum

Hillig, Die Mängelhaftung des Bauuntenehmers im deutschen und englischen Recht, Frankfurt 2010 (Diss.); Uff, Standard Contract Terms and Common Law, (1993) 9 Const. L.J. 108; Lloyd/Wightman, Introduction, ICLR 1999, 1 ff.; Wallace, Letter to the editors, ICLR 1999, 312 ff.

257 Der Unternehmer muss seine Arbeit gemäß den vertraglichen Vereinbarungen und den Anordnungen des Ingenieurs planen, ausführen und vervollständigen und soll alle Mängel des Werkes beseitigen (Unterklausel 4.1 FIDIC 1999). Diese Verpflichtung zur mangelfreien Herstellung besteht in allen Rechtsordnungen[681], nur wird sie unterschiedlich durchgesetzt. Während in den angelsächsischen Rechtsordnungen Ansprüche auf Mangelbeseitigung als Teil der vertraglichen Haftung nur ausnahmsweise, nämlich dann, wenn Wiedergutmachung in Geld ausnahmsweise kein geeigneter Rechtsbehelf ist, gewährt werden kann[682], sehen die Civil Law Rechtsordnungen üblicherweise einen klagbaren Anspruch auf Mangelbeseitigung vor. Nach FIDIC verpflichtet sich daher der Unternehmer vertraglich, Mängel zu beseitigen. Mangelbeseitigung ist eine vertragliche Primärpflicht, die über die gesamte Defects Notification Period hinweg geschuldet wird. Erst nach Ablauf der Defects Notification Period, kommt das gesetzliche Mängelgewährleistungsrecht zum Tragen. In einigen Rechtsordnungen kann die Gewährleistungshaftung auch gegenüber dem Erwerber des Werkes entstehen. In Frankreich etwa wird die „Décennale“ als gesetzlicher Schutz betrachtet, der der Immobilie anhaftet und mithin dem Eigentum an der Immobilie folgt[683]. In England besteht eine widersprüchliche Rechtsprechung des (früheren) House of Lords zur Frage der deliktischen Haftung des Unternehmers gegenüber dem Erwerber. Die Entscheidung Murphy v. Brentwood D.C.[684] hat die in der Entscheidung Anns v. Merton[685] aufgestellten Grundsätze zur Haftung des Unternehmers gegenüber dem Erwerber des Werkes für falsch erklärt[686].

258 **a. Mangel.** FIDIC definiert keinen Mangelbegriff. Der Ausgangspunkt für Mangelgewährleistungsansprüche ist das nicht vertragsgerechte Werk. Was vertragsgerecht ist, muss ggf. durch Auslegung ermittelt werden. Hat der Unternehmer keine Planungsleistungen übernommen, haftet er nur für die handwerkliche Ausführung, das von ihm gelieferte Material und fehlerhafte Anlagen sowie andere Obliegenheiten. Nur insoweit kann man von einer Erfolgshaftung sprechen. Hat der Unternehmer dagegen auch Planungsleistungen übernommen, erweitert sich seine Haftung auch auf die Planung.

678 Chaillé de Néré, Les difficultés d’exécution du contrat en droit international privé, Rn. 38.
679 Chaillé de Néré, Les difficultés d’exécution du contrat en droit international privé, Rn. 103.
680 Chaillé de Néré, Les difficultés d’exécution du contrat en droit international privé, Rn. 104.
681 Glavinis, Le contrat international de construction, Rn. 294.
682 Wolf v. Anderson, 334 N.W.2d 212 (N.D. 1983).
683 Glavinis, Le contrat international de construction, Rn. 296.
684 [1990] 2 All ER 908.
685 [1978] AC 728.
686 Vgl. zu den Grundsätzen und der Kritik Murdoch/Hughes, Construction Contracts, 312 ff.; siehe auch Glavinis, Le contrat international de construction, Rn. 296.

Die Frage ist dann, ob ein planerischer Erfolg geschuldet wird oder lediglich eine sorgfältige Planung.

In der Praxis wird z.B. zwischen Verträgen „clé en mains" (schlüsselfertig) und Verträgen „produits en main" (produktfertig) unterschieden[687]. Gegenüber dem „contrat clé en mains" erwartet der Besteller aus einem Vertrag „produits en main" ein Mehr, nämlich ggf. eine Verpflichtung zur Unterweisung und Schulung des Personals des Bestellers und eine technische Unterstützung bei der Inbetriebnahme der Anlage[688]. Die Verpflichtung des Unternehmers ist dann erst erfüllt, wenn das Werk gemäß den vertraglichen Garantien und Vereinbarungen funktioniert[689]. 259

aa. FIDIC Red Book. Arbeiten, die nach Maßgabe des **Red Book** ausgeführt werden, müssen in Übereinstimmung mit dem Vertrag (in accordance with the contract) erbracht werden. Gegenüber der Vorauflage des Red Book wurde der Zusatz *„with due care and diligence"* gestrichen. Mallmann[690] folgert aus den FIDIC-Bedingungen 1999, dass der Unternehmer verschuldensunabhängig für die Mangelfreiheit einzustehen habe. Seine Entlassung aus der Haftung komme nur in den vertraglich vorgesehenen Fällen in Betracht[691]. Diese vertragsautonom hergeleitete Aussage ist m.E. irreführend, denn die Voraussetzungen der Mangelhaftung ergeben sich nicht nur aus dem Vertrag, sondern ergänzend auch aus dem zugrunde liegenden Vertragsrecht. Die rechtsvergleichend ermittelten Unterschiede sind beträchtlich. Während das englische Recht die mangelhafte Ausführung als *„breach of contract"* bewertet und hieran unmittelbar (und verschuldensunabhängig) Rechtsfolgen knüpft, wird im allgemeinen französischen und belgischen Recht grundsätzlich ein Verschulden gefordert, damit Ansprüche aus fehlerhafter Leistung erwachsen[692]. Zudem muss nach Common Law unterstellt werden, dass der Unternehmer implizit ein Werk *fit for the purpose* schuldet. In Frankreich und Belgien kommt es sodann maßgeblich darauf an, ob der Schuldner zu einer „obligation de moyen" (Art. 1137 Code Civil (F/B)) oder einer „obligation de résultat" (Art. 1147 Code Civil (F/B)) verpflichtet ist. Etwas anderes gilt lediglich für die sog. Décennale (Art. 1792, 2270 Code Civil (F/B)[693]), die allerdings einen eingeschränkten Anwendungsbereich hat. In Deutschland wiederum hat der Unternehmer verschuldensunabhängig für die Mangelfreiheit einzustehen. Das Red Book 1999 definiert also lediglich, dass mangelhaft ist, was nicht vertragsgerecht ist, schafft jedoch kein eigenes Haftungssystem. Es gilt das Vertragsstatut mit den vertraglichen Maßgaben. Übernimmt der Unternehmer im Red Book Planungsaufgaben, gilt allerdings ausdrücklich der Standard *„fit for purpose"*. Der Grund für diese ausdrückliche Regelung liegt im angelsächsischen Recht (siehe unten). 260

bb. Silver Book und Yellow Book. Die Arbeiten nach dem Yellow Book und dem Silver Book müssen dagegen nicht nur vertragskonform sondern ausdrücklich auch *„fit for purpose"* sein (Unterklausel 4.1). Gemeint ist, dass das Werk *„fit"* für die im Vertrag 261

---

687 Boon/Goffin, Les contrats clé en mains, Rn. 31.

688 Boon/Goffin, Les contrats clé en mains, Rn. 31.

689 Boon/Goffin, Les contrats clé en mains, Rn. 31.

690 Mallmann, Bau- und Anlagenbauverträge, 248.

691 Mallmann, Bau- und Anlagenbauverträge, 248.

692 Liège, 25.06.1996, Entr. & dr. 1997, 222; Anvers, 06.02.1999, Entr. & dr. 1999, 250; Cass, 02.10.1992, Entr. & dr. 1997, 163.

693 Das französische Recht wurde gegenüber der Vorauflage reformiert. Es gelten jetzt die Art. 1792 ff. in der Fassung des Gesetzes Nr. 2008-561 v. 17.6.2008. Die zehnjährige Frist ist in Art. 1792-4-2 geregelt.

genannten Zwecke ist[694]. Die Klausel macht nach Auffassung der FIDIC besondere Spezifizierungen im Grunde entbehrlich. Als Beispiel wird genannt, dass es nicht erforderlich sei, in den Spezifikationen zu erwähnen, dass das Dach „resistent gegen die lokalen Wetterbedingungen sein muss“[695]. Fitness of purpose wird unabhängig von dem Maß der Geschicklichkeit (*skill*), der Sorgfalt (*care*) und der Gewissenhaftigkeit (*Diligence*), die von den Planern des Unternehmers erwartet wird, und unabhängig von der Wahrscheinlichkeit, dass unabhängige Planer möglicherweise nicht in der Lage sind, mehr als den Grad der üblichen beruflichen Geschicklichkeit (*skill*), Sorgfalt (*care*) und Gewissenhaftigkeit (*Diligence*) zu versichern, beurteilt.

262 Es wird aus der Formulierung „*fit for purpose*“ gefolgert, darin sei ein strengerer Maßstab als der der Erfolgshaftung enthalten[696]. Der Grund dafür liege darin, dass nicht nur die Erstellung des Werkes sondern die Tauglichkeit für den bestimmungsgemäßen Gebrauch geschuldet werde. Dies wiederum bedeute nach englischem Recht eine strikte Erfolgshaftung. Dagegen ist zunächst einzuwenden, dass zwar der Inhalt des englischen Rechts zutreffend wiedergegeben wird, doch dass die Folgerung allenfalls dann richtig ist, wenn dem Vertrag englisches Recht zugrunde liegt. Liegt dem Vertrag eine andere Rechtsordnung zugrunde, ist die Schlussfolgerung nicht mehr zwingend. Die Frage nach dem Standard ist neu zu stellen. Im Übrigen ist die Tauglichkeit für den bestimmungsgemäßen Gebrauch auch ein Erfolg, so dass Schlussfolgerungen aus dem unterschiedlichen Sprachgebrauch nicht zielführend sind. Richtig ist, dass gegenüber der vollständigen Herstellung des Werkes und seiner Gebrauchstauglichkeit ein erheblicher Unterschied bestehen kann. Aber auch hierauf kommt es nicht an.

263 Was mit Unterklausel 4.1 wirklich gemeint ist, erschließt sich allerdings aus dem englischen Recht. Es geht um die Risikoabgrenzung für die Planungsaufgaben. Grundsätzlich haftet der „professional“ (lediglich) für „*reasonable skill and care*“[697]. Seine Haftung für „*fitness of purpose*“ besteht daher – mangels anders lautender vertraglicher Regelungen – nur, wenn ihm ein Verschulden zur Last fällt[698]. Es besteht deshalb in englischen Bauverträgen mit Planungsanteil die Tendenz, die Haftung des Unternehmers in Bezug auf **Planungsverpflichtungen** auf die eines „*professional*“ zu begrenzen[699]. Aus den Hinweisen im FIDIC Contracts Guide wird deutlich, dass diese Haftungsreduzierung gerade nicht zum Tragen kommen soll. Der Unternehmer soll auch hinsichtlich der Planungsaufgaben möglichst verschuldensunabhängig (für „*fit for purpose*“) haften. Hinsichtlich der Bauverpflichtung haftet er (aus englischer Sicht) ohnehin bereits verschuldensunabhängig[700]. Es wird ersichtlich, dass der Begriff der Tauglichkeit für den bestimmungsgemäßen Gebrauch jeweils nur verständlich wird, wenn man ihn in das zugrunde liegende Recht und das dort zu findende Haftungssystem einbettet.

264 Ob nun die Haftung **verschuldensunabhängig** besteht oder nicht, ist allein Frage des **Vertragsstatuts**. Verpflichtet sich z.B. der belgische Unternehmer hinsichtlich der Planung nur zu einer „obligation de moyen“, besteht keine Erfolgshaftung[701]. Davon unabhängig kann er aber für die Konstruktion im Rahmen der *décennale* quasi verschuldens-

---

694 FIDIC Contracts Guide, 96.
695 FIDIC Contracts Guide, 96.
696 Mallmann, Bau- und Anlagenbauverträge, 248.
697 Uff, Construction Law, 263.
698 Pickavance, Delay and Disruption in Construction Contracts, Rn. 2.47.
699 Uff (1993) 9 Const. L.J. 108.
700 Vgl. Uff, Construction law, 277.
701 Vgl. dazu Boon/Goffin, Les contrats clé en mains, Rn. 40.

unabhängig in Anspruch genommen werden[702]. Nach deutschem Recht bestünde dagegen für die Mangelfreiheit eine erfolgsorientierte und verschuldensunabhängige Haftung[703]. Verstünde man unter Unterklausel 4.1 eine Garantie, wäre eine Haftungsbegrenzung sogar unzulässig (§ 639 BGB). Im Ergebnis bestehen daher gegen die Formulierung „fit for purposes" aus deutscher Sicht keine Bedenken[704]. Ob damit aus deutscher Sicht bereits eine an den Projektzielen oder -daten orientierte Erfolgshaftung verbunden ist, muss im Einzelfall aufgeklärt werden. Durch die Vereinbarung globalfunktionaler Leistungsziele wird die Erfolgsbezogenheit und der werkvertragliche Charakter der Vereinbarung hervorgehoben[705]. Unter Berücksichtigung des englischen Sprachgebrauches und des sich dort eingebürgten erfolgsorientierten Verständnisses einer Klausel „*fit for purpose*" sollte unter dem deutschen Recht von einer strengen werkvertraglichen Haftung ausgegangen werden, die die Einhaltung und Erreichung der vorgegebenen Ziele einschließt.

b. Nachbesserung. Mit Beginn der Defects Notification Period ist der Unternehmer vertraglich verpflichtet, die festgestellten und auftretenden Mängel zu beseitigen (Unterklausel 11.1). Auch obliegt ihm die Fehlersuche (siehe Unterklausel 11.8). Die Fehlersuche und Mangelbeseitigung geschieht grundsätzlich auf Kosten und Risiko des Unternehmers (Unterklausel 11.2). Stellt sich jedoch heraus, dass ein Mangel beseitigt werden musste, den der Unternehmer nicht verursacht hat, hat dieser Anspruch auf zusätzliche Vergütung (Unterklausel 11.2). Wie weit die Mangelbeseitigungspflicht geht, hängt von den Umständen ab. FIDIC selbst wird mit der Aussage zitiert, dass die Pflicht zur Neuherstellung nur in außergewöhnlichen Fällen besteht[706]. Leider wird Klausel 11 nicht selten missverstanden. Die Regelung schafft einen eigenständigen vertraglichen Rechtsbehelf, der zusätzlich zur gesetzlichen Mängelgewährleistung zur Verfügung steht[707], die allerdings erst nach Erteilung des Performance Certificate (vgl. Unterklausel 11.9) zum Tragen kommt. Klausel 11 FIDIC begründet also zusätzliche Rechtsbehelfe, die die Haftung des Unternehmers erweitert, anstatt sie zu beschränken[708]. Keinesfalls sollte Klausel 11 in der Weise verstanden werden als ersetze sie die ohnehin vorhandene, wenn auch erst nach Erteilung des Performance Certificate einschlägige gesetzliche Mängelgewährleistung oder -haftung. 265

c. Verletzung der Mängelbeseitigungspflicht. Versäumt es der Unternehmer in der Defects Notification Period Mängel zu beseitigen, finden sich die Rechtsfolgen in Unterklausel 11.4. Die Klausel enthält Handhabungsmodelle für den Fall nicht vertragsgerechter Mangelbeseitigung, lässt aber offen, welche weitergehenden Ansprüche der Besteller geltend machen kann. 266

[702] Vgl. auch Seppala ICLR 2000, 207 zur französischen décennale.
[703] Michaelis de Vasconcellos NZBau 2000, 361; ders. NZBau 2003, 121.
[704] Vgl. auch Mallmann, Bau- und Anlagenbauverträge, 250.
[705] Eschenbruch, Recht der Projektsteuerung, Rn. 382.
[706] Vgl. Glavinis, Le contrat international de construction, Rn. 295.
[707] So ausdrücklich Burton-Dixie Corporation v. Timothy McCarthy Construction Company, 436 F2d 405 (United States Court of Appeals, 5th Cir.); a.A. allerdings Philco Corporation v. „Automatic" Sprinkler Corporation of America, 337 F2d 405.
[708] So Pearce & High Ltd v. Baxter & Anor [1999] EWCA Civ 789 (15 February 1999); Hancock v. B.W. Brazier (Anerley) Limited [1966] 2 All E.R. 901 durch Lord Denning M.R. auf Seite 904F-I; Adams v. Richardson and Starling Limited (1969) 2 All E.R. 1221: zusätzliches Recht ohne Ausschluss allgemeiner Rechtsbehelfe; siehe zur englischen und schottischen Diskussion fener P. & M. Kaye Limited v. Hosier & Dickinson [1972] 1 W.L.R. 146 durch LJ Diplock; Johnston v. WH Brown Construction (Dundee) Ltd [2000] ScotCS 94 (4 April 2000) sowie Jaeger/Hök, FIDIC for Practitioners, 307 ff.

Unterklausel 11.4 regelt die Folgen der Verletzung der Mangelbeseitigungspflicht. Stellt der Unternehmer die ihm angezeigten Mängel nicht innerhalb einer angemessenen Frist ab, so kann ihm der Besteller eine weitere Nachfrist setzen, die dem Unternehmer innerhalb angemessener Zeit mitzuteilen ist. Bleibt auch diese Aufforderung fruchtlos und waren die Arbeiten auf seine Kosten auszuführen, kann der Besteller nach seiner Wahl geltend machen:

- die Arbeiten auf Kosten des Unternehmers selbst durchzuführen oder durch andere ausführen zu lassen. Der Unternehmer ist für diese Arbeiten dann jedoch nicht verantwortlich. Die dem Besteller durch die Mängelbeseitigung entstehenden angemessenen Kosten hat ihm der Unternehmer gemäß Unterpunkt 2.5 *[Ansprüche des Bestellers]* zu ersetzen; oder
- den Ingenieur darum zu ersuchen, gemäß Unterpunkt 3.5 [Entscheidungen] einen Betrag zu bestimmen oder festzulegen, um den der Vertragspreis zu mindern ist; oder
- vom Vertrag insgesamt Abstand zu nehmen, wenn der Mangel so schwerwiegend ist, dass das Werk oder ein Hauptteil des Werkes wertlos ist, da es nicht bestimmungsgemäß verwendet werden kann. In diesem Fall kann er, ohne dass davon weitergehende Ansprüche berührt werden, sämtliche bereits an den Unternehmer gezahlten Beträge, Finanzierungskosten sowie die Kosten für die Beseitigung und Rücksendung der Baumaterialien und Anlagenteile ersetzt verlangen.

267 FIDIC warnt den Besteller davor, die Ersatzvornahme zu betreiben, bevor nicht die Voraussetzungen der Unterklausel 11.4 vorliegen[709], schränkt die Warnung aber unter Hinweis auf einige nationale Rechtsordnungen ein, die die Ersatzvornahme erlauben, wenn demonstrative Gründe dafür vorliegen, dass der Besteller glauben darf, der Unternehmer werde die Mangelbeseitigung ohne die notwendige Sorgfalt vornehmen[710].

Die Rechtsfolgen mangelhafter Leistung sind also nicht zwangsläufig vorgegeben. Im schlimmsten Fall für den Unternehmer verliert er den Auftrag und muss unbeschadet eventuell weitergehender Ansprüche alle Leistungen, die er bereits empfangen hat, zurückgeben (vgl. auch Unterklausel 15.2). Da diese Folge drakonisch ist[711], setzt sie voraus, dass das Werk nutzlos ist bzw. dem Besteller der Nutzen des Werkes entzogen wird (*deprives the employer of the whole benefit of the works*). Es muss nicht das gesamte Werk betroffen sein. Es reicht auch, dass nur ein Teil des Werkes derart mangelbehaftet ist. Unterklausel 11.4 spricht insoweit von dem „major part“, ohne allerdings Kriterien für die Inhaltsbestimmung vorzusehen. Der Besteller sollte sorgsam prüfen, ob er das Risiko dieser Klausel übernehmen will[712].

268 Im Übrigen sieht Unterklausel 11.4 entweder die Minderung des Werklohnes (lit. b) oder Ersatzvornahme auf Kosten des Unternehmers (lit. a) vor. Unberührt bleiben weitergehende Schadensersatzansprüche (without prejudice to any other rights). Unterklausel 11.4 (lit. c) nennt insoweit ausdrücklich vertragliche und Ansprüche anderer Art (*under the contract or otherwise*). Mallmann[713] folgert hieraus, dass insbesondere Schadensersatzansprüche wegen positiver Vertragsverletzung und „breach of contract“ in Betracht kommen. Die Wortwahl von Mallmann belegt, dass er insofern keine FIDIC-Regelungen meint, sondern solche, die sich aus dem zugrunde liegenden Vertragsrecht

---

709 FIDIC Contracts Guide, 196.
710 FIDIC Contracts Guide, 196.
711 Kennedy, ICLR 2000, 504, 523 spricht von „punitive sanctions“.
712 Vgl. Kennedy, ICLR 2000, 504, 523.
713 Mallmann, Bau- und Anlagenbauverträge, 256.

(Vertragsstatut) ergeben. Das gesamte Arsenal der Möglichkeiten erschließt sich daher nur durch das **Vertragsstatut**.

Damit ist belegt, dass die FIDIC-Bedingungen im Bereich des Mangelgewährleistungsrechts kein geschlossenes System schaffen. FIDIC schafft über Unterklausel 11.1 FIDIC 1999 einen eigenständigen Erfüllungsanspruch auf Mangelbeseitigung[714] (siehe auch unten), der nicht davon abhängig ist, ob der Unternehmer den Mangel zu vertreten hat. Wird der Unternehmer vertragsbrüchig, sind die Rechtsfolgen partiell in Unterklausel 11.4 FIDIC 1999 geregelt. Die Rechtsfolgen sind ausfüllungsbedürftig, etwa im Hinblick auf den Schadensersatz. Hinzu tritt die eigentliche Gewährleistungshaftung nach dem Vertragsstatut. Hierauf beruhende Ansprüche sind im FIDIC-Vertragswerk nicht geregelt. Insoweit ist zu beachten, dass die Trennung zwischen Mangelgewährleistung und allgemeinem Leistungsstörungsrecht eine mehr oder weniger deutsche Eigenheit ist, die allerdings mit der Schuldrechtsreform ihre Bedeutung weitgehend verloren hat. Viel weiter verbreitet ist der einheitliche Begriff der Leistungsstörung bzw. der Nichterfüllung. Das gilt für England, Frankreich, Belgien, die Niederlande und die nordischen Länder[715]. Nicht ungefährlich sind Versuche von Auftraggebern, sich die Vorteile der Klausel 11 zu Nutze zu machen, etwa indem sie sich die Beweislast für die Mängelfreiheit zu Nutze machen, obwohl sie die Gewährleistung regeln wollen. Nach deutschem Recht verstößt eine solche Handhabung gegen das Leitbild des Gesetzgebers. Viel sinnvoller ist es, das Vertragswerk zu belassen wie es ist und darauf zu achten, dass der Unternehmer möglichst sämtliche Mängel innerhalb der Defects Notification Period abarbeitet. Damit möglichst viele Mängel rechtzeitig festgestellt werden (können), ist es sinnvoll, die Regeln zu den Tests sinnvoll zu spezifizieren.

d. Verjährung. Das FIDIC-Gewährleistungssystem stellt ein Implantat dar. Die Gewäh- **269**
rung eines Nachbesserungsrechtes ist dem Common Law nicht eigentümlich. In der Praxis hat es sich aber als pragmatisch und sinnvoll erwiesen, an die Baufertigstellung eine Phase anzuschließen, innerhalb derer Mängel abgestellt werden (können und sollen). Englische Musterverträge (JCT 1998/2005, Klausel 17, IFC 1998 Klausel 2.10 und ICE 7 Klausel 49) sehen daher durchweg eine solche oder vergleichbare Defects Liabilty Period vor[716], ohne damit die nachvertragliche Hafung für Mängel auszuschließen oder zu ersetzen. Vielmehr erweitert Klausel 11 den vertraglichen Erfüllungsanspruch explizit um die Komponente Mängelbeseitigung. Der Unternehmer soll nicht nur das Werk herstellen sondern für eine begrenzte Zeit auch dafür einstehen, dass jegliche Mängel beseitigt werden, gleich wem sie zuzurechnen sind. Eigentlich geht Unterklausel 11.1 FIDIC 1999 sogar noch einen Schritt weiter und unterstellt, dass das Vertragswerk den Zustand des Werkes nach Ablauf der Defects Notification Period vorgeben kann.

Die Defects Liability Period (Defects Notification Period) stellt eine Mängelanzeige- **270**
frist dar. Mängel, die innerhalb der vertraglich vereinbarten (oder gemäß Unterklausel 11.3 FIDIC1999 verlängerten) Periode angezeigt werden, sind aufgrund vertraglicher Vereinbarung zu beheben[717]. Damit regelt das FIDIC-Regime nicht die Verjährung der gesetzlichen Mangelgewährleistung[718]. Sie besteht über die Erteilung des Performance

---

[714] Zum ähnlichen Anspruch nach JCT 2005 siehe Hillig, Die Mängelhaftung des Bauunternehmers im deutschen und englischen Recht, 289 ff.

[715] Vgl. Rouhette, Principes du droit européen du contrat, Art. 8:101 Note 1.

[716] Vgl. dazu Murdoch/Hughes, Construction Contracts, 184 ff: Hillig, Die Mängelhaftung des Bauunternehmers im deutschen und englischem Recht, 289 ff.

[717] Zu Parallelen im deutschen Recht vgl. Mallmann, Bau- und Anlagenbauverträge, 252.

[718] Mallmann, Bau- und Anlagenbauverträge, 263.

Certificate hinaus (Unterklausel 11.10 FIDIC 1999) bzw. sie beginnt überhaupt erst mit der Erteilung des Performance Certificate zu laufen. Die Verjährungsfristen ergeben sich aus dem jeweiligen Vertragsstatut[719]. Sie können in bestimmten Fällen nicht vertraglich verändert werden. Dies betrifft die reinen Baumaßnahmen und unter Umständen auch die Ausrüstung, vor allem im französischen Recht (décennale)[720]. Auch präkludiert Klausel 11 im Falle der Fristüberschreitung keine anderen Rechte als die, die in Klausel 11 geregelt sind.

271 Streit kann um die Frage auftreten, ab wann die gesetzliche Mängelgewährleistungsfrist zu laufen beginnt. Das FIDIC-System, in dem zwischen Taking-Over Certificate und Performance Certificate unterschieden wird, hält zwei Anknüpfungspunkte bereit. Aus dem Umstand heraus, dass Unterklausel 11.10 die Mängelhaftung für die Zeit nach der Erteilung des „Performance Certificate“ ausdrücklich aufrecht erhält, muss gefolgert werden, dass die gesetzliche **Mängelgewährleistungsfrist** erst mit Erteilung des Performance Certificate zu laufen beginnt und dass die vertragliche Regelung zur Mangelbeseitigung eine zusätzliche und vorgeschaltete Phase darstellt. Hieran kann die Bedeutung des „Taking-Over Certificate“ nichts ändern. Letztlich muss in jedem Einzelfall nach Maßgabe der Kriterien des anwendbaren Rechts der Beginn der Verjährung ermittel werden. Dabei sollte man sich möglichst eng an den Vertragswortlaut halten, der in Unterklausel 11.9 FIDIC deutlich hervorhebt, dass nur die Erteilung des Performance Certificate als Billigung des Werkes (also als Abnahme) anzusehen ist. Ergänzend dürfte es sinnvoll sein, die besondere Beweislastregel in Klausel 11 sowie die Gefahrtragung für das Werk im Falle von Nachbesserungsarbeiten zu berücksichtigen. Generelle Aussagen sind eher problematisch als hilfreich. Eine ergänzende Klausel in einem FIDIC-Vertrag könnte lauten:

The parties agree that any action in relation to an alleged breach of this Contract shall be commenced within [...] year of the date of the Performance Certificate, without regard to the date the breach is discovered. Any action not brought within that [...] year time period shall be barred, without regard to any other limitations period set forth by law or statute.

272 **5. Kündigung.** Freibleibende, im Ermessen der Vertragsparteien liegende einseitige Kündigungsrechte sind nicht in allen Rechtsordnungen fest verankert (siehe oben). Wo dies geschehen ist, lauern oftmals recht eigenwillige und weit reichende Rechtsfolgen auf denjenigen, der die Kündigung ausspricht (vgl. Art. 1794 Code Civil (F) und (B)). Auch im Common Law folgt aus der einseitigen Kündigung des Bestellers der Anspruch auf Zahlung des entgangenen Gewinns[721]. Letztlich wird eine solche Kündigung als schwerer Fall der Vertragsverletzung verstanden, der die Vertragsaufhebung rechtfertigt (Repudiation). Allerdings kann der Anspruch auf Schadensersatz im Common Law vollständig abbedungen werden, was durchaus üblich ist[722].

Die alten FIDIC-Bedingungen 1987 enthalten kein im Ermessen des Bestellers liegendes einseitiges Kündigungsrecht. Die Weltbank hat allerdings seit geraumer Zeit auf Aufnahme eines solchen Kündigungsrechts gedrungen[723], so dass es in den FIDIC-Bedingungen 1999 inzwischen enthalten ist (vgl. Unterklausel 15.5 FIDIC 1999); im

---

719 FIDIC Contracts Guide, 203.
720 Glavinis, Le contrat international de construction, Rn. 296.
721 Cheshire/Fifoot & Furmston's, Law of Contract, 612.
722 Cheshire/Fifoot & Furmston's, Law of Contract, 612.
723 Vgl. Bunni, The FIDIC Form of Contract, 2. Auflage, 472.

Übrigen auch in den Orgalime Turnkey-Bedingungen. Allerdings ist bei der Ausübung des Kündigungsrechts Umsicht angesagt, weil die Folgen einer einseitigen (ungerechtfertigten) Kündigung in dem zugrunde liegenden nationalen Recht sehr eingehend geregelt sein können. FIDIC regelt zwar die Rechtsfolgen einer Termination by convenience. Doch lässt FIDIC offen, ob die Regelung abschließend ist. Im Zweifel wird davon auszugehen sein, dass die Abbedingung nationalen Rechts (einer Civil Law Rechtsordnung), soweit überhaupt möglich und/oder zulässig, einer ausdrücklichen vertraglichen Regelung bedarf.

FIDIC-Verträge regeln darüberhinaus die begründete auftraggeber- und auftragnehmerseitige Kündigung in den Klauseln 15 und 16. Vertragliche Kündigungsgründe sind die Insolvenz eines Vertragspartners, dessen Zahlungsunfähigkeit oder Schlechtleistung. Das Kündigungsrecht des Auftragnehmers ist in Unterklausel 16.2 zu finden. Besondere Beachtung verdient Unterklausel 2.4, denn über Unterklausel 16.2 kann der Unternehmer auch dann kündigen, wenn es der Besteller versäumt, den geforderten angemessenen Nachweis über seine finanziellen Vorkehrungen zu führen[724]. Was als angemessener Nachweis hinreichender finanzieller Vorkehrungen anzusehen ist, mag Diskussionen auslösen. Gefordert wird der Nachweis, dass der Besteller alle Schritte unternommen hat, die ihn in die Lage versetzen, über die erforderlichen finanziellen Mittel auch tatsächlich zu verfügen. Genau hierin liegt oftmals das Problem, denn es existieren z.B. Parlamentsvorbehalte oder es sind Genehmigungen des Finanzministeriums beizubringen. Die theoretische Verfügbarkeit von Mitteln ist keine ausreichende Vorkehrung. Gefordert wird, dass die Mittel praktisch und tatsächlich jederzeit zur Zahlung angewiesen werden können.

Hauptproblem der vorzeitigen Kündigung des Bauvertrages ist die Feststellung der bis zur Kündigung fertig gestellten Teilleistung. Nach Unterklausel 15.3 FIDIC 1999 ist der Engineer gehalten, die Leistung festzustellen, wenn der Besteller das Vertragsverhältnis vorzeitig und begründet kündigt. Im Aufmaß- und Einheitspreisvertrag (FIDIC Red Book 1999) müssen die Leistungen anhand der Bill of Quantity bewertet werden. Das stößt auf Schwierigkeiten, weil häufig nur teilfertige Leistungen vorgefunden werden. Die Einheitspreise knüpfen aber üblicherweise an vollständig erbrachte Leistungen an. Hinzu kommt, dass die Einheitspreise grundsätzlich auch solche Leistungen abdecken, für die keine ausdrückliche Einheitspreisposition vereinbart wurde, wie z.B. für die Ablieferung von Bestandszeichnungen, die Durchführung von Tests oder die Wiederherstellung von Grundstücksoberflächen, etc. In solchen Situationen muss der Engineer die existierenden Einheitspreise aufbrechen und für die fehlenden Teilleistungen Abschläge vornehmen. Qualitätsmängel müssen ebenfalls in die Bewertung einfließen.

[724] High Court of Justice Trinidad und Tobago, Urt. v. 14.11.2008 – CV 2007-0224, IBR 2009, 506 – Hök.

Kapitel 5
Vergaberecht der Weltbank

§ 19 Vergabeverfahren

Schrifttum

Bell, Will the Silver Book become the World Bank's New Gold Standard? The Interrelationship between the World Bank's Infrastructure Procurement Policies and FIDIC's Construction Contracts, ICLR 2004, 164; Bunni, The FIDIC Form of Contract, 3. Auflage, London 2005; Hök, Internationales Vergaberecht der Weltbank für Bau und Anlagenbau auf der Grundlage von FIDIC und ENAA-Musterverträgen, ZfBR 2004, 731; Hök, Zum Vergabeverfahren im Lichte des Internationalen Privatrechts, ZfBR 2010, 440

Inhaltsübersicht

I. Einleitung

1 Während das „Internationale" Vertragsrecht aufgrund von Vorarbeiten auf wissenschaftlicher und praktischer Ebene[1] eine zunehmende rechtliche Verdichtung erfahren hat, sind die Vergabeverfahren weniger untersucht und vereinheitlicht. Auf europäischer Ebene schaffen die Europäischen Vergaberichtlinien Rechtsharmonie und einen Rahmen für die Ausschreibung von Aufträgen[2]. Als wesentliche Elemente sind die europaweite Bekanntmachungspflicht, die Vereinheitlichung der Vergabeverfahren und das Diskriminierungsverbot zu nennen. Außerhalb der Europäischen Union allerdings gibt es keine Autorität für den Erlass von Vergabevorschriften. Unmittelbaren Einfluss auf die Vergabe haben lediglich die finanzierenden Banken. Vor allem die Weltbankgruppe (International Bank for Reconstruction and Development (IBRD oder BIRD), Association Internationale de Développement (IDA), International Finance Corporation, Multlateral Investment Guarantee Agengy, International Centre for Settlement and Investment Disputes[3]), die Europäische Investmentbank (EIB), die Europäische Bank für Wiederaufbau und Entwicklung (EBRD) und die Kreditanstalt für Wiederaufbau (KfW), aber auch die Inter-American Development Bank und die Japan Bank for International Cooperation (JBIC) haben sich insoweit hervorgetan. Daneben existieren z.B. Ausschreibungsbedingungen der FIDIC[4].

2 Die Weltbankgruppe[5], die JBIC[6] und die KfW[7] geben umfangreiche Richtlinien für die Vergabe von Aufträgen heraus, die von ihnen finanziert werden[8]. Die Vergaberichtlinien

---

1 Vgl. Fontaine/Dely, Droit des contrats internationaux, 2. Auflage, Brüssel 2003; Lando-Kommission, Principles of European Contract Law; Unidroit Principles; CSIG etc.

2 Vgl. § 2 47 ff.

3 Vgl. Bell ICLR 2004, 164, 165.

4 Fédération Internationale des Ingénieurs-Conseils mit Sitz in Genf.

5 http://www.worldbank.org.

6 http://www.jbic.go.jp.

7 Die KfW empfiehlt grundsätzlich FIDIC-Bedingungen (vgl. http://www.kfw-entwicklungsbank.de/DE/Service/OnlineBibl48/Vergabe_D.pdf). Auch die GIZ verwendet FIDIC.

8 Vgl. zu anderen finanzierenden Einrichtungen die Linkliste bei http://www.constructionweblinks.com/Industry_Topics/Legal_and_Contracts/Standard_Forms_and_Contracts__/Government_Agencies__Standard_/government_agencies__standard_.html.

der Weltbank finden auf alle Arten von Aufträgen, Lieferungen und Leistungen Anwendung. Die Weltbank hat ergänzend Standard Bidding Documents (SBD's) veröffentlicht, und zwar jeweils getrennt für „Works" und „Supply and Installation of Plant and Equipment"[9]. Allein das von der Weltbank zur Verfügung gestellte Finanzvolumen ist beträchtlich und steigt kontinuierlich an. 1978 betrug das eingesetzte Finanzvolumen der Weltbank 8,8 Milliarden USD in 46 Ländern. 1987 betrug es bereits knapp 26 Milliarden USD. 1990 lag es bei ca. 29 Milliarden USD[10]. Zwischenzeitlich stabilisierte sich das Finanzvolumen nach einem erheblichen Rückgang bei ca. 22 Milliarden USD jährlich, stieg Ende der 90iger Jahre wieder auf fast 29 Milliarden USD, halbierte sich im Jahre 2000 auf ca. 15 Milliarden, um sodann wieder etwas anzusteigen. Im Jahr 2003 betrug es 18,5 Milliarden USD[11]. Ca. 30 % dieses jährlichen Finanzvolumens entfällt auf Bauvorhaben. Die Verteilung wird über ca. 40.000 Verträge pro Jahr gesteuert[12]. Die Kenntnis der Weltbank-Bedingungen ist im internationalen Geschäft also die Voraussetzung für die Beteiligung an namhaften Ausschreibungen vor allem im Bereich von Infrastrukturmaßnahmen. Die beteiligten Finanzierungsinstitute sind satzungsgemäß gehalten, die Einhaltung der Ausschreibungsbedingungen und der mit ihnen vorgegebenen Abwicklungsmodalitäten peinlich genau zu überwachen. Für interessierte Unternehmen folgt hieraus, dass der Verhandlungsspielraum bei der Vergabe von Projekten, die von der Weltbank (oder vergleichbaren Instituten) finanziert werden, gering ist[13], zumal z.B. die Weltbank eine Reihe von Vergabebedingungen für zwingend erachtet[14].

Die Weltbank beruft sich darauf, dass nach ihrer Erfahrung die Erreichung ihrer Ziele (die Finanzierung von Projekten ausschließlich aufgrund wirtschaftlicher Erwägungen) am besten dadurch sichergestellt wird, dass Aufträge in einem offenen Bieterverfahren vergeben werden (Erwägungsgrund 1.3 der Weltbank-Vergaberichtlinien-nachstehend: Vergaberichtlinien).

Rechtsschutz gegen diskriminierende Vergabepraktiken kann im Grundsatz immer nur der Staat gewähren, von dem aus das Bietungsverfahren betrieben wird (vgl. § 18 VergabeVO).

II. Stand der Vergabebedingungen

3 Die Vergabebedingungen der Weltbank für Bauaufträge (Standard Bidding Documents for Works) datieren aus dem Jahre 2005 und wurden seither mehrfach modifiziert. Die in den Standard Bidding Documents for Works enthaltenen FIDIC-Vertragsbedingungen weisen gegenüber dem Original 1999 folgende Änderungen auf. Die letzten Versionen wurden im Juni 2010[15] bzw. August 2010 veröffentlicht und betreffen vor allem folgende Aspekte:

- Ergänzung von Unterklausel 1.2 zum Zwecke der Definition von Gewinn = 5 %
- Klauseln betreffend Ownership of Plant and Materials

---

9 Diese Differenzierung übersieht Mallmann, Bau- und Anlagenbauverträge nach dem FIDIC-Standard, Diss. 2002, 9.

10 Bell ICLR 2004, 164, 165.

11 Vgl. The World Bank Annual Report 2003, 35.

12 Bunni, The FIDIC Form of Contract, 2. Auflage, 466.

13 So auch Mallmann, Bau- und Anlagenbauverträge nach dem FIDIC-Standard, Diss. 2002, 10.

14 Z.B. Klauseln bezüglich der direkten Anrufung des DAB bei Verträgen mit einem Wert von mehr als 50 Mio USD, Force-Majeure-Klauseln, Wechselkursrisikoklauseln (vgl. die COPA).

15 Es existieren verschiedene Versionen der sogenannten harmonised version. Zunächst kam die Version Mai 2005 auf den Markt. Es folgte die Version März 2006. FIDIC hat im Juni 2010 eine überarbeitete Version veröffentlicht. Daneben existieren die eigentlichen SBDW 2010 (Stand August 2010), die leicht variierende Bedingungen enthalten.

- Klarstellung in Unterklausel 1.13 zur Frage, wer die Baugenehmigung beibringen muss (Besteller)
- Auferlegung einer Frist zur Anzeige von Ansprüchen auf den Besteller in Unterklausel 2.5
- Einführung einer pay-when-paid Klausel für benannte Nachunternehmer
- Regelung einer Frist für Engineer's Determinations in Unterklausel 3.5
- Klauseln betreffend das Commencement Date: Der Baubeginn wird vom Vorliegen besondere Bedingungen abhängig gemacht
- Klauseln, die den Umfang der Einwände gegen Variation Orders erweitern
- Klauseln, die die Rückzahlungsmodalitäten für das Advanced Payment modifizieren (ab 30 % des Accepted Contract Amount)
- Klauseln, die die Klage vor dem DAB erleichtern, wenn der Engineer untätig bleibt
- Entgangener Gewinn im Falle einer Termination by Convenience durch Änderung der Verweise
- 1.1.6.10: Notice of Dissatisfaction (nicht enthalten in den SBDW, nur in der harmonised version FIDIC Juni 2010)
- 1.12: Confidential details
- 6.20, 6.21: Zwangsarbeit und Kinderarbeit
- 15.6: Korruption
- 20.5: Regelung, wonach die unzufriedene Partei auf jeden Fall in das Schiedsgerichtsverfahren übergehen soll (should move to commence arbitration)
- 20.6: FIDIC MDB harmonised version (Juni 2010) verweist auf ICC als 3. Option, während die SBDW nur noch auf UNCITRAL verweisen

Die Vergabebedingungen für Anlagen und Ausrüstung (SBD for Supply and Installation of plant and equipment) datiert aus dem Jahr 1997 mit Änderungen vom März 2002 und März 2003.

III. Überblick über die Vergabebedingungen

1. Vergabebedingungen für Bauarbeiten (Bidding Conditions for Works). Die aktuellen Vergabebedingungen für Bauarbeiten (Works) haben übersichtsartig folgenden Inhalt[16]: 4

Contents

[16] Vgl. auch Mallmann, Bau- und Anlagenbauverträge nach dem FIDIC-Standard, Diss. 2002, 9 f.

5 Die „Standard Bidding Documents for Works" (SBDW) basieren gegenwärtig auf dem FIDIC Red Book 1999 (früher auf Teil I der 4. Auflage des FIDIC Red Book) Fassung 1987, nachgedruckt 1992 mit Ergänzungen[17]. In der Neufassung der Standard Bidding Documents 2004 hatte die Weltbank die neue Ausgabe der FIDIC-Bedingungen (1999) noch ignoriert[18]. Im Mai 2005 stellte die Weltbank sodann auf das FIDIC Red Book 1999 um. Die letzte Fassung der harmonisierten FIDIC-Bedingungen stammt aus dem Juni 2010 bzw. August 2010. Die SBDW sind zwingend einzusetzen, wenn das Bauvolumen mehr als 10 Mio USD beträgt. Die SBDW enthalten zunächst ein Formular für die Aufforderung zur Abgabe eines Angebots, sodann Informationen für den Bieter (ITB). Part I Section II enthält das Bid Data Sheet (BDS). Part I Section III enthält die Bewertungs- und Qualifikationskriterien. In Part I Section IV finden sich die Bidding Forms. Part II regelt die Works Requirements. Part III Section VII enthält die eigentlichen Allgemeinen Vertragsbedingungen in Form der FIDIC Conditions of Contract, Ausgabe 1999. Die FIDIC Allgemeinen Bedingungen sollen aus Sicht der Weltbank vollständig im Vertrag wiedergegeben werden, um ihre Lesbarkeit und Auslegung durch die Bieter zu ermöglichen. Part III Section VIII enthält Besondere Vertragsbedingungen (COPA), mit denen die FIDIC-Konditionen teilweise abgeändert werden. Zunächst findet man die Contract Data (Teil A). Dieses Dokument ersetzt den aus den FIDIC-Dokumenten bekannten Appendix to Tender. Sodann folgen die eigentlichen Particular Conditions (Teil B). In den SBDW heißt es ausdrücklich, dass die Allgemeinen Vertragsbedingungen nicht modifiziert werden sollen. Möglich sind projektspezifische Anpassungen und solche, die rechtlich geboten sind. Die frühere Herangehensweise, wonach die Weltbank in Bezug auf bestimmte Klauseln Änderungen untersagte, wurde aufgegeben. In den alten SBDW waren lediglich einige der Klauseln in den COPA zwingend. Solche Klauseln waren entsprechend (M=mandatory) gekennzeichnet. Optionale Klauseln trugen den Vermerk (O=optional), empfohlene Klauseln den Vermerk (R=recommended). Nach den SBDW 2006 sind ergänzend die Anlagen aus Section IX beizufügen.

Folgende Klauseln waren bis zur Veröffentlichung der SBDW 2005 zwingend[19]:

- 1.1 (a) Definitions: Bank
- 1.1 (a) (i) Definitions: Employer
- 1.1 (a) (iv) Definitions: Engineer
- 5.1 (a) Language and Law: Language
- 5.1 (b) Language and Law: Law
- 5.2 Priority of Contract Documents
- 10.1 Performance Security
- 10.2 Validity of Performance Security
- 10.4 Cost of Performance Security
- 14.1 Program to be submitted
- 14.3 Cash flow Estimate to be submitted
- 20.4 Employer's Risk
- 21.1 Insurance of Works and Contractor's Equipment
- 21.2 Scope of Cover
- 21.4 Scope of Cover

---

17 Vgl. auch Utz (1996) 44 Australian Construction Law Newsletter 22, 23.

18 Das Red Book 1987 wird deshalb in § 20 gesondert erläutert und in § 44 auszugsweise übersetzt abgedruckt.

19 Bunni, The FIDIC Form of Contract, 2. Auflage, 469.

- 25.1 Evidenace of terms of Insurance
- 25.5 Source of Insurance
- 52.1 Valuation of Variations
- 52.2 Power of Engineer to fix Rates
- 52.3 Variations exceeding 15 per cent
- 55.2 Contractor's Equipment, Temporary Works, and Materials
- 65.2 Special Risks
- 67.1 Engineer's Decision
- 68.2 Notice to Employer
- 70.8 Subsequent Legislation
- 72.2 Currency proportions
- 72.4 Substantial Changes in Currency Requirements
- 73.1 Foreign taxation
- 76.1 Restrictions on Eligibility
- 77.1 Joint and Several Liability

Gestützt auf die SBDW sollen die Ausschreibungsunterlagen übersichtsartig folgende Informationen enthalten (vgl. Section IV Bidding Forms): 6

- Ankündigung des Bietungsverfahrens
- Hinweise für die Bieter
- Angebotsmuster
- Vertragsmuster
- Allgemeine Vertragsbedingungen (FIDIC Red Book 1999)
- Contract Data
- Besondere Vertragsbedingungen (COPA)
- Lieferliste oder Massenbeschreibung
- Lieferfristen bzw. Herstellungsfristen
- Spezifizierungen und Pläne
- Notwendige Anhänge (z.B. beizubringende Garantien)

Die Ausschreibungsunterlagen sollen die Art des Auftrages angeben und die Vertragsbedingungen enthalten. Es kommen Pauschalpreisverträge, Einheitspreisverträge oder Verträge nach Aufwand vor. Die Weltbank akzeptiert allerdings Aufträge, die nach Aufwand abgerechnet werden, nur in Ausnahmefällen. Üblicherweise werden die technischen Ausführungsunterlagen mit der Ausschreibung überreicht. Bei komplexen Aufträgen, bei denen die Konzeption und Planung mit vergeben werden, kann eine zweistufige Ausschreibung in Betracht kommen, bei der zunächst ein Ideen- und Konzeptionswettbewerb vorgeschaltet wird. Die Bank kümmert sich selbst um die Veröffentlichung der Ausschreibung in „Development Business", einem Organ der Vereinten Nationen und sie drängt darauf, dass der Auftrag zudem national im Staat des Darlehensnehmers ausgeschrieben wird, etwa durch eine Veröffentlichung im dortigen Gesetzblatt.

In der Regel schreiben die Vergaberichtlinien der Weltbank die Durchführung einer offenen Ausschreibung vor. Entsprechendes gilt für die Vergabebedingungen der KfW und der Inter-American Development Bank sowie der Japan Bank for International Cooperation.

Die Angebotsunterlagen sollen enthalten: Letter of Bid, Appendix to Bid, Bill of Quantities, Technical Proposal, Personnel, Form of Bid Security. Das von der Weltbank verwendete FIDIC-Vertragsmuster ist das Red Book 1999. Allerdings hat die Weltbank auf der Grundlage einer FIDIC-Lizenz verschiedentlich Änderungen vorgenommen, und zwar direkt in den Allgemeinen Vertragsbedingungen. Diese Änderungen haben gelegentlich nur klarstellenden Charakter, wie z.B. in Unterklausel 1.13, wo klarstellend aufgenommen wurde, dass der Besteller auch für die Beibringung der Baugenehmigung (Construction Permit) verantwortlich ist. An einigen Stellen finden sich aber auch substantielle Änderungen, wie z.B. in Unterklausel 12.3, wo die Weltbank Einheitspreisanpassungen erheblich erschwert hat, oder in Klausel 3, was die Stellung des Engineer angeht. Der Besteller muss nach Unterklausel 2.5 seinerseits Claims binnen 28 Tagen anmelden, ohne dass allerdings ausdrücklich eine Sanktion an eventuelles Fehlverhalten geknüpft worden wäre. Die Verweisungen in Unterklausel 20.1 und 3.5 passen zudem nicht mehr.

7 **2. Vergabebedingungen für Anlagen und Ausrüstung (Bidding Conditions for supply and installation of plant and equipment).** Die Vergabebedingungen für Anlagen und Ausrüstung haben folgenden Inhalt:

OPTION A: SINGLE STAGE BIDDING
Section I. Invitation for Bids
Section II. Instructions to Bidders
Section III. Bid Data Sheet
OPTION B: TWO STAGE BIDDING
Section I. Invitation for Bids
Section II. Instructions to Bidders
Section III. Bid Data Sheet
Section IV. General Conditions of Contract
Section V. Special Conditions of Contract
Section VI. Technical Specifications and Drawings
Section VII. Sample Forms and Procedures
1. Bid Forms and Price Schedules
2.1 Form of Bid Security (Bank Guarantee)
2.2 Form of Bid Security (Bid Bond)
3. Form of Contract Agreement
4. Performance Security Forms
5. Bank Guarantee Form for Advance Payment
6. Form of Completion Certificate
7. Form of Operational Acceptance Certificate
8. Change Order Procedures
Section VIII. Eligibility for the Provision of Goods, Works and Services in Bank-Financed Procurement

Im Gegensatz zu den Vergabebedingungen für Bauarbeiten rekurriert die Weltbank bei Anlagen und Ausrüstung in ihren „General Conditions of Contract“ auf das Muster für „International Contract for Process Plant Construction“, das von den Engineering Advancement Association of Japan (ENAA) veröffentlicht wurde. Dieses Muster hat weite Verbreitung gefunden[20]. Die Weltbank empfiehlt ihre, auf der Grundlage der ENAA entwickelten Bedingungen, ohne Änderungen zu übernehmen, weil sie ihren Bedürfnissen voll entsprechen (SBD, IV).

In den Allgemeinen Vertragsbedingungen der ENAA ist kein Ingenieur vorgesehenen wie dies etwa im FIDIC Yellow Book der Fall ist. Stattdessen werden dieselben Aufgaben durch einen „Project Manager“ und einen „Adjudicator“ wahrgenommen.

[20] Bell ICLR 2004, 164, 168.

IV. Ausschreibungsunterlagen für Bauarbeiten (SBDW's)

Hier werden beispielhaft nur die Vergabebedingungen der Weltbank für Bauleistungen (SBDW) erläuternd zusammengefasst. Im Übrigen ist auf die Informationen der Weltbank zu verweisen. Wiedergegeben werden die Ausschreibungsbedingungen mit dem Stand 2010. 8

In den Bietungshinweisen sollen klare Angaben zu den Auswahlkriterien gemacht werden. Die Darlehensnehmer sollen die Ausschreibungsunterlagen verwenden, die die Weltbank als Muster vorgibt. Die Bieter sollen Angebote abgeben, die für eine ausreichende Zeit bindend sind (Ausschreibungsrichtlinien Rn. 2.13). Die Bindefrist soll in den Ausschreibungsunterlagen angegeben sein. Um unseriöse Angebote weitgehend auszuschließen, sollen die Bieter ggf. angehalten werden, Bietungsgarantien beizubringen. Die Bietungsgarantie soll für einen Zeitraum von vier Wochen über die Angebotsbindefrist hinaus wirksam sein. Die Höhe der Bietungsgarantie soll angemessen sein, damit die potentiellen Bieter nicht entmutigt werden. Die Ausschreibungsbedingungen sollen in Englisch, Französisch oder Spanisch gehalten sein und angeben, welche sprachliche Version verbindlich ist (Rn. 2.15 Ausschreibungsrichtlinien). Der Darlehensnehmer kann Angebote aus seinem Heimatland in seiner Heimatsprache zulassen.

Die Ausschreibungsunterlagen sollen so abgefasst sein, dass sie einen internationalen Wettbewerb erlauben und zulassen (Rn. 2.16 Ausschreibungsrichtlinien). Die Unterlagen sollen klar und präzise die auszuführenden Angaben beschreiben, die zu liefernden Gegenständen benennen, die Lieferungs- und Herstellungsfristen und die technischen Normen angeben, die Instandhaltungsbedingungen und technischen Garantien bezeichnen sowie alle anderen erforderlichen Bedingungen und Modalitäten angeben. Die Bedingungen sollen ferner präzisieren, wie und auf welche Weise geprüft werden soll, ob die Lieferungen und Leistungen vertragskonform sind und welche technischen Normen und Methoden diesbezüglich angewendet werden. Die Pläne sollen mit den Spezifikationen übereinstimmen. Die Bedingungen sollen zudem aussagen, ob im Konfliktfall die Pläne oder die Spezifikationen Vorrang haben. 9

Die Vertragsunterlagen sollen klar den Arbeitsumfang (*scope of works*) vorgeben und die zu liefernden Waren und Güter beschreiben. Die vertraglichen Verpflichtungen des Auftraggebers, des Unternehmers und des Ingenieurs müssen klar definiert sein. Anzugeben sind auch die Aufgabenstellung und die Rolle der Baubeteiligten (Architekt, Ingenieur, Construction Manager, etc.). Das Vertragswerk soll eine **ausgewogene Risikoverteilung** vornehmen (Rn. 2.38 Ausschreibungsrichtlinien).

Die Ausschreibungsunterlagen sollen angeben, welche Kriterien neben dem Preis für die Bewertung der Angebote herangezogen werden. Allen Kandidaten sollen dieselben Informationen zur Verfügung stehen (Rn. 2.18 Ausschreibungsrichtlinien).

Die in den Ausschreibungsunterlagen benannten technischen Normen und Spezifikationen sollen den größtmöglichen Wettbewerb zulassen (Rn. 2.19 Ausschreibungsrichtlinien).

Bei der Ausschreibung von Baumaßnahmen werden die Bieter ersucht, Einheitspreise oder Pauschalpreise einschließlich Steuern und Abgaben abzugeben (Rn. 2.23 Ausschreibungsrichtlinien). Auch sind Hinweise darauf zu fordern, ob es sich um unveränderliche oder veränderliche Preise handelt. Die Ausschreibungsunterlagen sollen angeben, ob die Angebote auf der Grundlage endgültiger oder revisibler Preise abgegeben werden sollen (Rn. 2.24 Ausschreibungsrichtlinien). Die Ausschreibungsunterlagen sollen ferner Angaben zur Angebots- und Zahlungswährung enthalten (Rn. 2.28 Ausschreibungsrichtlinien). Im Rahmen des Auswahlverfahrens werden die angebotenen Preise in eine

Währung konvertiert (Rn. 2.31 Ausschreibungsrichtlinien). Die Umrechnung soll nach offiziellen Verkaufkursen erfolgen. Die Zahlungsbedingungen sollen den international üblichen Standards entsprechen.

10 Der Auftraggeber wird angehalten, von den Bietern eine Vertragserfüllungssicherheit zu erfordern (Rn. 2.39 Ausschreibungsrichtlinien, ITB 37). Die Standard Bidding Documents for Works (SBDW) enthalten Musterformulare für eine Bankgarantie und einen Bond. Der Betrag der Sicherheit soll den Besteller hinreichend dagegen absichern, dass der Bieter seine Verpflichtungen nicht erfüllt. Bei einer (echten) Zahlungsgarantie werden 5 bis 10 % und bei einem Bond 30 % des Vertragspreises als Sicherheit gefordert (Anmerkungen zu ITB 37 in den Bidding Data SBDW). Die Garantie kann von einer Bank oder einer Versicherungsgesellschaft gestellt werden. Ein Teil der Erfüllungsgarantie soll als Gewährleistungsgarantie bis zum Ablauf der Garantie- und Gewährleistungsfristen erhalten bleiben. Anstelle der Gewährleistungsgarantie kann ein Sicherheitseinbehalt vereinbart werden.

11 Die Weltbank schreibt vor, dass die Vertragsbedingungen Liquidated Damages oder vergleichbare Regelungen enthalten müssen, die den Besteller für den Fall des Verzuges des Unternehmers mit der Herstellung oder der Mangelbeseitigung gegen zusätzliche Kosten absichert (Rn. 2.41 Ausschreibungsrichtlinien).

12 Auch sollen die Vertragsbedingungen zwingend eine Regelung enthalten, der zufolge die Nichterfüllung der Vertragspflichten nicht als Vertragsbruch gilt, wenn sie auf höhere Gewalt (Force Majeure) zurückzuführen ist, wobei die Fälle der höheren Gewalt vertraglich definiert werden sollen (Rn. 2.42 Ausschreibungsrichtlinien)[21]. FIDIC hat darauf in seiner neuen Serie 1999 reagiert und entsprechende Regelungen vorgesehen, die insbesondere dem Verwender des Silver Book etwas zu weitgehend erscheinen könnten[22].

13 Es soll vertraglich vorgesehen werden, dass der Besteller den Vertrag nach seinem Belieben („his convenience") kündigen kann. Die Weltbank erachtet es für sinnvoll, dass der Besteller den Auftrag im öffentlichen Interesse kündigen kann, ohne dass diese Kündigung als Vertragsverletzung angesehen wird[23]. Die FIDIC hat hierauf in der 1999 Auflage reagiert und in allen drei Büchern ein einseitiges Kündigungsrecht eingeführt[24].

14 Dem Unternehmer soll bei Verträgen mit einer Laufzeit von mehr als 18 Monaten das Recht vorbehalten sein, die Anpassung des Vertragspreises zu verlangen, wenn sich die Kosten für Arbeit und Material verändern (Rn. 2.24 Ausschreibungsrichtlinien). Unterklausel 13.8 FIDIC Red Book 1999 sieht eine solche Anpassungsmöglichkeit vor. Zuvor waren entsprechende Regelungen in den Klauseln 70.1 bis 70.7 der Besonderen Vertragsbedingungen (COPA SBDW 2004) enthalten.

15 Die Vertragsbedingungen sollen zudem angeben, welches Recht auf Streitigkeiten anzuwenden ist (Rn. 2.43 Ausschreibungsrichtlinien). Die Weltbank regt ferner an, Streitigkeiten vor einem Schiedsgericht auszutragen, wobei die Weltbank weder als Schiedsrichter benannt werden darf noch dafür in Betracht kommt, die Schiedsrichter zu benennen. Das empfohlene Standardvertragswerk sieht Dispute Boards als Regellösung für die Streitentscheidung vor[25].

---

21 Vgl. auch Bell ICLR 2004, 164, 177.

22 Vgl. Bell ICLR 2004, 164, 178.

23 Anmerkung zu Unterklausel 69.1 d, SBDW (2004), 215.

24 Bell ICLR 2004, 164, 180.

25 Vgl. auch Bell ICLR 2004, 164, 176; Mallmann, Bau- und Anlagenbauverträge nach dem FIDIC-Standard, Diss. 2002, 10.

V. Auswahlverfahren

16 Die Ausschreibungsfrist soll in Abhängigkeit von der Größe und Komplexität des Vorhabens nicht weniger als 6 Wochen betragen, um den Bietern ausreichend Gelegenheit zu geben sich zu informieren und ein Angebot abzugeben (Rn. 2.44 der Ausschreibungsrichtlinien). Bei großen Vorhaben soll nicht weniger als 12 Wochen Zeit gegeben werden. Der Tag der Angebotsöffnung soll kurzfristig nach Ablaufen der Bietungsfrist anberaumt und bereits in der Ausschreibungsankündigung benannt werden. Der Ausschreibende soll alle Angebote am angekündigten Tag und Ort öffnen. Die Öffnung soll öffentlich sein, damit alle Bieter anwesend sein können. Die Namen der Bieter und der Angebotspreis sollen laut verlesen und in das Öffnungsprotokoll eingetragen werden. Das Protokoll soll unverzüglich an die Weltbank gesendet werden. Angebote, die nicht rechtzeitig eingegangen sind und solche die nicht geöffnet und laut verlesen wurden, sollen zurückgewiesen werden (Rn. 2.45 der Ausschreibungsrichtlinien).

17 Lediglich in den besonders genannten Ausnahmefällen dürfen die Bieter eingeladen und ermächtigt werden, ihr Angebot nach Ablauf der Bietungsfrist zu modifizieren (Rn. 2.46 Ausschreibungsrichtlinien).

Nach der Öffnung der Angebote ist das Verfahren vertraulich (Rn. 2.47 Ausschreibungsrichtlinien). Der Ausschreibende soll sich davon überzeugen, dass (1) die Angebote den Anforderungen der Rn. 1.6 Ausschreibungsrichtlinien genügen (Ausschluss von Bietern aus Ländern, die nicht Mitglied der Weltbank sind), dass sie (2) ordentlich unterschrieben sind, dass ihnen (3) die geforderten Garantien beiliegen, dass sie (4) im Grundsatz den Ausschreibungsbedingungen genügen und dass sie (5) annehmbar sind (Rn. 2.48 Ausschreibungsrichtlinien).

18 Die Bewertung der Angebote soll ermöglichen, dass die Kosten eines jeden Angebotes miteinander verglichen werden. Unter Vorbehalt der Regelungen in Rn. 2.58 der Ausschreibungsrichtlinien soll das Angebot den Zuschlag erhalten, das als das günstigste bewertet wird. Dies muss nicht notwendigerweise das Angebot mit dem niedrigsten Preis sein (Rn. 2.49 Ausschreibungsrichtlinien). Angebote aus dem Heimatstaat des Darlehensnehmers können unter den Bedingungen des Darlehensvertrages bevorzugt berücksichtigt werden (Rn. 2.55 Ausschreibungsrichtlinien).

Die Auswertung soll abgeschlossen sein, bevor die Bindefrist der Angebote abläuft. In Einzelfällen ist es möglich, eine Verlängerung der Bindefrist zu erwirken (Rn. 2.57 Ausschreibungsrichtlinien). In der Praxis kommt es vor, dass versteckte Verhandlungsverfahren eingeleitet werden. Da das Nachbessern von Angeboten trotz Verlängerung der Bindefrist nicht möglich ist, sollten Unternehmer nur sehr zurückhaltend von der Möglichkeit Gebrauch machen, der Verlängerung der Bindefrist zuzustimmen. Nur in den seltensten Fällen dürften tatsächlich Gründe vorliegen, die eine Verlängerung der Bindefrist rechtfertigen.

Am Ende des Auswahlverfahrens soll geprüft werden, ob der günstigste Anbieter die Kapazität hat, den Auftrag auszuführen. Die Prüfungskriterien sollen in den Ausschreibungsunterlagen bezeichnet sein. Genügt das Angebot diesen Kriterien nicht, soll es zurückgewiesen werden.

19 Der Zuschlag soll dem günstigsten Anbieter erteilt werden, der seine Fähigkeit zur Auftragserfüllung nachgewiesen hat und dessen Angebot den Ausschreibungsbedingungen entspricht. Die Auftragserteilung darf nicht von Zusagen abhängig gemacht werden, Leistungen auszuführen, die nicht in der Ausschreibung enthalten waren (Rn. 2.59 Ausschrei-

bungsrichtlinien). Es können auch alle Angebote zurückgewiesen werden, wenn kein wirklicher Wettbewerb vorhanden ist oder wenn die Angebote insgesamt den Anforderungen nicht genügen (Rn. 2.61 Ausschreibungsrichtlinien). Fehlender Wettbewerb soll nicht nur dann angenommen werden, wenn die Anzahl der Bieter gering ist (Rn. 2.61 Ausschreibungsrichtlinien). Diesbezügliche ergänzende Erläuterungen fehlen in den Weltbank-Richtlinien.

20 Werden die Angebote mangels fehlenden Wettbewerbs zurückgewiesen, muss die Ausschreibung breiter öffentlich bekannt gemacht werden. Erfolgt die Zurückweisung, weil die Bieter die Ausschreibungsbedingungen nicht hinreichend berücksichtigt haben, können sie aufgefordert werden, erneut Angebote abzugeben (Rn. 2.62 Ausschreibungsrichtlinien).

In Einzelfällen kann mit den niedrigsten Bieter nachverhandelt werden (Rn. 2.63 Ausschreibungsrichtlinien). Auch eine Neuausschreibung kann erfolgen. In solchen Fällen muss zuvor die Einwilligung der Weltbank beschafft werden.

VI. Entwicklung

21 Die dauerhafte Übernahme des Red Book 1987 (siehe dazu unten) und schließlich des FIDIC Red Book 1999 in die SBDW's der Weltbank stellt einen Beleg für die Ausgewogenheit und die Zuverlässigkeit der FIDIC-Bedingungen dar[26]. Eine von Bell vorgelegte Untersuchung legt dar, dass die neue Serie der FIDIC-Bedingungen weitestgehend den Anforderungen der Weltbank gerecht wird, wenngleich es nach wie vor noch geringfügige Differenzen zwischen der Weltbank-Strategie und den FIDIC-Bedingungen gibt[27]. FIDIC steht seit jeher in engem Kontakt mit der Weltbank und es scheint so auszusehen, als ob die Weltbank in Zukunft die 1999iger Auflage der FIDIC-Bedingungen auch für den Anlagenbau übernehmen wird, wenn die ENAA ihre Bedingungen nicht fortschreiben sollte. Ein weiterer Kandidat könnte nach Auffassung von Bell[28] das FIDIC-Silver Book sein, das für die Bedürfnisse von Investoren entwickelt wurde, die vor allem an Preissicherheit Interesse haben[29]. Allerdings hat die Weltbank mit der Übernahme des FIDIC Red Book 1999 ihren Regelungsbedarf ohnehin nicht vollständig befriedigt, wie die Überarbeitung des FIDIC Red Book 1999 (harmonised version) im Jahr 2010 belegt. Abzuwarten bleibt, inwieweit die Weltbank auch ein eventuelles Update der FIDIC-Vertragsbedingungen übernehmen wird. Ein solches Update ist gegenwärtig in Bearbeitung und wird sich weitgehend an den Vorgaben aus dem FIDIC Gold Book aus dem Jahre 2008 orientieren.

---

26 Bunni, The FIDIC Form of Contract, 2. Auflage, 465; vgl. auch Mallmann, Bau- und Anlagenbauverträge nach dem FIDIC-Standard, Diss. 2002, 9 f.

27 Vgl. Bell ICLR 2004, 164 ff.

28 Bell ICLR 2004, 164, 187.

29 FIDIC Contract's Guide, 7.

§ 20 FIDIC Red Book 1987

Schrifttum

Bunni, The FIDIC Form of Contract, 3. Auflage, London 2005; Glavinis, Le contrat international de construction, Paris 1993; Goedel, Die Neufassung der FIDIC-Bauvertragsbedingungen vom März 1988, 1. Teil, ZfBR 1978, 10; Goedel, Die FIDIC-Bauvertragsbedingungen im internationalen Baurecht, ZfBR 1982, 81; Hibberd/Newman, ADR and Adjudication in Construction Disputes, London 1999

Inhaltsübersicht

I. Entstehung und Herkunft

Das Red Book 1987 (4. Auflage) baut gedanklich auf den ICE-Bedingungen der vierten Auflage auf. In weiten Teilen entsprechen die FIDIC-Bedingungen 1987 wortwörtlich den ICE-Vorbildern. Als man bei FIDIC im Jahre 1957 begann, Musterbedingungen zu entwickeln, scheute man sich zunächst, wirklich neue Bedingungen zu schaffen. Stattdessen griff man auf die existierenden ICE-Bedingungen zurück und passte diese an die internationalen Bedürfnisse an[1]. Seinen britischen Ursprungscharakter hat das Red Book 1987 bis heute nicht verloren[2]. Dies zeigt sich in der herausgehobenen Stellung des Ingenieurs, der teilweise als Quasi-Schiedsrichter (siehe Klausel 67.1) fungiert, und vor allem in der Wortwahl[3]. Aus der Übernahme englischer Rechtsbegriffe in das Vertragswerk ergeben sich erhebliche Verständnisschwierigkeiten und gelegentlich, wenn das Vertragsstatut nicht englisches Recht ist, auch Unvereinbarkeiten mit dem Vertragsstatut[4]. Die älteren FIDIC-Vertragsmuster haben nach wie vor eine erhebliche Bedeutung, obwohl sie inzwischen von der **Weltbank** in den SBDW (Standard Bidding Documents Works) nicht mehr verwendet werden. Die **Europäischen Einrichtungen** nutzen die älteren Bedingungswerke für ihre Investitionsprogramme PHARE und ISPA[5]. In einigen Ländern, z.B. in Indien, Oman und Botswana und Südafrika sind die älteren FIDIC-Vertragswerke nach wie vor Vergabegrundlage für öffentliche Aufträge. In der freien Wirtschaft setzen sich dagegen weitgehend die neueren Bedingungen (1999) durch. Rechtsprechung findet sich nur selten, weil üblicherweise Schiedsgerichtsklauseln vereinbart werden. In der Türkei allerdings hat der Yargitay (Oberster Türkischer Gerichtshof) bereits mehrfach Gelegenheit gehabt, zu den FIDIC-Bedingungen 1987 1

---

1 Goedel RIW 1982, 81, 82.

2 Goedel RIW 1982, 81, 82.

3 Goedel RIW 1982, 81, 82.

4 Goedel RIW 1982, 81, 82.

5 Vgl. dazu den sehrinstruktiven Sonderbericht Nr. 5/2003 über die Finanzierung von Umweltprojekten in den Bewerberländern aus den Programmen PHARE und ISPA, zusammen mit den Antworten der Kommission, ABl Nr. C 167 v. 17.07.2003, 1–20; siehe auch § 21 22.

Stellung zu nehmen[6]. Der türkische Yargitay[7] legt die Klauseln 44, 53 und 67 FIDIC 1987 restriktiv aus. Zum Zwecke der internationalen Harmonisierung müssen nach Auffassung des Yargitay FIDIC-Verträge streng ausgelegt werden, insbesondere bei Fristverlängerungen[8].

II. Reihenfolge der Vertragsbestandteile

2 § 1 VOB/B regelt Art und Umfang der Leistung. Zugleich legt § 1 VOB/B die Rangfolge der einzelnen Vertragsbestandteile untereinander fest. Im Unterschied zur VOB/B enthalten die FIDIC-Bauvertragsbedingungen nur eine teilweise Rangfolgeregelung. Abgesehen von der Vorrangregelung, dass die *General Conditions (Part I)* und die *Conditions of Particular Application (Part II)* den Bestimmungen aller anderen Vertragsdokumente vorgehen (Klausel 5. 2), werden alle übrigen Vertragsdokumente als *mutually explantory* (sich gegenseitig erklärend) bezeichnet. Sie haben also untereinander gleichen Rang, sofern der Vertrag keine andere Regelung vorsieht.

3 Beide Klauselwerke setzen eine Rechtswahl voraus, da sie als Allgemeine Geschäftsbedingungen in einer Rechtsordnung eingebettet sein müssen. Während aber die VOB/B zur Rechtswahl schweigt, weist Klausel 5.1 FIDIC darauf hin, dass Vertragssprache und anwendbares Recht zu wählen sind. Fehlt es hieran, muss das anwendbare Recht objektiv ermittelt werden (vgl. Art. 28 EGBGB), so dass Klausel 5.1 FIDIC zunächst nur die Bedeutung eines warnenden Hinweises besitzt. Aus deutscher Sicht gibt regelmäßig das Vertragsstatut die Vertragssprache vor[9]. Die deutsche Rechtsprechung folgert, Vertragssprache sei die Sprache, in der die Verhandlungen und die Korrespondenz geführt worden seien[10]. Derjenige, der eine andere als die Vertragssprache verwendet, trifft das Risiko eines auftretenden Missverständnisses. Dies gilt insbesondere für die Verwendung Allgemeiner Geschäftsbedingungen[11].

III. Vergütung

4 Die in den FIDIC-Bauvertragsbedingungen enthaltene Vergütungsregelung unterscheidet sich grundlegend von der in § 2 VOB/B. Gem. § 2 VOB/B ist grundsätzlich zwischen Einheits- und Pauschalpreisverträgen zu unterscheiden. Ferner enthält die VOB/B Regelungen für gemischte Verträge, bei denen nur für einige Teile des Vertrages Pauschalpreise vereinbart wurden, im Übrigen aber Einheitspreise gelten.

5 Die FIDIC-Bauvertragsbedingungen (Red Book) sind im Gegensatz dazu ausschließlich auf Einheitspreisverträge zugeschnitten (siehe Klauseln 55 bis 57)[12]. Regelungen

---

6 Yargitay vom 17.09.2002 – 2002/5595 E, 2002/3931 K (15. ZS); vgl. auch Landgericht Ankara vom 20.02.2000 – 2000/798 E, 2000/780 K (zu Art. 355 ff. türk. OR und Art. 387 türk. ZPO) zu Anträgen auf Verlängerung der Bauzeit.

7 Yargitay vom 17.09.2002 – 2002/5595 E, 2002/3931 K (15. ZS); vgl. auch Landgericht Ankara vom 20.02.2000 – 2000/798 E, 2000/780 K.

8 Vgl. auch Yargitay vom 26.02.2001– 2000/4429 E, 2001/1032 K (15. ZS).

9 Sandrock/Beckmann, Handbuch der Internationalen Vertragsgestaltung, Bd. I, Kap. B Rn. 186; Müller/Hök, Einzug von Auslandsforderungen, S. 162; a.A. Schwarz, IPRax 1988, 279, 279.

10 OLG Stuttgart MDR 1964, 412, 412; OLG Düsseldorf DB 1963, 929, 929; OLG Düsseldorf DB 1973, 2390, 2390; OLG München NJW 1974, 2181, 2181; OLG Frankfurt a.M. RIW 1976, 532, 533; OLG Hamburg NJW 19080, 1232, 1233.

11 OLG Koblenz IPRspr 1974 Nr. 159; OLG Hamm NJW 1983, 523, 524; Müller/Hök, Einzug von Auslandsforderungen, S. 162.

12 Goedel RIW 1982, 81, 83.

für Pauschalpreisverträge oder gemischte Verträge sind nicht enthalten. Darüber hinaus zeigen sich wesentliche Unterschiede bei der Abrechnung von Massenmehrungen oder Massenminderungen sowie bei Änderungen des Vertrages. Während die VOB/B zwischen drei Fallgestaltungen (Massenmehrungen/Massenminderungen; Vertragsänderungen durch Änderungen des Bauentwurfes oder sonstige Anordnungen des Auftraggebers; Kürzungen bzw. Teilkündigungen des Vertrages) unterscheidet und sowohl die Voraussetzungen als auch die Rechtsfolgen jeweils unterschiedlich regelt, wird nach den FIDIC- Bauvertragsbedingungen lediglich zwischen Massenmehrung/Massenminderung und sonstigen Vertragsänderungen unterschieden. Bei Leistungsänderungen bedarf es stets einer Änderungsanordnung (*Variation Order*); anderenfalls werden diese Leistungen grundsätzlich zusätzlich nicht vergütet.

Eine Gleichbehandlung aller drei Fälle erfolgt jedoch hinsichtlich der Abrechnung. So 6
werden Massenmehrungen/Massenminderungen, Vertragsänderungen und auch Vertragskürzungen in der gleichen Weise abgerechnet. Dabei hat die Abrechnung stets nach Vertragspreisen zu erfolgen, soweit diese nach der Ansicht des Ingenieurs anwendbar sind. Es sind neue Preise zwischen dem Ingenieur und dem Unternehmer zu vereinbaren, soweit der Vertrag keine anwendbaren Preise enthält (vgl. Klausel 51 und 52 FIDIC).

Die Vereinbarung eines neuen Vertragspreises kann nach den FIDIC- Bauvertragsbe- 7
dingungen verlangt werden, wenn der Gesamtwert der Massenmehrungen oder Massenminderungen und der Vertragsänderungen um mehr als 15 % plus oder minus vom Vertragspreis abweicht (siehe Klausel 52. 3). Auch das ist ein wesentlicher Unterschied zur VOB. Während es also nach den FIDIC-Bauvertragsbedingungen einer Änderung um 15 % des Vertragspreises bedarf, wobei außer Massenmehrungen und Massenminderungen auch alle sonstigen Vertragsänderungen in Ansatz gebracht werden, gilt nach der VOB die 10 % Über- oder Unterschreitung nur bei Massenmehrungen oder Massenminderungen, wobei die Anpassung bei Über- und Unterschreitungen jeder einzelnen Position des Leistungsverzeichnisses zu erfolgen hat.

IV. Bauablauf

In den §§ 3 und 4 VOB/B sind die in der Praxis wichtigen Regelungen über die Ausfüh- 8
rungsunterlagen und die Ausführung enthalten. Weitgehend enthalten die FIDIC- Bauvertragsbedingungen der VOB/B entsprechende Regelungen, allerdings sind die FIDIC-Vertragsbedingungen weitaus ausführlicher und detaillierter. Im Gegensatz dazu werden in der VOB/B die entsprechenden Sachfragen eher generalklauselartig behandelt.

Als wesentlicher Unterschied ist hervorzuheben, dass die FIDIC-Bauvertragsbedingun- 9
gen das Vorhandensein und die Mitwirkung eines Ingenieurs im Rahmen der Bauausführung voraussetzen. Ohne seine Mitwirkung wäre das gesamte Vertragssystem undenkbar. Nach den FIDIC-Bauvertragsbedingungen wird der gesamte Bauablauf durch den Ingenieur bzw. dessen Vertreter auf der Baustelle bestimmt. Er überwacht den Bauablauf und greift in ihn auf vielfältige Weise ein. Der Unternehmer muss die Leistung vertragsgemäß und zur Zufriedenheit des Ingenieurs herstellen (vgl. Klausel 13.1). Eine der wesentlichen Aufgaben des Ingenieurs besteht in der Zertifizierung der Zahlungen (vgl. Klausel 60.2) und der Feststellung des Vertragspreises (vgl. Klausel 53.5).

V. Ausführungsfristen, Behinderung und Unterbrechung der Ausführung

10 Die in § 5 VOB/B enthaltene Regelung über die Ausführungsfristen entspricht inhaltlich weitgehend den entsprechenden Bestimmungen in den FIDIC-Bauvertragsbedingungen. Anders verhält es sich im Gegensatz dazu mit den in § 6 VOB/B über die Behinderung und Unterbrechung der Ausführung enthaltenen Regelungen. Systembedingt sieht das FIDIC-Vertragswerk Ansprüche auf Bauzeitverlängerung vor, die in einem detailliert geregelten Verfahren geltend zu machen sind. Ansprüche auf Bauzeitverlängerung sind binnen 28 Tagen nach Kenntnisnahme von den anspruchsbegründenden Umständen anzumelden und anschließend zu begründen.

11 Bemerkenswert ist, dass in den FIDIC- Bauvertragsbedingungen Streik und Aussperrung als Grund für eine Behinderung, auf Grund deren eine Verlängerung der Ausführungsfrist verlangt werden könnte, nicht ausdrücklich geregelt sind. Eine Verlängerung der Ausführungsfristen kann in diesen Fällen nur bei Annahme von „special circumstances of any kind whatsoever“ gemäß Klausel 44 verlangt werden.

12 Dagegen kann bei Vorliegen sonstiger Behinderungsfälle, also bei vom Auftraggeber zu vertretenden Umständen, in Fällen höherer Gewalt oder bei Eintreten anderer, für den Unternehmer unabwendbarer Umstände ebenfalls eine Bauzeitverlängerung verlangt werden. Hierbei hat zunächst der Ingenieur in allen Fällen über Berechtigung und Dauer der Bauzeitverlängerung zu entscheiden. Während sich insoweit also die Regelung in der VOB/B und den FIDIC-Bauvertragsbedingungen entsprechen, ergeben sich bedeutsame Unterschiede hinsichtlich der Unterbrechungsregelung.

13 Nach § 6 Nr. 5 VOB/B ist jede tatsächliche Unterbrechung ausreichend, und zwar ohne Rücksicht darauf, ob die Unterbrechung durch einen der Vertragspartner verursacht worden ist, von ihm zu vertreten ist oder auf Umstände zurückzuführen ist, auf die die Parteien keinen Einfluss hatten. Demgegenüber ist nach den FIDIC-Bauvertragsbedingungen die Einstellung der Bauarbeiten grundsätzlich nur dann möglich, wenn der Ingenieur eine entsprechende Anordnung, eine *suspension order*, erlassen hat. Die FIDIC-Bauvertragsbedingungen enthalten unmittelbar jedoch keine allgemeine Regelung für Fälle, in denen die Ausführung durch andere tatsächliche Umstände unterbrochen wird. Je nachdem, welche Gründe zur tatsächlichen Unterbrechung geführt haben, ist der Sachverhalt jeweils unter die dann im Einzelfall anwendbare Vertragsklausel zu subsumieren. Die Rechtsfolgen sind, je nach den Gründen, welche zur Unterbrechung geführt haben, unterschiedlich geregelt. Nach den Ursachen der Unterbrechung entscheidet sich, ob der Unternehmer lediglich Bauzeitverlängerung oder darüber hinaus auch Kosten- oder Schadensersatz beanspruchen kann oder aber umgekehrt dem Bauherrn gegenüber schadensersatzpflichtig ist.

14 Anders verhält es sich dagegen, wenn eine *suspension order* (Unterbrechungsanordnung) vom Ingenieur erlassen worden ist. Der Ingenieur kann stets die Unterbrechung von Arbeiten anordnen. Eine derartige Anordnung berechtigt den Unternehmer grundsätzlich zur Bauzeitverlängerung, es sei denn, er hat die Unterbrechung zu vertreten. Ebenso kann er Ersatz der durch die Unterbrechung entstandenen Mehrkosten verlangen und zwar sowohl dann, wenn die Unterbrechung vom Bauherrn oder vom Ingenieur zu vertreten ist als auch bei Vorliegen eines sog. *excepted risk*. Als *excepted risk* sind weitgehend die Fälle höherer Gewalt oder andere für den Unternehmer unabwendbare Umstände anzusehen, die im Einzelnen in Klausel 20 Abs. 2 aufgeführt sind.

Die FIDIC-Bauvertragsbedingungen geben dem Unternehmer weitergehende Rechte im Falle der Unterbrechung durch höhere Gewalt, als es die VOB/B vorsieht: Während nach § 6 Nr. 6 VOB/B Ersatz des nachweislich entstandenen Schadens (bei leichter Fahrlässigkeit mit Ausnahme des entgangene Gewinns, bei Vorsatz und grober Fahrlässigkeit einschließlich des entgangenen Gewinns) nur verlangt werden kann, wenn die Unterbrechung von einem Vertragsteil zu vertreten ist, steht dem Unternehmer das Recht auf Ersatz der entstandenen Mehrkosten nach den FIDIC-Bauvertragsbedingungen auch bei Vorliegen von excepted risks, also vom Bauherrn nicht zu vertretender Umstände zu. 15

Dauert die Unterbrechung länger als drei Monate, erlaubt der Ingenieur also nach einer von ihm gegebenen Unterbrechungsanordnung nicht innerhalb von 90 Tagen die Wiederaufnahme der Arbeiten, kann der Unternehmer den Vertrag kündigen. Insoweit entspricht die Regelung in Klausel 40 der FIDIC-Bauvertragsbedingungen der Regelung in § 6 Nr. 7 VOB/B. 16

Da eine Unterbrechung aber nach den FIDIC-Bauvertragsbedingungen vom Ingenieur angeordnet sein muss, zeigt sich hier ein weiterer bedeutsamer Unterschied zur VOB/B: Nach der VOB/B kann stets gekündigt werden, wenn die Unterbrechung länger als drei Monate dauert, nach den FIDIC-Bauvertragsbedingungen nur, wenn die Unterbrechung vom Ingenieur angeordnet worden ist. 17

VI. Verteilung der Gefahr

Der Regelung über die Gefahrtragung kommt naturgemäß bei internationalen Vertragsbedingungen eine größere Bedeutung zu, als dies hinsichtlich § 7 VOB/B über die Verteilung der Gefahr der Fall ist. Bei dem Begriff der Gefahrtragung ist aus deutscher Sicht zwischen der Leistungsgefahr und der Vergütungs- oder Preisgefahr zu unterscheiden. Während die Leistungsgefahr darüber entscheidet, ob der Auftragnehmer zur Neuherstellung verpflichtet bleibt, sagt die Vergütungsgefahr etwas darüber aus, ob der Auftraggeber die vereinbarte Vergütung bei vorzeitigem Untergang der Leistung zu zahlen hat. 18

Während § 7 VOB/B nur die Verteilung der Vergütungs- oder Preisgefahr regelt (die Leistungsgefahr richtet sich nach den gesetzlichen Regeln des BGB), enthalten die FIDIC-Bauvertragsbedingungen ausdrückliche Regelungen sowohl über die Leistungsgefahr als auch über die Vergütungsgefahr. Die Leistungsgefahr wird in Klausel 20 über *care of works* und *excepted risks* geregelt, die Vergütungsgefahr dagegen in Klausel 65 über *special risks*. 19

Der Unternehmer trägt in beiden Klauselwerken grundsätzlich bis zur Abnahme die Gefahr für Beschädigung, Zerstörung oder zufälligen Untergang der Leistung. Beide Vertragsbedingungen unterscheiden sich lediglich in der Regelung des Falles, dass die ausgeführte Leistung durch höhere Gewalt (*excepted risks*) beschädigt oder zerstört wird. Gemäß § 7 VOB/B erhält der Auftragnehmer in einem solchen Fall nur die bereits erstellte Leistung vergütet. Die FIDIC-Bauvertragsbedingungen sehen hingegen vor, dass der Auftraggeber alle Kosten zu tragen hat, sei es auch die Schadensbeseitigung an Bau oder Baumaschinen des Auftragnehmers. 20

VII. Abnahme (§ 12 VOB/B)

21 Im deutschen Recht hat die Abnahme eine zentrale Bedeutung für den Beginn der Mängelhaftung, die Verlagerung der Gefahrtragung und die Fälligkeit des Werklohnanspruches, d.h. an die Abnahme sind ex lege vielfältige Rechtsfolgen geknüpft. Das Red Book 1987 als solches regelt zwar sehr eingehend die Voraussetzungen und das Verfahren der Übernahme, und eine Rechtsfolge, nämlich den Beginn der „Maintenance Period". Der Unternehmer hat die Fertigstellung anzuzeigen und er kann die Ausstellung des Taking-Over Certificate verlangen (vgl. Klausel 48.1). Teilübernahmen finden nur statt wenn dies ausdrücklich vereinbart ist[13]. Nimmt der Besteller Teile des Werkes in Gebrauch, hat der Unternehmer allerdings Anspruch auf Teilübernahme, wenn das Werk insoweit fertig gestellt ist[14]. Mit Erteilung des „Taking-Over Certificate" beginnt die „Maintenance Period" bzw. die „Defects Liability Period" zu laufen (vgl. Klausel 49.1). Es fehlt jedoch an der vollständigen Gefahrübernahme und der Erfüllung. Der Unternehmer bleibt bis zum Ende der Defects Notification Period zur Leistung verpflichtet. Die vollständige Abnahme erfolgt erst nach Ablauf der Defects Notification Period.

VIII. Kündigung durch den Auftraggeber (§ 8 VOB/B) bzw. den Auftragnehmer (§ 9 VOB/B)

22 Die §§ 8 und 9 VOB/B enthalten die Regelung über die vorzeitige Kündigung des Bauvertrages durch den Auftraggeber bzw. den Auftragnehmer. Nach § 8 VOB/B kann der Auftraggeber den Auftrag jederzeit bis zur Vollendung der Leistung kündigen. Nach den FIDIC-Bauvertragsbedingungen 1987 steht dem Bauherrn ein derart weitgehendes Recht nicht zu. Eine Kündigung ist nur in den im Einzelnen in Art. 63 aufgezählten Fällen des Verschuldens sowie bei Vergleich oder Konkurs des Unternehmers möglich. Darüber hinaus hat der Bauherr ein Kündigungsrecht nach Art. 65 nur im Falle des Krieges. Ein entsprechendes Recht des Unternehmers besteht nicht, kann aber aus dem anwendbaren Vertragsrecht hergeleitet werden.

23 Weitere Kündigungsrechte des **Bauherrn** bestehen nach den FIDIC- Bauvertragsbedingungen nicht. Die Regelung der VOB/B geht also sehr viel weiter als die der FIDIC-Bauvertragsbedingungen.

24 Hinsichtlich des Kündigungsrechts durch den **Auftragnehmer** entsprechen sich die VOB/B und die FIDIC-Bedingungen weitgehend. Eine Kündigung ist nur bei Verschulden oder Verzug des Auftraggebers möglich. Es bestehen allerdings im Einzelnen hinsichtlich der Voraussetzung der Kündigung gewisse geringfügige Unterschiede zwischen der VOB/B-Regelung und den FIDIC-Bauvertragsbedingungen. Bezüglich der Folgen einer Kündigung ist bedeutsam, dass der Unternehmer einen im einzelnen in Klausel 65 Abs. 8 festgelegten Vergütungsanspruch hat. Außerdem ist der Unternehmer gem. Klausel 69 Abs. 3 berechtigt, vom Bauherrn Ersatz jeglichen Verlustes oder Schadens zu verlangen, der ihm aus oder im Zusammenhang mit oder infolge der Kündigung entsteht. Die VOB/B gewährt hingegen dem Auftragnehmer in § 9 Nr. 3 VOB/B lediglich einen Abfindungsanspruch.

[13] Goedel RIW 1982, 81, 82.
[14] Goedel RIW 1982, 81, 86.

IX. Haftung der Vertragsparteien (§ 10 VOB/B) und Mangelbeseitigungspflicht (§ 13 VOB/B)

Im internationalen Geschäft nehmen Haftungsregelungen breiten Raum ein. Die in § 10 VOB/B enthaltende Regelung über die Haftung der Vertragsparteien unterscheiden sich allerdings nicht grundlegend von ihren Entsprechungen in den FIDIC-Bauvertragsbedingungen[15]. 25

Die Regelung der VOB/B ist in erster Linie als Haftungsregelung ausgestaltet. Erst in zweiter Linie regelt sie im Falle der Haftung gegenüber Dritten den haftungsmäßigen Ausgleich im Innenverhältnis[16]. Im Red Book liegt der Schwerpunkt auf der Haftungsfreistellung. Die entsprechenden Bestimmungen in den FIDIC-Bauvertragsbedingungen sind daher als Freistellungsverpflichtung ausgestaltet. Der Unternehmer hat den Bauherrn von allen Schäden freizustellen, die sich aus oder im Zusammenhang mit der Ausführung oder Unterhaltung der Arbeiten ergeben, wobei dann Umfang und Ausnahmen der Freistellungsverpflichtung im einzelnen festgelegt werden. 26

Sehr viel ausführlicher als in der VOB/B ist in den FIDIC-Bauvertragsbedingungen die Verpflichtung des Unternehmers zum Abschluss von Versicherungen geregelt. Der Unternehmer muss sich gegen Schäden an der Bauleistung, gegen Haftpflicht- und Unfallschäden versichern, wobei Inhalt und Umfang der Versicherungen weitgehend im Vertrag festgelegt werden. Die Einzelheiten sind in den Klauseln 21 bis 24 geregelt. 27

1. Gewährleistung. Die Gewährleistung ist im deutschen Recht und entsprechend in der VOB/B detailliert geregelt. Die Mangelbehebung und die Rechtsbehelfe im Falle ausbleibender Mangelbeseitigung sind Gegenstand umfassender gesetzlicher Regelungen, eingehender Bestimmungen in § 13 VOB/B sowie einer sehr detaillierten Rechtsprechung. Das deutsche System beruht darauf, dass sich der Herstellungsanspruch mit der Abnahme in einen Mangelbeseitigungsanspruch umwandelt. Zwar hat der Gesetzgeber mit der Schuldrechtsmodernisierung die Eigenheiten des werkvertraglichen Mängelgewährleistungsrechts zugunsten eines einheitlichen Leistungsstörungsrechts weitgehend beseitigt, doch ist die Mängelgewährleistung auch weiterhin eigenständig geregelt. Das Red Book 1987 kommt ohne diese dogmatischen Ansätze aus, weil es auf dem englischen System beruht, das generell nur eine vertragliche Garantiehaftung kennt[17]. Die Regelungsmechanismen des Red Book beschäftigen sich mit der Mangelbeseitigung während der Bauzeit und in der „Maintenance Period". Der Begriff ist im Grunde genommen mit Unterhaltungsfrist zu übersetzen und meint auch nicht die eigentliche Werkmängelhaftung des deutschen Rechts. Vielmehr wird gegenüber dem common law ein besonderer Rechtsbehelf geschaffen, der den Unternehmer in der „Maintenance Period" verpflichtet, jegliche Mängel abzustellen, gleich worauf sie beruhen. Erst in der Kostentragungspflicht wird nach solchen Mängel differenziert, die der Unternehmer auf eigene Kosten beseitigen muss und solche, für deren Beseitigung er eine zusätzliche Vergütung beanspruchen kann[18]. Mängel, die auf einer nicht ordnungsgemäßen Lieferung oder Leistung beruhen oder die der Unternehmer zu vertreten hat, muss er auf eigene Kosten beseitigen. Haben auftretende Mängel nach Auffassung des 28

[15] Goedel RIW 1982, 81, 85.
[16] Goedel RIW 1982, 81, 85.
[17] Goedel RIW 1982, 81, 86.
[18] Goedel RIW 1982, 81, 85.

Ingenieurs eine andere Ursache, trägt der Besteller die Mangelbeseitigungskosten[19]. Letztlich beinhaltet daher die Unterhaltungspflicht dreierlei: (1) Beseitigung der bei Abnahme festgestellten Mängel, (2) Beseitigung der Mängel, die auf vertragswidrige Ausführung oder Verschulden des Unternehmers zurück gehen und (3) die Beseitigung solcher Mängel, die auf anderen Ursachen oder Gründen beruhen. Die „Maintenance Period" beinhaltet damit einerseits ein Mehr gegenüber der deutschen Gewährleistung, andererseits bleibt die nach dem Vertragsstatut vorgesehene Gewährleistung parallel bestehen, denn eine Ersetzung der originären Rechtsbehelfe ist nicht gewollt, sondern der deren Ergänzung. Dass man durch Auslegung dahin kommen kann, einem dem deutschen Recht unterliegenden Vertrag so zu verstehen, dass die Regelungen des Red Book das Mängelgewährleistungsrecht ersetzen[20], muss angesichts der im Lichte des englischen Rechts zu betrachtenden Regelungsintentionen bezweifelt werden.

29 **2. Haftungsbeschränkung.** Da dem Haftungssystem des Red Book 1987 ein englisches Grundverständnis immanent ist, muss im Zweifel zunächst davon ausgegangen werden, dass die Haftung nach dem Red Book streng und verschuldensunabhängig ist. Im deutschen Recht wird die Haftung teilweise begrenzt, in dem sie verschuldensabhängig gestellt wird (vgl. § 13 Nr. 7 VOB/B). Das Red Book setzt solche Beschränkungen nicht voraus. Stattdessen wird in der Praxis häufig versucht, die Haftung vermittels Vereinbarungen über *„liquidated damages"* zu begrenzen. Andererseits setzt das Red Book wiederum die *„remoteness"*-Schranken des englischen Rechts voraus, die eine extensive Mangelfolgehaftung ausschliessen. Unreflektierte und undurchdachte Vereinbarungen, an denen Parteien mit kontinentaleuropäischer Prägung und solche mit angelsächsischem Hintergrund beteiligt sind, werfen deshalb im Bereich der Haftung rasch Diskussionen und Streitfragen auf. Im Zweifel ist anzuraten, ergänzende Regelungen und Klarstellungen in den Vertrag aufzunehmen, die folgende Themen regeln:

- Voraussetzungen der Haftung (Kausalität und Verschulden)
- Reichweite der Haftung (direkte und indirekte Schäden)
- Vertragsstrafevereinbarungen oder solche über *„liquidated damages"*

X. Vertragsstrafe (§ 11 VOB/B)

30 Vertragsstrafen sind ein wichtiges Thema zur Absicherung der Bauzeit und der Bauqualität. Die VOB/B regelt das Thema in § 11 VOB/B. Bliebe man in der deutschen Terminologie müsste man in englischer Sprache nach einer Regelung zu *„Penalties"* suchen. Diesen Begriff sucht man in den FIDIC-Bauvertragsbedingungen allerdings vergebens. Dort ist zum Thema von den sog. *„Liquidated Damages"* die Rede. Mit der Verwendung dieses Begriffes wird der englische Ursprung der FIDIC-Bauvertragsbedingungen deutlich. Während der Begriff *Penalty* rechtlich weitgehend mit dem Begriff der Vertragsstrafe nach deutschem Recht übereinstimmt, bedeutet *Liquidated Damages* pauschalisierter Schadensersatz. Die Pauschalisierung des Schadensersatzes ist im englischen Recht zulässig, während *„penalities"* unzulässig sind. Durch den ausdrücklichen Wortlaut der Klausel 47 der FIDIC-Bauvertragsbedingungen wird klargestellt, dass im Falle nicht rechtzeitiger Erfüllung keine *„Penalty"*, sondern *„Liquidated Damages"* verlangt werden können. Bei nicht rechtzeitiger Fertigstellung kann der Bauherr nur den als Schadensersatz vereinbarten Betrag verlangen, und nicht wie bei der

[19] Goedel RIW 1982, 81, 86.
[20] Goedel RIW 1982, 81, 86.

Vertragsstrafe, auch den darüber hinausgehenden weiteren Schaden oder sogar einen nicht entstandenen Schaden. Etwaige Schadensersatzansprüche des Bauherrn wegen nicht rechtzeitiger Erfüllung sind durch die Vereinbarung des pauschalisierten Schadensersatzes ausdrücklich ausgeschlossen.

Liquidated Damages können jederzeit bis zum Verjährungsablauf geltend gemacht **31** werden. Eines Vorbehaltes bei Abnahme bedarf es erst, wenn das **Defects Liability Certificate** erteilt wird. Das Taking-Over Certificate beweist noch nicht die Abnahme im Sinne des § 640 BGB (§ 12 VOB/B). Allerdings mag es im Einzelfall sinnvoll sein, vorsichtshalber Vorbehalte zu äußern oder im Taking-Over Certificate zu erwähnen, um eventuellen Missverständnissen vorzubeugen.

XI. Claims und Streitbeilegung

Claims auf Mehrkosten und Bauzeitverlängerung sind nach Klausel 53.1 gegenüber **32** dem Engineer anzumelden. Gemäß Klausel 53.2 sind hiernach zeitnahe Aufzeichnungen zu sammeln und aufzubewahren. Fehlen solche Aufzeichnungen, kann der Anspruch verlustig gehen und die ersatzweise Beweisaufnahme vermittels Stellung von Zeugen ist nach dem Wortlaut der Klausel ausgeschlossen[21]. Das Streitbeilegungsregime ist in Klausel 67 geregelt. Streitigkeiten treten auf, wenn der Engineer seine originären Aufgaben (Leistungsfeststellung in Bezug auf Claims, Festlegung von Einheitspreisen sowie Freigabe von Zahlungen) nicht zufriedenstellend wahrnimmt. Zentrale Anlaufstelle für Streitigkeiten ist wiederum der **Engineer**. Sind die Parteien mit der Entscheidung des Ingenieurs unzufrieden (z.B. in Bezug auf Claims), können sie vor das Schiedsgericht ziehen. Klausel 67 ist nicht mit dem englischen Streitbeilegungssystem des HGCRA 1996 kompatibel, so dass sich das Red Book 1987 nicht für die Anwendung auf englische, walisische und schottische Bauvorhaben eignet[22].

Bis zur Veröffentlichung der FIDIC Rainbow Edition 1999 hatte der FIDIC Engineer eine zweifache Aufgabe (vgl. Klausel 53.5 und 67.1 Red Book 1987). Im Vordergrund stand – neben den reinen Bauüberwachungsaufgaben – die Leistungsfeststellung. Der Engineer hatte über Claims zu befinden, Zahlungen freizugeben und den Bautenstand zu bescheinigen. Gleichzeitig konnten die Parteien auf Antrag eine Entscheidung des Engineer einholen. Der Engineer besaß folglich auch quasi-richterliche Befugnisse (siehe Klausel 67.1). Zunehmende Kritik an der Machtfülle des Engineer führte dazu, dass dem Engineer die Streitentscheidungsaufgabe im Sinne der Klausel 67.1 entzogen wurde. Zunächst führte die Weltbank Dispute Boards ein. Im Jahre 1999 implementierte FIDIC das Dispute Adjudication Board in die Rainbow Edition (Red Book, Yellow Book, Silver Book). Aufgrund guter Erfahrungen wird FIDIC daran festhalten. Das neue FIDIC Gold Book enthält ebenfalls eine Dispute Adjudication Klausel (vgl. Klausel 20 Gold Book). Das zukünftige FIDIC Subcontract Form wird ebenfalls nicht auf Dispute Adjudication verzichten.

---

21 Supreme Court Falklands Islands, Attorney General Falklands Islands v. Gordon Forbes Construction, IBR 2006, 1107 – Hök; siehe zum etwas abweichenden ähnlichen Wortlaut in Unterklausel 20.1 FIDIC 1999 High Court Trinidad and Tobago, Urteil v. 21.10.2009, CV 2008-04881.

22 Hibberd/Newman, ADR and Adjudication, 216.

Kapitel 6
Finanzierung und Sicherheiten im internationalen Baurecht

§ 21 Internationale Baufinanzierung

Schrifttum

Bell, Will the Silver Book become the World Bank's New Gold Standard? The Interrelationship between the World Bank's Infrastructure Procurement Policies and FIDIC's Construction Contracts, ICLR 2004, 164; Simpson, Cross Border Finance – a UK Lender's Perspective, Immobilien & Finanzierung 2004, 140; Chadakoff/Stein/Hübner, Finanzierungsmöglichkeiten von Gewerbeimmobilien in den USA-Teil 2, Immobilien & Finanzierung 2002, 620; Huse, Use of the FIDIC Silver Book in the Context of a BOT Project, ICLR 2000, 384

Inhaltsübersicht

I. Zur Bedeutung der Kreditinstitute

Während früher Immobilien- und Baufinanzierungen eine nationale und lokale Angelegenheit waren, folgen die Kreditinstitute heute grenzüberschreitend den Märkten[1]. Gleichzeitig hat die Finanzierungspraxis der Kredit- und Finanzinstitute erheblichen Einfluss auf die Gestaltung von Bauverträgen. Dies gilt vor allem bei internationalen Bauvorhaben. Belegt wird dies z.B. durch die regelmäßigen Konsultationen namenhafter Herausgeber von Bauvertragsbedingungen und einschlägiger Verbände mit der Weltbank und ihren Unterorganisationen[2]. Die Weltbank, regionale Entwicklungsbanken und nationale Entwicklungsbanken sowie andere Einrichtungen (z.B. die Europäische Union), die Baumaßnahmen finanzieren oder subventionieren, nehmen auf die Entwicklung von Bauverträgen und die Bedingungen für die Auftragsvergabe entweder direkten oder indirekten Einfluss, etwa indem sie eigene Vergaberegeln und -richtlinien entwerfen und veröffentlichen und indem sie namenhafte Vertragsmuster für Vorhaben empfehlen oder vorschreiben, die sie finanzieren. Die EU hat seit Anfang 2001 die Vorschriften für das öffentliche Auftragswesen, die die begünstigten Länder bei Dienstleistungs-, Liefer- und Bauaufträgen einhalten müssen, im Leitfaden für die Vergabeverfahren im Rahmen von PHARE, ISPA und SAPARD ausführlich dargestellt. Inzwischen sind die Empfehlungen im PRAG zusammengefasst. Die Finanzinstitute und Fördereinrichtungen drängen darauf, dass die von ihnen zur Verfügung gestellten Gelder wirtschaftlich und effizient verwendet werden, dass die Mittel ausschließlich für die vorgesehenen Finanzierungszwecke eingesetzt werden, dass bei der Vergabe fairer Wettbewerb unter den Anbietern zugelassen wird und Transparenz herrscht sowie dass die Entwicklung lokaler Anbieter und Hersteller gefördert wird[3]. US-amerikanische Darlehensgeber sorgen oftmals für eine Kontrolle, um die Werthaltigkeit der Immobilie sicherzustellen[4]. Bei BOT-Projekten verlangen die Geld gebenden Einrichtungen häufig, dass Planung und 1

---

1 Simpson, Immobilien & Finanzierung, 2004, 140.
2 Vgl. Bell ICLR 2004, 164.
3 Vgl. Bell ICLR 2004, 164, 166.
4 Chadakoff/Stein/Hübner, Immobilien & Finanzierung 2002, 620, 621.

Ausführung des Vorhabens in eine Hand gelegt werden[5]. Der Unternehmer soll das Planungs- und Mangelrisiko vollständig übernehmen, auch wenn sich die Vorgaben des Bestellers als fehlerhaft erweisen[6].

2 In einigen Staaten haben die Gesetzgeber direkt in die Finanzierungstechnik und Bauabwicklung eingegriffen und an den Schnittstellen Vorkehrungen dafür getroffen, dass die Finanzmittel ihren vorgesehenen Zwecken zugeführt werden (z.B. im Baugeldsicherungsgesetz oder in Frankreich Art. 1799-1 Code Civil[7]). Art. 1799-1 Code Civil regelt zum einen, dass der Bauherr dem Unternehmer die Zahlung des Werklohnes garantieren muss, und zum anderen, dass Bankdarlehen in Höhe des Werklohnanspruches direkt an den Unternehmer auszukehren sind. Dient also die Finanzierung zur Errichtung eines Gebäudes, darf die Bank den Kredit nur im Verhältnis zum Baufortschritt freigeben und dies auch nur mit schriftlicher Zustimmung des Kunden. Beruht die Finanzierung des Käufers auf mehreren Kreditverträgen, hängt die Wirksamkeit der einzelnen Kreditverträge davon ab, dass alle anderen auch wirksam werden. Diese Regel findet allerdings nur Anwendung auf Kreditverhältnisse, die wenigstens 10 % des Gesamtpreises ausmachen. Art. 1799-1 Code Civil ist zwingend und *d'application immédiate*[8].

3 Die Entwicklung neuer Kooperationsformen (z.B. Partnering) ist ohne die frühzeitige und kontinuierliche Mitwirkung von Kreditinstituten nicht möglich[9]. Auch hier ist wieder die Weltbank führend. Zwar hat sie noch keine eigenen Gedanken zum „Partnering" entwickelt, doch hat sie in Konsultationen zu erkennen gegeben, dass sie das „Partnering" als interessante Alternative betrachtet[10]. Für die Baubranche bieten sich über solche neuartigen Modelle neue Marktchancen. Gleichzeitig entwickeln sich die Unternehmen der Branche hin zum Dienstleister, Kapitalgeber und Problemlöser[11].

II. Darlehensvertrag

Schrifttum

Hahn, Der Hypothekarkredit im französischen Recht, RIW 1994, 114; Reitmann/Martiny, Internationales Vertragsrecht, 7. Auflage, Köln 2010; Majid, Appliaction of Islamic Law in the Middle East – Interest and Islamic Banking, ICLR 2003, 177; Chadakoff/Stein/Hübner, Finanzierungsmöglichkeiten von Gewerbeimmobilien in den USA-Teil 1, Immobilien & Finanzierung 2002, 578; Chadakoff/Stein/Hübner, Finanzierungsmöglichkeiten von Gewerbeimmobilien in den USA-Teil 2, Immobilien & Finanzierung 2002, 620; Chadakoff/Stein/Hübner, Finanzierungsmöglichkeiten von Gewerbeimmobilien in den USA-Teil 3, Immobilien & Finanzierung 2002, 655; v. Bernstorff, Das Hypothekenrecht in den EU-Staaten, RIW 1997, 181; Campos Nave, Die Hypothek im spanischen und im französischen Recht, RIW 1996, 550; Wehrens, Überlegungen zu einer Eurohypothek, WM 1992, 557; Stöcker, Die Eurohypothek-Wegbereiter zu einem Binnenmarkt für den Hypothekarkredit, Der Langfristige Kredit 1991, 537; Karich, La finance islamique lorsque l'argent et la religion font bon ménage, Revue bancaire et financière 2004, 225

4 **Bau- und Grundstücksfinanzierungen** zeichnen sich durch ihre besondere Zweckbestimmung und Nähe zum Grundstück aus, die in einigen Ländern zu einem Sonderrecht

---

5 Huse ICLR 2000, 384, 391.

6 Huse, Understanding and Negotiating Turnkey Contracts, 452.

7 Ähnliche Wirkungen hat das deutsche FoSiG. Allerdings unterscheiden sich die Wege. Während das FoSiG viel Verwaltungsaufwand verursacht, führt das französische Recht zu einer sehr direkten Steuerung der Finanzströme.

8 Cass.civ., 26.03.2003, JCP 2003.IV.

9 Skeggs ICLR 2003, 456, 480.

10 Skeggs ICLR 2003, 456, 476.

11 Ehleben, Immobilien & Finanzierung 2002, 588.

geführt haben (vgl. das Baugeldsicherungsgesetz in Deutschland). Üblicherweise werden solche Finanzierungen durch dingliche Rechte am Grundstück besichert. Letztere unterliegen stets der lex rei sitae (Art. 43 EGBGB) und unterscheiden sich daher in ihrer inhaltlichen Ausprägung, den Publizitätsanforderungen und Kosten ganz erheblich[12], weil sich die Grundbuchsysteme und das Sachenrecht häufig von Rechtsordnung zu Rechtsordnung sehr stark voneinander unterscheiden. Die Wechselbeziehung zwischen Kredit und Finanzierung hat in den vergangenen Jahrhunderten zu sehr eigentümlichen nationalen Finanzierungsbedingungen geführt[13]. In den USA dienen z.B. Kreditverträge nicht nur zur Regelung der Auszahlungs- und Rückzahlungskonditionen sowie der Festlegung der Verzinsung, sondern der Kreditvertrag organisiert auch ein monatliches, vierteljährliches und jährliches Berichtswesen[14]. In der islamischen Welt übernehmen die finanzierenden Banken die Rolle eines Direktinvestors[15]. Gewinne und Verluste werden zwischen der Bank und dem Darlehensnehmer geteilt. Beide treten in eine Art Gemeinschaft ein[16].

Grundsätzlich können die Parteien eines Kreditvertrages mit Auslandsberührung, die bereits durch die Lage des zu finanzierenden Objektes hergestellt wird, das auf ihre vertraglichen Beziehungen anwendbare Recht frei wählen (Art. 27 Abs. 1 EGBGB a.F., Art. 3 Abs. 1 Rom I)[17]. Die Wahlfreiheit gilt auch für Immobilien- und Baufinanzierungen. Die Verbraucherregelung in Art. 29 EGBGB a.F. war nur bedingt einschlägig, da sie nur die Finanzierung von Dienstleistungen oder beweglicher Sachen erfasste[18]. Art. 29 EGBGB a.F. ist mit Inkrafttreten von Rom I entfallen. Wiewohl Art. 6 Rom I auch Kreditverträge erfasst[19], findet die Sonderregelung keine Anwendung, wenn es sich um eine Immobilienfinanzierung handelt. Art. 6 erfasst nur die Finanzierung beweglicher Güter[20]. § 46b EGBGB geht nicht weiter als der alte Art. 29a EGBGB. 5

Wählen die Parteien das anwendbare Recht nicht, war bislang bezüglich des Kreditvertrages an den Sitz derjenigen Partei anzuknüpfen, die die vertragscharakteristische Leistung erbrachte (Art. 28 Abs. 2 EGBGB a.F.). Ohne inhaltliche Änderung gilt jetzt Art. 4 Abs. 1 Rom I. Maßgeblich ist also regelmäßig der Sitz des finanzierenden Instituts[21]. Die hypothekarische Sicherung eines Darlehens prägt das Darlehen jedoch anders. In solchen Fällen wurde in Deutschland bislang über Art. 28 Abs. 5 EGBGB a.F. vermutet, dass die engste Verbindung des Rechtsverhältnisses zu dem Staat besteht, in dem das zu finanzierende Objekt belegen ist[22]. Ähnliche Überlegungen wurden in Frankreich angestellt[23]. Art. 28 Abs. 3 EGBGB a.F. passte in diesem Falle nicht[24]. Folgerichtig fand z.B. auf Verträge, die die Finanzierung einer französischen Immobilie

---

12 Vgl. v. Bernstorff, RIW 1997, 181; Campos Nave, RIW 1996, 550; Hahn RIW 1994, 114.

13 Vgl. zum US-amerikanischen Finanzierungsrecht Chadakoff/Stein/Hübner, Immobilien & Finanzierung 2002, 578; Chadakoff/Stein/Hübner, Immobilien & Finanzierung 2002, 620; Chadakoff/Stein/Hübner, Immobilien & Finanzierung 2002, 655.

14 Chadakoff/Stein/Hübner, Immobilien & Finanzierung 2002, 578, 579.

15 Karich RBF 2004, 225, 227.

16 Karich RBF 2004, 225, 227.

17 BGH RIW 1997, 426.

18 Münchener Kommentar/Martiny, BGB, 4. Auflage, Art. 29 Rn. 21.

19 Reithmann/Martiny,/Martiny Internationales Vertragsrecht, Rn. 1175.

20 Vgl. Reithmann/Martiny/Martiny, Internationales Vertragsrecht, Rn. 4262.

21 Münchener Kommentar/Martiny, BGB, 4. Auflage, Art. 28 Rn. 177; Rosenau RIW 1992, 882; OLG München RIW 1996, 329.

22 OLG Karlsruhe NJW-RR 1989, 367; Erman/Hohloch, BGB, Art. 28 EGBGB Rn. 37; vgl. auch BGHZ 26, 91; BGH IPRspr. 1962/63 Nr. 34.

23 Vgl. Battifol/Lagarde, Droit International Privé, 1983, Tôme II, Rn. 587.

24 A.A. Hahn RIW 1994, 114.

zum Gegenstand hatten, nahezu zwangsläufig französisches Recht Anwendung. Ob das französische Recht auch dann Geltung beanspruchte, wenn die Finanzierung zwischen einer deutschen Bank und einem deutschen Kreditnehmer zustande kam, während nur das zu finanzierende Objekt in Frankreich belegen war, konnte fraglich sein. Doch weist die Immobilienfinanzierung sehr bedeutsame und enge Verbindungen zum Belegenheitsstaat auf (vgl. Art. 3 Abs. 1 EGBGB a.F.), die nur partiell durch deutsches Recht geregelt werden könnten, denn die im Ausland zu bestellende Hypothek bleibt zwingend dem Belegenheitsrecht unterstellt[25]. Hieran hat sich im Übrigen auch nach Inkrafttreten der Verordnung Rom I nichts geändert, die lediglich das internationale vertragliche Schuldrecht, nicht aber das internationale Sachenrecht vereinheitlicht[26]. Der Hypothekarkredit ist über Art. 4 Abs. 3 Rom I anzuknüpfen[27].

6 Probleme treten bei grenzüberschreitenden Baufinanzierungen auf, wenn sie nicht auf den Bauvertrag und die ihm zugrunde liegende Rechtsordnung abgestimmt sind.

Enthält der Bauvertrag z.B. Zahlungsmodalitäten, deren Einhaltung von der Bank zu überwachen ist, stellt sich die Frage nach den Folgen einer Missachtung. Nach Art. 1799-1 Code Civil sind z.B. die Baufinanzierungsmittel in den Händen der Bank blockiert[28]. Der Unternehmer kann jedoch keine direkte Zahlung von der Bank verlangen. Vielmehr muss der Bauherr die Zahlungen frei geben. Eine nicht in Frankreich ansässige Bank, die die Baufinanzierung an den Bauherrn auszahlt, würde nicht gegen den Bankvertrag verstoßen. Allerdings könnte der Bauunternehmer unter Hinweis auf die fehlende Sicherstellung die Arbeiten einstellen[29]. In einigen Rechtsordnungen sind Abschlagszahlungen zwingend vorgeschrieben (vgl. MaBV). In England müssen die Zahlungsbedingungen des Housing Act 1996 beachtet werden.

Grundsätzlich sollten daher die Zahlungsbedingungen mit den finanzierenden Banken abgestimmt werden. Vor allem müssen Instrumente entwickelt werden, die die Zahlungsfreigabe durch die finanzierenden Banken ermöglichen. Hierzu eignet sich das in den international am häufigsten verwendeten Vertragsmustern geregelte Zertifizierungsverfahren besonders (vgl. Klausel 14 FIDIC).

III. Public Partnership/PFI-Procurement und andere Finanzierungsmodelle

Schrifttum

Baur/Hobe (hrsg.), Rechtsprobleme von Auslandsinvestitionen, Baden-Baden 2003; Bentham, The Law of Development: International Contracts, GYIL 32 (1989), 418 ff.; Brandt, Kreditwirtschaftliche Aspekte des Vergaberechts, WM 1999, 2525; Chitty on Contracts, Band II, 29. Auflage, London 2004; Goedel, Vertragsgestaltung bei BOT-Projekten, BB 1991, Beil. 20, 19 ff.; Glavinis, Le contrat international de construction, Paris 1997; Goedel, Vertragsgestaltung bei BOT-Projekten, BB-Beilage 20/1991, 19; Grübler, Vier Modelle der Südleasing für die Finanzierung kommunaler Bauten, Immobilien & Finanzierung 2004, 330; Hansen, Off-Balance-Lösungen für Gewerbe, Kreditwirtschaft und öffentliche Hand, Immobilien & Finanzierung 2004, 322; Herdegen, Internationales Wirtschaftsrecht, 4. Auflage, München 2003; Huse, Use of the FIDIC Silver Book in the Context of a BOT Project, ICLR 2000, 384; Huse, Understanding and Negotiating Turnkey Contracts, London 1997; Jayme/Geckler, BOT-Projekte – Internationales Privatrecht und Völkerrecht, IPRax 1993, 274; Kahn, Souveraineté de l'État et règlement du litige, Régime juridique du contrat d'État, Rev. Arb. 1985, 641 ff.; Kulle, Kooperation zwischen öf-

[25] Vgl. auch Jacquet/Delebecque, Droit du Commerce International, Rn. 381.

[26] Vgl. Münchener Kommentar/Martiny, BGB, Art. 4 Rom I Rn. 172; Palandt/Thorn, BGB, Art. 4 Rom I Rn. 26; a.A. Unberath IPRax 2005, 309.

[27] Vgl. Münchener Kommentar/Martiny, BGB, Art. 4 Rom I Rn. 172; Palandt/Thorn, BGB, Art. 4 Rom I Rn. 26.

[28] Mémento Pratique, Urbanisme-Construction 2004, Rn. 16677.

[29] Mémento Pratique, Urbanisme-Construction 2004, Rn. 16677.

fentlicher Hand und privaten Unternehmen, ZfBR 2003, 129; Mayer, La neutralisation du pouvoir normatif de l'État en matière de contrat d'État, Clunet 1986, 5 ff.; Nickel/Kopf, Public Private Partnerships: Ein Ausweg aus der Finanzkirse der öffentlichen Hand? Private Finanzierung öffentlicher Hochbaumaßnahmen in Deutschland, ZfBR 2004, 9; Nicklisch (hrsg.), Rechtsfragen privat finanzierter Projekte, 1994; Nicklisch, Realisation of privately financed Infrastructure Projects – Economic Viability, Contract Structure, Risk Management, ICLR 2003, 81; Scheibl, Projektfinanzierung: BOT und Konzessionsgesetzgebung, RIW 1996, 373 ff.; Skeggs, Project Partnering in the international construction industry, ICLR 2003. 456; Stenzel, Public Partnership bei Gefängnissen, Immobilien & Finanzierung 2002, 170; Westphal, Planung und Durchführung von BOT-Projekten, BB-Beilage 20/1991, 16; Wenner, Die objektive Anknüpfung grenzüberschreitender Verträge im deutschen Internationalen Anlagen- und Bauvertragsrecht, FS Jagenburg, München 2000, 205

1. Einführung. In der Regel sind Infrastrukturmaßnahmen unproduktiv, d.h. sie generieren keine Einnahmen, aus denen der Finanzierungsbedarf refinanziert werden kann[30]. PPI-Projekte schaffen Refinanzierungswege, in dem unproduktive Maßnahmen in produktive Projekte umgewandelt werden, aus denen die erforderlichen Finanzmittel refinanziert werden können[31]. Vorreiter in Europa war England, wo seit längerem Infrastrukturprojekte privat finanziert werden[32]. Auch in Deutschland zwingen die leeren öffentlichen Kassen dazu, neue Finanzierungswege zu eröffnen[33]. Dabei wird gelegentlich übersehen, wie alt die Wurzeln solcher Überlegungen sind[34]. Nicht ohne Grund werden daher Gesetzesentwürfe für ein Gesetz zur Errichtung einer Verkehrsinfrastrukturfinanzierungsgesellschaft zur Finanzierung von Bundesverkehrswegen[35] und für ein Gesetz zur Änderung des Fernstraßenbauprivatfinanzierungsgesetzes und straßenverkehrsrechtlicher Vorschriften[36] diskutiert. Andererseits vertrauen ausländische Staaten bei der Realisierung öffentlicher Infrastrukturvorhaben auf die Unterstützung der deutschen Wirtschaft. So führt z.B. die Bayerischen Ingenieurkammer-Bau mit der peruanischen Commission for the Promotion of Private Investment (COPRI) Gespräche über Kooperationen. Weltbank-Angaben zufolge beläuft sich das peruanische Investitionsdefizit des Andenstaates auf rund sieben Milliarden USD. 7

Die öffentliche Hand ist weltweit darauf angewiesen, Investitionen mit Hilfe privater Investoren zu tätigen[37]. Das betrifft den Straßenbau wie die Wasserversorgung oder die Errichtung von Schulgebäuden. Dabei variieren die gesetzlichen Grundlagen und Vorgaben ganz erheblich. In manchen Staaten sind ausgeprägte gesetzliche Regelungen vorhanden, in anderen fehlen sie gänzlich oder es bestehen nur einzelfallbezogene Regelungen und Vorgaben[38]. Zu den wohl bekanntesten Vorhaben gehört der Tunnelbau zwischen England und Frankreich. Dieses Vorhaben wurde auf der Grundlage von FIDIC-Bedingungen, einem völkerrechtlichen Vertrag zwischen England und Frankreich sowie staatlichen Konzessionsentscheidungen und Konzessionsverträgen abgewickelt[39].

---

[30] Vgl. Glavinis, Le contrat international de construction, Rn. 341.
[31] Vgl. Glavinis, Le contrat international de construction, Rn. 342.
[32] Nickel/Kopf ZfBR 2004, 9.
[33] Stenzel, Immobilien & Finanzierung 2002, 170; Grübler, Immobilien & Finanzierung 2004, 330.
[34] Vgl. den Hinweis von Nicklisch auf das Preußische Gesetz über Eisenbahnunternehmen vom 03.11.1838, zitiert nach Jayme/Geckler IPRax 1993, 274.
[35] Drucksache 14/8449.
[36] Drucksache 14/8447.
[37] Vgl. auch Nicklisch ICLR 2003, 81, 90.
[38] Scheibl RIW 1996, 373, 376.
[39] Vgl. dazu Herdegen, Internationales Wirtschaftsrecht, § 18 Rn. 11.

8 **a. Organisationsmodelle.** Public partnership lässt auf verschiedene Weise organisieren[40]. In der Regel beschränkt sich die Beteiligung der öffentlichen Hand auf die Zurverfügungstellung des erforderlichen Grund und Bodens und die Erteilung einer Betriebserlaubnis[41]. Im Rahmen von schlichten **Management-Verträgen** verbleiben das Eigentum an den Anlagen und die Einnahmen aus der Investition bei der öffentlichen Hand. Dem privaten Betreiber werden lediglich bestimmte Aspekte des Betriebs und der Wartung des Systems für einen begrenzten Zeitraum (meist 4–5 Jahre) übertragen. Die Bezahlung des Betreibers wird von der Erreichung der gesetzten Ziele abhängig gemacht. Etwas weiter gehen **Leasing-Verträge**, bei denen der Betreiber über einen längeren Zeitraum (meist 8–10 Jahre) einen bestimmten Anteil der Betriebskosten trägt und einen Teil der Einnahmen erhält, so dass er stärker am betrieblichen Erfolg und Risiko beteiligt wird. Noch weiter gehen **Konzessionen**. Solche Verträge verpflichten den Betreiber zur Finanzierung umfangreicher Investitionen. Im Gegenzug werden ihm die gesamten Einnahmen für einen längeren Zeitraum (meist 25–30 Jahre) zugestanden[42]. Eine besondere Form der Konzession für einzelne Anlagen sind Build-Operate-Transfer (BOT)-Projekte. In einem BOT-Projekt steht der Betreiber in keinem direkten Kontakt mit den Endverbrauchern, sondern er schließt einen Vertrag mit der öffentlichen Hand ab, auf dessen Grundlage gegen Bezahlung von Gebühren Leistungen erbracht werden.

9 Solche sog. Build-Operate-Transfer-Verträge (BOT) und ihre Geschwister, die sog. Build-Own-Operate-Verträge (BOO), die sog. Build-Own-Operate-Sell-Verträge (BOOS), Build-Operate-Maintainance (BOM), Design-Build-Finance-Operate (DBFO) oder Build-Operate-Lease-Transfer-Verträge (BOLT) erfreuen sich international großer Beliebtheit[43]. BOT-Vorhaben umfassen in der Regel drei Operationen: Herstellung, Betreiben und Übertragen der Investition[44]. Es werden u.a. die Konzessionsnehmer, der Staat, die Geld gebenden Einrichtungen, bauausführende Unternehmen und der spätere Betreiber eingebunden[45]. Die dafür erforderlichen komplexen Vertragswerke beschäftigen sich nicht nur mit der Herstellung eines Gebäudes[46]. Sie sollen und müssen gleichzeitig die Finanzierung des Vorhabens sicherstellen. Sie erfolgt in der Regel über Eigenkapital und Fremdkapital aus dem Cash-flow der Gesellschaft[47]. Je nach Art und Umfang des Vorhabens variieren die vertraglichen Anforderungen. Am Anfang solcher Vorhaben steht häufig eine Konzession, die den Vorhabenträger zu einer bestimmten Investitionsmaßnahme berechtigt und verpflichtet, die anschließend finanziert, durchgeführt und betrieben wird[48]. Wesentlich für solche Vorhaben ist die Preissicherheit[49]. BOT-Vorhaben sind daher in der Regel hochkomplexe, langfristig angelegte Pauschalpreisverträge, die netzwerkartig aufgebaut sind[50]. Mit normalen Bau- und Anlagenbauverträgen haben solche Vertragsgestaltungen nicht mehr viel gemein[51]. Solche Vertragskonglomerate führen oftmals in das Dickicht staatlicher Subventionsentscheidungen

[40] Nicklisch ICLR 2003, 81; Chitty on Contracts, Rn. 37-037; Nickel/Kopf ZfBR 2004, 9, 10.
[41] Chitty on Contracts, Rn. 37-037 f.
[42] Vgl. auch Pickavance, Delay and Disruption, Rn. 3.48.
[43] Vgl. Chitty on Contracts, Rn. 37-037.
[44] Glavinis, Le contrat international de construction, Rn. 335; Kulle ZfBR 2003, 129.
[45] Glavinis, Le contrat international de construction, Rn. 336.
[46] Herdegen, Internationales Wirtschaftsrecht, § 18 Rn. 10.
[47] Kapellmann/Schiffers, Vergütung, Nachträge und Behinderungsfolgen beim Bauvertrag, Rn. 422.
[48] Thode/Wenner, Internationales Architekten- und Bauvertragsrecht, Rn. 317.
[49] Kapellmann/Schiffers, Vergütung, Nachträge und Behinderungsfolgen beim Bauvertrag, Rn. 422.
[50] Nicklisch ICLR 2003, 81, 82; Kapellmann/Schiffers, Vergütung, Nachträge und Behinderungsfolgen beim Bauvertrag, Rn. 422.
[51] Vgl. Wade ICLR 2000, 5, 10.

und versteckter Beihilfen. Staatliche Garantien und andere Beihilfen müssen sich im Rahmen des Zulässigen bewegen[52]. Eine wesentliche Schranke ist Art. 87 EGV, die z.B. die Übernahme besonders günstiger Bürgschaften, die Gewährung von Vorzugstarifen für die Belieferung mit Energie oder die Übernahme von Verlusten verbietet[53]. Unzulässig sind z.B. auch verdeckte Beihilfen in Form zu niedriger Grundstückspreise[54]. Gegen die Vermutung einer Beihilfe spricht, wenn das Grundstück unabhängig durch einen Gutachter bewertet wurde oder in einem Ausschreibungsverfahren vergeben wird[55].

Typischerweise setzt sich ein PPI-Projekt (hier für ein Kraftwerk) aus folgenden Verträgen zusammen[56]: 10

- Vereinbarungen zwischen den Anteilseignern (Investorengruppe)
- Kreditvereinbarung
- Konzessionsvertrag
- Abnahmevereinbarung (z.B. über die Abnahme von Elektrizität)
- Belieferungsvereinbarung (z.B. mit Kohle für den Betrieb des Kraftwerks)
- Betriebsvereinbarung
- Bauvertrag

b. Vergabeverfahren. Die öffentliche Hand muss Baukonzessionen im Vergabeverfahren vergeben[57], nicht jedoch Dienstleistungskonzessionen[58]. Partnering-Vorhaben können durchaus ausgeschrieben und an den günstigsten Bieter zu Pauschalpreisen vergeben werden[59]. Für diese Vergabeform spricht schon, dass damit Diskussionen über unzulässige Beihilfen ausgeschlossen werden[60]. In den USA erfolgt die Vergabe oftmals auf diesem Wege, so dass anders lautende Stimmen in der Praxis bereits widerlegt sind[61]. Um Erfüllungsanreize zu geben, wird die Vereinbarung von Einsparungsverteilungsmechanismen vorgeschlagen[62]. Allerdings verursacht die Erarbeitung von Angeboten für BOT-Vorhaben erhebliche Kosten, so dass Regelungen über Schadensersatz bei Verfahrensfehlern von großer Bedeutung sind[63]. Die Vergabe erfolgt häufig auf der Grundlage von FIDIC als BOT, BOOT oder DBFO-Vertrag[64]. 11

c. Internationales Privatrecht. Kollisionsrechtlich werfen derartige Verträge kaum Fragen auf, wenn eine Rechtswahlvereinbarung getroffen wird, was ganz überwiegend der Fall ist[65]. In der überwiegenden Anzahl der Fälle wird das Recht des Konzessionsstaates vereinbart werden[66]. Vereinbaren die Parteien das Recht des beteiligten Staates, kann den beteiligten Staat allerdings niemand hindern, das anwendbare Recht zu seinen 12

---

52 Vgl. Scheibl RIW 1996, 373, 378.
53 Geiger, EUV/EGV, Art. 87 EGV Rn. 8.
54 Streinz/Koenig/Kühling, EUV/EGV, Art. 87 EGV Rn. 40.
55 Grundstücksmitteilung, ABl 1997 Nr. C 209/3 vom 10.07.1997.
56 Huse ICLR 2000, 384, 386 ff.
57 Matthey in: Rechtsprobleme von Auslandsinvestitionen, 99, 103.
58 Vgl. EuGH v. 07.12.2000, Rs. C-324/98-Teleaustria; siehe auch OLG Düsseldorf WuW/E Verg 350, 353; OLG Koblenz NZBau 2001, 283.
59 Skeggs ICLR 2003, 256, 462.
60 Streinz/Koenig/Kühling, EUV/EGV, Art. 87 EGV Rn. 40, 35.
61 Skeggs ICLR 2003, 256, 462.
62 Skeggs ICLR 2003, 256, 463.
63 Scheibl RIW 1996, 373, 378; Goedel, BB-Beilage 20/1991, 19, 21.
64 Chitty on Contract, Rn. 37-038.
65 Thode/Wenner, Internationales Architekten- und Bauvertragsrecht, Rn. 318.
66 Vgl. Scheibel RIW 1996, 373, 377.

Gunsten zu ändern. Derartige Praktiken beeinträchtigen allerdings die Investitionssicherheit ganz erheblich, so dass sehr häufig eine Stabilisierungsklausel in Bezug auf das anwendbare Recht vereinbart wird. Eine solche Klausel beinhaltet das Versprechen des Staates, seine Gesetzgebungskompetenz dahingehend zu nutzen, sich seinen vertraglichen Verpflichtungen zu entziehen[67]. Noch weitergehend sind Klauseln, mit denen vereinbart wird, ausschließlich das Recht anzuwenden, das zum Zeitpunkt des Vertragsschlusses gilt[68]. Über die Wirksamkeit derartiger Klauseln wird allerdings diskutiert. Immerhin beeinträchtigen sie die Souveränität des betroffenen Staates. Die einschlägige Schiedsgerichtsbarkeit hat sich unterdessen zugunsten der Wirksamkeit solcher Klauseln ausgesprochen[69]. Ähnlich eindeutig hat sich die Literatur geäußert[70].

13 Problematisch wird es, wenn keine Rechtswahlvereinbarung besteht. Lässt sich der Vertrag einheitlich qualifizieren, kann er unproblematisch einer Rechtsordnung unterworfen werden. Häufig wird das Vorhaben aber in mehreren unabhängigen Verträgen organisiert[71]. Für solche Fälle wird vorgeschlagen, alle Verträge nach dem Konzessionsvertragsstatut zu behandeln[72]. Letzterer wird in aller Regel das Recht des Konzessionsstaates sein[73]. Beruht die zugrunde liegende Konzession auf einer staatlichen (hoheitlichen) Vergabeentscheidung, ergeben sich Inhalt und Konsequenzen, insbesondere aber die Widerruflichkeit der Konzession allein aus dem Vergaberecht[74]. Gegen eine solche akzessorische Anknüpfung wird vorgetragen, dass es den Interessen der Beteiligten widerspreche sich strikt nach einem übergeordneten Recht verhalten zu müssen[75].

Die staatliche Beteiligung an einem Vertrag führt nicht zwangsläufig dazu, dass das Recht dieses Staates Anwendung findet. Zwar wird diese Auffassung durchaus vertreten[76], doch orientiert sich diese Lösung zu einseitig an den Interessen der staatlichen Partei[77].

14 **d. Spezialgesetzgebung.** PPI-Vorhaben sind häufig in speziellen Gesetzen geregelt, die besondere Bedingungen für diese Art von Vorhaben schaffen. In England ist z.B. auf einige PPI-Projekte der HGCRA nicht anwendbar[78].

15 **e. Allgemeine rechtliche Hinweise.** Das Partnering setzt naturgemäß wechselseitig ein Verhalten voraus, das dem Gedanken von Treu und Glauben (good faith) gerecht wird. Andererseits ist der Gedanke von good faith kein rechtliches Allgemeingut. In den common law Staaten ist der Gedanke von good faith erst langsam im Vordringen. In Verträgen, die Berührung zu Common-Law-Staaten aufweisen, sollte daher das Partnering ausdrücklich und eingehend geregelt werden[79]. Ferner ist Vertraulichkeit zu

---

67 Chaillé de Néré, Les difficultés d'exécution du contrat en droit international privé, Rn. 103.
68 Chaillé de Néré, Les difficultés d'exécution du contrat en droit international privé, Rn. 103.
69 Aminoil v. Kuwait, 24.03.1982, Clunet 1982, 869; Texaco-Calasiatic v. Lybien, 19.01.1977, Clunet 1977, 367.
70 Kahn Rev. Arb. 1985, 641, 659; Mayer Clunet 1986, 5; Chaillé de Néré, Les difficultés d'exécution du contrat en droit international privé, Rn. 104.
71 Vgl. Scheibl RIW 1996, 373, 377.
72 Jayme in: Nicklisch, Rechtsfragen privat finanzierter Projekte, 65, 71; Jayme/Geckler IPRax 1993, 274, 175.
73 Scheibl RIW 1996, 373, 377.
74 Vgl. Scheibl RIW 1996, 373, 376.
75 Wenner FS Jagenburg, 205, 220.
76 OLG Frankfurt IPRspr. 1979 Nr. 10b; RGZ 126, 196, 207; BGH NJW 1968, 356; Kegel/Schurig, IPR, § 18 I1d, vgl. auch Internationaler Gerichtshof Den Haag, 12.07.1929, Serie Nr. 20/21, 42.
77 Looschelders, IPR, Art. 28 Rn. 16; Wenner FS Jagenburg, 205, 220; vgl. aber für Frankreich Circulaire 03.05.1988 relative à la passation des marchés publics à l'étranger; Conseil d'État, 03.07.1968, sieurs Lavinge et Le Mec, N° 63-333.
78 Chitty on Contracts, Rn. 37-037.
79 Skeggs ICLR 2003, 256, 463.

vereinbaren, denn Partnering verlangt in hohem Maße das Offenlegen sensibler Informationen[80].

Im Übrigen dürfte die größte Schwierigkeit im Aufklären der Risiken und ihrer ausgewogenen Verteilung liegen. Standardisierte Betrachtungen sind insoweit nicht ungefährlich. Insbesondere sind die politischen Risiken nicht zu unterschätzen[81].

2. Konzessionen. Der Begriff der Baukonzession wird in der Regel durch eine Abgren- 16
zung zum Bauauftrag beschrieben[82]. Die Konzession hat den Bau eines Vorhabens zum Gegenstand, bei dem die Gegenleistung nicht durch Zahlung sondern durch ein Recht auf Nutzung bzw. Fruchtziehung erfolgt (vgl. § 98 Nr. 6 GWB, § 32 Nr. 1 VOB/A). Vom Bauauftrag unterscheidet sich die Konzession durch die Art der Finanzierung und der Risikoverteilung[83].

Die neue Vergabekoordinierungsrichtlinie (VKR) definiert den Begriff „Öffentliche Baukonzessionen" als Verträge, die von Bauaufträgen nur insoweit abweichen, als die Gegenleistung für die Arbeiten ausschließlich in dem Recht zur Nutzung des Bauwerks oder in diesem Recht zuzüglich der Zahlung eines Preises besteht. Solche Baukonzessionen werden teilweise auch länderübergreifend vergeben. Dem trägt Art. 65 VKR detailliert Rechnung. Baukonzessionen, können nämlich ohne weiteres unter verschiedene Verfahrensregeln fallen und auf der Grundlage eines zwischen einem Mitgliedstaat und einem Drittland oder mehreren Drittländern gemäß dem EG-Vertrag geschlossenen internationalen Abkommens über Arbeiten zur gemeinsamen Verwirklichung oder Nutzung eines Bauwerks durch die Unterzeichnerstaaten vergeben werden. Über die Frage, wie solche grenzüberschreitenden Konzessionen abgewickelt werden, schweigt die Richtlinie naturgemäß[84]. In der Praxis erfolgt die Vergabe in solchen Fällen auf privatrechtlicher Grundlage[85]. Das Vertragswerk wird auf rechtsvergleichender Grundlage erstellt[86]. In solchen länderübergreifenden Projekten verbergen sich aber spezifische Risiken, etwa durch unterschiedliche Besteuerungsregeln[87].

Konzessionen sind das Herzstück komplexer BOT-Verträge[88]. Es handelt sich dabei um 17
einen Vertrag des Investors mit dem Staat, in dem die Investition erfolgen soll[89]. Es können auch mehrere Staaten zusammen als Konzessionsgeber auftreten[90]. Solche Konstellationen treten in der Praxis gar nicht so selten auf[91]. Der Konzessionsvertrag regelt den Inhalt und die Bedingungen der Konzession, ggf. auch die Zuständigkeiten der beteiligten Konzessionsgeber. Der Konzessionsvertrag legt damit letztlich bereits die Parameter für alle anderen Liefer- und Leistungsverträge fest, die zur Realisierung des Vorhabens geschlossen werden müssen[92]. Das vertragliche Netzwerk soll den Cash-

---

80 Skeggs ICLR 2003, 256, 464.
81 Huse ICLR 2000, 384, 389.
82 Matthey in: Rechtsprobleme von Auslandsinvestitionen, 99, 101.
83 Matthey in: Rechtsprobleme von Auslandsinvestitionen, 99, 101.
84 Vgl. dazu näher Glavinis, Le contrat de construction international, Rn. 546 ff.
85 Glavinis, Le contrat international de construction, Rn. 559.
86 Vgl. Glavinis, Le contrat international de construction, Rn. 562, der das Beispiel des Tunnelbaus zwischen Frankreich und England erläutert.
87 Vgl. dazu Delmon ICLR 2003, 30, 33.
88 Nicklisch ICLR 2003, 81, 82.
89 Nicklisch ICLR 2003, 81, 82.
90 Glavinis, Le contrat international de construction, Rn. 554.
91 Beispiele sind der Tunnelbau zwischen England und Frankreich, der Tunnel bei Fréjus an der französisch-italienischen Grenze, Brückenbau zwischen Argentinien und Uruguay; Brückenbauvorhaben an der spanisch-französischen Grenze.
92 Nicklisch ICLR 2003, 81, 82; vgl. auch Skeggs ICLR 2003, 456, 468; Glavinis, Le contrat international de construction, Rn. 547 ff.

flow organisieren, der letztlich erforderlich ist, um die Maßnahme dauerhaft zu finanzieren[93]. Unterlaufen dabei Fehler, kann das gesamte Vorhaben scheitern[94]. Insoweit sind fünf Risikogruppen zu erwähnen[95]:

- Konstruktionsrisiken (Baugrund, Verzug, nicht erreichte Leistungsparameter)
- Betriebsrisiken
- Lieferrisiken
- Vermarktungs- und Amortisierungsrisiko
- Politische und rechtliche Risiken

Die darin zusammengefassten Risiken müssen aufgeklärt, ihr Eintreten minimiert und ihre Folgen begrenzt werden[96]. Erfolgt die eigentliche Vergabe der Arbeiten im Rahmen der Konzession gesondert, sind die vorstehenden Kriterien, ggf. ergänzt um Vorgaben aus der Konzession, bei der Vergabe zu berücksichtigen[97].

18 Mit einer Konzession wird also die Verantwortung für die Finanzierung, die Planung, den Bau und den Betrieb des Vorhabens in eine Hand gelegt. Die Vorfinanzierung ist das eigentliche Problem. Keine Bank finanziert ein solches Vorhaben zu 100%. Der Investor muss also entweder Eigenkapital einbringen oder die Vorfinanzierung anderweitig sicherstellen. In Betracht kommen z.B. Zahlungsgarantien des Konzessionsstaates. Parallel muss der Konzessionsstaat die Gewähr dafür übernehmen, dass das Vorhaben realisiert werden kann und dass ein Weg gefunden wird, die Nutzung wirtschaftlich zu kalkulieren[98]. Die Refinanzierung der Gesamtinvestition kann z.B. während einer befristeten Betriebsphase über Maut- oder Mieteinnahmen erfolgen. Art. 12 des englisch-französischen Vertrages über den Kanaltunnel regelt z.B. dass die Konzessionsnehmer über ausreichende Handlungsfreiheit verfügen, um die Rückführung der Investitionsmittel zu gewährleisten[99] und um den Monopolvorwurf zu vermeiden[100]. Möglich ist auch, dass der Staat die Nutzung aus Steuermitteln vergütet oder dass er die Investition langfristig zurückzahlt. Gelegentlich wird sichergestellt, dass die Nutzungsgebühren bestimmte Maximalbeträge nicht übersteigen[101]. Unter Umständen kann der Konzessionsstaat auch Mindestabnahmen garantieren, z.B. die Mindestabnahme von Elektrizität[102]. Mischformen sind denkbar. Die doppelte Garantie, bestehend aus einer Mindestpreisgarantie und einer Mindestabnahmegarantie wird als „take or pay agreement" bezeichnet[103]. Übernimmt der Konzessionsstaat eine Belieferungsgarantie (etwa bei einer Maßnahme zur Veredelung von Rohstoffen)[104], handelt es sich um ein „supply or pay agreement". Schließlich muss der Konzessionsstaat die Gewähr dafür übernehmen, dass die Investition in der Amortisierungsphase nicht enteignet wird[105]. Die eigentliche

93 Nicklisch ICLR 2003, 81, 82, Glavinis, Le contrat de construction international, Rn. 553; zu weiteren Zielen und der Bedeutung des Vertragswerkes vgl. Skeggs ICLR 2003, 456, 468.
94 Vgl. Wade ICLR 2000, 5, 10.
95 Nicklisch ICLR 2003, 81, 85; Matthey in: Rechtsprobleme von Auslandsinvestitionen, 99, 102.
96 Nicklisch ICLR 2003, 81, 85.
97 Skeggs ICLR 2003, 456, 468.
98 Vgl. Nicklisch ICLR 2003, 81, 88.
99 Vgl. Glavinis, Le contrat international de construction, Rn. 556.
100 Streinz/Koenig/Schroeder, EUV/EGV, Art. 31 EGV Rn. 4.
101 Scheibl RIW 1996, 373, 377; vgl. Glavinis, Le contrat international de construction, Rn. 556.
102 Vgl. Nicklisch ICLR 2003, 81, 88.
103 Glavinis, Le contrat international de construction, Rn. 346.
104 Vgl. dazu Nicklisch ICLR 2003, 81, 89.
105 Glavinis, Le contrat international de construction, Rn. 348.

Umsetzung erfolgt in der Regel über einen EPC-Turnkey-Vertrag[106]. Der New Engineering Contract (NEC) des Institute of Civil Engineers (ICE) soll sich dafür besonders eignen[107]. Speziell für BOT-Vorhaben wurde aber das FIDIC Silver Book entwickelt[108].

Am Ende der Amortisationsphase geht das Objekt in das Eigentum des Staates über. Wesentlicher Regelungsinhalt der Konzession ist daher die Konzessionsdauer. Um den Investor nicht zu demotivieren und die Investition dauerhaft auf dem Stand der Technik und in einem guten Erhaltungszustand zu erhalten, können z.B. Verlängerungsoptionen in Betracht gezogen werden[109].

3. Leasing und Sale-und-lease-back-Verfahren

Schrifttum

Dageförde, Inkrafttreten der UNIDROIT-Konvention von Ottawa vom 28.5.1988 über Internationales Finanzierungsleasing, RIW 1995, 265; Girsberger, Grenzüberschreitendes Immobilienleasing, Tübingen, 1997, KRONKE, Finanzierungsleasing in rechtsvergleichender Sicht, AcP 1990, 383; Reithmann/Martiny, Internationales Vertragsrecht, 7. Auflage, Köln 2010; Heitmüller, Leasing als Alternative zur Kreditaufnahme bei Kommunen, Immobilien & Finanzierung 2003, 866; Fricke, US-Cross-Border-Leasing: Modelle, Märkte, Möglichkeiten, Immobilien & Finanzierung 2003, 870; Schmidt, Immobilienleasing in Italien I, Der Langfristige Kredit 2001, 859; Schmidt, Immobilienleasing in Italien II, Immobilien & Finanzierung 2002, 76; Poczobut, Das Unidroit-Projekt – vom Entwurf zum Übereinkommen, RabelsZ 51 (1987), 681

Das Gebäudeleasing erfreut sich steter Beliebtheit[110]. In Deutschland begegnet das Im- 19
mobilienleasing allerdings gewissen rechtlichen Hindernissen, da das Grundeigentum nicht bedingt aufgelassen werden kann. Trotzdem hat sich das Gebäudeleasing auch in Deutschland etabliert[111]. Im Ausland sind die Gestaltungsmöglichkeiten oftmals erheblich größer. Auch kann das Leasing dort gelegentlich im Grundbuch eingetragen werden[112]. In Frankreich z.B. gibt es für die Finanzierung von Vorhaben für die öffentliche Hand durch Erbbaurechte und Leasinggestaltungen eine spezielle gesetzliche Grundlage[113]. Das normale Leasing liegt gemäß Art. L313-1 und L511-5 Code monétaire et financier in der Hand der Bankinstitute. Es existieren in Frankreich verschiedene Mietkaufformen (location-accession, crédit-bail immobilier, cession-bail, concession immobilière)[114]. Das crédit-bail ist eine echte Finanzierungstechnik[115]. Das cession-bail (lease-back) beinhaltet den Verkauf und die Rückmietung des Objekts[116]. In Italien ist das Immobilienleasing ein zulässiger atypischer Vertrag[117]. Mangels gesetzlicher Ausprägung ist es dort üblich, die wechselseitigen Rechte und Pflichten der Parteien ausdrücklich und ausführlich vertraglich zu regeln[118]. In den USA sind Pachtfinanzierungen eine gängige Alternative[119].

---

106 Wade ICLR 2000, 5, 10.
107 Vgl. Latham 1994, ICE 2001; Skeggs ICLR 2003, 456, 457.
108 Huse ICLR 2000, 384, 391; Wade ICLR 2000, 5, 11.
109 Scheibl RIW 1996, 373, 377.
110 Feinen, Immobilien & Finanzierung 2004, 320.
111 Schulz, Der Langfristige Kredit 2000, 781 ff.
112 Vgl. Bonneau, Droit bancaire, Rn. 555 (Frankreich).
113 Gesetz 88-13 vom 15.01.1988, kodifiziert in Art. L1311-2 und L1311-33 Code Général des collectivités territoriale; vgl. auch Mémento Pratique, Urbanisme-Construction 2004, Rn. 24320.
114 Pfleiderer, Einführung in das französische Immobilienrecht, 11 ff.
115 Bonneau, Droit bancaire, Rn. 531, zu den verschiedenen Ausgestaltungsmöglichkeiten Bonneau, Droit bancaire, Rn. 552 ff.
116 Bonneau, Droit bancaire, Rn. 533.
117 Schmidt, Immobilien & Finanzierung 2002, 76.
118 Schmidt, Immobilien & Finanzierung 2002, 76.
119 Vgl. Chadakoff/Stein/Hübner, Immobilien & Finanzierung 2002, 620, 622.

20 Das internationale Finanzierungsleasing ist Gegenstand einer Unidroit Konvention aus dem Jahre 1988, der Deutschland bislang nicht beigetreten ist. Gegenstand des Übereinkommens ist das Finanzierungsleasing[120]. Die Lieferung des Leasinggegenstands kann in der Rechtsform des Kaufvertrages, des Werkvertrages oder des Werklieferungsvertrages erfolgen[121]. Das Übereinkommen findet unabhängig davon Anwendung, ob der Leasinggegenstand mit einem Grundstück verbunden wird oder nicht[122]. Die Rechtsfolgen der Verbindung und die Verbindung selbst, bestimmen sich nach dem Recht des Belegenheitsstaates[123]. Haben grundstücksbezogene Leasingverträge Auslandsberührung, sind sie der Rechtswahl zugänglich[124]. Fehlt eine Rechtswahlvereinbarung, unterliegt das Vertragsverhältnis im Zweifel dem Recht der Grundstücksbelegenheit[125].

Wird lediglich eine Anlage im Wege des Leasing finanziert, kann ebenfalls unbedenklich das anwendbare Recht vereinbart werden. Fehlt es an einer Vereinbarung, ist man sich nicht einig, ob dem Lagerecht des Leasinggegenstandes[126] oder dem Recht des Leasinggebers[127] Vorzug zu geben ist. In Deutschland überwiegt die Auffassung zugunsten des Rechts des Leasinggebers[128].

21 Eine besondere Form des Leasing ist das sog. Cross-Border-Leasing (CBL). Beim CBL werden öffentliche Infrastruktureinrichtungen langfristig an einen Investor in den USA verpachtet[129]. Der Pachtzeitraum beträgt in der Regel 99 Jahre[130]. Gleichzeitig mietet die Kommune die Einrichtung für einen deutlich geringeren Zeitraum zurück, der zwischen 20 bis 30 Jahre beträgt[131]. Typischerweise werden sowohl der Hauptmietvertrag als auch Rückmietvertrag bei Vertragsschluss im Voraus bezahlt[132]. Der Vorteil für die Kommune liegt in einem Barwertvorteil, der von den Renditeerwartungen des US-Investors, den US-Kapitalmarktbedingungen sowie dem Anlageprodukt abhängig ist[133]. CBL kommt als (Lease-to-) Service Contract mit einem Wert von über 250 MIO USD und als QTE-Lease mit einem Wert von mindestens 100 MIO USD vor[134]. Die Kommune ist während der Laufzeit verpflichtet, den Wert der übertragenen Verpflichtungen konstant zu halten und regelmäßig Erhaltungssicherung vorzunehmen[135]. Zivilrechtlich bleibt die Kommune während der gesamten Zeit Eigentümer[136].

IV. EU-Förderung

22 Die EU finanziert über ihre Programme PHARE und ISPA in den 10 ehemaligen Bewerberländern Mittel- und Osteuropas vor allem Umweltprojekte. So genehmigte die

---

[120] Poczobut RabelsZ 51 (1987), 681, 693.
[121] Poczobut RabelsZ 51 (1987), 681, 694.
[122] Poczobut RabelsZ 51 (1987), 681, 715.
[123] Reithmann/Martiny/Dageförde, Internationales Vertragsrecht, Rn. 1113.
[124] Reithmann/Martiny/Mankowski, Internationales Vertragsrecht, 6. Auflage, Rn. 1063.
[125] Girsberger, grenzüberschreitendes Finanzierungsleasing, Rn. 100; Dicey & Morris, Conflicts of Law, Rn. 33-220; Reithmann/Martiny/Dageförde, Internationales Vertragsrecht, Rn. 1135.
[126] Gavalda/Bey, Gaz.Pal 1979, 1.
[127] Mattout, Droit bancaire international, Rn. 134; Reithmann/Martiny/Dageförde, Internationales Vertragsrecht, Rn. 1135.
[128] Reithmann/Martiny/Dageförde, Internationales Vertragsrecht, Rn. 1135.
[129] Heitmüller, Immobilien & Finanzierung 2003, 866, 868.
[130] Heitmüller, Immobilien & Finanzierung 2003, 866, 868.
[131] Fricke, Immobilien & Finanzierung 2003, 870.
[132] Fricke, Immobilien & Finanzierung 2003, 870.
[133] Fricke, Immobilien & Finanzierung 2003, 870.
[134] Fricke, Immobilien & Finanzierung 2003, 870.
[135] Heitmüller, Immobilien & Finanzierung 2003, 866, 868.
[136] Fricke, Immobilien & Finanzierung 2003, 870.

Europäische Kommission im Jahr 2000 in Ungarn drei mit ISPA-Mitteln im Gesamtbetrag von schätzungsweise 29,6 Millionen Euro geförderte ISPA-Projekte zur Entsorgung von Festmüll, obwohl der nationale Abfallbewirtschaftungsplan erst im September 2001 angenommen wurde und die regionalen und lokalen Abfallbewirtschaftungspläne im Jahr 2002 noch in Ausarbeitung waren. Zwei PHARE-Projekte zur Abfallwirtschaft, die Bestandteil der regionalen und nationalen Pläne sein sollten, wurden Anfang 2001 gestartet. In Vilnius/Litauen wurden für ein Projekt zur Abwasseraufbereitung ISPA-Mittel im Betrag von 20 Millionen Euro gewährt. Die polnische Stadt Torun erhielt ISPA-Mittel im Betrag von 47,5 Millionen Euro. Bis November 2001 war Polen das Land, in das mit Abstand die meisten Mittel flossen (im Jahr 2000 wurden für Umweltmaßnahmen in Polen Mittel in Höhe von 133 Millionen Euro aus dem ISPA-Programm gebunden). In den Folgejahren kamen vor allem Rumänien und Bulgarien in den Genuss von ISPA Mitteln. Inzwischen werden neue Vorhaben in Serbien, Montenegro und im Kosovo aufgelegt. Hier liegt inzwischen der Schwerpunkt der Förderung.

Die Kommission und die Empfängerländer vergeben solche Aufträge überwiegend in sog. „Design-and-Build-Verträgen" (Aufträge über Planung und Bau) und nur selten in reinen Bauaufträgen (measured contracts). Bei der ersten Kategorie von Aufträgen fällt die Planung der Infrastruktur in die Verantwortung des Auftragnehmers, der deshalb auch selbst für mögliche Kostenüberschreitungen aufkommen muss. Die Infrastrukturprojekte wurden nicht immer durch Ingenieure überwacht, wie es dem international gültigen Standard entspricht. In den Empfängerländern werden traditionell Angestellte der Begünstigten mit der Projektüberwachung betraut. Die Kommission sorgte nicht immer dafür, dass im Rahmen der Projekte ausreichende Mittel für eine wirksame Überwachung zur Verfügung standen. Nachdem die Ausschreibungsverfahren einmal abgeschlossen sind, schreiten die Bauarbeiten zumeist wie in der Finanzierungsvereinbarung geplant voran, doch gibt es auch hin und wieder Durchführungsprobleme. Die Abwicklung erfolgt in der Regel auf der Grundlage der FIDIC-Muster 1987 ff. (Red Book, Orange Book)[137].

V. Budgetbildung

Unabhängig davon, bei wem die Verantwortung für die Finanzierung des Vorhabens liegt und auf welche Weise sie im Ergebnis realisiert wird, müssen sich die Beteiligten über die Kosten des Projekts klar werden. Vielfach geschieht dies über Kostenschätzungen und Marktabfragen. Häufig wird das Ergebnis einer Ausschreibung zur Budgetbildung herangezogen. Risikomanagement und Risikoanalysen treten in den Hintergrund. Der Auswahl des Projekt- oder Bauvertrages wird wenig bis keine Bedeutung beigemessen. Doch hat dieser unmittelbare Auswirkungen auf die Verlässlichkeit von Kostenschätzungen und Kostenprognosen. Der Vertrag, auf dessen Grundlage das Vorhaben realisiert werden soll oder realisiert wird, hat aber die entscheidende Aufgabe, die Baukosten transparent zu machen und die Risikofaktoren für das Baubudget offen zu legen. Kostenschätzungen nach DIN 276 eignen sich nur selten für Auslandsaufträge. Häufig gehen sie auch schlicht an der Wirklichkeit vorbei, weil der Bauaufwand von vielen Vorgaben (Bildung von Wohnungs- oder Stockwerkeigentum, Bauen im Bestand, etc.) abhängig ist, die sich nicht ohne weiteres in den relevanten Baukostengruppen spiegeln. 23

[137] Siehe dazu § 20; vgl. dazu auch den sehr instruktiven Sonderbericht Nr. 5/2003 über die Finanzierung von Umweltprojekten in den Bewerberländern aus den Programmen PHARE und ISPA, zusammen mit den Antworten der Kommission, ABl Nr. C 167 v. 17.07.2003, 1–20.

Jeder Bauvertrag sollte das Ergebnis einer Risikoanalyse sein, die die Projektrisiken erfasst und verteilt. Wurden die Risiken zuverlässig erfasst und angemessen verteilt, steigt die Belastbarkeit von Baukostenprognosen proportional. Der Bauvertrag erfasst seiner Natur nach die voraussehbaren Kosten, die sich im Baupreis widerspiegeln. Für unerkannte Risiken hat der Unternehmer in der Regel keine Vorkehrungen getroffen. In Bezug auf erkannte Risiken enthält der Vertrag üblicherweise Regelungen zur Risikotragung. Je nach Vertrag muss der Unternehmer diese Risiken vollständig einkalkulieren oder sie im Preis unberücksichtigt sein lassen. In letzterem Fall wird der Vertrag Regelungen dazu treffen, ob und inwieweit der Vertragspreis angepasst wird, falls das Risiko eintritt. Das deutsche gesetzliche Leitbild des Werkvertrages beruht allenfalls auf einer sehr rudimentären Risikoanalyse. Wetterbedingungen, gesetzliche Rahmenbedingungen und technische Standards sind z.B. im BGB keine eindeutig identifizierte Risiken. Andererseits regelt das BGB das Baugrundrisiko und das Massenrisiko mehr oder weniger klar und nimmt insoweit eindeutige Risikoverteilungen vor. Man sollte sich klar vor Augen führen, dass das Ergebnis einer Ausschreibung in den wenigsten Fällen eine zuverlässige Grundlage für die Budgetbildung darstellt. Zumeist beruhen die Ausschreibungsergebnisse in einem hohen Maße auf Annahmen und Vermutungen. Nur wenn die Ausschreibungsergebnisse auf einer nachhaltigen Risikoanalyse beruhen und die projektspezifischen Risiken sorgfältig ermittelt und verteilt wurden, lässt sich eine zuverlässige Prognose vornehmen. Ist klar, welche Partei welche Risiken trägt, lassen sich über Wahrscheinlichkeitsberechnungen konkrete Aussagen dazu treffen, wie sich die Risiken auf den Preis auswirken werden. Dieser Erkenntnis wird vielfach zu wenig Bedeutung beigemessen.

Häufig wird angenommen, ein möglichst einseitig formulierter Vertrag schaffe Sicherheit. Je größer die Unsicherheit sei, so die Anahme, umso einseitiger müsse das Vertragswerk ausfallen. Auch diese Annahme ist zumindest waghalsig, wenn nicht falsch. Gerade hohe Risikopotentiale bedürfen einer eher sorgfältigen und behutsamen Behandlung. Die einseitige Risikoverteilung führt unter falschen Prämissen sehr häufig in erhebliche Unsicherheit. Die Wahrscheinlichkeit, dass eine Annahme falsch ist, ist häufig sehr groß. Naturgemäß muss der Unternehmer sämtliche Risiken auspreisen, die von ihm übernommen werden sollen. Sieht er unter Wettbewerbsbedingungen davon ab oder erkennt er sie schlicht nicht, sind spätere Korrekturen nahezu unumgänglich, um nachhaltige Verluste oder Insolvenzen zu vermeiden. Preiswettbewerb führt tendenziell immer zur Verharmlosung von Risiken. In der Regel gewinnt der risikobereite Unternehmer den Wettbewerb. Verschätzt er sich, trägt der Besteller das Risiko dieser Fehleinschätzung, wenn der Unternehmer keine hinreichenden Vorkehrungen getroffen hat. Die gängigen Vergabeverfahren berücksichtigen dies nicht. Sie schaffen keine Transparenz für die Risikovorsorge. Die Solvenz des Unternehmers ist allenfalls ein Indiz für eine hinreichende Risikovorsorge. Der solvente Unternehmer wird mit allen Mitteln versuchen, den Vertrag zu beenden oder das Ergebnis nachzubessern. Der wenig solvente Unternehmer wird in die Insolvenz gehen müssen, wenn sich die verdrängten oder ignorierten Risiken realisieren, weil ihm in der Krise ganz einfach die Zeit fehlt, um die fehlenden Mittel geltend zu machen und ggf. einzuklagen. In beiden aufgezeigten Fällen hat der Besteller keinen Zugang zu internen Daten des Unternehmers, um etwa einschätzen zu können, für welche Gesamtrisiken Vorsoge getroffen wurde. Letztlich eignet sich also nur eine umfassende Risikoanalyse und Sachverhaltsaufklärung, um zuverlässige Budgets zu bilden.

Praxishinweis: Verträge sollten demgemäß daraufhin überprüft werden, ob sie alle relevanten Risiken identifizieren (Schnittstellen, schlechtes Wetter, Änderungen der Gesetzgebung, leistungsändernde Anordnungen, Baugrunderschwernisse, Wechselkursschwankungen, Genehmigungsprobleme, etc.). Im zweiten Schritt sollte geprüft werden, wer die Risiken trägt und ob sie ggf. vom Unternehmer preislich berücksichtigt wurden oder zu berücksichtigen sind. Im dritten Schritt ist zu klären, welche Riskoausgleichspotentiale der Vertrag regelt (Cost Claims, Preisanpassung im Falle von Leistungsänderungen, Schadensersatzansprüche oder Bauzeitanpassung im Falle von Behinderungen, etc.). In der nachfolgenden Feinprüfung wären der Umfang und die Angemessenheit des vertraglich vorgesehenen oder unterstellten Risikoausgleichs zu bewerten. In die Überlegungen einzubeziehen sind der Managementaufwand, die regelmäßige Dauer der Anspruchsklärung, Streitpotentiale und Kosten der Streiterledigung. Effektive Regelungen zum Claimmanagement und zur Streitbeilegung sind förderlich.

§ 22 Internationales Sachenrecht

Schrifttum

v. Bar, Sachenrecht in Europa, Band I (Schweden, Dänemark, England, Finnland), Osnabrück 2000; v. Bar, Sachenrecht in Europa, Band II (Österreich, Polen, Tschechien, Ungarn), Osnabrück 1999; v. Bar, Sachenrecht in Europa, Band III (Griechenland, Portugal, Niederlande), Osnabrück 1999, v. Bar, Sachenrecht in Europa, Band IV (Belgien, Spanien, Italien, Frankreich), Osnabrück 2001; v. Bar, Internationales Privatrecht II, München 1991; Campos Nave, Die Hypothek im spanischen und im französischen Recht, RIW 1996, 550; Firsching, Übereinkommen über das auf vertragliche Schuldverhältnisse anzuwendende Recht (IPR-VertragsÜ) vom 11.6.1980, IPRax 1981, 37; Kegel/Schurig, Internationales Privatrecht, 9. Auflage, München 2004; Kartkze, Unternehmerpfandrecht des Bauunternehmers nach § 647 BGB an beweglichen Sachen des Bestellers, ZfBR 1993, 205; Motzke, Die Bauhandwerkersicherungshypothek: Eine rechtsgeschichtliche, rechtsvergleichende, rechtsdogmatische und rechtstatsächliche Untersuchung, 1981; Reithmann/Martiny, Internationales Vertragsrecht, 7. Auflage, Köln 2010; Schröder, Zur Anziehungskraft der Grundstücksbelegenheit im internationalen Privatrecht und Verfahrensrecht – zu OLG Köln 29.4.1983, IPRax 1985, 145; Saviaux, La double garantie en matière d'hypothèque légale des artisans et entrepreneurs, Baurecht/Droit de la construction, 1999, 91; Yazdani, Das Internationale Bauprojekt und der Sicherungsanspruch des Auftragnehmers nach deutschem Recht, RIW 2001, 124

Inhaltsübersicht

I. Allgemeine Lehren

1 **1. Einführung.** Das Sachenrecht hat im Baurecht eine besondere Bedeutung, denn es entscheidet

- über den Eigentumsverlust an den eingesetzten Baustoffen und eventuelle Sicherungsrechte des Bauunternehmers am Baugrundstück.
- über die Möglichkeit zur Aufteilung von Gebäudegrundstücken in Wohnungseigentum.
- über die Besicherungsfähigkeit von Grundstücks- und Herstellungskosten.
- über die Art der verfügbaren Rechte am Grundstück und damit über Finanzierungsformen.

2 Art. 43 EGBGB konkretisiert das deutsche Internationale Sachenrecht in gesetzlicher Form. Was bis zum Inkrafttreten der Regelung vor allem der Entwicklung durch die Rechtsprechung vorbehalten war, ist jetzt zunächst Art. 43 EGBGB zu entnehmen.

3 **2. Lex rei sitae.** Rechte an einer Sache unterliegen dem Recht des Staates, in dem sich die Sache befindet (Art. 43 EGBGB)[1]. Das Internationale Sachenrecht verweist damit in Ansehung sachenrechtlicher Vorgänge und Fakten auf den Ort, an dem der zu beurteilende Rechtsgegenstand belegen ist (lex rei sitae). Der Erwerb von Eigentum, der Verlust von Eigentum und die Belastung von Eigentum beurteilen sich grundsätzlich nach der

[1] Entsprechendes gilt in Frankreich, vgl. Audit, Droit international privé, Rn. 740.

lex rei sitae (Art. 43 EGBGB). Dies gilt insbesondere auch für die Verbindung von Baumaterial mit einem Grundstück und die möglichen Sicherungsrechte des Bauunternehmers am Baugrundstück. Gelegentlich verlagert das ausländische Recht den Erwerbsvorgang bereits auf den Vertragsschluss, so dass bei grenzüberschreitenden Verträgen größte Vorsicht geboten ist. Sobald das Baumaterial das Inland verlässt und das Baustellenland erreicht, können bereits Rechte des Bauherrn erworben sein. Eine Einzelfalluntersuchung ist stets vorab anzustellen. Eigentumsvorbehalte sind nicht immer sicher.

Bei einem grenzüberschreitenden Versendungskauf in das Ausland erfolgt ähnlich wie bei einem Bauvertrag mit Eigentumsverschaffungspflicht die für den Eigentumsübergang nach deutschem Recht erforderliche Besitzverschaffung (§ 854 ff., 829 ff. BGB) am Kaufgegenstand in aller Regel erst mit dessen Ablieferung am Bestimmungsort[2]; im bauvertraglichen Kontext jedenfalls mit dem Einbau. Wird deshalb der nach deutschem Recht eingeleitete Erwerbstatbestand bis zum Grenzübertritt nicht mehr vollendet, beurteilt sich die Frage, ob und zu welchem Zeitpunkt das Eigentum am Kaufgegenstand übergeht, gemäß Art. 43 Abs. 1 EGBGB nach dem dann für das Recht des Lageortes zuständigen ausländischen Sachrecht[3]. Das gilt für die Eigentumsübertragung durch Einbau wie für den Eigentumsübergang durch Besitzverschaffung.

II. Eigentumsformen

Jede Investitionsentscheidung setzt eine Analyse der sachenrechtlichen Verhältnisse am Baugrundstück voraus. Der in Deutschland geltende numerus clausus der Sachenrechte schränkt gelegentlich das Blickfeld deutscher Investoren so weit ein, dass sie lukrative Alternativen zum Grundstückserwerb übersehen, wenn die Investition im Ausland erfolgen soll. Hier kann keine rechtsvergleichende Darstellung des Immobiliarsachenrechts in Europa und der Welt erfolgen[4]. Jeder Investor sollte sich jedoch darüber im Klaren sein, dass er im Ausland u.U. sachenrechtliche Verhältnisse vorfindet, die sich besser für die Investitionseckdaten eignen als der Grundstückserwerb. In England und den Vereinigten Staaten sind die sachenrechtlichen Verhältnisse häufig disponibel, d.h. es sind vom Grundeigentum stufenweise ableitbare dingliche Rechtspositionen (rights in rem) verfügbar. Ausgangspunkt sind die „freehold interests in land". In Frankreich lassen sich neben dem Eigentum am Grund und Boden diverse dingliche Rechte isolieren, die das Baurecht beinhalten. Neben dem Volleigentum am Grundstück existieren u.a. das droit de superficie, das bail emphythéotique, das bail à construction und die concession. Gelegentlich erstarken mietrechtliche Verhältnisse zu dinglichen oder ihnen ähnlichen Rechtsverhältnissen. 4

III. Verfügungen über Eigentum

Wirksamkeit und Folgen einer Verfügung über Eigentum sind nach der **lex rei sitae** zu beurteilen. Mithin urteilt das Lagerecht über Belastungen, inhaltliche Änderungen, die Aufgabe und die Übertragung von Eigentum[5]. 5

Bei Grundstücksgeschäften über deutsche Grundstücke ist zu beachten, dass die Auflassung nur vor deutschen Notaren erklärt werden kann. Die Beurkundung einer Auflassung bezüglich eines in Deutschland belegenen Grundstücks durch einen ausländi- 6

---

2 BGH, Urt. v. 10.06.2009 – VIII ZR 108/07; NJW 2009, 2824 = IBR 2009, 1270 –Schwenker.

3 BGH, Urt.l v. 10.06.2009 – VIII ZR 108/07; NJW 2009, 2824 = IBR 2009, 1270 – Schwenker.

4 Vgl. aber v. Bar, Sachenrecht in Europa, Band I-IV.

5 Looschelders, IPR, Art. 43 Rn. 30.

schen Notar erfüllt nicht die Wirksamkeitsvoraussetzungen des § 925 Abs. 1 S. 2 BGB[6]. Dagegen können Hypotheken und Grundschulden an deutschen Grundstücken im Ausland beurkundet werden, sofern die beurkundende Stelle mit einem deutschen Notar vergleichbar ist. In Frankreich hingegen wird zwar die Grundstücksübertragung in einer ausländischen notariellen Urkunde anerkannt, nicht jedoch die Belastung eines Grundstücks mit einer Hypothek (Art. 2128 Code Civil). Sie ist stets vor einem französischen Notar zu beurkunden.

IV. Wandelbarkeit des Statuts

7 Eigentum an Fahrnis ist naturgemäß transportabel und kann in das Ausland verbracht werden. Durch die Lageveränderung verändert sich das auf die Sache anwendbare Recht[7]. Allerdings werden die sachenrechtlichen Verhältnisse, die in einem Staat begründet oder erworben wurden, in dem anderen Staat anerkannt[8]. Man spricht davon, dass das neue Recht die Sache mit der sachenrechtlichen Prägung, die ihr das bisherige anwendbare Recht verliehen hat, übernimmt[9]. Dieser Grundsatz ist jedenfalls hinsichtlich des Erwerbs von Volleigentum unproblematisch. Schwierigkeiten bestehen hinsichtlich etwaiger dinglicher Belastungen[10]. Solche Belastungen unterliegen in den verschiedenen Sachenrechtsordnungen oft sehr unterschiedlichen Voraussetzungen und Publizitätsanforderungen[11]. Anerkennt werden können prinzipiell nur die Rechte, die im Anerkennungsstaat existieren[12]. Die lex rei sitae entscheidet darüber, ob bestehende Sicherungsrechte Dritten gegenüber einwendbar sind und welchen Rang sie haben[13].

V. Eigentumsvorbehalt

8 Die Beständigkeit von Eigentumsvorbehalten (retention of title) ist kollisionsrechtlich ein Problem, weil es sich um einen nicht abgeschlossenen Verfügungsvorgang handelt. Im Inland begründete Eigentumsvorbehalte sind nur dann im Ausland beständig, wenn sie dort anerkannt werden[14]. Das ist in jedem Einzelfall zu prüfen. Probleme bestehen vor allem in solchen Staaten, die den Eigentumsvorbehalt gar nicht kennen oder seine Beständigkeit von der Eintragung in einem Register abhängig machen[15]. Es kann aber auch der Fall auftreten, dass der Eigentumsvorbehalt grundsätzlich anerkannt wird, dass er aber im Verhältnis zu Dritten wirkungslos ist, die den Gegenstand gutgläubig erwerben. Denn das neue Lagerecht entscheidet darüber, welche Wirkungen der Eigentumsvorbehalt hat[16].

Belgien: Der Eigentumsvorbehalt wirkt allenfalls im Verhältnis zwischen den Parteien, ist aber Dritten gegenüber im Zweifel unwirksam[17]. Hintergrund dieser Haltung ist, dass Art. 20 Nr. 5 Hypothekengesetz ein besonderes **Privileg des Verkäufers** regelt, der die gelieferte Ware bei Nichtzahlung zurückfordern kann, solange sie sich im Besitz

6 KG DNotZ 1987, 44; OLG Köln DNotZ 1972, 489; LG Ellwangen IPRspr. 1999 Nr. 24.
7 Looschelders, IPR, Art. 43 Rn. 44; siehe auch BGH, Urt. v. 10.06.2009 – VIII ZR 108/07; NJW 2009, 2824 = IBR 2009, 1270 – Schwenker.
8 Looschelders, IPR, Art. 43 Rn. 46; Dicey & Morris, The Conflict of Laws, Rn-24-021.
9 BGHZ 39, 173, 175.
10 Audit, Droit international privé, Rn. 746.
11 Looschelders, IPR, Art. 43 Rn. 49; Dicey & Morris, The Conflict of Laws, Rn-24-031.
12 Audit, Droit international privé, Rn. 746.
13 Audit, Droit international privé, Rn. 746; Dicey & Morris, The Conflict of Laws, Rn-24-025 ff.
14 Dicey & Morris, The Conflict of Laws, Rn-24-025 ff.
15 Dicey & Morris, The Conflict of Laws, Rn-24-031.
16 Vgl. Traders Finance Corp. V. Dawson Implements Ltd. (1958) 15 D.L.R. (2d) 515 (B.C.); Re Fuhrmann and Miller (1977) 78 D.L.R. (3d) 284 Ont.).
17 Ledoux, Les sûretés réelles, Rn. 49.

des Käufers befindet, vorausgesetzt, dass die Zurückforderung in einer Frist von acht Tagen nach der Lieferung erfolgt und die Sachen sich in dem selben Zustand befinden, in dem sie geliefert worden sind. Nach Fristablauf geht der Verkäufer seines Privilegs verlustig[18]. Nach neuem Insolvenzrecht ist das Privileg konkursfest[19]. Allerdings muss die diesbezügliche Rechnung innerhalb von fünfzehn Tagen nach der Lieferung in der Kanzlei des Handelsgerichts des Arrondissements, in dem der Schuldner seinen Wohnsitz oder, in Ermangelung dessen, seinen Aufenthalt hat, hinterlegt werden, wenn der gelieferte Gegenstand kraft Bestimmung oder Einverleibung **unbeweglich** geworden ist (Art. 20 Nr. 5 Abs. 2 Hypothekengesetz)[20].

Schweiz: Der Eigentumsvorbehalt setzt die Eintragung in das bei dem Betreibungsamt geführte Register voraus (Art. 715 ZGB).

Türkei: Der Eigentumsvorbehalt kann wirksam vereinbart werden. Voraussetzung ist eine notarielle Vereinbarung und die Eintragung in ein notarielles Register. Der Eigentumsvorbehalt ist konkursfest.

Frankreich: Seit Inkrafttreten des Gesetzes n° 85-98 vom 25. Januar 1985 ist der Eigentumsvorbehalt in Frankreich konkursfest. Der Eigentumsvorbehalt muss schriftlich vereinbart werden, und zwar spätestens bei Lieferung. Der Gläubiger muss die Herausgabe der Vorbehaltsware bei dem „administrateur" (oder ggf. bei dem Liquidator oder dem Repräsentanten der Gläubiger) beantragen, und zwar innerhalb von drei Monaten (vgl. Art. 85-2 und Art. 85-1 Dekret n° 85-1388 vom 27.12.1985 i.V.m. Art. 115 Gesetz n° 85-98). Widerspricht der Schuldner nicht, kann die Ware herausgegeben werden; anderenfalls muss der Antrag dem Insolvenzgericht vorgelegt werden (Art. 121-1 Gesetz n° 85-98). Die Herausgabe kann unterbleiben, wenn der Kaufpreis sofort gezahlt wird. Mit Zustimmung des Gläubigers kann das Insolvenzgericht eine Zahlungsfrist einräumen. Für diesen Fall gilt die Kaufpreisforderung als eine solche, die nach Eröffnung des Insolvenzverfahrens entstanden ist (Art. 121 Gesetz n° 85-98).

Italien: Die Wirkungen eines Eigentumsvorbehalts sind relativer Natur, d.h. auf Verkäufer und Käufer beschränkt[21]. Die Drittwirksamkeit kann herbeigeführt werden. Dazu müssen die Vertragsparteien einen schriftlichen und notariell beglaubigten Vertrag abschließen. Für Verkäufe von Maschinen über € 15,49 schreibt das Gesetz zusätzlich die Eintragung in ein besonderes Register vor[22].

England: Retention of title (ROT)-Vereinbarungen sind wirksam. Die Vereinbarung sollte schriftlich getroffen werden. Es reicht nicht aus, einen Vorbehalt in der Rechnung oder in den Lieferdokumenten zu erklären. Im Prinzip erstreckt sich der Eigentumsvorbehalt nur auf solche Waren, die als Eigentum des Lieferanten identifiziert werden können. Probleme treten auf, wenn die gelieferten Waren mit anderen vermischt werden oder sie in einen Verarbeitungsprozess einbezogen werden. Soll der Eigentumsvorbehalt auf solche Fälle erweitert werden, muss der EV registriert werden. In Betracht kommt eine Registrierung als Bill of Sale oder eine Registrierung nach Section 395 des Companies Act 1985, wenn der Verkäufer eine juristische Person ist. Die Registrierung wird in der Praxis nur bei größeren Transaktionen vorgenommen, nicht jedoch bei Lieferungen von Waren des täglichen Lebens.

---

18 Ledoux, Les sûretés réelles, Rn. 44.

19 Ledoux, Les sûretés réelles, Rn. 47.

20 Vgl. Ledoux, Les sûretés réelles, Rn. 47.

21 Müller-Hök, Einzug von Auslandsforderungen, a.a.O., S. 399.

22 Der vom Gesetzgeber im Jahr 1942 festgestellte Wert von Lit. 30.000 (€ 15,49) wurde nie aktualisiert.

Polen: Der Eigentumsvorbehalt wird grundsätzlich anerkannt (Art. 598 bis 591 Polnisches BGB), setzt aber eine notarielle Vereinbarung voraus.

Griechenland: Das Gesetz 2844/2000 sieht einen registerabhängigen Eigentumsvorbehalt vor. In der Praxis wird er nur für industrielle Ausrüstungsgegenstände angewendet.

VI. Bauhandwerkersicherung

9 Im grenzüberschreitenden Verkehr ist es nicht immer selbstverständlich, dass der Bauunternehmer in Bezug auf seine Werklohnforderung gegenüber anderen Gläubigern des Bauherrn eine bevorzugte Stellung genießt. International-privatrechtlich folgt der Anspruch auf Bestellung einer Bauhandwerkersicherungshypothek aus dem Vertragsstatut, d.h. der Unternehmer kann einen Anspruch auf Eintragung einer Bauhandwerkersicherungshypothek nur dann geltend machen, wenn das Recht, das auf den Bauvertrag Anwendung findet, einen solchen Anspruch kennt. Das zu bestellende Grundpfandrecht unterliegt unterdessen ausschließlich dem Recht am **Baustellen-ort** (lex rei sitae). Es ist mithin stets eine zweigleisige Betrachtung erforderlich. Zunächst ist das auf den Vertrag anwendbare Recht festzustellen (Vertragsstatut) und sodann ist das Recht im Baustellenland danach zu befragen, ob es das Rechtsinstitut einer Hypothek kennt. Letzteres entscheidet über den Rang der Legalhypothek und ihre Verwertung.

10 **1. Gesetzliche Sicherungsrechte.** Wie erwähnt, gewähren manche Rechtsordnungen zur Sicherung gegenseitiger Ansprüche kraft Gesetzes Sicherungsrechte an Grundvermögen. Kraft Gesetzes und teilweise ohne Eintragung können solche Grundpfandrechte an **inländischen** Grundstücken sicherlich nicht entstehen, wohl aber kraft Gesetzes mit Eintragung, jedenfalls aber existieren gesetzliche Ansprüche auf hypothekarische Absicherung. Soweit ersichtlich wird das Problem in der deutschen Literatur vorwiegend im Ehe- und Familienrecht diskutiert[23]. Ein Beispiel sind die im spanischen Recht verankerten gesetzlichen Vorzugspfandrechte der Ehefrau[24]. Sie gewähren einen rangbevorrechtigten Anspruch auf Eintragung von Grundpfandrechten und bestehen, wenn das Ehewirkungsstatut spanisches Recht ist[25]. Aber auch außerhalb des Familienrechts existieren gesetzliche Privilegien. § 648 BGB gewährt den Anspruch auf Bestellung einer Bauhandwerkersicherungshypothek, die ggf. im Wege der Zwangsvollstreckung zur Eintragung gelangen kann. Andere Rechte, wie z.B. das französische, gehen insoweit weiter und lassen das Handwerkerprivileg außerhalb des Grundbuches entstehen[26], wenngleich sie aber anschließend zur Rangwahrung fristgebunden zur Eintragung in das Hypothekenregister kommen müssen[27].

11 In den **Vereinigten Staaten** besteht zum Beispiel ein Sicherungsrecht in Form des „Mechanical Lien“ (ein gesetzliches Grundpfandrecht für Werklohnforderungen), das besondere Betrachtung verdient, weil es häufig Gegenstand besonderer vertraglicher Klauseln ist. Es handelt sich um bundesstaatliches Recht, so dass die Voraussetzungen, unter den ein „lien“ entsteht und durchgesetzt wird, von Bundesstaat zu Bundesstaat variieren. Im Wesentlichen lassen sich zwei Systeme unterscheiden: (1) das New York-System und (2) das Pennsylvania-System. Insbesondere Nachunternehmer profitieren

---

[23] Vgl. Siehr in: Münchener Kommentar, BGB, Art. 14 EGBGB Rn. 113.

[24] Vgl. Nave RIW 1996, S. 550, 551.

[25] Vgl. Siehr: in Münchener Kommentar, BGB, Art. 14 EGBGB Rn. 113.

[26] Vgl. Art. 2103 n° 4 Code Civil a.F. = Art. 2374 n° 4 Code Civil n.F.

[27] Vgl. auch Art. 1799-1 Code Civil, der eine alternative Absicherung vorsieht und insbesondere eine Direktklage gegen die finanzierende Bank ermöglicht.

davon. Deshalb ist es in den Staaten mehr oder weniger üblich (im öffentlichen Bereich sogar zwingend) sog. Payment Bonds (Bürgschaften für Verpflichtungen des Auftragnehmers gegenüber Dritten) zu vereinbaren, die die dingliche Inanspruchnahme entbehrlich machen und die Durchgriffshaftung des Eigentümers erträglich machen. Die US-Vorschriften über die Vergabe öffentlicher Aufträge sehen nach dem so genannten „Miller Act“ von 1935[28] vor, dass jeder Auftragnehmer neben dem „Performance Bond“ einen „Labour Bond“ in gleicher Höhe beizubringen hat. Dieser Bond beinhaltet die Sicherheit für den Auftraggeber, dass alle finanziellen Verpflichtungen des Auftragnehmers im Zusammenhang mit dem Auftragsgegenstand an seine Subunternehmer, Bauhandwerker oder Zulieferanten erfüllt werden[29]. Ursprünglich diente die Sicherung nur dazu, die Rechte der Subunternehmer zu schützen, die gegen das Vermögen der öffentlichen Hand kein „lien“ durchsetzen konnten[30]. Bei „privaten“ Aufträgen wird dagegen das Risiko einer dinglichen Belastung des Baugrundes durch Pfandrechte der Subunternehmer ausgeschlossen. Dieses Risiko gestaltet sich je nach lien-System unterschiedlich. Während das New York-System die Durchgriffshaftung auf den Betrag beschränkt, den der Eigentümer im Augenblick seiner Inanspruchnahme dem Unternehmer schuldet, hat der Subunternehmer im Pennsylvania-System einen direkten Durchgriffsanspruch ungeachtet der Höhe des Anspruches des Generalunternehmers[31]. In US-amerikansichen Verträgen finden sich häufig nachfolgende oder ähnliche Klauseln, die zur Abwehr von Zahlungsrisiken gegenüber Nachunternehmern dienen[32]:

§ A.9.6.2 The Design-Builder shallpromptly pay the Architect, each design professional and other consultants retained directly by the Design-Builder, upon receipt of payment from the Owner, out of the amount paid to the Design-Builder on account of each such party's respective portion of the Work, the amount to which each such party is entitled.

§ A.9.6.3 The Design-Builder shall promptly pay each Contractor, upon receipt of payment from the Owner, out of the amount paid to the Design-Builder on account of such Contractor's portion of the Work, the amount to which said Contractor is entitled, reflecting percentages actually retained from payments to the Design-Builder on account of the Contractor's portion of the Work. The Design-Builder shall, by appropriate agreement with each Contractor,require each Contractor to make payments to Subcontractors in a similar manner.

§ A.9.6.7 Unless the Design-Builder provides the Owner with a payment bond in the full penal sum of the Contract Sum, payments received by the Design-Builder for Work properly performed by Contractors and suppliers shall be held by the Design-Builder for those Contractors or suppliers who performed Work or furnished materials, or both, under contract with the Design-Builder for which payment was made by the Owner. Nothing contained herein shall require money to be placed in a separate account and not be commingled with money of the Design-Builder, shall create any fiduciary liability or tort liability on the part of the Design-Builder for breach of trust or shall entitle any person or entity to an award of punitive damages against the Design-Builder for breach of the requirements of this provision.

---

28 Act of August 24, 1935, 49 Stat. 793, 40 U.S.C. §§ 270a-270e.

29 Vgl. 40 U.S.C. § 270 a (a)(2).

30 Vgl. Illinois Sur. Co. v. John Davis C., 244 U.S. 376, 37 S.Ct. 614, 616, 61 L.Ed. 1206 (1917).

31 Vgl. Comment 68 Yale L.J. 138 (1958).

32 Auszug aus: Standard Form of Agreement Between Owner and Design-Builder, AIA Document A141-2004.

Denkbar ist auch folgende Klausel (als Particular Condition für einen FIDIC-gestützten Vertrag):

Before the Employer effects a payment under the Contract which includes an amount payable to a Subcontractor, the Employer may request the Contractor to supply reasonable evidence that the Subcontractor has received all amounts due included in previous payments, less applicable deductions for retention or otherwise. Unless the Contractor: (a) submits this reasonable evidence to the Employer, or (b) (i) satisfies the Employer in writing that the Contractor is reasonably entitled to withhold or refuse to pay these amounts, and (ii) submits to the Employer reasonable evidence that the subcontractor has been notified of the Contractor's entitlement, then the Employer may (at his sole discretion) pay, direct to the subcontractor, part or all of such amounts included in previous payments to the Contractor (less applicable deductions) as are due to the subcontractor and for which the Contractor has failed to submit the evidence described in sub-paragraphs (a) or (b) above. The Contractor shall then repay, to the Employer, the amount which the subcontractor was directly paid by the Employer. The Employer is entitled to deduct such amounts from any further payment to the Contractor.

12 Nachfolgend soll ein Überblick über existierende Sicherungsinstrumente gegeben werden:

Tabelle 6.1. Sicherungsinstrumente

Land[33]	**Anspruch auf Absicherung**	**Art**	**Andere Sicherungsformen**	**Bemerkungen**
Österreich	Nein		das allgemeine Zurückbehaltungsrecht gem. §§ 471, 1052 AGBG	
Schweiz	Ja	Anspruch auf Errichtung eines gesetzlichen Grundpfandrechtes aus Art. 839 ff. ZGB. Hat ein Unternehmer Bauarbeiten weitervergeben, so sind bei gegebenen Voraussetzungen beide berechtigt, ein Bauhandwerkerpfandrecht auf dem Grundstück des Bauherrn einzutragen (Saviaux, La double garantie en matière d'hypothèque légale des artisans et entrepreneurs, Baurecht/Droit de la construction 1999, 91).		Neben diesem Anspruch werden auch der Rang mehrerer Handwerkergrundpfandrechte untereinander und ihr Verhältnis zu anderen Pfandgläubigern gesetzlich bestimmt.

[33] Motzke, Die Bauhandwerkersicherungshypothek; Saviaux, La double garantie en matière d'hypothèque légale des artisans et entrepreneurs, Baurecht/Droit de la construction, 1999, 91 ff.

Tabelle 6.1 (Fortsetzung)

Frankreich	Ja	Spezialprivileg an dem Grundbesitz, für welchen Architekten, Bauunternehmer und Handwerker ihre Arbeit geleistet haben gem. Art. 2103 Code Civil a.F. = Art. 2374 Code Civil n.F.	Art. 1799-1 CC sieht vor, dass der Bauherr dem Unternehmer für den Werklohn eine Garantie stellen muss. Soweit er die Baumaßnahmen fremdfinanziert, sind die Banken verpflichtet, das Baugeld direkt an die Unternehmer auszuzahlen.	Das Vorzugsrecht aus Art. 2103 CC = Art. 2374 CC erstreckt sich nur auf den Mehrwert des Grundstücks. Nur das Entgelt für die betreffende Arbeit soll gesichert werden, allerdings beschränkt auf den tatsächlichen Mehrwert, gleich ob er höher oder niedriger liegt als die Werklohnforderung. Der Mehrwert ist in einem komplizierten Verfahren durch Sachverständige festzustellen, so dass in der Praxis wenig Neigung besteht, von dem Privileg Gebrauch zu machen. Sein Vorzug liegt darin, dass es ggf. im Range vor vertraglichen Hypotheken im Hypothekenregister eingetragen werden kann.
Belgien	Ja	Spezialprivileg an dem Grundbesitz, für welchen Architekten, Bauunternehmer und Handwerker ihre Arbeit geleistet haben gem. Art. 27 Hypothekengesetz		Das Vorzugsrecht aus Art. 27 HypothekenG erstreckt sich nur auf den Mehrwert des Grundstücks. Nur das Entgelt für die betreffende Arbeit soll gesichert werden, allerdings beschränkt auf den tatsächlichen Mehrwert, gleich ob er höher oder niedriger liegt als die Werklohnforderung. Der Mehrwert ist in einem komplizierten Verfahren durch Sachverständige festzustellen, so dass in der Praxis wenig Neigung besteht, von dem Privileg Gebrauch zu machen. Sein Vorzug liegt darin, dass es ggf. im Range vor vertraglichen Hypotheken im Hypothekenregister eingetragen werden kann.
Vereinigte Staaten	Ja	„mechanic lien" (= das einem Unternehmer oder Lieferanten zustehende Recht, sich selbst gegen den Verlust für geleistete Arbeit und gelieferte Materialien zu schützen)		Jeder Bundesstaat hat sein eigenes mechanics' lien law; bezüglich der Wirkungsweise ist zwischen zwei verschiedenen Systemen staatlicher Gesetzgebung (New Yorker-System und Pennsylvania-System) zu unterscheiden.

Tabelle 6.1 (Fortsetzung)

England	Nein			Das englische Rechtssystem kennt neben dem Rechtsinstitut der mortgage (Einrichtung, die mit der Hypothek vergleichbar ist) als Sicherungsmittel das pledge oder pawn (mit deutschem Pfandrecht vergleichbar), sowie das charge und das lien. Letztendlich führt keines dieser Institute zur bevorzugten Sicherung der Bauhandwerker.
Deutschland	Ja	Bauhandwerkersicherungshypothek		Anspruch auf Sicherstellung nach § 648 a BGB

Die vorstehende Tabelle kann nur einen kursorischen Überblick geben. Im Einzelfall sind eingehendere Betrachtungen unumgänglich. Ein US amerikanisches Bauhandwerkerpfandrecht (Mechanical Lien) ist ein ausschließlich gesetzlich motiviertes Instrument und aufgrund dieser Natur muss derjenige, der sich darauf beruft streng die Anforderungen an die Auslegung des gesetzlichen Pfandrechts beachten[34]. So verlangt z.B. Art. 713.08(5) der Gesetze in Florida die Geltendmachung des Rechts entweder während der Bauausführung oder spätestens 90 Tage nach Fertigstellung der Arbeiten sowie die Anzeige einer offenen Forderung binnen ebenfalls 90 Tagen ab Fertigstellung. Insbesondere deshalb sollte vor Vertragsschluss eingehend überlegt werden, wie man ggf. Sicherungsrechte erhalten oder schaffen kann. Insoweit erlangen Gerichtsstandsvereinbarungen und Rechtswahlklauseln eine besondere Bedeutung.

13 **2. Anspruch auf Bestellung der Bauhandwerkersicherungshypothek.** Die Rechte der Bauhandwerker werfen im grenzüberschreitenden Verkehr diverse Fragen auf. Zu klären ist, ob der Bauunternehmer aus einem dem deutschen Recht unterliegenden Bauvertrag Anspruch auf Bestellung einer Bauhandwerkersicherungshypothek an dem im Ausland belegenen Baugrundstück geltend machen kann, wenn das dortige Recht einen solchen Anspruch nicht vorsieht. Zu klären ist auch, ob die Rechtswahl zugunsten des ausländischen Rechts, den Anspruch auf Bestellung der Bauhandwerkersicherungshypothek entfallen lässt und wie es diesbezüglich mit dem Anspruch aus § 648 a BGB aussieht, der zwingend ausgestaltet ist. Andererseits ist zu hinterfragen, ob etwa der französische Bauunternehmer seinerseits ein gesetzliches Privileg im Sinne des Art. 2374 n° 4 Code Civil (Art. 2103 Code Civil a.F.) an einem deutschen Baugrundstück erwerben kann. Die deutsche Rechtsprechung schweigt zu diesen Fragen; was wohl bedeutet, dass diese Fragen bislang wenig praxisrelevant waren[35].

14 **a. Qualifikation des Anspruchs.** Der Anspruch des Bauhandwerkers aus § 648 BGB auf Eintragung einer Bauhandwerkersicherungshypothek ist schuldrechtlich zu qualifizieren. Er ist auf die Abgabe einer Willenserklärung gerichtet. Er entsteht nur, wenn

---

[34] Aetna Cas. & Sur. Co. v. Buck, 594 So. 2d 280, 281 (Fla. 1992); Stresscon v. Madiedo, 581 So. 2d 158,159 (Fla. 1991); Johnson v. Aqua Pool Co., Inc., 725 So. 2d 458, 459 (Fla. 2d DCA 1999); Hanley v. Kajak, 661 So. 2d 1248 (Fla. 4th DCA 1995); Delta Fire Sprinklers, Inc. v. Onebeacon Insurance Company 31 Fla Law Weekly D2072b (Fla 5th DCA, August 4, 2006).

[35] Vgl. aber OLG Köln IPRax 1985, 161-161.

deutsches Recht Vertragsstatut ist, also den Bauvertrag beherrscht. Nach neuem Kollisionsrecht entscheiden hierüber Art. 3 und 4 Rom I. Nach altem Recht fand Art. 28 Abs. 3 EGBGB a.F. dagegen nach h.M. auch insoweit keine Anwendung als der Bauvertrag einen Anspruch auf hypothekarische Besicherung vorsah[36]. Ähnliches dürfte nunmehr für Art. 4 Abs. 1 (c) Rom I gelten. Begründet wurde diese Ansicht damit, dass der Anspruch aus § 648 BGB nicht etwa Gegenstand der Leistung des Bestellers sondern die Folge der Vorleistungspflicht des Unternehmers sei[37]. Andererseits hat aber der Gesetzgeber die Sicherung des Werkunternehmers als echten Anspruch geregelt. Der Unternehmer kann insoweit auf Erfüllung klagen, so dass die Anwendung des Art. 28 Abs. 3 EGBGB a.F. nicht so fern lag, wie man der h.M. entnehmen könnte, wobei allerdings wohl sachgerechter auf Art. 28 Abs. 5 EGBGB a.F. abzustellen gewesen wäre, um das Baustellenrecht zum Vertragsstatut zu machen. Immerhin hat die Rechtsprechung zum alten Kollisionsrecht bei Realkrediten mehrfach die Belegenheit des Grundstücks in den Vordergrund gestellt und nicht nur die Hypothek, sondern mit ihr auch gleichzeitig den Darlehensanspruch der lex rei sitae unterworfen[38]. Auch löst der Ansatz der h.M. nicht das Problem der in ausländischen Rechtsordnungen verbreiteten Legalhypotheken. Schützt die ausländische Rechtsordnung den Bauunternehmer nicht nur durch einen Anspruch auf Besicherung, sondern sichert sie ihn kraft Gesetzes dadurch ab, dass sie außerhalb des Grundbuches ein Sicherungsrecht entstehen lässt, kann man zwar immer noch der Auffassung zuneigen, es handele sich um einen Teil der Vorleistungspflicht des Unternehmers. Das Problem liegt aber darin, wie man die ausländische Rechtsordnung in Deutschland durchsetzen will. Denn regelt das ausländische Recht keinen Anspruch auf Bestellung der Sicherungshypothek (sondern lediglich ein ipso iure entstehendes Recht), fehlt es schuldrechtlich an der Möglichkeit, das Sicherungsrecht durchzusetzen, während es sachenrechtlich nicht durchsetzbar ist, da die Hypothek nach deutscher Auffassung nicht außerhalb des Grundbuches entstehen kann und die anwendbare lex rei sitae deutsches Recht ist. Mithin wäre der Bauhandwerker völlig ungesichert, wenn das Vertragsstatut ausländisches Recht ist, obwohl das Heimatrecht des Unternehmers ggf. sehr wohl eine Sicherung vorsieht, wenn auch rein sachenrechtlich ausgestaltet. Eine Lösung könnte darin liegen, ersatzweise § 648 BGB zur Verfügung zu stellen. Das wäre systematisch nur dann vertretbar, wenn man keine Kollisionsregel findet, die das Problem löst[39]. Gelöst wird das Problem, wenn man den Bauvertrag insgesamt dem Baustellenrecht unterwirft oder jedenfalls die Frage nach der Besicherung gesondert anknüpft. Dann besteht schuld- und sachenrechtlich Gleichlauf; Widersprüche können nicht auftreten. Hieran besteht ein großes Interesse, denn die ersatzweise Anwendung des § 648 BGB ist ungewiß, der dem ausländischen Recht unterliegende Vertrag ist auf die Bedürfnisse des § 648 BGB nicht angepasst, es entstehen möglicherweise Rangprobleme. Die Anknüpfung an den Baustellenort birgt ohnehin generell den Charme in sich, die jeweils am Ort geltende Rechtsordnung zu instrumentalisieren. Denn es wirft auch Probleme auf, den aus § 648 BGB resultierenden Anspruch in andere Rechtsordnungen zu transponieren. § 648 BGB ist auf die deutsche Rechtsordnung abgestimmt, nicht jedoch auf die Bedürfnisse anderer Rechtsordnungen.

---

36 V. Bar, Internationales Privatrecht II, Rn. 516; Reithmann/Martiny/Thode, Internationales Vertragsrecht, 6. Auflage, Rn. 1113; Schröder IPRax 1985, 145, 147; vgl. auch Firsching, Übereinkommen über das auf vertragliche Schuldverhältnisse anwendbare Recht, IPRax 1981, S. 37, 40 Rn. 32.

37 V. Bar, Internationales Privatrecht II, Rn. 516; Reithmann/Martiny/Thode, Internationales Vertragsrecht, 6. Auflage, Rn. 1113; Schröder IPRax 1985, S. 145, 147.

38 BGHZ 17, 89 ff.; BGHZ 26, 91 ff.; BGH WPM 1964, 15 f.

39 Vgl. Kegel/Schurig, IPR, § 8 I.

Dass es sich bei ihm um einen schuldrechtlichen Anspruch auf Abgabe einer Willenserklärung handelt, ist aus deutscher Sicht dogmatisch richtig. Im grenzüberschreitenden Verkehr steht jedoch nicht die deutsche Dogmatik im Vordergrund. Gefragt sind praktische Lösungen, die der Leichtigkeit des Rechtsverkehrs dienen. Man muss berücksichtigen, dass nach Art. 4 Abs. 1 (b) Rom I regelmäßig das Unternehmerrecht Vertragsstatut ist[40]. Deutsche Bauunternehmen würden mithin stets und ständig ihren Anspruch aus § 648 BGB in das Ausland exportieren, ohne dass sicher wäre, ob dieser Anspruch werthaltig ist. Gleichzeitig löst die hier vertretene Ansicht weitere Probleme. Die Anwendung des Belegenheitsrechts schließt weitgehend die Diskussion darüber aus, ob die in den jeweiligen Rechtsordnungen vorgesehenen Sicherungen für Bauhandwerker dem zwingenden Recht oder gar dem ordre public zugehörig sind. § 648 a BGB war und ist zwingend (§ 648 a Abs. 7 BGB[41]). Sobald deutsche Gerichte zuständig sind, müsste daher ohne Ansehung des Vertragsstatuts überlegt werden, ob die Regelung des § 648 a Abs. 7 BGB auf der Grundlage des Art. 9 Rom I durchgreift. Da insoweit allerdings größte Zurückhaltung geboten ist und ein Verstoß gegen wesentliche Grundsätze des deutschen Rechts nicht schlechthin offensichtlich erscheint, dürfte es nicht ausreichen, auf den zwingenden Charakter des § 648 a BGB hinzuweisen.

15 **b. Zuständigkeit.** Da es sich bei dem Anspruch auf Bewilligung der Eintragung einer Bauhandwerkersicherungshypothek um einen schuldrechtlichen Anspruch auf Abgabe einer Willenserklärung handele, soll nach Auffassung des OLG Köln[42] die internationale Zuständigkeit für einen Anspruch aus § 648 BGB nicht aus Art. 16 Nr. 1 EuGVÜ (Art. 22 Nr. 1 EuGVVO), sondern aus Art. 5 Nr. 1 EuGVÜ (Art. 5 Nr. 1 EuGVVO) folgen. Die Erfüllung habe am Ort des betroffenen Grundstücks zu erfolgen. Dies bestätigt die hier vertretene Auffassung, wonach der Schwerpunkt des Bauvertrages im Baustellenland liegt.

40 BGH RIW 1999, 456.
41 Forderungssicherungsgesetz – FoSiG vom 23.10.2008 (BGBl. I, 2022).
42 OLG Köln IPRax 1985, 161-161.

§ 23 Internationale Zahlungsbesicherung

Schrifttum

Ammelung/Sorocean, Patronatserklärungen zugunsten ausländischer Tochtergesellschaften, RIW 1996, 668; Bamberger/Derleder/Knops, Handbuch zum deutschen und europäischen Bankrecht, 2. Auflage, Heidelberg 2009; Bernstorff, Rechtsprobleme im Auslandsgeschäft, 4. Auflage, 2000; Eschmann, Die Auslegungsfähigkeit eines Standby Letter of Credit, RIW 1996, 913; Fuchs, Sicherheitsleistung durch Bürgschaften ausländischer Banken, RIW 1996, 280; Jacquet/Delebecque/Corneloup, Droit du commerce international, 2. Auflage, Paris 2010; Prissert/Garsuault/Priami, Les Opérations bancaires avec l'étranger, 6. Auflage, Paris 1997; Reithmann/Martiny, Internationales Vertragsrecht, 7. Auflage, Köln 2010; Yazdani, Das Internationale Bauprojekt und der Sicherungsanspruch des Auftragnehmers nach deutschem Recht, RIW 2001, 124

Inhaltsübersicht

I. Einführung

1. Sicherungsbedürfnis. Die Zuständigkeit der deutschen Gerichte und die Möglichkeit zur Vollstreckung aus einem deutschen Titel im Ausland bieten keine hinreichende Sicherheit. Im grenzüberschreitenden Geschäft sind die Unwägbarkeiten bei der Verfolgung von Ansprüchen groß. Dementsprechend wichtig sind die Möglichkeiten zur grenzüberschreitenden Forderungsbesicherung. 1

II. Sicherungsrechte

Im Bereich der Internationalen Bauverträge überwiegen als Sicherheiten die Bankgarantien, die Bankbürgschaften, die Akkreditive und das Factoring. Eine besondere Spielart der bankgestützten Sicherheiten ist der „Standby letter of credit"[1], der in England, Australien, Kanada, Indien, Japan, Korea, den Philippinen und den USA Verbreitung gefunden hat[2]. Um welche Art von Sicherheit es sich handelt, muss ggf. durch Auslegung festgestellt werden[3]. Dabei ist in der Regel vom Zweck des banktechnischen Instruments auszugehen. Dieser liegt z.B. beim „Standby Letter of Credit" ähnlich der 2

---

1 Vgl. BGH BB 1994, 1162.
2 Eschmann RIW 1996, 913, 914.
3 Eschmann RIW 1996, 913.

Bürgschaft oder der Garantie in der Schadloshaltung des Begünstigten[4]. Die vollständige Gleichstellung des „Standby Letter of Credit“ mit dem Akkreditiv wäre sachfremd[5].

3 **1. Europäische Vorgaben.** Die Eckpfeiler der Europäischen Union sind die Freizügigkeit im Bereich des Waren- und Dienstleistungsverkehrs, die Kapitalfreiheit, die Niederlassungsfreiheit und die Freizügigkeit der Arbeitnehmer[6]. Der gemeinschaftliche Binnenmarkt ist mithin durch den freien Verkehr von Waren, Personen, Dienstleistungen und Kapital gekennzeichnet. In enger Verbindung mit diesen Grundfreiheiten steht die Sicherung des freien Zahlungsverkehrs, die auch als die fünfte Grundfreiheit verstanden wird.

Die EG-Verträge haben die Grundfreiheiten unterschiedlich ausgestaltet. Während sich aus dem Wortlaut des Vertrages bei der Freiheit des Warenverkehrs und der Dienstleistungsfreiheit ein umfassender Schutz vor sachlich nicht berechtigten Beschränkungen bietet, rückt der Vertragstext bei der Freizügigkeit der Arbeitnehmer und der Niederlassungsfreiheit das Verbot einer diskriminierenden Behandlung in den Vordergrund. Erst die Rechtsprechung des EuGH hat diese Marktfreiheiten an die Freiheit des Warenverkehrs angepasst. Beim Kapitalverkehr hat sich eine ähnliche Entwicklung vollzogen.

Der EuGH gesteht den Mitgliedsstaaten der EU zu, ihre Forderungsbesicherungssysteme so zu gestalten, dass es die Rechte der Gläubiger untereinander sowie die Rechte sämtlicher anderer Gläubiger andererseits in sicherer und transparenter Weise festlegt[7]. Andererseits aber hält er dagegen, nationale Bestimmungen, die die Grundfreiheiten der EG-Verträge beschränken, wie solche, die die Bestellung einer Sicherheit in nationaler Währung erzwingen, seien geeignet den freien Kapitalverkehr zu behindern[8]. Damit setzt er nationalen Gepflogenheiten Grenzen, die über Jahrhunderte hinweg gewachsen sind.

2. Anwendbares Recht: Vertragsstatut des Finanzierungsvertrages

Schrifttum

Hahn, Der Hypothekarkredit im französischen Recht, RIW 1994, 114; Jacquet/Delebecque/Corneloup, Droit du Commerce International, 2. Auflage, Paris 2010; Ebenroth, Das Vertragsrecht der internationalen Konsortialkredite und Projektfinanzierungen, JZ 1986, 731; Reithmann/Martiny, Internationales Vertragsrecht, 7. Auflage, Köln 2010

4 Grundsätzlich können die Parteien eines Vertrages mit Auslandsberührung das auf ihre vertraglichen Beziehungen anwendbare Recht frei bestimmen (Art. 4 Abs. 1 Rom I)[9]. Die Wahlfreiheit gilt z.B. auch für Immobilien- und Baufinanzierungen und andere Formen der Kreditierung (z.B. Stundung)[10]. Die Verbraucherregelung in Art. 29 EGBGB a.F. war nur bedingt einschlägig, da sie nur die Finanzierung von Dienstleistungen oder beweglicher Sachen erfasste[11]. Ähnliches gilt für Art. 6 Rom I.

Wählen die Parteien das anwendbare Recht nicht, ist an den Sitz desjenigen anzuknüpfen, der die Dienstleistung erbringt (Art. 4 Abs. 1 (b) Rom I). Dies ist regelmäßig das finanzierende Institut[12] oder in anderen Verträgen (etwa bei Vorauszahlungen an

---

4 Eschmann RIW 1996, 913.
5 Eschmann RIW 1996, 913, 914.
6 Vgl. § 2 27 ff.
7 Vgl. EuGH EWS 1999, 191, 193 Rn. 30 für die Hypothek.
8 Vgl. EuGH EWS 1999, 191, 193 Rn. 26 für die Hypothek.
9 Freitag in: Derleder/Knops/Bamberger, Handbuch zum deutschen und europäischen Bankrecht, 2. Auflage, § 62 Rn. 5.
10 Vgl. Reithmann/Martiny/Martiny, Internationales Vertragsrecht, Rn. 1162.
11 Münchener Kommentar/Martiny, 4. Auflage, BGB, Art. 29 EGBGB Rn. 21.
12 Vgl. Münchener Kommentar/Martiny, BGB, 4.Auflage, Art. 28 Rn. 177 für das deutsche Recht; Jacquet/Delebecque/Corneloup, Droit du Commerce International, Rn. 667 für das französische Recht; Cour Cass. Civ. 1re, 19. janvier 1999 Defrénois 1999, 523.

bauausführende Unternehmen) das jeweilige Vertragsstatut. Gelegentlich wird der genannte Grundsatz jedoch durchbrochen. Bei der hypothekarischen Sicherung eines Darlehens wurde in Deutschland über Art. 28 Abs. 5 EGBGB a.F. vermutet, dass die engste Verbindung des Rechtsverhältnisses zu dem Staat besteht, in dem das zu finanzierende Objekt belegen ist[13]. Über Art. 4 Abs. 3 Rom I dürfte man zu denselben Ergebnissen kommen. Ähnliche Überlegungen werden in Frankreich angestellt[14]. Der alte Art. 28 Abs. 3 EGBGB passte in diesem Falle nicht[15]. Folgerichtig wendete man z.B. auf Verträge, die die Finanzierung einer französischen Immobilie zum Gegenstand hatten, nahezu zwangsläufig französisches Recht an. Ob das französische Recht auch dann Geltung beansprucht, wenn die Finanzierung zwischen einer deutschen Bank und einem deutschen Kreditnehmer zustande kommt, das zu finanzierende Objekt allerdings in Frankreich belegen ist, mag fraglich sein. Aber gerade die Immobilienfinanzierung weist sehr bedeutsame und enge Verbindungen zum Belegenheitsstaat auf, die nur partiell durch deutsches Recht geregelt werden könnten, denn die Hypothek bleibt in solchen Fällen zwingend französischem Belegenheitsrecht unterstellt[16].

Aus dem Vertragsstatut des Darlehensvertrages ergeben sich alle Voraussetzungen und 5 Wirkungen des Darlehensvertrages, auch z.B. die Haftungsübernahme[17]. Die Bedeutung und Wirkung einer Vollstreckungsunterwerfung sind dagegen der jeweiligen lex fori zu entnehmen[18]. Eine Vollstreckungsunterwerfung ist im internationalen Verkehr allerdings nur sinnvoll, wenn ihre Anerkennung im Ausland sichergestellt ist. In den common law-Staaten sind Notariatsakten weithin unbekannt. Die Anerkennung und Vollstreckbarerklärung ausländischer vollstreckbarer Urkunden ist weltweit nur im Rahmen völkerrechtlicher Verträge gewährleistet[19]. Die EuGVVO und die Verordnung (EG) Nr. 805/2004 des Europäischen Parlaments und des Rates vom 21. April 2004 zur Einführung eines europäischen Vollstreckungstitels für unbestrittene Forderungen gelten allerdings auch für öffentliche Urkunden.

3. Anwendbares Recht: Statut des Sicherungsrechtes. Deutlich komplizierter liegen 6 die Verhältnisse bei der Feststellung des auf das jeweilige Sicherungsrecht anzuwendenden Rechts. Insoweit ist zunächst zwischen den persönlichen Sicherheiten (Bürgschaft, Forderungen etc.) und den dinglichen Sicherheiten (Hypothek, Grundschuld, Pfandrechte) zu unterscheiden[20]. Die persönlichen Sicherungsrechte unterliegen ihrem besonderen Statut (z.B. die Bürgschaft dem Bürgschaftsstatut, zedierte Forderungen dem Forderungsstatut[21]). Die dinglichen Sicherungsinstrumente unterstehen der lex rei sitae[22]. Spezielle gesetzliche Regelungen finden sich keine. Allerdings schränkt Art. 14 Abs. 2 Rom I die Reichweite des Forderungsstatuts etwas ein, denn nach Erwägungsgrund 38 sollen sich die dinglichen Voraussetzungen und Folgen der Verfügung im Verhältnis

13 OLG Karlsruhe NJW-RR 1989, 367; vgl. auch BGHZ 26, 91; BGH IPRspr. 1962/63 Nr. 34.

14 Vgl. Battifol/Lagarde, Droit International Privé, 1983, Tôme II, Rn. 587, noch zum alten Recht; vgl. auch Jacquet/Delebecque/Corneloup, Droit du Commerce International, Rn. 807.

15 A.A. Hahn, RIW 1994, 114.

16 Vgl. auchJacquet/Delebecque/Corneloup, Droit du Commerce International, Rn. 807.

17 Reithmann/Martiny/Martiny, Internationales Vertragsrecht, Rn. 1164.

18 Reithmann/Martiny/Martiny, Internationales Vertragsrecht, Rn. 1164.

19 Vgl. Nagel/Gottwald, IZPR, § 11 Rn. 148.

20 Vgl. Freitag in: Derleder/Knops/Bamberger, Handbuch zum deutschen und europäischen Bankrecht, 2. Auflage, § 62 Rn. 8.

21 Vgl. Freitag in: Derleder/Knops/Bamberger, Handbuch zum deutschen und europäischen Bankrecht, § 62 Rn. 8.

22 Vgl. Freitag in: Derleder/Knops/Bamberger, Handbuch zum deutschen und europäischen Bankrecht, § 62 Rn. 8.

zwischen Zedent und Zessionar nach dem Recht beurteilen, das für die schuldrechtlichen Beziehungen maßgeblich ist[23]. Über die sachenrechtlichen Verhältnisse befindet Art. 43 EGBGB. Im Übrigen finden die Regelungen zum Internationalen Schuldrecht Anwendung (vgl. Art. 27 ff. EGBGB a.F. und Art. 3 ff. Rom I). Die folgende Übersicht gibt einen groben Überblick. Im Einzelfall können sich Besonderheiten ergeben, insbesondere deshalb, weil jedes Gericht seine eigene Rechtsordnung und damit auch sein eigenes IPR anwendet[24], wenngleich letzteres nunmehr weitgehend vereinheitlicht ist.

Tabelle 6.2. Überblick über Sicherheiten

Sicherheit	**Anwendbares Recht**	**Regelung**
Abtretung	Abtretbarkeit und Wirkung der Abtretung unterliegen dem Forderungsstatut[25]	Art. 33 Abs. 2 EGBGB; Art. 14 Abs. 2 Rom I
(zur Sicherheit abgetretene) Zahlungsforderung	Recht, das auf das Rechtsverhältnis Anwendung findet, aus dem die Forderung entstammt	Art. 33 Abs. 2 EGBGB; Art. 14 Abs. 2 Rom I
(zur Sicherheit bestelltes) Pfandrecht an einer Forderung	Recht, das auf das Rechtsverhältnis Anwendung findet, aus dem die Forderung entstammt	Art. 33 Abs. 2 EGBGB (analog), Art. 14 Abs. 2 Rom I (analog)
Factoringvertrag	Recht des Faktors[26]	Art. 28 EGBGB (Art. 4 Rom I)
Anzahlung	Recht, das auf den Vertrag Anwendung findet, aufgrund dessen die Anzahlung gefordert werden kann	Art. 28 EGBGB (Art. 4 Rom I)
Sicherheitseinbehalt	Recht, das auf den Vertrag Anwendung findet, aufgrund dessen der Einbehalt besteht	Art. 28 EGBGB (Art. 4 Rom I)
Einrede des nicht erfüllten Vertrages	Vertragsstatut	Art. 28 EGBGB (Art. 4 Rom I)
Zurückbehaltungsrecht (Einwand eines Gegenanspruches)	Recht, das auf den Vertrag Anwendung findet, aufgrund dessen das Zurückbehaltungsrecht besteht bzw. eingewendet werden kann (Recht des Hauptanspruchs bzw. Recht des Anspruchs, dessen Erfüllung verweigert wird)[27]	Art. 28 EGBGB (Art. 4 Rom I)
Bürgschaft	Recht des Bürgen oder Recht der Forderung, die die Bürgschaft besichert oder das vereinbarte Recht	Art. 27, 28 EGBGB, anders in Frankreich, wo die Bürgschaft an die besicherte Hauptforderung angeknüpft wird (Art. 3, 4 Rom I)
Anspruch auf Bürgschaft (§ 648a BGB)	Recht des Bauvertrages	Art. 27, 28 EGBGB (Art. 3, 4 Rom I)

[23] Vgl. Freitag in: Derleder/Knops/Bamberger, Handbuch zum deutschen und europäischen Bankrecht, 2. Auflage, § 62 Rn. 8.

[24] Vgl. Freitag in: Derleder/Knops/Bamberger, Handbuch zum deutschen und europäischen Bankrecht, 2. Auflage, § 62 Rn. 8.

[25] Reithmann/Martiny/Martiny, Internationales Vertragsrecht, Rn.380 ff.

[26] CA Grenoble, 19.09.1995, Rev.crit.DIP 85 (1996), 666; Basedow ZEuP 1997, 629.

[27] RG LZ 1908, 451 Nr. 38; RG LZ 1914, 283; umstritten: Es wird auch vertreten, es komme auf das Recht der Aktivforderung an (Schuldnerschutz), vgl. Magnus RabelsZ 38 81974), 447.

Tabelle 6.2 (Fortsetzung)

Sicherheit	Anwendbares Recht	Regelung
Bankgarantie	Recht des Garanten oder das vereinbarte Recht	Art. 27, 28 EGBGB (Art. 3, 4 Rom I)
Hypothek	Recht des Staates, in dem das Grundstück liegt, das belastet wird	Art. 43 EGBGB
Grundschuld	Recht des Staates, in dem das Grundstück liegt, das belastet wird	Art. 43 EGBGB
Bauhandwerkersicherungshypothek	Recht des Staates, in dem das Grundstück liegt, das belastet wird	Art. 43 EGBGB, allerdings unterliegt der Anspruch auf die Hypothoek dem Vertragsstatut
Recht des Unternehmers auf Bestellung einer Bauhandwerkersicherungshypothek	Recht, das auf den Bauvertrag Anwendung findet[28]	Art. 27, 28 EGBGB (Art. 3, 4 Rom I)
Vollstreckungsunterwerfung	Lex fori[29]; in Frankreich, Belgien und Luxemburg sind notarielle Urkunden auch ohne besondere Unterwerfungserklärung vollstreckbar	

4. Bankgarantien

Schrifttum

Diedrich/Švarca, Unfair Calling under International Guarantees-Fraud and the Principles of Independance, IHR 2004, 139; Martin/Delierneux, Les garanties bancaires autonomes, Brüssel 1991; Derleder/Knops/Bamberger/Bearbeiter, Handbuch zum deutschen und europäischen Bankrecht, Heidelberg 2004; Hök, Risiken und Sicherheiten im grenzüberschreitenden Geschäft, BauRB 2004, 346; Hök, Zur Absicherung der Verpflichtungen aus einem FIDIC-Bauvertrag durch Bankgarantien und Bürgschaften in der internationalen Praxis, ZfBR 2003, 527; Rives-Lange, Les garanties indépendantes et le rôle des banques, Banque 1987, 11; Jacquet/Delebecque/Corneloup, Droit du Commerce International, 2. Auflage, Paris 2010; Delernieux (in: Cahiers AEDBF, L'actualité des garanties à première demande), La pratique des garanties à première demande en droit belge, 17; Fallon (in: Cahiers AEDBF, L'actualité des garanties à première demande), Le clair-obscur du droit applicable aux garanties internationales à première demande, 49; Houssa (in: Cahiers AEDBF, L'actualité des garanties à première demande), L'intervention des juges et des arbitres dans l'exécution des garanties, 197

a. Einleitung. Die Bankgarantie verdankt ihre Existenz einem unbestreitbaren praktischen Bedürfnis nach einer einfach zu handhabenden und reibungslos geltend zu machenden grenzüberschreitenden Sicherheit zur Besicherung von Zahlungsansprüchen. Wijkander[30] konnte das Thema im Jahre 1964 noch auf knapp zweieinhalb Seiten zusammen fassen. Seither haben sich Rechtsprechung und Literatur weltweit intensiv mit dem Thema befasst. Eigentümlicher Weise sind diesbezüglich keine besonderen Gesetzgebungsaktivitäten bekannt geworden[31]. Es bleibt auch im Ausland der Rechtsprechung vorbehalten, die Rahmenbedingungen der Bankgarantie zu setzen bzw. zu ziehen. Weitgehend anerkannt ist der Grundsatz der Formenstrenge oder Garantiestrenge[32]. 7

[28] OLG Köln IPRax 1985, 161.
[29] Reithmann/Martiny/Martiny, Internationales Vertragsrecht, Rn. 1164.
[30] Wijkander, ICC-Dokument Nr. 470/Int. 66-1.6.69.
[31] Vgl. Bonneau, Droit bancaire, Rn. 665.
[32] Vgl. dazu BGH BB 1994, 1162, 1163; BGHZ 90, 287, 291.

8 Im Lichte des Common Law sind Bankgarantien außergewöhnlich strenge Verträge über Entschädigungsleistungen[33]. Der Begünstigte kann im Falle, dass der Hauptschuldner eine Vertragsverletzung begeht, Zahlung aus der Garantie verlangen. Garantien auf erstes Anfordern können unabhängig von Einwendungen aus dem Grundverhältnis in Anspruch genommen werden[34]. Das französische Recht ist demgegenüber traditionell „plus causaliste"[35]. Die alte französische Lehre empfand Forderungen, die ihren Rechtsgrund nicht offen legten, als suspekt[36]. Die Notwendigkeiten des Wirtschaftsverkehrs erzwangen aber auch in Frankreich Lösungen, die es als gesichert erscheinen ließen, dass abstrakte Bankgarantien wirksam erteilt werden können[37]. Inzwischen hat Frankreich eine Sonderstellung inne, als dort Art. 2321 Code Civil[38] die autonome Garantie gesetzlich regelt. Auch in Belgien sind unabhängige und auf erstes Anfordern zahlbare Garantien anerkannt[39]. In Deutschland folgt die Zulässigkeit der Garantie aus § 311 BGB[40]. Zwar hat der BGH[41] Zweifel an der Beständigkeit der Garantie auf erstes Anfordern aufgebracht, in dem er urteilte, dass auf erstes Anfordern zahlbare Bürgschaften von den Banken als einfache selbstschuldnerische Bürgschaften zu handhaben seien, wenn die Verpflichtung zur Stellung der Bürgschaft auf erstes Anfordern in den AGB des Begünstigten geregelt ist. Doch sind diese Zweifel inzwischen in der Literatur weitgehend verworfen worden[42].

9 Die Unabhängigkeit der Garantie hat zur Folge, dass sie unabhängig davon besteht, welche Umstände sich auf die Entstehung, das Erlöschen oder die Erfüllung des zugrunde liegenden Geschäfts auswirken[43]. Die Inanspruchnahme der Garantie erfolgt nach dem Prinzip der Formenstrenge, d.h. die Voraussetzungen der Inanspruchnahme ergeben sich ausschließlich aus der Urkunde selbst. Die in Anspruch genommene Bank muss prüfen, ob die Voraussetzungen der Inanspruchnahme vorliegen[44]. Problematisch sind sog. Effektivitätsklauseln[45]. Sie machen die Inanspruchnahme der Garantie von Umständen abhängig, die sich aus dem Grundverhältnis ergeben und führen zu einer Prüfungspflicht der Bank, der sie mangels eigener Kenntnisse praktisch nicht nachkommen kann[46]. Aus belgischer Sicht führt eine solche Klausel unweigerlich dazu, dass sich der Charakter der Bankverpflichtung in eine Bürgschaft wandelt[47].

10 Eine Garantie liegt grundsätzlich nur dann vor, wenn der Wortlaut der Urkunde unzweifelhaft eine abstrakte, vom Grundverhältnis unabhängige Verpflichtung der Bank regelt.

---

33 R.D. Harbottle (Mercantile) Ltd. v. National Westminster Bank Ltd. [1978] Q.B. 159; Howe Richardson Scale Co. Ltd. V. Polimex-Cekop [1978] 1 Lloyd's Report 161.

34 R.D. Harbottle (Mercantile) Ltd. v. National Westminster Bank Ltd. [1978] Q.B. 159; Howe Richardson Scale Co. Ltd. v. Polimex-Cekop [1978] 1 Lloyd's Report 161.

35 Martin/Delierneux, Les garantis bancaires à première demande, Rn. 11.

36 Vgl. Martin/Delierneux, Les garantis bancaires à première demande, Rn. 11.

37 Cass.com., 20.12.1982, D. 1983, J 365; Cass.com., 02.02.1988, D. 1988, som. Com. 274.

38 In der Fassung der Ordonnance n° 2006-346 v. 23.3.2006, wo es sinngemäß heißt: Die autonome Garantie ist die Vereinbarung, durch die sich der Garant verpflichtet, in Bezug auf eine von einem Dritten eingegangene Verpflichtung entweder auf erstes Anfordern oder nach vereinbarten Bedingungen einen Betrag zu zahlen. Der Garant haftet nicht im Falle von manifestem Rechtsmissbrauch oder Betrug des Begünstigten oder dessen kollusiven Zusammenwirken mit demjenigen, für dessen Rechnung die Garantie ausgestellt wurde.

39 CA Bruxelles, R.B. 1982, 99-Arrêt Segtraco.

40 Freitag in: Handbuch zum deutschen und europäischen Bankrecht, 2. Auflage, § 62 Rn. 74.

41 BGH ZIP 2002, 1690.

42 Freitag in: Handbuch zum deutschen und europäischen Bankrecht, § 54 Rn. 75.

43 Martin/Delierneux, Les garantis bancaires à première demande, Rn. 26.

44 BGHZ 90, 287, 291; CA Bruxelles, 07.06.1995, LE DROIT DES AFFAIRES – HET ONDERNEMINGSRECHT 1995, 74.

45 Freitag in: Handbuch zum deutschen und europäischen Bankrecht, 2. Auflage, § 62 Rn. 81.

46 Freitag in: Handbuch zum deutschen und europäischen Bankrecht, 2. Auflage, § 62 Rn. 81.

47 Martin/Delierneux, Les garantis bancaires à première demande, Rn. 74.

In den romanischen Ländern genügt es daher üblicherweise nicht, lediglich die Erklärung der Bank mit der Überschrift „Garantie auf erstes Anfordern" zu versehen. Vielmehr muss der Verzicht auf Einwendungen aus dem Grundverhältnis deutlich erkennbar werden. Anderenfalls liegt es nahe, anstelle einer Garantie eine Bürgschaft anzunehmen[48]. Die Abstraktheit besteht darin, dass die Garantie auf Anfordern des Begünstigten geschuldet wird, wenn die abschließend enumerativ in der Garantie genannten Bedingungen erfüllt sind, und dies, ohne dass der Garant gehalten ist, die Rechte der Parteien vertieft zu untersuchen[49]. Die Klausel „Zahlung auf erstes Anfordern" wird als kennzeichnendes Merkmal der Garantie verstanden[50]. Der Begünstigte darf bei dem Rückgriff auf den Garanten nicht einem Einwand oder einer Verteidigung ausgesetzt sein, die aus den vertraglichen Beziehungen zwischen dem Garanten und dem Garantiegeber resultieren. Das betrifft auch das Verhältnis zwischen dem Bauherrn und dem Auftragnehmer, es sei denn es kann der Beweis erbracht werden, dass die Garantieanforderung evident missbräuchlich gestellt wird[51].

Mithin kommt eine Garantie auf erstes Anfordern z.B. nach belgischem Recht nur zustande, wenn[52]:

- sich die Verpflichtung der garantierenden Bank ausschließlich aus der Garantieerklärung ergibt.
- die Garantieerklärung keine inhaltliche Überprüfung der Zahlungsanforderung zulässt.
- die Garantieerklärung keine Verweisung auf das Recht der Bürgschaft enthält.
- der Verweis auf das zugrunde liegende Rechtsverhältnis „einfach" ist, d.h. wenn lediglich auf das Rechtsverhältnis verwiesen wird, ohne dass die sich daraus ergebenden Verpflichtungen beschrieben oder zitiert werden.

Das Anfordern einer Garantie ist dann missbräuchlich, wenn das Recht in einer Weise ausgeübt wird, die deutlich die Schranken seiner normalen Ausübung durch eine sorgfältige und gewissenhafte Person überschreitet[53]. Der Missbrauch muss manifest sein[54]. Der Beweis des Missbrauchs ist durch liquide Beweismittel zu führen[55]. An die Beweise sind strenge Anforderungen zu stellen, schon um den Prüfungsumfang des Gerichts zu beschränken[56].

b. Internationales Privatrecht. Üblicherweise enthalten die Garantiebedingungen eine Rechtswahl- und Gerichtsstandklausel. Fehlt eine Rechtswahlklausel, ist in der Regel das Recht der Bank auf die Garantie anzuwenden[57]. Art. 4 Abs. 1 Rom I spricht dafür, 11

[48] Vgl. Comm. Bruxelles, 28.04.1983, R.D.C. 1984, 57.
[49] CA Bruxelles, 03.04.1987, Pas. 1987 II, 140.
[50] Schmidt RIW 2004, 336, 339.
[51] CA Bruxelles, 18.12.1981, JT 1982, 358; BGHZ 145, 286, 291; BGHZ 140, 49, 51; BGH WM 2000, 2192, 2193.
[52] Flamme/Flamme/Delvaux/Pottier, Contrat d'entreprise 1990–2000, Rn. 179; Romain, Principes d'interprétation et de qualification des garanties indépendantes à première demande, R.G.D.C. 1989, 429 ff.; CA Liège, 08.06.1999, J.L.M.B. 2000, 1680.
[53] TPI Bruxelles, 03.09.1993, Rev.dr.com. 1994, 1126; vgl. auch Freitag in: Handbuch zum deutschen und europäischen Bankrecht, § 54 Rn. 84 ff.
[54] Bonneau, Droit bancaire, Rn. 675; Freitag in: Handbuch zum deutschen und europäischen Bankrecht, 2. Auflage, § 62 Rn. 84; BGHZ 90, 287, 293; BGH WM 1986, 1429, 1430.
[55] Freitag in: Handbuch zum deutschen und europäischen Bankrecht, 2. Auflage, § 62 Rn. 85; Schmidt RIW 2004, 336, 343.
[56] Schmidt RIW 2004, 336, 343; BGHZ 90, 287, 293; BGH WM 1986, 1429, 1430.
[57] OLG Saarbrücken IPRspr. 2001 Nr. 30.; Jacquet/Delebecque/Corneloup, Droit du commerce international, Rn. 822; Cass.civ., 25.01.2000, Rev.crit. DIP 2000, 737; Vorsicht ist allerdings angesagt. In Frankreich wird die Bürgschaft nicht selbständig angeknüpft und richtet sich nach dem Statut der besicherten Hauptforderung, Cass.civ., 01.07.1981, Bull.civ. I n° 241.

dass auf die Bankgarantie das Recht am Sitz der Bank angewendet wird, denn sie erbringt die vertragscharakteristische Leistung[58]. Der abstrakte Charakter der Garantie spricht gegen eine akzessorische Anknüpfung[59]. In den Mitgliedsstaaten des Römischen Übereinkommens in Bezug auf das auf vertragliche Schuldverhältnisse anzuwendende Recht vom 19. Juni 1980 gilt schon bislang Entsprechendes[60]. Allerdings kann in Ausnahmefällen auch einmal Art. 4 Abs. 3 Rom I einschlägig sein. Ob dies allerdings bereits der Fall ist, wenn die gesamte wirtschaftliche Transaktion, die die Grundlage für die Herausgabe der Garantie ist, ausschließlich Bezüge zu einem Staat hat, und sich der Auslandsbezug allein dadurch ergibt, dass der Garant (also in der Regel die Bank) im Ausland sitzt. Jedenfalls sofern der Garant eine natürliche Person ist, will Fallon[61] den Sitz der kommerziellen Aktion ausschlaggebend sein lassen.

12 Die Garantiemuster im FIDIC Red Book enthalten nur teilweise Rechtswahlklauseln (vgl. Annex A, C, D, E, F, G), und zwar zum Teil zugunsten des Rechts des Hauptvertrages, also des Bauvertrages (vgl. Annex A, C, D) und zum Teil zugunsten einer frei wählbaren Rechtsordnung (Annex E, F, G). Die Rechtswahlklauseln stehen nicht im Einklang mit den ICC-Vorgaben. Die Einheitlichen Richtlinien für auf Anfordern zahlbare Garantien optieren auf das Recht am Sitz des Garanten. Es kann deshalb einen gewissen Abstimmungsbedarf geben. Im Falle der Bietungsgarantie wurde auf eine Rechtswahlklausel verzichtet, weil diese Art der Garantien nur eine kurze Laufzeit haben und möglichst knapp ausgestaltet werden sollten[62]. Nur im Falle der Konzerngarantie (Annex A) sehen die Formulare eine Schiedsgerichtsvereinbarung vor. In den anderen Fällen würden mangels entsprechender Vorkehrungen die ordentlichen Gerichte zuständig sein.

13 **c. Standards.** In der Praxis wird zumeist auf existierende Standardformulierungen zurückgegriffen, um das Redaktionsrisiko zu begrenzen. Einen großen Beitrag für die Schaffung vereinheitlichter Standards für „Garantien“ hat die Internationale Handelskammer in Paris geleistet. Neben den weltweit bekannten Bedingungen für das Akkreditivgeschäft (ERA), die hier nicht von Bedeutung sind, sind hervorzuheben: (1) Einheitliche Richtlinien für vertragliche Garantien/Uniform Rules for Contract Guarantees (ICC-Publikation Nr. 325), (2) Einheitliche Richtlinien für auf Anfordern zahlbare Garantien/Uniform Rules for Demand Guarantees (ICC-Publikation Nr. 458)[63], (3) Einheitliche Richtlinien für Erfüllungssicherheiten/Uniform Rules for Contract Bonds (ICC Publikation Nr. 524)[64].

14 Die FIDIC-Standardvorschläge nehmen ausdrücklich auf die „Einheitlichen Richtlinien für auf Anfordern zahlbare Garantien“ (ICC-Publikation Nr. 458) sowie auf die ICC Uniform Rules for Contract Bonds (ICC-Publikation Nr. 524) Bezug. Obwohl sich

---

58 OLG Saarbrücken IPRspr. 2001 Nr. 30; vgl. auch Reithmann/Martiny/Martiny, Internationales Vertragsrecht, Rn. 1195; Letzgus RabelsZ 3 (1929), 841; OLG Stuttgart IPRspr. 1979 Nr. 13.

59 Fallon in: Cahiers AEDBF, L'actualité des garanties à première demande, 49, 72.

60 Vgl. für Belgien Martin/Delierneux, Les garanties bancaires à première demande, Rn. 176; vgl. für England Dicey & Morris, The Conflict of Laws, Rn. 33-302 und 33-306; vgl. für Frankreich Bonneau, Droit bancaire, Rn. 95.

61 Fallon in: Cahiers AEDBF, L'actualité des garanties à première demande, 49, 76.

62 Vgl. Wade ICLR 2000, 1, 33.

63 Die „Einheitlichen Richtlinien für auf Anfordern zahlbare Garantien“ (ICC-Publikation Nr. 458) gelten nicht für Bürgschaften, bedingte Bonds oder andere akzessorische Verpflichtungen, unter denen die Zahlungsverpflichtung des Ausstellers nur im Falle einer tatsächlichen Pflichtverletzung durch den Auftraggeber entsteht. Solche Instrumente sind weit verbreitet, unterscheiden sich in ihrem Wesen jedoch von auf Anfordern zahlbaren Garantien und liegen außerhalb des Anwendungsbereichs und -zwecks dieser Richtlinien. Seit 2010 gelten die URDG 758.

64 Vgl. dazu auch Diedrich/Švarca IHR 2004, 139, 140 f.

zumindest in den meisten europäischen Ländern ein überwiegend einheitliches Verständnis über abstrakte und „auf erstes Anfordern" zahlbare Garantien entwickelt hat, kann es aber doch zu unterschiedlichen Auslegungen von Garantiebedingungen und damit auch unterschiedlichen Rechtsauffassungen kommen. In manchen (zumeist islamischen Ländern) kann man kaum auf den Garantietext Einfluss nehmen und muss damit rechnen, dass die Garantie indirekt (unter einer Rückgarantie) eröffnet werden muss. Oftmals sind derartige Garantien unbefristet, sehen automatische Verlängerungen vor und sie unterliegen ausländischem Recht und sie enthalten eine Klausel zugunsten eines Gerichtsstands im Ausland.

Je nach dem zu erfüllenden Sicherungszweck lassen sich verschiedene Arten von Garantien unterscheiden. Grundlegend ist zunächst die Unterscheidung in direkte und indirekte Garantien. Insbesondere im grenzüberschreitenden Geschäft wird zwischen den direkten und den indirekten Garantien unterschieden. Die direkte Garantie schafft ein Dreiecksverhältnis. Der Unternehmer beauftragt seine Bank, dem Besteller eine Sicherheit zu stellen, die zuvor im Bauvertrag näher geregelt wird. Oftmals aber werden solche Direktgarantien, zumal solche die dem Heimatrecht des Unternehmers unterliegen und von seiner heimischen Bank ausgereicht werden, kritisch betrachtet. Um dieser Kritik zu begegnen, beauftragt die Hausbank des Unternehmers im Heimatstaat des Bestellers eine Bank, die ihrerseits die Garantie ausreicht (indirekte Garantie). Sodann kommen je nach dem Sicherungszweck folgende Garantien vor: 15

aa. Bietungsgarantie (Bid Bond). Zumindest bei Ausschreibungen öffentlichrechtlicher Stellen wird häufig die Vorlage einer solchen Sicherheit in Höhe von bis 10 % der Angebotssumme, in Ausnahmefällen auch mit einem pauschalierten Betrag verlangt. Auch die Weltbank verlangt für die von ihr finanzierten Vorhaben entsprechende Bietungsgarantien. Mit der Bietungsgarantie sichert die garantierende Bank die Ansprüche der ausschreibenden Stelle oder Behörde (in der Regel in einer Höhe zwischen 2–5 % des Angebotswertes) für den Fall, dass die ausschreibende Stelle das Angebot angenommen hat und der Unternehmer nicht bereit oder in der Lage ist, einen entsprechenden Vertrag abzuschließen oder Erfüllungsgarantien zu stellen. Die Bankgarantie stellt sicher, dass der dem Besteller in diesem Fall entstehende Schaden gedeckt wird. Die Voraussetzungen der Inanspruchnahme der Bietungsgarantie sind in der Regel: 16

- Zurücknahme des Angebotes während der Dauer der Ausschreibung
- Verweigerung der Unterzeichnung des Vertrages oder auch nur teilweise Annahme des Vertrages
- Nichterbringung einer Leistungsgarantie innerhalb der vorgeschriebenen Frist
- Nichteinhalten der Ausschreibungsbedingungen

Insbesondere bei indirekten Garantien, die ausländischem Recht unterliegen, können hohe Risiken und unvorhersehbare Kosten entstehen. Vielfach soll auch noch die Verpflichtung des Anbietenden besichert werden, im Falle des Zuschlages eine Erfüllungsgarantie beizubringen. Die Verpflichtungen aus diesem Bond erlöschen, wenn entweder der Auftrag an den Bieter erteilt worden ist und die Anschlussverpflichtung in Form eines Performance Bonds beigebracht wurde oder der Auftrag an einen anderen Anbieter vergeben wurde.

In allen drei FIDIC-Standardverträgen findet sich ein Muster für eine Bietungsgarantie (Annex B). Nachstehend wird exemplarisch die Bietungsgarantie der Weltbank abgedruckt, die diese in ihren Vergabebedingungen für den Anlagenbau vorschlägt: 17

Form of Bid Security (Bid Bond)

BOND NO. ______________________

BY THIS BOND *[name of Bidder]* as Principal (hereinafter called „the Principal"), and *[name, legal title, and address of surety]*, **authorized to transact business in** *[name of country of Employer]*, as Surety (hereinafter called „the Surety"), are held and firmly bound unto *[name of Employer]* as Obligee (hereinafter called „the Employer") in the sum of *[amount of Bond]*[65] *[amount in words]*, for the payment of which sum, well and truly to be made, we, the said Principal and Surety, bind ourselves, our successors and assigns, jointly and severally, firmly by these presents.

WHEREAS the Principal has submitted a written Bid to the Employer dated the ___ day of ______, 20__, for the construction of *[name of Contract]* (hereinafter called the „Bid").

NOW, THEREFORE, THE CONDITION OF THIS OBLIGATION is such that if the Principal:

(1) withdraws its Bid during the period of bid validity specified in the Form of Bid; or
(2) refuses to accept the correction of its Bid Price, pursuant to Sub-Clause 29.2 of the Instructions to Bidders; or
(3) having been notified of the acceptance of its Bid by the Employer during the period of Bid validity;
  (a) fails or refuses to execute the Form of Agreement in accordance with the Instructions to Bidders, if required; or
  (b) fails or refuses to furnish the Performance Security in accordance with the Instructions to Bidders;

then the Surety undertakes to immediately pay to the Employer up to the above amount upon receipt of the Employer's first written demand, without the Employer having to substantiate its demand, provided that in its demand the Employer shall state that the demand arises from the occurrence of any of the above events, specifying which event(s) has occurred.

The Surety hereby agrees that its obligation will remain in full force and affect up to and including the date 28 days after the date of expiration of the Bid validity as stated in the Invitation to Bid or extended by the Employer at any time prior to this date, notice of which extension(s) to the Surety being hereby waived.

IN TESTIMONY WHEREOF, the Principal and the Surety have caused these presents to be executed in their respective names this ____ day of ____________ 20__.

Principal: ______________________	Surety: ______________________
	Corporate Seal (where appropriate)
______________________________	______________________________
(Signature)	*(Signature)*
______________________________	______________________________
(Printed name and title)	*(Printed name and title)*

65 Der Betrag des Bond soll in der Landeswährung des Auftraggebers oder in entsprechender Höhe in einer frei konvertierbaren angegeben werden.

bb. Liefer-/Leistungsgarantie (Performance Bond). Mit der Liefer- und Leistungsgarantie besichert der Unternehmer die Ansprüche des Bestellers aus dem Liefer- und Leistungsvertrag für den Fall nicht ordnungsgemäßer Leistungserbringung. Die Bank übernimmt die Garantiehaftung für eventuelle Qualitäts- und Quantitätsmängel in Höhe von bis zu 5–15 % des Vertragswertes. Das Red Book verpflichtet den Unternehmer auf seine Kosten eine Sicherheit für den gegen ihn bestehenden Erfüllungsanspruch zu stellen. Ihr Betrag und die Währung werden im Anhang zum Angebot festgelegt. Fehlt dort eine Angabe zur Höhe, kommt diese Unterklausel nicht zur Anwendung (Klausel 4.2). Ein Muster für eine Erfüllungsgarantie (auf erstes Anfordern) findet sich in Annex C des „Guidance". Es handelt sich dort um eine echte Garantie (performance surety-demand guarantee). Alternativ kann auf das Formular in Annex D (performance surety) zurückgegriffen werden. Nachstehend wird exemplarisch die Bank Guarantee der Weltbank abgedruckt, die diese in ihren Vergabebedingungen für den Anlagenbau vorschlägt: 18

4.1 Bank Guarantee

_______________________________ *[Bank's Name, and Address of Issuing Branch or Office]*

Beneficiary: ____________________ *[Name and Address of Employer]*

Date: ____________________

PERFORMANCE GUARANTEE No.: _______________

We have been informed that *[name of Contractor]* (hereinafter called „the Contractor") has entered into Contract No. *[reference number of the contract]* dated ____________ with you, for the execution of *[name of contract and brief description of Facilities]* (hereinafter called „the Contract").

Furthermore, we understand that, according to the conditions of the Contract, a performance guarantee is required.

At the request of the Contractor, we *[name of Bank]* hereby irrevocably undertake to pay you any sum or sums not exceeding in total an amount of *[amount in figures]* (___) *[amount in words]*[66], upon receipt by us of your first demand in writing accompanied by a written statement stating that the Contractor is in breach of its obligation(s) under the Contract, without your needing to prove or to show grounds for your demand or the sum specified therein.

This guarantee shall be reduced by half upon our receipt of:

(a) a copy of the Operational Acceptance Certificate; or
(b) a registered letter from the Contractor (i) attaching a copy of its notice requesting issuance of the Operational Acceptance Certificate and (ii) stating that the project manager has failed to issue such Certificate within the time required or provide in writing justifiable reasons why such Certificate has not been issued, so that Operational Acceptance is deemed to have occurred.

---

[66] Der Garant soll den Betrag eintragen, der dem Prozentsatz des Vertragspreises entspricht, der im Vertrag vereinbart ist und der entweder in der/den Vertragswährung (en) oder in einer frei konvertierbaren Währung, die für den Besteller akzeptabel ist.

This guarantee shall expire no later than the earlier of:[67]

(a) twelve months after our receipt of either (a) or (b) above; or

(b) eighteen months after our receipt of:

  (i) a copy of the Completion Certificate; or

  (ii) a registered letter from the Contractor, attaching a copy of the notice to the project manager that the Facilities are ready for commissioning, and stating that fourteen days have elapsed from receipt of such notice (or seven days have elapsed if the notice was a repeated notice) and the project manager has failed to issue a Completion Certificate or inform the Contractor in writing of any defects or deficiencies; or

  (iii) a registered letter from the Contractor stating that no Completion Certificate has been issued but the Employer is making use of the Facilities; or

(c) the ____ day of _____, 2___.[68]

Consequently, any demand for payment under this guarantee must be received by us at this office on or before that date.

This guarantee is subject to the Uniform Rules for Demand Guarantees, ICC Publication No. 458, except that subparagraph (ii) of Sub-article 20(a) is hereby excluded.

____

[signature(s)]

19 **cc. Gewährleistungsgarantie.** Mit der Gewährleistungsgarantie übernimmt der Garant innerhalb der Gewährleistungsfrist die Haftung für die Beseitigung eventuell nach Fertigstellung auftretende Mängel durch den Unternehmer. Bei Verwendung des FIDIC Red Book ist darauf zu achten, dass die in den Baubedingungen geregelte „Defects Notification Period“ (Klausel 11 FIDIC) nicht mit der Gewährleistungsfrist verwechselt wird. Die Gewährleistungsgarantie erstreckt sich grundsätzlich auch auf den Zeitraum nach Ablauf der „Defects Notification Period“. Dies gilt im Übrigen auch für die amerikanischen Performance Bonds, die auch noch in Anspruch genommen werden können, wenn der Unternehmer „offenbar“ vertragsgemäß erfüllt hat und sich erst nach der Abnahme Mängel zeigen[69].

20 **dd. Sicherheitseinbehalt (Warranty Bond).** Im Zusammenhang mit Anlage- und Bauprojekten wird oftmals vereinbart, dass ein Anteil der Vergütung (5–10 %) vom Besteller zurückbehalten werden kann, um für Ausbesserungsarbeiten oder Mängel Vorsorge

---

[67] Dieser Text soll wie und wo es erforderlich ist geändert werden, um zu berücksichtigen (i) teilweise Abnahme der Leistungen gemäß Unterklausel 25.4 GCC; und (ii) Verlängerung der Erfüllungssicherheit, wenn der Unternehmer für eine verlängerte Gewährleistungszeit gemäß Unterklausel 27.10 GCC einzustehen hat (obwohl in diesem letzten Fall der Besteller wünschen könnte, eine erweiterte Gewährleistungsgarantie anstatt einer erweiterten Erfüllungsgarantie in Erwägung zu ziehen).

[68] Hier soll das Datum 28 Tage nach dem erwarteten Ablauf der Gewährleistungsfrist eingetragen werden. Der Besteller sollte berücksichtigen, dass im Falle einer Bauzeitverlängerung, der Besteller die Verlängerung der Garantie beantragen müsste. Ein solches Verlangen muss schriftlich und vor Ablauf der Garantiezeit, die in der Garantie enthalten ist, erfolgen. Bei der Vorbereitung der Garantie könnte der Besteller in Erwägung ziehen, folgenden Text dem Muster hinzuzufügen: „The Guarantor agrees to a one-time extension of this guarantee for a period not to exceed [six months][one year], in response to the Employer's written request for such extension, such request to be presented to the Guarantor before the expiry of the guarantee“.

[69] Board of Regents v. Wilson, 326 N.E. 2nd 216 (Ill. Ct App. 1975).

zu leisten („Sicherheitseinbehalt"). Zur Liquiditätssicherung wird dann vereinbart, dass dieser Sicherheitseinbehalt gegen Beibringung einer Garantie vorzeitig auszubezahlen ist. Auch nach den FIDIC-Baubedingungen kann der Besteller ggf. einen Teil des Werklohnes einbehalten. Alle Beträge, die aufgrund von Einbehalten abgezogen werden dürfen, werden unter Anwendung des in dem Anhang zum Angebot für einen Einbehalt genannten Prozentsatzes kalkuliert. Die auf diesem Wege einbehaltene Summe darf das in dem Anhang zum Angebot angegebene Limit nicht übersteigen (vgl. Unterklausel 14.3). Soll ein Teil der zurückbehaltenen Summen freigegeben und durch eine geeignete Garantie ersetzt werden, kann eine zusätzliche Unterklausel eingefügt werden (vgl. Unterklausel 14.9). Geeignete Garantieformulare sollten in den Angebotsunterlagen enthalten sein, die den Besonderen Bedingungen angefügt sind. Ein Beispielsformular ist in Annex E angefügt.

ee. Anzahlungs-/Vorauszahlungsgarantie (down/advance payment guarantee). 21 Diese Art der Garantie dient der Absicherung von Ansprüchen des Bestellers gegen den Unternehmer auf Rückzahlung der An- oder Vorauszahlung, falls der Unternehmer überhaupt nicht oder nur teilweise liefert. Durch die Anzahlungsgarantie sichert die Bank dem Besteller die Rückzahlung einer bereits geleisteten Anzahlung an den Unternehmer im Falle der Nichterfüllung des Vertrags zu.

ff. Zahlungsgarantie (Payment Guarantee). Die Zahlungsgarantie besichert die Zah- 22 lungsansprüche des Unternehmers, falls der Besteller in Zahlungsverzug kommt oder z.B. zahlungsunfähig wird. Die FIDIC-Bedingungen schlagen in Annex E eine echte Zahlungsgarantie vor.

In Kontinentaleuropa schützen die Rechtsordnungen den Unternehmer oftmals dadurch, dass dieser einen Anspruch auf Besicherung am Grundstück oder eine ähnliche Sicherheit erwirbt. Derartige Regelungen sind in der Regel zwingend und können von den Parteien nicht abbedungen werden. Allerdings würde eine Erfüllungssicherheit zugunsten des Unternehmers z.B. weitere Rechte aus § 648 a BGB ausschließen. Es empfiehlt sich jedoch, sehr genau zu prüfen, welche Möglichkeiten sich im Ernstfall aus dem Recht am Baustellenort ergeben. In vielen Fällen lassen sich aus dem Baustellenrecht Ansprüche ableiten, insbesondere dann, wenn dingliche Sicherungsrechte entstehen. Die Voraussetzungen dieser Ansprüche und Rechte hängen von einer exakten Analyse der Gegebenheiten ab. So folgt z.B. der Anspruch auf Bestellung einer Bauhandwerkersicherungshypothek aus dem Vertragsstatut. Ist das Baustellenrecht nicht bereits Vertragsstatut, lässt sich ein Anspruch auf Bestellung der Bauhandwerkersicherungshypothek nicht begründen, es sei denn das eigentlich anwendbare Recht kennt eine ähnliche Rechtsfigur.

d. Missbrauch. Die Unabhängigkeit der Garantie von dem zugrunde liegenden Rechts- 23 verhältnis einerseits und vom Hauptgeschäft andererseits, macht sie für missbräuchliche Abforderungen anfällig[70]. Eine missbräuchliche Inanspruchnahme kann nach deutschem Recht unterbunden werden, wenn die Ausnutzung der förmlichen Rechtsposition gegen Treu und Glauben verstößt und rechtsmissbräuchlich ist[71]. Englische Gerichte betonen die Unabhängigkeit der Garantie stärker und kommen nur dann zu einem Auszahlungsverbot, wenn die Bank weiß, dass die Dokumente gefälscht sind oder dass die Anforderung im Wesentlichen unter Umständen erfolgt, unter denen kein Anspruch

[70] Vgl. dazu eingehend Diedrich/Švarca IHR 2004, 139 ff.
[71] BGH WM 1984, 689.

besteht[72]. In Frankreich kann die Auszahlung im Falle von auf der Hand liegender „fraude“ (Auszahlungsanforderung ohne Anspruch) oder „abus“ (Auszahlungsanforderung in Ausnutzung des abstrakten Charakters der Garantie ohne Anspruch aus dem zugrunde liegenden Verhältnis) verhindert werden[73]. Inzwischen regelt Art. 2321 Code Civil (F) den Mißbrauchseinwand gesetzlich.

6. Bürgschaften

Schrifttum

Jacquet/Delebecque/Corneloup, Droit du Commerce International, 2. Auflage, Paris 2010; Reithmann/Martiny, Internationales Vertragsrecht, 7. Auflage, Köln 2010; Schmidt, Höchstrichterliche Rechtsprechung zur Bürgschaft auf erstes Anfordern, RIW 2004, 336

24 **a. Einleitung.** Statt einer Garantie kann auch eine klassische **Bürgschaft** oder ein „**contract bond**“ gestellt werden. Eine französischsprachige Klausel zur Vertragserfüllungsbürgschaft könnte lauten[74]:

> Conformément aux termes de l’article … du contrat précité … remettre, en garantie de la bonne exécution de ses obligations contractuelles différentes au contrat payable en … une caution bancaire de … représentant 10% du montant de la part précitée[75].

Die rechtliche Struktur der Bürgschaften ist auf dem europäischen Kontinent gesetzlich klar definiert. Deshalb sind sie im europäischen Raum vorzuziehen. Die der Bürgschaft in gewisser Weise nahe stehenden englischen und amerikanischen „contract bonds“ sind dagegen aus sich selbst heraus inhaltlich zu konkretisieren. Ggf. kann und muss auf das anglo-amerikanische Fallrecht rekurriert werden, um anhand der Wortwahl eine sinnhafte Interpretation der „Garantie“ zu ermöglichen. Die Vielfalt der verwendeten Begriffe macht es schwer, den Typ der gewählten Sicherheit allein aus der zufälligen Wortwahl zu identifizieren.

Vertragserfüllungsbürgschaften oder performance bonds decken in aller Regel den gesamten Vertragswert, während echte Garantien einen erheblich geringeren Deckungsgrad (5 bis 10 % des Vertragswertes) haben. Damit liegt der Vorteil der Bürgschaft darin, dass sie tatsächlich die Herstellung des vereinbarten Werkes besichern, während Vertragserfüllungsgarantien dies eben gerade nicht gewährleisten. In den Vereinigten Staaten, Japan und Kanada überwiegen daher die contract bonds (bedingten Garantien).

25 **b. Kollisionsrechtliche Unwägbarkeiten.** Bei der Bürgschaft folgt die Anwendung deutschen Rechts – wenn es an einer Vereinbarung nach Art. 27 EGBGB a.F. = Art. 3 Abs. 1 Rom I fehlt – aus Art. 28 Abs. 1, 2, Art. 31 Abs. 1 EGBGB a.F. bzw. neuerdings aus Art. 4 Abs. 1 (b) Rom I. Bei einem Bürgschaftsvertrag hat der Bürge die charakteristische Leistung zu erbringen. Hat der Bürge seinen Sitz im Inland, unterliegt – von Art. 11 Abs. 2, 3 EGBGB = Art. 11 Abs. 2 und 3 Rom I abgesehen – sowohl die Frage, ob zwischen den Parteien ein wirksamer Bürgschaftsvertrag zustande gekommen ist, als

[72] Edward Owen Engineering Ltd. v. Barclays Bank International Ltd. [1978] 1 Lloyd’s Rep. 166 (QBD); zu neueren Entwicklungen siehe Lurie, On Demand Performance Bonds: Is fraud the only ground for restraining unfair calls?, ICLR 2008, 443 ff.

[73] Bonneau, Droit bancaire, Rn. 675.

[74] Prissert/Garsuault/Priami, Opérations bancaires avec l’étranger, 6. Auflage, 49 ff.

[75] Übersetzung: In Übereinstimmung mit Art. … des vorzierten Vertrages zu Garantiezwecken eine in …(Währung) zahlbare Bankbürgschaft über 10 % des Betrages des vorzierten Anteils bezüglich ihrer vertraglichen Verpflichtungen zu stellen.

auch die Frage, welche Ansprüche der Klägerin aus einem solchen Vertrag zustehen, deutschem Recht[76].

Ein Blick auf den Charakter der Bürgschaft belegt aber, dass die h.M. in Deutschland nicht zwangsläufig geteilt werden muss. Bürgschaften verschaffen dem Besicherten einen Anspruch gegen den Bürgen, wenn der Hauptschuldner seine Verpflichtungen nicht erfüllt. „Performance bonds" sind vertragliche Vereinbarungen, mit denen es (üblicherweise) eine Bank übernimmt, eine bestimmte Summe Geldes an den Gläubiger eines Schuldverhältnisses zu bezahlen, wenn der Schuldner es versäumt, die Schuld zu begleichen[77]. Bürgschaftsverträge sind also ihrer Natur nach akzessorisch. Zwar ist der Bürgschaftsvertrag kollisionsrechtlich selbständig, d.h. er unterliegt seinem eigenen Recht, das die Parteien frei wählen können. Existiert aber keine ausdrückliche Rechtswahlvereinbarung, führt der akzessorische Charakter der Bürgschaft zu der Überlegung, ob man sie dem Recht der besicherten Hauptforderung unterwirft[78]. Mangels eindeutiger Vorgaben des EVÜ hat sich namentlich in Frankreich und in Belgien diese Überzeugung durchgesetzt[79]. Dort wird die Bürgschaft mangels Rechtswahl nicht selbständig angeknüpft, sondern dem Recht der Hauptforderung unterworfen[80]. Ob diese Auffassung im Lichte der Verordnung Rom I Bestand haben wird, bleibt abzuwarten. In Deutschland wird die akzessorische Anknüpfung abgelehnt[81]. Im Common Law ist kollisionsrechtlich zwischen den sog. „Letter of Credit" und den Performance Bonds zu unterscheiden[82]. Ursprünglich unterlag der Letter of Credit im Verhältnis Bank-Begünstigter dem Recht des Landes, wo die Zahlung gegen Vorlage der Dokumente zu erfolgen hatte[83]. Der Performance Bond beurteilte sich nach dem Recht des Landes mit dem der bond die engsten Beziehungen hatte, ohne dass es auf das Recht der besicherten Forderung ankam[84]. Inzwischen hat sich allerdings das EVÜ in England durchgesetzt, so dass sich dort trotz Kritik[85] das Recht der Bank durchgesetzt hat[86]. 26

c. Verbraucherschutz. aa. Vorbemerkung. Das Bürgschaftsrecht wird im erheblichen Umfang durch das Verbraucherrecht überlagert. Der Verbraucherschutz ist innerhalb der Europäischen Union auf dem Vormarsch. Die EG-Richtlinie 85/577/EWG vom 20. Dezember 1985 betreffend den Verbraucherschutz im Falle von außerhalb von Geschäftsräumen geschlossenen Verträgen, die Richtlinie 87/102/EWG mit Änderungs-Richtlinie 90/88/EWG zur Angleichung der Rechts- und Verwaltungsvorschriften der Mitgliedsstaaten über den Verbraucherkredit vom 22. Dezember 1986 und 22. Februar 1990 (Verbraucherkreditrichtlinie), die Richtlinie 93/13/EWG übermissbräuchliche Klauseln in Verbraucherverträgen vom 5. April 1993[87] konkretisieren 27

[76] BGHZ 121, 224, 227, 228; OLG Frankfurt RIW 1995, 1033, 1033; OLG Saarbrücken WM 1998, 2465, 2466.

[77] Dicey & Morris, The Conflict of Laws, Rn. 33-306; Chitty on Contracts, Rn. 44-014.

[78] Fallon in: Cahiers AEDBF, L'actualité des garanties à première demande, 49, 72; Cass. (B), 24.09.1987, Pas. 1988 I, 112.

[79] Cass.civ. (F), 01.07.1981, Rev. Crit.dr.int.pr. 1982, 336; Cass. (B), 24.09.1987, Pas. 1988 I, 112; vgl. Fallon in: Cahiers AEDBF, L'actualité des garanties à première demande 49, 72.

[80] Jacquet/Delebecque/Corneloup, Droit du Commerce International, Rn. 819.

[81] Looschelders. IPR, Art. 28 Rn. 47.

[82] Dicey & Morris, The Conflict of Laws, Rn. 33-305, 33-306.

[83] Offshore International S.A. v. Banco Central S.A. [1977] 1 W.L.R. 399.

[84] Attock Cement Co. Ltd. V. Romanian Bank for Foreign Trade [1989] 1 W.L.R. 1147 (CA); Dicey & Morris, The Conflict of Laws, Rn. 33-306.

[85] Vgl. Cf. Bank of Baroda v. Vysya Bank Ltd. [1994] 2 Lloyd's Rep. 87.

[86] Dicey & Morris, The Conflict of Laws, Rn. 33-305, 33-306; vgl. auch Cf. Bank of Baroda v. Vysya Bank Ltd. [1994] 2 Lloyd's Rep. 87.

[87] ABl 1993 Nr. L 95, S. 29.

den Verbraucherschutz europaweit. In Art. 6 der Richtlinie 93/13/EWG wird angeordnet, dass die Mitgliedsstaaten die erforderlichen Maßnahmen treffen, damit der Verbraucher den durch diese Richtlinie gewährten Schutz nicht verliert, wenn das Recht eines Drittlandes als das auf den Vertrag anzuwendende Recht gewählt wurde und der Vertrag einen engen Zusammenhang mit dem Gebiet der Mitgliedsstaaten aufweist. Es hieße gegen den Gedanken der EG-Verträge und die hierauf beruhenden Richtlinien zu verstoßen, wenn man den Verbraucherschutz territorialisiert. Nicht umsonst wird in Deutschland und der Europäischen Union der Verbraucher ohne Ansehung seiner Person, seiner Vorbildung und Kenntnisse gegen Übervorteilung geschützt, jedenfalls dann, wenn der zu beurteilende Sachverhalt enge Beziehungen zum Heimatrecht des Verbrauchers aufweist.

28 **bb. Einzelheiten.** Unbeschadet der Art. 5 und 7 Rom I unterliegt gemäß Art. 6 Abs. 1 Rom I ein Vertrag, den eine natürliche Person zu einem Zweck, der nicht ihrer beruflichen oder gewerblichen Tätigkeit zugerechnet werden kann („Verbraucher"), mit einer anderen Person geschlossen hat, die in Ausübung ihrer beruflichen oder gewerblichen Tätigkeit handelt („Unternehmer"), dem Recht des Staates, in dem der Verbraucher seinen gewöhnlichen Aufenthalt hat. Dass Art. 6 Abs. 1 Rom I einerseits den deutschen Verbraucherschutz in das Ausland exportiert und andererseits ausländischen Verbraucherschutz in Deutschland durchsetzt, steht außer Zweifel. Lediglich seine Reichweite bzw. sein äußerer Anwendungsbereich muss definiert werden. Art. 3, 6 der EG-Richtlinie vom 5. April 1993 harmonisieren nicht lediglich den Rechtsverkehr in den EG-Staaten, sie harmonisieren das Recht der EG-Staaten in Bezug auf das Verbraucherrecht, und zwar ohne nach dem jeweiligen Zielland zu differenzieren. Es soll erreicht werden, dass die Verbraucher mit Wohnsitz in der EG im Ausland nicht auf ihren Verbraucherschutz zu verzichten haben. Zugleich will der Rat den Binnenmarkt stärker öffnen.

29 Die EG-Richtlinie vom 20. Dezember 1985 enthält keine Einschränkung des Widerrufsrechts auf Verträge „über eine entgeltliche Leistung", sondern bezieht im Gegenteil in Art. 1 Abs. 1 alle „Verträge, die zwischen einem Gewerbetreibenden, der Waren liefert oder Dienstleistungen erbringt, und einem Verbraucher geschlossen werden", in ihren Anwendungsbereich ein. Da der Begriff „Vertrag" eindeutig und einer Verengung in Richtung „gegenseitiger Vertrag" nicht zugänglich ist, werden auch einseitig verpflichtende Verträge wie **Sicherungsabreden** über eine Grundschuldbestellung und **Bürgschaften** von der Richtlinie erfasst[88]. Daraus, dass einseitige Verpflichtungserklärungen in den der Richtlinie vorangestellten Erwägungsgründen, nicht dagegen im Richtlinientext Erwähnung finden, ergibt sich nicht, dass auch einseitig verpflichtende Verträge vom Anwendungsbereich der Richtlinie ausgenommen wären[89].

7. Akkreditive

Schrifttum

Bernstorff, Rechtsprobleme im Auslandsgeschäft, 4. Auflage, 2000; Derleder/Knops/Bamberger, Handbuch zum deutschen und europäischen Bankrecht, 2. Auflage, Heidelberg 2009; Häberle, Handbuch der Außenhandelsfinanzierung, 2002; Hök, Risiken und Sicherheiten im grenzüberschreitenden Geschäft, BauRB 2004, 346; Jacquet/Delebecque/Corneloup, Droit du Commerce International, 2. Auflage, Paris 2010; Reithmann/Martiny, Internationales Vertragsrecht, 7. Auflage, Köln 2010; Eschmann, Die Auslegungsfähigkeit eines Standby Letter of Credit, RIW 1996, 913

[88] BGHZ 131, 1, 5.
[89] BGHZ 131, 1, 5.

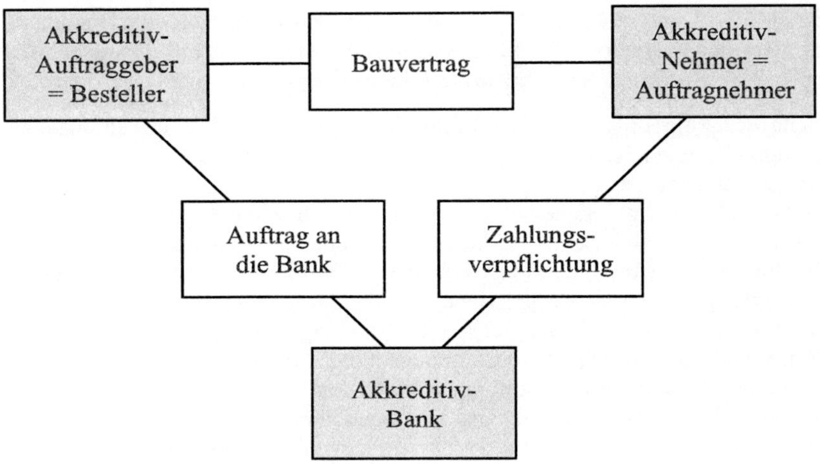

Abb. 6.1. Beziehungen im Akkreditivgeschäft

Die wohl für beide Teile eines grenzüberschreitenden Vertrages sicherste Zahlungsmodalität[90] ist die Stellung eines unwiderruflichen Dokumentenakkreditivs (Documentary Letter of Credit). An diesem Geschäft sind mindestens drei Parteien beteiligt[91]. 30

Die Parteien des Bauvertrages vereinbaren, dass die Zahlung des vereinbarten Werklohnes erfüllungshalber über ein Akkreditiv abzuwickeln ist[92]. Der ausländische Besteller erteilt seiner Hausbank einen Akkreditivauftrag[93]. Mit der Eröffnung des Akkreditivs unternimmt es die Akkreditivbank (issuing bank) – also die Hausbank des Bestellers –, gegenüber dem Auftragnehmer ein selbständiges, durch die fristgerechte Einreichung der im Akkreditiv bezeichneten Dokumente bedingtes Zahlungsversprechen abzugeben[94]. Fügt die Avisbank (in der Regel die Hausbank des Akkreditivnehmers) im Auftrag der Akkreditivbank ihre eigene Zahlungsverpflichtung in der Form einer Bestätigung hinzu (vgl. Art. 9 lit. b ERA), wird auch diese Bank gegenüber dem Unternehmer verpflichtet[95]. Akkreditivbank und Avisbank haften dann gesamtschuldnerisch[96]. Erst nach Erhalt des Zahlungsversprechens führt der Unternehmer die vereinbarten Leistungen aus.

Über die aufgezeigten Rechtsbeziehungen entscheidet das jeweils anwendbare Recht. Die Parteien können das anwendbare Recht frei wählen[97]. Die Rechtsbeziehungen zwischen der Akkreditivbank und dem Auftragnehmer (dem Akkreditivbegünstigten) beurteilen sich nach dem Sitzrecht der Bank, die die vertragcharakteristische Leistung erbringt[98]. Wird zudem eine Avisbank eingeschaltet, richtet sich das Rechtsverhältnis des Begünstigten zur Akkreditivbank nach dem Sitzrecht dieser Bank, während die Ansprüche gegenüber der Avisbank deren Recht unterliegen[99]. Weithin wird jedoch das anwend-

[90] Vgl. OLG Koblenz RIW 1989, 815, 816.
[91] Eschmann RIW 1996, 913, 915.
[92] BGH WM 1956, 753, 755; Allery, Overseas Supply and Installation Contracts, 269.
[93] Vgl. die schematische Übersicht bei Prissert/Garsuault/Priami, Les Opérations bancaires avec l'étranger, 154.
[94] Freitag in: Derleder/Knops/Bamberger, Handbuch zum deutschen und europäischen Bankrecht, § 62 Rn. 16.
[95] Freitag in: Derleder/Knops/Bamberger, Handbuch zum deutschen und europäischen Bankrecht, § 62 Rn. 20.
[96] BGH WM 1984, 1214.
[97] Eschmann RIW 1996, 913, 914.
[98] OLG Frankfurt a.M. RIW 1988, 133, 135; BGH WM 1955, 765, 766; Attock Cement Co. v. Romanian Bank for Foreign Trade [1989] 1 All ER 1189, 1199; vgl. Eschmann RIW 1996, 913, 914.
[99] OLG Frankfurt a.M. RIW 1988, 905, 906.

bare nationale Recht von den Einheitlichen Richtlinien und Gebräuchen für Dokumentenakkreditive (ERA) verdrängt, die die Internationale Handelskammer in Paris herausgeben hat[100]. Die USA haben die Akkreditive auf eine gesetzliche Grundlage gestellt[101].

31 Die Vorteile des Akkreditivs liegen in dreierlei[102]. Das Akkreditiv übernimmt eine Schutzfunktion und eine Kreditfunktion, daneben hat es Zahlungsfunktion[103]. Das Risiko der Zahlungsunfähigkeit des Bestellers wird auf die Bank abgewälzt. Der Auftragnehmer kann das Akkreditiv als Sicherheit einsetzen, um sich seinerseits mit Lieferungen für das Bauvorhaben einzudecken. Außerdem haben mögliche Einwendungen aus dem Grundverhältnis (also dem Bauvertrag) keinerlei Auswirkung auf den Zahlungsanspruch des Auftragnehmers gegen die Bank. Der im Ausland sitzende Besteller trägt ggf. die Beweislast für Mängel, wenn er die Rückzahlung der aus seiner Sicht zu Unrecht in Anspruch genommenen Akkreditivsumme geltend macht[104].

Die Nachteile des Akkreditivs liegen einerseits in den dadurch entstehenden Kosten und andererseits darin, dass nicht alle Risiken ausgeschaltet werden können. Devisenausfuhrverbote muss die ausländische Akkreditivbank zwingend beachten. Dieses Risiko kann nur auf eine Avisbank abgewälzt werden.

32 Das Akkreditivmodell, das im grenzüberschreitenden Warenhandel entwickelt wurde, ist zudem für den Baumarkt nur bedingt geeignet, weil es voraussetzt, dass streng formalisierte Dokumente in Umlauf gebracht werden, bei deren Vorlage die Akkreditiv- oder Avisbank Zahlung zu leisten hat. Die Banken prüfen die ihnen vorgelegten Dokumente nur auf die äußerliche Ordnungsmäßigkeit (Grundsatz der Dokumentenstrenge)[105]. Nur bei bloßer formeller Übereinstimmung ist Zahlung zu leisten. Auch kleinste Abweichungen können nicht hingenommen werden[106]. Allerdings ist z.B. ein „standby letter of credit" ebenso wie ein Akkreditiv auslegungsfähig[107]. Wenn Zahlung nach Baufortschritt zu leisten ist, stellt sich die Frage danach, wer die banktechnisch erforderlichen Dokumente mit der hinreichenden Präzision erstellt. Ist die Gewähr dafür nicht gegeben, läuft entweder der Unternehmer Gefahr, keinerlei Zahlung zu erhalten oder aber der Besteller läuft Gefahr, trotz fehlender oder mangelhafter Leistung Zahlung leisten zu müssen. Deshalb sind Dokumentenakkreditive im grenzüberschreitenden Baugeschäft eher die Ausnahme.

Soll gleichwohl mit einem Akkreditiv gearbeitet werden, ist viel Sorgfalt auf die Abfassung der vertraglichen Zahlungsbedingungen[108] zu verwenden, die zum einen die Verpflichtung zur Eröffnung eines Akkreditivs enthalten müssen, zum anderen aber auch und vor allem auf die Anzahl und die Beschaffenheit der vorzulegenden Dokumente. Zunächst ist darauf zu achten, dass der Besteller verpflichtet ist, ein unwiderrufliches und unbefristetes Akkreditiv (ggf. ein solches mit einer ausreichend bemessenen Frist, denn Art. 42 ERA bestimmt, dass das Akkreditiv ein Verfalldatum haben muss) zu stellen[109]. Komplizierter liegen die Dinge in Bezug auf die vorzulegenden Dokumente.

---

100 Vgl. Allery, Overseas Supply and Installation Contracts, 268, 269.
101 Eschmann RIW 1996, 913, 914.
102 Vgl. auch Prissert/Garsuault/Priami, Les Opérations bancaires avec l'étranger, 155 f.
103 Schmidt RIW 2004, 336, 345.
104 Vgl. Freitag in: Derleder/Knops/Bamberger, Handbuch zum deutschen und europäischen Bankrecht, § 62 Rn. 17.
105 Freitag in: Derleder/Knops/Bamberger, Handbuch zum deutschen und europäischen Bankrecht, 2. Auflage, § 62 Rn. 17.
106 BGH WM 1984, 1443.
107 BGH BB 1994, 1162, 1163.
108 Vgl. zum Charakter der Akkreditivklausel OLG Koblenz RIW 1989, 815, 816.
109 Allery, Overseas Supply and Installation Contracts, 269.

Soweit lediglich Lieferungen über das Akkreditiv abgewickelt werden sollen, genügt in der Regel die Vorlage von Transportdokumenten (Bill of lading). Hinzukommen können eine Rechnung und eine Versicherungspolice. Wenn jedoch Montage – und Bauverpflichtungen über ein Akkreditiv bezahlt werden sollen, müssen geeignete Abnahmedokumente und ggf. auch Zwischenzertifikate entworfen und Zertifizierungsverfahren entwickelt werden. Folgende Klausel wird von Allery[110] vorgeschlagen:

Payments under ... shall be made by a divisible, confirmed, irrevocable letter of credit („Letter of Credit") payable at sight. The Letter of Credit isto be confirmed by the bank as Contractor may nominate. This credit will be subject to the Uniform Customs Practice for Documentary Credits (1993 revision) of the International Chamber of Commerce (Publication N° 500) or any subsequent revision thereof in force at the date of the signature of the Contract.

The Documents for presentation under the Letter of Credit shall be:

- Commercial invoices (3 copies)
- The relevant combined transport document
- Export licence and other consents if any required ...
- Insurancy policy or other evidence of insurance cover
- Acceptance certificate in respect of the Acceptance tests signed by, or on behalf of, the Employer certifying that the Acceptance Tests have been successfully completed, or, in case of deemed passing of the Acceptance tests as described ... where the Employer fails to refuse to sign the acceptance certificate, then such acceptance certificate signed by the Contractor and accompanied by an affidavit duly notarised certifying the circumstances of the Employer's failureor refusal to sign the certificate.

8. Factoring und Sicherungszession

Schrifttum

Basedow, Internationales Factoring zwischen Kollisionsrecht und Unidroit-Konvention, ZEuP 1997, 615; Ferrari, Der internationale Anwendungsbereich des Ottawa-Übereinkommens von 1988 über Internationales Factoring, RIW 1996, 181; v. Hoffmann/Höpping, Zur Anknüpfung kausaler Forderungszessionen, IPRax 1993, 302; McCormick, Debts and Non-Assignment-Clauses [2000] JBL 422; Peltzer, Die Forderungsabtretung im Internationalen Privatrecht, RIW 1997, 893; Zaccaria, Internationales Factoring nach Inkrafttreten der Konvention von Ottawa, IPRax 1995, 279; Jacquet/Delebecque/Corneloup, Droit du Commerce International, 2. Auflage, Paris 2010; Reithmann/Martiny, Internationales Vertragsrecht, 7. Auflage, Köln 2010

Ein weiteres Instrument der Zahlungssicherung bzw. Zahlungsrealisierung und auch Kreditierung stellt sich in Form des Factoring dar[111]. Das Factoring ist Forderungskauf und kommt als echtes Factoring und als unechtes Factoring vor. Beim echten Factoring (factoring without recourse) übernimmt die Bank das Risiko des Forderungsausfalls, während beim unechten Factoring das Ausfallrisiko beim Zessionar verbleibt[112]. Im internationalen Geschäft wird das Export-Factoring von dem Import-Factoring unterschieden[113]. 33

[110] Allery, Overseas Supply and Installation Contracts, Precedent 1 Ch. 16.
[111] Vgl. Cranston, Principles of Banking Law, 354 ff.
[112] Vgl. Cranston, Principles of Banking Law, 355.
[113] Reithmann/Martiny/Freitag, Internationales Vertragsrecht, Rn. 1330.

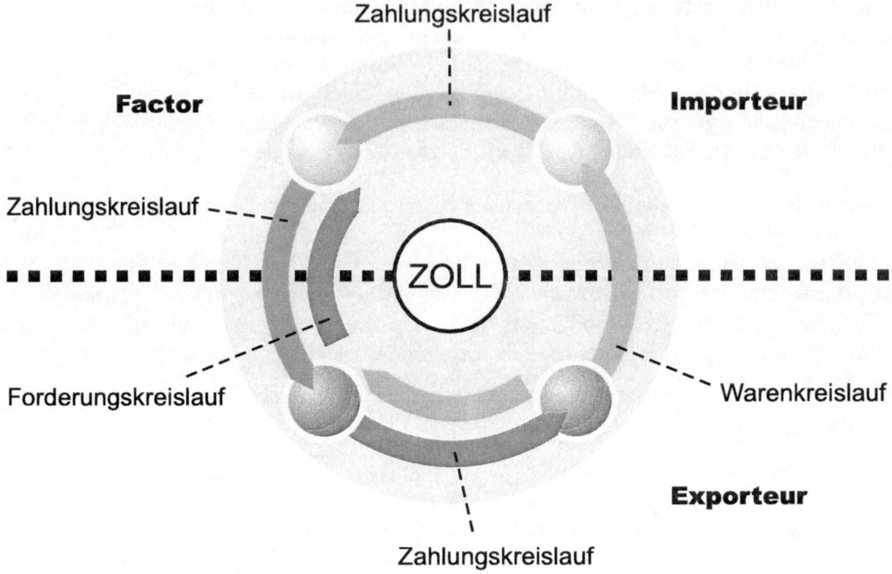

Abb. 6.2. Beziehungen im Factoringgeschäft

In der Regel überträgt der Unternehmer seine Forderungen im Rahmen einer Mantel- oder Globalzession auf die Bank. Nach Entstehung der abgetretenen Forderung zahlt der Factor den Gegenwert (ggf. reduziert um Provisionen) an den Zedenten aus. Rechtsvergleichend bestehen allerdings erhebliche rechtstechnische Unterschiede. In Frankreich basiert das Fatoringgeschäft auf dem Rechtsinstitut der gewillkürten Subrogation[114]. Art. 1250 und 1251 Code Civil eröffnen die Möglichkeit, die Forderungsbestände gegen Auszahlung der Forderungsbeträge auf die Bank zu übertragen, die quasi in die Rechtsposition des Zessionars eintritt. In Belgien, wo das echte Factoring (l'affacturage) überwiegt[115], stellt das Factoringgeschäft einen Vorgang sui generis dar, der sich aus Elementen der Abtretung, der Eröffnung von Kredit, des Dienstverhältnisses und eines Auftrags zusammen setzt[116]. In Spanien und Italien wird das Factoring als Zession abgewickelt[117]. In England überwiegt das unechte Factoring[118]. Der Factor lässt sich gegen das Ausfallrisiko besichern, vor allem vermittels einer **floating charge**.

34 Das Factoring ist in der Regel ein Bankgeschäft. Auf das internationale Factoring findet das Unidroit Übereinkommen über das Internationale Factoring von Ottawa vom 28. Mai 1988 Anwendung. Das Übereinkommen trat am 1. Dezember 1998 im Verhältnis zu Frankreich, Italien, Lettland, Nigeria und Ungarn in Kraft. Es findet nicht nur zwischen den Vertragsstaaten sondern auch dann Anwendung, wenn sowohl der Waren-

114 Jacquet/Delebecque/Corneloup, Droit du Commerce International, Rn. 678; van Ryn/Heenen, Principes du croit commercial, Rn. 582.
115 Vgl. van Ryn/Heenen, Principes du croit commercial, Rn. 559.
116 Comm. Bruxelles, 04.06.1985, J.T. 1986, 271.
117 Bette in: Derleder/Knops/Bamberger, Handbuch zum deutschen und europäischen Bankrecht, § 29 Rn. 6, 7.
118 Bette in: Derleder/Knops/Bamberger, Handbuch zum deutschen und europäischen Bankrecht, § 29 Rn. 4.

und Dienstleistungsvertrag als auch der Factoringvertrag dem Recht eines Vertragsstaates unterliegen. Die Konvention gilt für das echte und das unechte Factoring[119].

Zur Ermittlung des anwendbaren Rechts muss zwischen der Rechtsbeziehung zwischen 35
Zedent und Zessionar einerseits (Art. 14 Abs. 1 Rom I) und dem Gegenstand des Geschäfts andererseits, der Forderung unterschieden werden (Art. 14 Abs. 2 Rom I). Der Factoringvertrag (also der Rechtsgrund für die Abtretung) unterliegt mangels Rechtswahl in der Regel dem Recht am Sitz des Faktors[120]. Die Zession oder Subrogation[121], also der verfügende Teil des Geschäfts, richtet sich nach den allgemeinen Regeln über die Abtretung bzw. die Subrogation. Grundsätzlich ist insoweit das Recht maßgeblich, das die abzutretende Forderung beherrscht.

Die Abtretbarkeit der Forderung unterliegt mithin dem Recht der zedierten Forderung[122]. Handelt es sich also um eine Forderung aus Bauvertrag, entscheidet das Recht des Bauvertrages über die Abtretbarkeit dieser Forderung. Dieses Recht entscheidet ggf. auch darüber, ob die Parteien des Rechtsverhältnisses, aus dem die abzutretende Forderung entstammt, die Abtretbarkeit ausschließen können[123] (was z.B. nach englischem Recht[124] und dem Recht von New York[125] zulässig ist). Das auf die betroffene Forderung anzuwendende Recht entscheidet zudem über den Inhalt des Rechtsverhältnisses zwischen Schuldner und neuem Gläubiger, die befreiende Wirkung einer eventuellen Zahlung auf die abgetretene Forderung sowie über die Voraussetzungen, unter denen die Zession dem Schuldner entgegengehalten werden kann[126]. Auch das Rangverhältnis zwischen konkurrierenden Abtretungen ist nach dem Forderungsstatut zu beurteilen[127]. Grundsätzlich darf sich die Rechtsstellung des Schuldners durch die Abtretung nicht verschlechtern. Die Vereinbarung eines dem Schuldner nachteiligen Rechts ist unzulässig[128].

Der Begriff der Subrogation findet sich in Art. 14 Rom I nicht. Erst ein Blick in die französischsprachige Fassung der Verordnung schafft Klarheit, denn dort wird der Begriff Subrogation verwendet (Art. 14 Rom I), so dass klar ist, dass Art. 14 Rom I auch die Subrogation erfasst. Legalzession und gesetzliche Subrogation fallen unter Art. 15 Rom I. Nach altem Recht war zu beachten, dass hinsichtlich der gewillkürten Subrogation nicht auf Art. 33 Abs. 3 EGBGB a.F. zurückgegriffen werden konnte, denn es handelte sich um keinen Fall des gesetzlichen Forderungsübergangs[129]. Die Existenz und die Reichweite der gewillkürten Subrogation[130] richten sich nach dem Recht, das den Vertrag zwischen dem Gläubiger und dem Schuldner (solvens) beherrscht[131]. Auch die Voraussetzungen und Wirkungen der Subrogation ergeben sich also aus der Rechtsord-

---

119 Ferrari RIW 1996, 183; Basedow ZEuP 1997, 629; Jacquet/Delebecque/Corneloup, Droit du commerce international, Rn. 678.

120 CA Grenoble, 19.09.1995, Rev.crit.DIP 85 (1996), 666; Reithmann/Martiny/Martiny, Internationales Vertragsrecht, Rn. 1331 f.; Looschelders, IPR, Art. 33 Rn. 4, Art. 28 Rn. 36; zur a.A. beim reinen Forderungskauf, nämlich Recht des Kunden als Verkäufer vgl. Soergel/v. Hoffmann, Art. 28 Rn. 328.

121 Vgl. dazu Cass.civ., 17.03.1970, Rev.crit.DIP 1970, 688.

122 Reithmann/Martiny/Martiny, Internationales Vertragsrecht, Rn. 1331 f.

123 v. Bar, IPR II, Rn. 567.

124 Linden Gradens Trust Ltd. v. Lenesta Sludge Disposals Ltd. [1994] 1 AC 85; Cranston, Principles of Banking Law, 356.

125 Allhusen v. Caristo Construction Corp., 303 NY 446 (1952).

126 Looschelders, IPR, Art. 33 Rn. 8.

127 BGHZ 111, 376, 380; BGH NJW 1990, 940.

128 OLG Köln IPRspr. 1986 Nr. 38.

129 v. Bar, IPR, Rn. 574; a.A. Böhner IPrax 1985, 15, 16.

130 Vgl. dazu auch v.Bar, IPR II, Rn. 574.

131 Cass.civ., 17.03.1970, Rev.crit.DIP 1970, 688; Jacquet/Delebecque/Corneloup, Droit du commerce international, Rn. 734.

nung, die den Gegenstand der Subrogation beurteilt, also dem Recht der übertragenen Forderung. Handelt es sich also um eine Forderung aus Bauvertrag, entscheidet dieses Recht über Voraussetzungen und Wirkungen der Subrogation.

Da das jeweilige Forderungsstatut über die Zulässigkeit und Wirksamkeit der Abtretung entscheidet, ist es auch für die Frage maßgeblich, ob die Wirksamkeit der Abtretung von der Wirksamkeit des Kausalgeschäfts abhängig ist oder nicht[132]. Echte Sicherungsabtretungen sind national gelegentlich problematisch (vor allem in Ländern des romanischen Rechtskreises), weil sie den gesetzlichen Typus des Sicherungsrechtes umgehen und der Sicherungszweck als „causa“ nicht für ausreichend erachtet wird[133]. In Luxemburg ist sie seit August 2001 gesetzlich geregelt[134].

36 Die Legalzession folgt im Gegensatz zur rechtsgeschäftlichen Zession und Subrogation dem Recht, das auf die Verpflichtung anwendbar ist, die auf dem Dritten lastet, den Gläubiger zu befriedigen[135] (siehe jetzt Art. 15 Rom I). Doch kann der Gläubiger nicht mehr Rechte geltend machen, als ihm nach dem Recht zustehen, das auf die Verpflichtung des Hauptschuldners anwendbar ist. Auch im Falle der Legalzession bleibt also letztlich das Forderungsstatut unberührt[136].

9. Patronatserklärungen

Schrifttum

Draetta, The Penzoil Case and the binding effect of the letters of intent in the international trade practise, RD aff. Int. 1988, 155; Fontaine u.a., Les lettres d'intention dans la négociation des contrats internationaux, DCPI 1977, 73; Jacquet/Delebecque/Corneloup, Droit du commerce international, 2. Auflage, Paris 2010; Reithmann/Martiny, Internationales Vertragsrecht, 7. Auflage, Köln 2010; Rümker, Probleme der Patronatserklärung in der Kreditversicherungspraxis, WM 1974, 990; Le Tourneau, L'ingénierie, les transferts de technologie et de maîtrise industrielle, Paris 2003; Wolf, Das Statut der Patronatserklärung, IPRax 2000, 477; Ammelung/Sorocean, Patronatserklärungen zugunsten ausländischer Tochtergesellschaften, RIW 1996, 668

37 Patronatserklärungen übernehmen eine wichtige Finanzierungs- und Zahlungsabsicherungsfunktion. Durch die arbeitsteilige Arbeitsweise internationaler Konzerne, aber auch aufgrund steuertechnischer (z.B. Umsatzsteuer) und zollrechtlicher (z.B. Importzölle für Ausrüstungen und Baumaterial, die vor Ort gekauft werden können) Überlegungen treten am Markt häufig kleinere Tochtergesellschaften auf, die über keine ausreichenden Finanzmittel verfügen. Hingegen kann die Konzernmutter ohne Probleme die erforderlichen Mittel auftreiben. Im Rahmen von Vertragsverhandlungen kommt daher immer wieder die Forderung auf, die Konzernmutter möge das Finanzierungsrisiko übernehmen[137]. Allerdings fehlen feste Standards für die Abgabe und den Inhalt solcher Erklärungen, die unter der Bezeichnung **„letter of comfort“**, **„lettre de patronage“**, **„Lettre d'intention“**, **„lettre de parrainage“** oder**„letter of intent“** bekannt sind[138]. Ihr rechtlicher Charakter ist zweifelhaft, weil solche Erklärungen einen höchst unterschiedlichen Erklärungsinhalt haben können. Die Bandbreite reicht von den sog. wei-

---

132 v. Hoffmann/Höpping IPRax 1993, 302, 303.

133 Hök in: Handbuch zum deutschen und europäischen Bankrecht, 2. Auflage, § 78 Rn. 52 (zu Belgien).

134 Schmitt/Rapp, Droit bancaire et financier 2002, 349, 352 ff.

135 Loussouarn/Bourel, Droit international privé, Rn. 383; Audit, Droit international privé, Rn.

136 v. Bar, IPR II, Rn. 576.

137 Vgl. Cass.com., 21.12.1987, Rev. Sociétés 1988, 398 (Spanische Muttergesellschaft für französische Tochtergesellschaft); Cass.com., 09.03.1993, Rev. Sociétés 1993, 584 (Dänische Muttergesellschaft für französische Tochter).

138 Jacquet/Delebecque, Droit du commerce international, Rn. 386; Le Tourneau, L'ingénierie, les transferts de technologie et de maîtrise industrielle, Rn. 157.

chen bis hin zu den sog. harten Patronatserklärungen[139]. Während aus weichen Patronatserklärungen keinerlei Zahlungsverpflichtung resultieren soll[140], begründen die harten Erklärungen durchaus Zahlungsverpflichtungen[141].

Das Instrument der Patronatserklärung wurde in der Praxis entwickelt, um die Bürgschaft und ähnliche Sicherungsinstrumente (vor allem aus bilanzrechtlichen Gründen) zu umgehen[142]. Bei der Patronatserklärung handelt es sich um ein Schreiben (Letter), durch welches eine Person gegenüber einem Gläubiger erklärt, dass sie die Absicht hat, den Schuldner zu unterstützen und sich so zu verhalten, dass der Schuldner seine Verpflichtungen gegenüber dem Gläubiger erfüllen kann[143]. Solche Schreiben können sich darin erschöpfen mitzuteilen, dass die Begünstigte eine Tochtergesellschaft ist und/oder dass diese in Übereinstimmung mit den Anordnungen und Vorgaben der Konzernmutter handelt[144]. Eine solche Erklärung ist in aller Regel ohne juristischen Gehalt[145], d.h. aus der Erklärung können keine vertraglichen Primäransprüche hergeleitet werden. Als zweite Form der Patronatserklärung kommt die reine Ehrenerklärung vor, die eine unklagbare Verpflichtung darstellt[146], deren Verletzung allerdings Schadensersatzpflichten auslösen kann. Schließlich kann es sich um eine echte Bürgschaft[147] oder eine Garantie handeln. Die Abgrenzung zwischen Patronatserklärung und Garantie ist schwierig und voller Streitfragen[148]. 38

Beispiel[149]: *We hereby give you our assurance that it is our policy to ensure that the business of [subsidiary] is at all times in a position to meet its obligations to you under any contract that is entered into.*

Mit dem Zusatz „*It should be understood however that the foregoing is a statement of our present policy and that the foregoing does not constitute any legally binding obligation on our part*" können Zweifel an der fehlenden Bindungswirkung der Klausel ausgeschlossen werden[150].

Solche Erklärungen sind aber immer äußerst gefährlich, denn über ihren rechtlichen Gehalt entscheidet mangels Rechtswahl entweder (in Deutschland) das Recht der Muttergesellschaft[151] und (in Frankreich) das Recht der besicherten Forderung[152]. Es kann jedenfalls nicht ausgeschlossen werden, dass der Begünstigte argumentiert, die Patronatserklärung sei Bestandteil des Hauptgeschäfts und daher sei das Recht dieses Vertrages anwendbar[153]. Gelegentlich kommt es auch auf die Umstände an, unter denen die

139 Ammelung/Sorocean RIW 1996, 668.
140 Ammelung(Sorocean RIW 1996, 668.
141 Ammelung/Sorocean RIW 1996, 668, 669.
142 Le Tourneau, L'ingénierie, les transferts de technologie et de maîtrise industrielle, Rn. 157.
143 Reithmann/Martiny/Martiny, Internationales Vertragsrecht, Rn. 1208; Le Tourneau, L'ingénierie, les transferts de technologie et de maîtrise industrielle, Rn. 157.
144 Vgl. CA Versailles, 02.05.1996, RJDA 1996 n° 1275.
145 Vgl. Le Tourneau, L'ingénierie, les transferts de technologie et de maîtrise industrielle, Rn. 157.
146 Le Tourneau, L'ingénierie, les transferts de technologie et de maîtrise industrielle, Rn. 157.
147 Le Tourneau, L'ingénierie, les transferts de technologie et de maîtrise industrielle, Rn. 157.
148 Michalski WM 1994, 1229, 1237; Ammelung/Sorocean RIW 1996, 668.
149 Allery, Overseas Supply and Installation Contracts,P 17.
150 Vgl. Allery, Overseas Supply and Installation Contracts, P 17 Fn. 1.
151 Reithmann/Martiny/Martiny, Internationales Vertragsrecht, Rn. 1208; LG Berlin IPRax 2000, 526.
152 Menjucq, Droit international et européen des sociétés, Rn. 78; Jacquet/Delebecque, Droit du commerce international, Rn. 386; vgl. Cass.com., 30.01.2001, D. 2002, Som. 1392.
153 Allery, Overseas Supply and Installation Contracts, Rn. 11-25.

Erklärung abgegeben wird[154]. Wer sich also nicht rechtlich binden will, muss höchste Vorsicht walten lassen und dies möglichst klar stellen[155].

Zur Vertiefung seien die Verhältnisse am Beispiel des französischen und des englischen Rechts aufgezeigt.

a. Französisches Recht

Schrifttum

Gerth, Zur Rechtsentwicklung der französischen Patronatserklärung, RIW 1986, 13; Menjucq, Droit international et européen des sociétés, Paris 2001

39 Seit der Reform 2006[156] ist das Instrument der Absichtserklärung (Lettre d'Intention) in Frankreich gesetzlich geregelt (Art. 2322 Code Civil)[157]. Die französische Rechtsprechung behandelt die Patronatserklärung im Prinzip als **obligation de moyen**. Liegt jedoch eine vertragliche Bindung vor (engagement ferme), kann auch eine **obligation de résultat** gemeint sein. Seit 1999 sprach die französische Rechtsprechung[158]nur von einer obligation de résultat, wenn sich der Erklärende verpflichtete, die fragliche Verpflichtung anstelle des Schuldners zu erfüllen (de payer au lieu et place du débiteur). Doch im Jahre 2002 hat die Cour de Cassation ihre Rechtsprechung geändert und sich ihrer alten Position wieder angenähert[159]. Ernstzunehmende Patronatserklärungen (de faire son possible pour que sa filiale soit en mesure de faire face à ses obligations[160]) werden daher in Zukunft eher als obligation de résultat angesehen werden[161].

Es darf allerdings nicht übersehen werden, dass derartige Sicherheiten einer französischen Aktiengesellschaft (SA) von der Genehmigung durch den Conseil d'administration abhängig sind (Art. 98 Gesetz n° 66-537 vom 24.07.1966). Diese kann vor oder nach der Übernahme der „Bürgschaft" erteilt werden. Fehlt es an der Genehmigung ist sie nichtig bzw. gegenüber der SA nicht einwendbar (Art. 89 Décret n° 67-236 vom 23. März 1967). Die französische Rechtsprechung ist insoweit auch gegenüber ausländischen Bürgschaftsnehmern äußert restriktiv. Die Cour de Cassation hat eine Berufungsentscheidung aufgehoben, die davon ausging, dass die Vermutung der Rechtskenntnis in Bezug auf ausländische Vertragspartner nicht mit dem selben Maßstab angelegt werden kann, wie in Bezug auf inländische Vertragspartner[162]. Es hat den Anschein, es sei insoweit das **Personalstatut** der SA entscheidend und nicht das Vertragsstatut[163].

b. Englisches Recht

Schrifttum

Dilger, Patronatserklärungen im englischen Recht, RIW 1988, 908; Dilger, Patronatserklärungen im englischen Recht, RIW 1989, 573; Witthun, Patronatserklärungen im anglo-amerikanischen Rechtskreis, RIW 1990, 495

---

[154] Vgl. Banque Brussels Lambert SA v. Australian National Industries (1989) 21 N.S.W.L.R. 502 (Australien).

[155] Allery, Overseas Supply and Installation Contracts, Rn. 11-26.

[156] Ordonnance n° 2006-346 v. 23.3.2006.

[157] In Art. 2322 Code Civil heißt es sinngemäß: Die Absichtserklärung ist die Vereinbarung etwas zu tun oder nicht zu tun, die es zum Gegenstand hat, einem Schuldner Unterstützung bei der Erfüllung seiner Verpflichtungen gegenüber einem Gläubiger zu leisten.

[158] Vgl. Cass.com., 26.01.1999, D. 1999, 344.

[159] Vgl. Cass.com., 23.10.1990, D. 1992, Somm. 34; Cass.com., 08.11.1994, D. 1994, IR 270.

[160] Vgl. Jacquet/Delebecque/Corneloup, Droit du commerce international, Rn. 817.

[161] Vgl. Cass.com., 26.02.2002, D. 2002, 1273 obs. Lienhard.

[162] Cass.com., 08.11.1988, Bull.civ.IV n° 204; vgl. Cabrillac/Mouly, Droit des suretés, 5. Auflage, 1999, Rn. 121.

[163] Vgl. Jacquet/Delebecque/Corneloup, Droit du commerce international, Rn. 817.

In England existiert bislang keine klare Autorität zur Bedeutung von Absichtserklärungen[164]. Die bezüglich eines Darlehens abgegebene Erklärung „it is our policy that (the subsidiary) is at all times in a position to meet its liabilities“ wurde so ausgelegt, dass es sich um nicht mehr als eine Aussage zu der aktuellen Firmenpolitik handelte[165]. Der Erklärende hatte sich dagegen nicht verpflichtet, diese Firmenpolitik beizubehalten, er konnte sie also ändern[166]. Nur wenn sich durch Auslegung ergibt, dass die Erklärung die Übernahme vertraglicher Verpflichtungen nicht verneint, können die Parteien vertraglich gebunden sein. Im Einzelfall kann es auf die Umstände ankommen. So kann sich eine vertragliche Bindung ergeben, wenn die Parteien lange Zeit auf der Grundlage der Erklärung gearbeitet haben und mit Rücksicht auf die Erklärung erhebliche Summen ausgegeben haben[167]. In Turiff Construction v. Regalia hatte der Unternehmer erfolgreich bei einem Design & Build-Auftrag mitgeboten und erbat von dem Auftraggeber ein „letter of intent“ mit dem Inhalt, dass die Arbeit die umgehend begonnen werden müssten (Baugenehmigung etc.), bezahlt werden würden. Der Auftraggeber entsprach der Bitte mit dem Zusatz, dies geschehe unter dem Vorbehalt, dass ein annehmbarer Vertrag geschlossen werde. Etwas später gab der Besteller das Projekt auf. Im Rahmen der Zahlungsklage wandte er ein, es sei kein Vertrag zustande gekommen. Das Gericht verwarf den Einwand, weil das Angebot bereits akzeptiert worden war[168]. 40

[164] Chitty on Contracts, Rn. 2-123.
[165] Chitty on Contracts, Rn. 2-123.
[166] Kleinwort Benson Ltd. v. Malaysian Mining Corp. [1989] 1 All E.R. 785; Reynolds 104 L.Q.R. 353 (1988).
[167] Vgl. Turiff Construction Ltd. v. Regalia Knitting Mills (1971) 9 B.L.R. 20; Wilson Smithett & Cape (Sugar) Ltd. v. Bangladesh Sugar Industries Ltd [1986] 1 Lloyd's Report 378.
[168] Turiff Construction Ltd. v. Regalia Knitting Mills (1971) 9 B.L.R. 20; vgl. Allery, Overseas Supply and Installation Contracts, Rn. 6-45.

Kapitel 7
Nebengebiete

§ 24 Internationales Arbeitsrecht

Jacqueline Stieglmeier

Schrifttum

Reithmann/Martiny, Internationales Vertragsrecht, 7. Aufl., 2010, Köln; Münchner Kommentar, Band 10, Internationales Privatrecht, 5. Aufl. 2010, München, Erfurter Kommentar, C.H. Beck Verlag München, 10. Aufl. 2010

Inhaltsübersicht

I. ROM-I VO (anzuwendendes Recht)

Das internationale Arbeitsrecht hat auf die arbeitskräfteintensive Baubranche besonderen Einfluss. Die Entsendung inländischer Arbeitnehmer in das Ausland und die Beschäftigung ausländischer Arbeitnehmer im Inland ist keine Ausnahme mehr, sondern die Regel. Die Kenntnis von der Anwendbarkeit nationaler und internationaler Bestimmungen und die richtige Rechtswahl können für den Bauherrn von existentieller Bedeutung sein. Seit dem 17.12.2009 ist auf vertragliche Schuldverhältnisse die Verordnung (EG) Nr. 593/2008 (Rom I) anwendbar und ersetzt das Europäische Schuldvertragsübereinkommen (EVÜ). Durch Rom I[1] soll der Ausgang von Rechtsstreitigkeiten vorhersehbarer werden und Sicherheit ihn Bezug auf das anzuwendende Recht und der freie Verkehr gerichtlicher Entscheidungen gefördert werden. Rom I ist auf alle nach dem 17.12.2009 geschlossenen Verträge anwendbar. Für vor dem Stichtag geschlossene Verträge gilt weiterhin die alte Rechtslage. Art. 8 Rom I bezieht sich auf Individualarbeitsverträge, wobei nicht zwingend von dem deutschen Arbeitnehmerbegriff auszugehen ist, wenn auch viele Parallelen vorhanden sind. Zu berücksichtigen ist vielmehr der europäische Arbeitnehmerbegriff. Arbeitnehmer ist danach eine Person, die eine tatsächliche und echte Tätigkeit ausübt, wobei Tätigkeiten außer Betracht bleiben, die einen so geringen Umfang haben, dass sie sich als völlig untergeordnet und unwesentlich darstellen. Wesentliches Merkmal ist, dass jemand während einer bestimmten Zeit für einen anderen nach dessen Weisung Leistungen erbringt, für die er als Gegenleistung eine Vergütung erhält.[2] Art. 8 Rom-I VO bezieht sich also auf sämtliche abhängige, weisungsgebundenen und entgeltliche Tätigkeiten. Auch Auszubildende und Teilzeitbeschäftigte werden erfasst.[3] 1

---

[1] Verordnung (EG) Nr. 593/2008 v. 17.06.2008.

[2] EuGH, Urt. V. 17.07.2008, Az.: C-94/07.

[3] Münchner Kommentar/Martiny, BGB, Art. 8 Rom I-VO Rn 18.

2 **1. Rechtswahl.** Grundsätzlich unterliegen grenzüberschreitende Arbeitsverhältnisse den selben Bedingungen wie andere Vertragsverhältnisse. Die Anwendbarkeit der Verordnung Rom I auf Arbeitsverträge folgt ausdrücklich aus Art. 8 Rom I. Die Parteien können das auf das Arbeitsverhältnis anwendbare Recht ausdrücklich oder konkludent wählen. Hieran ändert auch Rom I nichts. Nach Art. 3 Rom I unterliegt der Vertrag dem von den Parteien gewählten Recht. Während die Bestimmung der ausdrücklichen Rechtswahl in der Regel keine Schwierigkeiten bereitet, kann dies bei der konkludenten Rechtswahl anders sein. In diesem Fall muss sich die Rechtswahl aus anderen Umständen ergeben, sogenannten Rechtswahlindizien. Dies können z.B. sein Gerichtsstandsklauseln, Schiedsklauseln, vertragliche Bezugnahmen auf ein Recht, Bezugnahme auf Tarifverträge, etc.[4]. Zu beachten ist hingegen, dass die Rechtswahl aus sozialen Schutzgedanken heraus, eingeschränkt ist. Die Rechtswahl, sei es ausdrücklich oder konkludent, kann nicht zu einer Verschlechterung des Schutzes des Arbeitsnehmers führen. Schon nach Art. 30 Abs. 1 EGBGB a.F. durfte bei Arbeitsverträgen und Arbeitsverhältnissen die Rechtswahl der Parteien nicht dazu führen, dass dem Arbeitnehmer der Schutz entzogen wird, der ihm durch die zwingenden Bestimmungen des Rechts gewährt wird, das nach Art. 30 Abs. 2 EGBGB a.F. mangels einer Rechtswahl anzuwenden gewesen wäre.[5] Daran wird nach Art. 8 Abs. 1 Rom I festgehalten. In einem Günstigkeitsvergleich sind nach wie vor die zwingenden Bestimmungen des objektiv anwendbaren Rechts, die dem Arbeitnehmer Schutz gewähren, und die Bestimmungen der gewählten Rechtsordnung gegenüberzustellen und abzuwägen. Die dem Arbeitnehmer günstigere Regelung kommt dann zur Anwendung.[6] Allerdings muss zunächst das objektiv anwendbare Recht bestimmt werden. Erst dann kann naturgemäß ein Vergleich zwischen diesem und dem durch Rechtswahl erfolgen.

3 **2. Regelanknüpfung.** Fehlt es an einer Rechtswahl, ist die Regelanknüpfung maßgebend, Art. 8, Abs. 2 Rom I-VO. Nach altem Recht bestimmte Art. 30 Abs. 2 EGBGB a.F. mangels eindeutiger Rechtswahl das Vertragsstatut. Verrichtete der Arbeitnehmer in Erfüllung des Vertrages gewöhnlich seine Arbeit in nur einem Staat, unterlag der Arbeitsvertrag dem Recht dieses Staates. Auch Rom I nimmt hierauf Bezug in Art. 8 Abs. 2. Maßgeblich war und ist also das Recht des Arbeitsortes, nicht etwa das Heimatrecht des Arbeitnehmers. Der gewöhnliche Arbeitsort ist der Ort, den der Arbeitnehmer zum tatsächlichen Mittelpunkt seiner Berufstätigkeit gemacht hat. Dabei verbringt er im Zweifel den größten Teil seiner Arbeitszeit in dem Mitgliedstaat, in dem er ein Büro hat, von dem er seine Tätigkeit organisiert und in das er zurückkehrt. Verfügt er dagegen nicht über ein Büro, das den tatsächlichen Mittelpunkt seiner Berufstätigkeit bildet und von dem aus er den wesentlichen Teil seiner Verpflichtungen gegenüber seinem Arbeitgeber hauptsächlich erfüllt, ist maßgeblich der Ort, an dem oder von dem aus der Arbeitnehmer den wesentlichen Teil seiner Verpflichtungen gegenüber dem Arbeitgeber tatsächlich erfüllt.[7] In Art. 8 Rom I ist insoweit eine Neuregelung enthalten, als auch maßgebend sein kann der Ort, „von dem aus" der Arbeitnehmer in Erfüllung des Vertrags gewöhnlich seine Arbeit verrichtet. Dies betrifft Arbeitsverhältnisse, die von einem festen Ort aus organisiert werden, die Arbeitnehmer selber aber wechselnd grenzüberschreitend tätig sind. Klassisches Beispiel hierfür ist das Bordpersonal eines Flugzeugs. Bei vorübergehender grenzüberschreitender Entsendung eines Arbeitneh-

4 BAG, Urteil vom 13.11.2007, 9 AZR 134/07.
5 BAG, Urteil vom 13.11.2007, 9 AZR 134/07.
6 Reithmann/Martiny/Martiny, Internationales Vertragsrecht, Rn 4846.
7 BAG v. 24.09.09, Az.: 8 AZR/08.

mers ändert sich an dem anzuwendenden Recht nichts, denn maßgebend ist das des Staates in dem die Arbeit gewöhnlich verrichtet wird. Nach altem Rechts galt weiter: Pendelte der Arbeitnehmer zwischen verschiedenen Arbeitsstellen, sollte das Recht der Niederlassung seines Arbeitgebers zur Anwendung kommen, die den Arbeitnehmer eingestellt hatte. Bei dem Recht der Niederlassung bleibt es auch nach Art. Abs. 3 Rom I. Anknüpfungspunkt für das anzuwendende Recht ist das Recht, welches am Ort der einstellenden Niederlassung gilt, wenn der Arbeitnehmer keinen gewöhnlichen Arbeitsort hat. Allerdings muss es hierbei nicht bleiben, denn ergibt sich aus der Gesamtheit der Umstände, dass der Arbeitsvertrag oder das Arbeitsverhältnis engere Verbindungen zu einem anderen Staat aufweißt, soll das Recht dieses anderen Staates angewendet werden. Es muss eine Mehrzahl von Einzelumständen vorliegen, die auf eine bestimmte Rechtsordnung hinweisen. Die Verbindung zu dem anderen Staat muss stärker sein, als diejenige, die durch Regelanknüpfung oder einstellende Niederlassung hergestellte.

Als Umstände, die maßgeblich sind, kommen insbesondere die Staatsangehörigkeit der Parteien, der Sitz des Arbeitgebers, die Vertragssprache, die Währung, in der die Vergütung bezahlt wurde, der Ort des Vertragsabschlusses und der Wohnsitz in Betracht.[8] Maßgebend ist gemäß Art. 8 Rom I die Gesamtheit der Umstände. Unabhängig vom gewöhnlichen Arbeitsort und dem Ort der Niederlassung können sich danach aus anderen Anknüpfungspunkten engere Verbindungen zu einem anderen Staat und damit Rechtsordnung ergeben. Welche Anknüpfungspunkte maßgebend sind, ist nicht genannt, so dass auf die bisher schon geltenden zurück gegriffen werden muss. Für vorübergehend nach Deutschland entsandte ausländische Arbeitnehmer kann auf Grund der Privatautonomie ausländisches Recht gewählt werden. 4

3. Ausnahmen. Einschränkungen der Rechtswahl ergeben sich auch aus Art. 9 Rom I. Danach kann der Grundsatz der Parteiautonomie die Geltung der sogenannten Eingriffsnormen nicht einschränken. Eine Eingriffsnorm ist eine zwingende Vorschrift, deren Einhaltung von einem Staat als so entscheidend für die Wahrung seines öffentlichen Interesses angesehen wird, dass sie unabhängig von dem nach dem Vertrag anzuwendenden Rechts auf alle Sachverhalt anzuwenden ist, die ihr zugeordnet werden können. Dies kann die politische, soziale oder wirtschaftliche Organisation betreffen. Zu beachten ist allerdings, dass nicht alle Normen, die nach der inländischen Rechtsordnung zwingend und vertraglich nicht abdingbar sind, Eingriffsnormen im Sinne von Rom I darstellen. Vielmehr muss die Norm einen Gehalt haben, der nicht nur die Individualinteressen des Einzelnen schützt, sondern mindestens auch öffentliche Gemeinwohlinteressen.[9] Der mittelbare Schutz von Gemeinwohlinteressen ist nicht ausreichend. Indiz für den Schutz von Gemeinwohlbelangen kann die behördliche Durchsetzbarkeit sein. § 8 TzBfG ist daher keine Eingriffsnorm, weil die Herabsetzung der Arbeitszeit ggf. mittelbar den Arbeitsmarkt entlastet, aber vordringlich die Individualinteressen des einzelnen Arbeitnehmers im Focus hat. Eine behördliche Durchsetzung des Teilzeitwunsches ist nicht vorgesehen. Auch die Bestimmungen des Kündigungsschutzgesetzes, die den allgemeinen Kündigungsschutz (§§1–14 KSchG) betreffen, dienen nicht den öffentlichen Gemeinwohlinteressen.[10] Diese Vorschriften sollen vornehmlich Bestandsschutzinteressen der Arbeitnehmer und die Vertragsfreiheit des Arbeitgebers regeln. Die Kündigungsvorschriften hingegen, die dem Mutterschutzgesetz 5

[8] BAG v. 12.12.2001, Az.: 5 AZR 255/00.
[9] BAG, a.a.O.
[10] BAG, Urteil v. 24.08.89, 2 AZR 3/89.

und SGB IX zum Schutz von Schwerbehinderten zu entnehmen sind, sind als Eingriffnormen zu betrachten.[11] Gleiches gilt für § 3 EFZG und § 14 I MuSchG, die die Entgeltzahlung im Krankheitsfall und den Zuschuss des Arbeitsgebers zum Mutterschaftsgeld betreffen. Die durch die Zahlung erfolgende Entlastung der Sozialversicherung liegt im Gemeinwohlinteresse.[12] Auch Vorschriften des Arbeitnehmerentsendegesetztes sind Eingriffsnormen und Schränken die Rechtswahl ein.

II. Arbeitnehmerentsendung

6 **1. Einleitung.** Bemühungen der Europäischen Union grenzüberschreitende Arbeits- und Dienstleistungen in der Bauwirtschaft zu regeln, haben den deutschen Gesetzgeber veranlasst das Arbeitnehmerentsendegesetz (AEntG) vom 26. Februar 1996 zu erlassen. Zwischenzeitlich hat das Gesetz, nicht zuletzt durch Rechtsprechung und wegen der Aufnahme weiterer Berufsgruppen zahlreiche Änderungen bis hin zur Neufassung vom 20.04.2009 erfahren. Ziel des Gesetzes ist zwar nach wie vor, bei grenzüberschreitenden Dienstleistungen lohnbedingte Wettbewerbsvorteile ausländischer Konkurrenten in den lohnintensiven Bereichen, wie unter anderem auf dem Gebiet der Bau- und Montageleistungen, durch Angleichung wesentlicher materieller Arbeitsbedingungen, einem Sozialdumping vorzubeugen bzw. entgegenzuwirken. In der Neufassung von 2009 treten jedoch weitere Ziele hinzu. Es sollen faire und funktionierende Wettbewerbsbedingungen, sowie die Tarifautonomie gewährleistet werden. Der Rechtsrahmen, den das Arbeitnehmer-Entsendegesetz bietet, soll genutzt werden, um tarifvertragliche Mindestlöhne in einer Branche verbindlich zu machen und angemessene Mindestarbeitsbedingungen zu schaffen.[13] Daher wurden und werden Branchen, die eine Tarifbindung von mindestens fünfzig Prozent aufweisen, auf Antrag in das Arbeitnehmerentsendegesetz aufgenommen. Gleichfalls unter den Schutz des Gesetzes werden jetzt auch inländische Arbeitnehmer gestellt. In- und ausländische Arbeitnehmer sollen gleichermaßen in den Genuss eines sozialen Mindestschutzes kommen, der durch Schaffung und Durchsetzung angemessener Mindestarbeitsbedingungen erreicht werden soll. Der bislang erforderliche Bezug zur Entsendung in das Ausland ist nicht mehr erforderlich. Die Bezeichnung des Gesetzes hat sich deshalb in: „Gesetz über zwingende Arbeitsbedingungen für grenzüberschreitend entsandte und für regelmäßig im Inland beschäftigte Arbeitnehmer und Arbeitnehmerinnen" geändert. Die Kurzbezeichnung AEntG ist geblieben. Da das Arbeitnehmerentsendegesetz ursprünglich wegen der zunehmenden Internationalisierung in der Bauwirtschaft geschaffen wurde, muss sich diese schon seit Bestehen des Gesetzes mit den darin enthaltenen Regelungen auseinandersetzen. Inländische Arbeitgeber des Baugewerbes, die Arbeitnehmer in das Ausland entsenden und ausländische Arbeitgeber, die Arbeitnehmer in das Inland entsenden, müssen sich gleichermaßen mit den Bestimmungen und Auswirkungen des Arbeitnehmerentsendegesetztes befassen, da diese auf das jeweilige Arbeitsverhältnis Anwendung finden könnten.

7 **2. Arbeitnehmerentsendung.** Die Entsendung von Arbeitnehmern in das Ausland liegt immer dann vor, wenn Arbeitskräfte vorübergehend grenzüberschreitend vom Arbeitgeber eingesetzt werden. Der Arbeitnehmer muss auf Weisung des Arbeitgebers einer Beschäftigung im Ausland nachgehen. Das bedeutet zugleich, dass zwischen Arbeitnehmer und Arbeitgeber ein inländisches Arbeitsverhältnis vorliegen muss. Unerheb-

[11] Reithmann/Martiny/Martiny, Internationales Vertragsrecht, Rn 4929.
[12] BAG v. 12.12.2001, Az.: 5 AZR 255/00.
[13] Gesetzentwurf v. 07.10.08 BT-Drucks. 16/10486.

lich ist hierbei, ob der Arbeitnehmer eigens für die Entsendung eingestellt worden ist. Entscheidend ist, dass der entsandte Arbeitnehmer organisatorisch dem inländischen Betrieb zugeordnet ist. Merkmal der Entsendung ist zudem, dass von vornherein eine Rückkehr in das Inland beabsichtigt ist. Meist wird vor der Entsendung zwischen Arbeitgeber und Arbeitnehmer eine entsprechende Entsendevereinbarung getroffen, in der die Dauer der Entsendung und die nähere Ausgestaltung geregelt sind. Auch im Rahmen einer Arbeitnehmerüberlassung kann eine Arbeitnehmerentsendung erfolgen.

3. Mindestarbeitsbedingungen. Bestimmungen des Arbeitnehmerentsendegesetzes finden nicht nur auf inländische Arbeitgeber, sondern auch auf ausländische Arbeitgeber Anwendung. Das wird in § 2 AEntG, dessen Inhalt Art. 3 (Art 3 I, a – g) der Entsende-RL wiedergibt und Bezug nimmt auf Mindestarbeitsbedingungen, die in Rechts- oder Verwaltungsvorschriften geregelt sind, klar gestellt. Zu den einzuhaltenden Mindestarbeitsbedingungen zählen z.B. § 3 ArbzG (werktägliche Höchstarbeitszeit) und § 5 ArbzG (Ruhezeiten). § 2 AEntG ist eine Eingriffsnorm im Sinne von Art 9 Rom I und somit unabhängig von der Geltung deutschen Rechts auf den Vertrag im Übrigen oder einer Rechtswahl, verbindlich. Mindestarbeitsbedingungen gelten für Arbeitskräfte, die von einem Arbeitgeber mit Sitz im Ausland in das Inland entsandt werden und auch für örtlich angeworbene Arbeitnehmer. 8

Soweit dementsprechend in Rechts- und Verwaltungsvorschriften geregelt, sind also folgende Mindestarbeitsbedingungen einzuhalten: 9

- Mindestentgeltsätze einschließlich der Überstundensätze,
- bezahlter Mindestjahresurlaub,
- Höchstarbeitszeiten und Mindestruhezeiten,
- Bedingungen für die Überlassung von Arbeitskräften, insbesondere durch Leiharbeitsunternehmen,
- Sicherheit, Gesundheitsschutz und Hygiene am Arbeitsplatz,
- Schutzmaßnahmen im Zusammenhang mit den Arbeits- und Beschäftigungsbedingungen von Schwangeren und Wöchnerinnen, Kindern und Jugendlichen
- Gleichbehandlung von Männern und Frauen sowie andere Nichtdiskriminierungsbestimmungen

4. Arbeitnehmer. Die einzuhaltenden Mindestarbeitsbedingungen gelten für Arbeitnehmer. Mitarbeiter, die keine Arbeitnehmer sind, unterliegen nicht den Regelungen des Arbeitnehmerentsendegesetzes. Zu beachten ist allerdings, dass der Begriff des Arbeitnehmers sich nach deutschem Recht richtet. Arbeitnehmer ist nach ständiger Rechtsprechung derjenige, der aufgrund privatrechtlichen Vertrages im Dienste eines anderen zur Leistung weisungsgebundener fremdbestimmter Arbeit in persönlicher Abhängigkeit verpflichtet ist. Das Arbeitsverhältnis ist ein auf den Austausch von Arbeitsleistungen und Vergütung gerichtetes Dauerschuldverhältnis. Die vertraglich geschuldete Leistung ist im Rahmen einer von Dritten bestimmten Arbeitsorganisation zu erbringen. Die Eingliederung in die fremde Arbeitsorganisation zeigt sich insbesondere darin, dass der Beschäftigte dem Weisungsrecht des Arbeitgebers unterliegt. Das Weisungsrecht bezieht sich auf Inhalt, Durchführung, Zeit, Dauer und Ort der Tätigkeit. Ein Arbeitnehmer kann nicht im Wesentlichen seine Tätigkeit und Arbeitszeit frei bestimmen. Selbständig dagegen ist, wer im Wesentlichen frei seine Tätigkeit gestalten und seine Arbeitszeit selber bestimmen kann. Maßgebend für die Bestimmung des Vertragstyps ist in erster 10

Linie die tatsächliche Durchführung und nicht die Bezeichnung.[14] Ob daher die Vereinbarung von den Vertragsparteien als „Arbeitsvertrag" bezeichnet wird, spielt keine Rolle. Die dargestellten Grundsätze sind ebenfalls von ausländischen Arbeitgebern zu beachten, denn auch wenn sich das Vertragsverhältnis zwischen den Parteien nach ausländischem Recht als freies Dienstverhältnis darstellt, muss dies nach deutschem Rechtsverständnis nicht zwingend der Fall sein.[15] Maßgebend ist für die Beurteilung der Arbeitnehmerschaft allein die Definition, die sich aus dem deutschen Recht entwickelt hat. Europarechtlich ergibt sich dieser Standpunkt aus der Entsende-Richtlinie 96/71/EG. Danach wird der Begriff des Arbeitnehmers in dem Sinne verwendet, in dem er im Recht des Mitgliedstaats, in dessen Hoheitsgebietes der Arbeitnehmer entsandt wird, gebraucht wird.[16]

11 **5. Bauwirtschaft, Mindestarbeitsbedingungen und Betriebsbegriff.** Anknüpfungspunkt für die Geltung von Mindestarbeitsbedingungen in der Bauwirtschaft ist der Betrieb bzw. die Betriebe sowie selbständige Betriebsabteilungen, die überwiegend Bauleistungen erbringen. Eine Betriebsabteilung ist ein räumlich, personell und organisatorisch vom Gesamtbetrieb abgegrenzter Betriebsteil, der mit eigenen technischen Betriebsmitteln einen eigenen Betriebszweck verfolgt, der auch nur ein Hilfszweck sein kann. Das Merkmal der Selbstständigkeit erfordert eine wahrnehmbare räumliche und organisatorische Abgrenzung sowie einen besonders ausgeprägten spezifischen arbeitstechnischen Zweck. Eine bloße betriebsinterne Spezialisierung der Art, dass getrennte Arbeitsgruppen jeweils bestimmte Aufgaben erfüllen, genügt für die Annahme einer selbstständigen Betriebsabteilung nicht.[17] Bei einem Betrieb mit mehreren Abteilungen kann eine selbstständige Betriebsabteilung nur dann angenommen werden, wenn in den einzelnen Abteilungen, zusätzlich zur räumlichen Abgrenzung, ein eigenständiger Leitungsapparat vorhanden ist, der die dort anstehenden arbeitstechnisch erforderlichen Maßnahmen plant und die der Betriebsabteilung zugeordneten Betriebsmittel zusammenfasst, ordnet und gezielt einsetzt.[18] Nicht entscheidend ist dagegen, ob und in welchem Umfang personalentscheidungs- oder kaufmännische Befugnisse bestehen. Für die Annahme einer selbstständigen Betriebsabteilung reicht es vielmehr aus, wenn ein Leitungsapparat vorhanden ist, der die in der Betriebsabteilung anstehenden arbeitstechnisch erforderlichen Maßnahmen plant und die der Betriebsabteilung zugeordneten Betriebsmittel zusammenfasst, ordnet und gezielt einsetzt. Diese Voraussetzungen sind bei räumlich weit entfernten Betriebsabteilungen fast immer erfüllt.

12 Das bedeutet im Falle des bundesweiten und für allgemeinverbindlich erklärten Tarifvertrag der Baubranche: Der in- und ausländische Arbeitgeber ist verpflichtet den Arbeitnehmern mindestens die Arbeitsbedingungen zu gewähren, die in dem Tarifvertrag für den Beschäftigungsort vorgeschrieben sind. Die Verpflichtung kann sich auch beziehen auf selbständige Betriebsabteilungen, selbst wenn der Hauptbetrieb keine Bauleistungen erbringt.

13 Da das Vorliegen eines allgemeinverbindlichen Tarifvertrages nach § 7 AEntG auch durch eine Rechtsverordnung ersetzt werden kann, ist die siebte Verordnung über

---

14 BAG 25. Mai 2005, Az.: 5 AZR 347/04.
15 LAG Hessen, Urteil v. 29.10.07, Az. 16 Sa 2010/06.
16 EG Richtlinie 96/71/EG v. 16.12.1996.
17 BAG, Urteil v. 21.11.07, Az.:10 AZR 782/06.
18 BAG Urteil vom 24.2.2010, 10 AZR 759/08.

zwingende Arbeitsbedingungen im Baugewerbe vom 24.08.2009 erlassen worden.[19] § 7 AEntG soll die vom Europäischen Gerichtshof eingeforderte Gleichbehandlung von in- und ausländischen Dienstleistungserbringern gewährleisten. Inländische Konkurrenten sollen. Ihren Arbeitnehmern mindestens Tarifbedingungen anbieten müssen[20]. Diese sollen sich nicht durch den Abschluss von Haustarifverträgen, wie das in der Vergangenheit oft der Fall war oder spezielleren Tarifverträgen entziehen können, was § 8 AEntG klar stellt. Anders sieht es aus, wenn der speziellere Tarifvertrag günstigere Arbeitsbedingungen aufweist. Das arbeitsrechtliche Günstigkeitsprinzip soll nicht außer Kraft gesetzt werden.[21] Die für den Arbeitnehmer vorteilhafteren Regelungen finden somit auf das Arbeitsverhältnis Anwendung.

Die zwingende Anwendbarkeit inländischer tariflicher Bestimmungen auf Arbeitsverhältnisse ist nicht nur für Firmen aus Mitgliedsstaaten verbindlich, sondern auch für solche aus Drittstaaten, einschließlich Mittel- und Osteuropa im Rahmen von Werkvertragsabkommen.[22]

Wie auch schon in früheren Fassungen des AEntG, gelten dessen Bestimmungen für das Bauhauptgewerbe oder das Baunebengewerbe im Sinne der Baubetriebe-Verordnung vom 28. Oktober 1980 (§ 4. AEntG). Auf Baubetriebe, die folgende Arbeiten überwiegend verrichten, kann das AEntG somit Anwendung finden: **14**

1. Abdichtungsarbeiten gegen Feuchtigkeit;
2. Aptierungs- und Drainierungsarbeiten, wie zum Beispiel das Entwässern von Grundstücken und urbar zu machenden Bodenflächen, einschließlich der Grabenräumungs- und Faschinierungsarbeiten, des Verlegens von Drainagerohrleitungen sowie des Herstellens von Vorflut- und Schleusenanlagen;

2a. Asbestsanierungsarbeiten an Bauwerken und Bauwerksteilen;

3. Bautrocknungsarbeiten, das sind Arbeiten, die unter Einwirkung auf das Gefüge des Mauerwerks der Entfeuchtung dienen, auch unter Verwendung von Kunststoffen oder chemischen Mitteln sowie durch Einbau von Kondensatoren;
4. Beton- und Stahlbetonarbeiten einschließlich Betonschutz- und Betonsanierungsarbeiten sowie Armierungsarbeiten;
5. Bohrarbeiten;
6. Brunnenbauarbeiten;
7. chemische Bodenverfestigungen;
8. Dämm-(Isolier-)Arbeiten (das sind zum Beispiel Wärme-, Kälte-, Schallschutz-, Schallschluck-, Schallverbesserungs-, Schallveredelungsarbeiten) einschließlich Anbringung von Unterkonstruktionen sowie technischen Dämm-(Isolier-) Arbeiten, insbesondere an technischen Anlagen und auf Land-, Luft- und Wasserfahrzeugen;
9. Erdbewegungsarbeiten, das sind zum Beispiel Wegebau-, Meliorations-, Landgewinnungs-, Deichbauarbeiten, Wildbach- und Lawinenverbau, Sportanlagenbau sowie Errichtung von Schallschutzwällen und Seitenbefestigungen an Verkehrswegen;
10. Estricharbeiten, das sind zum Beispiel Arbeiten unter Verwendung von Zement, Asphalt, Anhydrit, Magnesit, Gips, Kunststoffen oder ähnlichen Stoffen;
11. Fassadenbauarbeiten;

19 BAnz. 2009 Nr. 128 S. 2996.
20 Ehrfurter Kommentar/Schlachter zu § 3 AEntG, Rn 7.
21 BT 16/10486.
22 BAG Urteil v. 25.06.02, 9 AZR 406/00.

12. Fertigbauarbeiten: Einbauen oder Zusammenfügen von Fertigbauteilen zur Erstellung, Instandsetzung, Instandhaltung oder Änderung von Bauwerken; ferner das Herstellen von Fertigbauteilen, wenn diese zum überwiegenden Teil durch den Betrieb, einen anderen Betrieb desselben Unternehmens oder innerhalb von Unternehmenszusammenschlüssen – unbeschadet der Rechtsform – durch den Betrieb mindestens eines beteiligten Gesellschafters zusammengefügt oder eingebaut werden; nicht erfasst wird das Herstellen von Betonfertigteilen, Holzfertigteilen zum Zwecke des Errichtens von Holzfertigbauwerken und Isolierelementen in massiven, ortsfesten und auf Dauer eingerichteten Arbeitsstätten nach Art stationärer Betriebe; § 2 Nr. 12 bleibt unberührt;
13. Feuerungs- und Ofenbauarbeiten;
14. Fliesen-, Platten- und Mosaik-Ansetz- und Verlegearbeiten;
14a. Fugarbeiten an Bauwerken, insbesondere Verfugung von Verblendmauerwerk und von Anschlüssen zwischen Einbauteilen und Mauerwerk sowie dauerelastische und dauerplastische Verfugungen aller Art;
15. Glasstahlbetonarbeiten sowie Vermauern und Verlegen von Glasbausteinen;
16. Gleisbauarbeiten;
17. Herstellen von nicht lagerfähigen Baustoffen, wie zum Beispiel Beton- und Mörtelmischungen (Transportbeton und Fertigmörtel), wenn mit dem überwiegenden Teil der hergestellten Baustoffe die Baustellen des herstellenden Betriebs, eines anderen Betriebs desselben Unternehmens oder innerhalb von Unternehmenszusammenschlüssen – unbeschadet der Rechtsform – die Baustellen des Betriebs mindestens eines beteiligten Gesellschafters versorgt werden;
18. Hochbauarbeiten;
19. Holzschutzarbeiten an Bauteilen;
20. Kanalbau-(Sielbau-)Arbeiten;
21. Maurerarbeiten;
22. Rammarbeiten;
23. Rohrleitungsbau-, Rohrleitungstiefbau-, Kabelleitungstiefbauarbeiten und Bodendurchpressungen;
24. Schachtbau- und Tunnelbauarbeiten;
25. Schalungsarbeiten;
26. Schornsteinbauarbeiten;
27. Spreng-, Abbruch- und Enttrümmerungsarbeiten; nicht erfasst werden Abbruch- und Abwrackbetriebe, deren überwiegende Tätigkeit der Gewinnung von Rohmaterialien oder der Wiederaufbereitung von Abbruchmaterialien dient;
28. Stahlbiege- und -flechtarbeiten, soweit sie zur Erbringung anderer baulicher Leistungen des Betriebes oder auf Baustellen ausgeführt werden;
29. Stakerarbeiten;
30. Steinmetzarbeiten;
31. Straßenbauarbeiten, das sind zum Beispiel Stein-, Asphalt-, Beton-, Schwarzstraßenbauarbeiten, Pflasterarbeiten aller Art, Fahrbahnmarkierungsarbeiten; ferner Herstellen und Aufbereiten des Mischguts, wenn mit dem überwiegenden Teil des Mischguts der Betrieb, ein anderer Betrieb desselben Unternehmens oder innerhalb von Unternehmenszusammenschlüssen – unbeschadet der Rechtsform – der Betrieb mindestens eines beteiligten Gesellschafters versorgt wird;
32. Straßenwalzarbeiten;
33. Stuck-, Putz-, Gips- und Rabitzarbeiten einschließlich des Anbringens von Unterkonstruktionen und Putzträgern;

34. Terrazzoarbeiten;
35. Tiefbauarbeiten;
36. Trocken- und Montagebauarbeiten (zum Beispiel Wand- und Deckeneinbau und -verkleidungen), Montage von Baufertigteilen einschließlich des Anbringens von Unterkonstruktionen und Putzträgern;
37. Verlegen von Bodenbelägen in Verbindung mit anderen baulichen Leistungen;
38. Vermieten von Baumaschinen mit Bedienungspersonal, wenn die Baumaschinen mit Bedienungspersonal zur Erbringung baulicher Leistungen eingesetzt werden;
38a. Wärmedämmverbundsystemarbeiten;
39. Wasserwerksbauarbeiten, Wasserhaltungsarbeiten, Wasserbauarbeiten (zum Beispiel Wasserstraßenbau, Wasserbeckenbau, Schleusenanlagenbau);
40. Zimmerarbeiten und Holzbauarbeiten, die im Rahmen des Zimmergewerbes ausgeführt werden;
41. Aufstellen von Bauaufzügen.

Gleichfalls unter das AEntG fallen Betriebe und Betriebsabteilungen, des Gerüstbauerhandwerks und des Dachdeckerhandwerks. Gleiches gilt für Betriebe und Betriebsabteilungen des Garten- und Landschaftsbaus, in denen folgende Arbeiten verrichtet werden: 15

1. Erstellung von Garten-, Park- und Grünanlagen, Sport- und Spielplätzen sowie Friedhofsanlagen;
2. Erstellung der gesamten Außenanlagen im Wohnungsbau, bei öffentlichen Bauvorhaben, insbesondere an Schulen, Krankenhäusern, Schwimmbädern, Straßen-, Autobahn-, Eisenbahn-Anlagen, Flugplätzen, Kasernen;
3. Deich-, Hang-, Halden- und Böschungsverbau einschließlich Faschinenbau;
4. ingenieurbiologische Arbeiten aller Art;
5. Schutzpflanzungen aller Art;
6. Drainierungsarbeiten;
7. Meliorationsarbeiten;
8. Landgewinnungs- und Rekultivierungsarbeiten.

Für die Verpflichtung Mindestarbeitsbedingungen gewähren zu müssen, ist zudem Voraussetzung die überwiegende Ausführung von Bauleistungen gemäß § 175 Abs. 2 SGB III. Bauleistungen sind danach alle Leistungen, die der Herstellung, Instandsetzung, Instandhaltung, Änderung oder Beseitigung von Bauwerken dienen. Es ist auf die arbeitszeitlich überwiegende Tätigkeit der Arbeitnehmer im jeweiligen Kalenderjahr und nicht auf wirtschaftliche Gesichtspunkte wie Umsatz und Verdienst, aber auch nicht auf handels- und gewerberechtliche Kriterien abzustellen.[23] 16

In der Bauwirtschaft gelten jedoch nicht nur die im Arbeitnehmerentsendegesetz, § 2 AEntG, genannten Mindestarbeitsbedingungen. Anwendung können daneben Regelungen des allgemeinverbindlichen Tarifvertrages der Bauwirtschaft finden. Dies gilt für in- und ausländische Arbeitgeber, da § 3 AEntG die Anwendung nationaler Normen auch auf Arbeitsverhältnisse von Arbeitgebern mit Sitz im Ausland und seinen im Inland beschäftigten Arbeitnehmern erweitert. Dies kann sich beziehen auf: Mindestentgeltsätze, einschließlich Überstundenvergütung, die Dauer des Erholungsurlaubs, Urlaubsgeld, Urlaubsentgelt, sowie ein ggf. eingerichtetes Urlaubskassenverfahren, wie es für die Bauwirtschaft existiert.

[23] St. Rspr., vgl. BAG Urteil vom 20.6.2007, 10 AZR 302/06.

17 Die einzuhaltende Mindestlohnregelung für das Baugewerbe ist dem Tarifvertrag zur Regelung der Mindestlöhne im Baugewerbe zu entnehmen. Maßgebend ist der Gesamttarifstundenlohn, der sich aus dem Tarifstundenlohn und dem Bauzuschlag zusammensetzt. Der Bauzuschlag beträgt zur Zeit 5,9 % des Tarifstundenlohnes und wird gewährt zum Ausgleich der besonderen Belastungen, denen der Arbeitnehmer insbesondere durch den ständigen Wechsel der Baustelle und der Abhängigkeit von der Witterung außerhalb der gesetzlichen Schlechtwetterzeit sowie für Lohneinbußen in der gesetzlichen Schlechtwetterzeit ausgesetzt ist. Bei Arbeitgebern mit Sitz in einem anderen Mitgliedstaat wurden früher Zuschläge, abgesehen vom Bauzuschlag, bei der Überprüfung des Mindestlohnes außer Betracht gelassen. Dies ist nun anders. Angerechnet werden 13. und 14. Monatsentgelte, Urlaubsgelder oder Gratifikationen, soweit diese während der Entsendezeit anteilmäßig gezahlt werden.[24] Die Bundesrepublik Deutschland hatte durch die frühere Handhabung gegen ihre Verpflichtung aus Art. 3 der Richtlinie 96/1/EG verstoßen. Zuschläge und Zulagen, die nicht das Verhältnis zwischen der Leistung des Arbeitnehmers und der von ihm erhaltenen Gegenleistung verändern, müssen berücksichtigt werden.[25] Überstundenpauschalierungsabreden, wonach Überstunden mit der Vergütung als abgegolten anzusehen sind, können dagegen dazu führen, dass der Mindestlohn unterschritten wird. Gleiches gilt für leistungsabhängige Prämien, wie Akkordprämien, Schmutz- und Gefahrenzulagen.[26]

Auch für Überstunden sind die Mindestentgeltsätze zu entrichten. Die nähere Bestimmung der Voraussetzungen von Überstunden richtet sich allerdings nach dem Arbeitsvertrag bzw. dem des anwendbaren Rechts.[27]

18 **6. Bürgenhaftung, § 14 AentG.** Gemäß § 14 AEntG haftet ein Unternehmer, der einen anderen Unternehmer mit der Erbringung von Werk- oder Dienstleistungen beauftragt, für die Verpflichtungen dieses Unternehmers, eines Nachunternehmers oder eines von dem Unternehmer oder einem Nachunternehmer beauftragten Verleihers zur Zahlung des Mindestentgelts an Arbeitnehmer oder Arbeitnehmerinnen oder zur Zahlung von Beiträgen an eine gemeinsame Einrichtung der Tarifvertragsparteien wie ein Bürge, der auf die Einrede der Vorausklage verzichtet hat. Es handelt sich um eine verschuldensunabhängige Generalunternehmerhaftung für das Nettomindestentgelt und die Sozialkassenbeiträge. Unberücksichtigt bleiben über das Mindestentgelt hinausgehende vertragliche oder tarifliche Ansprüche. Nicht erfasst werden Annahmeverzugsansprüche des Arbeitnehmers sowie Ansprüche gegen den Arbeitgeber auf Verzugszinsen wegen verspäteter Lohnzahlung.[28]. Soweit Beiträge an gemeinsame Einrichtungen, also auch die Urlaubs- und Lohnausgleichskasse der Bauwirtschaft (ULAK) geschuldet sind, bemisst sich die Haftung an den Beiträgen aus dem geschuldeten Bruttolohn. Der Mindestlohn bleibt für die Bemessung außer Betracht, soweit dieser nicht unterschritten wird.[29]

19 Von § 14 AEntG wird nicht jeder Unternehmer, der eine Bauleistung in Auftrag gibt erfasst. Vielmehr sollen Bauunternehmer, die sich verpflichtet haben, ein Bauwerk zu errichten und dies mit einem oder mehreren Subunternehmern bewerkstelligen, als Bürgen haften. Da ihnen der Vorteil der Beauftragung zu Gute kommt, sollen sie für die Lohnforderungen der von den Subunternehmen eingesetzten Arbeitnehmer einstehen.

---

[24] Erfurter Kommentar, Schlachter zu § 30 AEntG RN 3.
[25] EuGH, Urteil v. 14.04.05, Az.: C 341/02, NZA 05, 573 ff.
[26] Legerlotz, ArbRB 2011, 29 ff.
[27] BAG, Urteil v. 19.05.2004, 5 AZR 449/03, AP AEntG § 1 Nr. 16.
[28] BAG Urteil v. 12.01.2005, Az.: 5 AZR 617/01.
[29] LAG Frankfurt, Urteil v. 29.10.07, Az.: 16 Sa 2112/06.

Das AEntG geht nicht vom Unternehmerbegriff des § 14 Abs. 1 BGB aus, sondern nur der Generalunternehmer soll ggf. zur Verantwortung gezogen werden.[30] Dies gilt selbst dann, wenn der Bauherr selbst Bauunternehmer ist und die zwingenden Arbeitsbedingungen kennt.[31]

Ein vertraglicher Haftungsausschluss gegenüber Arbeitnehmern ist nicht möglich. Die verschuldensunabhängige Haftung des Bauunternehmers soll diesen veranlassen darauf zu achten, dass seine Nachunternehmer zwingende Arbeitsbedingungen einhalten, insbesondere Mindestlöhne zahlen. „Schmutzkonkurrenz", deren Leistungen mit den von ihnen angebotenen Preisen unter Einhaltung von Mindestarbeitsbedingungen nicht erbracht werden können, soll auf diese Weise verhindert werden.[32] Das Haftungsrisiko des Generalunternehmers kann durch Nachunternehmerketten noch vergrößert werden. Die Haftung gilt nämlich auch für von Nachunternehmen beauftragte Unternehmen unabhängig davon, ob diese ihren Sitz im In- oder Ausland haben. Für die Eingrenzung des Haftungsrisikos werden Generalunternehmer auf vertragliche Vereinbarungen und Überprüfungen verwiesen. Diese können darin bestehen, dass z.B. geeignete Nachweise über die Erfüllung der Lohnforderungen oder Bankbürgschaften verlangt werden. Auch Zustimmungsvorbehalte im Falle der Beauftragung von Nachunternehmen oder Haftungsfreistellungen für diese sind denkbar. 20

Wenn die Hauptforderung verfallen oder verjährt ist, kommt eine Haftung nicht mehr in Betracht.

Eine kürzlich ergangene Entscheidung des Bundesarbeitsgerichts hat Forderungen der Bundesagentur für Arbeit zurückgewiesen. Es besteht kein Anspruch gegen Hauptunternehmer auf Rückzahlung von Insolvenzgeld, das an Arbeitnehmer eines in Insolvenz gefallenen Nachunternehmers gezahlt wurde. § 14 AEntG findet insofern keine Anwendung, als der Hauptunternehmer nicht an Stelle des Mindestlohnes für gezahltes Insolvenzgeld haftet.[33]

III. Urlaubskassenverfahren

1. Einleitung. Das deutsche Urlaubsverfahren in der Bauwirtschaft gilt zwingend auch zwischen ausländischen Arbeitgebern und seinen im Inland tätigen Arbeitnehmern. Gemäß § 8 BRTV hat jeder Arbeitnehmer in jedem Kalenderjahr Anspruch auf mindestens dreißig Arbeitstage bezahlten Erholungsurlaub. Der Urlaubsanspruch richtet sich nach den in dem Betrieb zurückgelegten Beschäftigungstagen. Nach zwölf Beschäftigungstagen bemisst sich der Urlaubsanspruch für den gewerblichen Arbeitnehmer auf einen Urlaubstag. Da im Baugewerbe ein häufiger Arbeitsplatzwechsel üblich ist, könnten sich die Urlaubsansprüche gegen verschiedene Arbeitgeber richten. Dem soll durch das Urlaubsverfahren in der Bauwirtschaft entgegengewirkt werden. Der Arbeitnehmer wird quasi so gestellt, als hätte er nur in einem Arbeitsverhältnis gestanden. 21

Die Urlaubs- und Lohnausgleichskasse der Bauwirtschaft (ULAK) als gemeinsame Einrichtung der Tarifvertragsparteien des Baugewerbes, hat unter anderem nach den für allgemeinverbindlich erklärten Vorschriften des Bundesrahmentarifvertrages (BRTV) und des Tarifvertrages über das Sozialkassenverfahren im Baugewerbe (VTV) die Aufgabe, die Auszahlung der tariflichen Urlaubsvergütung an die Arbeitnehmer zu sichern. 22

---

30 BAG Urteil v. 28.03.2007, Az.: 10 AZR 76/06.
31 BAG a.a.O.
32 BAG, Urteil v. 12.01.2005, Az.: 5 AZR 279/01.
33 BAG, Urteile vom 08.12.2010, Az.: 5 AZR 95/10, 5 AZR 814/09, 5 AZR 263/10, 5 AZR 111/10.

Die dafür nötigen Mittel werden durch Beiträge aller Arbeitgeber des Baugewerbes aufgebracht, die gegenüber der ULAK meldepflichtig sind. Die Beiträge belaufen sich auf einen bestimmten Prozentsatz der Bruttolöhne der beschäftigten gewerblichen Arbeitnehmer. Von Arbeitgebern mit Sitz im Ausland zieht die ULAK die Beiträge selber ein. Eingezahlte Beträge werden auf einer Lohnnachweiskarte festgehalten. In der Bauwirtschaft gewähren Arbeitgeber Urlaub und zahlen Urlaubsvergütung unabhängig davon, ob gerade bei ihnen der Urlaubsanspruch entstanden ist. Der Arbeitgeber hat daher gegenüber der Urlaubskasse einen Erstattungsanspruch. Nach Geltendmachung erstattet die ULAK dem Arbeitgeber die von ihm an den Arbeitnehmer ausgezahlte Urlaubvergütung

23 **2. Verjährungs- und Verfallfristen.** Zu beachten sind für die Erstattung allerdings Verjährungs- und Verfallfristen. Gemäß § 13 VTV in der Fassung vom 18.12.2009 erstattet die ULAK dem Arbeitgeber monatlich die von ihm an den Arbeitnehmer ausgezahlte Urlaubsvergütung, soweit auf diese nach den tarifvertraglichen Bestimmungen des BRTV-Bau ein Anspruch bestand. Der Arbeitgeber mit Sitz im Ausland, der den Urlaub eines nach Deutschland entsandten Arbeitnehmers nach dem zwingenden Recht des Entsendestaates abgilt, kann in entsprechender Anwendung des § 13 Abs. 1 S. 1 und 2 VTV einen Erstattungsanspruch gegen die Urlaubskasse erwerben, soweit er die tariflich geschuldeten Meldungen abgegeben hat.[34] Damit soll eine Ungleichbehandlung von Arbeitgebern im Inland zu denen aus dem Ausland verhindert werden. Mit dem vom AEntG verfolgten Ziel, Arbeitgeber unabhängig von deren Sitz gleich zu behandeln, wäre es nicht vereinbar, wenn der ausländische Arbeitgeber trotz tatsächlicher Zahlung von Urlaubsvergütung an die entsandten Arbeitnehmer bei gleichzeitiger Beitragszahlung an die ULAK keinen Erstattungsanspruch erwerben würde. Dieser Grundsatz gebietet jedoch, dass eine Erstattung vom ausländischen Arbeitgeber nur dann verlangt werden kann, wenn die weiteren Voraussetzungen erfüllt sind, die ein Arbeitgeber mit Sitz im Inland erfüllen muss, um eine Erstattung zu erlangen. Hierzu gehört insbesondere, dass der Anspruch nicht verfallen sein darf und die Meldepflichten vollständig und ordnungsgemäß erfüllt sind sowie das Beitragskonto ausgeglichen ist. Nach § 24 Abs. 3 VTV verfallen Erstattungsansprüche innerhalb von zwei Jahren, wenn der Arbeitgeber rückwirkend zur Meldung und Beitragszahlung herangezogen wird. Gemäß § 24 Abs. 3 S. 2, 2. Alternativ VTV beginnt die Frist im Falle eines Rechtsstreits frühestens mit Ablauf des Jahres, in dem rechtskräftig festgestellt wird, dass der Betrieb vom VTV erfasst wird. Diese verlängerte Verfallfrist ist aber nur einschlägig, wenn der Betrieb tatsächlich rückwirkend zur Beitragszahlung herangezogen wurde. Macht die ULAK bereits von Beginn an Melde- und Beitragspflichten für laufende oder zukünftige Zeiträume geltend und wird deswegen ein Rechtsstreit geführt, wird der Arbeitgeber nicht rückwirkend zur Beitragszahlung herangezogen, so dass die Verjährungsfrist des § 24 Abs. 3 VTV keine Anwendung findet. Es kann somit Verjährung noch während des Rechtsstreits eintreten. Der Arbeitgeber muss in diesem Fall mit seiner Beitragspflicht rechnen. Damit die Erstattungsansprüche nicht verfallen, können und sollten diese vorsorglich geltend gemacht werden. Ein Rechtsstreit über die Beitragspflicht des Arbeitgebers rechtfertigt keine Ausnahme.[35] Nach § 24 Abs. 2 VTV verfallen Erstattungsansprüche zugunsten der ULAK, wenn sie nicht bis zum 30. September des Kalenderjahres geltend gemacht worden sind, welches auf das Kalenderjahr folgt, in dem der Erstattungsanspruch entstanden ist, im Falle der Beendigung des Arbeitsverhältnis-

---

[34] BAG v. 25.01.05, Az.: 9 AZR146/04.

[35] BAG v. 01.04.09, Az.: 10 AZR 134/08.

ses und für den Fall, dass ein Arbeitnehmer nicht mehr von dem BRTV-Bau erfasst wird, ohne dass sein Arbeitsverhältnis endet, jedoch bereits am 15. des zweiten auf den Monat der Beendigung folgenden Monats. Die Verfallfrist knüpft an das Entstehen des Erstattungsanspruchs an. Dafür ist maßgeblich, wann der Arbeitgeber die Urlaubsvergütung an seine Arbeitnehmer zahlt. Die Frist für die Geltendmachung der Erstattungsansprüche beginnt mit der Zahlung der Urlaubsvergütung. Weder die Erfüllung der Melde- noch der Beitragspflichten ist Voraussetzung für das Entstehen des Erstattungsanspruchs maßgebend. Zu beachten ist außerdem, dass der Arbeitgeber so lange keinen Erstattungsanspruch hat, bis er die tariflich festgelegten Beiträge entrichtet hat und das Beitragskonto keinen Debetsaldo ausweist.

3. Meldepflichten. Neben der Berücksichtigung der Verfallfrist ist die ordnungsgemä- 24
ße Erfüllung der Meldepflicht gemäß §§ 5, 6 VTV Erstattungsvoraussetzung. Hierzu gehört u.a. vor Aufnahme einer baugewerblichen Tätigkeit bzw. Aufnahme der Tätigkeit des Arbeitnehmers die Meldung von Stammdaten, bezogen auf Arbeitgeber und Arbeitnehmer. Ferner sind in Bezug auf die gewerblichen Arbeitnehmer bis zum 15. des folgenden Monats mitzuteilen beitragspflichtiger Bruttolohn, Zeitpunkt des Ausscheidens des Arbeitnehmers, Beschäftigungstage, soweit kein voller Beschäftigungsmonat vorliegt und gewährte Urlaubtage und Urlaubsvergütung, soweit darauf ein tariflicher Anspruch bestand. Insbesondere auf die fristgerechte Abgabe der Beitragsmeldungen in der tariflich festgelegten Art und Weise ist zu achten, da diese kein Selbstzweck ist, sondern der Berechnung und dem rechtzeitigen Einzug der Beiträge dient.[36] Der Arbeitgeber sollte die erforderlichen Angaben so rechtzeitig vor dem Verfall oder der Verjährung der Beitragsansprüche melden, dass die ULAK die geschuldeten Beiträge vor dem Ablauf der tariflichen Verfallfrist oder der Verjährungsfrist berechnen und geltend machen kann. Erfüllt der Arbeitgeber seine Meldepflicht nicht tarifgerecht, muss die ULAK eine Mindestbeitragsklage hinsichtlich der Urlaubskassenbeiträge erheben. Zur Höhe der Urlaubskassenbeiträge sind seitens der ULAK entweder Feststellungen zu treffen oder gemäß § 287 Abs. 2 ZPO zu ermitteln, wenn der Anspruch dem Grunde nach besteht. Es ist die Zahl der Arbeitnehmer zu ermitteln und von der tariflichen Arbeitszeit abzüglich nicht zu widerlegender Unterbrechungen und dem geschuldeten Mindestlohn auszugehen. Ziel ist nicht, einen plausiblen Beitrag zu errechnen, sondern den wahrscheinlich zumindest zustehenden Gesamtbetrag.

Gleiches gilt auch für Mehrarbeitsklagen, wenn z.B. der Arbeitgeber unzutreffende Meldungen abgegeben hat und noch Beiträge ausstehen. Die Kasse muss dann darlegen und gegebenenfalls beweisen, dass gegen ein Unternehmen, durch welches die Melde- und Beitragspflicht akzeptiert und Beiträge geleistet wurden, noch weitere Beitragsansprüche offen sind.[37] Geht die klagende Kasse mit ihrer Forderung über eine Mindestbeitragsklage hinaus, z.B. weil eine Überschreitung der tariflichen Arbeitszeit feststeht, ist eine Schätzung nach § 287 Abs. 2 ZPO möglich.

4. Geltungsbereich des Urlaubskassenverfahren. Das erstreckte Tarifrecht der Bau- 25
wirtschaft und damit das Urlaubskassenverfahren erfassen nicht nur Betriebe des Baugewerbes, sondern gleichfalls selbständige Betriebsabteilungen.

Eine Betriebsabteilung ist ein räumlich, personell und organisatorisch vom Gesamtbetrieb abgegrenzter Betriebsteil, der mit eigenen technischen Betriebsmitteln einen eigenen Betriebszweck verfolgt, der auch nur ein Hilfszweck sein kann.[38] Das zusätzli-

---

[36] BAG Urteil v. 21.11.07, Az.: 10 AZR 481/06.

[37] Hessisches LAG, Urteil v. 30.06.2010, Az.: 18/10 Sa 1113/08.

[38] BAG, Urteil vom 26.09. 2007, Az.:10 AZR 415/06.

che tarifliche Merkmal der Selbständigkeit in § 1 Abs. 2 Abschnitt VI VTV erfordert eine auch für Außenstehende wahrnehmbare räumliche und organisatorische Abgrenzung sowie einen besonders ausgeprägten spezifischen arbeitstechnischen Zweck. Eine bloße betriebsinterne Spezialisierung der Art, dass getrennte Arbeitsgruppen jeweils bestimmte Aufgaben versehen, genügt für die Annahme einer selbständigen Betriebsabteilung nicht. Baustellen eines Bauunternehmens sind daher keine organisatorisch abgegrenzten Betriebsteile, unabhängig davon, ob auf jeder ein fester Arbeitnehmerstamm tätig ist und ein Austausch von Arbeitnehmern nicht stattfindet. Von einer selbständigen Betriebsabteilung ist allerdings auszugehen, wenn der ausländische Arbeitgeber in Deutschland eine Niederlassung unterhält, von der aus er den Einsatz der von ihm entsandten Arbeitnehmer koordiniert. Die Voraussetzung einer für Außenstehende wahrnehmbaren räumlichen und organisatorischen Abgrenzung vom Gesamtbetrieb ist in einem solchen Fall erfüllt[39]. Die organisatorische Abgrenzung vom Gesamtbetrieb bedingt keine Eintragung als Zweigniederlassung im Handelsregister.

26 Nach § 1, Abs. 2, Abschnitt VI, Abs. 1 BRTV für das Baugewerbe vom 20.08.2007 wird zusätzlich eine Gesamtheit von Arbeitnehmern, die außerhalb der stationären Betriebsstätte eines nicht baugewerblichen Betriebes baugewerbliche Arbeiten ausführt, als selbständige Betriebsabteilung angesehen. Es kommt also nicht darauf an, ob der Hauptbetrieb an sich überwiegend Bauleistungen erbringt. Der fachliche Geltungsbereich ist ferner gegeben, wenn die selbständige Betriebsabteilung überwiegend bauliche Tätigkeiten verrichtet. Ob zur Erfüllung der Voraussetzungen des § 1 Abs. 2 Abschnitt VI Abs. 1 S. 3 VTV die Durchführung baugewerblicher Arbeiten durch eine Gesamtheit von Arbeitnehmern für einen bestimmten Zeitraum erforderlich ist oder ob eine, von der Zeitdauer unabhängige projektbezogene Betrachtungsweise ausreicht, ist noch nicht abschließend gerichtlich entschieden. Dafür, dass die zeitliche Dauer der Arbeiten von Bedeutung sein kann spricht, dass die tariflichen Regelungen über den Urlaub bestimmen, dass der Arbeitnehmer nach jeweils zwölf Beschäftigungstagen Anspruch auf einen Tag Urlaub hat und daher kürzere Beschäftigungszeiten keine urlaubsrechtlichen Ansprüche für den Arbeitnehmer begründen können. Zudem errechnet sich der Urlaubskassenbeitrag aus der Bruttolohnsumme eines Monats. Das könnte dafür sprechen, dass bauliche Tätigkeiten einer Gesamtheit von Arbeitnehmern jedenfalls dann, wenn deren Gesamtzeitdauer einen Monat unterschreitet, außer Betracht bleiben.[40]

Arbeitgeber mit Sitz im Ausland haben dann nicht am Urlaubskassenverfahren teilzunehmen, wenn die entsandten Arbeitnehmer nach den Regeln des Entsendestaates hinsichtlich des Urlaubs besser gestellt sind als vergleichbare deutsche Arbeitnehmer nach Maßgabe der allgemeinverbindlichen Tarifverträge und es damit wegen des gebotenen Günstigkeitsvergleichs nicht zur Anwendung der allgemeinverbindlichen Urlaubregelungen kommt.[41]

IV. Soziale Sicherung

27 **1. Einleitung.** Mit der Entsendung von Arbeitnehmern sind verbunden Fragen der sozialen Sicherung, die im Zusammenhang mit Kranken-, Pflege-, Renten- und Unfallversicherung, sowie der Arbeitsförderung auftreten können. Abkommen über soziale Sicherheit regeln, welche Beiträge in welchem Land zu entrichten sind oder ob in inländische, als auch ausländische Versicherungszweige gezahlt werden müssen.

[39] BAG, Urteil vom 21.11.2007, Az.: 10 AZR 782/06.
[40] Hessisches LAG, Urteil v. 25.02.08, Az.: 16 Sa 1009/07.
[41] BAG, Urteil v. 25.06.2002, Az.: 9 AZR 405/00.

Sozialversicherungspflichtig sind Arbeitnehmer nach dem Territorialitätsprinzip im Inland in der Regel nur dann, wenn sie im Geltungsbereich des Sozialgesetzbuches tätig sind. Ausnahmen hiervon werden im Sinne einer Ein- bzw. Ausstrahlung in §§ 4, 5 SGB IV geregelt. Regelungen des über- und zwischenstaatlichen Rechts, wie EWG-Verordnungen und Abkommen über soziale Sicherheit sind vorrangig zu beachten.

a. Ausstrahlung. Wird ein Arbeitnehmer, der seinen Wohnsitz oder gewöhnlichen Auf- **28**
enthalt im Geltungsbereich des SGB IV hat, in das Ausland entsandt, gelten die deutschen Vorschriften zur Sozialversicherung im Sinne der Ausstrahlung unter bestimmten Maßgaben fort: Es handelt sich

- um eine Entsendung,
- die Entsendung ist im Rahmen eines deutschen Arbeitsverhältnisses erfolgt,
- die Dauer der Entsendung ist im Voraus zeitlich begrenzt

Der Begriff der Entsendung muss im Bereich der Sozialversicherung nicht dem des Arbeitsrechts entsprechen.

Ein fortbestehendes inländisches Versicherungsverhältnis setzt ein Beschäftigungsverhältnis mit dem entsendenden Arbeitgeber in Deutschland voraus. Aber: Vom Inlandsunternehmen im Ausland eingestellte Arbeitnehmer, die zuvor im ausländischen Beschäftigungsstaat gearbeitet oder gelebt haben, sind Ortskräfte, auf die die Regeln der Entsendung keine Anwendung finden. Daran ändert sich auch nichts, wenn der Arbeitnehmer zwecks Erledigung notwendiger Formalitäten, z.B. Abschluss des Arbeitsvertrags nach Deutschland einreist.[42] Eine Entsendung liegt nur vor, wenn sie aus dem Inland heraus erfolgt. Eine andere Beurteilung kann sich ergeben, wenn der Arbeitnehmer zwar im Ausland von einer deutschen Firma eingestellt wurde, sodann aber mindestens ein Monat in Deutschland gegen Entgelt beschäftigt wird um anschließend wiederum in das Ausland entsandt zu werden. Auch die Einstellung eines Arbeitnehmers eigens für die Entsendung, spricht nicht gegen eine solche.

Dagegen reicht für die Fortführung des in der Bundesrepublik begründeten Sozialversi- **29**
cherungsverhältnisses ein im Inland bestehendes sog. Rumpfarbeitsverhältnis nicht aus.[43] Ein solches liegt vor, wenn das inländische Arbeitsverhältnis im Hinblick auf die Hauptpflichten, Arbeitsleistung und Arbeitsentgelt, ruht, gleichwohl aber noch wechselseitige Rechte und Pflichten bestehen, die Auslandsbeschäftigung von vornherein zeitlich befristet ist und rechtlich sichergestellt ist, dass das inländische Beschäftigungsverhältnis nach Beendigung der Auslandsbeschäftigung wieder auflebt.[44]

Für ein fortbestehendes inländisches Versicherungsverhältnis ist in jedem Fall erforderlich, dass das Beschäftigungsverhältnis während der Entsendezeit besteht und das es nach der Entsendung weiter geführt werden soll.[45] Maßgebend ist, wo der Schwerpunkt der rechtlichen und tatsächlichen Merkmale des Beschäftigungsverhältnisses liegen. Der im Ausland beschäftigte Arbeitnehmer muss organisatorisch in den Betrieb des inländischen Arbeitgebers eingegliedert bleiben.[46] Das beinhaltet die Weisungsgebundenheit des Arbeitnehmers an den inländischen Arbeitgeber und die Ausweisung des Lohns des im Ausland beschäftigten Arbeitnehmer in der Lohnbuchhaltung, wie dies

[42] BSG v. 14.01.1987, Az.: 10 RKg 20/85.
[43] BSG Urteil v. 25.01.1994, Az. 4 RA 48/92.
[44] BSG, Urteil v. 29.09.1998, Az.: B 4 RA 9/98.
[45] BSG Urteil v. 05.12.06, Az.: B 11 a AL 3/06.
[46] BSG Urteil v. 24.06.2010, Az.: B 10 EG 12/09 R.

auch für die inländisch Beschäftigten gehandhabt wird. Von einer Ausstrahlung kann dagegen nicht ausgegangen werden, wenn der Arbeitnehmer im Ausland in einen rechtlich verselbständigten Betrieb eingegliedert ist und dieser das Arbeitsentgelt zahlt.

30 Die erforderliche zeitliche Begrenzung der Entsendung liegt vor, wenn eine solche bei vorausschauender Betrachtungsweise gegeben ist. Die Begrenzung kann sich aus arbeitsvertraglichen Regelungen oder der Arbeit selber ergeben. Letzteres ist der Fall, wenn die Beschäftigung nach allgemeiner Lebenserfahrung nicht auf Dauer angelegt ist. So ist z.B. die Entsendung zeitlich begrenzt, wenn der Arbeitnehmer für die Dauer der Errichtung eines Bauwerks bis zu dessen Fertigstellung in das Ausland entsandt wird. Vertragliche Befristungen liegen vor, wenn sie sich aus dem Arbeitsvertrag selber ergeben. Die Befristung der Entsendung bis zum Rentenalter wird allerdings für unzulässig erachtet, jedenfalls wenn dieses noch nicht in greifbare Nähe gerückt ist. Die Befristung muss im Voraus feststehen und darf sich nicht erst im Laufe der Entsendung ergeben. Keine Probleme ergeben sich, wenn eine befristete Entsendung verlängert wird, sofern auch die Verlängerung im Voraus zeitlich begrenzt ist.

31 **b. Einstrahlung.** Die Vorschriften zur deutschen Sozialversicherung finden keine Anwendung (Einstrahlung), wenn bei dem Arbeitnehmer

- eine Entsendung vorliegt,
- die Entsendung im Rahmen eines ausländischen Arbeitsverhältnisses erfolgt ist,
- die Dauer der Beschäftigung im Voraus zeitlich begrenzt ist.

Ist einer der Punkte nicht erfüllt, liegt keine Einstrahlung vor; die Vorschriften über die deutsche Sozialversicherung finden Anwendung.

32 **2. Entsendung in den EU-Raum nach dem 01.05.2010.** Unabhängig von den Regelungen zur deutschen Sozialversicherung, sind zwischenstaatliche Abkommen zur sozialen Sicherung vorrangig zu beachten. Im EU-Raum war, bzw. ist auf die EU Mitgliedsstaaten, sowie Island, Norwegen und die Schweiz die Verordnung (EWG) Nr. 1408/71 vom 14. Juni 1971 über die Anwendung der Systeme der sozialen Sicherheit innerhalb der Gemeinschaft anwendbar.

Für die EU-Mitgliedsstaaten gilt für Entsendungen ab dem 01.05.2010 die Verordnung (EG) Nr. 883/2004 vom 29. April 2004 zur Koordinierung der Systeme der sozialen Sicherheit, wenn der Arbeitnehmer Staatsangehöriger eines EU-Mitgliedstaates ist. Auf Übergangsfälle, also für Entsendungen vor dem 01.05.2010, findet für einen Zeitraum von zehn Jahren weiterhin die EWG-VO 1408/71 Anwendung, wenn sich durch die neue Verordnung die anzuwendenden Rechtsvorschriften ändern würden.

Die VO 883/2004 sieht grundsätzlich die Anwendung der Rechtsvorschriften des Landes vor, in dem die Tätigkeit ausgeübt wird.[47] Dies gilt auch für die Regelungen zur Sozialversicherung des Beschäftigungsstaates. An sich finden daher die inländischen Regelungen zur Sozialversicherung neben denen des ausländischen Staates, in welchen der Arbeitnehmer entsendet wurde, Anwendung. Die Gefahr der doppelten Betragspflicht wird durch Art. 12 (1) VO 883/2004 verhindert, wenn folgende Prämissen erfüllt sind.

33 Bedingung ist zunächst, dass der Arbeitnehmer Staatsangehöriger eines EU – Mitgliedstaates ist, der von einem inländischen Arbeitgeber aus Deutschland heraus entsandt wird. Zu achten ist auf die in der VO 883/2004 gesondert aufgeführte Voraussetzung

[47] Art 11 (3) a VO 883/2004.

der „gewöhnlichen“ örtlichen Tätigkeit des Arbeitgebers. Das bedeutet, dass der entsendende Arbeitgeber überwiegend, mindestens aber zwei Monate vor der Entsendung, im Inland tätig sein muss. Die Tätigkeit muss als nennenswert anzusehen sein; reine Verwaltungsausübungen scheiden damit aus. Indiz für eine nennenswerte Tätigkeit ist ein Inlandsumsatz von fünfundzwanzig Prozent des Gesamtumsatzes. Als unzulässig ist die Praxis eines inländischen Bauunternehmens erachtet worden, dass eine Dependance in einem anderen Mitgliedsstaat gegründet hatte und dort lediglich Verwaltungsarbeiten erledigen ließ, aber von der Dependance Arbeitnehmer in das Inland entsendete. Die entsendeten Arbeitnehmer fielen nach Auffassung des EuGH unter das Recht der sozialen Sicherheit des Mitgliedsstaates, in dem sie tatsächlich beschäftigt waren.[48] Schließlich kann von einer Entsendung nur gesprochen werden, wenn die Tätigkeit des entsandten Arbeitnehmers dem Tätigkeitsbereich des Unternehmens in Deutschland entspricht und auf vierundzwanzig Monate begrenzt ist. Innerhalb dieses Rahmens kann die Auslandstätigkeit verlängert werden; Zeiten die vor dem 01.05.2010 liegen, sind hierbei zu berücksichtigen. Eine Ausweitung über diese Zeitspanne hinaus, ist nur über eine Ausnahmevereinbarung nach Art. 16 VO 883/2004 möglich. Wird die Entsendung für mindestens zwei Monate ausgesetzt, handelt es sich in der Regel um eine Unterbrechung der Entsendung, die eine erneute Entsendung und damit Fortsetzung der Arbeiten ermöglicht.

Nach der VO 883/2004 darf ein entsandter Arbeitnehmer nicht abgelöst werden. Ausnahmen sind zulässig wenn der entsandte Arbeitsnehmer aus unvorhersehbaren Gründen, z.B. einer Erkrankung, der Entsendetätigkeit nicht mehr nachgehen kann und deshalb eine Ablösung erfolgt. Eine Verlängerung der Entsendezeit ist hiermit aber nicht verbunden. Die Gesamtzeit der ursprünglichen Entsendung verlängert sich nicht.

Die VO 883/2004 bezieht Flüchtlinge und Staatenlose, die ihren Wohnort in einem EU-Staat haben ein.

3. EWG-VO 1408/71/Sozialversicherungsabkommen/vertragsloses Ausland. Für einen Zeitraum von zehn Jahren kann die EWG-VO 1408/71 im EU-Raum, die durch die VO 883/2004 abgelöst wurde, fort gelten, wenn die Entsendung vor dem 01.05.2010 erfolgte. In diesem Fall darf die Entsendung nicht länger als zwölf Monate andauern und der Arbeitnehmer dient nicht als Ersatz für einen anderen Arbeitnehmer, dessen Entsendezeit gerade endete. Die Entsendung kann auf vierundzwanzig Monate verlängert werden. Auf Antrag kann die VO 883/2004 zur Anwendung kommen. **34**

Die EWG-VO 1408/71 gilt bis auf Weiteres für Island, Liechtenstein, Norwegen, die Schweiz und Personen, die nicht EU-Staatsangehörige sind.

Außerhalb der EU bestehen zur Zeit Sozialversicherungsabkommen mit Australien, Bosnien und Herzegowina, Chile, China, Indien, Israel, Japan, Kanada (Quebec), Korea, Kosovo, Kroatien, Marokko, Mazedonien, Montenegro, Serbien, Türkei und den USA. Abkommen mit Brasilien und der Ukraine werden noch verhandelt. In den einzelnen SVA ist die Länge der möglichen Entsendung, Versicherungspflicht und Ausnahmevereinbarungen geregelt.

Im vertragslosen Ausland bestimmt sich die Versicherungspflicht sowohl nach den inländischen, als auch nach dem ausländischen Recht, es kann somit zu einer Doppelversicherung kommen.

---

48 EuGH v. 09.11.2000, Az.: C-404/98 (Plum).

V. Bauvorhaben unter Beteiligung der Weltbank

35 Bauvorhaben, an denen die Weltbank (oder andere multilaterale Entwicklungsbanken) als finanzierende Einrichtung beteiligt ist, unterliegen besonderen arbeitsrechtlichen Vorgaben. Die „Standard Bidding Documents for Works" und der „Procurement of Works and User's Guide" der Weltbank vom August 2010 beruhend auf FIDIC Conditions of Contract for Construction, MDB harmonised Edition (Version 2010). Part 3 Conditions of Contract and contract forms, Section VII, General Conditions, Clause 6 Staff and Labour, die zusammen die Grundlage für die vertraglichen Beziehungen zwischen Werkauftraggeber und Werkunternehmer bilden, stellen qua Vertrag Richtlinien für die Begründung, Durchführung und Abwicklung von Arbeitsverhältnissen auf, die eine Fülle von Aufgaben und Pflichten für den Contractor (Werkunternehmer) als Arbeitgeber nach sich ziehen. Aus politischen Gründen wird die Beschäftigung örtlicher qualifizierter Arbeitskräfte ausdrücklich gewünscht und angeregt, denn die Entwicklungsbanken sollen nicht nur den Bau von Infrastrukturvorhaben finanzieren und begleiten sondern gleichzeitig neue soziale und wirtschaftliche Rahmenbedingungen schaffen. Gelegentlich – auch um Lohndumping zu begegnen –, werden Mindestquoten für die Beschäftigung lokaler Arbeitskräfte vereinbart oder gesetzlich vorgeschrieben. Werden hingegen ausländische Arbeitskräfte beschäftigt, muss sich der Contractor nicht nur vergewissern, dass die erforderlichen Aufenthalts- und Arbeitserlaubnisse vorliegen, sondern auch verantwortlich dafür Sorge tragen, dass die ausländischen Arbeitskräfte nach Ablauf der Bauzeit an ihren Herkunfts- oder gewöhnlichen Aufenthaltsort zurück kehren. Auf die Einhaltung von Sicherheitsvorschriften und -standards ist besonders zu achten; ebenso auf den Schutz der Gesundheit der Arbeitskräfte, dem das Vertragswerk große Aufmerksamkeit widmet. Zur Erreichung der Ziele wird ein Bündel unterschiedlicher Schutzmaßnahmen verlangt, wie z.B. die Beschäftigung eines qualifizierten Sicherheitsbeauftragten, die Gewährleistung medizinischer Versorgung, die Zusammenarbeit mit den örtlichen Gesundheitsbehörden. Die Pflicht zur Gesundheitsfürsorge geht bis hin zum Ergreifen von Präventionsmaßnahmen zur Verhinderung der Ansteckung mit dem HIV Virus und zur Hilfeleistung im Falle der erfolgten Ansteckung. Ebenso dienen die Sicherstellung der Versorgung mit Trinkwasser und die Verhinderung von Alkohol und Drogenmissbrauch auch dem Schutz der körperlichen Unversehrtheit der Arbeitskräfte.

36 Hinsichtlich der Arbeitszeit wird von der Weltbank vorausgesetzt, dass die vertraglich vereinbarten Arbeitszeiten eingehalten werden und nur in dringenden und begründeten Fällen außerhalb dieser gearbeitet wird. Im Übrigen sind örtliche Ruhe- und Feier- und Festtage einzuhalten, ebenso wie deren Bräuche und Sitten zu beachten sind. Arbeitsbedingungen und Löhne dürfen, soweit tarifliche Regelungen nicht einschlägig sind, nicht unter den örtlichen Arbeitsbedingungen und Löhnen der Branche liegen. Soweit in dem Ausführungsland Arbeitnehmervertretungen existieren, sind diese und deren Rechte zu beachten. Bestehen solche Organisationen nicht, oder wird die Organisation von Arbeitnehmern durch örtliche Gesetze erschwert oder verhindert hat der Contractor den Arbeitskräften die Wahrnehmung ihrer Rechte zu ermöglichen.

Die persönlichen Anforderungen an die Arbeitnehmer des Contractors richten sich nach den beauftragten Arbeiten. Hinreichende Qualifikationen und Fachkenntnisse haben vorzuliegen, andernfalls kann der den Bauvertrag administrierende Ingenieur (Engineer) unter bestimmten Voraussetzungen die Ablösung des entsprechenden Mitarbeiters verlangen. Mangelnde Sorgfalt, Fehlverhalten, insbesondere solches, dass Sicherheit,

Gesundheit oder den Umweltschutz gefährdet, können u.a. zu solchen Maßnahme führen. Im Übrigen sind die Anzahl der Beschäftigten, deren Sozialdaten, die Anzahl der gearbeiteten Stunden und der gezahlte Lohn zu dokumentieren und dem Ingenieur monatlich vorzulegen.

Schließlich wird der Contractor verpflichtet, nicht auf der Basis persönlicher Eigenschaften von Beschäftigten, die für die auszuführenden Arbeiten keine Relevanz haben, Personalentscheidungen zu treffen. Ausschlaggebend sollen ausschließlich die fachliche Kompetenz und sonstige Eignung sein. Der Grundsatz der Gleichbehandlung und Antidiskriminierung ist bei jeder Entscheidung in Bezug auf die Einstellung von Arbeitskräften, die Arbeitsbedingungen, den Lohn, die Gratifikation, die Fortbildung, etc. zu berücksichtigen.

§ 25 Internationales Gesellschaftsrecht

Schrifttum

Behrens, Die grenzüberschreitende Sitzverlegung von Gesellschaften in der EG, IPRax 1989, 354; Behrens, Das Internationale Gesellschaftsrecht nach dem Überseering-Urteil des EuGH und den Schlussanträgen zu Inspire Art, IPRax 2003, 193; Ebke, Gesellschaften aus Delaware auf dem Vormarsch: Der BGH macht es möglich, RIW 2004, 740; Forsthoff, EuGH fördert Vielfalt im Gesellschaftsrecht, DB 2002, 2471; Franz/Laeger, Die Mobilität deutscher Kapitalgesellschaften, BB 2008, 678; Leible, Überseering und das vermeintliche Ende der Sitztheorie, RIW 2002, 925; Hallhuber, Das Ende der Sitztheorie als Kompetenztheorie – Das Urteil des Europäischen Gerichtshofs in der Rechtssache C-208/00 (Überseering), ZEuP 2003, 420; Heiss, Überseering: Klarschiff im internationalen Gesellschaftsrecht?, ZfRV 2003, 90; Kallmeyer, Tragweite des Überseering-Urteils des EuGH vom 5.11.2002 zur grenzüberschreitenden Sitzverlegung, DB 2002, 2521; Kindler, Internationales Gesellschaftsrecht 2009: MoMiG, Trabrennbahn, Cartesio und die Folgen, IPRax 2009,189; Koch/Eickmann, Gründungs- oder Sitztheorie? Ene never ending story?, AG 2009, 73; Wilhelm, Umgehungsverbote im Recht der Kapitalaufbringung, ZHR 167 (2003), 520; Jayme/Kohler, Europäisches Kollisionsrecht 2003, IPRax 2003, 485; Weller, Scheinauslandsgesellschaften nach Centros, Überseering und Inspire Art: Ein neues Anwendungsfeld für die Existenzvernichtungshaftung, IPRax 2003, 207; Merkt, Die Gründungstheorie gewinnt an Einfluss, RIW 2003, 458

Inhaltsübersicht

I. Lex societas

1 **1. Einführung.** Das deutsche Internationale Gesellschaftsrecht ist eine bislang nicht gesetzlich geregelte Materie, die jahrzehntelang nahezu einmütig von der Doktrin beherrscht war, dass die Angelegenheiten der Gesellschaft nach deren **Personalstatut** zu beurteilen seien, das an den tatsächlichen Verwaltungssitz der Gesellschaft angeknüpft wird. Die Liberalisierung des Dienstleistungsverkehrs brachte es mit sich, dass zunehmend ausländische Gesellschaften am Baumarkt teilnahmen. Sukzessive entstand zudem ein Wettbewerb der Gesellschaftsformen, vor allem bedingt durch die sehr freizügige und kostengünstige Möglichkeit, englische Ltd's zu gründen, die sodann nahezu ohne Bezug zum Heimatstaat auf dem deutschen Markt auftauchten. Diese Entwicklung hat in den letzten Jahren zu einer rasanten Entwicklung des Internationalen Gesellschaftsrechts geführt, das u.a. auch für Bieter- und Arbeitsgemeinschaften von großer Bedeutung ist.

Zu einer vollständigen europäischen Harmonisierung des Gesellschaftsrechts ist es bislang – wenn man von der Verordnung Nr. 2137/85 zur Europäischen Wirtschaftlichen Interessenvereinigung, der Verordnung (EG) Nr. 2157/2001 des Rates vom 8. Oktober 2001 über das Statut der Europäischen Gesellschaft (SE)[1] und der Verordnung (EG)

[1] ABl vom 10.11.2001 Nr. L 294/1.

NR. 1435/2003 des Rates vom 22. Juli 2003 über das Statut der Europäischen Genossenschaft (SCE)[2] einmal absieht – nicht gekommen, so dass nach wie vor erhebliche Probleme zu bewältigen sind. Denn zur Ausübung der Niederlassungs- und Dienstfreiheit gehört die problemfreie Anerkennung ausländischer juristischer Personen. Sie hängt davon ab, ob die Mitgliedsstaaten der EU bereit sind, unabhängig vom jeweiligen effektiven Verwaltungssitz einer juristischen Person, ordnungsgemäß im Ausland gegründete juristische Personen anzuerkennen. Das war in der Vergangenheit in Deutschland nicht so und stößt hier nach wie vor auf Schwierigkeiten. Dies liegt daran, dass in Wissenschaft und Praxis (im In- und Ausland) zwei unterschiedliche Ansätze zum Internationalen Gesellschaftsrecht vertreten wurden bzw. werden[3], wenngleich sich die Ansichten unter dem Druck der EuGH Rechtsprechung inzwischen angenähert haben[4]. Gleichwohl hat das deustche Recht die Sitztheorie noch nicht endgültig aufgegeben[5].

a. England und USA. In England[6] und den USA[7] gilt seit jeher die sog. **Gründungstheorie**. Eine Gesellschaft hat ihr Domizil in dem Staat, nach dessen Recht sie gegründet wurde. Ihren Sitz hat die Gesellschaft in dem Staat, in dem sie ihren effektiven Verwaltungssitz unterhält und wo die Kontrolle ausgeübt wird. Gesellschaften, die nach einem ausländischen Recht gegründet wurden, werden in England und den USA anerkannt. Die Folge war und ist, dass die Gesellschaften, die in England und in den USA gegründet wurden, erheblich flexibler geführt werden konnten. Sie konnten z.B. ihren effektiven Verwaltungssitz ganz oder zeitweise in das Ausland verlegen, ohne Gefahr zu laufen, damit ihre Existenz zu verlieren. 2

b. Frankreich. In Frankreich ist dagegen die **Sitztheorie** gesetzlich verankert (Art. 1837 Code Civil, Art. L.210-3 Code de Commerce). Diese gesetzlichen Regelungen, die lediglich eine bereits bestehende Rechtsprechung[8] fortschrieben, sind nicht deutlich als Kollisionsnormen gefasst, zumal sie lediglich den Anwendungsbereich französischer Gesetze definieren sollten[9]. Die französische Rechtsprechung hat sie aber stets als Kollisionsregeln verstanden[10]. Die lex societas ist das Recht des Ortes, an dem sich der effektive Verwaltungssitz der Gesellschaft befindet[11]. In Frankreich beherrscht die lex societas (Personalstatut[12]) die interne Organisation sowie die Beziehungen der Gesellschaft zu Dritten. Sie beherrscht folglich die Frage, nach welchem Recht die Rechte der Gesellschaft ausgeübt werden und beantwortet die Frage, wie sich die Gesellschaft konstituiert, wie die Gesellschaft funktioniert und wie sie sich auflöst[13]. Erste Reaktionen auf die EuGH Rechtsprechung seit Centros fallen kritisch aus[14]. 3

---

2 ABl vom 18.08.2003 Nr. L 207/1.
3 Vgl. Merkt RIW 2003, 458.
4 Siehe BGH, Urtel v. 27.10.2998, II ZR 158/06, JR 2009, 510 ff. mit Anmerkung Elsing.
5 Reithmann/Martiny/Hausmann, Internationales Vertragsrecht, Rn. 5040.
6 Dicey & Morris, The Conflict of laws, Rn. 30R-001 ff., vgl. aber auch National Bank of Greece v. Metliss [1958] A.C. 509.
7 Scoles/Hay, Conflict of Laws, § 23.2; McDermott Inc. v. Lewis, 531 A.2nd 206 (Del. 1987); CTS Corp. v. Dynamics Corp. of. America, 481 US 69, 87–94.
8 Vgl. Cass.civ., 07.07.1947, Rev.crit.dr.int.pr. 1949, 78.
9 Vgl. Loussouarn/Bourel, Droit international privé, Rn. 127.
10 Vgl. Loussouarn/Bourel, Droit international privé, Rn. 127.
11 Cass.civ., 07.07.1947, Rev.crit.dr.int.pr. 1949, 78; Menjucq, Droit international et européen des sociétés, Rn. 32; Loussouarn/Bourel, Droit international privé, Rn. 707.
12 Cass.civ., 04.07. 1923, S, I, 1925, 18; Cass.civ., 17.10.1962, JDI 1973, 716.
13 Menjucq, Droit international et européen des sociétés, Rn. 76.
14 Vgl. Magnier JCP (E) 2004, 279 ff.

4 **c. Deutschland und Österreich.** Auch das deutsche und österreichische Internationale Gesellschaftsrecht wurde über Jahrzehnte hinweg von der Lehre dominiert, dass auf die Verfassung der juristischen Personen, ihre Rechtsfähigkeit und die Vertretungsverhältnisse ihr Sitzrecht anzuwenden ist[15]. Dabei wurde nicht auf den statuarischen Sitz, sondern auf den **effektiven Verwaltungssitz** der betroffenen juristischen Person abgestellt[16]. Sog. Pseudo-Foreign-Corporations, die nach ausländischem Recht gegründet und ausschließlich im Inland tätig waren, wurden auf dieser Grundlage die Anerkennung verweigert[17]. Seit kurzem setzt sich allerdings die Gründungstheorie durch[18].

5 **d. Vergleich.** Historisch betrachtet ist die Gründungstheorie die ältere[19]. Die Sitztheorie ist als Reaktion gegen die Gründungstheorie entstanden[20]. Deutschland, Frankreich, Belgien, Österreich und Italien erkannten bislang ausländische Gesellschaftsformen nur dann an, wenn die betreffende Gesellschaft ihren Hauptsitz in dem Land besaß, aus dem sie ihre Rechtsform entlehnte. Lediglich England und die Schweiz vertraten das sog. Gründungsprinzip, d.h. dort kam es für die Anerkennung einer ausländischen Gesellschaft darauf an, nach welchen Recht sie gegründet worden war, gleich wo sie ihren Hauptsitz unterhielt. Die kontinentaleuropäische Handhabung beeinträchtigte zwangsläufig die freie Standortwahl eines Unternehmens, denn mit der einmal gegebenen Rechtsform konnten ausländische Gesellschaften ihren Sitz nicht nach Deutschland, Italien, Frankreich und Belgien verlegen. Sie verloren in diesem Falle ihre Rechtsfähigkeit und mussten sich neu gründen. Gleichzeitig verhinderte das Internationale Privatrecht dieser Staaten, dass die dort heimischen Gesellschaften das Land verließen, denn mit der Sitzverlegung in das Ausland verloren sie im ursprünglichen Heimatstaat ihre Rechtsfähigkeit. Wenngleich dieser Protektionismus stets sachlich mit Gläubigerschutzinteressen begründet wurde, bedeutete er doch eine erhebliche Einschränkung der wirtschaftlichen Beweglichkeit.

6 Der Vorteil der anglo-amerikanischen Auffassung gegenüber der traditionellen deutschen und französischen liegt vor allem darin, dass die Tätigkeit der Unternehmen flexibler gestaltet werden kann. Es besteht kein Zwang, allein aus dem Grunde der Erhaltung des Unternehmens an dem einmal gewählten Hauptsitz zu verbleiben, während die Anknüpfung an das Sitzrecht es praktisch unmöglich macht, dass sich ein bestehendes Unternehmen entschließt, seinen Hauptsitz zu verlegen. Es müsste sich jeweils neuen rechtlichen Gegebenheiten unterwerfen, was mit Kosten und Unwägbarkeiten verbunden ist, die sich negativ auf entsprechende unternehmerische Entscheidungen auswirken.

7 **2. Deutsche Haltung.** Inzwischen mussten die deutsche Rechtsprechung und die h.L. erkennen, dass ihr starres Festhalten an der Sitztheorie mit den europäischen Grundgedanken nicht vereinbar ist. Der BGH und die Instanzgerichte geben sukzessive ihre Vorbehalte auf und schwenken auf die Gründungstheorie um.

8 Die traditionelle deutsche Haltung warf Probleme auf, sobald im Rechtsverkehr juristische Personen auftraten, die sich auf das Gründungsrecht beriefen, das auf der Welt

---

15 BGHZ 25, 134, 144; BGHZ 53, 181, 183; BGHZ 78, 318, 334; OLG Hamburg RIW 1988, S. 816; vgl. auch BGH Urteil vom 26. September 1966 – II ZR 56/65 = NJW 1967, 36, 38 = WM 1966, S. 1143, 1145; Heiss ZfRV 2003, 90.

16 BGHZ 51, 27, 28; BGHZ 53, 181, 183; BGHZ 78, 318, 334; BGHZ 97, 269, 271.

17 Vgl. LG Stuttgart IPRax 1991, 118; OLG Hamburg NJW 1986, 2199.

18 Jayme/Kohler IPRax 2003, 485, 495; Merkt RIW 2003, 458.

19 Merkt RIW 2003, 458.

20 Merkt RIW 2003, 458.

zahlreiche Anhänger gefunden hat, insbesondere aber im anglo-amerikanischen Rechtskreis dominiert[21]. Das deutsche Recht akzeptierte insoweit zwar die Rück- und Weiterverweisung[22], d.h. unterschiedliche IPR-Systeme in den betroffenen Staaten konnten dazu führen, dass nicht das von dem ursprünglichen IPR am Gerichtsort berufene Recht einschlägig war, sondern ein drittes. Solange eine juristische Person ihren effektiven Verwaltungssitz in einem Staat besaß, dessen Rechtsordnung die betreffende juristische Person anerkannte, wurde sie auch in Deutschland anerkannt.

Beispiel: Die im Staat C gegründete Gesellschaft A hat ihren Sitz im Staat B. Angerufen wird ein deutsches Gericht (D). Das deutsche IPR verweist auf das Recht des Staates B. Das dort geltende Recht knüpft an das Gründungsrecht an. Dies ist das Recht des Staates C. Dieses Recht ist also maßgeblich.

Ernsthafte Probleme traten aber dann auf, wenn die betreffende juristische Person ihren effektiven Verwaltungssitz in einem Staat besaß, der sie nicht anerkannte. Insbesondere verweigerten die deutschen Gerichte ausländischen juristischen Personen die Anerkennung, wenn sie nach der Gründung im Ausland ihren effektiven Verwaltungssitz in Deutschland einrichteten. Die deutschen Gerichte hielten für Recht, eine ausländische Gesellschaft, die ihren tatsächlichen Verwaltungssitz in Deutschland habe, könne nicht entsprechend ihrem Gründungsstatut als Gesellschaft mit beschränkter Haftung nach ihrem Gründungsrecht behandelt werden[23].

3. Europäische Rechtsprechung. Die deutsche, österreichische, italienische und französische Haltung steht in Konflikt mit den europäischen Grundfreiheiten, die der EuGH sukzessive durchgesetzt hat. Ausgangspunkt der europäischen Rechtsprechung war die Entscheidung Daily Mail[24]. Der EuGH hatte sich in der sog. Daily-Mail-Entscheidung[25] nicht deutlich zum Konflikt zwischen Niederlassungsfreiheit und Sitztheorie geäußert, was herbe Kritik auslöste[26]. Das traditionelle deutsche Internationale Gesellschaftsrecht war jedoch jedenfalls im Lichte der Centros-Entscheidung des EuGH vom 9. März 1999[27] neu zu bestimmen. Dort hat sich der EuGH erstmals gegen nationale Restriktionen ausgesprochen, die die Anerkennung ausländischer Gesellschaften zum Inhalt haben, die aus dem Sitzstatut abgeleitet werden. Seit Bekanntwerden dieser Entscheidung ist es verboten, dass es ein EU-Mitgliedstaat unter Berufung auf Gläubigerschutzargumente ablehnt, die Zweigniederlassung einer nach dem Recht eines anderen Mitgliedstaats errichteten Gesellschaft einzutragen, wenn diese erkennbar ihr Geschäft ausschließlich von dieser Niederlassung aus betreiben will. Es nutzte allerdings auch die Centros-Entscheidung nicht, um endgültig den Konflikt zwischen EU-Recht und der Sitztheorie zu lösen. Allerdings setzte er sich in Centros anlässlich einer Ltd-Gründung durch dänische Staatsbürger, die keinen Zweifel daran ließen, dass sie die Ltd. ausschließlich in Dänemark einsetzten und von dort aus leiten wollten, eingehend mit den hinter der Sitztheorie verborgenen Gläubigerschutzinteressen im Lichte der Niederlassungsfreiheit auseinander. Im Ergebnis verweigerte er den Gläubigerschutzinteressen 9

[21] Vgl. OLG Hamburg RIW 1988, S. 816.
[22] Vgl. OLG Hamburg RIW 1988, S. 816.
[23] BGHZ 53, 181, 183; 78, 318, 334; 97, 269, 271; BGH, Urt. v. 8. Oktober 1991 – XI ZR 64/90, ZIP 1991, 1582; Beschl. v. 30. März 2000 – VII ZR 370/98, DB 2000, 1114; BFH, BStBl. II 1992, 263, 720; BayObLG, NJW-RR 1993, 43.
[24] Vgl. EuGH, Urt. v. 27.09.1988, Slg. 1988, 5483.
[25] EuGH, Urt. v. 27.09.1988, Slg. 1988, S. 5483.
[26] Vgl. Münchener Kommentar/Sonnenberger, BGB, Band 10, 3. Aufl., Einl. IPR Rn. 150.
[27] Rechtssache C-212/97.

die Anerkennung als Rechtfertigungsgrund für die Einschränkung der Niederlassungsfreiheit. Damit war der Sitztheorie die eigentliche Grundlage entzogen.

10 Nach der Rechtsprechung des EuGH sind nationale Maßnahmen, die die Ausübung der durch den EG-Vertrag garantierten Grundfreiheiten behindern oder weniger attraktiv machen können, zulässig, wenn vier Voraussetzungen erfüllt sind:

- sie müssen in nicht diskriminierender Weise angewandt werden,
- sie müssen zwingenden Gründen des Allgemeininteresses entsprechen,
- sie müssen zur Erreichung des verfolgten Zieles geeignet sein, und
- sie dürfen nicht über das hinausgehen, was zur Erreichung dieses Zieles erforderlich ist.

In diesem Lichte ist ein Mitgliedstaat berechtigt, Maßnahmen zu treffen, die verhindern sollen, dass sich einige seiner Staatsangehörigen unter Missbrauch der durch den EG-Vertrag geschaffenen Möglichkeiten der Anwendung des nationalen Rechts entziehen; die missbräuchliche oder betrügerische Berufung auf Gemeinschaftsrecht ist nicht gestattet. Die nationalen Gerichte können im Einzelfall das missbräuchliche oder betrügerische Verhalten der Betroffenen auf der Grundlage objektiver Kriterien in Rechnung stellen, um ihnen gegebenenfalls die Berufung auf das einschlägige Gemeinschaftsrecht zu verwehren; sie haben jedoch bei der Würdigung eines solchen Verhaltens die Ziele der fraglichen Bestimmungen zu beachten.

Diese Voraussetzungen waren im Fall Centros nicht erfüllt. Dort hatten zwei Dänen eine englische Ltd. gegründet, die sie von Dänemark aus leiten wollten. Zu diesem Zweck hatten sie die Eintragung einer dänischen Zweigniederlassung in das dänische Handelsregister begehrt, was verweigert wurde. Der EuGH führte unwiderstehlich logisch aus, das dänische Vorgehen sei nicht geeignet, das mit ihm verfolgte Ziel des Gläubigerschutzes zu erreichen, da die Zweigniederlassung in Dänemark eingetragen worden wäre, wenn die Gesellschaft eine Geschäftstätigkeit im Vereinigten Königreich ausgeübt hätte, obwohl die dänischen Gläubiger in diesem Fall ebenso gefährdet gewesen wären. Da die Gesellschaft als Gesellschaft englischen Rechts, nicht als Gesellschaft dänischen Rechts auftrete, so der EuGH, sei den Gläubigern bekannt, dass sie nicht dem dänischen Recht über die Errichtung von Gesellschaften mit beschränkter Haftung unterliege. Außerdem könnten entgegen dem Vorbringen der dänischen Behörden mildere Maßnahmen getroffen werden, die die Grundfreiheiten weniger beeinträchtigten. So könnten etwa die öffentlichen Gläubiger rechtlich die Möglichkeit erhalten, sich die erforderlichen Sicherheiten einräumen zu lassen. Die Sitztheorie ist daher keine Schutztheorie[28].

11 Bereits seit 1999 steht also fest, dass es rechtlich zulässig und praktikabel ist, im europäischen Ausland unter Umgehung der deutschen Mindestkapitalvorschriften eine rechtsfähige Gesellschaft zu gründen, um von der im Handelsregister eingetragenen Zweigniederlassung aus in Deutschland Geschäfte zu betreiben. Dies eröffnet kleinen und mittelständischen Betrieben ungeahnte neue Möglichkeiten. Sie können nunmehr zumindest im Ausland nach weniger strengen Kapitalschutzvorschriften eine rechtsfähige Gesellschaft gründen und diese im Inland eine Zweigniederlassung anmelden lassen.

12 Die deutsche Rechtsprechung hielt jedoch auch nach Bekanntwerden der Centros-Entscheidung an der Sitztheorie und vor allem ihren Folgen fest. Zuletzt hatte der BGH[29]

---

[28] Behrens IPRax 2003, 193, 195.

[29] BGH, Urteil vom 01.07.2002- II ZR 380/00, WPM 2002, 1929, 1930; vgl. dazu. v. Halen EWS 2002, 107, 114; Eidenmüller ZIP 2002, 82, 84; Forsthoff BB 2002, 318, 321.

noch versucht, seine Sitztheorie zu retten, in dem er ausländische Gesellschaften als inländische Gesellschaft bürgerlichen Rechts behandelte. Doch am 5. November 2002 hat der EuGH[30] das lange erwartete – vernichtende – Urteil über die Sitztheorie gesprochen. Der EuGH stellte fest, es sei mit europäischem Recht nicht vereinbar, eine im Ausland (regulär) gegründete juristische Person im Inland nicht anzuerkennen. Positiv ausgedrückt: Im Ausland gegründete Gesellschaften mit satzungsgerechtem Sitz im Ausland sind in Deutschland ohne wenn und aber anzuerkennen. Damit fanden die deutschen Durchhalteversuche, europäisches Recht zu unterlaufen, ein Ende. Es wird und muss zukünftig problemfrei möglich sein, im Ausland eine Gesellschaft zu gründen, die im Inland tätig sein darf, gleich wo sich ihr nach inländischem Recht zu lokalisierender effektiver Verwaltungssitz befindet, solange die ausländische Gesellschaft in ihrem Heimatstaat ordnungsgemäß entstanden und registriert ist. Der EuGH[31] (Rs. C-208/00) hat festgestellt:

1. *Es verstößt gegen die Art. 43 EGV und 48 EGV, wenn einer Gesellschaft, die nach dem Recht des Mitgliedstaats, in dessen Hoheitsgebiet sie ihren satzungsmäßigen Sitz hat, gegründet worden ist und von der nach dem Recht eines anderen Mitgliedstaats angenommen wird, dass sie ihren tatsächlichen Verwaltungssitz dorthin verlegt hat, in diesem Mitgliedstaat die Rechtsfähigkeit und damit die Parteifähigkeit vor seinen nationalen Gerichten für das Geltendmachen von Ansprüchen aus einem Vertrag mit einer in diesem Mitgliedstaat ansässigen Gesellschaft abgesprochen wird.*

2. *Macht eine Gesellschaft, die nach dem Recht des Mitgliedstaats gegründet worden ist, in dessen Hoheitsgebiet sie ihren satzungsmäßigen Sitz hat, in einem anderen Mitgliedstaat von ihrer Niederlassungsfreiheit Gebrauch, so ist dieser andere Mitgliedstaat nach den Artikeln 43 EGV und 48 EGV verpflichtet, die Rechtsfähigkeit und damit die Parteifähigkeit zu achten, die diese Gesellschaft nach dem Recht ihres Gründungsstaats besitzt.*

Die auf Vorlage des BGH ergangene Entscheidung des EuGH hat der BGH[32] sodann kurzfristig umgesetzt.

Im Anschluss an Überseering hat der EuGH seine Rechtsprechung in den Entscheidungen Inspire Art[33] bestätigt und verfestigt. Die niederländischen Behörden wollten die Ltd. u.a. zwingen die Bezeichnung „Formal ausländische Gesellschaft“ zu führen. Der EuGH[34] untersagte auch diesen Eingriff in die Niederlassungsfreiheit. Er betonte erneut, dass es ohne Bedeutung ist, ob eine Gesellschaft in einem Mitgliedsstaat nur errichtet wurde, um sich einem zweiten Mitgliedsstaat niederzulassen[35]. **13**

Die Entscheidungen des EuGH[36] und des BGH[37] in Sachen Überseering sowie die EuGH-Entscheidung Inspire Art[38] haben die rückwärtsorientierte Diskussion über die **14**

[30] EuGH, Urt. v. 05.11.2002, Rs C-208/00, NJW 2002, 3614 = NZG 2002, 1164 = EuZW 2002, 754 = ZIP 2002, 2037.
[31] EuGH, Urt. v. 05.11.2002, Rs C-208/00, NJW 2002, 3614 = NZG 2002, 1164 = EuZW 2002, 754 = ZIP 2002, 2037.
[32] BGH NJW 2003, 1461 = NZG 2003, 431 = ZIP 2003, 718.
[33] EuGH NJW 2003, 3331; vgl. dazu Behrens IPRax 2003, 193 ff.
[34] EuGH NJW 2003, 3331.
[35] EuGH NJW 2003, 3331, 3333.
[36] EuGH, Urt. v. 05.11.2002, Rs C-208/00, NJW 2002, 3614 = NZG 2002, 1164 = EuZW 2002, 754 = ZIP 2002, 2037.
[37] BGH NJW 2003, 1461 = NZG 2003, 431 = ZIP 2003, 718.

europaweite Wahlfreiheit in Bezug auf die Rechtsform eines Unternehmens endgültig beendet. Die deutsche Praxis muss nun abarbeiten, was der EuGH und der BGH vorgegeben haben. Die Gründung einer ausländischen Gesellschaft mit dem Ziel, ausschließlich in Deutschland tätig zu werden, ist nicht nur zulässig, sondern sie wirft naturgemäß Abstimmungsprobleme auf, da die deutsche Rechtsordnung auf die Liberalisierung der Auslandsgründungen schlecht bzw. nicht vorbereitet ist. Zu den problematischen Fragen gehören:

- die Grundbuchfähigkeit einer ausländischen Gesellschaft, die ihren effektiven Verwaltungssitz in Deutschland hat[39]
- die Handelsregisterfähigkeit einer ausländischen Gesellschaft, die ihren effektiven Verwaltungssitz in Deutschland hat
- die Gewerbeanmeldung einer ausländischen Gesellschaft, die ihren effektiven Verwaltungssitz in Deutschland hat
- die persönliche Haftung der Gesellschafter und der Geschäftsführer einer ausländischen Gesellschaft, die ihren effektiven Verwaltungssitz in Deutschland hat
- die Integration einer ausländischen Gesellschaft, die ihren effektiven Verwaltungssitz in Deutschland hat, in eine deutsche Kommanditgesellschaft

15 Es hat sich zwischenzeitlich gezeigt, dass die Umsetzung der EuGH-Rechtsprechung in der Praxis auf Schwierigkeiten stößt[40].

- Der BGH selbst verfolgt eine klare Linie: Die Ausübung der Europäischen Grundfreiheiten beinhaltet, dass ausländische Gesellschaften aus den EU-Mitgliedstaaten anzuerkennen sind[41]. Auch im Anwendungsbereich des Freundschafts-, Handels- und Schifffahrtsvertrages zwischen der BRD und den USA gilt die Gründungstheorie, so dass sich die Frage der Rechtsfähigkeit einer Delaware-Incorporation sowie die Haftung der Gesellschafter dieser Gesellschaft für Gesellschaftsschulden nach dem Gründungsrecht zu beurteilen sind[42].
- Allerdings scheint der BGH die Sitztheorie noch nicht vollständig aufgegeben zu haben, denn hinsichtlich reiner Briefkastengründungen lässt er offen, ob zumindest ein sog. genuine link zum Gründungsstaat vorhanden sein muss, wobei insoweit irgendeine geschäftliche Aktivität mit Bezug zum Gründungsstaat ausreichend sein soll[43].
- Das OLG Zweibrücken[44] hat entschieden, dass Zweigniederlassungen einer im europäischen Ausland gegründeten Kapitalgesellschaft in das Handelsregister eingetragen werden müssen. Ausländische Gesellschaften sind in Deutschland rechts- und grundbuchfähig[45].

---

[38] EuGH NJW 2003, 3331.
[39] Vgl. dazu BayObLG 19.12.2002, 2 Z BR 7/02.
[40] Vgl. AG Duisburg NZI 2003, 610 (zum Vertreter einer Ltd), AG Hamburg NZI 2004, 442 zur Haftung der Gesellschafter einer Ltd; LG Hannover NZI 2003, 608 zur Unzulässigkeit eines Insolvenzantrages gegen den Gesellschafter einer Ltd.
[41] BGH, Urt. v. 13.3.2003 – VII ZR 370/98; BGH, Urt. vom 29.01.2003 – VIII ZR 155/02 (hier bezeichnet der BGH die Sitztheorie noch als herrschend, weicht aber wegen des Inländergleichbehandlungsgrundsatzes (deutsch-amerikanisch) von ihr ab), vgl. Hök, BauRB 2003, 51.
[42] BGHZ 153, 353; BGH RIW 2004, 787.
[43] BGH RIW 2004, 787; vgl. dazu auch Ebke RIW 2004, 740 ff.
[44] OLG Zweibrücken 26.3.2003, 3 W 21/03; Vorinstanz LG Frankenthal v. 6.12.2002 -- 1 HK T 9/02.
[45] BayObLG 19.12.2002, 2 Z BR 7/02.

- Das OLG Celle hat eine Entscheidung des AG Lüneburg[46] aufgehoben und unter Berufung auf den EuGH klargestellt, dass die Rechtsfolgen aus der Anknüpfung an den tatsächlichen Verwaltungssitz gegen Europarecht verstoßen. Die Entscheidung ist praktisch bedeutsam, weil sie die Eintragung der Zweigniederlassung effektiv von der Vorlage einer Bescheinigung abhängig macht, wonach gegen die Eintragung der Gesellschaft in die Handwerksrolle keine Bedenken bestehen. Das OLG Celle hat nicht untersucht, ob diese Restriktion gegen die Dienstleistungs- und Niederlassungsfreiheit verstößt. Da Beschränkungen der Dienstleistungs- und Niederlassungsfreiheit einer Rechtfertigung bedürfen, dürfte die Entscheidung des OLG Celle noch erhebliche Diskussionen auslösen. Es ist nicht auszumachen, wie das OLG Celle die Beschränkungen der genannten Grundfreiheiten rechtfertigen will. Als formales Hindernis für den Zugang der Ltd. zum inländischen Markt für Handwerksleistungen ist das Konformitätszeugnis der Handwerkskammer m.E. unzulässig.
- Das OLG Frankfurt[47] hat die Rechts- und Parteifähigkeit einer liechtensteinischen AG mit effektivem Verwaltungssitz in Deutschland anerkannt, weil die Überseering-Rechtsprechung auch Bedeutung für den EWR hat.

Kaum ergibt sich durch die Rechtsprechung des EuGH eine gewisse Liberalisierung setzen die Versuche ein, sie wieder einzuschränken. Weller spricht im Angesicht der Liberalisierung von einem „Schreckgespenst“[48] und untersucht die Anwendbarkeit der Existenzvernichtungshaftung auf sog. „Scheinauslandsgesellschaften“. Der BGH hat in seiner Vulkan-Entscheidung[49] ein Profil der Durchgriffshaftung entwickelt, wonach ein Gesellschafter für Gesellschaftsverbindlichkeiten haftet, wenn er die Gesellschaft der Fähigkeit beraubt, ihren Verbindlichkeiten nachzukommen. Schädigt der Gesellschafter die GmbH, in dem er ihr Gesellschaftsvermögen entzieht, das sie im Grunde zur Bedienung von Verbindlichkeiten benötigt, haftet er mit seinem Privatvermögen. Weller will dieses Instrument zukünftig auch auf ausländische Gesellschaftsformen anwenden. Allerdings stellt er in seinem Beitrag zur Begründung lediglich Risiken heraus, die sich aus der sicherlich unvollkommenen Harmonisierung der europäischen Rechtsordnungen ergeben, ohne jedoch zu hinterfragen, wie die jeweils anderen Rechtsordnungen die angesprochenen Probleme lösen. Hierin liegt die Krux der deutschen Diskussion, die sich von der grenzüberschreitenden Erörterung abkoppelt und die Rechtsentwicklung im Ausland weitgehend ausblendet. Das Misstrauen gegenüber ausländischen Rechtsordnungen ist jedoch weitgehend übertrieben und solange nicht gerechtfertigt, wie keine Unterschiede aufgezeigt werden, die Missbrauch ermöglichen. 16

Was Weller[50] als Schutzlücke ausmacht, ist im Kern keine. Warum sollten z.B. die deutschen Konkursstraftatbestände nicht auf ausländische Gesellschaften mit inländischem Sitz anwendbar sein? § 84 GmbHG spricht sicherlich ausdrücklich von Geschäftsführern. Dies verleitet zu der Aussage, ein „director“ einer englischen Ltd. könne im Inland nicht verfolgt werden[51]. Doch wird übersehen, dass es der Gesetzgeber in der Hand hat, diese eventuellen Lücken zu schließen. Es besteht kein Bedarf, ausländischen Gesellschaftsformen den Zugang zum deutschen Markt zu verschließen.

---

46 AG Lüneburg IPRax 2003, 267.
47 OLG Frankfurt IPRax 2003, Heft 4, IX.
48 Vgl. Weller IPRax 2003, 207.
49 BGHZ 149, 10.
50 Weller IPRax 2003, 207, 209.
51 Vgl. Münchener Kommentar/Kindler, BGB, IntGesR, Rn. 717 m.w.N.; Weller IPRax 2003, 207, 209.

II. Reichweite des Gesellschaftsstatuts

17 Das Gesellschaftsstatut entscheidet über die Gründung der Gesellschaft einschließlich der Mindestkapitalvorschriften, der Haftung ihrer Gesellschafter im Gründungsstadium und des Beginns ihrer Rechtsfähigkeit bis hin zu den Voraussetzungen ihrer Auflösung. Ferner gilt das Personalstatut auch für die Geschäftsführung der Gesellschaft, insbesondere für die Vertretungsmacht über die Gesellschaft.

III. Wandelbarkeit

18 Inwieweit das Gesellschaftsstatut **wandelbar** ist, d.h. etwa durch Sitzverlegung auf die innere Verfassung der Gesellschaft Einfluss genommen werden kann, ist wenig untersucht. Nach der Sitztheorie muss die Gesellschaft ihren Sitz im Gründungsstaat behalten, nach der Gründungstheorie behält sie die innere Verfassung auch im Fall der Sitzverlegung. Im ersteren Falle kann die Gesellschaft ihren Sitz nicht identitätswahrend ins Ausland verlegen, es sei denn dies ist nach Recht des alten wie des neuen Personalstatutes zulässig. Ist dies nicht der Fall, kommt nur die Auflösung und Neugründung in Frage[52]. Im zweiten Fall kann sie dies identitätswahrend tun, jedoch bleibt es bei der ursprünglichen rechtlichen Verfassung.

IV. ARGE

Schrifttum

Allery, Overseas Supply and Installation Contracts, London 2000; Hertwig/Nelskamp, Teilrechtsfähigkeit der GbR – Auswirkungen auf die Bau-ARGE, BauRB 2004, 183; Müller, Das Recht der Arbeitsgemeinschaft im Wandel, BR/DC 2004, 4; Menjucq, Droit international et européen des sociétés, Paris 2001; Le Tourneau, L'ingénierie, les transferts de technologie et de maîtrise industrielle, Paris 2003; Dubuisson, Les accords de coopération dans le commerce international, Paris 1989

19 **1. Ziele.** In der Bauwirtschaft sind Bieter- und Arbeitsgemeinschaften von besonderer Bedeutung[53]. Das gilt auch für den Bereich der Projektsteuerung[54]. Ist die Ausstattung eines Unternehmens mit Material, Sachmitteln und Kapital nicht ausreichend, um ein Bauprojekt durchzuführen, schließen sich in der Regel mehrere Unternehmen zu einer Arbeitsgemeinschaft zusammen[55]. Hierdurch steigen die Submissionschancen der beteiligten Unternehmen und die Risiken werden auf mehrere Schultern verteilt[56]. Typischerweise übernehmen mehrere selbständige Unternehmen gemeinsam die Ausführung eines Bauprojektes, in dem sie gemeinsam mit dem Bauherrn einen Vertrag abschließen. Die Verteilung der Risiken und Rechte regeln die beteiligten Unternehmen in einem Gesellschaftsvertrag. Die Begriffe die für derartige Formen der Zusammenarbeit verwendet werden, variieren. Benutzt werden Begriffe wie Konsortium (Consortium), Combined Project oder Joint Venture[57]. Eher selten findet sich die Bezeichnung „Partnership".

---

52 BGHZ 97, 269.
53 Vgl. Le Tourneau, L'ingénierie, les transferts de technologie et de maîtrise industrielle, 515 ff.
54 Vgl. dazu Eschenbruch, Recht der Projektsteuerung, Rn. 457.
55 Vgl. Allery, Overseas Supply and Installation Contracts, Rn. 12-01.
56 Müller BR/DC 2004, 4.
57 Vgl. Allery, Overseas Supply and Installation Contracts, Rn. 12-01, zur Kooperation zwischen Besteller und Unternehmer vgl. Boon/Goffin, Le contrat clé en mains, Rn. 20.2.

2. Anwendbares Recht. Ob die Zusammenarbeit in Form einer Gesellschaft bürgerlichen Rechts[58] mit subsidiärer gesamtschuldnerischer Haftung der Gesellschafter, einer einfachen Gesellschaft im Sinne der Art. 530 ff. OR (CH)[59] mit solidarischer Haftung der Gesellschafter für vertragliche Ansprüche (mit Ausnahme der deliktischen[60]) oder einer Société Civile (Art. 1845 ff. Code Civil (F)) mit subsidiärer Haftung der Gesellschafter mit dem Einwand der Vorausklage (Art. 1858 Code Civil (F)) und beschränkt auf die Beteiligung des Gesellschafters (Art. 1857 Code Civil (F)) organisiert wird, entscheidet das jeweils anwendbare nationale Recht. Welches Recht dies ist, beurteilt sich nach dem Internationalen Gesellschaftsrecht. Nicht richtig dürfte sein, dass es ausschließlich darauf ankommt, wie der Konsortialvertrag abgefasst ist[61]. Haftungsbeschränkungen auf die einzelne Leistung des Konsortialpartners können im Konsortialvertrag nicht ohne weiteres mit Außenwirkung vereinbart werden[62]. Dazu bedarf es einer Vereinbarung mit dem Bauherrn. Gelegentlich finden sich in standardisierten Bauvertragsbedingungen entsprechende Beschränkungen[63]. Le Tourneau deutet an, dass es Arbeitsgemeinschaften geben kann, deren Mitglieder höchstpersönliche Leistungen erbringen[64]. In einem solchen Fall könnte der Leistungscharakter zu einer Haftungsbeschränkung führen; jedenfalls dürfte es fraglich sein, ob alle Mitglieder der Arbeitsgemeinschaft auf Erfüllung der Gesamtleistung in Anspruch genommen werden können. 20

Nicht ohne weiteres möglich ist es, das Recht des Konsortialvertrages zu vereinbaren[65]. 21
Die Parteien können zwar frei wählen, wo sie den Sitz der ARGE ansiedeln wollen (law shopping)[66], doch die innere Organisation einer Gesellschaft unterliegt zwingend dem Gesellschaftsstatut, das sich aus den Gründungs- oder Sitzverhältnissen ergibt und kann nicht frei gewählt werden[67]. Eine Ausnahme gilt für reine Innengesellschaften[68]. Mithin können Konsortien, die nicht nach außen als solche auftreten, das auf die Konsortialvereinbarung anzuwendende Recht frei wählen[69]. Im Übrigen können Haftungsbeschränkungen bei gesellschaftsrechtlicher Innenbindung nur individuell mit dem Auftraggeber vereinbart werden[70].

In Frankreich wird vertreten, dass die grenzüberschreitende Zusammenarbeit verschiedener Unternehmen mit einer einheitlichen Zielsetzung lediglich eine wirtschaftliche Erscheinung ohne Rechtspersönlichkeit darstelle, die mithin keiner Rechtsordnung zugeordnet werden könne[71]. Zwar handele es sich um ein altbekanntes Phänomen, das 22

---

58 BGH AG 2001, 307 = MDR 2001, 459.

59 Zur Rechtslage in der Schweiz vgl. Müller BR/DC 2004, 4, 5.

60 Müller BR/DC 2004, 4, 5.

61 So aber Vgl. Allery, Overseas Supply and Installation Contracts, Rn. 12-01; vgl. aber auch Münchener Kommentar/Kindler, BGB, IntGesR, Rn. 269. Zur Unterscheidung zwischen der Grundlagenvereinbarung und dem Gründungsvorgang vgl. Münchener Kommentar/Kindler, BGB, IntGesR, Rn. 775.

62 Vgl. BGH ZIP 1999, 1755.

63 Vgl. Klausel 3.1.7 (der französischen) Cahier des Clauses administratives générales applicable aux travaux de bâtiment faisant l'objet de marchés privés (Conditions AFNOR NF P03-001), die zwischen den Unternehmern, die sich solidarisch verpflichten (gesamtschuldnerisch) und den Unternehmern, die sich gemeinschaftlich verpflichten (beschränkt auf die Höhe ihrer Beteiligung) unterscheiden.

64 Le Tourneau, L'ingénierie, les transferts de technologie et de maîtrise industrielle, 515.

65 Vgl. aber Allery, Overseas Supply and Installation Contracts, Rn. 12-10.

66 Menjucq, Droit international et européen des sociétés, Rn. 274.

67 Menjucq, Droit international et européen des sociétés, Rn. 274;vgl. Looschelders, IPR, Art. 37 Rn. 14.

68 Looschelders, IPR, Art. 37 Rn. 14; Müchener Kommentar/Kindler, BGB, IntGesR, Rn. 267.

69 Münchener Kommentar/Kindler, BGB, IntGesR, Rn. 775; Ebenroth JZ 1987, 265.

70 Vgl. dazu Eschenbruch, Recht der Projektsteuerung, Rn. 457.

71 Vgl. Jacquet/Delebecque, Droit du commerce international, Rn. 26; Menjucq, Droit international et européen des sociétés, Rn. 22.

eine erhebliche wirtschaftliche Bedeutung habe, dem durchaus vertragliche Beziehungen zugrunde liegen könnten[72]. Doch erlange die Zusammenarbeit in der Gruppe keine allgemeine juristische Widmung[73]. Jedes Mitglied der Gruppe soll daher nach ihrem Recht behandelt werden[74]. Andererseits soll aber die innere Organisation der Gruppe einem nationalen Recht unterliegen[75]. Insoweit wird die Anwendung des Rechts der dominierenden Gesellschaft vorgeschlagen[76]. Welche Gesellschaft dies ist, soll sich nach dem Kriterium des Zentrums der Entscheidung richten[77].

23 Die französische Auffassung steht nicht völlig allein dar. Nahezu begründungslos wird vielfach vertreten, der Konsortialvertrag sei wie ein schuldrechtlicher Vertrag anzuknüpfen[78]. Der BGH[79] hat allerdings ein internationales Bankenkonsortium mit inländischem Konsortialführer als GbR qualifiziert. Hier wird deshalb davon ausgegangen, dass die Beurteilung der Verfassung einer internationalen Unternehmensgruppe nach dem Internationalen Gesellschaftsrecht zu beurteilen ist. Eine übernationale Organisationsstruktur ist ordnungspolitisch und mit Blick auf die gebotene Rechtssicherheit nicht zu billigen. Ggf. ist durch Auslegung zu ermitteln, welchem Gesellschaftsstatut die Gruppe unterliegt.

24 Die innere Ordnung der Bieter- und Arbeitsgemeinschaften sowie ihre Rechts- oder Teilrechtsfähigkeit war bislang nach dem Hauptsitz der Gemeinschaft zu bestimmen[80]. In Zukunft wird sich die Gründungstheorie durchsetzen[81]. Dies wird gerade bei den Arbeitsgemeinschaften die Ermittlung des anwendbaren Rechts erleichtern.

25 Innerhalb der Europäischen Union kann auch unabhängig von kollisionsrechtlichen Erwägungen eine sog. Europäische Wirtschaftliche Interessenvereinigung (EWIV) als Bietergemeinschaft auftreten. Grundlage ist die EWG-Verordnung Nr. 2137/85 vom 25. Juli 1985, die am 1. Juli 1989 endgültig – und zwar auf der Grundlage des Art. 235 EGV- in Kraft trat[82]. Zwar legt Art. 3 der EWIV-VO fest, dass die Vereinigung nicht den Zweck hat, Gewinn für sich selbst zu erwirtschaften. Doch steht außer Zweifel, dass Arbeitsgemeinschaften im Anlagen- und Gewerkebau, insbesondere aus verschiedenen Branchen und Wirtschaftszweigen, zur Erstellung eines einheitlichen Gewerkes eine EWIV gründen können[83]. Zulässig sind namentlich auch Einkaufsgemeinschaften, Forschungs- und Produktentwicklungskooperationen, Gütezeichengemeinschaften, Importgemeinschaften, Marktforschungsvereinigungen, Werbegemeinschaften, Inkassogemeinschaften, Kunden- und Reparaturdienstgemeinschaften[84].

---

[72] Vgl. Jacquet/Delebecque, Droit du commerce international, Rn. 28.
[73] Jacquet/Delebecque, Droit du commerce international, Rn. 29.
[74] Laborde, Droit international privé des groupes Internationaux de sociétés: une mise à l'épreuve réciproque, Mélanges J. Derruppé, 49.
[75] Vgl. zum Meinungsstand Menjucq, Droit international et européen des sociétés, Rn. 20 ff.
[76] Jacquet/Delebecque, Droit du commerce international, Rn. 31.
[77] Goldmann, La nationalité des sociétés dans la Communauté économique européenne, Travaux du Comité francais de D.I.P. 1966-1969, 346; vgl. Menjucq, Droit international et européen des sociétés, Rn. 20 f.
[78] Van Hecke, Droit et Pratique du commerce international 3 (1977), 497, 498; Wood, Law and practice of International Finance, 1980, 1; Hopt FS Lorenz, 1991, 413, 416.
[79] BGHZ 118, 83, 99.
[80] Looschelders, IPR, Anhang Art. 10 Rn. 8.
[81] Looschelders, IPR, Anhang Art. 10 Rn. 16.
[82] Abl 1985 Nr. L 199, 1 ff.
[83] Selbherr/Manz, EWIV, Art. 3 Rn. 12.
[84] Selbherr/Manz, EWIV, Art. 3 Rn. 12.

3. Ausgestaltung in der Praxis. International gängige Vertragsmuster gibt es für die Organisation einer ARGE nur vereinzelt[85]. Es besteht die Neigung, die gesamtschuldnerische Außenhaftung möglichst zu vermeiden oder auszuschließen[86]. 26

a. Konsortium. Zu diesem Zweck kann ein Konsortium gemeinsam ein Angebot abgeben, durch das sich die Konsortialmitgliederjeweils einzeln verpflichten wollen. Jedes Mitglied des Konsortiums ist nur für die von ihm ausgeführten Arbeiten verantwortlich[87]. Essentiell für alle beteiligten Partner ist, dass sie sich untereinander verpflichten, im Falle des Zuschlags jeweils gesondert in vertragliche Beziehungen zu dem Auftraggeber einzutreten[88]. Lässt sich die getrennte Vergabe nicht durchsetzen, können mit dem Besteller Haftungsquoten vereinbart werden[89]. 27

b. Joint Bid. Bei der Joint Bid Methode gibt ein Bieter das Angebot ab, der für alle Leistungen haftet, sofern keine anderweitigen Regelungen getroffen werden[90]. 28

c. Weltbank. Die Weltbank gestattet in ihren Vergaberichtlinien, dass Gebote unabhängig oder gemeinschaftlich (in Joint Venture) abgegeben werden können[91]. Werden Gebote gemeinschaftlich abgegeben, müssen die Bieter erklären, dass sie getrennt und gemeinschaftlich haften. Die Weltbank gestattet jedoch keine Vergabebedingungen, die zwingend Joint Ventures oder andere Formen zwingender Zusammenarbeit vorschreiben. Auch die Japan Bank for International Cooperation (JBIC) lässt nur gesamtschuldnerisch arbeitende Bietergemeinschaften zu[92]. 29

4. Europäische Wirtschaftliche Interessenvereinigung

Schrifttum

Baumbach/Hopt, HGB, 34. Auflage, München 2010; Selbherr/Manz, Kommentar zur Europäischen wirtschaftlichen Interessenvereinigung, Baden-Baden1995

Mit der Verordnung (EWG) Nr. 2137/85 des Rates vom 25. Juli 1985 wurde der rechtliche Rahmen für die Europäischen Wirtschaftliche Interessenvereinigung (EWIV) geschaffen. Eine harmonische Entwicklung des Wirtschaftslebens sowie ein beständiges und ausgewogenes Wirtschaftswachstum in der gesamten Gemeinschaft hängen nach Ansicht des Rates von der Errichtung und dem Funktionieren eines Gemeinsamen Marktes ab, der ähnliche Bedingungen wie ein nationaler Binnenmarkt bietet. Für die Verwirklichung eines solchen einheitlichen Marktes und die Stärkung seiner Einheit empfahl es sich aus europäischer Sicht, für natürliche Personen, Gesellschaften und andere juristische Einheiten einen rechtlichen Rahmen zu schaffen, welcher die Anpassung ihrer Tätigkeit an die wirtschaftlichen Gegebenheiten der Gemeinschaft erleichtert. Hierzu war es erforderlich, dass diese Personen, Gesellschaften und anderen juristischen Einheiten über die Grenzen hinweg zusammenarbeiten können. Da eine solche Zusammenarbeit auf rechtliche, steuerrechtliche und psychologische Schwierigkeiten stoßen kann, sollte ein Instrument zur Verfügung gestellt werden, dass die Zusammenarbeit im Binnenmarkt vereinfacht. Mit der Schaffung eines geeigneten Rechtsinstru- 30

[85] Vgl. das Orgalime-Muster: Model Form of Consortium Agreement, Februar 1995.
[86] Vgl. zu den Haftungsrisiken nach deutschem Gesellschaftsrecht Hertwig/Nelskamp BauRB 2004, 183.
[87] Vgl. Allery, Overseas Supply and Installation Contracts, Rn. 12-06.
[88] Allery, Overseas Supply and Installation Contracts, Rn. 12-07.
[89] Vgl. Allery, Overseas Supply and Installation Contracts, Rn. 12-07.
[90] Vgl. Allery, Overseas Supply and Installation Contracts, Rn. 12-06.
[91] Procurement Guidelines under IBRD Loans and IDA Credits, Ziffer 1.10.
[92] Procurement Guidelines 1999 der JBIC, Ziffer 5.2.

ments auf Gemeinschaftsebene in Form einer Europäischen wirtschaftlichen Interessenvereinigung wollte der Rat die genannten Ziele erreichen.

31 Zur Förderung der Nutzung der EWIV hat die Kommission der EU die Initiative „REGIE – Europäisches Netz der EWIV", ins Leben gerufen. Mit diesem Projekt sollen den Unternehmen, die ihre Tätigkeit durch Zusammenarbeit mit anderen Partnern in der Europäischen Union ausbauen wollen, praktische, direkt umsetzbare Informationen zur Verfügung gestellt werden. Im internationalen Vergleich sei allerdings – wie die Beantwortung der parlamentarischen Anfrage Nr. 1834/J betreffend Europäische Wirtschaftliche Interessenvereinigungen (EWIV) im österreichischen Bundestag hervorhebt – zu erkennen, dass diese Gestaltungsform zwar ein taugliches Instrument für spezielle Fälle von gesellschaftsrechtlichen Zusammenschlüssen von Unternehmen zwecks gemeinsamer grenzüberschreitender wirtschaftlicher Tätigkeit sei, jedoch gerade für kleine und mittlere Unternehmen wenig Bedeutung habe. Aus deutscher Sicht stellt sie aber eine durchaus interessante Kooperationsform dar.

32 Die EWIV muss als europäisches Rechtsinstitut angesehen werden, wobei die Merkmale einer bloßen Zusammenarbeitsvereinbarung mit denen einer Personengesellschaft verbunden wurden. Die EWIV ist Einheitsrecht und damit in allen EU-Mitgliedsstaaten einheitliches Gesellschaftsrecht. Mögliche Partner müssen sich nicht mit der schwierigen Entscheidung auseinandersetzen, welches nationale Rechtssystem den Hintergrund für ihre Partnerschaft abgeben soll, da der rechtliche Rahmen in etwa gleich bleibt, unabhängig davon, wo die EWIV gegründet wird. Nur für eine begrenzte Anzahl von Punkten, wie das Unternehmensregister, verweist die Verordnung ausdrücklich auf das nationale Recht der Mitgliedsstaaten. Ein faktischer Vorteil der EWIV liegt darin, dass die Partner ihre wirtschaftliche und rechtliche Unabhängigkeit behalten, jedoch gleichzeitig für die Zusammenarbeit Rechtsfähigkeit erlangen. Ein weiterer Vorteil der EWIV sind ihre einfachen Gründungsvoraussetzungen. Die Mitglieder sind in der Gestaltung ihrer Beziehungen weitgehend frei. Es muss lediglich ein schriftlicher Vertrag aufgesetzt und die Vereinigung bei der Registerbehörde eines Mitgliedstaates eingetragen werden. Zuständig ist die Behörde am vertraglich vereinbarten Sitz. Die notarielle Beurkundung des Vertrages ist entbehrlich. Um die EWIV umfassend einsetzen zu können, wurde auf Gründungskapital verzichtet. Die flexible Finanzierung ist von großer Bedeutung für kleine und mittlere Unternehmen, da es kaum wahrscheinlich ist, dass ihnen viel Kapital zur Finanzierung der Zusammenarbeit zur Verfügung steht. In der Praxis werden Geldmittel häufig dadurch beschafft, dass die EWIV regelmäßig Beiträge von den Mitgliedern erhalten und sich erwiesene Dienste entgelten lassen. Es ist zum Beispiel auch möglich, durch Geld, Naturalien oder Wissen (Know-how) zur Finanzierung beizutragen. Ein weiterer Vorteil ist, dass die Mitglieder die Vereinigung jederzeit beenden und auflösen können.

33 Die geschilderten praktischen Vorteile der EWIV bei der Auslandsmarkterschließung rücken immer stärker in den Vordergrund. Es soll daher nachstehend kurz das Gründungszenario in Deutschland dargestellt werden, zumal am 1. Januar 1999 geringfügige Änderungen der Anmeldeprozedur in Kraft getreten sind[93].

Soweit nicht die Verordnung (EWG) Nr. 2137/85 des Rates vom 25. Juli 1985 über die Schaffung einer Europäischen wirtschaftlichen Interessenvereinigung (EWIV) – ABl. EG Nr. L 199 S. 1 – (Verordnung) durchgreift, sind auf eine Europäische wirtschaft-

[93] BGBl 1998 I, S. 1474.

liche Interessenvereinigung (EWIV) mit Sitz in Deutschland die Vorschriften des EWIVAG in der Fassung vom 14. April 1988, im Übrigen entsprechend die für eine offene Handelsgesellschaft geltenden Vorschriften anzuwenden; die Vereinigung gilt als Handelsgesellschaft im Sinne des Handelsgesetzbuchs.

Die Vereinigung ist gemäß § 2 EWIVAG bei dem Gericht, in dessen Bezirk sie ihren im Gründungsvertrag genannten Sitz hat, zur Eintragung in das Handelsregister anzumelden. Die Anmeldung zur Eintragung der Vereinigung in das Handelsregister hat zu enthalten: **34**

3. die Firma der Vereinigung mit den voran- oder nachgestellten Worten „Europäische wirtschaftliche Interessenvereinigung" oder der Abkürzung „EWIV", es sei denn, dass diese Worte oder die Abkürzung bereits in der Firma enthalten sind;
4. den Sitz der Vereinigung;
5. den Unternehmensgegenstand;
6. den Namen, die Firma, die Rechtsform, den Wohnsitz oder den Sitz sowie gegebenenfalls die Nummer und den Ort der Registereintragung eines jeden Mitglieds der Vereinigung; **ab dem 1. Januar 1999**: den Namen, das Geburtsdatum, die Firma, die Rechtsform, den Wohnsitz oder den Sitz sowie gegebenenfalls die Nummer und den Ort der Registereintragung eines jeden Mitglieds der Vereinigung;
7. die Geschäftsführer mit Namen, Beruf und Wohnsitz sowie mit der Angabe, welche Vertretungsbefugnis sie haben; **ab dem 1. Januar 1999**: die Geschäftsführer mit Namen, Geburtsdatum und Wohnsitz sowie mit der Angabe, welche Vertretungsbefugnis sie haben;
8. die Dauer der Vereinigung, sofern die Dauer nicht unbestimmt ist.

Zur Eintragung in das Handelsregister sind nach § 2 Abs. 3 EWIVAG ferner anzumelden: **35**

1. Änderungen der Angaben nach Abs. 2;
2. die Nichtigkeit der Vereinigung;
3. die Errichtung und die Aufhebung jeder Zweigniederlassung der Vereinigung;
4. die Auflösung der Vereinigung;
5. die Abwickler mit den in Abs. 2 Nr. 5 genannten Angaben sowie Änderungen der Personen der Abwickler und der Angaben;
6. der Schluss der Abwicklung der Vereinigung;
7. eine Klausel, die ein neues Mitglied gemäß Art. 26 Abs. 2 der Verordnung von der Haftung für Verbindlichkeiten befreit, die vor seinem Beitritt entstanden sind.

Die Verpflichtung zur Anmeldung weiterer Tatsachen auf Grund des § 1 EWIVAG bleibt unberührt.

Gemäß § 3 Abs. 2 der Handelsregisterverfügung (HdlRegVfg) werden in die Abteilung A des Handelsregisters die Einzelkaufleute, die in den § 33 des Handelsgesetzbuchs bezeichneten juristischen Personen sowie die offenen Handelsgesellschaften, die Kommanditgesellschaften und die Europäischen wirtschaftlichen Interessenvereinigungen eingetragen. Gemäß § 40 Nr. 2 und Nr. 3 HdlRegVfg sind in Spalte 2 unter a die Firma, unter b der Ort der Niederlassung oder der Sitz der Gesellschaft, unter c bei Europäischen wirtschaftlichen Interessenvereinigungen und bei juristischen Personen auch der Gegenstand des Unternehmens und die sich darauf beziehenden Änderungen einzutragen. In dieser Spalte ist auch die Errichtung von Zweigniederlassungen zu vermerken, und zwar unter Angabe des Ortes und, falls der Firma für eine Zweigniederlassung **36** ein Zusatz beigefügt ist, unter Angabe dieses Zusatzes. In Spalte 3 sind der Einzelkaufmann und bei den in Abteilung A einzutragenden Gesellschaften die persönlich haftenden Gesellschafter sowie bei Kreditinstituten die gerichtlich bestellten vertretungsbefugten Personen, bei Europäischen wirtschaftlichen Interessenvereinigungen die Geschäftsführer unter der Bezeichnung als solche mit Vornamen, Familiennamen, Beruf und Wohnort (ab dem 01.01.1999 nur noch Namen, Geburtsdatum und Wohnsitz), bei juristischen Personen die Mitglieder des Vorstands und deren Stellvertreter, ferner die Abwickler unter der Bezeichnung als solche mit Vornamen, Familiennamen, Beruf und Wohnort einzutragen. Gemäß § 40 Nr. 3 HdlReg.Vfg sind bei Europäischen wirtschaftlichen Interessenvereinigungen zu vermerken:

a) die Mitglieder der Vereinigung mit Vornamen, Familiennamen, Firma, Rechtsform, Wohnort oder Sitz und gegebenenfalls mit der Angabe der Nummer und des Ortes der Registereintragung sowie alle sich hierauf beziehenden Änderungen; ab dem 01.01.1999 Namen, Geburtsdatum, die Firma, die Rechtsform, den Wohnsitz oder den Sitz sowie gegebenenfalls die Nummer und den Ort der Registereintragung;
b) die Befugnis der Geschäftsführer oder der Abwickler zur Vertretung der Vereinigung;
c) jede Änderung der Personen der Geschäftsführer oder Abwickler sowie jede Änderung der Vertretungsbefugnis einer dieser Personen;
d) die besonderen Bestimmungen des Gründungsvertrags über die Zeitdauer der Vereinigung und die sich hierauf beziehenden Änderungen;
e) die Nichtigkeit, die Auflösung und die Fortsetzung der Vereinigung;
f) der Schluss der Abwicklung der Vereinigung;
g) die Klausel über die Haftungsbefreiung eines Mitglieds für vor **seinem** Beitritt entstandene Verbindlichkeiten.

Gemäß § 61 HdlRegVfg sind bei Europäischen wirtschaftlichen Interessenvereinigungen die Befugnis der Geschäftsführer oder der Abwickler zur Vertretung der Vereinigung einzutragen.

37 Anders als bei der oHG bestimmt nicht der tatsächliche Sitz der Vereinigung das für die Registrierung maßgebliche Handelsregistergericht, sondern der im Gründungsvertrag bezeichnete Sitz[94]. Sachlich zuständig ist grundsätzlich der Rechtspfleger, allerdings nur wenn kein ausländisches Recht zur Anwendung kommt. Mithin fällt die Eintragung stets in die Zuständigkeit des Richters, wenn der Rechtsstatuts eines ausländischen Mitgliedes zu prüfen ist, § 5 Abs. 1 Nr. RPflG. Die Gebühren für die Eintragung der EWIV richten sich nach §§ 26, 32, 69 KostO, abhängig vom Wert des Betriebsvermögens der EWIV, das sehr gering gehalten werden kann, da die EWIV keine Einlagen voraussetzt.

38 **5. Vertragsschema.** Konsortialverträge oder Vereinbarungen zu Bietergemeinschaften müssen den jeweiligen Vergabebedingungen entsprechen und sind daher nur bedingt frei verhandelbar. Im Kern sollten sie aber folgende Regelungen enthalten[95]:

- Präambel (Ziele, Projekt etc.)
- Verpflichtung zur Beteiligung am Vorhaben
- Verteilung der Leistungsanteile

---

94 Selbherr/Manz, EWIV, Deutschland, § 2 EWIVAG Rn. 8.

95 Vgl. Eschenbruch, Recht der Projektsteuerung, Rn. 458; Allery, Overseas Supply and Installation Contracts, P3 (Definitive Consortium Agreement).

- Konsortialführung und Vertretungsmacht
- Interne Zusammenarbeit
- Entgegennahme und Verteilung der Zahlungen
- Haftung[96]
- Versicherung
- Steuern
- Geheimhaltung
- Vertragsänderungen
- Austauschen und Ausscheiden von Mitgliedern
- Beendigung des Konsortialvertrages
- Salvatorische Klausel
- Streitschlichtung und Beilegung

V. Vertretungsrecht

Schrifttum

Ackmann, Zur Geltung des Wirkungsstatuts im Fall des Handelns eines Vertreters von seiner ausländischen Niederlassung aus, IPRax 1991, 220; Leible, Vertretung ohne Vertretungsmacht, Genehmigung und Anscheinsvollmacht im IPR, IPRax 1998, 257; Reithmann/Martiny, Internationales Vertragsrecht, 7. Auflage, Köln 2010

Die Frage der Erteilung und des Umfangs von Vertretungsmacht ist nach deutschem Internationalen Privatrecht vom Vertragsstatut unabhängig anzuknüpfen[97]. Danach ist die Vollmacht grundsätzlich nach dem Wirkungsstatut, d.h. nach dem Recht des Ortes, wo von ihr Gebrauch gemacht wird, zu beurteilen[98]. Andere Auffassungen haben sich nicht wirklich durchgesetzt[99]. Der Gebrauchsort ist in aller Regel nicht der Ort, wo die Vollmacht rechtlich ausgenutzt wird[100], sondern der, wo die Vollmacht tatsächlich gebraucht wird[101]. Erklärungen inländische Vertreter gegenüber Abwesenden, die im Ausland zugehen, sind nach deutschen Vertretungsregeln zu beurteilen[102]. Entsprechendes gilt für Erklärungen ausländischer Vertreter, die im Inland zugehen[103]. Begibt sich dagegen der Vertreter ins Ausland und ist seine Vollmacht zu diesem Zweck ausgestellt, findet das Recht dieses Gebrauchslandes Anwendung[104]. Das gilt für die Entsendung inländischer Vertreter ins Ausland ebenso wie für die Entsendung ausländischer Vertreter ins Inland[105]. 39

---

96 Hier finden sich in der internationalen Praxis Klauseln wie: This Agreement shall relate solely to the performance of the Contract and shall no textend to other activities or transactions. Nothing contained in this Agreement or in their relationship shall constitute a partnership or „affectio societatis" between the Parties (vgl. Allery, Overseas Supplyand Installation Contracts, P3-08, der gleichzeitig darauf hinweist, dass es eine Frage der Umstände ist, ob nach englischem Recht eine Partnership gegründet wurde oder nicht.

97 BGH NJW 1982, 2733, BGHZ 64, 183; Leible IPRax 1998, 257, 258; vgl. Hök BauRB 2004, 295, 296 (Anm. zu OLG Düsseldorf, Urt. v. 23.09.2003 – 23 U 218/02).

98 BGH NJW 1990, 3088; AG Alsfeld NJW-RR 1996, 120, 121.

99 Vgl. Leible IPRax 1998, 257, 258.

100 Vgl. BGH WM 1958, 557, 558; BGHZ 64, 183, 192.

101 BGH NJW 1990, 3088; AG Alsfeld NJW-RR 1996, 120, 121; Ackmann IPRax 1991, 220, 222.

102 Reithmann/Martiny/Hausmann, Internationales Vertragsrecht, Rn. 5443; a.A. OLG Düsseldorf, Urt. v. 23.09.2003 – 23 U 218/02.

103 BGH NJW 1990, 3088.

104 BGH NJW 1954, 1561; Ackmann IPRax 1991, 220, 222.

105 Reithmann/Martiny/Hausmann, Internationales Vertragsrecht, Rn. 5441.

40 Die Vertretungsmacht von Gesellschaftsorganen richtet sich nach dem Gesellschaftsstatut[106]. Das gilt auch für die Behandlung von Erklärungen und des Verhaltens von Personen, die für eine nicht existente Gesellschaft auftreten[107]. In der Regel kann davon ausgegangen werden, dass die ordnungsgemäß bestellten Organe Rechtsmacht haben, zumal dann, wenn sie in ihrem Sitzstaat in einem dem Handelsregister vergleichbaren Register eingetragen sind[108].

106 Looschelders, IPR, Anhang Art.10 Rn. 1.
107 LG Bielefeld IPRax 1990, 315, 316.
108 Allery, Overseas Supply and Installation Contracts, Rn. 11-27.

§ 26 Außervertragliche Schuldverhältnisse

Schrifttum

Benecke, Auf dem Weg zu „Rom II" – Der Vorschlag für eine Verordnung zur Angleichung des IPR der außervertraglichen Schuldverhältnisse, RIW 2003, 830; Binder, Zur Auflockerung des Deliktsstatuts, RabelsZ 10 (1955) 401; Busse, Internationales Bereicherungsrecht zwischen EGBGB-Reform und Rom II, RIW 2003, 406; Freitag/Leible, Das Bestimmungsrecht des Art. 40 Abs. 1 EGBGB im Gefüge der Parteiautonomie im Internationalen Deliktsrecht, ZvglRWiss 99 (2000) 101; Fuchs, Zum Kommissionsvorschlag einer Rom II-Verordnung, GPR 2004, 100; Kreuzer, Die Vollendung der Kodifikation des deutschen Internationalen Privatrechts durch das Gesetz zum Internationalen Privatrecht der außervertraglichen Schuldverhältnisse und Sachen vom 21.5.1999, RabelsZ 65 (2001) 383; Leible/Engel, Der Vorschlag der EG-Kommission für eine Rom II-Verordnung. Auf dem Weg zu einheitlichen Anknüpfungsregeln für außervertragliche Schuldverhältnisse in Europa, EuZW 2004, 7; Magnus, Kollisionsrechtliche Fragen grenzüberschreitender Schäden, in: Koch/Willingmann (Hg.), Großschäden – Complex Damages (1998) 129; Reithmann/Martiny, Internationales Vertragsrecht, 7. Auflage, Köln 2010; Schaub, Die Neuregelung des Internationalen Deliktsrechts in Deutschland und das europäische Gemeinschaftsrecht, RabelsZ 66 (2002), 18; Spickhoff, Die Restkodifikation des Internationalen Privatrechts: Außervertragliche Schuldverhältnisse und Sachenrecht, NJW 1999, 2209 ff.; Spickhoff, Die Tatortregel im neuen Deliktskollisionsrecht, IPRax 2000, 1; Stoll, Handlungsort und Erfolgsort im internationalen Deliktsrecht, in: GS Lüderitz (2000) 733; Weick, das Tatortprinzip und seine Einschränkungen bei internationalen Verkehrsunfällen, NJW 1984, 1993; Zons, Deliktische Haftungsrisiken in Anlagenbauprojekten, IBR 2011, 1242 (online).

Inhaltsübersicht

I. Einleitung

1 Im internationalen Baurecht haben außervertragliche Ansprüche eine erhebliche Bedeutung. Die Trennung zwischen vertraglichen und deliktischen Schuldverhältnissen wird nicht in allen Mitgliedstaaten in gleicher Weise vorgenommen. Es kann also fraglich sein, welche Kollisionsregel auf einen bestimmten Rechtsstreit anzuwenden ist: z.B. bei culpa in contrahendo (Verschulden bei Vertragsschluss) oder bei einer action paulienne nach französischem Recht (Gläubigeranfechtungsklage). Die Übergänge sind fließend. Der EuGH[1] hatte zum EuGVÜ die Regel aufgestellt, dass erst die vertraglichen Ansprüche, die eng auszulegen sind, auszuschöpfen sind, bevor deliktische Ansprüche geltend gemacht werden können. Nach englischem, irischem, US-amerikanischem und australischem Recht kann der Unternehmer unter Umständen Zahlung „quantum meruit" verlangen. Derartige Ansprüche bestehen, wenn die Umstände implizieren, dass die geleistete Arbeit bezahlt werden sollte. Ein Anspruch „quantum meruit" kann entstehen, wenn die Parteien stillschweigend vereinbart haben, dass der Unternehmer ange-

[1] Vgl. u.a. EuGH, Urteil vom 22. März 1983, Rs. 34/82, Martin Peters, Slg. 1983, I-987, Urteil vom 17. Juni 1992, Rs. C-26/91, Jacob Handte, Slg. 1992, I-3697, Urteil vom 17. September 2002, Rs. C-334/00, Fonderie Officine Meccaniche Tacconi (Amtliche Sammlung noch nicht veröffentlicht).

messene Zahlung erhalten solle[2] oder wenn der Unternehmer auf der Grundlage eines nichtigen Vertrages in der Annahme leistet, der Vertrag sei wirksam[3]. US-amerikanische Gerichte billigen quantum claims zu, wenn sich wesentliche Grundlagen radikal geändert haben (cardinal change doctrine), die vertraglich nicht geregelt sind und die die Parteien nicht im Auge hatten, als sie den Vertrag abschlossen[4]. Im deutschen und französischen Recht (Art. 1372 Code Civil) existieren Ansprüche aus Geschäftsführung ohne Auftrag, aber auch Ansprüche aus ungerechtfertigter Bereicherung (Art. 1376 Code Civil)[5]. Hinzu kommen die diversen Ansprüche aus unerlaubter Handlung.

Das Kollisionsrecht der außervertraglichen Ansprüche beruhte in der Vergangenheit im Wesentlichen auf Regeln, die von der Rechtsprechung entwickelt wurden. Nur zögerlich wurden Regelungskomplexe kodifiziert (vgl. Art. 38 ff. EGBGB a.F.). Aufgrund des nicht einheitlichen Systems im Vereinigten Königreich existierten jedoch allein innerhalb der EU mehr Kollisionsnormensysteme als es Mitgliedsstaaten gab.

2 Es gilt als weithin unbestritten, dass die Harmonisierung der Kollisionsnormen dazu beiträgt, die Gleichbehandlung der Teilnehmer des Rechtsverkehrs zu gewährleisten, die an einem Streitfall mit grenzübergreifendem Bezug beteiligt sind. Die Harmonisierung der Kollisionsnormen erleichtert zudem die Umsetzung des Grundsatzes der wechselseitigen Anerkennung gerichtlicher Entscheidungen. Deshalb begann die Europäische Kommission schon früh, einen Vorschlag für eine Verordnung des Europäischen Parlaments und des Rates über das auf außervertragliche Schuldverhältnisse anzuwendende Recht zu erarbeiten („ROM II")[6]. Inzwischen ist die die Verordnung des Europäischen Parlaments und des Rates vom 11. Juli 2007 über das auf außervertragliche Schuldverhältnisse anzuwendende Recht (**„Rom II"**)[7] in Kraft getreten. Die Verordnung soll von wenigen Ausnahmen abgesehen für alle außervertraglichen Schuldverhältnisse gelten[8]. Die außervertraglichen Schuldverhältnisse lassen sich in zwei große Gruppen einteilen: Schuldverhältnisse aus unerlaubter Handlung und Schuldverhältnisse aus anderer als unerlaubter Handlung. Die erste Gruppe umfasst deliktische Schuldverhältnisse, während die zweite so genannte „quasideliktische" oder in einzelnen Rechtsordnungen „quasivertragliche" Schuldverhältnisse betrifft, insbesondere die ungerechtfertigte Bereicherung und die Geschäftsführung ohne Auftrag.

3 Außervertragliche Rechtsverhältnisse werden gemäß Art. 4 Abs. 1 Rom II vorbehaltlich speziellerer Regelungen in der Verordnung Rom II nach dem Recht des Staates beurteilt, in dem der Schaden eintritt, unabhängig davon, in welchem Staat das schadensbegründende Ereignis oder indirekte Schadensfolgen eingetreten sind. Haben jedoch die Person, deren Haftung geltend gemacht wird, und die Person, die geschädigt wurde, zum Zeitpunkt des Schadenseintritts ihren gewöhnlichen Aufenthalt in demselben Staat, so unterliegt die unerlaubte Handlung gemäß Art. 4 Abs. 2 Rom II dem Recht dieses Staates. Ergibt sich aus der Gesamtheit der Umstände, dass die unerlaubte Hand-

---

[2] Planche v. Colburn [1831] 8 Bing 14; Weldon Plant Ltd v. The Commission for the New Towns [2000] EWHC Technology 76 (14th July, 2000).

[3] O'Connor v. Listowel UDC [1957] Ir Jur Rep 43; Craven-Ellis v. Canons Ltd. [1936] 2 KB 403.

[4] Bignold v. King Cy., 65 Wn. 2d 817, 826, 399 P.2d 611 (1965); siehe Air-A-Plane Corp. v. United States, 408 F.2d 1030 (Ct. Cl. 1969); Hensel Phelps Constr. Co. v. King County, 57 Wn. App. 170 (1990).

[5] Im französische Recht wird zwischen Ansprüchen wegen eines „paiement de l'indu" (Art. 1376 Code Civil) oder ungerechtfertigter Bereicherung (Rechtsprechung) unterschieden.

[6] KOM/2003/0427 endg. – COD 2003/0168.

[7] ABl Nr. L 199/40 vom 31.7.2007.

[8] Die Verordnung Rom II Nr. 593/2008 vom 17.6.2008 ist seit dem 17.12.2009 in Kraft. Siehe zu den Vorarbeiten und Beratungen (ABl 2004 Nr. C 241, 1 ff.).

lung eine offensichtlich engere Verbindung mit einem anderen als dem in den Absätzen 1 oder 2 bezeichneten Staat aufweist, so ist das Recht dieses anderen Staates anzuwenden. Eine offensichtlich engere Verbindung mit einem anderen Staat könnte sich insbesondere aus einem bereits bestehenden Rechtsverhältnis zwischen den Parteien — wie einem Vertrag — ergeben, das mit der betreffenden unerlaubten Handlung in enger Verbindung steht.

II. Unerlaubte Handlungen

Ansprüche aus unerlaubter Handlung unterlagen bis zum Inkrafttreten der Verordnung Rom II dem Recht des Staates, in dem der Ersatzpflichtige gehandelt hat. Der Verletzte konnte verlangen, dass anstelle dieses Rechts das Recht des Staates angewandt wird, in dem der Erfolg eingetreten ist (**Günstigkeitsprinzip**). Das Bestimmungsrecht konnte nur im ersten Rechtszug bis zum Ende des frühen ersten Termins oder dem Ende des schriftlichen Vorverfahrens ausgeübt werden (Art. 40 Abs. 1 EGBGB a.F.). Hatten der Ersatzpflichtige und der Verletzte zur Zeit des Haftungsereignisses ihren gewöhnlichen Aufenthalt in demselben Staat, so ist das Recht dieses Staates anzuwenden. Handelt es sich um Gesellschaften, Vereine oder juristische Personen, so steht dem gewöhnlichen Aufenthalt der Ort gleich, an dem sich die Hauptverwaltung oder, wenn eine Niederlassung beteiligt ist, an dem sich diese befindet (Art. 40 Abs. 2 EGBGB a.F.). Ansprüche, die dem Recht eines anderen Staates unterlagen, konnten nicht geltend gemacht werden, soweit sie 4

1. wesentlich weiter gehen als zur angemessenen Entschädigung des Verletzten erforderlich,
2. offensichtlich anderen Zwecken als einer angemessenen Entschädigung des Verletzten dienen oder
3. haftungsrechtlichen Regelungen eines für die Bundesrepublik Deutschland verbindlichen Übereinkommens widersprechen.

Der Verletzte konnte seinen Anspruch unmittelbar gegen einen Versicherer des Ersatzpflichtigen geltend machen, wenn das auf die unerlaubte Handlung anzuwendende Recht oder das Recht, dem der Versicherungsvertrag unterliegt, dies vorsieht (Art. 40 Abs. 4 EGBGB a.F.).

Mit Art. 40 EGBGB hatte der deutsche Gesetzgeber bewusst eine allgemein gefasste deliktsrechtliche Anknüpfungsregel geschaffen[9]. Dem vereinzelten Wunsch nach Kollisionsnormen für besondere Deliktstypen folgte er damit nicht. Bei unerlaubten Handlungen war nach Art. 40 Abs. 1 EGBGB a.F. auf das Recht des Staates abzustellen, in dem der Ersatzpflichtige gehandelt hat. Der Geschädigte konnte verlangen, dass anstelle dieses Rechts das Recht des Staates angewandt wird, in dem der Erfolg eingetreten war. Das Bestimmungsrecht konnte allerdings nur im ersten Rechtszug bis zum Ende des frühen ersten Termins oder dem Ende des schriftlichen Vorverfahrens ausgeübt werden. Ob ein Geschehen als unerlaubte Handlung zu qualifizieren war, musste nach deutschem Recht beurteilt werden[10]. Zu den unerlaubten Handlungen im Sinne des Art. 40 EGBGB gehörten insbesondere **Wettbewerbsverstöße** und **Unfälle mit Personen-** und **Sachschäden**. Ferner sind im Zweifel auch Direktansprüche von Unternehmern gegen den Bauherrn im Sinne des französischen Gesetzes Nr. 75-1334 als außer- 5

[9] Vgl. Wagner, IPRax 1999, 210, 210.
[10] BGH FamRZ 1996, 604.

vertragliche Ansprüche zu qualifizieren[11]. Das nach Art. 40 EGBGB a.F. anwendbare Recht entschied über die Voraussetzungen eines Anspruches aus unerlaubter Handlung einschließlich der Deliktsfähigkeit und den Haftungsumfang[12]. Ob Ansprüche aus „culpa in contrahendo" unter Art. 40 EGBGB fielen war streitig, war aber mit Blick auf die Rechtsprechung des EuGH zu bejahen[13].

6 Rom II geht einen anderen Weg als der deutsche Gesetzgeber[14]. Die Verordnung schafft neben einer allgemeinen Kollisionsregel (Art. 4 Rom II) Sonderregeln für Produkthaftung (Art. 5), unlauteren Wettbewerb (Art. 6 Rom II), Umweltschädigung (Art. 7 Rom II), Verletzung der Rechte an geistigem Eigentum (Art. 8 Rom II) und Arbeitskampfmaßnahmen (Art. 9 Rom II). Grundsätzlich ist auf ein außervertragliches Schuldverhältnis aus unerlaubter Handlung unabhängig davon, in welchem Staat das schädigende Ereignis eintritt und in welchem Staat oder welchen Staaten die indirekten Schadensfolgen festzustellen sind, das Recht des Staates anzuwenden, in dem der Schaden eintritt oder einzutreten droht (Art. 4 Abs. 1 Rom II). Rom II wendet sich damit von der Anknüpfung an die unerlaubte Handlung ab[15]. Die Vorschrift verweist auf das Recht am Schadensort (lex loci damni)[16]. Dieser Ort ist nicht identisch mit dem Ort, an dem der indirekte Schaden eintritt. Maßgeblich ist der Erfolgsort (Ort der Rechtsgutverletzung)[17]. Haben der Geschädigte und der Schädiger zum Zeitpunkt des Schadenseintritts ihren gewöhnlichen Aufenthalt im selben Staat, unterliegt das außervertragliche Schuldverhältnis dem Recht dieses Staates (Art. 4 Abs. 2 Rom II). Weist das außervertragliche Schuldverhältnis eine offensichtlich engere Verbindung mit einem anderen Staat auf, gilt dessen Recht (Art. 4 Abs. 3 Rom II).

7 **1. Unfälle.** Der Sorgfaltsmaßstab nach dem zu handeln ist, beurteilt sich zwar grundsätzlich nach dem anzuwendenden Haftungsrecht. Es ist aber allgemein anerkannt, dass stets die verkehrsrechtlichen Verhaltensnormen des Handlungsorts anzuwenden sind[18]. Es ist z.B. Sache dieses Staates zu bestimmen, wie sich die Verkehrsteilnehmer auf den Straßen seines Hoheitsgebiets zu verhalten haben[19], welche Sicherheitsbestimmungen[20] oder welche Arbeitsschutzbestimmungen[21] einzuhalten sind. Das ergibt sich aus der Natur der Sache und ist im Interesse der Verkehrssicherheit geboten[22]. Erwägungsgrund 34 Rom II bekräftigt diesen Ansatz. Es heißt dort: „Zur Wahrung eines angemessenen Interessenausgleichs zwischen den Parteien müssen, soweit dies angemessen ist, die Sicherheits- und Verhaltensregeln des Staates, in dem die schädigende Handlung begangen wurde, selbst dann beachtet werden, wenn auf das außervertragliche Schuldverhältnis das Recht eines anderen Staates anzuwenden ist". Der Begriff „Sicherheits- und Verhaltensregeln" ist in dem Sinne auszulegen, dass er sich auf alle Vorschriften bezieht, die in Zusammenhang mit Sicherheit und Verhalten stehen, einschließlich beispielsweise der Straßenverkehrssicherheit im Falle eines Unfalls. Zweifelsfrei gilt diese Erwägung auch für die Baustellensicherheit.

---

11 Bureau/Muir-Watt, Droit international privé, PUF, 2007 n° 959; Boyault/Lemaire, Protection du sous-traitant en matière internationale : La Cour de Cassation fait volte-face, D. 2008, 753, 756.
12 Looschelders, IPR, Art. 40 Rn. 15.
13 Vgl. zum Streitstand Looschelders, IPR, Art. 32 Rn. 27.
14 Vgl. Fuchs GPR 2004, 100, 102.
15 Fuchs GPR 2004, 100, 101; Nourissat/Treppoz Clunet 2003, 7, 23.
16 Fuchs GPR 2004, 100, 101; Nourissat/Treppoz Clunet 2003, 7, 23.
17 Fuchs GPR 2004, 100, 101.
18 BGHZ 57, 265, 268.
19 BGHZ 57, 265, 268.
20 Looschelders, IPR, Art. 40 Rn. 16.
21 Reithmann/Martiny, Internationales Vertragsrecht, Rn. 4930.
22 Anmerkung von Deutsch NJW 1962, 1680.

Der internationale Wirtschaftsverkehr erfordert es, dass Arbeitskräfte ins Ausland entsandt werden müssen. Hinsichtlich der Haftung selbst und ihrer Folgen ist die Ausschaltung des am Deliktsort geltenden Rechts bei gemeinsamer ausländischer Staatsangehörigkeit der am Unfall Beteiligten nur dann angebracht, wenn sich die Beteiligten wie bei Urlaubs- oder Geschäftsreisen nur vorübergehend im Ausland aufhalten, die Auslandsbeziehung also nur zufälliger Natur ist. Haben die Beteiligten dagegen das Gastland für längere Zeit zu ihrem Lebensmittelpunkt gewählt (gewöhnlicher Aufenthalt), so ist die Rückbeziehung auf das Heimatrecht – jedenfalls soweit es um Geschäfte und Handlungen des täglichen Lebens geht, die keinen besonderen Bezug zur gemeinsamen Heimat haben – so sehr gelöst, dass es dann bei dem Grundsatz, bei unerlaubten Handlungen das Recht des Tatorts anzuwenden, verbleiben muss[23]. **8**

Werden ausländische Arbeitnehmer als Gastarbeiter in Deutschland tätig und haben sie also hier für längere Zeit ihren gewöhnlichen Aufenthaltsort, besteht bei einer gemeinsamen Autofahrt der Gastarbeiter keine so weitgehende Bindung an das Heimatrecht mehr, dass es gerechtfertigt wäre, bei einem Verkehrsunfall für die Ersatzansprüche der Verletzten gegen den Schädiger das Recht des Begehungsorts auszuschalten[24].

Bei zeitlich eng befristeter Anwesenheit entsandter Arbeitnehmer in einem anderen Staat, werden diese regelmäßig nicht in ein dort bestehendes Sozialversicherungsnetz einbezogen. Es ist ein vorrangiges Ziel, diesen den Schutz insbesondere der deutschen gesetzlichen Unfallversicherung zu erhalten[25]. Das dient mittelbar unter anderem der Freizügigkeit innerhalb der Europäischen Gemeinschaft, ist aber nur durchzuführen, falls die Ablösung der Haftpflicht gewährleistet bleibt. Haftungsverzichtsvereinbarungen sind als Alternative weder wünschenswert noch zu verwirklichen. Die Mehrkosten einer Haftung im Außenverhältnis zusätzlich zu den Versicherungsbeiträgen sind vom Unternehmer nicht aufzubringen. Anders als bei einem ins Ausland entsandten Beamten lässt das unterschiedlich ausgestaltete, starre System der gesetzlichen Unfallversicherung auch keine Abwälzung einer dem Unternehmer auferlegten zivilrechtlichen Schadensersatzpflicht im Innenverhältnis auf den Versicherer zu. Denn Voraussetzungen und Umfang der sozialversicherungsrechtlichen Leistungspflicht weichen zu stark von denjenigen der zivilrechtlichen Haftung ab. **9**

Haftungsfreistellungsvereinbarungen in Bezug auf deliktische Ansprüche, wie sie in internationalen Bauverträgen häufig vorkommen, unterliegen grundsätzlich dem Vertragsstatut des Vertrages, mit dem die Haftung für unerlaubte Handlungen wirtschaftlich verlagert wird[26]. Allerdings sind in einigen Rechtsordnungen Klauseln über die deliktische Haftung grundsätzlich unzulässig (etwa in Belgien und in Mexico)[27]. **10**

2. Unlauterer Wettbewerb. Wettbewerbsverstöße sind unerlaubte Handlungen. Das anwendbare Recht war bis zum Inkrafttreten der Verordnung Rom II Art. 40 EGBGB zu entnehmen[28]. Im Prinzip galt auch im Wettbewerbsrecht die Tatortregel[29]. Anders ausgedrückt, es gilt das **Recht des Marktortes**[30]. Das inländische Wettbewerbsrecht **11**

[23] Binder, RabelsZ 10 (1955) 401 ff.; Raape, Internationales Privatrecht, 574; Deutsch, NJW 1962, 1680; Seetzen, VersR 1970, 1, 6,17; OLG Karlsruhe NJW 1964, 55.
[24] BGHZ 57, 265, 268.
[25] BGHZ 123, 268, 278.
[26] Vgl. Fontaine/Dely, Droits des contrats internationaux, 423.
[27] Fontaine/Dely, Droits des contrats internationaux, 418 m.w.N.
[28] BGHZ 35, 329, 333-Kindersaugflasche.
[29] BGHZ 40, 391; Erman/Hohloch, BGB, Art. 40 EGBGB Rn. 51.
[30] BGH, Urt. v. 11.2.2010 – I ZR 85/08, NJW 2010, 3780.

gilt grundsätzlich nur territorial beschränkt[31]. Das deutsche Kollisionsrecht bestimmt, welcher Inlandsbezug erforderlich ist, damit deutsches Wettbewerbsrecht Anwendung findet. Grundsätzlich ist daher der Begehungsort maßgeblich, doch findet auf den Inlandswettbewerb von Ausländern deutsches Wettbewerbsrecht Anwendung[32], denn der Begehungsort eines Wettbewerbsdelikts liegt dort, wo die wettbewerblichen Interessen aufeinander stoßen[33].

12 Ursprünglich hatte sich der BGH der Rechtsprechung des RG dahin angeschlossen, dass alle Gewerbetreibenden, die im Inland eine Niederlassung haben, untereinander ihren gesamten Wettbewerb auch für das Ausland nach den inländischen Grundsätzen über den unlauteren Wettbewerb einrichten müssen[34]. Deutsches Recht als Recht des Begehungsortes war auch dann anzuwenden, wenn nur ein Teil der Wettbewerbshandlung im Inlande begangen wurde[35]. Später wich der BGH hiervon ab und urteilte: „Verlangt ein Unternehmen mit Sitz im Ausland von einem Unternehmen mit Sitz im Inland die Unterlassung des Vertriebs von Waren auf bestimmten Auslandsmärkten mit der Behauptung, es handele sich um sklavische Nachahmungen seiner Erzeugnisse, durch die in den fraglichen Absatzgebieten irrige Herkunfts- und Gütevorstellungen hervorgerufen würden, so ist die Frage, ob unlauterer Wettbewerb vorliegt, nach dem Recht derjenigen Staaten zu entscheiden, in denen der beanstandete Vertrieb stattfindet, mag auch die Herstellung der beanstandeten Waren im Inland stattfinden“[36].

13 Es ist davon auszugehen, dass sittenwidrige Wettbewerbsverstöße unerlaubte Handlungen darstellen, für deren Beurteilung im Allgemeinen das am Begehungsort herrschende Recht maßgebend ist. Findet ein Wettbewerb zwischen Inländern im Ausland statt, so ist eine nur diesen ausländischen Wettbewerb berührende Wettbewerbsmaßnahme, die nach der Generalklausel des § 1 UWG unzulässig wäre, nicht schon deshalb als im Inland „begangen“ anzusehen, weil sie von dort aus in die Wege geleitet wurde und beide Mitbewerber ihren Sitz im Inland haben[37]. Eine allgemeine Pflicht inländischer Gewerbetreibender, sich bei ihrem Wettbewerb untereinander auf dem Auslandsmarkt schlechthin an die Regeln des deutschen Wettbewerbsrechtes zu halten, besteht nicht. Richtet sich eine im Ausland begangene Wettbewerbshandlung eines Inländers nach Art und Zielrichtung ausschließlich oder doch überwiegend gegen die schutzwürdigen Interessen eines inländischen Mitbewerbers, so kann ihre Zulässigkeit wegen dieser besonderen Inlandsbeziehung aus dem Gesichtspunkt einer Anknüpfung an das gemeinsame Heimatrecht in der Regel nach inländischem Wettbewerbsrecht beurteilt werden[38]. Diese Auffassung hat der BGH[39] aber inzwischen aufgegeben. Das anwendbare materielle Wettbewerbsrecht ist vielmehr grundsätzlich auch dann nach dem Marktortprinzip zu bestimmen, wenn sich der wettbewerbliche Tatbestand im Ausland ausschließlich unter inländischen Mitwettbewerber abspielt oder sich gezielt gegen einen inländischen Mitwettbewerber richtet, der dadurch im Wettbewerb gehindert wird[40].

---

[31] Pickert, UWG Einf. Rn. 72.
[32] Pickert, UWG Einf. Rn. 81.
[33] BGHZ 35, 329; BGHZ 40, 391; BGHZ 113, 15; Erman/Hohloch, BGB, Art. 40 EGBGB Rn. 51.
[34] BGHZ 22, 1, 18; BGH GRUR 1955, 411, 413 – Zahl 55.
[35] BGHZ 21, 266, 270; BGHZ 14, 286, 291 – Farina/Belgien; BGH GRUR 55, 441 – Zahl 55; RGZ 150, 265, 271.
[36] BGHZ 35, 329, teilweise Abweichung von BGHZ 21, 266 – Uhrenrohwerke.
[37] Erman/Hohloch, BGB, Art. 40 EGBGB Rn. 51.
[38] BGHZ 40, 391.
[39] BGH, Urt. v. 11.2.2010 – I ZR 85/08, NJW 2010, 3780.
[40] BGH, Urt. v. 11.2.2010 – I ZR 85/08, NJW 2010, 3780.

Daran fehlt es, wenn sich das beanstandete Verhalten ausschließlich im Ausland ereignet. Das deutsche Wettbewerbsrecht ist auch nicht anwendbar, wenn im Ausland bei dem Abschluss von Kaufverträgen mit Personen, die ihren gewöhnlichen Aufenthalt im Inland haben, Vertragsformulare verwendet werden, die keine Widerrufsbelehrung nach dem Recht über den Widerruf von Haustürgeschäften und ähnlichen Geschäften enthalten[41]. Allerdings kann dann den Verbrauchern ggf. Art. 34 EGBGB a.F. bzw. Art. 9 Rom I helfen. Mit Einführung des Art. 40 EGBGB a.F. hatte sich an der wettbewerbsrechtlichen Qualifikation des Handlungsortes im Sinne des Marktortes nichts geändert[42].

Seit Inkrafttreten der Verordnung Rom II (in Kraft seit dem 11.1.2009) ist das internationale Wettbewerbsrecht eigenständig kodifiziert. Art. 6 Abs. 1 Rom II bestimmt, dass auf außervertragliche Schuldverhältnisse aus unlauterem Wettbewerbsverhalten das Recht des Staates anzuwenden ist, in dessen Gebiet die Wettbewerbsbeziehungen oder die kollektiven Interessen der Verbraucher beeinträchtigt worden sind oder wahrscheinlich beeinträchtigt werden. Gemäß Erwägungsgrund 21 Verordnung Rom II regelt Art. 6 Rom II keine Ausnahme von Art. 4 Rom II. Vielmehr handelt es sich um eine Präzisierung der in Art. 4 Rom II niedergelegten Grundsätze. In Erwägungsgrund 21 der Verordnung wird weiter darauf hingewiesen, dass im Bereich des unlauteren Wettbewerbs die Kollisionsnorm die Wettbewerber, die Verbraucher und die Öffentlichkeit schützen und das reibungslose Funktionieren der Marktwirtschaft sicherstellen sollte. Durch eine Anknüpfung an das Recht des Staates, in dessen Gebiet die Wettbewerbsbeziehungen oder die kollektiven Interessen der Verbraucher beeinträchtigt worden sind oder beeinträchtigt zu werden drohen, können diese Ziele nach Auffassung des Verordnungsgebers im Allgemeinen erreicht werden.

Es bleibt mithin auch nach neuem Recht bei der Anknüpfung an den **Marktort**[43]. Die Ausnahme des Art. 6 Abs. 2 Rom II greift, wenn die Wettbewerbshandlung im Ausland auschließlich die Interessen des Klägers beeinträchtigt, wie dies etwa der Betriebsspionage der Fall sein kann.

3. Kartellrecht. Bei internationalen Ausschreibungen sind Arbeitsgemeinschaften 14
(ARGE) zwar grundsätzlich unter den gleichen Bedingungen zugelassen wie Bieter als Einzelpersonen bzw. Einzelunternehmen. Doch muss darauf geachtet werden, dass der ordnungsgemäße, lautere Wettbewerb erhalten bleibt. Vor allem muss vermieden werden, dass der Zusammenschluss mehrerer Unternehmen in einer Arbeitsgemeinschaft den Wettbewerb beeinträchtigt, insbesondere wenn der Zusammenschluss einen Verstoß gegen das GWB darstellen würde. Diese Gefahr besteht in erster Linie bei horizontal gebildeten Arbeitsgemeinschaften. Maßgeblich ist, ob sich die betroffenen Unternehmen auch ohne den Zusammenschluss an der Ausschreibung beteiligen würden. Ist das zu bejahen, so ist der Wettbewerb gefährdet und die betreffende Arbeitsgemeinschaft ist von der Vergabe auszuschließen. Ein Vertrag über die Bildung einer Arbeitsgemeinschaft mit dem Ziel des Abschlusses eines Leistungsvertrages stellt jedenfalls dann keine Wettbewerbsbeschränkung i.S.d. § 1 GWB dar, wenn die Bildung einer solchen Arbeitsgemeinschaft gefordert und die Mitglieder der Arbeitsgemeinschaft sich sonst nicht mit Erfolg um den Abschluss eines Leistungsvertrages bewerben können[44].

Derartige grenzüberschreitende kartellrechtlich relevante Vorgänge verdienen eine besondere Betrachtung, denn es kollidieren insoweit nicht nur verschiedene nationale

---

[41] BGHZ 113, 11.
[42] Sack WRP 2000, 269, 271; OLG München NJOZ 2003, 1097, 1101.
[43] BGH, Urt. v. 11.2.2010 – I ZR 85/08, NJW 2010, 3780.
[44] OLG Dresden vom 19.03.1998, 7 U 827/97.

Rechtsordnungen, sondern diese wiederum mit vorrangigem EU-Recht. Auch Alleinvertriebsvereinbarungen, Preisabsprachen, Gebietsabsprachen und Firmenaufkäufe (Fusionen) sind derart relevante Vorgänge.

15 Anhand des internationalen Kartellrechts ist zu prüfen, ob auf die getroffene Vereinbarung EU-Recht, EWR-Recht oder das deutsche Recht gegen Wettbewerbsbeschränkungen anwendbar ist (vgl. § 130 Abs. 2 GWB). Das EU-Recht ist insoweit vorrangig zu beachten[45]. Das Gesetz gegen Wettbewerbsbeschränkungen ist sekundär auf alle Wettbewerbsbeschränkungen anwendbar, die sich in seinem Geltungsbereich auswirken. Insoweit handelt es sich um eine echte Sonderkollisionsnorm[46]. Unabhängig vom Vertragsstatut ist die Frage nach der Zulässigkeit und den Folgen wettbewerbsbeschränkender Vereinbarungen und Verhaltensweisen gesondert anzuknüpfen.

16 Mit dem gemeinsamen Markt sind nach Maßgabe des Art. 81 EGV alle Vereinbarungen und Beschlüsse oder abgestimmte Verhaltensweisen zwischen Unternehmen unvereinbar, welche geeignet sind, den Handel zwischen den Mitgliedsstaaten zu beeinträchtigen. Ebenfalls verboten ist die missbräuchliche Ausnutzung einer marktbeherrschenden Stellung, Art. 82 EGV. Arbeitsgemeinschaften von Unternehmen, die nicht allein in der Lage sind, einen bestimmten Auftrag zu erfüllen, sind privilegiert[47].

17 Das Bundeskartellamt ist nach Auffassung des BGH[48] auch für kartellbehördliche Maßnahmen zuständig, die sich gegen ein Verhalten richten, das die Bundesgrenze überschreitend vom Ausland her auf den Inlandsmarkt auswirkt, oder dagegen, dass sich ein inländisches Unternehmen weigert, der Freiheit des Wettbewerbs auf einem Inlandsmarkt durch bestimmte, (auch) im Ausland vorzunehmende Handlungen zu dienen.

18 Ein im Ausland erfolgter Zusammenschluss von Unternehmen unterliegt der Anzeigepflicht nach § 39 GWB, wenn sich dieser Zusammenschluss unmittelbar auf die Wettbewerbsverhältnisse auf dem (relevanten) Inlandsmarkt auswirkt (§ 130 Abs. 2 GWB). Es bestimmt sich nach der Kollisionsnorm des § 130 Abs. 2 GWB, ob die Fusionsvorschriften des Gesetzes auf den im Ausland erfolgten Erwerb eines Geschäftsbereiches Anwendung finden. Die Bestimmung des § 130 Abs. 2 GWB bezieht sich ganz allgemein auf Wettbewerbsbeschränkungen im Sinn des Gesetzes gegen Wettbewerbsbeschränkungen und erfasst daher alle in dessen Erstem Teil – Wettbewerbsbeschränkungen – geregelten Fälle, also auch die dort vorgesehenen Tatbestände über die Fusionskontrolle[49]. Nach der Kollisionsnorm des § 130 Abs. 2 GWB unterliegt dieser Zusammenschlusstatbestand dem deutschen Gesetz gegen Wettbewerbsbeschränkungen, wenn er sich im Geltungsbereich dieses Gesetzes auswirkt. Um angesichts der Vielfalt denkbarer Rückwirkungen eine vom Gesetz nicht gewollte uferlose Ausdehnung des internationalen Anwendungsbereichs der Sachnormen des Gesetzes gegen Wettbewerbsbeschränkungen zu verhindern, bedarf es einer Eingrenzung und Konkretisierung der maßgebenden Inlandsauswirkungen nach dem Schutzzweck des Gesetzes allgemein und der jeweils in Frage kommenden speziellen Sachnormen[50]. Dabei können nur solche Folgen auslandsbezogener Wettbewerbsbeschränkungen als Inlandsauswirkungen

---

45 EuGH WuW/E 201, 204 (Farbenhersteller Walt Wilhelm).

46 Kegel/Schurig, IPR, § 23 IV.

47 Lenz/Borchardt/Grill, EGV, Art. 81 Rn. 22, 57 ff.; vgl. Ziffer 24 der Leitlinien für horizontale Vereinbarungen (ABl 2001 Nr. C 3, 2.

48 BGHZ 128, 17, 23.

49 Frankfurter Kommentar/Lindemann, § 130 Abs. 1 Rn. 8.

50 BGHZ 74, 322, 324, 325.

angesehen werden, die den Schutzbereich der jeweiligen Sachnorm im Inland verletzen. Für die Entscheidung, ob ein Zusammenschluss zu untersagen ist, kommt es nach dem Gesetz allein darauf an, ob zu erwarten ist, dass im Inland eine marktbeherrschende Stellung entsteht oder verstärkt wird[51]. Dies folgt aus dem – in § 130 Abs. 2 GWB zum Ausdruck gekommenen – Zweck des Gesetzes gegen Wettbewerbsbeschränkungen, den Wettbewerb auf dem inländischen Markt zu schützen[52]. Dieser allgemeine Gesetzeszweck bestimmt auch den Schutzzweck des GWB und beschränkt diesen – und damit auch den Anwendungsbereich der Norm – auf den Schutz der inländischen Marktstruktur. Damit wird zugleich der räumliche Markt, auf dem die Entstehung oder Verstärkung einer marktbeherrschenden Stellung durch einen Zusammenschluss verhindert werden soll, normativ auf das Inland als den größtmöglichen räumlich relevanten Markt beschränkt[53].

Eine ARGE mit Sitz im Ausland wird damit immer dann bedenklich, wenn sie den 19
Wettbewerb im Inland spürbar beeinträchtigt[54]. Bereits in der Beteiligung eines inländischen Unternehmens kann eine spürbare Beeinträchtigung liegen.

Mit Inkrafttreten der Verordnung Rom II wird im Bereich des unlauteren Wettbewerbs 20
eine spezielle einheitliche Kollisionsnorm die Wettbewerber, die Verbraucher und die breite Öffentlichkeit schützen und das reibungslose Funktionieren der Marktwirtschaft sicherstellen. Dies soll durch eine Anknüpfung an das **Recht des betreffenden Marktes** geschehen, so dass sich auch mit Inkrafttreten von Rom II nichts an der bisherigen Rechtslage ändern wird[55]. In Sonderfällen wird auf andere Regeln zurückgegriffen. Auf außervertragliche Schuldverhältnisse, die aus einem unlauteren Wettbewerbsverhalten entstanden sind, ist also zukünftig das Recht des Staates anzuwenden, in dessen Gebiet die Wettbewerbsbeziehungen oder die kollektiven Interessen der Verbraucher unmittelbar und wesentlich beeinträchtigt worden sind oder beeinträchtigt werden könnten (Art. 6 Abs. 1 Rom II). Beeinträchtigt ein unlauteres Wettbewerbsverhalten ausschließlich die Interessen eines bestimmten Wettbewerbers, ist Art. 4 Absätze 2 und 3 anwendbar (Art. 6 Abs. 2 Rom II).

4. Direkthaftung der am Bau Beteiligten. Aus Frankreich ist z.B. bekannt, dass die 21
am Bau Beteiligten (Unternehmer und Subunternehmer) einer 10-jährigen gesamtschuldnerischen und außervertraglichen Mängelhaftung ausgesetzt sind[56]. Für die Dauer eines Jahres besteht eine Fertigstellungsgarantie. Die Beteiligten müssen eine Haftpflichtversicherung abschließen. Diese Pflicht ist strafbewehrt. Für die Anwendung von Durchgriffstatbeständen in außervertraglichen Rechtsverhältnissen ist nach Art. 4 Rom II stets auf den Ort abzustellen, an dem der Schaden eintritt. Dieses Recht ist darauf zu untersuchen, ob deliktische Haftungstatbestände existieren und ob sie anwendbar sind. Ähnliches gilt für Durchgriffsansprüche der Subunternehmer gegen den Bauherrn im Falle

[51] BGHZ 131, 107, 113.
[52] BGHZ 131, 107, 113; vgl. BGHSt 25, 208, 212 f. Ölfeldrohre; BGHZ 74, 322, 324 f. – Organische Pigmente.
[53] BGHZ 131, 107, 113.
[54] Vgl. dazu Frankfurter Kommentar/Lindemann, § 130 Abs. 1 Rn. 23.
[55] Vgl. Erman/Hohloch, BGB, Art. 40 EGBGB Rn. 51.
[56] Vgl. Malaurie/Aynès, Les contrats spéciaux, Rn. 756; Caston, La responsabilité des Constructeurs, 5. Auflage, Rn. 2-6; Cass.civ., 10.01.2001, Defrénois 2001, 871; Cass.civ., 28.11.2001, Defrénois 2002, 255; ein Autor hat die Haftung nach Art. 1792 sogar ausdrücklich als deliktsrechtliche Haftung bezeichnet, siehe Gallié De la responsabilité de l'architecte envers le propriétaire dans les travaux privés, (Diss) Rennes 1910, 14); a.A. in Ägypten, wo die Haftung nach Art. 651 Code Civil vertragsrechtlich qualifiziert wird, vgl. Comair-Obeid, Les contrats en droit musulman en droit des affaires, 101.

ausbleibender Zahlungen nach dem französischen Gesetz Nr. 75-1334. Insoweit stellt sich die Frage, ob die außervertraglich zu qualifizierenden Ansprüche zukünftig nach Art. 4 Rom II anzuknüpfen sind. Wenn ja, dann ist zu klären, ob die Direktklage an den Ort anzuküpfen ist, an dem der Schaden eintritt. Nach in der französischen Literatur vertretenen Auffassung ist dies der Ort, an dem die Zahlung an den Subunternehmer zu bewirken gewesen wäre[57]. Es käme dann wohl darauf an, den Erfüllungsort der Zahlungsverpflichtung festzustellen. Haben die Beteiligten, sprich der Subunternehmer und der Bauherr denselben Sitz, käme die Anwendung des Art. 4 Abs. 2 Rom II in Betracht. Aus Sicht der französischen Cour de Cassation ist das Gesetz Nr. 75-1334 allerdings ein *Loi de Police*, so dass es stets beachtlich ist, wenn das Bauvorhaben in Frankreich liegt[58]. In Frankreich wird allerdings bezweifelt, ob die Rechtsprechung der Cour de Cassation im Lichte der Verordnung Rom I Bestand haben kann[59]. Hintergrund sind die engeren Schranken, die Art. 9 Rom I gegenüber der Regelung im EVÜ gezogen hat[60]. Die Definition eines Loi d'application immédiate geht auf Francescakis[61] zurück, der die Formulierung geprägt hatte, das es sich um ein Gesetz handeln müsse, das für die Wahrung seines öffentlichen Interesses notwendig sei. Art. 9 Abs. 1 Rom I fordert in Anlehnung an die EuGH Rechtsprechung im Fall Arblade[62] eine „entscheidende" Beeinträchtigung des öffentlichen Interesses. Allerdings deutet die Argumentation der Cour de Cassation darauf hin, dass der Direktanspruch des Subunternehmers eher als ein außervertraglicher Anspruch zu qualifizieren ist. Die entsprechende Regelung in Art. 16 Rom II ist deutlich knapper gehalten als die Formulierung in Art. 9 Abs. 1 Rom I.

III. Andere außervertragliche Schuldverhältnisse

22 Die Rechtsordnungen aller EU-Mitgliedstaaten kennen Schuldverhältnisse, die weder aus Vertrag noch aus unerlaubter Handlung entstanden sind. Zu solchen Schuldverhältnissen zählen die **ungerechtfertigte Bereicherung** oder die **Geschäftsführung ohne Auftrag**. Nur mit Vorsicht lassen sich Parallelen ziehen. Die verwendete Terminologie ist uneinheitlich und Übersetzungen führen schnell zu Missverständnissen. Die meisten EU-Mitgliedstaaten kennen Unterkategorien gesetzlicher Schuldverhältnisse wie „Rückforderung einer Nichtschuld" oder „ungerechtfertigte Bereicherung" einerseits und Geschäftsführung ohne Auftrag (negotiorum gestio) andererseits. Sowohl das einschlägige materielle Recht als auch die Kollisionsnormen sind in den meisten Mitgliedstaaten nicht völlig ausgereift, so dass beträchtliche Rechtsunsicherheit herrscht. In Art. 9 der Verordnung ROM II wird versucht, das Qualifikationsproblem zu umschiffen, indem für Schuldverhältnisse aus ungerechtfertigter Bereicherung und Geschäftsführung ohne Auftrag spezielle Kollisionsnormen vorgesehen sind, die den Gerichten gleichzeitig ausreichenden Spielraum lassen, um diese Normen den nationalen Besonderheiten entsprechend anzuwenden.

---

[57] Boyault/Lemaire, Protection du sous-traitant en matière internationale : La Cour de Cassation fait volteface, D. 2008, 753, 756.

[58] Cour de Cassation, gemischte Kammer, Urteil vom 30.11.2007 – 06-14006, IBR 2008, 428 – Hök; Cass. civ. 3, 25 février 2009, n° 07-20.096, D. 2009, 806.

[59] Siehe d'Avout, Le sort des règles impératives dans le règlement Rome I, D. 2008, 2165, 2167.

[60] Siehe dazu auch Freitag IPRax 2009, 110; d'Avout, Le sort des règles impératives dans le règlement Rome I, D. 2008, 2165, 2167.

[61] Francescakis Rev.crit. DIP 1966, 1.

[62] EuGH, Urt. v. 23.11.1999, C-369/96 und C-6376/96 – Arblade.

1. Ungerechtfertigte Bereicherung. Art. 38 Abs. 1 EGBGB a.F. bestimmte bis zum Inkrafttreten der Verordnung Rom II, dass Bereicherungsansprüche wegen erbrachter Leistung dem Recht unterliegen, das auf das Rechtsverhältnis anzuwenden ist, auf das die Leistung bezogen ist (Leistungskondiktion). Art. 38 Abs. 2 EGBGB sah vor, dass Ansprüche wegen Bereicherung durch Eingriff in ein geschütztes Interesse dem Recht des Staates unterliegen, in dem der Eingriff geschehen ist (Eingriffskondition). In sonstigen Fällen unterliegen Ansprüche aus ungerechtfertigter Bereicherung dem Recht des Staates, in dem die Bereicherung eingetreten ist (Art. 38 Abs. 3 EGBGB a.F.). Seit Inkrafttreten der Verordnung Rom II gilt Folgendes. Knüpft ein außervertragliches Schuldverhältnis aus ungerechtfertigter Bereicherung, einschließlich von Zahlungen auf eine nicht bestehende Schuld, an ein zwischen den Parteien bestehendes Rechtsverhältnis — wie einen Vertrag oder eine unerlaubte Handlung — an, das eine enge Verbindung mit dieser ungerechtfertigten Bereicherung aufweist, so ist nach Art. 10 Abs. 1 Rom II das Recht anzuwenden, dem dieses Rechtsverhältnis unterliegt. 23

Die Rechtsfigur der ungerechtfertigen Bereicherung übernimmt im Baurecht vielfältige Aufgaben. Sie ermöglicht den wirtschaftlichen Ausgleich von Leistungen, die ohne vertragliche Grundlage erbracht wurden oder wenn der Vertrag rückwirkend aufgelöst wurde. Rechtsvergleichend haben die einschlägigen Rechtsinstitute unterschiedliche Anwendungsbereiche. In England werden z.B. auch die Fälle nach bereicherungsrechtlichen Überlegungen abgewickelt, in denen die Parteien keine Preisabrede getroffen haben oder in denen vereinbart wurde, dass ein angemessener Preis zu entrichten ist[63]. In Belgien gehört dagegen im „contrat de louage d'ouvrage" die Preisabsprache nicht zu den essentialia des Vertrages. In einem solchen Fall hat der Unternehmer Anspruch auf eine Vergütung nach Treu und Glauben[64]. Im Einzelfall werden in England auch Ansprüche auf Mehrvergütung, die nicht unter eine „variation clause" fallen, nach bereicherungsrechtlichen Regeln behandelt[65]. Die französische und die belgische Rechtsprechung verhalten sich hinsichtlich sog. unvorhersehbarer Ereignisse (sujétions imprévues) sehr zurückhaltend. Grundsätzlich sind alle Arbeiten inbegriffen, die für eine gute und vollständige Fertigstellung erforderlich sind[66]. Nur wenn unvermeidbar nicht vorhersehbare Umstände auftreten, kann es zu Mehrforderungen kommen[67]. 24

Beispiele:

- Bei schweren Leistungsstörungen gestattet Art. 1184 Code Civil (F, B) die Auflösung des Bauvertrages ex tunc[68]. Hinsichtlich bereits erbrachter Leistungen des Bauunternehmers oder des Architekten, ist jedoch eine Rückabwicklung nicht ohne weiteres möglich. Leistungen, die entweder verbraucht wurden oder die der Besteller weiterhin in Anspruch nimmt. Es erfolgt eine Bereicherungsausgleich[69]. Die betroffenen Arbeiten sind zu bewerten[70]. Besteht keine effektive Bereicherung, etwa weil der Bauherr die Pläne des Architekten nicht nutzt oder genutzt hat, findet keine Bezahlung der Pläne statt[71].

---

63 Murdoch/Hughes, Construction Contracts, 305.

64 Comm. Hasselt, 23.09.1991, Limb. Rechtslg. 1992, 396; vgl. dazu auch Flamme/Flamme/Delvaux/Pottier, Le contrat d'entreprise (1990–2000), Rn. 60.

65 Sir Lindsay Parkinson & Co. Ltd. v. Commissioners of Works and Public Buildings [1949] 2 KB 632.

66 Flamme/Flamme/Delvaux/Pottier, Contrat d'entreprise, Rn. 375.

67 CA Bruxelles, 16.06.2000; vgl. Flamme/Flamme/Delvaux/Pottier, Contrat d'entreprise, Rn. 369; Delvaux/Dessard, Contrat d'entreprise de construction, Rn.101.

68 Delvaux/Dessard, Le contrat d'entreprise de construction, Rn. 210.

69 Delvaux/Dessard, Le contrat d'entreprise de construction, Rn. 211.

70 Liège, 07.04.1967, Pas. 1967 III, 130.

71 Cass.civ. (B), 24.03.1972, Pas. 1872 I, 693.

- Ist der Bauvertrag nichtig (im konkreten Fall wegen eines Verstoßes gegen das belgische Gesetz über den Zugang zum Beruf vom 15.12.1970[72]), kann der Unternehmer gegen den Einwand der Nichtigkeit des Vertrages die Bereicherung des Bestellers einwenden, so dass ihm im Ergebnis die bereits bezahlte Vergütung verbleibt[73].
- Das Common Law gewährt einen Anspruch (auf das) „**quantum meruit**" (how much it has earned[74]), z.B. wenn Leistungen vollständig ohne Vertrag erbracht wurden oder wenn Änderungen bis zu einem Maß angeordnet wurden, die das ausgeführte Werk gegenüber dem vertraglich vorgesehenen in seinem Charakter substantiell verändert[75]. Zur Illustration kann auf den Fall British Steel v. Cleveland Bridge[76] verwiesen werden. Der Contractor (C) war vertraglich verpflichtet, Stahlarbeiten für den Bau einer Bank in Saudi Arabien herzustellen. Über die Zulieferung gewisser Stahlteile verhandelte C mit dem potentiellen sub-contractor British Steel (B). Vor Vertragsschluss schrieb C an B, dass C beabsichtige, mit B einen Vertrag abzuschliessen und ersuchte B gleichzeitig, mit der Herstellung der Stahlteile zu beginnen während der Vertrag entworfen und ausgefertigt werden sollte. Ein förmlicher Vertrag wurde niemals unterschrieben. B lieferte die Stahlteile aus. C verweigerte jedoch die Zahlung, weil B zu spät geliefert und damit gegen den Vertrag verstoßen habe. B wendete ein, dass nicht verspätet geliefert wurde, weil es mangels eines Vertrages kein vereinbartes Lieferdatum gegeben habe. Im Ergebnis wurde C zur Zahlung verurteilt, weil es an einem Vertrag fehlte[77]. Es kann in einem solchen Fall sogar zu Preiserhöhungen kommen, weil vorbereitende Arbeiten, die im Vertragspreis eingeschlossen worden wären, gesondert zu vergüten sind[78]. Leistungsstörungen können aber u.U. bei der Bemessung des Anspruches berücksichtigt werden[79].

25 Aus deutscher Sicht ist die ungerechtfertigte Bereicherung eine sehr heterogene Rechtsfigur. Das hat in der Vergangenheit zu einer sehr differenzierten Betrachtungsweise geführt. Hinsichtlich der Bereicherung durch Leistung sollte auf das Recht abgestellt werden, dem die vermeintliche Schuld unterlag oder unterlegen hätte (akzessorische Anknüpfung)[80]. Dabei kam es nicht darauf an, ob das der Leistung zugrunde liegende Rechtsverhältnis wirksam oder unwirksam ist[81]. Erfasst wurden also alle Fälle der Rückabwicklung nichtiger Verträge sowie die Leistungskondition bei Zuvielleistung, Nichtzustandekommen des Vertrages etc[82]. Die Rechtslage in England war in etwa vergleichbar[83], namentlich für Ansprüche auf das „quantum meruit"[84]. Hinsichtlich der anderen Fälle der ungerechtfertigten Bereicherung war an den Eingriffs- oder Bereicherungsort anzuknüpfen. Der BGH hatte allerdings in der Vergangenheit vorzugsweise auf den Lageort des zu konzidierenden Rechtsgutes zurückgegriffen[85].

---

[72] Vgl. dazu Delvaux/Dessard, Le contrat d'entreprise de construction, Rn. 43 ff.
[73] Cass., 08.12.1966, R.C.J.B. 1967, 23; vgl. dazu Flamme/Flamme/Delvaux/Pottier, Le contrat d'entreprise (1990–2000), Rn. 49.
[74] Übersetzung: wie viel er verdient hat.
[75] Pickavance, Delay and Disruption in Construction Contracts, Rn. 18.173.
[76] British Steel Corp. v. Cleveland Bridge and Engineering Company Ltd. [1984] 1 All. ER 504.
[77] British Steel Corp. v. Cleveland Bridge and Engineering Company Ltd. [1984] 1 All. ER 504; vgl. auch eingehend Pickavance, Delay and Disruption in Construction Contracts, Rn. 18.178.
[78] Vgl. British Steel Corp. v. Cleveland Bridge and Engineering Company Ltd. [1984] 1 All. ER 504, 511.
[79] Crown House Engineering Ltd. V. Amec Projects Ltd (1990) 48 B.L.R. 32.
[80] Erman/Hohloch, BGB, Art. 38 EGBGB Rn. 8; Busse RIW 2003, 406.
[81] Looschelders, IPR, Art. 38 Rn. 6.
[82] Erman/Hohloch, BGB, Art. 38 EGBGB Rn. 8.
[83] Vgl. Dicey & Morris, The Conflict of Laws, Rn. 34-019.
[84] Vgl. Thahir v. Pertamina [1994] 3 Sing. L.R. 267.
[85] Vgl. BGHZ 35, S. 267, 269; BGH AWD 1971, S. 40.

Ob im Einzelfall internationales Bereicherungsrecht, das Vertragsstatut oder das präsumptive Vertragsstatut heranzuziehen ist, hängt von der Qualifikation des ausländischen Anspruches ab. Die englische „quantum meruit-doctrin" ähnelt weithin einer vertragsausfüllenden bzw. lückenfüllenden Regelung im Sinne des § 632 BGB. So haben englische Richter z.B. entschieden, dass mangels Preisabsprache eine faire und angemessene Vergütung zu entrichten ist[86]. Die Auftraggeber hatten eingewandt, es sei auf „cost plus"-Basis abzurechnen[87]. Oft kann aber die Qualifikation dahingestellt bleiben, denn weitgehend ist das Vertragsstatut oder das präsumptive Vertragsstatut maßgeblich (vgl. Art. 32 Abs. 1 Nr. 5 EGBGB a.F.). Die Verordnung Rom II macht nun diese Betrachtungen weitgehend überflüssig, wenngleich die Verordnung Raum für pragmatische Annäherungen lässt. 26

Rom II hat die nicht deliktischen außervertraglichen Ansprüche allerdings etwas unübersichtlich geregelt. Hintergrund ist der Versuch, eine für alle Mitgliedsstaaten annehmbare Lösung zu finden. Art. 10 Rom II sieht für Schuldverhältnisse aus ungerechtfertigter Bereicherung spezielle Kollisionsnormen vor, die den Gerichten der Mitgliedsstaaten ausreichenden Spielraum lassen, um diese Normen ihrem eigenen Recht entsprechend anzuwenden. 27

Am Beginn der Anknüpfungsleiter steht die (vertrags-)akzessorische Anknüpfung[88]. Die akzessorische Anknüpfung ist etwa bei der Besorgung eines Geschäfts, die über den eigentlichen Auftrag hinausgeht, oder der Zahlung einer fremden Schuld von Bedeutung. Wenn ein außervertragliches Schuldverhältnis, das aus anderer als unerlaubter Handlung entstanden ist, an ein bestehendes Rechtsverhältnis zwischen den Parteien wie einen Vertrag anknüpft, der in enger Verbindung mit dem außervertraglichen Schuldverhältnis steht, ist das Recht anwendbar, das auf dieses bestehende Rechtsverhältnis anzuwenden ist (Art. 10 Abs. 1 Rom II).

Es folgt die Anknüpfung an den gemeinsamen gewöhnlichen Aufenthaltsort. Art. 10 Abs. 2 Rom II trägt den berechtigten Erwartungen der Parteien Rechnung, die ihren gewöhnlichen Aufenthalt im selben Land haben. Wenn die Parteien zum Zeitpunkt des Schadenseintritts ihren gewöhnlichen Aufenthalt im selben Staat hatten, ist unbeschadet des Art. 10 Abs. 1 Rom II das Recht dieses Staates auf das außervertragliche Schuldverhältnis anwendbar (Art. 10 Abs. 2 Rom II).

An vorletzter Stelle steht die Anknüpfung an den Ort der Bereicherung. Art. 10 Abs. 3 Rom II betrifft Schuldverhältnisse aus ungerechtfertigter Bereicherung, denen kein Rechtsverhältnis zwischen den Parteien vorausging, so dass in diesem Fall das Recht des Staates maßgebend ist, in dem die Bereicherung erfolgt ist. Unbeschadet des Art. 10 Abs. 1 und 2 ist auf ein außervertragliches Schuldverhältnis, das aus ungerechtfertigter Bereicherung entstanden ist, das Recht des Staates anwendbar, in dem die Bereicherung erfolgt ist (Art. 10 Abs. 3 Rom II).

Korrekturen der Ergebnisse sind möglich, wenn das betroffene Rechtsverhältnis eine offensichtlich engere Verbindung zu einer anderen Rechtsordnung aufweist (Art. 10 Abs. 4 Rom II).

2. Geschäftsführung ohne Auftrag. Art. 39 Abs. 1 EGBGB a.F. sah vor, dass gesetzliche Ansprüche aus der Besorgung eines fremden Geschäfts dem Recht des Staates 28

[86] Laserbore Ltd. v. Morrison Biggs Wall Ltd. [1993] CILL 896; vgl. auch Costain Civil Engineering Ltd. v. Zanen Dredging and Contracting Co. Ltd. (1996) 85 B.L.R. 77.

[87] Vgl. Murdoch/Hughes, Construction Contracts, 306.

[88] Fuchs GPR 2004, 100, 103.

unterliegen, in dem das Geschäft vorgenommen worden ist. Gemäß Art. 39 Abs. 2 EGBGB a.F. beurteilten sich Ansprüche aus der Tilgung einer fremden Verbindlichkeit nach dem Recht, das auf die Verbindlichkeit anzuwenden war.

29 Ansprüche aus Geschäftsführung ohne Auftrag sind rechtsvergleichend ebenso vielfältig wie kompliziert zu erkennen. In der französischen Rechtsprechung ist anerkannt, dass der Bauherr einen außervertraglichen Anspruch gegen den Bauunternehmer haben kann (Art. 1372 Code Civil), wenn er die Arbeiter des Bauunternehmers unterbringt und verköstigt[89]. In England würde ein solcher außervertraglicher Anspruch allenfalls dann gegeben sein, wenn der Bauunternehmer den Bauherrn ersucht hätte, dies zu tun und später Zahlung zugesagt hätte[90].

Die deutsche Rechtsprechung und Literatur stellten bis zur Kodifizierung in Art. 39 EGBGB auf den Ort ab, an dem das Geschäft (mit Fremdgeschäftsführungswillen) ausgeführt wurde[91]. Das entspricht der Hilfsanknüpfung in Art. 11 Abs. 3 Rom II. Abgelehnt wurde, regelmäßig an das Aufenthaltsrecht des Geschäftsführers oder des Geschäftsherrn anzuknüpfen. Obwohl das Recht der ungerechtfertigten Bereicherung aus deutscher Sicht eine Vielzahl unterschiedlicher Fälle umfasst, hatte sich der deutsche Gesetzgeber in Art. 39 EGBGB a.F. für eine einheitliche Grundanknüpfung an den Ort der Vornahme des Geschäfts entschieden (Art. 39 Abs. 1 EGBGB a.F.). Eine Sonderregelung besteht lediglich für die Tilgung fremder Schuld (Art. 39 Abs. 2 EGBGB a.F.)[92]. Nach Rom II ist nunmehr entweder unselbständig anzuknüpfen (Art. 11 Abs. 1 Rom II), auf den gemeinsamen gewöhnlichen Aufenthaltsort der Beteiligten abzustellen (Art. 11 Abs. 2 Rom II) oder schließlich der Ort der Geschäftsführung maßgeblich (Art. 11 Abs. 3 Rom II).

30 Rom II regelt die Geschäftsführung ohne Auftrag in Art. 11. Ursprünglich sah der Entwurf eine differenzierte Regelung vor, in der zwischen Maßnahmen, die man als Hilfeleistung qualifizieren könnte, und solchen, die einen Eingriff darstellen, unterschieden wurde. Die endgültige Fassung der Verordnung verzichtet auf solche Differenzierungen. Gemäß Art. 11 Rom II ist danach zu unterscheiden, ob das Rechtsverhältnis an ein bestehendes Rechtsverhältnis anküpft oder nicht.

Knüpft ein außervertragliches Schuldverhältnis aus Geschäftsführung ohne Auftrag an ein zwischen den Parteien bestehendes Rechtsverhältnis —wie einen Vertrag oder eine unerlaubte Handlung —an, das eine enge Verbindung mit dieser Geschäftsführung ohne Auftrag aufweist, so ist das Recht anzuwenden, dem dieses Rechtsverhältnis unterliegt (Art. 11 Abs. 1 Rom II). Besteht kein Rechtsverhältnis, an das angeknüpft werden kann, ist auf den gemeinsamen gewöhnlichen Aufenthaltsort beider Parteien im Zeitpunkt des schadensbegründenden Ereignisses abzustellen (Art. 11 Abs. 2 Rom II). Fehlt es an einem gemeinsamen gewöhnlichen Aufenthaltsort, so ist das Recht des Staates maßgeblich, in dem das Geschäft ausgeführt wurde (Art. 11 Abs. 3 Rom II). Ergibt sich aus der Gesamtheit der Umstände eine offensichtlich engere Verbindung zu einem anderen Recht, so ist unbeschadet der Regelungen in Art. 11 Abs. 1 bis 3 Rom II das Recht dieses Staates anzuwenden (Art. 11 Abs. 4 Rom II).

---

[89] Cass.civ., 08.06.1977, Bull.civ. 1977 III n° 255.

[90] Vgl. Cheshire, Fifoot & Furmston's, Law of Contract, 84 f.

[91] BGH NJW-RR 1990, S. 613; Düsseldorf MDR 1983, S. 132; Münchener Kommentar/Kreuzer, BGB, 4.Auflage, Art. 39 EGBGB Rn. 6.

[92] Looschelders, IPR, Art. 39 Rn. 1.

3. Internationales Nachbarrecht. Das internationale Nachbarrecht, das bei der Vorbereitung von Baumaßnahmen, der Baustelleneinrichtung und der Durchführung von Baumaßnahmen bedeutsam ist, ist gespalten. Art. 44 EGBGB a.F. verwies hinsichtlich der Grundstücksimmissionen auf Art. 40 EGBGB a.F. (Deliktstatut). Art. 44 EGBGB n.F. verweist nunmehr für Ansprüche aus beeinträchtigenden Einwirkungen, die von einem Grundstück ausgehen, auf die Regelungen in der Verordnung Rom II, die mit Ausnahme des Kapitels III entsprechend gelten sollen. Bei Umweltschädigungen gilt grundsätzlich das Recht des Erfolgsortes[93]. Anliegerstreitigkeiten, wie z.B. hinsichtlich eines Überbaus, Überhangs oder eines Notweges sind allein nach Art. 43 EGBGB und mithin der lex rei sitae zu entscheiden[94]. Die Vorschrift ist vor dem Hintergrund bedeutsam, dass in vielen Ländern (z.B. Frankreich, Belgien, Kamerun) zivilrechtliche Baubeschränkungen durch offene und verdeckte Dienstbarkeiten existieren. 31

4. Vorvertragliches Fehlverhalten. Die Haftung für vorvertragliches Fehlverhalten hat in der Bauindustrie eine große Bedeutung. Die vollständige und verlässliche Information über Umstände, die Einfluss auf die Bauqualität und die Bauabwicklung haben, ist kalkulations- und haftungsrelevant. Ob und inwieweit unvollständige und fehlerhafte Angaben in den Angebotsunterlagen haftungsrelevant sind, muss die jeweils einschlägige Rechtsordnung entscheiden. Konzepte und Regelungsinhalte unterscheiden sich oftmals von Rechtsordnung zu Rechtsordnung ganz erheblich. In den meisten Civil Law Rechtsordnungen wird die Idee der „culpa in contrahendo" anerkannt. In den angelsächsischen Rechtsordnungen ist dieses Konzept eher unbekannt. Ähnliche Ergebnisse werden aber über die Regelungen zur Haftung für **Misrepresentation** erreicht. Gehaftet wird für vorsätzlich oder fahrlässig falsch aufgestellte Behauptungen, die das Verhalten bei Vertragsschluss beeinflussen. Das Common Law stellt den Geschädigten im Falle von Misrepresentation so wie er stünde, wenn die arglistige Täuschung nicht begangen wurde[95]. Im Falle einer arglistigen Täuschung (fraudulent misrepresentation) hat das House of Lords entschieden, dass der gesetzliche Maßstab der sei, dass man die Situation des Klägers vor der arglistigen Täuschung mit der vergleichen müsse, wie sie sich als Ergebnis des Vertrauens auf die täuschende Erklärung darstelle[96]. In dem entschiedenen Fall hatten die Käufer aufgrund einer Falschbehauptung Aktien zum Kurs 82,25p erworben. Zu diesem Zeitpunkt wurden die Aktien zu 78p gehandelt. Käufer und Verkäufer wussten nicht, dass das Beteiligungsunternehmen Opfer eines Betrugs geworden war, dem eine völlig wertlose Beteiligung verkauft worden war. Die Kläger hätten nach Entdeckung des Betrugs vom Vertrag zurücktreten können. Sie entschieden sich jedoch, die erworbenen Aktien zu Preisen zwischen 30p bis zu 49p zu verkaufen. Wären die Käufer vom Vertrag zurückgetreten, hätten sie den gesamten Schaden vermieden, doch der Court of Appeal entschied, dass die Käufer lediglich die Differenz zwischen Kaufpreis und dem Marktpreis zum Stichtag des Kaufvertrages verlangen konnten[97]. Das House of Lords entschied anders und verurteilte die Beklagten zu vollem Schadensersatz. Im Falle einer fahrlässigen Falschangabe, die grundsätzlich ebenfalls eine unerlaubte Handlung darstellt, gilt wiederum der allgemeine Grundsatz[98]. Eine zu weite Haftung wird über den Vorhersehbarkeitstest beschränkt[99]. Im Falle eines Verstoßes gegen den Misrepresentation Act hat das House of Lords festgehalten, dass im Falle der fahrlässigen Falschbehauptung (vgl. Section 2 (2) Misrepresentation Act 1967) 32

---

93 Vgl. Planandt/Thorn, BGB, Art. 44 EGBGB Rn. 2.
94 Looschelders, IPR, Art. 44 Rn. 4.
95 Cheshire/Fifoot/Furmston's Law of Contract, 15. Auflage, 364.
96 Lord Steyn in Smith New Court Securities Ltd v. Scrimgeour Vickers [1996] 4 All ER 769.
97 Smith New Court Securities Ltd v. Scrimgeour Vickers [1994] 4 All ER 225.
98 Cheshire/Fifoot/Furmston's Law of Contract, 15. Auflage, 365.
99 Cheshire/Fifoot/Furmston's Law of Contract, 15. Auflage, 365.

nicht mehr verlangt werden kann als das, was im Falle einer vertraglichen Zusicherung (warranty) zugesprochen werden kann[100].

Eine besonders scharfe Haftung existiert in Australien. Der australische Trade Practices Act (TPA) verfolgt gemäß Section 2 TPA das Ziel, das Wohlergehen der Australier durch die Förderung von Wettbewerb und fairem Handel und der Regelung des Verbraucherschutzes zu unterstützen. In Teil 5 Abteilung 1 regelt der TPA „unfaire Praktiken". Section 52 (1) TPA sieht vor:

Ein Unternehmen soll in Handel und Kommerz keine fehlleitenden oder irreführenden Handlungen oder solche, die fehlleitend or irreführend sein können, vornehmen.

Section 82 TPA regelt ergänzend:

... eine Person, die Verlust oder Schaden wegen eines Verhaltens einer anderen Person erleidet, das eine Regelung in Teil IV, ..., V oder ... verletzt, kann den Betrag des Verlustes oder Schadens vermittels Klage gegen die andere Person oder gegen jede andere in die Verletzung involvierte Person beitreiben.

Wer einen anderen fehlleitet oder irreführende Behauptungen aufstellt, haftet nach Section 82 TPA, ohne dass zu prüfen wäre, ob der Schädiger das Fehlverhalten zu vertreten hat. Die Pflicht zur Unterlassung fehlleitender oder irreführender Aussagen ist absolut, d.h. ihre Verletzung setzt weder Fahrlässigkeit noch Vorsatz voraus[101]. Es wird auch keine echte Kausalbeziehung zwischen dem vorgeworfenen Verhalten und der Schadensfolge gefordert. Vielmehr haftet der Schädiger auf vollen Ersatz aller Schäden, die sich aus der beanstandeten werbenden geschäftlichen Aktivität ergibt[102], und zwar unabhängig davon, ob der Anspruch Wiedergutmachungscharakter hat oder nicht, denn der Fall Henville verdeutlicht, dass selbst im Falle erheblicher Mitverantwortung des Geschädigten voller Ersatz zu leisten ist. Wer mithin im Anwendungsbereich des TPA im Wettbewerb agiert, schafft quasi das Risiko eines Schadenseintritts, denn gehaftet wird über Sections 52, 82 TPA bereits, wenn lediglich die Gefahr einer Irreführung oder Fehlleitung besteht, und zwar auch ohne Korrekturmöglichkeit für sämtliche Folgen. Für den Schadensausgleich sorgt dann derjenige, der sich im Wettbewerb fehlerhaft verhalten hat oder die Gefahr begründet hat, dass sich ein Dritter irrt oder fehlgeleitet wird. Gerechtfertigt wird diese weite Erfolgshaftung mit dem Ziel eines fairen und lauteren Wettbewerbs zum Wohlergehen der Australier (Section 2 TPA). Der Kompensationsgedanke steht also nicht im Vordergrund. Er ist Nebeneffekt der Regelungen in Sections 52, 82 TPA. Verstärkt wird dies, solange der TPA ein Mitverschulden des Geschädigten unberücksichtigt lässt. An der Unausgewogenheit dieses weiten Schadensersatzanspruches besteht schon aus Sicht australischer Richter kaum ein Zweifel (siehe oben). Inzwischen ist Mitverschulden zu berücksichtigen. Section 82 TPA wurde entsprechend geändert.

Welches Recht über die Haftung für das Verschulden bei Vertragsschluss urteilt, regelt Art. 12 Rom II. Auf außervertragliche Schuldverhältnisse aus Verhandlungen vor Abschluss eines Vertrags, ist gemäß Art. 12 Abs. 1 Rom II unabhängig davon, ob der Vertrag tatsachlich geschlossen wurde oder nicht, das Recht anzuwenden, das auf den Vertrag anzuwenden ist oder anzuwenden gewesen ware, wenn er geschlossen worden

---

[100] Vgl. Cheshire/Fifoot/Furmston's Law of Contract, 15. Auflage, 368.

[101] Vgl. Callinan J. in I&L Securities v. HTW Valuers [2002] HCA 41; 210 CLR 109; 192 ALR 1; 76 ALJR 1461 (2 October 2002).

[102] Vgl. Henville v. Walker (Henville v. Walker [2000] 206 CLR 459).

wäre. Kann das anzuwendende Recht nicht nach Art. 12 Abs. 1 Rom II bestimmt werden, so ist gemäß Art. 12 Abs. 2 Rom II das anzuwendende Recht in folgender Weise festzustellen. Es gilt entweder a) das Recht des Staates, in dem der Schaden eingetreten ist, unabhängig davon, in welchem Staat das schadensbegründende Ereignis oder indirekte Schadensfolgen eingetreten sind, oder, b) wenn die Parteien zum Zeitpunkt des Eintritts des schadensbegründenden Ereignisses ihren gewöhnlichen Aufenthalt in demselben Staat haben, das Recht dieses Staates, oder, c) wenn sich aus der Gesamtheit der Umstände ergibt, dass das außervertragliche Schuldverhältnis aus Verhandlungen vor Abschluss eines Vertrags eine offensichtlich engere Verbindung mit einem anderen als dem in den Buchstaben a oder b bezeichneten Staat aufweist, das Recht dieses anderen Staates. Der Begriff des Verschuldens bei Vertragsverhandlungen ist für die Zwecke dieser Verordnung als autonomer Begriff zu verstehen und sollte daher nicht zwangsläufig im Sinne des nationalen Rechts ausgelegt werden. Er schließt im Zweifel die Verletzung der Offenlegungspflicht und den Abbruch von Vertragsverhandlungen ein. Art. 12 gilt nur für außervertragliche Schuldverhältnisse, die in unmittelbarem Zusammenhang mit den Verhandlungen vor Abschluss eines Vertrags stehen. So sollten in den Fällen, in denen einer Person während der Vertragsverhandlungen ein Personenschaden zugefügt wird, Art. 4 oder andere einschlägige Bestimmungen dieser Verordnung zur Anwendung gelangen. In Betracht kommt dann auch Art. 6 Rom II, der wettbewerbsrelevante Handlungen regelt. Anzumerken bleibt, dass es in einigen Ländern inzwischen geltendes Recht ist, dass durch die Beteiligung des Bieters an einem Vergabeverfahren ein Vorvertrag zustande kommt, der seinerseits Haftung begründen kann. In England hat HHJ Lloyd anerkannt, dass auf dem Hintergrund des europäischen Rechts zwischen den Bietern und der Vergabestelle ein **zivilrechtlicher Vertrag** (Vertrag A) zustande kommt, durch den sich die Vergabestelle verpflichtet, alle Bieter gleich und fair zu behandeln[103]. Ein vergaberechtswidrig zustande gekommener Vertrag (Vertrag B) leidet also zivilrechtlich bereits am Makel eines Vertragsbruches, während in Deutschland eher die Verletzung einer vorvertraglichen Pflicht angenommen würde[104], wobei letztere durch das Vergaberecht bzw. den besonderen Charakter der vergaberechtlichen Beziehung begründet wird. In Kanada ist die vorstehende Auffassung seit der Entscheidung Ron Engineering herrschend[105]. US-amerikanische[106] und australische[107] Gerichte haben sich angeschlossen.

---

103 Harmon CFEM Facades (UK) Ltd v. The Corporate Officer of the House of Commons [1999] EWHC Technology 199(28th October, 1999), Rn. 216.

104 Vgl. BGH IBR 2006, 693 -Weyand.

105 The Queen in the Right of Ontario v. Ron Engineering & Construction (Eastern) Limited [1981] 1 SCR 111.

106 United States v. John C. Grimberg, Inc., 702 F.2d 1362, 1368 (Fed.Cir.1983), Labarge Products Inc v. D West, 46 F3d 1547; allerdings nur in Bezug auf das Verhältnis zwischen erfolgreichem Bieter und dem Staat und ausdrücklich nicht in Bezug auf den erfolglosen Bieter.

107 Vgl. Service Station Association v. Berg Bennett & Associates Pty Limited (1993) 45 SCR 84.

Kapitel 8
Internationales Verfahrensrecht

§ 27 Einführung in das Internationale Verfahrensrecht

Schrifttum

Czernich/Tiefenthaler, Die Übereinkommen von Lugano und Brüssel, Wien 1997, Geimer/Schütze, Europäisches Zivilverfahrensrecht, 2. Auflage, München 2004; Kropholler, Europäisches Zivilprozeßrecht, 8. Auflage, Heidelberg 2005; Kiethe, NJW 1994, 222; Schlosser, EU-Zivilprozeßrecht, 2. Auflage, 2003; Riezler, IZPR, München 1949; Linke, IZPR; 3. Auflage, Köln 2001; Nagel/Gottwald, Internationales Zivilprozeßrecht, 6. Auflage, Münster 2007; Reithmann/Martiny/Thode, Internationales Vertragsrecht; 7. Auflage, Köln 2010; Jayme, Versorgungsausgleich im deutsch-italienischen Rechtsverkehr, IPRax 1985, 372; Schlosser ZIP 1987, 492; Smid DZWiR 1996, 52; Smid DZWiR 1996, 234; Labes/Lörcher, Das neue deutsche Recht der Schiedsgerichtsbarkeit, MDR 1997, 420; Schütze, Schiedsgericht und Schiedsverfahren; Lörcher, Das internationale Handelsschiedsverfahren, Köln 1996; Junker, RIW 1998, 74; Kronke, Internationale Schiedsverfahren nach der Reform, RIW 1998, 257; Gottwald FS Nagel, 1987, S. 63; Kegel/Schurig, IPR, 9. Auflage, München 2004; Hök, Neues zum Internationalen Privatrecht des Bauvertrages, ZfBR 2000, 7–9; Hök, Internationales Baurecht im Schiedsverfahren, BauR 1999, 804–810; Hök, Das Schiedsverfahren in Bausachen nach neuem Recht: Ein Vergleich des Schiedsverfahrens mit dem gerichtlichen Verfahren in Bausachen, „Baurecht aktuell" BauR 1998, 835; Hök, Zum internationalen baurechtlichen Schiedsgerichtsverfahren im Allgemeinen und nach FIDIC, ZfBR 2011, 107 ff.; Hök, Die UNCITRAL Schiedsgerichtsregelungen 2010 in baurechtlichen Schiedsverfahren, NZBau 2011, 385 ff.; Kürschner, Zur Bedeutung des Erfüllungsortes bei Streitigkeiten aus Bauverträgen für die internationale Zuständigkeit und das nach IPR anzuwendende Recht, ZfBR 1986, 259 ff.; Goedel, Die Neufassung der FIDIC-Bauvertragsbedingungen vom März 1977, ZfBR 1978, 10; Goedel, Die FIDIC-Bauvertragsbedingungen im internationalen Baurecht, RIW 1982, 81; Müller/Hök/Schulze, Deutsche Vollstreckungstitel im Ausland, 1987 ff.; Wiegand, ZfBR 1985, 5; Wiegand, Adjudication-beschleunigte außergerichtliche Streiterledigungsverfahren im englischen Baurecht und im internationalen FIDIC-Standardvertragsrecht, RIW 2000, 197; Berger, Sitz des Schiedsgerichts oder Sitz des Schiedsverfahrens, RIW 1993, 8; Schumacher, FS Glossner, S. 341; Lachmann, Handbuch für die Schiedsgerichtspraxis, 2. Auflage, Köln 2003; Kartzke, Internationaler Erfüllungsortgerichtsstand bei Bau- und Architektenverträgen ZfBR 1994, 1 ff.; Thode, Die Bedeutung des neuen internationalen Schuldvertragsrechts für grenzüberschreitende Bauverträge, ZfBR 1989, 43; Junker, Vom Brüsseler Übereinkommen zur Brüsseler Verordnung – Wandlungen des Internationalen Zivilprozessrechts, RIW 2002, 569; Stadler, Das Europäische Zivilprozessrecht – Wie viel Beschleunigung verträgt Europa? Kritisches zur Verordnung über den Europäischen Vollstreckungstitel und ihrer Grundidee, IPRax 2004, 1 Zöller/Bearbeiter, ZPO, 28. Auflage, Köln 2010

Inhaltsübersicht

I. Aspekte der Internationalen Prozessführung

1 Den internationalen Bauprozess gibt es nicht; im Übrigen auch nicht vor den Schiedsgerichten, wiewohl das einige Schiedsgerichtsregelungen und/oder -gesetze unterstellen. Maßgeblich ist jeweils das Prozess- und Verfahrensrecht am Gerichtsort (lex fori)[1]. Es handelt sich also jeweils um einen nach nationalem Verfahrensrecht zu führenden Prozess mit Auslandsberührung. Die Auslandsberührung bringt es mit sich, dass besondere Probleme auftreten, die ihrerseits spezieller Regelung und Würdigung bedürfen. Nur vereinzelt finden sich im Völkervertragsrecht vereinheitlichte Regelungskomplexe. So

---

[1] Grunsky ZZP 1976, 241, 241; Ferrari RIW 2002, 169.

etwa im (inzwischen überholten) Europäischen Gerichtsstands- und Vollstreckungsübereinkommen (EuGVÜ)[2] und im (wortgleichen) Luganer Gerichtsstands- und Vollstreckungsübereinkommen (LuGVÜ)[3]. Neuerdings sind die Verordnungen VO (EG) Nr. 1348/2000 über die Zustellung gerichtlicher und außergerichtlicher Schriftstücke in Zivil- oder Handelssachen in den Mitgliedsstaaten[4], VO (EG) Nr. 44/2001 des Rates vom 22. Dezember 2000 über die gerichtliche Zuständigkeit und die Anerkennung und Vollstreckung von Entscheidungen in Zivil- und Handelssachen (EuGVVO) und die VO (EG) Nr. 1346/2000 des Rates vom 29. Mai 2000 über Insolvenzverfahren zu berücksichtigen (EuInsO). Parallel existieren vereinheitlichte Regelungen zur Anerkennung und Vollstreckung von Schiedssprüchen, etwa im New Yorker UN-Übereinkommen über die Anerkennung und Vollstreckung ausländischer Schiedssprüche vom 10. Juni 1958[5]. Ergänzend ist das Washingtoner Übereinkommen über die Beilegung in Investitionsstreitigkeiten zu nennen[6], durch das sich die beigetretenen Mitgliedsstaaten verlässliche Regelungen zur Ausübung der Schiedsgerichtsbarkeit in Bezug auf Streitigkeiten, die in den Geltungsbereich von Investitionsschutzabkommen fallen, gegeben haben. Das Übereinkommen schafft ein International Centre for Settlement of Investment Disputes (ISCID). Der Vorteil dieser Einrichtung liegt darin, dass sie ein spezielles Verfahren für Investitionsstreitigkeiten zur Verfügung stellt. Staatliche Gerichte haben keinen Einfluss auf diese Art der Schiedsgerichtsbarkeit[7]. Dieses Abkommen erfasst unter bestimmten Voraussetzungen auch Bauverträge[8].

2 **1. Einheitsrecht.** Es existiert kein geschlossenes europäisches Zivilprozessrecht, wenn man einmal von der Europäischen Verordnung Nr. 861/2007 zur Einführung eines europäischen Verfahrens für geringfügige Forderungen vom 11.7.2007[9] sowie von der Europäischen Verordnung Nr. 1896/2006 über das grenzüberschreitende europäische Mahnverfahren vom 12.12.2006 absieht[10]. Nur am Anfang (zur Bestimmung der Gerichtszuständigkeit) und am Ende eines Verfahrens (zum Zwecke der Anerkennung und Vollstreckbarerklärung im Vollstreckungsstaat) kann generell auf Einheitsrecht zurückgegriffen werden. Im Übrigen gilt die lex fori (siehe unten Rn. 3). Die europäischen Übereinkommen (Europäische und das Luganer Gerichtsstands- und Vollstreckungsübereinkommen (EuGVÜ und LuGVÜ)) und seit einigen Jahren die Europäischen Verordnungen (EuGVVO, EuVTVO) sowie das UN-Übereinkommen über Schiedssprüche aus dem Jahre 1958 regeln einheitliche Voraussetzungen für die Anerkennung von Entscheidungen in den Vertragsstaaten. Moderne Instrumente vereinheitlichen nicht mehr nur die Anerkennung und Vollstreckung ausländischer Entscheidungen sondern harmonisieren innerhalb ihres Anwendungsbereichs auch die Zuständigkeitsregeln (siehe Art. 2 ff. EuGVVO). Die Europäischen Gerichtsstands- und Vollstreckungsübereinkommen waren ein Vorreiter dieser Entwicklung. Sie vereinheitlichten erstmals auch die Kriterien für die Bestimmung der Internationalen Zuständigkeit. Entsprechendes gilt für die EuGVVO, die inzwischen den Kernbereich der grenzüberschreitenden Zuständigkeitsregelungen in Europa ausmacht.

---

2 BGBl 1972 II, 774 i.d.F. des 3. Beitrittsübereinkommens vom 26.05.1989, BGBl 1994 II, 519.
3 BGBl 1994 II, 2660.
4 ABl Nr. L 160 vom 30.06.2000, 37.
5 BGBl 1961 II, 122.
6 Convention on the Settlement of Investment Disputes Between States and Nationals of Other States, in Kraft seit dem 14.10.1966, BGBl 1969 II, 369.
7 Schreuer in: Kronke/Melis/Schnyder, Handbuch Internationales Wirtschaftsrecht, O Rn. 872.
8 ICSID Schiedsspruch, Urt. v. 23.1.2001, 42 ILM 609 (2003) –Salini v. Marocco, Rn. 53, 55.
9 ABl 2007 Nr. L 199, 1 ff.
10 ABl 2006 Nr. L 399, 1 ff.

2. Lex fori. Das eigentliche Erkenntnisverfahren wird jeweils in nationalen Vorschriften geregelt. Dies gilt im weitesten Sinne auch für die schiedsgerichtlichen Verfahren (§§ 1025 ff. ZPO). Solche Verfahren werden in der Regel auf der Grundlage einer vereinbarten Schiedsgerichtsordnung (z.B. die der Internationalen Handelskammer in Paris oder der Deutsche Institution für Schiedsgerichtsbarkeit) geführt, die jedoch der Kontrolle durch nationale Vorschriften unterliegt. Nur vereinzelt hilft im Erkenntnisverfahren Völkerrecht, etwa im Bereich des Rechtsverkehrs, also bei Zustellungsangelegenheiten, bei Beweiserhebungen und bei der Beschaffung von Informationen über ausländisches Recht. Insoweit sind zu nennen: 3

- Haager Übereinkommen über den Zivilprozeß vom 1. März 1954
- Haager Übereinkommen über die Zustellung gerichtlicher und außergerichtlicher Schriftstücke in Zivil- und Handelssachen vom 15. November 1965
- Haager Übereinkommen über die Beweisaufnahme im Ausland vom 18. März 1970[11]
- Londoner Europäisches Übereinkommen betreffend Auskünfte über ausländisches Recht vom 7. Juni 1968
- Verordnung (EG) Nr. 1206/2001 des Rates über die Zusammenarbeit zwischen den Gerichten der Mitgliedstaaten auf dem Gebiet der Beweisaufnahme in Zivil- oder Handelssachen vom 28. Mai 2001[12]
- Verordnungen (EG) Nr. 1348/2000 über die Zustellung gerichtlicher und außergerichtlicher Schriftstücke in Zivil- oder Handelssachen in den Mitgliedsstaaten[13]

Eine Ausnahme ist das ICSID Schiedsverfahren. Verfahren, die nach Maßgabe des Washingtoner Übereinkommens aus dem Jahre 1966 geführt werden, sind in sich geschlossene Verfahren, die keiner Überprüfung durch nationale Gerichte unterliegen. Der völkerrechtliche Vertrag selbst enthält bereits eine Reihe verfahrensrechtlicher Regelungen. Ferner hat der Verwaltungsrat der ICSID auf der Grundlage des Art. 44 des Übereinkommens ergänzende Verfahrensordnungen erlassen. ICSID Verfahren werden vermittels eines schriftlichen Antrags an den Generalsekretär des ICSID eingeleitet. Der Verfahrensablauf, rechtsstaatliche Verfahrensgarantien und Kostenfragen sind im Einzelnen geregelt. Aufgrund der Tatsache, dass viele ICSID Entscheidungen veröffentlicht wurden und werden[14], hat sich ein großes Spektrum international verwendbarer Rechtsprechung zu Fragen des anwendbaren Rechts und anderen wesentlichen Aspekten internationaler Investitionen herausgebildet.

3. Vollstreckung. Die eigentliche Vollstreckung aus einer anerkannten und für vollstreckbar erklärten Auslandsentscheidung (sei es eine schiedsgerichtliche oder eine der ordentlichen Gerichte) folgt wiederum ausschließlich den Vorschriften des Vollstreckungsstaates. Insoweit besteht bislang überhaupt kein harmonisiertes Recht. Die Zwangsvollstreckung in zivilrechtlichen Angelegenheiten ist mit der Ausübung staatlicher Hoheitsbefugnisse verbunden, denn sie greift in die Dispositions- und Verfügungsbefugnis des Vermögensinhabers ein, der zugunsten seines Gläubigers enteignet wird. Mit der Ausübung solcher Befugnisse sind vom Staat sehr unterschiedliche Per- 4

[11] BGBl 1977 II, 1472.
[12] ABl 2001 Nr. L 174, 1 ff.
[13] ABl Nr. L 160 vom 30.06.2000, 37.
[14] Die ICSID-Sprüche werden in der Regel im ICSID Review – Foreign Investment Journal und im Internet bekannt gemacht. Sofern nur die Freigabe einer Partei vorliegt, werden die Sprüche üblicherweise in den International Legal Materials (ILM) veröffentlicht.

sonen, Behörden und Gerichte betraut. Diese üben die ihnen staatlicherseits übertragenen Befugnisse im Kontext mit dem jeweiligen Rechtssystem aus[15].

II. Forum Shopping

Schrifttum

Ferrari, „Forum shopping“ trotz internationaler Einheitssachrechtskonventionen, RIW 2002, 169; Brown, The Ideologies of Forum Shopping – Why doesn't a Conservative Court Protect Defendants, North Carolina Law Review 1993, 649; Zöller/Bearbeiter, ZPO, 28. Auflage, Köln 2010

5 Das sog. Forum shopping beinhaltet die Ausnutzung der bestehenden Rechtsunterschiede zugunsten der klagenden Partei. Diese kann sich in Kenntnis aller Umstände bemühen, den vorteilhaftesten Gerichtsstand auszuwählen und dort den Anspruch anhängig zu machen, der durchgesetzt werden soll. Dementsprechende Überlegungen können bereits in die Vertragsverhandlungen einfließen. Sie können aber auch zurückgestellt werden, bis der Anspruch streitig wird. Auch die zunehmende Rechtsvereinheitlichung kann Forum shopping nicht verhindern[16]. Gelegentlich wird sogar angenommen, dass Rechtsanwälte prüfen müssen, ob eine Klage im Ausland für den Mandanten günstiger ist[17].

6 **1. Determinierung des IPR und des anwendbaren Verfahrensrechts.** Es gilt die allgemeine Regel, wonach jeglicher Rechtsanwendung die kollisionsrechtliche Frage vorauszugehen hat[18]. Solange es nur nationales oder besten Falles partiell vereinheitlichtes Kollisionsrecht gibt, ist jeweils das IPR der lex fori des Gerichts oder des Schiedsgerichts anzuwenden (also das Recht des Gerichtsortes)[19]. Die jeweils anwendbaren Vorschriften des IPR der lex fori können inhaltliche Unterschiede aufweisen, die erhebliche Auswirkungen haben können.

Beispiel: Ein deutsches Unternehmen lässt sich zur Besicherung von Ansprüchen gegen das deutsche Tochterunternehmen eines französischen Konzerns eine Bürgschaft geben. Es wird keine Rechtswahlvereinbarung in Bezug auf die Bürgschaft getroffen. Kann die Klage in Deutschland erhoben werden, gilt deutsches IPR. Dann ist auf die Bürgschaft französisches Recht anwendbar, weil der Bürge seinen Sitz in Frankreich hat (Art. 28 Abs. 2 EGBGB a.F.). Wird dagegen in Frankreich geklagt, findet deutsches Recht Anwendung, weil die französischen Gerichte die Bürgschaft unselbständig anknüpfen und auf das Recht der mit der Bürgschaft besicherten Forderung abstellen[20].

7 Mit der Auswahl des Gerichtsstands wird auch das anwendbare Verfahrensrecht festgeschrieben, denn weltweit wenden die Gerichte insoweit stets ihr Heimatrecht an[21]. Mit der Auswahl des Gerichts ist es also z.B. möglich, vorteilhafte Beweisregelungen in Anspruch zu nehmen[22] oder vermeintlich nachteilige Verfahrensbesonderheiten zu meiden (wie z.B. angelsächsische Kreuzverhöre). Das Recht am Gerichtsort bestimmt zumeist auch die Verfahrenssprache, über die Erstattung von Verfahrenskosten durch die unterlegene Partei und die Handhabung des ausländischen Rechts als beweispflichtige Tatsache.

---

15 Zur grenzüberschreitenden Kontenpfändung vgl. Hök MDR 2005, 306 ff.

16 Ferrari RIW 2002, 169 ff.

17 Vgl. Siehr ZfRV 1984, 124, 141; Juenger Sydney Law Review1984, 5, 13; Sonnenberger RIW 2002, 169, 179.

18 Kegel/Schurig, IPR, § 1 III; anders allerdings z.B. in Frankreich, wo es fakultatives Kollisionsrecht gibt.

19 Kegel/Schurig, IPR, § 1 VII 4; vgl. auch Eckstein RabelsZ 8 (1934), 121.

20 Auch nach Inkrafttreten von Rom I ist die Neigung in Frankreich groß, die Bürgschaft an die Hauptforderung anzuknüpfen, vgl. Jacquet/Delebecque/Corneloup, Droit du Commerce international, Rn. 818.

21 Vgl. Kegel/Schurig, IPR, § 22 III.

22 Vgl. Ferrari RIW 2002, 169.

Bei Schiedsgerichtsvereinbarungen bedenken die Parteien nicht immer, dass es dem Schiedsgericht mangels einer Schiedsortvereinbarung frei steht, den Schiedsort selbst auszuwählen, § 1043 Abs. 1 S. 2 ZPO[23], was in Bezug auf das anwendbare IPR Zufallsergebnisse erzeugen kann. Denn in der Sitzwahl liegen Chancen und Risiken, weil sich die nationalen Gesetzgeber vereinzelt für unterschiedliche Wertungen bei der Abfassung ihres IPR entschieden haben[24]. 8

a. Einigen sich die Parteien auf den Sitz des vereinbarten Schiedsgerichtes oder ein bestimmtes ordentliches Gericht, präjudizieren sie damit zugleich das anwendbare IPR, es sei denn am Sitz des Schiedsgerichts wird ohnehin nach Billigkeit geurteilt. Das Schiedsgericht kann auch ermächtigt sein, das anwendbare Kollisionsrecht selbst zu bestimmen (Art. 28 Abs. 2 UNCITRAL-Modellgesetz)[25]. Vereinbaren z.B. die Parteien **Paris** als Sitz des Schiedsgerichts, kommt es für die Frage nach dem Bestehen einer Bürgschaft im Zweifel auf das Recht der durch die Bürgschaft besicherten Hauptforderung an, während das in Berlin ansässige Gericht auf den Sitz des Bürgen abstellen würde.
b. Einigen sich die Parteien dagegen auf keinen Sitz, steht es dem Schiedsgericht nach § 1043 Abs. 1 S. 2 ZPO frei, seinen Sitz selbst zu wählen. Dabei muss es die Umstände des Falles und die Eignung des Schiedsortes für die Parteien berücksichtigen. Das Gericht wird sich vom Günstigkeitsprinzip leiten lassen und die Interessen der Parteien gegeneinander abwägen müssen. Grundsätzlich ist aber den Parteien zu empfehlen, den Schiedsort selbst zu bestimmen, um Zufälligkeiten, die der Schiedsort schafft, von vorneherein zu vermeiden.
c. Haben die Parteien die Anwendung der ICC Regeln vereinbart, gilt ähnliches. Da die ICC kein institutionelles Schiedsgericht ist, bestimmt ggf. die ICC den konkreten Sitz des Schiedsgerichts (ICC Regel 14 = Regel 18 (2012)).
d. Haben die Parteien Dispute Adjudication vereinbart, sollte für die Zwecke der Bestimmung des anwendbaren Rechts auf den Sitz des vereinbarten Schiedsgerichts abgestellt werden[26]. Es empfiehlt sich nicht, auf das Recht am Vollstreckungsort abzustellen, denn dieser kann sich ganz nach Lage der Dinge immer wieder ändern.

2. Vor- und Nachteile der Verfahrensführung im Inland. Vor- und Nachteile der Verfahrensführung im Inland sind gegeneinander abzuwägen. Dabei liegen die wichtigsten Vorteile, einen vollstreckungsfähigen Titel in Deutschland zu erstreiten, auf der Hand. Zuvörderst gilt das deutsche Verfahrensrecht. Sodann ist der Gläubiger nicht gezwungen, sich auf die Fähigkeiten eines Rechtsanwalts in Südamerika, dem vorderen Orient oder auch nur in Italien zu verlassen, dem er mühsam den Sachverhalt mit den einschlägigen Unterlagen – möglicherweise in persönlichen Besprechungen vor Ort – vermitteln muss. Vielmehr kann er den Anwalt seines Vertrauens mit dieser Aufgabe befassen. Hinzu kommt, dass das Prozessrisiko, die Prozessdauer und die voraussichtlich entstehende Kostenbelastung in einem Verfahren vor deutschen Gerichten in der Regel besser abzuschätzen sind. Ein weiterer (nicht gänzlich unumstrittener und nicht immer wirklicher) Vorteil liegt in der Tendenz der Gerichte, vorzugsweise ihr Heimatrecht auf den jeweiligen Rechtsstreit anzuwenden (Heimwärtsstreben[27]), sofern das 9

---

23 Vgl. dazu Junker, RIW 1998, 741, 745; Berger, RIW 1993, 8, 10; Schumacher, FS Glossner, 341, 347; Lachmann, Handbuch für die Schiedsgerichtspraxis, Rn. 366; auch nach den ICC Regeln besteht diese Möglichkeit, wenn eine Sitzvereinbarung fehlt (siehe unten unter (c)).
24 Vgl. Öst. OGH IPRax 1995, 328.
25 Vgl. auch Kegel/Schurig, IPR, § 1 VII 4.
26 Vgl. Hök ZfBR 2008, 323, 324.
27 Kegel/Schurig, IPR, § 2 II.

anwendbare materielle Recht nicht schon durch ausdrückliche oder stillschweigende Parteivereinbarung feststeht[28]. Gerade letzteres sollte nicht unterschätzt werden.

10 Allerdings sollte im Falle der Anwendbarkeit einer ausländischen Rechtsordnung auch nicht krampfthaft an einer deutschen Zuständigkeit festgehalten werden. Vielfach führt dies zu Mehrkosten (Sachverständigengutachten zum ausländischen Recht) und überraschenden Entscheidungen, denn das angerufene Gericht hat in der Regel keinen direkten Zugang zum anwendbaren Recht. Auch kann die Entscheidung zugunsten der deutschen Gerichte praktische Nachteile in sich bergen. Neben den im Einzelfall zu erwägenden Vorteilen in Bezug auf das am ausländischen Gerichtsort anzuwendende Recht ist insbesondere zu berücksichtigen, ob der deutsche Titel im Ausland vollstreckt werden kann und welche Zeit- und Kostennachteile dadurch entstehen, dass zunächst eine Vollstreckbarerklärung beigebracht werden muss.

11 **3. Auslandsvollstreckung.** Die sogenannten Vorteile eines Inlandsverfahrens dürfen also, insbesondere in Bausachen, nicht zu vorschnellen Entscheidungen verleiten. Nicht jedes deutsche Urteil (gleich ob vor ordentlichen Gerichten oder vor Schiedsgerichten erstritten) wird im Ausland vollstreckt bzw. zur Vollstreckung zugelassen. Manche Länder wollen in Ermangelung der Verbürgung der Gegenseitigkeit überhaupt keine deutschen Titel vollstrecken. Andere Länder wiederum überprüfen deutsche Entscheidungen nach dem Prinzip der sog. „révision au fond" auf ihre materielle Rechtmäßigkeit.

12 Über die Anerkennung und Vollstreckung eines deutschen Titels im Ausland entscheidet grundsätzlich das Recht am Gerichtsort (lex fori)[29]. Die Vorschriften der nationalen Rechtsordnung des Vollstreckungslandes werden indes durch die EuGVVO, das EuGVÜ, das LuGVÜ oder ein ggf. bestehendes bilaterales Vollstreckungsübereinkommen verdrängt. Derartige bilaterale Übereinkommen existieren insbesondere im Verhältnis zur Schweiz, Österreich, Griechenland, Israel, Norwegen, und Tunesien sowie Spanien (BGBI 1987 11, S. 34), wurden aber wiederum weitgehend durch das LuGVÜ und sukzessive die EuGVVO ersetzt. Für Schiedssprüche gilt das New Yorker UN-Übereinkommen über die Anerkennung und Vollstreckung ausländischer Schiedssprüche vom 10. Juni 1958[30].

13 Das EuGVÜ und das LuGVÜ sowie die sie ersetzende Europäische Verordnung (siehe unten) haben weitere bilaterale Übereinkommen ersetzt. Darunter fallen gemäß Art. 55 EuGVÜ das deutsch-italienische Abkommen vom 18.05.1937, das deutsch-belgische Übereinkommen vom 30.06.1958, der deutsch-niederländische Vertrag vom 30.08.1962, der deutsch-britische Vertrag aus dem Jahre 1960 und das deutsch-schweizerische Übereinkommen. Der Geltungsbereich dieser Vertragswerke beschränkt sich nach Art. 56 EuGVÜ auf die Rechtsgebiete, die vom EuGVÜ nicht erfasst sind (vor allem Ehe- und Statutssachen). Das EuGVÜ wurde wiederum mit Wirkung zum 1. März 2002 durch die EuGVVO ersetzt. Das EuGVÜ fand zwischenzeitlich räumlich nur noch im Verhältnis zu Dänemark Anwendung. Inzwischen ist auch diese Besonderheit entfallen, weil Dänemark der EuGVVO beigetreten ist[31]. Für die Vollstreckung von Kostenentscheidungen hat das Haager Übereinkommen über den Zivilprozeß vom 01.03.1954[32]

---

[28] Vgl. dazu David, International Encyclopedia of Comparative Law, Vol. 11, Chap. V 5. 8.

[29] Hierzu Müller/Hök, Die Zwangsvollstreckung inländischer Schuldtitel im Ausland, Neuwied 1987 ff.

[30] BGBl 1961 II, 122.

[31] Dänemark hat mit der EU am 19.10. 2005 völkerrechtlich vereinbart (ABl. Nr. L 299 vom 16.11.2005, 62), dass die EuGVVO auch für und im Verhältnis zu Dänemark Anwendung findet. Das Abkommen ist am 1.7.2007 in Kraft getreten (ABl. Nr. L 94 vom 4. April 2007, 70).

[32] BGBl 1958 II, 577.

große Bedeutung. Letzteres ermöglicht die Vollstreckung von Kostenentscheidungen in Zivilsachen in:

Ägypten, Argentinien, Armenien, Belarus, Belgien, Bosnien-Herzegowina, Dänemark, Finnland, Frankreich, Israel, Italien, Japan, Jugoslawien, Kirgisistan, Kroatien, Lettland, Libanon, Luxemburg, Marokko, Mazedonien, Moldau, Niederlande, Norwegen, Österreich, Polen, Portugal, Rumänien, Russische Föderation, Schweden, Schweiz, Slowakei, Slowenien, Spanien, Surinam, Tschechische Republik, Türkei, Ungarn, Usbekistan und dem Vatikanstaat.

Hat sich ein Staat nicht völkervertraglich zur Anerkennung und Vollstreckung deutscher Vollstreckungstitel verpflichtet, besteht seinerseits keine völkerrechtliche Verpflichtung, Urteile deutscher Gerichte anzuerkennen und zu vollstrecken. Es liegt allein in der Hand des jeweiligen Vollstreckungsstaates, darüber zu entscheiden, ob er die Wirkungen eines deutschen Urteils auch auf sein Hoheitsgebiet ausdehnen will. 14

Wenngleich die vorstehenden Ausführungen aufzeigen, dass die Einziehung von Auslandsforderungen besondere Beschwernisse und Risiken mit sich bringt, so ist sie doch insbesondere in Europa soweit prüfbar und vorhersehbar, dass durchaus zwischen der Verfahrensführung in Deutschland und der im Vollstreckungsstaat abgewogen werden sollte. Die Wirkung der bloßen Durchsetzbarkeit eines gerichtlichen (deutschen) Titels auf den ausländischen Schuldner sollte nicht unterschätzt werden. Die förmliche Zustellung des Titels wird bei bloß zahlungsunwilligen Schuldnern oftmals die Zahlungsbereitschaft erheblich fördern, so dass sich eine Vollstreckung erübrigt. Auch die ausschließlich kostenorientierte Überlegung, von Anbeginn einen ausländischen Anwalt mit dem gerichtlichen Forderungseinzug vor den ausländischen Gerichten zu beauftragen, ist vorschnell. Denn das Erstreiten des Titels im Ausland lässt mitunter höhere Kosten entstehen, als das Verfahren im Inland samt etwaig späterer Vollstreckung (Anerkennung etc.) im Ausland. Die Kosten der Vollstreckung fallen – von dem Anerkennungsverfahren abgesehen ohnehin an. Denn das Betreiben der Vollstreckung ist einer der Aufgaben von Anwälten und Vollstreckungsorganen, die der Gläubiger i.d.R. – noch dazu im Ausland – nicht wahrzunehmen in der Lage ist. 15

Seit dem Jahre 2005 gibt es den sog. **Europäischen Vollstreckungstitel**, der mit der Verordnung (EG) Nr. 805/2004 des Europäischen Parlaments und des Rates vom 21. April 2004 zur Einführung eines europäischen Vollstreckungstitels für unbestrittene Forderungen[33] eingeführt wurde[34]. 16

III. Immunität

Schrifttum

Bungenberg, Vollstreckungsimmunität für ausländische Staatsunternehmen, IPRax 2011, 351 ff.; Carter/Trimble, International Law, 1991, Müller/Hök, Einzug von Auslandsforderungen, Göttingen 1989; Hök, Probleme bei der Abwicklung von Verträgen deutscher Unternehmen mit den US-Streitkräften, JurBüro 1987, 961; Delaume, Clauses d'élection de for et clauses compromissoires: évolution et gestation d'un nouveau droit américain, JDI 1976, 490; Gaudemet, L'arbitrage: aspects de droit public. Etat de la question, Rev.arb. 1992, 248; Glavinis, Le contrat de construction international, Paris 1997; van Hecke, Nochmals: Der ausländische Staat als Kläger, IPRax 1992, 205; Vischer, Der ausländische Staat als Kläger, IPRax 1991, 209; Albert, Arrestverfahren gegen ausländische staatliche Unternehmen am Vermögensgerichtsstand, IPRax 1983, 55; Zöller/Bearbeiter, ZPO, 28. Auflage, Köln 2010

[33] ABl 2004 Nr. L 143, 15 ff.
[34] Vgl. dazu Hök ZAP 2005, Fach 25, 159 ff.

17 Gerade im internationalen Baugeschäft kommt es häufig vor, dass auf Auftraggeberseite Staaten oder staatliche Stellen auftreten. Diese Aufträge unterliegen besonderen Bedingungen[35], zumal z.B. Frankreich öffentliche Bauaufträge über **verwaltungsrechtliche Verträge** abwickelt, die zwingend der Verwaltungsgerichtsbarkeit unterstellt sind[36]. Diese verwaltungsrechtliche Qualifikation hat auch bei Auslandsberührung zwingend die Anwendbarkeit des französischen Rechts für öffentliche Aufträge zur Folge[37]. Art. 2260 Code Civil (F) verbietet abweichende Vereinbarungen[38], es sei denn der Auftrag ist im Ausland durchzuführen[39]. Es entspricht völkerrechtlichem Standard, dass kein Staat über einen anderen Staat zu Gericht sitzen darf[40]. Die allgemeinen Regeln des Völkerrechts, also solche, die von der weitaus größeren Zahl der Staatengemeinschaft – nicht notwendigerweise auch von der Bundesrepublik Deutschland – anerkannt werden[41], schließen es aus, Gerichtsbarkeit gegen einen Staat zu gewähren, d.h. der am Vertrag beteiligte Staat kann sich auf seine **Immunität** berufen. Das Bestehen der Gerichtsbarkeit ist von Amts wegen zu prüfen[42]. Frankreich nimmt z.B. die Versorgungsgeschäfte der Truppen ausländischer Staaten aus seiner Gerichtsgewalt heraus[43]. Auch Großbritannien gewährt weithin Immunität[44]. Die Schweiz räumt Immunität auch für Forderungen aus einem Werkvertrag ein, wenn die Baumaßnahme hoheitlichen Zwecken oder Aufgaben dient[45]. Indien gewährt generelle Immunität[46]. Solange unter funktionaler Betrachtungsweise die Verbindung des staatlichen Handelns eng mit dem Staat als Hoheitsträger verknüpft ist, wie z.B. beim Kauf von Rüstungsmaterial, bleibt die staatliche Immunität als Grundsatz erhalten[47].

18 Von den Immunitätsbeschränkungen ausgenommen sind solche staatliche Handlungen, die nicht hoheitlichen Zwecken dienen (acta iure gestionis)[48]. Ob dies der Fall ist, beurteilt sich nach der jeweiligen lex fori[49]. Maßgebliches Abgrenzungskriterium der acta iuris gestionis von den acta iuris imperii ist die Natur der staatlichen Handlung[50]. Es kommt darauf an, ob ein Zusammenhang mit staatlicher Tätigkeit besteht und ob sich Auswirkungen auf die staatliche Tätigkeit des Staates ergeben[51], wenn man seine Im-

---

[35] Vgl. auch die ILO-Konvention (siehe Arbeitsrecht).
[36] Glavinis, Le contrat international de construction, Rn. 527; Conseil d'État, 06.03.1987, EDCE 1987, 178; vgl. Kulick, Auslandsbau, 62.
[37] Glavinis, Le contrat international de construction, Rn. 527; vgl. Conseil d'État, 06.03.1987, EDCE 1987, 178.
[38] Vgl. aber das Gesetz Nr. 86-972 vom 19.08.1986, JO 22.08.1986, das solche Abweichung nunmehr erlaubt, vgl. dazu Glavinis, Le contrat international de construction, Rn. 527; de Boisséson, Rev.arb. 1987, 3; Gaudemet, Rev.arb. 1992, 248; Delaume JDI 1976, 490.
[39] Circulaire 03.05.1988 relative à la passation des marchés publics à l'étranger; Conseil d'État,, 03.07.1968, sieurs Lavinge et Le Mec, N° 63-333.
[40] Carter/Trimble, International Law, 1991, 549; Müller/Hök, Einzug von Auslandsforderungen, 12; Hök, JurBüro 1987, 961; BVerfGE 16, 27, 61 = JZ 1964, 171, 175; BGHZ 45, 237, 245; BGHZ 19, 341, 343 f.; BGHZ 18, 1, 9; RGZ 157, 389, 392.
[41] BVerfGE 16, 27 ff.; 33; OLG Frankfurt a.M. IPRax 1983, 68, 69.
[42] OLG Köln, Beschluss vom 12.01.2004, 16 W 20/03; vgl. auch Geimer, IZPR, Rn. 543, 544.
[43] Vgl. Battifol/Lagarde, Droit international privé, Tome II, 693-2 Fn. 7 mit Hinweisen auf die französische Rechtsprechung.
[44] Vgl. Schnitzer, Handbuch des Internationalen Privatrechts, Bd. II, 834.
[45] BGE 112 Ia 149 ff.; Fritzsche/Walter, Schuldbeitreibung und Konkurs nach schweizerischem Recht, Bd. II, § 56 Rn. 25 ff.
[46] Saha, Code of Civil Procedure, 257.
[47] Stein in: Völkerrechtslexikon, Immunität, 134; vgl. OLG Frankfurt a.M. IPRax 1983, 68, 70.
[48] BVerfGE 15, 25; BVerfGE 16, 27.
[49] BGH, Beschluss vom 28.05.2003, IX a ZR 19/03.
[50] Van Hecke IPRax 1992, 205; Troohoff, Recueil des Cours 1986-V, 315 f.
[51] Vgl. LG Hamburg NJW 1986, 3034.

munität verneint[52]. Wiewohl der Staat bei grenzüberschreitenden Geschäften im Grunde genommen auf privatrechtliche Strukturen zurückgreifen muss – dann soll Art. 28 Abs. 2 EGBGB anwendbar sein[53] –, steht der Zweck staatlichen Handelns im Vordergrund und erhält ihm ggf. die völkerrechtliche Immunität[54]. Immunität können daher letztlich auch privatrechtlich organisierte Rechtsträger sein, wenn sie hoheitlich handeln[55]. Das OLG Köln[56] hat z.B. nach dem insoweit maßgeblichen deutschen Recht entschieden, dass Verträge eines Staates mit einer privatrechtlich organisierten Firma, die den Bau von Straßen betreffen, zur nicht hoheitlichen Tätigkeit des Staates gehören, wenn sich der ausländische Staat bei Abschluss des Vertrages wie eine Privatperson verhalten hat, die einem gleich geordneten Vertragspartner gegenüber tritt. Auf Motiv und Zweck des Verhaltens des Staates bei Vertragsschluss komme es nicht an[57]. Es liegt damit auf der Linie des BVerfG[58], das Immunität für einen Reparaturauftrag einer Botschaft verneinte[59].

Für die Gewährung der Gerichtsbarkeit kommt es nicht darauf an, ob ggf. vollstreckba- 19
res (nicht immunes) Vermögen existiert[60]. Für die Beurteilung dieser Frage ist allein maßgeblich, ob der Vollstreckungsgegenstand hoheitlichen Zwecken dient[61]. Mithin kann es vorkommen, dass zwar Gerichtsbarkeit gegen einen Staat besteht, dass jedoch andererseits das bekannte Vermögen des Staates seinerseits immun ist (z.B. Auslandskontoguthaben einer Botschaft).

---

52 BGH MDR 1970, 222.

53 H.M., vgl. zum Meinungsstand Wenner FS Jagenburg, 205, 220; Looschelders, IPR, Art. 28 Rn. 16; RGZ 126, 196, 207; BGH NJW 1968, 356; OLG Frankfurt IPRspr. 1979 Nr. 10b; KG IPRax 1998, 280, 283.

54 BVerfGE 16, 27.

55 Albert IPRax 1983, 55, 57.

56 OLG Köln, Beschluss vom 12.01.2004, 16 W 20/03.

57 OLG Köln, Beschluss vom 12.01.2004, 16 W 20/03.

58 BVerfGE 16, 27.

59 Vgl. allgemein für staatliche Bauaufträge Albert IPRax 1983, 55, 58.

60 OLG Köln, Beschluss vom 12.01.2004, 16 W 20/03.

61 OLG Hamm, Beschluss vom 21.07.1998, 21 W 15/98.

§ 28 Alternative Streitbeilegung (Alternative Dispute Resolution)

Schrifttum

Cadiet/Clay/Jeuland, Médiation et arbitrage, Paris 2005; Chan, Statutory Adjudication in Singapore, Singapore 2008; Chapman, Dispute Boards on major infrastructure projects, MPI 2009, 7 ff.; Chern, Dispute Boards, London 2008; Eberl/Friedrich, Alternative Streitbeilegung im zivilen Baurecht, BauR 2002, 250 ff.; Kraus, Gestaltung von Schiedsgutachtenabreden bei Nachträgen, ZfBR 2004, 118; Brooker/Lavers, Appropriate ADR – Identifying Features of Construction Disputes which affect their Suitability for Submission to ADR, ICLR 2000, 276; Hibberd/Newman, ADR and Adjudication, Oxford 1999; Hök, Engineer und Dispute Adjudication Board in FIDIC Verträgen: Entwicklung, Grundlagen und rechtliche Einordnung, ZfBR 2007, 416 ff.; Hök, Dispute Adjudication Verfahren, ZAP 2007, Fach 5, 191 ff.; Hök, Zur international-privatrechtlichen Behandlung des Schiedsgutachtens und DAB Spruches, ZfBR 2008, 323 ff.;; Hök, Dispute Adjudication: Modethema oder ernsthafte Alternative, ZfBR 2010, 736; Hök, FIDIC Dispute Adjudication, VBI Schriftenreihe Heft 15, 2007; Hök, Dispute Adjudication in Civil Law Countries – Phantom or Effective Dispute Resolution Method?, ICLR 2011, 412; Hök, Einstweilige Vollziehung von Dispute Adjudication Board Sprüchen durch Schiedsgerichte: Eine Besprechung der Entscheidung des High Court Singapore in Sachen PT Perusahaa Gas Negara vom 20.7.2010, ZfBR 2011, 523; Omoto, Dispute Boards, Tokio 2010; Schulze-Hagen, Plädoyer für Adjudikation in Deutschland, BauR 2007, 1950 ff.; Teubner Oberheim/Schröder, Construction Adjudication in England – ein Vorbild für die baurechtliche Konfliktlösung in Deutschland, NZ Bau 2011, 257; Zöller/Bearbeiter, ZPO, 28. Auflage, Köln 2010

Inhaltsübersicht

I. Überblick

1 Insbesondere in der internationalen Bauindustrie setzen sich zunehmend (ergänzende) alternative Streitbeilegungsmodelle durch, namentlich gefördert durch die angloamerikanischen Staaten[1] sowie von multilateralen Einrichtungen, wie der Weltbank. In Großbritannien (England, Schottland, Nordirland), Singapore und Australien ist die (ergänzende) alternative Streitbeilegung gesetzlich verankert und zwingend Bestandteil eines jeden Bau- und Architektenvertrages[2]. Derartige gesetzliche Regelungen stehen den Grundsätzen der Äquivalenz und der Effektivität und den allgemeinen Grundsätzen zur Gewährung von Rechtsschutz nach Auffassung des EuGH[3] nicht entgegen, solange die

---

[1] Brooker/Lavers ICLR 2000, 276.

[2] Vgl. Sec. 108 Housing Grants, Construction and Regeneration Act 1996.

[3] EuGH, Urt. v. 18.3.2010 – Rs C-317/08, MMR 2010, 373.

außergerichtlichen Streitbeilegungsverfahren zu keiner bindenden Entscheidung führen, keine wesentliche Verfahrensverzögerung verursachen, keine unangemessenen Kosten verursachen und die Verjährung hemmen. Ähnliche Einschränkungen sind aus Common Law Entscheidungen herauszulesen[4].

Vorreiter im Bereich Alternative Streitbeilegung sind die USA[5]. Dort ist man seit geraumer Zeit mit der Schiedsgerichtsbarkeit in zunehmendem Maße unzufrieden, da sie nach verschiedentlichen Äußerungen keinen effizienten, wirtschaftlichen und sachkundigen Weg darstellt[6]. Andererseits hat die englische Praxis trotz ähnlicher Erfahrungen anfangs die gesetzliche ADR nur selten angewendet, weil es an Erfahrungswerten fehlte[7]. Inzwischen hat sich das geändert. Dispute Adjudication wird dort regelmäßig eingesetzt. Inzwischen sind in England zahllose Entscheidungen zu den unterschiedlichen Facetten von Dispute Adjudication ergangen[8]. Häufig rekurrieren diese aber auf den besonderen gesetzlichen Hintergrund in England und Wales[9], so dass sie für die ausschließlich vertragliche Dispute Adjudication nicht immer passend sind. Trotzdem sind sie sehr hilfreich, denn sie zeigen vielfach die praktischen Probleme auf, die mit der Ausübung vereinfachter Justiz verbunden sind, und sie schlagen Lösungsansätze im Spannungsfeld zwischen Verfahrensstrenge, Justizgewährungsanspruch und Vertragsfreiheit auf. Aus Südafrika kommt eine ermutigende verfassungsgerichtsentscheidung, wonach sich die Parteien bei der Verfahrensausgestaltung am Zweck des Verfahrens orientieren dürfen[10].

Über die Tragweite des Begriffes „Alternative Streitbeilegung" ist man sich uneins[11]. 2
Da Vertragsfreiheit besteht, ist aber auch müßig, sich auf eine Definition festzulegen. Trotz gelegentlich anders lautender Stimmen[12] sind aber solche Verfahrensmodelle gemeint, die keine unmittelbar vollstreckbare Entscheidung hervorbringen[13], d.h. jegliche Form eines Verfahrens, das keinen Schiedsspruch hervorbringt Auf jeden Fall handelt es sich bei den gängigen Modellen (FIDIC; NEC, etc.) um justizähnliche Verfahren, in denen richterliche oder richterähnliche Aufgaben ausgeübt werden. Keinesfalls handelt es sich schlicht um Gutachten oder Schiedsgutachten. Gelegentlich setzen alternative Streitbeilegungsmodelle sogar die Mitwirkung eines staatlichen Richters voraus[14]. ADR

---

4 Siehe Baulderstone Hornibrook Pty v. Kayah Holdings Pty Ltd (1997) 14 BCL 277; Loots/Charrett, Practical Guide to Engineering and Construction Contracts, 289.

5 Brooker/Lavers ICLR 2000, 276, 277.

6 Brooker/Lavers ICLR 2000, 276, 284 m.w.N.

7 Brooker/Lavers ICLR 2000, 276, 292.

8 Siehe nur D G Williamson Ltd v. Northern Ireland Prison Service, Urteil vom 27.01.2009 – [2009] NIQB 8 = IBR 2009, 1097 – Hök; Able Construction (UK) Ltd v. Forest Property Development Ltd, Urteil vom 27.01.2009 – [2009] EWHC 159 (TCC) = IBR 2009, 1096 – Hök; Holland House Property Investments Ltd v. Norna Forsyth Crabbe & Anor, Urteil vom 02.07.2008 – [2008] ScotCS CSIH_40 = IBR 2009, 1094 – Hök; Birmingham City Council v. Paddison Construction Ltd, Urteil vom 25.09.2008 – [2008] EWHC 2254 (TCC) = IBR 2009, 1093 – Hök; Mead General Building Ltd v. Dartmoor Properties Ltd, Urteil vom 04.02.2009 – [2009] EWHC 200 (TCC) = IBR 2009, 1092 – Hök; Dorchester Hotel Ltd v. Vivid Interiors Ltd, Urteil vom 19.01.2009 – [2009] EWHC 70 (TCC) = IBR 2009, 1091 – Hök; Bovis Lend Lease Ltd v. The Trustees of the London Clinic, Urteil vom 28.01.2009 – [2009] EWHC 64 (TCC) = IBR 2009, 1071 – Hök.

9 Vgl. Macob Civil Engineering v. Morrison Construction Ltd. [1999] BLR 93; Ferson Contractors Ltd. v. Levolux A.T. Ltd. [2003] EWCA Civ 11 (CA); Wimbledon Construction Company 2000 Ltd. v. Vago [2005] EWHC 1086 (TCC) (20 May 2005).

10 Verfassungsgericht Südafrika, Urteil v. 20.03.2009 – CCT 97/07, IBR 2011, 1126 – Hök.

11 Oteiza in: Cadiet/Clay/Jeuland, Médiation et arbitrage, 161 ff. Rn. 208 ff.

12 Eberl/Friedrich, BauR 2002, 250, 252.

13 Vgl. Leonhard BB 1999 Beilage 9, 13, 15; Nicklisch, FS Schwab, 1990, 381, 383.

14 Oteiza in: Cdiet/Clay/Jeuland, Médiation et arbitrage, 161 ff. Rn. 208, der darauf hinweist, dass Conciliation in Argentinien, Basilien, Uruguay und Paraguay die Mitwirkung eines Richters voraussetzt, während Mediation von einem unabhängigen Dritten durchzuführen ist.

Entscheidungen (soweit solche ergehen) sind mit Ausnahme der und anders als die Urteile aus Schiedsgerichtsverfahren, die gelegentlich auch zu den Alternativen Streitbeilegungsmodellen gezählt werden, zwar nicht vollstreckbar, aber gleichwohl vollziehbar. Das gehört zwar nicht zwingend zu ihrem Charakter als Streitbeilegungsverfahren, wird aber zumeist vertraglich so vereinbart. Wenn nicht spricht man von **Dispute Review**. In solchen Verfahren begnügen sich die Parteien damit, einen Dritten zu beauftragen, der eine Empfehlung geben soll. Der besondere Charakter der **Dispute Adjudication** liegt darin, dass in diesem Modell vorläufig bindende Entscheidungen getroffen werden sollen. Aus diesen Entscheidungen kann noch nicht vollstreckt werden. Sie können ferner im Schiedsgerichtsverfahren inhaltlich voll überprüft werden. Zwingendes Charaktermerkmal ist die Überprüfbarkeit aber nicht, wenngleich sich im Falle endgültig bindender Entscheidungen die Frage stellt, welchen Grad an Rechtsstaatlichkeit und welche Verfahrensgarantien beachtet werden müssen. Die etwas weniger einschneidende Form der alternativen Streitbeilegung ist unter dem Namen **Dispute Review** bekannt geworden. Das Dispute Review Board erlässt keine Entscheidungen. Es gibt vielmehr Empfehlungen, die die Parteien abhängig vom zugrundeliegenden Vertragswortlaut entweder ausdrücklich annehmen müssen oder mangels Widerspruchs verbindlich werden. Nicht gemeint sind hingegen Mediationsverfahren, die zu keiner Entscheidung führen (sollen), sondern lediglich bezwecken, die Parteien zum Konsens zu führen. Beide Formen der alternativen Streitbeilegung im vorstehenden Sinne werden weltweit von der **Dispute Review Board Foundation** (DRBF) gefördert, wiewohl deren Präferenz traditionell eindeutig auf der Streitbeilegungsform Dispute Review liegt.

3 In den **USA** ist auch die öffentliche Hand ermächtigt, ADR zu nutzen[15]. Grundlage ist der Administrative Resolution Act 1996[16]. Das Gesetz ermächtigt und ermutigt die öffentliche Hand, ADR einzusetzen. Die Behörden können über den Einsatz von ADR frei entscheiden, wenn sie vier Voraussetzungen erfüllen[17]: (1) Sie müssen eine Entscheidung zugunsten von ADR treffen. (2) Sie müssen einen Verantwortlichen als Dispute Resolution Specialist (DRS) einsetzen, der die Verantwortung für die Umsetzung des Gesetzes und die Entwicklung von ADR übernimmt. (3) Die Behörde muss ein Schulungssystem etablieren. (4) Die Behörde muss die von ihr eingesetzten Standardverträge überarbeiten und festlegen, ob sie ADR Regelungen erlauben und den Einsatz von ADR fördern wollen. Der Administrative Resolution Act 1996 regelt eine große Anzahl von ADR Methoden. Erfasst sind alle Methoden, die genutzt werden, um Streitigkeiten beizulegen, darunter Conciliation, Facilitation, Mediation, Fact Finding, Mini Trails, Arbitration, Ombudsmanlösungen und entsprechende Kombinationen[18]. ADR muss im Einzelfall eine angemessene Lösung sein und es darf kein Zwang bestehen, ADR zu nutzen. Unangemessen ist ADR unter anderem, wenn eine Gerichtsentscheidung erforderlich ist, die als Leitentscheidung genutzt werden kann. Die Federal Acquisition Regulation (FAR) 33.204 sieht vor, dass Behörden ermutigt werden, ADR zu nutzen, so weit dies praktikabel ist. FAR 33.201 definiert ADR als jede Art von Verfahren …, das freiwillig genutzt wird, um Streitigkeiten zu lösen. Die FAR ADR Regelungen werden in den Verträgen so implementiert, wie es FAR 52.233-1 vorsieht:

---

15 Das U.S. Army Corps of Engineers hat ADR von März 1989 bis März 1997 insgesamt 144 Mal eingesetzt und 74% der Fälle erfolgreich gelöst. In einem Bericht an den Präsidenten aus dem Jahr 2007 wird für die Berichtsperiode von 10 Jahren von 248 ADR Fällen berichtet, wovon 94,7% erfolgreich beigelegt wurden (vgl. http://www.usdoj.gov/adr/pdf/iadrsc_press_report_final.pdf).

16 Publication Law N° 104-320, 110 Statutes 3870 (kodifiziert in 5 USC §§ 571–583 (1996)).

17 Vgl. Allen/Martin, Construction Law Handbook, § 40.02 (A).

18 Vgl. Allen/Martin, Construction Law Handbook, § 40.02 (A).

(a) This contract is subject to the Contract Disputes Act of 1978, as amended (41 U.S.C. 601–613).

(b) Except as provided in the Act, all disputes arising under or relating to this contract shall be resolved under this clause.

(c) „Claim," as used in this clause, means a written demand or written assertion by one of the contracting parties seeking, as a matter of right, the payment of money in a sum certain, the adjustment or interpretation of contract terms, or other relief arising under or relating to this contract. However, a written demand or written assertion by the Contractor seeking the payment of money exceeding $100,000 is not a claim under the Act until certified. A voucher, invoice, or other routine request for payment that is not in dispute when submitted is not a claim under the Act. The submission may be converted to a claim under the Act, by complying with the submission and certification requirements of this clause, if it is disputed either as to liability or amount or is not acted upon in a reasonable time.

(d) (1) A claim by the Contractor shall be made in writing and, unless otherwise stated in this contract, submitted within 6 years after accrual of the claim to the Contracting Officer for a written decision. A claim by the Government against the Contractor shall be subject to a written decision by the Contracting Officer.

(2) (i) The Contractor shall provide the certification specified in paragraph (d) (2)(iii) of this clause when submitting any claim exceeding $100,000.

(ii) The certification requirement does not apply to issues in controversy that have not been submitted as all or part of a claim.

(iii) The certification shall state as follows: „I certify that the claim is made in good faith; that the supporting data are accurate and complete to the best of my knowledge and belief; that the amount requested accurately reflects the contract adjustment for which the Contractor believes the Government is liable; and that I am duly authorized to certify the claim on behalf of the Contractor."

(3) The certification may be executed by any person duly authorized to bind the Contractor with respect to the claim.

(e) For Contractor claims of $100,000 or less, the Contracting Officer must, if requested in writing by the Contractor, render a decision within 60 days of the request. For Contractor-certified claims over $100,000, the Contracting Officer must, within 60 days, decide the claim or notify the Contractor of the date by which the decision will be made.

(f) The Contracting Officer's decision shall be final unless the Contractor appeals or files a suit as provided in the Act.

(g) If the claim by the Contractor is submitted to the Contracting Officer or a claim by the Government is presented to the Contractor, the parties, by mutual consent, may agree to use alternative dispute resolution (ADR). If the Contractor refuses an offer for ADR, the Contractor shall inform the Contracting Officer, in writing, of the Contractor's specific reasons for rejecting the offer.

(h) The Government shall pay interest on the amount found due and unpaid from (1) the date that the Contracting Officer receives the claim (certified, if required); or (2) the date that payment otherwise would be due, if that date is later, until the date of payment. With regard to claims having defective certifications, as defined in FAR 33.201, interest shall be paid from the date that the Contracting Officer initially receives the claim. Simple interest on claims shall be paid at the rate, fixed by the Secretary of the Treasury as provided in the Act, which is applicable to the pe-

riod during which the Contracting Officer receives the claim and then at the rate applicable for each 6-month period as fixed by the Treasury Secretary during the pendency of the claim.

(i) The Contractor shall proceed diligently with performance of this contract, pending final resolution of any request for relief, claim, appeal, or action arising under the contract, and comply with any decision of the Contracting Officer.

4 Der alternative Ansatz alternativer Streitbeilegung wird am angloamerikanischen Beispiel deutlich: Im Mittelpunkt der Streitbeilegung stand traditionell zunächst der Architekt oder Administrator, manchmal auch Certifier oder Project Manager (siehe NEC3) oder schlicht Engineer (FIDIC, ICE, EJCDC) genannt. Er hatte in der Vergangenheit eine Doppelrolle als Vertragsadministrator und Streitentscheider (vgl. FIDIC Red Book 1987, Unterklausel 67.1). Alle den Bau beeinflussenden Umstände waren ihm mitzuteilen. Der Architekt/Administrator traf dann die Entscheidung, wie zu verfahren war. Gleichzeitig hatte er über die Folgen seiner Anordnungen und Maßnahmen zu befinden. Seine Entscheidungskompetenz war weit; häufig war er zugleich die erste und letzte Instanz in Personalunion (vgl. Unterklausel 67.1 FIDIC 1987). Sie umfasste zunächst vor allem alle tatsächlichen Entscheidungen bzw. Festlegungen über Bauzeitverlängerungen, Einheitspreisanpassungen, Mehrkosten sowie die Bescheinigung der Fertigstellung, die Feststellung der Werklohnansprüche und der Gegenansprüche. Zudem wachte der Architekt/Ingenieur über die „performance". Er musste insbesondere wissen, wann „breach of contract" vorliegt, was „relevant events" mit Bezug auf die Bauzeit sind, wann „time at large" eintritt und wie sich seine fachlichen Entscheidungen auf Baukosten und Bauzeit auswirken. Die Vertragsabwicklung war und ist von dem Bemühen geprägt, Streitigkeiten möglichst zügig und gütlich beizulegen[19]. Hieraus hat sich eine besondere Kultur der außergerichtlichen Streitbeilegung entwickelt. Der „*Engineer*" oder „*Architect*" aktueller Prägung ist nach wie vor mit der Tatsachenfeststellung und Tatsachenfestlegung betraut (vgl. Unterklausel 3.5 FIDIC 1999), während die Entscheidung über die sich hieraus entwickelnden Streitigkeiten in Bezug auf Tatsachenfestlegungen auf einen eigenständigen Streitentscheider oder Schlichter übertragen wurde (vgl. Unterklausel 20.4 FIDIC 1999). Die „Alternative Dispute Resolution" soll Kosten und Aufwand der Verfahren minimieren. A.D.R. (ADR) kann privat erfolgen, aber auch innerhalb eines Gerichtsprozesses. Aus angloamerikanischer Sicht umfasst ADR im weitesten Sinne folgende verschiedene Vorgehensweisen.

5 „*Mediation*" ist die am wenigsten förmliche Streitbeilegungsmethode. Die Parteien beziehen in ihren Streit einen unabhängigen bzw. neutralen Dritten mit ein[20]. Der von beiden Seiten bestellte Dritte erörtert mit den Parteien die Konfliktpunkte in Einzelgesprächen und im Plenum und unterstützt die Parteien dabei, eine einvernehmliche gemeinsame Lösung zu findent[21]. Der Schwerpunkt einer solchen Verfahrensweise kann darin liegen, moderne Mediationstechniken anzuwenden (Perspektivverschiebungen, Einzelgespräche, etc.) oder schlichtweg darin, eine gesellschaftlich oder fachlich anerkannte Persönlichkeit mit der Streitbeilegung zu befassen, deren „Urteil" oder „Urteilsvermögen" von beiden Seiten quasi uneingeschränkt anerkannt wird[22]. Solange Eini-

---

19 Deutlich und einprägsam wird dies in der folgenden Entscheidung beschrieben: Her Majesty's Attorney General for the Falklands Islands v. Gordon Forbes Construction (Falklands) Ltd [2003] BLR 280) = IBR 2006, 1107 – Hök.

20 Siehe zu den Begriffen Lee/Hwee, An Asian Perspective on Mediation, 74.

21 Vgl. Hibberd/Newman, ADR and Adjudication, 57.

22 Siehe Lee/Hwee, An Asian Perspective on Mediation, 10.

gungsbereitschaft besteht oder der Einigungsdruck hoch genug ist, kann diese Form der Streitbeilegung sehr effektiv sein. Häufig scheitert die Mediation aber an der fehlenden Einigungsbereitschaft, vor allem in einem „westlich geprägten" kulturellen Umfeld. Wo die Gefahr des Gesichtsverlustes[23] weniger dramatisch gesehen wird als in den asiatischen oder arabischen Gesellschaftten. Vor allem Vertreter öffentlicher Auftraggeber haben vielfach Schwierigkeiten, Konsensmodelle gegenüber ihren Dienstherrn durchzusetzen. Listen von Mediatoren sind z.B. erhältlich bei: RIBA, RICS, ACE, CEDR, CIARB[24]. Die ADR Rules der Internationalen Handelskammer in Paris schlagen vor, dass der bestellte Dritte eine Einigung über die bevorzugte Streitbeilegungsmethode herbeiführen soll. Kommt es zu keiner Einigung, soll der unparteiische Dritte in das Mediationsverfahren übergehen. Die Parteien verpflichten sich, mit dem unparteiischen Dritten nach Treu und Glauben zu kooperieren. Der Dritte kann das Verfahren nach Belieben leiten, ist allerdings an die Prinzipien der Fairness und Unparteilichkeit gebunden und soll den Wünschen der Parteien folgen.

„*Conciliation*" stellt einen Mittelweg zwischen nichtförmlicher Mediation und förmlicher Arbitration dar. Hier kann der vermittelnde Dritte (der z.B. in Argentinien, Brasilien, Uruguay und Paraguay ein Richter sein muss[25], eine mögliche Lösung für den Streit vorschlagen. Die Parteien können dann entscheiden, ob sie den Vorschlag annehmen wollen. Die Conciliation ist mit dem Modell Dispute Review sehr eng verwandt, das vor allem in den USA praktiziert wird. 6

„*Adjudication*" oder besser *Dispute Adjudication* führt qua Vereinbarung zu einer für die Parteien (vorläufig oder endgültig) bindenden Entscheidung. Doch nicht die Entscheidung als als solche hat friedensstiftende oder bindende Wirkung. Frieden schaffen die Parteien, in dem sie sich vertraglich verpflichten, sich daran gebunden zu fühlen[26]. Die Parteien eines Bauvertrages haben das vertraglich eingeräumte Recht (gelegentlich auch die Pflicht), bei Streitigkeiten einen „Adjudicator" anzurufen oder besser ihre Streitigkeit einem Adjudicator zur Beurteilung vorzulegen. An dessen Entscheidung wollen sich die Parteien halten. Der Bauvertrag regelt die Einzelheiten. Ein ergänzendes Dispute Adjudication Agreement wird dreiseitig zwischen dem Adjudicator und den Streitparteien abgeschlossen[27]. Dispute Adjudication kann gesetzliche oder vertragliche Grundlagen haben. Gesetzliche Adjudication gibt es in England, Schottland und Nordirland[28] sowie in verschiedenen australischen Rechtsordnungen[29], Singapur[30] und z.B. auch in den USA. Vertragliche Dispute Adjudication Regelungen finden sich in den meisten angelsächsischen Vertragsmustern. Der Deutschen Beton- und Bautechnik-Verein E.V. (DBV) sowie von der Deutschen Gesellschaft für Baurecht e.V. haben inzwischen eine Streitlösungsordnung veröffentlicht, auf die sich die Parteien wie folgt einigen können: 7

23 Siehe Lee/Hwee, An Asian Perspective on Mediation, 59 ff.
24 Vgl. Jones, The JCT Major Project Form, Rn. 8-109.
25 Oteiza in: Cadiet/Clay/Jeuland, Médiation et arbitrage, 161 ff. Rn. 208.
26 Kassis, Problèmes de base de l'arbitrage, Paris 1987, Rn. 153.
27 Siehe Linnett v. Halliwells Llp [2009] EWHC 319 (TCC) (24.2.2009).
28 Housing Grants, Construction & Regeneration Act 1996, ab 1.10.2011 in der Fassung des Local Democracy, Economic Development and Construction Act 2009.
29 Siehe dazu Loots/Charrett, Practical Guide to Engineering and Construction Contratcs, 307 ff.
30 Building and Construction Industry Security of Payment Act 2004, abgekürzt SOPA. Der Act lehnt sich stark an den Building and Construction Industry Security of Payment Act New South Wales (Australien) an.

Die Parteien vereinbaren hiermit, ein Adjudikationsverfahren nach der *SL Bau* in der Fassung vom 1. Januar 2010, Abschnitte I und IV, durchzuführen. Die beigefügte *SL Bau* wird Vertragsbestandteil. Paragrafenangaben in dieser Vereinbarung beziehen sich auf die *SL Bau.*

I. Gegenstand der Adjudikation

Das Adjudikationsverfahren wird bei allen Streitigkeiten im Zusammenhang mit dem Vertrag ___________, betreffend das Bauvorhaben ___________ durchgeführt.

Das Adjudikationsverfahren wird im Zusammenhang mit dem Vertrag ___________, betreffend das Bauvorhaben ___________ zur Behandlung der/des streitigen Themenkomplexe/s ___________ durchgeführt.

8 Nach englischem Recht soll der Vertrag Regelungen dafür vorsehen, dass der „Adjudicator" innerhalb von sieben Tagen nach einer solchen Aufforderung tätig werden kann. Der „Adjudicator" soll sodann innerhalb von 28 Tagen eine Entscheidung herbeiführen[31]. Die Parteien sollen vorsehen, dass der „Adjudicator" unparteiisch verfährt. Ferner ist vertraglich zu vereinbaren, dass die Parteien an den Spruch des „Adjudicator" gebunden sind, bis eine anders lautende gerichtliche oder schiedsgerichtliche Streitbeilegung herbeigeführt wird. Die Parteien können aber auch vertraglich regeln, dass die Streitentscheidung endgültig bindend sein soll. Der „Adjudicator" soll von der Haftung freigestellt werden, mit Ausnahme der Haftung für „bad faith"[32]. Insoweit zeigt sich die Verwandtschaft zu den justizförmigen Verfahren. Sieht der Vertrag keine entsprechenden Regelungen vor, finden die gesetzlichen Vorschriften der Sec. 108 Housing Grants, Construction and Regeneration Act 1996 Anwendung[33]. Die Einzelheiten regelt der Contract Scheme (Statutory Instrument 1998 N° 649). Mit dem Adjudicator kommt entweder konkludent oder ausdrücklich ein Vertrag zustande, der die Einzelheiten der Tätigkeit des Adjudicators regelt. Für die Vergütung haften die Parteien grundsätzlich gesamtschuldnerisch. Ausnahmen existieren in Bezug auf die Fälle, in denen eine Partei nicht am Verfahren teilnimmt, nachdem sie die Gerichtsbarkeit des Adjudicators bestritten hat[34]. Am 1.10.2011 sind umfangreiche Änderungen des Housing Grants, Construction and Regeneration Act 1996 (the 1996 Act) in Kraft getreten, die Part 8 des Local Democracy, Economic Development and Construction Act 2009 (the LDEDC Act) geregelt sind. Die Änderungen sind für Bauverträge verbindlich, die ab dem 1.10.2011 geschlossen werden. Zukünftig fallen z.B. auch mündlich geschlossene Bauverträge unter das Adjudication Regelwerk. Adjudicatoren haben gesetzliche Befugnisse, Schreib- und Rechenfehler in ihren Entscheidungen zu korrigieren. Ferner sieht die gesetzliche Regelung nunmehr vor, dass der Adjudicator ermächtigt ist, eine Kostenentscheidung zu erlassen.

[31] Vgl. Sec. 108 Housing Grants, Construction and Regeneration Act 1996.
[32] Siehe dazu Sutcliffe v. Thackrah [1974] AC 727 (England) in Bezug auf einen sogenannten „Certifier"; Lundgren v. Freeman, 307 F2d 104, 117–118 in Bezug auf einen Quasi-Schiedsrichter; Sport Maska Inc. V. Zittrer [1988] 1 S.C.R. 564 (Kanada).
[33] Ab 1.10.2011 in der Fassung des Local Democracy, Economic Development and Construction Act 2009.
[34] Siehe Linnett v. Halliwells Llp [2009] EWHC 319 (TCC) (24.2.2009).

Im australischen[35] Victoria wurde der *Building and Construction Industry Security of Payment Act 2002* eingeführt, um eine schnelle Entscheidung über Ansprüche aus Bauverträgen, Subunternehmerverträgen und Lieferverträgen in der Bauwirtschaft zu gewährleisten[36]. Das Verfahren wurde so ausgestaltet, dass es den Liquiditätsfluss in der Bauindustrie sicherstellt, ohne dass die Parteien in langwierigen und teuren Gerichtsverfahren gefangen sind. Es ist beabsichtigt, schnelle Abschlagszahlungen aus Bauverträgen zu realisieren. Erreicht wurde dies durch eine neue Verfahrensart, die eine schnelle und kostengünstige Entscheidung herbeiführt[37]. Das Gesetz manifestiert das zentrale Bestreben, frei von exzessiven gesetzlichen Förmlichkeiten zu sein. Die Regelungen belegen einen pragmatischen Ansatz, ein Streitentscheidungsverfahren zur Verfügung zu stellen, das ohne unnötige Formalitäten auskommt[38]. Die australischen Regelungen verfolgen den Ansatz „pay now argue later"[39]. Sie ermächtigen den Unternehmer zur Einstellung der Arbeiten, wenn Zahlungen nicht rechtzeitig erfolgen. Nach Section 14 des Victoria Act muss der Unternehmer zunächst einen Zahlungsanspruch geltend gemacht haben. Ein solcher Anspruch muss in der relevanten beschriebenen Form erhoben werden (soweit eine derartige Form vertraglich vorgesehen ist), muss die beschriebenen Informationen enthalten, muss die Bauleistungen oder betroffenen Waren oder Leistungen beschreiben, für die der Anspruch erhoben wird, muss den Betrag der Abschlagszahlung angeben, den der Unternehmer für fällig erachtet, und angeben, dass der Anspruch nach den Vorschriften des Gesetzes erhoben wird. Ob die Voraussetzungen vorliegen, muss objektiv festgestellt werden. Zu prüfen ist, ob das Dokument die erforderlichen Informationen enthält[40]. Allerdings müssen die Anforderungen aus Section 14 im Kontext gelesen werden. Zahlungsansprüche, so die Gerichte, werden üblicherweise von erfahrenen Parteien aus der Bauwirtschaft erhoben, die mit dem jeweiligen Bauvertrag und etwaigen Problemen, die damit verbunden sind, vertraut sind. Diese Aspekte sind Teil des Kontextes[41]. Die Art und Weise, in der die Voraussetzungen aus Section 14 zu prüfen sind, stellt keine hohen Anforderungen[42]. Die Anforderungen an einen Zahlungsanspruch sollten nicht untunlich förmlich verstanden werden. Die gesetzlichen Regelungen sollten allgemeinverständlich und praktisch verstanden werden. So sollen Abkürzungen, die für den nicht involvierten Leser unverständlich sein können, durchaus zulässig sein[43]. Der Zahlungsanspruch und ggf. der Zahlungsplan definieren die Streitigkeit, über die der Adjudicator entscheiden soll. Gleichzeitig sind damit die Grenzen dessen festgelegt, über was der Adjudicator entscheiden darf[44]. Angreifbar sind Entscheidungen des Adjudicator nur unter drei Voraussetzungen[45]:

---

35 Siehe auch den New South Wales Building and Construction Industry Security of Payment Act 1999 („the NSW Act") und den Building and Construction Industry Payments Act 2004 (Queensland).

36 Grocon Constructors v. Planit Cocciardi Joint Venture (No. 2) [2009] VSC 426 (25 September 2009).

37 Grocon Constructors v. Planit Cocciardi Joint Venture (No. 2) [2009] VSC 426 (25 September 2009).

38 Hickory Developments Pty Ltd v. Schiavello (Vic) Pty Ltd & Anor [2009] VSC 156 (24 April 2009).

39 Hickory Developments Pty Ltd v. Schiavello (Vic) Pty Ltd & Anor [2009] VSC 156 (24 April 2009).

40 Walter Construction Group Ltd v CPL (Surry Hills) Pty Ltd [2003] NSWSC 266 Rn. 82.

41 Multiplex Constructions [2003] NSWSC 1140 Rn. 76.

42 Leighton Contractors Pty Ltd v. Campbelltown Catholic Club Ltd [2003] NSWSC 1103 Rn. 54 unter Hinweis auf Hawkins Construction (Aust) Pty Ltd v. Mac's Industrial Pipework Pty Ltd [2002] NSWCA 136 Rn. 20.

43 Minimax Fire Fighting Systems Pty Ltd v. Bremore Engineering (WA Pty Ltd) [2007] QSC 333 Rn. 20.

44 Protectavale Pty Ltd v. K2K Pty Ltd [2008] FCA 1248 Rn. 6; Parist Holdings Pty Ltd v. WT Partnership Australia Pty Ltd [2003] NSWSC 365 Rn. 32; Multiplex Constructions Pty Ltd v. Luikens [2003] NSWSC 1140 Rn. 20.

45 Brodyn Pty Ltd t/as Time Cost and Quality v. Davenport & Anor [2004] NSWCA 394.

- Die grundlegenden Anforderungen an die gesetzliche Adjudication wurden nicht erfüllt.
- Die vorgetragene Entscheidung beruht auf keiner nach Treu und Glauben ausgeübten Rechtsprechungsgewalt.
- Wesentliche Verfahrensgrundsätze wurden missachtet.

Nach Section 18 des Victoria Act muss der Adjudication Antrag schriftlich an eine offizielle Benennungsstelle gerichtet werden. Der Antrag muss insbesondere den Anspruch bezeichnen. Die Benennungsstelle soll den Antrag umgehend an einen Adjudicator weiterleiten. Hierfür ist keine Frist vorgesehen. Sobald der Adjudicator sein Amt angenommen hat, muss er allerdings seine Entscheidung binnen 10 Werktagen, spätestens aber binnen 15 Werktagen fällen (Section 22 (4) Victoria Act). Der Adjudicator soll den geschuldeten Betrag sowie seine Fälligkeit feststellen sowie etwaige Zinsen ausurteilen (Section 23 Victoria Act). Das Verfahren ist in Section 22 (5) Victoria Act näher ausgestaltet: Der Adjudicator kann weiteren Sachvortrag abfordern und muss der anderen Partei jeweils Gelegenheit zur Stellungnahme geben. Er kann Schriftsatzfristen verfügen, kann eine gemeinsame Sitzung anberaumen sowie alle relevanten Dinge in Augenschein nehmen.

9 In den meisten international üblichen Vertragsmustern hat sich eine zweistufige Stufenlösung (Adjudication – Arbitration) durchgesetzt. Die FIDIC-Bedingungen des Red Book (Auflage 1999) sehen z.B. ein mehrstufiges System der Tatsachenfeststellung und Streitschlichtung vor. In der 1. Stufe kann der „Engineer" Festlegungen treffen (Tatsachenfeststellung und Beweisschaffung durch einen Ditten, der sich eine vertraglich gebundene berufliche Meinung bilden soll[46]). Eine ähnliche Rolle der Architect in den amerikanischen AIA Bedingungen (vgl. Klausel 15.2 AIA-A201 (1997)) und der Engineer in den amerikanischen EJCDC Bedingungen (EJCDC C700 (2007)). Nach FIDIC kommt es in der 2. Stufe, wenn Streit auftritt, zur Anrufung des Dispute Adjudication Board (DAB). Jedoch bleibt es den Parteien vorbehalten, ggf. ihre Unzufriedenheit über die Schlichtung/Streitentscheidung und ihre Ergebnisse zu äußern und letztlich ein Schiedsgericht anzurufen (Unterklausel 20.6 FIDIC Red Book). Insoweit sind enge Fristen zu beachten (siehe Unterklausel 20.4 FIDIC 1999). Die FIDIC-Bedingungen verweisen hinsichtlich der Schiedsoption auf die Schiedsgerichtsordnung der Internationalen Handelskammer in Paris. Die Weltbank-Bedingungen verweisen inzwischen auf die UNCITRAL Schiedsregeln. Von der ICC existieren auch Vorschläge für alternative Streitbeilegung im Sinne einer Dispute Resolution. Amerikanische Verträge bevorzugen häufig die Variante des Dispute Review Board, das lediglich Empfehlungen aussprechen kann, die entweder nach Ablauf einer Widerspruchsfrist bindend werden oder von den Parteien angenommen werden müssen. Das FIDIC White Book (Consultancy Agreement) bevorzugt hingegen gegenüber der *Adjudication* die *Mediation*. Das Schiedsgericht kann nach dem White Book erst angerufen werden, wenn die Mediation fruchtlos geblieben ist. Die Internationale Handelskammer in Paris schlägt u.a. eine kombinierte Streitbeilegungsmethode vor. Die Parteien können nach Maßgabe der Dispute Board Rules entweder ein Dispute Review Board oder ein Dispute Adjudication Board oder ein Combined Dispute Board vereinbaren. Wählen die Parteien ein Combined Dispute Board kann das Board entweder Empfehlungen aussprechen (Art. 4 ICC Dispute Board Rules) oder eine Entscheidung fällen (Art. 5 ICC Dispute Board Rules). Grundsätzlich soll das Board eine Empfehlung geben. Sobald eine Partei eine Entschei-

[46] Siehe Unterklausel 3.5 FIDIC 1999.

dung begehrt, muss das Board eine Entscheidung fällen, solange die andere Partei dem nicht widerspricht. Widerspricht die andere Partei, muss das Board darüber entscheiden, ob es nach Maßgabe von Art. 6 der ICC Dispute Board Rules eine Entscheidung fällen will oder nicht. Diese Entscheidung ist bindend. Sie muss sich daran orientieren, ob eine Entscheidung aufgrund der Dringlichkeit der Situation die Vertragserfüllung erleichtern wird oder wesentliche Nachteile oder Schäden vermeiden wird, ob eine Entscheidung eine Unterbrechung des Vertrages vermeiden wird oder ob eine Entscheidung erforderlich ist, um Beweise zu sichern.

Eine Reihe großer Bauvorhaben wurde mit Dispute Boards abgewickelt[47]. Die Olympic Delivery Authority (ODA) für die Olympischen Spiele 2012 in London arbeitet mit einem Independent Dispute Avoidance Panel (IDAP). Das Florida Department of Transportation schreibt für alle Bauvorhaben Dispute Review Boards vor. Das Panama-Kanal-Projekt arbeitet ebenfalls mit Dispute Boards.

Die Weltbank schreibt für die von ihr finanzierten Vorhaben die direkte Anrufung des **10** Dispute (Adjudication) Board vor, wenn das Bauvolumen 50 Mio USD übersteigt. Entsprechende Regelungen finden sich in den Standard Bidding Documents for Works (August) 2010[48].

Das FIDIC Red Book 1999 enthält in deutscher Übersetzung folgende **11**

Allgemeine Bedingungen einer Streitschlichtungsvereinbarung (General Conditions of Dispute Adjudication Agreement):

1. Definitionen

Jede „Streitschlichtungsvereinbarung“ ist eine Vereinbarung, die zwischen drei Parteien getroffen wird:

- dem „Besteller“
- dem „Unternehmer“ und
- dem „Mitglied“, das in der Streitschlichtungsvereinbarung definiert wird als:
  - das einzige Mitglied der Streitschlichtungsstelle (oder Schiedsrichter); wenn dies der Fall ist, finden Vorschriften, die sich auf „andere Mitglieder“ beziehen, keine Anwendung, oder
  - eine von drei Personen, die zusammen die „Streitschlichtungsstelle“ genannt werden (oder „DAB“); wenn dies der Fall ist, werden die anderen beiden Personen als „andere Mitglieder“ bezeichnet.

Der Besteller und der Unternehmer haben einen Vertrag abgeschlossen bzw. beabsichtigen den Abschluss eines Vertrages, der als „Vertrag“ bezeichnet und in der Streitschlichtungsvereinbarung, die auch diesen Anhang enthält, definiert wird. In der Streitschlichtungsvereinbarung haben die Wörter und Ausdrücke, die nicht anders definiert sind, die Bedeutung, die ihnen im Vertrag zugewiesen ist.

2. Allgemeine Vorschriften

Wenn in der Streitschlichtungsvereinbarung nichts anderes geregelt ist, soll sie am letzten der nachfolgend genannten Daten in Kraft treten:

---

[47] American Institute of Architects, Architect´s Handbook of Professional Practice, 393; siehe auch die Internetseite der DRBF, die eine Datenbank über Vorhaben enthält, bei denen Dispute Boards eingesetzt wurden.

[48] www.worldbank.org.

- das im Vertrag festgelegte Ausgangsdatum,
- wenn der Besteller, der Unternehmer und das Mitglied jeweils die Streitschlichtungsvereinbarung unterzeichnet haben oder
- wenn der Besteller, der Unternehmer und jedes der anderen Mitglieder, soweit vorhanden, jeweils die Streitschlichtungsvereinbarung unterzeichnet haben.

Sobald die Streitschlichtungsvereinbarung in Kraft getreten ist, soll das dem Mitglied durch Besteller und Unternehmer unverzüglich mitgeteilt werden. Erhält das Mitglied innerhalb von sechs Monaten nach Abschluss der Streitschlichtungsvereinbarung keine Mitteilung, wird diese ungültig und unwirksam.

Die Beauftragung des Mitglieds ist eine persönliche Bestellung. Das Mitglied kann dem Besteller und dem Unternehmer jederzeit mit einer Frist von 70 Tagen seinen Rücktritt erklären; die Streitschlichtungsvereinbarung endet dann mit Ablauf dieser Frist.

Eine Übertragung oder Untervergabe der Streitschlichtungsvereinbarung ist nur mit der vorherigen schriftlichen Zustimmung aller Parteien und gegebenenfalls der anderen Mitglieder zulässig.

3. Gewährleistungen

Das Mitglied garantiert, dass es unparteiisch und unabhängig gegenüber dem Besteller, dem Unternehmer und dem Ingenieur ist und sein wird. Das Mitglied hat ihnen und gegebenenfalls den anderen Mitgliedern umgehend jeden Umstand, der mit dieser Garantie unvereinbar erscheint, offen zu legen.

Bei der Ernennung des Mitglieds verlassen sich der Besteller und der Unternehmer auf die von ihm gemachten Angaben, dass es:

- Erfahrungen mit der Arbeit hat, die der Unternehmer nach dem Vertrag auszuführen hat,
- Erfahrungen mit der Auslegung von Vertragsunterlagen hat und
- die als Kommunikationssprache im Vertrag festgelegte Sprache fließend spricht.

4. Allgemeine Verpflichtungen des Mitglieds

Das Mitglied:

- darf weder ein finanzielles oder anderweitiges Interesse am Besteller, Unternehmer oder dem Ingenieur noch ein finanzielles Interesse am Vertrag (abgesehen von der Bezahlung gemäß der Streitschlichtungsvereinbarung) haben;
- darf nicht früher als Berater oder in anderer Funktion beim Besteller, Unternehmer oder Ingenieur angestellt gewesen sein, es sei denn, dieser Umstand wurde vor der Unterzeichnung der Streitschlichtungsvereinbarung gegenüber dem Besteller und dem Unternehmer schriftlich offen gelegt;
- muss vor dem Abschluss der Streitschlichtungsvereinbarung gegenüber dem Besteller, dem Unternehmer und gegebenenfalls den anderen Mitgliedern in schriftlicher Form und nach bestem Wissen jede berufliche oder private Beziehung mit einem Direktor, leitenden oder sonstigen Angestellten des Bestellers, des Unternehmers oder des Ingenieurs sowie jede frühere Beteiligung an dem Gesamtprojekt, von dem der Vertrag ein Teil ist, offen legen;

- darf während der Laufzeit der Streitschlichtungsvereinbarung nicht beim Besteller, Unternehmer oder Ingenieur als Berater oder in anderer Funktion angestellt sein, es sei denn, dies wurde von Besteller, Unternehmer und gegebenenfalls den anderen Mitgliedern schriftlich vereinbart;
- muss die angefügten Verfahrensregeln und die Vorschriften des Unterpunktes 20.4 der Vertragsbedingungen einhalten;
- darf dem Besteller, Unternehmer oder dem Personal des Bestellers oder des Unternehmers keinerlei Hinweise zur Durchführung des Vertrages geben, wenn dies nicht im Zusammenhang mit angefügten Verfahrensvorschriften geschieht;
- darf, solange es ein Mitglied ist, mit dem Besteller, dem Unternehmer oder dem Ingenieur keinerlei Verhandlungen führen oder Vereinbarungen treffen, bei denen es um eine Anstellung als Berater oder in anderer Funktion bei einem von ihnen nach Beendigung der Tätigkeit nach der Streitschlichtungsvereinbarung geht;
- muss sicherstellen, dass es soweit erforderlich an allen Baustellenbesichtigungen und Anhörungen teilnehmen kann;
- muss sich durch Studium aller ihm zur Verfügung gestellten Unterlagen, die in einer laufenden Akte bereitgehalten werden sollen, mit dem Vertrag und dem Baufortschritt (sowie aller anderen Teile des Projekts, von dem der Vertrag einen Teil darstellt) vertraut machen;
- muss die Einzelheiten des Vertrages und alle Handlungen und Anhörungen der Streitschlichtungsstelle als privat und vertraulich behandeln und darf diese nicht ohne vorherige schriftliche Zustimmung des Bestellers, des Unternehmers und des Ingenieurs veröffentlichen oder offen legen und muss in der Lage sein, auf Nachfrage sowohl des Bestellers als auch des Unternehmers Hinweise oder Meinungen bezüglich eines jeden den Vertrag betreffenden Sachverhalts zu geben, wenn gegebenenfalls die anderen Mitglieder damit einverstanden sind.

5. Allgemeine Verpflichtungen des Bestellers und des Unternehmers

Der Besteller, der Unternehmer sowie deren Personal dürfen vom Mitglied weder Ratschläge einholen noch sich von ihm in Bezug auf den Vertrag beraten lassen, soweit sich dies nicht innerhalb der Grenzen der üblichen Aktivitäten der Streitschlichtungsstelle gemäß dem Vertrag und der Streitschlichtungsvereinbarung hält und soweit dies nicht durch eine vorher zwischen dem Besteller, dem Unternehmer und gegebenenfalls den anderen Mitgliedern getroffenen Vereinbarung gedeckt ist. Der Besteller und der Unternehmer sind für die Einhaltung dieser Vorschrift auch durch ihr jeweiliges Personal verantwortlich.

Der Besteller und der Unternehmer verpflichten sich gegenseitig und gegenüber dem Mitglied, dass das Mitglied nicht, es sei denn dies wurde durch den Besteller, den Unternehmer, das Mitglied und gegebenenfalls die anderen Mitglieder schriftlich anders vereinbart:

- als Schiedsrichter in einem Schiedsverfahren gemäß dem Vertrag ernannt wird;
- als Zeuge benannt wird, um vor den für das Schiedsverfahren nach dem Vertrag benannten Schiedsrichtern Beweis hinsichtlich einer Streitigkeit zu erbringen; oder
  - für ein Tun oder Unterlassen bei der Ausführung oder vermeintlichen Ausführung der Funktionen des Mitglieds verantwortlich gemacht wird, es sei denn, das Mitglied war bösgläubig.

Hierdurch wird das Mitglied von Besteller und Unternehmer gesamtschuldnerisch gegenüber Ansprüchen, von denen es gemäß dem vorhergehenden Absatz befreit ist, entschädigt und schadlos gehalten. Wenn der Besteller oder der Unternehmer der Streitschlichtungsstelle eine Streitigkeit gemäß Unterpunkt 20.4 der Vertragsbedingungen vorlegt, die eine Besichtigung der Baustelle durch das Mitglied und dessen Teilnahme an einer Anhörung erforderlich macht, so hat der Besteller oder der Unternehmer eine angemessenen Sicherheit zu hinterlegen, die der Summe der dem Mitglied dadurch entstehenden angemessenen Kosten entspricht. Eine Anrechnung auf andere Zahlungen, die fällig sind oder an das Mitglied geleistet wurden, darf nicht erfolgen.

6. Bezahlung

Das Mitglied soll wie folgt bezahlt werden, und zwar in der in der Streitschlichtungsvereinbarung genannten Währung:

- eine monatliche Bestellungsgebühr, die als abschließende Vergütung angesehen wird für:
  - die Verfügbarkeit für alle Besichtigungen und Anhörungen, wenn diese 28 Tage vorher angekündigt wurden;
  - das Vertrautmachen und -bleiben mit allen Projektentwicklungen und die Führung der maßgeblichen Akten;
  - alle Büro- und Gemeinkosten, einschließlich von Kosten, die für Schreibservice, Fotokopien und Büromittel im Zusammenhang mit der Erfüllung seiner Aufgaben entstehen und
  - alle Dienstleistungen, die das Mitglied erbringt, abgesehen von denen, auf die sich die Unterpunkte (b) und (c) dieses Punktes beziehen.

  Die Bestellungsgebühr soll mit Wirkung des letzten Tages des Kalendermonats, in dem die Streitschlichtungsvereinbarung in Kraft getreten ist, gezahlt werden; und zwar bis zum letzten Tag des Kalendermonats, in dem die Abnahmebescheinigung für die gesamten Arbeiten ausgestellt wurde.

  Mit Wirkung vom ersten Tag des Kalendermonats, der dem Monat, in dem die Abnahmebescheinigung für die gesamten Arbeiten ausgestellt wurde, folgt, soll die Bestellungsgebühr um 50 Prozent gekürzt werden. Diese reduzierte Gebühr soll bis zum ersten Tag des Kalendermonats gezahlt werden, in dem das Mitglied zurücktritt oder die Streitschlichtungsvereinbarung anderweitig beendet wird.
- eine tägliche Gebühr, die als abschließende Vergütung angesehen wird für:
  - jeden Tag oder Teil eines Tages für bis zu zwei Reisetage in jede Richtung für die Reise zwischen dem Wohnort des Mitglieds zur Baustelle oder einen anderen Ort, an dem gegebenenfalls ein Treffen mit den anderen Mitgliedern stattfindet;
  - jeden Arbeitstag, der mit Baustellenbesichtigungen, Anhörungen oder der Vorbereitung von Entscheidungen verbracht wird und
  - jeden Tag, der mit dem Lesen von Vorlagen zur Vorbereitung von Anhörungen verbracht wird.

alle vernünftigerweise anfallenden Ausgaben, die im Zusammenhang mit den Aufgaben des Mitglieds angefallen sind, einschließlich der Telefonkosten, Kurierkosten, Faxe und Telexe, Reisekosten, Hotel- und Aufenthaltskosten. Für Kosten, die

die höher sind als fünf Prozent der täglichen Gebühr, auf die sich Unterpunkt (b) dieses Punktes bezieht, muss eine Quittung vorgelegt werden;
- Steuern, die das Land für Zahlungen an das Mitglied gemäß dieser Klausel 6 ordnungsgemäß erhebt, es sei denn, das Mitglied ist ein Einwohner dieses Landes.

Die Bestellungsgebühr und die tägliche Gebühr sollen in der Streitschlichtungsvereinbarung aufgeführt sein. Wenn hier nichts anderes festgelegt ist, bleiben diese Gebühren innerhalb der ersten 24 Kalendermonate unverändert und werden danach jeweils an dem Tag, an dem sich das Inkrafttreten der Streitschlichtungsvereinbarung jährt, durch eine Einigung zwischen dem Besteller, dem Unternehmer und dem Mitglied angepasst.

Das Mitglied hat für die Bezahlung der monatlichen Gebühr und der Fluggebühren vierteljährlich im Voraus eine Rechnung einzureichen. Rechnungen für andere Ausgaben und die täglichen Gebühren sollen nach Abschluss der Baustellenbesichtigung oder der Anhörung eingereicht werden. Sämtlichen Rechnungen muss eine kurze Beschreibung der im maßgeblichen Zeitraum ausgeführten Aktivitäten angefügt sein; sie müssen an den Unternehmer adressiert sein.

Der Unternehmer hat jede Rechnung des Mitglieds innerhalb von 56 Tagen nach deren Erhalt vollständig zu begleichen und beim Besteller die Erstattung der Hälfte der Beträge dieser Rechnungen zu beantragen. Der Besteller hat dann den Unternehmer vertragsgemäß zu bezahlen.

Wenn der Unternehmer es versäumt, dem Mitglied die ihm nach der Streitschlichtungsvereinbarung zustehenden Beträge zu zahlen, hat der Besteller den dem Mitglied zustehenden sowie jeden anderen Betrag, der zur Aufrechterhaltung der Aktivitäten der Streitschlichtungsstelle erforderlich ist, zu zahlen; Recht oder Rechtsbehelfe des Bestellers werden dadurch nicht beeinflusst. Zusätzlich zu allen anderen Rechten, die sich aus dem Versäumnis des Unternehmers ergeben, hat der Besteller Anspruch auf die Erstattung aller Beträge, die über die von ihm zu tragende Hälfte hinausgehen, sowie sämtlicher Kosten, die durch die Wiedererlangung dieser Beträge und die Finanzierung entstanden sind. Die Finanzierungskosten werden nach der in Unterklausel 14.8 der Vertragsbedingungen angegebenen Rate berechnet.

Wenn das Mitglied den fälligen Betrag nicht innerhalb von 70 Tagen nach Übermittlung einer gültigen Rechnung erhält, kann es

- seine Dienstleistungen ohne weitere Mitteilung einstellen, bis es die Zahlung erhält, und/oder
- nach Mitteilung gemäß Klausel 7 von seiner Benennung zurücktreten.

7. Kündigung

Jederzeit

- können Besteller und Unternehmer gemeinsam die Streitschlichtungsvereinbarung kündigen, indem sie dem Mitglied 42 Tage vorher davon Mitteilung machen oder
- kann das Mitglied wie in Klausel 2 vorgesehen zurücktreten.

Wenn das Mitglied die Streitschlichtungsvereinbarung nicht einhält, können Besteller und Unternehmer, ohne das davon weitergehende Rechte beeinflusst werden, durch Mitteilung an das Mitglied kündigen. Die Mitteilung wird wirksam, sobald das Mitglied sie erhält.

Wenn der Besteller oder der Unternehmer die Streitschlichtungsvereinbarung nicht einhält, kann das Mitglied, ohne das davon weitergehende Rechte beeinflusst werden, durch Mitteilung an den Besteller und den Unternehmer kündigen. Die Mitteilung wird wirksam, sobald sie von beiden erhalten worden ist.

Jede Mitteilung, jeder Rücktritt und jede Kündigung ist endgültig und verbindlich für den Besteller, den Unternehmer und das Mitglied. Eine Mitteilung von entweder nur dem Besteller oder nur dem Unternehmer hat jedoch keinerlei Auswirkungen.

8. Pflichtverletzung des Mitglieds

Wenn das Mitglied einer der in Klausel 4 genannten Verpflichtungen nicht erfüllt, verliert es seinen Anspruch auf Zahlungen. Das Mitglied muss dem Besteller und dem Unternehmer, ohne dass dadurch deren weitergehende Rechte beeinflusst werden, sämtliche Gebühren und Ausgaben, die es selbst oder ein anderes Mitglied bereits erhalten hat, ersetzen, wenn die Verfahren oder Entscheidungen der Streitschlichtungsstelle ungültig oder unwirksam geworden sind.

9. Streitigkeiten

Jede Streitigkeit, die im Zusammenhang mit der Streitschlichtungsvereinbarung oder deren Verletzung, Kündigung oder Unwirksamkeit entsteht, muss nach den Schiedsverfahrensvorschriften der Internationalen Handelskammer durch einen Schiedsrichter, der in Übereinstimmung mit diesen Regeln benannt wurde, beigelegt werden.

12 FIDIC Dispute Adjudication ist weltweit ein Begriff. In Deutschland hat Dispute Adjudication dagegen keine klaren Konturen. Die Wurzeln dieser Streitbeilegungsidee liegen im angelsächsischen Common Law (siehe oben) und in der angelsächsischen Praxis. FIDIC orientiert sich an diesem Vorbild, ohne es vollinhaltlich zu übernehmen. Tatsächlich ist die Aufgabenstellung an das FIDIC Dispute Adjudication Board viel älter als ihre namentliche Nennung in FIDIC-Vertragswerken es vermuten lässt. Erst seit 1995 (FIDIC Orange Book) und sodann durchgängig seit 1999 (FIDIC Rainbow 1999, 1st edition) verweist das FIDIC-Vertragswerk auf Dispute Adjudication Boards. Faktisch übte aber bis dahin der Engineer neben der Feststellungsbefugnis, die er noch heute inne hat (vgl. Unterklausel 53.5 FIDIC 1987 sowie Unterklausel 3.5 FIDIC 1999) die Streitentscheidungsbefugnis aus (vgl. Unterklausel 67.1 FIDIC 1987). Kritik an seiner vermeintlichen Parteilichkeit und tatsächlichen Abhängigkeit von dem Besteller führte dazu, die zweite Rolle des Engineer aus dem Aufgabengebiet des Engineer herauszulösen und sie einer eigenständigen Institution zu übertragen[49]. Das FIDIC DAB oder DB (SBDW 2010) ist daher noch immer in der Tradition des „Streitentscheiders" zu verstehen, dem es unter justizähnlichen Bedingungen obliegt, zeitnahe und kostengünstige Entscheidungen zu fällen. Begrifflich unterscheidet das Vertragswerk daher zwischen

[49] Siehe z.B. Glavinis, Le contrat international de construction, Rn. 569; Elahi, Analysis of some aspects of FIDIC Standard Conditions of Contract, 127; vgl. zu einem besonderen Aspekt ICC Schiedsspruch n° 10619 (2008) 19 ICC International Court of Arbitration Bulletin, n° 2, 85 ff.: Dort sah sich der Engineer gehalten, vor Ausübung seiner schiedsgerichtsähnlichen Spruchtätigkeit gehalten, eine Genehmigung des Bestellers einzuholen. Die Besonderen Vertragsbedingungen stellten –was international nicht unüblich ist-die Befugnisse des Engineer unter Genehmigungsvorbehalt. Das ICC Schiedsgericht legte die Klausel allerdings so aus, als gelte sie nur für die Ausübung der originären Befugnisse des Engineer als Tatsachenfeststeller (Certifier). Vgl. dazu näher Seppälä ICLR 2009, 415, 421 f.

Claims und Disputes. Das ganze FIDIC Claim- und Dispute Management steht aber einheitlich unter dem Motto, dass zeitnahe Entscheidungen herbeigeführt werden sollen, solange die Wahrscheinlichkeit besteht, dass Ausrüstung, Material und Personal noch auf der Baustelle vorhanden sind[50]. Langwierige Streitigkeiten vor staatlichen Gerichten oder Schiedsgerichten sollen die Ausnahme denn die Regel darstellen[51]. Während der Engineer Festlegungen nach Unterklausel 3.5 FIDIC1999 trifft[52], die eine Anspruchsvoraussetzung (condition precedent) darstellen, entscheidet das Dispute Adjudication Board über Streitigkeiten (Disputes)[53]. Liegt keine Streitigkeit vor, muss das DAB eine Sachentscheidung ablehnen und die Klage abweisen.

Ohne dieses Vorverständnis lässt sich Dispute Adjudication weder verstehen noch in andere Rechtsordnungen implementieren[54]. Fehlt es an einer zentralen Anlaufstelle mit Entscheidungskompetenzen und Regeln zur Tatsachenfeststellung durch diese Instanz, sind Adjudication Verfahren kaum praktikabel. Dispute Adjudication ist kein Ersatz für staatliche Gerichtsverfahren oder Schiedsverfahren. Es fehlt ihnen bewusst das in solchen Verfahrensformen angestrebte Maß an Justizförmigkeit, in dem die Parteien sämtliche Verfahrensgarantien in Anspruch nehmen können. Dispute Adjudication trachtet nicht danach, dieses Angebot zu ersetzen. Eher könnte man sagen, FIDIC trachtet danach, die Wahrnehmung dieser Option zu vermeiden. Im Dispute-Adjudication-Verfahren sind lediglich die grundlegenden Verfahrensgarantien, wie z.B. der Aspruch auf rechtliches Gehör (in seiner rudimentärsten Form) zu beachten. Im angelsächsischen Recht wird dieser Anspruch unter dem Stichwort *natural justice* zusammengefasst. Dispute Adjudication kann jedenfalls teure und aufwändige justizförmige Verfahren entbehrlich machen, die auf die Einhaltung sämtlicher Verfahrensgarantien angelegt sind (Schiedsverfahren, staatliche Gerichtsverfahren). Eine wesentliche Voraussetzung dafür ist jedoch, dass die Parteien schon frühzeitig strenge und umfassende Dokumentationsanforderungen erfüllen und damit die belastbare Grundlage für eine vereinfachte Verfahrensführung schaffen, in der die Sachentscheidung im Vordergrund steht[55]. Benutzen die Parteien das Verfahren als Mittel zur Sachaufklärung und Aufbereitung des Prozesstoffes, verliert das Dispute Adjduciation Verfahren seinen besonderen Reiz. Für eine solche Vorgehensweise ist zudem keine Zeit, denn es soll möglichst schnell und fristgebunden eine Enstcheiudng ergehen. Das Vertragswerk und das Baustellenmanagement müssen mithin dazu beitragen, dass der Sachverhalt gut aufbereitet vor das DAB kommt. Das FIDIC Vertragswerk ist diesen Anforderungen durchaus gewachsen, wie ein Blick auf die Unterklauseln 1.3, 2.5, 4.21, 6.10, 8.3, 13.1, 20.1 FIDIC 1999 erhellt. In der Praxis fehlt es zumeist aber an einem vertragsgerechten Baustellenmanagement.

---

[50] Her Majesty's Attorney General for the Falklands Islands v. Gordon Forbes Construction (Falklands) Ltd [2003] BLR 280) = IBR 2006, 1107 – Hök.

[51] Her Majesty's Attorney General for the Falklands Islands v. Gordon Forbes Construction (Falklands) Ltd [2003] BLR 280) = IBR 2006, 1107 – Hök.

[52] Im Vordergrund stehen insoweit die Claims auf Zeitverlängerung, Kosten und Gewinn. Allerdings verweist das Vertragswerk in vielen anderen Fällen ebenfalls auf die Unterklausel 3.5, z.B. wenn es um die Bewertung von Leistungsänderungen geht oder wenn gemäß Unterklausel 12.3 Einheitspreise angepasst werden müssen.

[53] Zum Begriff des Dispute siehe Bovis Lend Lease Ltd v. The Trustees of the London Clinic, Urteil vom 28.01.2009 – [2009] EWHC 64 (TCC) = IBR 2009, 1071 – Hök; Ellerine Bros Ltd v. Klinger [1982] 2 All ER 737; Jarosson LGDJ 1987, 254 ff.

[54] Siehe dazu Hök, Dispute Adjudication in Civil Law Countries – Phantom or Effective Dispute Resolution Method, ICLR 2011, 412 ff.

[55] Hök, Dispute Adjudication: Modethema oder ernsthafte Alternative?, ZfBR 2010, 736 ff.

II. FIDIC-Streitbeilegungsstelle (DAB)

13 **1. Einleitung.** FIDIC Dispute Adjudication ist eine Streitbeilegungsmethode, die ausschließlich vertragliche Grundlagen hat. Ihr Ziel besteht in der schnellen und sachkundigen Beilegung von Streitigkeiten solange die Entscheidung noch unmittelbar Auswirkungen auf der Baustelle hat. Damit die Ziele erreicht werden können, bedarf es eines Dispute Adjudication Boards (DAB). Ein solches FIDIC DAB ist entweder ein Gremium von drei Entscheidungsträgern oder es kann auch mit nur einer Person besetzt werden. Gleich in welcher Besetzung es antritt, es soll sich bei den Mitgliedern des DAB um erfahrene, angesehene, unparteiliche und unabhängige Personen handeln. Cl. 3 General Conditions of Dispute Adjudication Agreement regelt dies ausdrücklich. Zugleich wird mit der Bestellung eines permanenten (baubegleitenden) DAB die Hoffnung verbunden, es könne und möge aufkeimenden Streit rechtzeitig erkennen und vermeiden helfen. Dies kann – was in vielen Ländern sehr wichtig ist[56] – eine bestehende Geschäftsbeziehung erhalten und helfen sie nicht zu beschädigen.

Klauselauszug Cl. 3 General Conditions of Dispute Adjudication Agreement

Bei der Ernennung des Mitglieds verlassen sich der Besteller und der Unternehmer auf die von ihm gemachten Angaben, dass es:

(a) Erfahrungen mit der Arbeit hat, die der Unternehmer nach dem Vertrag auszuführen hat,

(b) Erfahrungen mit der Auslegung von Vertragsunterlagen hat und

(c) die als Sprache für Mitteilungen im Vertrag festgelegte Sprache fließend spricht.

14 Das Bestellungsverfahren ist in Unterklausel 20.2 eingehend geregelt. Im Vordergrund steht die Parteiautonomie. Hilfsweise kann die Besetzung über eine unabhängige Stelle erfolgen, einen sog. Nominating Body (auch gelegentlich als Appointing Entity bezeichnet).

Klauselauszug Unterklausel 20.2 Red Book

Die Streitbeilegungsstelle (DAB) besteht, je nach Festlegung im Anhang zum Angebot, entweder aus einer oder aus drei hinreichend qualifizierten Personen („die Mitglieder"). Ist die Anzahl der Mitglieder nicht festgelegt und einigen sich die Parteien nicht auf andere Weise, soll die Streitbeilegungsstelle aus drei Mitgliedern bestehen.

Soll die Streitbeilegungsstelle (DAB) aus drei Mitgliedern bestehen, hat jede Partei der jeweils anderen ein Mitglied zur Genehmigung vorzuschlagen. Die Parteien halten mit diesen beiden Mitgliedern Rücksprache und einigen sich gemeinsam über das dritte Mitglied, das den Vorsitz übernimmt.

Wenn jedoch der Vertrag eine Liste in Betracht kommender Mitglieder enthalten, sollen die Mitglieder unter den dort genannten Personen ausgewählt werden, es sei denn, diese sind nicht in der Lage oder nicht gewillt, die Benennung anzunehmen.

15 Der Anhang zum Angebot (Appendix to Tender) benennt den Präsidenten von FIDIC als Autorität für die Benennung der Mitglieder der Streitbeilegungsstelle, soweit die Parteien nichts anderes vereinbaren oder sich nicht auf die Mitglieder der Streitbeilegungsstelle einigen können (vgl. auch Unterklausel 20.3). Unterklausel 20.3 sieht ein echtes Ernennungsrecht vor. Die Parteien müssen akzeptieren, wen die Benennungs-

[56] Vor allem in den arabischen Ländern und im ostasiatischen Raum sind solche Modelle sehr willkommen, weil Streitigkeiten vielfach als Vertrauensbruch und Unhöflichkeit verstanden werden.

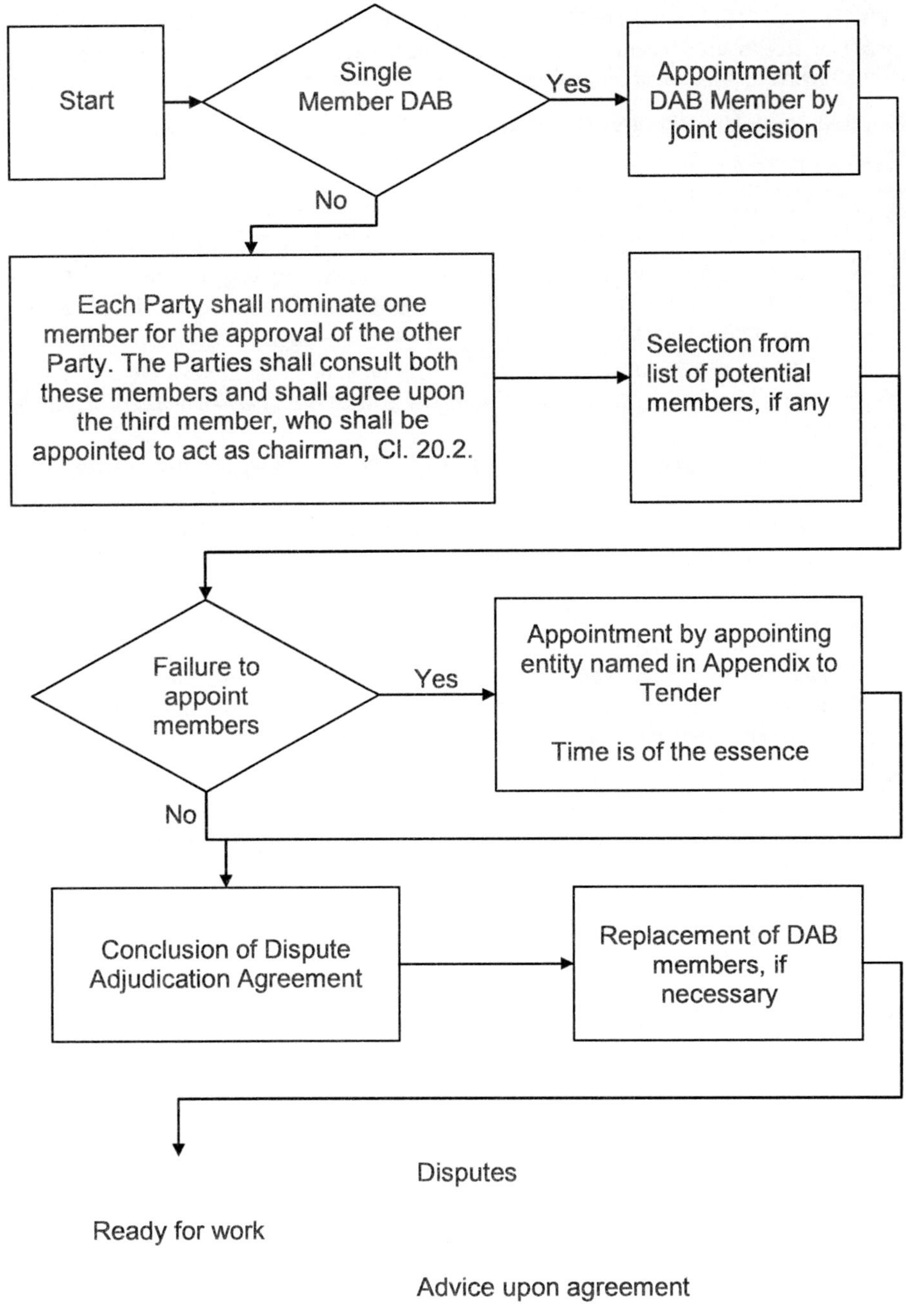

Abb. 8.1. DAB Appointment

stelle benennt[57]. In Deutschland kann alternativ der Verband der Beratenden Ingenieure (VBI) in Berlin als Benennungsstelle eingesetzt werden. Auf beiden Listen werden FIDIC-geprüfte Adjudicatoren geführt.

Klauselauszug Unterklausel 20.3 Red Book

Tritt eine der folgenden Bedingungen ein:

(a) die Parteien können sich an dem gemäß Unterklausel 20.2, erster Absatz genannten Tag nicht über die Benennung des Einzel-Streitschlichters einigen,

(b) eine Partei benennt nicht (schlägt nicht zur Genehmigung der anderen Partei vor) bis zu diesem Tag das von ihr zu benennende Mitglied einer aus drei Mitgliedern bestehenden Streitbeilegungsstelle,

(c) die Parteien können sich bis zu diesem Tag nicht über die Benennung des dritten Mitglieds, das den Vorsitz der Streitbeilegungsstelle übernehmen soll, einigen, oder

(d) die Parteien können sich innerhalb von 42 Tagen, nachdem der Einzel-Streitschlichter oder eines von drei Mitgliedern sich weigert, für die Streitbeilegungsstelle tätig zu werden oder dazu aufgrund von Tod, Unfähigkeit, Rücktritt oder Kündigung der Benennung nicht mehr in der Lage ist, nicht über die Benennung einer Ersatzperson einigen, dann wird dieses Mitglied der Streitbeilegungsstelle auf Nachfrage von entweder einer oder beiden Parteien und nach Rücksprache mit beiden Parteien durch die in den Anhang zum Angebot bezeichnete benennende Stelle oder Person benennt. Diese Benennung ist abschließend und endgültig. Jede Partei trägt die Hälfte der Kosten, die durch die Benennung durch die benennende Stelle oder Person entstanden sind.

16 Die Mitglieder des permanenten DAB werden üblicherweise vor Aufnahme der Bauarbeiten bestellt und treffen sich in regelmäßigen Abständen auf der Baustelle, um sich ein Bild vom Baufortschritt zu machen. Die DAB-Mitglieder erhalten die Vertragsunterlagen, Pläne und Spezifikationen, machen sich mit den Baubeteiligten und den Projektabläufen vertraut und werden bezüglich des Baufortschritts auf dem Laufenden gehalten. Anlässlich der regelmäßig durchzuführenden Baustellenbesuche trifft sich das DAB üblicherweise mit den Baubeteiligten und fördert die frühzeitige Streitbeilegung auf Arbeitsebene. Tritt ein Streit (Dispute) auf, wird er dem DAB zur Entscheidung vorgelegt. Dann wird das DAB auf der Grundlage von Unterklausel 20.4 tätig.

17 **2. Rechtsgrundlagen.** Die Arbeit des DAB beruht auf verschiedenen Rechtsgrundlagen. Zu nennen sind:

- General Conditions FIDIC Book (Gold Book, Yellow Book, Red Book, Silver Book, Dredging Form)
- Dispute Adjudication Agreement
- General Conditions for Dispute Adjudication Agreement
- Procedural Rules

18 Alle vier Quellen gemeinsam regeln die Rechtsstellung und Befugnisse der DAB-Mitglieder, das Dispute Adjudication Verfahren sowie die Rechte und Möglichkeiten der Parteien während des Streitbeilegungsverfahrens. Da es sich um ein rein vertragliches

[57] Totterdill, FIDIC User's Guide, 2. Auflage, 2006, 299.

Verfahren handelt, müssen alle Details des Verfahrens, der Zuständigkeit des DAB und der Entscheidungsfindung vertraglich determiniert sein. In FIDIC-Verträgen werden nur die wesentlichen Aspekte des Verfahrens im Bauvertrag geregelt (Unterklauseln 20.2 bis 20.4). Details finden sich im Dispute Adjudication Agreement. Durch das Dispute Adjudication Agreement verdingen sich die Mitglieder des DAB, die dem DAB übertragenen Aufgaben zu erfüllen. Zugleich dient das Dispute Adjudication Agreement dazu, die Verfahrensregeln (Procedural Rules) zu vereinbaren, denen das DAB folgen soll. Insbesondere aber regelt das Dispute Adjudication Agreement die Vergütung der DAB Mitglieder und die Zahlungsbedingungen[58]. Ob sich die Mitglieder eines DAB tatsächlich zu einer gemeinsamen Leistung verpflichten, wie es in Österreich zum Schiedsrichtervertrag vertreten wird[59], muss bezweifelt werden. Dagegen spricht, dass die Mitglieder des DAB wie die eines Schiedsgerichts nicht gehalten sind, eine uniforme Meinung zu vertreten oder gar eine einheitliche Entscheidung zu fällen. Auch sind individuelle Fehler einzelner DAB Mitglieder denkbar, die den anderen DAB Mitgliedern nicht zugerechnet werden sollten.

3. Qualifikation der DAB-Mitglieder. Das FIDIC-Vertragswerk schreibt vor, dass die Mitglieder des DAB über bestimmte Fähigkeiten verfügen müssen: 19

- Erfahrung mit den vertraglich gebundenen Arbeiten
- Erfahrung im Umgang mit dem FIDIC-Vertragswerk und seiner Auslegung
- Fließende Sprachkenntnisse

Diese Kernmerkmale kann man weiter aufbrechen und kommt dann zu folgenden Qualifikationskriterien:

- Erfahrung (technische und vertragsrechtliche)
- Kenntnis des Vertragswerks
- Sprachkenntnisse (*Communication Language* gemäß Appendix to Tender)
- Spruchpraxis
- Verfahrensrechtliche Kenntnisse (Grundstandards)

Daneben sind sogenannte *Soft Skills* von Vorteil. Der Adjudicator sollte über eine hinreichend ausgeprägte Persönlichkeit verfügen, von den Parteien aufgrund seiner Persönlichkeit respektiert werden, und diesen Respekt in angemessener Weise nutzen. Der Umgang mit den Parteien muss es zum Ziel haben, das Vertrauen der Parteien zu gewinnen und zu erhalten, damit die Parteien ihrerseits Vertrauen in die Streitbeilegungsbemühungen des Adjudicators setzen und keine Zweifel genährt werden, dass sachfremde Erwägungen in die Streitbeilegung einfließen. Nur so kann die Streitbeilegung erfolgreich sein. 20

4. Aufgaben. Das ständige oder permanente DAB (wie es z.B. im FIDIC Red Book 1999 vorgeschlagen wird) hat konzeptionell vor allem fünf wesentliche Aufgaben:

- Regelmäßige Besuche der Baustelle, um sich mit den Details des Vorhabens vertraut zu machen
- Fortwährende Informationen über die Aktivitäten, den Fortschritt, die Entwicklung und die Probleme auf der Baustelle
- Förderung der einvernehmlichen Streitbeilegung

[58] Siehe Linnett v. Halliwells Llp [2009] EWHC 319 (TCC) (24.2.2009).
[59] Öst. OGH, Entscheidung v. 28.4.1998, 1 Ob 253/97 f, ZfRV 1998, 259.

- Bei Auftreten einer Streitigkeit das Abhalten eines Verhandlungstermins, Vervollständigung der Überlegungen und Vorbereitung einer Entscheidung in sachgerechter und zeitlich vertretbarer Weise
- Entscheidungsfindung bei Auftreten von Streitigkeiten

21 Aus englischer Sicht hat der sog. Adjudicator in etwa die Aufgaben, die zuvor in den älteren Standardbedingungen (FIDIC 1987) allein dem Ingenieur vorbehalten waren (vgl. Unterklausel 67.1 FIDIC 1987)[60]. Der heutige Adjudicator soll entscheiden, ob nach den Umständen des Streitfalles ein bestimmtes Recht besteht und durchgesetzt werden kann. Sofern die Parteien nichts anderes vereinbaren, ist der Adjudicator nicht befugt, den Vertrag anzupassen, zu verändern oder zu ergänzen. Die Rechtsmacht des Adjudicators beruht auf dem Vertrag und ist durch ihn beschränkt. Sie entspricht mithin der eines Vertragsadministrators, Ingenieurs oder Architekten, der zugleich mit der Streitbeilegung beauftragt ist[61]. In der FIDIC-Rainbow Edition 1999 hat der Ingenieur die Funktion als Streitentscheider an das DAB abgegeben, wenngleich der Ingenieur im Sinne der Klausel 3 FIDIC Red Book weiterhin „Entscheidungsaufgaben" wahrnimmt. Das DAB übernimmt im Grunde genommen und insoweit eine Art Kontrollfunktion, die ohne die Tätigkeit des Ingenieurs nicht denkbar ist[62]. Im FIDIC Red Book 1999 findet sich allerdings noch ein Klauselvorschlag, der es erlaubt, den Ingenieur mit Streitentscheidungsaufgaben zu betrauen (siehe den Guide for the Preparation of Particular Conditions im FIDIC Red Book 1999).

22 **5. Zuständigkeit und Gerichtsgewalt (Jurisdiction).** Unterklausel 20.4 FIDIC Red Book oder Yellow Book bestimmt, in welchen Fällen das DAB gerichtsähnliche Gewalt hat. Das DAB kann nur dann über eine Streitigkeit entscheiden, wenn es Gerichtsgewalt (jurisdiction) hat. Es genügt also nicht, dass dem DAB einseitig ein Ersuchen angetragen wird. Vielmehr muss das DAB in jedem Fall feststellen, ob es im konkreten Fall für die Streitentscheidung zuständig ist, gleich ob sich nur eine Partei oder beide an dem Verfahren beteiligen. Das DAB hat folglich Kompetenz-Kompetenz. Unterklausel 20.4 FIDIC 1999 beschränkt die Gerichtsgewalt auf Fälle, in denen die Streitigkeit aus dem Vertrag hervorgeht oder in Verbindung mit dem Vertrag steht. Gerichtsgewalt fehlt auch, wenn es inhaltlich an einer Streitigkeit (einem *Dispute*) fehlt. Ein solcher Fall ist anzunehmen, wenn lediglich eine Meinungsverschiedenheit vorliegt und insbesondere dann, wenn der Ingenieur noch keine Festlegung im Sinne der Unterklausel 3.5 FIDIC Red Book (oder Yellow Book) getroffen hat.

So etwas kommt häufiger vor als man zunächst denken würde. So wird der Contractor gelegentlich der Auffassung sein, dass der Engineer schnellere Entscheidungen herbeiführen könne. Vielfach ist das aber schlicht nicht möglich, z.B. wenn es sich um einen Claim mit *continuing effect* handelt (vgl. Unterklausel 20.1 FIDIC 1999). Der Contractor muss dann zuwarten, bis die Ursache seines Claims beigelegt ist. Immer wieder wird auch beanstandet, dass der Engineer untätig bleibt, obwohl die Sachlage nach Auffassung des Contractor eine Anordnung erfordert. Solche Anordnungen dürften allerdings in den seltensten Fällen wirklich geboten sein. Grundsätzlich bleiben Anordnungen Ermessenssache und es besteht kein Anspruch auf die Erteilung einer Anordnung oder gar einer *Variation*. Klassischer Fall eines solchen Missverständnisses ist es, dass der Unternehmer meint, es liege ein Planungsversäumnis vor. Häufig wird je-

60 Smith ICLR 2005, 248, 251; vgl. dazu auch Nisja ICLR 2004, 230, 239.
61 KNS Industrial Services (Birmingham) Ltd. v. Sindall Ltd. (2000) C.I.L.L. 1652.
62 Nisja ICLR 2004, 230, 243.

doch eine genauere Vertragslektüre ergeben, dass der Unternehmer gewisse Planungsleistungen selbst erbringen muss (wie z.B. Werkstattzeichnungen; Standfestigkeitsberechnungen für Behelfsbauten, etc.). Auch ist der Unternehmer grundsätzlich in der Wahl der Baumethoden frei. Er allein muss entscheiden, ob er per Hand ausschachten möchte oder ob er Maschinen einsetzen will.

Zu beachten ist, dass das Dispute Adjudication Board wie der Engineer an den Vertrag 23
gebunden ist. Der FIDIC-Vertrag verschafft dem DAB die gerichtsähnliche Gewalt bzw. Befugnis, die es benötigt, um über Streitfragen zu entscheiden. Der Vertrag verortet die Gerichtsgewalt und Gerichtszuständigkeit bei dem Dispute Adjudication Board, das seinerseits nur innerhalb dieser vertraglich geschaffenen Befugnisse auftreten und handeln darf. Das DAB hat keine über den Vertrag hinaus gehende Gerichtsgewalt und ist daher streng an ihn gebunden. Folglich darf das DAB nur dann tätig werden, wenn eine Streitigkeit im Sinne der Unterklausel 20.4 FIDIC 1999 vorliegt. Es kann bezweifelt werden, ob das DAB ohne ausdrückliche Ermächtigung Aufgaben wahrnehmen darf, die Richter qua gesetzlicher Anordnung ausüben sollen, z.B. die Anpassung der Vertragsstrafe (vgl. § 343 Abs. 1 BGB). Ausschlussfristen und Beweismittelregelungen, wie sie in Unterklausel 20.1 geregelt sind, müssen von dem DAB beachtet werden. In Bezug auf die Beweiswürdigung helfen allgemeine Regeln (*balance of probabilites*). Letztere mag allerdings unter Berücksichtigung des Sitzes des Schiedsgerichts einem schärferen Standard weichen. Bei der Entscheidungsfindung hat das DAB aufgrund seiner Vertragsbindung zu berücksichtigen, dass etwaige Zahlungsansprüche nicht unmittelbar fällig gestellt werden können, denn Unterklauseln 14.3, 14.6, 3.5 und 2.5 FIDIC 1999 stellen sicher, dass Zahlungsansprüche nur dann fällig werden, wenn sie in eine Zahlungsbescheinigung aufgenommen wurden[63]. Hierdurch ist gewährleistet, dass etwaige Aufrechnungspotentiale genutzt werden, über die ausschließlich der Engineer zu befinden hat (vgl. Unterklausel 2.5). Schließlich muss das DAB seine Entscheidung binnen 84 Tagen ab Klageeinreichung erlassen und zustellen. Geschieht dies nicht, kann das Schiedsgericht angerufen werden (vgl. Unterklausel 20.6).

6. Dispute Adjudication Agreement (Arbeitsebene). Die Grundlage für die Aufnah- 24
me der DAB-Tätigkeit bildet der dreiseitige Vertrag[64], den die Parteien des Bauvertrages mit jedem einzelnen oder dem einzigen Adjudicator schließen. Dieser Vertrag ist als Muster in den FIDIC Books vorgegeben. Er besteht aus dem Dispute Adjudication Agreement (wahlweise für den Einzeladjudicator oder dreiköpfiges DAB) und den General Conditions of Dispute Adjudication Agreement, die wiederum auf die Procedural Rules verweisen. Der Vertrag ist als dreiseitige Vereinbarung zwischen Adjudicator, Contractor und Employer ausgestaltet. Er unterliegt dem vereinbarten Recht, das zwischen dem Adjudicator und den anderen beiden Vertragsparteien ausgehandelt werden muss. Fehlt eine Rechtswahlvereinbarung, wäre das Dispute Adjudication Agreement

---

[63] A.A. ICC Schiedsspruch 10619 (2008) 19 ICC International Court of Arbitration Bulletin, n° 2, 85 ff.; Seppälä ICLR 2009, 415, 422, allerdings nur mit Blick auf die Ausübung von Schiedsgerichtsbarkeit und für den Sonderfall, dass der Engineer Zahlungsbescheinigungen nur mit Genehmigung des Bestellers ausstellen darf, was in den Allgemeinen Vertragsbedingungen generell nicht vorgesehen ist, aber häufig in Besonderen Vertragsbedingungen geregelt wird. Es bleibt anzumerken, dass der Wortlaut der FIDIC Bedingungen 1999 in Unterklausel 14.3 deutlich macht, dass alle nach Klausel 20 festgestellten Ansprüche (also auch solche, die im Schiedsverfahren ausgeurteilt werden) in Zahlungsbescheinigungen aufzunehmen sind.

[64] Siehe zum Unterschied zwischen dem Dispute Adjudication Agreement und dem Adjudicator's Agreement Linnett v. Halliwells Llp [2009] EWHC 319 (TCC) (24.2.2009).

mit allen drei Adjudicatoren nach Auffassung des österreichischen OGH[65] zum Schiedsrichtervertrag einheitlich anzuknüpfen, d.h. alle drei Dispute Adjudication Agreements würden einheitlich einer Rechtsordnung unterliegen. Ob das in allen Fällen interessegerecht ist, muss bezweifelt werden. Im Zweifel greift Art. 4 Abs. 1 b Rom I, der auf das Sitzrecht des Adjudicators verweist. Eine Sonderanknüpfung läge allein im Interesse der streitenden Parteien.

In der Praxis werden Dispute Adjudication Agreements allerdings durchaus auch in der Form abgeschlossen, dass es nur ein einziges Agreement gibt, das alle drei Adjudicatoren unterschreiben. Gelegentlich werden Adjudicatoren auch Ergänzungen zum Dispute Adjudication Board Agreement vorschlagen, z.B. hinsichtlich der Verfahrensführung, der Verfahrensdauer, etc.

Hinweis: Es erscheint wenig sinnvoll, dass unterschiedliche Rechtswahlvereinbarungen mit den Mitgliedern des DAB getroffen werden. Das Dispute Adjudication Agreement hat erheblichen Einfluss auf die Verfahrensgestaltung und die Verfahrensregeln. Unterliegen die einzelnen Dispute Adjudication Agreements unterschiedlichen Rechtsordnungen sind im Zweifel auch die Verfahrensstandards unterschiedlich. Ob diese Erwägung allerdings dazu führen sollte, die DAB Mitglieder als eine Art Gesellschaft zu betrachten, die nur eine einheitliche Rechtsbeziehung zu den Parteien unterhält, ist überaus fraglich.

Immer wieder einmal kommt es vor, dass sich eine der Bauvertragsparteien weigert, das Dispute Adjudication Agreement zu unterzeichnen oder ihm beizutreten. Die Gründe hierfür sind vielfältig. Manchmal sind es taktische Gründe, die eine Partei bewegen, nicht beizutreten. Gelegentlich ist es die Unzufriedenheit über die Honorare, die vorgesehen sind. Tatsache ist, dass die Dispute Adjudication Boards in der Regel auch dann aktiv werden, wenn nur eine Partei das Dispute Adjudication Agreement unterschreibt. In der Regel wird es seine Rechtfertigung dafür aus den FIDIC General Conditions nehmen, wonach sich beide Parteien verpflichtet haben, ein DAB zu bestellen. Zudem ist in den vor Abschluss des Bauvertrages nachlesbaren FIDIC Procedural Rules nachzulesen, dass das DAB auch ex parte entscheiden darf. Dem Umstand, dass sich dann nicht beide Parteien den in den FIDIC-Büchern abgedruckten *Procedural Rules* unterworfen haben, wird keine Bedeutung beigemessen. Allerdings achten die DAB auch dann streng darauf, sich an die Procedural Rules zu halten sowie auch die Partei am Verfahren zu beteiligen, die sich weigert, das Agreement zu unterschreiben. Nur so ist gewährleistet, dass der DAB Spruch an keinen Mängeln leidet, die für sich genommen, die Durchsetzbarkeit des Spruches in Frage stellen. Im Übrigen kann sich das DAB jedenfalls aus deutscher und englischer Sicht darauf berufen, dass im Zweifel ohnehin eine dreiseitige Vereinbarung zustandekommt, wenn auch konkludent. Aus deutscher Sicht wird jedenfalls im Schiedsrecht unterstellt, dass es für den Abschluss des Schiedsrichtervertrages ausreicht, wenn die Ernennungsstelle die Namen der ernannten Schiedsrichter an die Parteien mitteilt[66]. Lässt sich die Partei, die das Agreement nicht unterzeichnet hat, rügelos ein, ist jedenfalls der Einwand des fehlenden Vertrages nicht mehr gegeben[67].

---

65 Öst. OGH, Entscheidung v. 28.4.1998, 1 Ob 253/97 f, ZfRV 1998, 259.

66 Siehe OLG München, Beschluss v. 21.12.2006, 34 SchH 12/06, 34 SchH 012/06, OLGR 2007, 410.

67 Siehe LG Mönchengladbach, Urteil v. 14.7.2006, 2.O. 134/05, SchiedsVZ 2007, 104; ähnlich Linnett v. Halliwells Llp [2009] EWHC 319 (TCC) (24.2.2009).

Das Dispute Adjudication Agreement regelt die Vergütung der Adjudicatoren[68] und die Verpflichtungen der Adjudicatoren, u.a. namentlich die Verpflichtung: 25

- zur Unparteilichkeit (Impartiality), Cl. 3 General Conditions of Dispute Adjudication Agreement
- zur Unabhängigkeit (Independance), Cl. 3 General Conditions of Dispute Adjudication Agreement
- keine finanziellen Interessen am Bauvorhaben und gegenüber den Vertragsparteien zu haben
- keine Vertragsbeziehungen mit den Vertragsparteien einzugehen
- die in den FIDIC Books abgedruckten Procedural Rules einzuhalten
- keine der Vertragsparteien zu beraten, mit Ausnahme der in den Procedural Rules vorgesehenen Fällen
- zur Verfügbarkeit für die Zwecke der Streitbeilegung
- zur Einarbeitung in das Vertragswerk
- zur Vertraulichkeit

Die General Conditions of Dispute Adjudication Agreement machen zudem das Vertrauen der Auftraggeber (also der Vertragsparteien) in die Erfahrung des Adjudicators in Bezug auf die von dem Contractor auszuführenden Arbeiten, in die Erfahrung des Adjudicators bezüglich der Vertragsauslegung und in seine Sprachenkenntnisse zur Vertragsgrundlage (General Conditions of Dispute Adjudication Agreement, Cl. 3). 26

Das Dispute Adjudication Agreement beginnt mit dem Tag, der im Agreement definiert ist, vorausgesetzt die Vertragsparteien des Hauptvertrages haben gemeinsam das Dispute Adjudication Agreement unterschrieben. Sofern ein dreiköpfiges DAB bestellt wird, müssen alle Dispute Adjudication Agreements unterzeichnet sein. Das Board Member muss von den Vertragsparteien des Hauptvertrages (jeweils gesondert) binnen **sechs Monaten** nach Zustandekommen des Dispute Adjudication Agreements über die Invollzugsetzung unterrichtet werden, anderenfalls wird das Dispute Adjudication Agreement nichtig (vgl. Cl. 2 General Conditions of Dispute Ajudication Agreement). Der Adjudicator kann das Dispute Adjudication Agreement mit einer Kündigungsfrist von 70 Tagen kündigen. Contractor und Employer können gemeinsam mit einer Kündigungsfrist von 42 Tagen kündigen. Das Recht zur außerordentlichen Kündigung bei Vertragsverletzung bleibt dem Adjudicator und seinen Vertragspartnern vorbehalten. Weder das Dispute Adjudication Agreement noch die dazugehörigen General Conditions of Dispute Adjudication Agreement enthalten eine ausdrückliche Klausel dazu, wann die Bestellung des permanenten DAB endet, wenn keine Kündigung ausgesprochen wird. Das DAB bleibt daher im Amt, bis die Parteien die Vereinbarung aufheben oder kündigen. Es wird aber vertreten, dass die Bestellung jedenfalls dann endet, wenn der Contractor die Erklärung nach Cl. 14.12 abgegeben hat[69]. Auch dürfte die Zuständigkeit des DAB geendet haben, wenn es seine Entscheidung nicht binnen der vorgesehenen 84 Tage erlässt (vgl. Unterklausel 20.4), jedenfalls dann, wenn eine der Parteien ihre Unzufriedenheit mitgeteilt hat. 27

---

68 Fehlt eine ausdrückliche Vergütungsvereinbarung schulden die Parteien eine angemessene Vergütung, vgl. Linnett v. Halliwells Llp [2009] EWHC 319 (TCC) (24.2.2009); ähnlich LG Mönchengladbach, Urteil v. 14.7.2006, 2.O. 134/05, SchiedsVZ 2007, 104.

69 Glover/Hughes, Understanding the New FIDIC Red Book, Rn. 20-065.

Die Vergütung des Adjudicators erfolgt gemäß Cl. 6 General Conditions of Dispute Adjudication Agreement im Regelfall über den Contractor. Gleichwohl haften beide Parteien für die Vergütung[70]. Der Contractor berechnet in seinen Rechnungen gegenüber dem Employer 50% der DAB-Kosten weiter, die ihm der Employer erstattet. Bleibt der Contractor die Vergütung schuldig, kann der Employer eintreten und die Vergütung bezahlen. Problematisch wird diese Art der Abwicklung, wenn das DAB auch nach Erteilung des Performance Certificate tätig wird, denn dann fehlt es an einem Regularium für die Kostenerstattung.

28 **Klauselauszug Cl. 6 General Conditions for Dispute Adjudication Agreement**

Das Mitglied soll wie folgt bezahlt werden, und zwar in der in der Streitentscheidungsvereinbarung genannten Währung:

(a) eine monatliche Bestellungsgebühr, die als abschließende Vergütung angesehen wird für:

(i) die Verfügbarkeit für alle Besichtigungen und Anhörungen, wenn diese 28 Tage vorher angezeigt wurden;

(ii) das Vertrautmachen und -bleiben mit allen Projektentwicklungen und die Führung der maßgeblichen Akten;

(iii) alle Büro- und Gemeinkosten, einschließlich von Kosten, die für Schreibservice, Fotokopien und Büromittel im Zusammenhang mit der Erfüllung seiner Aufgaben entstehen und

(iv) alle Dienstleistungen, die das Mitglied erbringt, abgesehen von denen, auf die sich die Unterpunkte (b) und (c) dieses Punktes beziehen.

Die Bestellungsgebühr soll mit Wirkung des letzten Tages des Kalendermonats, in dem die Streitentscheidungsvereinbarung in Kraft getreten ist, gezahlt werden; und zwar bis zum letzten Tag des Kalendermonats, in dem die Abnahmebescheinigung für die gesamten Arbeiten ausgestellt wurde.

Mit Wirkung vom ersten Tag des Kalendermonats, der dem Monat, in dem die Abnahmebescheinigung für die gesamten Arbeiten ausgestellt wurde, folgt, soll die Bestellungsgebühr um 50 Prozent gekürzt werden. Diese reduzierte Gebühr soll bis zum ersten Tag des Kalendermonats gezahlt werden, in dem das Mitglied zurücktritt oder die Streitschlichtungsvereinbarung anderweitig beendet wird.

(b) eine tägliche Gebühr, die als abschließende Vergütung angesehen wird für:

(i) jeden Tag oder Teil eines Tages für bis zu zwei Reisetage in jede Richtung für die Reise zwischen dem Wohnort des Mitglieds zur Baustelle oder einen anderen Ort, an dem gegebenenfalls ein Treffen mit den anderen Mitgliedern stattfindet;

(ii) jeden Arbeitstag, der mit Baustellenbesichtigungen, Anhörungen oder der Vorbereitung von Entscheidungen verbracht wird und

(iii) jeden Tag, der mit dem Lesen von Vorlagen zur Vorbereitung von Anhörungen verbracht wird.

(c) alle vernünftigerweise anfallenden Ausgaben, die im Zusammenhang mit den Aufgaben des Mitglieds angefallen sind, einschließlich der Telefonkosten, Ku-

[70] Siehe Linnett v. Halliwells Llp [2009] EWHC 319 (TCC) (24.2.2009).

rierkosten, Faxe und Telexe, Reisekosten, Hotel- und Aufenthaltskosten. Für Kosten, die höher sind als fünf Prozent der täglichen Gebühr, auf die sich Unterpunkt (b) dieses Punktes bezieht, muss eine Quittung vorgelegt werden;

(d) Steuern, die das Land für Zahlungen an das Mitglied gemäß dieser Klausel 6 ordnungsgemäß erhebt, es sei denn, das Mitglied ist ein Inländer oder dort ansässig.

Die Bestellungsgebühr und die tägliche Gebühr sollen in der Streitentscheidungsvereinbarung aufgeführt sein. Wenn hier nichts anderes festgelegt ist, bleiben diese Gebühren innerhalb der ersten 24 Kalendermonate unverändert und werden danach jeweils an dem Tag, an dem sich das Inkrafttreten der Streitentscheidungsvereinbarung jährt, durch eine Einigung zwischen dem Besteller, dem Unternehmer und dem Mitglied angepasst.

Probleme hinsichtlich der Bezahlung treten in der Praxis auf, wenn die einzelnen DAB- **29**
Mitglieder im Vergleich untereinander unterschiedlich honoriert werden. Das trägt nicht zu einer harmonischen Zusammenarbeit bei. In der Regel wird der Chairman darauf achten, dass kein zu großes Gefälle auftritt. Problematisch ist es deshalb, wenn der DAB Chairman zuletzt bestellt wird und die Vereinbarungen bereits getroffen wurden.

Erfahrungen belegen, dass die DAB-Kosten in der Regel nicht mehr als 2% der Projektkosten ausmachen. Durchschnittlich ist von Kosten in Höhe von 0,35% bis 0,5% auszugehen. Allerdings hängt die Höhe der Kosten im Einzelfall auch davon ab, wie viele Streitigkeiten zu bewältigen sind. Die Tagessätze von DAB-Mitgliedern schwanken international. Sätze zwischen 2.500 € bis 3.500 € sind durchaus üblich, in Ausnahmefällen liegen sie auch darüber. FIDIC-geprüfte Adjudicatoren werden üblicherweise am oberen Ende der Skala liegende Honorarsätze vorschlagen.

7. Organisation der DAB-Tätigkeit. Das DAB hat zwei wesentliche Aufgaben, na- **30**
mentlich die **Streitvermeidung** und die **Streitentscheidung**. Beide Aufgaben wollen organisiert werden[71]. Die Grenzen sind fließend, denn klare Regeln für die Mitglieder des DAB für den Umgang mit den Vertragsparteien sind essentiell für die spätere Unparteilichkeit und Unabhängigkeit im Falle von Streitigkeiten.

Klauselauszug Unterklausel 20.2 Red Book

Wenn sich die Parteien darauf einigen, können sie der Streitentscheidungsstelle gemeinsam einen Sachverhalt unterbreiten, um sich deren Meinung einzuholen. Keine der Parteien darf der Streitbeilegungsstelle ohne Zustimmung der anderen Partei bezüglich eines Sachverhalts befragen.

8. DAB Chairman. Der DAB Chairman übernimmt eine besondere Verantwortung. **31**
Seine Schlüsselfunktionen kann man wie folgt zusammenfassen:

- Entwerfen von Texten aller Art (Empfehlungen, Anordnungen, Aufforderungen, Entscheidungen, Einladungen etc.)
- Abstimmen der Entwurfstexte mit den DAB-Mitgliedern
- Sicherstellen der Gleichheit von DAB-Mitgliedern (bezüglich Vergütung und Arbeitsbedingungen)
- Leitungsverantwortung
- Überwachen von Unparteilichkeit und Unabhängigkeit der DAB-Mitglieder

[71] Vgl. dazu Bunni, FIDIC Forms of Contract, 624.

32 Der DAB Chairman leitet das Dispute Adjudication Verfahren. Zu diesem Zweck muss er

- einen Zeitplan erarbeiten
- Verfahrensleitende Anweisungen geben (z.B. ergänzende Informationen anfordern)
- Interne DAB-Meetings vorbereiten und durchführen
- Mündliche Verhandlung vorbereiten; wozu gehört
  - Festlegung des Verhandlungsortes
  - Organisation des Tagungsortes (Hotel etc.)
  - Tagesordnung
  - Ablaufprogramm
  - Ladung von Zeugen
  - Ladung von Rechtsanwälten
  - Anschauungsmaterial (Lichtbilder, Videos etc.)
  - Aufbereitung neuer Information
  - Beschaffung von Übersetzungen und Dolmetschern falls erforderlich
  - Protokollierung der Sitzung
- Vorbereitung der nächsten Schritte
- Organisation der geheimen Beratung des DAB (Urteilsberatung)
- Abfassen der Entscheidung
- Organisation der Zustellung
- das Hausrecht ausüben (Sitzungsgewalt)
- Anordnungen im Sitzungsverlauf treffen, z.B. Sitzungsunterbrechung oder Vertagung

Sämtliche Aktivitäten stimmen die Mitglieder des DAB untereinander ab. Der Chairman hat unausgesprochen das Initiativ- und Vorschlagsrecht. Ausschließlich in Fällen von Eilbedürftigkeit wird der Chairman auch einmal ohne vorherige Abstimmung handeln.

33 **9. Schiedsgutachten.** Die DAB-Tätigkeit ist keine Schiedsgutachtentätigkeit im Sinne der §§ 317 ff. BGB[72]. Anders als ein Schiedsgutachter hört ein DAB die Parteien, würdigt Beweise und entscheidet auf dieser Grundlage und nach Maßgabe des Vertrages und des anwendbaren Rechts. Es übt also gerichtsähnliche Befugnisse aus, ohne allerdings eine Entscheidung zu fällen, die die Qualität einer Gerichtsentscheidung hat, aus der unmittelbar vollstreckt werden könnte. Dafür würde es aus deutscher Sicht einer Vereinbarung bedürfen, die als oder wie eine Schiedsklausel zu würdigen wäre. Aus Schiedsgerichtsentscheidungen kann nach Vollstreckbarerklärung (§ 1061 ZPO) durch das zuständige OLG vollstreckt werden. Eine DAB Entscheidung kann im Zweifel nicht für vollstreckbar erklärt werden, zumal Unterklausel 20.4 ausdrücklich klarstellt, das nicht vermutet wird, das DAB handele als Schiedsgericht. Andererseits soll das DAB gerade kein Beweismittel herstellen oder ersetzten, was die Aufgabe eines Schiedsgutachters ist. Es soll eine (vorläufig) bindende Entscheidung über eine Streitigkeit herbeiführen.

---

72 Hök IBR 2009, 1095; vgl. auch Kassis, Problèmes de base de l'arbitrage, Rn. 340 ff.; a.A. Lembcke IBR 2008, 371; derselbe IBR 2008, 1014; derselbe zu OLG Düsseldorf, Urt. v. 11.9.2007 = IBR 2008, 1223; derselbe IBR 2008, 1198; anders noch derselbe, NZBau 2007, 273, 276; siehe auch Greger/Stubbe, Schiedsgutachten, Rn. 193 f.

Unter anderem belegen indische Quellen, dass die Position des Engineer die Frage aufwerfen kann, ob die Parteien des Bauvertrages eher die Aufgabe definiert haben, der Engineer möge Streitigkeiten in gerichtsähnlicher Funktion entscheiden, oder ob es sich um eine Art Schiedsgutachtenauftrag handelt. Im Fall Cursetji Jamshedji Ardasser Wadia v. Dr. R.D. Shiralee[73] fragte das Gericht im Rahmen der Vertragsauslegung, ob es die Absicht der Parteien war, Streitigkeiten zu vermeiden oder Streitigkeiten entscheiden zu lassen, um die Entscheidung zwischen Schiedsgutachtenklausel und Schiedsklausel zu erleichtern. Im Fall *Vadilal Chatrabhuj Gandhi v. Thakorelal Chimanlal Munshaw*[74] lag die Betonung auf dem justizförmigen Verfahren anstelle einer Sachverständigenentscheidung. Ausschlaggebend ist mithin das Ergebnis der Vertragsauslegung. die in Erwägung zieht, ob eine abschließend bindende Entscheidung herbeigeführt werden soll, um Streit zu vermeiden, wobei der Engineer dann eher eine auf seine eigene Wahrnehmung, Erfahrung und Kompetenz gestützte Entscheidung erlässt, als ein justizförmiges Verfahren zu leiten und durchzuführen.

Die vorstehenden Ansichten erinnern stark an Ausführungen des Reichsgerichts zu den Unterscheidungsmerkmalen zwischen Beweisvertrag, Schiedsgutachtenvertrag und Schiedsvertrag[75]. Nach Auffassung des Reichsgerichts wohnt der Schiedsgutachtenvereinbarung der Wille der Parteien inne, dass das Ergebnis der Prüfung durch den Sachverständigen maßgebend und einer weiteren Feststellung durch andere Beweismittel entzogen sein soll. Ziel eines Schiedsgutachtenauftrages ist es also, eine Tatsache festzustellen, die nach ihrer Klarstellung durch den Schiedsgutachter von den Vertragsparteien anzuerkennen ist[76]. Bei der Dispute Adjudication geht es nicht allein um Beweisfragen, sondern um Streitigkeiten über Rechte und Ansprüche aus dem Bauvertrag, die Beweisfragen aufwerfen können. Das DAB hört die Parteien und würdigt Beweise. Dispute Adjudication lässt jede Form der Beweisführung zu; grundsätzlich auch den Sachverständigenbeweis. Dispute Adjudication beabsichtigt mithin nicht, beweispflichtige Sachverhalte der Feststellung durch weitere Beweismittel zu entziehen. Es stellt ein Verfahren unter justizähnlichen Bedingungen dar, in dem eine kontradiktorische Entscheidung über einen von den Parteien vorzutragenden Sachverhalt getroffen wird. Der Umfang der Amtsermittlungsrechte und -pflichten, die ein DAB ausübt, hängt vom Parteiwillen ab. Die Amtsermittlung ist aber keinesfalls ein Charaktermerkmal der Adjudication. Mit anderen Worten, die Parteien vereinbaren, sich im Falle des Auftretens einer Streitigkeit dem Spruch eines Dispute Adjudication Board zu unterwerfen, in dem sie sich vertraglich binden, diesen zu erfüllen. Der vertraglich ausgedrückte Wille, sich dem Spruch des Dritten zu unterwerfen, richtet sich nicht lediglich darauf, einem Dritten beweisrelevante Fragen zum Zwecke der Entscheidung vorzulegen. Vielmehr soll die Streitigkeit als solche sachkundig entschieden werden. Der bindende Charakter der Entscheidung beruht aber ausschließlich auf dem Parteiwillen, nicht auf dem Spruch selbst[77]. Ihm wohnt keinerlei Kraft inne. Nicht der Spruch selbst kann also Grundlage für eine Vollstreckung sein, sondern es kann mit Hilfe staatlicher Organe lediglich Vertragserfüllung verlangt werden. 34

73 Cursetji Jamshedji Ardasser Wadia v. Dr. R.D. Shiralee AIR 1943 Bom 32 : 44 Bom LR 859.
74 Vadilal Chatrabhuj Gandhi v. Thakorelal Chimanlal Munshaw (1953) 55 Bom LR 629 : AIR 1954 Bom 121.
75 RGZ 96, 57.
76 RGZ 96, 57.
77 Kassis, Problèmes de base de l'Arbitrage, Rn. 153.

III. FIDIC-Streitvermeidung

35 Ein permanentes oder ständiges DAB soll auch streitvermeidend tätig werden. Die routinemäßigen Aufgaben der ständigen DAB-Mitglieder bestehen daher unabhängig vom Vorliegen einer Streitigkeit in Folgendem:

- Einarbeiten in das Projekt
- Ständige Aktualisierung des Wissensstandes
- Baustellenbesuche
- Treffen mit den Parteien
- Berichte an die Parteien
- Überprüfung der Leistung
- Identifizierung von Schwierigkeiten und Anlayse ihrer Gründe
- Ausarbeitung von Empfehlungen und Ratschlägen

36 Die Streitvermeidungsaufgabe ist in der Praxis häufig die zeitintensivste und ausschließliche Aufgabe des DAB, soweit kein Streitverfahren anhängig ist. Diese Aufgabe

- muss geplant und verfolgt werden
- setzt mithin eine durchorganisierte Vorgehensweise voraus
- erfordert
  - Frühes Vertrautmachen mit dem Projekt und der Vertragslage
  - Einarbeiten in das anwendbare Recht
  - Frühes Vertrautmachen mit der Projektorganisation und Bekanntmachen mit den Projektverantwortlichen
  - Organisation von Briefings mit den Verantwortlichen
  - Laufende Aktualisierung der Kenntnisse über den Projektstand, die wesentlichen Entscheidungen des Ingenieurs
  - Festlegung der Informationswege und -zyklen
  - Organisation von Baustellenbesuchen

37 Auch die Streitvermeidungsaufgabe sollte Gegenstand von klaren Regeln mit und zwischen den Beteiligten sein. Das FIDIC Red Book trifft nur eine Festlegung, wonach das DAB Ratschläge und Empfehlungen nur dann geben kann und darf, wenn sich die Parteien auf einen gemeinsamen Antrag an das DAB einigen. Das DAB sollte umgehend nach Einsetzung damit beginnen, die ergänzenden Spielregeln festzulegen. Sinnvoll sind folgende Festlegungen:

- Organisation des DAB (durch das DAB allein)
  - Auftreten des DAB nur gemeinsam/einzeln
  - Regeln zu Einzelkontakten von DAB-Mitgliedern mit den Parteien und dem Ingenieur
  - wechselseitige Unterrichtung über Gespräche, Neuigkeiten etc.
  - Verteilung von Informationen, insbesondere solcher, die nur dem Chairman zugehen (z.B. neue Klagen)
  - Festlegung der Arbeitssprache, Vertrautmachen mit Sprachkenntnissen der Adjudicatoren
- Organisation von Briefings mit den Vertragsparteien
- Abstimmung von Einzelgesprächen (Zustimmung aller Seiten einholen)

Baustellenbesuche sollen z.B. so organisiert werden, dass beide Parteien vor Ort vertreten sind (vgl. Cl. 3 Procedural Rules). Über Baustellenbesuche sind Berichte anzufertigen, die den Vertragsparteien zuzustellen sind (vgl. Cl. 3 Procedural Rules). 38

Hilfreich ist es, wenn das DAB standardisierte Grundlagen für die Zusammenarbeit entwickelt. Eine solche Grundlage kann durch die Entwicklung von Ablaufplänen geschaffen werden, die als Tagesordnung für gemeinsame Sitzungen von DAB und Vertragsparteien dienen können. Eine solche Tagesordnung könnte wie folgt aussehen: 39

Ablaufplan und Tagesordnung für gemeinsame Sitzungen von DAB und Parteien	
Feststellung der Anwesenheit	
Beiziehung des Ingenieurs	
Feststellung des Baufortschritts seit der letzten Sitzung	
Klärung und Feststellung des Informationsstands des DAB a) geklärter Informationsbedarf b) offener Informationsbedarf des DAB c) potentieller Informationsbedarf	
Aktueller Stand des Programms (Cl. 8.3)	
Aktueller wirtschaftlicher Stand: a) Stand der entschiedenen Claims b) Zahlungsabwicklung c) Mehrkosten	
Feststellung aktueller Themen a) Vorschläge Contractor b) Vorschläge Employer c) Vorschläge Ingenieur	
Stand von potentiellen Streitfragen	
Feststellung wesentliche Diskussionspunkte	
Bedarf an Lösungsvorschlägen oder Meinungsäußerungen durch das DAB	
Stand von Claims, beigelegten Streitigkeiten	
Allgemeines	
Termin für die nächste gemeinsame Sitzung	

Eine derartige Tagesordnung schafft Transparenz und zwingt die Anwesenden systematisch, alle wesentlichen Punkte des Projektes regelmäßig anzusprechen.

40 Die Streitvermeidungsaktivitäten des DAB hängen davon ab, welche Information es erhält und wie regelmäßig es über den Bauablauf unterrichtet wird. Standardmäßig sollen den DAB Mitgliedern die monatlichen Berichte zugänglich gemacht werden. Sie stellen die Grundlage für die jeweilige Tagsordnung dar, die nach vorstehendem Modell entwickelt wird. Unregelmäßige Verfahrensabläufe in Bezug auf die Feststellung von Claims und Leistungen sowie von Anpassungen aufgrund von Variations wird das DAB von sich aus aufgreifen und auf die Tagesordnung setzten, um Gelegenheit zur Erörterung zu geben. Wie weit das DAB insoweit gehen darf und soll, wird von den international aktiven DAB Mitgliedern gelegentlich sehr großzügig beurteilt.

IV. FIDIC-Streitbeilegungsverfahren

41 Das FIDIC-DAB-Verfahren wurde als vorgezogenes und ergänzendes Streitbeilegungsverfahren konzipiert. Folglich sollte das Verfahren so ausgestaltet sein, dass für alle Streitfragen ein schneller und einfacher Zugang zum DAB besteht, die nicht auf der Arbeitsebene beigelegt werden können. Vorhergehende andere Überprüfungen und interne Vorprüfungen sind mit dem DAB-Verfahren unvereinbar und kontraproduktiv. Auch das Drei-Säulen-Modell der Deutschen Gesellschaft für Baurecht und das kombinierte ICC Verfahren führen nur zu einer Verzögerung der Streitbeilegung. Es reicht im Zweifel aus, wenn das DAB auf eine gütliche Einigung hinwirkt.

42 Auffälligste Kennzeichen des DAB-Verfahrens sind die große Parteiautonomie und das den Mitgliedern der Streitbeilegungsstelle eingeräumte breite Ermessen zu Verfahrensfragen. Letzteres äußert sich vor allem darin, dass die Streitbeilegungsstelle den verfahrensrechtlichen Rahmen selbst festlegt und zum Beispiel über Fristen, die Sachverhaltsaufklärung und die Verwendung von Beweismitteln frei entscheidet. Das Ermessen wird lediglich durch allgemeine Grundsätze gebunden. Zu nennen sind vor allem Treu und Glauben, die Unparteilichkeit der Mitglieder der Streitbeilegungsstelle sowie der Vertrag, der ihnen die Autorität verleiht, als DAB tätig zu werden.

43 In der englischen Rechtsprechung[78] sind zur Verfahrensgestaltung folgende Äußerungen bekannt geworden:

Soweit das Verfahren betroffen ist, ist dem Adjudicator weitgehend freie Hand gegeben. Es ist wahr (aber kaum überraschend), dass er unparteilich handeln muss. Es ist ihm jedoch erlaubt, die Initiative zur Aufklärung der Tatsachen und des Rechts zu ergreifen. Er kann deshalb ein gänzlich inquisitorisches Verfahren führen oder die Parteien auffordern, vorzutragen (Justice Dyson).

44 **1. Einleitung des Verfahrens.** Gemäß Unterklausel 20.4 FIDIC 1999 können die Parteien bei Auftreten einer Streitigkeiten im Zusammenhang mit oder aus dem Vertrag oder der Ausführung der Arbeiten, einschließlich Streitigkeiten über Bescheinigungen, Feststellungen, Anweisungen, Ansichten oder Bewertungen des Ingenieurs, diese der Streitbeilegungsstelle (DAB) zur Entscheidung vorlegen.

45 Haben die Vertragsparteien kein permanentes DAB bestellt (Yellow Book, Silver Book, Dredging Form[79]) muss zunächst ein Zwischenschritt die Besetzung des DAB mit

---

[78] Macob Civil Engineering Limited v. Morrison Construction Limited [1999] BLR 93, 97 = (1999) 64 Con LR 1, 6 (para 14), insoweit bestätigt von Lord Justice May in Pegram Shopfitters Ltd v. Tally Weijl (UK) Ltd [2003] EWCA Civ 1750, para [8], [2004] 1 All ER 818, 821j-822d.; siehe auch Carillion Construction Ltd v. Devonport Royal Dockyard Ltd [2005] EWCA Civ 1358 (16.11.2005).

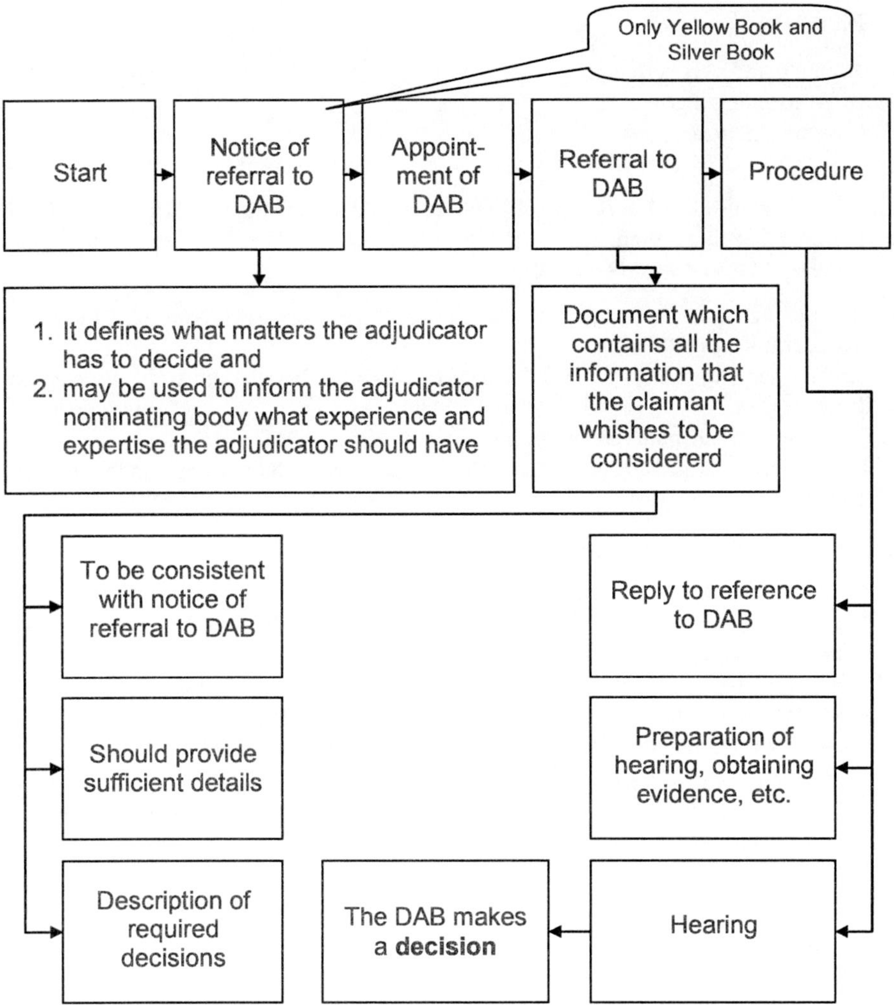

Abb. 8.2. Adjudication-Overview

DAB-Mitgliedern einleiten (notice of referral to DAB/notice of intention to refer a Dispute to DAB). Hierdurch werden der Nominierungsprozess für die DAB-Mitglieder und der Vertragsschluss mit den DAB-Mitgliedern eingeleitet.

Die eigentliche Vorlage an das DAB (die Klageerhebung) hat schriftlich zu erfolgen **46**
und sowohl die andere Partei als auch der Ingenieur müssen Kopien davon mit dem Hinweis erhalten, dass diese gemäß Unterklausel 20.4 FIDIC 1999 übergeben werden. Damit beginnt das Streitbeilegungsverfahren.

[79] Diese FIDIC Bücher schlagen kein permanentes DAB vor. In der Praxis haben permanente DABs aber große Vorteile und FIDIC überlegt, ob die Empfehlung zugunsten eines permanenten DAB nicht auch auf das Yellow Book, das Silver Book und das Dredging Form erstreckt werden sollte.

Schritte:

- Dispute dem DAB vorlegen
- Kopie an andere Partei
- Kopie an Engineer

47 Zum Inhalt des Schriftsatzes enthält Unterklausel 20.4 FIDIC 1999 keine näheren Angaben. Unterklausel 20.4 verlangt lediglich, dass in der Klage ausdrücklich auf Unterklausel 20.4 Bezug genommen wird (Warnfunktion). Die Klage legt den Prüfungsauftrag des DAB fest. Das DAB muss prüfen:

- Zuständigkeit und Gerichtsbarkeit (wenn beauftragt), was nach Klausel 8 lit. b der Procedural Rules der Fall ist
- Umfang der Streitigkeit (scope of the dispute), vgl. Klausel 8 lit. b der Procedural Rules
- Bestehen eines Dispute (Unterklausel 20.4)
- Tatsächliche Voraussetzungen des geltend gemachten Claims oder anderweitigen Rechts

48 Folglich muss der Klageschriftsatz enthalten

- Ausdrückliche Bezugnahme auf Unterklausel 20.4
- Angaben zur Gerichtsbarkeit des DAB, z.B. wenn der Claim auf eine gesetzliche Rechtsgrundlage gestützt wird („in Zusammenhang mit dem Vertrag", Klausel 20.4) oder wenn Dritte (z.B. Subunternehmer) in das Verfahren einbezogen werden sollen
- Angaben zum Entstehen bzw. Bestehen der Streitigkeit (Dispute)
- Angaben zum Grund des Claims, dem Gegenstand der Streitigkeit
  - Verlangt wird in der Regel, dass die Klageschrift eine kurze Zusammenfassung der Streitigkeit enthält, damit das DAB und die verklagte Partei den Streit unzweifelhaft identifizieren können[80].
- Einhaltung der Fristen und anderen Verfahrensvoraussetzungen für den Claim oder das Recht (vgl. Klausel 20.1)
- Angaben zu bereits getroffenen Vereinbarungen, bestandskräftigen Festlegungen des Ingenieurs, bindenden DAB-Entscheidungen oder Schiedsgerichtsentscheidungen mit Bedeutung für den Rechtsstreit
- Beweisanträge, falls dies in den Verfahrensregeln vorgesehen ist, die sich das DAB selbst gibt

49 Die Klage muss soweit substantiiert sein, dass das DAB und die Gegenseite den Streit identifizieren können[81]. Dieses Erfordernis hat mehrere Gründe. Das DAB soll nicht zwei Mal in derselben Angelegenheit entscheiden[82], es soll bestehende Entscheidungen berücksichtigen und es soll die Gegenseite in die Lage versetzt werden, sachdienlich zu erwidern[83]. In rechtstatsächlicher Hinsicht sollte hierin keine besondere Beschwer liegen.

---

[80] Whiteways Contractors (Sussex) Ltd v. Impresa Castelli Construction (UK) Ltd (2001) Con.L.R. 92 = [2000] EWHC Technology 67.

[81] Vgl. Edmund Nuttall Ltd v. R G Carter Ltd [2002] EWHC 400 (TCC) (21.03.2002).

[82] Vgl. Sherwood & Casson Ltd v. Mackenzie Engineering Ltd (2000) C.I.L.L. 1577; Emcor Drake & Skull Limited v. Costain Construction Limited (2004) 97 Con L.R. 142; vgl. auch Quietfield Ltd v. Vascroft Construction Ltd [2006] EWCA Civ 1737 (20.12.2006).

[83] Vgl. auch Bernstein's Handbook of Arbitration and Dispute Resolution Practise, Rn. 5-099.

Immerhin verlangt das Vertragswerk in Unterklausel 20.1 bereits einen hohen Grad an Substantiierung, ohne den der Engineer keine Determination vornehmen darf, die zur Aufnahme eines Zahlungsanspruches in eine Zahlungsbescheinigung im Sinne der Unterklausel 14.6 führt. Im Grunde genommen sollte der erforderliche Grad der Sunstantiierung bereits erreicht werden, in dem der Unternehmer die ihm auferlegten Pflichten zur Bauablaufplanung (Unteraklausel 8.3), zur Frühwarnung (Unterklausel 8.3), zur Berichterstattung (Unterklauseln 4.21 und 6.10) sowie zur gehörlichen Anzeige und Begründung von Claims (Unterklausel 20.1) ernst nimmt.

2. Fairness, Unparteilichkeit und Vertragsmäßigkeit. Die Mitglieder des DAB sollen fair und unparteiisch arbeiten und allen Parteien angemessen Gelegenheit geben, ihre Argumente vorzutragen. Beide Parteien wiederum verpflichten sich in den Allgemeinen Streitbeilegungsbedingungen dazu, die Mitglieder des DAB nicht außerhalb des DAB-Verfahrens zu konsultieren und um Rat zu fragen. Ergänzend kann man hinzufügen, dass das DAB die allgemeinen Regeln eines justizförmigen Verfahrens beachten muss. Das bedeutet, dass das DAB sein Verfahren, sein Vorgehen und sein Verhalten jederzeit daraufüberprüfen muss, ob es die Gebote der Fairness, der Unparteilichkeit und der Gesetzmäßigkeit beachtet. Im englischen Recht werden diese Gebote unter den Begriff von „natural justice“ gefasst. Das DAB darf deshalb zwar Fehler machen, doch niemals darf es die Schranken der „natural justice“ überschreiten. Entscheidungen, die unter Verstoß gegen „natural justice“ zustande kommen, sind gerichtlich aufzuheben. Solche Fälle liegen z.B. vor, wenn das DAB informative Gespräche mit einer Partei und dritten Personen führt, ohne die Ergebnisse der Erörterung der anderen Partei mitzuteilen[84]. In einem anderen Fall verfügte das DAB über keine ausreichenden Informationen, um über Time Extension zu entscheiden[85]. Daraufhin nutzte das DAB seine eigene Erfahrung, um eine Zeitanalyse anzustellen. Das DAB gab den Parteien keine Gelegenheit zur Stellungnahme. Die Durchsetzung dieser DAB-Entscheidung scheiterte am Grundsatz von „natural justice“[86]. 50

3. Durchführung des Verfahrens. Während des Verfahrens müssen gemäß Unterklausel 20.4 FIDIC 1999 beide Parteien der Streitbeilegungsstelle unverzüglich weitere Informationen zur Verfügung stellen sowie Zugang zur Baustelle und weiteren Einrichtungen gewähren, wenn das zur Entscheidungsfindung durch die Streitbeilegungsstelle erforderlich ist. Das DAB macht die Informationen den Parteien zugänglich, beraumt den Verhandlungstermin an, ordnet Beweiserhebungen an und setzt Fristen zur Stellungnahme. 51

Die Fragen der Beweiserhebung sind weitgehend ungeregelt. Vor allem die Frage nach möglichen Kreuzverhören, eidlichen Aussagen und das Thema der sog. discovery proceedings, die im angloamerikanischen Recht die wechselseitige vorprozessuale vollständige Information über die Faktenlage sicherstellen sollen, sollten innerhalb des DAB geklärt werden. 52

Auf der Grundlage eines FIDIC-Vertrages gilt: Innerhalb von 84 Tagen nach Zugang des verfahrenseinleitenden Schriftsatzes oder innerhalb der von der Streitbeilegungsstelle vorgeschlagenen und von beiden Parteien genehmigten Frist muss die Streitbeilegungsstelle eine Entscheidung mitteilen, die begründet ist und anzugeben hat, dass es 53

84 Woods Hardwick Ltd v. Chiltern Air-Conditioning Ltd. [2001] BLR 23.
85 Balfour Beatty Construction Ltd v. London Borough of Lambeth [2002] EWHC 597 (TCC).
86 Balfour Beatty Construction Ltd v. London Borough of Lambeth [2002] EWHC 597 (TCC).

sich um eine Entscheidung nach Unterklausel 20.4 handelt. Die lange Frist von 84 Tagen überschreitet bei weitem das, was der englische HGCRA 1996 vorgibt. Dort muss die Entscheidung binnen 28 Tagen gefällt werden. Trotz der relativen kurzen Fristen eignet sich Dispute Adjudication auch für komplexe Streitigkeiten[87].

54 **4. Einzelheiten des Verfahrens.** Wie bereits erwähnt, gibt FIDIC nur wenige konkrete Regeln für den Verfahrensablauf und die Organisation des Streitbeilegungsverfahrens vor. Falls – wie in England, Schottland und Wales[88] – ergänzend gesetzliche Vorschriften existieren, müssen diese mit beachtet werden[89]. Regelungen über Dispute Adjudication existieren inzwischen auch in Australien, Neuseeland und in Singapore[90]. Nicht zu vernachlässigen sind zudem besondere Verfahrensanforderungen, z.B. hinsichtlich der Beweiserhebung. In den arabischen Ländern wird z.B. üblicherweise eine Zeugenaussage unter Eid abgelegt.

55 Sobald die Mitglieder des DAB ernannt wurden, ist es an ihnen festzulegen, wie das Verfahren durchgeführt werden soll. Der äußere Rahmen wird durch folgende Komponenten vorgegeben:

- Das anwendbare Verfahrensrecht, das sich nach dem Sitz des präsumptiven Schiedsgerichts richtet
- Die Vereinbarungen der Parteien, an die die Adjudicatoren gebunden sind

Haben sich die Parteien auf kein materielles Recht oder Verfahrensrecht geeinigt oder haben sie keinen Schiedsgerichtssitz vereinbart, muss das DAB zunächst diese Fragen klären. Das kann dadurch geschehen, dass das DAB einen entsprechenden Vorschlag unterbreitet, den die Parteien unterschreiben.

56 Im Vertragswerk vorgesehen ist: Wird das DAB angerufen, soll es einen Verhandlungstermin anberaumen. Ort und Zeit bestimmen das DAB unter Berücksichtigung der vertraglich vorgesehenen Entscheidungsfrist von 84 Tagen an der sich das ganze Verfahren zu orientieren hat. Häufig bietet es sich an, den Baustellenort als Sitzungsort zu wählen, um die Möglichkeit zur Ortsbesichtigung zu wahren. Ferner ordnet das DAB an, welche Dokumente und Darlegungen bis zum Termin oder im Termin vorgebracht werden sollen. Es ist eine mehr oder weniger ungeschriebene zwingende Voraussetzung des DAB-Verfahrens, dass das DAB die Initiative zur Sachverhalts- und Rechtsaufklärung übernehmen kann[91]. Dies kommt auch in entsprechenden Muster-Verfahrensordnungen zum Ausdruck (vgl. Rule 7 CEDR Adjudication Rules; FIDIC Procedural Rules). Weitere zentrale Fragen des FIDIC-DAB-Verfahrens sind im Anhang Verfahrensrechtliche Fragen (Annex Procedural Rules) geregelt. Das FIDIC-DAB kann danach – es sei denn die Parteien haben etwas anderes vereinbart[92] –

- ein inquisitorisches Verfahren durchführen,
- es ablehnen bestimmte Personen in Anhörungen und Verhandlungsterminen zuzulassen,
- in Abwesenheit der Parteien verhandeln, wenn es davon überzeugt ist, dass diese geladen wurden.

---

87 Amer Group Limited v. TWUL (2010) EWHC 419=IBR 211, 308 – Hök.
88 HGRCA 1996.
89 Vgl. Uff, Construction Law, 58.
90 Siehe Constable ICLR 2006, 78 ff.
91 Bernstein's Handbook of Arbitration and Dispute Resolution Practise, Rn. 5-049; vgl. auch Hibberd/Newman, ADR and Adjudication, 255.
92 Vgl. Ziffer 2 Annex Procedural Rules Yellow Book.

Es steht in seinem Ermessen, ob das DAB von einzelnen Ermächtigungen Gebrauch machen will. Spätestens sobald die Streitbeilegungsstelle angerufen wird, ist zu klären, welche ergänzenden Verfahrensregeln beachtet werden müssen. Die FIDIC-Bedingungen ermächtigen das DAB, das Verfahren eigenverantwortlich näher auszugestalten. Das DAB ist u.a. berechtigt[93]: 57

(a) das zur Entscheidung der Streitigkeit anzuwendende Verfahren zu etablieren,
(b) über die eigene Zuständigkeit und den Umfang einer ihr angetragenen Streitigkeit zu entscheiden,
(c) nach eigenem Ermessen Anhörungen anzuordnen, ohne an andere Regelungen oder Verfahrensweisen – außer an den im Vertrag enthaltenen und den hier beschriebenen – gebunden zu sein,
(d) die zur Entscheidung notwendigen Fakten selbständig zu ermitteln,
(e) gegebenenfalls von eigenem Expertenwissen Gebrauch zu machen,
(f) über die Bezahlung von Finanzierungskosten in Übereinstimmung mit dem Vertrag zu entscheiden,
(g) über eine vorläufige Entlastung wie Zwischen- oder Erhaltungsmaßnahmen zu entscheiden und
(h) jedes Zertifikat, jede Entscheidung, Bestimmung, Anweisung, Ansicht oder Bewertung des Ingenieurs, wenn für die Streitigkeit relevant, erneut aufzunehmen, erneut zu überprüfen und zu überarbeiten.

Das DAB entscheidet mithin, ohne an die zuvor nach Klausel 3.5 getroffenen Festlegungen des Ingenieurs gebunden zu sein. Ungeregelt ist, ob der Ingenieur als Zeuge angehört werden kann. Im Zweifel ist dies zu bejahen. Im Schiedsgerichtsverfahren gilt Klausel 20.6, wonach der Ingenieur jederzeit als Zeuge benannt und gehört werden kann. Folglich sollte dies auch für das DAB-Verfahren gelten. 58

Ein Blick auf ähnliche Regelwerke, wie das der ICC, belegt, dass auch diese keine konkreteren Spielregeln als die FIDIC-Bücher aufstellen[94]. Zwar können die ICC-ADR-Regeln nicht nur für die Mediation sondern auch für Verfahren, in den Empfehlungen (über technische Fragen, Rechtsfragen und Tatsachen) ohne Bindungswirkung ausgesprochen werden, sowie für Dispute Adjudication und ähnliche oder kombinierte Verfahren genutzt werden, doch gedacht sind sie vor allem für alle Formen der Mediation[95]. Die ICC erlegt es den Parteien und dem „Neutralen" auf, unverzüglich über die anwendbare Streitbeilegungsmethode zu verhandeln, sich auf eine solche zu einigen und eine bestimmte ADR-Prozedur festzulegen. Falls sich die Parteien nicht einigen können, ordnen die ICC ADR-Regeln die Durchführung der Mediation an. Das Verfahren wird in der von dem „Neutralen" für geeignet angesehenen Art und Weise geführt. 59

In der Praxis empfiehlt es sich analog zum englischen Recht, dass das DAB im FIDIC-Kontext jedenfalls folgende ergänzende Verfahrensregeln etabliert, soweit es dies nach den jeweiligen Umständen für geboten oder erforderlich erachtet: 60

- Regeln zur internen Kommunikation zwischen den DAB-Mitgliedern: Beim dreiköpfigen DAB gilt die Klage als anhängig, sobald sie dem Chairman vorliegt. Dieser ist für die Weiterleitung verantwortlich.

---

93 Vgl. Ziffer 5 Annex Procedural Rules Yellow Book.
94 Näher dazu Day ICLR 2005, 142 ff.
95 Guide to ICC ADR, 12.

- Regeln zur Bestellung von Sachverständigen (z.B. vorherige Anhörung der Parteien zur Person des Sachverständigen und zum Anlass der Bestellung)
- Regeln zur Fristsetzung für Schriftsätze der Parteien (namentlich von Ausschlussfristen)
- Regeln zur Augenscheinnahme (z.B. rechtzeitige Bekanntgabe eines Ortstermins, damit die Parteien daran teilnehmen können)
- Zulassung von Sprachen (bezüglich der Dokumente die vorgelegt werden, Zeugen, die vernommen werden etc.)
- Regeln zur Durchführung von Tests und Untersuchungen (insbesondere bezüglich der Parteibeteiligung)
- Regeln zur Verwendung von Dokumenten und Zeugenaussagen, ohne dass die Parteien angehört werden (z.B. Verwendungsverbot in Bezug auf Dokumente und Zeugenaussagen, die den Parteien nicht zuvor zugänglich gemacht wurden[96])
- Zulassung oder Verbot des Kreuzverhörs
- Zulassung des Parteieids
- Bei komplexeren Sachverhalten kann es auch ratsam sein, den Streitgegenstand durch eine Zwischenvereinbarung festzulegen und damit zu konzentrieren
- Zulassung oder Verbot von Sachverhaltsaufklärungsinstrumenten (interrogaties)[97]
- Regeln zur Amtsermittlung, falls von dieser Ermächtigung Gebrauch gemacht werden soll

61 **Hinweise:**

- Nach Unterklausel 20.4 Abs. 2 Red Book gilt die Klage als anhängig, sobald sie dem Chairman zugeht. Er muss sicherstellen, dass seine Beisitzer zeitnah über die Klage informiert werden. Er muss folglich eine interne Organisation aufbauen, die dies sicherstellt. In der Praxis wird der Chairman häufig unterwegs sein. Gleichwohl muss er die Arbeitsfähigkeit des DAB sicherstellen.
- Aus vorstehendem Grund sollte festgelegt werden, dass dem Chairman die Klage in dreifacher Ausfertigung zugeht. Anderenfalls muss er die Klageschrift vervielfältigen. Cl. 4 Procedural Rules regelt zwar, dass die Parteien verfahrensrelevante Unterlagen allen drei DAB-Mitgliedern zustellen müssen, doch bezüglich der Klage existieren keine Regelungen.
- Es sollte festgelegt werden, **wo** dem Chairman Klagen zugestellt werden können. Das FIDIC-Vertragswerk lässt diese praktisch relevante Frage offen.
- Unklar ist auch, wem weitere Schriftsätze (z.B. die Klageerwiderung) zuzustellen ist. Auch insoweit sollte eine klarstellende Regelung getroffen werden. Cl. 4 Procedural Rules ist unvollständig.

96 Vgl. CEDR ADR Rules.

97 Im englischen und amerikanischen Recht ist es üblich, sog. pre-trial discovery proceedings durchzuführen, mit denen die Vertragsparteien jeweils aufklären, was entscheidungsrelevant ist. Zu den möglichen Maßnahmen gehören z.B. Fragebögen, die der Gegenseite zur Beantwortung zugesandt werden. Diese Fragen sind vollständig und wahrheitsgemäß zu beantworten. Tatsachen sind vollständig offen zu legen. Common-law-Juristen verstehen derartige Maßnahme als Teil eines fairen Prozesses. In Europa bestehen gegen solche fishing expeditions erhebliche Bedenken, weil sie teilweise Ausforschungscharakter annehmen können. In einem jüngst auf der FIDIC Users' Conference 2011 in Abu Dhabi vorgetragenen Referat wurde der Fall geschildert, dass das DAB tatsächlich solche Beweisermittlungsverfahren für zulässig und erforderlich erachtet hat, so dass das DAB Verfahren bereits seit 256 Tagen andauerte.

Zum Thema Beweiserhebung können zahlreiche Probleme auftreten: 62

- Die Erhebung von Beweis kann problematisch werden, insbesondere stellt sich die Frage nach dem Umgang mit Sachverständigengutachten, die die Parteien eventuell einreichen (siehe auch unten), ferner die Frage nach der Einvernahme von Zeugen sowie unter Umständen die Frage nach justizförmiger Unterstützung bei der Beweiserhebung, etwa wenn der Zugang zur Baustelle verwehrt wird.
- Die Verwendbarkeit von Sachverständigenunterlagen kann problematisch werden. Im Fall *Aird and Aird v. Prime Meridian Ltd*[98] hatte das Gericht die Auflage erteilt, die Sachverständigen der Parteien mögen eine gemeinsame Stellungnahme über die von diesen gefundenen gemeinsamen Standpunkte und offenen Streitfragen zu erstellen (vgl. CPR Part 35.12). Die Parteien nutzen dieses Papier anschließend zu Mediationszwecken. Die Frage war nun, ob das Papier im später fortgeführten gerichtlichen Hauptsacheverfahren zu Beweiszwecken eingeführt werden konnte. Das Gericht stellte auf der Grundlage der Tatsachen fest, dass die gerichtliche Anordnung offenbar allein zu Mediationszwecken ergangen war und dass daher der gemeinsame Standpunkt der Sachverständigen privilegiert sei. Er durfte nicht in das Verfahren eingebracht werden. In ähnlicher Weise wird auch vor Schiedsgerichten verfahren[99]: Gespräche und Verhandlungen in der Sachverständigenrunde bleiben privilegiert. Kommen die Experten hingegen zu einem gemeinsamen schriftlichen Ergebnis, kann dieses verwendet werden.

Die Beweislast trägt die Partei, die sich auf einen Umstand beruft, der ihr günstig ist. Eine unbestrittene Behauptung wird üblicherweise als korrekt oder zutreffend angesehen. In die Beweiswürdigung kann das Verhalten der Parteien einfließen, etwa die Weigerung einer Partei, einen benannten oder angeforderten Zeugen anzuhören.

Bewiesen ist ein Umstand, wenn er auf der Grundlage einer Wahrscheinlichkeitsbilanz (*balance of probabilities*) für wahr erachtet wird[100]. Gemeint ist die Vornahme einer Gewichtung der Beweismittel. Was für wahrscheinlich wahr gehalten wird, ist bewiesen. Nicht erforderlich ist, dass der Beweis über jeden Zweifel erhaben ist oder dass keine vernünftigen Zweifel an der Wahrheit mehr existieren. In der Praxis führt dies oft dazu, dass das DAB danach vorgeht, welche Beweise es bevorzugt[101]. Allerdings kann die Beweisregel variieren. Es kommt ggf. auf den Sitz des Schiedsgerichts an, um die zutreffende Beweiswürdigungsregel zu ermitteln.

Stets sollte das DAB drei Gesichtspunkte im Auge behalten: 63

- Vermeidung unnötiger Kosten
- Vermeidung unnötiger Zeitverzögerungen
- Vermeidung unnötiger Verfahrensregeln zum Zwecke der Vermeidung überflüssiger Diskussionen über Verfahrensfehler

Alle drei Gesichtspunkte sollten in die Verfahrensgestaltung einfließen. Zu bedenken ist, dass es Sinn und Zweck eines DAB-Verfahrens ist, ohne größere Förmlichkeiten zu einer inhaltlich tragbaren Entscheidung zu kommen, Wer allerdings detaillierte Regeln erlässt oder vereinbart, muss sich auch daran halten. Je mehr Regeln unterdessen geschaffen werden und je komplizierter diese ausfallen, umso größer ist der Diskussionsbedarf und die Fehlerquote.

[98] [2006] EWHC (TCC) 2338.
[99] Vgl. Bernstein's Handbook of Arbitration and Dispute Resolution Practise, Rn. 2-775.
[100] Siehe Chern, Dispute Boards, 196.
[101] Siehe Chern, Dispute Boards, 196.

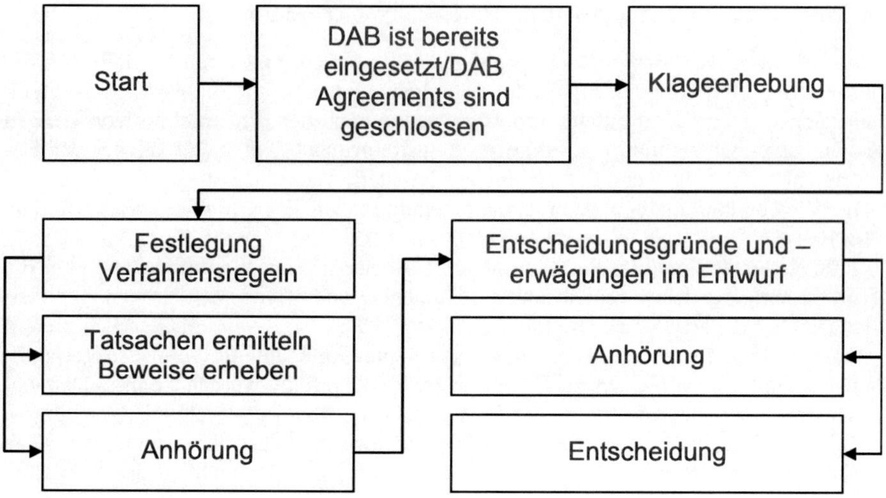

Abb. 8.3. Abwicklung des Verfahrens aus DAB-Sicht

64 **5. Verfahrensablauf aus Sicht des DAB.** Das DAB-Verfahren ist ein gerichtsähnliches Verfahren. Folglich bestimmen die Parteien den Streitgegenstand und die vertraglich vereinbarten „Richter" müssen die Parteien anhören, um zu einem Spruch kommen zu können. Die Quasi-Schiedsrichter können also anders als ein Schiedsgutachter zu keinem Spruch kommen, ohne die Parteien anzuhören und die vorgebrachten Beweise zu würdigen. Aus diesem Grunde erscheint es sinnvoll, das Verfahren zu strukturieren und den Parteien aufzugeben, wie sie den Sach- und Streitstand aufbereiten sollen. Dazu gehören auch Hinweise, wie Beweise anzutreten sind. Insoweit sind unterschiedliche Herangehensweisen denkbar

- Die Parteien reichen Schriftsätze ein, die alle Dokumente, Sachverständigenberichte und schriftlichen Zeugenaussagen enthalten.
- Die Parteien reichen Stellungnahmen ein, um die tatsächlichen Streitfragen herauszuarbeiten, so dass nur die diesbezüglichen Beweismittel eingereicht werden müssen.

65 In beiden Fällen folgt jeweils eine mündliche Anhörung, wenn der Sach- und Streitstand vorgetragen ist. Die Besonderheit im DAB Verfahren liegt nun darin, dass das DAB darauf achten muss, dass innerhalb des vereinbarten Zeitrahmens zur Entscheidung befähigt wird.

66 Die erstgenannte Vorgehensweise scheint auf den ersten Blick die besser geeignete zu sein, weil sie den Parteien die Freiheit lässt, allein über den Gegenstand des Verfahrens zu bestimmen. Im DAB Verfahren ist das aber eher hinderlich, denn es muss die Verfahrensdauer im Auge behalten werden. Die zweite Variante ist schwieriger zu handhaben, kann aber erhebliche Zeit und Kosten sparen helfen, was im DAB Verfahren von besonderer Bedeutung ist. Während die erstgenannte Vorgehensweise vor allem dann geeignet ist, wenn der Streitstoff bereits klar herausgearbeitet ist, dient die zweite dazu, die Parteien zunächst dahin zu führen, sich über den Streitgegenstand klar zu werden. Das muss schnell und möglichst unter Anleitung des DAB geschehen. Zur Verfahrensgestaltung eignen sich Verfahrensanordnungen, die ihre Grundlage in den Procedural Rules haben.

Entscheidet sich das DAB für die zweite vorgenannte Vorgehensweise, stellt sich ein typischer Verfahrensablauf etwa wie folgt dar: 67

1. Klageeinreichung
2. DAB: Hinweise zur Zuständigkeit, falls bereits angesichts der Klage hieran Zweifel bestehen
3. DAB stellt Verfahrensordnung vor
4. Klageerwiderung und ggf. Widerklage
5. DAB: Auflagen und Hinweise an die Parteien
6. Erwiderung des Klägers (in Bezug auf die Verteidigungsmittel des Beklagten)
7. Erwiderung des Beklagten
8. DAB: Hinweise und Fragen an die Parteien
9. Vorlage bzw. Einreichung der schriftlichen Beweismittel, was entweder durch den Austausch von Listen in Bezug auf die für relevant erachteten Beweismittel geschehen kann, die nach Aufforderung jeweils offen gelegt werden, oder aber schlicht in Form von Anlagen zu den Schriftsätzen zugänglich gemacht werden.
10. Schriftliche Zeugenaussagen, denen häufig die Aussagen der Gegenzeugen gegenübergestellt werden, was in zeitlicher Hinsicht zu berücksichtigen ist.
11. Sachverständigenberichte und Sachverständigengutachten werden eingereicht. Diese Gutachten und Berichte werden vollständig ausgetauscht. Vielfach wird anschließend versucht, von den Sachverständigen abzufragen, in welchen Punkten sie keine Übereinstimmung gefunden haben, wobei das Ersuchen dahin geht, jeweils die Gründe offen zu legen. Das DAB wird sodann erwägen, ob es einen eigenen Sachverständigen bestellen und hören möchte, wobei dies bereits aus Zeitgründen in der Regel unterbleiben wird, zumal wenn das DAB fachkundig besetzt ist.
12. Das DAB wird darauf dringen, dass die Beweismittel systematisch zusammengefasst werden und damit während der mündlichen Verhandlung leicht zugänglich und auffindbar sind.
13. Das DAB wird häufig darum bitten, dass die Parteivertreter vor der mündlichen Verhandlung schriftliche Plädoyers einreichen, die die in der Verhandlung angedachte Argumentation offen legen. Das hilft insbesondere auch in sprachlicher Hinsicht.

Die mündliche Anhörung dient in der Regel dazu, die schriftlichen Zeugenaussagen zu verifizieren und den Sachverhalt abschließend aufzuklären. Die Beweiserhebung sollte möglichst unter Berücksichtigung des anwendbaren Verfahrensrechts (lex fori) erfolgen. In den UAE müssen die Zeugen z.B. ihre Aussagen beeiden. 68

Die zeitlichen Grenzen der Anhörung sollten klar definiert sein. Mehr als 2 oder 3 Tage stehen für eine Anhörung im DAB Verfahren selten zur Verfügung. In der Verhandlung wird das DAB die zur Verfügung stehende Zeit möglichst gerecht verteilen und beide Seiten angemessen hören. Das DAB kann Vorgaben dazu machen, wie die zur Verfügung stehende Zeit zu verwenden ist, z.B. für „cross examinations" oder für Plädoyers.

Das DAB kann und wird häufig sogenannte *Position Papers* zulassen, mit denen die Parteien die mündliche Verhandlung vorbereiten. Solche *Position Papers* sollen die Kernfragen zusammenfassen und sich auf die Hauptargumente konzentrieren. Gefragt sind keine langatmigen Schriftsätze und neuen Ausführungen sondern knappe Stellungnahmen zum Sach- und Streitstand, die das DAB befähigen, die Verhandlung auf das Notwendige zu konzentrieren. 69

70 **6. Entscheidung.** Ziel eines Verfahrens der alternativen Streitbeilegung ist grundsätzlich die Herbeiführung einer einvernehmlichen Regelung. Deshalb soll zunächst eine gütliche Beilegung versucht werden, auch wenn dies in Unterklausel 20 der FIDIC Books nicht ausdrücklich ausgesprochen wird. Allerdings enthält Unterklausel 20.2 FIDIC Red Book die Option, dass beide Parteien einvernehmlich eine Meinung des DAB einholen können. Kommt jedoch keine gütliche Einigung zustande, muss das DAB eine Entscheidung fällen. Erst danach ist ein weiterer Einigungsversuch vorgeschrieben (Unterklausel 20.5).

71 Die Entscheidung des DAB soll eine Sachentscheidung sein[102]. Das DAB ist nicht berechtigt zu entscheiden, dass es nicht entscheiden könne[103]. Auch die Komplexität und der Umfang einer Streitigkeit ist kein Grund, die Entscheidung abzulehnen. Einzige Ausnahme ist die Abweisung des Antrags mangels Zuständigkeit. Die Entscheidung ist nach FIDIC-Vorstellungen innerhalb von 84 Tagen zu fällen, gerechnet ab Vorlage des Streitfalles bei dem DAB; der HGCRA 1996 nennt dagegen eine Frist von nur 28 Tagen. Das DAB kann eine andere Frist vorschlagen und sich von den Parteien genehmigen lassen.

Das DAB wird seine Entscheidung aus dem Vertrag und dem anwendbaren Recht ableiten[104]. Seine Aufgabe besteht darin, auf der Grundlage des Vertrages und des anwendbaren Rechts die relevanten von den irrelevanten Tatsachen zu trennen und zu hinterfragen, ob sich auf der Grundlage des Tatsachenvortrages und der Sachverhaltsermittlung die beantragte Entscheidung rechtfertigen lässt[105].

Gemäß Unterklausel 20.4 muss das DAB seine Entscheidung begründen („shall be reasoned“). Der englische HGCRA schreibt das nicht zwingend vor[106]. Sobald aber eine solche Vereinbarung besteht, muss sie beachtet werden. Allerdings wird empfohlen, die Begründung kurz zu halten und sie darauf zu beschränken, die wesentlich logischen Schritte der Entscheidungsfindung wiederzugeben[107]. Andererseits dient die Begründung dazu, die Entscheidung überprüfbar zu machen und in den meisten Fällen stützen sich Angriffe gegen eine DAB-Entscheidung auf die Gründe. Sie ist deshalb sorgfältig abzufassen[108]. Sie sollte auch alle wesentlichen Erwägungen mit Blick auf die Zuständigkeit des DAB enthalten.

72 Eine typische englische DAB-Entscheidung ist wie folgt aufgebaut[109]:

- Rubrum, in dem die beteiligten Parteien und ihre Vertreter aufgeführt sind
- Zusammenfassung der Streitigkeit, in der Fakten kurz referiert werden, und die die Fragen zusammenfasst, über die zu entscheiden ist
- Offenlegung der DAB-Konstitution und der Bestellung der DAB-Mitglieder
- Hinweise auf Streitigkeiten, Rügen und Einwände gegen die Zuständigkeit des Adjudicators, ggf. Diskussion der Streitfragen und Entscheidung

102 Bernstein's Handbook of Arbitration and Dispute Resolution Practise, Rn. 5-076.
103 Siehe Ballast Plc v. The Burrell Company (Construction Management) Ltd [2001] BLR 529; vgl. auch Bernstein's Handbook of Arbitration and Dispute Resolution Practise, Rn. 5-076.
104 Chern, Dispute Boards, 195 f.
105 Chern, Dispute Boards, 195 f.
106 Vgl. Bernstein's Handbook of Arbitration and Dispute Resolution Practise, Rn. 5-082.
107 Vgl. Bernstein's Handbook of Arbitration and Dispute Resolution Practise, Rn. 5-082.
108 Vgl. Bernstein's Handbook of Arbitration and Dispute Resolution Practise, Rn. 5-082.
109 Vgl. auch Carillion Construction Ltd v. Devonport Royal Dockyard Ltd [2005] EWCA Civ 1358 (16.11.2005), wo es heißt: „Der Entscheidung (des Adjudicators) selbst waren drei Abschnitte vorangestellt –Einleitung, Probleme und Rechtsbehelfe“.

- Schilderung des Verfahrensgangs
  - Verfahrensablauf
  - DAB-Sitzungen
  - Baustellenbesuche oder -besichtigungen
  - Parteianhörung, z.B. mit der Formulierung „in the initial directions both parties were offered an opportunity for a conference call and or a meeting“. Ggf. wird angegeben, warum kein Hearing stattgefunden hat, etwa weil der zu späte Antrag zu einer Verzögerung der Entscheidung geführt hätte
  - Hinweis darauf, dass die Parteien Gelegenheit hatten, Stellung zu nehmen
- Tenor der Sachentscheidung
- Sachentscheidung mit Einzelbegründung[110]
  - Gliederung der Sachverhalte und Schilderung der Fakten
  - Herleitung der Entscheidung aus dem Vertragswortlaut
  - Herleitung der Entscheidung aus dem Gesetzeswortlaut
- Kostenentscheidung, welche im Rahmen der FIDIC-Verträge entfällt, weil vorgesehen ist, dass sich die Parteien hälftig an den Kosten beteiligen; hinsichtlich der eigenen Rechtsanwaltskosten wird hingegen ohnehin in der Regel keine Kostenerstattung vorgesehen[111].

In der Praxis legen die Schlichter ihre Auffassung häufig als eine Art Hinweisbeschluss oder Zwischenverfügung offen, z.B. wie folgt[112]:

„Notes to reach my decision on jurisdiction to adjudicate the disputed matter.“

1. *The sub-contract was formed when the responding party sent its letter dated [24] April 1999 to the referring party.*
2. *It appears to have been the intention of the responding party to have the sub-contract back to back with its main contract with its client, however the responding party has included within its letter dated 24 April 1999 certain express terms which when read in the context of the main contract either alter/amend or delete the terms and conditions and move away from back to back arrangements.*
3. *Other references specifically the term ‚by and large‘ [in] paragraph 4 of letter dated 24 April 1999, seem to indicate that the main contract was not intended to be back to back, the responding party has also varied other clauses concerning dispute resolution and payment (paragraphs 17 & 9).*
4. *To determine my jurisdiction I have examined the provisions of the contract between the parties and find that it was the intention of the parties ‚In the event of any dispute arising out of this sub-contract agreement the parties will (not may) make reference to arbitration on the basis set out in the main contract.‘ It therefore follows, in my opinion, that the main contract adjudication provisions have been struck out.*
5. *I therefore have to decide what adjudication provisions can be implied back into the contract between the parties to enable me to decide whether or not I have jurisdiction in my appointment.*

---

110 Vgl. Bunni, FIDIC Forms of Contract, 632 f.
111 Vgl. dazu Bernstein's Handbook of Arbitration and Dispute Resolution Practise, Rn. 5-081.
112 Siehe Watson Building Services Ltd, Re Application For Judicial Review [2001] ScotCS 60 (13.03.2001).

6. *Alternative 1 – I imply the adjudication provision of the main contract back into the sub-contract – the adjudication provisions would be Clause 41[A] then there would be a nominating body noted in the appendix. I have no evidence of whom the nominating body is, only if the NSCC were nominating body would the ACA be able to appoint.*
7. *Alternative 2 – Imply the Scheme into the contract and run the adjudication by their rules.*
8. *I conclude that as the responding party drafted the contract I can apply the contra proferentem rule – it was the intention of the drafting party to refer all disputes to arbitration. The referring party has a statutory right, which he has now exercised, to refer the dispute to adjudication and I therefore imply that the rules of the adjudication should be statutory i.e. the Scheme.*
9. *Under the Scheme, specifically paragraph 2(1)(c), the referring party can go to any adjudicator nominating body for an appointment. They have selected the ACA, who have appointed me and I have decided that the rules will be as the scheme not the ACA rules.*
10. *I may now consider the dispute properly referred to me.*
11. *In the alternative I construe that by varying the terms of the main contract it is not clear which clauses were and were not to apply, and it is safer to only allow the letter to be the sub-contract and ignore everything else. The dispute is over payment and the clause as written in the letter is outlawed under the act therefore the scheme must apply – conclusion as which clauses are to be incorporated ‚by and large' is anybody's guess and anybody's guess is likely to be wrong. It is clear that the responding party intended not to follow the whole of the back to back approach and it is not for me to guess which clauses of the main contract are to be ‚by and large' incorporated, therefore I decide the terms of the contract are the letter and where adjudication provisions and payment provisions are not provided for then the scheme will apply.*

Down to 10 done by 12.20 p.m. on 10 August 2000.

73 In der schottischen Entscheidung wird ergänzend sinngemäß ausgeführt[113]:

Der Adjudicator kann und sollte, obwohl er kein Jurist ist, die Vertragsbestimmungen in Bezug auf ihre Bedeutung und ihren Sinn in Betracht ziehen und Entscheidungen und Regelungen entsprechend treffen. In bestimmten Fällen kann es für den Adjudicator ratsam sein, rechtlichen Rat zu erlangen (vgl. Section 108(f) HGCRA 1996 und paragraph 13(f) des statutory Scheme), doch solcher Rat ist nicht zwingend vorgeschrieben.

74 Grundsätzlich sind Adjudicatoren nicht gehalten, Hinweisbeschlüsse zu fassen. Es gibt gehörige Gründe dafür, warum ein „Entscheider" seinen Abwägungsprozess nicht offen legen muss bzw. keine vorläufigen Ansichten mitteilen muss. Es kann jedoch gleichwohl Umstände geben, wo es die Fairness erforderlich werden lässt, solche Umstände offen zu legen, die tragende Aspekte des Falles betreffen, wenn sich diese nicht als offensichtlich oder natürlicherweise aufdrängen[114]. In der Praxis wird das DAB es vermeiden, Überraschungsurteile zu fällen.

---

[113] Watson Building Services Ltd, Re Application For Judicial Review [2001] ScotCS 60 (13.03.2001).
[114] John Holland Pty Ltd TAC Pacific Pty Ltd & Ors [2009] QSC 205 (31 July 2009).

Hat das DAB eine Entscheidung gefällt, ist sie gemäß Unterklausel 20.4 FIDIC 1999 für beide Parteien bindend und muss von diesen umgehend befolgt werden, wenn und soweit sie nicht durch eine gütliche Einigung oder eine Schiedsgerichtsentscheidung abgeändert wird. „Verurteilt" also das DAB den Besteller zur Zahlung, hat diese umgehend zu erfolgen[115], allerdings mit einer Maßgabe: Unterklausel 14.3 FIDIC 1999 stellt klar, dass Zahlungen in einer Zahlungsbescheinigung (siehe Unterklausel 14.6) freizugeben sind. Mithin muss der durch das DAB ausgeurteilte Anspruch zunächst in das Verfahren nach Unterklausel 14.3 eingeführt werden. „Rechtsmittel" (im Sinne einer Hauptsacheklage vor dem Schiedsgericht) haben keine aufschiebende Wirkung; deshalb vollziehen Schiedsgerichte DAB Sprüche gelegentlich im Wege eines Interim Award[116]. **75**

Ein weiterer kritischer Punkt ist die Fristenregelung in Unterklausel 20.4, wonach das DAB seine Entscheidung binnen 84 Tagen fällen muss. Unterklausel 20.4 Abs. 4 sieht vor, dass die Parteien nach Fristablauf ihre Unzufriedenheit mit der DAB-Tätigkeit mitteilen können, wodurch der Weg zum Schiedsgericht eröffnet wird. Offen bleibt, was geschieht, wenn das DAB seine Entscheidung zu spät fällt, jedoch bevor die Parteien ihre Unzufriedenheit erklärt haben. Hierzu werden unterschiedliche Lösungen aufgezeigt. Es wird vertreten, dass die DAB-Entscheidung kraft Fristüberschreitung unwirksam sei. Zwei Gerichtsentscheidungen, eine schottische und eine englische, haben sich mit diesen Fragen auseinandergesetzt. **76**

Im Fall *St. Andrews Bay Development Ltd v. HBG Management Ltd*[117] hatte der Adjudicator seine Entscheidung zurück gehalten, bis sichergestellt war, dass er für seine Leistung bezahlt werde. Die Entscheidung erging zwei Tage nach Fristablauf. St. Andrews war mit der Entscheidung unzufrieden und machte geltend, sie sei zu spät ergangen und damit unwirksam. Richter Lord Wheatly wollte diese Rüge nicht akzeptieren und hielt die Entscheidung des Adjudicators aufrecht.

Im Fall *Simons Construction Ltd. v. Aardvark Developments Ltd.*[118] hatte Richter Seymour auf der Grundlage eines JCT-Vertrages über die Wirksamkeit einer zu spät erlassenen Adjudicator Entscheidung zu befinden. Der Adjudicator war von dem Chartered Institute od Arbitrators ernannt worden. Die Parteien hatten die Frist zur Entscheidungsfindung bis zum 17. Juni 2002 verlängert. Der Adjudicator hatte angekündigt, vor Fristablauf einen Entwurf seiner Entscheidung zur Stellungnahme durch die Parteien zuzusenden, was allerdings erst am 17. Juni 2002 geschah. Nachdem sich die Parteien dazu nicht äußerten, erließ er eine Woche später den Entwurf als endgültigen Spruch. Hiermit war Simons nicht zufrieden und erhob Klage vor dem TCC. Simons machte geltend, die Entscheidung sei zu spät erlassen worden und sei damit unwirksam. Richter Seymour trat dem entgegen und verwies darauf, dass die Parteien nach § 19 des Statutory Scheme for Construction Contracts in einem solchen Fall einen erneuten Antrag auf Durchführung von Dispute Adjudication stellen könne und die Ernennung des bisherigen Adjudicators widerrufen könne. Da dies aber nicht geschehen sei, habe sich der Adjudicator bei Erlass seiner Entscheidung im Amt befunden, so dass diese bindend sei.

---

[115] Totterdill, FIDIC User's Guide, 302.

[116] ICC Schiedsspruch Nr. 10619 (2008) 19 ICC International Court of Arbitration Bulletin, n° 2, 85 ff.; siehe auch High Court Singapore, Urteil v. 20.7.2010,, OS 206/2010, IBR 2010, 724 – Hök.

[117] St. Andrews Bay Development Ltd v. HBG Management Ltd [2003] ScotCS 103 (4 April 2003).

[118] Simons Construction Ltd. v. Aardvark Developments Ltd. [2003] EWHC 2474 (TCC) (29 October 2003).

77 Beruht das Adjudication-Verfahren auf einem FIDIC-Vertrag, fehlt in der Regel eine gesetzliche Vorkehrung. Die Parteien können aber gemäß Cl. 7 General Conditions for Dispute Adjudication Agreement die Vereinbarungen mit dem DAB kündigen, denn die DAB-Mitglieder sind verpflichtet, die Bedingungen der Unterklausel 20.4 Red Book zu beachten (vgl. Cl. 4 General Conditions for Dispute Adjudication Agreement). Geschieht dies, fehlt es an einer DAB-Entscheidung, die grundsätzlich vorliegen muss, bevor das Schiedsgericht angerufen werden kann. Sprechen die Parteien die Kündigung des DAB wegen Fristüberschreitung aus, könnten nach Unterklausel 20.3 neue DAB-Mitglieder bestellt werden. Es bietet sich dann an, eine neue Entscheidungsfrist zu vereinbaren, denn anderenfalls befände sich das neue bestellte DAB bereits bei seiner Bestellung im Verzug mit der Entscheidungsfindung. Die Parteien könnten dann sofort ihre Unzufriedenheit erklären und das Schiedsgericht anrufen. Damit wäre die Neubesetzung des DAB sinnentleert.

78 **7. Bindung und Vollziehung.** Ein letzter kritischer Punkt der DAB-Entscheidung ist ihre vermeintliche fehlende Durchsetzbarkeit bzw. Vollstreckbarkeit[119]. In der Regel erklären englische Gerichte Entscheidungen des DAB entweder durch Zahlungsurteile in summary proceedings oder durch sog. „injunctions“ für justizförmig durchsetzbar[120]. Solche Ansätze sind anderen Rechtsordnungen fremd.

79 **Beispiel:** Der Besteller hat den Unternehmer mit Leistungen beauftragt, die letzterer in 54 Einzelrechnungen abrechnet. Der Besteller verweigert die Bezahlung, so dass der Unternehmer den Adjudicator anruft, der seine Zuständigkeit bejaht und den Besteller antragsgemäß zur Zahlung von 261.898,76 £ verurteilt. Da sich der Besteller weiter weigert zu zahlen, beantragt der Unternehmer beim zuständigen Gericht ein summary judgement. Vor Gericht bestreitet der Besteller die Zuständigkeit und Gerichtsbarkeit des Adjudicators und wendet die Aufrechnung mit einer den Klagebetrag deutlich übersteigenden Forderung ein. Das Gericht verwirft die Einwände des Bestellers und verurteilt ihn antragsgemäß zur Zahlung. Die Entscheidung[121] kann wie folgt leitsatzartig dargestellt werden:

1. Die vorläufig bindende Adjudicator Entscheidung kann in summary proceedings auf gravierende Verfahrensfehler überprüft werden.
2. Gegen die im Adjudication-Verfahren ausgeurteilte Summe kann stets die Aufrechnung erklärt werden.
3. Der Aufrechnungseinwand wirkt in summary proceedings nur rechtsvernichtend, wenn die Aufrechnungsforderung hinreichend sicher erscheint, das heißt mehr als nur eine Behauptung darstellt.
4. Andernfalls kann die Aufrechnung erst im Hauptsacheverfahren berücksichtigt werden, in dem die Entscheidung des Adjudicators inhaltlich überprüft wird.

---

119 Siehe zu Vergleichen, die im Anschluss an ein DAB Verfahren geschlossen werden, Able Construction (UK) Ltd v. Forest Property Development Ltd, [2009] EWHC 159 (TCC) = IBR 2009, 1096 – Hök.

120 Bernstein's Handbook of Arbitration and Dispute Resolution Practise, Rn. 5-096; vgl. Carillion Construction Ltd v. Devonport Royal Dockyard (TCC Nr. TCC 30/05 HT-05-82); Macob Civil Engineering Ltd v. Morrison Construction Ltd, (1999) BLR 99; Bouygues (UK) Ltd v. Dahl-Jensen (UK) Ltd, (2001) All ER 1041; C&B Scene Concept Design Ltd v. Isobar Ltd (2002) BLR 93; Levolux AT Ltd v. Ferson Contractors Ltd (2003) EWCA Civ 11; Orange EBS Ltd v. ABB Ltd [2003] EWHC 1187 (TCC); R J Knapman Ltd. v. Richards & Ors [2006] EWHC 2518 (TCC) (12.10.2006); Carillion Construction Ltd. v. Devonport Royal Dockyard Ltd. [2006] 1 BLR 15; Hart Investments Ltd v. Fidler & Anor [2006] EWHC 2857 (TCC) (03.11.2006); Nageh v. Giddings & Anor [2006] EWHC 3240 (TCC) (08.12.2006).

121 D G Williamson Ltd v. Northern Ireland Prison Service [2009] NIQB 8 = IBR 2009, 1097 – Hök.

Die Schlichtungsordnung der Deutsche Gesellschaft für Baurecht enthält in Ziffer 6 Abs. 4 die folgende Regelung: „Die Parteien verpflichten sich, den Schlichterspruch umzusetzen. Geschieht dies nicht, ist hierfür der ordentliche Rechtsweg eröffnet". Das FIDIC-Vertragswerk (1999) regelt in Unterklausel 20.7, was die Parteien tun können, wenn eine DAB-Entscheidung nicht beachtet wird[122]. 80

Klauselauszug Unterklausel 20.7

Im Falle dass:

(a) keine der Parteien innerhalb der in Unterklausel 20.4 [Erwirkung einer Entscheidung der Streitbeilegungsstelle] festgelegten Frist ihre Unzufriedenheit angezeigt hat,

(b) die von der Streitbeilegungsstelle erlassenen Entscheidung (falls gegeben) endgültig und verbindlich geworden ist und

(c) eine Partei diese Entscheidung nicht einhält,

kann die andere Partei, ohne dass dadurch andere ihr zustehende Rechte beeinträchtigt werden, in Bezug auf dieses Versäumnis ein Schiedsverfahren gemäß Unterklausel 20.6 [Schiedsgerichtsverfahren] einleiten. In diesem Fall finden die Unterklauseln 20.4 [Erwirkung einer Entscheidung der Streitbeilegungsstelle] und 20.5 [Gütliche Einigung] keine Anwendung.

Die englischen Leitprinzipien sind folgende[123]: 81

- Die Entscheidung eines Adjudicators, deren Wirksamkeit mit Blick auf die rechtliche oder tatsächliche Begründung oder Verfahrensfehler angegriffen wird, bleibt eine Entscheidung, die vollziehbar ist und vollzogen werden sollte.
- Eine Entscheidung, die fehlerhaft ist, ist selbst wenn der Fehler durch die Begründung offen gelegt wird, nicht geeignet einfach aufgehoben zu werden und sollte weiterhin vollzogen werden.
- Eine Entscheidung kann mit der Begründung aufgehoben werden, dass der Adjudicator nicht gesetzlich ermächtigt war, die Entscheidung zu fällen, weil es an einem zugrundeliegenden Bauvertrag zwischen den Parteien fehlte oder weil er sich außerhalb der sog. „Terms of reference" bewegte.
- Adjudication ist ein schnelles Verfahren, in dem Fehler unvermeidlich auftreten.
- Das Problem, ob ein Bauvertrag zustande gekommen ist, das eines ist, dass die Zuständigkeit des Adjudicators aufhebt, wenn es angemessen und klar geltend gemacht wird, muss von dem Gericht auf der Grundlage des Abgleichs der Wahrscheinlichkeiten festgestellt werden, wenn nötig mit Zeugen- und Urkundenbeweis.

Vereinzelt haben die englischen Gerichte allerdings die Vollziehung von DAB-Entscheidungen wegen eines Verstoßes gegen „natural justice" verweigert[124]. Jede Verletzung und Missachtung des im Vertrag verankerten DAB-Verfahrens wird als Vertragsverletzung angesehen[125]. Letztlich beruht also der Respekt vor einer DAB-Entscheidung auf dem Grundsatz der Vertragsfreiheit, deren Missachtung ggf. durch eine gerichtliche Anordnung auf ein spezielles Handeln (specific performance) sanktioniert wird. 82

---

[122] Unterklausel 20.9 FIDIC Gold Book (2008) erfasst dagegen auch nicht endgültig bindende DAB Sprüche.

[123] Sherwood & Casson Limited v. Mackenzie, 2000 T.C.C. 418; vgl. Skanska Construction UK Ltd v. The ERDC Group Ltd & Anor [2002] ScotCS 307 (28.11.2002).

[124] Discain Project Services Ltd v. Opecprime Development Ltd (2000) BLR 402; Balfour Beatty Construction Ltd v. Lambeth LBC (2002) BLR 288; RSL (South West) Ltd v. Stansell Ltd [2003] EWCA 1390 (TCC).

[125] Bunni ICLR 2005, 272, 275 f.

Zur Illustration mag folgende – frei übersetzte – Passage aus einem englischen Urteil beitragen[126]:

Es ist in einem komplexen Fall für eine Partei, die mit einer DAB-Entscheidung unzufrieden ist, sehr einfach die Begründung der Adjudicator-Entscheidung zu durchforsten und Punkte aufzuzeigen, auf deren Grundlage sie diese unter Berufung auf Begriffe wie „excess of jurisdiction" oder „breach of natural justice" angreift. Es muss in Betracht gezogen werden, dass die Mehrheit der Adjudicatoren nicht wegen ihrer Sachkunde als Juristen ausgewählt werden. Ihre Fähigkeiten liegen wahrscheinlich oder sogar mehr als wahrscheinlich auf anderen Gebieten. Die Aufgabe des Adjudicators ist es nicht, als Schiedsrichter oder Richter zu handeln. Der enge Zeitrahmen, innerhalb dessen von ihm zu handeln erwartet wird, beweist dies. Die Aufgabe des Adjudicators ist es, eine Interimslösung zu finden, die die Bedürfnisse des Falles treffen. Das Parlament dürfte bedacht haben, dass der Unternehmer oder Subunternehmer mangels einer Interimslösung durch das rechtswidrige Zurückhalten von ordentlich geschuldeten Beträgen in die Insolvenz geführt wird. ... Der Bedarf an einer richtigen Antwort ist dem Bedarf an einer schnellen Antwort untergeordnet. Das „Regelwerk" wurde nicht erlassen, um abschließende Antworten auf komplexe Fragen zu erlangen. Tatsächlich sind Zweifel erlaubt, dass das Parlament im Auge hatte, dass Streitigkeiten, die komplizierte Rechtsfragen aufwerfen, den Dispute Boards vorgelegt werden würden, oder ob solche Streitigkeiten für Adjudication nach dem Regelwerk geeignet sind. Wir haben volle Sympathie für einen Adjudicator, der damit konfrontiert ist, eine Entscheidung in einem Fall wie diesem zu treffen.

Kurz zusammengefasst, in der überwältigenden Mehrheit von Fällen muss der richtige Verlauf in Bezug auf eine Partei, die in einem Adjudication-Verfahren nicht erfolgreich war, sein, den Betrag zu zahlen, zu dem sie von dem Adjudicator verurteilt wurde. Akzeptiert sie die Entscheidung des Adjudicators nicht als korrekt, kann sie gerichtliche oder schiedsgerichtliche Schritte einleiten, um die richtige Entscheidung zu erhalten. Danach zu trachten, eine Adjudicator-Entscheidung mit der Begründung anzugreifen, die Entscheidung überschreite die Gerichtsbarkeit des Adjudicators oder verletzte die Grundsätze von „natural justice" führt (ausgenommen in den klarsten Fällen) zu einer bedeutenden Verschwendung von Zeit und Geld ...

83 Auf dieser Grundlage hat der englische Court of Appeal[127] folgende Leitlinien zusammengefasst:

1. *Wenn ein Adjudicator es ablehnt, Beweis zu berücksichtigen, der nach seiner Analyse der Tatsachen oder des Rechts irrelevant ist, dann stellt dies weder einen Bruch der Regeln über natural justice noch ein Unterlassen, relevantes Material zu berücksichtigen... dar. Wenn die Analyse des Adjudicators in Bezug auf Tatsachen oder das Recht irrig war, kann daraus folgen, dass er den fraglichen Beweis hätte beachten müssen. Das ist kein Grund, den Vollzug der Entscheidung des Adjudicators zu verweigern.*
2. *Es ist oftmals nicht praktikabel, dass der Adjudicator den Parteien seine Ausführungen vorab zur Stellungnahme überlässt. Sehr häufig stellen diese vorläufigen Ausführungen eine Zwischenmeinung dar, für die keine der Parteien streitet. Es wird nur in Ausnahmefällen wie in dem Fall* Balfour Beatty v London Borough of

[126] Carillion Construction Ltd v. Devonport Royal Dockyard Ltd [2005] EWCA Civ 1358 (16.11.2005).
[127] Carillion Construction Ltd v. Devonport Royal Dockyard Ltd [2005] EWCA Civ 1358 (16 November 2005); siehe dazu auch Rana ICLR 2006, 503, 506.

Lambeth *so sein, dass das Versäumnis des Adjudicators, seine vorläufige Meinung Kund zu tun solch eine ernsthafte Verletzung der Regeln über natural justice darstellt, dass es das Gericht ablehnt, die Entscheidung des Adjudicators in Vollzug zu setzen.*

4. *Während der Erörterung wurde meine Aufmerksamkeit auf bestimmte Entscheidungen über die Pflicht zur Erteilung von Gründen gelenkt. Siehe insbesondere* Save Britain's Heritage v. No 1 Poultry Limited, *[1991] 1 WLR 153 and* South Bucks DC and another v Porter (No 2) *[2004] 1 WLR 1953. Von meiner Warte aus sind die Prinzipien, die in diesen Fällen ausgeführt werden, von nur beschränkter Relevanz für Adjudicator Entscheidungen. Ich komme zu dieser Schlussfolgerung aus drei Gründen:*
   (a) Entscheidungen des Adjudicators legen die Rechte der Parteien nicht endgültig fest (es sei denn die Parteien wünschen dies).
   (b) Wenn Gründe gegeben werden und sie erweisen sich als fehlerhaft, führt dies nicht generell dazu, dass die Entscheidung des Adjudicators aufgehoben werden kann.
   (c) Adjudicatoren sind oft überhaupt nicht verpflichtet, Gründe mitzuteilen.
5. *Wenn ein Adjudicator verpflichtet ist, ... Gründe mitzuteilen, reicht aus meiner Sicht eine kurze Mitteilung dieser Gründe aus. Die Gründe sollten ausreichen, um aufzuzeigen, dass der Adjudicator die Streitfragen, die ihm vorgelegt wurden, behandelt hat und welche Schlussfolgerungen er in Bezug darauf zieht. Nur in extremen Ausnahmefällen, so wie sie von Lord Justice Clerk in* Gillies Ramsay *[*Gillies Ramsay Diamond and others v. PJW Enterprises Limited *[2004] BLR 131] beschrieben werden, wird das Gericht es ablehnen, eine anderenfalls wirksame Adjudicator Entscheidung wegen Unzulänglichkeit der Begründung in Vollzug zu setzen. Der Beschwerdeführer müsste darlegen, dass die Gründe fehlen oder unverständlich sind und dass er als Folge einen wesentlichen Nachteil erleidet.*

Australische Gerichte bestätigen diese Haltung[128]. Dort wurde entschieden: Die Lage ist sehr ähnlich der eines Sachverständigen, an dessen Feststellungen sich die Parteien vereinbarungsgemäß gebunden haben[129]. Diese Annahme wurde von dem englischen Court of Appeal bestätigt[130]. Es kann daher geschlussfolgert werden, dass dort, wo dem Adjudicator nach dem Gesetz eine Streitigkeit zur Entscheidung vorgelegt wird, die eine rechtliche Beurteilung erfordert, der Adjudicator keinen seine Zuständigkeit beeinflussenden Irrtum begeht, wenn er bei der Entscheidungsfindung schlicht einem Rechtsirrtum erliegt[131]. Einfache Rechtsfehler sind also unbeachtlich. Wesentlich sind nur solche Fehler die die Gerichtsgewalt des Adjudicators in Frage stellen[132]. **84**

FIDIC löst das Vollzugsproblem in Unterklausel 20.7. Im Falle dass: **85**

(a) keine der Parteien innerhalb der in Unterklausel 20.4 *[Erwirkung einer Entscheidung der Streitbeilegungsstelle]* festgelegten Frist ihre Unzufriedenheit angezeigt hat,
(b) die von der Streitbeilegungsstelle erlassenen Entscheidung (falls gegeben) endgültig und verbindlich geworden ist und
(c) eine Partei diese Entscheidung nicht einhält,

---

[128] Brodyn Pty Ltd t/as Time Cost and Quality v. Davenport & Anor [2004] NSWCA 394.
[129] Siehe z.B.A Hudson Pty Ltd v. Legal & General Life of Aust Ltd (1985) 1 NSWLR 701.
[130] Bouygues (UK) Ltd v. Dahl-Jensen (UK) Ltd [2000] EWCA Civ 507; [2000] BLR 522.
[131] Brodyn Pty Ltd t/as Time Cost and Quality v. Davenport & Anor [2004] NSWCA 394.
[132] John Holland Pty Ltd v. TAC Pacific Pty Ltd & Ors [2009] QSC 205 (13 July 2009) Rn. 29.

kann die andere Partei, ohne dass dadurch andere ihr zustehende Rechte beeinträchtigt werden, in Bezug auf dieses Versäumnis ein Schiedsverfahren gemäß Unterklausel 20.6 *[Schiedsgerichtsverfahren]* einleiten[133]. In diesem Fall finden die Unterklauseln 20.4 *[Erwirkung einer Entscheidung der Streitbeilegungsstelle]* und 20.5 *[Gütliche Einigung]* keine Anwendung. Folglich ist das Schiedsgericht anzurufen, um die Missachtung der Entscheidung der Streitbeilegungsstelle zu beheben[134]. Nicht ausdrücklich geregelt ist hingegen der Fall, dass eine nicht endgültige und verbindliche DAB-Entscheidung missachtet wird[135]. Klausel 20.4 regelt drei Folgen einer ordentlich zustande gekommenen DAB-Entscheidung:

- Sie ist bindend, bis sie entweder durch eine gütliche Einigung oder eine Schiedsgerichtsentscheidung aufgehoben wird
- Sie wird endgültig und bindend, wenn die Parteien nicht innerhalb von 28 Tagen nach Bekanntgabe angefochten wird
- Beide Parteien müssen im Falle der Anfechtung zunächst versuchen, sich gütlich zu einigen, bevor sie das Schiedsgericht anrufen dürfen, damit das Schiedsgericht die Angelegenheit gemäß Klausel 20.6 endgültig und bindend entscheidet.

86 Folglich könnte man davon ausgehen, dass es keine Möglichkeit gibt, die Missachtung einer nur vorläufig bindenden DAB-Entscheidung abzustellen[136]. Inwieweit Gerichte außerhalb des Common Law Rechtskreises DAB-Entscheidungen unmittelbar für vollstreckbar erklären oder ihre Erfüllung anordnen würden, ist bislang nicht untersucht[137]. Im Rahmen solcher Überlegungen sind die Fälle der endgültigen und bindenden und die der nicht endgültigen und nicht bindenden Entscheidung voneinander getrennt zu behandeln. Inzwischen ist jedoch ein ICC Schiedsspruch bekannt geworden, der zu Unterklausel 67.1 FIDIC 1987 ergangen ist[138]. Gemäß Unterklausel 67.1 FIDIC 1987 übt der Engineer Rechtsprechungsgewalt im Sinne eines DAB aus[139]. Im Ausgangsfall hatte der Engineer Entscheidungen nach Unterklausel 67.1 gefällt, die der Besteller nicht honorierte. Der Unternehmer begehrte daraufhin vor dem ICC Schiedsgericht die Feststellung, dass der Besteller den Entscheidungen des Engineer ungeachtet des Umstandes Wirkung verleihen solle, dass parallel ein Hauptsacheverfahren anhängig war. Er begehrte ferner umgehende Zahlung des von dem Engineer festgestellten Betrages. Das ICC Schiedsgericht verwies auf das „System" der Unterklausel 67.1, welches kurz zusammengefasst Folgendes besagt:

- Tritt eine Streitigkeit auf, muss diese schriftlich dem Engineer vorgelegt werden, der seine Entscheidung binnen 84 Tagen zu fassen hat
- Versäumt es der Engineer die Entscheidung zu fällen, kann das Schiedsgericht angerufen werden

---

[133] Zum Schiedsverfahren siehe u.a. Reithmann/Martiny/Hausmann, Internationales Vertragsrecht, Rn. 6550 ff.
[134] Vgl. dazu auch Seppälä ICLR 2005, 4, 12; Bunni ICLR 2005, 272 ff.
[135] Bunni ICLR 2005, 272, 276.
[136] So Bunni ICLR 2005, 272, 279.
[137] Zur Ausgestaltung von ADR in Australien und Hongkong vgl. Hibberd/Newman, ADR and Adjudication, 41 ff.
[138] ICC Schiedsspruch Nr. 10619 (2008) 19 ICC International Court of Arbitration Bulletin, n° 2, 85 ff.
[139] Vgl. Seppälä ICLR 2009, 415.

- Erlässt der Engineer eine Entscheidung, können die Parteien binnen einer vertraglich vorgegebenen Frist ihre Unzufriedenheit anzeigen; anderenfalls wird die Entscheidung des Engineer nach Unterklausel 67.1 endgültig bindend.
- Geht eine Anzeige der Unzufriedenheit zu, ist die Entscheidung des Engineer gleichwohl vorläufig bindend

Auf dieser Grundlage kam das Schiedsgericht zu dem Schluss, dass die vorläufig bindende Entscheidung des Engineer gemäß dem vertraglichen Willen der Parteien zu vollziehen sei. Es machte allerdings deutlich, dass es sich in seiner Entscheidung weder auf Art. 23 ICC Schiedsgerichtsregeln (= Art. 28 ICC Rules 2012) noch auf den einschlägigen französischen Vorschriften zur „référé provision" im Code de Procédure Nouveau berufen wollte[140]. Die Wesensähnlichkeit der Befugnisse nach Unterklausel 67.1 FIDIC 1987 mit denen des Dispute Adjudication Board nach Unterklausel 20.4 FIDIC 1999 lassen die Aussage zu, dass der zitierte Schiedsspruch auch auf DAB Entscheidungen im Sinne der Unterklausel 20.4 FIDIC 1999 Anwendung finden kann. 87

Eine endgültige und bindende DAB-Entscheidung muss vor das vereinbarte Schiedsgericht gebracht werden, um sie für vollziehbar erklären zu lassen. Klausel 20.7 FIDIC 1999 eröffnet insoweit den Einwand der Unzuständigkeit der staatlichen Gerichte, denn gerade für diesen Fall besteht ausdrücklich eine Schiedsgerichtsklausel. 88

Wird hingegen eine nicht endgültige, aber bindende Entscheidung nicht befolgt, fehlt eine ausdrückliche Schiedsgerichtsklausel[141]. Wegen des im Streit befindlichen Gegenstandes muss zunächst eine gütliche Einigung versucht werden (Klausel 20.5 FIDIC 1999). Solange bleibt die DAB-Entscheidung vorläufig bindend. Wie die vorläufige Bindung der DAB-Entscheidung erzwungen werden kann, lässt das FIDIC-Regime offen. Grundsätzlich kann davon ausgegangen werden, dass Schiedsgerichte über Unterklausel 20.6 FIDIC 1999 verfahren und einen Interim Award erlassen[142]. Eine auf die DAB-Entscheidung gestützte Hauptsacheklage wäre mit dem Sinn der ADR nicht in Einklang zu bringen, zumal die nur vorläufig bindende DAB-Entscheidung keine geeignete Grundlage für eine Hauptsacheentscheidung bildet[143]. In Deutschland käme daher aus praktischen Erwägungen allein eine einstweilige Verfügung in Betracht. Doch dürfte es dafür an den notwendigen Voraussetzungen fehlen, insbesondere dann, wenn die Hauptsache (etwa bei Zahlungsansprüchen) vorweggenommen würde, denn Leistungsverfügungen steht das deutsche Recht grundsätzlich kritisch gegenüber[144]. Letztlich fehlt es in Deutschland daher wohl an geeigneten Instrumenten zur Vollziehung von vorläufig bindenden DAB-Entscheidungen, denn sie können nicht als Schiedsgerichtssprüche qualifiziert werden[145]. DAB's werden auch keine Anerkennung als Gütestelle im Sinne des § 794 Abs. 1 Nr. 1 ZPO erlangen[146], so dass auch eventuelle Einigungen nicht unmittelbar vollzogen werden können. Es bleibt nur der Ausweg über eine ausdrückliche 89

---

[140] Vgl. Seppälä ICLR 2009, 415, 420 f.

[141] High Court Singapore, Urteil v. 20.7.2010,, OS 206/2010, IBR 2010, 724 – Hök.

[142] Siehe High Court Singapore, Urteil v. 20.7.2010, OS 206/2010, IBR 2010, 724 – Hök; vgl. Seppälä ICLR 2009, 415, 420 f.

[143] So auch High Court Singapore, Urteil v. 20.7.2010,, OS 206/2010, IBR 2010, 724 – Hök; siehe auch Hök ZfBR 2011, 523 ff.

[144] Siehe dazu Zöller/Vollkommer, ZPO, § 940 Rn. 6, ders., § 929 Rn. 19, ders., vor § 916 Rn. 1; ferner Knoepfler in: Cadiet/Clay/Jeuland, Médiation t arbitrage, 269 ff. Rn. 402 m.w.N.

[145] Schramke/Yazdani BauR 2004, 1073, 1079.

[146] Vgl. Werner/Pastor, Bauprozess, Rn. 526.

Schiedsgerichtsklausel, wie sie seit 2008 in Unterklausel 20.9 FIDIC Gold Book ausformuliert ist. In anderen Rechtsordnungen ist dagegen das Instrument der Leistungsverfügung durchaus anerkannt. In Belgien, Frankreich, den Niederlanden und im Libanon kann das Gericht eine endgültige Leistungsverfügung mit Blick auf das erwartete Hauptsacheergebnis erlassen[147]. Solche Entscheidungen gehören nicht zu den vorläufigen Maßnahmen im Sinne des Art. 24 EuGVVO[148]. Im Einzelfall begründet, wie in den angelsächsischen Rechtsordnungen üblich[149], die Existenz der DAB Entscheidung ein Indiz dafür, dass keine ernstzunehmenden Einwendungen gegen den Hauptsacheanspruch bestehen. Die Wahrscheinlichkeit des Obsiegens im Hauptsacheverfahren ist ein zulässiger Erwägungsgrund für die Anordnung einstweiliger Maßnahmen[150]. Nach deutschem Recht wäre aber im Zweifel gleichwohl ein Arrestgrund darzulegen. Der Vollzug einer DAB-Entscheidung im Urkundsprozess scheitert an der Urkundeneigenschaft des DAB Spruches[151].

Vieles ist indessen bislang dogmatisch unklar. DAB-Entscheidungen erwachsen keinesfalls in Rechtskraft. Ihnen fehlt der Charakter eines Gerichtsurteils oder Schiedsspruches im engeren Sinne. Die verbindliche Kraft des DAB Spruches folgt allein aus der vertraglichen Vereinbarung der Parteien, die sich der Gerichtsbarkeit des DAB unterworfen haben. In englischen Präjudizien lassen sich zwei Denkansätze ausmachen. Entweder die DAB Entscheidung selbst stellt den Anspruchsgrund dar[152] oder aber die vertragliche Regelung für die Befolgung des DAB Anspruches (vgl. Unterklausel 20.4 FIDIC 1999) ist der ausschlaggebende Rechtsgrund[153]. Im ersten Fall muss die Vertragsauslegung ergeben, dass der DAB Spruch eine Anspruchsgrundlage schaffen soll (echte condition precedent). Im zweiten Fall führt das DAB Verfahren letztlich zu einem Akt, der qua vertraglicher Vereinbarung befolgt werden soll. Der DAB Spruch hat dann lediglich die Qualität eines Beweismittels für das Ergehen eines DAB Spruches, an den die unterlegene Partei gebunden ist. Vieles spricht dafür, dass allein der Vertrag Grundlage sein soll. Unterklausel 20.7 FIDIC 1999 verschafft dem Schiedsgericht deshalb die Befugnis, über das Versäumnis der beschwerten Partei zu befinden, den DAB Spruch zu erfüllen. Die Klausel spricht hingegen nicht davon, den ausgeurteilten Anspruch durchzusetzen. Zudem kann die Entstehungsgeschichte der DAB Klausel nutzbar gemacht werden. Das DAB übt letztlich eine Teilfunktion des traditionellen FIDIC Engineer aus (vgl. Unterklausel 67.1 FIDIC 1987). Nach Maßgabe der neuen FIDIC-Verträge (1999) ist der Engineer gehalten, den DAB Spruch, soweit er Zahlungsansprüche ausurteilt, über Unterklauseln 14.3 und 14.6 bzw. 14.11 FIDIC 1999 in eine Zahlungsbescheinigung aufzunehmen. Der DAB Spruch richtet sich folglich auch an den an den Vertrag gebundenen Engineer, der berücksichtigen muss, dass der DAB Spruch vorläufig bindet. Eine unmittelbare Verpflichtung begründet der DAB Spruch jedenfalls

---

147 Knoepfler in: Cadiet/Clay/Jeuland, Médiation et arbitrage, 269 ff. Rn. 402.

148 EuGH, Urteil vom 17.11.1998, Rs C-391/95, Slg. 1998 I, 7091 – van Uden Maritime v. Deco Line KG; siehe dazu auch Knoepfler in: Cadiet/Clay/Jeuland, Médiation et arbitrage, 269 ff. Rn. 402.

149 Vgl. DG Williamson Ltd v. Northern Ireland Prison Service, Urteil vom 27.1.2009, IBR 2009, 1097 – Hök; siehe auch Mead General Building Ltd v. Dartmoor Properties Ltd, Urteil vom 4.2.2009, IBR 2009, 1092 – Hök.

150 Knoepfler in: Cadiet/Clay/Jeuland, Médiation et arbitrage, 269 ff. Rn. 441.

151 Siehe Hök, Dispute Adjudication in Deutschland, IBR 2007, 55; Hök, Schiedsgutachten: Urkunde im Urkundsprozess, IBR 2008, 308; vgl. zum Thema auch BGH IBR 2008, 121 – Vogel.

152 VHE Construction plc v. RBSTB Trust Co Ltd [2000] EWHC 181 (TCC); siehe dazu Hök, Klagbarer Anspruch auf Erfüllung des Adjudicator Spruches als Lösungsansatz, IBR 2007, 1381.

153 Glencot Development and Design Co Ltd v. Ben Barret & Son (Contractors) Ltd [2000] BLR 207; siehe dazu Hök, Klagbarer Anspruch auf Erfüllung des Adjudicator Spruches als Lösungsansatz, IBR 2007, 1381.

nach FIDIC 1999 nicht. Vielmehr muss sich der Besteller das Versäumnis des Engineer zurechnen lassen. Dieses Versäumnis wird über Unterklausel 20.7 bzw. Unterklausel 20.6 FIDIC 1999 gerichtlich behoben.

8. Korrektur von Entscheidungen. In der Praxis besteht durchaus ein Bedarf an Korrekturmöglichkeiten in Bezug auf DAB-Entscheidungen, denn der immense Zeitdruck, unter dem das DAB steht, führt zwangsläufig zu gelegentlichen Fehlern in den DAB-Entscheidungen. Das FIDIC-Vertragswerk schweigt dazu, wie die Parteien mit solchen Fehlern umgehen, z.B. mit Rechenfehlern oder schlichten Schreibfehlern. Cl. W1.3 (11) NEC3 dagegen enthält eine Klausel, die es dem Adjudicator erlaubt, Schreibfehler oder Unklarheiten binnen zwei Wochen nach Erlass der Entscheidung zu beheben. Wie mit solchen Fehlern umzugehen ist, die in Entscheidungen auftreten, die nach FIDIC-Bedingungen ergangen sind, ist offen. 90

9. Rechtsmittel. Die Entscheidung des DAB ist nur vorläufig bindend. Sie kann vor dem Schiedsgericht angefochten werden. Zu diesem Zweck muss die Partei, die das Rechtsmittel einlegen möchte, ihre Unzufriedenheit mit der DAB-Entscheidung mitteilen. Ist eine der Parteien mit der Entscheidung unzufrieden, kann sie der Gegenseite binnen 28 Tagen ihre Unzufriedenheit mitteilen und damit den Weg in das Schiedsgerichtsverfahren öffnen. Die Mitteilung ist an die andere Vertragspartei zu richten. In der Mitteilung ist anzugeben, dass es sich um eine solche nach Unterklausel 20.4 FIDIC 1999 handelt, welche Aspekte im Streit befindlich sind und welche Gründe für die Unzufriedenheit bestehen. Keine der Parteien ist berechtigt, das Schiedsgericht anzurufen, ohne dass eine solche Mitteilung erfolgte. Fehlt es an einer Mitteilung im Sinne der Unterklausel 20.4, wird die Entscheidung des DAB bindend und endgültig, mithin unanfechtbar. Im Zweifel ist davon auszugehen, dass die Missachtung oder Verletzung der vertraglichen Anzeigepflichten dazu führt, dass die DAB-Entscheidung endgültig und bindend wird und der Weg vor das Schiedsgericht versperrt ist. 91

Klauselauszug Unterklausel 20.4 Abs. 5 Red Book

Ist eine der Parteien mit der Entscheidung der Streitbeilegungsstelle unzufrieden, hat sie dies der anderen Partei innerhalb von 28 Tagen nach Erhalt der Entscheidung anzuzeigen. Wenn die Streitbeilegungsstelle nicht innerhalb von 84 Tagen (oder wie vereinbart) nach Erhalt des verfahrenseinleitenden Schriftsatzes oder innerhalb der vereinbarten Frist eine Entscheidung trifft, kann jede Partei ihre Unzufriedenheit innerhalb von 28 Tagen nach Ablauf dieser Frist anzeigen.

Die Mitteilung hat fristgebunden, innerhalb von 28 Tagen, gegenüber der anderen Vertragspartei (nicht gegenüber dem DAB) zu erfolgen. Eine besondere Form ist dafür nicht vorgegeben. Allerdings sollte in jedem Einzelfall sorgsam aufgeklärt werden, welche Schritte im Vertragswerk für die Mitteilung der Unzufriedenheit vorgesehen sind.

Im Fall Martel v. Bulotti[154] hatte ein Architekt nach dem AIA-Bauvertrag als Schlichter über Parteistreitigkeiten zu befinden. Gegen die Entscheidung des Architekten konnte nach dem Vertrag jede Partei das Schiedsgericht anrufen. Die unzufriedene Partei hatte das Schiedsgerichtsverfahren firstgebunden vermittels schriftlicher Mitteilung an die andere Vertragspartei, die American Arbitration Association (AAA) und den Architekten einzuleiten. Für den Fall der Fristüberschreitung sollte die Entscheidung des Architek- 92

[154] Martel v. Bulotti, 65 P.3d 192 (2003).

ten endgültig und bindend sein. Der Unternehmer, der mit einer Entscheidung des Architekten unzufrieden war, faxte dem Architekten kurz vor Fristablauf ein Schreiben, mit dem er die Eröffnung des Schiedsgerichtsverfahrens beantragte. Er informierte weder die AAA noch den Bauherrn. Später rief der Bauherr die staatlichen Gerichte an, um die Entscheidung des Architekten wie einen Schiedsspruch für vollstreckbar zu erklären. Dagegen verteidigte sich der Unternehmer mit dem Argument, die Entscheidung des Architekten sei nicht wie ein Schiedsspruch zu behandeln. Insoweit obsiegte der Unternehmer. Im Ergebnis verlor er jedoch den Rechtsstreit, weil die Entscheidung des Architekten gleichwohl endgültig und bindend geworden war. Unter Hinweis auf die Vertragsfreiheit hielt das Gericht den Unternehmer an die Entscheidung des Architekten gebunden, deren Erfüllung er versprochen hatte. Entsprechend wurde der Unternehmer zur Erfüllung der Entscheidung verurteilt[155]. Der Fall belegt, wie streng die verfahrensrechtlichen Regelungen über die alternative Streitbeilegung zu beachten sind.

93 **10. Gütliche Einigung.** Bevor allerdings das Schiedsgericht angerufen werden kann, sind die Parteien nochmals gehalten, eine Einigung zu suchen[156]. Die Einzelheiten regelt Unterklausel 20.5:

Klauselauszug Unterklausel 20.5 Red Book

Wenn eine Partei ihre Unzufriedenheit gemäß Unterklausel 20.4 angezeigt hat, sollen die Parteien zunächst versuchen, die Streitigkeit einvernehmlich beizulegen, bevor ein Schiedsgerichtsverfahren begonnen wird. Wenn sich die Parteien jedoch nicht anders einigen, kann ein Schiedsgerichtsverfahren am oder nach dem 56. Tag nach Abgabe der Unzufriedenheitsanzeige eingeleitet werden, auch wenn kein Versuch zur gütlichen Einigung erfolgt ist.

94 Sinn der Regelung ist es, die Parteien zu ermutigen, eine gütliche Einigung zu finden. Ein weitaus praktischerer Grund wird von FIDIC in älteren Unterlagen angegeben, nämlich der Umstand, dass es mangels einer solchen Regelung ggf. die Verantwortlichen ablehnen, in Verhandlungen einzutreten, sei aus Rechtsgründen oder aus Furcht vor dem Gesichtsverlust[157]. Vereinzelt wird die lange Frist von 56 Tagen beanstandet, die die Parteien quasi zur Untätigkeit verdamme, wenn sie keinen Anlauf zu Gesprächen und Verhandlungen nehmen. Um dem aus dem Wege zu gehen, kann es empfehlenswert sein, eine Zwischenmediation oder andere Streitbeilegungsformen anzuregen[158], die in der Wartezeit sinnvoll genutzt werden können.

V. NEC3 Streitbeilegungsverfahren

95 Die NEC3 Option W1 beinhaltet die Ernennung eines permanent tätigen Adjudictaor vgl. Cl. W1.2 (1).

Cl. W1.3 (1): Streitigkeiten werden dem Adjudicator in Übereinstimmung mit der Adjudication-Tafel angezeigt und ihm vorgelegt:

---

[155] Vgl. dazu auch Sweet/Schneier, Legal Aspects of Architecture, Engineering and the Construction Process, 678.

[156] Vgl. dazu eingehend Brackin ICLR 2006, 442 ff.

[157] Vgl. Brackin ICLR 2006, 442, 443.

[158] Vgl. Brackin ICLR 2006, 442, 446 f.

Streitigkeit über	Welche Partei kann sie dem Adjudicator vorlegen?	Wann kann sie dem Adjudicator vorgelegt werden?
Eine Handlung des Project Manager oder des Supervisor	Der Contractor	Innerhalb von zwei und vier Wochen nach der Anzeige der Streitigkeit durch den Contractor an den Employer und den Project Manager, die Anzeige selbst soll nicht später als vier Wochen nach dem Zeitpunkt erfolgen, zu dem der Contractor von der Handlung Kenntnis nimmt
Der Project Manager oder Supervisor haben keine Handlung unternommen	Der Contractor	Innerhalb von zwei und vier Wochen nach der Anzeige der Streitigkeit durch den Contractor an den Employer und den Project Manager, die Anzeige selbst soll nicht später als vier Wochen nach dem Zeitpunkt erfolgen, zu dem der Contractor davon Kenntnis nimmt, dass die Handlung nicht vorgenommen wurde
Ein Angebot für ein Kompensationsereignis, das als angenommen behandelt wird	Der Employer	Innerhalb von zwei und vier Wochen nach der Anzeige der Streitigkeit durch den Project Manager an den Employer und den Contractor, die Anzeige selbst soll nicht später als vier Wochen nach dem Zeitpunkt erfolgen, zu dem das Angebot als angenommen behandelt wurde
Jede andere Angelegenheit	Jede Partei	Innerhalb von zwei und vier Wochen nach der Anzeige der Streitigkeit an die andere Partei und den Project Manager

...

Cl. W1.3 (5): Der Adjudicator darf

- jedes Handeln und jedes Unterlassen des Project Managers oder Supervisors in Bezug auf die Streitigkeit überprüfen und ändern und ein Angebot modifizieren, das so behandelt wurde als sei es angenommen worden
- die Initiative bei der Ermittlung der Fakten und des Rechts in Bezug auf die Streitigkeit übernehmen
- eine Partei anweisen, zusätzliche Informationen in Bezug auf die Streitigkeit innerhalb angegebener Zeit nachzureichen
- eine Partei anweisen, jede andere Handlung vorzunehmen, die er für notwendig erachtet, um seine Entscheidung zu fällen und dies innerhalb der vorgegebenen Zeit

Cl. W1.3 (8): Der Adjudicator entscheidet über die Streitigkeit und stellt den Parteien und dem Project Manager und dem Supervisor die Entscheidung und seine Gründe binnen vier Wochen nach Ende der Periode für die Informationserlangung zu[159]. Diese 4-Wochenfrist kann verlängert werden, wenn die Parteien einverstanden sind.

Cl. W1.3 (10): Die Entscheidung des Adjudicator bindet die Parteien bis zur Änderung durch das Gericht und ist als vertragliche Verpflichtung durchsetzbar und nicht als Schiedsgerichtsentscheidung. Die Entscheidung des Adjudicator ist endgütig und bindend, wenn keine der Parteien der anderen innerhalb der Frist, die in diesem Vertrag festgelegt ist, anzeigt, dass sie mit der Entscheidung des Adjudicator unzufrieden ist und beabsichtigt, die Angelegenheit dem Gericht vorzulegen.

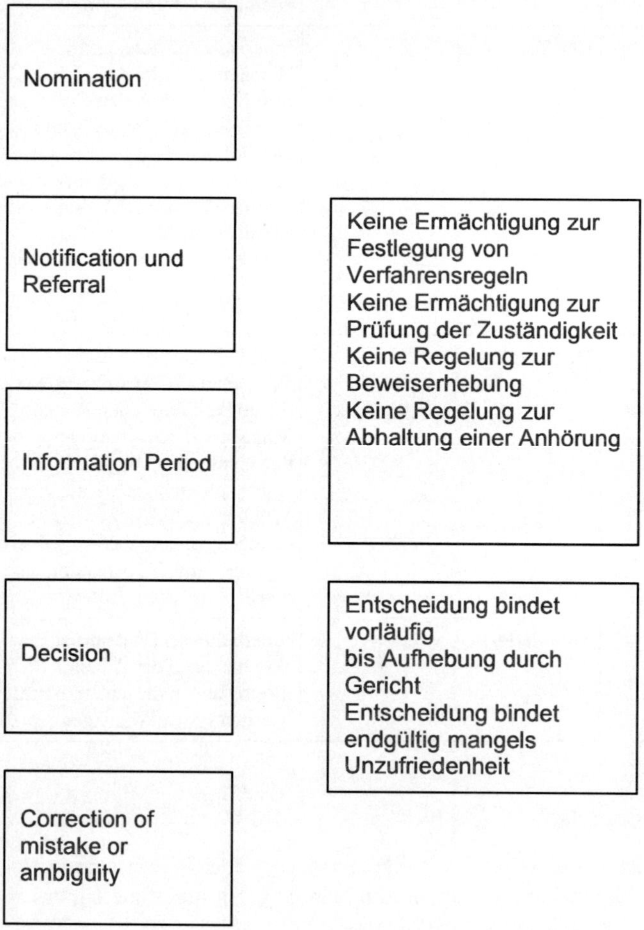

Abb. 8.4. Überblick über NEC3-Adjudication

[159] Sie beträgt i.d.R. vier Wochen, Cl. W1.3(3).

VI. Natur von Dispute Adjudication

Mangels eines gesetzlichen Vorbilds im deutschen Recht herrscht Meinungsvielfalt in Bezug auf die rechtliche Einordnung von Dispute Adjudication. Eine Reihe von deutschen Autoren neigt dazu, Dispute Adjudication als eine Form des Schiedsgutachtens zu betrachten[160]. Da Gestaltungsfreiheit herrscht, mag es solche Formen geben. FIDIC Dispute Adjudication ist jedenfalls eine eigene Form der Streitbeilegung, die sich nur schwerlich mit dem Institut des Schiedsgutachtens erklären und bewältigen lässt. 96

Die Vorschriften der §§ 317 ff. BGB eignen sich nicht wirklich, um dem Parteiwillen gerecht zu werden, der sich in den Unterklauseln 20.2 ff. eines FIDIC-Vertrages spiegelt. Das Schiedsgutachten ist letztlich nichts anderes als eine besondere Form der Leistungsbestimmung. Es ist nicht gewollt, den Schiedsgutachter um ein Urteil zu bitten. Vielmehr lassen die Parteien entweder bewusst oder unbewusst Lücken, die es durch den Dritten aufzufüllen oder zu konkretisieren gilt. Üblicherweise einigen sich die Parteien zu diesem Zweck auf Kriterien, die der Gutachter zugrunde legen soll. Insoweit ist er gebunden. Fehlen solche Kriterien, dürfte im Zweifel eine sachkundige Meinung erbeten sein, die im späteren Prozess beweiserheblich ist und weiteren Beweis weitgehend ausschließt[161]. Mit Unterklausel 20.4 einigen sich die Parteien dagegen auf ein justizähnliches Verfahren, in dem das Dispute Adjudication Board auf der Grundlage von Schriftsätzen über den darin konkretisierten Streitgegenstand eine Entscheidung fällen soll. Das schließt es ein, die Parteien zu hören, ihnen Gelegenheit zur Stellungnahme zu geben und den Sachverhalt auf seine rechtliche Erheblichkeit zu prüfen. In Bezug auf streitige Tatsachen wird Beweis erhoben. Das DAB würdigt die Beweise wie ein Gericht. 97

Um dem Dispute-Adjudication-Verfahren nach FIDIC-Vorgaben den Charakter eines Schiedsgutachtenverfahrens zu geben, müsste man auf ein wesentliches Merkmal dieses Verfahrens verzichten, auf das die Parteien eines FIDIC-Vertrages erkennbar großen Wert legen: die Bindung an Verfahrensregeln. Man ist sich im engeren Kreis der FIDIC Adjudicatoren und Schiedsrichter ganz oder gar darüber einig, dass es wesentlich ist, den Grundsätzen der natürlichen Gerechtigkeit oder auf Englisch: den Grundsätzen der „Natural Justice" gerecht zu werden. Keinesfalls soll und darf ein DAB Spruch vollzogen werden, der unter Missachtung sämtlicher Verfahrensregeln zustande kommt[162]. Man könnte auch sagen, keinesfalls sollte Dispute Adjudication ausgeübt werden, ohne die Grundprinzipien von „Natural Justice" verinnerlicht zu haben. 98

Der Schiedsgutachter ist hingegen prinzipiell an keine Verfahrensgrundsätze gebunden. Die Regelungen der §§ 1025 ff. ZPO sind weder direkt noch analog anwendbar[163]. Die Missachtung des rechtlichen Gehörs ist kein Aufhebungsgrund[164]. Es existiert kein Ablehnungsrecht[165], allenfalls ein Kündigungsrecht[166]. Jedoch kann die Befangenheit des Schiedsgutachters zur Unverbindlichkeit des Gutachtens führen[167]. 99

---

160 Vgl. Lembcke IBR 2008, 371; derselbe IBR 2008, 1014; derselbe zu OLG Düsseldorf, Urt. v. 11.9.2007 = IBR 2008, 1223; derselbe IBR 2008, 1198; anders noch derselbe, NZBau 2007, 273, 276; siehe auch Greger/Stubbe, Schiedsgutachten, Rn. 193 f.

161 Vgl. RGZ 96, 57 ff.

162 Costain Ltd v. Strathclyde Builders Ltd [2003] ScotCS 352 (17 December 2003); Carillion Construction Ltd v Devonport Royal Dockyard [2005] EWHC 778 (TCC) (26 April 2005) – Court of Appeal; Quietfield Ltd v. Vascroft Contractors Ltd [2006] EWHC 174 (TCC).

163 RGZ 152, 201.

164 BGH NJW 1955, 665; BGH WM 1968, 751.

165 RGZ 152, 201; OLG München, Urt. v. 9.1.2008 – 20 U 3478/07 = IBR 2008, 301 – Lembcke.

166 BGH DB 1980, 967; OLG München, Urt. v. 9.1.2008 – 20 U 3478/07 = IBR 2008, 301– Lembcke.

167 BGH, Urt. v. 6.6.1994 – II ZR 100/92, MDR 1994, 885; OLG München, Urt. v. 9.1.2008 – 20 U 3478/07 = IBR 2008, 301 – Lembcke.

100 Allerdings fehlt es dem DAB Spruch an dem Grad der Verbindlichkeit, der für ein Schiedsurteil charakterisierend ist. Der DAB Spruch ist nur solange verbindlich, bis er von einem Schiedsgericht aufgehoben wird (vgl. Unterklausel 20.4). Anlässlich eines ähnlichen Befundes hat das OLG Düsseldorf[168] geschlussfolgert, es könne sich folglich um kein Schiedsverfahren gehandelt haben. Die Entscheidung des DAB begründet jedenfalls keinen neuen Anspruch. Unterklausel 20.4 schafft eine Anspruchsgrundlage auf Erfüllung des DAB Spruches. Der DAB Spruch beweist lediglich, dass das DAB eine Entscheidung nach Unterklausel 20.4 gefällt hat, auf deren Erfüllung der Anspruchsprätendent nach Unterklausel 20.4 einen Anspruch auf Erfüllung herleiten kann[169]. Die Vereinbarung von Dispute Adjudication verdrängt nicht die in Unterklausel 20.6 begründete Gerichtsbarkeit des Schiedsgerichts, über den Anspruch zu entscheiden[170]. Sie unterbindet es lediglich temporär, das Schiedsgericht anzurufen.

101 Wenn das FIDIC-DAB-Verfahren also weder die Voraussetzungen für ein Schiedsgutachtenverfahren noch für ein Schiedsverfahren erfüllt, muss es sich um ein Verfahren eigener Art handeln. Es handelt sich mithin um einen Vertrag sui generis[171] mit verfahrensrechtlichem Gehalt, in dem sich die Parteien darauf einigen, dass das DAB die wesentlichen Grundsätze eines rechtsstaatlichen Verfahrens einzuhalten hat, ohne die Vor- und Nachteile eines förmlichen Schiedsverfahrens in Anspruch nehmen zu wollen. Jedenfalls erfüllt das DAB eher die Aufgabe eines Schiedsgerichts als die eines Schiedsgutachters[172]. Es hört die Parteien zu einem von ihnen vorgegebenen Streitgegenstand, prüft die Fakten, legt den Vertrag aus und wendet den Vertrag sowie das Gesetz auf die vorgetragenen Fakten an. Es erlässt sodann eine Entscheidung, die es begründet. Die hier vertretene Auffassung liegt im Übrigen auf einer Linie mit einem ICC Schiedsspruch, der das Verfahren vor dem Engineer nach Unterklausel 67.1 FIDIC 1987 als erstinstanzliches Verfahren im Sinne 229 ZGB (Libyen) zum Zwecke der Ausurteilung von Verzugszinsen charakterisiert hat[173].

102 In der deutschen Diskussion wird Dispute Adjudication kaum als ein Teil eines Systems betrachtet, mit dem der Cash Flow an die Unternehmen organisiert wird. Die deutsche Diskussion rankt sich vielmehr um bessere Formen der Streiterledigung in Bausachen. Es geht um Verfahrensbeschleunigung und eventuell um Kostensenkung. Die internationale Praxis ist aber in ein System eingebettet, ohne das Dispute Adjudication kaum denkbar ist. Gerade dieses System liegt auch der FIDIC Dispute Adjudication zugrunde. Der FIDIC-Ansatz steht der angelsächsischen gesetzlichen Regelung von Dispute Adjudication sehr nahe, die schnelle fachkundige Entscheidungen zur Liquiditätssicherung wünscht. Im Gegensatz dazu neigt die deutsche Diskussion dazu, Dispute Adjudication als Ersatz für modernere und effektivere Formen der streitigen Auseinandersetzung zu betrachten. Die Ersatzdiskussion muss aber ohne eine systematische Verankerung im Vertragswerk auskommen. Sie knüpft allein an das Vorliegen einer

---

168 OLG Düsseldorf, Urteil vom 11.09.2007 – 20 U 21/07 = IBR 2008, 1223 – Lembcke.

169 Vgl. Glencot Development and Design Co Ltd v. Ben Barrett & Son (Contractors) Ltd [2001] BLR 207 Rn 33; David McLean Housing Contractors Limited v Swansea Housing Association Limited (2001) [2002] BLR 125; a.A. Bovis Lend Lease Limited v. Triangle Development Limited [2003] BLR1 31 (DAB Entscheidung ist ein selbständiger Anspruchsgrund).

170 Vgl. Ballast Plc v. The Burrell Company (Construction Management) Ltd [2001] ScotCS 159 (21 June 2001).

171 Ähnlich André-Dupont ICLR 1988, 52; Pearson Rev. arb. 1972, 344; Flécheux Rev. arb. 1984, 451; Shalakany ICLR 1989, 266.

172 Glavinis, Le contrat international de construction, Rn. 576 zu Unterklausel 67.1 FIDIC 1987 ; vgl. auch Pearson Rev. Ar. 1972, 339 ; Barber ICLR 1988, 304.

173 ICC Schiedsspruch Nr. 3790 JDI 1983, 910.

Streitigkeit an, die wenig vorbereitet auf den Adjudicator zukommt. Ohne ein Korsett, welches es dem Adjudicator erlaubt, das den Prozessstoff zu bewältigen, führt das in eine unglückliche Situation.

Der deutsche Prozess erfüllt eine wesentliche Aufgabe, die das Dispute Adjudication Verfahren nicht ohne Weiteres leisten kann und auch nicht leisten will. Er soll einen geordneten Wettstreit oder Kampf um das Recht organisieren, in dem bestenfalls die volle Wahrheit an das Licht kommt, die der Richter sodann gegen das anwendbare Recht würdigen soll. Das Instrument der Substantiierungslast hilft dabei. Unsubstantiiertes Vorbringen bleibt unbeachtlich. Auf welche Weise die Parteien diese Last bewältigen, bleibt ihnen überlassen. Für streitiges Vorbringen ist ggf. Beweis anzubieten. Ein derartiges Vorgehen, in dem der Sachvortrag häppchenweise substantiiert und konkretisiert wird, lässt sich im Dispute Adjudication Verfahren nicht bewerkstelligen. Das Problem der Substantiierung muss deutlich früher gelöst werden. Das FIDIC-Vertragswerk tut dies erbarmungslos. Es verlangt von dem Unternehmer von Beginn an ein außerordentlich hohes Maß an Dokumentation und Beweisschaffung. Ohne diesen frühen Ansatz würde FIDIC Dispute Adjudication leer laufen. Die Parteien wären gar nicht in der Lage, binnen der gebotenen kurzen Frist geordnet und vollständig vorzutragen. Das Verfahren würde gezwungenermaßen unfair sein. Es hat den Anschein, dass sich die deutsche Diskussion von diesem Befund hat leiten lassen. Denn nur wenn Dispute Adjudication den Charakter eines Schiedsgutachtens hat, sind Verfahrensgarantien entbehrlich. Wenn man allerdings lediglich einen alten Hut umtauft, wird sich in der Sache nichts ändern. Man könnte getrost bei dem alten Begriff des Schiedsgutachtens bleiben und es hoffähiger machen als es gegenwärtig ist. Auf Dispute Adjudication muss man hingegen verzichten.

VII. Streitlösungsordnung für das Bauwesen (SL Bau)

Die Deutsche Gesellschaft für Baurecht e.V. und der Deutsche Beton- und Bautechnik- **103**
Verein E.V. haben zum 1. Januar 2010 gemeinsam eine „Streitlösungsordnung für das Bauwesen (SL Bau)" herausgegeben. Hierbei handelt es sich um ein vollkommen neues Regelungswerk. Die Parteien haben die Wahl zwischen vier verschiedenen Streitlösungsverfahren. Es besteht die Möglichkeit der selektiven, aber auch kumulativen Auswahl. Angeboten werden die ADR Formen Mediation, Schlichtung, Adjudication und Schiedsgerichtsbarkeit.

Dem besonderen Thema Adjudication widmet das Regelwerk folgende Vorschriften:

§ 22 Adjudikationsvereinbarung und Bestellung des Adjudikators
§ 23 Einleitung des Adjudikatonsverfahrens
§ 24 Rechte und Pflichten des Adjudikators
§ 25 Adjudikationsentscheidung
§ 26 Wirkungen der Adjudikationsentscheidung
§ 27 Beendigung des Adjudikationsverfahrens
§ 28 Bestandskraft der Entscheidung
§ 29 Verjährung

Nach Vorstellung der Herausgeber und Verfasser dient Adjudication der raschen Ent- **104**
scheidungsfindung. Die Parteien vereinbaren eine vorläufig bindende Entscheidung von Streitigkeiten mit der Möglichkeit der späteren (schieds-) gerichtlichen Überprüfung. §§ 2 ff. der Streitlösungsordnung regeln allgemeinverbindliche Aspekte:

§ 2 Allgemeine Grundsätze

(1) Die Verfahrenssprache ist deutsch. Die Parteien können eine andere Verfahrenssprache vereinbaren.

(2) Haben die Parteien keine Vereinbarung über den Ort des Verfahrens getroffen, wird dieser von dem Streitlöser unter Berücksichtigung der Interessen der Beteiligten bestimmt. Grundsätzlich soll der Erfüllungsort der Bauleistung maßgeblich sein.

(3) Das Verfahren ist vertraulich und nicht öffentlich. Der Streitlöser hat sich bei seiner Bestellung gegenüber den Beteiligten zur umfassenden Verschwiegenheit zu verpflichten. Er soll sonstige Beteiligte, insbesondere Sachverständige und fachkundige Dritte, zur Verschwiegenheit verpflichten.

(4) Die Parteien nehmen grundsätzlich an dem Verfahren persönlich teil. Ausnahmsweise benennen sie gegenüber dem Streitlöser schriftlich einen entscheidungsbefugten Ansprechpartner. Die Vertretung der Parteien durch Verfahrensbevollmächtigte ist zulässig. Diese haben ihre Vertretungsmacht auf Verlangen eines Beteiligten nachzuweisen.

(5) Die Parteien vereinbaren, soweit Gegenstände der Streitlösung betroffen sind, den Streitlöser nicht als Zeugen oder Sachverständigen zu benennen.

(6) Während des Streitlösungsverfahrens und nach dessen Beendigung darf der Streitlöser, soweit Gegenstände der Streitlösung betroffen sind, keinen der Beteiligten beraten oder vertreten.

§ 3 Termine und Fristen

Die Beteiligten sind verpflichtet, auf eine zügige und zielgerichtete Abwicklung des Verfahrens hinzuwirken. Sie sind an die gesetzten Fristen gebunden. Die Parteien und die beigetretenen Dritten haben zum Sachverhalt vollständig und innerhalb der gesetzten Fristen vorzutragen und die notwendigen Verfahrenshandlungen vorzunehmen. Eine Fristverlängerung kann in Ausnahmefällen gewährt werden.

105 Die Regelung in § 2 Abs. 5 steht im Einklang mit Vorgaben aus dem FIDIC-Vertragswerk, wonach der Adjudicator im nachfolgenden Schiedsverfahren nicht ohne Weiteres als Zeuge gehört werden kann (vgl. Unterklausel 20.6 FIDIC). Allerdings kann der Engineer gehört werden (vgl. Unterklausel 20.6 FIDIC). Hinsichtlich der Verfahrenssprache ist im FIDIC-Vertragswerk darauf zu achten, dass auf die Kommunikationssprache abgestellt wird, die im Appendix to Tender zu vereinbaren ist. § 6 Abs. 2 Streitlösungsordnung regelt das Ablehnungsrecht, das im FIDIC-Vertragswerk nicht vorgesehen ist. Ein solches, wenn auch eingeschränktes Ablehnungsrecht, wird häufig zu Verfahrensverschleppungen führen, die aus Sicht von FIDIC möglichst vermieden werden sollen. Immerhin haben es die Parteien in der Hand unabhängige Adjudicatoren auszuwählen. § 7 Streitlösungsordnung regelt klarstellend, was im FIDIC-Vertragswerk ohnehin gilt. Der ordentliche Rechtsweg ist vorläufig ausgeschlossen. Ausnahmen sind im FIDIC-Vertragswerk unnötig, weil das DAB auch vorläufige Anordnungen treffen kann.

106 § 22 Streitlösungsordnung beschäftigt sich mit der Bestellung der Adjudicatoren. Angeregt wird, dass sich die Parteien auf die Person des Adjudicators verständigen. Geschieht dies nicht, bietet sich der DBV als Benennungsstelle an. Gemäß § 22 Abs. 3 Streitlösungsordnung soll der Adjudicator, je nach Streitgegenstand, über besondere Kenntnisse in bautechnischen, baubetriebswirtschaftlichen und/oder baurechtlichen Fragen sowie der außergerichtlichen Streitlösung verfügen.

Gemäß § 23 Sreitlösungsordnung kann jede Partei dem Adjudicator den Gegenstand des Streits schriftlich mitteilen und beantragen, hierüber eine Entscheidung zu treffen. Der Antragsteller hat die Antragsschrift innerhalb einer vom Adjudicator festzusetzenden Frist und in der von diesem bestimmten Anzahl an den Antragsgegner zuzustellen und die Zustellung dem Adjudicator nachzuweisen. Nach Zustellung der Antragsschrift setzt der Adjudicator dem Antragsgegner eine Frist zur Erwiderung. In der internationalen Praxis wird bevorzugt, dass die Antragsschrift im Parteiwege zugestellt wird. Im Übrigen wird Wert darauf gelegt, dass nicht lediglich der Streitgegenstand mitgeteilt wird. Vielmehr ist eine vollständige Klageschrift einzureichen. 107

§ 24 Streitlösungsordnung regelt das Verfahren. Der Adjudicator hat Mitwirkungsrechte und -pflichten. Er hat sich insbesondere über das Vorhaben kundig zu machen und er kann die Parteien ersuchen, Auskunft zu erteilen. Mit Zustimmung der Parteien kann der Adjudicator fachkundige Dritte hinzuziehen. Vor Abfassung einer Adjudicationsentscheidung ist der Sach- und Streitstand mit den Parteien zu erörtern. Das Verfahren und der wesentliche Inhalt der Erörterung sind zu dokumentieren. Die Streitlösungsordnung sieht keine Befugnisse vor, das Verfahren zu strukturieren oder Verfahrensregeln zu erlassen. Eine Zuständigkeitsprüfung durch den Adjudicator ist nicht vorgesehen. Er wird mithin stets zu einer Sachentscheidung kommen müssen. Das ist im FIDIC-Vertragswerk jeweils anders vorgesehen. 108

Gemäß § 25 Streitlösungsordnung soll der Adjudicator eine vorläufig verbindliche Entscheidung fällen. Eine feste Frist ist dafür nicht vorgesehen. Es ist lediglich geregelt, dass der Adjudicator seine Entscheidung unverzüglich fällen soll, jedenfalls aber binnen zwei Wochen ab dem Erörterungstermin. Im Zweifel werden die Parteien zu hören sein. Solange Schriftsätze eingehen, müssen diese der Gegenpartei zur Kenntnis gebracht werden. Die Folge wird sein, dass die Parteien mangels Fristendruck Einlassungsfristen beantragen und den Anhörungstermin verschleppen, der erst anberaumt werden kann, wenn der Streit ausgeschrieben ist. Damit verliert das Verfahren seinen eigentlichen Reiz. In allen bekannten staatlichen Regelwerken zu Dispute Adjudication hat man echte Verfahrensfristen vorgeschrieben (England 28 Tage, Victoria/Australien 10 Werktage), um eben dieses Risiko auszuschließen. 109

Gemäß § 25 Abs. 3 Streitlösungsordnung soll die Entscheidung schriftlich abgefasst und begründet werden. Die zugestellte Entscheidung des Adjudicators soll gemäß § 26 Abs. 1 Streitlösungsordnung binnen sechs Werktagen erfüllt werden. Kommt eine Partei ihren Pflichten aus der Entscheidung nicht fristgemäß nach und hat die andere Partei eine ihr aufgegebene Sicherheit gem. § 25 Abs. 2 Streitlösungsordnung geleistet, kann der Adjudicator nach einer weiteren Fristsetzung von 6 Werktagen auf schriftlichen Antrag ein Zwangsgeld bis zur Höhe von 5% des Wertes der zugesprochenen Ansprüche nach Ermessen als Sanktion für die Nichtbefolgung der Entscheidung gegen die säumige Partei zugunsten der anderen Partei als weitere Adjudicationsentscheidung gem. § 25 Streitlösungsordnung festsetzen. Auf Antrag kann das Zwangsgeld ein weiteres Mal festgesetzt werden. Kommt die verpflichtete Partei trotz der Festsetzung eines Zwangsgeldes ihrer Pflicht nicht fristgerecht nach, hat die begünstigte Partei entweder das Recht zur Einstellung der Leistungen oder zur außerordentlichen Kündigung des Vertrages, ohne dass die andere Partei aus der Ausübung dieser Rechte später Ansprüche herleiten kann, sofern der Adjudicator bei Festsetzung eines Zwangsgeldes auf diese Rechtsfolgen hingewiesen hat. Die Streitlösungsordnung schafft damit ein sehr kompliziertes und wenig effizientes System, das dazu dienen soll, die vorläufig binden- 110 den Entscheidungen des Adjudicators auch gegen den Willen der betroffenen Partei durchzusetzen. Im Ergebnis müssen aber der Hauptsachebetrag wie die Zwangsgelder gerichtlich durchgesetzt werden. Anstelle der Zwangsgeldlösung hätte es sich daher angeboten, über ein System nachzudenken, mit dem der Spruch des Adjudicators zügig in die staatliche Zwangsvollstreckung gebracht werden kann. FIDIC intendiert dies über Unterklausel 20.7.

111 Gemäß § 26 Abs. 3 Streitlösungsordnung wird die Adjudicationsentscheidung endgültig verbindlich, wenn nicht eine der Parteien binnen eines Monats ab Zustellung der Entscheidung durch schriftliche Erklärung gegenüber dem Adjudicator widerspricht. Gleiches gilt, wenn sie einen bereits erklärten Widerspruch zurücknimmt. FIDIC geht einen etwas anderen Weg. Die Mitteilung der Unzufriedenheit ist jeweils der anderen Partei zuzustellen, da der Adjudicator ohnehin nicht abhelfen kann.

112 Verjährungsfragen werden sich im Rahmen eines FIDIC-Vertrages nur selten stellen. Im Einzelfall kann die Aufnahme des § 29 Streitlösungsordnung in die Particular Conditions hilfreich sein. Eine englische Formulierung könnte wie folgt lauten:

Limitation is suspended by any referral to the adjudicator with regard to any claim under any clause of the Contract or in connection with the Contract.

§ 29 Schiedsverfahren

Schrifttum

Aden, Internationale Handelsschiedsgerichtsbarkeit, 2. Auflage, München 2003; Born, International Commercial Arbitration, Alphen aan den Rijn 2009; Chern, The Law of Construction Disputes, London 2010; Derains/Schwartz, A Guide tot he ICC Rules of Arbitration, 2. Auflage, Den Haag 2005; Duve, Die neuen UNCITRAL Arbitration Rules- höhere Effizienz, niedrigere Kosten?, RIW 2011, Heft 1; Henn, Schiedsgerichtsverfahren, Karlsruhe 2000; Gillion, Enforcement of DAB Decisions under the 1999 FIDIC Conditions of Contract: A recent Development: CRW Joint Operation v. PT Perusahaan Gas Negara TBK, ICLR 2011, 388 ff.; Hök, Zum internationalen baurechtlichen Schiedsverfahren im Allgemeinen und nach FIDIC, ZfBR 2011, 107 ff.; Hök, Einstweilige Vollziehung von Dispute Adjudication Board Sprüchen durch Schiedsgerichte: Eine Besprechung der Entscheidung des High Court Singapore in Sachen PT Perusahaa Gas Negara vom 20.7.2010, ZfBR 2011, 523 ff.; Hök, Die UNCITRAL Schiedsgerichtsregelungen 2010 in baurechtlichen Schiedsverfahren, NZBau 2011, 385 ff.; Jenkins/Stebbins, International Construction Arbitration Law, Den Haag 2006; Lachmann, Handbuch für die Schiedsgerichtspraxis, 2. Auflage, Köln 2002; Mankowski, Rom I und Schiedsverfahren, RIW 2011, 30; Markanda, Arbitration and Conciliation, 7. Auflage, New Delhi 2009; Patil, The Law of Arbitration and Conciliation, 5. Auflage, Puna 2008; Redfern and Hunter on International Arbitration, 5. Auflage, London 2009; Zöller/Bearbeiter, ZPO, 28. Auflage, Köln 2010; Vogl, Das neue französische Schiedsrecht, RIW 2011, 359 ff.

Inhaltsübersicht

Baurechtliche Rechtsstreitigkeiten mit grenzüberschreitendem Bezug unterliegen besonderen Gesetzmäßigkeiten[1], die es oftmals besonders ratsam erscheinen lassen, die ordentliche Gerichtsbarkeit zugunsten eines Schiedsgerichts zu derogieren. Für diese Lösung spricht vor allem, dass hierin ein Konsens zum Ausdruck kommt, der bereits streitentschärfend wirken kann. Hinzu kommt, dass die Fachkompetenz sachkundig besetzter Schiedsgerichte auch im Streitfall die Konsensfindung fördert, wenngleich man in den beteiligten Kreisen nicht generell von der Effizienz und Güte der Schiedsgerichtsbarkeit überzeugt ist[2], was unter anderem daran liegen mag, dass gelegentlich dem 1

---

1 Zum internationalen Baurecht siehe Reithmann/Martiny/Thode, Internationales Vertragsrecht, Rn. 1081 ff. Zum Subunternehmervertrag nach französischem und italienischem Recht siehe Jayme, IPRax 1985, 372; Zur Mängelgewährleistung in Frankreich und den Arabischen Staaten vgl. Buksch, RIW 1984, 437.

2 Vgl. Brooker/Lavers ICLR 2000, 276, 284.

Proporzgedanken gegenüber einer sachkompetenten Besetzung des Schiedsgerichts Vorrang eingeräumt wird, d.h. die Parteien optieren zunächst auf eine jeweils nationale Lösung, weil sie sich so bessser verstanden fühlen. Allerdings verliert der Konsensgedanke an Wert, wenn der Vertrag von Anfang eine Schiedsklausel enthält. In diesem Fall ersetzt das Schiedsgericht lediglich die Option, nationale staatliche Gerichte anzurufen.

2 Bis zum Inkrafttreten der Schiedsrechtsnovelle bestand in Fällen mit Auslandsbezug ein gesetzlich ungeregelter Zustand. Zum 1. Januar 1998 haben die §§ 1025 ff. ZPO durch das Gesetz zur Neuregelung des Schiedsverfahrensrechtes vom 22. Dezember 1997 (BGBl 1997 I, S. 3224)[3] eine Neufassung erfahren[4]. Für das Internationale Privatrecht (IPR) ist § 1051 ZPO von zentraler Bedeutung. Erstmals schuf der Gesetzgeber auch für das Schiedsverfahren eine Kollisionsnorm. Tagt das Schiedsgericht in Deutschland, findet die IPR-Regelung des § 1051 ZPO Anwendung, § 1025 Abs. 1 ZPO. Mit dem Inkrafttreten der Verordnung Rom I stellt sich nun die Frage, worauf abzustellen ist. § 1051 ZPO ist Art. 4 EVÜ und Art. 28 EGBGB a.F. nachgebildet. Die Vorschrift verankert nach herrschender Auffassung den Grundsatz der Geltung staatlichen Kollisionsrechts am Sitz des Schiedsverfahrens[5]. Der Gleichlauf von staatlichem Kollisionsrecht und im Schiedsverfahren anzuwendendem Kollisionsrecht wird seit Inkrafttreten der Verordnung Rom I dadurch gestört, dass die Verordnung Rom I nicht auf Schiedsvereinbarungen anwendbar ist. Sie ist allerdings das in Deutschland maßgebliche staatliche Kollisionsrecht. Im Zweifel ist mithin zumindest seit Inkrafttreten der Verordnung Rom I keine Bindung an das staatliche Kollisionsrecht mehr gegeben. Erst eine deutliche Verweisung auf Rom I könnte den alten Zustand wieder herstellen. Vorerst beanspruchen die Regelungen der Verordnung Rom I im Schiedsverfahren keine Geltung[6]. In **Deutschland** ansässige Schiedsgerichte müssen jedenfalls ermitteln, mit welcher Rechtsordnung das einschlägige Rechtsverhältnis die engste Beziehung hat. Insoweit bietet sich ein Mittelweg an, soweit nicht ohnehin eine Rechtswahlvereinbarung getroffen wurde. Es kann auf die Kerngedanken zurückgegriffen werden, die Rom I und § 1051 ZPO gemeinsam zugrunde liegen (Rechtswahl und engste Beziehung des Rechtsverhältnisses zu einer Rechtsordnung). In **Indien** ansässige Schiedsgerichte wenden mangels einer Rechtswahlvereinbarung das Recht an, welches das Schiedsgericht unter Berücksichtigung aller mit der Streitigkeit zusammenhängenden Umstände für geeignet erachtet (Art. 28 Abs. 1 Arbitration and Conciliation Act 1996). Der **englische Arbitration Act 1996** verweist auf die Kollisionsregeln, die das Schiedsgericht für anwendbar erachtet (Art. 46 Abs. 3 Act 1996).

---

[3] Zur Novelle vgl. Schlosser ZIP 1987, 492 ff.; Smid DZWiR 1996, 52 ff.; ders. DZWiR 1996, 234 ff.; Labes/Lörcher, MDR 1997, 420, 421.

[4] Die Vorschriften des 10. Buchs der Zivilprozeßordnung über das Schiedsverfahren (§§ 1025 bis 1048) waren veraltet. Sie stammten weitgehend noch aus dem Jahr des Inkrafttretens der ZPO (1877). Mit dem „Gesetz zur Änderung einiger Vorschriften der Zivilprozessordnung über das schiedsrichterliche Verfahren" vom 25.7.1930 (RGBl. 1930 I, 361) wurden im Wesentlichen die §§ 1042 a bis d sowie § 1044 ZPO über die Vollstreckbarerklärung ausländischer Schiedssprüche eingefügt. Die einzig nennenswerte Änderung, die nach dieser Novelle erfolgte, war die Neufassung des § 1039 ZPO durch das Gesetz zur Neuregelung des Internationalen Privatrechts vom 25.7.1986 (BGBl 1986 I, 1142), die im Hinblick auf die Bedürfnisse der internationalen Schiedsgerichtsbarkeit Liberalisierungen bei den förmlichen Wirksamkeitsvoraussetzungen des Schiedsspruchs (Unterschrift der Schiedsrichter, Zustellung und Niederlegung des Schiedsspruchs) vorsieht.

[5] Vgl. Solomon RIW 1997, 981, 983; Sandrock RIW 2000, 321, 323.

[6] Vgl. Reithmann/Martiny/Martiny, Internationales Vertragsrecht, Rn. 59; kritisch Mankowski RIW 2011, 30 ff., der argumentiert, der Ausschluss in Art. 1 Abs. 2 lit. e Rom I erfasse lediglich Schiedsvereinbarungen.

Das Verfahren vor den Schiedsgerichten folgt der gewählten oder vereinbarten Verfahrensordnung. Zu beachten ist, dass die ZPO-Novelle die Möglichkeit geschaffen hat, im Schiedsverfahren einstweilige Zustände zu regeln. Es können einstweilige Verfügungen und Arrestanträge behandelt werden. Unter Hinweis auf das OLG Frankfurt[7] bleibt den Parteien nach Auffassung von Schütze[8] allerdings zur Beweissicherung nur der Gang zu den ordentlichen Gerichten, solange kein Hauptsacheverfahren anhängig ist. Als frühesten Zeitpunkt nennt Schütze die Bestellung des Schiedsgerichtes. Da Eilmaßnahmen nicht mehr ausgeschlossen sind, dürfte letzteres dahin zu verstehen sein, dass die Durchführung eines schiedsgerichtlichen selbständigen Beweisverfahrens nurmehr von der Bestellung des Schiedsgerichts abhängig ist. Zu beachten ist, dass die nationalen Gerichte sehr unterschiedliche Erfahrungen mit Schiedsgerichtssprüchen haben. Während in Europa relativ wenig Schiedssachen entschieden werden[9], ist es in machen Ländern üblich, in Bausachen Schiedsklauseln zu vereinbaren. So konnte sich z.B. in Indien eine sehr detaillierte Rechtsprechung zur Überprüfung von Schiedssprüchen entwickeln, die wiederum Rückschlüsse auf die Verfahrensstandards und die Verfahrensabwicklung zulassen. 3

Insbesondere im internationalen Geschäft muss die Schiedsgerichtsbarkeit von anderen Tätigkeiten unterschieden werden, die von Dritten erbracht werden, um eine Leistung festzustellen. Die angelsächsisch dominierten Vertragswerke arbeiten häufig mit solchen Dritten, die als Expert, Certifier, Contract Administrator, Engineer, Architect oder Project Manager tituliert werden. Der Unterschied zwischen solchen Dritten und einem Schiedsgericht beschäftigt die angelsächsischen Gerichte daher seit jeher und intensiv. Wesentliches Unterscheidungsmerkmal zwischen beiden ist, dass der Schiedsrichter die Parteien anhört und in gerichtlicher Weise eine Entscheidung herbeiführt, während der Certifier im Wesentlichen seine eigene Sachkunde zum Maßstab macht[10]. Ähnliches gilt für den Experten, der jedenfalls an keine Verfahrensregeln gebunden ist. Allerdings fließen die Leistungsbilder ineinander und nähern sich zunehmend stark an. Deutlichstes Beispiel sind die Dispute Adjudication Board (siehe § 28), die eine Art Zwitterstellung zwischen dem Certifier und/oder Experten und dem Schiedsgericht ausmachen, da sie quasi gerichtsähnliche Aufgaben und Befugnisse haben, gleichwohl aber ausdrücklich nicht als Schiedsrichter fungieren. Wo jedenfalls eine Klausel von dem Dritten verlangt, dass er gerichtsähnliche Befugnisse ausübt, handelt es sich um einen Schiedsrichter[11]. Wo dies nicht der Fall ist, handelt es sich um keine Schiedsgerichtsvereinbarung[12]. Damit ist aber noch lange nicht gesagt, dass es sich um eine Schiedsgutachtenvereinbarung handeln muss. In Deutschland wird allerdings üblicherweise nur entweder das eine oder das andere für möglich gehalten[13]. Es wird danach differenziert, ob der Dritte nur Tatsachen ermitteln und feststellen soll, die gerichtlich überprüfbar sind. Dann soll die Bezeichnung Schiedsgutachten korrekt sein. Es wird für unschädlich gehalten, dass der 4

---

7 OLG Frankfurt BauR 1993, 504.

8 Schütze, Schiedsgericht und Schiedsverfahren, Rn. 169.

9 Der Schwerpunkt der europäischen Schiedsgerichtsbarkeit liegt in England, Frankreich (Sitz der ICC) sowie in Stockholm und Wien.

10 Vgl. Collins v. Collins (1858) 26 Beav. 306.

11 Areson v. Arenson [1977] A.C. 405.

12 Pierce v. Dyke [1952] 2 W.L:R. 30: Ein Architekt sollte im Falle des Auftretens einer Streitigkeit ernannt werden, um nach einer Untersuchung, die er für angemessen hielt, eine Entscheidung fällen sollte, an die die Parteien gebunden sein sollten. Das Gericht entschied, dass diese Klausel keine gerichtliche Anhörung der Parteien erforderte.

13 Vgl. OLG Hamburg IBR 1998, 175 – Mandelkow.

Schiedsgutachter Tatsachen rechtlich bewerten soll, solange er nur keine rechtliche Entscheidung in der Sache trifft[14]. Soll der Dritte hingegen den Streit zwischen den Parteien verbindlich und abschließend entscheiden, handelt es sich um einen Schiedsvertrag[15]. Es überwiegt insoweit eine rechtsfolgenorientierte Abgrenzung, denn das Schiedsgutachten ist inhaltlich nicht überprüfbar. Vielfach wird deshalb schlicht darauf abgestellt, ob eine Überprüfung der Entscheidung gewollt ist oder nicht[16]. Das OLG Hamburg hat sich z.B. bei der Beurteilung einer englischsprachigen Streitbeilegungsvereinbarung, die einer DAB-Vereinbarung sehr ähnlich war, nur zwischen Schiedsgutachten- und Schiedsklausel entscheiden wollen oder möglicherweise auch können[17]. Falsch daran ist, dass die These falsch ist. Die Vertragsfreiheit erlaubt eigenständige Regelungen, die nicht zwangsläufig einer vorgefertigten rechtlichen Kategorie entspricht, derer sich der Gesetzgeber nicht bewusst war. Dispute Adjudication ist daher weder Schiedsvereinbarung noch Schiedsgutachtenvereinbarung. Eine Klausel, wonach der Superintending Engineer Entscheidungen fällen kann, die in Bezug auf die Bedeutung der Spezifikationen, der Planung, der Zeichnungen und der Instruktionen endgültig, abschließend und bindend sind, wurde von dem indischen Supreme Court nicht als Schiedsklausel ausgelegt[18]. Das Gericht trug damit dem Umstand Rechnung, dass der Engineer über keine Streitigkeiten entscheiden sollte[19]. Die Klausel beinhaltete mit keinem Wort, dass der Engineer über Streitigkeiten zu befinden hatte. Stattdessen hatte die Klausel lediglich die Aufgabe, die Baustellenüberwachung durch den Engineer nachhaltig zu gewährleisten. Zu diesem Zweck ermächtigte der Vertrag den Engineer bestimmte Handlungen vorzunehmen.

5 Ein schottisches Gericht hat den Unterschied zwischen Dispute Adjudication und Schiedsgerichtsbarkeit wie folgt herausgearbeitet[20]:

Im vorliegenden Fall macht das Problem zwischen Parteien es erforderlich, auf die Grundsätze zu kommen, nach denen im Schottischen Recht die gerichtliche Kontrolle über eine Adjudicator-Entscheidung ausgeübt werden kann. Zu diesem Zweck bin ich der Meinung, dass ein Adjudicator als eine Art von Schiedsrichter angesehen werden muss. Ein Adjudicator ist ein Individuum, das von den Parteien eines Vertrages ernannt wird, über eine oder mehrere Streitigkeiten zu entscheiden, die aus dem Vertrag hervorgeht. Die Entscheidung bindet die Parteien aufgrund der diesbezüglichen Vereinbarung. Dies sind die wesentlichen Elemente, die einen Schiedsrichter ausmachen.

Die speziellen Elemente der Adjudication sind folgende: An erster Stelle ist die Entscheidung vorläufiger Natur und kann durch nachfolgende Schiedsgerichtsverfahren oder Gerichtsverfahren ungeschehen gemacht werden. Nichtsdestotrotz ist die Entscheidung des Adjudicator gemäß dieser Qualifikation bindend und kann durch geeignete Gerichtsverfahren durchgesetzt werden[21].

Nichtsdestotrotz bin ich der Meinung, dass Adjudicatoren einige Mindeststandards abverlangt werden, und solche Standards sind in den wohl etablierten Prinzipien von natürlicher Gerechtigkeit (natural justice) zu finden. Diese werden traditionell in den

---

14 BGH, NJW 1975, 1556.

15 Vgl. LG Hagen, Urteil vom 17.03.2008 – 4 O 224/07.

16 OLG Hamm, Urteil vom 22.01.1992 – 12 U 142/91, IBR 1992, 363 – Schulze-Hagen (Unterscheidung zwischen Schiedsgutachten und Schlichtung).

17 OLG Hamburg IBR 1998, 175 – Mandelkow.

18 State of U.P. v. Tipper Chand (1980) 2 SCC 341.

19 State of U.P. v. Tipper Chand (1980) 2 SCC 341.

20 Costain Ltd v. Strathclyde Builders Ltd [2003] ScotCS 352 (17 December 2003).

21 Unter Hinweis auf Construction Centre Group Limited v. Highland Council, 2002 SLT 1274; 2003 SLT 623.

Maximen ***nemo judex in causa sua****, niemand der ernannt wurde einen Streit zu entscheiden, sollte eine Voreingenommenheit hegen oder ein persönliches Interesse am Ausgang der Streitigkeit haben, und* ***audi alteram partem****, beide Seiten muss eine gerechte Gelegenheit gegeben werden, ihren Fall vorzutragen*[22].

Zu ergänzen ist, dass nach Auffassung des BGH selbst dann eine Schiedsvereinbarung im Sinne des § 1029 Abs. 1 ZPO vorliegen kann, wenn sie es den Parteien freistellt, innerhalb bestimmter Frist den Schiedsspruch nicht anzuerkennen und in Bezug auf das streitige Rechtsverhältnis die staatlichen Gerichte anzurufen[23].

I. Anwendbares Recht

Schrifttum

Musielak/Bearbeiter, ZPO, 6. Auflage, München 2008; Solomon, Das vom Schiedsgericht in der Sache anzuwendende Recht nach dem Entwurf eines Gesetzes zur Neuregelung des Schiedsverfahrensrechts, RIW 1997, 981 ff.; Hök, Internationales Baurecht im Schiedsverfahren, BauR 1999, 804 ff.; Zöller/Bearbeiter, ZPO, 28. Auflage, Köln 2010

1. Einleitung. Grundsätzlich bestimmen die Parteien des Schiedsverfahrens das anwendbare materielle Recht, § 1051 Abs. 1 S. 1 ZPO[24]. Sie können das Schiedsgericht auch ermächtigen, nach Billigkeit zu entscheiden, § 1051 Abs. 3 S. 1 ZPO[25]. Fehlt eine Rechtswahlklausel, soll das Schiedsgericht den Sachverhalt nach dem Recht beurteilen, das die engsten Verbindungen mit dem zu beurteilenden Sachverhalt aufweist, § 1051 Abs. 2 ZPO. Der Wortlaut des § 1051 Abs. 2 ZPO deutet darauf hin, dass die Vorschrift einen allumfassenden Anwendungsbereich hat. Bei genauerer Betrachtung bestehen allerdings Zweifel, ob die Vorschrift ihrem Wortlaute gemäß Anwendung finden kann. 6

a. Sonderkollisionsrecht. Das Sonderkollisionsrecht des § 1051 Abs. 2 ZPO beruht auf der Überlegung, die Art. 27 ff. EGBGB seien für Schiedsgerichte an sich unverbindlich[26]. Mag man diesen Ausgangspunkt teilen können. Doch hätte es dann nahe gelegen, in § 1051 ZPO auf die Vorschriften des EGBGB zu verweisen. Auch so hätte das Ziel des Gesetzgebers, Widersprüche zu Art. 28 EGBGB bzw. der identischen Vorschrift im EG-Schuldvertragsübereinkommen zu vermeiden[27], erreicht werden können. § 1051 Abs. 2 ZPO enthält stattdessen für den gesamten Streitstoff im Schiedsverfahren nur eine Kollisionsregel. Dies wird den Bedürfnissen und Besonderheiten des grenzüberschreitenden Rechtsverkehrs nicht ohne weiteres gerecht. Die Kollisionsregel des § 1051 Abs. 2 ZPO steht ihrem Wortlaute nach und in sachlicher Hinsicht den Regelungen in Art. 28 EGBGB sehr nahe. Für die Bestimmung des Vertragsstatuts ist deshalb § 1051 Abs. 2 ZPO durchaus hilfreich. Grenzüberschreitende Sachverhalte lassen sich aber nicht pauschal betrachten, wie ein Blick in die Art. 3 ff. EGBGB a.F. belegt. 7

---

22 Unter Bezugnahme auf Inland Revenue v. Barrs, 1961 SC (HL) 22.

23 BGH, Beschluss v. 1.3.2007 – III ZB 7/06; BGHZ 171, 245; MDR 2007, 902; NJW-RR 2007, 1511; NZBau 2007, 299; WM 2007, 785 = IBR 2007, 284 – Heiliger.

24 § 1051 Abs. 1 S. 2 ZPO stellt klar, dass die Rechtswahl als Sachnormverweisung anzusehen ist, während Art. 4 Abs. 1 S. 1 EGBGB generell die Gesamtverweisung anordnet; Ausnahmen regelt allerdings Art. 35 Abs. 1 EGBGB.

25 Schütze, Schiedsgericht und Schiedsverfahren, Rn. 182, versteht darunter eine Entscheidung auf der Grundlage der sog. lex mercatoria. Mag auch die lex mercatoria nur schwer zu definieren sein, so beinhaltet doch eine Ermächtigung zur Entscheidung nach Billigkeit mehr. Die lex mercatoria ist universelles Recht, während sich der Schiedsrichter im Rahmen seiner Ermächtigung nach § 1053 Abs. 3 ZPO das Recht selbst setzt und lediglich durch den ordre public Schranken unterliegt.

26 Kommision zur Neuordnung des Schiedsverfahrens, Bericht, 167.

27 Vgl. Lörcher/Lörcher, Das Schiedsverfahren, Rn. 194.

8 **b. Reichweite.** Der Wortlaut des § 1051 Abs. 2 ZPO spricht dafür, dass nicht nur vertragsrechtliche Fragen erfasst sind. Aus der Vorschrift des § 1051 Abs. 4 ZPO kann jedoch unschwer entnommen werden, dass sich der Gesetzgeber bei der Redaktion des § 1051 Abs. 2 ZPO ausschließlich von vertragsrechtlichen Streitigkeiten leiten ließ[28]. Verschiedene Stimmen[29] sehen hierin kein Problem[30]. Sie gehen weitgehend unreflektiert davon aus, in gesellschafts-, sachen- oder deliktsrechtlichen Streitigkeiten müssten die Schiedsgerichte der bisherigen kollisionsrechtlichen Schiedsgerichtspraxis folgen, die dadurch gekennzeichnet ist, dass die Schiedsgerichte die Kollisionsnormen an ihrem Sitz zwar anwenden, sie aber je nach Interessenlage modifiziert zur Anwendung bringen[31]. Solange die Schiedsgerichte an Recht und Gesetz gebunden sind, bedarf es m.E. einer besonderen Rechtfertigung, auch ohne eine besondere Ermächtigung der Billigkeit den Vorzug gegenüber gesetzlichen Regelungen einzuräumen. § 1051 Abs. 2 ZPO wäre allerdings entbehrlich, wenn man schlicht von der Bindung des Schiedsrichters an das Gesetz ausgeht. Dies hat der Gesetzgeber aber ausdrücklich verneint.

9 Schiedsrichterliche Tätigkeit ist zwar eine Form der Dienstleistung, die auf dem Willen der sie anrufenden Parteien beruht. Die Schiedsgerichte ersetzen aber die staatlichen Gerichte und ihre Tätigkeit ist deshalb richterliche Tätigkeit[32], deren Grundlagen von den Parteien im Rahmen der ihnen vom Gesetz verliehenen Dispositionsfreiheit mit gestaltet werden können. Aus § 1051 Abs. 3 S. 1 ZPO folgt, dass es für die gänzliche Abkehr von Recht und Gesetz einer ausdrücklichen Ermächtigung der Parteien bedarf. Dies lässt den Rückschluss zu, dass der Gesetzgeber eine stillschweigende Billigkeitsrechtsprechung nicht dulden will. Für das IPR hat dies zur Folge, dass nach einer Grundlage gesucht werden muss, um zukünftig von § 1051 Abs. 2 ZPO abzuweichen, um die jeweils richtige kollisionsrechtliche Anknüpfung zu finden.

10 **c. Bindungswirkung.** Die Vorschrift des § 1025 Abs. 1 ZPO regelt **ausdrücklich** die Maßgeblichkeit deutschen Verfahrensrechtes für Schiedsgerichtsverfahren in Deutschland und **stillschweigend** die Anwendbarkeit des deutschen IPR in Form des § 1051 ZPO. Damit weicht § 1025 Abs. 1 ZPO deutlich von Art. 7 Abs. 1 S. 2 des Europäischen Übereinkommens über die internationale Handelsschiedsgerichtsbarkeit von 1961 und von Art. 28 Abs. 2 Uncitral-Modellgesetz ab, die die Wahl der Kollisionsnormen in das Ermessen des Schiedsgerichts stellen. Da es die Aufgabe jeder Norm des IPR ist, die jeweils engste Verbindung zu einem Rechtsverhältnis zu bestimmen[33], sollte § 1051 Abs. 2 ZPO im Sinne einer Globalnorm verstanden werden, die durch Rechtsprechung und Literatur auszufüllen ist. Diese Lösung birgt in sich den Vorteil besonderer Flexibilität, ohne den Nachteil einer fehlenden gesetzlichen Grundlage zu haben. Wenn man § 1051 ZPO als Grundnorm des IPR im Schiedsverfahren versteht, beinhaltet die Norm einen verantwortungsvollen Auftrag an die Schiedsgerichte und die Literatur, für die Zukunft nachvollziehbare und praxisnahe Kollisionsnormen für das Schiedsverfahren zu entwickeln, die natürlich weitestgehend auf der Grundlage des EGBGB und der gewohnheitsrechtlich entwickelten IPR-Regelungen basieren werden. In wieweit es tunlich ist, zukünftig auch die Verordnung Rom I und ihre Regelungen in Betracht zu zie-

---

28 Junker RIW 1998, 741, 745; Kronke RIW 1998, 257, 262; vgl. auch Kommission zur Neuordnung desSchiedsverfahrens, Bericht, 167.

29 Junker RIW 1998, 741, 745; Kronke RIW 1998, 257, 262.

30 Bei Schütze, Schiedsgericht und Schiedsverfahren, Rn. 177 wird das Problem gar nicht erst angesprochen.

31 Gottwald FS Nagel, 1987, 63.

32 EuGH, Urt. v. 23.03.1982-Rs 102/81, NJW 1982, 1207.

33 Kegel/Schurig, IPR, § 6 I.

hen, muss abgewartet werden. Es spricht nicht viel dafür, dass es eine intensive Auseinandersetzung mit den Partikularien der Verordnung geben wird.

2. Rechtswahl. Nach § 1051 Abs. 1 ZPO entscheidet das Schiedsgericht die ihm vorgelegten Streitigkeiten in Übereinstimmung mit den Rechtsvorschriften, die die Parteien als anwendbar vereinbaren. Folgender englischsprachiger Wortlaut kommt in Betracht: 11

The parties agree to submit any disputes arising from or in connection with this agreement to final and binding arbitration under the _____ [Rules of the American Arbitration Association]

a. Reichweite. Gemeint ist insoweit zweifelsohne, dass die Parteien ihre **vertraglichen Beziehungen** einem zu wählenden Recht unterwerfen können. Im Bereich des Sachenrechtes, des Deliktsrechtes, des Gesellschaftsrechtes und des Wettbewerbsrechtes bleibt es hingegen bei der Regelung des § 1051 Abs. 1 ZPO, denn insoweit besteht trotz mancher gegenläufiger Tendenzen bislang weltweit keine große Bereitschaft, den Parteien die autonome Gestaltung ihrer Rechtsbeziehung zu gestatten. Jedenfalls lässt die kurze Begründung des Gesetzeswerkes nicht den Schluss zu, dass § 1051 Abs. 1 ZPO zukünftig generell Anwendung finden solle. 12

b. Sachnormverweisung. Soweit § 1051 Abs. 1 S. 1 ZPO die Rechtswahl zulässt, ist sie als **Sachnormverweisung** zu verstehen, § 1051 Abs. 1 S. 2 ZPO. Eine Gesamtverweisung findet nur bei ausdrücklicher Vereinbarung statt. Damit ist klargestellt, dass die Rechtswahlklausel in Verträgen regelmäßig ihre Verweisung in dem gewählten Sachrecht abbricht. Zu einer Rückverweisung kommt es dann nicht. Vereinbaren die Parteien allerdings eine Gesamtverweisung, muss ggf. auch eine Rückverweisung oder Weiterverweisung akzeptiert werden[34]. Verweist das deutsche IPR in einem solche Falle auf ausländisches Recht, muss zunächst dessen Kollisionsrecht befragt werden. Verlegt dieses den Schwerpunkt des zu beurteilenden Rechtsverhältnisses in eine andere Rechtsordnung, ist diese maßgeblich. 13

c. Verweisungsumfang. Im Einklang mit Art. 28 Abs. 1 des Uncitral-Modellgesetzes nimmt § 1051 Abs. 1 S. 1 ZPO auf die von den Parteien für anwendbar erklärten Rechtsvorschriften Bezug. Mit der Verwendung des Begriffes „Rechtsvorschriften" soll klargestellt werden, dass es den Parteien frei steht, Vorschriften verschiedener Rechtsordnungen auf einen Vertrag anzuwenden und dass nicht nur staatliche Rechtsnormen, sondern auch die sog. lex mercatoria herangezogen werden kann[35]. Damit knüpft der Gesetzgeber nicht nur an das Uncitral-Modellgesetz an, sondern auch an neuere Gesetze in anderen Staaten, wie z.B. an Art. 1054 Abs. 1 der niederländischen ZPO und Art. 1496 der italienischen ZPO[36]. Während § 1051 Abs. 3 ZPO den Rückgriff auf staatsungebundenes Recht nur mit ausdrücklicher Billigung der Parteien zulässt, kann der französische Schiedsrichter bereits dann auf die *lex mercatoria* zurückgreifen, wenn die Parteien keine Rechtswahlvereinbarung getroffen haben (Art. 1496 CPCN). Der französische Schiedsrichter darf ohne weiteres auf die Gesamtheit des internationalen Handelsrechts rekurrieren, die von der Praxis entwickelt und von der nationalen Rechtsprechung an- 14

[34] Hierzu OGH IPRax 1995, 328.

[35] Junker RIW 1998, 741, 745; vgl. Aden, Internationale Handelsschiedsgerichtsbarkeit, B, Art. 17 Rn. 6; Schilf IHR 2004, 236 ff.; siehe auch Grünbuch über die Umwandlung des Übereinkommens von Rom aus dem Jahr 1980 über das auf vertragliche Schuldverhältnisse anzuwendende Recht in ein Gemeinschaftsinstrument sowie über seine Aktualisierung, KOM (2002) 654 endgültig, 7 und 28.

[36] Kommision zur Neuordnung des Schiedsverfahrens, Bericht, 168.

erkannt wurden[37]. Damit geht die französische Praxis weiter als das deutsche Recht zulässt[38]. Art. 1497 CPCN stellt zwar die Billigkeitsentscheidung unter den Genehmigungsvorbehalt der Parteien, den Rückgriff auf das Internationale Handelsrecht erlaubt bereits Art. 1496 CPCN.

15 **d. Zustandekommen des Vertrages.** Das gewählte Vertragsstatut ist auch für die Frage nach dem Zustandekommen des Vertrages maßgeblich, Art. 31 Abs. 1 EGBGB. Ggf. ist also zu fragen, welches Recht gelten würde, wenn der Vertrag zustande gekommen wäre. Relevant wird dies vor allem dann, wenn zweifelhaft ist, ob Allgemeine Geschäftsbedingungen wirksam vereinbart wurden. Ob das Schweigen einer Partei, etwa auf ein kaufmännisches Bestätigungsschreiben, als Zustimmung zu werten ist, hängt davon ab, ob Umstände vorliegen, die es ungerechtfertigt erscheinen lassen, die Wirkungen des Schweigens aus dem Vertragsstatut zu entnehmen[39]. Gewollt ist, den anderen Partner gegen durch im Vertragsstatut verankerte und ihm unbekannte Grundsätze des Vertragsschlusses zu schützen.

16 **3. Objektive Anknüpfung.** Fehlt es in den vertraglichen Vereinbarungen an einer Rechtswahlklausel oder sind Einzelfragen einer Rechtswahlklausel unzugänglich, hat das Schiedsgericht gemäß § 1051 Abs. 2 ZPO das Recht anzuwenden, mit dem der Gegenstand des Verfahrens die engsten Verbindungen aufweist. Damit weicht § 1051 Abs. 1 ZPO deutlich von Art. 28 Abs. 2 des Uncitral-Modellgesetzes ab, demzufolge das Schiedsgericht das von ihm für anwendbar erachtete Kollisionsrecht heranzieht. In **ICSID Fällen** ist das anwendbare Recht für das jeweilige Rechtsverhältnis über Art. 42 Abs. 1 ICSID zu ermitteln. Art. 42 Abs. 1 2. Teil verweist auf das IPR und die Regeln des internationalen Rechts „as may be applicable". In der Regel rekurrieren die ICSID Gerichte allerdings nicht auf das IPR des Staates, der in den Streit involviert ist. Jedenfalls soweit die Parteien einvernehmlich auf das Recht des beteiligten Staates Bezug nehmen, unterbleibt eine nähere Untersuchung der kollisionsrechtlichen Problematik[40].

17 **a. Vertragsstatut.** Bedeutsam ist § 1051 Abs. 2 ZPO zunächst vor allem für die Bestimmung des Vertragsstatuts. Insoweit kann auf die Grundsätze, die zu dem wortgleichen Art. 28 Abs. 1 EGBGB a.F. entwickelt wurden, verwiesen werden. Aus Gründen der Rechtssicherheit sollte zur Bestimmung des Vertragsstatuts auf die Vermutungen des Art. 28 Abs. 2 EGBGB a.F. zurückgegriffen werden. Maßgeblich ist danach das Recht des Staates, in dem die Vertragspartei, die die vertragscharakteristische Leistung zu erbringen hat, im Zeitpunkt des Vertragsschlusses ihren Sitz hat. Anzuknüpfen ist mithin an diejenige Leistung, die dem Vertrag seine Eigenart gibt. Für den Bauvertrag, der regelmäßig als Werkvertrag klassifiziert wird, kommt es somit auf den Sitz des Werkunternehmers an. Mit der Novelle des IPR im Jahre 1986 hat der Erfüllungsort seine Bedeutung für die Bestimmung des Vertragsstatuts verloren. Bis dahin galt er als Notanknüpfung[41].

18 **b. FIDIC.** Verdingen sich deutsche Unternehmen im Ausland, werden sie sich vielfach den FIDIC-Bedingungen unterwerfen müssen[42], die ihrerseits Regelungen zur schiedsgerichtlichen Beilegung von Baustreitigkeiten enthalten (vgl. Unterklausel 20.6 FIDIC).

---

37 Cass.civ., 22.10.1991, Rev. Crit. DIP 1992, 113.
38 A.A. Aden, Internationale Handelsschiedsgerichtsbarkeit, B, Art. 17 Rn. 6.
39 BGH NJW 1997, 1700.
40 LG&E Energy Corp., LG&E Capital Corp. and LG&E International Inc. v. Argentine Republic (ICSID Case No. ARB/02/1), Rn. 87.
41 Siehe dazu Kürschner, ZfBR 1986, 259 ff.
42 Vgl. dazu Goedel, ZfBR 1978, 10 ff.

Inwieweit deutsche Auftraggeber ihrerseits die Geltung der VOB/A und VOB/B durchsetzen können, bleibt ihrem Verhandlungsgeschick überlassen. Die Verdingungsordnung für Bauleistungen beinhaltet jedenfalls keine Rechtsnormen. Die Vorschriften der VOB sind also weder Gesetz, Rechtsverordnung oder Gewohnheitsrecht[43]. Zumal im internationalen Rechtsverkehr müssen daher die VOB/B und die VOB/C gesondert vereinbart werden, denn es besteht auch kein Handelsbrauch, demzufolge die VOB stillschweigend Vertragsbestandteil wird. Dem müssen sich auch öffentliche Auftraggeber beugen. Insoweit ist darauf hinzuweisen, dass die VOB/A keinerlei besondere Regelungen zur Vergabe von Aufträgen an ausländische Unternehmen enthalten. Soweit daher die öffentliche Hand Aufträge auf der Grundlage der VOB/A ausschreibt, käme es mangels ausdrücklicher Rechtswahlvereinbarung zur Anwendbarkeit ausländischen Rechts, Art. 28 Abs. 1 und 2 EGBGB a.F. Werden allerdings die Regelungen der VOB/B bedungen, dürfte hieraus stets die Vereinbarung deutschen Rechts hergeleitet werden können[44]. Inzwischen zeichnet sich ab, dass auch deutsche Auftraggeber die Chancen erkennen, die sich durch die Verwendung von FIDIC-Bedingungen bieten. In diesen Fällen ist eine Rechtswahlvereinbarung unabdingbar erforderlich, wenn auf deutsches Recht rekurriert werden soll. Über Unterklausel 20.6 FIDIC wird eine Schiedsvereinbarung zugunsten der ICC Schiedsgerichtsbarkeit getroffen.

4. Notzuständigkeit durch Vereinbarung der VOB/B. Mit dem Schiedsvertrag kommen die Parteien überein, nationale staatliche Gerichte abzubedingen und statt dessen ein Schiedsgericht zur Streitbeilegung zu berufen. Der Schiedsvertrag ist damit als prozessrechtlicher Vertrag[45] zu qualifizieren und streng vom Hauptvertrag zu trennen. Über die prozessualen Wirkungen des Schiedsvertrages entscheidet stets ausschließlich die lex fori des angerufenen staatlichen Gerichts[46]. Lediglich Zustandekommen und Bestand des Schiedsvertrages sind dem anwendbaren materiellen Recht zu entnehmen[47]. Deshalb findet sich das deutsche Schiedsrecht in der ZPO, das allerdings weitgehend durch das UN-Übereinkommen über die Anerkennung und Vollstreckung ausländischer Schiedssprüche vom 10. Juni 1956[48] und das Europäische Übereinkommen über die internationale Handelsschiedsgerichtsbarkeit vom 21. April 1961[49] verdrängt wird, soweit internationale Bezüge vorliegen. Die Übereinkommen enthalten auch Regelungen zum Zustandekommen von Schiedsvereinbarungen und enthalten insoweit besondere Kollisionsnormen[50]. Sofern die Parteien die Regelungen der VOB/B wirksam einbezogen haben, besteht manchen Ortes die Vorstellung, § 18 VOB/B regele eine internationale Notzuständigkeit. Dem ist nicht so. § 18 VOB/B gilt zwar auch dann, wenn die Vertragspartner eine unwirksame Schiedsgerichtsvereinbarung getroffen haben und es nunmehr darum geht, welches staatliche Gericht als ordentliches Gericht für den Streitfall zuständig ist. Die Regelung des § 18 Nr. 1 VOB/B erfasst allerdings nur die örtliche Zuständigkeit, nicht aber die internationale Zuständigkeit, da eine entsprechende Er- 19

43 Nicklisch/Weick, VOB/B, Einl. Rn. 29.
44 Erman/Hohloch, BGB, Art. 28 EGBGB Rn. 39; Reithmann/Martiny/Thode, Internationales Vertragsrecht, 6.Auflage, Rn. 1111.
45 BGHZ 23, 198; BGHZ 40, 320.
46 Reitmann/Martiny/Hausmann, Internationales Vertragsrecht, Rn. 6556.
47 Schütze, Schiedsgericht und Schiedsverfahren, Rn. 93.
48 BGBl 1961 II, 122.
49 BGBl 1964 II, 426.
50 Vgl. Art. 5 des UN-Übereinkommens und Art. 6 des Europäischen Übereinkommens.

weiterung über den von der VOB angestrebten Interessenausgleich hinausginge[51]. Daher gelten mangels Schiedsklausel für einen im Ausland ansässigen Beteiligten die §§ 12 ff. ZPO bzw. vornehmlich die Art. 2 ff. EuGVÜ/LuGÜV/EuGVVO[52].

20 **5. Anwendung und Ermittlung ausländischen Rechts.** Da sich das Schiedsverfahren im besonderen Maße eignet, Baustreitigkeiten mit Auslandsbezug beizulegen[53], stellt sich zwangsläufig die Frage, wie ein deutsches Schiedsgericht ausländisches Recht ermittelt und anwendet. Die §§ 1025 ff. ZPO schweigen hierzu. Es muss deshalb auf § 293 ZPO zurückgegriffen werden[54]. Anzumerken ist in diesem Zusammenhang, dass ausländisches Recht Normqualität besitzt und damit dem Beweis nur eingeschränkt zugänglich ist. Das Schiedsgericht kann sich mithin im Rahmen seines Ermessens aller Erkenntnisquellen bedienen, die ihm zugänglich sind. Es kann auch die Parteien auffordern, an der Ermittlung des ausländischen Rechts mitzuwirken und Sachverständigengutachten einholen. Ihm ist es allerdings versagt, sich das Europäische Übereinkommen betreffend Auskünfte über ausländisches Recht vom 7. Juli 1968[55] zu nutze zu machen. Ist das ausländische Recht nicht feststellbar, ist ein Ersatzrecht anzuwenden[56]. Gerade im Schiedsverfahren sollte nicht zwangsläufig auf deutsches Recht als Ersatzrecht rekurriert werden, sondern versucht werden, sich rechtsvergleichend anzunähern, d.h. das berufene Recht einer Rechtsfamilie zuzuordnen und das Stammrecht oder Schwesterrecht zu befragen. Moderne Ansätze gehen dahin, aus dem aufzufindenden und vorhandenen, aber gleichwohl nur unvollständig aufklärbaren Recht, Schlussfolgerungen zu ziehen[57]. Hilfreich können ferner allgemein anerkannte Prinzipien sowie Erkenntnisse aus Parallelrechtsordnungen sein[58]. Seppälä erachtet den Rekurs auf die Unidroit Prinzipien 2004 als eine geeignete Hilfe zur Lückenfüllung[59]. Sodann gibt er Hinweise auf Standardliteratur in Frankreich, Belgien (Flamme) und England (Hudson's Building & Engineering Contracts) und den USA, die man sicherlich erweitern könnte. Der Grundsatz des rechtlichen Gehörs erfordert es, die Parteien einzuladen, die Rechtsgrundlagen zu kommentieren, auf die sich das Schiedsgericht stützen will[60].

21 **6. Auslegungskompetenz.** Schiedsgerichte sind befugt, Verträge auszulegen. Auch wenn die staatlichen Gerichte die Auslegungsergebnisse nicht teilen, sind sie nicht befugt, den Schiedsspruch aufzuheben, solange die Auslegung plausibel und nicht absurd ist[61]. Staatliche Gerichte können aber Schiedssprüche beanstanden, die die offensichtlich einzig mögliche Auslegung ignorieren und eine nicht plausible Auslegung favorisieren[62].

---

51 BGHZ 94, 156, 158; BGHZ 86, 135, 141.
52 Vgl. Hierzu Müller/Hök/Schulze, Deutsche Vollstreckungstitel im Ausland, 1987 ff.
53 Vgl. Wiegand, ZfBR 1985, 5.
54 Schütze, Schiedsgericht und Schiedsverfahren, Rn. 180.
55 BGBl 1974 II, 938.
56 Siehe dazu die Aufzählung von Beispielsfällen in Born, International Commercial Arbitration, 2203 f. Fn. 463; vgl. auch Seppälä, The Development of a Case Law in Construction Disputes relating to FIDIC Contracts, ICLR 2009, 105, 108 ff. mit weiteren Beispielen aus der Praxis.
57 Born, International Commercial Arbitration, 2204.
58 Born, International Commercial Arbitration, 2204.
59 Seppälä, The Development of a Case Law in Construction Disputes relating to FIDIC Contracts, ICLR 2009, 105, 114.
60 Cour d'Appel Paris, Urteil v. 3.12.2009, RG n° 08/13618, IBR 2011, 1113 – Hök.
61 McDermott International Inc v. Burn Standar Co Ltd, 2006 (2) Arb LR 498 (SC); Pure Helium India (P) Ltd v. ONGC, 2003 (8) SC 593; Himachal Pradesh State Electircity Board v. R.J. Shah & Co, JT 1993 (3) SC 151; Sudershan Trading Co v. Government of Kerala, AIR 1989 SC 890.
62 Wee Aar Cnstructive Builders v. DDA & Others, 2001 (2) Arb LR 71 (Delhi).

7. Billigkeitsentscheidungen. In seiner inzwischen überholten zentralen Aussage[63] hieß es in einer amerikanischen Entscheidung[64]: *In Bezug auf die rechtliche Bemessung des Schadensersatzes und die Beweislastvorschriften mag es wahr sein, dass sich Schiedsrichter nicht selbst strikt an die gesetzlichen Regelungen gebunden fühlen, doch unterliegt es keinem Zweifel, dass sie daran gebunden sind, wenn dies die Schiedsgerichtsvereinbarung so vorsieht. Unzweifelhaft ist es in diesem Land wahr, wie es in... gesagt wurde, dass wenn Parteien sich auf gewöhnliche Schiedsgerichtsbarkeit geeinigt haben, sie sich mit einer lockeren Annäherung an die Durchsetzung ihrer Rechte begnügen müssen als es ihnen die Gesetze zubilligen, wenn sie von dieser Maschinerie Gebrauch machen.* Richtig ist, dass Schiedsgerichte ihre Entscheidungen grundsätzlich aus dem anwendbaren Recht ableiten müssen[65]. Es existiert keine anders lautende Vermutung[66]. Der Schiedsrichter ist kein Friedensstifter und darf das Recht nicht ignorieren oder falsch anwenden, um zu tun, was er für gerecht und angemessen erachtet[67]. Vielmehr wird der Schiedsrichter von den Parteien ernannt, um ihre Streitigkeiten nach dem Recht zu entscheiden. Er ist gehalten, dem Recht zu folgen und es anzuwenden. Anderenfalls kann der Schiedsspruch aufgehoben werden[68]. Der Ansatz *ex aequo et bono* (im Sinne von Gerechtigkeit und Fairness[69]) verträgt sich jedenfalls nicht mit einer vertraglich vereinbarten Rechtswahlklausel[70]. Doch ist es weltweit zumeist zulässig, das Schiedsgericht zu ermächtigen, nach Billligkeit zu entscheiden (vgl. § 1051 Abs. 3 ZPO)[71]. Aus deutscher Sicht ist allerdings eine ausdrückliche Ermächtigung erforderlich, eine konkludente genügt nicht[72]. Unklar ist jedoch, worin der Auftrag der Schiedsrichter besteht, wenn sie unzweifelhaft nach Billigkeit entscheiden sollen[73]. Vertreten wird, die Schiedsrichter könnten dann ihren eigenen Maßstab von Fairness und Handelspraxis anlegen[74]. Andere bevorzugen die Auffassung, das Schiedsgericht müsse zunächst das festgestellte nationale Recht anwenden und könnte sodann die Ergebnisse an das anpassen, was es als fair und geeignet ansieht[75]. Eine dritte Strömung geht dahin, Billigkeitsklauseln dahin auszulegen, dass sie auf internationale Standards oder eine internationale lex 22

63 Siehe Schlosser, Das Recht der privaten internationalen Schiedsgerichtsbarkeit, 547 Fn. 8.

64 Wilko v. Swan, 201 F2d 439.

65 National Highways Auhority of India v. M/S ITD Cementation India Ltd, Urt. v. 7.8.2009, OMP 23/2007 (High Court of Delhi and New Delhi); Markanda, Arbitration and Conciliation, 568.

66 Born, International Commercial Arbitration, 2240.

67 So zutreffend der Indische Supreme Court in: Continental Construction Co Ltd v. State of M.P., AIR 1988 SC 1166, gefolgt von National Highways Auhority of India v. M/S ITD Cementation India Ltd, Urt. v. 7.8.2009, OMP 23/2007 (High Court of Delhi and New Delhi).

68 Vgl. Food Corporation of India v. Chandu Construction 2007 (4) SCC 697; Union of India v A.L. Ralia Ram AIR 1963 SC 1685.

69 Vgl. Markanda, Arbitration and Conciliation, 572.

70 Vgl. Wilko v. Swan, 201 F2d 439; siehe auch Born, International Commercial Arbitration, 2240 mit weiteren Nachweisen.

71 Siehe Ferner Markanda, Arbitration and Conciliation, 572; Born, International Commercial Arbitration, 2240 ; Nammour, Droit et Pratique de l'Arbitrage interne et international, Rn. 432 (jeweils mit Rechtsprechungsnachweisen).

72 OLG München OLGR 2005, 727, 728 = SchiedsVZ 2005, 308 309; vgl. auch Zöller/Geimer, ZPO, § 1051 Rn. 7.

73 Siehe dazu Born, International Commercial Arbitration, 2240.

74 Société Soubaigne v. Société Limmereds Skogar, 1985 Rev. Arb. 285 (Cour d'appel Paris) ; ICC Schiedsspruch n° 5103, 115 Clunet 1206 (1988).

75 ICC Schiedsspruch n° 3327, 109 Clunet 971, 975 (1982) ; vgl. auch ICC Schiedsspruch n° 5118, Collection of ICC Arbitral Awards 1986–1990 318 (1994).

mercatoria verweisen[76]. Diese dritte Auffassung missversteht allerdings die Natur der lex mercatoria[77]. Doch auch wenn keine ausdrückliche Billigkeitsermächtigung vorliegt, sind Schiedsgerichte nicht immer streng an den Buchstaben des Gesetzes oder des Rechts gebunden[78]. Das Recht von New York ermächtigt Schiedsrichter, Rechtsbehelfe zu gestalten, von denen sie glauben, dass sie zwischen den Parteien Gerechtigkeit schaffen[79]. In Sachen Sprinzen hat das New Yorker Gericht ausgeführt: „*An arbitrator's paramount responsibility is to reach an equitable result, and the courts will not assume the role of overseers to mold the award to conform to their sense of justice. Thus, an arbitrator's award will not be vacated for errors of law and fact committed by the arbitrator ...*“[80]. Nach New Yorker Recht kann ein Schiedsspruch aufgehoben werden, wenn er auf dem ungesetzlichen Grund einer manifesten Missachtung des Rechts gestützt ist[81]. Dies setzt allerdings etwas jenseits eines einfachen Rechtsfehlers oder des Unterlassens des Schiedsrichters, das Recht zu verstehen oder es anzuwenden, voraus[82]. Erachtet das Schiedsgericht es folglich für angemessen, nicht streng nach dem anwendbaren Recht zu verfahren, ist dies kein Aufhebungsgrund[83]. Haben die Parteien allerdings eine Entscheidung ex qeuo et bono vereinbart, kann der Umstand, dass das Schiedsgericht streng nach gesetzlichen Vorschriften verfährt, anstatt eine Billigkeitsentscheidung herbeizuführen, seinerseits einen Aufhebungsgrund darstellen[84]. Der High Court in Madras hat wiederum z.B. entschieden, dass die Schiedsrichter zur Ermittlung von Schadensersatz nicht auf die Hudson-Formel abstellen durften, ohne Beweis dafür zu haben, dass Gewinne entgangen waren und Abschreibung vorlag[85]. Andere indische Entscheidungen erläutern die Schranken, innerhalb derer sich der Schiedsrichter – ohne dass er gemäß Section 28 Abs. 2 Arbitration and Conciliation Act 1996 zu einer Billigkeitsentscheidung ermächtigt wäre – bewegen muss, so: Beachtliches Fehlverhalten impliziert nicht fehlende Moral oder Perversität in den Entscheidungsgründen sondern etwas Unangemessenes, das außerhalb der Gerichtsgewalt des Schiedsrichters fällt. Der anzuwendende Standard ist, ob der Schiedsspruch irrational, launenhaft oder willkürlich ist[86]. Aus deutscher Sicht kann ein Schiedsspruch, der bewusst und willkürlich die Ermächtigung nach § 1051 Abs. 3 ZPO überschreitet, aufgehoben werden[87]. Im Übrigen gelten §§ 1059 ff. ZPO.

---

[76] Vgl. Goldmann, La lex mercatoria dans les contrats et l'arbitrage internationaux : réalité et perspectives, 106 (Clunet 475, 480 f. (1979).

[77] Born, International Commercial Arbitration, 2241.

[78] Vgl. Nammour, Droit et Pratique de l'Arbitrage interne et international, Rn. 432.

[79] Sprinzen v. Nomberg, 46 N.Y.2d 623, 629, 415 N.Y.S.2d 974, 389 N.E.2d 456 (1979).

[80] Sprinzen v. Nomberg, 46 N.Y.2d 623, 629, 415 N.Y.S.2d 974, 389 N.E.2d 456 (1979), bestätigt in Sperry International Trade v. Government of Israel, 689 F.2d 301 (US Court of Appeals, 2nd Cir.).

[81] Drayer v. Krasner, 572 F.2d 348, 352 (2d Cir.), cert. denied, 436 U.S. 948, 98 S.Ct. 2855, 56 L.Ed.2d 791 (1978).

[82] Sperry International Trade v. Government of Israel, 689 F.2d 301 (US Court of Appeals, 2nd Cir.).

[83] Vgl. Sperry International Trade v. Government of Israel, 689 F.2d 301 (US Court of Appeals, 2nd Cir.); a.A. Continental Construction Co Ltd v. State of M.P., AIR 1988 SC 1166, gefolgt von National Highways Auhority of India v. M/S ITD Cementation India Ltd, Urt. v. 7.8.2009, OMP 23/2007 (High Court of Delhi and New Delhi).

[84] Siehe Nammour, Droit et Pratique de l'Arbitrage interne et international, Rn. 433.

[85] Ennore Port Ltd v. Skanska Cementation India Ltd, 2008 (2) Arb LR 598 (Mad).

[86] See Bhagwati Oxygen Ltd. v. Hindustan Copper Ltd. 2005(6) SCC 462; Rajasthan State Mines and Minerals Ltd. v. Eastern Engineering Enterprises and Another, (1999) 9 SCC 283.

[87] BGH RIW 1985, 972; OLG München OLGR 2005, 727, 728 = SchiedsVZ 2005, 308 309; vgl. auch Zöller/Geimer, ZPO, § 1051 Rn. 7.

II. Verfahrensrecht

Schiedsgerichtsverfahren laufen überwiegend nach besonderen – vereinbarten – Schiedsgerichtsbedingungen[88], die das disponible nationale Schiedsverfahrensrecht verdrängen. Das nationale staatliche Schiedsverfahrensrecht hat vor allem Bedeutung mit Blick auf eine spätere Vollstreckbarerklärung (siehe unten unter VII). 23

Schiedsgerichtsbarkeit kann nur ausgeübt werden, wenn sich die Parteien darauf einigen.

Muster einer einfachen Schiedsgerichtsklausel in Englisch:

The parties agree to submit any disputes arising from or in connection with this agreement to final and binding arbitration under the _____ [Rules of the American Arbitration Association].

Muster einer Schiedsklausel nach DIS[89]

Deutsch	**Englisch**	**Französisch**
„Alle Streitigkeiten, die sich im Zusammenhang mit dem Vertrag (... Bezeichnung des Vertrages ...) oder über seine Gültigkeit ergeben, werden nach der Schiedsgerichtsordnung der Deutschen Institution für Schiedsgerichtsbarkeit e.V. (DIS) unter Ausschluss des ordentlichen Rechtsweges endgültig entschieden."	„All disputes arising in connection with the contract (... description of the contract ...) or its validity shall be finally settled according to the Arbitration Rules of the German Institution of Arbitration e.V. (DIS) without recourse to the ordinary courts of law."	„Tous différends découlant du présent contrat (... description du contrat ...) ou relatif à sa validité seront définitivement tranchés conformément au Règlement d'arbitrage de l'Institut Allemand de l'Arbitrage e.V. (DIS) sans recourir aux juridictions étatiques ordinaires."

Nach § 1029 Abs. 2 ZPO können Schiedsvereinbarungen in Form einer selbständigen Vereinbarung (Schiedsabrede) oder in Form einer Klausel in einem Vertrag (Schiedsklausel) geschlossen werden. Den Nachweis einer wirksamen Schiedsabrede, gleichgültig ob nach Art. II Abs. 2 New Yorker Abkommen oder aufgrund nationalen Rechts, hat die die Vollstreckbarerklärung eines ausländischen Schiedsspruchs beantragende Partei zu erbringen[90]. Aus deutscher Sicht kann die Schiedsvereinbarung in Allgemeinen Geschäftsbedingungen erfolgen, allerdings mit folgender Maßgabe: Eine Schiedsklausel in Allgemeinen Geschäftsbedingungen darf nicht die Möglichkeit eröffnen, von den Schutzgarantien des AGB-Rechts abzuweichen[91]. Eine Schiedsklausel, die nur dem Verwender das Recht der Wahl zwischen Schiedsgericht und staatlichem Gericht gibt, eröffnet ihm dadurch die – zunächst nur abstrakte – Möglichkeit, den Inhalt der gewünschten Entscheidung zu beeinflussen, indem er die rechtliche Kontrolle seiner Allgemeinen Geschäftsbedingungen den staatlichen Gerichten entzieht, ohne dass der Vertragspartner diese Entscheidung verhindern kann. Die Gefährdung der Belange des Vertragspartners konkretisiert sich in dem Maße, in dem die Art des zu berufenden Schiedsgerichts eine kritische Prüfung der Allgemeinen Geschäftsbedingungen am Maßstab des AGB-Rechts durch die Schiedsrichter unwahrscheinlich macht. Lässt diese Gefahr sich nicht ausräumen, so benachteiligt eine solche Schiedsklausel auch unter Vollkaufleuten den Ver- 24

88 UNCITRAL, ICC, CIETAC (China), etc.

89 www.dis-arb.de.

90 OLG München, Beschluss v. 12.10.2009 – 34 Sch 20/08; OLG München, Beschluß v. 19.1.2009, 34 Sch 004/08; BayObLGZ 2002, 392.

91 BGH IBR 1992, 89 -Wirth; BauR 1992, 115; BB 1991, 2476; BB 1992, 229; BB 1992, Beilage 2a, 15; BGHZ 115, 324; NJW 1992, 575; NJW 1992, 697; WM 1992, 334; ZfBR 1992, 21; ZIP 1992, 59.

tragspartner des Verwenders entgegen den Geboten von Treu und Glauben in unangemessener Weise und ist nach § 307 BGB unwirksam[92]. Für die Frage der Wirksamkeit einer Schiedsvereinbarung gilt es außerdem zu berücksichtigen, dass nach § 1040 Abs. 1 S. 2 ZPO die Schiedsklausel eine von den übrigen Vertragsbestimmungen unabhängige Vereinbarung darstellt, deren Wirksamkeit unabhängig vom Bestand des Hauptvertrages zu beurteilen ist. Folglich teilt weder die Schiedsvereinbarung das Schicksal des Hauptvertrages noch umgekehrt der Hauptvertrag das Schicksal der Schiedsabrede[93]; § 139 BGB ist in diesem Verhältnis nicht anwendbar[94]. Im Zweifel hat das Schiedsgericht auch über die Wirksamkeit des Hauptvertrages zu entscheiden. Zu bedenken ist, dass es den Parteien aus deutscher Sicht freigestellt ist, eine Schiedsvereinbarung aus wichtigem Grund zu kündigen,wenn sich nach Vertragsschluss die wirtschaftlichen Verhältnisse einer Partei derart ändern, dass sie die erforderlichen Kostenvorschüsse für das Schiedsverfahren nicht mehr aufbringen kann. Dasselbe gilt, wenn die Partei schon bei Vertragsschluss dazu außerstande war, jedoch erwarten konnte, aus der Durchführung des Hauptvertrages Einnahmen zu erzielen, und wenn bei Vertragsschluss noch ungewiss war, ob es überhaupt zu einem Streit und zur Forderung eines Gebührenvorschusses durch das Schiedsgericht kommen werde[95].

Das chinesische Schiedsrecht verlangt bei Meidung der Nichtigkeit der Schiedsgerichtsabrede, dass die Schiedsgerichtsklausel die relevante Schiedskommission benennt[96]. In einem Fall mit deutscher Beteiligung war dies nicht der Fall. Das chinesische Gericht[97] urteilte sinngemäß: *Die Schiedsgerichtsklausel aus dem Vertrag sieht in diesem Fall vor, dass Schiedsgerichtsbarkeit: ICC Regeln, Shanghai Anwendung finden soll. Nach dem wohl etablierten Grundsatz soll das Recht des Schiedsgerichtssitzes angewendet werden, wenn der Vertrag in Bezug auf das auf die Wirksamkeit der Schiedsgerichtsklausel anwendbare Recht schweigt. Deshalb muss im vorliegenden Fall chinesisches Recht angewendet werden, um die Wirksamkeit der Schiedsgerichtsklausel festzustellen. Nach den einschlägigen Regeln des chinesischen Schiedsgerichtsgesetzes muss eine wirksame Schiedsgerichtsklausel drei Dinge beinhalten, namentlich den Ausdruck des Willens Schiedsgerichtsbarkeit zu nutzen, den Gegenstand der Schiedsabrede und eine bezeichnete Schiedsinstitution. Fehlt es an der Bezeichnung einer Schiedsinstitution oder Schiedskommission, ist die Abrede unwirksam.*

Aufgrund vorstehender Rechtsprechung empfiehlt die ICC nunmehr folgende Schiedsgerichtsklausel:

All disputes arising out of or in connection with the present contract shall be submitted to the International Court of Arbitration of the International Chamber of Commerce and shall be finally settled under the Rules of Arbitration of the International Chamber of Commerce by one or more arbitrators appointed in accordance with the said Rules[98].

---

92 BGH IBR 1992, 89 -Wirth; BauR 1992, 115; BB 1991, 2476; BB 1992, 229; BB 1992, Beilage 2a, 15; BGHZ 115, 324; NJW 1992, 575; NJW 1992, 697; WM 1992, 334; ZfBR 1992, 21; ZIP 1992, 59.

93 OLG Frankfurt, Beschluss v. 20.7.2007 – 26 Sch 3/06.

94 Vgl. BGH NJW 1991, 2216.

95 BGH, Urt. v. 10.3.1994– III ZR 60/93; NJW-RR 1994, 1214 = IBR 1995, 140 -Vygen.

96 Bu, Einführung in das Recht Chinas, § 27 Rn. 4.

97 Züblin International GmbH (Germany) v. Wuxi Woke General Engineering Rubber Co., Ltd. (Oberster Volksgerichtshof der Volksrepublik China, Urt. V. 8.7.2004; vgl. dazu auch KG SchiedsVZ 2007, 100 = KG IBR 2008, 1019 – Hök (ICC Klausel in einem FIDIC Green Book Vertrag zugunsten eines Schiedsgerichts in China).

98 Es wird allerdings angezweifelt, dass das chinesische Recht eine Verweisung auf eine ausländische Schiedsinstitution zulässt, vgl. Bu, Einführung in das Recht Chinas, § 27 Rn. 8.

Die Reichweite von Schiedsgerichtsklauseln wirft immer wieder Streitfragen auf. In der Praxis überwiegen weite Schiedsgerichtsklauseln, die möglichst auch solche Sachverhalte erfassen, die lediglich in einer Verbindung zum Vertrag stehen. Ggf. muss durch Auslegung geklärt werden, ob das Schiedsgericht zuständig ist[99]. Ein besonderer Problemfall sind Verträge, die auf andere Verträge verweisen, die eine Schiedsklausel enthalten. Ein solcher Fall lag kürzlich dem indischen Supreme Court vor[100]. Der Streit brach in Bezug auf eine Schiedsgerichtsvereinbarung aus, die qua Verweisung auf den Hauptauftrag in den Subunternehmervertrag einbezogen worden war. Die Vergabestelle des Staates Kerala hatte den Hauptauftragnehmer mit Bauleistungen an einem Gebäude beauftragt. Als im Subunternehmerverhältnis Streit über Ansprüche auftrat, wollte der Subunternehmer das Schiedsgericht anrufen. Der Hauptauftragnehmer verweigerte die Mitwirkung bei der Schiedsrichterbestellung. Folglich rief der Subunternehmer das staatliche Gericht in Kerala an, damit es das Schiedsgericht bestelle. Der High Court in Kerala wies den Antrag auf Bestellung des Schiedsgerichts ab. Es begründete seine Entscheidung damit, dass die schlichte Verweisung auf den Hauptvertrag nicht die Anforderungen an eine wirksame Vereinbarung von Schiedsgerichtsbarkeit erfülle. Der Subunternehmer legte Rechtsmittel zum Supreme Court ein. Der Supreme Court bestätigte jedoch die Entscheidung des High Court. Es führte aus, die Inbezugnahme des Hauptvertrages sei normalerweise unzureichend für das Zustandekommen einer Schiedsvereinbarung, ausgenommen wo eine Verweisung auf Standardbedingungen einer Handelsorganisation oder behördlichen Einrichtung (*Trade Association or Regulatory Institution*) erfolge. Wo die Verweisung mit dem Subunternehmervertrag unvereinbar sei, könne jedoch keine wirksame Schiedsgerichtsvereinbarung zustande kommen.

Wichtig ist eine klare Vereinbarung zum Schiedsort bzw. zum **Sitz des Schiedsgerichts**. Der Sitz des Schiedsgerichts bestimmt über das anwendbare Verfahrensrecht, das anwendbare Kollisionsrecht sowie ggf. auch über die spätere Vollstreckbarkeit des Schiedsspruches in einem anderen Staat als dem, an dem das Schiedsgericht seinen Sitz hat (vgl. das New Yorker Abkommen 1958). Die Wahl des Schiedsgerichtsortes ist den Parteien ebenso belassen, wie die Wahl des anwendbaren Rechts. Die Auswahl des Schiedsgerichtsortes sowie die Formulierung der Schiedsgerichtsklausel sollten mit Bedacht erfolgen. Obwohl die Parteien z.B. den Schiedsgerichtsort ausdrücklich gewählt haben mögen, kann ein staatliches Gericht ggf. durch Vertragsauslegung zu dem Ergebnis kommen, dass der Schiedsgerichtsort abweichend vereinbart wurde und der vereinbarte Schiedsort nur den Sitzungsort festlegt. Das hat zur Folge, dass nicht das Recht am Sitzungsort sondern das Recht am wahren Schiedsort über die Prüfungskompetenz der staatlichen Gerichte entscheidet. So hatten die Parteien in einem kürzlich vor englischen Gerichten entschiedenen Fall als Schiedsort Glasgow vereinbart, jedoch gleichzeitig vereinbart, dass der englische Arbitration Act gelten solle. Hieraus leitete das angerufene englische Gericht ab, dass die Parteien einen englischen Sitz des Schiedsgerichts vereinbart hätten[101]. Der FIDIC-gestützte EPC-Vertrag sah folgende Klausel vor:

[99] Vgl. Stephen F. Selcke v. New England Insurance Company 995 F.2d 688.
[100] M.R. Engineers and Contractors v. Som Datt Builders, (2009) 7 SCC 696.
[101] Braes of Doune Windfarm (Scotland) Ltd v. Alfred McAlpine Business Services Ltd [2008] EWHC 426 (TCC).

„1.4.1. The Contract shall be governed by and construed in accordance with the laws of England and Wales and, subject to Clause 20.2 [Dispute Resolution], the Parties agree that the courts of England and Wales have exclusive jurisdiction to settle any dispute arising out of or in connection with the Contract.

20.2.2.

(a) ...any dispute or difference between the Parties to this Agreement arising out of or in connection with this Agreement shall be referred to arbitration.
(b) Any reference to arbitration shall be to a single arbitrator...and conducted in accordance with the Construction Industry Model Arbitration Rules February 1998 Edition, subject to this Clause (**Arbitration Procedure**)...
(c) This arbitration agreement is subject to English Law and the seat of the arbitration shall be Glasgow, Scotland. Any such reference to arbitration shall be deemed to be a reference to arbitration within the meaning of the Arbitration Act 1996 or any statutory re-enactment."

Damit schlägt die Entscheidung vor, dass die Wahl des Verfahrensrechts die Auswahl des Schiedsgerichtsortes beinhaltet[102].

25 Trotzdem die Vertragswerke überwiegend auf vorgegebene Verfahrensordnungen (z.B. ICC oder UNCITRAL) verweisen, darf der eigentliche Vertragsinhalt nicht ignoriert werden. Der Vertrag mag z.B. Angaben zur Qualifikation von Schiedsrichtern enthalten, denen bei der Auswahl und Ernennung der Schiedsrichter Rechnung zu tragen ist. Der Vertrag kann ferner Regelungen zur Verfahrenssprache (FIDIC: Kommunikationssprache), zur Kostentragung, zur Verfahrensdauer, Beweismitteln (FIDIC: Zeitnahe Aufzeichnungen gemäß Unterklausel 20.1, DAB-Sprüche gemäß Unterklausel 20.6) und Zulässigkeit von Billigkeitsentscheidungen enthalten. Enthält der Vertrag Vorgaben zur Qualifikation von Schiedsrichtern, muss die vereinbarte Ernennungsstelle diese Vorgaben berücksichtigen[103].

26 Schiedsverfahren sind Gerichtsverfahren unter ähnlichen Bedingungen wie staatliche Gerichtsverfahren. Das Schiedsgericht muss eine unparteiische Entscheidung fällen und den Parteien rechtliches Gehör gewähren. Im Schiedsverfahren beinhaltet die Gewährung rechtlichen Gehörs, dass den Parteien Gelegenheit gegeben wird, sich zum Sachverhalt und zur Rechtslage zu äußern, ferner dass das Schiedsgericht das Vorbringen der Parteien auch zur Kenntnis nimmt und in der Entscheidung, soweit erheblich, berücksichtigt[104]. Ein Eingehen auf alle Einzelheiten des Vorbringens in den Entscheidungsgründen ist jedoch nicht geboten[105]. Aus Sicht eines Schiedsgerichts ist dies oftmals weniger einfach als es klingt. In der internationalen Schiedsgerichtsbarkeit besteht ein dreiköpfiges Schiedsgericht häufig aus Richtern mit unterschiedlicher Ausbildung und Sprachkompetenz. Hinzu kommen sehr unterschiedliche Sichtweisen in Bezug auf die Aufgabenstellung der Schiedsrichter. Die traditionelle Sichtweise ist die, dass ein Schiedsgericht eine möglichst passive Rolle spielen sollte, d.h. es überwacht lediglich

---

[102] Vgl. Braes of Doune Windfarm (Scotland) Ltd v. Alfred McAlpine Business Services Ltd [2008] EWHC 426 (TCC).

[103] Vgl. Northern Railway Administration v. Patel Engineering Company Ltd., Urt. v. 18.8.2008, n° 5067 of 2008 (Supreme Court of India).

[104] Vgl. OLG München, Beschluss v. 20.4.2009 – 34 Sch 17/08 = IBR 2009, 430 – Heiliger; BGH, NJW 1986, 1436.

[105] Vgl. BGH, NJW 1992, 2299.

das Verfahren und fällt sodann auf der Grundlage des Sachvortrages und der Beweisantritte eine Entscheidung. In der internationalen Baugerichtsbarkeit sind jedoch häufig sehr komplexe technische und wirtschaftliche Zusammenhänge zu beurteilen, die zunächst eine Aufklärung der Grundlagen erfordern. Das Schiedsgericht kann versuchen, die Problemstellungen herauszuarbeiten und von seinem Fragerecht Gebrauch machen. Es spielt dann eine eher aktive Rolle. Einige Schiedsrichter sind auch der Auffassung, dass es nicht ihre Aufgabe ist, den Parteien eine Einigungsmöglichkeit aufzuzeigen. Diese Auffassung fußt auf der Überzeugung, dass es den Parteien zuvor freistand, sich zu einigen, so dass der Umstand, dass es zur Anrufung des Schiedsgerichts gekommen ist, Beweis dafür sei, dass eine Einigung nicht mehr gewollt sei. Gelegentlich wird ergänzend argumentiert, dass sich staatliche Einrichtungen ohnehin schwer täten, eine Einigung zu akzeptieren. In solchen Fällen sei es deshalb ohnehin sinnlos, Einigungsvorschläge zu unterbreiten. Auch in Bezug auf die Durchführung des Verfahrens sind sehr unterschiedliche Ansätze anzutreffen. Einige Schiedsrichter begreifen die Beweisaufnahme als ein Recht der Parteien, das mit Blick auf die spätere Angreifbarkeit der Schiedsentscheidung möglichst formal zu betrachten ist, d.h. es werden alle Zeugen gehört und Beweismittel zugelassen, bevor intern über die Erforderlichkeit von Beweisen beraten wurde. Das kann zu sehr ausgedehnten Beweisterminen führen, ohne dass das Schiedsgericht auf diese Beweisantritte rekurrieren wird. Andere Schiedsrichter bevorzugen eine frühe rechtliche Würdigung, um sich über die Erforderlichkeit von Beweisen klar zu werden. Dieser Ansatz führt zu einer strafferen Verfahrensführung, birgt aber das Risiko einer Beanstandung in sich, wenn sich das Schiedsgericht über rechtliche Ansätze irrt und Beweisantritte ignoriert. Stoßen in einem Schiedsgericht unterschiedliche Überzeugungen aufeinander, muss der Vorsitzende versuchen, eine einheitliche Linie zu entwickeln. Er leitet traditionell das Verfahren, ohne allerdings gegenüber den Beisitzern Weisungsrechte zu haben.

Die Vorbereitung und Durchführung von mündlichen Verhandlungen erfordert von **27**
Schiedsgerichten ein großes Maß an Organisationsvermögen. Das Schiedsgericht muss die Verhandlungsräume organisieren und muss ggf. berücksichtigen, dass die Parteien eigene Beratungsräume für Verhandlungspausen benötigen. Müssen Zeugen gehört werden, muss geprüft werden, ob sie der Verhandlungssprache mächtig sind. Falls dem nicht so ist, muss das Schiedsgericht Übersetzungsleistungen bereit stellen. Den Parteien ist aufzugeben, die Sprachkompetenz des Zeugen anzugeben. Ferner sind die Parteien gehalten, für die Zeugenpräsenz zu sorgen, da das Schiedsgericht über keine eigenen Ladungsbefugnisse verfügt. Das Schiedsgericht muss ferner für die Protokollierung des Verhandlungsverlaufs und der Zeugenaussagen Sorge tragen. Es kann ein Wortprotokoll angefertigt werden oder schlicht ein Ergebnisprotokoll. In der Praxis wird sich das Schiedsgericht über derartige Vorgehensweisen mit den Parteien abstimmen. Im Zweifel sind für alle diese Vorkehrungen die Kosten von den Parteien bereit zu stellen. Folgerichtig muss das Schiedsgericht frühzeitig ein Verhandlungsbudget ermitteln und die Kosten von den Parteien abfordern. Da Übersetzer und Protokollanten häufig nicht ganztägig allein arbeiten, muss für eine Redundanz gesorgt werden.

Die Sitzung muss sehr diszipliniert ablaufen, weil anderenfalls eine Protokollierung **28**
sehr erschwert wird. Insbesondere **Zeugenbefragungen**, die mit Hilfe von Übersetzern vorgenommen werden müssen, erfordern eine sehr disziplinierte Vorgehensweise. Zu klären ist, ob die Zeugen unter Eid befragt werden müssen oder nicht (z.B. in den arabischen Ländern). Häufig werden Zeugenvernehmungen durch schriftliche Zeugenaussagen vorbereitet. Dann muss in der mündlichen Anhörung geklärt werden, ob der Zeuge

die schriftlichen Aussagen eigenständig formuliert hat oder nicht. Auch die Reihenfolge der Befragung sollte möglichst vorab feststehen, schon um eventuelle Übersetzungsvorkehrungen treffen zu können. Das Schiedsgericht wird deshalb darauf dringen, die Befragungsreihenfolge vorab festzulegen. Bevorzugt werden sehr unterschiedliche Modelle. Die Schiedsrichter können sich Fragen an die Zeugen vorbehalten und die Befragung als Aufgabe der Parteien verstehen. Das Schiedsgericht kann aber auch sein Fragerecht an den Anfang stellen und sodann das Fragerecht an die Parteien delegieren. Es sollte möglichst vorab Klarheit darüber erzielt werden, wie das Schiedsgericht vorgehen möchte. In Bausachen werden im Rahmen der Schiedsgerichtssitzung häufig Pläne, Skizzen, Diagramme und Kostenanalysen diskutiert und von den Zeugen erläutert. In solchen Fällen muss jeweils das Bezugsdokument klar definiert werden, um später Rückschlüsse über die Zeugenaussagen zu ermöglichen. Treten sachverständige Zeugen auf, kann es sinnvoll sein, dass das Schiedsgericht die Sachverständigen bittet, in einer gemeinsamen Sitzung gemeinsame Stellungnahmen und Listen offener Streitpunkte zu erarbeiten. Das dient der Verfahrensstrukturierung. Oftmals neigen Sachverständige dazu, über eigene Begrifflichkeiten und Modelle zu Ergebnissen zu kommen, die sich aber tatsächlich nur wenig von der Auffassung eines Kollegen unterscheiden. In solchen Fällen hilft es dem Schiedsgericht sehr, ein eigenes Verständnis von den Problemen zu entwickeln. Deshalb ist es ratsam, sachkundige Schiedsrichter zu ernennen, die ihre Erfahrung in Bausachen einbringen können.

29 Soweit Sachverständige oder sachverständige Zeugen gehört werden, die sich zu offenen Rechtsbegriffen oder Vertragsklauseln äußern, sollte das Schiedsgericht zwischen tatsächlichen Grundlagen der Schlussfolgerungen und den Schlussfolgerungen selbst unterscheiden. Die Aussage eines Zeugen zu außergewöhnlich schlechten Wetterverhältnissen oder zur Unvorhersehbarkeit von Baugrundbedingungen beruhen oftmals auf sehr persönlichen Erfahrungen, und weniger auf konkreten Daten. Massenfeststellungen beruhen häufig auf Annahmen und Rechenmodellen, in die wertende Elemente einfließen. Enthält das Vertragswerk konkrete Anhaltspunkte für die Würdigung solcher Elemente, müssen diese berücksichtigt werden (z.B. vertragliche Vereinbarungen über die Anwendbarkeit von Massenermittlungsregeln, Wetterverhältnisse in den letzten zehn Jahren). In der Praxis trifft man aber insoweit immer wieder auf sehr persönliche Einschätzungen und/oder eine im Vertrag geübte Praxis, die wenig mit den vertraglich vorausgesetzten Standards zu tun hat. Das Schiedsgericht wird dann versuchen, eine Aufklärung herbeizuführen oder es kann im Einzelfall auch eine stillschweigend akzeptierte beidseitige Abweichung von den eigentlichen vertraglichen Regelungen unterstellen, wenn hierfür ausreichende Anhaltspunkte vorliegen. Insoweit kommt es möglicherweise auf die im Vertrag geübte Praxis an.

30 Ein weiteres Phänomen in der schiedsgerichtlichen Praxis sind Zeugenbefragungen zum Verständnis einzelner vertraglicher Regelungen. Solche Rechtsansichten sind aus schiedsrichterlicher Sicht selten hilfreich, solange es sich um streitige Rechtsansichten handelt, für die es an einer nachvollziehbaren Ableitung aus dem anwendbaren Recht fehlt. Sinnvoll sind sie möglicherweise dann, wenn mit dem Zeugen der Beweis einer Vertragsverletzung angetreten werden soll, etwa in dem der Zeuge aufzeigt, dass deutlich vom Vertrag abgewichen wurde, oder wenn gleichzeitig eine ständige Übung, ein Brauch oder eine Verkehrssitte dargetan ist, die im Einklang mit dieser Auslegung stehen. Sinnvoll sind sie auch dann, wenn im widerstreitenden Vortrag die einschlägigen Rechtsgrundlagen und Rechtsgrundsätze deutlich herausgearbeitet werden. Von besonderer Qualität sind unter Umständen Zeugenaussagen von Personen, die nach dem Vertrag eine besondere Auslegungskompetenz besitzen. Das ist z.B. in Bezug auf den in den **FIDIC-Verträgen** vorgesehenen **Engineer** oder ihm vergleichbare Dritte der Fall. Der FIDIC Engineer hat nach Unterklausel 1.5 FIDIC 1999 eine Auslegungskompetenz, die im Einzelfall als Anweisung an die Parteien bindende Wirkung hat. Der Engineer kann also als Zeuge gehört werden, um bestimmte bindende Auslegungsergebnisse zu bezeugen. In diesem Zusammenhang können sich dann sehr komplexe Problemstellungen ergeben, denn sämtliche Handlungen des Engineer stehen unter Überprüfungsvorbehalt. Die Frage ist dann, was Streitgegenstand ist. Umfasst die Streitigkeit auch die Auslegung des Engineer, kann das Schiedsgericht von der Auslegung des Engineer abweichen. Ist die Auslegung als solche lediglich eine Rechtstatsache, ist sie bindend. Schiedsgerichte sollten sich davor hüten, diesen Aspekt zu ignorieren, weil die Anordnungskompetenz des Engineer nach Unterklausel 1.5 FIDIC sehr weit reichende Folgen haben kann, die nicht nur die konkrete Streitigkeit sondern noch ganz andere Aspekte der Vertragsabwicklung betreffen können.

Ob und wieweit Zeugenaussagen zulässig sind, muss im Einzelfall auch bedacht wer- 31
den. Soweit das zugrunde liegende Vertragswerk Regelungen beinhaltet, die die Zulässigkeit des Zeugenbeweises einschränken, muss dies ggf. berücksichtigt werden. In Unterklausel 20.1 FIDIC ist vorgesehen, dass der Unternehmer über angemeldete Ansprüche zeitnahe Aufzeichnungen (Contemporary Records) anzufertigen hat, die von dem vertraglich vorausgesetzten und bestellten Engineer baubegleitend überwacht werden. Obwohl nach FIDIC 1999 fehlende zeitnahe Aufzeichnungen den Zeugenbeweis nicht vollständig ausschließen, ist Unterklausel 20.1 FIDIC 1999 gleichwohl ein gewisses Gewicht beizumessen[106].

Ein letztes heikles Thema sind Vergleichsgespräche. In der internationalen Praxis herrscht 32
gelegentlich die Auffassung vor, das Schiedsgerichtsverfahren eigne sich nicht, den Streit vergleichsweise beizulegen. Tatsächlich dürfte es im Interesse der Parteien liegen, zumindest die Gelegenheit zu haben, in Vergleichsgespräche einzutreten. Die Schiedsrichter haben insoweit einen eher breiten Spielraum[107]. Auch die Tatsache, dass ein Schiedsrichter im Rahmen von **Vergleichsgesprächen** mit den Schiedsparteien einen Vorschlag unterstützt, der von den Erwartungen der ablehnenden Partei weit entfernt ist, rechtfertigt allein nicht die Besorgnis der Befangenheit[108].

III. ICC und andere institutionelle Schiedsgerichte

Gemäß Unterklausel 20.6 FIDIC vereinbaren die Parteien für die Durchführung streitiger 33
Verfahren die Anwendung der **Schiedsgerichtsordnung der Internationalen Handelskammer** in Paris, die umfangreiche Regelungen zur Einleitung und Durchführung des Schiedsverfahrens, zur Bildung und Zusammensetzung des Schiedsgerichts, zum Verfahrensablauf und zur Entscheidungsform beinhaltet. In Art. 15 = Art. 19 ICC Rules 2012 dieser Schiedsgerichtsordnung ist ausdrücklich festgelegt, dass sich das Verfahren vor dem Schiedsgericht ausschließlich nach diesen Regelungen richtet und nur soweit diese Bestimmungen nicht ausreichend sind, ergänzend auf die von den Parteien oder vom

[106] Siehe dazu High Court of Justice Trinidad and Tobago, Entscheidung v. 21.10.2009 – CV 2008-04881; weitergehender FIDIC 1987 (siehe dazu Supreme Court Falklands Islands, Entscheidung v. 14.3.2003, IBR 2006, 1107).

[107] Vgl. OLG München, Beschluss vom 03.01.2008 – 34 SchH 3/07; SchiedsVZ 2008, 102 = IBR 2008, 128 – Heiliger.

[108] OLG München IBR 2008, 128 – Heiliger.

Schiedsgericht festzulegenden Regeln zurückgegriffen werden soll, und zwar unabhängig davon, ob dabei auf eine auf das Schiedsverfahren anzuwendende nationale Prozessordnung Bezug genommen worden ist[109]. Vor diesem Hintergrund kann der Verweisung auf ein staatliches Recht für die Durchführung des Schiedsverfahrens keine oder eine nur ganz untergeordnete Bedeutung zukommen[110].

Der internationale **Schiedsgerichtshof der ICC** wurde 1923 gegründet. Er versteht sich als die Institution, die weltweit Konflikte wirtschaftlicher Natur regelt. Das Schiedsgericht behandelt nach eigenen Aussagen Meinungsverschiedenheiten von Unternehmen verschiedener Staaten schnell, unparteiisch, absolut vertraulich und juristisch einwandfrei. Es dürfte zutreffend sein, dass die ICC eine wichtige Aufgabe wahrnimmt und an sich selbst hohe Anforderungen stellt. Die ICC-Sprüche sind allerdings nur schwer zugänglich. Sie werden hauptsächlich in dem seit 1990 erhältlichen „ICC International Court of Arbitration Bulletin" veröffentlicht, der im Jahr drei Mal erscheint.

Hinweis: Die Parteien können auch ein anderes institutionelles Schiedsgericht oder andere Schiedsregeln (z.B. UNCITRAL)[111] vereinbaren als es FIDIC vorschlägt. Zu den zurzeit wichtigsten institutionellen Schiedsgerichten mit eigenen Schiedsregeln gehören die AAA (American Arbitration Association)[112], LCIA (London Court of International Arbitration)[113], CIETAC (China International Economic and Trade Arbitration Commission)[114], SIAC (Singapore International Arbitration Centre)[115], SCC (Arbitration Institute oft he Stockholm Chamber of Commerce) und HKIAC (Hong Kong International Arbitration Centre Administered Arbitration)[116]. In Deutschland hat sich die (DIS) Deutsche Institution für Schiedsgerichtsbarkeit etabliert.

Die Vereinbarung eines institutionellen Schiedsgerichts kann durchaus mit der Vereinbarung abweichender Schiedsregeln einhergehen. Mangels eindeutiger Abreden kann eine solche Vereinbarung im Sinne der Verweisung auf ein Ersatzrecht zu verstehen sein[117]. Vereinbaren die Parteien ein institutionelles Schiedsgericht mit Sitz in der Schweiz, können sie also gleichzeitig die UNCITRAL Schiedsregeln vereinbaren, ohne dass dies zur Unwirksamkeit der Schiedsklausel führt. Sieht die Vereinbarung sodann auch noch vor, dass die Benennung der Schiedsrichter durch die ICC nach deren Schiedsregeln erfolgen soll, liegt ein an sich unlösbarer Konflikt zwischen den in Bezug genommenen Regelwerken vor, den der Schweizerische Bundesgerichtshof geltungserhaltend ausgelegt hat[118].

---

109 Siehe dazu OLG Frankfurt, Beschluss v. 20.7.2007 – 26 Sch 3/06.

110 OLG Frankfurt, Beschluss v. 20.7.2007 – 26 Sch 3/06.

111 Die UNCITRAL tritt nicht als institutionelles Schiedsgericht auf. Sie veröffentlicht lediglich Schiedsregeln. Siehe zu den UNCITRAL Schiedsregeln 2010 Hök, Die UNCITRAL Schiedsgerichtsregelungen 2010 in baurechtlichen Schiedsverfahren, NZBau 2011, 385 ff.

112 Die AAA hat die *Commercial Arbitration Rules and Mediation Procedures* herausgegeben.

113 Die LCIA hat die LCIA Arbitration Rules veröffentlicht (www.lcia.org).

114 Die CIETAC hat die China International Economic Trade Arbitration Commission Arbitration Rules veröffentlicht (www.cietac.org).

115 Die SIAC hat die Arbitration Rules of the Singapore International Arbitration Centre veröffentlicht (www.siac.org.sg).

116 Die HKIAC hat hat die Administered Arbitration Rules herausgegeben (www.hkiac.org), die ggf. zusammen mit den Procedures for the Admnistration of International Arbitration Anwendung finden. Letztere befassen sich mit der Ernennung von Schiedsrichtern, der Zustellung von klageeinleitenden Schriftstücken, Fragen betreffend die Verfahrensdauer, Übersetzungen, etc.

117 BGE 130 III 66.

118 BGE 130 III 66.

Hinweis: Probleme vorstehender Art sollten im Interesse der Rechtssicherheit vermieden werden. Hinweise auf ein institutionelles Schiedsgericht sind zumeist mit der Wahl von Schiedsregeln verbunden. Zur Lokalisierung des Schiedsgerichts ist die Verweisung auf ein institutionelles Schiedsgericht ungeeignet. Wer den Sitz des Schiedsgerichts festlegen will, kann dies ohnehin gesondert tun.

Der Internationale Schiedsgerichtshof in Paris entscheidet nicht selbst in der Sache, 34 sondern überwacht nur die Anwendung seiner Verfahrensordnung durch das zu bestellende Schiedsgericht (Art. 1 Abs. 2 VerfO). Die Wahl des Schiedsgerichtsortes ist den Parteien ebenso belassen, wie die Wahl des anwendbaren Rechts. Hingegen muss jeder Schiedsspruch dem Schiedsgerichtshof zur Prüfung vorgelegt werden (Art. 27 VerfO = Art. 33 VerfO 2012). Der Schiedsgerichtshof kann Änderungen in der Form der Entscheidung vorschreiben und auf Punkte aufmerksam machen, die den sachlichen Inhalt der Entscheidung angehen.

Ähnlich verhält es sich mit anderen institutionellen Schiedsgerichtseinrichtungen. Solche Einrichtungen unterstützen die Parteien bei der Auswahl von Schiedsrichtern und bei der Durchführung des Verfahrens. Einige Schiedsgerichtshöfe sehen z.B. in ihren Schiedsregeln vor, dass der Schiedsspruch erst wirksam wird, wenn er eine Art Homologisierung erfahren hat[119]. Gemäß SIAC Rules muss das Schiedsgericht seinen Schiedsspruch im Entwurf dem Schiedsgerichtshof vorlegen, der Änderungen in der Form der Entscheidung vorschreiben und auf Punkte aufmerksam machen kann, die den sachlichen Inhalt der Entscheidung angehen (Rule 28.2 SIAC). Damit übernehmen die Schiedsgerichtshöfe ene Art Qualitätskontrolle. Ohne ihre Zustimmung wird der Schiedsspruch nicht wirksam. Der Sinn liegt vor allem darin, die Vollstreckbarkeit des Schiedsspruchs sicherzustellen[120]. Die Überprüfung erfolgt in einem standardisierten Verfahren. Sie erstreckt sich auf Rechen- und Tippfehler ebenso wie auf die Frage, ob alle im Schiedsauftrag genannten Streitfragen geklärt wurden, ob die Grundvoraussetzungen des Verfahrens eingehalten wurden, ob Datum und Schiedsort genant sind und ob eine Kostenentscheidung enthalten ist[121].

Das förmliche Schiedsgerichtsverfahren beginnt im Gegensatz zu dem Schlichtungsver- 35 fahren damit, dass der Schiedskläger einen Antrag auf Eröffnung des Schiedsverfahrens an das Sekretariat des ICC stellt. Diese Antragsschrift (Klage) gemäß Art. 4 VerfO muss im Wesentlichen den Anforderungen der Klageschrift i.S.v. § 253 ZPO genügen. Zusätzlich sind allerdings einzureichen: die Schiedsvereinbarung, Ausführungen zum Schiedsort, dem anzuwendenden materiellen Recht, der Verfahrenssprache und den ggf. sogar von den Parteien zu benennenden Schiedsrichtern (Art. 4 Abs. 3 VerfO). Nach Eingang der Klage teilt das Sekretariat des ICC den Parteien den Eingang der Klage mit. Nachdem der Kläger einen Vorschuss auf die Verwaltungskosten geleistet hat, stellt es dem Beklagten die Klage zu (Art. 4 Abs. 5 VerfO).

Sodann hat der Beklagte 30 Tage ab dem Tag der Klagezustellung (Art. 3 Abs. 4 Ver- 36 fO) Zeit, auf die Klage zu erwidern, (in Art. 5 VerfO genannt: „die Antwort“). Dieser

---

[119] Art. 27 (4) der Schieds- und Schlichtungsordnung des Internationalen Schiedsgerichts in Wien sieht vor, dass Schiedssprüche auf allen Ausfertigungen mit der Unterschrift des Generalsekretärs und dem Stempel des Schiedsgerichts versehen werden. Nach Art. 27 (5) sind Schiedssprüche von dem Generalsekretär den Parteien zuzustellen.

[120] Kuckenburg, Die Rolle des Sekretariats des Internationalen Schiedsgerichtshofes in ICC Verfahren, FS Glossner, 177, 190 f.

[121] Kuckenburg, Die Rolle des Sekretariats des Internationalen Schiedsgerichtshofes in ICC Verfahren, FS Glossner, 177, 191.

Erwiderungsschriftsatz muss dieselben o.g. zusätzlichen Angaben enthalten wie die Klage (Art. 5 VerfO). Erwidert der Beklagte nicht, ergeht nicht etwa ein Versäumnisurteil, sondern das ICC ordnet den Fortgang des Verfahrens an, sofern es davon überzeugt ist, dass eine ICC-Schiedsgerichtsvereinbarung besteht, wofür eine Vermutung besteht (Art. 6 Abs. 2 S. 2 HS 2 VerfO; „aufgrund des ersten Anscheins").

37 Sofern die Parteien sich nicht bereits auf einen Einzelschiedsrichter geeinigt haben (Art. 8 Abs. 3 VerfO), ernennt der Schiedsgerichtshof einen Einzelschiedsrichter, wobei die Staatsangehörigkeit, der Wohnsitz des Einzelschiedsrichters und seine sonstigen Beziehungen zu den Parteien berücksichtigt werden (Art.9 VerfO). Die Ernennung erfolgt dabei zwar durch den Gerichtshof, aber auf Vorschlag derjenigen Landesgruppe der ICC, die die ICC für „geeignet" hält (Art 9 Abs. 3 VerfO). Maßgeblich ist dabei diejenige Landesgruppe, deren Staatsangehörigkeit die Partei hat (Art. 9 Abs. 6 VerfO). Für Deutschland wird diese Aufgabe durch die DIS (Deutsche Institution für Schiedsgerichtsbarkeit e.V. mit Sitz in Bonn) wahrgenommen. Nimmt der Einzelschiedsrichter die Ernennung an, muss er gegenüber der ICC schriftlich seine Unabhängigkeit bestätigen (Art.7 VerfO). Im Übrigen ist die Einzelrichterentscheidung der Regelfall und die Entscheidung durch drei Schiedsrichter, von denen einer durch jede Partei und der Vorsitzende durch das ICC ernannt werden (Art.8 Abs. 4 VerfO) eine Ausnahme, die nur bei besonderer Bedeutung des Falles vorliegt (Art. 8 Abs. 2 VerfO).

38 Nachdem der Schiedsrichter ernannt wurde, übermittelt der Gerichtshof ihm die Verfahrensakten (Art. 13 VerfO). Eine der ZPO fremde Regelung enthält nun Art. 18 VerfO, wonach der Schiedsrichter als nächstes einen Schiedsauftrag (*Terms of Reference*) und einen vorläufigen Zeitplan zu erstellen hat. Das Schiedsgericht soll gemäß Art. 18 Abs. 1 VerfO = Art. 23 VerfO 2012 auf der Grundlage des Parteivortrages ein Dokument entwerfen, das die *Terms of Reference* enthält. Das Dokument soll den vollständigen Namen und zustellungsfähige Anschriften der Parteien sowie eine Zusammenfassung der jeweiligen Ansprüche der Parteien enthalten. Soweit es das Schiedsgericht nicht für unangemessen hält, ist auch eine Liste von zu beantwortenden Streitfragen beizufügen. Schließlich soll das Dokument Namen und Adressen der Mitglieder des Schiedsgerichts, den Sitz des Schiedsgerichts sowie Angaben zu den anwendbaren Verfahrensregeln enthalten. Dieses Dokument muss anschließend von den Parteien unterschrieben werden. Der Schiedsauftrag lässt sich inhaltlich in etwa vergleichen mit dem Tatbestand eines Urteils, da in ihm der bisherige Sach- und Streitstand sowie die Rechtsansichten der Parteien gedrängt zusammengefasst werden. Prozessual bewirkt der Schiedsauftrag, dass, sobald er von den Parteien unterzeichnet und vom Schiedsrichter genehmigt ist, neue Klagegründe, Klageerweiterungen und Widerklagen nur noch zulässig sind, soweit sie sich in den Grenzen des Schiedsauftrags halten, wenn nicht das Schiedsgericht sie gesondert zulässt, wobei es die Art der Ansprüche und Gegenansprüche, den Stand des Schiedsverfahrens und andere maßgebliche Umstände berücksichtigt (Art.19 VerfO)[122].

39 Den Ort, an dem das Schiedsgericht verhandelt, kann es frei festlegen (Art. 14 VerfO = Art. 18 VerfO 2012). Ein gewisses Unikum im internationalen Recht bildet dabei die Regelung, dass in dem Falle, dass eine verfahrensrechtliche Frage nicht in den Verfahrensbedingungen der ICC geregelt ist, nicht wie sonst üblich etwa dem am Ort der Gerichtsbarkeit geltenden Prozessrecht zu entnehmen ist, sondern dass das maßgebliche Prozessrecht von dem Schiedsgericht festgelegt werden kann, „... unabhängig davon, ob

[122] Vgl. dazu Nicklisch, Terms of reference, RIW/AWD 1988, 763 ff.

dabei auf eine auf das Schiedsverfahren anzuwendende nationale Prozessordnung Bezug genommen wird" (Art. 15 Abs. 1 VerfO a.E.). Derartige Vereinbarungen sind zulässig; Verstöße gegen das von der *lex fori* abweichende Recht können zur Aufhebung des Schiedsspruches führen[123].

Das anzuwendende materielle Recht können die Parteien frei bestimmen (Art. 17 VerfO = Art. 21 VerfO 2012). Tun sie dies nicht, entscheidet das Schiedsgericht danach, welche Rechtsregeln es für angemessen erachtet, wobei es auf den Vertrag und die Handelsbräuche Rücksicht zu nehmen hat und nur bei Vorliegen einer Ermächtigung durch die Parteien nach billigem Ermessen entscheiden darf (Die letzten beiden Punkte entsprechen wörtlich § 1051 Abs. 3 und 4 ZPO). Nicht unmittelbar in diesen Zusammenhang gehört ein Problem, das aber mit der Frage nach dem anwendbaren Recht zu tun hat. Neben vertraglichen Ansprüchen, Rechten und Pflichten können außervertragliche Ansprüche gegeben sein, die sich z.B. aus dem Deliktstatut ergeben. Es kann zweifelhaft sein, ob diese Ansprüche unter die Schiedsklausel der FIDIC-Bedingungen fallen. Es herrscht die Auffassung vor, dass derartige Ansprüche nur dann von der Schiedsabrede erfasst werden, wenn die unerlaubte Handlung unmittelbar mit einer Vertragsverletzung zusammenfällt[124]. 40

Das Schiedsgericht stellt den Sachverhalt mit „allen angemessenen Mitteln", Zeugen Sachverständigen, usw. fest. Eine Unterteilung in Streng- und Freibeweis, bzw. ggf. eine Beschränkung der Beweismittel, wie sie die ZPO stellenweise vorsieht, gibt es im ICC Verfahren nicht. Die Beweisaufnahme folgt im Wesentlichen angloamerikanischen Vorstellungen, so dass es eine Gegenüberstellung von Zeugen und ein Kreuzverhör gibt. Der Gang der mündlichen Verhandlung entspricht weitgehend den deutschen Gepflogenheiten. Es ist rechtzeitig zu laden, im Falle unentschuldigter Säumnis kann in Abwesenheit verhandelt werden, es herrscht Parteiöffentlichkeit (Art. 21 VerfO). In der Regel wird allerdings ein Wortprotokoll geführt. Etwaige Verfahrensfehler sind unverzüglich zu rügen, ansonsten tritt wie nach § 291 ZPO Rügeverlust ein. Das **Kreuzverhör** anglo-sächsischer Prägung ist ein geregelter Vorgang. Im Wesentlichen konzentriert sich das Kreuzverhör auf die Befragung des Zeugen durch Gegenpartei. Im Kreuzverhör sind nur spezifische Fragen erlaubt. Es ist deshalb eine gewisse Kenntnis der taktischen Möglichkeiten unverzichtbar, wenn sich die Parteien auf ein solches geregeltes Verfahren einlassen. Section 146 des Indischen Beweisgesetzes (Indian Evidence Act) 1872 lässt folgende Fragen zu: (1) Fragen, die zum Zwecke der Prüfung der Aufrichtigkeit des Zeugen gestellt werden, (2) Fragen, die aufklären, wer der Zeuge ist und in welcher Lebenssituation er sich befindet, (3) Fragen, die die Glaubwürdigkeit des Zeugen erschüttern. Wenn die Schiedsrichter von ihrem eigenen Fragerecht Gebrauch machen, müssen sie ggf. Gelegenheit zum Kreuzverhör geben[125]. Es ist deshalb ratsam, das Verfahren entweder zu regeln oder Kreuzverhöre unter förmlichen Bedingungen auszuschließen, wenn dies statthaft ist. Zum Beispiel hat die International Bar Association die IBA Rules on the Taking of Evidence herausgegeben. Dort regelt Art. 4 die Zeugenanhörung zusammengefasst wie folgt: 41

- Innerhalb der vom Schiedsgericht angeordneten Zeit soll jede Partei die Zeugen benennen, die sie hören will und angeben, was der Zeuge aussagen soll.
- Jeder kann als Zeuge gehört werden, auch die Parteien oder ihre Vertreter.
- Es ist nicht unzulässig, dass die Parteien die Zeugen interviewen.

---

[123] Vgl. Musielak/Voit, ZPO, § 1025 Rn. 5.

[124] ICC Schiedsspruch Nr. 5779, Clunet 1988, 1206; ICC Schiedsspruch Nr. 6519, Clunet 1991, 1065.

[125] Dharmu Saboto v. Krushna Saboto AIR 1956 Ori 24; vgl. Markanda, Arbitration and Conciliation, 561.

- Das Schiedsgericht kann den Parteien aufgeben, binnen angegebener Frist schriftliche Zeugenaussagen einzureichen (Einzelheiten der schriflichen Zeugenaussagen sind näher geregelt).
- Die Parteien können andere Aussagen einreichen oder Zeugen benennen, solange diese Aussagen auf vorangegangene Aussagen Bezug nehmen.
- Die Zeugen sollen mündlich aussagen, es sei denn die Parteien vereinbaren etwas anderes.
- Erscheinen die Zeugen nicht, sind ihre schriftlichen Aussagen grundsätzlich unbeachtlich.

42 Zeugenanhörungen sind teuer und zeitintensiv. Das liegt vor allem daran, dass die Anhörung dokumentiert werden muss und dass häufig Übersetzungen in die Verfahrenssprache erforderlich werden. Es kommt nicht selten vor, dass die Zeugenanhörungen mehrere Tage in Anspruch nehmen. Sind Kreuzverhöre vorgesehen, müssen den Parteien und ihren Anwälten intensive Fragerechte bewilligt werden. Common Law Kreuzverhöre werden daher in der Praxis häufig zeitlich begrenzt. In der Schiedsgerichtspraxis überwiegen gemischttypische Verfahren, in denen das Gericht und die Parteien die Zeugen befragen. Es liegt am Schiedsgericht, dieses Verfahren zu reglementieren. Es hat die volle Kontrolle über die Verhandlung[126]. Kreuzverhöre werden in der internationalen Praxis weniger förmlich geführt als vor staatlichen Gerichten. Erfahrene Parteivertreter nehmen ihr Einspruchsrecht nur in wirklich ernstzunehmenden Fällen wahr[127]. Allerdings werden Common Law Parteivertreter und Parteien häufig stärker auf Kreuzverhören und die Einhaltung ihrer Förmlichkeiten drängen als Civil Law Praktiker. Je nach Besetzung des Schiedsgerichts kann das von Vorteil oder von Nachteil sein.

43 Nach Aufklärung des Sachverhalts schließt das Schiedsgericht das Verfahren und gibt bekannt, wann es einen Schiedsspruch erlassen wird. Danach ist weiteres Vorbringen nur noch mit der ausdrücklichen Zustimmung des Schiedsgerichtes zulässig (Art. 22 VerfO = Art. 23 Abs. 4 VerfO 2012). Die maximale Frist für den Erlass des Schiedsspruches beträgt sechs Monate ab Unterzeichnung des Schiedsauftrags (Art. 24 VerfO = Art. 30 VerfO 2012). In der Praxis wird diese Vorgabe nur selten eingehalten. Typischerweise dauern ICC Verfahren zwischen 18 und 24 Monaten[128]. Bevor der Schiedsspruch den Parteien zugestellt wird, muss der Schiedsrichter ihn dem Gerichtshof vorlegen, der Änderungen an der Form vorschlagen, inhaltliche Hinweise geben kann und der ihn schließlich genehmigen muss (Art. 27 VerfO = Art. 33 VerfO 2012).

Grundsätzlich unterliegt ein Schiedsgericht keinerlei Auflagen in Bezug auf den Zeitraum, innerhalb dessen der Schiedsspruch erlassen werden muss[129]. Haben die Parteien jedoch etwas anderes vereinbart oder sieht die lex fori etwas anderes vor (z.B. Libanon: 6 Monate gemäß Art. 773 NCPC; Frankreich: 6 Monate gemäß Art. 1456 NCPC; Belgien: 6 Monate gemäß Art. 1698 Code Judiciare; Luxemburg: 3 Monate gemäß Art. 1007, 1009 CPC; Indien: 4 Monate gemäß Arbitration Act 1940 i.V.m. dem Scheme n° 1[130]), muss die Verfahrensdauer streng beachtet werden. Überschreitet das

[126] Vgl. Born, International Commercial Arbitration, 1844.

[127] Vgl. Born, International Commercial Arbitration, 1845.

[128] Born, International Commercial Arbitration, 1814.

[129] Vgl. Markanda, Arbitration and Conciliation, 1563.

[130] Der indische Arbitration Act 1996 enthält keine Frist mehr. Stattdessen muss der Schiedsrichter ohne schuldhaftes Zögern handeln. Letzeres wird nicht mehr angnommen, wenn er mehr als drei Monate lang untätg ist, vgl. Deepa Galvanising Engg. Industries Pvt v. Government of India, 1998 (1) ICC 410 (AP); vgl. auch Kurup Engg. Co. Pvt v. BHEL 2008 (2) Arb LR 290 (Del); siehe auch Markanda, Arbitration and Conciliation, 410.

Schiedsgericht die vereinbarte Frist bis zur Erteilung des Schiedsspruches, besteht die Sanktion in der Amtsenthebung des Schiedsrichters. Der Schiedsrichter geht seines Amtes verloren[131]. Indische Gerichte haben entschieden, dass den Parteien das Recht vorbehalten ist, die Wirksamkeit eines verspätet erlassenen Schiedsspruches zu beanstanden[132]. Gegenteiliges konkludentes Verhalten ist grundsätzlich unbeachtlich. Allein eine rechtzeitig mit Zustimmung der Parteien angeordnete Verlängerung der Spruchfrist heilt die Fristüberschreitung[133]. Aus französischer und libanesischer Sicht ist ein verspätet erlassener Schiedsspruch null und nichtig[134]. In anderen Rechtsordnungen führen Verspätungen zur Annullierung des Schiedsspruches[135]. In Deutschland soll dagegen die Überschreitung einer vertraglich vereinbarten Schiedsfrist unschädlich sein[136].

44 Der Schiedsspruch ist für die Parteien verbindlich. Durch die Annahme des Schiedsgerichts verpflichten sich die Parteien den Schiedsspruch zu erfüllen und verzichten auf alle Rechtsmittel, auf die sie verzichten können (Art. 28 Abs. 6 VerfO = Art. 34 Abs. 6 VerfO 2012). Möglich ist dann nur noch, innerhalb einer 30 tägigen Frist einen Antrag auf Berichtigung etwaiger Schreib- und Rechenfehler oder auf Auslegung des Schiedsspruchs zu stellen (Art.29 II VerfO = Art. 35 Abs. 2 VerfO 2012).

45 Muster einer Schiedsklausel nach UNCITRAL-Schiedsregeln:

„Any dispute, controversy or claim arising out of or relating to this contract, or the breach, termination or invalidity thereof, shall be settled by arbitration in accordance with the UNCITRAL Arbitration Rules as at present in force. The appointing authority shall be the ICC acting in accordance with the Rules adopted by the ICC for this purpose."	Jeder Streit oder Meinungsverschiedenheit oder Anspruch, der in Zusammenhang mit diesem Vertrag oder seiner Verletzung, Beendigung oder Unwirksamkeit steht, soll durch Schiedsgerichtsurteil in Übereinstimmung mit den UNCITRAL Schiedsgerichtsregeln, wie sie zur Zeit in Kraft sind, gelöst werden. Die benennende Autorität soll die ICC sein, handelnd in Übereinstimmung mit den Regeln, die die ICC für diese Zwecke angenommen hat.

IV. FIDIC-Besonderheiten

46 Haben die Parteien einen Vertrag unter Zugrundelegung von FIDIC-Bedingungen geschlosssen, enthält dieser, falls er nicht abgeändert wurde, eine Vereinbarung zugunsten der ICC Schiedsgerichtsbarkeit (vgl. Unterklausel 20.6 FIDIC 1999[137]). Allerdings sind einige Besonderheiten gegenüber dem normalen ICC Verfahren zu beachten.

---

131 Hari Shanker Lal v. Shambhu Nath, AIR 1962 SC 78 (Indien), Cour de Cassation (Libanon), Urt. V. 12.12.1973, Rev. jud. lib, 373; vgl. Nammour, Droit et Pratique de l'arbitrage interne et international, Rn. 468 (Libanon).

132 State of Punjab v. Hardyal, AIR 1985 SC 920; vgl. auch Hari Shanker Lal v. Shambhu Nath, AIR 1962 SC 78.

133 Vgl. Markanda, Arbitration and Conciliation, 1563.

134 Nammour, Droit et Pratique de la'arbitrage interne et international, Rn. 468 (Libanon) ; Cour de Cassation (Frankreich), 10.11.1829, D.P. 1829,1,377.

135 Siehe die Rechtsprechungsnachweise zum US-Recht bei Born, International Commercial Arbitration, 2596 f.

136 Siehe Zöller/Geimer, ZPO; § 1059 Rn. 39e; Kröll SchiedsVZ 2004, 113, 121.

137 Unterklausel 20.6 der MDB harmonised version (Weltbank Version) des FIDIC Book enthält seit 2010 zwei unterschiedliche Schiedsklauseln, eine für Verträge mit Auftragnehmern aus dem Land des Auftraggebers und eine für grenzüberschreitende Fälle. Für „domestic contracts" verweist die Klausel auf die Schiedsregeln des Landes am Sitz des Auftraggebers. Für Verträge mit „foreign contractors" verweist die Schiedsklausel auf die Schiedsregeln der UNCITRAL. Ferner enthält Unterklausel 20.6 der MDB harmonised version eine Regelung zum Sitz des Schiedsgerichts. Vereinbart ist ein neutraler Schiedsgerichtssitz, der in den Contract Data spezifiziert wird. Zu den UNCITRAL-Regelungen siehe Hök NZBau 2011, 385 ff.

47 **1. Ausschöpfung des vertraglich vereinbarten Rechtsweges.** Das FIDIC-Vertragswerk unterstellt die Existenz eines Engineer sowie in der Version 1999 der eines Dispute Adjudication Board. Entsprechendes gilt for das FIDIC Gold Book (2008). Bei genauerer Betrachtung beschränken die Aufgabenstellung des Engineer und die des Dispute Adjudication Boards den Zugang zum Schiedsgericht. Haben sich die Parteien auf das Regelwerk geeinigt, das vorausssetzt, dass zunächst der Engineer eine Leistungsfeststellung vornimmt (Determination im Sinne von Unterklausel 3.5 FIDIC 1999) und sodann das Dispute Adjudication Board anzurufen ist, wenn sich hieraus eine Streitigkeit entwickelt, kann das Schiedsgericht erst angerufen werden, wenn beide Voraussetzungen erfüllt sind. Die Streitentscheidung nach Unterklausel 67.1 FIDIC 1987 bzw. Unterklausel 20.4 FIDIC 1999 ist zwingende Voraussetzung für die Zulässigkeit eines Schiedsgerichtverfahrens[138]. Der High Court New Delhi[139] hat dies sinngemäß so zusammengefasst:

„Es ist geltendes Recht, dass falls ein Verfahren zur Streitbeilegung vorgesehen wurde, dieses die Parteien bindet und die Parteien müssen dieses Verfahren einhalten. Das Gericht kann den Parteien aufgeben, das zu tun, was zuvor nicht getan wurde. Die vertraglich vorgesehenen Rechtsmittel müssen erschöpft sein“. Der High Court folgt damit der Rechtsprechung des indischen Supreme Court[140], der immer wieder darauf bestanden hat, dass die Parteien die vertraglich vereinbarten Verfahren einhalten und zunächst alle vorgerichtlichen Rechtsmittel ausschöpfen[141].

48 Im vorstehenden High Court Fall hatten die Parteien FIDIC 1987 vereinbart, wo zunächst der Engineer eine Leistungsfeststellung und sodann eine Streitentscheidung herbeizuführen hat, wenn dies von den Parteien beantragt wird. Entsprechendes ist von dem FIDIC-Vertragswerk aus dem Jahre 1999 beabsichtigt. Das ICC Schiedsgericht soll also nach den FIDIC-Klauseln erst angerufen werden können, wenn das Dispute Adjudication Board eine Entscheidung gefällt hat[142]. Im Anschluss an Entscheidungen des Engineer's nach Unterklausel 67.1 FIDIC 1987 sind viele erkenntnisreiche und damit wertvolle Urteile und Schiedssprüche ergangen[143]. Allerdings existieren auch restriktivere Auslegungen. Der Supreme Court Manila hat entschieden, dass die Regelungen im Construction Industry Arbitration Act dahin zu verstehen sind, dass die Anrufung des DAB keine Voraussetzung für ein Schiedsverfahren darstellt[144].

Fällt der Unternehmer in Insolvenz können schwierige Fragen im Verhältnis zu den insolvenzrechtlichen Vorschriften auftreten. Auftraggeberseitige Forderungen sind zur Insolvenztabelle anzumelden. Im Falle der insolvenzbedingten Kündigung durch den Besteller muss der Engineer zunächst die Leistung und die Gegenansprüche feststellen[145]. Bis zur Leistungsfeststellung durch den Enginer besteht eine bedingte Forderung, die

---

[138] Fouchard/Gaillard/Goldmann on International Arbitration, Dordrecht 1999, Rn. 24.

[139] M/S Sri Sai Earth Works PVT Ltd v. Italian Thai Development Co Ltd, Urt. V. 12.1.2009, IA No.476/2008 in AA No.16/2008 (High Court New Delhi).

[140] Northern Railway Administration v. Patel Engineering Company Ltd., 2008 (11) Scale 500.

[141] Vgl. auch Kanuga/Sapre, Arbitration News 2009, Vol. 14, n° 2.

[142] M/S Sri Sai Earth Works PVT Ltd v. Italian Thai Development Co Ltd, Urt. V. 12.1.2009, IA No.476/2008 in AA No.16/2008 (High Court New Delhi); High Court Singapore, Urteil v. 20.7.2010 – OS 206/2010, IBR 2010, 724 – Hök; Baker/Mellors/Chalmers/Lavers, FIDIC Contracts, Rn. 9.222.

[143] ICC Bulletin (vol. 2, N° 1, 15 (1991), Vol. 1, 74 (1998); ICC Award N° 6525 (1992), 120 J.D.I. 1024 (1993); Cour d'Appel Paris, 1.12.1995, Ministère de l'Agriculture d'Irak v. Hochtief, 1996 Rev. arb. 456 (bezüglich des Unterlassens, eine Engineer's decision zu vollziehen und der Zulässigkeit des Schiedsverfahrens); Cour d'Appel Paris, 10.3.1988, Crocodile Tourist Project Co. (Egypte) v. Aubert, 1989 Rev. arb. 269 (bezüglich der Bedingung, zunächst den Engineer anzurufen).

[144] Supreme Court Manila, Urteil v. 24.4.2009, G.R. No. 180640 – Hutama Joint Operations, Inc v. Citra Metro Manila Tollways Corp.

[145] Siehe Unterklausel 15.3 FIDIC 1999; Unterklausel 63.3 FIDIC 1987.

angemeldet werden kann. Wird die angemeldete Forderung bestritten, muss ggf. fristgebunden Feststellungsklage erhoben werden. Grundsätzlich ist auch der Insolvenzverwalter an bestehende Schiedsklauseln gebunden[146]. Ist der Weg zum Schiedsgericht erst geöffnet, nachdem das DAB entschieden hat, dürfte die Frist des § 189 Abs. 1 ZPO dadurch eingehalten sein, dass rechtzeitig Klage zum DAB eingereicht wird, weil das Bestreiten des Insolvenzverwalters einen Dispute generiert. Es ist jedenfalls kein Grund ersichtlich, der ein Abweichen von dem vertraglich vorgesehenen Weg zur Streitbeilegung rechtfertigt[147].

2. Bindung an Tatsachenfeststellungen des Engineer. Die vornehmste Aufgabe des FIDIC Engineer ist die Feststellung (Determination) behaupteter Ansprüche, die aus dem Vertrag folgen und sich in Verbindung mit dem Vertrag ergeben (Unterklausel 3.5 FIDIC 1999). Unterklausel 20.6 FIDIC 1999 ermächtigt zwar das Schiedsgericht, sämtliche Ingenieurentscheidungen zu überprüfen und aufzuheben. Doch gibt es Grenzen. Das Schiedsgericht darf nach dem Wortlaut der Unterklausel 20.6 alle Fragen prüfen, die für die Streitigkeiten *relevant* sind. Weiter geht die Gerichtsbarkeit des Schiedsgerichts nicht. Soweit der Engineer unstreitig eine Feststellung vorgenommen hat, die die Parteien nicht deutlich angreifen, ist das Schiedsgericht wie die Vertragsparteien an solche Feststellungen gebunden[148]. 49

3. Bindung an Entscheidungen des Dispute Adjudication Board. Hat das Dispute Adjudication Board eine Entscheidung gefällt, die von den Parteien nicht ausdrücklich angefochten wird, ist das Schiedsgericht auch hieran gebunden. Der Rechtsweg ist für jeden einzelnen Dispute offen. Das Vertragswerk intendiert keine Generalrevision durch das Schiedsgericht. Besonders deutlich wird dieser Ansatz im FIDIC Gold Book, das die Ausschöpfung des Rechtsweges bezüglich jedes einzelnen Disputes an Fristen knüpft. Werden die Anfechtungsfristen nicht eingehalten, wird der DAB Spruch endgültig bindend. Allerdings ist das vorbehaltene Schiedsverfahren kein Revisionsverfahren. Vielmehr steht den Parteien eine volle Tatsacheninstanz zur Verfügung nachdem das DAB entschieden hat[149]. 50

Der Court of Appeal Singapore hat inzwischen letztinstanzlich eine ständige internationale Übung anerkannt, wonach vorläufig bindende DAB Sprüche über Unterklausel 20.6 FIDIC im Rahmen eines Interim Award durchgesetzt werden können[150]. Endgültig bindende DAB Sprüche können ohnehin nach Unterklausel 20.7 durchgesetzt werden[151]. Das FIDIC Gold Book hat diese Streitfrage inzwischen entschärft. Die einschlägige neue Unterklausel 20.9 Gold Book regelt nun mehr eindeutig auch die Befugnisse des Schiedsgerichts in Bezug auf noch nicht endgültig bindende DAB Enstcheidungen.

146 BGH ZIP 2004, 1616; Umbeck SchiedsVZ 2009, 143, 147.

147 Siehe zum Verhältnis zwischen Insolvenzrecht und vertraglichem Klageweg auch Gary Aircarft Corp. v. United States, 8 Collier Bankr.Cas.2d 186 (US Court of Appeals, 5th Cir., Urteil v. 25.2.1983, No 81-1391).

148 Vgl. zu ähnlichen Fällen, in dem eine bindende Festlegung des Engineer zu Delay Damages vorlag und es dem Schiedsgericht verwehrt war, über die Frage zu entscheiden: Vishwanath Sood v. Union of India, AIR 1989 SC 952; Delhi Development Authority v. Sudhir Brothers, 1995 (2) Arb LR 306 (DB-Del); Bharat Lal v. Delhi Development Authority, 1998 (1) Arb LR 319 (Del); Wee Aar Const. Builders v. Delhi Jal Board, 2004 (2) Arb LR 663 (Del).

149 Baker/Mellors/Chalmers/Lavers, FIDIC Contracts, Rn. 9.213–214.

150 CRW Joint Operation v. PT Perusahaan Gas Negara (Persero) TBK , Urt. v. 13.7.2011, 59/2010, [2011] SGCA 33; siehe zur ersten Instanz High Court Singapore IBR 2010, 724 – Hök; siehe auch Hök, Einstweilige Vollziehung von Dispute Adjudication Board Sprüchen durch Schiedsgerichte, ZfBR 2011, 523.

151 Siehe dazu Bunni, The Gap in Sub-Clause 20.7 of the 1999 FIDIC Contracts for Major Works, ICLR 2005, 272 ff.; Seppälä, Enforcement by an Arbitral Award of a Binding but not Final Engineer's or DAB's decision under the FIDIC Conditions, ICLR 2009, 414 ff.; ICC Award No 10619.

51 **4. Bindung an das Rechnungsprüfungsverfahren.** Zahlungen müssen im FIDIC-Vertrag über das Verfahren in Klausel 14 abgewickelt werden. Der Unternehmer stellt einen Zahlungsantrag nach Unterklausel 14.3 und der Engineer stellt eine Zahlungsbescheinigung (Payment Certificate) nach Unterklausel 14.6 aus. Der Besteller darf wegen Unterklausel 2.5 nicht außerhalb dieses Verfahrens gegen Ansprüche des Unternehmers aufrechnen oder Zahlungen einbehalten. Um Streitigkeiten von Aufrechnungs- und Einbehaltseinwänden zu entlasten, soll lediglich der jeweilige Streit vor dem Schiedsgericht augetragen werden. Besonders deutlich wird dieser Ansatz in Unterklausel 14.11 FIDIC 1999, der die Ausstellung der Schlusszahlungsbescheinigung regelt. Entbrennt bezüglich einzelner Zahlungspositionen Streit, soll dieser ausgetragen werden. Über die Restforderung aus der Schlussrechnung ist eine letzte Zwischenzahlungsbescheinigung (Interim Payment Certificate) auszustellen, sobald eine Entlastungserklärung des Unternehmers vorliegt. Sobald der Streit ausgetragen ist, wird die Schlusszahlungsbescheinigung von dem Engineer erstellt und zugestellt. Es ist kein Grund ersichtlich, warum Schiedsgerichte von diesem im Interesse beider Parteien liegenden Verfahren abweichen sollten oder dürften.

52 **5. Anhörung des Engineer als Zeugen.** Das FIDIC-Vertragswerk sieht ausdrücklich vor, dass der Engineer im Schiedsverfahren als Zeuge gehört werden darf. Das ist nicht immer selbstverständlich, weil der Engineer z.B. im Rahmen seiner Aktivitäten nach Unterklausel 3.5 FIDIC 1999 die Parteien konsultieren muss und damit über spezifische Kenntnisse verfügen kann, die sich auf den Streit auswirken. Es kommt auch vor, dass der Engineer später als Parteivertreter benannt wird, also an der Ausführung der Rechte des Bestellers im Schiedsverfahren mitwirkt. Inwieweit sich ein solches Verhalten mit der Rolle des Engineer verträgt ist Geschmacksfrage. Ausdrücklich untersagt ist es nicht.

53 **6. Ausschluss des Zeugenbeweises.** Da das FIDIC-Vertragswerk darauf angelegt ist, dass der Engineer und ihm nachfolgend das Dispute Adjudication Board und ein Schiedsgericht möglichst zeitnahe Entscheidungen fällen, wird Unterklausel 53.2 FIDIC 1987 als Beschränkung der Zulässigkeit des Zeugenbeweises angesehen, soweit die anspruchsbegründenden Voraussetzungen in zeitnahen Aufzeichnungen dokumentiert werden konnten[152]. Der Unternehmer muss sicherstellen, dass solche zeitnahen Aufzeichnungen auch tatsächlich zeitnah erstellt werden. Ihr Fehlen kann zur Abweisung des Claims führen, denn Zeugenbeweis kann fehlende zeitnahe Aufzeichnungen nicht ersetzen[153]. Vereinbarungen, die die Zulässigkeit bestimmter Beweismittel betreffen und sie beschränken, sind aus deutscher Sicht durchaus zulässig[154]. Sie machen abredewidrige Beweisanträge unzulässig, hindern jedoch nicht die Beweiserhebung von Amts wegen[155]. Der Wortlaut der Unterklausel 20.1 FIDIC 1999 weicht etwas von dem ab, der in Unterklausel 53.2 FIDIC 1987 verwendet wurde. Unter Berücksichtigung des Wortlautes ist Unterklausel 20.1 weniger streng. Fehlende zeitnahe Aufzeichnungen werden nur im Rahmen der Würdigung des Anspruches nachteilig berücksichtigt[156].

54 **7. Verfahrenssprache.** Das FIDIC-Vertragswerk unterscheidet zwischen der Ruling Language und der Communication Language. Unterklausel 20.6 (c) FIDIC 1999 verweist in Bezug auf die Verfahrenssprache auf die Kommunikationssprache. In der Pra-

152 Attorney General v. Forbes IBR 2006, 1107 – Hök.
153 Attorney General v. Forbes IBR 2006, 1107 – Hök.
154 Zöller/Greger, ZPO, vor § 284 Rn. 2b; BGHZ 109, 19, 29; vgl. auch Eckardt/Dendorfer MDR 201, 790.
155 Zöller/Greger, ZPO, vor § 284 Rn. 2b.
156 High Court Trinidad und Tobago, Urteil vom 21.10.2009 – CV 2008-04881.

xis kommt es häufiger vor, dass sich die Parteien dieser Regelung nicht bewusst sind und aus pragmatischen Gründen mehrere Kommunikationssprachen zulassen und sich darauf verlassen, dass im Streitfall die Vertragssprache maßgeblich ist. Grundsätzlich kann ein Schiedsverfahren mehrsprachig geführt werden. Doch muss dann ggf. die gesamte Kommunikation in beiden Sprachen vorliegen, um Chancengleicheit zu gewähren. Es kann nur nachdrücklich empfohlen werden, derartige Regelungen entweder zu unterlassen oder klarzustellen, welche Auswirkungen sie auf die Verfahrenssprache haben sollen. Die Verfahrenssprache hat mit Sicherheit große Auswirkungen auf die Auswahl der Schiedsrichter. International erfahrene Schiedsrichter sprechen in der Regel Englisch. Ob sie auch einer speziellen Kommunikationssprache mächtig sind, muss sorgfältig geprüft werden. Überdies muss ggf. der Vertragswortlaut in die anderslautende Verfahrenssprache übersetzt werden.

V. Durchsetzung von Schiedsklauseln

Nicht immer liegen Schiedsverfahren im Interesse beider Parteien, wenn Streit ausbricht. Es wird dann versucht, die Wirkungen der Schiedsklausel zu unterlaufen. Schutz kann nur vor den staatlichen Gerichten erlangt werden. Im internationalen Rechtsverkehr stellt sich dann die Frage, welche Gerichte dafür zuständig sein sollen. Bei Mangel eines harmonisierten Schiedsrechts hat es unter Umständen große Bedeutung, ob die Gerichte am vermeintlichen Schiedsort oder auch andere Gerichte angerufen werden können. In dem Verfahren West Tanker hat der EuGH[157] auf der Grundlage einer Vorlage des englischen House of Lords[158] entschieden, dass es den Gerichten der Mitgliedstaaten untersagt ist, qua gerichtlicher Anordnung die Inanspruchnahme eines Gerichts eines anderen Mitgliedstaates zu untersagen. Das ist nicht neu, denn der Gerichtshof erachtet die jeweiligen Gerichte der Mitgliedstaaten schon immer für ausschließlich zuständig, um über ihre Zuständigkeit zu entscheiden. Schon vorher hat der EuGH befunden, dass ein nach Art. 23 EuGVVO ausschließlich zuständiges Gericht keine Anordnung erlassen kann, um eine Partei davon abzuhalten, das Verfahren vor dem Gericht eines anderen Mitgliedsstaates durchzuführen, wenn dieses Gericht zuerst angerufen wurde[159]. Ferner hatte der EuGH entschieden, dass die Gerichte eines Mitgliedstaates keine derartige Anordnung erlassen dürfen, um eine Partei davon abzuhalten, das Verfahren vor einem anderem Gericht durchzuführen, auch wenn der Grund darin liegen mag, dass das andere Gericht bösgläubig angerufen wurde[160]. Folgerichtig verlangt der Gerichtshof von dem ausschließlich zuständigen Gericht, sein Verfahren solange auszusetzen, bis das zuerst angerufene Gericht Art. 23 EuGVVO angewendet und seine Zuständigkeit verneint hat. Ferner hat das ausschließlich zuständige Gericht darauf zu vertrauen, dass das angerufene Gericht seine Zuständigkeit verneint[161]. 55

Neu ist, dass Vorstehendes auch gilt, wenn sich eine Partei auf eine Schiedsgerichtsabrede beruft[162]. Auch wenn vor dem Erstgericht unter Hinweis auf eine bestehende 56

[157] EuGH, Urt. v. 10.2.2009, Rs C-185/07, Riunione Adriatica Di Sicurta SpA (RAS) v. West Tankers, Inc., RIW 2009, 236.

[158] Riunione Adriatica Di Sicurta SpA (RAS) v. West Tankers, Inc., [2007] UKHL 4.

[159] EuGH Rs C- 116/02, Slg 2003 I, 14693 – Gasser GmbH v. MISAT Srl (Case C116/02.

[160] EuGH Rs C-159/02, Slg 2004 I, 3565 – Turner v. Grovit.

[161] So die zutreffende Analyse des House of Lords Riunione Adriatica Di Sicurta SpA (RAS) v. West Tankers, Inc., [2007] UKHL 4.

[162] EuGH, Urt. v. 10.2.2009, Rs C-185/07, Riunione Adriatica Di Sicurta SpA (RAS) v. West Tankers, Inc., RIW 2009, 236.

Schiedsgerichtsabrede der Einwand der Unzuständigkeit erhoben wird, hat allein das Erstgericht die Zuständigkeit und die Befugnis hierüber zu entscheiden, wenn es nach den Regelungen der EuGVVO grundsätzlich zuständig wäre. Art. 1(2)(d) EuGVVO schließt das nicht aus, weil es für die sachliche Anwendbarkeit der EuGVVO allein auf den Gegenstand des Verfahrens ankommen soll und nicht auf die darin zu verhandelnden technischen Einzelheiten abgestellt werden soll.

57 Zuvor hatten die Gerichte des Vereinigten Königreichs viele Jahre Rechtsschutz gewährt, der eine Partei davon abhielt, ausländische Gerichte in Anspruch zu nehmen[163]. Diese Haltung wurde allgemein als eine wichtige und wertvolle Waffe in den Händen eines Gerichts angesehen, welches seinerseits die gerichtliche Aufsicht über Schiedsgerichtsbarkeit ausübt[164]. Sie förderte die Rechtssicherheit und reduzierte die Möglichkeit von Konflikten zwischen dem Schiedsspruch und dem Urteil eines staatlichen Gerichts.

58 Das Problem des Falles liegt darin, dass die EuGVVO Schiedssachen aus ihrem Anwendungsbereich ausschließt und dass es bislang keinerlei Harmonisierung des Schiedsrechts gibt[165]. Die Beurteilung einer Schiedsklausel erfolgt im Grunde genommen nach dem Recht am Gerichtssitz (lex fori-Prinzip). Das New Yorker UN-Übereinkommen 1958 vereinheitlicht das Recht der Schiedsvereinbarungen nur zum Zwecke der späteren Anerkennung von Schiedssprüchen. Im Erkenntnisverfahren, in dem der Unzuständigkeitseinwand zu verhandeln ist, ist das UN Übereinkommen nicht einschlägig. Der Hinweis des EuGH auf Art. II Abs. 3 des New Yorker Übereinkommens ändert daran nichts. Zwar mag das angerufene Gericht, das wegen eines Streitgegenstands angerufen wird, hinsichtlich dessen die Parteien eine Schiedsvereinbarung geschlossen haben, die Parteien auf Antrag auf das schiedsrichterliche Verfahren verweisen. Doch wird es dies nur tun, wenn es nicht feststellt, dass die Vereinbarung hinfällig, unwirksam oder nicht erfüllbar ist. Die Kriterien für diese Feststellung wird es dem eigenen Recht entnehmen.

59 Haben die Parteien einen Schiedsort vereinbart, verbinden sie damit aber im Zweifel die Hoffnung und Annahme, dass ihre Schiedsvereinbarung aus Sicht des Rechts am Schiedsort beurteilt werden wird. Diese Erwartung wird vereitelt, wenn sich die Parteien ein anderes Gericht aussuchen können, das vermeintlich geringere Anforderungen an die Wirksamkeit der Schiedsklausel stellen wird. Dass Art. II Abs. 3 des New Yorker Übereinkommens die Vertragsstaaten des Übereinkommens verpflichtet, ggf. auf das Schiedsverfahren hinzuweisen, versteht sich von selbst. Dass das UN Übereinkommen damit aber eine Regel aufstellen wollte, der zufolge es anderen Gerichten, insbesondere aber denen am Schiedsort, untersagt sein soll, Einfluss zu nehmen, ist nicht erkennbar. Letztlich wird mit der EuGH Rechtsprechung Tür und Tor dafür geöffnet, Schiedsklauseln auszuhebeln. Der Fall Züblin belegt, dass es nur schwer möglich ist, sämtliche in Frage kommende Schiedsgerichtsregelungen darauf zu prüfen, ob die fragliche Schiedsklausel auch die letzten Eigenheiten einer lokalen Rechtsordnung erfüllt.

---

163 Vgl. Pena Copper Mines Ltd v. Rio Tinto Co Ltd (1911) 105 LT 846.

164 Gemeint ist jeweils das staatliche Gericht am Sitz des Schiedsgerichts, vgl. High Court (Technology and Construction Court), Braes of Doune Windfarm (Scotland) Ltd v. Alfred McAlpine Business Services Ltd, Urteil vom 03.03.2008 – HT 08 07- [2008] EWHC 426 (TCC) = IBR 2008, 1143 – Hök.

165 Vgl. zu den Problemen auch di Brozolo, Choice of Court and Arbitration Agreements and the review of the Brussels Regulation, IPRax 2010, 121, 124 ff.

VI. Präjudizien

Präjudizien spielen in der Schiedsgerichtsbarkeit eine wichtige aber manchmal unterschätzte Rolle[166]. Im weitesten Sinne handelt es sich dabei um Entscheidungen früherer Gerichte und Schiedsgerichte, die sich eignen, die Rechtsauffassung des Schiedsrichters zu rechtfertigen[167]. International bindende Präjudizien im echten Sinne gibt es hingegen nicht[168]. Die juristische Bedeutung von Schiedssprüchen für die Spruchpraxis ist umstritten[169]. Ihre praktische Relevanz ist kaum zu leugnen, soweit sie denn dokumentiert sind. 60

Seppälä hat ca. 40 veröffentlichte Schiedssprüche zur Auslegung von FIDIC-Bedingungen ausgemacht[170]. Nur fünf davon nehmen auf frühere Schiedssprüche Bezug. Die meisten untersuchten Schiedssprüche behandelten Probleme im Umgang mit Unterklausel 67.1 FIDIC Red Book 1987. Sämtliche bis 2009 veröffentlichte Schiedssrpüche betrafen die alte FIDIC-Fassung aus dem Jahre 1987. Zu der Rainbow Edition 1999 sind bislang keine Schiedssprüche veröffentlicht worden[171].

VII. Vollstreckbarerklärung von Schiedssprüchen

Schiedssprüche sind nicht ohne weiteres vollstreckbar. Sie müssen in dem Land, in dem sie vollzogen werden sollen, für vollstreckbar erklärt werden. Das New Yorker UN-Übereinkommen 1958 vereinheitlicht in den Vertragsstaaten die Anerkennungsvoraussetzungen für ausländische Schiedssprüche. Anerkennungsfähige Schiedssprüche können in Deutschland nach § 1061 ZPO für vollstreckbar erklärt werden. ICC Schiedssprüche aus anderen Mitgliedsstaaten des New Yorker Übereinkommens 1958 werden in Deutschland üblicherweise anerkannt und für vollstreckbar erklärt[172]. Voraussetzung ist ein Antrag, der die Formanforderungen des New Yorker Übereinkommens erfüllt. Nach Art. IV des Übereinkommens muss der Antragsteller die gehörig legalisierte Urschrift des Schiedsspruches oder eine Abschrift vorlegen, deren Übereinstimmung mit dem Original ordnungsgemäß beglaubigt ist sowie das Original oder eine beglaubigte Abschrift der Schiedsgerichtsvereinbarung vorlegen[173]. Nach Auffassung des österreichischen OGH[174] ist es ausreichend, wenn die Schiedsgerichtsvereinbarung in einfacher Kopie eingereicht wird, solange die Echtheit der Kopie nicht bestritten wird. Hinsichtlich der Schiedsgerichtsentscheidung allerdings verlangt der OGH die Einhaltung der Vorschriften über die Legalisierung. Das erste Problem liegt darin, dass Schiedsgerichtsentscheidungen von keiner staatlichen Stelle stammen, so dass sie im Grunde genommen nicht förmlich legalisiert werden können. An dieser Stelle hilft sich der OGH 61

---

166 Born, International Commercial Arbitration, 2959.

167 Siehe zu dieser Definition Seppälä, The Development of a Case Law in Construction Disputes relating to FIDIC Contracts, ICLR 2009, 105, 107.

168 Vgl. Born, International Commercial Arbitration, 2959 mit weiteren Ausführungen zum Diskussionsstand.

169 Born, International Commercial Arbitration, 2965.

170 Seppälä, The Development of a Case Law in Construction Disputes relating to FIDIC Contracts, ICLR 2009, 105, 106.

171 Seppälä, The Development of a Case Law in Construction Disputes relating to FIDIC Contracts, ICLR 2009, 105, 106.

172 Siehe aber Hök, Chinese Arbitration Requirements – A trap for FIDIC Arbitration, ICLR 2008,190; Züblin International GmbH (Germany) v. Wuxi Woke General Engineering Rubber Co., Ltd. (Oberster Volksgerichtshof der Volksrepublik China, Urt. v. 8.7.2004; vgl. dazu auch KG SchiedsVZ 2007, 100 = KG IBR 2008, 1019 – Hök (ICC-Klausel in einem FIDIC-Green-Book-Vertrag zugunsten eines Schiedsgerichts in China).

173 Siehe dazu Otto, Formalien bei der Vollstreckung ausländischer Schiedsgerichtsentscheidungen nach dem New Yorker Schiedsgerichtsübereinkommen, IPRax 2009, 362 ff.

174 OGH, Beschluss v. 3.9.2008, 3 Ob 35/08f, IPRax 2009, 352.

damit, dass er die Legalisierung durch die von den Parteien vereinbarte Schiedsgerichtsorganisation ausreichen lässt[175]. Das zweite Problem liegt darin, wer tatsächlich die Legalisierung vornehmen darf. Im Ausgangsfall hatte der Sekretär der Schiedsgerichtsinstitution (hier der London Court of International Arbitration) die Legalisierung vorgenommen. Nach Auffassung des OGH[176] hätte aber mangels klarer Regelungen im Regelwerk des London Court of International Arbitration der Präsident, dessen Vertreter oder ein Ausschuss die Beglaubigung vornehmen müssen. Folgerichtig hob der OGH die Vollstreckbarerklärung des Schiedspruches auf. Die OGH Entscheidung mutet etwas weltfremd an. Andere Gerichte stellen erheblich geringe Anforderungen an die Legalisierung von Schiedsgerichtsentscheidungen durch Schiedsgerichtsinstitutionen[177].

VIII. Schiedsrichtervertrag

62 Die Schiedsrichter werden regelmäßig auf der Grundlage eines Schiedsrichtervertrages tätig[178]. Andere Auffassungen haben sich nicht durchgesetzt[179]. Gegen eine gesellschaftsrechtliche Bindung der Schiedsrichter[180] spricht der Grundsatz, dass sich die Schiedsrichter gerade nicht zu einer einheitlichen Leistung, sondern zu einer Leistung intuitu personae verpflichten. Mangels anderweitiger Vereinbarung haben Schiedsrichter Anspruch auf eine angemessene (ortsübliche) Vergütung[181]. Diese kann auch variieren. Der Schiedsrichtervertrag kommt in der Regel bereits infolge der Ernennung der Schiedsrichter zustande[182]. Scheitert der Abschluss einer konkretisierenden Vereinbarung hat der Schiedsrichtervertrag typischerweise den Inhalt, dass die Schiedsrichter über den anhängigen Streit entscheiden und dafür Anspruch auf eine angemessene Vergütung haben. In Deutschland gilt notfalls der gesetzliche Rahmen der §§ 315 ff. BGB. Auch eventuelle Abreden zur Gestaltung des Schiedsverfahrens sind von der Schiedsvereinbarung zu unterscheiden[183].

---

[175] OGH, Beschluss v. 3.9.2008, 3 Ob 35/08f, IPRax 2009, 352.

[176] OGH, Beschluss v. 3.9.2008, 3 Ob 35/08f, IPRax 2009, 352.

[177] Siehe Otto, Formalien bei der Vollstreckung ausländischer Schiedsgerichtsentscheidungen nach dem New Yorker Schiedsgerichtsübereinkommen, IPRax 2009, 362, 364 mit Nachweisen zur kanadischen, belgischen und französischen Praxis. Siehe aber auch die Entscheidung des High Court Bombay in Renusagar Power Co v. General Electric Co, Y.B.Comm.Arb. XVI (1991), 553, 570, die eine Beglaubigung durch die ICC für nicht ausreichend erachtet.

[178] Öst. OGH, Entscheidung v. 28.4.1998, 1 Ob 253/97f, ZfRV 1998, 259; BGHZ 15, 12 ff.; RGZ 94, 210, 211; K/S Norjarl A/S v. Hyundai Heavy Industries Co Ltd [1992] 1 Q.B. 863, 884 (CA); für weitere Nachweise siehe Born, International Commercial Arbitration, 1598 f.

[179] Siehe dazu Born, International Commercial Arbitration, 1597 f. mit weiteren Nachweisen.

[180] So Karrer in: Torggler, Schiedsgerichtsbarkeit, 104 ff.; Öst. OGH, Entscheidung v. 28.4.1998, 1 Ob 253/97f, ZfRV 1998, 259.

[181] Siehe Mustill & Boyd on Commercial Arbitration, 2. Auflage, 220, 233, 245; siehe auch Crampton and Holt v. Ridley & Co (1887) 20 QBD 48, 54; Brown v. Llandovery Terra Cotta (1909) 25 TLR 625; K/S Norjarl A/S v. Hyundai Heavy Industries Co Ltd [1992] 1 Q.B. 863, 884 (CA); LG Mönchengladbach, Urteil v. 14.7.2006, 2.O. 134/05, SchiedsVZ 2006, 104; OLG München, Beschluss v. 21.12.2006, 34 SchH 12/06, 34 SchH 012/06, OLGR 2007, 410.

[182] OLG München, Beschluss v. 21.12.2006, 34 SchH 12/06, 34 SchH 012/06, OLGR 2007, 410.

[183] OLG München, Beschluss v. 21.12.2006, 34 SchH 12/06, 34 SchH 012/06, OLGR 2007, 410.

§ 30 Ordentliche Gerichte

Schrifttum

Geimer/Schütze, Internationale Urteilsanerkennung, Band I, 1. Halbband, München 1983, Geimer/Schütze, Internationale Urteilsanerkennung, Band I, 2. Halbband, München 1984; Geimer/Schütze, Europäisches Zivilverfahrensrecht, 2. Auflage, München 2004; Grunsky, Lex fori und Verfahrensrecht, ZZP 1976, 241 ff.; Horn, Deutsches und europäisches Gesellschaftsrecht und die EuGH-Rechtsprechung zur Niederlassungsfreiheit-Inspire Art, NJW 2004, 893; Kropholler, Europäisches Zivilprozessrecht, 8. Auflage, Heidelberg 2005; Musielak/Bearbeiter, ZPO, 7. Auflage, München 2009; Pagenstecher, Werden die Partei- und Prozesfähigkeit eines Ausländers nach seinem Personalstatut oder nach der Sachnorm der lex fori beurteilt?, ZZP 1950/51, 249 ff.; Pagenstecher, Gerichtsbarkeit und internationale Zuständigkeit als selbständige Prozessvoraussetzungen, RabelsZ 1937, 337 ff.; Zöller/Bearbeiter, ZPO, 28. Auflage, Köln 2010

Inhaltsübersicht

I. Prozessfähigkeit

Gerichtliche Auseinandersetzungen setzten die Prozessfähigkeit der beteiligten Parteien 1
voraus. Sie beurteilt sich regelmäßig nach dem Personalstatut der betroffenen Partei[1].

[1] Pagenstecher ZZP 1950/51, 249, 251.

Maßgeblich ist insofern bei natürlichen Personen ihre Staatsangehörigkeit[2]. Bei juristischen Personen wurde in der Vergangenheit streng auf das Recht abgestellt, das am tatsächlichen Hauptsitz der juristischen Person galt, was etwa bei Briefkastenfirmen dazu führte, dass diese als nicht parteifähig (weil nicht rechtsfähig) angesehen wurden. Seit der sog. Centros-Entscheidung des EuGH herrschte Ungewissheit darüber, was fürhin gelten würde. Es war eher wahrscheinlich, dass das strenge Sitzprinzip zugunsten des angloamerikanischen Gründungsprinzips aufgelockert werden würde. Seit Bekanntwerden der sog. Überseering-Entscheidung des EuGH[3] sowie der Entscheidung Inspire Art[4], ist jedoch letztlich entschieden, dass ausländische Gesellschaften im Inland auch dann anzuerkennen sind, wenn sie ihren effektiven Hauptsitz nicht in ihrem Gründungsstaat haben. Der BGH[5] hat in zwei Leitentscheidungen klargestellt, dass jedenfalls im Geltungsbereich der Europäischen Verträge und soweit der Inländerbehandlungsgrundsatz gilt, ausländische Gesellschaften anzuerkennen sind, auch wenn sie ihren effektiven Verwaltungssitz im Inland haben. Die Rechtsprechung des EuGH hat den deutschen Markt für Gesellschaften ausländischen Rechts weit geöffnet[6].

Im Einzelfall können sich diffizile Fragen stellen. Im Fall Kommune & Anor v. DEPFA ACS Bank[7] war zu entscheiden, ob sich die beteiligte Kommune wirksam verpflichtet hatte. Der Vertrag enthielt eine Rechtswahlklausel zugunsten des englischen Rechts. Hinsichtlich der Geschäfts- und Rechtsfähigkeit einer staatlichen Einrichtung verweist das englische IPR jedoch auf den Sitz der staatlichen Einrichtung[8]. Das warf ein Qualifikationsproblem auf, denn aus Sicht des englischen Gerichts war das norwegische Recht weniger an der Frage interessiert, ob die Kommune rechts- oder geschäftsfähig war sondern vielmehr eher daran, ob im Einzelfall trotzdem ein wirksamer Vertrag oder wenigstens durchsetzbarer Vertrag zustande kommt. Während es aus englischer Sicht aufgrund der ultra vires Lehre undenkbar ist, dass sich eine staatliche Einrichtung wirksam verpflichten kann, wenn es an den entsprechenden Voraussetzungen fehlt, ergab die Anhörung von Sachverständigen zum norwegischen Recht, dass norwegische Kommunen grundsätzlich rechtsfähig sind[9]. In Einzelfällen jedoch, z.B. wie im erörterten Fall in Bezug auf Darlehensgeschäfte, beschränkt der norwegische Gesetzgeber die Handlungsfreiheit der Kommunen[10]. Die Schwierigkeit bestand nun darin, diesen Befund in das englische Recht einzuordnen. Das englische Recht leitet aus dem Verwaltungsrecht ab, welche Geschäfte eine öffentliche Einrichtung tätigen darf. Das Zivilrecht befindet darüber, welche Folgen es hat, wenn die öffentliche Einrichtung außerhalb ihrer Befugnisse handelt[11]. Die Frage, welche der Folgen z.B. die missbräuchliche Nutzung von bestehenden Befugnissen hat, ist wiederum gänzlich eine zivilrechtliche Frage[12]. Im Falle der rechtswidrigen Nutzung bestehender Befugnisse kommt es darauf an, ob der Vertragspartner die fehlende Rechtsmacht kennt. Im Falle der Nutzung nicht bestehender Befugnisse, ist die Unkenntnis irrelevant. Das Geschäft ist schlicht unwirksam.

---

2 Grunsky ZZP 1976, 241, 257 f.
3 EuGH Rs. C-208/00 vom 05.10.2002, RIW 2002, 945.
4 EuGH Rs. C-167/01 vom 30.09.2003.
5 BGH RIW 2003, 474; BGH RIW 2003, 473.
6 Merkt RIW 2003, 458, 459; Horn NJW 2004, 893 ff.
7 Kommune & Anor v. DEPFA ACS Bank [2009] EWHC 2227 (Comm) (04 September 2009).
8 Kommune & Anor v. DEPFA ACS Bank [2009] EWHC 2227 (Comm) (04 September 2009), siehe Rn. 107.
9 Hier ist anzumerken, dass das französische Recht eine ähnliche Haltung wie das englische Rechteinnimmt.
10 Kommune & Anor v. DEPFA ACS Bank [2009] EWHC 2227 (Comm) (04 September 2009), siehe Rn. 112.
11 Vgl. Rolled Steel Products (Holdings) Limited v British Steel Corporation [1986] Ch 246.
12 Vgl. Rolled Steel Products (Holdings) Limited v British Steel Corporation [1986] Ch 246.

II. Internationale Zuständigkeit

Schrifttum

Schlosser, EU Zivilprozessrecht, 3. Auflage, München 2009; Kropholler, Europäisches Zivilprozeßrecht, 8. Auflage, Heidelberg 2005; Nagel/Gottwald, Internationales Zivilprozessrecht, 6. Auflage, Köln 2007; Linke, Internationales Zivilprozessrecht, 4. Auflage, Köln 2010; Junker, Vom Brüsseler Übereinkommen zur Brüsseler Verordnung – Wandlungen des Internationalen Zivilprozessrechts, RIW 2002, 569; Geimer, Das Zuständigkeitssystem des EWG-Übereinkommens vom 27. 9. 1968, WM 1976, 830; Geimer, Internationales Zivilprozessrecht, 6. Auflage, Köln 2009; Schlosser, Bericht zum EuGVÜ, Abl 1979, Nr. C 59, 94; Werner/Pastor, Bauprozess, 12. Auflage, Neuwied 2008

1. Internationale Zuständigkeit. Die internationale Zuständigkeit der deutschen Gerichte ist auch unter der Geltung des § 545 Abs. 2 ZPO in jedem Verfahrensabschnitt von Amts wegen zu prüfen[13]. Deutsche Gerichte fühlen sich nur für Streitigkeiten zuständig, für die ein Berührungspunkt im Inland besteht. Regelmäßig wird an die Zuständigkeitsregelungen in den §§ 12 ff. ZPO angeknüpft. Die Vorschriften der ZPO über die örtliche Zuständigkeit regeln die Gerichtsgewalt der deutschen Gerichte nicht nur im Verhältnis zueinander, sondern sie ziehen auch mittelbar dem Ausland gegenüber die Grenze für die Ausübung der deutschen Gerichtsbarkeit[14]. Besteht mithin eine örtliche Zuständigkeit im Inland, folgt hieraus auch die Internationale Zuständigkeit der deutschen Gerichte[15]. Die nationalen Regelungen sind aber weitgehend durch das Europäische Gerichtsstands- und Vollstreckungsübereinkommen (EuGVÜ) und das Lugano-Übereinkommen (LuGVÜ) sowie seit dem 1. März 2002 durch die EuGVVO ersetzt. Beide völkerrechtlichen Verträge enthalten seit ihrer Ratifizierung deutsches Recht. Entsprechendes gilt für die EuGVVO, die als europäische Verordnung unmittelbare Geltung besitzt. Mit der Anwendbarkeit der drei Regelwerke ist deren ausschließliche Geltung festgestellt. Ihre Zuständigkeitsregeln verdrängen die Bestimmungen der deutschen ZPO. In ihrem sachlichen, räumlichen und zeitlichen Anwendungsbereich darf deshalb zur Begründung der internationalen Zuständigkeit nicht mehr auf die ZPO zurückgegriffen werden[16]. Allein die Vorschriften der Übereinkommen und der EuGVVO sind noch maßgeblich, um die internationale Zuständigkeit eines deutschen Gerichts zu beurteilen. Nur außerhalb des sachlichen Anwendungsbereiches der Übereinkommen sowie der EuGVVO verbleibt es bei den nationalen Vorschriften. Als wesentliche Wahlgerichtsstände sind zu nennen: 2

- Gerichtsstand am Sitz des Gegners
- Gerichtsstand des vertraglichen Erfüllungsortes
- Gerichtsstand der unerlaubten Handlung
- Gerichtsstand der Zweigniederlassung
- Gerichtsstandsvereinbarungen
- Rügelose Einlassung

Üblicherweise regeln die völkervertraglichen Anerkennungs- und Vollstreckungsvorschriften nur Fragen der direkten Zuständigkeit. Der Erstrichter muss von Amts wegen nur seine internationale und örtliche Zuständigkeit überprüfen[17]. Ob seine Zuständig- 3

---

[13] BGHZ 153, 82, 84 ff.; BGH v. 16. 12.2009 – VIII ZR 119/08, NZM 2010, 251, Tz. 8 m.w.N.
[14] RGZ 126, 196, 199.
[15] BGHZ 94, 156, 157; BGHZ 115, 90 ff.; BGHZ 119, 392, 393; Nagel/Gottwald, Internationales Zivilprozessrecht, § 3 Rn. 316.
[16] Münchener Kommentar/Gottwald, ZPO 1992, Art. 2 IZPR Rn. 2, 7.
[17] Nagel/Gottwald, Internationales Zivilprozessrecht, § 3 Rn. 307.

keit auch vom ausländischen Anerkennungs- und Vollstreckungsgericht bejaht werden würde, kann er unberücksichtigt lassen[18]. Das EuGVÜ/LuGVÜ und die EuGVVO stellen insofern eine Neuheit dar, als sie für den Erst- wie den Zweitrichter verbindlich entscheiden, wann ein Gericht zuständig ist. Damit folgen beide Übereinkommen und die EuGVVO dem System der **direkten Zuständigkeit**.

4 Im Anwendungsbereich der Übereinkommen muss der Erstrichter also anstelle der ihm vertrauten Zuständigkeitsregelungen der lex fori, denjenigen der Übereinkommen folgen. Dies gilt zunächst für die internationale, teilweise auch für die örtliche Zuständigkeit[19]. Ohne ausdrücklich darauf hinzuweisen, legen die Vorschriften des Art. 5 (Besondere Gerichtsstände) auch die örtliche Zuständigkeit mit fest[20]. Dagegen überlassen es der Wohnsitzgerichtsstand des Art. 2 EuGVÜ/LuGVÜ/EuGVVO, die Gerichtsstände in Versicherungs- und Verbrauchersachen sowie die ausschließlichen Gerichtsstände der EuGVÜ/LuGVÜ/EuGVVO der jeweiligen lex fori, die örtliche Zuständigkeit zu bestimmen[21].

5 Die Vorschriften des EuGVÜ/LuGVÜ/EuGVVO über die internationale Zuständigkeit sind von den jeweils angerufenen Gerichten von Amts wegen zu beachten (Art. 19 EuGVÜ/LuGVÜ, Art. 25 EuGVVO)[22]. Liegt ein gerichtsstandbegründender Umstand nicht vor, hat sich das Gericht für unzuständig zu erklären, sofern es feststellt, dass ein Gericht eines anderen Vertragsstaates gemäß Art. 16 EuGVÜ/LuGVÜ und Art. 22 EuGVVO ausschließlich zuständig ist[23]. Dies gilt selbst dann, wenn das Gericht nach nationalem Verfahrensrecht seine Prüfung im Rahmen eines Kassationsverfahrens auf die von den Parteien vorgebrachten Rügen zu beschränken hat[24].

2. Anwendungsbereich der EuGVVO, des EuGVÜ und des LuGVÜ

Schrifttum

Großfeld, Internationales Insolvenzrecht im Werden? ZIP 1981, S. 925 ff.; Thieme, Der Entwurf eines Konkursübereinkommens der EG-Staaten von 1980, RabelsZ 45 (1981), 459 ff.; Grundmann, Zur internationalen Zuständigkeit der Gerichte von Drittstaaten nach Art. 16 EuGVÜ, IPRax 1985, 249 ff.

6 **a. EuGVÜ.** Der räumliche Anwendungsbereich des **EuGVÜ** erstreckt sich auf das europäische Hoheitsgebiet der Vertragsstaaten von 1968 (also **Belgien, BR Deutschland, Frankreich, Italien, Luxemburg** und die **Niederlande), auf die französischen überseeischen Departements und Gebiete** sowie auf **Surinam** und die **niederländischen Antillen**, wenn die Niederlande dies erklären[25]. Zum europäischen Hoheitsgebiet gehören nicht der Vatikan-Staat, San Marino, Monaco und Andorra, die zwar in verschiedener Beziehung als Inland von Vertragsstaaten gelten, aber doch nicht dem Hoheitsgebiet der Vertragsstaaten zuzurechnen sind[26]. Seit dem Beitritt **Großbritanniens, Dänemarks, Irlands** und **Griechenlands,** sowie **Portugals und Spaniens** (s.o.) erstreckt sich der Anwendungsbereich des EuGVÜ auf die Hoheitsgebiete auch dieser Staaten.

---

18 Vgl. Geimer, IZPR, Rn. 853.
19 Kropholler in: Handbuch des IZVR, Bd. I, Kap. III, Rdnr. 610; Bülow/Böckstiegel/Schlafen, Internationaler Rechtsverkehr, 606.33.
20 Geimer, WPM 1976, 830 f.; Schlosser, Bericht zum EuGVÜ, Abl 1979, Nr. C 59, 94.
21 Vgl. Battifol/Lagarde, Droit International Privé, Tôme II, 473; Nagel/Gottwald, IZPR, § 3 Rn. 122.
22 Siehe aber Art. 18 EuGVÜ (Rügeloses Entlassen).
23 Siehe aber Art. 18 EuGVÜ (Rügeloses Entlassen).
24 Siehe aber Art. 18 EuGVÜ (Rügeloses Entlassen).
25 Basedow in: Handbuch des IZVR, Bd. 1, Kap. II, Rn. 58, BGBl. 1986 II, 919 mit Erstreckung auf Aruba.
26 Basedow in: Handbuch des IZVR, Bd. 1., Kap. II, Rdnr. 59.

Kein Vertragsgebiet ist Grönland[27]. Auf die übrigen Gebiete Großbritanniens und Dänemarks, die nicht unmittelbar Staatsgebiet sind (Fáróer-Inseln, Kanalinseln, Insel Man, Gibraltar, brit. Hoheitszonen auf Zypern) muss der Anwendungsbereich des EuGVÜ per ausdrücklicher Erklärung der jeweiligen Regierungen erstreckt werden.

Der **sachliche Anwendungsbereich** bestimmt sich nach Art. 1 EuGVÜ. Danach sind die Vorschriften des EuGVÜ in **Zivil- und Handelssachen** anzuwenden. Nicht im Geltungsbereich des EuGVÜ liegen die in Art. 1 Abs. 2 EuGVÜ benannten Materien: 7

(1) der Personenstand, die Rechts- und Handlungsfähigkeit sowie die gesetzliche Vertretung von natürlichen Personen, die ehelichen Güterstände, das Gebiet des Erbrechts[28] einschließlich des Testamentsrechts;
(2) Konkurse, Vergleiche und ähnliche Verfahren;
(3) die soziale Sicherheit;
(4) Schiedsgerichtsbarkeit.

Zu den in (1) benannten Statusangelegenheiten gehören namentlich Streitigkeiten über Wohnsitz und Staatsangehörigkeit eines Menschen; aber auch Namensangelegenheiten, Entmündigungen, Todes- und Volljährigkeitserklärungen, Adoptionen, Legitimationen, Sorgerechtsfragen und Ehesachen einschließlich der Trennung von Tisch und Bett werden erfasst[29]. Dagegen werden z.B. Unterhaltssachen in den Anwendungsbereich des EuGVÜ einbezogen[30]. Dies gilt selbst dann, wenn sie im Rahmen von Statussachen verhandelt werden, wie häufig bei Scheidungsverfahren[31]. Entsprechendes ist anzunehmen, wenn in (ebenfalls ausgeschlossenen) Streitigkeiten ehegüterlicher Art Unterhaltsentscheidungen getroffen werden[32]. Unter die Ausschlussnorm des Art. 1 Abs. 2 Nr. 2 EuGVÜ fallen sämtliche Angelegenheiten, die durch ein noch zu verabschiedendes EG-Konkursabkommen[33] geregelt werden sollten. Zur Ratifizierung dieses Abkommens ist es nicht mehr gekommen. Stattdessen trat am 31. Mai 2002 die Verordnung (EG) Nr. 1346/2000 des Rates über Insolvenzverfahren vom 29. Mai 2000 in Kraft[34]. Der Rechtsprechung des EuGH[35] zufolge erstreckt sich Art. 1 Abs. 2 EuGVÜ auf alle Verfahren, die nach den verschiedenen Rechtsordnungen der Vertragsstaaten auf der Zahlungseinstellung, der Zahlungsunfähigkeit oder der Erschütterung des Kredits des Schuldners beruhen und ein Eingreifen des Gerichts beinhalten, das in eine zwangsweise Liquidation der Vermögenswerte des Schuldners oder zumindest in eine Kontrolle durch die Gerichte mündet. Ferner betrifft der Ausschluss auch solche Verfahren, die sich nur auf ein Insolvenzverfahren beziehen[36].

Das Abkommen beansprucht nach Art. 1 Abs. 1 EuGVÜ Geltung, ohne dass es auf die Art der Gerichtsbarkeit ankommt[37]. Damit unterfallen sämtliche Verfahren der streitigen 8

---

27 BGBl. 1986 II, 1020; vgl. auch unter Mitteilungen IPRax 1987, 134.
28 Zum Ausschluss des Erbrechts eingehend Basedow in: Handbuch des IZVR, Bd. I, Kap. II, Rn. 106–110.
29 Basedow in: Handbuch des IZVR, Bd. I, Kap. 2, Rn. 99.
30 Schütze, Rechtsverfolgung im Ausland, 75; OLG Frankfurt IPRax 1981, 136, 136; EuGH IPRax 1981, 19, 20.
31 EuGH IPRax 1981, 19.
32 Hausmann, Zur Anerkennung von Annex-Unterhaltsentscheidungen nach dem EG-Gerichtsstands- und Vollstreckungsübereinkommen, IPRax 1981, 5, 7.
33 Hierzu Großfeld ZIP 1981, 925 ff.; Thieme Rabels Z 45 (1981), 459 ff.
34 ABl 2000 Nr. 160, 1 ff.
35 EuGH RIW 1979, 273; so auch OLG Koblenz RIW 1989, 739, 740.
36 EuGH RIW 1979, 273.
37 Jenard, Bericht zum EuGVÜ in: Bülow/Böckstiegel, Internationaler Rechtsverkehr, 601.11.

Gerichtsbarkeit[38], aber auch solche in der Freiwilligen Gerichtsbarkeit[39] (echte Parteistreitigkeiten in der EG), die Zivil- und Handelssachen sind, dem Anwendungsbereich des EuGVÜ. Der Begriff der Zivil- und Handelssache ist **vertragsautonom** auszulegen[40], d.h. die Entscheidung darüber, ob eine Zivil- und Handelssache vorliegt, muss den Zielsetzungen und der Systematik des Übereinkommens sowie den allgemeinen Rechtsgrundsätzen, die sich aus der Gesamtheit der innerstaatlichen Rechtsordnungen ergeben, entnommen werden[41]. Da ein solches Vorgehen den einzelnen Rechtssuchenden vor ein unüberwindbares Problem stellt, sollte die lex fori (Recht am Gerichtsort) zur Auslegung des Begriffes Zivil- und Handelssache solange herangezogen werden – so auch Basedow[42] für die Untergerichte – bis sich zu dieser Frage eine überschaubare Rechtsprechung des Europäischen Gerichtshofes (EuGH) herausgebildet hat. Bislang hat der EuGH[43] lediglich festgestellt:

- Verfahren zwischen Privaten und Behörden sind keine Zivil- und Handelssache, wenn sie von der Behörde im Zusammenhang mit der Ausübung hoheitlicher Befugnisse geführt werden.
- Dieser Zusammenhang besteht zwischen den in hoheitlicher Form kraft Benutzungszwangs erbrachten Diensten einer Behörde und ihren Ansprüchen auf Entgelt in Form von Gebühren.
- An einem Zusammenhang mit der Ausübung hoheitlicher Befugnisse fehlt es, wenn der Vergleich mit der Privatwirtschaft ergibt, dass die in Frage stehende Verpflichtung überwiegend zivilrechtlich qualifiziert wird (Aufsichtspflicht eines Lehrers).

9 Nicht Zivil- und Handelssache sind nach Art. 1 Abs. 1 S. 2 EuGVÜ ferner Steuer- und Zollsachen sowie verwaltungsrechtliche Angelegenheiten. Die Abgrenzung des Zivilrechts zum öffentlichen Recht bereitet insbesondere den Staaten mit Common-Law-Tradition Schwierigkeiten. Der strenge Unterschied der kontinentaleuropäischen Rechte zwischen Verwaltungsrecht und Privatrecht ist diesen Ländern an sich völlig unbekannt[44]. Solange sich in der Rechtspraxis keine klaren Abgrenzungskriterien entwickelt haben, können daher verlässliche Antworten auf die Frage, was Zivil- und Handelssache ist, nicht gegeben werden.

10 In persönlicher Hinsicht setzt das EuGVÜ voraus, dass der Beklagte seinen **Wohnsitz** in einem **Vertragsstaat der** EU hat[45]. Auf die Staatsangehörigkeit des Beklagten kommt es in diesem Zusammenhang nicht an[46]. Die Wohnsitzfrage richtet sich nach der jeweiligen lex fori des Staates, in dem er wohnt[47]. Von der Ausnahme einer Zuständigkeit nach Art. 16 EuGVÜ abgesehen[48], finden die Regelungen der jeweiligen lex fori (etwa der ZPO) nur dann Anwendung, wenn der Beklagte seinen Wohnsitz außerhalb der EuGVÜ-Vertragsstaaten genommen hat. Bei mehrfachem Wohnsitz geht der inländische

---

38 Kropholler in: Handbuch des IZVR, Bd. I, Kap. III, Rn. 614.
39 Kropholler in: Handbuch des IZVR, Bd. I, Kap. III, Rn. 614.
40 EuGH RIW 1977, 40; Basedow in: Handbuch des IZVR, Bd. I, Kap. II, Rn. 72; Battifol/Lagarde, Droit International Privé, Tôme II, 472.
41 EuGH RIW 1977, 40; EuGH RIW 1983, 871, 872.
42 Basedow in: Handbuch des IZVR, Bd. I, Kap. II; Rn. 77.
43 EuGH RIW 1977, 40; EuGH IPRax 1981, 169; EuGH IPRax 1994, 37.
44 Schlosser, Bericht zum EuGVÜ, Abl 1979, Nr. C 59, 83.
45 Kropholler in: Handbuch des IZVR, Bd. I, Kap. III, Rn. 616.
46 Kropholler in: Handbuch des IZVR, Bd. I, Kap. III, Rn. 616.
47 Kropholler in: Handbuch des IZVR, Bd. I, Kap. III, Rn. 616.
48 Siehe auch Grundmann IPRax 1985, 249 ff.

dem ausländischen vor[49]. Gerichtsstandvereinbarungen unterliegen unterdessen auch dann der Beurteilung nach Art. 17 EuGVÜ, wenn dem Beklagten kein Wohnsitz innerhalb der EuGVÜ-Vertragsstaaten nachgewiesen werden kann[50]. Im Rahmen des Art. 17 EuGVÜ und Art. 23 EuGVVO reicht es aus, wenn eine Partei (nicht notwendigerweise die beklagte) ihren Wohnsitz in einem EuGVÜ-Mitgliedsstaat hat[51]. Lediglich reine Inlandsfälle sind vom Geltungsbereich des EuGVÜ ausgenommen[52]. Die notwendige Auslandsberührung ist jedoch zu bejahen, sofern zwei inländische Parteien einen Gerichtsstand im Vertragsausland prorogieren[53].

b. LuGVÜ. Das LuGVÜ hat denselben sachlichen Anwendungsbereich wie das EuGVÜ. Ihm sind u.a die Schweiz, Norwegen und Polen beigetreten. 11

Für das Luganer Übereinkommen gibt es allerdings keine Auslegungszuständigkeit des Europäischen Gerichtshofs[54]. Maßgeblich für die Auslegung des Luganer Übereinkommens ist das Protokoll Nr. 2 zu diesem Übereinkommen (BGBl. 1994 II S. 2647). Nach der Präambel des Protokolls Nr. 2 müssen die Vertragsparteien des Übereinkommens die bis zum 18. September 1988 ergangenen Entscheidungen des Europäischen Gerichtshofs als authentische Interpretation der inhaltlich übereinstimmenden Parallelnormen des Luganer Übereinkommens akzeptieren[55].

c. EuGVVO. Seit dem 1. März 2002 ist die Verordnung (EG) Nr. 44/2001 des Rates vom 22. Dezember 2000 über die gerichtliche Zuständigkeit und die Anerkennung und Vollstreckung von Entscheidungen in Zivil- und Handelssachen in Kraft[56], die das EuGVÜ mit Ausnahme im Verhältnis zu Dänemark verdrängt[57]. Die EuGVVO hat denselben sachlichen Anwendungsbereich wie das EuGVÜ (siehe oben). Mit dem Beitritt der zehn neuen Staaten zur EU am 1. Mai 2004 erstreckt sich die EuGVVO auch auf diese Staaten[58]. Dänemark hat mit der Europäischen Union am 19.10.2005 völkerrechtlich vereinbart (ABl. Nr. L 299 vom 16.11.2005, 62), dass die EuGVVO auch für und im Verhältnis zu Dänemark Anwendung findet. Dieses Abkommen ist am 1. Juli 2007 in Kraft getreten (ABl. Nr. L 94 vom 4.4.2007, 70). Die Praxis und Auslegung zum EuGVÜ bleibt aber nach wie vor allgemein bedeutsam, soweit die EuGVVO die Regelungen aus dem EuGVÜ inhaltlich übernommen hat. 12

3. Allgemeiner Gerichtsstand. Es besteht weltweit Übereinstimmung, dass der **Sitz** bzw. der **Wohnsitz** einer Partei gerichtsstandsbegründend wirkt. Vorbehaltlich der anders lautenden Vorschriften des EuGVÜ/LuGVÜ/EuGVVO sind Personen, die ihren Wohnsitz in dem Hoheitsgebiet eines Vertragsstaats/Mitgliedsstaates der EU haben, ohne Rücksicht auf ihre Staatsangehörigkeit vor den Gerichten dieses Staates zu verklagen (Art. 2 EuGVÜ/LuGVÜ/EuGVVO). Auf Personen, die nicht dem Staate, in dem sie ihren Wohnsitz haben, angehören, sind die für Inländer maßgebenden Zuständig- 13

---

49 Siehe auch Grundmann IPRax 1985, 249 ff.
50 Nagel/Gottwald, Internationales Zivilprozessrecht, § 3 Rn. 138.
51 Geimer/Schütze, Internationale Urteilsanerkennung, Bd. 1.1., Halbbd., 29 Anm. VI 1a; Nagel/Gottwald, Internationales Zivilprozessrecht, § 3 Rn. 136.
52 Müller/Hök, Einzug von Auslandsforderungen, 141; Geimer/Schütze, Internationale Urteilsanerkennung, Bd. 1.1., Halbbd., 29 Anm. VI 1a.
53 Müller/Hök, Einzug von Auslandsforderungen, 141; Bülow/Böckstiegel/Müller, Internationaler Rechtsverkehr, 606.143.
54 BGH NJW 2001, 1936 = MDR 2001, 686 = BauR 2001, 979 = ZfBR 2001, 309 = NZBau 2001, 333.
55 BGH NJW 2001, 1936 = MDR 2001, 686 = BauR 2001, 979 = ZfBR 2001, 309 = NZBau 2001, 333.
56 ABl 2000 Nr. L 012 vom 16/01/2001 0001–0023.
57 Vgl. Junker RIW 2002, 569.
58 Vgl. ABl 2004 Nr. L 236, 711 ff.

keitsvorschriften anzuwenden. Nach Auffassung des EuGH genießt dieser Gerichtsstand Priorität, d.h. die Normen zu den besonderen Zuständigkeiten sind restriktiv auszulegen[59]. Gemäß Art. 2 Abs. 1 EuGVVO muss mithin grundsätzlich jeder vor dem für seinen Wohnsitz zuständigen Gericht verklagt werden, soweit nicht eine der davon abweichenden Vorschriften der EuGVVO eingreift[60]. Die Tatsache, dass der Anspruchsprätendent eine vertragliche Forderung aus abgetretenem Recht geltend macht, schließt es ein, dass er sich auf den zwischen den ursprünglichen Vertragsparteien bestehenden Gerichtsstand berufen kann[61].

14 Geregelt wird nur die **internationale Zuständigkeit**. Die sachliche und örtliche Zuständigkeit ist der lex fori (Recht des Gerichtsortes) zu entnehmen. Gemäß Art. 3 Abs. 1 EuGVÜ/LuGVÜ können Personen, die ihren Wohnsitz in dem Hoheitsgebiet eines Vertragsstaats haben, vor den Gerichten eines anderen Vertragsstaats nur gemäß den Sondervorschriften des EuGVÜ, LuGVÜ und der EuGVVO verklagt werden. Die völkervertraglichen Übereinkommen (EuGVÜ, LuGVÜ) und die EuGVVO sehen besondere Gerichtsstände, insbesondere in Art. 5 EuGVÜ/LuGVÜ/EuGVVO, vor. Art. 16 EuGVÜ und Art. 22 EuGVVO kennen auch ausschließliche Zuständigkeiten. Ferner schliessen EuGVÜ, LuGVÜ und EuGVVO eine Reihe von nationalen Zuständigkeiten aus. Insbesondere können gegen in dem Mitgliedsstaaten des EuGVÜ/LuGVÜ und den Mitgliedsstaaten der EU wohn- bzw-. sesshaften Personen nicht geltend gemacht werden:

Belgien	Art. 15 des Zivilgesetzbuches (Code civil – Burderlijk Wetboek) sowie Art. 638 der Zivilprozeßordnung (Code judiciaire – Gerechtelijk Wetboek)
Dänemark	Art. 248 Abs. 2 der Zivilprozeßordnung (Lov om rettens pleje) und Kapitel 3 Art. 3 der Zivilprozeßordnung für Grönland (Lov for Groenland om rettens pleje);
Deutschland	§ 23 ZPO
Estland	Art. 139 Abs. 2 der Zivilprozessordnung (tsiviilkohtumenetluse seadustik)
Finnland	Kapitel 10 § 1 Abs. 1 Sätze 2, 3 und 4 der Prozessordnung
Griechenland	Art. 40 ZPO
Frankreich	Art. 14, 15 Code Civil
Irland	Vorschriften, nach denen die Zuständigkeit durch Zustellung eines das Verfahren einleitenden Schriftstückes an den Beklagten während dessen vorübergehender Anwesenheit in Irland begründet wird
Italien	Art. 2, Art. 4 Nummern 1 und 2 der Zivilprozeßordnung (Codice di procedura civile)
Lettland	Art. 7 bis 25 des Zivilgesetzes (Civillikums)
Litauen	Art. 31 der Zivilprozessordnung (Civilinio proceso kodeksas)
Luxemburg	Art. 14 und 15 des Zivilgesetzbuches (Code Civil)
Malta	Art. 742, 743 und 744 der Gerichtsverfassungs- und Zivilprozessordnung – Kap. 12 (Kodici ta' Organizzazzjoni u Procedura Civili – Kap. 12) und Art. 549 des Handelsgesetzbuches – Kap. 13 (Kodici tal-kummerc – Kap. 13)

[59] EuGH, Urt. vom 27.09.1988, Rs 189/87 – Kalfelis –, Slg. 1988, 5565, Rn. 19.
[60] BGH, Urteil vom 22. 4. 2009 – VIII ZR 156/ 07, Lexetius.com/2009, 1533.
[61] BGH, Urteil vom 22. 4. 2009 – VIII ZR 156/ 07, Lexetius.com/2009, 1533; OGH Österreich, Beschluss vom 11. Mai 2005 – 9 Ob 104/ 04s, IPRax 2006, 489, 490; Martiny in: Festschrift für Geimer, 2002, S. 641, 661; Mankowski, EWiR 2004, 379 f.; Hau, IPRax 2006, 507 ff.; Schlosser, JZ 2004, 408, 409.

Niederlande	Art. 126 Abs. 3 und Art. 127 der Zivilprozeßordnung (Wetboek von Burgerlijke Rechtsvordering)
Österreich	§ 99 der Jurisdiktionsordnung
Polen	Art. 1103 und 1110 der Zivilprozessordnung (Kodeks postepowania cywilnego
Portugal	Art. 65 und Art. 65 A der Zivilprozeßordnung und Art. 11 der Arbeitsprozeßordnung
Schweden	Kapitel 10 § 3 Abs. 1 S. 1 der Prozessordnung
Slowenien	Art. 48 Abs. 2 und Art. 58 des Gesetzes über internationales Privatrecht und die Prozessordnung (Zakon o mednarodnem zasebnem pravu in postopku)
Slowakei	Abschnitte 37, 39 (nur in Unterhaltssachen) und 46 des Gesetzes Nr. 97/1963 Zb. über Internationales Privatrecht und die entsprechenden Verfahrensvorschriften.
Tschechien	Art. 86 des Gesetzes Nr. 99/1963 Coll., Zivilprozessordnung (obcanský soudní rád), in geänderter Fassung,
Ungarn	Art. 57 der Gesetzesverordnung Nr. 13 von 1979 über Internationales Privatrecht (a nemzetközi magánjogról szóló 1979. évi 13. törvényereju rendelet).
Vereinigtes Königreich	Vorschriften, nach denen die Zuständigkeit begründet wird durch a) die Zustellung eines das Verfahren einleitenden Schriftstücks an den Beklagten während dessen vorübergehender Anwesenheit im Vereinigten Königreich; b) das Vorhandensein von Vermögenswerten des Beklagten im Vereinigten Königreich oder c) die Beschlagnahme von Vermögen im Vereinigten Königreich durch den Kläger.
Zypern	Abschnitt 21 Abs. 2 des Gerichtsgesetzes Nr. 14 von 1960 in geänderter Fassung

4. Gerichtsstand des Erfüllungsortes

Schrifttum

Bajons, Gerichtsstand des Erfüllungsortes. Rück- und Ausblick auf eine umstrittene Norm, FS Geimer, 2002, 15 ff.; Hager/Bentele, Der Lieferort als Gerichtsstand – zur Auslegung des Art. 5 Nr. 1 lit. b) EuGVO, IPRax 2004, 73 ff.; Gsell, Autonom bestimmter Gerichtsstand am Erfüllungsort nach der Brüssel-I-Verordnung, IPRax 2002, 484 ff.; Piltz, Vom EuGVÜ zur Brüssel-I- Verordnung, NJW 2002, 789 ff.; Magnus IHR 2002, 45 ff.; Eltzschig, Art. 5 Nr. 1 b EuGVO: Ende oder Fortführung von forum actoris und Erfüllungsortbestimmung lege causae?, IPRax 2002, 491 ff.; Gaudemet/Tallon, Compétence et exécution des jugements en Europe, Paris 2003; M.L. Niboyet, La révision de la Convention de Bruxelles par le règlement du 22 déc. 2000, Gaz. Pal. spéc. contentieux jud. internat. et europ. des 10–12 juin 2001, 12 ff.; Ancel, La prestation caractéristique du contrat, Paris 2002; Junker, Vom Brüsseler Übereinkommen zur Brüsseler Verordnung – Wandlungen des Internationalen Zivilprozessrechts, RIW 2002, 569; Piltz, Der Gerichtsstandes Erfüllungsortes nach dem GVÜ, NJW 1981, 1876; Pocar, Jurisdiction and the Enforcement of Judgments under the EC- Convention of 1968, RabelsZ (1978), 405; Spellenberg, Der Gerichtsstand des Erfüllungsortes, ZZP 91 (1978), S. 38; Spellenberg, Die Vereinbarung des Erfüllungsortes, IPRax 1981, 75; Schack, Der internationale Klagegerichtsstand des Verkäufers, IPRax 1986, 82; Kohler, Internationale Gerichtsstandvereinbarungen; Liberalität und Rigorismus im GVÜ, IPRax 1983, 265; Staudinger, Streitfragen zum Erfüllungsortsgerichtsstand im Luftverkehr, IPRax 2010, 140; Wagner, Die Entscheidungen des EuGH zum Gerichtsstand des Erfüllungsortes nach der EuGVVO – unter besonderer Berücksichtigung der Rechtssache Rehder, IPRax 2010, 143; Zöller/Bearbeiter, ZPO, 28. Auflage, Köln 2010

Der Erfüllungsort einer vertraglichen Verpflichtung hat schon immer eine besondere Bedeutung im Internationalen Privat- wie im Internationalen Verfahrensrecht. Die Obligation wird bei ihrer Entstehung und bei ihrer Erfüllung sichtbar. Nach Savigny fällt die Erfüllung mit dem eigentlichen Wesen der Obligation zusammen[62]. Es verwundert 15

[62] Savigny, System des heutigen Römischen Rechts, VIII, 208.

daher nicht, wenn der Erfüllungsort einer Obligation zentrale Bedeutung bei der Bestimmung der Internationalen Zuständigkeit besitzt. Seit jeher begründet § 29 ZPO den Gerichtsstand des Erfüllungsortes und auch die einschlägigen völkerrechtlichen Übereinkommen und die EuGVVO (siehe Art. 5 Nr. 1 EuGVVO) messen dem Erfüllungsort **gerichtsstandsbegründende** Bedeutung zu.

16 Der internationale Gerichtsstand des Erfüllungsortes, der in Art. 5 Nr. 1 EuGVÜ/LuGVÜ/EuGVVO eine Regelung gefunden hat, ermöglicht es, einen ausländischen Schuldner am Erfüllungsort einer vertraglichen Leistung[63] zu verklagen. Die Gerichtswahl steht dem Kläger zu und wird mit der Erhebung der Klage getroffen. Mit der Wahlmöglichkeit des Klägers ist die Gefahr des **Forumshopping** und damit auch des **Lawshopping** verbunden. Der Kläger kann sich nämlich bei der Wahl des zuständigen Gerichts nach dem für ihn günstigsten Recht orientieren. Ob ein Anspruch auf einem Vertrag beruht, muss „vertragsautonom" bestimmt werden[64]. Gelegentlich scheint gerade diese Möglichkeit Grund für eine extensive Auslegung des Begriffes zu sein[65]. Ausschlaggebend ist, ob sich die Parteien freiwillig gebunden haben[66]. Der EuGH[67] hat etwa den Anspruch eines Handelsvertreters auf Schadensersatz wegen missbräuchlicher Kündigung als vertraglich qualifiziert. Klagen auf Beitragsleistung zu einem Verein, der GmbH gegen den Geschäftsführer, auf Vertragsauflösung wegen Schlechterfüllung oder auf Zahlung einer Vertragsstrafe fallen unter Art. 5 Nr. 1 EuGVÜ/LuGVÜ/EuGVVO[68]. Ansprüche, die aus dem Abbruch von Vertragsverhandlungen resultieren, fallen unter Art. 5 Nr. 3 EuGVÜ[69]. Da ein Vertragsverhältnis regelmäßig eine Vielzahl von Leistungspflichten begründet, bedarf es jedoch einer Konkretisierung der in diesem Zusammenhang maßgeblichen Pflicht. Dabei gehen das EuGVÜ/LuGVÜ, die ZPO und die EuGVVO unterschiedliche Wege.

17 **a. ZPO.** Nach § 29 ZPO kommt es auf konkret streitige Verpflichtung an[70]. Es wird nach dem aufgrund des maßgeblichen IPR auf die streitige Verpflichtung anwendbaren Recht gesucht, das Auskunft über den gerichtsstandsbegründenden Erfüllungsort gibt[71]. Findet das CSIG Anwendung, ergibt sich der maßgebliche Erfüllungsort für die Zah-

---

[63] Siehe aber Art. 18 EuGVÜ (Rügeloses Entlassen).

[64] EuGH RIW 1989, 139, 139.

[65] Siehe EuGH IPRax 2010, 160: Hier hat der EuGH die Auffassung vertreten, dass im Flugverkehr Passagiere entweder am Abflugsort oder am Zielort Klage erheben können. Der EuGH ignoriert insoweit die eigentliche Leistungsbeziehung und koppelt die Leistung des Transportunternehmens vom eigentlichen Schwerpunkt ab, der in der Organisation der Luftbeförderung liegt, vom Sitz des Transportunternehmens ab. Für den EuGH stellen die logistischen Leistungen des Luftfahrtunternehmens sogenannte Vorbereitungshandlungen für die Vertragsdurchführung dar und keine Dienstleistungen, die in einen Zusammenhang mit dem Inhalt des Vertrages im eigentlichen Sinne haben. Damit vertritt der EuGH ernsthaft die Theorie es könne voneinander unabhängige Teilleistungen geben und es komme allein darauf an, welche Leistungen für den Leistungsempfänger im Vordergrund stehen. Für Planungsleistungen hätte dies zur Folge, dass sie als unmaßgebliche Vorbreitungshandlungen zu qualifizieren wären. Erbringt ein Bauunternehmen Planungsleistungen und Bauleistungen wären die Planungsleistungen als unbeachtliche Vorbreitungshandlungen ungeeignet für die Begründung des Gerichtsstands des Erfüllungsortes. Rechtsanwälte, diean ihrem Kanzleisitz den Sachverhalt zusammentragen und Schriftsätze fertigen, würden ebenfalls nur unerhebliche Vorbereitungsleistungen für die Prozessführung am Gerichtsort erbringen. Es fragt sich, ob das Abstellen auf den Empfängerhorizont des Leistungsempfängers tatsächlich sinnvoll und von der Idee eines einheitlichen Erfüllungsortes getragen ist.

[66] Vgl. Born/Fallon/van Boxstael, Droit judiciaire international 1991-1198, Rn. 50.

[67] EuGH RIW 1989, 139, 139.

[68] Gottwald/Nagel, Internationales Zivilprozessrecht, § 3 Rn. 41.

[69] EuGH, Urt. v. 17.09.2002, Rs 334/00, – Fonderie Officine Meccaniche Tacconi Spa, NJW 2003, 3159.

[70] Gottwald/Nagel, Internationales Zivilprozessrecht, § 3 Rn. 342.

[71] Gottwald/Nagel, Internationales Zivilprozessrecht, § 3 Rn. 342.

lungsverpflichtung aus Art. 57 CSIG[72]. Es ist aber allgemein anerkannt, dass Erfüllungsort für die beiderseitigen Verpflichtungen aus einem **Architektenvertrag** nicht wie sonst regelmäßig der Ort des Bauwerks, sondern der Wohnsitz des Auftraggebers ist, wenn es nicht zur Errichtung des Bauwerks kommt[73].

b. EuGVÜ. Nach ständiger Rechtsprechung des EuGH sind Abweichungen vom Grundsatz des Art. 2 EuGVÜ wegen seines allgemeinen Charakters einschränkend auszulegen[74]. Das gilt auch für Art. 5 EuGVÜ, der es ermöglicht, eine Person, die ihren Wohnsitz im Hoheitsgebiet eines Vertragsstaats hat, vor den Gerichten eines anderen Vertragsstaats zu verklagen. Das Erfordernis einer eingeschränkten Auslegung bedeutet, dass die Zuständigkeitsbestimmungen des Art. 5 EuGVÜ nicht zu einer entsprechenden Anwendung führen dürfen, die über die im Brüsseler Übereinkommen vorgesehenen Fälle hinausgeht[75]. Im Urteil Dumez France und Tracoba hat der Gerichtshof darauf hingewiesen, dass dies umso mehr für die Fälle gelte, für die das Brüsseler Übereinkommen die Möglichkeit vorsieht, eine Person vor den Gerichten des Vertragsstaats zu verklagen, in dessen Hoheitsgebiet der Kläger seinen Wohnsitz hat. Abgesehen von den ausdrücklich geregelten Fällen sei nämlich dem Brüsseler Übereinkommen eine eindeutige Abneigung zu entnehmen, die Gerichte des Wohnorts des Klägers für zuständig zu erklären[76]. 18

Die herrschende Auffassung zum EuGVÜ/LuGVÜ knüpft an die primäre Hauptleistungspflicht an[77]. Danach ist die dem streitigen Anspruch zugrunde liegende Pflicht zu ermitteln. Welche Pflicht dies im Einzelnen ist, beurteilt sich nach dem jeweiligen Vertragsstatut. Berühmt sich nach alledem der Kläger eines vertraglichen Schadensersatzanspruchs, macht er vertragliche Nebenpflichten geltend, fordert er Rückabwicklung des Vertrages, klagt er auf Auflösung des Vertrages oder verlangt er das stellvertretende commodum heraus, ergibt sich die Zuständigkeit des Gerichts immer aus der zugrunde liegenden **primären Hauptpflicht**[78] (also der Pflicht zur Kaufpreis- oder Werklohnzahlung bzw. der Lieferpflicht). Allein dieser Pflicht ist der maßgebliche Erfüllungsort zu entnehmen. Problematisch ist jedoch, dass Art. 5 Nr. 1 EuGVÜ nicht nur einen Gerichtsstand an dem Ort eröffnet, an dem erfüllt worden ist[79]. Vielmehr kann 19

---

[72] OLG Düsseldorf RIW 1993, 845.

[73] OLG Oldenburg NJW-RR 1999, 865, 866.

[74] EuGH, Urt. vom 27.09.1988, Rs 189/87 – Kalfelis –, Slg. 1988, 5565, Rn. 19.

[75] Z.B. EuGH, Urt. vom 19.01.1993, Rs C-89/91 – Shearson Lehman Hutton –, Slg. 1993, I-139, Rn. 16 sowie EuGH, Urt. vom 17.06.1992, Rs C-26/91 – Handte –, Slg. 1992, I-3967 Rn. 14.

[76] EuGH, Urt. vom 11.01.1990, Rs C-220/88 – Dumez France und Tracoba –, Slg. 1990, I-49 Rn. 16, 19; in diesem Sinne auch EuGH, Urt. vom 13.07.2000, Rs C-412/98 – Group Josi –, Slg. 2000, I-5925, Rn. 50.

[77] EuGH RIW 1977, 42, 42 bis 1982 uneingeschränkt (vgl. EuGH RIW 1982, 908, 910; EuGH RIW 1987, 213, 214; OLG Düsseldorf RIW 1987, 943, 944; LG Kaiserslautern IPRax 1987, 368, 368; OLG Koblenz IPRax 1986, 105, 107; OLG München MDR 1980, 1024, 1024; BGH NJW 1981, 1158, 1158; BGH RIW 1979, 710, 711; BGH NJW 1982, 2733, 2733; BGH NJW 1985, 560, 561; BGH NJW 1985, 561, 562; LG Frankfurt a.M. IPRax 1982, 250, 250; Geimer/Schütze, Internationale Urteilsanerkennung, Bd. 1, 1. Halbbd., § 83 Anm. XI 2; ebenso das deutsche nationale Recht, vgl. dazu Stein/Jonas/Schumann, ZPO, § 29 Anm. 17: a.A. (Anknüpfung an die vertragscharakteristische Leistungspflicht) EuGH RIW 1982, 908, 910 für den Fall, dass der Kläger seine Klage auf verschiedene Verpflichtungen aus einem Vertretervertrag stützt; Bülow/Böckstiegel/Linke, Internationaler Rechtsverkehr, 606.59; Piltz, NJW 1981, 1876, 1877; Spellenberg, ZZP 91 (1978), 38, 56; Battifol/Lagarde, Droit International Privé, Tôme II, 475; Collins, The Civil Jurisdiction and Judgment Act 1982, 54; Müller/Hök, Einzug von Auslandsforderungen, 23; falsch OLG Köln RIW 1988, 555, 557 (Sekundärpflicht).

[78] Geimer/Schütze, Internationale Urteilsanerkennung, Bd. 1, 1. Halbbd. § 83 Anm. XII 1; Linke, EG-Gerichtsstands- und Vollstreckungsübereinkommen, RIW 1985, 1, 4; OLG Düsseldorf RIW 1987, 943, 944.

[79] Welche Voraussetzungen an die Erfüllungshandlung anzulegen sind, richtet sich nach dem Vertragsstatut.

daneben an dem Ort Klage erhoben werden, an dem zu erfüllen wäre. In letzterem Fall ist das Wirkungsstatut des zugrunde liegenden Vertragsverhältnisses nach der Lage des Erfüllungsortes zu befragen[80], das heißt, es ist zunächst das Vertragsstatut zu bestimmen[81]. Da jedoch schon die zahlreichen materiellen Rechtsordnungen der EU-Mitgliedsstaaten den Erfüllungsort der reinen Geldzahlungspflicht nicht einheitlich entweder an den Schuldner- oder den Gläubigersitz verlegen[82], werden auf diese Weise sehr zufällige Ergebnisse erzielt. Hinzu kommt, dass bei der Bestimmung des Vertragsstatuts das Uncitral Kaufrecht (CISG) zu beachten ist. Gemäß Art. 57 Abs. 1 CISG ist der Kaufpreis am Sitz des Verkäufers zu leisten[83]. Dem Zufall können die Vertragsparteien abhelfen, indem sie den maßgeblichen Erfüllungsort vertraglich festlegen. Eine derartige Abrede bedarf keiner Form, namentlich nicht der des Art. 17 EuGVÜ bzw. des Art. 23 EuGVVO[84]. Die lex causae kann im Einzelfall anders entscheiden.

20 Die internationale Zuständigkeit der deutschen Gerichte ist mithin nach § 5 Nr. 1 EuGVÜ/LuGVÜ am Erfüllungsort der streitigen vertraglichen Verpflichtung eröffnet, wenn dieser in Deutschland liegt. Ob ein vertraglicher Anspruch im Streite befindlich ist, muss vertragsautonom festgestellt werden[85]. Dagegen ist nach der bisherigen Rechtsprechung des EuGH der Erfüllungsort selbst nicht vertragsautonom zu bestimmen, sondern nach dem materiellen Recht, das von dem Internationalen Privatrecht des angerufenen Gerichts für das Vertragsverhältnis berufen ist (lex causae)[86]. Es muss also nach deutschem IPR entschieden werden, welches Recht auf den Vertrag Anwendung findet[87]. Die Regelvermutung des Art. 28 Abs. 2 EGBGB gilt nach herrschender Auffassung grundsätzlich auch für **Bauverträge**[88]. Danach ist das Recht des Staates anzuwenden, in welchem die Partei ihren Sitz hat, welche die charakteristische Leistung des Vertrages zu erbringen hat. Der Werkvertrag wird wie beispielsweise der Dienstvertrag nicht durch die Geldleistung des Auftraggebers, sondern durch die Leistung des Auftragnehmers charakterisiert. Das führt regelmäßig zum Recht des Ortes der Niederlassung des Werkunternehmers. Der Erfüllungsort der Werklohnforderung ist nach deutschem Recht, wenn die Parteien keine Erfüllungsortvereinbarung getroffen haben, der Ort des

[80] EuGH RIW 1977, 40, 41; Geimer, Anm. zu OLG Oldenburg, WM 1976, 1289, 1290; Spellenberg, Das Europäische Gerichtsstands- und Vollstreckungsübereinkommen als Kern eines europäischen Zivilprozeßrechts, EuR 1980, 329, 342; OLG Koblenz RIW 1989, 739, 741; OLG Hamm RIW 1980, 662, 663; OLG Bamberg, NJW 1977, 505, 506; BGH NJW 1985, 560, 561; BGH NJW 1985, 561, 562; a.A. OLG Oldenburg, NJW 1976, 1043, 1044; Bülow/Böckstiegel/Linke, Internationaler Rechtsverkehr, 606.59; Schack, IPRax 1986, 82, 83.

[81] Hierzu Müller/Hök, Einzug von Auslandsforderungen, 28; Reithmann/Martiny/Martiny, Internationales Vertragsrecht, Rn. 354.

[82] Hierzu Müller/Hök, Einzug von Auslandsforderungen, 28.

[83] Vgl. dazu auch LG Nürnberg-Fürth IHR 2004, 20.

[84] EuGH WM 1980, 720, 723 = IPRax 1981, 89, 92; zustimmend Linke, Anm. zu EuGH WM 1980, 720, 723; ebenso Spellenberg, IPRax 1981, 75, 77; Kropholler in: Handbuch des IZVR. Bd. 1, Kap. III, Rn. 675; Mayer, Droit International Privé, 278; Collins, The Civil Jurisdiction and Judgment Act 1982, 56; BGH MDR 1985, 467, 468; a.A. Bülow/Böckstiegel/Linke, Internationaler Rechtsverkehr, 606.61 im Jahr 1977; Kohler, IPRax 1983, 265, 269 Fn. 33; Pocar, RabelsZ (1978), 405, 419; Schack, der Erfüllungsort im deutschen, ausländischen und internationalen Privat- und Zivilprozeßrecht, Rn. 341; OLG Köln RIW 1988, 555, 558.

[85] EuGHE 1993, 987; EuGH NJW 89, 1424.

[86] EuGH, Urteil vom 29. Juni 1994 – Rs. C-288/92 = Slg. 1994 I, 2913 = NJW 1995, 183; Geimer/Schütze, Europäisches Zivilverfahrensrecht, 1. Auflage, 1997, Art. 5 Rn. 62 bis 71; Kropholler, Europäisches Zivilprozeßrecht, Art. 5 Rn. 22 bis 27.

[87] Vgl. Werner/Pastor, Bauprozess, Rn. 424.

[88] BGH ZfBR 1999, 208 = BauR 1999, 677; vgl. auch Jacquet/Delebecque/Corneloup, Droit du commerce international, Rn. 645 zu Art. 4 EVÜ; Nuyts Rev.dr.int. et dr.comp. 2000, 143 ; Werner/Pastor, Bauprozess, Rn. 424; kritisch Hök ZfBR 2000, 7, 8; siehe auch § 4 51 ff.

Bauwerkes[89]. Deshalb gilt: Bei Bauverträgen über im Inland liegende Bauvorhaben, die nach deutschem Kollisionsrecht deutschem Recht unterliegen, eröffnen Art 5 Nr. 1 EuGVÜ und § 29 ZPO die internationale Zuständigkeit deutscher Gerichte für sämtliche Vertragsverpflichtungen, sofern die Parteien nichts anderes vereinbart haben[90].

c. EuGVVO. Art. 5 Nr. 1 EuGVVO basiert auf Art. 5 Nr. 1 EuGVÜ. Neu in Art. 5 Nr. 1 EuGVVO ist, dass jetzt nur noch der Erfüllungsort der vertragscharakteristischen Leistung für die Gerichtsstandsbestimmung maßgeblich ist[91]. Abweichend von Art. 5 Nr. 1 EuGVÜ schafft Art. 5 Nr. 1 EuGVVO zudem für zwei Fälle Sonderrecht, während es im Übrigen dabei bleibt, dass der Erfüllungsort nach der lex causae zu bestimmen ist. Nach ständiger Rechtsprechung des EuGH ist der Begriff „Vertrag oder Ansprüche aus einem Vertrag" autonom auszulegen, um die einheitliche Anwendung des Übereinkommens in allen Vertragsstaaten zu gewährleisten[92]. 21

Der zuständigkeitsbegründende Erfüllungsort eines Anspruches oder eines Rechtsverhältnisses kann entweder nach der **lex fori** (Recht am Gerichtsort) oder der **lex causae** (Recht der streitigen Obligation) oder **autonom** bestimmt werden[93]. Bislang hat der EuGH Art. 5 Nr. 1 EuGVÜ differenziert betrachtet. Im Grundsatz hat der EuGH[94] allerdings den Erfüllungsort stets nach der lex causae ermittelt. Nur in Ausnahmefällen griff er auf eine autonome Lösung zurück[95]. Die verschiedentlich geäußerte Kritik[96] hat sich nicht auf die Rechtsprechung des EuGH[97] ausgewirkt. 22

Der neue Art. 5 Nr. 1 b) EuGVVO bestimmt nunmehr den Erfüllungsort der fraglichen Verpflichtung eingehender als zuvor, was viele deutsche Autoren und inzwischen auch Gerichte zu der Aussage verleitet hat, der Erfüllungsort sei **autonom** zu bestimmen[98]. Die Frage, wie der Erfüllungsort zu bestimmen ist, wäre damit geklärt, jedenfalls soweit lit. b) anwendbar ist. Maßgeblich ist der Ort, an dem die bewegliche Sache nach dem Vertrag geliefert worden ist oder hätte geliefert werden müssen. Bei Dienstleistungen kommt es auf den Ort an, an dem sie nach dem Vertrag erbracht worden sind oder hätten erbracht werden müssen. Rechtsprechung und Literatur gehen davon aus, dass Lieferort im Sinne von Art. 5 Nr. 1 Buchst. b EuGVVO der Verschiffungshafen ist, wenn aufgrund einer **FOB-Vereinbarung** geliefert wurde[99]. Doch bleiben nach Lektüre des Regelungswortlauts viele Fragen offen. 23

89 BGH, Urteil vom 5. Dezember 1985 – I ARZ 737/85 = BauR 1986, 241 = ZfBR 1986, 80.

90 KG KGR Berlin 1999, 277–278.

91 BGH, Urt. v. 23.6.2010 – VIII ZR 135/08, NJW 2010, 3452; EuGH, Urt. v. 25.2.2010, Rs C-381/08, NJW 2010, 1059; OLG Düsseldorf IHR 2004, 108, 110; Junker RIW 2002, 569, 572.

92 EuGH, Urt. v. 5.2.2004 – Rs. C-265/02, IPRax 2004, 334 – Frahuil SA5 Assitalia Spa, Rn. 22 m.w.N.

93 OLG Düsseldorf IHR 2004, 108, 110.

94 EuGH 6.10.1976 – 14/76-Tessili/Dunlop, NJW 1977, 491.

95 Für Arbeitsverträge vgl. EuGH 27.9.1988 Rs 189/87-Kalfelis/Schröder, NJW 1988, 3088; vgl. auch EuGH 26.05.1982-Rs 133/81-Ivenel/Schwab, RIW 1982, 908.

96 Z.B. Schack, IZVR Rn. 272.

97 Vgl. EuGH 29.6.1994-Rs C-288/92-Custom Made Commercial/Stawa Metallbau, NJW 1995, 183; EuGH 28.9.1999-Rs C 440/97-Leathertex/Bodetex, NJW 2000, 721.

98 Hager/Bentele IPRax 2004, 73, 74; Hau IPRax 2000, 354, 359; Jayme/Kohler IPRax 1999, 401, 405; Zöller/Geimer, ZPO, Art. 5 EuGVVO Rn. 3; Micklitz/Rott EuZW 2001, 325, 328; OLG Düsseldorf IHR 2004, 108, 110.

99 Othon Ghalanos Limited v. Scottish & Newcastle International Limited, EuLF 2008, I S. 95, Tz. 48 ff., 55 (House of Lords, Urteil vom 20. Februar 2008 – [2008] UKHL 11); Magnus, IHR 2002, 45, 48; Ferrari, aaO, S. 66; Rauscher in: Festschrift für Heldrich, 2005, S. 933, 942; Hess/ Pfeiffer/ Schlosser, The Brussels I-Regulation (EC) No 44/ 2001, 2008, D III Rdnr. 187; Piltz, IHR 2006, 53, 55; ders., NJW 2002, 789, 793 Fn. 50; zustimmend BGH, Urteil vom 22. 4. 2009 – VIII ZR 156/ 07, Lexetius.com/2009, 1533.

24 Mit der Neuregelung des Art. 5 Nr. 1 EuGVVO hat sich jedenfalls die Methode geändert, mit der der Erfüllungsort für Ansprüche aus Warenkauf- und Dienstleistungsverträgen ermittelt wird. Der einheitliche Vertragsgerichtsstand liegt nach dem Wortlaut der Vorschrift dort, wo die Lieferung oder Dienstleistung nach dem Vertrag erbracht worden ist oder hätte erbracht werden müssen. Die Frage ist nun, welchen Ort die Verordnung meint? Meint sie den Ort, an dem der Verkäufer die Ware oder Dienstleistung auf den Weg gebracht hat oder den Ort, wo der Kunde die Ware oder Dienstleistung entgegennimmt[100]? Wer die Frage beantworten will, wird immer wieder Grenzen oder Unzulänglichkeiten eines ausschließlich prozessual determinierten Erfüllungsortes erkennen. Über die Aussage, der Erfüllungsort für Liefer- und Leistungsverpflichtungen sei vertragsautonom zu bestimmen[101], lässt sich jedenfalls keine einzelfallbezogene Entscheidung erzwingen, ja es ist technisch unmöglich, den Ort europarechtlich autonom zu bestimmen, der der Ort der Lieferung oder Leistung ist[102], ohne eine nicht enden wollende Kasuistik zu provozieren. Die Rechtsprechung der Instanzgerichte belegt[103], wie schwer es ist, nachvollziehbare Aussagen zu einem prozessual determinierten Erfüllungsort zu machen. Das vorstehend zitierte Urteil erschöpft sich in rechtlichen Erwägungen ohne Festlegung auf einen Erfüllungsort. Zwingend ist die Behauptung, der maßgebliche Erfüllungsort sei autonom zu bestimmen, ohnehin nicht[104].

25 Die Erwägungsgründe der EuGVVO helfen auch nicht wirklich weiter. In Ziffer 11 der Erwägungsgründe heißt es: „Die Zuständigkeitsvorschriften müssen in hohem Maße vorhersehbar sein und sich grundsätzlich nach dem Wohnsitz des Beklagten richten, und diese Zuständigkeit muss stets gegeben sein außer in einigen genau festgelegten Fällen, in denen aufgrund des Streitgegenstands oder der Vertragsfreiheit der Parteien ein anderes Anknüpfungskriterium gerechtfertigt ist. Der Sitz juristischer Personen muss in der Verordnung selbst definiert sein, um die Transparenz der gemeinsamen Vorschriften zu stärken und Kompetenzkonflikte zu vermeiden.“ Klar wird lediglich, dass ein hohes Maß an Rechtssicherheit gewünscht wird.

26 In der deutschen Literatur wird Art. 5 Nr. 1 lit. b) EuGVVO gelegentlich so interpretiert, als komme es darauf an, wo „vertragsgemäß“ geliefert wurde oder hätte geliefert werden müssen[105]. Diese Formulierung erweckt den Eindruck, als sei der Erfüllungsort ausschließlich im Wege der Vertragsauslegung zu bestimmen[106]. Rechtssicher ist diese Vorgehensweise nicht. Bleiben bei der Auslegung des Vertrages Zweifel, wo die Ware geliefert oder die Dienstleistung erbracht werden soll, so verdient nach Auffassung von Gsell[107] diejenige den Vorzug, die Sinn und Zweck des Gerichtsstandes am Erfüllungsort sowie den Zielen der Verordnung am besten Rechnung trage. Doch macht bereits der deutsche Wortlaut deutlich, dass es darauf ankommt, wo „nach dem Vertrag“ geliefert werden musste. Dieser Ort ist jedoch ohne eine zugrunde liegende Rechtsordnung undenkbar[108], was Hager/Bentele[109] nicht erkennen. Verdeutlicht wird dies durch den

---

[100] Für diese Lösung Hager/Bentele IPRax 2004, 73, 77.
[101] Vgl. neuerdings auch OLG Düsseldorf IHR 2004, 108, 110.
[102] Schlosser, EU-Zivilprozessrecht, Art. 5 EuGVVO Rn. 10 a.
[103] OLG Düsseldorf IHR 2004, 108, 110.
[104] Eltzschig IPRax 2002, 491, 493.
[105] Zöller/Geimer, ZPO, Art. 5 EuGVVO, Rn. 4.
[106] Gsell IPRax 2002, 484, 487; vgl. auch Niboyet Gaz.Pal. 2001, spéc. 12 (Bezugnahme auf die „économie générale du contrat“).
[107] Gsell IPRax 2002, 484, 487.
[108] Vgl. Looschelders, IPR, Art. 27 Rn. 12; Herdegen, Internationales Wirtschaftsrecht, § 2 Rn. 37.
[109] Hager/Bentele IPRax 2004, 73, 76.

französischen Verordnungswortlaut. In der französischen Fassung lautet Art. 5 Nr. 1 lit. b) EuGVVO wie folgt:

aux fins de l'application de la présente disposition, et sauf convention contraire, le lieu d'exécution de l'obligation qui sert de base à la demande est:

- *pour la vente de marchandises, le lieu d'un État membre où, en vertu du contrat, les marchandises ont été ou auraient dû être livrées,*
- *pour la fourniture de services, le lieu d'un État membre où, en vertu du contrat, les services ont été ou auraient dû être fournis;*

Die Formulierung „en vertu de" ist mit „kraft", „vermöge" oder „aufgrund" zu übersetzen. Dies bekräftigt den Eindruck, als habe der Verordnungsgeber die gesamtvertragliche Situation im Blick gehabt, die sich stets nur unter Rückgriff auf das Vertragsstatut verstehen lässt. In der französischen Literatur wird die Ergänzung „en vertu du contrat" ohnehin so verstanden, dass damit auf das Vertragsstatut verwiesen wird[110]. Anders könne der Zusatz gar nicht verstanden werden[111]. Piltz[112] entnimmt dagegen bereits dem deutschen Wortlaut, dass es nicht auf den Bestimmungsort der Ware oder Dienstleistung oder den Ort, an dem die Ware oder Dienstleistung ausgehändigt wurde, ankomme. Soweit sich also der Erfüllungsort nicht aus den vertraglichen Absprachen oder den sonstigen Liefer- oder Leistungsumständen ergebe, müsse mithin wiederum auf das Vertragsstatut zurückgegriffen werden[113]. Die redaktionelle Änderung in Art. 5 Nr. 1 EuGVVO gegenüber Art. 5 Nr. 1 EuGVÜ/LuGVÜ verändert die bisherige Rechtslage also nur insoweit, als es nicht mehr auf den Erfüllungsort der Zahlungsverpflichtung ankommt, sondern auf den Erfüllungsort der vertragscharakteristischen Leistung[114]. Diese Analyse und die darauf aufbauende Auffassung werden hier geteilt, denn andernfalls würde man den Interessen der Vertragsparteien, die sich auch in der zugrunde liegenden Rechtsordnung widerspiegeln, nicht gerecht. Zwar ist in der Begründung des Kommissionsentwurfs[115] nachzulesen, dass der Erfüllungsort beim Verkauf von Waren autonom zu bestimmen sei und auf einem rein faktischen Kriterium beruhe[116], doch ist der Verordnung andererseits nicht zu entnehmen, sie wolle sich von der materiellen Risikozuordnung und Bewertung lösen und einen rein prozessual determinierten Lieferort kreieren[117]. Eine so weit gehende Verselbständigung des europäischen Prozessrechts von dem materiellen Recht ist weder ersichtlich[118] noch wünschenswert, weil sie allzu überraschende Ergebnisse hervorbringen würde und nicht flexibel genug auf die Bedürfnisse der Parteien reagieren könnte. Auch ließe sich eine solche Entfernung vom Parteiwillen nicht erklären, der sich gegenüber dem prozessualen Begriff in Form einer Vereinbarung stets durchsetzen kann. Mithin ist z.B. im Herrschaftsbereich des CISG darauf abzustellen, dass der Verkäufer die Ware dem ersten selbständigen Beförderer zur Übermittlung an den Käufer übergibt (Art. 31 lit. a) CISG). Gilt deutsches Vertragsstatut unter Ausschluss des CISG, entscheidet § 269 Abs. 1 BGB. Folglich dürfte 27

[110] Gaudemet/Tallon, Compétence et exécution des jugements en Europe, Rn. 202.
[111] Gaudemet/Tallon, Compétence et exécution des jugements en Europe, Rn. 202.
[112] Piltz NJW 2002, 789, 793.
[113] Piltz NJW 2002, 789, 793, Gaudemet/Tallon, Compétence et exécution des jugements en Europe, Rn. 202; a.A. Kubis ZEuP 2001, 750.
[114] Gaudemet/Tallon, Compétence et exécution des jugements en Europe, Rn. 202.
[115] Begründung Kommissionsentwurf, KOM 1999 (348) end. = BT-Drucks. 534/1999, 6.
[116] So auch Nagel/Gottwald, Internationales Zivilprozessrecht, § 3 Rn. 50.
[117] So im Ergebnis Ferrand in: Dalloz Action, Droit et pratique de la procédure civile, Rn. 1272, wonach es ausschließlich auf die faktischen Umstände ankomme (en fonction de critères factuels).
[118] Piltz NJW 2002, 789, 793.

in Zukunft der Gerichtsstand des Erfüllungsortes für Zahlungsklagen ein reiner Klägergerichtsstand sein, es sei denn die Umstände des Vertrages (vgl. aber § 447 Abs. 1 BGB) belegen etwas anderes.

Inzwischen hat die Rechtsprechung etwas mehr Klarheit geschaffen. In der Rechtsprechung und im rechtswissenschaftlichen Schrifttum war für den Verkauf beweglicher Sachen umstritten, an welchen Ort bei Fehlen einer bestimmten Vereinbarung der Vertragsparteien im Falle einer Versendung der Sachen für die Zuständigkeitsbestimmung anzuknüpfen ist. Teilweise wurde angenommen, dies bestimme sich nach dem zugrunde liegenden materiellen Recht. Nach anderer Auffassung hatte die Bestimmung nach rein tatsächlichen Kriterien ohne Rückgriff auf die jeweils zur Anwendung kommenden materiell-rechtlichen Regelungen autonom zu erfolgen, hier nach dem Ort, an dem der Käufer die Ware als vertragsgemäße Lieferung tatsächlich abnimmt[119]. Auf Vorlagebeschluss des BGH vom 9. 7.2008 hat der EuGH mit Urt. v. 25.2.2010[120] die Frage wie folgt beantwortet:

„Art. 5 Nr. 1 Buchst. b erster Gedankenstrich der Verordnung (EG) Nr. 44/2001 ist dahin auszulegen, dass bei Versendungskäufen der Ort, an dem die beweglichen Sachen nach dem Vertrag geliefert worden sind oder hätten geliefert werden müssen, auf der Grundlage der Bestimmungen dieses Vertrags zu bestimmen sind. Lässt sich der Lieferort auf dieser Grundlage ohne Bezugnahme auf das auf den Vertrag anwendbare materielle Recht nicht bestimmen, ist dieser Ort derjenige der körperlichen Übergabe der Waren, durch die der Käufer am endgültigen Bestimmungsort des Verkaufsvorgangs die tatsächliche Verfügungsgewalt über die Waren erlangt hat oder hätte erlangen müssen."

Zur Begründung hat der EuGH im Wesentlichen ausgeführt, dass sich bei einem Vertrag über den Verkauf beweglicher Sachen der in der EuGVVO autonom definierte Lieferort der Waren in erster Linie nach dem **Willen der Vertragsparteien** bestimme, so dass zunächst zu prüfen sei, ob der Lieferort aus den Vertragsbestimmungen hervorgehe. Könne so der Lieferort ermittelt werden, ohne auf das auf den Vertrag anwendbare materielle Recht Bezug zu nehmen, sei dieser Ort als der Ort anzusehen, an dem im Sinne von Art. 5 Nr. 1 Buchst. b erster Gedankenstrich EuGVVO geliefert worden sei oder hätte geliefert werden müssen[121]. Enthalte der Vertrag dagegen keine Bestimmungen, die den Willen der Parteien hinsichtlich des Lieferortes der Waren ohne Rückgriff auf das anwendbare materielle Recht erkennen ließen, sei nach Entstehungsgeschichte und Systematik der Verordnung der Lieferort nicht dort anzusiedeln, wo die Waren an den ersten Beförderer zur Übermittlung an den Käufer übergeben werden, sondern am endgültigen Bestimmungsort, an dem die Ware dem Käufer körperlich übergeben worden sei oder hätte übergeben werden müssen[122].

Nach Auffassung des EuGH ist folglich eine Stufenprüfung vorzunehmen: Zunächst muss geklärt werden, was der **Wille der Parteien** war. Lässt sich kein derartiger Wille ermitteln, kommt es auf den **endgültigen Bestimmungsort** der Ware an.

[119] Zum Meinungsstand BGH v. 9. 7.2008 – VIII ZR 184/07, IHR 2008, 189, Tz. 18 ff.; BGH, Urt. 23.6.2010, VIII ZR 135/08.

[120] EuGH, Urt. v. 25.2.2010, Rs. C-381/08, – Car Trim GmbH / KeySafety Systems Srl, NJW 2010, 1059 = IBR 2010, 1149-Illies.

[121] EuGH, Urt. v. 25.2.2010 (Rs. C-381/08, NJW 2010, 1059 – Car Trim GmbH / KeySafety Systems Srl, Rn. 55 f.

[122] EuGH, Urt. v. 25.2.2010 (Rs. C-381/08, NJW 2010, 1059 – Car Trim GmbH / KeySafety Systems Srl, Rn. 59 f.

Bei internationalen Bau- und Anlagenbauverträgen, die unter den Begriff der Dienstleistungen im Sinne des Art. 5 Nr. 1 lit. b) EuGVVO fallen[123], ist mangels eines identifizierbaren Parteiwillens vorzugsweise auf den sich aus dem Vertrag ergebenden Dienstleistungsort (Bauleitung, Bauaufsicht, Wartungsarbeiten an einer ortsfesten Anlage) und hilfsweise auf das nationale Recht zurück zu greifen[124]. Auf den Ort, wo die Dienstleistung Erfolge zeitigen soll, kommt es dagegen nicht an[125]. 28

Art. 5 Nr. 1 lit. a EuGVVO begründet einen Gerichtsstand an dem Gericht des Ortes, an dem die vertragliche Verpflichtung erfüllt worden ist oder zu erfüllen wäre. Im Sinne dieser Vorschrift, und sofern nichts anderes vereinbart worden ist, ist gemäß Art. 5 Nr. 1 lit. b 2. Anstrich EuGVVO der Erfüllungsort der Verpflichtung für die Erbringung von Dienstleistungen der Ort in einem Mitgliedsstaat, an dem sie nach dem Vertrag erbracht worden sind oder hätten erbracht werden müssen. 29

In der Begründung des Kommissionsentwurfs[126] heißt es:

Art. 5 Nummer 1 über den vertraglich vereinbarten Gerichtsstand wurde neu gefasst. Der Erfüllungsort der Verpflichtung, der für den Ort der Antragstellung bzw. Klageerhebung maßgebend ist, bestimmt sich nunmehr in 2 Fällen ***autonom*** *nach dem Vertragsgegenstand, d.h. je nachdem, ob es sich um den Verkauf von Waren oder um die Erbringung von Dienstleistungen handelt. Ein Verweis auf das Internationale Privatrecht des Staates, dessen Gericht angerufen wurde, ist damit nicht mehr erforderlich.*

Maßgeblich ist der Erfüllungsort der vertragscharakteristischen Leistung, was sich unzweifelhaft aus der Begründung des Kommissionsentwurfs[127]: 30

Für die Erbringung von Dienstleistungen ist Erfüllungsort der Ort, an dem die Dienstleistungen vertragsgemäß erbracht worden sind oder hätten erbracht werden müssen. Diese pragmatische Bestimmung des Erfüllungsorts, die auf einem rein faktischen Kriterium beruht, gilt unabhängig davon, welcher Art die streitige Verpflichtung ist, d.h. sie gilt auch, wenn die Verpflichtung in der Zahlung einer vertraglich vereinbarten finanziellen Gegenleistung besteht. Sie ist auch dann anwendbar, wenn mit einer Klage mehrere Ansprüche geltend gemacht werden. Von dieser Regel kann durch eine ausdrückliche Vereinbarung über den Erfüllungsort abgewichen werden.

Der Bundesgerichtshof hat in seinem Vorlagebeschluss in Sachen Rehder insoweit zu Recht auf die Entscheidung des Gerichtshofes in Sachen Color Drack[128] verwiesen, wonach ein **einheitlicher Erfüllungsort** für alle Ansprüche aus dem Vertrag zu ermitteln ist. Durch die autonome Bestimmung des Ortes, an dem die den Vertrag kennzeichnende Verpflichtung zu erfüllen ist, als „Erfüllungsort" wollte der Gemeinschaftsgesetzgeber die gerichtliche Zuständigkeit für Rechtsstreitigkeiten über sämtliche Vertragspflichten am Erfüllungsort konzentrieren und eine einheitliche gerichtliche Zuständigkeit für alle Klagen aus dem Vertrag begründen[129]. Es kommt also auf den Ort der vertragscharakteristischen Hauptleistungsverpflichtung an. 31

---

[123] Nagel/Gottwald, Internationales Zivilprozessrecht, § 3 Rn. 50; Schlosser, EU-Zivilprozessrecht, Art. 5 EuGVVO Rn. 10 b.

[124] Schlosser, EU-Zivilprozessrecht, Art. 5 EuGVVO Rn. 10 b; a.A. OLG Düsseldorf IHR 2004, 108, 110 (Dienstleistungsort ja aber nationales Recht nein).

[125] Schlosser, EU-Zivilprozessrecht, Art. 5 EuGVVO Rn. 10 b.

[126] Kom (1999) 348 end., S. 7.

[127] Kom (1999) 348 end., S. 15) ergibt (vgl. auch Kropholler, Europäisches Zivilprozessrecht, Art. 5 Rn. 45).

[128] Color Drack GmbH ./. Lexx International Vertriebs GmbH, Urteil vom 3.5.2007, Rs C-386/05, Slg. 2007, I-3699 Rn. 26.

[129] EuGH, Urteil vom 3.5.2007, Rs C-386/05, Slg. 2007, I-3699 Rn. 39.

32 In Rn. 18 des Urteils Color Drack hat sich der EuGH zur Beantwortung der Frage, wie im Falle multipler Leistungsorte zu verfahren ist, auf die Entstehungsgeschichte, die Ziele und die Systematik der Verordnung Nr. 44/2001 gestützt. Der Gerichtshof hat insoweit zunächst darauf hingewiesen, dass die in Art. 5 Nr. 1 EuGVVO vorgesehene Regel eines besonderen Gerichtsstands für vertragliche Streitigkeiten, die die grundsätzliche Regel des Gerichtsstands des Wohnsitzes des Beklagten ergänzt, dem Ziel der räumlichen Nähe entspricht und ihren Grund in der engen Verknüpfung zwischen dem Vertrag und dem zur Entscheidung berufenen Gericht hat[130].

Sodann hat der Gerichtshof zum Erfüllungsort von Verpflichtungen aus Verträgen über den Verkauf beweglicher Sachen ausgeführt, dass die EuGVVO dieses Anknüpfungskriterium in ihrem Art. 5 Nr. 1 Buchst. b erster Gedankenstrich autonom definiert, um die Ziele der Vereinheitlichung der Gerichtsstandsregeln und der Vorhersehbarkeit zu stärken. Für solche Fälle wird somit der Ort der Lieferung der beweglichen Sachen als autonomes Anknüpfungskriterium festgelegt, das auf sämtliche Klagen aus ein und demselben Kaufvertrag anwendbar ist[131].

33 In Anbetracht der Ziele der räumlichen Nähe und der Vorhersehbarkeit hat der Gerichtshof sodann entschieden, dass die in Art. 5 Nr. 1 Buchst. b erster Gedankenstrich der EuGVVO aufgestellte Regel auch im Fall mehrerer Lieferorte in einem Mitgliedstaat anwendbar ist, da nur ein Gericht für die Entscheidung über alle Klagen aus dem Vertrag zuständig sein soll[132].

Für einen solchen Fall mehrerer Lieferorte innerhalb eines Mitgliedstaats hat der Gerichtshof schließlich ausgeführt, dass der Ort, an dem die engste Verknüpfung zwischen dem Vertrag und dem zuständigen Gericht besteht, der Ort der Hauptlieferung ist, die nach wirtschaftlichen Kriterien zu bestimmen ist, und dass, wenn der Ort der Hauptlieferung nicht festgestellt werden kann, jeder der Lieferorte eine hinreichende Nähe zum Sachverhalt des Rechtsstreits aufweist; in diesem Fall kann der Kläger den Beklagten vor dem Gericht des Lieferorts seiner Wahl verklagen[133].

34 Im Fall Rehder hat der EuGH[134] sodann ausgeführt, dass die Erwägungen, auf die sich der Gerichtshof gestützt hat, um zu der im Urteil Color Drack formulierten Auslegung zu gelangen, auch bei Verträgen über die Erbringung von Dienstleistungen gelten, und zwar auch in Fällen, in denen die Dienstleistungen nicht nur in einem Mitgliedstaat erbracht werden. Er folgert dies daraus, dass die in der EuGVVO für Verträge über den Verkauf beweglicher Sachen und die Erbringung von Dienstleistungen vorgesehenen besonderen Zuständigkeitsregeln dieselbe Entstehungsgeschichte haben, dasselbe Ziel verfolgen und denselben Platz in dem mit dieser Verordnung errichteten System einnehmen.

35 Nach Auffassung des EuGH[135] kann für die Ziele der räumlichen Nähe und der Vorhersehbarkeit, die mit der Konzentration der gerichtlichen Zuständigkeit an dem Ort, an dem nach dem entsprechenden Vertrag die Dienstleistungen zu erbringen sind, und mit der

130 Color Drack GmbH ./. Lexx International Vertriebs GmbH, Urteil vom 3.5.2007, Rs C-386/05, Slg. 2007, I-3699 Rn. 22.

131 Color Drack GmbH ./. Lexx International Vertriebs GmbH, Urteil vom 3.5.2007, Rs C-386/05, Slg. 2007, I-3699 Rn. 24 und 26.

132 Color Drack GmbH ./. Lexx International Vertriebs GmbH, Urteil vom 3.5.2007, Rs C-386/05, Slg. 2007, I-3699 Rn. 36 und 38.

133 Color Drack GmbH ./. Lexx International Vertriebs GmbH, Urteil vom 3.5.2007, Rs C-386/05, Slg. 2007, I-3699 Rn. 40 und 42.

134 EuGH, Urteil vom 9. 7. 2009 – C-204/ 08 (Lexetius.com/2009, 1721) Rn. 37.

135 EuGH, Urteil vom 9. 7. 2009 – C-204/ 08 (Lexetius.com/2009, 1721) Rn. 38.

Festlegung einer einheitlichen gerichtlichen Zuständigkeit für alle auf diesen Vertrag gestützten Forderungen verfolgt werden, keine andere Betrachtungsweise gelten, wenn die fraglichen Dienstleistungen an mehreren Orten in verschiedenen Mitgliedstaaten zu erbringen sind. Eine solche Differenzierung fände nämlich nicht nur keine Grundlage in den Bestimmungen der Verordnung Nr. 44/2001, sondern stünde auch im Widerspruch zu dem für ihren Erlass maßgebenden Ziel, dass die Verordnung durch die Vereinheitlichung der Vorschriften über die internationale Zuständigkeit in Zivil- und Handelssachen zur Entwicklung eines Raums der Freiheit, der Sicherheit und des Rechts und zum reibungslosen Funktionieren des Binnenmarkts innerhalb der Gemeinschaft beiträgt[136].

Folglich, so der EuGH, ist auch im Fall mehrerer, in verschiedenen Mitgliedstaaten gelegener Orte, an denen die Dienstleistungen erbracht werden, der Ort zu suchen, an dem die **engste Verknüpfung** zwischen dem fraglichen Vertrag und dem zuständigen Gericht besteht, insbesondere der Ort, an dem nach dem Vertrag die Hauptdienstleistung zu erbringen ist[137]. Damit nimmt der EuGH im Fall Rehder eine nicht unproblematische Differenzierung vor. Er führt weiter aus[138]: 36

Insoweit ist zunächst festzustellen, dass der Ort des Sitzes oder der Hauptniederlassung der Fluggesellschaft entsprechend den Ausführungen des vorlegenden Gerichts nicht die erforderliche enge Verbindung mit dem Vertrag aufweist. Die Operationen und Handlungen, die von diesem Ort aus unternommen werden, wie etwa die Bereitstellung eines angemessenen Flugzeugs mit entsprechender Besatzung, stellen nämlich logistische Vorbereitungshandlungen für die Durchführung des Vertrags über die Beförderung im Luftverkehr dar und keine Dienstleistungen, deren Erbringung in Zusammenhang mit dem Inhalt des Vertrags im eigentlichen Sinne stünde. Ebenso verhält es sich mit dem Ort, an dem der Vertrag über die Beförderung im Luftverkehr abgeschlossen wurde, und dem der Aushändigung des Flugscheins.

Bei den Dienstleistungen, die in Erfüllung der Verpflichtungen aus einem Vertrag über die Beförderung von Personen im Luftverkehr erbracht werden, handelt es sich nämlich um die Abfertigung und das Anbordgehen der Fluggäste sowie ihren Empfang an Bord des Flugzeugs an dem im fraglichen Beförderungsvertrag vereinbarten Abflugort, den Start der Maschine zur vorgesehenen Zeit, die Beförderung der Fluggäste und ihres Gepäcks vom Abflugort zum Zielort, die Betreuung der Fluggäste während des Fluges und schließlich das sichere Verlassen des Flugzeugs durch die Fluggäste am Ort der Landung zur im Vertrag vereinbarten Zeit. Unter diesem Aspekt weisen auch die Orte, an denen die Maschine gegebenenfalls zwischenlandet, keine hinreichende Verbindung zum Kern der sich aus dem Vertrag ergebenden Dienstleistungen auf.

Die Begründung des EuGH führt dahin, dass zukünftig zwischen **wesentlichen** und **unwesentlichen** Leistungen zu differenzieren ist, um den Erfüllungsort oder die Erfüllungsorte zu bestimmen, ohne dass damit dem Ziel der Verordnung, eine Häufung von Gerichtsständen zu vermeiden, Rechnung getragen wird. Denn selbst dann, wie das Beispiel Rehder belegt, wenn man zwischen Vorbereitungsleistungen und wesentlichen Leistungen unterscheidet, kommt man nicht zwingend zu eindeutigen Ergebnissen. Zudem erfordert die Rechtsprechung des Gerichtshofes eine sehr eingehende Erörterung des jeweiligen Rechtsverhältnisses. Erbringt der Unternehmer z.B. seine Leistung im Wesentlichen im heimischen Werk und verschifft dieses dann an den Bestimmungsort, 37

[136] Vgl. die Erwägungsgründe 1 und 2 der EuGVVO.
[137] EuGH, Urteil vom 9. 7. 2009 – C-204/ 08 (Lexetius.com/2009, 1721) Rn. 39.
[138] EuGH, Urteil vom 9. 7. 2009 – C-204/ 08 (Lexetius.com/2009, 1721) Rn. 40 und 41.

wo die Anlage nur noch zusammengesetzt und aufgebaut wird, so stellt sich die Frage nach Leistungsort ebenso, wie bei dem Management Contractor, der nur eine Koordinierungs- und Überwachungsleistung erbringt, die tatsächlich im Wesentlichen im heimischen Büro erbracht wird. Vielfach sind aber die verschiedenen Teilleistungen nur insgesamt verwertbar. Es sollte daher auf den eigentlichen Charakter des Schuldverhältnisses abgestellt werden und nicht auf Teilleistungen, die sich irgendwo materialisieren. Im Werkvertragsrecht wird das Werk am Baustellenort übergeben. Im Flugverkehr besteht das Werk aus einer Logistikleistung, die am Hauptsitz des Unternehmens erbracht wird. Der EuGH ist erkennbar anderer Auffassung. Er lässt einzelfallbezogen die Anknüpfung an Teilleistungen zu, die für wesentlich erachtet. Wie zufällig diese Anknüpfung sein kann, spielt keine Rolle, etwa wenn ein Flugzeug auf der Route von A nach B eine Zwischenlandung in C vornimmt. Es kommt dann auf den Zufall an, ob auch in C ein Gerichtsstand begründet wird, was nach Auffassung des EuGH dann der Fall wäre, wenn in C Passagiere aus- oder einsteigen.

38 Der EuGH rechtfertigt seinen Ansatz des **multiplen Erfüllungsorts** mit der Behauptung, dass auch im Falle multipler Erfüllungsorte, die eine Wahlmöglichkeit des Klägers auslösen, das Kriterium der Nähe beachtet werde. Auch trage dieser Ansatz dem Erfordernis der Vorhersehbarkeit Rechnung, da sowohl der Kläger als auch der Beklagte leicht die Gerichte ausmachen können, bei denen eine Klage erhoben werden könne. Unerwähnt bleibt, dass solche Gerichtsstände, wie sie im Fall Rehder für Recht erkannt wurden, keinerlei Nähe zum Streitgegenstand haben. Gerade im Falle logistischer Leistungen seien es Flugleistungen oder Planungsleistungen, die sich weltweit materialisieren können, sind solche Erwägungen wesentlich, weil sie Beweisfragen und das Umfeld des Leistungserbringers berücksichtigen. Die Renationalisierung von Teilleistungen aus einem Gesamtvertrag mag verbraucherrechtlich wünschenswert sein, weil sie Verbrauchergerichtsstände schafft. Ein allgemeines Bedürfnis an multiplen Gerichtsständen besteht schon aus ökonomischen Gründen nicht. Ob das Urteil Rehder im Lichte der neueren EuGH Rechtsprechung bestand haben kann, muss abgewartet werden. Immerhin hat der EuGH zum Versendungskauf auf den endgültigen Bestimmungsort abgestellt[139].

39 Im Falle des Art. 5 Nr. 1 lit c) muss auf jeden Fall – wie bislang auch – die kollisionsrechtliche Frage gestellt werden, da es dann inhaltlich bei der bisherigen Regelung des Art. 5 Nr. 1 EuGVÜ bleibt. Bei der Bestimmung des maßgeblichen Erfüllungsortes ist dem EuGH[140] zufolge das Recht maßgeblich, das nach den Kollisionsnormen des angerufenen Gerichts maßgebend ist (lex causae): Auf der Grundlage des IPR des Forumstaates ermittelt also das angerufene Gericht das auf das betreffende Rechtsverhältnis anwendbare materielle Recht und bestimmt demgemäß den Erfüllungsort der streitigen Verpflichtung. Auf die Kollisionsnormen des Forumstaates wird nur dann nicht abgestellt, wenn materielles Einheitsrecht eingreift und dieses seinen Anwendungsbereich unabhängig vom Kollisionsrecht festlegt; so zum Beispiel Art. 1 Abs. 1 lit. A) CSIG. Art. 57 I lit. a) CSIG verlegt den Erfüllungsort für die Kaufpreiszahlung an den Sitz des Verkäufers. Das gilt jedoch nicht, wenn zugleich die Klausel „cash against delivery" vereinbart wurde[141].

---

[139] EuGH, Urt. v. 25.2.2010 (Rs. C-381/08, NJW 2010, 1059 – Car Trim GmbH / KeySafety Systems Srl, Rn. 59 f.

[140] EuGH v. 6.10.1976 – Rs 12/76, NJW 1977, 491.

[141] LG Nürnberg-Fürth IHR 2004, 20, allerdings hat das LG übersehen, dass Art. 57 CISG im Rahmen von Art. 5 Nr. 1 EuGVVO nicht mehr anwendbar ist.

d. Vereinbarungen über den Erfüllungsort. Der Erfüllungsort kann gem. Art. 5 Nr. 1 lit. b) EuGVVO und Art. 5 Nr. 1 EuGVÜ/LuGVÜ aber auch durch vertragliche Vereinbarung der Parteien festgelegt werden. Solche Vereinbarungen über den Erfüllungsort wirken gerichtsstandsbegründend[142]. Die Form des Art. 17 EuGVÜ/LuGVÜ bzw. des Art. 23 EuGVVO muss insoweit nicht eingehalten werden[143]. Für die Erfüllungsortvereinbarung kann von den Parteien ein anderes Recht gewählt werden als das, das auf den übrigen Vertrag anwendbar ist (sog. Nebenstatut). Im Einzelfall muss der Inhalt einer Klausel, die Auswirkungen auf den Erfüllungsort haben könnte, durch Auslegung bestimmt werden[144]. Die Klausel „frei Haus“ oder „frei Baustelle“ kann nicht ohne weiteres als Vereinbarung über den Erfüllungsort verstanden werden[145]. Entsprechendes gilt für die Klausel „ex works“[146]. Die Umstände können ergeben, dass es sich um eine Reglung über die Frage der Transportkosten und eventuell der Gefahrtragung handelt, nicht jedoch um eine Vereinbarung zum Erfüllungsort[147]. 40

Festzuhalten ist: Art. 5 Nr. 1 a EuGVVO gestattet es, dass die Parteien den Erfüllungsort vereinbaren, sofern der vereinbarte Ort einen Zusammenhang mit der Vertragswirklichkeit aufweist[148].

5. Gerichtsstand der unerlaubten Handlung. Der Gerichtsstand des Art. 5 Nr. 3 EuGVÜ/LuGVÜ/EuGVVO (unerlaubte Handlung) entspricht im Ergebnis dem des § 32 ZPO[149]. Demnach kann der Geschädigte wahlweise vor dem Gericht des Ortes Klage erheben, an dem der Schaden eingetreten ist (Erfolgsort), oder an dem die Ursache des eingetretenen Schadens gesetzt wurde (Handlungsort)[150]. Für die internationale Zuständigkeit nach Art. 5 Nr. 3 EuGVVO kommt es darauf an, ob eine unerlaubte Handlung möglich erscheint[151]. Der weit[152] und vertragsautonom[153] auszulegende Begriff der unerlaubten Handlung umfasst alle Klagen, mit denen eine Schadenshaftung des Beklagten geltend gemacht wird und die nicht an einen Vertrag im Sinne von Art. 5 Nr. 1 EuGVÜ/LuGVÜ/EuGVVO anknüpfen, also auch den Tatbestand der Gefährdungshaftung[154]. Weder rechtswidrige noch schuldhafte Verstöße sind notwendig. Hierauf weist schon die Wendung in Art. 5 Nr. 3 EuGVÜ/LuGVÜ/EuGVVO hin, wonach Handlungen ausreichen, „die einer unerlaubten Handlung gleichgestellt“ sind. Die extensive Interpretation gibt dem Art. 5 Nr. 3 EuGVÜ eine weit reichende Bedeutung. In Betracht kommen alle Eingriffe in subjektive Rechte, rechtliche Interessen und Vermögenspositionen, wie z.B. bei unlauterem Wettbewerb[155], Schäden aufgrund fehlerhafter Produkte, Schäden aufgrund von Kartellverstößen und auch Haftungsklagen wegen Verletzung 41

[142] EuGH v. 17.1.1980 – Rs 56/79, IPRax 1981, 89, 92; Geimer/Schütze, Europäisches Zivilverfahrensrecht, A.1, Art. 5 Rn. 124; vgl. auch LG Nürnberg-Fürth IHR 2004, 20, 21 (zum Kaufvertrag); OLG Koblenz IHR 2003, 66, 67 (Lieferung von Betonplatten).

[143] EuGH v. 17.1.1980 – Rs 56/79, EuGHE 1980, 89 = IPRax 1981, 89, 92.

[144] BGH NJW 1997, 870; OLG Koblenz IHR 2003, 66, 67.

[145] OLG Koblenz IHR 2003, 66, 67.

[146] Herber IHR 2004, 117, 118.

[147] OLG Koblenz IHR 2003, 66, 67, vgl. aber auch OLG Köln, 08.01.1997, 27 U 58/96.

[148] BGH, Urteil vom 22.04.2009 – VIII ZR 156/07; NJW 2009, 2606 = IBR 2009, 1275 – Schwenker.

[149] Nagel/Gottwald, IZPR, § 3 Rn. 68.

[150] EuGH RIW 1977, 356, 357; BGH JR 1987, 157, 159.

[151] OLG Frankfurt, Urt. v. 8.6.2006 – 16 U 106/05.

[152] Schlosser RIW 1988, 987, 987; Bülow/Böckstiegel/Linke, Internationaler Rechtsverkehr, 606.68.

[153] EuGH RIW 1988, 901, 903.

[154] Nagel/Gottwald, IZPR, § 3 Rn. 66, 75.

[155] BGH NJW 1988, 1466; OLG München NJW-RR 1994, 190.

von Schutzgesetzen, z.B. lebensmittelrechtlicher Vorschriften[156], ebenso Klagen, die einen allgemeinen Vermögensschaden geltend machen, z.B. nach § 826 BGB[157]. Daneben besteht nach Art. 5 Nr. 3 EuGVÜ/LuGVÜ/EuGVVO die internationale Zuständigkeit für Ansprüche aus der Verletzung von Immaterialgüterrechten[158]. Die strenge Trennung zwischen Klagen, die auf eine deliktische Haftung zurückgehen und solchen, die auf vertraglichen Ansprüchen basieren, führt nach h.M. dazu, dass ein Gericht am Gerichtsstand der unerlaubten Handlung nicht gleichzeitig über nicht-deliktische Gesichtspunkte entscheiden darf[159].

42 Da der EuGH den Begriff des vertraglichen Anspruches im Sinne des Art. 5 Nr. 1 EuGVÜ sehr eng interpretiert und eine zweiseitige freiwillige Vereinbarung verlangt, fallen die z.B. im französischen[160] und im belgischen Recht bestehenden direkten Zahlungsansprüche des Subunternehmers gegen den Bauherrn nicht darunter, denn diese Ansprüche richten sich nicht unmittelbar gegen eine vertraglich gebundene Partei[161]. Solche Direktansprüche sind mithin am Gerichtsstand der unerlaubten Handlung oder am Sitz des Beklagten geltend zu machen[162].

43 Aus dem Grundsatz der Vertragsfreiheit folgt, dass jedermann frei wählen kann, mit wem und worüber er in Verhandlungen treten und bis zu welchem Punkt er die Verhandlungen fortsetzen will. Daher steht es den Beteiligten grundsätzlich frei, die Verhandlungen abzubrechen, wann immer sie es wollen, ohne dafür haftbar gemacht werden zu können. Die Freiheit, die Verhandlungen abzubrechen, gilt aber nicht absolut. Die UNIDROIT-Prinzipien bestimmen in Art. 2.15: „[A] party who negotiates or breaks off negotiations in bad faith is liable for the losses caused to the other party.“ Die Verhandlungen können an einen Punkt gelangen, an dem sie nicht mehr abrupt und ohne Rechtfertigung abgebrochen werden dürfen. Wann dieser Punkt erreicht ist, hängt erstens davon ab, inwieweit der Verhandlungspartner aufgrund des Verhaltens des anderen Partners auf ein positives Ergebnis vertrauen durfte. Zweitens hängt es davon ab, über wie viele Verhandlungsgegenstände die Parteien bereits Übereinstimmung erzielt hatten. Bricht doch eine Partei die Verhandlungen abrupt und ohne Rechtfertigung ab, hat sie den der anderen Partei hierdurch entstandenen Schaden zu ersetzen. Wie nun die Ansprüche als solche zu qualifizieren sind, die unter Art. 5 Nr. 1 EuGVÜ/EuGVVO fallen oder eher unter Art. 5 Nr. 3 EuGVÜ/EuGVVO war bislang in der Rechtsprechung des EuGH ungeklärt. Man kann drei Phasen unterscheiden. Im ersten Stadium des Verhandlungsprozesses können die Parteien die Verhandlungen abbrechen, ohne dass eine Haftung ausgelöst wird. In diesem Stadium spielt Art. 5 des Brüsseler Übereinkommens keine Rolle. Im zweiten Stadium geht es darum, dass Erwartungen geweckt wurden, die enttäuscht werden können. Eine Partei darf dann Vertragsverhandlungen nicht mehr unerwartet abbrechen. Tut sie es trotzdem, begeht sie unter Umständen eine unerlaubte Handlung. In diesem Fall kann sie zum Ersatz der der Gegenpartei entstandenen Kosten oder des dieser entgangenen Gewinns verurteilt werden. Im dritten Stadium steht ein (unterzeichneter) Vertrag zwar noch aus, aus den Umständen geht jedoch

---

[156] BGH NJW 1987, 592.
[157] Kiethe, NJW 1994, 222.
[158] Kropholler in: Handbuch des IZVR, Bd. I, Kap. III, Rn. 688 m.w.N.
[159] EuGH RIW 1988, 901, 903 – Kafelis; kritisch Gottwald IPRax 1989, 272.
[160] Gesetz Nr. 75-1334 v. 31.12.1975.
[161] EuGH RIW 1994, 680-Handte.
[162] Vgl. Boyault/Lemaire, Protection du sous-traitant en matière internationale: La Cour de Cassation fait volte-face, D. 2008, 753, 756.

gleichwohl hervor, dass zwischen den Parteien Verpflichtungen begründet worden sind. In diesem Stadium kann Art. 5 Nr. 1 EuGVÜ/EuGVVO anwendbar sein[163]. Der EuGH hat entschieden, dass unter Umständen, die dadurch gekennzeichnet sind, dass es an von einer Partei gegenüber einer anderen bei Vertragsverhandlungen freiwillig eingegangenen Verpflichtungen fehlt und dass möglicherweise ein Verstoß gegen Rechtsvorschriften, namentlich diejenige, wonach die Parteien bei diesen Verhandlungen nach Treu und Glauben handeln müssen, bei einer Klage, mit der die vorvertragliche Haftung des Beklagten geltend gemacht wird, eine unerlaubte Handlung oder eine Handlung, die einer unerlaubten Handlung gleichgestellt ist, oder Ansprüche aus einer solchen Handlung im Sinne von Art. 5 Nr. 3 EuGVÜ den Gegenstand des Verfahrens bilden. In einem solchen Fall fehlt es also an Ansprüchen aus einem Vertrag und die Klage kann nicht am vermeintlichen Erfüllungsort erhoben werden[164].

Für Klagen der **Urlaubs- und Lohnausgleichskasse** der Bauwirtschaft gegen ausländische baugewerbliche Arbeitgeber aus dem Arbeitnehmerentsendegesetz sind die deutschen Gerichte **international unzuständig**, wenn der ausländische Bauarbeiter seinen Sitz in einem Mitgliedstaat des EuGVÜ hat[165]. Die Ansprüche der Urlaubs- und Lohnausgleichskasse der Bauwirtschaft beruhen über das AEntG auf deutschen allgemeinverbindlichen Tarifverträgen. Diese sind gerade dafür gemacht, die Wettbewerbsfähigkeit deutscher Bauunternehmen gegenüber ausländischen zu verbessern. Ausländische Bauunternehmen werden nur deshalb zu Beitragszahlungen herangezogen, weil sie in Deutschland aktiv werden. Die Tätigkeit dieser Unternehmen in ihrem Heimatland oder in anderen Ländern ist für die Verpflichtung aus den zitierten Tarifverträgen ohne Belang. Dies ergibt sich deutlich aus § 1 Abs. 4 AEntG, in dem für die Zuordnung zum betrieblichen Geltungsbereich der fraglichen Tarifverträge allein die von dem ausländischen Arbeitgeber in Deutschland eingesetzten Arbeitnehmer in ihrer Gesamtheit als Betrieb gelten. Dem AEntG ist es gleichgültig, aus welchem Land die baugewerblichen Unternehmer kommen, die ihre Leistung auf dem deutschen Markt anbieten. § 57 Abs. 3 des allgemeinverbindlichen Tarifvertrages über das Sozialkassenverfahren im Baugewerbe vom 12.11.1986 in der Fassung vom 18.12.1996 (VTV) will dementsprechend das Urlaubskassenverfahren auch deutschem Recht unterstellen. Die internationale Zuständigkeit der deutschen Gerichte ergibt sich auch nicht aus Art. 5 Nr. 3 EuGVÜ/LuGVÜ/EuGVVO. Danach kann eine Person in einem anderen Vertragsstaat verklagt werden, „wenn eine unerlaubte Handlung oder eine Handlung, die einer unerlaubten Handlung gleichgestellt ist, oder wenn Ansprüche aus einer solchen Handlung den Gegenstand des Verfahrens bilden, vor dem Gericht des Ortes, an dem das schädigende Ereignis eingetreten ist". Die Nichterfüllung der tarifvertraglichen Verpflichtungen durch ausländische baugewerbliche Unternehmer ist keine unerlaubte Handlung oder eine solche, die einer unerlaubten Handlung gleichsteht. Das Arbeitnehmerentsendegesetz entfaltet insoweit insbesondere keine Schutzwirkung zugunsten der Urlaubs- und Lohnausgleichskasse der Bauwirtschaft und ist damit kein Schutzgesetz im Sinne von § 823 Abs. 2 BGB. 44

Den Schutz eines anderen bezweckt eine Rechtsnorm, wenn sie, sei es auch nur neben dem Schutz der Allgemeinheit, gerade dazu dienen soll, den Einzelnen oder einzelne Personenkreise gegen Verletzung eines Rechtsguts zu schützen[166]. Zwar begehen gemäß 45

---

163 Vgl. Schlussanträge des Generalanwalts bei dem EuGH Geelhoed v. 31.01.2002, Rs C-334/00 – Fonderie Officine Meccaniche Tacconi Spa.

164 EuGH, Urt. v. 17.09.2002, Rs 334/00, – Fonderie Officine Meccaniche Tacconi Spa, NJW 2003, 3159.

165 ArbG Wiesbaden DB 1997, 2284 = BB 1998, 902-903.

166 Vgl. Palandt/Sprau, BGB, § 823 Rn. 57 m.w.N.

§ 5 AEntG ausländische baugewerbliche Arbeitgeber, die ihren Verpflichtungen nach dem AEntG nicht nachkommen, eine Ordnungswidrigkeit, die mit Geldbußen bis zu 25.000 € bzw. 500.000 € (§ 5 Abs. 3 AEntG) geahndet werden kann. Diese Gedanken dürfen nicht dazu verleiten anzunehmen, das AEntG und die es ausführenden allgemeinverbindlichen Tarifverträge dienten auch dazu, die Arbeitsbedingungen der ins Bundesgebiet entsandten ausländischen Arbeitnehmer zu sichern. Das AEntG ist aber lediglich Schutzgesetz zugunsten der entsandten ausländischen Arbeitnehmer. Eine Schutzwirkung zugunsten der Urlaubs- und Lohnausgleichskasse der Bauwirtschaft ist nicht zu erkennen[167].

6. Gerichtsstand der Zweigniederlassung

Schrifttum

Linke, Der „kleineuropäische" Niederlassungsgerichtsstand, IPRax 1982, 46 ff.; Schlosser, EU-Zivilprozessrecht. 3. Auflage, München 2009

46 Bei Streitigkeiten aus dem Betrieb einer Zweigniederlassung, einer Agentur oder einer sonstigen Niederlassung, stellt Art. 5 Nr. 5 EuGVÜ/LuGVÜ/EuGVVO einen Gerichtsstand am Sitz der Niederlassung zur Verfügung. Die Vorschrift hat den Sinn, demjenigen, der nur Kontakt mit einer inländischen Niederlassung hatte, den Gang zu den ausländischen Gerichten zu ersparen[168]. Ausreichend ist, dass die Niederlassung einen Mittelpunkt geschäftlicher Tätigkeit begründet, der auf Dauer als Außenstelle des Stammhauses hervortritt und sachlich so ausgestattet ist, dass er in der Weise Geschäfte mit Dritten betreiben kann, dass diese, obwohl sie wissen, dass möglicherweise ein Rechtsverhältnis mit dem im Ausland ansässigen Stammhaus begründet wird, sich nicht unmittelbar an dieses zu wenden brauchen. Maßgeblich ist der Rechtsschein, der erweckt wird[169].

47 In sachlicher Hinsicht setzt Art. 5 Nr. 5 EuGVÜ/LuGVÜ/EuGVVO einen allgemeinen Gerichtsstand[170] des Beklagten in einem anderen EuGVÜ-Vertragsstaat bzw. einem Mitgliedsstaat der EU voraus[171]. Als Zweigniederlassung, Agentur oder sonstige Niederlassung ist in vertragsautonomer Auslegung[172] jeder Mittelpunkt geschäftlicher Tätigkeit zu bezeichnen, der auf Dauer angelegt und so ausgestattet ist, dass er selbständig unmittelbar Geschäfte mit Dritten eingehen kann, obgleich der Dritte weiß, dass möglicherweise eine Rechtsbeziehung zum Stammhaus begründet wird[173]. Hervorstechendes Merkmal der Zweigniederlassung oder Agentur ist darüber hinaus, dass sie der Kontrolle des oder der Beklagten untersteht[174]. Mit anderen Worten muss die Zweigniederlassung, Agentur oder sonstige Niederlassung aus der Sicht eines Dritten leicht erkennbar als Außenstelle eines Stammhauses hervortreten[175]. Danach sind insbesondere der Alleinvertriebsvertreter und der deutsche Vermittlungsvertreter (Handelsvertreter), sofern sie aufgrund ihrer rechtlichen Stellung im Wesentlichen selbst ihre Tätigkeit gestalten und frei ihre Arbeitszeit bestimmen können, keine Zweigniederlassung, Agentur oder sonstige

---

167 ArbG Wiesbaden DB 1997, 2284 = BB 1998, 902-903.
168 Schlosser, EU-Prozessrecht, Art. 5 EuGVVO Rn. 23.
169 EUGHE 1987, 4905.
170 Zum Begriff des Allgemeinen Gerichtsstands siehe oben 5.1.
171 Müller/Hök, Einzug von Auslandsforderungen, 45.
172 EuGH RIW 1979, 56, 57.
173 Kropholler in: Handbuch des IZVR, Bd. I, Kap. III, Rn. 701; vgl. auch Müller/Hök, Einzug von Auslandsforderungen, 46; EuGH RIW 1979, 56, 58; EuGH RIW 1977, 42, 43.
174 EuGH IPRax 1982, 64, 67.
175 EuGH IPRax 1982, 64, 67.

Niederlassung im Sinne von Art. 5 Nr. 5 EuGVÜ/LuGVÜ/EuGVVO[176]. Folglich begründet der Umstand, dass etwa ein deutscher Handelsvertreter in Deutschland für eine ausländische Firma tätig wird, nicht den Niederlassungsgerichtsstand des Art. 5 Nr. 5 EuGVÜ/LuGVÜ/EuGVVO[177]. Anwendbar ist Art. 5 Nr. 5 EuGVÜ/LuGVÜ/EuGVVO auf den Fall, dass die in einem Vertragsstaat ansässige juristische Person in einem anderen zwar keine unselbständige Zweigniederlassung, Agentur oder sonstige Niederlassung unterhält, dort aber ihre Tätigkeiten mit Hilfe einer gleichnamigen selbständigen Gesellschaft mit identischer Geschäftsführung entfaltet, die in ihrem Namen verhandelt und Geschäfte abschließt und deren sie sich wie einer Außenstelle bedient[178]. Der Kläger hat im Übrigen das Vorliegen der vorbezeichneten gerichtsstandsbegründeten Kriterien zu beweisen; ein dahingehender Rechtsschein reicht nicht aus[179].

Eine weitere sachliche Voraussetzung des Art. 5 Nr. 5 EuGVÜ/LuGVÜ/EuGVVO stellt das Kriterium der Betriebsbezogenheit der Klage – Streitigkeiten aus dem Betrieb – dar, welches ebenfalls vertragsautonom zu bestimmen ist[180]. Unter dem Begriff „aus dem Betrieb" fallen die Rechtsstreitigkeiten, in denen es um vertragliche oder außervertragliche Rechte und Pflichten, bezogen auf die eigentliche Führung der Agentur, der Zweigniederlassung oder sonstigen Niederlassung selbst geht. Ferner zählen dazu die Prozesse, welche auf Verbindlichkeiten beruhen, die die Niederlassung im Namen des Stammhauses eingegangen ist und die in dem Vertragsstaat zu erfüllen sind[181]. 48

Nach § 689 Abs. 2 S. 2 ZPO ist das Amtsgericht Schöneberg für das gerichtliche Mahnverfahren – bis zur Erhebung des Widerspruchs (§ 696 Abs. 1 ZPO) bzw. bis zur Einlegung des Einspruchs (§ 700 Abs. 3 ZPO) – ausschließlich zuständig, wenn der Antragsteller im Inland keinen allgemeinen Gerichtsstand hat. Daran ändert sich grundsätzlich auch dann nichts, wenn der Antrag auf Erlass eines Mahnbescheids durch eine inländische Zweigniederlassung gestellt wird[182]. Ist die Antragstellerin z.B. eine offene Handelsgesellschaft nach französischem Recht, die im Inland keinen Sitz hat, führt die im Handelsregister eines deutschen Amtsgerichts eingetragene Zweigniederlassung zwar eine eigene Firma[183]. Sie besitzt aber keine eigene Rechtspersönlichkeit. Nur besondere Umstände, wie im Fall einer selbständigen inländischen Niederlassung eines ausländischen Versicherungsunternehmens, können es rechtfertigen, die Zuständigkeit des Amtsgerichts am Sitz der Niederlassung anzunehmen[184]. 49

7. Gerichtsstand des Sachzusammenhangs. Nach Maßgabe von Art. 6 EuGVÜ/LuGVÜ/EuGVVO kann eine Person, die ihren Wohnsitz in dem Hoheitsgebiet eines Vertragsstaates hat, kraft Sachzusammenhangs mit der Klage gegen eine andere Person vor dem Gericht, an dem letztere Sache anhängig ist, verklagt werden. Im einzelnen gilt, dass bei Vorliegen einer **Streitgenossenschaft** für sämtliche Streitgenossen das Gericht des Ortes zuständig ist, an dem einer der Beklagten seinen Wohnsitz hat (Art. 6 Nr. 1 EuGVÜ/LuGVÜ/EuGVVO). Nach Art. 6 Nr. 2 EuGVÜ/LuGVÜ/EuGVVO kann 50

176 Vgl. EuGH IPRax 1982. 64, 67.
177 LG Frankfurt, IPRax 1982, 250, 250.
178 EuGH NJW 1988, 625, 625 = RIW 1988, 136, 137; Geimer, Anm. zu EuGH v. 9. 12. 1987 Rs 218/86, 220, 220.
179 Linke IPRax 1982, 46, 48.
180 Linke IPRax 1982, 46, 48.
181 EuGH RIW 1979, 56, 58; OLG Saarbrücken RIW 1980, 796, 798; vgl. auch Linke, IPRax 1982, 46, 48.
182 BGH, Beschl. v. 7.10.1977 – I ARZ 494/77, NJW 1978, 321.
183 BGH WM 1990, 2128 = NJW 1991, 110.
184 BGH, Beschl. v. 6.4.1979 – I ARZ 386/78, NJW 1979, 1785.

eine Person vor dem Gericht des Hauptprozesses verklagt werden, wenn es sich um eine Klage auf **Gewährleistung** oder eine **Interventionsklage** handelt; es sei denn die Klage war nur erhoben worden, um den Beklagten der Zuständigkeit eines anderen Gerichts zu entziehen. Schließlich kann für den Fall der **Widerklage**, die auf dem selben Vertrag oder Sachverhalt wie der Klage selbst gestützt wird, das Gericht, bei dem die Klage selbst anhängig ist, angerufen werden (Art. 6 Nr. 3 EuGVÜ/LuGVÜ/EuGVVO).

51 Gemäß Art. 5 des Protokolls vom 27. September 1968 (BGBl. 1972 II, S. 808) kann sich der Kläger vor deutschen Gerichten nicht auf Art. 6 Nr. 2 EuGVÜ berufen. Enstprechendes gilt nach Art. 65 Abs. 1 EuGVVO für Art. 6 Nr. 2 EuGVVO. Gleichwohl können Deutsche im Ausland am Gerichtsstand des Art. 6 Nr. 2 EuGVÜ/LuGVÜ/EuGVVO verklagt werden[185].

a. Gerichtsstand der Streitgenossenschaft

Schrifttum

Geimer, Der Sachzusammenhang als Grundlage der internationalen Zuständigkeit, WM 1979, 350; Kropholler, Europäisches Zivilprozessrecht, 8. Auflage, Heidelberg 2005; Schlosser, EU-Zivilprozessrecht. 3. Auflage, München 2009; Bülow/Böckstiegel/Geimer/Schütze, Internationaler Rechtsverkehr, München (Stand: Februar 2004)

52 Der Gerichtsstand der Streitgenossenschaft regelt die internationale und örtliche Zuständigkeit[186]. Sinn der Vorschrift ist es aber nicht, dem Kläger auch ein Wahlrecht hinsichtlich der örtlichen Zuständigkeit zu geben, so dass die innerdeutsche örtliche Zuständigkeit ggf. nach § 36 ZPO zu bestimmen ist[187]. Damit steht dieser Gerichtsstand auch im Hoheitsgebiet der BR Deutschland zur Verfügung, obwohl der Gerichtsstandkatalog der ZPO diese Zuständigkeit nur in Sonderfällen ausweist (§§ 35a, 603 Abs. 2, 605a ZPO; § 56 Abs. 2 Luftverkehrsnetz)[188] und im Übrigen das deutsche Recht bei Streitgenossenschaften mit unterschiedlichem Allgemeinem Gerichtsstand der Streitgenossen die Zuständigkeitsbestimmung nach § 36 Nr. 3 ZPO vorschreibt. Die Anwendbarkeit von Art. 6 Nr. 1 EuGVÜ/LuGVÜ/EuGVVO setzt unterdessen einen gewissen Zusammenhang zwischen den einzelnen Ansprüchen gegen die Beklagten voraus[189]. Bei der Auslegung der Vorschrift ist zu berücksichtigen, dass es von dem Grundsatz der Zuständigkeit der Gerichte am Wohnsitz des Beklagten ausgeht und dass Art. 6 Nr. 1 EuGVÜ/LuGVÜ/EuGVVO diesen Grundsatz nur ausnahmsweise durchbricht. Andererseits muss dem Sinn des Art. 6 Nr. 1 EuGVÜ/LuGVÜ/EuGVVO Rechnung getragen werden, der darin liegt, dem Sekundärbeklagten im Interesse der einheitlichen Behandlung konnexer Verfahren ein Opfer abzuverlangen[190] und widersprechende Entscheidungen zu vermeiden[191]. Dem Erfordernis der Konnexität ist in vertragsautonomer Auslegung[192] genügt, wenn die Klagen im Wesentlichen tatsächlich oder rechtlich gleichartig

[185] Kropholler in: Handbuch des IZVR, Bd. I, Kap. III, Rn. 726.
[186] Kropholler in: Handbuch des IZVR, Bd. I, Kap. III, Rn. 720; Bülow/Böckstiegel/Linke, Internationaler Rechtsverkehr, 606.79.
[187] BayObLG RIW 1997, 596.
[188] Vgl. BGH RIW 1987, 623, 624.
[189] Jenard, Bericht zum EuGVÜ in: Bülow/Böckstiegel, Internationaler Rechtsverkehr, 601.39.
[190] EuGHE 1990 I, 1861-Kongressagentur Hagen.
[191] EuGHE 1998 I, 6511-Réunion Européenne.
[192] EuGH RIW 1988, 901, 902; Bülow/Böckstiegel/Linke, Internationaler Rechtsverkehr, 606.80; Kropholler in: Handbuch des IZVR, Bd. I, Kap. III, Rn. 722; a.A. Grunsky, Probleme des EWG-Übereinkommens über die gerichtliche Zuständigkeit und die Vollstreckung gerichtlicher Entscheidungen in Zivil- und Handelssachen, JZ 1973, 641, 644.

sind[193]. Nach Ansicht des EuGH[194], besteht ein derartiger Zusammenhang zwischen den Klagen gegen die einzelnen Beklagten, wenn eine gemeinsame Verhandlung und Entscheidung geboten erscheint, um zu vermeiden, dass in getrennten Verfahren widersprechende Entscheidungen ergehen könnten, wobei es Schlosser[195] genügen lassen will, wenn in den Urteilsgründen Widersprüche auftreten könnten. Diese Voraussetzung sei von den nationalen Gerichten im Einzelfall zu prüfen. Bei Klagen gegen gesamtschuldnerisch verpflichtete Personen kann der Zusammenhang angenommen werden[196]. Der Anwendungsbereich der Vorschrift geht jedoch erheblich weiter[197]. Als Beispiele werden von Geimer[198] Klagen gegen Hehler am Wohnsitz des Diebes oder solche gegen mehrere Verantwortliche eines Verkehrsunfalls genannt. In Betracht kommt auch eine Klage auf Rückzahlung zuviel entrichteten Unterhalts durch den unehelichen Vater gegen Mutter und Kind[199] oder die des Kapitalanlegers gegen die Vermittler, sonstige Beteiligte und Vertragspartner auf Schadensersatz für den Kapitalverlust bei einem Kassa- und Termingeschäft[200]. Wenn Art. 6 Nr. 1 EuGVÜ/LuGVÜ/EuGVVO von der Zuständigkeit des Gerichts am Wohnsitz eines Beklagten spricht, so ist damit der Wohnsitzbegriff der jeweiligen lex fori gemeint (Art. 52, 53 EuGVÜ, Art. 59 EuGVVO)[201]. Sollen mehrere Personen am Gerichtsstand des Erfüllungsortes verklagt werden, so müssen sie nach einer älteren Äusserung jeweils die Voraussetzungen des Art. 5 Nr. 1 EuGVÜ in ihrer Person erfüllen[202]. Diese Auffassung dürfte angesichts der extensiven Auslegung durch den EuGH zwischenzeitlich nicht mehr haltbar sein.

b. Gerichtsstand der Gewährleistungs- und Interventionsklage. Der Gerichtsstand der Gewährleistungs- und Interventionsklage ist nach Art. 6 Nr. 2 EuGVÜ/LuGVÜ/EuGVVO das Gericht des Hauptprozesses. Unter Art. 6 Nr. 2 EuGVÜ/LuGVÜ/EuGVVO fällt auch die klageweise Geltendmachung des Gesamtschuldnerausgleichs[203]. Innerhalb Deutschlands kann eine Gerichtszuständigkeit unterdessen nicht auf Art. 6 Nr. 2 begründet werden, da Deutschland insoweit einen Vorbehalt erklärt hat[204]. Immerhin erweitert diese Norm die Gerichtspflichtigkeit von in der Bundesrepublik ansässigen Personen im EU-Ausland[205]. Es wird deshalb empfohlen, den Gerichtsstand der Gewährleistungs- und Interventionsklage mittels einer Zuständigkeitsvereinbarung zu derogieren[206]. Zu erwähnen ist, dass die deutsche Streitverkündung und Nebenintervention einschränkunglos zulässig bleibt[207]. Die Interventionswirkung muss in allen Vertrags- bzw. Mit- 53

[193] Geimer WM 1979, 350, 359; Kropholler in: Handbuch des IZVR, Bd. I, Kap. III, Rn. 722; Bülow/Böckstiegel/Linke, Internationaler Rechtsverkehr, 606.80.; Schlosser, EU-Zivilprozessrecht, Art. 6 EuGVVO Rn. 4.
[194] EuGH RIW 1988, 901, 902.
[195] Schlosser RIW 1988, 987, 988.
[196] Geimer, WM 1979, 350, 359; BGH RIW 1987, 623, 624.
[197] Siehe Bülow/Böckstiegel/Linke, Internationaler Rechtsverkehr, 606.81; Kropholler in: Handbuch des IZVR, Bd. I, Kap. III, Rn. 722.
[198] Geimer WM 1979, 350, 359.
[199] Geimer WM 1979, 350, 359.
[200] EuGH RIW 1988, 901, 902.
[201] Kropholler in: Handbuch des IZVR, Bd. I, Kap. III, Rn. 723.
[202] Geimer WM 1979, 350, 357 Fn. 72.
[203] Kinnear v. Falconfilms [1994] All ER 42.
[204] Art. 5 des Protokolls vom 27. 9. 1968 (BGBl. 1972 II, 808).
[205] Vgl. insoweit Kropholler in: Handbuch des IZVR, Bd. I, Kap. III, Rn. 726.
[206] Geimer WM 1979, 350, 351 Fn. 13. Zur Zulässigkeit derartiger Vereinbarungen Bülow/Böckstiegel/Linke, Internationaler Rechtsverkehr, 606.85.
[207] Roth IPRax 2003, 515, 516; Schlosser, EU-Zivilprozessrecht, Art. 6 EuGVVO Rn. 7; OLG Köln IPRax 2003, 531 ff.

gliedsstaaten anerkannt werden[208]. Die materiell-rechtliche Bedeutung einer Streitverkündung, etwa die Frage nach der verjährungshemmenden Wirkungen einer Streitverkündung, beurteilt sich unterdessen nach dem Vertragsstatut[209]. Ist ausländisches Recht anwendbar, das an die Streitverkündung keine verjährungshemmende Bedeutung knüpft, geht die Streitverkündung ins Leere, denn das inländische Urteil kann nur die Wirkungen feststellen, die materiell-rechtlich geregelt sind. Umgekehrt kann es passieren, dass das materielle Recht einer Partei in der Luft hängen kann, wenn sich das Verfahren nach einer Rechtsordnung richtet, das die Möglichkeit einer Streitverkündung nicht vorsieht[210].

54 **c. Der Gerichtsstand der Widerklage.** Zu guter Letzt enthält Art. 6 (in Nr. 3) EuGVÜ/LuGVÜ/EuGVVO auch den Gerichtsstand der Widerklage, welcher in nahezu allen Rechtsordnungen bekannt ist. Damit eine Zuständigkeit nach Art. 6 Nr. 3 EuGVÜ/LuGVÜ/EuGVVO begründet werden kann, muss das Hauptverfahren an einem EuGVÜ-Gerichtsstand anhängig sein[211]. Haupt- und Widerklage müssen zudem auf denselben Vertrag oder Sachverhalt gestützt werden. Dieses Konnexitätsfordernis ist vertragsautonom zu bestimmen[212]. Die übrigen Voraussetzungen einer Widerklage richten sich nach der lex fori des Hauptverfahrens[213].

8. Vereinbarter Gerichtsstand

Schrifttum

Nagel/Gottwald, Internationales Zivilprozessrecht, 6. Auflage, Köln 2007; Kohler, Internationale Gerichtsstandvereinbarungen; Liberalität und Rigorismus im GVÜ, IPRax 1983, 265 ff.; Reiser, Gerichtsstandsvereinbarungen nach IPR-Gesetz und Lugano-Übereinkommen, Zürich 1995, Killias, Die Gerichtsstandvereinbarung nach dem Lugano-Übereinkommen, Zürich 1993; Stöve, Gerichtsstandsvereinbarungen nach Handelsbrauch, 1993; Samtleben, Art. 17 EuGVÜ und kein Ende, IPRax 1985, 261 ff.; Hoffmann, Das EWG-Übereinkommen über die gerichtliche Zuständigkeit und die Vollstreckung gerichtlicher Entscheidungen in Zivil- und Handelssachen, AWD 1973, 57 ff.; Samtleben, Internationale Gerichtsstandsvereinbarungen nach dem EWG-Übereinkommen und nach der Gerichtsstandsnovelle, NJW 1974, 1590 ff.; Ebenroth, Das kaufmännische Bestätigungsschreiben im internationalen Handelsverkehr, ZvglRWiss 77 (1978); 161 ff.; Linke, EG-Gerichtsstands- und Vollstreckungsübereinkommen, RIW 1985, 1 ff.; Grunsky, EWG-Übereinkommen über die gerichtliche Zuständigkeit und die Vollstreckung gerichtlicher Entscheidungen in Zivil- und Handelssachen im deutsch-italienischen Rechtsverkehr, RIW 1977, 1 ff.; Haß, Zur Internationale Gerichtsstandsvereinbarung in einer Patronatserklärung, IPRax 2000, 494; Spellenberg, Die Vereinbarung des Erfüllungsortes und Art. 5 Nr. 1 des EuGVÜ, IPRax 1981, 25; Rauscher, Gerichtsstandsbeeinflussende AGB im Geltungsbereich des EuGVÜ, ZZP 104 (1991), 271; Gebauer, Zur Drittwirkung von Gerichtsstandsvereinbarungen bei Vertragsketten, IPRax 2001, 471; Kropholler, Europäisches Zivilprozessrecht, 8. Auflage, Heidelberg 2005; Schlosser, EU-Zivilprozessrecht. 3. Auflage, München 2009; Bülow/Böckstiegel/Geimer/Schütze, Internationaler Rechtsverkehr, München (Stand: Februar 2004); Werner/Pastor, Bauprozess, 12. Auflage, Neuwied 2008

---

208 Schlosser, EU-Zivilprozessrecht, Art. 6 EuGVVO Rn. 7; Thode/Wenner, Internationales Architekten- und Bauvertragsrecht, Rn. 664, 665; Roth IPRax 2003, 515, 516.

209 Erman/Hohloch, BGB, Art. 32 EGBGB Rn. 14; zum selbständigen Beweisverfahren vgl. LG Hamburg IPRax 2001, 45.

210 Grunsky ZZP 1976, 241, 251.

211 Bülow/Böckstiegel/Linke, Internationaler Rechtsverkehr, 606.86; vgl. aber Schlosser, EU-Zivilprozessrecht, Art. 6 EuGVVO Rn. 9, demzufolge Art. 6 Nr. 3 auch dann einschlägig ist, wenn sich die Zuständigkeit in der Hauptsache nicht aus den Vorschriften der EuGVÜ/LuGVÜ/EuGVVO ergibt.

212 Kropholler in: Handbuch des IZVR, Bd. I, Kap. III, Rn. 729.

213 Bülow/Böckstiegel/Linke, Internationaler Rechtsverkehr, 606.90; Kropholler in: Handbuch des IZVR, a.a.O., Rn. 730.

Vereinbarungen über Gerichtsstände beseitigen die Unsicherheit in Bezug auf den Austragungsort von Streitigkeiten. Sie sind Ausdruck der Parteiautonomie und damit grundsätzlich auch international anerkannt[214]. Auf der einen Seite können sie an sich nicht gegebene Zuständigkeiten begründen. Insofern sind Gerichtsstandsklauseln zumeist unproblematisch. Auf der anderen Seite können Gerichtsstandsklauseln aber auch die Unzuständigkeit an sich gegebener Zuständigkeiten herbeiführen und laufen daher Gefahr, für unwirksam erachtet zu werden. 55

a. Gerichtsstandsklauseln nach ZPO. Gerichtsstandsvereinbarungen sind materiellrechtliche Verträge über prozessuale Beziehungen[215]. Die Zulässigkeit und die Form solcher Vereinbarungen richten sich grundsätzlich nach deutschem Recht als der lex fori[216]. Ob eine Gerichtsstandsvereinbarung zustande gekommen ist, beurteilt sich dagegen nach dem Vertragsstatut[217]. § 38 ZPO gestattet Gerichtsstandsklauseln in den dort vorgesehenen Fällen. Zulässig sind sie, wenn die Parteien Kaufleute sind oder Berührungspunkte zum Ausland bestehen. Doch ist es auch zulässig die Zuständigkeit der deutschen Gerichte zu vereinbaren, ohne dass die Parteien Berührungspunkte zum Inland haben[218]. Umgekehrt werden gelegentlich Zweifel geäußert[219]. Doch sind diese Zweifel unberechtigt[220]. Die Möglichkeit zur Derogation der deutschen Gerichte ist lediglich dann zu verneinen, wenn die Vereinbarung des ausländischen Gerichtsstands dazu führt, dass die Zwangsvollstreckung im Inland erfolglos bleiben muss[221]. 56

b. Gerichtsstandsklauseln nach EuGVÜ/LuGVÜ/EuGVVO. Auch im Anwendungsbereich des EuGVÜ, des LuGVÜ und der EuGVVO sind Gerichtsstandsvereinbarungen zulässig. Diesen Grundsatz legt Art. 17 Abs. 1 EuGVÜ/LuGVÜ fest. Entsprechendes gilt nach Art. 23 Abs. 1 EuGVVO. **Einschränkungen** erfährt das Prinzip durch Art. 17 Abs. 2 EuGVÜ/LuGVÜ[222], ferner durch Art. 12 und 15 EuGVÜ. Die EuGVVO regelt die Ausnahmen in Art. 17, 21 EuGVVO. 57

Beispiel: The Contract shall be governed and construed in accordance with the laws of England and the English courts shall have jurisdiction over any dispute or difference that may arise (Klausel 35.2 JCT MPF 2003)

Art 17 EuGVÜ und entsprechend Art. 23 EuGVVO entscheidet in seinem Anwendungsbereich über Zulässigkeit, Form und Wirkung der Gerichtsstandsvereinbarung. Welche materiellrechtlichen Anforderungen an das Zustandekommen der Gerichtsstandsvereinbarung zu stellen sind, bestimmt sich dagegen nach dem nationalen Recht, das von dem angerufenen Gericht nach seinem internationalen Privatrecht für anwendbar erklärt wird[223]. 58

Art. 17 EuGVÜ und entsprechend Art. 23 EuGVVO verlangt, dass Gerichtsstandsvereinbarungen schriftlich oder mündlich mit schriftlicher Bestätigung geschlossen wer- 59

[214] Vgl. Jacquet/Delebecque, Droit international du commerce, Rn. 428; Collier, Conflict of Laws, 73 f.
[215] BGHZ 59, 23.
[216] Linke, IZPR, Rn. 185.
[217] OLG Düsseldorf IHR 2004, 108, 111; EuGH NJW 1977, 491; EuGH NJW 2000,719; Linke, IZPR, Rn. 185.
[218] Nagel/Gottwald, Internationales Zivilprozessrecht, § 3 Rn. 366.
[219] LG Hamburg RIW/AWD 1976, 228.
[220] Kralik ZZP 1961, 42; Geimer, IZPR, Rn. 1085; Nagel/Gottwald, Internationales Zivilprozessrecht, § 3 Rn. 366.
[221] Vgl. Nagel/Gottwald, Internationales Zivilprozessrecht, § 3 Rn. 368.
[222] Abs. 3 in der Neufassung des EuGVÜ von 1978.
[223] OLG Saarbrücken NJW 1992, 987–988 = IPRax 1992, 165–166 = IPRspr 1991, Nr 180, 368–371.

den. Ersatzweise genügt die Form, welche den Gepflogenheiten entspricht, die zwischen den Parteien entstanden ist. Diese Ersatzalternative setzt voraus, dass sich die Parteien früher darauf geeinigt haben, ihren gesamten Vertragsbeziehungen die Lieferbedingungen einer Partei einschließlich der Gerichtsstandsklausel zugrunde zu legen[224]. Im internationalen Handel bedarf es nur der Form, die einem Handelsbrauch entspricht, den die Parteien kennen oder kennen mussten und den Parteien von Verträgen der betroffenen Art in dem betreffenden Geschäftszweig allgemein kennen und regelmäßig beachten. Die Formanforderungen sind vertragsautonom zu entwickeln und auszulegen[225]. Gerichtsstandsklauseln in Allgemeinen Geschäftsbedingungen, die kein integraler Bestandteil der Vertragsurkunde sind, werden nur wirksam, wenn sich im Vertrag ein deutlicher Hinweis auf die AGB findet[226]. Die Verwendung kaufmännischer Bestätigungsschreiben ist infolge Art. 17 I lit. b) und c) EuGVÜ heute weitgehend unproblematisch[227]. Entsprechendes gilt für Art. 23 EuGVVO[228]. Allerdings reicht es nicht aus, die AGB auf der Rückseite der Auftragsbestätigung abzudrucken[229]. Damit ist nicht gewährleistet, dass die andere Partei zugestimmt hat. Erforderlich ist vielmehr, dass auf der Vorderseite der AGB auf die auf der Rückseite abgedruckten AGB verwiesen wird[230]. Dieser Hinweis muss derart sein, dass die andere Partei bei Anwendung normaler Sorgfalt in zumutbarer Weise von den AGB Kenntnis nehmen kann[231]. Auch ein Hinweis auf AGB, die im Internet eingesehen werden können, ist unzureichend[232].

60 **aa. Einschränkungen der Prorogationsfreiheit.** Nach Art. 17 Abs. 2 EuGVÜ/LuGVÜ und Art. 23 Abs. 5 EuGVVO gilt die Prorogationsfreiheit nur vorbehaltlich einer ausschließlichen Zuständigkeit gemäß den Vorschriften der Art. 12, 15, 16 EuGVÜ/LuGVÜ bzw. Art. 13, 17, 21, 22 EuGVVO. Die Vorbehalte in den genannten Normen bezwecken entweder den Schutz des sozial Schwächeren und sind damit grundsätzlich unabdingbar[233] oder sie sind wegen ihrer Sachnähe geradezu dazu berufen, eine Entscheidung in der Sache herbeizuführen (so Art. 16 EuGVÜ/LuGVÜ bzw. Art. 22 EuGVVO). Da es jedoch weitaus ungefährlicher ist, eine Gerichtsstandsabrede nach als vor Streitentstehung zu treffen, weil dann auch der sozial Schwächere die Tragweite seiner Entscheidung erkennen kann, erlauben die Regelungen der Art. 12 Nr. 1 EuGVÜ und Art. 15 Nr. 1 EuGVÜ (Art. 13 Nr. 1 EuGVVO, Art. 17 Nr. 1 EuGVVO und Art. 21 Nr. 1 EuGVVO) in Durchbrechung des Grundsatzes der Unabdingbarkeit Zuständigkeitsabreden nach Entstehung der Streitigkeit. Dies ist dahingehend auszufüllen, dass solche Gerichtsstandvereinbarungen zulässig sind, sobald die Parteien über einen bestimmten Punkt uneins sind und ein gerichtliches Verfahren unmittelbar oder in Kürze bevorsteht[234]. Die Abrede muss in der Form des Art. 17 EuGVÜ/LuGVÜ bzw. Art. 23 EuGVVO getroffen werden[235]. Ferner sind abweichende Abreden von den ausschließlichen Zuständigkeiten des dritten und vierten Abschnitts des EuGVÜ bzw. des dritten

224 OLG Düsseldorf IHR 2004, 108, 111; BGH NJW 1994, 2699, 2700.
225 EUGH E 1976, 1841 = NJW 1977, 494.
226 Siehe OLG Celle, Beschluss v. 24.7.2009 – 13 W 48/09; MMR 2009, 799 = IBR 2009, 1122 – Schwenker.
227 Vgl. LG Essen RIW 1992, 228; Kropholler, Europäisches Zivilprozessrecht, Art. 23 Rn. 61.
228 Schlosser, EU-Zivilprozessrecht, Art. 23 Rn. 27.
229 OLG Düsseldorf IHR 2004, 108, 110.
230 OLG Düsseldorf IHR 2004, 108, 110.
231 EuGH NJW 1977, 494, 495; BGH NJW 1994, 2699; OLG Düsseldorf IHR 2004, 108, 110.
232 Siehe OLG Celle, Beschluss v. 24.7.2009 – 13 W 48/09; MMR 2009, 799 = IBR 2009, 1122 – Schwenker.
233 Kropholler in: Handbuch des IZVR, Bd. I, Kap. III, Rn. 863 für Art. 15, 16 EuGVÜ.
234 Jenard, Bericht zum EuGVÜ in: Bülow/Böckstiegel, Internationaler Rechtsverkehr 601.49; Kropholler in: Handbuch des IZVR, Bd. I, Kap. III, Rn. 865.
235 Kropholler in: Handbuch des IZVR, Bd. I, Kap. III, Rn. 866.

bis fünften Abschnitts der EuGVVO zugunsten des Wohnsitzgerichtsstands der sozial schwächeren Partei ebenfalls zulässig (Art. 12 Nr. 2 und Art. 15 Nr. 2 EuGVÜ; Art. 13 Nr. 2, Art. 17 Nr. 2 und Art. 21 Nr. 2 EuGVVO). Nach Art. 12 Nr. 3 EuGVÜ/LuGVÜ und Art. 13 Nr. 3 EuGVVO kann darüber hinaus der Versicherungsnehmer mit seinem Versicherer das Tatortgericht (Art. 5 Nr. 3 EuGVÜ/LuGVÜ/EuGVVO) zugunsten der Gerichte des gemeinsamen Wohnsitzstaates derogieren. Aus Billigkeitsgründen ist zudem die Prorogation der Gerichte des Staates zulässig, in dem beide Parteien eines Verbrauchervertrages zur Zeit des Vertragsschlusses ihren Wohnsitz oder gewöhnlichen Aufenthalt haben, es sei denn, eine solche Abrede widerspräche dem Recht dieses Staates. Nach Art. 12 Abs. 4 (in der Fassung von 1978) EuGVÜ ist eine Zuständigkeitsabrede auch dann gestattet, wenn sie von einem Versicherungsnehmer abgeschlossen wird, der seinen Wohnsitz nicht in einem Vertragsstaat hat. Ausgenommen sind allerdings solche Versicherungsverhältnisse, zu deren Eingehung der Versicherungsnehmer gesetzlich verpflichtet war oder die die Versicherung von im Vertragsstaat belegenen Sachen betreffen. Auf Wunsch Großbritanniens wurde das EuGVÜ (Fassung 1978) ferner dahingehend ergänzt, dass Gerichtsklauseln in Versicherungsverträgen auch über Risiken der Luft- und Seeschiffahrt (Art. 12a EuGVÜ) getroffen werden können. Verträge über in England, Wales und Schottland belegene Bauvorhaben müssen zwingend eine besondere Streitbeilegungsklausel enthalten (Sec. 108 HGCRA 1996)[236]. Die FIDIC-Muster enthalten keine derartige Vorkehrung.

bb. Auslandsbezug. Die Vorschrift des Art. 17 Abs. 1 EuGVÜ/LuGVÜ bzw. Art. 23 Abs. 1 EuGVVO schreibt vor, dass mindestens eine der Parteien einer Gerichtsstandabrede ihren Wohnsitz in einem Vertragsstaat des EuGVÜ bzw. einem Mitgliedsstaat der EU haben muss. Damit sind zum einen die Fälle erfasst, in denen beide Parteien jeweils in einem anderen EuGVÜ-Vertragsstaat oder EU-Mitgliedsstaat sesshaft sind. Zum anderen fallen aber auch solche Konstellationen unter Art. 17 Abs. 1 EuGVÜ/lUGVÜ bzw. Art. 23 Abs. 1 EuGVVO, in denen die andere Partei keinerlei Beziehung zu einem EuGVÜ-Mitgliedsland bzw. einem EU-Mitgliedsstaat hat[237]. Umstritten ist allerdings, ob in letzterer Alternative nicht wenigstens ein zweiter EuGVÜ-Vertragsstaat bzw. ein EU-Vertragsstaat in der Weise berührt werden muss, dass etwa dessen Zuständigkeit prorogiert wird[238]. Da das EuGVÜ/LuGVÜ bzw. die EuGVVO jedoch nicht nur das Recht der internationalen Zuständigkeit, sondern auch das der Anerkennung und Vollstreckung für den Bereich der EuGVÜ-Staaten vereinheitlichen wollen, sollten die Regelungen so ausgelegt werden, dass auch solche Titel in den Vertragsstaaten anerkannt und vollstreckt werden, die keine weiteren Berührungspunkte mit einem EuGVÜ-Staat bzw. einem EU-Mitgliedsstaat aufweisen. Es kann m.E. nicht angehen, dass zwar eine in Frankreich ergangene Entscheidung deshalb nach Art. 26 ff. EuGVÜ/LuGVÜ bzw. Art. 33 ff. EuGVVO anerkannt wird, weil die französischen Gerichte von einer niederländischen und einer isländischen Partei prorogiert wurden, jedoch einem französischen Urteil, das auf eine isländisch-französische Gerichtsstandsvereinbarung zurückgeht, die Anerkennung versagt bleiben muss[239]. Keinen ausreichenden Auslandsbezug im Sinne 61

[236] Vgl. Hibberd/Newman, ADR and Adjudication, 216, 152 ff.

[237] EuGH NJW 2000, 3121; Nagel/Gottwald, Internationales Zivilprozeßrecht, § 3 Rn. 136; Geimer/Schütze, Internationale Urteilsanerkennung, Bd. 1, 1. Halbbd., § 96 Anm. VII 4b B; Bülow/Böckstiegel/Müller, Internationaler Rechtsverkehr, 606.144; Müller/Hök, Einzug von Auslandsforderungen, 141; Gottwald, ZZP 94 (1981), D. 352; Kropholler in: Handbuch des IZVR, Bd. I, Kap. III, Rn. 812.

[238] So etwa Bülow/Böckstiegel/Müller, Internationaler Rechtsverkehr, 606.144; Samtleben, NJW 1974, 1590, 1593; Sandrock/Jung, Handbuch der Internationalen Vertragsgestaltung, Bd. II, Kap. E, Rn. 119.

[239] Vgl. auch Kropholler in: Handbuch des IZVR, Bd. I, Kap. III, Rn. 812; Geimer/Schütze, Internationale Urteilsanerkennung, Bd. 1, 1. Halbbd., § 96 Anm. VII 4b ß.

von Art. 17 EuGVÜ/LuGVÜ bzw. Art. 23 Abs. 1 EuGVVO weist eine Gerichtsstandsabrede zweier Inländer zugunsten eines inländischen Gerichts auf[240], auch wenn damit gleichzeitig eine fakultative Zuständigkeit[241] in einem anderen Vertragsstaat derogiert wird[242]. Dagegen genügt es, dass zwei Inländer die Zuständigkeit eines Gerichts im Bereich der EuGVÜ-Vertragsstaaten vereinbaren[243] oder wenn zwei Inländer einen Vertrag auf Verbringung von Leistungen in einem anderen Vertragsstaat schließen[244].

62 **cc. Persönliche Voraussetzungen.** Art. 17 EuGVÜ und Art. 23 EuGVVO stellen in persönlicher Hinsicht keine Anforderungen an die Prorogationsparteien. Insbesondere beschränken die Vorschriften die Prorogationsfreiheit nicht auf **Kaufleute**. Es können vielmehr alle Personen Gerichtsstandsabreden treffen[245]. Nicht erwähnt wird auch, unter welchen Voraussetzungen die Prorogationsfähigkeit zu bejahen ist. Die damit angesprochene Frage der Prozessfähigkeit beurteilt sich in aller Regel nach materiellem Recht[246]. Es sind die IPR-Normen des jeweiligen Forums zu befragen[247]. Nach deutschem IPR ist das Heimatrecht (Staatsangehörigkeit) der jeweiligen Partei ausschlaggebend (Art. 7 EGBGB, vgl. auch Art. 12 EGBGB)[248]. Es reicht aber, wenn die Prozess- bzw. Handlungsfähigkeit (Geschäftsfähigkeit) nach deutschem materiellem Recht vorliegt[249].

63 **dd. Das Zustandekommen der Gerichtsstandvereinbarung.** Die Zuständigkeit eines Gerichts wird gem. Art. 17 EuGVÜ und Art. 23 EuGVVO durch eine **schriftliche** oder durch eine **mündliche**, schriftlich bestätigte Abrede statuiert. Welche Anforderungen an eine wirksame Vereinbarung gestellt werden müssen, ist vertragsautonom zu bestimmen[250]. Angesichts der Folgen einer Gerichtsstandsvereinbarung sind die in Art. 17 EuGVÜ/Art. 23 EuGVVO aufgestellten Wirksamkeitsvoraussetzungen restriktiv auszulegen[251]. Die Beweislast trägt der Kläger. Die Beweiserleichterungen des § 18 Nr. 1 S. 1 VOB/B gelten nur für die örtliche, nicht auch für die internationale Zuständigkeit[252].

64 Ob eine Gerichtsstandsklausel tatsächlich Gegenstand einer Willenseinigung zwischen den Parteien war, ist vor allem anhand der **Formerfordernisse** des Art. 17 EuGVÜ und des Art. 23 EuGVVO festzustellen[253]. Die Willensübereinstimmung hinsichtlich der

---

240 Siehe Cour de Cassation, 4.10.2005 – n° 02-12.959, D. 2005, 2626 (IR) : kein hinreichender Auslandsbezug, wenn ein französischer Subunternehmer mit einer deutschen Gesellschaft einen Subunternehmervertrag abschließt, sofern der Vertrag in Frankreich erfüllt werden muss und der deutsche Generalunternehmer den Vertrag über eine Niederlassung in Frankreich zugunsten französischer Auftraggeber abwickelt.

241 Die ausschließlichen Zuständigkeiten des Art. 16 EuGVÜ unterliegen nicht der Parteidisposition.

242 Schlosser, EU-Zivilprozessrecht, Art. 23 EuGVVO Rn. 6; BGH NJW 1993, 1070.

243 Müller/Hök, Einzug von Auslandsforderungen, 141 m.w.N., noch weitergehend Schlosser, EU-Zivilprozeßrecht, Art. 23 EuGVVO Rn. 6, der auch Vereinbarungen mit Bezug zu einem Nichtvertragsstaat ausreichen lassen will.

244 Schlosser, EU-Zivilprozeßrecht, Art. 23 EuGVVO Rn. 6; vgl. Arrondissementsrechtsbank Rotterdam ILPr 1991, 285.

245 Müller/Hök, Einzug von Auslandsforderungen, 141.

246 Grunsky ZZP 1976, 241, 257 f.

247 Kropholler in: Handbuch des IZVR, Bd. I, Kap. III, Rn. 832.

248 Pagenstecher ZZP 1950/51, 249, 251.

249 Art. 12 EGBGB.

250 Geimer/Schütze, Internationale Urteilsanerkennung, Bd. 1, 1. Halbbd., § 96 Anm. XXV 3; Kropholler in: Handbuch des IZVR, Bd. I, Kap. III, Rn. 832; Sandrock/Jung, Handbuch der Internationalen Vertragsgestaltung, Bd. II, Kap. E, Rn. 123; EuGH RIW 1977, 104, 104; Schlosser, EU-Zivilprozeßrecht, Art. 23 EuGVVO Rn. 15.

251 EuGH RIW 1977, 104; EuGH RIW 1981, 58; EuGH RIW 1984, 909, 910; OLG Düsseldorf IHR 2004, 108, 111; vgl. auch Battifol/Lagarde, Droit international privé, Tôme II, 479.

252 BGHZ 94, 156 = NJW 1985, 2090 = ZfBR 1985, 180 = BauR 1985, 475; Werner/Pastor, Bauprozess, Rn. 416.

253 EuGH RIW 1977, 104; EuGH RIW 1984, 909, 910; BGH IHR 2004, 124, 125.

Gerichtsstandsvereinbarung muss aus dem Schreiben selbst und nicht erst aus den Umständen hervorgehen[254]. Mündliche Vereinbarungen bleiben hiernach ohne Wirkung[255]. Die mündliche Verlängerung eines schriftlichen Vertrages mit Gerichtsstandsklausel, dessen Laufzeit abgelaufen war, kann ausreichen[256]. Im Übrigen verlangen Art. 17 EuGVÜ und Art. 23 EuGVVO zumindest die halbe Schriftlichkeit[257]. Eine schriftliche Vereinbarung im Sinne von Art. 17 EuGVÜ/Art. 23 EuGVVO kommt zustande, sobald jede Partei ihre Willenserklärung schriftlich abgegeben hat.

Es genügt der Schriftform, wenn getrennte, inhaltlich übereinstimmende Schriftstücke vorliegen[258]. Dem entspricht ein Briefwechsel oder der Austausch von Telegrammen oder Fernschreiben[259]. Nicht erforderlich ist, dass die beiderseitigen Erklärungen die Gerichtsstandsabrede ausdrücklich enthalten[260], sofern den Erklärungen die Vereinbarung nur hinreichend deutlich zu entnehmen ist[261]. Um den Gegebenheiten des internationalen Handelsverkehrs Rechnung zu tragen, kommt eine Zuständigkeitsvereinbarung gem. Art. 17 Abs. 1 EuGVÜ ebenfalls zustande, wenn nur eine Partei eine schriftliche Erklärung abgibt. Allerdings muss dann bereits eine mündlich getroffene Abrede vorliegen, die für beide Seiten erkennbar gerade auch über die Zuständigkeitsfrage eine Einigung enthält[262]. Die Beweisschwierigkeiten in diesem Fall sind evident. Die Lehre vom **kaufmännischen Bestätigungsschreiben**[263] findet in diesem Zusammenhang erst seit Inkrafttreten der Fassung von 1978 am 1. November 1986 Anwendung[264]. Solche Fälle sind durch Art. 23 Abs. 1 lit. b) und c) EuGVVO endgültig gelöst[265]. Danach reicht es zur Annahme einer Gerichtsstandsabrede aus, wenn eine Partei erstmals in ihrem Bestätigungsschreiben auf eine Gerichtsstandsklausel hinweist, und der Empfänger dem Schreiben nicht widerspricht[266]. Allerdings verlangt Art. 17 Abs. 1 S. 2 3. Alt. EuGVÜ, dass das Schweigen auf das kaufmännische Bestätigungsschreiben kraft Handelsbrauch am Sitz des Adressaten eines Bestätigungsschreibens bindend wirkt[267]. Dieser Handelsbrauch muss dem Adressaten bekannt gewesen sein oder ihm als bekannt angesehen werden. Dann ist Art. 17 Abs. 1 S. 2 dritter Fall EuGVÜ so auszulegen, dass die Einigung der Vertragsparteien über die Gerichtsstandsklausel vermutet wird[268]. Eigentlich besteht ein solcher Handelsbrauch unter den Voraussetzungen des deutschen Rechts (1. Mündlicher Vertragsabschluss; 2. Übersenden eines kaufmännischen Bestäti-

---

[254] OLG Köln RIW 1988, 555, 556 = NJW 1988, 2182; BGH IHR 2004, 124, 125.
[255] Geimer/Schütze, Internationale Urteilsanerkennung, Bd. 1, 1. Halbbd., § 96 Anm. XXVI 1.
[256] EuGH IPRax 1989, 383, 384.
[257] Kropholler in: Handbuch des IZVR, Bd. I, Kap. III, Rdnr. 843; Geimer/Schütze, Internationale Urteilsanerkennung, Bd. 1, 1. Halbbd., § 96 Anm. XXVI 5a.
[258] Geimer/Schütze, Internationale Urteilsanerkennung, Bd. 1, 1. Halbbd., § 96 Anm. XXVI 4.
[259] Kropholler in: Handbuch des IZVR, Bd. I, Kap. III, Rn. 837; Bülow/Böckstiegel/Müller, Internationaler Rechtsverkehr, 606.147; Hoffmann, AWD 1973, 57, 62.
[260] Kropholler in: Handbuch des IZVR, Bd. I, Kap. III, Rdnr. 837.
[261] Bülow/Böckstiegel/Müller, Internationaler Rechtsverkehr, 606.147.
[262] Kropholler in: Handbuch des IZVR, Bd. I, Kap. III, Rn. 843.
[263] Zur Sonderanknüpfung des Schweigens im rechtsgeschäftlichen Verkehr siehe Maxl, IPRax 1989, 398–401.
[264] Zum alten Recht, Ebenroth, ZvglRWiss 77 (1978); 161, 182; Kropholler in: Handbuch des IZVR, Bd. I, Kap. III, Rn. 843; Bülow/Böckstiegel/Müller, Internationaler Rechtsverkehr, 606.148; Geimer/Schütze, Internationale Urteilsanerkennung, Bd. 1, 1. Halbbd., § 96 Anm. XXVI 5c alpha; EuGH RIW 1977, 105, 106; BGH RIW 1977, 432, 432; LG Braunschweig, AWD 1974, 346, 346; OLG Hamburg, RIW 1975, 499, 500; OLG Frankfurt a.M. RIW 1976, 107, 109.
[265] Schlosser, EU-Zivilprozeßrecht, Art. 23 EuGVVO Rn. 21.
[266] EuGH RIW 1977, 105, 106; Samtleben, IPRax 1985, 261, 262.
[267] OLG Köln RIW 1988, 555, 557.
[268] EuGH, Urt. v. 16.03.1999, Rs C-159/97 – Trasporti Castelletti Spedizioni Internazionali SpA –, RIW 1999, 955 = IPRax 2000, 119.

gungsschreibens unmittelbar nach dem mündlichen Vertragsabschluss; 3. Schweigen auf das Bestätigungsschreiben) in keinem der EuGVÜ-Vertragsstaaten. Jedes Land kennt andere Bedingungen unter denen das Schweigen Rechtswirkungen entfaltet[269]. Inzwischen hat der EuGH[270] das Schweigen auf ein kaufmännisches Bestätigungsschreiben grundsätzlich für ausreichend anerkannt. Zum Schutz vor Überrumpelung dient Art. 17 Abs. 1 S. 1 lit. c) EuGVÜ/Art. 23 Abs. 1 S. 1 lit. c) EuGVVO.

Art. 17 Abs. 1 S. 2 dritter Fall EuGVÜ/Art. 23 Abs. 1 S. 1 lit. c) EuGVVO ist so auszulegen, dass die Einigung der Vertragsparteien über die Gerichtsstandsklausel vermutet wird, wenn ihr Verhalten einem Handelsbrauch in dem Bereich des internationalen Handelsverkehrs entspricht, in dem die Parteien tätig sind, und wenn ihnen dieser Handelsbrauch bekannt ist oder als ihnen bekannt angesehen werden muss.

65 Die Bestimmtheitsanforderungen an Gerichtsstandsklauseln dürfen nicht überspannt werden[271]. Es reicht aus, dass sich die Parteien über die objektiven Kriterien für die Bestimmung des Gerichts geeinigt haben[272]. Die Kriterien müssen lediglich so genau sein, dass das angerufene Gericht feststellen kann, ob es zuständig ist[273].

66 **ee. Gerichtsstandsklauseln in Allgemeinen Geschäftsbedingungen.** Für den grenzüberschreitenden Handel ist der Gebrauch von Allgemeinen Geschäftsbedingungen unerlässlich. Gegen die wirksame Einbeziehung einer in Allgemeinen Geschäftsbedingungen („besondere Vereinbarungen") der Antragsgegnerin zu 1) enthaltenen Gerichtsstandsvereinbarung bestehen aus deutscher Sicht grundsätzlich keine Bedenken. Die Bestimmung des ausschließlichen Gerichtsstandes am Sitz des Verwenders der Allgemeinen Geschäftsbedingung ist als solche nicht überraschend[274]. Erweckt der Verwender der Allgemeinen Geschäftsbedingungen allerdings den Eindruck, er unterhalte einen Inlandssitz, obwohl er seinen Sitz im Nicht-EU-Ausland hat, trifft ihn eine Pflicht zur Aufklärung, deren Verletzung den Adressaten zur Anfechtung berechtigt. Im konkreten Fall ergaben sich für eine ausländische Rechtsform und einen Sitz im Ausland aus dem Bauvertrag keinerlei Anhaltspunkte. Seitens des Verwenders besteht nach Auffassung des OLG Frankfurt[275] eine Aufklärungspflicht, wenn sich der Sitz des Vertragspartners im Ausland befindet, zumal in einem Land, welches nicht der EU angehört und sich (1993) noch in der Phase des Übergangs zur Marktwirtschaft befindet. Für die Willensbildung des einen Bauvertrag abschließenden Unternehmers sei dies in der Regel von ausschlaggebender Bedeutung, und zwar erst recht, wenn durch Allgemeine Geschäftsbedingungen des Auftraggebers dessen allgemeiner Gerichtsstand im Ausland als ausschließlich vereinbart werden soll.

67 In der Regel genügt es für das Zustandekommen einer Gerichtsstandsvereinbarung, wenn auf allgemeine Geschäftsbedingungen Bezug genommen wird[276], vorausgesetzt die AGB sind tatsächlich Vertragsbestandteil geworden, was sich regelmäßig nach dem

[269] Siehe Müller/Hök, a.a.O., 144 f.
[270] EuGH EuZW 1997, 209.
[271] OLG Celle IHR 2004, 125, 126.
[272] EuGH NJW 2001, 501.
[273] OLG Celle IHR 2004, 125, 126.
[274] OLG Frankfurt vom 02.07.1996, Az: 21 AR 11/96; vgl. insoweit auch OLG Köln, ZIP 1989, 1068.
[275] OLG Frankfurt vom 02.07.1996, Az: 21 AR 11/96.
[276] Müller/Hök, Einzug von Auslandsforderungen, 173; Linke, EG-Gerichtsstands- und Vollstreckungsübereinkommen, RIW 1985, 1, 6; Kropholler in: Handbuch des IZVR, Bd. I, Kap. III, Rn. 838; EuGH RIW 1977, 104, 105; OLG Frankfurt NJW 1977, 506, 507; OLG Hamburg IPRspr 1974 Nr. 156; OLG Karlsruhe IPRspr 1977 Nr. 122; OLG Hamm IPRspr 1979 Nr. 168; LG Siegen IPRspr 1978 Nr. 142.

Kollisionsrecht der lex fori beurteilt[277]. Nimmt die Vertragsurkunde auf mit dem Angebot überreichten AGB nebst Gerichtsstandsklausel Bezug, muss dieser Hinweis so deutlich sein, dass der Vertragspartner ihm bei Obwalten normaler Sorgfalt nachgehen kann[278]. Je nach Art der Bezugnahme und ihrer Gestaltung kann aber die Bezugnahme auf AGB überraschend und damit unwirksam sein[279]. Einigen sich die Parteien hingegen mündlich auf der Grundlage von AGB, die erstmals der schriftlichen Auftragsbestätigung beigefügt sind, bedarf es einer zusätzlichen schriftlichen Annahmeerklärung[280] einer – gleich welcher – der Parteien[281]. Die konkludente Annahme durch den Vertragspartner reicht nicht aus[282]; ebenso nicht der bloße Abdruck der AGB auf der Rückseite von Rechnungen oder Auftragsbestätigungen[283]. Das Schweigen auf ein kaufmännisches Bestätigungsschreiben, dem AGB mit einer Gerichtsstandsklausel beigefügt waren, entfaltet seine prorogative Wirkung[284] nur unter der Voraussetzung, dass am Sitz des AGB-Adressaten ein dementsprechender Handelsbrauch bekannt ist (s.o.). Einzelnachforschungen sind hier unerlässlich. Unter dem Gesichtspunkt, dass die Parteien in laufender, stets auf der Grundlage dieser AGB abgewickelter Geschäftsbeziehung stehen, können AGB aufgrund eines mündlichen Vertrages wirksam sein[285], auch ohne dass eine der Parteien die Gerichtsstandsabrede in AGB schriftlich bestätigt (Art. 17 Abs. 1 S. 2 2. Alt. EuGVÜ) oder dass ein dementsprechender Handelsbrauch am Sitz des AGB-Adressaten nachgewiesen werden müsste. Denn beruft sich der AGB-Empfänger bei dieser Sachlage auf Art. 17 Abs. 1 S. 2 2. Alt. EuGVÜ (halbe Schriftlichkeit), verstößt er gegen Treu und Glauben[286]. Für den Fall mündlicher Verhandlungen mit anschließender schriftlicher Bestätigung reicht es nicht aus, wenn sich der Geschäftspartner, ohne sich im Besitz der AGB zu befinden, mit denselben einverstanden erklärt, da er sich keine Kenntnis von der Gerichtsstandsklausel verschaffen konnte[287]. Auch die bloße Übergabe von AGB soll nicht ausreichen, weil nicht gewährleistet ist, dass die andere Partei der Gerichtsstandsklausel tatsächlich zugestimmt hat[288].

---

277 Müller/Hök, Einzug von Auslandsforderungen, 155; Kropholler in: Handbuch des IZVR, Bd. I, Kap. III, Rn. 839; Sandrock/Jung, Handbuch der Internationalen Vertragsgestaltung Bd. II, Kap. F Rn. 129; Bülow/Böckstiegel/Müller, Internationaler Rechtsverkehr, 606.148; Grunsky RIW 1977, 1, 6; Zum Problem der Inkorporation von AGB in einem Vertrag eingehend Müller/Hök, Einzug von Auslandsforderungen, 150 ff.

278 EuGH RIW 1977, 104, 105; BGH NJW 1994, 2699; BGH NJW 1996, 1819; OLG Düsseldorf IHR 2004, 108, 110; Geimer/Schütze, Internationale Urteilsanerkennung, Bd. 1, 1. Halbbd., § 96 Anm. I 2 f.; Linke, EG-Gerichtsstands- und Vollstreckungsübereinkommen, RIW 1975, 1, 6; vgl. Nagel/Gottwald, Internationales Zivilprozeßrecht, § 3 Rn. 146.

279 OLG Düsseldorf RIW 1990, 577.

280 Linke, RIW 1985, 1, 6; vgl. Geimer/Schütze, Internationale Urteilsanerkennung, Bd. 1, 1. Halbbd., § 96 Anm. I 2g; OLG München RIW 1981, 848, 849; EuGH NJW 1977, 495, 495. Zu den Anforderungen an dieses Schreiben OLG Hamburg IPRax 1985, 281.

281 BGH WM 1986, 402, 402.

282 Nagel/Gottwald, Internationales Zivilprozeßrecht, § 3 Rn. 148.

283 LG Köln RIW 1988, 644, 644; OLG Düsseldorf IHR 2004, 108, 110; Kropholler in: Handbuch des IZVR, Bd. I, Kap. III, Rn. 840 mit Rechtsprechungsnachweisen.

284 Vgl. aber EuGH RIW 1977, 105, 106; Geimer/Schütze, Internationale Urteilsanerkennung, Bd. 1, 1. Halbbd., § 96 Anm. I 2 h; Linke, RIW 1985, 1, 6; OLG Koblenz IPRax 1982, 20.

285 EuGH RIW 1984, 909, 911; EuGH NJW 1977, 495; OLG Hamburg, RIW 1984, 916; Geimer/Schütze, Internationale Urteilsanerkennung, Bd. 1, 1. Anm. I 2 h; Linke, RIW 1985, 1, 6; vgl. auch LG Köln RIW 1988, 644, 645; ähnlich auch EuGH IPRax 1989, 383, 384 für die mündliche Fortsetzung eines schriftlichen Vertrages.

286 Zöller/Geimer, ZPO, Art. 23 EuGVVO Rn. 30 (Entsprechendes gilt für Art. 17 EuGVÜ).

287 EuGH RIW 1977, 495; OLG München, RIW 1981, 848, 849; Geimer/Schütze, Internationale Urteilsanerkennung, Bd. 1, 1. Halbbd., § 96 Anm. 1 g.

288 Kropholler in Handbuch des IZVR, Bd. I, Kap. III, Rn. 840.

68 **ff. Wirkung von Gerichtsstandsklauseln.** Das Abfassen von Gerichtsstandsklauseln erfordert viel Sorgfalt. Es sollte dabei z.B. nicht nur bedacht werden, ob die gewünschte Prorogationswirkung eintritt, sondern ggf. sollte auch hinterfragt werden, ob damit andere Zuständigkeiten abbedungen sind[289].

Beispiel: This contract shall be governed and interpreted under the rules of [ ] law and the [ ] courts shall have jurisdiction.

Eine solche Klausel wird im Zweifel **nicht** dazu führen, dass sich amerikanische Gerichte für unzuständig erachten. Die sog. long-arm-doctrine führt dazu, dass Klagen ausländischer Kläger häufig für unzulässig erachtet werden, während hingegen Klagen US-amerikanischer Kläger selbst bei nur äußert zufälligen und losen Inlandskontakten in den Staaten zugelassen werden[290]. Ggf. kann die spätere Vollstreckbarkeit der Entscheidung, die am vereinbarten Gerichtsstand ergehen könnte, als Auslegungshilfe herangezogen werden. Wäre die am vereinbarten Gerichtsstand ergehende Entscheidung im Vollstreckungsstaat nicht vollstreckbar, kann dies die Vermutung der Ausschließlichkeit widerlegen[291].

Beispiel: The Contract shall be governed and construed in accordance with the laws of England and theEnglish courts shall have jurisdiction over any dispute or difference that may arise (Klausel 35.2 JCT MPF 2003).

Diese Klausel soll lediglich eine zusätzliche Zuständigkeit schaffen[292]. Auch sie führt nicht zur Derogation anderer Zuständigkeiten. Soll eine exklusive Zuständigkeit vereinbart werden, ist dies ausdrücklich zu regeln[293]. So könnte die vorstehende Klausel lauten:

Beispiel: The Contract shall be governed and construed in accordance with the laws of England and the English courts shall have **exclusive** jurisdiction over any dispute or difference that may arise.

69 **gg. Reichweite der Gerichtsstandsklausel.** Die Auslegung der nach dem EuGVÜ/LuGVÜ/EuGVVO zu beurteilenden Gerichtsstandsvereinbarung zur Bestimmung der in deren Anwendungsbereich fallenden Rechtsstreitigkeiten ist Sache des angerufenen nationalen Gerichts[294]. Die sich dabei gegebenenfalls stellende Frage, nach welchen Grundsätzen der Sachvortrag der Klage bei der Prüfung ihrer Zulässigkeit zu beurteilen ist, war bereits Gegenstand mehrerer Entscheidungen des Gerichtshofs der Europäischen Gemeinschaften[295]. Ihnen ist zu entnehmen, dass sich die gebotene Prüfungsintensität grundsätzlich nicht nach dem EuGVÜ bestimmt, sondern nach dem anwendbaren nationalen Recht[296]. Danach ist für die Zulässigkeit der Klage die schlüssige Darlegung des Anspruchs durch die Klägerin erforderlich, aber auch ausreichend[297].

---

[289] Vgl. auch OGH IPRax 2004, 261.
[290] Vgl. Allery, Oversaes Supply and Installation Contracts, Rn. 8-18.
[291] OGH IPRax 2004, 261, 263.
[292] Jones, The JCT Major Project Form, Rn. 8-112.
[293] Jones, The JCT Major Project Form, Rn. 8-110.
[294] EuGH, Urt. v. 10.3.1992 – Rs. C-214/89, Slg. 1992, I-1745, 1769, 1778 Tz. 37 = NJW 1992, 1671 – Powell Duffryn; Urt. v. 3.7.1997 – Rs. C-269/95, Slg. 1997, I-3767, 3788, 3798 Tz. 31 = WM 1997, 1549 – Benincasa; BGH RIW 2004, 387; Kropholler, Europäisches Zivilprozeßrecht, Art. 23 EuGVVO Rn. 69.
[295] Vgl. die Darstellung bei Ost, Doppelrelevante Tatsachen im Internationalen Zivilverfahrensrecht, 2002, 170 bis 183.
[296] BGH RIW 2004, 387; vgl. EuGH, Urt. v. 7.3.1995– Rs. C-68/93, Slg. 1995, I-415, 450, 463 f. Tz. 35 bis 40 = NJW 1995, 1881 – Shevill ./. Presse Alliance; vgl. auch EuGH, Urt. v. 29.6.1994 – Rs. C-288/92, Slg. 1994, I-2913, 2949, 2956 f. Tz. 19 f. = NJW 1995, 183 – Custom Made Commercial ./. Stawa Metallbau.
[297] Vgl. BGHZ 124, 237, 240 f.; 133, 240, 243; KG NJW-RR 2001, 1509, 1510.

9. Rügelose Einlassung. Wird ein Verfahren vor einem an sich international unzuständigen Gericht eingeleitet, so kann der Mangel behoben werden, in dem die Parteien sich rügelos auf das Verfahren einlassen (Art. 18 EuGVÜ und Art. 24 EuGVVO)[298]. Rügelose Einlassung bedeutet, dass sich die Parteien die Rüge der Unzuständigkeit nicht erheben und sich zum Streitgegenstand verhandeln, und zwar vorbehaltlos[299]. Die internationale Zuständigkeit nach Art. 18 EuGVÜ und Art. 24 EuGVVO wird nicht begründet, wenn der Beklagte die internationale Zuständigkeit rügt und sich gleichzeitig hilfsweise zur Hauptsache einlässt[300], um einer späteren Rüge wegen verspäteten Vorbringens zu entgehen[301]. Lässt sich der Kläger vorbehaltlos auf eine Aufrechnungsforderung ein, gilt Art. 18 EuGVÜ (=Art. 24 EuGVVO) entsprechend[302], allerdings nur für den Fall der vorbehaltlosen Einlassung. Lässt sich der Beklagte ein, um den Mangel der Zuständigkeit geltend zu machen, schadet ihm das nicht. Falls gemäß Art. 16 EuGVÜ oder Art. 22 EuGVVO die ausschließliche Zuständigkeit eines Gerichts eines anderen Vertragsstaates gegeben ist, hat sich das angerufene Gericht von Amts wegen für unzuständig zu erklären. 70

Die Zuständigkeitsrüge soll innerhalb der Einlassungsfristen erhoben werden. Verspätetes Vorbringen zur Zuständigkeit kann unbeachtlich sein[303]. Vor dem Amtsgericht muss der Amtsrichter allerdings vorab auf seine Unzuständigkeit hinweisen (§ 504 ZPO). Diese Verpflichtung obliegt dem Amtsgericht auch im Rahmen der Art. 18 EuGVÜ und Art. 24 EuGVVO.

10. Ausschließliche Zuständigkeiten

Schrifttum

Geimer, EuGVÜ und Aufrechnung: Keine Erweiterung der internationalen Entscheidungszuständigkeit – Aufrechnungsverbot bei Abweisung der Klage wegen internationaler Unzuständigkeit, IPRax 1986, 208; Nelle, Anspruch, Titel und Vollstreckung im internationalen Rechtsverkehr, 2000; Hüßtege, Ferienwohnungen im Ausland als Spielball der Gerichte, IPRax 2001, 31 ff.; Rauscher, Die Ferienhausentscheidung des EuGH, NJW 1985, S. 892 ff.; Leue, Die grenzüberschreitende reine Mietzinsklage des EuGH, NJW 1985, S. 892 ff.; Stauder, Die Anwendung des EWG-Gerichtsstands- und Vollstreckungsübereinkommens auf Klagen im gewerblichen Rechtsschutz und Urheberrecht – 2. Teil, GRUR Int. 1976, 510; Stauder, Die ausschließliche internationale gerichtliche Zuständigkeit in Patentstreitsachen nach dem Brüsseler Übereinkommen, IPRax 1985, 76; Kropholler, Europäisches Zivilprozessrecht, 8. Auflage, Heidelberg 2005; Schlosser, EU-Zivilprozessrecht. 3. Auflage, München 2009; Bülow/Böckstiegel/Geimer/Schütze, Internationaler Rechtsverkehr, München (Stand: Februar 2004)

Neben den fakultativen Gerichtsständen des EuGVÜ finden sich in Art. 16 EuGVÜ und in Art. 22 EuGVVO zwei Kataloge von ausschließlichen Gerichtszuständigkeiten. Diese begründen lediglich die internationale Zuständigkeit[304], während die örtliche Zuständigkeit der jeweils maßgeblichen lex fori zu entnehmen[305] ist. Die Vorschriften der Art. 16 EuGVÜ und Art. 22 EuGVVO sind ohne Rücksicht auf den Wohnsitz der beteiligten Parteien maßgeblich. Dementsprechend hängt die Anwendbarkeit von Art. 16 71

[298] Vgl. dazu OLG Frankfurt, Urt. v. 20.4.2005 – 4 U 233/04.
[299] Linke, IZPR, Rn. 194.
[300] EuGH, Urteil vom 24. Juni 1981 – Rs.C-150/80 = Slg. 1981, 1671 = IPRax 1982, 234; Geimer/Schütze, Europäisches Zivilverfahrensrecht, A1, Art. 24 Rn. 46; Kropholler, Europäisches Zivilprozeßrecht, Art. 24 Rn. 10 bis 12.
[301] EuGH RIW 1981, 709; vgl. auch Müller/Hök, Einzug von Auslandsforderungen, 93 m.w.N.
[302] OLG Koblenz RIW 1987, 629, 630.
[303] EuGH IPRax 1982, 234; OLG Düsseldorf RIW 1990, 669; OLG Hamm RIW 1999, 540; Linke, IZPR, Rn. 194.
[304] Kropholler in: Handbuch des IZVR, Bd. I, Kap. III, Rn. 772 m.w.N.
[305] Rauscher, NJW 1985, 892, 893; Kropholler in: Handbuch des IZVR, Bd. I, Kap. III, Rn. 774.

EuGVÜ und von Art. 22 EuGVVO auch nicht davon ab, ob die Parteien ihren Wohnsitz in den Vertragsstaaten des EuGVÜ bzw. im Geltungsbereich der EuGVVO haben[306].

72 **a. Belegenheitsgerichtsstand.** Die Vorschriften der Art. 16 Nr. 1 EuGVÜ und Art. 22 Nr. 1 EuGVVO betreffen Klagen, die dingliche Rechte an unbeweglichen Sachen sowie die Miete oder Pacht von unbeweglichen Sachen zum Gegenstand haben. Sie müssen an dem Ort, an dem die unbewegliche Sache belegen ist, erhoben werden. Dies hat seinen Grund in der engen Verknüpfung von Miete und Pacht mit der rechtlichen Regelung des Eigentums an unbeweglichen Sachen und mit den allgemeinen zwingenden Regelungen, die seine Nutzung regeln[307]. Die Bestimmung der Begriffe „dingliches Recht" und „unbewegliche Sache" erfolgt nach dem Recht, das an dem Ort gilt, an die die Sache belegen ist (lex rei sitae)[308]. Folglich fallen Ansprüche auf Eintragung einer Bauhandwerkersicherungshypothek nicht unter Art. 16 Nr. EuGVÜ bzw. Art. 22 Nr. EuGVVO[309]. Der Anspruch auf Eintragung einer Bauhandwerkersicherungshypothek ist ein schuldrechtlicher Anspruch aus dem Bauvertrag. Entsprechend gehört auch der Streit um ein französisches Handwerker-Privileg nicht hier her. Das französische Handwerker-Privileg ist Inhalt des schuldrechtlichen Anspruches auf Werklohnzahlung, obwohl es ipso iure in eine Hypothek erwächst. Auch eine Klage auf Schadensersatz für Aufwendungen in Bezug auf eine Baugenehmigung fällt nicht unter den dinglichen Gerichtsstand[310].

73 Der Gerichtsstand der Belegenheit ist, was ein Blick auf die Vielzahl der dazu erschienenen Publikationen und Urteile verdeutlicht, Gegenstand eines heftigen Meinungsstreites. Dieser ist über das Problem der **Vermietung von Ferienhäusern** entstanden. Vielfach wurde vertreten, bei kurzfristigen Mietverträgen über Ferienhäuser sei Art. 16 Nr. 1 EuGVÜ nicht einschlägig[311]. Dem ist der EuGH[312] nicht gefolgt. Er wendet Art. 16 Nr. 1 EuGVÜ auch auf Klagen an, die Ansprüche aus einem kurzfristigen Ferienhausmietvertrag zum Gegenstand haben. Mietzinsforderungen aus Ferienhausmietverträgen müssen also an dem Ort eingeklagt werden, an dem das Ferienhaus belegen ist[313]. Dies gilt auch für auf Vertrag oder Delikt gestützte Ansprüche auf Rückzahlung von Mietzins für ein in Italien (auf der Insel Sardinien) belegenes Ferienappartement[314]. Die wenig pragmatische Haltung des EuGH belegt ein weiteres Urteil zu Art. 16 Nr. 1 EuGVÜ. Bei einem Rechtsstreit über das Zustandekommen eines Pachtverhältnisses über Grundbesitz, der in zwei Vertragsstaaten belegen ist, sind die Gerichte beider Vertragsstaaten jeweils für den im Hoheitsgebiet ihres Sitzstaates belegenen Teil des Grundeigentums ausschließlich zuständig[315].

---

306 Geimer/Schütze, Internationale Urteilsanerkennung, Bd. 1, 1. Halbbd., § 85 Anm. VI 1.

307 EuGH Slg. 1985, 99; EuGH RIW 1989, 644.

308 Bülow/Böckstiegel/Müller, Internationaler Rechtsverkehr, 606.132; vgl. Kropholler in: Handbuch des IZVR, Bd. I, Kap. III, Rn. 779; a.A. Geimer/Schütze, Internationale Urteilsanerkennung, Bd. 1, 1. Halbbd., § 85 Anm. IX 3a.

309 OLG Köln IPRax 1985, 161.

310 OLG Frankfurt NJW-RR 1993, 183.

311 LG Offenburg, NJW 1983, 1273, 1274; LG Aachen, NJW 1984, 1308 m.w.N.; Gäbel, Anm. zu AG Offenbach in RIW 1983, 620 f., RIW 1983, 621, 622; Leue, NJW 1985, 892, 898; Kropholler in: Handbuch des IZVR, Bd. I, Kap. III, Rn. 785, a.A. AG Offenbach, RIW 1983, 620.

312 EuGH NJW 1985, 905.

313 AG Offenbach, RIW 1983, 620, 621; LG Aachen NJW, 1984, 1308; EuGH NJW 1985, 905, 906; Bülow/Böckstiegel/Müller, Internationaler Rechtsverkehr, 606.134; a.A. Geimer/Schütze, Internationale Urteilsanerkennung, Bd. 1, 1. Halbbd., § 86 Anm. XII 2.

314 LG Bochum RJW 1986, 135.

315 EuGH RIW 1989, 644.

Art. 22 Nr. 1 S. 2 EuGVVO hat dieses Problem nunmehr zufrieden stellend gelöst. Für Klagen betreffend die Miete oder Pacht unbeweglicher Sachen zum vorübergehenden privaten Gebrauch für höchstens sechs aufeinander folgende Monate sind auch die Gerichte des Mitgliedsstaates zuständig, in dem der Beklagte seinen Wohnsitz hat, sofern es sich bei dem Mieter oder Pächter um eine natürliche Person handelt und der Eigentümer sowie der Mieter oder Pächter ihren Wohnsitz in demselben Mitgliedstaat haben. 74

b. Juristische Personen und öffentliche Register. Die Bestimmung des Art. 16 Nr. 2 EuGVÜ beinhaltet eine Regelung für die Klagen, welche die Gültigkeit, Nichtigkeit oder die Auflösung einer Gesellschaft, juristischen Personen bzw. der Beschlüsse ihrer Organe zum Inhalt haben[316]. Hierzu gehören auch die Arbeitsgemeinschaften, die häufig zum Zwecke der Abwicklung größerer Bauvorhaben gebildet werden. Zuständig sind die Gerichte am Sitz der Gesellschaft oder am Sitz sonstiger juristischer Personen. Am Gerichtsstand des Art. 16 Nr. 3 EuGVÜ werden Klagen über die Gültigkeit von Eintragungen in öffentlichen Registern behandelt. Anzurufen sind die Gerichte des Staates, in dem die Register geführt werden. Von der Vorschrift werden Eintragungen in Grundbücher, Handelsregister und sonstige öffentliche Register erfasst[317]. 75

c. Patente und Warenzeichen. Art. 16 Nr. 4 EuGVÜ und Art. 22 Nr. 4 EuGVVO erfassen alle Klagen, welche die Eintragung oder die Gültigkeit von Patenten, Warenzeichen, Mustern und Modellen sowie ähnlicher Rechte bezwecken. Als Rechtsstreitigkeiten, die die Eintragung oder Gültigkeit von Patenten zum Gegenstand haben, sind in restriktiver vertragsautonomer Auslegung des Art. 16 Nr. 4 EuGVÜ bzw. des Art. 22 Nr. 4 EuGVVO diejenigen Streitigkeiten anzusehen, bei denen die Zuweisung einer ausschließlichen Zuständigkeit an die Gerichte des Ortes, an dem das Patent erteilt wurde, im Hinblick auf die vorerwähnte Urkunde gerechtfertigt ist[318]. Der EuGH bejaht dies bei Verfahren über die Gültigkeit, das Bestehen oder das Erlöschen des Patents oder bei der Geltendmachung eines Prioritätsrechts aufgrund einer früheren Hinterlegung[319]. In einem Rechtsstreit zwischen Arbeitgeber und Arbeitnehmer aufgrund der sich aus dem Arbeitsverhältnis ergebenden Rechte, ist vorgenanntes nicht anzunehmen[320]. Es sind die Gerichte des Staates in Anspruch zu nehmen, in dem die Hinterlegung oder die Registrierung beantragt oder vorgenommen wird. 76

Nicht unter Art. 16 Nr. 4 EuGVÜ/Art. 22 Nr. 4 EuGVVO fallen Klagen wegen der Verletzung eines Schutzrechts[321]. Ebensowenig sind Prozesse, die sich auf vertragliche Ansprüche (etwa auf die Übertragung der Anmeldung eines Schutzrechts) stützen, vor dem Gericht des Staates anhängig zu machen, in dem das Schutzrecht eingetragen wurde[322]. 77

d. Zwangsvollstreckung. Schließlich normieren Art. 16 Nr. 5 EuGVÜ und Art. 22 Nr. 5 EuGVVO den Fall der Anhängigkeit eines Verfahrens, dessen Gegenstand die Zwangsvollstreckung aus Entscheidungen ist. Da es sich bei Zwangsvollstreckungsmaßnahmen 78

[316] Zu den Begriffen der Gesellschaft und der juristischen Personen vgl. Bülow/Böckstiegel/Müller, Internationaler Rechtsverkehr, 606.135.

[317] Kropholler in: Handbuch des IZVR, Bd. I, Kap. III, Rn. 790; Bülow/Böckstiegel/Müller, Internationaler Rechtsverkehr, 606.136.

[318] EuGH IPRax 1985, 92, 94.

[319] EuGH IPRax 1985, 92, 94.

[320] EuGH IPRax 1985, 92, 94; Stauder IPRax 1985, 76, 78.

[321] Bülow/Böckstiegel/Müller, Internationaler Rechtsverkehr, 606.137; vgl. Burkhard/Rogge, Patentgesetz, § 139 PatG Rn. 100; Stauder GRUR Int. 1976, 510, 513.

[322] Stauder GRUR Int. 1976, 510, 512.

um Hoheitsakte handelt[323], sind die Gerichte des Staates zuständig, in dem die Zwangsvollstreckungsmaßnahme angestrengt wird. Nach einer neueren Entscheidung des EuGH unterfallen dem Gerichtsstand des Art. 16 Nr. 5 auch Vollstreckungsabwehrklagen[324]. Dies gilt namentlich für die Klagemöglichkeit nach 767 ZPO[325]. Hingegen darf die Zuständigkeit des Gerichts im Rahmen der Vollstreckungsabwehrklage nicht auf die Beurteilung eines Aufrechnungsanspruches ausgedehnt werden, für dessen Geltendmachung das Gericht ansonsten nicht zuständig wäre[326].

III. Verfahren

79 **1. Deutschland.** Vor deutschen Gerichten weist das Verfahren mit Auslandsberührung keine echten Besonderheiten gegenüber dem innerdeutschen Verfahren auf. Ausländische Prozessparteien sind im Grundsatz wie inländische zu behandeln. Die Verfahrenssprache ist Deutsch (§ 184 GVG). Es müssen jedoch gewisse Schwierigkeiten bewältigt werden, die sich aus der Auslandsberührung ergeben. Zu den grundlegenden Schwierigkeiten gehört es, den grenzüberschreitenden Zustellungsverkehr zu bewältigen, da **Auslandszustellungen** zu den Hoheitsakten gehören, die der Zustellungsstaat, der nicht Gerichtsstaat ist, zwar dulden kann aber nicht muss. Um diese Duldung zu erlangen, kann es ggf. erforderlich sein, den zuzustellenden Schriftstücken eine Übersetzung beizufügen, auch um ggf. die spätere Vollstreckung nicht zu gefährden. Ferner sind Beweisaufnahmen im Ausland schwierig, wobei unumstritten ist, dass sich die Art der Beweismittel allein aus der lex fori ergibt[327]. Dies ist im Bauprozess von besonderer Bedeutung, denn gerade auf dem Bau kommt es oftmals darauf an, **Sachverständigengutachten** einzuholen und den Augenschein zu nehmen. Dies kann zwangsläufig nur im Baustellenland erfolgen. Sobald aber das angerufene Gericht nicht im Baustellenland liegt, muss die Beweisaufnahme grenzüberschreitend betrieben werden. Insofern gilt zunächst wiederum der Grundsatz, dass die Richtermacht an den Staatsgrenzen des Sitzstaates des Gerichts endet. Es ist den Richtern des einen Staates nicht gestattet, in dem anderen Staat den Augenschein zu nehmen oder dorthin ohne weiteres gerichtliche Sachverständige zu entsenden. Insoweit hilft ein Rechtshilfeersuchen nach dem Haager Beweisübereinkommen vom 18. März 1970[328]. Neuerdings hilft die VO (EG) Nr. 1206/2001 des Rates über die Zusammenarbeit zwischen den Gerichten der Mitgliedstaaten auf dem Gebiet der Beweisaufnahme in Zivil- oder Handelssachen vom 28. Mai 2001[329].

80 Rechtsvergleichend lassen sich jedoch enorme Unterschiede bei der Verfahrensführung offen legen. In den angloamerikanischen Rechtsordnungen hat die Parteiherrschaft eine erheblich größere Bedeutung als auf dem Kontinent, wo es zum Teil sogar noch den Untersuchungsrichter (z.B. in Frankreich den juge d'instruction) gibt. In den USA schaffen sog. „pre-trial discovery proceedings" oftmals Verdruss, weil sie im Ergebnis die Ausforschung der Gegenpartei zulassen. Auch ist das in den USA vorherrschende Jury-Verfahren für kontinentaleuropäische Juristen ungewohnt.

---

[323] Vgl. Bülow/Böckstiegel/Müller, Internationaler Rechtsverkehr, 606.139.
[324] Vgl. Bülow/Böckstiegel/Müller, Internationaler Rechtsverkehr, 606.139.
[325] Vgl. Bülow/Böckstiegel/Müller, Internationaler Rechtsverkehr, 606.139.
[326] EuGH IPRax 1986, 232; differenzierend Geimer IPRax 1986, 208, 212; Widersetzt sich der Kläger der Aufrechnung mit einer inkonnexen Gegenforderung, so kann die Aufrechnung nur beachtet werden, wenn der Gerichtsstaat für die (selbständige) Geltendmachung der Gegenforderung nach Art. 2 einschließlich Art. 6 Nr. 3 EuGVÜ international zuständig ist. Vgl. aber OLG Koblenz RIW 1987, 629 den Fall der rügelosen Einlassung betreffend.
[327] Linke, IZPR, Rn. 305.
[328] BGBl 1977 II, 1472.
[329] ABl 2001 Nr. L 174, 1 ff.

2. Frankreich. Das französische Prozessrecht ist im Code de Procédure Civile nouveau geregelt. Französische Gerichtsverfahren sind in der Regel aufwändig und nehmen erhebliche Zeit in Anspruch. Andererseits lassen sich die verfolgten Ansprüche vorab vermittels sog. „mesures conservatoires" besichern. Hierbei handelt es sich um Maßnahmen der Sicherungsvollstreckung, die entweder mit oder ohne gerichtliche Autorisierung vollzogen werden können. 81

Ein Zivilverfahren wird entweder vermittels „assignation" oder durch gemeinsamen Antrag der Parteien bei Gericht eingeleitet (Art. 54 CPCN). Die Assignation ist ein Gerichtsvollzieherakt, mit dem der Beklagte vor Gericht zitiert wird (Art. 55 CPCN). Die Assignation soll das zuständige Gericht angeben und den Klagegegenstand bezeichnen. Ferner soll angegeben werden, ob im Falle der Säumnis des Beklagten ein Urteil auf der Grundlage der Klage ergehen soll (Art. 56 CPCN). Der Klageschrift ist eine Liste der Unterlagen beizufügen, auf die die Klage gestützt wird. 82

a. Verfahren vor dem Tribunal d'Instance. Vor dem Tribunal d'Instance findet ein vereinfachtes Verfahren statt. Dem Beklagten muss zunächst eine sogenannte „mise en demeure" (Mahnung) durch eingeschriebenen Brief mit Rückschein zugestellt werden. Es besteht kein Anwaltszwang. Jeder kann seinen Fall persönlich vortragen. Vor dem Tribunal d'Instance ist das Verfahren mündlich. Es muss daher nicht wie vor dem Tribunal de Grande Instance schriftsätzlich vorgetragen werden. Es muss gleichwohl eine geordnete Verfahrensweise beachtet werden. Die Aufgabe des Richters ist es, die Parteien zu einer Einigung anzuhalten, wenn der Richter entscheidet, dass die Angelegenheit noch nicht sofort entschieden werden kann, kann er die Sache auf einen späteren Zeitpunkt vertagen. Wie vor dem Tribunal de Grand Instance ist das Verfahren kontradiktorisch ausgestaltet. Da die Anwesenheit von Rechtsanwälten nicht zwingend vorgeschrieben ist, kann der Richter die Parteien nach und nach befragen. Die Parteien haben den Prozessverlauf zu folgen, sich zu entgegenkommend wie möglich zu verhalten und exakt auf die Fragen des Richters zu antworten. Wenn der Richter sich nicht ausreichend aufgeklärt fühlt, kann er ergänzende Anordnungen erlassen. Die Verhandlung wird vertagt und es kommt zu einem späteren Zeitpunkt zu einer weiteren mündlichen Verhandlung. Am Schluss der mündlichen Verhandlung vertagt der Richter die Angelegenheit zur Beratung und verkündet den Tag und den Ort der Verkündung einer Entscheidung. 83

b. Verfahren vor dem Tribunal de Grande Instance. Vor dem Tribunal de Grande Instance herrscht grundsätzlich Anwaltszwang (Art. 751 CPCN). Der Beklagte muss innerhalb von zwei Wochen ab Klagezustellung (assignation) einen Rechtsanwalt bestellen (Art. 755 CPCN). Die Klageschrift soll bereits das wesentliche Vorbringen des Klägers enthalten, das den Anspruch stützt, dessen Ausurteilung er beantragt (Art. 753 CPCN). Wie in Deutschland darf das Gericht nur über den Streitstoff entscheiden, den die Parteien in den Prozess einbringen. Jede Partei muss daher ihren Sachverhalt unter Beweisantritt vortragen, damit sich der Richter eine Überzeugung bilden kann. Hierher rührt die Bedeutung des schriftsätzlichen Vorbringens, das die Behauptungen und die Darlegungen enthält, die jede Partei einbringen möchte. 84

An den Austausch der Schriftsätze schließt sich die mündliche Verhandlung vor dem Gericht an. Das Verfahren kann unterschiedlich betrieben werden (vgl. Art. 760 ff. CPCN). Das Gericht kann entscheiden, dass die Angelegenheit aufgrund der bereits ausgetauschten Schriftsätze und Beweismittel entscheidungsreif ist und eine mündlichen Verhandlung mit dem Ziel des Verkündens einer Entscheidung ansetzen. Er stellt dann sicher, dass der Gegner im Termin anwesend oder vertreten ist. Doch kann auch in Ab- 85 wesenheit des Beklagten ein Urteil ergehen. Doch kann das Gericht auch entscheiden, dass die Angelegenheit noch nicht entscheidungsreif ist. Es kann dann einen neuen Verhandlungstermin anberaumen, damit die Anwälte den fehlenden Sachvortrag nachholen und austauschen können. Schließlich kann das Gericht die Angelegenheit auch auf einen mit der Vorbereitung der mündlichen Verhandlung beauftragten Richter übertragen. Der beauftragte Richter hat die Aufgabe, den Prozessstoff zu untersuchen und die ordentliche Vorbereitung des Prozesses zu kontrollieren (Art. 764 CPCN). Diese Verfahrensweise eignet sich besonders für schwierige und komplexere Fälle. Der Richter, der mit der Vorbereitung des Verfahrens betraut wird, kann eine Reihe verfahrensleitender (provisorischer oder sichernder) Anordnungen treffen und ggf. auch ein Prozessurteil wegen Formmängeln fällen. Die gerichtlichen Anordnungen können mit dem Rechtsmittel der Kassationsbeschwerde angegriffen werden.

Beweis wird überwiegend durch Urkunden und Sachverständige geführt. Der Zeugenbeweis ist zwar grundsätzlich zulässig, aber unüblich.

86 Verfahren vor den französischen Gerichten zeichnen sich dadurch aus, dass sie oftmals sehr langwierig sind und dass das Gericht wiederholt neu terminiert, um den weiteren Austausch von Schriftsätzen zuzulassen. Es ist nicht ungewöhnlich, dass sich auch einfache Verfahren über Jahre hinschleppen. Es besteht keine allgemeine Kostenerstattungspflicht der unterliegenden Partei. Das Gericht kann nach Art. 700 CPCN die unterlegene Partei in Kosten verurteilen, doch steht dies in seinem Ermessen und in der Praxis kommt es allenfalls zu einer partiellen Kostenerstattung.

87 **3. England und Wales.** In England und Wales sind entweder der High Court in London oder die County Courts anzurufen. Die sachliche Zuständigkeit ist in CPR Part 7 geregelt.

88 Das englische Verfahrensrecht ist seit 1999 in den sog. Civil Procedure Rules (CPR) geregelt. Die CPR setzen sich aus „Parts" zusammen, die wiederum mit Practise Directions unterlegt sind. Ergänzend sind u.U. die älteren RSC Orders und die CCR Orders heranzuziehen, die Anlagen der CPR sind. Die CPR beruhen auf dem Civil Procedure Act 1997 und sind daher wie ein Gesetz anzuwenden. Die RSC Orders und die CCR Orders sind im Grunde genommen Fragmente alter Zeit. Sie werden zunehmend in den CPR übergeleitet und abgeschafft, haben aber vor allem im Bereich der Vollstreckung noch maßgebliche Bedeutung.

89 **a. Verfahren vor dem County Court.** Im Grunde genommen kann der Kläger heute direkt bei dem zuständigen Gericht Klage erheben. Vor dem County Court wird Klage erhoben, indem der Kläger persönlich oder vertreten durch einen Rechtsanwalt die Klagbegründung samt Ladungsgesuch beim County Court einreicht. Dies geschieht, in dem ein Klageformular bei Gericht (vgl. Part 7 CPR) eingereicht wird, das die wesentlichen Fakten enthält. Das Gericht erteilt die Klagebefugnis, d.h. das Gerichtspersonal stempelt das Claim Form, gibt ihm eine Prozessnummer und stellt ihn zu, oder gibt ihn dem Anwalt für die Zustellung zurück; auf jeden Fall mit einem Erwiderungsformular für den Beklagten. Sodann wird die Klage zugestellt. Die Zustellung muss normalerweise innerhalb von vier Monaten nach Erteilung der Klagebefugnis erfolgen. Nach Zustellung muss der Beklagte seine Verteidigungsbereitschaft binnen vierzehn Tagen anzeigen. Versäumt der Beklagte dies, kann ihn das Gericht durch Versäumnisurteil verurteilen. Zeigt der Beklagte seine Verteidigungsbereitschaft rechtzeitig an, legt das Gericht das weitere Verfahren zeitlich fest. Es müssen zunächst alle wesentlichen Dokumente und zeugenschaftliche Stellungnahmen vorgelegt werden. Gelegentlich muss Sachverständigenbeweis beigebracht werden.

Lässt sich der Beklagte also nicht binnen 14 Tagen auf das Verfahren ein, ergeht ohne mündliche Verhandlung ein Urteil. Hat der Beklagte jedoch fristgemäß widersprochen oder erhebt er Widerklage, können im Vorverfahren Anträge gestellt werden. Es steht den Parteien des Rechtsstreits frei, die Spezifizierung der gegnerischen Tatsachenbehauptungen zu verlangen. Anschließend kann der Richter das Vorverfahren **abschließen** und im Anschluss an die mündliche Verhandlung im Hauptverfahren das Urteil sprechen. 90

b. Verfahren vor dem High Court. The Civil Procedure Rules 1998 haben die früheren großen Unterschiede zwischen den Verfahren vor dem County Court und dem High Court zum größten Teil abgeschafft. Auch beim High Court beginnt jeder Fall mit einem Claim Form, der durch das Gericht gestempelt wird. Der Kläger ist dann für die Zustellung zuständig, und der Beklagte muss innerhalb von 14 Tagen seine Klageerwiderung einreichen. 91

Auf den vorgeschriebenen *„Claim Formulars"* müssen der Name des Klägers und der des Beklagten, ferner auch die Namen etwa beteiligter Rechtsanwälte aufgeführt sein. Seine Ansprüche kann der Kläger entweder in einer formlosen Aufstellung geltend machen, die er anschließend inhaltlich präzisieren muss oder er bestimmt sie von vornherein hinreichend. Nur in letzterem Fall kann das Gericht ein beschleunigtes Verfahren einleiten, mit dem der Beklagte, so er sich nicht binnen 14 Tagen auf das Verfahren einlässt, ohne Anhörung verurteilt werden kann. 92

Mit zwei Ausfertigungen der Klage begibt sich der Kläger zum Central Office (Gesamtgeschäftsstelle des High Court) oder zu einer der District Registries. Dort erhalten beide Ausfertigungen ein Aktenzeichen. Nach Einzahlung der Gerichtsgebühr wird die 1. Ausfertigung bei Gericht abgelegt. Die 2. Ausfertigung erhält der Kläger, der die Klage nunmehr, binnen vier Monaten vom Datum der Ausstellung an, dem Beklagten zustellen muss. Es gilt der Grundsatz der Parteizustellung. 93

In der Regel erfolgt die Zustellung durch die Post. Die persönliche Übergabe der Klage an den Beklagten ist eine zweite Alternative. Als Hilfspersonen können Rechtsanwälte und Agenten auftreten. Verweigert oder entzieht sich der Beklagte der Zustellung, kann der Kläger bei Gericht Ersatzzustellung beantragen. Sie erfolgt entweder durch postalische Zustellung des „claim form" an die letztbekannte Anschrift des Beklagten oder durch Veröffentlichung in der Zeitung. Schon mit der Ausstellung der Ladungsschrift wird das Verfahren rechtshängig. 94

Ab dem Datum der Zustellung hat der Beklagte 14 Tage Zeit, seine Verteidigungsbereitschaft gegenüber dem Gericht zu erklären. Anderenfalls ergeht Versäumnisurteil. 95

Auf die Einlassung des Beklagten folgt ein schriftliches Vorverfahren. Dieses findet bei Spruchreife auf Antrag des Klägers durch den Vorverhandlungsbeschluss sein Ende. An diesen schließt sich das Hauptverfahren an. Damit das Hauptverfahren stattfinden kann, ist es allerdings notwendig, dass der Kläger die Sache bei Gericht in die Liste der anhängigen Verfahren eintragen lässt. Anderenfalls riskiert er, dass der Beklagte einen Antrag auf Einstellung des gesamten Verfahrens wegen mangelnder Prozessbetreibung (wand of prosecution) stellt. 96

Das Kernstück des Hauptverfahrens ist die mündliche Verhandlung mit den Plädoyers der postulationsfähigen Rechtsanwälte (Barristers), der Beweisaufnahme und dem Kreuzverhör. Die Hauptverhandlung schließt mit dem Urteil des Gerichts. 97

98 Gegen Entscheidungen des High Court kann Berufung zum Court of Appeal eingelegt werden. Urteile des Court of Appeal können vom House of Lords (Supreme Court) überprüft werden. Dabei ist zu beachten, dass das englische Recht die Unterscheidung in Berufungsverfahren und Revisionsverfahren nicht kennt. Man spricht allgemein von „appeal“ (Appellation).

4. USA

Schrifttum

Junker, Discovery proceedings im deutsch-amerikanischen Rechtsverkehr, Heidelberg 1987; von Hülsen, Kanadische und europäische Reaktionen auf die US pretrial discovery proceedings, RIW 1982, 537; Hök, Discovery proceedings als Anerkennungshindernis; Lange/Black, Der Zivilprozeß in den Vereinigten Staaten, Heidelberg 1987; Mentz, Das pre-trial discovery Verfahren im US-amerikanischen Zivilprozeßrecht, RIW 1981, 73;

99 Das amerikanische Prozessrecht ist ein heterogenes Gebilde, bestehend aus Bundesrecht und bundesstaatlichem Recht.

100 **a. Prozessziel.** Der amerikanische Zivilprozess soll den Parteien vornehmlich ihre subjektiven Rechte verschaffen[330]. Jedoch existieren zahlreiche Indizien (treble damages, punitive damages) im amerikanischen Recht dafür, dass die generalpräventiven Wirkungen der gerichtlichen Rechtsfindung zugunsten der Gewährung objektiven Rechts gegenüber dem subjektiven Rechtsschutz in den Vordergrund gerückt sind[331].

101 Innerhalb dieses Systems sollen gerechte (just), schnelle (speedy) und kostengünstige Entscheidungen die entstandenen Streitigkeiten beenden[332]. Der Wahrheitsfindung kommt besondere Bedeutung zu[333], weshalb den Parteien des Rechtsstreits wechselseitig alle relevanten Fakten zugänglich gemacht werden müssen[334]. Im Zweifel soll das Verfahrensrecht eine Entscheidung in der Sache („on the merits“) fördern[335]. Die Befolgung verfahrensmäßiger Anweisungen muss ggf. hinter dieses Ziel zurücktreten[336].

102 Der Einstieg in das Zivilprozeßrecht der Vereinigten Staaten wird dadurch erschwert, dass die Gesetzgebungskompetenzen bei den 50 Bundesstaaten liegen[337]. Nur für die Bundesgerichte gibt es einheitliche Regelungen.

103 **b. Rechtsquellen.** Die Grundlagen der Gerichtsverfassung sind in Art. II der Bundesverfassung niedergelegt. Ihre justizförmige Ausgestaltung haben die Grundlagen im United States Code, Title 28, Judiciary and Judicial Procedure erfahren. Von größter praktischer Bedeutung sind die sog. Federal Rules of Civil Procedure, eine Rechtsschöpfung des U.S. Supreme Courts, dessen Rechtsetzungskompetenz auf den Rules Enabling Act aus dem Jahr 1934 zurückgeht (heute: 28 USC § 2072). Die einzelnen Bundesdistriktgerichte und Courts of Appeal ergänzen die Federal Rules durch sog. Local Rules.

104 **c. Gerichtsverfassung und Zuständigkeiten. aa. Instanzenzug.** Die Bundesgerichtsbarkeit wird in einem dreistufigen Instanzenzug ausgeübt. Eingangsgerichte sind die „U.S. District Courts“, gegen dessen Urteile die Berufung zu den „Courts of Appeal“

---

330 Vgl. Rheinstein, Einführung in die Rechtsvergleichung, 32.
331 Junker, Discovery proceedings im deutsch-amerikanischen Rechtsverkehr, 24.
332 Rosenberg 58 Columb.L.Rev. 480 (1958).
333 Stürner FS Stiefel, 763, 781, 783.
334 Hickman v. Taylor 91 L.Ed 451, 460.
335 James/Hazard, Civil Procedure, 21.
336 Siehe Hawkins v. Fulton County 96 F.R.D. 416, 422.
337 Lange/Black, Der Zivilprozess in den Vereinigten Staaten, Rn. 7.

möglich ist. Letztinstanzlich entscheidet der U.S. Supreme Court. Daneben existieren auf der Grundlage des Wunderlich Act (USC Sctions 321, 322 (1976)) sogenannte Court of Claims[338], die unter anderem über Rechtsmittel der Armed Services Boards of Contract Appeals befinden[339].

bb. Zuständigkeiten. Jedes Verfahren vor amerikanischen Bundesgerichten setzt „jurisdiction" über den Streitgegenstand (subject matter jurisdiction) und den Beklagten (personal jurisdiction) voraus. Ferner ist die örtliche Zuständigkeit (venue) zu prüfen. 105

(1) Subject matter jurisdiction. Die allgemeine Zuständigkeit für Zivilsachen liegt bei den Einzelstaaten, deren Kompetenz durch Art. III § 2 der Bundesverfassung zugunsten der Bundesgerichte eingeschränkt werden. Maßgeblich sind 28 USC §§ 1330 ff. Danach bestehen ausschließliche Bundeszuständigkeiten für das Seerecht (28 USC § 1333), Insolvenzrecht (28 USC § 1334) sowie das Patent- und Urheberrecht (28 USC § 1338). Daneben existieren konkurrierende Zuständigkeiten wie z.B. im Kartellrecht (28 USC § 1337). Alle Streitigkeiten, die Bundesrecht betreffen oder die die Streitwertgrenze von 10.000 US-Dollar übersteigen und das diversity-Kriterium (Kläger und Beklagter müssen unterschiedliche Staatsangehörigkeiten haben) erfüllen, können auch vor den Bundesgerichten verhandelt werden. Da in diesem Fall das Wahlrecht zunächst dem Kläger zusteht, kann der Beklagte die Verweisung der Verfahren von einem einzelstaatlichen Gericht an ein Bundesgericht verlangen (removal nach 28 USC § 1441), vorausgesetzt die übrigen Voraussetzungen (Bundesrecht, Streitwert, diversity) liegen vor. 106

(2) Personal Jurisdiction. Die Ausübung der Gerichtsbarkeit verlangt „personal jurisdiction" über den Beklagten. Personal jurisdiction liegt vor, wenn der Beklagte in erkennbarer Weise Kenntnis von der Klage erlangt hat und Minimalkontakte zum Gerichtsstand bestehen. Derartige „minimum contacts" sind eine Entwicklung der Rechtsprechung. Ihre Anforderungen richten sich am Einzelfall aus. Die Gerichte berücksichtigen in ihrer Abwägung, 107

- ob der Beklagte Produktions-, Wartungs- oder Verkaufseinrichtungen innerhalb des Gerichtsbezirks betreibt
- ob er über ein Gerichtsbezirk belegenes Eigentum verfügt
- ob er durch einen im Gerichtsbezirk tätigen „agent" vertreten wird
- ob er durch Inserate, per Post oder Telefon im Gerichtsbezirk um Aufträge wirbt, bzw. Werbung betreibt
- ob er regelmäßig Angestellte in den Gerichtsbezirk entsendet.

Das Fehlen von personal jurisdiction muss vom Beklagten gerügt werden, der allerdings darauf verzichten kann.

(3) Venue. Die örtliche Zuständigkeit eines Bundesgerichts beurteilt sich grundsätzlich nach dem Wohnort des Beklagten. Daneben existieren folgende Zuständigkeiten 108

- der gemeinsame Wohnort aller Kläger oder aller Beklagten bei Streitigkeiten zwischen Angehörigen verschiedener US-Bundesstaaten (28 USC § 1391 (a))
- der Ort, an dem die Forderung begründet wurde (28 USC § 1391 (a))
- der Ort, an dem eine Firma eingetragen ist, an dem sie zugelassen ist, an dem sie ihrer Geschäftstätigkeit nachgeht (28 USC § 1391 (c)).

---

[338] Seltzer/Ryan, The Court of Claims – Review of Administration Decisions, 5 B.C.L.Rev. 103 (1963).
[339] 28 U.S.C. § 171(a) (1982).

109 **(4) Forum non conveniens.** Der außerordentlich große Einzugsbereich amerikanischer Gerichte hat dazu geführt, für unerwünschte Klagen (vor allem solche von Ausländern gegen US-Angehörige)[340] keinen Gerichtsstand zur Verfügung zu stellen (Lehre vom „forum non conveniens"). Diese Lehre stellt es in das Ermessen des angerufenen Gerichts, ob eine Zuständigkeit zu verneinen ist, wenn das vom Kläger gewählte Gericht seriously inconvenient ist und ein besser geeignetes Gericht zur Verfügung steht. In die Ermessensentscheidung fließt ein:

- die Nähe zu den Beweismitteln und den Zeugen
- die Verteidigungslast für den Beklagten an einem entfernteren Forum
- die Vollstreckbarkeit des Urteils
- öffentliches Interesse, wie die Arbeitsbelastung des Gerichts.

110 **d. Verfahrensablauf.** Das gerichtliche Verfahren zur Streitbeilegung wird in einem für deutsche Betrachter schon sehr frühem Stadium mit einer unerhörten Schärfe und mit einem für deutsche Verhältnisse unbekannten Aufwand geführt[341]. Beide Parteien wollen sich eine möglichst günstige Ausgangsposition für Vergleichsverhandlungen verschaffen[342] und müssen sich bis ins Detail auf die in sehr konzentrierter Form stattfindende Hauptverhandlung vorbereiten.

111 **aa. Klageeinreichung.** Der Kläger eröffnet das Verfahren, indem er seine Klage („complaint") beim zuständigen Gericht einreicht (Rule 3 F.R.C.P.). In der Klageschrift ist der anspruchsbegründende Sachverhalt kurz und klar (short and plain) zu schildern (Rule 8 a F.R.C.P.)[343].

112 Die deutschsprachige Literatur[344] zum amerikanischen Prozessrecht vertritt weitgehend die Ansicht, dass auf eine Substantiierung des Sachvortrags verzichtet werden kann. Auch in der englischsprachigen Literatur finden sich Vertreter dieser Auffassung[345]. Gelegentlich saloppe Äußerungen in der amerikanischen Literatur[346] scheinen diese Auffassung zu bestätigen.

113 **(1) Notice pleading.** Das amerikanische Prozessrecht geht vom Prinzip des „notice pleading" aus[347]. In Hickmann v. Taylor[348] hat der Supreme Court den Zweck der Schriftsätze darin gesehen, dem Gegner unspezifische Kenntnis von den erhobenen Ansprüchen zu geben, während discovery proceedings den Prozess vorbereiten sollen. Wiederholt finden sich Äußerungen, dass sich „discovery proceedings" besser als ein „pleading system" mit hohen Substantiierungserfordernissen eignen, dem Gegner Informationen über die eigenen Ansprüche zukommen zu lassen[349]. Plastisch drückt dies De May[350] so aus: „To require a detailed complaint before discovery is to put the cart before the horse".

---

340 Piper Aircraft Co. V. Reyno 454 US 235 (1931); Pain v. United Technologies Corp. 637 F. 2nd 775, 795 f.; Bophal Fall 634 F. Supp. 842, 852 ff.

341 Siehe Lange/Black, Der Zivilprozess in den Vereinigten Staaten, Rn. 6.

342 Heidenberger, Dutesche Parteien vor amerikanischen Gerichten, 9.

343 Kaplan/Clermont, Int.Encycl.Comp.Law Vol. XVII, Chap. 6–15; Junker ZZP 101 (1988), 241, 255 f.

344 Stürner/Barnd, Jura 1983, 422, 424; Siehe Lange/Black, Der Zivilprozess in den Vereinigten Staaten, Rn. 31, 2; Hülsen RIW 1982, 225.

345 Morgan, Some problems of proof under the anglo-american system of litigation, 29.

346 De May, The plaintiff's personal injury case, 54.

347 Quality Foods v. Latin Am. Agribusiness Devel. 711 F 2nd 989, 995 (1983); Hoshman v. Esso Stadard Oil Co. 263 F 2nd 488, 501; Conley v. Gibson 355 US 41, 47; Gallimore v. Dye 21 F.R.D. 283, 287; Re Fullop 22 F.R.D. 52, 55.

348 Hickman v. Taylor 329 US 495, 500.

349 Re Fullop 22 F.R.D. 52, 55; United States v. General Motors Corp. 2 F.R.D. 528.

350 De May, The plaintiff's personal injury case, 59.

„Notice giving" soll den Gegner so weitgehend informieren, dass er sich auf eine Verteidigung in der Hauptverhandlung vorbereiten kann[351]. Aber auch der Richter und die Jury müssen ausreichend klar und vollständig unterrichtet werden. Ausreichend ist die Schilderung der Umstände, Gegebenheiten und Ergebnisse, die den geltend gemachten Anspruch begründen. Grundsätzlich sind keine hohen Anforderungen an die Substantiierung zu stellen. Ausnahmsweise wird „particular pleading" verlangt, und zwar wenn „fraud", „mistake", „denial of performance or occurence" oder „special damages" vorgetragen werden (Rule 9 F.R.C.P.). 114

Zu weit gehen Substantiierungsanforderungen, die dem Beklagten das „right of trial by jury" entziehen[352]. Dieses verfassungsmäßige Recht garantiert den Parteien eines Rechtsstreits die Anhörung durch eine Jury, die allerdings nur für die Hauptverhandlung gebildet wird. Über die fehlende Substantiierung bei Klageeinreichung entscheidet mithin allein ein ausgebildeter Jurist. In die Entscheidungsfindung fließt die Überzeugung ein, dass den Parteien Gerechtigkeit am besten dadurch widerfährt, dass im jury-trial über die materiellen Grundlagen ihrer Ansprüche entschieden wird, und zwar erst nach Befragung der Parteien und Vorlage der Beweise[353]. Bei der Zurückweisung von Klagebegehren wegen mangelnder Substantiierung des geltend gemachten Anspruchs ist daher besondere Zurückhaltung geboten[354]. 115

Andererseits wurde entschieden, dass dem Antrag auf Erlass eines „summary judgment" nur stattgegeben werden kann, wenn die anspruchsbegründenden Fakten mit ausreichender Präzision und im Detail vorgetragen werden[355]. In einem Fall wurde eine Klage zurückgewiesen, die nicht mehr als „naked assertions" (nackte Behauptung) zu den anspruchsbegründenden Tatsachen enthielt[356]. Die pleadings dürfen mithin nicht so vage und zweideutig sein, dass von der anderen Partei keine vernünftige Beantwortung der Klage gefordert werden kann[357]. 116

In Fort Howard Paper Co. v. Standard Havens, Inc.[358] hatte die Klägerin Klage wegen „breach of warranty" erhoben, weil ein von der Beklagten geliefertes Luftverschmutzungskontrollgerät nicht vertragsgemäß funktionierte. Die Beklagte wandte ein, die Klägerin habe das Gerät falsch bedient und insoweit die Beklagte an der Erfüllung des Vertrages gehindert. Das Gericht gab der Klägerin Recht, da Nichterfüllung (non performance) nach Rule 9 (c) F.R.C.P. nicht pauschal behauptet werden kann. 117

In Birnbaum v. Trussell[359] wies das Gericht die Klage eines Schwarzen ab, der mit dieser Ersatz des Schadens verlangte, der ihm durch seine diskriminierende Behandlung entstanden war. Der Kläger konnte keine substantiierenden Angaben über seine Diskriminierung machen. 118

Die heutigen Substantiierungserfordernisse sind das Ergebnis der F.R.C.P.-Novelle von 1938 und 1948. Vor 1938 konnte in dem bis dahin streng formalisierten Verfahren bereits ein falsches Wort die Unzulässigkeit der Klage zur Folge haben. Nach 1938 119

351 Gallimore v. Dye 21 F.R.D. 283, 287; Re Fullop 22 F.R.D. 52, 55.
352 Brown v. Western Railways 338 US 294, 298.
353 Winget v. Rockwood 69 F 2nd 326, 329.
354 Winget v. Rockwood 69 F 2nd 326, 329.
355 Engl. V. Aetna Life Ins. Co. 139 F 2nd 469, 473.
356 Serzysko v. Chase Manhattan Bank 461 F 2nd 699, 703.
357 Re v. Fullop 22 F.R.D. 52, 56.
358 Fort Howard Paper Co. v. Standard Havens, Inc. 119 F.R.D. 397, 403.
359 Birnbaum v. Trussell 347 F 2nd 86, 90.

verfügte der Beklagte zunächst noch über die Möglichkeit, den Erlass einer „bill of particulars" zu beantragen. Die Reform von 1948 hat dem Beklagten dieses Recht genommen. Seither ist er darauf beschränkt, ein more „definite statement" zu beantragen oder die Abweisung der Klage wegen „failure to state a claim" zu verlangen[360].

120 Als Beispiel für eine typische Klage nach dem F.R.C.P. können folgende Vorschläge von De May[361] gelten:

1. The identity of the plaintiff, his address, and state of citizenship;
2. The identity of the defendant, his address, and state of citizenship;
3. The bases of jurisdiction of the Court;
4. The date and place of the incident; and
5. A brief statement of the incident.

121 **(2) Motion for more definite statement.** Das Recht, die Substantiierung des gegnerischen Sachvortrags zu verlangen, ist seit 1948 begrenzt und wird nur noch selten genutzt[362].

Rule 8 (a) F.R.C.P. verlangt von den Parteien klare und kurze Tatsachendarstellung. Vage und zweideutige Aussagen müssen auf Antrag der gegnerischen Partei ergänzt werden[363]. Allerdings sollen dem Antragsteller keine Sachverhaltsdetails zugänglich gemacht werden[364]. Diesem Zweck dienen die geeigneteren discovery-proceedings. Deshalb sind Substantiierungsanträge, die die Ermittlung von Beweismitteln des Klägers bezwecken, unbegründet[365].

122 **(3) Motion to dismiss for failure to state a claim.** Größerer praktischer Beliebtheit als der Antrag auf Substantiierung erfreut sich der Antrag, die Vorlage wegen fehlender Anspruchsbegründung zurückzuweisen (motion to dismiss for failure to state a claim).

Die Aufgabe der „motion to dismiss" gemäß Rule 12 (b) (b) besteht darin, zu testen, ob der Sachvortrag in der Klage ausreicht, genügend zulässige Beweise anzubieten, um ein „verdict" für den Kläger zu erhalten[366].

Es besteht eine ungeschriebene aber unbestrittene Rechtsregel, wonach der Kläger die sog.„cause of action" vortragen muss, d.h. er muss die Berechtigung seines Anspruchs in der Klageschrift mit Fakten belegen[367].

„In appraising the sufficiency of the complaint we follow, of course, the accepted rule that a complaint should not be dismissed for failure to state a claim unless it appears beyond doubt that the plaintiff can prove to set of facts in support of his claim which would entitle him to relief"[368].

Der Sachvortrag darf sich nicht in allgemeinen Andeutungen erschöpfen. Er muss es dem Beklagten ermöglichen, sich einen fairen Eindruck von dem zu verschaffen, was der Kläger begehrt und ob dafür eine gesetzliche Basis vorhanden ist[369]. Fehlt es an die-

---

360 Ansehl v. Puritan Pharmaceutical 61, F 2nd 131, 133; Winget v. Rockwood 69 F 2nd 326, 329.
361 De May, The plaintiff's personal injury case, 56 ff.
362 Kaplan/Clermont, Int.Encycl.Comp.Law Vol. XVII, Chap. 6–15.
363 Re v. Fullop 22 F.R.D. 52, 56.
364 Re v. Fullop 22 F.R.D. 52, 56.
365 Re v. Fullop 22 F.R.D. 52, 56.
366 Wilson c. Illinois Central Railroad Co. 147 F. Supp. 513, 515.
367 Hoshman v. Esso Stadard Oil Co. 263 F 2nd 488, 501.
368 Conley v. Gibson 355 US 41, 45; Leimer v. State Mutual Life Assurance Co. 108 F 2nd 302, 306; Hoshman v. Esso Stadard Oil Co. 263 F 2nd 488, 501.
369 Hoshman v. Esso Stadard Oil Co. 263 F 2nd 488, 501.

sen Angaben, hat der Kläger keine „cause of action" vorgetragen[370]. Eine solche Klage ist auf Antrag zurückzuweisen[371].

Zu der Frage, wann es der Kläger versäumt hat, die „cause of action" vorzutragen, ist eine umfangreiche Rechtsprechung ergangen. Standard ist die in Conley v. Gibson[372] gefundene Formel

„unless it appears beyond doubt that the plaintiff can prove no set of facts in support of his claim which would entitle him to relief."

Also wird dem Antrag auf Zurückweisung der Klage nur entsprochen, wenn es unzweifelhaft erscheint, dass der Kläger (in Bezug auf seinen Anspruch) keine Tatsachen beweisen kann, die seinen Anspruch begründen[373]. Dass das Gericht die Klage nicht notwendigerweise zurückweisen muss, beweist ein anderer Fall. In Avins v. Mangum[374] gab das Gericht dem Kläger Gelegenheit, einen Antrag auf Sachverhaltsergänzungen zu stellen, obwohl es ersichtlich nicht davon überzeugt war, dass der Kläger dazu in der Lage war.

(4) Nachschieben von Fakten. Nach dem Austausch von Klageschrift und Klageerwiderung ist das erste Prozessstadium (pleadings) grundsätzlich beendet[375]. Rule 15 (a) F.R.C.P. gestattet ergänzende „pleadings" nur solange der Gegner nicht geantwortet hat. Spätere pleadings sind nur mit Genehmigung des Gerichts oder mit schriftlicher Einverständiserklärung der anderen Partei statthaft, Rule 15 (a) (2) F.R.C.P. 123

Die gerichtliche Genehmigung wird erteilt, wenn dies die Gerechtigkeit so erfordert („be freely given when justice so requires"). Damit steht es im Ermessen des Gerichts, ob ein ergänzender Schriftsatz genehmigt wird oder nicht. Die Genehmigungspraxis ist liberal und basiert auf der Überzeugung, dass Entscheidungen „in der Sache" nicht aufgrund ersetzender Erwägungen („countervailing considerations") getroffen werden sollten[376].

bb. Zustellung. Dem Beklagten wird ein Gerichtsformular mit der Bezeichnung des Gerichts und der Parteien, der Frist zur Klageerwiderung sowie einer Belehrung über die Folgen eines Fristversäumnisses zugestellt (Rule 4 F.R.C.P.). Gleichzeitig muss eine Kopie der Klageschrift zugestellt werden. Die Zustellung erfolgt im Parteibetrieb entweder persönlich, per Einschreiben oder in einer anderen gesetzlich vorgeschriebenen Form (Rule 4 (d) und Rule 4 (c) F.R.C.P.). 124

cc. Discovery proceedings. Im Anschluss an die „pleadings" betreiben die gegnerischen Parteien (in der Regel durch ihre Anwälte) die sog. „pretrial-discovery-proceedings". Lange/Black[377] und Schurtman/Walter[378] haben „pretrial-discovery-proceedings" mit „Beweisermittlungsverfahren" übersetzt. Heck[379] und Hay[380] sprechen von einem „Offenlegungsverfahren". Heidenberger[381] umschreibt „discovery-proceedings" vorsichtig 125

---

370 Janes, Civil Procedure, 87.
371 Anselh v. Puritan Pharmaceutical 61, F 2nd 131, 133.
372 Conley v. Gibson 355 US 41, 45.
373 Quality Foods v. Latin Am. Agribusiness Devel. 711 F 2nd 989, 995 (1983); Hoshman v. Esso Stadard Oil Co. 263 F 2nd 488, 501; Conley v. Gibson 355 US 41, 47.
374 Avins v. Magum 450 F 2nd 932, 933.
375 Junker ZZP 101 (1988), 241, 258.
376 Gregg Communication System Inc. v. AT & T Co. 1983-2 CCH-Trade Cases § 65, 610.
377 Lange/Black, Der Zivilprozess in den Vereinigten Staaten, Rn. 53 Fn. 139.
378 Schurtmann/Walter, Der amerikanische Zivilprozeß, 56.
379 Heck ZVglRWiss 84 (1985), 208, 209.
380 Hay, Einführung in das amerikanische Recht, 55.
381 Heidenberger, deutsche Parteien vor amerikanischen Gerichten, 14.

als „Vorverfahren“, in dem Anwälte ohne Überwachung des Gerichts den Sachverhalt vermitteln, der Gegenstand des Prozesses ist. Solche Übersetzungen und Kurzdefinitionen sind plakativ, aber stets ungenau, weil mit ihnen bereits Wertungen eines anderen Rechtssystems verbunden sind, die naturgemäß weder den Inhalt, noch Sinn und Zweck oder die Auswirkungen von discovery-Maßnahmen realistisch wiedergeben. In Deutschland sind in den letzten Jahren eine Reihe grundlegender Darstellungen der discovery proceedings und eine Vielzahl von Zeitschriftenaufsätzen erschienen[382]. Überwiegend wird vertreten, die US-amerikanischen discovery-proceedings seien mit dem deutschen ordre public vereinbar[383].

IV. Zustellung

Schrifttum

Hök, Grenzüberschreitende Zustellung, ZAP 2005, Fach 25, 141; Jastrow, Europäische Zustellung und Beweisaufnahme 2004 – Neuregelungen im deutschen Recht und konsularische Beweisaufnahme, IPRax 2004, 11; Schmidt, Parteizustellung im Ausland durch Einschreiben mit Rückschein – Ein gangbarer Weg? – Anmerkungen zum neuen Zustellungsrecht und dem EG-Beweisaufnahmedurchführungsgesetz, IPRax 2004, 13

126 Grundsätzlich ist die Zustellung ein hoheitlicher Justizakt, der nur auf dem Territorium des Staates ausgeführt werden kann, der die Zustellung veranlasst. Die Auslandszustellung der Klageschrift und des Urteils kann insbesondere im Falle der Säumnis des Beklagten schwierig werden. Zustellungserleichterungen, wie die der §§ 184, 183 Abs. 1 Nr. 2 ZPO (Zustellung durch Aufgabe zur Post) können Probleme aufwerfen, wenn die Entscheidung im Ausland vollstreckt werden muss. Da Zustellungsakte Hoheitsakte sind, muss die Zustellung des verfahrenseinleitenden Schriftstückes auch in Zukunft im Wege der Rechtshilfe bewirkt werden (vgl. § 183 Abs. 1 Nr. 2 ZPO i.V.m. § 184 Abs. 1 S. 1 ZPO). Hilfreich sind die Vorschriften des Haager Zustellungsübereinkommens vom 15. November 1965 (BGBl 1977 II, S. 1453).

127 Seit Mai 2001 wird die Auslandszustellung von der Verordnung (EG) Nr. 1348/2000 des Rates vom 29. Mai 2000 über die Zustellung gerichtlicher und außergerichtlicher Schriftstücke in Zivil- oder Handelssachen (EuZVO) in den Mitgliedstaaten[384] geregelt. Sie erfasst Zustellungen von einem Mitgliedsstaat in einen anderen, trat am 31. Mai 2001 in Kraft und genießt gegenüber älteren Regelungen Vorrang. Dem zu übermittelnden Schriftstück ist nach Art. 4 Abs. 3 EuZVO ein Antrag beizufügen, der nach dem Formblatt im Anhang erstellt wird. Das Formblatt ist in der Amtssprache des Empfangsmitgliedstaats oder, wenn es in diesem Mitgliedstaat mehrere Amtssprachen gibt, der Amtssprache oder einer der Amtssprachen des Ortes, an dem die Zustellung erfolgen soll, oder in einer sonstigen Sprache, die der Empfangsmitgliedstaat zugelassen hat, auszufüllen. Jeder Mitgliedstaat hat die Amtssprache oder die Amtssprachen der Europäischen Union anzugeben, die er außer seiner oder seinen eigenen für die Ausfüllung des Formblatts zulässt. Die Schriftstücke sowie alle Dokumente, die übermittelt werden, bedürfen weder der Beglaubigung noch einer anderen gleichwertigen Formalität.

---

[382] Vgl. Bernstein, FS Ferid, 75 ff.; Bodungen/Jestaedt, FS Stiefle, 65 ff.; von Hülsen RIW 1982, 225; Lowenfeld IPRax 1984, 51; Mentz RIW 1981, 73; Junker, Discovery proceedings im deutsch-amerikanischen Rechtsverkehr; Hök, Discovery proceedings als Anerkennungshindernis.

[383] Junker, Discovery proceedings im deutsch-amerikanischen Rechtsverkehr, 322; Schlosser, EU-Zivilprozessrecht, Art. 23 HBÜ Rn. 4; a.A. Hök, Discovery proccedings als Anerkennungshindernis, 230; Schütze FS Stiefel, 702 ff.

[384] Amtsblatt Nr. L 160 vom 30/06/2000, 37–43.

Die Zustellung des Schriftstücks wird von der jeweils benannten Empfangsstelle bewirkt oder veranlasst, und zwar entweder nach dem Recht des Empfangsmitgliedstaats oder in einer von der Übermittlungsstelle gewünschten besonderen Form, sofern dieses Verfahren mit dem Recht des Empfangsmitgliedstaats vereinbar ist. Nach Erledigung der für die Zustellung des Schriftstücks vorzunehmenden Schritte wird nach dem Formblatt im Anhang der Verordnung eine entsprechende Bescheinigung ausgestellt, die der Übermittlungsstelle übersandt wird. Diese Bescheinigung wird zukünftig für die Anerkennung nach der EuGVVO große Bedeutung gewinnen. Die Bescheinigung ist in der Amtssprache oder in einer der Amtssprachen des Übermittlungsmitgliedstaats oder in einer sonstigen Sprache, die der Übermittlungsmitgliedstaat zugelassen hat, auszufüllen. Jeder Mitgliedstaat hat die Amtssprache oder die Amtssprachen der Europäischen Union anzugeben, die er außer seiner oder seinen eigenen für die Ausfüllung des Formblatts zulässt. Art. 14 Abs. 1 EuZVO stellt es den Mitgliedsstaaten frei, auch im Ausland Schriftstücke unmittelbar durch die Post zuzustellen[385]. Doch ist § 184 Abs. 1 S. 1 ZPO zu beachten, so dass es in der Praxis für das verfahrenseinleitende Schriftstück bei der Zustellung gemäß Art. 4 EuZVO bleibt.

Zum 1. Januar 2004 hat das deutsche Rechtshilferecht Änderungen erfahren, die der Gesetzgeber als 11. Buch in die ZPO eingefügt hat. Bislang waren die Durchführungsnormen für die grenzüberschreitende Zustellung innerhalb der EU im EG-Zustellungsdurchführungsgesetz geregelt. Abschnitt 1 des 11. Buches der ZPO löst nun das EG-Zustellungsdurchführungsgesetz ab. Inhaltlich hat sich nichts Wesentliches geändert[386]. Allein die Fristen zur Annahmeverweigerung wegen der verwendeten Sprache wurde in § 1170 ZPO neu geregelt. Die Bedeutung der Vorschrift erklärt sich damit, dass die EuZVO keine Übersetzung des zuzustellenden Schriftstückes verlangt, sondern stattdessen ein Annahmeverweigerungsrecht eingeführt hat[387]. 128

V. Beweislast und Beweiserhebung

Schrifttum

Kennedy-Grant, Expert Evidence in Construction and Engineering Cases, ICLR 2003, 401 ff.; Coester-Waltjen, Internationales Beweisrecht, München 1983; Jastrow, Europäische Zustellung und Beweisaufnahme 2004 – Neuregelungen im deutschen Recht und konsularische Beweisaufnahme, IPRax 2004, 11; Schlosser, EU-Zivilprozessrecht. 3. Auflage, München 2009; Bülow/Böckstiegel/Geimer/Schütze, Internationaler Rechtsverkehr, München (Stand: Februar 2004)

1. Anwendbares Recht. Da nach deutscher Auffassung die Frage nach der Beweislast (charge de la preuve, burden of proof) im materiellen Recht geregelt ist, richtet sich diese nach den Vorgaben des jeweils anwendbaren materiellen Rechts[388], d.h. mit der Vereinbarung einer Rechtsordnung kann sich auch die Beweislast ändern[389]. Ist ein ausländisches Recht Vertragsstatut, muss dieses nach der Beweislastverteilung befragt werden[390]. Für vertragliche Ansprüche ist dies gar gesetzlich geregelt (Art. 32 Abs. 3 S. 1 129

[385] Zur Parteizustellung vgl. Schmidt IPRax 2004, 13, 15.
[386] Jastrow IPRax 2004, 11.
[387] Vgl. dazu Jastrow IPRax 2004, 11.
[388] Riezler, IZPR, 464; Coester-Waltjen, Internationales Beweisrecht, Rn. 371, 397; ebenso in Frankreich vgl. Loussouarn/Bourel, Droit international privé, Rn. 373, und in England vgl. Dicey & Morris, Conflicts of Law, Rn. 7-026. Doch gibt es im common law auch andere Stimmen. Vgl. dazu Mackenzie v. Hall (1854) 17. D. 164; In the Estate of Fuld (N°. 3) [1968] P. 675, 696–697.
[389] BGHZ 130, 388.
[390] Riezler, IZPR, 464; Linke, IZPR, Rn. 298.

EGBGB). Dies führt etwa dazu, dass bei Anwendbarkeit des französischen oder belgischen Rechts der Schuldner z.B. nachweisen muss, dass die Nichterfüllung nicht auf einem ihm anzulastenden Grund beruht (Art. 1147 Code Civil). Handelt es sich um eine obligation de résultat, ist der Beweis des Verschuldens (der „faute") erheblich erleichtert, denn es genügt in der Regel die Darlegung einer Störung (désordre)[391]. In Bezug auf Vereinbarungen, die die gesetzliche Beweislast abändern, gilt ebenfalls das Vertragsstatut. Bei Beweiserleichterungen ist zu unterscheiden: Vermutungsregeln, die die materiellrechtlichen Tatbestandsvoraussetzungen beeinflussen, unterliegen der sog. lex causae[392]. Sie sind also im Ergebnis dem anwendbaren Recht zu entnehmen. Dagegen müssen prozessuale und tatsächliche Vermutungen (Echtheit des Urkundeninhalts oder Erfahrungssätze, die den Anscheinsbeweis auslösen) der sog. lex fori entnommen werden[393]. Die Beweisbedürftigkeit einer Tatsache ist Ausfluss der Verfahrensmaximen und damit Inhalt der lex fori[394]. Nur sie bestimmt, wann nicht bestrittene Tatsachen zugestanden sind und welche Bindungswirkung einem gerichtlichen Geständnis zukommt. Auch wann die Beweiserhebung wegen Offenkundigkeit des Beweises entbehrlich ist, ergibt sich aus dem Prozessrecht der lex fori[395]. Beweisverbote (z.B. Erhebung eines Ausforschungsbeweises) sind ebenfalls Gegenstand des Verfahrensrechts am Gerichtsort[396]. Ob eine Tatsache dem Zeugenbeweis zugänglich ist oder ob der schriftliche Beweis geführt werden muss, entscheidet grundsätzlich die lex fori[397].

130 Welche Beweismittel zugelassen werden, richtet sich nach der lex fori des Gerichtsortes[398]. In Deutschland sind mithin der Zeugenbeweis, der Urkundenbeweis, der Beweis durch Augenscheinnahme, der Sachverständigenbeweis und die Parteivernehmung zulässig. Der Sachverständigenbeweis ist auch bei internationalen Vorhaben von großer Bedeutung. Die Qualität der Beweisführung hängt zu großen Teilen von der beruflichen Ausbildung und der Unabhängigkeit der Sachverständigen ab. Seine Unabhängigkeit kann nur in den nationalen Prozessordnungen oder berufsrechtlichen Regelungen gewährleistet werden[399]. Gutachtenaufträge an ausländische Sachverständige sind zulässig, erfordern aber deren Einvernehmen[400]. Manche international üblichen Vertragsmuster beschränken die Wahl der Beweismittel. In FIDIC-Verträgen ist der Zeugenbeweis weitgehend ausgeschlossen[401]. Solche Vereinbarungen sind grundsätzlich zulässig, weil sie den Grundsatz der freien Beweiswürdigung als solchen nicht beeinträchtigen[402].

131 **2. Selbständiges Beweisverfahren.** Seit Inkrafttreten der Neufassung des § 486 ZPO scheitert jedenfalls das selbständige Beweisverfahren mit Auslandsberührung nicht mehr an der fehlenden internationalen Zuständigkeit der deutschen Gerichte. Grundsätzlich ist allerdings ein Rechtshilfeverfahren unentbehrlich. Auch der drohende Beweisverlust

---

[391] Flamme/Flamme/Delvaux/Pottier, Contrat d'entreprise, Rn. 385.

[392] Linke, IZPR, Rn. 300; ebenso in Frankreich: vgl. Loussouarn/Bourel, Droit international privé, Rn. 373, und in England: Dicey & Morris, Conflicts of Law, Rn. 7-028.

[393] Linke, IZPR, Rn. 301 f.

[394] Coester-Waltjen, Internationales Beweisrecht, Rn. 279 ff.

[395] Coester-Waltjen, Internationales Beweisrecht, Rn. 288.

[396] Coester-Waltjen, Internationales Beweisrecht, Rn. 396.

[397] Dicey & Morris, Conflicts of Law, Rn. 7-014.

[398] Thode/Wenner, Internationales Architekten- und Bauvertragsrecht, 730.

[399] Vgl. Kennedy-Grant ICLR 2003, 401 ff.

[400] Thode/Wenner, Internationales Architekten- und Bauvertragsrecht, 733.

[401] Siehe Her Majesty's Attorney General for the Falklands Islands v. Gordon Forbes Construction (Falklands) Ltd [2003] BLR 280) = IBR 2006, 1107 – Hök.

[402] Vgl Zöller/Greger, ZPO, vor § 284 Rn. 2b und § 286 Rn. 8.

rechtfertigt es nicht, die zur Beweissicherung erforderliche Augenscheinnahme, Zeugenvernehmung oder sachverständige Begutachtung auf fremdem Staatsgebiet anzuordnen[403].

3. Grenzüberschreitende Beweiserhebung. Bislang war die Beweiserhebung im Ausland ausschließlich Angelegenheit der Rechtshilfe. Unterstützung leisteten vor allem die deutschen Auslandsvertretungen und ggf. auch ausländische Justizbehörden. Rechtsgrundlage für die Beweisaufnahme im Ausland sind die §§ 363, 364, 369 ZPO i.V.m. den Vorschriften der ZRHO[404]. Wichtigster Rechtshilfevertrag war das Haager Übereinkommen über die Beweisaufnahme im Ausland in Zivil- und Handelssachen vom 18. März 1970 sowie das ältere Haager Übereinkommen über den Zivilprozess aus dem Jahre 1954. Hinzu kommen einige bilaterale Übereinkommen mit Großbritannien, der Türkei, Griechenland, Tunesien und Marokko. Rechtshilfeersuchen sind unter Einschaltung der Prüfungsstellen entweder an die deutschen Auslandsvertretungen oder an die zuständige Behörde des ersuchten Staates zu adressieren. 132

Seit dem 1. Januar 2004 ist die VO (EG) Nr. 1206/2001 des Rates über die Zusammenarbeit zwischen den Gerichten der Mitgliedstaaten auf dem Gebiet der Beweisaufnahme in Zivil- oder Handelssachen vom 28. Mai 2001 in Kraft[405]. Die VO soll die Zusammenarbeit zwischen den Gerichten der Mitgliedstaaten auf dem Gebiet der Beweisaufnahme verbessern. Die VO regelt detailliert Rechtshilfeersuchen im Rahmen von Beweiserhebungen (Art. 4 bis 16 EuBVO) und lässt auch unmittelbare Beweisaufnahmen im Ausland zu[406], wenn sie auf freiwilliger Grundlage und ohne Zwangsmaßnahmen erfolgen können (Art. 17 Abs. 2 EuBVO). Das Gericht kann nunmehr Sachverständige auf die ausländische Baustelle entsenden und auch selbst Zeugen vor Ort verhören[407]. Alternativ können Zeugen von den deutschen Konsulaten vernommen werden. Müsste Zwang ausgeübt werden, bleibt es bei den schon bislang bekannten Rechtshilfemethoden. 133

Zum 1. Januar 2004 hat das deutsche Rechtshilferecht Änderungen erfahren, die der Gesetzgeber als 11. Buch in die ZPO eingefügt hat. Der zweite Abschnitt des 11. Buches ist der Beweisaufnahme gewidmet. Die dort zu findenden Durchführungsbestimmungen sind überwiegend technischer Natur[408]. 134

VI. Ermittlung und Anwendung ausländischen Rechts

Schrifttum

Bendref, Gerichtliche Beweisbeschlüsse zum ausländischen und internationalen Privatrecht, MDR 1983, 892 ff.; Fentiman, Foreign Law in English Courts, LQR 108 (1992), 142; Ferrand, Die Behandlung ausländischen Rechts durch die französische Cour de Cassation, ZEuP 1994, 126; Fuchs, Die Ermittlung ausländischen Rechts durch Sachverständige, RIW 1995, 807; Hök, Zur Mitwirkungspflicht der Prozessparteien bei der Ermittlung ausländischen Rechts, JurBüro 1987, 1760; Nagel/Gottwald, Internationales Zivilprozessrecht, 6. Auflage, 2007; Spickhoff, Fremdes Recht vor inländischen Gerichten: Rechts- oder Tatfrage, ZZP 112 (1999), 265

[403] Linke, IZPR, 3.Auflage, Rn. 330; a.A. Wussow, FS Korbion (1986), 493 ff.; Geimer, IZPR, Rn. 445, 2542 (für Sachverständige).
[404] Zu den Neuerungen vgl. Jastrow IPRax 2004, 11, 13.
[405] ABl 2001 Nr. L 174, 1 ff.
[406] Jastrow IPRax 2004, 11, 12.
[407] Jastrow IPRax 2004, 11, 12.
[408] Jastrow IPRax 2004, 11, 12.

135 Die deutschen Gerichte sind verpflichtet, von Amts wegen die kollisionsrechtliche Frage zu stellen, d.h. das anwendbare Recht zu ermitteln (iura novit curia)[409]. Den jeweiligen Inhalt des ausländischen Rechts muss das Gericht ermitteln[410]. Zum Inhalt des anwendbaren ausländischen Rechts gehören die einschlägigen Gesetze, Verordnungen und die Rechtsprechung in ihrer aktuellen Ausprägung[411]. Es genügt also nicht, den Wortlaut des einschlägigen ausländischen Gesetzes aufzuklären[412]. Das ausländische Recht hat Normcharakter und ist keine bloße Tatsache[413]. Das ist nicht überall so[414]. Jedoch gilt der Grundsatz iura novit curia in Bezug auf ausländisches Recht allenfalls eingeschränkt[415]. § 293 ZPO hält mit seinem Wortlaut an der Beweisbedürftigkeit ausländischen Rechts fest. Doch besteht die Pflicht zur Aufklärung des ausländischen Rechts mit allen zur Verfügung stehenden Erkenntnisquellen[416]. Die Art und Weise der Ermittlung steht im pflichtgemäßen Ermessen des Tatrichters[417]. In Betracht kommen die Einholung von Sachverständigengutachten, die Einholung von Auskünften nach dem Europäischen Übereinkommen betreffend Auskünfte über ausländisches Recht vom 7. Juni 1968[418] und der deutsch-marokkanische Rechtshilfe- und Auskunftsvertrag vom 29. Oktober 1985[419], aber auch gerichtsinterne Ermittlungen[420]. Eine Pflicht der Parteien zur Aufklärung des ausländischen Rechts besteht nicht. Doch setzen die Parteien mit ihrem Vortrag den Rahmen für den Umfang der Ermittlungen[421]. § 293 ZPO geht von der Mitwirkung der Parteien aus. Es handelt sich aber um keine sanktionsbewehrte Verpflichtung sondern um eine Obliegenheit, deren Nichtbeachtung im Einzelfall nachteilig sein kann[422], etwa wenn eine Partei eine ihr günstige Rechtsnorm behauptet, ohne sie zu belegen und die gerichtlichen Ermittlungen ergebnislos bleiben[423]. In der Praxis werden häufig voreilig Sachverständigengutachten eingeholt, ohne die Möglichkeiten des vorbezeichneten Übereinkommens zu nutzen. Das OLG München hat dem jetzt einen Riegel vorgeschoben, in dem es entschieden hat, dass vor Einholung eines Sachverständigengutachtens zum ausländischen Recht gerichtlich zu prüfen ist, ob die Rechtslage nicht schneller und kostengünstiger durch Einholung einer Auskunft nach dem Europäischen Übereinkommen betreffend Auskünfte über ausländisches Recht vom 07.06.1968 geklärt werden kann[424]. Etwaige Gutachten sollten zudem auf ihre

[409] RGZ 126, 196, 202; BGH NJW 1996, 54; BGH NJW 1995, 2097; BGH NJW 1993, 2305; OLG Brandenburg IPRspr. 2000 Nr. 23 A; Nagel/Gottwald, IZPR, § 10 Rn. 14.

[410] BGHZ 118, 151 (163) = NJW 1992, 2026 = LM H. 10/1992 § 106 KO Nr. 9; BGH, NJW 1988, 647 = LM § 293 ZPO Nr. 14 = WM 1987, 1265; NJW 1992, 3106 = LM H. 10/1992 § 293 ZPO Nr. 16 = WM 1992, 1510 (1511 f.); vgl. Nagel/Gottwald, IZPR, § 10 Rn. 15.

[411] BGH ZIP 2001, 675, 676; BGH NJW-RR 2002, 1359; Kindl ZZP 111 (1998), 177, 181.

[412] Nagel/Gottwald, IZPR, § 10 Rn. 15.

[413] Kindl ZZP 111 (1998), 177, 179.

[414] Vgl. die Ausführungen von Nagel/Gottwald, IZPR § 10 Rn. 60 ff. zum englischen, französischen, spanischen, polnischen und US-Recht, zur französischen Rechtslage vgl. auch Cass.civ., 26.05.1999, J.C.P. 1999. IV. 2325.

[415] Streitig, vgl. dazu Kindl ZZP 111 (1998), 177, 180; Schütze, Deutsches IZPR, 1985, 117; Nagel/Gottwald, IZPR, § 10 Rn. 21; Broggini AcP 155 (1956), 478; Linke, IZPR, Rn. 269.

[416] BGH RIW 1997, 687.

[417] BGH RIW 1997, 687; BGHZ 118, 151, 162.

[418] BGBl 1974 II, 938 mit Ausführungsgesetz, BGBl 1974 I, 1433.

[419] BGBl 1988 I, 1054.

[420] Vgl. Linke, IZPR, Rn. 275 ff.

[421] Nagel/Gottwald, IZPR, § 10 Rn. 29.

[422] Vgl. Linke, IZPR, Rn. 270.

[423] BGH NJW 1961, 410; BGH NJW 1976, 1581, 1583.

[424] OLG München, Urt. v. 18.1.2008 – 10 U 4502/07 = IBR 2009, 1057 – Wittmann.

„Werthaltigkeit" geprüft werden. Es ist nicht ungewöhnlich, dass Sachverständige ihre Bereitschaft erklären, ein Gutachten zu einer ausländischen Rechtsordnung zu erstellen, ohne über enstprechende Sprachkenntnisse, Erfahrungen oder Rechts- bzw. Erkenntnisquellen zu verfügen. Die Partein sollten im Einzelfalll darauf bestehen, dass die Erkenntnisquellen offen gelegt werden, ob primärsprachliche Quellen benutzt wurden oder, wie häufig, sekundärsprachliche Quellen. Es ist auch wenig einleuchtend, warum die Parteien das Kostenrisiko von Forschungsreisen eines Sachverständigen tragen sollen, der sich anschickt, ein Gutachten zu Fragen einer ausländischen Rechtsordnung zu erstatten, in dem er Informationsgespräche mit lokalen Experten führt.

Auch **Schiedsgerichte** müssen das anwendbare Recht aufklären, es sei denn sie sind ermächtigt, nach Billigkeit zu entscheiden. Das Schiedsgericht kann sich aller Mittel bedienen, um das Recht aufzuklären und die Parteien zur Mithilfe auffordern[425]. Ähnliches gilt für Dispute Adjudication Boards. **136**

Der Grundsatz *iura novit curia* gilt im Prinzip weltweit[426]. Man kann sagen, dass Schiedsgerichte verpflichtet sind, die kollisionsrechtliche Frage zu stellen und das ermittelte Recht anzuwenden. Ausnahmen bestätigen die Regel. In einigen Fällen haben Gerichte davon Abstand genommen eine Rechtswahl zugunsten einer unvollständigen Rechtsordnung anzuerkennen und zu berücksichtigen[427]. Allerdings wird dem Umstand Rechnung getragen, dass Schiedsrichter häufig keine einschlägigen Erfahrungen mit dem anwendbaren Recht haben. Es wird nicht gefordert, dass das Schiedsgericht mit Juristen aus der jeweils anwendbaren Rechtsordnung besetzt ist. Mit Lord Denning's[428] Äußerung „The arbitrator is just as likely to be right as the judge, probably more likely" lässt sich durchaus leben[429].

Soweit der Grundsatz *iura novit curia* reicht, kann das Schiedsgericht das Recht von Amts wegen anwenden. Es ist nicht an die Rechtsausführungen der Parteien gebunden[430]. Das Schiedsgericht verletzt allerdings den Grundsatz des rechtlichen Gehörs, wenn es sich bei der rechtlichen Würdigung auf eine Vertragsbestimmung stützt, die keine der Parteien als massgebend betrachtet und die keine der Parteien im Verfahren angerufen hatte[431].

---

425 Nagel/Gottwald, IZPR, § 16 Rn. 79.

426 Siehe Born, International Commercial Arbitration, 2105 ff.; Mushkat, International Law in HKSAR Courts', 28 (1998) California Western International Law Journal 353, 362; siehe für Indien: Markanda, Arbitration and Conciliation, 570; für Skandinavien: Kurkela, „'Jura Novit Curia' and the Burden of Education in International Arbitration—A Nordic Perspective", ASA Bull (2003), 485; Wetter, „The Conduct of the Arbitration", J Int'l Arb (1985), 24. Zur schwedischen Haltung siehe Heuman, Arbitration Law of Sweden: Practice and Procedure, Stockholm, Juris Publishing, 2003, 323. Siehe auch die ausführliche rechtsvergleichende Betrachtung in BGE 130 III 35. Die Entscheidung bestätigt das Prinzip iura novit curia in der Schiedsgerichtsbarkeit, hob allerdings ausnahmsweise den Schiedsspruch auf, weil er auf Argumente gestützt war, die die Parteien nicht vorgetragen hatten. Ferner hatte das Gericht es versäumt, die Parteien zu diesen Argumenten zu hören.

427 Siehe Petroleum Development Ltd v. The Sheikh of Abu Dhabi, Schiedsurteil v. 28.8.1951, 1 International and Comparative Law Quaterly 247, 251 (1952); dazu Born, International Commercial Arbitration, 2203 f. mit weiteren Beispielen sowie Seppälä, The development of a Case Law in Construction Disputes Relating to FIDIC Contracts, ICLR 2009, 104,115.

428 [1980] 3 All ER 117, 124.

429 Siehe dazu auch Bernstein's Handbook of Arbitration and Dispute Resolution Practise, Rn. 2-871.

430 BGE 130 III 35, 39.

431 BGE 130 III 35, 39.

VII. Vollstreckungsverfahren

137 **1. Anerkennung.** Für den Gläubiger haben gerichtliche und schiedsgerichtliche Entscheidungen nur dann einen wirtschaftlichen Wert, wenn sie ggf. auch zwangsweise durchgesetzt werden können. Im internationalen Rechtsverkehr besteht allerdings die Besonderheit, dass gerichtliche Entscheidungen staatliche Hoheitsakte sind, deren Wirkungen sich auf das Hoheitsgebiet des Urteilsstaates beschränken. Schiedssprüche sind ohnehin erst dann vollziehbar, wenn sie mit einer staatlichen Vollstreckbarkeitsklausel versehen wurden. Das gilt für inländische und ausländische Schiedssprüche gleichermaßen. Der Unterschied zwischen in- und ausländischen Schiedssprüchen liegt darin, dass sie zunächst anerkannt werden müssen (§ 1061 Abs. 1 ZPO), bevor sie für vollstreckbar erklärt werden.

138 Zur Überwindung der staatlichen Justizgrenzen dienen die Institute der Anerkennung und der Vollstreckbarerklärung. Voraussetzung ist, dass ausländische Entscheidungen als solche respektiert werden und keiner Einzelfallüberprüfung auf Richtigkeit unterzogen werden (sog. „révision au fond"). Soweit keine entgegenstehenden bi- oder multilateralen völkerrechtlichen Verpflichtungen oder sonstigen Regelungen existieren, können die Nationalstaaten die Anerkennung und Vollstreckbarerklärung verweigern. Im Grundsatz beruht also die Anerkennung und Vollstreckung ausländischer Entscheidungen auf einer freien Entscheidung der Nationalstaaten, die weit verbreitet zunächst von der sog. Gegenseitigkeitsprüfung abhängig gemacht wurde, d.h. es wurde geprüft, ob der Ausgangsstaat seinerseits eine Entscheidung des Vollstreckungsstaates zur Vollstreckung bringen würde oder bereits gebracht hat. Zunehmend existieren aber bi- und multilaterale Verträge, die die Anerkennung und Vollstreckbarerklärung ausländischer Entscheidungen zuverlässig regeln und damit Rechtssicherheit schaffen.

139 **a. Ordentliche Gerichtsbarkeit.** Im Rahmen der ordentlichen Gerichtsbarkeit werden ausländische Entscheidungen nach § 328 ZPO anerkannt, d.h. wenn kein Versagungsgrund vorliegt, der in § 328 ZPO genannt ist. Versagungsgründe sind:

- die fehlende internationale Zuständigkeit des Erstgerichts (§ 328 Abs. 1 Nr. 1 ZPO),
- das nicht ordnungsgemäße Zustandekommen von Versäumnisentscheidungen (§ 328 Abs. 1 Nr. 2 ZPO),
- die Unvereinbarkeit des zu vollstreckenden Titels mit einem im Inland bereits existierenden (§ 328 Abs. 1 Nr. 3 ZPO),
- ein Verstoß gegen den inländischen ordre public (§ 328 Abs. 1 Nr. 4 ZPO),
- die fehlende Gegenseitigkeit zum Ausgangsstaat (§ 328 Abs. 1 Nr. 5 ZPO).

140 Das entspricht weitgehend der Rechtslage im Ausland. Alle Staaten lassen die **Vollstreckung aus ausländischen Vollstreckungstiteln** erst aufgrund eines besonderen **inländischen Hoheitsaktes** zu[432]. **Rechtsvergleichend** betrachtet schuf sich die Rechtsprechung[433] zumeist eigene Regeln, die sukzessive in gesetzliche Regelungen aufgenommen wurden.

---

[432] Gottwald IPRax 1991, 285, 285; Gottwald ZZP 103 (1990), 257, 288; Zachariä (hrsg. Dreyer), Handbuch des Französischen Civilrechts, 7. Aufl., 1886, 84; vgl. auch Vander Elst/Weser/Jenard, Droit international privé belge, Band II, 1985, 458.

[433] Vgl. für England Russel v. Smyth (1842) 9 M. & W. 810, 819; Williams v. Jones (1845) 13 M. & W. 628, 633; Godard v. Gray (1870) L.R. 6 Q.B. 139, 148–150; Schibsby v. Westenholz (1870) L.R. 6 Q.B. 155, 159; Adams v. Cape Industries plc (1990 Ch. 433; vgl. für Frankreich Cour de Cassation, Clunet 91 (1964), 302 (304) mit Anm. Goldmann.

Teilweise bestehen Erleichterungen in Form von **bilateralen und multilateralen Anerkennungs- und Vollstreckungsübereinkommen** (1. Stufe) und schließlich sogar in Form von **Gerichtsstands- und Vollstreckungsübereinkommen** (2. Stufe). Erst neuerdings wird ernsthaft an der Abschaffung von Justizgrenzen gearbeitet, jedenfalls was den europäischen Binnenmarkt angeht. Dort soll es für **unbestrittene Forderungen** einen **europäischen Vollstreckungstitel** geben. Bislang gibt es nur einen europäischen Vollstreckungstitel, nämlich die **Entscheidungen des Europäischen Gerichtshofes**. Bis zu einer weltweiten Öffnung der Justizgrenzen wird es wohl noch etwas länger dauern. 141

Im Rahmen des EuGVÜ, des LuGVÜ und der EuGVVO werden ausländische Titel grundsätzlich ohne besondere Förmlichkeit anerkannt. Erst im Rahmen des Verfahrens auf Vollstreckbarerklärung findet eine partielle Prüfung statt. Ähnliches gilt für die existierenden bilateralen Abkommen. 142

b. Schiedsgerichtsbarkeit. Gemäß § 1061 Abs. 1 ZPO richtet sich die Anerkennung ausländischer Schiedssprüche nach dem Übereinkommen vom 10. Juni 1958 über die Anerkennung und Vollstreckung ausländischer Schiedssprüche[434]. Anträge auf Vollstreckbarerklärung sind an das jeweils örtlich zuständige Oberlandesgericht zu stellen (§ 1062 Abs. 1 ZPO). Örtlich zuständig für internationale Schiedssprüche ist entweder das vereinbarte OLG oder das OLG am Sitz entweder des Klägers oder des Beklagten (§ 1062 Abs. 3 ZPO). 143

2. Vollstreckbarerklärung

Schrifttum

Both (hrsg.), Praxis der Zwangsvollstreckung, 2005; Kropholler, Europäisches Zivilprozessrecht, 8. Auflage, Heidelberg 2005; Schlosser, EU-Zivilprozessrecht. 3. Auflage, München 2009; Bülow/Böckstiegel/Geimer/Schütze, Internationaler Rechtsverkehr, München (Stand: Februar 2004); Müller/Hök/Schulze, Deutsche Vollstreckungstitel im Ausland, Neuwied 1987 ff. (Loseblatt Stand: 2004)

Bislang steht die Vollstreckung aus ausländischen Entscheidungen im In- und Ausland nahezu ausnahmslos unter dem Vorbehalt der Vollstreckbarerklärung durch die Gerichte des Staates, in dem die Vollstreckung vollzogen werden soll. Außerhalb bestehender bi- und mulilateraler Abkommen sowie der EuGVVO und der EuInsO ist nach §§ 722, 723, 328 ZPO vorzugehen. Der Antrag auf Vollstreckbarerklärung ist eine Gestaltungsklage im kontradiktorischen Verfahren. Im Rahmen des EuGVÜ und der EuGVVO sind in Verbindung mit den Vorschriften des AVAG Anträge auf Vollstreckbarerklärung zu stellen (Art. 38 EuGVVO, Art. 31 EuGVÜ, Art. 31 LuGVÜ). Die EuGVVO hat gegenüber dem Verfahren nach dem EuGVÜ und dem LuGVÜ gewisse Vereinfachungen eingeführt, die sich vor allem auf das Tempo der Vollstreckung vorteilhaft auswirken. Einzureichen ist mit dem Antrag die für vollstreckbar zu erklärende (vollstreckbare) Entscheidung, eine Übersetzung und im Falle der EuGVVO ergänzend die Bescheinigung nach Anhang V der EuGVVO. 144

Ab Oktober 2005 kann jedoch aus Titeln über unbestrittene Forderungen (sog. Europäischen Vollstreckungstiteln) auch ohne ein Vollstreckbarerklärungsverfahren grenzüberschreitend vollstreckt werden. Voraussetzung ist lediglich, dass von dem Ursprungsgericht eine Bescheinigung ausgestellt wird, die den Titel zum Europäischen Vollstreckungstitel erklärt[435]. Voraussetzung ist, dass es sich um eine unbestrittene Forderung 145

[434] BGBl 1961 II, 121.

[435] Siehe Hök, Der europäische Vollstreckungstitel für unbestrittene Forderungen, ZAP 2005 Fach 25, 742 ff.

handelt, die entweder in einem gerichtlichen Vergleich, einem Anerkenntnisurteil, einem Vollstreckungsbescheid oder in vollstreckbarer Form in einer notariellen Urkunde verbrieft ist.

3. Vollstreckung

Schrifttum

Both (hrsg.), Praxis der Zwangsvollstreckung, 2005; Hök, Die grenzüberschreitende Forderungs- und Kontenpfändung, MDR 2005, 306; Müller/Hök/Schulze, Deutsche Vollstreckungstitel im Ausland, Neuwied 1987 ff. (Loseblatt, Stand 2004)

146 Aus dem für vollstreckbar erklärten Vollstreckungstitel (zu denen im Rahmen des EuGVÜ, des LuGVÜ und der EuGVVO auch notarielle Urkunden gehören) kann im Vollstreckungsstaat nach dem dortigen Vollstreckungsrecht vorgegangen werden. Das Vollstreckungsrecht ist bislang (auch in Europa) gänzlich unvereinheitlicht. Vollstreckungstaktik, Vollstreckungsgegenstand und Vollstreckungsverfahren richten sich ausschließlich nach dem Recht im Vollstreckungsstaat, und zwar einschließlich des dort existierenden Kostenerstattungsrechts, das vielfach keine vollständige Kostenerstattung durch den Schuldner kennt[436].

---

[436] Vgl. dazu eingehend Hök in Both, Praxis der Zwangsvollstreckung, 771 ff. (Kapitel 11).

Kapitel 9
Bewertungsrecht

§ 31 Bewertungsrecht

Schrifttum

Damodaran, Investment Valuation, New York 1996; Hök, Das französische Grundstücksrecht im Überblick, GuG 2000, 349; Hök, Immobilienwertermittlung in Frankreich, GuG 2000, 193; Hök, Sachverständigenwesen und Bewertung in der französischen Gerichtspraxis, GuG 2003, 45; Hök, Aktuelles Gewerberaummietrecht in Frankreich, GuG 2002, 205; Hök, Discounted Cash-Flow-Verfahren in Frankreich, GuG 2002, 284; Hök, Immobilienwertermittlung auf europäischer Rechtsgrundlage-ein neues Wertermittlungsrecht im Werden?, GuG 2001, 65; Hök, Zur Entschädigung bei Enteignung von Grundstücken in Frankreich, GuG 2001, 20; Hök, Zur Grundstücksbewertung in Österreich, GuG 2003, 205; Kleiber, Verkehrswertermittlung von Grundstücken, 4. Auflage, Köln 2002

Inhaltsübersicht

Die Zunahme grenzüberschreitender Investitionen in Gebäude und Anlagen wirkt sich zunehmend auch auf die Praxis der Wertermittlung aus. Investoren und Kreditinstitute benötigen zuverlässige Angaben über die Werte und die Werthaltigkeit der grenzüberschreitenden Investitionen. Die Richtlinie 2000/12/EG des Europäischen Parlaments und des Rates vom 20. März 2000 über die Aufnahme und Ausübung der Tätigkeit der Kreditinstitute enthält in ihrem Art. 62 umfangreiche Vorschriften zur Bestimmung des Marktwertes und des Beleihungswertes von Immobilien. Die Europäische Kommission hatte in der Vergangenheit bereits mehrfach Gelegenheit, zur Immobilienbewertung Stellung zu nehmen. Anlass dazu bestand in Fällen, in denen zu untersuchen war, ob in der Preisbildung für Immobilien öffentliche Beihilfen versteckt waren. 1

I. Problemstellung

Vereinfacht gesagt, stellt Wertermittlung, gleich in welchem Land der Welt sie vorgenommen wird, den Versuch dar, den unbekannten Marktwert eines Grundstücks unter der Annahme einer genau umrissenen, fiktiven Transaktion unter definierten Rahmenbedingungen zu schätzen. Solche Stellungnahmen zu Grundstückswerten müssen zuverlässig sein. Auf die Grundstücksbewertung wirken sich die verschiedensten wertbildenden Faktoren aus. Neben den tatsächlichen sind auch die rechtlichen Umstände zu beachten (vgl. § 184 BauGB). Zu letzteren gehören u.a. die Bebaubarkeit eines Grundstücks, die Nutzbarkeit eines Grundstücks, die Belastungen eines Grundstücks mit wertmindernden oder -erhöhenden Faktoren, wie z.B. mit langfristigen Mietverhältnissen oder dingliche Nutzungsrechten. In die konkrete Bewertung müssen die Erschließung des Grundstücks, zu erwartende Erschließungsumlagen, nachbarrechtliche Beschränkungen und vieles andere mehr einfließen. Nahezu sämtliche der vorstehenden Faktoren beruhen auf rechtlichen Vorgaben. Vergleicht man z.B. die rechtlichen Grundlagen des Grundstücks- und Baurechts in Frankreich, England, Belgien und England mit denen in Deutschland, stellt man unschwer fest, dass sie nicht identisch sind. Oftmals sind sie so unterschiedlich, dass keine gleichen Maßstäbe angelegt werden können, obwohl sich die methodischen Ansätze der Grundstücksbewertung durchaus ähneln und 2 überall US-amerikanische Bewertungsregeln im Vordringen befindlich sind[1], obwohl auch dort gegen die Bewertung von Immobilien im DCF-Verfahren durchaus Bedenken geäußert werden[2]. Schaut man auf die Details, stellt sich schnell heraus, dass größte Vorsicht angebracht ist, wenn man ohne detaillierte Kenntnis der nationalen Grundstücksbedingungen und Bewertungsmethoden Gutachten erstellt oder auswertet.

3 Auf die Ergebnisse von Wertermittlungen wirken sich weniger unterschiedliche Bewertungsverfahren, Vorgehensweisen oder der der jeweiligen Wertdefinition zugrunde liegenden unterschiedlichen Prämissen aus als rechtliche Unterschiede. Dabei soll hier nicht verkannt werden, dass es bereits erhebliche Unterschiede in den Verfahren und den der Wertfeststellung zugrunde liegenden Definitionen gibt. Der „open market value" (OMV) kann nicht schlicht mit Verkehrswert übersetzt werden. Während in Deutschland der durchschnittliche Preis ermittelt wird, ist es in England der beste Preis, usw. Hier ist jedoch nicht der Ort zur Vertiefung solcher Unterschiede, sondern nur Gelegenheit zum Hinweis auf einige wesentlich rechtliche Unterschiede, die sich maßgeblich auf Wertermittlungen auswirken.

II. Frankreich

4 **1. Gutachter.** Das französische Sachverständigenwesen wird von der gerichtlichen Praxis bestimmt, die von der in Deutschland in wesentlichen Fragen und in der Grundtendenz erheblich abweicht. Die Grundlagen finden sich im Code de Procédure nouveau (CPCN). Jedes Jahr gibt die Cour de Cassation eine von den Berufungsgerichten vorbereitete Liste von Sachverständigen heraus, die in der Praxis von den Gerichten angerufen werden[3]. Seitens der Interessierten besteht daher größtes Interesse, in diese Listen aufgenommen zu werden. Art. 2 des Dekretes vom 31. Dezember 1974 legt die Voraussetzungen fest, und zwar Anforderungen in Bezug auf die persönliche Integrität[4] des Betroffenen, seine Fachkunde[5], sein Alter[6] und seinen Wohnsitz[7]. Aufnahmeanträge sind jeweils bis zum 1. März eines jeden Jahres an den „Procureur de la République" (Staatsanwalt der Republik) bei dem Tribunal de Grande Instance (Landgericht), in dessen Bezirk der Antragsteller seinen beruflichen oder privaten Sitz hat, zu richten. Von dort aus werden die Anträge weiter bearbeitet und den zuständigen Ausschüssen bei den Landgerichten und den Oberlandesgerichten zugeleitet. Die Entscheidungen der Oberlandesgerichte über die Aufnahme eines Antragstellers oder dessen Ablehnung ist unanfechtbar[8].

5 **2. Bewertungsrecht.** Das französische Wertermittlungssystem ist nicht weniger verrechtlicht als das deutsche. Die gesetzliche Regelungsdichte ist allerdings geringer. Die Rechtsprechung übernimmt eine Art Schiedsrichteraufgabe und gibt die Wertermittlungskritierien weitgehend autonom vor. Grundlagen zur Wertermittlung finden sich in der „Charte de l'expertise en évaluation immobilière", die am 4. Januar 2000 von

[1] Vgl. dazu Damodaran, Investment Valuation, 1 ff.
[2] Vgl. dazu Damodaran, Investment Valuation, 479.
[3] Vgl. Boulez, Expertises Judiciaires, 12. Auflage, 2002, n° 305.
[4] Keine Vorstrafen, keine Disziplinarstrafen, kein persönlicher Konkurs.
[5] Ausreichende Berufserfahrung.
[6] Weniger als 70 Jahre alt.
[7] Der Anwärter muss seinem Beruf im Gerichtsbezirk nachgehen oder dort wenigstens seinen Wohnsitz haben; die Staatsangehörigkeit des Betroffenen ist gleichgültig. Es kommt jedoch nur selten vor, dass Ausländer eingetragen werden (Boulez, Expertises Judiciaires, 12. Auflage, 2002, n° 308).
[8] Vgl. Cass.civ, 30.03.1978, Bull.civ. 1978 I, 106.

namhaften französischen Organisationen[9] verabschiedet wurde, und im Bericht der Expertengruppe der Commission des Operations de Bourse (COB) vom 3. Februar 2000. Konkrete Vorschriften zur Wertermittlung bei Hypothekenkrediten werden von dem „Comité de règlementation bancaire et financière“ erlassen. Der Wert einer Immobilie soll nach Art. 94 I Gesetz Nr. 99-532 sorgfältig ermittelt werden und jede Spekulation ausschließen. Die Kommission soll insbesondere festlegen, in welchen Fällen auf ein Gutachten zurückzugreifen ist. Die entsprechende Regelung datiert vom 9. Juli 1999[10]. Im Bereich der Grundstücksenteignung aus öffentlichem Interesse bestehen keine tragenden gesetzlichen Wertermittlungsmaßstäbe. Der Code de l'expropriation gibt kein Wertermittlungsverfahren vor. Der Richter entscheidet allein. Dabei muss er ggf. auf Vergleichswerte Rücksicht nehmen[11]. Die Cour de Cassation[12] hat entschieden, dass der Verkehrswert einer Immobilie durch den Preis ausgedrückt wird, der im freien Spiel der Kräfte von Angebot und Nachfrage in einen echten Markt erzielt werden könnte, und zwar unter Berücksichtigung des Zustandes der Sache, in der sie sich vor dem Verkauf befindet. Die Cour de Cassation hat hinzugefügt, dass es weiterhin auf die Verkaufsbedingungen ankommt. Methodisch unterscheiden sich die Ansätze in Frankreich nicht von denen in Deutschland. Der Verkehrswert (valeur vénale) wird entweder im Vergleichswertverfahren (méthode dite d'évaluation par comparaison) oder im Ertragswertverfahren (méthode par le revenu) ermittelt. Das Sachwertverfahren (Méthode par le coût de reconstruction) wird eher nicht angewendet[13]. Die „discounted cash flow-Methode“ (DCF) ist in Frankreich nur für die Unternehmensbewertung im Vordringen begriffen[14]. Die große Mehrheit der französischen Wertermittler ignoriert die DCF-Methode für die Immobilienwertermittlung[15]. Nur für die Bilanzierung von Immobilien hat sie eine gewisse Anerkennung erfahren[16]. Eine gesetzliche Grundlage findet sich für das DCF-Verfahren nicht, auch nicht für die Unternehmensbewertung.

3. Gewerberaummietrecht. Das französische Mietrecht ist eine sehr vielschichtige Materie[17]. Anders als in Deutschland besteht in Frankreich kein einheitliches Mietrecht. Insbesondere das Recht der Raummiete ist unübersichtlich in verschiedenen Sondergesetzen und Dekreten zu finden. Nur vereinzelt kann auf den Code Civil zurückgegriffen werden. Der Code Civil unterscheidet die Sachmiete und die Miete von Diensten (Art. 1708 Code Civil[18]). Das **Wohnraummietrecht** ist stark reglementiert. Die **Büroraummiete** hat eine sehr unterschiedliche Regelung erfahren. Soweit gewerbliche 6

---

9 Association des Ingenieurs Concepteurs et Réalisateurs Industriels AFICRI, Association Francaise des Sociétés d'Expertise Immobilière AFREXIM, Chambre des Experts immobiliers de Belgique CIBEX, Chambre des Experts immobiliers de France FNAIM CEIF-FNAIM, Compagnie des Experts en Estimations Immobilières près de la Cour d'Appel de Paris CEEICAP, Compagnie Nationale des Experts Judiciaires en Estimations Immobilières CNEJ, Confédaration des Experts Agricoles, Fonciers de l'Immobilier CEAFI, Conseil Supérieur du Notariat-institut Notarial de l'Immobilier CSN, Féderation Nationale des Chambres d'Experts et experts Judiciaires Évaluateurs Fonciers Immobiliers et Commerciaux EEFCI, Insitut Francaise de l'Expertise Immobilière IFEI, Ordre des Géomètres-Experts OGE.

10 Règlement n° 99-10 vom 09.07.199 relatif aux sociétés de crédit foncier.

11 Vgl. Article L 13-16 (Loi n° 85-729 du 18 juillet 1985 art. 3 iv Journal Officiel du 19 juillet 1985).

12 Cass.com., 23.10.1984, Bull.civ. 1984 IV n°275.

13 Éditions Francis Lefèvre, Évaluation, 2. Auflage, 1996, Rn. 595.

14 Vgl. Éditions Francis Lefèvre, Évaluation, Rn. 1120.

15 Aulagnier, Droit & Patrimoine 1999, 64.

16 Vgl. Malaquin/Reinhold, Réflexions immobilières 1999, 45.

17 Vgl. Hök GuG 2002, 205.

18 Art. 1708 Code Civil:
Il y a deux sortes de contrats de louage:
– celui des choses;
– celui d'ouvrage.

Zwecke und Wohnnutzung miteinander kombiniert werden, greifen die Vorschriften des Gesetzes vom 6. Juli 1989 ein[19]. In Ausnahmefällen können aber die Regelungen des Gesetzes vom 1. September 1948 anwendbar sein. Soweit die gewerbliche Nutzung ausschließlich ist, kann ausnahmsweise das Gesetz vom 1. September 1948 einschlägig sein, wenn dies vereinbart ist. In der Regel aber ist auf die Vorschriften des Code Civil zurückzugreifen. Dessen Vorschriften haben aber in einem geringen Umfange Modifizierungen durch die Gesetze vom 23. Dezember 1986 und vom 6. Juli 1989 erfahren. Sie schränken aber nicht das Recht der Parteien ein, den Mietzins frei auszuhandeln. Das Recht der **Gewerberaummiete** wurde durch die Ordonnance n° 2000-912 vom 18. September 2000 (JO 21.09.2000, 14783) neu kodifiziert. Die Ordonnance fügt das bisherige Gewerberaummietrecht der Kaufleute in den Code de Commerce ein. Die Gewerberaummietverhältnisse gehören in Frankreich zum **fonds de commerce** und sind besonders geschützt. Gewerberaummietverhältnisse sind praktisch unkündbar und müssen auf Wunsch des Mieters regelmäßig verlängert werden.

7 **4. Flächenmaße.** Ein besonderes Thema sind die in Frankreich geltenden Bestimmungen zu Flächenmaßen[20]. Der **Coefficient d'occupation du sol** (COS) regelt die bauliche Auslastbarkeit eines Grundstücks. Art. R-123-10 Code de l'Urbanisme definiert ihn wie folgt: „... das Verhältnis zwischen der Anzahl der Quadratmeter h.o.n. (hors oeuvre net) oder Kubikmeter in Bezug auf die Grundstücksfläche“. Der Quadratmeter h.o.n. wird in Art. R.112.2 Code de l'Urbanisme auf der Grundlage des Quadratmeters hors oeuvre brut (h.o.b.) definiert. Die „surface hors oeuvre brute“ (S.H.O.B.) entspricht der Fläche aller Stockwerke einschließlich der außerhalb liegenden (überdachten) Verlängerungen wie Balkone, Loggien oder Laufstege. Gemessen wird unter Berücksichtigung der Mauerstärken der In- und Außenmauern, tragend und nicht tragend[21]. Die „surface hors oeuvre nette“ (S.H.O.N.) ist gleich der S.H.O.B. abzüglich bestimmter im Gesetz näher beschriebener Flächen (vgl. im einzelnen Art. R-112-2 Code de l'Urbanisme). Ausgehend von Definitionen des Code de l'Urbanisme und des Code de la Construction et de l'Habitation haben sich in Frankreich eine Reihe feststehender Flächenbegriffe entwickelt, die allerdings im Einzelfall oftmals durch Gerichtsentscheidungen präzisiert und ausgelegt werden. Hilfreich sind insoweit die Definitionen in der „Charte de l'expertise en évaluation immobilière vom 19. Juni 2000“[22]. Die zu den einzelnen Begriffen ergangene Rechtsprechung[23] ist sehr vielfältig und trägt jeweils

---

[19] Art. 2 des Gesetzes vom 6. Juli 1989: Les dispositions du présent titre sont d'ordre public. Elles s'appliquent aux locations de locaux à usage d'habitation principale ou à usage mixte professionnel et d'habitation principale ainsi qu'aux garages, places de stationnement, jardins et autres locaux, loués accessoirement au local principal par le même bailleur. Toutefois elle ne s'appliquent ni aux locaux meublés, ni aux logements-foyers, ni aux logements attribués ou loués en raison de l'exercice d'une fonction ou de l'occupation d'un emploi, ni aux locations à caractère saisonnier (Die Regelungen dieses Titels haben unabdingbaren Charakter. Sie finden Anwendung auf Mietverträge über Mietsachen, die dem Hauptwohnsitz des Mieters dienen oder von diesem zugleich zu beruflichen Zwecken genutzt werden, sowie auf Garagen, Stellplätze, Gärten oder andere Örtlichkeiten, die ergänzend zum Hauptmietvertrag angemietet werden. Sie finden keine Anwendung auf möblierten Wohnraum, auf Mietverträge über Räume in Haushalten oder auf Mietverträge, die aus Gründen der Ausübung einer Funktion oder eines Berufes oder Mietverträge, die saisonnal bedingt angemietet werden).

[20] Vgl. dazu Hök GuG 2004, 269 ff.

[21] Vgl. auch die Charte de l'expertise en évaluation immobilière vom 19. Juni 2000 der AFICRI, AFREXIM, CIBEX, FNAIM, CEEICAP, CNEI, CNEJ, CEAFI, CSN, EEFIC, IFEI, OGE.

[22] Verabschiedet von namhaften französischen und französischsprachigen Organisationen wie: AFICRI, AFREXIM, CIBEX, FNAIM, CEEICAP, CNEI, CNEJ, CEAFI, CSN, EEFIC, IFEI, OGE.

[23] Zur Berücksichtigung von Dachterrassen bei der Berechnung des S.H.O.B. vgl. TA Nice, 20.06.1986, Incolano, n° 1562/86/II; Conseil d'État, 13.05.1991, Commune de Saint-Jean-Cap-Ferrat, n° 81731. Zu weiteren Abzügen Conseil d'État, 04.11.1987, Leprince-Ringuet, Dr. adm. 1987, n° 685. Zur Berechnung des S.H.O.N. vgl. C.A.A. Lyon, 22.06.1995, Bontempi, R.F.D.A. 1995, 269.

spezifischen Besonderheiten Rechnung. Kernstück der Flächenbestimmung sind die Definitionen zum S.H.O.B. und zum S.H.O.N. In letzter Zeit sind die Bestimmungen des „Loi Carrez" und des Loi SRU hinzugekommen. Gelegentlich wird auf Maße zurückgegriffen, bei denen die jeweiligen Geschossflächen mit einem Gewichtungsfaktor bewertet wurden, der den Herstellungskosten oder der Nutzung im Verhältnis zu einer üblichen oder geläufigen Nutzung Rechnung trägt (sog. **Surface Développée Hors œuvre Pondérée – S.D.H.O.P.).** Wohnflächen können schlechter als mit 1 bewertet werden, wenn sie Wohnbedingungen bieten, die schlechter als der Durchschnitt sind (z.B. geringe Deckenhöhe, schlechte Belichtung, Lärm, fehlender Fahrstuhl bei höher gelegenen Räumen)[24]. Zulässig ist aber auch die Bewertung mit mehr als 1, wenn die Fläche besondere Vorteile bietet[25].

III. England

In Großbritannien ist die Regelungsdichte traditionell ohnehin geringer als in Kontinentaleuropa. Das Bewertungswesen wird von der **Royal Institution of Chartered Surveyors** (RICS) dominiert. Die Missachtung der „Guidelines", die die RICS in dem Red Book vorgibt, kann zu Haftungsansprüchen führen[26]. Damit haben die Vorgaben der RICS als Sorgfaltsmaßstab quasi Gesetzesrang erlangt. Gegenwärtig wird in England eine Reform des Enteignungsrechts diskutiert[27]. RICS nimmt an der Diskussion rege teil und hat z.B. angeregt, dass der Begriff „open market value" der Definition im Red Book angepasst wird. Bislang war das Enteignungsrecht im Compulsory Purchase Act 1965 and Compulsory Purchase (Vesting Declarations) Act 1981 geregelt[28]. Dort finden sich auch Bewertungsregelungen. Section 5 des Compulsory Purchase Act 1965 definiert den Enteignungswert sinngemäß wie folgt: Der Wert von Land soll, soweit er Gegenstand dieses Gesetzes ist, den Betrag ausmachen, den ein verkaufsbereiter Verkäufer in einem offenen Markt zu realisieren erwartet. Fehlt es an einem solchen Markt, kann das zuständige Gericht den Betrag zusprechen, der für ein vergleichbares Objekt zu investieren wäre[29]. 8

Die RICS beschäftigt sich eingehend mit Methoden und Inhalten anderer Rechtsordnungen[30]. Die im Auftrag von RICS gefertigte Analyse von Downie umfasst auch kulturelle Unterschiede und geht recht präzise auf die Verhältnisse in Deutschland und anderen Staaten ein. Insbesondere macht Downie deutlich, es bestehe zwischen dem „Verkehrswert" deutscher Prägung und dem „open market value" englischer Fassung der wesentlich Unterschied, dass RICS den „besten Preis" ermittele, der ernsthaft erwartet werden könne, während man in Deutschland auf einen **mittleren Marktwert** abstelle. Der (deutsche) Verkehrswert könne niemals den Preis einer speziellen Transaktion bestimmen, der von subjektiven Erwägungen der Parteien abhänge. Eben dies sei Ziel der „open market value" Doktrin[31]. 9

24 Ed. Francis Lefèvre, Évaluation, 2. Auflage, 1996, Rn. 505 (für die Region Paris).
25 Ed. Francis Lefèvre, Évaluation, 2. Auflage, 1996, Rn. 505 (für die Region Paris).
26 Silverman, Conveyancing Handbook, 1999, M.6.5.9.
27 Vgl. Freilich, Final Report for Compulsory Purchase (abgedruckt www.planning.detr.gov.uk/cp/09.html); Dowdy/Jackson/McCafferty, The operation of the compensation and compulsory purchase system in the United Kingdom-a comparative study, 1988 (erhältlich über RICS).
28 In Schottland existieren die Compulsory Purchase Authorities (inquiries Procedure) Rules 1998.
29 Vgl. dazu eingehend Leslie Bernhard Nicholls v. Highways Agency (veröffentlicht www.courtservice.gov.uk.tribunals/lands/decisions/dec-acq-141-97-html).
30 Downie, Valuation Process for Commercial Property in the EC, 1998 (erhältlich über RICS).
31 Downie, Valuation Process for Commercial Property in the EC, 1998 (erhältlich über RICS), 17.

IV. Österreich

10 In Österreich ist das Sachverständigenwesen gesetzlich in dem Bundesgesetz über die allgemein beeideten und gerichtlich zertifizierten Sachverständigen und Dolmetscher (SDG) geregelt. Gemäß § 2 SDG sind die allgemein beeideten und gerichtlich zertifizierten Sachverständigen in die von den Präsidenten der Gerichtshöfe I. Instanz als Zertifizierungsstellen zu führenden Sachverständigenlisten einzutragen.

11 Der „Verkehrswert" ist in Österreich der landläufige Ausdruck für den „gemeinen Wert" gemäß öst. Liegenschaftsbewertungsgesetz (LBG). Der Verkehrswert wird durch den Preis bestimmt, der im gewöhnlichen Geschäftsverkehr, abhängig nach Lage, Beschaffenheit und Verwertbarkeit des Bewertungsgegenstandes, bei einer Veräußerung zu erzielen wäre (§ 2 I öst. Liegenschaftsbewertungsgesetz 1992).

12 Für die Bewertung sind Wertermittlungsverfahren anzuwenden, die dem jeweiligen Stand der Wissenschaft entsprechen (§ 3 I LBG). Üblicherweise werden das Sachwert-, Ertragswert- und Vergleichswertverfahren angewendet (vgl. § 3 I 2 LBG). Zur Erstellung von Gutachten sind neben den Kenntnissen dieser Bewertungsverfahren, die im Liegenschaftsbewertungsgesetz näher geregelt sind, die ÖNORM B 1802 (Fassung vom 01.12.1997 – Liegenschaftsbewertung – Grundlagen), das Mietrechtsgesetz, das Wohnungseigentumsgesetz uva. zu beachten, die in Verbindung mit umfangreichen Marktkenntnissen zu einem aussagekräftigen Ergebnis führen[32].

V. Europäische Bemühungen

13 Aus Brüssel ist bislang nur wenig zur Harmonisierung des Bewertungsrechts beigetragen worden, wenn man einmal davon absieht, dass das Bilanzierungsrecht weitgehend harmonisiert ist. Im Rahmen der EG-Bilanzierungsvorschriften und der nachgeordneten Spezialvorschriften nimmt die Europäische Union jedoch erheblichen Einfluss auf die Entwicklung im Bewertungsrecht. Hinzu kommen – weitgehend unbeachtet gebliebene – Stellungnahmen der Kommission aus dem Beihilferecht[33], denn der Verkauf von Industriegelände und Grundstücken für Wohn- und Geschäftshäuser unter Marktwert kann eine versteckte Beihilfe darstellen[34]. Solche Beihilfen können oftmals nur durch Gutachten festgestellt werden, die die Kommission in größeren Fällen anfertigen lässt oder erfordert. Aus der Praxis der Europäischen Kommission in Bewertungsfragen ist bekannt, dass sie im Wesentlichen auf die lokalen Wertermittlungskriterien abstellt[35].

Beispiel: Im Fall Potsdamer Platz beanstandete die Kommission die Verkehrswertermittlung des Berliner Senats[36]. Die Kommission stellte für die Frage, „ob eine staatliche Beihilfe vorliegt, darauf ab, ob die Verkaufsbedingungen des Landes Berlin von den im Geschäftsverkehr üblichen Gepflogenheiten und Kriterien in einem Maße ab-

---

[32] Vgl. zu den einzelnen Wertermittlungsmethoden weiter Hök GuG 2003, 205 ff.

[33] Vgl. hierzu Hök GuG 2001, 65 ff.

[34] Lenz/Borchhardt/Rawlinson, EGV, Art. 87 Rn. 20.

[35] Vgl. Entscheidung der Kommission vom 14.04.1992 über eine Beihilfe des Landes Berlin an die Daimler-Benz AG Deutschland (92/465/EWG), ABl. 1992 Nr. L 263 v. 09.091992, 15–25; Entscheidung der Kommission v. 31.07.1991 über Beihilfen des Derbyshire County Council zugunsten des Kraftfahrzeugherstellers Toyota Motor Corporation (92/11/EWG) sowie Entscheidung der Kommission vom 17.07.1996 (96/631/EG), ABl. 1996 Nr. L 283 v. 05.11.1996, 43–50.

[36] Entscheidung der Kommission vom 14. April 1992 über eine Beihilfe des Landes Berlin an die Daimler-Benz AG Deutschland (92/465/EWG, Amtsblatt Nr. L 263, 15 ff.).

weichen, dass sie eine staatliche Beihilfe im Sinne von Art. 92 Abs. 1 EGV (jetzt Art. 87 EGV) darstellen". Sie stellte sodann fest, dass nach dem für das Land Berlin geltenden Recht (Landeshaushaltsordnung und Grundstücksordnung) Grundstücke nur zu ihrem **vollen Wert** veräußert werden dürfen. Um diesen zu ermitteln, rekurrierte die Kommission auf das Bundesbaugesetz, wo der Verkehrswert eines Grundstücks als „der Preis, der in dem Zeitpunkt, auf den sich die Ermittlung bezieht, im gewöhnlichen Geschäftsverkehr nach den rechtlichen Gegebenheiten und den tatsächlichen Eigenschaften, der sonstigen Beschaffenheit und der Lage des Grundstücks oder des sonstigen Gegenstands der Wertermittlung ohne Rücksicht auf ungewöhnliche oder persönliche Verhältnisse zu erzielen wäre", definiert ist. Da das BBauG vorschreibt, dass die Wertermittlung von einem unabhängigen Gutachterausschuss vorzunehmen ist, dessen Hauptaufgabe nicht in der Verwaltung des Grundbesitzes der Landesbehörde besteht, für die das Wertgutachten erstellt werden soll, durfte das Land Berlin nicht auf ein Gutachten der Senatsverwaltung für Bau- und Wohnungswesen abstellen.

Die Kommission versteht unter **Marktwert** den Preis, der zum Zeitpunkt der Bewer- 14
tung aufgrund eines privatrechtlichen Vertrages über Bauten oder Grundstücke zwischen einem verkaufswilligen Verkäufer und einem ihm nicht durch persönliche Beziehungen verbundenen Käufer unter den Voraussetzungen zu erzielen ist, wobei das Grundstück offen am Markt angeboten wurde, die Marktverhältnisse einer ordnungsgemäßen Veräußerung nicht im Wege stehen und eine der Bedeutung des Objektes angemessene Verhandlungszeit zur Verfügung steht[37].

Die Kommission regt an, dass staatliche Stellen den Verkauf von Bauten oder Grund- 15
stücken nach einem hinreichend publizierten, allgemeinen und bedingungsfreien Bietverfahren (ähnlich einer Versteigerung) vornehmen[38]. Erfolgt sodann die Veräußerung von Bauten und Grundstücke an den meistbietenden oder den einzigen Bieter, stellt der Vorgang aus Sicht der Kommission grundsätzlich einen Verkauf zum Marktwert dar und enthält damit keine staatliche Beihilfe[39]. Hinreichend publiziert ist nach Auffassung der Kommission ein Angebot, wenn es über einen längeren Zeitraum (zwei Monate und mehr) mehrfach in der nationalen Presse, Immobilienanzeigern oder sonstige geeignete Veröffentlichungen und durch Makler, die für eine große Anzahl potentieller Käufer tätig sind, bekannt gemacht wurde und so allen potentiellen Käufern zur Kenntnis gelangen konnte. Beabsichtigt die öffentliche Hand dagegen nicht, das Bietverfahren anzuwenden, sollte vor den Verkaufsverhandlungen eine unabhängige Bewertung durch (einen) unabhängige(n) Sachverständige(n) für Wertermittlung erfolgen, um auf der Grundlage allgemein anerkannter Marktindikatoren und Bewertungsstandards den Marktwert zu ermitteln. Der so festgestellte Marktpreis ist der Mindestkaufpreis, der vereinbart werden kann, ohne dass eine staatliche Beihilfe gewährt würde.

Die TEGOVA hat sich in ihrem „Blue Book" darauf beschränkt, eine gängige Definition 16
des Marktwertes vorzuschlagen[40]:

---

[37] Mitteilung der Kommission betreffend Elemente staatlicher Beihilfe bei Verkäufen von Bauten oder Grundstücken durch die öffentliche Hand, ABl 1997 Nr. C 209, 3 unter Hinweis auf Art. 49 Abs. 2 der Richtlinie 91/674/EWG des Rates (ABl 1991 Nr. L 374, 7).

[38] Mitteilung der Kommission betreffend Elemente staatlicher Beihilfe bei Verkäufen von Bauten oder Grundstücken durch die öffentliche Hand, ABl 1997 Nr. C 209, 3.

[39] Mitteilung der Kommission betreffend Elemente staatlicher Beihilfe bei Verkäufen von Bauten oder Grundstücken durch die öffentliche Hand, ABl 1997 Nr. C 209, 3.

[40] Vgl. Kleiber, Verkehrswertermittlung von Grundstücken, IV Rn. 210.

„Der Marktwert ist der geschätzte Betrag, für welchen ein Immobilienvermögen am Tag der Bewertung zwischen einem verkaufsbereiten Veräußerer und einem kaufbereiten Erwerber, nach angemessener Vermarktungsdauer, in einer Transaktion im gewöhnlichen Geschäftsverkehr ausgetauscht werden sollte, wobei jede Partei mit Sachkenntnis, Umsicht und ohne Zwang handelt."

Kapitel 10
Ausländisches Recht

§ 32 Algerien

Inhaltsübersicht

I. Allgemeines Vertragsrecht

1. Überblick. Das algerische Recht lehnt sich eng an französische Vorbilder an. Das Privatrecht ist aber weitgehend auch von Sanhouri's Vorarbeiten geprägt. Der ägyptische Rechtsgelehrte Sanhouri hat das ägyptischen Zivilgesetzbuch entworfen und geprägt. Die Zivilgesetzbücher in Syrien, Irak, Libyen und Algerien haben die Strukturen des ägyptischen ZGB übernommen, aber nicht immer dieselben Begriffe verwendet. Der algerische Code Civil ist also eine Gesamtkodifikation des Zivilrechts, dessen Normen im Lichte der ägyptischen Gesetzgebung aus dem Jahre 1948 zu verstehen sind, die wiederum in einem erheblichen Umfang durch den französischen Code Civil inspiriert sind. Da der ägyptische Code Civil sich stark an das französische Recht anlehnt, kann im Einzelfall auch das französische Recht zu Auslegungszwecken hinzugezogen werden. Die wichtigste Quelle stellen aber die Arbeiten Sanhouris dar[1]. 1

2. Vertragsschluss. Der Vertrag kommt durch Angebot und Annahme zustande. Aus Art. 111 Code Civil folgt, dass soweit die Begriffe eines Vertrages klar sind, nicht im Wege der Auslegung von ihnen abgewichen werden kann, um den Willen der Parteien zu ermitteln. Wenn eine Auslegung erfolgen muss, soll nach dem gemeinsamen Willen der Parteien geforscht werden, ohne am wörtlichen Gehalt der Regelung festzuhalten, und zwar unter Berücksichtigung der Natur der Angelegenheit sowie von Treu und Glauben, der nach der Verkehrssitte zwischen den Parteien in solchen Angelegenheiten anzunehmen ist. Zweifel im Wortlaut gehen gemäß Art. 112 Code Civil zu Lasten des Schuldners. 2

Haftungsbeschränkungen in Bezug auf die Haftung für Bauzeitüberschreitung und die vertragliche Haftung sind grundsätzlich möglich, soweit die Haftung für grobe Fahrlässigkeit und Vorsatz unberührt bleibt.

3. Vertragsabwicklung. Gemäß Art. 107 Code Civil ist der Vertrag gemäß seinem Inhalt und nach Treu und Glauben zu erfüllen. Er verpflichtet den Vertragspartner nicht nur dazu, was darin geregelt ist, sondern auch zu alle dem, was das Gesetz, der Brauch und die Verkehrssitte nach der Natur der Verpflichtung als eine notwendige Folge dieses Vertrages betrachten. Jedoch, wenn infolge außergewöhnlicher, unvorhersehbarer Ereignisse, die einen allgemeinen Charakter haben, die Erfüllung der vertraglichen Verpflichtung, ohne unmöglich zu werden, in der Weise übermäßig kostspielig wird, so dass dem Schuldner exorbitante Verluste drohen, kann der Richter nach den Umständen 3

[1] Vgl. Al-Sanhouri, Abd-al-Razzaq Ahmad: Al-wasit fi sharh al-qanun al-madani, Mansha'at al-ma'arif, Alexandrie, 2004, vol. I, IV, VII t. 1, et IX.

und nachdem er die Interessen der Parteien gewürdigt hat, die übermäßig gewordene Verpflichtung in angemessener Weise herabsetzen. Jede entgegenstehende Vereinbarung ist nichtig.

4 Im synallagmatischen Werkvertrag haben der Besteller und der Unternehmer Verpflichtungen. In Bezug auf die Vergütung ist der Werkvertrag ein synallagmatischer Vertrag[2]. Auf der einen Seite wird ein Werk geschuldet und auf der anderen eine Vergütung. Ohne Vergütungsabsprache handelt es sich um keinen Werkvertrag. Die werkvertragliche Vergütung ist, sobald sie einmal vereinbart wurde, unabänderlich, d.h. sie erhöht sich und sie ermäßigt sich nicht, es sei denn die Parteien vereinbaren etwas anderes. Das folgt aus dem Grundsatz pacta sunt servanda[3]. Bei Eintritt der Fälligkeit der Lieferung kann der unbezahlte Unternehmer das Werk aufgrund des Art. 200 Code Civil zurückbehalten. Zudem kann gemäß Art. 123 Code Civil im synallagmatischen Vertrag jede Vertragspartei verweigern, ihre Leistung zu erbringen, falls die andere ihre nicht erbringt, wenn die korrespondierenden Verpflichtungen fällig sind. Das Zurückbehaltungsrecht (execeptio non adimpleti contractus) setzt allerdings voraus, dass sich zwei fällige, konnexe und reziproke Forderungen gegenüberstehen[4]. Eine konnexe Forderung ist eine Forderung, die aus demselben Rechtsverhältnis entstammt wie die, die einbehalten wird[5]. Eine reziproke Forderung setzt voraus, dass sich Gläubiger und Schuldner jeweils gegenüberstehen[6]. Eine fällige Forderung ist eine durchsetzbare Forderung.

5 Versäumt es der Unternehmer eine seiner benannten Verpflichtungen zu erfüllen, ohne den Beweis anzutreten, dass dies auf eine Drittursache zurückzuführen ist, kann der Besteller entweder die Vertragserfüllung oder Vertragsauflösung verlangen, wobei er in beiden Fällen Schadenersatz verlangen kann, wenn der Unternehmer in Verzug gesetzt wurde[7]. Handelt es sich um keine höchstpersönlichen Leistungen kann sich der Besteller gerichtlich autorisieren lassen, die Ersatzvornahme auf Kosten des Unternehmer zu betreiben (Art. 170 Code Civil).

6 Die Staaten des Maghreb orientieren sich stark an der französischen Rechtsprechung zum Begriff der „imprévision“. Die französische Cour de Cassation[8] hat in der Entscheidung Carponne ausgeführt, dass es den Gerichten unter keinen Umständen gestattet ist, die Zeit und die Umstände in Betracht zu ziehen, um die vertragliche Vereinbarung der Parteien anzupassen. Auf Art. 560 und 561 Code Civil algérien kann verwiesen werden. Allerdings muss Art. 107 Code Civil algérien beachtet werden, der eine islamische Tradition aufgreift, die in der französischen Haltung nicht gespiegelt ist. Ergänzend ist Art. 561 Code Civil algérien heranzuziehen, der den Wegfall der Geschäftsgrundlage in besonderer Weise regelt. Findet sich im Vertragswerk bereits eine Position Unvorhergesehenes, ist im Zweifel davon auszugehen, dass die Position abschließend ist. Treten unvorhergesehene Ereignisse ein, greifen unter Umständen ergänzend die Vorschriften der Art. 107 und 561 Code Civil ein. Letzterer schafft Abhilfe allerdings nur dann, wenn das wirtschaftliche Gleichgewicht der vertraglichen Vereinbarung erschüttert ist.

---

2 Abu-Salieh, Le contrat d'entreprise en droit arabe, 24.
3 Abu-Salieh, Le contrat d'entreprise en droit arabe, 24.
4 Vgl. Cabrillac/Mouly, Droit des sûretés, Rn. 573.
5 Cabrillac/Mouly, Droit des sûretés, Rn 573, 547.
6 Cabrillac/Mouly, Droit des sûretés, Rn 572.
7 Abu-Salieh, Le contrat d'entreprise en droit arabe, 66.
8 Cour de Cassation, civ. 6/03/1876, D. 1876, I, 103 ; vgl. Moummi, Droit civil-Droit des obligations, Marrakech 2000, 179.

Gemäß Art. 107 Code Civil, der sein Vorbild in Art. 147 Code Civil (Ägypten) hat, ist der Vertrag gemäß seinem Inhalt und nach Treu und Glauben zu erfüllen. Er verpflichtet den Vertragspartner nicht nur dazu, was darin geregelt ist, sondern auch zu alle dem, was das Gesetz, der Brauch und die Verkehrssitte nach der Natur der Verpflichtung als eine notwendige Folge dieses Vertrages betrachten. Jedoch, wenn infolge außergewöhnlicher, unvorhersehbarer Ereignisse, die einen allgemeinen Charakter haben, die Erfüllung der vertraglichen Verpflichtung, ohne unmöglich zu werden, in der Weise übermäßig kostspielig wird, so dass dem Schuldner exorbitante Verluste drohen, kann der Richter nach den Umständen und nachdem er die Interessen der Parteien gewürdigt hat, die übermäßig gewordene Verpflichtung in angemessener Weise herabsetzen. Jede entgegenstehende Vereinbarung ist nichtig. Folgende Voraussetzungen müssen vorliegen: 7

- Zeitabstand zwischen Vertragsschluss und Erfüllung
- Auftreten allgemeiner außergewöhnlicher Ereignisse (wie z.B. Epidemien, gesetzliche Änderungen, Überflutung, Erdbeben, Krieg etc).
- Unvorhersehbarkeit des maßgeblichen Ereignisses im Zeitpunkt des Vertragschlusses
- Übermäßige Leistungserschwerung

II. Bauvertragsrecht

Der Werkvertrag hat in Art. 549 Code Civil eine Definition erfahren: *Der Werkvertrag ist der Vertrag, durch den sich eine der Parteien verpflichtet, gegen Zahlung einer Vergütung, die sich die andere Partei verpflichtet zu zahlen, ein Werk herzustellen oder eine Arbeit zu verrichten.* Der Unternehmer wird nicht unentgeltlich tätig und die von dem Besteller zu leistende Vergütung ist die Gegenleistung für die Arbeit. Das körperliche Werk ist das Element, das den Werkvertrag von dem Auftrag unterscheidet, auch wenn der Unternehmer gelegentlich aufgefordert ist, eine intellektuelle Leistung zu erbringen, wie zum Beispiel Berechnungen in Bezug auf das Werk zu liefern[9]. Zur Qualifikation des Vertragstyps wird nicht auf die Leistung des Bestellers abgestellt, sondern auf das Hauptmerkmal dieses Vertrages, das in der Ausführung des Werkes besteht[10]. 8

1. Preis. Die Parteien können entweder einen Pauschalpreis oder eine Abrechnung nach Einheitspreisen und Aufmaß vereinbaren. Haben die Parteien keine Vergütungsabrede getroffen, ist nach Art. 562 Code Civil auf den Wert der Arbeiten und die Kosten des Unternehmers abzustellen[11]. Für die Vergütung finden sich in Art. 560 und 561 Code Civil weitere wichtige Hinweise: 9

***Art. 560 Code Civil**: Wenn ein Vertrag auf der Grundlage eines Kostenvoranschlages nach Einheitspreisen zustande gekommen ist und es während der Durchführung der Arbeiten für die Ausführung der vereinbarten Planung erforderlich erscheint, die im Kostenanschlag enthaltenen Kosten deutlich zu überschreiten, ist der Unternehmer verpflichtet, den Besteller unverzüglich darüber zu unterrichten, in dem er ihm die geschätzte Erhöhung des Preises mitteilt. Unterlässt er dies, verliert er sein Recht, die entstandenen Kosten geltend zu machen.*

Wenn es für die Ausführung der Planung erforderlich ist, den Kostenvoranschlag ernsthaft zuüberschreiten, kann der Besteller den Vertrag kündigen und die Ausführung

---

9 Abu-Salieh, Le contrat d'entreprise en droit arabe, 15.
10 Abu-Salieh, Le contrat d'entreprise en droit arabe, 16.
11 Vgl. dazu auch Abu-Salieh, Le contrat d'entreprise en droit arabe, 20. Im wesentlichen beruht Art. 562 Code Civil auf dem ägyptischen Vorbild in Art. 659 Code Civil.

einstellen, unter der Voraussetzung, dass er dies ohne Verzögerung tut und er dem Unternehmer den Wert der ausgeführten Arbeiten erstattet, der in Übereinstimmung mit den Klauseln des Vertrages geschätzt wurde, ohne dass die Gewinne berücksichtigt werden, die der Unternehmer hätte realisieren können, wenn er die Arbeiten ausgeführt hätte.

Art. 561 Code Civil: *Wenn der Vertrag zu einem Pauschalpreis auf der Grundlage einer mit dem Besteller vereinbarten Planung zustande gekommen ist, kann der Unternehmer keine Erhöhung des Preises fordern, selbst wenn der Plan geändert oder ergänzt wird, es sei denn diese Änderungen oder Ergänzungen beruhen auf einem Verschulden des Bestellers oder sie wurden von ihm autorisiert und der Preis wurde mit dem Unternehmer vereinbart.*

Diese Vereinbarung muss schriftlich getroffen werden, es sei denn der Vertrag selbst wurde mündlich geschlossen.

Wenn infolge außergewöhnlicher Ereignisse, die einen allgemeinen Charakter haben und bei Vertragsschluss unvorhersehbar waren, das wirtschaftliche Gleichgewicht zwischen den wechselseitigen Verpflichtungen des Bestellers und des Unternehmers gestört ist und demzufolge die finanzielle Grundlage des Unternehmensvertrages entfällt, kann der Richter einer Erhöhung des Preises oder der Auflösung des Vertrages zustimmen.

10 Die Art. 560 und 561 Code Civil sind ihrem ägyptischen Vorbild (Art. 657, 658 Code Civil) sehr ähnlich. In Bezug auf die dem Art. 560 Code Civil vergleichbare ägyptische Regelung hat Sanhouri allerdings klargestellt, dass es auf eine Massenerhöhung ankommt, die etwa dadurch zustande kommt, dass sich im Rahmen der Ausschachtungsarbeiten unvorhergesehene Mehrleistungen ergeben, die zu Massenabweichungen führen[12]. Der Fall, dass sich die Kosten verändern, muss über Art. 123 Code Civil gelöst werden.

Art. 561 Code Civil findet auf das Verhältnis zwischen Unternehmer und Subunternehmer nur teilweise Anwendung, weil der Unternehmer nicht als schutzwürdig angesehen wird[13]. Anwendung findet aber der letzte Absatz der Vorschrift[14].

11 **2. Baudurchführung.** Analog zur französischen Praxis (vgl. Loi MOP) überträgt der Besteller die Aufgabe der Bauleitung (maîtrise d'oeuvre) an eine speziell dafür vorgesehene Person. Der sog. Maître d'Oeuvre wird verschiedentlich in Gesetzen, Verordnungen und Erlassen erwähnt. Die Grundlagen der Tätigkeit des Maître d'Oeuvre im öffentliche Auftragswesen sind in Algerien in dem interministeriellen Erlass vom 15. Mai 1988, geändert am 4. Juli 2001 betreffend die Modalitäten der Ausübung und der Vergütung der Bauleitung (Arrêté interministériel du 15 mai 1988 modifié le 4 juillet 2001 portant modalités d'exercice et de rémunération de la maîtrise d'oeuvre en bâtiment) geregelt. Weitere ergänzende Erlasse bestehen, z.B. in Form des Erlasses vom 13. April 2005 betreffend die Festlegung spezifischer Regelungen in Bezug auf die Ausführung der Bauleitung bezüglich geschützter Kulturgebäude (Arrêté du 4 Rabie El Aouel 1426 correspondant au 13 avril 2005 fixant les dispositions spécifiques à l'exécution de la maîtrise d'oeuvre sur les biens culturels immobiliers protégés). Die Aufgabenstellung des Maître d'Oeuvre ist umfassend und schließt die Bauleitung ein; jedenfalls wird mehr als die reine Bauüberwachung geschuldet. Gemäß des Erlasses vom 15. Mai 1988 schließt die Maîtrise d'Oeuvre die Planung, Beratung, die Bauleitung und die Bauüberwachung ein.

Art. 5 des Erlasses vom 15. Mai 1988 sieht vor, dass die grundlegenden Aufgaben der „Maîtrise d'oeuvre" in Folgendem bestehen:

---

12 Abu-Salieh, Le contrat d'entreprise en droit arabe, 124.
13 Abu-Salieh, Le contrat d'entreprise en droit arabe, 125.
14 Abu-Salieh, Le contrat d'entreprise en droit arabe, 125.

- la mission „Esquisse",
- la mission „Avant-projet",
- la mission „Projet d'exécution",
- la mission „Assistance dans le choix de l'entrepreneur",
- la mission „Suivi et contrôle de l'exécution des travaux",
- la mission „Présentation des propositions de règlement".

Die Ausführung dieser Aufgaben kann jede andere Leistung einschließen, die für die gute Ausführung des Vorhabens erforderlich ist und im Vertrag über die „Maîtrise d'œuvre" geregelt ist. Die einzelnen Leistungsinhalte oder Leistungsbilder sind in dem Erlass vom 15. Mai 1988 im Einzelnen beschrieben. Gemäß Art. 10 des Erlasses beinhaltet das Leistungsbild „Suivi et contrôle de l'exécution des travaux" folgendes: 12

- Permanente Sicherstellung und Überwachung der Ausführung der Arbeiten und Koordinieren der Gesamtheit aller Leistungen in Übereinstimmung mit der allgemeinen Ausführungsplanung
- Planen und Leiten der Baustellensitzungen, von denen er Protokolle erstellt
- Falls erforderlich, Einreichen von Vorschlägen an den Besteller für die Anpassung der Planung und nach Einholung seiner Zustimmung, der Mitteilung an den Unternehmer
- Lösung der auf der Baustelle aufgetretenen Schwierigkeiten und der Probleme, die der Unternehmer stellt, soweit dies in die Zuständigkeit des Maître d'oeuvre fällt
- Entwerfen der Ordre de Service (Anordnungen) und ihre Zustellung an den Unternehmer nachdem sie vom Besteller gegengezeichnet wurden
- Erstellen von Nachträgen zusammen und in Anwesenheit mit dem Unternehmer und schriftliche Zuleitung an den Besteller
- Unterstützung des Bestellers bei der vorläufigen und endgültigen Abnahme durch das Formulieren von Vorbehalten, die mitgeteilt und in dem Abnahmeprotokoll hinterlegt werden, das zu diesem Zweck erstellt wird. Diese Vorbehalte erstrecken sich insbesondere auf:
    - Schlechte Ausführungen, Unvollkommenheiten oder andere Fehler sowie auf die Nichterfüllung der Leistungen, die im Vertrag vorgesehen waren
    - Überwachen der Beseitigung der Vorbehalte und Erteilen von Vorschlägen an den Besteller in Bezug auf die endgültige Abnahme durch ein gemeinsames Abnahmeprotokoll, das von dem Unternehmer, dem Maître d'oeuvre und dem Besteller gegengezeichnet wird
    - Unterbreitung von Vorschlägen an den Besteller zur Freigabe von Bürgschaften, ggf. der Freigabe von Sicherheitseinbehalten an den Unternehmer
- Erstellen von Revisionsplänen in Zusammenarbeit mit dem Unternehmer und Übergabe eines vollständigen Satzes von reproduzierbaren Plänen, begleitet von 3 Sätzen an Kopien.

3. Abnahme. Die Abnahme ist in Art 558 Code Civil geregelt: Sobald der Unternehmer das Werk fertig gestellt und es zur Disposition des Bestellers gestellt hat, muss dieser nach der üblichen Praxis zur Abnahme schreiten, sobald er dies kann. Wenn er trotz gesetzmäßiger Aufforderung, die ihm zugegangen ist, ohne Grund die Abnahme verweigert, wird sie als erfolgt angesehen, und es gelten alle Rechtsfolgen der Abnahme als eingetreten. 13

14 Das Bauvorhaben endet mit der **Abnahme**, die in zwei Phasen erfolgt. In der Praxis erfolgt die Abnahme nicht strikt nach dem Wortlaut des Art. 558 Code Civil. Zunächst findet eine vorläufige Abnahme statt (réception provisoire). Anschließend erfolgt die endgültige Abnahme (réception définitive). An die Verpflichtung des Bestellers zur Abnahme sind weit reichende Folgen angeknüpft. Es wird der Anspruch auf Herausgabe der Sicherheiten fällig, die Zeitrechnung für die Garantien (Décennale) beginnt und die Leistungsgefahr geht auf den Besteller über. Der neue Wortlaut des Art. 558 Code Civil beabsichtigt den Unternehmer gegen manifeste Missbräuche des Bestellers zu schützen, der sich weigert das Abnahme Protokoll zu unterschreiben, um die Bankgarantien und andere Erfüllungssicherheiten nicht freigeben zu müssen.

Gemäß Dekret n° 94-07 vom 18. Mai 1994 zur Regelung der Bedingungen der Architektenleistungen und der Berufsausübung der Architekten ist der Maître d'Oeuvre der Verteidiger der Rechte des Bestellers, insbesondere auch mit Blick auf Art. 554 Code Civil.

15 **4. Abrechnung.** Abgerechnet werden kann nach Fertigstellung, wenn der Vertrag keine Abschlagszahlungen vorsieht. Der Werklohn wird mit Ablieferung des Werkes fällig. Grundsätzlich wird die Zahlung fällig, wenn die Forderung entstanden ist (Art. 281 Code Civil). Art. 559 Code Civil fügt hinzu, dass der Werklohn bei Lieferung fällig wird. Das setzt allerdings voraus, dass das Werk vertragskonform ist[15]. Der ursprüngliche ägyptische Gesetzesentwurf[16] sah deshalb ausdrücklich vor, dass die Zahlung zurückbehalten werden könne, wenn der Unternehmer von den vertraglichen Bedingungen oder den technischen Regeln, die für diese Art der Arbeit befolgt werden müssen, abgewichen ist[17]. Die Vorschrift ist dann als überflüssig gestrichen worden und hat auch keinen Eingang in das algerische Recht gefunden. Handelt es sich um einen Vertrag, der die abschnittsweise Lieferung vorsieht oder nach dem Zahlung auf der Grundlage eines Kostenanschlages erfolgen soll, kann der Unternehmer entweder eine abschnittsweise Feststellung der Zahlungsvoraussetzungen fordern oder Zahlung in Bezug auf eine im Verhältnis zur Gesamtleistung ausreichend große Teilleistung beanspruchen[18].

16 Gemäß Art. 1000 Code Civil sind die Beträge, die den Unternehmern und Architekten geschuldet werden, die mit der Errichtung, Rekonstruktion, Reparatur oder Instandhaltung von Gebäuden oder anderen Werken befasst sind, in Bezug auf diese Werke privilegiert, allerdings maximal in Höhe des Mehrwertes, der aus diesen Arbeiten resultiert und der bei der Veräußerung der Immobilie vorhanden ist. Dieses Privileg muss eingetragen werden und erwirbt den Rang des Eintragungsdatums. Durch Art. 1000 Code Civil erwirbt der Unternehmer also quasi ein Pfandrecht an dem Werk, das allerdings im Grundbuch eingetragen werden muss.

17 **5. Mängelgewährleistung.** Hinsichtlich der Haftung für Baumängel ist zunächst zwischen der Zeit vor der Abnahme und der Zeit nach der Abnahme zu unterscheiden. Gemäß Art. 553 Code Civil gilt: Wenn sich während der Ausführung der Arbeiten herausstellt, dass der Unternehmer sie mangelhaft oder abweichend von *den Bedingungen* der Vereinbarung ausführt, kann ihn der Auftraggeber auffordern die Art der Ausführung innerhalb einer von ihm gesetzten angemessenen Frist zu *korrigieren*. Ist die Frist abgelaufen, ohne dass der Unternehmer die reguläre Ausführung der Arbeiten wieder aufnimmt, kann der Auftraggeber auf dem Gerichtsweg entweder die Kündigung des

[15] Abu-Salieh, Le contrat d'entreprise en droit arabe, 136.
[16] Vgl. Art. 872 Abs. 2 des Entwurfs.
[17] Abu-Salieh, Le contrat d'entreprise en droit arabe, 137.
[18] Abu-Salieh, Le contrat d'entreprise en droit arabe, 137.

Auftrages oder ihn einem anderen Unternehmer anvertrauen, um ihn auf Kosten des ersteren in Übereinstimmung mit den Vorschriften des Art. *170* Code Civil erfüllen zu lassen. Kann der Mangel nicht behoben werden, kann die Kündigung oder vorherige Mahnung ausgesprochen werden. Aus Art. 170 Code Civil folgt: Im Falle der Nichterfüllung einer Verbindlichkeit durch den Schuldner kann der Gläubiger die gerichtliche Erlaubnis beantragen, die Arbeiten auf Kosten des Schuldners ausführen zu lassen, wenn die Ausführung möglich ist. Kann die Leistung nur von dem Schuldner erbracht werden, kann das Gericht Naturalerfüllung anordnen und Zwangsgelder verhängen (Art. 174 Code Civil). In Ausnahmefällen kann Art. 107 Code Civil die Mangelbeseitigungspflicht aufheben.

Mit der Abnahme erlischt die Mängelhaftung, wenn es sich um erkennbare Mängel handelt. Anderenfalls besteht eine allgemeine Erfolgshaftung, die sich auf Mangelfreiheit richtet[19]. Daneben existiert die *Responsabilité Décennale* nach französischem Vorbild.

Die sog. Décennale Haftung findet sich in den Art. 554 bis 557 des algerischen Code Civil. Klauseln, die diese Haftung beschränken, sind unwirksam.

Gemäß Art. 554 des Code Civil haften Architekt und der Unternehmer für die Dauer von zehn Jahren solidarisch für die vollständige oder teilweise Zerstörung von Arbeiten an Gebäuden oder anderen dauerhaften Werken, und dies auch, wenn die Zerstörung auf Mängel des Baugrunds zurückzuführen ist. Diese Haftung erstreckt sich auf Mängel an den Arbeiten und Werken und die Solidität und Sicherheit des Werkes bedrohen. Erstreckt sich die Leistung des Architekten lediglich auf die Planung für das Werk, ohne Eingriffnahme auf die Bauüberwachung, beschränkt sich seine Haftung auf Mängel, die auf die Planung zurückzuführen sind (Art. 555 Code Civil). Erstreckt sich der Auftrag des Architekten auf die Bauüberwachung, was häufig der Fall ist, haftet er voll und solidarisch (pleine et solidairement) zusammen mit dem Unternehmer. Die Haftung beginnt mit der endgültigen Abnahme und erstreckt sich auf alle Mängel, die während der zehn Jahre auftreten können. Die Abnahme sollte durch ein Abnahmeprotokoll festgestellt werden, das ordnungsgemäß von den beteiligten Personen unterzeichnet ist, und zwar dem Eigentümer, dem Architekten und dem Unternehmer. **18**

Die Decénnale-Haftung ist zwingend. Sie kann nicht abgeändert werden. Gemäß Art. 556 Code Civil ist jede Klausel unwirksam, die die Haftung des Architekten oder Unternehmers beschränkt oder ausschließt. In der Gerichtspraxis begegnet man Beweisproblemen: Es obliegt grundsätzlich der Partei, die sich darauf beruft, das Verschulden des Architekten oder Unternehmers zu beweisen. Im Bereich der Décennale Haftung kehrt das Gesetz allerdings die Beweislast um. In diesem Fall müssen der Architekt und der Unternehmer beweisen, dass die Mängel nicht ihnen anzulasten sind. Das kann etwa durch den Beweis geschehen, dass der Eigentümer keine ausreichenden Instandhaltungsarbeiten unternommen hat. **19**

Gemäß Art. 554 letzter Absatz Code Civil findet Art. 554 Code Civil keine Anwendung auf den Rückgriff, den der Unternehmer gegen die Subunternehmer nehmen könnte.

Die Haftung nach der Décennale ist eng verknüpft mit der so genannten „Contrôle Technique". Die Contrôle Technique wird von besonderen Organismen durchgeführt, die entsprechend akkreditiert sind. Es handelt sich um sog. C.T.C. (Contrôle Technique de la Construction), wie z.B. den Organisme National du Controle Technique de la Construction de SUD – Algérie. Es existieren fünf solcher Einrichtungen, Centre, Est, Ouest, Chlef und Sud. Es sollte darauf hingewiesen werden, dass die Contrôle Technique **20**

[19] Abu-Salieh, Le contrat d'entreprise en droit arabe, 86 ff.

nur die Statik der Baulichkeit betrifft und keine allgemeine Qualitätskontrolle einschließt. Gefordert wird eine Überwachung der Stabilität der Baulichkeit, damit ein hinreichendes Niveau an Sicherheit für die Nutzer im Falle des Auftretens von unvorhergesehenen Ereignissen, insbesondere von seismischen Risiken besteht. Die Technische Kontrolle ersetzt niemals die Aufgaben der Baubeteiligten. Sie hat eine eigenständige Rolle.

21 Die Contrôle Technique begleitet bereits den Planungsprozess und verfolgt sodann den Bauablauf. Die beauftragte Contrôle Technique wird unter Umständen Hinweise geben, die zu beachten sind. Jeder Planer muss auf diese Hinweise Rücksicht nehmen und sie beachten, um seine Haftungsrisiken zu minimieren. Gemäß Art. 180 Codes des Assurances muss jede Versicherung nach Art. 175 und 178 Code des Assurances an eine Vereinbarung über die Technische Kontrolle angebunden sein. Zu beauftragen ist eine natürliche oder juristische Person, die von dem Algerischen Ministerium für das Bauwesen zugelassen ist.

22 Die Technische Kontrolle wird aufgrund eines Auftrages des Bestellers tätig. Er berichtet ihm und berät ihn. Namentlich weist sie den Besteller auf technische Probleme hin, die die Standfestigkeit, Stabilität und Sicherheitsfragen betreffen. Zustimmende oder unkritische Hinweise können stillschweigend gegeben werden. Kritische und beanstandende Hinweise sollen ausdrücklich erfolgen. In der Praxis unterrichtet die Technische Kontrolle gleichzeitig auch die Planer, Bauüberwacher und Bauleiter. Soweit die Technische Kontrolle Beanstandungen mitteilt, befreit sie sich aus der eigenen Haftungsvermutung nach Art. 554 Code Civil. Werden die Hinweise nicht befolgt, wiederholt die Technische Kontrolle ihre Hinweise in einem Einschreiben mit Rückschein. Der Besteller teilt wiederum Beanstandungen seinem Versicherer mit.

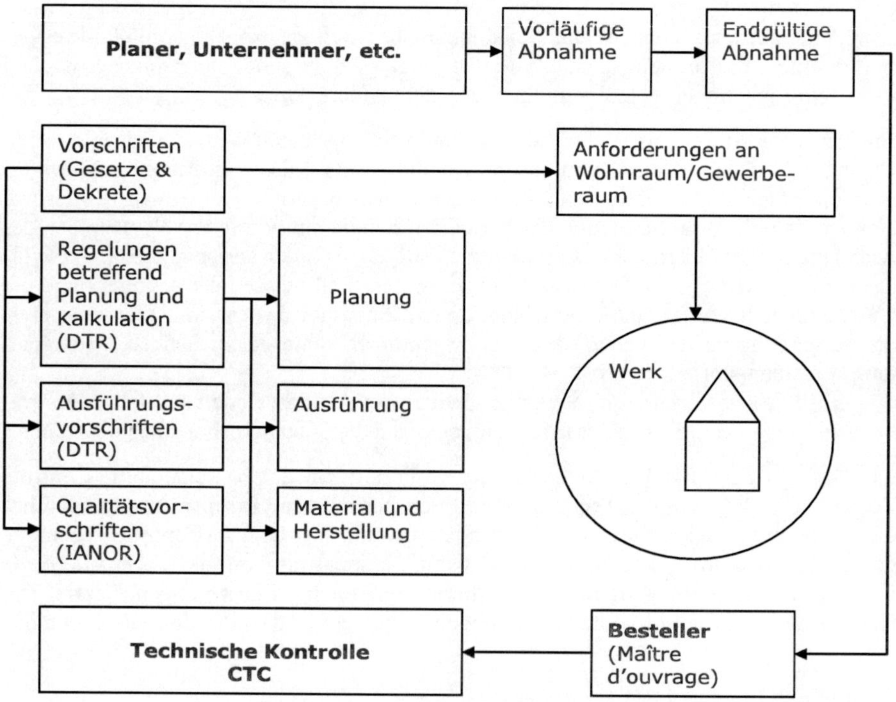

Der Besteller entscheidet, ob er den Hinweisen folgen möchte oder er sie für unbeachtlich hält. Im letzteren Fall kann dies eine Erhöhung der Versicherungsprämien zur Folge haben.

23 Durch die besondere Aufgabenstellung der Technischen Kontrolle und die Aufgabenstellung der Maîtrise d'oeuvre ergibt sich eine spezielle Herangehensweise für die Herstellung der Planung, die Bauüberwachung und die Bauleitung. Hier spielt auch die Besonderheit hinein, dass zwischen der vorläufigen und endgültigen Bauabnahme zu unterscheiden ist.

24 **6. Subunternehmer.** Nach Art. 564 Code Civil kann der Unternehmer die Ausführung der Arbeiten im Ganzen oder in Teilen einem Subunternehmer übertragen, wenn er nicht aufgrund einer Klausel im Vertrag darin gehindert ist oder wenn nicht die Natur der Arbeit seine persönlichen Fähigkeiten erfordert. Aber er bleibt in diesem Fall gegenüber dem Besteller für den Umstand der Subvergabe verantwortlich. Art. 94 CMP und Art. 11 CCAG schränken die Möglichkeit zur Untervergabe ein. Nach beiden Regelungen dürfen nur Teile der Leistung untervergeben werden. Die Untervergabe bedarf der vorherigen Genehmigung durch den Auftraggeber. Ergänzende Regelungen, die den Entscheidungsspielraum einengen oder konkretisieren sind nicht auffindbar. Der algerische Staat verfolgt aber eine Politik der Bevorzugung nationaler Subunternehmer. Gelegentlich werden im Vertrag Grenzwerte für Untervergaben vorgegeben, z.B. eine Beschränkung der Möglichkeit zur Untervergabe auf 20% des Auftragswertes.

Das Gesetz über kleinere und mittlere Unternehmen (Loi PME) regelt in Art. 17 das die öffentlichen Vergabestellen gehalten sind dafür zu sorgen, dass ein Teil der Aufträge an kleiner und mittlere Unternehmen vergeben wird.

25 In Anlehnung an das ägyptische Recht sind die Beziehungen zwischen einem Unternehmer und dem Subunternehmer dieselben wie zwischen einem Besteller und dem Unternehmer. Es besteht also ein Werkvertrag als Subunternehmervertrag zwischen dem Unternehmer und dem Subunternehmer, der dem ähnlich ist, der zwischen dem Besteller und dem Unternehmer zustande kommt[20]. Der Unternehmer (als Auftraggeber) hat dieselben Verpflichtungen wie der Besteller, muss also die Gelegenheit zur Ausführung der Arbeiten geben, die Leistung annehmen und die Vergütung bezahlen[21]. Gleichermaßen hat der Subunternehmer die Verpflichtungen eines Unternehmers, so dass er die Arbeit ausführen muss, sie abliefern muss und für sie einzustehen hat[22].

Allerdings beschränkt der algerische Code Civil die Haftung des Subunternehmers. Es wird davon ausgegangen, dass der Unternehmer seinerseits ein Fachmann ist, der keines besonderen Schutzes in Bezug auf die Gebäudesubstanz bedarf[23]. Folglich fällt der Subunternehmer ausdrücklich nicht unter die Décennale- Haftung.

III. Architektenvertrag

26 Die Berufsausübung der Architekten ist im Dekret n° 94-07 vom 18. Mai 1994 zur Regelung der Bedingungen der Architektenleistungen und der Berufsausübung der Architekten (Décret législatif N° 94-07 du 7 Dhou El Hidja correspondant au 18 mai 1994 relatif aux conditions de la production architecturale et à l'exercice de la profession d'architecte) geregelt. Ergänzend finden die Erlasse über die Maîtrise d'Oeuvre Anwendung.

---

20 Abu-Salieh, Le contrat d'entreprise en droit arabe, 147.
21 Abu-Salieh, Le contrat d'entreprise en droit arabe, 147.
22 Abu-Salieh, Le contrat d'entreprise en droit arabe, 147.
23 Abu-Salieh, Le contrat d'entreprise en droit arabe, 147.

Auch der Architektenvertrag ist im Prinzip ein Werkvertrag, obgleich er auch Elemente eines Auftrages (mandat) enthält[24]. Der Architekt erstellt die Zeichnungen, nimmt Maße und überwacht die Ausführung. Er kann indessen vermöge des Vertrages, der ihn an den Besteller oder den Unternehmer bindet, verpflichtet sein, die ursprünglichen Pläne zu verändern, neue Arbeiten auszuführen, die Arbeiten festzustellen und abzunehmen, die Zahlungen anzuweisen. Es handelt sich insoweit um rechtserhebliche Handlungen. Insoweit handelt der Architekt im Namen des Auftraggebers[25].

IV. Öffentliches Auftragsrecht

27 Öffentliche Aufträge unterliegen den Vorschriften des Code des Marchés Publics (Décret présidentiel n° 02-250 vom 13 Joumada El Oula 1423 -24.7.2002) in der Fassung des Décret présidentiel n° 08-338 vom 26 Chaoual 1429 (26.10.2008)[26]. Für die Vertragsabwicklung von Bedeutung sind die Regelungen über Nachträge und die Vorschriften in Bezug auf Subvergaben. Ferner mögen die Regelungen über die Verpfändung des Auftrages zum Zwecke der vereinfachten Liquiditätssteuerung von Interesse sein. Hinzu kommen Vorschriften über die „Maîtrise d'Oeuvre" sowie die (amtlich bestätigten) CCAG aus dem Jahre 1964[27].

28 Jeder öffentliche Auftrag muss die in Kraft befindliche Gesetzgebung und Regelungen berücksichtigen. Er muss insbesondere folgende Angaben enthalten (Art. 50 CMP):

- präzise Benennung der vertragsschließenden Parteien,
- Identität und Qualität der Personen, die ordnungsgemäß ermächtigt sind, den Vertrag zu unterzeichnen,
- Gegenstand des Auftrages, der präzise definiert und beschrieben sein muss den Betrag, aufgeschlüsselt und aufgeteilt in Devisen und algerische Dinar, je nach Fall,
- die Zahlungsbedingungen,
- die Ausführungsfrist,
- die Zahlungsbank,
- die Kündigungsgründe,
- das Datum und den Ort der Unterschrift

Im Übrigen muss der Auftrag folgende zusätzliche Angaben enthalten:

- den Vergabemodus des Auftrages,
- Bezugnahme auf die Allgemeinen Vertragsbedingungen und die gemeinsamen Bedingungen für Aufträge, die integraler Bestandteil davon sind,
- die Bedingungen, unter den ggf. Subunternehmer eingesetzt und genehmigt werden können,
- Preisanpassungsklausel,
- Verpfändungsklausel, wenn sie gefordert wird,
- der Betrag der Vertragstrafe, die Modalitäten der Berechnung und ihrer Anwendung oder die Einzelheiten ihres Ausschlusses,
- die Modalitäten der Behandlung von Fällen der Force Majeure,
- die Bedingungen, unter denen der Auftrag wirksam wird,

---

24 Abu-Salieh, Le contrat d'entreprise en droit arabe, 23.
25 Abu-Salieh, Le contrat d'entreprise en droit arabe, 23.
26 Siehe dazu Daun/Jansen, Algerisches Vergaberecht in der Praxis, RIW 2011, 377 ff.
27 Journal Officiel vom 11.12.1964.

- Angabe der Leistungsprofile für Verträge über technische Unterstützung, der Liste und des Qualifikationsniveaus für ausländisches Personal sowie die Vergütungssätze und anderer Vorteile, die von denen sie profitieren,
- die Bedingungen der Abnahme des Auftrages.

Die Aufträge der auftraggebenden Stelle eignen sich nach Art. 97 CMP zur Verpfändung nach Maßgabe der nachstehenden Bedingungen: **29**

(1) Das Pfandrecht kann nur gegenüber einer Bank oder einer Gruppe von Banken oder der Garantiekasse der öffentlichen Aufträge genutzt werden.
(2) Die auftraggebende Stelle erteilt dem Vertragspartner ein Exemplar des Auftrages, das mit einem speziellen Vermerk versehen ist, der angibt, dass diese Urkunde im Falle der Verpfändung einen Titel darstellt.
(3) Wenn die Übergabe des in Abs. 2 vorgesehenen Exemplars an den Vertragspartner aus Gründen der geforderten Geheimhaltung unmöglich ist, kann der Interessierte die Stelle, mit der er einen Vertrag geschlossen haben mag, ersuchen, einen unterschriebenen Auszug des Auftrages zu erteilen, der den Vermerk nach Abs. 2 enthält und der die Angaben enthält, die mit der geforderten Geheimhaltung vereinbar sind.
(4) Die Verpfändungen müssen von dem Zessionar an den Buchhalter zugestellt werden, der im Vertrag benannt ist. Die Verpflichtung zur Besitzaufgabe des Pfandrechts erfolgt durch die Übergabe des in Abs. 2 beschriebenen Exemplars an den Buchhalter, der mit der Zahlungsabwicklung betraut ist, der im Verhältnis zum Begünstigten des Pfandrechts als Dritthalter des Pfandes angesehen wird.

Eine solche Verpfändung kann zu einer zügigeren Zahlungsabwicklung beitragen.

V. Versicherungen

Die Baubeteiligten müssen nach Art. 175 ff. des Codes des Assurances eine Versicherung abschließen, der die berufliche zivile Haftung abdeckt. Ergänzend muss die *Responsabilité Décennale* versichert werden. **30**

Gemäß Art. 175 Code des Assurances ist jeder Architekt, Unternehmer, Contrôleur technique und andere Intervenierende, natürliche oder juristische Person, deren berufliche Haftung in Bezug auf Bauarbeiten, Instandhaltungs- oder Instandsetzungsarbeiten ausgelöst werden kann, verpflichtet, eine Versicherungsdeckung zu beschaffen. Ergänzend gilt das Dekret Nr. 95-414 vom 9.12.1995 (JO Nr. 76 vom 10.12.1995). Das Dekret regelt die Verpflichtung, für die Architekturplanung, die Ingenieurplanung, die Ausführung der Arbeiten an tragenden sicherheitsrelevanten Bauteilen, die Überwachung der Materialqualität und der Ausführung der Arbeiten, die Technische Kontrolle der Planung und die Bauleitung Versicherungsdeckung zu beschaffen und zu unterhalten (Art. 2 Dekret Nr. 95-414). Die Versicherungsdeckung kann auf Subunternehmer ausgedehnt werden (Art. 4 Dekret Nr. 95-414). Gemäß Art. 178 Code des assurances muss auch für die Décennale-Haftung aus Art. 554 Code Civil eine Deckung beschafft werden. **31**

VI. Urheberecht (Droit d'auteur)

In dem Décret législatif N° 94-07 du 7 Dhou El Hidja correspondant au 18 mai 1994 relatif aux conditions de la production architecturale et à l'exercice de la profession d'architecte heißt es frei übersetzt: **32**

Die Architektenplanung, die im Rahmen des Auftrages zwischen Besteller und Architekt erbracht wird, ist das Eigentum des Bestellers für die Zwecke des Bauvorhabens, das vertraglich vorgesehen ist. Der Besteller kann davon ohne ausdrückliche Zustimmung des Architekten keinen anderen Gebrauch machen. Der Architekt behält das geistige Eigentum an der Planung und kann sie vorbehaltlich anders lautender Regelungen im Vertrag veröffentlichen. Er darf davon ohne vorherige Zustimmung des Bestellers keinen Gebrauch zugunsten eines anderen Bestellers machen.

33 Algerien gehört der Berner Übereinkunft zum Schutz von Werken der Literatur und Kunst vom 9. September 1886 (RBÜ) an. Das RBÜ schützt Werke der Kunst und Literatur. Es gewährt bestimmte Mindestrechte, auf die sich ein Urheber in jedem Verbandsstaat berufen kann, ferner gewährt es Inländergleichbehandlung. Unter anderem sieht das RBÜ in Art. 5.1 vor, dass jeder Vertragsstaat den Schutz an Werken von Bürgern anderer Vertragspartner genauso anerkennt wie den Schutz von Werken der eigenen Bürger („Schutzlandprinzip"). Diese Gleichstellung ausländischer Urheber mit inländischen Urhebern erübrigt, in Deutschland nach den ausländischen Schutzvorschriften zu forschen. Der Schutz erfolgt gemäß RBÜ automatisch, d.h. es wird keine Registrierung und kein Copyright-Vermerk vorausgesetzt. Für den Fall der Verwendung inländischer urheberrechtlicher Werke im Ausland gilt Entsprechendes. Der Schutz des Werkes richtet sich nach dem Recht am **Verwendungsort** (Schutzlandprinzip).

Art. 2 RBÜ bezeichnet als „Werke der Literatur und Kunst" alle Erzeugnisse auf dem Gebiet der Literatur, Wissenschaft und Kunst, ohne Rücksicht auf die Art und Form des Ausdrucks, wie: Bücher, Broschüren und andere Schriftwerke; Vorträge, Ansprachen, Predigten und andere Werke gleicher Art; dramatische oder dramatisch-musikalische Werke; choreographische Werke und Pantomimen; musikalische Kompositionen mit oder ohne Text, Filmwerke einschließlich der Werke, die durch ein ähnliches Verfahren wie Filmwerke hervorgebracht sind; Werke der zeichnenden Kunst, der Malerei, der Baukunst, der Bildhauerei, Stiche und Lithographien; fotografische Werke, denen Werke gleichgestellt sind, die durch ein der Photographie ähnliches Verfahren hervorgebracht sind; Werke der angewandten Kunst; Illustrationen, geographische Karten; Pläne, Skizzen und Darstellungen plastischer Art auf den Gebieten der Geographie, Topographie, Architektur oder Wissenschaft.

34 Das algerische Urheberrecht ist in der **Ordonnance n° 03-05 du 19 juillet 2003** geregelt. Gemäß Art. 4 der Anordnung gehören die Leistungen der Architekten und Ingenieure zu den urheberrechtlich geschützten Werken.

Der Urheber hat gemäß Art. 27 der Anordnung vorbehaltlich anders lautender Vorschriften das ausschließliche Recht das Werk zu vervielfältigen, es zu veröffentlichen und es zu übersetzen. Der Urheber eines verletzten Urheberechts kann gemäß Art. 144 der Anordnung die Beendigung und Unterlassung der Verletzung und Schadensersatz fordern.

Art. 66 der algerischen Verordnung n° 03-05 vom 19 Juli 2003 zum Urheberrecht beinhaltet eine ähnliche Norm wie das deutsche Recht beinhaltet. Besteht danach ein Missverhältnis zwischen dem Pauschalpreis für die Nutzung der Rechte und dem daraus gezogenen Gewinn, hat der Urheber Anspruch auf eine Vertragsanpassung. Sollte es zu keiner Einigung mit dem Nutzer des Rechts kommen, so darf der Autor seinen Anspruch auf Anpassung vor dem Gericht geltend machen, und dies innerhalb von 15 Jahren nach der Zession (Art. 66 § 2).

VII. Steuern und Abgaben

Es wird nachdrücklich empfohlen, in Verträge mit algerischen Auftraggebern die Formulierung „toutes taxes en sus“ (alle Steuern zusätzlich). 35

Bei Verträgen, die lokale Kosten auslösen, werden diese regelmäßig nur in lokaler Währung bezahlt. Im Übrigen sind Vereinbarungen in ausländischer Währung zulässig. Allerdings sieht Art. 46 der Verordnung Nr. 07-01 der Bank von Algerien vor, dass der ins Ausland zu transferierende Betrag nicht den im Vertrag bezifferten Betrag übersteigen darf. Nachträge müssen ggf. eine entsprechende Regelung enthalten, damit die für solche Leistungen ins Ausland zu transferierenden Beträge ebenfalls ausgeführt werden können. Jede Abweichung von den vertraglichen Angaben müssen angemessen begründet werden. 36

Ausländische Gesellschaften unterliegen der „Impôt sur les bénéfices des sociétés“ (IBS) oder der „Impôt sur le revenu global“ (IRG). Die Besteuerung findet in beiden Fällen an der Quelle statt, d.h. die Zahlungsbeträge werden netto, also nach Abzug der Steuer ausgekehrt. Kapitalgesellschaften unterliegen der IBS, natürliche Personen und Personengesellschaften unterliegen der IRG. Hinzu kommt in beiden Fällen ein „Versement forfaitaire“ (VF). Die Besteuerungsgrundlage ist bei der IBS wie bei der IRG der Bruttobetrag des Auftrages. Abzuziehen sind Erlöse aus dem Verkauf von Ausrüstung und eventuelle Verzugszinsen. Die in ausländischer Währung zu entrichtenden Beträge müssen für die Zwecke der Besteuerung in Dinar umgerechnet werden, und zwar zum Kurs am Tag der Vertragsunterzeichnung, der den Rechtsgrund für die Zahlungen bildet. 37

Bislang stellten sich die Steuersätze wie folgt dar:

- Im Falle der IRG : 24%
- Im Falle der IBS : 24%
- Im Falle der V.F : 1%

Es wurde allerdings eine Steuersenkung angekündigt, ohne dass klar wäre, ob sich diese auch auf ausländische Steuersubjekte erstrecken soll.

Gemäß Art. 162 bis des Code des impôts Directs et Taxes assimilées sind ggf. die Gehälter für ausländisches Personal mit einem Satz von 20% zu versteuern. Diese Beträge sind von den Gehältern einzubehalten.

§ 33 Australien

Schrifttum

Loots/Charrett, Practical Guide to Engineering and Construction Contracts, Sydney 2009

Inhaltsübersicht

I. Allgemeines Bauvertragsrecht

1 Das australische Recht (als eine bzw. mehrere Rechtsordnungen, die sich dem Common Law zugehörig fühlen) definiert den Werkvertrag an sich nicht[1]. Nach der klassischen Theorie in Australien ist ein Bauvertrag eine zweiseitige Vereinbarung und besteht aus dem Austausch von Versprechen vermittels Angebot und Annahme zusammen mit der Absicht, eine bindende Beziehung zu begründen[2]. Ein zweiseitiger Vertrag dieser Art existiert unabhängig von dem, was die Parteien tun und geht ihm in der Tat voraus. Folglich ist es ein Irrtum anzunehmen, ein Vertrag sei bereits dadurch zustande gekommen, dass eine Partei vermeintliche Erfüllungshandlungen vorgenommen hat. Es reicht nicht aus, dass etwas getan wurde, um anzunehmen, es sei bereits ein Vetrag zustande gekommen. Nichtsdestotrotz kann ein Vertrag aus den Handlungen und dem Verhalten der Parteien und dies auch bzw. trotz des Fehlens von Worten. Die Frage in dieser Fallgruppe ist, ob das Verhalten der Parteien im Lichte der begleitenden Umstände betrachtet ein stillschweigendes Einvernehmen oder Einverständnis aufzeigt. Das Verhalten der Parteien muss geeignet sein, alle wesentlichen Elemente eines ausdrücklichen Vertrages zu belegen. Üblicherweise werden Bauverträge unter Zugrundelegung von Standardvertragsmustern geschlossen[3]. Sie regeln die typischen Regelungen zu Bauabläufen, zur Bauzeit und Haftung[4]. In rechtlicher Hinsicht kann weitgehend auf die Ausführungen zum englischen Recht verwiesen werden.

II. Vertragliche Verpflichtungen

2 Jede Partei eines Vertrages hat die implizite Pflicht, bei der Vornahme von Handlungen zu kooperieren, die für die Erfüllung der grundlegenden Verpflichtungen aus dem Vertrag durch sie oder durch ein von ihnen erforderlich sind[5]. Zweiseitigen Verträgen wohnt die allgemeine Regel inne, dass jede Partei verspricht, ihrerseits alles zu unternehmen, was notwendig ist, um die andere Partei in die Lage zu versetzen, den Vertrag zu erfüllen[6].

---

1 Siehe dazu § 1 Rn. 17 zu „Australien".

2 Concrete Constructions Group v. Litevale Pty Ltd and Ors [2002] NSWSC 670 (1 August 2002); Integrated Computer Services Pty Ltd v. Digital Equipment Corp (Aust) Pty Ltd (1988) 5 BPR [97326].

3 Die australischen Vertragsmuster werden von einem Kommittee entwickelt, das sich an den Kriterien Transparenz, Konsens und Beteiligung der interessierten Gruppen orientiert. Die Australian Standards (AS) umfassen alle wesentlichen Arten von Vertragsmustern, wie z.B. AS 4000-1997 General Conditions of Contract, AS 4901-1998 Subcontract, AS 4902-2000 General Conditions of contract for design and build. Daneben werden Vertragsmuster aus England (z.B. NEC3 und ICE) und den USA (z.B. ConsensusDOCS) verwendet.

4 Siehe dazu Loots/Charrett, Practical Guide to Engineering and Construction Contratcs, 30 ff.

5 John Holland Construction & Engineering Pty Ltd v. World Services and Construction Pty Ltd (1993) 12 Aust Cons LR 116 at 124; WMC Resources Ltd v. Leighton Contractors Pty Ltd (1998) 15 BCL 49 at 63.

6 Eden Construction Pty Ltd v. New South Wales (No 2) [2007] FCA 689 (9 May 2007).

Ferner darf niemand Vorteile aus der Nichterfüllung einer Bedingung erlangen, deren Erfüllung durch sie verhindert wurde[7]. Eine Vertragspartei kann folgerichtig von der Nichterfüllung des Vertrages oder einer speziellen vertraglichen Verpflichtung entschuldigt werden, wenn die Erfüllung durch eine vertragswidrige Handlung der anderen Partei verhindert oder unmöglich gemacht wurde[8]. Es ist eine wesentliche Verpflichtung des Eigentümers, dem Hersteller die Arbeiten und die Baustelle zugänglich zu machen, um den Hersteller in die Lage zu versetzen, seine vertraglichen Verpflichtungen zu erfüllen[9]. Die Natur des Herstellerrechts auf Besitz an der Baustelle und auf Zugang zur Baustelle ist eine einfache Befugnis, die nach dem Willen des Eigentümers (auch widerrechtlich) widerrufen werden kann. Die Befugnis kann beendet werden und der Hersteller kann zum unberechtigten Besitzer werden, wenn der Eigentümer die Befugnis widerruft. Obwohl der Hersteller einen Anspruch auf Schadensersatz haben kann, wenn der Widerruf der Befugnis widerrechtlich erfolgt, hat der Hersteller kein durchsetzbares Recht, im Besitz der Baustelle zu bleiben oder gegen den Willen des Eigentümers weiteren Zugang zu erlangen. Der Widerruf der Befugnis des Herstellers kann auch als notwendige Störung der Arbeiten auftreten, die praktisch fertig gestellt sind, und der Hersteller nach den Umständen verpflichtet ist, den Besitz an den praktisch fertig gestellten Arbeiten auszuhändigen.

Vorbehaltlich der zu beurteilenden ausdrücklichen Regelungen des Vertrages, kann allgemein festgehalten werden, dass der Auftraggeber vor dem Erreichen der praktischen Fertigstellung berechtigt sein kann, Schadensersatz für Verspätung zu fordern, die aus dem Versäumnis des Herstellers folgt, die praktische Fertigstellung bis zu dem vereinbarten Datum für die praktische Fertigstellung zu erreichen[10]. Jedoch kann er den Unternehmer nicht vor erfolgter Fertigstellung für mangelbehaftete oder unvollständige Arbeit verklagen. So lange der Vertrag besteht und nicht beendet wurde, bleibt der Unternehmer verpflichtet, die Arbeiten in Übereinstimmung mit dem Vertrag fertig zu stellen. Während der Unternehmer im Besitz der der Arbeiten verbleibt, erleidet der Eigentümer keinen Nachteil durch mangelbehaftete oder unvollständige Arbeit, weil die Arbeit zu diesem Zeitpunkt noch nicht im Besitz des Eigentümers ist und folglich noch kein Teil des „Eigentums" des Eigentümers ist[11].

Die Haftung zur Zahlung eines vereinbarten pauschalisierten Verzögerungsschadensersatzes bedarf klarer Absprachen. Es muss der Betrag vereinbart werden, der für jeden Tag oder jede Woche der Verspätung bei der Fertigstellung der Arbeiten vorgesehen ist. Die vereinbarte Bauzeit muss an einem im Vertrag definierten Tag beginnen, der entweder spezifisch benannt wurde, oder durch Verweis auf ein Ereignis, wie eine Anordnung, die Arbeiten zu beginnen, definiert ist. Es folgt daraus, dass es zu jeder Zeit möglich sein muss, das vertragliche Baufertigstellungsdatum zu berechnen. Der Vertrag muss deshalb für alle Behinderungen, die nicht dem Unternehmer zuzurechnen sind, einen Bauzeitverlängerungsmechanisumus vorsehen. Existiert kein Mechanismus, um die Bauzeit zu verlängern und den jeweils maßgebliche ordnungsgemäße Fertigstellungsdatum für die Arbeiten zu errechnen, exisitiert keine belastbare Grundlage für die Be- 3

7 Panamena Europea Navigacion (Compania Limitada) v. Frederick Leland & Co Ltd [1947] AC 428 at 436 cited with approval by Muir J in Qline Interiors Pty Ltd v. Jezer Construction Group Pty Ltd & Ors [2002] QSC 088.

8 Panamena Europea Navigacion (Compania Limitada) v. Frederick Leland & Co Ltd [1947] AC 428 at 436 cited with approval by Muir J in Qline Interiors Pty Ltd v. Jezer Construction Group Pty Ltd & Ors [2002] QSC 088.

9 Martin, K.R. v Cahill, C. [2008] QCCTB 37 (4 April 2008).

10 Martin, K.R. v Cahill, C. [2008] QCCTB 37 (4 April 2008).

11 Brewarrina Shire Council v. Beckhaus Civil Pty Ltd [2005] NSWCA 248 at [68] per Mason P.

rechnung von Ansprüchen auf pauschalisierten Verzögerungsschadensersatz. Fehlt es an einer solchen Grundlage, die es erlaubt die Ansprüche auf pauschalisierten Verzögerungsschadensersatz exakt zu berechnen, geht das Recht auf pauschalisierten Verzögerungsschadensersatz verloren[12].

Beispiel: Der Unternehmer stellt das Werk (eine Brauerei) nicht innerhalb der vereinbarten Bauzeit fertig, entgeht aber der Haftung für Liquidated Damages, weil die Verspätung jedenfalls teilweise auch darauf zurückzuführen ist, dass Personal des Auftraggebers, die Fertigstellung der Brauerei behindert hatte[13].

Die Frage, ob eine vereinbarte Summe eine (unzulässige) Vertragsstrafe oder ein pauschalisierter Schadensersatz ist, ist eine Frage der Auslegung, die auf der Grundlage der Regelungen und vertragsimmanenten Umstände eines jeden Vertrages zu entscheiden ist, zu beurteilen zum Zeitpunkt als der Vertrag geschlossen wurde und nicht zum Zeitpunkt der Vertragsverletzung …[14].

Um diese Aufgabe der Vertragsauslegung zu unterstützen, wurden zahlreiche Tests vorgeschlagen, die sich, falls sie auf diesen zu beurteilenden Fall anwendbar sind, als hilfreich erweisen könnten oder sogar abschließend sind[15]*. Solche sind:*

(a) Es handelt sich um eine Vertragsstrafe, wenn die vereinbarte Summe außergewöhnlich und unverschämt im Betrag verglichen mit dem größten Verlust, der denkbarer Weise als Folge der Vertragsverletzung bewiesen werden könnte

(b) Es handelt sich um eine Vertragsstrafe, wenn die Vertragsverletzung allein darin besteht, dass ein bestimmter Geldbetrag nicht bezahlt wird, und der vereinbarte Betrag größer ist als die Summe, die hätte gezahlt werden müssen

(c) Es besteht eine Vermutung (aber nicht mehr), dass es sich um eine Vertragsstrafe handelt, wenn in Abhängigkeit von dem Auftreten eines oder mehrerer Ereignisse, von denen einige ernsthafte und andere unbedeutende Schäden verursachen, ein einheitlicher Pauschalbetrag zur Zahlung gestellt wird

Prinzipiell besteht die Funktionsweise einer effektiven *liquidated damages* Klausel darin, den verzögerungsbedingten Schadensersatz auf den beitreibbaren Maximalbetrag zu beschränken[16].

III. Vertragsadministration

4 Aus australischer Sicht ist der Engineer (Vertragsadministrator) als vertraglich vereinbarter Dritter nur in einem sehr lockeren Sinne ein Beauftragter des Bestellers. Seine Aufgabe besteht darin, eine etwaige Zertifizierungsaufgabe (im Sinne der sachlichen Bestätigung oder Verneinung von Zhalungsansprüchen und Ansprüchen auf Bauzeitverlängeurng) unparteiisch und ehrenhaft und nicht als Beauftragter des Bestellers im engeren Sinne auszuüben[17]. Aus Sicht des Gerichts im Fall Peninsula liegt der Grund dafür darin, dass eine etwaiges Zertifikat, das von dem Engineer als Certifier ausgestellt

12 Beckhaus v. Brewarrina No 2 [2004] NSWSC 1160 (7 December 2004).
13 Siehe Griffiths Dave v. Gnd Developments Pty Ltd C510-95 [1997] QBT 91 (30 May 1997) unter Berufung auf Holme v. Guppy (1838) 1 M&W 387.
14 Biodiesel Producers Limited (ACN 099 165 876) v. Stewart [2007] FCA 722 (16 May 2007).
15 Vgl. Ring Row Pty Ltd v. BP Australia Pty Ltd [2005] HCA 71; (2005) 222 ALR 306.
16 Griffiths Dave v. Gnd Developments Pty Ltd C510-95 [1997] QBT 91 (30 May 1997); siehe allgemein Cellulose Acetate Silk Co v. Windes Foundry (1925) Ltd [1997] UKHL 23; (1933) AC 20 und Temloc Limited v. Errill Properties Ltd (1987) CILL 376 (UK CA).
17 Peninsula Balmain Pty Limited v. Abigroup Contractors Pty Limited [2002] NSWCA 211 (3 July 2002).

wird, den Besteller nicht über das hinaus bindet, was der Vertrag ohnehin regelt und vorsieht. Würde der Engineer als Beauftragter des Bestellers im engeren Sinne auftreten, würde die Ausstellung des Zertifikats durch den Engineer eine Handlung des Bestellers darstellen, die diesen so bindet, dass er sie nicht mehr angreifen kann[18]. Lässt sich der Engineer beeinflussen und handelt er nicht mehr unabhängig, sind seine Handlungen unter Umstände unbeachtlich[19]. Der Engineer darf sich in die Ausübung seiner Zertifizierungsfunktion (z.B. in Bezug auf Bauzeit und Zahlungsansprüche) nicht hineinreden lassen. Eine solche Beeinträchtigung kann zu einer vertragswidrigen Parteilichkeit führen, die die spezifische Handlung des Engineer entweder unbeachtlich macht oder Schadensersatzansprüche auslösen kann[20]. Zu unterlassen sind unter anderem folgende Einmischungen bzw. Fehlverhalten[21]:

- Vertragswidrige Weisungen an den Engineer
- Handeln des Engineers im Interesse einer Partei und aufgrund deren Weisung
- Fehldeutung der Rolle des Engineer als Mediator
- Fehlende oder unzureichende Betsändigkeit und Entschlossenheit in der Entscheidungsfindung
- Intransparente Kooperation mit dem Auftraggeber (z.B. wenn der Engineer meint, die Zustimung des Auftraggbers sei einzuholen und er die Kommunikation mit dem Auftraggeber nicht offenlegt).

IV. Ergänzende Regeln

Üblicherweise regeln die Verträge mehr oder weniger abschließend alle Rechte und Pflichten sowie Verhaltensweisen der Vertragsparteien. Mangels eine kodifizierten dispositiven Rechts müssen die Verträge sehr detailliert aufgestellt werden. Sogenannte *Implied Terms* werden nur selten in den Vertrag hineingelesen. In einem Grenzfall konstituieren allerdings die konzeptionellen Grundlagen einer rechtlichen Lehre eine wesentliche Basis für gerichtliche Entscheidungen[22]. Diese konzeptionellen Grundlagen können nur im Wege der Verweisung auf den wesentlichen Inhalt und die Arbeitsweise der Lehre identifiziert werden. Es ist aus diesem Grunde wünschenswert, dass abstrakt identifiziert wird, was z.B. als konzeptionelle Grundlage und wesentliche Arbeitsweise der „Estoppel durch Verhalten Lehre" angesehen werden kann, die sich in der Vergangenheit als ein kohärenter Körper wesentlicher und konsistenter Prinzipien herausgebildet hat. Üblicherweise werden solche Grundlagen aus Präjudizien hergeleitet. Hier ein Beispiel[23]: 5

1. Üblicherweise berufen sich die Parteien auf die Lehre „*estoppel* durch Verhalten" im Prozess. Gleichwohl handelt es sich um eine Lehre des materiellen Rechts, deren tatsächliche Bestandteile wie andere tatsächliche Probleme des Falles vorgetragen und behandelt werden müssen. …
2. Das zentrale Prinzip der Doktrin ist, dass das Recht kein übervorteilendes Verhalten oder besser inakkurates oder nicht gewissenhaftes Abweichen einer Partei von deren

18 Peninsula Balmain Pty Limited v. Abigroup Contractors Pty Limited [2002] NSWCA 211 (3 July 2002).
19 Kane Constructions Pty Ltd v. Sopov [2005] VSC 237 (30 June 2005), Supreme Court of Victoria Decisions.
20 Kane Constructions Pty Ltd v. Sopov [2005] VSC 237 (30 June 2005), Supreme Court of Victoria Decisions.
21 Siehe die Beispiele in: Kane Constructions Pty Ltd v. Sopov [2005] VSC 237 (30 June 2005), Supreme Court of Victoria Decisions.
22 Commonwealth v. Verwayen („Voyager case") [1990] HCA 39; (1990) 170 CLR 394 (5 September 1990).
23 Vgl. Commonwealth v. Verwayen („Voyager case") [1990] HCA 39; (1990) 170 CLR 394 (5 September 1990).

durch tatsächliche Umstände begründeten und zu unterstellenden zukünftigem Handeln zulassen will, auf dessen Grundlage die andere Partei eine Beziehung begründet hat, sich verhalten oder gehandelt hat, so dass sich ein Abweichen der der Partei von ihrem früheren Verhalten zum Nachteil dieser anderen Partei auswirken würde.

3. „Estoppel" kann nur auftreten, wenn sich eine Partei auf ein durch das Verhalten der anderen Partei begründete Vermutung mit Blick auf ein bestimmtes Handeln oder Unterlassen beruft und darlegt, dass die andere Partei zu ihrem Nachteil von dieser tatsächlich begründeten Vermutung in Bezug auf das zukünftige spätere Verhalten abgewichen ist.
4. Die Frage ob solch ein Abweichen übervorteilend sein würde, ist abhängig von den Umständen, unter denen die betroffene Partei gehandelt hat. Das Verhalten der anderen Partei, das eine bestimmte Vermutung begründet hat, muss sich als ungerecht und belastend erweisen, wenn nun davon abgewichen wird. Die untersuchten Fälle geben vier wesentliche, aber nicht abschließende Kategorien an, in welchen eine bejahende Antwort auf diese Frage gerechtfertigt sein kann, namentlich, falls eine Partei

   (a) eine Vermutung durch ausdrückliche oder implizite Angaben verursacht hat,
   (b) auf der einvernehmlichen Grundlage der Vermutung in vertragliche Beziehungen oder rechtliche Beziehungen mit der anderen Partei eingetreten ist,
   (c) gegenüber der anderen Partei Rechte ausgeübt hat, die nur existieren würden, wenn die Vermutung korrekt wäre,
   (d) wusste, dass die andere Partei unter der Vermutung handelte und davon Abstand nahm, sie zu korrigieren, als sie die Anstandspflicht hatte, dies zu tun.

6 Schließlich jedoch muss die Frage, ob das Abweichen von der Vermutung übervorteilend sein würde, nicht unter Zugrundelegung auf abstrakte Formeln beurteilt werden, sondern unter Berücksichtigung sämtlicher Umstände des Falles einschließlich der Angemessenheit des Verhaltens der betroffenen Partei in ihrem auf die Vermutung gestützten Verhalten und der Natur und des Ausmaßes des Nachteils, den die betroffene Partei durch das auf die Vermutung gestützte Verhalten erleiden würde, wenn die Abweichung von dem vorausgesetzten Umstand zulässig wäre.

In Fällen, die unter die vorstehende Kategorie (a) fallen, wird eine kritische Prüfung gemeinhin sein, dass die behauptete gehinderte Partei wusste oder beabsichtigte oder klar wissen musste, dass die andere Partei durch dieses Verhalten veranlasst werden würde, auf der Grundlage der Vermutung zu handeln. Insbesondere in Fällen der Kategorie (b) kann die tatsächliche Überzeugung in Bezug auf die Richtigkeit der Tatsache oder des Zustandes nicht ausreichend sein. Offensichtlich können die Fakten eines speziellen Falles so liegen, dass er unter mehrere der vorgenannten Kategorien fällt. Die Zusammenfassung der „Estoppel-Lehre" schließt mit folgenden Punkten ab[24]:

5. Die Vermutung kann sich auf Tatsachen oder das Recht beziehen, gegenwärtige oder zukünftige.
6. Die Lehre sollte als eine vereinte Lehre betrachtet werden, die in „equity" und „in common law" anwendbar ist.
7. Estoppel begründet kein an sich klagbares Recht. Es kann auf den vermuteten Umstand oder Zustand zu Verteidigungszwecken Bezug genommen werden oder zu Angriffszwecken als tatsächliche Grundlage eines Anspruchs herangezogen werden, der nach allgemeinen Prinzipien mit einem endgültigen Rechtsbehelf entstanden ist, der auf der Grundlage des Umstandes oder des Zustandes festgestellt wird.

[24] Commonwealth v. Verwayen („Voyager case") [1990] HCA 39; (1990) 170 CLR 394 (5 September 1990).

V. Vertragsauslegung

Die vorrangige Verpflichtung des Gerichts bei der Auslegung eines schriftlichen Vertrages ist das Bemühen, den Willen der Parteien aus dem Wortlaut des Dokuments, in dem der Vertrag enthalten ist, zu entdecken[25]. Sicherlich muss das gesamte Dokument in Erwägung gezogen werden, weil die Bedeutung jedes einzelnen Teils davon durch andere Teile deutlich gemacht werden kann. Der Wortlaut jeder Klausel muss wenn möglich so ausgelegt werden, dass er mit dem Wortlaut der anderen Klauseln harmoniert. Wenn die benutzten Worte mehrdeutig sind, muss das Gericht ihnen Wirkung geben, auch wenn das Ergebnis kapriziös oder unangemessen erscheinen mag, obgleich gemutmaßt oder befürchtet werden muss, dass die Parteien etwas anderes beabsichtigten. Das Gericht hat keine Befugnis, den Vertrag zu revidieren oder zu ergänzen, um ein Ergebnis zu vermeiden, das ungeeignet oder ungerecht erscheint. Auf der anderen Seite, wenn die verwendete Sprache auslegungsoffen ist, wird die Auslegung bevorzugt, die Konsequenzen vermeidet, „die kapriziös, unangemessen, unpassend oder ungerecht erscheinen, obwohl die übernommene Auslegung nicht die offensichtlichste oder die grammatikalisch akkurate ist", um die Formulierung älterer Autoritäten zu verwenden, die, obwohl sie in Bezug auf ein Testament gefallen ist, generell auf schriftliche Dokumente anzuwenden ist. 7

Sodann ist es zulässig, von der gewöhnlichen Bedeutung von Worten einer Regelung abzuweichen, so weit es erforderlich ist, um Unvereinbarkeiten mit anderen Regelungen des Dokuments zu vermeiden. Schließlich sollte die Stellungnahme von Lord Wright[26], dass „das Gericht kommerzielle Verträge fair und weit, ohne zu scharfsinnig und spitzfindig nach Fehlern zu suchen, (auslegen sollte)", nicht als auf Dokumente beschränkt missverstanden werden, die von Geschäftsleuten allein und ohne Inanspruchnahme rechtlicher Hilfe entworfen wurden[27]. 8

Es sind nicht die subjektive Überzeugung oder das Verständnis der Parteien über ihre Rechte und Pflichten, die die vertraglichen Beziehungen beherrschen. Was zählt ist, was jede Partei durch Worte und Verhalten der anderen Partei aus der Sicht eines vernünftigen Menschen zu verstehen geben haben würde. Bezugnahmen auf die gemeinsamen Willen der Parteien eines Vertrages sind als Bezugnahme darauf zu verstehen, was eine vernünftige Person aufgrund der Sprache, in der sich die Parteien ausgedrückt haben, verstehen würde. Die Bedeutung von Regelungen einer vertraglichen Vereinbarung wird dadurch festgestellt, was ein vernünftiger Mensch darunter verstanden haben würde. Das verlangt normalerweise die Einbeziehung nicht nur des Textes sondern auch der begleitenden Umstände, die die Parteien kennen, und des Zweckes und des Gegenstandes des Rechtsgeschäfts. 9

Tatsächliche Überzeugungen und Absichten sind, generell gesprochen, bei der Feststellung der gesetzlichen Rechte und Pflichten, die aus einem Vertrag hervorgehen, irrelevant.

Wo die Sprache eines Vertrages eine einfache Bedeutung hat, ist der Beweis von begeleitenden Umständen nicht zulässig, um die Auslegung des Vertrages zu unterstützen.

Die allgemeine Regel, die auf jeden Vertrag Anwendung findet, dass jede Partei verspricht, ihrerseits all die Dinge tun muss, die notwendig sind, um die andere Partei in die Lage zu versetzen, den Vorteil der Vertragserfüllung zu erlangen, ist eine, die implizit hervorgeht …[28].

---

[25] Eden Construction Pty Ltd v New South Wales (No 2) [2007] FCA 689 (9 May 2007).
[26] Hillas and Co. Limited. v. Arcos Limited (1932) 147 LT 503 at 514.
[27] Eden Construction Pty Ltd v New South Wales (No 2) [2007] FCA 689 (9 May 2007).
[28] Eden Construction Pty Ltd v. New South Wales (No 2) [2007] FCA 689 (9 May 2007).

VI. Streitbelegung

10 Australien zerfällt in verschiedene Rechtsordnungen. Die Organisation der Rechtspflege gehört in die Zuständigkeit der Bundesstaaten und Territorien. Die Ausübung der internationalen Schiedsgerichtsbarkeit ist im International Arbitration Act 1974 geregelt. Ferner existieren State and Territory Commercial Arbitration Acts. In Bausachen ist die Austragung von Streitigkeiten zudem Gegenstand der Security of Payment Gesetzgebung, vor allem in New South Wales[29]. Danach existiert gesetzliche Dispute Adjudication; allerdings anders als in England und Wales nur für Zahlungsansprüche.

Grundsätzlich stehen die australischen Gerichte Schiedsgerichtsvereinbarungen positiv gegenüber[30]. Die Rechtslage wurde in den letzten Jahren vor allem mit Blick auf den australischen Trade and Practises Act diskutiert. Im Fall Comandate Marine Corp. v. Pan Australian Shipping ließ sich das Gericht von Ordre-public-Erwägungen leiten, die der Beilegung von internationalen Streitigkeiten durch Schiedsgerichte positiv gegenüberstehen. Wenig später hat der Federal Court allerdings in einer Streitigkeit betreffend Arbeiten an einem Öl- und Gasfeld in Indien eine restriktivere Haltung eingenommen[31]. Das Gericht entschied, dass sobald eine australische Schutzvorschrift umgangen werde, indem der Kläger gezwungen werde, an einem vereinbarten Gerichtsstand zu klagen, handele es sich hierbei um einen Faktor, den das Gericht veranlassen müsse seine Grundhaltung zu verlassen, seine Zuständigkeit zu verneinen[32].

Der gewöhnliche australische Beweisstandard, der von einer Partei verlangt wird, die die Beweislast trägt, ist der Beweis auf der Grundlage der überwiegenden Wahrscheinlichkeit[33]. Das bleibt auch so, wenn die Tatsache, die bewiesen werden muss, ein strafbares Verhalten oder Betrug betrifft. … Auf der anderen Seite kann das Maß des Beweises, das zum Beweis eines Umstandes oder von Umständen im Sinne einer überwiegenden Wahrscheinlichkeit erforderlich ist je nach der Natur dessen, was beweisen werden soll, variieren. Mehrfach wurde entschieden, dass klarer Beweis erforderlich ist, wenn so ernste Angelegenheiten wie Betrug bewiesen werden sollen[34]. Solche Aussagen sollten dahin verstanden werden, dass sie die herkömmliche Annahme widerspiegeln, dass die Mitglieder der australischen Gesellschaft gewöhnlich nicht in strafbare oder betrügerische Machenschaften verwickelt sind. Die Gerichte sollen daher nicht leichtfertig feststellen, dass die über-

---

29 Siehe dazu näher Loots/Charrett, Practical Guide to Engineering and Construction Contratcs, 239 ff.

30 Comandate Marine Corp v. Pan Australia Shipping Pty Ltd [2006] FCAFC 192.

31 Clough Engineering Ltd v. Oil & Natural Gas Corporation Ltd [2007] FCA 881.

32 Clough Engineering Ltd v. Oil & Natural Gas Corporation Ltd [2007] FCA 881. Das Gericht rekurrierte für seine Auffassung auf die Entscheidung Hi-Fert Pty Ltd v. The Kiukiang Career ([1998] 90 FCR 1), die das Gericht in Sachen Comandate Marine bereits als unvereinbar mit neuerer Autorität verworfen hatte. Mithin stellt die Entscheidung Clough Engineering einen Schritt zurück dar (Luttrell, Public policy conflicts in the arbitrability of the TPA – a comment on Clough Engineering [2007] MyJBL 139 et seq.).

33 Neat Holdings Pty Ltd v. Karajan Holdings Pty Ltd [1992] HCA 66; (1992) 67 ALJR 170; (1992) 110 ALR 449 (16 December 1992), vgl. auch Section 140 Evidence Act 1995.

34 Briginshaw v. Briginshaw [1938] HCA 34; (1938) 60 CLR 336, at p 362; Helton v. Allen [1940] HCA 20; (1940) 63 CLR 691, at p 701; Hocking v. Bell (1944) 44 SR (N.S.W.) 468, at p 477 (affirmed in Hocking v. Bell (1945) 71 CLR, at pp 464, 500); Rejfek v. McElroy (1965) 112 CLR, at p 521; Wentworth v. Rogers (No.5) (1986) 6 NSWLR 534, at p 539.

wiegende Wahrscheinlichkeit für die Annahme eines solchen Verhaltens spricht[35]. Im Falle strafbaren Verhaltens kann ein Gericht Indizienbeweise nur dann als Beweis jenseits vernünftigen Zweifels berücksichtigen, wenn jede andere Hypothese, die die den Schluss auf die Unschuld zulässt, ausgeschlossen ist[36].

[35] Dixon J. commented in Briginshaw v. Briginshaw ((7) (1938) 60 CLR, at p 362; and see, also, Helton v. Allen (1940) 63 CLR, at p 711.

[36] Siehe Chamberlain v. R (n° 2) (1984) 153 CLR 521.

§ 34 Belgien

Schrifttum

Batselé/Flamme/Quertainmont, Initiation aux marchés publics, 2. Auflage, Brüssel 2001; Beysen in: v. Bar (hrsg.), Sachenrecht in Europa, Band 4, Osnabrück 2001; Born/Fallon/van Boxstael, Droit judiciaire international, Brüssel 2001; Dekkers, Précis de droit civil belge, 2. Band, Brüssel 1955; Delvaux/Dessard, Contrat d'entreprise de construction, Brüssel 1991; Dieux/Romain/van Ommeslaghe/Foriers/Wéry/Stijns/Biquet-Mathieu/Grégoire/Kuelgen, Les obligations contractuelles, Brüssel 2000; Dubuisson/Fontaine, Les assurances de la construction en Belgique, Brüssel 2002; Flamme/Flamme/Delvaux/Pottier, Contrat d'entreprise (Chronique de jurisprudence 1990–2000); Brüssel 2001; Flamme, La commande publique architecturale, Brüssel 2002; Flamme/Flamme, Le contrat d'entreprise (Chronique de jurisprudence 1975–1990), Brüssel 1991; Grégoire/Janique/Ypersele, Code de l'aménagement du territoire, Brüssel 2004; Haumont, Urbanisme. La Région wallonne, Bruxelles, 1996; Ledoux, Les sûretés réelles (Chronique de jurisprudence 1994–2002), Brüssel 2003; Martin/Delierneux, Les garanties bancaires autonomes, Brüssel 1991; Merchiers/Vandermersch/Michaux/Durant/Heremans/De Coninck, Les contrats spéciaux (Chronique de jurisprudence 1996–2000), Brüssel 2002; de Page, Droit Civil Belge, IV, 3. Auflage, Brüssel 1972; de Page/Dekkers, Droit Civil Belge, 5. Band, 2. Auflage, Brüssel 1975; Vanwijck-Alexandre/Wéry, Le processus de formation du contrat, Brüssel, 2004; Vergauwe, Le droit de l'architecture, Brüssel 1991

Inhaltsübersicht

I. Allgemeines Vertragsrecht

1 Das heutige Belgien wurde 1797 von Österreich an Frankreich abgetreten. Belgien ist eine konstitutionelle Monarchie (vgl. Belgische Verfassung vom 7.02.1831). Die Gesetzgebungsbefugnis liegt bei dem belgischen Parlament und dem belgischen König (vgl. Limpens/Schrans: in Int. Encycl., Vol. I (Belgium), B 14), teilweise auch bei den Sprachgemeinschaften (Communautés flamande et francaise). Gesetze und Königliche

Anordnungen werden im **Moniteur Belge** (M.B.) veröffentlicht. Gerichtsentscheidungen finden sich zuverlässig in der Pasicrisie. Über den Server der Belgischen Regierung (www.juridat.be oder www.just.fgov.be) besteht online Zugang zu den gesetzlichen Grundlagen und zur belgischen Rechtsprechung, teilweise in deutscher Übersetzung. Soweit nachstehend keine Fundstellen im M.B. angegeben sind, sind die angegebenen Quellen jeweils über das angegebene Datum online wie angegeben auffindbar.

Das belgische Zivilrecht ist stark am französischen Recht orientiert[1]. Der französische Code Civil trat in Belgien 1804 automatisch in Kraft und behielt nach Erlangung der Unabhängigkeit im Jahre 1830 weiterhin Geltung. Der belgische Code Civil entspricht noch weitgehend der Urfassung des napoleonischen Code Civil. Viele spätere Anpassungen, Änderungen und Entwicklungen des französischen Rechts wurden nicht adaptiert. Der belgische Code Civil hat heute deshalb durchaus einen eigenständigen Charakter[2]. 2

1. Überblick. Das belgische Vertragsrecht findet sich überwiegend im Code Civil. Der Vertrag kommt durch übereinstimmende Willenserklärungen zustande, die auf die Herstellung von Rechtsfolgen gerichtet sind. Man unterscheidet zwischen synallagmatischen (Kauf, Miete etc.) und einseitigen (Darlehen, Pfandrecht, unentgeltlicher Auftrag) Verträgen[3], konsensualen und von besonderen Förmlichkeiten (contrat solennel) abhängigen (z.B. Schenkung, Hypothek) Verträgen[4] sowie zwischen entgeltlichen (à titre onéreux) und unentgeltlichen Verträgen (contrat de bienfaisance)[5]. Ferner gibt es Verträge, deren Zustandekommen davon abhängig ist (Realverträge), dass die betroffene Sache übergeben wird (z.B. Darlehen, Pfandvertrag an Sachen)[6]. Es gibt sodann benannte (contrats nommés) und unbenannte Verträge (contrats innommés) sowie solche, die eine persönliche Leistung voraussetzen (contrats intuitu personae). Zu letzteren gehören solche, bei denen die Zustimmung der einen Partei davon abhängig ist, dass ihr Vertragspartner eine bestimmte Person ist, die die Verpflichtungen persönlich ausführt (z.B. unter Umständen bei Werkverträgen)[7]. Der Bauvertrag und der Architektenvertrag gehören zu den synallagmatischen Konsensualverträgen[8]. 3

Es herrscht Vertragsfreiheit (autonomie de volonté). Verträge, die auf legale Weise zustande gekommen sind, binden die Parteien gemäß Art. 1134 Code Civil wie ein Gesetz (tiennent lieu de loi)[9]. Aus diesem Grundsatz folgt, dass Verträge definitiv und unabänderlich sind. Änderungen können nur durch eine zweiseitige Vereinbarung oder in den gesetzlich angeordneten Fällen erfolgen[10]. Hierzu gehören z.B. die Aufhebung (résolution) des Vertrages im Falle der Nichterfüllung (Art. 1184 Code Civil), die Ungültigerklärung bei Schädigung (recision pour lésion), der Widerruf (révocation) gemäß Art. 953 Code Civil und die Stundung oder Kündigung im Falle der force majeure oder eines zufälligen Ereignisses (cas fortuit)[11]. 4

---

1 Martin/Delierneux, Les garanties bancaires autonomes, Rn. 14.
2 Koch/Magnus/Winkler v. Mohrenfels, IPR und Rechtsvergleichung, 365.
3 Dekkers, Précis de droit civil belge, Rn. 13.
4 Dekkers, Précis de droit civil belge, Rn. 15.
5 Dekkers, Précis de droit civil belge, Rn. 18.
6 Dekkers, Précis de droit civil belge, Rn. 17.
7 Dekkers, Précis de droit civil belge, Rn. 27.
8 Delvaux/Dessard, Contrat d'entreprise de construction, Rn. 127.
9 Dekkers, Précis de droit civil belge, Rn. 32.
10 Dekkers, Précis de droit civil belge, Rn. 32.
11 Dekkers, Précis de droit civil belge, Rn. 32.

5 **2. Vertragsschluss.** Gemäß Art. 1108 Code Civil hängen die Wirksamkeit des Vertrages bzw. ihr Zustandekommen von vier Voraussetzungen ab:

- Konsens
- Geschäftsfähigkeit
- Bestimmter oder bestimmbarer Gegenstand
- Zulässige Kausa (cause licite)

6 **a. Konsens.** Verträge kommen durch **Angebot** und **Annahme** zustande. Mit dem Angebot erklärt der Anbietende sich bereit, einen Vertrag abzuschließen. Während er auf die Antwort wartet, ist er an sein Angebot gebunden[12]. Wie lange er warten muss, hängt von den Umständen ab. Hat der Anbietende eine Frist gesetzt, was er direkt (konkrete Frist) oder indirekt (Bitte um Antwort per Post oder Telegramm) tun kann, muss er diesen Zeitraum abwarten. Lässt sich auch den Umständen keine Frist entnehmen, kann das Gericht nach seinem Ermessen entscheiden, wie lange das Angebot aufrechterhalten werden muss. Dabei sind wiederum die Umstände des Falles zu berücksichtigen (z.B. Art des angebotenen Geschäfts, Umfang des Angebots, Gebräuche)[13]. Der Anbietende kann sein Angebot zurückziehen, wenn es den Adressaten noch nicht erreicht hat oder die Bindefrist abgelaufen ist[14]. Die Annahme kann ausdrücklich oder konkludent erklärt werden[15]. Auch Schweigen kann im Einzelfall ausreichen, wenngleich es grundsätzlich keinen Erklärungsgehalt hat[16]. Um Wirkungen zu entfalten, muss es sich um ein **darstellendes** Schweigen (silence circonstancié) handeln. Dies ist der Fall, wenn es sich unter Umständen präsentiert, die nicht anders zu verstehen sind (z.B. stillschweigende Annahme von fakturierten Waren; Schweigen auf eine Bestellung in laufender Geschäftsbeziehung)[17].

7 Angebot und Annahme sind Willenserklärungen. Der Wille kann sich theoretisch undeutlich (obscur), zweideutig (équivoque) oder ungeschickt (maladroit) manifestieren, so dass der erklärte Wille und der tatsächliche Wille (volonté réelle) nicht übereinstimmen. Das belgische Recht stellt ausschließlich auf den tatsächlichen Willen (volonté réelle) ab, den der Richter ermitteln muss (Art. 1156 Code Civil)[18]. Scheingeschäfte (acte de simulation) sind nicht nichtig, sondern es gilt das tatsächlich Gewollte (Art. 1321 Code Civil). Existieren also neben dem offenkundigen Geschäft noch geheime Vorbehalte (contre lettre), gilt das Geschäft mit diesem Inhalt, es sei denn dieser verstößt für sich genommen gegen die öffentliche Ordnung oder die guten Sitten[19].

8 Das belgische Recht kennt drei Formen von Willensmängeln (Art. 1109 Code Civil), und zwar den Irrtum (erreur), die Arglist (dol) und die Gewalt (violence). Die Regeln über die Willensmängel erstrecken sich ferner auf die Fälle vollständigen Fehlens einer Übereinkunft bei Geisteskrankheiten, Trunkenheit, Irrtum über die Natur des Vertrages, Unkenntnis der Vertragssprache[20]. In solchen Fällen besteht ein Konsens, der aber keine Bedeutung hat[21]. Der Begriff des Irrtums wird restriktiv gehandhabt, um die Fahrlässig-

---

[12] Dekkers, Précis de droit civil belge, Rn. 90.
[13] Dekkers, Précis de droit civil belge, Rn. 90.
[14] Dekkers, Précis de droit civil belge, Rn. 91.
[15] Dekkers, Précis de droit civil belge, Rn. 100.
[16] Dekkers, Précis de droit civil belge, Rn. 103.
[17] Dekkers, Précis de droit civil belge, Rn. 103.
[18] Dekkers, Précis de droit civil belge, Rn. 37, 108.
[19] Dekkers, Précis de droit civil belge, Rn. 163.
[20] Dekkers, Précis de droit civil belge, Rn. 43.
[21] Dekkers, Précis de droit civil belge, Rn. 42.

keit bei der Kalkulation nicht zu fördern. Es muss sich in der Regel um einen entschuldbaren Irrtum handeln[22]. Unentschuldbare Irrtümer werden als Verschulden des Irrenden bewertet, der die Folgen seines Irrtums tragen muss. Im Bauvertrag ist nur der echte Kalkulationsirrtum beachtlich, der einen tatsächlichen Irrtum über den Preis voraussetzt. Dagegen ist der Irrtum über den Umfang und den Wert der Arbeit unbeachtlich[23]. Maßgeblich ist im Einzelfall, ob der Irrtum substantiellen Charakter hat. Beauftragt der Bauherr nach Einholung eines Bodengutachtens und unter Beiziehung eines Architekten ein Unternehmen mit Erdarbeiten und stellt sich trotzdem heraus, dass umfangreiche Arbeiten zu Beseitigung von Felsen erforderlich werden, kann ein substantieller Irrtum über den Umfang der Arbeiten vorliegen, der die irrtumsbedingte Vertragsaufhebung rechtfertigt[24]. Erteilt der Bauherr dagegen ohne Einschaltung eines Architekten Aufträge ohne klare Preisabsprache und ohne vorherige Aufklärung des für die Gründung erforderlichen Aufwandes und legt der Unternehmer nach Aufnahme der Arbeiten und Vorlage der Gründungsplanung ein Angebot über Mehrforderungen vor, kann sich der Bauherr dagegen nicht auf einen Irrtum berufen, um den Folgen einer einseitigen Kündigung zu entgehen[25]. In einem solchen Fall verhält sich der Bauherr fahrlässig und muss die Folgen seines Verhaltens tragen[26].

b. Geschäftsfähigkeit. Die Geschäftsfähigkeit ist die Regel, das Gegenteil die Ausnahme[27]. Nicht geschäftsfähig sind insbesondere die Minderjährigen und die Dementen (Art. 1124 Code Civil), die Geistesschwachen (Art. 499 Code Civil). 9

c. Gegenstand. Der erlaubte, mit den guten Sitten und der Rechtsordnung vereinbare Gegenstand (objet licite) des Rechtsgeschäfts muss bestimmt oder bestimmbar sein und die Erfüllung darf nicht unmöglich sein. Zur Bestimmbarkeit des Gegenstandes genügen Angaben zur Menge und zur Gattung (vgl. Art. 1129 Code Civil). Ist der Gegenstand des Vertrages so unbestimmt, dass seine Erfüllung durch den Unternehmer allein von seinem Ermessen abhängt, ist der Vertrag wegen Fehlens des Gegenstandes nichtig[28]. 10

Ist die Erfüllung des Geschäfts objektiv unmöglich, ist der Vertrag nichtig (vgl. Art. 1601 Code Civil zum Kauf). Ein Bauvertrag, der zwingend Leistungen voraussetzt, die nicht im Auftrag umfasst sind, kann u.U. undurchführbar (im Sine von Unmöglichkeit) sein[29]. Ein Vertrag, der gegen das Verbot der Unvereinbarkeit von Architekten- und Bauleistungen verstößt, d.h. ein solcher, bei dem der Architekt zugleich die Ausführung von Bauleistungen übernimmt, kann nichtig sein[30]. 11

d. Kausa (cause). Die Verpflichtung ohne Grund (sans cause) oder mit falschem Grund (fausse cause) oder mit unerlaubtem Grund (cause illicite) ist nicht wirksam (Art. 1131 Code Civil). Art. 1131 Code Civil verwendet den Begriff „cause“ mit zwei unterschiedlichen Bedeutungen. Die „cause illicite“ ist etwas anderes als das unerlaubte Ziel (but illicite). Bei letzterem geht es um den Gegenstand des Vertrages, der nicht unerlaubt sein darf und nicht gegen die guten Sitten oder die Rechtsordnung verstoßen darf. Im 12

---

22 Dekkers, Précis de droit civil belge, Rn. 48.

23 Delvaux/Dessard, Contrat d'entreprise de construction, Rn. 128.

24 Cass.civ. (F), 11.01.1995, S.R.L.J.M:D.C. ./. Société Pacific Construction, zitiert nach Flamme/Flamme/Delvaux/Pottier, Contrat d'entreprise, Rn. 30.

25 CA Gand, 03.12.1993, R.W. 1994–1995, 644.

26 Vgl. Flamme/Flamme/Delvaux/Pottier, Contrat d'entreprise, Rn. 39.

27 Dekkers, Précis de droit civil belge, Rn. 64.

28 Liège, 06.01.1992, J.L.M.B. 1992, 1289 (Bauträgervertrag); Anvers, 10.11.1999, A.J.T. 1999–2000, 259 (Architektenvertrag); Flamme/Flamme/Delvaux/Pottier, Contrat d'entreprise, Rn. 29.

29 Delvaux/Dessard, Contrat d'entreprise de construction, Rn. 133.

30 Delvaux/Dessard, Contrat d'entreprise de construction, Rn. 133.

Gegensatz dazu stellt sich bei der Verpflichtung **sans cause** oder mit **fausse cause** ein anderes Problem; das der abstrakten Verpflichtung (promesse abstraite)[31]. Hierunter versteht man eine Verpflichtung, die keinerlei Vorteil mit sich bringt.

Beispiel: Ich verspreche Ihnen 1000 €. Das ist eine abstrakte Verpflichtung. Steht dem Versprechen dagegen ein Vorteil entgegen, der z.B. in der Überlassung des Betrages als Darlehen bestehen kann, handelt es sich nicht mehr um eine abstrakte Verpflichtung[32].

13 Solche abstrakten Verpflichtungen (z.B. Orderpapiere, Inhaberpapiere, Abtretung) haben nach Art. 1131 Code Civil keine Wirkung (aucun effet). Die gleichwohl unbestrittene Wirksamkeit solcher Verpflichtungen erklärt sich aus dem Bedürfnis der Sicherheit von Transaktionen. Im Rechtsverkehr können die Parteien auch individuell ein solches Bedürfnis schaffen und damit abstrakte Verpflichtungen wirksam begründen[33]. Die Zulässigkeit abstrakter Bankgarantien ist mithin heute allgemein anerkannt[34].

14 **e. Form.** Gewisse Geschäfte bedürfen einer besonderen Form, z.B. solche, die der Eintragung in das Grundbuch bedürfen. Verträge über einen Wert von mehr als 375 € müssen schriftlich gefasst werden (Art. 1341 Code Civil), doch handelt es sich insoweit lediglich um eine Beweisvorschrift[35]. Fehlt es an der Schriftform kann der Beweis durch Zeugen geführt werden, wenn ein Anfangsbeweis (commencement de preuve) im Sinne des Art. 1147 Code Civil geführt werden kann, z.B. durch einen eingeschriebenen Brief, mit der eine Vertragsverletzung gerügt wird, Schreiben des Auftraggebers, die technische Anweisungen beinhalten oder im Falle von Architektenverträgen eine Skizze des Auftraggebers, oder die Unterschrift des Bestellers auf einem Plan oder einem Antrag auf Baugenehmigung, auf dem der Name des Bauherrn genannt ist[36]. Der Architekt verletzt zwar seine Berufspflichten, wenn er sich den ihm erteilten Auftrag nicht schriftlich abfassen lässt (Art. 20 der Berufsordnung für Architekten), doch schließt dieser Verstoß nicht aus, dass sich der Architekt auf einen Anfangsbeweis berufen kann[37].

15 **3. Vertragsabwicklung.** Die allgemeine Vertragshaftung ist in den Art. 1134, 1135, 1137, 1142, 1147 bis 1151 Code Civil geregelt. Für Werkunternehmer gelten ergänzend die Vorschriften der Art. 1779 Abs. 3, 1787, 1789, 1791 und 1792 Code Civil[38]. Die Gerichte müssen im Einzelfall untersuchen, ob die konkrete Verpflichtung, deren Verletzung in Rede steht, den Charakter einer *obligation de résultat* oder einer *obligation de moyens* hat[39]. Es besteht keine Vermutung dahin, dass ein spezialisierter Unternehmer versteckte Mängel kennt[40].

16 Verträge sind nach Treu und Glauben abzuwickeln (l'exécution de bonne foi) und damit auf dem Hintergrund des Parteiwillens zu erfüllen. Der Vertrag verpflichtet nach Art. 1135 Code Civil die Parteien zu mehr als der Erfüllung des wörtlich ausgedrückten Vertragsinhaltes. Zu beachten sind alle Folgen, die sich aus Gerechtigkeitserwägungen, Gebräuchen und aus der Natur des Rechtsverhältnisses ergeben[41]. Hinzu kommt nach

[31] Dekkers, Précis de droit civil belge, Rn. 77.
[32] Dekkers, Précis de droit civil belge, Rn. 78.
[33] Dekkers, Précis de droit civil belge, Rn. 81.
[34] Martin/Delierneux, Les garanties bancaires autonomes, Rn. 15.
[35] Dekkers, Précis de droit civil belge, Rn. 40.
[36] Flamme/Flamme, Contrat d'entreprise, Rn. 37.
[37] Flamme/Flamme, Contrat d'entreprise, Rn. 39.
[38] Cass., 05.12.2002 Nr. C010316F.
[39] Cass., 05.12.2002 Nr. C010316F.
[40] Cass., 05.12.2002 Nr. C010316F.
[41] Dekkers, Précis de droit civil belge, Rn. 33.

modernem Verständnis, eine Verpflichtung zur Zusammenarbeit (obligation de collaboration), d.h. die Parteien sind gehalten, sich bei der Erfüllung ihrer wechselseitigen Verpflichtungen Unterstützung zu leisten. Das schließt die Pflicht zur Unterlassung aller – auch zulässigen – Maßnahmen ein, die der anderen Partei die Erfüllung ihrer Verpflichtungen erschwert oder sie verteuert[42].

Der Schuldner haftet danach auf Schadensersatz, wenn er die von ihm übernommene Verpflichtung nicht erfüllt oder in Verzug gerät, es sei denn er kann darlegen, dass die Nichterfüllung auf einem Grund beruht, den er nicht zu vertreten hat und ihm kein treuwidriges Verhalten vorgeworfen werden kann (Art. 1147 Code Civil). Bei schweren Vertragsverletzungen kann der Vertrag aufgehoben werden (Art. 1184 Code Civil). 17

4. Vertragsauflösung (dissolution). Das belgische Recht verwendet anders als das deutsche sehr viele Begriffe, die die **Auflösung** des Vertrages zum Gegenstand haben. Der Oberbegriff ist die „dissolution" (Auflösung). Im juristischen Sprachgebrauch tauchen ferner die „résiliation" des Vertrages, die „résolution" des Vertrages und die „rescision" des Vertrages, ferner auch die „révocation". Die „résiliation" meint die einseitige Auflösung des Vertrages für die Zukunft, während die „révocation" (Widerruf) den Vertrag rückwirkend beendet. Die „résolution" meint die Klage auf (prinzipiell rückwirkende) Ungültigerklärung des Vertrages. Die „réscision" meint die Nichtigerklärung eines fehlerhaft zustande gekommen Vertrages. 18

Die Parteien können einen Vertrag, an denen sie beteiligt sind, jederzeit durch einen beidseitigen Akt aufheben (résiliation bilatérale). Dann handelt es sich um einen Aufhebungsvertrag[43]. Erklärt eine der Parteien einseitig, sie wolle sich vom Vertrag lösen, handelt es sich um eine einseitige Kündigung (résiliation unilatérale). Eine solche ist nur wirksam, wenn sie entweder im Vertrag vorbehalten wurde oder von Gesetzes wegen ausdrücklich für zulässig erklärt wird. Gesetzlich zulässig ist sie u.a. beim Auftrag (mandat), allerdings nur durch den Mandanten (Art. 2004 Code Civil), beim Werkvertrag (contrat d'entreprise), allerdings nur durch den Auftraggeber (Art. 1794 Code Civil) und im Wege der Analogie bei allen unbenannten Dauerschuldverhältnissen, hier durch beide Vertragsparteien[44]. Die „résolution" ist in jedem synallagmatischen Vertragsverhältnis möglich, wenn eine der Parteien ihre Verpflichtungen nicht erfüllt (Art. 1184 Code Civil). Hierbei handelt es sich um eine Sanktion, eine zivilrechtliche Strafe[45]. Voraussetzung ist eine hinreichend schwerwiegende (suffisamment grave) und nicht behebbare (irrémédiable) Vertragsverletzung[46]. Bei einigen synallagmatischen Vertragsverhältnissen ist sie allerdings ausgeschlossen, so z.B. bei Risikoverträgen (contrats aléatoires), der Teilung (partage), bei verzinslichen Darlehen, Vergleichen (transaction) und beim Erbbaurecht (emphythéose)[47]. Bei den letzten drei Verträgen ist dies allerdings umstritten[48]. Bei der Auflösung vermittels „réscision" handelt es sich um die Vernichtung des Vertrages wegen „lésion" (Übervorteilung), die gemäß Art. 887 ff. Code Civil bei der Erbteilung (partage), bei Geschäften mit Minderjährigen (Art. 1305 Code Civil) und gemäß Art. 1674 Code Civil beim Kauf vorgesehen ist. Die réscision unterscheidet sich wiederum u.a. aus historischen Gründen und wegen des Umstandes, dass der von 19

42 Dekkers, Précis de droit civil belge, Rn. 33.
43 Dekkers, Précis de droit civil belge, Rn. 170.
44 Dekkers, Précis de droit civil belge, Rn. 172.
45 Dekkers, Précis de droit civil belge, Rn. 179.
46 Dekkers, Précis de droit civil belge, Rn. 182.
47 Dekkers, Précis de droit civil belge, Rn. 183.
48 Dekkers, Précis de droit civil belge, Rn. 183.

der Nichtigkeit betroffene die Beseitigung der Übervorteilung anbieten kann, von der Nichtigkeit (nullité). Nichtigkeit liegt vor, wenn bei seinem Zustandekommen nicht alle Erfordernisse beachtet wurden (also fehlender Konsens oder Willensmängel, fehlende Geschäftsfähigkeit, unerlaubter Gegenstand, fehlende Kausa)[49]. Insoweit ist zwischen der absoluten Nichtigkeit und der relativen Nichtigkeit zu unterscheiden[50]. Absolute Nichtigkeit liegt vor, wenn der Fehler in einem Verstoß gegen die öffentliche Ordnung oder die guten Sitten besteht. In solchen Fällen kann der Vertrag auch nicht durch eine Bestätigung (confirmation) gerettet werden[51]. Außerdem kann sich jeder Interessierte auf die Nichtigkeit berufen[52]. Die relative Nichtigkeit schützt dagegen nur private Interessen, so dass die Parteien an dem eigentlich nichtigen Vertrag festhalten können. Dies geschieht durch Bestätigung (confirmation), die den Verzicht auf die Möglichkeit beinhaltet, sich auf die Nichtigkeit zu berufen[53]. Die Nichtigkeit ist klageweise geltend zu machen (vgl. Art. 1304 Code Civil). Für die Klage wegen absoluter Nichtigkeit beträgt die Verjährungsfrist dreißig Jahre (Art. 2262 Code Civil), dagegen für Klage wegen relativer Nichtigkeit 10 Jahre (Art. 1304 Code Civil)[54]. Unter die kurze Frist fallen u.a. folgende Klagen[55]:

- Fehlender Konsens
- Fehlender Gegenstand
- Fehlende Kausa
- Fehlende Geschäftsfähigkeit

20 Wurde ein Vertrag anulliert (annulé) oder vernichtet (rescindé), entfaltet er keine Wirkungen mehr (Art. 1131, 1312 Code Civil). Für die „résolution" des Vertrages verhält es sich ähnlich. Allerdings gelten für Werkverträge Besonderheiten, weil eventuell bereits erbrachte Leistungen nicht ohne weiteres rückabgewickelt werden können[56].

II. Bauvertragsrecht

21 Das belgische zivile Bau- und Architektenrecht ist im Code Civil geregelt. Der normale Bauvertrag gehört zu den Verträgen über die Dienstleihe (contrat louage d'ouvrage oder contrat d'entreprise). Der Bauvertrag gehört deshalb systematisch zu den Miet- und Leihverträgen (Art. 1708 ff. Code Civil). Es wird zwischen der Miete von Sachen und der Miete von Leistungen unterschieden (Art. 1708 Code Civil). Die Miete von Leistungen ist ein Vertrag durch den eine Partei die andere Partei engagiert, etwas für sie auf der Grundlage eines vereinbarten Preises zu tun (Art. 1710 Code Civil). Es handelt sich auch dann um eine Leistungsmiete, wenn das Material von der Partei geliefert wird, für die das Werk hergestellt wird (Art. 1711 Code Civil). Maßgeblich sind die Art. 1779 ff. Code Civil über den contrat de louage d'ouvrage et d'industrie.

22 Aufträge der öffentlichen Hand werden nach dem Gesetz vom 24.12.1993 zur Regelung öffentlicher Arbeiten, Lieferungen und Dienstleistungen (Loi 1993) vergeben und abgewickelt. Einzelheiten der Abwicklung regelt das „Cahier Général des Charges" für öffentliche Aufträge. Für Bauträger im Wohnungsbau ist das Gesetz Breyne vom 9. Juli 1971 (M.B. 11.IX.1971) einschlägig.

---

49 Dekkers, Précis de droit civil belge, Rn. 191.
50 Dekkers, Précis de droit civil belge, Rn. 192.
51 Dekkers, Précis de droit civil belge, Rn. 193.
52 Dekkers, Précis de droit civil belge, Rn. 193.
53 Dekkers, Précis de droit civil belge, Rn. 195.
54 Dekkers, Précis de droit civil belge, Rn. 198.
55 Dekkers, Précis de droit civil belge, Rn. 198.
56 Delvaux/Dessard, Contrat d'entreprise de construction, Rn. 210.

1. Überblick. Art. 1779 Code Civil unterscheidet drei Kategorien von Verträgen in Bezug auf die Miete von Leistungen: (1) die Miete der Arbeit von Menschen, (2) das Transportwesen und (3) die Leistungen von Unternehmern (contrat louage d'ouvrage). Auf den contrat de louage d'ouvrage et d'industrie finden zunächst die allgemeinen Regelungen zum Vertragsrecht des II. Buches (Titel 3) Anwendung (Art. 1101 bis 1368 Code Civil), also insbesondere die Regelungen zum Konsens, zur Geschäftsfähigkeit und zur „cause". 23

Die Lehre qualifiziert den **Bauvertrag** als einen synallagmatischen Vertrag, durch den sich eine Person, der Unternehmer, verpflichtet, für einen anderen, genannt der Bauherr (maître de l'ouvrage), aber ohne das hierdurch ein Über-/Unterordnungsverhältnis entstünde, für einen festgelegten Preis, ein bestimmtes Werk vermittels tatsächlicher Handlungen (geistige Leistungen eingeschlossen) unter Ausschluss juristischer Akte herzustellen[57]. Die Rechtsprechung sieht in dem Bauvertrag eine Vereinbarung, durch die eine Person einen Unternehmer beauftragt, in vollständiger Unabhängigkeit ein Werk vermittels tatsächlicher Handlungen auszuführen, ohne Vertretungsmacht zu haben[58]. 24

Der Bauvertrag verpflichtet den Bauherrn 25

- den vereinbarten Preis zu entrichten
- den Unternehmer in die Lage zu versetzen, die ihm obliegenden Verpflichtungen erbringen zu können (Art. 1134 Code Civil) und
- das Werk abzunehmen[59]

2. Marktzugang. Das Gesetz vom 15. Dezember 1970 über die Ausübung beruflicher Aktivitäten der kleinen und mittelständischen Unternehmen des Handels und des Handwerks hatte in Verbindung mit den dazugehörigen Ausführungsanordnungen praktisch einen Zustand vollständiger Reglementierung des Bausektors geschaffen. Nahezu alle Akteure auf dem Bausektor übten eine staatlich reglementierte Tätigkeit aus. In diesem Zusammenhang zu beachten war vor allem das nach wie vor geltende Gesetz vom 6. Juli 1976 (Loi sur la répression du travail frauduleuxà caractère commercial ou artisanal) über die betrügerische Arbeit. Dieses Gesetz verbietet, sich betrügerische Arbeit (travail frauduleux) zu verschaffen und betrügerische Arbeiter (travailleur frauduleux) in Anspruch zu nehmen (Art. 1 des Gesetzes). Für die Anwendung dieses Gesetzes ist unter einer betrügerischen Arbeit jede Arbeit zu verstehen, die Gegenstand des Berufes des Handwerks, des Handels oder der Industrie sein kann, die außerhalb jedes Unterwerfungsverhältnisses durch eine natürliche oder juristische Person erbracht wird, die entweder nicht im Handels- oder Handwerksregister registriert ist oder die gesetzlichen Vorschriften im Bereich der Genehmigung, Unterwerfung oder Eintragung in Bezug auf die Ausübung dieses Berufes verletzt, soweit diese Arbeit, sei es durch ihre Bedeutung und ihren technischen Charakter, durch ihre Häufigkeit oder durch die Nutzung von Material oder Handwerkszeug einen spezifischen beruflichen Charakter hat (Art. 2 § 1 des Gesetzes). Verträge mit Unternehmen, die die Bedingungen nicht erfüllten, waren nichtig[60]. 26

Indirekt führt bereits das Gesetz vom 6. April 1960 – Loi concernant l'exécution de travaux de construction- dazu, dass sich Unternehmen, die Bauarbeiten ausführen wollen, im Handelsregister eintragen lassen, denn das Gesetz verbietet die Durchführung von 27

---

57 Delvaux/Dessard, Contrat d'entreprise de construction, Rn. 2.

58 Vgl. Delvaux/Dessard, Contrat d'entreprise de construction, Rn. 3.

59 Cass., 22.05.2003, N° C010440F.

60 Comm. Namur, 16.01.1990, J.T. 1990, 597; vgl. Delvaux/Dessard, Contrat d'entreprise de construction, Rn. 45.

Bauarbeiten in der Zeit vor 7 Uhr und nach 18 Uhr, sofern der Ausführende nicht im Handelsregister eingetragen ist. Der Bauunternehmer wird als Kaufmann behandelt (vgl. Art. 2 Code de Commerce)[61].

28 Das Gesetz vom 10. Februar 1998 zur Förderung der unabhängigen Unternehmen und die dazugehörige Königliche Anordnung vom 21. Oktober 1998 regeln die Zustände neu. Das Gesetz vom 15. Dezember 1970 wurde darin weitgehend aufgehoben. Das neue Recht betrifft alle kleinen und mittelständischen Unternehmen mit weniger als 50 Mitarbeitern und einem Jahresumsatz von weniger als 7 Millionen Ecus bzw. einer Bilanzsumme von weniger als 5 Mio Ecus. Die zum alten Recht ergangene Rechtsprechung gilt entsprechend fort, so dass Unternehmen die Bedingungen des Gesetzes vom 10. Januar 1998 erfüllen müssen, damit die mit ihnen abgeschlossenen Verträge wirksam sind[62].

29 Alle kleinen und mittelständischen Unternehmen, die eine Tätigkeit entfalten, die ihre Eintragung in das Handelsregister erfordert, müssen ihre Basiskenntnisse nachweisen (Art. 4 § 1 Gesetz vom 10. Februar 1998). Der Nachweis kann durch gesetzlich definierte Diplome geführt werden (vgl. Art. 4 § 3, Art. 5 § 3 und Art. 7 § 1 Gesetz vom 10. Februar 1998). Die Anerkennung ausländischer Diplome regelt eine Königliche Anordnung vom 17. Februar 2002 – Arrêté royal portant des mesures en vue de la transposition dans l'ordre juridique interne de la directive 1999/42/CE du Parlement européen et du Conseil du 7 juin 1999, instituant un mécanisme de reconnaissance des diplômes pour les activités professionnelles couvertes par les directives de libéralisation et portant mesures transitoires, et complétant le système général de reconnaissance des diplômes.

30 **3. Preis.** Im belgischen Bauvertrag ist die Preisabsprache kein konstitutiver Vertragsbestandteil[63]. Mangels Preisvereinbarung kann der Unternehmer nach Treu und Glauben abrechnen[64]. Es kann nach Aufwand oder nach Massen und Einheitspreisen abgerechnet werden. Als dritte Möglichkeit bietet sich eine pauschale Vergütung an[65]. Die größte Preissicherheit gewährt der Pauschalpreis. Mit ihm übernimmt der Unternehmer alle Risiken, und zwar das Risiko des Umfanges der Arbeiten, das der Schwierigkeiten der Arbeiten und das Risiko der Material- und Arbeitskosten[66], auch das der vorhersehbaren Unwägbarkeiten[67].

31 In der belgischen Praxis kommen überwiegend **Pauschalpreise** (forfait), und zwar entweder in der Form des absoluten Pauschalpreises (forfait absolu) oder des relativen Pauschalpreises (forfait relatif), ferner die **offre à bordereau de prix** (Einheitspreisverzeichnisse), **cost plus fee-Verträge** (marché à livre ouvert/marché à remboursement) und der **marché en régie** vor.

32 **a. Fehlende Preisabsprache.** Fehlt eine Preisabsprache, ist die Aussage, es könne nach Treu und Glauben abgerechnet werden, wenig hilfreich, wenn man die darunter zu verstehenden Bedingungen nicht kennt. Die belgische Rechtsprechung stellt in solchen Fällen auf die Einzelumstände und die Bedeutung der geleisteten Arbeit ab[68]. In der Regel geht man davon aus, dass der Unternehmer bei fehlender Preisabsprache adäquat

---

61 Delvaux/Dessard, Contrat d'entreprise de construction, Rn. 42.
62 Briey/Vergauwe, Code de droit de la Construction commenté, 213.
63 Flamme/Flamme/Delvaux/Pottier, Contrat d'entreprise, Rn. 60.
64 Flamme/Flamme/Delvaux/Pottier, Contrat d'entreprise, Rn. 60.
65 Vgl. zu den drei möglichen Abrechnungsarten de Page, Droit Civil Belge, IV, Rn. 865.
66 De Page, Droit Civil Belge, IV, Rn. 867, 905.
67 Delvaux/Dessard, Contrat d'entreprise de construction, Rn. 97.
68 Vgl. dazu Flamme/Flamme/Delvaux/Pottier, Contrat d'entreprise, Rn. 60.

abrechnet[69]. Macht der Besteller dann geltend, der abgerechnete Preis sei überhöht, muss er den Beweis für diese Behauptung führen[70].

b. Einheitspreisverträge (devis sensu stricto oder offre à bordereau de prix). In der Umgangssprache wird unter **devis** (Kostenvoranschlag) jede Form der Kostenangabe oder Kostenschätzung durch den Unternehmer verstanden[71]. Im strengen Sinne stellt der **devis** ein Angebot in Form eines Leistungsverzeichnisses (bordereau de prix) dar, in dem Einheitspreise für bestimmte Leistungstitel oder Materialien ausgepreist sind, die nach Aufmaß zu bezahlen sind, ohne dass damit ein Global- oder Pauschalpreis vorbestimmt wäre[72]. Auf der Grundlage eines solchen Vertrages gehen Kostenerhöhungen (z.B. für Material oder Lohn) zu Lasten des Unternehmers, während der Besteller das Massenrisiko trägt[73]. 33

c. Travaux en régie. Wenn der Umfang, die Risiken und die Dauer der Arbeiten nur schwer vorhersehbar sind, erlaubt es die Formel „travaux en régie" dem Unternehmer, die gelieferten Materialien, den Einsatz seines Materials und die Arbeitsleistung abzurechnen. In einem solchen Fall werden Einheitspreise für das Material und Stundensätze abgerechnet. Die **Confédération de la construction**[74] gibt regelmäßig Stundensatzempfehlungen (prix de référence) heraus[75]. In den häufig auftretenden Streitigkeiten über die Angemessenheit der abgerechneten Stunden, gehen die Gerichte nur selten über eine eher marginale Kontrolle hinaus. In der Regel prüfen sie nur, ob die Stundenlohnzettel gegengezeichnet wurden und verzichten auf die Einholung von Gutachten[76]. Nur in Ausnahmefällen und bei krasser Überschreitung des vorab geschätzten Aufwands gelingt es dem Bauherrn, mit dem Einwand der Unangemessenheit durchzudringen, etwa in dem er darlegt, dass der um mehr als 100% gestiegene Aufwand auf einer schlechten Organisation des Unternehmers beruht[77]. 34

d. Cost plus fee (rémunération en dépenses contrôlées). Der Auftrag nach offenen Büchern (à livre ouvert/marché à remboursement) oder Kostenerstattungsauftrag, in Belgien auch amerikanischer Auftrag genannt, ist der Auftrag, bei dem der bezahlende Preis den tatsächlichen Kosten für Arbeit und Material zuzüglich eines Prozentsatzes vom tatsächlich verauslagten Betrag, der die Gemeinkosten sowie Wagnis und Gewinn des Unternehmers abdeckt[78]. 35

e. Pauschalpreis. Hat sich der Unternehmer gegenüber dem Eigentümer des Baugrunds verpflichtet, ein Bauwerk zu einem Pauschalpreis nach einem festgestellten und vereinbarten Plan zu errichten, kann er keine Erhöhung des Preises verlangen, weder unter dem Vorwand erhöhter Arbeitskosten und erhöhter Materialkosten noch unter dem Vorwand von Planänderungen, wenn solche Änderungen und Erhöhungen nicht schriftlich autorisiert und der Preis mit dem Eigentümer vereinbart wurde (Art. 1793 Code Civil). 36

---

69 Comm. Hasselt, 23.09.1991, Limb. Rechtsl. 1992, 396; Flamme/Flamme/Delvaux/Pottier, Contrat d'entreprise, Rn. 60; Delvaux/Dessard, Contrat d'entreprise de construction, Rn. 110.
70 Flamme/Flamme, Contrat d'entrepise, Rn. 31; Delvaux/Dessard, Contrat d'entreprise de construction, Rn. 110.
71 Delvaux/Dessard, Contrat d'entreprise de construction, Rn. 105.
72 Delvaux/Dessard, Contrat d'entreprise de construction, Rn. 105.
73 Delvaux/Dessard, Contrat d'entreprise de construction, Rn. 105.
74 http://www.cnc.be.
75 Flamme/Flamme/Delvaux/Pottier, Contrat d'entreprise, Rn. 64.
76 Vgl. Comm. Charlerois, 24.06.1992, J.L.M.B. 1992, 1281; Comm. Bruxelles, 14.06.1991, Entr. & dr. 1995, 80; vgl. Flamme/Flamme/Delvaux/Pottier, Contrat d'entreprise, Rn. 64.
77 Vgl. CA Bruxelles, 09.12.1988, S.A. Danheux et Maroye ./. S.A. Hymec, zitiert nach Flamme/Flamme/Delvaux/Pottier, Contrat d'entreprise, Rn. 65.
78 Delvaux/Dessard, Contrat d'entreprise de construction, Rn. 106.

37 Art. 1793 Code Civil schließt Preiserhöhungen wegen erhöhter Arbeits- und Materialkosten in Bezug auf einen Pauschalpreis also grundsätzlich aus[79]. Voraussetzung ist allerdings, dass es sich um den **Bau eines Gebäudes** handelt, der von **dem Eigentümer** des Grundstücks in Auftrag gegeben wird, und zwar auf der Grundlage eines **Pauschalpreises** und nach Maßgabe eines **festgestellten und vereinbarten Planes**. Die Rechtsprechung hält sich eng an den Wortlaut der Regelung und versagt den Schutz des Art. 1793 Code Civil, wenn es sich um kein **Bauwerk** auf dem Boden des Eigentümers handelt. Unter Bauwerken sind andere als solche des Ingenieurbaus (génie civil) zu verstehen[80]. Zum génie civil gehört z.B. der Brückenbau und der Bau eines Staudammes[81]. Nicht als Bauwerk verstanden wird die Erstellung eines Schwimmbades oder eines Reinigungsbeckens[82]. Modernisierungsarbeiten und Umwandlungsarbeiten an einem bestehenden Gebäude sind ausgenommen[83]. Der Hinweis auf das Eigentum wird strikt formal verstanden[84], so dass Subunternehmer nicht erfasst werden[85]. Es muss sich zudem um einen Vertrag handeln, bei dem die Arbeiten komplett feststehen und nicht änderbar sind[86]. Einem unveränderlichen Preis sollen auch unveränderlich feststehende Arbeiten gegenüberstehen, d.h. die Arbeiten sollen vollständig erkennbar sein. Von einem feststehenden und vereinbarten Plan (un plan arrêté et convenu) ist nur dann auszugehen, wenn der Unternehmer von den Einzelheiten des Werkes und dem Ausmaß der von ihm zu erbringenden Leistungen vollständig Kenntnis nehmen kann[87].

38 Kein Pauschalfestpreis besteht daher, wenn

- der Unternehmer sich Änderungsvorbehalte ausbedingt, etwa wenn ein Dritter neue Erkenntnisse zuliefert, die Leistungserweiterungen notwendig machen[88]
- das vorgesehene Budget ist ausschließlich indikativ und damit provisorisch[89]
- der Auftrag zu einem abänderbaren Pauschalpreis vergeben wird, d.h. wenn der Auftraggeber sich vorbehalten hat, das Ausgangsprojekt zu modifizieren und die Modifikationen auf der Grundlage von Einheitspreisen bezahlt werden sollen[90]
- kein vollständiger Plan vorliegt, der die Gesamtheit aller Arbeiten definiert[91]
- der Richter feststellt, dass die Bedingungen der Arbeitsausführung, die Fristen, die Verpflichtungen des Unternehmers, die Massen und die Zahlungsbedingungen schlecht (mal) definiert sind[92]

Andererseits behält der Pauschalpreis seinen unabänderlichen Charakter, wenn sich der Auftraggeber nicht einseitig vorbehält, die Pläne zu ändern, sondern lediglich die Änderung der Pläne von seiner Zustimmung abhängig macht[93].

---

79 Flamme/Flamme/Delvaux/Pottier, Contrat d'entreprise, Rn. 353.
80 Vgl auch de Page, Droit Civil Belge, IV, Rn. 893, 894, dort zu Art. 1792 Code Civil.
81 Vgl. Boubli, Responsabilité des assurrances, des architectes, entrepreneurs et autres constructeurs, Rn. 587; de Page, Droit Civil Belge, IV, Rn. 893.
82 Vgl. Flamme/Flamme/Delvaux/Pottier, Contrat d'entreprise, Rn. 354.
83 Delvaux/Dessard, Contrat d'entreprise de construction, Rn. 99; Cass., 04.10.1951, Pas. 1952 I, 43; Cass., 16.03.1971, R.W. 1971–1972, col. 1879.
84 Flamme/Flamme/Delvaux/Pottier, Contrat d'entreprise, Rn. 358.
85 Delvaux/Dessard, Contrat d'entreprise de construction, Rn. 99.
86 Flamme/Flamme/Delvaux/Pottier, Contrat d'entreprise, Rn. 361.
87 Flamme/Flamme/Delvaux/Pottier, Contrat d'entreprise, Rn. 364.
88 Bruxelles, 11.02.1983, Entr. et dr. 1990, 374.
89 Comm. Gand, 09.04.1991, R.W. 1994–1995, 1232.
90 Liège, 21.02.1995, J.L.M.B. 1995, 1328.
91 Cass.civ. (F), 13.06.1990, vgl. Flamme/Flamme/Delvaux/Pottier, Contrat d'entreprise, Rn. 364.
92 Flamme/Flamme/Delvaux/Pottier, Contrat d'entreprise, Rn. 364.
93 Flamme/Flamme/Delvaux/Pottier, Contrat d'entreprise, Rn. 363.

39 Die belgische Rechtsprechung hat dem Unternehmer trotz Vorliegens der Voraussetzungen des Art. 1793 Code Civil einen erhöhten Zahlungsanspruch zuerkannt, wenn es dem Besteller vertraglich gestattet wird, während der Bauzeit Änderungen der Arbeiten einseitig anzuordnen[94]. Außerdem können Anpassungsklauseln (z.B. bei Lohnkostenerhöhungen) vereinbart werden[95]. Ist der Anspruch auf Mehrforderungen an eine Anweisung des Bauherrn geknüpft, kann der Unternehmer allerdings in Ermangelung einer solchen Anweisung keine zusätzlichen Arbeiten abrechnen[96].

Hinsichtlich sog. unvorhersehbarer Ereignisse (sujétions imprévues) verhalten sich die französische und die belgische Rechtsprechung bislang sehr zurückhaltend. Der Begriff hat bislang nur selten zu einer Preisänderung geführt. Grundsätzlich sind alle Arbeiten inbegriffen, die für eine gute und vollständige Fertigstellung erforderlich sind[97]. Dass der Unternehmer die zusätzlichen Arbeiten nicht vorhergesehen hat, löst keine zusätzlichen Zahlungsansprüche aus[98]. Sind solche Arbeiten jedoch nicht auf normale nicht vorhersehbare Umstände zurückzuführen, kann es durchaus zu Mehrforderungen kommen[99].

40 Auch bei Verträgen „clé en mains" (schlüsselfertigen Verträgen) kann ein Pauschalpreis vereinbart werden[100]. Voraussetzung ist, dass der Unternehmer die sich auf den Preis auswirkenden Unsicherheitsfaktoren berücksichtigen konnte und dass sein Preis einen Zuschlag für die Übernahme des Risikos enthält[101].

41 In Bezug auf öffentliche Aufträgen enthält Art. 7 Loi 1993 eine generelle Öffnungsklausel für Pauschalpreise, namentlich bei Vorliegen außerordentlicher und unvorhersehbarer Umstände, wenn es sich um einen Eilauftrag handelt.

42 **4. Baudurchführung. a. Qualität.** Der contrat louage d'ouvrage (contrat d'entreprise, contrat d'industrie) verpflichtet den Unternehmer üblicherweise lediglich dazu, die übernommenen Arbeiten mit der normalerweise üblichen Sorgfalt auszuführen[102]. Gegenstand seiner Verpflichtung ist also ein bestimmtes Verhalten (**obligation de moyens**). Dem Unternehmer obliegt damit eine generelle Sorgfaltsverpflichtung, die ihm auferlegt, während der Ausführung der Arbeiten alle Vorsichtsmaßnahmen, die es ihm erlauben vorhersehbaren Schaden abzuwenden, zu treffen[103]. Grundsätzlich übernimmt der Unternehmer wie auch der Architekt also keine **obligation de résultat**[104], wenngleich die Rechtsprechung nicht zögert, in Bezug auf gewisse Verpflichtungen von einer „obligation de résultat" zu sprechen[105]. Eine derartige „obligation de résultat" verpflichtet dazu, einen bestimmten Erfolg zu erbringen[106], also z.B. ein bestimmtes Werk abzuliefern. Es gibt auch Mischformen von Werkverträgen, die den Unternehmer teilweise zu einem bestimmten Verhalten und teilweise zu einem bestimmten Erfolg verpflichten[107]. Maßgeblich ist der Parteiwille, der anhand bestimmter typischer Kriterien festgestellt wird[108],

---

94 Cass.civ., 12.01.1968, Pas. DE 1968, 606.
95 Cass.civ., 16.03.1972, Pas. DE 1972 I, 663.
96 Cass.civ., 03.05.1973, Pas. DE 1973 I, 810.
97 Flamme/Flamme/Delvaux/Pottier, Contrat d'entreprise, Rn. 375.
98 Flamme/Flamme/Delvaux/Pottier, Contrat d'entreprise, Rn. 368.
99 CA Bruxelles, 16.06.2000; vgl. Flamme/Flamme/Delvaux/Pottier, Contrat d'entreprise, Rn. 369; Delvaux/Dessard, Contrat d'entreprise de construction, Rn.101.
100 Boon/Goffin, Contrat clé en mains, Rn. 50.3.
101 Boon/Goffin, Contrat clé en mains, Rn. 50.3.
102 Dubuisson/Fontaine, Les assurances de la construction en Belgique, 51.
103 Dubuisson/Fontaine, Les assurances de la construction en Belgique, 52.
104 Cass.civ., 07.02.1992, Pas. DE 1992 I, 503.
105 Vgl. Dubuisson/Fontaine, Les assurances de la construction en Belgique, 60.
106 Flamme/Flamme/Delvaux/Pottier, Contrat d'entreprise, Rn. 129.
107 Flamme/Flamme/Delvaux/Pottier, Contrat d'entreprise, Rn. 129.
108 Flamme/Flamme/Delvaux/Pottier, Contrat d'entreprise, Rn. 131.

z.B. anhand der Präzision, mit der die Leistungsverpflichtung definiert ist oder danach, ob das Ergebnis unverzichtbar dafür ist, dass die Leistung des Unternehmers nutzbar ist.

43 Der Besteller hat Anspruch auf Lieferung in Natur[109]. Die Erfüllung kann durch Verhängung eines Ordnungsgeldes (astreinte) erzwungen werden. Auf Antrag verurteilt das Gericht den Schuldner auf Zahlung des Ordnungsgeldes. Das Ordnungsgeld kann mit Schadensersatz kombiniert werden[110]. Besteht an der Lieferung in Natur keinerlei Interesse des Gläubigers mehr, kann Schadensersatz verlangt werden. Das Interesse entfällt z.B., wenn deutlich wird, dass die Mängel nicht mehr behoben werden können[111]. Der Besteller kann sich auch gerichtlich ermächtigen lassen, die fehlenden Leistungen selbst oder durch Dritte durchzuführen[112]. Dieses Recht ist allerdings mit den Bedürfnissen der Praxis nur schwerlich vereinbar, da es die Einschaltung des Gerichts voraussetzt. Nur in Ausnahmefällen (z.B. bei schweren Mängeln und Eilbedürftigkeit) haben die belgischen Gerichte die Ersatzvornahme nachträglich gebilligt[113]. Das Recht, die Ersatzvornahme ohne Anrufung des Gerichts zu betreiben, kann aber vertraglich ausbedungen werden[114].

44 **b. Zeit.** Der Bauvertrag regelt auch die Haftung für die Einhaltung der Bauzeit. Die Bauzeit kann entweder durch die Festlegung eines nach dem Datum bestimmten Fertigstellungstermins, nach Kalendertagen, Wochen oder Monaten oder nach Werktagen vereinbart werden. Sind die vertraglichen Angaben als fester und nicht lediglich als voraussichtlicher Fertigstellungstermin zu verstehen, kann der Bauherr umgehend die Ersatzvornahme einleiten, ohne zuvor den Vertrag gerichtlich aufheben zu lassen[115]. Fehlt eine diesbezügliche Vereinbarung, kann der Bauherr die Fertigstellung binnen einer angemessenen Frist anmahnen und den Unternehmer darüber informieren, dass er beabsichtige den entstehenden Schaden geltend zu machen[116]. Überschreitet der Unternehmer die vereinbarte Bauzeit, kann der Bauherr die Zahlung des vereinbarten Preises verweigern, auch wenn das Werk nach den Regeln der Baukunst fertig gestellt wurde[117]. Der Einbehalt muss sich allerdings auf den durch die Verspätung entstehenden Schaden beschränken, den der Bauherr darlegen und beweisen muss. Sieht der Vertrag für den Fall der Verspätung pauschalisierte Ersatzbeträge vor, ist der Bauherr von dem Nachweis der Schadenshöhe entbunden[118]. Die Rechtsprechung erachtet allerdings Klauseln für unwirksam, denen zufolge der Unternehmer im Falle der Verspätung eine Pönale von x EUR pro Tag verwirkt und sich der Bauherr gleichwohl vorbehält, den gesamten Schaden geltend zu machen[119]. Die Vertragsstrafeklausel darf den Bauherrn keinesfalls gegenüber der Lage bereichern, in der er sich im Falle rechtzeitiger Fertigstellung befinden würde[120].

45 Vereinbarte Bauzeiten können jedoch hinfällig werden, wenn zusätzliche Arbeiten erforderlich werden, die auf Umständen beruhen, die der Unternehmer nicht zu vertreten hat[121]. Zu solchen Umständen zählt u.U. auch die mangelhafte Koordinierung der Arbei-

---

[109] Delvaux/Dessard, Contrat d'entreprise de construction, Rn. 194.
[110] Delvaux/Dessard, Contrat d'entreprise de construction, Rn. 198.
[111] Delvaux/Dessard, Contrat d'entreprise de construction, Rn. 197.
[112] Delvaux/Dessard, Contrat d'entreprise de construction, Rn. 200.
[113] Vgl. dazu die Nachweise bei Delvaux/Dessard, Contrat d'entreprise de construction, Rn. 201.
[114] Delvaux/Dessard, Contrat d'entreprise de construction, Rn. 202.
[115] Comm. Hesselt, 20.09.1999, R.G.D.C. 2000, 114.
[116] Flamme/Flamme/Delvaux/Pottier, Contrat d'entreprise, Rn. 184.
[117] Delvaux/Dessard, Contrat d'entreprise de construction, Rn. 170.
[118] Delvaux/Dessard, Contrat d'entreprise de construction, Rn. 170.
[119] Comm. Bruxelles, 08.01.1968, Entr. & dr. 1974, 73.
[120] Cass., 24.11.1972, R.C.J.B. 1973, 302; Delvaux/Dessard, Contrat d'entreprise de construction, Rn. 170.
[121] Bruxelles, 27.04.1989, Res et jura imm. 1990, 245.

ten durch den Bauherrn[122]. Andererseits hat die Cour d'Appel Liège entschieden, dass sich ein Architekt nicht verpflichten kann, Verspätungsschäden in Form einer Vertragsstrafe zu übernehmen, für die der ausführende Unternehmer verantwortlich ist[123]. Doch steht diese Rechtsprechung in der Kritik. Die französische Cour de Cassation hat die Koordinierungshaftung des Architekten anerkannt, wenn letzterer bei der Abstimmung der Arbeiten keine Vorsichtsmaßnahmen getroffen hat[124]. In der belgischen Literatur wird daher die Entscheidung der CA Liège nicht vorbehaltlos geteilt[125].

c. Gefahrtragung. Die Leistungen von Unternehmern können in der Form bedungen werden, dass der Unternehmer auch das Material liefert (Art. 1787 Code Civil). Geht die zu liefernde Sache vor der Ablieferung unter, trägt das Risiko der Unternehmer, es sei denn der Besteller befand sich im Verzug der Annahme (Art. 1788 Code Civil). Hat der Unternehmer nur seine Arbeit zu leisten, trägt der Besteller das Risiko des Untergangs (Art. 1789 Code Civil). Die Vorschrift ist aber missverständlich angelegt. Der Unternehmer hat zwar nur für sein Verschulden einzutreten (Art. 1789 Code Civil), doch sieht Art. 1190 Code Civil vor, dass der Unternehmer keine Vergütung beanspruchen kann, wenn das überlassene Material ohne Verschulden des Unternehmers durch einen Dritten zerstört wird, es sei denn der Verlust beruht auf einem Mangel des Materials selbst. Art. 1789 Code Civil ist daher so zu lesen, dass der Unternehmer das Risiko des Verlustes trägt, es sei denn er beweist, dass der Schaden nicht auf seinem Verschulden beruht[126]. Art. 1789 Code Civil regelt also nicht die Beweislast, die sich aus Art. 1315, 1302 Code Civil ergibt, weil den Unternehmer eine Verpflichtung zur Herausgabe trifft[127]. 46

Den Art. 1788 und 1789 Code Civil liegt die Überlegung von der „garde de la chose" zugrunde[128]. Die hieraus begründete Rechtslage kann von den Parteien gestaltet werden[129]. Die Ablieferung, mit der der Unternehmer das Risiko der von ihm zu liefernden Materialen auf den Besteller verlagert, wird als Überantwortung der tatsächlichen Sachherrschaft verstanden[130]. Das Risiko des zufälligen Untergangs trägt der Unternehmer nach Art. 1788 Code Civil selbst dann, wenn der Besteller den Vertrag einseitig nach Art. 1794 Code Civil gekündigt hat[131]. 47

d. Beendigung des Bauvertrages. Der Werkvertrag endet durch den Tod des Unternehmers oder die Kündigung durch den Bauherrn. Der Bauherr kann den Bauvertrag jederzeit kündigen (Art. 1794 Code Civil). Die Rechtsfolgen ergeben sich abschließend aus Art. 1794 Code Civil. Kündigt der Bauherr einseitig, muss er dem Unternehmer die bereits erbrachten Leistungen bezahlen und ihn so stellen, wie er bei Durchführung des Vertrages gestanden hätte, d.h. der Bauherr muss das entrichten, was der Unternehmer ohne die Kündigung verdient hätte[132]. Letzteres schließt die vereinbarten Ausgaben, den ausbleibenden Gewinn und eventuelle Komplementärschäden ein[133]. Art. 1794 Code Civil hat keinen zwingenden Charakter und kann daher abbedungen werden[134]. Der kündigungsbedingte Gewinnausfall kann mithin bei Vertragsschluss pauschalisiert 48

---

122 Vgl. Flamme/Flamme/Delvaux/Pottier, Contrat d'entreprise, Rn. 192.
123 CA Liège, 21.02.1995, J.L.M.B. 1995, 1328.
124 Cass.civ (F)., 19.06.1996, R.D.I. 1996, 57.
125 Vgl. Flamme/Flamme/Delvaux/Pottier, Contrat d'entreprise, Rn. 191.
126 Flamme/Flamme/Delvaux/Pottier, Contrat d'entreprise, Rn. 348.
127 Delvaux/Dessard, Contrat d'entreprise de construction, Rn. 172.
128 Delvaux/Dessard, Contrat d'entreprise de construction, Rn. 172.
129 Delvaux/Dessard, Contrat d'entreprise de construction, Rn. 172.
130 Delvaux/Dessard, Contrat d'entreprise de construction, Rn. 172.
131 Cass.civ., 24.09.1981, Pas. 1982 I, 124.
132 De Page, Droit Civil Belge, IV, Rn. 914.
133 Flamme/Flamme/Delvaux/Pottier, Contrat d'entreprise, Rn. 620.
134 Flamme/Flamme/Delvaux/Pottier, Contrat d'entreprise, Rn. 633.

werden[135]. Die Parteien können auch gänzlich auf das Kündigungsrecht verzichten. Zweifelhaft ist, ob es zulässig ist, das einseitige Kündigungsrecht zu erhalten und lediglich vollständig die Rechtsfolgen zugunsten des Unternehmers abzubedingen. Durch die Ausübung des Kündigungsrechts verzichtet der Besteller auf alle weiteren Ansprüche gegen den Unternehmer[136]. Lediglich die Risiken aus Art. 1788 Code Civil trägt der Unternehmer noch bis zur Übergabe[137].

49 Im Falle der Nichterfüllung ist daher nach Art. 1184 Code Civil vorzugehen. Nach Art. 1184 Code Civil wohnt synallagmatischen Verträgen für den Fall, dass eine der Parteien ihren Verpflichtungen nicht nachkommt, stets eine **auflösende Bedingung** inne. Doch führt der Eintritt der Bedingung nicht unmittelbar zur Vertragsauflösung. Der Besteller kann vielmehr nur entweder den Unternehmer zur Vertragserfüllung zwingen, wenn sie möglich ist, oder die Auflösung des Vertrages bei Gericht zusammen mit Schadensersatz und Zinsen verlangen (Art. 1184 Code Civil). Art. 1184 Code Civil ist nicht zwingend[138]. Abweichende vertragliche Regelungen sollten deutlich hervorheben, dass Art. 1184 Code Civil abbedungen ist. Anderenfalls kann eine abweichende Regelung als bloße Verweisung auf Art. 1184 Code Civil missverstanden werden[139]. Klauseln, die Art. 1184 Code Civil abändern, unterliegen richterlicher Kontrolle[140]. Die belgischen Gerichte neigen dazu, Art. 1184 Code Civil streng zu interpretieren[141].

50 **5. Abnahme.** Das fertig gestellte Werk ist zu übergeben und vom Besteller abzunehmen[142]. Normalerweise wird die Abnahme, d.h. die Bestätigung der Vertragskonformität des Werkes in einem Protokoll festgehalten[143]. Die Abnahme kann aber auch stillschweigend erfolgen[144]. Bei öffentlichen Aufträgen und solchen, die dem Gesetz Breyne unterliegen, ist jedoch eine besondere Form vorgeschrieben[145]. Art. 1791 Code Civil nennt ausdrücklich als Akt, mit dem die Abnahme konkludent erfolgt, die Zahlung auf die Leistung. Die Abnahme kann aber auch durch Inbesitznahme und jeden anderen Akt, der als Genehmigung gewertet werden kann, erfolgen[146]. Im Prinzip soll sich der Bauherr bei der Abnahme davon überzeugen, dass die Arbeiten in Übereinstimmung mit den Regeln der Baukunst und dem Leistungsverzeichnis erbracht wurden und dies zum Ausdruck bringen[147]. Hauptsächlich hat die Abnahme Bedeutung für die Mangelhaftung. Mit der Abnahme erlischt die Mangelhaftung, es sei denn der Besteller nimmt die Abnahme unter Vorbehalt bestimmte Mängelrügen vor[148]. Nur für solche Mängel, die die Solidität des Bauwerkes beeinträchtigen, bleibt die Haftung unbeschadet der Abnahme erhalten[149].

51 In der Praxis überwiegt ein **zweistufiges** Abnahmeverfahren, das oftmals sogar als bestehender Brauch bezeichnet wird[150]. Zunächst erfolgt die provisorische Abnahme und

135 Flamme/Flamme/Delvaux/Pottier, Contrat d'entreprise, Rn. 622.
136 Delvaux/Dessard, Contrat d'entreprise de construction, Rn. 334.
137 Delvaux/Dessard, Contrat d'entreprise de construction, Rn. 334.
138 Delvaux/Dessard, Contrat d'entreprise de construction, Rn. 212.
139 Delvaux/Dessard, Contrat d'entreprise de construction, Rn. 212.
140 Delvaux/Dessard, Contrat d'entreprise de construction, Rn. 212.
141 Vgl. Mons, 28.02.1979, Pas. 1979 II, 68.
142 Delvaux/Dessard, Contrat d'entreprise de construction, Rn. 182.
143 De Page, Droit Civil Belge, IV, Rn. 886.
144 Cass., 24.10.1963, Pas. 1964 I, 197; Delvaux/Dessard, Contrat d'entreprise de construction, Rn. 188.
145 Delvaux/Dessard, Contrat d'entreprise de construction, Rn. 188.
146 De Page, Droit Civil Belge, IV, Rn. 886.
147 Delvaux/Dessard, Contrat d'entreprise de construction, Rn. 182.
148 De Page, Droit Civil Belge, IV, Rn. 889.
149 De Page, Droit Civil Belge, IV, Rn. 892.
150 Vgl. Flamme/Flamme/Delvaux/Pottier, Contrat d'entreprise, Rn. 260; Delvaux/Dessard, Contrat d'entreprise de construction, Rn. 183.

sodann die endgültige Abnahme[151]. Letztere soll eine Willenserklärung sein, da sie Rechte konstituiert[152]. Mit der vorläufigen Abnahme soll der Umstand bestätigt werden, dass das Bauvorhaben fertig gestellt ist und der Bauherr soll das Werk in Besitz nehmen können. Nach einer Überprüfungsphase soll dann die endgültige Abnahme erfolgen. Über die Bedeutung der beiden Akte besteht jedoch Unsicherheit. Der Umstand der Fertigstellung als solcher bedarf jedenfalls keiner besonderen Feststellung und tritt demgemäß rein tatsächlich ein; bedarf also keiner vorläufigen Abnahme[153]. Gerade hierin soll aber die Bedeutung der vorläufigen Abnahme bestehen[154]. Nach vordringender Auffassung jedoch bewirkt bereits die vorläufige Abnahme Folgendes[155]:

- Übergang der Gefahr auf den Bauherrn
- Beendigung des Auflaufens der Vertragstrafe für Verspätung
- Fälligkeit des Zahlungsanspruches des Unternehmers
- Verlust der Einwände nach dem Gesetz Breyne
- Verlust der Einwände in Bezug auf offen liegende und erkennbare Mängel
- Fristbeginn für die décennale und die normale Mangelhaftung

Im Zweifel sollte daher vertraglich exakt geregelt werden, wie vorgegangen werden soll.

6. Zurückbehaltungsrecht. In synallagmatischen Verträgen kann jederzeit das Zurückbehaltungsrecht ausgeübt werden[156]. Voraussetzung ist eine sichere und fällige Forderung und guter Glaube[157]. Das Zurückbehaltungsrecht bedarf keiner Erwähnung im Vertrag[158] und es ist konkursfest[159]. Der Eigentumsvorbehalt hat in der Praxis nur geringe Bedeutung[160]. 52

7. Mängelhaftung. a. Grundlagen. Die Mangelhaftung hat unterschiedliche Grundlagen. Die Haftung des Bauunternehmers und des Architekten bestimmt sich nach Art. 1147 und 1792, 2270 Code Civil. Letztere verschärft die Haftung für bestimmte Mängel gegenüber der Haftung aus Art. 1147 Code Civil. Wird die hergestellte Sache ganz oder teilweise aufgrund eines Mangels zerstört, auch wenn es sich um einen Fehler im Baugrund handelt, sind der Architekt und der Unternehmer dafür für die Dauer von zehn Jahren verantwortlich (Art. 1792, 2270 Code Civil). Der Wortlaut des Art. 1792 Code Civil umfasst alle Mängel, die die Solidität des Bauwerks beeinträchtigen[161]. Alle anderen Mängel fallen unter Art. 1147 Code Civil[162]. In Belgien hat die Haftung nach Art. 1147 Code Civil (droit commun) eine erheblich größere praktische Bedeutung als die Haftung nach der sog décennale (Art. 1792, 2270 Code Civil), denn anders als im französischen Recht gibt es in Belgien weder eine gesetzliche „garantie de bon fonctionnement" noch eine „garantie de parfait achèvement". 53

[151] Flamme/Flamme/Delvaux/Pottier, Contrat d'entreprise, Rn. 259; vgl. auch Art. 40 der Honorartabelle für Architekten.
[152] Delvaux/Dessard, Contrat d'entreprise de construction, Rn. 185.
[153] Cass., 12.11.1987, Entr. & dr. 1987, 183.
[154] Delvaux/Dessard, Contrat d'entreprise de construction, Rn. 182.
[155] Vgl. Flamme/Flamme/Delvaux/Pottier, Contrat d'entreprise, Rn. 261.
[156] Delvaux/Dessard, Contrat d'entreprise de construction, Rn. 218.
[157] Delvaux/Dessard, Contrat d'entreprise de construction, Rn. 218.
[158] Delvaux/Dessard, Contrat d'entreprise de construction, Rn. 218.
[159] Delvaux/Dessard, Contrat d'entreprise de construction, Rn. 219; Cass., 07.11.1935, Pas. 1936 I, 43; Cass., 22.06.1979, Pas. 1979 I, 1230.
[160] Vgl. § 22 8.
[161] Flamme/Flamme/Delvaux/Pottier, Contrat d'entreprise, Rn. 405.
[162] De Page, Droit Civil Belge, IV, Rn. 881.

54 **Tabelle 10.1.** Überblick über das Haftungssystem

	Allgemeine Haftung (Responsabilité contractuelle de droit commun)	**Haftung nach der décennale (Responsabilité décennale)**
Natur und Charakteristika der Haftung	Vertragliche Haftung: – bezweckt den Schutz des Bestellers – Haftung für **faute**; der Besteller muss den Verschuldensbeweis erbringen	Vertragliche Haftung: – sie ist zwingend – bezweckt den Schutz des Bestellers und den Schutz der Öffentlichkeit – Haftung für Verschulden, der Besteller muss den Beweis erbringen (aber: Vermutung)
Natur des Mangels Reichweite der Haftung	Leichte versteckte Mängel (Vices cachés véniels), z.B. nicht aufdeckbare, nicht schwerwiegende Mängel, die die Erteilung der Abnahme verhindert hätten, in dem sie die Ablieferungsfähigkeit und normale Ingebrauchnahme des Gebäudes beeinträchtigen (vices indécelables non graves qui auraient compromis l'octroi de la réception-agréation en affectant l'aptitude de l'immeuble à être livré et normalement exploité ou occupé). Der Ersatz muss den gesamten Schaden decken (réparation intégrale).	Schwere Mängel, verdeckt oder offensichtlich, Der Natur, dass die Solidität oder die Stabilität des Werkes beeinträchtigt ist, darin eingeschlossen zukünftige und sich entwickelnde Schäden (dommages futurs et évolutifs) (Definition der Rechtsprechung zum Begriff der großen Arbeiten (d'édifice et de gros ouvrages) Der Ersatz muss den gesamten Schaden decken (réparation intégrale).
Regime Anwendung	Mangels vertraglicher Festlegung einer angemessenen Bewährungsfrist, innerhalb derer der Unternehmer das Risiko des Auftretens leichter versteckter Mängel trägt, muss die Klage auf Mängelhaftung innerhalb angemessener Frist (ohne schuldhaftes Zögern) erhoben werden, die mit der Entdeckung des Mangels zu laufen beginnt. Die Klage muss spätestens 10 Jahre nach der endgültigen Abnahme erhoben werden. Der Anspruch verjährt binnen einer Frist von zehn Jahren (art. 2262 bis Code Civil).	Die zehnjährige Frist ist eine Ausschlussfrist, die nur durch eine Hauptsacheklage oder ein Anerkenntnis unterbrochen werden kann.
Beginn der Haftung	Ab Entdeckung des Mangels	Die Haftung nach der décennale beginnt mit der endgültigen Abnahme, es sei denn die Parteien haben vereinbart, dass bereits die vorläufige Abnahme entsprechende Wirkung hat.
Haftende Personen	Unternehmer oder Architekt	Unternehmer oder Architekt
Haftungsbegrenzungs- oder -ausschlussklauseln	Klausel, die die Garantie- und Haftungszeit für einfache versteckte Mängel festlegt, z.B. eine Klausel, mit der der Besteller akzeptiert, dass einfache versteckte Mängel, die nach Ablauf der Frist auftreten, zu seinen Lasten gehen	Die Haftung aus der décennale kann weder beschränkt noch ausgeschlossen werden.
Haftungseinwände	– force majeure – Verschulden (Rechtswidrigkeit) seitens des Bestellers	– force majeure – Verschulden (Rechtswidrigkeit) seitens des Bestellers

b. Haftung nach dem droit commun. Die Haftung nach dem **droit commun** setzt voraus, dass das Bauvorhaben entweder noch nicht abgenommen wurde oder dass die Abnahme mit Vorbehalten erfolgte, auf die sich dann die Haftung beschränkt, oder dass versteckte Mängel gerügt werden[163]. Die Haftung erstreckt sich auf Fälle der verspäteten Ausführung, der fehlerhaften Bauausführung, Fehler bei der Beratung, Fehler bei der Erstellung der Leistungsverzeichnisse (Architekt), Rechtsmängel und Mängel der Ausführung von Arbeiten, die keine klassischen Bauleistungen sind (z.B. Renovierungsarbeiten, Malerarbeiten etc.), sowie auf die sog. versteckten Mängel[164]. 55

Zu unterscheiden ist danach, ob sich der Unternehmer zu einer obligation de résultat verpflichtet hat oder ob sich seine Verpflichtung in einer obligation de moyens erschöpft. Ob eine obligation de moyens oder eine obligation de résultat in Rede steht, entscheidet sich danach, was im Vertrag geregelt ist, und zwar für jede konkrete Verpflichtung gesondert[165]. Mithin kann ein Vertrag nebeneinander beide Charaktere vereinigen[166]. Dabei kann das Zurückgreifen auf einen Spezialisten eher Ausdruck dafür sein, dass es sich um ein ungewisses bzw. riskantes Vorhaben handelt, als dass der Bauherr ein feststehendes Ergebnis erwartet[167]. Handelt es sich um eine obligation de résultat, ist der Beweis des Verschuldens (der „faute") erheblich erleichtert, denn es genügt in der Regel die Darlegung einer Störung (désordre)[168]. 56

Besondere Bedeutung hat Art. 1147 Code Civil für die sog. **versteckten Mängel** (vices cachés). Die belgische Cour de Cassation hat entscheiden, dass die Haftung für versteckte Mängel nicht durch die Abnahme beendet wird, selbst wenn sich die Mängel nicht auf die Solidität des Werkes oder auf wesentliche Teile desselben auswirken[169]. Dem Bauherrn obliegt zwar grundsätzlich der Beweis, dass ein versteckter Mangel vorliegt, doch es wird vermutet, dass die Störung während der Abnahme nicht erkennbar war, so dass es letztlich dem Unternehmer obliegt, den Entlastungsbeweis zu führen, selbst wenn er sich bei der Abnahme der Hilfe und Unterstützung eines Fachmannes versichert hatte[170]. Der Gegenbeweis ist nicht leicht zu führen, weil der Unternehmer gezwungen ist, wenigstens einer der drei folgenden Aspekte darzulegen und zu beweisen: 57

- der Mangel muss äußerlich sichtbar sein
- der Ausgangsmangel wurde von dem Bauherrn festgestellt
- das Ausmaß des Schadens war dem Bauherrn bekannt

Es folgt hieraus, dass die Rechtsprechung von einem versteckten Mangel ausgeht, wenn der Mangel nachträglich in seinem gesamten Umfang (dans leur ampleur) oder in seinen gesamten Konsequenzen offenbar wird[171]. Beispiele für versteckte Mängel sind u.a.[172]: 58

- Überkapazität der Kühlung, die einen exzessive Engergieverbrauch nach sich zieht
- Aufplatzen von Steinen, die unzureichend gegen Frost geschützt waren
- Auftreten von Wasserlachen auf einem Parkplatz, die auf eine Anomalie des Oberflächenaufbaus zurückzuführen ist, die bei der Abnahme nicht erkennbar war

---

163 Flamme/Flamme/Delvaux/Pottier, Contrat d'entreprise, Rn. 381.
164 Flamme/Flamme/Delvaux/Pottier, Contrat d'entreprise, Rn. 381.
165 Delvaux/Dessard, Contrat d'entreprise de construction, Rn. 163.
166 Gand, 21.04.1976, Entr. & dr. 1980, 4.
167 Delvaux/Dessard, Contrat d'entreprise de construction, Rn. 163.
168 Flamme/Flamme/Delvaux/Pottier, Contrat d'entreprise, Rn. 385.
169 Cass., 25.10.1985, Entr. et dr. 1986, 204; Flamme/Flamme/Delvaux/Pottier, Contrat d'entreprise, Rn. 264.
170 Liège, 22.02.1988, J.L.M.B. 1988, 1276; a.A. Comm Charleroi, 23.11.1993, J.L.M.B. 1995, 323.
171 Flamme/Flamme/Delvaux/Pottier, Contrat d'entreprise, Rn. 271.
172 Vgl. Flamme/Flamme/Delvaux/Pottier, Contrat d'entreprise, Rn. 272.

59 Die Verjährungsfrist für die Haftung nach Art. 1147 Code Civil beträgt 10 Jahre (Art. 2262 Code Civil)[173]. Allerdings handelt es sich insoweit nur um eine Frist für die Einstandspflicht. Werden Mängel erkannt, muss innerhalb nützlicher Zeit (temps utile) Klage erhoben werden, um die Rechte aus Art. 1147 Code Civil zu erhalten[174].

60 Die Haftung aus Art. 1147 Code Civil endet grundsätzlich mit der **rügelosen** Abnahme (réception), die die vertraglichen Beziehungen in Bezug auf die Realisierung des Vorhabens beendet. Unbeschadet der Abnahme bleibt aber z.B. die Haftung des Architekten aus Fehlern der Überwachung der auszuführenden Bauleistungen, die zu einer fehlerhaften Auszahlung von Werklöhnen an Unternehmer geführt haben[175], sowie die Haftung für versteckte Mängel bestehen.

61 **c. Décennale.** Die Haftung aus Art. 1792 Code Civil kann nicht abbedungen werden[176], denn die **décennale** schützt auch öffentliche Interessen[177]. Der Wortlaut der Art. 1792, 2270 Code Civil deutet auf einen nur sehr begrenzten Anwendungsbereich hin. Doch besteht Einigkeit, dass der Wortlaut der Normen zu eng ist und dass die décennale nicht im engen Sinne zu verstehen ist[178]. Es ist deshalb nicht erforderlich, dass ein Gebäude zusammenstürzt[179]. Die Haftung aus Art. 1792 Code Civil besteht jedoch nur für **schwere** Mängel, die eine Gefahr für die Standsicherheit und die Solidität des Gebäudes bedeuten[180]. Es müssen wesentliche Bauteile (gros ouvrages) betroffen sein[181]. Als ausreichend schwerer Mangel wurde u.a. erkannt[182]:

- Mängel, die Überschwemmungen und dauerhafte Feuchtigkeitserscheinungen im Erdgeschoß verursachen
- eine Vielzahl von Rissen im Gebäude, die auf eine Verformung tragender Bauteile zurückzuführen sind
- (erhebliche) Mängel an Mauern, Dachkonstruktionen, Deckenkonstruktionen

Ist der Bauherr verpflichtet, wegen Verstößen gegen das Nachbarrecht, das errichtete Gebäude abzureissen, kann auch dies die décennale auslösen[183].

62 Die Haftung nach Art. 1792 Code Civil besteht unabhängig von der Abnahme und davon, ob der Mangel offen oder versteckt ist[184]. Art. 1792 Code Civil enthält keine Verschuldensvermutung zu Lasten des Architekten oder des Unternehmers (anders das französische Recht[185]). In Belgien obliegt es grundsätzlich dem Besteller, dem Unternehmer oder Architekten den Mangel und ein diesbezügliches Verschulden nachzuweisen[186].

---

173 Vgl. auch Flamme/Flamme/Delvaux/Pottier, Contrat d'entreprise, Rn. 388.
174 Cass., 08.04.1988, Entr. et dr. 1989, 301; Cass. 15.09.1994, R.W. 1995–1996, 454; Flamme/Flamme/Delvaux/Pottier, Contrat d'entreprise, Rn. 266.
175 Flamme/Flamme/Delvaux/Pottier, Contrat d'entreprise, Rn. 384.
176 De Page, Droit Civil Belge, IV, Rn. 881.
177 De Page, Droit Civil Belge, IV, Rn. 896.
178 De Page, Droit Civil Belge, IV, Rn. 894.
179 De Page, Droit Civil Belge, IV, Rn. 894.
180 Flamme/Flamme/Delvaux/Pottier, Contrat d'entreprise, Rn. 405; de Page, Droit Civil Belge, IV, Rn. 894.
181 Flamme/Flamme/Delvaux/Pottier, Contrat d'entreprise, Rn. 408.
182 Flamme/Flamme/Delvaux/Pottier, Contrat d'entreprise, Rn. 405 m.w.N.; de Page, Droit Civil Belge, IV, Rn. 894.
183 De Page, Droit Civil Belge, IV, Rn. 894.
184 Flamme/Flamme/Delvaux/Pottier, Contrat d'entreprise, Rn. 410; de Page, Droit Civil Belge, IV, Rn. 881.
185 Vgl. dazu Flamme/Flamme/Delvaux/Pottier, Contrat d'entreprise, Rn. 399; CA Douai, 29.06.2000, Moniteur T.P.
186 Liège, 25.06.1996, Entr. & dr. 1997, 222; Anvers, 06.02.1999, Entr. & dr. 1999, 250; Cass, 02.10.1992, Entr. & dr. 1997, 163.

Mangel und Verschulden sind auseinander zu halten[187]. Der Subunternehmer haftet dem Generalunternehmer[188].

63 **8. Besondere Vertragstypen. a. Contrat de promotion.** Von dem Bauvertrag ist der „contrat de promotion" zu unterscheiden. Dieser Vertragstyp ist gesetzlich nicht ausdrücklich geregelt (vgl. aber Art. 9 Loi 1993). Es existieren vielfältige Definitionen zum „contrat de promotion"[189]. Der contrat de promotion zeichnet sich entweder dadurch aus, dass sich der Unternehmer neben der Bauleistung zur Lieferung des Grundstücks (promoteur-vendeur) oder zur schlüsselfertigen Lieferung des Bauwerks (promoteur non vendeur) verpflichtet[190]. Daneben existieren weniger klare Ausprägungen, die immer wieder den Streit hervorrufen, ob es sich im Einzelfall um einen contrat de promotion oder um einen Bauvertrag handelt. Denn der Unternehmer übernimmt anders als der einfache Werkunternehmer eine „obligation de résultat"[191]. Indizien für einen contrat de promotion sind[192]:

- die Werbung des Unternehmers, die deutlich macht, dass der Unternehmer entweder alles selbst ausführt oder unter seiner fachmännischen Kontrolle ausführen lässt
- der Umstand, dass der Unternehmer Pläne und Kostenvoranschläge unterbreitet
- die Übernahme und Erfüllung von Leistungen juristischer, administrativer oder finanzieller Art für den Kunden[193]
- die Auswahl des Architekten
- die Übernahme der Zahlungskontrolle
- die Zeichnung von Dokumenten während des Bauablaufes
- die substantielle Bezahlung, die dem Unternehmer in verschiedenen Formen versprochen wird (Preis, Kommissionen, Gewinne)

64 Auf Verträge über die Lieferung von Wohngebäuden (Bauträgerverträge) findet ergänzend das Gesetz Breyne vom 9. Juli 1971 Anwendung (M.B. 11.IX.1971). Das Gesetz hat den Schutz des Erwerbers von Wohnraum zum Ziel, findet aber nur Anwendung, wenn der Unternehmer eine Komplettleistung erbringt[194].

65 **b. Subunternehmerrecht.** Ähnlich wie im französischen Recht sind auch im belgischen Recht Subunternehmer gegen Zahlungsausfälle geschützt. Subunternehmer haben einen Durchgriffsanspruch (action directe) gegen den Bauherrn (Art. 1798 Code Civil, modifiziert durch Gesetz vom 19.02.1990). Die Regelung in Art. 1798 Code Civil ist verfassungsgemäß[195]. Ein Unternehmer, der für einen Generalunternehmer (promoteur) arbeitet, kann wegen seines Zahlungsanspruches auch gegen den Bauherrn vorgehen[196]. Die Vorschrift ist – anders als Art. 1793 Code Civil – nicht auf die Position des Eigen-

---

[187] Vgl. auch Dubuisson/Fontaine, Les assurances de la construction en Belgique, 60; vgl. aber zur Diskussion Flamme/Flamme/Delvaux/Pottier, Contrat d'entreprise, Rn. 391 ff.

[188] Cass.civ., 11.04.1986, N° 4903.

[189] Flamme/Flamme/Delvaux/Pottier, Contrat d'entreprise, Rn. 16.

[190] Delvaux/Dessard, Contrat d'entreprise de construction, Rn. 16.

[191] Dubuisson/Fontaine, Les assurances de la construction en Belgique, 60; Flamme/Flamme/Delvaux/Pottier, Contrat d'entreprise, Rn. 24; TGI Bruxelles, 17.09.1996, N° 907853A.

[192] TGI Bruxelles, 17.09.1996, N° 907853A; vgl. auch Flamme/Flamme/Delvaux/Pottier, Contrat d'entreprise, Rn. 16, Delvaux/Dessard, Contrat d'entreprise de construction, Rn. 16 m.w.N.

[193] Delvaux/Dessard, Contrat d'entreprise de construction, Rn. 16.

[194] Vgl. Delvaux/Dessard, Contrat d'entreprise de construction, Rn. 10, eingehend dazu Chandelle, Rev. not. 1973, 334–408.

[195] Cour d'Arbitrage, Entscheidung n° 111/2006 v. 28.6. 2006, N° 3788 et 3829.

[196] Anvers, 21.12.1998, Entr. & dr. 1999, 241 ; vgl. auch Cour de Cassation (B), Urt. v. 14.6.2007, N° C.05.0382.F.

tümers beschränkt. Es kann daher auch ein Generalunternehmer von dem Subunternehmer seines Auftragnehmers verfolgt werden. Der Anspruch kann durchgesetzt werden, sobald der Auftraggeber des Subunternehmers aus welchen Gründen auch immer die fällige Forderung des Subunternehmers nicht erfüllt[197]. Der Durchgriffsanspruch erstreckt sich auf alle Beträge, die der Bauherr seinen Auftragnehmer schuldet. Der Höhe nach ist die Durchgriffshaftung auf das beschränkt, was der Bauherr seinem unmittelbaren Vertragspartner schuldet[198]. Allerdings kann der Bauherr alle Einwände aus dem Vertragsverhältnis mit seinem Vertragspartner erheben[199]. Zudem wird vertreten, dass die Durchgriffshaftung jeweils nur den direkten Subunternehmer des Auftragnehmers privilegiert, so dass der Sub-Subunternehmer keinen Direktanspruch gegen den Bauherrn besitzt[200]. Gehen parallel mehrere Subunternehmer gegen den Bauherrn vor, ist Vorsicht geboten, denn die Subunternehmer haben Anspruch auf anteilige Berücksichtigung. Befriedigt der Bauherr einen Subunternehmer vollständig, hat die Zahlung keine befreiende Wirkung gegenüber den anderen Subunternehmern, die ihrerseits bereits einen Direktanspruch geltend machen[201]. Es wird über eine Reform nachgedacht, die die Rechte der Subunternehmer weiter stärken sollen[202]. Bislang ist Art. 1798 Code Civil aber unverändert. Im Jahr 2008 wurde eine Präzisierung der Vorschrift dahin vorgeschlagen: Der Direktanspruch ist auf die Forderungen beschränkt, die aus dem Vorhaben hervorgehen, für das der Bauherr den Generalunternehmer beauftragt hat und sodann von diesem an den Subunternehmer weiterbeauftragt wurde.

66 Gemäß Art. 20 Nr. 12 Hypothekengesetz (vom 16. Dezember 1851) ist die Forderung des Subunternehmers gegen seinen Auftraggeber (z.B. Generalunternehmer) für die von ihm erbrachten Leistungen am Gebäude des Bestellers für die Dauer von fünf Jahren ab Rechnungslegung an der Forderung seines Auftraggebers gegenüber dem Besteller **bevorrechtigt**. Dieses sog. Privileg hat akzessorischen Sicherungscharakter. Es entsteht, um die Forderung des Subunternehmers zu sichern[203]. Die Wirkung des Privilegs wird deutlich, sobald der Generalunternehmer zahlungsunfähig wird. In einem solchen Fall wird die privilegierte Forderung des Subunternehmers vorrangig befriedigt[204]. Das Privileg umfasst nicht nur den Werklohnanspruch, sondern auch eventuelle Nebenforderungen wie Verzugszinsen[205].

67 **9. Bauhandwerkersicherung.** Das belgische Recht sieht spezielle Vorkehrungen zum Schutz der Unternehmer, Architekten und Handwerker vor. Art. 27 Hypothekengesetz regelt ein sog. **Privileg** des Architekten und des Werkunternehmers und Handwerkers. Diese Privilegien setzen sich gegenüber vertraglichen Hypotheken durch und können ihren Rang einnehmen. Voraussetzung ist, dass vor Arbeitsbeginn und innerhalb von sechs Monaten nach Fertigstellung der Arbeiten ein Zustandsbericht (procès verbal) zu den Örtlichkeiten errichtet wird. Die Haftungsgrundlage (asssiette) besteht in dem Wertzuwachs (plus value), den das Grundstück durch die Arbeiten erfahren hat. Subunternehmer sind nicht begünstigt[206].

---

197 Comm. Bruxelles, 07.04.2000; vgl. Flamme/Flamme/Delvaux/Pottier, Contrat d'entreprise, Rn. 329.
198 Delvaux/Dessard, Contrat d'entreprise de construction, Rn. 91.
199 Liège, 09.01.1996, J.L.M.B. 1997, 376; Liège, 29.01.1999, R.G.D.C. 2000, 313; Flamme/Flamme/ Delvaux/Pottier, Contrat d'entreprise, Rn. 331.
200 Delvaux/Dessard, Contrat d'entreprise de construction, Rn. 92; a.A. offenbar Comm. Bruxelles, 07.04.2000, zitiert nach Flamme/Flamme/Delvaux/Pottier, Contrat d'entreprise, Rn. 329.
201 Flamme/Flamme/Delvaux/Pottier, Contrat d'entreprise, Rn. 333; Liège, 20.05.1997, Entr. & dr. 1997, 382.
202 Vgl. Flamme/Flamme/Delvaux/Pottier, Contrat d'entreprise, Rn. 337.
203 Beysen in: v. Bar, Sachenrecht in Europa, Band IV, 9, 94.
204 Beysen in: v. Bar, Sachenrecht in Europa, Band IV, 9, 94.
205 Cass., 22.03.2002, Nr. C000402F.
206 Delvaux/Dessard, Contrat d'entreprise de construction, Rn. 344.

Der erste Zustandsbericht ist im Hypothekenregister einzutragen bevor die Arbeiten aufgenommen werden (Art. 38 Hypothekengesetz). Wird der zweite Zustandsbericht erstellt und innerhalb von 15 Tagen im Hypothekenregister eingetragen, erhält das Privileg den Rang mit dem Datum der Eintragung des ersten Zustandsberichts (Art. 38 Hypothekengesetz). Das Privileg ist dann als gesetzliche Hypothek ausgestaltet. Da solche Zustandsfeststellungen mit viel Aufwand verbunden sind und kaum vorkommen, hat das Privileg kaum praktische Bedeutung. Wird die rechtzeitige Zustandsfeststellung unterlassen, sind spätere Anträge auf Wertfeststellung letztlich sinnlos[207]. 68

Der Eigentumsvorbehalt hat nur geringe Bedeutung, da er Dritten gegenüber nicht eingewendet werden kann[208]. 69

10. Versicherungen. Folgende Versicherungen sind in Belgien feststellbar: 70

- Versicherung „Risque couvert exploitation" (R.C. Exploitation)
- Versicherung „Risque Couvert Produits"
- Versicherung „Tous risques chantier" (T.R.C.)
- Versicherung der décennale (Assurance-Contrôle)

a. Versicherung „Risque couvert exploitation" (R.C. Exploitation). Es handelt sich um die Garantie des Vermögens der versicherten Gesellschaft. Nicht gedeckt ist generell, was man „le propre ouvrage" nennt[209]. Gemeint sind die das Bauvorhaben konkret betreffenden Risiken, also z.B. die Qualität der Ausführung und die Vereinbarkeit der Ausführung mit dem Vertrag[210]. Ausgeschlossen sind in der Regel auch Vertragsstrafen[211]. Der Versicherer deckt dagegen im Prinzip alles, was sich um das Bauvorhaben herum ereignet[212]. Die Versicherung deckt Schäden, die sich bei Gelegenheit der Arbeitsausführung ergeben[213]. 71

b. Versicherung „Risque Couvert Produits". Es handelt sich hier um das Risiko des Unternehmers nach Ausführung seiner Arbeiten. Wiederum ist nicht das Werk selbst versichert. Versichert sind die Schäden, die sich im Anschluss an die Ausführung der Arbeiten ergeben, also z.B. Wasserschäden, die infolge einer fehlerhaften Montage an dem Bauwerk entstehen[214]. Es handelt sich also um eine Versicherung für Schäden, die sich durch das mangelhafte Werk ergeben[215]. 72

c. Versicherung „Tous risques chantier" (T.R.C.). Bei der Versicherung T.R.C. handelt sich um eine Sachversicherung, nicht um eine Haftpflichtversicherung. Sie deckt die Risiken, die die Versicherungen R.C. Produit und R.C. Exploitation nicht decken. Sie erweitert ihre Deckung ferner auf alle temporären Arbeiten, Materialien, Maschinen etc.[216]. Die T.R.C. deckt ein konkretes Bauvorhaben ab. 73

Die Sachdeckung endet mit der Abnahme[217]. Sie umfasst grundsätzlich keine Planungsfehler[218].

---

[207] Vgl. Liège, 19.06.1989, Jur. Liège 1989, 1501; vgl. Flamme/Flamme, Contrat d'entreprise, Rn. 78.
[208] Vgl. § 22 8.
[209] Dubuisson/Fontaine, Les assurances de la construction en Belgique, 110.
[210] Dubuisson/Fontaine, Les assurances de la construction en Belgique, 110.
[211] Dubuisson/Fontaine, Les assurances de la construction en Belgique, 110.
[212] Dubuisson/Fontaine, Les assurances de la construction en Belgique, 111.
[213] Dubuisson/Fontaine, Les assurances de la construction en Belgique, 111.
[214] Dubuisson/Fontaine, Les assurances de la construction en Belgique, 111.
[215] Dubuisson/Fontaine, Les assurances de la construction en Belgique, 115.
[216] Dubuisson/Fontaine, Les assurances de la construction en Belgique, 115.
[217] Dubuisson/Fontaine, Les assurances de la construction en Belgique, 101.

74 **d. Versicherung der décennale (Assurance-Contrôle).** Die Police „Contrôle“ deckt Schäden am Werk, aber beschränkt auf das Einstürzen des Gebäudes oder Probleme, die die Stabilität des Bauwerks beeinträchtigen[219]. Die zweite Deckung dieser Versicherung betrifft die Haftung nach der sog. „décennale“[220].

75 Die Versicherung deckt also im Wesentlichen die Risiken aus den Art. 1792 und 2270 Code Civil[221]. Die lange Laufzeit (10 Jahre) und der Deckungsumfang dieser Versicherung haben dazu geführt, dass eine derartige Deckung praktisch nur von einem Pool von Versicherern übernommen wird. Eine Eigenart besteht darin, dass im Grundsatz nur solche Risiken gedeckt sind, die kontrolliert werden. Die Kontrolle übernimmt ein „Bureau de Contrôl“. Es existieren nur wenige Büros, die diese Arbeit übernehmen, wie z.B. SECO, AIB-VINCOTTE und VERITAS.

76 **11. Steuerrecht.** Neben der handelsrechtlichen Eintragung besteht auch die Möglichkeit zur steuerrechtlichen Registrierung. Sie ist nicht zwingend. Ihr Fehlen kann allerdings fatale Folgen haben (vgl. Art. 400 ff. Code des Impôts sur les Revenus (CIR)).

Art. 402 Code des Impôts sur les Revenus (CIR) nimmt denjenigen, der an einen Unternehmer für die Ausführung von Bauleistungen Zahlungen leistet, bis zur Höhe von 35% der Werklohnsumme als Gesamtschuldner für die Steuerverbindlichkeiten des Unternehmers in die Haftung, wenn dieser nicht registriert ist (Art. 402 § 5 CIR). 15% der Forderung sind in diesem Falle direkt an den Fiskus abzuführen (Art. 403 § 1 CIR). Auch für die Abführung der Umsatzsteuer (Taxe sur la valeur ajoutée-TVA) ist eine gesamtschuldnerische Haftung des Auftraggebers vorgesehen (vgl. Art. 50 ff. des belgischen Umsatzsteuergesetzes).

III. Architektenvertrag

77 Der Architekt (ihm gleichgestellt ist der Bauingenieur) hat im belgischen Recht eine besondere Rolle. Der Gesetzgeber setzt seine Inanspruchnahme voraus, damit er die Aufgaben der Planung, Beratung und Überwachung sicherstellt[222]. Die Ausübung des Architektenberufs ist nicht mit dem Beruf eines Bauunternehmers für öffentliche oder private Arbeiten vereinbar. Die auf den Architekten anwendbaren Regelungen sind weit verstreut zu finden. Zu den wichtigsten gehören das Gesetz vom 20.02.1939 (Gesetz zum Schutz der Berufsbezeichnung des Architekten) i.d.F.v. 27.10.2003, das dem Staat, den Provinzen, den Gemeinden, öffentlichen Einrichtungen und Privatpersonen die Inanspruchnahme des Architekten für die Planung und Kontrolle von Bauarbeiten vorschreibt, für die ein vorhergehender Antrag auf Baugenehmigung durch Gesetze, Erlasse und Verordnungen auferlegt ist (Art. 4 des Gesetzes). Durch einen Königlichen Erlass werden die Arbeiten bestimmt, für die die Mitwirkung eines Architekten nicht Pflicht ist. Wenn eine Person solche Leistungen verspricht, die kein Architekt ist, ist der Vertrag nichtig[223]. Im Übrigen finden auf den Architekten die allgemeinen Regelungen des Code Civil sowie die besonderen Regelungen zum „contrat de louage d'ouvrage“ Anwendung (Art. 1792, 2270, 1794, 1795, 1796 Code Civil). Nicht einschlägig ist das Gesetz Breyne[224].

---

[218] Dubuisson/Fontaine, Les assurances de la construction en Belgique, 101.
[219] Dubuisson/Fontaine, Les assurances de la construction en Belgique, 102.
[220] Dubuisson/Fontaine, Les assurances de la construction en Belgique, 102.
[221] Dubuisson/Fontaine, Les assurances de la construction en Belgique, 122.
[222] Delvaux/Dessard, Contrat d'entreprise de construction, Rn. 3.
[223] Flamme/Flamme/Delvaux/Pottier, Contrat d'entreprise, Rn. 55.
[224] Delvaux/Dessard, Contrat d'entreprise de construction, Rn. 18.

Der Architektenvertrag ist eine Dienstleihe[225]. Die Entgeltlichkeit der Dienstleistung wird vermutet (Art. 1710 Code Civil). Die Unentgeltlichkeit muss der Bauherr beweisen[226]. Andererseits obliegt es zunächst dem Architekten, den Vertragsschluss zu beweisen, was angesichts der belgischen Form- und Beweisregeln nicht ganz einfach ist, weil oberhalb eines Vertragswertes von 375 EUR nur der Urkundenbeweis oder ein Urkundenanfangsbeweis mit ergänzendem Zeugenbeweis möglich ist (Art. 1341 Code Civil, vgl. auch Art. 20 Règlement de Déontologie). Lediglich, wenn die Beziehung vorvertraglich stecken geblieben ist und es dem Architekten praktisch unmöglich ist, den Urkundenbeweis zu führen, kann er durch alle zur Verfügung stehenden Beweismittel das Bestehen eines Vorvertrages nachweisen[227]. Eine verbindliche Honorarordnung für Architekten hat das belgische Recht nicht eingeführt. Grundsätzlich werden die Honorare „ex aequo et bono" oder auf Vorschlag der Architektenkammer der Höhe nach festgelegt[228]. Der „Barême des Honoraires des Architectes" als standesrechtliche Norm Nr. 2 ist nur dann verbindlich, wenn der Vertrag auf ihn verweist und er dem Bauherrn vor Vertragsschluss zugeleitet wurde[229] oder als Parameter zur Feststellung der Angemessenheit erhobener Honorare[230]. Daneben existiert eine Empfehlung der CONFEDERATION ROYALE DES GEOMETRES-EXPERTS: DIRECTIVES pour l'établissement des HONORAIRES et FRAIS des GEOMETRES-EXPERTS de profession libérale (EDITION 2003–2004). 78

Ein Architekt kann sich nicht verpflichten, Verspätungsschäden in Form einer Vertragsstrafe zu übernehmen, für die der ausführende Unternehmer verantwortlich ist[231]. 79

IV. Öffentliche Aufträge

Der Bereich der Vergabe öffentlicher Aufträge hat insbesondere auf der Grundlage der einschlägigen Europäischen Richtlinien eine erhebliche Regelungsdichte erfahren. Im Anschluss an die Verabschiedung der europäischen Richtlinien 2004/17/EG und 2004/18/EG vom 31.3.2004 erschien es angemessen, die gesamte belgische Gesetzgebung in Bezug auf das öffentliche Auftragswesen zu erneuern, um den Gesetzesvorschriften eine kohärente Struktur und eine logische Folge zu bewahren und zugleich die Unterscheidung zwischen den beiden anwendbaren Systemen beizubehalten. Diese Reform führte zur Verabschiedung des Gesetzes vom 15.6.2006 über öffentliche Aufträge und bestimmte Bau-, Liefer- und Dienstleistungsaufträge, sowie des Gesetzes vom 16.6.2006 über die Vergabe, die Unterrichtung der Bewerber und Bieter und die Wartefrist im Rahmen von öffentlichen Aufträgen und bestimmten Bau-, Liefer- und Dienstleistungsaufträgen. Diese beiden Gesetze wurden durch die Gesetze vom 12. Januar 2007 abgeändert und im Belgischen Staatsblatt vom 15.2.2007 veröffentlicht. Die wesentlichen Grundlagen des belgischen Vergaberechts finden sich allerdings nach wie vor im Gesetz vom 24.12.1993 in Bezug auf die öffentlichen Aufträge (relative aux marchés publics), auch CMP genannt. Das Regelungswerk wurde wie vorstehend beschrieben ergänzt durch die Gesetze vom 15.6.2006[232] und das Gesetz vom 16.6.2006[233]. Am 1.1.2008 trat eine neue 80

---

225 Flamme/Flamme/Delvaux/Pottier, Contrat d'entreprise, Rn. 257.
226 Flamme/Flamme/Delvaux/Pottier, Contrat d'entreprise, Rn. 257.
227 Liège, 25.06.1996, J.L.M.B. 1996, 1508.
228 Flamme/Flamme/Delvaux/Pottier, Contrat d'entreprise, Rn. 258.
229 Charleroi, 25.02.1999, Cah. dr. imm. 1999, Buch 6, 21.
230 Bruxelles, 08.11.1995, J.T. 1996, 236; vgl. auch Flamme/Flamme/Delvaux/Pottier, Contrat d'entreprise, Rn. 258.
231 CA Liège, 21.02.1995, J.L.M.B. 1995, 1328.
232 Loi relative aux marchés publics et à certains marchés de travaux, de fournitures et de services.
233 Loi relative à l'attribution, à l'information aux candidats et aux soumissionnaires et aux délais d'attente concernant les marchés publics et certains marchés de travaux, de fournitures et des services.

Fassung des CMP in Kraft[234]. Die letzte Gesetzesänderung datiert vom 10.2.2010[235]. Damit sind die europäischen Richtlinien 2004/17/EG et 2004/18/EG umgesetzt. Der Arrêté Royal vom 8. Januar 1996 enthält bezüglich der allgemeinen öffentlichen Aufträge zahlreiche Ausführungsregeln und insbesondere die Ausschreibungsschwellenwerte. Die Schwellenwerte wurden im Arrêté vom 17. Dezember 2003 und sodann im Arrêté vom 17.12.2007 neu festgelegt[236]. Die Ausführungsregeln für die Spezialsektoren finden sich im Arrêté vom 10. Januar 1996. Schließlich ist der Arrêté vom 26. September 1996 (genannt R.G.E.) zu nennen, der das **Cahier général des charges** regelt.

81 Der belgische CMP hat folgenden Inhalt:

LIVRE I. – Des marchés publics (Die öffentlichen Aufträge)	
TITRE I.– Principes généraux (Allgemeine Prinzipien)	Art. 1–3
TITRE II. – Des Marchés publics de travaux, de fournitures et de services (Öffentliche Aufträge für Bauleistungen, Lieferungen und Dienstleistungen)	
CHAPITRE I. – Champ d'application et dispositions générales (Anwendungsbereich der allgemeinen Regelungen	Art. 4–12
CHAPITRE II. – Des modes de passation des marchés publics et règles applicables aux concours (Vergabearten und auf den Wettbewerb anwendbare Regelungen)	
Section I.– Des modes de passation (Vergabearten)	Art. 13
Section II. – Des marchés publics par adjudication et appel d'offres (Öffentliche Aufträge durch Ausschreibung und Aufforderung zur Angebotsabgabe	Art. 14–16
Section III. – Des marchés publics par procédures négociée (Öffentliche Auftragsvergabe im Verhandlungsverfahren)	Art. 17
Section IV. – Dispositions communes (Gemeinsame Vorschriften)	Art. 18, 18bis, 19
Section V.– Règles applicables aux concours de projets (Regelungen für den Wettbewerb)	Art. 20–21
CHAPITRE III. – Des spécifications techniques et des normes (Technische Spezifikationen und Normen)	Art. 22
CHAPITRE IV. – De la saisie, de la cession et de la mise en gage des créances dues en exécution d'un marché public (Von der Pfändung, der Abtretung und der Verpfändung von Forderungen aus einem öffentlichen Auftrag)	Art. 23
TITRE III. – Des concessions de travaux publics et des marchés de travaux passés au nom des concessionnaires de travaux publics	Art. 24–25
TITRE IV. – Des marchés publics de travaux, de fournitures et de services dans les secteurs de l'eau, de l'énergie, des transports et des télécommunications.	
CHAPITRE I.– Champ d'application et dispositions générales.	
Section I.– Pouvoirs adjudicateurs et definitions.	Art. 26–27
Section II. – Marchés publics dans les secteurs de l'eau et de l'énergie et exclusions spécifiques.	Art. 28–31

[234] Arrêté royal modifiant la loi du 24 décembre 1993 relative aux marchés publics et à certains marchés de travaux, de fournitures et de services et certains arrêtés royaux pris en exécution de cette loi vom 23.11.2007, M.B. 7.12.2007 (inforum notice n° 224412) et erratum M.B. 31.12.2007.

[235] Arrêté royal modifiant certains arrêts royaux exécutant la loi du 24 décembre 1993 relative aux marchés publics et à certains marchés de travaux, de fournitures et de services vom 10.2.2010, M.B. v. 16.2.2010.

[236] M.B. v. 20.12.2007.

1. Vergabe. Öffentliche Aufträge werden entweder im Verfahren der öffentlichen Ausschreibung (adjudication) im Sinne einer Versteigerung oder im Verfahren zur Aufforderung der Angebotsabgabe (appel d'offre) vergeben (Art. 13 CMP). Es ist die offene oder die beschränkte Ausschreibung zulässig (Art. 14 CMP). Ferner können Aufträge im Verhandlungsverfahren (procédure négociée) vergeben werden, bei dem die öffentliche Hand einen oder mehrere Unternehmer zu Verhandlungen einlädt und mit diesen die Auftragsvergabe verhandelt (Art. 17 § 1 CMP). Schließlich können Wettbewerbe (concours) aus- 82 geschrieben werden. Der Wettbewerb ist ein Verfahren, in dem eine Jury einen Plan oder ein Projekt auswählt. Es können Preisgelder ausgelobt werden (Art. 20 CMP). Die Einzelheiten sind jeweils in Königlichen Anordnungen geregelt.

83 Die Ausschreibung (adjudication) ist „öffentlich" und die Aufforderung der Angebotsabgabe (appel d'offre) ist „generell", wenn sie veranlasst werden, indem die vom König festgesetzten Veröffentlichungsregeln beachtet werden und die Eröffnung der Aufforderung der Angebotsabgabe eingeleitet wird (Art. 14 Abs. 1 CMP). Die Ausschreibung ist „beschränkt" und die Aufforderung der Angebotsabgabe ist „beschränkt", wenn sie veranlasst werden, indem die vom König bestimmten Veröffentlichungsregeln beachtet werden und die Unternehmer, Lieferanten oder Dienstleister, die von den zuständigen Behörden ausgewählt wurden, konsultiert werden (Art. 14 Abs. 2 S. 1 CMP). Nur diejenigen, die ausgewählt wurden, können ein Angebot unterbreiten (Art. 14 Abs. 2 S. 2 CMP). Nur die Bewerber können an der Angebotseröffnung teilnehmen (Art. 14 Abs. 2 S. 3 CMP). Bei der öffentlichen oder beschränkten Ausschreibung werden die Preise bei der Angebotseröffnung bekannt gegeben/verkündet (Art. 14 Abs. 3 CMP).

84 Für die **öffentliche Ausschreibung** (adjudication) gilt zudem: Wenn die zuständige Behörde entscheidet, den Auftrag zu vergeben, muss dieser durch offene oder beschränkte Ausschreibung (im Sinne von Versteigerung) an denjenigen Bewerber vergeben werden, der das niedrigste ordnungsgemäße/regelmäßige Angebot unterbreitet hat, unter Androhung einer pauschalen Entschädigung i.H.v. 10% des Angebotsbetrags ohne Steuer (Art. 15 Abs. 1 CMP). Für die Festlegung des niedrigsten regelmäßigen Angebots zieht die zuständige Behörde gemäß Art. 15 Abs. 2 CMP die angebotenen Preise und andere bezifferbare Elemente, die in bestimmter Weise die Ausgaben erhöhen werden, in Betracht (Art. 15 Abs. 2 CMP).

85 Für das **Verfahren der Aufforderung zur Angebotsabgabe** (appel d'offre) gilt zudem: Bei der beschränkten oder generellen Aufforderung zur Angebotsabgabe muss der Auftrag unter Berücksichtigung der Vergabekriterien, die in den besonderen Vergebungsbedingungen oder ggf. in dem Auftragsbescheid erwähnt sind, an denjenigen Bewerber vergeben werden, der das interessanteste regelmäßige Angebot abgegeben hat (Art. 16 S. 1 CMP). Es sei denn die Besonderen Vergabebedingungen sehen etwas anderes vor, dann kann der Versteigerer eventuelle freie Varianten, die vom Bewerber vorgelegt werden, in Betracht ziehen. Diese müssen die minimalen Bedingungen beachten, die in den Besonderen Vergabebedingungen und in den für ihre Bewerbung geforderten Forderungen angeben sind (Art. 16 S. 2 CMP).

86 Zugang zu öffentlichen Aufträgen haben nur Unternehmen, die eine besondere Zulassung (agréation) haben (Art. 3 und 4 des Gesetzes vom 20. März 1991 – Loi organisant l'agréation d'entrepreneurs de travaux-). Um diese Zulassung zu erlangen, muss der Unternehmer entweder die belgische Staatsangehörigkeit haben oder aus einem Staat der EU stammen, ferner im Handelsregister (registre de commerce) oder einem Berufsregister (registre de professionel) eingetragen sein, sich nicht im Zustand der Liquidation oder der Insolvenz befinden, die technische, wirtschaftliche und finanzielle Kapazität haben sowie seinen Verpflichtungen gegenüber den Sozialkassen nachgekommen sein (Art. 4 § 1 Gesetz vom 20. März 1991). Die Eintragung in die offizielle Liste der akkreditierten Unternehmer in einem Mitgliedsstaat der EU gilt als Zulassung im Sinne des belgischen Rechts (Art. 5 Gesetz vom 20. März 1991).

Ausländische Unternehmer müssen ihrem Angebot gemäß Art- 17 § 2 Arrêté Royal vom 08.01.1996 vor dem Submissionsstichtag folgende Unterlagen einreichen: 87

- eine von einer zuständigen Behörde ausgestellte Bescheinigung, die bis zum spätest möglichen Zeitpunkt bescheinigt, dass der Unternehmer seinen Verpflichtungen zur Entrichtung von Sozialversicherungsbeiträgen nachgekommen ist. Diese Erklärung kann, falls sie im Sitzstaat des Unternehmers nicht erhältlich ist, durch eine eidesstattliche Versicherung des Unternehmers, die vor einer staatlichen Stelle oder einem Notar abgegeben wurde, ersetzt werden.
- eine Bescheinigung gemäß Art. 17 § 1 Arrêté Royal vom 08.01.1996, wenn er Personal beschäftigt, das dem Gesetz vom 27. Juni 1969 (betreffend die soziale Sicherheit der Arbeitnehmer) unterworfen ist. Die Bescheinigung nach Art. 17 § 1 Arrêté Royal vom 08.01.1996 ist vom **Office National de Sécurité** zu erteilen und bescheinigt ebenfalls, dass der Unternehmer seinen sozialversicherungsrechtlichen Verpflichtungen nachgekommen ist.

Die Vergabestelle muss die unterlegenen Bieter über die Gründe benachrichtigen (Art. 65/7 CMP). Die Vergabe darf frühestens 15 Tage nach Zugang der Benachrichtigung erfolgen (Art. 65/11 CMP). Gemäß Art. 65/17 CMP kann jeder Auftrag für unwirksam erklärt werden, wenn einer der gesetzlich benannten Vergabeverstöße vorliegt. Der Vergaberechtsschutz ist in Buch 2 CMP eingehend geregelt[237].

2. Abwicklung. Die Abwicklung öffentlicher Bauvorhaben wird vor allem durch das **Cahier général des charges** (in der Königlichen Anordnung vom 26. September 1996) determiniert. Die Bedingungen haben Normcharakter. Für ihre Anwendbarkeit ist einzig Voraussetzung, dass ein Vertrag zustande kommt, auf den das öffentliche Vergaberecht anzuwenden ist. Die belgische Cour de Cassation ist der Ansicht, dass es an einer Vorschrift fehle, die die Anwendung des Cahier des charges von dem Willen der Parteien abhängig mache[238]. Das **Cahier général des charges** hat übersichtsartig folgenden Inhalt: 88

CHAPITRE I. – Clauses communes (Gemeinsame Klauseln)	
Section 1. – Direction et contrôle de l'exécution (Leitung und Kontrolle der Ausführung)	
Sous-section 1. – Fonctionnaire dirigeant (Bauleitender Funktionär)	Art. 1
Sous-section 2. – Organisation et étendue du contrôle (Organisation und Reichweite der Kontrolle)	Art. 2
Section 2.– Spécifications techniques – Plans, documents et objets (Technische Spezifikationen-Pläne, Dokumente und Gegenstände)	
Enumération et portée des plans, documents et objets du marché (Aufzählung und Inhalt der Pläne, Dokumente und Auftragsgegenstände)	Art. 3
Conditions d'utilisation des plans, documents et objets du marché (Benutzungsbedingungen für Pläne, Dokumente und Gegenstände des Auftrages)	Art. 4
Section 3. – Règles relatives au cautionnement (Regeln bezüglich der Bürgschaft)	
Sous-section 1. – Constitution du cautionnement (Begründung der Bürgschaft)	Art. 5
Sous-section 2. – Défaut de cautionnement (Fehlen der Bürgschaft)	Art. 6
Sous-section 3. – Droits du pouvoir adjudicateur sur le cautionnement (Rechtsmacht des Versteigerers über die Bürgschaft)	Art. 7

[237] Gesetz vom 23.12.2009, M.B. v. 28.12.2009.
[238] Cass., 05.05.1994, Pas. 1994 I, 441; Cass., 03.10.2002 Nr. C000177F.

Sous-section 4. – Cautionnement constitué par des tiers (Bürgschaft, die durch Dritte gestellt wird)	Art. 8
Sous-section 5. – Libération du cautionnement (Zahlung der Bürgschaft)	Art. 9
Section 4.– Tierces personnes (Dritte Personen)	Art. 10
Section 5.– Pluralité de marchés attribués au même adjudicataire (Mehrheit von Aufträgen an den Ersteigerer)	Art. 11
Section 6.– Réceptions techniques (Technische Abnahme)	Art. 12
Die technische Abnahme besteht darin festzustellen, ob die ausgeführten Arbeiten etc. den geforderten Bedingungen entsprechen (Art. 12 § 1). Bezüglich der technischen Abnahme ist zu unterscheiden zwischen der vorherigen technischen Abnahme, die in Art. 12 §§ 5, 6 geregelt ist, der nachträglichen Abnahme, die in Art. 12 § 7 geregelt ist, und den besonderen Formen der Abnahme die in den Besonderen Bedingungen vorgesehen sein können.	
Section 7. – Révision des prix (Preisänderungen)	Art. 13
Bei Aufträgen über Bauleistungen regelt der Vertrag die Modalitäten für Preisveränderungen wegen Änderungen der Arbeitskosten. Der Auftrag kann ferner die Änderung in Bezug auf andere Elemente, namentlich für Matrialkostenänderungen vorsehen.	
Section 8. – Droits intellectuels (Geistiges Eigentum)	Art. 14
Section 9. – Paiements (Zahlungen)	Art. 15
Sowohl für die Abschlagszahlungen als auch für die Schlusszahlung, gleichermaßen für eine Einheitszahlung, ist der Unternehmer gehalten, eine datierte und unterschriebene Rechnung vorzulegen, die eine detaillierte Darlegung der Arbeiten enthält, die nach Auffassung des Unternehmers die Zahlung rechtfertigten. Die detaillierte Rechnung kann enthalten: (a) die ausgeführten Massen, die über die geschätzten Massen hinausgehen, die in dem Leistungsverzeichnis aufgeführt sind, (b) auf der Grundlage einer schriftlichen Anordnung der zuständigen Person ausgeführte zusätzliche Arbeiten, (c) nach Einheitspreisen ausgeführte Leistungen, die von dem Unternehmer vorgeschlagen wurden, die noch nicht von dem öffentlichen Auftraggeber genehmigt wurden. Der öffentliche Auftraggeber prüft und korrigiert eventuell die Darlegung der Arbeiten (état des travaux); wenn Einheitspreise, die noch nicht von den Parteien vereinbart wurden, darin auftauchen, stellt er diese von Amts wegen fest, obgleich alle Rechte des Unternehmers erhalten bleiben.	
Section 10. – Réclamations et requêtes (Reklamationen und Rügen)	Art. 16
Section 11. – Remise d'amendes pour retard d'exécution (Vertragsstrafen für Bauzeitüberschreitung)	Art. 17
Section 12.– Actions judiciaires et délais (Klagen und Fristen)	Art. 18
Section 13.– Fin du marche – Sanctions – Recours (Ende des Auftrages – Sanktionen-Rückgriff)	
Sous-section 1. – Réceptions et délai de garantie (Abnahme und Garantiefristen)	Art. 19
Sous-section 2. – Moyens d'action du pouvoir adjudicateur (Handlungsmöglichkeiten des Versteigerers)	Art. 20
Der Ersteigerer wird behandelt, als habe er den Auftrag nicht erfüllt: (1) wenn die Leistungen nicht vollständig innerhalb der vertraglichen Ausführungsfristen erbracht wurden, (2) zu jedem Zeitpunkt, wenn die Leistungen nicht so vorangetrieben werden, wie sie vorangetrieben werden könnten, damit sie innerhalb der Fristen fertig werden, (3) wenn er den schriftlichen Anordnungen nicht folgt, die wirksam von dem öffentlichen Auftraggeber gegeben wurden, (4) wenn die Leistungen nicht nach den Bedingungen des Auftrages ausgeführt werden (Art. 20 § 1). Jede Form der Nichterfüllung wird in ein Protokoll aufgenommen, das dem Ersteigerer förmlich zugestellt wird (vgl. Art. 20 § 2). Die jeweils zu Lasten des Ersteigerers festgestellte Nichterfüllung hat die Folgen, die in Art. 20 §§ 4 bis 9, Art. 66 und 75 vorgesehen sind (Art. 20 § 3). Jeder Verstoß, für den keine spezielle Strafe vorgesehen ist und für den keine Rechtfertigung innerhalb der gesetzten Fristen	

erfolgt, hat entweder eine einmalige Vertragsstrafe von 0,07% des Ausgangsbetrages des Auftrages mit einem Mindestbetrag von 27 € und einem Maximum von 270 € oder, wenn es erforderlich den Gegenstand des Verstoßes sofort zu beseitigen, eine Vertragsstrafe von 0,02% des Ausgangsbetrages des Auftrages pro Kalendertag der Nichterfüllung mit einem Minimum von 13 € oder einem Maximum von 135 € täglich, zur Folge (Art. 20 § 4). Art. 20 § 5 regelt die Vertragsstrafe für Verspätungen. Art. 20 § 6 regelt die besonderen Rechtsbehelfe, wie einseitige Kündigung, Durchführung nicht erledigter Arbeiten und Ersatzvornahme. Art. 20 § 7 sieht die Möglichkeit zur Aufrechnung gegen Ansprüche des Unternehmers vor.	
Sous-section 3. – Résiliation (Kündigung)	Art. 21
Sous-section 4. – Ententes (Verständigungen)	Art. 22
Sous-section 5. – Recours au Comité supérieur de Contrôle (Rekurs zum Comité supérieur de Contrôle)	Art. 23
CHAPITRE II. – Clauses particulières (Besondere Klauseln)	
Section 1.– Marchés de travaux et concessions de travaux publics (Öffentliche Aufträge über Bauleistungen und Konzessionen)	
Sous-section 1. – Détermination du prix (Festlegung des Preises)	Art. 24
Modes de détermination du prix (Arten der Preisfestlegung)	
Eléments inclus dans les prix (Im Preis eingeschlossene Elemente)	Art. 25
Sous-section 2. – Direction et contrôle des travaux (Leitung und Kontrolle der Arbeiten)	Art. 26
Sous-section 3. – Réception technique (Technische Abnahme)	Art. 27
Sous-section 4. – Déroulement des travaux (Ablauf der Arbeiten)	Art. 28
Delais d'exécution (Ausführungsfristen)	
Incidents (Vorkommnisse)	Art. 29
Organisation générale du chantier (Allgemeine Organisation der Baustelle)	Art. 30
Tracé de l'ouvrage (Absteckung der Baustelle)	Art. 31
Mise à disposition de terrains ou de locaux (Übergabe des Baugrundes und der Lokalitäten)	Art. 32
Matériaux provenant des démolitions (Abrissmaterial)	Art. 33
Ouvrages provisoires – Reconnaissance du sol (Provisorische Arbeiten und Anerkennung des Baugrundes)	Art. 34
Sous-section 5. – Personnel de l'entreprise (Personal des Unternehmens)	
Organisation du travail (Organisation der Arbeiten)	Art. 35
Salaires et conditions générales de travail (Löhne und Arbeitsbedingungen)	Art. 36
Sous-section 6. – Journal des travaux (Bautagebuch)	Art. 37
Im Bautagebuch, das der von dem öffentlichen Auftraggber genehmigten Form entsprechen muss und von dem Unternehmer zu liefern ist und von dem Beauftragten des öffentlichen Auftraggebers geführt wird, sind u.a. Angaben zu den Witterungsbedingungen, zu witterungsbedingten Arbeitsunterbrechungen, zur Anzahl und der Qualität der eingesetzten Mitarbeiter aufzunehmen, den Arbeitsmaterialien und Baumaterialien sowie Angaben, die für die Abrechnung nützlich sein können.	
Sous-section 7. – Responsabilité de l'entrepreneur (Haftung des Unternehmers)	Art. 38
Assurances (Versicherungen)	
Obligations de l'entrepreneur jusqu'à la réception définitive (Verpflichtungen des Unternehmers bis zur endgültigen Abnahme)	Art. 39
Prise de possession de l'ouvrage par le pouvoir adjudicateur (Besitzübernahme durch den Versteigerer)	Art. 40
Etendue de la responsabilité de l'entrepreneur (Reichweite der Haftung des Unternehmers)	Art. 41

Sous-section 8. – Modifications au marché (Änderungen des Auftrages)	Art. 42
Sous-section 9. – Fin du marché (Ende des Auftrages)	Art. 43
Réceptions (Abnahme)	
Decomptes (Abrechnungen)	Art. 44
Die Änderungen, die aus den Vorschriften der Art. 42 § 1 folgen, sind Gegenstand der Fertigung einer Abrechnung (Art. 44 § 1). Die Befriedigung der Abrechnung erfolgt in Übereinstimmung mit den Vorschriften des Art. 15 § 1 (Art. 44 § 3).	
Sous-section 10. – Défaut d'exécution (Erfüllungsstörungen)	
Fraudes et malfaçons (Betrug und betrügerische Handlung)	Art. 45
Entrepreneur en défaut d'exécution (Nichterfüllung durch den Unternehmer)	Art. 46
Der Unternehmer wird in den Fällen des Art. 20 § 1 so behandelt, als habe er den Vertrag nicht erfüllt.	
Constatation du défaut d'exécution (Feststellung der Nichterfüllung)	Art. 47
Moyens d'action (Anspruchsmöglichkeiten)	Art. 48
Hier werden Einzelheiten des Verfahrens bei Nichterfüllung geregelt.	
Section 2. – Marchés de fournitures (Lieferverträge).	
Sous-section 1. – Eléments inclus dans les prix (Im Preis eingeschlossene Elemente)	Art. 49
Sous-section 2. – Transfert de propriété (Eigentumsübergang)	Art. 50
Sous-section 3. – Déroulement du marché (Abwicklung des Auftrages)	
Pluralité de marches (Mehrere Aufträge)	Art. 51
Modalités d'exécution (Erfüllungsmodalitäten)	Art. 52
Réception technique (Technische Abnahme)	Art. 53
Prolongation du délai de livraison (Verlängerung der Lieferfrist)	Art. 54
Livraison et responsabilité du fournisseur (Lieferung und Haftung des Lieferanten)	Art. 55
Emballages (Verpackung)	Art. 56
Sous-section 4. – Fin du marché (Ende des Auftrages)	
Modes de réception provisoire (Modalitäten der vorläufigen Abnahme)	Art. 57
Double réception provisoire (Doppelte vorläufige Abnahme)	Art. 58
Présentation des fournitures pour réception provisoire partielle au lieu de fabrication (Präsentation der Lieferung für die vorläufige Abnahme)	Art. 59
Scellements, expéditions et rebuts (Versiegelung, Auslieferung, Ausschuss)	Art. 60
Réception provisoire complète au lieu de livraison (Vollständige vorläufige Abnahme am Auslieferungsort)	Art. 61
Triage (Auslesen)	Art. 62
Obligations du fournisseur après la réception (Verpflichtungen der Lieferanten nach der Abnahme)	Art. 63
Innerhalb der im **Cahier spécial des charges** festgelegten Frist, oder mangels einer solchen Frist innerhalb einer Frist von einem Jahr, zu rechnen ab der vorläufigen Abnahme, kann der öffentliche Auftraggeber verlangen, dass der Ersteigerer auf seine Kosten und innerhalb der gesetzten Fristen die mangelhaften Gegenstände ersetzt, die eine mit den Bedingungen des Auftrages übereinstimmende Nutzung nicht zulassen. Auf die ersetzten Teile findet eine neue Frist Anwendung.	
Réception définitive (Endgültige Abnahme)	Art. 64
Die endgültige Abnahme erfolgt nach Ablauf der im **Cahier spécial des charges** vorgesehenen Garantiefrist oder im Falle fehlender Fristregelung nach Ablauf der einjährigen Frist, die in Art. 63 vorgesehen ist; sie ist implizit, wenn die Lieferung innerhalb dieser	

Frist keinen Anlaß für Reklamationen gegeben hat. Gab es während der Garantiefrist Anlaß für Beanstandungen, wird ein Protokoll der endgültigen Abnahme oder der Abnahmeverweigerung innerhalb von 14 Kalendertagen (quinze jours) vor Ablauf der Garantiefrist erstellt.	
Réclamations en matière de réception (Reklamationen in Abnahmeangelegenheiten)	Art. 65
Sous-section 5. – Défaut d'exécution – Moyens d'action du pouvoir adjudicateur (Nichterfüllung – Anspruchsmöglichkeiten des Versteigerers)	Art. 66
Section 3. – Marchés de services (Dienstleistungsaufträge)	
Sous-section 1. – Eléments inclus dans les prix (im Preis enthaltene Elemente)	Art. 67
Sous-section 2. – Correspondance avec le prestataire de services (Korrespondenz mit dem Dienstleister)	Art. 68
Sous-section 3. – Déroulement du marché (Abwicklung des Auftrages)	Art. 69
Modalités d'exécution (Erfüllungsmodalitäten)	
Lieu de prestation des services (Ort der Dienstleistung)	Art. 70
Réception technique (Technische Abnahme)	Art. 71
Responsabilité du prestataire de services (Haftung des Dienstleisters)	Art. 72
Sous-section 4. – Incompatibilité (Unvereinbarkeit)	Art. 73
Sous-section 5. – Fin du marché (Auftragsende)	Art. 74
Sous-section 6. – Defaut d'execution – Moyens d'action du pouvoir adjudicateur (Nichterfüllung – Anspruchsmöglichkeiten des Versteigerers)	Art. 75

V. Grundstücksbedingungen

Das belgische Immobiliarrecht ist dem französischen sehr verwandt und muss auf die- 89
sem Hintergrund verstanden werden. Der im Jahre 1804 in Belgien verkündete Code Civil gilt im Bereich des Sachenrechts nahezu unverändert fort[239]. Es herrschen folgende Grundsätze:

- Bestimmtheitsgrundsatz, d.h. es können dingliche Rechte nur an einem bestimmten und existierenden Gut bestehen[240]
- Publizitätsgrundsatz[241]
- Numerus clausus der Sachenrechte[242]

1. Katastersystem. Das belgische Katastersystem erstreckt sich landesweit. Es grup- 90
piert seine Informationen nach Eigentümern. Das Kataster hat eine fiskalische Aufgabe. Die Katasterunterlagen sind:

- der Katasterplan: er enthält die grafische Reproduktion auf Parzellenplänen und weist die Bebauung aus (Angaben nach Sektion und Nummer).
- das Katasterregister: Es handelt sich um eine Liste, die für jede Kommune erstellt wird, in der jedes Grundstück nach Eigentümern gebucht wird. Es finden sich folgende Angaben:
- Lage
- Katasterbezeichnung

239 Beysen, v. Bar (hrsg.), Sachenrecht in Europa, Band 4, 21.
240 Beysen, v. Bar (hrsg.), Sachenrecht in Europa, Band 4, 21, 35.
241 Beysen, v. Bar (hrsg.), Sachenrecht in Europa, Band 4, 21, 36.
242 Beysen, v. Bar (hrsg.), Sachenrecht in Europa, Band 4, 21, 36.

- Straßenbezeichnung
- Sektion und Nummer
- Fläche
- der Betrag der Katastereinnahmen
- letzter Eintragungstransfer
- Auszüge von Katasterunterlagen (schriftliche Informationen, die bei den Katasterämtern gegen Entgelt abgefordert werden können, und zwar formulargebunden – Formular 434)
- Mündlichen Informationen, die man bei den Katasterämtern oder den Gemeinden abfragen kann

Die Informationen werden jeweils mit erheblicher Verspätung aktualisiert. Auskünfte sind daher stets als unvollständig anzusehen.

91 **2. Hypothekenregister.** Alle grundstücksbezogenen Veränderungen (Verkauf, Teilung, Tausch oder Schenkung) sowie die Belastung mit Hypotheken werden im Hypothekenregister eingetragen[243]. Das Hypothekenregister wird nach Eigentümern geführt. Ein Hypothekenregister existiert in jeder belgischen Provinz. Das Gesetz vom 16. Dezember 1851 hat drei Formen der Publizität eingeführt:

- Transkription, die in der schriftlichen Kopie der Akte unter Lebenden (übertragend oder deklaratorisch) in Bezug auf dingliche Rechte mit Ausnahme der Privilegien und Hypotheken
- Eintragung, einer Formalität, der bestimmte Immobilienprivilegien und die Hypotheken unterworfen sind
- Die Randanmerkungen, die in dem Transkriptions- oder Eintragungsregister durch Reservierung eines Bereiches ermöglicht werden.

Der Konservator (Der Konservator ist ein staatlicher Beamter mit besonderen Rechten und Pflichten) muss folgende Register führen:

- Transkriptionsregister
- Eintragungsregister
- Eingangsregister (in diesem wird der Eingang der Eintragungsanträge notiert)
- Handhabungsregister (registre de manutentation)

92 Jede Eintragung in den Registern erfolgt in der Reihenfolge der Nummern, die das Register bei Eingang der Anträge vergibt. Maßgeblich ist der Tag des Eingangs. Gehen an einem Tage mehrere Anträge ein, entscheidet das Datum des Rechtstitels.

Die Publizität eines Aktes verschafft diesen Wirkung gegenüber Dritten (opposabilité au tiers). Die Publizität der Akte ist essentiell für die Rechtssicherheit der Übertragungsakte und der Kreditvergabe. Die Grundstückslasten müssen öffentlich bekannt sein.

In der Praxis sind es die Notare, die aufklären welches Recht wem gehört. Die Öffentlichkeit hat keinen direkten Zugang zum Hypothekenregister. Jede Person, die wissen möchte, welche Hypotheken auf einem Grundstück lasten, richtet einen schriftlichen Antrag an das Register. Das Register kommt der Anfrage nach, in dem es einen Auszug über die Belastungen mitteilt. Es kann auch ein Negativattest erteilt werden.

Ferner ist es der Notar, der die Eintragungsformalitäten einleitet. Seit dem 1. Januar 2001 werden die Register datengestützt geführt. Seit dem 1. Januar 2001 werden die

243 Vgl. Ledoux, Les sûretés réelles, Rn. 132 ff.

Rechtstitel gescannt und als Daten in das Register übernommen. Vorher dauerte es oftmals mehr als sechs Monate, bis Eintragungsmitteilungen erteilt wurden. Dieser Zeitraum hat sich seither auf ca. 14 Tage reduziert.

3. Eigentum. Gemäß Art. 517 Code Civil sind Immobilien entweder aufgrund ihrer Natur (par nature) oder kraft ihrer Bestimmung (par destinantion) Immobilien. Eigentlich ist nur der Grund von Boden seiner Natur nach ein Immobiliarrecht[244], doch zählt der Code Civil auch Anpflanzungen (Art. 520, 521 Code Civil) und Gebäude (Art. 518 Code Civil) dazu[245]. Mit **Gebäude** gemeint sind alle dauerhaft mit dem Grundstück verbundenen baulichen Installationen[246]. Hierunter sind wiederum solche zu verstehen, die nicht ohne weiteres und ohne Beschädigung entfernt werden können[247]. Zu den Immobilien ihrer **Bestimmung** nach gehören solche, die eigentlich Mobilien sind, aber vom Grundstückseigentümer dazu bestimmt sind, dem Grundstück zu dienen, z.B. industrielles Material, das der Eigentümer zum Betrieb seiner Fabrik benötigt[248]. Diese Form des Eigentums dient vor allem dazu, den Haftungsverbund festzulegen, also die Reichweite von Pfandrechten und Hypotheken zu bestimmen. 93

Das Eigentum an Grund und Boden umfasst das Eigentum oberhalb und unterhalb des Erdbodens (Art. 552 Code Civil). Der praktische Wert der Regelung „oberhalb des Erdbodens" liegt darin, dem Eigentümer zu erlauben, auf dem Grundstück Gebäude zu errichten und Anpflanzungen vorzunehmen und andererseits Eingriffe in das Eigentum abzuwehren, z.B. wenn Äste eines Baumes auf ein Nachbargrundstück ragen[249]. 94

Eigentum kommt als Alleineigentum und als Miteigentum vor. Traditionell wird zwischen drei Miteigentumsformen differenziert. Zu nennen sind das gewöhnliche (oder zufällige) Miteigentum, das gezwungene oder verpflichtete Miteigentum und das freiwillige Miteigentum. Das für das Bauwesen wirtschaftlich bedeutsame **Wohnungseigentum** ist in Art. 577-3 bis Art. 577-14 Code Civil geregelt. Die Basis der Wohnungseigentumsgemeinschaft ist die Miteigentumsordnung (Art. 577-4 § 1 Code Civil). Sie bildet die Satzung des Gebäudes oder der Gebäudegruppe, beschreibt die gesamte Immobilie und die privaten und gemeinschaftlichen Teile und setzt die Anteile der Miteigentümer am Gemeinschaftseigentum fest. Die Miteigentumsordnung muss Folgendes enthalten (Art. 557-4 § 1 Nr. 1 bis 3 Code Civil): 95

- Beschreibung aller Rechte und Pflichten jedes Miteigentümers in Bezug auf die privaten und gemeinschaftlichen Teile
- Die Kriterien und den Berechnungsmodus für die Aufteilung der Lasten
- Die Regeln in Bezug auf die Weise, wie die Generalversammlung einberufen wird und arbeitet, und in Bezug auf ihre Befugnisse
- Die Weise der Ernennung eines Hausverwalters, den Umfang seiner Befugnisse und die Dauer des Mandats

Der Teilungsakt ist notariell zu beurkunden (Art. 577-4 § 4 § 1 Code Civil). Die Notare müssen Teilungsurkunden den Baubehörden anzeigen.

[244] De Page/Dekkers, Droit Civil Belge, Band V, Rn. 628.
[245] Vgl. de Page/Dekkers, Droit Civil Belge, Band V, Rn. 628.
[246] De Page/Dekkers, Droit Civil Belge, Band V, Rn. 637.
[247] De Page/Dekkers, Droit Civil Belge, Band V, Rn. 640.
[248] De Page/Dekkers, Droit Civil Belge, Band V, Rn. 644.
[249] De Page/Dekkers, Droit Civil Belge, Band V, Rn. 949.

96 Beim Verkauf von Grundstücken oder Wohnungseigentumsrechten sind – regional unterschiedlich – besondere Förmlichkeiten zu beachten, die sich aus den jeweiligen Baurechtsgesetzen der Regionen Brüssel, Wallonien und Flandern ergeben (s.u.). Beispielhaft sei hier auf Art. 85 CWATUP (für Wallonien) aufmerksam gemacht (Art. 85 CWATUP in der Fassung des Dekrets vom 18. Juli 2002, Art. 36):

§ 1. In jeder authentischen oder privatschriftlichen Urkunde unter Lebenden, ob mit deklaratorischer, konstitutiver oder translativer Wirkung, zur Abtretung eines dinglichen oder persönlichen Nutznießungsrechts während mehr als neun Jahren, einschließlich der Akten zur Bestellung einer Hypothek oder bezüglich eines Nutzungspfandrechts, mit Ausnahme jedoch der Abtretungen infolge eines Ehevertrags oder einer Abänderung des ehelichen Güterstands und der Abtretungen infolge einer Vereinbarung über das gesetzliche Zusammenwohnen oder einer Abänderung einer solchen Vereinbarung, bezüglich eines bebauten oder nicht bebauten Immobiliengutes wird das Folgende angegeben:

1. *die städtebauliche Zweckbestimmung des Gutes, die in den kommunalen Raumordnungsplänen und ggf. dem kommunalen Strukturschema vorgesehen ist;*
2. *das Vorhandensein, der Gegenstand und das Datum der Parzellierungs-, Bau- und Städtebaugenehmigungen, die nach dem 1. Januar 1977 erteilt wurden, sowie der Städtebaubescheinigungen, die vor weniger als zwei Jahren ausgestellt wurden;*

   Die Pflicht dieser Angaben obliegt dem Inhaber des abgetretenen Rechts, seinem Mandatträger oder dem protokollierenden Urkundsbeamten. Wenn die mitzuteilenden Informationen von diesen Personen nicht erteilt werden können, so werden die betreffenden Verwaltungsbehörden gemäß den in Anwendung von Art. 150 (CWATUP) festgelegten Regeln befragt. Mangels einer Antwort der betreffenden Behörde innerhalb der vorgesehenen Frist vermerkt der Inhaber des abgetretenen Rechts, sein Mandatträger oder der protokollierende Urkundsbeamte in der Urkunde das Datum des Einschreibebriefs mit der Anfrage oder das Datum der Abnahmebescheinigung der Anfrage, und vermerkt, dass die Auskünfte nicht gegeben wurden und dass die Akte trotz der mangelnden Antwort der Behörde abgeschlossen wurde.

§ 2. Jede dieser Urkunden enthält ausserdem die folgenden Informationen:

1. *Ohne Städtebaugenehmigung gibt es keine Möglichkeit, an dem Gut Handlungen und Arbeiten im Sinne von Art. 84, §§ 1 und 2 (CWATUP) durchzuführen;*
2. *Es gibt Regeln bezüglich des Verfalls der Städtebaugenehmigungen;*
3. *Das Vorhandensein einer Städtebaubescheinigung befreit nicht davon, eine Städtebaugenehmigung beantragen und erhalten zu müssen.*

§ 3. Bei Abtretungsakten, die nach dem von der Regierung festgelegten Datum erfolgten, und in den in Art. 139 erwähnten Fällen legt der Inhaber des abgetretenen Rechts die städtebauliche Konformitätsbescheinigung oder das Dokument mit der Ablehnung einer städtebaulichen Konformitätsbescheinigung vor, die ihm von dem Bescheinigungsaussteller ausgehändigt worden ist. In der Urkunde wird das Vorhandensein dieser Bescheinigung oder dieses Dokuments erwähnt.

4. Belastungen. Dingliche Rechte, die auf Immobilien lasten, sind[250]: 97

- Nießbrauch (usufruit)
- Dienstbarkeiten (servitudes)
- Erbpachtrecht (emphythéose)
- Baurecht auf Zeit oder Erbbaurecht (Superficie)
- Wohnungsrecht (usage d'habitation)
- Hyoptheken (hypothèque)

Das **Erbpachtrecht** ist im Gesetz über das Erbpachtrecht vom 10. Januar 1824 geregelt. 98 Es handelt sich um ein dingliches Recht, das dessen Inhaber zur Nutzung eines Grundstücks gegen Entgelt berechtigt (vgl. Art. 1 des Erbbaurechtgesetzes). Es muss eine Mindestlaufzeit von 27 Jahren haben und darf eine Laufzeit von mehr als 99 Jahren nicht überschreiten. Ferner existiert das Gesetz zur Regelung der **dinglichen** Wohnungsrechte (baux emphythéotiques) vom 14. Mai 1955. Daneben regelt das Gesetz vom 10. Januar 1824 über das **droit de superficie** (Erbbaurecht) die Möglichkeit, ein Baurecht auf Zeit (bis zu 50 Jahren) zu vergeben. Die sog. **droits d'usage d'habitation** haben große Ähnlichkeit mit den Nießbrauchsrechten (vgl. Art. 625 ff. Code Civil). Sie sind an die Person gebunden und erlöschen spätestens mit dem Tode des Inhabers.

Die **Hypothek** ist eine dingliche Sicherheit, das heißt eine Sicherheit, die auf einem Gut 99 des Schuldners lastet und ihrem Inhaber das Recht auf bevorzugte Befriedigung aus dem Gut verschafft. Die Hypothek kann von Gesetzes wegen und auf vertraglicher Grundlage entstehen. Die gesetzliche Hypothek entsteht nur zugunsten spezieller Gläubiger, doch kann sie gegenüber Dritten erst eingewandt werden, sobald sie durch Grundbucheintragung vollzogen ist.

Grunddienstbarkeiten sind Lasten, die einem dienenden Grundstück zum Gebrauch 100 und zum Nutzen des herrschenden Grundstücks auferlegt sind (Art. 637 Code Civil). Sie können kraft Gesetz und durch menschliches Handeln (z.B. Vertrag, Testament, tatsächliches Handeln) entstehen. Zu nennen sind Dienstbarkeiten, die aus der Lage des Ortes entstehen (z.B. betreffend den Abfluss von Oberflächenwasser über niedriger gelegene Grundstücke oder Wasserquellen – Art. 640 ff. Code Civil) und solche die durch Gesetz entstehen (z.B. Wegerechte an schiffbaren Gewässern, bezüglich der gemeinschaftlichen Mauern oder bezüglich der Aussicht auf das Eigentum des Nachbarn, bezüglich der Dachtraufe und Wegerechten bei eingeschlossenen Grundstücken, Art. 649 ff. Code Civil). Die sichtbaren und ständigen Grunddienstbarkeiten werden durch einen Titel oder Ersitzung erworben (Art. 690 Code Civil). Die nicht sichtbaren Grunddienstbarkeiten können nur durch einen Titel erworben werden (Art. 691 Code Civil). Der Eigentümer des dienenden Grundstücks darf nichts unternehmen, was die Ausübung der Grunddienstbarkeit beeinträchtigt (Art. 701 Code Civil). Das Privatrecht der Dienstbarkeiten wird durch öffentliches Recht überlagert: Das Bestehen von durch menschliches Eingreifen entstandenen Grunddienstbarkeiten oder von vertraglichen Verpflichtungen bezüglich der Benutzung des Bodens, die im Gegensatz zum Inhalt eines Bauantrags stehen, werden in diesem Antrag angeführt. In diesem Fall wird der Antrag einer öffentlichen Untersuchung unterzogen, deren Kosten zu Lasten des Antragstellers gehen. Die Regierung bestimmt die Modalitäten der Untersuchung. Die Genehmigung bewirkt das Erlöschen der besagten Grunddienstbarkeiten und Verpflichtungen, unbeschadet der Entschädigung der Inhaber dieser Rechte – zu Lasten des Antragstellers

---

250 Vgl. de Page/Dekkers, Droit Civil Belge, Band V, Rn. 689.

(vgl. Art. 97 CWATUP). Eine ähnliche Regelung findet sich z.B. in Art. 111, 196 des Brüsseler Baugesetzes zur Teilungsgenehmigung.

II. Bauplanungsrecht

101 Das öffentliche belgische Baurecht, wenn man davon sprechen darf (s.u.) setzt sich aus einer Vielzahl von nationalen und regionalen Regelungskomplexen zusammen, die teilweise zivilrechtlichen und teilweise öffentlich-rechtlichen Charakter haben. Eine Baumaßnahme muss pauschal gesagt den städtebaurechtlichen und planungsrechtlichen Anforderungen einerseits sowie den sich aus dem zivilrechtlich geprägten Nachbarrecht ergebenden Einschränkungen andererseits entsprechen[251]. Gesetzliche oder gewillkürte Dienstbarkeiten sind zu berücksichtigen[252].

102 **1. Überblick.** Wenn man von belgischem Planungsrecht spricht, ist man ungenau. Tatsächlich existiert in Belgien eine **föderale Struktur**, die die Zuständigkeit für die Erschließung des Territoriums (Planungsrecht) einschließlich des Städtebaurechts in die Hände der Regionen legt, namentlich der Region Flandern, der Region Wallonien und der Region Brüssel (vgl. Art. 6 § 1 des Gesetzes vom 8. August 1980 über institutionelle Reformen). Die drei Regionen üben die Legislative und die Exekutive in diesem Bereich autonom aus. Die regionalen gesetzlichen Bestimmungen orientieren sich an dem nationalen **Grundsatzgesetz vom 29. März 1962 über die Beplanung des Territoriums und den Städtebau** (Loi nationale du 29 mars 1962 organique de l'aménagement du territoire et de l'urbanisme), jedoch mit der Tendenz sukzessive davon abzuweichen. Die belgische Rechtsprechung ist weitgehend einheitlich, doch auch insoweit sind unterschiedliche Entwicklungen nicht zu verleugnen. Gleichlautende Regelungen werden von dem Conseil d'État gelegentlich unterschiedlich ausgelegt, je nach dem ob er in seiner französischsprachigen oder seiner flämischsprachigen Besetzung tagt.

103 Das Grundsatzgesetz vom 29. März 1962 hat übersichtsartig folgenden Inhalt:

TITRE PREMIER. – De l'aménagement du territoire (**Zur Beplanung des Territoriums**)	
CHAPITRE PREMIER. – Dispositions générales	Art. 1–5
CHAPITRE II.– Des plans régionaux	Art. 6–10
CHAPITRE III.– Des plans de secteur	Art. 11–13, 13bis
CHAPITRE IV.– Des plans communaux	Art. 14–24
CHAPITRE V.– Des expropriations et indemnités	Art. 25–38
CHAPITRE VI. – Du remembrement et du relotissement	Art. 39–43
TITRE II. – Du permis de bâtir (**Zur Baugenehmigung**)	
CHAPITRE I. – De la délivrance du permis	Art. 44–52
CHAPITRE II. – De l'introduction et de l'instruction des demandes et des recours	Art. 53–55
TITRE III. – Du permis de lotir (**Zur Teilungsgenehmigung**)	Art. 56–57, 57bis, 58
TITRE IV.– Dispositions diverses.	
CHAPITRE I.– Des règlements sur les bâtisses	Art. 59–62

[251] Delvaux/Dessard, Le contrat d'entreprise de construction, Rn. 124.
[252] Liège, 04.09.1987, J.L.M.B. 1988, 309.

(CHAPITRE II. – Renseignements à fournir par les pouvoirs publics et les notaires – L 10-08-1978, art. 1>)	Art. 63, 63bis1
(CHAPITRE IIbis. – Suspension de l'exécution du permis de bâtir et de lotir – L 25-07-1974, art. 9)	Art. 63bis, 63ter
CHAPITRE III.– Des sanctions	Art. 64–69
CHAPITRE IV.– Dispositions fiscales	Art. 70, 70bis
CHAPITRE V. – Dispositions modificatives, transitoires et abrogatoires	Art. 71–76, 76bis, 76ter, 77
TITRE V. – Dispositions complémentaires pour la Région flamande	Art. 78, 78bis, 79–80, 80bis, 80ter, 81–87, 87bis, 88

2. Rechtslage in den Regionen. In **Wallonien** gilt der **Code wallon de l'aménagement du territoire, de l'urbanisme et du patrimoine** (CWATU) vom 14. Mai 1984 (Wallonisches Gesetzbuch über die Raumordnung, den Städtebau und das Erbe), der in seiner ursprünglichen Fassung lediglich die gegebenen Regelungen kodifizierte und seither insbesondere durch die Dekrete vom 27. November 1997, vom 23. Juli 1998, vom 16. Dezember 1998, vom 11. März 1999, vom 1. April 1999, vom 6. Mai 1999 und vom 18. Juli 2002 abgeändert wurde[253]. Derzeit fehlt es an einer amtlich konsolidierten Fassung des Code. **Flandern** hatte das Gesetz vom 29. März 1962 am 22. Oktober 1996 koordiniert und um spezifische Regelungen ergänzt. Das Regelungswerk trat am 25. März 1997 in Kraft. Seither ist das flandrische Bauplanungsrecht im **Décret relatif à l'aménagement du territoire** (DCLF) geregelt. Am 1. Mai 2000 trat ferner das **Décret portant organisation de l'aménagement du territoire** vom 18. Mai 1999 in Kraft, das große Teile des Regelungswerkes aus dem Jahre 1996 aufhob und modifizierte. Beide Kodifikationen stellen zusammen mit weiteren kleineren Modifikationen das flanderische Baurecht dar. Die Region **Brüssel** hat für ihr Territorium den **Code bruxellois de l'aménagement du territoire** vom 9. April 2004 erlassen, der am 26. Mai 2004 veröffentlicht wurde und am 5. Juni 2004 in Kraft trat. 104

Brüsseler Recht: In der Region Brüssel existieren **Regionale Entwicklungspläne** (plans régionaux de développement (PRD) – Art. 16 ff. des Brüsseler Baugesetzes), **Regionale Bodennutzungspläne** (plans régionaux d'affectation du sol (PRAS) – Art. 23 ff. des Brüsseler Baugesetzes), **Kommunale Entwicklungspläne** (plan communal de développement (PCD) – Art. 31 ff. des Brüsseler Baugesetzes) und **Spezielle Bodennutzungspläne** (plans particuliers d'affectation du sol (PPAS) – Art. 40 ff. des Brüsseler Baugesetzes). Die Speziellen Bodennutzungspläne präzisieren und vervollständigen die Regionalen Bodennutzungspläne und fügen sich in die Kommunalen Entwicklungspläne ein (Art. 41 des Brüsseler Baugesetzes). Hinzu kommen die PPAS. Die PPAS bezeichnen für die von ihnen festgelegten Gebiete (Art. 41 des Brüsseler Baugesetzes): 105

- die existierende tatsächliche und rechtliche Situation
- die detaillierte Verwendung der verschiedenen Zonen und die Regelungen, die sich auf sie beziehen
- die Regelungen in Bezug auf den Standort und das Volumen der Baumaßnahmen
- die Regelungen in Bezug auf die Ästhetik der Baumaßnahmen und ihrer Umgebung
- den Verlauf der Erschließungsmaßnahmen in Bezug auf Zugangswege und die diesbezüglichen Regelungen

[253] Eine offiziell koordinierte Fassung findet sich unter mrw.wallonie.be.

106 Die Speziellen Bodennutzungspläne können zudem die Erschließungsbeiträge für die Erschließung festsetzen (Art. 41 des Brüsseler Baugesetzes). Von wesentlicher Bedeutung ist der Brüssler **PRAS**. Er teilt die Brüsseler Region in zehn Zonentypen auf:

- **zones d'habitat (Wohnzonen)**, die prinzipiell dem Wohnen gewidmet sind. Eines seiner Ziele ist es, die Bewohner in der Stadt zu halten und sie dorthin anzuziehen. In solchen Zonen sind Büro- und Handelsflächen strikt limitiert, z.B. das Quartier d'Ixelles-Université
- **zones mixtes (Mischzonen)**, vorrangig dem Wohnen gewidmet, aber auch für Büros und andere wirtschaftliche Aktivitäten. Ein gutes Beispiel ist das Quartier de la „Toison d'Or", angesiedelt zwischen der Avenue Louise et la Chaussée d'Ixelles
- **zones industrielles (Industriezonen)**, die für industrielle und ähnliche Aktivitäten reserviert sind
- **zones administratives (Verwaltungszonen)**, überwiegend vorgesehen für Büronutzung
- **zones d'équipement collectif ou de service public (Öffentliche Nutzung)**, vorbehalten für Aktivitäten im öffentlichen Interesse
- **zones d'espaces vert et les zones agricoles (Landwirtschaftliche und grüne Zonen)**
- **zones d'intérêt régional (Zonen, deren Nutzung nicht präzisiert ist)**
- **zones d'intérêt régional à aménagement différé**
- **zones de réserve foncière**
- **zones de chemin de fer**

107 Niemand darf in der **Region Brüssel** ohne schriftliche und ausdrückliche **Baugenehmigung** (permis à construire) ein Gebäude oder eine Installation errichten, Änderungen an vorhandenen Gebäuden vornehmen, ein Gebäude abreißen, es wieder errichten, die Zweckbestimmung eines Gebäudes verändern, die Geländeoberfläche erheblich verändern, ein Gelände abholzen, hohe Bäume fällen oder Gelände urbar machen, die Vegetation verändern, Gelände als Abstellplatz für alte Fahrzeuge in Gebrauch nehmen oder Veränderungen an geschützten Gebäuden vornehmen (Art. 98 des Brüsseler Baugesetzes). Vorab kann die Erteilung eines **Bauvorbescheides** (certificat d'urbanisme) beantragt werden (Art. 198 des Brüsseler Baugesetzes). Es muss innerhalb kurzer Fristen erteilt werden (vgl. Art. 200 des Brüsseler Baugesetzes) und hat eine Gültigkeitsdauer von zwei Jahren (Art. 204 des Brüsseler Baugesetzes). Innerhalb dieser Zeit muss die Baugenehmigung beantragt werden, anderenfalls der Vorbescheid kraftlos wird. Der Vorbescheid weist unter dem Vorbehalt eingehender Nachprüfung aus, dass der beabsichtigte Zweck der Baulichkeit und die zur Ausführung vorgesehenen Arbeiten geeignet sind, genehmigt zu werden (Art. 204 des Brüsseler Baugesetzes).

108 Niemand darf in der **Region Brüssel** ohne eine vorherige schriftliche und ausdrückliche **Genehmigung** ein Grundstück teilen (lotir un terrain). Unter Grundstücksteilung versteht man den Umstand, ein Grundstück in ein oder mehrere Teile (lot) zum Zwecke der Veräußerung, der Vermietung über mehr als neun Jahre, der Übertragung im Erbbaurecht (emphytéose) oder als Baurecht (superficie) oder des Anbietens einer dieser Modalitäten aufzuteilen, mit der Absicht eine Baulichkeit zu Wohnzwecken zu errichten (Art. 103 des Brüsseler Baugesetzes). Die Notare sind verpflichtet, entsprechende Vorhaben anzuzeigen (vgl. Art. 104 des Brüsseler Baugesetzes).

109 **Wallonisches Recht:** Als übergeordnetes Planungsinstrument sieht Art. 1 § 2 CWATUP den **Entwicklungsplan des regionalen Raumes** (schéma de développement de l'espace

régional) vor (vgl. Art. 13 ff. CWATUP). Gemäß Art. 1 § 3 CATUP werden die Raumordnung und der Städtebau durch (1) die Sektorenpläne (les plans de secteur), (2) die kommunalen Raumordnungspläne (les plans communaux d'aménagement), (3) die regionalen Städtebauordnungen (les règlements régionaux d'urbanisme), (4) die kommunalen Städtebauordnungen (les règlements communaux d'urbanisme) bestimmt. Der **Sektorenplan** teilt die Gebiete auf (Art. 25 CWATUP). Er umfasst Gebiete, die zur Verstädterung bestimmt sind, sowie Gebiete, die nicht zur Verstädterung bestimmt sind.

Die folgenden wallonischen Gebiete sind zur Verstädterung bestimmt:	Die folgenden wallonischen Gebiete sind nicht zur Verstädterung bestimmt:
1. Das Wohngebiet (ist hauptsächlich zu Wohnzwecken bestimmt, Art. 26 CWATUP); 2. Das Wohngebiet mit ländlichem Charakter; 3. Das Gebiet für öffentliche Dienststellen und gemeinschaftliche Anlagen; 4. Das Freizeitgebiet; 5. Das Gewerbegebiet; 6. Das spezifische Gewerbegebiet; 7. Das Abbaugebiet; 8. Das Bauerwartungsgebiet; 9. Das Bauerwartungsgebiet mit industriellem Charakter.	1. Das Agrargebiet; 2. Das Forstgebiet; 3. Das Grüngebiet; 4. Das Naturgebiet; 5. Das Parkgebiet.

Gemäß Art. 84 § 1 CWATUP (in der Fassung des Dekrets vom 18. Juli 2002, Art. 35) darf 110 in der **Region Wallonien** (1) niemand ohne vorherige, schriftliche und ausdrückliche Städtebaugenehmigung Bauen oder ein Grundstück zum Aufstellen einer oder mehrerer ortsfester Einrichtungen benutzen. Unter „Bauen oder Aufstellen von ortsfesten Einrichtungen" versteht man die Errichtung eines Gebäudes oder Bauwerks oder das Aufstellen einer Einrichtung (selbst aus nicht-beständigen Materialien), welche in den Boden eingearbeitet wird, im Boden verankert ist oder dessen Bodenunterstützung die Stabilität versichert, und die dazu bestimmt ist, am Standort zu bleiben, obschon es abgebaut oder versetzt werden kann, (2) ein oder mehrere Aushängeschilder oder Reklamevorrichtungen anbringen, (3) eine Konstruktion abreißen, (4) wieder aufbauen, (5) Änderungen an einem bestehenden Gebäude vornehmen, wobei man unter „Änderungen" die Arbeiten zur Innen- oder Außeneinrichtung eines Gebäudes oder eines Bauwerks, einschließlich der Instandhaltungs- und Pflegearbeiten, die seine Tragstruktur treffen oder eine Änderung seines Bauvolumens bzw. seines architektonischen Aussehens zur Folge haben, versteht, (6) eine neue Wohnung in einem bestehenden Gebäude schaffen, (7) die Zweckbestimmung des ganzen oder eines Teils des Gutes ändern, insofern diese Abänderung auf einer Liste, welche durch die Regierung verabschiedet worden ist, steht und unter Berücksichtigung folgender Kriterien (a) die Auswirkung auf die Umgebung, (b) die Hauptfunktion des Gebäudes, (8) das Bodenrelief bedeutend verändern, (9) bewalden oder abholzen (Ausnahmen die Forstwirtschaft im Forstgebiet und den Anbau von Weihnachtsbäumen in einem nicht zur Verstädterung bestimmten Gebiet), (10) alleinstehende, hochstämmige Bäume fällen, welche sich in einem Grüngebiet befinden, das kraft eines geltenden Plans vorgesehen ist, sowie Bäume entfernen, die innerhalb eines Grundstücks stehen, für das eine Erschließungsgenehmigung erteilt worden ist, (11) einen oder mehrere bemerkenswerte Bäume oder Hecken fällen oder verändern, insofern diese Bäume oder Hecken auf einer durch die Regierung verabschiedeten Liste stehen, (12) die Vegetation von jeglichen Gebieten, deren Schutz die Regierung als notwendig erachtet, roden oder modifizieren, mit Ausnahme der Durchführung des in Art. 14 des Gesetzes vom 12. Juli 1973 über die

Erhaltung der Natur erwähnten Sonderplans zur Verwaltung eines domanialen Naturschutzgebietes und des in Art. 19 desselben Gesetzes erwähnten Verwaltungsplans eines zugelassenen Naturschutzgebietes, (13) gewöhnlich ein Grundstück benutzen (a) zum Abstellen eines oder mehrerer gebrauchter Fahrzeuge, sowie von Schrott, Materialien oder Abfall oder (b) zum Aufstellen einer oder mehrerer beweglicher Vorrichtungen, wie Wohnwagen, Campingwagen oder ausgenutzte Fahrzeuge und Zelte, mit Ausnahme der mobilen Vorrichtungen, die durch eine Camping-/Caravaning-Genehmigung zugelassen sind, (14) Erhaltungsarbeiten im Sinne von Art. 185, 7° CWATUP ausführen oder ausführen lassen, hinsichtlich eines Immobiliargutes, welches auf der in Art. 189 erwähnten Schutzliste steht oder in Anwendung von Art. 192 unter Denkmal- bzw. Landschaftsschutz steht. Diese Arbeiten unterliegen keiner Genehmigung, wenn sie weder den inneren noch den äußeren Aspekt des Immobiliargutes, noch seine Baustoffe oder die Merkmale, die die Schutzmaßnahmen begründet haben, verändern.

111 **3. Bauvorlageberechtigung.** In allen drei belgischen Regionen (Brüssel, Flandern, Wallonien) ist die Einbeziehung eines Architekten zwingend erforderlich, wenn gemäß den Bauvorschriften eine Baugenehmigung (permis d'urbanisme) für nachfolgende Arbeiten eingeholt werden muss[254]:

- Neuerrichtung oder Abriss einer Baulichkeit
- Änderungen der Außenansicht einer vorhandenen Baulichkeit
- Strukturveränderungen an einer Baulichkeit
- Nutzungsänderung einer Baulichkeit

III. Bauordnungsrecht

112 Auch für das Bauordnungsrecht besteht keine nationale Gesetzgebungskompetenz, so dass wiederum auf die regionalen Gesetzgebungsmaßnahmen zu rekurrieren ist.

113 Art. 87 des **Brüsseler Baugesetzes** autorisiert den Erlass von regionalen und kommunalen Regelungen (les règlements régionaux d'urbanisme-RRU und les règlements communaux d'urbanisme – RCU). Gemäß Art. 88 des Brüsseler Baugesetzes kann die regionale Regierung eine oder mehrere regionale Regelungen erlassen, die insbesondere Folgendes sicherstellen:

- die öffentliche Gesundheit, die Haltbarkeit, die Solidität und die Schönheit der Baulichkeiten, Installationen und ihrer Umgebung sowie ihre Sicherheit, insbesondere ihren Schutz gegen Brand und Überschwemmung
- die thermische und akustische Qualität der Baulichkeiten, die Einsparung von Energie und die Wiedergewinnung von Energie
- die Erhaltung, die Hygiene, die Sicherheit, die Befahrbarkeit und die Schönheit der öffentlichen Wege, ihres Zugangs und ihrer Umgebung
- der Anschluss der Gebäude an die im öffentlichen Interesse liegende Versorgung, insbesondere mit Wasser, Gas, Elektrizität, Heizung, Telekommunikation und die Abfallentsorgung
- die Mindestanforderungen an die Bewohnbarkeit von Wohnungen

[254] Vgl. Art. 4 des Gesetzes vom 20.02.1939 (Loi sur la protection du titre et de la profession d'architecte); das Décret portant organisation de l'aménagement du territoire vom 18. Mai 1999 (Flandern); Décret vom 27 November 1997 modifiant le Code wallon de l'Aménagement du Territoire, de l'Urbanisme et du Patrimoine.

- die Wohnqualität und die Verträglichkeit des langsamen Verkehrs, insbesondere durch die Verhinderung von Lärm, Staub etc.
- Zugang zu Grundstücken, bebaut oder nicht, die der Öffentlichkeit zugänglich sind, von Installationen und Straßen durch Personen mit eingeschränkter Beweglichkeit
- die Sicherheit und den Gebrauch von Gebäuden, die der Öffentlichkeit zugänglich sind (solche Regelungen können insbesondere betreffen: Baumaßnahmen und Installation oberhalb und unterhalb der Erdoberfläche, Hinweistafeln, Werbetafeln, Antennen, Kanalisation, Einfriedungen, Lagerstellen, unbebaute Grundstücke, Pflanzungen, Veränderungen der Erdoberfläche, Erschließung von Parkraum etc.)

Die kommunalen Regelungen dürfen die regionalen Regelungen ergänzen und insbesondere die bei der Erteilung von Baugenehmigungen anfallenden Erschließungsbeiträge festsetzen (Art. 91 des Brüsseler Baugesetzes). In **Brüssel** ist vor allem der **RRU** (Règlement régional d'urbanisme) aus dem Jahre 1999 einschlägig, der das gesamte Bauordnungsrecht zusammenfasst. **114**

Entsprechendes gilt in **Wallonien**. Gemäß Art. 76 CWATUP kann die Regierung eine oder mehrere regionale **Städtebauordnungen** (règlements régionaux d'urbanisme) erlassen, die alle Maßnahmen enthalten, um Folgendes zu gewährleisten: **115**

- die gesundheitliche Zuträglichkeit, die Erhaltung, Festigkeit und Schönheit der Gebäude, der Anlagen und ihrer nächsten Umgebung, sowie ihre Sicherheit, insbesondere der Brandschutz und der Schutz vor vorhersehbaren Naturkatastrophen, einschließlich der in Art. 136 genannten, bedeutenden physikalischen Belastungen
- die Erhaltung, gesundheitliche Zuträglichkeit, Sicherheit, Dauerhaftigkeit und Schönheit des Straßen- und Wegenetzes, seiner Zubringer und seiner nächsten Umgebung
- die Ausstattung der Gebäude mit Ausrüstungen für das Gemeinwohl und insbesondere in Sachen Wasser-, Gas- und Stromversorgung, Heizung, Telekommunikation und Abfallbeseitigung
- die Aufenthaltsbequemlichkeit der Personen, die an einem touristischen Ort verweilen, vor allem die Vermeidung von Lärm, Staub und Abgasen – hervorgerufen durch die Ausführung von Arbeiten – und das Durchführungsverbot dieser Arbeiten zu bestimmten Stunden des Tages und an bestimmten Tagen
- die thermische und akustische Qualität der Gebäude, die Energieeinsparungen und die Energierückgewinnung
- die Zugänglichkeit für Personen mit beschränkter Beweglichkeit zu öffentlichen oder zur kollektiven Benutzung bestimmten Flächen, Gebäuden und Gebäudeteilen, und deren Benutzung durch diese Personen
- der Schutz eines Umkreises oder mehrerer Umkreise

Nach Abschluss der Baumaßnahmen muss ein **Certificat de conformité** ausgestellt werden. In **Wallonien** bestimmt Art. 139 CWATUP (in der Fassung des Dekrets vom 18. Juli 2002, Art. 64): Wenn eine Städtebaugenehmigung nach einem von der Regierung festgelegten Datum erteilt worden ist, muss der Genehmigungsempfänger spätestens innerhalb sechs Monaten nach dem Ablauf der in Art. 87, § 2 CWATUP, erwähnten Frist[255] oder vor einer nach Ablauf dieser Frist vorgenommenen Abtretung[256] im Sinne von Art. 85 CWATUP überprüfen lassen, ob das Gut in einem Zustand ist, der in **116**

---

[255] Sie beträgt fünf Jahre nach der Zustellung der Genehmigung (Art. 87 § 2 CWATUP).
[256] Gemeint sind u.a. Verkäufe.

Übereinstimmung mit der Genehmigung steht (Art. 139 – § 1 Abs. 1 CWATUP). Bei einer Abtretung im Sinne von Art. 85 CWATUP, die mehr als drei Jahre nach einer Überprüfung stattfindet, muss der Abtretende vor dem Abtretungsakt die Übereinstimmung des Gutes mit der Genehmigung überprüfen lassen. Jedoch ist eine Überprüfung erforderlich vor jeder Abtretung, die nach einer provisorischen Überprüfung stattfindet (Art. 139 – § 1 Abs. 2 CWATUP).

Die Überprüfung wird von einem zugelassenen Bescheinigungsaussteller vorgenommen, der von dem Genehmigungsempfänger oder dem Abtretenden gewählt wird (Art. 139 – § 2 Abs. 1 CWATUP). Hat die Gemeinde am Ende der sechs Monate, die auf den Ablauf der in Art. 87, § 2 CWATUP, erwähnten Frist folgen, weder die städtebauliche Konformitätsbescheinigung noch das Dokument mit der Ablehnung einer Konformitätsbescheinigung erhalten, so beauftragt das Bürgermeister- und Schöffenkollegium oder der von diesem Kollegium bevollmächtigte Bedienstete von Amts wegen einen zugelassenen Bescheinigungsaussteller mit der Überprüfung (Art. 139 – § 2 Abs. 2 CWATUP). Auf jeden Fall geht die Überprüfung zu Lasten des Genehmigungsempfängers oder des Abtretenden (Art. 139 – § 2 Abs. 3 CWATUP). Wenn der zugelassene Bescheinigungsaussteller feststellt, dass die Handlungen und Arbeiten gemäß der Genehmigung fertig gestellt worden sind, erteilt er eine städtebauliche Konformitätsbescheinigung (Art. 139 – § 3 Abs. 1 CWATUP). Ist die in Art. 87, § 2 CWATUP erwähnte Frist am Tag der Überprüfung nicht abgelaufen, und sind die Handlungen und Arbeiten nicht fertig, stimmen die zu diesem Datum durchgeführten Arbeiten jedoch mit der Genehmigung überein, so erteilt der Bescheinigungsaussteller eine vorläufige städtebauliche Konformitätsbescheinigung (Art. 139 – § 3 Abs. 2 CWATUP). Wenn der zugelassene Bescheinigungsaussteller einen Verstoss feststellt, verweigert er die städtebauliche Konformitätsbescheinigung (Art. 139 – § 3 Abs. 3 CWATUP). Jede städtebauliche Konformitätsbescheinigung oder Verweigerung einer städtebaulichen Konformitätsbescheinigung wird mit Gründen versehen (Art. 139 – § 3 Abs. 4 CWATUP). Die städtebaulichen Konformitätsbescheinigungen oder Verweigerungen einer städtebaulichen Konformitätsbescheinigung werden am selben Tag der Gemeindeverwaltung, dem beauftragten Beamten und, je nach Fall, dem Genehmigungsempfänger oder dem Abtretenden per Einschreiben zugestellt oder gegen Abnahmebescheinigung abgegeben (Art. 139 – § 3 Abs. 5 CWATUP). Der zugelassene Bescheinigungsaussteller, der eine städtebauliche Konformitätsbescheinigung verweigert, beurteilt, ob es sich bei den von ihm festgestellten Verstößen gegen eine sachverständige Raumordnung um leichte Verstöße handelt, und begründet seine Beurteilung (Art. 139 – § 4 Abs. 1 CWATUP). Wenn ein Verstoß nur durch eine Abweichung von einer Akte mit verordnendem Charakter regularisiert werden kann, oder wenn die Abweichung nicht möglich ist, so kann der Verstoß angesichts einer sachverständigen Raumordnung nicht als leicht betrachtet werden (Art. 139 – § 4 Abs. 2 CWATUP). Der Genehmigungsempfänger oder der Abtretende, der die vom Bescheinigungsaussteller ausgestellte Verweigerung der städtebaulichen Konformitätsbescheinigung oder die Beurteilung der Verstöße als leicht angesichts einer sachverständigen Raumordnung bestritt, kann innerhalb von fünfzehn Tagen einen als Bescheinigungsaussteller zugelassenen regionalen Bediensteten darum bitten, eine neue Überprüfung vorzunehmen (Art. 139 – § 5 S. 1 CWATUP). Die Feststellungen des als Bescheinigungsaussteller zugelassenen regionalen Beamten ersetzen diejenigen des ersten zugelassenen Bescheinigungsausstellers (Art. 139 – § 5 S. 2 CWATUP). Wenn der zugelassene Bescheinigungsaussteller festgestellt hat, dass nur leichte Verstöße gegen eine sachverständige Raumordnung begangen wurden, und dass die Genehmigung, deren Bestimmungen missachtet wurden, in erster Instanz in den Zuständigkeitsbereich des Bürgermeister- und Schöffenkollegiums fallen, so kann ein

Antrag auf eine Regularisierungsgenehmigung gemäß Art. 107, § 1 CWATUP, eingereicht werden (Art. 139 – § 6 Abs. 1 CWATUP). In einem solchen Fall überprüfen die zuständigen Behörden, ohne die vorher erteilte, endgültig gewordene Genehmigung in Frage zu stellen, ob eine Regularisierung des Verstoßes angesichts einer sachverständigen Raumordnung denkbar ist (Art. 139 – § 6 Abs. 2 CWATUP). In der Regularisierungsgenehmigung können Bedingungen auferlegt werden (Art. 139 – § 6 Abs. 3 CWATUP). Die abändernde Regularisierungsgenehmigung verhindert unbeschadet der Rechte von Drittpersonen jede Strafverfolgung wegen der Weiterführung von Handlungen und Arbeiten, die mit der abgeänderten Genehmigung nicht übereinstimmen, sowie jede städtebauliche Wiederherstellungsmaßnahme (Art. 139 – § 7 CWATUP). Die Regierung bestimmt die Form der städtebaulichen Konformitätsbescheinigungen und der Unterlagen, die die Verweigerung der städtebaulichen Konformitätsbescheinigungen enthalten (Art. 139 – § 8 CWATUP).

Das **Certificat de conformité** bescheinigt (Muster Wallonien): **117**

Atteste	Attestiere
en ce qui concerne les actes et travaux suivants	In Bezug auf folgende Handlungen und Arbeiten ....
suite à une visite effectuée en date du	im Anschluss an eine Besichtigung, die durchgeführt wurde am ....
que les actes et travaux réalisés ont été effectués conformément au permis précité et ont été entièrement exécutés avant la péremption dudit permis.	dass die realisierten Handlungen und Arbeiten in Übereinstimmung mit der vorbezeichneten Genehmigung ausgeführt wurden und vor Ablauf dieser Genehmigung vollständig fertig gestellt wurden.

Anhang: Gesetz vom 20. FEBRUAR 1939 über den Schutz des Architektentitels und -berufs[257] **118**

Art. 1. [§ 1] Niemand darf den Architektentitel führen [...], wenn er nicht Inhaber eines Diploms ist, mit dem bescheinigt wird, dass er die für die Erlangung dieses Diploms erforderlichen Prüfungen bestanden hat.

[§ 2 – Unbeschadet der Paragraphen 1 und 4 und der Art. 7 und 12 des vorliegenden Gesetzes dürfen Belgier und Staatsangehörige der übrigen Mitgliedstaaten der Europäischen Gemeinschaft oder eines anderen Staates, der beim Abkommen über den Europäischen Wirtschaftsraum Vertragspartei ist, in Belgien den Architektentitel führen [...], wenn sie Inhaber eines Diploms, eines Prüfungszeugnisses oder eines sonstigen Befähigungsnachweises sind, die in der Anlage zum vorliegenden Gesetz erwähnt sind, so wie sie abgeändert wird durch die Fortschreibungen, die gemäß Art. 7 § 2 der Richtlinie 85/384/EWG des Rates vom 10. Juni 1985 für die gegenseitige Anerkennung der Diplome, Prüfungszeugnisse und sonstigen Befähigungsnachweise auf dem Gebiet der Architektur und für Maßnahmen zur Erleichterung der tatsächlichen Ausübung des Niederlassungsrechts und des Rechts auf freien Dienstleistungsverkehr im Amtsblatt der Europäischen Gemeinschaften veröffentlicht werden. Diese Fortschreibungen werden in der Form einer amtlichen Bekanntmachung vollständig im Belgischen Staatsblatt veröffentlicht.]

[257] Diese koordinierte inoffizielle deutsche Fassung ist von der Zentralen Dienststelle für Deutsche Übersetzungen des Beigeordneten Bezirkskommissariats in Malmedy erstellt worden (Gesetz in der Fassung vom Gesetz vom 15. Februar 2006, M.B. v. 1.9.2006, und vom 20.7.2006, M.B. v. 15.2.2007).

[§ 3 – Belgier und Staatsangehörige der übrigen [Mitgliedstaaten der Europäischen Gemeinschaft oder eines anderen Staates, der beim Abkommen über den Europäischen Wirtschaftsraum Vertragspartei ist,] die die in der Anlage zum vorliegenden Gesetz vorgesehenen Bedingungen erfüllen, dürfen von der rechtmäßigen Ausbildungsbezeichnung, die sie in ihrem [Heimat- oder Herkunftsstaat] führen, und gegebenenfalls von der betreffenden Abkürzung in der Sprache dieses Staates Gebrauch machen]

…

[§ 4 Die zuständigen Behörden prüfen die außerhalb der Europäischen Union erworbenen Diplome, Prüfungszeugnisse und sonstigen Befähigungsnachweise in Bezug auf das durch die vorerwähnte Richtlinie 85/384/EWG abgedeckte Gebiet, wenn diese Diplome, Prüfungszeugnisse und sonstigen Befähigungsnachweise in einem anderen Mitgliedstaat anerkannt worden sind, und die in einem anderen Mitgliedstaat erworbene Ausbildung und/oder Berufserfahrung]

Art. 2

[§1 – Folgende Personen dürfen den Architektenberuf ausüben:

1. *Personen, die gemäß Art. 1 ermächtigt sind, den Architektentitel zu führen,*
2. *gemäß den Gesetzen über die Verleihung der akademischen Grade diplomierte Ingenieure,*
3. *Ingenieure, die ihr Diplom an einer belgischen Universität, so wie sie in den vorerwähnten Gesetzen definiert ist, oder an einer mit einer belgischen Universität gleichgesetzten Anstalt erlangt haben,*
4. *Offiziere der Pioniertruppe oder der Artillerie, die aus der Übungsschule hervorgegangen sind.*

§ 2 – Juristische Personen mit Rechtspersönlichkeit dürfen den Architektenberuf ausüben, sofern sie folgende Bedingungen erfüllen:

1. *Geschäftsführer, Verwalter, Mitglieder des Direktionsausschusses und im Allgemeinen selbständige Bevollmächtigte, die im Namen und für Rechnung der betreffenden juristischen Person auftreten, sind natürliche Personen, die gemäß Art. 1 ermächtigt sind den Architektenberuf auszuüben und in einem Verzeichnis der Architektenkammer eingetragen sind.*
2. *Zweck und Tätigkeit müssen auf die Erbringung von Dienstleistungen beschränkt sein, die zur Ausübung des Architektenberufes gehören, und dürfen damit nicht unvereinbar sein.*
3. *Wenn sie als Aktiengesellschaft oder Kommanditgesellschaft auf Aktien gegründet sind, dürfen nur Namensaktien ausgegeben werden.*
4. *Mindestens [60 Prozent] der Anteile beziehungsweise Aktien und der Stimmrechte müssen mittelbar oder unmittelbar von natürlichen Personen gehalten werden, die gemäß § 1 ermächtigt sind den Architektenberuf auszuüben und in einem Verzeichnis der Architektenkammer eingetragen sind; die anderen Anteile beziehungsweise Aktien dürfen nur von natürlichen oder juristischen Personen gehalten werden, die keinen unvereinbaren Beruf ausüben und beim Rat der Architektenkammer gemeldet sind.*
5. *Die betreffende juristische Person darf Beteiligungen an anderen Gesellschaften und/oder juristischen Personen nur zu rein beruflichen Zwecken halten. Zweck und Tätigkeiten dieser Gesellschaften dürfen mit der Funktion des Architekten nicht unvereinbar sein.*

6. Die juristische Person ist in einem Verzeichnis der Architektenkammer eingetragen.

Erfüllt die juristische Person aufgrund des Todes einer in Nr. 1 oder 4 erwähnten natürlichen Person nicht mehr die für die Ausübung des Architektenberufs erforderlichen Bedingungen, verfügt sie über eine Frist von sechs Monaten, um diesen Bedingungen erneut gerecht zu werden. Während dieser Frist darf die juristische Person den Architektenberuf weiterhin ausüben.

§ 3 – Praktikanten dürfen nur dann eine juristische Person im Sinne des vorliegenden Gesetzes gründen oder Gesellschafter, Geschäftsführer, Verwalter beziehungsweise Mitglied des Direktionsausschusses dieser Person sein, wenn es sich um eine juristische Person handelt, in der sie den Beruf zusammen mit ihrem Praktikumsleiter oder einem in einem Verzeichnis der Architektenkammer eingetragenen Architekten ausüben.

§ 4 – Niemand darf den Architektenberuf ausüben, ohne gemäß Art. 9 versichert zu sein.]

[Art. 2 aufgehoben durch Art. 13 § 1 des G. vom 18. Februar 1977 (B.S. vom 12. März 1977) und wieder aufgenommen durch Art. 3 des G. vom 15. Februar 2006 (B.S. vom 25. April 2006); § 2 Abs. 1 Nr. 4 abgeändert durch Art. 169 des G. vom 20. Juli 2006 (B.S. vom 28. Juli 2006)]

Art. 3. [...]
[Art. 3 aufgehoben durch Art. 13 des G. vom 18. Februar 1977 (B.S. vom 12. März 1977)]

Art. 4. Der Staat, die Provinzen, die Gemeinden, öffentliche Einrichtungen und Privatpersonen müssen auf die Mitwirkung eines Architekten für die Erstellung von Plänen und für die Aufsicht über die Ausführung der Arbeiten, für die ein vorhergehender Antrag auf Baugenehmigung durch die Gesetze, Erlasse und Verordnungen auferlegt ist, zurückgreifen. Was öffentliche Einrichtungen und Privatpersonen betrifft, kann der Gouverneur auf Vorschlag des Schöffenkollegiums der Gemeinde, in der die Arbeiten auszuführen sind, Abweichungen gewähren. Durch einen Königlichen Erlass werden die Arbeiten bestimmt, für die die Mitwirkung eines Architekten nicht Pflicht ist.

Art. 5. [Beamte und Bedienstete des Staates, der Provinzen, der Gemeinden und von öffentlichen Einrichtungen dürfen außerhalb der Ausübung ihres Amtes nicht als Architekt tätig sein.

Von dieser Bestimmung wird zugunsten von Architekten abgewichen, die nur aufgrund eines Lehramtes für einen Lehrstoff über Architektur oder Bautechnik eine der vorerwähnten Eigenschaften erwerben.]

[Von dieser Bestimmung wird ebenfalls zugunsten von beamteten Architekten abgewichen, die Pläne ihrer eigenen Wohnung erstellen und unterzeichnen wollen und die diesbezüglichen Bauarbeiten beaufsichtigen wollen.]

[Art. 5 ersetzt durch einzigen Artikel des G. vom 12. Juni 1969 (B.S. vom 30. September 1969) und ergänzt durch einzigen Artikel des G. vom 2. April 1976 (B.S. vom 2. Juni 1976)]

Art. 6. Die Ausübung des Architektenberufs ist nicht mit dem Beruf eines Bauunternehmers für öffentlicheoder private Arbeiten vereinbar.

Art. 7. Personen belgischer Staatsangehörigkeit, die vor dem 1. Januar 1907 geboren sind, können:

1. *den Architektentitel weiterhin führen und den Architektenberuf weiterhin ausüben, wenn sie offenkundig den Architektenberuf ausüben,*
2. *ermächtigt werden, den Architektentitel zu nehmen und den Architektenberuf auszuüben, wenn sie mindestens zehn Jahre bei einem oder mehreren Architekten, die offenkundig den Architektenberuf ausüben, oder in Büros, in denen insbesondere architektonische Entwürfe angefertigt werden, als Zeichner tätig waren, sofern sie vor dem zentralen Prüfungsausschuss eine besondere Prüfung über ihre beruflichen Fähigkeiten ablegen. Die Bedingungen dieser besonderen Prüfung werden vom König festgelegt.*

Belgier, die im Zeitraum zwischen dem 1. Januar 1907 und dem 31. Dezember 1916 geboren sind, sind ermächtigt, den Architektentitel zu führen und den Architektenberuf auszuüben, sofern sie den Beweis ausreichender Fachkenntnisse erbringen. Dieser Beweis muss vor einem vom Minister des Öffentlichen Unterrichtswesens eingesetzten Ausschuss innerhalb einer Frist von einem Jahr ab dem Datum, an dem der Erlass zur Einsetzung dieses Ausschusses im Belgischen Staatsblatt veröffentlicht wird, erbracht werden.

Belgier, die im selben Zeitraum zwischen dem 1. Januar 1907 und dem 31. Dezember 1916 geboren sind und Inhaber eines Architektur-Abschlussdiploms oder -zeugnisses sind, das von einer vom Minister des Öffentlichen Unterrichtswesens oder vom Amt für den technischen Unterricht organisierten oder anerkannten Einrichtung ausgestellt wurde, sind von dieser Beweispflicht befreit, jedoch unter dem Vorbehalt, dass sie dem vorerwähnten Ausschuss den ihnen ausgestellten Befähigungsnachweis vorlegen. Dieser Nachweis muss mit dem Siegel des Ministers des Öffentlichen Unterrichtswesens versehen werden.

Inhaber eines Architektur-Abschlussdiploms oder -zeugnisses, das von denselben Einrichtungen Schülern ausgestellt wird, die zum Zeitpunkt der Ausfertigung des vorliegenden Gesetzes ihr Studium absolvieren, unterliegen den Bestimmungen des vorhergehenden Paragraphen des vorliegenden Artikels.

Art. 8. Architekten ausländischer Staatsangehörigkeit können in Belgien in der Architektur tätig sein und können Anspruch auf die Anwendung der Bestimmungen des vorliegenden Gesetzes haben, insofern die Gegenseitigkeit in ihrem Herkunftsland anerkannt ist. Die Bedingungen der Gegenseitigkeit werden durch diplomatische Übereinkommen geregelt.

Außerdem können Personen ausländischer Staatsangehörigkeit durch Königlichen Erlass die Zulassung erhalten, in Belgien als Architekt tätig zu werden.

Zulassungsanträge müssen an den Minister des Öffentlichen Unterrichtswesens gerichtet werden; die Zulassung kann beschränkt sein.

Art. 9 – [Natürliche und juristische Personen, die gemäß vorliegendem Gesetz ermächtigt sind, den Architektenberuf auszuüben und für Handlungen, die sie zu beruflichen Zwecken ausführen, beziehungsweise für Handlungen ihrer Angestellten haften, Zehnjahreshaftung einbegriffen, müssen versichert sein. Diese Versicherung kann zu einer Globalversicherung aller Parteien, die an einem Bauvorhaben beteiligt sind, gehören.

Durch einen im Ministerrat beratenen Erlass bestimmt der König Modalitäten und Bedingungen der Versicherung, die das Risiko des Bauherrn angemessen decken kann, insbesondere:

- Mindestversicherungssumme,
- [...]
- Garantielaufzeit,
- abzudeckende Risiken.

Wird der Architektenberuf gemäß des vorliegenden Gesetzes von einer juristischen Person ausgeübt, haften Geschäftsführer, Verwalter, Mitglieder des Direktionsausschusses und im Allgemeinen selbständige Bevollmächtigte, die im Namen und für Rechnung der betreffenden juristischen Person auftreten, gesamtschuldnerisch für die Zahlung der Versicherungsprämien.

Sind juristische Personen unter Verstoß gegen Abs. 1 nicht versichert, haften Geschäftsführer, Verwalter und Mitglieder des Direktionsausschusses Dritten gegenüber gesamtschuldnerisch für Schulden, die aus der Zehnjahreshaftung entstehen.]

[Art. 9 aufgehoben durch Art. 54 des G. vom 26. Juni 1963 (B.S. vom 5. Juli 1963) und wieder aufgenommen durch Art. 4 des G. vom 15. Februar 2006 (B.S. vom 25. April 2006); Abs. 2 zweiter Gedankenstrich aufgehoben durch Art. 170 des G. vom 20. Juli 2006 (B.S. vom 28. Juli 2006)]

Art. 10. Wer sich öffentlich den Architektentitel beilegt, ohne dazu berechtigt zu sein, wird mit einer Geldstrafe von 200 bis 1000 [EUR] belegt.

Wer öffentlich den von ihm geführten Titel durch Streichen oder Hinzufügen von Wörtern verändert, wird mit einer Geldstrafe von 100 bis 500 [EUR] belegt.

[Jeder Verstoß gegen Art. 4 Abs. 1 wird mit einer Geldstrafe von 200 bis 1000 [EUR] belegt.]

[Art.10 Abs. 1 abgeändert durch Art. 5 des G. vom 15. Februar 2006 (B.S. vom 25. April 2006); Abs. 2 abgeändert durch Art. 5 des G. vom 15. Februar 2006 (B.S. vom 25. April 2006); Abs. 3 eingefügt durch einzigen Artikel des G. vom 4. Juni 1969 (B.S. vom 30. September 1969) und abgeändert durch Art. 5 des G. vom 15. Februar 2006 (B.S. vom 25. April 2006)]

Art. 11. Wer Diplome, Prüfungszeugnisse oder sonstige Befähigungsnachweise ausstellt oder auszustellen sich erbietet, durch die der Architektentitel mit oder ohne nähere Bestimmung zuerkannt wird oder die aufgrund der enthaltenen Eintragungen dem Architektendiplom gleichen, ohne dazu berechtigt zu sein, wird mit einer Gefängnisstrafe von acht Tagen bis drei Monaten und mit einer Geldstrafe von 200 bis 1000 [EUR] oder mit lediglich einer dieser Strafen belegt.

Die Diplome und Zeugnisse werden eingezogen und zerstört.

Kapitel VII von Buch I des Strafgesetzbuches und Art. 85 desselben Gesetzbuches sind auf diesen Verstoß anwendbar.

[Wer den Architektenberuf ausübt, ohne vorab seine zivilrechtliche Haftung gemäß Art. 9 durch eine Versicherung abgedeckt zu haben, wird mit denselben Strafen belegt. Juristische Personen, die den Architektenberuf ausüben, ohne vorab ihre zivilrechtliche Haftung gemäß Art. 9 durch eine Versicherung abgedeckt zu haben, werden ebenfalls mit der in Abs. 1 erwähnten Geldbuße belegt.]

[Art. 11 Abs. 1 abgeändert durch Art. 5 des G. vom 15. Februar 2006 (B.S. vom 25. April 2006); Abs. 4 eingefügt durch Art. 6 des G. vom 15. Februar 2006 (B.S. vom 25. April 2006)]

Art. 12. [Juristische Personen, die gemäß vorliegendem Gesetz den Architektenberuf ausüben, haften zivilrechtlich für Verurteilungen zu Geldbußen und zur Ausführung der Entschädigungsmaßnahmen, die gegen ihre Organe beziehungsweise Angestellten ausgesprochen werden.]

[Art. 12 ersetzt durch Art. 7 des G. vom 15. Februar 2006 (B.S. vom 25. April 2006)]

ÜBERGANGSBESTIMMUNG

Art. 13. Gemeindebedienstete, die vor Ausfertigung des vorliegenden Gesetzes nicht in ausschließlicher Eigenschaft ernannt sind, können einen Antrag auf Erhalt einer Abweichung von der Bestimmung von Art. 5 Abs. 1 an den Minister des Öffentlichen Unterrichtswesens richten.
Der Minister befindet unter Berücksichtigung aller vorhandenen Angaben über jeden Fall im Einzelnen, nachdem er die Stellungnahme der betreffenden Gemeinde eingeholt hat.

§ 35 China

Hang Zhao unter Mitarbeit von Götz-Sebastian Hök

Inhaltsübersicht

I. Rahmenbedingungen

1. Gesetzliche Rahmenbedingungen. Die Volksrepublik China hat im Jahre 1986 „Allgemeine Regelungen über das Zivilrecht der Volksrepublik China“ in Kraft gesetzt. Diese „Regelungen“ umfassen 9 Kapitel und 156 Artikel und gelten als Grundlage eines in Diskussion befindlichen chinesischen Zivilgesetzes. 1

Im Jahre 1997 hat China ein Baugesetz, nämlich „Das Baugesetz der Volksrepublik China“ veröffentlicht. Dieses Baugesetz hat 8 Kapitel, nämlich: 2

Chapter I	General Provisions
Chapter II	Construction Licensing
Section I	Working Licenses for Construction Projects
Section II	Qualifications of Constructors
Chapter III	Contract Awarding and Contracting of Constructions Projects
Section I	General Rules
Section II	Contracting Awarding
Section III	Contracting
Chapter IV	Supervision of Construction Projects
Chapter V	Management of Construction Safety and Operation
Chapter VI	Management of Construction Projects Quality
Chapter VII	Legal Responsibilities
Chapter VIII	Appendix

und regelt die Themen Baugenehmigung, Auftragsvergabe, Aufsichtsingenieur, Bausicherheit und Bauqualität. Auf der Grundlage des Baugesetzes wurden anschließend mehrere Verordnungen erlassen, die alles detailliert regeln sollten.

Im Jahre 1999 hat China das „Vertragsgesetz der Volksrepublik China" erlassen. Dieses Gesetz umfasst 23 Kapitel und 428 Artikel. In Kapitel 16 (Bauvertrag) hat der Gesetzgeber versucht, in 19 Artikeln alle baubetroffenen Angelegenheiten zu regeln wie z.B.: Ausschreibung, Bauvertrag, Subunternehmer-Bauvertrag, Vertrag mit Planern und Aufsichtsingenieuren, Abnahme, Schadensersatz, usw.

3 Am 1. Januar 2000 trat das „Ausschreibungsgesetz der Volkrepublik China" in Kraft. Dieses Gesetz umfasst 6 Kapitel:

Chapter I	General Provisions
Chapter II	Tenders
Chapter III	Bids
Chapter IV	Bid Opening, Assessment and Winning
Chapter V	Legal Liabilities
Chapter VI	Supplementary Provisions

und regelt auch die Bauausschreibung.

Die oben genannten Gesetze stellen die hauptsächlichen gesetzlichen Regelungen in Bezug auf das Bauwesen dar.

4 **2. Kategorien.** Der Baumarkt in China ist durch das Kategoriesystem streng geregelt. Die betroffenen Unternehmen müssen einer entsprechenden Kategorie angehören, um sich an einem Bauprojekt beteiligen zu können, wie z.B. Bauunternehmen, Planer, Aufsichtsingenieur usw. Sogar Immobilienentwickler müssen als Bauherr entsprechende Kategorien besitzen. Jedes Unternehmen ist je nach seiner Stärke in Kapital, Fachpersonal, Anlagen und Referenzen in eine bestimmte Kategorie eingestuft. Die Angehörigkeit zu einer Kategorie wird bei den Baubehörden beantragt. Nach der Überprüfung durch die zuständige Baubehörde wird dem betroffenen Unternehmen das Kategoriezertifikat erteilt. Die Erteilung eines entsprechenden Kategoriezertifikats gilt als Basisvoraussetzung für den Marktzugang eines Unternehmens.

5 **a. Kategorien für Bauunternehmen.** Alle chinesischen Bauunternehmen sind in unterschiedliche Kategorien eingeteilt. Die Zugehörigkeit zu einer oder mehreren entsprechenden Kategorien ist die Voraussetzung für den Marktzugang. Ohne Zugehörigkeit zu einer entsprechenden Kategorie darf ein Unternehmen kein Bauvorhaben abwickeln.

Unter den Begriff „Bauunternehmen" fallen Unternehmen für Ingenieurbauwerke (Civil Works), für den Hausbau, für die Rohr- und Kabelverlegung, für die Anlagenmontage und und den Innenausbau.

Die Baukategorien umfassen Generalunternehmen, Fachbaufirmen und Arbeitskräfteanbieter. Generalunternehmen werden wiederum in 12 Kategorien unterteilt (wie z.B. Generalunternehmen-Kategorie für Hausbau, Straßenbau, Hafenbau, Eisenbahnbau usw.) und weitere 60 Fachkategorien (wie z.B. Fachkategorie für Gartenbau, Fenster- und Türbau, Fahrstuhlbau usw.). Arbeitskräfteanbieter sind wiederum in 13 Kategorien eingeordnet (wie z.B. Arbeitskräfteanbieter-Kategorie für Zimmermannarbeiten, Stahlbauarbeiten, Gerüstbauarbeiten usw.). Jede dieser Kategorien ist wieder in 2–3 Stufen unterteilt.

Nachstehend findet sich eine Beispieltabelle für die Kategorien eines Hausbau-Generalunternehmens:

Item	Super Grad	Grade I	Grade II	Grade III
Capital (RMB)	300 MIO.	50 MIO.	20 MIO.	6 MIO
Net asset (RMB)	360 MIO.	60 MIO.	25 MIO.	7 MIO.
Annual project settled income within the last 3 years (RMB)	1.5 Bill	200 MIO.	80 MIO.	24 MIO.
Single Contract Value	5fach vom Kapital	5fach vom Kapital	5fach	5fach
Hoehe des Bauwerkes	40 Stockwerke/bis 240 M	40 Stockw./bis 240 M	28/120	14/70

Ein Bauunternehmen darf zwar theoretisch gleichzeitig alle Generalunternehmer Kategorien beantragen, was aber wegen der zu hohen Referenzforderungen des jeweiligen Fachbereichs praktisch nicht möglich ist. Folge ist, dass es in China aufgrund der Kategorienforderungen keine Universalbauunternehmen gibt. 6

Da die Baukategorie eines Unternehmens nicht nur anhand seines Kapitals und der Personalstärke, sondern auch anhand von Referenzprojekten beurteilt wird, kann ein neu gegründetes Bauunternehmen nur mit der niedrigsten Kategorie in den Markt einsteigen und erst nach 3 Jahren eine Höherstufung beantragen.

Da im Fall einer öffentlichen Ausschreibung sowie im Verfahren der Beantragung der Baugenehmigung stets die Kategorie des Bauunternehmens den Behörden zur Überprüfung vorzulegen ist, stellt die Kategorie des Bauunternehmens quasi die Basisvorausetzung für die Baudurchführung dar.

b. Kategorien für Planer (Architekten). In China dürfen nur diejenigen, die die entsprechende Planungskategorie besitzen, Planungsleistungen erbringen. Die Planungskategorie ist wiederum in unterschiedliche Fächer unterteilt. Deswegen sind alle chinesischen Planer in unterschiedliche Planungskategorien eingeteilt. Die Erteilung einer oder mehrerer entsprechender Kategorien bildet die Voraussetzung für den Marktzugang. 7

Planerkategorien sind in Universalkategorien, Branchenkategorien und Fachkategorien unterteilt. Für die Universalkategorie existiert keine weitere Stufe mehr, während die Branchenkategorie und Fachkategorie jeweils in Kategorie A und Kategorie B unterteilt sind. Bezüglich einiger Fachkategorien besteht eine Einteilung in drei Stufen mit der zusätzlichen Kategorie C. Die Einordnung in eine Planungskategorie wird anhand des Kapitals, des Personals und der Referenzprojekte bemessen. Ein neu gegründeter Planer kann nur mit der Kategorie B anfangen.

Da für die Ausschreibung und im Verfahren der Beantragung der Baugenehmigung stets die Kategorie des Planers zur Überprüfung einzureichen ist, stellt die Kategorie des Planers quasi die Vorausetzung für die Projektverwirklichung dar.

c. Kategorien für Aufsichts-Ingenieure (Supervision Engineer). aa. Was ist ein Aufsichtsingenieur? In China existiert seit 1988 das Aufsichtsingenieur-System. Die Bezeichnung „Aufsichtsingenieur" ist vergleichbar mit dem Engineer in FIDIC-Verträgen. Allerdings wird dieses System qua Gesetz zwangsweise durchgesetzt. Laut Baugesetz muss der Bauherr bezüglich der Vorhaben, bei denen ein Aufsichtsingenieur zwangsweise einzusetzen ist, mit dem Aufsichtsingenieur eine entsprechende Vereinbarung treffen. 8

Die Aufgaben des Aufsichtsingenieurs sind laut Art. 32 des Baugesetzes: „The construction supervising units shall, on behalf of project owners, carry out supervision of the construction quality, construction period and the use of construction funds in accordance with laws, administrative regulations and relevant technical standards, design documents and contracts for project contracting.“ Bauherr und Aufsichtsingenieur können durch Vertrag den Aufgabenbereich des Aufsichtingenieurs erweitern.

9 **bb. Umfang der Projekte mit Zwangs-Aufsichtsingenieuren.** Die Projekte, bei denen Aufsichtsingenieure zwangsweise einzusetzen sind, sind:

- Schwerpunktprojekte des Staates
- Große oder mittelgroße öffentliche Projekte in Bezug auf Wasser-, Strom- und Wärmeversorgung, auf Bildungs- und Kulturwesen, auf Sport, Fremdverkehr und Handel, auf Gesundheits- und Wohlfahrtswesen usw. Hier geht es um Projekte mit einer min. Investitionsumme von 30 Mio. RMB
- Große Wohnsiedlungen über 50000 qm
- Bauprojekte mit Darlehen oder Finanzunterstützung von ausländischen Regierungen oder internationalen Organisationen, wie z.B. von Weltbank oder ADB.

10 **cc. Kategorie.** Alle chinesischen Aufsichtsingenieure werden in unterschiedliche Kategorien eingeteilt, und die Erteilung einer oder mehrerer entsprechender Kategorien ist die Voraussetzung für den Marktzugang. Ohne die entsprechende Kategorie darf kein Aufsichtsingenieur die gesetzlich geregelten Aufsichtsaufgaben übernehmen.

Die Aufsichtsingenieurkategorien sind eingeteilt in Universalaufsichtsingenieur und Fachaufsichtsingenieur, wie z.B. Aufsichtsingenieur für den Hausbau, für den Straßenbau, für den Eisenbahnbau, für den Wasserkraftwerksbau usw. Die Universalkategorie wird nicht weiter unterteilt. Hingegen werden die Fachkategorien in Kategorie A und Kategorie B aufgespalten. Manche Fachkategorien haben jeweils drei Stufen mit einer Kategorie C.

Da im Fall einer Ausschreibung und im Verfahren der Beantragung der Baugenehmigung stets die Kategorie des Aufsichtsingenieurs zur Überprüfung vorzulegen ist, stellt die Kategorie des Aufsichtsingenieurs quasi die Vorausetzung für die Projektverwirklichung dar.

II. Ausschreibungen

11 Das chinesische Ausschreibungsgesetz umfasst 68 Artikel und regelt die Ausschreibung, das Angebot, die Angebotsbekanntmachung, die Angebotsbewertung und den Zuschlag. Aufgrund des Ausschreibungsgesetzes wurde eine Reihe von verwaltungsrechtlichen Regelungen verabschiedet, insbesondere in Bezug auf die Bauausschreibung.

12 **1. Umfang der zwingenden Ausschreibung.** Laut Ausschreibungsgesetz (Art. 3) sind folgende Bauprojekte öffentlich auszuschreiben:

„The following construction projects in the territory of the People's Republic of China, including surveying and prospecting, design, engineering and supervision of such projects as well as the procurement of major equipment and materials related to the construction of such projects, must be subject to tenders:

1. *projects such as large-scale infrastructure facilities and public utilities involving the social and public interests and public safety;*
2. *projects which are, completely or partly, invested by the State-owned funds or funded through State financing; and*
3. *projects using loans or aid funds from international organizations or foreign governments.*

The specific scope and standards on the scale of the projects listed in the preceding paragraph shall be worked out by the department of the State Council for development planning, jointly with relevant departments of the State Council, and be reported to the State Council for approval.

If laws or the State Council have the provisions on the scope of other projects which must be subject to tenders, such provisions shall govern."

2. Öffentliche Ausschreibung. Nach Art. 10 des Ausschreibungsgesetzes werden Vorhaben im Wege der öffentlichen Ausschreibung und der beschränkten Ausschreibung ausgeschrieben. 13

Bei der öffentlichen Ausschreibung darf der Bauherr die Anbieter nicht selbst aussuchen. Jeder, der die Ausschreibungsbedingungen erfüllt, darf an der Ausschreibung teilnehmen. Im Fall einer beschränkten Ausschreibung muss der Bauherr zwar das ganze Ausschreibungsverfahren durch die Ausschreibungsbehörde abwickeln, darf aber die Anbieter selbst auswählen.

Nur für untenstehende Projekte ist eine öffentliche Ausschreibung erforderlich:

- Schwerpunktprojekte der Regierung
- Projekte, die mit Staatsmitteln oder mehrheitlich mit Staatsmitteln finanziert werden

Im Fall einer öffentlichen Ausschreibung muss der Bauherr die Bieter durch Bekanntmachung zur Angebotsabgabe einladen. Im Fall einer beschränkten Ausschreibung kann der Bauherr die Anbieter zwar selbst aussuchen, jedoch muss die Mindestzahl von drei Anbietern erreicht sein.

III. Besonderer Marktzugang für ausländische Unternehmen

1. Marktzugang für ausländische Bauunternehmen. a. Geschichtliche Hintergründe und rechtliche Grundlage. Ausländische Bauunternehmen arbeiten schon seit den 80er Jahren in China als „Foreign Contractor", hauptsächlich bei Infrastrukturprojekten. Gesetzliche Regelungen gibt es erst seit dem Jahre 1994 mit der Verordnung Nr. 32 („Provisorische Bestimmungen über die Kategorieverwaltung der in China als Projektunternehmen tätigen ausländischen Unternehmen"). 14

Das am 27. September 2002 verabschiedete und am 1. Dezember 2002 in Kraft getretene neue Gesetz „Regulations on Administration of Foreign Investment Construction Enterprises" (Degree 113) hat folgende Beeinträchtigung auf die um jene Zeit in China arbeitenden ausländischen Bauunternehmen: Mit dem neuen Gesetz hat die chinesische Regierung in erster Linie den Status „Foreign Contractors" mit einer Übergangszeit bis zum 1. Oktober 2003 aufgehoben. Ohne diesen Status darf ein ausländisches Bauunternehmen keine bauausführende Tätigkeit in China mehr ausüben.

b. Baufirma mit ausländischer Investition. Ausländische Bauunternehmen dürfen heute in China keine Bauvorhaben direkt abwickeln, weil für alle baubezogenen Tätigkeiten die Zugehörigkeit des Unternehmens zu einer entsprechenden Kategorie eine Tätigkeitsvoraussetzung darstellt und ein ausländisches Unternehmen in China keine Kategoriezugehörigkeit beantragen und erhalten darf. Im neuen Gesetz (Degree 113) sind drei Formen von Baufirmen mit ausländischer Kapitalbeteiligung erlaubt, nämlich (Art.2): 15

- Wholly Foreign-Owned Construction Enterprises
- Chinese-Foreign Equity Construction JV
- Chinese-Foreign Contractual Construction JV

Unter diesen Voraussetzungen tritt das neu gegründete Bauunternehmen in China als ein chinesisches Bauunternehmen auf. Das neu gegründete Bauunternehmen mit ausländischer Kapitalbeteiligung wird wie ein chinesisches Bauunternehmen behandelt. Die Errichtung einer Niederlassung durch ein ausländisches Bauunternehmen ist weiterhin nicht erlaubt.

16 **aa. Wholly foreign-owned construction enterprises (100% ausländische Bautochter).** Die Errichtung eines 100% ausländischen Tochterunternehmens ist in China ab dem 1. Dezember 2002 mit dem Inkrafttreten des o.g. Gesetzes rechtlich möglich. Diesen Status hat die chinesische Regierung in den WTO-Verhandlungen versprochen (Verwirklichung innerhalb von 3 Jahren nach Chinas WTO-Eintritt). Mit dem neuen Gesetz ist eine frühere Erfüllung dieses Versprechens sichergestellt.

Schon bei WTO-Verhandlungen hat die chinesische Regierung in Bezug auf den Geschäftsbereich Vorbehalte gegen 100% ausländische Bautöchter gemacht, so dass eine 100% ausländische Bautochter in China nur an denjenigen Projekten teilnehmen darf, an denen sich bisher ein ausländisches Bauunternehmen mit dem Status als „Foreign Contractor" direkt beteiligen darf, d.h.:

(1) Construction works invested or funded totally by foreign investment or grants;
(2) Construction projects assisted by international financial organizations and awarded through international tendering in accordance with the provisions of the loan documents;
(3) Sino-foreign joint venture construction projects where the foreign investment is equal to or greater than 50%, or Sino-foreign joint venture construction projects where the foreign investment is less than 50% but, due to technical difficulties, a Chinese construction enterprise cannot undertake the project independently and a special approval is obtained from the construction administration department of the People's Government of the province, autonomous region or directly administered municipality;
(4) China invested construction projects where, due to technical difficulties, a Chinese construction enterprise cannot undertake independently, and subject to the approval of the construction administration department of the People's Government of the province, autonomous region or directly administered municipality, the projects may be undertaken by Chinese and foreign construction enterprises jointly (Art. 15).

Diese Vorbehalte entsprechen WTO's „Protocol on the Accession of the P.R. China" und werden vorraussichtlich in nächster Zukunft unverändert bleiben. Zu beachten ist jedoch die Tatsache, dass eine 100% ausländische Bautochter zwar theoretisch nach dem chinesischen Gesetz möglich ist, aber in der Praxis unrealistisch, und zwar aus folgenden Gründen:

- Arbeitsbereich beschränkt.
- Zu hohe Anforderungen für die Kategoriebeantragung. Kaum eine ausländische Baufirma kann die erforderlichen Referenzen in Bezug auf chinesische Vorhaben aufzeigen, um die höhere Kategorie zu beantragen. Sie dürfte noch nicht einmal die erforderliche Personalbesetzung erfüllen, wenn sie keine lokale Baufirma als Partner hätte.
- Die Möglichkeiten zur geschäftlichen Entfaltung einer 100% ausländischen Bautochter sind nicht vergleichbar mit denen, die den Status als „Foreign Contractor" genießen. Als „Foreign Contractor" kann eine ausländische Baufirma quasi als Universalbaufirma in China in fast allen Fachbereichen aktiv werden, während eine

100% ausländische Bautochter nur im Rahmen einer bestimmten Fachkategorie arbeiten darf. Mithin sind die Geschäftsmöglichkeiten einer 100% ausländischen Bautochter viel enger als die eines „Foreign Contractor".

bb. Sino-Foreign Equity Construction JV (JV Baufirma). Die Gründung eines JV mit ausländischer Kapitalbeteiligung ist seit 1995 möglich. Rechtliche Grundlage dafür ist die Verordnung Nr. 533 aus dem Jahre 1995 („Several Provisions on Establishment of Foreign Investment Construction Enterprises"). Die Änderung im neuen Gesetz ist, dass ein JV-Unternehmen ab dem 1. Dezember 2002 die Inländerbehandlung geniesst. Das bedeutet: 17

- Gleiche Kapitalanforderung bei der Unternehmensgründung mit Blick auf die relevante Kategorie (früher höhere Kapitalforderung für lokale Firmen);
- Gleiche Anforderungen für die Kategoriebeantragung (Art. 17);
- Zugang zu allen Arten von Bauprojekten in China, insbesondere öffentlichen Bauprojekten (Art. 16).

Zu beachten ist, dass der Anteil sowohl des chinesischen Partners als auch des ausländischen Partners eines JV jeweils mindestens 25% betragen (Art. 12) muss. Außerdem muss der chinesische Partner einer JV Baufirma nicht unbedingt eine lokale Baufirma sein, d.h. eine chinesische Bank oder eine Beratungsfirma eignen sich auch als Partner einer Foreign-Sino JV.

cc. Chinese-Foreign Contractual Construction JV. Wie bb. 18

c. Kategorien. Baufirmen mit ausländischer Kapitalbeteiligung unterliegen dem chinesischen Bau-Kategoriesystem. Ohne entsprechende Kategorie darf eine Firma, auch wenn sie eine Geschäftslizenz als Bauunternehmen besitzt, keine Bauarbeiten durchführen. 19

Eine neu gegründete lokale Baufirma darf nur eine Kategorie der niedrigsten Stufe beantragen, ungeachtet dessen, ob ihr Kapital, ihr Personal und ihre Baugeräte für eine höhere Kategorie ausreichend wären und wie stark ihr Mutterhaus in Bezug auf Kapitalausstattung, Personalstärke, Referenzen und Baugeräten dasteht. Aber für eine neu gegründete Baufirma mit ausländischer Kapitalbeteiligung ist es möglich, direkt die Zugehörigkeit zu Kategorie 1 zu beantragen, wenn alle Forderungen erfüllt sind (Art.6./Art.7/ Art.8). Hier dürfen auch Referenzen (ab 1994) des als „Foreign Contractor" in China arbeitenden ausländischen Partners berücksichtigt werden (Art.22), wobei Referenzen des chinesischen JV Partners allerdings nicht in Betracht kommen. Aber Kapital-, Personal- und Baugeräteausstattung des ausländischen Partners werden nicht anerkannt.

2. Marktzugang für ausländische Planer (Architekten). Ausländischer Planer haben folgende zwei Möglichkeiten, in China zu arbeiten: 20

- Sie können in China eine Planungsfirma gründen und die entsprechende Kategoriezugehörigkeit erlangen. Dann kann diese ausländische Planungstochter in China wie ein chinesischer Planer im Rahmen dessen Kategoriezugehörigkeit Planungsleistungen durchführen.
- Der ausländische Planer kann auch mit einem chinesischen Planer, der die entsprechende Kategoriezugehörigkeit besitzt, zusammenarbeiten. Planungsleistungen werden in China in drei Stufen eingeteilt, nämlich Entwurfsplanung, Vorplanung (Preliminary Design) und Ausführungsplanung (Detail Design). Leistungen für die Entwurfsplanung sind nicht genehmigungsbedürftig und erfordern auch keine Kategoriezugehörigkeit. Ausländische Planer dürfen in China nicht die Zugehörigkeit zu

einer Planungskategorie beantragen und deshalb nur die Entwurfsplanung selbst fertigen. Leistungen für die Phasen Preliminary Design und Detail Design sind nur in Zusammenarbeit mit einem chinesischen Planungspartner möglich.

21 **3. Marktzugang für andere ausländische Dienstleistungsanbieter.** Die Tätigkeiten von Dienstleistungsanbietern, für die eine bestimmte Kategoriezugehörigkeit erforderlich ist, wie z.B. Aufsichtsingenieur, kann ein ausländischer Anbieter nicht erbringen. Dieser Markt ist für ausländische Anbieter bis jetzt noch unzugänglich. Jedoch besteht dafür ein Ausweg: ein ausländischer Bauprojektmanager kann in China fast beschränkungslos arbeiten, weil es für Projektmanagementleistungen noch keine spezielle Kategorie gibt und in sichtbarer Zukunft höchstwahrscheinlich auch nicht geben wird. Beim Bau der Olympia-Projekte (Pavillions von bestimmten internationalen Sponsoren) und beim Bau der EXPO Shanghjai 2010 haben beispielsweise einige ausländische Generalunternehmen mit ausländischen Bauherrn einen Generalunternehmervertrag abgeschlossen. Dieser Vertrag und der Status als Generalunternehmen werden zwar von den betreffenden chinesischen Baubehörden nicht offiziell anerkannt; doch konnten diese ausländischen Generalunternehmen in China quasi als Projektmanager oder Bauherrenvertreter problemlos arbeiten.

IV. Bauvertragsrecht

22 **1. Einleitung.** Ein Bauvertragsgesetz gibt es in China nicht. Auch eine einheitliche Regelung, ähnlich wie die der deutschen VOB, ist in China unbekannt. Chinesisches Bauvertragsrecht basiert auf den o.g. Gesetzen und unzähligen Verordnungen und Bestimmungen, die sowohl vom Bauministerium als auch von unterschiedlichen Fachbehörden und lokalen Behörden erlassen wurden. Es ist schwer, diesbezüglich einen klaren Überblick zu geben.

23 **2. Preis. a. Pauschalpreis.** Es ist möglich, ein fixen Pauschalpreis zu vereinbaren. In diesem Fall kommt keine Nachforderung oder Preiserhöhung in Frage, (es sei denn, es wurde zwischen dem Bauherren und dem Bauunternehmen z.B. eine Prämie vereinbart). In der Praxis gibt es aber eine Tendenz, dass ein Fix-Pauschalpreis-Vertrag nicht über mehr als 12 Monate binden soll. Der Grund für diese Haltung ist, dass die Übernahme des Preisrisikos für mehr als 12 Monate kaum kalkulierbar ist und deswegen ein Fix-Pauschalpreis dann nicht vereinbart werden sollte. Es ist zu erwarten, dass diese Einschätzung in näherer Zukunft auch gesetzlich geregelt werden wird.

24 **b. Einzelpreis.** Es existieren fixe Einheitspreise und variable Einheitspreise. In der Praxis wird meistens ein fixer Einheitspreis vereinbart. Die Frage ist aber, ob ein Bauunternehmen ungeachtet eines fixen Einheitspreises Nachträge verlangen kann, wenn die Preise für Baumaterialien erhöht werden (siehe unten c. Nachträge(1)).

25 **c. Nachträge.** „Nachträge“ sind, wenn man mit dem Thema in FIDIC-Verträgen vertraut ist, in China sehr populär. Die Bauunternehmen scheuen keine Mühe, vom Bauherrn „Nachträge“ zu verlangen. Nachträge basieren hauptsächlich auf Planungsänderungen. Eingehend zu erörtern sind Nachträge wegen Preiserhöhungen.

26 **aa. Nachträge wegen Preiserhöhung.** Wie sind Fälle zu handhaben, wenn der Vertrag eine Preisanpassung im Fall der Preiserhöhung nicht ausdrücklich vorsieht oder eine Preisanpassung im Fall der Preiserhöhung schriftlich ausgeschlossen ist? Die Rechtsprechung ist diesbezüglich sehr uneinheitlich. Die zurzeit noch herrschende Meinung vertritt den Standpunkt, dass trotzdem eine Preisanpassung anzubieten sein soll, weil

sonst für die betroffenen Bauunternehmen eine unfaire Situation entsteht. Preiserhöhung, besonders eine radikale Preiserhöhung wie z.B. die für Zement und Stahl über 50% gehört nicht mehr zum Risikobereich eines Bauunternehmens. Viele lokale Baubehörden haben während der Jahre 2007 und 2008 unterschiedliche Bestimmungen erlassen, um einer Preisanpassung den Weg zu öffnen. Zumeist soll im Fall einer Preiserhöhung von über 5–8% eine Preisanpassung schon gestattet werden. Den erlassenen Regelungen fehlt zwar bislang die gesetzliche Durchsetzungskraft, doch werden sie häufig von Gerichten oder Schiedsgerichten zitiert.

Eine andere Meinung geht aber dahin, dass man in solchen Fällen vorsichtig sein sollte. Die Parteiautonomie wird als das höchste Prinzip des Vertragsrechts angesehen, die nicht durch behördliche Bestimmungen unterlaufen werden sollte.

bb. Frist für Nachträge. Oftmals wird darüber gestritten, ob der Unternehmer seine Nachtragsforderungen rechtzeitig angemeldet hat. Der chinesische Standardvertrag der Version 1999, den das Bauministerium veröffentlicht hat, sieht eine Nachtragsfrist von 28 Tagen vor. Der Standardvertrag der Version 2007, der von den 9 Ministerien (einschließlich des Bauministeriums) gemeinsam verfasst wurde, fixiert eine Nachtragsfrist von 14 Tagen, gerechnet ab Zugang der von dem Aufsichtsingenieur erlassenen Änderungsanordnung (Variation Order). Beide Musterverträge regeln keine ausdrückliche Sanktion für den Fall der Fristüberschreitung. Die Rechtsprechung entwickelt sich uneinheitlich. In der älteren Rechtsprechung überwog die Auffassung, Fristenregelungen sollten nicht zu ernst genommen werden, weil es den betroffenen Unternehmen an der entsprechenden Erfahrung fehle. Die neuere Rechtsprechung hingegen neigt dazu, die Fristenregelungen ernst zu nehmen und verspätet angemeldete Nachträge abzuweisen. 27

3. Subunternehmung. a. Subvergabe und Verbot. Nach dem Baugesetz ist eine komplette Übertragung der Bauleistungen auf Subunternehmer nicht erlaubt. Aber eine Subvergabe der Arbeit ist möglich. Laut dem Baugesetz ausgeschlossen ist aber, dass das Subunternehmen seine Subarbeit weiter subvergeben darf, auch nicht einmal teilweise. Diese Beschränkung stößt auf heftige Kritik, weil in der Praxis eine weitere Subvergabe der Arbeit durch ein Subunternehmen allein aus technischer und fachlicher Hinsicht oft nicht zu vermeiden ist. Eine weitere Beschränkung durch das Baugesetz liegt darin, dass das Generalunternehmen die Hauptstrukturarbeit selbst durchführen muss und diese nicht subvergeben darf. Weil sich die großen Bauunternehmen immer mehr auf das Management konzentrieren und auch die Hauptstrukturarbeit durch die Einheit von einem Dritten zu erledigen ist, tendieren die rechtlichen Bestimmungen auf eine weitere Lockerung, d.h. das Generalunternehmen muss die Hauptstrukturarbeit nicht mehr unbedingt selbst durchführen, sondern es reicht aus, dass diese Arbeit durch ein eigenes Management erfüllt wird. 28

b. Haftung des Subunternehmens. Laut dem Baugesetz haftet das Generalunternehmen dem Bauherrn gegenüber, während das Subunternehmen dem Generalunternehmen gegenüber haftet. Aber Generalunternehmer und Subunternehmer haften gegenüber dem Bauherrn gemeinsam. Das heißt im Fall eines durch das Subunternehmen verursachten Mangels kann der Bauherr sowohl beim Generalunternehmer als auch beim Subunternehmer seinen Anspruch geltend machen. 29

4. Standardverträge. Am populärsten ist der Standardvertrag aus dem Jahr 1999 (GF-1999-0201), den das Bauministerium gemeinsam mit dem Industrie- und Handelsverwaltungsamt ausgearbeitet hat. Dieser Standardvertrag besteht aus drei Teilen: Vereinbarung, General Conditions und Special Conditions. Die Parteien sollten Special Con- 30 ditions selbst vereinbaren, während die Form von der Vereinbarung und der Inhalt von General Conditions schon feststehen. Die Version aus dem Jahre 1999 gilt als ein bauunternehmenfreundlicher Bauvertrag.

31 Für Infrastrukturarbeit wird meistens der Standardvertrag der von den 9 Ministerien gemeinsam ausgearbeiteten Version 2007 benutzt. Die Version 2007 wird als ein weiterer Fortschritt gegenüber der Version 1999 verstanden, weil in der Version 2007 der Raum für die Parteiautonomie größer geworden ist und das Gleichgewicht in den Interessen der beiden Parteien sichtbar mehr berücksichtigt werden konnte.

Ob die Parteien einen Standardvertrag anwenden wollen, können sie theoretisch frei aushandeln. In der Praxis wird man jedoch derartigen Problemen dahin begegnen, dass eine andere Vertragsform wie z.B. ein FIDIC-Vertrag von der lokalen Baubehörde nicht anerkannt wird. In China muss jeder Generalunternehmensvertrag ausnahmslos der Baubehörde zur Genehmigung hingelegt werden, und die betreffende Baubehörde nimmt die Überprüfung dieses Vertrags vor (obwohl diese Behörde rechtlich kein Recht dazu besitzt). Sonst bestehe die Gefahr, dass die Baugenehmigung nicht erteilt wird.

32 **5. Mangelgewährleistung.** In Art. 62 des Baugesetzes steht: „The system of the warranty of quality shall be established for construction projects. The scope of warranties on construction projects covers foundations, main parts, the leak prevention of roof covering and other building projects as well as the installation of electric wires and gas, water supply and drainage pipes, andheating and air-conditioning systems. The time frames of warranties shall be determined in accordance with the principle of ensuring the regular use of buildings within normal service life time and safeguarding users' legitimate rights and interests." In China wird die Gewährleistungsfrist für ein Bauwerk getrennt geregelt, wie z.B. in Fundament und Hauptstruktur, Wasserdichtung so wie Kabel und Rohre. Für Fundament und Hauptstrukturteile ist eine Gewährleistung nach der Anzahl der Gebrauchsjahre gemäß den Planungsunterlagen festzulegen, wie z.B. 50 Jahre oder 70 Jahre. Für Wasserdichtung ist eine Gewährleistungsfrist von fünf Jahren bestimmt und für Kabel und Rohre von zwei Jahren. Die Gewährleistungsfrist von Fundament und Hauptstruktur ist unbeschränkt, also für „lebenslang", solange das Bauwerk besteht, was auch in China Kritik begegnet, weil dies unrealistisch ist.

Während der Gewährleistungsfrist sollten alle Mängel auf Seiten des Bauunternehmens auf dessen Kosten beseitigt werden. Wenn das Bauunternehmen seine Pflicht vernachlässigt, kann der Bauherr, dem Mangelgewährleistungsansprüche zustehen, auf eigene Kosten diese Mängel selbst oder durch eine Dritte beseitigen, und bei dem Erstunternehmen Regreß nehmen.

33 Die Dauer der Gewährleistungsfrist entspricht nicht der Rückzahlungsfrist für den Sicherheitseinbehalt. Der Sicherheitseinbehalt wird normalerweise vom Bauherrn für zwei Jahre (für Wasserdichtung kann auch auf fünf Jahre vereinbart werden) zinslos einbehalten und nach zwei Jahren an das Bauunternehmen zurückgezahlt.

Es wird normalerweise eine Gewährleistungsvereinbarung schon bei Vertragsabschluss abgeschlossen, in der die Höhe des Sicherheitseinbehaltes (normalerweise 5% des Abrechnungsbetrags) sowie die Gewährleistungsfrist festgelegt ist.

§ 36 Frankreich

Schrifttum

Bénabent, Droit civil: Les contrats spéciaux, 5. Auflage, Paris 2001; Blandine/Reboul-Maupin, Droit des biens, D. 2004, 2405; Boubli, La responsabilité et l'assurancedes architectes, entrepreneurs et autres constructeurs, Paris 1991; Ehrecke, Der Schutz des Subunternehmers gegen den Ausfall des Unternehmers nach französischem Recht, IHR 2009, 237; Glavinis, Le contrat international de construction, Paris 1993; Caston, Responsabilité des constructeurs, 5. Auflage, Paris 2000; Courtieu, Droit des Assurances – Chronqiue –, JCP (E) 2004, 1001; Hamdorn/Hamdorn, Das französische Vergaberecht, RIW 2011, 368 ff.; Hök, Das französische Individualbaurecht, ZfBR 2000, 80; Hök, Zur Vergabe und Abwicklung öffentlicher Bauaufträge in Frankreich, ZfBR 2001, 220; Hök, Neues zum öffentlichen Auftragsrecht in Frankreich, ZfBR 2001, 518; Hök, Nachforderungsmanagement im französischen Werkvertragsrecht, ZfBR 2003, 3; Hök, Aktuelles Gewerberaummietrecht in Frankreich, GuG 2002, 205; Hök, Neues Bauplanungsrecht in Frankreich, GuG 2001, 168; Hök, Die Finanzierung von Immobilien in Frankreich, Der Langfristige Kredit, 2000, 718; Hök, Überblick über die rechtlichen Grundlagen der Flächeberechnung bei Immobilien im französischen Recht und die Folgen der Nichtbeachtung, GuG 2004, 269; Hübner/Constantinesco, Einführung in das französische Recht, 4. Auflage, München 2001; Huet, Les principaux contrats spéciaux, 2. Auflage, Paris 2001; Huet, Droit de l'architecte, 3. Auflage, Paris 2001; Jacquot/Priet, Droit de l'Urbanisme, 4. Auflage, Paris 2001; Lamorlette/Moreno, Code de l'Urbanisme – Ausgabe 2004–2005, Paris 2003; Liet-Veaux/Thuillier, Droit de la construction, 11. Auflage, Paris 1993; Malaurie/Aynès/Gautier, Les Contrats Spéciaux, Paris 2003; Mémento Pratique, Urbanisme-Construction 2004/2005, Paris 2004; Niggemann, UN-Kaufrecht im deutsch-französischen Wirtschaftsverkehr, RIW 1991, 372; Niggemann, Haftung und Haftungsbegrenzung bei Werk- und Anlagenbauverträgen nach französischem Recht, RIW 1998, 192; Pfleiderer, Einführung in das französische Immobilienrecht, München 2003; Puig, La qualification du contrat d'entreprise, Paris, 2002; Simler/Delebecque, Droit des Sûretés – Chronique –, JCP (E) 2004, 1339; Sonnenberger/Autexier, Französisches Recht, 3. Auflage, Heidelberg 2000; Le Tourneau, L'ingénierie, les transferts de technologie et de maîtrise industrielle, Paris 2003

Inhaltsübersicht

I. Allgemeines Vertragsrecht

1 **1. Überblick.** Das französische Recht ist weithin gesetzlich geregelt. Zur Orientierung ist erforderlich, zwischen formellen Parlamentsgesetzen (**loi, loi organique**) und den materiellen **Gesetzen** (Verordnungen der Exekutive, d.h. **décrets** und **ordonnances** des französischen Präsidenten sowie den **arrêtés** der Fachministerien) zu unterscheiden. Die Zuständigkeitsverteilung führt zu einem unübersichtlichen Ineinandergreifen von Parlamentsgesetzen und Exekutivakten. Hieraus hat sich neben den klassischen Codes eine neuartige Form der Kodifikation entwickelt, die „codification administrative". Diese Codes bestehen aus mindestens drei Teilen: Parlamentsgesetze (partie législative), Verordnungen unter Mitwirkung des Conseil d'États (Dekrete) und einfache Verordnungen (décret simple). Entsprechend werden die jeweiligen Artikel der Kodifikationen untergliedert.

Beispiel: Der **Code de Commerce** besteht gegenwärtig aus dem Teil Art. L-110-1 bis Art. L-958-1 Code de Commerce. Der **Code de la Construction et de l'Habitation** besteht aus dem Teil Art. L-111-1 bis Art. L-662-1 (partie législative) und dem Teil Art. R-111-1 bis Art. R-662-1 (partie réglementaire-décret en Conseil d'État). Der **Code de l'Urbanisme** besteht aus dem Teil Art. L-110 bis Art. L-600-4-1 (partie législative), dem Teil Art. R-111-1 bis Art. R-6201-1 (partie réglementaire-décret en Conseil d'État) und aus dem Teil Art. A-121-4 bis Art. A-614-4 (partie arrêtés). Der **Code de l'Expro-**

priation pour cause d'Utilité Publique besteht aus dem Teil Art. L-11-1 bis Art. L-24-1 (partie législative) und dem Teil Art. R-11-1 bis Art. R-24-1 (partie réglementaire-décret en Conseil d'État). Der **Code de la Consommation** besteht aus Art. L-111-1 bis Art. L-562-1 (partie législative), Art. R-112-1 bis Art. R-551-1, Art. D-225-1 bis Art. D-541-7 (partie réglementaire-décret simple).

Neben den Gesetzen existieren die sog. **Circulaires** und **Directives** der Exekutive (Verwaltungsvorschriften mit der Funktion von Dienstanweisungen), die keinen Normcharakter haben, aber von großer praktischer Bedeutung sind. Doch auch das **Gewohnheitsrecht** hat durchaus praktische Bedeutung. Hierunter werden gelegentlich auch Verkehrssitten und Handelsbräuche zusammengefasst. Die **Rechtsprechung** hat vor allem in der Praxis große Bedeutung. Eine echte Bindungswirkung wie in England existiert allerdings nicht. Französische Urteile sind aber in aller Regel nicht sehr aussagekräftig und nur kurz begründet. Die wesentlichen Aussagen einer Entscheidung können in nur einem Halbsatz untergebracht sein, der schnell überlesen wird. 2

Zu den bedeutendsten zivilrechtlichen Kodifikationen gehören der **Code Civil** und der **Code de Commerce**. Daneben bestehen eine Reihe besonderer Anordnungen und Verordnungen. Häufig werden wesentliche Neuerungen in Gesetzen verpackt, die den Namen ihres Autors tragen und trotz späterer Übernahme in Kodifikationen der Einfachheit halber auch später noch nach ihrem Schöpfer zitiert werden (z.B. Loi Carrez, Loi Scrivener). 3

Es besteht kein einheitliches französisches ziviles Bau- und Werkvertragsrecht. Es ist vielmehr dogmatisch wenig ausgeformt und vor allem in Spezialgesetzen geregelt[1]. Der Verfertigungsvertrag (Werkvertrag) wird in Art. 1711 und 1779 Code Civil (CC) erwähnt. Theorie und Praxis haben einen allgemeinen Begriff des gegenseitigen, konsensualen „**contrat d'entreprise**" entwickelt, dessen Gegenstand die Herstellung stofflicher und immaterieller Werke sein kann[2]. Den Vertrag über die **Errichtung eines individuellen Hauses** hat der Gesetzgeber im Gesetz vom 19. Dezember 1990 (Nr. 90-1129) normiert. Es trägt den Namen **Code de la construction et de l'habitation (CHH)**. Dieses Gesetz gehört zum französischen ordre public, und zwar auch in Ansehung des französischen internationalen Privatrechts[3]. Das Gesetz hat es zum Ziel, den Bauherrn zu schützen. Sofern der Bauherr zugleich Konsument im Sinne des französischen Verbraucherrechtes ist, genießt er ergänzend den Schutz des französischen Verbraucherschutzrechtes. Öffentliche Bauaufträge werden nach besonderen gesetzlichen Bestimmungen im Preiswettbewerb, im Leistungswettbewerb und freihändig vergeben (vgl. Linder, Sachmängel bei öffentlichen Aufträgen in Frankreich, 1995, S. 32). Zu nennen ist insbesondere der „Code des marchés publics". Auch Aufträge, die im sozialen Wohnungsbau (Habitations à loyer modéré-HLM) ausgereicht werden, sind Gegenstand besonderer gesetzlicher Regelungen. 4

2. Anwendbares Recht. Auch in Frankreich gilt die Verordnung Rom I (vorher galt das EVÜ), so dass im Verhältnis zu Frankreich das IPR harmonisiert ist. Es herrscht **Rechtswahlfreiheit**. Mangels Rechtswahl ist nach Art. 4 Rom I zu verfahren. Trotz der schon vor Inkrafttreten von Rom I bestehenden Rechtseinheit weichen in der Praxis die kollisionsrechtichen Ergebnisse häufig von denen in Deutschland ab. In Frankreich schien die Bedeutung des Art. 4 Abs. 5 EVÜ gegenüber der Vermutungsregel in Art. 4 5

[1] Niggemann RIW 1991, 372, 373.
[2] Ferid, Das französische Zivilrecht, Band 2, 2. Auflage 1986, 2 K 102.
[3] C. Saint-Alary-Houin, Champ d'application de la loi, RD imm. 1991.3, p. 144.

Abs. 2 EVÜ zu überwiegen. Der Bauvertrag konnte sich nach dort zu findender Auffassung nur schwerlich dem Zugriff des Baustellenrechts entziehen[4]. Die Anziehungskraft des Baustellenortes war so, dass der Bauvertrag praktisch eine Immobilienoperation wird, auf die die lex rei sitae Anwendung findet[5]. Diese Haltung hatte auch für die französische Rechtsprechung[6] Anziehungskraft.

6 Eine weitere kollisionsrechtliche Besonderheit ist zu beachten. In Frankreich ist es nicht selbstverständlich, dass die Gerichte ihr Kollisionsrecht anwenden. Dort **muss** zwar eine Kollisionsregel angewendet werden, wenn sich eine Partei auf sie beruft[7]. Ob sie allerdings auch angewendet werden muss, wenn die Parteien dazu schweigen, ist umstritten[8]. Die Rechtsprechung schwankte bislang. Seit der Entscheidung Bisbal[9] gehörten die französischen Kollisionsnormen nicht zum französischen „ordre public", soweit diese auf ausländisches Recht verwiesen. Kurze Zeit später wurde dann klargestellt, dass es französischen Richtern freisteht, das französische Kollisionsrecht anzuwenden und das so ermittelte Recht heranzuziehen, ohne hierzu verpflichtet zu sein[10]. Die amtswegige Anwendung des französischen Kollisionsrechts war hierdurch zugelassen nicht jedoch zur Pflicht erhoben worden. Erst etwa 20 Jahre später, vor allem aufgrund der zunehmenden staatsvertraglichen Absicherung kollisionsrechtlicher Normen, kam es zu einem Wandel. Zunächst hatte die Cour de Cassation[11] in zwei Entscheidungen gebilligt, dass die Instanzgerichte das IPR missachtet hatten. Doch dann hob das Gericht zwei Entscheidungen auf, in denen das IPR nicht von Amts wegen berücksichtigt wurde[12]. Wiederum kurze Zeit später ging das Gericht wieder einen Schritt zurück. Seither mussten nur noch Kollisionsnormen zwingend angewendet werden, die entweder einem internationalen Übereinkommen entstammten oder wenn sie Rechte betrafen, die für die Parteien nicht frei verfügbar waren[13]. Wieder ca. 10 Jahre später hat der Kassationshof[14] allerdings die Verpflichtung zur Anwendung des Kollisionsrechts auf den einzigen Fall eingeschränkt, dass der Streit keine frei verfügbaren Rechte betreffe[15].

Beispiel[16]: Die Versicherungsgesellschaft M. hatte an den Käufer eines Silos Schadensersatz geleistet. Anschließend nahm sie dafür den schweizerischen Importeur und den deutschen Hersteller in Regress. Das angerufene französische Gericht wandte insoweit französisches Recht an. Die Klage wurde abgewiesen. Die Versicherungsgesellschaft rügte mit ihrer Revision die Verletzung des (einschlägigen) Haager Kaufrechtsübereinkommens. Der französische Kassationshof wies die Revision mit der Begründung zurück, dass der Rechtsstreit frei verfügbare Rechte betreffe und sich keine der Parteien auf das Haager Abkommen berufen habe[17].

---

4 Glavinis, Le contrat international de construction, Rn. 7.
5 Glavinis, Le contrat international de construction, Rn. 643.
6 TGI Poitiers Rev. crit. dr. int. pr. 2001, 670, 671.
7 Cass.civ., 10.05.1988 D. 1988 somm. 436.
8 Vgl. Audit, Droit international privé, Rn. 255.
9 Cass.civ., 12.05.1959, D. 1960, 610.
10 Cass.civ., 02.03.1960, RC 1960, 97.
11 Cass.civ., 09.03.1983, JCP 1984.II.20295; Cass.civ., 24.01.1984, JDI 1984, 874.
12 Cass.civ., 11.10.1988/18.10.1988, Rev.crit.dr.int.pr. 1989, 368.
13 Cass.civ., 06.12.1990, JDI 1991, 371.
14 Cass.civ., 26.05.1999, Rev.crit.dr.int.pr. 1999, 707.
15 Vgl. Audit, Droit international privé, Rn. 257.
16 Vgl. Cass.civ., 26.05.1999, Rev.crit.dr.int.pr. 1999, 707.
17 Vgl. dazu auch Hartenstein IPRax 2001, 477 ff.

Es wird deutlich, dass es in Frankreich bislang für eine zuverlässige kollisionsrechtliche Beurteilung darauf ankam, dass sich die Parteien auf das anwendbare Recht berufen, um das Gericht zur kollisionsrechtlichen Prüfung zu zwingen. Schweigen die Parteien hierzu, ist es nicht unwahrscheinlich, dass das französische Gericht schlicht französisches Recht anwendet. 7

3. Vertragsschluss. Es herrscht **Vertragsfreiheit** (Art. 1134 Code Civil), die allerdings im Bausektor insbesondere durch den **Code de la Construction et de l'Habitation (CHH)** nachhaltig eingeschränkt wurde. Ein Verstoß gegen das Gesetz führt in die Nichtigkeit des Vertrages, die allerdings gerichtlich festgestellt werden muss. Ein Vertrag ist eine Vereinbarung, durch die sich eine oder mehrere Personen gegenüber einer oder mehreren Personen verpflichten, etwas zu tun oder etwas zu unterlassen (Art. 1101 Code Civil). Ein Vertrag ist unter vier Voraussetzungen wirksam (Art. 1108 Code Civil): 8

- Die Zustimmung (consentement) der Partei, die sich verpflichtet
- Ihre Geschäftsfähigkeit (capacité)
- Bestimmter Vertragsgegenstand (objet certain)
- Erlaubter Rechtsgrund (cause licite)

a. Angebot und Annahme. Der missverständliche Art. 1108 Code Civil muss dahin verstanden werden, dass die Erklärung einer Partei nicht ausreicht, um einen Vertrag zu schließen. Es bedarf zweier Erklärungen, bestehend aus **Angebot** und **Annahme**. Die Offerte ist bis zum Zugang der Annahme frei widerruflich. Obwohl das „consentement" eigentlich das freie Aushandeln des Vertrages voraussetzt, entfällt es bei Verwendung **Allgemeiner Geschäftsbedingungen**. Auch in Frankreich sind AGB (Condition Générales) sehr gebräuchlich. Der Verwender kann sich auf sie nur dann berufen, wenn sie im schriftlichen Vertrag wiederholt werden oder sie ihm beigefügt sind. Im äußersten Falle genügt es, wenn der Verwender ausdrücklich auf die AGB hinweist und sie wenigstens in Auszügen dem Vertragswerk beigefügt sind[18]. Schweigen die Parteien bei Vertragsschluss über die Verwendung von AGB, können sie allenfalls dann Vertragsbestandteil werden, wenn sie der anderen Seite bekannt sind und ihr vor Vertragsschluss vorlagen[19]. Generelle Regelungen zur Inhaltskontrolle von AGB sind nicht vorgesehen. Art. L 132-1 Code de la Consommation schafft aber ein Sonderrecht für missbräuchliche Klauseln. Im Anhang zu Art. L.132-1 Code de la Consommation werden eine Reihe missbräuchlicher Klauseln typisiert. 9

Es kann an dem „**consentement**" fehlen, wenn sich der Erklärende geirrt hat, zu der Erklärung gezwungen wurde oder getäuscht wurde. Willensmängel führen nicht automatisch zur Nichtigkeit des Vertrages. Man unterscheidet zwischen den Fällen absoluter Nichtigkeit und denen der relativen Nichtigkeit. Relative Nichtigkeit ist bei Irrtum, Täuschung oder Drohung gegeben. Absolute Nichtigkeit liegt bei fehlendem Vertragswillen, fehlendem oder unerlaubtem Vertragsgegenstand, fehlender oder unerlaubter „**cause**" und der Nichtbeachtung zwingender Geschäftsform vor. In allen Fällen kann Nichtigkeitsklage erhoben werden. Die Nichtigkeit muss durch Gerichtsurteil festgestellt werden. Klagebefugt ist in Fällen absoluter Nichtigkeit jeder, der ein rechtliches Interesse hat. Bei relativer Nichtigkeit kann nur derjenige klagen, den das Gesetz schützen will. Die Klage ist ausgeschlossen, wenn das Geschäft wirksam nach Art. 1338 Code Civil bestätigt wurde oder die Klagefristen abgelaufen sind. In 10

[18] CA Paris 12.11.1986, BT 1987.59.

[19] Cass.civ., 16.02.1999, JCP (G) 1999 II, 10162 mit Anm. Fillion-Dufouleur.

Fällen relativer Nichtigkeit beträgt die Klagefrist fünf Jahre, in Fällen absoluter Nichtigkeit 30 Jahre.

11 **b. Geschäftsfähigkeit (Capacité).** Geschäftsfähig sind natürliche Personen, die das 18. Lebensjahr vollendet haben (Art. 1124, 488 Code Civil) sowie juristische Personen. Frankreich beurteilt die Rechtsfähigkeit juristischer Personen nach dem Sitzprinzip.

12 **c. Objet certain.** Das sog. „objet certain" bzw. „objet licite" ist ein schillernder Begriff, der praktisch schwer zu handhaben ist. In ihm vereinigen sich unterschiedlichste Facetten des französischen Rechtsverständnisses. Aus dem Erfordernis eines bestimmten Gegenstandes geht das Erfordernis eines realisierbaren Gegenstandes hervor. Fehlt der realisierbare Gegenstand ist der Vertrag nichtig (Art. 1601 CC). Ein Rechtsgeschäft ist nur wirksam, wenn es sich auf einen erlaubten Gegenstand bezieht[20]. Auf der anderen Seite beinhaltet die Regelung eine Abgrenzung zwischen handelbaren und nicht handelbaren Gütern (Art. 1128 CC). An dieser Stelle werden Persönlichkeitsrechte, die Rechte am eigenen Körper oder auch die Frage nach der Eigentumslage an Gräbern diskutiert.

Beispiel: Die Übernahme von Leistungen, die den Architekten vorbehalten ist, führt zur Nichtigkeit des Vertrages[21].

13 **d. Cause.** Fehlt es an einer „cause", ist das Geschäft nichtig (vgl. Art. 1131 CC). Die Causa-Theorie beinhaltet zweierlei. Zum einen geht es darum, ein konkretes Geschäftsinteresse festzustellen, das sich bei unentgeltlichen Verträgen aus dem leitenden Motiv des sich verpflichtenden ergibt und bei gegenseitigen Verträgen aus der Beziehung von Leistung und Gegenleistung geschöpft wird. Daneben besagt die Regel, dass Verträge nicht gegen Gesetz und Moral verstoßen dürfen. Nichtigkeitsgründe im Grundgeschäft können auf ein anderes Geschäft durchschlagen.

14 **e. Form.** Verträge des Privatrechts bedürfen grundsätzlich keiner Form[22]. Sie können mündlich zustande kommen. Allerdings kann es bei mündlichen Verträgen zu Beweisschwierigkeiten kommen, denn nach Art. 1341 Code Civil ist für Verträge mit einem Volumen von gegenwärtig mehr als 800 €[23] der Zeugenbeweis ausgeschlossen. Der Beweis kann nur durch schriftliche oder notarielle Vereinbarungen geführt werden, hilfsweise über Art. 1347 Code Civil (wenn ein sog. **commencement de preuve** in Form schriftlicher Äußerungen des Vertragspartners vorliegt). Ferner existieren eine Reihe besonderer zwingender Formvorschriften, die überwiegend den Schutz des Erwerbers zum Gegenstand haben. Für das Bauvertragsrecht ist insbesondere der Vertrag über den Bau eines individuellen Hauses (Art. L-231-1 CCH, Art. L-232-1 CCH)[24] zu nennen.

15 **f. Auslegung.** Verträge sind nach Art. 1156 ff. Code Civil auszulegen. Grundsätzlich muss man in den Vereinbarungen nach der gemeinsamen Absicht der vertragsschließenden Parteien suchen, anstatt am Wortsinn festzuhalten. Der Richter muss den Willen der Parteien bei Vertragsschluss ermitteln, kann aber frühere oder spätere Ereignisse einfließen lassen. Art. 1135 Code Civil wird als Ermächtigung zur ergänzenden Vertragsauslegung (interprétation enrichissante) verstanden.

---

[20] IPG 1982 Nr. 2.
[21] IPG 1982 Nr. 2.
[22] Vgl. zum Werkvertrag Huet, Les principaux contrats spéciaux, Rn. 32203.
[23] Vgl. Décret Nr. 80-533 vom 15.07.1980, Dekret Nr. 2001-476 vom 30.05.2001 (JO vom 03.05.2001).
[24] Vgl. Huet, Lesprincipaux contrats spéciaux, Rn. 32204.

g. Abbruch von Vertragsverhandlungen. Das französische Recht enthält keine Vorschriften, die sich auf – vorvertragliche – Verhandlungen und das Zustandekommen von Verträgen beziehen[25]. Die vorvertragliche Haftung wird auf die Lehre vom Rechtsmissbrauch in Verbindung mit Gerechtigkeits- und Billigkeitserwägungen gestützt. Sie ist dann zu bejahen, wenn eine Partei Vertragsverhandlungen ohne stichhaltige Gründe plötzlich zu einem Zeitpunkt abbricht, zu dem die Gegenpartei darauf vertrauen durfte, dass ein Vertrag zustande kommen werde. Solange kein Vertrag zustande gekommen ist, wird davon ausgegangen, dass der im vorvertraglichen Stadium entstandene Schaden nach dem Recht der unerlaubten Handlung zu beurteilen ist. Die der Gegenpartei entstandenen Verluste sind zu ersetzen. Streitig ist, ob diese Verluste auch den entgangenen Gewinn (perte d'une chance) umfassen, weil nicht feststehe, dass ein Vertrag tatsächlich mit einem Dritten geschlossen worden wäre. Im Übrigen verhalten sich die französischen Gerichte bei der Bejahung einer vorvertraglichen Haftung zurückhaltend, da sie den Grundsatz der Vertragsfreiheit nicht einengen wollen[26]. 16

4. Vertragsabwicklung. Art. 1134 Code Civil bestimmt, dass gesetzmäßig zustande gekommene Vereinbarungen die Parteien wie ein Gesetz binden. Vom Liberalismus inspiriert, stellt die Lehre von der Parteiautonomie die Regel auf, dass jede Person durch den Ausdruck ihres freien Willens die Macht hat, sich zu verpflichten, d.h. ihr eigenes Gesetz zu begründen, das sie beachten muss (force obligatoire du contrat). Der Vertrag bindet grundsätzlich nur seine Parteien, kann aber grundsätzlich Dritten gegenüber eingewendet werden (opposabilité au tiers). Der Vertrag muss im guten Glauben (de bonne foi) erfüllt werden (Art. 1134 Abs. 3 Code Civil), d.h. dem Schuldner obliegt neben einer Verpflichtung zur Loyalität (obligation de loyauté) auch eine solche zur Kooperation (obligation de coopération). Art. 1135 Code Civil verpflichtet die Parteien nicht nur dazu, was im Vertrag ausdrücklich geregelt ist, sondern sie übernehmen auch alle Folgen, die ihnen die Gerechtigkeit, Gebräuche und das Gesetz in Abhängigkeit von der Natur des Rechtsgeschäfts (d'après sa nature) auferlegen. Schweigen die Parteien, werden demgemäß die dispositiven gesetzlichen Vorschriften sowie bestehenden Gebräuche ergänzend herangezogen. Als **vereinbartes Gesetz** der Parteien begründet der Vertrag folglich nicht nur Haupt- sondern auch Nebenpflichten. Von diesen Verpflichtungen wird der Vertragspartner durch Erfüllung frei (Art. 1234 Code Civil), u.a. namentlich durch Zahlung (payement), Novation (novation), Aufrechnung (compensation), Verzicht (remise volontaire). Die Regeln des Art. 1134 Code Civil gelten absolut und uneingeschränkt, und zwar auch auf Dauerschuldverhältnisse. In keinem Fall dürfen daher die Gerichte, auch wenn es ihnen noch so gerecht erscheint, mit Rücksicht auf die Umstände und der Vertragslaufzeit den Vertrag ändern und neue Klauseln in den Vertrag einfügen[27]. Das französische Recht behandelt mithin Fälle von Leistungserschwerungen (hardship) restriktiv[28]. 17

Die vollständige Nichterfüllung (der Unternehmer hat das beauftragte Werk überhaupt nicht ausgeführt), die teilweise Nichterfüllung (der Unternehmer hat nur die Fundamente 18

---

[25] Vgl. Schlussanträge des Generalanwalts Geelhoed vom 31. Januar 2002, Rs C-334/00 – Fonderie Officine Meccaniche Tacconi Spa ./. Heinrich Wagner Sinto Maschinenfabrik GmbH, Rn. 61.

[26] Vgl. dazu Cass.com., 26.11.2003, D. 2004, 869.

[27] Cass.civ., 06.03.1876 DP 1876, 1; Cass.civ., 14.11.1933, Gaz. Pal. 1934.1.58; Cass.com., 18.12.1979, JCP 1980 IV, 85.

[28] Almeida Prado, Le hardship dans le droit du commerce international, Rn. 34.

errichtet) oder auch die fehlerhafte Erfüllung (Nichtbeachtung des Leistungsverzeichnisses) der vertraglichen Verpflichtungen muss der Gläubiger nicht hinnehmen. Der Gläubiger verfügt insoweit über eine Option (vgl. Art. 1184 Abs. 2 Code Civil): Der nicht zufrieden gestellte Gläubiger

1. kann die korrekte Erfüllung der vertraglichen Verpflichtungen begehren und Erfüllung verlangen (exécution forcée), auch wenn er durch die Nichterfüllung keinen Schaden erleidet, es sei denn sein Begehren ist rechtsmissbräuchlich oder die Erfüllung ist unmöglich geworden (z.B. der zu liefernde Gegenstand wurde zerstört). Grundsätzlich ausgeschlossen ist die zwangsweise Durchsetzung von Erfüllungsansprüchen bei Ansprüchen, die sich auf ein Tun oder Unterlassen richten (Art. 1142 Code Civil). In solchen Fällen kann jedoch über die Verhängung eines Zwangsgeldes (astreinte) oder die Ersatzvornahme das gewünschte Ziel erreicht werden (vgl. Art. 1143, 1144 Code Civil). Ausgeschlossen ist die zwangsweise Erfüllung letztlich nur bei höchstpersönlichen Leistungen (z.B. der Portraitmaler leistet nicht) oder die Erfüllung ist materiell unmöglich bzw. sinnlos.
2. kann alternativ entscheiden, den Vertrag zu beenden und im Wege der Auflösungsklage (action en résolution) die Auflösung des Vertrages zu verlangen (Art. 1184 Code Civil).
3. kann in beiden Fällen Schadensersatz verlangen, wenn ihm ein Schaden entstanden ist, und zwar differenziert nach dem Charakter der Verpflichtung, die verletzt wurde: obligation de moyens (Art. 1137 Code Civil), obligation de résultat (Art. 1147 Code Civil).

19 Soweit anstelle der Erfüllung nur Schadensersatz verlangt werden kann, kommt es nicht darauf an, ob die Nichterfüllung schuldhaft erfolgte[29]. Im Übrigen besteht der Schadensersatzanspruch nur verschuldensabhängig. Er entfällt, wenn die Erfüllung aufgrund äußerer Umstände eintritt (**force majeure** oder **cas fortuit**), die der Schuldner nicht beeinflussen kann (Art. 1184 Code Civil), z.B. Unmöglichkeit aufgrund unvorhersehbarer Umstände (evènement imprévisible) oder objektive Unmöglichkeit aufgrund unüberwindbarer Hindernisse, die nicht lediglich eine einfache unvorhergesehene wirtschaftliche Erschwernis beinhaltet (imprévu financier).

Beispiel: Mängel an einer Wasserverteilungsanlage, die ihre Ursache darin hatten, dass das Wasser eine anormale chemische Zusammensetzung hatte, die nicht feststellbar war, weil sich die Zusammensetzung des Wassers bei unterschiedlichen Messzeitpunkten veränderte[30].

20 Die Parteien können die Haftung vertraglich beeinflussen, und zwar entweder indem sie die Haftung summenmäßig beschränken (clause limitative de resposabilité) oder indem sie die Haftung ausschließen (clause de non-responsabilité). Solche Klauseln können die Haftung für Absicht, Vorsatz und grobe Fahrlässigkeit nicht ausschließen oder beschränken (Art. 1134 Code Civil)[31]. Sie können überdies durch Sondergesetze beschränkt werden (z.B. Art. 1792-5 Code Civil und gegenüber Verbrauchern). Umstritten ist, ob Haftungsbeschränkungsklauseln bei Personenschäden greifen.

---

[29] Cass.com., 30.06.1992, Bull.civ. 1992 IV n° 258.
[30] Cass.civ., 19.03.1985, Bull.civ. 1985 III n° 57.
[31] Cass.com., 15.06.1959, D. 1960, 97; Cass.Ass.plén., 30.06.1998, D. 1999 Somm. 262.

5. Abtretung. Die Zession von Rechten und Forderungen ist in den Art. 1689 ff. CC geregelt. Handelt es sich um eine Abtretung mit Auslandsbezug, ist das Recht maßgebend, das nach dem EVÜ auf den Vertrag zwischen Zedent und Zessionar Anwendung findet. Maßgeblich ist, wer die vertragscharakteristische Leistung erbringt. Das Recht, dem die übertragene Forderung unterliegt, bestimmt über ihre Übertragbarkeit, das Verhältnis zwischen Zessionar und Schuldner, die Voraussetzungen, unter denen die Übertragung dem Schuldner entgegengehalten werden kann, und die befreiende Wirkung einer Leistung durch den Schuldner. 21

Der Akt, der es einem Dritten ermöglicht, eine Forderung beizutreiben, kann Abtretung oder Verpfändung sein. Was gewollt ist, hängt vom Willen der Parteien ab[32]. Inter partes wirkt die Abtretung mit Vertragsschluss; nach außen erst ab förmlicher Zustellung der Mitteilung über die Abtretung an den Schuldner (Art. 1690 CC). Fehlt es an der Anzeige, kann sie nur durch eine notarielle Vereinbarung mit dem Schuldner ersetzt werden. Zahlt der Schuldner vor Zustellung der Abtretungsanzeige an den Zedenten, wird er frei (Art. 1691 CC). Mit der Forderung werden die Sicherungsrechte, wie Bürgschaft, Privileg und Hypothek mit übertragen (Art. 1692 CC). 22

Das Gesetz Nr. 81-1 vom 02. Januar 1981 sowie das Decret n° 81-862 vom 9. September 1981 (Borderau Dailly) haben eine besondere Form der Forderungsabtretung eingeführt, die es Kaufleuten unter vereinfachten Bedingungen ermöglicht, sich zu refinanzieren. Das Gesetz ist dogmatisch deshalb von Interesse, weil es die Sicherungsabtretung anerkennt[33]. Art. 1-1 Gesetz Nr. 81-1 bestimmt ausdrücklich, dass das Kreditinstitut die Forderungen auch dann erwirbt, wenn die Zession zur Besicherung von Verbindlichkeiten ohne Zahlung eines Kaufpreises erfolgt. 23

Die Abtretung durch „borderau" (Verzeichnis, Liste, Aufstellung) ist zulässig, in Bezug auf jede Forderung

- einer juristischen Person gegen andere juristische Personen, ohne Rücksicht auf den Rechtsgrund der abgetretenen Forderung, oder
- einer natürlichen Person, soweit sie ihre berufliche Tätigkeit betrifft, und es sich um eine Forderung handelt, die auch in Bezug auf den Schuldner einem Geschäftsbetrieb entspringt

Nicht abtretbar sind z.B. 24

- Ansprüche des Unternehmers gegen den Bauherrn (Art. 13-1 des Gesetzes Nr.1334/75 vom 31. Dezember 1975), soweit sie nicht aus eigener Leistung herrühren[34].
- Ansprüche auf Auszahlung von Kreditmitteln, die zur Herstellung von Gebäuden dienen, vgl. Art. 1799-1 CC

Die Abtretung durch „borderau" kann Dritten gegenüber mit dem Datum, das sich auf dem borderau befindet, eingewandt werden. Das begünstigte Kreditinstitut kann jederzeit gegenüber dem Schuldner die Zahlung an den Zedenten untersagen. Ab Zugang der Mitteilung kann sich der Schuldner nur noch durch Zahlung an die Bank befreien.

---

32 Trib. com. Béziers, 02.03.1970, Gaz. Pal. 1970.2.215.
33 Sonnenberger/Schweinberger, Einführung in das französische Recht, Rn. 83.
34 Vgl. Piedelièvre, Instruments de crédit et de paiement, Rn. 187.

II. Bauvertragsrecht

Schrifttum

Bénabent, Droit civil: Les contrats spéciaux, 5. Auflage, Paris 2001; Boubli, La responsabilité et l'assurancedes architectes, entrepreneurs et autres constructeurs, Paris 1991; Glavinis, Le contrat international de construction, Paris 1997; Caston, Responsabilité des constructeurs, 5. Auflage, Paris 2000; Mezghani, Le contrat cost and fee, JDI 1984, 241; Hautot, Les clauses financières dans les contrats internationaux, Cah. Jur. Fisc. Export 1988, 2179; Liet-Veaux/Thuillier, Droit de la construction, 11. Auflage, Paris 1993; Malaurie/Aynès/Gautier, Les Contrats Spéciaux, Paris 2003; Mémento Pratique, Urbanisme-Construction 2004/2005, Paris 2004; Niggemann, UN-Kaufrecht im deutsch-französischen Wirtschaftsverkehr, RIW 1991, 372; Niggemann, Haftung und Haftungsbegrenzung bei Werk- und Anlagenbauverträgen nach französischem Recht, RIW 1998, 192; Pfleiderer, Einführung in das französische Immobilienrecht, München 2003; Puig, La qualification du contrat d'entreprise, Paris, 2002; Simler/Delebecque, Droit des Sûretés – Chronique –, JCP (E) 2004, 1339; Sonnenberger/Autexier, Französisches Recht, 3. Auflage, Heidelberg 2000; Le Tourneau, L'ingénierie, les transferts de technologie et de maîtrise industrielle, Paris 2003

25 **1. Überblick.** Das französische Bauvertragsrecht hat verschiedene Ebenen. Es beruht zunächst auf dem sog. „droit commun" und erfährt dann für den Bauvertrag zunächst im Code Civil und sodann in verschiedenen Sondergesetzen eine spezielle Regelung, die den Bauherrn gegen Übervorteilung durch den Unternehmer schützen soll. Eine den VOB/B annähernd entsprechend bedeutsame Kautelarregelung zum Bauvertrag gibt es in Frankreich nicht, wenn man einmal davon absieht, dass die sog. conditions AFNOR durchaus eine gewisse Verbreitung gefunden haben und dass für spezielle internationale Vorhaben auch in Frankreich FIDIC-Konditionen Verwendung finden[35]. Dies liegt schon daran, dass der französische Gesetzgeber sehr viel intensiver in die Vertragsfreiheit eingreift (zwingendes Subunternehmerrecht, zwingendes Gewährleistungsrecht, zwingendes Preisrecht), als dies in Deutschland der Fall ist.

Hinweis: Es existieren Hilfefibeln (Guides) der Chambre des Ingénieurs Conseils de France (CICF) und der Fédération de syndicats de sociétés d'ingénierie, de services informatiques, d'études et de conseil, de formation professionnelle (SYNTEC-INGÉNIERIE) zu internationalen Bauverträgen.

26 Die Verpflichtung zu Errichtung eines Bauwerkes kann auf unterschiedliche Weise vertraglich begründet werden. Der Grundtyp des französischen Bauvertragsrechts ist der Werkvertrag (contrat de louage d'ouvrage, contrat d'entreprise)[36], der eigentlich ein Mietvertrag über Leistungen ist (vgl. Art. 1779 Code Civil). Solche Aufträge werden entweder frei vergeben (contrats de gré à gré) oder ausgeschrieben (marché sur d'appel d'offre). Der Unternehmensvertrag oder Werkvertrag (contrat d'entreprise) hat im Code Civil (CC) eine stiefmütterliche Regelungsdichte erfahren. Während andere Vertragstypen sehr eingehend normiert wurden (z.B. der Darlehensvertrag mit 30 Artikeln, der Mietvertrag mit 60 Artikeln und der Kaufvertrag gar mit 100 Artikeln) finden sich im Code Civil zum Unternehmensvertrag lediglich 13 Artikel. Diese Vorschriften haben zunehmend an Bedeutung verloren, ohne einer gesetzlichen Erneuerung unterzogen worden zu sein, so dass es Aufgabe der Rechtsprechung ist, das Werkvertragsrecht zu präzisieren.

---

[35] Vgl. Cazalet/Reece RD aa.int. 2000, 815; Goff RD aff. Int. 2000, 151; Seppälä RDI 2002, 183; Le Tourneau, L'ingénierie, les transferts de technologie et de maîtrise industrielle, Rn. 167.

[36] Glavinis, Le contrat international de construction, Rn. 7.

Der Unternehmensvertrag ist ein synallagmatischer Vertrag, durch den sich der Unternehmer gegen eine Gegenleistung verpflichtet, etwas zu tun. Vertragscharakteristisch ist die Leistung des Unternehmers. Drei Elemente sind wesentlich[37]: 27

- der Unternehmer verpflichtet sich, etwas zu tun (obligation de faire), nicht etwas zu geben (obligation de donner)[38]
- diese Verpflichtung richtet sich auf die Erbringung tatsächlicher Handlungen, nicht auf die Erfüllung von Rechtsgeschäften
- der Unternehmer behält seine juristische Unabhängigkeit (indépendance juridique); es fehlt an einem Unterordnungsverhältnis[39]

Diese Kriterien dienen vor allem zur Abgrenzung verwandter Vertragstypen und Situationen. Abgrenzungsschwierigkeiten bestehen vor allem zum Kauf, zur Miete, zum Auftrag und Arbeitsvertrag. Mit der Übernahme derVerpflichtung zur Errichtung eines Bauwerks auf einem Grundstück des Bestellers wird unstreitig ein Werkvertrag begründet. Liefert der Unternehmer nicht nur das Material, sondern auch das Grundstück, liegt unabhängig von dem Umfang der geleisteten Arbeit ein Werkvertrag vor[40]. Doch bereits der gesetzlich typisierte Vertrag über den Kauf einer zu errichtenden Immobilie (Art. 1601-1 ff. Code Civil) macht deutlich, dass es sich um einen Vertrag handelt, der kaufrechtliche wie werkvertragliche Elemente in sich vereinigt. Die Übereignungsregeln in Bezug auf das Grundstück und das Werk sind dem Kaufvertrag verwandt, während Art. 1646-1 Code Civil hinsichtlich der Mängelhaftung auf Werkvertragsrecht verweist. Bei Verträgen mit beweglichen Sachen mit Lieferverpflichtung in Bezug auf das Material war denn auch lange Zeit umstritten, ob diese als Kauf- oder als Werkvertrag einzuordnen sind[41]. 28

Der Code Civil basiert auf der aus dem römischen Recht abgeleiteten Überlegung, dass die Parteien einen Kaufvertrag abschließen, wenn der Unternehmer das Material liefert. Doch in der endgültigen Fassung des Code Civil hatte man bereits vorgesehen, dass der Unternehmer das Material mitliefern kann, wenn ein Zusammenhang mit dem Werk besteht, das er liefern soll. Der redaktionelle Gegensatz, in dem die Art. 1582, 1787 und 1711 Code Civil stehen, führt in die Schwierigkeit, den Kaufvertrag von dem Werkvertrag abzugrenzen. Während Art. 1582 Code Civil vorsieht, dass der Kauf eine Vereinbarung ist, durch die sich eine Partei verpflichtet, eine Sache zu liefern, und die andere, diese zu bezahlen, sieht Art. 1787 Code Civil vor, dass, wenn man jemanden verpflichtet, ein Werk herzustellen, vereinbart werden kann, dass dieser nur seine Arbeit oder das Werk liefert oder **auch** das Material. Hierdurch entsteht der Eindruck, dass eine gegenüber der Definition in Art. 1711 Abs. 6 Code Civil größere Domaine erschlossen wird, wonach die dort geregelten Umstände auch dann einen Werkvertrag ausmachen, wenn das Material von dem geliefert wird, für den das Werk hergestellt wird. Die erste Lösungsmöglichkeit besteht darin, indem man an den Mischcharakter der Vereinbarung anknüpft. Die zweite Möglichkeit besteht darin, eine einheitliche Qualifikation vorzunehmen und auf das Übergewicht entweder der Lieferanteile und der Leistungsanteile abzustellen. 29

---

[37] Bénabent; Droit civil: Les contrats spéciaux, Rn. 479.
[38] Huet, Les principaux contrats spéciaux, Rn. 32109.
[39] Huet, Les principaux contrats spéciaux, Rn. 32111.
[40] Huet, Les principaux contrats spéciaux, Rn. 11125.
[41] Niggemann RIW 1998, 192, 193; Huet, Les principaux contrats spéciaux, Rn. 11126.

30 Grundsätzlich hat sich die Rechtsprechung bei einer vom Auftragnehmer herzustellenden Sache für den Werkvertrag entschieden[42]. Abgrenzungskriterium ist, ob der Lieferanteil oder der Arbeitsanteil überwiegt[43]. Die Rechtsprechung bleibt aber im Einzelfall wankelmütig:

- Vertrag über die Lieferung und den Einbau von Beton für eine Autobahn (Kaufvertrag)[44]
- Lieferung eines Wärmekraftwerks für eine Papierfabrik (Kaufvertrag bezüglich der Lieferung und Werkvertrag hinsichtlich der Montageüberwachungsverpflichtung)[45]
- Lieferung und Montage eines Gewächshauses (Kaufvertrag hinsichtlich des Gewächshauses und Werkvertrag hinsichtlich der Herstellung der Fundamente und Montage)[46]

31 In neuerer Zeit hat die Cour de Cassation entschieden, dass von einem Werkvertrag und nicht von einem Kaufvertrag auszugehen ist, wenn der Vertrag nicht über vorbestimmte Sachen geschlossen wird, sondern über eine spezifische Arbeit, die die Befriedigung der besonderen Bedürfnisse des Auftraggebers dient[47]. Kein ausschlaggebendes Abgrenzungskriterium aber ein häufig dem Werkvertrag innewohnendes Element ist die Höchstpersönlichkeit der Leistung[48].

32 Ausgehend von der Definition des Art. 1710 Code Civil ist die Miete einer Arbeit (louage d'ouvrage) ein Vertrag, durch den sich eine der Parteien gegenüber der anderen gegen einen unter ihnen vereinbarten Preis verpflichtet, etwas zu tun, ist anerkannt, dass der Unternehmensvertrag (contrat d'entreprise) qua Definitionem ein entgeltlicher Vertrag ist (à titre onéreux) und dass kein unentgeltlicher Werkvertrag existiert[49]. Wird Unentgeltlichkeit ausbedungen, handelt es sich vielmehr um einen unentgeltlichen Hilfevertrag, der in der Realität die Leihe von Hilfe darstellt. Da die Vergütung mithin ein essentielles Element des Unternehmensvertrags darstellt, ist es nicht notwendig, dass sie bei Abschluss des Vertrages bestimmt wird. Man kann letztlich sagen, dass dem Vertragstyp das Prinzip der Vergütung immanent ist. Wird ein Unternehmer beauftragt, spricht eine Vermutung für die Entgeltlichkeit[50]. Dies führt dazu, dass der Auftraggeber ggf. darlegen und beweisen muss, dass dem Unternehmer keine Vergütung zusteht, etwa weil eine entsprechende Vereinbarung getroffen wurde[51]. Bestehende freundschaftliche Beziehungen reichen nicht aus, um die Vermutung zu entkräften, dass der Unternehmer entgeltlich beauftragt wurde. Der Umstand, dass notwendigerweise eine Vergütung zu entrichten ist, lässt aber die Frage offen, worin die Vergütung bestehen soll. Sie muss nicht zwingend in einer Geldzahlung bestehen. Auch andere Formen der Gegenleistung, wie z.B. die Überlassung von Gegenständen oder Leistungen sind möglich (wie z.B. beim Sponsoring).

---

42 Cass.civ., 05.01.1897, DP 1897.1.89.
43 Huet, Les principaux contrats spéciaux, Rn. 11126; Niggemann RIW 1998, 192, 194.
44 Cass.civ., 21.10.1981, Bull.civ. 1981 III n° 143.
45 Cass.civ., 16.03.1977 JCP 1978 (G) II, 18931.
46 Cass.com., 23.01.1978, D 1978 IR 424.
47 Cass.civ., 14.12.1999, Bull.civ. 1999 III n° 340.
48 Vgl. Huet, Les principaux contrats spéciaux, Rn. 32117.
49 Cass.civ., 17.12.1997, Bull.civ. 1997 III n° 226; vgl. Huet, Les principaux contrats spéciaux, Rn. 32113.
50 Cass.civ., 23.01.1979, Rev.dr.imm. 1979, 339; vgl. Huet, Les principaux contrats spéciaux, Rn. 32114.
51 Cass.civ., 31.05.1989, Bull.civ.III n° 126.

2. Besondere Bauvertragstypen. Die Vertragsfreiheit wird im Baurecht allerdings insbesondere durch den **Code de la construction et de l'habitation**[52] **(CHH)** im Gesetz vom 19. Dezember 1990 (Nr. 90-1129) nachhaltig eingeschränkt. Der CCH hat es zum Ziel, den Bauherrn zu schützen. Sofern der Bauherr zugleich Konsument im Sinne des französischen Verbraucherrechtes ist, genießt er ergänzend den Schutz des französischen Verbraucherschutzrechtes. Ferner kann der Bauherr einen Kaufvertrag über ein zu **errichtendes Gebäude** schließen (Art. 1601-1 Code Civil) oder auch einen „promoteur" (der in etwa die Stellung eines Bauträgers einnimmt) mit der Durchführung des Bauvorhabens beauftragen (Art.1831-1 Code Civil, Art. L-221-1 und R-221-1 ff. CCH). Der Vertrag über die Errichtung eines individuellen Hauses unterscheidet sich vom Verkauf eines zu errichtenden Gebäudes (Art. 1601-1 Code Civil) dadurch, dass sich der Unternehmer in letzterem Falle gleichzeitig zur Veräußerung des Baugrundstücks verpflichtet. Anzumerken ist, dass die Abkoppelung des Verkaufes von dem Vertrag, der die Bauverpflichtung enthält, die Nichtigkeit beider Verträge zur Folge hat[53]. 33

a. Contrat de promotion immobilière. Geregelt in den Art. L. 221-1 ff. und R. 221-1 ff. CCH, handelt es sich um einen Vertrag, der dem Auftrag nachgebildet ist. Der „promoteur" verpflichtet sich, im Auftrag des Bauherrn zu einem vereinbarten Preis vermittels des Abschlusses von Werkverträgen (contrat de louage d'ouvrage) ein bestimmtes Bauprogramm zu realisieren. Der „promoteur" hat eine doppelte Aufgabe, nämlich die Realisierung des Vorhabens und die Organisation der Operation. Der „promoteur" ist Garant der Verpflichtungen, die er zu Lasten des Bauherrn eingeht. Der „maître de l'ouvrage" (Bauherr) erfüllt die Verpflichtungen, die der „promoteur" für ihn eingeht (Art. 1831-2 CC, Art. 221-2 CCH). Darlehensverpflichtungen darf der „promoteur" allerdings nicht zu Lasten des Bauherrn eingehen. Seine Verpflichtungen darf der „promoteur" nur mit Zustimmung des Bauherrn auf Dritte übertragen (Art. 1831-3 CC). 34

Als „contrat de promotion immobilière" gilt auch eine Vereinbarung über bedeutende Renovierungsarbeiten an einem Hotel[54]. Die Schutzbestimmungen der Art. 222-1 ff. CCH greifen aber nur für bestimmte Bauvorhaben ein, namentlich für den Bau von Wohnungen (Art. L-222-1 CCH). Im übrigen sind bestimmte Bauherren vom Schutzbereich der Art. L-222-1 ff. CCH ausgenommen, z.B. die Träger des sozialen Wohnungsbaues (organismes HLM). 35

Der „contrat de promotion" muss schriftlich gefasst werden und eine Reihe von zwingenden Inhalten regeln (vgl. Art. L-222-3 CCH i.V.m. Art. R-222-1 ff. CCH). Wesentlich ist die Absicherung des Bauherrn. Der „promoteur" muss eine Sicherheit stellen (garantie pour bonne exécution du contrat). Diese Sicherheit kann in einer Bürgschaft bestehen, in der sich der Bürge solidarisch mit dem „promoteur" für die Kosten der Herstellung (le prix convenu) verbürgt. Es kann auch eine Kreditlinie eröffnet werden (Art. R. 222-9 CCH). Sicherungsgeber können nur Banken, ein „établissement financier habilité" oder Versicherungen sein. 36

---

[52] Änderungen des Artikels L-111-23 durch ordonnance 2005-658 vom 08.06.2005, der Art. L 111-26, L 251-1 ff. und L 261-1 bis 16 durch loi n° 2006-872 vom 13.07.2006, des Artikels 261-22 durch loi n° 2009-526 vom 12.05.2009, der Art. R 251-1 ff. durch décret n° 2007-897 vom 15.05.2007 sowie des Artikels R 111-38 durch décret n° 2007-1327 vom 11.09.2007.

[53] Trib. Gr. Inst. Lorient, 9 März 1977, JCP 1978 éd. N, II, p. 59; Trib. Gr. Inst. Toulouse, 23. Oktober 1979, Rev. Droit et Ville 1981, Nr. 11, 25.

[54] Cass.Civ., 06.11.1985, Bull.civ. 1985 III n° 140.

37 **b. Contrat de construction d'une maison individuelle avec fourniture du plan.** Geregelt in Art. L. 231-1 und R. 231-1 ff. CCH, handelt es sich um einen Vertrag, mit dem sich jemand verpflichtet, ein Haus nach einem von ihm gelieferten Plan zu errichten. Es muss sich um ein Wohnhaus handeln, das auch gewerblichen Zwecken dienen kann, und nicht mehr als zwei Wohnungen zugunsten ein und desselben Kunden enthält.

Der „contrat de promotion" unterscheidet sich von dem Vertrag „de construction de maison individuelle" dadurch, dass der „promoteur" normalerweise die Bauarbeiten nicht selbst ausführt. Tut er es, treffen ihn insoweit die Pflichten des Bauunternehmers (Art. L-221-1 CCH).

38 **c. Contrat de construction d'une maison individuelle sans fourniture du plan.** Geregelt in Art. L-232-1 ff. und R-232-1 ff. CCH, handelt es sich um einen Vertrag, der dem „contrat de construction d'une maison individuelle avec fourniture du plan" ähnelt und Schutzbestimmungen für sog. „travaux de gros oeuvre" regelt, falls nicht bereits ein Vertrag mit Lieferung eines Planes vereinbart wurde.

39 Der Vertrag über die Errichtung eines individuellen Hauses ist im Kern ein Werkvertrag (vgl. Art. L-232-1 CCH). Der CCH erstreckt sich grundsätzlich auf Verträge, mit denen der Auftragnehmer die Errichtung eines Hauses mit nicht mehr als zwei Wohneinheiten (von denen eine Gewerbeeinheit sein kann) nach einem von ihm gelieferten oder zu liefernden Plan verspricht (Art. L-231-1 CCH). Beide Wohneinheiten müssen im Auftrag und für die Zwecke eines Bauherrn errichtet werden. Ergeht der Auftrag im Namen zweier Bauherren, die die Einheiten getrennt nutzen wollen, liegt der Vertrag außerhalb des Schutzbereiches des Gesetzes[55]. Unter einer Wohneinheit ist ein Gebäudeteil zu verstehen, das alle Voraussetzungen für die Nutzung als Wohnraum bietet, einschließlich Sanitärinstallationen und Kücheneinrichtung[56]. Ein Werkvertrag, der die Realisierung eines neuen Wohnhauses zum Gegenstand hat, kann innerhalb einer Widerrufsfrist von sieben Tagen widerrufen werden (Art. L-271-1 CCH).

40 **d. Contrat de bail à construction.** Geregelt in Art. L. 251-1 ff. und Art. R. 251-1 ff. CCH, handelt es sich um einen Vertrag, durch den sich der Nutzer verpflichtet, auf dem Grundstück des Vermieters ein Gebäude zu errichten und es während der Vertragsdauer in einem guten Zustand zu erhalten. Der Mieter erhält gemäß Art. L. 251-3 CCH ein dingliches Recht (droit réel immobilier), das hypothekarisch belastet werden kann. Es ist eine Laufzeit zu vereinbaren, die zwischen 18 und 99 Jahren betragen kann.

Sämtliche Grundstücksbelastungen erlöschen mit dem Erbbaurecht (Art. L. 251-6 al. 1° CCH). Erlischt es vorzeitig durch gerichtliche Anordnung oder aufgrund Parteivereinbarung bleiben allerdings die Belastungen bis zum vorgesehenen Ablauf des Erbbaurechtes erhalten (Art. L-251-6 al. 2° CCH).

41 **e. Contrat de vente d'immeuble à construire.** Der Kauf einer noch zu errichtenden Wohnung (vente d'immeuble à construire) unterliegt den besonderen Bedingungen der Art. 1601-1 Code Civil i.V.m. Art. L. 261-1 ff. und R. 261-1 ff. CCH[57]. Der Bauträgervertrag verpflichtet den Bauträger üblicherweise dazu, innerhalb einer bestimmten Frist das vom Käufer bestellte Gebäude zu errichten[58]. Ein solcher Vertrag kann entweder

---

[55] Hugot/Sizaire, Le Contrat de Construction d'une Maison individuelle, 1992, Nr. 66; Tomasin/Malinvaud, Dalloz Action Construction, 1998, Rn. 1488.
[56] Hugot/Sizaire, Le Contrat de Construction d'une Maison individuelle, 1992, Nr. 65.
[57] Vgl. auch Pfleiderer, Einführung, 94.
[58] Pfleiderer, Einführung, 96.

vorsehen, dass das Eigentum erst mit der Fertigstellung auf den Käufer übergeht (Art. L-261-2 CCH) oder es kann vereinbart werden, dass der Erwerber sofort Eigentümer wird (Art. L-261-3 CCH, Art. 1601-3 Code Civil). In beiden Fällen bleibt der „Verkäufer" bis zur Fertigstellung „maître de l'ouvrage" (vgl. Art. L-261-3 CCH). Bauherr und Erwerber sind daher nicht zwingend personenidentisch. Vielmehr bleibt der Bauträger rechtlich Bauherr.

Der Käufer kann dem Verkäufer (Bauherrn oder Bauträger) das Mandat erteilen, das Kaufobjekt hypothekarisch zu belasten (Art. R.261-7 CCH). Die Auszahlung kann dann nach Maßgabe des Art. R-261-14 CCH i.V.m. Art. 1799-1 CC erfolgen. Auf diese Weise kann es dazu kommen, dass zu Lasten der Wohnungskäufer Zahlungen an das ausführende Unternehmen geleistet wurden, ohne dass ein entsprechender Gegenwert vorhanden ist[59]. Einzig der überwachende Architekt kann dies verhindern. Die Bank, die ihrerseits wegen Art. 1799-1 CC entweder eine Bürgschaft herausgelegt hat oder die Baufinanzierung direkt an die Unternehmen auszahlt, kann ihrerseits in Streitigkeiten gerissen werden, wenn sie blind auf die Testate des Architekten vertraut. 42

Weist das errichtete Gebäude Mängel auf, die über reine Baumängel hinausgehen (défaut de conformité), kann der Bauherr Erfüllung verlangen und grundsätzlich innerhalb einer 30jährigen Frist entweder Nachbesserung oder Schadensersatz oder aber Vertragsaufhebung begehren[60]. Liegen lediglich Sachmängel vor, die bei der Abnahme erkannt wurden oder erkennbar waren (vices apparentes), kann innerhalb einer einjährigen Frist Beseitigung verlangt werden. Beseitigt der Unternehmer den Mangel nicht, besteht die Möglichkeit zur Minderung des Preises oder die Option zur Vertragsaufhebung (vgl. Art. 1642-1, 1648 Code Civil, Art. L-261-5 CCH). Für versteckte Mängel (vices cachés) gilt die allgemeine Sachmängelhaftung von 10 Jahren (Art. 1646-1 Code Civil; Art. L-261-6 CCH). Ob ein versteckter Mangel vorliegt oder nicht, ist unter Berücksichtigung der konkreten Umstände für jeden Einzelfall zu entscheiden. Der Tatrichter hat insoweit einen weiten Beurteilungsspielraum (pouvoir souverain du juge), der von der Cour de Cassation nur darauf überprüft werden kann, ob seine Grenzen eingehalten wurden[61]. 43

f. Schlussbemerkung. Auf sämtliche Vertragstypen ist das droit commun anwendbar, soweit der Code de la construction et de l'habitation (CCH) keine Sonderregelung trifft. 44

3. Preis. Die wesentliche Verpflichtung des Auftraggebers (maître de l'ouvrage) besteht in der Zahlungsverpflichtung. Die Festlegung des Preises erfolgt entweder in einem formellen Vertrag oder aufgrund eines durch den Auftraggeber bestätigten Kostenvoranschlages (**devis**) des Unternehmers oder schließlich aufgrund von Tarifen, die der Auftragnehmer dem Auftraggeber zur Kenntnis gebracht hat, z.B. durch einen Aushang. Der Preis kann auch nach Ausführung der Arbeiten festgelegt werden und versteht sich prinzipiell einschließlich Steuern (TTC=toutes taxes comprises)[62]. Der Kostenvoranschlag ist in der Regel nur eine Kostenschätzung und nicht verbindlich. Er kann nach Einheitspreisen (**prix unitaire**) aufgebaut sein, die nach Massen abgerechnet werden, die nach Fertigstellung ermittelt werden. 45

---

59 Vgl. Cass.civ., 29.03.2000 (Parlier ./. Épx Ponceblanc).
60 Pfleiderer, Einführung, 96.
61 Vgl. IPG 1987-88 Nr. 9.
62 Vgl. Cass.com., 08.10.1991, C.C.C. 1992.1.

Klauselbeispiel der SYNTEC-INGÉNIERIE:

Les différentes missions et prestations incombant à Y font l'objet des rémunérations ci-après dont les montants sont établis sur la base des conditions économiques du ... Ces rémunérations sont hors taxes lesquelles sont à la charge de X. Ces rémunérations sont exprimées en monnaie de ... Les impôts, droits et taxes de toutes natures en France et à l'étranger sont prix respectivement en charge par Y et par X[63].

La rémunération est au temps consacré (y compris les temps de voyage). Elle est calculée sur la base du tarif horaire suivant: ...[64]

46 Es kann aber auch ein Pauschalpreis (**prix à forfait** oder **marché à forfait**) vereinbart werden. Als Variante existiert der **forfait perfectionné**, bei dem ein Pauschalpreis als Zielpreis fixiert wird, der in Abhängigkeit zum Leistungsergebnis im Rahmen einer vertraglich vereinbarten Toleranzbreite entweder angehoben oder reduziert wird[65]. Auch **cost plus fee-Verträge (prix en régie)**[66] und Vergütungssysteme, die eine prozentuale Beteiligung am Volumen der ausgeführten Arbeiten vorsehen[67], kommen vor. Bei letzteren ist es in Frankreich üblich, Tranchen zu bilden, an denen jeweils unterschiedliche Beteiligungen erfolgen (z.B. 8% unterhalb 75.000 €, 7% für die Tranche bis 150.000 € etc.)[68].

47 **a. Droit commun. aa. Pauschalpreis.** Die einfachste Art der Preisfindung ist der Pauschalpreis (**marché à forfait**). Der Preis wird vorab abschließend festgelegt, was voraussetzt, dass er der Höhe nach präzise bestimmt wird und dass die dafür zu leistenden Arbeiten nicht weniger präzise bestimmt sind[69]. Fehlt es an der Präzision kann es an der Vereinbarung eines echten Pauschalpreises fehlen[70]. Für den Bereich der Bauleistungen an Grundstücken besteht eine Sonderregelung in Art. 1793 CC, auf die noch näher eingegangen wird.

48 Der Pauschalpreis ist grundsätzlich unabänderlich[71]. Mehrkosten gehen zu Lasten des Unternehmers. Der Pauschalpreis verlagert sämtliche Risiken der Auftragsdurchführung auf den Unternehmer, der das Risiko in seiner Kalkulation berücksichtigen muss[72].

49 Zusätzliche Arbeiten, die der Auftraggeber anordnet, können einen Anspruch auf Mehrvergütung auslösen, wenn es sich tatsächlich um Arbeiten handelt, die nicht durch den Pauschalpreis gebunden sind und wenn ein neuer Vertrag über die Zusatzleistungen zustande kommt. Die Frage danach, ob die angeordneten Leistungen bereits im Pauschalpreis abgegolten sind oder nicht, ist oftmals schwierig zu beantworten. Generell kann man sagen, dass sämtliche Arbeiten, die zur korrekten Ausführung der beauftragten

---

63 Die verschiedenen Aufgaben und Leistungen, die Y obliegen, sind Gegenstand der nachstehenden Vergütungen, deren Beträge auf der Basis ... der wirtschaftlichen Bedingungen von ... Diese Vergütungen verstehen sich ohne Steuer, die zu Lasten von X geht. Die Vergütungen sind in in der Währung von ... ausgedrückt. Die Steuern, Gebühren und Abgaben jeder Art in Frankreich und im Ausland werden wechselseitig von Y und X getragen.

64 Die Vergütung versteht sich nach aufgewendeter Zeit (einschließlich der Reisezeit). Sie errechnet sich auf der Grundlage des folgenden Stundensatzes: ....

65 Vgl. dazu Le Tourneau, L'ingénierie, les transferts de technologie et de maîtrise industrielle, Rn. 264.

66 Mezghani JDI 1984, 241; Vgl. dazu auch Le Tourneau, L'ingénierie, les transferts de technologie et de maîtrise industrielle, Rn. 266.

67 Vgl. dazu Le Tourneau, L'ingénierie, les transferts de technologie et de maîtrise industrielle, Rn. 267.

68 Vgl. dazu Le Tourneau, L'ingénierie, les transferts de technologie et de maîtrise industrielle, Rn. 267.

69 Cass.civ., 20.11.1991, Bull.civ.III, n° 283.

70 Cass.civ., 20.11.1991, Bull.civ.III, n° 283.

71 Cass.civ., 18.03.1974, D. 1974, 436.

72 Le Tourneau, L'ingénierie, les transferts de technologie et de maîtrise industrielle, Rn. 262.

Arbeiten erforderlich sind, durch den Pauschalpreis abgedeckt sind. Zusatzarbeiten liegen nur dann vor, wenn entweder das Ergebnis der ursprünglichen Leistung verbessert oder erweitert wird.

Allerdings wird der Pauschalpreis als ein Produkt angesehen, dass auf einer ausgewogenen Chancenbeurteilung des Unternehmers beruht. Greift der Auftraggeber in das Gleichgewichtsverhältnis nachhaltig ein, in dem er die Wirtschaftlichkeit des Vertrages in Frage stellt (bouleversement de l'économie du contrat), z.B. durch die Verzögerung der Arbeitsdurchführung oder aufgrund wesentlicher Durchführungsänderungen, dann wird der Pauschalpreis ungültig[73], und zwar selbst dann, wenn die Änderungsanordnungen nicht schriftlich getroffen wurden[74]. Der Preis wird dann gerichtlich festgesetzt. 50

bb. Einheitspreise. Die zweite Alternative der Abrechnung besteht in der Abrechnung nach Aufmaß und Einheitspreisen (marché à prix unitaire) bzw. nach Aufwand (vgl. AFNOR P03001). Diese Alternative wird bevorzugt, wenn der Preis erst nach Fertigstellung der Arbeiten mit Rücksicht auf ihre Bedeutung und die Massen abgerechnet werden kann. 51

Die Preise werden entweder in einem Leistungsverzeichnis (borderau) oder unter Bezugnahme auf feststehende Tarife (série) vereinbart, wie sie z.B. teilweise von Architektenverbänden herausgegeben werden. Dies ist jedoch aufgrund der kartellrechtlichen Bedenken gegen solche Empfehlungen eher unüblich. Der Conseil de la concurrence hat entsprechende Preislisten verschiedener Architektenverbände beanstandet[75]. Eine Unterart der Abrechnung nach Massen stellt die Abrechnung nach Aufwand (Arbeitsleistung, Material, Transportkosten etc.) dar. Bei der Abrechnung nach Aufwand und Aufmaß kann der Auftraggeber den Auftrag frei verändern und Mehr- oder Mindermassen anordnen[76]. Entsprechend erhöht oder verringert sich der zahlende Werklohn. Allerdings muss der Vertrag für den Fall bedeutender Änderungen den Auftragnehmer berechtigten, die Anordnung abzulehnen oder im Fall von Minderungen eine Entschädigung zu fordern[77]. 52

cc. Fehlende Preisabsprache. Legt der Unternehmensvertrag die Vergütung überhaupt nicht fest, rechnet der Unternehmer nach Abschluss der Arbeiten einseitig ab. Der Auftragnehmer ist an diese Art der Abrechnung nicht gebunden und kann ihr widersprechen. In diesem Fall ist der Vertrag zwar wirksam aber unvollständig und muss durch das zuständige Gericht vervollständigt werden. Die Gerichte können sich dabei auf Handwerksbräuche und -sitten berufen[78]. Entsprechendes gilt für die Fälle, in denen ein Pauschalpreis unwirksam ist. In der Regel wird das Gericht den Wert des Werkes ermitteln (Kosten und Gewinn)[79]. 53

b. Unternehmensvertrag. Richtet sich ein Unternehmensvertrag auf die Erbringung von Arbeiten an einem Gebäude, unterfällt der Vertrag nicht nur dem „droit commun", sondern gleichzeitig einigen speziellen Regelungen, die hier angesprochen werden sollen. Diese Regelungen betreffen zwei Aspekte, den Pauschalpreis und die Verantwortlichkeit des Unternehmers. 54

---

73 Le Tourneau, L'ingénierie, les transferts de technologie et de maîtrise industrielle, Rn. 263.
74 Cass.civ., 08.03.1995, RJDA 1995 n° 758; Cass.civ., 12.03.1997, RJDA 1997 n° 640; Cass.civ., 20.01.1999Gaz. Pal. 1999, 1, pan. jurispr. 101; Cass.civ., 20.03.2002, JCP € 2002, pan. n° 740.
75 Vgl. Dalloz/Périnet-Marquet, Droit de la construction, Rn. 5528.
76 Dalloz/Périnet-Marquet, Droit de la construction, Rn. 5528.
77 Dalloz/Périnet-Marquet, Droit de la construction, Rn. 5528.
78 Cass.civ., 06.11.1961, Bull.civ.I., n° 501; Cass.civ., 04.07.1972, Bull.civ.III, n° 442.
79 Vgl. Malaurie/Aynès/Gautier, Les Contrats Spéciaux, Rn. 766.

55 Art. 1793 CC lautet: „Wenn ein Architekt oder ein Unternehmer sich zu einem Pauschalpreis verpflichtet, Arbeiten an einem Gebäude nach einem Plan auszuführen, den er mit dem Grundstückseigentümer vereinbart hat, kann er keinerlei Erhöhung des Preises fordern, nicht auf dem Hintergrund von Mehrarbeit oder angefallenen Materialmehrmengen und nicht auf dem Hintergrund von Änderungen oder Erweiterungen dieses Planes, wenn diese Änderungen oder Erweiterungen nicht von dem Eigentümer schriftlich autorisiert wurden und kein Preis vereinbart wurde“. Die Pauschalpreisabrede verbietet mithin praktisch jegliche Nachforderung. Der Pauschalpreisvertrag wird als Wagnisvertrag charakterisiert, bei dem der Unternehmer unerkannte Risiken gegen die Gewinnerwartung in Kauf nimmt[80]. Abänderungen des Pauschalpreises sind unter dem Regime des Art. 1793 CC an besondere Formalismen gebunden. Das „droit commun“ findet keine Anwendung[81].

56 **aa. Anwendungsbereich.** Die Regelung des Art. 1793 CC derogiert das „droit commun“. Die Rechtsprechung wendet deshalb die Vorschrift strikt innerhalb des Wortlautes der Norm an und lässt Ausweitungen nicht zu. Die Norm enthält drei Anforderungen, bei deren Nichtvorliegen der Vertrag aus dem Anwendungsbereich des Art. 1793 CC herausfällt. Die drei Voraussetzungen sind:

- wirklicher Pauschalpreisvertrag
- Herstellung eines Gebäudes
- Auftraggeber ist Grundstückseigentümer

57 Ein wirklicher Pauschalpreis liegt nur dann vor, wenn die Parteien unabhängig vom Wortlaut der getroffenen Vereinbarung die zu erbringenden Arbeiten und den Preis deutlich festgestellt haben. Dazu existiert eine große Anzahl von Gerichtsentscheidungen. Zu beachten ist insbesondere, dass die Modifikation der vereinbarten Arbeiten und die Anordnung zusätzlicher Leistungen, deren Preis nicht im voraus bestimmt ist, ausgeschlossen sein muss. Zwar sind solche Klauseln wirksam, doch fällt der Vertrag dann aus dem Bereich der Sonderregelungen heraus. Der Preis muss seinerseits unabänderlich sein. Jede Klausel, die eine Preisanpassung zulässt, spricht gegen den Charakter einer Pauschalpreisvereinbarung im Sinne des Art. 1793 CC. Allein eine Indexklausel ist zulässig[82].

58 **bb. Arbeiten an einem Gebäude.** Eine Pauschalpreisvereinbarung nach Art. 1793 CC erfordert ferner **Arbeiten an einem Gebäude**. Der Charakter der Vorschrift verbietet jede Analogie, so dass wirkliche Arbeiten an einem Gebäude gefordert werden. Nicht ausreichend sind einfache Einbauarbeiten oder Schönheitsreparaturen. Vielmehr muss man sich an dem Begriff der „gros oeuvre“ anlehnen, also an den Begriff der „grossen Arbeiten“. Der Gebäudebegriff ist ebenfalls eng zu verstehen, so dass Arbeiten an einem Schwimmbad oder an einer Kartbahn ebenfalls nicht unter die Vorschrift fallen[83].

Allerdings macht sich doch eine gewisse Tendenz breit, Art. 1793 CC nicht zu restriktiv zu sehen. Die Cour de Cassation hat anerkannt, dass auch einfache Arbeiten an einem Gebäude ausreichen können[84].

80 Bénabent, Droit civil: Les contrats spéciaux, Rn. 593.
81 Bénabent, Droit civil: Les contrats spéciaux, Rn. 593.
82 Cass.civ., 11.02.1964, Bull.I, n° 57.
83 Cass.civ., 17.01.1984, Gaz.Pal. 1984, Pan. 133 (Schwimmbad); Cass.civ., 11.07.1972, Bull.III, n° 456 (Kartbahn); Cass.civ., 08.01.1974, Bull.III, n° 3 (Kanalisation).
84 Cass.civ.,15.12.1982, Bull.civ. 1982 III n° 254 für eine Klimaanlage; Cass.civ., 03.07.1991, Bull.civ. 1991 III n° 200 für Elektroarbeiten an einem in Bau befindlichen Hotel; Cass.civ., 15.12.1993, Mon. TP 10. Mai 1994, 63 für eine Ladeneinrichtung.

cc. Eigentum. Schließlich muss der Auftraggeber der Eigentümer sein, so dass Art. 1793 CC keine Anwendung findet, wenn Auftraggeber der Mieter ist (also auch bei Arbeiten an gewerblich genutzten Mieträumen). Wichtig ist auch, dass der Wortlaut der Vorschrift jede Anwendung auf den Subunternehmer ausschließt[85]. 59

c. Code de la Construction et de l'Habitation. Das französische Recht verschärft den Schutz des Bauherrn nochmals, sofern ein Vertrag im Sinne des CCH vorliegt. Vereinbart der Unternehmer einen Pauschalfestpreis (prix forfaitaire) für ein Vorhaben mit nicht mehr als zwei Wohnungen, wird die Vertragsfreiheit durch das Gesetz vom 19. Dezember 1990 (Nr. 90-1129) wie im Falle des Vertrages mit Lieferung der Pläne grundsätzlich eingeschränkt, jedenfalls dann, wenn der Vertrag die Hochbauarbeiten einschließlich der Dacharbeiten und der Herstellung von Fenstern und Türen umfasst (Art. L-232-1 CCH). Wollen die Parteien die Anwendbarkeit des Gesetzes vom 19. Dezember 1990 (Nr. 90-1129) ausschließen, müssen sie sich auf die Vereinbarung der „Regensicherheit" beschränken. Liegt ein solcher Vertrag vor, kann der Bauherr darauf vertrauen, dass ihn kein Preiserhöhungsrisiko trifft. Aufforderungen, einer Preiserhöhung zuzustimmen, kann der Bauherr zurückweisen. 60

d. Nachträge. Das französische Nachtragsmanagement bei privaten Bauverträgen gestaltet sich in Abhängigkeit der vereinbarten Vergütungsform. Grundsätzlich werden drei Vergütungsformen unterschieden: 1. Pauschalpreis, 2. Einheitspreise, 3. Abrechnung nach offenen Kosten. Der Vertrag kann eine Preisgleitklausel enthalten (vgl. Norme AFNOR Art. 6-4-1-2-1). 61

Handelt es sich um einen Pauschalpreis, ist der Unternehmer an diesen gebunden und Mehrkosten sind nur in wenigen Ausnahmefällen durchsetzbar. Handelt es sich um einen Einheitspreisvertrag, haftet der Unternehmer für die Einhaltung der veranschlagten Kosten, allerdings nur, im Rahmen einer „obligation de moyens", so dass der Besteller das Verschulden des Unternehmers nachweisen muss[86].

Nach französischem Recht ist die Vereinbarung eines Preises kein notwendiger Bestandteil des Vertrages[87].

Im Einheitspreisvertrag wird nach Aufmaß zu den vereinbarten Einheitspreisen abgerechnet. Im Kostenabrechnungsvertrag werden die jeweiligen tatsächlichen Kosten (Arbeitsleistung, Materialien, Verbrauchsstoffe, Transport...) abgerechnet. Hinzu kommt ein vorab vereinbarter Zuschlag in Prozent von den abgerechneten Kosten.

Im Pauschalpreisvertrag ist gemäß Art. 1793 CC die Geltendmachung zusätzlicher Kosten nahezu ausgeschlossen. Der Grund für Art. 1793 CC ist, dass jede Zusatzarbeit schriftlich beauftragt werden soll, und zwar wiederum unter Bezeichnung der Arbeiten und Festlegung des Preises. Dies gilt auch dann, wenn Arbeiten betroffen sind, die auf unvorhersehbare Umstände zurückzuführen sind. Das Erfordernis der Schriftlichkeit ist nicht bloße Beweis- sondern echte Formvorschrift. Allerdings ist in der französischen Rechtsprechung die Tendenz festzustellen, in Extremfällen den Pauschalpreis als unwirksam anzusehen, selbst dann, wenn er dem Regime des Art. 1793 CC unterfällt (bouleversement de l'économie du contrat). Dies ist etwa der Fall, wenn die Zusatzarbeiten einen Charakter haben, die die ursprünglich vereinbarte Leistung vollständig abändern und die Kalkulationsgrundlagen maßgeblich verändern[88]. Der Unternehmer, der einen Pauschalpreis akzeptiert, kann keine zusätzlichen Pauschalleistungen abrechnen,

---

85 Cass.civ., 05.10.1992, Bull.civ. 1992 III n° 190.
86 Cass.civ., 5.6.1987, JCP 1987, IV, 27.
87 Cass.civ., 24.11.1993, RD imm 1994, 248, mit Anmerkung Mallinvaud und Boubli.
88 Vgl. Cass.civ., 24.01.1990, D. 1990.257.

es sei denn, der Besteller hat sie veranlasst. Um eine gängige Formel der französischen Richter aufzugreifen: Mehrkosten können für Leistungsänderungen nur verlangt werden, wenn sie das wirtschaftliche Gleichgewicht des Vertrages erschüttern, solange keine schriftliche und vorherige Autorisierung der Arbeiten durch den Besteller vorliegt, bzw. er seine ausdrückliche unzweifelhafte Genehmigungen der ausgeführten Arbeiten erklärt[89]. Ein Anspruch auf Zahlung muss also aus einer Erschütterung des wirtschaftlichen Gleichgewichts des Vertrages folgen oder in vorstehender Weise autorisiert bzw. genehmigt worden sein. Die Autorisierung muss von dem Besteller selbst ausgehen. Sie kann nicht durch eine Anordnung ersetzt werden, die von dem nicht ausdrücklich bevollmächtigten Maître d'oeuvre erlassen wird. Eine relevante Störung des wirtschaftlichen Gleichgewichts des Vertrages wurde unter anderem in einem Fall angenommen, in dem die ursprünglichen Pläne und Leistungsbeschreibungen in keiner Weise beachtet wurden und sich dadurch das Volumen und die Art der erbrachten Leistungen in spürbarer Weise änderte (Court de Cassation 8.3.1995, Bull. civ. III, Nr. 73). Ähnlich wurde in einem Fall entschieden, in dem sich das Arbeitsvolumen verdoppelte (Court de Cassation 12.3.1997, RD imm 1997, 445 mit Anmerkungen Boubli). Eine nachträgliche Genehmigung der Arbeiten kann auch konkludent erfolgen, vorausgesetzt das Verhalten entbehrt jeden Zweifel.

62 Die Sanktionen des Art. 1793 CC sind streng. Mangels schriftlicher Nachtragsvereinbarung können Nachforderungen nicht gestellt werden, und zwar selbst dann nicht, wenn die Leistungen in Kenntnis und in Anwesenheit des Auftraggebers erbracht wurden, sie nach den Umständen erforderlich waren oder auf einem Fehler des Architekten beruhen. In solchen Fällen kann der Unternehmer noch nicht einmal über die Grundsätze der ungerechtfertigten Bereicherung Ansprüche herleiten, denn der Grund für die fehlende „cause" liegt ausdrücklich in Art. 1793 Code Civil[90]. Er kann allenfalls eingebaute Gegenstände entfernen, wenn dies materiell noch möglich ist.

63 Natürlich kann der Bauherr die Maßnahmen nachträglich genehmigen, doch muss auch dies ausdrücklich erfolgen und nicht mit Zweifel behaftet (non-équivoque). Das Schweigen auf zugegangene Rechnungen reicht nicht aus[91].

64 Allerdings sind einige Ausnahmen nicht zu verschweigen. Die AFNOR-Bedingungen (Art. 8.4 AFNOR P 03001) lassen Nachforderungen für dringende und zusätzliche Leistungen zu, wenn sich im Bauverlauf unverzichtbare Arbeiten in Bezug auf die Standfestigkeit des Gebäudes ergeben.

65 Aus der Rechtsprechung der französischen Gerichte ist zu berichten, in welchen Fällen Mehrforderungen keine Aussicht auf Erfolg haben:

- Passivität des über den Mehraufwand unterrichteten Bauherrn[92], der an den Baubesprechungen teilgenommen hat[93]
- Grundsätzliches Einvernehmen des Bauherrn (accord de principe)[94]
- Kalkulationsirrtum[95]
- Notwendigkeit besonderer Gründungsarbeiten[96]

---

[89] Cass.civ., 24.01.1990, D. 1990, Jurisprudence 258 mit Anmerkung Bénabent.
[90] Vgl. Cass.civ., 23.04.1974, Bull.civ. 1974 III n° 162.
[91] Cass.civ., 03.06.1982, Bull.civ. 1982 III, n° 140.
[92] Cass.civ., 20.02.1973, Bull.civ. 1973 III n° 100.
[93] Cass.civ., 12.03.1980, Quot.Jur.11.12.1980.
[94] Cass.civ., 29.10.1973, Bull.civ. 1973 III n° 400.
[95] Cass.civ., 25.10.1972, D. 1973, 495.

e. Werklohnsicherung. Eine dem § 648 BGB vergleichbare Regelung existiert in Frankreich nicht[97]. Forderungen von Bauhandwerkern und Architekten wurden ursprünglich allein und ausschließlich durch sog. Privilegien gesichert (Art. 2103 n° 4 Code Civil a.F. = Art. 2374 n° 4 Code Civil[98]), die im Ergebnis wie gesetzliche Hypotheken behandelt werden und im Grundbuch eingetragen werden müssen, aber zunächst außerhalb des Grundbuches entstehen und die Forderung charakterisieren bzw. ihr innewohnen. Konstitutive Voraussetzung ist insoweit eine Wertsteigerung des Grundstücks, an dem gearbeitet wurde und ein Vertrag über die Erbringung von Bau- oder Architektenleistungen (vgl. Art. 1779 n° 3 Code Civil). Die Wertsteigerung wird in einem aufwändigen Verfahren festgestellt. Ein gerichtlich bestellter und benannter Sachverständiger erhebt den Zustand vor und nach Durchführung der Arbeiten in einem förmlichen Protokoll (**procès verbal**). Die abschließende Feststellung hat innerhalb von sechs Monaten nach Fertigstellung der Arbeiten zu erfolgen. Das Privileg erstreckt sich nicht nur auf das Gebäude. Es haftet das Grundstück insgesamt[99]. Das Bauhandwerker- und Architektenprivileg geht allen bereits eingetragenen Hypotheken im Range vor[100]. Das sehr förmliche Verfahren hat allerdings dazu geführt, dass die Sicherung nur selten praktische Auswirkungen hat. In der Praxis scheuen die Parteien den formalen und zeitlichen Aufwand der Werterhöhungsfeststellung, so dass das Privileg nicht entsteht. Die Parteien halfen sich überwiegend mit vertraglichen Hypotheken[101]. Der französische Gesetzgeber hat das Privileg zwar noch nicht abgeschafft, aber ihm ein zweites Sicherungsrecht beigestellt. Durch Gesetz vom 10. Juni 1994 schuf der französische Gesetzgeber den Art. 1799-1 Code Civil[102]. Art 1799-1 Code Civil sieht vor, dass der Bauherr dem Unternehmer die Zahlung des Werklohnes garantieren muss, wenn das Bauvolumen einen Betrag erreicht, der durch Dekret[103] festgelegt wird. Hat der Bauherr das Bauvorhaben finanziert, kann er sich direkt an die finanzierende Bank wenden, die verpflichtet ist, an keinen anderen Zahlun- 66

---

96 Cass.civ., 12.04.1976, D.1976, Inf. Rap. 179.

97 Eine eingehende Einführung gibt Puchelt, Deutsches Hypothekenrecht. VIII. Das Französische Privilegien- und Hypothekenrecht, 1876, S. 48.

98 In der Fassung vom 23.3.2006, Anordnung Nr. 2006-346.

99 Delebecque in Dalloz, Construction, Rn. 6852.

100 Delebecque in Dalloz, Construction, Rn. 6852.

101 Motzke, Die Bauhandwerkersicherungshypothek, 1980, S. 39.

102 Article 1799-1 Code Civil:
Le maître de l'ouvrage qui conclut un marché de travaux privé visé au 3e de l'article 1779 (wo es heißt: Il y a trois espèces principales de louage d'ouvrage et d'industrie: 1) … 2) … 3) Celui des architectes, entrepreneurs d'ouvrages et techniciens par suite d'études, devis ou marchés) doit garantir à l'entrepreneur le paiement des sommes due lorsque celle-ci dépassent un seuil fixé par décret en Conseil d'Etat.

Lorsque le maître de l'ouvrage recourt à un crédit spécifique pour financer les travaux, l'établissement de crédit ne peut verser le montant du prêt à une personne autre que celle mentionnées au 3 de l'article 1779 tant que celle-ci n'ont pas reçu le paiement de l'intégralité de la créance née du marché correspondant au prêt. Les versements se font sur l'ordre écrit et sous la responsabilité exclusive du maître de l'ouvrage entre les mains de la personne ou d'un mandataire désigné à cet effet.

Lorsque le maître de l'ouvrage ne recourt pas à un crédit spécifique ou lorsqu'il y recourt partiellement, et à défaut de garantie résultant d'une stipulation particulière, le paiement est garanti par un cautionnement solidaire consenti par un établissement de crédit, une entreprise d'assurance ou un organisme de garantie collective, selon les modalités fixés par décret en Conseil d'Etat. Tant qu'aucune garantie n'a été fournie et que l'entrepreneur demeure impayé des travaux exécutés, celui-ci peut surseoir à l'exécution du contrat après une mise en demeure restée sans effet à l'issue d'un délai de quinze jours.

Les dispositions de l'alinéa précédent ne s'appliquent pas lorsque le maître de l'ouvrage conclut un marché de travaux pour son propre compte et pour la satisfaction de besoins ne ressortissant pas à une activité professionnelle en rapport avec ce marché.

Les dispositions du présent article ne s'appliquent pas aux marchés conclus par un organisme visé à l'article L. 441-2 du code de la construction et de l'habitation, ou par une société d'économie mixte, pour des logements à usage locatif aidés par l'Etat et réalisés par cet organisme ou cette société.

103 Der Betrag wurde durch Dekret 99-658 vom 30.07.1999 auf 12.000,-€ festgesetzt.

gen zu leisten, bis der vereinbarte (und finanzierte) Werklohn bezahlt ist. Im Ergebnis wird diese Konstruktion als „**action directe**" verstanden, d.h. der Unternehmer kann direkt gegen die Bank vorgehen[104]. Gewisse Erleichterungen zugunsten privater Bauherren, die keine gewerblichen Ziele verfolgen, schafft das Dekret vom 18.11.1994, wenngleich das zwischenzeitlich ergangene Gesetz vom 1.02.1995 den Schluss zulässt, dass auch private Bauherren ihre finanzierende Bank anweisen müssen, direkt an den Unternehmer zu zahlen, wenn das Bauvorhaben einen gewissen Wert übersteigt[105]. Auf Bauvorhaben im sozialen Wohnungsbau findet Art. 1799-1 Code Civil keine Anwendung.

67 **4. Baudurchführung.** Der Vertrag ist vertragsgerecht abzuwickeln, es sei denn er wird vorfristig beendet (vgl. Art. 1794, 1795, 1184 Code Civil).

68 **a. Kündigungs- und Aufhebungsklauseln.** Der Vertrag kann entweder durch den Tod einer Vertragspartei (Art. 1795 Code Civil) oder aufgrund Kündigung (Art. 1794 Code Civil) enden. Ein allgemeines einseitiges Kündigungsrecht besteht nur zugunsten des Bestellers. Kündigt der Besteller den Vertrag grundlos, muss er dem Unternehmer alle Auslagen ersetzen und ihm das bezahlen, was er durch Ausführung des Auftrages verdient hätte (Art. 1794 Code Civil). Unabhängig von diesem Kündigungsrecht, steht jeder Vertrag unter der auflösenden Bedingung der Nichterfüllung (Art. 1184 Code Civil), die allerdings vermittels der Auflösungsklage geltend zu machen ist. Das Problem besteht im Einzelfall darin, ob ein Fall des Art. 1184 Code Civil oder ein solcher des Art. 1794 Code Civil gegeben ist. Die Gerichte müssen ggf. untersuchen, ob die abgegebene Erklärung auf Art. 1184 Code Civil gestützt werden konnte, denn dann entfällt jede Vergütung des nicht abgearbeiteten Teiles. Eine Auflösung nach Art. 1184 Code Civil kann nur erfolgen, wenn die Vertragsverletzung ausreichend schwer ist[106]. In der Regel wird der betroffene Vertragspartner den Vertrag ab dem Moment als aufgelöst betrachten, in dem er die entsprechenden Erklärungen abgegeben hat, obwohl die Auflösung nach Art. 1184 Code Civil durch die Gerichte erfolgen muss[107]. Doch es ist anerkannt, dass man nicht zuwarten muss, bis die Vertragsauflösung gerichtlich bestätigt ist[108].

69 **b. Verpflichtungen.** Die Baudurchführung gelingt nur bei wechselseitiger Kooperation. Auch wenn der Bauherr umfangreiche Vollmachten erteilt und den Unternehmer im weitesten Sinne beauftragt hat, setzt die Vertragserfüllung die Mitwirkung des Bestellers voraus. Die Einzelheiten ergeben sich aus den vertraglichen Bedingungen[109].

70 Die Hauptlast liegt bei dem Unternehmer. Insoweit muss zunächst ermittelt werden, ob ihm ein **obligation de moyens** oder eine **obligation de résultat** obliegt. Die Abgrenzung zwischen beiden erfolgt anhand der Risikoverteilung. Eine obligation de moyens liegt in der Regel nur vor, wenn das Erreichen des Vertragszwecks mit Unwägbarkeiten (aléas) behaftet ist, die der Schuldner redlicherweise nicht übernehmen kann oder übernehmen möchte[110]. In der Regel verpflichtet sich der Unternehmer zu einer obligation de résultat[111]. Ausnahmsweise kann eine obligation de moyens anzunehmen sein, wenn die Leistung ein technisches Wagnis oder eine technische Neuheit darstellt, der ein Wagnis inne-

---

104 Delebecque in Dalloz, Construction, Rn. 6854.
105 Delebecque in Dalloz, Construction, Rn. 6854.
106 Cass.civ., 06.02.1973, Bull.civ. 1973 III n° 100.
107 Le Tourneau, L'ingénierie, les transferts de technologie et de maîtrise industrielle, Rn. 206.
108 Cass.civ., 20.02.2001, JCP (E) 2001, pan. N° 648.
109 Vgl. zur Mitwirkungspflicht Le Tourneau, L'ingénierie, les transferts de technologie et de maîtrise industrielle, Rn. 344.
110 IPG 1980-81 Nr. 14.
111 Cass.civ., 07.03.1968, D. 1970, 27; Ca Paris, 08.01.1999, RD imm. 1999, 261.

wohnt[112]. Besteht eine **obligation de résultat**, kann der Besteller schon während der Bauphase strikte Vertragserfüllung verlangen (vgl. Art. 1184 Code Civil) und darauf bestehen, dass Abweichungen vom Vertrag behoben werden[113]. Auf Antrag kann das Gericht die Fortführung der Arbeiten unterbinden, wenn die Gefahr besteht, dass ein nicht beseitigter Fehler die Gesamtkonstruktion beeinträchtigt[114]. Im Eil- oder Notfall kann sofort die Ersatzvornahme auf Kosten des Unternehmers betrieben werden[115]. Erst mit der vorbehaltlosen Abnahme erkannter oder erkennbarer Fehler tritt Vertragserfüllung ein[116].

Zur Zeit und zum Ort der Lieferung schweigt der Code Civil[117]. Das Versprechen zur Einhaltung eines **Termins** ist obligation de résultat[118]. Der Termin kann mit einem Vertragsstrafeversprechen abgesichert werden. Der Unternehmer kann sich nur unter Berufung auf „force majeure" oder eine „cause étrangère" bzw. Verschulden des Vertragspartners exkulpieren[119]. Der Unternehmer kann sich daher nicht darauf berufen, dass die Zeitüberschreitung auf andere Unternehmer und den Architekten zurückzuführen ist. Nur wenn der Bauherr deren Handeln zu vertreten hat, ist der Unternehmer entschuldigt[120]. 71

5. Abnahme. Die Abnahme (**réception**) ist der Akt, durch den der Bauherr erklärt, er akzeptiere das Werk mit oder ohne Einschränkungen. Sie erfolgt auf Antrag der sorgfältigsten Partei, entweder einvernehmlich oder bei Fehlen auf gerichtlichem Wege. Sie wird, gleich aufgrund welcher Ursache, nach ordnungsgemäßer Ladung beider Parteien ausgesprochen (Art. 1792-6 al. 1 Code Civil). Bei einer einvernehmlichen Abnahme gilt die ordnungsgemäße Ladung als erfolgt (vgl. CA Paris, 20.11.1985, D. 1986, 567). Die Abnahme nach Art. 1792-6 Code Civil ist als einheitlicher Akt ausgestaltet[121], an den sich eine einjährige „**garantie de parfait achèvement**" anschließt. Es wird – anders als in Belgien – nicht mehr zwischen „**réception provisoire**" und „**réception définitive**" unterschieden, wie dies bis 1978 der Fall war[122]. 72

Die Abnahme setzt nicht zwingend Fertigstellung voraus. Das Werk kann z.B. abgenommen werden, wenn der Unternehmer die Bauarbeiten einstellt und die Baustelle verlässt[123]. Die Abnahme kann auch stillschweigender folgen, etwa wenn der Besteller das Werk in Besitz nimmt. Das Gericht muss dann entscheiden, ob sich aus den Umständen ergibt, dass der Besteller durch sein Verhalten unzweifelhaft zum Ausdruck gegeben hat, er sei mit den Arbeiten einverstanden[124]. 73

Durch die Abnahme werden Mängelrügen in Bezug auf erkennbare Mängel ausgeschlossen, es sei denn der Besteller erklärt bei der Abnahme einen entsprechenden Vorbehalt. Mit der Abnahme beginnen die Verjährungsfristen für die „Gewährleistung" zu laufen (vgl. Art. 1792-6 al. 2 Code Civil für die einjährige Frist in Bezug auf die „garantie de parfait d'achèvement", vgl. Art. 2270 Code Civil für die décennale). 74

---

112 Le Tourneau, L'ingénierie, les transferts de technologie et de maîtrise industrielle, Rn. 345.
113 Le Tourneau, L'ingénierie, les transferts de technologie et de maîtrise industrielle, Rn. 346.
114 Vgl. Cass.civ., 26.11.1986, D. 1986, inf. rap. 486.
115 Le Tourneau, L'ingénierie, les transferts de technologie et de maîtrise industrielle, Rn. 346.
116 Le Tourneau, L'ingénierie, les transferts de technologie et de maîtrise industrielle, Rn. 345.
117 Huet, Les principaux contrats spéciaux, Rn. 32256.
118 Mémento Pratique, Urbanisme-Construction 2004/2005, Rn. 26433; Le Tourneau, L'ingénierie, les transferts de technologie et de maîtrise industrielle, Rn. 345; Niggemann RIW 1998, 192, 195.
119 Niggemann RIW 1998, 192, 195.
120 Cass.civ., 13.10.1971, Bull.civ. 1970 III n° 349; vgl. Huet, Les principaux contrats spéciaux, Rn. 32256.
121 Huet, Les principaux contrats spéciaux, Rn. 32435.
122 Huet, Les principaux contrats spéciaux, Rn. 32435.
123 Cass.civ., 09.10.1991, Bull.civ. 1991 III n° 47.
124 Cass.civ., 14.01.1998, RCA 1998, Comm. 123.

75 Bis zur Ablieferung trägt der Unternehmer das Risiko des Verlustes, wenn er das Material geliefert hat (vgl. Art. 1788 Code Civil)[125]. Auf den Eigentumsübergang kommt es dagegen – anders als beim Kauf[126]- nicht an[127]. Der Besteller kann wählen, ob er die erneute Herstellung oder Vertragsauflösung fordern und Rückzahlung der Abschlagszahlungen will[128]. Hat der Unternehmer den Besteller dagegen mit der Abnahme in Verzug gesetzt (vgl. Art. 1788 Code Civil), ist das Risiko auf ihn übergegangen[129]. Hat der Besteller das Material gestellt, kann sich der Unternehmer mit dem Beweis einer Drittursache exkulpieren[130]. Der Unternehmer haftet nur für seine „faute" (Art. 1789 Code Civil). Die Gefahrtragungsregeln gelten auch im Verhältnis zwischen Generalunternehmer und Subunternehmer[131].

76 **6. Abrechnung.** Die Hauptverpflichtung des Auftraggebers (maître de l'ouvrage) besteht in der Zahlungsverpflichtung. Die Zahlungsmodalitäten (Vorauszahlung (avances), Abschlagszahlung (accompte), Einbehalte (sommes retenues) und Schlusszahlung (règlement définitif)) richten sich grundsätzlich nach dem Vertrag. Eine dem § 641 BGB vergleichbare Regelung existiert im französischen Recht nicht. Allerdings bestehen Besonderheiten bei kreditfinanzierten Vorhaben[132]. Finanziert der Bauherr das Bauvorhaben durch einen Bankkredit muss gemäß Art. 1799-1 Code Civil sichergestellt werden, dass das finanzierende Institut die Kreditmittel ausschließlich an den oder die Unternehmer (Personen, die in Art. 1779 n° 3 Code Civil genannt sind: **Architekten, Werkunternehmer, Techniker**) ausreicht. Art. 1799-1 CC ist Teil des französischen ordre public[133].

7. Mängelgewährleistung

Schrifttum

Buksch, Die Mängelhaftung der Bauunternehmer in Frankreich und den Arabischen Staaten, RIW 1984, 437; Liet-Veaux/Thuillier, Droit de la construction, 11. Auflage, Paris 1994; Niggemann, Haftung und Haftungsbegrenzung bei Werk- und Anlagenbauverträgen nach französischem Recht, RIW 1998, 192

77 Das französische Recht der Gewährleistung für Baumängel ist unübersichtlich. Es konkurrieren die besonderen Rechte aus Art. 1792 Code Civil mit den Ansprüchen aus der allgemeinen Vertragshaftung. Daneben können Ansprüche aus unerlaubter Handlung bestehen.

78 **a. Droit commun.** Der Bauvertrag gehört zu den typisierten Verträgen. Wird er nicht gehörig erfüllt, liegt ein Fall von Nichterfüllung (inexécution/défaut d'exécution) vor. Der Gläubiger kann dann insbesondere Schadensersatz geltend machen. Rechtsgrundlage ist Art. 1147 Code Civil. Er lautet wörtlich: Der Schuldner wird zum Ersatz eines etwaigen Schadens wegen Nichterfüllung oder wegen verspäteter Erfüllung der Verbindlichkeit stets verurteilt, wenn er nicht beweist, dass die Nichterfüllung durch einen äußeren, von ihm nicht zu vertretenden Umstand bewirkt wurde, mag auch auf seiner Seite keine Schlechtgläubigkeit vorliegen[134]. Ein Anspruch aus Art. 1147 Code Civil setzt mithin Nichterfüllung voraus, die in Form der Nichterfüllung im engeren Sinne

---

125 Vgl. Cass.civ., 23.04.1974, D. 1975, 287.
126 Malaurie/Aynès/Gautier, Les Contrats Spéciaux, Rn. 74.
127 Malaurie/Aynès/Gautier, Les Contrats Spéciaux, Rn. 781; vgl. aber Req., 13.08.1861, DP 1861 I, 105.
128 Malaurie/Aynès/Gautier, Les Contrats Spéciaux, Rn. 781.
129 Malaurie/Aynès/Gautier, Les Contrats Spéciaux, Rn. 781.
130 Malaurie/Aynès/Gautier, Les Contrats Spéciaux, Rn. 781.
131 Cass.civ., 02.11.1983, Bull.civ. 1983 III n° 211.
132 Vgl. Huet, Les principaux contrats spéciaux, Rn. 32404.
133 CA Dijon, 17.09.1996, Mon TP 14. Febr. 1997, 52.
134 IPG 1980-81 Nr. 14.

(défaut d'exécution) und der Schlechterfüllung (exécution défectueuse) gegeben sein kann. In beiden Fällen muss das Verschulden des Schuldners bei der Nichterfüllung vorliegen. Hinsichtlich der Anforderungen an das Verschulden wird zwischen der **obligation de résultat** und der **obligation de moyens** unterschieden. Während die Haftung bei einer obligation de moyens **Verschulden** (faute[135]) voraussetzt[136], wird dieses – vereinfacht gesagt – bei der obligation de résultat vermutet, wenn das versprochene Leistungsergebnis ausbleibt[137]. Der Schuldner kann sich in letzterem Falle allein auf „**force majeure**" oder einen „**cas fortuit**" berufen. Bei der obligation de moyens ist dagegen die sorgfältige Leistungsausführung geschuldet. Dabei obliegt dem Gläubiger der Nachweis, dass der Schuldner bei der Leistungserfüllung nicht mit der Sorgfalt vorgegangen ist, die er hätte anwenden müssen[138]. Die allgemeinen Haftungsregelungen werden von den besonderen Regelungen der Art. 1792 ff. Code Civil verdrängt. Erstere finden nur dann Anwendung, wenn letztere nicht anwendbar sind[139]. Das ist namentlich der Fall, wenn die erlittenen Nachteile andere als behebbare Mängel im Sinne der Art. 1792 ff. Code Civil sind oder wenn der Hersteller gegenüber dem Besteller nicht durch einen Werkvertrag gebunden ist. Die allgemeine Vertragshaftung bleibt auch gegenüber Werkunternehmern erhalten, wenn dies für den Besteller nützlich ist und selbst dann, wenn die **garantie de parfait achèvement** nicht innerhalb eines Jahres genutzt wurde[140].

b. Besonderes Mängelgewährleistungsrecht. Seit dem Inkrafttreten des Code Civil 79 im Jahre 1804 hat das Mängelgewährleistungsrecht massive Änderungen erfahren. Ursprünglich war nur eine 10-jährige Garantie auf Dach und Fach vorgesehen (Art. 1792, 2270 Code Civil a.F.). Ihre praktische Anwendung bereitete Schwierigkeiten, zumal nach überwiegender Auffassung die Architekten nur eine einfache **obligation de moyens** schuldeten[141]. In den Jahren 1967 und 1978 vervollständigte der französische Gesetzgeber das Gewährleistungsrecht, das sich nun in den Art. 1792, 1792-1 bis 1792-6 Code Civil findet. Ergänzend ist auf Art. L-111-11 CCH hinzuweisen, der die Haftung für fehlende Schallisolierung (défauts d'isolation phonique) spezifiziert. Heute zeichnet sich das französische Gewährleistungsrecht durch eine weitgehend gemeinschaftliche Haftung von Architekten, Unternehmern und Herstellern aus (vgl. Art. 1792-1 CC), ergänzt um einen angekoppelten Versicherungsschutz, den Unternehmer und Bauherr schaffen müssen[142].

Das französische Recht spricht nicht von Mängelgewährleistung, sondern von Garantien 80 (garantie biennale, garantie décennale und garantie de parfait achèvement). Ausgangspunkt ist, dass alle Beteiligten erfolgsorientiert solidarisch haften[143]. Lediglich die vollständige Herstellung garantiert nur der Unternehmer[144]. Die Garantie biennale und garantie décennale schaffen ein duales System, das auf der Unterscheidung zwischen der Funktion der Konstruktion und der Ausrüstung beruht[145].

---

[135] Die Übersetzung ist unscharf, denn „faute" beinhaltet vor allem das Element der Rechtswidrigkeit (vgl. Sonnenberger/Autexier, Einführung in das französische Recht, Rn. 85.
[136] Cass.civ., 09.07.1997, RDI 1997, 591.
[137] Vgl. IPG 1980-21 Nr. 14.
[138] Vgl. IPG 1980-21 Nr. 14.
[139] Bigot/d'Hauteville, Code Pratique de l'Assurance Construction, 204.
[140] Cass.com., 12.11.1996, RDI 1997, 83; Cass.civ., 11.02.1998, RGDA 1998, 298.
[141] Mémento Pratique, Urbanisme-Construction 2004/2005, Rn. 26432.
[142] Vgl. dazu § 36 160.
[143] Huet, les principaux contrats spéciaux, Rn. 32432.
[144] Huet, les principaux contrats spéciaux, Rn. 32432 Fn. 102.
[145] Huet, les principaux contrats spéciaux, Rn. 32440.

81 Mit der Abnahme beginnen die „Verjährungsfristen“ für Mängel zu laufen. Sie betragen ein Jahr für die vollständige Herstellung (Art. 1792-6 Code Civil), zwei Jahre für die Solidität der Gebäudeausstattung (Art. 1792-3 CC) und zehn Jahre für die Hauptarbeiten an dem Gebäude (Art. 1792, 1792-4-1 Code Civil)[146]. Genauer gesagt handelt es sich bei der Décennale nicht um eine Verjährungsfrist sondern um eine **Bewährungsfrist** (délai d'épreuve)[147] und einen Haftungszeitraum[148]. Die Bewährungsfrist ist eine Ausschlussfrist (délai préfix)[149].

82 **aa. Garantie de parfait achèvement.** Soweit der Bauherr bei der Abnahme Mängel gerügt hat und soweit binnen eines Jahres nach der Abnahme versteckte Mängel auftauchen, muss der Unternehmer sie beseitigen (**garantie de parfait achèvement**)[150]. Mängel (désordres) im Sinne des Art. 1792-6 Code Civil sind Qualitätsmängel sowie Unvollständigkeiten aller Art ohne Rücksicht auf die Bedeutung oder die Schwere des Mangels. Da der Unternehmer einen Erfolg schuldet, wird sein Verschulden vermutet. Er kann sich lediglich mit dem Einwand der „force majeure“ (unscharf übersetzt: höhere Gewalt), dem Verschulden des Bauherrn und dem Verschulden Dritter verteidigen. Zu den Dritten gehören nicht die Subunternehmer des Auftragnehmers[151]. Der Architekt und andere am Vorhaben beteiligte Personen haften nicht für die vollständige Herstellung im Sinne des Art. 1792-6 CC. Gegen sie kann nur die allgemeine Vertragshaftung gerichtet werden[152]. Der Verkäufer eines noch zu errichtenden Hauses (**vendeur d'un immeubleà construire**), der Art. 1601-1 ff., Art. 1642-1 und Art. 1646-1 Code Civil unterfällt, sowie der Bauträger (**promoteur immobilier**), für den Art. 1831-1 ff. Code Civil gelten, haften nicht nach Art. 1792-6 Code Civil[153]. Diese Personen sind auch nicht in Art. 1792-4-3 CC n.F. erwähnt, was die Frage aufwirft, ob für sie die zehnjährige oder die fünfjährige Verjährung gilt[154]. Dieser Aspekt wurde in der parlamentarsischen Debatte klargestellt, so dass der Wortlaut unmaßgeblich ist. Auch diese Personen fallen unter die zehnjährige Verjährung[155].

83 **bb. Garantie biennale.** Die Garantie des Art. 1793-3 Code Civil steht zwischen der Garantie für die vollständige Herstellung und der Décennale. Sie ist eng auszulegen[156]. Die zweijährige Gewährleistung erfasst Ausstattungsteile, für die die zehnjährige Gewährleistung nicht eingreift. Inbegriffen sind sämtliche Mängel an Bauteilen, die nicht untrennbar und fest mit dem Grundmauerwerk oder anderen langlebigen Bauteilen verbunden sind[157]. Art. 1793-3 Code Civil sieht vor, dass für Ausrüstungsgegenstände des Gebäudes (éléments d'équipement du bâtiment), die nicht untrennbar mit den Fundamenten, tragenden Gebäudeteilen (ossature), Fassaden oder Dach (clos ou couvert) zusammenhängen und deshalb der Garantie décennale unterliegen, eine Funktionsgarantie (garantie de bon fonctionnement) gegeben wird. Art. 1793-3 Abs. 2 Code Civil präzisiert,

[146] Vgl. Ferid/Sonnenberger, Das französische Zivilrecht, 2. Auflage, 1 C 202 ff.; Art. 2270 CC a.F. findet sich jetzt inhaltlich in Art. 1792-4-1 CC in der Fassung vom 17.6.2008, Gestez Nr. 2008-561.
[147] Cass.civ., 15.2.1989, Bull.civ. 1989 III, n° 36 (Entscheidung Nr. 2); siehe auch Cass.civ. 18.1.2006, Bull.civ. 2006 III, n° 17 = D. 2006 IR 322.
[148] Bigot/d'Hauteville, Code Pratique de l'Assurance Construction, 197.
[149] Cass.civ., 19.07.1995, RDI 1995, 755.
[150] Ferid, Das französische Zivilrecht, Band 2, 1986, 2 K 185.
[151] Ferid, Das französische Zivilrecht, Band 2, 1986, 2 K 121.
[152] Cour de Cassation, 17. Nov. 1993, Bull.civ.III, Nr. 147; Cour de Cassation, 5. Nov. 1997, RD imm. 1998 Nr. 1.
[153] Huet, les principaux contrats spéciaux, Rn. 32437.
[154] Vgl. Zalewski, Réforme de la prescription civile: impact sur le droit immobilier, Défrenois 2008, 2461, 2481 (Nr. 38872).
[155] Siehe dazu Zalewski, Réforme de la prescription civile: impact sur le droit immobilier, Défrenois 2008, 2461, 2481 (Nr. 38872).
[156] Huet, les principaux contrats spéciaux, Rn. 32442.
[157] Buksch RIW 1984, 437, 439.

dass Ausrüstungsgegenstände untrennbar sind, wenn ihre Wegnahme, Demontage oder Lageveränderung nicht möglich ist, ohne das Werk zu beschädigen oder Material aus ihm zu entnehmen. Beispiele für trennbare Ausrüstungsgegenstände sind: ein Warmwasserbereiter (chauffe-eau)[158], eine abgehängte Decke (plafond suspendu)[159] und Teppichboden (moquette)[160].

cc. Garantie décennale. Die zehnjährige Gewährleistungspflicht (**décennale**) gilt für Schäden aufgrund von Mängeln des Bauwerkes, die seine Stabilität beeinträchtigen, oder es infolge Schadhaftigkeit wesentlicher Bestandteile oder Ausstattungsteile für seine Zweckbestimmung unbrauchbar machen[161]. Die Décennale findet einerseits auf das Bauvorhaben als ganzes in Bezug auf seine Solidität und seine Eignung, die erwarteten Zwecke zu erfüllen, und andererseits auf die untrennbar mit dem Bauwerk verbundenen Ausrüstungsgegenstände Anwendung. Der Begriff des Bauwerks (ouvrage) beinhaltet (vgl. Art. 1793-2 Code Civil) die Teile in Bezug auf die Lebensfähigkeit (viabilité), die Fundamente (fondation), tragende Gebäudeteile (ossature) sowie Fassade oder Dach (clos ou couvert). **Mängel** liegen demgemäß vor, wenn Risse in den Fassaden auftreten (wenn sie „infiltrantes" sind)[162], die Wasserdichtigkeit eines Außenanstrichs nicht gegeben ist[163], sich Steinfliesen, die die Wände abdecken, ablösen[164], Mängel am Dach vorliegen[165], sich Wasser an den Wänden niederschlägt (Kondensationswasser)[166], wenn Mängel an einer Heizungsanlage auftreten[167], Fehler an der Schallisolierung auftreten[168] oder wenn Sonnenkollektoren nicht funktionieren[169]. **Keine Mängel** liegen vor, wenn eine Häufung wenig bedeutsamer Mängel an einem Pavillon vorliegt[170] oder wenn die Risse in einer Fassade lediglich Haarrisse sind[171]. Auch ausschließlich ästhetische Mängel sind unbeachtlich[172]. **84**

Art. 1792-1 bis 1792-3 sowie Art. 1792-6 Code Civil sind weitgehend zwingend. Jede Vertragsklausel, die den Ausschluss oder die Beschränkung der Haftung, die in Art. 1792, 1792-1 und 1792-2 Code Civil vorgesehen ist, oder die den Ausschluss der Haftung der Garantien aus Art. 1792-3 und Art. 1792-6 Code Civil zum Gegenstand hat oder ihren Anwendungsbereich beschränkt, oder indem sie die Solidarität, die in Art. 1792-4 Code Civil vorgesehen ist aufhebt oder beschränkt, gilt als nicht geschrieben (Art. 1792-5 Code Civil). **85**

Alle Beteiligten, die im Rahmen der Décennale haften, müssen nach Art. L-241-1 und Art. L-241-2 Code des Assurances[173] eine Versicherung für dieses Risiko abschließen. Erfasst sind insbesondere die am Bau beteiligten Unternehmer und die Architekten[174], **86**

---

158 Colmar, 09.11.1987, D. 1988, somm. 116.
159 Cass.civ., 07.12.1988, D. 1988, IR 299.
160 Huet, Les principaux contrats spéciaux, Rn. 32443.
161 Ferid, Das französische Zivilrecht, Band 2, 1986, 2 K 181.
162 Paris, 01.04.1987, D. 1987, IR 119.
163 Cass.civ., 01.02.1984, Rev.dr.imm. 1984, 417.
164 Grenoble, 28.02.1984, Rev.dr.imm. 1985, 158.
165 Cass.civ., 15.12.1982, Rev.dr.imm. 1983, 347.
166 Cass.civ., 02.11.1982, Rev.dr.imm. 1983, 231.
167 Versailles, 05.02.1988, Rev. loyers 1988, 381; Cass.civ., 28.02.1996, Bul.civ. 1996 III n° 57.
168 Cass.civ., 08.11.1981, Rev.dr.imm. 1982, 388.
169 Cass.civ., 27.09.2000, RD imm. 2001, 82.
170 Cass.civ., 04.03.1987, Rev.dr.imm. 1987, 234.
171 Agen, 25.03.1985, Gaz.Pal. 1985, 310.
172 Cass.civ., 13.02.1991, Bull.civ. 1991 III n° 52; Cass.civ., 09.12.1998, RCA 1999 n° 41.
173 Änderungen der Art. L 241-1, 241-2 und L 242-1 durch ordonnance n° 2005-658 vom 08.06.2005.
174 Vgl. Boubli, La Responsabilité et l'Assurance des Architectes, Entrepreneurs et autres Constructeurs, Rn. 650.

Bauträger[175], Lieferanten sowie Importeure[176] und Hersteller (soweit sie solidarisch mit dem Unternehmer haften)[177]. Die Pflichtversicherung deckt Schäden vor Abnahme nur bedingt, etwa für den Fall, dass der Bauvertrag wegen Nichterfüllung vorzeitig aufgelöst wird (Art. L-242-1 Abs. 8 Code des Assurances). Ihr eigentliches Ziel ist die Deckung der unter der décennale bestehenden Haftung nach Abnahme[178]. Der Versicherungsnehmer und eventuell auch der Versicherte muss das Datum des Baubeginns, das vorgesehene Fertigstellungsdatum und die vorhersehbaren Kosten der Maßnahme mitteilen. Zwischenzeitlich waren insoweit Irritationen aufgetreten, weil die Cour de Cassation[179] entschieden hatte, es komme für die Anzeige auf die Anzeige des Bauherrn an, nicht hingegen auf die individuelle Anzeige eines jeden Bauunternehmers, was dazu geführt hätte, dass Unternehmen, insbesondere Subunternehmen, die baubedingt erst später ihre Arbeit aufnahmen, schon ab dem allgemeinen Baubeginn anzeigepflichtig gewesen wären. Doch hat das Gericht inzwischen klargestellt, es komme jeweils auf die Aufnahme der Arbeiten durch den Versicherten an. Jegliche Änderungen der Verhältnisse sind der Versicherung anzuzeigen[180]. Bei der Abgabe der Erklärung ist Sorgfalt angebracht, denn nur die durch die Erklärung der Arbeiten abgedeckten Risiken sind versichert[181]. Werden andere Arbeiten ausgeführt, fehlt der Deckungsschutz[182]. Gleichzeitig wird ein **Kontrollbüro** beauftragt (vgl. Art. L-111-23 CCH), weshalb die Versicherung der Décennale gelegentlich auch als **Assurance-Contrôle** bezeichnet wird. In bestimmten Fällen ist ihre Beauftragung zwingend vorgeschrieben, z.B. bei Gebäuden großer Höhe (vgl. Art. L-111-26 und R-111-38 CCH). Ursprünglich gedacht zur Prüfung, ob ein versicherungsfähiges Risiko vorliegt, stellt sich der Einsatz der Kontrollbüros heute komplexer dar. Sie werden bereits vor Auftragserteilung von dem Besteller mandatiert. Die Beauftragung des Büros entlastet jedoch die Baubeteiligten in keiner Weise von ihren Verpflichtungen[183].

87 **dd. Schadensersatz.** Der Unternehmer schuldet Naturalrestitution, d.h. er hat die bestehenden Mängel und Schäden zu beseitigen. Soweit er noch die vollständige Herstellung schuldet, muss sich der Bauherr direkt an den Unternehmer wenden. Das Recht zur Ersatzvornahme kann erst ausgeübt werden, wenn der Unternehmer die Mängel nicht beseitigt. Der Anspruch konkretisiert sich dann auf die Kosten, die durch die Ersatzvornahme verursacht werden[184]. In allen übrigen Fällen (zwei- und zehnjährige Gewährleistung) kann grundsätzlich die Ersatzvornahme betrieben und der Hersteller auf Ersatz in Anspruch genommen werden[185]. Allerdings steht es im Ermessen der Gerichte, welcher Form des Ersatzes es den Vorzug einräumen will.

88 Wird Schadensersatz in Geld verlangt, stellt sich die Frage nach der Höhe und dem Zeitpunkt, auf den abzustellen ist. Gemäß Art. 1149 CC kann grundsätzlich Ersatz des erlittenen Schadens und des entgangenen Gewinns verlangt werden[186]. Was zu ersetzungsfähigen Schaden gehört, ist anhand der Situation zu bemessen, in welcher sich der

[175] Vgl. Boubli, La Responsabilité et l'Assurance des Architectes, Entrepreneurs et autres Constructeurs, Rn. 651.
[176] Vgl. Boubli, La Responsabilité et l'Assurance des Architectes, Entrepreneurs et autres Constructeurs, Rn. 652.
[177] Vgl. Boubli, La Responsabilité et l'Assurance des Architectes, Entrepreneurs et autres Constructeurs, Rn. 653.
[178] Boubli, La Responsabilité et l'Assurance des Architectes, Entrepreneurs et autres Constructeurs, Rn. 632.
[179] Cass.civ., 07.05.2002, Resp. civ. et assur. 2002 comm. 267.
[180] Cass.cic., 29.04.2003, Resp. civ. et assur. 2003 comm. 211; vgl. Courtieu JCP (E) 204, 1001, 1004.
[181] Cass.civ., 17.12.2003, Resp. civ. et assur. 2004 comm. 83.
[182] Courtieu JCP (E) 204, 1001, 1005.
[183] Vgl. Bigot/d'Hauteville, Code Pratique de l'Assurance Construction, 79.
[184] Malinvaud/Malinvaud, Construction, 1998, Rn. 7725.
[185] Malinvaud/Malinvaud, Construction, 1998, Rn. 7726.
[186] IPG 1980-81 Nr. 14.

Gläubiger befände, wenn das schadensstiftende Ereignis nicht eingetreten wäre, allerdings mit der Maßgabe, dass nur ersetzt wird, was direkt und unmittelbar aus der Nichterfüllung resultiert[187]. Ferner muss der Schaden vorhersehbar gewesen sein[188]. Die Cour de Cassation hat ausgesprochen, dass die Höhe des Schadensersatzes nach dem Zeitpunkt zu bemessen ist, in dem das Urteil erlassen wird[189]. Abweichend von dieser Grundregel ist auf die tatsächlichen Kosten abzustellen, wenn der Bauherr bereits während oder vor Einleitung des Verfahrens die Ersatzvornahme betrieben hat. Sofern der Bauherr die Annahme von Reparaturarbeiten verweigert, stellen die französischen Gerichte für die Bemessung des Anspruches auf den Tag der Weigerung ab[190].

Möchte der Bauherr den Ausgang des Rechtsstreites nicht abwarten, gebietet es die Sorgfalt, dass er sich hierzu eine gerichtliche Ermächtigung einholt[191]. Das Gericht kann diese davon abhängig machen, dass die Baumaßnahmen auf Anweisung und Empfehlung eines Sachverständigen durchgeführt werden, Art. 1144 CC. Nach Abschluss der Arbeiten erfordert das Gericht von dem Sachverständigen einen Bericht darüber, ob die Arbeiten sorgsam ausgeführt wurden[192]. Nicht ganz geklärt ist, ob Art. 1144 CC auf alle Fälle des Art. 1792 CC Anwendung findet[193]. Die Cour de Cassation hat sich hierzu noch nicht geäußert[194]. 89

Wartet der Bauherr den Ausgang des Rechtsstreites ab, entscheidet das angerufene Gericht auf der Grundlage eines Sachverständigengutachtens[195]. Der Sachverständige muss den Kostenanschlag wie folgt aufbereiten: 90

- ein detailliertes Kostenangebot, das Position für Position die Kosten der Maßnahmen ausweist, damit der Richter ggf. die von ihm für ungerechtfertigt gehaltenen Positionen streichen kann
- das Kostenangebot soll auf der Grundlage von Kostentabellen und Vergleichsangeboten erarbeitet werden, wobei die Referenzen zu nennen sind
- die Kosten der Bauüberwachung sind zu spezifizieren
- das Datum der Kostenfeststellung ist anzugeben, damit der Richter die Kosten ggf. aktualisieren kann

Ob und in welchem Umfang neben der strengen Gewährleistungshaftung auch die allgemeine Vertragshaftung durchgreift und in welchem Verhältnis die einjährige Herstellungsgarantie sowiedie zwei- und zehnjährige Gewährleistung zueinander stehen, hat der Gesetzgeber auch in der Reform vom 17.6.2008 weitgehend ungeklärt gelassen. Es bleibt daher der französischen Rechtsprechung vorbehalten, dieses Verhältnis zu ordnen. Sie hat ausgesprochen, dass die einjährige Herstellungsgarantie ebensowenig andere Ansprüche verdrängt, wie die zwei- und zehnjährige Gewährleistung. Neben der Gewährleistung und dem Anspruch auf vollständige Herstellung kann daher die Haftung für „faute" geltend gemacht werden[196]. Ansprüche aus dem allgemeinen Vertragsrecht für Mängel, 91

[187] IPG 1980-81 Nr. 14.
[188] IPG 1980-81 Nr. 14.
[189] Cass.civ., 16.02.1948, S. 1949.1.69.
[190] Cass.civ., 08.12.1971, Bull Civ. 1971 III, n° 606, p. 433.
[191] Malinvaud/Malinvaud, Construction, 1998, Rn. 7719.
[192] Rémery, Le rôle du technicien commis par le juge dans la réalisation de travaux ordnonnés ou autorisés en justice, D. 1986. Chron. 285.
[193] A.A. Douai, 04.09.1986, Gaz. Pal. 1987.1.44.
[194] Malinvaud/Malinvaud, Construction, 1998, Rn. 7719.
[195] Malinvaud/Malinvaud, Construction, 1998, Rn. 7720.
[196] Vgl. Cass.civ, 23.04.1986, Bull.civ. 1986 III n° 46 und 47; Cass.civ., 22.03.1995, JCP 1995.II.22416.

die nach der Abnahme auftreten, setzen allerdings voraus, dass der Unternehmer die fehlerhafte Ausführung **zu vertreten** hat[197]. Während die Cour de Cassation[198] für das ältere Recht entschieden hat, dass insoweit anstatt der dreißigjährigen allgemeinen Verjährungsfrist die zehnjährige Gewährleistungfrist des Art. 2270 CC a.F. anzuwenden war, stand für das neuere Recht (vor 2008) eine Entscheidung noch aus[199]. Im Jahre 2006 hat sie diese Frage zugunsten der 10jährigen Verjährung geklärt[200]. Nach der Reform 2008 greift jedenfalls grundsätzlich Art. 1792-4-3 Code Civil[201]: Außerhalb der Ansprüche, die unter Art. 1792-3, 1792-4-1 und 1792-4-2 fallen, verjähren die Ansprüche gegen die „Konstrukteure" (vgl. dazu Art. Art. 1792-1 Code Civil[202]) und ihre Subunternehmer binnen 10 Jahren, wobei die Verjährung mit der Abnahme beginnt, was wiederum die Frage offen lässt, welche Verjährung für die Ansprüche gilt, die vor Abnahme entstanden sind[203].

c. Deliktische Haftung

Schrifttum

Huet, L'obligation in solidum dans la responsabilité des constructeurs, RDI 1983, 11; Bigot/d'Hauteville, Code Pratique de l'Assurance Construction, Paris 1999

92 Das französische Recht der unerlaubten Handlungen arbeitet anders als das deutsche mit Generalklauseln. Grundnorm ist Art. 1382 Code Civil: Jeder Akt einer Person, der einem Dritten Schaden zufügt, verpflichtet denjenigen, durch dessen **„faute"** (Rechtswidrigkeit und Schuld) der Schaden eingetreten ist, diesen zu ersetzen. Ferner regelt Art. 1383 Code Civil einen **quasi-deliktischen** Anspruch: jeder ist verantwortlich für den Schaden, den er nicht nur durch sein Handeln sondern zudem durch seine Fahrlässigkeit oder seine Unvorsichtigkeit verursacht hat. Ansprüche aus Art. 1382 und 1383 Code Civil verjähren in 10 Jahren (Art. 2226 Code Civil[204]). Die außervertragliche Haftung ist insbesondere deshalb wichtig, weil die Verjährung nicht mit der Abnahme sondern mit der „consolidation du dommage initial ou aggravé" (Konsolidierung des Schadens oder seiner Verschlimmerung) beginnt. Die Voraussetzungen für einen außervertraglichen Anspruch gegen den Vertragspartner sind umstritten. Gelegentlich wird neben dem Vorsatz eine Schädigungsabsicht verlangt, die sich z.B. in der Täuschung des Bestellers durch Vertuschen von Mängeln äußern kann[205]. Deliktische und quasideliktische Ansprüche können ferner z.B. als Regreßanspruch bestehen, etwa wenn der Besteller von einem Dritten auf Schadensersatz für einen Schaden in Anspruch genommen wird, der ihm durch den Bauunternehmer zugefügt wurde[206].

93 **d. Haftungsüberblick.** Die folgende Aufstellung gibt einen Überblick über die Haftungsmöglichkeiten:

---

197 Cass.civ., 09.07. 1997, RD imm. 1997, 591.

198 Vgl. Cass.civ., 12.10.1994, Bull.civ. 1994 III N° 171.

199 Malinvaud/Malinvaud, Construction, 1998, Rn. 7806.

200 Cass.civ., 24.5.2006, Bull.civ. 2006 III, n° 132.

201 Fassung vom 17.6.2008, Gesetz Nr. 2008-561.

202 Nach Art. 1792-1 Code Civil sind dies die Architekten, Unternehmer, Techniker und alle anderen Personen, die mit dem Bauherrn vertraglich verbunden sind, ferner der Verkäufer eines Werkes.

203 Zalewski, Réforme de la prescription civile: impact sur le droit immobilier, Défrenois 2008, 2461, 2482 (Nr. 38872), wonach unklar ist, ob entweder die Regelverjährung von 5 Jahren oder eher die 10 jährige Verjährung greift, die zuvor von der Cour de Cassation im Jahre 2006 angenommen wurde, um die Haftungsregelungen zu vereinheitlichen.

204 Das französische Verjährungsrecht wurde durch Gesetz v. 17.6.2008 reformiert (Gesetz Nr. 2008-561).

205 Vgl. Cass.civ., 22.10.1996, RDI 1997, 87; Cass.civ., 18.12.1996, JCP 1997 IV, 311; Bigot/d'Hauteville, Code Pratique de l'Assurance Construction, 214.

206 Vgl. Cass.civ., 13.06.1990, RDI 1991, 68; Cass.civ., 29.01.1992, RDI 1992, 334.

Tabelle 10.2. Überblick über die Anspruchsarten

Anspruchsnatur	Rechtsgrund	Frist	Fristbeginn
Mangel im Sinne der décennale	Garantie décennale (Art. 1792, 1792-1, 1792-2 Code Civile)	10 Jahre	Abnahme
Bei der Abnahme vorbehaltene Mängel	Garantie de parfait achèvement (Art. 1792-6 Code Civil)	1 Jahr	Abnahme
Im Jahr der Abnahme mitgeteilte Mängel	Garantie de parfait achèvement (Art. 1792-6 Code Civil) oder décennale	1 Jahr oder 10 Jahre	Abnahme
Mängel an der trennbaren Ausrüstung	Garantie de bon fonctionnement (Art. 1792-3 Code Civil)	2 Jahre	Abnahme
Mängel an vorgefertigten Teilen und Produkten	Garantie décennale, de bon fonctionnmenet et de parfait achèvement (Art. 1792-4 Code Civil)	1, 2, 10 Jahre	Abnahme
Mängel, die vor der Abnahme während der Arbeiten aufgetreten sind	Allgemeine Haftung (Art. 1147 Code Civil)	5 Jahre (Art. 2224 Code Civil)[207]	Offenkundigwerden des Mangels oder seiner Verschlimmerung
Konformitätsmängel in Bezug auf technische Normen oder Verordnungen	Garantie décennale (Art. 1792, 1792-2 Code Civile)	10 Jahre (Art. 1792-4-1 Code Civil)	Abnahme
Konformitätsmängel in Bezug auf den Kostenvoranschlag oder Preis	Allgemeine Haftung (Art. 1147 Code Civil)	10 Jahre (Art. 1792-4-3 Code Civil)	Feststellung der fehlenden Konformität
Überschreiten der Baukosten	Allgemeine Haftung (Art. 1147 Code Civil)	10 Jahre (Art. 1792-4-3 Code Civil)	Zahlung der Arbeitskosten
Schäden, die nicht hinreichend schwer sind, um unter Art. 1792 Code Civil zu fallen (dommages intermédiaires)	Allgemeine Haftung (Art. 1147 Code Civil)	10 Jahre (vgl. Art. 1792-4-3 Code Civil)	Abnahme
Schäden, die Dritten zugefügt wurden	Deliktische oder Quasideliktische Haftung (Art. 1382 ff. Code Civil)	10 Jahre (Art. 2226 Code Civil)	Offenkundigwerden des Schadens oder seiner Verschlimmerung
Schäden, die durch ein vorsätzliches Verhalten des Konstrukteurs verursacht werden	Deliktische oder Quasideliktische Haftung (Art. 1382 ff. Code Civil)	10 Jahre (Art. 2226 Code Civil)	Offenkundigwerden des Schadens oder seiner Verschlimmerung

207 Siehe aber Cass.civ., 24.5.2006, Bull.civ. 2006 III, n° 132; Zalewski, Réforme de la prescription civile: impact sur le droit immobilier, Défrenois 2008, 2461, 2482 (Nr. 38872), wonach unklar ist, ob nicht die 10 jährige Verjährung greift, die zuvor von der Cour de Cassation angenommen wurde, um die Haftungsregelungen zu vereinheitlichen.

8. Subunternehmerrecht

Schrifttum

Kuehne/Langer, Das französische Subunternehmergesetz, RIW 1977, S. 610–613

94 Während das deutsche Recht keine speziellen Regelungen zum Schutze der Subunternehmer kennt, hat der französische Gesetzgeber zugunsten der Subunternehmer Vorkehrungen gegen die Insolvenz des Generalunternehmers getroffen[208]. So sieht das französische Gesetz über den Subunternehmervertrag vom 31. Dezember 1975[209] zwingende Regelungen vor, von denen nicht abgewichen werden darf. Art. 15 des Gesetzes bestimmt, dass das Gesetz zum französischen ordre public (de protection) gehört und dass jeder Verstoß zur Nichtigkeit der getroffenen Vereinbarung führt[210]. Insbesondere gewährt es dem schutzbedürftigen Subunternehmer in Art. 12 eine **Direktklage** gegen den Auftraggeber, wenn der Hauptunternehmer den Werklohn nicht innerhalb eines Monats nach Verzugseintritt bezahlt[211]. Der Durchgriff ist auch bei Kettenverträgen zulässig[212], nicht jedoch wenn der Bauherr die öffentliche Hand ist[213]. Zweitens regelt es in Art. 14, dass Subunternehmerverträge nichtig sind, wenn die Zahlungsansprüche des Subunternehmers nicht durch eine Bürgschaft abgesichert werden. Beide Instrumente werden gerne genutzt.

95 Der **Direktanspruch** aus Art. 12 wird auf nationaler Ebene überwiegend **vertragsrechtlich** qualifiziert und kollisionsrechtlich an das Statut des in der Vertragskette vorgeschalteten Vertrages angeknüpft. Mithin kann aus französischer Sicht jeder Subunternehmer direkt gegen den Besteller vorgehen, wenn nur der Vertrag zwischen Besteller und Generalunternehmer dem französischen Recht unterliegt[214], vorausgesetzt die übrigen Voraussetzungen der Durchgriffshaftung liegen vor. Die Rechtsprechung der Cour de Cassation[215] geht allerdings noch weiter:

Ein französischer Bauherr vergab den Auftrag für den Bau einer Industrieanlage an die Salzgitter Anlagenbau GmbH (SAB). Diese vergab den Rohrleitungsbau an eine französische Subunternehmerin. Der Subunternehmervertrag wurde dem deutschen Recht unterstellt. Nach Fertigstellung der Subunternehmerleistung erstritt die Subunternehmerin gegen SAB vor dem Schiedsgericht einen Zahlungstitel über knapp 1,7 Mio €. Die SAB fiel in Insolvenz. Die Subunternehmerin verlangte nun Zahlung vom Bauherrn und berief sich auf Art. 12 und 14-1 des Gesetzes vom 31.12.1975. Der Bauherr lehnte die Zahlung mit der Begründung ab, auf den Subunternehmervertrag sei deutsches Recht anzuwenden.

---

[208] Loi n° 75-1334 du 31 décembre 1975 relative à la sous-traitance, Journal Officiel du 03.01.1976, p. 80, erweitert in Loi n° 81-1 du 02.01.1981 (J.O. du 03.01.1981, p. 150) und erweitert durch Loi n° 84-46 du 24.01.1984 (J.O. du 25.01.1984, p. 380), erweitert durch loi du 06.01.1986 und loi du 10.06.1994.

[209] Loi n° 75-1334 du 31 décembre 1975 relative à la sous-traitance, Journal Officiel du 03.01.1976, p. 80, erweitert in Loi n° 81-1 du 02.01.1981 (J.O. du 03.01.1981, p. 150) und erweitert durch loi n° 84-46 du 24.01.1984 (J.O. du 25.01.1984, p. 380), erweitert durch loi du 06.01.1986 und loi du 10.06.1994.

[210] Bènabent in: Dalloz, Construction, Rn. 8926, siehe auch Cass.civ., 25 février 2009.

[211] Jayme, Der Subunternehmervertrag im deutsch-französischen Rechtsverkehr, IPRax 1985, 372, 373.

[212] Bènabent in: Dalloz, Construction, Rn. 9057.

[213] Bènabent in: Dalloz, Construction, Rn. 9057.

[214] Jacquet/Delebecque, Droit du commerce international, Rn. 320.

[215] Cour de Cassation, gemischte Kammer, Urteil vom 30.11.2007 – 06-14006, IBR 2008, 428 –Hök; Cass. civ., 25.2.2009, n° 07-20.096; vgl. dazu auch Eherecke IHR 2009, 237, 242; Borysewicz/Loncle, Sous-traitance internationale et Loi du 31 décembre 1975: un mariage délicat, D. 2007. 2008 ff. ; Boyault/Lemaire, Protection du sous-trainat en matière internationale : La Cour de Cassation fait volte-face, D. 2008, 753 ff.

Die Cour de Cassation verurteilte den Bauherrn und führte aus, das Gesetz vom 31.12.1975 gehöre zu den Polizeigesetzen im Sinne des Art. 3 Code Civil und sei daher anwendbar, wenn das Bauvorhaben auf französischem Boden belegen sei. Die neuerliche Entscheidung der gemischten Kammer Cour de Cassation weicht damit von einer kurz zuvor ergangenen Entscheidung der 1. Kammer des Gerichtshofes[216] ab, die in der französischen Literatur weithin Zustimmung fand[217].

Die sog. *Loi de polices* oder *Lois d'application immédiate* sind mit den Eingriffsnormen im Sinne des Art. 34 EGBGB a.F. vergleichbar siehe jetzt Art. 9 Rom I). Es ist jeweils durch Auslegung der in Frage kommenden Norm zu bestimmen, ob sie Eingriffscharakter hat. Der EuGH versteht unter solchen Vorschriften die, „deren Einhaltung als so entscheidend für die Wahrung der politischen, sozialen oder wirtschaftlichen Organisation des betreffenden Mitgliedstaats angesehen wird, daß ihre Beachtung für alle Personen, die sich im nationalen Hoheitsgebiet dieses Mitgliedstaats befinden, und für jedes dort lokalisierte Rechtsverhältnis vorgeschrieben ist"[218]. Sie dienen nicht nur dem Schutz und Ausgleich von individuellen Interessen sondern verfolgen auch öffentlich-rechtliche Gemeinwohlinteressen[219]. Es war also die Frage, ob das Gesetz vom 31.12.1975 Gemeinwohlinteressen verfolgt. Die Cour de Cassation hat dies bejaht, obwohl in der französischen Literatur Einigkeit besteht, dass das Gesetz lediglich dem Schutz der Subunternehmer vor Insolvenz ihres Auftraggebers dient.

Interessant ist die Entscheidung aber nicht nur deshalb, weil die Cour de Cassation den Eingriffscharakter des Gesetzes bejaht hat. Interessant ist sie auch und gerade deshalb, weil sie es zur Vermeidung einer Diskussion über Marktbehinderungen vermieden hat, an den Sitz des Subunternehmers anzuknüpfen. Stattdessen hat sie für die Anwendbarkeit des Gesetzes auf den Ort der Baustelle abgestellt. Vor französischen Gerichten spielt demnach die Herkunft des Subunternehmers keine Rolle. Es kann auch ein deutsches Subunternehmer gegen seinen deutschen Auftraggeber klagen, wenn sich das Bauvorhaben in Frankreich befindet.

Durch Urteil vom 25.2.2009 hat die Cour de Cassation ihre Rechtsprechung fortgesetzt[220]. Eine französische Gesellschaft hatte umfangreiche Arbeiten an einer bestehenden Fabrikanlage an eine deutsches Unternehmen vergeben. Das deutsche Unternehmen vergab Instandsetzungsarbeiten an einer Dampferzeugungsanlage an einen belgischen Subunternehmer weiter. Als die belgische Gesellschaft Zahlungsrückstände beklagte, setzte sie die französische Bauherrin (im übrigen eine Tochtergesellschaft eines deutschen Konzerns) in Verzug und begehrte Zahlung von ihrer Auftraggeberin und der Bauherrin. Die Bauherrin widersprach der Anwendung französischen Rechts, womit sie erstinstanzlich Erfolg hatte. Die Cour d'Appel erkannte aber trotz des Umstandes, dass auf den Subunternehmervertrag deutsches Recht anzuwenden war, einen hinreichenden engen Bezug zum französischen Recht. Die Cour de Cassation verwarf die Revision, wies aber darauf hin, dass es nicht darauf ankomme, ob französisches Recht Vertragsstatut sei. Vielmehr komme es allein darauf an, dass das Gesetz Nr. 75-1334 als Loi de Police zu qualifizieren sei, so dass ausschließlich auf Art. 7 EVÜ abzustellen sei. In Frankreich wird allerdings diskutiert, ob im Lichte der Verordnung Rom I an der Rechtsprechung festgehalten werden könne[221]. Die Definition eines Loi d'application immédiate geht auf Francescakis[222]

[216] IBR 2007, 1262 – Hök.
[217] Vgl. Nourissat/Pellegrini, Revue Lamy Droit des Affaires 2008, 57, 58.
[218] EuGH, 23.11.1999, Rs. C-369,96, Arblade.
[219] Vgl. Looschelders, IPR, Art.34 Rn. 10.
[220] Cass. civ., 25.2.2009, n° 07-20.096.
[221] d'Avout D. 2009, 806.
[222] Francescakis Rev.crit. DIP 1966, 1.

zurück, der die Formulierung geprägt hatte, das es sich um ein Gesetz handeln müsse, das für die Wahrung seines öffentlichen Interresses notwendig sei. Art. 9 Abs. 1 Rom I fordert in Anlehnung an die EuGH Rechtsprechung im Fall Arblade[223] eine „entscheidende" Beeinträchtigung des öffentlichen Interesses. Allerdings deutet die Argumentation der Cour de Cassation darauf hin, dass der Direktanspruch des Subunternehmers eher als ein außervertraglicher Anspruch zu qualifizieren ist. Die entsprechende Regelung in Art. 16 Rom II ist deutlich knapper gehalten als die Formulierung in Art. 9 Abs. 1 Rom I.

96 Im Sinne des Gesetzes über den Subunternehmervertrag vom 31. Dezember 1975 ist die Subvergabe eine Operation vermittels derer ein Unternehmer durch einen Subauftrag unter seiner Verantwortlichkeit einer anderen Person, die Subunternehmer (sous-traitant) genannt wird, die Ausführung des gesamten oder eines Teils des Werkauftrages (oder eines öffentlichen Auftrages) anvertraut, den er mit dem Besteller abgeschlossen hat (vgl. Art. 1 Gesetz Nr. 85-1334). Der Subunternehmer wird im Verhältnis zu seinen Subunternehmern als Hauptauftragnehmer angesehen (Art. 2 Gesetz Nr. 85-1334).

97 Der Unternehmer, der beabsichtigt einen Vertrag oder einen Auftrag unter Rückgriff auf einen oder mehrere Subunternehmer zu erfüllen, muss, im Augenblick des Vertragsschlusses und während der gesamten Laufzeit des Vertrages oder Auftrages, sich jeden Subunternehmer genehmigen und die Zahlungsbedingungen eines jeden Subauftrages von dem Besteller bestätigen lassen; der Generalunternehmer ist gehalten, den oder die Subaufträge dem Besteller zu übermitteln, wenn dieser dies verlangt.

98 Stellt der Vorunternehmer dem Subunternehmer keine Zahlungssicherheit im Sinne des Art. 14, kann der Subunternehmer die Nichtigkeit des Vertrages einwenden. Das geschieht gerne, um sich aus einem ungeliebten Vertrag zu winden. Die Cour des Cassation hatte kürzlich über einen solchen Fall zu entscheiden, in den die Fa. Bilfinger Berger als Subunternehmerin involviert war. Sie hatte ihrerseits einen Subunternehmer beschäftigt, der vorgefertigte Element liefern sollte. Aus einer früheren Entscheidung war bekannt, dass es für die Qualifikation als Subunternehmervertrag nicht zureicht, dass der Subunternehmer eine spezifische Arbeit gemäß den Anforderungen des Auftrages leistet (un travel spécifique conforme aus exigences du marché). Hierauf verließ sich Bilfinger Berger, allerdings ohne Erfolg. Die Cour de Cassation folgte dem Berufungsgericht und ließ es genügen, dass im konkreten Fall eine *spezifische Arbeit* vergeben wurde, *die für die Herstellung der Elemente, die für das Bauvorhaben vorgesehen waren, eine andauernde Anpassung an die Anforderungen aus den Herstellungsplänen erforderlich machte*[224]. Damit konnte sich der Subunternehmer auf Art. 14 des Gesetzes Nr. 75/1334 berufen und der von Bilfinger erhobene Vorwurf der Leistungsverweigerung war hinfällig. Aus Art. 14 folgte, dass der Subunternehmer zum einen die Leistung verweigern konnte und zum anderen für die bereits erbrachte Leistung zu bezahlen war. Die erbrachte Leistung ist nach bereicherungsrechtlichen Grundsätzen zu vergüten. Abzustellen ist auf die angemessenen Kosten der Arbeiten, gleich bedeutend mit einem Anspruch auf Erstattung der tatsächlich verauslagten Kosten, ohne Rücksicht auf den Wert des Werkes. Da nur der Subunternehmer die Nichtigkeit einwenden kann, hat der Subunternehmer im Einzelfall ein Wahlrecht. Er kann prüfen, ob er sich besser stellt, wenn er den Vertrag erfüllt oder wenn er den Nichtigkeitseinwand erhebt. Im Erfüllungsfall hat er Anspruch auf die vereinbarte Vergütung[225].

---

[223] EuGH, Urt. v. 23.11.1999, C-369/96 und C-6376/96 – Arblade.

[224] Cass.civ., Urt. v. 18.11.2009, D. 2010, 741 mit Anmerkung Labarthe.

[225] Siehe Labarthe, Anmerkung zu Cass.civ., Urt. v. 18.11.2009, D. 2010, 741, 744.

Tabelle 10.3. Versicherungsschutz

Versicherungstyp …………………… Besondere Kennzeichen	Versicherung *„tous risques chantier“*	Versicherung *„contrôle“*		Versicherung *„risque couvert exploitation“*	Versicherung *„risque couvert produit“*
Zielgruppe	Auftraggeber, Architekten, Planungsbüros (bureau d'étude), Erdbauunternehmen (terrassiers), entrepreneurs de gros-oeuvre (Rohbauunternehmen), Ausbauunternehmen (parachèvement). Da es darum geht, Schäden abzudecken, die bei der Herstellung des Werkes entstehen, empfiehlt es sich , die Garantie nicht lediglich auf einen der Intervenienten zu beschränken.	Der Versichertenstatus beschränkt sich nicht nur auf den Versicherungsnehmer, er kann auch auf den Auftraggeber, den Unternehmer, die Architekten und Ingenieure, den Hersteller, die Lieferanten und die Zulieferanten etc. ausgedehnt werden		Unternehmer	Unternehmer
Reichweite des Versicherungsschutzes	*Fakultative Garantie* deckt alle Schäden sowohl bei vertraglicher als auch außervertraglicher Haftung, besonders das Vermögen (das Grundstück, die Lage, das Gebäude), den Verhandlungsgegenstand, sowie die zeitweiligen Installationen der Bauarbeiten, das Material, die Maschinen und die Vermögenswerte des Auftraggebers	Deckt die vertragliche Haftung bei der Ausführung der Arbeiten (1) sowohl bei Drittschäden bei Unregelmäßigkeiten (2)	Deckt die vertragliche Haftung, besonders die Schäden am Werk selbst sowohl bei Risikohaftung als auch vertraglicher Haftung (Schäden aus dem kompletten oder teilweisen Zusammensturz oder schweren Unregelmäßigkeiten, die geeignet sind, die Stabilität des Bauwerkes zu beeinflussen (1) - deckt die Schäden, die eine responsabilité décennale begründen (2))	*„garantie pendant les travaux“* deckt nur die außervertragliche zivilrechtliche Haftung und hierbei besonders die Schäden, die bei der Konstruktion des Vertragsobjekts in dessem äußeren Umfeld entstehen	*„garantie après-travaux“* deckt alle Schäden aus außervertraglicher und vertraglicher Haftung, besonders die Schäden, die aus der geleisteten Arbeit und dem gelieferten Produkt resultieren

Tabelle 10.3 (Fortsetzung)

Zeitraum des Versicherungs-schutzes	Der Schutz gilt während der Bau-arbeiten und endet – mit der Ab-nahme des Werkes – mit der Ge-nehmigung – mit der Enteignung Eine Verlängerung des Garantie-zeitraumes auf 1 oder 2 Jahre nach Beendigung der Bauarbeiten hat sich in der Praxis durchge-setzt. („temps d'épreuve" oder „temps de maintenance")	Der Schutz endet (1) vor der Lieferung (2) nach der Lieferung	Der Schutz endet (1) vor der Lieferung (2) nach der Lieferung	Die Versicherungsschutz umfasst alle Pflichten bis zur Lieferung der Sache	Der Versicherungsschutz beginnt nach der Lieferung und endet mit dem Ablauf eines festgelegten Zeitraumes von 2 oder 3 Jahren
Beschränkung/ Ausschluss		Subsidaritäts-klausel (...)	Subsidaritäts-klausel (idem)	• Ausschluss von Schäden, die das „eigene Werk" betreffen, • Ausschluss von Schäden, die aus der Nichterfüllung bzw. der Schlechterfüllung des Werkvertrages resultieren • Ausschluss der Ersatzlieferung oder des Ersatzes der fehlerhaften Arbeiten • Ausschluss des bien confié • Ausschluss von Säumnis-zuschlägen der Bauarbeiten • Ausschluss von Vertragsklauseln mit Haftungserweiterung • Ausschluss von Schäden an Gegenständen, Material und Immobilien, die vom Unter-nehmer genutzt werden • Ausschluss der responsabilité décennale	• Ausschluss von Schäden am Werk selbst • grober Fahrlässigkeit • Ausschluss der Verwahrungs- oder Entsorgungskosten der fehlerhaften Teile • Ausschluss der Schäden, die an den konkreten vertraglichen Erfolg gebunden sind • Ausschluss der responsabilité décennale

Wenn der Subunternehmer weder von dem Besteller genehmigt wurde, noch die Zahlungsbedingungen von diesem nach vorstehenden Bedingungen bestätigt wurden, ist der Generalunternehmer zwar gegenüber dem Subunternehmer gebunden, doch kann er den Subvertrag gegenüber diesem nicht einwenden (vgl. Art. 3 Gesetz Nr. 85-1334).

Das Verhältnis zwischen Subunternehmer und Auftraggeber wird danach differenziert, ob der Auftraggeber als öffentlicher (vgl. Art. 4 ff. Gesetz Nr. 85-1334) oder als privater Auftraggeber (vgl. Art. 11 ff. Gesetz Nr. 85-1334) zu qualifizieren ist. Jeder Verzicht auf die Direktklage gilt als nicht geschrieben. Die Direktklage besteht fort, auch wenn der Generalunternehmer in Insolvenz fällt. **99**

Gemäß Art. 12 Gesetz Nr. 85-1334 hat der Subunternehmer einen Direktanspruch (action directe) gegen den Besteller, wenn der Generalunternehmer (entrepreneur principal) nicht innerhalb eines Monats nach Inverzugsetzung (mise en demeure) die Summen bezahlt, die er vermöge des Subauftrages schuldet; eine Kopie dieser Inverzugsetzung ist an den Besteller zu richten. Die Direktklage kann sich nur auf die Zahlung dessen richten, was den Leistungen entspricht, die im Subauftrag vereinbart sind und deren Begünstigter der Besteller ist (Art. 13 Abs. 1 Gesetz Nr. 85-1334). Die Verpflichtung des Bestellers ist darauf beschränkt, was er dem Generalunternehmer zum Zeitpunkt des Zugangs der Kopie der Inverzugsetzung schuldet, die ihm nach Art. 12 Gesetz Nr. 85-1334 zugegangen ist (Art. 13 Abs. 2 Gesetz Nr. 85-1334). **100**

9. Versicherungsschutz. Das Thema Versicherungsschutz kann für sich genommen hier nicht vollständig abgedeckt werden. Tabelle 10.3 soll vor allem sprachlich und systematisch einen Einstieg in das Thema erleichtern. **101**

10. Condition AFNOR

Schriftum

Baudouin, La coordination sur les chantiers de bâtiment et de génie civil, Administrer 1996/284, chron. 14;

Die Association Francaise de Normalisation (AFNOR) mit Sitz in Paris gibt **Allgemeine Vertragsbedingungen** für die Ausführung von Bauleistungen für private Bauverträge (Cahier des clauses administratives générales applicable aux travaux de bâtiment faisant l'objet de marchés privés) heraus (Stand November 2000-AFNOR P 03-001)[226]. Diese staatlich anerkannten[227] Standardvertragsbedingungen finden ausschließlich auf Bauaufträge Anwendung, die von privaten (im Gegensatz zu öffentlichen) Bauherrn vergeben werden. Das Dokument definiert in allgemeiner Art die Rechte und Pflichten jeder Vertragspartei eines privaten Bauauftrages. Es wird wirksam, wenn es entweder von den Vertragsparteien unterschrieben oder von diesen in den besonderen Vertragsbedingungen in Bezug genommen wird. **102**

a. Einführung. Die Allgemeinen Vertragsbedingungen für die Ausführung von Bauleistungen bestehen aus 23 Klauseln mit zahlreichen Unterklauseln sowie vier Anhängen. Klauselinhalt ist folgender: **103**

---

226 Vgl. Huet, Les principaux contrats spéciaux, Rn. 32405, geändert durch amendement NF P03-001 im November 2009.

227 Vgl. Arrêté vom 05.03.1989.

1. Anwendungsbereich (Domaine d'application)
2. Allgemeine Charakteristika (Caractéristiques générales)
3. Definitionen (Définitions)
4. Auftrag (Le marché)
5. Hygiene, Sicherheit, Schutz der Gesundheit und Arbeitsbedingungen (Hygiène, sécurité, protection de la santé et conditions de travai)
6. Vertretung der Parteien-Kommunikation unter den Parteien (Représentation des parties-Communication entre elles)
7. Vorbereitung der Durchführung und Abfassen der Dokumente (Préparation de l' exécution et rédaction des documents)
8. Technische Bedingungen für die Durchführung der Arbeiten (Conditions techniques d'exécution des travaux)
9. Vergütung der Unternehmers (Rémunération de l'entrepreneur)
10. Fristen (Délais)
11. Änderungen an den Arbeiten (Modifications aux travaux)
12. Koordinierung zwischen den Unternehmern (Coordination entre les entrepreneurs)
13. Schutz der Arbeiten (Protection des ouvrages)
14. Ausgaben im gemeinsamen Interesse – Verteilungskonto (Dépenses d'intérêt commun-Compte prorata)
15. Ausführung der Arbeiten (Conduite des travaux)
16. Beräumung der Baustelle und Abfälle (Évacuation des chantires et des déchets)
17. Abnahme (Réception)
18. Dauer der Garantie für die perfekte Herstellung (Période de garantie de parfait achèvement)
19. Feststellung der Zahlungsansprüche (Constation des droits à paiement)
20. Zahlung (Paiement)
21. Einsprüche (Contestations)
22. Auflösung (Résiliation)
23. Versicherungen und verschiedene Bestimmungen (Assurances et dispositions diverses)

Annex A: Neue Arbeiten, Ausgaben und Einnahmen im gemeinsamen Interesse

Annex B: Arbeiten am Bestand, Ausgaben im gemeinsamen Interesse (Travaux sur existants, dépenses d'intérêt commun)

Annex C: Verwaltung und Handhabung des Verteilungskontos (Gestion et règlement du compte prorata)

Annex D: Änderungsklauseln im Falle von unveränderlichen Pauschalpreisvereinbarungen (Clauses Modificatives dans le cas de marchés à prix forfait global définis ne varietur)

Der Vertrag setzt sich aus Unterlagen in der folgenden Reihenfolge zusammen (Klausel 4.2.1):

- Auftragsschreiben oder das akzeptierte Angebot mit den eventuellen Anlagen
- Besondere Vertragsbedingungen
- Technische Vertragsbedingungen

104 Die Technischen Bedingungen für die Ausführung der Arbeiten an Gebäuden (DTU-Normen[228]) werden den Parteien als bekannt angenommen und nicht als solche dem Vertragsdokument körperlich hinzugefügt (Klausel 4.2.2)[229]. Der Bauherr ist verpflichtet, dem Unternehmer u.a. eine Kopie der Baugenehmigung (autorisation de construire), die Besonderen Vertragsbedingungen, die besonderen technischen Bedingungen und den Zeitplan zu übergeben (Klausel 4.3).

---

[228] DFU = Documents Techniques Unifiés.

[229] Die öffentliche Hand muss die DTU zwingend beachten. Häufig wird auch bei privaten Aufträgen auf die DTU verwiesen (zum Inhalt vg. Anhang I).

Die Allgemeinen Vertragsbedingungen für die Ausführung von Bauleistungen müssen ggf. um den Wortlaut zwingender Gesetzbestimmungen ergänzt werden, etwa wenn es sich um den Auftrag für den Bau eines „individuellen Hauses" („contrat de construction de maisons individuelles") handelt, auf den die Regelungen des Code de la Construction et de l'Habitation (CCH) Anwendung finden. 105

Der Auftrag kann an einen einzelnen Auftragnehmer oder an eine Bietergemeinschaft vergeben werden. Klausel 3.1.7 sieht vor, dass bei der Vergabe an eine Bietergemeinschaft danach zu unterscheiden ist, ob die Vergabe in der Weise erfolgt, dass alle Bieter gemeinsam für die Ausführung des gesamten Auftrages verantwortlich sind (Responsabilité solidaire), oder ob sie lediglich eine gemeinsame Vergabe in der Weise erfolgt, dass jeder Unternehmer die in unterschiedliche Lose aufgeteilten Arbeiten für sich gesondert abarbeitet (Responsabilité conjointe). Erfolgt die Vergabe mit „responsabilité solidaire", haften die Mitglieder der Bietergemeinschaft gesamtschuldnerisch. Im Rahmen der „responsabilité conjointe" besteht eine Haftung grundsätzlich nur im Verhältnis der Beteiligung an der Gemeinschaft (Art. 1857 Code Civil); zudem kann der Unternehmer den Einwand der Vorausklage geltend machen (Art. 1858 Code Civil). Die Gruppe muss auf Aufforderung einen gemeinsamen Beauftragten ernennen (Klausel 6.1.1/6.1.3). Kommt die Gruppe der Aufforderung nicht nach, kann der Bauherr den Auftrag auflösen (Klausel 6.2). Die Koordinierung der Arbeiten erfolgt über den gemeinsamen Beauftragten (Klausel 12.1). 106

Die Allgemeinen Vertragsbedingungen für die Ausführung von Bauleistungen eigenen sich gemäß Klausel 2.1 für die Vergabe nach Aufmaß (marché au métré), für die Vergabe zum Pauschalpreis (marchés à prix global et forfaitaire), für die Vergabe nach kontrollierten Ausgaben (marchés sur dépenses contrôlées) sowie für die Vergabe, in der verschiedene Abrechnungssysteme gemischt angewendet werden (marchés associant différents systèmes). 107

Im Rahmen der Abwicklung eines Bauvorhabens sind einige zwingende Regelungen zur Baustellensicherheit und zum Gesundheitsschutz zu beachten, die in den AFNOR-Bedingungen Berücksichtigung finden. Der Code du travail schreibt die Bestellung eines Koordinators[230] für die Baustellensicherheit vor, wenn auf der Baustelle verschiedene Unternehmen oder aufeinanderfolgende Unternehmen eingesetzt werden (Art. L253-1 ff. Code du travail). Dieser Koordinator haftet nicht nach Art. 1792 Code Civil (décennale)[231]. Weiterhin schreibt der Code du travail vor, dass der Unternehmer oder der Subunternehmer einen „Plan particulier de sécurité et de protection de la santé" (Spezieller Plan für die Sicherheit und den Schutz der Gesundheit) errichtet. Die Einzelheiten über den Plan und seine Übergabe an den Koordinator und die öffentlichen Präventionsstellen regeln Art. L235-7, L235-9, R238-26 bis R238-36 Code du travail (vgl. Klausel 3.2.18). Schließlich muss ein Baustellentagebuch eingerichtet werden, dessen Inhalte in Art. R238-19 Code du travail geregelt sind (Klausel 3.2.20). 108

Über die Arbeiten ist ein „dossier d'interventions ultérieures sur l'ouvrage (DIUO)" (Akte über spätere Eingriffe in das Vorhaben) zu errichten (vgl. Klausel 3.213). Die Einzelheiten regeln Art. L235-15 Code du travail, R238-37 bis 39 Code du travail. 109

[230] Vgl. zu dieser neuen Aufgabe Baudouin, Administrer 1996/284, chron. 14.
[231] Dalloz Action, Droit de la responsabilité, Rn. 4589.

110 Das Gesetz vom 12.07.1985 (Art. 7) beschreibt die Rolle des Baustellenleiters. Der „Coordinateur Ordonnancement Pilotage Coordination“ (OPC) ist eine natürliche oder juristische Person, die die Leistungen der Anordnung, Koordinierung und Leitung der Baustelle übernimmt (Klausel 3.1.4 S. 1). Die Leistungen umfassen die Analyse der elementaren Aufgaben der Konstruktion, der zeitlichen Einteilung, der Koordinierung der Baubeteiligten in zeitlicher und räumlicher Hinsicht während der Durchführung und der Abnahme (Klausel 3.1.4 S. 2).

111 **b. Das Wesentliche.** Besonderes Augenvermerk verdienen folgende Komplexe:

- Einbindung von Subunternehmern (Klausel 4.4)
- Änderungsanordnungen (Klauseln 11, 9, 19)
- Haftung (Klausel 18)
- Zahlungsabwicklung (Klausel 20)
- Vertragsauflösung (Klausel 22)
- Streitbeilegung (Klausel 21)

112 **aa. Einbindung von Subunternehmern.** Der Unternehmer kann, unter seiner Verantwortung bestimmte Teile des Auftrages an Subunternehmer vergeben. In jedem Fall muss er einen signifikanten Teil der Leistungen, die seine Kernleistungen ausmachen, eigenhängig erbringen (Klausel 4.4.1). In Übereinstimmung mit den Regelungen des Gesetzes vom 31. Dezember 1975 muss der Unternehmer seine oder seinen Subunternehmer genehmigen und die Zahlungsbedingungen eines jeden Subunternehmervertrages bestätigen lassen. Der Subunternehmer, der seinerseits beabsichtigt, Unteraufträge zu vergeben, wird im Verhältnis zu seinen Subunternehmern als Hauptunternehmer angesehen. Er muss ebenfalls seine Subunternehmer und die jeweiligen Zahlungsbedingungen von dem Bauherrn genehmigen lassen. Die Vergabe an Subunternehmer kann bereits bei Vertragsschluss oder auch während der Baudurchführung nachgesucht werden. Klausel 4.4.1 regelt die Einzelheiten des Ersuchens. Missachtet der Unternehmer die Auflagen aus Klausel 4.4.1, setzt ihm der Bauherr eine Frist, innerhalb der Unternehmer die Zustände regulär gestalten kann. Die Nichtbeachtung der Verpflichtungen kann zur Vertragsauflösung gemäß Klausel 22 führen (Klausel 4.4.2).

113 **bb. Preis und Änderungsanordnungen.** Der vereinbarte Preis kann unbeschadet der Regelung in Klausel 9.4 und anderer Regelungen in den Vertragsdokumenten nur durch Nachträge geändert werden. Es wird unterstellt, dass die Vertragspreise allen Bedingungen des Standorts, allen Besonderheiten des Vorhabens und der Fristen berücksichtigt und dass sie den Unternehmer für alle seine Ausgaben, Kosten und Verpflichtungen vergüten, die normalerweise vorhersehbar sind, und ebenso hinsichtlich der Ausgaben, die im gemeinsamen Interesse liegen und ihm durch die Beschreibung seines Bauloses oder nach Klausel 14 auferlegt werden (Klausel 9.1.2). Hieraus folgt, dass die Vergütung des Unternehmers für die Durchführung der Arbeiten, die Gegenstand der im Vertrag definierten Arbeiten sind, unbeschadet anders lautender Regelungen des vorliegenden Dokuments, insbesondere im Falle der Entwicklung des PGC SPS durch den Bauherrn, die finanzielle Auswirkungen für das Unternehmen haben, keine Änderung erfährt (Klausel 9.1.2). Bei dem PGC SPS handelt es sich um den Plan Général de Coordination en matière de sécurité et protection de la santé (Gesamtkoordinierungsplan für die Sicherheit und den Schutz der Gesundheit). Dieser ist in Klausel 3.2.17 definiert als Dokument, das die Gesamtheit aller Maßnahmen festlegt, die geeignet sind, um Risiken vorzubeugen, die aus der Überlagerung der Aktivitäten der verschiedenen Beteiligten auf der Baustelle hervorgehen oder die nach ihrer Fertigstellung für nachfolgenden Arbeiten Risiken für die anderen Unternehmen offen hält.

Die Einzelheiten der gleitenden Preisanpassung werden in den Vertragsdokumenten festgelegt (Klausel 9.4.1.1). Klausel 9.4 regelt ein indexgebundenes Preisanpassungssystem. Auswirkungen einseitiger Änderungen des vertraglich vorgesehenen Bauumfanges und der Bauausführung sind in Klauseln 11 und 19 detailliert geregelt. 114

Die Anordnung von Änderungen ist Gegenstand der Klausel 11. Es werden verschiedene Fälle unterschieden: 115

- Erhöhung der Massen (Klausel 11.1.1)
- Herabsetzung der Massen (Klausel 11.1.2)
- Änderungen bezüglich der Natur der Arbeiten (Klausel 11.1.3)

Werden die Massen erhöht, ist der Unternehmer verpflichtet, die Arbeiten auszuführen, wenn die Erhöhung, die als Kostensteigerung für die Massenerhöhung ermittelt wird, weniger als ein Viertel des ursprünglichen Preises für die Arbeiten ausmacht (Klausel 11.1.1.1). Die Einzelheiten der Berechnung regelt Klausel 11.1.1.2. Übersteigt die Massenmehrung umgerechnet mehr als ein Viertel des Preises, kann der Unternehmer den Auftrag kündigen (Klausel 11.1.1.3).

Massenreduzierungen bis zu 15% muss der Unternehmer hinnehmen. Bei größeren Reduzierungen kann er eine Entschädigung für die dadurch entstehenden Ausgaben sowie einen Anteil des Gewinns beanspruchen, der auf den entfallenden Leistungsteil angefallen wäre (Klausel 11.1.2).

Ändert sich auf Anordnung des Bauherrn die Natur der Arbeiten, ohne dass die Anordnung auf Umständen beruht, die der Unternehmer verursacht und zu vertreten hat, kann der Unternehmer eine Entschädigung (indemnité) für die zusätzlichen Kosten fordern (Klausel 11.1.3).

Arbeiten, die der Unternehmer ohne Genehmigung des Bauherrn geändert ausführt, muss er ggf. zurückbauen und neu herstellen (Klausel 11.2). Mehrkosten kann der Unternehmer für nicht genehmigte Arbeiten keinesfalls verlangen.

Arbeiten, die auf Anordnung öffentlicher, gerichtlicher oder schiedsgerichtlicher Stellen auszuführen sind, muss der Unternehmer ausführen. Solche Arbeiten werden zusätzlich vergütet (Klausel 11.3). Es gilt der Vertragspreis oder ein ähnlicher Vergleichspreis (Klausel 19.2.1).

Erforderliche und unerlässliche Eilmaßnahmen in Bezug auf die Stabilität des Vorhabens oder seine Sicherheit muss der Unternehmer jederzeit durchführen. Mehrkosten können über Klausel 19.2.1 geltend gemacht werden (Klausel 11.4).

Soweit Klauseln 11.3 und 11.4 Preisanpassungen vorsehen, verweisen sie auf Klausel 19.2.1. Für die in Klausel 11.3 und 11.4 geregelten Arbeiten gelten die Vertragspreise (Klausel 19.2.1.1). Mangels solcher Preise, werden sie durch Vergleich mit ähnlichen Arbeiten ermittelt (Klausel 19.2.1.2). Wenn es nicht möglich ist, die Preise nach Klauseln 19.2.1.1 und 19.2.1.2 zu ermitteln, werden sie aufgrund detaillierter Belege neu gebildet (Klausel 19.2.1.3). 116

cc. Zahlungsabwicklung (Klausel 20). In Abhängigkeit von der Einhaltung seiner Verpflichtungen kann der Unternehmer die im Vertrag geregelte Zahlung für die Arbeiten in Übereinstimmung mit den Bedingungen und den Fristen des Vertrages verlangen (Klausel 20.1). Vorauszahlungen können vereinbart werden (vgl. Klausel 20.2). Abschlagszahlungen sind innerhalb von 30 Tagen nach Übergabe des Baufortschrittsberichts an den Baustellenleiter[232] (Klausel 20.3) zu leisten. Von allen Zahlungen kann ein Si- 117

[232] Gemeint ist der Maître d'oeuvre.

cherheitseinbehalt von 5% einbehalten werden (Klausel 20.5). Auf diesen findet das Gesetz Nr. 71-584 vom 16.07.1971[233] Anwendung. Art. 1 des Gesetzes lautet: Die Abschlagszahlungen (paiement d'accomptes) auf den Endwert des privaten (im Gegensatz zum öffentlichen) Auftrages, die in Art. 1799-3 Code Civil vorgesehen sind, können um einen Einbehalt in Höhe von 5 oder mehr Prozent ihres Betrages gekürzt werden und garantieren vertraglich die Ausführung der Arbeiten, um ggf. die Vorbehalte des Bestellers bei der Abnahme zu befriedigen. Der Sicherheitseinbehalt ist bei der Gerichtskasse zu hinterlegen. Der Sicherheitseinbehalt ist nach Ablauf eines Jahres nach Abnahme zur Auszahlung fällig, wenn nicht der Besteller durch einen eingeschriebenen Brief gegenüber der Hinterlegungsstelle der Auszahlung unter Angabe der Gründe widersprochen hat (vgl. Art. 2 Gesetz Nr. 71-584). Entgegenstehende vertragliche Vereinbarungen sind nichtig (Art. 3 Gesetz Nr. 71-584). Der Unternehmer kann die Sicherheitsleistung abwenden, wenn er eine entsprechende selbstschuldnerische Bürgschaft einer Bank stellt.

118 **dd. Haftung (Klauseln 18, 17.1.3).** Die Haftung der Parteien wird in den Bedingungen nicht sehr ausführlich geregelt. Mit dem Tag der Abnahme beginnt die Haftung für die Verpflichtungen und Garantien, die durch die Art. 1792, 1792-2, 1792-3, 1792-6 und 2270 Code Civil geregelt sind (Klausel 17.1.3). Daneben besteht die einjährige Garantie für die perfekte Herstellung (Klausel 18.1). Innerhalb der Garantiezeit, hat der Unternehmer, unbeschadet seiner Verpflichtungen nach Art. 1792, 1792-2, 1792-3, 1792-6 und 2270 Code Civil alle neuen Mängel abzustellen und das Werk in einen vertragsgemäßen Zustand zu versetzen, der dem bei Abnahme oder dem nach Nacharbeitung der während der Abnahme gerügten Mängel entspricht (Klausel 18.2 S. 1). Die Verpflichtung zur perfekten Herstellung erstreckt sich nicht auf die Arbeiten, die notwendig sind, um die Auswirkungen der Nutzung oder der normalen Abnutzung zu beheben (Klausel 18.2 S. 2).

119 Ausdrückliche Haftungsbeschränkungsklauseln finden sich in den AFNOR-Bedingungen nicht. Fälle von Force majeure sind der anderen Partei lediglich anzuzeigen (Klausel 9.2).

120 **ee. Vertragsauflösung (Klausel 22).** Das französische Recht lässt die einseitige Kündigung des Auftrages nicht generell zu. Klausel 22 regelt die einseitige Kündigung des Auftraggebers und des Auftragnehmers sowie die Vertragsaufhebung im Falle von Vertragsverletzungen (Klausel 22.3). Die grundlose einseitige Kündigung kann nur von dem Auftraggeber erklärt werden (Klausel 22.1.3.2).

121 Bei schweren Leistungsstörungen kann nur die Vertragsaufhebung begehrt werden, die in einem justizförmigen Verfahren zu betreiben ist (Art. 1184 Code Civil). Hierauf verweist Klausel 22.3. Der Vertrag kann besondere einseitige Kündigungsrechte vorsehen. Im Übrigen besteht ein beidseitiges Kündigungsrecht insbesondere im Falle der Insolvenz der anderen Vertragspartei (Klausel 2.1.1), allerdings mit den Maßgaben des Art. 37 des Gesetzes Nr. 85-98 vom 25.01.1985. Danach kann allein der Insolvenzverwalter über die Vertragserfüllung entscheiden.

122 Die andauernde oder unterbrochene Aussetzung oder Unterbrechung von mehr als sechs Monaten, kann die Kündigung des Auftrages durch den Auftragnehmer zum Nachteil des Auftraggebers nach sich ziehen (Klausel 22.1.3.1).

123 Im Fall der Auflösung des Vertrages nach Art. 1794 Code Civil (einseitige und lediglich unternehmerisch motivierte Kündigung), ist die Entschädigung, die an den Unternehmer zu zahlen ist, in Übereinstimmung mit den Bestimmungen dieses Artikels des Code Civil zu berechnen (Klausel 22.1.3.2).

---

[233] JO vom 17.07.1971, modifiziert durch Gesetz Nr. 72-1166 vom 23.12.1972, JO 1972 vom 28.12.1972.

ff. Streitbeilegung. Wenn eine der Parteien die Bedingungen des Auftrages nicht einhält, kann die andere Partei gemäß Klausel 6.3.2 die Erfüllung unter Setzung einer Frist von 15 Tagen anmahnen (Klausel 21.1). Ausnahmen können in den Besonderen Bedingungen zugelassen werden. Eine Schiedsgerichtsklausel ist nicht vorgesehen. Die Parteien sind gehalten, sich über die Zweckmäßigkeit der Anrufung eines Schiedsgerichts auszutauschen (Klausel 21.2). Klausel 21.3 regelt für die Streitigkeiten die Zuständigkeit der ordentlichen Gerichte am Ort der Baustelle. Das französische Schiedsrecht wurde per Dekret vom 14.1.2011, das zum 1.5.2011 in Kraft trat reformiert[234]. Das französische Schiedsrecht unterscheidet seit jeher die nationale und die internationale Schiedsgerichtsbarkeit. Das neue Recht hebt die Unabhängigkeit der Schiedsvereinbarung vom zugrunde liegenden Vertrag hervor. Die Schiedsgerichtsvereinbarung kann formlos getroffen werden (Art. 1507 CPC). 124

gg. Anhang 1 (DTU-Normen). Folgende DTU-Normen sind zu nennen: 125

DTU 13 – Fondations
DTU 20 – Maçonnerie
DTU 21 – Béton armé
DTU 22 – Grands panneaux nervurés
DTU 23 – Bétons divers
DTU 24 – Fumisterie
DTU 25 – Plâtrerie
DTU 26 – Enduits, liants hydrauliques
DTU 27 – Enduits projetés
DTU 31 – Construction en bois
DTU 32 – Construction métallique
DTU 33 – Façades légères
DTU 34 – Fermetures
DTU 35 – Ouvrages divers d'aménagement intérieur
DTU 36–37 – Menuiserie
DTU 39 – Vitrerie-Miroiterie
DTU 40 – Couverture
DTU 41 – Bardages
DTU 42 – Étanchéité des façades
DTU 43 – Étanchéité des toitures
DTU 44 – Joints
DTU 45 – Isolation thermique
DTU 51 – Parquets
DTU 52 – Revêtements de sol scellés
DTU 53 – Revêtements de sol collés
DTU 55 – Revêtements muraux scellés
DTU 57 – Planchers surélevés
DTU 58 – Plafonds suspendus
DTU 59 – Revêtements minces
DTU 60 – Plomberie
DTU 61 – Gaz
DTU 63 – Vide-Ordures
DTU 64 – Assainissement
DTU 65 – Chauffage
DTU 67 – Réfrigération
DTU 68 – Ventilation
DTU 70 – Installations électriques
DTU 75 – Ascenseurs
DTU 90 – Équipement de cuisine

[234] Le Bars, La réforme du droit de l'arbitrage, JCP (C) 2011, 1108.

126 **11. Bürgschaften und Garantien.** Die **Bürgschaft** ist ein Vertrag, mit dem sich jemand gegenüber dem Gläubiger einer Forderung verpflichtet, diese zu begleichen, wenn der Schuldner ausfällt. Das Bürgschaftsrecht ist in den Art. 2288 bis 2316 CC geregelt. Ergänzend finden die Regelungen des Code de la Consommation[235] Anwendung (Art. L.313-7 ff. Code de la Consommation). Die **Garantie auf erstes Anfordern** beinhaltet die Übernahme der selbständigen und abstrakten Verpflichtung, eine bestimmte Summe Geldes auf erstes Anfordern an den Berechtigten auszubezahlen. Der Garant muss sich unbedingt (inconditionelle) und unwiderruflich (irrévocable) binden, eine im Voraus festgelegte Summe Geldes zu zahlen, ohne Einwände geltend machen zu können[236]. Diese Sicherheit ist gesetzlich nicht geregelt. Der Unterschied zwischen Bürgschaft und Garantie ist fließend. Der Inhalt einer Erklärung darf nicht allein am Wortsinn ermittelt werden. Es liegt eine Bürgschaft vor, wenn sich der Garant verpflichtet, die Schuld des Schuldners zu bedienen, unabhängig davon, welche mehr oder unzusammenhängende Worte der Garant wählt, um sich zu verpflichten. Durch die Formulierung auf erstes Anfordern wird eine Bürgschaft nicht zur Garantie[237]. Es kann im Einzelfall durch Auslegung unter Berücksichtigung der Umstände und des Kontextes ermittelt werden, welche Art von Verpflichtung der Garant eingegangen ist[238]. Die missbräuchliche Inanspruchnahme der Garantie kann nur unterbunden werden, wenn die Bank keinerlei Zweifel haben kann, dass ein offenkundiger und tatsächlicher Fall missbräuchlicher oder betrügerischer Inanspruchnahme vorliegt[239].

III. Architektenvertrag

Schrifttum

Boubli, La responsabilité et l'assurance des architectes, entrepreneurs et autres constructeurs, Paris 1991; Caston, La responsabilité des constructeurs, 5. Auflage, Paris 2000; Huet, Droit et l'achitecture, 3. Auflage, Paris 2001; Liet-Veaux/Thuillier, Droit de la construction, 11. Auflage, Paris 1994

127 **1. Übersicht.** In Frankreich wird der Bauherr traditionell durch einen **maître d'oeuvre** vertreten. Die „**maîtrise d'oeuvre**“ umfasst in der Praxis, die gute Durchführung des Vorhabens zu planen, zu koordinieren und zu kontrollieren. Häufig wird diese Aufgabe einem Architekten überantwortet (vgl. Art. 2 Décret n° 80-217 du 20 mars 1980). Doch muss nicht zwingend ein Architekt mit dieser (umfangreichen) Aufgabenstellung betraut werden. Lediglich die Baugenehmigung, die grundsätzlich Voraussetzung einer Baumaßnahme ist (Art. L-421-1 Code de l'Urbanisme) kann nur mit Unterstützung eines Architekten erlangt werden (Art. L-431-1 Code de l'Urbanisme), der den Antrag (projet achitectural) einreicht. Weiter geht das Monopol der Architekten nicht. Neben den Architekten werden oftmals Beratende Ingenieure (Ingénieurs Conseils)[240], technische Planungsbüros (Bureaux d'études techniques), Aufmaßagenten (métreurs vérificateurs) und Geometer (géomètres experts) tätig[241].

---

235 Änderung der Art. L 313-1 bis 16 durch ordonnance n° 2006-346 vom 23.03.2006.

236 Vgl. Simler/Delebecque JCP (E) 2004, 1339, 1341.

237 Vgl. Simler/Delebecque JCP (E) 2004, 1339, 1341.

238 Cass.com., 08.10.2003, RJDA 2004 n° 361; vgl. vgl. Simler/Delebecque JCP (E) 2004, 1339, 1341.

239 Cass.com., 26.11.2003, JCP (G) 2004 IV, 1151; vgl. Simler/Delebecque JCP (E) 2004, 1339, 1342.

240 Ingénieurs Conseils können mit besonderer Erlaubnis vor allem für öffentliche Auftraggeber im Straßen- und Brückenbau umfassende Aufgaben übernehmen, vgl. dazu Mémento Pratique, Urbanisme-Construction 2004/2005, Rn. 12858.

241 Vgl. dazu näher Mémento Pratique, Urbanisme-Construction 2004/2005, Rn. 12855 ff.

Die Berufung des Architekten besteht darin, an allen Aufgaben teilzuhaben, die das Bauen und die Erschließung des Raumes betreffen. In allgemeiner Hinsicht, übt er die Aufgaben eines maître d'œuvre aus (Art. 2 Décret n° 80-217 du 20 mars 1980). Über die Erstellung der Architektenplanung hinaus, kann der Architekt insbesondere folgende Aufgaben wahrnehmen (Art. 2 Décret n° 80-217 du 20 mars 1980): 128

- Erschließung und Städtebau, einschließlich der Planerstellung
- Parzellierung (lotissement)
- Erarbeitung von Programmen
- Vorbereitung notwendiger Maßnahmen für die Durchführung der Vorplanungen und Planungen, Beratung der Unternehmen, Vorbereitung von Aufträgen, Koordinierung und Leitung der Arbeiten
- Unterstützung des Bauherrn
- Beratung und Begutachtung
- Schulung

Ferner hat das Gesetz **MOP**[242] vom 12. Juli 1985 für den Bereich öffentlicher Aufträge gesetzlich definierte Leistungen geschaffen, die häufig ebenfalls von Architekten erbracht werden. Hierzu gehören (Art. 3 MOP): 129

- Definition der technischen und rechtlichen Bedingungen, nach denen das Vorhaben geplant und ausgeführt wird
- Vorbereitung der Auswahl des „Maître d'oeuvre", Unterschreiben des Bauüberwachungs- und Bauleitungsvertrages nach Bestätigung der Auswahl des „Maître d'oeuvre" durch den Besteller (Maître de l'ouvrage) und Lenkung des Bauüberwachungs- und Bauleitungsvertrages
- Bestätigung der Vorplanungen (avant-projets) und Genehmigung der Planung
- Vorbereitung der Auswahl des Unternehmers, Unterschreiben des Werkvertrages nach Bestätigung der Auswahl des Unternehmers durch den Besteller und Lenkung des Bauvertrages
- Auszahlung der Vergütung für die Bauleitung und Bauüberwachung und für die Bauleistungen
- Abnahme des Werkes

Die Übernahme eines solchen Vorbereitungsauftrages schließt die spätere Mitwirkung als Bauleiter, ausführendes Unternehmen oder die Übernahme eines Kotrollauftrages aus (Art. 4 MOP). Die vertraglichen Einzelheiten der Vorbereitungsmission regelt Art. 5 MOP. Das Gesetz MOP enthält ferner Regelungen für die Vergabe der erweiterten Bauleitung und -überwachung (maîtrise d'oeuvre). Dieser Auftrag kann umfassen (Art. 7 MOP): 130

- Entwurfsplanung (étude d'esquisse)
- Vorplanung (études avant-projets)
- Planung (édtudes de projet)
- Unterstützung bei der Vergabe der Bauleistungen
- Ausführungsplanung oder die Untersuchung der Übereinstimmung der Ausführungsplanung mit der Planung oder die Abzeichnung (visa) der Planung, die von dem Unternehmer erstellt wurde
- Leitung der Durchführung des Bauvertrages

[242] Geändert durch ordonnance n° 2004-566 vom 17.06.2004 und loi n° 2009-323 vom 25.03.2009.

- Anordnung, Führung und Koordinierung der Arbeiten
- Unterstützung des Bestellers bei der Abnahme und während einjährigen Erfüllungsgarantie (garantie de parfait achèvement)

Diese Mission wird pauschal vergütet (Art. 9 MOP).

131 Die Entwurfs- und Überwachungstätigkeit stellen Leistungen dar, die dem Vertrag den Charakter eines Werkvertrages (louage d'ouvrage) geben (vgl. Art. 1779 Code Civil), für dessen Abschluss und Erfüllung keine Besonderheiten gegenüber dem allgemeinen Werkvertragsrecht gelten[243]. Der Architekt ist deshalb nicht per se Vertreter des Auftraggebers, d.h. seine Anordnungen und Unterschriften verpflichten den Bauherrn nicht[244]. Dafür benötigt der Architekt ein besonderes Mandat[245].

132 Die **Architekten** und zur Architektenschaft zugelassenen Personen (agréés en architecture) unterliegen dem Code des devoirs professionnels des architectes (Décret n° 80-217 du 20 mars 1980), der die Architekten insbesondere verpflichtet, vor Durchführung eines Auftrages einen schriftlichen Auftrag abzuschließen (Art. 11 Décret n° 80-217 du 20 mars 1980). Der Code kann in verschiedener Hinsicht auch die Grundlage für die Haftung des Architekten darstellen[246]. Verstöße gegen das Berufsrecht werden im Übrigen von den Architektenkammern disziplinarrechtlich geahndet. Außerdem muss der Architekt eine **Berufshaftpflichtversicherung** unterhalten (Art. 16 des Gesetzes vom 3. Januar 1977), die alle Risiken des Berufsstandes deckt[247].

133 Die folgenden gesetzlichen Regelungen sind für den Architektenvertrag vornehmlich von Bedeutung:

- Gesetz Nr. 77-2 vom 3. Januar 1977 über den Architekten[248]
- Gesetz Spinetta vom 4. Januar 1978 (Pflichtversicherung) – Art.L 241-1
- Code des devoirs professionnels – Décret vom 20.03.1980
- Art. 1792 et 2270 Code Civil (Haftung des Architekten)
- Gesetz vom 12. Juli 1985 mit Dekret vom 29. November 1993 (mission de l'architecte)

134 **2. Vertragsschluss.** Da der Architektenvertrag ein Werkvertrag ist, kommt er durch übereinstimmende Willenserklärungen zustande, ohne dass – wie etwa beim Auftrag (mandat) – ein besonderer formaler Akt erforderlich wäre[249]. Doch muss der jenige, der sich auf ihn beruft, das Zustandekommen beweisen[250]. Aus den berufsrechtlichen Regelungen folgt nichts anderes[251]. Die Gerichte lassen den Anfangsbeweis (commencement de preuve) zu, wenn der Vertrag mündlich gefasst wurde[252]. Es wird häufig empfohlen den von der Union Nationale des Syndicats Français d'Architectes (UNSFA) entwickelten Mustervertrag zu verwenden[253]. Die ursprünglich von der UNSFA empfohlenen

[243] Liet-Veaux/Thuillier, Droit de la construction, 289.
[244] Liet-Veaux/Thuillier, Droit de la construction, 290.
[245] Cass.civ., 17.02.1999, Bull.civ. 1999 III n° 40.
[246] Vgl. Cass.civ., 09.02.1966, AJPI 1967, 132.
[247] Vgl. dazu CA Pau, 20.03.1996, RDI 1996, 395.
[248] Geändert durch loi n° 2003-721 vom 01.08.2003.
[249] Liet-Veaux/Thuillier, Droit de la construction, 288.
[250] Liet-Veaux/Thuillier, Droit de la construction, 288.
[251] Mémento Pratique, Urbanisme-Construction 2004/2005, Rn. 12571.
[252] Cass.civ., 11.06.1986, D. 1987, 285; Cass.civ., 15.03.1989, Bull.civ. 1985 III n° 59.
[253] Vgl. Liet-Veaux/Thuillier, Droit de la construction, 289.

Gebührenordnungen und in das Vertragsmuster eingebundenen Honorarvorschläge wurden allerdings wegen ihrer Wettbewerbswidrigkeit beanstandet und untersagt[254]. Wenn der Bauherr ein Darlehen im Sinne des Code de Consommation aufnimmt, das zur Finanzierung der Architektenhonorare gedacht ist, kommt der Architektenvertrag unter der aufschiebenden Bedingung des Zustandekommens des Darlehensvertrages zustande (Art. L-312-2 Code de la Consommation)[255].

3. Tätigkeitspflichten. Die Verpflichtungen des Architekten folgen aus dem Architektenvertrag, der als Werkvertrag qualifiziert wird[256]. Er muss die Regeln der Kunst (règles de l'art) und die Wünsche seines Kunden beachten. Die übliche Aufgabenstellung des Architekten kann in vier Abschnitten zusammengefasst werden: 135

1. Vorstudien und summarische Vorplanung/Etudes préliminaires et avant projet sommaire (APS)
2. Endgültige Vorplanung/Avant projet définitif (APD) assistance à la demande de permis de construire
3. Planungskonzeption/Projet de conception
4. Auswahl der Unternehmen und Materialien/Choix des entreprises et des matériaux

Aus juristischer Sicht obliegt dem Architekten eine **dreifache** Verpflichtung. In technischer Hinsicht muss der Architekt das Vorhaben planen und die Durchführung überwachen. Zweitens hat der Architekt eine finanzielle und buchhalterische Aufgabe, denn ihm obliegen die Ausstellung der Zahlungsanordnungen oder Zahlungsfreigaben, sobald der Unternehmer Zahlung erfordert oder Zahlungsvoraussetzungen eintreten. Drittens übernimmt der Architekt administrative Aufgaben, die darin bestehen, dass alle verwaltungsrechtlichen Anforderungen erfüllt werden, sowie die Vorbereitung der Vertragsunterlagen. Es obliegt ihm also die anwendbaren Gesetze zu ermitteln, zu interpretieren und für deren Einhaltung zu sorgen, ferner eventuell Anträge im Namen des Bauherrn zu stellen und Genehmigungen beizubringen[257]. Zudem wohnt dem Architektenvertrag eine Beratungsverpflichtung (obligation de renseignement et de conseil) inne, die aus Art. 1135 Code Civil und Art. 12, 33, 36 Décret n° 80-217 du 20 mars 1980 folgt[258], die dauerhaft und andauernd besteht[259]. 136

a. Technische Aufgabenstellung. Die technische Aufgabenstellung umfasst die Beratung des Bauherrn und die Planung des Vorhabens (vgl. Art. 2 Décret n° 80-217 du 20 mars 1980). 137

aa. Beratung. Der Architekt ist nicht nur ein Mann der Kunst, der die Arbeiten plant und leitet, er ist auch ein technischer Ratgeber, in den der Kunde Vertrauen setzt, und der diesen über alle Aspekte des Auftrages beraten muss, der ihm zur Planung und Ausführung angetragen wurde[260]. Der Architekt hat mithin eine allgemeine Verpflichtung zur Auskunftserteilung und Beratung, die einen zweifachen Inhalt hat: 138

---

[254] Vgl. Mémento Pratique, Urbanisme-Construction 2004/2005, Rn. 12640.
[255] Cass.civ., 03.01.1996, RJDA 1996 n° 525; vgl. Mémento Pratique, Urbanisme-Construction 2004/2005, Rn. 12573.
[256] Caston, La responsabilité des constructeurs, Rn. 3-15.
[257] Caston, La responsabilité des constructeurs, Rn. 3-14.
[258] Cass.civ., 29.06.1964, Bull.civ. 1964 I n° 345.
[259] Mémento Pratique, Urbanisme-Construction 2004/2005, Rn. 12600.
[260] Cass Civ., 25.06.1963, Bull.civ. 1963 I n° 341; vgl. Caston, La responsabilité des constructeurs, Rn. 3-20.

- er muss den Bauherrn über die Folgen der Auswahl belehren, die getroffen wird
- er muss den Bauherrn beraten und dessen Interessen bestmöglich schützen

Diese Pflicht zur Beratung und Information ist eine allgemeine Dauerverpflichtung[261]. Sie beginnt bereits vor der Aufnahme der Arbeiten und erlischt mit der Erledigung aller Mängelvorbehalte dauert und erstreckt sich auf alle Fragen, die ein Architekt kennt oder kennen muss, einschließlich z.B. Fragen des Planungsrechts[262]. Der Architekt ist z.B. verpflichtet, den Bauherrn darüber zu belehren, dass der Baugrund, den der Bauherr beabsichtigt zu erwerben, nicht für die vorgesehene Bebauung geeignet ist. Ggf. muss er ihm sogar abraten, den Kaufvertrag zu schließen[263]. Im Rahmen der Abnahme muss er z.B. aufgetretene und in Baubesprechungen bereits gerügte aber bis Abnahme nicht beseitigte Mängel rügen[264]. Schließlich muss der Architekt alle notwendigen Untersuchungen anstellen oder anstellen lassen.

139 **bb. Planung und Überwachung.** Der Architekt muss fehlerfreie Pläne, Kostenvoranschläge und Preise ermitteln bzw. erstellen[265]. Im Verlauf der Arbeiten obliegt dem Architekten die Anordnung und Überwachung der Arbeiten, ohne dass seine tägliche Anwesenheit auf der Baustelle erforderlich wäre. Er hat darüber zu wachen, dass die Arbeiten planungsgerecht ausgeführt werden (Art. 39 Décret n° 80-217 du 20 mars 1980). Nach Fertigstellung der Arbeiten assistiert der Architekt dem Bauherrn zur Meidung seiner Haftung bei der Abnahme und der Formulierung von Vorbehalten im Falle von erkennbaren Mängeln.

140 **b. Finanzielle und buchhalterische Aufgabenstellung.** Der Architekt nimmt von den Unternehmen die Unterlagen und Belege entgegen, die die Ausgaben belegen, prüft sie und leitet sie an den Bauherrn weiter. Im Verhältnis zum Baufortschritt und in Übereinstimmung mit den abgeschlossenen Verträgen unterbreitet er Vorschläge für Zahlungsfreigaben und Zahlungen an die Unternehmen (Art. 38 Décret n° 80-217 du 20 mars 1980). Bestehende Kostengrenzen muss der Architekt beachten, wenn solche vereinbart sind[266].

141 **c. Administrative Aufgaben.** Unter diesem Titel sind drei Aufgaben zusammengefasst. Der Architekt muss[267]

- die administrativen Formalitäten erfüllen und die Aufträge vorbereiten
- die Gesetze, Verordnungen und Dienstbarkeiten beachten
- den Bauherrn in Ausnahmefällen vertreten und die Geschäfte führen

Zu den insoweit wesentlichen Aufgaben gehört es, dass sich der Architekt bereits bei Auftragserteilung den Kaufvertrag über das Baugrundstück geben lässt, damit er sich über die besonderen Bedingungen des Vertrages in Bezug auf die Bebauungsmodalitäten und die Existenz von Dienstbarkeiten (servitudes) überzeugen kann[268]. Allerdings wurde diese Verpflichtung später dahin relativiert, dass der Architekt keine vertiefte

[261] Mémento Pratique, Urbanisme-Construction 2004/2005, Rn. 12600.
[262] Mémento Pratique, Urbanisme-Construction 2004/2005, Rn. 12600.
[263] Cass.civ., 25.03.1981, Bull.civ., 1981 III n° 73; vgl. Huet, Les principaux contrats spéciaux, Rn. 32249.
[264] Cass.civ., 17.02.1983, Bull.cass. 1983 n° 49; vgl. auch Cass.civ., 18.06.1977, Bull.cass. n° 142; Cass.civ., 03.02.1999, Bull.cass. 1999 n° 27.
[265] Caston, La responsabilité des constructeurs, Rn. 3-37.
[266] Caston, La responsabilité des constructeurs, Rn. 3-45.
[267] Caston, La responsabilité des constructeurs, Rn. 3-46.
[268] Vgl. Caston, La responsabilité des constructeurs, Rn. 3-58 unter Bezugnahme auf eine Entscheidung der Cour de Paris aus dem Jahre 1869.

Prüfung der sachenrechtlichen Verhältnisse schuldet[269]. Jedoch schuldet der Architekt große Sorgfalt und Informationen des Bauherrn entlasten ihn nicht ohne weiteres[270].

d. Bauleitung. Übernimmt der Architekt zusätzlich auch die Bauleitung, obliegen ihm zahlreiche weitere Verpflichtungen, namentlich auch die Koordinierung der Leistungen, die Erteilung von Anweisungen sowie die Definition von Arbeitsmethoden[271]. Aus der Übernahme der Bauleitung folgt auch die Pflicht zur Bauüberwachung, die etwa darin besteht, nachdrücklich auf Mängelbeseitigung zu bestehen, sobald Mängel festgestellt werden[272]. Verlangt wird eine normale Überwachung (surveillance normale), so dass der Architekt z.B. nicht verpflichtet ist, permanent auf der Baustelle anwesend zu sein[273]. Damit kann der Architekt z.B. nicht für pure Ausführungsmängel des Innenanstrichs zur Verantwortung gezogen werden, die sich seiner Aufmerksamkeit entzogen[274]. Jedoch hat diese Diskussion in Zweifel keine Auswirkungen auf die strenge Décennale-Haftung des Architekten[275]. Mit der Übernahme der Bauleitung und der damit einhergehenden Bauüberwachungspflicht wird der Architekt jedoch nicht „gardien de la chose" mit den damit verbundenen weit reichenden Folgen in Bezug auf besondere Ereignisse auf der Baustelle. Insbesondere obliegt dem Architekten keine allgemeine Verpflichtung in Bezug auf die Sicherheit der Baustelle[276]. 142

4. Preis. Der Architektenvertrag wird von der Rechtsprechung als entgeltlicher Vertrag (à titre onéreux) eingeordnet[277]. Der Anspruch auf eine Vergütung wird vermutet[278]. Doch kann der Vertrag vorsehen, dass das Honorar erst mit dem erfolgreichen Abschluss des Vorhabens fällig wird[279]. Wie der Architekt vergütet wird, ist eine Frage der Vereinbarung. Der Architekt kann pauschal vergütet werden, vorausgesetzt seine Leistungen sind detailliert definiert. Es ist auch möglich, eine prozentuale Quote von den Baukosten zu vereinbaren. Bei Aufträgen im Rahmen des Loi MOP sind prozentuale Vergütungen die Regel[280]. Ist keinerlei konkrete Absprache zur Vergütung getroffen worden, greifen die Gerichte häufig auf Gebührentabellen zurück, die von den Architektenkammern entwickelt wurden, oder sie nehmen die verwendete Zeit oder die geleistete Arbeit als Berechnungsgrundlage. 143

Die Vereinbarung eines Pauschalhonorars fällt nicht zwingend unter Art. 1793 Code Civil[281]. Es reicht dafür nicht aus, ein pauschales Honorar vorzusehen. Hinzukommen muss ein festgelegtes Arbeitsvolumen (plan arrêté et convenu), woran es bei Architektenverträgen in der Regel fehlt[282]. Doch gelegentlich kommt es vor, dass Art. 1793 Code Civil herangezogen wird[283]. 144

269 Vgl. Caston, La responsabilité des constructeurs, Rn. 3-58; vgl. auch Cass.civ., 17.11.1993, Bulll.civ. 1993 III n° 145.
270 Caston, La responsabilité des constructeurs, Rn. 3-60.
271 Vgl. Mémento Pratique, Urbanisme-Construction 2004/2005, Rn. 12606.
272 Mémento Pratique, Urbanisme-Construction 2004/2005, Rn. 12607.
273 Mémento Pratique, Urbanisme-Construction 2004/2005, Rn. 12607.
274 Cass.civ., 04.04.2001, BPIM 2001 inf. 254; vgl. Mémento Pratique, Urbanisme-Construction 2004/2005, Rn. 12607.
275 Vgl. Mémento Pratique, Urbanisme-Construction 2004/2005, Rn. 12607.
276 Mémento Pratique, Urbanisme-Construction 2004/2005, Rn. 12608.
277 Cass.civ., 23.01.1979, RD imm. 1979, 339.
278 Mémento Pratique, Urbanisme-Construction 2004/2005, Rn. 12641.
279 Mémento Pratique, Urbanisme-Construction 2004/2005, Rn. 12641.
280 Vgl. Huet, Droit de l'architecture, 731 f.
281 Mémento Pratique, Urbanisme-Construction 2004/2005, Rn. 12645.
282 CA Versailles, 26.10.1989, RDI 1989, 81.
283 Vgl. Cass.civ., 03.10.2001, RDI 2001, 499.

145 Der Honoraranspruch des Architekten verjährt in 30 Jahren. Er ist **privilegiert** (Art. 2103 Code Civil) im Sinne eines Vorrechtes, dass zur Hypothek am Baugrundstück erstarken kann, allerdings nur, wenn die besonderen Voraussetzungen des Art. 2103 Code Civil vorliegen (Zustandsfeststellung vor Arbeitsbeginn etc.). Der Architekt kann ferner ein Zurückbehaltungsrecht (droit de retention) an den Planungsunterlagen geltend machen[284].

146 **5. Haftung.** Auch der Architekt kann in verschiedener Hinsicht zur Verantwortung gezogen werden. Neben der vertraglichen Haftung kann eine außervertragliche (deliktische oder quasi-deliktische) Haftung bestehen. Die vertragliche Haftung kann nach dem droit commun (Art. 1147 Code Civil) oder den besonderen Garantien der Art. 1792 ff. Code Civil bestehen[285]. Im Falle von Mängeln, die unter die décennale fallen und nach der Abnahme auftreten, haftet er für die Dauer von 10 Jahren wie ein Hersteller auf der Grundlage des Art. 1792 Code Civil und muss diesbezüglich versichert sein (üblicherweise bei der **Mutuelle des Architectes Français**, MAF). Keine Haftung besteht für Mängel an Arbeiten, die durch spätere Arbeiten oder durch Arbeiten entstehen, die außerhalb seines Auftrages liegen.

147 **a. Verantwortung nach dem droit commun.** Die allgemeine Vertragshaftung ist vor allem für die Zeit bis zur Abnahme von Bedeutung[286]. Sie setzt zunächst eine deutliche Feststellung der von dem Architekten übernommen Pflichten voraus. Ist der Vertrag nicht ausreichend präzise oder hat der Architekt nur sehr konkrete und eng begrenzte Pflichten übernommen, kann es an einem Haftungsansatz fehlen. Wurde der Architekt z.B. nur mit der Erstellung der Pläne und ihrer Aushändigung an den Unternehmer beauftragt, ohne die Bauleitung und -überwachung zu übernehmen, ist er nur für den Inhalt der Planung verantwortlich und keinesfalls für eine Abweichung von den Plänen[287]. Im Falle fehlerhafter oder unterlassener Beratung (Fehlerhafte Mitwirkung bei der Abnahme[288] oder Auswahl eines nicht versicherten Unternehmens[289]) oder fehlender Übereinstimmung mit dem Vertrag[290] besteht die allgemeine Vertragshaftung nach Art. 1147 Code Civil, namentlich für

- Mängel am Werk bei verspäteter Fertigstellung[291]
- Überschreitung der Baukosten[292]
- Planungsfehler (Kostenvoranschlag und Aufträge vom Architekten veranlasst)[293]
- Fehlende Vorsorge gegen Schäden am Nachbargrundstück[294]
- Fehlerhafte Aufklärung der Gründungsverhältnisse[295] bzw. der Bodenverhältnisse[296]
- Beauftragung eines notorisch insolventen Unternehmers[297]

---

284 Mémento Pratique, Urbanisme-Construction 2004/2005, Rn. 12649.
285 Vgl. Huet, Droit de l'architecture, 786 f.
286 Huet, Droit de l'architecture, 787.
287 Cass.civ., 17.03.1993, Le Moniteur BTP, 21.05.1993; vgl. Huet, Droit de l'architecture, 792.
288 Paris, 18.01.1994, RD imm, 1994, 254.
289 CA Pau, 10.01.1996, JCP 1996, IV, n° 1452.
290 Cass.civ., 30.03.1994, Gaz. Pal 1994, 2, pan 195.
291 Cass.civ., 31.05.1989, Bull. civ. 1989 III, n° 120.
292 CA Lyon, 01.07.1997, Bull. civ. MAF, n° 28; Mémento Pratique, Construction-Urbanisme 2004/2005, Rn. 26594.
293 Cass.civ., 16.06.1964, AJPI 1966, 233.
294 Cass.civ., 29.06.1964, Bull.civ. 1964 I n° 345; Caston, La responsabilité des constructeurs, Rn. 3-22.
295 Casss.civ., 03.07.1996, Bull.cass. 1996 n° 166.
296 Cass.civ., 25.02.1998, Bull.cass. 1998 n° 44.
297 Cass.civ., 13.11.1961, D. 1962, somm. 87.

148 Auch die Verpflichtung des Architekten geht grundsätzlich dahin, ein mangelfreies Werk herzustellen. Fraglich ist, ob es sich hierbei um eine **obligation de résultat** oder eine solche **de moyens** handelt. Es überwiegt die Auffassung, dass der Architekt jedenfalls bis zur Abnahme nur für nachgewiesenes Verschulden (obligation de moyens) haftet[298]. Entsprechendes gilt für den Ingenieur[299]. Aber auch für die Zeit nach Abnahme soll nur eine **obligation de moyens** anzunehmen sein, sofern die Haftung nach dem droit commun in Rede steht[300]. Die Haftung besteht für die Dauer von 30 Jahren[301]. Doch kann der Architekt u.U. Regress bei den ausführenden Unternehmen und ihren Subunternehmern nehmen. In diesem Fall obliegt ihm der Nachweis des Verschuldens.

149 **b. Zwei- und zehnjährige Haftung.** Der Architekt, der als Konstrukteur im Sinne des Art. 1792-1 Code Civil anzusehen ist, unterfällt der Haftung nach Art. 1792 ff. Code Civil[302]. Hierbei handelt es sich um Verpflichtungen mit dem Charakter **de résultat**[303]. Die Abgrenzung zwischen droit commun und der Garantiehaftung ist schwierig und wenig vorhersehbar. In der Regel gilt, dass der Architekt, der sich darauf beschränkt hat, Skizzen, Entwürfe, Massenermittlungen, Lagepläne und administrative Aufgaben wahrzunehmen, nicht wie ein Unternehmer behandelt wird, wenn er in Bezug auf die eigentliche Planung und die Baudurchführung unbeteiligt bleibt[304]. Ist er als Konstrukteur anzusehen, haftet er nach der sog. décennale und der sog. biennale, aber nicht für die **garantie de parfait achèvement**, die nur die Unternehmer betrifft. Die Haftungsvermutung, die insoweit auf ihm lastet, macht es entbehrlich, die Rechtswidrigkeit und das Verschulden des Architekten in Bezug auf eine seiner Verpflichtungen nachzuweisen. Entbehrlich ist auch der Nachweis der Ursächlichkeit zwischen seinem Tätigwerden und einem Schaden. Der Architekt kann auch für solche Mängel zur Verantwortung gezogen werden, die ausschließlich auf Ausführungsmängel zurückzuführen sind[305]. Der Architekt kann sich nur von der Haftung befreien, wenn er eine fremde Ursache (cause étrangère in der Form der force majeure, fait d'un tiers, faute du maître de l'ouvrage) nachweist, die es ermöglicht, die vermutete Kausalität zwischen der Aktivität des Dienstleisters und seinen Mängeln zu entkräften.

150 **c. Außervertragliche Haftung.** Fehlt es an einer vertraglichen Bindung, kann ggf. Regress auf deliktsrechtlicher Grundlage genommen werden (vgl. Art. 1382 Code Civil). Diese Haftung ist vor allem auch für den Regressausgleich zwischen Architekten und Unternehmer von Bedeutung[306].

151 **d. Gemeinsame Haftung.** Eine große Gefahr für Architekten resultiert aus dem Umstand, dass er insbesondere im Rahmen der Garantiehaftung (Art. 1792 ff. Code Civil) gemeinsam mit den ausführenden Unternehmen in die Haftung genommen werden kann. Das französische Recht unterscheidet die **responsabilité solidaire** (Gesamtschuld) und die **responsabilité in solidum** (gemeinschaftliche Haftung). Die französi-

[298] Mémento Pratique, Construction-Urbanisme 2004/2005, Rn. 26432 u. 12622; vgl. Malaurie/Aynès/Gautier, Les Contrats Spéciaux, Rn. 747; Cass.civ., 13.03.1991, Bull.civ. 1993 III n° 91; Cass.civ., 08.03.1995, RDI 1995, 333; Cass.civ., 10.07.1978, Gaz.Pal. 1979 I, 122.

[299] Cass.civ., 10.12.1970, Bull.civ. 1970 III n° 690; vgl. Huet, Les principaux contrats spéciaux, Rn. 32265.

[300] Mémento Pratique, Construction-Urbanisme 2004/2005, Rn. 26594, 12622.

[301] Boubli, La responsabilité et l'assurance des architectes, entrepreneurs et autres constructeurs, Rn. 458.

[302] Vgl. Huet, Droit de l'architecture, 793.

[303] Mémento Pratique, Urbanisme-Construction 2004/2005, Rn. 12621.

[304] Cass.civ., 17.10.1974, Bull.civ. 1974 n° 389; vgl. Huet, Droit de l'architecture, 783.

[305] Cass.civ., 19.07.1995, Bull. Civ. 1995 III n° 188.

[306] Huet, Droit de l'architecture, 786.

sche Gesamtschuld (Art. 1200 Code Civil) entspricht weitgehend der Regelung im deutschen Recht; allerdings wirkt z.B. die Verjährungsunterbrechung auch gegen den Mitschuldner[307]. Die Gesamtschuld entsteht nur kraft Vereinbarung oder gesetzlicher Anordnung (Art. 1202 Code Civil). Eine solche fehlt für die unerlaubten Handlungen. Insoweit behilft sich die französische Rechtsprechung mit dem Institut der Haftung **in solidum**, bei der die Gesamtwirkung auf die Erfüllungswirkung beschränkt ist[308]. Hinsichtlich des Architekten greift die Haftung **in solidum** allerdings nur ein, wenn der Anteil der Architektenhaftung nicht ermittelt werden kann[309]. Seine gesamtschuldnerische Haftung wird nicht vermutet (Art. 1202 Code Civil)[310]. Gleichwohl kommt es immer wieder vor, dass Architekten und Unternehmer als Gesamtschuldner verurteilt werden[311], obwohl dies eigentlich unzulässig ist[312]. Bei öffentlichen Bauaufträgen ist dies sogar die Regel[313]. Bei privatrechtlich ausgestalteten Verträgen hat die Cour de Cassation zwischen Architekt und Unternehmer eine Haftung **in solidum** bejaht (Haftung für Beratung)[314]. Auf die Haftung in solidum findet Art. 1294 Abs. 3 Code Civil keine Anwendung, mit der Folge, dass etwa eine Vertragsstrafe, die mit einem der Schuldner vereinbart wurde, nicht von dem anderen verlangt werden kann[315].

IV. Öffentliche Aufträge

Schrifttum

Braconnier, Le nouveau Code des Marchés Publics – entre responsabilisation et libéralisation, JCP (E) 2004, 704; Dreyfus, Une réforme axé sur la resposabilité de l'acheteur, AJDA 2004, 362; Guibal, Le nouveau Code des Marchés Publics: une réforme composite, JCP (G) 2004 I, 128; Guibal, Droit des Marchés Publics, JCP (E); Hök, Zur Vergabe und Abwicklung öffentlicher Bauaufträge in Frankreich, ZfBR 2001, 220; Hök, Neues zum öffentlichen Auftragsrecht in Frankreich, Marktöffnung für kleine und mittelständische Unternehmen und neue Vergabekriterien, ZfBR 2001, 518; Millet, Panorama des nouvelles directives européennes, Mon. TP 2004, 73

152 Die öffentliche Auftragsvergabe ist in Frankreich Teil des öffentlichen Rechts. Hervorzuheben ist, dass die öffentliche Auftragsvergabe nahezu ausschließlich in die Zuständigkeit der Verwaltungsgerichte fällt. Öffentliche Bauaufträge werden nach einer Vielzahl von Regelungen beurteilt. Anwendbar sind zunächst die EG-Verträge, sodann die nationalen Vorschriften. Grundlegend sind die Vorschriften des **Code des Marchés Publics** (CMP)[316], ferner das **Loi relative à la maîtrise d'ouvrage publique et à ses rapports avec la maîtrise d'oeuvre privée – Loi MOP** – vom 12. Juli 1985 (Gesetz zur Meisterung öffentlicher Aufträge und ihren Bezügen zur privaten Bauüberwachung), dessen Vorschriften auf die Realisierung aller Bau- und Infrastrukturmaßnahmen einschließlich der industriellen Ausrüstung, die zu deren Betrieb bestimmt ist, zuwenden sind, wenn Auftraggeber die öffentliche Hand ist[317]. Daneben finden auch

[307] Hübner/Constantinesco, Einführung in das französische Recht, 186.
[308] Hübner/Constantinesco, Einführung in das französische Recht, 187.
[309] Huet, Droit de l'architecture, 795.
[310] Huet, Droit de l'architecture, 795.
[311] VGl. Boubli, La responsabilité et l'assurance des architectes, entrepreneurs et autres constructeurs, Rn. 474; Huet, Les principaux contrats spéciaux, Rn. 32431.
[312] Cass.civ., 14.12.1964, D. 1965, 95.
[313] Huet, Droit de l'architecture, 795.
[314] Vgl. Huet, Droit de l'architecture, 796; vgl. Boubli, La responsabilité et l'assurance des architectes, entrepreneurs et autres constructeurs, Rn. 477.
[315] Caston, La responsabillité des constructeurs, Rn 5-368.
[316] Décret n° 2004-15 du 7 janvier 2004.
[317] Vgl. dazu eingehend Huet, Droit de l'architecture, 301 ff.

zivilrechtliche Vorschriften Anwendung. Insoweit einschlägig sind insbesondere Vorschriften aus dem Code Civil, wie z.B. Art. 1134 Code Civil, Art. 1108 Code Civil, Art. 1165 Code Civil, Art. 1153 und 1154 Code Civil, ferner auch Bestimmungen aus dem Code de Procédure Civile, wie z.B. Art. 1269 Code de Procédure nouveau (CPCN). Große Bedeutung haben zudem das „Cahier des clauses administratives générales". Hierbei handelt es sich um staatlich bestätigte Geschäftsbedingungen (Dekret n° 76-87 vom 21. Januar 1976 modifié; siehe auch zu den neuen CCAG Arrêté v. 8.9.2009[318]: NOR: ECEM0916617A), die jedoch kein staatliches Recht darstellen. Sie erlangen nur Bedeutung, wenn die Vertragsparteien auf sie Bezug nehmen. In der überwiegenden Zahl der Fälle, geschieht dies. Der Charakter der Vorschriften des CMP ist schwer zu bestimmen, zumal er nicht das Vergabeverfahren, sondern insbesondere auch Inhalte öffentlicher Aufträge regelt. Der CMP beinhaltet zwingendes und dispositives Recht. Zu welcher Kategorie eine Regelung zu zählen ist, muss in der Regel anhand der zur Verfügung stehenden Rechtsprechung geprüft werden. Zwingend sind die Vorschriften über die Schriftform. Dispositiv sind dagegen die Vorschriften über Fristen und Verzugszinsen.

Der CMP hat in den vergangen Jahren starke Änderungen erfahren. Per Dekret n° 153
2001-210 vom 7. März 2001 hatte Frankreich den alten „Code des Marchés Public-CMP" außer Kraft gesetzt und einen neuen eingeführt (Art. 2 Décret n° 2001-210). Die Reform des öffentlichen Auftragswesens in Frankreich war aus verschiedenen Gründen überfällig. Verschiedentlich wurde das alte öffentliche Vergaberecht heftig kritisiert[319]. Doch kamen die jahrelangen Vorarbeiten nicht recht voran[320]. Die vollständige Neuregelung kam nach langem vergeblichem Zuwarten etwas überraschend. Hintergrund für die Neukodifizierung waren neben den Unzulänglichkeiten des nationalen Rechts diverse Aufgabenstellungen der Europäischen Union[321]. Der neue CMP trat am 8. September 2001 in Kraft[322]. Es folgten eine Vielzahl von Ausführungsregeln[323], die sukzessive erlassen wurden[324]. Eine ganze Serie von Dekreten hatte die Bestimmungen des CMP 2001 präzisiert[325].

318 Journal Officiel v. 1.10.2009 (n° 0227), 15907 : Das neue CCAG 2009 gilt ab dem 1.1.2010.

319 Vgl. Rapp in Dalloz Action, Droit de la construction, 2000/2001, Rn. 6673.

320 Rapp in Dalloz Action, Droit de la construction, 2000/2001, Rn. 6672; Guibal, La réforme du Code des Marchés Publics, JCP (E) 2001, 725 ff.; Communiqué de Presse des Ministeriums für Wirtschaft und Finanzen und Industrie vom 6. März 2001 zur Reform des CMP, abgedruckt in L'actualité de la Commande et des Contrats publics 2001, 14 ff.

321 Das Dekret n° 2001-210 weist auf folgende Richtlinien hin: directive 92/50/CEE du 18 juin 1992 portant coordination des procédures de passation des marchés publics de services, modifiée par la directive 97/52/CE du Parlement européen et du Conseil du 13 octobre 1997; directive du Conseil des Communautés européennes 93/36/CEE du 14 juin 1993 portant coordination des procédures de passation des marchés publics de fournitures, modifiée par la directive 97/52/CE du Parlement européen et du Conseil du 13 octobre 1997; directive du Conseil des Communautés européennes 93/37/CEE du 14 juin 1993 portant coordination des procédures de passation des marchés publics de travaux, modifiée par la directive 97/52/CE du Parlement européen et du Conseil du 13 octobre 1997; directive du Conseil des Communautés européennes 93/38/CEE du 14 juin 1993 portant coordination des procédures de passation des marchés dans les secteurs de l'eau, de l'énergie, des transports et des télécommunications, modifiée par la directive 98/4/CE du Parlement européen et du Conseil du 16 février 1998; directive 2000/35/CE du Parlement européen et du Conseil du 29 juin 2000 concernant la lutte contre le retard de paiement dans les transactions commerciales.

322 Art. 27 tritt erst am 01.01.2002 in Kraft.

323 Zu folgenden Artikeln des neuen CMP müssen Ausführungsbestimmungen erlassen werden: Art. 27, 30, 31, 40, 42, 43, 45, 46, 56.2, 56.3, 77, 96, 110, 119, 131.1, 131.5, 133, 134, 135 CMP.

324 Vgl. die Erläuterungen auf der Internetseite http://www.minefi.gouv.fr.

325 Décret n° 2001-738 (auf der Grundlage des Art. 17 CMP neu); Décret n° 2001-739 zu Art. 119 CMP neu. Décret n° 2001-797.

154 Doch hat sich sehr schnell herausgestellt, dass der CMP aus dem Jahre 2001 experimentellen Charakter hatte. Einige illegale Teile wurden zügig von dem Conseil d'État korrigiert[326], doch nicht alle[327]. Durch Décret n° 2004-15 vom 7.1.2004[328] wurde der CMP erneut überarbeitet. Auf dieser Grundlage bestand der CMP aus 6 Titeln und 138 Artikeln. Per Décret n° 2006-975 vom 1.8.2006 zur Regelung des Code des Marchés Publics wurde der CMP neu gefasst und trat am 1.9.2006 in Kraft. Es folgten die Dekrete 2008-1334 vom 17.12.2008, 2008-1355 und 2008-1356[329] vom 19.12.2008 sowie 2008-1550 vom 31.12.2008, schließlich Décret n° 2009-1086 vom 2.9.2009 und Décret n° 2009-1702 vom 30.12.2009. Nachfolgende Ausführungen beziehen sich auf dem CMP zum Stand 1.5.2010.

Erster Teil: Vorschriften für die Befugnisse der Vergabestellen
Titel (Titre I) Anwendungsbereich und Grundlegende Prinzipien-Champ d'application et Principes Fondamentaux (Art. 1–4 CMP)
Titel (Titre II) Allgemeine Vorschriften-Dispositions Générales (Art. 5–20 CMP)
Titel (Titre III) Vergabe der Aufträge-Passation des marchés (Art. 22–85-1 CMP)
Titel (Titre IV) Durchführung des Auftrages-Exécution des marchés (Art. 86–118 CMP)
Titel (Titre V) Regelungen zur Kontrolle-Dispositions relatifs au contrôle (Art. 119–126)
Titel (Titre VI) Diverse Vorschriften – Dispositions diverses (Art. 127–133 CMP)
Zweiter Teil: Regelungen, die auf Vergabeeinrichtungen Anwendung finden (Art. 134–175 CMP)
Dritter Teil: Diverse Regelungen (Art. 176 CMP)
Vierter Teil: Regelungen für die überseeischen Gebiete (Art. 177–179 CMP)

155 Der neue CMP 2006 hat das primäre Ziel, die von der Kommission in Bezug auf den CMP 2001 beanstandeten Vertragsverletzungen abzustellen[330]. Er übernimmt zudem die Richtlinie 2004/18/EG des Europäischen Parlaments und des Rates vom 31. März 2004[331] über die Koordinierung der Verfahren zur Vergabe öffentlicher Bauaufträge, Lieferaufträge und Dienstleistungsaufträge[332]. Insbesondere wurde dem Wunsch der Europäischen Instanzen Rechnung getragen, die Prinzipien der öffentlichen Beauftragung ausdrücklich auf alle öffentlichen Aufträge unabhängig von ihrem Wert auszuweiten (vgl. Art. 1 CMP)[333].

156 Hinsichtlich des Anwendungsbereiches des CMP sind vor allem drei Besonderheiten zu nennen. Aufträge, die geheimhaltungsbedürftig sind oder deren Durchführung von Geheimhaltungsmaßnahmen begleitet werden muss, sind aus dem Anwendungsbereich ausgenommen (vgl. Art. 3 Nr. 7 CMP). Für Aufträge des Verteidigungsministeriums gelten besondere Bedingungen (Art. 4 CMP). Schließlich regelt Art. 3 Nr. 11 CMP den Erwerb von Kunstgegenständen gesondert.

157 Der II. Titel (von Teil I) enthält vor allem substantielle Regelungen im Bereich der Koordination und der gemeinsamen Vergabe von Aufträgen (Titel II, Kapitel III, Art. 7 ff.

[326] Conseil d'État, 05.03.2003, Unspic, req. N° 233372.
[327] Vgl. Richer in: Le Code 2004 des marchés publics, Contrats Public (Numéro Spécial), 10.
[328] J.O. Nr. 6 vom 8 Januar 2004, 37003.
[329] Der französische Conseil d'Etat hat die auf 20.000 € (Art. 28 CMP) angehobene Publizitätsgrenze für mit den Grundsätzen der öffentlichen Vergabe unvereinbar erklärt: Conseil d'Eatat, 10.2.2010, Maître PEREZ v. Ministre de l'Economie, req. n° 329100. Die Folge ist, dass ab dem 1. Mai 2010 wieder der alte Schwellenwert von 4.000 € gilt.
[330] Vgl. Braconnier JCP (E) 2004, 704.
[331] ABl 2004 Nr. L 134, 114.
[332] Vgl. Millet Mon. TP. 2004, 74.
[333] Braconnier JCP (E) 2004, 704.

CMP). Ferner werden geregelt: die Losbildung (Art. 10 CMP)[334], die den Auftrag konstituierenden Dokumente (Art. 11 bis 13 CMP), die Dauer von Aufträgen (Art. 16 CMP)[335] sowie die Vergütung (Art. 17 bis 19 CMP) und die Nachträge (Art. 20 CMP). Gemäß Art. 17 CMP kann zwischen einem Pauschalpreisvertrag oder einem Einheitspreisvertrag gewählt werden. Grundsätzlich sind definitive Preise zu vereinbaren, die entweder Festpreise oder anpassungsfähige Preise sein können (Art. 18 CMP). Ausnahmen sind für Vorhaben vorgesehen, in denen z.B. innovative Technik eingesetzt werden soll (vgl. Art. 19 CMP). Art. 20 CMP sieht vor, dass im Falle unvorhergesehener technischer Umstände, die auf keine der Parteien zurückzuführen sind, ein Nachtrag oder eine Entscheidung fortzufahren erfolgen kann, unabhängig vom Betrag, der aus der Änderung folgt. In keinem Fall darf ein Nachtrag oder eine Entscheidung fortzufahren das wirtschaftliche Gleichgewicht des Vertrages stören oder den Gegenstand des Auftrages ändern[336].

Der III. Titel regelt neben den Einzelheiten der Vergabe grundsätzlich, dass der Vergabe **158** jedes öffentlichen Auftrages die Herstellung ausreichender Öffentlichkeit vorauszugehen hat, die eine Herstellung von Wettbewerb erlaubt (Art. 40 Abs. 1 CMP). Oberhalb eines Vergabewertes von 4.000 € ist grundsätzlich Öffentlichkeit herzustellen. Bis zu einem Vergabewert von 90.000 € wählt die Vergabestelle die Modalitäten der Publizität frei aus. Liegt der Wert zwischen 90.000 € und den europäischen Schwellenwerten muss Öffentlichkeit hergestellt werden, und zwar durch Veröffentlichung entweder im BOAMP (Bulletin Officiel des Annonces des Marchés Publics) oder in einem anderen Organ, das zur Veröffentlichung öffentlicher Mitteilungen zugelassen ist, woraus folgt, das ca. 98% der französischen öffentlichen Aufträge von einer systematischen Veröffentlichung im BOAMP befreit sind[337]. Ab dem 1.1.2010 muss allerdings zusätzlich eine Anzeige im Käuferprofil der Vergabestelle erfolgen (Art. 40 Abs. 3 CMP). Bauaufträge oberhalb der europäischen Schwellenwerte sind zwingend im BOAMP und im Amtsblatt der EU zu veröffentlichen[338].

Für die Praxis ist neben dem CMP der **Circulaire portant manuel d'application du** **159** **CMP** von Bedeutung[339]. Diese Verwaltungsanweisung enthält umfängliche praktische Anwendungshinweise für die Vergabestellen[340]. Der Circulaire fasst alle für den Bereich der öffentlichen Auftragsvergabe relevanten Normen wie folgt zusammen:

Gesetze:

- Loi n° 75-1334 du 31 décembre 1975 relative à la sous-traitance.
- Loi n° 85-704 du 12 juillet 1985 relative à la maîtrise d'ouvrage publique et à ses rapports avec la maîtrise d'oeuvre privée.
- Loi n° 91-3 du 3 janvier 1991 relative à la transparence et à la régularité des procédures de marchés et soumettant la passation de certains contrats à des règles de publicité et de mise en concurrence.
- Loi n° 92-1282 du 11 décembre 1992 relative aux procédures de passation de certains contrats dans les secteurs de l'eau, de l'énergie, des transports et des télécommunications.

[334] Vgl. dazu Braconnier JCP (E) 2004, 704, 706 f.
[335] Vgl. dazu Braconnier JCP (E) 2004, 704, 707.
[336] Übernahme der Grundlagen aus EuGH, Urt. v. 19.6.2008, Rs C-454/06 – Pressetext Nachrichtenagentur GmbH.
[337] Braconnier JCP (E) 2004, 704, 713.
[338] Vgl. Braconnier JCP (E) 2004, 704, 713.
[339] J.O. Nr. 6 vom 8. Januar 2004, 37031; J.O. Nr. 179 vom 4 August 2006, 11665.
[340] Vgl. auch Guibal JCP (E) 2004, 716, 717.

- Loi n° 93-122 du 29 janvier 1993 relative à la prévention de la corruption et à la transparence de la vie économique.
- Loi n° 2001-1168 du 11 décembre2001 portant mesures urgentes de réformes à caractère économique et financier (MURCEF).

Dekrete:

- Décret n° 84-74 du 26 janvier 1984 fixant le statut de la normalisation.
- Décret n° 2001-738 du 23 août 2001 pris en application de l'article 17 du code des marchés publics et relatif aux règles selon lesquelles les marchés publics peuvent tenir compte des variations économiques.
- Décret n° 2002-677 du 29 avril 2002 relatif à l'obligation de décoration des constructions publiques et précisant les conditions de passation des marchés ayant pour objet de satisfaire à cette obligation (en application de l'article 31 du code des marchés publics).
- Décret n° 2002-692 du 30 avril 2002 pris en application du 1° et du 2° de l'article 56 du code des marchés publics et relatif à la dématérialisation des procédures de passation des marchés publics et décret n° 2001-846 du 18 septembre 2001 pris en application du 3° de l'article 56 du code des marchés publics et relatif aux enchères électroniques.
- Décret n° 2002-232 du 21 février 2002 relatif à la mise en oeuvre du délai maximum de paiement dans les marchés publics (en application de l'article 96 du code des marchés publics).
- Décret n° 2003-301 du 2 avril 2003 modifiant le code général des collectivités territoriales (fixant la liste des pièces justificatives exigées par les comptables avant de procéder au paiement d'une dépense).
- Décret n° 2001-797 du 3 septembre 2001 relatif aux comités consultatifs de règlement amiable des différends ou litiges relatifs aux marchés publics (en application de l'article 131 du code des marchés publics).

Alle diese Texte sind zugänglich über die Internetseite: http://www.minefi.gouv.fr.

160 **1. Zugang zu öffentlichen Aufträgen und Beteiligung an öffentlichen Vergaben.** Art. 41 bis 43 CMP regeln die Bedingungen für den Zugang zu öffentlichen Aufträgen in Bezug auf die Einhaltung steuer- und abgabenrechtlicher Vorschriften wirtschaftliche Situation der Kandidaten. Zugelassen werden nur solche Kandidaten, die ihren Verpflichtungen gegenüber den Steuerbehörden und den Sozialversicherungsträgern nachkommen (vgl. Art. 43 CMP). Ausgeschlossen sind ferner Unternehmen, über die das Insolvenzverfahren angeordnet ist (vgl. Art. 44 CMP).

161 **2. Vorbereitung der Vergabe.** Die Vergabe ist durch den öffentlichen Auftraggeber nach Maßgabe des **Loi MOP** (s.o.) vorzubereiten[341]. Insbesondere ist die Aufgabenstellung (programme) und der finanzielle Rahmen (enveloppe financière) abzustecken. Dem öffentlichen Bauherrn obliegt es, nachdem er sich von der Machbarkeit (faisabilité) und der Zweckmäßigkeit (opportunabilité) des Vorhabens überzeugt hat, es zu lokalisieren, dessen Aufgabenstellung zu definieren, seinen voraussichtlichen finanziellen Rahmen festzustellen, seine Finanzierung sicherzustellen, das Verfahren auszuwählen, in dem das Vorhaben realisiert werden soll und mit den Bauleitern und Unternehmern, die er auswählt, die Verträge über die Planung und Realisierung abzuschließen (Art. 2 MOP).

[341] Vgl. Huet, Droit de l'architecture, 309.

Zuständig für die Vergabe sind entweder die **Personne responsable du marché** (PRM) oder die **Commission d'appel d'offre** (Art. 20, 21 bis 23 CMP 2004)[342]. Der Begriff PRM wird im CMP 2006 nicht mehr verwendet. Statt dessen verwendet er die Begriffe „pouvoir adjudicateur", „entité adjudicatrice" und „autorité compétente". Der CMP 2006 knüpft nur noch an die juristische Person an, die den Auftrag vergibt. Diese Person wird mit dem Begriff „pouvoir adjudicateur" (Vergabestelle) umschrieben. Handelt es sich um ein „Réseau" (gemeint sind die Vergaben in den Sektorenbereichen), das in die Vergabe involviert ist, spricht man von einer „entité adjudicatrice". Gemeint sind in beiden Fällen der Staat, Gemeinden und ihre öffentlichen Einrichtungen, beschränkt auf solche, die keine wirtschaftlichen Zwecke verfolgen (Art. 2 CMP 2006). Die PRM überlebt allerdings begrifflich im Rahmen der eigentlichen Vergabe (vgl. Art. 1 Abs. 3 CMP 2006), weil es dort heißt, dass der Vergabebefugte die Bauüberwachung (maîtrise d'oeuvre) ausübt. Nach Maßgabe des CMP 2006 ist eine Vergabeeinheit (entité adjudicatrice) ein Vergabebefugter (pouvoir adjudicateur), der die Aktivitäten eines Betreibers eines Netzes (Reseau) ausübt (Herstellung, Transport oder Verteilung von Elektrizität, Gas, Wärme, Wasser, Dienstleistungen im Bereich des Transportwesens, etc.). 162

3. Vergabeverfahren. Die Auftragsvergabe ist oberhalb der gesetzlichen Schwellenwerte mit einer öffentlichen Ausschreibung vorzubereiten. Es existieren unterschiedliche Vergabeverfahren. **Traditionell** waren drei Verfahren bekannt, und zwar unter den Bezeichnungen „**Aufforderung zur Angebotsabgabe**" (appel d'offre) und „**Ausschreibung/Vergabe im Preiswettbewerb**" (adjudication) sowie **Freie Vergabe** (marché negocié). Ausschreibung und Aufforderung zur Angebotsaufgabe waren sehr formalistisch ausgestaltet und schlossen Verhandlungen mit den Kandidaten prinzipiell aus. Während im Falle der Ausschreibung der günstigste Kandidat zwingend den Zuschlag erhielt, konnte die öffentliche Hand im Falle der Aufforderung zur Angebotsabgabe ihr Ermessen einbringen und eine Vielzahl von Kriterien berücksichtigen. Allen Verfahren gemein war, dass den Prinzipien der Freiheit und Gleichheit sowie der Öffentlichkeit große Bedeutung beikam. Jedem muss Zugang zum Markt gewährt werden. In Verfahren „d'appel d'offre" kam das „beste Angebot" zum Zuge, nicht unbedingt das kostengünstigste. Im sog. Ausschreibungsverfahren gewann dagegen der günstigste Bewerber, der mit seinem Angebot zugleich unterhalb des zuvor festgelegten Höchstgebotes bleibt. 163

Nach neuem Recht sind öffentliche Aufträge entgeltliche Verträge mit Personen der öffentlichen Hand oder Privatpersonen, die von den in Art. 2 CMP erwähnten juristischen Personen der öffentlichen Hand, geschlossen werden, um deren Bedürfnisse im Bereich von Arbeiten, Lieferungen und Dienstleistungen zu befriedigen (Art. 1 Abs. 1 CMP). Unabhängig davon, über welchen Betrag sie laufen, müssen öffentliche Aufträge die Prinzipien des freien Zugangs zu öffentlichen Aufträgen, der Gleichbehandlung der Kandidaten und der Verfahrenstransparenz beachten. Diese Prinzipien stellen eine effiziente öffentliche Auftragsvergabe und die gute Verwendung der öffentlichen Mittel sicher. Sie setzen die vorausgehende Definition der Bedürfnisse des öffentlichen Einkäufers, die Beachtung der Verpflichtung zur Publizität und der Herstellung von Wettbewerb und die Auswahl des wirtschaftlich günstigsten Angebots voraus. Diese Verpflichtungen werden in Übereinstimmung mit den Regelungen in diesem Code umgesetzt (Art. 1 Abs. 1 CMP). Die öffentlichen Aufträge für Arbeiten (marchés publics de travaux) haben die Realisierung von Gebäudearbeiten (travaux de bâtiment) oder Ingenieurbauarbeiten (génie civil[343]) für die öffentliche Hand als Bauherr zum Gegenstand. 164

---

342 Vgl. zu den Zuständigkeiten eingehend Braconnier JCP (E) 2004, 704, 708.

343 Zum génie civil gehört z.B. der Brückenbau und der Bau eines Staudammes (vgl. Boubli, Responsabilité des assurrances, des architectes, entrepreneurs et autres constructeurs, Rn. 587; de Page, Droit Civil Belge, IV, Rn. 893).

165 Soweit der Wert der Arbeiten oberhalb der europarechtlichen Schwellen liegt, sind die Arbeiten zwingend öffentlich auszuschreiben. Während bislang – trotz vieler Ausnahmen – auch unterhalb dieser Schwellenwerte grundsätzlich das Verfahren „d'appel d'offre“ eröffnet werden musste (vgl. Art. 28 CMP), hält der CMP 2006 nur formal an diesem Grundsatz fest[344], denn nunmehr kann angewendet werden (vgl. Art. 26 CMP):

- die offene oder beschränkte Ausschreibung
- das Verhandlungsverfahren (procédure négociée) in den Fällen, die in den Art. 35 CMP vorgesehen sind,
- das Verfahren des Wettbewerbsdialogs (procédure de dialogue compétitif) in dem in Art. 36 CMP vorgesehenen Fall,
- das Wettbewerbsverfahren (Concours) in dem Fall, der in Art. 38 CMP vorgesehen ist,
- das System des dynamischen Acquisition (definiert in Art. 78 CMP)
- das angepasste Verfahren im Sinne des Art. 30 CMP sowie in speziellen Fällen gemäß Art. 27 und 28 CMP,
- Rahmenverträge gemäß Art. 76 CMP
- Vergaberechtsfreie Vergabe unterhalb eines Vergabewertes von 4.000 €.

166 Die mit der Reform von 2001 eingeführten „**marchés sans formalités**“ wurden bereits durch den CMP 2004 abgeschafft und wurden durch das angepasste Verfahren ersetzt.

Tabelle 10.4. Ausschreibungsschwellen[345]

Art. 26, 144 CMP	Verfahren	
	Staat	**Gebietskörperschaften**
Lieferungen und Leistungen: freihändig	Bis 4.000 €	Bis 4.000 €
Lieferungen und Leistungen: **Procédure adaptée**	Von 4.000 € bis 90.000 € Bekanntmachung BOAMP oder JAL	Von 4.000 € bis 90.000 € Bekanntmachung BOAMP oder JAL
Lieferungen und Leistungen: **Öffentliche Ausschreibung** (d'appel d'offre) oder (unter Bedingungen) **Verhandlungsverfahren** (procédure négociée) oder **Wettbewerbsdialog** (dialogue compétitif)	Oberhalb 125.000 €	Oberhalb 193.000 €
Arbeiten: **Procédure adaptée**	Von 4.000 € bis 90.000 €	
Arbeiten: **Öffentliche Ausschreibung, Verhandlungsverfahren oder Wettbewerbsdialog** (ohne europaweite Publizität)	Von 90.000 € bis 4.845.000 €	
Arbeiten: **Öffentliche Ausschreibung** oder (unter Bedingungen) Verhandlungsverfahren oder Wettbewerbsdialog (mit europaweiter Publizität)[346]	Oberhalb 4.845.000 €	
Netzwerke der Versorgung (opérateur de réseaux) Lieferungen und Leistungen: **Öffentiche europaweite Ausschreibung**	Oberhalb 387.000 €	
Netzwerke der Versorgung (opérateur de réseaux) im Sinne des Art. 82 CMP in Bezug auf Lieferungen, Leistungen und Arbeiten: **Öffentliche Ausschreibung**	Oberhalb 4.845.000 €	

[344] Vgl. Braconnier JCP (E) 2004, 704, 711.
[345] Stand 1.1.2010 bzw. 1.5.2010.
[346] Vgl. Braconnier JCP (E) 2004, 704, 711.

Von großer Bedeutung ist mithin die Ermittlung der Werte (caculs des seuils). In Bezug auf Bauleistungen regelt Art. 27 Abs. 2 n° 1 CMP, dass von dem **valeur globale des travaux** (Gesamtwert der Arbeiten) bezogen auf eine Operation, die sich auf ein oder mehrere Bauwerke (ouvrage) einschließlich der erforderlichen Lieferungen erstreckt, auszugehen ist. Zentraler Begriff ist also der der **Operation**[347], den Art. 27 Abs. 2 n° 1 S. 2 CMP wie folgt definiert: Eine Operation in Bezug auf Bauleistungen (opération de travaux) liegt vor, wenn der Bauherr (maître d'ouvrage) die Entscheidung fällt, innerhalb eines beschränkten Zeitraums und mit einem beschränkten Umfang eine Gesamtheit von Arbeiten durchzuführen, die durch ihre funktionelle, technische und wirtschaftliche Einheit charakterisiert ist. Mit dem Hinweis auf den Begriff der „ouvrage" (Bauwerk) wird klargestellt, dass der Schwellenwert mehr umfasst als nur die Operation. Hierunter ist in Anlehnung an das europäische Recht (vgl. Art. 1 Abs. 2 lit. b VKR) das Ergebnis einer Gesamtheit von Tief- oder Hochbauarbeiten, das seinem Wesen nach eine wirtschaftliche oder technische Funktion erfüllen soll (résultat d'un ensemble de travaux de bâtiment ou de génie civil destiné à remplir par lui-même une fonction économique ou technique) zu verstehen[348]. 167

a. Procédure d'appel d'offre. Der CMP 2004 stellte noch in der Definition der Ausschreibung auf das wirtschaftlich günstige Angebot ab[349]. Gemäß Art. 33 CMP 2004 wurde die öffentliche Ausschreibung als das Verfahren beschrieben, durch das die öffentliche Hand ohne Verhandlungen das **wirtschaftlich günstigste Angebot** (offre économiquement la plus avantageuse) auf der Grundlage objektiver Kriterien auswählt, die vorab den Kandidaten zur Kenntnis gebracht wurden. Art. 33 CMP 2006 verzichtet auf den Hinweis auf das wirtschaftlich günstigste Angebot. Art. 33 CMP 2006 sagt nur noch: Die öffentliche Ausschreibung ist das Verfahren, durch das die öffentliche Hand ohne Verhandlungen auf der Grundlage objektiver Kriterien, die den Kandidaten vorab zur Kenntnis gebracht wurden, auswählt. Die öffentliche Ausschreibung kann offen oder beschränkt erfolgen. Sie wird offen (ouvert) genannt, wenn alle Kandidaten ein Angebot abgeben können. Sie wird beschränkt (restreint) genannt, wenn nur solche Kandidaten Angebote abgeben können, die nach einer Vorauswahl autorisiert wurden. Die öffentliche Hand ist frei, zwischen einer der beiden Ausschreibungsformen zu wählen. 168

b. Procédure négociée. Das Verhandlungsverfahren (procédure négociée) ist ein Verfahren, in dem die öffentliche Hand die Bedingungen des Auftrages mit einem oder mehreren Anbietern verhandelt. (Art. 34 CMP)[350]. Das weitere Verfahren ist in Art. 34 CMP nicht geregelt. Ob Öffentlichkeit hergestellt werden muss, richtet sich nach den allgemeinen Regelungen. Im Übrigen sind die Einzelheiten in Art. 35 CMP geregelt. Die verhandelten Aufträge werden mit oder ohne Herstellung vorheriger Öffentlichkeit, die die Abgabe konkurrierender Angebote erlaubt, vergeben (Art. 34 CMP). Im Falle fehlender vorheriger Öffentlichkeit, werden sie nach Herstellung von Wettbewerb oder ohne Herstellung von Wettbewerb vergeben (Art. 34 CMP). Die Einzelheiten regelt Art. 35 CMP. Das Verhandlungsverfahren ist u.a. insbesondere zulässig für 169

---

347 Braconnier JCP (E) 2004, 704, 710.
348 Braconnier JCP (E) 2004, 704, 710; vgl. auch Circulaire vom 7.01.2004, Nr. 7.1.2.
349 Siehe aber Art. 53 Abs. 1 CMP: Der Zuschlag kann dem wirtschaftlich günstigsten Bieter erteilt werden.
350 Siehe dazu EuGH, Urt. v. 10.12.2009 – Rs 299/08.

- Aufträge, bei welchen nach öffentlicher Ausschreibung (d'appel d'offre) kein Angebot (dann keine neue Ausschreibung erforderlich) abgegeben wurde oder für die nur unzulässige oder unakzeptable Angebote abgegeben wurden. Die Ausgangsbedingungen dürfen nicht verändert werden. Wenn sich der Vergabeberechtigte entscheidet, nur mit den Kandidaten zu verhandeln, die im vorherigen öffentlichen Ausschreibungsverfahren Angebote vorgelegt haben, die den Anforderungen in Bezug auf Form und Fristen genügt haben (Art. 35 Abs. 1 CMP).
- Ausnahmefälle, wenn es sich um Dienstleistungen handelt, deren Natur oder Risiken, die sich auf die Realisierung auswirken können, es nicht gestatten, vorab einen vollständigen Preis festzulegen.
- Aufträge mit Forschungs- oder experimentellem Charakter
- Fälle von Eilbedürftigkeit, z.B. bei technologisch oder natürlich bedingten Katastrophen (Art. 35 Abs. 1 n° 4 CMP), und zwar ohne Herstellung von Öffentlichkeit aber mit Herstellung von Wettbewerb
- Komplementäraufträge zu bereits vergebenen Leistungen, hier ggf. auch ohne Herstellung von Wettbewerb und ohne Herstellung von Öffentlichkeit (Art. 35 Abs. 2 n° 5 CMP)

Die Französische Republik hat dadurch gegen ihre Verpflichtungen aus den Art. 2 und 28 der Richtlinie 2004/18/EG des Europäischen Parlaments und des Rates vom 31. März 2004 über die Koordinierung der Verfahren zur Vergabe öffentlicher Bauaufträge, Lieferaufträge und Dienstleistungsaufträge verstoßen, dass sie die Art. 73 und 74 Abs. IV des Code des marchés publics in der Fassung des Dekrets Nr. 2006-975 vom 1. August 2006 verabschiedet und in Kraft gelassen hat, soweit diese Vorschriften ein Verfahren zur Vergabe von Aufträgen zur Projektbestimmung vorsehen, dem zufolge ein öffentlicher Auftraggeber einen Auftrag zur Ausführung von Dienstleistungen, Lieferungen oder Bauleistungen an einen der Auftragnehmer der vorausgegangenen Projektbestimmungsaufträge aufgrund einer auf diese Auftragnehmer beschränkten Aufforderung zum Wettbewerb vergeben kann[351].

170 **c. Dialogue compétitif.** Das Verfahren des Wettbewerbsdialogs (dialogue compétitif) kann für die Definition eines Projektes und seiner Durchführung angewendet werden. Das Verfahren des Wettbewerbsdialogs ist ein Verfahren, in dem die Vergabestelle einen Dialog mit den Kandidaten führt, die zugelassen wurden, um eine oder mehrere Lösungen zu definieren und zu entwickeln, die sich eignen, den Bedürfnissen der Vergabestelle gerecht zu werden, und auf deren Grundlage die am Dialog Beteiligten eingeladen werden, ein Angebot abzugeben. Das Verfahren kann gemäß Art. 36 CMP eingesetzt werden, wenn es sich um einen komplexen Auftrag handelt, d.h. wenn wenigstens eine der folgenden Voraussetzungen erfüllt sind:

- Die Vergabestelle ist objektiv nicht in der Lage, allein und im Voraus die technischen Mittel zu definieren, um ihren Bedürfnissen gerecht zu werden.
- Die Vergabestelle ist objektiv nicht in der Lage die juristischen oder finanziellen Voraussetzungen des Vorhabens aufzustellen.

[351] EuGH, Urt. v. 10.12.2009 – Rs 299/08.

d. Procédure adaptée. Die procédure adaptée wird als Rahmen für die öffentliche Hand betrachtet, der sicherstellt, dass die Mindestanforderungen des Gemeinschaftsrechts, insbesondere die Gewährleistung des freien Wettbewerbs und die Nichtdiskriminierung, eingehalten werden[352]. Aufträge, die nach dem **den Umständen angepassten Verfahren** (procédure adaptée) vergeben werden, sind Aufträge, bei denen die Vergabestelle (früher die Person, die für den Auftrag verantwortlich war (Personne responsable du marché-PRM)), die Publizitätsmodalitäten und die Modalitäten für die Herstellung von Wettbewerb nach ihrem Gegenstand und ihren Charakteristika festlegt (Art. 28 Abs. 1 CMP). Für die Liefer- und Leistungsaufträge sind die Schwellenwerte, unterhalb deren das den Umständen angepasste Verfahren möglich ist, 125.000 € für den Staat und 193.000 € für die Gebietskörperschaften (Art. 26 Abs. 2 CMP). Für **Bauaufträge** liegt der Schwellenwert für das angepasste Verfahren unterhalb eines Auftragswertes von 4.845.000 € (Art. 26 Abs. 2 CMP). Das angepasste Verfahren ist ferner in den Fällen des Art. 30 und Art. 27 Abs. 3 CMP zulässig. Oberhalb der Schwellenwerte kann gemäß Art. 26 Abs. 4 CMP nur zwischen den Verfahren der öffentlichen Ausschreibung gemäß Art. 35 bis 38 CMP wählen. Liegt der geschätzte (ermittelte) Wert unterhalb der Schwellenwerte, die in Art. 26 Abs. 2 CMP angegeben sind, können Aufträge über Lieferung und Leistungen sowie Bauaufträge im angepassten Verfahren vergeben werden, deren Modalitäten von der Vergabestelle in Ansehung der Natur und der Charakteristika des zu befriedigenden Bedürfnisses festgelegt werden. Der Anzahl und dem Sitz der wirtschaftlichen Unternehmen, die geeignet sind, es zu befriedigen sowie den Umständen des Einkaufs. 171

Die Vergabestelle kann mit den Anbietern, die ein Angebot vorgelegt haben, verhandeln. Die Verhandlungen können sich auf sämtliche Bestandteile des Angebots erstrecken und namentlich auch den Preis.

In Bezug auf die Festlegung der Modalitäten können sich die Vergabestellen von den formalisierten Verfahren des CMP leiten lassen, ohne dass die betreffenden Aufträge damit unter eine der vorgegebenen Verfahren fallen würden. Andererseits, wenn die Vergabestelle ausdrücklich auf eine der im CMP vorgegebenen Verfahren verweist, muss sie die Bedingungen des Gesetzes beachten. Welches Verfahren die Vergabestelle auch immer wählt, sie kann den Bietern keine strengeren Auskunfts- und Nachweispflichten auferlegen als in den Vrefahren nach Art. 45, 46 und 48 CMP. Unterhalb des Schwellenwertes von 4.000 € ist keinerlei Verfahren zu beachten.

e. Planung und Ausführung (coneception réalisation). Ein Planungs- und Ausführungsauftrag (conception et réalisation) ist gemäß Art. 37 CMP ein Auftrag, der es der Vergabestelle gestattet, einer Arbeitsgemeinschaft aus wirtschaftlichen Unternehmen oder, ausschließlich für Infrastrukturvorhaben einem einzelnen wirtschaftlichen Unternehmen eine Aufgabe zu übertragen, die gleichzeitig die Planung und die Ausführung der Arbeiten umfasst. Die Vergabestellen, die dem Gesetz v. 12.7.1985 (Loi MOP) unterfallen, unterliegen insoweit bestimmten Einschränkungen (siehe oben Rn. 151). 172

f. Wettbewerb (concours). Der Wettbewerb (concours) ist das Verfahren (Art. 38 CMP), durch welches die öffentliche Hand nach Herstellung von Wettbewerb und Bekanntmachung der Jury, die in Art. 24 genannt ist, einen Plan oder ein Projekt auswählt, insbesondere im Bereich der Erschließung eines Gebietes, der Bauplanung, der Architektur oder des Ingenieurwesens oder der Behandlung von Daten, bevor der Auftrag an 173

[352] Braconnier JCP (E) 2004, 704, 711.

einen der Gewinner des Wettbewerbs vergeben wird (Art. 38 CMP). Der Wettbewerb kann offen (ouvert) oder beschränkt (restreint) sein. Die Regeln für den Wettbewerb können vorsehen, dass die Konkurrenten eine Prämie erhalten.

174 **4. Angebotsabgabe.** Oberhalb eines Schwellenwertes von 4.000 € sind Angebote in der Form eines **verbindlichen und schriftlichen Angebotes**, wie es in Art. 11 CMP definiert ist, in einem Original einzureichen (Art. 48 CMP). Die Angebote müssen von den Kandidaten oder ihren ordnungsgemäß ermächtigten Vertretern unterschrieben sein, die sie einreichen. Eine Person kann nicht mehr als einen Kandidaten pro Auftrag vertreten (Art. 48 CMP). Das verbindliche Angebot (l'acte d'engagement) ist das Schriftstück, das der Kandidat für einen öffentlichen Auftrag unterschrieben hat, mit dem er sein Angebot und seinen Vorschlag vorlegt und sein Einverständnis mit den Klauseln der öffentlichen Hand erklärt, die diese entworfen hat (Art. 11 CMP). Mit einzureichen ist das Kandidaturformular (Lettre de candidature et habilitation du mandataire par ses co-traitants-DC4[353]). Die französischen Stellen gehen davon aus, dass auf öffentliche Ausschreibungen das Loi Toubon (Nr. 94-665 vom 4. Mai 1994) Anwendung findet, das die Verwendung der französischen Sprache vorschreibt, obwohl dies für internationale Geschäfte eigentlich nicht gilt[354].

175 Kandidaturschreiben und Ermächtigung des Vertreters durch seine Mitkandidaten (DC4):

A. Identifikation des Käufers (Identifikation des öffentlichen Auftraggebers)
B. Gegenstand des Auftrages, für den sich der Kandidat bewirbt (Referenz aus der Ausschreibung)
C. Identifikation des Kandidaten
D. Gegenstand der Bewerbung (für sämtliche Lose, Einzellose etc.)
E. Datum und Unterschrift des Einzelkandidaten oder des ermächtigten Beauftragten der Gruppe
F. Identifikation der Mitglieder einer Bietergemeinschaft – Unterschriften

176 Gemäß Art. 44 CMP sind vorzulegen, Kopien eines Urteils über die Einleitung des Insolvenzverfahrens (falls gegeben); Ehrenerklärung über Umstände im Sinne von Art. 43 CMP), Dokumente und Auskünfte im Sinne des Art. 45 CMP. Im Rahmen der Kandidatur kann also (nur) verlangt werden, dass der Kandidat in Bezug auf seine persönliche Qualifikation folgende Informationen mitteilt (Art. 44, 45 CMP):

1. Französische Übersetzungen aller Dokumente, die im Rahmen des Art. 45 CMP vorgelegt werden müssen (Art. 45 Abs. 5 CMP)
2. Auskünfte, die es erlauben, die berufliche, technische und finanzielle Befähigung des Kandidaten einzuschätzen, und Unterlagen in Bezug auf die Vollmachten der Person, die befähigt ist, diesen zu verpflichten, und, soweit ein Auftrag für die Bedürfnisse der nationalen Sicherheit betroffen ist, in Bezug auf seine Nationalität. In Bezug auf die beruflichen Fähigkeiten können Angaben über das Wissen des Kandidaten im Bereich des Schutzes der Umwelt vorkommen (Art. 45 Abs. 1 CMP).
3. Wenn der Kandidat in Insolvenz gefallen ist, die Kopie der Entscheidung oder gerichtlichen Entscheidungen, die dies belegen (Art. 44 CMP).
4. Qualitätszertifikate (Zertifizierungsbescheinigungen von unabhängigen Einrichtungen, Art. 45 Abs. 2 CMP)

---

353 Erhältlich bei www.finances.gouv.fr.
354 Le Tourneau, L'ingénierie, les transferts de technologie et de maîtrise industrielle, Rn. 164.

5. Angaben zu wirtschaftlichen, technischen und finanziellen Umständen beteiligter Unternehmen (Art. 45 Abs. 3 CMP)
6. Eine datierte und unterschriebene Ehrenerklärung des Kandidaten, um zu belegen,

- dass er seinen Verpflichtungen zur Zahlung von Steuern und Abgaben nachgekommen ist
- dass gegen ihn ein Verbot der Mitwirkung verhängt wurde
- dass er seinen Verpflichtungen im Rahmen der Art. L-5212-1 bis L-5212-4 Arbeitsgesetzbuch nachgekommen ist.

Um seine beruflichen, technischen und finanziellen Befähigungen zu belegen, kann der Kandidat darum bitten, dass auch die beruflichen, technischen und finanziellen Befähigungen eines oder mehrerer Subunternehmer berücksichtigt werden. In diesem Fall, muss er die Befähigungen dieses oder dieser Subunternehmer und den Umstand, dass er über sie für die Durchführung des Auftrages verfügt, belegen (vgl. Art. 45 Abs. 3 CMP). **177**

Bei Angebotsabgabe sind die vorstehenden Informationen im Formular DC5[355] zu geben, das überblickartig folgende Informationen abfordert[356]: **178**

A. Identifikation des Käufers
B. Gegenstand des Auftrages
C. Identifikation des Kandidaten und der juristischen Person des öffentlichen Rechts, die den Auftrag vergibt
C1. Allgemeiner Fall
Namen oder Bezeichnung, Anschrift des Sitzes des Kandidaten oder seines Hauptsitzes
C2. Besonderer Fall (Angaben im Falle ausländischer Bieter)
Namen oder Bezeichnung, Anschrift des Sitzes des Kandidaten oder seines Hauptsitzes, Handelsregistereintragung, etc.
B. Registrierungsnummer des Kandidaten
Rechtsform des Kandidaten (AG, GmbH, etc.)
Für den Kandidaten, der in Frankreich ansässig ist, Nummer und Stadt der Eintragung (SIREN, Registre de Commerce (RCS), Berufsregister (répertoire du métier) oder für den Kandidaten, der nicht in Frankreich ansässig ist, Nummer und Stadt der Eintragung, Land etc.
Gründe für die Nichtangabe der Handelsregisternummer oder des Berufsregisters
Der in Frankreich ansässige Kandidat ist eine natürliche Person, die nicht Kaufmann ist und nicht der Verpflichtung unterliegt, im Handelsregister oder im Berufsregister eingetragen zu sein. Wenn jedoch der Beruf, dem er angehört, reglementiert ist, …
D. Auskunft in Bezug auf die finanzielle Situation und die Nationalität des Kandidaten
D1.1 Umsatz ohne Steuer der letzten drei Jahre oder abgeschlossenen Geschäftsjahre
D1.2 Bilanzen der letzten drei Jahre
D1.3 Geeignete Erklärung der Banken
D1.4 Nachweis der Berufshaftpflichtversicherung
D2. Unterliegt der Kandidat einem Insolvenzverfahren?
E. Auskünfte zur Staatsangehörigkeit des Kandidaten

---

[355] Erhältlich bei www.finances.gouv.fr.
[356] Stand Oktober 2008.

F. **Auskünfte zu den Mitteln und Referenzen des Kandidaten**

F1. Auskünfte zu den Mitteln
Beschreibung des Personalbestands des Kandidaten, der Personalstärke in den letzten drei Jahren, Angaben zu der Anzahl von Aufträgen oder zur beruflichen Erfahrung, Angaben zur Ausstattung des Kandidaten mit Werkzeug, Material etc. (jeweils zu den letzten drei Jahren)

F2. Auskünfte zu den Referenzen
Detaillierte Liste der wesentlichen Lieferungen und Leistungen der letzten drei Jahre
Ausländische Bieter müssen belegen, dass sie über eine spezielle Autorisierung (autorisation) verfügen oder Mitglied einer speziellen Organisation sind, die es dem Unternehmen erlaubt, die geforderten Lieferungen und Leistungen im Heimatland zu erbringen
Muster und Fotografien der Lieferungen

G. **Berufliche Befähigung (capacité professionnelle) gemäß Art. 45 Abs. 1 CMP**
Nachweise sind zu erbringen

H. **Berufliche Befähigung gemäß Art. 45 Abs. 2 CMP**
Zertifizierungsbescheinigungen, etc.

I. **Angaben, soweit der Bieter andere Unternehmen einsetzen möchte**
Angaben zu den Befähigungen der Subunternehmer, etc.

J. **Angaben zu den Verpflichtungen gemäß Art. L-5212-2 Arbeitsgesetzbuch**

K. **Ehrenerklärung**
Ich erkläre bei meiner Ehre[357] … (Angaben zum Nichtvorliegen von Verurteilungen etc.[358], in der Regel bezogen auf die letzten fünf Jahre)

Alle erforderlichen Formulare für die öffentliche Auftragsvergabe sind erhältlich unter: http://djo.journal-officiel.gouv.fr/marchespublics.

179 **5. Vertragsformen.** Aufträge können zum Pauschalpreis (prix à forfait) und zu Einheitspreisen (prix unitaire) vergeben werden. Seit 2004 spricht der CMP nicht mehr von **travaux en régie** sondern von **marché à prix unitaire.** Art. 17 Abs. 1 CMP lautet sinngemäß: Der Preis der Leistungen, die Gegenstand eines Auftrages sind, besteht entweder aus Einheitspreisen, die auf die tatsächlich ausgeführten oder gelieferten Massen angewendet werden oder aus Pauschalpreisen, die auf den gesamten Auftrag oder Teile hiervon unabhängig von den tatsächlich gelieferten oder ausgeführten Massen angewendet werden.

180 **6. Zuschlag.** Die Angebote, die nicht mit dem Gegenstand des Auftrages übereinstimmen, werden ausgeschlossen (Art. 52 Abs. 1 und Art. 53 Abs. 3 CMP). Auch alle ungeeigneten, regelwidrigen und unannehmbaren Angebote werden ausgeschlossen (Art. 53 Abs. 3 CMP). Allerdings kann die Vergabestelle die Kandidaten ersuchen, die Kanditatur nachzubessern, wenn im 1. Umschlag etwa Handelsregisterauszüge etc. fehlen[359]. Es besteht hierzu keine Verpflichtung, jedoch ist die Vergünstigung ggf. allen Kandidaten zu gewähren.

---

[357] Siehe dazu Art. 43, 44 CMP.

[358] Siehe insbesondere Straftaten nach Art. 222-38, 222-40, 313-1à 313-3, 314-1 bis 314-3, 324-1 bis 324-6, 421-2-1, Art. 421-5 2. Absatz, Art. 433-1, Art. 434-9 2. Absatz, Art. 435-2, 441-1 bis 441-7, Art. 441-8 1. und 2. Absatz, Art. 441-9 und Art. 450-1 Code Pénal (Strafgesetzbuch), oder ähnliche Straftaten derselben Art nach Vorschriften eines anderen EU Mitgliedsstaates. Ferner Verurteilungen im Sinne des Art. 1741 Code Génréal des Impots (CGI) oder vergleichbar und arbeitsrechtliche Vergehen nach Art. L-8221-1, L-8231-1, L-8241-1 und L-8251-1 Arbeitsgestezbuch oder vergleichbar.

[359] Siehe Art. 52 Abs. 1 S. 1 CMP; vgl. auch Circulaire vom 7.01.2004, Nr. 10.2.

Tabelle 10.5. Ausschreibungsarten

Angewandtes Verfahren / Wirksamkeitserfordernisse	Offene öffentliche Ausschreibung	Beschränkte öffentliche Ausschreibung	Freihändige Vergabe mit Eröffnung von Wettbewerb
Modalitäten der Angebotsabgabe	In der Form eines ordentlich unterschriebenen und datierten Angebots (Verpflichtungsübernahme)		
Übermittlung des Angebotes	Einschreiben mit Rückschein oder direkte Abgabe gegen Empfangsbekenntnis (es sei denn die elektronische Angebotsabgabe wurde gestattet)		
Übermittlung des Angebotes	Das System der zwei Umschläge wurde aufgegeben[360].	Umschlag mit der Adresse des Einkäufers	
Eingang vor Ablauf der Abgabefrist	Enddatum, das in den Konsultationsbedingungen oder in der öffentlichen Ausschreibung angegeben ist	Enddatum, das im Einladungsschreiben oder in den Konsultationsbedingungen angegeben ist	

Um den Auftrag an den Kandidaten zu vergeben, der das **wirtschaftlich vorteilhafteste** Angebot (l'offre économiquement la plus avantageuse) unterbreitet hat (Art. 53 Abs. 1 CMP), stützt sich die öffentliche Hand in Abhängigkeit von dem Gegenstand des Auftrages auf diverse variable Kriterien, namentlich auf die Nutzungskosten (coût d'utilisation), den technischen Wert des Angebotes (la valeur technique de l'offre), dessen innovativen Charakter (son caractère innovant), seine Leistungen in Bezug auf den Schutz der Umwelt (ses performances en matière de protection de l'environnement), die Erfüllungsfristen (le délai d'exécution), die funktionelle und ästhetische Qualität (les qualités esthétiques et fonctionnelles), den Service nach Lieferung und die technische Unterstützung (le service après-vente et l'assistance technique), den Tag der Lieferung und die Lieferfrist (la date et le délai de livraison), den Preis der Leistungen (le prix des prestations) (Art. 53 Abs. 1 n° 1 CMP). Andere Kriterien können berücksichtigt werden, wenn sie durch den Gegenstand des Auftrages gerechtfertigt sind. Wenn, dem Gegenstand des Auftrages Rechnung tragend, die Vergabestelle nur an einem Kriterium festhält, muss dieses Kriterium der Preis sein (Art. 53 Abs. 1 n° 2 CMP). Diese Kriterien und ihre Gewichtung müssen in der öffentlichen Bekanntmachung oder in der Konsultationsanordnung definiert sein (Art. 53 Abs. 2 CMP). Allerdings werden im Falle gleicher Preise und gleichwertiger Angebote kleinere Betriebe im Sinne des Art. 53 Abs. 4 CMP bevorzugt. 181

Bevor sie ein Angebot auswählt, muss die öffentliche Hand die grundlegenden Angebote und sodann die Varianten prüfen (Art. 52, 53 Abs. 3 CMP). Die Angebote werden in abnehmender Ordnung klassifiziert. An dem am besten klassifizierten Angebot wird festgehalten (Art. 53 Abs. 3 CMP). Wenn der festgehaltene Kandidat die in Art. 44, 46 CMP geregelten Bescheinigungen nicht innerhalb der von der für den Auftrag verantwortlichen Person gesetzten Fristen beibringt, wird das Angebot zurückgewiesen. Die Vergabestelle schlägt den Auftrag dem im Klassement folgenden Kandidaten (Art. 53 Abs. 3 CMP). Anormal niedrige Angebote können ausgeschlossen werden (Art. 55 CMP). 182

[360] Siehe Art. 57 Abs. 5 CMP, siehe dazu Linditch, Actualité du droit des marchés publics, JCP (E) 2009, 3, 5.

183 Doch genießen einige Kandidaten **Privilegien** (vgl. Art. 53 Abs. 4 CMP). Bei der Vergabe eines Auftrages wird im Falle von Preisgleichheit oder Gleichwertigkeit des Angebotes einem Angebot einer **Société coopérative ouvrière de production** (Produktionsgenossenschaft der Arbeiter), einem **Groupement de producteurs agricoles** (Produktionsgruppe landwirtschaftlicher Produzenten), einem **Artisan** (Handwerker), einer **Société coopérative d'artisans** (Handwerkergenossenschaft) oder einer **Société coopérative d'artistes** (Künstlerkooperative) oder einem **Atelier protégé** (geschütztes Atelier) ein Vorzugsrecht zugewiesen (Art. 53 Abs. 4 CMP). Ausländischen Anbietern aus den Mitgliedstaaten der EU müssen die Privilegien bei entsprechend vergleichbarem Status ebenfalls zugebilligt werden. Allerdings schweigt der CMP zu diesem Problem[361].

184 Benutzt die Vergabestelle eine **technische Spezifikation** im Sinne des Art. 6 Abs. 1 n° 1 (im Zweifel eine französische Norm), kann das Angebot nicht mit der Begründung zurückgewiesen werden, dass das Angebot nicht der Spezifikation entspricht, wenn der Unternehmer in seinem Angebot mit allen geeigneten Beweismitteln nachweist, dass die Lösungen, die er vorschlägt, die Spezifikation in ähnlicher Weise erfüllt (Art. 6 Abs. 5 CMP). Entsprechendes gilt für funktionelle Anforderungen (Art. 6 Abs. 6 CMP). Die Regelungen entsprechen weitgehend der früheren Regelung in Art. 53 Abs. 4 CMP 2004, wonach ein Angebot, das mit anderen **technischen Spezifikationen** als nach den in Frankreich anwendbaren Normen unterbreitet wurde, darf nicht allein aus diesem Grund zurückgewiesen werden, wenn diese Spezifikationen durch Bezugnahme definiert wurden:

1. auf nationale Normen, die in einem Mitgliedstaat der EU in Kraft sind, die europäische Normen oder nationale oder internationale ökologische Gütezeichen oder ihre Äquivalente umsetzen
2. auf europäische technische Zulassungen
3. auf nationale technische Spezifikationen, die in einem Mitgliedstaat der EU auf dem Gebiet der Konzeption, der Kalkulation oder der Realisierung von Vorhaben und das Inverkehrbringen von Produkten

185 Bevor der Auftrag erteilt wird, muss den Kandidaten, die nicht berücksichtigt wurden, die ablehnende Entscheidung der Vergabestelle mitgeteilt werden. Zwischen der Zustellung dieser Mitteilungen und der Vergabe muss eine Frist von mindestens 10 Tagen abgewartet werden (auch **délai de standstill** genannt)[362]. Nach der irischen und der französischen Regelung war ursprünglich nicht gewährleistet, dass abgelehnte Bieter von den Vergabebehörden oder den zuständigen Stellen rechtzeitig genug über die Gründe der Vergabeentscheidung unterrichtet werden, um in Kenntnis der Sachlage über die Beantragung vorläufiger Maßnahmen entscheiden zu können. Dadurch wurde abgelehnten Bietern nicht unter allen Umständen die Möglichkeit garantiert, einen „sinnvollen" Antrag auf Erlass vorläufiger Maßnahmen gegen die Vergabe öffentlicher Aufträge zu stellen. Die irischen und die belgischen Vorschriften boten damit keinen vollständigen Rechtschutz gegen Vergabeentscheidungen in einem Stadium, in dem sich Rechtsverstöße noch beseitigen lassen. Der französische Staat hat die Richtlinie 2007/66/EG durch Anordnung vom 7.5.2009 n° 2009-515 umgesetzt[363].

Der CMP sieht vor: Gemäß Art. 79 CMP müssen die Vergabestellen im Falle eines förmlichen Vergabeverfahrens einen Bericht über das Vergabeverfahren erstellen, des-

[361] Vgl. Richer in: Le Code 2004 des marchés publics, Contrats Public (Numéro Spécial), 10, 16.
[362] Braconnier JCP (E) 2004, 704, 708.
[363] JO v. 8.5.2009, 7796.

sen wesentlichen Inhalte sind: (1) Angabe der Vergabestelle, (2) Namen der berücksichtigten Bieter und die Begründung, (3) Namen der erfolglosen Bieter mit Entscheidungsgründen, (4) Gründe für die Nichtberücksichtigung anormal niedriger Angebote, (5) Namen des Bieters, der den Zuschlag erhalten hat, (6) in Bezug auf das Verhandlungsverfahren, die Gründe für dessen Wahl, (7) in Bezug auf den Wettbewerbsdialog, die Gründe für dessen Wahl, (8) Gründe für die Nichterteilung eines Auftrages, (9) Angabe, dass die Lieferungen aus einem Mitgliedstaat der EU oder der WTO erfolgen. Allen nicht berücksichtigten Bietern ist der Bericht nach Art. 79 CMP mit Gründen zuzustellen (Art. 80 CMP). Die Mitteilung schließt die Bekanntgabe des erfolgreichen Bieters und die diesbezüglichen Gründe ein (Art. 80 CMP). Es ist eine Frist von mindestens 16 Tagen ab Zustellung der Mitteilung an die erfolglosen Bieter einzuhalten, bevor der Zuschlag erteilt werden darf. Die Frist kann auf 11 Tage reduziert werden, wenn die Mitteilung elektronisch erfolgt. Die Vergabestelle wartet mindestens 16 Tage ab Veröffentlichung der Vergabeentscheidung im EU Amtsblatt mit dem Abschluss des Vertrages (Art. 80 Abs. 1 n° 3 CMP).

Alle öffentlichen Aufträge, die unter die Richtlinien 2004/17/EG und 2004/18/EG fallen, wurden generell einem Überprüfungsverfahren unterworfen. Sämtliche Vergabestellen unterfallen den vorvertraglichen und den vertraglichen Überprüfungsverfahren. Zu diesem Zweck hat Frankreich die Verwaltungsgerichtsordnung (Code de justice administrative) im Bereich der Vergabeverfahren umgestellt. Der erste Abschnitt ist den **vorvertraglichen Überprüfungsverfahren** gewidmet. Der zweite Abschnitt regelt das **Überprüfungsverfahren für Verträge**. Art. L-551-1 Verwaltungsgerichtsordnung definiert die Verträge, die der vorvertraglichen Prüfung unterliegen unter Rückgriff auf die Definitionen in den Richtlinien zu „öffentlichen Aufträgen". Gemäß Art. L.551-1 Verwaltungsgerichtsordnung kann der Präsident des Verwaltungsgerichts oder ein beauftragter Richter im Falle des Verstoßes gegen die Verpflichtungen zur Publizität und der Schaffung von Wettbewerb, die bei der Vergabe zu beachten sind, im vorvertraglichen Überprüfungsverfahren angerufen werden (siehe Art. L-551-5 Verwaltungsgerichtsordnung für die Sektorenfälle). Der Vertrag kann gemäß Art. L-551-4 und Art. L-551-9 Verwaltungsgerichtsordnung nicht unterschrieben werden, sobald das Gericht angerufen wurde und solange es keine Entscheidung gefasst hat (Suspensiveffekt). Das Gericht darf während einer durch Dekret festzulegenden Frist keine Entscheidung fassen, um sicherzustellen, dass keine Entscheidung ergeht, bevor alle Bieter Rechtsmittel eingelegt haben (Art. L-551-11 Verwaltungsgerichtsordnung). Das Gericht kann die Maßnahmen aus Art. L-551-2 und Art. L-551-6 Verwaltungsgerichtsordnung verhängen, also alle Maßnahmen anordnen, die zu einer regelgerechten Vergabe führen, namentlich auch das Vergabeverfahren aussetzen. Antragsbefugt sind nach Art. L-551-10 Verwaltungsgerichtsordnung alle Personen, die ein Interesse am Abschluss des Vertrages haben und die durch den behaupteten Mangel beeinträchtigt sein können. Antragsbefugt ist ferner ein Vertreter des Staates, wenn es sich um die Vergabe durch eine Gebietskörperschaft handelt. Die **Überprüfung von Verträgen** ist in ähnlicher Weise in Verfahrenskontinuität mit dem vorvertraglichen Verfahren geregelt. Zuständig ist wiederum der Präsident des Verwaltungsgerichts oder ein von ihm beauftragter Richter (Art. L-551-13 Verwaltungsgerichtsordnung). Ein Betroffener, der das vorvertragliche Verfahren hätte einleiten können (Art. L-551-15 Verwaltungsgerichtsordnung) oder eingeleitet hat (Art. L-551-14 Verwaltungsgerichtsordnung) kann diesen Rechtsbehelf nicht mehr einlegen. Im vertraglichen Überprüfungsverfahren kann das Gericht (1) die Aussetzung des Vertrages verfügen (Art. L-551-17 Verwaltungsgerichtsordnung), (2) dessen Auflösung bzw. die Reduzierung seiner Laufzeit oder ggf. die Festsetzung einer „Pénalité Financière“ (wenn die Vertragsaufhebung im Widerspruch mit dem Allgemeininteresse steht, wobei eine Verhältnismäßigkeitsprüfung vorzunehmen ist) anordnen (Art. L-551-19 Verwaltungsgerichtsordnung) sowie (3) ggf. dessen Nichtigkeit anordnen (Art. L-551-20 Verwaltungsgerichtsordnung), wenn der Vertrag vor Ablauf der Wartefrist geschlossen wurde.

186 **7. Vertragsinhalt.** Der Auftrag setzt sich aus den in Art. 11 bis 13 CMP angegebenen Dokumenten und Inhalten zusammen. Art. 12 CMP definiert die näheren Inhalte des eigentlichen Auftrages (u.a Vertragsparteien, Preis, Fristen, Kündigungsregelungen etc.). Art. 13 CMP befasst sich mit den zum Auftrag gehörenden Allgemeinen und Besonderen Vergabedingungen.

187 Die Ausschreibungs- und Verdingungsunterlagen (cahiers des charges) legen die Bedingungen fest, nach denen der Auftrag abgewickelt wird (vgl. Art. 13 CMP). Sie umfassen **Allgemeine Dokumente** und **Besondere Dokumente**. Die Allgemeinen Dokumente sind:

- Die allgemeinen Verdingungsunterlagen (Cahiers des clauses administratives générales), die die verwaltungsrechtlichen Bedingungen, die auf eine Auftragskategorie Anwendung finden, festlegen.
- Die Allgemeinen Technischen Bedingungen (Cahiers des clauses techniques générales), die die technischen Bedingungen, die auf alle technischen Leistungen gleicher Art Anwendung finden, festlegen.

188 Die vorstehenden Dokumente werden durch eine Verfügung des zuständigen Ministeriums für Wirtschaft genehmigt. Ab dem 1.1.2010 gelten neue CCAG[364]. Die **CCAG Travaux** bestehen aus sieben Kapiteln (Chapitre I Allgemeines, Chapitre II Preis und Bezahlung der Rechnungen, Chapitre III Fristen, Chapitre IV Realisierung des Auftrages, Chapitre V Abnahme und Garantien, Chapitre VI Auflösung des Auftrages und Baustopp, Chapitre VII Zwangsmaßnahmen, Beilegung von Meinungsverschiedenheiten und Rechtstreitigkeiten).

189 Die vorstehenden Verdingungsunterlagen werden durch eine Anordnung (Arrêté) des Ministeriums für Wirtschaft und der betroffenen Ministerien bestätigt[365]. Die für den Auftrag verantwortliche Person entscheidet, ob sie auf diese Dokumente Bezug nimmt oder nicht. Gemäß Art. 1 CCAG werden die Regelungen des CCAG nur Vertragsbestandteil, wenn der Auftrag auf sie Bezug nimmt.

190 Die besonderen Dokumente sind (Art. 13 CMP):

1. Die Besonderen Verdingungsunterlagen (cahiers des clauses administratives particulières), die die für jeden Auftrag eigentümlichen Bedingungen festlegen.
2. Die Besonderen Technische Bedingungen (cahiers des clauses techniques particulières), die die technischen Regeln festlegen, die für die Durchführung eines jeden Auftrages erforderlich sind.

---

364 Arrêté v. 8.9.2009, JO v. 1.10.2009, 15907.

365 Vgl. Décret n° 76-625 du 5 juillet 1976 (Journal Officiel du 11 juillet 1976); Décret n° 81-99 du 3 février 1981 (Journal Officiel du 5 février 1981); Décret n° 81-271 du 18 mars 1981 (Journal Officiel du 27 mars 1981 et Rectificatif Journal Officiel du 4 avril 1981); Décret n° 86-447 du 13 mars 1986 (Journal Officiel du 16 mars 1986); Décret n° 91-472 du 14 mai 1991 (Journal Officiel du 17 mai 1991).

8. Abwicklung. Öffentliche Aufträge sind nach den Vorgaben CMP in Verbindung mit dem **Cahier des clauses administratives générales applicables aux marchés publics de travaux** (CCAG Travaux) abzuwickeln. Der CMP 2006 enthält folgende Regelungen zur Auftragsabwicklung[366]. 191

Art. 86 CMP	Bezahlung, Vorauszahlung, Abschlagszahlung (Règlement, avances, acomptes)
Art. 87–88 CMP	Vorauszahlungen (Avances)
Art. 91 CMP	Abschlagszahlungen (Acomptes)
Art. 92 CMP	Endgültige Teilzahlung (Règlement partiel définitif)
Art. 86 ff. CMP	Zahlungsregime (Régime des paiements)
Art. 101–102 CMP	Sicherheitseinbehalte (Retenue de garantie)
Art. 104–105 CMP	Andere Garantien (Autres garanties)
Art. 106–110 CMP	Abtretung oder Verpfändung von Forderungen aus öffentlichen Aufträgen (Cession ou nantissement des créances résultant des marchés)
Art. 111 CMP	Einmischung der Intervention du Crédit d'équipement des petites et moyennes entreprises
Art. 112–117 CMP	Regelungen in Bezug auf die Untervergabe (Dispositions relatives à la sous-traitance): Art. 111 bis 113 CMP definieren den Subunternehmervertrag. Art. 114 CMP regelt die Bedingungen der Zulassung und der Genehmigung von Subunternehmerverträgen. Art. 115 bis 117 CMP befassen sich mit der finanziellen Abwicklung von Subunternehmerverträgen[367]. Aufträge können nicht vollständig weitervergeben werden[368].
Art. 118 CMP	Ergänzende Erfüllung (Exécution complémentaire)

Die Schwerpunkte der besonderen gesetzlichen Vorkehrungen lassen sich bereits aus den Überschriften der einzelnen Regelungen entnehmen. Im Vordergrund stehen die Regelungen zu den Zahlungsmodalitäten, gefolgt von Vorschriften zu Sicherheitseinbehalten und anderen Sicherheitsformen sowie speziellen Regelungen für kleinere und mittlere Unternehmen. 192

a. Vorauszahlungen. Art. 86 CMP sieht vor, dass im Rahmen von öffentlichen Aufträgen Vorauszahlungen (avances), Abschlagszahlungen (accomptes) und Teilschlusszahlungen sowie Schlusszahlungen geleistet werden können. Art. 87 ff. CMP regeln die Möglichkeit von **Vorauszahlungen** (avances). Eine pauschale Vorauszahlung an den Auftragnehmer des Auftrages wird diesem zugebilligt, wenn der Ausgangswert des Auftrages oder der Tranche oberhalb von 50.000 € liegt (Art. 87 Abs. 1 CMP), sofern die Ausführungsfrist mehr als zwei Monate beträgt. Grundsätzlich können Vorauszahlungen in Höhe von bis zu 5% des ursprünglichen Auftragswertes geleistet werden (Art. 87 Abs. 2 n° 1 CMP). Art. 88 Abs. 1 CMP sieht die Möglichkeit für freiwillige Vorauszahlungen von bis zu 30% des Ausgangswertes des Auftrages vor (Art. 87 Abs. 3 CMP). Vorauszahlungen und Abschlagszahlungen haben nicht den Charakter endgültiger Zahlungen. Der Begünstigte haftet auf Rückzahlung bis zur endgültigen Bezahlung des Auftrages oder wenn es der Auftrag vorsieht, bis zur teilweise endgültigen Zahlung (Art. 88 CMP), die in Art. 90 CMP definiert ist. Grundsätzlich soll die Vorauszahlung zurückgeführt worden sein, wenn der Unternehmer 80% der vereinbarten Zahlungen erhalten hat. Die Einzelheiten der Verrechnung auf leistungsabhängige Vergütung sind eingehend in Art. 88 CMP geregelt. Eine Vereinfachung ist möglich, wenn eine Vorauszahlungsgarantie gestellt wird. 193

366 Vgl. auch Guibal JCP (E) 2004, 716, 719.
367 Guibal JCP (E) 2004, 716, 719.
368 Vgl. Circulaire vom 7.01.2004, Nr. 14.1.

194 **b. Abschlagszahlungen.** Bereits ausgeführte Leistungen können durch **Abschlagszahlungen** (accomptes) honoriert werden. Der Auftragnehmer hat hierauf einen Anspruch. Grundsätzlich ist dreimonate Rechnungslegung vorgesehen. Abschlagszahlungen dürfen keinesfalls den Wert des tatsächlichen Leistungsstandes überschreiten (Art. 91 CMP). Teilschlusszahlungen sind in Art. 92 CMP geregelt. Für Bauleistungen kommen derartige Zahlungen nicht in Frage. Die Zahlungsfristen sind in Art. 98 CMP enthalten. Die allgemeine Zahlungsfrist beträgt ab dem 1.1.2010 35 Tage, ab dem 1.7.2010 nur noch 30 Tage.

195 **c. Sicherheitseinbehalt.** Wenn die Aufträge eine Garantiefrist enthalten, können sie den Einbehalt einer Garantiesumme vorsehen, deren Betrag nicht höher als 5% des Ausgangswertes sein darf, erhöht ggf. um den Betrag von Nachträgen[369]. Der Sicherheitseinbehalt hat nur den Zweck, die bei der Abnahme der Arbeiten, Lieferungen oder Dienstleistungen oder während der Garantiefrist erklärten Vorbehalte abzudecken (Art. 101 CMP). Der Unternehmer kann den Einbehalt durch Stellung einer Garantie auf erstes Anfordern oder wenn beide Parteien einverstanden sind, auch durch eine persönliche und solidarische Bürgschaft ablösen (Art. 102 CMP). Die französische Regierung gibt ein Muster der anzuwendenden Garantie oder Bürgschaft heraus (Art. 102 CMP). Der Sicherheitseinbehalt ist auszuzahlen oder die Einrichtungen, die sich als Bürge oder Garant zur Verfügung gestellt haben, werden spätestens einen Monat nach Ablauf der Garantiefrist aus der Haftung entlassen (Art. 103 CMP).

196 Da die garantierende Bank nicht an die Bedingungen des CCAG gebunden ist, wird in Frankreich empfohlen vorzugeben, dass die Bank die Anwendung französischen Rechts und einen französischen Gerichtsstand akzeptiert (vgl. das offizielle Muster vom 10.12.1993)[370]:

„Le droit français est seul applicable au présent engagement; les tribunaux français sont seuls compétents".

Die Vertragsbedingungen können weitere Garantien erfordern, z.B. eine Erfüllungssicherheit (Art. 105 CMP).

197 **d. Unterstützung kleinerer und mittlerer Unternehmen.** Um die Finanzierung öffentlicher Aufträge zu erleichtern, kann die **OSEO Banque de développement des petites et moyennes entreprises** Zahlungen als Vorauszahlungen und als staatliche Kredite zugunsten von Auftragnehmern in Bezug auf öffentliche Aufträge nach diesem Code und zugunsten ihrer Subunternehmer, die einen Direktanspruch besitzen, leisten (Art. 111 CMP).

V. Rahmenbedingungen

198 **1. Grundstücksrecht. a. Überblick.** In Frankreich definiert Art. 517 CC[371] den Grundstücksbegriff. Eine Sache ist danach Immobilie ihrer Natur (immeuble par nature) nach, ihrem Zweck nach (par destination) oder aufgrund des Objektes, auf dem sie lasten. Grundstücke und Gebäude sind ihrer Natur nach Immobilien (Art. 518 CC), unabhängig von einer Eintragung im Grundbuch (z.B. Treibhäuser, wenn sie fest verbunden sind[372]).

---

[369] Vgl. auch Gesetz Nr. 71-584 vom 16. Juli 1971.
[370] Référence de l'arrêté NOR: ECOM9200305A.
[371] Code Civil.
[372] Cass.civ., 09.06.2004, D. 2004, 2405 m. Anm. Reboul-Maupin.

Im Rahmen der Zweckbestimmung können Tiere, Handwerkzeuge etc. Immobiliareigenschaften haben (Art. 524 CC). Schließlich werden Nießbrauchsrechte (usufruits) und Grunddienstbarkeiten (servitudes) wie Immobiliarrechte behandelt (Art. 526 CC). Wer auf seinem Grundstück ein Gebäude errichtet, wird bis zum Beweis des Gegenteils auch als Eigentümer des Gebäudes vermutet (Art. 553 CC). Das **Wohnungseigentum** hat eine Sonderregelung erfahren (Code de la Copropriété). Durch den „contrat de bail à construction", geregelt in Art. L. 251-1 ff. und Art. R. 251-1 ff. CCH[373], kann sich der Nutzer verpflichten, auf dem Grundstück des Vermieters ein Gebäude zu errichten und es während der Vertragsdauer in einem guten Zustand zu erhalten. Der Mieter erhält gemäß Art. L. 251-3 CCH ein dingliches Recht (droit réel immobilier), das hypothekarisch belastet werden kann. Es ist eine Laufzeit zu vereinbaren, die zwischen 18 und 99 Jahren betragen kann. Das **Time-Sharing** ist in den Art. L-121-60 ff. Code de la Consommation[374] geregelt. Dieses Sonderrecht gilt für jeden entgeltlichen Vertrag oder jede Gruppe von entgeltlichen Verträgen, aufgrund dessen ein Unternehmer einem Verbraucher für die Dauer von mindestens drei Jahren oder einen unbegrenzten Zeitraum unmittelbar oder mittelbar ein Nutzungsrecht an einer oder mehreren Immobilien zu Wohnzwecken einräumt, und zwar für bestimmte oder bestimmbare Zeiträume. Die Art. L-121-60 ff. Code de la Consommation gelten auch für einen Vertrag über die Zeichnung oder Übertragung von Geschäftsanteilen oder Aktien an Gesellschaften zur Zuteilung von Immobilien im Wege der Teilzeitnutzung im Sinne des Gesetzes Nr. 86-18 vom 6. Januar 1986 hinsichtlich der Gesellschaften zur Zuteilung von Immobilien im Wege der Teilzeitnutzung. Verträge über Teilzeitrechte sind unter Berücksichtigung der besonderen Form- und Rücktrittsvorschriften der Art. L-121-60 f. Code de la Consommation zu schließen. Sofern sich der Verbraucher in Frankreich aufhält oder sofern die Immobilie oder eine der Immobilien in französischem Hoheitsgebiet belegen ist, ist das Vertragsangebot in **französischer Sprache** abzufassen. Darüber hinaus ist das Angebot nach Wahl des Verbrauchers in der Sprache oder in einer der Sprachen des Mitgliedstaats abzufassen, in dem er sich aufhält, oder des Mitgliedstaats, dem er angehört, sofern es sich dabei um eine Amtssprache der Europäischen Gemeinschaft handelt. Sofern das Angebot in Anwendung der vorangegangenen Absätze in zwei Sprachen abzufassen ist, darf der Verbraucher nach seiner Wahl die eine oder die andere Fassung unterzeichnen. Sofern die Immobilie oder eine der Immobilien in einem anderen Mitgliedstaat der Europäischen Gemeinschaft als Frankreich belegen ist und wenn der Vertrag aufgrund der Anwendung des vorliegenden Artikels nicht in der Sprache dieses Staates abgefasst ist, ist dem Verbraucher eine gleichlautende Übersetzung in dieser Sprache zu übergeben (Art. L-121-68 Code de Consommation). Wird der Time-Sharing-Vertrag mit Wissen des Unternehmers durch einen Kredit finanziert, steht der Vertragsschluss unter der aufschiebenden Bedingung, dass der Verbraucher den Kredit erhält. Die Ausübung des in Art. L.121-64 vorgesehenen Widerrufsrechts durch den Verbraucher führt von Rechts wegen zur Auflösung des für die Finanzierung des Teilzeitnutzungsvertrages bestimmten Kreditvertrages, ohne Kosten oder Entschädigungszahlungen, mit der möglichen Ausnahme notwendigerweise eingegangener und vorher festgelegter Kosten (Art. L-121-67 Code de la Consommation).

---

373 Code de la construction et de l'habitation.
374 Geändert durch loi n° 2009-888 vom 22.07.2009.

199 **b. Grundbuch.** Alles in allem gibt das französische Grundbuch durchaus zuverlässig Auskunft über die Eigentums- und Belastungsverhältnisse[375]. Es ist mit dem deutschen Grundbuch allerdings nicht vergleichbar, das in vieler Hinsicht strenger geführt und übersichtlicher ist. In jeder größeren Gemeinde findet sich ein Grundregisteramt.

200 Die Grundlagen des französischen Grundbuchrechtes finden sich in zwei Dekreten[376]. Den Sicherheitsbedürfnissen des Rechtsverkehrs trägt vor allem das „fichier immobilier" Rechnung, aus dem sich die rechtlichen Verhältnisse an Grundeigentum entnehmen lassen. Das „fichier immobilier" besteht aus mehreren Registern (fichier immobilier, fiches d'immeuble, fiches parcellaires). Das Grundbuch wird nach Eigentümern geführt, nicht nach Grundstücken. Für den Raum Paris und Großstädte von mehr als 10.000 Einwohnern gilt die Besonderheit, dass zwingend „fiches d'immeuble" angelegt werden müssen. Den Einstieg in das Grundbuch findet man über die „fiches personnelles". In jedem Departement existiert für jeden Grundstückseigentümer ein „fiche personelle". Dort werden alle Grundstücke verzeichnet, die einem Eigentümer gehören. Die Einzelheiten in Bezug auf die in den „fiches personnelles" gebuchten Grundstücken finden sich in den ländlichen Gebieten in den Abteilungen I bis III (tableau I-III) der „fiches personnelles". In den städtischen Gebieten wird auf die „fiches d'immeuble" verwiesen. Auch dort sind die Einzelheiten in den Abteilungen I bis III (tableau I-III) eingetragen. In den „fiches parcellaires" werden nochmals gesondert die Eigentumsveränderungen verzeichnet.

201 Die Eintragungen im französischen Grundbuch haben keine konstitutive Wirkung. Die Bedeutung der Eintragungen liegt in der dadurch zu erlangenden Drittwirkung von Rechtsänderungen oder solchen, die bevorstehen. Gegenüber Dritten ist die Übereignung erst mit Besitzerlangung (bei beweglichen Sachen) und mit Veröffentlichung im Immobilienregister (livre foncier) wirksam. Ähnliches gilt für Hypothekenrechte. Obwohl das Grundbuchsystem grundsätzlich sicherstellt, dass Rechtsänderungen zuverlässig eingetragen werden, lässt die Eintragung in das Register keinen guten Glauben auf die Richtigkeit der Eintragungen entstehen. Fehler im Erwerbstatbestand werden durch die Eintragung im Grundbuch nicht geheilt. Gutgläubiger Erwerb von Grundeigentum oder eine gutgläubige ranggerechte Eintragung von Hypotheken ist daher nicht gewährleistet. Da Grundstücksbelastungen (z.B. die Privilegien) auch außerhalb des Grundbuches entstehen können, ist insbesondere Vorsicht geboten, Aussagen über die ranggerechte Eintragung von Vertragshypotheken zu treffen. Häufig ist das Grundeigentum bereits übersichert, bevor die Hypothek zur Eintragung gelangt.

202 Da das französische Recht den gutgläubigen Grundstückserwerb nicht kennt, kommt den Ersitzungsregeln eine besondere Bedeutung zu. Die Ersitzung einer Immobilie setzt den gewaltfreien und dauerhaften Besitzerwerb voraus (Art. 2228 f. CC). Der gutgläubige Besitzer erwirbt nach zehn bzw. nach zwanzig Jahren, der bösgläubige Besitzer nach dreißig Jahren das Eigentum (Art. 2265, 2262 CC), je nachdem wo sich der eigentliche Eigentümer hauptsächlich aufhält.

375 Schwierigkeiten treten auf, wenn es darum geht, die Bedeutung einzelner Eintragungen zu ermessen. Von 1971 bis 1994 waren aufgrund einer Rechtsprechung der Cour de Cassation im Grundbuch eingetragene vertragliche Vorkaufsrechte prinzipell als drittwirksam beurteilt worden. Dann änderte die Cour de Cassation ihre Rechtsprechung (vgl. Fournier, Publicité foncière et pactes de préférence d'immeuble: une idylle rompue, Droit & Patrimoine 2000, 45, 47).

376 Décret n° 55-22 vom 04.01.1955; décret n° 55-1350 vom 14.10.1955.

c. Numerus clausus. Es besteht kein numerus clausus der eintragbaren Rechte. Es wird zudem zwischen Eintragungen mit Drittwirkung und Eintragungen mit Informationscharakter unterschieden. In das französische Grundbuch können neben den dinglichen Rechten (Eigentum, Hypotheken, Dienstbarkeiten, Nießbrauch) auch obligatorische Rechte eingetragen werden, wie z.B. Mietverträge[377], Kaufvorverträge, Kaufversprechen, Abtretungen von Mietzinsansprüchen. Daneben dient es der Veröffentlichung von Zwangsvollstreckungsverfahren, Eigentumsklagen etc. Insbesondere Vorverträge (Art. 37 décret n° 55-22) und vertragliche Vorkaufsrechte (pactes de préférence) haben keine Drittwirkung[378], können aber im Grundbuch eingetragen werden. 203

d. Belastungen. Das Grundeigentum ist belastbar. Die Sicherungsrechte haben im 3. Buch des Code Civil eine Regelung gefunden. Das Grundeigentum kann durch Hypotheken (Art. 2114 ff. CC) und sog. Privilegien (Art. 2095 ff. CC) sowie durch ein besonderes Pfandrecht (antichrèse) belastet werden. Hypotheken können durch Gesetz, Vereinbarung und Urteil entstehen (Art. 2116 CC). In der Praxis überwiegt die vertragliche Hypothek (Art. 2124 ff. CC). Sie setzt einen notariellen Vertrag voraus, in dem die zu besichernde Forderung und der Belastungsgegenstand genau zu bezeichnen sind (Art. 2129 CC). Allgemeinverbindlich wird die Hypothek erst, sobald sie im Hypothekenregister eingetragen ist. Die Privilegien entstehen demgegenüber ausschließlich durch Gesetz (außerhalb des Grundbuches mit dem Rang des Vertragsschlusses[379]) und sichern insbesondere Rechtsverfolgungskosten und vor allem Forderungen aus Miet- und Pachtverträgen und aus Grundstückskaufverträgen. Werden sie allerdings nicht innerhalb der gesetzlichen Fristen im Hypothekenregister eingetragen, verlieren sie ihren ursprünglichen Rang[380]. Die Frist beträgt bei Gläubigern aus Grundstücksverkäufen zwei Monate vom Tag des Geschäftsabschlusses an (Art. 2108 CC). Daneben können die Art. 640 ff. CC das Grundeigentum in Form von Dienstbarkeiten inhaltlich beschränken. Auch existieren öffentlich-rechtliche Eigentumsbeschränkungen, z.B. in Gestalt von Dienstbarkeiten zugunsten des Straßenbaues. 204

e. Bebauungsrechtliche Beschränkungen. Hinsichtlich der Bebaubarkeit, die bei Grundstückskäufen Gegenstand der Sachmängelgewährleistung ist, wenn der Kauf mit der Absicht vorgenommen wurde, ein Gebäude zu errichten[381], sind eine Vielzahl von Grundstücksbelastungen zu berücksichtigen. Hierzu gehören vor allem und gerade die Dienstbarkeiten (servitudes), die z.B. die Funktion der Sicherung von **Abstandsflächen** übernehmen. Gemäß Art. 637 Code Civil ist eine „**servitude**“ die Belastung eines Grundstücks (héritage = immeuble par nature) für die Nutzung oder die Nutzbarkeit eines Grundstücks, das einem anderen Eigentümer gehört. 205

aa. Überblick. Das Grundstück, das von der Dienstbarkeit profitiert, ist das herrschende Grundstück, das belastete Grundstück ist das dienende Grundstück. Die Dienstbarkeit stellt also ein Rechtsverhältnis zwischen zwei Grundstücken her. Historisch bedingt gibt es keine persönlichen Dienstbarkeiten. Unzulässig ist mithin die Vereinbarung eines Wegerechtes zugunsten eines Mieters[382]. Allerdings ist die vorstehende Definition aufgrund sich ständig mehrender gesetzlicher Dienstbarkeiten dogmatisch kaum 206

---

377 Vgl. Hök GuG 2002, 205, 206.
378 Cass.Civ., 16.03.1994, Défrenois 1994, art. 128.
379 Sie verdrängen mithin bei rechtzeitiger Eintragung zwischenzeitlich eingetragene Hypotheken.
380 Vgl. Duplan-Miellet in: Gestion de l'immeuble, Dalloz 1998, Rn. 8014.
381 Vgl. IPG 1987-88 Nr. 9.
382 Cass.civ., 28.01.1987, D. 1987, Inf. Rap. 31; Cass.civ., 01.12.1992, Bull.civ. 1992 III n° 317.

noch haltbar oder müsste auf die vertraglichen Dienstbarkeiten beschränkt werden. Als Definition kann dienen:

207 Die Dienstbarkeit begründet eine Beziehung zwischen zwei Grundstücken und ist ein dingliches Recht. Dienstbarkeiten werden in drei Typen unterschieden:

- Dienstbarkeiten, die aus der Situation der Grundstücke entstehen (z.B. Wasserrechte)
- gesetzliche Dienstbarkeiten, die im öffentlichen Interesse oder zugunsten kommunaler Zwecke entstehen
- vertragliche Dienstbarkeiten

208 Die Dienstbarkeiten können „apparentes“ oder „non apparentes“ sein, sich also entweder äußerlich erkennbar offenbaren oder verdeckt existieren. „Apparentes“ sind solche Dienstbarkeiten, die sich besonders manifestieren, also z.B. durch eine Wasserleitung, ein Wegerecht aufgrund einer Pforte. Nicht erkennbar sind dagegen z.B. Dienstbarkeiten, die dem Nachbarn die Ausübung des Baurechts beschränken. Damit eine Dienstbarkeit ersessen werden kann, muss sie „apparente“ (offenkundig[383]) und „continue“ (dauerhaft) sein. Nicht dauerhaft ist das Recht, Torf zu stechen, denn irgendwann ist der Torf erschöpft. Ein Wegerecht kann dagegen „**apparente**“ sein, bleibt jedoch **discontinue**, also nicht dauerhaft und kann deshalb nicht ersessen werden[384].

209 **bb. Arten.** Es wird zwischen den natürlichen, den gesetzlichen und den vertraglichen Dienstbarkeiten unterschieden:

210 Bei den **natürlichen Dienstbarkeiten** handelt es sich um solche, die sich aus der Situation des Grundstücks ergeben. Sie sind in den Art. 640 bis 648 Code Civil geregelt. Sie kommen vor als Wasserrechte (Art. 640 bis 645 Code Civil), mit denen die tiefer liegenden Grundstücke zugunsten der höher liegenden Grundstücke belastet sind. Ferner existieren Abmarkungsrechte (bornage) und Einfriedungsrechte (clôture). Art. 682 bis 685-1 Code Civil regeln die Wegerechte gefangener Grundstücke. Aus dem Code rural kommen hinzu: Wasserleitungsrechte, Ableitungsrechte und Zutrittsrechte.

211 Die Gruppe der **gesetzlichen Dienstbarkeiten** ist sehr unübersichtlich, weil die Herkunft der unterschiedlichen Dienstbarkeiten in verschiedenen Rechtsquellen unterschiedlicher Qualität geregelt ist. Ihre Anzahl nimmt ständig zu. Zu unterscheiden sind jedenfalls die Dienstbarkeiten, die im öffentlichen Interesse begründet werden und solche, die im privaten Interesse entstehen (Art. 649 Code Civil). Einen guten Überblick zu den im öffentlichen Interesse liegenden Dienstbarkeiten gibt der Anhang zu Art. R-126-3 Code de l'Urbanisme.

212 Gemäß Art. 650 Code Civil gehören zu den im **öffentlichen Interesse** liegenden Dienstbarkeiten das Gehrecht entlang der schiffbaren Flüsse und die Herstellung und Reparatur öffentlicher Straßen. Ferner sind u.a. zu nennen: Sichtfreiheit für öffentliche Straßen (Art. L.114-1 bis 114-6 Code adm.), Telekomunikationsrechte, Leitungsrechte für die Versorgung mit Elektrizität (Art. 12 des Gesetzes vom 15.06.1906, Art. 35 des Gesetzes vom 08.04.1946) und Gas (Art. 35 des Gesetzes vom 08.04.1946), Leitungsrechte für Kanalisation, Leitungsrechte für Wärmelieferung (Gesetz vom 15.07.1980, JO 16.07.1980, MTP 28.07.1980 STO 2), Leitungsrechte für Pipelines, Schienenrechte für den Eisenbahnverkehr, Schutz der nationalen Verteidigung, Schutz der Versorgung mit Trinkwasser, Skipistenrechte (Art. 53 des Gesetzes n° 85-30 vom 09.01.1985), etc.

[383] Sichtbar, weil materialisiert, etwa in Form von Fenstern und Türen.
[384] Cass.civ., 26.09.1984, Gaz.Pal.1985,1 somm.97; Cass.civ., 07.03.1984, Bull.civ. 1984 III n° 66.

Zu den im **privaten Interesse** bestehenden gesetzlichen Dienstbarkeiten gehören vor allem solche die das Nachbarschaftsverhältnis regeln. Zu nennen sind Dienstbarkeiten betreffend die Grenzwand (Art. 653 ff. Code Civil), Abstandsrechte bei bestimmten baulichen Anlagen (Art. 674 Code Civil), das Recht auf Einblick auf das Nachbargrundstück (Fensterrecht) gemäß Art. 675 Code Civil und Abstandsregelungen für Pflanzungen (Art. 671 bis 673 Code Civil)[385]. Sind Abstandsflächen aufgrund baurechtlicher Vorgaben einzuhalten, kann die Bauverwaltung darauf bestehen, dass diese Abstandsflächen durch Dienstbarkeiten gesichert werden. Falls sich die Nachbarn nicht einigen können, besteht die Möglichkeit, die Dienstbarkeiten von Amts wegen durchzusetzen (Art. L. 451-1 Code de l'Urbanisme). Derartige Dienstbarkeiten können zugunsten von Wohngebäuden und allen anderen Bebauungsarten bewilligt werden[386]. 213

Die **Abstandsflächen** für Fenster sind in Art. 678 ff. Code Civil näher ausgestaltet. Es ist jedenfalls ein Abstand von 1,90 m einzuhalten. Die exakte Bemessung kann im Einzelfall schwierig sein. Maßgeblich ist Art. 680 Code Civil. Im Falle der Nichtbeachtung, kann der beeinträchtigte Nachbar die Baumaße unterbinden und ggf., auch den Rückbau verlangen (vgl. Liet-Veaux/Thuillier, Droit de la construction, 51). 214

Es herrscht weitgehend **Vertragsfreiheit**. Oftmals ist es allerdings schwierig festzustellen, ob es sich um eine persönliche Verpflichtung oder tatsächlich um eine Dienstbarkeit handelt. Anerkannt sind z.B. Dienstbarkeiten, die es untersagen, auf einem Grundstück ein bestimmtes Gewerbe auszuüben oder Dienstbarkeiten, die zur Unterlassung von Wettbewerb verpflichten[387]. 215

cc. Entstehung. Dienstbarkeiten entstehen entweder auf der Grundlage eines Titels (also in der Regel auf der Grundlage einer Vereinbarung), durch Ersitzung, ggf. „par destination du père de famille" oder durch eine Gerichtsentscheidung (z.B. bei der Abstandsflächensicherung – Art. L. 451-1 Code de l'Urbanisme). Dienstbarkeiten entstehen außerhalb des Grundbuches und sind deshalb grundsätzlich nicht ohne weiteres prüfbar. Allerdings sind sie im Grundbuch zu registrieren, damit sie Drittwirksamkeit erhalten[388]. Auch die im Rahmen der Bebauung durchzusetzenden Dienstbarkeiten zur Abstandsflächensicherung etc. sind im Grundbuch einzutragen[389]. 216

(1) Titel. Der Titel ist der juristische Akt, der die Dienstbarkeit begründet. Es kann sich um einen unentgeltlichen oder entgeltlichen Vertrag handeln oder um ein Testament. Gelegentlich müssen die Gerichte bemüht werden. Grundsätzlich besteht Vertragsfreiheit. In zwei Fällen ist sie eingeschränkt: Die Dienstbarkeit darf nicht gegen die guten Sitten und den ordre public verstoßen. Die Dienstbarkeit darf weder zu einem Dienst verpflichten noch eine Verpflichtung zur Dienstleitung gegenüber einem Dritten begründen. Es muss ein Vorteil zugunsten eines Grundstücks geregelt werden. Das Recht zu jagen, das Recht spazieren zu gehen, das Recht zu fischen etc. sind ausschließlich persönlicher Art und verschaffen einem Grundstück keinen Vorteil. Dagegen kann das Recht einer Ziegelei, aus einem Grundstück Lehm zu entnehmen, eine Dienstbarkeit sein[390]. 217

---

385 Vgl. dazu Mallet-Bricout D. 2004, 2408 ff., insbesondere zum Verhältnis des Anspruches auf Beseitigung zum Selbsthilferecht im Rahmen des Art. 673 Code Civil.

386 Liet-Veaux/Thuillier, Droit de la construction, 60.

387 Buffelan-Lanore, Droit Civil, Rn. 1249.

388 Cass.civ., 27.10.1993, Bull.civ. 1993 III n° 132.

389 Vgl. Art. R-451-3 Code de l'Urbanisme; Art. 30 décret n° 55-22 vom 04.01.1955.

390 Cass.civ., 15.04.1833, S. 33.1.278.

218 Der Titel kann auch durch staatlichen Zwang entstehen (Art. L-451-1 Code de l'Urbanisme). Doch setzt die zwangsweise Besicherung der Abstandsfläche einen gescheiterten Einigungsversuch sowie eine Anordnung der Baubehörde (gegenüber dem Bauherrn) voraus. Das Scheitern ist nachzuweisen, in dem der Bauherr den Nachbarn erfolglos in Verzug setzt. Das Erfordernis einer Dienstbarkeit ist spätestens im Genehmigungsverfahren zu ermitteln. Grundsätzlich sind also vor Antragstellung im Baugenehmigungsverfahren die Abstandsfrage und die Wegerechte zu klären. Maßgebend sind die POS bzw. die PLU. Die Baubehörde soll mitteilen, welche Dienstbarkeiten erforderlich sind (vgl. Circulaire n° 72-71 vom 05.05.1972). Gelegentlich sichern die Behörden die Baugenehmigung für den Fall der Erteilung der Dienstbarkeit zu. Hierin liegt eine Gefahr, denn die Genehmigungsbehörde muss das Gesuch zum Zeitpunkt der Genehmigungserteilung abschließend prüfen, so dass ggf. die Dienstbarkeit umsonst begründet wird. Normalerweise ist also vor Einholung der Baugenehmigung die Baufreiheit durch vertragliche Dienstbarkeiten abzusichern. Die Baugenehmigungsbehörde setzt im Verfahren eine Frist, innerhalb derer die Dienstbarkeit nachzuweisen ist[391]. Mangels Absicherung durch Dienstbarkeiten ist die Baugenehmigung zu versagen[392]. Eine uneingeschränkte Verpflichtung des Nachbarn, das beantragte Bauvorhaben durch Dienstbarkeiten auf seinem Grundstück zu sichern, besteht nicht. Das angerufene Gericht kann die Bewilligung der Eintragung verweigern, wenn sie den Nachbarn zu sehr beschwert oder wenn die Bauauslastung durch das geplante Vorhaben zu hoch ist[393]. Zuständig für das Verfahren auf Bewilligung der Dienstbarkeit ist das Landgericht (Tribunal de Grande Instance). An diesem Verfahren sind nur die Nachbarn, nicht die Baubehörde beteiligt, denn es handelt sich insoweit um eine Auseinandersetzung zwischen den Nachbarn. Anzumerken ist auch, dass die Baugenehmigung unbeschadet anderer zivilrechtlicher Regelungen ergeht. Unbeachtet bleiben also Vorschriften des Code Civil über dort geregelte Abstandsflächen.

219 **(2) Ersitzung.** Dauerhafte (continue) und erkennbare (apparente) Dienstbarkeiten können innerhalb einer dreißigjährigen Frist ersessen werden (Art. 690 Code Civil). Erkennbar sind Dienstbarkeiten, wenn sie sich durch ein äußerliches Zeichen ankündigen, wie z.B. durch ein Fenster, eine Tür oder eine Wasserleitung (Art. 689 Code Civil).

220 **(3) „Par destination du père de famille".** „Par destination du père de famille" entsteht eine Dienstbarkeit, wenn zwei Voraussetzungen vorliegen (Art. 693 Code Civil): zum einen ist zu fordern, dass die betroffenen Grundstücke vormals einem Eigentümer gehörten und zum anderen ist zu prüfen, ob der Grund für die Dienstbarkeit in einem Verhalten dieses Eigentümers zu finden ist.

221 **2. Baufreiheit.** Zwar kann man in Frankreich nicht ohne Baugenehmigung bauen, doch besteht ein Anspruch auf Erteilung der Baugenehmigung, sofern das beabsichtigte Vorhaben genehmigungsfähig ist[394]. Die Verfügungsfreiheit über Grundstücke kann staatlich eingeschränkt werden. Historisch oder ästhetisch bedeutsame Sektoren können zu „secteurs sauvegardés"[395] deklariert werden (Art. L.313-1 Code de l'Urbanisme). Für solche Sektoren wird ein „plan de sauvegarde" entwickelt. Er benennt insbesondere die Gebäude, deren Abriß und Veränderung verboten ist (Art. L.313-1 Code de l'Urbanisme).

[391] Vgl. Conseil d'État, 21.01.1981, SCI Chézy-Bineau, Dr. adm. 1981 n° 48.
[392] Liet-Veaux/Thuillier, Droit de la construction, 61.
[393] Liet-Veaux/Thuillier, Droit de la construction, 62.
[394] Mémento Pratique, Urbanisme-Construction 2004/2005, Rn. 2700.
[395] Es handelt sich um geschützte Gebiete.

Gemäß Art. L.313-4-1 Code de l'Urbanisme können Sanierungsarbeiten angeordnet werden. Kommen die betroffenen Eigentümer den Auflagen fristgebunden nach, sind sie von Zwangsmaßnahmen ausgenommen. Ferner können Dienstbarkeiten zugunsten anderer Grundstücke verfügt werden, die grundsätzlich entschädigungslos geduldet werden müssen, es sei denn sie beeinträchtigen zeitlich vorrangig wohlerworbene Rechte (Art. L.160-5 Code de l'Urbanisme).

VI. Planungsrecht

Schrifttum

Jacquot/Priet, Droit de l'Urbanisme, 4. Auflage, Paris 2001; Lamorlette/Moreno, Code de l'Urbanisme, Ausgabe 2004–2005, Paris 2003

Das französische Planungsrecht ist im Code de l'Urbanisme geregelt[396]. Durch Gesetz n° 2000-1208 vom 13. Dezember 2000 relative à la solidarité et au renouvellement urbains[397] wurde der Code de l'Urbanisme[398] nachhaltig geändert und damit das Planungsrecht einschließlich diverser Randgebiete umfänglich neu geregelt. 222

Im Zentrum der planungsrechtlichen Änderungen stehen neue Überlegungen zur baulichen Auslastung von Grundstücken. Das Gesetz SRU[399] wendet sich von dem „plafond légal de densité“ ab, hebt die Zahlungsverpflichtung für das Überschreiten des „coefficient d'occupation du sol“ auf, reduziert die lokale Steuer (taxe locale d'équipement) für Eigentumswohnungen und hebt sie für Einfamilienhäuser an, hebt Art. L.111-5 Code de l'Urbanisme auf[400] und schafft Mindestgrößen für Baugrundstücke ab. Es kommt ein deutliches Bestreben zum Ausdruck, die bauliche Auslastung der vorhandenen und zu beplanenden Flächen zu erhöhen. Das Gesetz bedeutet eine Abkehr von einer Politik der Zersiedelung hin zu einer urbaneren und verdichteten Lebensweise, die z.B. weniger Energie verbraucht[401]. 223

Gleichzeitig beinhaltet das Gesetz SRU eine Art Wohnungsbauprogramm, denn von den Gemeinden, die für weniger als 20% ihrer Hauptwohnsitze Sozialwohnungen zur Verfügung stellen, wird eine zusätzliche Abgabe erhoben (Art. 55 Gesetz SRU). Insbesondere diese Neuregelung war Gegenstand einer heftigen Debatte sowie einer Verfassungsbeschwerde, die der Conseil constitutionnel[402] allerdings zum ganz überwiegenden Teil zurückgewiesen hat. 224

Nebenbei enthält das Gesetz SRU wichtige Neuerungen zum Verkauf von Grundstücken und Eigentumswohnungen. Namentlich werden besondere Rücktrittsrechte erweitert, zwingende Angaben zum Kaufgegenstand vorgesehen und bestimmte Handelspraktiken unterbunden. 225

---

396 Vgl. zum französischen Verwaltungsrecht insbesondere Hübner/Constantinesco, Einführung, §§ 10 ff.

397 JO n° 289 vom 14. Dezember 2000, 19777.

398 Gleichzeitig finden sich nachhaltige Änderungen im Code de la construction et de l'habitation, aber auch zum Mietrecht und zum Code de la copropriété, auf die hier nicht eingegangen werden kann.

399 Eine Liste der Änderungen befindet sich unter der Internetadresse: http://www.legifrance.gouv.fr/affichTexte.do?cidTexte=JORFTEXT000000207538&fastPos=1&fastReqId=1056209337&categorieLien=cid&oldAction=rechTexte.

400 L'article L. 111-5 du code de l'urbanisme est ainsi rédigé:.
„Art. L. 111-5. – La seule reproduction ou mention d'un document d'urbanisme ou d'un règlement de lotissement dans un cahier des charges, un acte ou une promesse de vente ne confère pas à ce document ou règlement un caractère contractuel.“.

401 Vgl. Pérignon, Gestion de la densité ou gestion de la surdensité, Defrénois 2001, 69 (art. 37285).

402 Décision n° 2000-436 DC du 07.12.2000.

226 **1. Planungsinstrumente.** Das Gesetz SRU schafft die bisherigen „schémas directeurs“ und „plans d’occupation des sols“ (Bebauungspläne) zugunsten modifizierter Instrumente ab. Es gibt zukünftig „schémas de cohérence territoriale“, „plans locaux d’urbanisme-PLU“ und „cartes communales“ (Art. L.121-1 Code de l’Urbanisme). Ferner existieren sog. „directives territoriales d’aménagement“ (Raumordnungspläne)[403].

227 **a. Schémas de cohérence territoriale (Flächennutzungspläne).** Gemäß Art. L.122-1 Code de l’Urbanisme (Art. 3 Gesetz SRU) liefern die „schémas de cohérence territoriale“ die Diagnose in Bezug auf die wirtschaftliche und demografische Entwicklung sowie die Anforderungen in Bezug auf die wirtschaftliche Entwicklung, die Bewirtschaftung des Lebensraumes, die Umwelt, das soziale Gleichgewicht, den Transport, die öffentlichen Einrichtungen und die Infrastruktur und die Dienstleistungen. Sie beinhalten die generellen Planungsvorgaben für die Wohnungsbebauung, die wirtschaftliche Entwicklung, die Erholung, die Verkehrswege und die Parkräume. Die „schémas de cohérence territoriale“ müssen übergeordnete staatliche Vorentscheidungen berücksichtigen.

Zuständig sind gemäß Art. L.122-4 Code de l’Urbanisme Gemeindekooperationen (établissements publics de coopération intercommunale) oder gemischte Verbände (syndicats mixte). Die Einzelheiten der Kooperation sind im Code général des collectivités territoriales geregelt.

228 **b. Plans locaux d’urbanisme (Qualifizierter Bebauungsplan).** Die „plans locaux d’urbanisme“ präzisieren die generellen Vorgaben der „schémas de cohérence territoriale“. Insbesondere legen diese Pläne fest (vgl. Art. L.123-1 Code de l’Urbanisme, Art. 4 SRU):

- den generellen Nutzungszweck der Flächen
- den Bestimmungszweck und die Natur der zulässigen Bebauung
- die Vorgaben zur Außenansicht der Gebäude, ihrer Dimension und Grenzen
- die Sanierungsgebiete
- die Straßenführung
- kulturelle Schutzzonen
- Vorbehaltsflächen für öffentliche Zwecke (insbesondere Grünzonen, Zonen für öffentliche Einrichtungen und Wege)
- Festlegung bestimmter kultivierter und zu schützender und unbebaubarer Flächen in städtebaulichen Zonen, unbeschadet ihrer Erschließung (Infrastruktur)
- Gebiete, in denen an die Erteilung einer Baugenehmigung der Abriß bestimmter Baulichkeiten geknüpft werden kann
- Festlegung von Grundstücksmindestgrößen, falls dies aus technischen Gründen in Bezug auf individuelle Sanierungsmaßnahmen geboten ist
- Wasserschutzgebiete
- den „coefficient d’occupation des sols“ in städtebaulichen Zonen und in Landschaftsschutzgebieten

229 Der PLU soll im Einklang mit den „schémas de cohérence territoriale“, den „schémas de secteur“, den „schémas de mise en valeur de la mer“ und der Charta der regionalen Naturparks entwickelt werden. Gleichzeitig sollen die „plans de déplacements urbains“ und die lokalen Wohnungsbauprogramme beachtet werden (Art. L.123-1 Code de l’Urbanisme). In bestehenden Bebauungsgebieten (zones urbaines) kann der PLU verschiedene Grundstückslasten einführen, die die Bebauung zeitlich oder ganz einschrän-

[403] Vgl. Pfleiderer, Einführung, 84.

ken (Art. L.123-2 Code de l'Urbanisme). In den konzertierten Erschließungsgebieten (zones d'aménagement concertés-ZAC)

- legt der PLU die öffentlichen Einrichtungen fest, die es zu erhalten, zu ändern oder zu schaffen gilt
- legt der PLU die Lage der bedeutsamen öffentlichen Vorhaben, die Installationen, die von öffentlichem Interesse sind, und die Grünflächen fest
- bestimmt der PLU ggf. die „surface de plancher développée hors oeuvre nette[404]", die auf jedem Flurstück errichtet werden darf (Art. L.123-3 Code de l'Urbanisme)

Die Entwicklung der PLU fällt in die Zuständigkeit der Gemeinden (Art. L.123-6 Code de l'Urbanisme). In dem Verfahren sind verschiedene Behörden und Verbände zu hören. Der PLU wird schließlich von dem örtlichen Gemeinderat bestätigt (Art. L.123-10 Code de l'Urbanisme). Der bestätigte PLU wird der Öffentlichkeit zugänglich gemacht. Er kann die Grundlage für Enteignungsmaßnahmen darstellen (vgl. Art. L.123-11 Code de l'Urbanisme), wenn er ein konzertiertes Erschließungsgebiet (zone d'aménagement concertés-ZAC) vorsieht. In den Kommunen, in denen kein „schéma de cohérence territoriale" existiert, erwächst der PLU innerhalb eines Monats nach Zustellung bei dem zuständigen Präfekten in Rechtskraft. Der Präfekt kann Widerspruch einlegen. **230**

Die „plan d'occupation des sols-POS", die vor Inkrafttreten des Gesetzes SRU bestätigt wurden, gelten bis zu ihren nächsten Überarbeitung fort (Art. L.123-19 Code de l'Urbanisme). Die POS, die vor Inkrafttreten des Gesetzes SRU lediglich veröffentlicht wurden, werden nach den bisherigen Bestimmungen geprüft und bestätigt, sofern dies innerhalb eines Jahres seit Inkrafttreten des Gesetzes SRU erfolgt. **231**

c. Cartes communales (einfache Bebauungspläne). Art. L.124-1 ff. Code de l'Urbanisme regeln die „cartes communales". In Ermangelung eines PLU können die sog. Kommunalkarten entwerfen. Sie bestimmen die Bausektoren und die Regionen, die nicht bebaut werden dürfen. Im Übrigen müssen sie den Anforderungen der Art. L.110 und L.121-1 Code de l'Urbanisme genügen. **232**

2. Bebauungsintensität. Das bisherige Kapitel II des Code de l'Urbanisme stand unter der Überschrift „plafond légal de densité". Es enthielt gesetzliche Regelungen zur Bebauungsintensität und für den Fall der Überschreitung der vorgegebenen Bebauungsintensität. Überschreitungen zogen eine Abgabe nach sich, die sich auf der Basis der Kosten für die erforderlichen Mehrflächen errechnete[405]. Art. 50 Gesetz SRU schafft einen neuen Titel: „Surface hors oeuvre des constructions". Die Art. L.112-1 bis L. 112-6, L. 113-1 bis 113-2 sowie die Art. L. 333-1 bis 333-16 des Code de l'Urbanisme bleiben in ihrer bisherigen Fassung in den Gemeinden erhalten, in denen bis zum 31. Dezember 1999 eine gesetzliche Bebauungsintensität festgelegt wurde. Die Gemeinden sind allerdings ermächtigt, diese Festlegungen aufzuheben. Im Übrigen werden die Art. L. 112-1 bis L.112-6 Code de l'Urbanisme ersatzlos aufgehoben. Es gibt mithin keine gesetzlichen Vorgaben für die Bebauungsintensität mehr. Es herrscht Planungsfreiheit. Die Gemeinden können allerdings in den „zones urbaines et à urbaniser" und in den „zones à protéger à raison de qualité de leurs paysages et de leurs écosystèmes" auch weiterhin entsprechende Koeffizienten (coefficients d'occupation des sols) festlegen. Die bereits **233**

---

[404] Dieses Maß ergibt sich aus der Summe der unterschiedlichen Geschoßflächen einschließlich der Keller, Dachstühle und Scheidewände. Sie wird normalerweise mit Außenmauern errechnet.

[405] Zur alten Rechtslage vgl. ausführlicher Hök, Das französische Grundstücksrecht im Überblick, GuG 2000, 349, 351, insbesondere Fn. 23.

seit 1995 bestehenden Erleichterungen bei der Überschreitung der gesetzlichen Vorgaben, die in Art. L.127-1 Code de l'Urbanisme Eingang gefunden hatten, befreiten schon bisher gewisse Überschreitungen der Bebauungsintensität von der Ergänzungsabgabe, die sich nach den Kosten beurteilte, die für den Ankauf der Flächen erforderlich gewesen wären, die notwendig gewesen wären, um die tatsächliche bauliche Auslastung zuzulassen.

234 **3. Erschließungskosten und Erschließungsvertrag.** Die Gemeinden können Erschließungskosten auf die Anlieger umlegen (Art. 46 Gesetz SRU). Der Gemeinderat kann die Umlage von Erschließungskosten beschliessen (Art. L.332-11-1 Code de l'Urbanisme). Erfasst sind die Kosten für die Herstellung von Straßen, Ver- und Entsorgungsleitungen. Erfasst werden alle Anlieger, deren Grundstücke erschlossen werden und nicht weiter als 80 m von der neuen Straße entfernt sind. Die Kosten werden flächenanteilig und ggf. nach dem gemeindlich festgelegten „coefficient d'occupation des sols" gewichtet. Die Umlage wird fällig, wenn ein Gebäude errichtet wird (Art. L.332-11-2 Code de l'Urbanisme) und wird von der Baugenehmigungsbehörde beigetrieben. Die Anlieger können allerdings mit der Gemeinde eine frühere Umlegung vereinbaren. In diesem Fall sind die Fertigstellungsdaten für die Erschließungsmaßnahmen und die Modalitäten der Umlage festzulegen. Im Anschluss kann dem Anlieger für die Dauer von fünf Jahren die Erteilung einer Baugenehmigung nicht mehr verweigert werden, und zwar gerechnet ab dem Datum der Unterschrift unter die Erschließungsvereinbarung.

VII. Baugenehmigung

235 **1. Bauvorlageberechtigung.** Die mit dem Bauantrag einzureichenden Pläne und Bauzeichnungen müssen in der Regel von einem zugelassenen Architekten gefertigt werden (vgl. auch Art. 3 Architektengesetz). Dort heißt es: Wer Bauarbeiten plant, die einer Baugenehmigung bedürfen, muss einen Architekten mit der Erstellung der für den Baugenehmigungsantrag erforderlichen Planungsunterlagen beauftragen. Bei bestimmten Maßnahmen, die ein Vorhaben mit weniger als 170 qm Baufläche oder den Innenausbau betreffen, ist die Mitwirkung eines Architekten entbehrlich (Art. L-412-2 Code de l'Urbanisme, Art. R-421-1-2 Code de l'Urbanisme). Ein Verstoß gegen Art. 3 Architektengesetz führt zur Nichtigkeit des Vertrages[406].

236 **2. Genehmigungsverfahren.** Vor Beginn der Bauarbeiten muss eine Baugenehmigung beantragt[407] und erteilt werden. Art. L. 421-1 Code de l'Urbanisme lautet: Wer beabsichtigt, ein Bauwerk zu errichten oder zu erstellen, sei es zu Wohn- oder anderen Zwecken, sei es mit oder ohne Fundament, benötigt vor Beginn der Arbeiten eine Baugenehmigung. Dieselbe Genehmigung ist vorbehaltlich der Bestimmungen in Art. L 421-1 bis L 421-5 Code de l'Urbanisme für Arbeiten an bereits bestehenden Gebäuden erforderlich, wenn sie zu einer Zweckänderung, zu einer Veränderung der Außenansicht oder der Baumasse führen oder wenn neue Stockwerke geschaffen werden sollen. Der Bauantrag ist auf einem amtlichen Formular bei der Gemeinde zu stellen, in der das Bauvorhaben realisiert werden soll. Dem Antrag sind in der Regel ein Lageplan des Grundstücks (plan de situation du terrain), eine Bauzeichnung mit Angabe der Abmessungen des Vorhabens, eine Darstellung der Gebäudefassade und der Lage des Vorhabens mit Bezug auf die topografische Umgebung beizufügen (vgl. Art. R-421-2 Code de l'Urbanisme). Im Einzelnen sind beizufügen (Art. R-421-2 Code de l'Urbanisme):

---

406 So IPG 1982 Nr. 2.

407 Die Bauvorlage muss von einem Architekten erstellt worden sein (Art. L.421-2 Code de l'Urbanisme).

- den Lageplan des Grundstücks;
- einen Plan, der die Abmessungen der zu errichtenden oder zu ändernden Konstruktion in den drei Dimensionen markiert, ein Plan der diesbezüglichen Außenarbeiten und der erhaltenen, beseitigten oder geschaffenen Anpflanzungen;
- die Fassadenpläne;
- eine oder mehrere Ansichten, die den Standort der Konstruktion im Verhältnis im zum natürlichen Terrain am Tag der Beantragung der Baugenehmigung bestimmt und die Behandlung der Außenflächen ausweist;
- mindestens zwei fotografische Dokumente, die es gestatten, die Lage des Grundstücks in der näheren und fernen Umgebung bestimmen zu lassen, um die gewählte Lage des Grundstücks zu bewerten. Die Punkte und Winkel der Aufnahmen werden auf den Lageplan und den Abmessungsplan übertragen;
- mindestens ein graphisches Dokument, das es gestattet, die Einfügung des Bauprojektes in die Umwelt, seine visuelle Wirkung sowie die Behandlung von Zugängen und der unmittelbaren Umgebung abzuschätzen. Wenn das Projekt die Anpflanzung von Bäumen mit hohem Stamm beinhaltet, müssen die graphischen Dokumenten den Zustand bei Beendigung der Arbeiten und den langfristig zu erwartenden Zustand ersichtlich machen;
- einen Hinweis, der es gestattet, die visuelle Wirkung des Projektes zu bewerten. Zu diesem Zweck beschreibt er die bestehende Landschaft und Umwelt und stellt die vorgesehenen Maßnahmen dar und rechtfertigt sie, um die Einfügung der Konstruktion, der Zugänge und der unmittelbaren Umgebung der Konstruktion in die Landschaft zu gewährleisten;
- die Studie über die Wirkung, wenn sie verlangt wird.

Nach Antragseingang bestätigt die Gemeinde den Eingang des Antrages und teilt dem Antragsteller mit, innerhalb welcher Frist über seinen Antrag entschieden werden soll. Die regelmäßige Frist beträgt zwei Monate, in Ausnahmefällen bis zu fünf Monate. Nach Fristablauf gilt die Baugenehmigung als erteilt (permis tacite). Ausdrückliche Genehmigungen sind bei gewissen Umbaumaßnahmen an Wohngebäuden im Großraum Paris zur Umwandlung in Gewerberaum und an denkmalgeschützten Gebäuden erforderlich. **237**

3. Vorbescheide (certificat d'urbanisme). Art. 30 Gesetz SRU hat den schon bislang bekannten Bauvorbescheid geändert. Art. L.410-1 Code de l'Urbanisme sieht vor, dass der Bauvorbescheid die planungsrechtlichen Bestimmungen, die verwaltungsrechtlichen Beschränkungen sowie die steuerrechtlichen Verhältnisse in Bezug auf ein Grundstück ebenso angibt, wie den Zustand der tatsächlichen oder geplanten öffentlichen Erschließung bzw. Ausrüstung (einfacher Bauvorbescheid). Präzisiert die Bauvoranfrage das geplante Bauvorhaben, in dem sie insbesondere den Bestimmungszweck der geplanten Baulichkeit sowie die Geschoßflächen angibt, stellt der Bauvorbescheid auch fest, ob dieses geplante Vorhaben zulässig ist oder nicht (certificat pré-opérationnel). Der Unterschied zur bisherigen Rechtslage liegt darin, dass der einfache Bauvorbescheid keine konkrete Aussage zur Bebaubarkeit des betreffenden Grundstücks mehr macht. **238**

4. Genehmigung. Voraussetzung für die Erteilung der Baugenehmigung ist, dass das Bauvorhaben mit den einschlägigen planungsrechtlichen Vorgaben bezüglich des Standortes der Baumaßnahme, ihrer Zweckbestimmung, ihrer Natur, ihrer Architektur, ihren Dimensionen, ihrer Sanierung und Erschließung der unmittelbaren Umgebung vereinbar **239**

ist (Art. L-421-3 Code de l'Urbanisme)[408]. Sie ergeben sich im Wesentlichen aus den vorhandenen qualifizierten oder einfachen Bebauungsplänen sowie den Raumordnungs- und Flächennutzungsplänen. Die Beachtung der **technischen** Bauvorschriften wird im Baugenehmigungsverfahren nicht mehr geprüft[409]. Das materielle Bauordnungsrecht ist im Wesentlichen im Code de la Construction et de l'habitation (CCH) geregelt und enthält Vorschriften zur Ausstattung, der Hygiene und zur Sicherheit (vgl. Art. R-111-1 bis 111-28 CCH), die bei der Baudurchführung zu beachten sind. Der Bauherr muss sich bei Abgabe des Antrages auf Erteilung der Baugenehmigung lediglich verpflichten, diese Bestimmungen einzuhalten (Art L-421-3 Abs. 1 Code de l'Urbanisme). Ihre Beachtung wird im Nachhinein kontrolliert. Ausnahmen gelten allerdings für Gebäude mit einer besonderen Höhe (immeubles à grande hauteur) und solche, die die Öffentlichkeit (recevant le public) aufnehmen (vgl. Art. L-421-3 Abs. 2 Code de l'Urbanisme). In diesen Fällen wird die Genehmigung nicht erteilt, wenn in der Bauvorlage die Sicherheitsbestimmungen nicht beachtet wurden (Art. L-421-3 Abs. 2 Code de l'Urbanisme)[410].

240 Die Baugenehmigung wird nicht in Ansehung der Person sondern grundstücksbezogen erteilt und hat damit dinglichen Charakter[411]. Mithin kann ein Grundstück mit Baurecht veräußert werden. Liegt bereits eine Baugenehmigung vor, kann der Erwerber sie ausnutzen[412]. Die Baugenehmigung hat eine Verfallszeit von zwei Jahren. Wird nicht innerhalb der Zweijahresfrist mit den Baumaßnahmen begonnen, wird die Baugenehmigung unwirksam (Art. L-421-32 Code de l'Urbanisme).

241 Die Baugenehmigung wird unter Vorbehalt der Rechte Dritter erteilt und diese Dritten können bei Gericht den Schutz ihrer Rechte begehren[413]. Die Einhaltung der Vorschriften des Code Civil bezüglich der freien Sicht und noch allgemeiner der Regeln des Zivilrechts wird nicht kontrolliert[414].

242 **5. Bauabwicklung.** Innerhalb von 30 Tagen nach Fertigstellung der Arbeiten muss der Bauherr oder ggf. der Architekt die Fertigstellung gegenüber der Genehmigungsbehörde anzeigen (**déclaration d'achèvement**). Dabei ist ein Muster zu verwenden, das per Ministeriellem Dekret bestimmt wird. Der beauftragte Architekt muss zugleich erklären, dass die Maßnahmen entsprechend der Genehmigung ausgeführt wurden. Die Fertigstellungserklärung ist in drei Exemplaren auszufertigen und im eingeschriebenen Brief mit Rückschein an den Bürgermeister der Gemeinde zu richten, wo das Bauwerk errichtet wurde, oder gegen Quittung bei der Bürgermeisterei zu hinterlegen (Art. R 460-2 Code de l'Urbanisme). Die Behörde erteilt innerhalb von drei Monaten ein „**certificat de conformité**" (Art. L 460-4 Code de l'Urbanisme), wenn der Bau ordnungsgemäß errichtet wurde. Es kann eine staatliche Abnahme vorausgehen (Art. R 460-3 Code de l'Urbanisme). Sie ist in den gesetzlich angeordneten Fällen zwingend, also z.B. bei Baumaßnahmen an historischen Monumenten oder an Gebäuden mit großer Höhe (vgl. Art. R 460-3 Code de l'Urbanisme).

---

408 Jaquot/Priet, Droit de l'urbansime, Rn. 577.
409 Jaquot/Priet, Droit de l'urbansime, Rn. 578.
410 Vgl. auch Jaquot/Priet, Droit de l'urbansime, Rn. 578.
411 Mémento Pratique, Urbanisme-Construction 2004/2005, Rn. 2707.
412 Mémento Pratique, Urbanisme-Construction 2004/2005, Rn. 2707.
413 Lamorlette/Moreno, Code de l'Urbanisme, Rn. 1083.
414 Lamorlette/Moreno, Code de l'Urbanisme, Rn. 1084.

§ 37 Indien

Schrifttum

Desai, Tenderers and Government Contracts, 2. Auflage, New Delhi 2009; Diwan/Diwan, Private International Law, 4. Auflage, New Delhi 1998; Gajria, Building and Engineering Contracts in India, 4. Auflage, New Delhi 2000; Narayana/Nayar, Law of Contracts, 5. Auflage, Hyderabad 2008; Markanda, Building and Engineering Contracts, 2. Auflage, New Delhi 2007; Markanda, The Law of Contract, Vol. 1 und Vol. 2, 2. Auflage, New Delhi 2008; Noronha, Private International Law in India, New Delhi 2010; Patil, Building and Engineering Contracts, 5. Auflage, Pune 2005; Patil, The Law of Arbitration and Conciliation, 5. Auflage, Pune 2008; Ramaswamy, Nabhi's Practical Handbook on Construction Management, 3. Auflage, New Delhi 2008; Setalvad, Conflict of Laws, New Delhi 2007

Inhaltsübersicht

I. Allgemeines Vertragsrecht

1. Überblick. Das indische Vertragsrecht ist im Indian Contract Act 1872 kodifiziert. Die englischen Kolonialherren brachten den Indian Contract Act auch in die ostafrikanischen Kolonien. Er galt ursprünglich auch in Kenia, Tansania und Uganda. Hintergrund war die bis dahin bestehende Rechtsuneinheitlichkeit, die es mit sich brachte, dass Verträge zwischen Hindus den Gesetzen und Gebräuchen der Hindus unterlagen, während Verträge zwischen Moslems nach den Gesetzen und Gebräuchen der Moslems zu beurteilen waren. Bei Verträgen zwischen Hindus und Moslems wurde jeweils das Recht des Beklagten angewendet[1]. 1

In Fällen mit Auslandsberührung muss das *proper law of the contract* ermittelt werden. Es ist aus dem ausdrücklichen oder stillschweigenden Willen der Parteien zu entnehmen[2]. Haben die Parteien ihrem Willen Ausdruck verliehen, wird er umgesetzt. Fehlt ein ausdrücklicher Wille, muss er aus dem Wortlaut und der Natur des Vertrages sowie den allgemeinen Umständen des Falles abgeleitet werden. Das gewählte Recht muss eine gewisse Beziehung zum Vertrag haben[3]; im Zweifel genügt aber eine Rechtswahl bona fide, die nicht gegen die öffentliche Ordnung verstößt[4]. Im Falle von Schiedsge- 2

---

1 Gajria, Building and Engineering Contracts, 3.

2 Delhi Cloth & General Mills Co Ltd v. Harnam Singh, AIR 1955 SC 590; Dhanrajmal Gobindram v. Shamji Kalidas & Co, 1961 3 S.C.R. 1020 1041 = 1961 A.S.C. 1285, 1294; British Indian Steam Navigation Co Ltd v. Shanmughamavilas Cashew Industries (1990) 3 SCC 481; National Thermal Power Corporation v. Singer Co, AIR 1993 SC 998; Shreeji Traco (I) (P) Ltd (2003 9 SCC 79; Swedish East Asia Co Ltd v. BP Herman & Mohatta (India) Pvt Ltd, AIR 1962 Cal 601; DM Madan & Co v. Minerals & Metals Trading Corporation of India (1970) 1 Mad LJ 548; sihe auch Noronha, Private International Law in India, 72 f.

3 Siehe British Indian Steam Navigation Co Ltd v. Shanmughamavilas Cashew Industries (1990) 3 SCC 481.

4 National Thermal Power Corporation v. Singer Co, AIR 1993 SC 998; siehe auch Setalvad, Conflict of Laws, 628.

richtsvereinbarungen wird vermutet, dass das Recht des Schiedsgerichtsortes vereinbart wurde[5]. Rechtsprechung zu spezifischen Vertragstypen ist eher selten anzufinden. Berichtet werden Urteile zu einem Bankvertrag[6] (Recht der Bankfiliale, wo das Konto unterhalten wurde), zu einem Heuervertrag mit einem Seemann[7] (Recht des Ortes, an dem der Vertrag geschlossen wurde oder wo er zu erfüllen ist, falls diese Anknüpfungen unsicher sind, Recht der lex fori)[8]. In anderen Fällen sind die indischen Gerichte geneigt, englischen Präjudizien zu folgen[9].

3 Fehlen konkrete Indizien, muss sich der Richter in die Lage eines vernünftigen Menschen versetzen. Er muss dann den Willen der Parteien ermitteln, in dem er sich die Frage stellt, wie würde eine gerechte und vernünftige Person das Problem betrachten. In solchen Fällen können der Ort des Vertragsschlusses, der Erfüllungsort, der Sitz oder Wohnsitz der Parteien, Klageerhebung vor zuständigen Gerichten berücksichtigt werden[10]. Im Fall Rabindera wurde entschieden, dass mangels Rechtswahl das Recht maßgeblich ist, welches die engste tatsächliche Verbindung mit dem Rechtsverhältnis aufweist[11]. In der Literatur[12] wird die Rechtslage so wiedergegeben, dass im Vordergrund der Parteiwille steht. Lässt sich kein Parteiwille erkennen oder ermitteln, soll auf die engste tatsächliche Beziehung des Rechtsverhältnisses zu einer Rechtsordnung abgestellt werden[13].

4 Zum Verständnis des indischen Rechts ist es wichtig, zwischen Gesetzesrecht und Common Law zu unterscheiden. Die Vorgehensweisen sind unterschiedlich. Die Regeln des Common Law werden in Gerichtsurteilen hergeleitet und aus vorhandenen Präjudizien abgeleitet. An Letztere sind die Gerichte gebunden. Vorhandene Regeln werden weiterentwickelt. Gerichtsurteile sind in Bezug auf die Kernaussage schlicht zu beachten. Gesetzestexte unterliegen hingegen richterlicher Auslegung. Die Herangehensweise ist unterschiedlich. Es ist eine anerkannte Regel, dass die *ratio decidendi* eines Falles das rechtliche Prinzip ist, das über den Fall entscheidet und dass daher zum Beleg einer Common Law Regel nicht auf eine Entscheidung Bezug genommen werden kann, die nicht über den fraglichen Aspekt entschieden hat[14]. Eine passende Beobachtung findet sich in der Entscheidung M/s Amarnath Nath Om Prakash v. State of Punjab[15]:

Wir erachten es für richtig zu sagen, wie wir es bereits in anderen Fällen getan haben, dass Urteile von Gerichten nicht wie Gesetze ausgelegt werden. Um Worte, Sätze und gesetzliche Regelungen auszulegen, kann es für Richter erforderlich werden, in langatmige Diskussionen einzutreten. Doch ist die Diskussion darauf gerichtet zu erklären und nicht zu definieren. Richter legen Gesetze aus, aber sie legen keine Urteile aus. Sie legen gesetzliche Begriffe aus, doch ihre diesbezügliche Auslegung darf nicht als Gesetz verstanden werden.

---

5 Vita Food Products Inc v. Unus Shipping Co Ltd, (1939) AC 277; bestätigt in National Thermal Power Corporation v. Singer Co, AIR 1993 SC 998; siehe auch Noronha, Private International Law in India, 73.

6 Delhi Cloth & General Mills Co Ltd v. Harnam Singh, AIR 1955 SC 590.

7 Nicholas Schivas v. Nemazie, AIR 1952 Cal 85.

8 Siehe Setalvad, Conflict of Laws, 631.

9 Setalvad, Conflict of Laws, 631.

10 Siehe National Thermal Power Corporation v. Singer Co, AIR 1993 SC 998; siehe auch Noronha, Private International Law in India, 74.

11 Rabindera v. L.I.C., 1964 Cal 141, wobei der Calcutta High Hourt auf zahlreiche englische Urteile und Autoren zurückgriff.

12 Diwan/Diwan, Private International Law, 520.

13 Diwan/Diwan, Private International Law, 520.

14 Shin-Etsu Chemical Co. Ltd. M/s Aksh Optifibre Ltd. & Anr., (2005) 4 MLJ 84 (SC).

15 Amarnath Nath Om Prakash, M/s. v. State of Punjab [1985] 1 S.C.C. 345.

2. Vertragsschluss. Die Zutaten eines Vertrages sind die Parteien, Konsens, *Consideration* und Verpflichtungen[16]. Verträge können schriftlich oder mündlich geschlossen werden[17]. Sie können auch schlicht durch das Verhalten der Parteien zustande kommen[18]. Es wird zwischen vollzogenen Verträgen und vollziehbaren Verträgen unterschieden. Bei ersteren wird der Vertrag im selben Augenblick geschlossen und vollzogen (Kauf, Übereignung und Bezahlung geschehen zeitgleich). Die Verträge der zweiten Kategorie begründen auf die Zukunft gerichtete Verpflichtungen, wie z.B. beim Bauvertrag[19]. Ferner gibt es die teilbaren und die unteilbaren Verträge (severable and entire contracts). In einem unteilbaren Vertrag kann der Unternehmer Zahlung erst nach Fertigstellung der Leistung verlangen[20]. In teilbaren Verträgen könnte er Abschlagszahlungen erhalten[21]. 5

a. Angebot und Annahme. Verträge beruhen auf wechselseitigen Versprechen[22], also Angebot und Annahme. Ein Angebot (*proposal*) ist eine Erklärung des Anbietenden über seine Absicht, gegenüber dem Angebotsempfänger an eine Verpflichtung gebunden zu werden[23]. Ein Angebot wird abgegeben, wenn jemand seine Absicht bekundet, an klar feststellbare Bedingungen gebunden zu werden, und an sie gebunden zu sein, sobald der Empfänger des Angebotes seine Annahme mitteilt[24]. Grundsätzlich kann ein Bieter jederzeit sein Angebot zurückziehen, solange es nicht angenommen wurde. In nahezu allen Ausschreibungen findet sich jedoch der Hinweis, dass die Bieter ihr Angebot bei Meidung des Verfalls der Bietungssicherheit weder zurückzuziehen noch abändern dürfen. Doch auch dann, wenn die *Tender Notice* (Ausschreibung) vorsieht, dass der Bieter sein Gebot nicht zurückziehen darf, solange der Ausschreibende noch keine Entscheidung gefällt hat, kann der Bieter jederzeit sein Gebot vor dessen Annahme durch den Ausschreibenden zurückziehen, es sei denn das Versprechen das Gebot offenzuhalten, beruht auf einer Gegenleistung im Sinne von *Consideration*. Gemäß Section 5 Indian Contract Act kann der Bieter sein Gebot erst dann nicht mehr zurückziehen, wenn es bereits durch die Aufgabe des *Letter of Acceptance* angenommen wurde, und zwar auch dann, wenn das Annahmeschreiben den Bieter nicht erreichen sollte[25]. 6

Die Annahme ist die Mitteilung über die Zustimmung zum Angebot[26]. Sobald das Angebot angenommen wurde, wird das Angebot zum Versprechen[27]. Die Annahme muss uneingeschränkt und bedingungslos erfolgen, damit das Angebot zum Versprechen werden kann[28].

Die Ausschreibungsunterlagen enthalten üblicherweise Angaben zum Submissionsstichtag[29]. Verspätet eingereichte Angebote können nicht wirksam angenommen werden[30]. Sehen die Ausschreibungsunterlagen einen bestimmten Submissionstag vor, obliegt es dem Bieter, sein Angebot fristgemäß einzureichen. Nimmt die Ausschreibungsstelle ein 7

[16] Narayana/Nayar, Law of Contracts, 778.
[17] Narayana/Nayar, Law of Contracts, 779.
[18] Narayana/Nayar, Law of Contracts, 779.
[19] Narayana/Nayar, Law of Contracts, 779.
[20] Narayana/Nayar, Law of Contracts, 779.
[21] Narayana/Nayar, Law of Contracts, 779.
[22] D.E.D.D.A.P.P.A. v. National Insurance Co Ltd, 2008 (2) SCC 595.
[23] Markanda, Building and Engineering Contracts, § 1.2.
[24] Markanda, Building and Engineering Contracts, § 1.2.
[25] Narayana/Nayar, Law of Contracts, 670.
[26] Markanda, Building and Engineering Contracts, § 1.3.
[27] Markanda, Building and Engineering Contracts, § 1.3.
[28] Markanda, Building and Engineering Contracts, § 1.3.1.
[29] Narayana/Nayar, Law of Contracts, 671.
[30] Narayana/Nayar, Law of Contracts, 671.

verspätet abgegebenes Angebot an, ist die Annahme unwirksam[31]. Was auch immer der Grund für die verspätete Angebotsabgabe gewesen sein mag, ist unerheblich, solange die Ausschreibungsunterlagen klar stellen, dass kein Angebot angenommen werden wird, das nach dem bezeichneten Zeitpunkt eingehen sollte.

8 Im Prinzip stellt die Aufforderung zur Angebotsabgabe eine reine *invitatio ad offerendum* dar[32]. Der Ausschreibende will erreichen, dass ihm ein verbindliches Angebot unterbreitet wird, das er annehmen kann[33]. Es wird sogar gesagt, es handele sich lediglich um den Versuch festzustellen, ob überhaupt Angebote zu einem bestimmten Preis erhältlich sind, die für den Ausschreibenden akzeptabel wären[34]. Der Ausschreibende muss nicht zwingend das niedrigste Angebot annehmen[35]. Wenn aber ein Aufruf zur Abgabe von Angeboten ausdrücklich festlegt, dass das niedrigste Gebot den Zuschlag erhält, wird er, wenn er auch in anderer Hinsicht hinreichend bestimmt ist, ein richtiges Angebot, sodass ein vollständiger Vertrag zwischen dem Ausschreibenden und dem niedrigsten Bieter zustande kommt[36]. In einer Entscheidung hat der Supreme Court[37] festgestellt, dass eine Aufforderung zur Angebotsabgabe etwas in der Natur einer moralischen Verpflichtung oder eines Brauches impliziert, das niedrigste Gebot anzunehmen. Üblicherweise enthalten die Ausschreibungen den Vorbehalt, dass der Auftraggeber frei bleibt, jedes Angebot anzunehmen, also nicht zwingend das niedrigste Angebot berücksichtigen wird und dass das niedrigste Gebot kein Recht begründet, die Annahme zu verlangen[38].

Wenn die Regierung, gesetzliche Körperschaften oder öffentliche Unternehmen zur Angebotsabgabe auffordern, sollte das niedrigste Angebot angenommen werden, falls nicht eine spezieller Grund für eine Abweichung von dieser Regel besteht. Falls kein gültiger Grund besteht, kann die Entscheidung nach Art. 226 der Indischen Verfassung überprüft werden[39].

9 Nach den Bestimmungen des *Indian Contract Act* erzeugen ein Angebot und seine vorbehaltlose und uneingeschränkte Annahme einen bindenden Vertrag. Wenn die Annahme irgendeine Änderung in den Bedingungen des vom Auftragnehmer übermittelten Angebots beinhaltet, kann es sich um keine vorbehaltlose Annahme handeln, so dass kein gültiger Vertrag zustande kommt[40]. Eine bedingte Annahme oder eine Annahme mit Änderungen der Bedingungen des Angebots ist keine Annahme, „sondern ist ein Gegenangebot, welches durch den ursprünglichen Anbieter angenommen werden muss“[41]. Eine bedingte Annahme erzeugt ausnahmsweise einen bindenden Vertrag, wenn der Auftragnehmer nach den Bedingungen des *Letter of Acceptance* handelt. In den Fällen *State of Bihar v. Charanjitlal* und *Jawahrlal v. Union of India* wurde festgehalten[42], dass „wo das Angebot unter einer Bedingung unterbreitet wurde und dieses Angebot angenommen wurde, der Person, die das Angebot angenommen hat, unterstellt

---

[31] B. Raj Kumar Patra v. Union of India, AIR 1981 Ori.
[32] Gajria, Building and Engineering Contracts, 4.
[33] Markanda, Building and Engineering Contracts, § 1.5.8.
[34] Gajria, Building and Engineering Contract, 5.
[35] Narayana/Nayar, Law of Contracts, 674.
[36] Gajria, Building and Engineering Contract, 7; ebenso Narayana/Nayar, Law of Contracts, 675.
[37] Pauling v. Pontifex, 1852 2 Saund & M, 59, zitiert nach Narayana/Nayar, Law of Contracts, 675.
[38] Gajria, Building and Engineering Contract, 8.
[39] Narayana/Nayar, Law of Contracts, 676.
[40] Narayana/Nayar, Law of Contracts, 679.
[41] Dalmia Cement Co. v. Lourduswami Pillai, 1943 1 M.L.J. 303; vgl. Narayana/Nayar, Law of Contracts, 680.
[42] State of Bihar v. Charanjitlal, AIR 1960 Patna 139; Jawahrlal v. Union of India, 1962 S.C. 378.

werden muss, dieses mit der Bedingung angenommen zu haben. Sie kann dann nicht mit dem Einwand gehört werden, dass sie, obwohl sie das Angebot angenommen hat, nicht an die Bedingung gebunden ist“[43].

Grundsätzlich haben Bieter keinen Anspruch auf Erstattung ihrer Auslagen. Üblicherweise enthalten die Ausschreibungsunterlagen eine entsprechende Ausschlussklausel. Insoweit wird in Indien auf die englische Entscheidung in Sachen William Lacey[44] verwiesen[45]. Kommt kein Vertrag zustande, ist der erfolglose Bieter rechtsmittellos[46]. Doch in bestimmten Fällen haben englische Gerichte Ausnahmen zugelassen, die auch in Indien anerkannt sind. Wenn der Bieter Leistungen ausführt, die normalerweise außerhalb der im Vergabeverfahren eingesetzten Methoden liegen (z.B. wenn der Bieter eine gewisse Distanz überwindet, um die Baustelle zu besichtigen oder zu vermessen, ohne dass der Auftraggeber mit Kosten belastet wird) und wenn diese Leistungen von einem Unternehmer, von dem das Angebot erbeten wurde, aus Sicht beider Parteien in der Annahme erbracht wurden, dass dem Unternehmer der Auftrag erteilt werde, wird hieraus abgeleitet, dass der Auftraggeber für diese Arbeiten einen angemessenen Kostenausgleich bezahlt[47]. 10

Wenn der Auftraggeber ohne jegliche Absicht, einen Vertrag einzugehen, ein Angebot anfordert und der Auftragnehmer davon ausgeht, es handele sich um eine aufrichtige Aufforderung zur Angebotsabgabe, kann der Auftragnehmer eventuell entstandene Kosten in Form von Schadensersatz geltend machen[48]. Verhindert der Auftraggeber die Berücksichtigung eines Gebots durch das *Tender Evaluation Committee*, ist der geschädigte Bieter berechtigt, einen finanziellen Ausgleich zu erhalten[49]. 11

b. Consideration. Im indischen Recht ist eine rechtskonforme *Consideration* Voraussetzung für den wirksamen Vertragsabschluss. Ohne *Consideration* kommt kein Vertrag zustande, es sei denn es liegt ein Fall nach Section 25 Indian Contract Act vor: (i) Schriftlicher Vertrag mit Registrierung, (ii) Vereinbarung über die Gegenleistung für bereits geleistete Arbeit oder über etwas, was der Versprechende gesetzlich verpflichtet ist zu tun, (iii) Vereinbarungen über die Erfüllung bereits verjährter Forderungen. Consideration besteht normalerweise darin, dass derjenige, der sich etwas versprechen lässt, seinerseits als Preis dafür verspricht, etwas zu tun oder zu unterlassen[50]. In Bauverträgen ist die vom Auftraggeber erwartete Consideration gewöhnlich, dass der Auftraggeber den oder einen Preis bezahlt, gegen den sich der Unternehmer verpflichtet, ein Bauwerk zu errichten[51]. 12

Eine Vereinbarung über die Bezahlung von Leistungen, die eigentlich bereits im ursprünglichen Vertrag enthalten waren, ist unwirksam, weil es an *Consideration* fehlt[52]. Verpflichtet sich eine Person in einem Vertrag gegen nur eine Consideration eine Reihe von Dingen zu unternehmen, kann der Vertrag nicht bruchstückhaft durchgesetzt werden[53].

---

43 Narayana/Nayar, Law of Contracts, 680.
44 William Lacey (Hounslow) Ltd v. Davis, 1957 1 WLR 932.
45 Narayana/Nayar, Law of Contracts, 677.
46 Narayana/Nayar, Law of Contracts, 677.
47 Vgl. Narayana/Nayar, Law of Contracts, 677.
48 Siehe Richardson vs. Silvester, (1873) L.R.9 QB 34; Narayana/Nayar, Law of Contracts, 678.
49 Vgl. Chaplin vs. Hick, 1911 27 T.L.R. 458 C.A.; Narayana/Nayar, Law of Contracts, 678.
50 Gajria, Building and Engineering Contract, 196.
51 Gajria, Building and Engineering Contract, 196.
52 Siehe Gajria, Building and Engineering Contract, 197 unter Berufung auf die englische Entscheidung Sharpe v. San Paulo Rail Co (1873) 8 Cr App 597.
53 Bhabhootmal v. Moolchand, AIR 1943 Nag 266.

13 Es mag sich die Frage stellen, ob die Consideration angemessen sein muss. Falls dies zu bejahen wäre, könnte das die Frage danach aufwerfen, ob sich der Unternehmer weigern kann, die Arbeiten auszuführen, wenn er sie zu einem sehr niedrigen Preis angeboten hat, zu dem die Arbeiten tatsächlich nicht durchführbar sind. Jedoch setzt Section Indian Contract Act keine angemessene Gegenleistung voraus, solange kein Fall von Betrug oder ähnlichem Verhalten vorliegt[54]. Die Gerichte dürfen nicht in den Vertrag eingreifen, solange der Vertrag in fairer Weise zustande gekommen ist[55]. Es kommt dabei auf die Umstände zum Zeitpunkt des Vertragsschlusses an[56]. Niemand verbietet es den Parteien eines Vertrages, törichte oder desaströse (verhängnisvolle) Verträge zu schließen[57].

14 **c. Förmlicher Vertragsschluss.** Wenn alle notwendigen Bedingungen in den existierenden Dokumenten, wie den vom Auftraggeber herausgegebenen Ausschreibungsunterlagen, dem vom Bieter übermittelten Angebot, der nachfolgenden Korrespondenz etc. enthalten sind, besteht der Zweck eines formellen Vertrags lediglich darin, ein Dokument zu erstellen, welches die Bedingungen enthält, über die bereits eine Einigung erzielt wurde. In solchen Fällen ist für die Gerichte der formelle Vertrag nicht erforderlich, um die bereits erreichte Abmachung durchzusetzen. Wenn aber einige wichtige Bedingungen offen geblieben sind, welche in den formellen Vertrag einbezogen werden müssen, gibt es keinen gültigen Vertrag bis diesen Bedingungen zugestimmt worden ist[58]. Section 4 des *Indian Contract Act* besagt, dass „die Annahme wirksam wird, sobald sie dem Anbietenden bekannt wird“[59]. Section 5 des *Act* besagt, dass „eine Annahme jederzeit zurückgenommen werden kann, bevor sie vollständig gegen den Annehmenden wirkt, aber nicht danach“[60].

15 **3. Vertragsauslegung.** Die Grundsätze der Vertragsauslegung sind heranzuziehen, wenn der Vertragswortlaut unklar, zwei- oder mehrdeutig ist. Obwohl das indische Recht auf dem englischen Recht beruht und eng mit ihm verwandt ist, können die englischen Präjudizien nur verwendet werden, soweit sie sich mit den Regelungen des Indian Contract Act vertragen. Erst wenn das Gesetz selbst nur unter Zuhilfenahme des englischen Rechts verständlich wird, kann es herangezogen werden. Ist eine Regel des englischen Rechts im Indian Contract Act anerkannt, genießt die sprachliche Regelung im Act gegenüber der Auslegung durch englische Gerichte Vorrang[61].

Im Vordergrund der Vertragsauslegung steht die Ermittlung des Parteiwillens. Der Wille ist aus dem Gesamtwortlaut des Vertrags herzuleiten[62]. Unzweideutige Klauseln können nicht umgedeutet werden, auch wenn sich dadurch Härten ergeben[63]. Worte sind zunächst sprachlich zu analysieren, ohne allgemeine rechtliche Grundsätze (wie z.B. *natural justice* hinzuziehen[64]. Ergänzend können die *ejusdem generis* Regel[65] sowie die *contra proferentum* Regel[66] herangezogen werden.

[54] Gajria, Building and Engineering Contract, 199.
[55] Teckchand v. Birzabai, AIR 1942 Nag 119; siehe dazu Narayana/Nayar, Law of Contracts, 743.
[56] Appa Rau v. Suryanarayana, 10 Madras 303; siehe dazu Narayana/Nayar, Law of Contracts, 743.
[57] Gajria, Building and Engineering Contract, 199.
[58] Narayana/Nayar, Law of Contracts, 680.
[59] Vgl. Narayana/Nayar, Law of Contracts, 682.
[60] Vgl. Narayana/Nayar, Law of Contracts, 682.
[61] Superintendence Co. of India v. Krishan Mugai AIR 1980 SC 1717, gefolgt von Sandya Organic Chemicals P. Ld v. United Phosphorus Ltd AIR 1997 Guj. 177; Patil, Building and Engineering Contracts, 223.
[62] Markanda, Building and Engineering Contracts, § 6.1, § 6.10.2.
[63] Patil, Building and Engineering Contracts, 225; Markanda, Building and Engineering Contracts, § 6.8.
[64] Jainarain Singh v. State of Bihar, AIR 1980 Pat 24.
[65] VGl. dazu Jiwibai v. Ram Kumar Shrinivas Muraka Agarwala, AIR 1947 Nag 17; Markanda, Building and Engineering Contracts, § 6.7.
[66] Dasarath Hayen v. Satyanarayan Ghosh, AIR 1963 Cal 365; Markanda, Building and Engineering Contracts, § 6.19.

Häufig wird nach Angebotsabgabe umfangreich korrespondiert. Nach Abschluss der Verhandlungen, wird der Vertrag ausgefertigt, der alle Bedingungen regelt. Häufig wird jedoch später ersucht, die Vorkorrespondenz in die Vertragsauslegung einzubeziehen. Sind die Bedingungen des Vertrages jedoch eindeutig, können sich die Parteien nicht auf vorvertragliche Korrespondenz berufen[67]. Können die Bedingungen hingegen unterschiedlich ausgelegt werden, wird die vorvertragliche Korrespondenz zur Ermittlung des wahren Parteiwillens zum Zeitpunkt des Vertragsschlusses beachtlich. Es ist zulässig, auf das Verhalten der Parteien zu rekurrieren, um den für unterschiedliche Auslegungen offenen Vertrag zu erklären und zu erhellen[68]. Zur korrekten Auslegung des Vertrages müssen die Gerichte vordinglich in den Vertragstext selbst schauen[69]. Doch sie müssen auch die Umstände würdigen, unter denen er errichtet wurde. Ferner sollen sie die Entwurfsfähigkeiten der Parteien, die Absicht, die dem geschriebenen Wort zugrunde lagen sowie das Verhalten der Parteien auf der Grundlage des Vertrages berücksichtigen. Wo die Sprache mangelhaft ist, sollten die Umstände, mit Bezug zu was die Worte gebraucht worden, ebenso berücksichtigt werden[70]. 16

In einem Fall wurde entschieden, dass „wenn ein Vertrag gedruckte und maschinegeschriebene Klauseln enthält, beiden die gleiche Bedeutung gegeben werden muss, es sei denn zwischen beiden treten Widersprüche auf. In diesem Fall sollte das größere Gewicht den letzteren gegeben werden"[71]. Im Verhältnis zwischen gedruckten und handschriftlichen Klauseln sollen die handschriftlichen mehr Gewicht haben[72]. Können vertragliche Klauseln in unterschiedlicher Weise verstanden und ausgelegt werden, kann die *contra proferentum* Regel eingesetzt werden[73]. Ihr zufolge wird, wenn eine Bedingung zweideutig ist und ihre Bedeutung nicht präzise festgestellt werden kann, derjenigen Auslegung Vorzug eingeräumt, die gegen den Autor der zweideutigen Bedingung spricht[74]. Im Fall Mehta hatte sich der Unternehmer verpflichtet, bestimmte zusätzliche Leistungen in Höhe von bis zu 20% der angegebenen Massen zu erbringen. Sollten die geforderten Massen darüber hinaus gehen, durfte der Unternehmer für die darüber hinausgehenden Mengen eine Anpassung des Einheitspreises fordern. Eine andere Klausel sah allerdings Preisanpassungen allgemein nur für den Fall einer 50%igen Massenüberschreitung vor. Der High Court New Delhi sowie der Supreme Court gaben dem Unternehmer Recht. Die speziellere Klausel überwog und die Unstimmigkeit wurde zu Lasten des Auftraggebers ausgelegt[75]. Der Sinn der Regel liegt aus indischer Sicht darin, dass derjenige, der die zweideutige Klausel entweder absichtlich oder unabsichtlich in den Vertrag aufnimmt, keinen Vorteil aus der Zweideutigkeit ziehen soll[76]. 17

Schreibfehler können verhängnisvolle Folgen haben. In einem Fall hatte sich der Unternehmer verpflichtet, Ausschachtungsarbeiten für einen Tank vorzunehmen. Die entsprechende Abrechnungsposition beschrieb die Leistung als Ausschachtungsarbeiten für Tank in *soil, murrum, sock* gegen einen bestimmten Einheitspreis. Wie sich später 18

[67] Narayana/Nayar, Law of Contracts, 688.
[68] Dharendra Krishina Mukherji v. Banwarilal Roy, 83 C.L.J. 229.
[69] Raja Ram Jaiswl v. Ganesh Prasad and others, AIR 1959 All 29.
[70] Narayana/Nayar, Law of Contracts, 689.
[71] Ganpatrai Gupta v. Mody Bros. Ltd., 85 C.L.J 136.
[72] China Cotton Exporters v. Beharilal Ramcharan Cotton Mills Ltd, AIR 1961 S.C. 1295.
[73] Markanda, Building and Engineering Contracts, § 6.19.
[74] Dasarath Hayen v. Satyanarayan Ghosh, AIR 1963 Cal 365; Narayana/Nayar, Law of Contracts, 691.
[75] Mehta Teja Singh & Co v. Union of India, Suit n° 623 – A (1979), Urt. v. 25.11.1980 sowie Supreme Court, Appeal Civil 3564/1981, beide zitiert nach Narayana/Nayar, Law of Contracts, 691 f.; siehe auch die eingehende Sachverhaltsdarstellung bei Gajria, Building and Engineering Contract, 218 f.
[76] Gajria, Building and Engineering Contract, 235; ebenso Narayana/Nayar, Law of Contracts, 692.

herausstellte, hatte sich womöglich ein Schreibfehler eingeschlichen, denn der Unternehmer stieß auf Fels (*rock*). Der Besteller berief sich nun darauf, dass der Schreibfehler unmaßgeblich sei. Das Gericht hielt allerdings das Ausheben von Boden und das Schneiden von Fels für völlig unterschiedliche Arbeiten und gab dem Begehren des Unternehmers auf Festlegung eines neuen Einheitspreises statt[77]. Das Gericht hielt sich nicht für berechtigt, schlicht einen unbeachtlichen Schreibfehler anzunehmen, weil es in diesem Fall den Charakter des Vertrages ändern hätte müssen[78].

19 **4. Vertragserfüllung und Haftung.** Wie im englischen Recht besteht kein Anspruch auf spezifische Vertragserfüllung, d.h. der Leistungsanspruch, der nicht auf Geld gerichtet ist, kann nicht durchgesetzt werden[79]. Zwar wird Vertragserfüllung als Verpflichtung angesehen. Doch in der Regel kann der Besteller den Unternehmer nicht gerichtlich zwingen, die Leistung zu erbringen[80]. Übliche Rechtsbehelfe (*remedies*) im Falle der Vertragsverletzung sind Schadensersatz (*damages*) und Vertragsauflösung (*repudiation*). Schadensersatz richtet sich auf den angemessenen Ausgleich des erlittenen Schadens, der natürlicherweise bei normalen Verlauf der Dinge eintritt oder den die Parteien kannten, als sie den Vertrag eingingen[81]. Section 73 Indian Contract Act greift die englische Rechtsprechung as Hadley v. Baxendale[82] auf und regelt: *Wenn der Vertrag verletzt wurde, ist die Partei, die durch die Vertragsverletzung gelitten hat, berechtigt, von der Partei, die den Vertrag verletzt hat, Ersatz für jeglichen Verlust oder Schaden zu verlangen, der ihr dadurch entstanden ist, sofern er natürlicherweise im normalen Verlauf der Dinge aus einer solchen Verletzung hervorgeht oder sofern die Parteien bei Vertragsschluss wussten, dass er wahrscheinlich durch die Verletzung entstehen kann.* Wenn der Vertrag Regelungen zur Schadenshöhe enthält, greift Section 74 Indian Contract Act, wonach dann nur der Betrag gefordert werden kann, der vereinbart wurde, ohne allerdings den Nachweis eines Schadens erbringen zu müssen. Die Rechtsprechung hat zu vereinbarten Schadensersatzbeträgen Prinzipien entwickelt, die wie folgt zusammengefasst werden können[83]:

- Der Kläger muss den Schaden in allgemeinem Sinne beweisen
- Der bestehende Vertrag zwischen den Parteien, die den Schaden geschätzt haben, ist ausreichender Beweis in sich selbst.
- Der vereinbarte Betrag ist jedoch kein abschließender Beweis. Kann Beweis erbracht werden, dass der vereinbarte Betrag exzessiv ist, kann das Gericht eine Anpassung vornehmen. Zeigt sich, dass der vereinbarte Betrag zu niedrig geschätzt wurde, wird das Gericht an dem vereinbarten Betrag festhalten.

II. Bauvertragsrecht

20 **1. Einleitung.** Das Bauvertragsrecht wird umfassend diskutiert und erörtert[84], obwohl es weder ein typisiertes Werkvertragsrecht noch ein typisiertes Bauvertragsrecht gibt.

---

77 Gujarat Electricity Board v. S.A. Jais And Co. and ors., AIR 1972 Guj 192 (1971).
78 Gujarat Electricity Board v. S.A. Jais And Co. and ors., AIR 1972 Guj 192 (1971).
79 Siehe Markanda, Building and Engineering Contracts, § 8.2.
80 Narayana/Nayar, Law of Contracts, 782.
81 Narayana/Nayar, Law of Contracts, 782.
82 Hadley v. Baxendale, 1854 9 Ex. 341, 355.
83 Siehe Mahadeo Prasad v. Siemens Ltd, AIR 1934 Cal 285; zu einer etwas weitergehenden Sichtweise siehe Badhava Singh v. Charan Singh, AIR 1955 Raj 87 (Rajasthan High Court): keinerlei Bindung an Vereinbarung; siehe dazu auch Narayana/Nayar, Law of Contracts, 738 f.
84 Siehe Narayana/Nayar, Law of Contracts, 1 ff.; Gajria, Building and Engineering Contract, 1 ff.; Markanda, Building and Engineering Contracts, §§ 1 ff.

Der *Indian Contract Act* erwähnt den Bauvertrag allenfalls beiläufig in den Regelbeispielen. Im Übrigen ist die Gestaltung von Bauverträgen eine Aufgabe der Kautelarjuristen. Für das Verständnis des indischen Bauvertragsrechts wichtige Begriffe sind folgende:

Claim: Ein Fachbegriff, der im bauvertraglichen Kontext üblicherweise als die Behauptung eines Rechts (im Sinne der Behauptung des Vorliegens einer Anspruchsgrundlage) verstanden wird.

Dispute: Im weitesten Sinne beschreibt der Begriff Zank und Streit zwischen den Parteien. Im engeren Sinne ist damit gemeint, dass die Phase der Meinungsverschiedenheiten formal abgeschlossen ist und sich ein Zustand auftut, wo ein Dritter den Streit über einen Anspruch der zurückgewiesen wurde, zu entscheiden hat[85].

Engineer: Der Begriff wird im Sinne einer Berufsbezeichnung verwendet, aber auch im Sinne eines Vertragsadministrators.

Liquidated Damages: Maß des Schadensersatzes, das bei Vertragsschluss festgestellt und vereinbart wurde. Man könnte auch sagen, es handelt sich um die des Betrages, der für den eventuellen Fall eines Vertragsbruches antizipiert wurde[86].

Resident Engineer: Der *Resident Enginer* ist entweder eine Person, die schlicht als Beauftragter des Bestellers ernannt wird und agiert oder eine Person, die die Befugnis besitzt, im Verhältnis zwischen Besteller und Unternehmer ihr unabhängiges Urteil zu fällen[87].

Superintendent Engineer (P.W.D. Standard Forms): In einigen P.W.D. Standard Forms ist ein Superintendent Engineer vorgesehen, der die folgenden Befugnisse hat:

„Vorbehaltlich anderweitiger Regelungen in dem Vertrag ist die Entscheidung des Superintendent Engineer vorerst bindend, endgültig und für alle Parteien des Vertrages in Bezug auf alle darin erwähnte Fragen der Bedeutung von Spezifikationen, der Planung, der Zeichnungen und der Anordnungen bindend. Die Entscheidung dieses Engineer in Bezug auf die Qualität der Arbeitsleistung, das für die Arbeiten genutzte Material oder in Bezug auf jede andere Frage, Anspruch, Recht, Angelegenheit oder welches Ding auch immer, die in irgendeiner Weise aus dem Vertrag oder in Zusammenhang mit dem Vertrag, Planungen, Zeichnungen, Spezifikationen, Schätzungen, Anordnungen, das Unterlassen, dieselben auszuführen, ob während der Durchführung der Arbeiten oder nach Fertigstellung bzw. Abstandnehmen vom Vertrag durch den Unternehmer, auftritt, für den Unternehmer endgültig, abschließend und bindend."

Eine derartige Klausel ist aus Sicht der indischen Rechtsprechung keine Schiedsgerichtsklausel. Sie verleiht die Befugnis zur Überwachung der Arbeiten und zur Ausübung administrativer Kontrolle[88].

Es wird zwischen privaten und öffentlichen Bauverträgen unterschieden. Gemäß Art. 14 der Indischen Verfassung ist der Staat berechtigt, mit jedermann in vertragliche Beziehungen einzutreten[89]. Im Prinzip darf dies nicht der höchste Bieter sein. Eine gerichtliche 21

85 Markanda, Building and Engineering Contracts, § 3.41.
86 Markanda, Building and Engineering Contracts, § 3.52.
87 Markanda, Building and Engineering Contracts, § 3.71.
88 State of Orissa and another v. Sri Damodar Das, AIR 1996 SC 943; State of UP v. Tipper Chand, AIR 1980 SC 1522; siehe Patil, Building and Enginerring Contracts, 647 f.
89 Desai, Tenders and Government Contracts, 6.

Überprüfung von Vergaben ist grundsätzlich möglich[90]. Art. 14 der Indischen Verfassung verbietet willkürliche Vergaben. Der Staat muss angemessen, fair und im öffentlichen Interesse handeln, wenn er einen Auftrag vergibt. Andererseits hat Niemand einen verfassungsmäßigen Anspruch darauf, Geschäfte mit dem Staat zu machen[91]. Öffentliche Ausschreibungen sollten mit größtmöglicher Publizität und Offenheit vorgenommen werden[92]. Das Maß der Öffentlichkeit wird auch von Wirtschaftlichkeitserwägungen bestimmt, z.B. bei kleineren Aufträgen[93]. Das öffentliche Interesse kann es allerdings erfordern, keine neue Ausschreibung durchzuführen, wenn dagegen verstoßen wurde, z.B. wenn bereits größere Investitionen vorgenommen wurden[94]. Es existiert mithin keine Regel des Inhalts, dass jeder Auftrag öffentlich mit Veröffentlichungen in Tageszeitungen mit großer Verbreitung und hoher Auflage ausgeschrieben werden muss[95]. Im Grundsatz sind die Gerichte eher zurückhaltend, in die Vergabeentscheidungen des Staates und die Vertragsfreiheit einzugreifen. Die Aufgreifschwelle liegt dort, wo der Nachweis von Willkür, Unfairness, Gesetzverstößen und Irrationalität geführt werden kann[96].

22 Verträge mit dem Staat müssen den Anforderungen aus Art. 299 der Indischen Fassung genügen. Art. 229 der Indischen Verfassung fordert, dass alle Verträge, die in Ausübung der Exekutivgewalt des Staates oder eines Bundesstaates je nach den Verhältnissen ausdrücklich im Namen des Präsidenten oder des Gouverneurs des Bundesstaates abgeschlossen werden sollen. Die Vorschrift erfordert lediglich, dass die jeweils zuständige Stelle handelt und dass der Vertrag durch eine von einem ordnungsgemäß bevollmächtigten Beamten angefertigten Urkunde bezeugt wird[97]. So wie der Art. 299(1) der Verfassung auf Verträge mit der Regierung angewendet wird, wird Section 46 des *Companies Act 1956 (Indian)* auf Verträge mit Gesellschaften angewendet. Nach Maßgabe der Regelungen in Section 46 *Companies Act 1956 (Indian)*, wird der Vertrag mit der Gesellschaft nur bindend, wenn er von einer Person geschlossen wird, die im Namen und in Vollmacht dieser Gesellschaft handelt[98]. Die öffentliche Hand kann sich wirksam in einer **Schiedsgerichtsvereinbarung** binden[99].

23 **2. Vergütung.** Die Vergütung ist enweder ausdrücklich vereinbart oder der Vertrag schweigt. Das indische Recht geht davon aus, dass es keiner ausdrücklichen Preisvereinbarung bedarf, wenn die Arbeit bzw. das Werk hinreichend spezifiziert wurde[100]. Eine Vereinbarung, die die endgütige Preisermittlung über Formeln oder Regeln vorgibt, ist wirksam[101]. Grundsätzlich kann also entweder der vereinbarte Pauschalpreis oder der im voraus bestimmte und zu ermittelnde Preis oder eine angemessene Vergütung (*quantum meruit*) verlangt werden[102].

90 Desai, Tenders and Government Contracts, 6.
91 Association of Registration Plates v. Union of India, AIR 2005 SC 469.
92 Sudhir Prasad Singh v. State of Bibar, Arb.LR (suppl Vol. 24) 177 (Pat); siehe Desai, Tenders and Government Contracts, 51.
93 Desai, Tenders and Government Contracts, 55.
94 Sudhir Prasad Singh v. State of Bibar, Arb.LR (suppl Vol. 24) 177 (Pat); siehe Desai, Tenders and Government Contracts, 51.
95 Vgl. Mohendra Kumar Mohanty v. Collector, Khurda, 2008 (1) CTLJ 442 (Ori) (DB); siehe Desai, Tenders and Government Contracts, 56.
96 Desai, Tenders and Government Contracts, 54.
97 Narayana/Nayar, Law of Contracts, 683.
98 Narayana/Nayar, Law of Contracts, 684.
99 Mittal Pipe Manufacturing Co v. Haryana State through Engineer, AIR 1992 P&H 244.
100 Gajria, Building and Engineering Contract, 595.
101 Gajria, Building and Engineering Contract, 595.
102 Gajria, Building and Engineering Contract, 595.

Denn kommt kein wirksamer Vertrag zustande, kann der Unternehmer eine Vergütung für etwaig ausgeführte Leistung nach Sections 65 oder 70 *Indians Contracts Act* begehren[103]. Um einen Anspruch aus Section 70 Contract Act herleiten zu können, müssen folgende Voraussetzungen erfüllt sein[104]: 24

- Jemand muss in rechtmäßiger (*lawfully*) Weise etwas für eine andere Person tun oder ihr etwas liefern
- In dem diese Person dies tut, darf sie nicht unentgeltlich tätig werden, d.h. nicht die Absicht haben unentgeltlich tätig zu werden
- Die Person, für die dies getan wird, muss den Vorteil daraus genießen

Der Begriff rechtmäßig (*lawfully*) ist weiter als im Sinne von legal zu verstehen. Legal ist, was im Einklang mit dem Buchstaben des Gesetzes steht, wie er vor Gericht gehandhabt wird. Rechtmäßig ist, was im Einklang mit den Grundsätzen oder dem Geist des Rechts steht[105]. Der Test, ob eine Person den Vorteil genießt, geht dahin zu fragen, ob diese Person die Gelegenheit hatte, den Vorteil abzulehnen oder anzunehmen[106]. Verlangt der Auftraggeber anstelle der vereinbarten einfach verglasten Fenster getäfelte Fenster, hat dies die Natur einer Novation. Der Besteller ist dann verpflichtet, einen fairen und angemessenen Preis für die geleistete Arbeit zu entrichten. Geschuldet wird, was der Leistende „verdient" hat[107]. 25

Der Bauvertrag wird grundsätzlich als unteilbar (*entire*) qualifiziert. Zudem ist es üblich, dass der Unternehmer sich zur Vorleistung verpflichtet. Die Fertigstellung ist dann Voraussetzung des Zahlungsanspruches[108]. Folglich wird die Vergütung erst nach Fertigstellung fällig[109], es sei denn das Vertragswerk sieht abschnittsweise Zahlungen, Abschlagszahlungen oder ähnliches vor. In der indischen Praxis sehen die Vertragswerke in aller Regel Zwischenzahlungen oder Abschlagszahlungen vor. In den meisten Fällen ist der Resident Engineer mit der Befugnis ausgestattet, Zahlungsbescheinigungen (Payment Certificates) auszustellen[110]. Insoweit hängt es von den Vertragswerken ab, ob der Engineer ausschließlich im Interesse des Bestellers tätig wird oder ob seine Befugnis es umfasst, unabhängige Entscheidungen zu fällen[111]. Auf der Grundlage der nationalen Vertragswerke agiert der Engineer normalerweise als Beauftragter des Bestellers, insbesondere im Rahmen öffentlicher Aufträge. Soweit FIDIC-Vertragsmuster eingesetzt werden, wird jedoch anerkannt, dass der Engineer eine unabhängige Meinung haben muss[112]. Um weitergehende Ansprüche bestätigen oder feststellen zu können, bedarf es einer ausdrücklichen Ermächtigung im Vertrag, wie etwa in FIDIC 1987 und FIDIC 1999. 26

Ist im Vertragswerk vorgesehen, dass Zahlungsansprüche die vorherige Ausstellung einer Zahlungsbescheinigung erfordern, ist die Ausstellung der Bescheinigung (*Certificate*) in der Regel Fälligkeitsvoraussetzung[113]. Zwischenzahlungsbescheinigungen führen 27

103 Vgl. dazu Narayana/Nayar, Law of Contracts, 684.
104 Markanda, Building and Engineering Contracts, § 14.1.
105 Markanda, Building and Engineering Contracts, § 14.1.
106 Sampath Ayyangar v. Sri Govinda Krishna Yachandralavari Bahadur, Raja of Venkatagiri, AIR 1931 Mad 51; vgl. auch Challa Appayya v. Duselti CHandra Ayya, AIR 1950 Mad 817.
107 State of Punjab v. Hindustan Development Board Ltd, AIR 1960 Punj 585.
108 Gajria, Building and Engineering Contract, 596.
109 Gajria, Building and Engineering Contract, 596.
110 Patil, Building and Engineering Contracts, 428.
111 Patil, Building and Engineering Contracts, 429.
112 Patil, Building and Engineering Contracts, 429.
113 Patil, Building and Engineering Contracts, 433.

allerdings nicht zur Abnahme oder Anerkennung der darin zertifizierten Zahlungen[114]. Weder die Ausstellung einer Zwischenzahlungsbescheinigung noch die hierauf beruhende Zahlung schließen es aus, dass Mängel oder bescheinigte Massen gerügt und in Frage gestellt werden. Zwischenzahlungsbescheinigungen ergehen vorbehaltlich der Überprüfung und Korrektur in der endgültigen Zahlungsbescheinigung. Der Engineer kann auch bei jeder Ausstellung einer Zwischenzahlungsbescheinigung jeweils eine neue Meinung entwickeln und Korrekturen vornehmen[115].

28 In der öffentlichen Vergabepraxis überwiegen Aufmaß- und Einheitspreisverträge. In der Privatwirtschaft wird zunehmend nach Pauschalpreisen gearbeitet. Für die Arbeit mit Einheitspreisen sind Einheitspreisanalysen von großer Bedeutung. Die CPWD veröffentlicht Einheitspreisanalysen, die weithin als verlässliche Quellen bekannt sind[116]. Auch die National Buildings Organisation hat Einheitspreiskladden herausgegeben. Das Aufmaß erfolgt nach feststehenden Regeln. Das Bureau of Indian Standards hat den IS Code 1200 veröffentlicht[117]. Die öffentlichen Vergabestellen, wie die C.P.W.D., die Eisenbahn und das Militär haben ihre eigenen Aufmaßsysteme[118]. Üblicherweise liegt das Aufmaß in den Händen von Jungingenieuren. Die Ergebnisse werden dann stichprobenartig überprüft[119]. In der Regel werden Aufmaßbücher geführt[120].

29 Die Gerichte verschließen ihre Augen nicht vor der Realität, dass ein Unternehmer, der eine größere Maßnahme durchgeführt hat, es sich aus verschiedenen Gründen (z.B. den Druck der Banken) nicht leisten kann, die Annahme geprüfter Rechnungsbeträge vom Besteller zu verweigern, um zu vermeiden, eine Schlusszahlungsbescheinigung zu unterschreiben[121], die häufig von den Auftraggebern gefordert wird, bevor Schlusszahlungen geleistet werden. In solchen Situationen könnte insbesondere die öffentliche Hand Übergewicht erlangen. Sie würde das Geld nicht auszahlen, ohne dass eine Schlusszahlungsbescheinigung unterzeichnet worden ist. Jeder Einzelfall muss daher auf der Grundlage seiner besonderen Umstände gewürdigt werden[122]. Im Einzelfall kann dann nach dem Grundsatz *necessitas non habet legem* verfahren werden[123]. Der Grundsatz die „Not hat kein Gebot" ist eine althergebrachte Maxime, auf die sich die Gerichte korrigierend stützen können, wenn sich jemand dem Druck einer anderen Vertragspartei beugen muss, die in einer stärkeren Position ist[124].

30 **3. Baudurchführung.** Die Bauabwicklung erfolgt in der Regel unter ähnlichen Rahmenbedingungen wie in England. Die Bauzeit wird vereinbart und endet mit der Fertigstellung (Completion)[125]. Üblicherweise wird die Fertigstellung bescheinigt[126]. Es schließt

114 Patil, Building and Engineering Contracts, 432.
115 Vgl. Patil, Building and Engineering Contracts, 432.
116 Siehe Ramaswamy, Nabhi's Practical Handbook on Construction Management, 153.
117 Ramaswamy, Nabhi's Practical Handbook on Construction Management, 130.
118 Ramaswamy, Nabhi's Practical Handbook on Construction Management, 130.
119 Ramaswamy, Nabhi's Practical Handbook on Construction Management, 131.
120 Ramaswamy, Nabhi's Practical Handbook on Construction Management, 131.
121 Chairman & M.D., N.T.P.C. Ltd v. M/S. Reshmi Constructions, Builders and Contractors, (2004) 2 Supreme Court Cases 663.
122 Chairman & M.D., N.T.P.C. Ltd v. M/S. Reshmi Constructions, Builders and Contractors, (2004) 2 Supreme Court Cases 663.
123 Chairman & M.D., N.T.P.C. Ltd v. M/S. Reshmi Constructions, Builders and Contractors, (2004) 2 Supreme Court Cases 663.
124 Chairman & M.D., N.T.P.C. Ltd v. M/S. Reshmi Constructions, Builders and Contractors, (2004) 2 Supreme Court Cases 663.
125 Siehe Clause 8 C.P.W.D und Clause 6 P.W.D.
126 Siehe Clause 8 C.P.W.D.

sich eine vertraglich gekorene Mängelbeseitigungsphase an, die zumeist 3 bis 12 Monate dauert[127]. Ob und inwieweit sich eine ergänzende gesetzliche Mängelhaftung anschließt, hängt vom Wortlaut der Verträge ab.

In Indien wird häufig mit einem Superintending Engineer gearbeitet, der ähnlich wie bei FIDIC-Verträgen seine Befugnisse unmittelbar aus dem Bauvertrag ableitet. Das Vertragswerk enthält gelegentlich Klauseln, welche die Stellung des *Superintending Engineer* vermeintlich aufwerten. Solche Kauseln haben etwa folgenden Wortlaut: *Die Entscheidungen des Superintending Engineer in Bezug auf den Umfang von Streichungen sowie in Bezug auf die reduzierte Preise für ... sind endgültig und können vor dem Schiedsgericht nicht angegriffen werden.* 31

Derartige Klauseln wurden heftig diskutiert. Aus Sicht der Gerichte können sie nicht bedeuten, dass die Entscheidungen des *Superindent Engineer* nicht angegriffen werden können und dass der Unternehmer völlig rechtsmittellos gestellt wird. Es wurde verschiedentlich entschieden, dass eine derartige Festlegung oder Feststellung weder eine justizförmige noch eine quasi justizförmige Streitbeilegung darstellt[128]. Hieraus wurde abgeleitet, dass solche Festlegungen, obwohl sie im Schiedsverfahren nicht angreifbar sind, vor den ordentlichen Gerichten angefochten werden können. Auf der Grundlage vorstehender Klauseln können Schiedsgerichte eventuelle Festlegungen zu *Liquidated Damages* nicht hinterfragen. Vor den staatlichen Gerichten können derartige Festlegungen jedoch überprüft werden. 32

Spezielle Gesetzgebung zur Baustellensicherheit ist bislang nicht erlassen worden[129]. Allgemeine gesetzliche Quellen sind der Workman Compensation Act 1923, der Companies Act, der Payment of Wages Act 1936, der Minimum Wages Act 1948, der Bonded Labour System (Abolition) Act 1976 sowie der Child Labour Act Prohibition and Regulation Act 1986. Das Bureau of Indian Standards hat einige Sicherheitsregeln erlassen (IS Codes). Ergänzend gilt der National Building Code. 33

4. Bauzeit. Die Bauzeit kann über Endtermine oder eine in Monaten oder Tagen vereinbarte Bauzeit konkretisiert werden. Sieht der Bauvertrag vor, dass die Bauzeit essentiell ist (*time is of the essence),* haftet der Unternehmer im Falle der Bauzeitüberschreitung nach Section 55 Indian Contract Act. Dort heißt es, dass der Vertrag aufhebbar ist, wenn sich eine Partei verpflichtet hat, etwas bis zu einem bestimmten Termin oder innerhalb eines bestimmten Zeitraums zu tun, und sie diese Verpflichtung nicht einhält. Ergibt sich aus dem Vertrag, dass die Parteien nicht beabsichtigten, den Vertrag im Falle der Bauzeitüberschreitung aufzuheben, kann die beschwerte Partei lediglich Schadensersatz fordern (Section 56 Indian Contract Act). Wurde keine feste Bauzeit im Sinne der Section 55 Contract Act vereinbart, kann der Verrag erst dann wegen Bauzeitüberschreitung aufgehoben werden, wenn der Bauherr Schritte zur Herstellung von Verzug getroffen hat[130]. 34

Damit hat sich das indische Recht in Bezug auf die Haftung für Bauzeitüberschreitung ein wenig vom englischen Vorbild emanzipiert. Sections 55 und 56 Indian Contract Act 1872 enthalten explizite Regeln in Bezug auf die Haftung für Bauzeitüberschreitung. 35

[127] Siehe Clause 17 C.P.W.D. und Clause 17 P.W.D.

[128] State of U.P. v. Tipper Chand (1980) 2 SCC 341; Bharat Bhushan Bansal v. U.P. Small Industries Corporation Ltd. Kanpur, (1999) 2 SCC 166.

[129] Siehe Ramaswamy, Nabhi's Practical Handbook on Construction Management, 223.

[130] Hind Construction Contractors v. The State of Maharashtra, AIR 1979 SC 720.

Die Parteien können vereinbaren, dass die Bauzeit *of the essence* ist. Allerdings sind derartige Vereinbarungen nur wirksam, solange das Vertragswerk keine ausdrücklichen Regelungen über Bauzeitverlängerung enthält[131]. Enthält das Vertragswerk derartige Bestimmungen, ist die Bauzeit nicht *of the essence*[132]. In diesem Fall kann der Vertrag nicht aufgelöst werden, wenn der Unternehmer vertragsbrüchig wird[133]. Erfüllt der Unternehmer die Voraussetzungen für einen Anspruch auf Bauzeitverlängerung, muss ihm der Besteller Bauzeitverlängerung gewähren[134]. Tut er dies nicht, verzichtet er im Zweifel implizit auf eventuelle Ansprüche auf *Liquidated Damages*[135]. Man spricht dann vom Zustand *time at large*.

36 Die Rechtslage in Bezug auf Liquidated Damages hat der Supreme Court[136] nach Auswertung verschiedener Präjudizien[137] wie folgt zusammengefasst:

1. Die Regelungen des Vertrages müssen gewürdigt werden, bevor man zu der Schlussfolgerung kommen kann, ob eine Partei, die Schadensersatz einklagt, dazu berechtigt ist.
2. Wenn die Regelungen für den Fall der Vertragsverletzung klar und unzweifelhaft Liquidated Damages vorsehen, solange nicht festgestellt wird, dass der Schadensersatz nicht unangemessen ist oder eine Vertragsstrafe beinhaltet, ist die Partei, die die Vertragsverletzung begangen hat, verpflichtet diesen Ersatz zu zahlen, und dies ist, was Section 73 des Contract Act vorsieht.
3. Section 74 ist zusammen mit Section 73 zu lesen und daher ist die beschwerte Partei in einem Fall von Verragsverletzung nicht verpflichtet, den tatsächlichen Verlust oder Schaden zu beweisen, den sie erlitten hat, bevor sie ein Urteil begehren kann.
4. In einigen Verträgen wird es für das Gericht unmöglich sein, die Entschädigung festzusetzen, die aus der Vertragsverletzung folgt, und wenn die ins Auge gefasste Entschädigung keine Vertragsstrafe beinhaltet und nicht unangemessen ist, kann das Gericht dieselbe, wenn es sich um eine von den Parteien im voraus geschätzte Entschädigung handelt, als Maß für eine angemessene Entschädigung nutzen.

37 Verlängert sich die Bauzeit, kann der Unternehmer Mehrkosten auf der Basis von Schadensersatz geltend machen. Die indischen Gerichte erkennnen für die Berechnung bauzeitbedingter Mehrkosten die Eichlay-Formel, die Emden-Formel und die Hudson-Formel an[138].

(a) Hudson Formula:
Nach der Hudson-Formel wird der Prozentsatz der Gemeinkosten aus dem Vertrag entnommen. Das wird kritisiert.

(b) Emden Formula:
Diese Formel hat den Vorteil, dass sie tatsächliche Gemeinkosten ansetzt anstatt auf vertraglich vereinbarte Kosten zurückzugreifen.

---

[131] Hind Construction Contractors v. The State of Maharashtra, AIR 1979 SC 720; vgl. Auch Shri Dheeraj Singh v. Government of NCT of New Delhi, Urt. v. 19.1.2010, OMP n° 127/2002.
[132] Siehe Patil, Building and Engineering Contracts, 378.
[133] Siehe Patil, Building and Engineering Contracts, 378.
[134] Siehe Patil, Building and Engineering Contracts, 378.
[135] Siehe Patil, Building and Engineering Contracts, 378.
[136] ONGC v. Saw Pipes Ltd. (JT 2003 (4) SC 171.
[137] Maula Bux (1970 (1) SCR 929); Fateh Chand v. Balkishan Das (1964 (1) SCR 515).
[138] McDermott International Inc v. Burn Standard Co Ltd & ors, 2006 (2) R.A.J. 661 (SC); siehe auch M/S Mecon Ltd v. M/S Pioneer Fabricators (P) Ltd, Urt. v. 21.11.2007, OMP n° 473/2006 (High Court Of Delhi at New Delhi).

(c) Eichley Formula:
Diese Formel wird genutzt, wenn es nicht möglich ist, den Verlust an Gelegenheit zu beweisen und der Anspruch auf tatsächlichen Kosten beruht.

Mitverschulden muss sich der Unternehmer anrechnen lassen, was aus dem Grundsatz folgt, dass Niemand aus eigenem Fehlverhalten Vorteil nehmen soll[139]. Das Vertragswerk kann Schadensersatz- bzw. Zahlungsansprüche aus Baubehinderungen auch gänzlich ausschließen[140]. Dies geschieht häufig in Klauseln, die Bauzeitverlängerung vorsehen, die im Grunde genommen einzig zu dem Zweck gewährt wird, um *liquidated damages* zu erhalten. 38

5. Leistungsänderungen. Der Begriff „zusätzliche Leistungen" (Extras) wird in Bezug auf Arbeiten benutzt und eingesetzt, die weder ausdrücklich noch implizit vereinbart wurden, vorausgesetzt, die Arbeiten halten sich im ursprünglichen vertraglichen Rahmen[141]. Ob es sich um eine zusätzliche Leistung in diesem Sinne handelt, muss durch Auslegung auf der Grundlage der Begriffe und Bedingungen des Vertrages festgestellt werden[142]. Solche Leistungen können unter anderem aus geänderten Anforderungen des Bestellers, geänderter Planung infolge unerwarteter Baugrundbedingungen oder ähnlichen Umständen folgen. In der Regel sehen die Verträge insoweit die Möglichkeit zu leistungsändernden Anordnungen vor[143]. Solche Klauseln sehen üblicherweise auch die Befugnis des Resident Engineer (oder einer ähnlichen Institution) vor, die Einheitspreise neu festzulegen. Allerdings hat der Supreme Court entschieden, dass der Unternehmer grundsätzlich nicht verpflichtet ist, geänderte Leistungen auszuführen, solange die Frage der Preisanpassung keiner Vereinbarung zugeführt wurde[144]. 39

Obwohl der Vertrag den Bauherrn berechtigen mag zusätzliche Arbeiten anzuordnen, darf er nicht die Art der vertraglich vereinbarten Arbeit vollständig ändern. Insoweit verweisen Narayna und Nayar[145] auf die US-amerikanische Entscheidung in Sachen Hensler[146]. Das Gericht beobachtete, „,... das dem Ingenieur übertragenen Ermessen muss im Rahmen des Vertrags ausgeübt werden und zu dem Zweck die beabsichtigten Arbeiten auszuführen. Es darf nicht in einer beliebigen Weise, welche vom Objekt und der Absicht des Vertrags abweicht, genutzt werden"[147]. 40

Als weiterer Grund für die eingeschränkte Befugnis zur Anordnung von Leistungsänderungen wird – jedenfalls für den Bereich der öffentlichen Aufträge – auf verfassungsrechtliche Grundsätze rekurriert. Da jeder Bürger gegen die willkürliche Ausübung staatlicher Macht geschützt sei, müsse die Rechtsmacht, die zum Nachteil einer Person ausgeübt werden könne, die implizite Pflicht beinhalten, gesetzmäßig zu handeln. Eine 41

[139] M/S Mecon Ltd v. M/S Pioneer Fabricators (P) Ltd, Urt. v. 21.11.2007, OMP n° 473/2006 (High Court Of Delhi at New Delhi).
[140] Associated Engineering Co. v. Government of Andhra Pradesh[1991] (4) SCC 93; Ch. Ramalinga Reddy v. Superintending Engineer [1999] (9) SCC 610.
[141] Narayana/Nayar, Law of Contracts, 693; Gajria, Building and Engineering Contract, 476.
[142] Food Corporation of India and others v. Vikas Majdoor Kamdar Sahkari Mandli Ltd, 2008 (1) R.A.J. 140 (SC).
[143] Narayana/Nayar, Law of Contracts, 693.
[144] Vgl. Bombay Housing Board v. Karbhase Naik & Co, AIR 1975 SC 763; siehe dazu Patil, Building and Engineering Contracts, 294, 298.
[145] Narayana/Nayar, Law of Contracts, 693.
[146] Hensler v. City of Los Angeles, 268, P.2d, 72 (District Courts of Appeals of California, 1954).
[147] Siehe Narayana/Nayar, Law of Contracts, 693 f.

Anweisung, die die wesentlichen Elemente des Rechts ignoriert, sei deshalb nichtig[148]. Dieser Ansatz wurde gerichtlich bestätigt[149].

42 Es gibt keine allgemeine Regel, um zu entscheiden, ob ein bestimmter Leistungsgegenstand ein *Extra* ist oder nicht. Es hängt von den Bedingungen und Gegebenheiten und der Natur des Vertrages ab. Der Indian Contract Act enthält auch keine spezifischen Regelungen zu Leistungsänderungen[150]. Jegliche Änderung oder Ergänzung gegenüber den ursprünglich vereinbarten Arbeiten setzten einen neuen ausdrücklichen oder stillschweigenden Vertrag voraus. In einem solchen Fall (d.h. im Falle des Fehlens eines ausdrücklichen oder stillschweigenden Vertrags zur Ausführung von Änderungen), muss der Bauunternehmer für etwaige Zahlungsansprüche beweisen, dass er vom Bauherrn durch einen neuen oder ergänzenden Vertrag beauftragt wurde, die zusätzlichen oder geänderten Arbeiten durchzuführen[151]. Und wenn er diesen Beweis nicht führen kann, hat der Bauunternehmer (wenn er die Arbeiten geändert hat) seinen Vertrag nicht erfüllt, und darf, um allgemein zu sprechen, nicht nur nicht den Vertragspreis fordern, sondern er kann unter Umständen sogar auf Schadensersatz wegen Vertragsbruches haften[152].

43 Im Einzelfall muss auf Präjudizien in ähnlichen Fällen und andere maßgebliche Stimmen abgestellt werden[153]. Im Allgemeinen kann gesagt werden, dass alle Arbeiten, die weder ausdrücklich noch implizit vertraglich vereinbart wurden und damit nicht im ursprünglichen Vertragspreis enthalten sind, als zusätzliche Leistungen im Sinne eines *Extra* betrachtet werden können. Beispiele:

- Der Vertrag beinhaltete Betonarbeiten. Später wurde angeordnet, den Beton mit Stahl zu bewehren. Es wurde entschieden, dass die ausgeführte Arbeit nunmehr „bewehrter Beton" sei, was als zusätzliche Leistung zu bezahlen sei[154].
- Der Unternehmer wurde angewiesen, anstelle von einfachen Glasfenstern Kassettenfenster zu liefern und einzubauen. Das wurde als Zusatzleistung gewertet[155].
- Der Unternehmer wurde angewiesen, die Arbeiten nicht im Wege von Pfahlrammungen sondern im Wege von Injektionen zu erbringen. Der Auftraggeber wies den Anspruch auf zusätzliche Vergütung mit der Begründung ab, es habe sich lediglich um eine verbesserte Art der Ausführung gehandelt. Der Schiedsrichter schloss sich der Auffassung des Bestellers an. Das Gericht erster Instanz hob den Schiedsspruch auf und verurteilte den Auftraggeber. Der schließlich angerufene High Court nahm die Berufung an und wies die Klage ab. Nach seiner Auffassung handelt es sich zwar um eine zusätzliche Leistung, doch war sie nach seiner Auffassung nicht notwendig. Der Vertrag sah hingegen eine Bezahlung zusätzlicher Leistung nur vor, wenn sie zugleich notwendig war[156].

44 **6. Abnahme.** Der Begriff und die rechtliche Institution der Abnahme werden in Indien analog zum englischen Recht nicht erörtert. Enthaftung oder Erfüllung (Discharge) tritt ein, wenn die Parteien von ihren wechselseitigen Verpflichtungen befreit sind[157]. Der

---

148 Narayana/Nayar, Law of Contracts, 694.
149 State of Orissa v. Dr. (Miss) Binapani Dei, AIR 1967 S.C. 1269,1271.
150 Narayana/Nayar, Law of Contracts, 694.
151 Narayana/Nayar, Law of Contracts, 694.
152 Narayana/Nayar, Law of Contracts, 694.
153 Narayana/Nayar, Law of Contracts, 694.
154 State of U.P. v. Chandra Gupta & Co, AIR 1977 All 28.
155 State of Punjab v. Hindustan Development Board, AIR 1960 Punj 585.
156 State v. K.P. Paulose, AIR 1973 Ker 242; siehe zur Auslegung auch Narayana/Nayar, Law of Contracts, 696.
157 Narayana/Nayar, Law of Contracts, 780.

Begriff Erfüllung passt nicht richtig, weil er Vertragserfüllung als Regelfall voraussetzt. Vertragserfüllung ist im indischen Recht jedoch nur die wünschenswerteste Variante. Doch können beide Parteien jederzeit den Vertrag aufheben und einen neuen abschließen (Novation). Im rechtlichen Sinne ist auch die Vertragsverletzung eine Form von Erfüllung, denn sie führt dazu, dass die Parteien von ihren ursprünglichen Verpflichtungen befreit werden. Der Vertragsbruch einer Partei befreit die andere Partei von ihrer Leistungspflicht[158].

45 Die indischen Gerichte haben entschieden, dass ein Vertrag nicht aufgehoben wird, nur weil sich die Umstände geändert haben, unter denen er geschlossen wurde[159]. Das Vertragsgesetz versetzt eine Vertragspartei nicht in die Lage, ausdrückliche Vereinbarungen zu ignorieren und auf der Grundlage von vagen Gerechtigkeitserwägungen Zahlung für die Vertragserfüllung zu Preisen geltend zu machen, die von den vertraglichen abweichen[160]. Die Parteien eines durchsetzbaren Vertrages werden im Rahmen seiner Durchführung oft mit geänderten Ereignissen konfrontiert, die sie in keiner Weise vorhergesehen haben, eine vollständig abnormales Steigen oder Fallen von Preisen, ein plötzlich unerwartetes Hindernis der Vertragserfüllung oder ähnliches. Es besteht keine allgemeine, den Gerichten vorbehaltene Freiheit, eine Partei aus ihrer Haftung für die Vertragserfüllung zu entlassen, nur weil unter Berücksichtigung einer nicht ins Auge gefassten Änderung der Umstände, die Erfüllung des Vertrages beschwerlicher wird.

46 Auch im Bauvertragsrecht kommen die Parteien in der Absicht überein, den Vertrag zu erfüllen. Doch gerade im Bauvertragsrecht ist eine exakte und präzise Vertragserfüllung nur selten denkbar und in der Praxis kommt sie auch nur selten vor. Würde im Bauvertragsrecht auf strikte Vertragserfüllung gepocht werden, käme der Unternehmer daher nur selten in den Genuss irgendwelcher Zahlungen. Im Bauvertragsrecht wird deshalb ausnahmsweise keine strikte Vertragserfüllung verlangt. Stattdessen genügt die wesentliche Vertragserfüllung (*substantial performance* oder *substantial completion*). Die Folge ist, dass der Besteller im Falle wesentlicher Vertragserfüllung durch den Unternehmer seinerseits nicht die Vertragserfüllung verweigern kann, mithin Zahlung leisten muss. Er kann lediglich die Kosten der Mängelbeseitigung abziehen[161].

47 **7. Mängelgewährleistung.** Eine Mängelgewährleistung im Sinne des deutschen Rechts gibt es im indischen Recht nicht. Die Natur und der Umfang der Mängelhaftung sowie der Ansprüche des Bestellers richten sich ausschließlich nach den Regelungen des Vertrages. Treten nach Fertigstellung Mängel auf, besteht allerdings im Grundsatz eine Haftung auf Schadensersatz[162]. Voraussetzung ist der Nachweis einer Vertragsverletzung (*breach of contract*). Die Haftung kann sich aus der Verletzung ausdrücklicher Pflichten oder stillschweigend übernommenen Pflichten ergeben[163]. Die bloße Inbesitznahme oder Übernahme des Werkes schließt derartige Ansprüche nicht aus[164]. Mängelbeseitigung kann nach Common Law nicht verlangt werden[165]. Stellt sich heraus, dass

[158] Narayana/Nayar, Law of Contracts, 781.
[159] M/s. Alopi Parshad v. Union of India, [1960] 2 SCR 793.
[160] Rajasthan State Mines & Minerals Ltd v. Eastern Engineering Enterprises & another, 1999 AIR 3627.
[161] Narayana/Nayar, Law of Contracts, 781.
[162] Vgl. Gajria, Building and Engineering Contract, 681 f.
[163] Patil, Building and Enginerring Contracts, 410 f.
[164] Patil, Building and Engineering Contracts, 420.
[165] Markanda, Building and Engineering Contracts, § 8.2; Ranjit Chandra Mitter v. Union of India, AIR 1963 Cal 594; siehe aber Gajria, Building and Engineering Contract, 664: Ist ausgeführte Arbeit mangelhaft, ist der Unternehmer verpflichtet, die Arbeit zu ersetzen oder zu reparieren und wenn dies nicht möglich ist, Schadensersatz zu leisten.

die Arbeit oder Leistung mangelhaft ist, fehlt es an der Vertragserfüllung. Der Unternehmer haftet dann wegen Vertragsverletzung für den entstehenden Schaden. Dieser Grundsatz wird in Section 73 Indian Contract Act anerkannt[166].

48 In der Praxis sehen die Vertragswerke stets eine besondere Mängelbeseitigungsverpflichtung vor (*defects and maintenance clauses*)[167]. Beispiele finden sich in Klausel 35 MoS&PI, GOI sowie in C.P.W.D. Verträgen. Typisch sind die Verpflichtungen aus Klausel 11 FIDIC 1999. Diese besondere Mängelhaftung erstreckt sich üblicherweise auf einen Zeitraum von sechs Monaten bis 12 Monaten. Der Umfang der Mängelbeseitigungs- und Reparaturverpflichtung ist dem Vertragswortlaut zu entnehmen. Sie beginnt üblicherweise mit Fertigstellung, die vom Engineer bescheinigt wird[168]. Die Instandhaltung ist nur eingeschlossen, wenn dies im Vertrag ausdrücklich erwähnt wird[169]. Häufig enthalten die Vertragswerke auch Klauseln, die den Engineer ermächtigen, bereits während der Bauphase Mangelbeseitigung anzuordnen. Ausdrückliche Mängelklauseln werden in der Regel als Ergänzung verstanden und schließen die Common Law Rechtsbehelfe weder aus noch ersetzen sie diese[170].

III. Standardverträge

49 In der indischen Praxis werden vor allem die C.P.W.D.[171], die P.W.D. B-1 & B2[172], die M.E.S.[173] sowie FIDIC-Muster eingesetzt. Bislang überwiegen noch die FIDIC-Muster aus dem Jahre 1987 (FIDIC Red Book 1987). So nutzt zum Beispiel die National Highway Administration nach wie vor das FIDIC Red Book 1987. In der Privatwirtschaft werden gerne moderne FIDIC-Muster eingesetzt. Zudem existieren Model Concession Agreemens, die von der *Planning Commission Government of India* herausgegeben wurden. Das Vertragsmuster für Public Private Partnership in National Highways datiert in der 2. Auflage aus dem Jahre 2009. *Guidelines for Public Priavte Partnership* erläutern das Vorgehen. PPP Projekte werden in einem zweistufigen Verfahren vergeben: 1. Stufe: Request for Qualification oder Expression of Interest, 2. Stufe: Request for Proposal.

Sämtliche in Indien übliche Vertragsmuster enthalten Regelungen zur Behandlungen von Claims. Unter Hinweis auf Section 28 Indian Contract Act[174] wird vertreten, die Fristenregelung in Unterklausel 20.1 FIDIC sei unwirksam, soweit sie vorsehe, der Anspruch sei verfallen, sofern er nicht rechtzeitig angemeldet wurde[175].

IV. Architektenvertrag

50 Das Architektenrecht ist im *Architects Act 1972* geregelt. Architekt ist eine Person, deren Name im Architektenregister eingetragen ist. In Ausübung seiner Aufgaben ist der Architekt an die *Professional Conduct Regulations 1989* gebunden. Architekten werden

---

166 Vgl. Gajria, Building and Engineering Contract, 664.
167 Vgl. Gajria, Building and Engineering Contract, 661 ff.
168 Patil, Building and Engineering Contracts, 418.
169 Patil, Building and Engineering Contracts, 418.
170 Gajria, Building and Engineering Contract, 682 unter Hinweis auf englische Quellen.
171 C.P.W.D. = Government of India: General Conditions of Contract for Central P.W.D. Works, abgedruckt in Markanda, The Law of Contract, Vol. 2, Anhang 6.
172 P.W.D. = Public Works Department: General Conditions of Contract, abgedruckt in Markanda, The Law of Contract, Vol. 2, Anhang 8.
173 Military Engineer ServicesGenral Conditions of Contract, abgedruckt in Markanda, The Law of Contract, Vol. 2, Anhang 7.
174 Nach Section 28 ist jede Vereinbarung, die eine Partei absolut einschränkt, ihre Rechte vor den ordentlichen Gerichten geltend zu machen, nichtig.
175 Patil, Building and Engineering Contracts, 638 f.

üblicherweise wegen ihrer technischen Kenntnisse und Erfahrungen in Bezug auf Bauvorhaben beauftragt. Ihre Pflichten bzw. Aufgaben umfassen[176]:

- Inspektion der Baustelle mit dem Ziel der Beratung des Auftraggebers in Bezug auf die Geeignetheit der Baustelle
- Erstellung der Pläne, Zeichnungen, Spezifikationen, Schätzungen etc. nach Maßgabe der Anforderungen des Bestellers
- Vorbereitung der Ausschreibungsunterlagen
- Überwachung der Bauleistungen sowie Abwicklung sämtlicher Angelegenheiten, die mit Blick auf das Bauvorhaben und seine Fertigstellung anfallen

In der indischen Literatur wird ausgeführt, dass der Auftraggeber von dem Architekten 51
erwarten darf, dass ihn der Architekt so berät, dass die Interessen des Auftraggebers geschützt werden, und dass dieser nach Maßgabe des jeweiligen Auftrages alles unternehmen wird, um sicherzustellen, dass die Arbeiten ordnungsgemäß und zügig fertig gestellt werden[177]. Zu den Interessen des Bestellers werden üblicherweise folgende zählen[178]:

- Herstellung des Gebäudes auf der Grundlage einer sorgfältigen Planung und Spezifikation
- Vermeidung unnützer und nicht erforderlicher Ausgaben und Kosten
- Vermeidung unnötiger Verzögerung bei der Herstellung und Fertigstellung

Verletzt der Architekt diese Interessen vorsätzlich oder fahrlässig, haftet er ggf. auf 52
Schadensersatz[179]. Ob der Architekt, Ingenieur oder Quantity Surveyor die erforderlichen Prüfungen durchgeführt hat und ob er im Rahmen der Bauüberwachung die angemessene Sorgfalt geübt hat, hängt von den Umständen des Einzelfalles ab[180]. Maßstab ist, ob andere ähnlich qualifizierte Personen mit ausreichender Erfahrung und Befähigung in der selben Weise gehandelt hätten wie die in Frage stehende Person[181]. Grundsätzlich wohnt dem Auftrag an den Architekten oder Ingenieur nicht inne, dass er die Befugnis hat, gegenüber Dritten zuzusichern oder zu erklären, dass die Arbeiten auf der Grundlage der von ihnen erstellten Planung ausgeführt werden können[182].

V. Streitbeilegung

In Indien existiert eine unabhängige Justiz, die ähnlich aufgebaut ist wie die englische. 53
Im Grundsatz ist die Organisation der Rechtsprechung Sache der indischen Bundesstaaten. In den Bundesstaaten steht jeweils ein High Court an der Spitze der gerichtlichen Verwaltung. Es gibt 18 High Courts, davon haben drei eine Zuständigkeit für mehr als einen Bundesstaat. Innerhalb der vereinigten Gebiete von New Delhi existiert ein besonderer High Court, der nur für New Delhi zuständig ist. Jeder High Court hat die Oberaufsicht über alle Gerichte innerhalb seines Gerichtssprengels.

Der Supreme Court hat Aufgaben als Eingangsinstanz, Berufungsinstanz und als ratgebende Rechtssprechungsgewalt. Seine ausschließliche Zuständigkeit als Eingangsinstanz erstreckt sich auf Streitigkeiten zwischen der Indischen Regierung und einzelnen Bundstaaten sowie Streitigkeiten zwischen den Bundesstaaten. Außerdem hat der

176 Gajria, Building and Engineering Contract, 95; Markanda, Building and Engineering Contracts, § 5.7.
177 Gajria, Building and Engineering Contract, 105.
178 Gajria, Building and Engineering Contract, 105.
179 Gajria, Building and Engineering Contract, 105.
180 Markanda, Building and Engineering Contracts, § 5.13.3.
181 Markanda, Building and Engineering Contracts, § 5.1.3.3.
182 Markanda, Building and Engineering Contracts, § 5.7.

Supreme Court die Aufgaben eines Verfassungsgerichts. Art. 32 der Indischen Verfassung verleiht dem Supreme Court die Rechtsprechungsgewalt über die Einhaltung der Grundrechte. Der Supreme Court kann zudem Streitigkeiten von einem High Court an einen anderen High Court verweisen. Im Falle der mehrfachen Rechtshängigkeit eines Streitgegenstandes kann der Supreme Court die Streitigkeiten an sich ziehen. Als Berufungsgericht wird der Supreme Court tätig, wenn die Berufung vom High Court zugelassen wird.

Zahlreiche Angelegenheiten können oder müssen dem Supreme Court vorgelegt werden, entweder auf Antrag des Indischen Präsidenten nach Art. 143 der Verfassung oder aufgrund gesetzlicher Anordnung (vgl. Section 257 of the Income Tax Act, 1961, Section 7(2) of the Monopolies and Restrictive Trade Practices Act, 1969, Section 130-A of the Customs Act, 1962, Section 35-H of the Central Excises and Salt Act, 1944 and Section 82C of the Gold (Control) Act, 1968).

54 In Bausachen werden überwiegend Dispute Review Boards und Schiedsgerichtsklauseln vereinbart. Das Schiedsgerichts- und Schlichtungswesen ist im *Arbitration and Concilation Act 1996* geregelt.

Schiedsklauseln sind nach Section 7 Arbitration Act 1996 schriftlich zu treffen, entweder in Allgemeinen Geschäftsbedingungen oder in Form einer gesonderten Vereinbarung. Die Schriftform ist eingehalten, wenn die Parteien entweder eine zweiseitige schriftliche Vereinbarung unterschrieben haben, Schriftstücke, wie Telefaxe, Telexe, Telegramme oder Schreiben ausgetauscht haben oder im Falle von Ansprüchen sich beide Parteien wechselseitig auf die Existenz einer Schiedsklausel berufen.

Auch wenn die Rechte und Ansprüche der Parteien aus einem Vertrag erfüllt sind, wird der Vertrag unter anderem zum Zwecke der Beendigung von daraus resultierenden Streitigkeiten nicht unwirksam oder hinfällig, so dass die Schiedsgerichtsklausel eingewendet werden kann[183]. Geht der Streit darum, ob ein Anspruch oder eine Meinungsverschiedenheit beigelegt oder erfüllt wurde, fällt diese Art von Streitigkeit in der Regel noch unter die Schiedsklausel[184].

Insbesondere im öffentlichen Auftragswesen ist es jedoch ständige Praxis, Schiedssprüche anschließend vor den staatlichen Gerichten überprüfen zu lassen.

55 Der Supreme Court hat sich grundsätzlich gegen eine allgemeine Überprüfbarkeit von Schiedssprüchen ausgesprochen. In *Rallia* hat der Supreme Court[185] ausgeführt:

Der Spruch eines Schiedsrichters ist gewöhnlich endgültig und abschließend, es sei denn eine gegenteilige Absicht wird in der Vereinbarung offengelegt. Der Spruch ist die Entscheidung eines heimischen Gerichts, das von den Parteien gewählt wurde, und die Zivilgerichte, denen die Gewalt überantwortet wurde, Schiedsverfahren zu unterstützen und die Sprüche umzusetzen, können keine Berufungszuständigkeiten über die Sprüche ausüben. Falsch oder richtig, die Entscheidung ist bindend, wenn sie fair zustandegekommen ist, nachdem den Parteien adäquate Gelegenheit geboten wurde, ihre Beschwer in der in der Schiedsvereinbarung vorgesehenen Weise vorzubringen.

Liegt dem Spruch keine falsche rechtliche Grundlage zugrunde und ist er fair zustande gekommen, d.h. den Parteien wurde rechtliches gehör gewährt, muss er vollzogen werden. Der Spruch kann in tatsächlicher Hinsicht falsch sein, doch solange der Schiedsrichter das Recht nicht verletzt, ist eine Korrektur des Spruches nicht zulässig[186].

[183] Chairman & M.D., N.T.P.C. Ltd v. M/S. Reshmi Constructions, Builders and Contractors, (2004) 2 Supreme Court Cases 663.
[184] Damodar Valley Corporation v. K.K. Kar, (1974) 1 SCC 141.
[185] Union of India v. Rallia Ram AIR 1963 SC 1685.
[186] Coimbatore District Podu Thazillar Sangam v. Balasubramania Foundry [1978] 3 SCC 723.

Die Überprüfbarkeit von Schiedssprüchen ist beschränkt[187]. Ein Schiedsrichter darf allerdings nicht willkürlich, irrational und kapriziös oder unabhängig vom Vertrag entscheiden. Aufzuheben sind auch Sprüche, die auf Betrug oder Korruption beruhen[188]. Ferner können gravierende Rechtsfehler gerügt werden[189] sowie fehlende Gerichtgewalt (*jurisdiction*). 56

Die einzige Aufgabe des Schiedsrichters ist es, nach den Regelungen des Vertrages zu entscheiden[190]. Er hat keine Befugnis außer der, die ihm die Parteien nach dem Vertrag gegeben haben[191]. Wenn er sich außerhalb der Schranken des Vertrages begeben hat, hat er ohne Gerichtsbarkeit gehandelt[192]. Aber wenn er innerhalb der Parameter des Vertrages geblieben ist und die Regelungen des Vertrages ausgelegt hat, kann in sein Urteil nicht eingegriffen werden, es sei denn er hat Gründe geliefert, die einen offensichtlichen Irrtum offen legen[193]. Ein Schiedsrichter, der in manifester Weise in Missachtung des Vertrages handelt, handelt ohne Gerichtsbarkeit[194]. Seine Autorität ist aus dem Vertrag abgeleitet und wird von dem Schiedsgerichtsgesetz geregelt, das Prinzipien beinhaltet, die von einem speziellen Zweig des Rechts der Stellvertretung abgeleitet sind[195]. Der Schiedsrichter begeht ein Fehlverhalten, wenn er durch sein Urteil Angelegenheiten entscheidet, die von der Vereinbarung ausgenommen sind[196]. 57

Zusammenfassend kann man das indische Recht wie folgt skizzieren[197]: Die Gerichte können einen Schiedsspruch aufheben, wenn ein Fall der Section 34 Arbitration and Condiliation Act 196 vorliegt, d.h. der Spruch verstößt gegen materielles Recht, gegen Regelungen des Arbitration and Concilation Act 1996, widerspricht den Regelungen des Vertrages, ist offenkundig unrechtmäßig oder ist den Rechten der Parteien abträglich. Ferner hat der Supreme Court entschieden, dass ein Spruch aufgehoben werden kann, wenn er mit fundamentalen Grundsätze des indischen Rechts, den Interessen Indiens oder Gerechtigkeit und Moral unvereinbar ist. Schließlich ist als Aufhebungsgrund anerkannt, dass der Spruch so unfair und unvernünftig ist, dass er das Gewissen des Gerichts schockiert. 58

Die Anerkennung ausländischer Schiedssprüche ist in Indien über das New Yorker Abkommen aus dem 1958 gesichert. Die Anerkennungsquote ist hoch. Von bis vor wenigen Jahren 24 Fällen hat der Supreme Court lediglich zwei Sprüchen die Anerkennung versagt. In beiden Fällen waren indische Parteien auf der Grundlage indischen Rechts beteiligt[198]. 59

187 State of U.P. v. Ram Nath International Construction (P) Ltd. (1996) 1 SCC 18.

188 Champsey Bhara & Co. v. Jivraj Balloo Spg. & Wvg. Co. Ltd. AIR 1923 PC 66.

189 Champsey Bhara & Co. v. Jivraj Balloo Spg. & Wvg. Co. Ltd. AIR 1923 PC 66.

190 Associated Engineering Co. v. Government of Andhra Pradesh, 1992 AIR 232; siehe auch Ramnath International Construction (P) Ltd v. Union of India (2007) 2 SCC 453.

191 Associated Engineering Co. v. Government of Andhra Pradesh, 1992 AIR 232.

192 Associated Engineering Co. v. Government of Andhra Pradesh, 1992 AIR 232.

193 Associated Engineering Co. v. Government of Andhra Pradesh, 1992 AIR 232.

194 Associated Engineering Co. v. Government of Andhra Pradesh, 1992 AIR 232.

195 Associated Engineering Co. v. Government of Andhra Pradesh, 1992 AIR 232.

196 Associated Engineering Co. v. Government of Andhra Pradesh, 1992 AIR 232.

197 Delhi Development Authority v. R.S. Sharma and Company, New Delhi, (2008) 13 SCC 80 (Supreme Court); siehe auch M/S Shree Forwarding Agency v. M/S Cement Corporation of India, Urt. v. 15.10.2009, O.M.P. 40/2003 (High Court of Delhi at New Delhi); vgl. ferner auch Oil and Natural Gas Corporation Ltd. v. Saw Pipes Ltd., 2003 SC 2629.

198 Dholakia, Analytical appraisal of the Arbitration and Conciliation Amendment Bill, 2003, ICA' s Arbitration Quaterly, ICA 2005, Vol. XXXIX, n° 4, 23.

Tabelle 10.6. Zuständigkeit und Sitz der High Courts

Name	Jahr	Territoriale Zuständigkeit	Sitz
Allahabad	1866	Uttar Pradesh	Allahabad (Bench at Lucknow)
Andhra Pradesh	1956	Andhra Pradesh	Hyderabad
Bombay	1862	Maharashtra, Goa, Dadra and Nagar Haveli and Daman and Diu	Bombay (Benches at Nagpur, Panaji and Aurangabad)
Calcutta	1862	West Bengal	Calcutta (Circuit Bench at Port Blair)
Delhi	1966	Delhi	Delhi
Guwahati[(a)]	1948	Assam, Manipur, Meghalaya, Nagaland,Tripura, Mizoram and Arunachal Pradesh	Guwahati (Benches at Kohima, Aizwal & Imphal. Circuit Bench at Agartala & Shillong)
Gujarat	1960	Gujarat	Ahmedabad
Himachal Pradesh	1971	Himachal Pradesh	Shimla
Jammu & Kashmir	1928	Jammu & Kashmir	Srinagar & Jammu
Karnataka[(b)]	1884	Karnataka	Bangalore
Kerala	1958	Kerala & Lakshadweep	Ernakulam
Madhya Pradesh	1956	Madhya Pradesh	Jabalpur (Benches at Gwalior and Indore)
Madras	1862	Tamil Nadu & Pondicherry	Madras
Orissa	1948	Orissa	Cuttack
Patna	1916	Bihar	Patna (Bench at Ranchi)
Punjab & Haryana[(c)]	1975	Punjab, Haryana & Chandigarh	Chandigarh
Rajasthan	1949	Rajasthan	Jodhpur (Bench at Jaipur)
Sikkim	1975	Sikkim	Gangtok

[(a)] Originally known as the Assam High Court, renamed as Guwahati High Court in 1971.
[(b)] Originally known as Mysore High Court, renamed as Karnataka High Court in 1973.
[(c)] Originally known as Punjab High Court, renamed as Punjab & Haryana High Court in 1966.

§ 38 Irland

Schrifttum

Clark, Contract Law in Ireland, 4. Auflage, Dublin 1998; Coughlan, Property Law, 2. Auflage, Dublin 1998; Doolan, Principles of Irish Law, 6. Auflage, Dublin 2003; Keane, „The RIAI Contract – A Working Guide“, 3. Auflage, Dublin 1997

Inhaltsübersicht

I. Allgemeines Vertragsrecht

1. Überblick. Das in Irland praktizierte Recht besteht einerseits aus Common Law sowie andererseits aus dem irischen Recht, das überwiegend aus Gesetzesrecht besteht[1]. Common Law ist das ungeschriebene englische Recht, das auch von irischen Gerichten angewendet wird[2]. Irisches Vertragsrecht ist überwiegend Common Law[3]. Insbesondere seit dem Beitritt Irlands zur Europäischen Union nehmen Kodifikationen und Statutory Law zu[4]. 1

2. Vertragsschluss. Ein Vertrag ist eine gesetzlich bindende Vereinbarung (**legally binding agreement**). Er kommt zustande, wenn eine Vereinbarung zwischen den Parteien vorliegt, die zwei übereinstimmende Willenserklärungen (Angebot und Annahme) voraussetzt[5]. Es muss die Absicht bestehen, rechtliche Beziehungen einzugehen (intention to create legal relations). Der Vertragszweck muss legal sein. Typisch für das Common Law ist, dass neben dem Konsens auch **consideration** vorliegen muss, d.h. für ein Versprechen muss die andere Partei einen Vorteil gewähren[6]. In einigen Fällen wird die besondere Form der **deed (under seal)** verlangt; dann kann es allerdings an consideration fehlen, ohne dass der Vertrag dadurch unwirksam würde. 2

3. Vertragsabwicklung. Die vertraglichen Verpflichtungen sind zu erfüllen. Geschuldet wird in der Regel „complete performance“. In machen Situationen wird dies als ungerecht empfunden, so dass nur „substantial performance“ geschuldet ist. Die Unterscheidung hat vor allem für das Baurecht Bedeutung, denn nach dieser Doktrin kann trotz geringfügiger Abweichungen von Vertragserfüllung ausgegangen werden. Das ist nicht der Fall, wenn der Unternehmer wissentlich vom Vertrag abweicht, z.B. das wissentliche Unterlassen der Isolierung einer Dachkammer[7]. 3

Nichterfüllung ist „breach of contract“. Vertragserfüllung in Bezug auf Nichtzahlungsverpflichtung kann nur im Ausnahmefall durchgesetzt werden[8]. „Fundamental breach 4

---

1 Doolan, Principles of Irish Law, 2.
2 Cook v. Carroll [1945]IR 515.
3 Doolan, Principles of Irish Law, 2.
4 Die irischen Gesetze finden sich unter: http://www.irishstatutebook.ie/.
5 Doolan, Principles of Irish Law, 87.
6 Doolan, Principles of Irish Law, 92.
7 Kincora Builders Ltd. V. Cronin (05.03.1973), nicht veröffentlicht.
8 Clark, Contract Law in Ireland, 459.

of contract" kann zu „repudiation" (Erfüllungsverweigerung) führen. Voraussetzung ist, dass eine vertragliche „condition" verletzt wird[9]. Nicht ausreichend ist der Verstoß gegen eine warranty[10]. Repudiation berechtigt die andere Vertragsseite, den Vertrag als aufgelöst zu behandeln[11]. Hält sie am Vertrag fest, kann Schadensersatz gefordert werden[12]. Schadensersatz ist der übliche Rechtsbehelf bei Vertragsverletzungen. Auf die Doktrin von **frustration** können sich die Parteien zur Entlastung nur berufen, wenn ein Umstand eintritt, der so signifikant die Natur der offenen Vertragsverpflichtungen – und -ansprüche – gegenüber dem verändert, von dem die Parteien bei der Erfüllung in angemessener Weise ausgehen durften, dass es ungerecht wäre, sie am wörtlichen Sinn der Vereinbarungen unter den neuen Umständen festzuhalten[13]. In solchen Fällen befreit das Recht beide Parteien von der Erfüllung ihrer Verpflichtungen[14].

II. Bauvertragsrecht

5 Das Bauvertragsrecht wird durch die Kautelarpraxis bestimmt, denn konkrete gesetzliche Regelungen zum Werkvertrag fehlen. Es werden überwiegend Musterverträge angewendet, vor allem die des Royal Institute of the Architects of Ireland (RIAI)[15]. Sofern diese auf den irischen Building Control Act Bezug nehmen, ist die in den Building Regulations geforderte Qualität zu liefern[16].

III. Architektenvertrag/Ingenieurvertrag

6 In Irland existieren keine gesetzlichen Regelungen zur Aufnahme und Ausübung der **Architektentätigkeit** und die Europäischen Richtlinien zur Anerkennung ausländischer Architektentitel erlegen Irland auch keine Pflicht auf, solche Regelungen zu erlassen[17]. Es existiert allerdings eine Architektenkammer (Royal Institute of the Architects of Ireland)[18]. Das RIAI gibt ein Standardvertragsmuster für Architektenverträge heraus. Häufig wird in Irland das Recht der Fachleute am Bau unter dem Stichwort **Ingenieurvertrag** abgehandelt.

7 Ein Ingenieur, der bescheinigt, dass ein Haus oberhalb der Flutebene für die Gegend errichtet wurde, handelt fahrlässig, wenn er sich nicht selbst in einer beruflich angemessenen Weise davon überzeugt, dass die entscheidenden Messungen vorgenommen wurden[19].

IV. Öffentliche Aufträge

8 Die Vergabe öffentlicher Aufträge orientiert sich an EU-Standards. Die einschlägigen Europäischen Richtlinien wurden in den **EC (Award of Public Works Contracts) Regulations 1992 and 1994**[20] umgesetzt. Öffentliche Aufträge müssen entweder zum

---

9 Clark, Contract Law in Ireland, 433.
10 Doolan, Principles of Irish Law, 126.
11 Clark, Contract Law in Ireland, 427.
12 Doolan, Principles of Irish Law, 127.
13 Neville and Sons v. Guardian Builders Ltd. [1994] ILRM 1 (im konkreten Fall verneint).
14 Neville and Sons v. Guardian Builders Ltd. [1994] ILRM 1 (im konkreten Fall verneint).
15 Siehe www.riai.ie.
16 Vgl. Macgrath and Orla Deasy v. Portland Construction Ltd. [2002] IEHC 75.
17 Scally v. Minister for the Einvironment [1996 HC] 1 IR 367.
18 www.riai.ie.
19 Moran v. Duleek Developments Ltd & Hanley [1991] ITLR (14.10.1991).
20 SI Nr. 36/1992 und SI Nr. 293/1994.

niedrigsten Preis oder an den Bieter vergeben werden, der das wirtschaftlich vorteilhafteste Angebot (economically most advantagous) unterbreitet hat. In diesem Fall müssen die Vergabekriterien Preis, Bauzeit, Betriebskosten, Profitabilität und technischer Wert berücksichtigt werden.

V. Grundstücksbedingungen

Die Irische Verfassung gewährleistet das Eigentum. Grundsätzlich ist zwischen „**ownership**" und „**possession**" zu unterscheiden. Die Ausübung aller gesetzlichen Rechte (legal rights) und solcher aus **equity** (equity rights) in Bezug auf Eigentum ist eine Eigenschaft von ownership. Gesetzliche Rechte sind solche, die durch das Common Law geschützt sind[21]. Darin eingeschlossen sind „ownership" und „possession"[22]. Wird das physikalische Eigentum geteilt, in dem der owner es vermietet, bleibt „ownership" erhalten, obwohl der Mieter (tenant) exklusive **possession** erlangt. Ein weiterer erläuterunsbedürftiger Begriff ist der des „**interest**". „Interest" ist ein Recht oder ein Titel in Bezug auf Eigentum[23]. Es kann nur einen Eigentümer geben, aber mehrere Inhaber von „**interests**", die sich allerdings nach ihrem Inhalt unterscheiden. Das stärkste rechtlich anerkannte Recht an Eigentum ist das sog. **freehold** oder **fee simple**. Es stellt die Form des Interesses dar, das ownership am nächsten kommt. Der Inhaber des **fee simple** hält dieses Recht frei von allen Verpflichtungen, d.h. es sind keine Mietzahlungen geschuldet und es ist nicht durch irgendwelche Vereinbarungen beschränkt[24]. Ein **fee tail** ist ein freehold interest, das solange gilt, wie derjenige (oder dessen Erben), der es bewilligt hat, überlebt. Ein solches fee tail ist vererblich. Ein **life estate** ist ein auf Lebenszeit bewilligtes freehold interest, das an die Person des Begünstigten geknüpft ist. Daneben gibt die zweite Gruppe der ***leasehold interests***. Dies sind zeitlich beschränkte ***interests in land***, am ehesten vergleichbar einem Erbbaurecht[25]. 9

Ein ***landowner*** kann eine Vielzahl unterschiedlicher Rechte an seinem Grundstück begründen und damit verschiedenen Personen daran begründen[26]. Begründet er Rechte, die sich wechselseitig ausschließen, muss die Priorität der Rechte geklärt werden[27]. Insoweit muss unter Umständen auf alte **Common Law** und **Equity-Regeln** zurückgegriffen werden, soweit das Land nicht bereits nach Maßgabe des Registration of Title Act 1964 eingetragen ist[28]. 10

Das irische Grundstücksregistrierungssystem besteht aus einer Art Titelsammlung. Es existieren zwei wechselseitig ausschließliche Systeme der Landregistrierung, und zwar die ***registration of titles*** und die ***registration of deeds***. Bei der Registrierung einer deed, stellt die deed selbst den Titel dar. Es wird lediglich die Existenz der deed registriert. Grundlage ist der **Registration of deeds Act 1707**. Hinsichtlich der Registrierung von „**titels**" stellt die Eintragung den Nachweis des Titels dar. Die erstellten Urkunden liefern keinen Beweis mehr. Die Registrierung von Titeln ist seit 1891 gesetzlich geregelt. Die heutige Grundlage findet sich im **Registration of Title Act 1964**. Eigentumstitel (freehold interest und leasehold interests) können danach im irischen Land Register 11

[21] Doolan, Principles of Irish Law, 244.
[22] Doolan, Principles of Irish Law, 245.
[23] Doolan, Principles of Irish Law, 245.
[24] Doolan, Principles of Irish Law, 247.
[25] Doolan, Principles of Irish Law, 2255.
[26] Coughlan, Property Law, 60.
[27] Coughlan, Property Law, 60.
[28] Coughlan, Property Law, 60.

eingetragen werden. Es existiert eine zentrale Grundbuchstelle in **Dublin** und lokale Stellen in jedem **County** (Sec. 7 RTA 1964)[29]. Gemäß Sec. 9 RTA kann der Registrar of Titles auch zum Registrar of Deeds ernannt werden, was gegenwärtig der Fall ist[30]. Das Grundbuchregister führt drei unterschiedliche Register, und zwar das Register betreffend

- *ownership of freehold land*, and
- *ownership of leasehold interests, excluding incorporeal hereditaments held in gross*
- *land comprising incorporeal hereditaments held in gross*

12 Ergänzend existiert das Register bezüglich „such other rights in land as may be prescribed", das gelegentlich als subsidiäres Register bezeichnet wird[31]. Die Einzelheiten der Registerführung sind in den **Land Registration Rules 1972**[32] geregelt. Alle drei Register bestehen aus Blättern (folio) für die erforderlichen Eintragungen (vgl. Art. 3 Land Registration Rules 1972). Die Blätter wiederum sind in drei Abteilungen (parts) unterteilt. In der ersten Abteilung wird das Grundstück beschrieben. In die 2. Abteilung werden die Eigentümer eingetragen (einschließlich der Widersprüche, Verfügungsbeschränkungen etc.). Die 3. Abteilung ist den Belastungen (burdens and charges) vorbehalten. Die Beschreibung des jeweiligen Grundstücks erfolgt unter Bezugnahme auf eine Registerkarte (Registry Map), die bei dem Grundbuchregister in Dublin geführt wird. Die **Registry Map** ist wie das Register für die Öffentlichkeit frei zugänglich[33].

13 Eine freehold interest kann durch rechtsgeschäftliche Übertragung sowie durch Erbschaft erworben werden. Die Vorgehensweise unter Lebenden (das **conveyancing**) kann sehr unterschiedlich sein. Es existieren teilweise sehr alte Übertragungsformen (z.B. das „feoffment with livery of seisin"[34]). Seit 1845 genügt die Übertragung durch Ausstellung einer **deed** (Urkunde unter Siegel), die wenn sie registriert werden soll, von zwei Zeugen bezeugt werden muss (Sec. 6 Registration of Deeds Act 1707)[35]. Das sog. conveyancing gegen Entgelt ist den Solicitors (Rechtsanwälten) vorbehalten (Sec. 58 Solicitors Act 1958).

14 Das jeweilige **interest** kann belastet werden. Zu den sog. **burden** und **charges** gehören: das pledge, die mortgage, die charge und die liens. Die pledge ist ein besitzabhängiges Pfandrecht. Die mortgage wird als „conceyance of land for an assigment of chattels as a security for the payment of a debt or a discharge of some other obligation for which it is given" (frei übersetzt: Übertragung eines Eigentumsrechts an einem Grundstück als Sicherheit für eine Forderung oder einen andersartigen Anspruch)[36]. Mithin handelt es sich um die Übertragung von Eigentumsrechten durch den **mortgagor** an den **mortgagee** mit dem Verständnis, dass diese zurück übertragen werden, wenn die Verpflichtung erfüllt ist oder wird[37]. **Charges** sind den mortgages verwandt. Nicht jede „charge" ist eine „mortgage", während allerdings jede mortgage eine charge darstellt[38]. Der Hauptunterschied liegt darin, dass mit der charge keine Eigentumsübertragung verbunden ist[39].

---

[29] Vgl. www.irlgov.ie/landreg/.
[30] Coughlan, Property Law, 99.
[31] Coughlan, Property Law, 100.
[32] SI Nr. 239/192.
[33] Coughlan, Property Law, 101.
[34] Vgl. dazu Coughlan, Property Law, 77.
[35] Vgl. dazu Coughlan, Property Law, 81.
[36] Stantley v. Wilde [1899] 2 Ch 474.
[37] Coughlan, Property Law, 350.
[38] Vgl. Shea v. Moore [1894] 1 IR 158, 168.
[39] National Bank v. Hegarty (1901) 1 NIJR 13; Northern Banking Co. v. Devlin [1924] 1 IR 90, 93.

Das **Lien** beschreibt ein Recht an einem Grundstück, das nicht auf eine Vereinbarung zurückzuführen ist[40]. Es kann sich z.B. um ein „gesetzliches" Zurückbehaltungsrecht mit Sicherungscharakter handeln[41].

VI. Planungsrecht

15 Der Planning and Development Act 2000 regelt die Planungszuständigkeit. Zuständig sind der County Council und sog. Borough Corporations. Die Planungszuständigkeit umfasst: Vorbereitung und Überarbeitung von Entwicklungsplänen, Entscheidung über individuelle Anträge auf Erteilung einer Planungsgenehmigung, Planungskontrolle und Plandurchsetzung.

16 Die Planungsbehörden erstellen Entwicklungspläne, die alle fünf Jahre überarbeitet werden. Die Pläne enthalten die Planungsziele für das jeweils betroffene Gebiet. Die Pläne enthalten eine Beschreibung und sie können durch Pläne illustriert sein. Die Pläne sind zu veröffentlichen, damit vor ihrer Verabschiedung Einwände und Einsprüche geltend gemacht werden können. Die Planungsbehörde ist an ihren jeweiligen Plan gebunden.

17 Eine Entwicklung (development) wird als Ausführung jeder Arbeit beschrieben, die auf der in dem Erdboden ausgeführt wird oder als jede inhaltliche Nutzungsänderung von Strukturen oder von Land. Betroffen sind auch Nutzungsänderungen bereits vorhandener Baulichkeiten, z.B. die Umwandlung einer Verkaufsstelle in eine Vergnügungslokal[42].

18 Man unterscheidet zwischen genehmigungsfreien (exempted developments) und genehmigungsbedürftigen Entwicklungsmaßnahmen (developments). Es gibt eine ganze Reihe von genehmigungsfreien Vorhaben. Die Nutzung zu landwirtschaftlichen oder forstwirtschaftlichen Zwecken ist generell genehmigungsfrei. Instandhaltungsmaßnahmen und Modernisierungsmaßnahmen im Inneren eines Gebäudes sind ebenfalls genehmigungsfrei. Nicht ausdrücklich genehmigungsfreie Baumaßnahmen erfordern dagegen eine Baugenehmigung (planning permission). Entwicklungsmaßnahmen, die ohne Genehmigung begonnen werden, sind strafbar. Verfolgungsbehörde ist die Planungsbehörde. Es entscheidet im Ergebnis der High Court, der ggf. in Bezug auf baurechtswidrig errichtete Gebäude eine Abrissverfügung erlassen kann[43].

VII. Bauordnungsrecht

19 Der Building Control Act 1990 regelt das Bauordnungsrecht, namentlich die Anforderungen an die Planung und Konstruktion von Gebäuden sowie an Veränderungen und Erweiterungen von Gebäuden. Sec. 3 Building Control Act 1990 sieht eine Ermächtigung zum Erlass von Building Control Regulations vor. Sec. 3.5 des Act schreibt vor, dass alle Gebäude, auf die die Building Regulations Anwendung finden, mit ihren vereinbar sein müssen. Von der Ermächtigung in Sec. 3 des Act wurde Gebrauch gemacht. Zu nennen sind die Building Control Regulations 2000[44], die Building Control Regulations 1997[45], die Building Regulations 1994[46], die Building Regulations 1993[47] und

40 Coughlan, Property Law, 351.
41 Coughlan, Property Law, 351.
42 Cork Corp. v. O'Connell [1982] ILRM 505.
43 Morris v. Garvey [1982] ILRM 177.
44 SI Nr. 10/2000.
45 SI Nr. 496/1997.
46 SI Nr. 153/1994; SI Nr. 154/1994.

die Building Control Regulations 1991[48]. Sie verpflichten jeden Bauherrn, den Beginn von Baumaßnahmen anzuzeigen (Sec. 8 Building Control Regulations 1997). Sec. 8 Building Regulation Act 1990 ermächtigt die Behörden, gegen baurechtswidrige Maßnahmen einzuschreiten und Anordnungen zu erlassen.

[47] SI Nr. 190/1993.
[48] SI Nr. 306/1991.

§ 39 Italien

Schrifttum

Kindler, Einführung in das italienische Recht, München 1993; Mundt, Die Mängelansprüche des Bauherrn gegen den Bauunternehmer im deutschen und italienischen Recht, Theorie und Forschung, Band 705, Rechtswissenschaften, Band 84 (Diss Augsburg 2001)

Inhaltsübersicht

I. Allgemeines Vertragsrecht

1. Überblick. Das italienische Zivil- und Handelsrecht des 19. Jahrhunderts ist wesentlich durch die Rezeption der französischen (napoleonischen) Kodifikationen geprägt. Napoleon hat den Code Civil und den Code de Commerce in den von ihm unterworfenen italienischen Provinzen eingeführt[1]. Nach Ende der napoleonischen Herrschaft setzte man diese Kodifikationen wieder außer Kraft, orientierte sich aber in der Folgezeit stark an den französischen Vorgaben[2]. Der heutige Codice Civile stammt aus dem Jahr 1942. Er besteht aus einleitenden Bestimmungen, gefolgt von dem 1. Buch (Personen- und Familienrecht), dem 2. Buch (Erbrecht), dem 3. Buch (Sachenrecht), dem 4. Buch (Schuldrecht), dem 5. Buch (Arbeitsrecht) und dem 6. Buch (Schutz der Rechte). 1

2. Vertragsschluss. Das allgemeine Vertragsrecht ist in den Art. 1321 ff. Codice Civile geregelt. Es besteht Vertragsfreiheit (Art. 1322 Codice Civile). Der Vertrag wird als Einigung von zwei oder mehreren Parteien definiert, um untereinander ein vermögensrechtliches Rechtsverhältnis zu begründen, zu regeln oder aufzuheben (Art. 1321 Codice Civile). Erfordernisse des Vertrages sind nach Art. 1325 Codice Civile: 2

- die Einigung der Parteien (Art. 1325 ff. Codice Civile)
- der Rechtsgrund (Art. 1343 ff., 1895 Codice Civile)
- der Gegenstand (Art. 1346 ff. Codice Civile)
- die Form, wenn sich ergibt, dass sie durch das Gesetz bei sonstiger Nichtigkeit vorgeschrieben ist (Art. 1350 ff. Codice Civile)

Das italienische Recht enthält mit Art. 1337 des Codice civile eine spezielle Bestimmung für das **vorvertragliche Verhalten**[3]. Die Parteien haben bei den Vertragsverhandlungen und beim Vertragsschluss nach Treu und Glauben zu handeln. Eine Partei, die Verhandlungen ohne stichhaltige Gründe abbricht, nachdem sie Erwartungen darauf geweckt hat, dass ein Vertrag zustande kommen werde, haftet auf das negative Interesse. Dieses negative Interesse umfasst neben dem Kostenaufwand auch ausdrücklich den entgangenen Gewinn. Das positive Interesse ist nicht zu ersetzen, d.h. die Gegenpartei 3

1 Koch/Magnus/Winkler v. Mohrenfels, IPR und Rechtsvergleichung, 366.

2 Vgl. dazu eingehend Kindler, Einführung in das italienische Recht, § 8 Rn. 1 ff.

3 Schlussanträge des Generalanwalts Geelhoed vom 31. Januar 2002, Rs C-334/00 – Fonderie Officine Meccaniche Tacconi Spa ./. Heinrich Wagner Sinto Maschinenfabrik GmbH, Rn. 59.

braucht nicht in die Situation versetzt zu werden, in der sie sich befände, wenn der Vertrag tatsächlich geschlossen worden wäre. Durch die Verpflichtung, die bei einem abrupten Abbruch der Verhandlungen verletzt wird, soll verhindert werden, dass der Gegenpartei dadurch ein Schaden entsteht, dass sie sich an den Verhandlungen beteiligt hat, und nicht etwa dadurch, dass die Verhandlungen letztlich nicht zu einem Vertrag geführt haben. Ein schuldhaftes Handeln wird nicht verlangt.

4 **3. Vertragsabwicklung.** Die Parteien schulden wechselseitig Vertragserfüllung. Funktionale Mängel des Vertrages werden in den Art. 1453 bis 1469 Codice Civile behandelt. Erfüllt eine der Parteien ihre Vertragspflichten nicht, kann die andere gemäß Art. 1453 Codice Civile nach ihrer Wahl die Erfüllung (Art. 2930 ff. Codice Civile) oder die Aufhebung des Vertrages (Art. 2907 ff. Codice Civile) verlangen, in jedem Fall unbeschadet des Ersatzes des Schadens (Art. 1223 ff. Codice Civile). Im Vordergrund steht allerdings nicht die Aufhebung des Vertrages, sondern die Modifizierung der aus ihm folgenden Rechtslage[4]. Letzteres zeigt sich deutlich durch die Möglichkeit zur Kumulierung von Vertragsaufhebung und Schadensersatz[5].

II. Bauvertragsrecht

5 Der Werkvertrag ist in der italienischen Rechtsordnung quasi der Prototyp des selbständigen Dienstleistungsvertrages, d.h. der Dienstleistende ist selbständig und steht in keinem Abhängigkeitsverhältnis wie beim Dienstvertrag oder *contratto di lavoro subordinato*. Der Werkhersteller ist also nicht den Weisungen des Auftraggebers (committente) unterworfen, sondern muss das Werk vertragsgemäß bzw. kann es nach eigenem Ermessen ausführen. Dementsprechend handelt er auf eigenes Risiko. Bei den Werkverträgen ist zwischen dem **contratto d'appalto** (Art. 1655 ff. Codice Civile) und dem **contratto d'opera** (Art. 2222 Codice Civile) zu unterscheiden. Der eigentliche Unterschied zwischen **Unternehmerwerkvertrag** und einfachem Werkvertrag besteht darin, dass der Unternehmerwerkvertrag (contratto d'appalto) nur die **Bereitstellung** der Arbeitskraft beinhaltet, während beim einfachen Werkvertrag die Leistung überwiegend von dem gebundenen Unternehmer selbst ausgeführt wird[6]. Der Unternehmerwerkvertrag wird mit mittleren und größeren Unternehmen abgeschlossen, die die Durchführung schulden, aber nicht notwendig mit eigenen Arbeitskräften. Beim einfachen Werkvertrag erbringt der Unternehmer die Leistung dagegen selbst[7]. Der **prestatore d'opera** (contratto d'opera) ist mithin kein Unternehmer, allenfalls ein Kleinunternehmer (z.B. ein Handwerker).

6 Durch den Unternehmerwerkvertrag (**conttrato d'appalto**) übernimmt eine Partei die Ausführung eines Werkes (Art. 1655 ff. Codice Civile) oder die Leistung eines Dienstes (Art. 1677 Codice Civile) unter organisiertem Einsatz der notwendigen Mittel und auf eigene Verantwortung für eine Gegenleistung in Geld (Art. 1657 Codice Civile). Wenn sich eine Person gegen Entgelt verpflichtet, mit überwiegend eigener Arbeit und ohne zum Besteller in ein Verhältnis der Unterordnung zu treten, ein Werk zu erstellen oder einen Dienst zu leisten (**einfacher Werkvertrag = contratto d'opera**), sind die Vorschriften der Art. 2222 ff. Codice Civile anwendbar, es sei denn dass die Rechtsbeziehung im 4. Buch des Codice Civile gesondert geregelt ist (Art. 1655 ff. Codice Civile). Die Regelungen der Art. 2222 ff. Codice Civile regeln das Werkvertragsrecht nur rudimentär.

[4] Kindler, Einführung in das italienische Recht, § 15 Rn. 39.
[5] Kindler, Einführung in das italienische Recht, § 15 Rn. 39.
[6] Vgl. AG Mainz IPRax 1983, 299 mit Anm. der Redaktion (E.J.).
[7] Vgl. AG Mainz IPRax 1983, 299 mit Anm. der Redaktion (E.J.).

Auf den Bauvertrag sind die Vorschriften der Art. 1655 Codice Civile anwendbar (vgl. Art. 2222 Codice Civile). Die Abgrenzung zwischen Unternehmerwerkvertrag und einfachem Werkvertrag hat erhebliche Auswirkungen auf die Länge der Gewährleistungsfrist, die bei einem einfachen Werkvertrag acht Tage nach Entdeckung und ein Jahr nach Übergabe endet (Art. 2226 Codice Civile), während sie bei dem Unternehmerwerkvertrag ab Entdeckung 60 Tage und insgesamt zwei Jahre beträgt (Art. 1667 Abs. 2, 3 Codice Civile). Für Unternehmerwerkverträge, in denen die Ausführung öffentlicher Arbeiten übernommen wird, sind das Gesetz vom 20. März 1865, Nr. 2248, Anlage F, sowie das Dekret vom 16. Juli 1962, Nr. 1063, einschlägig.

1. Preis. Haben die Parteien weder die Höhe des Entgelts bestimmt noch Art und Weise 7
seiner Bestimmung festgesetzt, wird es unter Bezugnahme auf bestehende Tarife oder auf die Gebräuche berechnet. Fehlen solche, so wird das Entgelt gerichtlich festgesetzt (Art. 1657, 2225 Codice Civile). Auch wenn der Auftraggeber die Änderung der Ausführungsart genehmigt, hat der Unternehmer keinen Anspruch auf Entgelt für die Änderungen und Zusätze, wenn der Preis für das Werk als Ganzes bestimmt wurde (Art. 1659 Abs. 3 Codice Civile). Ist es zur fachgemäßen Ausführung des Werkes notwendig, Änderungen des Vorhabens anzubringen, und einigen sich die Parteien nicht, obliegt es dem Gericht, die durchzuführenden Änderungen und die entsprechenden Änderungen des Preises zu bestimmen (Art. 1660 Abs. 1 Codice Civile). Übersteigt der Umfang der Änderungen ein Sechstel des vereinbarten Gesamtpreises, kann der Unternehmer vom Vertrag zurücktreten oder eine angemessene Entschädigung verlangen. Wenn die Änderungen von erheblichem Umfang sind, kann der Besteller vom Vertrag zurücktreten und hat eine angemessene Entschädigung zu zahlen (Art. 1660 Abs. 3 Codice Civile). Übersteigt das Ausmaß der Änderungen ein Sechstel des vereinbarten Gesamtpreises nicht, kann der Auftraggeber Änderungen ungehindert anordnen. Der Unternehmer kann dann für die ausgeführten Mehrarbeiten ein Entgelt verlangen, auch wenn der Preis für das Werk als Ganzes bestimmt wurde (Art. 1661 Abs. 1 Codice Civile).

2. Baudurchführung. Der Unternehmer muss das zur Ausführung des Werkes **notwen-** 8
dige Material liefern, sofern in der Vereinbarung oder in den Gebräuchen nichts anderes festgelegt wird (Art. 1658 Codice Civile), es sei denn die Parteien hatten in erster Linie die Absicht, eine Vereinbarung über die Lieferung des Materials zu treffen. In diesem Fall sind die Vorschriften über den Kauf anzuwenden (Art. 2223 Codice Civile). Der Unternehmer hat dem Besteller Mängel des von diesem gelieferten Materials unverzüglich anzuzeigen (Art. 1663 Codice Civile).

Der Unternehmer darf an der vereinbarten Ausführungsart keine Veränderungen vor- 9
nehmen, wenn sie der Besteller nicht genehmigt hat (Art. 1659 Abs. 1 Codice Civile). Eine eventuelle Genehmigung ist schriftlich nachzuweisen (Art. 1659 Abs. 2 Codice Civile). Während der Ausführung des Werkes ist der Besteller berechtigt, den Fortschritt der Arbeiten zu überwachen und ihren Stand auf eigene Kosten zu überprüfen (Art. 1662 Abs. 1 Codice Civile).

Der Besteller kann von dem Werkvertrag auch nach Aufnahme der Arbeiten jederzeit 10
zurücktreten (Art. 1660 Abs. 3 Codice Civile), wenn er den Unternehmer für die getätigten Aufwendungen, die ausgeführten Arbeiten und den entgangenen Gewinn schadlos hält (Art. 1671 Codice Civile).

3. Abnahme. Der Besteller hat das Werk abzunehmen. Bis zur Abnahme trägt der Unter- 11
nehmer die Gefahr des zufälligen Untergangs oder der Verschlechterung, sofern er das

Material geliefert hat (Art. 1673 Codice Civile). Nimmt der Besteller das Werk trotz an ihn gerichteter Aufforderung nicht ab, gilt das Werk als abgenommen (vgl. Art. 1665 Abs. 3 Codice Civile).

Nach Art. 1665 Codice Civile stellt sich die Abnahme als Anerkennung des Werkes durch den Besteller mit oder ohne Vorbehalt dar. Die Abnahme ist ausdrücklich oder stillschweigend möglich. Sie hat grundsätzlich einheitlich zu erfolgen. Der Abnahme geht die Prüfung des Werkes voraus (Art. 1665 Abs. 1, 1666 Abs. 1 Codice Civile). Die Prüfung durch den Besteller hat zu erfolgen, sobald ihn der Unternehmer hierzu in die Lage versetzt. Nimmt der Besteller das Werk vorbehaltlos ab, gilt das Werk als abgenommen, auch wenn keine Prüfung vorgenommen worden ist (Art. 1665 Abs. 4 Codice Civile).

12 **4. Abrechnung.** Die Schlusszahlung wird mangels anderslautender oder entgegenstehender Vereinbarung bzw. eines entgegenstehenden Brauches spätestens mit der Abnahme fällig (Art. 1665 Abs. 5 Codice Civile).

13 **5. Mängelgewährleistung.** Der Unternehmer hat für Abweichungen und Mängel des Werkes Gewähr zu leisten (Art. 1667 Codice Civile), es sei denn der Besteller hat das Werk vorbehaltlos abgenommen. Der Unternehmer schuldet die Beseitigung der Abweichungen der Mängel oder die Herabsetzung des Preises, und zwar unbeschadet eines Anspruches auf Schadensersatz im Falle des unternehmerseitigen Verschuldens (Art. 1668 Codice Civile). Sind die Mängel und Abweichungen allerdings derart, dass sie das Werk für seine Bestimmung gänzlich untauglich machen, kann der Besteller die Aufhebung des Vertrages verlangen (Art. 1668 Codice Civile). Die Pflicht zur Gewährleistung besteht nicht, wenn der Besteller das Werk abgenommen hat und die Abweichungen und Mängel ihm bekannt oder erkennbar waren, sofern sie in diesem Fall vom Unternehmer nicht arglistig verschwiegen worden sind (Art. 1667 Codice Civile). Der Besteller muss dem Unternehmer Abweichungen und Mängel binnen 60 Tagen ab der Entdeckung anzeigen (vgl. aber Art 2226 Codice Civile). Bei Fristüberschreitung ist er mit Mängelansprüchen ausgeschlossen. Mängelgewährleistungsansprüche verjähren in zwei Jahren ab dem Tag der Übergabe des Werkes (Art. 1667 Codice Civile, vgl. aber Art. 2226 Codice Civile).

14 Für **Bauwerke** gilt zudem der weitergehende Art. 1669 Codice Civile: Wird im Verlauf von **zehn** Jahren ab Herstellung des Werkes dieses wegen eines Mangels des Bodens oder wegen eines Baumangels gänzlich oder teilweise zerstört oder zeigt sich offensichtlich die Gefahr einer Zerstörung oder schwerer Mängel, so haftet der Unternehmer dem Besteller und seinen Rechtsnachfolgern gegenüber, sofern ihm innerhalb eines Jahres ab der Entdeckung Anzeige gemacht worden ist. Die zehnjährige Garantie gilt bei Zerstörung des Bauwerks und starken Schäden. Starke Schäden sind Schäden, welche die Standfestigkeit oder die Stabilität des Bauwerks beeinträchtigen. Das bedeutet, dass Hauptbestandteile des Bauwerks von den Schäden betroffen sein müssen. Die zehnjährige Garantie erstreckt sich nicht auf Beschaffenheitsabweichungen. Die Frist beginnt mit dem Ende der Arbeiten. Der Besteller hat das Verschulden des Unternehmers nachzuweisen. Die zehnjährige Haftung hat „ordre-public"-Charakter.

Der Anspruch des Bestellers verjährt binnen eines Jahres ab der Anzeige (Art. 1669 Codice Civile). Kommt der Unternehmer seiner Verpflichtung zur Mängelbeseitigung trotz Fristsetzung nicht nach, kann der Besteller vom Vertrag zurücktreten und Schadensersatz fordern (vgl. Art. 2224 Codice Civile).

6. Subunternehmer. Nach dem neuen Gesetz vom 18. Juni 1998 (Nr. 192) ist ein Vertrag mit einem Subunternehmer ein solcher zwischen Unternehmern, der die Ausführung von Arbeiten an Halbfertigprodukten oder Rohstoffen, die von dem Auftraggeber geliefert wurden oder bestimmt sind, von diesem eingebaut oder genutzt zu werden. Ein solcher Vertrag muss schriftlich gefasst werden (Art. 2 Gesetz Nr. 192) und spezifizieren: 15

- den Preis (bestimmt oder bestimmbar)
- die Charakteristika des Auftragsgegenstandes oder der beauftragten Leistung
- die Bedingungen und die Modalitäten der Rechnungsprüfung und Zahlung (Limit 60 oder 90 Tage ab Lieferung)

Die Weitervergabe von mehr als 50% der übernommenen Leistung ist verboten.

Der Unternehmer darf die Ausführung des Werkes nur dann einem Subunternehmer anvertrauen, wenn ihn der Auftraggeber hierzu ermächtigt (Art. 1656 Codice Civile). 16

Im Falle von Mängeln muss sie der Hauptunternehmer dem Subunternehmer innerhalb von sechzig Tagen ab Erhalt einer an ihn gerichteten Anzeige mitteilen. Anderenfalls verliert der Hauptunternehmer sein Rückgriffsrecht gegen den Subunternehmer (Art. 1670 Codice Civile). Der Subunternehmer kann ferner vermittels eines Durchgriffsanspruchs direkt gegen den Besteller vorgehen, sofern er nicht durch den Hauptunternehmer bezahlt wird (Art. 1676 Codice Civile). 17

III. Architektenvertrag

Die Ausübung des Architektenberufes ist in Italien durch das R.D. 2537 vom 23.10.25 geregelt. Es schreibt die Eintragung in das Berufsalbum vor. Ferner können laut Gesetz 129/92 und Durchführungsbestimmung 776/94 (in Anwendung der europäischen Architektenrichtlinie 85/384) auch Freiberufler aus Europa in Italien Dienstleistungen erbringen. Art. 9 Abs. 3 des Dekrets Nr. 129/92 sah aber ursprünglich auch für die Erbringung von Dienstleistungen vor, dass die ausländischen Architekten in die Register der regionalen Kammern und der nationalen Architektenkammer eingetragen sein mussten. Diese Eintragung erfolgte auf Kosten der Architektenkammer. Das Eintragungsverfahren war in den Artikeln 7 und 8 des Dekrets Nr. 776/94 geregelt. Bereits bei der ersten Dienstleistung mussten dem Antrag auf Eintragung Nachweise in Bezug auf die Befähigung des Antragstellers zur Ausübung des Architektenberufs und in Bezug auf die tatsächliche Ausübung dieses Berufs durch den Antragsteller in seinem Herkunftsmitgliedstaat sowie eine Erklärung über Art und wahrscheinliche Dauer der Dienstleistung und die Angabe einer eventuellen vorübergehenden Niederlassung beigefügt werden. Die Kammer, bei der der Antrag gestellt wurde, hatte binnen 30 Tagen zu entscheiden. Für weitere Leistungen wird die Genehmigung nach vorheriger Anzeige automatisch erteilt. Die Eintragung in das Register einer regionalen Kammer hat nicht zur Folge, dass Dienstleistungen auch in einer anderen Region erbracht werden dürfen. Die Dienstleistung darf erst nach der Entscheidung der Kammer, durch die die Eintragung genehmigt wird, erbracht werden. Da aber nach Art. 22 Abs. 1 Unterabsatz 3 der Richtlinie 85/384 nur eine vorübergehende, automatisch eintretende Eintragung in einem Register vorgesehen werden kann, sofern dadurch die Dienstleistung in keiner Weise verzögert oder erschwert wird, verstieß diese Regelung gegen Europarecht. Die die in Art. 9 Abs. 3 des Dekrets Nr. 129/92 vorgesehene Eintragungspflicht verzögert die erste Dienstleistung eines Architekten und ist daher unvereinbar mit Art. 22 der Richtlinie 85/384. Außerdem erschwert die Verpflichtung zur Eintragung in das Register der jeweiligen regionalen 18

Kammer, in deren Zuständigkeitsbereich eine Leistung erbracht werden soll, diese Leistung noch zusätzlich[8].

19 Bei der Übernahme eines Auftrags, ist der Architekt angehalten – unter Beachtung der geltenden Gesetze und der vorliegenden Bestimmungen – vorher und ausführlich mit dem Auftraggeber Inhalt und Merkmale der eigenen Berufsleistung und die entsprechenden Vergütungen festzulegen[9]. Der Architekt wird den Auftrag gemäß den eingegangenen Verpflichtungen ausführen und die Honorarnote nach den geltenden Tarifen abfassen, indem er sich an die für die Verrechnung des Honorars vereinbarten Maßstäbe hält[10]. Der Architekt hat die Quantität und die Qualität seiner Aufträge auf seine wirklichen Eingriffsmöglichkeiten sowie auf die ihm zur Verfügung stehenden Mittel abzustimmen und hat diejenigen Aufträge abzulehnen, die er nicht mit genügender Sorgfalt und genügender Fachkompetenz durchführen kann.

20 Für die Vergütung der Architekten und Ingenieure existiert ein nationales Honorarabkommen (Legge 143/1949 vom 2. März 1949) sowie ein Ministerialerlass (Aggiornamento Decreto Ministerile vom 4. April 2001). Letzterer gilt nur für öffentliche Bauaufträge. Art. 2 des Gesetzes Nr. 143/1949 regelt vier Honorartypen:

- Prozentmäßiges Honorar
- Mengenmäßiges Honorar
- Honorar entsprechend der für die Leistung der Arbeiten aufgebrachten Zeit
- Honorar nach Ermessen des Freiberuflers

Im Allgemeinen werden die Honorare prozent- oder mengenmäßig berechnet (Art. 3 des Gesetzes Nr. 143/1949).

8 EuGH, Urteil vom 21. März 2002 – Rs C-298/99, Slg. 2002, I-3129.

9 Vgl. Art. 14 Norme di Deontologia Professionale (Bestimmungen zum Berufsethos) – Approvate dal Consiglio Nazionale degli Architetti il 15.07.1993 (Genehmigt vom Nationalrat der Architekten am 15.07.1993) der Architektenkammer Bozen.

10 Vgl. Art. 14 Norme di Deontologia Professionale (Bestimmungen zum Berufsethos) – Approvate dal Consiglio Nazionale degli Architetti il 15.07.93 (Genehmigt vom Nationalrat der Architekten am 15.07.93) der Architektenkammer Bozen.

§ 40 Österreich

Götz-Sebastian Hök und Sonja Ludwig

Inhaltsübersicht

I. Allgemeines Vertragsrecht

Schrifttum

Bydlinski, Grundzüge des Privatrechts, 5. Auflage 2002; Dittrich/Tades, ABGB, 20. Auflage 2002; Karasek, Önorm B 2110, Wien 2003; Koziol/Welser, Grundriss des bürgerlichen Rechts, Band II, 12. Auflage 2001; Kropik, Der Bauvertrag und die Önorm B 2110, 2. Auflage, Wien 2009

1. Überblick. Das im Allgemeinen bürgerlichen Gesetzbuch (ABGB) geregelte Schuldrecht enthält im allgemeinen Teil (§§ 859–937 BGB) die für alle Schuldverhältnisse geltenden Regeln. Das ABGB bezeichnet die Schuldrechte als „persönliche Sachenrechte" (§ 859 ABGB). Die Hauptleistungspflicht charakterisiert den Vertragstyp und macht das Wesen des Rechtsgeschäfts aus. Verträge mit wechselseitigen Ansprüchen der Vertragspartner heißen synallagmatische oder gegenseitige Verträge[1]. 1

2. Vertragsschluss. Das österreichische Vertragsrecht wird vom Prinzip der **Privatautonomie** beherrscht, so dass im Grundsatz jeder selbst entscheiden kann, mit wem und zu welchen Bedingungen er einen Vertrag abschließt. In Ausnahmefällen besteht allerdings Kontrahierungszwang. Dem Anschlusszwang unterliegen im Wesentlichen monopolartige Unternehmen, auf deren Leistungen oder Güter jedermann üblicherweise oder in Notfällen angewiesen ist, wie z.B. Energieversorgungsunternehmen[2]. 2

a. Angebot und Annahme. Ein Vertrag kommt durch Angebot (**Offert**) und Annahme zustande (§ 861 ABGB). Der Anbietende (**Offerent**) schlägt einen bestimmten Vertragsinhalt vor, der Angebotsempfänger (**Oblat**) nimmt den Vorschlag an. Verträge, die so, d.h. allein durch übereinstimmende Willenserklärungen geschlossen werden, werden als Konsensualverträge bezeichnet und sind heute der gesetzliche Regelfall. Es gibt aber noch einige wenige Realverträge, die für den Vertragsschluss (**Vertragsperfektion**) neben der Willensübereinstimmung auch die tatsächliche Erbringung der Leistung erfordern, so z.B. der Darlehensvertrag, der Leihvertrag, der Verwahrungsvertrag[3]. 3

---

1 Koziol/Welser, Grundriss des bürgerlichen Rechts, S. 3.

2 SZ 46/54; EvBl 1991/66 (312); ecolex 1992, 18; RdW 1995, 10; Dittrich/Tades, ABGB; Anm. zu § 861 ABGB; Bydlinski, Grundzüge des Privatrechts, Rn. 433.

3 Bydlinski, Grundzüge des Privatrechts, Rn. 419.

4 Um die Handlung oder Erklärung einer Person als Angebot werten zu können, müssen bestimmte Voraussetzungen erfüllt sein. Erforderlich ist eine ausreichende inhaltliche Bestimmtheit sowie ein Bindungswille des Anbieters. Ein Angebot ist inhaltlich ausreichend bestimmt, wenn es durch die bloße Erklärung des Einverständnisses (Annahme) des Angebotsempfängers angenommen werden kann. Es müssen daher die wesentlichen Mindestbestandteile (Hauptleistungen) des Vertrages im Angebot genannt sein. Der Bindungswille des Anbietenden ist dann gegeben, wenn sich der Anbieter aus der Sicht des Angebotsempfängers verbindlich festlegen und nicht nur unverbindlich zu Vertragsverhandlungen auffordern will.

5 Liegt ein Angebot vor und wird dieses vom Angebotsempfänger übereinstimmend mit dem Angebot angenommen, so ist der Vertrag gemäß § 861 ABGB zustande gekommen. Legt der Anbieter keine Frist fest, wie lange er sich an sein Angebot gebunden hält, sieht das Gesetz in § 862 ABGB vor, dass ein unter Anwesenden oder fernmündlich abgegebenes Angebot nur während der Verhandlungen bindet und daher sofort angenommen werden muss. Ein solches Angebot erlischt deshalb sofort mit Ende des Gesprächs. Wird ein Angebot hingegen einem Abwesenden übermittelt, kommt es für die Dauer der Bindung – sofern der Anbietende keine Bindungsfrist gesetzt hat – darauf an, wann der Anbietende bei der üblichen Dauer des Postlaufes eine Antwort erwarten darf. Zusätzlich zum Postweg ist noch eine ausreichende Überlegungsfrist des Angebotsempfängers zu berücksichtigen.

6 Auch das österreichische Recht kennt **Allgemeine Geschäftsbedingungen (AGB)**. Sie werden dann Vertragsbestandteil, wenn sie durch Vereinbarung in den Vertrag einbezogen werden[4]. Ausreichend ist dazu, dass der Aufsteller deutlich zu erkennen gibt, dass er nur unter Einbeziehung seiner AGB den Vertrag schließen will und sein Vertragspartner die Möglichkeit hat, den Inhalt der AGB zur Kenntnis zu nehmen[5]. Der Vertragspartner unterwirft sich mit der Annahme den Allgemeinen Geschäftsbedingungen des AGB-Aufstellers. Die AGB unterliegen einer strengen Kontrolle in zweierlei Hinsicht: der Geltungskontrolle und der Inhaltskontrolle. Im Rahmen der Geltungskontrolle wird zum einen geprüft, ob die AGB allgemein wirksam in den Vertrag einbezogen wurden. Zum anderen werden hier die Einzelklauseln gemäß § 864a ABGB überprüft. Demgemäß werden inhaltlich ungewöhnliche Bestimmungen in AGB oder Vertragsformblättern dann von vornherein nicht Bestandteil des Vertrags, wenn sie für den Vertragspartner nachteilig sind und dieser nach den Umständen, vor allem dem äußeren Erscheinungsbild der Urkunde, mit derartigen Klauseln nicht zu rechnen brauchte. Die Inhaltskontrolle erfolgt gemäß § 879 Abs. 3 ABGB. Hiernach ist eine in AGB oder Vertragsformblättern enthaltene Vertragsbestimmung, die nicht eine der beiderseiten Hauptleistungen festlegt, nichtig, wenn sie unter Berücksichtigung aller Umstände des Falles einen Vertragsteil gröblich benachteiligt. Die in Österreich im Werkvertragsrecht üblicherweise zum Einsatz kommende Önorm B 2110 wird als AGB verstanden[6].

7 Hinsichtlich der Wirksamkeit von Verträgen im Allgemeinen wird unterschieden zwischen der absoluten und der relativen **Nichtigkeit**. In den Fällen absoluter Nichtigkeit ist der Vertrag nicht zustandegekommen. Absolute Nichtigkeit liegt etwa vor bei nicht ausreichender Geschäftsfähigkeit und bei fehlender Vertretungsmacht, wobei aber in beiden Fällen grundsätzlich eine nachträgliche Genehmigung möglich ist, sowie bei

4 SZ 24/108, 41/131, 57/50; Dittrich/Tades, ABGB; Anm. zu § 861 ABGB.
5 Bydlinski, Grundzüge des Privatrechts, Rn. 436.
6 Kropik, Der Bauvertrag und die Önorm B 2110, 9 f.

Missachtung von Formvorschriften und den meisten Arten von Gesetzes- und Sittenwidrigkeit[7]. In den Fällen relativer Nichtigkeit wird der Vertrag so lange als wirksam angesehen, wie sich der durch die Wirksamkeitsregeln geschützte Vertragsteil nicht auf die Unwirksamkeit beruft. Hierzu zählt die Nichtigkeit wegen Wuchers. Auch die Unwirksamkeit einzelner AGB-Klauseln nach § 879 Abs. 3 ABGB soll darunter fallen[8].

8 Bei Vorliegen eines Anfechtungsgrundes (bestimmte Irrtümer, List oder Zwang) kann der Vertrag gemäß §§ 870–877 ABGB angefochten werden, mit der Folge, dass er grundsätzlich rückwirkend aufgehoben wird; schon erbrachte Leistung sind zurückzugewähren. Wird der Vertrag infolge der Anfechtung angepasst, so hat dies nicht die rückwirkende Aufhebung, sondern die Änderung der vertraglichen Verpflichtungen zur Folge[9].

9 **b. Vertragsinhalt.** Im Gegensatz zum Sachenrecht ist das Vertragsrecht vom Grundsatz der **Inhaltsfreiheit** geprägt. In den Grenzen des gesetzlich Zulässigen können die Parteien das vereinbaren, was ihren eigenen Interessen am besten entspricht. Häufig vorkommende Vertragstypen sind gesetzlich geregelt (§§ 938–956 ABGB: Schenkung; §§ 957–970c ABGB: Verwahrung; §§ 983–1001 ABGB: Darlehen; §§ 1053–1089 ABGB: Kauf; §§ 1151–1174 ABGB: Dienstleistungen). Die Parteien müssen daher nicht für jeden denkbaren Konfliktfall eine vertragliche Regelung treffen. Werden bestimmte Punkte im Vertrag nicht geregelt, finden insoweit die gesetzlichen Regelungen Anwendung[10]. Treffen die Parteien aber eine von den gesetzlichen Vorschriften abweichende Regelung, so geht diese grundsätzlich dem dispositiven Recht vor.

10 **c. Geschäftsfähigkeit.** Voll geschäftsfähig sind natürliche Personen, die das 18. Lebensjahr vollendet haben und geistig gesund sind (§§ 21 Abs. 2 ABGB).

11 **d. Form.** Verträge des Privatrechts bedürfen grundsätzlich keiner Form (§ 883 ABGB), d.h. die Verträge müssen im Grundsatz weder schriftlich noch in notariell beglaubigter Form (§ 886 ABGB) oder in Notariatsaktform (§ 1 NotariatsaktsG) abgeschlossen werden. Ein Vertrag kann daher auch mündlich geschlossen werden. Ein schriftlicher Vertrag erleichtert allerdings die Beweisführung über den Vertragsinhalt.

12 **e. Auslegung.** Verträge, deren Inhalt nicht eindeutig ist, sind nach §§ 914–916 in Verbindung mit Art. 863, 869 ABGB auszulegen[11]. Dem Grundsatz nach ist bei der Auslegung nicht der wörtliche Sinn des Ausdrucks maßgebend. Vielmehr ist die tatsächliche Absicht, also der Geschäftszweck[12], der Parteien zu erforschen, wobei der Vertrag so zu verstehen ist, wie es der Übung des redlichen Verkehrs entspricht (§ 914 ABGB). Im ersten Schritt wird der Wortlaut gedeutet. Im zweiten Schritt wird der Zweck der vertraglichen Regelung in die Auslegung einbezogen. Im dritten Schritt ist der Parteiwille in das Licht der redlichen Verkehrssitte zu stellen. Zumeist im Falle vertraglicher Nebenpflichten kann der Vertrag ergänzend ausgelegt werden. Zu ermitteln ist in solchen Fällen der hypopthetische Parteiwille. Die österreichische Rechtsprechung neigt dazu, verschiendene ÖNormen als zur Verkehrssitte erstarkte Regelung zur Lückenfüllung heranzuziehen[13]. Sind Leistungsverzeichnisse auszulegen, wird üblicherweise auf den

7 Bydlinski, Grundzüge des Privatrechts, Rn. 431.
8 Bydlinski, Grundzüge des Privatrechts, Rn. 432, 442.
9 Bydlinski, Grundzüge des Privatrechts, Rn. 443, 470.
10 Bydlinski, Grundzüge des Privatrechts, Rn. 489, 490.
11 Kropik, Der Bauvertrag und die Önorm B 2110, 23.
12 EvBl 1957/397 (628); RdW 1988,88; Dittrich/Tades, ABGB; Anm. zu § 914 ABGB.
13 Kropik, Der Bauvertrag und die Önorm B 2110, 25.

Vorrang von individuellen, objektspezifischen und einzelleistungsbeschreibenden Formulierungen vor Allgemeinen Geschäftsbedingungen ausgegangen[14].

13 **3. Vertragsabwicklung.** Die vertraglich vereinbarte Leistung ist dem Grundsatz nach sofort fällig. Denn § 904 S. 1 ABGB sieht vor, dass eine Leistung sogleich, also ohne unnötigen Aufschub gefordert werden kann, wenn keine bestimmte (gewisse) Zeit für die Erfüllung des Vertrags bestimmt worden ist.

14 Unmöglichkeit und Verzug sind **Leistungsstörungen**. Bei der (in den §§ 878, 880, 920, 1174, 1447 ABGB geregelten) **Unmöglichkeit** wird unterschieden zwischen ursprünglicher (also der bei Vertragsschluss bestehender) und nachträglicher (also nach Vertragsschluss eintretender) Unmöglichkeit sowie der objektiven (d.h. der für jedermann bestehenden) und subjektiven (d.h. der für den konkreten Vertragsteil bestehenden) Unmöglichkeit. Ferner ist von Bedeutung, ob die Unmöglichkeit vom Schuldner oder vom Gläubiger zu vertreten ist oder ob es sich um einen Fall der zufälligen Unmöglichkeit handelt. Hinsichtlich der geschuldeten Leistung wird zudem unterschieden zwischen Speziesschuld (ein bestimmter Gegenstand ist geschuldet) und Gattungsschuld (es ist ein beliebiger Gegenstand aus einer Menge von gleichen Gegenständen geschuldet). **Schuldnerverzug** (Leistungsverzug) liegt vor, wenn der Schuldner seine Leistung bei Fälligkeit überhaupt nicht oder nicht in der gehörigen Art anbietet, weshalb der Gläubiger sie nicht annimmt. Als Folge des Schuldnerverzugs sieht § 918 Abs. 1 ABGB vor, dass der andere Vertragsteil entweder Erfüllung und Schadensersatz wegen der Verspätung begehren oder unter Setzung einer angemessenen Frist zur Nachholung den Rücktritt vom Vertrag erklären kann. **Gläubigerverzug** (Annahmeverzug) liegt dann vor, wenn der Gläubiger die vom Schuldner vertragsgemäß angebotene Leistung nicht annimmt. Der Gläubiger hat die Folgen seines Verzugs selbst zu tragen (§ 1419 ABGB). Ist der Gläubigerverzug zugleich auch Schuldnerverzug, kann der andere Teil nach §§ 918–921 ABGB vorgehen.

15 Bei Unmöglichkeit und Verzug bleibt die Leistung (zumindest zeitweilig) aus. Um diese Leistungsstörungen von den Gewährleistungsmängeln abzugrenzen, kommt es entscheidend auf den Zeitpunkt der Ablieferung an. Nach Ablieferung des Werks können also grundsätzlich nicht (mehr) die Erfüllungs- und Nichterfüllungsansprüche wegen Verzug bzw. Unmöglichkeit geltend gemacht werden, sondern nur Mangelgewährleistungsansprüche[15]. Das österreichische **Gewährleistungsrecht** wurde zum 01.01.2002 neu geregelt.

II. Bauvertragsrecht

Schrifttum

Aicher/Korinek, Rechtsfragen des nationalen und internationalen Industrieanlagenbaus 1991; Dittrich/Tades, Das Allgemeine bürgerliche Gesetzbuch, 20. Auflage 2002; Koziol/Welser, Grundriss des bürgerlichen Rechts, Band II, 12. Auflage 2001; Iro, Die Warnpflicht des Werkunternehmers, ÖJZ 1983, 505, 539; Krejci, Abnahmeobliegenheiten trotz versteckter Baumängel, ecolex 1999, 816; Kropik, Der Bauvertrag und die Önorm B 2110, 2. Auflage, Wien 2009; Wilhelm, Nachtrag zur Warnpflicht bei sachverständig beratenem Werkbesteller, ecolex 1998, 822

16 **1. Überblick.** Beim Bauvertrag ist ein bestimmter Erfolg, d.h. die Herstellung eines Bauwerks, geschuldet[16]. Bauverträge sind daher **Werkverträge**, auf die die Bestimmungen

[14] Kropik, Der Bauvertrag und die Önorm B 2110, 26.
[15] Koziol/Welser, Grundriss des bürgerlichen Rechts, S. 61.
[16] Koziol/Welser, Grundriss des bürgerlichen Rechts, S. 242.

der §§ 1151, 1152 sowie die §§ 1165 bis 1171 ABGB Anwendung finden. Die Werkvertragsregeln des ABGB sind grundsätzlich dispositives Recht. Die Parteien des Bauvertrags können also vom Gesetz abweichende vertragliche Vereinbarungen treffen, die den gesetzlichen Vorschriften vorgehen. Durchbrochen ist dieser Grundsatz aber durch die in §§ 1169, 1157 ABGB geregelte Fürsorgepflicht[17], bei Verbrauchergeschäften im Sinne des Konsumentenschutzgesetzes (KSchG)[18] sowie bei gesetzes- und sittenwidrigen Vertragsklauseln gemäß § 879 ABGB.

Der Vertragsschluss ist **formfrei** möglich, wobei aber in der Praxis ein schriftlicher Bauvertrag die Beweisführung erheblich erleichtert. 17

Wie andere Verträge auch kommt der Bauvertrag nach allgemeinen zivilrechtlichen Grundsätzen durch Angebot und Annahme zustande. Um ein wirksames, annahmefähiges Angebot abzugeben, muss der Anbietende beim Bauvertrag daher in seiner Erklärung die Hauptleistungen des Bauvertrages (das herzustellende Bauwerk und das dafür zu entrichtende Entgelt) in ausreichend bestimmter Weise angeben. Wenn im Angebot auf den „derzeit gültigen Listenpreis“ oder auf die „derzeit gültigen Allgemeinen Geschäftsbedingungen“ verwiesen wird, muss es dem Vertragspartner möglich sein, sich Kenntnis von den Listenpreisen oder AGB des Anbieters zu verschaffen. Das kann z.B. durch eine Anlage zum Angebot geschehen. 18

Werden sie wirksam in den Vertrag einbezogen, gelten **Allgemeine Geschäftsbedingungen** und **ÖNormen** als Vertragsrecht[19]. Allgemeine Geschäftsbedingungen für Bauverträge werden beispielsweise von der österreichischen Bundesinnung Bau (www.portal.wko.at) herausgegeben. Bei den ÖNormen handelt es sich um allgemeine Geschäftsbedingungen besonderer Art, die vom Österreichischen Normungsinstitut (www.oenorm.at) erstellt werden[20]. Die Werkvertragsnormen (z.B. ÖNORM B 2110 „Allgemeine Vertragsbedingungen für Bauleistungen“ und zahlreiche weitere spezielle Vertragsinhaltsnormen für einzelne Gewerke) sollen die sich aus dem Gesetz ergebenden werkvertraglichen Rechte und Pflichten ergänzen und konkretisieren. Daneben existieren bauvertragsrelevante Verfahrensnormen (A 2050: Vergabe von Aufträgen über Leistungen), B 2061: Preisermittlung für Bauleistungen, B 2062: Aufbau von Standardisierten Leistungsbeschreibungen unter Berücksichtigung automationsunterstützender Verfahren, B 2063: Ausschreibung, Angebot und Zuschlag unter Berücksichtigung automationsunterstützter Verfahren), die kein Vertragsbestandteil werden können[21]. Hingegen können die ÖNormen B 2111 Umrechnung veränderlicher Preise von Bauleistungen, B 2114 (Vertragsbedingungen für die automationsunterstütze Abrechnung) und 2118 (Partnerschaftsmodelle) Vertragsbestandteile werden. 19

Wenn eine Baufirma Preislisten oder Kataloge verschickt oder in Zeitungen Anzeigen schaltet, dann gibt sie damit noch kein verbindliches Angebot ab. In diesen Fällen fehlt der rechtsgeschäftliche Bindungswille. Denn es ist allgemein anzunehmen, dass die Firma den konkreten Vertragsschluss von der Bonität und Vertrauenswürdigkeit des Vertragspartner abhängig machen möchte. Um den fehlenden Bindungswillen im Übrigen zum Ausdruck zu bringen, verwenden Baufirmen häufig die Vermerke „freibleibend“, „kein verbindliches Angebot“ oder „Änderungen vorbehalten“. 20

---

[17] EvBl 1971/118 (209); ZVR 1973/52 (209); Koziol/Welser, Grundriss des bürgerlichen Rechts, S. 244; Dittrich/Tades, ABGB; Anm. zu § 1169 ABGB.

[18] Koziol/Welser, Grundriss des bürgerlichen Rechts, S. 65, 66.

[19] SZ 24/108, 41/131, 57/50; Dittrich/Tades, ABGB; Anm. zu § 861 ABGB.

[20] Kropik, Der Bauvertrag und die Önorm B 2110, 9.

[21] Kropik, Der Bauvertrag und die Önorm B 2110, 9.

Im Geschäftsverkehr, insbesondere bei Bauverträgen, wird vom Anbietenden häufig selbst eine Bindungsfrist bestimmt (z.B. „Das Angebot ist bis zum 31.12.2005 bindend.“). Wird keine Bindungsfrist bestimmt, dürfte bei schriftlich übersandten Angeboten an potentielle Vertragspartner, die ihren Sitz im Inland haben, von einer Bindungsfrist zwischen 10 und 14 Tagen auszugehen sein.

Ist die Finanzierung des Bauprojekts durch die finanzierende Bank oder Bausparkasse des Auftraggebers noch nicht gesichert, ist es für den Auftraggeber sinnvoll, die Annahme unter der Bedingung zu erklären, dass die Finanzierung durch das Kreditinstitut innerhalb einer bestimmten Frist verbindlich ist. Andernfalls ist der Auftraggeber auch bei Absage der Finanzierung durch seine Bank an den Bauvertrag gebunden.

21 **2. Besondere Vertragstypen.** Ein **Bauträgervertrag** ist ein Vertrag über den Erwerb des Eigentums, des Wohneigentums, des Baurechts, des Bestandsrechts oder eines sonstigen Nutzungsrechts einschließlich Leasing an zu errichtenden oder durchgreifend zu erneuernden Gebäuden, Wohnungen oder Geschäftsräumen (§ 2 Abs. 1 Bauträgervertragsgesetz – BTVG). Bauträger ist, wer sich verpflichtet, dem Erwerber diese Rechte einzuräumen (§ 2 Abs. 2 BTVG). Ein Bauträgervertrag liegt gemäß § 2 Abs. 4 BTVG darüber hinaus aber auch dann vor, wenn der Erwerber sein Recht zwar von einem Dritten erwirbt, dieser Vertrag aber mit der Errichtung oder durchgreifenden Erneuerung des Objekts eine wirtschaftliche Einheit bildet.

Der Bauträger ist in der Regel daran interessiert, schon vor endgültiger Fertigstellung eines Bauwerks möglichst hohe Zahlungen vom Erwerber zu erhalten, um das Bauvorhaben günstiger zu finanzieren. Da die Zeitspanne zwischen Vertragsschluss und Fertigstellung des Vertragsobjekts oft groß ist, läuft der Erwerber einer bei Abschluss des Vertrages über die noch fertigzustellende Immobilie ohne ausreichende Sicherheit Gefahr, dass die von ihm erbrachte Vorleistungen verloren gehen, insbesondere bei Insolvenz des Bauträgers. Hiervor soll der Erwerb durch das Bauträgervertragsgesetz geschützt werden. Voraussetzung für die Anwendbarkeit des Bauträgervertragsgesetzes ist, dass der Erwerber vor der Fertigstellung Zahlungen von mehr als 145,00 € pro Quadratmeter Nutzfläche zu leisten hat (§ 1 Abs. 1 BTVG). Der Bauträgervertrag bedarf der Schriftform (§ 3 Abs. 1 BTVG), er hat einen festgelegten Mindestinhalt aufzuweisen (§ 4 BTVG). Das Bauträgervertragsgesetz gibt dem Erwerber unter bestimmten Voraussetzungen ein gesetzliches Rücktrittsrecht (§ 5 BTVG), während im Vertrag zugunsten des Bauträgers nur in bestimmten Fällen ein Rücktrittsrecht zulässigerweise vereinbart werden kann (§ 6 BTVG). Kernstück des BTVG sind die Bestimmungen, die festlegen, dass der Bauträger den Erwerber gegen den Verlust der von diesem auf Grund des Bauträgervertrages geleisteten Zahlungen abzusichern hat (§§ 7 ff. BTVG). Das BTVG sieht als Sicherungsmittel im Wesentlichen die schuldrechtliche, die grundbücherliche und die pfandrechtliche Sicherung (§ 8, 9 und 11 BTVG) vor. Ein zu bestellender Treuhänder (Rechtsanwalt oder Notar) hat den Erwerber über das Geschäft rechtlich belehren und die Erfüllung der Sicherungspflicht des Bauträgers zu überwachen (§ 12 BTVG).

22 **3. Preis.** Die Hauptpflicht des Auftraggebers besteht in der **Zahlungsverpflichtung**. Ist im Vertrag kein Entgelt bestimmt und auch nicht Unentgeltlichkeit vereinbart, so gilt ein angemessenes Entgelt als bedungen (§ 1152 ABGB). Önorm B 2110 Nr. 5.28 (1) regelt, dass mit den vereinbarten Preisen sämtliche nach dem Vertrag bis zu seiner Erfüllung zu erbringenden Leistungen einschließlich der Nebenleistungen abgegolten sind.

In aller Regel wird bei Bauverträgen als Gegenleistung für die Erstellung des Werks ein Entgelt vereinbart. Ist dabei im Bauvertrag ein bestimmter Gesamtpreis festgelegt (**Pauschalvertrag**), muss der Unternehmer das Werk ohne Rücksicht auf die notwendigen Arbeiten und Auslagen erstellen. Er trägt also die Gefahr des Mehraufwands, hat aber auch den Vorteil, wenn der Aufwand hinter dem Preis zurückbleibt[22]. 23

Häufig wird dem Vertragsschluss ein **Kostenvoranschlag** zugrunde gelegt. Hierbei handelt es sich um eine Aufstellung der mit der Ausführung des Werks verbundenen Kosten (Materialien, Leistungen), die vom Auftraggeber zu vergüten sind. In der Regel ist mit dem Kostenvoranschlag die Bereitschaft des Unternehmers verbunden, das Werk zu den aufgeführten Bedingungen herzustellen[23]. Hat ein Kostenvoranschlag nicht ausschließlich Angebotscharakter, so ist er im Zweifel entgeltlich, wenn zu seiner Erstellung Vorarbeiten notwendig sind[24]. Verbraucher haben den Kostenvoranschlag aber nur dann zu vergüten, wenn sie vorher auf die Entgeltpflicht hingewiesen worden sind (§ 5 Abs. 1 KSchG). Ist dem Vertrag ein Kostenvoranschlag unter ausdrücklicher Gewährleistung für seine Richtigkeit zugrunde gelegt („Kostenvoranschlag mit Gewähr/unter Garantie"), dann kann der Unternehmer gemäß § 1170a Abs. 1 ABGB auch bei unvorhergesehener Größe oder Kostspieligkeit der veranschlagten Arbeiten keine Erhöhung des Entgelts fordern. Ist ein Kostenvoranschlag ohne Gewährleistung zugrunde gelegt („Kostenvoranschlag ohne Gewähr/ohne Garantie"), und erweist sich eine beträchtliche Überschreitung als unvermeidlich, so kann der Besteller gemäß § 1170a Abs. 2 ABGB unter angemessener Vergütung der vom Unternehmer geleisteten Arbeit vom Vertrag zurücktreten. Sobald sich eine solche Überschreitung als unvermeidlich herausstellt, hat der Unternehmer dies dem Besteller unverzüglich und deutlich anzuzeigen. Auch die Höhe der Überschreitung ist mitzuteilen[25]. Tut er dies nicht, verliert er jeden Anspruch wegen der Mehrarbeit. Bei Verbrauchergeschäften ist im Zweifel von einem Kostenvoranschlag mit Gewähr auszugehen (§ 5 Abs. 2 KSchG). Im Falle eines verbindlichen Kostenvoranschlages können in einer Reihe von Ausnahmefällen Mehrforderungen geltend gemacht werden. Hierzu gehören: (1) Vorbehalte bezüglich bestimmter Leistungspositionen, etwa in Bezug auf Preise für bestimmte Bodenklassen, (2) Leistungsänderungen auf Verlangen, (3) unverschuldete Mehraufwendungen, z.B. für verspätete Übergabe der Planung, (4) Verwirklichung von Risiken aus der Sphäre des Bestellers, wie etwa verzögerte Erteilung der Baugenehmigung und (5) Wegfall der Geschäftsgrundlage[26]. 24

Beim **Regievertrag** (siehe ÖNorm B 2110 Nr. 5.27) werden selbstständige Regieleistungen nach Regiepreisen abgerechnet. Für die verschiedenen Arbeitskräfte (z.B. Polier, Vorarbeiter, Facharbeiter, Bauhilfsarbeiter, Lehrling) werden im Vertrag jeweils bestimmte Stundenverrechnungssätze vereinbart. Der endgültige Preis wird anhand der Anzahl der eingesetzten Kräfte und der Arbeitsstunden ermittelt. 25

4. Baudurchführung. Der Werkvertrag begründet in der Regel ein **Zielschuldverhältnis**[27], er endet daher grundsätzlich mit der Erfüllung, also der Herstellung des Bauwerks. Der **Tod** des Auftragnehmers beendet den Vertrag nur, wenn es sich um eine höchstpersönliche Leistung handelt, wenn es also bei der Erstellung des Werks auf die 26

[22] Koziol/Welser, Grundriss des bürgerlichen Rechts, S. 245.
[23] Koziol/Welser, Grundriss des bürgerlichen Rechts, S. 245, 246.
[24] OGH, in SZ 30/63; Koziol/Welser, Grundriss des bürgerlichen Rechts, S. 246.
[25] Karasek, Önorm B 2110, Rn. 603.
[26] Karasek, Önorm B 2110, Rn. 613 ff.
[27] Koziol/Welser, Grundriss des bürgerlichen Rechts, S. 243.

persönlichen Eigenschaften des Unternehmers ankommt (§ 1171 S. 1 ABGB). Der Tod des Auftraggebers hat auf die gegenseitigen Verpflichtungen aus dem Bauvertrag grundsätzlich keinen Einfluss. Die Erben bleiben gemäß § 1171 S. 2 BGB an den Vertrag gebunden.

Nach § 1168 Abs. 1 ABGB hat der Unternehmer auch dann Anspruch auf das vereinbarte Entgelt, wenn zwar die Ausführung des Werks unterbleibt, dies aber auf Umständen beruht, die der Besteller zu vertreten hat, während der Unternehmer zur Leistung bereit war. Der Unternehmer muss sich aber das anrechnen lassen, was er infolge des Unterbleibens der Arbeit erspart oder durch anderweitige Verwendung erworben hat bzw. zu erwerben absichtlich versäumt hat. § 1168 Abs. 2 ABGB gibt dem Unternehmer ein besonderes Rücktrittsrecht. Unterbleibt eine zur Ausführung des Werks erforderliche Mitwirkung des Bestellers, ist der Unternehmer berechtigt, dem Besteller zur Nachholung eine angemessene Frist zu setzen, verbunden mit der Erklärung, dass nach fruchtlosem Verstreichen der Frist der Vertrag als aufgehoben gilt.

27 Geht das Werk vor seiner Übernahme durch einen bloßen Zufall zugrunde, kann der Unternehmer nach § 1168a S. 1 ABGB kein Entgelt verlangen. Der Verlust des Stoffes trifft die Vertragspartei, die ihn beigesteuert hat (§ 1168a S. 2 ABGB). Nach § 1168a S. 3 ABGB ist der Unternehmer für den Schaden verantwortlich, wenn das Werk misslingt, weil der vom Besteller bereitgestellte Stoff offenbar untauglich ist oder der Besteller offenbar unrichtige Anweisungen gegeben hat und der Unternehmer den Besteller nicht gewarnt hat. Unter Anwendung dieser gesetzlichen **Regelungen der Nachteilszuweisung** soll daher – mangels einer abweichenden Vereinbarung – der Besteller das Kostenrisiko für den Mehraufwand tragen, der sich infolge einer notwendigen Dekontaminierung des Baugrundstücks ergibt[28]. Hat der Besteller mehrere selbstständige Unternehmer beauftragt – etwa bei der Errichtung eines Gebäudes –, so ist er diesen gegenüber verpflichtet, die einzelnen Leistungen zu koordinieren und aufeinander abzustimmen[29]. Überantwortet er diese Aufgabe einem Dritten, z.B. einem Architekten, so muss er sich dessen Verschulden nach § 1313a zurechnen lassen[30]. Die **Warnpflicht** des Unternehmers besteht grundsätzlich auch gegenüber einem sachkundigen Besteller[31], wobei sich allerdings die Frage ergeben kann, ob sich der Besteller ein Mitverschulden anrechnen lassen muss.[32] Bei Verletzung seiner Warnpflichten soll der bauausführende Unternehmer aber selbst dann kein (seine Haftung minderndes) Mitverschulden des Bauherrn geltend machen können, wenn dieser eine Bauaufsicht in das Bauvorhaben einbezogen hat. Denn die Bauaufsicht soll den Bauherrn vor Fehlern schützen, die in den Verantwortungsbereich der einzelnen bauausführenden Unternehmer fallen, nicht aber diese von ihrer Verantwortung entlasten oder diese Verantwortung mindern[33]. Der Unternehmer soll sich nicht darauf berufen können, dass eine bessere Kontrolle seiner Tätigkeit den Schaden vermieden hätte[34].

---

[28] Ecolex 1998, 204; Dittrich/Tades, ABGB; Anm. zu § 1168a ABGB.

[29] OGH, in SZ 57/18; JBl 1992, 114; RDW 1997, 528; RdW 1999, 459; Koziol/Welser, Grundriss des bürgerlichen Rechts, S. 248.

[30] OGH, in RdW 1999, 459; Koziol/Welser, Grundriss des bürgerlichen Rechts, S. 248.

[31] OGH, in SZ 58/7; WBl. 1987, 120; Koziol/Welser, Grundriss des bürgerlichen Rechts, S. 248; vgl. aber auch: SZ 45/75; RZ 1984/15.

[32] OGH, in JBl 1992, 114; JBl 1993, 521; ecolex 1995, 714; ecolex 1999, 393; ecolex 1999, 823; Koziol/Welser, Grundriss des bürgerlichen Rechts, S. 248.

[33] RdW 1997, 394; ecolex 1998, 125; 1998, 689; Dittrich/Tades, ABGB; Anm. zu § 1168a ABGB.

[34] Ecolex 1998, 689; Dittrich/Tades, ABGB; Anm. zu § 1168a ABGB.

5. Abnahme. Für die Abnahme (**Übernahme**) des Werks können im Bauvertrag bestimmte Förmlichkeiten festgelegt werden. So kann etwa vereinbart werden, dass der Unternehmer die Fertigstellung des Werks unter Beifügung der Aufforderung zur Übernahme anzuzeigen hat und der Auftraggeber die Leistung binnen einer Frist von 14 Tagen ab Aufforderung zu übernehmen hat. Es kann ferner vereinbart werden, dass die Leistung als übernommen gilt, wenn der Auftraggeber der Aufforderung zur Übernahme nicht fristgerecht nachkommt. 28

Hat der Besteller das Werk durch schlüssiges Verhalten, also insbesondere durch Nutzung, übernommen, beginnt mit diesem Zeitpunkt der Lauf der Gewährleistungsfrist. Es kann dann davon ausgegangen werden, dass die ursprüngliche Vereinbarung, den Übergabezeitpunkt durch Fertigung eines von bestimmten Förmlichkeiten geprägten Übernahmeprotokolls zu fixieren, einvernehmlich abbedungen wurde. Der Besteller kann sich in einem solchen Fall daher nicht auf die Nichteinhaltung der vereinbarten Förmlichkeiten berufen[35].

ÖNorm B 2110 Nr. 5.41 spricht anstelle der Abnahme von der Übernahme der Leistung. Sie kann förmlich oder formlos erfolgen. Sie erfolgt förmlich, wenn der Vertrag dies verlangt oder es die nach Art oder Umfang der Leistung üblich ist, eine förmliche Übernahme vorzunehmen. Der Übernahme geht nach Önorm B 2110 Nr. 5.40 der Probebetrieb voraus. Der Unternehmer ist verpflichtet, nach Fertigstellung der Leistung vor deren Übernahme durch den Besteller einen vereinbarten Probebetrieb vorzunehmen. Mit Leistung ist insoweit lediglich die Haustechnik gemeint[36]. Ähnlich wie nach FIDIC muss der Unternehmer vorab die Betriebs- und Wartungsunterlagen übergeben, damit der Probebetrieb überwacht werden kann. Mit der Übernahme geht die Gefahr auf den Besteller über (Önorm B 2110 Nr. 5.42.1).

6. Abrechnung. Gemäß § 1170 S. 1 ABGB ist das Entgelt in der Regel nach Vollendung des Werks zu entrichten. Der Unternehmer ist aber nach § 1170 Abs. 2 ABGB berechtigt, schon vor Vollendung des Werks Teilzahlungen zu verlangen, wenn das Werk in gewissen „Abteilungen" errichtet wird oder Auslagen damit verbunden sind, die der Unternehmer nicht auf sich genommen hat. Steht der Werklohn nicht von Vornherein fest (wie bei der Pauschale), wird der Werklohn erst mit Rechnungslegung gegenüber dem Besteller fällig[37]. Allerdings beginnt die Verjährung der Werklohnforderung zu dem Zeitpunkt, in dem die Rechnungslegung möglich ist.[38] Dies wird aus der Formulierung der Verjährungsregel in § 1478 ABGB abgeleitet (… „an sich schon hätte ausgeübt werden können"). 29

Der Unternehmer hat wegen seiner Werklohnforderung **kein gesetzliches Pfandrecht** an dem Bauwerk[39]. 30

7. Mängelgewährleistung. Das seit dem 01.01.2002 geltende **Gewährleistungsrecht** verweist für den Werkvertrag in § 1167 ABGB auf die allgemeinen Gewährleistungsvorschriften der §§ 922–933b ABGB. Die Vorschriften sind auf alle Werkverträge anzuwenden, die nach dem 31.12.2001 geschlossen wurden[40]. 31

---

35 RdW 1997, 451; Dittrich/Tades, ABGB; Anm. zu § 1168a ABGB.

36 Karasek, Önorm B 2110, Rn. 966.

37 OGH in EvBl 1974/158; SZ 54/35; RDW 1994, 311; Koziol/Welser, Grundriss des bürgerlichen Rechts, S. 245.

38 OGH, in EvBl 1981/157; Koziol/Welser, Grundriss des bürgerlichen Rechts, S. 245.

39 Koziol/Welser, Grundriss des bürgerlichen Rechts, S. 245.

40 Dittrich/Tades, ABGB; Anm. zu § 924, 932, 933, 933a ABGB; Koziol/Welser, Grundriss des bürgerlichen Rechts, S. 66.

Die Rechte aus der Gewährleistung sind in § 932 ABGB geregelt. Grundsätzlich nennt § 932 Abs. 1 ABGB

- die Verbesserung (Nachbesserung oder Nachtrag des Fehlenden)
- den Austausch der Sache
- eine angemessene Minderung des Entgelts (Preisminderung)
- die Aufhebung des Vertrags (Wandlung),

wobei die Rechte gemäß § 932 Abs. 2–4 ABGB nur in einer bestimmten Rangfolge geltend gemacht werden können. Önorm B 2110 Nr. 5.45 regelt den Gewährleistungsumfang, Önorm B 2110 Nr. 5.46 regelt das Ende der Gewährleistung und Önorm B 2110 Nr. 5.47 regelt den Schadensersatz. Vor Ablauf der Gewährleistungsfrist ist eine vertraglich vereinbarte Schlussfeststellung über die Mangelfreiheit vorzunehmen.

32 Im österreichischen Recht werden **Sachmängel** und **Rechtsmängel** grundsätzlich gleich behandelt[41]. Sachmängel haften einer Sache körperlich an. Der Übergeber leistet nach § 922 Abs. 1 ABGB Gewähr dafür, dass die Sache dem Vertrag entspricht. Der Übergeber haftet also dafür, dass die Sache die bedungenen oder gewöhnlich vorausgesetzten Eigenschaften hat, dass sie seiner Beschreibung, einer Probe oder einem Muster entspricht und dass sie der Natur des Geschäfts oder der getroffenen Verabredung gemäß verwendet werden kann. Ob die Sache dem Vertrag entspricht ist gemäß § 922 Abs. 2 ABGB auch danach zu beurteilen, was der Übernehmer aufgrund der über sie gemachten öffentlichen Äußerungen des Übergebers oder des Herstellers, vor allem in der Werbung und in den der Sache beigefügten Angaben, erwarten kann. Das gilt auch für öffentliche Äußerungen einer Person, die die Sache in den Europäischen Wirtschaftsraum eingeführt hat oder die sich durch die Anbringung ihres Namens, ihrer Marke oder eines anderen Kennzeichens an der Sache als Hersteller bezeichnet. Solche öffentlichen Äußerungen binden den Übergeber jedoch nicht, wenn er sie weder kannte noch kennen konnte, wenn sie beim Abschluss des Vertrags berichtigt waren oder wenn sie dem Vertragsschluss nicht beeinflusst haben konnten. Ein Rechtsmangel liegt vor, wenn der Übergeber dem Übernehmer nicht die rechtliche Position verschafft, die er ihm nach dem Vertrag verschaffen muss[42].

33 Das Recht auf die Gewährleistung muss, wenn es unbewegliche Sachen betrifft, binnen drei Jahren, und wenn es bewegliche Sachen betrifft, binnen zwei Jahren gerichtlich geltend gemacht werden (§ 933 Abs. 1 S. 1 ABGB). Auf Verträge über Arbeiten *an* unbeweglichen Sachen findet die dreijährige Frist Anwendung (z.B. bei Maurer- und Dachdeckerarbeiten, Fliesenlegerarbeiten, Installationen)[43]. Bei Sachmängeln beginnt die **Gewährleistungsfrist** (Verjährungsfrist) mit dem Tag der Ablieferung der Sache, bei Rechtsmängeln beginnt die Frist erst mit dem Tag, an dem der Mangel dem Übernehmer bekannt wird (§ 933 Abs. 1 S. 2 ABGB). Zeigt der Übernehmer den Mangel innerhalb der Frist an, bleibt ihm die Einrede der Mangelhaftigkeit gegenüber Zahlungsforderungen des Übergebers erhalten (§ 933 Abs. 3 ABGB)[44].

34 Nach § 924 S. 1 ABGB leistet der Übergeber (beim Bauvertrag also der Unternehmer) Gewähr für Mängel, die bei Übergabe vorhanden sind. § 924 S. 2 ABGB enthält eine gesetzliche Vermutung, dass der Mangel bei der Übergabe vorhanden war, wenn er

[41] Koziol/Welser, Grundriss des bürgerlichen Rechts, 66.
[42] OGH, in SZ 67/231; Koziol/Welser, Grundriss des bürgerlichen Rechts, S. 69.
[43] OGH, in JBl 1986, 448; EvBl 1957/257 (390); SZ 47/118; Dittrich/Tades, ABGB; Anm. zu § 933 ABGB; Koziol/Welser, Grundriss des bürgerlichen Rechts, 78.
[44] Koziol/Welser, Grundriss des bürgerlichen Rechts, 80.

innerhalb von sechs Monaten nach der Übergabe hervortritt. Die Vermutung tritt nach § 924 S. 3 ABGB nicht ein, wenn sie mit der Art der Sache oder des Mangels unvereinbar ist. Die Ausnahme von der Vermutungsregel betrifft Mängel, bei denen typischerweise anzunehmen ist, dass sie nicht bereits bei der Übergabe der Sache vorhanden waren, so z.B. offenbare Gebrauchs- oder Abnutzungserscheinungen[45]. Fallen die Mängel einer Sache ins Auge oder sind die an der Sache haftenden Lasten aus öffentlichen Büchern zu ersehen, so findet außer im Fall des arglistigen Verschweigens des Mangels oder einer ausdrücklichen Zusage, dass die Sache von allen Fehlern und Lasten frei sei, keine Gewährleistung statt (§ 928 ABGB).

§ 933a ABGB regelt den **Schadensersatzanspruch** wegen der Mangelhaftigkeit des 35
Werks. Dieser setzt voraus, dass der Übergeber (der Unternehmer) den Mangel verschuldet hat (§ 933a ABGB). Wegen des Mangels selbst kann der Übernehmer (der Besteller) auch als Schadensersatz zunächst nur die Verbesserung oder den Austausch verlangen. Er kann jedoch Geldersatz verlangen, wenn sowohl die Verbesserung als auch der Austausch unmöglich ist oder für den Übergeber mit einem unverhältnismäßig hohen Aufwand verbunden wäre. Dasselbe gilt, wenn der Übergeber die Verbesserung oder den Austausch verweigert oder nicht in angemessener Frist vornimmt, wenn diese Abhilfen für den Übernehmer mit erheblichen Unannehmlichkeiten verbunden wären oder wenn sie ihm aus triftigen, in der Person des Übergebers liegenden Gründen, unzumutbar sind (§ 933a Abs. 2 ABGB).

Für den Schadensersatzanspruch wegen Mangelhaftigkeit der Sache gelten die allge- 36
meinen schadensersatzrechtlichen Verjährungsregeln des § 1489 ABGB[46], die eine Frist von drei Jahren, in bestimmten Fällen (abhängig von der Kenntnis des Geschädigten von Schaden und Verursacher) aber auch von dreißig Jahren vorsehen. Für die Fälle der langen Verjährung bestimmt § 933a Abs. 3 ABGB, dass nach Ablauf von zehn Jahren ab der Übergabe dem Übernehmer die Beweislast für das Verschulden des Übergebers für einen Ersatzanspruch wegen der Mangelhaftigkeit selbst und wegen eines durch diese verursachten weiteren Schadens obliegt. Es wird damit die Beweislastumkehr des § 1298 ABGB für Mangelschäden und Mangelfolgeschäden auf zehn Jahre ab der Übergabe beschränkt[47]. Für Schäden an Gütern des Bestellers, die durch ein Verschulden des Unternehmers bei sonst ordnungsgemäßer Vertragserfüllung entstehen, haftet der Unternehmer aus positiver Vertragsverletzung (pVV), d.h. aus Vertrag (§ 1295 ABGB)[48].

§ 933b ABGB gibt dem Unternehmer, der einem Verbraucher Gewähr geleistet hat, ei- 37
nen gewährleistungsrechtlichen Rückgriff gegen seinen Lieferanten auch dann, wenn seine Gewährleistungsfrist schon abgelaufen ist. Das Rückgriffsrecht ist binnen zwei Monaten ab der eigenen Leistung auszuüben, der Verpflichtete haftet nur fünf Jahre ab seiner eigenen Leistung.

8. Subunternehmerrecht. Nach § 1165 ABGB ist der Unternehmer verpflichtet, das 38
Werk persönlich auszuführen oder unter seiner persönlichen Verantwortung ausführen zu lassen. Er kann also zur Herstellung des Werks Erfüllungsgehilfen einsetzen, für deren Verschulden er allerdings nach § 1313a ABGB haftet. Erfüllungsgehilfen i.S.v. § 1313a ABGB sind Dienstnehmer des Werkunternehmers und wirtschaftlich Selbstständige, die für den Werkunternehmer tätig werden[49].

---

[45] Dittrich/Tades, ABGB; Anm. zu § 924 ABGB; Koziol/Welser, Grundriss des bürgerlichen Rechts, 76.
[46] Koziol/Welser, Grundriss des bürgerlichen Rechts, 66.
[47] Koziol/Welser, Grundriss des bürgerlichen Rechts, 66.
[48] Koziol/Welser, Grundriss des bürgerlichen Rechts, 84, 85.
[49] Koziol/Welser, Grundriss des bürgerlichen Rechts, 244.

Häufig wird mit Erstellung eines größeren Bauvorhabens, etwa zur Errichtung eines Gebäudes, ein **Generalunternehmer** beauftragt[50]. Der Generalunternehmer verpflichtet sich im eigenen Namen gegenüber dem Besteller, das Bauwerk insgesamt zu errichten. Die Einzelleistungen (oder Teile davon) werden dabei von Subunternehmern erbracht, die sich ihrerseits gegenüber dem Generalunternehmer verpflichtet haben, die von ihnen übernommene Einzelleistung zu erbringen. Der Subunternehmer unterhält Vertragsbeziehungen nur zu dem Generalunternehmer, nicht aber zu dem Bauherrn[51]. Im Verhältnis zum Besteller des Bauwerks sind die Subunternehmer Gehilfen des Generalunternehmers i.S.v. § 1313a ABGB[52].

III. Architektenvertrag

39 Die rechtliche Einordnung des Architektenvertrags erfolgt nicht einheitlich. Er wird – je nachdem, ob der Architekt nach dem Vertrag einen Erfolg schuldet oder nicht – zum Teil als Werkvertrag und zum Teil als Geschäftsbesorgungsvertrag[53] oder als Mischform[54] eingeordnet.

40 In Österreich ist „Architekt" die geschützte Berufsbezeichnung für einen staatlich befugten „**Ziviltechniker**". Ziviltechniker im Sinne des Ziviltechnikergesetzes (ZTG) sind natürliche Personen, die auf technischen, naturwissenschaftlichen oder montanischen Fachgebieten der Bodenkultur aufgrund einer vom Bundesminister für wirtschaftliche Angelegenheiten verliehenen Befugnis freiberuflich tätig sind (§ 1 Abs. 1 ZTG).

41 Vergütungsregeln finden sich in der **Gebührenordnung für Architekten** (GOA).

42 Im Rahmen der **Planung** schuldet der Architekt die fachgerechte Ausschreibung. Richtet sich die Ausschreibung nur an Spezialunternehmen, so soll der Architekt darauf vertrauen dürfen, dass das beauftragte Unternehmen die zur Erstellung der Werks notwendigen Materialien auswählt und diese richtig verarbeitet. Die **Bauaufsicht** soll die plan- und ordnungsgemäße Herstellung des Werks sicherstellen, nicht aber die einzelnen bauausführenden Werkunternehmer von deren Verantwortung für eigene Fehler entlasten[55]. Der Architekt hat nur einzuschreiten, wenn Fehler des bauausführenden Unternehmens für ihn erkennbar sind, wobei bei größeren Baustellen – sofern nicht anderslautende Vereinbarungen getroffen wurden – stichprobenartige Kontrollen ausreichend sind[56].

IV. Öffentliche Aufträge

Schrifttum

Freise, Das österreichische Bundesgesetz über die Vergabe von Aufträgen – Anregungen für die Weiterentwicklung des deutschen Vergaberechts, NZBau 2004, 83

43 **1. Überblick.** Seit dem Inkrafttreten des Vertrags über den Europäischen Wirtschaftsraum (EWRV) zum 01.01.1994 wird das österreichische Vergaberecht insbesondere durch die Vorgaben der EU-Vergabe-Richtlinien geprägt. Mit deren erstmaliger Umsetzung im Bundesvergabegesetz (BVergG) 1993 kam es auch zur Unterscheidung zwischen den Vergaben, deren Auftragswerte oberhalb der **EU-Schwellenwerte** liegen

[50] Koziol/Welser, Grundriss des bürgerlichen Rechts, 244.
[51] JBl. 1990, 587; Dittrich/Tades, ABGB; Anm. zu § 1165 ABGB.
[52] Koziol/Welser, Grundriss des bürgerlichen Rechts, 244.
[53] Dittrich/Tades, ABGB; Anm. zu § 1165 ABGB.
[54] Koziol/Welser, Grundriss des bürgerlichen Rechts, 243.
[55] Dittrich/Tades, ABGB; Anm. zu § 1165 ABGB.
[56] Ecolex 1998, 205; Dittrich/Tades, ABGB; Anm. zu § 1165 ABGB.

(„Oberschwellenwertbereich"), und jenen, deren Auftragswerte die betreffenden Schwellenwerte nicht erreichen („Unterschwellenwertbereich"). Das BVergG wurde zum 01.02.2006 neu gefasst und zwischenzeitlich in den Jahren 2007 und 2009 novelliert. Das BVergG stellt das Vergaberecht insgesamt auf eine einheitliche gesetzliche Grundlage. Es wurde aber unter anderem auch im Bereich unterhalb der EU-Schwellenwerte ein Vorgriff auf zukünftige Entwicklungen des europäischen Vergaberechts getätigt. Auch unterhalb der EU-Schwellenwerte soll damit ein effektiver Rechtsschutz gewährleistet werden. Dies entspricht den Vorgaben des österreichischen Verfassungsgerichtshofs[57].

2. Vergabe. Der öffentliche Auftraggeber kann gemäß § 25 BVergG wählen zwischen 44
dem **offenen** (Abs. 1) und dem **nicht offenen Verfahren** mit vorheriger Bekanntmachung (Abs. 2). Ferner stehen neben der Rahmenvereinbarung das Verhandlungsverfahren der wettbewerbliche Dialog und die Dirketvergabe zur Verfügung. Zwischen dem offenen Verfahren und dem nicht offenen Verfahren mit vorheriger Ankündigung kann der Auftraggeber stets frei wählen (Art. 27 BVergG). Dies gibt dem Auftraggeber bei technisch anspruchsvollen Bauvorhaben die Möglichkeit, verstärkten Wert auf eine Auswahl qualifizierter Bieter zu legen. Nach § 28 Abs. 1 Nr. 3 BVergG können Bauaufträge auch dann im Verhandlungsverfahren nach vorheriger Bekanntmachung vergeben werden, wenn es sich um Aufträge handelt, deren Eigenheiten eine globale Preisgestaltung nicht zulassen oder bei denen die mit der Leistungserbringung verbundenen Risiken eine solche verhindern. Diese Regelung gilt für Aufträge oberhalb und unterhalb des Schwellenwerts. Nach § 37 BVergG können Bauaufträge unterhalb der EU-Schwellenwerte im nicht offenen Verfahren ohne vorherige Bekanntmachung vergeben werden, wenn dem Auftraggeber genügend geeignete Unternehmer bekannt sind, um einen freien und lauteren Wettbewerb sicherzustellen und der geschätzte Bauauftragswert ohne Umsatzsteuer 120.000,00 € nicht erreicht. Gemäß § 38 BVergG können unterhalb der EU-Schwellenwerte Bauaufträge im Verhandlungsverfahren ohne vorherige Bekanntmachung vergeben werden, wenn der geschätzte Auftragswert 80.000,00 € nicht erreicht.

Das österreichische Vergaberecht kennt keinen Vorrang der Fach- oder Teillosvergabe. 45
Für die gesamte oder getrennte Ausschreibung stehen wirtschaftliche oder technische Aspekte im Vordergrund. Nach § 22 BVergG können – nicht müssen – daher besonders umfangreiche Leistungen örtlich, zeitlich oder nach Menge und Art getrennt vergeben werden. Leistungen verschiedener Handwerks- oder Gewerbezweige oder Fachrichtungen können – nicht müssen – getrennt vergeben werden[58]. Ausschlaggebend für eine gesamte oder getrennte Vergabe sind unter anderem wirtschaftliche und technische Gesichtspunkte, wie z.B. die Notwendigkeit einer einheitlichen Ausführung und einer eindeutigen Gewährleistung.

Von den zum **Vergabeverfahren** zuzulassenden Unternehmen sind Befugnisse, Leis- 46
tungsfähigkeit und Zuverlässigkeit nachzuweisen (§ 69 BVergG). Ferner kann der Auftraggeber gemäß § 70 BVergG besondere Eignungsnachweise verlangen. Nach § 70 Abs. 4 BVergG haben Unternehmen in Österreich die Möglichkeit, den Nachweis der Befugnis, Zuverlässigkeit und Leistungsfähigkeit auch durch den Nachweis der Eintragung in einem einschlägigen, allgemein zugänglichen Verzeichnis eines Dritten zu führen, sofern diesem die vom Auftraggeber geforderten Unterlagen vorliegen und vom Auftraggeber selbst unmittelbar abrufbar sind. Ein solches Verzeichnis existiert in Form des Auftragnehmerkatasters Österreich (**ANKÖ**)[59].

---

[57] ÖstVerfGH, NZBau 2002, 240 L.
[58] Freise, NZBau 2004, 83, 84.
[59] Freise, NZBau 2004, 83, 84.

Der Bieter muss die allgemeine berufliche Zuverlässigkeit gemäß § 69 BVergG und die besondere berufliche Zuverlässigkeit gemäß § 70 BVergG aufweisen. Nach § 74 Abs. 1 BVergG kann der Auftraggeber als Nachweis für die finanzielle und wirtschaftliche Leistungsfähigkeit insbesondere eine Bankerklärung, einen Nachweis einer Berufshaftpflichtversicherung, die Vorlage von Bilanzen oder Bilanzauszügen, sofern diese im Herkunftsland des Unternehmers zur Veröffentlichung vorgesehen sind, verlangen. Nach § 74 Abs. 2 BVergG kommen zum Nachweis der finanziellen und wirtschaftlichen Leistungsfähigkeit insbesondere in Betracht Angaben über Kapitalausstattung, Anlagevermögen und Grundbesitz.

47 Gemäß § 80 Abs. 6 BVergG ist in den Ausschreibungsunterlagen anzugeben, ob Angebote mit Rechenfehlern gemäß § 126 Abs. 4 BVergG ausscheiden oder ob eine Vorreihung infolge der Berichtigung eines Rechenfehlers zulässig ist.

48 § 83 BVergG sieht vor, dass in den Ausschreibungsunterlagen Bestimmungen über die Zulässigkeit von Subunternehmerleistungen zu treffen sind. Die Weitergabe des gesamten Bauauftrags ist stets unzulässig. Der Subunternehmer muss die besondere berufliche Zuverlässigkeit gemäß § 70 BVergG besitzen.

49 Nach § 84 Abs. 2 BVergG hat der Auftraggeber in den Ausschreibungsunterlagen zu bestimmen, dass die Erstellung des Angebots für in Österreich durchzuführende Arbeiten unter Berücksichtigung der in Österreich geltenden arbeits- und sozialrechtlichen Vorschriften zu erfolgen hat und dass sich der Bieter verpflichtet, bei der Durchführung des Auftrags in Österreich diese Vorschriften einzuhalten. Leistungsbeschreibungen können wahlweise konstruktiv oder funktional erfolgen (§ 95 Abs. 1 BVergG). Leistungen sind bei einer kosntruktiven Beschreibung so eindeutig, vollständig und neutral zu beschreiben, dass die Vergleichbarkeit der Angebote gewährleistet ist (§ 96 Abs. 1 BVergG). Anderenfalls reichen Angaben zur Aufgabenstellung vermittels Festlegung von Leistungs- oder Funktionsanforderungen (§ 96 Abs. 2 BVergG).

50 Die Öffnung der Angebote im Eröffnungstermin erfolgt durch eine Kommission, die aus mindestens zwei sachkundigen Vertretern des Auftraggebers besteht (§ 118 BVergG). Es wird eine **vertiefte Angebotsprüfung** durchgeführt, um unangemessen niedrige Angebote festzustellen. Maßstab zur Ermittlung der unangemessen niedrigen Angebote sind Erfahrungswerte, sonstige vorliegende Unterlagen und die relevanten Marktverhältnisse. Erscheint ein Angebot im Verhältnis zur Leistung ungewöhnlich niedrig, muss der Auftraggeber gemäß § 125 Abs. 3 BVergG Aufklärung über die Positionen des Angebots verlangen und ggf. gemäß § 125 Abs. 4 bis 6 BVergG vertieft prüfen.

51 **3. Überprüfung der Vergabe.** Nach dem Bundesvergabegesetz ist das **Bundesvergabeamt** die für die Überprüfung von Vergaben öffentlicher Aufträge zuständigen Institution. Die Bundesvergabekommission wurde durch das BvergG 2006 abgeschafft. Das Bundesvergabeamt ist nach § 312 Abs. 1 BVergG zur Durchführung von Nachprüfungsverfahren, für den Erlass einstweiliger Verfügungen und zur Durchführung des Feststellungsverfahrens zuständig. Das Bundesvergabegesetz selbst sieht keine Rechtsbehelfe gegen die Entscheidungen des Bundesvergabeamts vor. Nach den allgemeinen Grundsätzen des österreichischen Verwaltungsrechts ist es aber möglich, Bescheide wie den des Bundesvergabeamts durch den Verwaltungsgerichtshof überprüfen zu lassen.[60]

---

[60] Freise, NZBau 2004, 83.

§ 41 Polen

*Götz-Sebastian Hök und Agata Krawanska**

Schrifttum

Cymermann, Umowa o roboty budowlane po nowemu, Nieruchomości, 2003, Nr. 11, S. 16; *Grzywacz*, Komentarz do ustawy z dnia 14.02.2003 o zmianie ustawy – Kodeks cywilny oraz niektórych innych ustaw, in: LEX; Komentarz do Kodeksu cywilnego pod red. G. Bieńka, Księga trzecia, Zobowiązania, Tom 1 i 2, 4. Auflage, Warszawa 2002; Kodeks cywilny, Komentarz pod redakcją K. Pietrzykowskiego, Tom 1 i 2, 3. aktualisierte Auflage, Warszawa 2004; Motyka-Mojkowski, Polnisches Zivilrecht AT, Warschau 2010; *Radwański, Zbigniew*: Zobowiązania – część ogólna, 7. Auflage, Warszawa 2004; *Spyra*, Komentarz do ustawy z dnia 9.07.2003 o gwarancji zapłaty za roboty budowlane in: LEX; *Strzępka/ Zielińska*,Umowa o roboty budowlane w znowelizowanym Kodeksie cywilnym – odpowiedzialność za zapłatę wynagrodzenia podwykonawcy, Monitor Prawniczy 2003, 975; *Strzępka/Sagan/Zielińska*, Prawo umów budowlanych, Warszawa 2001; System prawa cywilnego pod red. Witolda Czachórskiego, Zobowiązania, tom III, część I, Warszawa 1981; System prawa cywilnego pod red. Jerzego Rajskiego, tom VII, Prawo zobowiązań – część szczegółowa, S. 385 ff., Warszawa 2001; *Weiss/Jurga*, Inwestycje budowlane, 3. Auflage 1999.

Inhaltsübersicht

I. Allgemeines Vertragsrecht

Oberstes Zivilgericht ist der Sąd Najwyższy. Das polnische Vertragsrecht ist im Zivilgesetzbuch (Kodeks Cyvilny) geregelt.[1] Der Vertrag kommt nach dem polnischen Recht durch Angebot und Annahme zustande, Art. 66, 70 KC. Das Angebot kann auch elektronisch unterbreitet werden, Art. 66^1 § 1 KC. Das Angebot ist bindend. Grundsätzlich gilt in Polen Vertragsfreiheit, Art. 353^1 KC. Die Vertragsparteien können ihr Rechtsverhältnis nach freiem Willen vorbehaltlich der gesetzlich bestimmten Grenzen gestalten. Der Vertrag bindet (pacta sunt servanda)[2]. Die Vertragsfreiheit ist dreifach beschränkt[3]: Unwirksam sind gemäß Art. 58 § 1 KC Verträge, die gegen das Gesetz verstoßen, ferner solche, die das Gesetz umgehen, und solche, die gegen Prinzipien des sozialen Zu- 1

* Der Beitrag wird von Herrn Dr. Hök allein fortgeführt.

[1] Kodeks cywilny z dnia 23. 04 1964r., Dz.U. Nr 16, poz. 93 z późn. zmianami.

[2] Urteil des Sąd Najwyższy von 10.04.2003, III CK 1320/00.

[3] Motyka-Mojkowski, Polnisches Zivilrecht AT, Warschau 2010, Rn. 240 ff.

sammenlebens verstoßen. Aus der Rechtsprechung des Sąd Najwyższy sind u.a. folgende Beispiele zur Auslegung des Art. 58 § 1 KC bekannt[4]: (1) Verträge, die ohne Durchführung eines zwingend vorgeschriebenen öffentlichen Ausschreibungsverfahrens zustande gekommen sind, sind nichtig. Obwohl das Gesetz die Nichtigkeitsfolge nicht ausdrücklich anordnet. (2) Ein Vertrag, der unter Missachtung des Gebotes zur Gesamtvertretung zustande kommt, ist nichtig.

2 Infolge von Leistungsstörungen ist der Schuldner zum Schadensersatz verpflichtet, Art. 471 KC. Voraussetzung dafür ist, dass dem Gläubiger ein Schaden infolge von Umständen entstanden ist, die der Unternehmer zu vertreten hat, Art. 471 KC. Der Unternehmer hat die Umstände zu vertreten, wenn er die erforderliche Sorgfalt beachtet, Art. 472 KC. Dieser Ausdruck bedeutet nach der Meinung der Literatur[5] und der Rechtsprechung[6], dass die Haftung des Schuldners davon abhängt, ob die Pflichtverletzung verschuldet war[7]. Der Schuldner haftet also für Vorsatz und Fahrlässigkeit. Vorsatz umfasst *dolus directus* (wenn der Schuldner seine Pflichten verletzen will) und *dolus eventualis* (wenn der Schuldner die Möglichkeit der Pflichtverletzung vorhersieht und dies billigt)[8]. Die Fahrlässigkeit ist die Außerachtlassung der erforderlichen Sorgfalt in der Situation, in der man sich richtig verhalten konnte und sollte[9]. Der Fahrlässigkeitsbegriff ist auch im polnischen Recht objektiv, weil der Sorgfaltsmaßstab nicht von individuellen Eigenschaften des Schuldners abhängt[10]. Dies ergibt sich aus dem Art. 355 § 1 KC, der besagt, dass die erforderliche Sorgfalt eine in den Verhältnissen der gegebenen Art allgemein anerkannte Sorgfalt ist.

3 Der Schuldner haftet für eigenes Handeln und Unterlassen sowie für das der Erfüllungsgehilfen, Art. 474 KC. Grundsätzlich kann die Haftung bei Leistungsstörungen vertraglich eingeschränkt oder erweitert werden, Art. 473 KC.
Der Gläubiger kann von einem gegenseitigen Vertrag zurücktreten, wenn der Schuldner im Verzug ist, Art. 491 § 1 KC oder wenn die Leistung unmöglich aufgrund der Umstände geworden ist, die der Schuldner zu vertreten hat, Art. 493 § 1 KC.

Im Zivilprozess gilt der Beibringungsgrundsatz. Die Beweislastregelungen entscheiden darüber, wer das Risiko einer nicht bewiesenen Tatsache trägt. Grundsätzlich trägt derjenige, der aus der zu beweisenden Tatsache eine Rechtsfolge ableitet[11]. Die Beweislast kann sich jedoch in Einzelfällen umkehren, etwa wenn eine der Streitparteien den Beweis für eine störende Handlung der anderen Partei nicht erbringen kann. In einem solchen Fall, muss die für die strörende Handlung verantwortliche Partei den Entlastungsbeweis führen[12]. Die Vorschriften über die Beweislast haben einen zwingenden Charakter und könne nicht abbedungen werden[13].

---

[4] Siehe Motyka-Mojkowski, Polnisches Zivilrecht AT, Warschau 2010, Rn. 243.

[5] Vgl. Popiołek in: Kodeks cywilny, Komentarz Tom I, pod red. K. Pietrzykowskiego, Art. 472 Rn. 1; Wiśniewski in: Komentarz do Kodeksu cywilnego pod red. G. Bieńka, Art. 472 Nr. 3 ff.; Radwański, Zobowiązania – część ogólna, Rn. 745 ff.; Dąbrowa in: System prawa cywilnego pod red. Czachórskiego, Tom III cz. I, S. 767.

[6] Urteil des Sąd Najwyższy von 27.01.1972, OSNC 1972/9/160; Urteil des Sąd Najwyższy von 25.02.1986, OSNC 1987/1/10.

[7] Es gibt aber auch die Gegenauffassung, nachder die Haftung des Schuldners einen objektiven Charakter hat, was sich aus Art. 355 § 1 KC ergebe und sollte mit Verschulden nicht verbunden werden, vgl. Stelmachowski, Zarys teorii prawa cywilnego, S. 217 ff.

[8] Radwański, Zobowiązania – część ogólna, Rn. 747.

[9] Radwański, Zobowiązania – część ogólna, Rn. 748.

[10] Radwański, Zobowiązania – część ogólna, Rn. 744; vgl. auch Popiołek In: Kodeks cywilny, Komentarz, Tom I, pod red. K. Pietrzykowskiego, Art. 472 Rn. 18.

[11] Siehe Motyka-Mojkowski, Polnisches Zivilrecht AT, Warschau 2010, Rn. 61.

[12] Siehe Motyka-Mojkowski, Polnisches Zivilrecht AT, Warschau 2010, Rn. 61.

[13] Siehe Motyka-Mojkowski, Polnisches Zivilrecht AT, Warschau 2010, Rn. 62.

II. Bauvertragsrecht

1. Rechtsquellen. Rechtsquelle des polnischen Bauvertragsrechts ist das polnische Zivilgesetzbuch (*Kodeks cywilny, KC*). Der Bauvertrag ist in Art. 647 bis 658 KC geregelt. Auf die Rechtsfolgen eines verspäteten Arbeitsbeginns, einer verspäteten Fertigstellung des Bauwerkes, einer mangelhaften oder vertragswidrigen Durchführung der Arbeiten durch den Bauunternehmer, auf die Gewährleistung für Mängel sowie auf das Recht des Bauherrn zum Rücktritt vom Vertrag vor der Fertigstellung des Bauwerkes finden ergänzend die Vorschriften über den Werkvertrag Anwendung, Art 656 KC. 4

2. Bauvertrag (Umowa o roboty budowlane). Das Verhältnis zwischen Bauvertrag und Werkvertrag ist in der polnischen Literatur umstritten. Nach herrschender Meinung wird der Bauvertrag als gesonderter Vertragstyp angesehen.[14] Die Verweisungsnorm in Art. 656 § 1 KC hat eine beschränkte Reichweite. Analoge Anwendung finden aber z.B. die Vorschriften der Art. 629 bis 632 KC über die Vergütung, weil die Vorschriften zum Bauvertrag insoweit unvollständig sind[15]. Der Bauvertrag soll in schriftlicher Form abgeschlossen werden, Art. 648 § 1 KC. Die Schriftform dient jedoch lediglich den Beweiszwecken. Die Nichteinhaltung dieser Form führt nicht zur Unwirksamkeit des Vertrages. 5

Der Bauvertrag gehört im polnischen Recht im Gegensatz zum Werkvertrag zu den sog. professionellen Verträgen. Der Umfang der auszuführenden Bauarbeiten entscheidet über die Qualifizierung des Vertrages als Bau- oder Werkvertrag. Für einfache Bauarbeiten schließen die Parteien einen Werkvertrag ab[16]. Dem *Sąd Najwyższy* (polnischer Oberster Gerichtshof) zufolge unterscheiden sich die beiden Verträge voneinander darin, dass im Fall eines Bauvertrages die Investition nach Maßgaben des Baurechts ausgeführt wird, während der Bauvertrag große Bauvorhaben regelt, die eine individuelle Projektierung voraussetzen und somit einer institutionellen Abnahme nach baurechtlichen Vorschriften bedürfen.[17] In der Praxis kommt es dennoch manchmal zur Einordnung eines Bauvertrages als Werkvertrag durch die Gerichte[18]. 6

Durch den Bauvertrag verpflichtet sich der Bauunternehmer zur Übergabe des im Vertrag vorgesehenen, in Übereinstimmung mit dem Entwurf und mit den Grundsätzen der Technik ausgeführten Bauwerks. Der Bauherr verpflichtet sich zur Vornahme der mit der Vorbereitung der Arbeiten verbundenen, nach den einschlägigen Vorschriften erforderlichen Geschäfte. Insbesondere sind dies die Übergabe des Baugrundstücks und die Lieferung des Entwurfs sowie die Abnahme des Bauwerks und die Bezahlung der vertraglichen Vergütung (Art 647 KC). Der Bauunternehmer muss kein professioneller Bauunternehmer sein. Die Bauausführung muss aber durch Fachpersonal vorgenommen werden.[19] 7

---

[14] Zielińska in: Strzępka/Sagan/Zielińska, Prawo umów budowlanych, S. 308; Strzępka in: Radwański, System prawa cywilnego, tom VII, Zobowiązania cz. szczeg., S. 388; Pabis, Glosa do wyroku SN z 11.01.2002 in: MoP 2003, S. 279, 281; es gibt auch die Auffassung, dass der Bauvertrag einen Untertyp des Werkvertrages darstellt, vgl. Brzozowski in: Kodeks cywilny, Komentarz do pod red. Pietrzykowskiego, Art. 647 Rn. 2; Czachórski, Zobowiązania, S. 424. Die Rechtsprechung des Sąd Najwyższy ist nicht einheitlich, vgl. OSNC 1997/6–7/90; OSNCP 1992/5/81; OSNCP 1992/6–7/137; OSNC 1998/4/67.

[15] Urteil des Sąd Najwyższy vom 18.10.2006, II CSK 121/06.

[16] Brzozowski in: Kodeks cywilny, Komentarz pod redakcją K. Pietrzykowskiego, Art. 647 Rn. 4, Art. 648 Rn. 1.

[17] Urteil des Sąd Najwyższy vom 25.03.1998, OSNCP 1998/12/207.

[18] Vgl. Urteil des Sąd Najwyższy vom 14.10.1998, OSP 1999/6/113.

[19] Zielińska in: Strzępka/Sagan/Zielińska, Prawo umów budowlanych, S. 312.

8 In der Praxis wird zwischen folgenden Bauvertragsarten unterschieden[20]:

- Vertrag über Generalrealisierung des Bauvorhabens
  Dieser Vertragstyp findet Anwendung auf „schlüsselfertige" Bauvorhaben. Zumeist sind das große und komplizierte Bauarbeiten. Die Generalrealisierung des Bauvorhabens begründet die weitreichendsten Vertragspflichten für den Bauunternehmer, der sich gegenüber dem Bauherrn zur Übergabe eines „schlüsselfertigen" Bauvorhabens in einer bestimmten Frist gegen Entgelt verpflichtet.
- Vertrag über Generalausführung des Bauvorhabens
  In diesem Vertrag verpflichtet sich der Bauunternehmer zur Ausführung der im Vertrag vorgesehenen Bauarbeiten und zur Koordinierung der Bauausführung.
- Verträge mit Subunternehmern
  Diese Verträge schließt der Bauunternehmer mit anderen Unternehmern ab. Derartige Verträge sind explizit gesetzlich geregelt (vgl. Art. 547 KC). Alle Vorschriften über die Subunternehmerverträge aus Art. 647^1 KC sind zwingend (Art. 647^1 § 6 KC).
- Vertrag über Teilausführung des Bauvorhabens
  In diesem Vertrag wird festgelegt, dass die Koordinierung der Bauausführung nicht einem Dritten übertragen wird, sondern vom Bauherrn selbst vorgenommen wird.

9 **3. Planung.** Ein Bauvertrag nach *Kodeks cywilny* setzt voraus, dass die Planung durch den Bauherrn übernommen wird, Art. 647 KC. Wenn die Parteien die Planung durch den Unternehmer vereinbaren, ist ein solcher Vertrag weiterhin als Bauvertrag zu qualifizieren, weil die Lieferung des Bauprojekts kein konstitutives Element des Bauvertrags im Sinne der Art. 647 KC darstellt[21]. Im Zweifel wird vermutet, dass der Bauunternehmer alle Arbeiten übernommen hat, die nach dem Bauprojekt auszuführen sind, Art. 649 KC.

10 Der Bauunternehmer hat grundsätzlich den Bauherrn zu benachrichtigen, wenn die Dokumentation, das Baugrundstück, die Maschinen oder die Anlagen nicht zur ordnungsgemäßen Durchführung der Arbeiten geeignet sind, oder wenn sich andere Umstände ergeben, die der störungsfreien Durchführung der Arbeiten entgegenstehen können, Art. 651 KC. Dem Bauunternehmer obliegt also die Prüfung der durch den Bauherrn gelieferten Dokumentation. Der Umfang dieser Pflicht wurde jedoch durch den *Sąd Najwyższy* beschränkt. Demzufolge ergibt sich für den Bauunternehmer aus Art. 651 KC keine Pflicht zur detaillierten Überprüfung des Bauprojekts, da von ihm nicht verlangt werden kann, über ein spezielles Fachwissen auf dem Gebiet der Projektierung zu verfügen. Er muss lediglich das Bauprojekt lesen können und das Bauvorhaben im Einvernehmen mit den Grundsätzen der Bauart und nach Vorgaben des Bauprojekts realisieren können[22]. In der juristischen Literatur wurde geäußert, Art. 651 KC stelle lediglich die Konkretisierung einer ohnehin bestehen Kooperationsverpflichtung gemäß Art. 634 KC dar. Nach Auffassung des *Sąd Najwyższy* begründet Art. 651 KC keine allgemeine Verpflichtung, eine eingehende Überprüfung der auftraggeberseitigen Planung vorzunehmen, zumal dann nicht, wenn der Fehler erst offenbar wurde, als Experten eingeschaltet wurden[23].

---

[20] Zielińska in: Strzępka/Sagan/Zielińska, Prawo umów budowlanych, S. 313 ff.

[21] Strzępka/Zielińska, Glosa do uchwały SN z dnia 11.01.2002, III CZP 63/01, OSP 2002/10/125; abweichend Apellationsgericht im Urteil von 20.04.1995, OSA 1995/9/61.

[22] Urteil der Sąd Najwyższy von 27.03.2000, OSNC 2000/9/173 = IBR 2007, 1062 – Hök.

[23] Urteil der Sąd Najwyższy von 27.03.2000, OSNC 2000/9/173 = IBR 2007, 1062 – Hök.

Der Unternehmer darf das Bauprojekt ohne Einwilligung des Bauherrn nicht abändern, weil das Bauprojekt ein Bestandteil des Vertrages ist (Art. 648 §2 KC). 11

4. Vergütung. Die Vergütung wird nicht in den Vorschriften über den Bauvertrag geregelt. Die Verweisung auf die Vorschriften über den Werkvertrag (Art. 656 KC) ist abschließend[24] und umfasst die Vorschriften über die Vergütung nicht. Es gibt auch keine allgemeinen Vorschriften über die Vergütung im KC. Deshalb wird in Literatur und Rechtsprechung angenommen, dass die Vorschriften über die Vergütung beim Werkvertrag (Art. 628-631 KC) auf die Vergütung für Bauverträge analog anzuwenden sind.[25] 12

Die Vergütung kann gemäß einem Kostenvoranschlag erfolgen oder als Pauschalsumme vereinbart werden. Die Vergütung nach Kostenvoranschlag erfolgt auf Basis eines Verzeichnisses aller geplanten Arbeiten und voraussichtlichen Kosten. Die Pauschalvergütung wird von den Parteien vereinbart. Sie bleibt grundsätzlich unverändert und ist unabhängig von späteren Änderungen der Kosten oder dem Umfang der Arbeiten. Art. 632 § 2 KC, der eine solche Möglichkeit bei Werkverträgen vorsieht, findet auf den Bauvertrag keine Anwendung. 13

Die Zahlungsfrist soll vertraglich vereinbart werden. Grundsätzlich gilt aber, dass die Zahlung mit Abnahme von ausgeführten Arbeiten, auch vor Abnahme des Bauobjekts, fällig ist, was sich nach der Auffassung des *Sąd Najwyższy* aus Art. 654 KC ergibt.[26] Wenn nichts anderes vereinbart wurde, ist der Bauherr zur Teilabnahme verpflichtet, Art. 654 KC. 14

Die Ansprüche des Bauunternehmers auf fristgerechte Zahlung der Vergütung werden durch ein Gesetz über die Zahlungsgarantie für die Bauarbeiten[27] geschützt[28]. Dieses Gesetz findet Anwendung, soweit Bauarbeiten im Sinne des Art. 3 Nr. 7 PrBudU[29] Gegenstand des Vertrages sind. Der Bauunternehmer ist danach berechtigt, vom Bauherrn eine Zahlungsgarantie zu verlangen, mittels derer er die fristgemäße Zahlung für die Bauarbeiten zusichert. Die Zahlungsgarantie kann in unterschiedlichen Formen erteilt werden (Bankgarantie, Versicherungsgarantie, Bankakkreditiv, Bürgschaft der Bank)[30]. Sie ist bis zur Höhe der vertraglich vereinbarten Vergütung zu erteilen. Den Anspruch auf Zahlungsgarantie kann aber nur eine Partei des Bauvertrages haben.[31] Demzufolge hat ein Subunternehmer gegenüber dem Bauherrn keinen Anspruch auf eine Zahlungsgarantie. Dasselbe betrifft auch den Bauunternehmer vor Abschluss des Bauvertrages. Der Anspruch des Bauunternehmers auf eine Zahlungsgarantie kann nicht durch Rechtsgeschäft ausgeschlossen oder beschränkt werden. Erbringt der Bauherr die ausreichende Zahlungsgarantie nicht innerhalb einer angemessenen, durch den Bauunternehmer festgesetzten Frist, so kann der Bauunternehmer die Bauarbeiten unterbrechen. In diesem Fall kann 15

---

[24] Urteil des Sąd Apelacyjny in Katowice von 22.04.1998, I ACa 894/97, PrGosp 1998/9/42.

[25] Spyra, Komentarz do ustawy z dnia 9.07.2003 o gwarancji zapłaty za roboty budowlane, Art. 1; Urteil des Sąd Najwyższy von 28.06.2000, OSNC 2001/1/9.

[26] Urteil des Sąd Najwyższy von 7.04.1998, II CKN 673/97. SN widerspricht hier der Auffassung, dass die Vorschriften über den Bauvertrag keine Zahlungsfrist beinhalten.

[27] Ustawa o gwarancji zapłaty za roboty budowlane z 09.07.2003, Dz.U. 2003.180.1758.

[28] Zum Eigentumsvorbehalt in Polen vgl. § 22 8.

[29] Das Gesetz – Baurecht (Ustawa – Prawo budowlane) vom 07.07.1994 Dz.U. 2003.207.2016 (tekst jednolity).

[30] Gwarancja bankowa, poręczenie bankowe, akredytywa bankowa, poręczenie bankowe. Für die Bedeutung dieser Begriffe sind die Legaldefinitionen in dem Gesetz – Bankrecht (Prawo bankowe) vom 29.08.1997 Dz.U. 2002.72.665 (tekst jednolity) und aus dem Gesetz über Versicherungstätigkeit (Ustawa o działalności ubezpieczeniowej) vom 22.05.2003 Dz.U. 2003.124.1151 maßgebend.

[31] Vgl. Spyra, Komentarz do ustawy z dnia 9.07.2003 o gwarancji zapłaty za roboty budowlane, Art. 4.

der Bauunternehmer eine Nachfrist festsetzen, nach deren fruchtlosen Ablauf er vom Vertrag zurücktreten kann. Das polnische Verfassungsgericht hat das Gesetz teilweise für verfassungswidrig erklärt[32]. Der Anspruch auf Sicherheitenstellung besteht fort. Weggefallen ist die Regelung zur Beschränkung der Kostenerstattung.

16 **5. Abnahme.** Wenn der Bauunternehmer die Baufertigstellung angezeigt hat, ist der Bauherr zur Abnahme verpflichtet. Das Abnahmeprotokoll muss Angaben bezüglich der Qualität der erbrachten Bauarbeiten enthalten, wobei alle festgestellten Mängel mit Angabe einer Nachbesserungsfrist aufgelistet werden sollten.[33] Nach Meinung des *Sąd Najwyższy* besteht die Abnahmepflicht auch dann, wenn das Bauwerk mangelhaft ist. Diese Auffassung wird in der Literatur kritisiert.[34] Nach der neuesten Rechtsprechung kann der Bauherr jedoch vom Vertrag zurücktreten und keine Vergütung bezahlen, wenn das Bauwerk nutzungsunfähig ist.

17 Vom Zeitpunkt der Abnahme laufen die Gewährleistungsfrist und die Verjährungsfrist der Schadensersatzansprüche für Nichterfüllung oder nicht ordnungsgemäße Erfüllung.[35] Die Abnahme soll in schriftlicher Form erfolgen (Art. 648 KC).

18 **6. Verjährung.** Die Ansprüche aus dem Bauvertrag verjähren nach den allgemeinen Regeln des Art. 118 ff. KC.[36] Danach beträgt die Verjährungsfrist drei Jahre, wenn sich die Ansprüche aus der wirtschaftlichen Tätigkeit des Gläubigers ergeben, anderenfalls 10 Jahre. Auf die Verjährung sind die Vorschriften über den Werkvertrag nicht anwendbar, weil die Verweisung in Art. 656 KC abschließend ist und die Verjährung nicht umfasst.

19 **7. Risikoverteilung nach den Vorschriften über den Bauvertrag.** Von der protokollarischen Übernahme des Baugrundstücks bis zum Zeitpunkt der Abnahme des Bauwerks haftet der Bauunternehmer für die auf dem Grundstück entstandenen Schäden nach allgemeine Grundsätzen (Art 652 KC). Diese Vorschrift ist selbst keine Anspruchsgrundlage, sondern lediglich eine Verweisung auf allgemeinen Haftungsprinzipien. Im Falle eines Drittschadens sind das die Vorschriften über die Deliktshaftung nach Art. 415 KC.[37]

20 Die Gefahr der Beschädigung oder der Zerstörung des Bauwerkes durch mangelhafte, vom Bauherrn gelieferte Materialien, Maschinen oder Anlagen, oder infolge der Durchführung von Arbeiten nach dessen Weisungen, trägt der Bauherr, wenn er von der Gefahr der Beschädigung oder Zerstörung als Folge der vorstehenden Umstände durch den Bauunternehmer gewarnt wurde, Art. 655 KC. Die Warnpflicht besteht aber nur, wenn der Bauunternehmer die Mangelhaftigkeit der Materialien, Maschinen oder Anlagen unter Einhaltung der erforderlichen Sorgfalt hätte feststellen können. In diesem Fall behält der Bauunternehmer sein Anspruch auf Vergütung oder einen Teil davon.

21 **8. Rücktritt vom Vertrag.** Grundsätzlich kann der Bauherr jederzeit vor der Fertigstellung des Bauwerkes vom Vertrag zurücktreten. Er ist aber weiterhin verpflichtet, die vereinbarte Vergütung zu bezahlen, Art. 644 KC. Der Bauherr kann sich jedoch in diesem Fall das abziehen, was der Bauunternehmer infolge der Nichterstellung des

---

32 Polnisches Verfassungsgericht, Urteil vom 27.11.2006, K 47/04, IBR 2007, 1065 – Hök.
33 Urteil des Sąd Najwyższy von 05.03.1997, OSNC 1997/6–7/90.
34 Strzępka in: Radwański, System prawa cywilnego, tom VII, Zobowiązania cz. szczeg., S. 409.
35 Urteil des Sąd Najwyższy von 12.02.1991, OSNC 1992/7–8/137; Urteil des Sąd Najwyższy von 18.07.2002, IV CKN 1273/00.
36 Urteil des Sąd Najwyższy von 11.01.2002, OSNC 2002/9/106; dazu Pabis, MoP 2003, S. 279.
37 Urteil des Sąd Najwyższy von 18.03.1971, OSNC 1072/1/6.

Bauwerkes erspart hat. Die Wirksamkeit der Rücktrittserklärung hängt nicht von der gleichzeitigen Zahlung der Vergütung ab[38], weil die Höhe der zu zahlenden Vergütung oft streitig ist. Eine zu niedrige Schätzung der Vergütung würde in diesem Fall zur Unwirksamkeit der Rücktrittserklärung führen.

Der Bauherr kann auch ohne Nachfristsetzung vom Vertrag zurücktreten, wenn sich der Bauunternehmer mit dem Beginn oder mit der Fertigstellung des Bauwerkes so erheblich verspätet, dass es unwahrscheinlich ist, dass er das Bauwerk in der vereinbarten Zeit vollendet, Art. 656 i.V.m. 635 KC. 22

Ein Rücktrittsrecht steht dem Bauherrn auch zu, wenn er während der Ausführung von Bauarbeiten eine vertragswidrige oder mangelhafte Ausführung feststellt. Zuvor muss er aber den Bauunternehmer zu einer Änderung der Art und Weise der Ausführung auffordern und ihm eine angemessene Frist dafür festsetzen, Art. 636 § 1 KC. Bei erfolglosem Ablauf der Frist kann der Bauherr vom Vertrag zurücktreten. Der Bauherr kann die Nachbesserung oder die weitere Ausführung des Bauwerkes auch einem Dritten übertragen. Die Kosten und die Risiken der Übertragung trägt der Bauunternehmer. 23

9. Gewährleistung für Mängel des Bauwerkes. Auf die Gewährleistung finden die Vorschriften über den Werkvertrag, Art. 637 i.V.m 656 und die Vorschriften über den Kaufvertrag Anwendung, auf die Art. 638 KC weiterverweist. Der Bauunternehmer haftet für die Mängel des Bauwerkes nach dem Prinzip der Risikohaftung, d.h. unabhängig vom Verschulden. Die Gewährleistungshaftung ist jedoch ausgeschlossen, wenn der Bauherr den Mangel bei der Abnahme gekannt hat, Art. 557 § 1[39]. 24

Weisen die Bauarbeiten die Mängel auf, kann der Bauherr wahlweise die Gewährleistungsansprüche nach Art. 637 ff. i.V.m. 656 KC oder Schadensersatzansprüche nach den allgemeinen Regeln des Art. 471 KC geltend machen. Entscheidet er sich für den Gewährleistungsanspruch, muss er anzeigen, welche Bauarbeiten mangelhaft sind. Bei einem Schadensersatzanspruch hat er den entstandenen Schaden nachzuweisen[40]. 25

Der Haftungsumfang des Schuldners für Mängel kann durch die Parteien vertraglich vereinbart werden. Nach Art. 558 § 1 S. 1 KC können die Parteien die Haftung des Schuldners erweitern, einschränken oder ausschließen. 26

Weist das Bauwerk die Mängel auf, hängt der Haftungsumfang davon ab, ob die Mängel wesentlich sind und ob ihre Beseitigung möglich ist.[41] Lassen sich die Mängel beseitigen, so kann der Bauherr dem Bauunternehmer eine Frist setzen, bis zu deren Ablauf die Mängel zu beseitigen sind. Er kann gleichzeitig androhen, dass er nach dem fruchtlosen Ablauf der Frist die Reparatur nicht annimmt. Der Bauunternehmer kann die Mangelbeseitigung ablehnen, wenn sie unverhältnismäßig hohe Kosten verursachen würde (vgl. Art 637 § 1 KC). 27

Lassen sich die Mängel nicht beseitigen und sind sie wesentlich, so kann der Bauherr vom Vertrag zurücktreten. Dies gilt auch wenn der Bauunternehmer die Mängel nicht innerhalb einer angemessenen Frist beseitigt. Sind die Mängel unwesentlich, kann der Bauherr die Herabsetzung der Vergütung verlangen (vgl. Art. 637 § 2 KC). 28

---

[38] Urteil des Sąd Najwyższy von 26.01.2001, OSNC 2001/10/154.

[39] Żuławska in: Komentarz do Kodeksu cywilnego pod red. G. Bieńka, Art. 557 Nr. 2.

[40] Urteil des Sąd Najwyższy von 3.10.2000, OSNC 2001/4/58.

[41] Vgl. Urteil des Sąd Najwyższy von 8.01.1999, OSNC 1999/7–8/131. In diesem Urteil hat SN festgestellt, dass die Tatsache, ob ein Mangel wesentlich ist, nicht davon abhängt, ob er sich beseitigen lässt. Wesentlich ist einMangel, wenn das Werk dadurch nutzungsunfähig ist oder wenn ein Mangel klarer Abrede widerspricht.

29 **10. Schadensersatz für Nichterfüllung oder nicht ordnungsgemäßer Erfüllung des Bauvertrages.** Im Fall der Nichterfüllung oder nicht ordnungsgemäßen Erfüllung von Bauarbeiten haftet der Bauunternehmer nach den allgemeinen Regeln des Art. 471 KC. Der Bauunternehmer ist zum Schadensersatz verpflichtet, wenn

- dem Bauherrn ein Schaden entstanden ist und
- die Nichterfüllung oder nicht ordnungsgemäße Erfüllung von Bauarbeiten infolge von Umständen entstanden sind, die der Bauunternehmer zu vertreten hat und
- ein Kausalzusammenhang zwischen den beiden oben genannten Voraussetzungen vorliegt.

Der Ausdruck, dass der Bauunternehmer die Umstände zu vertreten hat, bedeutet nach der in der Rechtsprechung und Literatur vertreten Auffassung die Abhängigkeit der Haftung vom Verschulden.[42] Der Schuldner haftet für die Nichteinhaltung der allgemein erforderlichen Sorgfalt, die in Verhältnissen der gegebenen Art zu beachten ist, Art. 472, 355 § 1 KC. Maßgebend ist hier der professionelle Charakter der Tätigkeit des Bauunternehmers. Für seine Erfüllungsgehilfen haftet der Bauunternehmer jedoch unabhängig vom Verschulden, nach dem Prinzip der Risikohaftung.[43] Er haftet für ein Verschulden des Erfüllungsgehilfen wie für sein eigenes Verschulden vgl. Art. 474 KC. Der Bauunternehmer kann sich nicht darauf berufen, dass er die erforderliche Sorgfalt bei der Auswahl des Erfüllungsgehilfen eingehalten hat.[44]

30 Die Parteien können im Vertrag den Umfang der Haftung des Schuldners erweitern oder einschränken, Art. 473 KC. Unwirksam ist jedoch der Ausschluss der Haftung für einen Schaden, der durch vorsätzliches Handeln des Schuldners entstanden ist (Art. 473 § 2 KC).

31 Auf die Rechtsfolgen des Verzugs finden die allgemeinen Vorschriften Anwendung, Art. 476 ff. KC. Der Schuldner hat den Verzugsschaden unabhängig von der Erfüllung zu ersetzen, Art. 477 § 1 KC.

32 Für den Fall der Nichterfüllung oder nicht ordnungsgemäßen Erfüllung kann eine Vertragsstrafe vereinbart werden. Die Auszahlung der Vertragsstrafe hängt, ähnlich wie Schadensersatz, vom Verschulden des Bauunternehmers ab[45]. Durch die Vereinbarung der Vertragsstrafe wird die Schadensersatzpflicht unabhängig von der Höhe des Schadens auf die hiermit festgelegte Höhe begrenzt[46]. Der Vorbehalt einer Vertragsstrafe im Falle der Nichtleistung oder einer ungehörigen Erfüllung einer Verpflichtung befreit den Schuldner nicht von der Pflicht, diese zu bezahlen, wenn nachgewiesen wird, dass der Gläubiger keinen Schaden erlitten hat[47]. Damit hat sich der Oberste Gerichtshof einer verbreiteten Auffassung angeschlossen, die auf den Hauptzweck des Vorbehalts der Vertragsstrafe abstellt. Aus Sicht des Gerichtshofes wurde nicht zu Unrecht darauf hingewiesen, dass die Nichtbefreiung des Gläubigers von der Pflicht zum Nachweis der Höhe des erlittenen Schadens den Sinn der Vertragsstrafevereinbarung in Frage stellen

---

[42] Vgl. Popiołek in: Kodeks cywilny, Komentarz Tom I, pod red. K. Pietrzykowskiego, Art. 472 Rn. 1; Wiśniewski In: Komentarz do Kodeksu cywilnego pod red. G. Bieńka, Art. 472 Nr. 3 ff.; Radwański, Zobowiązania – część ogólna, Rn. 745 ff.; Dąbrowa In: System prawa cywilnego, Tom III cz. I, S. 767. Urteil des Sąd Najwyższy von 27.01.1972, OSNC 1972/9/160; Urteil des Sąd Najwyższy von 25.02.1986, OSNC 1987/1/10.

[43] Zielińska in: Strzępka/Sagan/Zielińska, Prawo umów budowlanych, S. 364.

[44] Zielińska in: Strzępka/Sagan/Zielińska, Prawo umów budowlanych, S. 365.

[45] Urteil des Sąd Najwyższy von 20.03.1967, II CR 419/67.

[46] Zielińska in: Strzępka/Sagan/Zielińska, Prawo umów budowlanych, S. 369.

[47] Urteil des Sąd Najwyższy vom 6.11.2003, III CZP 61/03.

würde, der vor allem in einer vereinfachten Beweisführung und einer Beschleunigung der Auszahlung des Schadensersatzes liegt, in dem der Gläubiger nachweist, dass der Schuldner seine Verpflichtung nicht erfüllt oder diese ungehörig erfüllt hat[48]. Der Bauunternehmer haftet im vollen Umfang für die Schäden, die durch sein vorsätzliches Handeln entstanden sind (Art. 473 § 2 KC). Es bestehen keine Zweifel darüber, dass die in Art. 484 § 2 HKL vorgesehene Reduzierung der Vertragsstrafe nur auf Verlangen des zu ihrer Zahlung verpflichteten Schuldners erfolgen kann[49]. In der Begründung des Urteils vom 23. März 2006, IV CSK 89/05 steht, dass das Verlangen deutlich in einem entsprechenden Antrag oder einem Einwand des Schuldners ausgedrückt werden soll[50]. Doch es ist auch ausreichend, wenn sich das Herabsetzungsverlangen implizit z.B. aus den Einwänden des Schuldners gegen den Anspruch ergibt[51]. Im Rahmen der Beurteilung der Möglichkeiten der Herabsetzung der Vertragsstrafe lässt sich nicht außer Acht lassen, was die tatsächlichen Gründe/Ursachen für den Verzug bei der Fertigstellung der Arbeiten waren[52]. Im Ausgangsfall wiesen die in der Sache getroffenen Feststellungen eindeutig darauf hin, dass die Verspätung durch die ziemlich verspätete Bereitstellung der Projektdokumentation und ihre Mängel, sowie durch die während der Arbeiten auftretenden schwierigen Wetterbedingungen (Regenfälle und niedrige Temperaturen) bedingt war, wobei letzteres in Hinsicht auf die Art der ausgeführten Arbeiten von Bedeutung war[53]. Für die Beurteilung, ob Gründe für die Reduzierung der Vertragsstrafe vorliegen, können nach Auffassung des Gerichts auch die Folgen des Verzuges für den Besteller der Arbeiten nicht außer Acht gelassen werden. Zwar ist die Möglichkeit, die Vertragsstrafe geltend zu machen, nicht vom Auftreten eines Schadens abhängig, der auf eine ungehörige Erfüllung der Verpflichtung zurückzuführen wäre, jedoch kann die Schätzung des dadurch entstandenen Schadens einen Einfluss auf die Beschränkung der Höhe der eingeklagten Vertragsstrafe haben.

11. Subunternehmer. Der Bauherr und Bauunternehmer haben im Bauvertrag nach Art. 647 KC den Umfang der Bauarbeiten festzulegen, der durch die Subunternehmer zu realisieren ist, Art. 647^1 § 1 KC. Der Bauherr muss darüber hinaus jeden Bauvertrag mit dem Subunternehmer innerhalb von 14 Tagen nach der Vorlage des Vertragsentwurfs oder des abgeschlossenen Vertrages genehmigen, Art. 647^1 § 2 KC. Erlaubt der Bauherr keinen schriftlichen Einspruch innerhalb dieser Frist, so gilt der Vertrag als genehmigt. Die Verträge des Subunternehmers mit den weiteren Subunternehmer bedürfen der Genehmigung des Bauherrn und des Bauunternehmers, Art. 647^1 § 3 KC. Der Bauvertrag mit einem Subunternehmer muss schriftlich abgeschlossen werden, Art. 647^1 § 4 KC. 33

Der Bauherr und der Bauunternehmer haften solidarisch für die Zahlung der Vergütung an Subunternehmer, Art. 647^1 § 5 KC. In der Literatur wird vor allem hervorgehoben und kritisiert, dass diese Vorschrift dazu führen kann, dass der Bauherr zwei Mal für die selben Bauarbeiten bezahlen muss.[54] In diesem Fall steht aber dem Bauherrn ein Regressanspruch gegen den Bauunternehmer zu, Art. 376 § 1 KC. 34

48 Urteil des Sąd Najwyższy vom 6.11.2003, III CZP 61/03.

49 Zum Beispiel Urteile des Sąd Najwyższy vom 9. Februar 2005, II CK 420/04, „Izba Cywilna" (Zivilkammer) 2005, nr 12, s. 57, und vom 23. März 2006 r., IV CSK 89/05, OSNC 2007, nr 1, poz. 15.

50 Vgl. Urteil des Sąd Najwyższy vom 18. Juni 2003, II CKN 240/01, nicht publ.

51 Urteil des Sąd Najwyższy vom 11.10.2007, IV CSK 181/07 OSNC-ZD 2008/2/48, Biul. SN 2008/1/16; vgl. z.B. Urteile des Sąd Najwyższy vom 16. Juli 1976, I CR 221/76, OSNCP 1977, nr 4., poz. 76, vom 16. Juli 1998 r., I CKN 802/97, OSNC 1999, nr 2, poz. 32, vom 25. März 1998 r., II CKN 660/97 nicht publ., und vom 21. November 1997 r., I CKN 330/97, nicht publ.

52 Urteil des Sąd Najwyższy vom 19.4.2006, V CSK 34/06.

53 Vgl. Urteil des Sąd Najwyższy vom 19.4.2006, V CSK 34/06.

54 Vgl. Strzępka/Zielińska, MoP 2003, 975, 980; Cymermann, Nieruchomości, 2003, Nr. 11, S. 16, 18.

III. Anstellung polnischer Arbeitnehmer in Deutschland

35 Trotz Beitritt Polens in die EU brauchen die polnischen Arbeitnehmer in Deutschland eine Arbeitserlaubnis. Hinsichtlich neuer Beitrittsländer gelten die Übergangsfristen. Zurzeit beträgt die Übergangsfrist zwei Jahre. Sie kann aber je nach der Entwicklung der Situation auf dem deutschen Arbeitsmarkt um weitere drei Jahre verlängert werden. Nach dieser Frist kann eine weitere Verlängerung um zwei Jahre erfolgen. Maximal können die Übergangsfristen sieben Jahre betragen. Nach dem Ablauf dieser Fristen ist Deutschland verpflichtet, seinen Arbeitsmarkt für die Arbeitnehmer aus den neuen Beitrittsländern zu eröffnen.

Von Bedeutung für die Abeitnehmer auf dem Bereich der Baugewerbe ist die deutsch-polnische Vereinbarung über die Entsendung von Arbeitnehmern polnischer Unternehmen zur Ausführung von Werkverträgen.[55] Nach dieser Vereinbarung werden durchschnittlich pro Jahr 21670 Arbeitserlaubnisse für polnische Werkvertragsarbeitnehmern erteilt. Davon bis zu 10000 im Bereich der Baugewerbe. Die Arbeitserlaubnis wird für höchstens 2 Jahre erteilt. Sie kann aber um weitere sechs Monate verlängert werde, wenn die Ausführung des Auftrages das erfordert. Arbeitnehmer mit führender oder Verwaltungstätigkeit wird eine Arbeitserlaubnis für maximal 4 Jahre erteilt. Die Voraussetzung der Erteilung einer Arbeitserlaubnis ist darüber hinaus die Gewährung dem Arbeitnehmer des Lohnes, der den deutschen Tarifvertragsvereinbarungen für vergleichbare Tätigkeiten entspricht.

IV. Grundstücksbedingungen

Schrifttum

Kicka, Änderungen im polnischen Baurecht, eastlex 2004, S. 36; *Wolanin*, Nieruchomość w procesie inwestycyjnym drogi krajowej, cz. II, Nieruchomości 2003 Nr. 12, S. 4; *Skrzydło-Niżniak/Dobosz*, Prawne problemy procesu inwestycyjno-budowlanego i konserwatorskiego, Zakamycze 2002; *Plucińska-Filipowicz*, Brak stanowiska konserwatora zabytków w procedurze uzyskania pozwolenia na budowę, Nieruchomości 2004, Nr. 3, S. 13; *Plucińska-Filipowicz*, Zmiana decyzji o warunkach zabudowy, Nieruchomości 2004, Nr. 4, S. 16; *Jaworski*, Prawo budowlane po zmianach, Świat Nieruchomości 2003, Nr. 40, S. 15; *Kisilowska*, Nieruchomości, Zagadnienia prawne, S. 205 ff., Warszawa 2002; *Szachtułowicz*, Gospodarka nieruichmomościami, Warszawa 2001

36 **1. Grundstücksrecht.** Das Eigentum bildet die Grundlage der polnischen Wirtschaftsordnung (vgl. Art. 20 ff. der poln. Verfassung). Das Eigentum und seine Grenzen sind im Kodeks cywilny geregelt (Art. 140 ff. KC)[56]. Die Grundstücke sind Teile der Erdoberfläche, die einen gesonderten Eigentumsgegenstand darstellen (Art. 46 § 1 KC). Gebäude gehören grundsätzlich zu den Bestandteilen eines Grundstücks, Art. 48 KC. Das polnische Recht kennt ferner auch den sog. Erbnießbrauch[57] an Grundstücken (vgl. Art. 232-243 KC). Der Erbnießbrauch ist juristisch in der Mitte zwischen dem Eigentum und dinglich beschränkten Rechten einzuordnen[58]. Zum Erbnießbrauch können gem. Art. 232 §1 KC nur Grundstücke des Fiskus, der Gemeinden und Gemeindeverbände vergeben werden. Der Erbnießbrauch verleiht dem Inhaber eine eigentümerähnliche Stellung über einen Zeitraum, der gem. Art. 236 §1 KC zwischen 40 und 99 Jahren liegt, wofür der Erbnießbraucher eine jährliche Gebühr entrichtet (Art. 238 KC). Der Erbnießbrauch

[55] Dz.U.1994.98.474, geändert am 8.12.1990, Dz.U. 1994.98.475.

[56] Kodeks cywilny z dnia 23. 04 1964r., Dz.U. Nr 16, poz. 93 z późn. zmianami.

[57] Użytkowanie wieczyste.

[58] Komentarz do Kodeku cywilnego pod red. Rudnickiego, Art. 232, Nr. 2, S. 353.

ist wie Eigentum sowohl unter Lebenden als auch im Wege der Erbfolge übertragbar (Art. 233 S. 2, 237 KC) und kann gem. Art.65 Abs. 3 KWU[59] belastet werden.

Der Erwerb des Eigentums erfolgt in der Regel auf rechtsgeschäftlicher Basis. Die Eintragung des Eigentumrechts in das Grundbuch ist Pflicht, Art.35 KWU, hat aber lediglich deklaratorische Wirkung. Es kann aber vertraglich vereinbart werden, dass der Eigentumserwerb von der Eintragung im Grundbuch abhängen soll[60]. Dagegen hat die Eintragung ins Grundbuch bei der Übertragung des Erbnießbrauchs eine konstitutive Wirkung, Art. 27 S. 2 GospNierU[61]. Die rechtsgeschäftliche Übertragung des Eigentums und des Erbnießbrauchs bedarf der notariellen Beurkundung, Art. 158 KC. 37

Da Grundbucheintragungen grundsätzlich keine konstitutive Wirkung haben, können die Eintragungen in polnischen Grundbüchern von den tatsächlichen Rechtsverhältnissen abweichen. Dritte werden durch den öffentlichen Glauben des Grundbuches geschützt, Art. 3 KWU. Von dem im Grundbuch eingetragenen Inhaber kann gutgläubig erworben werden, Art. 6 KWU. Der gute Glaube wird durch einen Antragsvermerk zugunsten des wahren Eigentümers ausgeschlossen. 38

2. Baufreiheit. Es besteht grundsätzlich Baufreiheit. Allerdings steht die Baufreiheit unter einem Genehmigungsvorbehalt. 39

V. Planungsrecht

Der polnische Gesetzgeber hat neuerdings angefangen, das polnische Bau- und Bauplanungsrecht zu modernisieren. Im Sommer 2003 wurden zwei relevante Gesetzesnovellierungen erlassen[62], die man als einen Schritt zur Vereinfachung und „Sanierung“ des polnischen Baurechts bezeichnen kann. Hoffen soll man jedoch, dass diese Änderungen lediglich einen Anfang darstellen. 40

Für das polnische Bau- und Bauplanungsrecht sind zwei Gesetze maßgebend: Das Gesetz – Baurecht vom 07.07.1994 (PrBudU) und das Gesetz über die Planung und Raumbewirtschaftung vom 27.03.2003 (PlanZagPrzestU) – regelt die technischen Details des Bauprozesses. Das Gesetz über die Planung und Raumbewirtschaftung bezieht sich auf die Flächenbewirtschaftung, die Flächennutzungspläne und ihre Erstellung. 41

VI. Baugenehmigung

Grundsätzlich darf der Bau angefangen werden, wenn eine Baugenehmigung vorhanden ist. Bevor jedoch der Antrag auf die Erteilung der Genehmigung gestellt wird, sind andere Unterlagen zu besorgen. 42

1. Flächennutzungsplan vorhanden. Zuerst ist zu prüfen, ob für das Grundstück ein Flächennutzungsplan vorhanden ist. Wenn der Flächennutzungsplan[63] vorhanden ist und wenn das geplante Bauvorhaben durch den Verwendungszweck der Fläche gedeckt ist, kann ein Antrag auf Erteilung einer Baugenehmigung gestellt werden. 43

---

59 Ustawa o księgach wieczystych i hipotece z dnia 6. 07. 1982, Dz.U. 2001.124.1361 mit späteren Änderungen.

60 Komentarz do Kodeku cywilnego pod red. Rudnickiego, Art. 155, Nr. 6, S. 110.

61 Ustawa o gospodarce nieruchomościami z 21.08.97, Dz.U. 2004.261.2603 mit späteren Änderungen.

62 Zu den Gesetzen Ustawa– Prawo Budowlane vom 07.07.1994, Dz.U. 2003.207.2016 mit späteren Änderungen, poz. 1126 z późn. zmianami und Ustawa o planowaniu i zagospodarowaniu przestrzennym vom 27.03.2003, Dz.U. 2003, Nr. 80, poz. 717.

63 Plan zagospodarowania przestrzennego.

44 **2. Flächennutzungsplan vorhanden, aber das geplante Bauvorhaben dadurch nicht gedeckt.** Lässt der Verwendungszweck der Fläche im Flächennutzungsplan das geplante Bauvorhaben nicht zu, muss man sich auf zeit- und kostenaufwändiges Verfahren vorbereiten. Vor allem ist der Antrag auf die Änderung des Flächennutzungsplanes zu stellen. Da der bestimmte Flächennutzungsplan durch die Gemeinde oder Staat nicht besonders gerne geändert wird, soll man den Antrag gut und überzeugend begründen. Bemerkenswert ist auch, dass alle dadurch entstandenen Kosten der Antragsteller trägt.

45 **3. Flächennutzungsplan nicht vorhanden.** Ist kein Flächennutzungsplan vorhanden, soll eine Entscheidung über die Bebauungsbedingungen[64] für das Grundstück beantragt werden, Art. 59 Abs. 1 PlanZagPrzestU. Dies ist auch dann erforderlich, wenn für das Bauvorhaben keine Baugenehmigung nötig ist. Die Entscheidung über die Bebauungsbedingungen ist dann nicht nötig, wenn die Änderung der Raumbewirtschaftung nur einmal vorgenommen wird und einen vorübergehenden Charakter hat (nicht länger als ein Jahr dauert). Der Erlass der Entscheidung über die Bebauungsbedingungen ist aber nur dann möglich, wenn die im Art. 61 ZagPlanPrzestU ernannten Voraussetzungen erfüllt werden. Insbesondere sind das die Bebauung von mindestens einem Nachbargrundstück, das den Zugang zu demselben öffentlichen Weg hat und die Sicherstellung des Zugangs zum öffentlichen Weg.

46 Der Antrag auf die Erteilung der Entscheidung über Bebauungsbedingungen wird bei dem Staats- oder Gemeindeamt[65] auf einem dort erhältlichen Formular gestellt.
In dem Antrag sind zu bestimmen:

- die Liegenschaft, für die die Entscheidung zu erlassen ist
- die gegenwärtige Raumbewirtschaftung des Grundstücks
- die Funktion, Weise und Charakteristik des geplanten Bauvorhabens
- die charakteristischen technischen Parameter des Bauvorhabens

Dem Antrag sind u.a. beizufügen:

- Die Flurkarte, mit dem bezeichneten Bauvorhabensgebiet und Nachbargrundstücken, auf die das Bauvorhaben auswirken wird,
- eine graphische Darstellung des Bauvorhabens (ausreichend ist eine Skizze der Gebäuden) mit der Beschreibung,
- ein Gutachten über den Einfluss des Bauvorhabens auf die Umwelt, wenn es nach Art. 51 Abs. 1 Pkt. 1 des Gesetzes über Umweltschutz vom 27.04.2001[66] erforderlich ist.

47 Auf dem Antragsformular befinden sich alle Fragen über das Bauvorhaben, die zu beantworten sind. Die Entscheidung über die Bebauungsbedingungen kann bestimmen, welche zusätzlichen Anforderungen der Investor erfüllen muss, um eine Baugenehmigung zu bekommen. Das können vor allem andere Gutachten sein. Die Bebauungsbedingungen eines Grundstücks werden im polnischen Recht, ähnlich wie in Deutschland, nach dem Prinzip der guten Nachbarschaft bestimmt. Erst nach dem Erhalt der Entscheidung über Bebauungsbedingungen und ggf. Gutachten kann eine Baugenehmigung beantragt werden.

[64] Decyzja o warunkach zabudowy i zagospodarowania terenu.
[65] Urząd miejski lub Urząd gminy.
[66] Prawo ochrony środowiska vom 27.04.2001, Dz.U. 2001, Nr. 62, poz. 627 z późn. zmianami.

4. Antrag auf Baugenehmigung. Das Verfahren der Beantragung und der Erteilung der Baugenehmigung ist im Gesetz – Baurecht (PrBudU) – in Art. 28 ff. geregelt. Das Gesetz schreibt vor, dass die Bauarbeiten nur mit einer Genehmigung angefangen werden dürfen. In Art. 29 PrBudU wird ein Katalog von genehmigungsfreien Bauarbeiten genannt. Die Vornahme solcher Arbeiten soll jedoch bei einer zuständigen Behörde angemeldet werden, Art. 30 Abs. 1 Pkt. 1 PrBudU. 48

Die Baugenehmigung wird auf dem vorgegebenen Formular im Landratsamt[67] beantragt. Grundsätzlich dauert die Prozedur ihrer Erteilung 30 Tagen, es kann aber bei komplizierten Investitionen bis zu maximal 2 Monaten betragen, Art. 30 Abs. 6 PrBudU. Mit der letzten Baurechtsnovellierung neu geregelt wurde die Parteidefinition bei der Beantragung der Baugenehmigung (Art. 28 Abs. 2 PrBudU). Der Antrag auf Erteilung einer Baugenehmigung kann grundsätzlich durch den Eigentümer oder den Bauherrn gestellt werden. Die Ökologen, die vorher die Investition beschleunigen oder gar sperren konnten, gelten jetzt nicht mehr als Partei (Art. 28 Abs. 3 PrBudU).

Das Antragsformular auf die Erteilung einer Baugenehmigung ist einfach gehalten. Zu bezeichnen sind nur der Antragsteller, die Liegenschaft und grob das Bauvorhaben. Auf dem Antragsformular sind jedoch alle Unterlagen aufgelistet, die als Anhänge beizufügen sind. Sie beschreiben das Bauvorhaben detailliert. Dies sind:

- 4 Exemplare des Bauprojektes mit beigefügten Gutachten, Genehmigungen usw. Eine Genehmigungs- bzw. Gutachtenpflicht kann nach unterschiedlichen Gesetzen entstehen, z.B. nach dem Gesetz über Umweltschutz.
- die Entscheidung über die Bebauungsbedingungen, falls diese Pflicht im Gesetz vorgesehen ist,
- eine Erklärung über das Innehaben des Rechts zur Verfügung über die Liegenschaft zu Bauzwecken; diese Erklärung wird auf einem vorgegebenen Formular abgegeben, ein Auszug aus dem Grundbuch oder ein Notarakt sind nicht nötig,
- eine Kopie von Berechtigung des Projektverfassers zur Ausübung des Berufs,
- falls der Antrag nicht persönlich vom Investor gestellt wird, eine schriftliche Erklärung über die Vertretungsmacht des Vertreters.

Alle benötigten Formulare sind im Landratsamt zu erhalten. Die Formulare sind ausschließlich in der polnischen Sprache gehalten und sie sind auch in dieser Sprache auszufüllen. Da die von den Ämtern benötigten Unterlagen in Kleinigkeiten von Ort zu Ort variieren können, ist es empfehlenswert, sich bei dem örtlich zuständigen Amt über die benötigten Dokumente zu informieren.

5. Erteilung der Baugenehmigung. Wenn ein Bauprojekt mit dem geltenden Recht und allen erteilten Entscheidungen bzw. Genehmigungen vereinbar ist, muss die Baugenehmigung erteilt werden. Die Baugenehmigung gilt für 2 Jahre. Wird der Bau nicht innerhalb dieser Zeit angefangen, erlischt sie. Es ist auch zu bemerken, dass keine Bauarbeiten vor Erteilung der Baugenehmigung durchgeführt werden dürfen. Nach dem Erhalt der Genehmigung kann das Bauprojekt grundsätzlich nicht abgeändert werden. Jegliche Änderungen sollten angemeldet werden, da es möglich ist, dass eine Genehmigung auf die Änderungen benötigt wird. Neu eingeführt wurde auch eine Regelung gegen Personen, die die Investitionsausführung böswillig durch Klageerhebung gegen die Entscheidung über die Erteilung einer Baugenehmigung blockieren wollen, wie das bei böswilligen Nachbarn der Fall sein kann. Nach Art. 35a Abs. 1 PrBudU kann das 49

[67] Starostwo.

Gericht die Überprüfung der Klage vom Entrichten einer Kaution durch den Kläger abhängig machen. Diese Kaution dient der Sicherung der Bauherrensprüche. Wenn die Klage begründet ist, wird die Kaution rückerstattet.

50 **6. Fertigstellung der Bauarbeiten.** Die Fertigstellung der Bauarbeiten ist bei dem Landkreisinspektor der Bauaufsicht[68] anzuzeigen. Die Bauaufsicht hat 21 Tage für die Kontrolle, ob das Bauwerk in Übereinstimmung mit der Baugenehmigung errichtet wurde. Wenn die Bauaufsicht keinen Einspruch einlegt, kann mit der Nutzung des Bauwerkes begonnen werden, Art. 54 PrBudU.

51 Gelegentlich ist eine Nutzungsgenehmigung erforderlich. Im Anhang zu Art. 108 PrBudU werden alle Bauwerksarten in die Kategorien eingeteilt und wird bestimmt, welche Kategorien einer Nutzungsgenehmigung bedürfen. Darüber hinaus bestimmt Art. 55 PrBudU die anderen Fälle, wann eine solche Genehmigung zu besorgen ist. Mit der Nutzung des Bauwerkes kann erst nach der Kontrolle gemäß Art. 59b PrBudU und der Erteilung der Nutzungsgenehmigung begonnen werden.

52 **7. Bauwerk ohne Genehmigung – Bauwillkür.** Wird ein Bauwerk ohne Genehmigung errichtet, muss es nach den neuen Vorschriften nicht mehr unbedingt abgerissen werden. Ist das Gebäude mit dem örtlichen Flächennutzungsplan vereinbar und sind die bautechnischen Vorschriften nicht beeinträchtigt, kann es legalisiert werden. Es wird jedoch eine Geldstrafe auferlegt (Art. 48 PrBudU).

VII. Enteignung in Polen

Schrifttum

Gdesz, Cel publiczny w gospodarce nieruchomościami, S. 59 ff., Zielona Góra 2002; *Wolanin*, Nieruchomość w procesie inwestycyjnym drogi krajowej, cz. IV (ost.) – nabywanie nieruchmości w drodze wywłaszczenia, Nieruchmości 2004, Nr. 2, S. 7; *Golat*, Szczególne zasady wywłaszczania zabytkowych nieruchomości, Nieruchmości 2003, Nr. 12, S. 17; *Kisilowska*, Nieruchomości, Zagadnienia prawne, S. 120 ff., Warszawa 2002; *Szachułowicz/Krassowska/Łukaszwska*, Gospodarka nieruchmościami, Komentarz, 2. veränderte Auflage, Warszawa 2002; *Szachułowicz*, Gospodarka nieruchmościami, Warszawa 2001.

53 Enteignungsmaßnahmen sind nach polnischem Recht zulässig. Es sind aber strenge Voraussetzungen zu erfüllen, da Privateigentum eine der Grundlagen des polnischen Rechtssystems darstellt. Art. 21 Abs. 2 der Verfassung legt fest, dass die Enteignung ausschließlich für die Realisierung von öffentlichen Zwecken und nur gegen gerechte Entschädigung erfolgen darf. Rechtliche Grundlagen für die Durchführung der Enteignung sind in Art. 112 ff. des Gesetzes über Immobilienwirtschaft (GospNierUst)[69] und im Gesetz über entgeltlichen Autobahnen[70] enthalten. Enteignung bedeutet die Wegnahme oder die Beschränkung des Eigentumsrechts, des Erbnießbrauchs oder eines anderen dinglichen Rechts an der Liegenschaft, Art. 112 GospNierU.

54 Eine Enteignung ist unter folgenden vier Voraussetzungen zulässig:

1. Die Immobilie muss im Flächennutzungsplan für öffentliche Zwecke bestimmt sein und muss zur Realisierung dieses Zweckes unentbehrlich sein.

   Öffentliche Zwecke können beispielsweise die Errichtung eines Weges, von Wasser-, Abwasser-, Gas- oder die Energieleitungen dienen. Eine Auflistung der zu-

---

[68] Powiatowy inspektor nadzoru budowlanego.

[69] Ustawa o gospodarce nieruchomościami z 21.08.97, Dz.U. 2004.261.2603 mit späteren Änderungen.

[70] Ustawa o autostradach płatnych z 27.10.94, Dz.U. 2004.261.2603 mit späteren Änderungen.

lässigen öffentlichen Zwecke findet sich in Art. 6 GospNierUst. Unentbehrlich ist die Enteignung heutzutage nur, wenn die Beschränkung des Eigentümers in seinen Rechten nicht ausreichend wäre.[71]

2. Der öffentliche Zweck wird zukünftig an der Immobilie realisiert. Unzulässig ist also die Enteignung, wenn die Investition schon realisiert wurde.[72]
3. Enteignen kann man nur zugunsten des Fiskus oder örtlichen Verwaltungsbehörden (Wojewodschaft, Landratsamt, Gemeinde)
4. Die Immobilie kann nicht auf andere Weise erworben werden. Es muss versucht werden, mit dem Eigentümer zu verhandeln um einen Vertrag abzuschließen. Erst wenn dies scheitert, kann die Enteignungsprozedur eingeleitet werden.

Das Enteignungsverfahren wird durch den Landrat eingeleitet. Er ist verpflichtet, die Ver- 55
handlungen mit dem Eigentümer durchzuführen, die den Abschluss des Kaufvertrages der Liegenschaft bezwecken, Art. 114 Abs. 1 GospNierU. Die Parteien haben für die Verhandlungen maximal 2 Monate Zeit. Wenn sie innerhalb dieser Zeit zu keiner Einigung kommen, kann ein Verwaltungsakt, der über die Enteignung entscheidet, erlassen werden. Wenn der Verhandlungsversuch mit dem Eigentümer unterblieben ist, stellt dieses einen gravierenden Rechtsverstoß dar, der zur Unwirksamkeit des erlassenen Verwaltungsaktes über die Enteignung führt.[73] Es muss nicht das ganze Grundstück enteignet werden, wenn für die Zwecke der Investition bereits ein Teil ausreichend ist. Nach der Enteignung eines Teils des Grundstücks kann die zweckmäßige Nutzung des übrigen Teils unmöglich werden. In diesem Fall kann der Eigentümer den Antrag auf Veräußerung des übrigen Teils an das Landratsamt stellen, Art. 113 Abs. 3 GospNierU.

Nach Art. 21 Abs. 2 der Verfassung hat die Entschädigung gerecht zu sein. Dies ist der 56
Fall, wenn die Entschädigungshöhe dem Wert des enteigneten Grundstücks entspricht.[74] Die Entschädigungshöhe wird in der Weise bestimmt, dass der Landrat einen Sachverständigen beruft, der den Wert der Liegenschaft ermittelt. Art. 134 ff. GospNierU schreibt vor, was der Sachverständige bei der Wertbestimmung zu berücksichtigen hat. Der Wert wird nach dem Marktpreis der Immobilie bemessen.[75] Die Entschädigungshöhe wird durch den Landrat anhand vom Gutachten des Sachverständigen bestimmt, Art. 129 Abs. 1, Art. 130 Abs. 2 GospNierU. Normalerweise ist die Entschädigungshöhe schon in der Entscheidung über die Enteignung festgesetzt. Wenn nicht, dann ist der Zustand und der Wert der Immobilie am Tag des Erlasses der Enteignungsentscheidung maßgebend, Art. 130 Abs. 1 GospNierU. Ist die Immobilie durch die dinglichen Rechte belastet, dann wird die Entschädigung um deren Wert gemindert, Art. 128Abs. 2 GospNierU. Die Schuldverhältnisse auf dem Grundstück (z.B. Mietverträge) erlöschen, wenn ihre Aufrechterhaltung mit dem Zweck der Enteignung nicht vereinbar ist.[76]

Die Entschädigung kann in Geld erfolgen oder durch Bereitstellung einer Ersatzliegenschaft. Regelfall ist jedoch die Entschädigung in Geld; die Ersatzliegenschaft kann nur mit Einverständnis des Entschädigten bereitgestellt werden. Für den Fall, dass der Wert der Ersatzimmobilie den Wert der enteigneten Liegenschaft übersteigt, muss der Entschädigte die Differenz zuzahlen. Die Auszahlung der Entschädigung erfolgt

71 Gdesz, Cel publiczny w gospodarce nieruchomościami, S. 62.
72 Woźniak/Woźniak in: Kisilowska, Nieruchomości. Zagadnienia prawne, 121.
73 Urteil des NSA (Verwaltungsgerichtshof) vom 01.04.1996, IV SA 1706/94.
74 Urteil des Trybunał Konstytucyjny (Verfassungsgerichtshof) vom 9.03.1990, OTK 1990 cz. I, poz. 3.
75 Gdesz, Cel publiczny w gospodarce nieruchomościami, S. 79.
76 Vgl. Szachułowicz, Gospodarka nieruchomościami, S. 191; Urteil des SN vom 10.02.1976, OSN 1976/12/264.

einmalig, die Zahlung in Raten ist ausgeschlossen. Sie wird 14 Tage nach Eintritt der Rechtskraft der Entscheidung über die Enteignung ausgezahlt.[77]

Gegen die Enteignungsentscheidung kann Berufung zum Verwaltungsgerichtshof[78] eingelegt werden.

57 Heutzutage enteignet man in Polen eher selten. Die meisten praktischen Fälle kommen beim Autobahnenbau vor. Ansonsten wurde z.B. bei der Gelegenheit des Baues von Schienen für öffentliche Verkehrsmittel enteignet. Es ist aber hervorzuheben, dass die Parteien überwiegend eine Einigung finden. Es wird dann ein normaler Kaufvertrag abgeschlossen.

---

[77] Szachułowicz, Gospodarka nieruchomościami, S. 195.

[78] Naczelny Sąd Administracyjny.

§ 42 Qatar

Das Bau- und Werkvertragsrecht ist im Civil Code[1] von Qatar geregelt. Es handelt sich um eine Adaption des ägyptischen Civil Code, allerdings mit leichten Änderungen, z.B. was die Reihenfolge der gesetzlichen Regelungen und den Wortlaut betrifft. Soweit keine gesetzlichen Regelungen bestehen, sollen die Richter gemäß Art. 1 Abs. 1 Civil Code in Übereinstimmung mit den Prinzipien der islamischen Shari'a entscheiden. Falls der Richter darin nicht fündig wird, kann er auf Sitten und Gebräuche und allgemeine Gerechtigkeitsregeln zurückgreifen. 1

In Art. 171 Abs. 1 Civil Code ist das Prinzip pacta sunt servanda verankert. Der Grundsatz wird allerdings nicht konsequent beachtet. Die erste Ausnahme findet sich in Art. 171 Abs. 2 Civil Code. Treten außergewöhnliche Umstände auf, die nicht erwartet werden konnten und die die Erfüllung des Vertrages zwar nicht unmöglich machen aber dem Schuldner unzumutbar sind ihm schwere Nachteile verursachen, kann das Gericht gemäß Art. 171 Abs. 2 Civil Code die Umstände in Betracht ziehen und nach Würdigung der Interessen der Parteien die unzumutbare Verpflichtung auf ein angemessenes Maß reduzieren. Entgegen stehende Vereinbarungen sind grundsätzlich unwirksam. Gemäß Art. 700 Civil Code hat der Anstieg der Preise von Rohmaterial, Arbeitskraft und anderer Kosten vorbehaltlich der Regelung in Art. 171 Civil Code keine Auswirkungen auf die Pflichten aus dem Werkvertrag. Während in Art. 658 Abs. 4 des ägyptischen Civil Code der Fall der unvorhergesehenen Leistungserschwerung gesondert geregelt ist, findet sich im Civil Code von Qatar keine entsprechende Regelung. 2

Insbesondere regelt der Civil Code den Werkvertrag, wie es im ägyptischen Vorbild der Fall ist. Insgesamt existieren im Civil Code 24 Artikel, die das Bauvertragsrecht regeln (vgl. Art. 682 ff. Civil Code). Der Werkvertrag verpflichtet den Unternehmer zur Herstellung des Werkes gegen eine vom Besteller zu zahlende Vergütung (Art. 682 Civil Code). Gemäß Art. 687 Abs. 1 Civil Code muss der Unternehmer das Werk gemäß den vertraglichen Bestimmungen innerhalb der vereinbarten Frist herstellen. Sind keine spezifischen Bedingungen und keine Frist vereinbart, ist das Werk gemäß den Bräuchen innerhalb der der Natur des Werkes entsprechenden angemessenen Frist und in Übereinstimmung mit der beruflichen Verkehrssitte herzustellen. Den Besteller trifft eine Mitwirkungspflicht, jedenfalls soweit die Leistung des Unternehmers von Vorleistungen des Bestellers abhängig ist (Art. 692 Abs. 1 Civil Code). Gemäß Art. 697 Civil Code wird der Werklohn nach Fertigstellung fällig, es sei denn es wurde etwas anderes vereinbart oder es besteht ein anders lautender Brauch. Wurde kein Preis vereinbart, ist der angemessene Preis zu bezahlen (Art. 699 Civil Code). Im Einheitspreisvertrag muss der Besteller unverzüglich über bevorstehende Kostenüberschreitungen gegenüber dem Kostenvoranschlag unterrichtet werden (Art. 708 Civil Code). Im Pauschalpreisvertrag sind Nachforderungen grundsätzlich ausgeschlossen, es sei denn die zusätzlichen Leistungen wurden schriftlich autorisiert (Art. 709 Civil Code). 3

Hervorzuheben sind sodann zwei Regelungskomplexe: 4

Gemäß Art. 701 ZGB Qatar können Leistungen untervergeben werden, soweit dem keine vertraglichen Regelungen entgegenstehen und es die Natur der Leistung erlaubt. Der 5

[1] Gesetz Nr. 22/2004, in Kraft seit dem 30.6.2004.

Unternehmer bleibt aber für die Leistungen des Subunternehmers verantwortlich. Gemäß Art. 702 ZGB Qatar kann der Subunternehmer seinen Werklohn direkt von dem Besteller einklagen, allerdings nur bis zur Höhe dessen, was der Besteller dem Unternehmer schuldet. Gemäß Art. 702 Abs. 2 ZGB Qatar genießen die Ansprüche des Subunternehmers Vorrang gegenüber denen des Unternehmers. Gemäß Art. 702 Abs. 3 ZGB Qatar können die Direktansprüche des Subunternehmers nicht durch Abtretung vereitelt werden.

6 Nach Art. 711 Civil Code haften der Unternehmer und der planende Architekt solidarisch für die Gebäudestabilität, und zwar einschließlich solcher Mängel, die ihre Ursache in dem Baugrund haben. Nach Art. 711 Civil Code handelt es sich um eine zehnjährige gesetzliche Garantie, wobei die Verjährungsfrist für eventuelle Ansprüche aus der Garantie drei Jahre beträgt. Werden Leistungen an Subunternehmer vergeben, für die nach dem Hauptvertrag die Haftung aus Art. 711 Civil Code übernommen wird, dann müsste diese Haftung expressis verbis auf den Subunternehmer erstreckt werden. Anderenfalls gilt sie nicht und kann auch in diesem Verhältnis nicht versichert werden, falls die gefordert wird. Das ist insbesondere im Anlagen- und Komponentenbau von Bedeutung, wo der Generalunternehmer häufig der Anlagenbauspezialist ist, der die Civil Works an einen Subunternehmer vergibt. Die Schlüsselaspekte der Haftung aus Art. 711 Civil Code sind folgende:

- Die Haftung besteht verschuldensunabhängig
- Die Haftung knüpft an den teilweisen oder vollständigen Einsturz der Baulichkeit an; es ist aber bereits ausreichend, dass der Mangel die Stabilität der Baulichkeit gefährdet oder beeinträchtigt
- Unternehmer, Ingenieurbüros und Architekten haften gesamtschuldnerisch
- Ansprüche aus der Garantie verjähren in drei Jahren
- Vereinbarungen, die die Haftung ausschließen oder beschränken sind unwirksam (Art. 715 Civil Code)

§ 43 Rumänien

Schrifttum

Barbu/Genoiu/Cernat, Drept Civil, Contracte speziale, Bukarest 2009; Chelaru/Gheorghiu, Drept international privat, 2. Auflage, Bukarest 2009; Gheorgiu/Enache, Drept international privat, Bukarest 2009

Inhaltsübersicht

I. Allgemeines Vertragsrecht

Das rumänische Internationale Privatrecht ist im neuen Codul Civil eingehend geregelt (Art. 2557 ff. Codul Civil n.F.). Hierbei handelt es sich um eine mit dem Europäischen Recht harmonisierte Version des Gesetzes Nr. 105/1992. Für das Bauvertragsrecht sind die Verordnungen Rom I und Rom II maßgeblich. 1

Das rumänische Zivilrecht ist traditionell eng an das französische Recht angelehnt. Bislang gilt der französische Code Civil in der Fassung des Jahres 1864 unter der Bezeichnung Codul Civil. Der Werkvertrag ist im Codul Civil folglich als Abart der Dienstleihe geregelt. Per Gesetz 287/2009 vom 17.7.2009 hat Rumänien einen neuen Codul Civil erlassen, der noch nicht in Kraft getreten ist. Sobald der neue Codul Civil in Kraft getreten ist, wird die Verwandtschaft mit dem französischen Recht nicht mehr so deutlich sein, wie dies zuvor der Fall war, als wesentliche Teile des Codul Civil eine schlichte rumänische Übersetzung des französischen Code Civil darstellten. In den neuen Codul Civil sind praktische Erfahrungen, rechtsvergleichende Ergebnisse sowie Erfahrungen aus Québec eingeflossen, wo in den 90iger Jahren eine Kommission mit der Überarbeitung des französischen Code Civil befasst war[1]. Ergänzend bleiben im Bauvertragsrecht auch nach Inkrafttreten des neuen Codul Civil spezielle rumänische Vorschriften anwendbar, wie z.B.

- Gesetz Nr. 10 vom 18. Januar 1995 betreffend die Qualität von Arbeiten
- Verordnung Nr. 51/1996 betreffend die Genehmigung des Reglements über die Abnahme von Montagearbeiten für Geräte, Anlagen und technische Installationen sowie die Inbetriebnahme von Produktionskapazitäten
- Verordnung der Rumänischen Regierung Nr. 273/1994 betreffend die Genehmigung des Reglements über die Abnahme von Bau- und dazugehörigen Installationsarbeiten
- Dekret Nr. 167 vom 10. April 1958 über die Verjährung von Ansprüchen

Ferner ist auf die Anordnung Nr. 95 vom 30. August 1995 in der Fassung des Dekrets Nr. 440 vom 27. Juni 2002 betreffend die Qualität der Arbeit für die Montage von Material und technischer Ausrüstung und industriellen Einrichtungen hinzuweisen. Sie enthält spezifische Abnahmeregelungen, die ggf. ergänzend herangezogen werden müssen. Zuständig für die Qualitätskontrolle ist der Kontrollinspektor (unter der Aufsicht von ISCIR. Die Regelungen dieser Anordnung müssten ggf. noch im Einzelnen übersetzt und ausgewertet werden.

[1] Vgl. dazu Motive zum Nuol Codul Civil, unter 1.4.

II. Bauvertragsrecht

2 Der Werkvertrag (Contractul de antrepriză) ist bis zum Inkrafttreten des neuen Codul Civil in den Art. 1470 ff. Codul Civil a.F. geregelt. Im neuen Codul Civil ist der Werkvertrag in den Art. 1851 ff. Codul Civil enthalten. Die Vorschriften der Art. 1874 ff. Codul Civil regeln den Bauvertrag als besonderen Fall des Werkvertrages. Wie in Frankreich handelt es sich um einen Vertrag über die Miete von Dienstleistungen in der Unterform des Vertrages über Leistungen des Unternehmers gemäß Art. 1412, 1413, 1471, 1473 ff., 1478 ff. Codul Civil a.F. = Art. 1851 ff. Codul Civil n.F. Nach Art. 1478 Codul Civil a.F. konnte der Unternehmer entweder nur mit der Ausführung der Arbeiten oder auch mit der Lieferung des Materials beauftragt werden. Nunmehr wird in Art. 1857 Abs. 1 Codul Civil n.F. vermutet, dass der Unternehmer die Arbeiten mit eigenem Material ausführt. Der Vertrag über Bauleistungen ist eine Abart des Werkvertrages[2].

Der neue Codul Civil führt im Wesentlichen folgende Neuerungen ein[3]:

- Regelungen zur Bestimmung und Bestimmbarkeit des Preises
- Verpflichtung zur Materiallieferung nach Maßgabe des Kaufrechts
- Regelung der Umstände, die die Bauausführung behindern oder beeinträchtigen
- Definition des Bauvertrages
- Regelungen zur Weiterveräußerung gelieferten Materials

In Art. 1874 Codul Civil n.F. wird der Bauvertrag definiert. Dort heißt es sinngemäß: Durch den Werkvertrag über Bauleistungen verpflichtet sich der Unternehmer die Arbeit auszuführen, die aufgrund Gesetzes eine Baugenehmigung voraussetzt. Auf den Bauvertrag finden die Regelungen über den Werkvertrag entsprechend Anwendung soweit keine besonderen Regelungen entgegenstehen (Art. 1851 Abs. 2 Codul Civil n.F.). Definitionsbedingt unterscheidet sich also der Bauvertrag vom Werkvertrag allein dadurch, dass der Gegenstand des Werkvertrages im Bauvertrag eine Leistung beinhaltet, die nicht erbracht werden kann, ohne dass eine Baugenehmigung vorliegt.

Der Werkvertrag ist ein konsensualer, entgeltlicher und synallagmatischer Vertrag[4]. Im Prinzip handelt es sich um einen Vertrag *intuitu personae* (höchstpersönlichen Vertrag)[5]. Er begründet naturgemäß wechselseitige Verpflichtungen[6].

3 **1. Kernpflichten.** Aufgrund des Werkvertrages ist der Unternehmer verpflichtet[7],

- das versprochene Werk herzustellen
- das Werk zu liefern
- das Werk bis zur Übergabe zu erhalten

Der Begünstigte muss das Werk prüfen und abnehmen sowie den Werklohn entrichten. Der Bauvertrag enthält die Verpflichtung, auf eigenes Risiko und unabhängig vom Begünstigten ein Werk herzustellen. Im Gegenzug schuldet der Begünstigte die Bezahlung[8]. Bereits nach altem Recht stand die Erfüllung des Bauvertrages unter der Bedingung, dass eine Baugenehmigung vorlag (vgl. Art. 1 Abs. 1 Gesetz Nr. 50/1991)[9].

---

2 Barbu/Genoiu/Cernat, Drept civil, Contractate speziale, 167.
3 Siehe Motive zum Nuol Codul Civil, unter Teil E (zum Werkvertrag).
4 Barbu/Genoiu/Cernat, Drept civil, Contractate speziale, 162 f.
5 Barbu/Genoiu/Cernat, Drept civil, Contractate speziale, 162.
6 Barbu/Genoiu/Cernat, Drept civil, Contractate speziale, 163.
7 Barbu/Genoiu/Cernat, Drept civil, Contractate speziale, 164.
8 Barbu/Genoiu/Cernat, Drept civil, Contractate speziale, 167.
9 Vgl. Barbu/Genoiu/Cernat, Drept civil, Contractate speziale, 168.

2. Preis. Nach Art. 1864 Abs. 1 Codul Civil n.F. ist, wenn der Gegenstand des Vertrages eine Arbeit ist, der Begünstigte verpflichtet, den Unternehmer am Tag der vollständigen Abnahme der Arbeit zu bezahlen, es sei denn der Vertrag oder das Gesetz sehen etwas anderes vor. Wenn die Arbeit, ohne dass dies von dem Begünstigten zu vertreten ist, vor der Abnahme verschlechtert oder zerstört wurde, hat der Unternehmer gemäß Art. 1864 Abs. 2 Codul Civil n.F. keinen Anspruch auf Bezahlung, wenn der Unternehmer das Material geliefert hat oder wenn die Verschlechterung eine andere Ursache als die hatte, dass der Begünstigte das Material geliefert hat. In diesem Fall bleibt der Vertrag in Kraft; Art 1860 findet Anwendung. 4

Nach altem Recht waren Preisanpassungen für zusätzliche Arbeiten im Lichte des Art. 1484 Codul Civil a.F., der eng an Art. 1793 Code Civil (F) angelehnt war, wie folgt zu behandeln:

Der Unternehmer oder der Architekt, der beauftragt ist, ein Bauwerk nach einem mit dem Auftraggeber festgelegten und vereinbarten Plan herzustellen, kann keine Anhebung des Preises verlangen, weder unter der Voraussetzung der Mehrung von Leistung oder Materialien noch unter der Voraussetzung von Veränderungen oder Mehrung dieses Plans, wenn diese Mehrungen oder Veränderungen nicht schriftlich genehmigt und der Preis mit dem Eigentümer vereinbart wird.

Nach neuem Recht gilt Folgendes: Gemäß Art. 1865 Abs. 1 Codul Civil n.F. muss der Unternehmer jeden Preisanstieg begründen, wenn bei Vertragsschluss der Vertragspreis geschätzt wurde. Nach Art. 1865 Abs. 2 Codul Civil n.F. ist der Begünstigte nur verpflichtet, den angestiegenen Preis zu bezahlen, wenn er aus Arbeiten oder Leistungen folgt, die von dem Unternehmer bei Vertragsschluss nicht zu erbringen waren. Aus dem Wortlaut muss gefolgert werden, dass alle für das Werk erforderlichen Leistungen im Angebotspreis erfasst sind und dass der Unternehmer das Massenrisiko trägt.

Wenn der Vertrag für einen Pauschalpreis abgeschlossen ist, stellt Art. 1867 Abs. 1 Codul Civil klar, dass der Empfänger den vereinbarten Preis zahlen muss und nicht um dessen Herabsetzung mit der Argumentation nachsuchen kann, dass die Arbeit oder Dienstleistung weniger Aufwand oder geringere Kosten als erwartet erforderte. Gemäß Art. 1867 Abs. 3 Codul Civil n.F. bleibt der Pauschalpreis unverändert, obwohl Änderungen an den ursprünglich vereinbarten Ausführungsbedingungen vorgenommen wurden, es sei denn die Parteien vereinbaren etwas anderes. Nach Art. 1866 Codul Civil n.F. soll der Unternehmer, wenn der Preis an den Wert der ausgeführten Arbeit, der erbrachten Leistungen oder der gelieferten Waren geknüpft ist, auf Anforderung des Begünstigten, Auskunft über den Arbeitsfortschritt, den Stand der erbrachten Leistungen und die vorgenommenen Auslagen geben.

Art. 1869 Codul Civil n.F. verschafft dem Unternehmer eine gesetzliche Hypothek an den von ihm ausgeführten Arbeiten. Auf der Grundlage des Bauvertrages ist der Begünstigte gemäß Art. 1875 Codul Civil n.F. verpflichtet, dem Unternehmer in dem Umfang wie es erforderlich ist, um die Arbeiten auszuführen, die Nutzung der Zugangswege zu gestatten und die Nutzung der Wasserversorgung und anderer Versorgungseinrichtungen zu gewähren.

3. Bauabwicklung. Art. 1876 Codul Civil regelt die Kontrolle der Bauabwicklung. 5
Art. 1876 Abs. 1 Codul Civil n.F. begründet das Recht auf Kontrolle. Während der Durchführung der Arbeiten hat der Begünstigte das Recht, ohne den normalen Geschäftsbetrieb des Unternehmers zu behindern, die Ausführungsphase der Arbeiten, die Qualität und den Aspekt der verwendeten Materialien und der ausgeführten Arbeiten

und jeden anderen Umstand der Erfüllung der vertraglichen Verpflichtungen durch den Unternehmer zu kontrollieren. Art. 1876 Abs. 2 Codul Civil n.F. regelt den Informationsaustausch: Der Begünstigte übermittelt dem Unternehmer seine Feststellungen und mangels gegenteiliger Vereinbarung Anweisungen schriftlich. Art. 1876 Abs. 3 Codul Civil n.F. sieht ähnlich wie Unterklausel 7.3 FIDIC 1999 eine besondere Vorgehensweise in Bezug auf Bauteile vor, die sich aufgrund des Baufortschritts später nicht mehr inspizieren lassen. Bei Fertigstellung solcher Teile der Arbeiten, die von nachfolgend ausgeführten Arbeiten oder der Installation von Bauteilen verdeckt werden, sind der Unternehmer und der Begünstigte verpflichtet, zusammen die existierenden Teile für fertig gestellt zu erklären und dass sie den gesetzlichen und vertraglichen Bestimmungen genügen. Zu diesem Zweck hat der Unternehmer, sofern nicht anders vereinbart ist, den Begünstigten unter Einhaltung einer angemessenen Frist, deren Länge sich nach der Natur der Arbeiten beurteilt, an den Ort der Ausführung der Arbeiten einzuladen. Erscheint der Begünstigte nicht zum schriftlich angegeben oder auf andere Weise vereinbarten Zeitpunkt, kann der Unternehmer ein Dokument errichten, dass die zu verdeckende Arbeit feststellt.

Art. 1877 Codul Civil n.F. beschäftigt sich mit Behinderungen. Wenn während der Vertragserfüllung Irrtümer oder Lücken in der Planung aufgefunden werden, aufgrund derer der Vertrag zustande gekommen ist, ist der Unternehmer nach Art. 1877 Abs. 1 Codul Civil gehalten, dem Begünstigten und dem Planer unverzüglich seine Feststellungen zusammen mit Korrekturvorschlägen mitzuteilen, soweit sie zur beruflichen Ausbildung gehören, und vom Begünstigten zu verlangen, dass dieser geeignete Schritte unternimmt. Wenn der Begünstigte, nachdem er sich mit dem Planer beraten hat, dem Unternehmer keine zu treffenden Maßnahmen mitteilt, die die Irrtümer oder Lücken in der Planung eliminieren oder beheben, oder wenn keine geeigneten Maßnahmen getroffen werden, kann der Unternehmer nach Art. 1877 Abs. 2 Codul Civil n.F. die Erfüllung einstellen und den Planer und den Begünstigten hierüber in Kenntnis setzen.

6 **4. Gefahrtragung.** Bis zum Inkrafttreten des neuen Codul Civil trägt der Auftraggeber die Gefahr des zufälligen Untergangs des Werkes, falls der Unternehmer nur seine Arbeitsleistung zur Verfügung stellte (Art. 1480 Codul Civil). Liefert der Unternehmer auch das Material, trägt er die Gefahr des zufälligen Untergangs (Art. 1479 Codul Civil). Allerdings trug bislang der Unternehmer in beiden Fällen die Vergütungsgefahr, wenn die Sache vor Abnahme zufällig unterging (Art. 1481 Codul Civil). Art. 1860 Abs. 1 Codul Civil n.F. trägt der Vermutung in Art. 1857 Abs. 1 Codul Civil Rechnung. Es heißt dort nunmehr: Wenn vor der Abnahme die Arbeit aufgrund von Umständen, die der Begünstigte nicht zu vertreten hat, untergeht oder sich verschlechtert, muss der Unternehmer, der das Material erworben hat, sie auf seine Kosten und unter Berücksichtigung der ursprünglichen Bedingungen neu herstellen, ggf. nach Maßgabe der Regelungen über die Leistungsstörungen.

7 **5. Pflichten des Unternehmers.** Art. 23 des Gesetzes Nr. 10/1995 vom 18. Januar 1995 regelt die Pflichten des bauausführenden Betriebes. Der ausführende Betrieb ist zusammenfassend verpflichtet:

- den Investor auf Fehler der Planung aufmerksam zu machen, bevor er sie umsetzt
- die Bauarbeiten nur in Übereinstimmung mit den gesetzlichen Vorschriften aufzunehmen
- den festgelegten Qualitätsstandard sicherzustellen
- die Einladung aller Vertreter, die in den einzelnen wesentlichen Phasen an der Prüfung der Arbeiten teilnehmen und die Sicherstellung aller Bedingungen, um die Genehmigung zur Ausführung der Arbeiten zu erlangen

- die Mängel und Defizite während der Ausführung nur durch Lösungen zu beheben, denen der Investor zugestimmt hat
- während der Ausführung nur solche Materialien und Methoden einzusetzen, die in der Planung oder Zertifikaten vorgesehen sind, oder für die technische Vereinbarungen vorliegen, was zur Übereinstimmung mit den Anforderungen und in die Unterhaltung von Beweisen und Zeugnissen führt; Ersetzung von Materialien und Methoden, die in der Planung vorgesehen sind durch solche, die den Anforderungen genügen und nur auf der Grundlage von Lösungsvorschlägen, denen der Investor zugestimmt hat
- die Projekt- und Ausführungsdetails beachten, um einen angemessenen Qualitätsstandard zu erreichen
- Anzeige von Unfällen an die Baubehörden innerhalb von 24 Stunden
- Vorstellung lediglich solcher Arbeiten zur Abnahme, die den Qualitätsanforderungen und denen des Investors genügen, der die erforderlichen Dokumente beigebracht hat, um das technische Baubuch herzustellen
- die fristgerechte Befolgung aller Maßgaben, die in Kontrolldokumenten oder in Abnahmeprotokollen angegeben sind
- die Behebung aller Mängel auf Kosten des Unternehmers, die während der Bauzeit und innerhalb der gesetzlichen Garantieperiode auftreten
- am Ende der Bauzeit die temporär genutzten Flächen in ihren ursprünglichen Zustand zurückzuversetzen
- die Verantwortung aller am Produktionsprozess Beteiligten auflisten; in Übereinstimmung mit dem eigenen und gesetzlichen Qualitätssicherungssystem

Ergänzend finden sich im neuen Codul Civil folgende Regelungen:

Art. 1858 Codul Civil n.F. verpflichtet den Unternehmer, den Begünstigten ohne Verzögerung zu unterrichten, wenn die normale Ausführung der Arbeiten, ihre Dauer oder ihr Funktionieren in Bezug auf ihren Zweck durch

(a) die verwendeten Materialien oder andere Mittel, die von dem Begünstigten zur Verfügung gestellt werden
(b) ungeeignete Anordnungen des Begünstigten
(c) die Existenz oder das Auftreten von Umständen, für die der Unternehmer verantwortlich ist

beeinträchtigt wird.

Wenn der Begünstigte, obwohl er gemäß Art. 1858 Codul Civil n.F. unterrichtet wurde, nicht innerhalb der nach den Umständen angemessenen Frist die notwendigen Maßnahmen ergreift, kann der Unternehmer auf die Gefahr des Begünstigten den Vertrag kündigen oder die Arbeiten fortsetzen, worüber er diesen unterrichtet (Art. 1859 Abs. 1 Codul Civil n.F.). Wenn jedoch die Arbeit geeignet wäre, die Gesundheit oder die körperliche Unversehrtheit von Personen zu gefährden, ist der Unternehmer nach Art. 1859 Abs. 2 Codul Civil n.F. verpflichtet, die Kündigung des Vertrags zu erklären, anderenfalls geht er das Risiko ein, für verursachte Schäden auch Dritten gegenüber zu haften.

6. Abnahme. Im Grundsatz ist der Auftraggeber verpflichtet, das fertig gestellte Werk 8
abzunehmen (vgl. Art. 1482 Codul Civil a.F.). Bislang enthielt der Codul Civil keine konkrete Regelung zur Abnahme. Insoweit griffen ausschließlich Sonderregelungen. Hervorzuheben waren das Gesetz Nr. 10 aus dem Jahre 1995 sowie die Verordnung Nr. 273 aus dem Jahre 1994.

Der Investor (gemeint sind natürliche und juristische Personen, die Investitionen an neuen oder bestehenden finanzieren und ausführen) hat nach Art. 21 des Gesetzes Nr. 10/1995 folgende Pflichten:

- einen bestimmten Qualitätsstandard festlegen, der in der Planung und in der Ausführung erreicht wird
- Genehmigungen einholen
- Überprüfung des Vorhabens durch lizenzierte Prüfer
- während der gesamten Bauzeit die gute Ausführung der Arbeiten durch spezielle Bauleiter zu überwachen
- die Sorge für die Abstellung von Mängeln zu tragen
- die Abnahme der Arbeiten sicherzustellen, um das Ende der Garantiezeit herbeizuführen
- die Herstellung des technischen Baubuchs und seine Übergabe an den Eigentümer
- die Beauftragung technischer Experten wenn die Arbeiten die Natur der in Art. 18 Abs. 2 geregelten Arbeiten haben.

Art. 1862 Abs. 1 Codul Civil n.F. sieht vor, dass sobald der Besteller von dem Unternehmer die Information erhalten hat, dass die Arbeiten fertig gestellt sind, er das Werk innerhalb der für die Natur der Arbeiten und der Geschäftspraxis angemessenen Frist abnehmen und feststellen soll, ob es den Bedingungen des Vertrages genügt oder ob er ggf. die Abnahme verweigert. Gemäß Art. 1862 Abs. 2 Codul Civil n.F. gilt sodann: Wenn der Begünstigte ohne vernünftigen Grund nicht anwesend ist oder dem Unternehmer nicht unverzüglich des Ergebnis seiner Prüfung mitteilt, gilt die Arbeit als vorbehaltlos abgenommen. Der Begünstigte, der die Arbeit ohne Vorbehalte abgenommen hat, ist nach Art. 1862 Abs. 3 Codul Civil n.F. nicht berechtigt, sich auf offensichtliche Mängel oder das offenkundige Fehlen der vereinbarten Qualität zu berufen. Das Bauvertragsrecht des Codul Civil ergänzt sodann in Art. 1878 Abs. 1 Codul Civil n.F., dass die Abnahme nach der Fertigstellung der Arbeiten nach Maßgabe der gesetzlichen Regelungen im Wege der vorläufigen und der endgültigen Abnahme des vollendeten Werkes erfolgt. Art. 1878 Abs. 2 Codul Civil n.F. ergänzt, dass die Risiken bereits mit der vorläufigen Abnahme auf den Begünstigten übergehen.

Der eigentliche Abnahmevorgang ist in der Verordnung Nr. 273/1994 geregelt. Die Abnahme der Arbeiten aller Art erfolgt danach in Übereinstimmung mit den Dokumenten im Anhang der Verordnung. Sie wird in zwei Schritten vorgenommen (Art. 3 der Verordnung):

- Abnahme nach Fertigstellung
- Abnahme nach Ablauf der Garantie

Der Investor organisiert die Abnahme binnen 15 Tagen nach Übergabe der endgültigen Dokumente und Bekanntgabe ihres Erstellungsdatums. Beteiligt werden müssen die **Abnahmekommission**, die Unternehmen und ein Behördenvertreter. Die Garantiefrist ist im Vertrag geregelt (Art. 32 der Verordnung). Gesetzliche Regelungen über die Mindestdauer der Garantie konnten wir nicht ausfindig machen.

Die Abnahme der Bauarbeiten ist in Rumänien zudem durch einen Regierungsbeschluss detailliert gesetzlich geregelt. Bei der zivilrechtlichen Bauabnahme muss ein Behördenvertreter anwesend sein. Es muss ein gesetzlich vorgeschriebenes Abnahmeprotokoll unterzeichnet werden. Werden die gesetzlichen Bestimmungen nicht eingehalten, können Ordnungsgelder verhängt werden. Ferner können Probleme bei der Erlangung von Betriebsgenehmigungen auftreten.

Wie bereits erwähnt, sieht das rumänische Recht eine zweigeteilte Abnahme vor. Die einschlägigen Regierungsbeschlüsse unterscheiden zwei unterschiedliche Abnahmen:

a) die Abnahme am Ende der Bauarbeiten (rum. *receptia la terminarea lucrarilor*), welche in der Praxis häufig keine vorläufige, sondern eine endgültige Abnahme der Bauarbeiten seitens des Investors darstellt;
b) die Endabnahme oder finale Abnahme (rum. *receptia finala*).

Die Endabnahme kann im Zweifel nicht vor Ablauf der vertraglich vereinbarten Garantiezeit erfolgen. Die endgültige Abnahme erfolgt nach den vertraglichen Bestimmungen (FIDIC) frühestens nach Ablauf der einjährigen (vereinbarten) Defects Notification Period. Erst dann läuft nach der hier vertretenen Auffassung die eigentliche Gewährleistung. Insoweit ist auf Art. 32 Rumänischen Verordnung Nr. 273/1994 zu verweisen, wonach die Garantiefristen vertraglich geregelt werden.

Der Bauunternehmer muss zum Zwecke der Bauabnahme eine Kommission ernennen. Die Kommission hat 5–7 Mitglieder und besteht aus:

- Vertreter des Bauherrn
- Vertreter des Bürgermeisteramtes
- Vertreter der Feuerwehr (für Gebäude höher als 28m)
- Andere anerkannte Fachleute

Vertreter oder Mitarbeiter des Bauunternehmers und der Planungsgesellschaft dürfen nicht Mitglieder der Kommission sein.

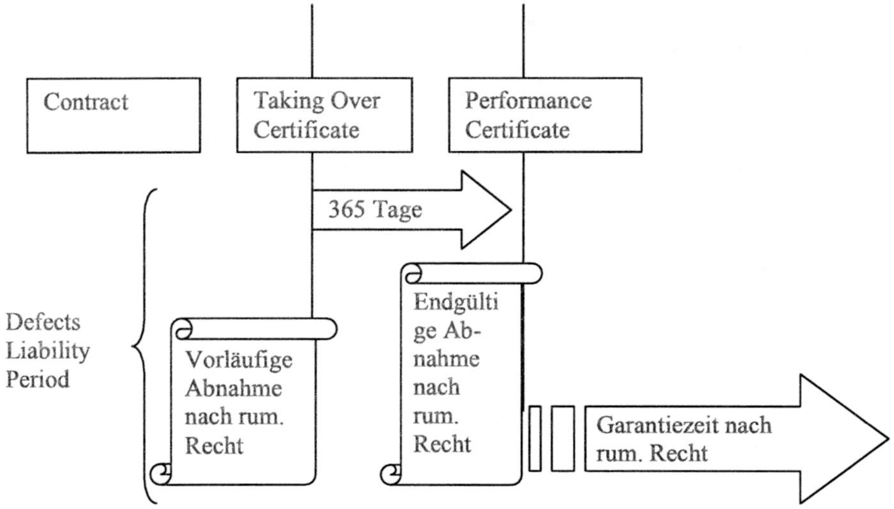

Bei der Abnahme muss gemäß des zuvor erwähnten Regierungsbeschlusses unter anderem ein Vertreter der Baubehörde anwesend sein; ferner ist ein gesetzlich vorgegebenes Abnahmeprotokoll zu unterzeichnen. Werden die gesetzlichen Bestimmungen im Rahmen der Bauabnahme ignoriert, kann dies

- zur Verhängung von Ordnungsgeldern,
- zu Schwierigkeiten bei der Eintragung des Gebäudes ins Grundbuch und
- zu Problemen bei der Erlangung von notwendigen Betriebsgenehmigungen führen.

9 **7. Gewährleistung.** Nach altem wie nach neuem Recht beginnt die eigentliche Mängelgewährleistung erst mit der Endabnahme (vgl. Art. 1880 Abs. 1 Codul Civil n.F.). Die gesetzliche Verjährung für Planungsfehler beginnt mit der Abnahme der Bauleistungen, es sei denn die Planungsfehler werden früher entdeckt. In diesem Fall beginnt die Verjährung mit der Entdeckung der Mängel (Art. 1880 Abs. 2 Codul Civil n.F.)

Die Gewährleistung umfasste bis zum Inkrafttreten des neuen Codul Civil die Haftung aus der bisherigen rumänischen Décennale gemäß Art. 1483 Codul Civil a.F. in Verbindung mit dem Gesetz Nr. 10/1995 vom 18. Januar 1995, wobei in Rumänien offenbar vertreten wird, dass die gesetzlichen Regelungen aus dem Jahre 1995 die Vorschriften des Codul Civil verdrängt haben. Gemäß Art. 29 des Gesetzes 10/1995, der auch nach Inkrafttreten des neuen Codul Civil in Kraft bleibt, gilt Folgendes:

Der Planer, der akkreditierte spezialisierte Kontrolleur, die Hersteller und die Lieferanten des Materials und der Produkte für die Konstruktion, der ausführende Betrieb, der akkreditierte technische Verantwortliche, der Bauleiter, der akkreditierte technische Experte haften gemäß den Verpflichtungen, die ihnen obliegen, für die versteckten Mängel der Konstruktion, die während des Zeitraums von zehn Jahren, gerechnet von der Abnahme an, sowie nach Ablauf dieser Frist ***für die gesamte Standzeit der Konstruktion****, für die Mängel der Standfestigkeit, die durch die Nichtbeachtung der Planungs- und Durchführungsvorschriften verursacht werden, die im Augenblick der Durchführung in Kraft waren.*

Daneben gilt die einfache Haftung nach dem rumänischen Recht. Das Dekret 167/1958 (Art. 11 Abs. 2) sah eine dreijährige Haftung nach allgemeinen zivilrechtlichen Regelungen vor, solange keine Kenntnis besteht (vgl. Art. 5 des Dekrets 167/1958). Die kurze Verjährungsfrist von 6 Monaten griff ab Kenntnisnahme. Die bisherige rumänische Gesetzgebung enthielt die Gewährleistungsfristen für Bauleistungen nur rudimentär. Vereinbarten die Parteien keine vertraglichen Gewährleistungsfristen, haftete der Auftragnehmer gemäß den Bestimmungen des rumänischen Baurechts ausschließlich für versteckte Mängel, die binnen zehn Jahren nach der Abnahme am Ende der Bauarbeiten erkennbar werden und für versteckte Mängel an der Struktur des Gebäudes während der gesamten Dauer des Bauwerkbestandes. Es war mithin aus Sicht des Auftraggebers sehr wichtig, die Haftung des Auftragnehmers vertraglich zu erweitern bzw. zu regeln. Das neue Verjährungsrecht ist in den Art. 2500 ff. Codul Civil n.F. geregelt.

Das neue Recht ist etwas präziser: Gemäß Art. 1863 Codul Civil n.F. übernimmt nun der Unternehmer die Garantie für Mängel der Arbeit und für die vereinbarte Qualität nach den Reglungen über die Haftung für Mängel veräußerter Sachen, die entsprechend anwendbar sind. Gemäß Art. 1879 Abs. 1 Codul Civil n.F. ist die Garantieperiode für Werkmängel in einem speziellen Gesetz geregelt. Gemeint ist das vorstehend erwähnte Gesetz 10/1995. Die dort geregelte Haftung wird jedoch in Art. 1879 Abs. 2 bis 4 Codul Civil n.F. näher ausgestaltet:

Der Architekt oder Ingenieur wird nur von seiner Haftung für Mängel befreit, wenn er nachweist, dass der Werkmangel nicht aus Fehlern in den Erhebungen und Plänen, die er liefert, sowie ggf. der Koordination und Überwachung der Arbeiten folgt (Art. 1879 Abs. 2 Codul Civil n.F.).

Der Unternehmer wird nur von der Haftung befreit, wenn er beweist, dass diese Mängel aus einem Fehler in den Erhebungen entweder des Architekten oder des Ingenieurs, die durch den Empfänger ausgewählt wurden, hervorgehen. Der Subunternehmer kann sich nur befreien, wenn er nachweist, dass die Mängel aus Entscheidungen eines Sachverständigen, des Unternehmers oder eines Architekten oder Ingenieur hervorgehen (Art. 1879 Abs. 3 Codul Civil n.F.).

Jede der Parteien nach Abs. 2 und 3 wird von der Haftung befreit, wenn sie nachweist, dass die Mängel infolge von Entscheidungen des Begünstigten in Bezug auf die Auswahl des Baugrundes oder der Materialien oder die Auswahl der Subunternehmer, Experten oder Baumethoden beruhen. Die Enthaftung für die Fehler erfolgt nicht, auch wenn sie während der Ausführung der Arbeiten begangen wurden, soweit sie dem Begünstigten nicht mitgeteilt wurden (Art. 1879 Abs. 4 Codul Civil n.F.). Art. 1859 bleibt anwendbar.

Gemäß Art. 2531 Abs. 1 (b) Codul Civil n.F. beträgt die allgemeine Verjährungsfrist für Baumängel beginnend mit der endgültigen Abnahme grundsätzlich drei Jahre.

III. Öffentliches Baurecht

Grundsätzlich bedarf jedes Bauvorhaben, das die Errichtung, Änderung, Renovierung, Erweiterung, Sanierung oder Nutzungsänderung von Bauten zum Gegenstand hat, einer Baugenehmigung („*Autorizatie de construire*"). Die Arbeiten für den Abbruch von Bauten bedürfen einer Abbruchgenehmigung („*Autorizatie de desfiintare*"), die unter den gleichen Bedingungen und aufgrund eines ähnlichen Genehmigungsverfahrens wie eine Baugenehmigung ausgestellt wird. Die Einzelheiten regelt das Gesetz Nr. 50/1991. **10**

Die Baugenehmigung wird vom Bürgermeisteramt aufgrund der Baupläne erteilt. Erwähnenswert ist:

- Es wird empfohlen, vor Beantragung der Baugenehmigung ein Stadtplanungszertifikat einzuholen.
- Die Erteilung von Baugenehmigungen verläuft außerordentlich bürokratisch; das Verfahren dauert in der Regel ca. 2–6 Monate.
- Das Bauen ohne Baugenehmigung wird als Ordnungswidrigkeit mit Geldbußen (z.Zt. ca. 10.000 Euro) bestraft.
- Bauunternehmer müssen Sicherheits- und Gesundheitskoordinatoren (SiGeKo) bestellen.
- Der SiGeKo muss einen Sicherheitsplan für die gesamte Baustelle erstellen oder erstellen lassen.
- Der SiGeKo und der Bauunternehmer haften gesamtschuldnerisch für die Einhaltung der einschlägigen Arbeitsschutzvorschriften.

Gemäß Art. 7 Abs. 5 des Gesetzes Nr. 50/1991 gilt die Baugenehmigung sinngemäß für einen Zeitraum von höchstens 12 Monaten ab dem Datum ihrer Ausstellung, innerhalb dessen der Antragsteller gehalten ist, mit der Ausführung zu beginnen. Unter dieser Voraussetzung erstreckt sich die Gültigkeit der Genehmigung über die gesamte Durchführung der Arbeiten, wenn die vorgesehenen Arbeiten nach Maßgabe der Genehmigungsauflagen im Einklang mit dem technischen Projekt ausgeführt werden.

Die Planung muss in rumänischer Sprache erstellt werden, ggf. sind Übersetzungen anzufertigen, damit sie von zugelassenen Prüfern der Bauprojekte (Verificatori de proiecte atestati) geprüft werden können. Verstöße werden im Rahmen der regelmäßigen Kontrollen durch die rumänische Bauaufsichtsbehörde (Inspectoratul de Stat in Constructii) als Ordnungswidrigkeit festgestellt und entsprechend sanktioniert.

Es muss ein in Rumänien zugelassener Bauleiter (Diriginte de santier) bestellt werden. Unterbleibt die Bestellung, ist der Auftraggeber auf der Baustelle nicht ordnungsgemäß vertreten. Die rumänischen Bauaufsichtsbehörden sanktionieren solche Verstöße gegen zwingende Bestimmungen des rumänischen Baurechts.

§ 44 Schweiz

Schrifttum

Galli/Moser/Lang, Praxis des öffentlichen Beschaffungsrechts, Zürich/Basel/Genf 2003; Gauch, Der Werkvertrag, 4. Auflage, Zürich 1996; Gauch/Tercier [Hrsg.], Das Architektenrecht, 3. Auflage, Freiburg 1995; Gauch, Der verfrüht abgeschlossene Beschaffungsvertrag, BR/DC 2003, 4; Schumacher, Vertragsmanagement beim Bauen, BR/DC 2000, 113; Schumacher, Das Bauhandwerkerpfandrecht, 2. Aufl. 1982; Stöckli, Bundesgericht und Vergabe, BR/DC 2002, 3; Waldmann, Rechtsmittelwege und Rechtsweggarantien im öffentlichen Vergaberecht, BR/DC 2002, 143; Zufferey/Maillard/Michel, Droit des marchés publics, Freiburg 2002

Inhaltsübersicht

I. Allgemeines Vertragsrecht

1 **1. Überblick.** Das schweizerische Recht besteht aus Bundesrecht und aus den Rechtsordnungen der Kantone. Bundeseinheitlich gelten das kodifizierte Obligationenrecht (OR), das Zivilgesetzbuch (ZGB), das Schuldbetreibungs- und Konkursgesetz (SchkG) sowie das Bundesgesetz über die öffentliche Vergabe. Das Zivilprozessrecht zerfällt dagegen in kantonale Regelungskomplexe. Auch die öffentliche Vergabe durch kantonale Einrichtungen unterliegt dem Kantonsrecht.

2 **2. Vertragsschluss.** Es herrscht Vertragsfreiheit (Art. 19 OR). Der Inhalt eines Vertrages kann innerhalb der Schranken des Gesetzes beliebig festgestellt werden (Art. 19 Abs. 1 OR). Zum Abschluss eines Vertrages ist die übereinstimmende gegenseitige Willensäußerung der Parteien erforderlich (Art. 1 Abs. 1 OR). Willenserklärungen können ausdrücklich oder stillschweigend abgegeben werden (Art. 1 Abs. 2 OR). Wer einem anderen den Antrag zum Abschluss eines Vertrages unterbreitet und für die Annahme eine Frist setzt, bleibt bis zu deren Ablauf an den Antrag gebunden (Art. 3 Abs. 1 OR). Er wird erst wieder frei, wenn eine Annahmeerklärung nicht vor Ablauf dieser Frist bei ihm eingetroffen ist (Art. 3 Abs. 2 OR). Erfolgt der Antrag dagegen gegenüber einem Anwesenden ohne Bestimmung einer Frist, muss er sogleich angenommen werden, anderenfalls wird der Antragende wieder frei wird (Art. 4 Abs. 1 OR). Wird einem Abwesenden der Vertragsabschluss angetragen, bleibt der Antragende an das Angebot bis zu dem Zeitpunkt gebunden, wo er den Eingang der Antwort bei ihrer ordnungsmäßigen und rechtzeitigen Absendung erwarten darf (Art. 5 Abs. 1 OR). Eine ausdrückliche Annahme ist entbehrlich, wenn wegen der besonderen Natur des Geschäftes oder nach den Umständen eine ausdrückliche Annahme nicht zu erwarten ist (Art. 6 OR). Der Vertrag gilt dann als abgeschlossen, es sei denn der Antrag wurde binnen angemessener Frist

abgelehnt (Art. 6 OR). Eine Willenserklärung kann bis zum Zugang oder zeitlich mit dem Zugang des Angebotes widerrufen werden (vgl. Art. 9 OR). Bei Verträgen, die unter Abwesenden geschlossen werden, beginnen die Wirkungen des Vertrages bereits mit Absendung der Annahmerklärung des Annehmenden (Art. 10 Abs. 1 OR). Ist keine ausdrückliche Annahme erforderlich (vgl. Art. 6 OR), besteht der Vertrag bereits ab Zugang des Angebotes (Art. 10 Abs. 2 OR). Formbedürftig sind Verträge nur in den gesetzlich angeordneten Fällen (Art. 11 Abs. 1 OR). Verträge, die gegen die guten Sitten verstoßen oder einen unmöglichen oder widerrechtlichen Inhalt haben sind nichtig (Art. 20 Abs. 1 OR). Ein Irrtum ist insbesondere beachtlich (vgl. Art. 24 OR), wenn der Irrende einen anderen Vertrag eingeht, als er eingehen wollte, der Irrende eine Leistung von erheblich größerem Umfang versprochen hat oder eine Gegenleistung von erheblich geringerem Umfang sich hat versprechen lassen, als es sein Wille war, oder der Irrtum einen Sachverhalt betrifft, der vom Irrenden nach Treu und Glauben im Geschäftsverkehr als notwendige Grundlage des Vertrages betrachtet wurde. Bezieht sich der Irrtum dagegen nur auf einen Beweggrund zum Vertragsschluss, ist er unerheblich (Art. 24 Abs. 2 OR). Auch Rechenfehler sind unbeachtlich, müssen aber korrigiert werden (Art. 24 Abs. 3 OR). Ist der Irrtum eigener Fahrlässigkeit zuzuschreiben, kann der Irrende schadensersatzpflichtig werden (vgl. Art. 26 OR).

Ob und mit welchem Inhalt ein **Vertrag** zustande gekommen ist, beurteilt sich in erster 3
Linie durch subjektive Auslegung, das heißt nach dem übereinstimmenden wirklichen Parteiwillen (Art. 18 Abs. 1 OR). Nur wenn eine tatsächliche Willensübereinstimmung unbewiesen bleibt, sind zur Ermittlung des mutmaßlichen Parteiwillens die Erklärungen der Parteien aufgrund des Vertrauensprinzips auszulegen[1]. Danach sind Erklärungen so auszulegen, wie sie der Empfänger in guten Treuen nach dem Wortlaut und Zusammenhang sowie den gesamten Umständen verstehen durfte und musste[2]. Dabei ist stets der Gesamtzusammenhang im Auge zu behalten. Die einzelnen Bestimmungen eines **Vertrages** oder die Äußerungen einer **Vertragspartei** dürfen nicht aus ihrem Zusammenhang herausgelöst werden, sondern müssen aus dem konkreten Sinngefüge heraus beurteilt werden[3].

Allgemeine Geschäftsbedingungen sind grundsätzlich nach den gleichen Regeln wie 4
individuell verfasste Vertragsklauseln auszulegen[4]. Kann ein tatsächlich übereinstimmendes Verständnis der Parteien nicht nachgewiesen werden, sind sie nach dem Vertrauensprinzip auszulegen[5]. Nach diesem Prinzip bestimmt sich der Inhalt einer Vereinbarung danach, wie sie der Adressat nach dem Wortlaut und Zusammenhang sowie den gesamten Umständen verstehen durfte und musste[6]. Der Wortlaut ist demnach für sich genommen nicht verbindlich. Selbst wenn eine **Vertragsbestimmung** auf den ersten Blick klar erscheint, kann sich aus den anderen **Vertragsbestimmungen**, aus dem von den Parteien verfolgten Zweck und aus weiteren Umständen ergeben, dass der Wortlaut der strittigen Bestimmung nicht genau den Sinn der Vereinbarung wiedergibt[7]. Lässt sich der übereinstimmende Parteiwille nicht ermitteln, sind zur Ermittlung des mutmaßlichen Parteiwillens die Erklärungen der Parteien auf Grund des Vertrau-

---

1 BG, Urteil vom 11.02.2000, 4C.408/1999.
2 BG, Urteil vom 11.02.2000, 4C.408/1999.
3 BG, Urteil vom 11.02.2000, 4C.408/1999.
4 BGE 122 III, 118 E. 2a.
5 BGE 122 III 118 E. 2a.
6 BGE 126 III 119 E. 2a.
7 Urt. des BGer. 5C.305/2001 vom 28.02.2002, E. 4b; BGE 127 III 444 E. 1b, vgl. auch 129 III 118 E. 2.5.

ensprinzips so auszulegen, wie sie nach den gesamten Umständen verstanden werden durften und mussten[8]. Versagen die übrigen Auslegungsmittel, gelangt die Unklarheitenregel zur Anwendung[9]. Danach sind mehrdeutige Wendungen in vorformulierten **Vertragsbedingungen** im Zweifel zu Lasten jener Partei auszulegen, welche sie verfasst hat[10]. Die Geltung von vorformulierten **Vertragsbestimmungen** wird schließlich durch die Ungewöhnlichkeitsregel eingeschränkt, wonach von der global erklärten Zustimmung zu den AGB alle ungewöhnlichen Klauseln ausgenommen sind, auf deren Vorhandensein die schwächere oder weniger **geschäftserfahrene** Partei nicht gesondert aufmerksam gemacht worden ist[11].

5 **3. Vertragsabwicklung.** Verträge sind am Erfüllungsort (Art. 74 OR) innerhalb der vereinbarten Fristen (vgl. Art. 75 ff. OR) von dem Schuldner selbst (wenn es auf seine Persönlichkeit ankommt) oder ggf. durch Dritte zu erfüllen (vgl. Art. 68 OR). Bei zweiseitigen Verträgen kann Erfüllung nur gefordert werden, wenn der Fordernde seinerseits bereits geleistet hat oder dem anderen die Leistung anbietet, es sei denn der Inhalt oder die Natur des Schuldverhältnisses bedingt eine spätere Erfüllung (Art. 82 OR). Kann ein Vertrag nicht oder nicht gehörig erfüllt werden, so hat der Schuldner für den daraus entstehenden Schaden Ersatz zu leisten, sofern er nicht beweist, dass ihm keinerlei Verschulden zur Last fällt (Art. 97 Abs. 1 OR). Ist der Schuldner zu einer Tätigkeit verpflichtet, kann sich der Gläubiger unter Vorbehalt des Schadensersatzes ermächtigen lassen, die Leistung auf Kosten des Schuldners vorzunehmen (Art. 98 Abs. 1 OR). Im Verzug des Schuldners kann der Gläubiger nach erneuter Fristsetzung anstatt Schadensersatz und nachträglicher Leistung vom Vertrag zurücktreten (Art. 107 Abs. 2 OR). Wer vom Vertrag zurücktritt, kann die versprochene Gegenleistung verweigern und das Geleistete zurückverlangen (Art. 109 Abs. 1 OR). Überdies hat er Anspruch auf Schadensersatz, sofern der Schuldner nicht nachweist, dass ihm kein Verschulden zur Last fällt (Art. 109 Abs. 2 OR).

II. Bauvertragsrecht

6 Im Zentrum des schweizerischen zivilen Baurechts stehen das Auftrags- und das Werkvertragsrecht. Verträge beider Typen regeln massenhaft die Beziehungen zwischen Bauherrn und Unternehmern. Dabei sind sehr unterschiedliche Spielarten festzustellen[12]. Die Tätigkeit der Architekten und Bauunternehmen gründet sich üblicherweise auf Werkverträge[13]. Das Werkvertragsrecht ist im schweizerischen Obligationenrecht (OR) nur knapp geregelt. In 17 Artikeln (Art. 363 bis 379 OR) schafft es die Grundlagen eines geschmeidigen, offenen und anpassungsfähigen Werkvertragsrechts[14]. Regelungsdefizite und manchmal nicht mehr zeitgemäße Regelungen haben in der Praxis das Bedürfnis nach zusätzlichen Regelungen entstehen lassen. Am bekanntesten sind die SIA-Normen[15] und insbesondere die SIA-Norm 118 (Regelung für Bauwerkverträge). Letzere hat eine hohe Regelungsdichte erreicht und weicht in erheblichem Umfang von den gesetzlichen Vorgaben ab. Die SIA-Normen erfreuen sich einer großen Akzeptanz in der Wirtschaft.

---

8 BGE 126 III 119 E. 2a S. 120 mit Hinweisen.
9 BGE 122 III 118 E. 2d S. 124; 123 III 35 E. 2c/bb S. 44; BG, Urteil vom 07.01.2004, 7B.249/2003.
10 BGE 124 III 155 E. 1b S. 158.
11 BGE 109 II 452 E. 4 und 5 S. 456 ff.; 119 II 443 E. 1a S. 445 f.; BG, Urteil vom 07.01.2004, 7B.249/2003.
12 Vgl. Gauch, Die praktische Gestaltung der Bauverträge, Baurechtstagung 1993/Tagungsunterlage 1, 4 ff.
13 Münch/Karlen/Geiser/Schneeberger, Beraten und Prozessieren in Bausachen, § 3 Anm. 3.1.
14 Münch/Karlen/Geiser/Schneeberger, Beraten und Prozessieren in Bausachen, § 3 Anm. 3.7.
15 SIA=Schweizerischer Ingenieur- und Architektenverein.

Die Art. 363 ff. OR gehen von einem Werkvertrag aus, mit dem sich der Unternehmer zur Herstellung eines Werkes und der Besteller zur Leistung einer Vergütung verpflichten. Ob stattdessen ein Auftrag vorliegt, hängt davon ab, ob die versprochene Arbeitsleistung als Werk aufzufassen ist. Der Werkbegriff war lange Zeit umstritten, insbesondere die Frage danach, ob auch ein unkörperliches Werk Vertragsgegenstand sein könne. Das schweizerische Bundesgericht[16] hat sich inzwischen für das Festhalten am „Geist-Werkvertrag" entschieden. Jedenfalls unterscheiden sich Auftrag und Werkvertrag dadurch, dass der Werkvertrag essentiell die Vereinbarung einer Vergütung voraussetzt[17]. Die Entscheidung über den Vertragscharakter kann durchaus Auswirkungen haben. Während der Auftragnehmer seine Vergütung auch dann erhält, wenn er das angestrebte Ziel trotz aller Sorgfalt nicht erreicht, ist der Werklohnanspruch davon abhängig, dass der versprochene Erfolg erreicht wird. Die Haftung und das Beenden der Verträge ist unterschiedlich geregelt. 7

Wird der **Auftrag** nur teilweise oder mangelhaft ausgeführt, besteht der Honoraranspruch nur für die **vertragskonform** ausgeführte Tätigkeit[18]. Die Schlechterfüllung des Auftrages kann daher neben der Leistung von Schadenersatz nach Art. 97 OR auch zu einer Minderung oder gar zu einem gänzlichen Wegfall des Anspruchs auf ein Honorar führen, letzteres allerdings nur dann, wenn die Leistung völlig unbrauchbar ist und einer gänzlichen Nichterfüllung des Mandats gleichkommt[19]. 8

1. Preis. Der Besteller hat die Vergütung bei Ablieferung des Werkes zu bezahlen (Art. 372 Abs. 1 OR). Wurde die Vergütung im Voraus bestimmt, so ist der Unternehmer verpflichtet, das Werk für den vereinbarten Preis fertig zu stellen. Eine Erhöhung darf er nicht fordern, es sei denn es liegen außerordentliche Umstände vor, die nicht vorausgesehen werden konnten (vgl. Art. 373 OR). Der Werklohn kann als Pauschalpreis (Art. 373 OR) oder nach Maßgabe des Wertes der Arbeiten und Aufwendungen geschuldet sein (Art. 374 OR). 9

Der Unternehmer hat Anspruch auf Besicherung des Werklohnes am Baugrundstück durch ein Unternehmerpfandrecht (Art. 837 Abs. 1 Nr. 3 ZGB)[20], vorausgesetzt der Besteller erkennt den Anspruch an oder er wird gerichtlich festgestellt. Unter letzterem kann nur die Feststellung der Pfandsumme im Verfahren auf Eintragung des Pfandrechts verstanden werden, so dass es nicht erforderlich ist, dass der Pfandgläubiger gleichzeitig gegen den Vertragspartner klagt, um die definitive Eintragung des Baupfandrechts zu erlangen[21]. Der Anspruch besteht unabhängig davon, ob sich der Anspruch gegen den Eigentümer oder einen Unternehmer richtet, d.h. der Subunternehmer hat gleich dem Unternehmer Anspruch auf Besicherung. Dies kann dazu führen, dass das Grundstück zweifach belastet wird[22]. Das Pfandrecht kann von dem Zeitpunkt an in das Grundbuch eingetragen werden, da sich der Unternehmer zu der Leistung verpflichtet hat (Art. 839 Abs. 1 ZGB). Die Eintragung hat bis spätestens drei Monate nach der Vollendung der Arbeit zu geschehen (Art. 839 Abs. 2 ZGB). Der Eigentümer kann die Eintragung durch 10

[16] BGE 109 II 37 f. E. 3b.
[17] Münch/Karlen/Geiser/Schneeberger, Beraten und Prozessieren in Bausachen, § 3 Anm. 3.14.
[18] BGE 124 III 423 E. 4a; BG, Urteil vom 11.02.2000, 4C.408/1999 (zum Architektenvertrag).
[19] BGE 124 III 423 E. 4a; 110 II 375 E. 2; 108 II 197 E. 2a.
[20] Vgl. zur Anmeldung in der Schuldbetreibung Amonn/Gasser, Grundriss des Schuldbetreibungs- und Konkursrechts, § 28 Rn. 18.
[21] BGE 126 III 467 = BR/DC 2001, 65.
[22] Vgl. dazu Saviaux, BR/DC 1999, 91 ff.

Sicherheitsleistung abwenden (Art. 839 Abs. 3 ZGB)[23]. Gemäß Art. 839 Abs. 2 ZGB beginnt die Frist von drei Monaten zur Eintragung eines **Bauhandwerkerpfandrechts** mit der Vollendung der **Bauarbeiten** zu laufen. Werden mehrere, zeitlich gestaffelte **Leistungen** erbracht, so stellt sich die Frage, wann deren fristauslösende Vollendung anzunehmen ist. Dabei kommt es entscheidend darauf an, ob diese **Leistungen** eine Einheit bilden[24]. Denn wiederholt gleiche oder gleichartige **Bauleistungen** des gleichen Unternehmers bilden in ihrer Gesamtheit eine einzige, spezifische **Bauarbeit** und unterliegen einem einheitlichen Fristenlauf[25]. Dies gilt z.B. auch für die sukzessiven Lieferungen von Frischbeton. Nach der Rechtsprechung löst erst die letzte aller Betonlieferungen die Dreimonatsfrist aus, und zwar einheitlich für sämtliche Lieferungen[26]. Eine Einheit zwischen zeitlich gestaffelten **Bauleistungen** ist dann anzunehmen, wenn zwischen diesen ein innerer Zusammenhang besteht. Dies gilt auch dann, wenn formell getrennte **Werkverträge** abgeschlossen wurden, kommt es doch nicht auf die oft eher zufällige Anzahl von **Werkverträgen** an, sondern darauf, ob zwischen den anfänglich vereinbarten und den später notwendig gewordenen **Leistungen** ein enger Konnex vorhanden ist (BGE 106 II 22 E. 1c S. 26; 104 II 348 E. II/2 S. 352; 102 II 206 E. 1a S. 208).

11 **2. Baudurchführung.** Der Auftragnehmer haftet für die ordnungsgemäße Ausführung und rechtzeitige Ablieferung des Werkes (Art. 366 OR). **Bauarbeiten** gelten grundsätzlich dann als vollendet, wenn alle Verrichtungen, die Gegenstand des Werkvertrags bilden, ausgeführt worden sind und das Werk abgeliefert werden kann[27].

12 Das Bundesgesetz vom 8. Oktober 1999 über Bauprodukte (Bauproduktegesetz, BauPG)[28] regelt das Inverkehrbringen von Bauprodukten. Bauprodukt ist ein Produkt, das hergestellt wird, um dauerhaft in Bauwerke des Hoch- oder Tiefbaus eingebaut zu werden (Art. 2 BauPG). Inverkehrbringen bedeutet die entgeltliche oder unentgeltliche Übertragung oder Überlassung eines Bauproduktes (Art. 2 BauPG). Bauprodukte dürfen in Verkehr gebracht werden, wenn sie die Voraussetzungen nach anderen Bundeserlassen erfüllen und brauchbar sind (Art. 3 Abs. 1 BauPG). Brauchbar sind Bauprodukte, wenn die Bauwerke, für welche sie zweckentsprechend verwendet werden, die wesentlichen Anforderungen erfüllen hinsichtlich (Art. 3 Abs. 2 BauPG): (a) mechanischer Festigkeit und Standsicherheit, (b) Brandschutz, (c) Hygiene, Gesundheit und Umweltschutz, (d) Nutzungssicherheit, (e) Schallschutz, (f) sparsamer und rationeller Energieverwendung. Der Bundesrat regelt die wesentlichen Anforderungen an Bauwerke, soweit die Festlegung dieser Anforderungen nicht in den Kompetenzbereich der Kantone fällt; er berücksichtigt dabei das internationale Recht (Art. 3 Abs. 3 BauPG). Wird ein Bauprodukt gemäß technischen Normen nach Art. 4 BauPG hergestellt, so wird vermutet, dass es die Anforderungen gemäß Art. 3Abs. 2 BauPG erfüllt (Art. 3 Abs. 4 BauPG). Bauprodukte, die nicht gemäß technischen Spezifikationen, sondern gemäß entsprechenden Regeln der Technik hergestellt werden, dürfen in der Schweiz weiterhin in Verkehr gebracht werden, wenn sie die Voraussetzungen nach anderen Bundeserlassen erfüllen (Art. 3 Abs. 5 BauPG). Wer Bauprodukte in Verkehr bringt, die den Anforderungen des BauPG nicht genügen, macht sich strafbar (Art. 16 BauPG). Einzelheiten regelt die

23 Vgl. dazu Kantonsgericht Schwyz BR/DC 2002, 182.
24 BG, Urt. vom 19.11.2001, 5C.232/2001.
25 BGE 104 II 348 E. II/2 S. 352.
26 BGE 104 II E. II/2 S. 353; Schumacher, Das Bauhandwerkerpfandrecht, 183 Rn. 647; ders., Schumacher BR 1982, 11 f.
27 BGE 102 II 206 E. 1a S. 208; 125 III 113 E. 2b S. 116.
28 SR 933.0.

Verordnung vom 27. November 2000 über Bauprodukte (Bauprodukteverordnung, BauPV[29]). Wesentliche Anforderungen an Bauwerke nach Art. 3 Abs. 3 BauPG und im Sinne von Anhang 1 der Bauprodukterichtlinie[30] sind namentlich in folgenden Bundeserlassen enthalten:

- Verordnung 3 vom 18. August 1993 zum Arbeitsgesetz (Gesundheitsvorsorge, ArGV 3)[31]
- Verordnung 4 vom 18. August 1993 zum Arbeitsgesetz (Industrielle Betriebe, Plangenehmigung und Betriebsbewilligung, ArGV 4)[32]
- Lärmschutzverordnung vom 15. Dezember 1986[33]
- Strahlenschutzverordnung vom 22. Juni 1994[34]
- Verordnung vom 1. Juli 1998 über den Schutz der Gewässer vor wassergefährdenden Flüssigkeiten[35]
- Verordnung vom 19. Oktober 1994 über Schutzumfang und Schutzgrad der Zivilschutzbauten[36]

3. Abnahme. Nach Ablieferung des Werkes hat der Besteller das Werk zu prüfen und Mängel zu rügen (Art. 367 OR). Werden Mängel festgestellt, bieten sich je nach Schwere der Mängel unterschiedliche Behelfe an. Art. 368 OR sieht entweder die Abnahmeverweigerung oder die Minderung oder den Anspruch auf Mängelbeseitigung oder bei Verschulden den Anspruch auf Schadensersatz vor. Wird das Werk vom Besteller genehmigt, so ist der Unternehmer von der Haftung befreit, soweit es sich nicht um Mängel handelt, die bei der Abnahme nicht erkennbar waren. Die Abnahme kann ausdrücklich oder stillschweigend erfolgen. Die Mängelgewährleistungsansprüche in Bezug auf Bauwerke verjähren in fünf Jahren (Art. 371 II OR). 13

4. Mängelgewährleistung. Erfüllt der Werkunternehmer bis zur Abnahme nicht seine vertraglichen Pflichten, kann der Besteller seine Rechte aus Art. 366 OR ausüben, ohne die Lieferung abzuwarten. Im Falle des Verzuges mit der Fertigstellung kann der Besteller vom Vertrag zurücktreten (Art. 366 Abs. 1 OR). Bei mangelhafter Arbeit kann der Besteller eine Abhilfefrist setzen und androhen, dass im Unterlassensfalle die Verbesserung oder die Fortführung des Werkes auf Gefahr und Kosten des Unternehmers einem Dritten übertragen werde (Art. 366 Abs. 2 OR). In einem solchen Fall bleibt der Vertrag bestehen. Der Besteller muss den vereinbarten Preis bezahlen, kann aber mit den Beträgen aufrechnen, die er für die Ersatzvornahme ausgegeben hat. Obwohl nicht ausdrücklich gesetzlich geregelt, kann der Besteller bei Mängeln auch den Vertrag kündigen. Er muss dann die geleistete Arbeit bezahlen, wenn sie einen Wert hat[37]. Nach Ablieferung des Werkes hat der Besteller das Werk zu prüfen und Mängel zu rügen (Art. 367 Abs. 1 OR). Jeder Vertragsteil kann auf seine Kosten die Prüfung des Werkes durch einen Sachverständigen verlangen (Art. 367 Abs. 2 OR). Leidet das Werk an so 14

---

[29] SR 933.01.
[30] Richtlinie 89/106/EWG des Rates vom 21. 12. 1988 zur Angleichung der Rechts- und Verwaltungsvorschriften der Mitgliedstaaten über Bauprodukte. ABl. Nr. L 40 vom 12.2.1989, 12; geändert durch die Richtlinie 93/68/EWG des Rates vom 22.7.1993 (ABl. Nr. L 220 vom 30.8.1993, 1.
[31] SR 822.113.
[32] SR 822.114.
[33] SR 814.41.
[34] SR 814.501.
[35] SR 814.202.
[36] SR 520.23.
[37] Vgl. dazu BGE 126 III, 230 = BG BR/DC 2000, 140.

erheblichen Mängeln oder weicht es so sehr vom Vertrag ab, dass es für den Besteller unbrauchbar ist, oder dass ihm die Abnahme billigerweise nicht zugemutet werden kann, so darf der Besteller die Abnahme verweigern und bei Verschulden des Unternehmers Schadensersatz fordern (Art. 368 Abs. 1 OR). Werkvertragliche Mängelgewährleistungsansprüche verjähren binnen eines Jahres nach Ablieferung (Art. 371 Abs. 1, Art. 210 OR), jedoch bei unbeweglichen Bauwerken gegenüber Architekten, Ingenieuren und Bauunternehmern mit Ablauf von fünf Jahren seit der Abnahme (Art. 371 Abs. 2 OR).

III. Architektenvertrag

15 Mit dem Architektenvertrag verspricht ein selbständiger (freischaffender) Architekt dem Besteller die Erbringung von Architektenleistungen[38]. Der Vertragstyp ist gesetzlich nicht ausgestaltet, so dass es von der Vertragsgestaltung abhängt, welche Leistungen zu erbringen sind. In der Schweiz hat das SIA-Muster (Ordnung 102) für den Architektenvertrag Vorbildfunktion. Für Ingenieure existiert ein entsprechendes SIA-Muster (Orndung 103). Seit der im Jahre 1983 geänderten bundesgerichtlichen Rechtsprechung untersteht die Tätigkeit des **Architekten**, der Ausführungspläne und Bauprojekte gegen Entgelt zu erstellen hat, dem **Werkvertragsrecht**[39]. Doch hat der Architektenvertrag auch auftragsähnliche Elemente, die im Einzelfall überwiegen können (z.B. wenn der Architekt nur die Vergabe von Leistungen und die Bauüberwachung übernimmt[40]). Beim sog. Architektengesamtvertrag können beide Vertragstypen heranzuziehen sein[41]. Hat der **Architekt** die Fertigung der Ausführungspläne und Bauprojekte unentgeltlich übernommen, liegt kein **Werkvertrag** im Sinne des Gesetzes vor[42]. Gehen die Interessen und Leistungen von **Architekt** und Bauinteressent in die gleiche Richtung, weil sie wenigstens teilweise einen gemeinsamen Zweck verfolgen, kann ein **werkvertragsähnlicher** Innominatkontrakt mit gesellschaftsrechtlichen Elementen vorliegen, in dem die Parteien ihre Anteile an Gewinn und Verlust vertraglich bestimmen können[43].

16 Im **Werkvertragsrecht** liegt die Beweislast dafür, dass für die Leistung des Unternehmers eine Vergütung vereinbart wurde, im Streitfall beim Unternehmer (Art. 8 ZGB)[44]. War die Herstellung des Werks nach den Umständen nur gegen eine Vergütung zu erwarten, weil die Leistung einer Vergütung unter den gegebenen Umständen üblich ist, so geht eine natürliche Vermutung dahin, dass zumindest eine stillschweigende Vergütungsabrede getroffen wurde[45]. Die Entgeltlichkeit einer vertraglich übernommenen Werkleistung ist üblich, wenn sie von einem **Architekten** im Rahmen seiner Berufsausübung erbracht wird[46].

17 Dem Architekten obliegt eine allgemeine Sorgfalts- und Treuepflicht, innerhalb derer er die Interessen seines Bauherrn nach bestem Wissen und Können und unter Beachtung des allgemein anerkannten Wissensstandes seines Fachgebietes zu wahren hat[47]. Dazu

---

[38] Münch/Karlen/Geiser/Schneeberger, Beraten und Prozessieren in Bausachen, § 8 Rn. 3.
[39] Vgl. BGE 109 II 462 E. 3b und 3c; 110 II 380 E. 2 S. 382.
[40] BGE 114 III 56 E. 2b.
[41] Münch/Karlen/Geiser/Schneeberger, Beraten und Prozessieren in Bausachen, § 8 Rn. 5; BGE 118 III 152 E. 3a; BGE 114 II 56 E. 2b.
[42] Vgl. BGE 127 III E. 2b S. 523, mit Hinweisen.
[43] Vgl. BGE 122 III 10 E. 3 S. 14 f.
[44] Vgl. BGE 127 III E. 2a S. 522.
[45] Vgl. BGE 119 II 40 E. 2.a S. 43, E. 2d S. 44 f.; Gauch, Der Werkvertrag, Rn. 112.
[46] Vgl. BGE 119 II 40 E. 2b S. 43; Gauch, Der Werkvertrag, Rn. 113.
[47] Münch/Karlen/Geiser/Schneeberger, Beraten und Prozessieren in Bausachen, § 8 Rn. 25.

gehört eine Aufklärungs- und Beratungspflicht sowie einschließlich der Grundlagenermittlung abzuklären, wie sich die Absichten des Bauherrn verwirklichen lassen, die Vorbereitung der Auftragsvergabe und ggf. die Organisation und Überwachung der Baustelle[48].

Stellt ein **Architekt** einen Kostenvoranschlag auf, der sich auch toleranzbereinigt als ungenau erweist, liegt eine unrichtige Auskunft des **Architekten** über die zu erwartenden Baukosten und damit eine Schlechterfüllung des Auftrages vor[49]. Sein Honorar ist in diesem Falle nach Maßgabe des objektiven Minderwerts der Vertragsleistung herabzusetzen[50]. 18

Wer bei der Leitung oder Ausführung eines **Bauwerkes** mitwirkt, ist allgemein nur dafür verantwortlich, dass in seinem Bereich die Regeln der **Baukunde** eingehalten werden[51]. Jeder Arbeitgeber hat erkennbare Mängel, welche für seine Leute eine vermeidbare Gefährdung bilden, zu beheben oder durch zweckmäßige Intervention die Einhaltung der Unfallverhütungsvorschriften zu veranlassen. Wer eine spezifische Unfallgefahr geschaffen hat, muss für die vorschriftsgemäße Verminderung oder Ausschaltung des Risikos besorgt sein[52]. Wie weit der bauleitende Architekt bei der Überwachung der Arbeiten in Hinsicht auf die Durchsetzung der **Sicherheitsvorschriften** zu gehen hat, erhellt aus den Rechten und Befugnissen, die sich die **Bauleitung** im Vertrag mit dem Unternehmer vorbehalten hat. Wenn die **Bauleitung** jederzeit mit Anordnungen und Weisungen in den Gang der Arbeiten eingreifen kann, muss sie sicherstellen, dass die **Sicherheitsvorschriften** beachtet werden[53]. Ansonsten dürfte die Überprüfung der Arbeit eines beigezogenen Spezialisten in der Regel nicht zu seinem Pflichtenkreis gehören[54]. Wenn der bauleitende Architekt gemäß Vertrag zusammen mit dem Unternehmer für die Einhaltung der **Sicherheitsbestimmungen** verantwortlich ist, darf die **Bauleitung** nicht blind darauf vertrauen, dass der Unternehmer die vorgeschriebenen Vorsichtsmaßnahmen getroffen hat, sondern muss ebenfalls darum besorgt sein[55]. 19

IV. Standardbedingungen

In der Schweiz haben die Musterbedingungen der SIA (Schweizerischer Ingenieur- und Architektenverein) für Bauverträge (SIA-Ordnung 108), Architektenverträge (SIA-Ordnung 102) und Ingenieurverträge (SIA-Ordnung 103) große Bedeutung. Bei den SIA-Bedingungen handelt es sich um Regelwerke eines privaten Vereins, des Schweizerischen Ingenieur- und Architektenvereins. Sie stellen **Allgemeine Vertragsbedingungen** (AGB) dar, die durch Übernahme in den konkreten **Einzelvertrag** vertragliche Geltung erlangen. Das kann durch bloßen Verweis auf die betreffenden **Bedingungen** geschehen[56]. Die SIA-Norm 118, so wörtlich das Schweizerische Bundesgericht[57], ist für das Schweizerische **Bauwesen** von maßgebender Bedeutung und wie kaum ein an- 20

48 Münch/Karlen/Geiser/Schneeberger, Beraten und Prozessieren in Bausachen, § 8 Rn. 25 ff.
49 BGE 119 II 249 E. 3b/aa; BG, Urteil vom 11.02.2000, 4C.408/1999.
50 Schumacher in: Gauch/Tercier [Hrsg.], Das Architektenrecht, Rn 606.
51 BG, Urt. vom 30.01.2003, 6S.181/2002 (Strafsache).
52 BGE 109 IV 15 E. 2a S. 17, 101 IV 28 E. 2b S. 31.
53 Urteil vom 27. September 1967, ZR 1968 (67) S. 222 ff.
54 Urteil 6S.834/1996 vom 26. März 1996, E. 2b/aa.
55 BGE 104 IV 96 E. 4 S. 102.
56 BGE 119 II 443 E. 1a.
57 BG. Urteil vom 02.12.2001, 4P.209/2001.

deres AGB-Werk verbreitet und bekannt[58]. Die SIA-Norm 118 ist publiziert, mithin **allgemein** zugänglich, wurde kommentiert[59] und gab auch sonst zu zahlreichen Publikationen Anlass[60]. Vor diesem Hintergrund erscheint die Auffassung, die SIA-Norm sei notorisch, keineswegs als willkürlich, selbst wenn lediglich das allgemeine Wissen um den Bestand sowie die Zugänglichkeit zum Inhalt der **Vertragsbestandteil** bildenden SIA-Norm gewährleistet sind[61]. Detailwissen um die einzelnen Bestimmungen ist daher nach Auffassung des Bundesgerichts nicht erforderlich[62]. Jedenfalls finden die SIA-Bestimmungen insgesamt Anwendung, auch wenn der Vertrag nur auf einzelne besondere Bestimmungen ausdrücklich verweist[63].

V. Öffentliche Aufträge

21 Der schweizerische Bundesgesetzgeber hat nur für die Vergabe seiner Aufträge eine Regelungskompetenz. Für die übrigen Beschaffungen liegt die Regelungszuständigkeit in den Händen der Kantone[64]. Die Rechtslage im schweizerischen **Submissionswesen** wird heute insbesondere durch das GATT/WTO-Übereinkommen vom 15. April 1994 über das öffentliche **Beschaffungswesen**[65], das Binnenmarktgesetz vom 6. Oktober 1995[66] und die Interkantonale Vereinbarung vom 25. November 1994 über das öffentliche **Beschaffungswesen**[67] (IVöB) sowie daran anknüpfende kantonale Erlasse bestimmt. Grundlagen für das öffentliche Vergabewesen sind:

- Bundesgesetz über das öffentliche Beschaffungswesen vom 16.12.1996[68] (BoeB)
- Verordnung über das öffentliche Beschaffungswesen (VoeB) vom 11.12.1995[69]
- Binnenmarktgesetz (BGM) vom 06.10.1995[70]

22 **1. Vergabe.** Bei Submissionen auf Bundesebene gelten vor allem das Bundesgesetz über das öffentliche Beschaffungswesen und die VoeB. Art, 13 ff. des Bundesgesetzes (BoeB) regeln die Vergabeverfahren. Vorgesehen sind insbesondere das offene Verfahren (Art. 14 BoeB), das selektive Verfahren (Art. 15 BG) und die freihändige Vergabe (Art. 16 BoeB). Das BoeB ist bei Bauaufträgen nur anwendbar, wenn der geschätzte Wert des zu vergebenden Auftrages 9.575.000 CHF erreicht. Werden zur Realisierung eines Bauwerkes mehrere Bauaufträge vergeben, so bestimmt sich das anwendbare Verfahren nach dem Gesamtwert dieser Aufträge. Erreicht mithin der Gesamtwert den für Bauaufträge maßgebenden Schwellenwert, ist die Vergabe dieser Aufträge auch dann dem BoeB unterstellt, wenn der Wert des einzelnen Auftrages (für sich allein genommen) den erwähnten Schwellenwert nicht erreicht (indem er zum Beispiel bei CHF 3,5 Mio.

---

58 Gauch, Der Werkvertrag, Rn. 261.
59 Vgl. Gauch, Kommentar zur SIA-Norm 118.
60 Z.B. Carron, La norme SIA 118: pratiques et problèmes, in: Journées suisses du droit de la construction, Freiburg 2001, 61 ff.; Hürlimann, SIA-Norm 118: Lücken und Tücken, in: Schweizerische Baurechtstagung, Freiburg 2001, 47 ff.; Briner, Fachnormen, in: Münch/Karlen/Geiser (Hrsg.), Beraten und Prozessieren in Bausachen, Basel 1998.
61 BG. Urteil vom 02.12.2001, 4P.209/2001.
62 BG. Urteil vom 02.12.2001, 4P.209/2001.
63 Vgl. Urteil vom 02.12.2001, 4P.209/2001.
64 Vgl. Waldmann BR/DC 2002, 143.
65 SR 0.632.231.422; für die Schweiz in Kraft seit 1. Januar 1996.
66 SR 943.02.
67 SR 172.056.4.
68 SR 172.056.1.
69 SR 172.056.11.
70 SR 943.02.

liegt). Diese Regel gilt auch nicht für „Bagatellaufträge" (Aufträge unter CHF 2 Mio.), solange die kumulierte Auftragssumme solcher Aufträge 20 Prozent des Gesamtwertes nicht übersteigt (vgl. Art. 7 BoeB).

Den Zuschlag erhält jeweils das wirtschaftlich günstigste Angebot, das den Kriterien Termin, Qualität, Preis, Wirtschaftlichkeit, Betriebskosten, Kundendienst, Zweckmäßigkeit der Leistung, Ästethetik, Umweltverträglichkeit und technischer Wert ermittelt wird. Die Zuschlagskriterien sind vorgängig bekannt zu geben[71]. Der Zuschlag ist eine hoheitliche Verfügung im Sinne des Art. 84 OG[72]. Gleichwohl handelt es sich bei dem Beschaffungsvertrag um ein privatrechtliches Rechtsverhältnis[73]. Weder die Ausschreibung noch die Zuschlagsverfügung in einem Submissionsverfahren begründen eine Kontrahierungspflicht des Submittenten[74]. Das öffentliche Submissionsrecht berührt insofern das private **Vertragsrecht** nicht[75]. Der Zuschlag beseitigt zwar ein Verbot des **Vertragsabschlusses** während des Vergabeverfahrens[76]. Er bindet den Auftraggeber aber nur insoweit, als dieser den **Vertrag** mit dem Zuschlagsempfänger abzuschließen hat, sofern er überhaupt einen solchen eingeht. Wieweit dies erzwingbar ist bzw. ob bei einem Verstoß der **Vertragsschluss** ungültig oder anfechtbar oder lediglich rechtswidrig und mit Haftungsfolgen verbunden wäre, kann, wenn es zu keinem **Vertragsschluss** gekommen ist, offen bleiben. Verzichtet der Submittent nämlich trotz Zuschlags überhaupt auf den Abschluss eines **Vertrages**, kann er jedenfalls nicht zu einem solchen gezwungen werden[77]. Eine solche weitgehende Rechtsfolge müsste sich eindeutig aus dem Gesetz ergeben, was zumindest für das bündnerische Vergaberecht nicht zutrifft, wobei sich bei einer gegenteiligen Betrachtungsweise zusätzlich die Frage stellen würde, ob und wieweit das kantonale Recht überhaupt die bundesrechtliche **Vertragsfreiheit** einschränken dürfte[78]. 23

Ausschreibungen und Zuschlag sind immer zu veröffentlichen (Art. 24 BoeB). Die Einzelheiten regelt die VoeB, z.B. zu den Teilnahmebedingungen (Art. 9 ff. VoeB), zum Vergabeverfahren (Art. 12 ff. VoeB). So muss z.B. bei Angebotsabgabe folgende Dokumentation vorgelegt werden (Art. 9 VoeB i.V.m. Anhang 3 zur VoeB): 24

- Handelsregisterauszug
- Betreibungsregisterauszug
- Erklärung über Anzahl und Funktion der in den drei Jahren vor der Ausschreibung im Unternehmen beschäftigten Personen
- Erklärung betreffend einsetzbarer Personalkapazität und Ausstattung im Hinblick auf die Erbringung des zu vergebenden Auftrages
- Studiennachweise und Bescheinigungen über die berufliche Befähigung der Mitarbeiter und Mitarbeiterinnen des Unternehmens und/oder von dessen Führungskräften, insbesondere aber der für die Ausführung des zu vergebenden Auftrages vorgesehenen verantwortlichen Personen

---

71 Vgl. Stöckli BR/DC 2002, 3, 8.
72 Vgl. Stöckli BR/DC 2002, 3.
73 Stöckli BR/DC 2002, 3, 4 m.w.N.
74 BG, Urteil vom 20.11.2003, 2P.155/2003.
75 Galli/Moser/Lang, Praxis des öffentlichen Beschaffungsrechts, Zürich/Basel/Genf 2003, S. 255 ff., Rz. 529 ff.
76 Gauch BR/DC 2003, 4.
77 BG, Urteil vom 20.11.2003, 2P.155/2003; a.A. Clerc, L'ouverture des marchés publics: Effectivité et protection juridique, Diss. Freiburg 1997, 497 ff.; von einer „obligation [de conclure un contrat]" spricht auch Zufferey, in: Zufferey/ Maillard/ Michel, Droit des marchés publics, 124.
78 BG, Urteil vom 20.11.2003, 2P.155/2003.

- Erklärung betreffend Verpflichtung zur Einhaltung der Arbeitsbedingungen
- Liste der in den letzten fünf Jahren vor der Ausschreibung erbrachten wichtigsten Leistungen
- Referenzen, bei welchen die Auftraggeberin die ordnungsgemäße Erbringung dieser Leistungen überprüfen und insbesondere folgende Auskünfte einholen kann: Wert der Leistung; Zeit und Ort der Leistungserbringung; Stellungnahme (der damaligen Auftraggeberin), ob die Leistung den anerkannten Regeln der Technik entsprach und ob sie ordnungsgemäß erbracht wurde
- Bei Planungswettbewerben objektspezifische Nachweise, insbesondere hinsichtlich Ausbildung, Leistungsfähigkeit und Praxis
- Bescheinigung über das Vorliegen eines anerkannten Qualitätsmanagementsystems
- Bilanzen oder Bilanzauszüge des Unternehmens für die letzten drei Geschäftsjahre vor der Ausschreibung
- Erklärung über den Gesamtumsatz der Unternehmung in den der Ausschreibung vorangegangenen drei Jahren
- Bankerklärungen, die garantieren, dass dem Anbieter oder der Anbieterin im Falle der Auftragserteilung entsprechende Kredite gewährt werden
- Bankgarantie
- Letzter Prüfungsbericht der Revisionsstelle bei juristischen Personen
- Strafregisterauszug der verantwortlichen Führungskräfte sowie der für die Ausführung des ausgeschriebenen Auftrages vorgesehenen verantwortlichen Personen
- Nachweis der Bezahlung von Sozialabgaben und Steuern

25 **2. Abwicklung.** Das öffentliche Beschaffungswesen wird auf der Grundlage privatrechtlicher Verträge abgewickelt[79]. Gemäß Art. 29 VoeB wendet die Vergabestelle grundsätzlich ihre allgemeinen Geschäftsbedingungen an, es sei denn, die Natur des Geschäftes erfordert die Aushandlung besonderer Bedingungen. Mithin findet auf die Abwicklung vor allem das schweizerische OR Anwendung.

V. Grundstücksbedingungen

Schrifttum

Bandli, Bauen außerhalb der Bauzonen, Diss. Bern 1989; Heer, Die raumplanungsrechtliche Erfassung von Bauten und Anlagen im Nichtbaugebiet, Diss. Zürich 1995; Lendi, Raumplanung im Umbruch, ZBl 1999, S. 193 ff.; Müller, Die erleichterte Ausnahmebewilligung, Diss. Zürich 1990; Fritzsche/Bösch, Zürcher Planungs- und Baurecht, 2. Auflage, Wädenswil 2000; Schürmann/Hänni, Planungs-, Bau- und besonderes Umweltschutzrecht, 3. Auflage, 1995; Simonius/Stutter, Schweizerisches Immobiliarsachenrecht, Basel 1995

26 **1. Grundstücksrecht.** Das schweizerische Liegenschaftsrecht hat seine Grundlagen im ZGB. Ergänzend sind folgende Regelungskomplexe heranzuziehen:

- Verordnung vom 22. Februar 1910 betreffend das Grundbuch (GBV)[80]
- Verordnung vom 18. November 1992 über die amtliche Vermessung (VAV)[81]
- Technische Verordnung des VBS vom 10. Juni 1994 über die amtliche Vermessung (TVAV)[82]

---

[79] Münch/Karlen/Geiser/Schneeberger, Beraten und Prozessieren in Bausachen, § 19 Rn. 96.
[80] SR 211.432.1.
[81] SR 211.432.2.
[82] SR 211.432.21.

- Reproduktion von Daten der amtlichen Vermessung[83]
- Verordnung vom 16. November 1994 über das eidgenössische Patent für Ingenieur-Geometerinnen und -Geometer[84]
- Verordnung vom 6. Oktober 1980 über Prüfungsgebühren für Vermessungstechniker[85]
- Bundesbeschluss vom 20. März 1992 über die Abgeltung der amtlichen Vermessung[86]

a. Grundbuch. Über die Rechte an den Grundstücken wird ein Grundbuch geführt (Art. 942 Abs. 1 ZGB). Das Grundbuch besteht aus dem Hauptbuch und den das Hauptbuch ergänzenden Plänen, Liegenschaftsverzeichnissen, Belegen, Liegenschaftsbeschreibungen und dem Tagebuche (Art. 942 Abs. 2 ZGB). Zur Führung des Grundbuches werden Kreise gebildet (Art. 951 Abs. 1 ZGB). Die Grundstücke werden in das Grundbuch des Kreises aufgenommen, in dem sie liegen (Art. 951 Abs. 2 ZGB). Ein Grundstück wird in das Grundbuch (Art. 942 ZGB) aufgenommen, indem das Grundstück im Plan, soweit darin darstellbar, oder im Liegenschaftsverzeichnis aufgezeichnet wird, für das Grundstück ein Hauptbuchblatt angelegt wird und eine Grundstücksbeschreibung hergestellt wird (Art. 1 GBV). In das Grundbuch müssen von Amts wegen alle Liegenschaften aufgenommen werden, die ganz oder zum größeren Teil im Grundbuchkreis liegen (Art. 3 Abs. 1 GBV). Liegenschaft ist jede Bodenfläche mit genügend bestimmten Grenzen (Art. 3 Abs. 2 GBV). 27

Jedes Grundstück erhält im Hauptbuch ein eigenes Blatt und eine eigene Nummer (Art. 945 Abs. 1 ZGB). Auf jedem Blatt werden in besonderen Abteilungen eingetragen (Art. 946 ZGB): (1) das Eigentum, (2) die Dienstbarkeiten und Grundlasten, die mit dem Grundstück verbunden sind, oder die darauf ruhen, (3) die Pfandrechte, mit denen es belastet ist. 28

Wer sich in gutem Glauben auf einen Eintrag im Grundbuch verlassen und daraufhin Eigentum oder andere dingliche Rechte erworben hat, ist in diesem Erwerbe zu schützen (Art. 973 Abs. 1 ZGB). Ist der Eintrag eines dinglichen Rechtes ungerechtfertigt, so kann sich der Dritte, der den Mangel kennt oder kennen sollte, auf den Eintrag nicht berufen (Art. 974 Abs. 1 ZGB). Ungerechtfertigt ist der Eintrag, der ohne Rechtsgrund oder aus einem unverbindlichen Rechtsgeschäft erfolgt ist (Art. 974 Abs. 2 ZGB). Wer durch einen solchen Eintrag in einem dinglichen Recht verletzt ist, kann sich unmittelbar gegenüber dem bösgläubigen Dritten auf die Mangelhaftigkeit des Eintrages berufen (Art. 974 Abs. 3 ZGB). 29

b. Grundstückseigentum. Grundstücke im Sinne des ZGB sind die Liegenschaften, die in das Grundbuch (vgl. Art. 942 ZGB) aufgenommenen selbständigen und dauernden Rechte, die Bergwerke, die Miteigentumsanteile an Grundstücken (Art. 655, 943 ZGB). Als Sonderform des Miteigentums[87] existiert seit 1965 wieder das ursprünglich abgeschaffte Stockwerkseigentum. Stockwerkeigentum ist der Miteigentumsanteil an einem Grundstück, der dem Miteigentümer das Sonderrecht gibt, bestimmte Teile eines Gebäudes ausschließlich zu benutzen und innen auszubauen (Art. 712 a Abs. 1 ZGB). Zum Erwerb des Grundeigentums bedarf es der Eintragung in das Grundbuch (Art. 656 Abs. 1 ZGB). Bei Aneignung, Erbgang, Enteignung, Zwangsvollstreckung oder gericht- 30

---

83 SR 211.432.25.
84 SR 211.432.261.
85 211.432.263.1.
86 SR 211.432.27.
87 Simonius/Stutter, Schweizerisches Immobiliarsachenrecht, § 15 Rn. 9.

lichem Urteil erlangt indessen der Erwerber schon vor der Eintragung das Eigentum, kann aber im Grundbuch erst dann über das Grundstück verfügen, wenn die Eintragung erfolgt ist (Art. 656 Abs. 2 ZGB). Der Vertrag auf Eigentumsübertragung bedarf zu seiner Verbindlichkeit der öffentlichen Beurkundung (Art. 657 Abs. 1 ZGB). Das Eigentum an Grund und Boden erstreckt sich nach oben und unten auf den Luftraum und das Erdreich, soweit für die Ausübung des Eigentums ein Interesse besteht (Art. 667 Abs. 1 ZGB). Es umfasst unter Vorbehalt der gesetzlichen Schranken alle Bauten und Pflanzen sowie die Quellen (Art. 667 Abs. 2 ZGB). Verwendet jemand zu einem Bau auf seinem Boden fremdes Material oder eigenes Material auf fremdem Boden, so wird es Bestandteil des Grundstückes (Art. 671 Abs. 1 ZGB). Der Eigentümer des Materials ist jedoch, wenn die Verwendung ohne seinen Willen stattgefunden hat, berechtigt, auf Kosten des Grundeigentümers die Trennung des Materials und dessen Herausgabe zu verlangen, insoweit dies ohne unverhältnismäßige Schädigung möglich ist (Art. 671 Abs. 2 ZGB). Unter der gleichen Voraussetzung kann der Grundeigentümer, wenn die Verwendung ohne seinen Willen stattgefunden hat, auf Kosten des Bauenden die Wegschaffung des Materials verlangen (Art. 671 Abs. 3 ZGB).

31 **c. Belastungen.** Grundstücke könne mit beschränkt dinglichen Rechten belastet werden. Hierzu gehören die Dienstbarkeiten (Art. 730 ff. ZGB), die Grundpfandrechte (Art. 793 ff. ZGB) und die Grundlasten (Art. 782 ff. ZGB).

32 **aa. Dienstbarkeiten.** Ein Grundstück kann zum Vorteil eines anderen Grundstückes in der Weise belastet werden, dass sein Eigentümer sich bestimmte Eingriffe des Eigentümers dieses anderen Grundstückes gefallen lassen muss oder zu dessen Gunsten nach gewissen Richtungen sein Eigentumsrecht nicht ausüben darf (Art. 730 Abs. 1 ZGB). Als Unterkategorien der Dienstbarkeiten werden die Nutznießung (Art. 745 ff. ZGB), das Wohnrecht (Art. 766 ff. ZGB), das Quellenrecht (Art. 780 ZGB), andere Dienstbarkeiten (Art. 781 ZGB), wie z.B. das Recht Schießübungen abzuhalten, und das Baurecht (Art. 779 ff. ZGB) angesehen. Das Baurecht beinhaltet das Recht auf oder unter der Bodenfläche ein Bauwerk zu errichten oder beizubehalten (Art. 779 Abs. 1 ZGB). Dieses Recht ist, wenn es nicht anders vereinbart wird, übertragbar und vererblich (Art. 779 Abs. 2 ZGB). Ist das Baurecht selbständig und dauernd, so kann es als Grundstück in das Grundbuch aufgenommen werden (Art. 779 Abs. 3 ZGB).

33 **bb. Grundpfandrechte.** Das Grundpfand kann als Grundpfandverschreibung, als Schuldbrief oder als Gült bestellt werden (Art. 793 Abs. 1 ZGB). Die Bestellung anderer Arten des Grundpfandes ist nicht gestattet (Art. 793 Abs. 2 ZGB).

34 **cc. Grundlasten.** Durch die Grundlast wird der jeweilige Eigentümer eines Grundstückes zu einer Leistung an einen Berechtigten verpflichtet, für die er ausschließlich mit dem Grundstück haftet (Art. 782 Abs. 1 ZGB).

35 **2. Baufreiheit.** Wer Eigentümer einer Sache ist, kann in den Schranken der Rechtsordnung über sie nach seinem Belieben verfügen (Art. 641 Abs. 1 ZGB). Er hat das Recht, sie von jedem, der sie ihm vorenthält, herauszuverlangen und jede ungerechtfertigte Einwirkung abzuwehren (Art. 641 Abs. 2 ZGB). Nach schweizerischem Recht haben dingliche Rechte eine Doppelnatur. Der Eigentümer hat Anspruch auf störungsfreie Nutzung seines Eigentums nicht nur gegenüber Privaten, sondern auch gegenüber dem Staat[88]. Doch besteht dieses Recht nur innerhalb der von dem Staat gesetzten Schran-

[88] Simonius/Stutter, Schweizerisches Immobiliarsachenrecht, § 1 Rn. 38.

ken, soweit diese zur Erfüllung seiner Aufgaben erforderlich sind. Einschränkungen ergeben sich zum Zwecke der Raumordnung, des Schutzes der öffentlichen Gesundheit, der Landesverteidigung etc. Das öffentliche Bau- und Planungsrecht wird als Inhaltsbeschränkung des Eigentums verstanden. Soweit also z.B. Zonenpläne Bauverbote verfügen und Bauvorschriften (z.B. hinsichtlich der Zuwegung oder der Bauqualität) Beschränkungen auferlegen, sind diese hinzunehmen[89]. Es herrscht mithin Baufreiheit, deren Ausübung unter Genehmigungsvorbehalt steht (Art. 22Abs. 1 RPG). Das Interesse des Grundeigentümers daran, dass er auf seinem Grundstück anders, unter besserer Ausnutzung desselben bauen könne, als es nach den geltenden Vorschriften ohne Gestaltungsplan möglich wäre, dass Vorschriften in diesem Sinne erlassen und von den zuständigen Behörden genehmigt werden, wenn es solcher Genehmigung bedarf, ist aber nicht von anderer Art als das Interesse des Bürgers überhaupt, dass Vorschriften öffentlich-rechtlicher Art erlassen oder nicht erlassen werden[90]. Es ist nicht rechtlicher, sondern bloss tatsächlicher Art. Derartige Interessen können nicht mit staatsrechtlicher Beschwerde geltend gemacht werden[91].

VI. Planungsrecht

Die Schweiz kennt keine einheitliche Bundeskompetenz im Bereich des öffentlichen Baurechts. Folglich gibt es 26 kantonale Baugesetze, die auch formelle Dinge wie Begriffe, Messweisen und baurechtliche Verfahren sehr unterschiedlich regeln. Die elementaren raumplanungsrechtlichen Begriffe sind allerdings teilweise harmonisiert. Zu nennen sind: 36

- Bundesgesetz vom 22. Juni 1979 über die Raumplanung (Raumplanungsgesetz, RPG)[92]
- Raumplanungsverordnung vom 28. Juni 2000 (RPV)[93]
- Verordnung vom 13. August 1980 über Beiträge an die Kosten der Richtpläne[94]
- Bundesgesetz vom 4. Oktober 1985 über Fuß- und Wanderwege (FWG)[95]
- Verordnung vom 26. November 1986 über Fuß- und Wanderwege (FWV)[96]
- Verordnung vom 16. April 1993 über die Bezeichnung der beschwerdeberechtigten Fachorganisationen für Fuß- und Wanderwege[97]
- Verordnung vom 22. Oktober 1997 über die raumordnungspolitische Koordination der Bundesaufgaben[98]
- Bundeskoordinationsgesetz (Sammelgesetz) vom 18.6.1999[99]

Den Planungsbehörden stehen mehrere Planungsinstrumente zur Verfügung. Hierzu gehören die Richtpläne (Art. 6 ff. RPG) und die Nutzungspläne (Art. 14 ff. RPG). Nutzungspläne ordnen die zulässige Nutzung des Bodens (Art. 14 Abs. 1 RPG). Es existieren Bauzonen (Art. 15 RPG), Landwirtschaftszonen (Art. 16 RPG) und Schutzzonen (Art. 17 RPG). 37

---

[89] Vgl. Simonius/Stutter, Schweizerisches Immobiliarsachenrecht, § 1 Rn. 53.
[90] BGE_89_I_402, 404.
[91] BGE 82 I 96, 83 I 245.
[92] SR700.
[93] SR 700.1.
[94] SR 700.4.
[95] SR 704.
[96] SR 704.1.
[97] SR 704.5.
[98] SR 709.17.
[99] SR 172.010, AS 1999, 3071 ff.

38 Die **Bauzonen** umfassen Land, das sich für die Überbauung eignet und entweder weitgehend überbaut ist oder voraussichtlich innerhalb von 15 Jahren benötigt und erschlossen wird. Der Begriff des weitgehend überbauten Landes nach Art. 15 lit. a RPG umfasst im Wesentlichen den geschlossenen Siedlungsbereich und eigentliche Baulücken innerhalb dieses Bereichs[100]. Baulücken sind einzelne unüberbaute Parzellen, die unmittelbar an das überbaute Land grenzen, in der Regel bereits erschlossen sind und eine relativ geringe Fläche aufweisen[101]. Die Nutzung der Baulücke wird vorwiegend von der sie umgebenden Überbauung geprägt; das unüberbaute Land muss also zum geschlossenen Siedlungsbereich gehören, an der Siedlungsqualität teilhaben und von der bestehenden Überbauung so stark geprägt sein, dass sinnvollerweise nur ihre Aufnahme in die Bauzone in Frage kommt[102]. Dazu zählen auch Baulücken von untergeordneter Bedeutung. Der Siedlungscharakter ist vor allem auf Grund der örtlichen Nähe der Häuser sowie der vorhandenen Infrastruktur feststellbar[103]. Dagegen sind peripher gelegene Gebiete, selbst wenn dort schon eine gewisse Bautätigkeit eingesetzt hat, sowie unüberbaute Flächen, denen im Verhältnis zu dem sie umgebenden Land eine eigenständige Bedeutung zukommt, nicht als weitgehend überbaute Gebiete zu betrachten[104]. Der Begriff des voraussichtlichen Landbedarfs im Sinne von Art. 15 lit. b RPG wird eher restriktiv gehandhabt. Nach ständiger Rechtsprechung des Bundesgerichts liegen Maßnahmen, die geeignet sind, das Entstehen überdimensionierter Bauzonen zu verhindern oder solche Zonen zu verkleinern, im öffentlichen Interesse. Zu groß bemessene Bauzonen sind nicht nur unzweckmässig, sondern gesetzwidrig[105]. Dabei gilt es nach Auffassung des Bundesgerichts[106] zu beachten, dass für die Festlegung der Bauzonen Art. 15 RPG nicht allein maßgebend ist. Auch wenn der Baulandbedarf ein wichtiges Entscheidungskriterium darstellt, verstößt nach dem Bundesgericht ein solcher Planungsautomatismus gegen zahlreiche bedeutsame Planungsgrundsätze des Raumplanungsgesetzes. Die Bauzonenausscheidung hat wie alle Raumplanungen eine auf die erwünschte Entwicklung des Landes ausgerichtete Ordnung der Besiedlung zu verwirklichen (Art. 75 Abs. 1 BV)[107]. Sie stellt eine Gestaltungsaufgabe dar und unterliegt einer gesamthaften Abwägung und Abstimmung aller räumlich wesentlichen Gesichtspunkte und Interessen (Art. 1 Abs. 1, Art. 2 Abs. 1 RPG)[108].

39 **Landwirtschaftszonen** dienen der langfristigen Sicherung der Ernährungsbasis des Landes, der Erhaltung der Landschaft und des Erholungsraums oder dem ökologischen Ausgleich und sollen entsprechend ihren verschiedenen Funktionen von Überbauungen weitgehend freigehalten werden. Schutzzonen umfassen Bäche, Flüsse, Seen und ihre Ufer, ferner besonders schöne sowie naturkundlich oder kulturgeschichtlich wertvolle Landschaften, ferner bedeutende Ortsbilder, geschichtliche Stätten sowie Natur- und Kulturdenkmäler sowie Lebensräume für schutzwürdige Tiere und Pflanzen. Das kantonale Recht kann weitere Nutzungszonen vorsehen (vgl. Art. 18 RPG).

---

100 BGE 121 II 417 E. 5a S. 424.
101 BG, Urt. vom 12.12.2003, 1P.37/2003und 1P.43/2003.
102 BG, Urt. vom 12.12.2003, 1P.37/2003und 1P.43/2003.
103 BG, Urt. vom 12.12.2003, 1P.37/2003und 1P.43/2003.
104 BG, Urt. vom 12.12.2003, 1P.37/2003und 1P.43/2003; BGE 121 II 417 E. 5a S. 424 mit weiteren Hinweisen.
105 BG, Urteil vom 13.08.2001, 1P.218/2001; BGE 117 Ia 302 E. 4b S. 307 mit Hinweisen.
106 BG, Urteil vom 13.08.2001, 1P.218/2001.
107 BG, Urteil vom 13.08.2001, 1P.218/2001.
108 BGE 116 Ia 221 E. 3b S. 232, 339 E. 3b/aa S. 341; 114 Ia 364 E. 4 S. 369.

Land ist erschlossen, wenn die für die betreffende Nutzung hinreichende Zufahrt besteht und die erforderlichen Wasser-, Energie- sowie Abwasserleitungen so nahe heranführen, dass ein Anschluss ohne erheblichen Aufwand möglich ist (Art. 19 Abs. 1 RPG). Bauzonen werden durch das Gemeinwesen innerhalb der im Erschließungsprogramm vorgesehenen Frist erschlossen. Das kantonale Recht regelt die Beiträge der Grundeigentümer (Art. 19 Abs. 2 RPG). Erschließt das Gemeinwesen Bauzonen nicht fristgerecht, so ist den Grundeigentümern zu gestatten, ihr Land nach den vom Gemeinwesen genehmigten Plänen selber zu erschließen oder die Erschließung durch das Gemeinwesen nach den Bestimmungen des kantonalen Rechts zu bevorschussen (Art. 19 Abs. 3 RPG). 40

VII. Baugenehmigung

Nach Art. 22 Abs. 1 RPG dürfen Bauten und Anlagen nur mit behördlicher Bewilligung errichtet oder geändert werden. Voraussetzung einer Bewilligung ist (Art. 22 Abs. 2 RPG), dass (a) die Bauten und Anlagen dem Zweck der Nutzungszone entsprechen und (b) das Land erschlossen ist. Die übrigen Voraussetzungen des Bundesrechts und des kantonalen Rechts bleiben vorbehalten (Art. 22 Abs. 3 RPG). Die Einzelheiten richten sich nach den kantonalen Bestimmungen. Art. 25 Abs. 2 RPG bestimmt z.B., dass die **zuständige kantonale Behörde** bei allen **Bauvorhaben** außerhalb der **Bauzonen** entscheidet, ob sie zonenkonform sind oder ob für sie eine Ausnahmebewilligung erteilt werden kann. Damit ist es grundsätzlich Sache des kantonalen Rechts, die zuständige Behörde zu bezeichnen[109]. Eine gewisse Einheitlichkeit im Grundsatz schafft die Rechtsprechung des Schweizerischen Bundesgerichts. 41

Nach Art. 34 RPG ist die Verwaltungsgerichtsbeschwerde an das Bundesgericht zulässig gegen Entscheide letzter kantonaler Instanzen über Entschädigungen als Folge von Eigentumsbeschränkungen, über die Zonenkonformität von **Bauten** und Anlagen außerhalb der **Bauzonen** sowie über Bewilligungen im Sinne von Art. 24–24d RPG (Abs. 1). Andere Entscheide letzter kantonaler Instanzen sind endgültig; vorbehalten bleibt die staatsrechtliche Beschwerde. 42

Nach der bundesgerichtlichen Praxis hat z.B. der Abbruch von **Bauten** trotz fehlender **Baubewilligung** zu unterbleiben, wenn der **Bau** materiell nicht **baurechtswidrig** ist und nachträglich bewilligt werden kann. Bei der nachträglichen Beurteilung eines **Bauwerks** ist grundsätzlich auf den Rechtszustand im Zeitpunkt der Errichtung desselben abzustellen, es sei denn, das im Beurteilungszeitpunkt geltende Recht sei für den Bauherrn günstiger[110]. 43

---

109 Vgl. zur Zuständigkeit der kantonalen Behörden BG, Urt. vom 14.08.2002, 1P.494/2001.
110 BGE 102 Ib 64 E. 4; BG, Urt. vom 19.12.2001, 1P.768/2000.

§ 45 Spanien

Inhaltsübersicht

I. Allgemeines Vertragsrecht

1 Spanien stand von 1804 bis 1814 unter französischer Besatzung, ohne dass dort der Code Civil eingeführt wurde. Der 1889 in Kraft gesetzte Codigo Civil lehnt sich jedoch zum Teil an den Code Civil an[1]. Noch heute ist das spanische Zivilrecht im Wesentlichen im **Codigo Civil** kodifiziert[2]. Ein Vertrag besteht, sobald eine oder mehrere Personen übereinkommen, sich gegenüber einem oder mehreren anderen zu verpflichten, irgendeine Sache zu geben oder irgendeinen Dienst zu leisten (Art. 1254 Codigo Civil). Es herrscht **Vertragsfreiheit**. Die Parteien können die Vereinbarungen, Klauseln und Bedingungen festsetzen, die sie für angebracht halten, sofern sie nicht gegen die Gesetze, die Moral oder die öffentliche Ordnung verstoßen (Art. 1255 Codigo Civil).

2 Ein Vertrag kommt durch Einigung (vgl. Art. 1262 Codigo Civil) über ein bestimmtes Objekt zustande, das Gegenstand des Vertrages ist (Art. 1261 Nr. 1 und Nr. 2 Codigo Civil), und verpflichtet von da an, nicht nur zur Erfüllung des ausdrücklich Vereinbarten, sondern auch zu allen Folgen, die gemäß ihrer Natur Treu und Glauben, der Verkehrssitte und dem Gesetz entsprechen (Art. 1258 Codigo Civil). Wie im französischen und belgischen Recht muss die Vereinbarung einen Rechtsgrund beinhalten (Art. 1261 Codigo Civil).

3 Durch Irrtum, Drohung, Zwang oder Arglist zustande gekommene Einigung ist nichtig (Art. 1265 Codigo Civil). Ein Irrtum muss sich auf das Wesen der Sache beziehen, die Gegenstand des Vertrages ist, oder auf diejenigen Umstände, die hauptsächlich Anlaß zum Vertragsschluss gegeben haben (Art. 1266 Codigo Civil). Der einfache Rechnungsirrtum gibt nur Raum für seine Berichtigung (Art. 1266 Codigo Civil).

II. Bauvertragsrecht

4 **1. Allgemeines Werkvertragsrecht.** Der Bauvertrag ist ein **Werkvertrag** zwischen dem Bauträger (promotor) oder dem Bauherrn (proprietario) und dem Bauunternehmer (constructor). Das spanische Werkvertragsrecht ist in den Art. 1588 ff. Codio Civil geregelt (Art. 1544 Codigo Civil). Auf standardisierte Bauverträge mit Verbrauchern finden zusätzlich die Ley General para la Defensa de los Consumidores y Usuarios – LCU (spanisches Verbraucherschutzgesetz) und die Ley sobre Condiciones Generales de la Contratación (spanisches AGB-Gesetz) Anwendung. Die Erstellung eines Werkes kann in der Weise vertraglich vereinbart werden, dass derjenige, der es ausführt, nur seine Arbeitskraft zur Verfügung stellt oder auch das Material liefert (Art. 1588 Codigo Civil). Wer sich verpflichtet, ein Werk in Teilen oder in Maßen zu errichten, kann

---

1 Koch/Magnus/Winkler v. Mohrenfels, IPR und Rechtsvergleichung, 368.

2 In diesem Bericht wurde die deutsche Übersetzung des Codigo Civil von Peuster, Codigo Civil-Das spanische Zivilgesetzbuch, Frankfurt 2002, zugrunde gelegt.

verlangen, dass es in Teilen abgenommen und verhältnismäßig bezahlt wird (Art. 1592 Codigo Civil). Der Architekt oder Unternehmer, der für einen Festpreis (precio alzado) arbeitet, kann keine Preiserhöhung fordern, auch wenn der Preis der Arbeitslöhne und der Materialien gestiegen ist. Nachforderungen sind dagegen möglich, wenn eine Planänderung erfolgt, die eine Vergrößerung des Werkes mit sich bringt und der Eigentümer seine Zustimmung gegeben hat (Art. 1593 Codigo Civil). Die Genehmigung kann ausdrücklich oder konkludent erteilt werden; die Rechtsprechung stellt keine hohen Anforderungen an die Annahme einer konkludenten Genehmigung. Das Werk ist mangels gegenteiliger Abmachung bei Übergabe zu bezahlen (Art. 1599 Codigo Civil). In der Praxis ist es üblich, die Fälligkeit der Vergütung an den Baufortschritt zu koppeln und die Zahlung von Baufortschrittsbescheinigungen auf der Grundlage der vom Architekten ausgestellten Bescheinigungen zu vereinbaren. In diesem Zusammenhang wird häufig gleichzeitig vereinbart, dass der Bauherr jeweils zwischen 5% und 10% der fälligen Teilbeträge als Sicherheit für die rechtzeitige und mangelfreie Erfüllung seitens des Bauunternehmers einbehält. Der Werklohnanspruch ist gegenüber anderen Gläubigern privilegiert. Zahlt der Bauherr den vereinbarten Werklohn nicht, kann der Bauunternehmer eine Art Bauhandwerkersicherungshypothek im Grundbuch eintragen lassen (Art. 1922, 1923, 1927 Codigo Civil). Zeigen sich sodann innerhalb eines Jahres keine Mängel an dem Bauwerk, so zahlt der Bauherr dem Bauunternehmer den einbehaltenen Sicherheitsbetrag aus. Die Haftung für Baumängel besteht 10 Jahre (Art. 1591 Codio Civil). Die Frist verlängert sich auf 15 Jahre, wenn der Unternehmer den Bauvertrag nicht eingehalten hat. Die sog. ruina-Haftung (Art 1591 Codigo Civil) ist eine Besonderheit des spanischen Rechts. Sie setzt nicht etwa tatsächlich den Einsturz eines Bauwerks auf Grund technischer Fehler voraus. Die Haftung besteht bereits, wenn der Zustand des Bauwerks den Verlust in der Zukunft erwarten lässt. Es ist auch nicht erforderlich, dass das gesamte Bauwerk mangelbehaftet ist. Gefordert wird, dass der Mangel wesentliche Teile des Bauwerks erfasst (ruina parcial). Die spanische Rechtsprechung hat zu einer Ausdehnung des Anwendungsbereichs des Art. 1591 Codigo Civil beigetragen. In Spanien tätige deutsche Bauunternehmen müssen daher ein gegenüber der VOB/B erheblich längeres Haftungsrisiko einkalkulieren, denn die ruina-Haftung ist unabdingbar.

2. Gesetz zur Ordnung des Bauwesens. Mit dem **Gesetz zur Ordnung des Bauwesens** (Ley de Ordenación de la Edificatión 38/1999-LEO), welches im Mai 2000 in Kraft getreten ist, wurden die Rechte des Bauherrn gestärkt. Ferner soll das Gesetz die Sicherheit der Bauwerke verstärken. Das Gesetz ordnet die Beziehungen der am Bau beteiligten Personen und regelt ihre Beziehungen. Zu den wesentlichen Neuerungen gehört insbesondere die Einführung einer obligatorischen Baumängelversicherung mit einem Direktanspruch des Bauherrn oder seines Rechtsnachfolgers gegen die Versicherung sowie Schaffung eines zeitlich abgestuften Gewährleistungsrechts. Bislang wurde allerdings nur die Pflichtversicherung für Strukturmängel effektiv eingeführt. 5

a. Abnahme. Art. 6 LEO regelt die **Abnahme** der Arbeiten. Sie besteht in dem Akt, durch den der Unternehmer nach Fertigstellung der Arbeiten, diese an den Besteller übergibt, der sie akzeptiert. Die Abnahme kann mit oder ohne Vorbehalt stattfinden und soll sich je nach Vereinbarung auf alle fertig gestellten Arbeiten oder Teile hiervon erstrecken. Die Abnahme wird protokolliert. Das Protokoll ist von dem Unternehmer und dem Besteller zu unterschreiben und soll u.a. angeben: 6

- die involvierten Parteien
- das Datum der endgültigen Abnahme
- die endgültigen Kosten der Baudurchführung
- die Abnahmeerklärung mit oder ohne Vorbehalte, die ggf. zu spezifizieren sind, sowie der Angabe der Mängelbeseitigungsfrist
- Garantien, die von dem Hersteller für die Einhaltung seiner Verpflichtungen gefordert werden

Nach erfolgreicher Mängelbeseitigung wird ein neues Protokoll erstellt. Der Besteller kann die Abnahme verweigern, wenn er meint, die Arbeiten seien unvollständig oder nicht in Übereinstimmung mit dem Vertrag ausgeführt worden. Die Abnahmeverweigerung ist zu begründen. Vorbehaltlich anders lautender Vereinbarungen hat die Abnahme innerhalb von 30 Tagen nach Fertigstellung der Arbeiten zu erfolgen. Die Abnahme gilt als stillschweigend erfolgt, wenn der Besteller nicht innerhalb der Frist seine Vorbehalte oder die Abnahmeverweigerung schriftlich erklärt. Die Haftung und die Grantiefristen beginnen mit der Abnahme.

7 **b. Haftung.** Zukünftig umfasst die Haftung des Bauunternehmers unbeschadet der ohnehin bestehenden zivilrechtlichen Haftung (Art. 17 LEO):

- Die zehnjährige Haftung für strukturelle Baumängel (z.B. Mängel an der Betonierung, tragenden Elementen, Balken oder Stützmauern), die sämtliche am Bau Beteiligte trifft
- Die dreijährige Haftung für Schäden, die die Bewohnbarkeit beeinträchtigen, sofern die Mängel auf fehlerhaften Materialien oder Installationen beruhen, die sämtliche am Bau Beteiligte trifft
- Die einjährige Haftung für geringfügige Ausführungsmängel an Fertigstellungs- oder Ausbauelementen

8 Die vorstehende Haftung beginnt jeweils mit der Abnahme. Sämtliche Ansprüche aus dieser Haftung verjähren nach 2 Jahren (Art. 18 LEO), wobei diese Frist mit dem Zeitpunkt des Eintritts bzw. des Auftretens der Mängel beginnt. Erstmals werden ausdrücklich die einzelnen Aufgaben- und Verantwortungsbereiche der am Bau beteiligten Personen, also des Bauträgers (promotor), des Bauunternehmers (Constructor), des Architekten, des Statikers (Provectista) und Bauleiters (Jefe de Obra) beschrieben. Der Bauleiter wacht über die Bauarbeiten: insbesondere auch in technischer, ästhetischer, urbanistischer und umweltrechtlicher Hinsicht, unter Beachtung der Bauerlaubnis. Lässt sich ein Mangel nicht eindeutig zuordnen, haften alle Beteiligten gesamtschuldnerisch gegenüber dem Erwerber der Immobilie (Art. 17 Nr. 3 LEO).

III. Architektenvertrag

9 Der Architektenvertrag hat in Spanien keine gesetzliche Ausgestaltung erfahren. Er wird als Werkvertrag und ggf. als Auftrag qualifiziert. Die wesentlichen Verpflichtungen des Architekten bestehen in der Planung und Leitung des Bauvorhabens, wobei zwischen den Architekten und den Technischen Architekten (**„aparejadores“**) zu unterscheiden ist. Letztere haben in anderen europäischen Ländern kein Äquivalent und sind am ehesten mit einem englischen **Quantity Surveyor** zu vergleichen. Die Architekten und Statiker mit akademischer Ausbildung haben insbesondere auch die Aufgabe eines Koordinators für Sicherheit und Gesundheit aufgrund des Königlichen Dekrets

1627/1997. Durch das Königliche Dekret 2512/1997 vom 17. Juni 1997 wurden die Honorare der Architekten freigegeben und müssen seither frei ausgehandelt werden. Zuvor waren die Honorare zum Schutz des Berufsstandes von der Kammer vorgegeben. Heute werden die Honorarempfehlungen der Consejo Superior de Arquitectos (Nationale Architektenkammer) und der Colegios de Arquitectos (lokale Architektenkammern) als Referenzbasis herangezogen.

IV. Öffentliche Aufträge

Die öffentliche Auftragsvergabe ist im Gesetz Nr. 13/1995 (Ley de Contrataciones con la Administratión – TRLCAP). geregelt. Das Gesetz regelt vier mögliche Vergabeverfahren. **10**

§ 46 Südafrika

Schrifttum

Christie/Bradfiled, The Law of Contract in South Africa, 6. Auflage, Durban, 2011; Finsen, Building Contract, 2. Auflage, Claremenot 2011; Forsyth, Private International Law, 4. Auflage, Cape Town 2003

Inhaltsübersicht

I. Allgemeines Vertragsrecht

1 **1. Überblick.** Mitte des 17. Jahrhunderts nahmen holländische Siedler das Gebiet von Südafrika in Besitz, das heute als Western Cape bekannt ist. Im Jahre 1806 besiegten die Engländer die holländischen Siedler und nahmen das Kap der Guten Hoffnung in Besitz. Das Recht Südafrikas reflektiert diese Geschichte und setzt sich aus dem gemeinen Recht des Landes zusammen, das wiederum auf den Schriften holländischer Gelehrter des 17. und 18. Jahrhunderts beruht. Es geht also auf so berühmte Autoren wie Grotius, Johannes Voet, Simon Groenewegen und Johannes van der Linden zurück. Während das Verfahrensrecht überwiegend englische Wurzeln hat, bleibt das römischrechtliche Gedankengut im materiellen Recht weithin verankert.

2 Das südafrikanische Zivilrecht besteht heute aus Common Law in dem Sinne, dass es auf Präzedenzfällen höherer Gerichte aufgebaut ist, also auf Regeln und Prinzipien, die auf niederländisch-römische Gedanken zurückgehen, sowie Gesetzesrecht. Das südafrikanische Recht ist vergleichbar dem englischen nicht kodifiziert und muss aus Gerichtsentscheidungen und einzelnen Gesetzen zusammengetragen werden. Seit 1994 existiert eine Verfassung.

3 Eine rechtliche Verpflichtung ist ganz allgemein gesehen eine rechtliche Bindung zwischen Rechtssubjekten, die von der Rechtsordnung anerkannt wird. Durch sie entstehen unter gewissen Voraussetzungen Rechte und Pflichten, die durch das Recht anerkannt werden. Eine solche Verpflichtung besteht aus 2 Elementen, namentlich dem Recht des Gläubigers Erfüllung zu verlangen und die Pflicht des Schuldners entsprechend Erfüllung zu leisten. Solche schuldrechtlichen Verpflichtungen entstehen aus rechtlichen Tatsachen, die wie folgt beschrieben werden können: Es kann sich um Schuldverhältnisse handeln, die allein aus Rechtsgründen ohne den Willen der Beteiligten entstehen, z.B. aus unerlaubten Handlungen oder auch um solche, die für ihr Entstehen, einen Rechtsbindungswillen voraussetzen. Solche Akte können ein- oder zweiseitig sein, z.B. Testamente oder Verträge. Bei letzteren handelt es sich um die bedeutendste Gruppe.

4 Auf der Grundlage holländischer und römisch-rechtlicher Quellen versteht das südafrikanische Recht den Vertrag als eine schuldrechtliche Rechtsbeziehung, die von Rechtsubjekten eingegangen wird. Diese Rechtsbeziehung kann Rechte und Pflichten begründen, die von Rechts wegen anerkannt werden. Die Rechtsbeziehung besteht jeweils

nur zwischen den beteiligten Rechtsubjekten. Sie werden als Rechte in personam verstanden, die von den Rechten in rem (Sachenrechte) zu unterscheiden sind. Letztere wirken universell, d.h. gegen jeden. Das römische Recht beschrieb spezielle Kategorien von Transaktionen, auf die das Schuldrecht anwendbar war. Hingegen definiert das südafrikanische Recht schuldrechtliche Beziehungen im Allgemeinen und klassifiziert diese nur insoweit als sie sehr häufig vorkommen. Die vertraglichen Regelungen werden nach essentialia negotii, naturalia negotii und incidentalia negotii klassifiziert[1]. Die Essentialia sind die vertraglichen Vereinbarungen, die herangezogen werden, um den Vertrag einem bestimmten Vertragstypus zuzuordnen[2].

2. Anwendbares Recht. Das südafrikanische IPR ist nicht kodifiziert. Aus Sicht des südafrikanischen Rechts entscheidet die lex loci contractus über die Natur, die Verpflichtungen und die Auslegung des Vertrages. Der locus contractus ist der Ort, wo der Vertrag geschlossen wurde, es sei denn er wird an einem anderen Ort erfüllt. In diesem zweiten Fall wird das Vertragsstatut an den Erfüllungsort angeknüpft[3]. Ist streitig, ob der Vertrag zustande gekommen ist, stellen die südafrikanischen Gerichte auf das wahrscheinliche objektive Vertragsstatut ab[4]. 5

3. Vertragsschluss. Ein Vertrag ist eine Vereinbarung, die auf dem Konsens der beteiligten Parteien beruht, die rechtlich befugt sind, sich zu binden. Gegenstand eines Vertrages kann eine rechtlich mögliche und legale Verpflichtung sein, der mit der Absicht zustande kommt, rechtliche Beziehungen einzugehen. Voraussetzungen für den Vertragsschluss sind der Konsens der Parteien, ihre Geschäfts- und Rechtsfähigkeit, die Gesetzmäßigkeit der Vereinbarung, die tatsächliche Möglichkeit (d.h. die Erfüllung muss zum Zeitpunkt des Vertragsschlusses bestimmbar und möglich sein) sowie die Erfüllung förmlicher Voraussetzungen, soweit erforderlich. Das Prinzip von Treu und Glauben begründet keine eigenständigen Rechte und Pflichten, sondern es ist jedem Vertag immanent[5]. Wie das Recht gegenwärtig aussieht, ist Treu und Glauben keine eigenständige Regel sondern ein zugrunde liegender Wert, dem durch existierende rechtliche Regeln Ausdruck verliehen wird. In diesem Fall wird dem guten Glauben durch die bestehende Regel Wirkung verliehen, dass vertragliche Rechte, deren Erfüllung unmöglich ist, nicht durchgesetzt werden sollten. Guter Glaube hat eine kreative, eine kontrollierende, eine legitimierende und eine erläuternde Funktion. Es ist jedoch nicht der einzige Wert oder das einzige Prinzip, das dem Vertragsrecht zugrunde liegt[6]. 6

Das südafrikanische Recht unterscheidet die zweiseitigen von den einseitigen Verträgen und die zweiseitigen von den gegenseitigen Verträgen sowie die benannten von den unbenannten. Die benannten Verträge sind solche Verträge, die so häufig auftreten, dass sie einen Namen erworben haben (z.B. *locatio conductio operis* = Werkvertrag) und einen individuellen Charakter haben. Die essentialia negotii werden als die Minimalelemente eines benannten Vertrages verstanden. Die Naturalia bezeichnen Regelungen, die einem Vertrag naturgemäß innewohnen, aber abbedungen werden können. Die 7

1 Van der Merve/van Huyssteen/Reinecke/Lubbe, Contract, 282.

2 Van der Merve/van Huyssteen/Reinecke/Lubbe, Contract, 283.

3 Standard Bank of South Africa Limited v. Efroiken and Newman 1924 AD 171, 185; Maschinen Frommer GMBH & Co KG v. Trisave Engineering & Machinery Supplies (PTY) limited (415/02) [2002] ZAWCHC 55 (10 October 2002).

4 Maschinen Frommer GMBH & Co KG v. Trisave Engineering & Machinery Supplies (PTY) limited (415/02) [2002] ZAWCHC 55 (10 October 2002).

5 Tuckers Land and Development Corporation (Pty) Ltd v Hovis 1980 (1) SA 645 (A).

6 Tuckers Land and Development Corporation (Pty) Ltd v. Hovis 1980 (1) SA 645 (A); vgl. auch Barkhuizen v Napier (CCT72/05) [2007] ZACC 5 (4 April 2007).

Incidentalia sind alle die vertraglichen Regelungen, die von den Parteien ausdrücklich oder stillschweigend in den Vertrag einbezogen wurden[7].

8 Verträge sind unwirksam, wenn es an einem Erfordernis für seinen Abschluss fehlt. Sie sind angreifbar (anfechtbar), wenn ein Vertrag zustande gekommen ist, er aber aus einem Grund, der bei Vertragsschluss schon bestand aufgehoben werden kann, was z.B. der Fall ist, wenn der Konsens unlauter erlangt wurde. Ein Vertrag ist nicht durchsetzbar, wenn er lediglich eine Naturalobligation begründet, die zwar anerkannt aber nicht durchgesetzt wird (z.B. Wette).

9 Der Inhalt eines Vertrages wird durch seine Regelungen bestimmt. Hinzu kommen so genannte implizite Vertragsbedingungen (implied terms). Obwohl eine Anzahl von implizierten Regelungen im Rahmen der südafrikanischen Rechtsentwicklung bekannt wurden, gibt es keinen numerus clauses der implizierten Regelungen und die Gerichte haben die inhärente Befugnis, neue implizierte Bedingungen zu entwickeln[8]. Der Ansatz der Gerichte bei der Entscheidung darüber, ob implizierte Bedingungen in den Vertrag hineingelesen werden sollten, illustriert die kreative und informative Funktion der abstrakten Werte wie guter Glaube und Fairness im südafrikanischen Vertragsrecht[9]. Tatsächlich haben die Gerichte ausdrücklich anerkannt, dass ihre Befugnisse zur Vervollständigung und Einschränkung der Verpflichtungen der Vertragsparteien aus einem Vertrag mittels Hineinlesens von Regelungen in Übereinstimmung mit den Erfordernissen von Gerechtigkeit, Angemessenheit, Fairness und Treu und Glauben erfolgen sollte[10]. Sobald eine implizite Bedingung anerkannt wurde, ist sie allerdings in allen Verträgen eingebunden, wenn sie einen allgemeinen Anwendungsbereich hat, oder nur in Verträgen einer speziellen Gattung, es sei denn die implizite Vertragsbedingung wird von den Parteien ausdrücklich abbedungen[11]. Damit ähnelt das südafrikanische Recht sehr dem deutschen Bild des disponiblen Rechts, das der Gesetzgeber für einzelne Vertragstypen entworfen hat.

10 Muss der Vertragsinhalt durch Auslegung bestimmt werden, besteht der erste Schritt darin, die gewöhnliche grammatikalische Bedeutung der Worte, die von den Parteien benutzt wurden, festzustellen[12]. Gleichwohl kann aus dem Kontext der benutzten Worte, ihrem Zusammenhang und der Natur der Transaktion, so wie es aus dem gesamten Vertrag deutlich wird, hervorgehen, dass sie in einer außergewöhnlichen oder technischen Weise und nicht in ihren gängigen alltäglichen Bedeutung genutzt wurden, in welchem Falle dieser Sinn als die gewöhnliche grammatikalische Bedeutung genommen wird[13].

---

7 Van der Merve/van Huyssteen/Reinecke/Lubbe, Contract, 283.

8 South African Forestry Company Ltd v. York Timbers Ltd (656/02) [2004] ZASCA 72 (9 September 2004).

9 Vgl. South African Forestry Company Ltd v. York Timbers Ltd (656/02) [2004] ZASCA 72 (9 September 2004).

10 Siehe z.B. Tuckers Land and Development Corporation (Pty) Ltd v. Hovis 1980 (1) SA 645 (A) 651C-652G; A Becker & Co (Pty) Ltd v Becker and Others 1981 (3) SA 406 (A) 417F-420A; Ex Parte Sapan Trading (Pty) Ltd 1995 (1) SA 218 (W) 226I-227G.

11 Siehe z.B. Alfred McAlpine & Son (Pty) Ltd v. Transvaal Provincial Administration 1974 (3) SA 506 (A) 531D-H; South African Forestry Company Ltd v. York Timbers Ltd (656/02) [2004] ZASCA 72 (9 September 2004).

12 Vgl. Burger v. Quinn (10635/2006) [2007] ZAGPHC 159 (24 August 2007); Jines v. Anglo African Shipping Co (1936) Ltd 1972 2 SA 827 (AD) at p 834E.

13 Vgl. Sassoon Confirming & Acceptance Co (Pty) Ltd v. Barclays National Bank Ltd 1974(1) SA 641 (A) at 646B-D; Polysius v. Transvaal Alloys and Another 1983(2) SA 630 (W) at 643E-644H.

Es herrscht die Überzeugung, dass sehr wenige Worte ... eine einzige Bedeutung haben, und die gewöhnliche Bedeutung von Worten, die in einem Vertrag auftauchen, hängt notwendigerweise vom Kontext ab, in dem sie benutzt werden, ihrer Beziehung und von der Natur der Transaktion, so wie es aus dem Vertrag insgesamt hervorgeht[14]. Wenn eine Spezifikation mehrdeutig ist ... kann Bezug genommen darauf werden, wie die Parteien selbst sie aufgrund ihres Verhaltens ausgelegt haben[15]. 11

Die südafrikanischen Gerichte prüfen oft sehr genau, was die Parteien tatsächlich vereinbart haben[16]. Gelegentlich kann z.B. der kaufrechtliche Aspekt überwiegen. Die Tatsache, dass ein Vertrag aufgrund seiner Natur zweiseitig ist, gibt keine Hilfe bei der Beantwortung der Frage. Auch der Umstand, dass die Verpflichtungen am selben Tage fällig sind, tut dies nicht[17]. Damit Gegenseitigkeit besteht, muss solch eine Beziehung zwischen der von einer Partei zu erfüllenden Verpflichtung und der von der anderen Partei geschuldeten bestehen um zu kennzeichnen, dass die eine im Austausch gegen die Erfüllung der anderen unternommen wurde, und, in den Fällen „wo die Verpflichtungen nicht aufeinander folgend sind, Zug um Zug"[18]. 12

4. Vertragsabwicklung. Das Vertragsrecht ist die Regelungsmaterie, die die rechtlichen Regelungen enthält, die sich mit dem Abschluss und den Folgen von Verträgen befassen. Das Vertragsrecht definiert die Grundlagen und Anforderungen für die vertragliche Haftung und den Rechten und Pflichten der Parteien. Es regelt den Vertragsbruch, die Auflösung des Vertrages und die Rechtsbehelfe in solchen Fällen. Daneben existieren die außervertraglichen Schuldverhältnisse, die z.B. durch unerlaubte Handlungen und ungerechtfertigte Bereicherung entstehen. 13

In einem gegenseitigen Vertrag kann eine Partei, die aufgrund der unterlassenen Mitwirkung der anderen Partei gehindert ist, ihre Leistung vollständig zu erbringen, trotz der eigenen unvollständigen Leistung ihrerseits Leistung von der anderen Partei verlangen, aber grundsätzlich vorbehaltlich einer Anpassung der geltend gemachten Leistung, die im Werkvertrag auf eine Reduzierung des Werklohns hinausläuft[19].

II. Bauvertragsrecht

1. Überblick. Der Werkvertrag (*locatio conductio operis*) ist ein Vertrag, der die Lieferung eines Arbeitsproduktes gegen Zahlung beinhaltet[20]. Er verpflichtet den „Conductor" die Arbeit auszuführen, die er verpflichtet ist zu erledigen, bevor das Vertragsentgelt verlangt werden kann[21]. Es handelt sich um einen gegenseitigen Vertrag, bei dem die 14

---

[14] Vgl. Hollard Life Assurance Company Ltd. v. Van Der Merwe NO (569/2003) [2004] ZASCA 115; [2006] 4 All SA 333 (SCA); (30 November 2004).

[15] MTK Saagmeule (Pty) Ltd v Killyman Estates (Pty) Ltd 1980 (3) SA 1 (A) at 12 F G; Powernet Services 1988 (Pty) Ltd v. Government of the Republic of South Africa (559/95) [1997] ZASCA 82; 1998 (2) SA 8 (SCA); [1997] 4 All SA 676 (A) (26 September 1997) MTK Saagmeule (Pty) Ltd v Killyman Estates (Pty) Ltd 1980 (3) SA 1 (A) at 12 F G; Powernet Services 1988 (Pty) Ltd v. Government of the Republic of South Africa (559/95) [1997] ZASCA 82; 1998 (2) SA 8 (SCA); [1997] 4 All SA 676 (A) (26 September 1997).

[16] Vgl. Du Plesiss v. Ndjavera (A. 245.2001) [2001] NAHC 32 (27 September 2001; Ndjavera v. Du Plessis (SA23/01 ; SA23/01) [2003] NASC 2 (24 January 2003.

[17] Vgl. Strydom v. Van Rensburg, 1949 (3) SA 465 (T) at 467.

[18] per Corbett, J in Ese Financial Services (Pty) Ltd v. Cramer, supra, at 809E.

[19] Vgl. Sebenza Construction BK v. Nkosi (184/2004) [2007] ZAGPHC 217 (21 September 2007).

[20] Vgl. auch Thompson v. Scholtz (167/96) [1998] ZASCA 87; 1999 (1) SA 232 (SCA); [1998] 4 All SA 526 (A) (28 September 1998.

[21] Kamaludin v. Gihwala, 1956 (2) SA 323 (C) at p. 326.

Verpflichtung zur Zahlung unter der Bedingung fällig wird, dass die Vorleistung, sprich das Werk herzustellen, ausgeführt ist[22].

Aus südafrikanischer Sicht sind Bauverträge für den Bau von großen Gebäuden oder für die Ausführung von bedeutenden Arbeiten normalerweise (und wahrscheinlich notwendigerweise) komplexe Dokumente. Ein Grund, warum das so ist, ist, dass die Erfahrung gelehrt hat, dass trotz aller Bemühungen die auszuführende Arbeit mit großer Genauigkeit zu beschreiben, Bauarbeiten Unsicherheiten enthalten, die es erforderlich machen, dass solche Dokumente Regelungen beinhalten, die die Weglassung, das Hinzufügen oder die Änderung von Arbeiten erlauben.

15 **2. Besondere Vertragstypen.** Die *locatio conductio operis* kommt in unterschiedlicher Ausprägung vor. Verschiedene Formen von Verträgen sind gemeinhin in Gebrauch. Pauschalpreisverträge sorgen aus südafrikanischer Sicht in einer Weise für die Verteilung der Risiken, die einem Bauvertrag dieses Typs innewohnen. Verträge, die auf Massenverzeichnissen beruhen tun dies in anderer Weise. Die Wahl zwischen diesen beiden Formen (und in der Tat anderen) wird dadurch vorgegeben, was die Parteien den jeweiligen Umständen nach für wünschenswert halten. Musterverträge für beide Typen wurden über die Zeit auf industrieller Basis entwickelt, so wie diese, die von dem Institut der Südafrikanischen Architekten oder der Vereinigung der Südafrikanischen Quantity Surveyor, oder in Großbritannien von der RIBA. Diese Dokumente sind Gegenstand der Standardmusterbücher auf diesem Gebiet. Sie haben sehr ähnliche Grundstrukturen. Warum sie komplex sind, liegt darin, dass gewünscht wird, die zu erledigenden Arbeiten in der Weise zu beschreiben, dass Unsicherheiten so weit wie möglich reduziert werden. Häufig werden Regelungen für spezialisierte Subunternehmer vorgesehen. Das kann zu der Komplexität beitragen. Außerdem werden häufig auch Regelungen aufgenommen, die Zahlungen nach Baufortschritt gestatten. Dies wird üblicherweise auf der Grundlage von vorläufigen Bewertungen und eines Aufmaßes getan. Die Qualitätskontrolle muss dann vorgenommen werden, wenn die Bescheinigungen erteilt werden, die die Zahlungen autorisieren[23]. Üblicherweise werden Bauvorhaben auf der Grundlage der Standardverträge abgewickelt, die das Joint Building Contracts Committee – JBCC- herausgibt.

16 **3. Preis.** Der Werkvertrag ist regelmäßig entgeltlich. Wenn ein Preis nicht vereinbart wurde, wird eine vertragsimmanente Vereinbarung angenommen, wonach der Unternehmer Anspruch auf eine angemessene Vergütung hat[24]. Es gibt keinen Grund, warum die Parteien eines Vertrages, der eine *locatio conductio operis* beinhaltet,... nicht wirksam eine Vergütung vereinbaren können, die sich nach einem Tarif errechnet[25].

17 Haben die Parteien keine Vergütung vereinbart, wird eine angemessene Vergütung geschuldet[26]. Der Entscheidung Compagnie Interafricaine lag die folgende Klausel 2b aus dem Vertragswerk zugrunde:

---

22 Vgl. Du Plesiss v. Ndjavera (A. 245.2001) [2001] NAHC 32 (27 September 2001; Ndjavera v. Du Plessis (SA23/01 ; SA23/01) [2003] NASC 2 (24 January 2003).

23 Vgl. Minister of Public Works and Land Affairs v. Group Five Building Ltd (606/96) [1999] ZASCA 36 (28 May 1999).

24 Newstadt v. H Amm (Pty) Limited (2328/2002) [2005] ZAFSHC 3; [2005] ZAFSHC 20 (20 January 2005).

25 EC Chenia and Sons CC v. LamÃ© and Van Blerk (303/05) [2006] ZASCA 10; 2006 (4) SA 574 (SCA); [2006] SCA 16 (RSA) (17 March 2006).

26 Compagnie Interafricaine de Travaux v. South African Transport Services and Others (680/89) [1991] ZASCA 16; 1991 (4) SA 217 (AD); (21 March 1991).

No claim by the Contractor will be considered on account of the materials, methods of construction and/or site conditions being different from those assumed by him in tendering for the contract, except in the case of adverse sub surface conditions which in the opinion of the engineer could not reasonably have been foreseen.	Kein Anspruch des Unternehmer in Bezug auf Materialien, Baumethoden und/oder Baustellenbedingungen, die anders sind als solche, die er für die Angebotsabgabe zugrunde gelegt hat, wird in Betracht gezogen, mit Ausnahme in dem Fall von gegenteiligen Untergrundbedingungen, die nach Meinung des Ingenieurs vernünftigerweise nicht vorhergesehen werden konnten.

Das Gericht entschied, der geschuldete Ausgleich für Erschwernisse aus unvorhersehba- 18
ren Baugrundbedingungen richte sich auf eine „angemessene Vergütung" für die durch die unvorhergesehenen Baugrundbedingungen erforderlichen Leistungen[27]. Der Besteller hatte argumentiert, der vorstehende Anspruch werde nur über die Variation Clause ausgelöst und sei mithin abhängig von der Anordnung einer Variation durch den Engineer.

Diesem Argument folgte das Gericht nicht, weil der Claim aus Klausel 2b aus seiner 19
Sicht ein unbedingter Anspruch war, der allein auf der Grundlage der tatsächlichen Voraussetzungen entstehe, die in der betreffenden Klausel vorgesehen seien. Hingegen liege es im freien und ungebundenen Ermessen, ob der Engineer eine Variation auslösen wolle. Hinweise dafür, dass das Vertragswerk in der Weise auszulegen sei, das der Engineer es im Falle des Auftretens erschwerter Baugrundbedingungen in seiner Hand habe, ob sich hieraus Ansprüche des Unternehmers ergeben, enthalte das Vertragswerk nicht. Stattdessen formuliere die Klausel 2b einen unbedingten Anspruch, der allein davon abhänge, ob die Erschwernisse nach Meinung des Ingenieurs vernünftigerweise nicht vorhergesehen werden konnten.

Das Gericht erkannte durchaus, dass der Unternehmer das ursprüngliche Werk schuldete, 20
allerdings unter erschwerten Bedingungen. Es führte aus:

... Derselbe Tunnel war in Übereinstimmung mit derselben Planung und Spezifikation auszuheben und zu bauen: es ist nur so, dass aus der Sicht des Unternehmers die Ausführung der Arbeiten schwieriger, zeitintensiver und folglich teurer ist.

Im Ergebnis hat das Gericht die vorstehende Regelung als eine solche angesehen, aus 21
der ein im Voraus dem Grunde nach vereinbarter Anspruch auf eine angemessene Mehrvergütung herauszulesen ist.

In einem ähnlich gelagerten Fall sah der Vertrag im Falle erschwerter Baubedingungen eine Anpassung der Einheitspreise vor, ohne zu regeln, wie die Anpassung vonstatten gehen sollte. Auch hier rekurrierte das Gericht auf den Grundsatz, dass, wenn die Parteien sich auf keine Anhebung der Vergütung einigen, der Kläger auf jeden Fall Anspruch auf eine angemessene Vergütung für die zusätzliche Arbeit hat[28].

4. Baudurchführung. Der Unternehmer muss die vereinbarten Leistungen erbringen, 22
vorausgesetzt der Besteller erbringt etwaig erforderliche Vorleistungen. Ob eine Erfüllungshandlung vertragsgemäß ist, ist unter Umständen eine Frage der Auslegung. Es kann sich die Frage stellen, ob die Erfüllung exakt in der Weise erfolgen muss, wie es im Vertrag spezifiziert ist (*in forma specifica*) oder in ähnlicher Weise, die gleichwertig (*per aequipollens*) ist. Das ist nicht immer leicht zu beantworten. Folgende Vorgehens-

---

[27] Compagnie Interafricaine de Travaux v. South African Transport Services and Others (680/89) [1991] ZASCA 16; 1991 (4) SA 217 (AD); (21 March 1991).

[28] Chamotte (Pty) Ltd v. Carl Coetzee (Pty) 1973 (1) SA 644 (A); vgl. auch Inkin v. Borehole Drillers 1949 (2) SA 366 (A).

weise wurde in der südafrikanischen Rechtsprechung gehandhabt (vgl. *Van Diggelen v. De Bruin* 1954 1 SA 188 (SWA) 192–193; *Singh v. BMW Financial Services (SA) (Pty) Ltd and Another* (5345/2006) [2007] ZAKZHC 27 (23 October 2007)):

- Das Gericht muss aus den äußeren Umständen ermitteln, was die Parteien ins Auge gefasst haben. Es muss alles in Betracht ziehen, was einen Anhaltspunkt für den Willen der Parteien geben kann. Es muss danach trachten zu ermitteln, was die Parteien gewünscht haben würden, wenn ihre Aufmerksamkeit speziell auf die Frage gelenkt worden wäre, ob eine Bedingung so erfüllt werden soll, wie es im Vertrag spezifiziert ist oder im Wege einer äquivalenten Art.
- *Wenn jedoch die Umstände keinen Anhaltspunkt liefern, besteht die Vermutung, dass die Bedingung zu erfüllen ist,* wie es im Vertrag spezifiziert ist. Die Vermutung kann durch den Versprechenden widerlegt werden, aber sie kann nicht widerlegt werden, wenn es klar aus dem Wortlaut des Vertrages und aus den äußeren Umständen hervorgeht, dass Erfüllung „*in forma specifica*“ gewollt war.
- In Zweifelsfällen wird das Gericht eher geneigt sein, zugunsten einer äquivalenten Erfüllung zu entscheiden, wenn die Art, in die Bedingung erfüllt wird, nicht wesentlich oder auch wenn die Erfüllung „*in forma specifica*“ ohne ernsthafte Verfehlung des Versprechenden unmöglich ist. Unmöglichkeit sollte möglicherweise in dem Sinn ausgelegt werden, wie es im Fall *Peters Flamman & Co*[29] *geschehen ist*
- Der Versprechende genügt selbstverständlich seiner vertraglichen Verpflichtung nicht, in dem er Erfüllung mittels einer ähnlichen Handlung anbietet, nur weil die Erfüllung *in forma specifica* schwierig, unangenehm oder teuer ist[30].
- Die angebotene entsprechende Erfüllungshandlung, muss, wenn sie zulässig ist, zunächst eine äquivalente Handlung zu der sein, die im Vertrag angegeben ist, oder die Natur haben, die keinen wesentlichen Unterschied für den Versprechensempfänger ausmacht.
- Innerhalb des rechtlichen Regelwerkes ist die vorrangige Überlegung des Gerichts stets, Gerechtigkeit zwischen Mensch und Mensch zu üben. Es wird von den Regelungen und Umständen des zu beurteilenden Vertrages geleitet werden.

Obwohl ein Gericht nicht berechtigt ist, dem klar ausgedrückten Willen der Parteien seinen Begriff von Fairness aufzuzwingen, ist die Haltung anders, wenn der Vertrag nicht eindeutig ist. In solch einem Fall unterliegen alle Verträge Treu und Glauben und der Wille der Parteien wird auf der Grundlage ermittelt, dass sie in Treu und Glauben miteinander verhandelt haben[31].

23 Hinsichtlich der Bauzeit sind nur wenige Entscheidungen zugänglich. Grundsätzlich sind Klauseln über Bauzeitverlängerung deshalb erforderlich, weil der Besteller nicht sanktionslos berechtigt ist, den Unternehmer daran zu hindern, die Bauzeit einzuhalten. Das heißt, sobald es der Vertrag dem Besteller erlaubt, einseitige Anordnungen zu treffen, die sich auf die Bauzeit auswirken, also etwa die Einstellung der Arbeiten einseitig zu verfügen, Änderungen der Leistungen anzuordnen, Leistungen hinzufügen oder zu

[29] Peters Flamman & Co v. Kokstad Municipality, 1919 AD 427.

[30] Yodaiken v. Angehrn & Piel, 1914 T.P.D. 260.

[31] South African Forestry Company Ltd v. York Timbers Ltd (656/02) [2004] ZASCA 72 (9 September 2004); siehe auch z.B. Trustee, Estate Cresswell & Durbach v. Coetzee 1916 AD 14 at 19: Dharumpal Transport (Pty) Ltd v Dharumpal 1956 (1) SA 700 (A) 706–707; Mittermeier v. Skema Engineering (Pty) Ltd 1984 (1) SA 121 (A) 128A-C; Joosub Investments (Pty) Ltd v. Maritime & General Insurance Co Ltd 1990 (3) SA 373 (C) 383E-F.

streichen, etc., dann muss der Vertrag Regeln enthalten, die dem Unternehmer einen Anspruch verschaffen, damit er nicht schuld- bzw. ursachenfrei die Haftung für Bauzeitüberschreitung übernimmt. Das folgt letztlich aus Treu und Glauben oder genauer gesagt aus der Überlegung, dass jemand, der sich eine Leistung innerhalb einer bestimmten Zeit versprechen lässt, seinerseits die Verpflichtung hat, auch die entsprechende Zeit zur Verfügung zu stellen, soweit dies in seinem Einflussbereich steht. Solche Klauseln sollten möglichst eindeutig formuliert sein und keinen Zweifel an ihrem Anwendungsbereich aufkommen lassen. Wo allerdings die Bauzeitverlängerungsklausel spezifische Gründe auflistet, aus denen der Unternehmer Zeitverlängerung beantragen kann und Worte hinzufügt, „oder andere Gründe außerhalb der Kontrolle des Unternehmers", muss der letzte Satz aus südafrikanischer Sicht eng und ejusdem generis mit den vorangehenden Kategorien ausgelegt werden[32]. Insbesondere vertragswidriges Verhalten, das Verspätung erzeugte, würde aus dem Anwendungsbereich der Klausel ausgeschlossen, in jedem Fall dann, wenn nach den Vorschriften anderer Vertragsklauseln die Entscheidung über die Bauzeitverlängerung dem Besteller vorbehalten blieb und endgültig war (da anderenfalls der Besteller der Richter in Bezug auf Gewinne und Vorteile in eigener Sache werden würde)[33]. Wenn Parteien vereinbaren, dass ein Vorhaben innerhalb eines festen Datums umgesetzt werden soll, kann das Verhalten des Bestellers, das durch den Vertrag autorisiert ist, nicht das Datum für die Fertigstellung ändern oder nichtig machen. Aus diesem Grunde beinhalten auch in der südafrikanischen Praxis Bauverträge heutzutage nahezu ausnahmslos Regelungen, die dem Unternehmer Anspruch auf Zeitverlängerung verschaffen. Wenn auf der anderen Seite das Verhalten des Bestellers ungesetzlich ist (und eine Vertragsverletzung darstellt), mag die Haltung eine andere sein; das steht aus dem Grund, dass ein Schuldner von der Erfüllung einer fristgerechten Verpflichtung entschuldigt ist, wenn sein Gläubiger ihn widerrechtlich daran hindert, dies zu tun[34]. So wurde, z.B. entschieden, dass ein Gebäudeeigentümer grundsätzlich keine Vertragsstrafe durchsetzen kann, wenn die beanstandete Verspätung durch seine oder seines Vertreters Schuld verursacht wurde[35]. Sieht allerdings der Vertrag für solche Behinderungsfälle Ansprüche auf Bauzeitverlängerung vor, die der Unternehmer nicht geltend macht, geht dies zu seinen Lasten[36].

Im Fall Group Five hatte der Unternehmer vorgetragen, er sei durch ungesetzliche bzw. **24**
vertragswidrige Weisungen und Anordnungen des Bestellers an der rechtzeitigen Vertragserfüllung gehindert worden. Er hatte aber keine Zeitverlängerungsansprüche angemeldet, obwohl die entsprechende Vertragsklausel solche Ansprüche für Ereignisse vorsah, die außerhalb der Kontrolle des Unternehmers lagen. Das Gericht erachtete diese Klausel für hinreichend, um Behinderungen durch Anordnungen, Baueinstellungen etc., die vertraglich zugelassen waren, abzudecken. Der Richter zog englische Rechtsprechung in Erwägung und wies auf den Sinn der Regelungen hin, insbesondere auf eine

---

32 Group Five Building Ltd. v. Minister of Community Development (449/91) [1993] ZASCA 75; 1993 (3) SA 629 (AD) (28 May 1993)

33 vgl. Group Five Building Ltd. v. Minister of Community Development (449/91) [1993] ZASCA 75; 1993 (3) SA 629 (AD) (28 May 1993)

34 Group Five Building Ltd. v. Minister of Community Development (449/91) [1993] ZASCA 75; 1993 (3) SA 629 (AD) (28 May 1993); cf. Van der Merwe, Van Huyssteen and Others, Contract, 271

35 Group Five Building Ltd. v. Minister of Community Development (449/91) [1993] ZASCA 75; 1993 (3) SA 629 (AD) (28 May 1993); cf Hansen and Schrader v Deare (1883) 3 EDC 36; Cullinan v. The Bettelheim Building Co. (1890) 3 SAR 235; Hendricks and Soeker v. Atkins (1903) 20 SC 310

36 Group Five Building Ltd. v. Minister of Community Development (449/91) [1993] ZASCA 75; 1993 (3) SA 629 (AD) (28 May 1993)

Äußerung von Vaughan Williams LJ in *Wells v. Army & Navy Co-operative Society* (1902) Hudson's Building Contracts, 4th ed. 346. Dort heißt es wörtlich:

[I]n dem Vertrag, findet man die Zeit beschränkt, innerhalb derer der Erbauer die Arbeit zu tun hat. Das bedeutet nicht nur, dass er es innerhalb dieser Zeit zu tun hat, sondern es bedeutet auch, dass er die Zeit haben muss, innerhalb derer es zu tun ist.

5. Abnahme. Die Abnahme ist im unkodifizierten südafrikanischen Recht nicht näher geregelt. Gefordert ist die Fertigstellung für die vertraglich vorausgesetzten Zwecke. Das Vertragswerk sieht üblicherweise die Ausstellung einer Fertigstellungsbescheinigung vor[37].

6. Abrechnung. Die Abrechnung der geleisteten Arbeiten erfolgt über Zahlungsfreigaben.

7. Mängelgewährleistung. Das südafrianische Standardvertragswerk sieht ausdrücklich vor, dass die Haftung für versteckte Mängel nur bis zum Ende der Latent Defects Liablity Period besteht[38]. Der Precription Act 68/1969 in der Fassung von 1984 sieht vor, dass die Verjährung mit Kenntnisnahme der haftungsbegründeten Umstände beginnt. Die Verjährungsfrist beträgt drei Jahre.

25 Bevor die Rechtsbehelfe im Falle der Vertragsverletzung aufgezeigt werden können, muss zunächst erläutert werden, welche Arten der Vertragsverletzung unterschieden werden. Schlechterfüllung (*malperformance*) tritt auf, wenn der Vertrag nicht gemäß den vertraglichen Vereinbarungen erfüllt wird. Unmöglichkeit (*impossibility of performance*) wird angenommen, wenn die Vertragserfüllung nachträglich eintritt. Sie wird als Unterfall der Vertragsverletzung abgehandelt. Ablehnung der Vertragserfüllung (*repudiation*) durch eine der Vertragsparteien, obwohl eine entsprechende Verpflichtung vertraglich begründet wurde, stellt eine Vertragsverletzung dar. Gläubiger- und Schuldnerverzug (*mora creditoris* und *mora debitoris*) sind ebenfalls als Vertragsverletzungen bekannt; sie setzen jeweils ein Verschulden des Betroffenen voraus.

26 Als Rechtsbehelfe im Fall der Vertragsverletzung sind allgemein anerkannt die Naturalerfüllung (*specific performance*), die Aufhebung des Vertrages und Schadensersatz; letzterer kann in den beiden ersten Fällen zusätzlich verlangt werden. Die Parteien können ein eigenes Regime begründen, das die Rechtsbehelfe im Fall der Vertragsverletzung regelt.

27 In Anlehnung an den englischen Sprachgebrauch wird in Südafrika der Begriff Repudiation (Ablehnung) gebraucht. Ablehnung (*repudiation*) wurde gelegentlich gesagt, hat zwei Elemente: Der Akt der Ablehnung durch die schuldhafte Partei, die vorsätzlich und unmissverständlich den Willen bekundet, nicht länger an eine Vereinbarung gebunden zu sein, und die Handlung seines Gegenparts, der den Bruch akzeptiert und damit vervollständigt[39]. Aber die Analogie und die Begriffe Angebot und Annahme, ein Vermächtnis aus England, wurden gelegentlich von südafrikanischen Gerichten missbilligt[40]. Der bessere Blick ist, dass Ablehnung (*repudiation*) ein Vertragsbruch an sich ist[41], dass

37 Finsen, Building Contract, 129 ff.
38 Finsen, Building Contract, 139
39 Vgl. Denmark Productions Ltd v. Boscobel Productions Ltd [1969] 1 QB 699 at 731F.
40 Vgl. Datacolor International (Pty) Ltd. v. Intamerket (Pty) Ltd. (2/99) [2000] ZASCA 81; 2001 (2) SA 284 (SCA); (30 November 2000).
41 Tuckers Land and Development Corporation (Pty) Ltd v. Hovis 1980 (1) SA 645 (A) at 653B G per Jansen JA; Datacolor International (Pty) Ltd. v. Intamerket (Pty) Ltd. (2/99) [2000] ZASCA 81; 2001 (2) SA 284 (SCA); (30 November 2000).

der Wille in Wahrheit nicht entweder vorsätzlich oder subjektiv sein muss[42], sondern einfach ein Verhalten beschreibt, das Nicht- oder Schlechterfüllung von Seiten des Ablehnenden verkündet, und dass die so genannte Annahme, obwohl es sich hierbei um ein geeignetes Schlagwort handelt, nicht den Bruch vervollständigt sondern einfach die Ausübung des Rechts zur Beendigung der Vereinbarung durch die beschwerte Partei ist[43].

Im gegenseitigen Vertrag kann die *exceptio non adimpleti contractus* eingewendet werden. Sie ist ein Verteidigungsmittel, das eine Partei, von der Erfüllung verlangt wird, berechtigt, ihrerseits die Leistung zurückzuhalten bis die Partei, die die Erfüllung verlangt, ihre eigen Erfüllung geleistet oder sie angeboten hat; sie entsteht, wo Leistung und Gegenleistung vertraglich verzahnt sind und die Partei, die Leistung fordert, ihre eigene Leistung entweder im Voraus oder in Verbindung mit der Leistung der anderen Seite zu erbringen hat[44]. Die *exceptio non adimpleti contractus* als solche ist eine „Patt setzende Verteidigung gegen einen Anspruch aus einem Vertrag" und kein Rechtsbehelf wegen Vertragsverletzung; tatsächlich steht sie häufig einer Vertragspartei zur Verfügung, wo die Gegenseite keinen Vertragsbruch begangen hat, z.B. wenn ein Kaufvertrag über das Datum der Zahlung schweigt, keine Aufforderung von einer der beiden Seiten vorgenommen wurde und der Verkäufer gegen den Käufer Kaufpreiszahlung geltend macht (oder *vice versa*) ohne das Lieferung oder Zahlung angeboten wurde[45]. Im Fall der locatio conductio operis ist die exceptio non adimpleti contractus letztendlich ein Mittel des Widerstands gegen das, was im Wesentlichen ein verfrühtes Geltendmachen der Gegenleistung durch eine Partei darstellt, die selbst mit ihrer Gegenleistung in Verspätung ist[46]. Von großer Bedeutung sind in diesem Zusammenhang die Ausführungen im Fall BK Tooling[47]. Dort beauftragte der Beklagte den Kläger, bestimmte Arbeiten in Übereinstimmung mit bestimmten Spezifikationen zu erledigen; Teile der Arbeiten des Klägers entsprachen nicht den Spezifikationen, gleichwohl nahm der Beklagte die erledigte Arbeit an und nutzte sie, aber als er auf Zahlung verklagt wurde, weigerte er sich zu zahlen. Das Gericht erachtete den Beklagten für verpflichtet, den Vertragspreis zu bezahlen, allerdings abzüglich der Kosten für die Beseitigung der fehlerhaften Arbeit. Zwei anerkannte Leitsätze folgen aus diesem Urteil[48]: 28

- Der erste Lehrsatz besteht darin, dass die Ausnahme (gemeint ist exceptio non adimpleti contractus), gegenüber der Partei, eingewendet werden kann, die ihre reziproke Leistung nicht präzise oder nicht vollständig erbracht hat; die Ausnahme ist dementsprechend anwendbar, selbst wenn der Mangel in der Leistung des Klägers nicht so ernsthaft ist, dass die Zurückweisung oder die Auflösung des Vertrag durch den Beklagten gerechtfertigt wäre.

---

42 Van Rooyen, v. Minister van Openbare Werke en Gemeenskapsbou 1978 (2) SA 835 (A) at 845A 846G per Rabie JA.

43 Stewart Wrightson (Pty) Ltd v. Thorpe 1977 (2) SA 943 (A) at 953E H per Jansen JA; Datacolor International (Pty) Ltd. v. Intamerket (Pty) Ltd. (2/99) [2000] ZASCA 81; 2001 (2) SA 284 (SCA); (30 November 2000).

44 Thompson v. Scholtz (167/96) [1998] ZASCA 87; 1999 (1) SA 232 (SCA); [1998] 4 All SA 526 (A) (28 September 1998).

45 Vgl. Sidali v. Mpolongwana 1990 (4)SA(4) SA 212 (C) 216E; Dawnford Investments CC and Another v. Schuurman 1994(2)SA412(N)418F-G).

46 Thompson v. Scholtz (167/96) [1998] ZASCA 87; 1999 (1) SA 232 (SCA); [1998] 4 All SA 526 (A) (28 September 1998).

47 BK Tooling (Edms)Bpk v. Scope Precision Enigineering(Edms) Bpk 1979 (1) SA 391 (A) („BK Tooling").

48 Vgl. Thompson v. Scholtz (167/96) [1998] ZASCA 87; 1999 (1) SA 232 (SCA); [1998] 4 All SA 526 (A) (28 September 1998).

- Der zweite Lehrsatz besteht darin, dass der erste Lehrsatz nicht ohne Einschränkung angewendet werden kann; die Einschränkung besteht darin, dass es ein Korrektiv gibt. Das Korrektiv besteht darin, dass das Gericht ein Ermessen besitzt, sofern die Schlechtleistung geeignet ist nachgebessert zu werden. Soweit die Fairness es gebietet, kann dem Kläger seine vertragliche Vergütung zugebilligt werden, allerdings abzüglich der Kosten der Mangelbeseitigung, die für die Herstellung des vertragsgemäßen Standards erforderlich sind[49].

29 Der Anspruch des Klägers ist also ein vertraglicher Anspruch abzüglich der Kosten der Mangelbeseitigung und kein Anspruch, der auf die Grundsätze der ungerechtfertigten Bereicherung gestützt wäre[50]. Es wird also nicht gefordert, dass zunächst die Sanktion der Vertragsauflösung gewählt wird, die anschließend zu einem neuen Vertragsschluss führt oder wo der wirtschaftliche Vorteil über die Grundsätze der ungerechtfertigten Bereicherung ausgeglichen wird. Im Gegensatz zu dem Ansatz, der auf der wesentlichen Vertragserfüllung beruht, ist der Beklagte nicht aufgefordert, einen Schadensersatzanspruch geltend zu machen[51]. Der Ball, um so zu sprechen, liegt im Feld des Klägers. Der Kläger muss, wenn er auf Zahlung klagt, erstens aufzeigen, dass die Umstände des Falles eine Abweichung vom ersten Lehrsatz rechtfertigen und zweitens die Kosten der Mangelbeseitigung beweisen[52]. Dieser Ansatz hat eine deutliche und offensichtliche Auswirkung auf die Plädoyers, die Beweislast und den Beweis, der im Gerichtsverfahren geführt werden muss[53].

30 **8. Subunternehmerrecht.** Im Lichte der südafrikanischen Rechtsprechung kann zu Subunternehmerverträgen zusammengefasst werden[54]: Die Einrichtung des benannten Subunternehmers ist in der südafrikanischen Bauindustrie und dem südafrikanischen Recht seit langem bekannt. Ihre erste wesentliche Eigenart ist, dass sich der Besteller das Recht vorbehält, bestimmte Personen als benannte Subunternehmer zu ernennen, die spezifische Teile der Gesamtleistung ausführen. Ein allgemeiner Grund ist, dass er wünscht, die Kontrolle über die Auswahl der Personen zu haben, die spezialisierte und qualifizierte Arbeit ausführen werden. Aber ein anderer Grund, der infolge der zunehmenden Spezialisierung und Nutzung von Subunternehmern zunehmend üblich wird, ist wettbewerbsfähige Angebote für Subunternehmerarbeiten zu erlangen. Eine zweite wesentliche Besonderheit ist, dass der Unternehmer verpflichtet ist, vorbehaltlich eines beschränkten aber nichtsdestotrotz wichtigen Einspruchsrechts, die Nominierung des Subunternehmers zu billigen. Ein drittes ist, dass der Unternehmer in einen Nachunternehmervertrag mit einer Person eintreten muss, die ihm benannt wurde, üblicherweise einen, der die selben Regelungen enthält, insbesondere in Bezug auf die Erfüllung, wie die die im Hauptvertrag enthalten sind. Ein viertes ist, dass keine vertragliche Beziehung zwischen dem Besteller und dem Subunternehmer besteht. Hieraus folgt fünftens, dass der Besteller die Erfüllung des Nachunternehmerauftrages nicht direkt erzwingt,

[49] BK Tooling (Edms)Bpk v. Scope Precision Enigineering(Edms) Bpk 1979 (1) SA 391 (A) („BK Tooling".

[50] Thompson v. Scholtz (167/96) [1998] ZASCA 87; 1999 (1) SA 232 (SCA); [1998] 4 All SA 526 (A) (28 September 1998).

[51] Thompson v. Scholtz (167/96) [1998] ZASCA 87; 1999 (1) SA 232 (SCA); [1998] 4 All SA 526 (A) (28 September 1998).

[52] Vgl. Thompson v. Scholtz (167/96) [1998] ZASCA 87; 1999 (1) SA 232 (SCA); [1998] 4 All SA 526 (A) (28 September 1998).

[53] Vgl. Thompson v. Scholtz (167/96) [1998] ZASCA 87; 1999 (1) SA 232 (SCA); [1998] 4 All SA 526 (A) (28 September 1998).

[54] Vgl. Minister of Public Works and Land Affairs v. Group Five Building Ltd (606/96) [1999] ZASCA 36 (28 May 1999).

sondern durch seine Rechtsbehelfe gegen den Unternehmer aus dem Hauptvertrag. Ein sechstes ist, dass in einem Aufmaßvertrag ein Betrag für den benannten Nachunternehmer in die Leistungsverzeichnisse aufgenommen wird, der als Behelfsbetrag bezeichnet wird, behelfsmäßig deshalb, weil wenn eine Zahlungsbescheinigung vorbereitet wird, diese Summe herausgestrichen wird und durch den Vertragspreis ersetzt wird, der durch Multiplikation der tatsächlich aufgemessenen Massen mit den geeigneten Einheitspreisen ermittelt wird. Eine übliche Besonderheit ist, dass die Regelungen des Nachunternehmervertrages erst zustande kommen, wenn der Hauptvertrag abgeschlossen wurde. Dies ist eine breite Beschreibung, und sicherlich hängt ihre Richtigkeit in einem speziellen Fall von den Bedingungen des besonderen Vertrages ab. Die gesamte Maschinerie, die über viele Jahre entwickelt wurde, wurde entworfen, um Vertragsbeziehungen zwischen dem Besteller und dem benannten Subunternehmer zu vermeiden, währenddessen die wesentliche Kontrolle über die Subunternehmerarbeiten in den Händen des Bestellers verbleibt. Dies ist die wesentliche Motivation, die hinter der Vermeidung von Vertragsbeziehungen mit Subunternehmern steht. Aber die Maschinerie hat Nachteile für den Unternehmer, der mit einem Nachunternehmer auskommen muss, den er nicht selbst ausgesucht haben mag. In jüngerer Zeit wurden Vertragsmuster entwickelt, die weniger stark auf dem Unternehmer lasten.

In einem Fall von Leistungen, die durch einen benannten Nachunternehmer auszuführen waren, wurde argumentiert, dafür habe der Hauptunternehmer keine Haftung übernommen. Das Gericht prüfte in diesem Zusammenhang zwei Fragen. Ob die Art und Weise, in der der Nachunternehmer benannt und die Ausgestaltung des Vertrages des Hauptunternehmers mit dem Besteller die Annahme rechtfertigte, diese Leistungen seien aus dem des Hauptauftrages ausgenommen. Zweites, ob der Vertragswortlaut die Annahme rechtfertigte, der Hauptunternehmer habe hinsichtlich der Nachunternehmerleistungen keine Haftung übernommen. In sehr ausführlicher Form wurde die typische Vertragsgestaltung untersucht und im Ergebnis verneint, dass die Nachunternehmerleistung aus dem Vertrag herausgenommen worden war. Hauptargument war gerade, dass es wohl den Parteiabsichten entsprochen habe, keine Vertragsbeziehungen zwischen Besteller und Nachunternehmer zu begründen und der Hauptunternehmer nach dem Wortlaut des Vertrages die notwendige zusätzliche Aufgabe der Koordinierung der Nachunternehmerleistungen übernommen habe. Zur zweiten Frage nahm das Gericht darauf Bezug, dass der Hauptunternehmervertrag Klauseln enthielt, wie der Hauptunternehmer sei verpflichtet sicherzustellen, dass die Nachunternehmerleistung die Leistungen ausführt und die Arbeiten zur Zufriedenheit des Generaldirektors fertig stellt, dass es an einer zusätzlichen Klausel fehlte, wonach der Hauptunternehmer verpflichtet war, eine technische Überwachung durchzuführen sowie schließlich, dass die Art und Weise der Vorgabe des Nachunternehmers ausschloss, dass der Hauptunternehmer auch nur die Fähigkeit haben musste, den Nachunternehmer zu überwachen. In keinerlei Hinsicht folgte das Gericht dem Hauptunternehmer und hielt ihm vor, er sei eben verpflichtet, sich zu befähigen, wenn er derartige Leistungen übernehme, denn indem er die Verantwortung für das Werk gegenüber dem Besteller übernommen habe, sei er in jeder Hinsicht für die Gesamtleistung verantwortlich und eine ausdrückliche Klausel zur technischen Überwachung sei deshalb entbehrlich[55]; sie bedürfe auch keiner Erwähnung im Leistungsverzeichnis oder besonderer Vergütung, denn sie sei selbstverständlich, zumal 31

[55] Minister of Public Works and Land Affairs v. Group Five Building Ltd (606/96) [1999] ZASCA 36 (28 May 1999).

sie auch bezüglich der eigenen Angestellten des Hauptunternehmers keiner ausdrücklichen Erwähnung bedürfe. Die Verpflichtung zur Koordinierung kann nicht eng interpretiert werden und die Pflichten des Nachunternehmers in Bezug auf die Gesamtleistung einschränken, denn sie stellt eine zusätzliche Verpflichtung gegenüber dem Besteller dar, so dass der Hauptunternehmer entweder sicherstellt, dass der Subunternehmer den Vertrag erfüllt, oder für die Nichterfüllung dem Besteller haftet[56].

[56] Minister of Public Works and Land Affairs v. Group Five Building Ltd (606/96) [1999] ZASCA 36 (28 May 1999).

§ 47 Syrien

1 Der syrische Code Civil beruht auf den Vorarbeiten von Sanhouri, die wiederum zunächst den ägyptischen Code Civil maßgeblich beeinflusst haben, der das Vorbild für den syrischen Code Civil darstellt. Sanhouri war ein ägyptischer Rechtsgelehrter und Verfechter der Integration und Wiedereinsetzung des islamischen Rechts mit modernen Mitteln. Seine Leistung besteht darin, moderne europäische Kodifikationen, vor allem den französischen Code Civil, und in geringem Umfang auch angelsächsische Konzepte unter Berücksichtigung islamischer Rechtsgedanken in eine islamisch geprägte Kodifikation einzubringen[1]. Auf diese Weise konnte zum Beispiel der Gedanke der „imprévision" als allgemeine Regel in den syrischen und ägyptischen Code Civil einfließen[2], obwohl es dafür kein allgemeinverbindliches französisches Vorbild gibt. Der syrische Code Civil sieht folglich vor, dass Verträge bindend sind und nur durch Vereinbarung oder in den gesetzlich geregelten Fällen aufgehoben werden können (Art. 148 Abs. 1 Code Civil). Gleichzeitig regelt Art. 148 Abs. 2 Code Civil:

Wenn jedoch als Folge außergewöhnlicher und unvorhersehbarer allgemeiner Art die Erfüllung der vertraglichen Verpflichtung, ohne unmöglich zu werden, in solcher Weise übermäßig beschwerlich wird, dass sie den Schuldner mit exorbitanten Schäden bedroht, kann der Richter nach den Umständen und nach Würdigung der Interessen beider Parteien die Verpflichtung, die übermäßig geworden ist, angemessen reduzieren. Jede entgegenstehende Vereinbarung ist nichtig.

2 Der Werkvertrag ist in den Art. 612 ff. Code Civil geregelt. Indem man diesen Vertragstyp gesondert regelte, sollte deutlich gemacht werden, welche Bedeutung dieser Vertragstyp im Wirtschaftsleben besitzt[3]. Nach Art. 612 Code Civil ist der Werkvertrag[4] ein Vertrag, durch den es der Auftragnehmer unternimmt, etwas zu tun oder ein Werk herzustellen, und durch den sich die andere Vertragspartei im Gegenzug zur Zahlung einer Vergütung verpflichtet. Gemäß Art. 613 Code Civil kann sich der Unternehmer verpflichten, lediglich die Arbeit auszuführen, ohne das Material zu liefern, oder er kann sich auch verdingen, das Material zu liefern. Unternimmt es der Unternehmer, das Material zu liefern, haftet er gemäß Art. 614 Code Civil für dessen Qualität und garantiert sie dem Besteller. In jedem Fall muss der Unternehmer die erforderlichen Gerätschaften und die Ausrüstung auf seine Kosten stellen (Art. 615 Abs. 2 Code Civil). Der Vertrag erlischt mit seiner wechselseitigen Erfüllung, allerdings unbeschadet des Fortbestandes der Garantien, die der Unternehmer übernommen hat[5].

3 Der Architektenvertrag vereinigt Elemente des Auftrages und des Werkvertrages in sich. Da die Leistungselemente überwiegen, handelt es sich regelmäßig um einen Werkvertrag[6]. Überwachungsleistungen müssen im Lichte der Art. 178 und 179 Code Civil betrachte werden. Die Vorschriften lauten sinngemäß:

---

1 Vgl. Colmair-Obeid, Les contrats en droit musulman des affaires, 126 ff.

2 Vgl. Colmair-Obeid, Les contrats en droit musulman des affaires, 132 ; vgl. Art. 147 Code Civil (Ägypten) und Art. 148 Code Civil (Syrien).

3 Vgl. dazu Al-Sanhouri, vol. VII.1, 8; Mashru' tanqih al-qanun al-madani, vol. 3, 434.

4 Der Begriff Werkvertrag hat über die französische Übersetzung (contrat d'entreprise) des schweizerischen Obligationenrechts Eingang in die arabischen Kodifikationen gefunden (vgl. Abu-Salieh, Le contrat d'entreprise en droit arabe, 10); Majmu'at al-a'mal al-tahdiriyyah, vol. 5, p. 5.

5 Abu-Salieh, Le contrat d'entreprise en droit arabe, 152.

6 Abu-Salieh, Le contrat d'entreprise en droit arabe, 23, 24.

Art. 178

1 Jemand, der Gewahrsam an einem Gebäude hat, auch wenn er nicht der Eigentümer ist, ist für den vollständigen oder teilweisen Zusammenbruch des Gebäudes haftbar, es sei denn er weist nach, dass der Vorfall nicht als Folge von fahrlässiger Unterhaltung oder des Alters oder eines Mangels des Gebäudes aufgetreten ist.

Art. 179

Vorbehaltlich spezieller gesetzlicher Regelungen haftet Jeder, der die Verantwortung für eine Sache oder Maschine hat, deren Überwachung besondere Sorgfalt erfordert, für den Schaden, der durch diese verursacht wird, es sei denn er beweist, dass der Schaden auf eine Ursache zurückzuführen ist, die außerhalb seiner Kontrolle lag.

4 Die Verantwortung für die Überwachung der und den Gewahrsam an den Arbeiten und Maschinen in der Zeit vor der Ablieferung tragen je nach Lage der Dinge der Unternehmer oder der Architekt. Als Gewahrsamsträger wird angesehen, wer die tatsächliche Sachherrschaft an der fraglichen Sache hat. Das ist während der Bauphase der Unternehmer[7].

5 Führt der Unternehmer die Arbeit mit mangelhaften Methoden oder vertragswidrig aus, kann ihn der Besteller nach Art. 616 Code Civil auffordern, die Arbeitsmethode binnen einer zu setzenden angemessenen Frist zu ändern. Verstreicht die Frist fruchtlos, kann der Besteller den Vertrag gemäß Art. 616 Abs. 1 Code Civil kündigen oder die kostenpflichtige Ersatzvornahme beauftragen. Ebenso wie der ägyptische Code Civil enthält der syrische Code Civil keine Regelungen in Bezug auf Mängel, die nach der Abnahme auftreten. Aus ägyptischer Sicht existieren insoweit drei Szenarien[8]:

- Der Mangel ist offenkundig und konnte von einem Laien entdeckt werden. Nimmt der Besteller die Leistung gleichwohl ab, ist zu vermuten, dass der Besteller die Arbeit mit den Mängeln als vertragsgerecht akzeptiert hat.
- Der Unternehmer hat den Mangel in einer Weise absichtlich versteckt oder kaschiert, so dass es schwer fällt, den Mangel zu entdecken. In diesen Fällen ist der Unternehmer haftbar, d.h. der Besteller kann die Mangelbeseitigung oder Schadensersatz verlangen oder die Vertragsauflösung betreiben. Diese Ansprüche verjähren in drei Jahren.
- Der Besteller konnte den Mangel nicht erkennen und der Unternehmer hat ihn nicht absichtlich verschwiegen. In diesem Fall sieht üblicherweise das Vertragswerk eine Verjährungsfrist für die Mangelbeseitigung vor.

6 In der Literatur wird darauf hingewiesen, dass die vorstehenden Grundsätze in keiner Weise zwingend sind und dass die Parteien völlig frei sind, diese Fragen vertraglich zu regeln. Ergänzend ist allerdings auf die allgemeinen Regelungen zur Vertragserfüllung hinzuweisen.

7 Gemäß Art. 212 Code Civil gilt sinngemäß:

---

7 Al-Sanhouri, vol. I.1, 908, 921; Abu-Salieh, Le contrat d'entreprise en droit arabe, 72.

8 Vgl. Hanafi, Contractor's Liability under the Civil Codes of Algeria, Egypt, Qatar and the UAE, ICLR 2008, 220, 225 f. unter Hinweis auf Shanab, Egyptian Construction Contracts, 116 ff. und Alshahawy (El Shahawy), Construction Agreements under Egyptian and Comparative Laws, 150 ff.

1 Der Schuldner einer Verpflichtung zur Vornahme einer Handlung, der verpflichtet ist, eine Sache zu erhalten, zu verwalten oder mit Sorgfalt bei der Erfüllung seiner Pflicht zu handeln, wird befreit, wenn er bei ihrer Erfüllung mit Sorgfalt handelt (er sie mit der Sorgfalt eines guten Familienvaters) erfüllt, auch wenn der Zweck, der erreicht werden sollte, nicht erreicht wurde, soweit nicht Gesetz oder die Vereinbarung etwas anderes vorsehen.

2 In jedem Fall haftet der Schuldner für Vorsatz (Betrug, Absicht) und grobe Fahrlässigkeit (schwere Fehler).

Wie bereits erwähnt, verpflichtet sich der Unternehmer, die Arbeiten gemäß den vertraglichen Bedingungen zu erfüllen und namentlich nach Maßgabe des Leistungsverzeichnisses, sofern es eines gibt. Fehlt es an einem Leistungsverzeichnis, folgt der Unternehmer den Regeln seines Berufsstandes. Verletzt der Unternehmer diese Verpflichtung und kann der Besteller dies beweisen, haftet der Unternehmer, weil der Fehler als Verschulden gewürdigt wird. An dieser Stelle muss – insoweit wird der französische Einfluss deutlich – zwischen der Verpflichtung „de moyen" und der Verpflichtung „de résultat" unterschieden werden. Erste ähnelt der aus dem deutschen Dienstrecht, während letztere der des deutschen Werkvertragsrechts gleich kommt. Diese Unterscheidung bringt Art. 212 Code Civil zum Ausdruck[9]. Für die Qualifizierung einer Verpflichtung zum Handeln sind Sanhuri's Äußerungen von großer Bedeutung, weil sie jedenfalls Anhaltspunkte für die Qualifikation geben. Nach Sanhuri stellt etwa die Verpflichtung des Unternehmers, Leistungen anzuleiten oder zu überwachen ebenso wie die ärztliche Heilpflicht oder die anwaltliche Pflicht zur Interessenvertretung eine „obligation de moyen" dar, während der Unternehmer, der sich verpflichtet, ein Haus zu bauen oder abzureißen oder eine Bauplanung zu erarbeiten, ebenso wie ein Schneider, der einen Anzug schneidert, einen Erfolg schulden[10]. In diesem zweiten Fall kann sich der Unternehmer nur damit verteidigen, dass eine Drittursache vorliegt oder ein Fall höherer Gewalt[11]. 8

Im ägyptischen und damit im Zweifel auch im syrischen Recht stellt das Verschulden des Bestellers zweifelsfrei ein Entschuldigungsgrund dar[12]. Wenn der Unternehmer auf seinem Kenntnisniveau einen Fehler findet, der die Materialien ungeeignet für die vertraglichen Zwecke macht, muss er den Besteller unverzüglich davon unterrichten[13]. Tut er dies nicht, ist er für sein Fehlverhalten haftbar[14]. Das Gesetzesvorhaben für den ägyptischen Code Civil enthielt eine entsprechende, durch Art. 365 OR inspirierte ausdrückliche Regelung, die man dann zum Zwecke der Konzentration auf das Wesentliche gestrichen hat[15]. Die Regelung lautete[16]: 9

Wenn im Verlauf der Arbeiten Mängel an dem von dem Besteller gelieferten Material oder ein anderer Umstand auftritt, der die ordentliche oder pünktliche Lieferung des Werkes beeinträchtigt, muss der Unternehmer den Besteller davon umgehend unterrichten. Wenn er es versäumt zu unterrichten, haftet er für die Folgen seiner Fahrlässigkeit.

---

9 Abu-Salieh, Le contrat d'entreprise en droit arabe, 57.
10 Al-Sanhouri, vol. VII.1, 63.
11 Abu-Salieh, Le contrat d'entreprise en droit arabe, 58.
12 Abu-Salieh, Le contrat d'entreprise en droit arabe, 58.
13 Abu-Salieh, Le contrat d'entreprise en droit arabe, 62.
14 Al-Sanhouri, vol. VII.1, 68.
15 Majmu'at al-a'mal al-tahdiriyyah, vol. 5, 13.
16 Abu-Salieh, Le contrat d'entreprise en droit arabe, 62.

10 Entsprechende Regelungen finden sich aber in den Kodifikationen von Kuwait (Art. 665), Bahrain (Art. 588) und Qatar (Art. 686). Entschuldigt ist der Unternehmer, wenn er den Umstand nicht kennen konnte[17]. Im ägyptischen Recht war ursprünglich auch vorgesehen, dass Kennen und Kennenmüssen gleichgestellt sind. Auch diese Regelung wurde als überflüssig gestrichen, ist aber in Tunesien (Art. 872) und dem Libanon (Art. 662) kodifiziert. In Art. 662 Code Civil (Libanon) heißt es im Anschluss an die Formulierung „Wenn er es versäumt zu unterrichten, haftet er für die Folgen seiner Fahrlässigkeit":

es sei denn sie waren nicht von der Natur, dass sie ein Unternehmer kennen musste.

11 Die Pflicht zur Lieferung des Werkes ist eine „obligation de résultat", d.h. der Unternehmer haftet grundsätzlich verschuldensunabhängig. Allein eine Drittursache kann den Unternehmer entschuldigen, z.B. kann die verspätete Ablieferung entschuldigt sein, wenn sich der Besteller weigert, das Werk abzunehmen[18]. Der Unternehmer ist auch entschuldigt, wenn er nachweist, dass ihn ein unvorhergesehenes Ereignis an der rechtzeitigen Fertigstellung gehindert hat oder dass den Besteller ein Verschulden trifft, etwa weil er Mitwirkungshandlungen (Materiallieferungen) verspätet hat[19]. Auch für Mängel haftet der Unternehmer verschuldensunabhängig. Die Planung ist fehlerhaft, wenn sie gesetzliche Regelungen ignoriert und/oder nicht vertragskonform ist[20].

12 Nach Art 617 Code Civil haften der Unternehmer und der Architekt allerdings ergänzend für die Gebäudestabilität. Sinngemäß übersetzt heißt es in Art. 617 Code Civil:

1 Der Architekt und der Auftragnehmer geben in Bezug auf die Gebäude und festen Einrichtungen, die sie errichtet haben, eine solidarische Garantie für die Dauer von zehn Jahren gegen den vollständigen oder teilweisen Einsturz, auch wenn der Einsturz auf einen Mangel im Baugrund beruht oder der Besteller die Errichtung des fehlerhaften Gebäudes genehmigt hat, es sei denn, die beiden Vertragsparteien haben in diesem Fall beabsichtigt, dass diese Gebäude für eine Dauer von weniger als zehn Jahren erhalten bleiben sollten.

2 Die Garantie, die in vorstehendem Absatz geregelt ist, umfasst die Mängel an den Gebäuden und Einrichtungen, die eine Gefahr für die Sicherheit und Solidität des Gebäudes darstellen.

3 Die zehnjährige Garantie beginnt mit dem Zeitpunkt der Abnahme der Arbeiten

4 Dieser Artikel gilt nicht für den Rückgriff des Unternehmers auf den Subunternehmer.

13 Für den planenden Architekten existierte eine Haftungserleichterung. Gemäß Art. 618 Code Civil ist der Architekt, der nur mit der Planung beauftragt ist, ohne die Aufgabe der Bauüberwachung übernommen zu haben, nur für die Mängel verantwortlich, die auf seine Planung zurückzuführen sind.

Gemäß Art. 619 Code Civil sind allerdings alle Klauseln nichtig, die dazu dienen, die Garantie des Unternehmers und des Architekten auszuschließen oder zu beschränken.

---

[17] Abu-Salieh, Le contrat d'entreprise en droit arabe, 62.
[18] Abu-Salieh, Le contrat d'entreprise en droit arabe, 83.
[19] Abu-Salieh, Le contrat d'entreprise en droit arabe, 83.
[20] Abu-Salieh, Le contrat d'entreprise en droit arabe, 87.

Diese Regelungen fallen nach Auffassung ägyptischer Quellen unter den nationalen „ordre public“, denn sie bestehen im Allgemeininteresse und zum Schutz unbeteiligter Dritter[21].

Die Haftung aus Art. 617 Code Civil geht sehr weit. Beauftragt ein Besteller einen Architekten mit der Bauüberwachung und erteilt dieser Anordnungen, die nicht im Einklang mit den Regeln der Technik stehen, haftet der Unternehmer, wenn er diese Anordnungen ausführt. Allerdings entfällt die Haftung, wenn der Besteller erfahrener ist als der Unternehmer. Art. 617 Code Civil schützt vor allem den unerfahrenen Besteller[22]. Ist dieser erfahren oder sachkundig, ist der weitgehende Schutz nicht mehr gerechtfertigt[23]. Der Unternehmer, der unter der Überwachung des Auftraggebers arbeitet, ist mitverantwortlich, wenn er Kenntnis von den fehlerhaften Plänen hat und sie gebilligt hat oder wenn der Fehler einem erfahrenen Unternehmer auffallen musste. Er trägt die Beweislast für den Umstand, dass er keine Kenntnis besaß[24]. Der Unternehmer ist gehalten, auf die Fehler hinzuweisen und muss sich weigern, fehlerhafte Anordnungen des Bestellers auszuführen[25]. In der Literatur findet sich eine Unterscheidung zwischen Unternehmer und Architekt[26]. Danach wird der Architekt als fachkundiger als der Unternehmer angesehen. Der Architekt kann sich also nicht unter Hinweis auf Pläne oder Anordnungen des Auftraggebers exkulpieren, auch wenn ihm die Mängel nicht auffallen. Hingegen kann sich der Unternehmer damit entschuldigen, er habe keine Kenntnis von den Mängeln gehabt. Art. 660 des yemenitischen Code Civil regelt diesen Fall ausdrücklich: 14

Der Architekt und der Unternehmer dürfen keine mängelbehafteten Bauleistungen an Immobilien oder anderen Werken ausführen oder an ihrer Ausführung teilhaben, auch wenn die Mängel ihre Ursache in Mängeln des Baugrundes haben oder auf Anordnungen des Bestellers zurückzuführen sind, die einen gefährlichen Mangel oder eine vollständige oder teilweise Zerstörung hervorrufen können. Wenn sie es tun, haften sie gegenüber Dritten für Schäden, die daraus entstehen. Der Besteller haftet solidarisch, wenn er von dem Mangel Kenntnis hatte oder ihn angeordnet hat.

Aufgrund des Umstandes, dass die vorstehenden Regelungen in einem erheblichen Maße durch das französische Recht inspiriert wurden, hilft im Zweifel zur weiteren Konkretisierung des Pflichtenkanons und des Sorgfaltsmaßstabes ein Blick auf die französische Rechtsprechung. Auch diese geht von dem Prinzip aus, dass der Unternehmer Aufklärung und Beratung schuldet, es sei denn es handelt sich um einen erfahrenen Besteller. Folglich kann sich der Unternehmer gegenüber einem unerfahrenen Besteller nur exkulpieren, wenn dieser bewusst ein Risiko übernommen hat. Dazu ist es erforderlich, dass der Unternehmer den Besteller klar und deutlich über die Risiken seiner Anordnungen oder seines Verhaltens aufklärt. Gegenüber einem erfahrenen Besteller wird weniger Aufklärung und Beratung geschuldet, es sei denn er erweist sich als notorisch 15

---

21 Vgl. Attia, Decennial Liablity and Insurance under Egyptian Law, Arab Law Quaterly, Vol. 1 n° 5 (1986), 504 ff.; Holden, An Elementary Treatise on the Egyptian Civil Code, Vol. II, 19111, 156 ff.; Davies, Business Law in Egypt, 214.

22 Cassation, Jahr 17, 8.12.1986, 1830; vgl. Abu-Salieh, Le contrat d'entreprise en droit arabe, 105.

23 Abu-Salieh, Le contrat d'entreprise en droit arabe, 105.

24 Vgl. Cour de Cassation, Jahr 59, 11.11.1993, Technical Office reports, 44. Jahr, Teil III, 224 ; Hanafi, Contractor's Liability under some Arab Civil Codes, ICLR 2008, 220, 227.

25 Vgl. Cour de Cassation, Jahr 59, 11.11.1993, Technical Office reports, 44. Jahr, Teil III, 224 ; Hanafi, Contractor's Liability under some Arab Civil Codes, ICLR 2008, 220, 227.

26 Siehe Bahjat, Al-iltizam bil-nasihah fi nitaq al-tashyid, Dar al-nahdah al-'arabiyyah, Kairo 1997, 344–345; vgl. auch Cassation, Jahr 16, 21.1.1965, 81 ff.; Jahr 17, 8.12.1986, p. 1830 ff.

uneinsichtig. Generell wird unterstellt, dass der Bauherr nicht über die hinreichende Fachkenntnis verfügt, den Unternehmer zu kontrollieren, und dass er quasi dem Rat des Unternehmers ausgeliefert ist[27]. Folglich beinhaltet der Umstand, dass dem Unternehmer Pläne übergeben werden, keine Gewähr dafür, dass das Werk wie geplant hergestellt werden kann[28]. Der Besteller muss klar über die Risiken seiner (eventuell falschen) Entscheidung aufgeklärt werden[29]. Der Unternehmer kann sich aber exkulpieren, wenn er sehr präzise auf die mit der Entscheidung des Bestellers verbundenen Risiken hinweist. Die französische Cour de Cassation hat z.B. den Einwand in dem Fall zugelassen, wo der Besteller von einem kompetenten Berater auf das Risiko hingewiesen wurde, bestimmte zwingend notwendige Arbeiten nicht auszuführen[30]. Der Umstand, dass der Besteller bereits von einem Planungsbüro oder einem Überwachungsbüros Hinweise erhalten hat, wenn es an einer konkreten Warnung durch den Architekten fehlt[31].

Gemäß Art. 170 Code Civil haften mehrere Personen, die für einen Schaden verantwortlich sind, solidarisch für die Wiedergutmachung des Schadens. Die Haftung wird gleichmäßig zwischen ihnen aufgeteilt, es sei denn der Richter legt eine individuelle Schadensersatzquote fest. Nach Art. 171 Code Civil soll der Richter über das Maß des Schadensersatzes für den Schaden, den das Opfer erlitten hat gemäß den Bestimmungen in Art. 222, 223 und unter Berücksichtigung der Umstände entscheiden. Wenn der Richter zu der Zeit des Urteilsspruches nicht in der Lage ist, das Ausmaß des Schadens festzustellen, kann er dem Opfer eine Frist nachlassen, innerhalb derer eine Überprüfung des Schadensersatzes erfolgt. Art. 222, 223 Code Civil regeln den Umfang des Schadensersatzes. Zu ersetzen sind der unmittelbare Schaden sowie entgangene Gewinne, vorausgesetzt es handelt sich um die normalen Folgen der Nichterfüllung der vertraglichen Verpflichtung oder ihrer verspäteten Erfüllung (Art. 222 Abs. 1 Code Civil). Als normale Folgen werden diejenigen angesehen, die der Gläubiger trotz angemessener Anstrengungen nicht vermeiden kann. Gemäß Art. 22 Code Civil können auch immaterielle Schäden geltend gemacht werden.

---

27 de Page, Traité élémentaire de droit civil belge, Band IV, Rn. 892.
28 de Page, Traité élémentaire de droit civil belge, Band IV, Rn. 905.
29 Cass.civ. (F), 3.3.2004, RD imm 2004, 304.
30 Cass.civ. (F), 22.7.1998, JCP (G) 1998, 1831.
31 CA Caen, 4.6.1992, RD imm 1993, 384, wobei diese Entscheidung den Schwerpunkt auf die Beratungspflicht gelegt hat.

§ 48 Türkei

Mehmet Köksal und Götz-Sebastian Hök und Gökhan Erbaş

Schrifttum

Agdag-Güney, Das neue türkische Vergabegesetz im Lichte der europäischen Vergaberichtlinien, RIW 2003, 519; Hök/Erbas, Risikoverteilung bei Bau- und Anlagenbauverträgen im türkischen Recht, NZ Bau 2011, 261 ff.; Rumpf, Einführung in das türkische Recht, München 2004; Sungurbey/Özsunay, Gewährleistungspflicht des Unternehmers nach der Ablieferung des Werkes im Werkvertrag nach türkischem Recht in: Türkisch-schweizerische Juristentage, Veröffentlichungen des Schweizerischen Instituts für Rechtsvergleichung, Band 17, 171 ff.

Inhaltsübersicht

I. Allgemeines Vertragsrecht

1. Überblick. Das türkische Zivilrecht besteht im Kern aus dem schweizerischen Obligationenrecht (OR) und aus dem schweizerischen ZGB. Beide Kodifikationen wurden in den 20iger Jahren des 20. Jahrhunderts in das Türkische übersetzt (Obligationenrecht = Borçlar Kanunu; ZGB = Medenî Kanunu) und in Kraft gesetzt[1]. Das türkische Zivilprozessrecht (Hukuk Usulü Muhakemeleri Kanunu) wurde aus dem schweizerischen Kanton Neuchâtel übernommen. Ferner wurde das schweizerische Vorbild des Schuldbetreibungs- und Konkursgesetzes (Icra ve Iflas Kanunu) übernommen. Zu den türkischen Rechtsquellen gehören ferner das Gewohnheitsrecht (örf ve âdet hukuku), das von eher untergeordneter Bedeutung ist, sowie das Richterrecht. Die türkischen Gerichte verfügen über einen deutlich größeren Ermessenspielraum als die deutschen. Eine Eigenart der türkischen Gerichtspraxis erster Instanz besteht darin, dass die Richter häufig Gutachten zu Rechtsfragen einholen, z.B. zur Zuständigkeit des Gerichts oder zur Frage der Verjährung. Auch heute noch ist der Schweizerische Bundesgerichtshof (BG) in der Türkei eine Auslegungsautorität. Die führenden türkischen Juristen haben häufig eine im Ausland erworbene Zusatzqualifikation und insbesondere im Zivilrecht finden sich starke Anlehnungen an die deutschsprachige Rechtspraxis in der Schweiz und die Praxis in Deutschland, obwohl das türk. Obligationenrecht wie auch das türkische ZGB ursprünglich aus dem französischsprachigen schweizerischen OR und ZGB in die türkische Sprache übersetzt wurden. 1

1 Das türkische Parlament hat am 11.1.2011 ein Gesetz über die teilweise Reform des Obligationenrechts verabscheidet. Die Änderungen wurden am 4.2.2011 im türkischen Gestezblatt veröffentlicht. Das Gesetz tritt am 1.7.2012 in Kraft. Das Gesetz passt die Regelungen an die moderne türkische Sprache an und enthält auch einige neue Regelungen.

2 **2. Vertragsschluss.** Es herrscht Vertragsfreiheit. Verträge kommen durch Angebot und Annahme zustande (Art. 1 Abs.1 türk. OR). Die Erklärungen werden ausdrücklich oder konkludent abgegeben (Art. 1 Abs. 2 türk. OR). Das Angebot (icap) stellt eine empfangsbedürftige Willenserklärung dar, das den Erklärenden bindet, solange der Adressat die Annahme (kabul) noch rechtzeitig erklären kann. Enthält das Angebot eine Bindefrist, kann die Annahme nur bis zum Ablauf dieser Frist erklärt werden (Art. 3 türk. OR). Angebot und Annahme müssen inhaltsgleich sein. Weichen die Erklärungen nur äußerlich v-oneinander ab, obwohl die Parteien dasselbe gewollt haben, kommt der Vertrag über das Gewollte zustande[2]. Besteht inhaltlicher Dissens, kommt der Vertrag nicht zustande[3].

3 Zwingende Formvorschriften bestehen u.a. für den **Grundstückskauf** und einige Verbraucherverträge. Grundstückskaufverträge müssen vor dem Grundbuchbeamten und diesbezügliche Vorverträge vor dem Notar beurkundet werden. Der Verstoß gegen zwingende Formvorschriften führt zur Nichtigkeit des Vertrages (Art. 11 türk. OR). Keine Formvorschrift, sondern Beweisregel ist Art. 288 türk. ZPO, die für Verträge, die einen bestimmten Wert übersteigen, besondere Formvorschriften enthält, die den Zeugenbeweis ausschließen[4].

4 **3. Vertragsabwicklung.** Art. 355 türk. OR vepflichtet den Unternehmer gegenüber dem Besteller, gegen eine angemessene Vergütung eine Sache (Werk – eser) fehlerfrei herzustellen. Für das Ergebnis hat der Unternehmer einzustehen. Die Verletzung von Nebenpflichten kann zu einer Haftung aus culpa in contrahendo führen[5]. Gemäβ Art. 369 türk. OR kann der Auftraggeber jederzeit von dem Vertrag zurücktreten (Kündigung), wenn er den vollen Preis der bereits geleisteten Arbeit und den vollen Schaden des Auftragnehmers bezahlt. Auch wenn das Werk fast vollständig angefertigt wurde, darf der Auftraggeber im Rahmen des Art. 369 den Vertrag kündigen. Ein Kündigungsgrund ist nicht anzugeben. Der Auftraggeber muss beweisen, dass er wegen der Kündigung keinen Schadensersatz bezahlen muss. Die Verpflichtung zur Bezahlung der angefertigten Teile und des Schadensersatzes ist die Folge der Kündigung nach Art. 369 türk. OR. Der Schaden wird entweder nach der Additionsmethode oder nach der Abzugsmethode errechnet. Es überwiegt die Additionsmethode, der zufolge alle tatsächliche Kosten bis zur Kündigung und der Bruttogewinn aus dem Vertrag, wenn er erfüllt worden wäre, addiert werden[6].

II. Bauvertragsrecht

5 Kernstück des türkischen zivilen Baurechts ist das Dienst- und das Werkvertragsrecht. Beide Vertragstypen regeln die Beziehungen zwischen Bauherrn und Unternehmern. Dabei sind sehr unterschiedliche Spielarten festzustellen[7]. Die Tätigkeit der Architekten und Bauunternehmen gründen sich üblicherweise auf Werkverträge[8]. Das Werkvertragsrecht ist im türkischen Obligationenrecht (OR) nur knapp geregelt. In 17 Artikeln (Art. 355 bis 371 türk. OR = 470 bis 486 türk. OR n.F.) schafft es die Grundlagen eines geschmeidigen, offenen und anpassungsfähigen Werkvertragsrechts[9].

---

2 Rumpf, Einführung in das türkische Recht, § 27 Rn. 30.
3 Rumpf, Einführung in das türkische Recht, § 27 Rn. 31.
4 Rumpf, Einführung in das türkische Recht, § 27 Rn. 40.
5 Vgl. Rumpf, Einführung in das türkische Recht, § 27 Rn. 88 ff.
6 Yargitay, 15. Zivilsenat vom 16.10.1989, 1623/4247) 15. HD, 16.10.1989 T., E. 1989/1623, K. 1989/4247; Yargitay, 15. Zivilsenat vom 2.4.1998, 833/1348) 15. HD, 2.4.1998 T., E. 1998/833, K. 1998/1348.
7 Vgl. Gauch, Die praktische Gestaltung der Bauverträge, Baurechtstagung 1993/Tagungsunterlage 1, 4 ff.
8 Münch/Karlen/Geiser/Schneeberger, Beraten und Prozessieren in Bausachen, § 3 Anm. 3.1.
9 Münch/Karlen/Geiser/Schneeberger, Beraten und Prozessieren in Bausachen, § 3 Anm. 3.7.

Die Art. 355 ff. türk. OR (= 470 ff. türk. OR n.F.) gehen von einem Werkvertrag (eser sözleşmesi oder istisna akdi) aus, wenn sich der Unternehmer zur Herstellung eines Werkes und der Besteller zur Leistung einer Vergütung verpflichten. Ob stattdessen ein Dienstvertrag (hizmet sözlesmeşi oder hizmet sözleşmeleri) (Art. 393 ff. türk. OR n.F.) oder ein Auftrag (vekalet akdi) (Art. 386 ff. türk. OR = Art. 502 ff. türl. OR n.F.) vorliegt, hängt davon ab, ob die versprochene Arbeitsleistung als Werk aufzufassen ist. Der Werkbegriff war im schweizerischen und im türkischen Recht lange Zeit umstritten, insbesondere die Frage danach, ob auch ein unkörperliches Werk Vertragsgegenstand sein kann. Das schweizerische Bundesgericht[10] hat sich zwischenzeitlich für das Festhalten am „Geist-Werkvertrag" entschieden. In der Türkei folgt man dieser Auffassung[11]. Jedenfalls unterscheiden sich Auftrag und Werkvertrag dadurch, dass der Werkvertrag essentiell die Vereinbarung einer Vergütung oder einer bestimmbaren Vergütung voraussetzt[12]. Die Entscheidung über den Vertragscharakter kann durchaus Auswirkungen haben. Während der Auftragnehmer seine Vergütung auch dann erhält, wenn er das angestrebte Ziel trotz aller Sorgfalt nicht erreicht, ist der Werklohnanspruch davon abhängig, dass der versprochene Erfolg erreicht wird. Die Haftung und das Beenden der beiden Vertragstypen sind unterschiedlich geregelt. In der Regel qualifizieren die türkischen Gerichte den Bauvertrag als Werkvertrag und den Architektenvertrag als gemischttypischen Auftrag[13]. Beim Architektenvertrag kann der Auftrag auch die Vergabe der Aufträge an die ausführenden Unternehmen umfassen und mithin eine Ermächtigung zum Abschluss von Verträgen enthalten[14]. 6

1. Preis. Der Besteller hat die Vergütung (semen = bedel) bei Ablieferung des Werkes zu bezahlen (Art. 364 Abs. 1 türk. OR)[15]. Es können Pauschalpreise (*götürü bedel*) oder Einheitspreise (birim bedel oder ücret) vereinbart werden (vgl. Art. 480, 481 türk. OR n.F.). Ist das Werk in Teilen zu übergeben, wird die entsprechende Teilvergütung fällig (Art. 364 Abs. 2 türk. OR = Art. 479 türk. OR n.F.). Wurde die Vergütung im Voraus bestimmt, so ist der Unternehmer verpflichtet, das Werk für den vereinbarten Preis fertig zu stellen. Eine Erhöhung darf er nicht fordern, es sei denn es liegen außerordentliche Umstände vor, die nicht vorausgesehen werden konnten (vgl. Art. 365 türk. OR = Art. 480 türk. OR n.F.). Zur Feststellung der Mehrvergütung muss das ursprüngliche Projekt mit dem tatsächlich ausgeführten verglichen werden[16]. Die inflationsbedingte Baukostenanpassung setzt kumulativ voraus, dass zwischen Leistung und Gegenleistung ein Ungleichgewicht auftritt, das dazu führt, dass eine Partei unmäßige Vorteile erlangt, und dass die Inflation nicht voraussehbar war[17]. Die Vergütungsansprüche verjähren ebenfalls in fünf Jahren (Art. 126 türk. OR). 7

Wegen des Zahlungsanspruches kann der Unternehmer ein Zurückbehaltungsrecht am Bauwerk ausüben. Hat der Bauherr den Vertrag aus Gründen, die der Unternehmer zu vertreten hat, rückwirkend gekündigt, hat der Unternehmer nur Anspruch auf Zahlung 8

[10] BGE 109 II 37 f. E. 3b.
[11] Rumpf, Einführung in das türkische Recht, § 29 Rn. 1.
[12] Münch/Karlen/Geiser/Schneeberger, Beraten und Prozessieren in Bausachen, § 3 Anm. 3.14.
[13] Vgl. Rumpf, Einführung in das türkische Recht, § 31 Rn. 17.
[14] Vgl. Rumpf, Einführung in das türkische Recht, § 31 Rn. 18.
[15] Zu Preisgleitklauseln bei FIDIC-Verträgen im Rahmen des Gesundheitsprojekts zwischen der Türkei und Weltbank (24.09.1990) vgl. Oberster Rechnungshof vom 23.10.2001 – Nr. 25341.
[16] Yargitay vom 01.10.2003 – 2003/1048 E, 2003/4467 K (15. ZS); vgl. auch Landgericht Barkirköy vom 03.06.2002 – 2001/936 E, 2002/457 K (Reparaturauftrag nach Erdbebenschaden).
[17] Yargitay vom 25.03.2004 – 2003/5020 E, 2004/3287 K (19. ZS); vgl. auch Landgericht Istanbul vom 22.05.2002 – 905 E, 505 K (zum Leasingvertrag).

der nützlichen Aufwendungen[18]. Auch insoweit kann er ein Zurückbehaltungsrecht ausüben[19]. Kündigt der Auftraggeber den Auftrag vorzeitig, ist der Vertrag mit Wirkung für die Zukunft aufgelöst[20]. Mit dem Zugang der Kündigung verliert der Auftragnehmer seinen Vergütungsanspruch. An dessen Stelle tritt ein Anspruch auf Schadensersatz (Art. 369 türk. OR = Art. 484 türk. OR n.F.)[21]. Je nach dem, ob der Unternehmer bereits mit der Durchführung des Auftrages begonnen hat oder nicht, richtet sich der Schadensersatzanspruch entweder auf den gesamten Schaden (nach Arbeitsaufnahme) oder auf den entgangenen Gewinn (vor Arbeitsaufnahme).

9 **2. Baudurchführung.** Durch den Werkvertrag verpflichtet sich der Auftragnehmer, das Werk fehlerfrei herzustellen (§ 356 Abs. 1 türk. OR = Art. 471 Abs. 1 türk. OR n.F.). Der Auftragnehmer haftet für die ordnungsgemäße Ausführung und rechtzeitige Ablieferung des Werkes (Art. 358 türk. OR = Art. 473 türk. OR n.F.) sowie dafür, dass das verwendete Material eine für das Werk geeignete Qualität hat (Art. 357 türk. OR = Art. 472 türk. OR n.F.). Das Werk ist nach dem Projekt (der Planung), dem Vertrag und dem türkischen Baugesetz Nr. 3194 auszuführen[22]. Verstößt der Bauvertrag gegen türkische Bauvorschriften, so dass keine Bauerlaubnis erteilt werden kann, ist er nichtig. Dies kann durch eine negative Feststellungsklage festgestellt werden[23]. Wenn das Projekt und die Materialien vom Auftraggeber gestellt werden, besteht für den Auftragnehmer als Fachmann die Pflicht zur Prüfung des Projekts und der Materialien[24]. Mängel sind dem Auftraggeber sofort anzuzeigen[25].

10 **3. Abnahme.** Nach Ablieferung (teslim) und Entgegennahme (tesellüm) durch den Besteller des Werkes hat der Besteller das Werk zu prüfen und Mängel unverzüglich zu rügen (Art. 359 türk. OR = Art. 474 türk. OR n.F.). Erfolgt keine unverzügliche Rüge, gilt das Werk als abgenommen oder besser als genehmigt. Die Genehmigung (kabul) kann ausdrücklich oder stillschweigend erfolgen. Infolge der Genehmigung ist der Besteller mit Mängelrügen ausgeschlossen (Art. 359, 263 türk. OR), soweit es sich nicht um Mängel handelt, die bei der Abnahme nicht erkennbar waren[26].

11 **4. Mängelgewährleistung.** Werden Mängel festgestellt, bieten sich je nach Schwere der Mängel unterschiedliche Behelfe an. Art. 360 türk. OR (=Art. 475 türk. OR n.F.) sieht entweder die Abnahmeverweigerung oder die Minderung oder den Anspruch auf Mängelbeseitigung oder bei Verschulden den Anspruch auf Schadensersatz vor. Tritt der Bauherr vom Vertrag zurück, kann er das positive Interesse ersetzt verlangen[27]. Tritt er rückwirkend zurück, kann er deshalb keinen Mietausfall begehren[28]. Die Mängelge-

---

[18] Yargitay vom 16.05.2002 – 2002/925 E, 2002/2598 K; vgl. auch Amtsgericht Adana vom 08.11.2001 – 2001/800 E, 2001/912 K.

[19] Yargitay vom 16.05.2002 – 2002/925 E, 2002/2598 K; vgl. auch Amtsgericht Adana vom 08.11.2001 – 2001/800 E, 2001/912 K.

[20] Yavuz, Türk Borclar Hukuku – Özel Hükümler – Genisletilmis ve Yenilenmis, 5. Auflage, 508.

[21] Yavuz, Borclar Hukuku Dersleri, Yenilenmis, 2. Auflage, 307.

[22] Yargitay vom 30.05.2002 – 2002/1403 E, 2002/2888 K (15. ZS); vgl. auch Landgericht Mudanya vom 27.12.2001 – 2000/193 E, 2001/421 K (zur Kündigung des Vertrages bei Abweichung vom Projekt).

[23] Landgericht Küçükçekmece vom 26.02.2004 – 1998/738 E, 2004/123 K.

[24] Yargitay vom 30.05.2002 – 2002/1403 E, 2002/2888 K (15. ZS); vgl. auch Landgericht Mudanya vom 27.12.2001 – 2000/193 E, 2001/421 K (zur Kündigung des Vertrages bei Abweichung vom Projekt).

[25] Yargitay vom 30.05.2002 – 2002/1403 E, 2002/2888 K (15. ZS); vgl. auch Landgericht Mudanya vom 27.12.2001 – 2000/193 E, 2001/421 K (zur Kündigung des Vertrages bei Abweichung vom Projekt).

[26] Vgl. Rumpf, Einführung in das türkische Recht, § 29 Rn. 17.

[27] Yargitay vom 16.05.2002 – 2002/925 E, 2002/2598 K (15 ZS); vgl. auch Amtsgericht Adana vom 08.11.2001 – 2001/800 E, 2001/912 K.

[28] Yargitay vom 16.05.2002 – 2002/925 E, 2002/2598 K (15. ZS); vgl. auch Amtsgericht Adana vom 08.11.2001 – 2001/800 E, 2001/912 K.

währleistungsansprüche in Bezug auf Bauwerke verjähren in fünf Jahren (Art. 363 Abs. 2 türk. OR i.V.m. Art. 215 türk. OR)[29].

12 **5. Standardverträge.** In der Türkei werden FIDIC-Standardverträge (Red Book 1987) für verschiedene Zwecke, z.B. im staatlichen sozialen Wohnungsbau und Gesundheitsprojekten verwendet. Anträge auf Verlängerung der Bauzeit sind strikt nach FIDIC-Bedingungen zu behandeln[30]. Der Yargitay[31] legt die Klauseln 44, 53 und 67 FIDIC 1987 restriktiv aus. Die Entscheidung erging zu einem Vorhaben des staatlichen sozialen Wohnungsbaus[32]. Der Unternehmer hatte vorgetragen, der Bauherr habe das Projekt nicht rechtzeitig übergeben, es seien Änderungsanordnungen seitens des Bauherrn erfolgt und die vorläufige Abnahme sei nicht rechtzeitig vorgenommen worden[33]. Zum Zwecke der internationalen Harmonisierung müssen FIDIC-Verträge streng ausgelegt werden, insbesondere bei Fristverlängerungen. Zahlungsansprüche sind an die Einhaltung der Baufristen gekoppelt. Bei Fristüberschreitung oder fehlender Fristverlängerung besteht kein Zahlungsanspruch[34].

III. Architektenvertrag

13 Die Durchführung eines Bauvorhabens setzt das Vorliegen einer Baugenehmigung voraus. Mit der Erstellung der Architekturplanung, der Statik sowie der Planung für die elektrischen Anlagen und die entsprechenden Zeichnungen, die mit dem Bauantrag einzureichen sind, ist ein Architekt zu beauftragen. Der Architektenvertrag ist üblicherweise ein Werkvertrag[35].

IV. Öffentliche Aufträge

14 Das türkische Vergaberecht hat seine Vorbilder in den Europäischen Vergaberichtlinien und dem GATT/WTO-Übereinkommen über das öffentliche Beschaffungswesen GPA. Vielfach lassen sich Zweifelsfragen durch den Rückgriff auf diese Vorbilder klären[36].

Das türkische Parlament hat am 04.01.2002 das alte Vergabegesetz (Devlet Ihale Kanunu) aufgehoben und das aus insgesamt 70 Artikeln bestehende neue Gesetz Nr. 4734 über „öffentliche Ausschreibungen" und am 05.01.2002 das 41 Artikel umfassende Gesetz Nr. 4735 über „öffentliche Kontrakte" verabschiedet. Beide Gesetzeswerke, die im türkischen Staatsanzeiger Nr. 24648 vom 22.01.2002 veröffentlicht wurden, sind mit Wirkung zum 01.01.2003 in Kraft getreten. Am 30.07.2003 verabschiedete das türkische Parlament das Gesetz Nr. 4964, das eine Reihe von Sonder- und Ausnahmeregelungen schafft. Insbesondere wurden die Beschaffungsvorgänge mehrerer Verwaltungen und Unternehmen aus dem Geltungsbereich des Gesetzes Nr. 4734 herausgenom-

---

29 Vgl. auch Yargitay vom 08.04.1985 – 1985/3740 E, 1985/1315 K (15. ZS); Yargitay vom 12.11.1981 – 1981/3939 E, 1981/4762 K.

30 Yargitay vom 17.09.2002 – 2002/5595 E, 2002/3931 K (15. ZS); vgl. auch Landgericht Ankara vom 20.02.2000 – 2000/798 E, 2000/780 K (zu Art. 355 ff. türk. OR und Art. 387 türk. ZPO).

31 Yargitay vom 17.09.2002 – 2002/5595 E, 2002/3931 K (15. ZS); vgl. auch Landgericht Ankara vom 20.02.2000 – 2000/798 E, 2000/780 K.

32 Yargitay vom 17.09.2002 – 2002/5595 E, 2002/3931 K (15. ZS); vgl. auch Landgericht Ankara vom 20.02.2000 – 2000/798 E, 2000/780 K.

33 Yargitay vom 17.09.2002 – 2002/5595 E, 2002/3931 K (15. ZS); vgl. auch Landgericht Ankara vom 20.02.2000 – 2000/798 E, 2000/780 K.

34 Yargitay vom 26.02.2001 – 2000/4429 E, 2001/1032 K (15. ZS).

35 Münch/Karlen/Geiser/Schneeberger, Beraten und Prozessieren in Bausachen, § 3 Anm. 3.1.

36 Agdag-Güney RIW 2003, 519.

men. Das Gesetz Nr. 4964 trat mit Bekanntgabe im Staatsanzeiger „Resmi Gazete“ Nr. 25200 zum 15.08.2003 in Kraft. Das aktuelle **Vergabegesetz**[37] ist in einer konsolidierten Fassung veröffentlicht, das aus den Gesetzen Nr. 4734, 4761, 4964 und 5148 zusammengesetzt ist.

Betroffen von den neuen Regelungen im öffentlichen Beschaffungswesen sind gemäß Art. 1 Vergabegesetz sämtliche Behörden und Einrichtungen des öffentlichen Rechts sowie alle Unternehmen mit öffentlicher Mehrheitsbeteiligung und Organisationen, die aus Mitteln der öffentlichen Hand finanziert werden. Ausgenommen sind die Beschaffungen in den Wirtschaftssektoren Energie, Wasser, Transport und Telekommunikation (Art. 1 des Gesetzes Nr. 4964) sowie sämtliche Beschaffungen im Zusammenhang mit der Landesverteidigung, der inneren Sicherheit und mit nachrichtendienstlichen Tätigkeiten (Art. 2 des Gesetzes Nr. 4964). Ausgeschlossen von den Bestimmungen des Ausschreibungsgesetzes sind ferner bestimmte Projekte, die im Rahmen internationaler Verträge vom Ausland finanziert werden. Die im Zusammenhang mit dem neuen Gesetz eingerichtete Aufsichtsbehörde für das öffentliche Beschaffungswesen (Kamu Ihale Kurumu – IHK) hat inzwischen ihre Arbeit aufgenommen und zahlreiche Verordnungen verkündet. Die neue Anstalt wird u.a. bei der Behandlung von Beschwerden und der Lösung von Streitigkeiten zwischen den Vertragsparteien tätig. Die Entscheidungen des Verwaltungsrates werden den Parteien innerhalb von fünf Tagen nach der Beschlussfassung mitgeteilt und im Staatsanzeiger veröffentlicht.

15 Im türkischen Vergaberecht sind das Wettbewerbsprinzip, das Gleichbehandlungsgebot, Transparenz und Offenheit und der Vorrang der Haushaltssicherheit verankert. Gemäß Art. 18 Vergabegesetz sind für die Ausschreibung grundsätzlich vier verschiedene Methoden bekannt. Zulässig sind die offene Ausschreibung (Art. 19 Vergabegesetz), die Angebotseinholung von einer Gruppe ausgewählter Bieter (beschränkte Ausschreibung), die Verhandlungsmethode und die Direktbeschaffung. Bei der offenen Ausschreibung haben alle Interessenten die Möglichkeit und das Recht, Angebote zu unterbreiten (Art. 19 Vergabegesetz). Im Rahmen der beschränkten Ausschreibung können sich nur solche Bieter beteiligen, die aus einem vorausgegangenen Vorqualifizierungsverfahren erfolgreich hervorgegangen sind (Art. 20 Vergabegesetz). Mit der Verhandlungsmethode können Aufträge nur unter bestimmten Voraussetzungen vergeben werden, die Art. 21 Vergabegesetz im Einzelnen auflistet. Der Weg der Direktbeschaffung wird i.d.R. dann begangen, wenn in besonderen Fällen nur ein einziger Lieferant zur Verfügung steht oder der Auftragswert die Grenze von 1,0 Mrd. Türkische Lira (zur Zeit 1 Euro = ca. 1.750 TL) nicht übersteigt.

16 Der Vorrang der Haushaltssicherheit (Art. 5 Vergabegesetz) besagt, dass Beschaffungen und Arbeiten, für die (noch) keine verbindlichen Etatzuweisungen vorliegen, nicht ausgeschrieben werden dürfen. Grundsätzlich sollen Ausschreibungen über Warenkäufe, Dienstleistungen und Bauaufträge voneinander getrennt erfolgen. Eine Trennung bzw. Unterteilung von Beschaffungen und Arbeiten mit dem Ziel der Herabsenkung der gesetzlichen Schwellenwerte ist gemäß Art. 5 Vergabegesetz unzulässig. Der Grenzwert bei Beschaffungen der Behörden wurde auf 750 Mrd. TL und bei sonstigen staatlichen Organisationen auf 1.000 Mrd. TL festgesetzt. Bei Bauaufträgen beträgt der Grenzwert 17.500 Mrd. TL. Gemäß Art. 67 werden diese Grenzwerte unter Berücksichtigung der Inflation zum 1. Februar eines jeden Jahres neu festgesetzt und im Staatsanzeiger verkündet. Art. 8 Vergabegesetz besagt, dass im Falle einer Vollmitgliedschaft

[37] Eine englische Übersetzung findet sich: http://www.kik.gov.tr/ihalemevzuat/english/english47341.htm.

der Türkei in der EU die diesbezüglichen Bestimmungen der EU Anwendung finden werden. Bei Projekten, für die auf Grund anderer gesetzlicher Bestimmungen vor der Aufnahme der Arbeiten die Erstellung eines Umweltgutachtens vorgeschrieben ist, muss vor der Bekanntgabe einer Ausschreibung ein positiver Umweltbericht vorliegen. Zum Schutz türkischer Unternehmen sieht das türkische Vergaberecht eine Reihe von Privilegien vor (z.B. Preisvorteile für einheimische Unternehmen, die einheimische Produkte anbieten bis zu 15%). Die Weltbank hat bezüglich der Schwellenwerte und der Privilegien zugunsten einheimischer Unternehmen Bedenken geltend gemacht.

1. Vergabe. Den Zuschlag erhält alternativ entweder der **wirtschaftliche günstigste** 17
Bieter oder das **niedrigste Gebot** (Art. 40 Vergabegesetz). Damit hat der türkische Gesetzgeber sich nicht sehr weit von der alten Rechtslage entfernt, wonach der Zuschlag auf das annehmbarste Gebot entfiel[38]. Im Rahmen des wirtschaftlich günstigsten Gebots können Betriebskosten, Rentabilität, Qualität und der technische Wert berücksichtigt werden[39]. Dem Auftraggeber verbleibt ein weit reichender Ermessensspielraum[40].

2. Abwicklung. Das Gesetz Nr. 4735 regelt die Grundsätze, die beim Abschluss von 18
Liefer- und Leistungsverträgen beachtet und eingehalten werden müssen. Gemäß Art. 5 Gesetz Nr. 4735 sollen für öffentliche Beschaffungen und Auftragsvergaben Musterverträge erarbeitet und im Staatsanzeiger veröffentlicht werden, um eine einheitliche Handhabung in allen ausschreibenden Stellen zu ermöglichen. Art. 7 ff. Gesetz Nr. 4735 regelt die zwingenden Vertragsinhalte sowie die Aspekte von Vertragsänderungen, Vertragsauflösungen und Verboten. Gemäß Art. 24 Vergabegesetz (bzw. Art. 16 Gesetz Nr. 4964) beträgt die in Verbindung mit Angeboten zu hinterlegende Bietungsgarantie mindestens 3% des angebotenen Preises. Erfüllungssicherheiten müssen über 6% des Vertragswertes gestellt werden (Art. 43 Vergabegesetz). In Verbindung mit der Abgabe von Bietungs- und Leistungsgarantien werden gemäß Art. 21 des Gesetzes Nr. 4964 in Zukunft neben den Geschäftsbanken auch Sicherheiten von sog. privaten Finanzinstituten (u.a. islamische Finanzunternehmen) akzeptiert. Der türkische Staat kann die Form der beizubringenden Garantien vorschreiben (Art. 35 Vergabegesetz).

3. Kontakte. Hinweis: Kamu Ihale Kurumu – KIK (Anstalt für Öffentliche Ausschrei- 19
bungen), Atatürk Bulvari No. 211, Kavaklidere – Ankara
Tel.: 0090-312/4 66 73 41
Fax: 0090-312/4 66 73 50, -4 66 72 15
Internet: www.kik.gov.tr
Türkischer Verband der Beratenden Ingenieure und Architekten (ATCEA)

V. Ausländische Direktinvestitionen

Ausländische Direktinvestitionen werden im Gesetz Nr. 4875 vom 05. Juni 2003 (Aus- 20
landsinvestitionsG[41]) geregelt. Das Gesetz schafft den früher geltenden Erlaubnisvorbehalt ab. Ausländischer Investor ist jede natürliche oder juristische Person ausländischer Nationalität oder mit Sitz im Ausland, die in der Türkei ausländisches Kapital investiert. Ausländischen Investoren steht es frei, in der Türkei zu investieren (Art. 3 a Nr. 1 AuslandsinvestitionsG). Ausländische Investitionen werden wie inländische In-

[38] Agdag-Güney RIW 2003, 519, 522.
[39] Agdag-Güney RIW 2003, 519, 522.
[40] Agdag-Güney RIW 2003, 519, 522.
[41] Rezmi Gazete vom 17.06.2003 Nr. 25141.

vestitionen behandelt (Art. 3 a Nr. 2 AuslandsinvestitionsG). Ausländische Direktinvestitionen dürfen nicht enteignet werden, solange nicht ein öffentliches Interesse dies notwendig macht und solange keine entsprechende Entschädigung geleistet wird (Art. 3 b AuslandsinvestitionsG). Ausländische Investoren dürfen Grundeigentum erwerben, soweit dies türkischen Staatsangehörigen in gleicher Lage gestattet ist (Art. 3 d AuslandsinvestitionsG).

Der türkische Staat und seine Verwaltungseinrichtungen können Dienstleistungskonzessionen vergeben. Die Vergabe erfolgt nach Maßgabe des Gesetzes über die Vergabe öffentlicher Aufträge.

VI. Öffentliches Baurecht

21 Das türkische Bauordnungsrecht hat im Baugesetz (Imar Kanunu vom 09.05.1985 Nr. 3194) eine Regelung gefunden[42]. Das Bauplanungsrecht ist in einer Reihe von Gesetzen mit nationalem Anwendungsbereich geregelt (z.B. Baukontrollgesetz, Waldgesetz, Strandgesetz, Schwarzbaugesetz (Gesetz Nr. 775 – Gecekondu Kanunu). Das auf der Grundlage des Ermächtigungsgesetzes Nr. 4452 vom 27.08.1999 verkündete Dekret mit Gesetzeskraft Nr. KHK/595 über die Bauaufsicht wurde vom türkischen Verfassungsgericht am 25.5.2001 für ungültig erklärt und außer Kraft gesetzt.

22 Es herrscht grundsätzlich Baufreiheit. Gemäß Art. 20 sind juristische und natürliche Personen des Privatrechts grundsätzlich dazu berechtigt, auf Grundstücken, die auf ihren Namen im Grundbuch („Tapu") eingetragen sind oder für die sie von staatlichen Stellen Bebauungsrechte erhalten haben, Bauten zu errichten. Dabei sind die geltenden städtischen Siedlungspläne und Bauverordnungen sowie die in der Baugenehmigung vorgeschriebenen Bestimmungen zu beachten. Die Einzelheiten regelt das Baugesetz Nr. 3194.

23 Das Baugesetz Nr. 3194 umfasst insgesamt sieben Kapitel und 50 Artikel. Kapitel 2 (Art. 6–14) regelt die bei der Erstellung von Bebauungsplänen zu beachtenden Grundsätze. Kapitel 3 (Art. 15–19) beinhaltet insbesondere Vorschriften über die Zusammenlegung und Parzellierung von Grund und Boden sowie zur Verstaatlichung (Enteignung) in Verbindung mit dem Gesetz Nr. 2942 (Kamulaştırma Kanunu). Kapitel 4 (Art. 20–37) des Gesetzes Nr. 3194 enthält die eigentlichen Bauvorschriften.

24 Für sämtliche Bauprojekte (ausgenommen die in Art. 27 Baugesetz Nr. 3194 beschriebenen Bauten) in dörflichen Gemeinden ist gemäß Art. 21 Baugesetz bei der zuständigen Stadtverwaltung (Belediye) oder beim Regierungsbezirk (Valilik) eine Baugenehmigung bzw. Baulizenz („Yapı Ruhsatı") einzuholen. Auch bauliche Veränderungen an einem bereits bestehenden Objekt stehen unter Genehmigungsvorbehalt. Reparaturen und Renovierungen, die zur Erhaltung der Bausubstanz dienen können genehmigungsfrei durchgeführt werden.

25 Mit dem Antrag auf Baugenehmigung sind gemäß Art. 22 Baugesetz Nr. 3194 neben der amtlichen Urkunde über Grundbesitz („Tapu") die Architektenplanung, die Statik, die Planung für die elektrischen Anlagen und die entsprechenden Zeichnungen beizufügen. Die Stadtverwaltungen bzw. Büros der Regierungsbezirke sind dazu gehalten, innerhalb von 30 Tagen ab Datum der Antragstellung eine Baugenehmigung zu erteilen. Stellt die Stadtverwaltung Fehler oder Mängel im Antrag fest, so sind diese dem

[42] Resmi Gazete vom 09.05.1985 Nr. 18749.

Antragsteller spätestens in 15 Tagen ab Datum der Antragstellung mitzuteilen. Wurden den Mängeln und Fehlern abgeholfen, ist die Baugenehmigung innerhalb von 15 Tagen ab Datum des erneuten Antrags zu erteilen.

Personen, die die fachliche bzw. technische Verantwortung für die Durchführung der 26
Baumaßnahmen übernommen haben, müssen gemäß Art. 28 Baugesetz Nr. 3194 für die Einhaltung der in der Baugenehmigung eingetragenen Vorschriften bzw. Auflagen Sorge tragen. Treten im Verlauf der Bauausführung Mängel auf, die mit der Baugenehmigung nicht zu vereinbaren sind, muss innerhalb von drei Arbeitstagen eine entsprechende Meldung an die zuständige Stadtverwaltung ergehen. Es kann dann ein Baustopp verhängt werden (Art. 32 Baugesetz Nr. 3194).

§ 49 USA

*Wolfgang Jahn und Götz-Sebastian Hök**

Schrifttum

Allen/Martin, Construction Law Handbook, 2. Auflage, New York 2009; Koch/Magnus/Winkler v. Mohrenfels, IPR und Rechtsvergleichung, 3. Auflage, München 2004; Pickavance, Delay and Disruption in Construction Contracts, 4. Auflage, London 2010; G.M. Stein, Construction Law, Loseblattsammlung in sechs Bänden, letzter Stand 33. Nachlieferung September 1998, (Mathew Bender 1998); Corbion on Contracts (West 1964 und Supp. 1984; J Calamari & J. Perillo, The Law of Contracts, (2nd. Ed. West 1977); Reimann, Einführung in das US-amerikanische Privatrecht, 2. Auflage, München, 2004

Inhaltsübersicht

I. Allgemeines Vertragsrecht

1 Dieser Beitrag weicht verschiedentlich von der Systematik der anderen Länderberichte ab. Es existiert kein allgemein geltendes Zivilrecht für die gesamten USA. Jeder Bundesstaat hat seine eigene Rechtsordnung. Die Zivilrechtsordnungen der einzelnen US-Bundesstaaten unterscheiden sich teilweise erheblich voneinander, wenngleich sie überwiegend an das englische Common Law anknüpfen. Zudem hat sich ein eigenständiges

* Allein fortgesetzt von Götz-Senbastian Hök.

Recht der öffentlichen Aufträge entwickelt. Die Vertragstypologie kontinentaleuropäischer Rechtssysteme ist den US Rechtsordnungen weitgehend unbekannt. Folglich ergeben sich aus der Einordnung eines Vertrages unter einen der benannten Vertragstypen Werk-, Dienst- oder Kaufvertrag anders gelagerte Folgen als im Civil Law. Innerhalb der Systematik des BGB wird diese Einordnung schon bei der Wahl der richtigen Anspruchsgrundlage relevant, im Common Law wird sie meist erst auf der Rechtsfolgenseite eines Vertragsbruches (remedies for breach of contract) relevant. Das ergibt sich aus Folgendem: Zwar sind Bauverträge grundsätzlich *service-contracts*, auf die das Kaufrecht[1] zumindest keine direkte Anwendung findet. Sofern jedoch Probleme des allgemeinen Vertragsrechts betroffen sind, ergibt sich aus dem Fallrecht, dass die neuere amerikanische Rechtsprechung weitgehend die Regelungen aus dem Kaufrecht entsprechend auf Bauverträge anwendet [2]. Obwohl *service-contracts* wörtlich übersetzt „Dienstvertrag" heißt, wird nachfolgend das Wort „Werkvertrag" und die Parteibezeichnungen „Unternehmer bzw. Besteller" benutzt, da der Bauvertrag als *service-contract* dem Werkvertrag (§ 631 ff. BGB) jedenfalls näher steht als dem Dienstvertrag i.S.v. § 611 BGB[3]. Der zweite Grund, der es rechtfertigt von der Systematik der anderen Beiträge abzuweichen, ist folgender: es gibt bestimmte Rechtsfiguren, die für das Vertragsrecht des Common Law prägend sind, wie ***consideration*** oder die ***Parole Evidence Rule*** (nachfolgend PER), die dem Civil Law vollkommen fremd sind. Diese lassen sich nicht organisch in die überkommene Gliederung einer Einführung etwa ins deutsche Vertragsrecht nach Anspruchsgrundlagen einfügen. Es ist daher sinnvoller, der überkommenen Reihenfolge des Common Law zu folgen, auch wenn das heißt, dass die für kontinentaleuropäische Juristen am stärksten gewöhnungsbedürftigen Problemfelder wie eben **consideration** oder die Unterscheidung zwischen der Formierung eines Vertrages im unilateralen oder bilateralen Modus zuerst behandelt werden.

Dieser Beitrag setzt sich vor allem mit dem materiellen Vertrags- und Bauvertragsrecht der USA auseinander für das relevante Prozessrecht wird soweit verwiesen auf den Beitrag unter § **30** 89 ff. dieses Buches.

2 In Bezug auf die Zitierweise folgt der Beitrag den amerikanischen Gepflogenheiten, d.h. die Zitierweise entspricht der des Blue-Book[4], die aufgrund der Vielzahl der von ihr erfassten unterschiedlichen Quellen und Jurisdiktionen nicht an die in Deutschland übliche Zitierweise anzupassen ist.

II. Rechtsquellen und Recherchehinweise

3 **1. Bundesgesetze.** Die Gesetzgebung durch die Bundesregierung in Washington D.C. hat nur in drei Bereichen Einfluss auf das Baurecht. Der Public Buildings Property and Works Act regelt das Vergabeverfahren der Bundesregierung bei staatlichen Aufträgen in förderalen Enklaven, z.B. Postämtern, Militäreinrichtungen und Indianerreservaten, sowie dem Distrikt of Columbia, also Washington D.C. Ferner gibt es zwei föderale Antidiskrimierungsgesetze, den American with Disabilities Act, der Baumaßnahmen zur Herstellung der Gleichberechtigung von Behinderten vorschreibt und den Public

[1] Art. 2 Uniform Commercial Code, nachfolgend UCC.

[2] Das trifft z.B. zu auf die Probleme eine Annahme unter Abänderung des Angebots (battle of forms, UCC Sect. 2-207 siehe unten unter Rn. 14 zur rejection counter offer rule).

[3] Z.B. Wird der Vergütungsanspruch des Unternehmers erst mit wesentlicher Fertigstellung des Werks (doctrine of substantial completion) fällig. Dies ähnelt der Abnahme gem. § 640 f. BGB, die auch nicht aufgrund von unwesentlichen Mängeln verweigert werden darf (§ 640 Abs. 1 S. 2), stärker als der Fälligkeit der Vergütung des Dienstverpflichteten nach Zeitabschnitten (§ 614 S. 2 BGB).

[4] Blue Book: A Uniform System of Citation, West 1999.

Buildings Property and Works Act der jedwede Art von Diskriminierung beim Verkauf oder der Vermietung von Wohnraum verbietet. Schließlich existiert ein föderales Umweltschutzgesetz (Comprehensive Environmental Response Compensation and Liabilty Act = CERCLA, 42. U.S.C. Ch. 103 (1980)), nach dem die Bundesregierung sämtliche mit Altlasten kontaminierten Grundstücke reinigen lassen kann, wofür sie allerdings einen Rückgriffsanspruch gegen jeden „owner or operator" des Grundstücks erlangt. „Owner or operator" wird dabei so weit wie irgend möglich ausgelegt und umfasst auch jeden, der nur ein Sicherungsrecht an dem Grundstück hat, was für Bauunternehmer relevant sein dürfte.

2. Mustergesetze und Restatments. Das allgemeine Vertragsrecht der einzelnen Bundesstaaten besteht aus Gesetzes- und Fallrecht. Zwar hat jeder Bundesstaat ein eigenes Zivilrechtssystem, jedoch gibt es zahlreiche gemeinsame Grundzüge. Diese werden vor allem in dem Uniform Commercial Code und den Restatements festgehalten. Der Uniform Commercial Code (nachfolgend UCC) ist ein Mustergesetz, das, wie auch die Restatements, von dem **American Law Institute** herausgegeben wird, einer angesehenen privaten Institution aus Hochschullehrern und Praktikern, die die jeweils von ihr erarbeiteten Gesetze (statues) und Kommentare (comments oder restatements) herausgibt und vertreibt. Obwohl sich alle Bundesstaaten bei der Gesetzgebung an diesen Werken orientieren, muss man in jedem praktischen Einzelfall das geltende Recht des betroffenen Bundesstaates recherchieren, da das geltende Recht eines Bundesstaates und die Rechtspraxis häufig von den Mustergesetzen abweichen. 4

Die Gesetzestexte fast aller Bundesgesetze findet man auf den Homepages der Regierungen des jeweiligen Bundesstaates. Relevante Gesetze sind dabei der Civil Code und der Business and Professions Code eines jeden Staates. Wie das BGB regelt ein Civil Code Rechtsbeziehungen zwischen privaten Rechtssubjekten. Ein Business and Professions Code dagegen regelt das Verhältnis eines Berufsstandes zum Staat, etwa die Frage, was muss man tun, um eine Baugewerbegenehmigung (contractor's license) zu bekommen oder Architekt zu werden. Von den Mustergesetzen auf Bundesebene relevant sind für das privaten Bau – und Architektenverträge vor allem Art. 9 UCC Secured Transactions (Sicherheitsbestellung für mechanic's and architect's lien) sowie das Restatement 2nd of Contracts (nachfolgend Rest. 2nd). Ferner gibt das American Institute of Architects (nachfolgend AIA) zahlreiche Musterverträge heraus, die eine große praktische Verbreitung gefunden haben. Hervorzuheben ist vor allem **Form A201-1997** (Edition), auf die nachfolgend häufig verwiesen wird. Dies ist ein **Mustervertrag** für das Vertragsverhältnis zwischen Besteller (owner) und Unternehmer (contractor). Es gibt aber auch Musterverträge für fast alle anderen denkbaren Vertragsbeziehungen, z.B. für den Architektenvertrag, den Hochbau (AIA forms) und den Ingenieurbau (EJCDC Forms). Diese Musterverträge gelten aber nur, wenn die Parteien sie explizit vereinbaren. 5

3. Rechtsquellen des öffentlichen Baurechts. Das öffentliche Baurecht eines jeden Staates ist in Gesetzen geregelt, die Namen tragen wie „Building Regulations" oder „Building Code." Will man das Bauplanungsrecht bzw. Bauordnungrecht eines bestimmten Ortes recherchieren, muss man nach Stichwörtern suchen, z.B. wie „zoning ordinance" oder „fire/mechancics etc… code", die den Namen des gesuchten Ortes enthalten. Zwar gibt es auch in Bezug auf das öffentliche Baurecht ein Uniform International Building Code (2003), dieser hat aber bislang bei weitem kein so hohes Ansehen gewonnen wie andere Mustergesetze. Der Grund dafür mag sein, dass die ihn herausgebende Institution (International Code Council, nachfolgend ICC) vor allem aus Ver- 6 tretern der Bauindustrie zu bestehen scheint und erst 1994 gegründet wurde. De facto ist es den meisten Bundesstaatsgesetzgebern schon eine euphorische Pressemitteilung wert, zumindest für ihren eigenen Staat einen Uniform Building Code zu verabschieden, dessen Durchsetzung allerdings für die unteren Verwaltungseinheiten wie Bezirke oder Städte (municipalities) nicht einmal bindend zu sein scheint.

7 **4. Internet-Links.** Die meisten der in diesem Abschnitt genannten Institutionen, unterhalten eine Homepage, auf der die betreffenden Rechtsquellen entweder verkauft werden oder frei aus dem Internet herunter zu laden sind. Die Adressen lauten:

- Gesetzestext für Kalifornien: http://www.leginfo.ca.gov./calaw.html
- Gesetzestexte für Florida: http://flsenate.gov/statues/index.cfm
- Ausgaben von UCC und Restatements beim ALI(Hrsg.): http://www.ali.org
- Musterverträge der AIA (Hrsg): http://www.aia.org; http://www.constructionbook.com
- Zoning Ordinances Kalifornien: http://ceres.ca.gov/planning/zoning/county.html
- Uniform Building Code des ICC (Hrsg): http://www.iccsafe.org
- Bauordnungsrecht New York: http://www.generalcode.com/options/NYSUUniformCode.html

Die wohl wichtigste Internetadresse aber ist die nachfolgende, da von dort aus praktisch alle im Internet für die USA vorhandenen Quellen zum construction law gefunden werden können:

- Linksammlung zum Baurecht: http://www.megalaw.com/top/construction.php.

III. Allgemeines Vertragsrecht

8 **1. Vertragsschluss.** Ein wirksamer Vertragsschluss setzt voraus: (1) Erteilte gegenseitige Übereinstimmung der Parteien (mutual assent) durch Angebot (offer) und Annahme (acceptance), (2) eine Gegenleistung (consideration) und (3) keine durchgreifende Verteidigungsmittel gegen die Wirksamkeit des Vertrages.

9 **a. Gegenseitige Übereinstimmung: Mutual Assent.** Ein Angebot ist der Ausdruck der gegenwärtigen durch Worte oder konkludentes Verhalten zum Ausdruck gebrachten Absicht, ein Geschäft abschließen zu wollen, wenn es gerechtfertigt erscheint, dass die andere Vertragspartei glaubt, dass ihre Annahme gewünscht wird und dass diese Annahme einen bindenden Vertrag zustande bringen soll[5]. In den USA folgt man mithin der sogenannten objektive Vertragstheorie (objective theory of contracts), welche der Auslegung von Willenserklärungen nach dem objektiven Empfängerhorizont im deutschen Recht entspricht.

10 Noch kein Angebot ist damit die Ausschreibung eines Bauprojektes, das von der Aussage begleitet wird, der Ausschreibende werde auf Bieter warten. Noch nicht einmal dann, wenn in der Ausschreibung mitgeteilt wird, der Auftrag werde an Bieter mit dem niedrigsten Gebot vergeben, liegt seitens des Ausschreibenden ein Angebot vor. Diese Ausschreibung stellt mithin nur eine Einladung dar, Angebote abzugeben (invitation to make an offer). Ihr wird es regelmäßig an definitiven Vertragstermini wie Preis und genauem Leistungsumfang fehlen, denn sie gibt nur die Leistungsbeschreibung des Aus-

---

[5] Rest. 2nd of Contracts (1981), § 24.

schreibenden wieder. Erst die „bids“, (Kostenvoranschläge der Bieter), stellen Angebote im o.g. Sinne da, durch die die Fähigkeit zur Annahme (power of acceptance) im Bauherren erzeugt wird[6].

Es sind zwei Arten von Bidding zu unterscheiden: open bidding und closed bidding. 11
Open Bidding meint, dass der Bauherr das Projekt für alle interessierten Bauunternehmen ausschreibt. Es kommt typischerweise bei öffentlichen Bauprojekten zur Anwendung. Das Verfahren zur Vergabe öffentlicher Aufträge ist für solche der Bundesregierung geregelt in Public Buildings, Property and Works Act (U.S.Code, Title 40), für solche der Landesregierungen in den entsprechenden Landesgesetzen (z.B. dem California Public Construction Code) und für solche von Stadtverwaltungen und sonstigen unteren Verwaltungsträgern in entsprechenden Verordnungen (ordinances). An dieser Stelle ist auch zu erwähnen, dass es eine ganze Reihe von Verfassungsgerichtsentscheidungen[7] dazu gibt, ob die öffentliche Hand verpflichtet ist, vorzugsweise Projekte an Baufirmen zu vergeben, die in der Hand ethnischer Minderheiten sind (affirmative action). Dies ist zwar ein uramerikanisches Problem, verdeutlicht aber die Eigenart des amerikanischen Rechtsystems, selbst solche Materien wie das Baurecht zu politisieren und aus ihnen verfassungsrechtliche Fragen zu machen, was in anderen Rechtsordnungen selten vorkommt.

Closed Bidding im Gegensatz zu Open Bidding meint, dass der Bauherr sich bei der Ausschreibung nur an einige bestimmte Bauunternehmer wendet und findet in der Regel bei privaten Bauprojekten Anwendung, wobei auch private Bauunternehmer an Diskriminierungsverbote wie den Civil Rights Act (1964) gebunden sind.

Sobald der Bauherr die Annahmeerklärung auf den Weg bringt, kommt ein Vertrag zu- 12
stande und nicht erst, sobald diese den Bauunternehmer erreicht[8]. Bis zu diesem Zeitpunkt würde es dem Bieter nach allgemeinem Common Law freistehen, sein Angebot jederzeit zu widerrufen. Davon machen aber die meisten Standardbietermuster eine Ausnahme, nach der der Bieter offen legen muss, wie lange er sich an sein Angebot gebunden hält.[9]

Der Bieter darf sich auf die Richtigkeit und Vollständigkeit der Ausschreibungsunterla- 13
gen, die er der Kalkulation seines Angebotes zu Grunde legt, verlassen. Entdeckt er allerdings Fehler, Widersprüche oder Unvollständigkeiten in den Ausschreibungsunterlagen, hat der Bieter die Pflicht diese dem Bauherren bzw. Architekten anzuzeigen und sich um Klarstellung (duty to clarify) zu bemühen[10]. Kommt der Bieter dieser Pflicht nicht nach, muss er alle Tatsachen als wahr gegen sich gelten lassen, die eine ordnungsgemäße Untersuchung aufgedeckt hätte[11].

Nach traditionellem Common Law stellte – wie nach § 150 Abs. 2 BGB – die Annahme 14
unter Abänderung des Angebotes eine Ablehnung und zugleich ein neues Angebot (mirror-image-rule oder rejection-counter-offer-rule) unabhängig davon, wie minimal

---

6 Mitchell v. Sequerios, 582 P.2d 1044(Idaho 1978); Klose v. Sequoia Union High School Dist. 258 P2d 515 517–518).

7 Fullilove v. Klutznick, 448 U.S. 448 (1980); Richmond v.J.A. Croson Co., 488 U.S. 469 (1989); Adarand Contractors, Inc.v. Pena 515 U.S. 200 (1995).

8 Das ist die so genannte Mailbox-Rule aus Adams v. Lindsell, 1 Barn & Als 681 (K.B. 1818).

9 UCC Sect. 2-206 (1) (b) für die firm-offer im Kaufrecht.

10 John F. Miller Co. V. Georege Ficera Constr. Corp.,7 Mass. App. Ct. 494 (1979).

11 DSK Enterps. Inc. v. United Jersey bank, 189 N.J. Super. 242, 459 A.2d. 1201).

die Abweichung ist. Heutzutage gilt – inspiriert durch das amerikanische Kaufrecht[12] – auch bei Bauverträgen folgende Regel: Enthält die Annahme einige Bestimmungen, die unwesentlich von denen des Angebots abweichen, kommt ein Vertrag zu den Bedingungen zustande, die übereinstimmen[13]. Eine Annahme mit zusätzlichen Bedingungen, die den Vertrag nicht wesentlich ändern wird als ein Gegenangebot in Bezug auf diese Bedingungen behandelt, im Übrigen kommt der Vertrag in jedem Fall zustande.

15 **b. Zeitpunkt des Vertragsschlusses: bilateral v. unilateral.** Ein Vertrag kann im bilateralen oder unilateralen Modus zustande kommen. Für diese Einteilung gibt es keine Entsprechung im deutschen Recht. Der bilaterale Modus der Formierung eines Vertrages ist der oben beschriebene, durch zwei korrespondierende Versprechen, Angebot und Annahme. Bei dem unilateralen Modus erfolgt die Annahme dagegen durch vollständige Erbringung der Leistung. Der Unterschied zum BGB, in dem es auch die Konstruktion gibt, dass, falls die annehmende Vertragspartei ohne ausdrückliche Annahmeerklärung, mit der Leistung beginnt, in diesem Beginn der Erfüllung eine konkludente Annahmeerklärung gesehen werden kann; ist der, dass bei einem unilateralen Vertrag nicht bereits der Beginn mit der Leistung sondern nur die vollständige Erfüllung zum Vertragsschluss führt. Vorher hat die annehmende Vertragspartei keinen Anspruch auf eine vertragliche Vergütung sondern allenfalls auf Ersatz des Wertes der geleisteten Dienste aus Quasi-Vertrag. Zum Schutz der Vertragspartei, die vorleistet, gilt allerdings, dass nach dem Zeitpunkt des Leistungsbeginns die andere Vertragspartei nicht mehr die Macht hat, ihr Angebot zu widerrufen. Das klassische Beispiel für die Formierung eines Vertrags im unilateralen Modus ist das Versprechen, jedem $100 zu zahlen, der die Wände streicht. Die Unterscheidung von unilateralen und bilateralen Verträgen ist heutzutage von weitgehend akademischem Interesse, da statistisch Verträge am häufigsten im bilateralen Modus geschlossen werden. Ein praktisches modernes Beispiel für die Formierung eines Vertrages im unilateralen Modus ist etwa die schlichte Übersendung von bestellten Waren. Die Unterscheidung kann daher im Rahmen des privaten Baurechts vernachlässigt werden.

16 **c. Der Inhalt schriftlicher Verträge: Parole Evidence Rule (PER).** Entgegen ihrem Namen ist die Parole-Evidence-Rule (nachfolgend PER) keine Regel des Beweisrechts sondern des materiellen Vertragsrechts, deren Aufgabe es ist festzulegen, inwieweit schriftlich geschlossene Verträge durch vorhergehende Vereinbarungen oder mündliche Nebenabreden ergänzt werden können. In ihrer modernen und hier vereinfachten Fassung besagt die Regel Folgendes: Wenn die Parteien die Absicht haben, dass der schriftliche Vertragstext eine vollständige und endgültige Festlegung ihrer Vereinbarung sein soll, dann dürfen mündliche oder schriftliche Vereinbarungen, die vor oder während des Vertragsabschlusses getroffen wurden, nicht benutzt werden, um den schriftlichen Vertragstext zu ergänzen oder ihm zu widersprechen, wohl aber um in ihm enthaltene Selbstwidersprüche aufzulösen. Sie dürfen ferner benutzt werden, um Folgendes zu zeigen: Betrug, Fälschung, Mangel an Gegenleistung, Nicht-Erfüllung einer aufschiebenden Bedingung, Nötigung, einen anderen unabhängigen Vertrag.

17 Die meisten Standardvertragsmuster enthalten eine so genannte Integration- oder Merger-Clause, nach der die Vertragsparteien ausdrücklich beabsichtigen, dass dieser Vertrag abschließend und vollständig sein soll.

---

[12] UCC Sect. 2-207.

[13] Irrigation Constr. Co. v Motheral Contractors, Inc. 599 S.W.2d 336(Tex. Civ.App 1980).

Beispiel: „This contract represents the entire and integrated agreement between the parties hereto and supersedes prior negotiations, representations or agreements either written or oral"[14]. Das heißt übersetzt: „Dieser Vertrag ist eine vollständige und integrierte Vereinbarung zwischen den Parteien und setzt alle vorherigen Verhandlungen, Verlautbarungen und Vereinbarungen außer Kraft."

Es ist allerdings fraglich, ob sie in der vorliegenden Form wirklich von einem Gericht beachtet werden würde, da die Gerichte zunehmend die Auffassung vertreten, dass eine Integration-Clause keine vorformulierte Standardvertragsklausel sein darf (boilerplate-language), sondern eng auf den Einzelfall zugeschnitten werden muss[15], indem z.B. konkret genannt werden, welche vorhergehenden Vereinbarungen außer Kraft gesetzt werden sollen. In gewissem Sinne kann man in der PER, den Grund dafür sehen, das Verträge im Common Law wesentlich ausführlicher, sorgfältiger und auch langatmiger formuliert werden als in anderen Rechtssystemen. In einem gewissen Sinne diszipliniert die Regel die Parteien darauf zu achten, dass das Vertragsdokument wirklich ihren wahren Willen wiedergibt und möglichst viele Fallkonstellationen abgedeckt werden, wobei letzteres auch durch die Zersplitterung der amerikanischen Zivilrechtsordnungen bedingt wird, die immer wieder Anlass zu Rechtsunsicherheit bietet.

Ein konkludenter Vertrag (implied-in-fact-contract) ist ein Vertrag, der auf der Grundlage **18** übereinstimmenden Willens, der obwohl nicht in einer ausdrücklichen Vertragsurkunde erfasst, als Tatsache aus dem Verhalten der Parteien abgeleitet wird, das im Lichte der Begleitumstände ein stillschweigendes Einverständnis aufzeigt[16]. Ein konkludenter Vertrag zwischen einer staatlichen Stelle und einer Privatperson ist anzunehmen, wenn die Person, die ihn behauptet, beweist, dass (1) Gegenseitigkeit in Bezug auf die Absicht einen Vertrag zu schließen besteht, (2) Consideration vorliegt, (3) unzweideutige Angebots- und Annahmeerklärungen vorliegen, (4) die Befugnis der handelnden Stelle zum Vertragsabschluss, d.h. zur vertraglichen Bindung des Staates, besteht[17].

d. Consideration. Das Prinzip der *consideration* stellt mit Sicherheit das für nicht ang- **19** loamerikanische Juristen die am schwierigsten zu verstehende Lehre des allgemeinen Vertragsrechts des Common Law dar. Der Grund dafür ist, dass sie genutzt wird, um Fallgruppen einer Lösung zuzuführen, die systematisch wenig miteinander zu tun haben. Consideration hat die Aufgabe nicht durchsetzbare Versprechen wie Schenkungen, moralische Verpflichtungen oder illusorische Versprechen von durchsetzbaren Verträgen abzugrenzen. Sie hat dagegen nicht die Aufgabe, die Angemessenheit der gegenseitigen Leistungsversprechen etwa im Sinne etwaiger Sittenwidrigkeit zu hinterfragen. Das Versprechen ein Haus zu streichen zum Preis von $ 1 ist daher wirksam (nominal consideration oder peppercorn theory). Die Unverhältnismäßigkeit der Gegenleistung wäre ein Problem so genannter „unconscionability", die entweder prozessual sein kann, wenn ein Element der Überraschung oder ungleicher Verhandlungsstärke nachgewiesen wird, oder substantiell, wenn der Wert von Leistung und Gegenleistung außer Verhältnis zueinander stehen.

---

14 Art. 1.1.2 des AIA Mustervertrages, Formular Nr. A201 – 1997.

15 Pacific Gas & Electric Co.-Trident Center v. Connecticut General Life Insurance Co., 847 F2nd. 564(9th Cir. 1988) und Rest. 2nd of Contracts § 209 et.seq.

16 Lewis v. United States,70 F.3d 597, 600 (Fed. Cir. 1995) (quoting Baltimore & Ohio Railroad Co. v. United States, 261 U.S. 592, 597 (1923)).

17 Schism v. United States, 316 F.3d 1259, 1278 (Fed. Cir. 2002) (en banc), cert. denied, 539 U.S. 910 (2003); see also Flexfab, L.L.C. v. United States, 424 F.3d 1254, 1265 (Fed. Cir. 2005).

20 **aa. Definition.** Die klassische Definition lautet: „Valuable consideration may be found in the bargained for promise to do any act, or the doing of any act, which but for this bargain the promisor or the actor was not legally obligated to perform. Valuable consideration may also be found in the bargained for promise to forbear, ort he actual forbearance of any course of conduct which, but for this bargain, the promisor or abstainer was legally free to pursue. What is required is that the promises (bilateral formation) or promise and act (unilateral formation) have been consciously exchanged by the parties. If this element of conscious exchange is missing the element of bargarin is absent.“[18] Will man versuchen, diese klassische Definition in Rechtsdeutsch zu übersetzen, könnte eine Annäherung etwa lauten: Ausreichende (valuable) Consideration liegt vor, wenn verhandelt wurde (bargained for), um ein positives Tun zu versprechen (bilateraler modus), oder um etwas positiv zu tun (unilateraler modus), was der Versprechende oder der Handelnde vorher (meint: ohne diesen Handel) nicht rechtlich verpflichtet war zu versprechen oder zu tun, so dass jede Partei einen neuen rechtlichen Nachteil (*legal detriment*) erleidet. All das gilt auch bei einem Unterlassen (forbearance). Verhandelt wurde, wenn zwei bewusste Versprechen (bilateral) oder ein Versprechen und ein Handeln (unilateral) ausgetauscht wurden. Beispiel: Ich verspreche, weil du versprichst (bilateraler Modus) oder ich tue etwas, weil du versprochen hast (unilateraler Modus). Diese Definition wird aufgeteilt in zwei Haupttatbestandsmerkmale: das Bargain/Handel-Element und das detriment/Nachteils-Element. Das klingt komplizierter als es ist, was dadurch verursacht wird, dass sie beständig zwischen den Dichotomien bilateral ↔ unilateral und positives Tun ↔ Unterlassen springt. Was sie in der Sache bedeuten soll, ist ohne Beispiele nicht nachvollziehbar. Consideration wird in folgenden Fallgruppen thematisiert:

21 **bb. Fallgruppen.** Die Schenkung ist kein Vertrag, da es am Element des Handels (bargain-element) fehlt. Die Schenkung wird im Common Law nicht als vertragsrechtliches Problem gesehen, sondern als eines des Eigentums- und Erbrechts (Real Property mit den Stichworten inter vivos gift, gifts causa mortis and future interests), wobei diese untereinander beständig ineinander übergehen. Dass eine Schenkung als freiwillige Leistungserbringung keinen Vertrag begründet, gilt auch in Bezug auf Dienstleistungen. Das Versprechen eines Vaters, denjenigen zu entlohnen, der seinen tot kranken Sohn gepflegt und beerdigt hat, stellt eine moralische Verpflichtung dar und keine rechtliche, weil es keine Pflicht der Eltern gibt, für ihre erwachsenen Nachkommen zu sorgen und weil der Vater von dem Dritten die Pflege nicht verlangt hatte[19]. Auch hier fehlt das Element eines Bargain-Element.

22 Das Element des rechtlichen Nachteils, wird problematisiert, wenn eine der Parteien, verspricht etwas zu tun, oder etwas tut, das sie sowieso schon verpflichtet ist zu versprechen oder zu tun (pre-existing duty rule). Diese Partei erleidet in einem solchen Fall keinen neuen rechtlichen Nachteil durch das Geschäft, weil dieses nicht kausal für die Verpflichtung ist. Das führte historisch zu einem praktischen Problem: Jede Vertragsanpassung oder Änderung bedurfte neuer consideration, beide Parteien mussten etwas Neues versprechen, das sie sich noch nicht gemäß des vorhergehenden Vertrages versprochen hatten. Damit gab es keine Möglichkeit für den Schuldner einer teilweise streitigen und teilweise unstreitigen Zahlungsforderung mit seinem Gläubiger einen Vertrag abzuschließen, in dem der Zahlungsschuldner sofortige Zahlung eines Teilbe-

[18] Mc Govern v. City of New York 234 N.Y. 377,138 N.E. 26 (1923).
[19] Mills v.Wyman, 20 Mass.(3 Pick.) 207 (1825).

trages gegen Erlass der Restschuld wirksam vereinbaren konnte, da der Schuldner bereits vorher zur Zahlung verpflichtet war. Damit waren Vergleichsabschlüsse praktisch unmöglich. Durch die Rspr. stellen diese Fragen heute aber keine Probleme in Zusammenhang mit der Consideration mehr da. Die meisten Gerichte und UCC Sect. 2-209 verlangen heute für eine wirksame Vertragsanpassung keine neue consideration mehr sondern Gutgläubigkeit. Gutgläubigkeit heißt insoweit, auf wahren Tatsachen beruhend und ein Agieren innerhalb der vernünftigen Erwartungen der Parteien. Auch gem. Art. 1.1.1. A-201 wird das Problem praktisch wegdefiniert, da danach eine Vertragsänderung durch ein einfaches Schriftstück, das beide Vertragsparteien unterschreiben, oder durch eine Anordnung des Architekten vorgenommen werden kann. Die zweite Fallgruppe, Anerkenntnis gegen Restschuldbefreiung, wird unter einer anerkannten Ausnahme vom Erfordernis ausreichender consideration behandelt, die unter dem Stichwort „accord and satisfaction" behandelt wird.

Die letzte Sachverhaltsgruppe, die Probleme mit der consideration bereitet, sind so ge- **23**
nannte illusorische (illusive) Versprechungen. Das erfasst neben offensichtlich absurden Fällen, die andere Rechtsordnungen der anfänglichen objektiven Unmöglichkeit zuordnen würden („Ich verkaufe den Andromeda-Nebel") und heute erledigten Problemen bei Dauerlieferungsverträgen („Ich verspreche Dir, den gesamten Stahl zu kaufen, den ich in den Monaten Februar bis März brauchen werde") ein bei Werkverträgen relevantes Problem: der Besteller verspricht nur zu zahlen, wenn ihm das Werk gefällt. Traditionell war dieses Gegenversprechen illusorisch, es lag kein wirksamer Vertrag vor und der Unternehmer konnte nur den Wert seiner Leistung aus Quasi-Vertrag ersetzt verlangen. Die neue Rechtsprechung tendiert zu einer anderen Lösung: zunächst steht das Handeln des Bestellers unter dem Vorbehalt von Gutgläubigkeit und Rechtsmissbrauch. Selbst wenn das fertige Werk aber nur gerade diesem querulatorisch veranlagten Besteller nicht gefällt, er es also subjektiv durchaus gutgläubig zurückweist, dann kann ein Gericht ihn zur Zahlung der Vergütung verurteilen, wenn es um ein Maß an persönlicher Zufriedenstellung geht, das objektiv bestimmbar ist durch Funktionstauglichkeit, wesentliche Fertigstellung (substantial completion) und das den Erwartungen eines vernünftigen Bestellers genügen würde. Wenn es dagegen um ein Werk geht, bei dem das nicht der Fall ist, also einem solchen, dessen Bewertung von ästhetischen und geschmacklichen Erwägungen (Herstellen des Konterfeis des Bestellers in Marmor) abhängt und der Unternehmer durch die Formulierung der Klausel entsprechend gewarnt wurde, dann wird das Gericht nicht seinen Geschmack an die Stelle von dem des Bestellers setzen. Das gilt auch insbesondere dann, wenn die Parteien wie unter den Standardverträgen üblich, es letztlich einer Dritten Partei, dem Architekten oder Ingenieur, überlassen, zu entscheiden, ob das Werk vertragsgemäß ist oder nicht. Das Ermessen des Architekten (Valuer, Certifier) wird nur auf grobe Fehler und Bösgläubigkeit überprüft. Bösgläubig wird insoweit allerdings sehr weit definiert. Es genügt jede Abweichung von den Aufgaben, die der dritten Partei durch den Vertrag zugewiesen werden. Dafür reicht aus, dass der Architekt beginnt, den Vertrag auszulegen statt unter ihn zu subsumieren[20].

e. Einreden. aa. Schriftformerfordernis: statue of frauds. Das Statue of Frauds besagt, **24**
dass folgende Verträge der Schriftform bedürfen: das Versprechen zu heiraten; Verträge, die nicht innerhalb eines Jahres ab dem Zeitpunkt der Vertragsschlusses erfüllt werden

[20] Terminal Construction Corp. v. Bergen, County 18 N.J. 294, 113 A.2d 787(1955); SouthwestEngineering Co. V. Reorganized School District R-0, 434 S.W.2d. 743 (Mo. App. 1968); Macomber v. California, 250 Cal. App.2d 391,391, 58 Cal. Rptr 393 (1967).

können; Verträge, die ein Recht an Land betreffen; das Versprechen für die Schuld eines anderen einzustehen und Verkäufe von Waren mit einem Wert von mehr als $500[21]. Das Statue verlangt nicht, dass ein förmlicher Vertrag etwa unter Zeugen geschlossen wird oder dass ein Schreiben, das nach der PER als „final and integrated" anzusehen wäre. Ausreichend ist jedwedes Schriftstück, das die wesentlichen Vertragspflichten (z.B. Käufer, Verkäufer, Artikel, Preis) festhält und das von der Partei, gegen die der Vertrag durchgesetzt werden soll, unterzeichnet ist. In den meisten Bundesstaaten macht die Nicht-Einhaltung des Schriftformerfordernisses, den Vertrag anfechtbar (voidable); in einigen wenigen Bundesstaaten liegt ein Fall der anfänglichen Nichtigkeit vor[22]. Für Bauprojekte relevant sind wohl vor allem die Ein-Jahres-Regel, die Land-Regel und die Garantie/Bürgschaftsregel. Um einem Missverständnis vorzubeugen: die Ein-Jahres-Regel greift nur ein, wenn es um Verträge geht, die per se nicht innerhalb eines Jahres erfüllt werden können, wie das Versprechen 2 Jahre lang für jemanden zu arbeiten. Besteht dagegen die geringste statistische Chance, dass Erfüllung innerhalb eines Jahres möglich ist, wie bei dem Versprechen ein Hochhaus zu bauen, greift sie nicht ein. Die Land-Regel ist relevant, weil sie wie die Garantie-Bürgschaftsregel immer dann eingreift, wenn es um die Bestellung von Sicherheiten etwa in Form von Hypotheken (mortgages) geht.

25 **bb. Weitere Einreden.** Die weiteren Einreden gegen einen wirksamen Vertragsschluss, die hier nur der Vollständigkeit halber erwähnt werden, sind:

- Indefinitness, was einen Vertragsschluss über genau definierte Versprechen meint. Ein Bauvertrag ist definitiv genug, wenn das Gericht aus ihm entnehmen kann: die Parteien, die Leistungszeit, den Leistungsort, die Vergütung und die Art, nach der der Nicht-Erfüllungsschaden berechnet werden kann[23].
- Weitere Einreden sind: mistake, was einen Irrtum bei der Formulierung z.B. durch Rechen- oder Schreibfehler nicht aber bei der Willensbildung, also Motivirrtümer, betrifft, Betrug und Nötigung (durress), Geschäftsunfähigkeit (lack of capacity) und illegality, was in etwa der Nichtigkeit eines Vertrages bei Verstoß gegen ein Verbotsgesetz entspricht und prozessuale und substantielle unconscionability (in etwa Sittenwidrigkeit siehe oben Rz. 18f.).
- Die Handhabung von Kalkulationsirrtümern hängt davon ab, ob öffentliche Verträge mit einem einzelnen Bundesstaat oder der Bundesregierung oder Verträge mit Privaten betroffen sind. In den erstgenannten Fällen werden Kalkulationsirrtümer durch das öffentliche Vergaberecht der Bundesregierung bzw. des Einzelstaates geregelt, im letzten Fall, durch *state-common law*. Die entsprechenden Regelungen unterscheiden wiederum danach, wann der Irrtum bemerkt wird, d.h. ob er vor oder nach Vertragsschluss bemerkt wird, und danach, welche Partei dem Irrtum aus welchem Grund erlegen ist. Nach dem hierzu existierenden Präzedenzfall des Supreme Court gilt jedenfalls, dass eine Vertragsanpassung (reformation) oder Rücktritt (reformation) nach Vertragsschluss nur dann in Betracht kommen, wenn die im Irrtum befindliche Partei mit über jeden Zweifel erhabener Gewissheit (beyound a reasonable doubt) darlegt, dass beide Parteien sich im Irrtum befanden, und etwas vereinbart haben, was keine von ihnen wollte.[24] Durch diese Formel wird das Regelbeweißmaß das im amerikanischen Zivilprozess normalerweise bei einer überwiegenden Wahrscheinlichkeit (prepoderance of

---

21 UCC Sect. 2-201.
22 Vgl. aber Reimann, Einführung, 43.
23 Jack v. Head Contractors, Inc. v. A.L. Adams Constr. Co., 155 Ga App. 409, 271 S.E.2d 222 (1980).
24 Moffett, Hodgkins & Clarke Co. City of Rochester, 178 U.S. 373, 384–385 (1899).

evidence) liegt, auf das Beweismaß des Strafprozesses angehoben. Das Rest. 2nd of Contracts § 152 (174) verlangt darüber hinaus, dass der beidseitige Irrtum ein solcher sein muss, dass er zu einer wesentlichen Störung des Leistungsaustauschverhältnisses führt. Dem folgen die meisten Einzelstaaten und Gerichte[25].

2. Vertragsabwicklung. Sofern keine andere Vereinbarung getroffen wurde, wird die Reihenfolge der Leistung im Common Law mit Hilfe folgender Vermutungen (constructive conditions implied in law)[26] bestimmt. Wenn es physisch möglich ist, dass die Leistungspflichten beider Parteien gleichzeitig am selben Ort erfolgen kann, dann ist die Fälligkeit jeder Leistungspflicht abhängig davon, dass die jeweils andere Vertragspartei, die ihr obliegende Leistungspflicht ordnungsgemäß anbietet (conditions concurrent)[27]. Das trifft zu etwa beim Handkauf, wenn der Käufer den Kaufpreis sofort zahlen muss gegen Übergabe der verkauften Sache. Wenn die Erbringung einer Leistung dagegen eine gewisse Zeitspanne in Anspruch nimmt, die andere aber sofort erbracht werden kann, dann ist die Leistung, deren Erfüllung länger dauert, eine Bedingung für die Fälligkeit der anderen Leistung (constructive condition precedent). Das heißt grundsätzlich muss der Werkunternehmer vorleisten und erst nach Fertigstellung des Bauprojekts wird der Anspruch des Unternehmers gegen den Besteller auf die Vergütung fällig. Wenn dagegen der Vertrag für eine Leistungspflicht einen festen Termin nennt für die andere dagegen nicht, dann wird vermutet, dass diejenige Leistungspflicht, für die ein Termin bestimmt ist, zuerst erfüllt werden muss, bevor die andere Leistungspflicht fällig wird. 26

Diese klassischen Grundsätze werden den Anforderungen modernen Bauprojekte natürlich selten gerecht. Kaum ein Bauunternehmer kann längere Zeit in Vorleistung treten, da er die Ansprüche seiner Subunternehmer befriedigen muss. Kaum ein Bauherr, kommt ohne Finanzierung durch eine Bank aus oder kann die Gesamtvergütung mit einem Male bezahlen. Die meisten Standardvertragsmuster sehen daher monatliche Zahlungen in Abhängigkeit vom Baufortschritt (progress-payments) vor. Dies ist die praktisch am häufigsten anzutreffende Zahlungsvereinbarung[28]. 27

Typisch für die Vertragsabwicklung von Bauverträgen im Geltungsbereich des Common Law ist ferner die tragende Rolle des Architekten bei der praktischen Baudurchführung, die er in einer Zwitterstellung als Vertreter des Bauherren und als an den Vertrag gebundener Certifier ausfüllt. So obliegt es letztlich ihm, u.A. Abschlagszahlungen (progress oder interim payments) durch Ausstellung einer Zahlungsbescheinigung fällig zu stellen und das Bauprojekt als im Wesentlichen vertragsgemäß anzuerkennen. Ihm obliegt ferner die Lösung von Konflikten über Ansprüche auf eine zusätzliche Vergütung, die Verlängerung der Bauzeit und die Anordnung von Zusatzleistungen.[29] 28

3. Vertragsbruch. Ein Vertragsbruch (breach of contract) ist die Nicht-Erfüllung einer Pflicht, die absolut geworden ist. Eine Pflicht wird absolut, wenn alle Bedingungen, von denen das Entstehen der Pflicht abhängt, erfüllt oder entschuldigt wurden und die Leistungszeit eingetreten ist. Mit anderen Worten: Jede Leistungspflicht ist grundsätzlich Bedingung für die Gegenleistung. 29

---

25 Higgs v. United States. 546 F2d. 373, 376 (Ct. Cl. 1976), Stein aaO. Bd. 1 Ch. 2.04 [4].

26 Condition heißt wörtlich übersetzt Bedingung. Die Funktion zumindest der nachfolgenden conditions lässt sie aber gesetzlichen Vermutungen im Rechtsdeutsch näher stehen als Bedingungen i.S.v. § 158 ff. BGB.

27 Nichols v. Raynbred, Hobb. 88, 80 Eng. Rep. 890 (K.B. 1615) und Morton v. Lamb, 7 T.R. 125, 101 Eng. Rep. 890 (K.B. 1797).

28 Stein, Bd. II, Ch. 7 auf p. 7.01 und Art. 9.6.1 von Form A 201-1997.

29 Mehr dazu unten unter Rn. 57.

30 Theoretisch wird die Leistungspflicht durch folgende Rechtsinstitute entschuldigt oder zum Erlöschen gebracht: Erfüllung (satisfaction), Erlass, Unmöglichkeit, Zweckverfehlung (frustration of purpose) oder rechtliche Unmöglichkeit, wirtschaftliche Unzumutbarkeit, Rücktritt aufgrund von beidseitigen Fehlern bei der Vertragsformulierung (mistake in the formation), endgültige und ensthafte Erfüllungsverweigerung (anticipatory repudiation) oder von der Gegenseite absichtlich herbeigeführte Unmöglichkeit (voluntary disablement). Da diese Fälle aber praktisch eher selten sind, seien die entsprechenden Rechtsinstitute hier nur aufgelistet.

31 **a. Wesentliche Erfüllung: Substantial Completion statt Abnahme.** Praktisch relevant sind für Bauverträge vor allem folgende Leistungsstörungen: Verspätung der Fertigstellung und die Mangelhaftigkeit des Werks. Ausgangspunkt für beide Typen der Leistungsstörung ist der Begriff des Vertragsbruchs. Dieser kann entweder wesentlich oder unwesentlich sein[30]. Ein wesentlicher Vertragsbruch gibt der vertragstreuen Partei das Recht, den Vertrag so zu behandeln, als sei er im Ganzen unwirksam. Sie braucht selbst für die Zukunft nicht mehr zu leisten und muss auch keine späteren Leistungen der vertragsbrüchigen Partei mehr annehmen. Bei einem unwesentlichen Vertragsbruch dagegen, bleibt die vertragstreue Partei ihrerseits zur Erbringung ihrer eigenen Leistung verpflichtet, sie darf diese nur vorübergehend aussetzen und diese aber insoweit mindern als ihr selbst durch den unwesentlichen Vertragsbruch entstanden ist.

32 Das größte Risiko der vertragstreuen Partei besteht darin, einen unwesentlichen Vertragsbruch als einen wesentlichen zu behandeln. Dies ist ein tragischer Irrtum, weil durch ihn die ursprünglich nicht vertragsbrüchige Partei, nun evtl. selbst einen wesentlichen Vertragsbruch begeht. Es kommt also entscheidend darauf an zu bestimmen, ob ein wesentlicher oder unwesentlicher Vertragsbruch vorliegt. Dabei wird immer Bezug genommen auf die Doktrin der substantiellen Erfüllung (doctrine of substantial performance im Baurecht auch genannt: substantial completion). Wann immer die vertragsbrüchige Partei ihre Pflichten substantiell erfüllt hat, ist ihr Vertragsbruch unwesentlich und die vertragstreue Partei bleibt weiter zur Erbringung ihrer eigenen Leistung verpflichtet, darf aber den Schaden abziehen und ihre eigene Leistung vorübergehend aussetzen. Wann immer die vertragsbrüchige Partei ihre Pflichten nicht substantiell erfüllt hat, liegt ein wesentlicher Vertragsbruch vor und die vertragstreue Partei, kann sich praktisch vom Vertrag lösen. Ob substantiell erfüllt wurde, hängt klassischerweise von folgenden Faktoren bzw. Fragen ab[31]:

33 **b. Faktoren:**

- Wurde die vertragstreue Partei durch den Vertragsbruch, um den essentiellen Vorteil, den sie sich vom Vertragsabschluss erwartet hat, gebracht (totally deprived of the benefit of the bargain). Das wird z.B. bejaht, falls ein Dach eine bestimmt Farbe haben soll, die mit den Mauerziegeln harmonieren soll, der Dachdecker aber Ziegel in einer anderen Farbe einbaut[32].
- Je schwieriger der Schadensersatz zum Zeitpunkt des Vertragsbruchs zu kalkulieren ist, je spekulativer er ist, desto wahrscheinlicher ist es, dass nicht wesentlich erfüllt wurde und umso gerechter erscheint es, die vertragstreue Partei von ihren eigenen Leistungspflichten vollkommen zu entbinden

30 Vgl. Reimann, Einführung, 51.
31 5 Corbion, Corbion on Contracts, 2nd Ed., West, p.183 et seq.
32 O.W. Grun Roofin and Construction Co. v. Cope, 529 S.W. 2nd 258 (Tex. Civ. App. 1975).

- Je später während der Vertragsabwicklung der Vertragsbruch erfolgt, desto wahrscheinlicher ist es, dass die vertragsbrüchige Partei, bereits sehr viel geleistet hat, so dass im Wesentlichen erfüllt wurde, während es bei einem Vertragsbruch zu Beginn der Vertragsabwicklung wahrscheinlicher ist, einen wesentlichen Vertragsbruch anzunehmen.
- Ist anzunehmen, dass die vertragsbrüchige Partei, ihren Vertragsbruch später durch Nachbesserung beheben will und kann[33]?
- Liegt ein absichtlicher Vertragsbruch vor oder einer der auf schlichter Nachlässigkeit beruht? An dieser Stelle mag man versucht sein, diesen Faktor falsch zu gewichten. In der modernen amerikanischen Rspr. ist Ausgangspunkt immer weniger die überkommene rechtsethische Prämisse, dass Verträge einzuhalten sind (pacta sunt servanda), sondern die, dass es jeder Partei freisteht, den Vertrag zu brechen, wenn es sich finanziell lohnt, ohne dass das Vertragsrecht berufen ist, ökonomisch sinnvolles Handeln übermäßig zu sanktionieren. Nach dieser Theorie des effizienten Vertragsbruchs wird die vertragsbrüchige Partei vor dem Vertragsbruch kalkulieren, welche Schadensersatzforderungen auf sie zukommen und wenn diese immer noch geringer sind als der Gewinn, den sie anderweitig erzielen kann, mag sie den Vertrag brechen, muss aber Schadensersatz zahlen. Das ist die vertragsrechtliche Auswirkung eines aus den USA stammenden neueren rechtsphilosophischen Ansatzes namens: law and economics.

Was diese Faktoren bei einem realen Baufall bedeuten, wird etwa dadurch deutlich, dass in Standardvertragsmuster 2-201 (1997) AIA bestimmte Beispiele dafür genannt werden, was stets einen wesentlichen Vertragsbruch durch den Unternehmer darstellt: die ständige Beschäftigung unterqualifizierter Arbeitnehmer, ständiger eigener Zahlungsverzug gegenüber Subunternehmern oder Missachtung von öffentlichen Bauvorschriften (Art. 14.2.1.1. bis 14.2.1.4).

In gewissem Sinne übernimmt die Doktrin der wesentlichen Vertragserfüllung eine Funktion, die in anderen Rechtsordnungen der Abnahme zugewiesen wird, vor allem deswegen, weil der Vergütungsanspruch des Werkunternehmers vorher theoretisch nicht fällig wird und weil Verjährungsfristen davon abhängig gemacht werden können[34]. Sie hat allerdings eine wesentlich breitere Funktion als die Abnahme im deutschen Werkvertragsrecht, da sie für alle Verträge gilt und nicht auf das Werkvertragsrecht beschränkt ist. 34

Ungeachtet all dessen kommt allerdings in Betracht, dass der Werkunternehmer einen geminderten Vergütungsanspruch auf den Wert der geleisteten Arbeit und der eingebauten Materialien aus Quasi-Vertrag (value of services rendered) hat. Dabei geht es aber nicht wie bei einem vertraglichen Vergütungsanspruch um den Ausgleich widerstreitender Interessen sondern um Wertabschöpfung, Bereicherungsrecht. 35

c. Verzug (Default). Verzug stellt in der Gegenwart nicht mehr per se einen wesentlichen Vertragsbruch da, sondern es wird umgekehrt vermutet, dass Verzug grundsätzlich unwesentlich ist. Wenn es einer Vertragspartei auf eine fristgerechte Leistung ankommt, mag sie sich durch eine entsprechende „time is of the essence clause" schützen. Selbst die Aufnahme einer solchen Klausel hindert allerdings die Gerichte nicht daran, zusätzliche Umstände des Einzelfalles in Betracht zu ziehen und anhand dieser zu prüfen, 36

[33] Stanley Gudyaka Sales Inc. V. Lacy Forest Products Co., 915 F.2nd 273(7th. Cir 1990).
[34] Siehe: Standardvertrag A201-1997, 13.7.1.1.

ob der Verzug wirklich dazu geführt hat, die vertragstreue Partei um den eigentlichen Vorteil, den sie sich vom Vertrag versprach, zu bringen. Insoweit werden dieselben oben genannten Faktoren benutzt, die auch zur Abgrenzung eines wesentlichen von einem unwesentlichen Vertragsbruch dienen. Es ist allerdings darauf hinzuweisen, dass dadurch, dass der Verzug zumindest ein unwesentlicher Vertragsbruch ist, die vertragstreue Partei während des Verzuges der anderen Seite ihrerseits ihre Leistungspflicht vorübergehend aussetzen und mindern darf.

d. Treu und Glauben. Anders als England hat der Grundsatz von Treu und Glauben (good faith) in den USA eine größere Bedeutung. Ein Hauptunternehmer übernahm eine Straßenüberholung für die Stadt Casper, Wyoming[35]. Der Hauptunternehmer vergab die Leistungen für den Straßenbelag an einen Subunternehmer. Die Projektspezifikation sah einen speziellen gummierten Asphalt vor. In Vorbereitung auf die Ausführung dieser Arbeiten investierte der Subunternehmer in spezielles Equipment in Höhe von mehr als $35,000.

Kurz vor dem Ausführungsbeginn erörterten der Besteller, der Hauptunternehmer und der Projektingenieur eine Änderung der Ausführung in Beton. Der Unternehmer schlug die Änderung als Partnering/Value Engineering vor und der Besteller änderte daraufhin die Anforderungen in Beton. Als Folge der Änderung wurden die Belagarbeiten aus dem Subunternehmervertrag herausgenommen, so dass der Auftragswert von $448,240.45 auf $105,093.81 sank. Außerdem wurde die spezielle Ausrüstung und das Material für die Ausführung in Asphalt nicht mehr benötigt.

Drei Wochen später verklagte der Subunternehmer den Hauptunternehmer auf Schadensersatz wegen Vertragsverletzung. Das erstinstanzliche Gericht wies die Klage ab. Der Subunternehmer legte Berufung ein und gewann. Zwar befand das Gericht, dass der Subunternehmer nicht auf der Grundlage einer außervertraglichen Pflichtverletzung klagen konnte. Zudem wies es die Klage, soweit sie unter dem Gesichtspunkt einer kardinalen Änderung (*cardinal change doctrin*) erhoben wurde, ebenfalls ab. Insoweit wies es vor allem darauf hin, dass die Änderungsanordnung nicht von dem Hauptunternehmer, sondern von dem Besteller ausgegangen war. Doch es folgte dem Subunternehmer darin, dass dem Vertrag aufgrund von § 205 [of the Second Restatement of Contracts] eine Pflicht zu **Treu und Glauben** innewohne. Insoweit verwies es die Sache zur neuen Verhandlung vor dem Hauptsachegericht zurück.

37 **4. Rechtsfolgen des Vertragsbruchs: Remedies.** Die gewöhnliche Rechtsfolge für Vertragsbuch ist Schadensersatz. Die Art der Berechnung des Schadens hängt davon ab, welche Partei (Besteller, Unternehmer) zu welchem Zeitpunkt der Vertragsabwicklung vertragsbrüchig wird. Bei Vertragsbruch des Bestellers (Nicht-Zahlung der Vergütung) entsteht dem Unternehmer ein anderer Schaden, in der Regel nutzlos aufgewendete Arbeit, als dem Besteller bei Vertragsbruch des Unternehmers, in der Regel Kosten der Ersatzvornahme.

38 Die Leitgedanken bei der Kalkulation des Schadens eines Vertragsbruches sind:

- ein wesentlicher Vertragsbruch zieht grundsätzlich das Erlöschen der Leistungspflicht der vertragstreuen Partei und die Geltendmachung von Schadensersatz in Geld (compensatory damages) nach sich, nur in Ausnahmefällen (z.B. bei einzigartigen Leistungspflichten wie dem Verkauf von Land) ist es billig die vertragsbrüchige Partei zur Erfüllung (specific performance) zu verurteilen.

[35] Scherer Construction, LLC v. Hedquist Construction, Inc., 18 P.3d 645 (Wyo. 2001).

- Die vertragstreue Partei soll so gestellt werden wie sie ohne den Vertragsbruch stünde (Erfüllungsinteresse, expectation- oder benefit of the bargain damages) aber auch nicht besser als ohne den Vertragsbruch. Anders als im Deliktsrechts (torts) soll die vertragsbrüchige Partei nicht für den Vertragsbruch bestraft werden, weshalb es grundsätzlich keine Gewinnabschöpfung der vertragsbrüchigen Partei und kein Strafschadensersatz (punitive damages) gibt[36].
- Selbst wenn die vertragstreue Partei zwar den Vertragsbruch beweisen kann, nicht aber den Schaden, gebietet es die Billigkeit, ihr einen symbolischen Betrag ($1) zuzusprechen (nominal damages).[37]

In *Boyajian v. United States*[38], hat der United States Court of Claims verschiedene vertragliche Schadensersatzansprüche abgewiesen, weil der Schadensnachweis nicht erbracht worden war. In diesem Fall hatte der Kläger *Boyajian* alle behaupteten Vertragsverletzungen zusammengefasst, ohne in irgendeiner Weise zu versuchen, eine Kausalbeziehung zwischen den Vertragsverletzungen und bestimmten Schäden aufzuzeigen. Der Anspruch lief darauf hinaus, dass der Kläger lediglich den Gesamtbetrag der Ausgaben für die Vertragserfüllung mit den vereinnahmten Zahlungen verglich. Der Schadensnachweis bestand darin, eine von dem Buchhalter des Unternehmers bestätigte Gesamtkostenaufstellung vorzulegen, die dieser aus der Buchhaltung des Klägers entwickelt hatte. Diese Aufstellung zeigte die Gesamtkosten, die Gesamtzahlungen sowie den Gesamtverlust des Unternehmers auf, der sich aus der Differenz zwischen Kosten und Einnahmen ergab. Diese Art der Schadensermittlung stellte keine hinreichende Grundlage dar. Die Kosten hätten vielmehr dem Fehlverhalten des Vertragspartners zugeordnet werden müssen. Schadensersatz kann nur zugesprochen werden, wenn dargelegt ist, dass der einzelne Schaden aus einem bestimmten Fehlverhalten folgt. Die Gerichte verlangen, dass die Unternehmer ein geeignetes Buchwerk entwickeln, aus dem sie einzelne Ansprüche konkret ableiten können[39].

Konkret bedeutet dies Folgendes: Der Besteller hat Anspruch darauf, anhand exakter Daten nachprüfen zu können, welche Kosten und Ausgaben aufgrund einer Änderung angefallen sind, und zwar zu einer Zeit, zu der er sie prüfen und bewerten kann. Die Einhaltung dieser Verpflichtung ist umso dringender notwendig, wenn der Unternehmer in andere Aktivitäten in Bezug auf das Vorhaben involviert ist. Er ist dann gehalten, alle durch die Änderung bedingten Kosten und Ausgaben von solchen zu isolieren, die durch die Lieferung und Durchführung des Vorhabens an sich entstanden sind[40].

Im vertraglichen Kontext bedeutet dies[41], dass der Unternehmer darlegen muss, was für die vertragliche Leistung als Gegenleistung vorgesehen war oder was vorgesehen hätte sein sollen. Nachdem dargetan ist, was für die spezifizierte Leistung vorgesehen

---

[36] Davon gibt es aber Ausnahmen, vgl.: EarthInfo, Inc. v. Hydrosphere Resource Consultants, Inc., 900 P.2d, (Colo. 1995). Ferner mehren sich wohl als Gegenbewegung zur efficient breach theory (s.o.C) III) 1.)) Fälle, in denen auch bei Vertragsbruch mehrfacher Strafschadensersatz zuerkannt wird, wenn dieser absichtlicht und verwerflich ist (intentional and malicious). Auch gibt es eine deliktische Fallgruppe beim Eingriff in fremde Vertragsverhältnisse (intentional or negligent interference with contract), durch die dem nichtvertragsbrüchigen Kläger der Weg zum lukrativen Strafschadensersatz eröffnet wird.

[37] Jonathan Neville: Legal Lines, Contracts, 2nd Ed., p. 45 et seq., West (2003).

[38] Boyajian v. United States (Ct.Cl. 1970) 423 F.2d 1231 (Boyajian).

[39] Amelco Electric v. The City of Thousand Oaks (2000) 82 Cal. App. 4th 373.

[40] Sabemo (Sa) Pty Ltd v. AIW Engineering Pty Ltd File No. SCGRG 92/36 Judgment No. 3630 Number of pages – 15 Arbitration (1992) 9 BCL 280; [1992] SASC 3630 (24 September 1992), Supreme Court of South Australia.

[41] Vgl. Sabemo (SA) Pty Ltd v. AIW Engineering Pty Ltd File No. SCGRG 92/36 Judgment No. 3630 Number of pages – 15 Arbitration (1992) 9 BCL 280; [1992] SASC 3630 (24 September 1992).

war, muss aufgezeigt werden, dass dies angemessen war. Sodann sind unter Bezugnahme auf Aufzeichnungen die einzelnen Beträge aufzuschlüsseln, die für die geänderte Leistung angefallen sind. Hinzukommen Kosten, die für die tatsächliche Arbeitsmethoden anzusetzen sind. Abzusetzen sind solche Kosten, die aus ineffizienter Arbeit des Unternehmers entstehen. Keinesfalls darf nach dem Motto verfahren werden, aufgrund des hindernden Umstandes müssten Kosten entstanden sein, obwohl die Beweismittel es nicht erlauben festzustellen, welche Kosten entstanden sind oder in welcher Höhe[42]. Geschätzt werden kann nur, wenn dafür hinreichende Grundlagen vorhanden sind, die eine Schadensschätzung auf der Grundlage der Bilanz der Wahrscheinlichkeiten (balance of probabilities) zulassen.

Im Einzelfall kann die Frage gestellt werden, was wäre gewesen wenn? Es kommt dann nicht nur auf den Vergleich zwischen der vereinbarten Leistung und der tatsächlichen Leistung an, sondern darauf, was geschehen wäre, wenn der Umstand bekannt gewesen wäre, aus dem die Mehrkosten resultieren[43].

39 **a. Arten des Schadensersatzes. aa. Generell v. Speziell.** Unabhängig davon, ob die Anspruchsgrundlage vertraglich oder deliktisch (torts) ist, wird die Art der ersatzfähigen Schäden dogmatisch zunächst unterschieden nach generellem (*general*) oder speziellem (*special*) Schaden (Damage)[44].

40 Generelle Schäden sind solche, die jede Person in der Position des Geschädigten haben würde, spezielle nur solche, die gerade diese Person erleiden musste[45]. Diese Unterscheidung ist von praktischer prozessualer Bedeutung. Im Falle genereller Schäden wird vermutet, dass der Kläger sie erlitten hat, er muss sie nicht dem Grunde nach (verstanden als: haftungsausfüllende Kausalität (*causation*) und Vorhersehbarkeit (*foreseeability*), wohl aber der Höhe nach darlegen und beweisen; während der Kläger im Falle spezieller Schäden für beides die Darlegungs- und Beweislast trägt. Wenn die Anspruchsgrundlage Vertragsbruch ist, muss der Kläger im Falle spezieller Schäden, wie z.B. entgangenem Gewinn, ferner aufzeigen, dass diese für die andere Vertragspartei (!) zu dem Zeitpunkt vorhersehbar waren, als der Vertrag geschlossen wurde[46]. Spezielle Schäden müssen ferner mit angemessener Sicherheit bestimmbar sein (*reasonably* certain) und nicht allzu spekulativ (*speculative*).

Der Idaho Supreme Court[47] hat z.B. ausgeführt, dass „consequential losses“ dann geltend gemacht werden können, wenn angenommen werden kann, dass solche Schäden von den Parteien bei Vertragsschluss in angemessener Weise als mögliche Folge seiner Verletzung ins Auge gefasst wurden, oder wie gelegentlich ausgeführt, solche, die bei Vertragsschluss in angemessener Weise vorhersehbar waren und von den Parteien ins Auge gefasst wurden. Im Fall Cannon Builder konnte der Generalunternehmer das Straßenbauvorhaben erst 35 Tage nach dem vorgesehenen Fertigstellungsdatum fertig stellen, weil

---

[42] Sabemo (SA) Pty Ltd v. AIW Engineering Pty Ltd File No. SCGRG 92/36 Judgment No. 3630 Number of pages – 15 Arbitration (1992) 9 BCL 280; [1992] SASC 3630 (24 September 1992).

[43] Abigroup Contractors v. Sydney Catchment Authority [2007] NSWSC 220 (NSW Supreme Court).

[44] Mitunter wird statt special insoweit auch der Begriff consequential genannt und für general der Begriff direct.

[45] Eine häufig benutzte Formulierung, die allerdings wenig aussagt, lautet: General damages flow as natural from the breach, whereas special damages do not flow that natural from the breach… Deswegen gibt es auch bei der Einordnung bestimmter Schadensposition als speziell oder generell Unterschiede zwischen den einzelnen Bundeststaaten (Roanke Hosp. Ass'n v. Doyle & Russel, Inc. 215 Va 796, 214 S.E. 2d. 155 (1975).

[46] Hadley v. Baxendale, (Exch. 341 (Engl. 1854)): „They must be within the reasonable contemplation of both parties at the time of contract formation.“.

[47] Suitts v. First Security Bank of Idaho, N.A., 713 P.2d 1374 (Idaho 1985); vgl. auch Construct tech Corporation v. City of Coeur d'Alene, 67 F.3d 306 (United States Court of Appeals, Ninth Circuit).

sein Subunternehmer Absturzsicherungen aus Beton zu spät lieferte. Für die Verzögerung musste der Generalunternehmer $24,000 als Verzögerungsschadensersatz zahlen, die er sodann von dem Subunternehmer einforderte. Das Gericht (Idaho Court of Appeals)[48] sprach den Ersatzanspruch zu, weil es der Auffassung war, es habe ein hinreichender Beweis dafür vorgelegen, dass der Subunternehmer über den Inhalt der Schadensersatzklausel für Bauverzögerung aus dem Generalunternehmervertrag informiert war.

Um den Unterschied zwischen generellen und speziellen Schäden an zwei Beispielen zu verdeutlichen: Wenn A sein Eigenheim vorwiegend in Selbstleistung erbaut und er beim Großhändler Baumaterialien bestellt, deren Lieferung ihm zu einem festen Termin versprochen wird, der Großhändler aber gar nicht liefert, wird A die Baumaterialien anderswo kaufen. Das wird immer so sein und ist jedem Käufer und Verkäufer zum Zeitpunkt des Vertragsschlusses klar. Die Kosten der Ersatzbeschaffung am Markt (cost of cover) kann A daher immer als generellen Schaden vom vertragsbrüchigen Verkäufer, dem Großhändler, ersetzt verlangen. A muss nicht beweisen, dass der Vertragbruch des Großhändlers für seinen Kauf bei einem anderen Händler kausal war oder dass der vertragsbrüchige Großhändler den zweiten Kauf konkret vorhergesehen hat, sondern nur die Höhe der Kosten der Ersatzbeschaffung. Falls A nachfolgend die Baumaterialien zu einem günstigeren Preis kauft, ist A kein Schaden entstanden. 41

Wenn A dagegen selbst Bauunternehmer ist, er infolge des Vertragsbruches des Großhändlers selbst in Bauverzug gerät und sich den Verzugsschaden von seinem Vergütungsanspruch gegenüber dem Bauherren abziehen lassen muss (Verzug als unwesentlicher Vertragsbruch), kann A diesen Schaden (lost profits) nur dann vom Großhändler ersetzt verlangen, wenn A darlegt und beweist, dass sein eigner Bauverzug kausal auf dem Vertragsbruch des Großhändlers beruht und dass dieses Risiko für den vertragsbrüchigen Großhändler zum Zeitpunkt der Bestellung durch A auch vorhersehbar war. Letzteres heißt allerdings nicht, dass A den Großhändler konkret auf das Bauprojekt hingewiesen haben muss, sondern es reicht aus, dass die Parteien zum Zeitpunkt der Vertragsformierung über diese Schäden hätten nachdenken sollen.[49]

bb. Erfüllungsschaden: Expectation or Benefit of the bargain damages. (1) Vertragsbruch durch den Unternehmer, Schaden beim Besteller. Es gibt zwei grundsätzliche Regeln, anhand derer der generelle Erfüllungsschaden des Unternehmers berechnet werden kann. Welche Regel Anwendung findet, hängt vom betroffenen Bundesstaat und von den Umständen des Einzelfalles ab. 42

– Cost-Rule

Die eine Grundregel sagt, dass der Besteller beim Vertragsbruch durch den Unternehmer die Kosten der Fertigstellung (cost of completion) zuzüglich eines angemessenen Ausgleich für Verzug oder Mängelbeseitigung ersetzt verlangen kann aber abzüglich desjenigen Teils der Vergütung, der noch nicht gezahlt wurde (cost-rule).[50] Das heißt, der Unternehmer beauftragt einen anderen Besteller, der das Projekt fertig stellt und kann dann die dadurch entstandenen Mehrkosten auf den vertragsbrüchigen ersten Besteller abwälzen. Wenn dem Unternehmer aber keine Mehrkosten entstanden sind, also der noch ausstehende Teil der Vergütung des ersten Vertrages höher ist

---

[48] Cannon Builders, Inc. v. Rice, 888 P.2d 790 (Idaho 1995).

[49] Hart, General Contractor Damage Claims, The Construction Lawyer (Apr. 1985).

[50] Miami Heart Inst. v. Heery Architects & Eng' rs, Inc., 765 F.Supp. 1083 (S.D. Fla. 1991); und Stein (Ed.) Construction Law, Loseblattsammlung, Bd. I bis Bd. VI., Stand (33. Nachlieferung Sept. 1998), Vol. 2. Ch.11, p.8 mit ca. 100 Nachweisen zum Fallrecht in FN 7.

als die Kosten des zweiten Vertrages, hat der Unternehmer keinen Schaden.[51] Maßgeblicher Zeitpunkt für die Berechnung des Schadens ist insoweit nicht der Zeitpunkt des Vertragsbruchs sondern der der mündlichen Verhandlung[52]. Unter Verstoß gegen die Prämisse, dass die vertragstreue Partei nicht besser gestellt werden soll, als sie bei vertragsgemäßer Erfüllung stünde, kann der Unternehmer seinen Schaden auch dann nach der cost-rule berechnen, wenn die Kosten der Ersatzvornahme den ursprünglichen Vertragspreis übersteigen, solange dieses fair und zumutbar ist. Wenn aber die Kosten der Ersatzvornahme in schlechthin keinem Verhältnis mehr zu der Wertminderung des Bauprojekts durch den Mangel stehen, so dass sie wirtschaftlich sinnlos sind (economic waste), dann wird der Besteller auf die andere Methode der Schadensberechnung verwiesen.[53]

– Value-Rule

43 Nach der value-rule wird der Schaden des Bestellers beim Vertragsbruch des Unternehmers nach der Differenz zwischen dem Marktwert des Bauprojekt in seinem mangelhaften Zustand und dem Marktwert, den es bei vertragsgemäßer Erfüllung gehabt hätte, berechnet.[54] Außer in dem genannten Fall der wirtschaftlichen Sinnlosigkeit wird diese Berechnungsmethode häufig dann angewendet, wenn wesentliche Erfüllung i.S.d. von substantial completion (siehe oben Rn. 30 ff.) vorliegt und sich das Vorhaben im Grunde genommen genauso benutzen lässt, wie vertraglich vorgesehen.[55] Maßgeblicher Zeitpunkt für die Berechnung des Schadens ist bei dieser Berechnungsmethode die Zeit des Vertragsbruchs[56].

– Special or Consequential Damages

44 In Bezug auf die Berechnung von speziellen Schäden, für deren Zuerkennung der Unternehmer weitere Voraussetzungen wie haftungsbegründende Kausalität und ein höheres Maß an Bestimmtheit als bei generellen Schäden darlegen und beweisen muss, sind keine allgemeingültigen Berechnungsmethoden möglich, sondern es kommt auf die jeweilige Schadensposition an. Ein Überblick über die ausufernde Kasuistik kann an dieser Stelle nicht gegeben werden. Es sei nur erwähnt, dass als spezielle Schäden beispielsweise in Betracht kommen: erhöhte allgemeine Geschäftskosten (overhead expenses) des Unternehmers auf der Baustelle und an seinem eigentlichen Geschäftssitz, Vorhalte- und Lagerungskosten anderer Baumaterialien oder Zinsschäden durch eine zeitliche Verlängerung des Baufinanzierungsdarlehens infolge von Verzug durch den Besteller, entgangener Gewinn in Form von entgangen Mieten durch eine verspätete Baufertigstellung. In aller Regel zu entfernt liegend (too remote) ist dagegen der Verlust in das Vertrauen des Unternehmers als Geschäftsmann gegenüber Dritten[57]. Hervorzuheben ist, dass in vielen Standardvertragsmustern von vornherein beide Parteien gegenseitig auf die Geltendmachung aller speziellen Schadenspositionen verzichten[58].

---

[51] Louise Caroline Nursing Home, Inc. v. Dix Construction Co., 285 N.E.2d 904 (Mass. 1972) und Stein (Ed.), aaO. Vol. 2. Ch.11, p.8 mit ca. 100 Nachweisen zum Fallrecht in FN 9.

[52] Seamann Unified Sch. Dist. V. Casson Constr. Co., Inc. 3 Kan. App. 2nd 289, 564 P.2d.241 (1979); a.A. Kevin Roche-John Dinkeloo & Assoc. v. City of New Haven, 205 Conn. 741, 535 A2nd1287 (1988).

[53] Restatement 2nd of Contracts, § 348 (1981).

[54] Armstrong Transfer & Storage Co. v. Mann Constr., Inc., 217 GA App. 538 und Stein (Ed.) aaO., Vol 2. Ch.11, p.8 mit ca. 100 Nachweisen zum Fallrecht in FN 23.

[55] Parkway Co. v. Woodruff, 901 S.W.2d. 434 (Tex. 1995) und Stein aaO. p.13 Stein (Ed.) aaO., Vol.2, Ch.11, p.8 mit weit. Nachw. in FN 26.

[56] Andalora v. Lindenberger, 576 So. 2d. 354 (Fla. Dist. Ct. App. 1991).

[57] Stein (Ed.) aaO., Vol.2, Ch.11, p. 14–18.

[58] Siehe den mutual waiver of consequential damages in A-201 (1997) Art. 4-3-10.

(2) Vertragsbruch durch den Besteller, Schaden beim Unternehmer. Als Vertragsbruch durch den Besteller kommt vorrangig eine ungerechtfertigte Kündigung (wrongful termination oder anticipatory repudiation) in Betracht. Das Common Law sieht kein allgemeines Kündigungsrecht des Bestellers vor. Der Schaden, der dem Unternehmer auf diese Weise entsteht, hängt vom Zeitpunkt des Vertragsbruchs durch den Besteller ab. Kündigt der Besteller den wirksamen Vertrag, bevor der Unternehmer mit der Leistung begonnen hat, dann ist der Schaden des Unternehmers der entgangene Gewinn aus dem Vertrag aber nicht den Vertragspreis. Kündigt der Besteller ungerechtfertigt während der Vertragsabwicklung, liegt der Schaden des Unternehmers in dem Wert der bislang gemachten Aufwendungen und dem voraussichtlichen Gewinn, der bei vollständiger Erfüllung entstehen würde. Kündigt der Besteller nach vollständiger Erfüllung, ist der Schaden des Unternehmens identisch mit der vereinbarten vertraglichen Vergütung.[59] Obwohl es eigentlich der o.g. Definition von generellen und speziellen Schäden widerspricht, wird in all diesen Fällen der entgangene Gewinn des Unternehmers als spezieller Schaden angesehen, der vorhersehbar für beide Vertragsparteien zum Zeitpunkt des Vertragsabschlusses gewesen sein muss und mit einem hohen Maß an Bestimmtheit durch den Unternehmer dargelegt und bewiesen werden muss. 45

Andere Konstellationen, in denen dem Unternehmer infolge eines Vertragsbruchs des Bestellers ein Schaden entsteht, sind: (1) verspätete Zahlung des Bestellers oder (2) verspätete Fertigstellung von Vorleistungen anderer Unternehmen, deren Verzug sich der Besteller zurechnen lassen muss, ferner (3) ungenaue Leistungsbeschreibungen oder (4) die nicht ausdrückliche erlaubte Anordnung zusätzlicher Leistungen (Extras) durch den Besteller. Durch Behinderungen des Bestellers können dem Unternehmer erhöhte Kosten für Materiallagerung und Überstunden entstehen, wenn der Unternehmer gleichwohl versucht, selbst zeitgerecht zu leisten. All diese Positionen können grundsätzlich als spezieller Schaden vom Besteller eingefordert werden, wobei allerdings je nach betroffener Fallgruppe weitere Voraussetzungen aufgestellt werden. 46

cc. Vertrauensschaden: Restitutionary Damages (Quasi-Vertrag). Die Bemessung des Schadens nach dem investierten Vertrauen hat bei Werkverträgen im Common Law vor allem dann Bedeutung, wenn ein wirksamer Vertragsschluss aus welchem Grunde auch immer nicht zustande gekommen ist und wenn der Unternehmer sich aufgrund eines wesentlichen Vertragsbruchs durch den Besteller vom Vertrag lösen kann. Bei diesem Anspruch handelt es sich systematisch zwar gerade nicht um einen Anspruch aus Vertragsbruch, da in der ersten Fallgruppe kein Vertrag vorliegt und in der zweiten die vertragstreue Partei keinen Vertragsbruch begeht, indem sie sich vom Vertrag löst, er wird aber traditionellerweise an dieser Stelle behandelt. Derjenige, der einem anderen Dienste leistet bzw. ein Teilgewerk erbringt, hat immer einen Anspruch auf Ersatz des Wertes der geleisteten Dienste oder erschaffenen Werke (value of services rendered) aus Quasi-Vertrag (Quasi-Contract auch quantum meruit oder contract implied in fact). Das greift immer ein, wenn ein wirksamer Vertragsschluss scheitert oder der Vertrag nachträglich aufgehoben wird, aber gleichwohl mit der Leistungserbringung durch den Unternehmer begonnen wurde. Der dahinter stehende Gedanke ist die Abschöpfung der ansonsten ungerechtfertigten Bereicherung des Bestellers. 47

dd. Vertragsstrafe v. Liquidated Damage Clauses. In Civil-Law Ländern ist es üblich, sich insbesondere vor den Risiken des Bauverzuges durch Vertragsstrafeversprechen zu schützen. Nachdem der Verzug im Common Law aber gerade grundsätzlich keinen 48

---

[59] Stein (Ed.) aaO., Vol.2, Ch.11, p. 18–19, Neville aaO. p. 48 und Restatement 1st. Contracts (1931), § 346 (2).

wesentlichen Vertragsbruch darstellt, mag man versucht sein, ähnliches bei internationalen Bauverträgen zu vereinbaren. Vertragsstrafeklauseln im Geltungsbereich des Common Law wirksam zu vereinbaren, bereitet aber erhebliche Probleme. Im Common Law und im kontinentaleuropäischen Recht wird das Thema der Vertragsstrafe sehr unterschiedlich verstanden. Zwar ist es nach Common Law möglich, eine Klausel zu vereinbaren, die den Schadensersatz (Liquidated damages Klausel) pauschaliert, doch darf diese gerade nicht die Wirkung einer Strafe haben, wie es in § 339- § 345 BGB vorgesehen ist. Auch hieran kann man sehen, dass die angloamerikanische Rechtsordnung weniger dem Grundsatz folgt, dass Verträge einzuhalten sind, als vielmehr der Idee nachgeht, wirtschaftlich sinnvolles Handeln zu motivieren.

49 Damit eine so genannte „Liquidated Damage Clause", die den Schadensersatz pauschaliert wirksam ist, müssen folgende Voraussetzungen erfüllt sein:

- es muss problematisch sein, den Schaden, wenn er in Zukunft eintritt, substantiiert darzulegen, was bereits im Vertragstext konkret festgehalten werden sollte,
- gleichwohl muss man einen gutgläubigen Versuch unternehmen, die Höhe des voraussichtlichen Schadens antizipiert zu kalkulieren und am besten auch gleich die Grundlagen dieser Kalkulation in den Vertragstext mit aufnehmen.[60] Ferner ist umstritten, ob ein Gericht, das die Wirksamkeit einer solchen Klausel prüft, auf den Zeitpunkt des Vertragsschlusses oder auf den Zeitpunkt des Vertragsbruches abstellen soll, um zu beurteilen, ob
- der pauschalierte Schaden so hoch ist, dass er grob außer Verhältnis (grossly disproportinate) zum realen Schaden steht: Der moderne Trend geht dahin, beide Zeitpunkte zu berücksichtigen.

50 **ee. Nachrangigkeit des Erfüllungsanspruchs: Specific performance.** Im Grundsatz kann der Geschädigte von der vertragsbrüchigen Partei Schadenersatz in Geld verlangen. Nur im Ausnahmefall kann Erfüllung der primären Leistungspflicht (specific performance) begehrt werden. Auf der Grundlage des BGB ist das Gegenteil der Fall. Nach dem BGB ist grundsätzlich die primäre Leistungspflicht zu erfüllen, während der Anspruch auf Schadensersatz in Geld einen Sekundäranspruch darstellt.

51 Der vorstehende Ansatz des Common Law hat vor allem historische Gründe. Im mittelalterlichen England gab es zwei unterschiedliche Gerichtszweige: Law Courts und Equity Courts. Die Aufgabe der ersten lag darin, den strengen Formalismus des Common Law durchzusetzen; die Aufgabe der zweiten bestand darin, unbillige Ergebnisse des ersten Gerichtszweiges zu korrigieren. In England ist die Trennung zwischen Common Law und Equity Courts seit dem 19. Jahrhundert aufgehoben (Merger of Law and Equity), die Unterscheidung hat aber heute noch Bedeutung. Der historische Ursprung eines Rechtsinstituts wie z.B. der *specific performance,* die als Anspruch aus Equity angesehen wird, bleibt die Ausnahme. Ferner wird als Begründung für den Vorrang der Schadensersatze in Geld vor der Erfüllung häufig auf die Abschaffung der Sklaverei im 13. Zusatzartikel zur amerikanischen Verfassung verwiesen.

52 Wenn die vertragstreue Partei den Erfüllungsanspruch durchsetzen will, muss sie aufzeigen, dass Schadensersatz in Geld unangemessen ist, etwa weil dieser schwierig zu beziffern ist, oder weil es um originäre Gegenstände, z.B. insbesondere Land, geht und dass das Gericht praktisch in der Lage sein wird, die ordnungsgemäße Erfüllung zu

---

[60] Siehe z.B. UCC Sect. 2-718 oder Wassermann's Inc, v. Middletown, 645 A.2d 100 (N.J.1994).

überwachen. Hieraus folgt, dass die Gerichte bei Streitigkeiten aus Bauverträgen nur in seltenen Ausnahmefällen Erfüllung anordnen werden, denn das Gericht müsste als *Equity Court* das Bauprojekt als solches überwachen. Zudem müsste dann die mangelhafte Erfüllung mit Haft (contempt) sanktioniert werden können. In der Praxis wird daher normalerweise Ersatzvornahme bevorzugt. Der Besteller beauftragt einen anderen Unternehmer, der das Werk vollendet. Er kann anschließend die Kosten dafür von dem vertragsbrüchigen Unternehmer ersetzt verlangen, wobei er sich allerdings den Wert der bis zum Vertragsbruch geleisteten Arbeiten entgegenhalten lassen muss[61].

ff. Sonstige Remedies: Rücktritt (rescission) und Vertragsanpassung. Als sonstige 53
Rechtsfolgen kennt das Vertragsrecht ferner Rücktritt (rescission), wodurch die Parteien in die Lage versetzt werden sollen, bevor der Vertrag abgeschlossen wurde und die Vertragsanpassung (reformation), wodurch der Vertrag den wahren Vorstellungen der Parteien bei Vertragsabschluss angepasst werden soll. Beide Rechtsfolgen werden allerdings seltener als Rechtsfolge eines Vertragsbruchs gewährt, als in Fällen wie Betrug (*fraud*), oder erwähnt werden. Wenn der Anspruchsteller sowohl Rücktrittsrechte als auch Schadensersatzansprüche zu haben meint, steht er vor folgender Wahl: es ist immer möglich zurückzutreten und nachdem der Rücktritt für unwirksam gehalten wurde, zum Schadensersatz überzugehen aber die umgekehrte Konstellation, erst Schadensersatz verlangen dann Rücktritt versuchen geht nicht.

gg. Entschuldigung. Für entschuldigte oder entschuldbare Leistungstörungen wird 54
nicht gehaftet. Im Fall *United States v. Brooks Callaway*[62] hatte der US Supreme Court Gelegenheit, sich zu *Force Majeure* Fällen und Klauseln zu äußern. Der Fall betraf Dammarbeiten am Mississippi. Das Gericht erläuterte, dass *Force Majeure* Klauseln in Verträge aufgenommen werden, um Unsicherheit und nutzlose Streitigkeiten abzubauen, in dem sie mit ziemlicher Genauigkeit den anderenfalls dunklen Bereich der unvorhersehbaren Ereignisse, die Nichterfüllung während der Fertigstellungszeit rechtfertigen können, definieren. Damit wüssten die Unternehmer, so das Gericht, dass sie nicht für unerwartete Hindernisse bestraft werden, die sie an der Vertragserfüllung hindern, so dass ihre Angebote auf der Grundlage von vorhersehbaren und wahrscheinlichen anstatt auf möglichen Hindernissen kalkulieren könnten, woraus sich für die Regierung der Vorteil niedriger Angebote und einer größeren Auswahl an Bietern entwickele.

Sodann stellte der Supreme Court fest, dass unvorhersehbare Ursachen Akte Gottes, Handlungen des Staates, Feuer, Epedemien, Quarantänebeschränkungen, Streik, Embargos und ungewöhnlich strenges Wetter oder Verzögerungen von Subunternehmern, die hierauf beruhen, einschließen, ohne darauf beschränkt zu sein. Das Gericht erläuterte allerdings, dass nicht alle Fälle von Feuer, Quarantäne, Streik oder Embargo eine Entschuldigung für Verzögerungen aufgrund von Force Majeure darstellen. Zur Illustration verwies der Supreme Court auf die Beispiele

- eines Vertrages über Ausschachtungsarbeiten für ein Gebäude, die in einem Kohlengrubengebiet ausgeführt werden sollen, das über Jahre hinweg brannte, was jedem einschließlich des Unternehmers bekannt war und ein preisbildender Faktor für die Vergabe war.
- eines alten und andauernden Streiks, dessen Beilegung binnen kuzer Frist nicht zu erwarten ist.

---

[61] London Bucket Co. v. Stewart 237 S.W.2d 509 (Ky 1951).
[62] United States v. Brooks-Callaway Co., 318 U.S. 120 (1943).

Hieraus folgerte das Gericht[63] sodann, dass dasselbe für Hochwasser gelten müsse. Das normalerweise erwartete Hochwasser eines Stromes innerhalb eines Jahres, das vorhersehbar ist, kann keinen Grund für die Anwendung der Force Majeure Klausel geben.

55 **hh. Freistellungsklauseln.** Vielfach enthalten die Vertragswerke sogenannte Freistellungsklauseln oder Schadloshaltungsklauseln. In Varco-Pruden[64] vereinbarte ein Subunternehmer den Bau eines Hauses für den Hauptunternehmer und Teil der Vereinbarung war die Vereinbarung des Hauptunternehmers mit dem Besteller, das der Hauptunternehmer den Besteller frei und schadlos (*free and harmless*) von allen Verlusten (*from any and all losses*) halten sollte. Das Wort entschädigen (*indemnify*) kam in der Vereinbarung nicht vor. Als während der Bauarbeiten ein Feuer ausbrach, wurden mehrere Beträge von den Zahlungen an den Subunternehmer als Schadensersatz für Kosten des Hauptunternehmers abgezogen. Der Subunternehmer klagte auf Zahlung der Differenz gegen den Hauptunternehmer. Der Hauptunternehmer verwendete die Klausel über die Frei- und Schadloshaltung als Verteidigung und erhielt im summarischen Verfahren Recht. Unter Aufhebung des Urteils wurde der Hauptunternehmer im Berufungsverfahren verurteilt, weil die Klausel nur auf Ansprüche Dritter anwendbar war. Dagegen erlegte sie dem Subunternehmer keinerlei Haftung auf.

IV. Bauvertragsrecht

56 Das US Bauvertragsrecht unterscheidet zwischen öffentlichen und privaten Aufträgen. Das Recht der privaten Bauverträge beruht überwiegend auf dem Common Law, während das öffentliche Bauvertragsrecht stark gesetzlich geprägt ist.

1. Öffentliche Vergabe. Ein öffentlicher Auftrag ist eine Vereinbarung, durch die ein öffentliches Vorhaben realisiert wird, das mit staatlichen Mitteln finanziert wird. Der Staat, die Bundesstaaten und lokale Körperschaften schließen Verträge, um Waren und Leistungen einzukaufen. Der Bau von öffentlichen Gebäuden, Straßen, Brücken und anderen Baulichkeiten wird durch einem gesetzlich definierten Vergabeverfahren organisiert, das Wettbewerb sicher stellt, um die öffentliche Hand gegen die Verschwendung öffentlicher Gelder zu schützen und Korruption, Bevorzugung etc. zu vermeiden. Ein öffentlicher Auftrag ist eine eindurchsetzbare Vereinbarung, durch die es eine Partei übernimmt, die Arbeit auszuführen, die von der öffentlichen Hand beabsichtigt ist.

Die Vergabemethode ist gewöhnlich gesetzlich und verfassungsmäßig geregelt. Die beschriebenen Methoden müssen eingehalten werden. Signifikante Ausgaben können nur auf dem Weg eines Bieterverfahrens veranlasst werden. Die öffentliche Hand lädt zur Angebotsabgabe oder zur Einreichung von Vorschlägen ein. Die Angebote oder Vorschläge bilden die Grundlage für die Vergabeentscheidung. Die Aufforderung zur Angebotsabgabe ist eine *invitatio ad offerendum*. Das Gebot stellt ein Angebot dar, das nicht willkürlich widerrufen werden kann. Ein Vertrag kommt jedoch erst mit der Annahme durch den öffentlichen Auftraggeber zustande. Angebote, die nicht den Bedingungen aus der Aufforderung zur Angebotsabgabe entsprechen, entsprechen nicht den gesetzlichen Anforderungen. Gleichwohl ist es ein wirksames neues Angebot oder ein Gegenvorschlag.

---

63 United States v. Brooks-Callaway Co., 318 U.S. 120 (1943).

64 Varco-Pruden, Inc. v. Hampshire Constr. Co. (1975) 50 Cal.App.3d 654.

Gewöhnlich muss der Zuschlag an den niedrigsten Bieter erfolgen, es sei denn es folgt aus den Umständen, dass ein anderes Gebot niedriger liegt. Das niedrigste Gebot wird von dem Anbieter abgegeben, das im Wesentlichen mit den Plänen und Spezifikationen konform ist, wenn dieser zugleich in der Lage sein muss, die Arbeit zu den niedrigsten Kosten zu leisten. Die Vergabestelle muss auch die Erfahrung des Bieters, frühere Erfahrungen der Vergabestelle mit dem Bieter, Referenzvorhaben sowie die Absicht, lokales Personal einzusetzen, berücksichtigen.

Seit den 70iger Jahren sind Aufträge, die im offenen Verfahren vergeben werden, Gegenstand besonderer Anforderungen. Der Federal Public Works Employment Act (42 U.S.C.A. § 6701 ff.), der im Jahr 1977 in Kraft trat, erlegte der öffentlichen Hand bestimmte Auflagen auf, wenn die Aufträge mit finanzieller Unterstützung der Bundesregierung vergeben werden. Eine sehr kontrovers diskutierte Regelung sieht vor, dass von der Bundesregierung keine Vorhaben gefördert werden können, wenn nicht wenigstens 10% der Arbeit an Minderheitenunternehmen vergeben werden. Als solche Unternehmen werden angesehen, deren Gesellschaftskapital zu 51% von Minderheiten gehalten werden. Diese Regelung ist verfassungsgemäß[65].

2. Öffentliches Bauvertragsrecht. Die **Federal Acquisition Regulation (FAR)** beinhaltet das grundlegende Regelwerk für das föderale Vergabesystem. Das System besteht aus einem Satz von Reglungen, die von den staatlichen Agenturen der Bundesregierung der USA herausgegeben wurden, die das was man das Einkaufsverfahren nennt, regeln. Der Einkaufsprozess ist das Verfahren, in welchem die Regierung Waren und Dienstleistungen einkauft. Das Verfahren ist dreistufig: (1) Bedarfserkennungs und -ermittlungsplanung, (2) Vertragsschluss und (3) Vertragsadministration. Das FAR-System regelt die Aktivitäten des Regierungspersonals im Rahmen dieses Systems. 57

Der ursprüngliche Sinn der FAR bestand darin, die vielfältigen und unterschiedlichen Vergabebedingungen der einzelnen bundesstaatlichen Vergabestellen zu vereinheitlichen. Obwohl die einzelnen Vergabestellen offiziell aufgefordert sind, keine eigenen Bedingungen zu erlassen, haben sie in der Praxis nahezu alle eigene individuelle Zusatzbedingungen geschaffen. Zu den am besten bekannten Bedingungen gehören die **Defense Federal Acquisition Regulation Supplement** (oder **DFARS**), die von dem amerikanischen Verteidigungsministerium verwendet werden.

Die FAR sind in Titel 48 des United States Code of Federal Regulations kodifiziert. 58
Die Ermächtigungsgrundlage findet sich im Office of Federal Procurement Policy Act 1974 (Pub. L. 93-400 and Title 41 United States Code), Chapter 7. Formal liegt die Zuständigkeit bei dem *Secretary of Defense*, dem Administrator of General Services, und dem Administrator, National Aeronautics and Space Administration, 41 U.S.C. § 421(c)(1), vorbehaltlich der Genehmigung durch den Administrator of Federal Procurement Policy, 41 U.S.C. § 405. Die FAR und ihre Ergänzungen haben nach Auffassung der Gerichte die Kraft und die Bedeutung von Gesetzen[66].

Die FAR sind in 53 Abschnitte (Parts) unterteilt, die sich in acht Unterkapiteln (Subchapter) finden, die von A bis H untergliedert sind. Jeder Abschnitt besteht aus Unterabschnitten, Sektionen und Untersektionen. Die Unterkapitel und Abschnitte sind überblickartig zusammengefasst die Folgenden:

---

[65] U.S. Supreme Court, in Fullilove v. Klutznick, 448 U.S. 448, 100 S. Ct. 2758, 65 L. Ed. 2d 902 (1980); siehe aber auch City of Richmond v. J.A. Croson Co., 488 U.S. 469, 109 S. Ct. 706, 102 L. Ed. 2d 854 (1989).

[66] Davies Precision Machining, Inc. v. U.S., 35 Fed. Cl. 651 (1995).

Subchapter A—General
Part 1—Federal Acquisition Regulations System
Part 2—Definitions of Words and Terms
Part 3—Improper Business Practices and Personal Conflicts of Interest
Part 4—Administrative Matters
Subchapter B—Competition and Acquisition Planning
Part 5—Publicizing Contract Actions
Part 6—Competition Requirements
Part 7—Acquisition Planning
Part 8—Required Sources of Supplies and Services
Part 9—Contractor Qualifications
Part 10—Market Research
Part 11—Describing Agency Needs
Part 12—Acquisition of Commercial Items
Subchapter C—Contracting Methods and Contract Types
Part 13—Simplified Acquisition Procedures
Part 14—Sealed Bidding
Part 15—Contracting by Negotiation
Part 16—Types of Contracts
Part 17—Special Contracting Methods
Part 18—Emergency Acquisitions
Subchapter D—Socioeconomic Programs
Part 19—Small Business Programs
Part 20--[RESERVED, not currently in use]
Part 21--[RESERVED, not currently in use]
Part 22—Application of Labor Laws to Government Acquisitions
Part 23—Environment, Energy and Water Efficiency, Renewable Energy Technologies, Occupational Safety, and Drug-Free Workplace
Part 24—Protection of Privacy and Freedom of Information
Part 25—Foreign Acquisition
Part 26—Other Socioeconomic Programs
Subchapter E—General Contracting Requirements
Part 27—Patents, Data, and Copyrights
Part 28—Bonds and Insurance
Part 29—Taxes
Part 30—Cost Accounting Standards Administration
Part 31—Contract Cost Principles and Procedures
Part 32—Contract Financing
Part 33—Protests, Disputes, and Appeals
Subchapter F—Special Categories of Contracting
Part 34—Major System Acquisition
Part 35—Research and Development Contracting
Part 36—Construction and Architect-Engineer Contracts
Part 37—Service Contracting
Part 38—Federal Supply Schedule Contracting
Part 39—Acquisition of Information Technology
Part 40--[RESERVED, not currently in use]

Part 41—Acquisition of Utility Services
Subchapter G—Contract Management
Part 42—Contract Administration and Audit Services
Part 43—Contract Modifications
Part 44—Subcontracting Policies and Procedures
Part 45—Government Property
Part 46—Quality Assurance
Part 47—Transportation
Part 48—Value Engineering
Part 49—Termination of Contracts
Part 50—Extraordinary Contractual Actions
Part 51—Use of Government Sources by Contractors
Subchapter H—Clauses and Forms
Part 52—Solicitation Provisions and Contract Clauses
Part 53—Forms

Wenn auf FAR Regelungen Bezug genommen wird, werden die Untergruppen und Unterabschnitte nicht zitiert. Beispielsweise FAR Part 31, Section 205, subsection 22 zu Lobbying Kosten wird wie folgt zitiert: FAR 31.205-22.

Der größte Abschnitt in den FAR (Abschnitt 52) ist den Standardvertragsbedingungen **59** und Bewerbungsunterlagen gewidmet. Die Bewerbungsunterlagen bestehen aus Bescheinigungen, Mitteilungen und Anordnungen für Unternehmen, die sich um einen Auftrag bewerben. Viele Vertragsklauseln nehmen Bezug auf FAR Regelungen, die dann Vertragsbedingungen darstellen, die den Unternehmen auferlegt werden. Unterlässt es eine Vergabestelle, wesentliche Regelungen aus den FAR in einen Vertrag einzubeziehen, können die Gerichte den Vertrag so auslegen, als seinen sie vertraglich einbezogen worden. Das geschieht auf der Grundlage der sogenannten Christian Doctrine[67]. Die Grundsätze, auf der die *Christian Doctrine* beruht, bestehen darin, dass den FAR Regelungen Gesetzeskraft beigemessen wird, von denen nicht ohne geeignete Befugnis abgewichen werden darf. Die Gerichte gehen davon aus, dass die Unternehmen wissen, welche gesetzlichen Anforderungen bestehen und welchen Beschränkungen und Auflagen die Vergabestellen unterliegen.

FAR Part 36 gibt den zwingenden Regelungsinhalt für Architekten- und Bauverträge **60** vor[68]. In den einzelnen Regelungen in FAR Part 36 wird jeweils auf FAR Part 52 verwiesen. Zu den am häufigsten vereinbarten und diskutierten Klauseln gehören die Klauseln zu Änderungen (Changes), abweichenden Baugrundbedingungen (differing site conditions) und Kündigungsklauseln (termination clauses).

[67] See G.L Christian and Assocs. v. United States, 312 F.2d 418, 160 Ct.Cl. 1 (1963).

[68] Siehe FAR 36.500: This subpart prescribes clauses for insertion in solicitations and contracts for (a) construction and (b) dismantling, demolition, or removal of improvements contracts. Provisions and clauses prescribed elsewhere in the Federal Acquisition Regulation (FAR) shall also be used in such solicitations and contracts when the conditions specified in the prescriptions for the provisions and clauses are applicable. FAR 36.500 ff. (FAR 36.501 bis 36.523) sieht sodann vor, welche Klauseln aufzunehmen sind.

52.236-2 Differing Site Conditions[69]	**52.236-2 Abweichende Baugrundbedingungen**
As prescribed in 36.502, insert the following clause: Differing Site Conditions (APR 1984) (a) The Contractor shall promptly,and before the conditions are disturbed, give a written notice to the Contracting Officer of (1) subsurface or latent physical conditions at the site which differ materially from those indicated in this contract, or (2) unknown physical conditions at the site, of an unusual nature, which differ materially from those ordinarily encountered and generally recognized as inhering in work of the character provided for in the contract.	Wie in 36.502 beschrieben folgende Klausel einfügen: Abweichende Baugrundbedingungen (APR 1984) (a) Der Unternehmer soll umgehend und bevor die Bedingungen beeinträchtigt werden, dem Contracting Officer schriftlich anzeigen (1) Untergrundbedingungen oder latente physikalische Bedingungen auf der Baustelle, die wesentlich von denen abweichen, die in diesem Vertrag angegeben sind, oder (2) unbekannte physikalische Bedingungen auf der Baustelle, die eine ungewöhnliche Natur haben, die erheblich von denen abweichen, die üblicherweise angetroffen werden und allgemein als dem Charakter der Arbeit, die vertraglich vorgesehen ist, innewohnend anerkannt sind.
(b) The Contracting Officer shall investigate the site conditions promptly after receiving the notice. If the conditions do materially so differ and cause an increase or decrease in the Contractor's cost of, or the time required for, performing any part of the work under this contract, whether or not changed as a result of the conditions, an equitable adjustment shall be made under this clause and the contract modified in writing accordingly.	(b) Der Contracting Officer soll die Baustellenbedingungen umgehend untersuchen, nachdem er diese Anzeige erhalten hat. Weichen die Bedingungen tatsächlich so wesentlich ab und verursachen sie eine Erhöhung oder Herabsetzung der Kosten des Unternehmers oder der erforderlichen Zeit für die Ausführung irgendeines Teiles der Arbeiten aus dem Vertrag, gleich ob aufgrund der Bedingungen verändert oder nicht, soll eine gerechte Anpassung nach dieser Klausel vorgenommen werden und der Vertrag schriftlich entsprechend ergänzt werden.
(c) No request by the Contractor for an equitable adjustment to the contract under this clause shall be allowed, unless the Contractor has given the written notice required; provided, that the time prescribed in (a) above for giving written notice may be extended by the Contracting Officer.	(c) Einer Forderung des Unternehmers auf gerechte Anpassung des Vertrages nach dieser Klausel soll nicht statt gegeben werden, es sei denn der Unternehmer hat die schriftliche Anzeige gemacht …
(d) No request by the Contractor for an equitable adjustment to the contract for differing site conditions shall be allowed if made after final payment under this contract.	(d) Einer Forderung des Unternehmers auf gerechte Anpassung des Vertrages nach dieser Klausel für abweichende Baugrundbedingungen soll nicht statt gegeben werden, wenn die Forderung nach der Schlusszahlung gemäß diesem Vertrag erhoben wird.
(End of clause) [48 FR 42478, Sept. 19, 1983, as amended at 60 FR 34761, July 3, 1995]	

69 Siehe FAR 36.502.

52.243-5 Changes and Changed Conditions	52.243-5 Änderungen und geänderte Bedingungen
As prescribed in 43.205(e), insert the following clause:	Wie in 43.205(e) beschrieben einzufügen:
Changes and Changed Conditions (Apr 1984)	Änderungen und geänderte Bedingungen
(a) The Contracting Officer may, in writing, order changes in the drawings and specifications within the general scope of the contract.	(a) Der Contracting Officer kann im Rahmen des allgemeinen Leistungsumfanges des Vertrages schriftlich Änderungen in Bezug auf Pläne oder Spezifikationen anordnen.
(b) The Contractor shall promptly notify the Contracting Officer, in writing, of subsurface or latent physical conditions differing materially from those indicated in this contract or unknown unusual physical conditions at the site before proceeding with the work.	(b) Der Unternehmer soll dem Contracting Officer umgehend schriftlich Baugrundverhältnisse oder latente physikalische Bedingungen, die erheblich von in diesem Vertrag angegebenen, abweichen oder unübliche physikalische Bedingungen auf der Baustelle vor Ausführung der Arbeiten anzeigen.
(c) If changes under paragraph (a) or conditions under paragraph (b) increase or decrease the cost of, or time required for performing the work, the Contracting Officer shall make an equitable adjustment (see paragraph (d)) upon submittal of a „proposal for adjustment" (hereafter referred to as proposal) by the Contractor before final payment under the contract.	(c) Wenn Änderungen unter Absatz (a) oder Bedingungen unter Absatz (b) die Kosten oder die für die Bauausführung erforderliche Zeit erhöhen oder verringern, soll der Contracting Officer vor der vertraglichen Schlusszahlung eine gerechte Anpassung (siehe Paragraph (d)) auf der Grundlage eines Vorschlages des Unternehmers für die Anpassung (nachstehend als Vorschlag bezeichnet) unterbreiten.
(d) The Contracting Officer shall not make an equitable adjustment under paragraph (b) unless—	(d) Der Contracting Officer soll keine gerechte Anpassung nach Paragraph (b) vornehmen es sei denn
(1) The Contractor has submitted and the Contracting Officer has received the required written notice; or	(1) der Unternehmer hat die erforderliche schriftliche Anzeige erstattet und der Contracting Officer hat sie erhalten, oder
(2) The Contracting Officer waives the requirement for the written notice.	(2) der Contracting Officer verzichtet auf die Voraussetzung einer schriftlichen Anzeige.
(e) Failure to agree to any adjustment shall be a dispute under the Disputes clause.	(e) Kommt es zu keiner Einigung über die Anpassung stellt dies eine Streitigkeit im Sinne dieser Klausel dar.

Die US Rechtsprechung zu öffentlichen Aufträgen hat einige grundlegende Lehren entwickelt, die es zu beachten gilt:

Spearin Doctrine: Die Doktrin besagt, dass ein Besteller, der Leistungsbeschreibungen für ein Vorhaben erstellt, implizit versichert, dass, wenn der Unternehmer ihnen folgt, das entstehende Produkt weder fehlerhaft noch unsicher sein wird und dass, wenn sich das Produkt als mangelhaft oder unsicher erweist, der Unternehmer nicht für die Folgen haftet[70]. Allgemeine Enthaftungsklauseln, die von dem Unternehmer verlangen, dass er 61

[70] Hercules Inc. v. United States, 24 F.3d 188, 197 (Fed. Cir. 1994), aff'd, 516 U.S. 417 (1996).

die Planung prüfen und projektbezogene Anforderungen feststellen muss, verlagern darüberhinaus nicht das Risiko fehlerhafter Planung auf den Unternehmer, wenn er der Planung folgt[71].

Im Fall Spearin[72] hatte sich der Unternehmer gegenüber einer Regierungsstelle verpflichtet, nach Plänen des Bestellers ein Trockendock zu errichten. Der Baugrund wurde von einem gemauerten Abflussrohr durchkreuzt. Das Rohr musste teilweise verlegt werden. Das Gericht stellte fest, dass die Arbeiten an dem gemauerten Abflussrohr wesentliche Inhalte des Vertrages waren. Es erwies sich aber, dass das vertraglich vorgesehene Abflusssystem ungeeignet war. Da das Vertragswerk aber exakt den Charakter, die Dimensionen und die Lage des Rohres vorgab, enthielt der Vertrag das Versprechen, dass bei Befolgung der Vorgaben aus der Spezifikation das Abwasserrohr eine adäquate Lösung darstellen würde. Dieses implizite Versprechen wurde nach Auffassung des Gerichts nicht von allgemeinen Klauseln verdrängt, die von dem Unternehmer verlangen, (1) die Baustelle zu untersuchen, (2) die Pläne zu prüfen und (3) die Verantwortung für die Arbeit bis zur Fertigstellung zu übernehmen. Die Verpflichtung zur Baustellenuntersuchung erlegte dem Unternehmer nach Auffassung des Gerichts keine Pflicht auf, eine sorgfältige Untersuchung der Baugrundgeschichte mit dem Ziel anzustellen, auf sein Risiko festzustellen, ob das Abflussrohr, welches im einzelnen von der Regierung beschrieben war, sich als geeignet herausstellen werde. Die Pflicht zur Prüfung der Pläne verpflichtete den Unternehmer nicht zur Klärung, ob das Rohr den beabsichtigten Zweck erfüllen werde. Ferner urteilte das Gericht, die vertraglichen Regelungen zur Verantwortung des Unternehmers könnten nicht so ausgelegt werden, als veränderten sie die Rechte aus anderen spezifischen Klauseln.

Seither ist weithin anerkannt, dass der Besteller den Unternehmer mit dem impliziten Versprechen ausstattet, dass die von ihm bereit gestellte Planung adäquat ist. Beschreibt der Besteller die Art und Weise der Bauausführung sowie das Material im einzelnen und detailliert, hat der Unternehmer keine andere Wahl als den Vorgaben wie einer Straßenkarte zu folgen[73].

62 **Cardinal Change Doctrine**: Die *cardinal change doctrine* ist keine rigide Lehre[74]. Ihr Ziel besteht darin, einen Rechtsbehelf für Vertragsverletzung zugunsten von Unternehmern vorzusehen, die von der öffentlichen Hand beauftragt wurden, um Leistungen auszuführen, die nicht zum allgemeinen Auftragsinhalt gehören. In anderen Worten ist eine *cardinal change* eine Veränderung, die nicht von den normalen Klauseln erfasst werden, die Leistungsänderungen regeln, weil sie die vertragliche Leistung fundamental ändert. Im Fall Wunderlich[75] hat der Supreme Court deshalb gesagt, es gebe keine automatische oder einfache Formel, die benutzt werden könne, um festzustellen, ob eine Änderung außerhalb des Vertragszweckes liege oder nicht. Jeder Fall muss daher auf der Grundlage der ihm eigentümlichen Tatsachen und im Lichte der ihm eigentümlichen Gesamtumstände analysiert werden, wobei der Umfang und die Qualität der Änderung und ihrem kumulativen Effekt Beachtung geschenkt werden muss[76].

Die Gerichte haben mehrfach ausgeführt, dass ein Unternehmer berechtigt ist, auf der Grundlage der *changes* Klausel eine gerechte Anpassung für erhöhte Kosten oder Auf-

---

71 White v. Edsall Constr. Co., 296 F.3d 1081, 1085 (Fed. Cir. 2002).
72 United States v. Spearin Spearin, 248 US 132.
73 Blake Const. Co. v. United States, 987 F.2d 743 (Fed. Cir. 1993).
74 Vgl. Edward Marden Corporation v. United States, 442 F2d 364.
75 Wunderlich Contracting Co. v. United States, 351 F.2d 956, 173 Ct.Cl. 180 (1965).
76 Wunderlich Contracting Co. v. United States, 351 F.2d 956, 173 Ct.Cl. 180 (1965).

wendungen als Folge von fehlerhaften Leistungsbeschreibungen zu verlangen[77]. Wo aber aus den fehlerhaften Leistungsbeschreibungen drastische Konsequenzen hervorgehen, hat der Supreme Court entschieden, dass eine *cardinal change* vorliegt[78].

Rice Doctrine: Auch dieser Grundsatz wurde von dem Supreme Court etabliert (Rice Doktrin)[79]. Die Kernaussage geht dahin, dass die erhöhten Kosten unveränderter behinderter Arbeiten ausschließlich über die vertragliche *changed conditions* Klausel abzuwickeln sind. Im Fall Rice[80] hat der Supreme Court eine *changed conditions* Klausel dahin ausgelegt, dass ein Subunternehmer, der infolge unvorhergesehener Baugrundbedingungen, die der Generalunternehmer angetroffen hatte, zusätzliche Gemeinkosten erleidet, lediglich eine gerechte Anpassung des Vertrages in Ergänzung zur Nichtermittlung der verwirkten Liquidated Damages und einer Bauzeitverlängerung verlange könne. Darüber hinaus hatte der Subunternehmer jedoch Verzögerungsschäden geltend gemacht, weil das Gebäude, in dem die Arbeiten auszuführen waren, verspätet übergeben wurde. Das Gericht befand, dass der Vertrag keine Verpflichtung vorsah, das Gebäude für die Durchführung der Subunternehmerleistungen zu jeder beliebigen Zeit bereit zu halten und dass das Versäumnis dies zu tun folglich keine Vertragsverletzung darstellte. In tatsächlicher Hinsicht war die Verzögerung im Rice Fall eine Folge der geänderten Baugrundbedingungen. Doch lag hierin nicht die Grundlage für den Anspruch aus Vertragsverletzung. Das Gericht verstand das Versäumnis, das Gebäude bereit zu halten, als Folge der geänderten Baugrundbedingungen, was wiederum ausschließlich durch die changed conditions Klausel abgedeckt war[81]. 63

Der Court of Claims hat sich der bundesgerichtlichen Rechtsprechung angeschlossen[82]. Ansprüche aus einer kardinalen Veränderung (siehe oben) umfassen nach dieser Lehre, die in den USA herrschende Auffassung ist, nur Kosten für Arbeiten, die zusätzlich ausgeführt werden müssen. Nicht eingeschlossen sind Schadensersatzansprüche für die verbleibenden Arbeiten, die unverändert auszuführen sind.

Beispiel[83]: In diesem Fall musste ein Gerüst gestellt werden, was aufgrund unvorhergesehener Baugrundbedingungen nicht termingerecht erfolgen konnte. Zunächst mussten umfangreiche zusätzliche Ausschachtungsarbeiten erfolgen, für die der Unternehmer aufgrund der *changed conditions* Klausel[84] im Vertrag zusätzlich bezahlt wurde. Deshalb 64

[77] L. W. Foster Sportswear Co. v. United States, supra, 405 F.2d at 1290, 186 Ct.Cl. at 507 (1969). See, e.g., Bell v. United States, 404 F.2d 975, 981, 186 Ct.Cl. 189, 200 (1968).

[78] Siehe Luria Bros. & Co. v. United States, 369 F.2d 701, 177 Ct.Cl. 676 (1966).

[79] United States v. Howard P. Foley Co., 329 U.S. 64, 63 S.Ct. 120 (1946); United States v. Rice, 317 U.S. 61, 63 S.Ct. 120, 87 L.Ed. 53 (1942); H.E. Crook Co. v. United States, 270 U.S. 4, 46 S.Ct. 184, 70 L.Ed. 438 (1926); Chouteau v. United States, 95 U.S. 61, 24 L.Ed. 371 (1877).

[80] United States v. Rice, 317 U.S. 61, 63 S.Ct. 120, 87 L.Ed. 53 (1942).

[81] Vgl. Jefferson Construction Company v. United States, 392 F.2d 1006.

[82] Mount Vernon Contracting Corp. v. U.S., 153 F.Supp. 469 [139 Ct.Cl. 688]; Magoba Construction Company v. U.S., 99 Ct.Cls. 662.

[83] Paul Hardeman, Inc v. United States, 406 F.2d 1357.

[84] Die Klausel lautete: „The Contractor shall promptly, and before such conditions are disturbed, notify the Contracting Officer in writing of: (a) subsurface or latent physical conditions at the site differing materially from those indicated in this contract, or (b) unknown physical conditions at the site, of an unusual nature, differing materially from those ordinarily encountered and generally recognized as inhering in work of the character provided for in this contract. The Contracting Officer shall promptly investigate the conditions, and if he finds that such conditions do so materially differ and cause an increase or decrease in the Contractor's cost of, or the time required for, performance of this contract, an equitable adjustment shall be made and the contract modified in writing accordingly. Any claim of the Contractor for adjustment hereunder shall not be allowed unless he has given notice as above required; or unless the Contracting Officer grants a further period of time before the date of final payment under the contract. If the parties fail to agree upon the adjustment to be made, the dispute shall be determined as provided in Clause 6 of these General Provisions."

konnte der Unternehmer einen Kran nicht benutzen. Er machte daher Mehrkosten für Betonarbeiten geltend, die er anstatt mit zwei Kränen nur mit einem Kran ausführen konnte. Der Unternehmer machte die Mehrkosten als direkte Folge der geänderten Bedingungen geltend. Nach seiner Auffassung war er zu einer gerechten Anpassung des Vertragspreises berechtigt. Der Anspruch wurde zunächst unter Hinweis auf die Rice Doktrin abgewiesen, weil die zusätzlichen verzögerungsbedingten Kosten eine Folge der geänderten Bedingungen gewesen seien. Das Gericht folgte dem Unternehmer und erkannte den Anspruch zu. Es führte aus, in Bezug auf eine solche Klausel, die auch dem zu entscheidenden Fall zugrunde lag, hätten die Gerichte angenommen, dass die Vertragsanpassung zusätzliche Kosten aus unvorhergesehenen Baugrundbedingungen in Höhe der „*Differenz zwischen dem, was es den Unternehmer kostet, die Arbeit zu erledigen und dem, was es gekostet haben würde, wenn die unvorhergesehenen Bedingungen nicht angetroffen worden wären*" umfassen[85]. Infolgedessen war es klar, dass der Auftraggeber das Risiko übernommen hatte, die eingeklagten zusätzlichen Kosten zu tragen. Das Gericht drückte das sinngemäß ergänzend so aus: „*Da die Parteien sich darauf geeinigt hatten, dass nicht verzögerungsbedingte Kosten, die die Vertragserfüllungskosten erhöhen und die unmittelbar aus den geänderten Bedingungen folgen, erstattungsfähig sind, hat sich die Regierung in diesem Fall verpflichtet, für die erhöhten Kosten der Vertragserfüllung unveränderter Leistungen, die auf die geänderten Bedingungen zurückzuführen sind, zu zahlen*". Damit war der Einwand aus der Rice Doktrin zu verwerfen.

65 **Concept of Economic Waste**: Die Gerichte erkennen an, dass öffentliche Auftraggeber generell das Recht haben, auf Einhaltung und Befolgung der vertraglichen Leistungsbeschreibung zu bestehen[86]. Jedoch existieren ausreichende Grundlagen für die Annahme, dass es einer Regierungsstelle nicht erlaubt sein sollte, Ersatzmaßnahmen anzuordnen, wenn die Mängelbeseitigungskosten wirtschaftliche Verschwendung darstellen und die Leistungen im übrigen für den vertraglichen Zweck geeignet sind[87].

66 Einige Beispiele belegen die Bedeutung der vorstehenden Lehren:

Der Unternehmer vergab Stahlarbeiten aus einem öffentlichen Auftrag an einen Subunternehmer. Der Subunternehmer begehrte mehrfach Aufklärung, um Unvereinbarkeiten und inadäquate Details der auftraggeberseitigen Planung zu beheben. Aufgrund der behaupteten Fehlerhaftigkeit der Planung begehrte der Generalunternehmer zugunsten des Subunternehmers eine gerechte Anpassung des Vertrages. Das Gericht befand, der Generalunternehmer sei nicht in der Lage gewesen darzulegen, dass die Irrtümer in der Leistungsbeschreibung angesichts der Komplexität des Vorhabens anormal oder unangemessen waren[88].

In einem anderen Fall waren dem Unternehmer die Unzulänglichkeiten der Leistungsbeschreibung vor Vertragsschluss bekannt. Er brachte vor, er sei trotzdem gebeten worden, auf der Grundlage der unzulänglichen Ausschreibungsunterlagen anzubieten. Das Gericht lehnte eine Vertragsanpassung unter Hinweis auf die Vorkenntnis ab[89].

---

85 Kaiser Indus. Corp. v. United States, 340 F.2d 322, 337, 169 Ct.Cl. 310, 336 (1965); Tobin Quarries, Inc. v. United States, 84 F.Supp. 1021, 114 Ct.Cl. 286 (1949).

86 Granite Construction Company v. United States, 962 F2d 998; S.S. Silberblatt, Inc. v. United States, 433 F.2d 1314, 1323, 433 F.2d 1314 (1970); zur Verankerung dieses Konzepts im Common Law siehe Jacob & Youngs v. Kent, 129 N.E. 889, 230 N.Y. 239 (1921).

87 Granite Construction Company v. United States, 962 F2d 998; Toombs & Co., Inc., ASBCA Nos. 34590 et al., 911 B.C.A. (CCH) p 23,403 at 117,433, 1990 WL 172728 (1990). Cf. Farwell Co. v. United States, 148 F.Supp. 947, 950, 137 Ct.Cl. 832 (1957).

88 Caddell Construction Co., Inc. v. The United States, 78 Fed. Cl. 406 (Ct. Cl. 2007).

89 Robins Maintenance, Inc. v. United States, 265 F.3d 1254 (Fed. Cir. 2001).

In einem weiteren Fall beinhalteten die Verdingungsunterlagen Spezifikationen aus einer Vorausschreibung im Jahre 1991. Das Gericht wies die Klage ab, weil es an der Kausalität zwischen Fehlerhaftigkeit und Schaden fehlte. Die alten Vergabebedingungen waren nicht fehlerhaft, beschrieben jedoch einen größeren Leistungsumfang als das Vorhaben umfasste, dass im Jahr 1995 vergeben werden sollte[90].

In einem weiteren Fall befand das Gericht, dass die Spearin Doctrine nur auf fehlerhafte Planung anwendbar sei, nicht jedoch auf Leistungsbeschreibungen (im Sinne von Methodenvorgaben)[91]. Das Gericht führte aus, Leistungsbeschreibungen (performance specifications) würden ein Endergebnis vorgeben, beließen jedoch die Entscheidungsfreiheit in Bezug auf die Wahl der Mittel bei dem Unternehmer. Planungsvorgaben (Design specifications) würden hingegen Planungsdetails enthalten, denen der Unternehmer streng folgen müsse. Es bestehe dann kein denkbarer Freiraum zur Abweichung von solchen Vorgaben. Das Gericht urteilte, das als Mindeststandard vorgegebene Entwässerungssystem sei eine Planungsvorgabe (design specification) gewesen, während das gesamte Entwässerungssystem als eine Leistungsbeschreibung (performance sepcification) anzusehen sei. Diese statteten den Unternehmer nach Auffassung des Gerichts mit ausreichendem Ermessen aus, um die vertraglichen Spezifikation anzureichern.

3. Allgemeines Bauvertragsrecht. Das private oder allgemeine Bauvertragsrecht ist Teil des allgemeinen Zivilrechts. Der Uniform Commercial Code (UCC), der in 49 der 51 Bundesstaaten das Handelsrecht harmonisiert, erfasst nur einzelne Facetten der Tätigkeiten von Bauunternehmen[92]. Im übrigen gilt das Recht der einzelnen Bundesstaaten. 67

Immer wieder einmal gab es Klärungsbedarf zu der Frage, ob das harmonisierte Kaufrecht auch auf Bauverträge anzuwenden ist. Wenn die Frage zu klären ist, ob es sich um einen Vertrag handelt, der als Kaufvertrag unter den UCC fällt, ist nicht darauf abzustellen, ob es sich um einen gemischten Vertrag handelt[93]. Maßgeblich ist, was der prägende Faktor, die Hauptausrichtung und der Zweck des Vertrages ist. Liegt er darin, Leistungen zu erbringen, die zufällig mit der Lieferung von Waren verbunden ist (wie z.B. bei einem Vertrag mit einem Maler über ein Gemälde[94]), oder liegt er darin, einen Gegenstand zu verkaufen, der z.B. zufälliger Weise mit der Installation des Warmwasserboilers im Badezimmer verbunden ist[95]. Im maßgeblichen Fall *Bonebrake*[96] ging es um einen Vertrag über den Verkauf und die Installation von Bowling Ausrüstung in der Bowling Anlage der „Käufer“. Der Vertrag richtete sich ausdrücklich auf den „Kauf von Ausrüstung“. Der Verkäufer verpflichtete sich, dass die Bahnen frei von Ausführungs- und Materialmängeln und gemäß ABC Spezifikation sein würden. Der Kaufpreis betrug $20,000.00, davon $2,000 zahlbar bei Vertragsabschluss, ein weiterer Betrag als Abschlagszahlung vor Beginn der Bodenlege- und Gründungsarbeiten und den Rest nach Fertigstellung der Installation. Das Gericht befand, der Vertrag falle unter den UCC. 68

Der Vertrag kommt entweder auf der Grundlage einer Ausschreibung oder von Verhandlungen oder beidem zustande. Er besteht üblicherweise aus einer Grundlagenver- 69

90 Franklin Pavkov Constr. Co. v. Roche, 279 F.3d 989 (Fed. Cir. 2002):.
91 Kiewit Constr. Co. v. United States, 56 Fed. Cl. 414 (2003).
92 Der UCC regelt namentlich das Kaufrecht, die Vermietung von Ausrüstung, Letters of Credit etc. Immer wieder einmal hat es Klärungsbedarf zu der Frage, ob das harmonisierte Kaufrecht auch auf Bauverträge anzuwenden ist.
93 Bonebrake v. Cox, 499 F.2d 951.
94 National Historic Shrines Foundation, Inc. v. Dali, 4 UCC Rep. 71 (N.Y.Sup.Ct.1967).
95 Worrell v. Barnes, 87 Nev. 204, 484 P.2d 573 (1971).
96 Bonebrake v. Cox, 499 F.2d 951.

einbarung, den Zeichnungen, die das Werk zeichnerisch darstellen, den Spezifikationen, Allgemeinen Vertragsbedingungen, wobei üblicherweise Bedingungen der AIA[97] oder der EJCDC[98] verwendet werden, Besonderen Vertragsbedingungen sowie Bodengutachten. Kernstück des Bauvertrages sind die Spezifikationen. Sie beschreiben verbal Quanität und Qualität des Vorhabens[99]. Eine Spezifikation verlangt von dem Unternehmer, ein bestimmtes Ergebnis zu erzielen, ohne die spezielle Methode oder die Mittel anzugeben, mit denen das Ergebnis erreicht werden soll. Eine Leistungsbeschreibung (*performance specification*) gibt lediglich einen Erfüllungsstandard vor, doch bleibt der Unternehmer frei, über die Auswahl des Materials, die Methoden und die Planung zu entscheiden, mit denen er den Erfüllungsstandard erreichen will[100].

70 Die allgemeine rechtliche Lage ist die[101]: Wo jemand gegen Zahlung einer festen Summe einwilligt, etwas Mögliches zu tun, wird er weder davon frei noch kann er eine zusätzliche Entschädigung verlangen, wenn er unvorhergesehene Schwierigkeiten antrifft[102]. Folglich und gewöhnlich übernimmt jemand, der es unternimmt, eine Baulichkeit auf einem bestimmten Ort zu errichten, das Risiko der Baugrundbeschaffenheit[103]. Doch wenn der Unternehmer gebunden ist, nach Plänen und Spezifikationen des Bauherrn zu bauen, ist der Unternehmer nicht für die Folgen von Fehlern in den Plänen und Spezifikationen verantwortlich.[104]

Diese Verantwortung des Bauherrn wird nicht von den üblichen Klauseln verdrängt, die Unternehmer verpflichten, die Baustelle zu besichtigen, die Pläne zu prüfen und sich selbst über die Voraussetzungen in Bezug auf die Arbeiten zu informieren, wie es im Fall Christie v. United States[105] niedergelegt ist.

71 US-Standardverträge enthalten üblicherweise umfangreiche Klauseln, die spezifische Risiken verteilen und regeln. Das beste Beispiel für solche Fälle bilden die *latent conditions* Klauseln (geänderte Baugrundbedingungen)[106]. In solchen Fällen ist der Unternehmer

---

97 American Institute of Architects.

98 Engineers Joint Contract Documents Committee.

99 Vgl. Fruin-Colnon Corp et al v. Niagara Frontier Transportation Authority, 180 A.D.2d. 222 (Supreme Court of New York, App. Div., 4th department); Blake Construction Company, Inc v. United States, 987 F2d. 743 (United States Court of Appeal), cert. Denied, 510 U.S. 963 (1993).

100 Fruin-Colnon Corp et al v. Niagara Frontier Transportation Authority, 180 A.D.2d. 222 (Supreme Court of New York, App. Div., 4th department).

101 United States v. Spearin Spearin, 248 US 132.

102 Day v. United States, 245 U.S. 159, 38 Sup. Ct. 57, 62 L. Ed. 219; Phoenix Bridge Co. v. United States, 211 U.S. 188, 29 Sup. Ct. 81, 53 L. Ed. 141.

103 Simpson v. United States, 172 U.S. 372, 19 Sup. Ct. 222, 43 L. Ed. 482; Dermott v. Jones, 2 Wall. 1, 17 L. Ed. 762.

104 MacKnight Flintic Stone Co. v. The Mayor, 160 N.Y. 72, 54 N.E. 661; Filbert v. Philadelphia, 181 Pa. 530; Bentley v. State, 73 Wis. 416, 41 N.W. 338. See Sundstrom v. State of New York, 213 N.Y. 68, 106 N.E. 924.

105 United States, 237 U.S. 234, 35 Sup. Ct. 565, 59 L. Ed. 933; Hollerbach v. United States, 233 U.S. 165, 34 Sup. Ct. 553, 58 L. Ed. 898, and United States v. Stage Co., 199 U.S. 414, 424, 26 Sup. Ct. 69, 50 L. Ed. 251, wo entschieden wurde, dass der Unternehmer befreit ist, wenn er durch falsche Angaben in den Spezifikationen fehlgeleitet wurde.

106 Siehe AIA Design & Build § A.4.1.4 Claims for Concealed or Unknown Conditions. If conditions are encountered at the site which are (1) subsurface or otherwise concealed physical conditions which differ materially from those indicated in the Design-Build Documents or (2) unknown physical conditions of an unusual nature which differ materially from those ordinarily found to exist and generally recognized as inherent in construction activities of the character provided for in the Design-Build Documents, then the observing party shall give notice to the other party promptly before conditions are disturbed and in no event later than 21 days after first observance of the conditions. The Owner shall promptly investigate such conditions and, if they differ materially, and cause an increase or decrease in the Design-Builder's cost of, or time required for, performance of any part of the Work, shall negotiate with the Design-Builder an equitable adjustment in the Contract Sum or Contract Time, or both. If the Owner determines that the conditions at the

verpflichtet, die Baugrundbedingungen zu bewältigen und kann im Gegenzug die Erstattung zusätzlicher Kosten verlangen. Die Frage ist nur, auf welche Weise dies geschehen soll. Zunächst wäre im Einheitspreisvertrag daran zu denken, die Mehrmassen über die Einheitspreise abzurechnen, denn immerhin trägt der Unternehmer kein Massenrisiko. Das verbietet sich jedoch, weil der Sinn der Klausel darin besteht, baugrundbedingte Mehrkosten abschließend zu regeln. Der Unternehmer soll keine Mondpreise kalkulieren, um sich gegen alle Risiken, seien sie vorhersehbar oder unvorhersehbar, abzusichern[107]. Der Angebotspreis soll Vorkehrungen für die vorhersehbaren Risiken beinhalten[108]. Treten allerdings unvorhersehbare Umstände ein, besteht Anspruch auf Kostenausgleich[109]. Amerikanische Gerichte haben zudem aufgezeigt, dass Klauseln, die Baugrunderschwernisse behandeln, nicht durch Massenabsprachen und feste Einheitspreise verdrängt werden, also einen eigenen Anwendungsbereich haben[110], wenngleich es durchaus möglich ist, durch eine geeignete Definition des Auftragsumfanges Baugrundrisiken nahezu umfassend auf den Unternehmer zu verlagern[111].

Im Einzelfall stellt sich dann die Frage, wie die zusätzlichen Kosten zu quantifizieren sind, zumal dann, wenn die zusätzlichen Leistungen teilweise deckungsgleich mit solchen sind, die bereits ursprünglich im Leistungsumfang enthalten waren. US-amerikanische Gerichte haben in solchen Fällen die Formel aufgestellt, dass die abrechenbaren Zusatzkosten solche sind, die der Unternehmer tatsächlich aufwenden musste, um das Baugrundrisiko zu bewältigen, abzüglich derjenigen, die er ohne die anspruchsbegründenden Erschwernisse zu tragen hatte[112]. Es ist also ein Vergleich zwischen den tatsächlichen und den geplanten Kosten vorzunehmen. Im Yellow Book wird eine solche Berechnungsweise allerdings erhebliche Schwierigkeiten aufwerfen, denn – sofern der Unternehmer keine Urkalkulation vorlegt – lassen sich die geplanten Kosten nur schwer feststellen. 72

a. Loss of Bonding Capacity. US-Gerichte hatten sich mehrfach mit der Frage zu befassen, ob eine verzögerungsbedingte Belastung der Kreditlinie des Unternehmers, die es ihm unmöglich macht Bürgschaften und Garantien für Folgeaufträge zu stellen, Schadenersatzpflichten auslösen kann, die insbesondere auch entgangene Gewinne einschließen. In älteren Fällen wurde ein solcher Anspruch aus beeinträchtiger Kredit- 73

site are not materially different from those indicated in the Design-Build Documents and that no change in the terms of the Design-Build Contract is justified, the Owner shall so notify the Design-Builder in writing, stating the reasons. Claims by the Design-Builderin opposition to such determination must be made within 21 days after the Owner has given notice of the decision. If the conditions encountered are materially different, the Contract Sum and Contract Time shall be equitably adjusted, but if the Owner and Design-Builder cannot agree on an adjustment in the Contract Sum or Contract Time, the adjustment shall proceed pursuant to Section A.4.2.

107 Foster Constr. C.A. & Williams Bros. Co. v. United States, 435 F.2d 873, 887 (Ct. Cl. 1970).

108 Metropolitan Sewerage Com'n v. R.W. Const., 241 N.W.2d 371, 376 (Wis. 1976); Olympus Corp. v. United States, 98 F.3d 1314, 1316 (Fed. Cir. 1996).

109 Metropolitan Sewerage Com'n v. R.W. Const., 241 N.W.2d 371, 376 (Wis. 1976); Olympus Corp. v. United States, 98 F.3d 1314, 1316 (Fed. Cir. 1996).

110 Met-Pro Corporation v. United States ASBCA N° 49694: Unvorhersehbarkeitsklausel wird nicht von Klausel zu Massenabsprachen verdängt, d.h. das Massenrisiko wird teilweise zurückverlagert.

111 Vgl. Thiess Services v. Mirvac QLD [2006] QCA 50 (Supreme Court of Queensland (Court of Appeal)): Übernahme eines Auftrages zur Baugrundsanierung – Verunreinigungsrisiko trug der Unternehmer.

112 Baltimore Contractors, Inc., GSBCA 4808, 80-2 BCA 14,539, at 71,672; Cherry Hill Construction, Inc., v. General Services Administration, GSBCA 12087 (11317-REIN) 93-2 BCA 25,810; Coastal Marine Corp., AGBCA 89-190-3, 90-2 BCA 22,895, at 114,894; P.J. Dick Incorporated v. General Services Administration GSBCA 12036, 12449 (20 July 1994); vgl. Nager Electric Co. v. United States, 194 Ct. Cl. 835, 851, 442 F.2d 936, 945 (1971); see also Plaza Maya Ltd. Partnership, GSBCA 9086, 91-1 BCA 23,425, at 117,501 (1990); Dawson Construction Co., GSBCA 5364, 82-1 BCA 15,701, at 77,661.

fähigkeit mehrfach abgelehnt[113]. Der Court of Appeal of California[114] und der Colorado Supreme Court[115] haben diese Möglichkeit in jüngerer Zeit bejaht.

74 **Beispiel**: Denny Construction litt unter einem geminderten Bürgschaftsrahmen, nachdem der Besteller den Contractor für vertragsbrüchig erklärt hatte. Vor Gericht legte Denny Construction dar, dass der Besteller seinerseits vertragswidrig gehandelt hatte, was einen geminderten Bürgschaftsrahmen zur Folge hatte. Hieraus entwickelte Denny Construction einen Schadensersatzanspruch. Die Behauptung ging dahin, der geminderte Bürgschaftsrahmen habe Denny Construction daran gehindert, an neuen Ausschreibungen teilzunehmen. Infolgedessen habe Denny Construction Gewinnausfälle erlitten. Erstinstanzlich folgte das Gericht den Argumenten des Contractors. Der Court of Appeal hob die Entscheidung auf. Der Colorado Supreme Court stellte die erstinstanzliche Entscheidung wieder her[116]. Der Supreme Court führte aus, dass die Gewinneinbuße in rechtlicher Hinsicht nicht als Spekulationsschaden zu betrachten sei. Der Court of Appeals habe in Bezug auf die Vorhersehbarkeit des Schadens einen inkorrekten Standard angewendet. Nach Auffassung des Supreme Court war nicht zu klären, was der Besteller tatsächlich wusste, sondern ob er es entweder wusste oder hätte wissen müssen, dass der Schaden möglicherweise eintreten könnte.

75 Im Fall Lewis Jorge[117] hatte der kalifornische Court of Appeal noch geurteilt, dass potentieller Gewinn aus potentiellen zukünftigen Bauverträgen, der aufgrund fehlender Kreditfähigkeit nicht erzielt werde, nicht als Schadensersatz verlangt werden könne, weil der entgangenen Gewinn in Bezug auf zukünftige Aufträge nicht direkt und notwendigerweise ursächlich auf die Vertragsverletzung (in diesem Fall die Auftragskündigung) zurückgeführt werden könne. Letztlich fehlt in einem solchen Fall der Beweis hierfür. Im Fall Begl hatte allerdings ein Zeuge ausgesagt, dass wann immer ein Streit über eine begebende Sicherheit ausbreche, kein anderer Sicherungsgeber bereit sei, mit dem Unternehmer zusammenzuarbeiten bis der Streit beigelegt sei. Folgerichtig war der Kausalzusammenhang bewiesen und das Gericht verurteilte den Auftraggeber zur Zahlung des entgangenen Gewinns[118]. Dem Argument, es handele sich um einen zu spekulativen Anspruch, folgte das Gericht nicht. Vielmehr schloss es sich der Auffassung an, von dem Unternehmer könne nicht gefordert werden, Angebote zu unterbreiten, die mangels bestehender Kreditfähigkeit ohnehin keinen Erfolg haben konnten[119]. Auch der Colorado Supreme Court vermochte nicht dem Argument zu folgen, solche Ansprüche seien spekulativer Natur. Das Gericht führte wörtlich aus[120]:

Eine Reduzierung der Kapazität, Sicherheiten zu stellen indiziert eine Reduzierung von Verantwortung, die wiederum die Möglichkeiten des Unternehmers beeinträchtigt, öffentliche Bauaufträge zu erlangen. Das ist keine Spekulation; im Gegenteil, es ist die beabsichtigte Funktion des Sicherheitensystems.

---

113 Rowan v. Harris 532 F Supp 969 (D.La 1982) betreffend den unberechtigten Einbehalt von Forderungen; Hirsch Electric Co v. Community Services Inc, 133 A.D. 2d 140, 518 N.Y.S. 2d 818 (1987) betreffend einen Fall von verzögerten Bauleistungen.

114 Begl Construction Company, Inc v. Los Angeles Unified School District, 154 Cal. App.4th 970; [2007] Cal. App LEXIS 1432.

115 Denny Construction v. Denver, Case No. 07SC236 (January 12, 2009).

116 Denny Construction v. City and County of Denver, 199 P.3d 742 (Colo. 2009).

117 Lewis Jorge Construction Management Inc v. Pomona Unified School District (2004) 34 Cal.4th 960, 973, 975 ; 22 Cal.Rptr 3d 340.

118 Begl Construction Company, Inc v. Los Angeles Unified School District, 154 Cal. App.4th 970; [2007] Cal. App LEXIS 1432.

119 Begl Construction Company, Inc v. Los Angeles Unified School District, 154 Cal. App.4th 970; [2007] Cal. App LEXIS 1432.

120 Denny Construction v. Denver, Case No. 07SC236 (January 12, 2009).

b. Bauablaufplanung. Die amerikanischen Standardverträge sehen üblicherweise vor, dass der Bauablauf exakt zu planen ist. Verantwortlich ist dafür der Unternehmer, der den Bauablauf in einem Programm aufzeigen soll. Abhängig vom Vertragswortlaut ist darin der kritische Weg aufzuzeigen, denn die Bauablaufplanung erfüllt im Rahmen des Claim Managements erst dann ihren Zweck, wenn sie Zusammenhänge aufzeigt, die eine zuverlässige Beurteilung eventueller Behinderungsfolgen ermöglicht. 76

Ein US amerikanisches Gericht hat sich dazu sinngemäß wie folgt geäußert[121]: 77

Der Grund dafür, dass die Festlegung des kritischen Weges für die Berechnung von Verzögerungsschäden wesentlich ist, ist der, dass nur Arbeiten, die auf dem kritischen Weg liegen einen Einfluss auf die Zeit haben konnte, in der das Vorhaben fertig gestellt wurde. Wenn Arbeit auf dem kritischen Weg verzögert wird, wird das voraussichtliche Fertigstellungsdatum verzögert. Verzögerung in Bezug auf Arbeit, die nicht auf dem kritischen Weg liegt, hat generell keinen Einfluss auf das voraussichtliche Fertigstellungsdatum des Vorhabens.

In einer weiteren US amerikanischen Entscheidung heißt es sinngemäß[122]:

Die abschließende Frage in diesem Fall ist, wie die Gesamtverzögerung in Bezug auf die Vertragserfüllung zu verteilen ist. Ein Unternehmer, der versucht, die Haftung der Regierung [also des Bestellers] für Behinderungen zu beweisen, muss das Ausmaß der Verzögerung, den sich hieraus für den Unternehmer ergebenden Schaden und die kausale Beziehung zwischen den rechtswidrigen Handlungen der Regierung und der Verzögerung darlegen[123]. Der Unternehmer kann aus dem einfachen Grund generell nichts für beidseitig zu vertretende Verzögerungen erlangen, dass die Ursächlichkeit nicht dargetan werden kann: Die Handlung der Regierung, die Teile der Vertragserfüllung verzögert, verzögert nicht den allgemeinen Fortschritt der Arbeiten als Ganzes wenn die Ausführung der Arbeiten als Ganzes auch ohne die Regierungshandlung verzögert worden wäre[124]. In jüngeren Fällen wurde dieses Prinzip so charakterisiert, dass es erforderlich ist, dass die Handlung der Regierung Aktivitäten auf dem kritischen Weg beeinträchtigt[125].

c. Bauablaufstörungen. US amerikanische Gerichte haben Ansprüche aus „constructive suspension" zugelassen, in denen der Unternehmer so behandelt wird, als habe der Bauherr die Baueinstellung angeordnet. Der Unternehmer kann dann z.B. Verzögerungskosten geltend machen[126]. 78

---

[121] Fortec Construction v. United States 8 Cl. Ct. 490 (1985).

[122] Essex Electro Engineers, Inc v. Richard J. Danzig, Secretary of the Navy, 224 F.3d 1283 (Fed. Cir. 2000).

[123] Vgl. T. Brown Constructors, Inc. v. Pena, 132 F.3d 724, 734 (Fed. Cir. 1997).

[124] Coath & Goss, 101 Ct. Cl. at 714-15; see Tuller Constr. Co. v. United States, 118 Ct. Cl. 509, 525 (1951) (Unternehmer konnte keinen Anspruch aus der Verspätung der Regierung in Bezug auf die Übergabe von Zeichnungen herleiten, weil die Beweise zeigten, dass es im Wesentlichen dieselbe Verzögerung gegeben hätte, wenn die Regierung unverzüglich gehandelt hätte); vgl. auch Paul Hardeman, Inc. v. United States, 406 F.2d 1357, 1361 (Ct. Cl. 1969) (Unternehmer erleidet keine Aufwendungen im Zusammenhang mit der verzögerten Erfüllung, es sei denn es gibt eine Verlängerung des antizipierten Fertigstellungsdatums).

[125] Mega Constr. Co. v. United States, 29 Fed. Cl. 396, 424 (1993); siehe Wilner v. United States, 24 F.3d 1397, 1399 n.5, 1400-01 (Fed. Cir. 1994).

[126] Merrit–Chapman & Scott Corp. v. The United States, 429 F.2d 431 (United States Court of Claims); vgl. Engineers Board of Contract Appeals in Ivey Bros. Constr. Co., Eng BCA – 1764 als Illustration für eine Preisanpassung für sogenannte indirekte oder Verspätungskosten. Siehe auch Cosmo Constr. Co., 66-2 BCA – 5736 (Interior Dept. Board), und Hardeman-Monier-Hutcherson, 67-1 BCA – 6210 (Armed Services Board).

V. Übersicht über Vertragsmuster A-201 (1997)

79 Das Vertragsmuster A-201 (1997) ist ein Standardvertragsmuster für das Vertragsverhältnis zwischen Unternehmer (Contractor) und Besteller (Owner), das die amerikanische Architektenvereinigung (AIA) herausgibt und das im privaten Bereich häufig verwendet wird. Ihr Anwendungsbereich ist weit. Es wird für typische Architektenbauwerke wie für Industriebauwerke eingesetzt. Es gibt aber auch Musterverträge für fast alle anderen denkbaren Vertragsbeziehungen, z.B. Form für den Architektenvertrag. Diese Musterverträge gelten aber nur, wenn die Parteien sie explizit vereinbaren (für die Bezugsquellen siehe oben Rn. 7 und Rn. 5). Es wird nachfolgend das Vertragsmuster A 201 (1997) als Beispiel für ähnliche Vertragsmuster kurz vorgestellt.

80 **1. Allgemeine Bestimmungen.** Das Vertragsmuster A-201 (1997) enthält in seinem Art. 1. allgemeine Bestimmungen, durch die klassische Probleme des Common Law geregelt werden. In Art. 1.1.2. findet sich die schon genannte Integration-Clause, durch die der Vertragstext den höchsten Schutz, den die PER gegen Beweise erlangt, die nicht aus der Vertragsurkunde selbst hervorgehen. Die klassische Regel, dass eine Vertragsanpassung consideration verlangt, wird durch 1.1.1. aufgehoben, stattdessen wird eine schriftliche Zusatzvereinbarung oder eine Änderungsanordnung durch den Architekten verlangt. Gemäß 1.1.2 begründet der Vertrag keinerlei Rechte und Pflichten zwischen anderen Personen als dem Besteller und dem Unternehmer also nicht zwischen dem Besteller und Subunternehmern oder zwischen dem Unternehmer und den Architekten. Der Vertrag soll vor allem aus sich heraus ausgelegt werden und hilfsweise soll seinen Bestimmungen die Bedeutung beigemessen werden, die diese Bestimmungen typischerweise in der Baubranche haben (1.2.3). Typisch für amerikanische Verträge finden sich ferner etwas ausufernde Definitionen für Begriffe wie: das Projekt, die Arbeiten, die Zeichnungen, etc.

81 **2. Pflichten des Bestellers.** Durch Art. 2 werden die Hauptpflichten des Bestellers festgelegt. Gegenstand von Standardmuster A-201 (1997) ist ein Pauschalpreisvertrag (fixed oder lump sum contract). Daneben stellt die amerikanische Architektenvereinigung (AIA) auch Einheitspreisverträge (unit price), bei denen die Kosten nach Aufmaß abgerechnet werden und ggf. ein Gewinnzuschlag des Unternehmers von vornherein vereinbart werden kann (cost-plus-contract) und Turnkey bzw. Design & Build-Vertragsmuster, durch die nicht nur Bauausführung sondern auch Betreuung des gesamten Bauprojekts von der Planung bis zur schlüsselfertigen Übergabe versprochen werden, zur Verfügung. Vom Pauschalpreis gem. Muster A-201 (1997) nicht umfasst wird grundsätzlich das Einholen etwaiger Baugenehmigungen (building permits) oder die Begleichung sonstiger öffentlichrechtlicher Gebühren. Der Besteller muss ferner seine finanzielle Leistungsfähigkeit zumindest durch eine Bankbescheinigung beweisen (Art. 2.2.) und dem Unternehmer ausreichend detaillierte Pläne aushändigen.

82 **3. Pflichten des Unternehmers.** Hauptpflicht des Unternehmers ist es, dass Bauprojekt vertragsgemäß nach den anerkannten Regeln der Handwerkskunst (in good and workman like manner) und mängelfrei zu erstellen. Bevor der Unternehmer damit beginnt, obliegt ihm die Pflicht, die Pläne genau zu untersuchen. Findet er dabei einen Planungsfehler, muss er den Besteller davon unverzüglich in Kenntnis setzen. Ansonsten verliert er das Recht, aus der fehlerhaften Planung Gegenrechte abzuleiten (Art. 3.2.1.). Die gleiche Pflicht obliegt ihm, wenn zu befürchten ist, dass er in Bauverzug gerät (Art. 3.2.3). Eine ausdrückliche Bestimmung in Form einer warranty (siehe unten unter

Rn. 62f.), deren Verletzung schadensersatzpflichtig macht, enthält Art. 3.5.1, nach der der Bauunternehmer garantiert, nur neue Baumaterialien von guter Qualität einzubauen. Schließlich übernimmt es der Unternehmer die Baustelle aufzuräumen (3.1.5) und letztlich alle am Bau Beteiligten gegen Schäden, die durch das Bauprojekt bei Dritten entstehen, durch Versicherung freizustellen (Art. 3.18.1).

4. Die Rolle des Architekten. Durch Art. 4 (Vertragsdurchführung) wird dem Architekten als Vertreter des Bauherren (Art. 4.2.2.) eine zentrale Position auf der Baustelle eingeräumt. Ihm obliegt es zu entscheiden, welche Zahlungen in Abhängigkeit vom Baufortschritt fällig sind (Art. 4.2.5 und Art. 9.4.1) oder Leistungen als nicht vertragsgemäß abzulehnen (Art. 4.2.6 und Art. 9.5.1). Er entscheidet ob, im Wesentlichen erfüllt wurde (Art. 4.2.9 und Art. 9.8.3), wovon abhängt, dass auch die Restvergütung fällig wird. Zusätzliche oder geänderte Leistungen sind durch ihn anzuordnen (Art. 4.2.8 und Art. 7.3.1.). Noch während der einjährigen Mängelwartungsfrist ab Abnahme (substantial completion) obliegt es dem Architekten, die Vertragsgemäßheit des Werkes zu untersuchen und ggf. Nachbesserungen anzuordnen (Art. 4.2.1 und Art. 12.2.2.1).[127] Seine Entscheidungen über ästhetische Fragen sind abschließend und gerichtlich nur auf grobe Fehler nachprüfbar (Art. 4.2.12).[128] 83

Bevor eine der Vertragsparteien wegen eines Konfliktes über die Leistungszeit, Mängel oder zusätzliche Vergütungsansprüche der Weg zu der nach dem Formular vorgeschalteten Mediation (Art. 4.5.) und letztlich zu der bindenden und abschließenden Schiedsgerichtsbarkeit (Art. 4.6.) frei steht, ist es Aufgabe des Architekten zu versuchen, diesen Konflikt in einem formalisierten Verfahren, das gegenseitige Mitteilungs- und Begründungspflichten enthält (Art. 4.4.1 bis Art. 4.4.8), beizulegen. Während dieses Verfahren schwebt, ist keine Partei berechtigt, sich vom Vertrag zu lösen. Der Unternehmer muss weiter bauen und der Besteller Abschlagszahlungen leisten. Von diesem außergerichtlichen Streitbeilegungsverfahren ist nur die Geltendmachung des Werkunternehmerpfandrechts ausgenommen (Art. 4.4.8), da zu dessen Durchsetzung zwingend die Mitwirkung staatlicher Stellen erforderlich ist[129]. 84

5. Subunternehmer. Der Unternehmer soll bereits in den Angeboten angeben, welche Gewerke er an Subunternehmer vergeben will. Spätestens nach Abschluss des Vertrages ist er verpflichtet, dem Besteller oder dem Architekten eine vollständige Liste mit Vorschlägen für Subunternehmer vorzulegen (Art. 5.2.1). Diese sind berechtigt, einen Subunternehmer aus gutem Grund (reasonable objection) abzulehnen (Art.5.2.2.). Falls sie dieses Recht missbrauchen und keinen vernünftigen Einwand gegen einen bestimmten Subunternehmer vorbringen können, haben sie den daraus entstehenden Bauverzug und eventuelle Mehrkosten zu tragen (Art. 5.2.3. sentc. 2). Der Unternehmer hat sicherzustellen, dass seine Subunternehmer ihm genauso verpflichtet sind, wie er seinerseits dem Besteller verpflichtet ist (Art. 5.3.1). Für den Fall, dass der Hauptvertrag aus gutem Grund durch den Besteller gekündigt wird, sind die Verträge mit Subunternehmern von vornherein an den Besteller abgetreten, so dass der Besteller in die Position des Hauptunternehmers nachrückt (Art. 5.4). 85

---

[127] Diese einjährige Mängelwartungsfrist stellt im Übrigen mitnichten ein abschließendes Sachmängelgewährleistungsrecht da, sondern diese werden durch sogenannte warranties ergänzt (siehe unten Rn. 62 f.).

[128] Siehe auch oben unter III. 1. d. bb, Rn. 22.

[129] Siehe unten unter V.2., Rn. 64 ff.

86 **6. Kündigungsrechte.** In Ergänzung zu den oben beschriebenen Ansprüchen aus Common Law sieht das Vertragsmuster beidseitige Kündigungsrechte vor. Der Unternehmer hat ein außerordentliches Kündigungsrecht in Fällen höherer Gewalt, wie einem nationalen Notstand (Art. 14.1.1.2) und wohl praktisch relevanter, wenn der Architekt sich grundlos weigert eine Zahlungsbescheinigung für die Fälligkeit von Abschlagszahlungen auszustellen und es dadurch zu einem Bauverzug kommt, der genauso lang andauert, wie die für die Fertigstellung anvisierte Zeit (Art. 14.1.2) oder sich dies im Lauf eines Jahres so oft wiederholt, das dadurch 120 Tage an Bauverzug entstehen. Ein weiterer außerordentlicher Kündigungsgrund für den Unternehmer ist Bauverzug an 60 aufeinander folgenden Tagen, der aus der Sphäre des Bestellers herrührt (Art. 14.1.4) und nicht durch den Unternehmer verursacht wurde, was wiederum Zahlungsverzug durch den Besteller meint. Darüber hinausgehende ordentliche Kündigungsrechte für den Unternehmer sieht das Vertragsmuster nicht vor.

87 Bei den Kündigungsrechten des Bestellers wird dagegen nach ordentlicher und außerordentlicher Kündigung unterschieden. Der Besteller kann jederzeit schriftlich ohne Angabe von Gründen kündigen, bleibt dann aber zur Zahlung eines angemessenen Ausgleichs für die bereits geleisteten Dienste samt dem erwarteten Gewinn des Unternehmers aus der Ausführung des gesamten Projekts verpflichtet (Art. 14.4.1). In Kodifizierung der substantial-completion-doctrine setzt dieses außerordentliche Kündigungsrecht allerdings immer einen wesentlichen Vertragsbruch durch den Unternehmer voraus. Als Beispiele dafür werden genannt: die ständige Beschäftigung unterqualifizierter Arbeiter, ständiger eigener Zahlungsverzug gegenüber Subunternehmern oder Missachtung von öffentlichen Bauvorschriften (Art. 14.2.1.1. bis 14.2.1.4). Eigenwillig ist in diesem Fall die Regelung der restlichen Vergütung. Zunächst kann der Unternehmer bereits geleistete Abschlagszahlungen als Ersatz für die bislang geleisteten Dienste behalten (Art. 14.2.3). Wenn ferner die Restkosten für die Fertigstellung (inkl. Kosten für Architekten und alle weiteren Ansprüche des Unternehmers gegen den Besteller) trotz der Kündigung geringer sind als der noch ausstehende Teil der vertraglichen Vergütung, dann hat der Unternehmer Anspruch auf diese Einsparung anstatt des noch ausstehenden Betrages der ursprünglich vereinbarten Vergütung. Entstehen dagegen durch die ordentliche Kündigung Mehrkosten im Vergleich zum ursprünglichen Vertragspreis, hat diese der Unternehmer zu tragen (Art. 14.2.4). Die Entscheidung über die insoweit maßgeblichen Berechnungen obliegt wiederum dem Architekten.

VI. Sonstiges

88 **1. Zugesicherte Eigenschaften: Warranties. a. Bauverträge als Dienstverträge.** Das Sachmängelgewährleistungsrecht wird über so genannte *warranties* geregelt. Dieses können entweder ausdrücklich vereinbart werden (express warranties) oder, was wichtiger ist, durch allgemeines Common Law oder Gesetzrecht jedem Vertrag eines bestimmten Typs impliziert werden (implied warranties). Durch das Fallrecht anerkannt sind bei Bauverträgen folgende impliziten warranties: bei der Errichtung eines neuen Wohnhauses wird die Bewohnbarkeit (habituability) garantiert und bei praktisch allen Bauprojekten wird garantiert, dass alle Leistungen in einer guten und fachgerechten Ausführung (good and workman like manner) und mängelfrei (free from defects) erbracht werden. Was diese Generalklauseln konkret bedeuten, hängt vom jeweiligen Bauprojekt und den zu solchen Generalklauseln ergangenen Einzelfallentscheidungen ab. Um ein nahe liegendes Missverständnis zu vermeiden, ist hervorzuheben, dass die

meisten dieser warranties als allgemeines Common Law oder bundesstaatliches Gesetzesrecht neben etwaigen vertraglich ausdrücklich geregelten Garantiewartungsabsprachen (maintanance warranty) und etwaigen Mängelwartungsfristen (siehe oben Rn. 57) anwendbar sind und meist längeren, gesetzlich geregelten Verjährungsfristen (statues of limitations) unterliegen als die in den Musterverträgen ausdrücklich genannten Garantiewartungsfristen (maintance oder defects liability periods).

b. Bauverträge als Kaufverträge? Da der Einkauf von Baumaterialen einen Kaufvertrag darstellt, sind auch die zusätzlichen Warranties aus Art. 2 U.C.C. relevant. Nach diesen garantiert der Verkäufer, dass alle Waren weiterverkäuflich (merchantable) sind, von durchschnittlicher Art und Güte und zu dem Zwecke geeignet sind, für den die jeweiligen Waren typischerweise benutzt werden (fit for their general purpose)[130]. Wenn der Käufer auf besondere Fähigkeiten des Verkäufers vertraut, garantiert der Verkäufer ferner, dass die Waren für den Zweck geeignet sind (fit for a particular purpose), für den der Käufer sie braucht[131]. Die Rechtsfolgen aus dem Bruch dieser warranties werden durch AGBs fast immer auf Austausch und Reparatur beschränkt.[132] Diese Warranties aus dem UCC werden teilweise auch auf Bauverträge direkt angewendet. Der Test ist insoweit, ob der Schwerpunkt des Vertrages die Lieferung von Waren oder die Erbringung von Arbeit ist (predominant factor test)[133]. Zur Bestimmung des Schwerpunktes wird dabei vorrangig das Wertverhältnis zwischen Warenlieferung und Arbeitsleistung herangezogen. Andere Gerichte nehmen die Abgrenzung zwischen Dienst- und Kaufvertrag dagegen nach dem Streitgegenstand vor[134]. Letztlich ist die Entscheidung dieser Frage durch ein Gericht aber niemals mit Sicherheit zu prognostizieren, klar ist allerdings das Architektenverträge und Generalunternehmerverträge jedenfalls keine Kaufverträge sind, sondern insoweit nur eine Haftung aus Delikt für Fahrlässigkeit in Betracht kommt. 89

2. Werkunternehmerpfandrecht: Mechanic's Lien. a. Umfang. Praktisch jeder Bundesstaat hat heute ein Gesetz, durch das eine Art von Werkunternehmerpfandrecht (Mechanic's Lien) kodifiziert wird, das den Zahlungsanspruch des Unternehmers sichern soll[135], indem ihm ein Pfandrecht an den eingebauten Baumaterialien oder an dem Werk als ganzem oder sogar an dem Grundstück eingeräumt wird. Allen Gesetzen (statues) ist gemeinsam, dass sie keine Vertragsbeziehung (privity) zwischen dem Pfandrechtsinhaber und dem dinglichen Schuldner voraussetzen[136], sondern dass auch Subunternehmern und teilweise sogar Sub-Subunternehmern ein Pfandrecht (lien) am Grundstück des Bauherren oder an Geldern, die diesem für das Bauprojekt zur Verfügung stehen, eingeräumt wird. 90

b. Zwei Typen von Pfandrechten. Es werden grundsätzlich zwei Typen von Mechanic's Lien Statues unterschieden: das Pennsylvania-System und das New York System.[137] Nach dem New York System beschränkt sich das Pfandrecht auf die Geldmittel, die dem Bauherren zur Verfügung stehen. Es ist der Höhe nach beschränkt auf diejenigen Zahlungsansprüche des Zwischenunternehmers gegen den Bauherren, die zu dem 91

---

130 Sect. 2-314 UCC (Merchantability).
131 Sect. 2-315 UCC.
132 Sect. 2-316 UCC.
133 Frommert v. Bobson Constr. Co., 558 N.W.2d. 239 (Mich. Ch. App. 1996).
134 J.O. Hooker & Sons Inc. v Roberts Cabinet Co. 693 So.2d 396 (Miss 1996).
135 Zusammenfassungen zu dem Recht aller 50 Staaten finden sich bei Stein aaO, Bd. III., Ch. 9., Appendix J.
136 Robert Burns Concrete Contractor' s v. Norman, 561 So. 2d 24 (Ala. 1988).
137 Stein aaO, Bd. III, Ch. 9 page 9.03.

Zeitpunkt fällig sind, an dem der Subunternehmer den Bauherren davon in Kenntnis setzt, dass er ein Pfandrecht geltend macht („to serve notice of claim of lien")[138]. Nach dem Pennsylvania-System erstreckt sich das Pfandrecht ferner auf das eigentliche Grundstück des Bauherrn, an dem auch der Subunternehmer ein Pfandrecht hat, dessen Höhe nur beschränkt wird durch den Wert der vom Subunternehmer geleisteten Arbeiten[139]. Es sichert also vom Grundgedanken her zunächst den oben (Rn. 46) beschriebene Anspruch aus Quasi-Vertrag für den Wert der geleisteten Arbeit (value of services rendered) ist jedoch keineswegs auf diesen beschränkt sondern kann auch Kaufpreisansprüche von Großhändlern sichern oder sogar tarifliche Lohnansprüche einer Gewerkschaft gegen einen insolventen Arbeitgeber[140].

92 **c. Gesicherte Ansprüche.** Unabhängig vom jeweiligen Bundesstaat sichert das Pfandrecht grundsätzlich den oben (unter III. 4. cc) beschriebene Anspruch aus Quasi-Vertrag für den Wert der geleisteten Arbeit (value of services rendered) ist jedoch keineswegs auf diesen beschränkt. Vielmehr können auch Kaufpreisansprüche von Baustofflieferanten oder sogar tarifliche Lohnansprüche einer Gewerkschaft gegen einen insolventen Arbeitgeber besichert werden[141]. Hervorzuheben ist ferner, dass in Bundesstaaten, die dem Pennsylvania-System folgen, das Pfandrecht keineswegs auf das Eigentum des dinglichen Schuldners beschränkt ist. Praktisch jede Belastung (encumberance), die an einem Grundstück bestehen kann, ist pfändbar. Es führt an dieser Stelle zu weit, einen Überblick darüber zu geben, welche Rechte (interersts and estates) das Common Law an Grundstücken anerkennt, da es über 30 davon gibt. Es sei aber erwähnt, dass Grundpfandrechte (mortgages) und selbst zeitlich beschränkte Besitzansprüche (leasehold interests) auch ihrerseits pfändbar (lienable) sind.

93 **d. Typische Voraussetzungen.** Die typische Mechanics Lien Statue hat folgende Voraussetzungen[142]:

- Zustellung einer schriftlichen Benachrichtigung an den dinglichen Schuldner von der Geltendmachung des Pfandrechts (pre-notice-lien). Nach deren Zustellung hat der dingliche Schuldner einen gewissen Zeitrahmen (4–12 Wochen), um die gesicherte persönliche Schuld selbst zu begleichen. Falls weder der dingliche noch der persönliche Schuldner zahlt, muss folgen
- die Eintragung der Geltendmachung des Pfandrechts (filing of lien claim) in das Pfandrechtsregister (recorder's office) und Zustellung einer nochmaligen Benachrichtigung an persönlichen und dinglichen Schuldner (claim for lien notice). Die Eintragung ist dabei nicht konstitutiv für die Begründung des Pfandrechts, sondern hat einzig die Funktion die Gutgläubigkeit späterer Pfandrechtsgläubiger oder Grundstückserwerber zu zerstören, da deren positive Kenntnis vom früheren Pfandrecht nach Eintragung unwiderleglich fingiert wird (constructive notice).
- Die Vollstreckung (enforcement) des Pfandrechts richtet sich in den meisten Bundesstaaten nach den allgemeinen Regeln für die Vollstreckung von Geldforderungen. Anders als Rechtsordnungen, die Erkenntnisverfahren und Vollstreckungsverfahren

[138] Bettinger v. Stevens Wholesale Bldg Supply Co.,487 So. 2d. 1369 (Ala. Civ. App. 1986).
[139] Mechanic's Lien and Surtey Bonds in Buliding Trades, 68 Yale L.J. 138 (1958).
[140] Textile Workers Union v. Estate of Schmidt 684 F. Supp. 601 (W.D. Wis. 1988); Farley v. Zappata Coal Corp., 281 S.E.2d 238 (W. Va. 1981).
[141] Textile Workers Union v. Estate of Schmidt 684 F. Supp. 601 (W.D. Wis. 1988); Farley v. Zappata Coal Corp., 281 S.E.2d 238 (W. Va. 1981).
[142] Stein aaO., Bd. III., Ch. 9, p. 9–34.

streng getrennt halten, umfasst das amerikanische Vollstreckungs- und Zwangsversteigerungsverfahren (foreclosure action) für Grundstücke damit in der Sache auch das Erkenntnisverfahren, denn vor diesem Verfahren hat noch kein Richter über das Bestehen des Anspruchs entschieden.

3. Sicherheiten: construction bonds. Ein Bond ist eine dreiseitige Vereinbarung, die 94
in etwa die Aufgaben einer Bürgschaft wahrnimmt. Der Sicherungsgeber (surety) verspricht dem Sicherungsnehmer, etwa dem Bauherren oder Zwischenunternehmer, dass der Hauptschuldner (principal debtor oder obligor), seinerseits ein Leistungsversprechen einhalten wird. Hält der Hauptschuldner dieses Versprechen nicht ein, haftet der Sicherungsgeber dem Sicherungsnehmer für die Nicht-Einhaltung des Versprechens und erwirbt seinerseits einen Rückgriffsanspruch gegen den Hauptschuldner. Im privaten Baurecht werden typischerweise folgende Aufgaben mit derartigen Bonds realisiert: Angebotssicherheiten (bid-bonds), bei denen der Sicherungsgeber garantiert, dass der Bauunternehmer den Preis seines Angebotes einhalten wird; Erfüllungs- und Gewährleistungssicherheiten (performance bonds), die das Versprechen der gehörigen Erfüllung durch den Bauunternehmer sichern und Zahlungssicherheiten (payment bonds), bei denen eine Bank Kaufpreisansprüche oder werkvertragliche Vergütungsansprüche sichert[143].

[143] Einen Überblick über das in allen Staaten gesetzlich kodifizierte Bond-Law gibt es bei Stein aaO. Bd. III, Ch 9, Appendix J.

§ 50 Vereinigtes Königreich

Schrifttum England

Adriaanse, Construction Contract Law, London 2005; Chappell, Parris's Standard Form of Building Contract, 3. Auflage, Oxford 2002; Cheshire/Fifoot & Furmston's, Law of Contract, 14. Auflage, London, 2001; Chitty on Contracts, 29. Auflage, London 2004; Cox/Clamp, Which Contract?, 3. Auflage, London 2003; Eggleston, The New Engineering Contract, London 2003; Fellows/Fenn, JCT Standard Form of Building Contract 1998 edition, London 2001; Heap, Outline of Planning Law, 11. Auflage, London 1996; Hibberd/Newman, ADR and Adjudication in Construction Disputes, London 1999; Jones, The JCT Major Project Form. London 2004; Murdoch/Hughes, Construction Contracts, 3. Auflage, London 2000; O'Reilly, Civil Engineering Construction Contracts, 2. Auflage, Brighton 1999; Uff, Construction Law, 8. Auflage, London 2002; Chitty on Contracts, Band I + II, 29. Auflage, London 2004; Pickavance, Delay and Disruption in Construction Contracts, 3. Auflage, London 2005; Lewison, The Interpretation of Contracts, 3. Auflage, London 2004; Silverman, Conveyancing Handbook, 7. Auflage, London 1999

Schrifttum Schottland

Parry/Johnston, Scottish Engineering Contracts, Cambridge 2003

Inhaltsübersicht

I. Allgemeines Vertragsrecht

Das Vereinigte Königreich hat keine einheitliche Rechtsordnung. Es gibt vielmehr mehrere Teilrechtsordnungen. Neben dem Recht von England und Wales existiert die schottische Rechtsordnung[1]. Ferner ist Nordirland eine eigene Jurisdiktion. Hinzu kommen die Rechtsordnungen von Jersey und den Kanalinseln. Die Rechtsordnungen unterscheiden sich zum Teil recht erheblich. Das englische Recht ist im Ursprung pures Common Law, also fallrechtlich geprägtes Richterrecht. Das schottische Recht ist aus dem römischen Recht entstanden und steht dem südafrikanischen Recht sehr nahe. Wenn man also vom englischen Recht spricht, meint man auch nur das in England und Wales geltende Recht. Nachstehend wird vornehmlich englisches Recht erörtert. Das englische Recht hat eine sehr lange Tradition, die bis in die normannische Feudalzeit zurückreicht[2]. Das englische Zivilrecht besteht aus Common Law und aus dessen Härten ausgleichendem Equity-Recht. Das Common Law basiert auf dem Grundgedanken, dass Richter und Gesetzgeber nicht vor einem rechtsleeren Raum stehen, der durch Rechtsetzung auszufüllen ist. Vielmehr geht man davon aus, dass Common Law latent existent ist und von der Richterschaft lediglich enthüllt werden muss[3]. 1

Englisches Recht besteht aus materiellem Recht und aus Prozessrecht. Das materielle Recht regelt die privatrechtlichen Beziehungen und determiniert im Einzelnen, welche Rechte und Pflichten die Rechtsindividuen gegeneinander haben. Das Prozessrecht dient der Durchsetzung der im materiellen Recht niedergelegten Rechte. Im englischen 2

---

1 Vgl. hierzu Parry/Johnston, Scottish Engineering Contracts, 1 ff.
2 Koch/Magnus/Winkler v. Mohrenfels, IPR und Rechtsvergleichung, 334.
3 Koch/Magnus/Winkler v. Mohrenfels, IPR und Rechtsvergleichung, 335.

Recht unterscheidet man zudem zwischen dem **Common Law** (Richterrecht) einerseits und dem **Gesetzesrecht** andererseits. Das Common Law im weiteren Sinne besteht aus „**Equity**“ und „**Common Law**“ im engeren Sinne. Diese Unterscheidung erklärt sich damit, dass das englische Recht auf zwei großen voneinander unabhängigen Säulen ruht. Bis 1873 bestanden zwei unabhängige juristische Systeme, die vor unterschiedlichen Gerichten ausgeübt wurden. Equity wurde vor dem alten Court of Chancery (Lincoln's Inn) angewendet. Unabhängig davon, dass diese formale Trennung im Jahre 1873 abgeschafft wurde, unterscheiden sich law und equity im Ansatz sehr grundlegend. Ein Rechtsbehelf „in law“ ist ein Recht. Hingegen ist ein Rechtsbehelf „in equity“ ermessensabhängig. Der Unterschied lässt sich gut anhand einer Vertragsverletzung darstellen[4]. Der Rechtsbehelf (oder heute die Rechtsfolge) in law ist für diesen Fall Schadensersatz, und zwar unabhängig davon, wie unrichtig der Kläger gehandelt hat und ob der Anspruch den Schaden wieder gut macht. Dagegen kann der Kläger „**in equity**“ Vertragserfüllung verlangen, doch hängt dies von bestimmten Umständen ab, und zwar unter anderem davon, ob der Kläger fair gehandelt hat, sein Recht nicht verspätet geltend macht und dass Schadensersatz kein adäquater Rechtsbehelf ist.

3 **1. Überblick.** Ein Vertrag ist nach englischem Recht eine gesetzlich verbindliche Vereinbarung (legally binds the parties), oder eine rechtserhebliche Vereinbarung, weil in den wenigsten Fällen Gesetze Grundlage von Verträgen sind, denn das englische Recht ist Fallrecht. Gelegentlich wird von „enforceable agreements“ gesprochen, was aber in die Irre führt, denn grundsätzlich können die Parteien sich nicht zwingen, einen Vertrag zu erfüllen. Die übliche Folge von Vertragsverletzungen ist ein Anspruch auf Schadensersatz. Die zugrunde liegende Theorie ist die, dass es den Parteien frei steht, vertragliche Regelungen freiwillig anzuerkennen und sich ihnen zu unterwerfen. Zum Vertrag kommt es durch Angebot und Annahme. Die Vereinbarung muss ein Wertelement enthalten, dass man unter dem Begriff „consideration“ kennt, obwohl auch eine unentgeltliche Vereinbarung zulässig ist, wenn sie in der Form einer „deed“ zustande kommt, wobei die Übersetzung mit notarieller Urkunde missverständlich ist, weil es in England die Einrichtung des Notars nicht gibt. Üblich ist die Formel, dass etwas für etwas getan wird (something for something). Ferner müssen die Parteien die Absicht haben, rechtsverbindliche Beziehungen einzugehen.

4 Die vertraglichen Regelungen werden zunächst in „conditions“ und „warranties“ unterschieden. „Conditions“ sind so wesentliche Vertragselemente, dass im Falle ihrer Verletzung der Vertrag aufgelöst und Schadensersatzansprüche geltend gemacht werden. Werden hingegen lediglich „warranties“ verletzt, so bleibt der Vertrag erhalten und es kann ausschließlich Schadensersatz gefordert werden. Hinzu kommen die sog. „implied terms“, also Vertragsinhalte, die nicht ausdrücklich geregelt sein müssen, sondern sich aus allgemeinen Überlegungen ergeben. Derartige „implied terms“ folgen aus Brauch, Rechtsprechung und Gesetz. Gelegentlich kommen Haftungsausschlussklauseln (exemption clauses) hinzu.

Die darüber hinaus gehenden Grundlagen für Verträge sind so unübersichtlich, dass es sich in England eingebürgert hat, auf Standardverträge zurückzugreifen. Soweit diese Standardformulare von den Parteien ausgefüllt werden, verdrängen die individuellen Regelungen grundsätzlich die vorformulierten.

[4] Vgl. Uff, Construction law, 10.

2. Vertragsschluss. a. Vertragsphilosophie. Im Rahmen von Vertragsverhandlungen sind im Vergleich zum kontinentaleuropäischen Recht unterschiedliche Ansätze zu beachten. So findet man durchaus die Auffassung, dass der Grundsatz von „good faith" weder vorvertraglich noch nachvertraglich im Sinne kontinentaleuropäischen Verständnisses existiere. Die Gefahr, dass eine Partei die Verhandlungen vor Abschluss eines Vertrages abbricht, wird als business loss angesehen. Wenn auch inzwischen eine gewisse Diskussion im Gange ist, so muss man doch durch aus damit leben, dass Treu und Glauben jedenfalls vorvertraglich keine Rolle spielt, was sich z.B. dadurch ausdrückt, dass der willkürliche Abbruch von Vertragsverhandlungen bislang sanktionslos möglich war[5] und dass überragendes Wissen der einen Vertragsseite der anderen nicht mitgeteilt werden musste. Letzteres wurde damit begründet, dass schließlich der „Profi" lange Zeit dafür aufgewendet habe, sein Wissen zu erwerben, das er nicht ohne weiteres kostenfrei mit Dritten teilen müsse[6]. Andererseits haften aber Fachleute für den von ihnen erteilten Rat[7]. Gleichwohl findet das Verhalten im vorvertraglichen Stadium nicht im rechtsfreien Raum statt[8]. So kann eine Haftung auf die Lehre von der „misrepresentation" gestützt werden. Noch bedeutender ist die Rechtsfigur der estoppel by representation. Nach dieser Rechtsfigur kann sich eine Partei nicht von einer früher abgegebenen Erklärung lossagen, wenn der Gegenpartei als Folge dieser Erklärung ein Schaden entstanden ist. Diese Rechtsfigur entspricht zwar nicht völlig den kontinentalrechtlichen Begriffen von Treu und Glauben und vom Vertrauensschutz, ist mit diesen jedoch vergleichbar. Schließlich ist darauf hinzuweisen, dass eine etwaige Haftung wegen abgebrochener Vertragsverhandlungen auf die Haftung für Handlungen gestützt wird, die einer unerlaubten Handlung (tort) entsprechen. Diese Haftung ist von derjenigen im Zusammenhang mit der Nichterfüllung vertraglicher Verpflichtungen streng zu unterscheiden. 5

b. Zustandekommen des Vertrages. Auch im englischen Recht kommen Verträge durch Angebot (offer) und Annahme (acceptance) zustande[9]. Es ist ein wesentliches Element des Konzepts einer Vereinbarung, dass sich der Wille der Parteien mit ihren wechselseitigen Verpflichtungen decken sollte. Diese Verpflichtungen müssen in einer Weise ausgedrückt worden sein, dass die Verpflichtungen jeder Partei mit angemessener Sicherheit festgestellt werden können. Der Test, ob ein Vertrag zustande gekommen ist, ist der, ob jede Vertragspartei dieselbe Absicht in Bezug auf die wesentlichen Regelungen besaß, die der Vereinbarung ihre wesentlichen Gehalt geben. Ein Gericht ist nicht berechtigt, sein Urteil an die Stelle dessen zu setzen, was eine geeignete Vereinbarung gewesen sein könnte, wenn das Fehlen an Klarheit das Gericht daran hindert festzustellen, dass sich die Absichten der Parteien decken. Vertragliche Verpflichtungen folgen aus einer Vereinbarung zwischen zwei oder mehr Parteien, gemäß derer eine der anderen verspricht oder es unternimmt, eine Leistung oder Handlung vorzunehmen. Voraussetzung ist, dass sich Angebot und Annahme decken[10]. Doch sind damit noch nicht alle konstitutiven Elemente genannt. Es müssen weiterhin folgende Voraussetzungen vorliegen: 6

---

5 Vgl. Chitty on contracts, Rn. 37-051.

6 Vgl. Cheshire, Fitfoot & Furmonston's, Law of contract, 21.

7 Vgl. Hedley Byrne v. Heller [1964] AC 465.

8 Vgl. Schlussanträge des Generalanwalts Geelhoed vom 31. Januar 2002, Rs C-334/00 – Fonderie Officine Meccaniche Tacconi Spa ./. Heinrich Wagner Sinto Maschinenfabrik GmbH, Rn. 63.

9 Vgl. Cheshire, Fitfoot & Furmonston's, Law of contract, 28 ff.

10 Mc Cabe Builders (Dublin) Ltd v. Sagamu Developments Ltd & Ors [2007] IEHC 391 (23. November 2007); Tansey v. College of Occupational Therapists Ltd. [1995] 2 I.L.R.M. 601, 603.

- Consideration
- Intention to create legal relations

Es darf weiterhin nicht vorliegen:

- Mistake (wichtige Nichtigkeitsgründe[11])
- Misrepresentation (Fehlerhafte Angaben von Tatsachen)
- Duress and undue influence (Drohung und Täuschung)
- Illegalität

7 **aa. Consideration.** Consideration ist ein integraler Bestandteil der englischen Vertragslehre. Jede Partei eines Vertrages muss „consideration" liefern, damit der Vertrag bindend wird. Übliche Formen der „consideration" sind Geldzahlungen, die Lieferung von Waren oder Dienstleistungen. Sie kann aber auch in der Übernahme einer Haftungsfreistellung liegen[12]. Häufig ist „consideration" unproblematisch. Doch gibt es auch Fälle, in denen Handlungen und versprechen keine gute „consideration" darstellen. Das Versprechen einer Geldzahlung nachdem die Arbeiten bereits ausgeführt wurden, für die die Vergütung versprochen wird, ist keine „consideration"[13]. Problematisch sind auch solche Fälle, in denen jemand etwas verspricht, zu dem er bereits verpflichtet ist. Hierzu gehören Situationen, in denen dem Unternehmer etwas dafür versprochen wird, dass die Bauzeit eingehalten wird, wozu er allerdings ohnehin verpflichtet ist[14]. Doch in aller Regel wird man in einem solchen Fall von einer bindenden Zusage auszugehen haben, weil der Unternehmer möglicherweise im Gegenzug Beschleunigungsmaßnahmen anordnet, zu denen er wiederum nicht ausdrücklich verpflichtet gewesen sein muss[15]. Schließlich ist bei „collateral warranties" von Subunternehmern darauf zu achten, dass deren Wirkung nur erzielt wird, wenn sie vor Erteilung des Auftrages an den Subunternehmer erklärt werden[16].

8 **bb. Legal relationship.** Es kann auch vorkommen, dass unbeschadet des Vorliegens von Angebot, Annahme und „consideration" eingewendet wird, es fehle an der Absicht zur Eingehung von „legal relations". In geschäftlichen Angelegenheiten spricht eine strenge Vermutung dafür, dass „legal relations" begründet werden sollen[17].

9 **cc. Praxis.** Im Bauhandwerk kommen Verträge üblicherweise in folgender Weise zustande:

(1) Invitation to tender (Einladung zur Angebotsabgabe). Die Einladung zur Angebotsabgabe ist generell kein Angebot[18]. Der Besteller lädt einen oder mehrere Unternehmer ein, für eine bestimmte Arbeit einen Kostenvoranschlag einzureichen. Es besteht keine Verpflichtung des Einladenden, eines der Angebote oder gar das günstigste anzunehmen[19]. Der Zusatz in der Aufforderung zur Angebotsabgabe, „es bestehe keine

---

11 Z.B. die Parteien irren darüber, dass sie nicht verheiratet sind und schließen eine Scheidungsfolgenvereinbgarung (Galloway v. Galloway (1914) 30 TLR 531.
12 Uff, Construction law, 154.
13 Uff, Construction law, 154.
14 Vgl. Williams v. Roffey Bros. [1991] 1 Q.B. 1.
15 Uff, Construction law, 155.
16 Uff, Construction law, 266.
17 Uff, Construction law, 155.
18 O'Reilly, Civil Engineering and Construction Contracts, 8; Uff, Construction Law, 148.
19 O'Reilly, Civil Engineering and Construction Contracts, 8.

Verpflichtung, das niedrigste Angebot anzunehmen", ist allgemein entbehrlich[20]. Es kann allerdings die Verpflichtung bestehen, alle ordnungsgemäß eingereichten Angebote in Betracht zu ziehen[21]. Nur wenn sich aus der Einladung ergibt, dass der Zuschlag demjenigen erteilt wird, dessen Angebot ein bestimmtes Kriterium erfüllt, kann aus der Einladung ein Angebot werden[22]. In England hat HHJ Lloyd anerkannt, dass auf dem Hintergrund des europäischen Rechts zwischen den Bietern und der Vergabestelle ein **zivilrechtlicher Vertrag** (Vertrag A) zustande kommt, durch den sich die Vergabestelle verpflichtet, alle Bieter gleich und fair zu behandeln[23]. HHJ Lloyd hat sich damit Präjudizien aus den USA[24], Australien[25] und Kanada[26] angeschlossen. Es hat sich dort durchgesetzt, die Beteiligung im öffentlichen Vergabeverfahren (zumindest teilweise) vertragsrechtlich zu qualifizieren. Ein vergaberechtswidrig zustande gekommener Vertrag (Vertrag B) leidet also zivilrechtlich bereits am Makel eines Vertragsbruches.

(2) Tender or quotation (Angebot oder Kostenvoranschlag). Das Angebot (Tender) oder der Kostenvoranschlag (Quotation) stellt generell das Angebot dar, die Arbeit für den genannten Preis oder die genannten Einheitspreise auszuführen. Auch geschätzte Preise können im Einzelfall als Angebot bewertet werden[27].

(3) Letter of intent (Absichtserklärung). Es kommt häufig vor, dass der Besteller nach Angebotsabgabe einem Bieter mit den Worten, er beabsichtige in Kürze den Bieter zu beauftragen und er möge mithin die Arbeiten so schnell wie möglich aufnehmen. Eine solche Erklärung muss nicht zwangsläufig eine Annahme sein, weil sie nicht unbedingt abgegeben wird. Nimmt der Unternehmer die Arbeit auf der Grundlage eines solchen Schreibens auf, kann er u.U. für die geleistete Arbeit eine angemessene Summe geltend machen, wenn der Vertrag nicht zustande kommt[28]. Allerdings sind die einzelnen Voraussetzungen sehr genau zu prüfen, denn das englische Recht steht vorvertraglichen Ansprüchen nicht wohlwollend gegenüber.

(4) Acceptance (Annahme). Die Annahme ist eine unbedingte Erklärung, das Angebot anzunehmen[29]. Die traditionelle Form der Annahme mit dem Zusatz „subject to the contract", ist nicht bindend[30].

dd. Misrepresentation. Das englische Recht kennt drei Formen der Misrepresentation 10
(falschen Tatsachenbehauptung). Während das Common Law ursprünglich nur die *fraudulent* und die *innocent misrepresentation* beinhaltete, ist seit der Entscheidung Hedley Byrne auch die *negligent misrepresentation* beachtlich. *Fraudulent misrepresentation* liegt vor, wenn dem Erklärenden die Unwahrheit der Tatsache bekannt ist

---

[20] Uff, Construction Law, 148.
[21] Blackpool and Fylde Aero Club v. Blackpool Borough Council [1990] 1 W.L.R. 1195 (CA).
[22] Vgl. Harvela Investments Ltd. v. Royal Trust Company of Canada Trust [1896] AC 207 (HL).
[23] Harmon CFEM Facades (UK) Ltd v. The Corporate Officer of the House of Commons [1999] EWHC Technology 199 (28th October, 1999), Rn. 216.
[24] United States v. John C. Grimberg, Inc., 702 F.2d 1362, 1368 (Fed.Cir.1983), Labarge Products Inc v. D West, 46 F3d 1547; allerdings nur in Bezug auf das Verhältnis zwischen erfolgreichem Bieter und dem Staat und ausdrücklich nicht in Bezug auf den erfolglosen Bieter.
[25] Vgl. Service Station Association v. Berg Bennett & Associates Pty Limited (1993) 45 SCR 84.
[26] The Queen in the Right of Ontario v. Ron Engineering & Construction (Eastern) Limited [1981] 1 SCR 111.
[27] Vgl. Croshaw v. Pritchard (1899) 16 TLR 45.
[28] British Steel Corporation v. Cleveland Bridge and Engieering Co. Ltd [1984] 1 All E.R. 504; vgl. auch Wilson Smithett v. Bangladesh Sugar [1986] 1 Lloyd's Report 378 für einen Fall, in dem der Vertrag zustande kam.
[29] O'Reilly, Civil Engineering and Construction Contracts, 8.
[30] Uff, Construction Law, 149.

oder er sich nicht um den Wahrheitsgehalt seiner Aussagen kümmert[31]. *Negligent misrepresentation* ist gegeben, wenn der Erklärende keinen vernünftigen Grund dafür besitzt, die Tatsache als wahr zu betrachten. *Innocent misrepresentation* liegt vor, wenn der Erklärende mit vernünftigen Gründen glaubt, die Tatsache ist richtig oder wahr, obwohl er hätte wissen können, dass sie unwahr oder falsch ist. Das englische Recht beinhaltet die Regel, dass man keine Fakten behaupten soll, ohne vernünftigen Grund für die Annahme, sie seien richtig[32]. Die Unterscheidung ist wichtig für die Rechtsfolgen. Bei der *fraudulent misrepresentation* kann der Geschädigte den Vertrag auflösen und Schadensersatz für arglistige Täuschung verlangen. Bei der *negligent misrepresentation* kann der Betroffene Schadensersatz geltend machen und den Vertrag auflösen; die Einzelheiten ergeben sich aus dem Fall Hedley Byrne[33]. Im Fall der *innocent misrepresentation* kann der Betroffene keinen Schadensersatz wegen arglistiger Täuschung geltend machen, doch das Gericht kann im Rahmen der equity den Vertrag rückwirkend aufheben[34].

Das englische Recht sieht also im Gegensatz zum deutschen Recht spezifische Regeln für die Behandlung des Irrtums aufgrund falscher Tatsachen vor. Die deutsche Haftung aus *culpa in contrahendo* deckt zwar ähnliche Bereiche ab, schließt aber die Irrtumsregeln nicht aus und beinhaltet auch keine klaren Kriterien zur Unterscheidung von Tatsachen und Meinungsäußerungen.

11 **c. Auslegung des Vertrages.** Die Auslegung von Verträgen meint in England die Feststellung der wahren objektiven rechtlichen Bedeutung.

Die Grundsätze der englischen Vertragsauslegung[35] hat Lord Hoffmann in einer neueren grundlegenden Entscheidung[36] in fünf Punkten zusammengefasst, die hier sinngemäß wiedergegeben werden:

1. Auslegung ist die Feststellung der Bedeutung, die das Dokument einem vernünftigen Menschen vermitteln würde, der das gesamte „Hintergrundwissen" (background knowledge) besitzt, das den Parteien in der Situation zugänglich vernünftigerweise gewesen sein würde, als sie den Vertrag schlossen.
2. Lord Wilberforce hat den Hintergrund (background) mit dem Begriff „matrix of fact" umschrieben. Gemeint ist absolut Alles, was Einfluss darauf haben könnte, wie ein vernünftiger Mensch die Sprache des Dokuments verstanden haben würde.
3. Das Recht (the law) schließt aus dem zulässigen Hintergrund die vorangegangenen Verhandlungen der Parteien und ihre subjektiven Absichtserklärungen aus. Sie sind nur bei einer „action for rectification" zulässig. Anders ausgedrückt: Die subjektiven Absichten und Betrachtungen der Parteien vor und nach Vertragsschluss sind unbeachtlich[37]. Das Recht (the law) macht diese Unterscheidung aus praktischen Erwägungen und nur unter Berücksichtigung dessen unterscheidet sich eine juristische Auslegung von der Art, in der wir Äußerungen des täglichen Lebens auslegen würden. Die Grenzen dieser Ausnahme sind in mancher Hinsicht unklar.
4. Die Bedeutung, die ein Dokument (oder eine andere Äußerung) einem vernünftigen Menschen vermitteln würde, ist nicht dieselbe wie die Bedeutung seiner Worte. Die Bedeutung der Worte ist eine Angelegenheit von Wörterbüchern und Grammatik;

[31] Adriaanse, Construction Contract Law, 2. Auflage, 147.
[32] Howard Marine Dredging Co Ltd v. Ogden & Sons (Excavations) Ltd (1977) 9 BLR 34.
[33] Hedley Byrne v. Heller (1964) ….
[34] Adriaanse, Construction Contract Law, 2. Auflage, 147.
[35] Vgl. Lewison, The Interpretation of Contracts, Rn. 1.01.
[36] Investors Compensation Scheme v. West Bromwich Building Society [1998] 1 W.L.R. 896.
[37] O'Reilly, Civil Engineering and Construction Contracts, 15.

die Bedeutung des Dokuments ist die, welche die Parteien, die die Worte auf der Grundlage des relevanten Hintergrundes benutzen, vernünftigerweise verstanden haben würden. Der Hintergrund soll nicht nur den vernünftigen Menschen in die Lage versetzen, zwischen den möglichen Bedeutungen der zweideutigen Worte zu wählen sondern auch (wie es gelegentlich im normalen Leben vorkommt) zu schlussfolgern, dass die Parteien, aus welchen Gründen auch immer, die falschen Worte oder Syntax benutzt haben[38].

5. Die Regel, dass Worten ihre natürliche und normale Bedeutung zu geben ist, spiegelt den vernünftigen Lehrsatz wieder, dass wir nicht einfach akzeptieren, dass Menschen sprachliche Fehler machen, insbesondere in förmlichen Dokumenten. Auf der anderen Seite, wenn man nichtsdestotrotz aus dem Hintergrund ableiten muss, dass etwas mit der Sprache falsch gelaufen ist, verlangt das Recht nicht von den Richtern den Parteien einen Willen zuzurechnen, den sie schlicht nicht gehabt haben können. Lord Diplock[39] hat diesen Punkt schlagkräftiger ausgedrückt, in dem er ausgeführt hat, dass, wenn detaillierte semantische und syntaktische Analysen von Worten in geschäftlichen Verträgen zu der Schlussfolgerung führen, die den geschäftlichen „common sense" missachten, diese so gemacht werden, dass sie zu einem geschäftlichen „common sense" führen.

Mit diesen fünf Punkten lassen sich englische Verträge ggf. auslegen, wenngleich die Materie sicherlich erheblich komplexer ist[40] und nicht alle englischen Richter die fünf Punkte als bahnbrechend und neu ansehen[41]. Die Gerichte in Hong Kong[42] und Neuseeland[43] haben hingegen die fünf Punkte adaptiert[44]. Der High Court von Australien hat einen bedächtigeren Ansatz[45].

In der Praxis sind ergänzend folgende Auslegungsgrundsätze beachtlich: 12

1. Die Bedeutung der Worte in einem Vertrag kann aus Wörterbüchern festgestellt werden. Die Bedeutung kann sich ändern, wenn der Vertrag als Ganzes gewürdigt wird und der Hintergrund einfließt, den beide Parteien kannten oder kennen sollten. Es kann erforderlich sein, den Zweck einer Klausel[46] und ihre Funktion im Rahmen der Risikoverteilung[47] zu ermitteln.
2. Das Recht akzeptiert es nur widerwillig, dass die Parteien falsche Worte oder Ausdrücke gewählt haben, um ihre Absicht auszudrücken. Gleichwohl wird nicht verlangt, dass der Richter an einem Wortsinn festhält, den die Parteien nicht gehabt haben können.
3. Die Wortwahl in Bau- und Ingenieurverträgen hat im Zweifel die spezielle Bedeutung, die ihr Spezialist geben würde, es sei denn es ist objektiv klar, dass der normale Wortsinn gemeint ist[48].

---

[38] Vgl. Mannai Investment Co. Ltd. V. Eagle Life Assurance Co. Ltd. [1997] A.C. 749.
[39] Vgl. Antaios Cia Naviera SA v. Salen Rederierna AB, The Antaios [1985] A.C. 191, 201.
[40] Vgl. Lewison, The Interpretation of Contracts, Rn. 1.01.
[41] Bromarin v. IMD Investments Ltd. [1998] STC 244; WRM Group v. Woods [1998] C.L.C. 189; New Hampshire Insurance Co. Ltd. V. Phillips Electronic North America Corp [1998] C.L.C. 1244.
[42] Jumbo King Ltd. V. Faithful Properties Ltd (1999) H.K.C.F.A.R. 279.
[43] Boat Park Ltd. V. Hutchinson [1999] 2 N.Z.L.R. 74; Yoshimoto v. Canterbury Golf International Ltd. [2001] 1 N.Z.L.R. 523.
[44] Vgl. Lewison, The Interpretation of Contracts, Rn. 1.02.
[45] Vgl. Royal Botanic Gardens and Domain Trust v. South Sydney City Council (2001) 76 A.J.L.R. 436.
[46] Prenn v. Simmonds [1971] 1 W.L.R. 1381 (HL).
[47] O'Reilly, Civil Engineering and Construction Contracts, 16.
[48] O'Reilly, Civil Engineering and Construction Contracts, 17.

4. Streichungen in Standardverträgen können im Rahmen der Auslegung berücksichtigt werden. Es genießt große Autorität, Streichungen bei der Ermittlung der Bedeutung eines Vertrages heranzuziehen[49]. Doch ist dies umstritten, weil es sich um vorvertragliche Vereinbarungen handelt, die eigentlich unberücksichtigt bleiben müssen[50].
5. Generell sollen die Wortwahl eines Vertrages auf dem Hintergrund des Gesamtvertrages berücksichtigt werden. Damit gilt die Vermutung, dass ein Begriff keine größere Bedeutung hat als ein anderer[51]. Bei offensichtlichen Widersprüchen muss allerdings eine Reihenfolge festgelegt werden. Viele Standardverträge enthaltend deshalb Vorrangreglungen.

13 **3. Vertragsabwicklung.** Ziel des Vertrages ist die Vertragserfüllung. Doch hat das englische Recht einen anderen gedanklichen Ansatz als das deutsche. Gemeint ist das Freiwerden von den vertraglichen Verpflichtungen (discharge). Das „Freiwerden" liegt vor, wenn die Parteien davon entbunden sind, (weitere) vertragliche Verpflichtungen erfüllen zu müssen. Liegt „Freiwerden" vor, können sich die Parteien nicht mehr auf die vertraglichen Regelungen berufen. Sie können nur noch das verlangen, was aus discharge hervorgeht[52]. Es ist daher wichtig zu wissen, wann die Parteien frei werden. Nicht ausreichend dafür ist es, dass der Vertrag auf der Grundlage einer vertraglichen Regelung beendet wird (determination). Beispiele dafür finden sich in Klausel 63 ICE und Klauseln 27, 28 JCT98.

Freiwerden liegt vor, wenn[53]

- die Parteien alle ihre vertraglichen Verpflichtungen erfüllt haben
- ein Ereignis die Vertragserfüllung unmöglich oder nutzlos macht und ein Fall von „frustration" vorliegt
- eine ernsthafte Vertragsverletzung durch eine Partei zum Freiwerden führt
- eine Partei eine Vertragsverletzung begeht und die andere Partei Schadensersatz wegen der Nichterfüllung verlangen kann
- aufgrund Gesetzes
- durch Novation

14 **a. Erfüllung.** Grundsätzlich führt nur die vollständige und exakte Erfüllung der vertraglichen Verpflichtungen zum Freiwerden und eine Partei, die den Vertrag nur teilweise erfüllt hat, kann keine Zahlung verlangen[54]. Ein Bau- oder Anlagenbauvertrag gilt aus der Sicht des Unternehmers als erfüllt, wenn der Unternehmer die Arbeit einschließlich der Verpflichtung zur Gewährleistung fertig gestellt hat und er alle vorgesehenen Zertifikate oder Bescheinigungen erhalten hat[55]. Der Besteller wird frei, wenn er alle Zahlungen geleistet hat. Treten allerdings versteckte Mängel auf, ist der Vertrag nicht erfüllt. Der Besteller kann innerhalb der Gewährleistungsfrist (period of limitation) – vorbehaltlich der Wirkungen der Abnahmebescheinigung (vgl. Klausel 30.9 JCT98) – die Vertragsverletzung geltend machen[56].

---

49 Motram Consultants Ltd. v. Bernard Sunley & Sons [1975] 2 Lloyd's Report 197 (HL).
50 O'Reilly, Civil Engineering and Construction Contracts, 17.
51 O'Reilly, Civil Engineering and Construction Contracts, 17.
52 Uff, Construction Law, 175.
53 Uff, Construction Law, 176; vgl. auch Chappell, Parris's Standard Form of Building Contract, Rn. 9.1.
54 Uff, Construction Law, 176.
55 Uff, Construction Law, 176.
56 Uff, Construction Law, 177.

Die Hauptverpflichtung des Unternehmers liegt darin, die im Vertrag beschriebene (oder während der Vertragslaufzeit in vertraglich vorgesehener Weise modifizierte) Arbeit zu erbringen[57]. Inhalt und Qualität der Arbeit sind dem Vertrag zu entnehmen. Bauverträge setzen sich in der Regel aus folgenden Dokumenten zusammen: 15

- Conditions of contract (Vertragsbedingungen)
- Drawings (Zeichnungen)
- Specifications (Spezifikationen)
- Bills of quantities (Leistungsverzeichnis)
- Programme and/or method statement

Die Vertragsbedingungen bestehen in der Regel aus vorformulierten Standardbedingungen (z.B. JCT98, IFC98, NEC etc.). In den „drawings" wird normalerweise die geografische Lage des Vorhabens und seine Ausrichtung festgehalten. Die „specifications" legen die verlangte Qualität fest. Wo sie nicht vereinbart ist, kommt ein „implied term" zum Tragen, demzufolge die Arbeit „is to be done with proper skill and care, using good quality materials which are reasonably suitable for their purpose"[58]. Die „Bills of quantities" listen die Leistungspositionen mit den dazugehörigen Massen auf. In Bauverträgen dienen sie vor allem zur Ermittlung von Abschlagszahlungen bei Pauschalpreisverträgen, im Anlagenbau werden sie oftmals herangezogen, um Kalkulationsgrundlagen zu korrigieren, wenn sich die geschätzten Massen erheblich verändern[59]. Die Bedeutung der Leistungsverzeichnisse für den Vertrag ist eine Frage der Auslegung im Einzelfall[60]. In **„lump sum-Verträgen"** müssen alle Leistungen erbracht werden, die für die Herstellung des Werkes erforderlich sind, gleich ob sie in der Leistungsbeschreibung weggelassen wurden oder nicht[61]. Sieht der Vertrag keine Preisanpassung für solche Fälle vor, geht der Mehraufwand zu Lasten des Unternehmers[62]. Hinsichtlich der Massenangaben in den Leistungsverzeichnissen existieren ältere Entscheidungen, die mit einer Vermutung dafür gearbeitet haben, dass die Massenangaben unverbindlich sind, es sei denn der Vertrag sieht etwas anders vor[63]. Mehrmassen führen daher in der Regel zu keinem Mehranspruch[64]. Bei **Aufmaßverträgen** sind die geschätzten Massen in den Leistungsverzeichnissen unverbindlich[65]. Für nicht vorgesehene aber ausgeführte Leistungen erhält der Unternehmer ggf. eine angemessene Vergütung[66].

b. Frustration. Im Prinzip sind vertragliche Verpflichtungen unumschränkte Verpflichtungen, von denen eine Partei nicht dadurch frei wird, dass die Erfüllung schwierig oder sogar unmöglich ist[67]. Eine Partei, die eine unmögliche Verpflichtung vereinbart, ist haftbar für die Nichterfüllung, es sei denn sie hat die Haftung beschränkt. Doch werden Ausnahmen zugelassen, wenn sich die Umstände ohne Fehler der Parteien so 16

57 O'Reilly, Civil Engineering and Construction Contracts, 25.
58 Young & Marten Ltd. v. McManus Childs Ltd [1969] 1 AC 454 (HL); Glouchestershire County Council v. Ricardson [1969] 1 AC 480 (HL).
59 Vgl. Uff, Construction Law, 245.
60 O'Reilly, Civil Engineering and Construction Contracts, 26.
61 Williams v. Fitzmaurice (1858) 3 H & N 844 (Vertrag über die Errichtung eines Hauses, bei dem der Fußbodenbelag mitzuliefern war, obwohl er nicht ausdrücklich erwähnt war).
62 O'Reilly, Civil Engineering and Construction Contracts, 27.
63 Vgl. dazu O'Reilly, Civil Engineering and Construction Contracts, 27.
64 O'Reilly, Civil Engineering and Construction Contracts, 27.
65 O'Reilly, Civil Engineering and Construction Contracts, 27.
66 O'Reilly, Civil Engineering and Construction Contracts, 27.
67 Uff, Construction law, 177.

ändern, dass die Erfüllung der vertraglichen Verpflichtungen von der vereinbarten grundlegend abweicht[68]. Der Vertrag kann in einem solchen Fall zunichte gemacht sein (be frustrated). Beispiele sind folgende:

- Gebäude, in dem eine Partei die Arbeiten ausführen soll, brennt durch einen Unfall ab[69]
- Sitze werden für eine öffentliche Veranstaltung verkauft, die nicht stattfindet
- Behördliche Anordnungen machen die Erfüllung für eine bedeutende Zeit unmöglich[70]

17 Beispiele für „frustration“ sind im Baurecht sehr selten. „Frustration“ liegt nicht bereits deshalb vor, weil sich die Kosten extrem erhöhen[71]. Trägt der Unternehmer z.B. das Risiko der Konstruktionsmethode, muss er das Werk herstellen, auch wenn sich die Planung des Ingenieurs als undurchführbar herausstellt. Dann bleibt der Unternehmer für die Durchführung haftbar, gleich welche Maßnahmen erforderlich werden, um das Werk zu vollenden[72]. Es kann jedoch der Punkt kommen, wo sich die ursprünglich vereinbarte Arbeit so von der tatsächlich auszuführenden unterscheidet, dass jedenfalls das „quantum meruit“ dafür zu zahlen ist[73]. Die rechtliche Bedeutung von „frustration“ liegt darin, dass sie die Parteien für die Zukunft von der vertraglichen Haftung frei stellt[74]. Zahlungen, die bereits geflossen sind, können zurück gefordert werden, noch nicht fällige Zahlungen entfallen. Der Unternehmer kann allerdings bereits erhaltene Zahlungen zurückhalten, wenn und soweit der Besteller für die Zeit vor „frustration“ einen Vorteil von den Leistungen des Unternehmers hatte[75].

18 **c. Breach of contract.** Erfüllt eine Partei ihre vertraglichen Verpflichtungen nicht und liegt kein Fall von „frustration“ vor, spricht man von „breach of contract“. Dabei ist es unerheblich, welche Art der Verpflichtung nicht erfüllt wird. Es kann sich z.B. um eine verspätete Lieferung von Gütern oder eine nicht qualitätsgerechte Ausführung handeln. Während der Bauphase muss die fehlerhafte Arbeit nicht zwangsläufig „breach of contract“ darstellen, denn der Fehler kann abgestellt werden. Eine Vertragsverletzung liegt aber vor, wenn sich der Unternehmer weigert, Anordnungen des Bestellers auszuführen oder zu beachten[76] oder wenn der Fehler nicht innerhalb der vorgegebenen Bauzeit behoben ist[77].

Wichtig ist die Unterscheidung in Ansprüche aus dem Vertrag und Ansprüche wegen Vertragsverletzung. Ansprüche aus dem Vertrag resultieren aus eigens im Vertrag geregelten Rechtsbehelfen. Solche Ansprüche richten sich in aller Regel auf Zahlung einer Geldsumme oder Zeitverlängerung. Ansprüche wegen Vertragsverletzung richten sich dagegen in aller Regel auf Schadensersatz. Handelt es sich um eine schwere Vertragsverletzung, kann die vertragstreue Partei die andere so behandeln als verweigere sie die Vertragserfüllung (repudiation).

---

68 Vgl. Davis Contractors v. Fareham UDC [1956] A.C. 696, 732.
69 Appleby v. Myers (1867) 16 LT 669.
70 Metropolitan Water Board v. Dick Kerr [1918] AC 119 (Errichtung eines Wasserreservoirs, dessen Herstellung kriegsbedingt auf Anordnung eingestellt wurde).
71 Vgl. Uff, Construction law, 177; Chappell, Parris's Standard Form of Building Contract, Rn. 9.1.3.
72 Thorn v. London Corporation (1876) 1 App. Cas. 120 (Konstruktion einer Brücke über die Themse); vgl. Murdoch/Hughes, Construction Contracts, Rn. 11.4.1.
73 Thorn v. Mayor and Commonalty of London [1876] 1 AC 120 (HL), Lord Cairns; vgl. O'Reilly, Civil Engineering and Construction Contracts, 30.
74 Law Reform (Frustrated Contracts) Act 1943; Uff, Construction law, 178; Chappell, Parris's Standard Form of Building Contract, Rn. 9.1.3.
75 Uff, Construction law, 178; Chappell, Parris's Standard Form of Building Contract, Rn. 9.1.3.
76 Uff, Construction law, 178.
77 Kay v. Hosier & Dickinson [1972] 1 W.L.R. 146; vgl. auch Lintest v. Roberts (1980) 13 B.L.R. 38.

d. Repudiation. Im Common Law werden die vertraglichen Inhalte üblicherweise in „conditions“ und „warranties“ unterschieden. „Conditions“ sind so wesentliche Vertragselemente, dass im Falle ihrer Verletzung der Vertrag aufgelöst werden kann und Schadensersatzansprüche geltend gemacht werden können[78]. Werden hingegen lediglich „warranties“ verletzt, so bleibt der Vertrag erhalten und es kann ausschließlich Schadensersatz gefordert werden. Diese aus dem Kaufrecht stammende Unterscheidung hat allerdings im Baurecht keine grundlegende und weiterführende Bedeutung[79]. 19

Eine Vertragsverletzung, die den Vertrag zu einem Ende bringt, muss sich auf die Grundlagen des Vertrages beziehen[80]. Es muss erkennbar werden, dass sich die andere Partei nicht an den Vertrag halten will. Im Bauvertrag können solche Umstände gegeben sein, wenn der Besteller den Architekten daran hindert, Zeitverlängerungen zu gewähren oder Zahlungsbescheinigungen auszustellen[81]. Es reicht auch aus, dass die andere Partei daran gehindert wird, ihre vertraglichen Verpflichtungen zu erfüllen, etwa wenn der Besteller sich weigert, dem Unternehmer Zugang zur Baustelle zu gewähren[82]. Nicht ausreichend ist die unpünktliche Abschlagszahlung oder die Verweigerung von Abschlagszahlungen[83]. Das Ausbleiben der Zahlung berechtigt nicht zur Einstellung der Arbeiten, es sei denn, es wurde vertraglich etwas anderes vereinbart[84]. Erst wenn die andere Partei jegliches Vertrauen darauf verloren hat, jemals eine Zahlung zu erhalten, kann „repudiation“ angenommen werden[85]. 20

Doch verschafft „repudiation“ nur eine Option[86]. Die vertragstreue Partei kann entweder die Nichterfüllung akzeptieren und sofort Schadensersatz geltend machen oder am Vertrag festhalten[87]. Dann ist der Vertrag wechselseitig zu erfüllen[88], d.h. die vertragstreue Partei schuldet die vereinbarte Vergütung. Für effektiv aufgetretene Schäden kann jedoch Schadensersatz erhoben werden[89]. Optiert die vertragstreue auf Auflösung, sind beide Parteien im Übrigen (d.h. vorbehaltlich der Ansprüche aus schadensursächlichem Verhalten) von den vertraglichen Verpflichtungen befreit[90].

Die Vertragsauflösung muss rechtzeitig (d.h. zeitnah) erklärt werden. Zu späte Erklärungen sind unbeachtlich[91]. Die Erklärung ist zudem unwiderruflich[92]. Da die Erklärung auch konkludent abgegeben werden kann, sind klare und eindeutige Erklärungen wichtig[93].

78 Vgl. Chappell, Parris's Standard Form of Building Contract, Rn. 9.1.4.
79 Uff, Construction Law, 180.
80 Photo Production v. Securior Ltd. [1980] 1 All E.R. 556.
81 Chappell, Parris's Standard Form of Building Contract, Rn. 9.1.4.
82 Smart & Co. v. Rhodesia Machine Tools (unveröffentlicht), zitiert bei Chappell, Parris's Standard Form of Building Contract, Rn. 9.1.4.
83 Mersey Steel & Iron Co. v. Naylor Benzon & Co (1884) 9 App. Cas. 434; Chappell, Parris's Standard Form of Building Contract, Rn. 9.1.4.
84 Canterbury Pipelines Ltd. v. Christchurch Drainage Board (1979) 16 B.L.R. 76 (Neuseeland).
85 D.R. Bradley (Cable Jointing) Ltd. v. Jefco Mechanical Services (1989) 6-CLD-07-19; vgl. Chappell, Parris's Standard Form of Building Contract, Rn. 9.1.4; vgl. auch Uff, Construction Law, 179.
86 Vgl. aber Harbutts Plasticine v. Wayne Tank [1970] 1 Q.B. 447 (unmittelbare Vertragsauflösung).
87 White & Carter CouncilsLtd. v. McGregor [1961] 3 All E.R. 1178.
88 Uff, Construction law, 180; White & Carter Councils Ltd. v. McGregor [1961] 3 All E.R. 1178.
89 Murdoch/Hughes, Construction Contracts, Rn. 23.2.1.
90 Murdoch/Hughes, Construction Contracts, Rn. 23.2.1.
91 Felton v.Wharrie (1906) HBC 4th edition, Vol. 2, 398; vgl. Murdoch/Hughes, Construction Contracts, Rn. 23.2.2.
92 Murdoch/Hughes, Construction Contracts, Rn. 23.2.2.
93 Murdoch/Hughes, Construction Contracts, Rn. 23.2.2.

21 **e. Rechtsbehelfe.** Das englische Recht kennt Rechtsbehelfe im Falle von Vertragsverletzung nach *common law* und nach *equity*. Im Vordergrund steht nach *common law* der Anspruch auf Schadensersatz. Die equity-Behelfe sind „specific performance" und „injunction".

22 **aa. Schadensersatz.** Nach Common Law ist der Schaden (damage) zu ersetzen, den der Kläger erlitten hat (restitutio in integrum). Für ihn schuldet der Beklagte finanziellen Ersatz (damages). Der Begriff „damage" (Schaden) ist streng von dem Begriff „damages" (Schadensersatz) zu unterscheiden. Zu ersetzen ist nur der Schaden, der direkt auf die Verletzungshandlung zurückzuführen ist. Für Schaden, der nicht hinreichend direkt aus der Verletzungshandlung folgt, haftet der Schädiger nicht (remoteness of damage)[94]. Gefragt wird, ob der Schaden von einem vernünftigen Menschen vorausgesehen hätte werden können (foreseeablity)[95]. Bei der vertraglichen Haftung besteht die Testfrage darin, ob der Schaden natürlicherweise, im normalen Verlauf der Ereignisse entstanden ist, oder ob ihn die Parteien bei Vertragsschluss als die normale Folge einer Vertragsverletzung erwartet haben[96]. In dem Fall Hadley v. Baxendale war ein Teil einer Mühle gebrochen und musste an den Hersteller eingesandt werden, um dort als Muster für das Ersatzteil zu dienen. Der Beklagte übernahm den Transport und verschuldete einige Tage Verzug bei dem Transport, so dass der Mühlenbesitzer Verdienstausfall geltend machte. Das Gericht wies die Klage ab und begründete dies wie folgt:

„Der Verdienstausfall entsprang nicht natürlicherweise aus dem normalen Verlauf der Dinge, denn der D konnte nicht voraussehen, dass der Verzug den Betrieb der Mühle stoppen würde. Es hätte möglich sein können, dass der Mühlenbesitzer noch über ein Ersatzteil verfügte oder sich eines hätte beschaffen können. Der Verlust konnte auch bei Vertragsschluss nicht von beiden Vertragsparteien als normale Folge des Vertrages erwartet werden. Hätte der Mühlenbesitzer dem D die mögliche Stilllegung mitgeteilt, hätte sich der D darauf einrichten und seine Haftung begrenzen können". Diese Rechtsprechung ist heute herrschend und anerkannt[97]. Die entscheidende Passage in dem Urteil lautete[98]:

Wenn zwei Parteien einen Vertrag geschlossen haben, den eine der beiden Parteien gebrochen hat, sollte der Schadensersatz, den die andere in Ansehung des Vertragsbruchs zu erhalten hat, dem entsprechen, was fairer und angemessener Weise als das angesehen werden kann, was entweder (1) natürlicher Weise aus dem normalen Verlauf der Dinge aus einem solchen Vertragsbruch als solchem folgt (natural or direct damages), oder (2) was die Parteien bei Vertragsschluss in vernünftiger Weise als mögliche Folge seiner Verletzung unterstellt haben (indirect or consequential losses).

Die Rechtsprechung Hadley v. Baxendale umfasst nur Ansprüche, die vorhersehbar sind bzw. waren. Solche Ansprüche, die die Parteien nicht mehr im Auge gehabt haben, sind ohnehin zu weit entfernt liegend (too remote). Der Test für die Frage, ob ein Schaden zu weit entfernt liegt, wird in der Entscheidung Victoria Laundry v. Newman präzisiert[99]. Die Testfragen zur Bestimmung der Reichweite der 2. Alternative von Hadley v. Baxendale lauten danach:

---

94 Uff, Construction law, 182.
95 The Wagon Mound [1961] A.C. 388; vgl. Uff, Construction Law, 183.
96 Hadley v. Baxendale (1854) 23 L.J. Ex 179.
97 Pinnock v. Lewis (1923); Pilkington v. Wood (1953); Koufos v. Czarnikow (1969).
98 Hadley v. Baxendale (1854) 23 L.J. Ex 179.
99 Victoria Laundry (Windsor) Ltd v. Newman Industries Ltd (1949) 2 KB 528.

- Die beeinträchtigte Partei ist nur berechtigt, den Teil des Schadens zu fordern, der die tatsächliche Folge dessen ist, was bei Vertragsschluss angemessener Weise als Schaden aus dem Vertragsbruch vorhersehbar war.
- Was angemessen vorhersehbar war, hängt von den Kenntnissen der Parteien ab, die diese hatten.
- Kenntnis haben bedeutet zweierlei: zugerechnete Kenntnis und tatsächliche Kenntnis. Jeder wird als vernünftiger Mensch so behandelt, als habe er den gewöhnlichen Verlauf der Dinge gekannt und folglich kennen müssen, welcher Schaden als Folge des Vertragsbruchs in dieser gewöhnlichen Hinsicht zu vertreten war. Dieser Kenntnis kann Kenntnis hinzugerechnet werden, die der Vertragsbrüchige tatsächlich besaß.

Der Schadensersatzanspruch beinhaltet den Ersatz des aktuellen Schadens. Der Geschädigte soll in die Lage versetzt werden, in der er sich bei ordnungsgemäßer Vertragserfüllung befunden hätte[100]. Unter bestimmten Voraussetzungen kann allerdings „pure economic loss" geltend gemacht werden. Im Fall Barclays Bank[101] hatte es ein Spezialunternehmen übernommen, Asbestsanierungsarbeiten durchzuführen. Das Unternehmen hatte die Arbeiten durch einen Dritten durchführen lassen. Dabei waren letztlich unstreitig einfache und nicht teure Schutzmaßnahmen zu treffen, um zu verhindern, dass Asbestfasern das Haus kontaminierten. Dies hatte der Subunternehmer unterlassen, so dass Kontaminierungen entstanden. Die Kosten für die Beseitigung wurden mit 4 Mio englischen Pfund beziffert, die die auftraggebende Bank einklagte. Das Verhalten der Unternehmen verstieß gegen das Gesetz zur Regelung von Asbestarbeiten aus dem Jahre 1987. Der Hauptunternehmer hatte eingewandt, er könne nicht in die Haftung genommen werden, weil der Architekt seine Überwachungsaufgaben vernachlässigt habe. Die Aufgaben des Architekten wurden von der Bauabteilung der klagenden Bank wahrgenommen, so dass der Einwand darauf hinauslief, den Unternehmer zu exkulpieren. Der Court of Appeal entschied, der Unternehmer könne trotz eines gewissen Mitverschuldens von der Bank in Anspruch genommen werden, und zwar auch für „pure economic loss", also für den Schaden, der nicht unmittelbar eingetreten ist, sondern die Folge einer Verletzungshandlung ist. 23

Der Anspruch des Geschädigten besteht nur mit der Einschränkung einer Pflicht zur Schadensminderung (duty to mitigate)[102]. Die englischen Gerichte handhaben diese Pflicht zurückhaltend[103]. Ein wichtiger Anwendungsfall ist der der Ersatzvornahme. Doch ist der Einwand unangemessener Ersatzvornahmekosten nur schwer durchsetzbar. Es reicht nicht aus, dass der Unternehmer Gutachten vorlegt, aus denen sich die Unangemessenheit der Kosten ergibt. Die Gerichte[104] gehen davon aus, es sei die natürliche Folge der Vertragsverletzung durch den Unternehmer, dass sich dieser an einen Sachverständigen wende, um die Ersatzvornahmekosten zu ermitteln und sich anschließend auf dieser Grundlage handele. Das Vorliegen widersprüchlicher Gutachten allein, ist unbeachtlich. Nur wenn der Sachverständige des Geschädigten fahrlässig gehandelt habe, kommt eine Berücksichtigung des Einwands überhöhter Kosten in Betracht[105]. 24

[100] Abbot/Pendleburry, Business Law, 105.
[101] Barclays Bank v. Fairclough (1995) C.I.L.L. 1024, CA.
[102] Vgl. The Solholt [1983] 1 Lloyd's Report 605.
[103] Uff, Construction law, 187.
[104] Great Ormond Street Hospital v. MacLaughlin & Harvey (1987) 19 Con. L.R. 25.
[105] Vgl. Uff, Construction Law, 188.

25 **bb. Specific performance.** „Specific performance“ ist ein außerordentlicher Rechtsbehelf in „equity“. Das Gericht kann (nach seinem Ermessen) auf Antrag anordnen, dass der Beklagte seine vertraglichen Verpflichtungen erfüllen muss. Das gerichtliche Ermessen ist frei, muss allerdings nach gewissen Prinzipien ausgeübt werden. Das Gericht wird davon absehen, wenn die Leistung von Schadensersatz ein angemessener Rechtsbehelf ist. Specific performance muss ggf. beiden Vertragsparteien gewährt werden können, was nicht der Fall ist, wenn ein Minderjähriger beteiligt ist, gegen den Vertragserfüllung nicht eingewendet werden kann. Specific performance scheidet auch für bestimmte Vertragstypen aus, namentlich bei solchen, die besondere persönliche Dienstleistungen erfordern, wie z.B. bei einem Butler, oder bei solchen, die eine umfassende Beaufsichtigung notwendig machen, wie z.B. bei Bauverträgen[106].

26 **cc. Injunction.** Vermittels einer „injunction order“ kann das Gericht einer Partei eine Vertragsverletzung untersagen. Im Fall Warner Brothers v. Nelson (1936) hatte sich eine Schauspielerin verpflichtet für P zu spielen und für niemanden sonst, solange die Vereinbarung galt. Das Gericht ordnete an, dass sie es zu unterlassen habe, für jemanden anderen zu spielen. Diese Untersagung zwang sie indessen nicht, für P zu spielen oder einer andersartigen Beschäftigung nachzugehen.

dd. Haftungsbeschränkung. Angelsächsische Verträge im Allgemeinen sowie FIDIC-Vertragsmuster im Besonderen enthalten üblicherweise Haftungsbegrenzungsklauseln. Diese Klauseln unterscheiden zwischen direkten und indirekten Kosten (direct or consequential cost). In Civil Law Rechtsordnungen haben solche Begrifflichkeiten keine klare Konturen und führen rasch zu Missverständnissen[107]. Angelsächsische Klauseln, die die Haftung für *consequential losses* ausschließen, sind so zu verstehen, dass sie die Haftung für Ansprüche aus der 2. Alternative der Hadley v. Baxendale Rechtsprechung sowie noch weiter gehende Ansprüche ausschließen. Es verbleiben also die Ansprüche aus der 1. Alternative der Rechtsprechung Hadley v. Baxendale[108]. Alle anderen liegen ohnehin zu weit entfernt.

In Bezug auf eine derartige Klausel hat Waller J[109] ausgeführt:

Bei ordnungsgemäßer Auslegung der Klausel, oblag den Beklagten eine Verpflichtung, den Schaden zu bezahlen, der natürlicherweise und direkt aus irgendeiner Lieferung der Beklagten von mangelhaften Waren oder Materialien folgt, mit der Beschränkung in Bezug auf andere Arten von Verlust, der nicht so direkt daraus folgt.

Haben die Parteien kein angelsächsisches Vertragsstatut vereinbart, stellt sich die Frage, was aus dem Wortlaut der Haftungsbeschränkungsklausel abzulesen ist. Aus §§ 249 ff. BGB haftet der Schädiger für die durch ihn adäquat kausal verursachten Schäden. In Einzelfällen wird geprüft, ob der Schaden innerhalb des Schutzbereiches des Vertrages fällt[110]. Ähnliches gilt im schweizerischen Recht. Geprüft wird, ob der Schaden in einem adäquat kausalen Zusammenhang mit der Vertragsverletzung steht[111]. Art. 368 OR und Art. 360 BK umfassen den Mangelfolgeschaden[112].

---

106 Vgl. Abbot/Pendleburry, Business Law, 107; Uff, Construction law, 190.

107 Ostendorf/Kluth, Die Auslegung von Folgeschadenausschlussklauseln im internationalen Vertragsrecht, RIW 2009, 428.

108 Hadley v. Baxendale (1854) 9 Exch 341.

109 British Sugar plc v. NEI Ower Pojects Ltd [1997] 87 BLR 42.

110 Vgl. Ostendorf/Kluth, Die Auslegung von Folgeschadenausschlussklauseln im internationalen Vertragsrecht, RIW 2009, 428, 429.

111 Vgl. Münch/Karlen/Geiser, Beraten und Prozessieren in Bausachen, Rn. 15.66.

112 BGE 116 II 454, 456.

In die Auslegung vor deutschen Gerichten sollte allerdings der Sinn und Zweck der englischsprachigen Klausel einfließen[113]. Der Sinn der englischsprachigen Formulierung liegt darin, zu weit entfernt liegende Schäden auszuschließen. Nicht ausgeschlossen sind die Schäden, die natürlicherweise und direkt aus der Verletzung einer vertraglichen Verpflichtung folgen. Im deutschen Recht bleiben dagegen die Schäden übrig, die auf keinem gänzlich unwahrscheinlichen Kausalverlauf beruhen[114]. Der eigentliche Unterschied zwischen dem angelsächsischen und dem deutschen Ansatz liegt folglich darin, dass der englische Ansatz auf die subjektive Vorhersehbarkeit abstellt[115], während im deutschen Recht eher auf die objektive Vorhersehbarkeit rekurriert wird[116].

Der Hadley v. Baxendale Test läuft darauf hinaus, ob die Parteien den konkreten Schaden ins Auge gefasst hatten, während die Adäquanztheorie hinterfragt, ob der Schaden außerhalb der Wahrscheinlichkeit liegt[117]. Die deutsche Rechtsprechung stellt folgerichtig darauf ab, ob das Schadensereignis die Möglichkeit einer Schädigung der eingetretenen Art nicht unerheblich erhöht hat[118]. Die Frage muss also lauten, ob Unterklausel 17.6 die Haftung darauf beschränkt, was die Parteien im Auge hatten (subjektiver Ansatz) oder was die wahrscheinliche Folge einer Vertragsverletzung darstellt (objektiver Ansatz). Die Vertragsauslegung kann lediglich den Sinn der Klausel erhellen, nicht hingegen die rechtlichen Grundaussagen ändern. Wenn das Vertragstatut die Haftung objektiv definiert, kann das englische Recht lediglich soweit berücksichtigt werden, als es die Haftung für zu weit gehende Kausalverläufe beschränken möchte. Mithin kommt es für das Verständnis der Unterklausel 17.6 meines Erachtens darauf an, was objektiv zum Schaden gehört. Insoweit mag man anschließend die Unterscheidung zwischen rechtsgutbezogenen und nicht rechtsgutbezogenen Schäden vornehmen.

II. Bauvertragsrecht

Das englische Bauvertragsrecht hat über viele Jahre hinweg ungewöhnlich viel Aufmerksamkeit genossen. Zahlreiche offizielle und halboffizielle Untersuchungen und Berichte beweisen dies. Im Jahre 1944 erschien der Simon-Bericht[119], gefolgt von dem Banwell-Bericht[120] im Jahre 1964. Beide Berichte haben sich vor allem mit der öffentlichen Auftragsvergabe beschäftigt. In jüngerer Zeit haben private Initiativen an Bedeutung zugenommen. Aus dem im Jahre 1994 erschienenen Latham-Bericht[121] ist das Construction Industry Board entstanden, dem der Construction Industry Council, der Construction Industry Employer's Council, die Construction Liaison Group, das Construction Client's Forum und die Alliance of Construction Product Suppliers angehören. Der letzte nennenswerte Bericht aus dem Jahre 1998 stammt von Egan[122]. Der Latham-Bericht führte zum Erlass des **Housing Grants, Construction and Regeneration Act 1996** (HGCRA 1996). 27

[113] Vgl. BGH NJW-RR 1992, 423, 425; OLG Hamburg TranspR 1993, 433, 434; OLG Hamburg RIW 1996, 68; RGZ 39, 65, 68.

[114] Palandt/Grüneberg, BGB, vor § 249 Rn. 57.

[115] Vgl. Hadley v. Baxendale (1854) 9 Exch 341.

[116] Vgl. BGH NJW-RR 2001, 887.

[117] BGH NJW-RR 2001, 887.

[118] BGH NJW 1972, 195.

[119] The placing and management of building contracts: HMSO.

[120] The placing and management of contracts for building and civil engineering work: HMSO.

[121] Construction the Team: Joint review of procurement and contractual arrangements in the U.K. construction industry.

[122] Report of the Construction Task Force.

28 **1. Einleitung. a. Gesetzgebung.** Der englische Gesetzgeber hat keine systematische gesetzliche Regelung zum Bau- und Architektenvertrag geschaffen. Allerdings existiert eine gesetzliche Definition des Bauvertrages, die die meisten aber nicht alle Arten von Bauarbeiten erfasst[123]. Der Housing Grants, Construction and Regeneration Act 1996 definiert den Bauvertrag und enthält eine Sammlung zwingender Regelungen, die in den Bauvertrag aufzunehmen sind. Diese Regelungen sind in dem Scheme for Construction Contracts Regulations 1998 (Statutory Instrument N° 649) enthalten. Für Schottland, wo der Act auch gilt, existiert Scheme for Construction Contracts Regulations 1998 (Scotland). Mit Wirkung zum 1.10.2011 hat der Housing Act zahlreiche wichtige Änderungen erfahren[124]. Die Änderungen sind für Bauverträge verbindlich, die ab dem 1.10.2011 geschlossen werden. Zukünftig fallen z.B. auch mündlich geschlossene Bauverträge unter das Adjudication Regelwerk. Adjudicatoren haben gesetzliche Befugnisse, Schreib- und Rechenfehler in ihren Entscheidungen zu korrigieren. Ferner sieht die gesetzliche Regelung nunmehr eine Ermächtigung zum Erlass von Kostenentscheidungen vor.

29 Sec. 104 Housing Grants, Construction and Regeneration Act 1996 definiert den „construction contract" als „an agreement with a person for any of the following" (eine Vereinbarung mit einer Person in Bezug auf Folgendes)

(a) the carrying out of construction operations (die Ausführung von Bauoperationen);
(b) arranging for the carrying out of construction operations by others, whether under sub-contract to him or otherwise (ein Arrangement für die Ausführung von Bauarbeiten durch Dritte, sei es unter Subunternehmeraufträgen oder auf andere Weise);
(c) providing his own labour, or the labour of others, for the carrying out of construction operations (zur Verfügung stellen der eigenen Arbeitskraft oder der von Dritten, um Bauoperationen durchzuführen).

Einbezogen werden Architektenleistungen (Planung, Bauüberwachung) und Beratungsverträge zu Baumaßnahmen, Ingenieurverträge und Verträge über den Innenausbau.

30 Sec. 105 Housing Grants, Construction and Regeneration Act 1996 definiert Bauoperationen zusammengefasst wie folgt:

- Herstellung, Veränderung, Reparatur, Instandhaltung, Erweiterung, Zerstörung oder Abriss von Gebäuden oder Maßnahmen, die Land oder Teile davon formen, sei es dauerhaft oder nicht
- Herstellung, Veränderung, Reparatur, Instandhaltung, Erweiterung, Zerstörung oder Abriss von Arbeiten, die Land oder Teile hiervon formen, einschließlich Wände, Straßenarbeiten, Stromversorgungsleitungen, Telekommunikationseinrichtungen, Flugzeugstart- und Flugzeuglandebahnen, Gehwege, Kai- und Hafenanlagen, Schienenwege, inländische Wasserstraßen, Pipe-Lines, Reservoirs, Wasserhaltungsanlagen, Schachtanlagen, Abwasserkanäle, Industrieanlagen, Installationen zur Bodenentwässerung und des Küstenschutzes oder Verteidigungsanlagen
- Installationen in Gebäuden (z.B. Heizungsanlagen, Klimaanlagen, Sanitäreinrichtungen etc.)

Sec. 104 HGCRA enthält dazu weitere Einzelheiten.

[123] Uff, Construction Law, 1.
[124] Local Democracy, Economic Development and Construction Act 2009

b. Collateral warranties. „Collateral warranties" sind Verträge, die neben einem anderen Vertrag bestehen und ihm gegenüber subsidiär sind[125]. Solche Absprachen müssen nicht schriftlich getroffen worden sein[126]. Zusagen, die der Besteller in vorvertraglichen Phasen während den Vertragsverhandlungen gemacht hat, können das Risiko derartiger Vereinbarungen begründen. In der Praxis kommen solche „collateral warranties" ziemlich häufig vor und es ist noch nicht klar, welche Bedeutung der seit einigen Jahren in Kraft befindliche Rights of Third Parties Act 1999 diesbezüglich haben wird. Erste Ansätze für eine Neuausrichtung sind in dem neuen JCT Major Projects Form ersichtlich. 31

In der Praxis wird sich der Besteller z.B. gegenüber einem benannten Subunternehmer, der die Planung durchführt, dadurch rückversichern, dass er von diesem eine direkte „collateral warranty" verlangt[127]. Mit diesem Vertrag sichert der Subunternehmer gegenüber dem Besteller zu, dass er seiner Planung vertragsgerecht sein wird. Die erforderliche „consideration" wird sichergestellt, in dem der Besteller die Benennung des Subunternehmers verspricht[128]. Leading case ist insoweit Shanklin Pier v. Detel Product[129]. In diesem Fall versprach der Farbenlieferant dem Besteller eine Haltbarkeit seines Produkts von sieben bis zehn Jahren. Der Besteller gab die Farbe des Herstellers in seinen Auftragsbedingungen vor. Der Unternehmer verarbeitete sie ordnungsgemäß. Die Farbe hielt nur wenige Wochen. Der Besteller erhielt Schadensersatz von dem Farblieferanten. Die RIIBA und JCT geben Standardmuster für „collateral warranties" heraus. 32

c. Implied Terms. Im englischen Vertragsrecht haben sog. implied terms eine große Bedeutung. Es handelt sich um Vertragsinhalte, die nicht ausdrücklich geregelt sein müssen. Derartige „implied terms" folgen aus Brauch, Rechtsprechung und Gesetz. Sie können sich aus allgemeinen Überlegungen ergeben. Dabei haben sich gewisse Voraussetzungen für eine implied term herauskristallisiert. Die grundlegenden Prinzipien sind[130]: 33

- the term must be reasonable and equitable (die Regelung muss vernünftig und gerecht sein)
- the term must be necessary to give business efficacy to the contract, so that the term will be implied if the contract is effective without it (die Klausel muss notwendig sein, um dem Vertrag geschäftliche Effektivität zu geben, so dass die Klausel hineingelesen wird, wenn der Vertrag ohne sie nicht effektiv wäre)
- the term must be so obvious that it goes without saying (die Regelung muss so selbstverständlich sein, dass sie auch ohne ausgesprochen worden zu sein, gilt)
- the term must not contradict any express term of the contract (die Regelung darf nicht dem ausdrücklichen Wortlaut des Vertrages widersprechen)

Zu den implied terms, die nirgends wirklich abschließend und zuverlässig zusammengestellt sind, sondern aus der rechtsschöpfenden Tätigkeit der angloamerikanischen Gerichte hervorgehen, gehören u.a.[131]:

- standard of workmanship (vgl. auch Regulation 7 Building Regulations 1991)
- fitness of materials (vgl. auch Regulation 7 Building Regulations 1991)
- fitness of works

[125] Chappell, Parris's Standard Form of Building Contract, Rn. 1.16.
[126] Chappell, Parris's Standard Form of Building Contract, Rn. 1.16.
[127] Vgl. Uff, Construction Law, 265.
[128] Uff, Construction Law, 266.
[129] Shanklin Pier v. Detel Products [1951] 2 K.B. 854.
[130] Vgl. Chitty on contracts, Vol. 2, 37-065 ff.
[131] Vgl. Chitty on contracts, Vol. 2, 37-069 ff.; Cheshire, Fitfoot & Furmonston's, Law of contract, 139, 140.

- fitness for purposes
- Unternehmer liefert gute und geeignet Materialien und wird die Arbeit „in a good and workmanlike manner“ ausführen[132]
- lokale Gebräuche[133], z.B. die Formulierung „reduced brickwork“ brick 9 inches thick[134]

34 • Das englische Recht geht u.a. davon aus, dass dem Auftrag an den Unternehmer eine Pflicht zu Fertigkeit und Sorgfalt innewohne, die dem entspricht, was normalerweise ein kompetenter Unternehmer schuldet. Aus der Pflicht zu Fertigkeit und Sorgfalt kann wiederum eine **Hinweispflicht** (duty to warn) folgen. Eine generelle Hinweispflicht besteht nicht. In Einzelfällen kann sie bestehen, wenn der Vertrag dazu völlig schweigt[135]. Im Fall Lindenberg waren u.a. Abbrucharbeiten geschuldet. Die Abrißplanung wurde im Auftrag des Bestellers von einem Sonderfachmann erstellt. Die Planung sah keine Stützarbeiten vor, obwohl tragende Wände abgebrochen werden mussten. Im Zuge der Arbeiten traten Schäden an den darüber liegenden Stockwerken auf. Das Gericht entschied, dass von einem normal erfahrenen Unternehmer ein Hinweis geschuldet worden wäre[136]. Eine ähnliche Sachlage lag dem Fall Plant Construction zugrunde, wo der Ingenieur des Auftraggebers ungeeignete Anweisungen gab, die zum Einsturz eines Daches führten. Auch hier wurde entschieden, dass den Unternehmer eine Hinweispflicht traf[137]. In beiden Fällen waren aber die auszuführenden Arbeiten als solche gefährlich, worauf ihre Besonderheit beruht[138]. Wo die Anweisung oder Planung Arbeiten lediglich mangelhafte Arbeiten verursacht, kommt es darauf an, ob der Besteller einen bauüberwachenden Architekten oder Ingenieur beschäftigt[139]. Existiert eine Bauüberwachung, besteht nur ausnahmsweise eine Hinweispflicht auf Planungsfehler. Fehlt sie, ist der Unternehmer hinweispflichtig. Im Fall GCA Brown entdeckte der Unternehmer in der für die Erlangung der Planungsgenehmigung gefertigten Planung, die Vertragsgrundlage war, einen Fehler, den er selbst behob. Gleichwohl war das Werk im Ergebnis mangelhaft. Der Besteller ließ den Mangel reparieren und nahm den Unternehmer auf Schadensersatz in Anspruch. Das Gericht entschied, er sei verpflichtet gewesen, den Planungsfehler anzuzeigen und die neue Planung mit dem Besteller abzustimmen[140]. Allerdings fügte das Gericht obiter hinzu, dass es an einer Hinweispflicht fehlen könne, wenn der Vertrag Regelungen zu Abweichungen und Fehlern in den Planungsunterlagen enthalte[141], wie es z.B. in Unterklausel 1.5 der FIDIC Conditions der Fall ist.

35 • Klar ist aber auch, dass es an der Inanspruchnahme von Vertrauen völlig fehlen kann, z.B. wenn der Besteller dem Unternehmer den Nachunternehmer benennt. Erbringen diese ihre Leistungen mangelhaft, ist der Unternehmer exkulpiert. Im Fall Norta[142] wurde ein benannter Subunternehmer mit der Planung und Errichtung einer Papierfabrik beauftragt. Seine Planung erwies sich als fehlerhaft und das Gericht entschied, dass mangels einer entsprechenden ausdrücklichen Regelung im Hauptvertrag der Hauptunternehmer keine Verantwortung für die Planung übernommen hatte. Es erschien

[132] Chappell, Parris's Standard Form of Building Contract, Rn. 1.17.
[133] Brown v. IRC.
[134] Symonds v. Lloyd.
[135] Vgl. Lindenberg v. Joe Canning and ors (1992) 62 BLR 147.
[136] Lindenberg v.Joe Canning and ors (1992) 62 BLR 147.
[137] Plant Construction Plc v. Clive Adams amd JHM Construction Ltd [2000] BLR 137.
[138] Adriaanse, Construction Contract Law, 2. Auflage, 117.
[139] Vgl. Adriaanse, Construction Contract Law, 2. Auflage, 117.
[140] GCA Brown Ltd v. Carr & anor [2006] EWCA civ 785.
[141] Vgl. dazu Adriaanse, Construction Contract Law, 2. Auflage, 118.
[142] Norta Wallpapers (Ireland) Ltd v. John Sisk and Sons (Dublin) Ltd (1976) 14 BLR 49, 51.

dem Gericht nicht angemessen, eine solche Vereinbarung in den Vertrag hineinzulesen. Der Subunternehmer war benannt und der Hauptunternehmer war nicht gehalten, die Planung zu prüfen, da der Besteller zu diesem Zweck einen Ingenieur beauftragt hatte. Die eigentliche Ursache für die Zurückhaltung des Gerichts lag aber erkennbar in dem Umstand, dass der Besteller dem Unternehmer zu verstehen gegeben hatte, er lege auf dessen Urteilskraft keinen Wert. Eine Verpflichtung des Unternehmers, den Besteller zu warnen, kann nur dann in den Vertrag hineingelesen werden, wenn der Besteller auf die tatsächliche oder unterstellte Kenntnis des Unternehmers Vertrauen setzt, also auf dessen Fähigkeiten und Urteil und nicht auf seine eigenen[143]. Diese Bezugnahme muss nicht ausdrücklich sein, es reicht aus, wenn sie substantiell ist[144].

Die Übereinstimmung des Bauvorhabens mit den englischen Building Regulations ist nicht automatisch Vertragsinhalt, es sei denn ein Gericht nimmt eine besonders wichtige Regelung zum Anlaß, sie als „implied term" zu verstehen. Soll also in Übereinstimmung mit den englischen Building Regulations gebaut werden, müssen sie vertraglich als Standard vereinbart werden[145]. 36

d. Einheitlicher Vertrag. Übernimmt ein Unternehmer in einem Vertrag die Ausführung von Arbeiten für einen festen Betrag, gilt grundsätzlich, dass der Preis erst fällig wird, wenn die ganze Arbeit abgeschlossen ist[146]. Diese alte Grundregel gilt im Prinzip noch heute[147], allerdings geringfügig modifiziert durch die Lehre von den teilbaren Verträgen[148] und die Lehre von „substantial completion"[149]. Folgende Grundsätze sind beachtenswert: 37

Ob ein Vertrag als einheitlich (*entire*) anzusehen ist oder nicht, ist eine Frage der Auslegung abhängig davon, was die Parteien vereinbart haben. Ein Pauschalpreisvertrag ist nicht notwendigerweise ein einheitlicher Vertrag. Ein Vertrag, der Abschlagszahlungen vorsieht und lediglich das Recht auf einen Sicherheitseinbehalt bis zur vollständigen Fertigstellung einräumt, ist in Bezug auf den Sicherheitseinbehalt als einheitlicher Vertrag, jedoch hinsichtlich der Abschlagszahlungen nicht notwendigerweise als solcher anzusehen[150].

Die Testfrage für die vollständige Herstellung in Bezug auf einen einheitlichen Vertrag ist tatsächlich die nach der „substantial performance" (substantielle Erfüllung)[151].

Was substantiell ist, kann nicht durch einen Vergleich der Kosten dessen bestimmt werden, was bereits abgearbeitet ist und was schlecht erledigt oder schlicht nicht erledigt wurde[152].

Wenn eine Partei die Erfüllung des Vertrages fallen lässt, kann sie nicht für den bereits erledigten Teil der Arbeiten Zahlung verlangen[153]. Der in Insolvenz gefallene Unternehmer musste die Arbeiten einstellen und verlangte für den noch nicht bezahlten Leistungsanteil Zahlung. Die Klage wurde abgewiesen, weil der Eigentümer keine andere Wahl hatte als das auf seinem Land Errichtete zu akzeptieren.

Hat eine Partei etwas anderes getan als vertraglich vereinbart war, kann sie, gleich wie werthaltig die Leistung ist, nicht substantielle Erfüllung geltend machen[154].

---

143 Hudson's Building and Engineering Contracts, Rn. 4-078.
144 Hudson's Building and Engineering Contracts, Rn. 4-078.
145 Vgl. dazu Townsend (Builders) v. Cinema News (1958) 20 B.L.R. 118, CA.
146 Cutter v. Powell (1795) 6 TR 320; Sumpter v. Hedges [1898] 1 Q.B. 673; Chappell, Parris's Standard Form of Building Contract, Rn. 1.6.
147 Ibmac Ltd. v. Marshall Ltd. (1968) 208 EG 851.
148 Hoenig v. Isaacs [1952] 2 All E.R. 176.
149 Dakin (H) & Co. Ltd. v. Lee [1916] 1 KB 566.
150 Hoenig v. Isaacs [1952] 2 All E.R. 176.
151 Dakin (H) & Co. Ltd. v. Lee [1916] 1 KB 566; Hoenig v. Isaacs [1952] 2 All E.R. 176.
152 Kiely & Sons Ltd. v. Medcraft (1965) 109 SJ 829; Bolton v. Mahadeva [1972] 2 All E.R. 1322.
153 Sumpter v. Hedges [1898] 1 Q.B. 673.
154 Forman & Co Proprietary v. The Ship „Liddlesdale" [1900] A.C. 190.

Wenn eine Partei durch Fehlverhalten der anderen Partei gehindert wird, den Vertrag zu erfüllen, ist ihre Nichterfüllung entschuldigt und sie kann Schadensersatz geltend machen[155].

38 **e. Vergütungssysteme.** In England werden überwiegend folgende Vertragstypen eingesetzt:

aa. Fixed price contracts. Beim „Fixed price contract" unternimmt es der Unternehmer, eine spezifische Arbeit „*for a sum not adjustable in the price of goods or labour*"[156]. Allgemein wird angenommen, der Kostenvoranschlag des Unternehmers sei für diesen nicht bindend. Doch ist dies nicht richtig, denn es gibt keinen Rechtssatz des Inhalts, dass die Unterbreitung eines Kostenvoranschlages (quotation) nicht als Angebot zum Abschluss eines Vertrages bewertet werden kann[157]. Mithin stellt die Abgabe eines Kostenvoranschlages ein Angebot dar, das im Falle der Annahme einen Vertrag begründet, der bindend ist.

bb. Remeasurement contracts. Im Aufmaßsvertrag beruht der Preis auf Massen und es bleibt ausdrücklich vorbehalten, die Massen nach Fertigstellung aufzumessen[158].

cc. Lump sum contracts. Ein Pauschalpreisvertrag, in dem eine spezifische Gesamtsumme ausgewiesen ist. Doch ist der Vertrag Gegenstand von Anpassungen für Änderungen, Preisveränderungen in Bezug auf Waren und Leistungen, Nachbewertung von Selbstkosten oder vorläufigen Summen, Verlust und/oder Ausgaben[159].

39 **f. Vergütung der Leistung mangels Preisvereinbarung.** Im deutschen Werkvertragsrecht wird im Falle einer fehlenden Preisvereinbarung die taxmäßige oder ggf. die ortsübliche und angemessene Vergütung geschuldet. Im englischen Werkvertragsrecht fehlt ein entsprechender gesetzlicher Anker. Die Parteien können allerdings vereinbaren, dass für die Erbringung von Leistung das sog. „quantum meruit" zu zahlen ist[160]. Ein solcher Vertrag bedarf keiner besonderen Form[161]. Das sog. „quantum meruit" wird mit „so viel wie verdient ist" (as much is deserved) oder „so viel wie es wert ist" (as much as something is worth) umschrieben[162].

40 **g. Standardverträge.** Mangels eingehender Kodifikation des Vertragsrechts basiert das englische Baurecht vor allem auf sog. „standard forms". Die Eigenarten des englischen Rechts bringen es mit sich, dass die Rechte und Pflichten der Parteien sehr eingehend zu regeln sind. Dabei sind viele Eventualitäten vorherzusehen und zu regeln. Deshalb sind bereits im 19. Jahrhundert Standardmuster entstanden. Zu Anfang entwarfen im öffentlichen Dienst stehende Juristen harte Bedingungen für Unternehmer. Später etablierten sich Berufsvereinigungen wie die RIBA und später die ICE.

Nach dem 2. Weltkrieg entwickelte sich das Baurecht rasant. Die Anzahl der Baustreitigkeiten stieg stetig an und die gängigen Bauvertragsmuster wurden zunehmen diversifiziert, so dass heute ganze Bauvertragsfamilien auf dem Markt sind, die sich vor allem nach der Vergabeart unterscheiden. Der Latham-Bericht[163] analysierte die Zustände wie folgt:

---

155 Appleby v. Myers (1867) 16 LT 669; Mackay v. Dick (1881) 6 App Cas 251.
156 Chappell, Parris's Standard Form of Building Contract, Rn. 1.5.
157 Crowshaw v. Pritchard and Renwick(1899) 16 TLR 45; Chappell, Parris's Standard Form of Building Contract, Rn. 1.5.
158 Chappell, Parris's Standard Form of Building Contract, Rn. 1.5.
159 Chappell, Parris's Standard Form of Building Contract, Rn. 1.5.
160 Chappell, Parris's Standard Form of Building Contract, Rn. 1.7.
161 Chappell, Parris's Standard Form of Building Contract, Rn. 1.7.
162 Chappell, Parris's Standard Form of Building Contract, Rn. 1.21.
163 Zitiert nach Uff, Construction Law, 308.

- die vorhandenen Vertragsmuster begünstigen die streitige Haltung der Vertragsparteien
- in den vorhandenen Vertragsmustern fehlen faire Regelungen, die absichern, dass Zahlungen nicht einbehalten werden
- die vorhandenen Vertragsmuster operieren nicht effizient und sollten durch ein allgemein anerkanntes Vertragsmuster ersetzt werden

Der Latham-Bericht empfiehlt die Anwendung des NEC-Musters. Aus diesem Grund soll das englische Bauvertragsrecht vorwiegend anhand dieses Musters dargestellt werden, obwohl in der Praxis überwiegend die JCT und ICE-Muster angewendet werden.

2. Vergütung. Die deutsche Praxis unterscheidet zwischen dem Einheitspreisvertrag, dem Pauschalpreisvertrag und der Abrechnung nach Aufwand. In England sind vergleichbare Lösungsansätze bekannt. 41

a. Vergütungsvereinbarungen. Die verschiedenen Optionen der NEC-Bedingungen definieren die Vergütung wie folgt: 42

Tabelle 10.7. Vergütungsoptionen

Option	Preisdefinition	Beteiligung des Unternehmers
Option A	Preise sind Pauschalpreise für alle Leistungen (activities) in der Leistungsbeschreibung (activity schedule), vorbehaltlich späterer Änderungen in Übereinstimmung mit dem Vertrag (Klausel 11.2 (20)). Die Preise werden nach Leistungsabschnitten abgerechnet (Klausel 11.2 (24)). Es handelt sich also um einen Pauschalpreisvertrag[164].	
Option B	Preise sind Pauschalpreise und die Beträge, die durch Multiplikation der Einheitspreise (rates) mit den Massen für die Positionen in dem Leistungsverzeichnis (bill of quantities) ermittelt werden, vorbehaltlich späterer Änderungen in Übereinstimmung mit dem Vertrag (Klausel 11.2 (21)).	
Option C (Klausel 11.20)	Preise sind Pauschalpreise für alle Leistungen (activities) in der Leistungsbeschreibung (activity schedule), vorbehaltlich späterer Änderungen in Übereinstimmung mit dem Vertrag (Klausel 11.2 (20)). Die Auftragssumme wird in tatsächliche Kosten (cost) und einen Zuschlag (fee) für allgemeine Geschäftskosten, Wagnis und Gewinn aufgeteilt (Klausel 11.2 (23)). Der Zuschlag ist der Betrag, der sich in Anwendung des Zuschlagprozentsatzes (fee percentage) von den tatsächlichen Kosten errechnet (Klausel 11.2 (17)). Es handelt sich also um einen cost target-Vertrag[165]. Die tatsächlichen Kosten sind der Zahlbetrag, der Subunternehmern für die untervergebene Arbeit geschuldet ist und die Komponenten im Schedule Cost Components für Arbeit, die nicht untervergeben wurde, abzüglich jeglicher ungenehmigter Kosten Klausel 11.2 (27). Die nicht erlaubten Kosten (disallowed cost) sind in Klausel 11.2 (30) näher beschrieben.	Zu Option C gehört Klausel 53 [The Contractor's Share]. Der Projektmanager stellt den Wert der Beteiligung des Unternehmers nach im Einzelnen festgelegten Kriterien fest (vgl. Klausel 53.1). Beträgt der Preis für die geleistete Arbeit weniger als die Gesamtsumme der Preise, erhält der Unternehmer die auf ihn entfallenden Beteiligung (Klausel 53.2).

[164] Kulick, Auslandsbau, 125.
[165] Kulick, Auslandsbau, 126.

Tabelle 10.7 (Fortsetzung)

Option D	Preise sind Pauschalpreise und die Beträge, die durch Multiplikation der Einheitspreise (rates) mit den Massen für die Positionen in dem Leistungsverzeichnis (bill of quantities) ermittelt werden, vorbehaltlich späterer Änderungen in Übereinstimmung mit dem Vertrag Klausel 11.2 (21). Die Auftragssumme wird in tatsächliche Kosten (cost) und einen Zuschlag (fee) für allgemeine Geschäftskosten, Wagnis und Gewinn aufgeteilt Klausel 11.2 (23). Die tatsächlichen Kosten sind der Zahlbetrag, der Subunternehmern für die untervergebene Arbeit geschuldet ist und die Komponenten im Schedule Cost Components für Arbeit, die nicht untervergeben wurde, abzüglich jeglicher ungenehmigter Kosten Klausel 11.2 (27). Der Zuschlag (fee) ist der Betrag, der sich in Anwendung des Zuschlagprozentsatzes (fee percentage) von den tatsächlichen Kosten errechnet Klausel 11.2 (17).	Zu Option D gehört Klausel 53 [The Contractor's Share]. Der Projektmanager stellt den Wert der Beteiligung des Unternehmers nach im Einzelnen festgelegten Kriterien fest (vgl. Klausel 53.1). Beträgt der Preis für die geleistete Arbeit weniger als die Gesamtsumme der Preise, erhält der Unternehmer die auf ihn entfallende Beteiligung (Klausel 53.2).
Option E	Die Preise sind die tatsächlichen Kosten (actual cost) zuzüglich Zuschlag (fee) Klausel 11.2 (19). Der Preis für die geleistete Arbeit setzt sich aus den tatsächlichen Kosten, die der Unternehemr gezahlt hat zuzüglich Zuschlag zusammen Klausel 11.2 (23). Die tatsächlichen Kosten sind der Zahlbetrag, der Subunternehmern für die untervergebene Arbeit geschuldet ist und die Komponenten im Schedule Cost Components für Arbeit, die nicht untervergeben wurde, abzüglich jeglicher ungenehmigter-Kosten (Klausel 11.2 (27). Der Zuschlag ist in Klausel 11.2 (17) definiert.	
Option F	Die Preise sind die tatsächlichen Kosten (actual cost) zuzüglich Zuschlag (fee (Klausel 11.2 (19)). Der Preis für die geleistete Arbeit ist der Betrag der tatsächlichen Kosten, die der Unternehmer als Zahlung akzeptiert hat zuzüglich Zuschlag. (Klausel 11.2 (22)). Die tatsächlichen Kosten sind die an Subunternehmer für solche Arbeit geschuldete Zahlungen, die der Unternehmer verpflichtet war, an Subunternehmer zu vergeben, abzüglich ungenehmigter Kosten (Klausel 11.2 (26)).	

43 **b. Fehlende Preisabsprachen.** Das englische Recht stützt sich in Fällen fehlender und unvollständiger vertraglicher Regelungen auf die sog. „quantum meruit-Regel"[166]. Werden Leistungen erbracht, ohne dass es zum Vertragsschluss kommt, kann das Gericht unter bestimmten Umständen eine Vereinbarung unterstellen oder hinzudenken[167]. Doch sind die Anforderungen hoch, denn grundsätzlich gilt, dass vorvertragliche Aufwendungen zum Risikobereich der Partei gehören, die die Aufwendungen ohne vertragliche Grundlage erbringt[168].

[166] Uff, Construction Law, 136; O'Reilly, Civil Engineering and Construction Contracts, 30; vgl. auch Thorn v. Major and Commonalty of London [1876] 1 AC 120 (HL).

[167] Lacey v. Davis [1957] 1 W.L.R. 932.

[168] Regalion Properties v. London Dockland Development Corporation [1995] 1 W.L.R. 212.

In Turiff Construction v. Regalia hatte der Unternehmer erfolgreich bei einem Design & Build-Auftrag mitgeboten und erbat von dem Auftraggeber ein „letter of intent" mit dem Inhalt, dass die Arbeit die umgehend begonnen werden müssten (Baugenehmigung etc.), bezahlt werden würden. Der Auftraggeber entsprach der Bitte mit dem Zusatz, dies geschehe unter dem Vorbehalt, dass ein annehmbarer Vertrag geschlossen werde. Etwas später gab der Besteller das Projekt auf. Im Rahmen der Zahlungsklage wandte er ein, es sei kein Vertrag zustande gekommen. Das Gericht verwarf den Einwand, weil das Angebot bereits akzeptiert worden war[169]. Allerdings muss sich der Kläger in solchen Fällen Kosten für eigene Fehler anrechnen lassen[170].

Von größerer Bedeutung sind die unvollständigen Absprachen. Grundsätzlich gilt, dass mangels Preisabsprache das „quantum meruit" verlangt werden kann, wenn im Übrigen ein Vertrag zustande gekommen ist[171]. Es finden sich in der Rechtsprechung auch Ansätze für eine Anpassung des Vertrages wegen Wegfalls der Geschäftsgrundlage[172]. Doch hat das House of Lords diese Ansätze verworfen[173]. 44

Anwendbar ist die Regel, wenn[174]

- Arbeit auf der Grundlage eines Vertrages getan wurde, der keine ausdrückliche Regelung in Bezug auf den Preis enthält
- eine ausdrückliche Vereinbarung getroffen wurde, dass eine angemessene Summe zu zahlen ist
- Arbeit auf der Grundlage eines für wirksam erachteten Vertrages geleistet wurde, der tatsächlich unwirksam ist
- Arbeit aufgrund einer Anforderung der anderen Partei geleistet wurde, etwa auf der Grundlage einer Absichtserklärung (letter of intent)[175]

In der Regel kann ein Architekt keine quantum meruit-Ansprüche bescheinigen[176]. Quantum meruit meint nicht „*cost plus*", also einschließlich Profit, sondern lediglich Zahlung auf der Basis fairer wirtschaftlicher Preise (fair commercial rate)[177]. Im Einzelfall kann zur Ermittlung des Geschuldeten auf den vorhandenen Schriftwechsel zurückgegriffen werden. Die Auslegung kann ergeben, dass der in einem Absichtsschreiben (letter of intent) verwendete Begriff „angemessene Kosten" (reasonable cost) nicht wörtlich zu verstehen ist und somit Gewinn (profit) und Gemeinkosten (overheads) nicht ausschließt[178]. 45

c. Preisanpassungen. (1) Grundsätzlich muss der Unternehmer nur die vertraglich vereinbarte Arbeit ausführen. Zu mehr ist er nicht verpflichtet, es sei denn es wird etwas anderes vereinbart[179]. Der Besteller darf daher mangels vertraglicher Grundlage weder 46

---

169 Turiff Construction Ltd. v. Regalia Knitting Mills (1971) 9 B.L.R. 20; vgl. Allery, Overseas Supply and Installation Contracts, Rn. 6-45.

170 Serck Controls Ltd. v. Scull Engineering Ltd. (2000) CILL 1643.

171 Uff, Construction Law, 137.

172 Bush v. Whitehaven Trustees zitiert nach Uff, Construction Law, 137.

173 Davis Contractors v. Fareham UDC [1956] A.C. 696, 732; vgl. aber McAlpine Humberoak v. McDermott (1992) 58 B.L.R. 1; Thorn v. London Corp. (1876) 1 App. Cas. 120; Parkinson v. Commisioners of Works [1949] 2 K.B. 632; Uff, Construction law, 138.

174 Chappell, Parris's Standard Form of Building Contract, Rn. 1.21.

175 Turiff Construction Ltd. v. Regalia Knitting Mills (1971) 9 B.L.R. 20.

176 Chappell, Parris's Standard Form of Building Contract, Rn. 1.21.

177 Laserbore v. Morrison Biggs Wall.

178 Serck Controls Ltd. v. Scull Engineering Ltd. (2000) CILL 1643.

179 Uff, Construction law, 249.

Änderungen, Ergänzungen oder Streichungen anordnen[180]. Deshalb sehen die Standardverträge entsprechende Regelungen vor (vgl. Klausel 13 JCT, Klausel 51 ICE). Fehlen solche Ermächtigungen und ordnet der Besteller Änderungen an, liegt ein Vertragsbruch vor, der Schadensersatzansprüche auslöst. (2) Andererseits ist der Unternehmer berechtigt, die übernommene Leistung so zu bewerkstelligen, wie er es für richtig erachtet, solange er damit die Vertragsziele erreicht. (3) Gleichzeitig muss der Besteller seinen Mitwirkungsverpfichtungen nachkommen. Im einzelnen:

(1) Unternehmer und Besteller sind vertraglich gebunden. Geschuldet wird, was der Vertrag vorsieht. Leistungen, die nicht geschuldet sind, muss der Unternehmer daher nur erbringen, wenn der Vertrag dies vorsieht. Da sich Leistungserweiterungen auf die Vergütung auswirken, sehen die Verträge zumeist auch Regelungen vor, wie die Vergütung angepasst wird. Dabei herrschen zwei Modelle vor. Entweder ist eine Einigung über die Preisanpassung erforderlich. Oder es wird eine dritte Person eingesetzt, die die Vergütung bemisst, wobei die Parteien in der Regel Kriterien vorgeben, wie und auf welcher Grundlage diese Bemessung zu erfolgen hat.

Beispiel: Klausel 52 ICE, 6th edition

Valuation of ordered variations

(1) The value of all variations ordered by the Engineer in accordance with clause 51, shall be ascertained by the Engineer after consultation with the Contractor in accordance with the following principles.
(a) Where work is of similar character and executed under similar conditions to work priced in the Bill of Quantities it shall be valued at such rates and prices contained therein as may be applicable[.]
(b) Where work is not of a similar character or is not executed under similar conditions or is ordered during the Defects Correction Period the rates and prices in the Bill of Quantities shall be used as the basis for valuation so far as may be reasonable, failing which a fair valuation shall be made.

Failing agreement between the Engineer and the Contractor as to any rate or price to be applied in the valuation of any variation, the Engineer shall determine the rate or price in accordance with the foregoing principles and he shall notify the Contractor accordingly.

Die in den angelsächsischen Vertragsmustern enthaltenen Preisanpassungsklauseln unterliegen der Auslegung. Aus angelsächsischer Sicht ist Klausel 52 ICE 6th edition wie folgt auszulegen. Die Klausel beinhaltet letztlich drei Regeln:

Regel 1

Ist Arbeit von ähnlichem Charakter und wird sie unter vergleichbaren Bedingungen von Arbeiten ausgeführt, für die die BoQ einen Preis vorsehen, soll die Arbeit gegen diesen Preis abgerechnet (bewertet) werden.

Regel 2

Ist die Arbeit nicht von ähnlichem Charakter und wird sie nicht unter vergleichbaren Bedingungen ausgeführt oder wird sie erst in der Mangelbeseitigungsphase (Defects Correction Period) angeordnet, sollen die Preise in der BoQ als Grundlage für die Bewertung herangezogen werden, soweit dies angemessen ist.

---

[180] Uff, Construction law, 249.

Regel 3

Ist das nicht möglich, soll eine faire Bewertung vorgenommen werden.

Zwei englische Entscheidungen haben sich mit der Auslegung von Klausel 52 ICE, 6th edition befasst[181]. Die beiden Urteile laufen auf folgende Festlegungen hinaus:

- Grundsätzlich sind die vorhandenen Preise anzuwenden, wenn es sich um ähnliche oder vergleichbare Leistung handelt. Handelt es sich nicht um ähnliche oder vergleichbare Leistungen, müssen die vorhandenen Preise fortgeschrieben werden, soweit dies angemessen ist. Anderenfalls muss eine faire Bewertung vorgenommen werden. Eine faire Bewertung muss normalerweise auf einer Ermittlung der Kosten plus eines angemessenen Prozentsatzes für Gewinn bestehen.
- Gemeinkosten erfordern eine gesonderte Betrachtung. Gemeinkosten, die einen Beitrag zu den festen und laufenden Kosten des Betriebes gehören, können ohne Nachweis gefordert werden, dass sie tatsächlich erlitten wurden.
- Zeitabhängige Kosten müssen nachgewiesen werden.

(2) Ein Unternehmer ist kein Diener des Bestellers. Obwohl letzterer berechtigt ist, ihm zu sagen, was er tun soll, ist er aus angelsächsischer Sicht nicht berechtigt, ihm zu sagen, wie er es tun soll. Der Grund für diese Auffassung liegt darin, dass von einer Arbeitsteilung zwischen den Planern des Bestellers und dem ausführenden Betrieb ausgegangen wird. Da der Planer die Wünsche des Bestellers in Bezug auf die endgültige Gestaltung des Werkes im Auge hat, die entweder größere oder geringere Anforderungen an die Haltbarkeit, Qualität und Instandhaltung stellen, treten die Bedürfnisse der Baubarkeit und der möglichst einfachen bzw. leichten Bauausführung in den Hintergrund. Hierin liegt die besondere Aufgabe des Unternehmers, der sich im Wettbewerb gegen seine Konkurrenten dadurch auszeichnet, dass er eine besondere Befähigung besitzt, auch die komplizierteste Planung baulich umzusetzen. Er hat also die Aufgabe, über das „Wie“ der Ausführung zu entscheiden und zu wachen[182]. In der Vergabephase stellt der Bauherr also die Frage, ob der Unternehmer die ihm vorgelegte Planung zu einem bestimmten Preis umsetzten kann. In der Regel verspricht also der Bauherr nicht, dass der Unternehmer die von dem Architekten oder Ingenieur gefertigten Pläne eine ausreichende Grundlage für die Bauausführung darstellen. Vielmehr dienen sie dazu, dass sich der Unternehmer ein Bild von der geforderten Leistung machen kann. Es obliegt ihm, diese Pläne zu prüfen und er muss auf seinen eigenen Sachverstand rekurrieren, um zu beurteilen, ob er gewillt ist, die geforderte Leistung auf der Grundlage dieser (möglicherweise unvollständigen) Planung auszuführen[183]. Mangels ausdrücklicher vertraglicher Regelungen obliegt daher die Auswahl der Arbeitsmethoden und Behelfsleistungen (z.B. Schalung). Hierin liegt das „Wie“ in Bezug auf die Herstellung im Gegensatz zum „Was“[184]. Es überwiegt sodann die Annahme, wonach der Unternehmer in Bezug auf das „Wie“ mindestens so qualifiziert ist wie der Architekt oder Ingenieur des Bestellers. Letztere und der Besteller selbst schulden mithin keinerlei Hinweise in

---

[181] Weldon Plant Ltd v. The Commission for the New Towns [2000] EWHC Technology 76 (14th July, 2000) = [2001] 1 All ER (Comm) 264, [2000] BLR 496, [2000] EWHC Technology 76, 77 Con LR 1, (2000) 2 TCLR 785, [2000] EWHC 76 (TCC); Henry Boot Construction v. Alston Combined Cycles [2000] EWCA Civ 99 (4 April 2000).

[182] Hudson's Building and Engineering Contracts, Rn. 4-053.

[183] Grace v. Osler (1911) 19 W.L.R. 109, 129.

[184] Hudson's Building and Engineering Contracts, Rn. 7-037.

Bezug auf die Bauausführung[185]. Die meisten international üblichen Vertragswerke autorisieren aber den bauüberwachenden Architekt oder Ingenieur zur Erteilung von Anordnungen. Auf vorstehender Grundlage lösen Eingriffe in die Methodenfreiheit, die keine ausdrückliche vertragliche Grundlage haben, einen Anspruch auf Schadensersatz aus[186].

(3) Der Besteller verspricht implizit, alles zu tun was erforderlich ist, um die Fertigstellung des Vorhabens zu ermöglichen. Dazu gehört die implizite Verpflichtung, binnen angemessener Zeit den Baugrund zu überlassen bzw. Zugang zu gewähren[187]. Ergänzend kann im Einzelfall ein implizites Versprechen vorliegen, erforderliche Genehmigungen beizubringen. Auch schuldet der Besteller dem Unternehmer die Bestellung des vertraglich vereinbarten Certifiers oder Contract Administrators (Engineers etc.)[188]. Die impliziten Kooperationspflichten können sich auch darauf erstrecken, dass der Architekt oder Planer seinen Verpflichtungen in der Weise nachkommen muss, dass der Unternehmer das vertraglich vereinbarte Werk herstellen kann. Sind Anordnungen (aller Art), Ernennungen (z.B. des Engineers oder Project Managers als Vertragsadministrator), Benennungen (z.B. von Subunternehmern), Informationen, Pläne oder andere Details gefordert, müssen sie in angemessener Zeit vorgenommen bzw. übergeben werden[189]. Allerdings müssen die Vertragspflichten des Bestellers im Einzelfall festgestellt werden und in der Regel erstrecken sie sich z.B. nicht darauf, dass der Baugrund geeignet ist[190] oder dass es keine Störungen durch Dritte geben wird[191]. Werden derartige Vertragspflichten verletzt, muss entstehender Schaden ersetzt werden[192]. Vielfach antizipieren die handelsüblichen englischen Vertragsmuster typische Fälle von Vertragsbruch und regeln sie. Es muss dann durch Auslegung geklärt werden, welchen Gehalt solche Klauseln haben. Die gängigen angelsächsischen Standardvertragswerke greifen in solchen Klauseln auf einen Wortlaut zurück, der stark an den angelehnt ist, den die Common Law Gerichte in Fällen verwenden, in denen Schadensersatzansprüche aus Baubetriebsstörungen direkt aus dem Common Law hergeleitet werden[193]. Das ist z.B. in den JCT Musterverträgen der Fall, wo Clause 4.23 of JCT 05 dem Unternehmer gestattet, Verlust und/oder Auslagen (loss and/or expense) geltend zu machen, die den regulären Arbeitsfortschritt beeinträchtigen. In Bezug auf diese Klausel haben die englischen Gerichte ausdrücklich bejaht, dass der Wortlaut mit dem gesetzlichen Wortlaut identisch ist[194]. Der englische Court of Appeal[195] hat zudem entschieden, dass die Begriffe „direkter Verlust und/oder Auslagen" den direkten Schäden im Sinne der ersten Alternative in der Hadley v. Baxendale Rechtsprechung entsprechen.

---

185 Hudson's Building and Engineering Contracts, Rn. 4-055, 7-037.

186 Vgl. Monett et al v. All Seasons Siding & Carpentry Ltd. (1991), 43 C.L.R. 185 (N.S. Co.Ct.) at p. 190; Golden Hill Ventures Ltd. v. Kemess Mines Inc., 2002 BCSC 1460 (CanLII).

187 Vgl. Freeman v. Hensler (1900) H.B.C. (4th edition), Vol. 2, 292, CA; vgl. ergänzend die kanadische Entscheidung R. v. Walter Cabott Ltd (1975) 21 BLR 46 (Canadian Federal Courts of Appeal); Keating on Construction Contracts, Rn. 3-052; Hudson's Building and Engineering Contracts, Rn. 4-146 unter Bezugnahme auf Roberts v. Bury Commissioners (1870) L.R. 5 C.P. 310, 320, 325.

188 Hunt v. Bishop (1853) 8 Ex. 675; Keating on Construction Contracts, Rn. 3-052.

189 Keating on Construction Contracts, Rn. 3-053 m.w.N.

190 Appleby v. Myers (1867) L.R. 2 C.P. 651; vgl. auch Allridge v. Grand Actual (1996) 55 Con.L.R. 91, 122 in Bezug auf die Einhaltung von Sicherheitsanforderungen in Bezug auf die Baustelle.

191 Porter v. Tottenham UDC [1915] 1 KB 776, CA; LRE Engineering v. Otto Simon Carves (1981) 24 BLR 127; vgl. auch Keating on Construction Contracts, Rn. 3-054.

192 Vgl. Keating on Construction Contracts, Rn. 3-052 ff.

193 Vgl. Chappel/Powell-Smith/Sims, Buildung Contract Claims, 86.

194 Wraight Ltd v. PH &T (Holdings) Ltd (1968) 13 BLR 26; vgl. auch Adriaanse, Construction Contract Law, 2. Auflage, 175.

195 FG Minter v. WHTSO (1980) 13 BLR 1 CA.

47 Alle drei vorstehenden Ansätze finden sich im NEC-Muster in einem einheitlichen Ansatz. Bestimmte Ereignisse können sich auf den Preis auswirken und sind daher regelungsbedürftig. Diese Ereignisse sind in Klausel 60 NEC zusammengefasst [Compensation Events]. Das NEC-Muster regelt also an zentraler Stelle alle preiswirksamen Ereignisse, und zwar ohne danach zu unterscheiden, ob es sich um ein typisches Ereignis handelt, das der Vertrag antizipiert und regelt oder um eine sogenannte Variation. Zu den **Compensation Events** gehören u.a. Anordnungen des Projektmanagers (Klausel 60.1 (1) NEC), Behinderungen des Unternehmers durch den Besteller (Klauseln 60.1 (2 bis 3) NEC), die Arbeitseinstellung durch den Projektmanager (Klausel 60.1 (4) NEC), Behinderungen durch Vorleistungen (Klausel 60.1 (5) NEC), Untätigkeit, Fehlverhalten oder widersprüchliches Verhalten des Projektmanagers (vgl. Kauseln 61.1 (6 bis 9) NEC), ungerechtfertigte Mangelauffindungsverlangen (Klausel 60.1 (10) NEC), Verzögerungen durch Inspektionen des Supervisors (Klausel 60.1 (11) NEC), Auftreten physikalischer Bedingungen, deren Auftreten ein erfahrener Unternehmer bei Vertragsschluss als so gering eingeschätzt hätte, dass es unangemessen gewesen wäre, dafür eine Vorkehrung zu treffen (Klausel 61.1 (12) NEC), Auftreten unüblicher Wetterverhältnisse (vgl. Klausel 61.1 (13) NEC), das Eintreten von Risiken die der Besteller zu vertreten hat (Klausel 60.1 (14) NEC), bestimmte Fälle vorzeitiger Abnahme (Klausel 60.1 (15) NEC), Nichtbelieferung durch den Besteller (Klausel 60.1 (16) NEC), Mitteilung einer korrigierten Annahme in Bezug auf die Natur eines ausgleichspflichtigen Ereignisses (Klausel 60.1 (17) NEC), Vertragsbruch durch den Besteller in einer Art und Weise, die nicht anderweitig geregelt ist (Klausel 60.1 (18) NEC).

Der Unternehmer muss ausgleichspflichtige Ereignisse anzeigen, es sei denn es handelt sich um solche, die auf Anordnungen des Projektmanagers beruhen (Klauseln 61.1, 61.3 NEC). Der Unternehmer kann zur Stellungnahme aufgefordert werden (Klauseln 61.2, 62 NEC). Preisanpassungen und Bauzeitverlängerung werden nicht gewährt, wenn das Ereignis aufgrund der Entscheidung des Projektmanagers von dem Unternehmer zu vertreten ist, es nicht eingetreten ist, keinen Einfluss auf die tatsächlichen Kosten hat oder kein ausgleichspflichtiges Ereignis im Sinne des Vertrages darstellt (Klausel 61.4 NEC).

Preisanpassungen werden von als Folge des Auftretens von ausgleichspflichtigen Ereignissen festgestellt, und zwar auf der Grundlage der tatsächlichen Kosten der bereits ausgeführten Arbeiten, dem Voranschlag für die noch nicht ausgeführten Arbeiten und dem resultierenden Zuschlag (Klausel 63.1 NEC). Wirkt sich das Ereignis kostensenkend auf die tatsächlichen Kosten aus, werden die Preise nicht herabgesetzt, es sei denn der Vertrag sieht etwas anderes vor (Klausel 63.2 NEC). Die Anpassung erfolgt entweder auf Grundlage der Stellungnahme und Einlassungen des Unternehmers und aufgrund einer einseitigen Feststellung des Projektmanagers (vgl. Klausel 64 NEC).

Ob die Anordnung des Bestellers im Einzelfall zusätzliche Arbeit beinhaltet, muss durch Auslegung ermittelt werden. Die Haltung der englischen Gerichte ist restriktiv. Unzureichende Spezifizierungen sind im Pauschalpreisvertrag kein Ansatz für zusätzliche Arbeit[196]. Ein Wohnhaus versteht sich inklusive Bodenbelag[197].

Ein schönes **Beispiel** für Preisanpassungen ist der Brückenfall aus dem Jahre 1876[198]. Der Unternehmer sollte eine Brücke über die Themse errichten. Es stellte sich heraus, dass die Gründungsverhältnisse anders lagen als erwartet und dass die vertraglich vor-

[196] Sharpe v. San Paulo Railway Co. (1873) L.R. 8 Ch. App. 597.
[197] Williams v. Fitzmaurice (1858) 3 H. & N. 844.
[198] Thorn v.Major and Commonalty of London [1876] 1 AC 120 (HL).

gegebene Planung der Ingenieure nicht verwendbar war. Die Auslegung des Vertrages ergab, dass der Unternehmer das Risiko übernommen hatte, wie die Brücke auszuführen war. Mithin lag kein Fall von Freiwerden (discharge) aufgrund von „frustration" vor. Andererseits akzeptierte das House of Lords, dass der Unternehmer bei der Durchführung an einen Punkt kommen könne, an dem die tatsächliche Ausführung so grundlegend von der vereinbarten abweiche, dass er im Ergebnis einen anderen als den ursprünglichen Vertrag erfüllen müsse. „Wenn es sich um zusätzliche oder geänderte Arbeit handelte, so eigentümlich, so unerwartet und so abweichend von dem, was irgendeine Person in Ansatz gebracht oder berechnet hat, so dass es keinesfalls innerhalb des Vertrages liegt, dann erscheint es mir, dass einer von zwei Wegen für sie eröffnet sein müsste; er hätte sagen können: Ich verweigere insgesamt das Vorgehen nach dem Vertrag … Ich habe niemals beabsichtigt, diese Arbeit auf der Grundlage dieser neuen und unerwarteten Gründung auszuführen. Oder sie hätte sagen können, ich will weitermachen, aber es handelt sich nicht um die Art von Zusatzarbeit, die der Vertrag im Auge hatte, und wenn ich dies tue, muss ich das ‚quantum meruit' erhalten". Die Entscheidung belegt, dass es kaum Grenzen für die Möglichkeit gibt, Änderungen anzuordnen. Die übliche Formulierung „no variation is to vitiate the contract" macht es schwierig, eine Beschränkung in den Vertrag hineinzulesen[199].

48 **Bauablaufstörungen** werden mangels expliziter vertraglicher Regelungen über das Schadensersatzrecht geregelt. Angesichts von Schadensersatzansprüchen unterscheidet das angelsächsische Recht nicht zwischen verzugsbedingten und anderen Leistungsstörungen. Allenfalls auf der Rechtsfolgenseite wird differenziert. Der Anspruch auf Schadensersatz setzt eine Vertragsverletzung voraus[200], wobei im Einzelfall zu klären ist, ob die verletzte Vertragspflicht eine verschuldensunabhängige (absolute duty) oder eine verschuldensabhängige (qualified duty) ist[201]. In der Regel handelt es sich um absolute, d.h. verschuldensunabhängige Vertragspflichten, aber im Einzelfall kann auch nur eine „beste Anstrengung" (best endeavours) geschuldet sein[202]. Der Schaden muss kausal auf die Vertragsverletzung zurückgeführt werden können[203]. Die Vertragsverletzung kann entweder darin liegen, dass der Besteller den Unternehmer daran hindert, das Werk rechtzeitig fertig zu stellen (Verspätungsfälle) oder darin, dass der Unternehmer Beschleunigungsmaßnahmen einleiten muss (constructive acceleration), um rechtzeitig fertig zu werden (Beschleunigungsfälle). In den Verspätungsfällen liegt die Grundlage für den Schaden in dem Umstand, dass die Fertigstellung der Leistung erst zu einer Zeit erfolgt, in der der Unternehmer an sich in der Lage gewesen wäre, auf dem Markt neue Aufgaben zu suchen und zu übernehmen, die einen kombinierten Beitrag zum Gewinn und zur Deckung der Gemeinkosten geleistet hätten[204]. Ein auf Ersatz des Verspätungsschadens gerichteter Anspruch hängt nicht von der Profitabilität des verzögerten Vertrages ab, die für die Schadensermittlung vollkommen irrelevant ist[205].

Das angelsächsische Grundverständnis zu bauablaufbedingten Ansprüchen erläutert der schottische Fall John Doyle[206] sinngemäß wie folgt:

199 Uff, Construction law, 253.
200 Thomas, Construction Contract Claims, 148.
201 Vgl. Hudson's Building and Engineering Contracts, note 1-189.
202 Vgl. Hudson's Building and Engineering Contracts, note 1-189.
203 Norwest Holst Construction Ltd v. Co-Operative Wholesale Society Ltd [1997] EWHC Technology 356 (2nd December, 1997).
204 Hudson's Building and Engineering Contracts, Rn. 8-176.
205 Hudson's Building and Engineering Contracts, Rn. 8-176.
206 John Doyle Construction Ltd v. Laing Management (Scotland) LTD [2004] ScotCS 141 (11 June 2004).

Ein erfolgreicher Anspruch aus einem Bauvertrag auf Zahlung von Verlust und Auslagen (loss and expense), setzt drei Dinge voraus, die der Unternehmer vortragen und beweisen muss: (1) Die Existenz eines oder mehrerer Ereignisse, für die der Besteller verantwortlich ist, (2) tatsächlich durch den Unternehmer erlittene Verluste und Auslagen und (3) eine kausale Verbindung zwischen dem Ereignis und dem Verlust oder den Auslagen. Normalerweise müssen individuelle Kausalverbindungen zwischen jedem Ereignis, für das der Besteller verantwortlich ist, und einem bestimmten Schaden und Aufwendungen dargetan werden. Häufig resultieren Verluste und Auslagen aus Verspätung und Behinderung, die durch eine Reihe unterschiedlicher Ereignisse verursacht werden, und zwar so, dass es unmöglich ist, die einzelnen Ursachen herauszuarbeiten und voneinander zu unterscheiden. In einem solchen Fall können die Ereignisse, für die der Besteller verantwortlich ist, in einer Weise interagieren, dass sie einen kumulativen Effekt haben. Ist der Unternehmer in der Lage, darzulegen, dass alle diese Ereignisse, auf die er rekurriert in rechtlicher Sicht in die Verantwortung des Bestellers fallen, muss er keine kausalen Beziehungen zwischen einzelnen Ereignissen und bestimmten Verlusttatbeständen darlegen. Da in einem solchen Fall alle kausalen Ereignisse in die Verantwortung des Bestellers fallen, haftet der Besteller notwendiger Weise für alle Verluste und Auslagen, die durch diese Ereignisse verursacht wurden. Das ist im Wesentlichen die Natur eines globalen Anspruchs (global claim).

Das SCL[207] Protokoll (Protocol on Delay and Disruption) aus dem Jahre 2003 erläutert die Begriffe Delay und Disruption (ein Begriff, der mit Unterbrechung und Betriebsstörung oder Störung übersetzt werden kann und ähnliche Symptome beschreibt wie der deutsche baurechtliche Begriff „Behinderung“) wie folgt:

Störung (Disruption) wird von der Bauindustrie oft so behandelt als wäre es dasselbe wie Verzögerung (Delay). Er [der Begriff Disruption] wird landläufig zusammen mit Verspätung (Delay) gebraucht, wie z.B. in Verzögerung und Störung (Delay and Disruption). Verzögerung (Delay) und Störung (Disruption) meinen aber zwei selbständige Dinge. Sie haben ihre normale alltägliche Bedeutung. Verzögerung ist Verspätung (z.B. ist verzögerte Fertigstellung gleich späte Fertigstellung). Störung beinhaltet Verlust von Produktivität, Beeinträchtigung (Disturbance), Hinderung (Hindrance) oder Unterbrechung (Interruption) des Fortschritts. Im baulichen Kontext ist beeinträchtigte Arbeit oft Arbeit, die weniger effizient ausgeführt wird, als es ohne den störenden Grund geschehen würde.

Störung der Bauarbeiten kann zu einer verspäteten Fertigstellung der Arbeiten führen, aber das ist nicht notwendigerweise so. Es ist möglich, dass Arbeit gestört wird und dass der Vertrag trotzdem zum Fertigstellungstermin erfüllt wird. In diesem Fall hat der Unternehmer keinen Anspruch auf Verlängerung der Bauzeit (EOT), aber er kann einen Anspruch für die Kosten aus der reduzierten Effektivität seiner Arbeitskraft haben.

Delay (Verzögerung) ist ebenfalls kein feststehender klarer Begriff. Es handelt sich auch um keinen Begriff aus der Fachsprache, der eine klare technische Bedeutung hat. Es gibt keine klare Definition dazu, was vorgetragen werden muss, um den Begriff „Verzögerung“ auszufüllen[208].

[207] Society of Construction Law.
[208] Ascon Contracting Ltd v. Alfred McAlpine Construction Isle of Man Ltd (1999) 66 Con LR 119; Pickavance, Delay and Disruption, Rn. 1.18.

Die Baubetriebsstörung führt zu einer Verzögerung, sobald sie den Grad der Produktivität beeinträchtigt. Produktivität wird in diesem Zusammenhang als Produktivitätseffizienz verstanden und kann zu jeder Messung des Arbeitsergebnisses in Bezug gesetzt werden. Ökonomen haben die geeigneten Maßstäbe für Produktivität wie folgt definiert[209]:

- Arbeitsproduktivität
- Kapitalproduktivität
- Zeitproduktivität
- Gesamtproduktivitätsfaktor
- Wertschöpfungs-Gesamtproduktivitätsfakor

Die unterschiedlichen Formen des Schadensersatzes aus Betriebsstörungen unterfallen in der Regel den beiden Alternativen aus der Hadley v. Baxendale Rechtsprechung. Überwiegend wird jedoch versucht, die Ansprüche aus Bauablaufstörungen vertraglich zu regeln. Der Wortlaut einschlägiger Vertragsklauseln kann jedoch variieren und eine Zuordnung der einzelnen Fallgruppen unter die beiden Alternativen der Hadley Rechtsprechung erfordern. Eine solche Klausel kann z.B. lauten[210]:

The extracost, if any, of completing the Works incurred by the Subcontractor by reason of a direction given by (the plaintiff) „pursuant to clause 9.1 of the Special Conditions shall be borne and paid for by the Subcontractor unless the suspension is due directly to an act, default or omission of“ (the plaintiff) „in which case the Subcontractor shall be entitled to payment of the amount of any extra cost of completing the Works incurred by it that is directly attributable to such act, default or omission.“	Eventuelle zusätzliche Kosten für die Fertigstellung der Arbeiten, die dem Subunternehmer aufgrund einer Anweisung durch (den Kläger) entstehen, sollen gemäß Clause 9.1 der Besonderen Vertragsbedingungen von dem Subunternehmer getragen und bezahlt werden, es sei denn die Anweisung ist direkt einer Handlung, Unterlassung oder Weglassung des (Klägers) geschuldet, in welchem Falle der Subunternehmer einen Anspruch auf den Betrag der ihm zusätzlich entstandenen Kosten für die Fertigstellung der Arbeiten, die direkt auf eine solche Handlung, Unterlassung oder Weglassung zurückzuführen ist.

Ob ein solcher Anspruch besteht, hängt davon ab, ob (a) der Anspruch in Übereinstimmung mit den vertraglichen Regelungen erhoben wird oder außerhalb des Vertrages, (b) wenn der Anspruch in Übereinstimmung mit den Regelungen des Vertrages erhoben wird, ob alle Voraussetzungen erfüllt werden, (c) wenn der Anspruch außerhalb des Vertrages erhoben wird, ob die Vertragsverletzung dargetan ist und ob die Ansprüche aus der Verletzung hervorgehen und nicht zu weit entfernt liegen[211].

---

209 Pickavance, Delay and Disruption, Rn. 17.6 unter Bezugnahme auf Loewe (1987) Construction Management and Economics, Vol. 5, 101–113.

210 Civil and Civic Pty v. Isicob Pty Ltd; Kone Elevators (Australia) Pty Ltd; Kilpatrick Green Pty Ltd; Triad plumbing Pty Ltd; Pioneer Concrete (NT) Pty Ltd and Avery Australia Ltd No. 19 of 1993 [1993] NTSC 25 (19. April 1993).

211 Civil and Civic Pty v. Isicob Pty Ltd; Kone Elevators (Australia) Pty Ltd; Kilpatrick Green Pty Ltd; Triad plumbing Pty Ltd; Pioneer Concrete (NT) Pty Ltd and Avery Australia Ltd No. 19 of 1993 [1993] NTSC 25 (19. April 1993).

Gemeinkosten beziehen sich auf die Kosten die für die Führung des Betriebs im Allgemeinen aufgewendet werden müssen. In Alfred McAlpine v. Property and Land Contractors[212] erkannte das Gericht an, dass der Verlust in Form von erhöhten Gemeinkosten, den der Unternehmer infolge unzureichender Mitwirkung durch den Besteller erlitt, unter die 1. Alternative der Baxendale Rechtsprechung (direkter Schaden) fällt. Weitere Einzelfälle:

Im australischen Fall Victoria Laundry[213] hat das Gericht geurteilt, dass der nach der Hudson- und Eichleay-Formel auf der Grundlage Geschäftsberichten und anderen Unterlagen des Baubetriebes berechnete Schadensersatz ein einklagbarer Schaden im Sinne der 1. Alternative der Baxendale-Rechtsprechung (direkter Schaden) darstellt.

Im Fall Semco Salvage v. Lancer Navigation wurde die Klausel „expenses incurred" restriktiv verstanden und ausgelegt und erfasste nur Gemeinkosten aber keinen Gewinn[214].

Der Fall Tate & Lyle[215] belegt, dass auch zusätzlich aufgewendete Managementkosten und finanzielle Schäden einen Anspruch begründen können, wenngleich solche Ansprüche schwierig darzulegen sind[216]. Der Fall Tate & Lyle betraf Kosten für Baggerarbeiten in der Themse, die erforderlich wurden, weil Maßnahmen der öffentlichen Hand die Schiffbarkeit der Themse beeinträchtigt hatten. In rechtlicher Hinsicht ging es um Ansprüche, die auf Fahrlässigkeit der öffentlichen Hand gestützt waren. Forbes J hat dort in Bezug auf die *restitutio in integrum* gesagt[217]:

Man betrachtet dafür nicht den Gewinn, den der Beklagte rechtswidrig mit den einbehaltenen Geldbeträgen erzielt hat, was in der Tat die Untersuchung der finanziellen Situation des Beklagten erfordern würde, sondern die Kosten des Klägers, die er durch das Vorenthalten des Geldes, das ihm zugestanden hätte, erlitten hat. Ich empfinde es als gerechtfertigt, dass es in kaufmännischen Fällen beabsichtigt ist, das Interesse an dem Zinssatz zu reflektieren, zu dem der Kläger Geld leihen hätten müssen, um die einbehaltenen Mittel zu ersetzen.

Das Gericht fügte hinzu, es komme insoweit nicht auf die speziellen Umstände an, sondern darauf, zu welchen Bedingungen üblicherweise Geld geliehen werden konnte. Hinsichtlich der dem Grunde nach bejahten Managementkosten scheiterten die Kläger, weil sie den Aufwand nicht nachweisen konnten[218].

Im Fall Hotel Services Ltd. v. Hilton International Hotels[219] hatte der Auftragnehmer Minibars geliefert, aus denen Amonium austrat. Der Mangel konnte nicht behoben werden, so dass das Hotel die Ersatzvornahme betrieb und anschließend Kosten in Höhe von £150.000 für den Austausch und die Einlagerung von Kälteaggregaten und -einheiten sowie £127.000 entgangenen Gewinn geltend machte. Letzterer entsprach dem Gewinn, der aus dem Betrieb der Minibars erwartet worden war. Das Vertragswerk schloss die Haftung für „indirect and consequential losses" aus. Der Court of Appeal kam einstimmig zu der Auffassung, dass der entgangene Gewinn in diesem Fall

212 Alfred McAlpine Homes North v. Property and Land Contractors Ltd(1995) 76 BLR 59.
213 Victoria Laundry (Windsor) Ltd v. Newman Industries Ltd [1949] 2 KB 528, 548 (per Asquith LJ).
214 Semco Salvage and Marine Pte Ltd v. Lancer Navigation Co Ltd [1997] 1 All ER 502.
215 Tate & Lyle Food and Distribution Ltd. v. Greater London Council [1982] 1 WLR 149 at 152; Tate & Lyle Industries v. Greater London Council [1983] UKHL 2 (24 March 1983), HL.
216 Wincanton Group Ltd v. Reid Furniture Ltd [2008] ScotCS CSOH_109 (01 August 2008).
217 Vgl. auch Jaura v. Ahmed [2002] EWCA Civ 210 (21st February, 2002).
218 Vgl. aber Tate & Lyle Industries v. Greater London Council [1983] UKHL 2 (24 March 1983), HL.
219 Hotel Services Ltd. v. Hilton International Hotels (Uk) Ltd. [2000] EWCA Civ 74 (15 March 2000).

unter die erste Alternative der Hadley v. Baxendale Rechtsprechung fiel. Die Ausschlussklausel war folglich nicht einschlägig.

Zur Ermittlung und Berechnung von **Gemeinkosten** in gestörten Bauabläufen hat die angelsächsische Praxis im Wesentlichen drei Formeln hervorgebracht, die je nach Region unterschiedliches Ansehen genießen:

- die Hudson-Formel;
- die Emden-Formel und
- die Eichleay-Formel.

In **Indien** wird die Emden-Formel bevorzugt[220], während in den **USA** häufiger die Eichleay-Formel genutzt wird. **Englische** Gerichte haben häufiger die Hudson-Formel angewendet[221]. Zu berücksichtigungsfähigen allgemeinen Gemeinkosten des Unternehmens gehören nach gängiger Auffassung[222]:

- Gehälter der Geschäftsführung und der Angehörigen der Hauptverwaltung
- Rechtsberatungs- und Buchhaltungskosten
- Miete und Kosten des Hauptsitzes
- Kosten für Werbung
- Unternehmensversicherung
- Mitarbeiterrekrutierung
- Gerätekosten, Fax, Telefon, Computer
- Mitarbeiterpflege
- Zinsen auf Unternehmenskredite
- Reisekosten für Mitarbeiter des Hauptsitzes
- Risiko für schlechte Forderungen
- Abschreibung auf Unternehmensaktiva
- Externe Beratungskosten
- Beiträge an Berufsorganisationen und Verbände

49 **3. Baudurchführung.** Die Baudurchführung lässt sich aus englischer Sicht nicht einfach als Vorgang beschreiben, der zur Abnahmereife führt. Vier Aspekte sind erwähnenswert: (1) Die Baudurchführung wird traditionell dadurch geprägt, dass ein „Contract Administrator“, „Architect“ oder „Engineer“ eingebunden ist. (2) Über die gesamte Bauphase hinweg wird ein detailliertes Zertifizierungssystem gepflegt. (3) Der Bauablauf zerfällt in zwei Phasen, nämlich die Phase bis zur sog. „practical completion“ und die sich anschließende „defects liabilty period“ (vgl. Klausel 17 JCT 98) oder auch „Defect Correction Period“ (Klausel 43.1 NEC). (4) Es wird ein detaillierter Streitbeilegungsmechanismus etabliert.

50 **a. Bauabwicklung. aa. Contract Administrator.** Aus englischer Sicht erfüllen Architekten und Ingenieure ihre Aufgabe entweder als Beauftragter des Bauherrn[223] oder als Vertragsadministrator mit einer eigenen beruflichen Meinung[224]. In letzterem Falle

[220] Supreme Court of India in McDermott International Inc. v. Burn Standard Co Ltd 2006 (11) SCC 181; vgl. zur Nutzung der Emden-Formel auch Norwest Holst Construction Ltd. v. Cooperative Wholesale Society Ltd., decided on 17 February, 1998, Beechwood Development Company (Scotland) Ltd. v. Mitchell, decided on 21 February, 2001 and Harvey Shoplifters Ltd. v. Adi Ltd., decided on 6 March, 2003.

[221] Ellis-Don v. Parking Authority of Toronto (1978) 28 BLR 98.

[222] Vgl. Schwartzkopf/McNamara/Hoffar, Calculating Construction Damages, 1992.

[223] Vgl. Rees and Kirby Ltd. v. Swansea City Council (1983) 25 B.L.R. 129.

[224] Chappell, Parris's Standard Form of Building Contract, Rn. 2.2.

bewältigt der Administrator vor allem Zertifizierungsaufgaben, und zwar unabänderlich unparteiisch[225]. In der Rechtsprechung wird die Rolle des Architekten oder Ingenieurs sinngemäß wie folgt beschrieben[226]:

„Der Bauherr und der Unternehmer sollen ihren Vertrag mit dem Verständnis schließen, dass der Architekt oder Ingenieur in allen diesbezüglichen Angelegenheiten in einer fairen und unparteiischen Weise handelt und dass es deshalb dem Vertrag zwischen dem Bauherrn und dem Architekten oder Ingenieur innewohnen muss, dass dieser nicht nur mit der gebührenden Sorgfalt und Fertigkeit sondern dass er solche Entscheidungen fair treffen soll, so dass die Balance zwischen seinem Kunden und dem Unternehmer gewahrt bleibt."

Es soll allerdings nicht verschwiegen werden, dass Lord Hoffmann in einer anderen Entscheidung[227] ausgeführt hat: „Er (gemeint ist der Architekt) ist ein professioneller Mann (professional man), kann aber kaum unabhängig genannt werden".

Drei Aussagen lassen sich aus den Präjudizien zusammenfassen[228]:

- Die präzise Rolle und die Pflichten eines Entscheiders (decision-makers) wird von den vertraglichen Regelungen festgelegt, nach denen er verpflichtet ist zu handeln.
- Generell ist der Entscheider (decision-maker) nicht unabhängig vom Besteller und kann auch nicht so betrachtet werden.
- Bei der Ausübung seiner Entscheidungsfunktion ist der Entscheider verpflichtet in der Weise zu verfahren, die verschiedentlich als unabhängig, unparteilich, fair und ehrenhaft beschrieben wurde. Diese Konzepte überlappen sich, sind aber keine Synonyme. Sie besagen, dass der Entscheider anstatt eine Entscheidung zu fällen, die die Interessen des Bestellers bevorzugt, seine beruflichen Fähigkeiten und seine besten Anstrengungen einsetzen muss, um eine Entscheidung herbeizuführen.

Gemäß Klausel 66 ICE ist der Engineer verpflichtet, unabhängig und ehrenhaft zu handeln. Die Verwendung des Begriffes unparteilich durch das neuseeländische Berufungsgericht verdrängt nicht Unabhängigkeit und Ehrenhaftigkeit um „natural justice" einzubinden[229]. Der Engineer muss fair handeln, wenngleich dieses Konzept geringere Anforderungen stellt als wenn der Engineer als in einer quasi richterlichen Funktion aktiv wird[230].

Das NEC-Muster geht z.B. davon aus, dass der Besteller (Employer), der Unternehmer 51
(Contractor), der Projektmanager (Project Manager) und der Überwacher (Supervisor) gemäß den vertraglichen Bestimmungen handeln, und zwar im Geiste wechselseitigen Vertrauens und wechselseitiger Kooperation (Klausel 10.1 S. 1 NEC). Der „Adjudicator" soll im Geiste der Unabhängigkeit tätig werden (Klausel 10.1 S. 2 NEC). Der Projektmanager übernimmt Steuerungs- (vgl. Klausel 31 NEC) und Zertifizierungsaufgaben

225 Uff, Construction Law, 255.
226 Sutcliffe v. Thackrah [1974] 727, 737.
227 Vgl. Beaufort Developments Ltd. v. Gilbert Ash Ltd [1998] 2 All E.R. 778, 786.
228 Scheldebouw BV v. St. James Homes (Grosvenor Dock) Ltd [2006] EWHC 89 (TCC) (16 January 2006) = IBR 2006, 544 – Hök.
229 Amec Civil Engineering Ltd. v. Secretary of State for Transport [2005] E.W.C.A.Civ. 291; [2005] B.L.R. 227, Rn. 47 (LJ May); vgl. Scheldebouw BV v. St. James Homes (Grosvenor Dock) Ltd [2006] EWHC 89 (TCC) (16 January 2006) = IBR 2006, 544 – Hök.
230 Amec Civil Engineering Ltd. v. Secretary of State for Transport [2005] E.W.C.A.Civ. 291; [2005] B.L.R. 227, Rn. 87 (LJ Rix); vgl. Scheldebouw BV v. St. James Homes (Grosvenor Dock) Ltd [2006] EWHC 89 (TCC) (16 January 2006) = IBR 2006, 544 – Hök.

(vgl. Klausel 51 NEC). Der Supervisor bewältigt Prüfungs- und Überwachungsaufgaben (vgl. Klausel 40.5 NEC).

52 **bb. Zertifizierungssystem.** Die Baudurchführung wird in England eher als zeitlich determinierter Vorgang betrachtet. Die „Abnahme" im Sinne des BGB als zentraler Moment der Baudurchführung ist nicht vorgesehen[231]. Die Inhalte und Folgen der BGB-Abnahme werden in Zertifizierungsvorgängen abgewickelt bzw. erreicht.

Der Projektmanager zertifiziert z.B. „Completion" in Bezug auf die Bauzeit (Klausel 30.2 NEC) und „Take over" in Abschnitten und im Ganzen (Klausel 35 NEC). Der Supervisor überprüft die Qualität, teilt Mängel mit und teilt den Beginn der „defect correction period" mit (Klausel 40 ff. NEC).

53 Das Zertifizierungswesen ist eine übliche Praxis. In aller Regel wird eine dritte Partei mit dieser Aufgabe betraut. Mit den Zertifikaten werden besondere Ereignisse und Entscheidungen dokumentiert. Die zu zertifizierenden Ereignisse variieren von Vertrag zu Vertrag. Sie reichen von der Feststellung von fälligen Zahlungen bis zur Gewährung von Bauzeitverlängerung[232]. Ein Zertifikat beinhaltet nur die Kundbarmachung dessen, was die Parteien vereinbart haben und seine Auswirkungen beschränken sich auf das, was die Parteien vereinbart haben[233]. Zwar erschöpft sich die Zertifizierungstätigkeit in der Tatsachenfeststellung, doch häufig wird der Zertifizierer damit gezwungen, Entscheidungen zu treffen, etwa über den Wert geleisteter Arbeit oder ob diese mit dem Vertrag übereinstimmt. Gelegentlich wird dem Administrator eigenes Ermessen eingeräumt („to the satisfaction of the engineer"[234] oder „in his opinion"[235]). Die Bedeutung von Zertifikaten, die auf solcher Grundlage erteilt werden, hängt davon ab, was die Parteien vereinbart haben. In der Vertragspraxis kommen „interim certificates" und „final certificates"[236] vor. Aber auch interim certificates können bindende Wirkung haben, etwa wenn die vorläufige Feststellung über einen Anspruch auf Zeitverlängerung erst nach „completion" im Schiedsgerichtsverfahren überprüft werden kann. Die Bedeutung der Zertifikate erschließt sich aus folgenden Ausführungen zu einem JCT-Vertrag[237]:

„Die Funktion des Architekten besteht nicht primär oder essentiell in einer schiedsrichterlichen Funktion. Die Arbeiten sind zu seiner Zufriedenheit auszuführen und dementsprechend muss er seine Erklärung über die Zufriedenheit abgeben oder zurückhalten. Er kann Mängel anzeigen und deren Abstellung erlangen. Er muss Bescheinigungen darüber ausstellen, wie viel Geld geschuldet wird. Inzident können seine Bescheinigungen und Anordnungen zu einer Lösung streitiger Punkte führen und er hat fair zu handeln, doch besteht seine Aufgabe nicht primär darin, über Streitigkeiten zu entscheiden. Wenn die Parteien in einem Vertrag vorsehen, dass die endgültige Bescheinigung des Architekten zwingenden Beweis erbringen soll, denke ich nicht, dass damit eine Störung der Gerichtsgewalt oder eine Beleidigung des Gerichts verbunden ist."

Die Folge ist, dass z.B. weitergehende Ansprüche durch Vorlage der Bescheinigung abgewehrt werden können[238]. Hat der Architekt bezüglich „workmanship" und Material

231 Vgl. Uff, Construction Law, 337 (JCT 98) und 386 (ICE).
232 Uff, Construction Law, 255.
233 Uff, Construction Law, 255.
234 Vgl. Uff, Construction Law, 255.
235 Vgl. Klausel 48 ICE, Klausel 17 JCT 98.
236 Vgl. Klausel 30.9 JCT 98: zwingender Beweis (conclusive evidence).
237 Kaye v. Hosier & Dickinson [1972] 1 W.L.R. 146.
238 Chappell, Parris's Standard Form of Building Contract, Rn. 5.16.

seine Zufriedenheit (satisfaction) bescheinigt, kann der Besteller keine Mängel geltend machen[239]. Voraussetzung dafür, dass die Bescheinigung zwingenden Beweis erbringt, ist, dass sie nicht angefochten wird bzw. ist[240].

Die Unabhängigkeit und Fairness des Administrators ist ein wesentliches Element dieser Art der Vertragsabwicklung[241]. Das wird allerdings gelegentlich nicht beachtet[242]. In der Praxis führte jedoch die sich aus der weit reichenden Bedeutung der Bescheinigungen ergebende Haftung des Administrators für fehlerhafte Bescheinigungen[243] dazu, dass sie entweder keine Bescheinigungen mehr erteilten oder aber geringfügige Summen zurück hielten und darauf hofften, der Unternehmer werde angesichts der geringen Summe kein Verfahren anstrengen, um so den Beweis für eine ordnungsgemäße Leistungserbringung abzuschneiden[244]. Die Gerichte haben diese Praxis inzwischen eingedämmt, indem sie entschieden, dass sich der Besteller nicht auf die widerrechtlich verweigerte Bescheinigung berufen können[245]. Es ist auch möglich, ohne ein Zahlungszertifikat Zahlung einzuklagen[246]. Diese Rechtsprechung hat allerdings dazu geführt, dass die Standardformulare (z.B. JCT 98) teilweise verändert wurden, um die Wirkungen der Bescheinigungen zu begrenzen[247]. 54

cc. Practical completion. Das Arbeitsprogramm wird entweder durch den Vertrag festgelegt oder aber was häufig vorkommt im Rahmen des Vertrags entwickelt. Das NEC-Muster widmet diesem Thema die Klausel 31. Ist das Programm nicht in den Vertragsdaten enthalten, unterbreitet der Unternehmer dem Projektmanager ein erstes Programm, das dieser innerhalb der im Vertrag vorgesehenen Zeit annehmen muss (Klausel 31.1 NEC). Das Programm soll u.a. aufzeigen (vgl. Klausel 31.2 NEC): 55

- den Arbeitsbeginn, die Inbesitznahmedaten und den Fertigstellungstermin
- für jede Leistung eine Stellungnahme zur Vorgehensweise, die die Ausrüstung oder andere Ressourcen benennt, die der Unternehmer benutzen möchte
- die geplante Fertigstellung
- die Reihenfolge und die Zeiteinteilung der Arbeit
- die geplanten Fertigstellungsdaten für Gewerke, auf deren Grundlage der Besteller oder Dritte Arbeiten ausführen wollen
- Vorkehrungen für Luft (float[248]) im Arbeitsprogramm[249], Berücksichtigung zeitlicher Risiken, Gesundheits- und Sicherheitsanforderungen
- Zeitliche Angaben über benötigte Abnahmen und andere mitwirkungsabhängige Umstände

---

239 Crown Estates Commissioners v. John Mowlem & Co. (1994) 70 B.L.R. 1.
240 Chappell, Parris's Standard Form of Building Contract, Rn. 5.16.
241 Uff, Construction Law, 257.
242 Balfour Beatty v. DLLR (1996) CILL 1143 (Einsetzung des Bestellers als „certifier").
243 Vgl. dazu Chappell, Parris's Standard Form of Building Contract, Rn. 5.1; Uff, Construction law, 260; Sutcliffe v. Thackrah [1974] A.C. 727.
244 Chappell, Parris's Standard Form of Building Contract, Rn. 5.16.
245 Matthew Hall Ortech Ltd. v. Tarmac Roadstone Ltd. (1997) 87 B.L.R. 96.
246 Panamena Europa v. Leyland [1947] A.C. 428.
247 Vgl. ausführlich dazu Chappell, Parris's Standard Form of Building Contract, Rn. 5.16.
248 Vgl. zu diesem Begriff O'Reilly, Engineering Construction Contracts, 317: Float ist jegliche Reservezeit innerhalb des Programms, nachdem bereits die Risikotoleranz berücksichtigt wurde.
249 Vgl. dazu How Engineering Services Ltd. v. Lindner Ceiling Partitions plc (nicht veröffentlicht), zitiert nach Chappell, Parris's Standard Form of Building Contract, Rn. 7.16.

Der Projektmanager soll das Programm innerhalb von zwei Wochen annehmen oder zurück weisen (Klausel 31.3 NEC). Die Zurückweisung ist zu begründen. Zurückweisungsgründe sind (Klausel 31.3 NEC):

- die Planungen des Unternehmers sind nicht praktikabel
- das Programm enthält nicht die vertraglich geforderten Aussagen
- das Programm gibt die Pläne des Unternehmers nicht realistisch wieder
- das Programm entspricht nicht den Arbeitsinformationen (Works Information)

Das Programm wird regelmäßig unter Berücksichtigung des Baufortschritts fortgeschrieben (vgl. Klausel 32).

dd. Claim Management. Aus englischer Sicht sind Ansprüche auf Mehrvergütung und Bauzeitverlängerung nicht einfach nur Rechte, die zu gegebener Zeit dargelegt und bewiesen werden müssen. Vielmehr sind solche Ansprüche Rechte, die zeitnah dargelegt und deren Beweisbarkeit sichergestellt werden sollen. Das gesamte System ist auf Streitvermeidung sowie die zügige Entscheidung von Meinungsverschiedenheiten und Streitigkeiten angelegt. Die Mitteilungs- und Anzeigepflichten des Unternehmers haben mithin – durchaus beabsichtigt[250] – einen effektiven Nutzen, der auch darin besteht, den eigentlichen Entscheidungsträger auf der Baustelle, den Engineer, entscheidungsfähig zu machen und frühzeitig in die Lage zu versetzen, Alternativlösungen zu initiieren und -entscheidungen zu fällen. Claim Management beinhaltet also aus Sicht der englischen Kautelarpraxis eine geordnete Vorgehensweise, die belastbare Fakten produziert, was schließlich eine zuverlässige und zügige Entscheidungsfindung gewährleistet. Der Certifier oder Contract Administrator soll in die Lage versetzt werden, auf veränderte Verhältnisse bzw. bekannt gewordene erschwerte Bedingungen zu reagieren und geeignete Maßnahmen zu veranlassen, die die Kernziele Einhaltung der Bauzeit, Einhaltung des geplanten Baupreises und Sicherung der vorgegebenen Qualität im Auge haben und verfolgen. Aus diesem Grunde muss eine Claim Notice in der Regel (vorbehaltlich der jeweiligen Vertragsklausel) bereits die Angaben enthalten, die den Certifier oder Contract Administrator in die Lage versetzen:

- die Angelegenheit auf die Tagesordnung zu setzen
- das Problem zu lokalisieren und in Augenschein zu nehmen
- die Umstände zu dokumentieren, falls erforderlich
- dem Besteller zu berichten
- die Auswirkungen auf Bauzeit, Baupreis und Bauqualität zu prüfen
- geeignete Anordnungen zu treffen, um Entscheidungen des Unternehmers zu korrigieren oder zu ersetzen (Methodenauswahl) bzw. die Vertragsabwicklung zu ermöglichen (Anpassung an gesetzliche Änderungen) und zu unterstützen oder antizipierte Abläufe (Bewältigung des Baugrundes) neu zu gestalten

56 **ee. Streitbeilegung.** Nahezu alle englischen Standardverträge sehen detaillierte Streitbeilegungsmechanismen vor. Dies ist einerseits auf den HGCRA 1996 und andererseits auf Unzulänglichkeiten des englischen Gerichtssystems zurück zu führen. Die Vertragsmuster enthalten häufig ein dreistufiges Beilegungssystem, beginnend mit einer Entscheidung des Contract Administrators, gegen dessen Entscheidungen vor dem „Adjudication Board" vorgegangen werden kann, dessen Entscheidungen wiederum im Schiedsgerichtsverfahren überprüft werden können.

---

[250] Vgl. Steria v. Sigma [2007] EWHC 3454 (TCC); Multiplex Constructions (UK) Ltd v. Honeywell Control Systems Ltd (N° 2) [2007] EWHC 447 (TCC).

b. Zeit. aa. Time is of the essence (Zeit ist wesentlicher Vertragsbestandteil). Das „common law" ging ursprünglich davon aus, dass „Zeit" in Ermangelung entgegenstehender Vereinbarungen ein wesentliches (essential) Vertragselement ist. Die Erfüllung hatte demgemäß bis zum vertraglich vereinbarten Termin zu erfolgen. Ein gutes Beispiel ist die Formulierung: „Es sei denn, ein entgegenstehender Wille ist deutlich belegt, muss ein vertraglich festgelegter Lieferzeitpunkt exakt eingehalten werden"[251]. Andererseits haben die „Courts of Equity" in Fällen, in denen „specific performance" eine Rolle spielte, stets eine weniger rigide Position eingenommen. Danach stellt die „Zeit" nicht notwendigerweise eine wesentliche Vertragsregelung dar. Soweit dies nicht zu Ungerechtigkeiten führt, hielten die „Courts of Equity" an „specific performance" fest, trotzdem der Kläger seine Leistung zu spät erbrachte[252]. Speziell bei Landkäufen kann diese Rechtsprechung nachgewiesen werden. Doch bedeutet dies nicht, dass Zeitfragen generell unbeachtlich sind. Lord Parker hat dazu (zusammengefasst) Folgendes ausgeführt: **57**

„Diese Maxime wurde niemals angewendet, wenn die Nichtbeachtung der Zeitbestimmung ungerecht gegenüber den Parteien war. Beispielsweise sind Zeitaspekte dann beachtlich, wenn dies die Parteien dies so wollten oder wenn sich dies aus den Umständen ergab."

Mithin ist die „Zeit" wesentlicher Vertragsbestandteil, wenn dies dem wirklichen Willen der Parteien entspricht und wenn dieser Wille ausdrücklich festgestellt werden kann oder wenn er aus der Natur der vertraglichen Vereinbarung abgeleitet werden kann. Zusammenfassend kann man sagen, dass Zeit dann wesentlich ist, wenn die Parteien im Vertrag vereinbart haben, dass dem so ist, oder wenn eine Partei eine unzulässige Verspätung verschuldet hat und sie von der anderen Partei fruchtlos aufgefordert wurde, die Leistung innerhalb angemessener Zeit zu erbringen und die Mahnung den Hinweis enthielt, dass der Vertrag anderenfalls beendet sei. Schließlich kann „Zeit" dann wesentlich sein, wenn die Umstände des Falles es erzwingen, dass die Zeit strikt beachtet wird. Letzteres kommt zum Tragen, wenn der Gegenstand des Vertrages zeitabhängig Wertschwankungen unterworfen ist. **58**

In Laird Brothers v. Dublin Steampacket[253] machte der Kläger Zahlung der letzten Rate aus einem Vertrag über die Herstellung eines Schiffes geltend. Der Kläger hatte das vertragliche Fertigstellungsdatum überschritten. Schaden war nicht entstanden. Doch machte der Beklagte geltend, die Zahlung der letzten Rate sei von der rechtzeitigen Fertigstellung abhängig gewesen. Das Gericht entschied, dass die Zeitüberschreitung nicht die Grundlagen des Vertrages berührte und dass letztlich der Vertrag zur Zahlung verpflichte, obwohl die Verspätung eingetreten war.

Der Fall illustriert eine vorsichtige Herangehensweise. Eine unangemessene Vertragsklausel muss zwar durchgreifen, wenn sich die Parteien wirklich darauf geeinigt haben. Doch kann eine unangemessene vertragliche Regelung nur dann ein unangemessenes Ergebnis zur Folge haben, wenn keine andere Auslegung der Klausel zulässig ist[254].

bb. Mahnung und Verzug. Ein besonders wichtiges praktisches Problem tritt auf, wenn „Zeit" nicht bereits bei Vertragsschluss wesentlich war und eine Partei in „Verzug" **59**

[251] Bowes v. Shand (1877) 2 App Cas 455; Reuter Hufeland & Co v. Sala & Co (1879) 4 CPD 239; Sharo v. Christmas (1892) 8 TLR 687.
[252] Stickney v. Keeble [1915] AC 386, 415; Williams v. Greatrex [1956] 3 All ER 705.
[253] Laird Brothers v. Dublin Steampacket (1900) 34 I.L.T.R. 97.
[254] Vgl. Clark, Contract Law in Ireland, 209.

gerät. Die beeinträchtigte Partei kann dann zwischen zwei Optionen wählen. Entweder sie wartet solange, bis „frustration“ eintritt, d.h. der Vertrag ex lege erlischt, oder sie erhebt die „Zeit“ zum wesentlichen Vertragsbestandteil, in dem sie die andere Seite auffordert, innerhalb einer angemessenen Frist zu liefern[255]. Läuft die gesetzte (angemessene Frist) zur Erfüllung fruchtlos ab, kann der Vertrag beendet werden.

60 **cc. Vertragspraxis.** Englische Bauverträge sehen in der Regel einen Zeitabschnitt oder ein Datum für den Beginn der Arbeiten und für die Fertigstellung vor. Dem Unternehmer muss Gelegenheit gegeben werden, die Arbeiten innerhalb der vereinbarten Zeit zu erbringen. Jegliche Behinderung durch Anordnung von Änderungen oder der verspätet gewährte Zugang zur Baustelle entlässt den Unternehmer im Falle der Bauzeitüberschreitung („time at large“) aus der Zeitbestimmung, es sei denn der Vertrag sieht Mechanismen für die Zeitanpassung vor[256].

Tabelle 10.8. Vergleich Standardmuster

NEC	**JCT 98**	**ICE 6th edition**
Der Unternehmer muss die Arbeiten auf der Baustelle nicht vor dem ersten Besitztag (possession date) aufnehmen und erledigt die Arbeiten, so dass sie vor oder am Fertigstellungstag erbracht sind (Klausel 30.1 NEC). Der Projektmanager entscheidet über das Fertigstellungsdatum und bescheinigt die Fertigstellung innerhalb einer Woche aber Fertigstellung (Klausel 30.2 NEC). Bauzeitverlängerungen werden im Geiste partnerschaftlichen Verhaltens im Rahmen des ständig zu aktualisierenden Arbeitsprogramms gewährt. Behinderungsanzeigen sind umgehend zu machen (vgl. Klausel 16.1 NEC) und bei der Vorlage des aktualisierten Arbeitsprogramms sind sog. „compensation events“ zu berücksichtigen (Klausel 32.1 NEC). Der Projektmanager entscheidet über die Vorschläge des Unternehmers (vgl. Klausel 31.3, 32.2 NEC).	Der Unternehmer ist verpflichtet, die Arbeiten regulär und sorgfältig auszuführen und sie zum Fertigstellungsdatum fertig zu stellen (vgl. Klausel 23.1 JCT 98). Geschieht dies nicht, ist der Unternehmer verpflichtet, dem Auftraggeber einen im Voraus bestimmten Schadensersatz zu zahlen (Klausel 24 JCT 98). Derartige Beträge werden entweder von den Werklohnansprüchen des Unternehmers abgezogen oder der Auftraggeber kann sie selbständig als Schuld geltend machen (vgl. Klausel 24.2 JCT 98). Geraten die Arbeiten aufgrund eines Umstandes, der in Klausel 25.4 definiert ist, in Verspätung oder drohen sie deshalb in Verspätung zu geraten, hat der Unternehmer Anspruch auf Bauzeitverlängerung, wenn der Architekt auf Antrag des Unternehmers davon überzeugt ist, dass ein **relevanter Umstand** vorliegt und dass die Arbeiten **aufgrund dieses Umstandes** in Verspätung geraten oder geraten werden. Der Architekt muss dann die Bauzeit angemessen und fair verlängern (vgl. Klausel 25.3 JCT 98).	Wenn eine Bauzeitverlängerung oder eine zusätzliche Zahlung gemäß Unterklausel 2 dieser Klausel verlangt wird, soll der Ingenieur, wenn nach seiner Meinung solche Umstände oder Behinderungen von einem erfahrenen Unternehmer vernünftigerweise nicht vorhersehbar waren, die Höhe der durch den Umstand oder die Behinderung für den Unternehmer entstehenden Kosten ermitteln, die er für angemessen erachtet, ferner einen angemessenen Prozentsatz mit Blick auf den Gewinn sowie jede Bauzeitverlängerung, auf die der Unternehmer Anspruch hat, feststellen und seine Entscheidung dem Unternehmer mitteilen und dem Auftraggeber hiervon eine Kopie erteilen.

[255] Behzadi v. Shaftsbury Hotels Ltd [1991] 2 All ER 477; British and Commonwealth Holdings v. Quadrex Holdings Inc [1989] 3 All ER 492.
[256] Dodd v. Churton [1897] 1 Q.B. 562.

Die Bedeutung dieser Mechanismen erklärt sich rasch. In aller Regel wird die Einhaltung der Bauzeit vermittels Vereinbarung von *liquidated damages* (pauschalisierter Schadensersatz) abgesichert. Der Ersatzanspruch berechnet sich nach Tagen und muss von einem fest vereinbarten Tag an berechnet werden. Jegliche Einwirkung auf die Erfüllbarkeit der Zeitvereinbarung, die der Unternehmer nicht zu vertreten hat, führt zum Verlust der *liquidated damages*. Denn auf jeden Fall muss gewährleistet sein, dass dem Unternehmer auch die erforderliche Bauzeit zur Verfügung steht. Die englische Rechtsprechung, die von Vaughan Williams LJ in *Wells v. Army & Navy Co-operative Society*[257] abgebildet wird, lautet wörtlich: 61

[I]n dem Vertrag, findet man die Zeit beschränkt, innerhalb derer der Erbauer die Arbeit zu tun hat. Das bedeutet nicht nur, dass er es innerhalb dieser Zeit zu tun hat, sondern es bedeutet auch, dass er die Zeit haben muss, innerhalb derer es zu tun ist.

Mithin hat der Besteller ein Interesse daran, die vereinbarte Zeit zu verlängern. Fehlt ein solcher Mechanismus, können „liquidated damages" nicht durchgesetzt werden[258]. Es tritt der Zustand „time at large" ein[259].

Derartige Vertragsklauseln, die die Gewährung von Zeitnachlässen für die Herstellung vorsehen, werden als Regelungen mithin zugunsten des Auftraggebers verstanden, die es ihm erlauben, die Bauzeit neu festzulegen, wenn die Verspätung durch den Auftraggeber verursacht wird[260]. Zeitverlängerungsklauseln werden deshalb im ungünstigsten Sinne (*contra proferentem*) zugunsten des Auftraggebers angewendet, so dass Formulierungen wie „andere unvermeidbare Umstände" nicht auf Fälle anwendbar sind, in denen der Auftraggeber die Verzögerung verursacht hat.

In den Worten der englischen und australischen Rechtsprechung muss pauschalisierter Verzögerungsschadensersatz, der als Rate für jeden Tag oder jede Woche der Verspätung bei der Fertigstellung der Arbeiten vorgesehen ist, an einem im Vertrag definierten Tag beginnen, der entweder spezifisch benannt oder durch Verweis auf ein Ereignis, wie eine Anordnung, die Arbeiten zu beginnen, definiert ist. Es folgt daraus, dass, falls das vertragliche Fertigstellungsdatum aus irgendeinem Grund unverbindlich wird und keine vertragliche Regelung existiert, um es in Bezug auf ein Ereignis, das eintritt, durch ein neues zu ersetzen, es in diesem Fall kein Datum gibt, von dem an die Ansprüche auf pauschalisierten Verzögerungsschadensersatz laufen und das Recht auf pauschalisierten Verzögerungsschadensersatz verloren geht[261].

Englische Verträge sehen in der Regel sehr eingehende Regularien für die Anzeige von Behinderungen und die Entscheidungen des Ingenieurs vor. Auch tauchen häufig Klauseln auf, die die Geltendmachung von *liquidated damages* von bestimmten Maßnahmen abhängig machen, z.B. von einer vorherigen Ankündigung durch den Bauherrn (vgl. JCT 1980 Klausel 24.2.1)[262]. Es ist jedoch nicht generell unzulässig, rückwirkend Zeitverlängerungen einzuräumen. Doch kann die Behinderungsanzeige durch den Unternehmer Bedingung für eine Zeitverlängerung sein, d.h. es können entsprechende Vereinbarungen getroffen werden. Andererseits ist es durchaus üblich, Zeitverlängerungen 62

[257] Vaughan Williams LJ in Wells v. Army & Navy Co-operative Society (1902) Hudson's Building Contracts, 4th ed. 346.
[258] Wells v. Army & Navy Co-operative Society Ltd. (1902) 86 LT 764.
[259] Chappell, Parris's Standard Form of Building Contract, Rn. 7.6.
[260] Chitty on Contract, Rn. 37-111.
[261] Beckhaus v. Brewarrina No 2 [2004] NSWSC 1160 (7 December 2004).
[262] Vgl. dazu J.F. Finnegan v. Community Housing Association Ltd (1995) 77 B.L.R. 22.

ohne Anzeige zuzulassen, um den Zustand „time at large" zu vermeiden[263]. Dieser Zustand tritt ein, wenn der Unternehmer (aufgrund von Ursachen, die der Auftraggeber gesetzt hat) die vereinbarte Zeit überschritten hat und eine Zeitverlängerung nicht gewährt wurde[264], z.B. weil der „contract administrator" es versäumt hat *extension of time* zu gewähren[265]. Tritt dieser Zustand (*time at large*) ein, ist das vormalige Datum nicht mehr bindend[266]. Das Werk ist dann innerhalb angemessener Zeit fertig zu stellen. Der Anspruch auf *liquidated damages* entfällt. Außerdem kann der Bauherr nicht mehr die Übergabe zum Fertigstellungstermin verlangen[267]. Ggf. kann der Unternehmer seinerseits Schadensersatz verlangen[268].

63 Der Anspruch auf Zeitverlängerung kann davon abhängig gemacht werden, dass die relevanten Fakten und ihre Ursächlichkeit für die Verspätung nachgewiesen werden. In manchen Fällen lassen es die vertraglichen Regelungen genügen, dass der Nachweis „möglicher Auswirkungen" geführt wird. Es hängt von der Formulierung ab, ob der Unternehmer im Falle des Nachweises der Umstände die so erlangte Zeitverlängerung mit von ihm in anderen Fällen verschuldeten Zeitverzögerungen kompensieren oder sogar Ersatz für den Verzug verlangen kann. Muss er den Strengbeweis der Umstände und der Ursächlichkeit führen, kann er in der Regel mit eigenen Verzögerungen kompensieren und Schadensersatz verlangen[269].

Werden **Milestones** vereinbart, muss der Vertrag entweder effektive Regelungen für eine sektionale (abschnittsweise) Fertigstellung enthalten, was z.B. in FIDIC-Verträgen generell der Fall ist oder es müssen Vorkehrungen dafür getroffen werden, dass der pauschal vereinbarte Schadensersatz sektional berechnet werden kann[270].

64 **dd. Steuerung durch den Administrator.** Die englischen Verträge stellen hohe Anforderungen an die eingesetzten Architekten und Ingenieure. Sie müssen entscheiden, ob dem Unternehmer (antragsgemäß) eine Bauzeitverlängerung zu gewähren ist oder nicht (vgl. Klausel 12 (6) ICE 6th und Klausel 25 JCT 98), z.B. wenn das Bauvorhaben durch Feuer stark beschädigt wird[271]. Derartige Entscheidungen, die seit 1998 allerdings nicht mehr verbindlich (conclusive) sind und mithin richterlicher Kontrolle unterliegen[272], verlangen dem Architekten oder Ingenieur ein hohes Maß an Verständnis von den Sachzusammenhängen und technischen Abläufen sowie von den vertraglichen Regularien und ihrer Bedeutung ab[273]. Die Bedeutung derartiger Entscheidungen ist groß, denn eine Bauzeitverlängerung kann z.B. Schadensersatzansprüche für Bauzeitüberschreitungen ausschließen[274]. Jugde Seymour hat die richtige Herangehensweise unter

---

263 Chitty on Contract, Rn. 37-111.
264 Chitty on Contract, Rn. 37-112.
265 Peak v. McKinney (1970) 1 B.L.R. 111.
266 Pentland v. Raymond and Ried [1893] A.C. 22; British Steel v. Cleveland Bridge (1981) 24 B.L.R. 94.
267 Royal Brompton Hospital National Helath Service Trust v. Hammond and Others and taylor Woodrow Construction (Holdings) Ltd [2002] UKHL 14.
268 Vgl. Klausel 26 JCT Standard Form of Building Contract 1980 Edition.
269 Vgl. dazu Chitty on Contract, Rn. 37-108.
270 Keating on Construction Contracts, 8. Auflage, Rn. 9-010). Meilensteinvereinbarungen bedingen effektive Regelungen für eine abschnittsweise Fertigstellung (vgl. M.J. Gleeson v. London Borough of Hillingdom (1970) 215 E.G. 165; Bruno Zorrow (Builders) v. Beechcroft Developments (1989) 51 BLR 16.
271 Vgl. Co-Operative Retail Services Ltd v. Taylor Young Partnership (Courtof Appeal, 04.07.2000); Co-Operative Retail Services Ltd v. Taylor Young Partnership (House of Lords, 25.04.2002 [2002] UKHL 17.
272 Vgl. Beaufort Developments Limited v. Gilbert-Ash Limited [1998] 88 B.L.R. 1 (HL); Aufgabe der Rechtsprechung Crouch (Northern Regional Health Authority v. Derek Crouch Construction Co Ltd [1984] 1 Q.B. 644).
273 The Royal Brompton Hospital NHS v. Watkins Gray International [2001] 3 TCLR 45.
274 Vgl. Temloc Ltd v. Errill Properties Ltd (1987) 39 B.L.R. 30, 39.

JCT 1980 (with quantities) so herausgearbeitet, dass es im Grunde genommen drei Szenarien gibt:

1. Zwei Umstände treten ein. Ein Umstand hat Auswirkungen auf die Bauzeit und der andere würde Auswirkungen haben. Doch nur ein Umstand ist als relevant anzusehen, der andere nicht. Nach JCT 1980 kann der Unternehmer nur Bauzeitverlängerung für relevante Umstände einfordern, ungeachtet dessen dass der andere Umstand ebenfalls Auswirkungen hat[275].
2. Der erste Umstand fällt in den Risikobereich des Unternehmers und hat bereits eine Bauverzögerung verursacht als der zweite Umstand eintritt. Dieser (relevante) zweite Umstand würde zu einer Verzögerung führen. Doch aufgrund der bereits bestehenden Verzögerung wirkt sich dies nicht aus. In einem solchen Fall kann der Architekt die Auswirkungen anderer Umstände heranziehen, wenn er entscheiden muss, ob ein „relevanter Umstand" eine Bauzeitverzögerung mit sich bringt. Es handelt sich um eine Tatsachenfrage, so dass die Entscheidung für oder gegen den Unternehmer ausfallen kann[276].
3. Wirkt sich jedoch der zweite Umstand aus und führt er zu einer weiteren Verzögerung, muss der Architekt die tatsächliche Verzögerung ermitteln und entsprechend Bauzeitverlängerung gewähren[277].
4. Treten zwei Umstände ein, die unabhängig voneinander jeweils die selbe Bauzeitverlängerung verursachen, wovon aber einer in die Risikosphäre des Auftraggebers und einer in die Risikosphäre des Auftragnehmers fällt, soll in England Bauzeitverlängerung gewährt werden[278].

Fehler sind angesichts dieser komplizierten Abwägungsfragen naheliegend und werden 65
in der Praxis häufig geltend gemacht[279]. Der Architekt muss zwar nicht zwangsläufig richtig arbeiten. Doch seine Entscheidungsfindung muss sorgfältig sein[280]. Der Test geht dahin, ob der Architekt einen Irrtum begangen hat, den ein angemessen kompetentes Mitglied des Berufsstands (reasonably competent member of that profession) nicht begangen hätte[281]. Der Test wird nicht angewendet, wenn die „professionelle Meinung" keiner logischen Analyse standhält, wenn der Beweis der „professionellen Meinung" im konkreten Fall keinen Beweis für die konkrete Frage darstellt, die ein verantwortlicher Angehöriger dieser Berufsgruppe unterschreiben würde und wenn keine besondere Geschicklichkeit erforderlich war, um festzustellen ob ein Verschulden vorlag[282].

Im Fall The Royal Brompton Hospital NHS v. Watkins[283] waren die Ingenieure (WGI) als „administrator" nach JCT 80 gebunden. Ihr Vertrag mit dem Bauherrn sah unstreitig vor, dass sie ihre Aufgabe mit „reasonable skill and care" wahrzunehmen hatten. WGI gewährte mehrere Bauzeitverlängerungen und erteilte eine Fertigstellungsbescheinigung auf den 22.05.1990. Die Bauzeitverlängerungen ergaben im Ergebnis den Fertigstellungstermin, der bescheinigt wurde. Im Rahmen des außergerichtlichen Streitbeilegungsverfahrens stellte das „Board" fest, WGI habe teilweise nicht berechtigte

---

275 Vgl. Henry Boot Construction Ltd v. Malmaison Hotel Ltd (1999) 70 Con. LR 32.
276 Vgl. Henry Boot Construction Ltd v. Malmaison Hotel Ltd (1999) 70 Con. LR 32.
277 Balfour Beatty Building Ltd v. Cherstermount Properties Ltd (1993) 62 B.L.R. 12.
278 Nery Boot Construction (UK) Ltd v. Malmaison Hotel Ltd (1999) 70 Con. LR 32; Pickavance ICLR 2003, 366, 369.
279 Vgl. The Royal Brompton Hospital NHS v. Watkins Gray International [2001] 3 TCLR 45.
280 Eckersley v. Binney & Partners (1988) 19 Con. LR 1.
281 Vgl. Bolam v. Friern Hospital Management Committee [1957] 1 WLR 582.
282 J.D. Williams & Co Ltd v. Michael Hyde & Associates Ltd [2000] Lloyd's Report PN 823.
283 The Royal Brompton Hospital NHS v. Watkins Gray International [2001] 3 TCLR 45.

Bauzeitverlängerungen erteilt und teilweise zu lange Bauzeitverlängerungen. Das Gericht kam zu der Auffassung, dass es nicht seine eigene Auffassung in den Vordergrund zu stellen habe, sondern die eines ordentlichen Architekten. Eigene Sachkunde können sich das Gericht nicht anmaßen. Im Ergebnis beanstandete das Gericht eine Bauzeitverlängerung, die darauf beruhte, das bestehende Erkenntnisse nicht in die Entscheidung einbezogen worden waren. Diese Bauzeitverlängerung war mithin fehlerhaft. Der Regress gegen WGI wurde allerdings darauf gestützt, dass WGI eine nicht dem ursprünglichen Vertrag entsprechende Anordnung zum Einsatz von „Hydrotite" gab, während der Unternehmer verpflichtet war, die Fußbodenfliesen zu trocknen[284].

66 **ee. Liquidated Damages.** Kann der Unternehmer das Vorhaben nicht innerhalb der vorgesehenen Zeit fertig stellen und ist die Zeitüberschreitung nicht entschuldbar, haftet er dem Auftraggeber auf Schadensersatz. Die meisten englischen Bauverträge legen den Schadensersatz („pre-fixed" oder „liquidated damages") für Verspätung bereits vertraglich fest. Derartige Klauseln können allerdings theoretisch als Haftungsbegrenzungen verstanden werden[285], so dass sie heute überwiegend als „potentielle" Vertragsstrafeklauseln einbezogen werden, bei der die Vertragsstrafe nur dann geltend gemacht werden kann, wenn ein „genuine pre-estimate of loss" vereinbart wurde. Eine echte Vertragsstrafe (penalty clause) dient dagegen nur als Sicherheit dafür, dass der Vertrag erfüllt wird[286]. Überhöhte Vertragsstrafen können mithin herabgesetzt werden[287], wohingegen zu niedrige Vertragsstrafen es nicht ausschließen, den vollen Schaden geltend zu machen[288]. Die Abgrenzung zwischen „liquidated damages" und „penalty clause" ist im Einzelfall schwierig. Die Benutzung des einen oder des anderen Begriffes ist für das Gericht nicht bindend[289]. Wird die Vereinbarung für einen im Voraus bestimmten Fall getroffen, kann man davon ausgehen, dass es sich um eine Klausel über „liquidated damages" handelt. Dementsprechend wurde entschieden, dass eine Klausel, der zufolge bei Überschreitung des vereinbarten Fertigstellungstermins 100 £ und für jeweils weitere sieben Tage Fristüberschreitung weitere 5 £ zu zahlen waren[290]. Klagen aus Bauvertragsklauseln über „liquidated damages" scheitern nur sehr selten an dem Einwand, es handele sich um eine „penalty". Der Umstand, dass Schäden nur schwer oder gar nicht geschätzt werden können, führt noch nicht dazu, dass eine Klausel als „penalty" angesehen wird. Dagegen scheitern Klagen aus pre-fixed-Klauseln häufig daran, dass die vertraglichen Voraussetzungen nicht sorgfältig abgearbeitet wurden. Der führende Fall dazu ist Peak v. McKinney[291]: Es entstand eine Verzögerung, weil Mängel aufgetaucht waren. Weitere Verzögerungen traten durch das Untätigbleiben des Auftraggebers auf. Der Court of Appeal zog *liquidated damages* ab, weil es dem Architekten das Recht absprach, eine Bauzeitverlängerung zugunsten des Bauherrn zu gewähren. Die vertragliche Vereinbarung sah *extension of time* (Bauzeitverlängerung) für den Fall von unvorhergesehenen Ereignissen vor. Doch legte das Gericht die Klausel *contra proferentem* (also gegen den Bauherrn) aus. Da die Bauzeitverlängerung nicht zulässig war, trat „time at large" ein. Folglich war der Unternehmer nicht mehr an die Terminvorgaben gebunden und es entfielen Ansprüche

284 Vgl. Royal Brompton Hospital NHS Trust v. Hammond and Taylor Woodrow Construction [2002] UKHL 14.
285 Vgl. Suisse Atlantique v. Rotterdamsche Kolen Centrale [1967] 1 A.C. 361.
286 Vgl. Bridge v. Campbell Discount Co Ltd [1962] AC 600, 622.
287 Vgl. Cheshire, Fitfoot & Furmonston's, Law of contract, 689.
288 PublicWorks Corp. v. Hills [1906] AC 386, 375.
289 Dunlop Pneumatic Tyre Co v. New Garage and Motor Co [1915] AC 79, 86.
290 Law v. Redditch Local Board [1892] 1 Q.B. 127, vgl. den ähnlichen irischen Fall Toomey v. Murphy [1897] 2 I.R. 601.
291 Peak v. McKinney [1970] 1 B.L.R. 111.

„liquidated damages“. Die neuere Rechtsprechung ist allerdings mit Blick auf den Zweck eines Vertrages gelegentlich etwas flexibler[292].

Delay-Damages-Klauseln haben ohne ernsthafte Zweifel haftungsbegrenzende Wirkung[293].

ff. Schadensersatz. Fehlt es an einer vertraglichen Vereinbarung zu *liquidated damages* muss zum einen danach gefragt werden, welche Schäden der Geschädigte ersetzt verlangen kann und wie der Schaden ggf. zu bemessen ist. Nicht alle Schäden, die sich aus der Nichterfüllung einer vertraglichen Vereinbarung ergeben, sind ersatzfähig. Die englische Rechtsprechung orientiert sich an dem Begriff der „remoteness“ (Abgelegenheit). Danach sind nicht alle Schäden ersatzfähig. Zu den nicht ersatzfähigen Schäden gehören z.B. Schäden, die sich aus „Konsequenzen der Konsequenzen“ ergeben, also in der Kausalkette zu weit entfernt liegen als dass sie juristisch noch zugerechnet werden könnten. Der Schaden sollte für den Vertragspartner vorhersehbar sein[294]. **67**

Im Verzugsfall kann jedenfalls finanzieller Schaden (z.B. Gewinnausfall) geltend gemacht werden[295]. Die verspätete Fertigstellung eines Bauvorhabens kann z.B. Ansprüche in Höhe der entgangenen Mieteinnahmen für die Dauer der Verspätung auslösen[296]. Die verspätete Anlieferung von Baumaterial kann Ansprüche auf Ersatz von Mehrkosten begründen[297]. **68**

Die Haftung für Verzug beginnt, wenn der Unternehmer den Fertigstellungstermin überschreitet. Gefordert wird „completion“ (Fertigstellung) oder genauer gesagt substantial oder practical completion. Führt der Unternehmer innerhalb der Frist „completion“ herbei, entfällt die Verzugshaftung. Doch sind die englischen Verträge tückisch und manchmal nur schwer verständlich. So werden in englischen Verträgen an „completion“ eine Reihe von Folgen für den Vertrag geknüpft. Ein Beispiel ist der Fall Impresa Castelli SpA v. Cola Holdings Ltd. (02.05.2002 TCC). Cola hatte Impresa mit einem Hotelbau beauftragt. Vertragsgrundlage war das JCT Standard Form of Building Contract with Contractor's design 1981 edition. Dieser Vertragstyp enthält detaillierte Regularien in Bezug auf „occupation“[298], „possession[299]“ und Übergabe der Baustelle. Nach Klausel 23 erhält der Unternehmer „possession“ (Besitz) am dafür vorgesehenen Tag für die gesamte Bauzeit. Der Unternehmer hat ferner die Arbeiten bis zum Fertigstellungstermin fertig zu stellen (Klausel 23.1.1). Der Fertigstellungstermin kann nach Klausel 25 verlängert werden. Überschreitet der Unternehmer den Fertigstellungstermin, schuldet er „liquidated damages“. Die Fertigstellung (completion) wird vertraglich definiert. Fertigstellung wird angenommen, wenn die Arbeiten das Stadium von „practical completion“ erreichen (Klauseln 16.1 und 24.2.1). Tritt dieser Zustand ein, hat dies zahlreiche Kon-

292 Vgl. Philips v. A G Hong Kong (1993) 61 B.L.R. 41; Balfour Beatty v. Chestermount (1993) 62 B.L.R. 1.
293 Vgl. Temloc v. Errill (1987) 39 BLR 30; Estey J in Elsey v. JG Collins Insurance Agencies Ltd (1978) 83 DLR (3rd) 1, 14–16; siehe auch Beckhaus v. Brewarrina No 2 [2004] NSWSC 1160 (7 December 2004).
294 Vgl. Hadley v. Baxendale (1854) 9 Exch 341.
295 Vgl. Chitty on Contract, Rn. 37-113, 37-209; Cheshire, Fitfoot & Furmonston's, Law of contract, 677.
296 Vgl. Roanoke Hosp. Ass'n v. Doyle & Russel Inc, 215 Va. 796; Marshall v. Marvin H. Anderson Constr. Co, 167 N.W.2d 724 (Minn. 1969); Vanater v. Tom Lilly Constr., 483 So. 2d 506 (Fla. Dist. Ct. App. 1986); Ambrose v. Biggs, 156 Ill. App. 3d 319 (1969); Miami Heart Inst. v. Heery Architects & Eng'rs Inc, 765 F. Supp. 1083 (S.D. Fla. 1991); McDevitt & Street Co v. Mariott Corp, 713 F. Supp. 906 (E.D. Va. 1989), alle zum US-Recht.
297 Vgl. Croudance Construction v. Cawoods Concrete Products [1978] 2 Lloyd's Rep. 55.
298 „Occupation“ meint die Ausübung der tatsächlichen Sachherrschaft.
299 „Possession“ ist ein Begriff, der ein Konzept des englischen Rechts umschreibt. Grob gesagt handelt es sich um eine Form des Besitzes mit Eigentümerwillen (vgl. dazu eingehend Middelton in von Bar, Sachenrecht in Europa, Band 1, 2000, 108).

sequenzen; u.a. beginnt die *defects liabilty period* (Klausel 16.2), der hälftige Einbehalt (retention fund) wird zur Auszahlung fällig (Klausel 30.4.1.3) und die Haftung für *liquidated damages* endet (Klausel 24.2.1). Der Auftraggeber hat das Recht auf *impartial possession*, gleichbedeutend mit Alleinbesitz unter Aufgabe des Besitzes durch den Unternehmer (Klausel 23.3.1). Der Unternehmer darf die Herausgabe nicht unvernünftig verweigern (Klausel 17.1). Andererseits sieht Klausel 23.3.2 die Möglichkeit vor, die Möglichkeit zur Nutzung und „occupation" auf den Bauherrn zu übertragen, was der Unternehmer nicht willkürlich verweigern soll (Klausel 23.3.2). Wird lediglich „occupation" gewährt, hat dies nicht die vorbeschriebenen Folgen. Im konkreten Fall waren Verzögerungen vor allem deshalb eingetreten, weil Impresa die Klimaanlage nicht in den Griff bekam. Die Parteien trafen daraufhin mehrere Vereinbarungen bezüglich der Bauzeit und vor allem der Übernahme von Teilen des Hotelkomplexes durch Cola. Schließlich machte Cola „liquidated damages" für late completion geltend. Impresa wandte ein, die Einräumung des Besitzes an weiten Teilen der Anlage sei ein Fall der Klausel 17.1 und schließe *liquidated damages* aus. Das Gericht urteilte im Sinne von Cola. Ausschlaggebend war für das Gericht, dass Impresa nicht „impartial possession" gewährt sondern nur *occupation* zugelassen hatte.

69 **gg. Mehrkosten.** Die englische Leitentscheidung zu bauzeitbedingten Mehrkosten bei Baumaßnahmen beruhte auf dem Fall, dass sich ein Bauunternehmen verpflichtet hatte, Häuser für den Preis von 94.000 £ zu errichten. Die Arbeiten sollten innerhalb von acht Monaten abgeschlossen sein. Die Bauzeit belief sich im Ergebnis auf 22 Monate, vor allem verursacht durch Materialknappheit und Probleme mit Arbeitnehmern. Die Kosten betrugen im Ergebnis 115.000 £. Das Unternehmen machte geltend, diese Umstände hätten den Vertrag beendet und es könne deshalb den Wert der Baumaßnahmen geltend machen, der höher lag als der Vertragspreis. Das House of Lords[300] wies die Klage ab. „Hardship" und materieller Verlust seien nicht ausreichend, um „frustration" anzunehmen. Es sei vielmehr zu verlangen, dass es eine Veränderung in der Bedeutung der übernommenen Verpflichtung gebe, so dass die Ausführung der Verpflichtung etwas anderes darstelle als die Ausführung der ursprünglichen Verpflichtung. Sind mehrere Ursachen für die Bauzeitüberschreitung verantwortlich (sogenannte *concurrent delays*), stehen mehrere Methoden zur Verfügung, um zu ermitteln, ob die von dem Unternehmer behauptete Ursache tatsächlich ursächlich ist. Nachweisbar sind vier Ansätze: (1) der Devlin approach[301], der „dominant cause approach", der „burden of proof approach"[302] und der *tort approach*[303]. Sir Anthony May[304] bevorzugt den *dominant cause approach*, wohl wissend, dass dieser in der Rechtsprechung[305] auf Ablehnung gestoßen ist. Diese Methoden werden genutzt, um die Ursachen für Bauzeitverlängerung zu bestimmen. Der Schaden ist gesondert darzulegen.

Der Geschädigte muss den Schaden darlegen und beweisen, was sich als schwierig erweisen kann. In *Ascon Contracting* hatte McAlpine Ascon an einem Hotelbauvorhaben mit Stahlbetonarbeiten beauftragt. Die späte Baustellenübergabe sowie eine Überflutung der Baustelle, gegen die McAlpine Schutzmaßnahmen hätte ergreifen müssen, verzögerten die Subunternehmerarbeiten. Ascon machte Ansprüche auf Verlängerung

300 Davis Contractors v. Fareham U.D.C. [1956] A.C. 696.
301 Vgl. Heskell v. Continental Express Ltd [1950 1 All ER 1033].
302 Vgl. Sir Anthony May in Keating on Building Contracts, London 1995, 290.
303 Vgl. Sir Anthony May in Keating on Building Contracts, London 1995, 290.
304 Keating on Building Contracts, London 1995, 290.
305 H. Fairweather & Co v. London Borough of Wandsworth (1987) 39 B.L.R. 106.

der Bauzeit sowie Schadensersatz für Verzögerung geltend. Der Schadensersatzanspruch beinhaltete Ansprüche für Verlust und Auslagen (*loss and expense*) für die Dauer der Bauzeitverlängerung sowie einen separaten Anspruch für Beschleunigungsmaßnahmen. HHJ Hicks[306] führte unter anderem aus:

Der erste Aspekt des sachverständigen Zeugen des Subunternehmers ist der der Arbeit. Er berechnet sie, in dem er die vollen Arbeitskosten während der verlängerten Bauzeit würdigt. Der rechtliche Beistand des ... beanstandet, dass das prinzipiell falsch ist. Ich stimme dem zu; der Umfang der Arbeit für die vertraglichen Leistungen hat sich durch eine Verlängerung der Bauzeit nicht notwendigerweise erweitert, geschweige denn verhältnismäßig. Es kann tatsächlich arbeitsbedingte Verluste aufgrund von Verzögerung geben, z.B. aufgrund von Stillstandszeiten, Produktivitätsverlust, Wiederholung von Aufgaben oder anderes unökonomisches Arbeiten, doch es ist an dem [Subunternehmer] die Ansprüche auf Verluste dieser Art darzulegen und zu quantifizieren, wenn er sie erlitten hat.

Wenn es erforderlich wird, Kosten aus Produktivitätsstörungen zu belegen, kann dies mittels einer der folgenden Methoden geschehen, die auch kombiniert werden können[307], wobei Aufzeichnungen und Zeugen als Beweismittel herangezogen werden können:

- Measured mile method: Bauabschnittsvergleiche (verglichen wird ein vergleichbarer Bauabschnitt ohne Behinderung mit dem Bauabschnitt, in dem die Behinderung eingetreten ist)
- Soll-/Ist-Vergleich
- Berücksichtigung von Behinderungsfaktoren (z.B. schlechtes Wetter[308], Überstundenvergütung, Betriebsunterbrechung etc.)

Die „measured mile method" ist die bevorzugte Methode. Ihr Hauptziel besteht darin, die tatsächlich aufgewendeten Arbeitskosten (z.B. Mannstunden) und das hierdurch erreichte Arbeitsergebnis aus einem ungestörten Bauzeitabschnitt mit dem tatsächlichen Arbeitsergebnis und dem Ergebnis aus einer gestörten Bauzeitabschnitt zu vergleichen. Das Produktionsergebnis aus der ungestörten Arbeitsperiode wird als „measured mile" bezeichnet. Die Differenz aus dem während der measured mile geforderten Aufwand und dem aus der gestörten Periode wird als Verlust in Verbindung mit der oder aus der Behinderung betrachtet, der eingeklagt werden kann[309]. Diese Methode wird durch das SCL Protokoll und amerikanische Bundesgerichte anerkannt[310].

Dieser Ansatz beruht auf der Zuverlässigkeit und Vollständigkeit zeitnaher Aufzeichnungen sowie auf den Fähigkeiten und der Sorgfalt des Analysten[311].

4. Abnahme. Die bauvertragliche Abnahme ist kein zentraler Punkt des englischen Baurechts. Es fehlt an einer Definition und einer systematischen Anknüpfung von Rechtsfolgen an den Umstand der Abnahme. Aus deutscher Sicht beinhaltet die Abnahme nicht nur die körperliche Entgegennahme des Leistungsgegenstandes als Erfüllung, 70

---

306 Ascon Contracting Ltd v. Alfred McAlpine Construction Isle of Man Ltd (1999) 66 Con LR 119.

307 Davison & Mullen, Evaluating Contract Claims, 2. Auflage, 196.

308 Schlechtes Wetter ist als solches in der Regel unbeachtlich, es sei denn es handelt sich um außergewöhnlich schlechte Wetterbedingungen. Führt jedoch eine Behinderung dazu, dass jahreszeitbedingtes Schlechtwetter in Kauf genommen werden muss, kann dies in die Bewertung einfließen; vgl. Davison & Mullen, Evaluating Contract Claims, 2. Auflage, 211.

309 Keane/Caletka, Delay Anaylsis in Construction Contracts, 104.

310 Vgl. Keane/Caletka, Delay Anaylsis in Construction Contracts, 104.

311 Vgl. Keane/Caletka, Delay Anaylsis in Construction Contracts, 104.

sondern zugleich die ausdrückliche oder stillschweigende Billigung als der Hauptsache nach vertragsgemäße Leistungserfüllung[312]. Mit der Abnahme tritt die Fälligkeit des Werklohnes ein (§ 641 BGB). Die Vorleistungspflicht des Unternehmers entfällt[313]. Die Beweislast in Bezug auf die Mangelfreiheit kehrt sich um[314].

71 **a. Überblick.** Wie in Deutschland ist in England[315] und Schottland[316] der Unternehmer vorleistungspflichtig. Geschuldet wird traditionell die vollständige (entire) und perfekte (perfect) Vertragserfüllung. Da diese strenge Auffassung teilweise zu Ungerechtigkeiten führt, hat sich die Theorie von „substantial performance" entwickelt und etabliert. Ausgangspunkt für die Anerkennung von „substantial performance" war die Entscheidung Boone v. Eyre[317]. Nach dieser Doktrin kann der Unternehmer zwar keinen Zahlungsanspruch geltend machen, wenn er für einen Pauschalpreis arbeitet und lediglich einen Teil der Leistung erbracht hat. Doch besteht der Zahlungsanspruch, wenn er das Gebäude fertig gestellt hat, sich dieses jedoch (lediglich) nicht in einem vertragsgerechten Zustand befindet[318]. Wann im Einzelfall „substantial performance" vorliegt, kann nur schwer allgemeinverbindlich beschrieben werden. Das AIA Document A201 (General Conditions of the Contract for Construction)[319] hat in Anlehnung an die amerikanische Rechtsprechung[320] sinngemäß folgende Formulierung übernommen:

„Substantial completion" ist das Stadium im Baufortschritt, wenn die Arbeit oder der wesentliche Teil hiervon so ausreichend vollständig in Übereinstimmung mit den Vertragsdokumenten ist, dass der Eigentümer die Arbeit für ihre beabsichtige Nutzung in Besitz nehmen oder benutzen kann.

Das englische Recht geht in Ermangelung ausdrücklicher vertraglicher Regelungen zu „completion" davon aus, dass das Werk „sensibly finished" (augenfällig fertig) sein muss. Mängel oder unvollständige Details können vorhanden sein, wenn sie tolerabel sind[321].

Die Wirkungen von „substantial completion" sind im Einzelfall und vertragsabhängig zu ermitteln. Ob z.B. die Fälligkeit des Werklohnanspruches von Erteilung eines „Certificate of Substantial Completion" abhängig ist, entscheidet sich daran, ob die Bescheinigung eine Fälligkeitsvoraussetzung ist oder nicht[322]. Ist dies der Fall, kann die Zahlung mangels Bescheinigung nur verlangt werden, wenn die Bescheinigung fehlerhaft verweigert wurde[323].

In diesem Kontext ist zu beachten, dass die meisten angelsächsischen Vertragsmuster an die Fertigstellung als solche eine Mängelbeseitigungsverpflichtung anschließen, die eine vertragliche Hauptverpflichtung darstellt. Diese besondere vertragliche Verpflichtung kann als zusätzliche Garantie[324] jedenfalls aber als zusätzlicher Rehtsbehelf

---

312 RGZ 107, 343; RGZ 110, 407; BGHZ 48, 257, 262.
313 BGH BauR 1973, 313.
314 Ingenstau/Korbion, VOB, § 12 Rn. 52.
315 Uff, Construction Law, 176.
316 Readdi v. Miller (1841) 3D 488; Muldon v. Pringle (1882) 9R 915; Ramsay & Son v. Brand (1898) 25R 1212.
317 Boone v. Eyre (1779) 1 Hy Bl 273.
318 H Dakin & Co Ltd v. Lee [1916] 1 KB 566; bestätigt in Hoenig v. Isaacs [1952]2 All ER 176; vgl. auch Ferris v. Mann 210 A2d 121 (R.I. 1965) zum US-Recht.
319 Subklausel 9.8.1 (1987 und 1997 edition).
320 Neel v. O'Quinn, 313 So. 2d 286 (La. Ct. App. 1975); Royal Ornamental Iron Inc v. Devon Bank, 32 Ill. App. 3d 101; Ocean Ridge Dev. Corp. V. Quality Plasterin Inc, 247 So. 2d 72 (Fla. Dist. Ct. App. 1971).
321 Hoenig v. Issacs [1952] 2 All ER 176; Bolton v. Mahadeva [1972] 1 W.L.R. 1009.
322 Uff, Construction law, 259.
323 Vgl. Panamena Europa v. Leyland [1947] A.C. 428.
324 So ausdrücklich Burton-Dixie Corporation v. Timothy McCarthy Construction Company, 436 F2d 405 (United States Court of Appeals, 5th Cir.); a.A. allerdings Philco Corporation v. „Automatic" Sprinkler Corporation of America, 337 F2d 405.

verstanden werden, die die Haftung des Unternehmers erweitert anstatt sie zu beschränken[325]. Solche Regelungen beinhalten in der Regel keine abschließende Haftung für Mängel und sie ändern auch nicht die allgemeine Verpflichtung des Unternehmers, mängelfrei zu leisten[326]. Vielmehr beginnt die allgemeine gesetzliche Haftung im Zweifel erst nach Ablauf der besonderen vertraglich vereinbarten Mängelbeseitigungsperiode (Defects Correction Period, Maintenance Period, Defects Notification Period oder ähnlich genannt). Der Mängelbeseitigungsanspruch kann von einer Pflicht zur Anzeige abhängig gemacht werden[327].

b. Praxis. aa. ICE 7th. In der englischen Praxis hat sich dementsprechend das *Certificate of substantial completion* entwickelt. Gemäß Klausel 1(1)(r) ICE 7th handelt es sich um die Bescheinigung, die nach Klausel 48 ICE 7th ausgestellt wird. Der Unternehmer teilt dem Ingenieur die Fertigstellung mit. Der Ingenieur muss dann fristgebunden das *Certificate of substantial completion* ausstellen oder mitteilen, welche Mängel abzustellen sind. Der Begriff „substantial completion" ist vertraglich nicht definiert und über das Vorliegen der Voraussetzungen muss im Einzelfall entschieden werden[328]. 72

Mit der Erteilung der Bescheinigung wird eine Reihe von Rechten ausgelöst. Bis dahin verwirkte „Liquidated Damages" werden fällig. Die „Defects Correction Period" beginnt zu laufen[329]. Der Unternehmer hat Anspruch auf Auszahlung von 50% des Sicherheitseinbehaltes[330].

bb. JCT 98. Doch sind die Erscheinungsformen und die Bedeutung solcher Zertifikate sehr unterschiedlich. Das JCT 98-Muster sieht ein „Certificate of Practical Completion" (Klausel 17.1 JCT 98) sowie ein „Final Certificate" (Klausel 30.8 JCT 98) vor. Das „Certificate of Practical Completion" wird im JCT-Vertrag nicht eingehend definiert[331]. Practical Completion ist eingetreten, sobald das Werk in angemessener Übereinstimmung mit dem Vertrag ist[332]. Das „Certificate of Practical Completion" bewirkt, dass[333] 73

- der Unternehmer nicht mehr für „liquidated damages" verantwortlich ist,
- die Versicherung des Unternehmers endet
- das Recht des Bestellers, den vollen Sicherheitseinbehalt einzubehalten, endet
- die „Defects Liability Period" zu laufen beginnt
- eine Frist zur Erteilung der Informationen für die Schlussrechnung beginnt
- die Haftung des Unternehmers für Frostschäden endet

---

325 So Pearce & High Ltd v. Baxter & Anor [1999] EWCA Civ 789 (15 February 1999); Hancock v. B.W. Brazier (Anerley) Limited [1966] 2 All E.R. 901 durch Lord Denning M.R. auf Seite 904F-I; Adams v. Richardson and Starling Limited (1969) 2 All E.R. 1221: zusätzliches Recht ohne Ausschluss allgemeiner Rechtsbehelfe; siehe zur englischen und schottischen Diskussion fener P. & M. Kaye Limited v. Hosier & Dickinson [1972] 1 W.L.R. 146 durch LJ Diplock; Johnston v. WH Brown Construction (Dundee) Ltd [2000] ScotCS 94 (4 April 2000) sowie Jaeger/Hök, FIDIC for Practitioners, 307 ff.

326 Siehe Burton-Dixie Corporation v. Timothy McCarthy Construction Company, 436 F2d 405 (United States Court of Appeals, 5th Cir.); Houston Fire & Cas. Ins. Co. v. Riesel Ind. School Dist., Tex. Civ.App.1964, 375 S.W.2d 323.

327 Pearce & High Limited v. Mr and Mrs Baxter, [1999] 66 Con LR 110 (CA 15 February 1999); siehe ferner Tombs v. Wilson Connolly Ltd. [2004] EWHC 2809 (TCC) (09 November 2004).

328 Parry/Johnston, Scottish Engineering Contracts, 113.

329 Parry/Johnston, Scottish Engineering Contracts, 114.

330 Parry/Johnston, Scottish Engineering Contracts, 114.

331 Chappell, Parris's Standard Form of Building Contract, Rn. 12.1.

332 Vgl. H.W. Neville (Sunblest) Ltd. v. William Press & Son Ltd. (1981) 20 B.L.R. 78; Westminster Corporation v. J. Jarvis & Sons Ltd. [1969] 1 W.L.R. 1448; Chappell, Parris's Standard Form of Building Contract, Rn. 12.1.

333 Chappell, Parris's Standard Form of Building Contract, Rn. 12.2.

74 Die Erteilung des „Final Certificate“ (nach Ablauf der „Defects Liability Period“) ist praktisch die letzte Handlung des Administrators im Rahmen der Vertragsabwicklung[334]. Hat er die Bescheinigung erteilt, kann er nichts weiter tun[335]. Das „Final Certificate“ bewirkt, dass[336]

- die Qualität des Materials und die Art der Arbeitsausführung zur Zufriedenheit des Architekten erledigt ist
- allen Regelungen des Vertrages, die die Anpassung der Vertragssumme verlangen, entsprochen wurde
- alle geschuldeten Bauzeitverlängerungen gewährt wurden
- alle Ansprüche auf Erstattung von Schadensersatz oder Auslagen berücksichtigt sind

Folglich sind dem Besteller alle weiteren Ansprüche auf Mangelgewährleistung abgeschnitten[337].

75 **5. Abrechnung.** Das Abrechnungswesen ist im englischen Bauvertragsrecht im Wesentlichen von Zertifizierungsfragen geprägt. Die in Deutschland gerne und im Rahmen der VOB/B zwangsläufig geführte Diskussion um die Prüfbarkeit der Schlussrechnung ist in England unbekannt. Rechnungslegung, Fälligkeiten etc. waren in England, Schottland und Nordirland Gegenstand nachhaltiger Diskussonen, da bis zum Inkrafttreten des Housing Grants Construction and Regeneration Act 1996 die unzureichende Liquiditätsversorgung der Bauinduistrie als Missstand bekannt war. Seit Einführung des Act hat sich die Lage entspannt. Er hat unter anderem Fragen von Abschlagszahlungen und Fälligkeiten näher geregelt. Im Jahr 2009 sind die Regelungen durch den Local Democracy, Economic Development Act reformiert worden. Es wird allerdings erwartet, dass die neuen Vorschriften erst im Jahre 2011 in Kraft treten werden, weil die Ausführungsregelungen noch diskutiert werden müssen.

76 **a. Abschlagszahlungen.** In den meisten Vertragsmustern finden sich ausdrückliche Regelungen für Abschlagszahlungen in Abhängigkeit vom Baufortschritt. Üblicherweise wird der Unternehmer nach dem geschätzten Wert der ausgeführten Arbeit und gelieferten Materialien bezahlt, allerdings abzüglich eines Sicherheitseinbehaltes. In US-amerikanischen Verträgen wird zumeist nach „milestones“ abgerechnet[338]. Seit Inkrafttreten des HGCRA 1996 müssen englische Bauverträge, es sei denn die Arbeit kann in weniger als 45 Tagen ausgeführt werden, Regelungen zu Abschlagszahlungen enthalten. Der Vertrag muss zudem vorsehen

- einen Mechanismus zur Feststellung der fälligen Zahlungssummen
- einen Mechanismus zur Feststellung der Zahlungszeitpunkte
- einen endgültigen Zahlungstermin
- Regelungen zu Mitteilung des Zahlungsbetrages oder des vorgesehenen Zahlungsbetrages spätestens fünf Tage nach dem jeweiligen Zahlungsdatum

In die Neufassung des HGCRA[339] wurden u.a. folgende ergänzende Regelungen aufgenommen:

---

[334] Chappell, Parris's Standard Form of Building Contract, Rn. 5.15.
[335] Vgl. Fairweather (H.) & Co. Ltd. v. Asden Securities (1979) 12 B.L.R 40.
[336] Chappell, Parris's Standard Form of Building Contract, Rn. 5.16.
[337] Crown Estates Commissioners v. John Mowlem & Co. (1994) 70 B.L.R. 1.
[338] Vgl. Uff, Construction law, 240.
[339] Local Democracy, Economic Development Act 2009.

Section 110A

(1) A construction contract shall, in relation to every payment provided for by the contract—	(1) Ein Bauvertrag soll in Bezug auf alle Zahlungen, die der Vertrag vorsieht
(a) require the payer or a specified person to give a notice complying with subsection (2) to the payee not later than five days after the payment due date, or	(a) den Gläubiger oder eine bestimmte Person verpflichten, dem Schuldner nicht später als 5 Tage nach dem Zahlungsdatum eine Mitteilung gemäß Untersektion (2) zu machen, oder
(b) require the payee to give a notice complying with subsection (3) to the payer or a specified person not later than five days after the payment due date.	(b) den Schuldner verpflichten, dem Gläubiger nicht später als 5 Tage nach dem Zahlungsdatum eine Mitteilung gemäß Unterabschnitt (3) zu machen.
(2) A notice complies with this subsection if it specifies—	(2) Eine Mitteilung gemäß dieser Untersektion beinhaltet
(a) in a case where the notice is given by the payer—	(a) In dem Fall, wo die Mitteilung von dem Gläubiger gegeben wird
(i) the sum that the payer considers to be or to have been due at the payment due date in respect of the payment, and	(i) den Betrag, den der Schuldner in Bezug auf die Zahlung zum Zahlungsdatum als fällig oder fällig geworden beurteilt und
(ii) the basis on which that sum is calculated;	(ii) die Grundlage, auf der der Betrag berechnet wurde
(b) in a case where the notice is given by a specified person—	(b) In dem Fall, wo die Mitteilung von einer bestimmten Person gegeben wird
(i) the sum that the payer or the specified person considers to be or to have been due at the payment due date in respect of the payment, and	(i) den Betrag, den der Gläubiger oder die bestimmte Person in Bezug auf die Zahlung zum Zahlungsdatum als fällig oder fällig geworden beurteilt und
(ii) the basis on which that sum is calculated.	(ii) die Grundlage, auf der der Betrag berechnet wurde
(3) A notice complies with this subsection if it specifies—	(3) Eine Mitteilung gemäß dieser Untersektion beinhaltet
(a) the sum that the payee considers to be or to have been due at the payment due date in respect of the payment, and	(a) Den Betrag, den der Gläubiger in Bezug auf die Zahlung zum Zahlungsdatum als fällig oder fällig geworden beurteilt und
(b) the basis on which that sum is calculated.	(b) die Grundlage, auf der der Betrag berechnet wurde
(4) For the purposes of this section, it is immaterial that the sum referred to in subsection (2)(a) or (b) or (3)(a) may be zero.	(4) Für die Zwecke dieser Sektion ist es unerheblich, dass der Betrag, der in Untersektion (2)(a) oder (3)(b)erwähnt ist, Null beträgt.
(5) If or to the extent that a contract does not comply with subsection (1), the relevant provisions of the Scheme for Construction Contracts apply.	Wenn und soweit ein Vertrag nicht mit Untersektion (1) übereinstimmt, finden die relevanten Regelungen des Scheme for Construction Contracts Anwendung.
(6) In this and the following sections, in relation to any payment provided for by a construction contract—	(6) In dieser und in den folgenden Sektionen in Bezug auf Zahlungen, die im Bauvertrag vorgesehen sind
• „payee“ means the person to whom the payment is due;	• meint Gläubiger die Person, an die Zahlung geschuldet wird
• „payer“ means the person from whom the payment is due;	• meint Schuldner die Person, von der Zahlung geschuldet wird

• „payment due date" means the date provided for by the contract as the date on which the payment is due;	• meint Zahlungsdatum das Datum, das im Vertrag als das Datum vorgesehen ist, an dem die Zahlung fällig wird
• „specified person" means a person specified in or determined in accordance with the provisions of the contract.	• meint bestimmte Person, die gemäß den Regelungen des Vertrages bestimmt oder festgelegt ist

Section 110B

(1) This section applies in a case where, in relation to any payment provided for by a construction contract—	Diese Sektion findet Anwendung in Fällen, wo in Bezug auf Zahlungen, die in einem Bauvertrag vorgesehen sind
(a) the contract requires the payer or a specified person to give the payee a notice complying with section 110A(2) not later than five days after the payment due date, but	der Vertrag den Schuldner oder eine bestimmte Person verpflichtet, dem Gläubiger nicht später als 5 Tage nach dem Zahlungsdatum eine Mitteilung gemäß Sektion 110A (2) zu machen, aber
(b) notice is not given as so required.	die geforderte Mitteilung nicht erfolgte.
(2) Subject to subsection (4), the payee may give to the payer a notice complying with section 110A(3) at any time after the date on which the notice referred to in subsection (1)(a) was required by the contract to be given.	Vorbehaltlich der Untersektion (4) kann der Gläubiger dem Schuldner zu jeder Zeit nach dem Datum, an dem die Mitteilung, die in Untersektion (1) (a) geregelt ist, erfolgen sollte, eine Mitteilung gemäß Section 110A (3) machen.
(3) Where pursuant to subsection (2) the payee gives a notice complying with section 110A(3), the final date for payment of the sum specified in the notice shall for all purposes be regarded as postponed by the same number of days as the number of days after the date referred to in subsection (2) that the notice was given.	Wenn gemäß Untersektion (2) der Gläubiger eine Mitteilung gemäß Sektion 110A (3) macht, wird das endgültige Zahlungsdatum für den in der Mitteilung spezifizierten Betrag für alle Zwecke um dieselbe Anzahl von Tagen als hinausgeschoben angesehen wie die Anzahl der Tage nach dem Datum gemäß Untersektion 2 bis zu dem Mitteilung erfolgte.
(4) If—	Falls
(a) the contract permits or requires the payee, before the date on which the notice referred to in subsection (1)(a) is required by the contract to be given, to notify the payer or a specified person of—	der Vertrag es dem Gläubiger gestattet oder es von ihm fordert, vor dem Datum, an dem eine Mitteilung gemäß Untersektion (1)(a) erfolgen muss, dem Schuldner oder einer bestimmten Person eine Mitteilung über
(i) the sum that the payee considers will become due on the payment due date in respect of the payment, and	den Betrag, den der Gläubiger in Bezug auf die Zahlung als zum Zahlungsdatum fällig werdend erachtet, und
(ii) the basis on which that sum is calculated, and	die Grundlage, auf der dieser Betrag berechnet wurde, und
(b) the payee gives such notification in accordance with the contract,	der Gläubiger eine solche Mitteilung gemäß dem Vertrag macht
that notification is to be regarded as a notice complying with section 110A(3) given pursuant to subsection (2) (and the payee may not give another such notice pursuant to that subsection)."	wird eine solche Mitteilung als Mitteilung gemäß Sektion 110A (3) angesehen, die gemäß Untersektion (2) vorgenommen wurde (und der Gläubiger kann keine weitere Mitteilung nach dieser Untersektion vornehmen).

Finden sich keine solchen Regelungen im Vertrag, finden die Vorschriften des HGCRA Anwendung. Der Vertrag wird dann um die Inhalte des „Scheme for Construction Contracts Part II“ ergänzt. Dieser „Scheme“ sieht detaillierte Regelungen für die Berechnung der Abschlagszahlungen in Abhängigkeit von der geleisteten Arbeit und dem Lieferumfang vor (Sec. 110). Sec. 111 und 112 HGCRA 1996 enthalten bedeutende Vorschriften zur Aufrechnung und Einbehalten sowie zur Arbeitseinstellung. Sec. 113 verbietet „pay when paid“-Klauseln.

Unter dem NEC-Muster wird in sog. Assessment-Intervallen gezahlt. Die Feststellungsintervalle werden in den Contract Data vereinbart. Das Muster sieht vor, dass die Intervalle keinesfalls mehr als fünf Wochen betragen sollen. Der Projektmanager stellt zum jeweiligen Feststellungstag den geschuldeten Betrag fest (Klausel 50.1 NEC). Den fälligen Betrag muss er bescheinigen (zertifizieren). Die Zahlung erfolgt innerhalb von drei Wochen (Klausel 51.2 NEC). Zum Zwecke der Feststellung des Zahlungsbetrages berücksichtigt der Projektmanager alle Zahlungsanträge des Unternehmers, die ihm bis zum Feststellungstag zugegangen sind (Klausel 50.4 NEC). **77**

Klausel 60 (1) ICE 7th regelt eine monatliche Abrechnungsprozedur. Entsprechendes gilt für das JCT 98-Muster. In allen Fällen werden die Zahlungsansprüche zertifiziert. **78**

b. Schlusszahlung. In der Regel nach Ablauf der „Defects Liability Period“ wird die Schlussabrechnung vorgenommen. **79**

Das NEC-Muster sieht die Schlusszahlung bei Fertigstellung der gesamten Arbeiten (at Completion of the whole works) bzw. vier Wochen nach Erteilung des „defects correction certificate“ durch den Supervisor vor (Klausel 50.1 NEC). **80**

Unter dem ICE 7th-Muster erfolgt die Schlussrechnung im Anschluss an die Erteilung des „defects correction certificate“. Der Unternehmer soll nicht später als drei Monate nach Erteilung des Zertifikats die Schlussrechnung legen und sie dem Ingenieur übermitteln (Klausel 60 (4) ICE 7th). Mit der Schlussrechnung sind detaillierte Unterlagen zur Rechnungsprüfung einzureichen. Der Ingenieur stellt dann binnen weiterer drei Monate den Schlusszahlungsbetrag fest (Klausel 60 (4) ICE 7th). **81**

Das JCT 98-Muster sieht die Schlusszahlung im Anschluss an „practical completion“ vor. Der Architekt ist dann gehalten, das endgültige Aufmass und die Bewertung vorzunehmen (Klasuel 30.6 JCT 98). Die zugrunde zu legenden Massen ergeben sich aus den „contract bills“. Klausel 30.8 JCT 98 verpflichtet den Architekten, das „Final Certificate“ auszustellen, und zwar innerhalb von zwei Monaten nach dem insbesondere folgende Umstände eingetreten sind: Ablauf der „defects liability period“ und Erteilung des „Certificate of Completion of Making Good Defects“. **82**

c. Einbehalte. Sicherheitseinbehalte sind üblich und verbreitet, wenngleich sie inzwischen teilweise durch Banksicherheiten (bonds) ersetzt werden (vgl. Klausel 30.4A JCT 98). Es handelt sich um einen Teil der zum Werklohn gehörenden Beträge, die von dem Contract Administrator bescheinigt wurden, aber nicht vor Fertigstellung des Vorhabens fällig werden[340]. Üblicherweise wird bei Vorliegen von „Practical Completion“ die Hälfte der Einbehalte ausbezahlt. Die zweite Hälfte wird nach Ablauf der „Defects Liability Period“ (in der Regel gebunden an die Erteilung des „Certificate of making good **83**

[340] Chitty on Contracts, Rn. 37-129.

defects") fällig. Die Höhe des Einbehaltes ist Verhandlungssache. Sie variiert auf der Grundlage der üblichen Standardmuster zwischen 3 und 5% des zertifizierten Wertes[341].

Einbehalte dürfen nach dem Schlusszahlungstermin nicht mehr vorgenommen werden, es sei denn es wurde eine wirksame Mitteilung über die Absicht eines Einbehaltes gemacht (Sec. 111 (1) HGCRA 1996). Um wirksam zu sein muss die Mitteilung den einzubehaltenden Betrag und den Einbehaltungsgrund aufschlüsseln oder ggf. die Gründe und die jeweils dafür einbehaltenen Beträge (Sec. 111 (2) HGCRA 1996).

84 Aus der Sicht des Unternehmers hat der Besteller in Bezug auf die Einbehalte eine Art Treuhänderstellung[342]. Doch muss dies im Einzelfall in Abhängigkeit von der vertraglichen Ausgestaltung geklärt werden[343]. Verwendet der Besteller die einbehaltenen Summen für eigene Zwecke, begeht er eine Vertragsverletzung. Der Unternehmer kann in der Regel verlangen, dass der Besteller den Einbehalt von seinem Vermögen getrennt verwaltet und einen „retention trust" anlegt[344]. Dafür ist es nicht erforderlich darzulegen, dass sich der Besteller in finanziellen Schwierigkeiten befindet[345]. Bestehen allerdings liquide Gegenforderungen des Bestellers, kann er diese mit den Sicherheitseinbehalten verrechnen und seine Verpflichtung zur getrennten Verwaltung der „retention funds" erlischt[346].

Zinsen aus Sicherheitseinbehalten stehen dem Unternehmer zu. Der Treuhänder hat keinen Anspruch auf die Früchte des Treuhandvermögens[347]. Entgegenstehende Vereinbarungen (vgl. Klausel 30.5.1 JCT 98) sind wirkungslos[348].

85 **d. Zertifizierung.** Das Zertifizierungswesen bringt spezifische Probleme mit sich. Im ICE 7th-System muss der Ingenieur die geschuldeten Beträge zusammensetzen und zertifizieren. Die Erteilung des Zertifikats ist „condition precedent", also echte Bedingung, für die Zahlungsansprüche des Unternehmers[349]. Der Unternehmer kann vor Erteilung des Zertifikats keine Zahlung verlangen[350]. Die nach dem ICE 7th erstellten Zertifikate (defects correction certificate, final certificate) konstituieren allerdings keine bindende Genehmigung der ausgeführten Arbeiten[351]. Das Final Certificate, das unter JCT 98 ausgestellt wird, beweist dagegen die Ordnungsgemäßheit und Mangelfreiheit der Arbeiten[352].

86 Um missbräuchlichen Einbehalten zu begegnen, hat die englische Rechtsprechung den „interim certificates" eine Art Scheckfunktion zugebilligt[353]:

Ein „interim certificate" muss gedanklich als Bargeld betrachtet werden, so wie ein Wechsel. Es muss bezahlt werden. Zahlungen sollen nicht auf der Grundlage von Gegenansprüchen zurückgehalten werden, soweit dies der Vertrag nicht anders vorsieht[354].

In der Folge wurde der Satz geprägt, „there must be cash flow in the building trade". Das ist das Lebensblut des Unternehmens[355]. Andererseits wurde aber entschieden, dass

---

341 Chitty on Contracts, Rn. 37-129.
342 Chitty on Contracts, Rn. 37-131; Chappell, Parris's Standard Form of Building Contract, Rn. 5.7.
343 Vgl. Chappell, Parris's Standard Form of Building Contract, Rn. 5.9 8 zu JCT Minor Works.
344 Chitty on Contracts, Rn. 37-131; Chappell, Parris's Standard Form of Building Contract, Rn. 5.8.
345 Rayack Construction v. Lampeter Meat (1979) 12 B.L.R. 30, 38.
346 Chitty on Contracts, Rn. 37-132.
347 Chappell, Parris's Standard Form of Building Contract, Rn. 5.9.
348 Chappell, Parris's Standard Form of Building Contract, Rn. 5.9.
349 O'Reilly, Engineering Construction Contracts, 275.
350 Costain Building and Civil Engineering Ltd. v. Scottish Rugby Union plc (1993) 69 B.L.R. 85 (Scottland).
351 Uff, Construction law, 412.
352 Chappell, Parris's Standard Form of Building Contract, Rn. 5.16.
353 Vgl. Streatfeild-James ICLR 2003, 483, 491.
354 Dawnays Ltd. v. F G Minter Ltd and Trollope & Colls. Ltd (1971) 1 B.L.R. 16, 22 (CA).

die Common-Law-Behelfe in Bezug auf Einbehalte auch gegenüber zertifizierten Ansprüchen eingewendet werden können, soweit dies vertraglich nicht ausdrücklich ausgeschlossen wurde[356], so dass zumindest kein „summary judgment" ergehen kann[357].

Doch selbst wenn die Erteilung der Zahlungsbescheinigung echte Zahlungsbedingung ist, kann Zahlung verlangt werden[358]. Der Zertifizierer kann sich z.B. nicht auf Umstände berufen, die nicht seiner Beurteilung unterliegen. Tut er dies, kann auch ohne Zertifikat Zahlung ausgeurteilt werden[359]. Üblicherweise sind aber die Zertifizierungsvorgänge im Schiedsverfahren überprüfbar. Typische Klauseln sind, dass das Schiedsgericht berechtigt ist, Zertifikate aufzuheben, zu überprüfen oder zu ändern[360].

6. Mängelgewährleistung. a. Einführung. aa. Grundsatz der „strict performance". 87
Zu den wesentlichen *Voraussetzungen* der Gewährleistung nach englischem common-law zählt zunächst, dass der Unternehmer es nach der im common-law geltenden *strict performance*-Doktrin übernimmt, jede vertraglich vereinbarte Leistung unter Einschluss der Nebenpflichten zu erbringen, bevor er den Vertrag erfüllt hat und Zahlung verlangen kann. Erst mit der vollständigen, die genannten Haupt – und Nebenpflichten erfüllenden Leistungen ist der Bauvertrag also erfüllt. Die umfassende Geltung der *strict performance* hat allerdings in der Praxis häufig zur Leistungsverweigerung des Auftraggebers geführt, der auch bei kleinsten Abweichungen von Leistungsverpflichtung und Erfüllungshandlung die komplette Gegenleistung verweigerte. Dieses im Einzelfall immer wieder als ungerecht empfundene Ergebnis hat die englische Rechtsprechung veranlasst, durch die Figur der *substantial performance* in Ausmaß oder Art unwesentliche Pflichtverletzungen nicht als Grund für eine Leistungsverweigerung der Gegenseite zuzulassen[361].

bb. Vertragliche Pflichten. Die vertraglichen Pflichten können im Wesentlichen durch 88
die Begriffe „*warranty*" (unwesentliche Vertragsbestimmung), „*condition*" (wesentliche Vertragsbestimmung) und „*guarantee*" (Garantie) beschrieben werden. *Warranty* steht für eine Vereinbarung von Nebenpflichten, die den Hauptvertrag ergänzen. Aus ihrer Verletzung kann grundsätzlich nur Schadensersatz (damages) verlangt werden, nicht aber, wie bei der *condition*, die Sache als nicht vertragsgemäß zurückzugeben und eine fehlerfreie Sache bzw. Nachbesserung zu verlangen. Beide Arten von Ansprüchen können innerhalb von sechs Jahren durch Klage geltend gemacht werden.[362] Bei der Annahme des Vorliegens von stillschweigenden Zusicherungen (*implied warranties*) geht man zugunsten des Bestellers beim Werkvertrag im angloamerikanischen Recht sehr weit. Nach der *doctrine of merger* (Verschmelzungstheorie) erlöschen jedoch auch die Rechte aus ausdrücklichen Zusicherungen in Immobilienkaufverträgen, wenn diejenigen Dokumente übergeben wurden, die das Eigentum am Grundstück verbriefen (sog. *deed*). Diese Dokumente sollen dann die Rechte am Grundstück allein verbindlich regeln.

---

355 Vgl. Modern Engineering (Bristol) Ltd. v. Gilbert-Ash (Northern) Ltd. (1973) 1 B.L.R. 73 (HL).
356 Modern Engineering (Bristol) Ltd. v. Gilbert-Ash (Northern) Ltd. (1973) 1 B.L.R. 73 (HL).
357 Vgl. Streatfeild-James ICLR 2003, 483, 491.
358 Uff, Construction Law, 259.
359 Panamena Europa v. Leyland [1947] A.C. 428.
360 Vgl. Uff, Construction law, 260.
361 Freilich hat man durch die Schaffung dieser Ausnahmeregelung das Problem bestimmen zu müssen, was zum Wesentlichen des Vertrages zu rechnen ist. So wie diese Ausnahmeregel von Erfahrungen aus Einzelfällen herrührt, wird auch die Frage, wann eine wesentliche Abweichung besteht, vom Einzelfall aus entschieden. In der US-Amerikanischen Rechtsprechung etwa wurde darauf abgestellt, ob der Vertragsbruch so grundlegend ist, dass der an die Wurzeln des Vertrages reicht, vgl. Barker/Padfield, Law, 150.
362 Bernstorff, Einführung in das englische Recht, 44.

Die Rechtsprechung sieht jedoch Zusicherungen im Rahmen eines Hauskaufes als Nebenabreden (*collateral agreements)*, die die *deed* überdauern. Allerdings enthält diese Eigentumsübertragungsurkunde meist ohnehin lediglich die Zusicherung des Eigentumsrechts, so dass praktisch kein Unterschied zwischen *deed* und stillschweigender Zusicherung (implied warranty) besteht.

89 **cc. Allgemeine Rechtsfolgen bei Vertragsverletzung.** Liegt eine Vertragsverletzung vor, sind nach dem angloamerikanischen Recht der Leistungsstörungen grundsätzlich sechs verschiedene *Rechtsfolgen* zu unterscheiden:

- Verweigerung der Erfüllung durch die Gegenseite
- Klage auf Schadensersatz
- Klage auf das, was der Gläubiger anteilig verdient hat
- Klage auf Erfüllung und Leistung als Klage auf specific performance
- Klage auf ein bestimmtes Tun oder Unterlassen (injunction)
- Rücktritt vom Vertrag (rescission).

Im amerikanischen Recht ist zu bedenken, dass die *Geltendmachung* eines Mangels im Bauwerk von gesetzlichen Vorgaben des Code of Civil Procedure (CCP) bestimmt ist, die den Zeitraum der Geltendmachung des Mangels festlegen. Bei einem offenkundigen Mangel (patent deficiency) etwa schreibt der CCP 337.1 eine Frist von vier Jahren vor, in der der Mangel geltend gemacht sein muss. Für verdeckte Mängel legt CCP 337.15 eine Frist von 10 Jahren fest[363]. Im englischen Recht sieht der Limitation Act 1980 vergleichbar lange Klagefristen vor, die im Übrigen internationalprivatrechtlich als Teil des Vertragsstatutes gewertet werden. Nach dem Limitation Act beträgt die „limitation period" normalerweise sechs Jahre und bei Verträgen „under seal" zwölf Jahre. Der Act gilt allerdings nur für Klagen nach Common Law, nicht dagegen für Rechtsbehelfe nach „equity". Die Frist läuft ab dem Tag der Vertragsverletzung. Zwei Ausnahmen sind zu nennen, und zwar wenn der Anspruch auf Betrug (fraud) basiert oder wenn der Anspruch auf „mistake" (Fehler)[364] basiert. In diesen Fällen läuft die Frist erst ab Feststellung des Klagegrundes.

90 **dd. Defects Liability.** In der Praxis überschneiden sich oft die sog. *defects notification liability* und die allgemeinen Rechtsbehelfe. Die *defects notification liability* ist ein Rechtsbehelf der vertraglich vereinbart werden kann, was in aller Regel auch geschieht. Klausel 2.5 JCT Minor Works form sieht vor, dass sich der Unternehmer verpflichtet, Mängel die innerhalb der „defects liability period" auftreten, auf eigene Kosten sowie mit eigenem Material und Personal zu beheben (to make good).

Derartige Klauseln schaffen nach ständiger englischer Rechtsprechung einen zusätzlichen Rechtsbehelf des Bauherrn[365]. Andererseits soll die Klausel keine neue Haftung begründen, sondern dem Unternehmer die Möglichkeit eröffnen, aufgrund der Mängel-

[363] Ein sehr häufig anzutreffender Baumangel ist die Verunreinigung durch Pilze, verursacht durch Wasserstörungen in Gebäuden, vgl. für den amerikanischen Bereich, There's gold in that mold, The Star, June 3, 1999.

[364] Fehlerhafte Verträge sind nichtig. Der Fehler (mistake) muss fundamental sein und kann sich auf die Identität des Vertragspartners oder des Vertragsgegenstandes beziehen (vgl. Raffles v. Wichelhaus (1864) 2 H. & C. 906; Bell v. Lever Bros. [1932] A.C. 161).

[365] Hancock v. Brazier [1966] 2 All ER 901; Robins v. Goddard [1905] 1 KB 294; Gilbert-Ash (Northern) Ltd v. Modern Engineering (Bristol) Ltd [1974] AC 689; Pearce & High Ltd v. Baxter & Anor [1999] EWCA Civ 789 (15 February 1999); Burton-Dixie Corporation v. Timothy McCarthy Construction Company, 436 F2d 405 (United States Court of Appeals, 5th Cir.); Houston Fire & Cas. Ins. Co. v. Riesel Ind. School Dist., Tex. Civ.App.1964, 375 S.W.2d 323.

anzeige den vorhandenen Mangel zu beseitigen[366]. Die „Common Law"-Haftung besteht parallel[367]. Während der sog. „Defects Liability Period" kann der Bauherr bei entsprechender vertraglicher Regelung Nachbesserung verlangen. Der Nachbesserungsanspruch ist üblicherweise vertraglich befristet. Zu kurze Fristen können „unreasonable" sein[368]. Diese Befristung hat jedoch in Ermangelung einer anderslautenden ausdrücklichen vertraglichen Regelung keinen Einfluss auf die Common-Law-Haftung. Letzere kann z.B. für Schäden, die bis zur Mangelbeseitigung entstanden sind, geltend gemacht werden[369]. Anderseits werden Mängel, die bis zur Fertigstellung zeitweilig bestanden, als temporäre Diskonformität betrachtet, die keine gesonderten Schadensersatzansprüche auslösen[370]. Einige Klauselwerke enthalten Formulierungen, denen zufolge nach Ablauf der „defects notification period" ein „final certificate" auszustellen ist. Derartige Klauseln können nach Erteilung des „certificate" Abzüge für Baumängel unter Umständen ausschließen[371].

Aus der Rechtsprechung erhellt, dass jedenfalls die Planungs- und Organisationsfreiheit des Unternehmers nicht grenzenlos ist. Gelingt es ihm z.B. nach Fertigstellung der Arbeiten nicht, während der Mangelbeseitigungsperiode Mängel zu beseitigen, kommt die Vermutung zum Tragen, dass die Parteien mangels ausdrücklicher gegenteiliger Regelung im Vertrag, auf keine Common Law Rechtsbehelfe verzichten wollten[372]. Andererseits muss bedacht werden, was die Planungs- und Gestaltungsfreiheit des Unternehmers bis zur Endfertigstellung rechtlich aussagt.

In der englischen Rechtsprechung finden sich hierzu tragfähige Aussagen in einem Anwaltsregressfall, der die Frage aufwarf, ob eine Klausel, die ausdrücklich eine Ermächtigung zur Erteilung bauleitender Anordnungen zur Vermeidung von Bauverzögerungen enthielt, selbständige Schadensersatzansprüche auslösen kann oder nicht. Der Vorwurf an die Anwälte ging dahin dass im Vorprozess Ansprüche aus einer effektiv eingetretenen Bauzeitüberschreitung durch eine *Delay Damages* Klausel gedeckelt waren und der von den Anwälten entworfene Vertrag keine ausdrückliche Klausel enthielt, die weitergehenden Schadensersatz zuließ und dass die Anwälte es unterlassen hatten, über die Auswirkungen der Delay Damages Klausel zu beraten. Das Gericht führte aus[373]:

Der Zweck der Klausel [gemeint ist die Klausel über die Ermächtigung zur Anordnung von Beschleunigungsmaßnahmen] ... ist klar. Es ist unüblich, das sie weiter geht als die gewöhnliche Regelung,durch die die Befugnis erteilt wird, den Unternehmer anzuweisen, Zeit aufzuholen, die er bereits verloren hat, wodurch es möglich oder sicher erscheint, dass der Unternehmer nicht termingerecht fertig wird. Sie autorisiert eine derartige Anordnung, wenn der Project Manager der Auffassung ist, dass der Fortschritt des Unternehmers bei der Ausführung der Arbeiten geeignet ist, die termingerechte Fertigstellung der Arbeiten oder des Abschnitts zu beeinträchtigen. Insoweit greift sie in die Unternehmersphäre in Bezug auf die Ausführung und das Risikomanagement ein, weil der Unternehmer grundsätzlich berechtigt ist zu entscheiden, wie er

[366] Chitty on Contract, Rn. 37-108.

[367] Vgl. auch Burton-Dixie Corp v. Timothy McCarthy Construction Co, 436 F.2d 405 (5th Cir. 1971) zum US-Recht.

[368] Vgl. Charlotte Thirty Ltd v. Crocker Ltd (1990).

[369] Chitty on Contract, Rn. 37-108; H W Nevill (Sunblest) Ltd v. William Press and Son Ltd (1981) 20 B.L.R. 78.

[370] Vgl. P & M Kaye v. Hosier & Dickenson [1972] 1 W.L.R. 146 – dissentin opinion; vgl. auch Lintest v. Roberts (1980) 13 B.L.R. 38.

[371] Westminster City Council v. Jarvis & Sons Ltd (1970) 1 All ER 943.

[372] Pearce & High Ltd v. Baxter & Anor [1999] EWCA Civ 789 (15 February 1999).

[373] Masons (A Firm) v. WD King Ltd & Anor [2003] EWHC 3124 (TCC) (17 December 2003).

seine Primärverpflichtung aus dem Vertrag am besten erfüllen kann, insbesondere wo, wie hier, der Unternehmer für die Planung verantwortlich ist, so dass es sogar wichtiger für den Unternehmer sein kann, seine Handlungen frei planen und koordinieren zu können, wie es im eigenen besten Interesse und derer, die er damit befasst hat, geeignet erscheint. Nichtsdestotrotz ist ihr wesentlicher Zweck derselbe wie eine nicht modifizierte Regelung: sie besteht darin, im Interesse des Bestellers zu ergreifende Maßnahmen zu ermöglichen, die, wenn sie ergriffen werden, eine Verspätung vermeiden sollten oder konnten. Die Verpflichtung des Unternehmers zur Befolgung, die dem Unternehmer obliegt, ist daher Nebenpflicht der Hauptverpflichtung. Das Unterlassen der Befolgung wird oder kann in der späten Fertigstellung enden. Der Vertrag regelt seine eigenen Sanktionen für die Nichtbefolgung. Die Hauptsanktion besteht in der Zahlung von pauschalisiertem Schadensersatz [also Delay Damages]. In dieser Beziehung, was [der Unternehmer] auf jeden Fall vollständig akzeptierte, und wie es in Klausel 55/6 wiedergegeben ist, war das abgestufte und beschränkte Modell speziell darauf ausgerichtet, einen akzeptablen Vertragspreis zu erhalten. [Der Unternehmer] verhandelte und schloss den Vertrag auf dieser Grundlage. Die Autoritäten ... machen klar, dass pauschalisierte Schadensersatzansprüche sehr wohl auch dazu dienen können, die Haftung des Unternehmers zu beschränken ... Sicherlich wird ein Unternehmer einen Vertrag auf der Grundlage kalkulieren, dass der Schadensersatz für Verspätung nicht den vertraglichen vereinbarten Rahmen überschreiten wird. ... Ein Bauvertrag, wie andere wirtschaftliche Verträge, enthält zahlreiche Verpflichtungen: einige sind lediglich administrativ oder Teil der Maschinerie, einige vorbereitende (z.B. die Vornahme von Anzeigen und anderen Vorbedingungen); einige sind ergänzend und einige sind wesentlich. Die Nichtbefolgung einer der voranstehenden Kategorien begründet entweder keinen Anspruch auf Schadensersatz zugunsten der anderen Partei oder ist ungeeignet einen zu begründen, nicht zuletzt weil keiner entstanden ist.

Nach Auffassung des Gerichts kann oder wird die Nichtbefolgung der Anordnung zu einer Klage aus dem Vertrag führen und ultimativ zu einer Haftung auf Schadensersatz wegen verspäteter oder mangelhafter Fertigstellung, allerdings nicht im Rahmen der Haftung nach dieser Regelung allein, die eine Beschreibung oder das Maß dessen enthält, was bei Fertigstellung gefordert ist. So verhält es sich auch mit der Verpflichtung [zur Beschleunigung]. Bis die Arbeiten fertig gestellt und übergeben sind … wird der Besteller generell nicht in der Lage sein darzulegen, dass eine Vertragsverletzung Schaden verursacht hat. Die Nichtbefolgung kann allerdings zur Ausnutzung der Regelungen, die zu Vertragskündigung führen, führen[374].

91 **b. Mängelgewährleistung im engeren Sinne.** Zum Zwecke der Erläuterung des Mängelgewährleistungsrecht ist zunächst auf die gegenüber dem kontinentaleuropäischen Recht grundverschiedenen Lösungsansätze hinzuweisen. Das Common Law kennt im Grunde nur eine einzige Rechtsfolge der Leistungsstörung: den Schadensersatz. Zudem macht das englische Recht einen fundamentalen Unterschied zwischen Klagen aus dem Vertrag und Klagen wegen Vertragsverletzung. Nach Common Law sind Verträge nicht in dem Sinne durchsetzbar (enforceable), dass auf Erfüllung der Primärverpflichtung geklagt werden kann[375]. Das Common Law kannte ursprünglich nur einen solchen Fall: Der Schuldner einer Geldsumme konnte auf Zahlung in Anspruch genommen werden. Nur „in equity" bestand die Möglichkeit „specific performance" zu verlangen. Noch

[374] Masons (A Firm) v. WD King Ltd & Anor [2003] EWHC 3124 (TCC) (17 December 2003).
[375] Cheshire/Fifoot/Furmonston, Contract Law, 14. Auflage, London 2001, 658.

heute ist „specific performance" der Ausnahmefall. Insbesondere im Baurecht gibt es keine Regel, wonach „specific performance" verlangt werden kann, zum einen weil es unmöglich ist, die Arbeit zu überwachen und zum anderen weil Schadensersatz als adäquater Behelf angesehen wird[376]. Der übliche Rechtsbehelf ist daher die Klage auf Schadensersatz. Aber insbesondere dann, wenn der Bauherr das Baugrundstück mit dem Anspruch auf Herstellung des Gebäudes gekauft oder angemietet hat, kann ausnahmsweise Erfüllung (specific performance) verlangt werden[377]. Allerdings muss dann

- die auszuführende Arbeit klar beschrieben sein und
- das Interesse an der Herstellung durch den Unternehmer so substantiell sein, das eine Entschädigung in Geld nicht angemessenen erschiene[378] und
- der Unternehmer Besitz an dem Baugrund haben[379].

aa. Substantial performance. Die eigentliche Mängelhaftung setzt in der Regel „substantial performance" voraus. Eine unentschuldigte Vertragsverletzung löst Ansprüche auf „nominal damages" (nomineller Ersatz, Ersatz dem Namen nach) aus, wenn dargelegt wird, dass vertragliche Rechte verletzt wurden. Inhaltlich geht es insoweit lediglich darum, eine Vertragsverletzung festzustellen, denn es ist kein Schaden entstanden. Der Anspruch auf Schadensersatz beläuft sich dann auf wenige £. Kann der Geschädigte dagegen darlegen, dass die Vertragsverletzung kausal für einen bestimmten Verlust ist, dessen Ersatz das Recht zubilligt und der nicht zu weit entfernt liegt (too remote), dann kann „substantial damage" verlangt werden[380]. Die Baumängelhaftung besteht auf dieser Grundlage, ausgehend von dem Begriff „liability for defective work". Unter „defective work" wird verstanden, dass das gelieferte Werk nicht den vertraglichen Spezifikationen und Anforderungen entspricht. Hinzu kommen die vertragsimmanenten Anforderungen (implied terms), wie Übereinstimmung mit den Regeln des Handwerks (standard of workmanship) und den allgemeinverbindlichen Qualitätsanforderungen. Solche vertraglichen Spezifikationen werden auch „warranties" oder „warrants" genannt. Handelt es sich um sehr wesentliche Aspekte spricht man von conditions, deren Verletzung die Auflösung des Vertrages (repudiation) bewirken kann. Obgleich diese Unterscheidung aus dem Kaufrecht stammt und sie nur wenig Signifikanz für das Werkvertragsrecht hat[381], hilft sie doch für das Verständnis. Hinsichtlich der Haftung wegen der Verletzung von „warranties" sind zwei Fallgruppen zu unterscheiden: (1) failure to build und (2) defective work. 92

(1) Failure to build. Versäumt es der Unternehmer, seine Bauverpflichtung ganz oder zu Teilen zu erfüllen, spricht man von „failure to build". In solchen Fällen besteht der Schaden in dem Aufwand des Bauherrn für die Baufertigstellung abzüglich des Baupreises. Der führende Fall ist insoweit Mertens v. Home Freeholds[382]. Ersatzfähig ist auch die durch die Zeitverzögerung eingetretene Verteuerung[383]. „Specific performance" kann nur in Ausnahmefällen verlangt werden. 93

[376] Cheshire/Fifoot/Furmonston, Contract Law, 14. Auflage, London 2001, 704.
[377] Vgl. Wolverhampton Corpn v. Emmons [1901] 1 KB 515.
[378] Molyneux v. Richard [1906] 1 Ch 34, 43–46.
[379] Carpenters Estates Ltd v. Davies [1940] All ER 13.
[380] Vgl. Hadley v. Baxendale (1854) 9 Exch 341.
[381] Uff, Construction Law, 180.
[382] Mertens v. Freeholds [1921] 2 K.B. 526.
[383] Vgl. Dodd Properties v. Canterbury CC [1980] 1 W.L.R. 433.

94 **(2) Defective work.** Bestehen nach Fertigstellung Mängel, kann der Bauherr, und zwar u.U. auch dann, wenn er nicht Eigentümer des Baugrundes ist[384], normalerweise die Kosten für die Mängelbeseitigung verlangen[385]. Jedoch obwohl dieser Behelf den Bauherrn in die Lage versetzen würde, als sei der Vertrag ordnungsgemäß erfüllt worden, wird von ihm verlangt darzulegen, dass der Ersatz des Beseitigungsaufwandes ein angemessener Behelf ist. Im Fall Ruxley Electronics v. Forsyth[386] hatte der Bauherr einen Swimmingpool bestellt. Der Pool sollte laut Vertrag 7 Fuß 6 tief sein, damit der Bauherr sicher in den Pool springen konnte. Der Pool war aber an seiner tiefsten Stelle lediglich 6 Fuß 9 tief und an der Stelle, an der man normalerweise in den Pool springen würde war er lediglich 6 Fuß tief. Der Richter stellte fest, dass der Pool „perfectly safe for diving" (perfekt sicher um hineinzuspringen) war und dass die zu geringe Tiefe des Pools keinen messbaren Wertnachteil beinhaltete. Hingegen hätte die einzige Möglichkeit, den vertragsgemäßen Zustand herzustellen, darin bestanden, für ca. 21.000 £ einen neuen Pool zu errichten. Das Gericht beschied den Bauherrn dahin, dass er diesen Aufwand voraussichtlich niemals betreiben würde und dass es auch nicht vernünftig bzw. angemessen (reasonable) wäre, dies zu tun. Unter diesen Umständen billigte das Gericht dem Bauherrn als Schadensersatz den Verlust von Annehmlichkeit (loss of amenity) in Höhe von 2.500 £ zu, was im Ergebnis zu einer Verurteilung zur Zahlung des Restwerklohnes führte. Der Court of Appeal änderte die Entscheidung zugunsten des Bauherrn ab und billigte ihm vollen Ersatz zu. Das House of Lords stellte die erstinstanzliche Entscheidung einstimmig wieder her. Die Entscheidung hat eine heftige Diskussion ausgelöst[387]. Doch sind auch noch radikalere Ansichten bekannt. Unter Berufung auf die australische Entscheidung Bellgrove v. Eldrige[388] heißt es in der australischen Ausgabe von Cheshire/Fifoot[389]: „Wenn die Vereinbarung besteht, „second hand-Steine" zu verbauen und der Unternehmer trotzdem fabrikneue Steine vermauert, kann der Bauherr keinen Ersatz für den Abriss der Mauer und ihre Neuerrichtung verlangen".

95 **bb. Mangelbeseitigungskosten.** Es gibt eine ganze Reihe von älteren Entscheidungen zu Baumängeln, in denen die Gerichte entweder vollen Ersatz der Mängelbeseitigungskosten gewährt haben oder lediglich eine Wertbeeinträchtigung zuerkannten[390]. Die Entscheidung zugunsten der einen oder der anderen Variante machten die Gerichte entweder davon abhängig, ob es vernünftig bzw. angemessen sei, die vollen Mängelbeseitigungskosten zuzuerkennen oder sie stellten darauf ab, ob der Bauherr willens war, den Mangel zu beheben. Das House of Lords hat der Frage, ob die Maßnahme angemessen und vernünftig ist, erheblich mehr Bedeutung beigemessen als dem Willen des Bauherrn. Letztlich scheint erkennbar zu sein, dass die Gerichte in den Fällen, in denen

---

384 Vgl. dazu Alfred McAlpine Construction Ltd v. Panatown Ltd (2000) CILL 1665 HL; Alfred McAlpine Construction Ltd v. Panatown Ltd [1998] EWCA Civ 154 CA (umstritten).

385 East Ham Corporation v. Bernhard Sunley & Sons Ltd [1966] A.C. 406 HL.

386 Ruxley Electronics & Constructions Ltd v. Forsyth [1995] 1 A.C. 433 HL.

387 Vgl. Swanton J and McDonald B, „Measuring Contractual Damages for Defective Work" (1996) 70 ALJ 444; Loke A, „Cost of Cure or Difference in Market Value? Toward a Sound Choice in the Basis for Quantifying Expectation Damages" (1996) 10 JCL 189; Davenport P, „Damages – Disappointed Expectations – the Test of Reasonableness" (1995) ACLN Issue No 44 50; Sharley J, „Some Solace for Owners", (1996) 2 (6) Building and Construction Law 380; Miller D, „Damages for Defective Works: Reasonableness and Restitution" (1995) ACLN Vol 43 13; Nankervis S, „Recovery for Defective Works" (1995) ACLN Vol 40 29.

388 Bellgrove v. Eldrige (1954) 90 CLR 613, 618.

389 Seddon/Ellinghaus in: Cheshire/Fifoot's law of Contract, 7. Auflage, § 23.19.

390 Vgl. East Ham Borough v. Bernhard Sunley [1965] 3 All ER 619; Jacobs & Youngs v. Kent 230 NY 239 (1921) – New York Court of Appeal.

es unvernünftig wäre, den Schaden zu beheben, letztlich dem Bauherrn nicht glauben, dass er den Schaden beheben wird[391].

Was bei der Analyse der Entscheidung Ruxley Electronics auf den ersten Blick als einfache Bestätigung der älteren Rechtsprechung aussieht, wird teilweise als eine neue Entwicklung kommentiert[392]. Es wird darauf hingewiesen, dass Lord Mustill in die Abwägung den „consumer surplus[393]" einbezieht, also den spezifischen Vorteil, den der Versprechensempfänger aus der versprochenen ordnungsgemäßen Erfüllung herausziehen will. Letztlich soll es darauf hinauslaufen, nur noch zu prüfen, welchen Verlust der Bauherr erlitten hat. Dieser lag im Pool-Fall zwischen 0 £ und ca. 21.000 £. Was im Falle der Nichtausführung der Reparatur als „Überkompensation" verstanden werden konnte, sollte nicht sein. Den Bauherrn trotz erwiesener Vertragsverletzung gänzlich unentschädigt zu lassen, erschien andererseits ebenfalls nicht angemessen. Letztlich wurde der subjektive Wert an die Stelle objektiver Kriterien gesetzt. Aus deutscher Sicht läuft diese Herangehensweise auf eine „Minderungslösung" ohne feste Kriterien für die Ermittlung des Minderungsbetrages hinaus. Überdies können nach englischem Recht ohnehin Mängel gegen den Werklohnanspruch als „abatement" eingewendet werden[394], sofern sie im Zeitpunkt der Fälligkeit des Zahlungsanspruches bestehen. Klauseln, die derartige Einbehalte ausschließen, müssen durch den „test of reasonableness", sind aber tendenziell zulässig[395]. 96

cc. Mangelfolgeschäden. Eine gänzlich andere Problemstellung besteht, wenn der Mangel Folgen für die Nutzbarkeit des Bauvorhabens hat. Derartige Folgen werden nicht als typische (naturgegebene) Folgen der Vertragsverletzung angesehen und müssen daher durch den „remoteness-test". Gefragt wird, ob der Schaden von einem vernünftigen Menschen vorausgesehen hätte werden können[396] und ob ihn die Parteien bei Vertragsschluss als die normale Folge einer Vertragsverletzung erwartet haben[397]. Anders ausgedrückt wird gefordert, dass die Parteien, wenn sie daran gedacht hätten, dass Ereignis als sehr wahrscheinlich angesehen und einer Regelung zugeführt hätten[398]. 97

Englische Bauverträge enthalten sehr häufig Klauseln, die die Haftung für sog. Mangelfolgeschäden beschränken oder ausschließen[399]. Ihre Wirkungen hängen davon ab, wie sie formuliert sind. Ist die Klausel „unreasonable" zeigt sie keine Wirkung[400]. In Barnhard Pipeline v. Marston Construction[401] wurde eine Klausel, die die Haftung des Lieferanten auf die Kosten für den Ersatz der gelieferten Röhren beschränkte, für „reasonable" erachtet, allerdings unter Berücksichtigung des Umstandes, dass die Parteien eine in etwa vergleichbare Verhandlungsstärke besaßen und in laufenden Geschäftsbeziehungen standen[402]. 98

---

391 Vgl. Cheshire/Fifoot/Furmonston, Contract Law, 14. Auflage, London 2001, 677.
392 Vgl. Cheshire/Fifoot/Furmonston, Contract Law, 14. Auflage, London 2001, 678.
393 Vgl. dazu Harris/Ogus/Philipps, Contract Remedies and the Consumer Surplus (1979) 95 LQR 581.
394 Slater v. CA Dumequin Ltd (1992) 29 Con LR 24; Gilbert-Ash v. Modern Engineering [1974] A.C. 689 HL.
395 Stewart Gill Ltd v. Horatio Myer & Co Ltd (1992) 2 All ER 257 CA.
396 The Wagon Mound [1961] A.C. 388.
397 Hadley v. Baxendale (1854) 23 L.J. Ex 179.
398 Vgl. Balfour Beatty Construction (Scotland) Ltd v. Scottish Power plc (1994) 71 B.L.R. 20 HL.
399 Vgl. British Sugar PLC v. NEI Power Projects Ltd (1997) 87 B.L.R. 42 CA.
400 Vgl. Chitty on Contract, Rn. 37-081; Oddment Murray Ltd v. BSP International Foundations Ltd (1992).
401 Barnhard Pipeline Technology Ltd v. Marston Construction Company Ltd (1991) C.I.L.L. 743.
402 Vgl. dazu näher Chitty on Contract, Rn. 37-081.

99 **c. Vertragspraxis.** Die englischen Standardvertragsmuster unterscheiden sich in der Ausgestaltung des Mängelgewährleistungsrechts nicht wirklich grundlegend. Es herrscht allerdings eine große Vielfalt der Terminologie.

100 **aa. JCT Minor Works.** Klausel 2.5 JCT Minor Works form sieht vor, dass sich der Unternehmer verpflichtet, Mängel die innerhalb der „*defects liabilty period*" auftreten, auf eigene Kosten sowie mit eigenem Material und Personal zu beheben (*to make good*).

101 **bb. AIA.** Klausel 12.2.2.1 des AIA Document A201 (1987 und 1997 edition) sieht sinngemäß vor: „In Ergänzung zu den Unternehmerverpflichtungen aus Klausel 3.5 und wenn innerhalb eines Jahres nach Fertigstellung des Werkes oder eines wesentlichen Teils hiervon oder nachdem warranties nach Klausel 9.9.1 oder aufgrund von vertraglichen Regelungen entstanden sind, festgestellt wird, dass irgendein Teil der Arbeiten nicht mit den vertraglichen Bedingungen übereinstimmt, soll der Unternehmer dies sofort nach schriftlicher Aufforderung durch den Bauherrn beheben ...".

102 **cc. NEC.** Der Unternehmer hat die Arbeiten (Works) in Übereinstimmung mit dem Vertrag auszuführen (vgl. Klausel 20.1 NEC). Das bedeutet, dass sämtliche Arbeiten auszuführen sind, die für die vollständige Herstellung des Werkes erforderlich sind (Klausel 11.2 (5) NEC). Die Lieferung von Anlagen (plant) und Material (material) ist in dem Begriff „Arbeiten" eingeschlossen (Klausel 11.2 (10) NEC). Der Unternehmer plant zudem die Arbeiten, die er nach dem Vertrag zu planen hat (vgl. Klausel 21.1 NEC) und legt die Planung dem Projektmanager zur Genehmigung vor (Klausel 21.2 NEC). Gesundheits- und Sicherheitsvorschriften sind zu beachten (Klausel 18.1 NEC). Klausel 43.1 NEC regelt, dass der Unternehmer alle Mängel behebt, gleich ob sie ihm von dem Projektmanager angezeigt werden oder nicht. Der Unternehmer behebt die Mängel vor Ablauf der „defect correction period". Diese Periode beginnt mit Fertigstellung für Mängel, die vor Fertigstellung mitgeteilt wurden oder wenn der Mangel für andere Mängel mitgeteilt wurde. Behebt der Unternehmer Mängel nicht innerhalb der Mängelbehebungsfrist, kann der Besteller die Ersatzvornahme betreiben, die Kosten feststellen und sie dem Unternehmer in Rechnung stellen (Klausel 45.1 NEC).

103 **dd. ICE 7th.** Vorbehaltlich anders lautender Regelungen im Vertrag, muss der Unternehmer alle offenen Arbeiten so früh als möglich während der sog. „*defects correction period*" beheben (vgl. Klausel 49 (1) ICE 7th). Die Arbeit muss zur Zufriedenheit des Ingenieurs (*to the satisfaction of the engineer*) ausgeführt sein (vgl. Klausel 49 (2) ICE 7th). Die Kosten der Mangelbeseitigung gehen zu Lasten des Unternehmers (Klausel 49 (3) ICE 7th). Der Besteller kann die Mangelbeseitigung durch Dritte ausführen lassen, wenn der Unternehmer die Mängel nicht fristgerecht beseitigt (Klausel 49 (4) ICE 7th). Die Kosten der Ersatzvornahme kann er entweder vom Werklohn abziehen oder sie isoliert geltend machen. Der Ingenieur kann den Unternehmer auffordern, Mängel aufzusuchen und ihre Ursachen festzustellen (Klausel 50 ICE 7th). Stellt sich heraus, dass kein Mangel vorliegt oder dass der Unternehmer nicht dafür einzustehen hat, trägt diese Kosten solcher Leistungen der Besteller.

Derartige Klauseln schaffen nach ständiger englischer Rechtsprechung einen zusätzlichen (vertraglichen) Rechtsbehelf des Bauherrn[403]. Andererseits soll die Klausel keine neue Haftung begründen, sondern dem Unternehmer die Möglichkeit eröffnen, aufgrund

[403] Hancock v. Brazier [1966] 2 All ER 901; Robins v. Goddard [1905] 1 KB 294; Gilbert-Ash (Northern) Ltd v. Modern Engineering (Bristol) Ltd [1974] AC 689.

der Mängelanzeige den vorhandenen Mangel zu beseitigen[404]. Die „common law"-Haftung besteht parallel[405]. Treten also nach Ablauf der „correction period" Mängel auf, bleibt der Unternehmer haftbar, kann aber nicht mehr darauf bestehen, die Mängel eigenhändig zu beheben[406]. Ob die Haftung bis zum Ablauf der Verjährung fortbesteht, muss der Vertrag regeln. Im JCT 98 dürfte in aller Regel eine fortwährende Haftung nicht bestehen, wenn das „Final Certificate" erteilt wurde[407].

Während der sog. *„defects liability period"* kann der Bauherr bei entsprechender vertraglicher Regelung Nachbesserung verlangen. Der Nachbesserungsanspruch ist üblicherweise vertraglich befristet. Zu kurze Fristen können *„unreasonable"* sein[408]. Diese Befristung hat jedoch in Ermangelung einer anders lautenden ausdrücklichen vertraglichen Regelung keinen Einfluss auf die *Common Law* Haftung. Letztere kann z.B. für Schäden, die bis zur Mangelbeseitigung entstanden sind, geltend gemacht werden[409]. Anderseits werden Mängel, die bis zur Fertigstellung zeitweilig bestanden, als temporäre Diskonformität betrachtet, die keine gesonderte Schadensersatzansprüche auslösen[410]. Einige Klauselwerke enthalten Formulierungen, denen zufolge nach Ablauf der „defects notification period" ein „final certificate" auszustellen ist (JCT 98). Derartige Klauseln können nach Erteilung des *„Certificate"* Abzüge für Baumängel unter Umständen ausschließen[411]. 104

Zum vertraglichen Nachbesserungsanspruch sind zwei Entscheidungen besonders erwähnenswert. In William Tonkinson & Sons Ltd v. Porochial Church Council of St. Michael and Others[412] hatte der Architekt dem Unternehmer vor Baufertigstellung Mängel angezeigt, ihn aber nicht aufgefordert, die Mängel zu beseitigen. Vielmehr beauftragte der Architekt ein drittes Unternehmen mit der Ersatzvornahme. Anschließend machte der Bauherr den Ersatz geltend. Der Einwand des Unternehmers, er sei nicht zur Mangelbeseitigung aufgefordert worden, verfing angesichts seiner Inkenntnissetzung nicht. Das Gericht entschied, die entsprechende Klausel regele einen zusätzlichen Behelf des Bauherrn, schließe aber seine Schadensersatzansprüche nicht aus. Allerdings verurteilte das Gericht den Unternehmer nicht zur Zahlung der vollen Ersatzvornahmekosten sondern nur in Höhe der Kosten, die der Unternehmer hätte aufwenden müssen, wenn er zur Mängelbeseitigung aufgefordert worden wäre. In dem zweiten Fall hatte der Architekt die Mängel noch nicht einmal angezeigt. Das Gericht[413] entschied, dass es dem Unternehmer mangels Mangelanzeige nicht möglich war, den Schaden zu beheben. Der Schadensersatzanspruch des Bauherrn scheiterte.

7. Streitbeilegung. Streitigkeiten können durch ein breites Spektrum an Möglichkeiten beigelegt werden. Sie können unmittelbar vor den ordentlichen Gerichten ausgetragen oder in alternativen Streitbeilegungsverfahren erledigt werden. Letztere überwiegen 105

---

404 Chitty on Contract, Rn. 37-108.
405 Vgl. auch Burton-Dixie Corp v. Timothy McCarthy Construction Co, 436 F.2d 405 (5th Cir. 1971) zum US-Recht.
406 Uff, Construction law, 388 (zum ICE-Muster).
407 Chappell, Parris's Standard Form of Building Contract, Rn. 5.16.
408 Vgl. Charlotte Thirty Ltd v. Crocker Ltd (1990).
409 Chitty on Contract, Rn. 37-108; H W Nevill (Sunblest) Ltd v. William Press and Son Ltd (1981) 20 B.L.R. 78.
410 Vgl. P & M Kaye v. Hosier & Dickenson [1972] 1 W.L.R. 146 – dissentin opinion; vgl. auch Lintest v. Roberts (1980) 13 B.L.R. 38.
411 Westminster City Council v. Jarvis & Sons Ltd (1970) 1 All ER 943.
412 William Tonkinson & Sons Ltd v. Porochial Church Council of St. Michael and Others (1990) CLJ Vol. 6 n° 4.
413 Pearce & High Limited v. Baxter [1999] B.L.R. 101 CA.

heute, zumal die einschlägigen Vertragsmuster unterschiedliche Formen der außergerichtlichen Streitbeilegung vorschlagen und vorgeben und der HGCRA 1996 vorgerichtliche Streitbeilegungsmechanismen vorschreibt.

106 **a. Gerichtliche Verfahren.** Großbritannien hat kein einheitliches Gerichtssystem. Die Verhältnisse in England und Wales einerseits und in Schottland sowie Nord-Irland anderseits sind grundlegend unterschiedlich.

107 Das Verfahren vor englischen Gerichten ist seit 1999 in den Civil Procedure Rules (CPR) geregelt. Die Neuregelung hat erhebliche inhaltliche Änderungen gegenüber der vorherigen Rechtslage mit sich gebracht. Die Neuerungen sind zusammengefasst:

- Verpflichtung des Gerichts den Fall zu managen, d.h. das Gericht muss z.B. entscheiden, in welcher Verfahrensart der Fall abgehandelt werden soll.
- Zuordnung des Falles zu einem der drei vorgesehenen Verfahrenswege (track)
- Vergleichsangebote können nunmehr beide Seiten unterbreiten

Die CPR setzen sich aus 51 „Parts" zusammen, die wiederum mit Practise Directions unterlegt sind. Ergänzend sind die RSC Orders und die CCR Orders heranzuziehen, die Anlagen der CPR sind. Die CPR beruhen auf dem Civil Procedure Act 1997 und sind daher wie ein Gesetz anzuwenden. Die RSC Orders und die CCR Orders sind im Grunde genommen Fragmente alter Zeit. Sie werden zunehmend in den CPR übergeleitet und abgeschafft.

108 Zuständige Eingangsgerichte sind entweder die County Courts (bis 15.000 £) oder der High Court in London (ab 15.000 £). „Civil Engineering and Building Cases" werden überwiegend vor einer speziellen Sparte der Queen's Bench Division des High Court, den sog. Technology and Construction Courts (TTC), die normalerweise in einer Einzelrichterbesetzung tagen, verhandelt[414]. Die Klage ist mit den Einzelheiten des Falles zuzustellen. Der Gegner erhält eine Erklärungsfrist. Das Gericht wird Aufklärung über die Natur des Rechtsstreites suchen und hierzu einen Fragebogen an die Parteien leiten[415]. Anschließend entscheidet das Gericht über den Verfahrensweg: (1) small claims track, (2) fast track, (3) multi-track. Es folgen die sog. „pleadings" (Schriftsätze) und ggf. die Phase der „disclosure of documents". Die Parteien oder ihre Anwälte müssen jeweils versichern, dass ihr Vortrag in den „pleadings" wahr ist[416]. Abschließend kommt es zur mündlichen Verhandlung (trail). Das Urteil kann als streitiges Urteil oder als „summary judgment" ergehen. Letzteres ist auf Antrag der Fall, wenn die Verteidigung des Gegners nicht ausreichend ist.

109 Das englische Prozessrecht unterscheidet sich ersichtlich ganz wesentlich von dem deutschen Verfahrensrecht, und zwar inhaltlich wie formal. Dies wird schon dadurch deutlich, dass England immer noch an der beruflichen Trennung zwischen solicitors und barristers festhält. Die solicitors beraten die Mandanten und halten mit ihnen Kontakt. Die barristers plädieren vor Gericht. Wenngleich die solicitors zunehmend auch vor Gericht (z.B. vor den county courts) auftreten, sind doch nach wie vor die barristers die eigentlichen Prozessanwälte. In England und Wales sind entweder der High Court in London oder die County Courts anzurufen. Die sachliche Zuständigkeit ist in CPR Part 7 geregelt.

---

[414] Vgl. Murdoch/Hughes, Construction Contracts, Rn. 25.3.
[415] Uff, Construction Law, 30.
[416] Vgl. Practise Direction zu Part 22 CPR.

aa. Verfahren vor dem County Court. Im Grunde genommen kann der Kläger heute direkt bei dem zuständigen Gericht Klage erheben. Vor dem County Court wird Klage erhoben, indem der Kläger persönlich oder vertreten durch einen Rechtsanwalt die Klagebegründung samt Ladungsgesuch beim County Court einreicht. Dies geschieht, in dem ein Klageformular bei Gericht (vgl. Part 7 CPR) eingereicht wird, das die wesentlichen Fakten enthält. Das Gericht erteilt die Klagebefugnis, d.h. das Gerichtspersonal stempelt das Claim Form, gibt ihm eine Prozessnummer und stellt ihn zu, oder gibt ihn dem Anwalt für die Zustellung zurück: auf jeden Fall mit einem Erwiderungsformular für den Beklagten. Sodann wird die Klage zugestellt. Die Zustellung muss normalerweise innerhalb von vier Monaten nach Erteilung der Klagebefugnis erfolgen. **110**

Nach Zustellung muss der Beklagte seine Verteidigungsbereitschaft binnen vierzehn Tagen anzeigen. Versäumt der Beklagte dies, kann ihn das Gericht durch Versäumnisurteil verurteilen. Zeigt der Beklagte seine Verteidigungsbereitschaft rechtzeitig an, legt das Gericht das weitere Verfahren zeitlich fest. Es müssen zunächst alle wesentlichen Dokumente und zeugenschaftlichen Stellungnahmen vorgelegt werden. Gelegentlich muss Sachverständigenbeweis beigebracht werden. **111**

Lässt sich der Beklagte also nicht binnen 14 Tagen auf das Verfahren ein, ergeht ohne mündliche Verhandlung ein Urteil. Hat der Beklagte jedoch fristgemäß widersprochen oder erhebt er Widerklage, können im Vorverfahren Anträge gestellt werden. Es steht den Parteien des Rechtsstreits frei, die Spezifizierung der gegnerischen Tatsachenbehauptungen zu verlangen. Anschließend kann der Richter das Vorverfahren **abschließen** und im Anschluss an die mündliche Verhandlung im Hauptverfahren das Urteil sprechen.

bb. Verfahren vor dem High Court. The Civil Procedure Rules (CPR) 1998 haben die früheren großen Unterschiede zwischen den Verfahren vor dem County Court und dem High Court zum größten Teil abgeschafft. Auch beim High Court wird das Verfahren mit einem Claim Form eröffnet, das durch das Gericht gestempelt wird. Der Kläger ist dann für die Zustellung zuständig, und der Beklagte muss innerhalb von 14 Tagen auf die Klage erwidern. **112**

Auf den vorgeschriebenen *„Claim Formulars"* müssen der Name des Klägers und der des Beklagten, ferner auch die Namen etwa beteiligter Rechtsanwälte aufgeführt sein. Seine Ansprüche kann der Kläger entweder in einer formlosen Aufstellung geltend machen, die er anschließend inhaltlich präzisieren muss, oder er bestimmt sie von vornherein hinreichend. Nur in letzterem Fall kann das Gericht ein beschleunigtes Verfahren einleiten, mit dem der Beklagte, so er sich nicht binnen 14 Tagen auf das Verfahren einlässt, ohne Anhörung verurteilt werden kann.

Mit zwei Ausfertigungen der Klage begibt sich der Kläger zum Central Office (Gesamtgeschäftsstelle des High Court) oder zu einer der District Registries. Dort erhalten beide Ausfertigungen ein Aktenzeichen. Nach Einzahlung der Gerichtsgebühr wird die 1. Ausfertigung bei Gericht abgelegt. Die 2. Ausfertigung erhält der Kläger, der die Klage nunmehr, binnen vier Monaten vom Datum der Ausstellung an, dem Beklagten zustellen muss. Es gilt der Grundsatz der Parteizustellung.

In der Regel erfolgt die Zustellung durch die Post. Die persönliche Übergabe der Klage an den Beklagten ist eine zweite Alternative. Als Hilfspersonen können Rechtsanwälte und Agenten auftreten. Verweigert oder entzieht sich der Beklagte der Zustellung, kann der Kläger bei Gericht Ersatzzustellung beantragen. Sie erfolgt entweder durch postalische Zustellung des „claim form" an die letztbekannte Anschrift des Beklagten oder durch Veröffentlichung in der Zeitung. Schon mit der Ausstellung der Ladungsschrift wird das Verfahren rechtshängig.

113 Ab dem Datum der Zustellung hat der Beklagte 14 Tage Zeit, seine Verteidigungsbereitschaft gegenüber dem Gericht zu erklären. Anderenfalls ergeht Versäumnisurteil.

Auf die Einlassung des Beklagten folgt ein schriftliches Vorverfahren. Dieses findet bei Spruchreife auf Antrag des Klägers durch den Vorverhandlungsbeschluss sein Ende. An diesen schließt sich das Hauptverfahren an. Damit das Hauptverfahren stattfinden kann, ist es allerdings notwendig, dass der Kläger die Sache bei Gericht in die Liste der anhängigen Verfahren eintragen lässt. Anderenfalls riskiert er, dass der Beklagte einen Antrag auf Einstellung des gesamten Verfahrens wegen mangelnder Prozessbetreibung (wand of prosecution) stellt.

114 Das Kernstück des Hauptverfahrens ist die mündliche Verhandlung mit den Plädoyers der postulationsfähigen Rechtsanwälte (Barristers), der Beweisaufnahme und dem Kreuzverhör. Von besonderer Bedeutung ist „disclosure of documents", eine dem deutschen Recht unbekannte prozessuale Einrichtung. Die Parteien sind verpflichtet, alle für das Verfahren wesentliche (relevante) Unterlagen offen zu legen und der Gegenseite und dem Gereicht zugänglich zu machen. Es dürfen keine Unterlagen zurück gehalten werden. Die Offenlegungsverpflichtung schließt zerstörte oder verloren gegangene Unterlagen und solche, die sich im Besitz Dritter befinden, ein[417]. Alle Dokumente sind aufzulisten und inhaltlich zu beschreiben. Der Umstand, dass Dokumente privaten oder vertraulichen Inhalt haben, ist unbeachtlich[418]. Zurückgehalten werden dürfen nur privilegierte Dokumente. Das sind z.B. solche, die die Partei mit ihrem Rechtsanwalt zur Vorbereitung des Rechtsstreites ausgetauscht hat. Relevant sind folgende Unterlagen[419]:

- alle Dokumente, auf die die Parteien Bezug nehmen
- alle Dokumente, die die eigenen Interessen negativ beeinflussen
- alle Dokumente, die Interessen Dritter negativ beeinflussen oder unterstützen

115 Das Verfahren schließt mit dem Urteil des Gerichts. Gegen Entscheidungen des High Court kann Berufung zum Court of Appeal eingelegt werden. Urteile des Court of Appeal können vom House of Lords (seit Oktober 2009 der Supreme Court) überprüft werden. Dabei ist zu beachten, dass das englische Recht die Unterscheidung in Berufungsverfahren und Revisionsverfahren nicht kennt. Man spricht allgemein von appeal (Appellation).

116 **cc. Vorteile des ordentlichen Verfahrens.** Die ordentliche Gerichtsbarkeit bietet gegenüber der Schiedsgerichtsbarkeit und anderen Streitbeilegungsverfahren zwei nicht zu unterschätzende Vorteile für den Unternehmer. Sie ergeben sich aus CPR Part 14 und 15. Gemäß CPR Part 14 können die Vertragsparteien (also entweder der Unternehmer oder der Besteller) in klar liegenden Fällen ein summary judgment auf der Grundlage eidesstattlicher Versicherungen (affidavit evidence) erlangen. Voraussetzung ist, dass die andere Partei keine reale Erfolgsaussicht in Bezug auf den Anspruch oder die Angelegenheit hat (has no real prospect of success on the claim or issue)[420]. Das Gericht muss davon überzeugt sein, dass die Gegenpartei keine diskutierbaren Ver-

---

417 Uff, Construction Law, 39.
418 Uff, Construction Law, 39.
419 Vgl. Uff, Construction law, 39.
420 O'Reilly, Engineering Construction Contracts, 146.

teidigungsmittel besitzt[421]. Solche Verfahren verkürzen die sonst übliche Verfahrensdauer von bis zu zwei Jahren ganz erheblich und es können bis zu 80% der Kosten gespart werden[422]. Ein Antrag auf Zwischenzahlung kann auf CPR Part 15 gestützt werden. Der Antrag ist begründet, wenn der Kläger, gesetzt den Fall er würde gerichtliche Hilfe in Anspruch nehmen, eine bedeutende Summe zugesprochen erhielte. Ist das Gericht davon überzeugt, kann es den Gegner verpflichten, eine Zwischenzahlung zu leisten. Die Höhe bestimmt es nach seinem Ermessen. Sie soll nicht höher liegen als ein angemessener Abschlag auf die eigentliche Hauptforderung[423]. Beide Rechtsbehelfe können und werden üblicherweise kombiniert[424].

b. Mediation. Der Begriff Mediation ist schillernd und als eine Antwort auf Unzulänglichkeiten der ordentlichen Gerichtsysteme[425] im Grunde nicht weiterführend. Er wird in der englischen Praxis für verschiedene Inhalte verwendet[426]. Eine von vielen Möglichkeiten ist die folgende Definition: „Mediation besteht darin, dass eine neutrale Person die streitenden Parteien dabei unterstützt, eine Einigung zu finden“[427]. **117**

Doch hinsichtlich der weiteren Aufgabenstellung bestehen unterschiedliche Ansätze. Der neutrale Dritte kann z.B. berechtigt werden, Vorschläge zu unterbreiten oder den Parteien eine Einigung aufzuerlegen[428]. Es gibt letztlich verschiedene Ansätze für Mediation. Der Mediator kann unterstützend wirken, in dem er die Interessen der Parteien herausarbeitet und versucht, gemeinsame Lösungsansätze zu finden[429]. Die bewertende Methode beinhaltet eine an den Rechten der Parteien orientierte Arbeitsweise, vermittels derer der Mediator die Rechtspositionen der Parteien auf starke und schwache Stellen durchleuchtet und eine Einschätzung vorträgt[430]. Damit sollen die Parteien bewegt werden, ihre Positionen zu verändern.

In der englischen Vertragspraxis hat sich Mediation noch nicht durchgängig durchgesetzt. Das neue JCT Major Projects Form greift auf Mediation mit folgender Klausel 36 zurück: **118**

(Klausel 36.1 JCT MPF) Jeder Partei kann die andere über jede Streitigkeit oder Differenz unterrichten, die sie als Angelegenheit erachtet, die geeignet ist im Mediationsverfahren beigelegt zu werden und, wenn sie dies verlangt, soll die andere Partei innerhalb von sieben Tagen angeben, ob sie einverstanden ist, an einer Mediation teilzunehmen mit dem Ziel den Streit beizulegen. Das Ziel der Mediation gemäß Klausel 36 besteht darin, eine bindende Vereinbarung zur Streiterledigung zu finden.

(Klausel 36.2 JCT MPF) Der Mediator oder die Auswahlmethode für den Mediator sollen im Vertrag zwischen den Parteien geregelt werden.

c. ADR. Alternative Dispute Resolution (ADR) ist keine neue Idee. Schon das JCT 63 Form enthielt beschränkte Adjudication-Rechte[431]. Die Ursache für die Entwicklung alternativer Verfahren lag in der relativ einfachen und ungefährlichen Möglichkeit, **119**

---

421 Murdoch/Hughes, Construction Contracts, Rn. 25.3.1.
422 Murdoch/Hughes, Construction Contracts, Rn. 25.3.1.
423 Murdoch/Hughes, Construction Contracts, Rn. 25.3.1.
424 Murdoch/Hughes, Construction Contracts, Rn. 25.3.1.
425 Vgl. dazu Streatfeild-James ICLR 2003, 483, 484.
426 Vgl. Hibberd/Newman, ADR and Adjudication, 57.
427 Hibberd/Newman, ADR and Adjudication, 57.
428 Hibberd/Newman, ADR and Adjudication, 57.
429 Hibberd/Newman, ADR and Adjudication, 60.
430 Hibberd/Newman, ADR and Adjudication, 60.
431 Streatfeild-James ICLR 2003, 483, 491.

Geld mit der Behauptung von Mängeln einzubehalten[432]. Die lange Verfahrensdauer vor englischen Gerichten und deren Kosten schreckten ab. ADR wird als schneller, billiger, vertraulich und in hohem Maße zu Vereinbarungen führend beworben[433]. Jedenfalls aus Sicht der betroffenen Kreise wird für kleinere Streitigkeiten bis zu 50.000 £ ADR für sehr geeignet gehalten[434]. Auch Arbitration wird zunehmend als unvorteilhaft vermieden[435]. Seit geraumer Zeit nimmt daher ADR zu. Im englischen Baurecht sind sog. ADR-Klauseln zwingend vorgeschrieben (vgl. Sec. 108 Housing Grants, Construction and Regeneration Act 1996). Am 1.10.2011 sind umfangreiche Änderungen des Housing Grants, Construction and Regeneration Act 1996 (the 1996 Act) in Kraft getreten, die Part 8 des Local Democracy, Economic Development and Construction Act 2009 (the LDEDC Act) geregelt sind. Der HGCRA hatte wesentliche Neuerungen für die Bauindustrie mit sich gebracht[436]. Eingeführt wurden Abschlagszahlungen, Regelungen zu Zahlungsterminen, Anzeigepflichten in Bezug auf Zahlungseinbehalte, das Recht zur Einstellung der Arbeiten im Falle des Ausbleibens von Zahlungen, Verbote in Bezug auf bestimmte Zahlungsbedingungen sowie Dispute Adjudication. Diese Streitbeilegungsform wurde unter der Rubrik „zahle jetzt und argumentiere später" eingeführt[437]: Nach englischem Recht müssen die Parteien eines Bauvertrages seither das Recht haben, bei Streitigkeiten einen „Adjudicator" anzurufen. Der Bauvertrag soll Regelungen dafür vorsehen, dass der „Adjudicator" innerhalb von sieben Tagen nach einer solchen Aufforderung tätig werden kann. Der „Adjudicator" soll innerhalb von 28 Tagen eine Entscheidung herbeiführen. Die Parteien sollen vorsehen, dass der „Adjudicator" unparteiisch entscheidet. Ferner ist vertraglich vorzusehen, dass die Parteien an den Spruch des „Adjudicator" gebunden sind, bis eine gerichtliche oder schiedsgerichtliche Streitbeilegung herbeigeführt wird. Die Parteien können aber auch vertraglich regeln, dass die Adjudicator Entscheidung endgültig bindend sein soll. Der „Adjudicator" soll von der Haftung freigestellt werden, mit Ausnahme der Haftung für *„bad faith"*. Sieht der Vertrag keine entsprechenden Regelungen vor, finden die gesetzlichen Vorschriften der Sec. 108 Housing Grants, Construction and Regeneration Act 1996 Anwendung. Die Einzelheiten regelt das Contract Scheme (Statutory Instrument 1998 N° 649).

120 Der Local Democracy, Economic Development and Construction Act 2009 regelt u.a. folgende Änderungen und Ergänzungen des HGCRA 1996[438]:

---

432 Streatfeild-James ICLR 2003, 483, 491.
433 Brooker/Lavers ICLR 2000, 278, 282.
434 Brooker/Lavers ICLR 2000, 278, 295.
435 Vgl. Brooker/Lavers ICLR 2000, 278, 282.
436 Der HGCRA wurde durch den Local Democracy, Economic Development and Construction Act 2009 geändert.
437 RJT Consulting Engineers Ltd v. DM Engineering (Northern Ireland)Ltd [2002] EWCA Civ 270 (8 March 2002); vgl. auch Homer Burgess Ltd v. Chirex (Annan) Ltd [1999] ScotCS 264 (10 November 1999); Anglo Swiss Holdings Ltd & Ors v. Packman Lucas Ltd [2009] EWHC 3212 (TCC) (09 December 2009).
438 DieÄnderungen sollten nicht sofort wirksam werden, um Gelegenheit zur Anpassung des Scheme zu geben. Für die Ausführung des Gesetzes (und die Änderung des Scheme) sind Vorschläge vorgelegt worden. In dem Vorschlag des Department for Business, Innovation and Skills vom 25.3.2010 sind u.a. folgende Änderungen enthalten: (1) ausdrückliche Ermächtigung des Adjudicators zur Aufteilung der Adjudication Kosten, (2) Regelung einer Ermächtigung zur Korrektur von Flüchtigkeitsfehlern in der Adjudicator Entscheidung binnen eines Zeitraumes von sieben Tagen, (3) Regelwerk zur neuen Zahlungsaufforderung (4) Vorschlag zur Klärung des Klagedatums, z.B. sieben Tage ab Zugang der Adjudication Beanchrichtung beim Adjudicator, (5) sowie eine Reihe von Fragen an die Betroffenen bezüglich weitererÄnderungen.

- Section 108: Wegfall des Schriftformerfordernisses für Bauverträge im Sinne des HGCRA
- Section 108 (3A): Der Vertrag soll eine schriftliche Klausel beinhalten, die den Adjudicator ermächtigt, seine Entscheidung in Bezug auf Schreib- und Tippfehler zu korrigieren, die infolge von Unachtsamkeit oder Unterlassung aufgetreten sind[439]
- Section 108A: Adjudication Cost: Vereinbarungen in Bezug auf die Kostenverteilung müssen schriftlich in den Bauvertrag aufgenommen werden und eine Ermächtigung des Adjudicators enthalten, seine Gebühren und Auslagen auf die Parteien aufzuteilen. Hilfsweise können solche schriftlichen Vereinbarungen auch getroffen werden, wenn die Absicht bekannt gemacht wurde, ein Adjudication Verfahren einzuleiten.
- Section 110: Ergänzung in Bezug auf weitere Zahlungsmodalitäten
- Section 110A: Payment Notice[440]
- Section 110B: Payment Notice
- Section 111 wird vollständig ersetzt und neu geregelt
- Section 112 wurde leicht ergänzt und geändert

Dispute Adjudication ist ein zeitlich eher knapp bemessenes Verfahren, da der Adjudicator binnen 28 Tagen eine Entscheidung zu fällen hat. Solche Entscheidungen sind – entweder auf vertraglicher oder gesetzlicher Grundlage – zu befolgen, und zwar unabhängig davon, ob sie endgültig sind oder nicht. Der knappe Zeitrahmen, so hat es Dyson J formuliert, kann zu Ungerechtigkeit führen, was dem Gesetzgeber bewusst gewesen sein muss[441]. Seit Inkrafttreten des HGCRA gibt es aber immer wieder Versuche, solche Entscheidungen als unmaßgeblich oder unbeachtlich anzugreifen, was die englischen Gerichte veranlasst hat, sich über den Charakter der Dispute Adjudication Gedanken zu machen. In Carillion Construction Ltd v. Devonport Royal Dockyard[442] heißt es zu Dispute Adjudication: 121

Aus meiner Sicht ist es hilfreich, vier grundlegende Prinzipien neu zu formulieren: (1) Das Adjudication Verfahren führt zu keiner abschließenden Feststellung der Parteirechte (es sei denn sämtliche Parteien wünschen dies so). (2) Der Court of Appeal hat wiederholt ausgeführt, dass eine Adjudicator-Entscheidung vollzogen werden muss, auch wenn die Ergebnisse auf Fehlern im Verfahren, in Bezug auf Tatsachen oder das Recht beruhen. (3) Wenn ein Adjudicator außerhalb seiner Gerichtsbarkeit oder in ernsthafter Verletzung der Regeln von natural justice gehandelt hat, wird das Gericht seine Entscheidung nicht vollziehen. (4) Richter müssen wachsam sein, einige technische Einwendungen in Übereinstimmung mit dem Act mit einem gewissen Maß an Skepsis zu untersuchen. Irrtümer des Adjudicator in Bezug auf das Recht, Tatsachen oder das Verfahren müssen kritisch untersucht werden, bevor das Gericht solche Irrtümer als Überschreitung der Gerichtsbarkeit oder ernsthafte Verletzung der Regeln über natural justice beurteilt.

---

439 Ergänzung in Section 108 (3A): The contract shall include provision in writing permitting the adjudicator to correct his decision so as to remove a clerical or typographical error arising by accident or omission.

440 Zukünftig sollen Gläubiger und Schuldner vertraglich verpflichtet sein, jeweils binnen 5 Tagen nach dem Zahlungsdatum der Forderung eine Mitteilung zu machen, die im einzelnen im Gesetz spezifiziert ist. Sinn der Übung ist, dass Gläubiger und Schuldner sich wechselseitig darüber aufklären, welche Beträge sie aus welchen Gründen für fällig erachten.

441 Macob Civil Engineering v. Morrison Construction Ltd. [1999] BLR 93.

442 [2005] EWHC 778 (TCC).

Ergänzend ist zu berücksichtigen, dass der englische Gesetzgeber Adjudication keinesfalls als Ersatz für Schiedsgerichtsbarkeit angesehen oder vorgesehen hat. Vielmehr hat er Adjudication lediglich als vorläufige Stufe im Streitbeilegungsprozess eingeführt[443].

122 Wenn ein Adjudicator aufgefordert ist, gemäß § 22 des Scheme seine Entscheidung zu begründen, reicht eine kurze Darlegung der Gründe aus. Die Gründe sollten ausreichend sein, um aufzuzeigen, dass der Adjudicator die ihm vorgelegten Probleme behandelt hat und was seine Schlussfolgerungen in Bezug auf diese Probleme sind. Es wird nur unter extremen Umständen der Fall sein, dass ein Gericht eine wirksame Adjudicator-Entscheidung wegen der Unzulänglichkeit der mitgeteilten Gründe ablehnt. Der Beschwerdeführer müsste aufzeigen, dass die Gründe fehlen oder unverständlich sind und dass er folglich substantiellen Schaden erleidet[444]. Wenn Gründe mitgeteilt werden und diese erweisen sich als irrtumsbehaftet, führt dies nicht generell dazu, dass sich die Entscheidung eignet, um angegriffen zu werden[445].

123 Es kann sich unabhängig von der Frage nach der Zulässigkeit genereller Einwendungen die Frage stellen, ob gegen Adjudication-Entscheidungen neue Verteidigungsmittel vorgebracht werden können. Die englischen Gerichte lösen die Frage durch Vertrags- und Gesetzesauslegung. Erlaubt das Vertragwerk z.B. unter bestimmten Bedingungen die Aufrechnung mit Gegenforderungen aus dem Vertrag, ist sodann zu klären, wie die Formulierung zu verstehen ist, dass sich die Parteien verpflichten, die Entscheidung des Adjudicators zu befolgen. Aus Sicht des Gerichts in Sachen VHE Construction[446] sind die in einemAdjudicator Spruch ausgeurteilten Beträge nicht in dem Sinne zu verstehen, dass sie nach dem Vertrag zu zahlen sind, sondern im Wege der Befolgung der Adjudicator Entscheidung. Aus Sicht des Gerichts wäre es unsinnig ..., wenn Zahlungsverpflichtungen, die aus Adjudicator-Entscheidungen folgen, auf diese Weise angreifbarer wären, als solche, die schlicht nach der ordentlichen Vertragsmaschinerie fällig werden. Folglich befand das Gericht, dass die vertragliche Regelung „zu befolgen" (to comply) bedeutet, und zwar ohne Rückgriff auf Verteidigungsmittel oder Gegenforderungen, die in der Adjudication nicht erwähnt wurden.

124 Bauverträge im Sinne des HGCRA müssen folgende Regelungen zu Dispute Adjudication enthalten[447]:

- Berechtigung der Parteien, der jeweils anderen Partei jeder Zeit mitzuteilen, dass beabsichtigt ist, einen Streit im Adjudication-Verfahren beizulegen
- Zeitvorgaben für die Ernennung eines Adjudicators und die Streitvorlage
- Verpflichtung des Adjudicators zur Streitentscheidung binnen 28 Tagen (mit Verlängerungsoption)
- Verpflichtung des Adjudicators, unparteiisch zu entscheiden
- Ermächtigung des Adjudicators die Fakten und das Recht nachzuprüfen
- Bindungswirkung des Spruches bis zur endgültigen Überprüfung des Streitfalles im gerichtlichen oder schiedsgerichtlichen Verfahren
- Haftungsprivileg: Enthaftung des Adjudicators mit Ausnahme der Fälle von schlechtem Glauben (bad faith)

---

443 Macob Civil Engineering v. Morrison Construction Ltd. [1999] BLR 93.
444 Carillion Construction Ltd v Devonport Royal Dockyard [2005] EWHC 778 (TCC), Rn. 81.
445 Carillion Construction Ltd v Devonport Royal Dockyard [2005] EWHC 778 (TCC), Rn. 81.
446 VHE Construction plc v. RBSTB Trust Co Ltd [2000] EWHC Technology 181 (13th January, 2000), Rn. 65.
447 Vgl. Murdoch/Hughes, Construction Contracts, Rn. 25.1.1.

Eine Reihe von Institutionen haben Adjudication-Regeln erlassen, die diese Minimalbedingungen erfüllen und die die Parteien wahlweise in den Vertrag aufnehmen können. Zu den wichtigsten Einrichtungen gehören: 125

- Construction Industry Council (CIC) Model Adjudication Procedure
- Institution of Civil Engineers (ICE) Adjudication procedure
- Technology and Construction Solicitors Association (TeCSA) Adjudication Rules
- Centre for Dispute Resolution (CEDR) Rules for Adjudication

Das JCT Major Projects Form (JCT MPF) regelt in Klausel 37 (Adjudication):

(Klausel 37.1 JCT MPF): Jede Partei kann zu jeder Zeit Streitigkeiten oder Differenzen, die unter dem Vertrag auftreten, der Adjudication in Übereinstimmung mit den Regelungen des „Scheme"[448] vorlegen.

(Klausel 37.2 JCT MPF): Der Adjudicator soll die Person sein, die im Anhang (Appendix) benannt ist. Wenn keine Person benannt ist oder wenn der benannte Adjudicator nicht in der Lage ist zu handeln, soll der Adjudicator in der im Anhang geregelten Art ausgewählt werden.

Adjudication wirft viele Fragen auf, die erst in der gerichtlichen Praxis geklärt werden können. Nachfolgende Anmerkungen sind alphabetisch nach **Stichworten** geordnet.

(1) Beweislastverteilung: In dem Verfahren City Inn[449] hat das Gericht einen Aspekt erwogen, der von besonderem Interesse ist. Das Gericht hatte zu entscheiden, ob eine vorangegangene Adjudicator-Entscheidung im nachfolgenden Hauptverfahren die Beweislast umkehren könne. 126

Ein Adjudicator hatte Shepherd fünf Wochen Zeitverlängerung gewährt. City Inn bestritt im Hauptverfahren das Recht auf Zeitverlängerung. Shepherd argumentierte, dass der vorangegangene Adjudicator Spruch die Folge habe, dass City Inn die Beweislast für den Umstand trage, die Zeitverlängerung sei zu Unrecht gewährt worden bzw. stehe Shepherd nicht zu. Shepherd trug vor, dass die bindende Wirkung der Adjudicator-Entscheidung andauere, bis eine endgültige Gerichtsentscheidung ergangen sei. City Inn hielt dagegen, dass Schiedsgerichtsverfahren oder Gerichtsverfahren keine Berufung gegen die Entscheidung des Adjudicator darstellen, vielmehr sei eine neue Beurteilung erforderlich, so als sei keine Adjudicator-Entscheidung ergangen[450].

Lord Macfadyen zog den zweiten Ansatz vor. Adjudication nach dem Act 1996 sehe ein schnelles Verfahren vor, das zu einer vorläufigen Entscheidung führe. Nicht mehr als das. Das Gericht bestätigte infolgedessen, dass die **Beweislast** bei der Partei liege, die sie infolge der gesetzlichen Beweislastverteilung trage und dass diese gesetzliche Beweislastverteilung von einer Entscheidung im Adjudicationverfahren unberührt bleibe.

Der Vertrag enthielt u.a. folgende Klauseln:

„Wenn ein Streit oder eine Meinungsverschiedenheit aus oder aufgrund einer Verletzung dieses Vertrages auftritt, kann jede Partei diesen gemäß Klausel 41A der Adjudication vorlegen."

Klausel 41A.8.1 sah vor:

---

[448] Gemeint ist: Scheme for Construction Contracts – England and Wales Regulations 1998 (vgl. Major Project Form Guidance, 17).

[449] City Inn Ltd. v. Shepherd Construction Ltd. [2001] ScotHC 54 (17th July, 2001).

[450] Ähnlich auch Bernstein's Handbook of Arbitration and Dispute Resolution Practise, Rn. 5-112.

„Die Entscheidung des Adjudicator bindet die Parteien bis der Streit oder die Meinungsverschiedenheit endgültig im Schiedsgerichtsverfahren oder im Gerichtsverfahren oder durch eine schriftliche Vereinbarung zwischen den Parteien, die nach der Entscheidung des Adjudicators geschlossen wird“.

127 **(2) Bindungswirkung**: Die Parteien vereinbaren häufig nachstehende oder ähnlich lautende Klauseln:

Unless and until the Dispute is finally determined by arbitration, by legal proceedings or by a written agreement between the Parties, the Adjudicator's decision will be binding on both Parties who will forthwith give effect to the decision. If either Party does not comply with the Adjudicator's decision, the other may bring Court proceedings to secure such compliance.

Solche Klauseln bedürfen ggf. der Auslegung um festzustellen, was sie bedeuten[451]. Die Ausübung von Adjudication führt nicht zum Erlass eines Schiedsgerichtsurteils. Jedoch finden sich in den vertraglichen Regelungen sowie im englischen Recht Formulierungen wie „die Entscheidung des Adjudicator ist bindend“ (siehe oben). Nach Auffassung englischer Gerichte beabsichtigt der vorstehende Satz einen ähnlichen Grad von Befolgung durch die Parteien wie in Ansehung eines Schiedsspruches, mit der Ausnahme, dass die Entscheidung des Adjudicators nicht endgültig sondern einstweilig bindend ist, es sei denn die Parteien vereinbaren, sie als endgültige Beilegung des Streites zu akzeptieren. Englische Gerichte begreifen es als Absicht des Parlaments, dass die Entscheidung bindend ist und einstweilig durchgesetzt werden kann. Wenn die Entscheidung nicht mehr als eine weitere vertragliche Verpflichtung wäre, die durch andere vertragliche Verpflichtungen verletzt oder eingeschränkt oder herabgesetzt werden könnte, würde der grundsätzliche Zweck, in der Bauindustrie Liquidität bereitzustellen unterminiert[452].

Mehr als eine Adjudication ist zulässig, vorausgesetzt ein zweiter Adjudicator wird nicht gefragt, erneut über das zu entscheiden, was der erste Adjudicator bereits entschieden hat[453]. Wiederholt mussten sich die Gerichte daher mit der Bindungswirkung früherer Adjudication-Entscheidungen befassen, was wiederum die Frage nach deren Streitgegenstand aufwarf[454]:

Ob der Streit A und der Streit B substantiell deckungsgleich sind, ist eine Frage der Tatsachen … Wenn der Unternehmer dasselbe relevante Ereignis in hintereinander folgenden Anträgen auf Zeitverlängerung angibt, aber unterschiedliche Gründe für die erwarteten Folgen mitteilt, können die Unterschiede ausreichend oder nicht ausreichend sein, um die Schlussfolgerung zuzulassen, dass die Streitigkeiten substantiell identisch sind. Umso mehr, wenn die Gründe für die erwarteten Folgen dieselben sind, aber die Beweismittel, mit dem der Unternehmer den Beweis führen möchte, unterschiedlich sind[455].

Hat der Adjudicator über eine Angelegenheit entschieden, die für die Ausstellung einer Schlusszahlungsbescheinigung von Bedeutung ist, ist der Architekt (Certifier) hieran gebunden. Das gilt vorbehaltlich einer wichtigen Einschränkung. Wenn seit dem Ergehen der Adjudicator-Entscheidung neue Tatsachen auftauchen, kann der Architekt (Certifier) diese bei der Erstellung der Schlusszahlungsbescheinigung in Betracht ziehen

---

451 Siehe dazu z.B. Clarke Quarries Ltd v. P.T. Mc Williams Ltd [2009] IEHC 403 (24 August 2009).
452 William Verry Ltd v. London Borough Of Camden [2006] EWHC 761 (TCC).
453 Quietfield Ltd v. Vascroft Construction Ltd [2006] EWCA Civ 1737 (20 December 2006.
454 Castle Inns (Stirling) Ltd (t/a Castle Leisure Group) v. Clark Contracts Ltd [2007] ScotCS CSOH_21 (06 February 2007); Castle Inns (Stirling) Ltd v. Clark Contracts Ltd [2005] ScotCS CSOH_178 (29 December 2005).
455 Quietfield Ltd v. Vascroft Construction Ltd [2006] EWCA Civ 1737 (20 December 2006).

und jede geeignete Modifikation der Adjudicator-Entscheidung vornehmen. Hat z.B. der Adjudicator zusätzliche Kosten und Auslagen ermittelt, liegen jedoch bei Erteilung der Schlusszahlungsbescheinigung neue Fakten vor, die eine Korrektur nahe legen, kann der Architekt diese vornehmen. Was der Architekt nicht tun kann ist, den Anspruch dem Grunde nach verweigern oder gegen die Grundlagen, nach denen der Adjudicator vorgegangen ist, verstoßen. Es müssen also zwei Fälle unterschieden werden: (1) solche die lediglich die Verbesserung (Vervollkommnung) der Adjudicator-Entscheidung in Übereinstimmung mit den neuen Tatsachen beinhalten, und (2) solche, die die Adjudicator-Entscheidung dem Grunde nach in Frage stellen. Der erste Typ ist zulässig, der zweite nicht[456]. Im Ergebnis hat das Gericht angenommen, es sei eine Frage der Tatsachen, ob eine Adjudicator-Entscheidung auch Auswirkungen auf die Schlusszahlungsbescheinigung hat. Im Kern ging es in diesem Fall um drei wesentliche Aspekte:

- Rückzahlung von Adjudication-Verfahrenskosten
- Rückzahlung überzahlter Beträge
- Bindungswirkung von Adjudication in Bezug auf Zahlungsbescheinigungen

Das Gericht[457] hat über die drei Aspekte wie folgt entschieden

1. Rückforderung solcher Kosten ist unmöglich, weil die Adjudication-Entscheidung insoweit nicht überprüft werden kann.
2. Die Rückzahlung überzahlter Beträge muss auf eine deutliche Rechtsgrundlage gestützt werden, die letztlich vertraglicher Natur ist
3. Adjudication-Entscheidungen in Bezug auf Beträge aus einer Zwischenzahlungsbescheinigung, die Auswirkung auf die Schlusszahlungsbescheinigung haben, müssen isoliert angegriffen werden.

(3) Dispute: Im Fall Amec[458] hatte Richter Jackson HHJ erstinstanzlich sieben Punkte herausgearbeitet, um die Anforderungen an einen **Dispute** zu erfassen. Der Court of Appeal hat diese Punkte unter Bezugnahme auf eine seiner früheren Entscheidungen in Sachen **Collins**[459] bestätigt[460]. Die sieben Punkte besagen[461]: **128**

1. Dem Wort Dispute, das in vielen Schiedsgerichtsklauseln und in Section 108 HGCRA auftaucht, sollte seine normale Bedeutung gegeben werden. Es hat keine besondere oder ungewöhnliche Bedeutung, die ihm Juristen beimessen.
2. Trotz der einfachen Bedeutung des Wortes Dispute hat es über die Jahre hinweg viele Rechtstreitigkeiten (Litigation) darüber gegeben, ob in bestimmten Fällen ein Dispute vorlag oder nicht. Diese Streitigkeiten haben keine scharfkantigen rechtlichen Voraussetzungen dazu generiert, was ein Dispute ist oder nicht. Allerdings haben die gesammelten gerichtlichen Entscheidungen hilfreiche Leitlinien hervorgebracht.
3. Der einfache Umstand, das eine Partei der anderen Partei einen Anspruch bekannt gibt, gibt nicht automatisch oder sofort Anlass für einen Dispute. Es ist klar, in Hinsicht auf beides, die Sprache und gerichtlichen Entscheidungen, dass ein Dispute solange und bis sich herausstellt, dass der Anspruch nicht zugebilligt wird.

---

[456] Castle Inns (Stirling) Ltd v. Clark Contracts Ltd [2005] ScotCS CSOH_178 (29 December 2005).
[457] Castle Inns (Stirling) Ltd v. Clark Contracts Ltd [2005] ScotCS CSOH_178 (29 December 2005).
[458] Amec Civil Engineering Ltd v Secretary of State for Transport [2005] EWCA Civ 291 (17 March 2005) Rn. 68 = [2005] BLR 227, (2005) 21 Const LJ 640, 101 Con LR 26, [2005] 1 WLR 2339.
[459] Collins (Contractors) Limited v. Baltic Quay Management (1994) Limited [2004] EWCA Civ 1757.
[460] Amec Civil Engineering Ltd v. Secretary of State for Transport [2005] EWCA Civ 291 (17 March 2005).
[461] Amec Civil Engineering Ltd v. Secretary of State for Transport [2004] EWHC 2339 (TCC).

4. Die Umstände, aus denen folgt, dass ein Anspruch (Claim) nicht zugebilligt wird, sind proteisch. Zum Beispiel kann eine ausdrückliche Zurückweisung des Claim vorliegen. Es können Diskussionen zwischen den Parteien geführt werden, aus denen objektiv abgeleitet werden kann, dass der Anspruch nicht zugebilligt wird. Der Beklagte kann Ausflüchte vorbringen, wodurch klar wird, dass er den Anspruch bestreitet. Der Beklagte kann lediglich für eine gewisse Zeit schweigen, wodurch das dieselbe Schlussfolgerung rechtfertigt.
5. Wie lange das Schweigen bestehen muss, bevor aus der Dauer des Schweigens ein Dispute abgeleitet werden kann, hängt erheblich von den Umständen des Falles und der vertraglichen Struktur ab. Wenn die Quintessenz des Anspruchs gut bekannt ist und sie offensichtlich kontrovers ist, kann eine sehr kurze Dauer ausreichen. Wenn der Anspruch einem Bevollmächtigten des Beklagten mitgeteilt wurde, der eine rechtliche Befugnis besitzt, den Anspruch zu würdigen, kann eine längere Dauer erforderlich sein, bevor aus dem einfachen Schweigen ein Dispute abgeleitet werden kann.
6. Erlegt der Kläger dem Beklagten eine Frist für die Beantwortung des Anspruchs auf, hat diese Frist nicht den automatischen Effekt, dass die anderenfalls angemessene Frist beschränkt werden würde. Andererseits können eine angegebene Frist und der Grund für ihre Auferlegung relevante Faktoren für die Beurteilung der Frage sein, was eine angemessene Zeit für die Beantwortung ist.
7. Wenn der Anspruch von dem Kläger so nebulös und schlecht definiert vorgetragen ist, dass der Beklagte hierauf nicht vernünftig erwidern kann, eignet sich weder Schweigen noch eine ausdrückliche Nichtbehandlung um Anlass für eine Streitigkeit für die Zwecke von Adjudication oder Schiedsgerichtsbarkeit zu geben.

Der Adjudicator hat stets nur dann Gerichtsbarkeit, wenn ein Dispute vorliegt. Das Vorliegen eines Dispute ist Verfahrensvoraussetzung.

129 **(4) Überprüfbarkeit**: Generell sind Adjudicator Entscheidungen bindend, gleich ob sie vorläufig bindend sind oder nur vorläufig bindend, und klarstellend, gleich ob sie damit im Hauptsacheverfahren vollständig überprüfbar sind oder nicht: Es muss zwischen der Frage der Vollziehbarkeit einer bindenden Adjudicator-Entscheidung und ihrer Überprüfbarkeit im Hauptsacheverfahren unterschieden werden. Letztlich geht es hier um die Vollziehbarkeit im Sinne einer **vorläufigen Vollstreckbarkeit**. Bald nach Inkrafttreten des HGCRA wurde die Frage aufgeworfen, ob solche Entscheidungen gänzlich unüberprüfbar sind oder nicht, also letztlich uneingeschränkt vollziehbar sind, solange sie nicht im Hauptsacheverfahren aufgehoben wurden. Das erste Urteil zu dieser Frage erging im Fall Macob Civil Engineering[462]. Diese Entscheidung stellt die erste grundlegende Entscheidung zur gesetzlichen Adjudication dar. HHJ Dysen vollzog eine Adjudicator-Entscheidung und wies Angriffe auf der Basis von „natural justice“ zurück.

Die **Eigenart der Absicht des Gesetzgebers**, die diesen Vorschriften zugrunde liegt, wird von HHJ Dyson J beschrieben, so wie es in diesem Fall geschehen ist: Kurz gesagt, Adjudication beabsichtigt, eine schnelle und verhältnismäßige, zeitweilig bindende Entscheidung über Streitigkeiten aus Bauverträgen zu verschaffen. Die Idee schließt ein, dass das Verfahren in fairer Weise dazu genutzt werden kann, eine gütliche Einigung herbeizuführen. Jedenfalls sollte das Verfahren so geführt werden, dass langwierige und kostenträchtige Schiedsgerichtsverfahren – die der Gesetzgeber nicht ausgeschlossen hat – möglichst unterbleiben.

Nach Auffassung von HHJ Dyson sollte die Entscheidung (decision) eines Adjudicator in ihrem einfachen Wortsinn verstanden werden und bindend sein. Hätte der

[462] Macob Civil Engineering v. Morrison Construction Ltd. [1999] BLR 93.

Gesetzgeber den Begriff der Entscheidung anders verstehen wollen, hätte er dies getan. Folglich komme es nicht darauf an, ob der Adjudicator in tatsächlicher oder rechtlicher Hinsicht geirrt hat. Diese Entscheidung wurde später vom Court of Appeal bestätigt und erlangte damit zusätzliche Autorität[463].

Es wird von den englischen Gerichten ohne Weiteres eingeräumt, dass in der gesetzlichen Adjudication von Zeit zu Zeit Ungerechtigkeit auftreten kann, weil Adjudicatoren Fehler begehen. Die Gerichte gehen davon aus, dass die Fehler später im Schiedsgerichtsverfahren oder im staatlichen Gerichtsverfahren korrigiert werden können. Das Insolvenzrisiko, das durch eine spätere Insolvenz desjenigen entsteht, zu dessen Gunsten die fehlerhafte Adjudication-Entscheidung erging, wird billigend in Kauf genommen[464]. Unbeachtlich sind DAB-Sprüche, die ohne Gerichtsbarkeit ergangen sind oder die die Grundsätze von *natural justice* missachten. Außerhalb seiner Gerichtsbarkeit darf der Adjudicator nicht tätig werden. Im Fall Bouyges hat HHJ Dyson ausgeführt[465]:

Wenn der Fehler der war, dass er [der Adjudicator] über einen Streit entschieden hat, der ihm nicht vorgelegt wurde, dann liegt seine Entscheidung über diesen Streit außerhalb seiner Gerichtsbarkeit und hat keine Wirkung. Hat der Adjudciator aber einen Streit enstchieden, der ihm vorgelegt wurde, doch war seine Entscheidung fehlerhaft, dann ist sie und bleibt sie eine wirksame Entscheidung, auch wenn der Fehler von grundsätzlicher Bedeutung war.

Im Fall Carillion hat der Court of Appeal befunden, dass der Adjudicator Beweismittel vernachlässigen dürfe, die er nicht für erheblich halte, ohne die Grundsätze von *natural justice* zu verletzen. Es könne sein, dass die Analyse des Adjudicators falsch war, doch dieser Fehler mache seine Entscheidung nicht unwirksam[466].

(5) Verfahren: Der Scheme[467] regelt das Verfahren als solches nur rudimentär. Voraus- **130**
setzung ist zunächst eine Notice of Intention to seek Adjudication (Rule 1). Sie setzt das Verfahren zur Auswahl und Einsetzung des Adjudicators in Gang. Im Verfahren muss der Adjudicator unparteiisch handeln und unnötige Kosten vermeiden (Rule 12). Der Adjudicator kann die Initiative zur Aufklärung der Tatsachen und des Rechts ergreifen und soll aufgrund des in der Adjudication zu beachtenden Verfahrens entscheiden. Im einzelnen kann er gemäß Rule 13:

- die Parteien auffordern, Dokumente vorzulegen
- über die in der Adjudication anzuwendende Sprache befinden und ob Übersetzungen von Dokumenten vorzulegen sind und wenn ja von wem
- die Parteien und ihre Vertreter treffen und ihnen Fragen stellen
- vorbehaltlich einer von Dritten zu erteilenden Zustimmung mit oder ohne Begleitung der Parteien Baustellenbesuche und Inspektionen durchführen, die er für geeignet erachtet
- vorbehaltlich einer von Dritten zu erteilenden Zustimmung Tests oder Versuche durchführen

---

463 Quietfield Ltd v. Vascroft Construction Ltd [2006] EWCA Civ 1737 (20 December 2006) wo es in der Begründung von LJ May heißt: Die Natur der gesetzgeberischen Absicht, denen diese Regelungen zugrunde liegen, wurde von Dyson J. klassich wie folgt beschrieben ....

464 Bouygues UK Ltd v. Dahl-Jenson UK Ltd [1999] EWHC Technology 182 (17th December, 1999) = [2000] BLR 49.

465 Bouygues UK Ltd v. Dahl-Jenson UK Ltd [1999] EWHC Technology 182 (17th December, 1999) = [2000] BLR 49.

466 Carillion Construction Ltd v. Devonport Royal Dockyard [2005] EWHC 778 (TCC) (26 April 2005) Rn. 113.

467 Statutory Instrument 1998 Nr. 649.

- Sachvortrag und Schriftsätze empfangen und würdigen sowie nach Anhörung der Parteien Sachverständige, Gutachter oder rechtliche Berater beauftragen
- Anordnungen erlassen und einen Zeitplan für die Adjudication sowie Schriftsatzfristen erlassen
- Anordnungen in Bezug auf die Verhandlungsführung erlassen

Die Parteien sollen alle Anforderungen und Anordnungen in Bezug auf die Adjudication befolgen. Versäumt es eine Partei ohne ausreichende Entschuldigung Anordnungen etc. nachzukommen, kann der Adjudicator ohne die säumige Partei verhandeln, Schlussfolgerungen aus dem Versäumnis ableiten und eine Entscheidung auf der Grundlage der vorgetragenen Fakten (Aktenlage) treffen. Die Entscheidung muss binnen 28 Tagen gefällt werden (Rule 19). Der Adjudicator soll über die in Streit befindlichen Angelegenheiten urteilen. Insbesondere kann er gemäß Rule 20 alle von einer im Vertrag benannten dritten Person erlassenen Feststellungen und Bescheinigungen aufheben, Zahlungen ausurteilen und über etwaige Zinsen entscheiden. Er kann alle weiteren Angelegenheiten mit entscheiden, die die Parteien als streitgegenständlich vereinbaren oder die der Adjudicator als notwendig mit dem Streit verbunden beurteilt. Auf Antrag muss die Entscheidung begründet werden (Rule 22).

In der Praxis vereinbaren die Parteien konkrete Verfahrensregeln, wie z.B. im Fall Kier[468]:

41A.5.5 In reaching his decision, the Adjudicator shall act impartially and set his own procedure and, at his absolute discretion, may take the initiative in ascertaining the facts and the law as he considers necessary in respect of the referral which may include the following:

.5.1 Using his own knowledge and/or experience;

.5.2 Subject to clause ... opening up, reviewing and revising any certificate, opinion, decision, requirement or notice issue given or made under this contract as if no such certificate, opinion, decision, requirement or notice had been issued, given or made;

.5.3 Requiring from the parties further information than that contained in the notice of referral and its accompanying documentation, or in any written statement provided by the parties, including the results of any tests that have been made or of any opening up.

.5.4 Requiring the parties to carry out tests or additional tests or to open up work or further open up work.

.5.5 Visiting the site of the works or any workshop where work is being or has been prepared for this Contract.

.5.6 Obtaining such information as he considers necessary from any employee or representative of the parties provided that, before obtaining information from an employee of a party, he has given prior notice to that party.

.5.7 Obtaining from others such information and advice as he considers necessary on technical and on legal matters, subject to giving prior notice to the parties together with a statement or estimate of the cost involved.

.5.8 Having regard to any term of this Contract relating to payment of interest, deciding the circumstances in which or the period for which a simple rate of interest shall be paid.

[468] Kier Regional Ltd (t/a Wallis) v. City General (Holborn) Ltd [2006] EWHC 848 (TCC) (6 March 2006).

Verletzungen vorstehender elementarer Verfahrensregeln können einen Verstoß gegen *natural justice* darstellen.

(6) **Vollstreckungsschutz**: Aus englischer Sicht ist insbesondere bei kleineren Unter- 131
nehmen der Cash Flow das Lebensblut (life blood). Wird es unterbrochen oder kommt es zum Stillstand kann die Lebensfähigkeit des Unternehmens gefährdet werden und somit die Fähigkeit zur Rückzahlung. Das ist auch Teil des wirtschaftlichen Risikos, das diejenigen übernehmen, die mit einem solchen Unternehmen Geschäfte treiben[469]. Das englische Recht folgt damit dem Grundsatz: „Pay now, argue later"[470]. Der TCC wird folglich üblicherweise ein summary judgment erlassen, wenn keine Gründe vorliegen, die die Gerichtsbarkeit oder die Beachtung von natural justice in Frage stellen[471]. Das führt zu Unzulänglichkeiten, wenn vor dem Adjudicator eine Entscheidung erstritten wurde, die erkennbar fehlerhaft ist, ohne dass Gründe vorliegen, die Entscheidung des Adjudicators nicht zu vollziehen. Der Schuldner trägt dann das Insolvenzrisiko des Gläubigers. Die Gerichte hatten sich deshalb nicht nur gelegentlich mit der Frage auseinanderzusetzen, ob Vollstreckungsschutz gewährt werden könne. In der Entscheidung Wimbledon Construction Company[472] sind die Grundlagen für die Gewährung von Vollstreckungsschutz gegen Adjudicator-Entscheidungen zusammengefasst, der ggf. nach RSC Order 47 gewährt werden kann[473]:

- Adjudication (sei gemäß des HGCRA 1996 oder entsprechender Regelungen in Standardverträgen) ist als schnelle und kostengünstige Methode zur Erreichung eines vorläufigen Ergebnisses in Bezug auf eine Baustreitigkeit ausgestaltet.
- Folglich ist beabsichtigt, Adjudicator-Entscheidungen summarisch durchzusetzen und dem Kläger (der obsiegenden Partei aus der Adjudication) sollte nicht generell ihr Geld vorenthalten werden.

---

[469] All In One Building & Refurbishments Ltd v. Makers UK Ltd [2005] EWHC 2943 (TCC) (19 December 2005).

[470] RJT Consulting Engineers Ltd v. DM Engineering (Northern Ireland) Ltd [2002] EWCA Civ 270 (8 March 2002); vgl. auch Homer Burgess Ltd v. Chirex (Annan) Ltd [1999] ScotCS 264 (10 November 1999); Anglo Swiss Holdings Ltd & Ors v. Packman Lucas Ltd [2009] EWHC 3212 (TCC) (09 December 2009).

[471] Able Construction (UK) Ltd v. Forest Property Development Ltd [2009] EWHC 159 (TCC) (27 January 2009) Rn. 9.

[472] Wimbledon Construction Company 2000 Ltd. v. Vago [2005] EWHC 1086 (TCC) (20 May 2005); siehe zur Anwendung der Grundsätze auch Mead General Building Ltd v. Dartmoor Properties Ltd [2009] EWHC 200 (TCC) (04 February 2009); Avoncroft Construction Ltd v. Sharba Homes (CN) Ltd [2008] EWHC 933 (TCC) (29 April 2008); Coleraine Skip Hire Ltd v. Ecomesh Ltd [2008] NIQB 141 (27 October 2008); G Middleton Ltd v. Berry Creek Overseas Development Ltd [2007] EWHC 318 (TCC) (09 February 2007).

[473] RSC Order 47 Rule 3 lautet im englischen Original:

(1) Where a judgment is given or an order made for the payment by any person of money, and the court is satisfied, on an application made at the time of the judgment or order, or at anytime thereafter, by the judgment debtor or other party liable to execution –
(a) that there are special circumstances which render it inexpedient to enforce the judgment or order; or
(b) that the applicant is unable from any cause to pay the money,
then, notwithstanding anything in rule 2 or 3, the court may by order stay the execution of the judgment or order by writ of fieri facias either absolutely or for such period and subject to such conditions as the court thinks fit.

Auszugsweise Übersetzung: Wurde über die Zahlung durch eine Person ein Urteil erlassen oder … und das Gericht ist im Falle eines Antrages des Urteilsschuldners … bei Erlass des Urteils … oder später überzeugt, dass (a) besondere Umstände vorliegen die es unzweckmäßig erscheinen lassen, das Urteil … zu vollziehen, kann … das Gericht durch Anordnung oder durch writ of fieri facias die Vollstreckung des Urteils entweder unumschränkt oder für die Zeit oder unter den Bedingungen aussetzen, die es für geeignet erachtet.

- Über einen Antrag auf Vollstreckungsschutz in Bezug auf ein summarisches Urteil aus einer Adjudicator-Entscheidung muss das Gericht sein Ermessen gemäß RSC Order 47 mit Blick auf die Erwägungen 1 und 2 ausüben.
- Die mögliche Unfähigkeit des Klägers, am Ende des Hauptverfahrens die Urteilssumme zurückzuzahlen, (ausgeurteilt durch den Adjudicator und durchgesetzt per summarischem Urteil) kann spezielle Gründe im Sinne der Order 47 darstellen, die es richtig erscheinen lassen Vollstreckungsschutz zu gewähren (Urteil in Sachen Herschell[474]).
- Wenn sich der Kläger in insolventer Liquidation befindet oder es unstreitig geblieben ist, dass der Kläger insolvent ist, dann wird üblicherweise Vollstreckungsschutz gewährt (Urteile in Sachen **Bouygues**[475] und **Rainford House**[476]).
- Selbst wenn der Beweis in Bezug auf die finanzielle Situation es nahe legt, dass es wahrscheinlich ist, dass er nicht in der Lage sein wird, die Urteilssumme zurückzuzahlen, wenn sie fällig wird, reicht dies üblicherweise nicht aus, Vollstreckungsschutz zu gewähren, wenn
  - die finanzielle Situation des Klägers dieselbe oder ähnlich der ist, als der Vertrag geschlossen wurde (Urteil in Sachen Herschell), oder
  - die finanzielle Situation des Klägers ist entweder vollständig oder zu wesentlichen Teilen auf das Versäumnis des Beklagten zurückzuführen, die Beträge zu zahlen, die von dem Adjudicator ausgeurteilt wurden (Urteil in Sachen Absolute Rentals).

Im konkreten Fall wies das Gericht[477] den Antrag auf Vollstreckungsschutz zurück, weil es der Auffassung war, dass die Not leidende finanzielle Situation des Klägers auf das Verschulden des Beklagten zurückzuführen war. Inzwischen wurde Vollstreckungsschutz mehrfach unter Hinweis auf vorstehende Gründe versagt[478]. Hingegen wurde er auch vereinzelt gewährt[479].

132 (7) **Zeitpunkt**: Nach dem Scheme kann Adjudication zu jeder Zeit eingeleitet werden[480]. Der Effekt einer Adjudication Klausel ist, dass der Spruch eines Adjudicators, trotz seiner vorläufigen Bindungswirkung überprüfbar ist. Ferner läuft die Kombination mit einer Schiedsgerichtsklausel im gesetzlichen Kontext darauf hinaus, dass Adjudication jederzeit durchgeführt werden kann, auch wenn bereits ein Gerichts- oder Schiedsgerichtsverfahren eingeleitet wurde und obwohl der DAB Spruch letztlich niemals bindend sein kann[481].

---

474 Herschel Engineering Ltd v. Breen Property Ltd [2000] EWHC Technology 178 (14 April 2000) = 70 Con LR 1 = [2000] BLR 272.

475 Bouygues UK Ltd v. Dahl-Jenson UK Ltd [1999] EWHC Technology 182 (17th December, 1999) = [2000] BLR 49.

476 Rainford House Ltd v. Cadogan Ltd [2001] EWHC Technology 18 (09 February 2001).

477 Wimbledon Construction Company 2000 Ltd. v. Vago [2005] EWHC 1086 (TCC) (20 May 2005).

478 Siehe Coleraine Skip Hire Ltd v. Ecomesh Ltd [2008] NIQB 141 (27 October 2008); All In One Building & Refurbishments Ltd v. Makers UK Ltd [2005] EWHC 2943 (TCC) (19 December 2005); McConnell Dowell Constructors (Aust) PTY Ltd v. National Grid Gas PLC [2006] EWHC 2551 (TCC) (3 October 2006) Rn. 50 ff.: Das Gericht zog in Erwägung, Vollstreckungsschutz zu gewähren, weil der Kläger zwischenzeitlich seine englische Niederlassung aufgegeben hatte und eine Klage auf Rückzahlung in Australien anzubringen gewesen wäre. Es verweigerte aber im Ergebnis Vollstreckungsschutz auf der Grundlage, dass der Kläger die Stellung einer Bürgschaft angeboten hatte.

479 Siehe JPA Design and Build Ltd v. Sentosa (UK) Ltd [2009] EWHC 2312 (TCC) (28 September 2009).

480 Siehe zu Missbrauchsfällen Mentmore Towers Ltd & Ors v. Packman Lucas Ltd. [2010] EWHC 457 (TCC) (16 March 2010); Anglo Swiss Holdings Ltd & Ors v. Packman Lucas Ltd [2009] EWHC 3212 (TCC) (09 December 2009).

481 Clarke Quarries Ltd v. P.T. Mc Williams Ltd [2009] IEHC 403 (24 August 2009).

d. Schiedsgerichtsbarkeit. Die dritte Form der Streitbeilegung, ggf. in Kombination mit ADR-Verfahren, stellt die Schiedsgerichtsbarkeit dar. Die Schiedsgerichtsbarkeit ist im angloamerikanischen Rechtsraum in die Kritik geraten[482]. Unzufriedenheit herrscht über die Dauer, die Effektivität und die Kosten der Schiedsgerichtsbarkeit[483]. Nur noch für Streitigkeiten mit großen Volumen herrscht die Überzeugung vor, dass Arbitration gegenüber ADR-Verfahren vorzuziehen sei[484]. 133

Der Sitz der Schiedsgerichtsbarkeit ist der Ort, an dem der Sitz angenommen wird, entweder als Tatsachenfrage oder auf der Grundlage einer Vereinbarung. Üblicherweise wird der Sitz des Schiedsgerichts vereinbart, um jegliche Unsicherheit auszuschließen. Auf Schiedsgerichtsverfahren findet der Arbitration Act 1996 Anwendung, der im Februar 1997 in Kraft trat, wenn sich der Sitz der Schiedsgerichtsbarkeit in England, Wales oder Nordirland befindet[485]. Im Rahmen der Ausübung internationaler Schiedsgerichtsbarkeit werden drei verschiedene Kollisionsregeln angewendet. In Bezug auf den Vertrag wird das Recht angewendet, das die engste Beziehung zum Vertrag hat[486]. Hinsichtlich der Schiedsgerichtsvereinbarung wird normalerweise auf das Vertragsstatut abgestellt, doch geschieht dies nicht zwangsläufig[487]. Das Recht des Schiedsgerichtssitzes findet auf die verfahrenstechnischen Aspekte Anwendung[488]. 134

Schiedsgerichtsbarkeit besteht aus englischer Sicht darin, einen Streitfall einer dritten Person zur Entscheidung vorzulegen. Dem muss eine schriftliche Vereinbarung zugrunde liegen (vgl. Sec. 5, 6 Arbitration Act), die in der Regel vor Verfahrenseinleitung getroffen wird. Der Schiedsrichter muss unparteiisch sein und rechtliches Gehör gewähren (Sec. 33 Arbitration Act 1996). Die Entscheidung des Schiedsgerichtes fällt in Übereinstimmung mit dem Recht und ist bindend (Sec. 46 (1), Sec. 58 Arbitration Act 1996). Die ordentliche Gerichtsbarkeit besitzt nur eine beschränkte Möglichkeit zur Überprüfung von Schiedssprüchen (vgl. Sec. 68, 69 Arbitration Act 1996). Das Verfahren selbst ist gesetzlich nicht ausgestaltet[489]. Die Parteien können das Verfahrensrecht vereinbaren. Mangels Vereinbarung wählt der Schiedsrichter das geeignete Verfahrensrecht nach den Umständen des Einzelfalles aus (Sec. 33 Arbitration Act 1996).

Problematisch ist in der Regel die Reichweite der Schiedsgerichtsklausel, auf die sich die Zuständigkeit des Schiedsgerichts stützt. Folgende Aspekte sollten berücksichtigt werden: 135

- Die Schiedsgerichtsklausel muss weit genug sein, um den Streit zu umfassen. Eine Klausel, der zufolge alle Streitigkeiten aus dem Vertrag eingeschlossen sind, erfasst Ansprüche aus „misrepresentation" nicht[490]. Wird die Klausel leicht abgeändert und werden „Streitigkeiten aus und in Zusammenhang mit dem Vertrag" der Schiedsgerichtsbarkeit unterworfen, würde ein Anspruch aus „misrepresentation" berücksichtigt werden können[491].

---

482 Brooker/Lavers ICLR 2000, 278.
483 Brooker/Lavers ICLR 2000, 278.
484 Brooker/Lavers ICLR 2000, 278, 296.
485 O'Reilly, Engineering Construction Contracts, 134.
486 O'Reilly, Engineering Construction Contracts, 141.
487 O'Reilly, Engineering Construction Contracts, 141.
488 O'Reilly, Engineering Construction Contracts, 141.
489 O'Reilly, Engineering Construction Contracts, 134.
490 O'Reilly, Engineering Construction Contracts, 136.
491 Ashville Investments Ltd. v. Elmer Contractors Ltd [1989] Q.B. 488 (CA).

- Über Streitigkeiten kann erst verhandelt werden, wenn unmittelbarer Zugang zur Schiedsgerichtsbarkeit besteht. Sieht der Vertrag vorrangige Streiterledigungsmechanismen vor, müssen diese abgeschlossen sein[492].
- Der jeweils anhängige Streit kann nicht beliebig erweitert werden. Wird ein Anspruch aus einem besonderen Rechtsgrund erhoben, können nicht ohne weiteres andere Ansprüche ergänzend beurteilt werden. Doch ist dies abhängig von den jeweils anwendbaren Schiedsregeln. Klausel 5.2 ICE Arbitration procedure regelt eine breite Zuständigkeit, die eine Art Vorfragenkompetenz einschließt.

Neuerdings verzichtet z.B. das JCT Major Projects Form (JCT MPF) auf eine Schiedsgerichtsklausel.

Eine Klage auf Durchsetzung des Schiedsspruches stellt einen selbständigen Klagegrund dar, die aus der Verletzung einer vertragsimmanenten Klausel in der Schiedsgerichtsvereinbarung hervorgeht, der zufolge der Schiedsspruch erfüllt werden sollte, und nicht aus der Vertragsverletzung, die Gegenstand des Schiedsverfahrens war[493]. Im Allgemeinen halten die Gerichte Schiedssprüche aufrecht. Sie nähern sich ihnen nicht mit einem übertrieben genauen juristischen Auge um Lücken, Unstimmigkeiten und Fehler zu finden und mit dem Ziel das Schiedsverfahren zu erschüttern oder zu durchkreuzen. Weit entfernt davon. Der Ansatz besteht darin, den Schiedsspruch in vernünftiger und geschäftsmäßiger Weise mit der Erwartung zu lesen, dass darin kein Fehler gefunden werden kann[494]. Im Fall Kershaw hat der englische TCC aus Präjudizien zwei Anforderungen an die Prüfung von Schiedssprüchen abgeleitet und aufgestellt[495]:

- Das Gericht sollte den Schiedsspruch in fairer und angemessener Weise vollständig lesen. Das Gericht sollte keine minutiöse Textanalyse anstellen.
- Hilft dem Schiedsrichter seine Erfahrung, Rechtsfragen zu lösen, sollte hierauf eine gewisse Rücksicht (im Sinne von Achtung oder Ehrerbietung) genommen werden. Das Gericht wird die Entscheidung nur aufheben, wenn der Schiedsrichter trotz seiner Erfahrung zu einer falschen Antwort gekommen ist.

III. Architektenvertrag

136 In Großbritannien ist die Berufsbezeichnung Architekt durch Gesetz geschützt. Ursprünglich regelte der Architect's Registration Act 1931 und 1938 den Schutz der Berufsbezeichnung. Zeitweise enthielt auch der Housing Grants, Construction and Regeneration Act 1996 (H.G.C.R.A.) Regelungen bezüglich des Architekten. Nunmehr ist Grundlage der Architect's Act 1997, der die vorherigen Regelungen aufgehoben hat (vgl. Schedule 3 zum Architect's Act 1997).

Berufliche Leistungen von Architekten und Ingenieuren fallen normalerweise unter den HGCRA 1996. Sec. 104 (2) HGCRA sieht vor, dass seine Regelungen auch auf architektonische, planerische und überwachende Leistungen sowie auf beratende Leistungen in Bezug auf Baumaßnahmen, Ingenieurleistungen sowie Leistungen der Innenarchitektur und der Landschaftsplanung anwendbar sind. Zahlungssysteme in Verträgen über solche Leistungen müssen daher ebenso dem Act entsprechen wie die darin vorgesehenen Streitbeilegungsmechanismen.

---

492 O'Reilly, Engineering Construction Contracts, 136.

493 Agromet Motoimport Limited v. Maulden Engineering Co (Beds) Limited [1985] 2 All ER 436 and IBSSL v. Minerals Trading [1996] 1 All ER 1017.

494 Zermalt Holdings SA v. Nu-Life Upholstery Repairs LTD [1985] 2 EGLR 14, siehe auch Kershaw Mechanical Services Ltd v. Kendrick Construction Ltd [2006] EWHC 727 (TCC) (02 March 2006).

495 Kershaw Mechanical Services Ltd v. Kendrick Construction Ltd [2006] EWHC 727 (TCC) (02 March 2006).

Die beruflichen Leistungen der Architekten und Ingenieure sind in England vielfältig. Sie werden in der Praxis an den Erfordernissen und den Bedingungen der Bauverträge orientiert. In der Phase vor Abschluss des Bauvertrages werden geschickte und wirtschaftliche (skilfull and economic) Planungen gefordert, die der Planer als unabhängiger Vertragspartner des Bestellers erbringt[496]. Nach der Aufnahme der Arbeiten orientieren sich die Aufgaben und Verpflichtungen an den Vorgaben des Bauvertrages und richten sich in der Regel auf die Überwachung und Bauleitung[497]. Im Bauablauf spaltet sich die Aufgabenstellung in die eines Beauftragten des Bestellers und die eines unabhängigen, unparteiischen Sachkundigen. Als solchem obliegen dem Architekten oder Ingenieur Zertifizierungsaufgaben und das Treffen bedeutender vertragsbezogener Festlegungen (z.B. über Ansprüche auf Zeitverlängerung)[498]. Dabei werden Architekten und Ingenieure unter den verschiedensten Bezeichnungen tätig, wie z.B. als Supervising Officer, Project Manager, Contract Administrator, Employer's Agent oder traditioneller als Architekt oder Ingenieur[499]. Üblicherweise beschränken sich die Aufgaben des Consultant auf „reasonable skill and scare" in Bezug auf den Vertragsgegenstand[500]. Die Nichterfüllung wird „professional negligence" genannt[501]. Wollen die Parteien einen höheren Standard vereinbaren, müssen sie dies ausdrücklich tun, z.B. mit der Formulierung, dass die Planung „fit for purpose" sein soll. Anderenfalls müssen die Umstände eine klare Sprache sprechen. Ausreichend kann sein, dass der Ingenieur weiß, dass sein Vertragspartner üblicherweise einen höheren Standard verlangt und vereinbart[502]. 137

Verträge über Architektur- und Ingenieurleistungen kommen wie andere Verträge auch zustande. Es gehen seltener eingehende Vertragsverhandlungen voraus. Der Vertragsschluss erfolgt häufig vermittels des Austausches von Schreiben unter Bezugnahme auf standardisierte Vertragsbedingungen[503]. Einfache Planungsaufträge können bereits wirksam zustande kommen, indem geschrieben wird: „Build a house with six bedrooms"[504]. 138

1. Preis. Die Honorierung der Architekten ist in England gesetzlich nicht geregelt. Der Architekt oder Ingenieur hat in der Regel Anspruch auf ein angemessenes Honorar. Der Höhe nach ist es abhängig von (1) dem betragsmäßigen Wert, der Komplexität und den Anforderungen der verlangten Arbeit, (2) dem übernommenen Risiko und (3) den üblichen Marktpreisen für Berater der relevanten Erfahrung und des vergleichbaren Ansehens[505]. Für den Bereich des Hochbaus existieren „recommended fee scales", die von der RIBA herausgegeben werden. Für den Bereich der Landschaftsarchitektur hingegen gibt es solche Empfehlungen nicht. Üblicherweise wird als Vergütung ein Prozentsatz von der Bausumme als Honorar vereinbart. Bei kleineren Bauvorhaben empfiehlt die RIBA die Abrechnung nach aufgewendeter Zeit. Als Stundensatz wird von der RIBA für den Architekten £95.00 pro Stunde und für Angestellte £35.00 pro Stunde vorgeschlagen. 139

---

496 Uff, Construction Law, 262.
497 Uff, Construction Law, 262.
498 Chitty on Contracts, Rn. 37-186.
499 Vgl. Chitty on Contracts, Rn. 37-178.
500 O'Reilly, Engineering Construction Contracts, 94.
501 O'Reilly, Engineering Construction Contracts, 95.
502 Vgl. Greaves & Co. Contractors v. Baynham Meikle & Partners [1975] 1 W.L.R. 1095 (CA).
503 O'Reilly, Engineering Construction Contracts, 94.
504 Uff, Construction law, 277.
505 O'Reilly, Engineering Construction Contracts, 95.

140 **2. Planung.** Unter den Begriff Bauvertrag fasst man in England den Bauvertrag und den Ingenieurvertrag zusammen. Bauverträge befassen sich mit Arbeiten an Gebäuden und der Lieferung von Material und ihnen wohnt oftmals ein Planungselement (design element) inne. Das Design-Element ist ein schillernder und unpräziser Begriff, der häufig Streit aufwirft. Auf niedrigstem Niveau umfasst das „design" die Auswahl der angemessenen Materialien und Herstellungsmethoden. Auf einem anderen Niveau erfasst der Begriff Elemente wie die Festlegung detaillierter physikalischer Charakteristika des Gebäudes oder der Arbeiten in Übereinstimmung mit vertraglich vereinbarten Anforderungen und Ausführungskriterien.

141 Die Aufgabenstellung an den planenden Architekten oder Ingenieur erschöpft sich in der Regel darin, die Planung mit angemessener Geschicklichkeit (reasonable skill) auszuführen. Die Leistung ist erfüllt, wenn die Planungsleistung nach anerkanntem Standard erbracht wurde. Doch darf sich der Planer nicht darauf verlassen, dass das, was andere tun, ausreichend ist[506]. Existiert im Einzelfall kein anerkannter Standard, erfüllt der Planer seinen Auftrag, in dem er den bestmöglichen Rat erteilt und auf Risiken hinweist[507]. Wünscht der Besteller die Anwendung neuer Arbeitsmethoden oder Materialien, mit denen der Planer keine Erfahrung hat, kann ein Fehlverhalten hinzunehmen sein. Fehlverhalten kann in Übereinstimmung mit angemessener Geschicklichkeit stehen[508]. Werden gebräuchliche Verfahren und traditionelle Methoden durch billigere Lösungen ersetzt, muss über die dadurch entstehenden Risiken belehrt werden[509].

142 Doch häufig sind Bauherrn mit der vorstehenden Art des Architekten- und Ingenieureinsatzes nicht zufrieden. Sie wünschen die Übernahme der Verantwortung für die Qualität der Planung und nicht nur für die Bereitstellung der Planung. Dies wird erreicht, in dem der Planer die Verantwortung für „fit for purpose" übernimmt. Die darin liegende Haftungsverschärfung wird durch eine Klausel konterkariert, der zufolge der Planer nur für „reasonable skill and care" einzutreten hat[510]. Gelegentlich kommen in der Rechtsprechung Zweifel dazu auf, wie weit die Verpflichtung des Planers geht, wenn der Vertrag unklar ist. Ergibt die Auslegung, dass der Planer die vollständige Verantwortung für die Einhaltung der Building Regulations hat, trifft ihn u.U. die Haftung, auch wenn ihm keine Fahrlässigkeit nachzuweisen ist[511]. Ist bei Vertragsschluss klar, dass die Planung vollständig an einen Subunternehmer vergeben werden soll, exkulpiert dies den Generalübernehmer in der Regel nicht von seiner Planungsverantwortung[512].

143 **3. Baudurchführung.** Mit der Übernahme von Überwachungsaufgaben verpflichtet sich der Architekt oder Ingenieur darauf zu achten, dass der Unternehmer die Leistungen in Übereinstimmung mit Anforderungen des Bauvertrages ausführt. Dafür ist angemessener Aufwand zu treiben. Was angemessen ist, muss im Einzelfall auf der Grundlage des Vertrages und aus den Umständen gefolgert werden[513]. Bei dem Bau eines Einfamilienhauses kann es der Architekt oder Ingenieur unter Umständen bei ein oder zwei Bau-

---

506 Uff, Construction Law, 263.
507 Uff, Construction Law, 263.
508 Turner v. Garland & Christopher (1853) Hudson's Building Contracts, (4. Auflage) Vol. II, 1; vgl. Uff, Construction Law, 263, 264.
509 Uff, Construction Law, 264.
510 Uff., Construction Law, 277.
511 Vgl. L.B. Newham v. Taylor Woodrow (1981) 19 B.L.R. 99.
512 Vgl. Independent Broadcasting Authority v. EMI and BICC (1980) 14 B.L.R. 1.
513 Department of National Heritage v. Steensen Varming Mulcahy, 30.07.1998, zitiert nach O'Reilly, Engineering Construction Contracts, 104.

stellenbesuchen wöchentlich bewenden lassen. Bei größeren Bauvorhaben, vor allem bei Ingenieurbauten, kann es erforderlich sein, dauerhaft Personal vor Ort zu beschäftigen. In aller Regel erschöpft sich die Tätigkeit also in einer regelmäßigen und sorgfältigen Überwachung. Nicht zwangsläufig schuldet er die Aufklärung von Mängeln[514]. Doch in jedem Fall müssen die Baustelleninspektionen ausreichend sein, um wichtige Punkte zu prüfen, insbesondere solche, die später durch andere Arbeit verdeckt werden[515]. Doch müssen nicht alle Details der Ausführung in Augenschein genommen werden[516].

Mit der Übernahme der Bauleitung wird der Ingenieur oder Architekt Entscheidungsträger. Ihm obliegen die Zertifizierung, die Anordnung von Änderungen und das Erteilen von Anweisungen. Mangels genauerer Angaben im Bauvertrag hat der Unternehmer Anspruch auf Entscheidung in angemessener Zeit[517]. Der Bauverlauf kann im Einzelfall Entscheidungen erfordern, die die Abgrenzung zu Änderungsanordnungen notwendig machen. Erweist sich eine Maßnahme als unpraktikabel und unterbreitet der Unternehmer eine vom Vertrag abweichende Lösung, obwohl er damit bewusst vom Vertrag abweicht, kann die Genehmigung der Abweichung eine Änderung mit Mehrkosten zur Folge haben[518]. **144**

Die (typisch englische) Aufgabe eines „Quantity Surveyors" besteht darin, die Massen aus den Zeichnungen zu ermitteln, Leistungsverzeichnisse zu erstellen und die Aufmaße von geleisteter Arbeit zu nehmen[519]. Die Aufgabenstellung erfordert vertragsadministrative und juristische Qualifikationen. Folglich werden Quantity Surveyors häufig in das „claim management" und Streitigkeiten einbezogen. **145**

4. Haftung. a. Vertragliche Haftung. Die vertragliche Haftung für Planung ist zunächst davon abhängig, ob die Planungsvorgaben hinreichend präzise sind[520]. Daran fehlt es, wenn in dem Leistungsverzeichnis zu pauschale Angaben gemacht werden (z.B. „waterproof concrete")[521]. Haftet der Planer nur für „reasonable skill and care", führt nicht jeder Irrtum oder schlechte Rat in die Haftung. Voraussetzung ist in jedem Fall, dass der Planer fahrlässig gehandelt hat[522]. Ob der Planer den erforderlichen Standard eingehalten hat, muss anhand aller Umstände erwogen werden, die zum Zeitpunkt des Vertragsbruches vorlagen[523]. Gefordert wird der Standard einer normal geschickten (ordinary skilled) Person, die diesen Beruf ausübt. Die Vergleichsperson muss nicht die höchste Sachkunde haben. Es ist ausreichend, dass sie die normale Geschicklichkeit übt, die der normal sachkundige Mensch des speziellen Berufszweiges übt[524]. Im Einzelnen wird gefordert[525]: **146**

---

[514] East Ham v. Bernard Sunley [1966] A.C. 406.
[515] Jameson v. Simon (1899) 1 F. 1211 (Schottland); vgl. Uff, Construction law, 269.
[516] McLaren Maycroft Co. v. Fletcher Development Co. Ltd. [1973] 2 NZLR 100 (Neuseeland).
[517] Uff, Construction law, 270.
[518] Simplex v. St. Pancras B.C. (1958) 14 B.L.R. 80; vgl. aber Howard de Walden v. Costain (1991) 55 B.L.R. 124.
[519] Vgl. Uff, Construction law, 271.
[520] Uff, Construction law, 276.
[521] Mowlem v. BICC (1978) 3 Con. L.R. 64.
[522] O'Reilly, Engineering Construction Contracts, 98.
[523] O'Reilly, Engineering Construction Contracts, 98.
[524] Bolam v. Friern Hospital Managemant Committee [1957] 1 WL 582; Nye Saunders & Partners v. Alan E Bristow (1987) 37 B.L.R. 92, 103 (CA).
[525] Eckersly v. Binnie & Partners (1988) CILL 388 (CA).

- der Berufsträger soll den Körper an Wissen abfragen, der Teil der beruflichen Ausrüstung des normalen Mitglieds des Berufszweiges ist
- der Berufsträger sollte nicht hinter einem anderen normal beharrlichen Mitglied seines Berufszweiges in Bezug auf das Wissen hinsichtlich der Fortschritte, Entdeckungen und Entwicklungen auf seinem Gebiet zurück bleiben
- der Berufsträger sollte sich über die normalerweise bestehenden Unzulänglichkeiten seines Wissens und der Schranken seiner Sorgfalt bewusst sein
- der Berufsträger sollte wachsam in Bezug auf die Gefahren und Risiken sein, die seinem Berufszweig bei Ausführung der übernommenen Aufgaben inne wohnen, mit der Maßgabe, dass andere Berufsträger wachsam sein würden
- der Berufsträger sollte seine Aufgaben mit nicht weniger Sachkunde, Geschicklichkeit und Sorgfalt angehen als jedes andere normal sachkundige Mitglied seines Berufszweiges, aber mit nicht mehr

Der Bauherr muss ggf. darlegen und beweisen, dass der Berufsträger unterhalb dieses Standards gearbeitet hat[526]. Dabei kommt es nicht auf seine Sichtweise an[527]. Unerfahrene Berufsträger müssen so arbeiten wie erfahrene[528]. Existieren mehrere Lehrmeinungen, kann sich der Architekt oder Ingenieur exkulpieren, in dem er einer dieser Meinungen gefolgt ist[529]. Neueren Entwicklungen müssen Architekten und Ingenieure Rechnung tragen[530]. Allerdings müssen sie nicht jeder neuen Meinung nachgehen, sondern sie können warten, bis sich eine neue Meinung zu einer akzeptierten Praxis herausgebildet hat[531].

Letztlich wird nicht gefordert, dass der Architekt oder Ingenieur ein Musterknabe (paragon) ist, der die Qualitäten eines Allwissenden (polymath) und eines Propheten ins sich vereinigt[532]. Berufsrecht (Codes of Practice) kann konkretisieren, was „good practice“ ist[533]. Die fehlende Übereinstimmung mit Planungsstandards kann den Anscheinsbeweis für eine Vertragsverletzung führen[534]. Der Gegenbeweis ist allerdings möglich[535].

147 Da in England Planungsaufträge häufig nicht direkt an Architekten und Ingenieure sondern auf dem Umweg über einen General Contractor vergeben werden, lassen sich die Bauherren häufig besondere Haftungserklärungen der Planer ausbedingen, sog. „collateral warranties“. Sie sollen sicher stellen, dass der Planer gegenüber dem Bauherrn oder Besteller für die geeignete und vorgesehene Planung haftet[536]. Das neue JCT Major Project Form verzichtet auf „collateral warranties“ von Planern[537]. Der Unternehmer ist allein verantwortlich für Planung, die er übernimmt[538]. Der Verzicht auf „collateral warranties“ kann im Einzelfall zu einem Haftungsausschluss in Bezug auf die deliktsrechtliche Haftung des Subunternehmers führen, etwa wenn sich der Besteller zwar eine „collateral warranty“ für das design aber nicht für die Ausführung der Arbeiten geben

526 McLaren Maycroft Co. v. Fletcher Development Co. Ltd. [1973] 2 NZLR 100 (Neuseeland).
527 O'Reilly, Engineering Construction Contracts, 99.
528 Wilsher v. Essex Area Health Authority [1987] 2 W.L.R. 425 (CA).
529 Maynard v. West Midlands Regional Health Authority [1984] 1 W.L.R. 634 (HL); vgl. Nye Saunders & Partners v. Alan E Bristow (1987) 37 B.L.R. 92, 103 (CA).
530 Eckersly v. Binnie & Partners (1988) CILL 388 (CA).
531 Crawford v. Charing Hospital (1953), zitiert nach O'Reilly, Engineering Construction Contracts, 100 (Fn. 36).
532 Vgl. O'Reilly, Engineering Construction Contracts, 98.
533 O'Reilly, Engineering Construction Contracts, 102.
534 O'Reilly, Engineering Construction Contracts, 102.
535 Vgl. Bevan Investments Ltd. v. Brackhall & Struthers (No. 2) [1973] 2 NZLR 45 (Neuseeland).
536 Vgl. dazu Uff, Construction law, 265 ff.
537 Vgl. Major Project Guidance Note, 19.
538 Vgl. Major Project Guidance Note, 19.

lässt[539]. Daraus wurde gefolgert, der Besteller habe die Gelegenheit gehabt, eine direkte Haftung zu begründen und sie nicht genutzt, so dass eine außervertragliche Haftung nicht mehr in Betracht komme[540].

Übernimmt der Planer den Auftrag mit der Haftung für Verlust und Schaden, der durch die Planung entsteht (caused by design), ist Vorsicht angesagt. Auch wenn dem Planer keine Fahrlässigkeit vorgeworfen werden kann, trifft ihn die Haftung, wenn ein Schaden eintritt, der durch die Planung verursacht ist[541]. Solche Situationen sind gelegentlich nicht durch Versicherungen gedeckt[542].

Erteilt der Architekt oder Ingenieur außerhalb seines Berufsbildes Rat, tut er dies auf eigenes Risiko[543]. Berät der Architekt oder Ingenieur den Bauherrn in Bezug auf die Verwendung geeigneter Vertragsmuster, sollte er dies in allgemeiner Form tun[544]. In finanziellen Angelegenheiten ist ebenfalls Umsicht geboten. Baukostenschätzungen sind mit Hinweisen zu möglichen Baukostenerhöhungen und Risiken zu verbinden[545].

b. Außervertragliche Haftung. Grundsätzlich besteht nur die vertragliche Haftung der 148
Architekten und Ingenieure. Doch daneben können gesetzliche Vorschriften Haftungsansprüche auslösen. Zu nennen ist zunächst der Premises Act 1972, der vorsieht, dass der Planer gegenüber jedem aktuellen oder zukünftigen Eigentümer eines Wohnhauses die Verpflichtung hat, darauf zu achten, dass die Arbeit in „a professional manner" ausgeführt wurde. Hinzu kommt die allgemeine deliktische Haftung. Der Haftungsmaßstab von „reasonable skill and care" gilt auch für die deliktische Haftung[546]. So kann der Planer in die Verantwortung dafür gezogen werden, dass er vorhandene Baumasse fehlerhaft als ungefährlich einstuft[547]. In jedem Fall erstrecken sich die Verpflichtungen des Architekten oder Ingenieurs nicht auf die Art und Weise der Bauausführung[548]. Auf diese hat er keinerlei Einfluss. Ihm obliegt weder die Verpflichtung, den Unternehmer bezüglich der Arbeit zu unterweisen noch diesem Hinweise zu Sicherheitsvorkehrungen zu geben. Er hat noch nicht einmal ein Recht dazu. Dem Architekt mag obliegen, seinen Auftraggeber entsprechend zu beraten, doch entbindet dies den Unternehmer nicht davon, fehlerfrei zu arbeiten[549].

IV. Standardbedingungen

In England ist es unüblich, individuelle Bauverträge zu entwerfen. In aller Regel wird 149
auf die zahlreich vorhandenen Standardvertragsmuster zurückgegriffen. Zahlreiche Organisationen und Einrichtungen beschäftigen sich mit der Erstellung solcher Musterbedingungen und -verträge. Zu den bekanntesten Standardverträgen gehören unter anderem die JCT-Vertragsfamilie, die ICE-Vertragsfamilie, die GC/Works-Verträge und das NEC-Vertragswerk. Im Anlagenbau kommen die Vertragsmuster der **Institution of Chemical**

539 Greater Nottingham Co-op v. Cementation [1989] Q.B. 712.
540 Greater Nottingham Co-op v. Cementation [1989] Q.B. 712; anders aber Warwick University v. McAlpine (1988) 42 B.L.R. 1.
541 Queensland Railways v. Manufacturers Insurance [1969] Lloyd's Report 214 (Brückenbau).
542 Chitty on Contracts, Rn. 37-127.
543 O'Reilly, Engineering Construction Contracts, 103.
544 O'Reilly, Engineering Construction Contracts, 103.
545 Vgl. Nye Saunders & partners v. Alan E Bristow (1987) 37 B.L.R. 92 (CA).
546 North Western Water Authority v. Binnie & partners (1989), zitiert nach O'Reilly, Engineering Construction Contracts, 98.
547 Vgl. Clay v. Crump [1964] 1 Q.B. 533.
548 Oldscholl v. Gleeson (1976) 4 B.L.R. 103.
549 Vgl. auch Uff, Construction law, 273.

Engineers (Vertragsmuster Red Book) und der **Institution of Engineering & Technology** (Vertragsmuster MF/1) *zum Einsatz*. Der Latham-Report[550] empfiehlt vor allem den „New Engineering and Construction Contract“, der allerdings wegen seiner etwas unkonventionellen Sprache kontrovers diskutiert wird[551]. Seit Inkrafttreten des HGCRA haben nahezu alle englischen Standardverträge Änderungen erfahren, die vor allem folgende Aspekte umfassen[552]:

- Vorauszahlung mit entsprechender Absicherung durch eine Bürgschaft
- Zahlung für Waren und Materialien (Off-site) gegen Absicherung durch eine Bürgschaft
- Anträge des Unternehmers auf Zahlung
- Stellungnahmen des Unternehmers zu Änderungen
- Verzugszinsen bei verspäteter Zahlung
- Aufnahme von Vereinbarungen zu Dispute Adjudication

150 **1. JCT Standard Form of Building Contract, Edition 1998.** Die Joint Contract Tribunal ist eine Vereinigung, die 1931 gegründet wurde. Ihr gehören Vertreter von Architekten-, Ingenieur-, und quantity surveyor-Verbänden sowie Verbänden von Bauunternehmern und Auftraggebern an. Die Vereinigung gibt seit 1939 Standardverträge heraus, die sie fortwährend aktualisiert[553]. Zu der Familie der JCT Forms gehören sechs Versionen von Leistungsverträgen (price based contracts), und zwar getrennt nach öffentlichen Auftraggebern (Local Authorities) und privaten Auftraggebern (Private)

- Local Authorities with Quantities (Detail-Pauschalvertrag)
- Local Authorities without Quantities (Global-Pauschalvertrag)
- Local Authorities with approximate Quantities (Einheitspreisvertrag)
- Private with Quantities
- Private without Quantities
- Private with approximate Quantities

151 Die JCT Forms basieren auf dem englischen Recht, auf das sie zugeschnitten sind[554]. Im Grunde genommen haben die JCT Forms das „General Contracting“ verinnerlicht, das vielfach als Notlösung praktiziert wird, weil andere Vergabeformen nicht in Erwägung gezogen werden[555]. Typische Umstände, unter denen JCT Forms angewendet werden, sind[556]:

- Der Besteller hat die Planung ausgelöst und vorbereitet und übernimmt für die Zwecke der Baudurchführung diesbezüglich die Verantwortung.
- Der Planer des Bestellers ist ausreichend erfahren, das Planungsteam zu koordinieren und zu leiten und die Schnittstelle zwischen Planung und Baudurchführung zu überwachen.
- Die Planung ist im Wesentlichen vollständig, wenn der Unternehmer ausgewählt wird.
- Ein unanhängiger Quantity Surveyor wird eingesetzt, um die finanziellen Aspekte des Vorhabens zu planen und zu kontrollieren.

---

550 Latham Report, 5.1.9.
551 Chitty on Contracts, Rn. 37-019.
552 Lupton/Cox ICLR 2003, 430, 431.
553 Vgl. Lupton/Cox ICLR 2003, 430 ff.
554 Lupton/Cox ICLR 2003, 430.
555 Murdoch/Hughes, Construction Contracts, 27.
556 Vgl. Murdoch/Hughes, Construction Contracts, 28.

- Der Unternehmer wird aufgrund seiner Schätzung ausgewählt und übernimmt das Risiko einer Fehleinschätzung.
- Der Besteller behält sich das Recht vor, Subunternehmer für bestimmte Teile der Arbeiten auszuwählen.
- Selbstkosten[557] (prime cost sums) einschließlich vom Besteller ausgewählte Subunternehmerverträge stellen nicht den wesentlichen Teil der Vertragssumme dar.

JCT Forms können für Generalunternehmerverträge (General Contracting) oder Generalübernehmerverträge (Management Contracting) verwendet werden[558]. Ergänzend gibt die JCT aber auch design & build-Forms heraus[559]. Neuerdings existieren Standardverträge für den Gebrauch mit Verbrauchern[560].

Das JCT Form Private with Quantities 1998 (Detailpauschalvertrag) setzt sich aus 42 Klauseln zusammen, die sich wie folgt untergliedern: 152

- Vertragsurkunde (Articles of Agreement)
- Bedingungen Teil 1: Allgemeine Vertragsbedingungen (Conditions: Part 1 General (34 Klauseln))
- Bedingungen Teil 2: Einbindung von benannten Subunternehmern und Lieferanten (Conditions Part 2: Nominated Subcontractors and Suppliers (2 Klauseln))
- Bedingungen Teil 3: Gleitpreisvereinbarung (Conditions Part 3: Fluctuations (4 Klauseln))
- Bedingungen Teil 4: Behandlung von Streitigkeiten (Conditions Part 4: Settlement of disputes-adjudication-arbitration-legal proceedings (1 Klausel))
- Bedingungen Teil 5: Vollständige oder teilweise funktionale Leistungsbeschreibung (Conditions Part 5: Performance Specified Works (1 Klausel))
- Anhang (bestehend aus verschiedenen Formblättern, unter anderem zur Erstellung Besonderer Vertragsbedingungen)

Zu den zentralen Regelungspunkten der JCT-Bedingungen gehören:

a. Verpflichtungen des Unternehmers. JCT 98 beschriebt allgemein die Verpflichtungen des Unternehmers. Qualität und Standard der Ausführung sollen zur angemessenen (reasonable) Zufriedenheit des „Contract Administrators" sein (Klausel 2.1 JCT 98). Wenn Leistungsverzeichnisse (bill of quantities) verwendet werden, definieren sie Qualität und Quantität der zu erbringenden Leistung (Klausel 14.1 JCT 98)[561]. 153

b. Anordnungen. Dreh- und Angelpunkt englischer Standardverträge ist die Aufgabenstellung des „Contract Administrators". Die Bedingungen widmen dieser Aufgabenstellung und den Anordnungen des „Contract Administrators" breiten Raum (vgl. Klausel 4 JCT 98). Treten z.B. im Vertragswerk Widersprüche auf, soll der Unternehmer eine Entscheidung des „Contract Administrators" herbeiführen (Klausel 2.3 JCT 98). Der Unternehmer muss allen Anordnungen des „Contract Administrators" Folge leisten (Klausel 4.1 JCT 98)[562]. 154

An eine Reihe von Entscheidungen des „Contract Administrators" sind weitreichende Folgen geknüpft, z.B. ein Anspruch auf Zeitverlängerung (vgl. Klausel 25.4.5.1

[557] Prime cost: Selbstkosten, Gestehungskosten, Anschaffungskosten.
[558] Kulick, Auslandsbau, 121.
[559] Chitty on Contracts, Rn. 37-018.
[560] Lupton/Cox ICLR 2003, 430, 433.
[561] Murdoch/Hughes, Construction Contracts, 135.
[562] Vgl. dazu auch Murdoch/Hughes, Construction Contracts, 189.

JCT 98). Ergibt sich aus einem Widerspruch im Vertragswerk, über den der „Contract Administrator“ entschieden hat, eine Bauverzögerung, muss Zeitverlängerung gewährt werden. Entsprechendes gilt z.B. für die Anordnung einer geänderten Ausführung (vgl. dazu Klausel 13.2 JCT 98).

155 **c. Änderungen.** Klausel 13.1 sieht eine Definition des Begriffs „Änderungen“ für die Zwecke der Bedingungen vor. Der „Contract Administrator“ kann Änderungen (Variation) anordnen (Klausel 13.2 JCT 98). Sie können den Inhalt der Arbeit und die Ausführungsmethode betreffen[563]. Solche Anordnungen muss der Unternehmer beachten (Klausel 4.1 JCT 98).

Geändert oder modifiziert werden können die Planung, die Qualität oder die Quantität der Arbeiten (Klausel 13.1.1). Zulässig sind Ergänzungen, Streichungen oder Ersetzungen (Klausel 13.1.1 JCT 98)[564]. Anordnungen des „Contract Administrators“ in Bezug auf die Ausführungsmethode (Klausel 13.1.2 JCT 98) umfassen z.B. Anordnungen in Bezug auf die Arbeitszeit und die Reihenfolge der Arbeiten[565].

Klauseln 13.4 bis 13.7 behandeln die Frage der Bewertung geänderter Arbeit[566].

156 **d. Bescheinigungen.** Zahlungsansprüche des Unternehmers werden in englischen Standardmustern von der Erteilung einer Bescheinigung abhängig gemacht. Klausel 30 JCT 98 behandelt die Erteilung von Bescheinigungen für Abschlagszahlungen (interim certificate) und Schlusszahlungen (final certificate).

157 **e. Bauzeit.** Klausel 25 JCT 98 regelt den Anspruch auf Bauzeitverlängerung[567]. Klausel 24 JCT 98 behandelt den Anspruch auf „liquidated damages“ für Zeitüberschreitung.

Klausel 1.3 JCT 98 definiert den Baufertigstellungstermin (Date for Completion) und das Datum der Fertigstellung (Completion date). Der Baufertigstellungstermin wird als der Tag definiert, der festgelegt und im Anhang fixiert ist. Dieser Tag steht also mit Vertragsschluss unabänderlich fest[568]. Das Datum der Fertigstellung wird als Datum der Fertigstellung oder als jedes andere Datum, das gemäß Klausel 25 oder 33.1.3 JCT 98 festgelegt wurde, definiert. Im Gegensatz zum „Date for Completion“ kann das „Completion Date“ verändert werden[569]. Tatsächlich soll der Unternehmer die Arbeiten am oder vor dem „Completion Date“ fertig stellen. Wird also gemäß Klausel 25 JCT 98 Zeitverlängerung gewährt, richtet sich die Verpflichtung des Unternehmers darauf, am bzw. vor diesem neuen Datum fertig zu werden. Verkürzt sich allerdings die Bauzeit, weil Arbeit weggelassen wurde, stellt Klausel 25.3.6 klar, dass der Unternehmer keinesfalls verpflichtet ist, das Werk vor dem Date for Completion fertig zu stellen.

Der Unternehmer ist verpflichtet, alle Umstände anzuzeigen, die geeignet sind, die Fertigstellung zu verzögern (Klausel 25.2.1.1). Die Anzeige muss die Einschätzung der Dauer der Verzögerung umfassen (Klausel 25.2.2.2 JCT 98). Geht dem „Contract Administrator“ eine Verzögerungsanzeige zu, muss er entscheiden, ob es sich um ein „relevantes Ereignis“ handelt und ob gerade dieses Ereignis geeignet ist, die Fertigstellung zu verzögern. Diese Entscheidung hat er auf der Grundlage der ihm unterbreiteten Umstände zu treffen. Er klärt den Sachverhalt nicht auf[570].

---

563 Murdoch/Hughes, Construction Contracts, 201.
564 Zu den Einzelheiten vgl. Murdoch/Hughes, Construction Contracts, 202.
565 Zu den Einzelheiten vgl. Murdoch/Hughes, Construction Contracts, 202.
566 Zu den Einzelheiten vgl. Murdoch/Hughes, Construction Contracts, 205.
567 Vgl. zu den Einzelheiten Murdoch/Hughes, Construction Contracts, 194.
568 Murdoch/Hughes, Construction Contracts, 182.
569 Murdoch/Hughes, Construction Contracts, 182.
570 Pickavance, Delay and Disruption in Construction Contracts, Rn. 6.34.

f. Versicherung. Klausel 21 JCT 98 verlangt von dem Unternehmer, Versicherungen in Bezug auf Schäden bei Personen und an Sachen abzuschließen und zu unterhalten. Klausel 22 JCT 98 behandelt die Versicherung der Arbeiten. 158

g. Mangelbeseitigung. Klausel 8.3, 8.4, 8.5 und 8.6 JCT 98 regeln die Möglichkeit zur Anordnung von Maßnahmen durch den Architekten, damit sichergestellt wird, dass die Standards der Klausel 8.1 JCT 98 erreicht werden. Die Leistungsstandards ergeben sich aus den Leistungsverzeichnissen (bills) und den sog. implied terms (vgl. Klausel 8 JCT 98). Nach JCT 98 haben die sich aus den Leistungsverzeichnissen ergebenden Standards (z.B. „standard of workmanship") den Rang vertraglicher Regelungen (Klausel 8.1.2 JCT 98). Material soll, soweit erhältlich (so far as procurable), der Art und des Standards sein, wie es in den Leistungsverzeichnissen beschrieben ist (Klausel 8.1.1 JCT 98). 159

Mit Erteilung des „Certificate of Practical Completion" beginnt die „Defects Liability Period" (Klausel 17 JCT 98). Diese Periode dauert sechs Monate, wenn der Vertrag nichts anderes vorsieht. Während dieser Periode sind Mängel, Wertbeeinträchtigungen oder andere Fehler auf Kosten des Unternehmers abzustellen[571].

h. Vertragsbeendigung. Nach englischem Recht muss ein Vertrag grundsätzlich zu seinem Ende gebracht werden (to bring the contract to an end). Ein allgemeines Kündigungsrecht ist unbekannt. Die Parteien können aber vertraglich vereinbaren, in welchen Fällen sie den Vertrag außerhalb der Rechtsbehelfe für „breach of contract" durch einseitige Erklärung auflösen können[572]. Klausel 27, 28 JCT 98 regeln das Kündigungsrecht des Unternehmers und des Bestellers. 160

Die Insolvenz des Unternehmers führt zur automatischen Auflösung des Vertrages (Klausel 27.2 JCT 98)[573]. Der Besteller kann vor allem im Falle der einseitigen Arbeitseinstellung oder anderer Verfehlungen durch den Unternehmer kündigen (Klausel 27.1 JCT 98). Der Unternehmer kann bei u.a. Zahlungsverzug des Bestellers kündigen (Klausel 28.2 JCT 98). Die einseitige grundlose (ermessensfreie) Kündigung durch den Besteller ist nicht vorgesehen[574]. Gekündigt werden kann nur dann, wenn die Arbeiten aus besonderen Gründen eingestellt wurden, insbesondere wenn Force majeure vorliegt[575].

Die Folgen der Kündigung durch den Besteller regelt Klausel 27.6 JCT 98. Die Baustelle ist zu räumen, der Besteller kann einen anderen Unternehmer einsetzen und er kann verlangen, dass alle Subunternehmeraufträge an ihn abgetreten werden. Zahlung kann der Unternehmer erst verlangen, wenn die Arbeiten vollständig fertig gestellt sind oder frühestens sechs Monate nach Kündigung, wenn sich der Besteller entschließt, das Vorhaben nicht fertig zu stellen[576].

Kündigt der Unternehmer, sind die Folgen in Klausel 28.4 JCT 98 geregelt. Wiederum muss der Unternehmer die Baustelle räumen. Allerdings kann er die Bezahlung der geleisteten und der begonnenen Arbeit verlangen. Hinzu kommt der Anspruch auf Ersatz erlittener direkter Schäden, auf Ersatz der Beräumungskosten und auf Ersatz der Kosten für bestelltes Material[577].

---

571 Murdoch/Hughes, Construction Contracts, 185.
572 Chitty on Contracts, Rn. 37-238.
573 Anders Klausel 65 ICE, 7th edition: Dort wird ein Kündigungsrecht des Bestellers geregelt, vgl. Chitty on Contracts, Rn. 37-239.
574 Chitty on Contracts, Rn. 37-242.
575 Chitty on Contracts, Rn. 37-242.
576 Vgl. zu den Einzelheiten Murdoch/Hughes, Construction Contracts, 331.
577 Vgl. zu den Einzelheiten Murdoch/Hughes, Construction Contracts, 333.

161 **i. Streitbeilegung.** Seit Inkrafttreten des HGCRA 1996 sind in englischen Bauverträgen zwingend Regelungen zur außergerichtlichen Streitbeilegung (Dispute Adjudciation) aufzunehmen.

162 **2. ICE Conditions of Contract, 7th edition.** Herausgeber der ICE-Forms sind die **Institution of Civil Engineers** (ICE) und die **Association of Consulting Engineers** sowie die **Federation of Civil Engineering Contractors**. Die ICE Conditions of Contract liegen seit 1999 in der 7. Auflage vor. Diese Bedingungen sind am weitesten im Bereich „civil engineering works" verbreitet. Ihren gedanklichen Ursprung haben die Vertragsmuster im tiefbauorientierten Ingenieurbau (permanent works) mit umfangreichen Bauhilfsmaßnahmen (temporary works)[578]. Richtet sich die Baumaßnahme auf die Errichtung eines Gebäudes, das zum Aufenthalt von Menschen dient, wird überwiegend auf JCT-Forms zurückgegriffen[579]. Heute sind jedoch die Übergänge fließend. Es gibt z.B. auch einen ICE-Design & Construct Conditions of Contract[580].

Die Vertragsmuster der ICE sind weniger umfangreich als die JCT-Muster. Die 72 Klauseln des ICE-Musters sind weniger stark untergliedert und textreich. Grob betrachtet sind die ICE-Bedingungen wie folgt gegliedert:

- Vertragsbedingungen (ICE Conditions of Contract)
- Angebotsformular (Form of Tender)
- Anhang zum Angebotsformular (Appendix to Form of Tender)
- Vertragsformular (Form of Agreement)
- Bürgschaftsmuster (Form of Bond)
- Gleitpreisvereinbarung (Contract Price Fluctuations Clause)

Das ICE Form 1999 (7. Auflage) ist eine „Measurement Version", der im Jahre 2002 eine „Term-Version" folgte[581]. Ein „Term Contract" wird üblicherweise benutzt, wenn eine große Anzahl von kleinen Angelegenheiten erledigt werden muss, beispielsweise die Reparatur von Schlaglöchern an einer Straße[582]. Es kann sich um einen Dauervertrag oder einen Rahmenvertrag handeln[583]. Häufig werden jedoch auch ICE-Verträge auf Pauschalpreisbasis abgeschlossen[584].

163 **3. JCT Major Project Form.** Die JCT hat im Jahre 2003 ein vollständig neues Vertragsmuster, genannt „JCT Major Projects Form" veröffentlicht (abgekürzt: JCT MPF). Ergänzend existieren „Guidance Notes", die einen Führer durch die Vertragsbedingungen darstellen und einige alternative Klauseln beinhalten, wo die Standardbedingungen offen für Verhandlungen über Risiken sind. Mit den Vorschlägen sollen Unklarheiten und Missverständnisse vermieden werden. Das Muster soll die Bedürfnisse der Parteien von Großvorhaben einschließlich der Interessen von Kapitalgebern, Käufern und Mietern befriedigen.

Das Vertragswerk besteht aus den „Contract Conditions", dem „Appendix", dem „Pricing Document" und einem „Schedule of Third Party Rights". Die „Contract Conditions" sind in folgende acht thematisch selbständige Abschnitte untergliedert:

---

578 Kulick, Auslandsbau, 123.
579 Chitty on Contracts, Rn. 37-002.
580 2. Auflage, 2001.
581 Chitty on Contracts, Rn. 37-018.
582 Chitty on Contracts, Rn. 37-035.
583 Vgl. Brogden v. Metropolitan Railway (1877) 2 App. Cas. 666.
584 Kulick, Auslandsbau, 124.

- General Obligations (Allgemeine Verpflichtungen), Klauseln 1 bis 8
  - General Obligations of the Contractor (Allgemeine Verpflichtungen des Unternehmers)
  - Instructions (Anordnungen)
  - Statutory Requirements (Gesetzliche Anforderungen)
  - Conflict and discrepency (Konflikt und Abweichung)
  - Standards of design, materials and workmanship (Standard von Planung, Material und Handwerkskunst)
  - Design Submission procedure (Planungsvorlageverfahren)
  - Copyright (Urheberrecht)
  - Ground Conditions (Baugrundverhältnisse)
- Time (Zeit). Klauseln 9 bis 15
  - Commencement and Completion (Beginn und Fertigstellung)
  - Damages for delay (Schadensersatz für Verspätung)
  - Taking over of the project (Übernahme des Projekts)
  - Extension of time (Zeitverlängerung)
  - Acceleration (Beschleunigung)
  - Bonus
- Control (Kontrolle), Klauseln 16 bis 19
  - The Employer's representative (Vertreter des Bestellers)
  - Testing and compliance (Testverfahren und Übereinstimmung)
  - Rectification of Defects (Mängelbeseitigung)
  - Pre-appointed consultants and Named Specialists (Vorbenannte Berater und benannte Spezialisten)
  - Cost savings and value improvement (Kosteneinsparungen und Verbesserungen)
- Valuation and payment (Bewertung und Zahlung), Klauseln 20 bis 25
  - Changes (Änderungen)
  - Loss and/or expense (Verlust und/oder Auslagen)
  - Payments (Zahlungen)
  - Withholding (Einbehalte)
  - Interest (Zinsen)
  - VAT (Umsatzsteuer)
- Indemnities andinsurance (Schadensersatz und Versicherung), Klauseln 26 bis 28
  - Indemnities (Entschädigungen)
  - Insurances (Versicherungen)
  - Professional indemnity (Berufliche Entschädigung)

- Assignment and Third Party Rights (Abtretung und Rechte Dritter), Klauseln 29 bis 30
  - Assignment (Abtretung)
  - Rights of Third Parties (Rechte Dritter)
- Default and dispute resolution (Nichterfüllung und Streitbeilegung), Klauseln 31 bis 37
  - Provisions applicable to termination generally (Allgemeine Regelungen bezüglich der Beendigung)
  - Termination by Contractor (Beendigung durch den Unternehmer)
  - Termination by either the Employer or the Contractor (Beendigung durch entweder den Besteller oder den Unternehmer)
  - Resolution of disputes (Streitbeilegung)
  - Mediation (Mediation)
  - Adjudication (Streitbeilegung)
- Communications and definitions (Kommuikation und Definitionen), Klauseln 38 bis 39
  - Communications (Kommunikation)
  - Definitions and meanings (Definitionen und Bedeutung)

164 Die Sprache ist in einfachem Englisch gehalten und lehnt sich weitgehend an ältere JCT-Bedingungen an. An einigen Stellen führt das JCT MPF jedoch neue Definitionen altbekannter Begriffe ein. Zum Teil handelt es sich um kosmetische Eingriffe, z.B. wenn die „Employer's Requirements" and „Contractor's Proposals" schlicht in „Requirements" und „Proposals" umbenannt werden oder wenn es anstatt „Defects Liability Period" nun „Rectification Period" (12-monatige Periode ab Practical Completion) heißt. Andere Änderungen haben größere wirtschaftliche Auswirkungen. So gewähren z.B. die neuen Bedingungen nur noch „access to the site", während in älteren JCT-Bedingungen von „possession of the site" die Rede ist. Damit verliert der Unternehmer den Alleinbesitz an der Baustelle. Neue, bislang unbekannte Begriffe ergeben sich aus der Einbindung Dritter, z.B. der sog „Funder", der als die Person oder der Zusammenschluss definiert ist, der die Mittel für die Zwecke des Projekts bereit hält.

Insgesamt betrachtet, handelt es sich um ein vergleichsweise kurzes Vertragsmuster, das auf eine Reihe altbewährter oder zumindest bekannter Regelungen verzichtet. Der Grund für diese minimalistische Herangehensweise liegt in Folgendem:

- Es wird erwartet, dass nur erfahrene Parteien Gebrauch von dem Muster machen.
- Der Besteller definiert seine Anforderungen und anschließend obliegt es dem Unternehmer, das Vorhaben in Übereinstimmung mit seinen Vorschlägen zu vervollständigen, und zwar ohne dass weitere Instruktionen erforderlich sind.
- Der Unternehmer übernimmt mehr Risiken und Haftung als unter den existierenden JCT-Vertragsmustern.
- Einige Angelegenheiten, wie z.B. Versicherungsfragen werden in Anhängen geregelt.

165 Die wesentlichen Aspekte dieses Standardvertrages seien wie folgt zusammengefasst:

Das Muster ist für bedeutende Vorhaben in Ansehung von Größe und Komplexität gedacht und hat tendenziell auch einen internationalen Anwendungsbereich, was durch die Aufnahme einer Rechtswahlklausel zugunsten des englischen Rechts belegt wird (vgl. Klausel 35.2 JCT MPF).

Jegliche Verantwortung für die Planung mit Ausnahme der sog. Employer's Requirements liegt bei dem Unternehmer. Das bedeutet, dass der Unternehmer lediglich für die Eignung der Planung in den „Requirements" nicht verantwortlich ist. Klausel 6 enthält ein besonderes Planungsvorlageverfahren, das standardisierte Antworten des Bestellers vorsieht. Ist der Besteller mit der vorgesehenen Planung uneingeschränkt einverstanden, vermerkt er als Antwort „A Action". Reagiert er nicht innerhalb der vorgesehenen Frist, wird „A Action" vermutet. Er antwortet dagegen mit„B Action" oder„C Action", wenn er der Auffassung ist, dass die vorgesehene Planung nicht mit dem Vertrag übereinstimmt. Antwortet er mit „B Action" oder „C Action", soll er vermerken, warum er Nichtübereinstimmung annimmt (Klausel 6.5 JCT MPF). Der Unternehmer soll sich in seinem Verhalten an der Art der Antwort orientieren. Im Falle von „A Action" soll er die Planung strikt in Übereinstimmung mit dem Vertrag ausführen. Antwortet der Besteller mit „B Action" soll der Unternehmer das Vorhaben in Übereinstimmung mit der Planung ausführen, vorausgesetzt die Kommentare des Bestellers sind berücksichtigt und eine neue Planung wird unverzüglich nachgereicht. Lautet die Antwort „C Action", soll der Unternehmer die Planung unter Berücksichtigung der Kommentare neu erstellen und vorlegen. Mit der Ausführung darf er nicht fortsetzen (Klausel 6.6 JCT MPF).

Eine „fit for purposes"-Verpflichtung ist nicht vorgesehen, kann aber unschwer ergänzt werden. Jedoch übernimmt der Unternehmer eine Garantie, dass in seiner Planung Materialien berücksichtigt sind, die in Übereinstimmung mit „good practise" ausgewählt werden.

Das JCT MPF verwendet anstelle der sonst üblichen „nominated sub-contractors" sog. „named specialists". Diesbezüglich verbleibt die volle Verantwortung bei dem Unternehmer.

Die benannten Berater können von dem Besteller ohne weiteres ausgetauscht werden.

JCT MPF schafft den Sicherheitseinbehalt ersatzlos ab.

Der Unternehmer erhält keinen Alleinbesitz an der Baustelle. Der Besteller kann jederzeit anderen Parteien den Zutritt auf die Baustelle gestatten.

JCT MPF schafft auf der Grundlage des englischen Third Parties Act 1999 direkte Ansprüche und Rechte Dritter in Bezug auf den Vertrag. Begünstigt werden Geldgeber, Mieter und Käufer. Auf diese Weise sollen zusätzliche Sicherheiten von Subunternehmern entbehrlich werden.

JCT MPF regelt einen Bonus zugunsten des Unternehmers für die vorzeitige Fertigstellung.

Der Unternehmer kann unter dem JCT MPF aktives „Value-Engineering" betreiben. Er hat das Recht, Vorschläge zu den Herstellungsmethoden zu unterbreiten. An den Einsparungen kann der Unternehmer partizipieren. Zudem wird sein diesbezügliches Know-how in gewisser Weise geschützt.

Änderungsanordnungen werden einem neuen Regime unterworfen. Der Ansatz geht dahin, Kosten und Verluste von Änderungsanordnungen als Teil des Bewertungsprozesses zu verstehen.

Zahlungen können als Abschlagszahlungen, nach Stufen oder Baufortschritt oder nach jeder anderen vereinbarten Methode geleistet werden.

Versicherungsfragen werden weitgehend aus dem JCT MPF ausgeklammert. Der Unternehmer stellt den Besteller von der Haftung für von ihm verursachte Schäden an Personen und Eigentum frei, vorausgesetzt die Versicherungsdeckung reicht aus.

Mediation wird als eine Art der Streitbeilegung eingeführt.

166 **4. NEC (The Engineering and Construction Contract).** Die **Institution of Civil Engineers** gibt den NEC New Engineering Contract heraus. Die Klauseln des NEC-Vertragswerkes sind bewusst unjuristisch formuliert und sollen die kooperative Teamarbeit fördern[585]. Sie wurden für einen breiten Anwendungsbereich entworfen[586], haben aber bislang nur wenig Verbreitung gefunden. Das NEC-Programm kann als reiner Bauvertrag über den Anlagenvertrag bis hin zum Totalübernehmervertrag verwendet werden[587]. Es besteht aus 97 sog. „core clauses“ (Kernklauseln) mit sechs primären Optionsmodulen, die im Wesentlichen die Kernklauseln 11, 36, 55, 60, 63 und 65 modifizieren:

A Priced contract with activity schedule (Pauschalpreisvertrag, bei dem die Auftragssumme auf einzelne Leistungsabschnitte verteilt wird)
B Priced contract with bill of quantities
C Target contract with activity schedule (Selbstkostenvertrag mit Zuschlag für allgemeine Geschäftskosten, Wagnis und Gewinn)
D Target contract with bill of quantities
E Cost reimbursable contract
F Management contract

Die sechs Hauptoptionen unterscheiden sich hauptsächlich in der Zahlungsmethode und den dazugehörigen Mechanismen[588]. Hinzu kommen 15 sekundäre Optionen

G Performance Bond
H Parent Company Guarantee
J Advanced Payment to the Contractor
K Multiple Currencies
L Sectional Completion
M Limitation of the Contractor's liability for his design to reasonable skill and care
N Price adjustement for inflation
P Retention
Q Bonus for early Completion
R Delay damages
S Low performance damages
T Changes in the law
U The Contruction Regulations 1994
V Trust Fund
Z Additional conditions of contract

Die sekundären Optionen beinhalten eine breite Auswahl von Möglichkeiten, die in Verbindung mit den Kernklauseln genutzt werden können[589].

167 Das Vertragswerk ist in einem ungewöhnlichen Stil formuliert. Die Klauseln sind im Präsens gehalten und verwenden präzise Definitionen. Begriffe, die definiert sind, beginnen mit Großbuchstaben, z.B. The *Contractor* Provides the Works in accordance with the Works Information (Klausel 20.1 NEC). Kursiv gedruckte Wörter werden im Vertrag definiert und in den „Contract Data“ bestimmt. „To Provide the Works“ wird in Klausel 11.2 (4) NEC definiert: Die Arbeit zu leisten bedeutet die Arbeit zu erledigen, die notwendig ist, um die Arbeiten in Übereinstimmung mit diesem Vertrag und aller

585 Murdoch/Hughes, Construction Contracts, 107.
586 Vgl. Murdoch/Hughes, Construction Contracts, 107.
587 Kulick, Auslandsbau, 125.
588 O'Reilly, Engineering Construction Contracts, 308.
589 O'Reilly, Engineering Construction Contracts, 309.

dazugehörigen Arbeit, Leistung und Handlung, die der Vertrag erfordert. Wer **Contractor** ist, ergibt sich aus den Contract Data. Der Begriff „Works Information" ist in Klausel 11.2 (5) NEC definiert als die Information, die die Arbeit spezifiziert und beschreibt oder die Auflagen enthält, wie der Unternehmer die Arbeit auszuführen hat.

Das Vertragsmuster arbeitet mit einem **Projektmanager** und einem **Supervisor**. Der Projektmanager wird von dem Besteller ernannt und hat ernsthafte Autorität. Seine Rolle ist nicht definiert. Seine Aufgaben ergeben sich aus verschiedenen Vertragsklauseln. Zum Teil handelt es sich um Aufgaben eines reinen Bestellerbeauftragten. Doch einige Aufgaben verlangen von ihm einen gewissen Grad rechtliche Unabhängigkeit[590]. Wo er z.B. Zahlungsbeträge feststellen muss, darf er sie nicht zu niedrig feststellen, um damit den kaufmännischen Vorstellungen des Bestellers zu folgen. „To assess" erfordert, dass die Feststellung fair erfolgt[591]. Der Supervisor hat eigene besondere Aufgaben, die keiner Kontrolle bzw. Überprüfung durch den Projektmanager unterliegen[592]. **168**

Der Unternehmer verpflichtet sich, die Arbeit in Übereinstimmung mit den Works Information auszuführen. Dieses Dokument ist in den Contract Data als Vertragsbestandteil genannt und kann durch vertragsgemäße Anordnungen ergänzt werden. Der Projektmanager kann Anordnungen treffen, die die Works Information abändern (Klausel 14.3 NEC).

Die Vereinbarungen zur Baustellenübergabe (Possession date) und dem Fertigstellungsdatum (Completion date) finden sich in den Contract Data. Die Arbeiten können bereits vor Übergabe begonnen werden. Das Schlüsseldokument ist das Programm, das einen Zeitplan enthält, der regelmäßig aktualisiert wird. Die Arbeit ist fertig gestellt, wenn die in den Works Information geregelten Arbeiten erledigt und Mängel abgestellt sind. Treten Ereignisse auf, die die Baufertigstellung verzögern, kann Zeitverlängerung beantragt werden.

Zahlungen werden je nach gewählter Option geleistet und von dem Projektmanager festgestellt und bescheinigt. Sicherheitseinbehalte können gezogen werden. Durch das Inkrafttreten des HGCRA 1996 wurde eine Aktualisierung erforderlich, die als „Option Y (UK)2" im April 1998 veröffentlicht wurde[593]. Die wesentlichen Ergänzungen finden sich in den Klauseln 51.1, 51.2, 56.1 und 56.2 NEC. Danach hat der Projektmanager die Zahlungen am oder vor dem zu bescheinigen, an dem die Forderungen fällig werden (Klausel 56.1 NEC). Für die Zwecke der Sec. 109, 110 HGCRA 1996 stellt das „Project manager's certificate" die Zahlungsmitteilung dar (Klausel 56.1 NEC).

Das ganze System ist auf dem Kooperationsgedanken aufgebaut. Ereignisse, die sich auf den Bauverlauf auswirken können, müssen gemäß Klausel 16.1 NEC frühzeitig mitgeteilt werden (early warning). Die Ereignisse sollen ggf. in einem „early warning meeting" erörtert werden (Klausel 16.2). Das Arbeitsprogramm, das von dem Unternehmer zu entwickeln, von dem Projektmanager zu genehmigen und sodann auf diese Weise regelmäßig fortzuschreiben ist, soll alle Ereignisse frühzeitig berücksichtigen. Klausel 31.3 NEC regelt die Gründe, unter denen die Annahme des Programms verweigert werden kann, allerdings sind die Gründe nicht abschließend aufgezählt[594]. Es kann allerdings kein gravierender Unterschied zu FIDIC Vertragsmustern festgestellt werden. Auch die FIDIC Vertragsmuster sind seit jeher darauf ausgerichtet, Probleme frühzeitig zu erkennen und zu beherrschen. **169**

590 O'Reilly, Engineering Construction Contracts, 309.
591 O'Reilly, Engineering Construction Contracts, 310.
592 O'Reilly, Engineering Construction Contracts, 310.
593 Vgl. O'Reilly, Engineering Construction Contracts, 311.
594 O'Reilly, Engineering Construction Contracts, 318.

V. Öffentliche Aufträge

170 Das englische Vergaberecht für Bauaufträge ist in den Public Works Contract Regulations 1991 (Statutory Instrument 1991 n° 2680), den Public Contracts Regulations 2000 (Statutory instrument 2000 n° 2009) und in den Public Contracts and Utilities Contracts Regulations 2003 (Statutory instrument 2003 n° 46) geregelt.

Öffentliche Bauaufträge werden im offenen Verfahren (Rule 11 Public Works Regulations 1991), im beschränkten Verfahren (Rule 12 Public Works Regulations 1991) und freihändig (Rule 13 Public Works Regulations 1991) vergeben. Die anstehende Vergabe ist öffentlich anzukündigen und anschließend je nach Art des gewählten Verfahrens öffentlich auszuschreiben. Zugunsten der freihändigen Vergabe kann sich die Vergabestelle nur in Ausnahmefällen entscheiden, die gesetzlich geregelt sind.

Rule 14 Public Works Regulations 1991 nennt die Gründe für den Ausschluss eines Bieters. Die Vergabe soll an den billigsten Bieter oder den für die Vergabestelle wirtschaftlich am vorteilhaftesten Bieter erfolgen (Rule 20 Public Works Regulations 1991). Kriterien für den wirtschaftlich günstigsten Bieter sind: (1) Preis, (2) Bauzeit, (3) laufende Kosten, (4) Profitabilität, (5) technischer Vorzug. Soll die Vergabe an den wirtschaftlich günstigsten Bieter erfolgen, sind die Vergabekriterien in der Ausschreibung anzugeben.

Auf dem Hintergrund des englischen Rechts hatte der EuGH im Wege eines Vorabentscheidungsverfahrens darüber zu entscheiden, ob die Regelung zum Nachprüfungsantrag im britischen Vergaberecht mit europäischem Gemeinschaftsrecht vereinbar ist. Nach dieser britischen Vorschrift soll ein Nachprüfungsantrag nur zulässig sein, wenn das Verfahren „unverzüglich, spätestens jedoch innerhalb von drei Monaten eingeleitet wird". Mit einem Nachprüfungsverfahren kann ein unterlegener Bieter überprüfen lassen, ob es in einem Vergabeverfahren zu Fehlern gekommen ist – bevor die Gerichte offiziell mit der Streitigkeit befasst werden. Im Ausgangsfall stritten sich der Vertriebshändler *Uniplex* und die britische Gesundheitsbehörde *NHS* um einen Auftrag über Hämostatika (blutstillende Medikamente), den die NHS ausgeschrieben hatte. Uniplex war bei dem Auftrag nicht zum Zuge gekommen. Im Laufe des Streits um die Entscheidung hatte die NHS dem Unternehmen entgegengehalten, dass er seinen Nachprüfungsantrag zu spät eingereicht habe. Der EuGH befand, soweit das nationale Vergaberecht die Verpflichtung zu einem „unverzüglichen" Nachprüfungsantrag vorsehe sei es zu unbestimmt[595].

VI. Grundstücksbedingungen

171 **1. Grundstücksrecht. a. Grundlagen.** Das englische und deutsche Recht behandeln das Grundstücksrecht traditionell grundverschieden. Dies hat seine Ursachen in dem feudalen Rechtsverständnis und dem fallrechtlich geprägten Common Law. Das englische Grundstücksrecht beruht nach wie vor allem auf Common Law. Wichtige gesetzliche Grundlagen wurden im Jahre 1925 geschaffen: Land Registry Act, Law of Property Act, Settled Land Act, Trustee Act, Administration of Estates Act, Land Charges Act. Vereinzelt finden sich auch Rechte **in equity**. Am 13. Oktober 2003 traten in England wichtige Änderungen im Grundstücksrecht in Kraft. Es handelt sich um die größte Reform, die die Law Commission seit ihrer Gründung im Jahre 1965 auf den Weg gebracht hat. Der Land Registration Act 2002 erhielt am 26. Februar 2003 „Royal Assent". Am 19. Mai 2003 wurden die Land Registration Rules präsentiert und am 5. Juni 2003

[595] EuGH, Urt. v. 28.1.2010, C-406/08.

in das Englische Parlament eingebracht. Der Land Registration Act 2002 und die Land Registration Rules ersetzen

- den Land Registration Act 1925
- den Land Registry Act 1862
- den Land Registration Act 1936

Über die Einzelheiten in Bezug auf Änderungen in anderen gesetzlichen Regelungen 172
informiert Schedule 13 des Land Registration Act 2002. Der Land Registration Act 2002 hat folgende Ziele:

- Vereinfachung und Verbesserung des Grundstücksregistrierungsrechts
- Ausdehnung der Vorteile der Landregistrierung auf weitere „Interessen an Land"
- Reduzierung zusätzlicher Nachforschungen durch Einsichtnahme in das Register
- Schaffung des Rahmens für die Entwicklung eines elektronischen Conveyancing-Systems (Grundstücksübertragungssystems)

Der Land Registration Act 2002 ist insgesamt in 12 „Parts" aufgeteilt. Angefügt sind 13 173
Schedules. Part 1 (Preliminary) sieht die Führung eines Registers vor, für das besondere Regeln (die Land Regulation Rules) eingeführt werden, und definiert die eintragungsfähigen Rechte. Part 2 (First Registration of Title) regelt die erstmalige Eintragung von Rechten. Part 3 (Dispositions of Registered Land) definiert die Rechte eines „Landeigentümers" und wer sie ausüben kann. Part 4 (Notices and Restrictions) regelt die Eintragung von Rechten Dritter an Grundstücken. Part 5 (Charges) normiert die sog. „charges", zu denen z.B. die „mortgages" (Grundpfandrechte) gehören. Part 6 (Registration General) schafft Regelungen über die Bedeutung der Eintragung von Rechten, ihre Änderung und den Zugang zu den Registern. Part 7 (Special Cases) regelt spezielle Fälle. Part 8 (Electronic Conveyancing) schafft die Grundlagen für den elektronischen Grundstücksverkehr. Part 9 (Adverse Possession) regelt ein neues Regime für „adverse possession" (unberechtigter Besitz, d.h. Besitz ohne Eigentumstitel). Part 10 (Land Registry) regelt Einzelheiten das Register betreffend, z.B. die Erhebung von Gebühren. Part 11 (Adjudication) schafft Regelungen bezüglich der Streitbeilegung in Bezug auf Grundstückseintragungen. Part 12 (Misecellanous and General) enthält verschiedene Regelungen in Bezug auf einzelne Rechte.

b. Überblick über die Eigentumsformen. Im englischen Recht gibt es kein Eigentum im 174
Sinne von **property** an Grundstücken, sondern lediglich Herrschaftsrechte (**estates**). Seit William dem Eroberer gehört formal der Grund und Boden der Krone. Es konnte nur Nutzung an Land vergeben werden. Man unterscheidet heute zwei wesentliche Formen von Herrschaftsrechten an einem Grundstück: Zum einen *estates* von unbestimmter Dauer (**freehold**), zum anderen **estates**, die einem Zeitablauf unterliegen (**leasehold**).

Im Grundsatz bleibt es auch nach Inkrafttreten des Land Registration Act 2002 dabei, 175
dass die „Britische Krone" die alleinige Eigentümerin allen Grund und Bodens in England und Wales ist. Alle anderen Personen halten lediglich sog. „**interests in land**". „Estates", die von dem feudalen Begriff des „**tenure**" abgeleitet wurden, hatten ursprünglich viele Formen und wurden mit dem Law of Property Act 1925 auf zwei Formen reduziert: (1) das „estate in fee simple absolute in possession", gemeinhin als „freehold" bekannt (zeitlich unbeschränktes, frei vererbliches und unbedingtes Besitz- und Nutzungsrecht) und (2) das „estate for a term of years absolute", gemeinhin bekannt als „leasehold" (ein zeitlich beschränktes unbedingtes Besitz- und Nutzungsrecht). Das

englische Grundstücksrecht ist nur auf dieser Grundlage verständlich und setzt überdies den Umgang mit Begriffen voraus, die sich nicht durch einfache Übersetzung erschließen. Ein Kernbegriff des englischen Grundstücksrechts ist „**possession**“ (Besitz). Der Begriff muss als Konzept verstanden werden, dem das englische Recht zur Bewältigung der verschiedenen Fragen in Bezug auf das Eigentum folgt. Im Vordergrund steht die Kennzeichnung der Person, die einen Eigentumstitel hat (title to), wenn sie mit Eigentümerwillen besitzt (Possession: physical detention coupled with the intention to hold the thing detained as one's own). „**Possession**“ besteht mithin aus zwei Elementen, zum einen aus der physischen Gewalt über den Gegenstand und zum anderen aus dem „**animus possidendi**“. Aus dem Besitz folgt ein Nutzungsrecht. Auch der einfache tatsächliche Besitz (actual occupation: having the actual use of the land) ist ein legal title. Es wird zwischen „actual occupation“ (tatsächlichem Besitz), „constructive occupation“ (konstruktivem Besitz) und „symbolic occupation“ (symbolischem Besitz) unterschieden (vgl. Middleton in: v. Bar, Sachenrecht in Europa, Band 1, 2000, 109). Besteht „non-owning occupation“, muss ggf. der „occupier“ am Grundstückskaufvertrag mitwirken, damit dem Erwerber das „estate“ frei von Besitz Dritter verschafft werden kann (vgl. Silverman, Conveyancing Handbook, 1999, Anm. E 1.9.1 und 1.9.2). Occupation wird mithin wie eine dingliche Belastung verstanden.

176 **aa. Estate of Freehold.** Diese Rechtsposition lässt sich am ehesten mit dem deutschrechtlichen uneingeschränkten Eigentumsrecht an einem Grundstück vergleichen. Estate of freehold beschreibt die stärkste Rechtsposition an einem Grundstück und wird heute auch als „**fee simple absolute in possesion**“ bezeichnet. Titles in freehold interets sind:

- Absolute title (wenn der Registrar davon überzeugt ist, dass einem Dritten uneingeschränkt der Erwerb empfohlen werden kann. Der Registrar kann den Umstand unberücksichtigt sein lassen, dass das Recht einspruchsbelastet ist, wenn er der Auffassung ist, dass der Einspruch den Bestand des Rechts unberührt lassen wird)
- Qualified title (wenn der Registrar davon überzeugt ist, dass der Titel nur zeitlich befristet eingetragen wird oder Einschränkungen unterliegt, die er nicht unberücksichtigt sein lassen darf)
- Possessory title (wenn der Registrar der Überzeugung ist, dass die Person „actual possession“ hat oder Mieten und Einkünfte in Bezug auf das Recht vermöge des Rechts einzieht und dass keine andere Klassifizierung des Rechts möglich ist).

177 **bb. Leasehold.** „Titles in leasehold“ sind:

- Absolute title
- Good leasehold title
- Qualified title
- Possessory title

Dieses **estate** ähnelt dem deutschen Erbbaurecht. Die englische Terminologie verwendet hierfür auch den Begriff „**term of years absolute**“. Diese Rechtsposition ist gegenüber dem **estate of freehold** etwas abgeschwächt. Sie berechtigt den **leaseholder** gegen periodische Zahlungen (**rent**), ein Grundstück während der vereinbarten Zeit ausschließlich zu nutzen, zu bebauen und auch zu belasten. Bei einer über 21-jährigen Laufzeit wird dieses Recht in das H.M. **Land Register** eingetragen. Innerhalb des **leasehold** werden „**long lease**“ und „**rack rent lease**“ unterschieden:

Bei der **long lease** ist das Recht am Grundstück praktisch zeitlich unbegrenzt, da es hier eine Dauer von 99 bis zu 999 oder mehr Jahren hat. Die zu zahlende **rent** ist hier niedriger und wird „**ground rent**" genannt, da sie nur die Kosten der Nutzung von Grund und Boden, nicht aber die der Gebäudenutzung beinhaltet. Der Erwerb einer **long lease** setzt regelmäßig die Zahlung einer„**premium**" voraus. Sie beinhaltet eine üblicherweise einmalig zu zahlenden, oft beträchtlichen Geldbetrag, der mit dem Kaufpreis beim Erwerb eines **freehold** vergleichbar ist. 178

Eine **rack rent lease** wird für einen **term** von Monaten oder Jahren (bis zu 25 oder 30 Jahren) eingeräumt. Sie hat Ähnlichkeiten mit dem Miet- bzw. Pachtvertrag im deutschen Recht, jedoch nicht mit den in Deutschland gebräuchlichen Leasingverträgen. Die zu zahlende *rent* ist hier die höchste am Markt erzielbare **rent** (=„**market rent**" bzw. „**rack rent**"). Es werden meist regelmäßige Überprüfungen und Anpassungen der **rent** vereinbart. Diese etwa alle fünf Jahre stattfindenden Anpassungen erfolgen gemäß dem **Landlord and Tenant Act 1954 Part II**. 179

Am 26. Juli 2003 traten weite Teile des Commonhold and Leasehold Reform Act 2002 in Kraft, allerdings zunächst im Wesentlichen beschränkt auf die Reform des „Leasehold" (Statutory Instrument 2002 N° 1912) und insoweit zunächst vor allem auf die Ermächtigung zum Erlaß von Ausführungsregelungen. 180

cc. Licence. Die **licence** ist kein Recht an einem Grundstück, sondern ein vertraglicher Anspruch auf Nutzung einer Liegenschaft. Sie kann weder veräußert noch beliehen werden. Bei der (oft schwierigen) Unterscheidung zwischen **lease** und **licence** ist auf die Umstände des Einzelfalls abzustellen. Im Fall Inwards v. Baker[596] hatte der Inhaber des Landes dem Sohn erlaubt, auf diesem Grundstück ein Haus zu errichten. Als der Vater verstarb stellte sich die Frage nach dem Inhalt der Vereinbarung im Verhältnis zu den Erben. Das House of Lords entschied in diesem Fall, dass der Sohn den Bungalow so lange nutzen könne, wie er wolle. 181

c. Eintragung. Die Feststellung von Rechtstiteln an Grundstücken bereitete unter dem Common Law erheblich Mühe und Probleme. Bevor die Registrierung von Land eingeführt wurde, existierte nur ein Weg, auf dem Grundstücke von einer Person auf eine andere übertragen werden konnten. Der Erwerber musste sich anhand von „title deeds", Untersuchungen und der Besichtigung des Landes davon überzeugen, dass der Verkäufer Eigentümer ist. Diese Fälle betragen nach wie vor ca. 1/5 des Grundstücksvolumens in England und Wales. Der Handel von registrierten Grundstücken ist dagegen erheblich einfacher, denn die Registrierung garantiert die eingetragene Rechtsstellung. Der Erwerber kann bei Fehlern des Registers Regress bei dem Staat nehmen. 182

Die Landregistrierung wurde in England und Wales erstmals in den Jahren 1862 und 1875 eingeführt. Doch war die Registrierung freiwillig. Erst im Jahre 1897 wurde die Eintragung für den Bezirk von London obligatorisch. Sukzessive wurde diese Verpflichtung bis 1990 für ganz England und Wales eingeführt. Die Eintragung ist seither für „freehold estate", für die Bewilligung von „leasehold" mit einer Dauer von mehr als 21 Jahren und die Übertragung von „leasehold" mit einer Dauer von mehr als 21 Jahren zwingend. 183

In England und Wales setzen Grundstückskäufe also sehr fundierte Kenntnisse voraus. Kaum ein Grundstückskauf fand ohne den sog. „surveyor" statt. Der Verzicht auf einen surveyor warf erhebliche Risiken auf. Der Land Registration Act 2002 will diese unbe- 184

[596] Inwards v. Baker [1965] 1 Q.B. 29.

friedigenden Zustände beenden. Das Eintragungsverfahren wird nunmehr durch die neu erlassenen Land Registration Rules geregelt.

185 Part 1 der Land Registration Rules enthält Bestimmungen über die Form und die Anordnung des Registers, das nach den Vorschriften des Act 2002 geführt wird. Part 2 der Land Registration Rules regelt die Anlegung bestimmter Verzeichnisse und ihre Inhalte. Part 3 enthält Regelungen über Anträge und Einsprüche, die an das Register gestellt bzw. bei dem Register eingelegt werden können. Part 4 behandelt die erstmalige Registrierung von Land. Part 5 regelt Vorbehalte (**cautions**) in Bezug auf die erstmalige Eintragung von Land. Part 6 schafft weitere Regelungen in Bezug auf Anträge an das Register, Dispositionen in Bezug auf registriertes Land und verschiedenartigen Eintragungen in das Register. Part 7 regelt Eintragungen im Sinne der Sec. 32 des Land Registration Act. Part 8 regelt „restrictions" gemäß Sec. 40 des Land Registration Act. Part 9 schafft Regelungen in Bezug auf Belastungen. Part 10 regelt Anträge in Bezug auf die Grenzen von Grundstücken. Part 11 behandelt Anträge an das Register betreffend die Berichtigung von Grundstückstiteln gemäß Sec. 62 des Land Registration Act. Part 12 regelt Veränderungen des Registers und die Behebung von Mängeln in Anträgen und anhängenden Dokumenten. Part 13 schafft Regelungen für den elektronischen Geschäftsverkehr. Part 14 deckt eine Reihe von verschiedenen und speziellen Fällen ab. Part 15 ist mit „General Provisions" übertitelt und regelt eine Fülle von Einzelheiten des Grundbuchverfahrens. Part 16 schließlich regelt spezielle Übergangsregelungen insbesondere in Bezug auf „cautions".

186 Der Land Registration Act 2002 erweitert den Kreis der eintragungsfähigen und -pflichtigen Tatsachen und Rechte. Insbesondere sind nunmehr leasehold interests bereits dann einzutragen, wenn sie für mehr als sieben Jahre bestehen oder bewilligt werden. Eine besonders wichtige Änderung besteht darin, dass nunmehr sog. „overriding interests" in das Register aufgenommen werden. Solche „overriding interests" bestanden bislang außerhalb des Grundbuches und erloschen nicht durch den gutgläubigen Erwerb eines Dritten, es sei denn es handelte sich um ein Recht, das dem Billigkeitsrecht entsprang. Dann war der nach den Regelungen des LPA 1925 gutgläubiger Erwerb möglich. Nur eine sehr gründliche Recherche konnte jedoch ausschließen, das overriding interests nach Common Law existierten. Dieser Rechercheaufwand soll durch die Neuregelung weitgehend entfallen.

187 Königliches Eigentum (Crown Land) ist nach wie vor nicht eintragungsfähig, denn eingetragen werden können nur „estates". Zu diesen gehört das unmittelbare Königliche Eigentum nicht. Der Act 2002 schafft jedoch die Möglichkeit für eine freiwillige Eintragung Königlichen Eigentums.

188 Nicht mehr eintragungsfähig sind die sog „lordships of manor". Es handelt sich um „property without body", das eine unwandelbare Fläche Landes erfasst und unabhängig von den „Eigentumsverhältnissen" an dieser Fläche existiert. Es ist handelbar. Die bisherigen Eintragungen enthalten keine Hinweise auf die Rechte, die sich aus dem „manor" ergeben. Eingetragene „manor"-Rechte bleiben registriert. Neue Eintragungen sind in Zukunft unzulässig.

189 Sec. 2 des Act 2002 erklärt sich in Bezug auf folgende Rechte für anwendbar:

- unregistered legal estates (nicht registrierte gesetzliche Rechte), welche Rechte der folgenden Art sind:

- Estate in land (Inhaberschaftsrecht, entweder als leasehold oder als freehold)
- Rentcharge (Eine zu regelmäßig wiederkehrenden Leistungen verpflichtende Belastung)
- Franchise (Besondere von der Krone gewährte Rechte, wie z.B. Marktrechte, Brückenrechte, Fährrechte)
- Profit à prendre in gross (Rechte das Land zu betreten und Dinge wegzunehmen, z.B. Jagd- und Fischrechte)
- Any other interest or charge which subsits for the benefit of, or is a charge on, an interest the title to which is registered
- interests capable of subsisting at law which are created by disposition of an interest the title to which is registered (Rechte an registrierten Rechten)

Eintragungsfähige Tatsachen sind u.a. (Sec. 27 Act 2002): **190**

- die Übertragung eines Rechtes
- die Bewilligung eines absoluten zeitlichen Rechts (leasehold)
  - mit einer Laufzeit von mehr als sieben Jahren
  - mit zukünftiger Inbesitznahme (possession) eines (reversionary) leasehold nach einer Frist von drei Monaten, beginnend mit der Bewilligung des leasehold
  - als (discontinous) leasehold, bei dem die Nutzungsperioden gesplitted sind (timesharing), unabhängig von der Gesamtlaufzeit des leasehold
  - gemäß sec. 68 Housing Act 1985 (right to buy)
  - in Fällen des Sec. 171 A des Act 2002
- die Bewilligung eines lease, wenn das registrierte „estate" ein „manor" oder ein „franchise" ist
- die ausdrückliche Bewilligung oder Reservierung eines „interest" der Art, das unter sec. 1 (2) (a) des Law of Property Act 1925
- die ausdrückliche Bewilligung oder Reservierung eines „interest" der Art, das unter sec. 1 (2) (b) des Law of Property Act 1925
- die Bewilligung eines gesetzlichen Grundpfandrechts (legal charge)

Ein wesentlicher Reformaspekt sind die neuen Regelungen zu den sog. „overriding interests". Der Act 2002 unterscheidet zwischen „interests", die sich gegenüber der erstmaligen Eintragung von Rechten durchsetzen und solchen, die sich gegenüber Verfügungen in Bezug auf registriertes Land durchsetzen. Diese Unterscheidung ist neu. Nicht registrierte „interests" mit dem Status eines „overriding interest" binden den registrierten Eigentümer oder denjenigen, der von diesem erwirbt, ohne dass das Recht im Register erscheinen muss. Unter dem Act 2002 werden weniger „overriding interests" anerkannt als früher. Die besondere Bedeutung des Act 2002 liegt darin, dass nach den Vorschriften des Act eine Reihe von nicht registrierten „overriding interests" zukünftig nur noch bindend sind, wenn sie im Wege der Eintragung im Register geschützt sind. Nach sec. 70 (1) Land Registration Act 1925 waren geschützt: **191**

- legal easements (Grunddienstbarkeiten) and profits (Vorteile), die vor der Eintragung begründet wurden
- Rechte, die im Rahmen des Limitation Act 1980 erworben wurden
- Rechte von Personen mit dem Status „actual occupation" oder mit Anspruch auf wiederkehrende Zahlungen oder Gewinn

- Rechte, die von der Wirkung der Eintragung nicht betroffen werden, wenn der Titel gegen den sie bestehen, nicht absolut ist
- local land charges
- leases mit einer Laufzeit von mehr als 21 Jahren

Schedule 1 des Act 2002 nennt die „overriding interests", die bei der Ersteintragung eines „estate" Vorrang genießen. Hierzu gehören z.B. leaseholds mit einer Laufzeit von weniger als sieben Jahren, ferner „legal easements" (Grunddienstbarkeiten) oder sog. „profits à prendre". Schedule 3 regelt die nicht eingetragenen „interests", die Vorrang vor eingetragenen Rechten haben. Auch insoweit sind z.B. die leaseholds mit einer Laufzeit von weniger als sieben Jahren zu nennen, ferner z.B. „interests" von Personen mit dem Status „in actual occupation" oder „easements" und „profits à prendre". Die wesentlichste Veränderung betrifft die sog. „occupiers rights", die in sec. 70 (1) (g) Land Registration Act 1925 behandelt werden. In Zukunft sind nur noch die Personen geschützt, die „actual occupation" haben. Nicht mehr geschützt sind Personen, die wiederkehrende Zahlungen (rents) und Gewinne (profits) aus dem Grundstück verlangen können. Einige der „overriding interests", die nach dem Land Registration Act 1925 „overriding status" besaßen, haben nach dem Act 2002 keinen derartigen Status mehr, z.B. bestimmte Rechte, die nach dem Limitation Act erworben wurden.

192 **d. Eigentumsbelastungen.** Neben den **„estates"** können andere Rechte als „estate" existieren, die das Land zugunsten Dritter belasten. Die Ansprüche und Belastungen in Bezug auf Immobilien, die existenzfähig und übertragbar sind sowie nach Common Law begründet werden können, sind[597]:

- Grunddienstbarkeiten, Anrechte oder Immobiliarsonderrechte hinsichtlich eines Rechts, das einem zeitlich unbeschränkten, frei vererblichen und unbedingten Besitz- und Nutzungsrecht oder einem zeitlich beschränkten und unbedingten Besitz- und Nutzungsrecht gleichsteht
- Eine zu regelmäßigen, wiederkehrenden Zahlungen verpflichtende Belastung eines Grundstücks, entweder unbegrenzt oder für einen bestimmten Zeitraum uneingeschränkt
- Belastungen im Wege einer Hypothek nach Common Law
- Jede andere ähnliche Belastung einer Immobilie, die nicht urkundlich zur Entstehung gebracht wird
- Besitzrechte, die an einem oder in Bezug auf ein zeitlich beschränktes unbedingtes Besitz- und Nutzungsrecht bestehen oder die zu einem beliebigen Zweck mit einer zu wiederkehrenden regelmäßigen Leistungen verpflichtenden Belastung verbunden wurden

193 Die für die Kreditbesicherung relevanten Bestimmungen zur Eintragung der „charges" wurden durch den Land Registration Act 2002 kaum geändert. Neu sind folgende Aspekte:

Das Register unterrichtet den erstrangig Besicherten nicht mehr über die Eintragung weiterer (nachrangiger) Eintragungen. Diese Benachrichtigung obliegt nunmehr den nachrangigen Gläubigern.

Wenn ein Gläubiger den belasteten Besitz veräußert, muss er sich davon vergewissern, ob nachrangige Eintragungen bestehen. Für diesen Fall muss er den Übererlös an diese auskehren.

---

[597] Vgl. Middleton in: v. Bar, Sachenrecht in Europa, Band 1, 2000, 201 f.

Der Inhaber einer registrierten „charge" kann rangwahrend weitere Kredite auf die bestehende „charge" ausreichen, wenn er von dem nachrangigen Sicherungsrecht nicht unterrichtet wurde (sec. 49 (1) Act 2002).

Die kreditgebende Stelle kann mit dem Darlehensnehmer einen Höchstbetrag (maximun amount charge) vereinbaren, bis zu dem die Sicherheit ausgenutzt werden kann. Wird die Vereinbarung im Range vor weiteren Belastungen eingetragen, sind spätere Darlehensausreichungen bis zum Höchstbetrag rangwahrend besichert (sec. 49 (4) Act 2002). **194**

Der Act regelt Informationspflichten in Bezug auf sog. statutory charges (gesetzliche Grundpfandrechte), die bereits bestehenden charges im Range vorgehen können. Solche „charges" können z.B. entstehen, wenn Verpflichtungen gegenüber der Legal Services Commission nicht erfüllt werden. **195**

Bestimmte gesetzliche mortgages (by demise and sub-demise, vgl. sec. 85 Law and Property Act 1925) wurden aus Vereinfachungsgründen abgeschafft. Der registrierte Eigentümer kann zukünftig als Kreditsicherheit nur noch „charges", ggf. in Form einer „legal mortgage" bewilligen. **196**

2. Baufreiheit. Zwar ist das öffentliche Baurecht im englischen Recht eine neuere Entwicklung, die erst Anfang des 20. Jahrhunderts ihren Lauf nahm. Doch heute steht praktisch jede Baumaßnahme unter einem staatlichen Genehmigungsvorbehalt[598]. Ohne eine Baugenehmigung kann das Land nur in der Form genutzt werden, in der es immer genutzt wurde. **197**

VII. Planungsrecht

Das englische Recht unterscheidet nicht streng zwischen Privatrecht einerseits und öffentlichem Recht andererseits. Aus deutscher Sicht ist das englische „öffentliche Baurecht" durch einen Wust von Acts of Parliament und Statutory Instruments gekennzeichnet. Zu den wesentlichen Grundlagen des öffentlichen Baurechts gehören in England: **198**

- Town and Country Planning Act
- Party Wall Act
- Housing Grants, Construction and Regeneration Act 1996
- Town and Country Planning (Applications) Regulations 1988
- Town and Country Planning (General Development Procedure) Order 1995
- Town and Country Planning (General Permitted Development) Order 1995
- Building Act 1984
- Building Regulations 1991

Planungsrechtlich wird zwischen „structure plans" und „local plans" unterschieden. Die betroffenen Eigentümer können sich an der Planaufstellung beteiligen und Einwände vorbringen. Die Einwände werden in einer öffentlichen oder schriftlichen Anhörung erörtert (s. 42 TCPA 1990). Spätere Bauvorhaben sollen den Planungsvorgaben entsprechen. Eine „planning permission" kann daher versagt werden, wenn das konkrete Vorhaben nicht mit den Planvorgaben übereinstimmt. **199**

[598] Vgl. Uff, Construction Law, 463.

VIII. Baugenehmigung

200 **1. Bauvorlageberechtigung.** In England gibt es keine Koppelung zwischen der Zulassung zur Architektenschaft und der Berufsausübung im Bereich Planungsleistung. Jeder kann Anträge auf Erteilung einer Baugenehmigung einreichen, gleich ob er Eigentümer des Baugrundstücks ist oder nicht. Er kann sich dabei von einem Architekten, einem Rechtsanwalt oder einem Bauunternehmer unterstützen lassen. Das Recht zur Bauvorlage ist keiner speziellen Berufsgruppe vorbehalten.

201 Zu unterscheiden ist zunächst zwischen „planning permission" und „building regulation". Beide Aufgaben fallen in die Zuständigkeit der lokalen Behörden (local plannning authorities). Die „planning permission" genehmigt die Errichtung eines Gebäudes, während die „building control" dazu dient, zu überwachen, ob das geplante Bauwerk den „building regulations" entspricht.

202 **2. Eingangsüberlegungen.** Bei der Grundlagenermittlung in Bezug auf eine in England und Wales belegene Liegenschaft sollten im Wesentlichen folgende baurechtlichen Hauptaspekte beachtet werden:

- ob die geplante Nutzung baurechtlich zulässig und möglich ist,
- ob bei einem bereits existierenden Gebäude eine Baugenehmigung vorliegt,
- ob beeinträchtigende Bestimmungen für die Liegenschaft bestehen,
- ob es sich um eine Fläche in einem shire county (ländlichen Bezirk) handelt, für die nicht nur ein Strukturplan sondern auch ein „local plan" vorliegen muss,
- ob es sich um eine Fläche in einem „metropolitan county" oder in London handelt, weil dann der unitary development plan zu beachten ist,
- ob es sich um ein beräumtes Grundstück handelt, denn falls nicht
  - können existierende Bäume geschützt sein (vgl. Sec. 197-292 TCPA 1990),
  - können geschützte Gebäude existieren;
- ob das Grundstück in einem Gebiet liegt, das unter den Planning (Listed Buildings and Conservation Areas) Act 1990 fällt,
- ob das Grundstück in einem Nationalpark liegt (vgl. National Parks and Acces to the Countryside Act 1949),
- ob das Grundstück in einem städtischen Entwicklungsgebiet liegt (vgl. Local Government, Land and Planning Act 1980),
- ob das Grundstück in einem Gebiet liegt, das als „simplified planning zone" unter Sec. 82 TCPA 1990 ausgewiesen ist,
- ob das Grundstück in einem Gebiet liegt, für das ein Baustopp gilt,
- ob das Grundstück in einem Gebiet liegt, in dem die Genehmigungszuständigkeit nach dem Local Government Act 1972 geregelt ist.

203 Dazu sollte entsprechende Nachforschungen bei der örtliche Bauplanungsbehörde, der *local authority* angestellt werden. Zunächst wird kurz der Behördenaufbau dargelegt: Es existieren unterschiedliche *local planning authorities. Die county councils* befassen sich mit der Rahmenplanung. Zuständig für die Entscheidung, ob ein Vorhaben einer Baugenehmigung bedarf sind die *district councils*. Dort sind die erforderlichen Auskünfte zur Liegenschaft einzuholen, wie z.B.

- planning permission/planning consent-Baugenehmigung:
- Da die mit der Genehmigung verbundenen Nebenbestimmungen auch den Rechtsnachfolger binden, sollte der Käufer gewöhnlich ein Sachverständigengutachten einholen um sicherzugehen, dass die Nebenbestimmungen von den Rechtsvorgängern auch eingehalten wurden.
- *Planning agreement:* Ein *planning agreement*, auch *Section 106 Agreement* genannt, erlegt dem Bauherrn Verpflichtungen auf, die mit dem Vorhaben in Verbindung stehen. Vor dem Erwerb einer Liegenschaft oder der Bestellung einer *mortage*, sollte bei der *local planning authority* festgestellt werden, ob ein solches *planning agreement* besteht, da dies zu einer Verminderung des Liegenschaftswertes führen kann.

Da viele gewerbliche und industrielle Aktivitäten dem *englischen Umweltrecht* unter- **204**
fallen, sollten gegebenenfalls auch umweltrechtliche Aspekte bedacht werden. So sind beim Erwerb oder bei der Finanzierung einer Liegenschaft auch umweltrechtliche Erwägungen anzustellen.

So ist z.B. zu prüfen:

- Wird die Liegenschaft so genutzt, dass der Anwendungsbereich des englischen Umweltrechts eröffnet ist und
- wenn ja, bedarf es dann einer besonderen Genehmigung oder
- liegt sie bereits vor und
- geht die bestehenden Genehmigungen auf den Erwerber über?

3. Erfordernis einer planning permission (Baugenehmigung). Das englische öffent- **205**
liche Baurecht ist in dem Town & Country Planning Act 1990 (TCPA 1990) und im Housing Grants, Construction and Regeneration Act 1996 (HGCR 1996) einerseits sowie im Building Act 1984 und den Building Regulations 1991 andererseits sowie in dem Party Wall Act 1996 geregelt. Der TCPA ist im gesamten Vereinigten Königreich anwendbar, mit Ausnahme Schottlands. Schottland hat sein eigenes öffentliches Baurecht. Dort obliegt die Planung dem „Local Authority Planning Department" in Abstimmung mit dem „Planning Committee". Praktisch jede bauliche Entwicklung eines Grundstücks (development), bedarf eines „**planning consent**"[599].

a. Neubaumaßnahmen. aa. Genehmigungstypen. Es gibt grundsätzlich zwei Arten **206**
von Bauanträgen bzw. Baugenehmigungen, die **planning permission** und die **outline permission**.

(1) Planning Permission. Sec. 62 TCPA verweist für das Bauantragsverfahren auf **207**
Ausführungsregelungen (regulations under this Act). Das Baugenehmigungsverfahren ist in den „Town and Country Planning (Applications) Regulations 1988" (Statutory Instrument 1988 n° 1812) und teilweise in der „Town and Country Planning (General Development Procedure-GDP) Order 1995" (Statutory instrument 1995 N° 419) geregelt. Hierzu gibt es wiederum eine Reihe von Amendments (Ergänzungen). Die zwei Statutory Instruments finden jedoch nur insoweit Anwendung als sie nicht im Einzelfall (grundstücksbezogen) durch „special development orders" ersetzt wurden (vgl. rule 2 GDP 1995). Bauanträge sind jeweils auf dem vorgeschriebenen Formular zu stellen, das von Kommune zu Kommune variieren kann. Es gibt kein einheitliches Formular für ganz England und Wales. Dem Bauantrag sind beizufügen (Regulation 3 (1) (b) und 3 (1) (c) Applications Regulation 1988):

[599] Uff, Construction Law, 467.

- ein Plan, der das Bauterrain identifiziert
- alle anderen Pläne und Zeichnungen, die erforderlich sind, um das beabsichtigte Vorhaben zu beschreiben
- drei Kopien des Antrages, der Pläne und Zeichnungen, es sei denn die Kommune schreibt eine geringere Anzahl vor

Einerseits kann eine voll umfängliche Baugenehmigung beantragt und erteilt werden, in der alle Details des Vorhabens bereits geregelt sind. Liegt eine solche Baugenehmigung vor, muss das Vorhaben innerhalb von fünf Jahren nach ihrer Erteilung begonnen werden.

208 **(2) Outline Permission.** Andererseits besteht auch die Möglichkeit, dass der Antragsteller für den Bau eines Gebäudes lediglich die prinzipielle Genehmigung des beabsichtigten Vorhabens beantragt und damit die Genehmigung der Details des Vorhabens wie Design des Gebäudes einem zweiten Stadium überlässt. Diese als „outline permission" bezeichnete Baugenehmigung (vgl. dazu rule 3 GDP 1995) ist im Allgemeinen schneller und billiger zu erhalten, und durch ihren Erlass erklärt sich die Baurechtsbehörde prinzipiell mit dem Vorhaben einverstanden.

209 **bb. Verfahren.** Baugenehmigungen werden auf den von der local planning authority zur Verfügung gestellten Formblättern beantragt. Beizufügen ist jeweils ein Lageplan, der das betroffene Grundstück identifiziert, eine Beschreibung des Vorhabens und die erforderliche Gebühr. Außerdem muss eine Bestätigung vorgelegt werden, dass der Antragsteller der alleinige „Eigentümer" des Grundstücks ist oder die anderen Eigentümer entsprechend von seinem Antrag informiert hat.

Als „Eigentümer" in diesem Sinne gilt jeder, der entweder *freehold*-Inhaber ist oder aus einem noch wenigstens 7 Jahre laufenden *leasehold* berechtigt ist. Außerdem darf jeder eine Baugenehmigung beantragen, der ernsthaft hofft, ein Recht am Grundstück zu erwerben.

Anträge auf Erteilung einer Baugenehmigung werden normalerweise in zwei Ausfertigungen gestellt, was den taktischen Vorteil hat, dass in dem Falle, dass kein positiver Bescheid innerhalb acht Wochen hinsichtlich des einen Antrags erfolgt, Rechtsmittel gegen die Nichtbescheidung eingelegt werden kann und hinsichtlich des anderen Antrags weitere Verhandlungen geführt werden.

Der Antrag auf Baugenehmigung muss binnen acht Wochen seit Eingang der „local planning authority" entschieden werden[600]. Grundsätzlich kann diese Frist durch Vereinbarung verlängert werden. Wird innerhalb dieser Frist keine Entscheidung getroffen, darf der Antragsteller davon ausgehen, dass sein Antrag negativ beschieden ist und Rechtsmittel einlegen.

Im Fall der Ablehnung des Antrags besteht die Möglichkeit bei einem Planning Inspector des Secretary of State das Rechtsmittel einzulegen. Die Beschwerde muss innerhalb von sechs Monaten nach dem schriftlichen Ablehnungsbescheid der Ausgangsbehörde beim Planning Inspectorate eingelegt werden. Die Beschwerdeentscheidung dauert in der Regel ungefähr 18 Wochen oder länger. Ungefähr ein Drittel der Beschwerden auf dem gewerblichen Sektor sind erfolgreich. Im Allgemeinen wird keine Verwaltungsgebühr für die Beschwerdeentscheidung erhoben. Es sollte aber beachtet werden, dass Kosten insoweit entstehen, als dass der abgelehnte Antrag beschwerdegerecht vorbereitet und vorgetragen werden muss.

---

[600] Vgl. Uff, Construction Law, 469.

cc. Erfordernis. Eine Baugenehmigung (**planning permission**) muss in England vor Beginn einer Neubaumaßnahme oder Nutzungsänderung eingeholt werden. Eine Baugenehmigung wird nach s. 57 (1) Town & Country Planning Act 1990 (TCPA 1990) für jedes Bauvorhaben benötigt. Als Bauvorhaben (development) gelten nach s. 55 (1) TCPA 1990 u.a. Bau- und Ingenieurtätigkeiten sowie die Durchführung von Maßnahmen auf über und unter dem Grundstück sowie jede wesentliche Veränderung des Gebrauchs irgendeines Grundstücks oder Gebäudes. Unter diese Baumaßnahmen fallen neben Abriss; Wiederaufbau auch Anbauten an Gebäuden und alle anderen Maßnahmen, die üblicherweise von Handwerkern ausgeführt werden, wie z.B. die Anbringung von Werbematerialien auf dem äußeren Teil eines Gebäudes, die normalerweise nicht dafür benutzt werden. **210**

Jedoch bedürfen nicht alle baulichen Veränderungen einer Baugenehmigung. Für viele *minor developments*, Kleinvorhaben, wäre die Beantragung und Erteilung einer Baugenehmigung nur Formalie. Daher unterfallen Kleinvorhaben der *General Permitted Development Order 1995*, einer Art Generalgenehmigung. Die *General Permitted Development Order 1995* autorisiert automatisch 84 verschiedene Klassen von Baumaßnahmen. Die planungsrechtliche Genehmigung folgt direkt aus der *General Permitted Development Order 1995*. Die faktisch genehmigungsfreien Vorhaben sind in 33 Parts (Part 1 bis Part 33) des Schedule 2 zur *General Permitted Development Order 1995* näher geregelt. Hervorzuheben sind vor allem die sog. „simplified planning zones“ und die „enterprise zones“. In beiden Gebieten sind Vorhaben quasi genehmigungsfrei realisierbar (s. 58 (1) (d), 88 TCPA-enterprise zone, s.58 (1) (c), 82 TCPA-simplified planning zone). **211**

Bestimmte Maßnahmen sind generell vom Erfordernis des Vorliegens einer Baugenehmigung ausgenommen. Verbesserungen der Gebäudesubstanz, Instandhaltungsarbeiten sowie Veränderungen, die nur im Inneren eines Gebäudes vorgenommen werden, also keinen Einfluss auf sein äußerliches Erscheinungsbild haben, bedürfen in der Regel ebenfalls keiner Baugenehmigung, es sei denn, es handelt sich um Gebäude, die unter Denkmalschutz stehen. **212**

Ebenso wenig bedarf es einer Baugenehmigung, wenn die Nutzung von Gebäuden oder Grundstücken innerhalb derselben Klasse der *Town and Country Use Classes Order 1987* geändert werden soll. Ansonsten gibt es kaum nähere gesetzliche Bestimmungen, wann eine Baugenehmigung, insbesondere im Fall von Gebrauchsänderungen, erforderlich ist, so dass es primär jeweils auf den tatsächlichen Änderungsumfang ankommt. **213**

Die Town and Country Planning Permission (Use) Classes Order 1987 spezifiziert 16 verschiedene Nutzungsklassen, die in vier Hauptgruppen wie folgt unterteilt sind:

- Gruppe A: Einkaufsgebiete
- Gruppe B: andere Geschäfte und industrieller Gebrauch
- Gruppe C: Wohngebrauch
- Gruppe D: soziale und gemeindliche Einrichtungen

Zur Verdeutlichung: Die Klasse A 1 umfasst den Gebrauch als Laden; ein Gemüseladen kann deshalb in ein Fleischwarenladen geändert werden, ohne dass es einer Baugenehmigung bedarf. **214**

Damit wird verständlich, dass Änderung der Nutzung einer Liegenschaft innerhalb derselben „use class“ in der Regel keiner Baugenehmigung bedarf. Allerdings bedarf es einer Baugenehmigung beim Wechsel von einer „use class“ in eine andere.

Ein Wechsel innerhalb der use class ist deshalb grundsätzlich erlaubnisfrei. Darüber hinaus ist eine *planning permission* nicht erforderlich in den Fällen des Ausbaues von bestehenden Fabrikräumen und Lagerhallen. Das gilt bei Bauvorhaben mit

- weniger als 1000 sqm. Flächenzuwachs und
- weniger als 25% der Gesamtfläche ausmachen und
- bautechnisch nicht höher gestaltet werde als das bestehende Gebäude

215 Im Gegensatz dazu ist eine Baugenehmigung aber stets erforderlich bei

- Reduzierung der Parkplatzfläche und Wendemöglichkeiten oder
- bei augenscheinlichen Veränderungen am Gebäude selbst oder
- bei einer Unterschreitung der Seitenabstandsfläche um 5 Meter.

216 Im Zweifelsfällen sollten der Vorhabenträger oder seine Anwälte klarstellen, ob die geplanten Veränderungen der *General Permitted Development Order 1995 (Statutory Instrument 1995 N° 418)* unterfallen und ob örtliche Belange zu berücksichtigen sind. Wer ohne die erforderliche Genehmigung baut, begeht nicht per se eine Straftat. Strafbar ist nur ein Verstoß gegen eine konkrete baurechtliche Anordnung, die dem Vorhabenträger förmlich zugestellt worden sein muss[601].

217 Die örtliche Baurechtsbehörde hat das Recht, die Baugenehmigung zu den Bedingungen zu erteilen, die sie für sinnvoll erachtet. Fast alle Baugenehmigungen werden mit Nebenbestimmungen versehen. Typische Nebenbestimmungen sind z.B. Betriebszeiten oder Lärmschutzauflagen. Mit der Genehmigung verbundene Nebenbestimmungen, die auch den Nachfolger des Antragstellers binden, können auf ein Tun oder ein Unterlassen gerichtet sein.

218 **dd. Wirkung der Genehmigung.** Die Baugenehmigung gilt in einem Zeitraum von fünf Jahre nach der Erteilung (s. 91 TCPA). Innerhalb dieser Zeit muss mit dem Bauvorhaben begonnen werden, da ansonsten u.U. eine neue Baugenehmigung beantragt werden muss. Grundsätzlich kann jeder einen Antrag auf Erteilung der *planning permission* stellen. Die Antragsbefugnis ist insoweit nicht auf den Eigentümer beschränkt. Dieser muss allerdings über das Bauvorhaben informiert werden und gegebenenfalls zustimmen. Ferner ist die Antragstellung kein höchstpersönliches Rechtsgeschäft. Sie kann deshalb vom beauftragen Rechtsanwalt, Architekten oder Bauunternehmer für den Interessenten gestellt werden. Die Entscheidung über den Antrag dauert in der Regel mindestens acht Wochen, bei umfangreicheren Vorhaben entsprechend länger. Es ist daher empfehlenswert bereits im Vorfeld bei der zuständigen Behörde nachzufragen mit welchen Entscheidungszeiträumen zu rechnen ist. Prinzipiell fällt eine Verwaltungsgebühr an. Der konkrete Geldbetrag ist bei der zuständigen Baurechtsbehörde zu erfragen.

219 Die Wirkung einer Baugenehmigung ist, dass sie dem Grundstück anhaftet und unabhängig vom jeweiligen Eigentümer existiert (s. 75 TCPA).

220 **b. Arbeiten zur Verbesserung oder Reparatur von Wohnungen, Mehrfamilienhäusern oder Verkehrsflächen.** Eine Genehmigung nach dem Housing Grants, Construction and Regeneration Act 1996 muss für Arbeiten zur Verbesserung oder Reparatur von Wohnungen, Mehrfamilienhäusern oder Verkehrsflächen in Gebäuden mit mehr als einer Wohnung, Arbeiten zur Umwandlung von Gebäuden in Wohnungen sowie Arbeiten

601 Vgl. Heap, Outline of Planning Law, 138.

zur Herstellung von Einrichtungen für behinderte Personen eingeholt werden (Sec. 1 Housing Grants, Construction and Regeneration Act 1996). Man unterscheidet den „renovation grant", den „common parts grant", den „disabled facilities grant" und den „HMO grant".

4. Baustandard. Der Building Act 1984 regelt in Verbindung mit den Building Regulations 1991 (Statutory Instrument 1991 N° 2768) die (aus deutscher Sicht) bauordnungsrechtlichen Anforderungen an ein Bauvorhaben. Bauarbeiten sind gemäß Regulation 12 der Regulations 1991 der Kommune anzuzeigen. Dabei sind vollständige Planungsunterlagen einzureichen. Die Anzeige ist vor Baubeginn zu machen, und zwar so, dass zwischen der Anzeige und dem Baubeginn mindestens zwei Tage liegen (Regulation 14 der Regulations). Die Baufertigstellung ist wiederum anzuzeigen. Die örtlichen Behörden erteilen dann eine Fertigstellungsbescheinigung (completion certificate), wenn das Bauvorhaben den Anforderungen entspricht. Auflagen der Behörde hat der Bauherr nachzukommen. 221

Regulation 7 fordert, dass Bauarbeiten mit ordentlichen Materialien (proper materials) und handwerklich einwandfrei auszuführen sind. Die Materialien müssen für die jeweiligen Umstände geeignet sein. Sie sollen den europäischen und britischen Normen entsprechen. 222

Die einzelnen Anforderungen ergeben sich aus Schedule 1 (Requirements) zu den Regulations 1991 (Regulation 4). Part A von Schedule 1 regelt die Gründungsverhältnisse und -anforderungen, Part B die Feuersicherheit, Part C regelt Anforderungen an das Baugrundstück sowie Dach und Fach, Part D enthält Vorschriften zum Schutz vor giftigen Substanzen, Part E regelt den Schallschutz, Part F die Lüftung etc., Part G schreibt die hygienischen Anforderungen vor, Part H regelt Abwässer und Abfallfragen, Part J regelt hitzeproduzierende Bauteile, Part K regelt Treppen, Rampen etc., Part L regelt die Sicherheit bei Stromanlagen und Öl, Part M schreibt Vorkehrungen zum Zugang und für Behinderte vor, Part N regelt die Bruchsicherheit von Glas. 223

Grundsätzlich haftet die Baubehörde nicht für Fehler, die ihr im Rahmen der Prüfung der Bauunterlagen, der Bauüberwachung etc. unterlaufen und die dazu führen, dass ein Bauvorhaben nicht den Building Regulations entspricht[602]. 224

Wurde ein Vorhaben ohne planning consent und zuwider den öffentlichen Bauvorschriften errichtet, liegt es im Ermessen der lokalen Planungsbehörde (local planning authority) ihre Kontrollfunktion auszuüben. Sie kann zu diesem Zweck Anordnungen erlassen. Diese sind zu begründen und können präzise Maßnahmen verfügen, beginnend mit der Anordnung zur Mangelbeseitigung bis hin zum Abriss (demolition order)[603]. Solche Anordnungen müssen innerhalb von vier Jahren ergehen. Wenn grundlegende Verstöße vorliegen, verlängert sich die Frist auf zehn Jahre[604]. 225

5. Nachbarrecht. Das Nachbarrecht ist im Grunde genommen Privatrecht. Der Party Wall Act 1996 sieht Anzeige- und Mitteilungspflichten im Nachbarverhältnis vor (vgl. s. 1 bis 3 Party Wall Act 1996), wenn in geschlossener Bauweise gebaut wird. Ferner bestehen Mitteilungsverpflichtungen, wenn Mindestabstände (drei bis sechs Meter) unterschritten werden sollen. Schließlich bestehen Mitteilungspflichten, wenn von der 226

---

602 Murphy v. Brentwood District Council [1991] 1 A.C. 398.
603 Uff, Construction Law, 470.
604 Uff, Construction Law, 470.

beabsichtigten Maßnahme die Gründung des Nachbargebäudes betroffen ist (s. 6 Party Wall Act 1996). Im Rahmen des Baugenehmigungsverfahrens werden die Nachbarn nicht gehört.

227 Dritte können im planungsrechtlichen Genehmigungsverfahren gemäß s. 71 (1) TCPA in Verbindung mit Art. 19 GDP 1995 Einwände vortragen, die bei der Entscheidung über das Vorhaben zu berücksichtigen sind.

228 Rechtsschutz gegen staatliche Entscheidungen im Genehmigungsverfahren genießen sog. „aggrieved persons", die ein ausreichendes Interesse (sufficient interest) an einer juristischen Überprüfung belegen können[605]. Die Gerichte überprüfen ggf. nur Rechtsfragen. Planungsentscheidungen sind nach Auffassung der englischen Gerichte nicht überprüfbar:

„Architectural standards of the development cannot be dealt with on a judicial review unless there is so striking a difference that no one could accept it. We cannot substitute our views for that of the Planning Committee"[606].

---

[605] Vgl. Regina v. Secretary of State for the Einvironment, ex p. Theatre Trust Co. [1990] J.P.L. 360.

[606] R.v. London Borough of Haringay, ex parte Barrs and Fathery [1983], zitiert nach Heap, Outline of Planning Law, 194.

Kapitel 11
Vertragsmuster und Rechtsvorschriften

§ 51 Vertragsmuster

Inhaltsübersicht

I. Ausführlicher Bauvertrag (GMP)

1. Wesentlicher Vertragsinhalt[1]**. a. Präambel.** Bei komplexen Verträgen bietet es sich an, in einer Art Präambel die Motivationslage der Parteien darzustellen. Dies kann später als Auslegungshilfe hilfreich sein[2]. 1

b. Partnering. Partnering ist nicht selbstverständlich. Zwar ist ein Vertrag mehr als das punktuelle Zusammentreffen unterschiedlicher Interessen, doch ist er seinem Wesen nach auch keine Vereinigung ausgeglichener Interessen, kein Instrument der loyalen Kooperation und kein Werk gegenseitigen Vertrauens[3]. In internationalen Verträgen finden diese Gedanken häufig über den Begriff **„reasonable/raisonable"** Eingang in das Vertragswerk. Er ist im Grunde nicht übersetzbar und wird genutzt, um die Parteien auf ein kooperatives Verhalten zu verpflichten, das auf das gemeinsame Interesse an der Vertragserfüllung richtet[4]. 2

Partnering wird am besten als gemeinsamer Prozeß beschrieben[5]. Partnering ist mehr als eine (weitere) Form der vertraglichen Beziehung. Es handelt sich um einen Prozeß, der es voraussetzt, dass gemeinsame Ziele definiert werden. Er wirft Fragen auf, etwa wie solche Ziele vereinbart werden können, zu welchem Zeitpunkt sie spezifiziert werden können und wie sie zu artikulieren sind[6]. Das partnering beruht auf gemeinsamen

---

1 Gralla, GMP, 132 f.
2 Eschenbruch, Recht der Projektsteuerung, Rn. 1376.
3 Chaillé de Néré, Les difficultés d'exécution du contrat en droit international privé, Rn. 417.
4 Chaillé de Néré, Les difficultés d'exécution du contrat en droit international privé, Rn. 420.
5 Skeggs ICLR 2003, 456, 459.
6 Skeggs ICLR 2003, 456, 460.

Zielsetzungen und erhöhter Effizienz aufgrund gemeinsamer Ressourcen, offener Kommunikation und kontinuierlicher Verbesserung.

Partnering setzt voraus, dass die zugrundeliegende Rechtsordnung Treu und Glauben (good faith) als Teil der vertraglichen Verpflichtungen ansieht. Beim Partnering sind die Parteien nach neuerer BGH-Rechtsprechung verpflichtet, das Vertragsziel in den Grenzen von Treu und Glauben zu fördern und nicht zu gefährden[7]. Hieraus folgen Untersuchungs- und Rügepflichten[8].

Partnering kann Einwände und Hinweise einer Partei hervorbringen, die sich nicht mit dem Vertragswerk vertragen trotzdem sie auf ihm beruhen, aber zu einer erhöhten Effizienz beitragen. Kommt es später zum Streit, kann ein derartig praktiziertes partnering Rechtsverluste zur Folge haben[9]. Derartige Folgen können entweder voraussehbar gemacht werden, in dem man den Rechtsverlust ausdrücklich regelt oder indem man sie in einen Vertragszusatz packt, der strikt nur den jeweiligen Problemansatz regelt[10].

Vertraulichkeit ist im Wettbewerb ein wichtiges Gut. Partnering kann es notwendig machen, sehr vertrauliche Informationen auszutauschen, deren Offenlegung sich am Markt nachteilig auswirken kann. Das partnering-Verfahren sollte sich daher auf die Offenlegung solcher Informationen beschränken, die für die Zwecke des gemeinsamen Vorhabens erforderlich sind[11].

Grundsätzlich dient ein Vertrag dem Austausch von Leistungen zum jeweiligen Eigennutz. Das partnering-Modell kann aber die Verpflichtung der Vertragsparteien beinhalten, im bestmöglichen Interesse der jeweils anderen Partei zu handeln. Die Parteien sollten im Vertrag offen legen, ob sie solche „treuhänderischen" Verpflichtungen eingehen wollen oder nicht. Liegt es im Interesse der Parteien, ein Treueverhältnis einzugehen, dann sollte geregelt sein, welchen Umfang diese Verpflichtungen für das Partnering haben[12].

Es bietet sich an, diese Grundelemente des „partnering" in einer Partnering-Charta näher zu regeln. Inhalt einer solchen partnering-Charta sollten u.a. Informationsklauseln und -rechte, Hinweispflichten, Streitbeilegungsmechanismen, Informations- und Kommunikationskontrollmechanismen sein[13].

3 **c. Leistungsumfang, Inhalt der Eigenleistungen, Anteil und Höhe der Eigenleistung des AN an der Gesamtleistung.** Der GMP ist eine Steuerungsgröße, die sich am Investitionswagnis des AG orientiert. Er muss bereit sein, dem AN dieses Wagnis offen zu legen. Liegt es offen, muss sich naturgemäß das Leistungssoll am Wagnispotential des AG orientieren. Wird das gesamte Wagnispotential als Maximalvergütung vereinbart, müssen gewisse baubegleitende Änderungen des Bauentwurfs vom AN hingenommen werden. Spielraum für Preiserhöhungen ist grundsätzlich nicht.

Zunächst ist generell die Leistung zu definieren, die Vertragsgegenstand sein soll. Systemimmanent kann das Bausoll nur vermittels einer Funktionsbeschreibung beschrieben werden, denn erst im Verlaufe der Zusammenarbeit konkretisiert sich das Bauvolumen in detaillierte Leistungen[14]. Es gilt daher der Satz: Je früher der AN eingeschaltet wird, umso allgemeiner ist die Beschreibung des Bausolls. Üblich ist es aber, spezifische

---

7 BGH NJW 2001, 1932, 1934.
8 Vgl. Schuhmann ZfBR 2002, 739, 741.
9 Skeggs ICLR 2003, 456, 463.
10 Skeggs ICLR 2003, 456, 464.
11 Skeggs ICLR 2003, 456, 464.
12 Skeggs ICLR 2003, 456, 464.
13 Vgl. Skeggs ICLR 2003, 456, 469.
14 Vgl. auch Eschenbruch, Recht der Projektsteuerung, Rn. 1377.

Eigenleistungen des GMP-Vertrages vorab zu isolieren und hierfür gesonderte Vergütungsabsprachen zu treffen. Der Inhalt dieser spezifischen Eigenleistungen ist zu beschreiben. Eventuell ist es ratsam, das Verhältnis der Eigenleistung an der Gesamtleistung zu ermitteln.

Mangels konkreter Beschreibbarkeit des Bausolls ist auf andere Informationen besonderes Gewicht zu legen. Angegeben werden sollten zunächst der Baugrund, die Eigentumsverhältnisse am Baugrund, der erkennbare Erschließungsgrad und wann (unter welchen Voraussetzungen) der Auftrag beendet ist[15]. Das Bausoll muss anhand von Zielen bestimmt werden. Wesentlich sind Angaben zur Qualität, der Kostenziele und der Terminziele[16].

d. Abgrenzung/Definition der Schnittstelle Eigenleistung des AN und Nachunternehmerleistungen. Das frühzeitige Partnering bedingt, dass bei Vertragsschluss keine klare Trennung zwischen Eigenleistungen und Nachunternehmerleistungen erfolgen kann. Art und Umfang der Nachunternehmerleistungen müssen aus der gemeinsam zu erarbeitenden Planung entwickelt werden, die wiederum auf Vorschlägen des AN basiert. Die Schnittstelle zwischen Eigenleistungen und Nachunternehmerleistungen kann daher nur ideell gefunden werden. Wesentlich ist es, den Planungsauftrag des AN und damit auch seine Planungsverantwortung umfassend zu definieren. 4

e. Leistungsumfang/Inhalt der Nachunternehmerleistungen, Anteil und Höhe der Nachunternehmerleistungen an der Gesamtleistung. Die in der Praxis übliche Verlagerung der Ausführungsplanung auf die ausführenden Fachbetriebe schafft beim GU Kostenvorteile, die an den AG durchgereicht werden können. Da beim partnering eine gemeinsame Aufgabenstellung zu bewältigen ist, sind verdeckte Margen aus Leistungsverlagerungen nicht hinnehmbar. Sie entstellen das Einsparungspotential. Der Vertrag muss daher an dieser Stelle ein hohes Maß an Transparenz schaffen. 5

f. Vergütung der Planungs- und Ingenieurleistung. Die Vergütung für die Planungs- und Ingenieurleistung wird in der Regel als fester Anteil am GMP festgelegt. 6

g. Vergütung der Bauleistungs- und Regieleistung. Die Vergütung für die Bauleistungs- und Regieleistung kann zusammen behandelt werden. Oftmals wird allerdings die Regieleistung als fester Anteil am GMP festgelegt, während die Summe der Baukosten in tatsächlichen Kosten ausgedrückt wird, die durch Ausschreibung ermittelt werden. 7

Kern des GMP-Vertrages ist Transparenz bei der Vergabe der Subunternehmerleistungen. Sie kann nicht ohne ein Mindestmaß an Mit- und Einwirkungsrechten des Auftraggebers hergestellt werden. Die Parteien können Vetorechte vereinbaren, einzelne Subunternehmerleistungen in Eigenleistungen des Auftragnehmers umwandeln und Entscheidungen zur Gewährleistungsübernahme durch Subunternehmer treffen. Mit der Subunternehmervergabe sind ferner Entscheidungen über Zeitabläufe und den Verlust von Mitwirkungsrechten verbunden.

Unzulänglicher Regelungsaufwand führt in Risiken. Zwar trägt auch beim GMP-Vertrag der Auftragnehmer die Risiken aus den Nachunternehmerbeziehungen. Durch die Beteiligung an der Vergabe übernimmt der Auftraggeber aber eine Auswahlverantwortung. Es empfiehlt sich daher, die Folgen der Mitwirkungs- und Eingriffsrechte in die Vergabe detailliert zu regeln[17].

---

[15] Vgl. auch Eschenbruch, Recht der Projektsteuerung, Rn. 1377.
[16] Eschenbruch, Recht der Projektsteuerung, Rn. 1390.
[17] Eschenbruch, Recht der Projektsteuerung, Rn. 531.

Aus dem Banksektor[18] sind einige Vorschläge für einen Ehrenkodex bekannt, die das „partnering“ im Bereich der Nachunternehmervergaben untersetzen können. Zusammengefasst enthalten die Vorschläge im übertragenden Sinn folgende Aussagen:

- Ablehnung von Bietern, falls Anzeichen dafür bestehen, dass sich der Bieter oder einer seiner Vertreter verbotener Praktiken schuldig gemacht hat
- Sonderkündigungsrechte des AG, falls sich zu irgendeinem Zeitpunkt herausstellt, dass der Bieter oder einer seiner Vertreter verbotener Praktiken schuldig gemacht hat, ohne dass der AN angemessene und den AG zufriedenstellende Schritte unternommen hat, um die verbotenen Praktiken zu untersuchen, zu beenden oder den Schaden zu beheben
- Klauseln aufzunehmen, dass jeder Bieter als Bedingung für seine Teilnahme am Bietungsverfahren eine Integritätserklärung abgibt
- den Controller zu ermächtigen, die für die Durchführung des Vertrages relevanten Unterlagen des AN, der Lieferanten, Berater und Dienstleistungserbringer prüfen zu dürfen
- eine Aufbewahrungspflicht für die Bauakten in Bezug auf die Nachunternehmer für die Dauer von fünf Jahren durchzusetzen

Die Europäische Union hielt es für angezeigt, durch die Einführung eines einheitlichen Klassifikationssystems für öffentliche Aufträge die Referenzsysteme zu vereinheitlichen, die die Auftraggeber für die Beschreibung des Auftragsgegenstandes verwenden. Dieses Klassifikationssystem wurde mit der am 16.12.2003 in Kraft getretenen Verordnung (EG) Nr. 2195/2002 des Europäischen Parlaments und des Rates vom 5. November 2002 über das Gemeinsame Vokabular für öffentliche Aufträge (CPV) allgemeinverbindlich gemacht[19].

8 **h. Vergütung der Allgemeinen Geschäftskosten und des Anteils für Wagnis und Gewinn.** Die Allgemeinen Geschäftskosten sowie Wagnis und Gewinn des AN werden pauschaliert ausgewiesen.

9 **i. Regelung über die Verteilung von Kostenvorteilen gegenüber dem GMP.** Die Beteiligung des AN an den gewonnenen Kosteneinsparungen ist von wesentlicher Bedeutung für das „Partnering-System“. Ziel ist es, den GMP zu unterschreiten. Denkbar ist Beteiligung aufgrund eines festen Verteilungsschlüssels[20] oder die Regelung einer variablen Verteilungsschlüssels[21]. Regelungsbedürftig ist ferner die Bemessungsgrundlage. Hier sind unterschiedliche Gestaltungen denkbar und möglich, z.B. ausschließlich die Beteiligung an sog. Vergabegewinnen oder eine sehr differenzierte Beteiligung an verschiedenen Optimierungsvorteilen (z.B. auch Bauzeitunterschreitungen).

10 **j. Regelung zu Boni.** Boni sind das Gegenteil von Vertragsstrafen und mithin vor allem geeignet, den AN an ausserhalb des Preises liegenden Vorteilen des AG zu beteiligen. Boni können deshalb vor allem vereinbart werden, um Bauzeitunterschreitungen oder die Bauzeittreue zu vergüten.

11 **k. Nachträge.** Die Praxis versteht unter Nachträgen die Regelung einer zusätzlichen Vergütung des AN. Derartige Begehren kommen nicht von Ungefähr, sondern sind zumeist darauf zurückzuführen, dass der AG seine Planungen nicht rechtzeitig abgeschlossen hat[22]. Zu unterscheiden sind drei Gründe für Nachträge: (1) Folge mangelhafter

---

[18] Vgl. Leitfaden der EIB für die Auftragsvergabe.
[19] Amtsblatt Nr. L 340 vom 16/12/2002 S. 0001 – 0562.
[20] Gralla, GMP, 141.
[21] Gralla, GMP, 142.
[22] Vgl. Kapellmann NZBau 2001, 592, 593.

Ausschreibung, (2) Folge von Anordnungen des AG, (3) Folge von Behinderungen[23]. Nachträge aus mangelhafter Ausschreibung sind beim frühzeitigen Partnering praktisch ausgeschlossen, denn es liegt in der Natur der Sache, dass keine komplette Leistungsbeschreibung vorliegt.

l. Verbindliche Vereinbarung eines Änderungsmanagementsystems. Der wahre GMP darf nicht veränderlich sein. Er ist Zielgröße und soll unterschritten werden. Der wahre GMP bedingt somit zugleich die Unveränderlichkeit des Bausolls. Insbesondere Lenkungseingriffe des Bauherrn und eine gleitende Planung ausserhalb des Verantwortungsbereiches des GMP-Partners sind systemfeindlich. 12

Das Gegenteil des wahren GMP ist der „floating GMP". Wird die Veränderung des Bausolls zugelassen, muss sich auch der GMP ändern. Das Problem liegt zunächst in einseitigen Bausolländerungen. Sie sind praktisch nicht beherrschbar. Sie sind aber auch mit dem Partnering-Modell unvereinbar, denn es herrscht kein Über-/Unterordnungsverhältnis zwischen AG und AN. Einigt man sich also auf einen floating-GMP muss ein geeignetes und funktionsfähiges Änderungsmanagement vorhanden sein. Die Vorschläge gehen dahin, ein ständiges Gremium einzurichten, das sich aus Vertretern beider Vertragspartner zusammensetzt und nach vorher festgelegten Methoden und Schemata Leistungsänderungen beurteilt und diese als Nachtragsforderungen oder als Optimierung klassifiziert[24].

Zunächst einmal muss auseinandergehalten werden, was auseinanderzuhalten ist: Die Definition einer Änderung und die Macht zur Anordnung einer Änderung[25]. Grundsätzlich sind Änderungen solche, die das Design, die Quantität oder die Qualität der Baumaßnahme verändern[26]. Beim GMP kommt hinzu, dass die Änderung von einer Optimierung abzugrenzen ist. Die Macht Änderungen anzuordnen kann in den Händen des Bauherrn und/oder eines contract administrators/Controllers liegen. Zwei Grenzen sind denkbar: Änderungen, die die Grundfesten des Vertrages berühren[27] (Änderung der Geschäftsgrundlage) und ein Widerspruchsrecht des AN[28], das möglichst auf bestimmte objektive Einwände begrenzt sein sollte. Klauseln, wodurch einseitig das Leistungsvolumen geändert werden kann, ohne dass es zu einer Preisanpassung kommt, sind tendenziell problematisch. Entsprechendes gilt für Regelungen, die im Ergebnis den Verlust eines Nachzahlungsanspruches bewirken (z.B. Verfallklauseln bei nicht rechtzeitiger Anmeldung des Anspruches[29]).

m. Zeitmanagement. Die vereinbarte Bauzeit ist ein Steuerungs- und Kontrollinstrument auf der einen Seite und ein Kostenfaktor auf der anderen. Für den Bauherrn ist Terminsicherheit Teil der Finanzierung. Lange nicht vorhergesehene Baulaufzeiten beeinflussen die Ertragserwartungen des Bauherrn (spätere Vermietung) und erhöhen die Baukosten durch längere Finanzierungslaufzeiten. Mit der Vertragsgestaltung ist somit in wirtschaftlicher Hinsicht zu gewährleisten, dass im Falle der verspäteten Herstellung die Finanzierungszinsen aufgebracht werden können[30]. Für den AN bedeutet Termintreue 13

---

[23] Kapellmann, Juristisches Projektmanagment, § 10 Rn. 18 ff.
[24] Gralla, GMP, 153.
[25] Vgl. Murdoch/Hughes, Construction Contracts, 201.
[26] Murdoch/Hughes, Construction Contracts, 202.
[27] Murdoch/Hughes, Construction Contracts, 203.
[28] Murdoch/Hughes, Construction Contracts, 204.
[29] Vgl. Kus/Markus/Steding, ICLR 1999, 533, 547 ff. zu FIDIC-Bedingungen.
[30] Vgl. Delmon/Scriven, ICLR 2001, 240, 254.

(erhöhter Aufwand bei Ereignissen, die die Herstellung verzögern) wie Terminuntreue (Standzeiten von Schalung, Personalvorhaltung etc.) Aufwand.

Das Gegenteil von Verspätung/Verzögerung ist Beschleunigung[31]. Sie geht kostenmäßig einseitig zu Lasten des Auftragnehmers, denn die Verstärkung des Personals, der Mehreinsatz von Material etc. sind Kosten, die vom Auftragnehmer i.d.R. aufgebracht werden müssen. Allerdings kann Beschleunigung auch kostenneutral organisiert werden[32]. Können Verzögerungen des Baufortschritts durch Mehraufwand abgebaut werden, führt dies zur Einhaltung des Endtermins. Ereignisse, bei denen der Mehraufwand nicht zur Einhaltung des Endtermins führen kann, führen zwangsläufig zur Terminüberschreitung.

Für ein erfolgreiches Zeitmanagement können wirtschaftliche Anreize vergeben werden (vgl. Boni). Vertragsstrafen und verspätungsbedingte Schadensersatzansprüche sind das Gegenteil von Anreiz und dienen der Kompensation u.a. von Finanzierungsnachteilen auf Seiten des Auftraggebers.

Time target-Überlegungen und die Schaffung von Anreizen für die Unterschreitung der Bauzeit sind reizvoll und können tatsächlich kürzere Bauzeiten bewirken. Doch auf der anderen Seite kann es auch Fälle geben, bei denen die Bauzeit nur mit erheblichen Zusatzkosten gehalten werden kann. Auch kann es Fälle geben, in denen die Termintreue trotz Mehraufwand nicht gewährleistet werden kann.

Es ist daher wichtig, ein Zeitmanagement einzuführen, das eine sachgerechte Risikoverteilung schafft. Voraussetzung sind Entscheidungskriterien (Tatbestand der Verzögerung, Ursächlichkeit und möglicherweise Verschulden für Verzögerungen und ihre Folgen) und Entscheidungskompetenz.

Zeitmanagement ist kein Selbstzweck und sollte auch kein genereller Anknüpfungspunkt für Ansprüche sein[33]. Zeitmanagement soll die rechtzeitige Herstellung des Bauwerkes sicherstellen. Regelungen zum Zeitmanagement müssen daher berücksichtigen, dass nicht jedes Ereignis Auswirkungen auf die Zeitschiene hat. Nur solche Ereignisse, die sich auf die Zeitschiene auswirken, sind also von Bedeutung für das Zeitmanagement. Schaden für den Auftraggeber kann allerdings erst eintreten, wenn das Ereignis nicht nur den Baufortschritt beeinflusst, sondern wenn es zugleich zur Überschreitung des Endtermins führt[34]. Letztlich sind Ereignisse an der Risikoverteilung zu messen, die im Vertrag geregelt ist. Regelungsbedürftig sind der (strafbewehrte) Endtermin, wodurch das Risiko der Termintreue auf den AN verlagert wird, und solche Ereignisse, die ihre Ursache im Risikobereich des Auftraggebers haben und sich auf die Bauzeit auswirken. Regelungsbedürftig ist ferner die die Bauzeit betreffende Kommunikation zwischen AG und AN. Sinn der Kommunikation ist es, auf störende Ereignisse hinzuweisen und den jeweiligen Partner in die Lage zu versetzen, Störungen abzustellen. Behinderungsanzeigen müssen daher alle Informationen enthalten, die hierzu erforderlich sind[35].

Mithin ergibt sich für den Vertrag, dass Ereignisse aus der Risikosphäre des Auftraggebers in der Regel entweder durch die Gewährung von Bauzeitverlängerung oder durch Erhöhung des Preises aufgefangen werden können. Preiserhöhungen und gleichzeitige Bauzeitverlängerung können nur in Ausnahmefällen ein geeigneter Ausgleich sein, etwa wenn sich Standzeiten eines Gerüsts oder von Schalungen verlängern.

---

31 Pickavance ICLR 2003, 366, 372.
32 Pickavance ICLR 2003, 366, 372.
33 Pickavance ICLR 2003, 366, 367.
34 Pickavance ICLR 2003, 366, 367.
35 BGH NZBau 2000, 187.

Problematisch ist stets, ob und wie der zusätzliche Kostenaufwand zu ermitteln ist. Wirkt sich ein Ereignis auf den Baufortschritt insgesamt aus (etwa Änderung von Gründungsmaßnahmen), kommt der gesamte Bauablauf ins Stocken. Die Verzögerung kann aber u.U. dadurch aufgefangen werden, dass spätere Arbeiten nicht von einem Unternehmern hintereinander sondern von mehreren Unternehmen parallel abgearbeitet werden[36]. Letzteres kann kostenneutral sein oder maximal den Koordinierungsaufwand erhöhen. Diese Möglichkeiten müssen im partnering aktiviert werden.

Nahezu unlösbar sind sog „global claims", die aus verschiedenen sich wechselweise beeinflussenden Ereignissen resultieren. Der AN kann in solchen Fällen oftmals nicht exakt darlegen, worauf die Zeitverzögerung beruht noch worin die Kostenerhöhung besteht, zumal dann, wenn Änderungen angeordnet werden, die ihrerseits Kostenfaktoren darstellen[37]. Lösbar sind solche Problemfälle nur, wenn der AN detaillierte Aufzeichnungen über die eingesetzten Arbeitskräfte, das eingesetzte Material, die ursprünglich kalkulierten Kosten und eine Kalkulationsfortschreibung verfügt[38]. Verfügt der AN über keine derartige Dokumentation, verstößt er letztlich gegen seine eignen Obliegenheiten und muss dann das sich hieraus ergebende Risiko tragen[39].

n. Gefahrtragung. Das BGB unterscheidet zwischen Preisgefahr und Sachleistungsgefahr. Nach § 644 Abs. 1 BGB trägt der Unternehmer bis zur Abnahme die Gefahr. Gemeint ist hier die Preisgefahr[40]. Mit der Abnahme wird der Unternehmer von der Preisgefahr befreit. Der Besteller trägt dagegen die Sachgefahr., d.h. er riskiert, u.U. keine Sachleistung zu erhalten. 14

Der Unternehmer trägt die Preisgefahr jedoch nicht uneingeschränkt. Kommt der Besteller in den Verzug der Annahme, so geht die Preisgefahr auf ihn über (§ 644 Abs. 1 S. 2 BGB). Für den zufälligen Untergang und eine zufällige Verschlechterung des von dem Besteller gelieferten Stoffes ist der Unternehmer nicht verantwortlich (§ 644 Abs. 1 S. 3 BGB).

o. Controlling/Streitschlichtung. Moderne Bauvertragsmuster enthalten in der Regel ein Streitmanagementsystem. Ein solches System setzt die Eingreifschwelle niedriger an als dies in herkömmlichen Verträgen der Fall ist[41], wo Streit ausschließlich in einem gerichtsförmig ausgeprägten Verfahren ausgetragen wird. In solchen Verträgen beschränkt sich der Regelungsaufwand auf eine Gerichtsstands- und/oder Schiedsgerichtsklausel. 15

Modernes Streitmanagement ist mindestens zweistufig, wenn nicht gar dreistufig. Ausgangspunkt kann bereits die Installation eines unabhängigen Streitschlichters oder Empfehlungsgebers sein. Zunehmend setzt sich international der contract administrator als Entscheidungsorgan durch. Seine Entscheidungen können auf Antrag durch ein Gremium überprüft werden, das entweder DAB (dispute adjudication board) oder DRB (dispute review board) heisst. In der dritten Stufe kann dann ein echtes Schiedsgericht Befriedungsaufgaben übernehmen.

Das Controlling muss inhaltlich ausgestaltet werden. Wesentlich sind: Überprüfung der Übereinstimmung des Plan- und Bauergebnisses mit der Genehmigungsplanung[42],

---

36 Vgl. John Barker Construction Ltd v London Portman Hotel Ltd (1996) 83 B.L.R. 31.
37 Vgl. Pickavance ICLR 2003, 366, 374.
38 Pickavance ICLR 2003, 366, 375.
39 Vgl. Pickavance ICLR 2003, 366, 375.
40 Elsner, Bauverträge, Rn. 306.
41 Vgl. Gralla, GMP, 157.
42 Eschenbruch, Recht der Projektsteuerung, Rn. 1400.

Überprüfung der Zweckmäßigkeit und Wirtschaftlichkeit der Planung und Bausausführung unter Berücksichtigung der Folgekosten[43], Erfüllung der öffentlich-rechtlichen Erfordernisse[44], vertragsgemäße Vergabe von Subunternehmerleistungen, Prüfung des Bautenstandes, der Rechnungen des AN und der Nachunternehmer.

Das Berichtswesen des Controllers ist wesentlich. Es bieten sich Regelungen an, die eine kontinuierliche Berichterstattung und deren Inhalte sicherstellen[45].

Der Controller kann als Dritter im Sinne von § 317 BGB Aufgaben übernehmen. Der Dritte trifft seine Entscheidungen im Zweifel nach billigem Ermessen (§ 317 Abs. 1 BGB). Der Controller trifft seine Entscheidungen durch Erklärung gegenüber einem der Vertragsschließenden (§ 318 Abs. 1 BGB). Eine bekannt gemachte Entscheidung ist nicht verbindlich, wenn sie offenbar unbillig ist (§ 319 Abs. 1 S. 1 BGB). Die Bestimmung erfolgt in diesem Fall durch ein Urteil. Das Gleiche gilt, wenn der Controller die Bestimmung nicht treffen kann oder will oder wenn er sie verzögert (§ 319 Abs. 1 S. 2 BGB).

Beanstandet werden kann aus triftigem Grund nur die offenbare Unbilligkeit der Leistungsbestimmung. Kleinlichen Beanstandungen soll die Bestimmung des Dritten entzogen werden[46]. Vereinbaren die Parteien, dass der Dritte nach Belieben entscheiden kann, sind seine Entscheidungen auch bei offenbarer Unbilligkeit verbindlich (§ 319 Abs. 2 BGB). Dies ist aber für den GMP-Vertrag weder nötig noch angemessen. Die Toleranzgrenze für offenbar unbillige (-richtige) Entscheidungen liegt bei 20 bis 25%[47]. Für den Umstand, dass getroffene Bestimmung der Billigkeit entspricht, trägt der Auftragnehmer die Beweislast[48].

Das Leistungsbestimmungsrecht des Controllers kann auch in AGB bedungen werden. Das BGB geht von dem Leitbild der üblichen Vergütung aus (§§ 631, 632 BGB). Einer Leistungsbestimmung nach § 316 BGB bedarf es im allgemeinen Bauvertragsrecht nur ausnahmsweise. Eine AGB-Klausel, die die Überprüfung der Billigkeit der getroffenen Bestimmung ausschließt, ist nach § 307 BGB unwirksam[49]. Eine Klausel ist mit § 307 BGB unvereinbar, wenn sie den Unternehmer bei Nachtragsleistungen verpflichtet, die entsprechenden Nachtragspreise vor Ausführung zu vereinbaren und die im Falle der Säumnis dem Architekten das Recht gibt, die Preise festzusetzen[50]. Leistungsbestimmungsrechte und Schiedsgutachtervereinbarungen in AGB sind vor allem dann unwirksam, wenn der Dritte dem Verwender der AGB besonders nahe steht, etwa mit ihm zusammenarbeitet oder gar ein Abhängigkeitsverhältnis zwischen ihnen besteht. Diese Rechtsprechung könnte das Leistungsbestimmungsmodell gänzlich in Frage stellen. Der systematische Unterschied eines der FIDIC angenäherten Modells zur deutschen Praxis liegt darin, dass die Entscheidungen des Controllers vertragsimmanent einer Prüfung unterzogen werden können. Der Controller hat ausdrücklich keine Vollmacht, den Vertrag abzuändern. Der Controller hat, wenngleich von dem Besteller beauftragt und bezahlt, eine herausgehobene und vertraglich verankerte Stellung. Wann immer der Controller nach den Bedingungen Entscheidungen zu treffen hat, hat er sich mit jeder Partei zu beraten, um eine Einigung zu erzielen. Wird eine Einigung nicht er-

---

43 Eschenbruch, Recht der Projektsteuerung, Rn. 1400.

44 Eschenbruch, Recht der Projektsteuerung, Rn. 1400.

45 Eschenbruch, Recht der Projektsteuerung, Rn. 1404.

46 OGH 4, 39, 44.

47 BGH NJW 1991, 2761; OLG Frankfurt NJW-RR 1995, 80.

48 BGH NJW 1969, 1809.

49 OLG Düsseldorf BauR 1981, 392.

50 BGHZ 81, 229 = BauR 1981, 582 = DB 1981, 2424 = MDR 1981, 1005 = NJW 1981, 2351 = LM AGBG Nr. 17 = ZfBR 1981, 232.

reicht, hat der Controller mit Rücksicht auf alle relevanten Umstände und in Übereinstimmung mit dem Vertrag eine gerechte Entscheidung zu treffen, die wiederum zweifach nachgeprüft werden kann. Zwar ergibt sich aus den Umständen, dass der Controller Beauftragter des Bestellers ist. Doch dürfen seine Entscheidungen nicht grob unbillig sein. Das Ermessen des Controllers ist mithin regelungstechnisch und verfahrenstechnisch begrenzt. Dies unterscheidet ihn von der Stellung eines deutschen Architekten, der in einem BGB- oder VOB/B-Vertrag einseitig und im Zweifel im Bestellerinteresse den Werklohn festlegt, und zwar ohne Möglichkeit zur Überprüfung[51].

2. Handhabung. a. Vorbemerkungen. aa. Charakter des Vertrages. Das erarbeitete Vertragswerk ist ein time und cost-target-Vertrag mit Maximalpreischarakter, bei dem die Entscheidungsebene im Projektverlauf auf einen unabhängigen Controller verlagert wird, der seinerseits zweifach kontrollierbar ist. Das Vertragsmuster stellt an die Vertragsparteien einerseits und an den Controller andererseits hohe Management-Anforderungen und setzt ferner ein hohes Maß an persönlicher Integrität und Verständnis für die Ziele des Vertrages voraus. 16

bb. Vertragsphilosophie. Das Vertragsmuster begreift das „Partnering" als echte Optimierungsalternative. Ausgangspunkt ist eine projektbezogene Groborientierung, die ein Wagnis darstellt, das der AG eingehen will. Der AG bietet dem AN an, dieses Wagnis mit ihm zu teilen. Willigt der AN ein, kommt es zur Wagnisteilung. Das Bausoll ist eine am Wagnis zu orientierende Größe, die erst während des Vertrages erarbeitet werden soll. Das Vertragsmuster regelt daher lediglich, was ausdrücklich nicht geschuldet ist. Dies bedeutet keine Abkehr von dem Grundsatz, dass alles was nicht geregelt ist, nicht Vertragsinhalt ist[52]. Das Vertragsmuster setzt lediglich voraus, dass das Bausoll erkennbar unvollständig und nur funktional beschrieben ist. Dies ist angesichts der frühzeitigen Einbindung des AN in das Projekt gar nicht anders denkbar. Das Äquivalent muss ein dem Wagnis entsprechender GMP sein. Die Risikominimierung wird durch eine optimale Planung erreicht, die zwei Ziele haben muss: (1) Vollständige Beschreibung des Bausolls und (2) vollständige Erfassung der Risiken. 17

cc. Folgerungen. Der Grundansatz zwingt die Parteien zu einer Reihe von Schlussfolgerungen: 18

Es liegt im Wesen dieses Vertragsmusters begründet, dass in allen Phasen des Vertrages wechselseitig Offenheit und Transparenz gepflegt werden muss und dass die Durchführbarkeit der Investition nicht zwingend vorausgesetzt werden kann. Unabdingbar ist die Offenheit des AG in Bezug auf das Wagnis, das er bereit und in der Lage ist, einzugehen. Unabdingbar ist ferner, der Wille zur (frühzeitigen) Optimierung und Kostenreduzierung sowie vollständige Transparenz und Prüfbarkeit des Nachunternehmereinsatzes. Schließlich muss ein großes Interesse an Entscheidungsklarheit und -wahrheit existieren. Im weiten Maß müssen die Parteien Verzicht auf übliche Verhaltensweisen üben. Der AG muss sein ohnehin nur rudimentär gegebenes Gestaltungsrecht sehr vorsichtig ausüben und der AN muss mit Rücksicht auf seinen umfassenden Einsatz und seine Beteiligung an dem Auftraggeberwagnis die Instrumente der Baukostenerhöhung zurückhaltend einsetzen. Aus Praktikabilitätserwägungen wurde auf den gänzlichen Ausschluss des bauherrenseitigen Weisungsrechtes verzichtet. Im Gegenzug besteht die eingeschränkte Möglichkeit, Preisanpassungen zu verlangen.

---

[51] Vgl. dazu BGHZ 81, 229 = BauR 1981, 582 = DB 1981, 2424 = MDR 1981, 1005 = NJW 1981, 2351 = LM AGBG Nr. 17 = ZfBR 1981, 232.

[52] Hierzu Grünhoff NZBau 2000, 313, 316.

19 **(1) Transparenz.** Die erforderliche Transparenz auf Seiten des AN wird durch die unabhängige Position des Controllers erreicht, der in die Vergabe der Nachunternehmerleistungen, die Rechnungsprüfung und den Bauverlauf vollständig eingebunden ist und der sein Wissen vollständig an den AG weitergibt.

20 **(2) Entscheidungsklarheit.** Das erforderliche Maß an Entscheidungsklarheit und -wahrheit wird dadurch erreicht, dass sich die Parteien den Entscheidungen des Controllers unterwerfen, ohne dass sie damit ihr Recht verlieren, einvernehmliche Änderungen vorzunehmen. Die Entscheidungen des Controllers sind vorläufig verbindlich und erlangen Vertragscharakter. Daraus folgt, dass an das Management der Vertragsparteien hohe Anforderungen zu stellen sind, denn der Controller ist auf die sorgfältige und fristgebundene Vorbereitung seiner Entscheidungen durch den Sachvortrag der Parteien angewiesen.

21 **(3) Machbarkeitsrisiko.** Das gemeinsame Machbarkeitsrisiko zwingt zu neuartigen Überlegungen in Bezug auf die Beendigung des gemeinsamen Projektes, wenn sich herausstellen sollte, dass die bereit gestellten Mittel und das Wagnis nicht deckungsgleich sind. Es versteht sich, dass derartige Überlegungen nur für die frühzeitige Vertragsphase eine Rolle spielen können, denn es ist gerade die Aufgabe der Planungsphase die Sicherheit zu gewinnen, ob das Wagnis in einem angemessenen Verhältnis zu den bereit gestellten Mitteln steht.

22 Der gemeinsame Zweck läßt sich nur auf der Zeitschiene erreichen. Auf ihr werden die Planung und die darauf aufbauende Leistungsbeschreibung ständig konkretisiert. Die Konkretisierung und ihre wirtschaftlichen Folgen fallen in die Risikosphäre des AN[53]. Für Leistungsänderungen hat der AG einzustehen[54]. Im Grenzbereich liegen Leistungen, die ein durchschnittlicher sorgfältiger AN nicht mehr erkennen konnte. In diesem Bereich sollen an die Stelle von Vertragsauslegung Sorgfaltserwägungen treten[55]. Soweit der AN sorgfältig gehandelt hat, soll er sich auf die Vollständigkeits- und Richtigkeitsvermutung des Vertrages berufen können[56]. Der Sorgfaltsmaßstab wird verschärft, wenn die Übernahme der Bauverpflichtung durch den AN auf der Grundlage einer erkennbar unvollständigen und nur funktionalen Baubeschreibung beruht[57]. Die damit zusammenhängenden Leistungsrisiken soll der AN tragen müssen[58]. Das Maß der übernommenen Risiken hängt also nicht mehr von der Sorgfalt des AN ab, sondern zunächst ausschließlich von kausalen Zusammenhängen. Beruht das Risiko auf der Unvollständigkeit der Beschreibung des Bausolls, geht es zu Lasten des AN. Beruht es nicht darauf, trägt es der AG.

23 Es kann dahinstehen, ob diese Ansätze richtig und zielführend sind. Der GMP-Vertrag jedenfalls eignet sich nicht ohne weiteres für solche Erwägungen. Zu Beginn der partnerschaftlichen Beziehung können Sorgfaltsmaßstäbe und Kausalitätserwägungen nur sehr bedingt zur sachgerechten Risikoverteilung beitragen. Sorgfalt setzt prüfbare Daten voraus. Grundsätzliche Investitionsentscheidungen basieren aber auf Erfahrungssätzen, in die nur in einem sehr geringen Maß konkrete Daten einfließen. Auf der Zeit-

---

[53] Grünhoff NZBau 2000, 313, 316.
[54] Grünhoff NZBau 2000, 313, 316.
[55] Vgl. Kapellmann/Schiffers, Vergütung, Nachträge und Behinderungsfolgen beim Bauvertrag, Band I, Rn. 210.
[56] Grünhoff NZBau 2000, 313, 316.
[57] Grünhoff NZBau 2000, 313, 316.
[58] Grünhoff NZBau 2000, 313, 316.

schiene kann erkennbar werden, dass die allgemeinen Erfahrungssätze nicht ausreichten, um das Wagnis einzugrenzen. Beteiligen sich aber beide Parteien am Wagnis sind frühzeitige Risikozuweisungen willkürlich. Erst die Konkretisierung des Projekts macht ggf. die beidseitige Fehleinschätzung erkennbar.

Das Vertragsmuster trägt diesen Erkenntnissen Rechnung, in dem es den Vertragsparteien den frühzeitigen Ausstieg ermöglicht. Die Folgen dieses Ausstiegs können allerdings nicht mit den herkömmlichen Instrumenten geregelt werden, denn es wäre z.B. unbillig, an die Erkenntnis von der Undurchführbarkeit und den darauf beruhenden Rücktritt Ansprüche nach § 649 BGB zu koppeln. 24

b. Vertragsphasen. Üblicherweise wird der GMP-Vertrag in eine Entwurfs- und Projektierungsphase und eine Ausführungsphase geteilt. Zur Entwurfs- und Projektierungsphase gehören die Grundlagenermittlung, die Vorplanung, die Budget-Ausschreibung, die Beauftragung des GMP-Partners und die gemeinsame Entwicklung und Optimierung des Projekts[59]. In der Ausführungsphase sind die gemeinsame Ausführungsplanung, die Bauausführung und die Abrechnung enthalten[60]. Diese herkömmliche Herangehensweise führt zu einer sehr späten Beteiligung des GMP-Partners mit entsprechend geringeren Kosteneinsparungspotentialen. Das Vertragsmuster bindet daher den GMP-Partner frühzeitiger ein. Ausserhalb des „Partnering" findet nur die Grundlagenermittlung statt. Bereits die sog. Vorplanung (Phasen 2 und 3 des § 15 HOAI) ist eine gemeinsame Aufgabenstellung. Eine Budgetierung im klassischen Sinne erfolgt also vor Vertragsschluss nicht, sondern eine grobe Investitionsentscheidung. Letztlich handelt es sich bei dem Vertragsmuster um eine der GMP-Wettbewerbs-Methode angenäherte Variante des GMP-Vertrages, allerdings ohne den Ausschreibung des GMP[61]. 25

c. Vertragsschluss. Bei Auftragserteilung sollte bereits eine grobe Funktionalbeschreibung zur Verfügung stehen, die ein Abbild der Investitionsentscheidung des AG mit den für die Kalkulation wesentlichen Parametern ist. Der AG muss daher bereits das Stadium der Grundlagenermittlung abgeschlossen haben. Seine Wünsche in Bezug auf Bedarf, Repräsentanz und Verfügbarkeit, die er mit dem Objekt verbindet müssen feststehen[62]. Ferner muss der AG seine Objektziele in Form von Qualitätsansprüchen, Terminen und Kosten definiert haben[63]. Die einsetzbaren finanziellen Mittel müssen feststehen und offen gelegt werden können. 26

Die Offenlegung des Investitionswagnisses schließt eine Vergabe des Vertrages im Wettbewerb aus, denn durch die Mitteilung dieses Geschäftsgeheimnisses begibt sich der AG eines wesentlichen Verhandlungsspielraums. Es kann daher sinnvoll sein, in der vorvertraglichen Phase eine Geheimhaltungs- und Vertraulichkeitsvereinbarung zu schließen. Andererseits wird der AN in der vorvertraglichen Phase bereits erhebliche Vorplanungs- und Planungskosten haben, so dass es sich empfiehlt, eine wechselseitige Vorvereinbarung zu schliessen, die den Geheimhaltungsinteressen des AG und der Investitionsbereitschaft des AN Rechnung trägt. Mit dem Vertragsschluss teilen sich der AG und der AN das Investitionswagnis, allerdings zunächst vorwiegend zu Lasten des AG, der im Falle äusserer Investitionshemnisse (z.B. Nichterteilung der Baugenehmigung aus gründen, die der AN nicht zu vertreten hat) das Risiko des Scheiterns allein trägt. 27

[59] Gralla, GMP, 126.
[60] Gralla, GMP, 126.
[61] Vgl. dazu Gralla, GMP, 129.
[62] Gralla, GMP, 127.
[63] Gralla, GMP, 127.

28 **d. Aufgaben des AN.** Das Vertragsmuster geht davon aus, dass die Teilhabe des AN an dem Investitionswagnis des AG (Stichwort Ersparnisse) die Übernahme eines größtmöglichen Leistungsspektrums mit Komplettheitsanspruch rechtfertigt. Der Ansatz geht dahin, dem AN die (nahezu) kompletten Planungsleistungen der HOAI und die alle für die schlüsselfertige Herstellung notwendigen Leistungen einschließlich besonderer Risiken aufzuerlegen. Je restriktiver die Parteien das Leistungsbild betrachten, desto kritischer muss der AG das Investitionsrisiko einschätzen und Reserven anlegen, die er nicht offen legt. Das ist systemfremd.

29 Schwierigkeiten werden auftauchen, wenn es gilt, die Frage nach den (technisch) nicht notwendigen Leistungen zu beantworten und solchen, die wirtschaftlich notwendig sind. Die Parteien tun gut daran, solche Fragen möglichst frühzeitig zu beantworten und in die Vergabe der Nachunternehmerleistungen bereits einzubeziehen. Geschieht dies nicht, bleibt es letztlich dem Controller überlassen, die Entscheidungen zu treffen. Dass diese Entscheidungen im Einzelfall weitreichende wirtschaftliche Bedeutung haben können und in der Praxis unvermeidbar sind, liegt auf den Hand. Die Parteien können Fehlentscheidungen nur begrenzen, in dem sie möglichst frühzeitig derartige Probleme erkennen und partnerschaftlich lösen. Die im Vertragsmuster getroffene Grundentscheidung geht zu Lasten des AN, der sich allerdings seine Rechte vermittels einer guten Dokumentation und durchdachten Planung weitgehend freihalten und seine Risiken beschränken kann. Dass damit erhöhte Anforderungen an die Kompetenz der Planer gestellt werden, ist im Interesse der gemeinsamen Zielstellung in Kauf genommen worden.

30 Problematisch ist das Baugenehmigungsrisiko. Der AN kann das Investitionswagnis nur dann maßgeblich beeinflussen, wenn er frühzeitig eingebunden wird[64]. Dies ist mit dem Vertragsmuster gewährleistet. Damit ist der AN in die Erarbeitung der Genehmigungsplanung eingebunden. Die Erteilung der Baugenehmigung ist jedoch in zeitlicher noch in sachlicher Hinsicht stets exakt einschätzbar. Das sachliche Risiko wurde im Vertragsmuster weitgehend auf den AN verlagert. Hinsichtlich der zeitlichen Komponente trägt der AN lediglich ein Managementrisiko, denn er muss rechtzeitig Bauzeitverlängerung beantragen. Es wurde im Interesse eines Gesamtkonzeptes davon Abstand genommen, den Auftrag in die Planungs- und die Ausführungsphase aufzuteilen. Die vollständige Ausgliederung des Genehmigungsrisikos ginge zu Lasten der gewollten Verkürzung der Bauphase und sie würde den AN zeitweise vollständig aus dem Bauherrenwagnis heraus nehmen. Es erschien wesentlich, den AN in jeder Phase in den Bauablauf einzubeziehen, schon um den AN auch im Genehmigungsverfahren optimal einzubinden und nachteilige Festlegungen zu vermeiden, auf die sich der AN in der anschließenden Ausführungsphase berufen könnte. Es wird angeregt, unter Umständen mehrere Bauanträge einzureichen, wenn Zweifel an der Genehmigungsfähigkeit einer optimalen Lösung bestehen. Dies ist z.B. in England durchaus üblich und ist in Deutschland jedenfalls zulässig.

31 **e. Projektierungsphase.** In der gemeinsamen Projektierungsphase werden die wesentlichen Entscheidungen für die Zusammenarbeit und den erfolgreichen Abschluss der Maßnahme getroffen. Der AN sollte die Planung zügig soweit vorantreiben, dass die Nachunternehmerleistungen zuverlässig und transparent ausgeschrieben werden können.

---

[64] Gralla, GMP, 23.

Die besondere und frühzeitig einsetzende Zusammenarbeit der Parteien sollen nach Vertragsabschluss die Grundlagen/Unterlagen für die spätere Ausführung des Bauvorhabens erarbeitet, ergänzt oder fortgeschrieben werden. Die zur Erarbeitung der Planungsvorschläge erforderlichen Grunddaten muss ggf. der AG benennen. Insoweit besteht eine Mitwirkungsverpflichtung des AG. Die von dem AN erarbeiteten Unterlagen werden Vertragsbestandteil, indem der AN sie dem AG zur Genehmigung vorlegt. Die Genehmigung ist vom AG fristgebunden zu erklären. Würde die Genehmigung nicht fristgebunden erteilt, wären Bauzeitverzögerungen nahezu zwangsläufig die Folge. Das Vertragsmuster sieht daher ein Verfahren vor, mit dem die Genehmigung erlangt werden kann. 32

Das Vertragsmuster ist auf eine detaillierte Ausschreibung der Nachunternehmeraufträge ausgelegt, die den Nachunternehmern kein Planungsrisiko auferlegt und eine möglichst vollständige Kalkulationsgrundlage bietet. Es wird hier davon ausgegangen, dass eine exakte Grundlagenermittlung und Planung Massenrisiken ausschließt, so dass die Nachunternehmer nach Aufmaß und Einheitspreisen beauftragt werden können, was eine gleitende Kostenreduzierung unter Aufrechterhaltung der Qualitätsstandards und geringfügige Leistungsänderungen flexibler zuläßt als eine Vergabe zu Pauschalpreisen. Soll dagegen die Vergabe von Nachunternehmeraufträgen vorwiegend zu Pauschalpreisen erfolgen, kann und muss ggf. die Kostensicherheit dadurch gewonnen werden, dass ein Global-Pauschalpreis vereinbart wird, der auf erkennbar unvollständiger Planung beruht. Hierfür sind aber Unsicherheitszuschläge in Kauf zu nehmen, die sich auf das Investitionswagnis auswirken. In einem solchen Fall wäre dann die Beteiligung des AN an den Baukostenersparnissen geringer zu vereinbaren. Zu rechtfertigen ist dies mit dem Hinweis, dass der AN in einem solchen Fall das Wagnis durchreicht und es pauschal an die Nachunternehmer vergütet. 33

f. Vergabephase. Im Anschluss an die Projektierungsphase sind die Nachunternehmerleistungen zu vergeben. Diese Phase hat maßgeblichen Einfluss auf das Investitionswagnis, an dem AG und AN teilhaben wollen. Im Ausgangspunkt besteht kein Widerspruch, denn AG und AN wollen den GMP möglichst weit unterschreiten und so ihre Erwartungen erfüllen. Über den Weg dahin kann allerdings schnell Uneinigkeit erwachsen, zumal wenn das kostengünstige Bauen zu Lasten der Qualität geht, was in der Projektierungsphase durch die Festlegung verbindlicher Qualitätsstandards auszuschließen ist. Überdies muss in die Vergabe der Nachunternehmerleistungen Transparenz gebracht werden, damit die tatsächlichen Ersparnisse auch offenkundig werden. Das Vertragsmuster macht die Herstellung der Transparenz zur Aufgabe des Controllers, der in sämtliche Details der Vergabe involviert wird. Die eigentliche Vergabe wird vermittels einer vereinbarten Vergabeordnung vorgenommen. Der Controller überwacht die Einhaltung der Vergabeordnung. 34

g. Bauabwicklung. Die Bauabwicklung muss im Interesse einer termingenauen und mangelfreien Fertigstellung von einem stringenten Controlling durch den AN geprägt sein, das von einer laufenden Optimierung und angepassten Baukoordinierung begleitet wird. Änderungen der Bauvorlage sollte der AG unterlassen, es sei denn sie sind durch konkrete Wünsche des feststehenden Endabnehmers geprägt. Eingriffe in das Bausoll und den GMP sind möglichst zu vermeiden, um das labile System nicht ernsthaft zu gefährden. 35

Die Projektsteuerung muss frühzeitig technische Erfordernisse und eventuelle Auflagen der Baubehörde erkennen. Die Auswirkungen solcher – nicht früher erkennbarer – Änderungen auf die Zeitachse müssen von dem AN exakt ermittelt und dokumentiert werden. Anderenfalls droht ihm die Versagung von Bauzeitverlängerung und der Verlust 36 bauzeitbedingter Mehrforderungen. Behinderungen müssen umgehend angezeigt und die Gründe benannt werden. Bautechnische Möglichkeiten und andere kostenneutrale Beschleunigungsmaßnahmen sind in Betracht zu ziehen. AN und AG müssen insoweit zusammenwirken. Der AN muss ausschließen, dass kostenneutrale Optimierungen möglich sind, bevor er Bauzeitverlängerung und/oder Kostenanpassungen erlangen kann.

37 In dieser Phase werden an den Controller erhöhte Anforderungen gestellt. Er muss den gesamten Bauablauf im Griff haben und jederzeit in der Lage sein, sachlich zutreffende und billige Entscheidungen zu treffen. Er ist Dreh- und Angelpunkt für den Baufortschritt, denn seine Entscheidungen sind bindend und bahnen den Weg, wenn sich AG und AN über Einzelheiten von Nachforderungen und Bauverzögerungen uneins sind.

38 Das Vertragsmuster bietet Formschreiben für die Änderung des GMP wie für das Nachlassen von Bauzeit. Die Schreiben sind standardisiert, müssen aber jeweils nach den Umständen begründet werden. Die Gründe lassen sich nicht standardisieren. Wesentlich ist, dass das Projektmanagement die im Vertrag vorgesehenen Fristen beachtet. Sie sind im Interesse einer zügigen Baufertigstellung unverzichtbar eng.

39 Das Zeitmanagement weicht von herkömmlichen Vorbildern ab. Die traditionelle Methode, Bauzeitenpläne fortlaufend zu aktualisieren, kommt den Bedürfnisse der Vertragsparteien nach Rechtssicherheit sicherlich am nächsten, bedingt aber Konsensbereitschaft, die wiederum an gemeinsame Grundüberzeugungen und identische Tatsachenkenntnis sowie beidseitige gleichwertige Beurteilungskompetenz gebunden ist. Das Vertragsmuster legt die Verantwortung für das Zeitmanagement ebenfalls in die Hände der Parteien, doch tritt das Konsensprinzip hinter das Entscheidungsprinzip zurück.

40 Ähnliches gilt für „change orders“. Lassen sich ändernde Eingriffe wirklich nicht vermeiden, soll an Stelle des komplizierten und von der Rechtsprechung dominierten VOB/B-Management-Prinzips mit seinen zahlreichen Unwägbarkeiten für den Bauverlauf und die Kostensicherheit ebenfalls das Entscheidungsprinzip treten. Das Vertragsmuster geht im Prinzip davon aus, dass der AN für den GMP alle Leistungen erbringen muss, die für eine funktionsgerechte und wirtschaftliche Nutzung des Objektes erforderlich sind (§ 6 des Vertragsmusters).

41 **h. Abnahme.** Fertigstellung und Abnahme sind zwei voneinander getrennte Umstände. Die Fertigstellung kann einseitig angezeigt werden. Die Abnahme ist von dem Controller vorzunehmen, der sich ggf. sachverständiger Hilfe versichern kann, wenn Mängel streitig bleiben. Das Abnahmeprozedere ist im Vertragsmuster klar beschrieben. Konfliktträchtig ist die Frage nach dem Mangelbegriff und den wesentlichen Mängeln. Hierzu schweigt das Vertragsmuster. Es sieht aber keine ihm eigentümlichen Begriffe vor, so dass die Mängelgewährleistung BGB-konform ist. Die Vertragsparteien können damit auf weithin zugängliche Kriterien und Beispiele zurückgreifen, was streitvermeidend ist.

42 **i. Abrechnung.** Die Abrechnung des Bauvorhabens hat in zweierlei Hinsicht Bedeutung. Der AG hat ein Interesse an einer transparenten Abrechnung durch den AN wie auch an einer transparenten Abrechnung der Nachunternehmerleistungen. Sichergestellt wird beides durch den Controller, der an der Feststellung der Schlussrechnungsbeträge des AN und der Nachunternehmer mitwirkt und somit auch an der Ermittlung der Ersparnisse. Seine Feststellungen sind verbindlich.

j. Gewährleistungsphase. Die Gewährleistungsphase wird herkömmlich nicht differenziert betrachtet. Es bietet sich jedoch eine differenzierte Betrachtung an, obwohl letztlich praktisch keine Unterschiede mehr zwischen dem Anspruch auf Mangelfreiheit bis zur Abnahme und dem Anspruch auf Mangelfreiheit nach der Abnahme gemacht werden. Bis zur Abnahme und die im Rahmen der Abnahme festgestellten Qualitätsmängel fallen in den Aufgabenbereich des Controllers. Die sich anschließende Nachsorge hat bei größeren Bauvorhaben aber ebenfalls wesentliche Bedeutung, denn die für die Gewährleistung zu bindenden Finanzmittel sind erheblich. Der AN muss während der gesamten Gewährleistungszeit eine zuverlässige, zügige und nachhaltige Mängelgewährleistung sicherstellen. Aus wirtschaftlichen Gründen ist der Controller für solche Aufgaben nicht mehr geeignet. 43

k. Streitbeilegung. Das Vertragsmuster behält maßgebliche Entscheidungen dem Controller vor. Seine Entscheidungen sind bindend, jedoch nicht frei von Kontrolle. Das Vertragsmuster hat sich in bezug auf das Streitbeilegungssystem an die FIDIC-Vertragsmuster angelehnt. Der Aufwand für ein solches System ist nicht unbeträchtlich. Doch stellt ein solches System zügige Entscheidungen sicher. Ein kurze Schlichtungsordnung liegt anbei. Voraussetzung eines funktionierenden Streitbeilegungssystems ist zunächst ein kompetenter Controller. Das Schlichtungs-Board wäre ebenfalls mit kompetenten Technikern und Juristen zu besetzen. Die angeschlossene Schiedsgerichtsklausel ist als Notbehelf gedacht. Hingegen sollte das Schlichtungs-Board tendenziell als vernünftige Hilfe zur sachlichen Beilegung bestehender Schwierigkeiten angesehen werden. 44

l. Schlussbetrachtung. Das Vertragsmuster baut auf Vorstellungen auf, die in England und den vereinigten Staaten entwickelt wurden. Partnering ist in Deutschland jedem Vertragsverhältnis immanent, denn die Vertragsparteien haben ihre Leistungen nach Treu und Glauben so zu bewirken, wie Treu und Glauben mit Rücksicht auf die Verkehrssitte es erfordern (§ 242 BGB). Das Vertragsmuster setzt voraus, dass sich die Parteien entsprechend verhalten. 45

3. Anwendbares Recht. Dieses Vertragsmuster setzt die Anwendbarkeit deutschen Rechts voraus. Es kann zwar international eingesetzt werden, doch sind dann unter Umständen besondere Vorkehrungen zu treffen, etwa zu den Themen:

- Abnahme (z.B. Frankreich, Belgien)
- Gewährleistung (insbesondere Frankreich und Belgien, aber wohl auch Spanien)
- Haftung
- Kündigung (z.B. Belgien, Frankreich, England)
- Nachbesserungsanspruch (insbesondere England, USA, Irland)
- Preissicherheit
- Subunternehmer (z.B. Frankreich, Polen, Italien, Belgien)
- Versicherung (insbesondere Frankreich und Belgien, aber wohl auch Spanien)
- Vertragsstrafe (insbesondere England, Irland, USA)

4. Vertragsmuster

46 [**Warnung**: Dieses Vertragmuster ist eine Empfehlung. Sie entbindet nicht davon, eigenständige Überlegungen zur Geeignetheit des Musters anzustellen und es regelmäßig auf Fortentwicklungen in der Gesetzgebung und der Literatur zu untersuchen und in Frage zu stellen]

Präambel

AG und AN beabsichtigen, gemeinsam ein Bauvorhaben zu errichten. Die Parteien wählen zur Realisierung des Bauvorhabens die vorliegende Vertragsform des GMP-Vertrages und dokumentieren damit, dass dieses Bauvorhaben unter der Voraussetzung einer besonderen partnerschaftlichen Zusammenarbeit zwischen den Parteien realisiert werden soll. Die Parteien arbeiten eng und vertrauensvoll in einem weitgehend festgelegten Team und nach Maßgabe dieses Vertrages um das Bauvorhaben zu realisieren. Die Parteien wollen das Bauvorhaben durch wechselseitige Kooperation, wechselseitigen Informationsaustausch und möglichst übereinstimmende Entscheidungen in allen Bereichen zum erfolgreichen Abschluss bringen. Bei ihren Entscheidungen orientieren sich die Vertragsparteien jeweils auch am Interesse ihres Partners. Unterschiedliche Meinungen und Auffassungen in Einzelfragen sollen möglichst frühzeitig dem Controller zur Entscheidung vorgelegt werden. Einseitige Anordnungen sind, soweit nach diesem Vertrag überhaupt zulässig, möglichst zu vermeiden.

AN und AG sind sich darüber einig, dass der vereinbarte GMP eine Zielvorgabe ist, die das Gesamtinvestitionswagnis des AG darstellt. Es ist Aufgabe der Zusammenarbeit, diese Zielvorgabe durch Kooperation, die gemeinsame Projektentwicklung und Gewinnung von Preisvorteilen bei Aufrechterhaltung der vereinbarten Qualitätsstandards, Funktions- und Planungsvorgaben zu erreichen.

Dabei sind sich die Parteien einig, dass sie ihre Aufgaben jeweils für sich wahrnehmen. Sie treten im Rechtsverkehr getrennt auf und vertreten sich weder wechselseitig noch erwecken sie den Eindruck eines gemeinschaftlichen Handelns. Der AN übernimmt eine Gesamtleistung und bedient sich Dritter ausschließlich auf eigenes wirtschaftliches Risiko.

Durch die besondere partnerschaftliche Zusammenarbeit wollen die Parteien folgende Ziele erreichen:

- Terminsicherheit für die Fertigstellung des Bauvorhabens
- Qualitätssicherung durch frühzeitige Einbindung des AN
- Reduzierung und Begrenzung der Baukosten
- Vermeidung von rechtlichen Auseinandersetzungen

§ 1 Baugrundstück

Der AG ist/wird Eigentümer der in der anliegenden Planskizze mit den Eckpunkten …… bezeichneten Grundstücke.

Der AG beabsichtigt auf diesen Grundstücken die Errichtung …… mit folgender Funktionsangabe:

§ 2 Vertragsgegenstand

Der AG beauftragt den AN mit der Planung und schlüsselfertigen Erstellung des Bauvorhabens in ... [Ort, Anschrift eintragen]

§ 3 Art und Umfang der Leistungen des AN

3.1 Schlüsselfertige und funktionsgerechte Erstellung

Der AN erstellt das Bauvorhaben schlüsselfertig und funktionsgerecht.

3.2 Leistungsübernahme

Zu diesem Zweck (Unterklausel 3.1) übernimmt der AN

3.2.1 Einzelleistungen

die zur schlüsselfertigen und funktionsgerechten Errichtung erforderlichen Planungsleistungen, deren Steuerung und Koordination, und zwar

- die Genehmigungs-/Ausführungs-/Werkplanung sowie
- die folgenden weiteren Planungsleistungen, insbesondere
- die Bauplanung ab Phase 3 (§ 15 HOAI),
- die Tragwerksplanung ab Phase 1 (§ 64 HOAI),
- die Planung der technischen Ausrüstung ab Phase 1 (§ 73 HOAI),
- die Planung der thermischen Bauphysik ab Phase 1 (§ 78 HOAI),
- die Planung des Schallschutzes und der Bauphysik ab Phase 1 (§ 81 HOAI),
- die Planung für Bodenmechanik, Erd- und Grundbau ab Phase 1 (§ 92 HOAI),
- die vermessungstechnischen Leistungen ab Phase 1 (§§ 97 b und 98 b HOAI).

Die Planungsarbeiten werden in einer Planliste erfasst (Anlage ....)

Eine Besorgung fremder Rechtsangelegenheiten durch den AN ist damit nicht verbunden. Der AN haftet für die ordnungsgemäße Planung und achtet auf Übereinstimmung mit den anerkannten Regeln der Technik und den Vorgaben des AG. Die Grundlagen des Bauordnungsrechtes sind zu beachten.

3.2.2 Globalleistung

die vollständige Bauausführung bis zur schlüsselfertigen und funktionsgerechten Herstellung des Bauvorhabens. Zum Leistungsumfang gehören insbesondere auch:

- Alle Lieferungen und Leistungen gemäß § 6 des Vertrages, die sich aus den Vertragsbestandteilen und aus der Planung ergeben, die für die funktionsgerechte schlüsselfertige Errichtung des Bauvorhabens erforderlich sind,
- Erstellung des Rohbau- Leistungsverzeichnisses sowie eine Leitungsbeschreibung der übrigen Gewerke;
- Wirtschaftlichkeitsvergleiche verschiedener Lösungen, kostenmäßige Optimierung/Kostenreduzierung durch baubetriebliche Hinweise und Vorschläge aller Art, auch für die Gebäudeunterhaltung; Untersuchung von Lösungen auf baubetriebliche, technische und preisliche Umsetzbarkeit mit dem Ziel, kostengünstige Varianten für die Ausführung und den Betrieb zu erarbeiten; eine Betriebskostengarantie des AN ist damit nicht verbunden.
- Terminplanung und deren Fortschreibung
- Konzeption der Bauverfahren für die Leistungen
- Regelmäßige Vorlage und Besprechung der zu den vorgenannten Leistungen gehörigen Dokumentation der Ergebnisse
- Fortschreibung des Leistungsbildes Projektmanagementleistungen (Anlage)
- Verkehrs- und Logistikkonzept
- Nachbarmanagement (Gabe von Informationen, Handling von Beschwerden)
- Öffentlichkeitsarbeit (Baustellenbesuche organisieren und koordinieren)
- Abstimmung mit Behörden
- SiGeKo (auch für Planung)
- Vorlage der zu den Leistungen gehörigen Dokumentation zum Vertrag;
- Ausschreibung und Vergabe der Nachunternehmerleistungen gemäß den Bestimmungen in der Vergabeordnung in Anhang 20 Vertrages;
- Fortschreibung des Terminplanes als Anlage 7 nach Vorliegen der Baugenehmigung;
- Einholung ggf. erforderlicher Genehmigungen für Baustelleneinrichtungsfläche, Sonn-, Feiertags- oder Nachtarbeit, Inanspruchnahme von öffentlichen Verkehrsflächen.
- Die Inbetriebnahme durch Nutzer bzw. Käufer wird vom AN organisiert, notwendige Informationen werden zur Inbetriebnahme vor Übergabe zur Verfügung gestellt.
- Betreuung der Mängelgewährleistung für die Dauer der Gewährleistungsfrist

3.3 Nachunternehmer

Der AN ist berechtigt, die ihm übertragenen Leistungen an Nachunternehmer zu vergeben. Bei der Vergabe ist die gewerblich-handwerkliche Leistung von der Planungs- Regie und Koordinationsleistung zu trennen.

3.4 Funktionalbeschreibung

Unmittelbar nach Vertragsschluss erstellt der AN auf der Basis der ihm übergegebenen groben Funktionalbeschreibung, die die für die Investitionsentscheidung des AG wesentlichen Parameter beinhaltet und die Anforderungen an Bedarf, Repräsentanz und Verfügbarkeit des Objektes sowie die Qualitätsansprüche, Terminvorstellungen enthält, eine Machbarkeitsberechnung mit dem Ziel, das gemeinsame Investitionswagnis zu konkretisieren und einzuschränken. Die Studie ist dem AG innerhalb von [Zeitraum eintragen] zu übergeben. Der AG kann den AN nach Ablauf einer vierwöchigen Frist beginnend mit dem Vertragsschluss mit der Auslieferung der Studie in Verzug setzen und nach Ablauf der Frist eine angemessene Nachfrist mit der Androhung, die Studie nicht mehr abzunehmen.

§ 4 Vertragsgrundlagen/Risiken

4.1 Gemeinsame Aufgabe

Dieser Vertrag stellt an die Parteien eine gemeinsame Aufgabe. Der AN hat an Wagnis/Gewinn des AG teil. Der AN übernimmt dafür teilweise Risiken des AG. Die einzelnen Aufgabenbereiche beider Parteien werden in einer Aufgabenverteilungsliste abgegrenzt (Anlage).

4.2 Wirtschaftlichkeit

Der AN übernimmt es, die technischen Gewerke auf ihre Wirtschaftlichkeit zu prüfen. Die Prüfung umfasst insbesondere das Verhältnis zwischen Investitions- und Betriebskosten und Hinweise gegenüber dem AG auf sinnvolle Anpassungen und/oder Ergänzungen der Funktionsbeschreibung oder der vereinbarten Pläne zur Erreichung eines wirtschaftlichen Betriebs des Gebäudes und Unterbreitung geeigneter Vorschläge.

4.3 Baugrundrisiko

Der AN übernimmt das Baugrundrisiko einschließlich der Aufklärung der Grundlagen und der sich aus der Grundlagenermittlung ergebenden Kosten für insbesondere Wasserhaltung, Gründung, Baukörperisolierung.

4.4 Vertragsgrundlagen

Der AN erbringt seine Leistungen auf der Grundlage folgender Vertragsgrundlagen, die bei widersprüchlicher Aussage rangmäßig in der nachstehend genannten Reihenfolge gelten:

4.4.1 Liste der Unterlagen

- Dieser Vertrag mit seinen Anlagen
- Entscheidungen des Controllers
- Baubeschreibung — Anlage 1
- Angebot des AN — Anlage 2
- Bauvorlage, die der AG genehmigt hat — Anlage 3
- Baugenehmigung — Anlage 4
- Gutachten — Anlage 5
- Planliste — Anlage 6
- Terminplan — Anlage 7
- Aufgaben- und Kostenverteilungsliste — Anlage 8
- Zahlungsplan — Anlage 9
- Nachunternehmerbudgets — Anlage 10
- Leistungsbilder Planungs- und Projektmanagementleistungen — Anlage 11
- Muster Vertragserfüllungsbürgschaft für den AG — Anlage 12
- Muster Zahlungsbürgschaft für den AG — Anlage 13
- Muster Gewährleistungsbürgschaft für den AG — Anlage 14
- Muster Rückzahlungsbürgschaft für Vorauszahlung — Anlage 15
- Freistellungsbescheinigung des AN zur Bauabzugssteuer — Anlage 16
- Formblatt Änderungsmanagement — Anlage 17
- Formblatt Behinderungszeige — Anlage 18
- Erklärung Rückzahlung von nicht verbrauchten Baukosten — Anlage 19
- Vergabeordnung für Nachunternehmerleistungen — Anlage 20

4.4.2 Gesetz
das Bürgerliche Gesetzbuch,

4.4.3 Regeln der Technik
die zum Zeitpunkt des Vertragsabschlusses anerkannten Regeln der Technik.

4.4.4 Technische Regelwerke
die technischen Regelwerke (DIN-Normen, VDI/VDE-Vorschriften, Herstellerrichtlinien)

Gutachten haben keine unmittelbar vertragsändernde oder -ergänzende Wirkung.

§ 5 Zusammenarbeit

5.1 Partnering

AG und AN verpflichten sich, das Bauvorhaben in enger Kooperation zu errichten und gemeinsam das Ziel einer schlüsselfertigen und funktionsgerechten Errichtung des Bauvorhabens zu erreichen. Der AN wird im Gegenzug am Bauherrenwagnis und -gewinn beteiligt. In diesem Sinne soll gemeinsam erreicht werden, die Baukosten für die vertraglich geschuldeten und zu optimierenden Leistungen zu reduzieren. Hierfür macht der AN sein gesamtes Wissen in Bezug auf Planung, Finanzierung und Ausführung nutzbar.

Der AG gibt das von ihm verantwortbare und finanzierte Investitionswagnis mit [Betrag angeben] an. Der AN hat Anspruch auf Offenlegung der Wirtschaftlichkeitsüberlegungen des AN und der Berechnung des Investitionswagnisses.

5.2 Grundsätze der Zusammenarbeit

Um die in der Präambel erwähnten Ziele zu verwirklichen, verpflichten sich die Parteien, konstruktiv und vertrauensvoll zusammenzuarbeiten und ihre beiderseitigen Kooperationsverpflichtungen zu erfüllen. Der AN hat sich verpflichtet, die vereinbarte Leistung im Rahmen eines fortzuscheibenden Planungsprozesses zu optimieren. Der AG unterstützt den AN hierbei. Der AG wird dem AN jederzeit und vollständig alle gewünschten Auskünfte zum Bauentwurf, der technischen Auslegung und der Nutzung des Bauobjektes erteilen.

Dazu halten sie regelmäßige Besprechungen ab und unterrichten sich fortlaufend über den Stand des Projektes.

Durch die besondere und frühzeitig einsetzende Zusammenarbeit bei der Planung werden im Rahmen der Umsetzung des Vertrages nach Vertragsabschluss noch Grundlagen/Unterlagen für die spätere Ausführung des Bauvorhabens erarbeitet, ergänzt oder fortgeschrieben. Diese werden Vertragsbestandteil, indem der AN die mit dem AG abgestimmten Unterlagen erstellt und dem AG zur Genehmigung vorlegt. Die Genehmigung ist vom AG binnen einer Woche schriftlich durch Unterschrift auf der entsprechenden Unterlage/dem entsprechenden Dokument zu erklären. Erteilt der AG die Genehmigung nicht rechtzeitig, gilt die Genehmigung als erteilt, es sei denn der AG hat innerhalb der Frist seine Genehmigung schriftlich verweigert. Unterbreitet der AG im Falle der Verweigerung nicht innerhalb von einer Woche genehmigungsfähige Gegenvorschläge, gilt die Genehmigung der ursprünglichen Vorlage des AN als endgültig erteilt.

AG und AN benennen für die gesamte Vertragsdurchführung folgende für sämtliche Rechtsgeschäfte bevollmächtigte Vertreter/Projektbeauftragte, die auch an den vorgenannten Besprechungen teilnehmen müssen:

AG ______________________________

AN ______________________________

Die Vollmacht für vorstehend benannte Vertreter umfasst insbesondere:

(a) den Empfang sämtlichen Schriftwechsels sowie die Abgabe aller rechtsgeschäftlich zur Abwicklung des Bauvorhabens notwendigen Erklärungen und Vornahme entsprechender Handlungen
(b) technische Klarstellungen, Entscheidungen im Rahmen der gegenseitigen Mitwirkungs- und Kooperationspflichten
(c) die Vereinbarung von Terminanpassungen
(d) die Beauftragung und die Vereinbarung von geänderten oder zusätzlichen Leistungen
(e) den Empfang von Mitteilungen und Entscheidungen des Controllers

5.3 Vergabe von Nachunternehmerleistungen

5.3.1 Ausschreibung

Der AN wird alle für die Planung und Bauerrichtung erforderlichen Leistungen ausschreiben, mit Ausnahme der Leistungen, die mit der Pauschale für Eigenleistungen und der Pauschale für Planung und Projektkoordinierung bereits gedeckt sind. Für das Ausschreibungs- und Vergabeverfahren gilt die Ausschreibungs- und Vergabeordnung, die Anlage 20 zu diesem Vertrag ist.

5.3.2 Selbsteintrittsrecht

Der AN ist berechtigt, für alle von ihm ausgeschriebenen Leistungen selbst Angebote abzugeben.

5.4 Controlling

Die Parteien vereinbaren die Einsetzung eines unabhängigen Projektcontrolling auf Kosten des AG. Der Besteller hat einen Controller zu benennen, der die diesem im Vertrag zugewiesenen Aufgaben ausführt. Zu den Mitarbeitern des Controllers müssen entsprechend qualifizierte Ingenieure und andere Angestellte gehören, die in der Lage sind, diese Aufgaben auszuführen. Der AG darf den Controller nur abberufen, wenn er den bisherigen Controller ersetzt. Dem AN ist jegliche Änderung in bezug auf den Controller unverzüglich mitzuteilen.

5.4.1 Weisungsunabhängigkeit

Der Controller ist nicht dazu berechtigt, den Vertrag abzuändern. Soweit ihm Überwachungs- und Prüfungsaufgaben übertragen werden, übt er diese Aufgaben weisungsunabhängig aus. Der Auftrag des AG an den Controller hat diese Vorgaben zu berücksichtigen. Sie sind Vertragsgrundlage.

5.4.2 Befugnisse des Controllers

Der Controller führt die ihm durch den Vertrag ausdrücklich oder konkludent zugewiesenen Befugnisse aus. Der Besteller verpflichtet sich, die Befugnisse des Controllers nicht weiter einzuschränken, es sei denn dies ist mit dem Unternehmer vereinbart.

5.4.3 Aufgaben des Controllers

Zu den Aufgaben des Controllers gehört:

- Entscheidungen über Erforderlichkeit von Nachaufträgen
- Entscheidungen zum Vergabeverfahren
- Schlussrechnungsprüfung der Nachunternehmer
- Prüfung der Schlussrechnung des AN
- Feststellung des tatsächlichen Preises
- Neufestlegung des GMP in den vertraglich vorgesehenen Fällen

5.4.4 Nachunternehmeraufträge

Der Controller übernimmt die gemeinsame Schlussrechnungsfeststellung in Bezug auf die Nachunternehmer des AN. Er prüft die ihm von dem AN vorzulegenden Schlussrechnungen der Nachunternehmer. Das Ergebnis der Prüfung fließt in die vorläufige Schlussrechnung des AN ein.

5.4.5 Berichtspflicht des Controllers

Der Controller berichtet dem AG und dem AN. AN und AG sind berechtigt, jederzeit in die Unterlagen des Controllers Einsicht zu nehmen. Der Controller ist insbesondere berechtigt und verpflichtet, dem AG Auskunft über das Vergabeverfahren, die Vergabepreise und die Zahlungen an Subunternehmer Auskunft zu geben. Er handelt insoweit als Bevollmächtigter des AN.

5.4.5 Entscheidungen des Controllers

Der Controller trifft seine Entscheidungen nach billigem Ermessen unter Berücksichtigung der Sach- und Rechtslage. Er soll den Parteien jeweils Gehör gewähren. Er hat seine Entscheidungen zu begründen. Im Übrigen gilt § 19 Unterklausel 2 und § 20 dieses Vertrages.

§ 6 Change orders

6.1 Gemeinsames Bauherrenwagnis

Die Parteien gehen davon aus, dass der GMP die Vergütung für das Investitionswagnis des Bauherrn ist, der nicht überschritten werden darf, auch wenn sich im Bauverlauf aus wirtschaftlichen Gründen (z.B. Mieterwünsche) Änderungen der Bauvorlage als notwendig erweisen. Die Parteien arbeiten auf der Grundlage der gemeinsamen Zielvorstellung partnerschaftlich zusammen und haben das Leistungsprogramm gemeinsam erarbeitet.

6.2 Ausführungspflicht

Der AN hat alle geschuldeten Leistungen auszuführen. Dies sind alle Leistungen, die sich für den AN aus der Aufgabenverteilungsliste (Anlage) ergeben, und sämtliche Lieferungen und Leistungen, die für den AN aufgrund der erkennbar lückenhaften Aufgabenbeschreibung bei Vertragsabschluss erkennbar und kalkulierbar waren und erforderlich sind, um das definierte Bauvorhaben schlüsselfertig, funktionsfähig, endgereinigt, in gebrauchs- und bezugsbereitem Zustand herzustellen, und zwar einschließlich der Aussenanlagen und der erforderlichen Anschlüsse an die Ver- und Entsorgungsleitungen.

Auszuführen sind alle Maßnahmen, die der Controller in Ausübung seiner Kontrollpflichten anordnet, sofern es sich nicht um Anordnungen handelt, die das Design, die Quantität oder die Qualität des Projektes und seiner Ausführung gegenüber den mit dem AG abgestimmten Ausführungsdaten abändern.

6.3 Nicht geschuldete Leistungen

Nicht geschuldete Leistungen sind solche, die für die bautechnische Durchführung des Bauvorhabens nach Maßgabe des Vertrages nicht notwendig sind. Der AN hat im Streitfall darzulegen, dass er eine Leistung nicht schuldet.

6.4 Ausführung nicht geschuldeter Leistungen

Nicht geschuldete Leistungen, die für die wirtschaftliche Nutzung des Bauvorhabens erforderlich sind, hat der AN auf Verlangen des AG mit auszuführen. Der AN kann die Durchführung ablehnen, wenn er darlegt, dass die Änderungen nicht mehr im Rahmen der funktionalen Baubeschreibung liegen. Dies ist insbesondere dann der Fall, wenn der AN mehr Geschoßflächen anordnet als vorgesehen, die Baukubatur gegenüber der ursprünglichen Planung vergrößert oder technische Sonderwünsche äußert, die in der Grobplanung nicht vorgesehen waren.

6.5 Zusatzvergütung

Der AG kann die Durchführung von Änderungen, die der AN zu Recht abgelehnt hat, nur gegen eine Zusatzvergütung verlangen.

6.6 Anzeigepflicht

Die Weigerung nach Unterklausel 6.2 und die Vergütung nach Unterklausel 6.3 hat der AN dem Controller vor Ausführung der Arbeiten anzuzeigen. Die Weigerung ist zu begründen. Der Vergütungsvorschlag soll den Pauschalpreis für Planung, Regie, Wagnis- und Gewinn sowie Allgemeine Kosten einerseits und den Anteil der direkten Kosten andererseits ausweisen und sich an dem GMP orientieren.

6.7 Entscheidung

Der Controller soll binnen 28 Tagen über den Vorschlag dem Grunde und der Höhe nach entscheiden. Weist der Controller den Vorschlag ab, kann der AN die Ausführung der nicht geschuldeten Arbeiten ablehnen oder einen neuen Preisvorschlag unterbreiten. Hält der Controller die Weigerung des AN für nicht begründet, hat der AN die Leistung gemäß Unterklausel 6.2 auszuführen.

6.8 Ablehnung von Arbeiten

Nicht notwendige Leistungen, die nicht für die wirtschaftliche Nutzung des Bauvorhabens notwendig sind, kann der AN ablehnen. Lehnt er sie nicht ab, ist nach Unterklauseln 6.6 und 6.7 zu verfahren.

§ 7 Termine und Verzug

Den Parteien ist bewusst, dass der AG eine befristete Zwischenfinanzierung der Baumaßnahmen vorgenommen hat, mit der gewährleistet ist, dass der AN eine Vorauszahlung auf den GMP erhalten hat. Der AG ist auf die termingerechte Rückführung der Zwischenfinanzierung angewiesen. Die Zwischenfinanzierung kann erst abgelöst werden, wenn das Bauvorhaben fertig gestellt ist.

Die Parteien wollen das Bauvorhaben gemeinsam und zügig abwickeln. Beschleunigungspotentiale sind gemeinsam auszureizen. Der AN wird dies bei seinen Anträgen auf Bauzeitverlängerung und Preisanpassung berücksichtigen.

Dies vorausgeschickt vereinbaren die Parteien was folgt:

7.1 Termine

Der Bauantrag ist bis zum [Datum einsetzen] bei der zuständigen Bauaufsichtsbehörde einzureichen. Der AN stellt das Bauvorhaben bis zum [Datum einsetzen] fertig. Die Fertigstellung gilt als erfolgt, wenn das Bauvorhaben abgenommen ist.

7.2 Behinderungsanzeige

Ist der AN der Auffassung, dass die planmäßige Fertigstellung durch ein Ereignis behindert wird, das die Einhaltung des Endtermins unmöglich macht, hat er dies dem Controller unverzüglich nach Kenntnisnahme von den Behinderungsumständen mitzuteilen. Die Mitteilung soll die Gründe nennen, aus denen die Fertigstellung behindert ist und wann die Kenntnisnahme hiervon erfolgte[65]. Der Controller leitet die Behinderungsanzeige innerhalb von drei Tagen nach Zugang an den AG weiter.

7.3 Fehlende Behinderungsanzeige

Bleibt die Behinderungsanzeige aus oder fehlt entweder die Angabe der Gründe oder des Zeitpunkts der Kenntnisnahme, geht die Behinderung zu Lasten des AN. Der vereinbarte Endtermin bleibt bestehen.

7.4 Prüfung

In allen anderen Fällen prüft der Controller, ob eine Bauzeitverlängerung zu gewähren ist. Die Prüfung ist innerhalb von 28 Tagen nach Zugang der Behinderungsanzeige abzuschließen. Die Entscheidung des Controllers soll dem AN innerhalb weiterer drei Tage zugehen.

7.5 Bauzeitverlängerung

Der Controller kann Bauzeitverlängerung gewähren, wenn die Gründe für die Baubehinderung nicht im Risiko- und Einflussbereich des AN liegen, insbesondere wenn

- der AG nicht notwendige Arbeiten anordnet
- Streiks oder Unruhen den Fortgang der Arbeiten behindern
- Unwetter den Fortgang der Arbeiten behindern
- der Bauantrag aus Gründen nicht eingereicht wurde, die der AN nicht zu vertreten hat
- die Baugenehmigung aus Gründen nicht vorliegt, die der AN nicht zu vertreten hat

Er soll die Bauzeitverlängerung ablehnen, wenn kostenneutrale Beschleunigungsmaßnahmen angeordnet werden können.

7.6 Baukostenerhöhung

7.6.1 Antrag

7.6.1.1 Antrag auf Änderung des GMP

Auf Antrag des AN kann der Controller anstatt der Verlängerung der Bauzeit den GMP abändern und Nachträge genehmigen, wenn der AN dargelegt, dass die Behinderung zusätzliche Kosten verursacht[66].

---

[65] Vgl. BGH NZBau 2000, 187.

[66] Die Klausel erschwert dem AN den Anspruch auf Preisanpassung, weil er die Kausalität der Mehrkosten belegen muss.

7.6.1.2 Abwendung der Bauzeitverlängerung

Der AG kann die Gewährung einer Bauzeitverlängerung abwenden, in dem er seinerseits entweder

- die Anpassung des GMP beantragt und darlegt, dass die Bauzeit durch Mehraufwand eingehalten werden kann[67], oder
- darlegt, dass Beschleunigungsmaßnahmen kostenneutral möglich sind.

Die Bezifferung des Mehraufwandes obliegt dem AN.

7.6.1.3 Antragsfrist

Derartige Anträge sind binnen 28 Tagen nach Zugang der Behinderungsanzeige bei dem Controller zu stellen. Die Prüfung ist innerhalb von 28 Tagen nach Zugang der Behinderungsanzeige abzuschließen. Die Entscheidung des Controllers soll den Parteien innerhalb weiterer drei Tage zugehen.

7.6.2 Antrag

Ausnahmsweise kann der Controller auf Antrag des AN neben der Verlängerung der Bauzeit den GMP abändern und Nachträge genehmigen, wenn der AN dargelegt, dass die Behinderung zusätzliche Kosten verursacht, die nicht durch erhöhten Aufwand bewältigt werden können, insbesondere bei längerer Standzeit von Gerüstbauten und Schalungen. Ein derartiger Antrag ist binnen 28 Tagen nach Zugang der Behinderungsanzeige bei dem Controller zu stellen. Die Prüfung ist innerhalb von 28 Tagen nach Zugang der Behinderungsanzeige abzuschließen. Die Entscheidung des Controllers soll den Parteien innerhalb weiterer drei Tage zugehen.

7.6.3 Risikoteilung

AG und AN teilen sich das wirtschaftliche Risiko von Zusatzkosten im Sinne von Unterklausel 7.6.2 hälftig, es sei denn die Bauzeitverlängerung hat ihre Ursache in einer einseitigen schriftlich Änderungen der Bauvorlage durch den AG.

§ 8 Vertragsstrafe

Die Parteien haben sich verpflichtet, das Bauvorhaben in partnerschaftlicher Zusammenarbeit zu errichten. Dem AN ist bekannt, dass das Bauvorhaben zwischenfinanziert ist. Das Darlehen muss fristgebunden zurückgeführt werden. Den Finanzierungsüberlegungen des AG liegt die Überlegung zugrunde, dass das Bauvorhaben zum Fälligkeitstermin der Darlehensrückführung Vermietungserträge abwerfen wird. Dies vorausgeschickt vereinbaren die Parteien was folgt:

8.1 Terminüberschreitung/Vertragsstrafe

Bei schuldhafter Überschreitung des vereinbarten Fertigstellungstermines i.S.v. 7.1 dieses Vertrages hat der AN für jeden Werktag der Terminüberschreitung eine Vertragsstrafe in Höhe von 0,2% der Netto-Auftragssumme zu zahlen.

8.2 Höchststrafe

Der Höchstsatz der Vertragsstrafe beträgt maximal 5% der Netto-Auftragssumme.

8.3 Beschleunigungsprämie

Bei vorzeitiger Einhaltung des Fertigstellungstermins im Sinne von 7.1 dieses Vertrages erhält der AN für jeden Werktag der vorzeitigen Fertigstellung einen Beschleunigungsbonus in Höhe von 5.000,-00 Euro, max. 50.000,00 Euro. Unbeschadet davon erhält der AN im Falle der Einhaltung des Fertigstellungstermins einen Bonus gemäß Unterklausel 9.4 des Vertrages.

§ 9 Vergütung

9.1 GMP-Partnering

Die Parteien wollen in partnerschaftlicher und vertrauensvoller Zusammenarbeit unter Wahrung der Rechte beider Parteien das vereinbarte Bauvorhaben möglichst kostengünstig realisieren. Ausgangs-

[67] Die Klausel legt dem AG lediglich die Darlegung auf, dass es Maßnahmen gibt, mit denen eine Bauzeitüberschreitung abgewendet werden kann.

punkt ist der garantierte Maximalpreis (GMP), der mit dem tatsächlichen Preis unterschritten werden soll. Ist der tatsächliche Preis höher als der GMP erhält der AN nur den GMP. Dies vorausgeschickt vereinbaren die Parteien was folgt:

9.2 Definitionen

GMP: ist der „guaranteed maximum price", der sich kalkulatorisch zusammensetzt aus:

- Pauschale für Eigenleistungen des AN
- Pauschale für Planung und Projektkoordinierung
- Geschätzte direkte Kosten durch Vergabe von Nachunternehmerleistungen
- Generalunternehmerzuschlag von [Betrag eintragen] %
- Pauschale für Wagnis und Gewinn
- Pauschale für Gemeinkosten
- Vergütung für die vertraglich geschuldeten Bauleistungen
- Der GMP legt die Vergütung für die vertraglich geschuldeten Leistungen abschließend fest.

Tatsächlicher Preis: ist der tatsächlich ermittelte Preis, bestehend aus der Summe der (tatsächlichen) direkten Kosten, dem Generalunternehmerzuschlag und den Pauschalen für Eigenleistungen und Planung und Projektkoordinierung sowie den Pauschalen für Wagnis und Gewinn sowie Gemeinkosten. Hinzu kommt die Mehrwertsteuer in Höhe des am Tage der Abnahme geltenden Steuersatzes

Direkte Kosten: sind sämtliche von den Vertragsparteien gemeinsam geprüften Schlussrechnungsbeträge (ohne Mehrwertsteuer)[68], die von dem AN an die Nachunternehmer auf der Basis einer gemeinsamen Ausschreibung inclusive sämtlicher Nachträge und Stundenlohnarbeiten zu zahlen sind. [Vertragsstrafen, Umlagen, Skontoerlöse sind von den direkten Kosten abzusetzen/nicht abzusetzen]. In die direkten Kosten fallen, unabhängig von ihrer Verursachung auch sämtliche Kosten für Ersatzvornahmen, Hilfs-, Beihilfe und sonstigen Leistungen, die zur Vertragserfüllung erforderlich sind und an Nachunternehmer zu vergüten sind.

9.3 GMP

Der AN übernimmt die von ihm nach diesem Vertrag geschuldeten Lieferungen und Leistungen und die mit auszuführenden nicht geschuldeten Leistungen (Unterklausel 6.4 des Vertrages) zu einem „guaranteed maximum price" (GMP) in Höhe von [Betrag einsetzen] zuzüglich der jeweils gesetzlich geschuldeten Mehrwertsteuer am Tag der Abnahme.

9.3.1 GMP-Zusammensetzung

Dieser GMP setzt sich zusammen aus:

- Pauschale für Eigenleistungen des AN
- Pauschale für Planung und Projektkoordinierung
- Geschätzte direkte Kosten durch Vergabe von Nachunternehmerleistungen
- Generalunternehmerzuschlag von [Betrag einsetzen] %
- Pauschale für Wagnis und Gewinn
- Pauschale für Gemeinkosten

Soweit der Vertrag nicht ausdrücklich Änderungsmöglichkeiten vorsieht, ist dieser GMP bindend. Insbesondere beeinflussen Materialpreis und Lohnschwankungen diesen Preis nicht.

9.3.2 Tatsächlicher Preis

Der AN erhält für die von ihm nach diesem Vertrag zu erbringenden Lieferungen und Leistungen entweder den GMP oder den niedrigeren tatsächlichen Preis, dann zzgl. der auf den AN entfallenden Kosteneinsparung. Die Kosteneinsparung ist aus der Differenz zwischen dem GMP und dem tatsächlichen Preis zu ermitteln, sofern dieser insgesamt niedriger als der GMP liegt. Aus dem Differenzbetrag erhält der AN folgende Prozentsätze:

---

[68] Stellt man auf die geprüften Schlussrechnungen ab, liegt das Risiko einer späteren Kostenerhöhung durch Zahlungsprozesse verdeckt bei dem AN.

Kosteneinsparungen	AG	AN
0 – 3%		
3,1 – 6%		
6,1 – 10%		
> 10%		

9.4 Termintreuebonus

Hält der AN den vereinbarten Endtermin ein, erhöht sich sein Anteil an der Kosteneinsparung auf ... %. Haben die Parteien eine gestaffelte Beteiligung an den Ersparnissen vereinbart erhöht sich der Anteil des AN wie folgt:

Kosteneinsparungen	AG	AN
0 – 3%		
3,1 – 6%		
6,1 – 10%		
> 10%		

9.5 Abzüge

Die Vergütung des AN in Form

- der Pauschale für Eigenleistungen des AN
- der Pauschale für Planung und Projektkoordinierung
- des Generalunternehmerzuschlages von [Betrag einsetzen] %
- der Pauschale für Wagnis und Gewinn
- der Pauschale für Gemeinkosten

kann gekürzt werden, wenn der AN die damit abgegoltenen Leistungen auf Nachunternehmer abwälzt, deren Rechnungen Bestandteil der direkten Kosten im Sinne der Unterklausel 9.2 dieses Vertrages sind. Der Controller kann die wirtschaftlichen Vorteile, die der AN hierdurch erlangt, nach billigem Ermessen ermitteln und die Vergütungsansprüche des AN entsprechend herabsetzen.

§ 10 Zahlungen

10.1 Baugeldvorauszahlung

Der AN erhält binnen vierzehn Tagen nach Vertragsabschluss eine Vorauszahlung in Höhe des vereinbarten GMP zuzüglich der gesetzlichen Mehrwertsteuer am Tage des Vertragsschlusses als Baugeld. Der AN hält die Vorauszahlung getrennt von seinem Vermögen. Zinserträge hieraus stehen dem AN zu und unterliegen nicht der Bonusregelung.

10.2 Preisanpassung

Erhöht sich der GMP während der Bauzeit um mehr als 10 vom Hundert des ursprünglichen GMP kann der AN weitere Vorauszahlungen verlangen.

10.2 Bautenstandsfeststellung und Zahlungsfreigabebescheinigung

Der Controller stellt auf Antrag des AN den Bautenstand fest und erteilt eine Zahlungsfreigabebescheinigung. Anträge auf Bautenstandfeststellung können monatlich gestellt werden. Die Zahlungsfreigabebescheinigung soll binnen 28 Tagen nach Zugang des Antrages auf Bautenstandfeststellung erteilt werden.

10.3 Verrechnung

Die bescheinigten Zahlungen werden mit der Baugeldvorauszahlung verrechnet.

10.4 Vorläufige Schlussrechnung

Binnen [Frist eintragen] nach Abnahme der Baumaßnahme legt der AN eine vorläufige Schlussrechnung auf der Basis der von dem Controller geprüften Schlussrechnungen der Nachunternehmer zuzüglich eines Risikozuschlags für streitige Nachunternehmeransprüche und der vereinbarten Pauschalen. Die Schlussrechnung steht unter dem Vorbehalt der endgültigen Schlussrechnung, es sei denn der AN verzichtet auf den Vorbehalt.

10.5 Endgültige Schlussrechnung

Die endgültige Schlussrechnung umfasst alle tatsächlichen direkten Kosten des AN. Mit Nachforderungen auf die Schlussrechnung ist der AN ausgeschlossen.

Kann die endgültige Schlussrechnung aufgrund von Streitigkeiten mit Nachunternehmern nicht bis zum Ablauf des sechsten Monats nach der Abnahme gelegt werden, soll auf den geprüften vorläufigen Schlussrechnungsbetrag der jeweiligen Nachunternehmer ein den Umständen nach angemessener Aufschlag vorgenommen werden, den der Controller prüft und ggf. bestätigt.

10.6 Schlussrechnungsprüfung

Die Schlussrechnungen des AN sollen prüfbar sein und insbesondere eine geordnete Aufstellung der direkten Kosten enthalten. Der Controller prüft die Schlussrechnung des AN und stellt den Schlussrechnungsbetrag fest.

10.7 Erklärung nicht verbrauchter Baukosten

Der Controller deklariert auf der Grundlage der festgestellten Schlussrechnung die nicht verbrauchten Baukosten. Diese Erklärung dient als Grundlage für die Berechnung der Beteiligung an den Ersparnissen und der Boni. Der Controller errechnet die auf den AN entfallende Beteiligung an den Ersparnissen sowie Boni und stellt auch diese fest.

10.8 Rückzahlung nicht verbrauchte Baukosten

Nicht verbrauchte Baukosten sind einschließlich der darauf entfallenden Umsatzsteuerbeträge an den AN zu erstatten. Von den nicht verbrauchten Baukosten sind Boni und die Beteiligung des AN an den Ersparnissen abzuziehen.

§ 11 Abnahme

11.1 Fertigstellungsanzeige

Der AN teilt die Fertigstellung dem AG und dem Controller schriftlich mit.

11.2 Abnahmeverfahren

11.2.1 Abnahmetermin

Der Controller leitet die Abnahme ein, in dem er einen gemeinsamen Abnahmetermin anberaumt, zu dem er die Parteien einlädt. Der Abnahmetermin soll nicht später als 14 Tage nach Zugang der Fertigstellungsmitteilung anberaumt werden.

11.2.2 Abnahmefähigkeit

Das Bauvorhaben ist abnahmefähig, wenn es keine wesentlichen Mängel hat, die die funktionale und technische Tauglichkeit einschränken oder die und wirtschaftliche Tauglichkeit ausschließen.

11.2.3 Gemeinsame Begehung

Die Abnahme erfolgt in einer gemeinsamen Begehung. Mängel sind von dem Controller zu protokollieren und von dem AN anzuerkennen. Erkennt er sie nicht an, hat der Controller insoweit unverzüglich ein Gutachten in Auftrag zu geben, dem sich die Parteien unterwerfen. Die Kosten des Gutachters tragen die Parteien jeweils zur Hälfte.

11.2.4 Schriftliche Bestätigung

Die Abnahme ist schriftlich vom Controller zu bestätigen.

11.3 Abnahmeverweigerung

Verweigert der Controller die Abnahme, verfährt er nach § 12 dieses Vertrages.

11.4 Teilabnahmen

Auf Antrag des AN sind auch Teilabnahmen zulässig. Der Controller verfährt für diesen Fall nach Unterklausel 11.2. und 11.3.

11.5 Benutzung vor Abnahme

Sollen Gebäudeteile vom AG vor Abnahme in Benutzung genommen werden, so ist zuvor von den Parteien eine gemeinsame Zustandsfeststellung von Teilen der Leistung durchzuführen.

Der AG ist verpflichtet, dem AN die Mehraufwendungen zu ersetzen, die dem AN

- durch Veränderungen des AG an den vom AN erbrachten und im Zustandsprotokoll dokumentierten Leistungen,
- durch zeitliche Verzögerungen seiner vollständigen Leistungserbringung,
- durch eine infolge der Benutzung des AG behinderten und somit aufwendigeren vollständigen Leistungserbringung entstehen.

Darüber hinaus gehen die Betriebskosten der vorzeitig vom AG in Benutzung genommenen Gebäudeteile zu Lasten des AG.

11.6 Mängel und Restarbeiten

Hinsichtlich der bei der Abnahme festgestellten Mängel und Restarbeiten verfährt der Controller nach § 12 dieses Vertrages.

11.7 Betriebsanweisungen, Wartungsempfehlungen, etc.

Zum Zeitpunkt der Abnahme übergibt der AN dem AG die für die Ingebrauchnahme der Leistungen erforderlichen Betriebsanweisungen, Wartungsempfehlungen, TÜV-Bescheinigungen usw.

11.8 Übergabe von Unterlagen

Die Übergabe folgender Unterlagen an den AG hat im Rahmen der Schlussdokumentation, spätestens innerhalb von 36 Werktagen nach der Abnahme, zu erfolgen:

§ 12 Gewährleistung

12.1 Baugenehmigung

Der AN steht nicht für die Erteilung der Baugenehmigung ein. Er gewährleistet aber, dass die von ihm erarbeitete Genehmigungsplanung bauordnungsrechtlich genehmigungsfähig ist.

12.2 Mangelfreie Verschaffung

Der AN hat dem AG alle Lieferungen und Leistungen im Übrigen mangelfrei zu verschaffen (§ 633 BGB). Ist das Werk mangelhaft, kann der AG, entweder Nacherfüllung verlangen oder den Mangel selbst beseitigen und Ersatz der erforderlichen Aufwendungen verlangen oder den tatsächlichen Preis mindern oder vom Vertrag zurücktreten oder Schadensersatz geltend machen.

12.3 Nacherfüllung

In allen Fällen ist zunächst Nacherfüllung zu verlangen (§ 635 BGB). Hierfür ist dem AN schriftlich eine angemessene Frist zu setzen. Kommt der AN seiner Nacherfüllungsverpflichtung nicht oder nicht rechtzeitig nach, kann der AG alle anderen Optionen gemäß Unterklausel 12.2 nach Belieben ausüben.

12.4 Verjährungsfrist

Die Frist für die Verjährung von Mängelansprüchen beträgt fünf Jahre, beginnend mit der Abnahme. Abweichend von Unterklausel 12.4 Satz 1 beträgt die Verjährungsfrist für Mängelansprüche an maschinellen Anlagen und allen beweglichen Teilen, wenn diese keine Bauleistungen darstellen, ein Jahr. Für die gärtnerischen Arbeiten beträgt die Verjährungsfrist für Mängelansprüche ein Jahr mit Anwuchsgarantie. Die Pflege obliegt dem AG.

12.5 Überwachung der Mängelbeseitigung

Die Überwachung der Mängelbeseitigung während der Bauphase und in Bezug auf die bei der Abnahme vorbehaltenen Mängel obliegt dem Controller. Es wird nach § 11 dieses Vertrages verfahren. Sobald die Mängelschlussabnahme erfolgt ist, entfällt das Controlling durch den Controller. Der AN stellt für die gesamte Zeit der Mängelgewährleistung eine zügige, reibungslose und effektive Mängelgewährleistung personell und materiell sicher.

§ 13 Gefahrtragung

13.1 Gefahrtragung bis zur Abnahme

Der AN trägt die Gefahr bis zur Abnahme (§ 644 Abs. 1 BGB), unbeschadet der Vorauszahlung gemäß Unterklausel 10.1 dieses Vertrages.

13.2 Frühzeitige Ingebrauchnahme

Die frühzeitige Ingebrauchnahme von Teilen des Bauvorhabens bewirkt keine Gefahrverlagerung. Es gilt im Übrigen Unterklausel 11.5 dieses Vertrages.

§ 14 Versicherungen

14.1 Bauherrenhaftpflichtversicherung

Der AN hat vor Baubeginn eine Bauherrenhaftpflichtversicherung abzuschließen.

14.2.1 Bauleistungsversicherung

Der AN hat vor Baubeginn eine Bauleistungsversicherung – in welcher auch das Bauherrenrisiko abgedeckt ist – abzuschließen. Diese sind dem AG unaufgefordert nachzuweisen. Die Kosten trägt der AN.

14.2.2 Deckungssummen

Die Versicherungspolicen haben mindestens folgende Deckungssummen aufzuweisen:

Personenschäden ....
Sach- und Vermögensschäden ....

14.3 Deckungsdauer

Der Versicherungsschutz ist für die gesamte Dauer des Bauvorhabens aufrechtzuerhalten. Das Bestehen der Versicherungsdeckung ist in angemessenen Abständen unaufgefordert nachzuweisen. Veränderungen in Bezug auf die Versicherungsdeckung sind unverzüglich unaufgefordert mitzuteilen.

14.4 Kündigungsrecht

Weicht der Versicherungsschutz von den vertraglichen Anforderungen ab, kann der AG den Vertrag ausserordentlich kündigen, wenn der AN den Versicherungsschutz nicht umgehend vertragsgerecht herstellt und nachweist.

§ 15 Haftung

15.1 Verletzung der Verkehrssicherungspflicht

Der AN haftet für alle Schäden, die durch Verletzung seiner Verkehrssicherungspflicht entstehen. Der AN stellt den AG von allen Schadensersatzansprüchen Dritter, die vom AN zu vertreten sind, frei.

15.2 Arbeitnehmerentsendegesetz

Der AN stellt den AG von allen Ansprüchen aus dem Arbeitnehmerentsendegesetz frei.

§ 16 Sicherheiten/Bauhandwerkersicherungshypothek

16.1 Der AN stellt folgende Sicherheiten:

16.1.1 Vertragserfüllungsbürgschaft

Zur Sicherstellung der ordnungsgemäßen und termingerechten Ausführung der Vertragsleistung übergibt der AN dem AG vor Beginn der Bauarbeiten bis spätestens 14 Werktage nach Auftragserteilung eine Vertragserfüllungsbürgschaft in Höhe von

- 20% der Nettoauftragssumme
- in Form einer unbefristeten, unwiderruflichen und selbstschuldnerischen Bürgschaft eines in der europäischen Union zugelassenen Kreditinstituts oder Kreditversicherers.
- Die Bürgschaft muss den Verzicht auf die Einreden der Anfechtung, Aufrechnung soweit es sich nicht um unstreitige oder rechtskräftig festgestellte Forderungen handelt und der Vorausklage gemäß §§ 770, 771 BGB enthalten.

Die Bürgschaft ist nach vollständiger Leistungserbringung zurückzugeben.

16.1.2 Gewährleistungsbürgschaft

Zur Sicherung seiner Mängelgewährleistungsverpflichtungen während der Verjährungsfrist dieses Vertrages übergibt der AN dem AG Zug um Zug gegen Rückgabe der Vertragserfüllungsbürgschaft gem. § 16 eine unbefristete, unwiderrufliche und selbstschuldnerische Bürgschaft eines in der europäischen Union zugelassenen Kreditinstitutes oder Kreditversicherers. Die Bürgschaft muss den Verzicht auf die Einreden der Anfechtung, Aufrechnung soweit es sich nicht um unstreitige oder rechtskräftig festgestellte Forderungen handelt und der Vorausklage gemäß §§ 770, 771 BGB enthalten.

Die Bürgschaft ist nach vollständiger Leistungserbringung zurückzugeben.

16.1.3 Vorauszahlungsgarantie

Zur Sicherung des Anspruches auf Rückzahlung der Vorauszahlung übergibt der AN dem AG eine unbefristete, unwiderrufliche und selbstschuldnerische Bürgschaft eines in der europäischen Union zugelassenen Kreditinstitutes oder Kreditversicherers. Die Bürgschaft muss den Verzicht auf die Einreden der Anfechtung, Aufrechnung soweit es sich nicht um unstreitige oder rechtskräftig festgestellte Forderungen handelt und der Vorausklage gemäß §§ 770, 771 BGB enthalten. Die Bürgschaft wird in dem Maß herabgesetzt, wie der Bautenstand von dem Controller festgestellt und die Verrechnung der Vorauszahlung mit festgestellten Ansprüchen des AN erfolgt ist. Die Bürgschaft soll dem Muster in Anhang 21 entsprechen.

16.2 Der AG stellt folgende Sicherheiten

Zur Sicherung aller Ansprüche des AN gegen den AG, die sich aus oder im Zusammenhang mit dem vorliegenden Vertrag ergeben, dient die geleistete Vorauszahlung.

§ 17 Kündigung

17.1 Kündigung des Auftragnehmers

Der AN kann den Vertrag fristlos kündigen,

- wenn der AG die Baugeldvorauszahlung nicht termingerecht leistet.
- wenn der AG Insolvenz anmeldet

17.2 Kündigung des Auftraggebers

17.2.1 Kündigungsrecht des AG

Der AG kann den Vertrag jederzeit kündigen.

17.2.2 Kündungsfolgen

Befindet sich der AN nicht im Verzug oder hat er keine grobe Vertragsverletzung zu vertreten oder liegt kein wichtiger Grund vor, kann der AN im Falle der Kündigung den tatsächlichen Preis unter Abzug der ersparten Aufwendungen, maximal aber den GMP verlangen.

17.2.3 Auftrag des Controllers

In einem solchen Fall gilt der Controller als beauftragt,

17.2.3.1 Preisermittlung

einen dem tatsächlichen Leistungsstand und den bereits erkennbaren direkten Kosten entsprechenden tatsächlichen Preis zu ermitteln. Sodann soll der Controller die ersparten Aufwendungen mit [Betrag eintragen] % veranschlagen. Den Parteien bleibt es unberührt, den Nachweis höherer oder niedrigerer ersparter Aufwendungen oder bei anderweitigem Erwerb im Sinne des § 649 S. 2 BGB einen entsprechenden höheren/niedrigeren Abzug darzulegen und zu beweisen.

17.2.3.2 Leistungsstandermittlung

einen dem tatsächlichen Leistungsstand und den bereits erkennbaren direkten Kosten entsprechenden GMP zu ermitteln. Im Übrigen gilt Unterklausel 9.3.2.

17.2.4 Kündigung bei fehlender Baugenehmigung

Kündigt der AG den Auftrag, weil die Baugenehmigung, gleich aus welchen Gründen, nicht oder nicht innerhalb der vorgesehenen Zeitplanung erteilt wird, kann der AN, wenn er diesen Kündigungsgrund nicht zu vertreten hat, die anteilige Vergütung für seine Planungsleistungen verlangen. Im Übrigen gilt der Auftrag als nicht erteilt.

17.2.5 Kündigung aus wichtigem Grund

Der AG kann den Vertrag aus wichtigem Grund kündigen, insbesondere

- wenn der AN Nebenabsprachen mit Nachunternehmern trifft, die er dem AG nicht offen legt
- wenn der AN Leistungsprofile verdeckt auf Nachunternehmer verlagert, für die er eine feste Pauschale erhält
- wenn der AN gegen andere wesentliche Verpflichtungen aus diesem Vertrag vorsätzlich oder grob fahrlässig verstößt

17.3 Sonderkündigungsrecht/Rücktritt

Die Parteien behalten sich wechselseitig den Rücktritt von diesem Vertrag vor, sofern die Machbarkeitsstudie des AN (Unterklausel 3.4) ergibt, dass das Vorhaben in keinem angemessenen Verhältnis zu dem vereinbarten GMP steht.

Befindet sich der AN mit der Lieferung der Studie im Verzug, ist sein Rücktrittsrecht verwirkt.

Der Rücktritt kann nur schriftlich gegenüber dem anderen Vertragspartner erklärt werden.

Das Rücktrittsrecht kann nur innerhalb von 14 Tagen nach Zugang der Machbarkeitsstudie bei dem AG (Unterklausel 3.4) ausgeübt werden.

Tritt eine der Parteien nach Unterklausel 17.3 vom Vertrag zurück, vergütet der AN dem AG die Machbarkeitssudie mit [Betrag einsetzen] zzgl. der gesetzlichen Mehrwertsteuer. Der AN gewährt im Übrigen sämtliche empfangene Leistungen an den AG zurück, und zwar einschließlich gezogener Nutzungen. Der AG reicht seinerseits empfangene Leistungen zurück (z.B. Sicherheiten etc.).

§ 18 Urheberrechte

Für die von dem AN zu erbringenden Planungsleistungen gilt in urheberrechtlicher Sicht folgendes:

18.1 Alleinurheber

Der AN gilt für die Zwecke dieses Vertrages als Alleinurheber, auch wenn er seinerseits Planungsleistungen weitervergibt. Geschieht dies, hat sich der AN sämtlicher Leistungsschutzrechte und Verwertungsrechte zu versichern.

18.2 Veränderung urheberrechtlich geschützter Leistungen

Dem AG ist es gestattet, auch eventuell urheberrechtlich geschützte Leistungen des AN ohne dessen Mitwirkung gang oder teilweise weiter zu nutzen, zu verändern oder zu modifizieren. Dies soll auch im Falle einer vorzeitigen Vertragsbeendigung gelten.

18.3 Recht zur Fertigstellung

Der AG ist berechtigt, das Bauvorhaben nach seinen Vorstellungen fertig zu stellen, zu verändern, zu erweitern oder umzugestalten. Er kann diese Rechte auch auf Dritte übertragen.

18.4 Vergütung

Der AN kann für die Übertragung und Inanspruchnahme eventuell urheberrechtlich geschützter Planungs- und Gestaltungsleistungen durch den AG keine zusätzliche Vergütung verlangen.

§ 19 Sonstige Regelungen

19. 1 Arbeitnehmerentsendegesetz

19.1.1 Mindestlohn/Urlaubskassenbeiträge

Der AN verpflichtet sich, die Bestimmungen zur Zahlung des Mindestlohns und die Regelungen zur Abführung der Urlaubskassenbeiträge nach den tariflichen Vorschriften und dem Arbeitnehmerentsendegesetz zu beachten und einzuhalten.

19.1.2 Weiterverpflichtung

Im Falle der Weitervergabe von Leistungen aus diesem Vertrag gemäß § 5 wird der AN seine weiteren Nachunternehmer ausdrücklich zur Einhaltung dieser Regelungen verpflichten und ihnen auferlegen, eine entsprechende Erklärung auch von ihren Nachunternehmern zu verlangen und ihm vorzulegen.

19.2 Schriftform

Änderungen oder Ergänzungen dieses Vertrages bedürfen der Schriftform. Das Schriftformerfordernis kann nur durch schriftliche Vereinbarung abbedungen werden.

Der Controller ist an einvernehmliche Vertragsänderungen der Parteien gebunden. Teilen die Parteien dem Controller ihr Einvernehmen mit, können sie ihn ersuchen eine feststellende Entscheidung zu treffen, die den Vertrag ergänzt.

Soweit der Controller nach diesem Vertrag Entscheidungsbefugnisse hat, haben seine Entscheidungen vertragsändernde oder -ergänzende Wirkung, und zwar unter der auflösenden Bedingung einer anderslautenden Entscheidung der Streitschlichtungsstelle oder des Schiedsgerichts.

19.3 Salvatorische Klausel

19.3.1 Unwirksame Bestimmungen

Ist oder wird eine Vertragsbestimmung unwirksam, bleibt der Vertrag im Übrigen gültig. Für diesen Fall tritt an die Stelle der unwirksamen Klausel eine Regelung, die dem am nächsten kommt, was die Parteien gewollt haben. Maßstab ist, was die Parteien nach Sinn und Zweck dieses Vertrages vernünftiger Weise vereinbart hätten, wenn sie die Unwirksamkeit der betroffenen Klausel bei Vertragsschluss gekannt hätten.

19.3.2 Vertragslücke

Tritt eine Vertragslücke auf, soll an die Stelle der Vertragslücke eine Regelung des Inhalts treten, die die Vertragsparteien getroffen hätten, wenn ihnen bei Vertragsschluss die Lücke bekannt gewesen wäre.

19.4 Zession

Der AG ist berechtigt, Ansprüche aus diesem Vertrag an Dritte abzutreten. Auskunftsansprüche aus diesem Vertrag über den erzielten tatsächlichen Preis und die Kosteneinsparungen stehen insbesondere auch dem EUROSWISS Zinsfonds zu Händen des Mittelverwendungscontrolleurs zu (echter Vertrag zugunsten Dritter).

§ 20 Streitbeilegung[69]

20.1 Ansprüche des Unternehmers

20.1.1 Benachrichtigungspflicht

Hält sich der AN für berechtigt, eine Zusatzvergütung gemäß einer Bestimmung in diesen Bedingungen oder auf andere Weise im Zusammenhang mit dem Vertrag zu fordern, so hat er den Controller – vorbehaltlich anderslautender Regelungen in diesem Vertrag – entsprechend zu benachrichtigen. Die Benachrichtigung muss das Ereignis oder den Umstand, aufgrund dessen der geltend gemachte Anspruch bestehen soll, beschreiben. Die Benachrichtigung hat sobald wie möglich zu erfolgen, spätestens jedoch binnen 28 Tage, nachdem der Unternehmer von dem Ereignis oder dem Umstand Kenntnis erlangt hat oder hätte erlangen müssen.

20.1.2 Nicht fristgerechte Benachrichtigung

Erfolgt die Anzeige nicht innerhalb dieser Frist von 28 Tagen, verliert der AN aus dem nicht angezeigten Ereignis seine Ansprüche. Darüber hinaus wird der AG im Hinblick auf dieses Ereignis von seiner Haftung freigestellt. Ansonsten finden die folgenden Vorschriften dieser Unterklausel Anwendung.

20.1.3 Informationspflicht

Der AN soll auch alle anderen Benachrichtigungen, welche nach dem Vertrag verlangt werden, und unterstützenden Einzelheiten bezüglich des Anspruchs, die für das Ereignis oder den Umstand relevant sind, beibringen.

20.1.4 Aufzeichnungen

Der AN hat entweder auf der Baustelle oder an einem anderen für den Controller annehmbaren Ort die zur Substantiierung des Anspruchs eventuell erforderlichen Aufzeichnungen bereit zu halten. Ohne dass dadurch die Haftung des AG anerkannt wird, kann der Controller, nachdem er eine

[69] Diese Streitbeilegungsklausel ist eng an das FIDIC Red Book 1999 angelehnt.

Benachrichtigung gemäß dieser Unterklausel erhalten hat, die Anfertigung der Dokumentationen überwachen und/oder den AN anweisen, weitere Aufzeichnungen bereit zu halten. Der AN hat dem Controller die Einsichtnahme in diese Unterlagen zu gestatten und ihm bei entsprechender Anweisung Kopien zu überlassen.

20.1.5 Substantiierte Begründung

Innerhalb von 42 Tagen, nachdem der AN Kenntnis vom anspruchsbegründenden Sachverhalt erlangt hat oder hätte erlangen müssen bzw. innerhalb einer vom AN vorgeschlagenen und vom Controller genehmigten Frist, hat er eine vollständige, substantiierte Begründung des Anspruchs zu übermitteln. Wenn der den Anspruch begründende Sachverhalt fortdauernde Auswirkungen hat:

a. wird die Anspruchsbegründung als vorläufig betrachtet
b. hat der AN monatlich weitere vorläufige Begründungen einzureichen, die die aufgelaufene Verzögerung und/oder den geforderten Betrag sowie andere Einzelheiten, die der Controller vernünftigerweise benötigt, benennen und
c. hat der AN die endgültige Anspruchsbegründung spätestens 28 Tage nach Beendigung der Auswirkungen des Ereignisses oder innerhalb einer vom AN vorgeschlagenen und vom Controller genehmigten Frist zu versenden.

20.1.6 Entscheidung

Innerhalb von 42 Tagen nach Erhalt der Anspruchsbegründung oder innerhalb einer vom AN vorgeschlagenen und vom Controller genehmigten Frist muss der Controller bestätigend antworten oder seine Ablehnung begründen. Er kann auch notwendige weitere Einzelheiten anfordern, hat jedoch unabhängig davon eine grundsätzliche Erklärung zu dem Anspruch innerhalb der Frist abzugeben.

20.1.7 Zahlungsbescheinigung

Jede Zahlungsbescheinigung muss Beträge für Ansprüche, die nach den einschlägigen Vorschriften des Vertrages ordnungsgemäß begründet worden sind, enthalten. Solange und soweit die mitgeteilten Einzelheiten nicht ausreichen, den gesamten Anspruch substantiiert zu begründen, hat der AN nur Anspruch auf Zahlung für die Teile des Anspruchs, die er ausreichend substantiiert hat.

Der Controller hat in Übereinstimmung mit Unterklausel 19.2 zu verfahren und den Anspruch des AN zu bestätigen oder abzulehnen.

20.2 Beauftragung der Streitschlichtungsstelle (Dispute Adjudication Board-DAB)

Streitigkeiten werden durch die Streitschlichtungsstelle (DAB) entschieden. Die Parteien bestimmen die Streitschlichtungsstelle (DAB) gemeinsam bei Vertragsschluss.

Die Streitschlichtungsstelle (DAB) besteht, je nach Festlegung im Anhang zum Angebot, entweder aus einer oder aus drei hinreichend qualifizierten Personen („die Mitglieder"). Ist die Anzahl der Mitglieder nicht festgelegt und einigen sich die Parteien nicht auf andere Weise, soll die Streitschlichtungsstelle aus drei Mitgliedern bestehen.

Soll die Streitschlichtungsstelle (DAB) aus drei Mitgliedern bestehen, hat jede Partei der jeweils anderen ein Mitglied zur Genehmigung vorzuschlagen. Die Parteien halten mit diesen beiden Mitgliedern Rücksprache und einigen sich gemeinsam über das dritte Mitglied, das den Vorsitz übernimmt.

Soweit die Vertragsunterlagen eine Liste in Betracht kommender Mitglieder enthalten, sollen die Mitglieder unter den dort genannten Personen ausgewählt werden, es sei denn, diese sind nicht in der Lage oder nicht gewillt, das ihnen angetragene Amt anzunehmen.

Der Vereinbarung zwischen den Parteien und entweder dem einzigen Mitglied („Streitschlichter") oder jedem der drei Mitglieder soll die Allgemeinen Vertragsbedingungen für die Streitschlichtungsstelle, die im Anhang an diese Allgemeinen Vertragsbedingungen abgedruckt sind, mit den zwischen ihnen vereinbarten Abänderungen einbeziehen.

Die Regelungen zur Vergütung des oder der Mitglieder sowie die Vergütung von Sachverständigen, die von der Streitschlichtungsstelle konsultiert werden, werden von den Parteien bei der Einigung über die Beauftragung einer Streitschlichtungsstelle vereinbart. Die anfallenden Kosten tragen die Parteien je zur Hälfte.

Wenn sich die Parteien darauf einigen, können sie der Streitschlichtungsstelle gemeinsam einen Sachverhalt unterbreiten, um sich deren Meinung einzuholen. Keine der Parteien darf der Streitschlichtungsstelle ohne Zustimmung der anderen Partei bezüglich eines Sachverhalts befragen.

Wenn sich die Parteien darauf einigen, können sie eine hinreichend qualifizierte Person(en) als (verfügbaren) Ersatz für einen oder mehrere Mitglieder der Streitschlichtungsstelle (DAB) benennen. Wenn zwischen den Parteien nichts anderes vereinbart ist, tritt eine solche Benennung in Kraft, wenn sich ein Mitglied weigert, für die Streitschlichtungsstelle tätig zu werden oder dazu aufgrund von Tod, Unfähigkeit, Rücktritt oder Kündigung der Benennung nicht mehr in der Lage ist.

Tritt einer dieser Umstände ein und ist ein solcher Ersatz nicht verfügbar, so erfolgt die Benennung der Ersatzperson auf dem gleichen, in dieser Unterklausel beschriebenen Wege, wie die Benennung der zu ersetzenden Person.

Die Benennung eines jeden Mitglieds kann im gegenseitiges Einverständnis der Parteien, nicht jedoch durch alleiniges Handeln des Bestellers oder des Unternehmers gekündigt werden. Wenn nichts anderes vereinbart ist, so endet die Benennung der Streitschlichtungsstelle (eingeschlossen ihrer Mitglieder) mit der Abnahme und Schlussabrechnung.

20.3 Scheitern einer Einigung durch die Streitschlichtungsstelle

Tritt eine der folgenden Bedingungen ein:

a. die Parteien können sich an dem gemäß Unterklausel 20.2, erster Absatz genannten Tag nicht über die Benennung des Einzel-Streitschlichters einigen,
b. eine Partei benennt bis zu diesem Tag das von ihr zu benennende Mitglied einer aus drei Mitgliedern bestehenden Streitschlichtungsstelle nicht,
c. die Parteien können sich bis zu diesem Tag nicht über die Benennung des dritten Mitglieds, das den Vorsitz der Streitschlichtungsstelle übernehmen soll, einigen, oder
d. die Parteien können sich innerhalb von 42 Tagen, nachdem der Einzel-Streitschlichter oder eines von drei Mitgliedern sich weigert, für die Streitschlichtungsstelle tätig zu werden oder dazu aufgrund von Tod, Unfähigkeit, Rücktritt oder Kündigung der Benennung nicht mehr in der Lage ist, nicht über die Benennung einer Ersatzperson einigen,

dann wird dieses Mitglied der Streitschlichtungsstelle auf Nachfrage von entweder einer oder beider Parteien und nach Rücksprache mit beiden Parteien durch die in den Besonderen Bedingungen bezeichnete ernennende Stelle ernannt. Diese Entscheidung ist abschließend und endgültig. Jede Partei träge die Hälfte der Kosten, die durch die Ernennung durch die ernennende Stelle entstanden sind.

20.4 Erwirkung einer Entscheidung der Streitschlichtungsstelle

Wenn zwischen den Parteien Meinungsverschiedenheiten im Zusammenhang mit dem Vertrag oder der Ausführung der Arbeiten, einschließlich Streitigkeiten über Bescheinigungen, Entscheidungen, Anweisungen, Ansichten oder Bewertungen des Controllers, auftreten, kann jede der Parteien eine entsprechende Vorlage an die Streitschlichtungsstelle vornehmen. Diese hat schriftlich zu erfolgen und sowohl die andere Partei als auch der Controller müssen Kopien davon mit dem Hinweis erhalten, dass diese gemäß dieser Unterklausel übergeben werden.

Besteht die Streitschlichtungsstelle aus drei Mitgliedern, gilt die Vorlage als bei der Streitschlichtungsstelle eingegangen, wenn sie der Vorsitzende erhalten hat.

Beide Parteien müssen die Streitschlichtungsstelle dann unverzüglich bei ihrer Arbeit unterstützen, indem sie weitere Informationen zur Verfügung stellen sowie Zugang zur Baustelle und weiteren Einrichtungen gewähren, wenn das zur Entscheidungsfindung durch die Streitschlichtungsstelle erforderlich ist. Die Streitschlichtungsstelle handelt nicht als Schiedsgericht.

Innerhalb von 84 Tagen nach Erhalt des verfahrenseinleitenden Schriftsatzes oder innerhalb der von der Streitschlichtungsstelle vorgeschlagenen und von beiden Parteien genehmigten Frist muss die Streitschlichtungsstelle eine Entscheidung mitteilen, die begründet ist und anzugeben hat, dass es sich um eine Entscheidung nach dieser Unterklausel handelt. Die Entscheidung ist für beide Parteien bindend und muss von diesen umgehend befolgt werden, wenn und soweit sie nicht durch eine gütliche Einigung oder eine Schiedsgerichtsentscheidung, wie nachfolgendend beschrieben, abgeändert wird. Wenn der Vertrag nicht schon aufgehoben, verworfen oder gekündigt worden ist, hat der Unternehmer die Arbeiten vertragsgemäß fortzuführen.

Ist eine der Parteien mit der Entscheidung der Streitschlichtungsstelle nicht einverstanden, hat sie dies der anderen Partei innerhalb von 28 Tagen nach Erhalt der Entscheidung anzuzeigen. Wenn die Streitschlichtungsstelle nicht innerhalb von 84 Tagen nach Erhalt des verfahrenseinleitenden Schriftsatzes oder innerhalb der vereinbarten Frist eine Entscheidung trifft, kann jede Partei ihr fehlendes Einverständnis innerhalb von 28 Tagen nach Ablauf dieser Frist mitteilen.

In jedem Fall muss diese Erklärung der Unzufriedenheit auf diese Unterklausel Bezug nehmen und sowohl den Streitgegenstand als auch die Gründe für die Unzufriedenheit benennen. Abgesehen von den in den Unterklauseln 20.7 *[Nichteinhaltung der Entscheidung der Streitschlichtungsstelle]* und 20.8 *[Ablauf der Benennung der Streitschlichtungsstelle]* getroffenen Festlegungen, ist keine der Parteien berechtigt, ein Schiedsgerichtsverfahren anzustrengen, bevor der anderen Partei die Unzufriedenheit nicht in Übereinstimmung mit dieser Unterklausel angezeigt wurde.

Die Entscheidung der Streitschlichtungsstelle wird endgültig und verbindlich, wenn keine der Parteien innerhalb von 28 Tagen nach Erhalt der Entscheidung ihre Unzufriedenheit mitteilt.

20.5 Gütliche Einigung

Wenn eine Partei ihre Unzufriedenheit gemäß Unterklausel 20.4 mitgeteilt hat, sollen die Parteien zunächst versuchen, die Streitigkeit einvernehmlich beizulegen, bevor ein Schiedsgerichtsverfahren begonnen wird. Wenn sich die Parteien jedoch anders einigen, kann ein Schiedsgerichtsverfahren am oder nach dem 56. Tag nach Abgabe der Unzufriedenheitsmitteilung eingeleitet werden, auch wenn kein Versuch zur gütlichen Einigung erfolgt ist.

20.6 Schiedsgerichtsverfahren

Wenn eine gütliche Einigung nicht erfolgt, kann jede Streitigkeit, hinsichtlich derer eine Entscheidung der Streitschlichtungsstelle nicht endgültig und verbindlich geworden ist, durch eine internationale Schiedsgerichtsbarkeit beigelegt werden. Wenn zwischen den Parteien nichts anderes vereinbart ist:

a. soll die Streitigkeit nach den Regeln des Schiedsgerichts der Internationalen Handelskammer endgültig beigelegt werden,
b. soll die Streitigkeit von drei Schiedsrichtern, die in Übereinstimmung mit diesen Regeln benannt werden, beigelegt werden,

Die Schiedsrichter sind berechtigt, alle Bescheinigungen, Entscheidungen, Anweisungen, Ansichten oder Bewertungen des Controllers sowie alle Entscheidungen der Streitschlichtungsstelle, die für diese Streitigkeit relevant sind, nachzuprüfen und abzuändern. Kein Grund disqualifiziert den Controller davon, als Zeuge berufen zu werden und als Zeuge vor den Schiedsrichtern über jeden die Streitigkeit betreffenden Sachverhalt auszusagen.

Die Parteien sind in dem Verfahren vor dem Schiedsgericht nicht auf die bereits vor der Streitschlichtungsstelle vorgebrachten Beweise und Argumente oder auf die in der Mitteilung der Unzufriedenheit gegebene Begründung beschränkt. Jede Entscheidung der Streitschlichtungsstelle (DAB) ist im Schiedsverfahren ein zulässiges Beweismittel.

Das Schiedsverfahren kann vor oder nach Fertigstellung der Arbeiten eingeleitet werden. Die Verpflichtungen der Parteien, des Controllers und der Streitschlichtungsstelle werden durch die Durchführung eines Schiedsverfahrens während des Fortgangs der Arbeiten nicht verändert.

20.7 Nichteinhaltung der Entscheidung der Streitschlichtungsstelle

Im Falle dass:

a. keine der Parteien innerhalb der in Unterklausel 20.4 *[Erwirkung einer Entscheidung der Streitschlichtungsstelle]* festgelegten Frist ihre Unzufriedenheit erklärt hat,
b. die von der Streitschlichtungsstelle erlassenen Entscheidung endgültig und verbindlich geworden ist und
c. eine Partei diese Entscheidung nicht einhält,

kann die andere Partei, ohne dass dadurch andere ihr zustehende Recht beeinträchtigt werden, in Bezug auf dieses Versäumnis ein Schiedsverfahren gemäß Unterklausel 20.6 *[Schiedsgerichtsverfahren]* einleiten. In diesem Fall finden die Unterklauseln 20.4 *[Erwirkung einer Entscheidung der Streitschlichtungsstelle]* und 20.5 *[Gütliche Einigung]* keine Anwendung.

20.8 Ablauf der Benennung der Streitschlichtungsstelle

Wenn zwischen den Parteien eine Meinungsverschiedenheit im Zusammenhang mit dem Vertrag oder der Ausführung der Arbeiten entsteht und eine Streitschlichtungsstelle aufgrund des Ablaufs ihrer Benennung oder aus anderen Gründe nicht besteht:

a. finden die Unterklauseln 20.4 *[Erwirkung einer Entscheidung der Streitschlichtungsstelle]* und 20.5 *[Gütliche Einigung]* keine Anwendung und
b. kann die Streitigkeit direkt gemäß Unterklausel 20.6 *[Schiedsgerichtsverfahren]* einem Schiedsgericht vorgelegt werden.

§ 21 Rechte Dritter[70]

21.1 Am Vertrag beteiligte Dritte

Bestimmten benannten Dritten[71], die in Anlage ... gelistet sind, stehen die Rechte eines Auftraggebers zu. Diese Dritten können im Rahmen dieses Vertrages die Rechte des Auftraggebers ausüben. Sie haften nicht für die Vergütung des Auftragnehmers, es sei denn für kostenerhöhende Anordnungen im Sinne von Klausel 21.3.

21.2 Anzeigepflicht

Übt ein Dritter Rechte aus, muss er dies dem Auftraggeber anzeigen. Erhebt der Auftraggeber nicht innerhalb von 14 Tagen Widerspruch, sind Weisungen des Dritten wie Weisungen des Auftraggebers zu behandeln. Der Auftraggeber teilt den Widerspruch dem Dritten und dem Auftragnehmer mit.

21.3 Bindung des Dritten

Dritte sind an diesen Vertrag gebunden. Insbesondere Klauseln 6.5 ff. gelten für Dritte entsprechend, allerdings mit der Maßgabe, dass bei Anordnungen, die der Auftragnehmer ablehnen kann, die Ausführung gegen ein zusätzliches Entgelt zu Lasten des Dritten gehen. Dies gilt unbeschadet etwaig anders lautender Vereinbarungen zwischen dem Dritten und dem Auftraggeber. Auch das Streitbeilegungsregime ist auf Streitigkeiten mit Dritten anwendbar. Der Auftraggeber ist verpflichtet, mit den benannten Dritten entsprechende Zusatzvereinbarungen zu treffen.

§ 22 Anwendbares Recht

Auf diesen Vertrag findet deutsches Recht Anwendung. Das CSIG (UN-Kaufrecht) wird ausdrücklich ausgeschlossen.

Anhänge zum ausführlichen GMP-Vertrag

Anhänge 1-16 *(individuell zu erstellen)*

Anhang 17: Formblatt Änderungsmanagement 47

1. Mitteilung des AG

☐ Hiermit fordern wir Sie auf, folgende nicht geschuldete Leistungen, die für die wirtschaftliche Nutzung des Bauvorhabens notwendig sind, auszuführen:

☐ Hiermit fordern wir Sie auf, folgende nicht geschuldete Leistungen auszuführen:

2. Mitteilung des AN

☐ Wir lehnen die Durchführung der mit Schreiben vom [Datum eintragen] angeordneten nicht notwendigen Leistungen ab,

☐ weil die Änderungen nicht mehr im Rahmen der Baubeschreibung liegen. Dies ist der Fall, weil

- ☐ mehr Geschoßflächen anordnet werden als vorgesehen
- ☐ die Baukubatur gegenüber der urspünglichen Planung vergrößert ist
- ☐ technische Sonderwünsche geäussert werden, die in der Grobplanung nicht vorgesehen waren
- ☐ andere Gründe, namentlich

☐ weil die angeordneten nicht geschuldete Leistungen nicht für die wirtschaftliche Nutzung des Bauvorhabens erforderlich sind.

---

[70] Diese Klausel soll die frühzeitige Einbeziehung Dritter erleichtern, die z.B. für die spätere Nutzung ausschlaggebend sind.

[71] Begünstigt werden können u.a. zukünftige Mieter, Käufer und finanzierende Institute.

☐ Wir machen die Ausführung der angeordneten Leistungen von der Gewährung einer Zusatzvergütung abhängig. Wir beziffern den neuen GMP wie folgt:

- ☐ Pauschale für Eigenleistungen des AN
- ☐ Pauschale für Planung und Projektkoordinierung
- ☐ Geschätzte direkte Kosten durch Vergabe von Nachunternehmerleistungen
- ☐ Generalunternehmerzuschlag von .... %
- ☐ Pauschale für Wagnis und Gewinn
- ☐ Pauschale für Gemeinkosten

Neuer GMP

3. Entscheidung des Controllers

Wir haben Ihre Weigerung vertragsgemäß geprüft und entscheiden wie folgt:

☐ die Leistungen sind auszuführen, weil sie notwendige Leistungen sind

☐ Ihre Weigerung, die mit Schreiben vom [Datum eintragen] angeordneten Leistungen auszuführen ist begründet,

☐ weil die Arbeiten nicht für die wirtschaftliche Nutzung des Bauvorhabens erforderlich sind

☐ weil die Arbeiten zwar für die wirtschaftliche Nutzung des Bauvorhabens erforderlich sind, aber die Änderungen nicht mehr im Rahmen der Baubeschreibung liegen

☐ Ihr Angebot für die Zusatzvergütung der mit Schreiben vom [Datum eintragen] angeordneten Arbeiten

- ☐ wird gebilligt
- ☐ wird nicht gebilligt, weil es zu hoch ist

☐ Der GMP erhöht sich auf [neuen GMP eintragen] netto.

☐ Die Pauschalen erhöhen sich auf:

- Pauschale für Eigenleistungen des AN ____________
- Pauschale für Planung und Projektkoordinierung ____________
- Generalunternehmerzuschlag von .... % ____________
- Pauschale für Wagnis und Gewinn ____________
- Pauschale für Gemeinkosten ____________

☐ Mit Rücksicht auf die Bewilligung der Zusatzvergütung sind die mit Schreiben vom [Datum eintragen] angeordneten Leistungen auszuführen.

Wir begründen unsere Entscheidung wie folgt [Begründung ausführen]

48 Anhang 18: Formblatt Behinderungsanzeige

1. Schreiben des AN an den Controller

Der AN ist der Auffassung, dass die planmäßige Fertigstellung durch ein Ereignis behindert wird, das die Einhaltung des Endtermins unmöglich macht. Der AN hat von diesen Umständen am [Datum eintragen] Kenntnis genommen. Die Gründe für die Behinderung sind folgende:

☐ Anordnung nicht notwendiger Arbeiten

☐ Streiks oder Unruhen den Fortgang der Arbeiten behindern

☐ Unwetter den Fortgang der Arbeiten behindern

☐ der Bauantrag aus Gründen nicht eingereicht wurde, die der AN nicht zu vertreten hat

☐ die Baugenehmigung aus Gründen nicht vorliegt, die der AN nicht zu vertreten hat

☐ Andere Gründe

☐ Kostenneutrale Beschleunigungsmaßnahmen können nach unserer Auffassung nicht angeordnet werden, weil

☐ Die Bauzeit kann nur mit erhöhtem Aufwand eingehalten werden, den wir wie folgt beziffern:

☐ Wir beantragen eine Zusatzvergütung

- ☐ für die längere Standzeit von Gerüstbauten und/oder
- ☐ für die längere Standzeit von Schalungen und/oder
- ☐ aus anderen Gründen

☐ Anstelle der Bauzeitverlängerung beantragen wir die Anpassung des GMP wie folgt. Der GMP erhöht sich auf [neuen GMP eintragen] netto.

☐ Die Pauschalen erhöhen sich auf:

- Pauschale für Eigenleistungen des AN ____________
- Pauschale für Planung und Projektkoordinierung ____________
- Generalunternehmerzuschlag von .... % ____________
- Pauschale für Wagnis und Gewinn ____________
- Pauschale für Gemeinkosten ____________

Diese Anzeige ist an den AG binnen dreier Tage nach Zugang weiterzuleiten.

2. Schreiben des AG an den Controller

☐ Wir haben von der Behinderungsanzeige des AN vom [Datum eintragen] Kenntnis genommen und nehmen wie folgt Stellung:

- ☐ Es liegt keine Behinderung vor, die eine Bauzeitverlängerung rechtfertigt.
- ☐ Wir haben die angezeigten Gründe nicht zu vertreten.
- ☐ Wir beantragen (auch hilfsweise), anstatt der Verlängerung der Bauzeit den GMP abzuändern und Nachträge zu genehmigen, sofern der AN darlegt, dass ihm zusätzliche Kosten entstehen.

☐ Wir beantragen (auch hilfsweise), die Gewährung einer Bauzeitverlängerung abzulehnen, weil Beschleunigungsmaßnahmen kostenneutral möglich sind, was wir wie folgt begründen:

3. Entscheidung des Controllers

☐ Wir haben den Antrag des AN auf Bauzeitverlängerung geprüft und entscheiden nach Anhörung des AG wie folgt:

☐ Der Antrag auf Bauzeitverlängerung wird abgewiesen, weil aus folgenden Gründen keine Behinderung vorliegt, die eine Bauzeitverlängerung rechtfertigt: [Gründe sind auszuführen].

☐ Der Antrag auf Bauzeitverlängerung wird abgewiesen, weil der AG dargelegt hat, dass kostenneutrale Beschleunigungsmaßnahmen möglich sind.

☐ Der Antrag auf Bauzeitverlängerung wird dem Grunde nach genehmigt, weil aus folgenden Gründen eine Behinderung vorliegt, die eine Bauzeitverlängerung rechtfertigt: [Gründe sind auszuführen].

☐ Auf Antrag des AN vom [Datum eintragen] wird anstelle von Bauzeitverlängerung die Anpassung des GMP genehmigt. Der GMP erhöht sich auf [neuen GMP eintragen] netto.

☐ Die Pauschalen erhöhen sich auf:

Pauschale für Eigenleistungen des AN ____________
Pauschale für Planung und Projektkoordinierung ____________
Generalunternehmerzuschlag von .... % ____________
Pauschale für Wagnis und Gewinn ____________
Pauschale für Gemeinkosten ____________

☐ Auf Antrag des AG vom [Datum eintragen] wird keine Bauzeitverlängerung gewährt sondern der GMP wie folgt angepasst. Der GMP erhöht sich auf [neuen GMP eintragen] netto.

☐ Die Pauschalen erhöhen sich auf:

Pauschale für Eigenleistungen des AN	________
Pauschale für Planung und Projektkoordinierung	________
Generalunternehmerzuschlag von .... %	________
Pauschale für Wagnis und Gewinn	________
Pauschale für Gemeinkosten	________

☐ Auf Antrag des AG wird der Antrag auf Bauzeitverlängerung ohne Preisanpassung abgewiesen, weil der AN keine erhöhten Baukosten dargelegt hat.

49 Anhang 19: Erklärung Rückzahlung nicht verbrauchter Baukosten

Hiermit wird der Betrag der nicht verbrauchten Baukosten und der rückzahlbaren Baukosten wie folgt festgestellt:

GMP	________
zzgl. Erhöhung GMP	________
./. Tatsächlicher Preis	________
./. eventuell anfallender Beschleunigungsbonus	________
Nicht verbrauchte Baukosten	________
Beteiligung an Ersparnissen (Unterklausel 9.3.2 und 9.4)	________
Rückzahlungsbetrag	________

50 Anhang 20: Vergabeordnung

§ 1 Ausschreibungsformen

Der AN soll die Nachunternehmerleistungen offen ausschreiben. Beschränkte Ausschreibungen und freihändige Vergaben sind nur mit Zustimmung des AG zulässig.

Die Vergabe von Aufträgen nach Aufwand ist nur in Ausnahmefällen und mit Zustimmung des AG zulässig.

§ 2 Chancengleichheit

Mit der Ausschreibung sollen alle Kandidaten gleiche Chancen für die Abgabe ihrer Gebote erhalten. Die Ausschreibung soll

- die Art der Arbeiten (Gewerke)
- die Art und den Umfang der vom Nachunternehmer zu erbringenden Planungsleistungen aufzeigen
- die vertraglichen Bedingungen (Allgemeine Vertragsbedingungen, Besondere Vertragsbedingungen
- die Art der Vergütung (Pauschalpreis, Einheitspreise nach Aufmaß, nach Aufwand)
- ein detailliertes Leistungsverzeichnis
- Angaben zu den zu stellenden Sicherheiten
- Angaben zu den Vertragsstrafen
- Angaben zu Umlagen
- Angaben zu den Vertragsterminen
- Angaben zu den Auswahlkritierien

angeben bzw. enthalten. Es ist das Klassifikationssystem der Verordnung (EG) Nr. 2195/2002 zu verwenden.

Die Kandidaten sollen aufgefordert werden, Angaben zu ihrer Qualifikation und zur Durchführbarkeit der Arbeiten zu machen. Der AN wird hierzu ein Formblatt entwickeln.

§ 3 Ausschreibung

Der AG übernimmt es, die Arbeiten öffentlich anzukündigen. Die Ankündigung soll

- das Datum enthalten, ab dem die Ausschreibungsunterlagen bei dem AN erhältlich sind die
- den letzten Zeitpunkt der Angebotsabgabe angeben
- die Arbeiten stichwortartig umschreiben

Die Kandidaten sollen aufgefordert werden, ihre Angebote verschlossen abzugeben. Alle Angebote werden bis zum Submissionstag vertraulich behandelt.

Der AN ist berechtigt, für alle von ihm ausgeschriebenen Leistungen selbst Angebote abzugeben.

§ 4 Zuschlag

Den Zuschlag erhält das beste Gebot, nicht notwendiger Weise das niedrigste Gebot. Das beste Gebot berücksichtigt den gebotenen Preis (günstigster Bieter), die Qualität der angebotenen Materialien, die Transportkosten für das angebotene Material, die Gewährleistungssicherheit (Mangelbeseitigung, Austausch fehlerhafter Komponenten etc.), den Aufwand für die angebotenen Sicherheiten, erkennbare Vorbehalte und Haftungseinschränkungen, die Zahlungsmodalitäten, die Zusicherungen in Bezug auf die Terminsicherheit, Kriterien die für eine vorzeitige Fertigstellung sprechen.

Der AN wird die Zuschlagskriterien vor der Ausschreibung wirtschaftlich bewerten und eine Gewichtungstabelle erstellen, die eine nachvollziehbare Berücksichtigung der Zuschlagskriterien ermöglicht.

§ 5 Zuschlagserteilung

Die Angebote werden nach Ablauf der Ausschreibungsfrist geöffnet und ausgewertet. Der AN kann auf Weisung des AG einzelne Kandidaten innerhalb einer festgelegten Frist auffordern, ihre Angebote inhaltlich zu präzisieren, um eine chancengleiche Auswertung zu ermöglichen. Die Kandidaten dürfen nicht aufgefordert werden, den Inhalt oder den Preis ihres Gebotes zu ändern. Der AN ist verpflichtet, die Kandidaten auf offensichtliche Irrtümer hinzuweisen.

Der AN erteilt den Zuschlag dem Kandidaten, der (1) die Ausschreibungsbedingungen erfüllt, (2) aureichend qualifiziert erscheint, (3) nach den Angaben in seinem Angebot geeignet ist, die Maßnahmen durchzuführen und der (4) das beste Gebot abgegeben hat.

Hat sich der AN an der Ausschreibung mit einem eigenen Gebot beteiligt, sind ihm im Zweifel Angebote Dritter vorzuziehen. Im Zweifel ist die Genehmigung des Controllers einzuholen.

§ 6 Zurückweisung sämtlicher Gebote

Der AN darf alle Gebote zurückweisen, wenn kein wirklicher Wettbewerb festgestellt werden kann oder wenn alle Gebote nicht den Ausschreibungsbedingungen genügen. In einem solchen Fall ist die Ausschreibung zu wiederholen. Der AG kann auf Ersuchen des AG der freihändigen Vergabe oder der beschränkten Ausschreibung zustimmen.

§ 7 Kontrolle

Der Controller prüft die Einhaltung der Vergabeordnung. Der Prüfauftrag erstreckt sich auch auf die Auswahl des besten Gebots. Der Controller soll seine Entscheidungen begründen.

Der AN hat dem Controller die Ausschreibungsunterlagen zur Prüfung vorzulegen. Erhebt der Controller nicht innerhalb von 14 Tagen Einwände gegen die Ausschreibungsunterlagen, gelten sie als genehmigt. Erhebt der Controller Einwände, teilt er sie innerhalb der Frist schriftlich dem AN mit. Der AN hat die Ausschreibungsunterlagen innerhalb von 14 Tagen entsprechend zu korrigieren. Weigert sich der AN, kann der Controller die Erstellung der Ausschreibungsunterlagen auf Kosten des AN an sich ziehen.

Der AN teilt dem Controller den Beginn und das Ende der Ausschreibung mit.

Der AN hat dem Controller seine Entscheidung über den Zuschlag unter Offenlegung sämtlicher Gebote der Kandidaten mitzuteilen, bevor der den Zuschlag erteilt. Erhebt der Controller nicht innerhalb von 14 Tagen Einwände gegen die Entscheidung, gilt sie als genehmigt. Erhebt der Controller Einwände, teilt er sie innerhalb der Frist schriftlich dem AN mit. Der AN hat seine Entscheidung nach Maßgabe der mitgeteilten Einwände innerhalb von 14 Tagen entsprechend zu korrigieren. Weigert sich der AN, kann der Controller die Entscheidung über den Zuschlag an sich ziehen. Bei seiner Entscheidung sollen Zweckmäßigkeitserwägungen keine Rolle spielen.

II. Bürgschaften und Garantien

51 Standard Forms of Guarantees and Bonds in International Commerce

Modèles de garanties et cautionnements en commerce international
Standardmuster für Garantien und Bürgschaften im Internationalen Geschäft

KFW Standard Form of a Bid Bond **Letter by the Guarantor to the Purchaser**	**KFW Modèle d'une garantie de soumission** **Lettre du garant au mandant**	**KFW Muster einer Bietungsgarantie** **Schreiben des Garanten an den Auftraggeber**
We, the undersigned .... (bank), in order to allow .... to submit a bid for .... (project, subject matter of contract), hereby irrevocably and independently guarantee to pay to you without delay any amount up to a total of .... waiving all objections and defences. We shall effect payments under this guarantee on your first written demand, which must be acompanied by your confirmation that you have accepted the abovementioned bid and that .... are not prepared to abide by their bid. This guarantee shall expire not later than ...., by which date we must have received any claims by letter or encoded telecommunication. It is understood that you will return this guarantee to us on expiry or after settlement of the total amount to be claimed Hereunder. .... Place, date Guarantor	Afin de permettre à .... (entreprise, fournisseur) de soumettre une Offre concernant .... (projet, objet du marché) nous soussignés, ... (banque), assumons par la présente la garantie irrévocable et autonome du paiement d'un montant jusqu'à concurrence de .... en renonçant à toute objection et exception. Des paiements en vertu de la présente garantie seront effectués à votre première demande écrite accompagnée de votre déclaration que vous avez accepté l'offre susdite, mais que .... ne maintient plus cettre offre. La présente garantie expire le .... au plus tard. D'éventuelles demandes de paiement doivent nous parvenir jusqu'à cette date par lettre ou par message télécommuniqué chiffré. Vous nous rendrez la présente garantie après son expiration ou quand vous l'aurez utilisée jusqu'à concurrence du montant total. .... lieu, date garant	Um der Firma .... die Abgabe eines Angebotes für .... (Projekt, Vertragsgegenstand) zu ermöglichen, übernehmen wir, die .... (Bank), die unwiderrufliche und selbständige Garantie zur Zahlung eines Betrages bis zur Höhe von .... unter Verzicht auf alle Einwendungen und Einreden. Zahlungen aus dieser Garantie erfolgen auf Ihre erste schriftliche Anforderung zusammen mit Ihrer Erklärung, dass Sie das oben erwähnte Angebot angenommen haben, die Firma .... dieses Angebot jedoch nicht mehr aufrecht erhält. Diese Garantie erlischt spätestens am .... Etwaige Zahlungsanforderungen müssen uns bis zu diesem Zeitpunkt brieflich oder mittels verschlüsselter Tele-kommunikation zugegangen sein. Diese Garantie werden Sie uns nach deren Erlöschen oder der Inanspruchnahme des Gesamtbetrages zurückgeben. .... Datum, Bank
KFW Standard Form of an Advance Payment Bond **Letter by the Guarantor to the Purchaser**	**KFW Modèle d'une garantie de remboursement d'acompte** **Lettre du garant au mandant**	**Muster einer Anzahlungsgarantie** **Schreiben des Garanten an den Auftraggeber**
On .... you concluded with .... („Contractor") a contract for .... (project, subject matter of contract) at a price of .... According to the provisions of the contract the Contractor receives an advance payment in the amount of ...., equalling .... per cent of the contract price. We, the undersigned .... (bank),	En date du .... vous avez conclu un marché concernant .... (projet, objet du marché) avec .... („titulaire") au prix de .... Conformément aux dispositions du marché, le titulaire reçoit un acompte de ...., qui correspond à .... % du montant du marché. Nous soussignés, ... (banque),	Am .... haben Sie mit der Firma .... („Auftragnehmer") einen Vertrag über .... (Projekt, Vertragsgegenstand) zum Preis von .... abgeschlossen. Gemäß den Vertragsbestimmungen erhält der Auftragnehmer einen Betrag von .... der .... % des Auftragswertes entspricht, als Anzahlung. Wir, die .... (Bank),

waiving all objections and defences under the aforementioned contract, hereby irrevocably and independently guarantee to pay on your first written demand any amount advanced to the contractor up to a total of .... (in words: ....) against your written declaration that the Contractor has failed to perform the aforementioned contract. This guarantee shall come into force as soon as the advance payment has been credited to the account of the Contractor . In the event of any claim under this guarantee, payment shall be effected to Kreditanstalt für Wiederaufbau, Frankfurt am Main (S.W.I.F.T.: KFWIDEFF, BLZ 500 204 00), account No. 56 000 000 00 , for account of .... (Purchaser, Project-executing agency). This guarantee shall expire not later than .... by which date we must have received any claims by letter or encoded telecommunication. It is understood that you will return this guarantee to us on expiry or after settlement of the total amount to be claimed hereunder. .... Place, date Guarantor	assumons par la présente la garantie irrévocable et autonome du paiement du montant versé au titulaire comme acompte jusqu'à concurrence de .... (en toutes lettres: ....) en renonçant à toute objection et exception résultant du marché susdit, à votre première demande écrite. Votre déclaration écrite que le titulaire n'a pas exécuté le marché en bonne et due forme est un préalable au paiement. La présente garantie entre en vigueur après l'arrivée de l'acompte au compte du titulaire. Nous effectuerons tous les paiements en vertu de la présente garantie a la Kreditanstalt für Wiederaufbau, Francfort sur le Main (S.W.I.F.T.: KFWIDEFF, BLZ 500 204 00), compte no. 56 000 000 00, pour le compte du .... (mandant, promoteur). La présente garantie expire le .... au plus tard. D'éventuelles demandes de paiement doivent nous parvenir jusqu'à cette date par lettre ou par message télécommuniqué chiffré. Vous nous rendrez la présente garantie après son expiration ou quand vous l'aurez utilisée jusqu'à concurrence du montant total. .... lieu, date garant	übernehmen hiermit die unwiderrufliche und selbständige Garantie zur Zahlung des dem Auftragnehmer als Anzahlung geleisteten Betrages bis zur Höhe von .... (in Worten: ....) unter Verzicht auf alle Einwendungen und Einreden aus dem oben genannten Vertrag auf ihre erste schriftliche Anforderung. Voraussetzung einer Zahlung ist Ihre schriftliche Erklärung, dass der Auftragnehmer den Vertrag nicht ord-nungsgemäß erfüllt hat. Diese Garantie tritt nach Eingang der Anzahlung auf dem Konto des Auftragnehmers in Kraft. Sämtliche Zahlungen aus dieser Garantie werden wir an die Kreditanstalt für Wiederaufbau, Frankfurt am Main (S.W.I.F.T.: KFWIDEFF, BLZ 500 204 00), Konto Nr. 56 000 000 00 für Rechnung des .... (Auftraggeber/Projektträger/Käufer) leisten. Diese Garantie erlischt spätestens am .... Etwaige Zahlungsanforderungen müssen uns bis zu diesem Zeitpunkt brieflich oder mittels verschlüsselter Telekommunikation zugegangen sein. Diese Garantie werden Sie uns nach deren Erlöschen oder der Inanspruchnahme des Gesamtbetrages zurückgeben. .... Ort, Datum Garant
KFW Standard Form of a Performance Bond **Letter by the Guarantor to the Purchaser** On .... you concluded with .... („Contractor") a contract for .... (project, subject matter of contract) at a price of .... According to the provisions of the contract the Contractor is obliged to provide a performance bond in the order of .... per cent of the contract price. We, the undersigned .... (bank), waiving all objections and defences under the aforementioned contract, hereby irrevocably and independently guarantee to pay on your first written demand any amount up to a total of .... (in words: ....) against your written declaration that the	**KFW Modèle d'une garantie de bonne exécution** **Lettre du garant au mandant** En date du .... , vous avez conclu un marché concernant .... (projet, objet du marché) avec .... („titulaire") au prix de .... Conformément aux dispositions du marché, le titulaire est obligé de constituer une garantie de bonne exécution à concurrence de .... % du montant du marché. Nous soussignés, ... (banque), assumons par la présente la garantie irrévocable et autonome pour le paiement d'un montant jusqu'à concurrence de .... (en toutes lettres: ....) en renonçant à toute objection et exception résultant du marché susdit, à votre première demande écrite.	**Muster einer Erfüllungsgarantie** **Schreiben des Garanten an den Auftraggeber** Am .... haben Sie mit Firma .... („Auftragnehmer") einen Vertrag über ....(Projekt, Vertragsgegenstand) zum Preis von .... abgeschlossen. Gemäß den Vertragsbestimmungen ist der Auftragnehmer verpflichtet, eine Erfüllungsgarantie in Höhe von .... % des Auftragswertes zu stellen. Wir, die .... (Bank), übernehmen hiermit die unwiderrufliche und selbständige Garantie zur Zahlung des Betrages bis zur Höhe von .... (in Worten: ....) unter Verzicht auf alle Einwendungen und Einreden aus dem oben genannten Vertrag auf ihre erste schriftliche Anforderung. Voraussetzung einer Zahlung ist Ihre schriftliche Erklärung, dass der Auftrag-

Contractor has failed to perform the aforementioned contract. In the event of any claim under this guarantee, payment shall be effected to Kreditanstalt für Wiederaufbau, Frankfurt am Main (S.W.I.F.T.: KFWIDEFF, BLZ 500 204 00), account No. 56 000 000 00 , for account of .... (Purchaser, Project-executing agency). This guarantee shall expire not later than .... by which date we must have received any claims by letter or encoded telecommunication. It is understood that you will return this guarantee to us on expiry or after settlement of the total amount to be claimed hereunder. .... Place, date Guarantor	Votre déclaration écrite que le titulaire n'a pas exécuté le marché en bonne et due forme est un préalable au paiement. Nous effectuerons tous les paiements en vertu de la présente garantie a la Kreditanstalt für Wiederaufbau, Francfort sur le Main (S.W.I.F.T.: KFWIDEFF, BLZ 500 204 00), compte no. 56 000 000 00, pour le compte du .... (mandant, promoteur). La présente garantie expire le .... au plus tard. D'éventuelles demandes de paiement doivent nous parvenir jusqu'à cette date par lettre ou par message Télécommuniqueé chiffré. Vous nous rendrez la présente garantie après son expiration ou quand vous l'aurez utilisée jusqu'à concurrence du montant total. .... lieu, date garant	nehmer den Vertrag nicht ordnungsgemäß erfüllt hat. Sämtliche Zahlungen aus dieser Garantie werden wir an die Kreditanstalt für Wiederaufbau, Frankfurt am Main (S.W.I.F.T.: KFWIDEFF, BLZ 500 204 00), Konto Nr. 56 000 000 00 für Rechnung des .... (Auftraggeber/Projektträger/Käufer) leisten. Diese Garantie erlischt spätestens am .... Etwaige Zahlungsanforderungen müssen uns bis zu diesem Zeitpunkt brieflich oder mittels verschlüsselter Telekommunikation zugegangen sein. Diese Garantie werden Sie uns nach deren Erlöschen oder der Inanspruchnahme des Gesamtbetrages zurückgeben. .... Ort, Datum Garant
Hermes Versicherung standard form of a Performance Bond Bond No. .... Amount $ .... **Know all Men by these Presents,** That we, as Principal, and a corporation organized and existing under the laws of the State of as SURETY, are held and firmly bound unto hereinafter called the OBLIGEE, in the sum of ($) DOLLARS, for the payment of which sum well and truly to be made, we, the said Principal and the said Surety, bind ourselves, our heirs, executors, administrators, successors, jointly and severally, firmly by these pre-sents. THE CONDITION OF THIS OBLIGATION IS SUCH, that whereas the Principal has by written agreement dated 2000, entered into a contract with the obligee for in accordance with the terms and conditions of said Contract, which is hereby referred to and made a part hereof as if fully set forth here-in; NOW, THEREFORE, if the Principal shall pay all lawful claims of sub-contractors, materialmen, or laborers for labor performed or materials furnished directly to the Principal, in the performance of said Contract, we agreeing that this bond shall be for the benefit of any sub-contractor, materialmen or laborer having a just claim, then this obligation shall be void; otherwise to remain in full force and effect. Sealed with our seals and dated this day of A. D. 2000 .... (Principal) (Surety)		

Hermes Versicherung standard form of a PAYMENT BOND Bond No. .... Amount $ .... **Know all Men by these Presents,** That we, as Principal, and a corporation organized and existing under the laws of the State of as SURETY, are held and firmly bound unto hereinafter called the OBLIGEE, in the sum of ($) DOLLARS, for the pay-ment of which sum well and truly to be made, we, the said Principal and the said Surety, bind ourselves, our heirs, executors, administrators, successors, jointly and severally, firmly by these pre-sents. THE CONDITION OF THIS OBLIGATION IS SUCH, that whereas the Principal has by written agreement dated 2000, entered into a contract with the obligee for in accordance with the terms and conditions of said Con-tract, which is hereby referred to and made a part hereof as if fully set forth here-in; NOW, THEREFORE, if the Principal shall pay all lawful claims of sub-contractors, materialmen, or laborers for labor per-formed or materi-als furnished directly to the Principal, in the performance of said Contract, we agreeing that tghis bond shall be for the benefit of any sub-contrac-tor, materialmen or laborer having a just claim, then this obligation shall be void; otherwise to remain in full force and effect. Sealed with our seals and dated this day of A. D. 2000 .... (Principal) (Surety)		
FIDIC Example Form of Parent Company Guarantee Brief description of contract .... Name and adress of Employer .... (together with successors and assigns) We have been informed that .... (hereinafter called the „Contractor") is submitting an offer for such Contract in response to your invitation, and that the conditions of your invitation require his offer to be supported by a parent company guarantee. In consideration of you, the Employer, awarding the Contract to the Contractor, we .... (name of parent company) irrevocably and unconditionally guarantee to you, as a primary obligation, the due performance of all the Contractor's obligations and liabili-ties under the Contract, including the Contractor's compliance with all its terms and conditions according to their true intent and meaning.		**FIDIC Muster für eine Garantie der Muttergesellschaft** Kurze Beschreibung des Vertrags .... Name und Adresse des Bestellers .... (zusammen mit Rechtsnachfolgem und Zessionaren). Wir wurden informiert dass .... (nachfolgend „Unternehmer" genannt) auf Ihre Einladung hin ein Vertragsangebot übermittelt und dass die Bedingungen Ihrer Einladung vorsehen, dass sein Angebot durch eine Garantie (Hinweis der Redak-tion: Es kann auch eine Bürgschaft gemeint sein) der Muttergesellschaft unterstützt werden muss. Im Falle dass Sie, der Besteller, einen Vertrag mit dem Unternehmer abschließen, garantieren (bürgen) wir .... (Name der Gesellschaft) unwiderruflich und unbedingt, Ihnen gegenüber als Hauptverpflichtung, für die Ausführung aller dem Unternehmer obliegenden ver-traglichen Verpflichtungen und Verbind-

If the Contractor fails to so perform his obligations and liabilities and comply with the Contract, we will indemnify the Employer against and from all damages, losses and expenses (including legal fees and expenses) which arise from such failure for which the Contractor is liable to the Employer under the Contract.		lichkeiten einschließlich der Einhaltung aller vertraglichen Regeln und Bedingungen durch den Unternehmer. Wenn der Unternehmer seine vertraglichen Verpflichtungen und Verbindlichkeiten nicht ausführt und den Vertrag nicht erfüllt, werden wir den Besteller für alle Schäden, Verluste und Ausgaben (einschließlich der Kosten zur rechtlichen Durchsetzung der Ansprüche) entschädigen, die durch einen Fehler, für den der Unternehmer dem Besteller gemäß dem Vertrag haftbar ist, verursacht werden.
This guarantee shall come into full force and effect when the Contract comes into full force and effect. If the Contract does not come into full force and effect within a year of the date of this guarantee, or if you demonstrate that you do not intend to enter in the Contract with the Contractor, this guarantee shall be void and ineffective. This guarantee shall continue in full force and effect until the Contractor's obligations and liabilities under the Contract have been discharged, when this guarantee shall expire and shall be returned to us, and our liability hereunder shall be discharged absolutely.		Diese Garantie wird voll wirksam und vollziehbar, sobald der Vertrag wirksam und vollziehbar ist. Wird der Vertrag innerhalb eines Jahres nach Ausstellung dieser Garantie nicht wirksam und vollziehbar oder machen Sie deutlich, dass Sie nicht beabsichtigen, mit dem Unternehmer einen Vertrag abzuschließen, wird diese Garantie ungültig und unwirksam. Diese Garantie bleibt voll wirksam und vollstreckbar, bis alle Verpflichtungen und Verbindlichkeiten des Unternehmers nach dem Vertrag erfüllt wurden. Zu diesem Zeitpunkt läuft die Garantie ab und muss an uns zurückgegeben werden; unsere Verpflichtungen hierunter erlöschen dann vollständig.
This guarantee shall apply and be supplemental to The Contract as amended or varied by the Employer and the Contractor from time to time. We hereby authorise them to agree any such amendment or variation, the due performance of which and compliance with which by the Contractor are likewise guaranteed hereunder. Our obligations and liabilities under this guarantee shall not be discharged by any allowance of time or other indulgence whatsoever by the Employer to the Contractor, or by any variation or suspension of the works to be executed under the Contract, or by any amendments to the Contract or to the constitution of the Contractor or the Employer, or by any other matters, whether with or without our knowledge or consent.		Die Garantie findet auf den Vertrag Anwendung, auch wenn er durch Besteller und Unternehmer von Zeit zu Zeit ergänzt oder verändert wird. Wir bevollmächtigen Sie hiermit, sich über eine solche Ergänzungen oder Änderungen zu einigen, für deren Ausführung und Einhaltung durch den Unternehmer ebenso hiermit garantiert wird. Unsere Verpflichtungen und Verbindlichkeiten aus dieser Garantie erlöschen nicht aus zeitlichen Gründen oder durch dem Unternehmer vom Besteller gemachten Zugeständnissen, oder durch Veränderung oder Einstellung der vertragsgemäß auszuführenden Arbeiten, oder durch Abänderungen des Vertrages oder des Zustands des Unternehmers oder des Bestellers oder aus irgend einem anderen Grund, unabhängig ob mit oder ohne unser Wissen oder unsere Zustimmung.
This guarantee shall be governed by the law of the same country (or jurisdiction) as that which governs the Contract and any dispute under this guarantee shall be definitely settled under the Rules of Arbitration of the International Chamber of Commerce by one ore more arbitrators appointed in accordance with such Rules. We confirm that the benefit of this guarantee may be assigned subject only to the provisions for assignment of the Contract.		Diese Garantie unterliegt dem Recht des gleichen Landes (oder anderen Gerichtsbarkeit) wie dem, dessen Recht der Vertrag unterliegt. Streitigkeiten die im Zusammenhang mit dieser Garantie entstehen, sollen endgültig nach den Schiedsgerichtsbarkeitsregeln der Internationalen Handelskammer durch einen oder mehrere Schiedsrichter beigelegt werden, die in Übereinstimmung mit diesen Regeln festgelegt wurden. Wir versichern, dass der Anspruch aus dieser Garantie nur nach den im Vertrag bezüglich der Abtretung festgelegten Regeln abgetreten werden kann.
		Datum.. Unterschrift(en) ....

FIDIC Example Form of a Bidding Guarantee		**FIDIC Muster für eine Bietungsgarantie**
Brief description of Contract		Kurze Beschreibung des Vertrags
....		....
Name and adress of Beneficiary		Name und Adresse des Begünstigten
....		....
(whom the tender documents define as the Employer)		(wer in den Angebotsdokumenten als Besteller bezeichnet ist).
We have been informed that		Wir wurden informiert dass
....		....
(hereinafter called the „Principal") is submitting an offer for such Contract in response to your invitation, and that the conditions of your invitation (the „conditions of invitation", which are set out in a document entitled instructions to Tenderers) require his offer to be supported by a tender security.		(nachfolgend „Erstverpflichteter" genannt) auf Ihre Einladung hin ein Vertragsangebot übermittelt und dass die Bedingungen Ihrer Einladung (die „Bedingungen der Einladung", die in einem den Anweisungen an die Anbieter angefügten Dokument dargestellt sind) vorsehen, dass sein Angebot durch eine Angebotssicherheit unterstützt werden muss.
At the request of the Principal, we		Auf Anfrage des Erstverpflichteten übernehmen wir,
....		....
(name of bank) hereby irrevocably undertake to pay you, the Beneficiary/Employer, any sum or sums not exceeding in total the amount of		(Name der Bank) es unwiderruflich, an Sie, den Begünstigten/Besteller, jede Summe, die den Gesamtbetrag von
....		....
(say: ....) upon receipt by us of your demand in writing and your written statement (in the demand) stating that:		(in Worten ....) nicht übersteigt, zu zahlen, und zwar bei Eingang Ihrer schriftliche Anforderung nebst schriftlicher Erklärung, in der vorgetragen wird, dass:
a. the Principal has, without your agreement withdrawn his offer after the latest time specified for its submission and before the expiry of its period of validity, or		a. der Erstverpflichtete ohne Ihre Zustimmung sein Angebot nach dem dafür festgelegten letztmöglichen Zeitpunkt und vor Ablauf seiner Gültigkeit zurückgezogen hat, oder
b. the Principal has refused to accept the correction of errors in his offer in accordance with such conditions of invitation, or		b. der Erstverpflichtete es abgelehnt hat, die in seinem Angebot enthaltenen Fehler in Übereinstimmung mit den Bedingungen der Einladung zu korrigieren, oder
c. you awarded the Contract to the Principal and he has failed to comply with subclause 1.6 of the conditions of the Contract, or		c. Sie mit dem Erstverpflichteten einen Vertrag abgeschlossen haben und er es versäumt hat, die Bestimmungen der Unterklausel 1.6 der Vertragsbedingungen einzuhalten, oder
d. you awarded the Contract to the prince-pal and he has failed to comply with subclause 4.2 of the conditions of the Contract		d. Sie mit dem Erstverpflichteten einen Vertrag abgeschlossen haben und er es versäumt hat, die Bestimmungen der Unterklausel 4.2 der Vertragsbedingungen einzuhalten.
Any demand of payment must contain your signature (s) which must be authenticated by your bankers or by a notary public. The authenticated demand and statement must be received by us at this office on or before		Jede Zahlungsaufforderung muss Ihre Unterschrift(en) enthalten, die durch Ihren Bankvertreter oder durch einen Notar beglaubigt sein muss/müssen. Die beglaubigte Aufforderung und die Erläuterung müssen uns in diesem Büro am oder vor dem
....		....
(the date 35 days after the expiry of the validity of the Letter of Tender) when this guarantee shall expire and shall be returned to us.		(das Datum 35 Tage nach Ablauf der Gültigkeit des Angebotschreibens) zugehen; zu diesem Zeitpunkt läuft die Garantie ab und muss an uns zurückgegeben werden.
This guarantee is subject to the Uniform Rules for demand Guarantees, published as number 458 by the International Chamber of Commerce, except as stated above.		

		Diese Garantie unterliegt den Einheitlichen Regeln für Garantien auf Anforderung, die als Nummer 458 durch die Internationale Handelskammer herausgegeben wurden, wenn oben nichts anderes festgelegt ist. Datum... Unterschrift(en) ....
FIDIC Example Form of performance security-Demand guarantee Brief description of Contract .... Name and adress of Beneficiary .... (whom the Contract define as the Employer). We have been informed that .... (hereinafter called the „Principal") is your Contractor under such Contract which requires him to obtain a performance security. At the request of the principal .... (name of the Bank) hereby irrevocably undertake to pay you, the Beneficiary/ Employer, any sum or sums not exceeding in total the amount of .... (the „guaranteed amount", say: ....) upon receipt by us of your demand in writing and your written statement (in the demand) stating: a. that the Principal is in breach of his obligation (s) under the Contract, and b. the respect in which the Principal is in breach [Following the receipt by us of an authenticated copy of the taking-over certificate for the whole of the works under clause 10 of the conditions of the Contract, such guaranteed amount shall be reduced by ....% and we shall promptly notify you that we have received such certificate and have reduced the guaranteed amount accordingly]. Any demand of payment must contain your [minister's/directors] signature(s) which must be authenticated by your bankers or by a notary public. The authenticated demand and statement must be received by us at this office on or before (the date 70 days after the expected of the Defects Notification Period for the Works) .... (the „expiry date"), when this guarantee shall expire and shall be returned to us. We have been informed that the Beneficiary may require the Principal to extend this		**FIDIC Muster für eine Erfüllungsgarantie** Kurze Beschreibung des Vertrags .... Name und Adresse des Begünstigten .... (wer im Vertrag als Besteller bezeichnet ist). Wir wurden darüber informiert, dass .... (nachfolgend als „Erstverpflichteter" bezeichnet) Ihr Vertragspartner in diesem Vertrag ist, was ihn zur Stellung einer Erfüllungssicherheit verpflichtet. Auf Anfrage des Erstverpflichteten übernehmen wir, ... (Name der Bank) es unwiderruflich, an Sie, den Begünstigten/Besteller, jede Summe, die den Gesamtbetrag von .... (den „garantierten Betrag"; in Worten ....) nicht übersteigt, zu zahlen, und zwar bei Eingang Ihrer schriftliche Anforderung nebst schriftlicher Erklärung, in der vorgetragen wird: a. dass der Erstverpflichteter seine vertraglichen Verpflichtungen nicht erfüllt, und b. in welcher Hinsicht der Erstverpflichtete seine vertraglichen Verpflichtungen nicht erfüllt. [Nach Erhalt einer beglaubigten Kopie der Übernahmebescheinigung für die gesamten Arbeiten nach Punkt 10 der Vertragsbedingungen wird der garantierte Betrag um .... % reduziert; wir informierten Sie unverzüglich darüber, dass wir eine solche Bescheinigung erhalten und den garantierten Betrag entsprechend reduziert haben.] Jede Zahlungsaufforderung muss die Unterschrift(en) Ihrer [Vertreter/Direktoren][1)] enthalten, die durch Ihren Bankvertreter oder durch einen Notar beglaubigt sein muss/müssen. Die beglaubigte Aufforderung und die Erläuterung müssen uns in diesem Büro am oder vor dem .... (das Datum 70 Tage nach Ablauf der erwarteten Mängelgewährleistungsfrist für die Arbeiten) .... (das „Ablaufdatum") zugehen; zu diesem

guarantee if the performance certificate under the Contract has not been issued by the date 28 days prior to such expiry date. We undertake to pay you such guaranteed amount upon receipt by us, within such period of 28 days, of your demand in writing and your written statement that the performance certificate has not been issued, for reasons attributable to the Principal, and that this guarantee has not been extended. This guarantee shall be governed by the laws of .... and shall be subject to the Uniform Rules for demand Guarantees, published as number 458 by the International Chamber of Commerce, except as stated above		Zeitpunkt läuft die Bürgschaft ab und muss an uns zurückgegeben werden. Wir wurden darüber informiert, dass der Begünstigte den Erstverpflichteten auffordern kann, diese Bürgschaft zu verlängern, wenn die vertragliche Erfüllungsbescheinigung nicht 28 Tage vor dem jeweiligen Ablauftermin ausgestellt wurde. Wir übernehmen es, an Sie den garantierten Betrag zu zahlen, wenn wir innerhalb dieses Zeitraums von 28 Tagen Ihre schriftliche Aufforderung nebst Erklärung dahingehend erhalten, dass die Erfüllungsbescheinigung aus Gründen, die der Erstverpflichtete zu vertreten hat, nicht ausgestellt und diese Bürgschaft nicht verlängert wurde. Diese Garantie unterliegt dem Recht von .... und soll durch die Einheitlichen Regeln für Garantien auf Anforderung, die als Nummer 458 durch die Internationale Handelskammer herausgegeben wurden, bestimmt werden, wenn oben nichts anderes festgelegt ist. Datum.. Unterschrift(en) ....
FIDIC Example Form of Perfomance Security-Surety Bond Brief description of Contract .... Name and adress of Beneficiary .... (together with successors and assigns, all as defined in the Contract as the Employer) By this Bond (name and adress of Contractor) .... (who is the Contractor under such Contract) as Principal and .... (name and adress of guarantor) as Guarantor are irrevocably held and firmly bound to the Beneficiary in the total amount of .... (the „Bond Amount", say: ....) for the due performance of all such Principal's obligations and liabilities under the Contract. [Such Bond Amount shall be reduced by _____ % upon the issue of the taking-over certificate for the whole of the Works under clause 10 of the conditions of the Contract]. This Bond shall become effective on the Commencement Date defined in the Contract. Upon Default by the Principal to perform any Contractual Obligation, or upon the occurence of any of the events and circumstances listed in sub-clause 15.2 of the conditions of the Contract, the		**FIDIC Muster für eine „Erfüllungsbürgschaft"** Kurze Beschreibung des Vertrags .... Name und Adresse des Begünstigten .... (zusammen mit Rechtsnachfolgern und Zessionaren, die im Vertrag als Besteller definiert sind). Durch diese Sicherheitsleistung sind (Name und Adresse des Unternehmers) .... (der der Unternehmer nach diesem Vertrag ist) als Erstverpflichteter und .... (Name und Adresse des Garanten) als Garant gegenüber dem Begünstigten bis zu einem Gesamtbetrag von .... (der „Sicherungsbetrag"; in Worten ....) für die Ausführung aller dem Erstverpflichteten nach dem Vertrag obliegenden Verpflichtungen und Verbindlichkeiten unwiderruflich verpflichtet und fest gebunden. [Der Sicherungsbetrag wird bei Ausstellung des Übernahmezertifikats für die gesamten Arbeiten gemäß Punkt 10 der Vertragsbedingungen um .... % reduziert.][1)] Die Sicherheitsleistung tritt am vertraglich festgelegten Ausgangsdatum in Kraft. Bei Nichterfüllung einer der vertraglichen Verpflichtungen durch den Erstverpflichteten oder bei Eintreten einer der in Unterklausel 15.2 der Vertragsbedingungen

Guarantor shall satisfy and discharge the damages sustained by the Beneficiary due to such Default, event or circumstances. However, the total liablity of the Guarantor shall not exceed the Bond Amount.		aufgezählten Ereignisse oder Umstände hat der Garant dem Begünstigten alle Schäden auszugleichen, die er aufgrund der Nichterfüllung, des Ereignisses oder Umstandes erleidet,[2] Die Haftung des Garanten darf jedoch insgesamt den Sicherheitsbetrag nicht übersteigen.
The obligations and liabilities of the Guarantor shall not be discharged by any allowance of time or other indulgence whatsoever by the Beneficiary to the Principal, or by any variation or suspension of the works to be executed under the Contract, or by any amendments to the Contract or to the constitution of the Principal or the Beneficiary, or by any other matters, whether with or without knowledge or consent of the Guarantor.		Die Verpflichtungen und Verbindlichkeiten des Garanten erlöschen nicht durch eine Zeitverlängerung oder ein anderes dem Erstverpflichteten von dem Begünstigten gemachtes Zugeständnis, oder durch Veränderung oder Einstellung der vertragsgemäß auszuführenden Arbeiten, oder durch Abänderungen des Vertrages oder des Zustands des Erstverpflichteten oder des Begünstigten oder aus irgend einem anderen Grund, unabhängig ob mit oder ohne Wissen oder Zustimmung des Garanten.
Any claim under this Bond must be received by the Guarantor on or before		Die Geltendmachung eines Anspruchs aus dieser Sicherheitsleistung muss beim Garanten am oder vor dem
....		....
(the date six months after the expected expiry of the Defects Notification Period for the Works)		(das Datum sechs Monate nach dem erwarteten Ablauf der Mängelanzeigefrist für die Arbeiten)
....		....
(the „Expiry Date"), when this Bond shall expire and shall be returned to the Guarantor.		(das „Ablaufdatum") eingehen; zu diesem Zeitpunkt läuft die Sicherheitsleistung ab und muss an den Garanten zurückgegeben werden.
The benefit of this Bond may be assigned subject to the provisions for assignment of the Contract, and subject to the receipt by the Guarantor of evidence of full compliance with such provisions.		Der Anspruch aus dieser Sicherheitsleistung kann nach den im Vertrag bezüglich der Abtretung festgelegten Regeln abgetreten werden, wenn dem Garanten Beweis über die vollständige Einhaltung dieser Vorschriften erbracht wird.
This Bond shall be governed by the law of the same country (or other jurisdiction) as that which governs the Contract. This Bond incorporates and shall be subject to the Uniform Rules for Contract Bonds, published as number 524 by the International Chamber of Commerce, and words used in this Bond shall bear the meanings set out in such Rules.		Diese Sicherheitsleistung unterliegt dem Recht des gleichen Landes (oder anderen Gerichtsbarkeit) wie dem, dessen Recht der Vertrag unterliegt. Die Sicherheitsleistung beinhaltet und unterliegt die bzw. den Einheitlichen Regeln für Vertragliche Sicherheitsleistungen (Uniform Rules for Contract Bonds), die als Nummer 524 von der Internationalen Handelskammer herausgegeben wurden; die hier verwendeten Begriffe entsprechen der in dieses Regeln festgelegten Bedeutung.
Wherefore this Bond has been issued by the Principal and the Guarantor on		Diese Sicherheitsleistung wurde durch den Erstverpflichteten und den Garanten ausgestellt am
....		....
(date)		(Datum).
		.... Unterschrift(en) für und im Auftrag des Erstverpflichteten
		.... Unterschrift(en) für und im Auftrag des Garanten

	Modèle type de cautionnement (bonne exécution, Source: AFB) Messieurs, Nous nous référons au contrat n° .... de .... (CAF, FOB) wue vous avez conclu le .... avec .... pour la fourniture de .... Conformément aux termes de l'article .... du contrat précité .... doit vous remettre, en garantie de la bonne exécution de ses obligations contractuelles afférentes au contrat payable en .... une caution bancaire de .... représentant 10 % du montant de la part précitée. En conséquence, nous .... nous portons, par la présente, caution solidaire de .... auprès de votre Société à hauteur d'un montant maximum de: .... en chiffres .... en lettres en garantie du paiement de tout ou partie de la somme précitée, dans le cas où .... n'exécuterait pas, au titre du contrat payable en .... ses obligations telles que définies dans le contrat. La défaillance de .... devra nous être communiquée par écrit, avec copie à .... avec tous les détails nécessaires pour établir une telle défaillance. Aucune réclamation pour cas de force majeure telle que définie dans le contrat ci-dessous ne pourra être faite en vertu de la présence caution, de même cette caution ne pourra pas être appelée en cas de litige soumis à l'arbitrage ou en cas de notification par l'une des parties à l'autre de son intention de recourir à l'arbitrage. Par ailleurs, la présente caution ne pourra être appelée cumulativement avec les cautions de restitution d'acompte dans le cadre de ce contrat. La présente caution deviendra automatiquement et de plein droit caduque pour toutes fins légales et bancaires 12 mois après la date de délivrance du dernier certificat de réception provisoire ou du document en tenant lieu et au plus tard .... mois après la date d'entrée en vigueur du contrat, soit le .... A son échéance, cette lettre de garantie devra alors nous être retournée pour le bon ordre de nos dossiers. La présente caution est régie à tous égards par les dispositions du contrat susmentionné.	

1) Bei der Erstellung von Vertragsdokumenten muss der Ersteller jeweils entscheiden, ob der in eckigen Klammern [ ] aufgeführte Text übernommen werden soll oder nicht.

2) Einfügen: [und ist nicht berechtigt, die vertraglichen Verpflichtungen des Bieter auszuführen.]
Oder: [oder, nach Wahl des Garanten (die innerhalb von 42 Tagen nach Erhalt des Ausgleichsanspruchs schriftlich mitgeteilt werden muss), die vertraglichen Verpflichtungen des Bieters selbst auszuführen].

§ 52 Internationale Standardbedingungen

I. FIDIC-Conditions (1999)

1. Red Book 1999 (General Conditions)

GENERAL CONDITIONS

GUIDANCE FOR THE PREPARATION OF PARTICULAR CONDITIONS

FORMS OF LETTER OF TENDER, CONTRACT AGREEMENT AND DISPUTE ADJUDICATION AGREEMENT

Conditions of Contract
for **CONSTRUCTION**

FOR BUILDING AND ENGINEERING WORKS DESIGNED BY THE EMPLOYER

First Edition 1999
ISBN 2-88432-022-9

FEDERATION INTERNATIONALE DES INGENIEURS-CONSEILS
INTERNATIONAL FEDERATION OF CONSULTING ENGINEERS
INTERNATIONALE VEREINIGUNG BERATENDER INGENIEURE
FEDERACION INTERNACIONAL DE INGENIEROS CONSOLTORES

ERRATA to the First Edition, 1999

The following significant errata are corrected in this reprinting of the First Edition of the Construction Contract. Several minor typographical errors and layout irregularities have also been corrected.

GENERAL PROVISIONS

Foreword	In figure "Typical sequence of Payment Events envisaged in Clause 14", change "14.11 Contractor issues Final Statement ..." to "Contractor submits Final Statement ...".
Page 852	In the middle of the third line of Sub-Clause 1.1.2.9, delete "under".
Page 876	In the title of Sub-Clause 8.1, substitute "Works" for "Work".
Page 906	In the penultimate line, delete the parentheses "(" and ")".
Page 910	Sub-Clause 20.3, in the line following sub-paragraph (d), delete "Particular Conditions" and substitute "Appendix to Tender".
Page 918	In the third line of Clause 9, delete the two words "notice to".

ACKNOWLEDGEMENTS

Fédération Internationale des Ingénieurs-Conseils (FIDIC) extends special thanks to the following members of its Update Task Group: Christopher Wade (Group Leader), SWECO-VBB, Sweden; Peter L Booen (Principal Drafter), GIBB Ltd, UK; Hermann Bayerlein, Fichtner, Germany; Christopher R Seppala (Legal Adviser), White & Case, France; and José F Speziale, IATASA, Argentina.

The preparation was carried out under the general direction of the FIDIC Contracts Committee which comprised John B Bowcock, Consulting Engineer, UK (Chairman); Michael Mortimer-Hawkins, SwedPower, Sweden; and Axel-Volkmar Jaeger, Schmidt Reuter Partner, Germany; together with K B (Tony) Norris as Special Adviser.

Drafts were reviewed by many persons and organisations, including those listed below. Their comments were duly studied by the Update Task Group and, where considered appropriate, have influenced the wording of the clauses. Ihab Abu-Zahra, CRC – Hassan Dorra, Egypt; Mushtaq Ahmad, NESPAK, Pakistan; Peter Batty, Post Buckley International, USA; Roeland Bertrams, Clifford Chance, Netherlands; Bosen He, Tianjin University, China; Manfred Breege, Lahmeyer International, Germany; Pablo Bueno, TYPSA, Spain; Nael G Bunni, Consulting Engineer, Ireland; Peter H J Chapman, Engineer & Barrister, UK; Ian Fraser, Beca Carter Hollings & Ferner, New Zealand; Roy Goode, Oxford University, UK; Dan W Graham, Bristows Cooke & Carpmael, UK; Mark Griffiths, Griffiths & Armour, UK; Geoffrey F Hawker, Consulting Engineer, UK; Hesse & Steinberger, VDMA, Germany; Poul E Hvilsted, Elsamprojekt, Denmark; Gordon L Jaynes, Whitman Breed Abbott & Morgan, UK; Tonny Jensen (Chairman of FIDIC Quality Management Committee), COWI, Denmark; David S Khalef, Jordan; Philip Loots & Associates, South Africa; Neil McCole, Merz and McLellan, UK; Matthew Needham-Laing, Victoria Russell & Paul J Taylor, Berrymans Lace Mawer, UK; Brian W Totterdill, Consulting Engineer, UK; David R Wightman & Gerlando Butera, Nabarro Nathanson, UK; the Association of Japanese Consulting Engineers; the Construction Industry Authority of the Philippines; European International Contractors; ORGAnisme de Liaison Industries Métalliques Européennes ("ORGALIME"); the International Association of Dredging Contractors; the International Bar Association; the Asian Development Bank; and the World Bank. Acknowledgement of reviewers does not mean that such persons or organizations approve of the wording of all clauses.

FIDIC wishes to record its appreciation of the time and effort devoted by all the above.

The ultimate decision on the form and content of the document rests with FIDIC.

FOREWORD

The Fédération Internationale des Ingénieurs-Conseils (FIDIC) published, in 1999, First Editions of four new standard forms of contract:

Conditions of Contract for Construction,

which are recommended for building or engineering works designed by the Employer or by his representative, the Engineer. Under the usual arrangements for this type of contract, the Contractor constructs the works in accordance with a design provided by the Employer. However, the works may include some elements of Contractor-designed civil, mechanical, electrical and/or construction works.

Conditions of Contract for Plant and Design-Build,

which are recommended for the provision of electrical and/or mechanical plant, and for the design and execution of building or engineering works. Under the usual arrangements for this type of contract, the Contractor designs and provides, in accordance with the Employer's requirements, plant and/or other works; which may include any combination of civil, mechanical, electrical and/or construction works.

Conditions of Contract for EPC/Turnkey Projects,

which may be suitable for the provision on a turnkey basis of a process or power plant, of a factory or similar facility, or of an infrastructure project or other type of development, where (i) a higher degree of certainty of final price and time is required, and (ii) the Contractor takes total responsibility for the design and execution of the project, with little involvement of the Employer. Under the usual arrangements for turnkey projects, the Contractor carries out all the Engineering, Procurement and Construction (EPC), providing a fully-equipped facility, ready for operation (at the "turn of the key").

Short Form of Contract,

which is recommended for building or engineering works of relatively small capital value. Depending on the type of work and the circumstances, this form may also be suitable for contracts of greater value, particularly for relatively simple or repetitive work or work of short duration. Under the usual arrangements for this type of contract, the Contractor constructs the works in accordance with a design provided by the Employer or by his representative (if any), but this form may also be suitable for a contract which includes, or wholly comprises, Contractor-designed civil, mechanical, electrical and/or construction works.

The forms are recommended for general use where tenders are invited on an international basis. Modifications may be required in some jurisdictions, particularly if the Conditions are to be used on domestic contracts. FIDIC considers the official and authentic texts to be the versions in the English language.

In the preparation of these Conditions of Contract for Construction, it was recognised that, while there are many sub-clauses which will be generally applicable, there are some sub-clauses which must necessarily vary to take account of the circumstances relevant to the particular contract. The sub-clauses which were considered to be applicable to many (but not all) contracts have been included in the General Conditions, in order to facilitate their incorporation into each contract.

The General Conditions and the Particular Conditions will together comprise the Conditions of Contract governing the rights and obligations of the parties. It will be necessary to prepare the Particular Conditions for each individual contract, and to take account of those sub-clauses in the General Conditions which mention the Particular Conditions.

For this publication, the General Conditions were prepared on the following basis:

(i) interim and final payments will be determined by measurement, applying the rates and prices in a Bill of Quantities;

(ii) if the wording in the General Conditions necessitates further data, then (unless it is so descriptive that it would have to be detailed in the Specification) the sub-clause makes reference to this data being contained in the Appendix to Tender, the data either being prescribed by the Employer or being inserted by the Tenderer;

(iii) where a sub-clause in the General Conditions deals with a matter on which different contract terms are likely to be applicable for different contracts, the principles applied in writing the sub-clause were:

(a) users would find it more convenient if any provisions which they did not wish to apply could simply be deleted or not invoked, than if additional text had to be written (in the Particular Conditions) because the General Conditions did not cover their requirements; or

(b) in other cases, where the application of (a) was thought to be inappropriate, the sub-clause contains the provisions which were considered applicable to most contracts.

For example, Sub-Clause 14.2 [*Advance Payment*] is included for convenience, not because of any FIDIC policy in respect of advance payments. This Sub-Clause becomes inapplicable (even if it is not deleted) if it is disregarded by not specifying the amount of the advance. It should therefore be noted that some of the provisions contained in the General Conditions may not be appropriate for an apparently-typical contract.

Further information on these aspects, example wording for other arrangements, and other explanatory material and example wording to assist in the preparation of the Particular Conditions and the other tender documents, are included within this publication as Guidance for the Preparation of the Particular Conditions. Before incorporating any example wording, it must be checked to ensure that it is wholly suitable for the particular circumstances; if not, it must be amended.

Where example wording is amended, and in all cases where other amendments or additions are made, care must be taken to ensure that no ambiguity is created, either with the General Conditions or between the clauses in the Particular Conditions. It is essential that all these drafting tasks, and the entire preparation of the tender documents, are entrusted to personnel with the relevant expertise, including the contractual, technical and procurement aspects.

This publication concludes with example forms for the Letter of Tender, the Appendix to Tender (providing a check-list of the sub-clauses which refer to it), the Contract Agreement, and alternatives for the Dispute Adjudication Agreement. This Dispute Adjudication Agreement provides text for the agreement between the Employer, the Contractor and the person appointed to act either as sole adjudicator or as a member of a three-person dispute adjudication board; and incorporates (by reference) the terms in the Appendix to the General Conditions.

FIDIC intends to publish a guide to the use of its Conditions of Contract for Construction, for Plant and Design-Build, and for EPC/Turnkey Projects. Another relevant FIDIC publication is "Tendering Procedure", which presents a systematic approach to the selection of tenderers and the obtaining and evaluation of tenders.

In order to clarify the sequence of Contract activities, reference may be made to the charts on the next two pages and to the Sub-Clauses listed below (some Sub-Clause numbers are also stated in the charts). The charts are illustrative and must not be taken into consideration in the interpretation of the Conditions of Contract.

1.1.3.1	&	13.7	Base Date
1.1.3.2	&	8.1	Commencement Date
1.1.6.6	&	4.2	Performance Security
1.1.4.7	&	14.3	Interim Payment Certificate
1.1.3.3	&	8.2	Time for Completion (as extended under 8.4)
1.1.3.4	&	9.1	Tests on Completion
1.1.3.5	&	10.1	Taking-Over Certificate
1.1.3.7	&	11.1	Defects Notification Period (as extended under 11.3)
1.1.3.8	&	11.9	Performance Certificate
1.1.4.4	&	14.13	Final Payment Certificate

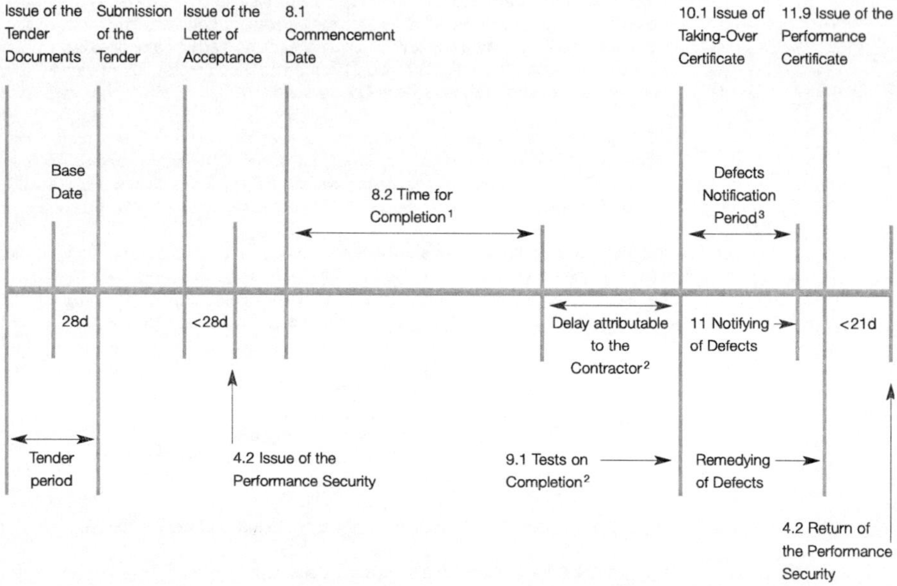

Typical sequence of Principal Events during Contracts for Construction

1. The Time for Completion is to be stated (in the Appendix to Tender) as a number of days, to which is added any extensions of time under Sub-Clause 8.4.
2. In order to indicate the sequence of events, the above diagram is based upon the example of the Contractor failing to comply with Sub-Clause 8.2.
3. The Defects Notification Period is to be stated (in the Appendix to Tender) as a number of days, to which is added any extensions under Sub-Clause 11.3

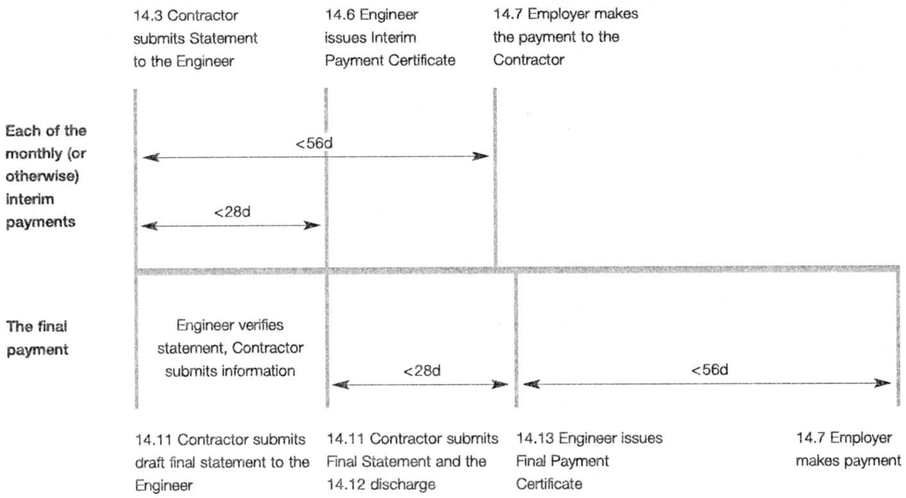

Typical sequence of Payment Events envisaged in Clause 14

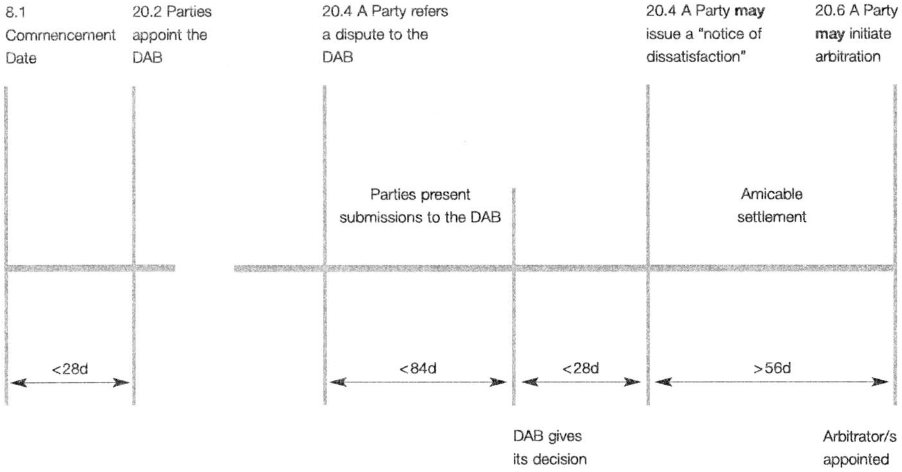

Typical sequence of Dispute Events envisaged in Clause 20

GENERAL CONDITIONS

GUIDANCE FOR THE PREPARATION OF PARTICULAR CONDITIONS

FORMS OF LETTER OF TENDER, CONTRACT AGREEMENT AND DISPUTE ADJUDICATION AGREEMENT

Conditions of Contract for CONSTRUCTION

FOR BUILDING AND ENGINEERING WORKS DESIGNED BY THE EMPLOYER

General Conditions

FEDERATION INTERNATIONALE DES INGENIEURS-CONSEILS
INTERNATIONAL FEDERATION OF CONSULTING ENGINEERS
INTERNATIONALE VEREINIGUNG BERATENDER INGENIEURE
FEDERACION INTERNACIONAL DE INGENIEROS CONSOLTORES

General Conditions

CONTENTS

Definitions listed alphabetically

1.1.4.1	Accepted Contract Amount
1.1.1.9	Appendix to Tender
1.1.3.1	Base Date
1.1.1.10	Bill of Quantities
1.1.3.2	Commencement Date
1.1.1.1	Contract
1.1.1.2	Contract Agreement
1.1.4.2	Contract Price
1.1.2.3	Contractor
1.1.6.1	Contractor's Documents
1.1.5.1	Contractor's Equipment
1.1.2.7	Contractor's Personnel
1.1.2.5	Contractor's Representative
1.1.4.3	Cost
1.1.6.2	Country
1.1.2.9	DAB
1.1.3.9	day
1.1.1.10	Daywork Schedule
1.1.3.7	Defects Notification Period
1.1.1.6	Drawings
1.1.2.2	Employer
1.1.6.3	Employer's Equipment
1.1.2.6	Employer's Personnel
1.1.2.4	Engineer
1.1.2.10	FIDIC
1.1.4.4	Final Payment Certificate
1.1.4.5	Final Statement
1.1.6.4	Force Majeure
1.1.4.6	Foreign Currency
1.1.5.2	Goods
1.1.4.7	Interim Payment Certificate
1.1.6.5	Laws
1.1.1.3	Letter of Acceptance
1.1.1.4	Letter of Tender
1.1.4.8	Local Currency
1.1.5.3	Materials
1.1.2.1	Party
1.1.4.9	Payment Certificate
1.1.3.8	Performance Certificate
1.1.6.6	Performance Security
1.1.5.4	Permanent Works
1.1.5.5	Plant
1.1.4.10	Provisional Sum
1.1.4.11	Retention Money
1.1.1.7	Schedules
1.1.5.6	Section
1.1.6.7	Site
1.1.1.5	Specification
1.1.4.12	Statement
1.1.2.8	Subcontractor
1.1.3.5	Taking-Over Certificate
1.1.5.7	Temporary Works
1.1.1.8	Tender
1.1.3.6	Tests after Completion
1.1.3.4	Tests on Completion
1.1.3.3	Time for Completion
1.1.6.8	Unforeseeable
1.1.6.9	Variation
1.1.5.8	Works
1.1.3.9	year

General Conditions

1 General Provisions

1.1
Definitions

In the Conditions of Contract ("these Conditions"), which include Particular Conditions and these General Conditions, the following words and expressions shall have the meanings stated. Words indicating persons or parties include corporations and other legal entities, except where the context requires otherwise.

1.1.1
The Contract

1.1.1.1 **"Contract"** means the Contract Agreement, the Letter of Acceptance, the Letter of Tender, these Conditions, the Specification, the Drawings, the Schedules, and the further documents (if any) which are listed in the Contract Agreement or in the Letter of Acceptance.

1.1.1.2 **"Contract Agreement"** means the contract agreement (if any) referred to in Sub-Clause 1.6 [*Contract Agreement*].

1.1.1.3 **"Letter of Acceptance"** means the letter of formal acceptance, signed by the Employer, of the Letter of Tender, including any annexed memoranda comprising agreements between and signed by both Parties. If there is no such letter of acceptance, the expression "Letter of Acceptance" means the Contract Agreement and the date of issuing or receiving the Letter of Acceptance means the date of signing the Contract Agreement.

1.1.1.4 **"Letter of Tender"** means the document entitled letter of tender, which was completed by the Contractor and includes the signed offer to the Employer for the Works.

1.1.1.5 **"Specification"** means the document entitled specification, as included in the Contract, and any additions and modifications to the specification in accordance with the Contract. Such document specifies the Works.

1.1.1.6 **"Drawings"** means the drawings of the Works, as included in the Contract, and any additional and modified drawings issued by (or on behalf of) the Employer in accordance with the Contract.

1.1.1.7 **"Schedules"** means the document(s) entitled schedules, completed by the Contractor and submitted with the Letter of Tender, as included in the Contract. Such document may include the Bill of Quantities, data, lists, and schedules of rates and/or prices.

1.1.1.8 **"Tender"** means the Letter of Tender and all other documents which the Contractor submitted with the Letter of Tender, as included in the Contract.

1.1.1.9 **"Appendix to Tender"** means the completed pages entitled appendix to tender which are appended to and form part of the Letter of Tender.

1.1.1.10 **"Bill of Quantities"** and **"Daywork Schedule"** mean the documents so named (if any) which are comprised in the Schedules.

1.1.2
Parties and Persons

1.1.2.1 **"Party"** means the Employer or the Contractor, as the context requires.

1.1.2.2 **"Employer"** means the person named as employer in the Appendix to Tender and the legal successors in title to this person.

1.1.2.3 **"Contractor"** means the person(s) named as contractor in the Letter of Tender accepted by the Employer and the legal successors in title to this person(s).

1.1.2.4 **"Engineer"** means the person appointed by the Employer to act as the Engineer for the purposes of the Contract and named in the Appendix to Tender, or other person appointed from time to time by the Employer and notified to the Contractor under Sub-Clause 3.4 [*Replacement of the Engineer*].

1.1.2.5 **"Contractor's Representative"** means the person named by the Contractor in the Contract or appointed from time to time by the Contractor under Sub-Clause 4.3 [*Contractor's Representative*], who acts on behalf of the Contractor.

1.1.2.6 **"Employer's Personnel"** means the Engineer, the assistants referred to in Sub-Clause 3.2 [*Delegation by the Engineer*] and all other staff, labour and other employees of the Engineer and of the Employer; and any other personnel notified to the Contractor, by the Employer or the Engineer, as Employer's Personnel.

1.1.2.7 **"Contractor's Personnel"** means the Contractor's Representative and all personnel whom the Contractor utilises on Site, who may include the staff, labour and other employees of the Contractor and of each Subcontractor; and any other personnel assisting the Contractor in the execution of the Works.

1.1.2.8 **"Subcontractor"** means any person named in the Contract as a subcontractor, or any person appointed as a subcontractor, for a part of the Works; and the legal successors in title to each of these persons.

1.1.2.9 **"DAB"** means the person or three persons so named in the Contract, or other person(s) appointed under Sub-Clause 20.2 [*Appointment of the Dispute Adjudication Board*] or Sub-Clause 20.3 [*Failure to Agree Dispute Adjudication Board*]

1.1.2.10 **"FIDIC"** means the Fédération Internationale des Ingénieurs-Conseils, the international federation of consulting engineers.

1.1.3
Dates, Tests, Periods and Completion

1.1.3.1 **"Base Date"** means the date 28 days prior to the latest date for submission of the Tender.

1.1.3.2 **"Commencement Date"** means the date notified under Sub-Clause 8.1 [*Commencement of Works*].

1.1.3.3 **"Time for Completion"** means the time for completing the Works or a Section (as the case may be) under Sub-Clause 8.2 [*Time for Completion*], as stated in the Appendix to Tender (with any extension under Sub-Clause 8.4 [*Extension of Time for Completion*]), calculated from the Commencement Date.

1.1.3.4 **"Tests on Completion"** means the tests which are specified in the Contract or agreed by both Parties or instructed as a Variation, and which are carried out under Clause 9 [*Tests on Completion*] before the Works or a Section (as the case may be) are taken over by the Employer.

1.1.3.5 **"Taking-Over Certificate"** means a certificate issued under Clause 10 [*Employer's Taking Over*].

1.1.3.6 **"Tests after Completion"** means the tests (if any) which are specified in the Contract and which are carried out in accordance with the provisions of the Particular Conditions after the Works or a Section (as the case may be) are taken over by the Employer.

1.1.3.7 **"Defects Notification Period"** means the period for notifying defects in the Works or a Section (as the case may be) under Sub-Clause 11.1 [*Completion of Outstanding Work and Remedying Defects*], as stated in the Appendix to Tender (with any extension under Sub-Clause 11.3 [*Extension of Defects Notification Period*]), calculated from the date on which the Works or Section is completed as certified under Sub-Clause 10.1 [*Taking Over of the Works and Sections*].

1.1.3.8 **"Performance Certificate"** means the certificate issued under Sub-Clause 11.9 [*Performance Certificate*].

1.1.3.9 **"day"** means a calendar day and **"year"** means 365 days.

1.1.4
Money and Payments

1.1.4.1 **"Accepted Contract Amount"** means the amount accepted in the Letter of Acceptance for the execution and completion of the Works and the remedying of any defects.

1.1.4.2 **"Contract Price"** means the price defined in Sub-Clause 14.1 [*The Contract Price*], and includes adjustments in accordance with the Contract.

1.1.4.3 **"Cost"** means all expenditure reasonably incurred (or to be incurred) by the Contractor, whether on or off the Site, including overhead and similar charges, but does not include profit.

1.1.4.4 **"Final Payment Certificate"** means the payment certificate issued under Sub-Clause 14.13 [*Issue of Final Payment Certificate*].

1.1.4.5 **"Final Statement"** means the statement defined in Sub-Clause 14.11 [*Application for Final Payment Certificate*].

1.1.4.6 **"Foreign Currency"** means a currency in which part (or all) of the Contract Price is payable, but not the Local Currency.

1.1.4.7 **"Interim Payment Certificate"** means a payment certificate issued under Clause 14 [*Contract Price and Payment*], other than the Final Payment Certificate.

1.1.4.8 **"Local Currency"** means the currency of the Country.

1.1.4.9 **"Payment Certificate"** means a payment certificate issued under Clause 14 [*Contract Price and Payment*].

1.1.4.10 **"Provisional Sum"** means a sum (if any) which is specified in the Contract as a provisional sum, for the execution of any part of the Works or for the supply of Plant, Materials or services under Sub-Clause 13.5 [*Provisional Sums*].

1.1.4.11 **"Retention Money"** means the accumulated retention moneys which the Employer retains under Sub-Clause 14.3 [*Application for Interim Payment Certificates*] and pays under Sub-Clause 14.9 [*Payment of Retention Money*].

1.1.4.12 **"Statement"** means a statement submitted by the Contractor as part of an application, under Clause 14 [*Contract Price and Payment*], for a payment certificate.

1.1.5
Works and Goods

1.1.5.1 **"Contractor's Equipment"** means all apparatus, machinery, vehicles and other things required for the execution and completion of the Works and the remedying of any defects. However, Contractor's Equipment excludes Temporary Works, Employer's Equipment (if any), Plant, Materials and any other things intended to form or forming part of the Permanent Works.

1.1.5.2 **"Goods"** means Contractor's Equipment, Materials, Plant and Temporary Works, or any of them as appropriate.

1.1.5.3 **"Materials"** means things of all kinds (other than Plant) intended to form or forming part of the Permanent Works, including the supply-only materials (if any) to be supplied by the Contractor under the Contract.

1.1.5.4 **"Permanent Works"** means the permanent works to be executed by the Contractor under the Contract.

1.1.5.5 **"Plant"** means the apparatus, machinery and vehicles intended to form or forming part of the Permanent Works.

1.1.5.6 **"Section"** means a part of the Works specified in the Appendix to Tender as a Section (if any).

1.1.5.7 **"Temporary Works"** means all temporary works of every kind (other than Contractor's Equipment) required on Site for the execution and completion of the Permanent Works and the remedying of any defects.

1.1.5.8 **"Works"** mean the Permanent Works and the Temporary Works, or either of them as appropriate.

1.1.6
Other Definitions

1.1.6.1 **"Contractor's Documents"** means the calculations, computer programs and other software, drawings, manuals, models and other documents of a technical nature (if any) supplied by the Contractor under the Contract.

1.1.6.2 **"Country"** means the country in which the Site (or most of it) is located, where the Permanent Works are to be executed.

1.1.6.3 **"Employer's Equipment"** means the apparatus, machinery and vehicles (if any) made available by the Employer for the use of the Contractor in the execution of the Works, as stated in the Specification; but does not include Plant which has not been taken over by the Employer.

1.1.6.4 **"Force Majeure"** is defined in Clause 19 [*Force Majeure*].

1.1.6.5 **"Laws"** means all national (or state) legislation, statutes, ordinances and other laws, and regulations and by-laws of any legally constituted public authority.

1.1.6.6 **"Performance Security"** means the security (or securities, if any) under Sub-Clause 4.2 [*Performance Security*].

1.1.6.7 **"Site"** means the places where the Permanent Works are to be executed and to which Plant and Materials are to be delivered, and any other places as may be specified in the Contract as forming part of the Site.

1.1.6.8 **"Unforeseeable"** means not reasonably foreseeable by an experienced contractor by the date for submission of the Tender.

1.1.6.9 **"Variation"** means any change to the Works, which is instructed or approved as a variation under Clause 13 [*Variations and Adjustments*].

1.2

Interpretation

In the Contract, except where the context requires otherwise:

(a) words indicating one gender include all genders;
(b) words indicating the singular also include the plural and words indicating the plural also include the singular;
(c) provisions including the word "agree", "agreed" or "agreement" require the agreement to be recorded in writing, and
(d) "written" or "in writing" means hand-written, type-written, printed or electronically made, and resulting in a permanent record.

The marginal words and other headings shall not be taken into consideration in the interpretation of these Conditions.

1.3

Communications

Wherever these Conditions provide for the giving or issuing of approvals, certificates, consents, determinations, notices and requests, these communications shall be:

(a) in writing and delivered by hand (against receipt), sent by mail or courier, or transmitted using any of the agreed systems of electronic transmission as stated in the Appendix to Tender; and
(b) delivered, sent or transmitted to the address for the recipient's communications as stated in the Appendix to Tender. However:

    (i) if the recipient gives notice of another address, communications shall thereafter be delivered accordingly; and
    (ii) if the recipient has not stated otherwise when requesting an approval or consent, it may be sent to the address from which the request was issued.

Approvals, certificates, consents and determinations shall not be unreasonably withheld or delayed. When a certificate is issued to a Party, the certifier shall send a copy to the other Party. When a notice is issued to a Party, by the other Party or the Engineer, a copy shall be sent to the Engineer or the other Party, as the case may be.

1.4

Law and Language

The Contract shall be governed by the law of the country (or other jurisdiction) stated in the Appendix to Tender.

If there are versions of any part of the Contract which are written in more than one language, the version which is in the ruling language stated in the Appendix to Tender shall prevail.

The language for communications shall be that stated in the Appendix to Tender. If no language is stated there, the language for communications shall be the language in which the Contract (or most of it) is written.

1.5

Priority of Documents

The documents forming the Contract are to be taken as mutually explanatory of one another. For the purposes of interpretation, the priority of the documents shall be in accordance with the following sequence:

(a) the Contract Agreement (if any),
(b) the Letter of Acceptance,
(c) the Letter of Tender,
(d) the Particular Conditions,
(e) these General Conditions,
(f) the Specification,
(g) the Drawings, and
(h) the Schedules and any other documents forming part of the Contract.

If an ambiguity or discrepancy is found in the documents, the Engineer shall issue any necessary clarification or instruction.

1.6

Contract Agreement

The Parties shall enter into a Contract Agreement within 28 days after the Contractor receives the Letter of Acceptance, unless they agree otherwise. The Contract Agreement shall be based upon the form annexed to the Particular Conditions. The costs of stamp duties and similar charges (if any) imposed by law in connection with entry into the Contract Agreement shall be borne by the Employer.

1.7

Assignment

Neither Party shall assign the whole or any part of the Contract or any benefit or interest in or under the Contract. However, either Party:

(a) may assign the whole or any part with the prior agreement of the other Party, at the sole discretion of such other Party, and
(b) may, as security in favour of a bank or financial institution, assign its right to any moneys due, or to become due, under the Contract.

1.8

Care and Supply of Documents

The Specification and Drawings shall be in the custody and care of the Employer. Unless otherwise stated in the Contract, two copies of the Contract and of each subsequent Drawing shall be supplied to the Contractor, who may make or request further copies at the cost of the Contractor.

Each of the Contractor's Documents shall be in the custody and care of the Contractor, unless and until taken over by the Employer. Unless otherwise stated in the Contract, the Contractor shall supply to the Engineer six copies of each of the Contractor's Documents.

The Contractor shall keep, on the Site, a copy of the Contract, publications named in the Specification, the Contractor's Documents (if any), the Drawings and Variations and other communications given under the Contract. The Employer's Personnel shall have the right of access to all these documents at all reasonable times.

If a Party becomes aware of an error or defect of a technical nature in a document which was prepared for use in executing the Works, the Party shall promptly give notice to the other Party of such error or defect.

1.9
Delayed Drawings or Instructions

The Contractor shall give notice to the Engineer whenever the Works are likely to be delayed or disrupted if any necessary drawing or instruction is not issued to the Contractor within a particular time, which shall be reasonable. The notice shall include details of the necessary drawing or instruction, details of why and by when it should be issued, and details of the nature and amount of the delay or disruption likely to be suffered if it is late.

If the Contractor suffers delay and/or incurs Cost as a result of a failure of the Engineer to issue the notified drawing or instruction within a time which is reasonable and is specified in the notice with supporting details, the Contractor shall give a further notice to the Engineer and shall be entitled subject to Sub-Clause 20.1 [*Contractor's Claims*] to:

(a) an extension of time for any such delay, if completion is or will be delayed, under Sub-Clause 8.4 [*Extension of Time for Completion*], and
(b) payment of any such Cost plus reasonable profit, which shall be included in the Contract Price.

After receiving this further notice, the Engineer shall proceed in accordance with Sub-Clause 3.5 [*Determinations*] to agree or determine these matters.

However, if and to the extent that the Engineer's failure was caused by any error or delay by the Contractor, including an error in, or delay in the submission of, any of the Contractor's Documents, the Contractor shall not be entitled to such extension of time, Cost or profit.

1.10
Employer's Use of Contractor's Documents

As between the Parties, the Contractor shall retain the copyright and other intellectual property rights in the Contractor's Documents and other design documents made by (or on behalf of) the Contractor.

The Contractor shall be deemed (by signing the Contract) to give to the Employer a non-terminable transferable non-exclusive royalty-free licence to copy, use and communicate the Contractor's Documents, including making and using modifications of them. This licence shall:

(a) apply throughout the actual or intended working life (whichever is longer) of the relevant parts of the Works,
(b) entitle any person in proper possession of the relevant part of the Works to copy, use and communicate the Contractor's Documents for the purposes of completing, operating, maintaining, altering, adjusting, repairing and demolishing the Works, and
(c) in the case of Contractor's Documents which are in the form of computer programs and other software, permit their use on any computer on the Site and other places as envisaged by the Contract, including replacements of any computers supplied by the Contractor.

The Contractor's Documents and other design documents made by (or on behalf of) the Contractor shall not, without the Contractor's consent, be used, copied or communicated to a third party by (or on behalf of) the Employer for purposes other than those permitted under this Sub-Clause.

1.11
Contractor's Use of Employer's Documents

As between the Parties, the Employer shall retain the copyright and other intellectual property rights in the Specification, the Drawings and other documents made by (or on behalf of) the Employer. The Contractor may, at his cost, copy, use, and obtain communication of these documents for the purposes of the Contract. They shall not, without the Employer's consent, be copied, used or communicated to a third party by the Contractor, except as necessary for the purposes of the Contract.

1.12

Confidential Details

The Contractor shall disclose all such confidential and other information as the Engineer may reasonably require in order to verify the Contractor's compliance with the Contract.

1.13

Compliance with Laws

The Contractor shall, in performing the Contract, comply with applicable Laws. Unless otherwise stated in the Particular Conditions:

(a) the Employer shall have obtained (or shall obtain) the planning, zoning or similar permission for the Permanent Works, and any other permissions described in the Specification as having been (or being) obtained by the Employer; and the Employer shall indemnify and hold the Contractor harmless against and from the consequences of any failure to do so; and

(b) the Contractor shall give all notices, pay all taxes, duties and fees, and obtain all permits, licences and approvals, as required by the Laws in relation to the execution and completion of the Works and the remedying of any defects; and the Contractor shall indemnify and hold the Employer harmless against and from the consequences of any failure to do so.

1.14

Joint and Several Liability

If the Contractor constitutes (under applicable Laws) a joint venture, consortium or other unincorporated grouping of two or more persons:

(a) these persons shall be deemed to be jointly and severally liable to the Employer for the performance of the Contract;

(b) these persons shall notify the Employer of their leader who shall have authority to bind the Contractor and each of these persons; and

(c) the Contractor shall not alter its composition or legal status without the prior consent of the Employer.

2 The Employer

2.1

Right of Access to the Site

The Employer shall give the Contractor right of access to, and possession of, all parts of the Site within the time (or times) stated in the Appendix to Tender. The right and possession may not be exclusive to the Contractor. If, under the Contract, the Employer is required to give (to the Contractor) possession of any foundation, structure, plant or means of access, the Employer shall do so in the time and manner stated in the Specification. However, the Employer may withhold any such right or possession until the Performance Security has been received.

If no such time is stated in the Appendix to Tender, the Employer shall give the Contractor right of access to, and possession of, the Site within such times as may be required to enable the Contractor to proceed in accordance with the programme submitted under Sub-Clause 8.3 [*Programme*].

If the Contractor suffers delay and/or incurs Cost as a result of a failure by the Employer to give any such right or possession within such time, the Contractor shall give notice to the Engineer and shall be entitled subject to Sub-Clause 20.1 [*Contractor's Claims*] to:

(a) an extension of time for any such delay, if completion is or will be delayed, under Sub-Clause 8.4 [*Extension of Time for Completion*], and
(b) payment of any such Cost plus reasonable profit, which shall be included in the Contract Price.

After receiving this notice, the Engineer shall proceed in accordance with Sub-Clause 3.5 [*Determinations*] to agree or determine these matters.

However, if and to the extent that the Employer's failure was caused by any error or delay by the Contractor, including an error in, or delay in the submission of, any of the Contractor's Documents, the Contractor shall not be entitled to such extension of time, Cost or profit.

2.2

Permits, Licences or Approvals

The Employer shall (where he is in a position to do so) provide reasonable assistance to the Contractor at the request of the Contractor:

(a) by obtaining copies of the Laws of the Country which are relevant to the Contract but are not readily available, and
(b) for the Contractor's applications for any permits, licences or approvals required by the Laws of the Country:

(i) which the Contractor is required to obtain under Sub-Clause 1.13 [*Compliance with Laws*],
(ii) for the delivery of Goods, including clearance through customs, and
(iii) for the export of Contractor's Equipment when it is removed from the Site.

2.3

Employer's Personnel

The Employer shall be responsible for ensuring that the Employer's Personnel and the Employer's other contractors on the Site:

(a) co-operate with the Contractor's efforts under Sub-Clause 4.6 [*Co-operation*], and
(b) take actions similar to those which the Contractor is required to take under sub-paragraphs (a), (b) and (c) of Sub-Clause 4.8 [*Safety Procedures*] and under Sub-Clause 4.18 [*Protection of the Environment*].

2.4

Employer's Financial Arrangements

The Employer shall submit, within 28 days after receiving any request from the Contractor, reasonable evidence that financial arrangements have been made and are being maintained which will enable the Employer to pay the Contract Price (as estimated at that time) in accordance with Clause 14 [*Contract Price and Payment*]. If the Employer intends to make any material change to his financial arrangements, the Employer shall give notice to the Contractor with detailed particulars.

2.5

Employer's Claims

If the Employer considers himself to be entitled to any payment under any Clause of these Conditions or otherwise in connection with the Contract, and/or to any extension of the Defects Notification Period, the Employer or the Engineer shall give notice and particulars to the Contractor. However, notice is not required for payments due under Sub-Clause 4.19 [*Electricity, Water and Gas*], under Sub-Clause 4.20 [*Employer's Equipment and Free-Issue Material*], or for other services requested by the Contractor.

The notice shall be given as soon as practicable after the Employer became aware of the event or circumstances giving rise to the claim. A notice relating to any extension of the Defects Notification Period shall be given before the expiry of such period.

The particulars shall specify the Clause or other basis of the claim, and shall include substantiation of the amount and/or extension to which the Employer considers himself to be entitled in connection with the Contract. The Engineer shall then proceed in accordance with Sub-Clause 3.5 [*Determinations*] to agree or determine (i) the amount (if any) which the Employer is entitled to be paid by the Contractor, and/or (ii) the extension (if any) of the Defects Notification Period in accordance with Sub-Clause 11.3 [*Extension of Defects Notification Period*].

This amount may be included as a deduction in the Contract Price and Payment Certificates. The Employer shall only be entitled to set off against or make any deduction from an amount certified in a Payment Certificate, or to otherwise claim against the Contractor, in accordance with this Sub-Clause.

3 The Engineer

3.1

Engineer's Duties and Authority

The Employer shall appoint the Engineer who shall carry out the duties assigned to him in the Contract. The Engineer's staff shall include suitably qualified engineers and other professionals who are competent to carry out these duties.

The Engineer shall have no authority to amend the Contract.

The Engineer may exercise the authority attributable to the Engineer as specified in or necessarily to be implied from the Contract. If the Engineer is required to obtain the approval of the Employer before exercising a specified authority, the requirements shall be as stated in the Particular Conditions. The Employer undertakes not to impose further constraints on the Engineer's authority, except as agreed with the Contractor.

However, whenever the Engineer exercises a specified authority for which the Employer's approval is required, then (for the purposes of the Contract) the Employer shall be deemed to have given approval.

Except as otherwise stated in these Conditions:

(a) whenever carrying out duties or exercising authority, specified in or implied by the Contract, the Engineer shall be deemed to act for the Employer;

(b) the Engineer has no authority to relieve either Party of any duties, obligations or responsibilities under the Contract; and

(c) any approval, check, certificate, consent, examination, inspection, instruction, notice, proposal, request, test, or similar act by the Engineer (including absence of disapproval) shall not relieve the Contractor from any responsibility he has under the Contract, including responsibility for errors, omissions, discrepancies and non-compliances.

3.2

Delegation by the Engineer

The Engineer may from time to time assign duties and delegate authority to assistants, and may also revoke such assignment or delegation. These assistants may include a resident engineer, and/or independent inspectors appointed to inspect and/or test items of Plant and/or Materials. The assignment, delegation or revocation shall be in writing and shall not take effect until copies have been received by both Parties. However, unless otherwise agreed by both Parties, the Engineer shall not delegate the authority to determine any matter in accordance with Sub-Clause 3.5 [*Determinations*].

Assistants shall be suitably qualified persons, who are competent to carry out these duties and exercise this authority, and who are fluent in the language for communications defined in Sub-Clause 1.4 [*Law and Language*].

Each assistant, to whom duties have been assigned or authority has been delegated, shall only be authorised to issue instructions to the Contractor to the extent defined by the delegation. Any approval, check, certificate, consent, examination, inspection, instruction, notice, proposal, request, test, or similar act by an assistant, in accordance with the delegation, shall have the same effect as though the act had been an act of the Engineer. However:

(a) any failure to disapprove any work, Plant or Materials shall not constitute approval, and shall therefore not prejudice the right of the Engineer to reject the work, Plant or Materials;
(b) if the Contractor questions any determination or instruction of an assistant, the Contractor may refer the matter to the Engineer, who shall promptly confirm, reverse or vary the determination or instruction.

3.3

Instructions of the Engineer

The Engineer may issue to the Contractor (at any time) instructions and additional or modified Drawings which may be necessary for the execution of the Works and the remedying of any defects, all in accordance with the Contract. The Contractor shall only take instructions from the Engineer, or from an assistant to whom the appropriate authority has been delegated under this Clause. If an instruction constitutes a Variation, Clause 13 [*Variations and Adjustments*] shall apply.

The Contractor shall comply with the instructions given by the Engineer or delegated assistant, on any matter related to the Contract. Whenever practicable, their instructions shall be given in writing. If the Engineer or a delegated assistant:

(a) gives an oral instruction,
(b) receives a written confirmation of the instruction, from (or on behalf of) the Contractor, within two working days after giving the instruction, and
(c) does not reply by issuing a written rejection and/or instruction within two working days after receiving the confirmation,

then the confirmation shall constitute the written instruction of the Engineer or delegated assistant (as the case may be).

3.4

Replacement of the Engineer

If the Employer intends to replace the Engineer, the Employer shall, not less than 42 days before the intended date of replacement, give notice to the Contractor of the name, address and relevant experience of the intended replacement Engineer. The Employer shall not replace the Engineer with a person against whom the Contractor raises reasonable objection by notice to the Employer, with supporting particulars.

3.5

Determinations

Whenever these Conditions provide that the Engineer shall proceed in accordance with this Sub-Clause 3.5 to agree or determine any matter, the Engineer shall consult with each Party in an endeavour to reach agreement. If agreement is not achieved, the Engineer shall make a fair determination in accordance with the Contract, taking due regard of all relevant circumstances.

The Engineer shall give notice to both Parties of each agreement or determination, with supporting particulars. Each Party shall give effect to each agreement or determination unless and until revised under Clause 20 [*Claims, Disputes and Arbitration*].

4 The Contractor

4.1
Contractor's General Obligations

The Contractor shall design (to the extent specified in the Contract), execute and complete the Works in accordance with the Contract and with the Engineer's instructions, and shall remedy any defects in the Works.

The Contractor shall provide the Plant and Contractor's Documents specified in the Contract, and all Contractor's Personnel, Goods, consumables and other things and services, whether of a temporary or permanent nature, required in and for this design, execution, completion and remedying of defects.

The Contractor shall be responsible for the adequacy, stability and safety of all Site operations and of all methods of construction. Except to the extent specified in the Contract, the Contractor (i) shall be responsible for all Contractor's Documents, Temporary Works, and such design of each item of Plant and Materials as is required for the item to be in accordance with the Contract, and (ii) shall not otherwise be responsible for the design or specification of the Permanent Works.

The Contractor shall, whenever required by the Engineer, submit details of the arrangements and methods which the Contractor proposes to adopt for the execution of the Works. No significant alteration to these arrangements and methods shall be made without this having previously been notified to the Engineer.

If the Contract specifies that the Contractor shall design any part of the Permanent Works, then unless otherwise stated in the Particular Conditions:

(a) the Contractor shall submit to the Engineer the Contractor's Documents for this part in accordance with the procedures specified in the Contract;
(b) these Contractor's Documents shall be in accordance with the Specification and Drawings, shall be written in the language for communications defined in Sub-Clause 1.4 [*Law and Language*], and shall include additional information required by the Engineer to add to the Drawings for co-ordination of each Party's designs;
(c) the Contractor shall be responsible for this part and it shall, when the Works are completed, be fit for such purposes for which the part is intended as are specified in the Contract; and
(d) prior to the commencement of the Tests on Completion, the Contractor shall submit to the Engineer the "as-built" documents and operation and maintenance manuals in accordance with the Specification and in sufficient detail for the Employer to operate, maintain, dismantle, reassemble, adjust and repair this part of the Works. Such part shall not be considered to be completed for the purposes of taking-over under Sub-Clause 10.1 [*Taking Over of the Works and Sections*] until these documents and manuals have been submitted to the Engineer.

4.2
Performance Security

The Contractor shall obtain (at his cost) a Performance Security for proper performance, in the amount and currencies stated in the Appendix to Tender. If an amount is not stated in the Appendix to Tender, this Sub-Clause shall not apply.

The Contractor shall deliver the Performance Security to the Employer within 28 days after receiving the Letter of Acceptance, and shall send a copy to the Engineer. The Performance Security shall be issued by an entity and from within a country (or other jurisdiction) approved by the Employer, and shall be in the form annexed to the Particular Conditions or in another form approved by the Employer.

The Contractor shall ensure that the Performance Security is valid and enforceable until the Contractor has executed and completed the Works and remedied any defects. If the terms of the Performance Security specify its expiry date, and the Contractor has not become entitled to receive the Performance Certificate by the date 28 days prior to the expiry date, the Contractor shall extend the validity of the Performance Security until the Works have been completed and any defects have been remedied.

The Employer shall not make a claim under the Performance Security, except for amounts to which the Employer is entitled under the Contract in the event of:

(a) failure by the Contractor to extend the validity of the Performance Security as described in the preceding paragraph, in which event the Employer may claim the full amount of the Performance Security,
(b) failure by the Contractor to pay the Employer an amount due, as either agreed by the Contractor or determined under Sub-Clause 2.5 [*Employer's Claims*] or Clause 20 [*Claims, Disputes and Arbitration*], within 42 days after this agreement or determination,
(c) failure by the Contractor to remedy a default within 42 days after receiving the Employer's notice requiring the default to be remedied, or
(d) circumstances which entitle the Employer to termination under Sub-Clause 15.2 [*Termination by Employer*], irrespective of whether notice of termination has been given.

The Employer shall indemnify and hold the Contractor harmless against and from all damages, losses and expenses (including legal fees and expenses) resulting from a claim under the Performance Security to the extent to which the Employer was not entitled to make the claim.

The Employer shall return the Performance Security to the Contractor within 21 days after receiving a copy of the Performance Certificate.

4.3

Contractor's Representative

The Contractor shall appoint the Contractor's Representative and shall give him all authority necessary to act on the Contractor's behalf under the Contract.

Unless the Contractor's Representative is named in the Contract, the Contractor shall, prior to the Commencement Date, submit to the Engineer for consent the name and particulars of the person the Contractor proposes to appoint as Contractor's Representative. If consent is withheld or subsequently revoked, or if the appointed person fails to act as Contractor's Representative, the Contractor shall similarly submit the name and particulars of another suitable person for such appointment.

The Contractor shall not, without the prior consent of the Engineer, revoke the appointment of the Contractor's Representative or appoint a replacement.

The whole time of the Contractor's Representative shall be given to directing the Contractor's performance of the Contract. If the Contractor's Representative is to be temporarily absent from the Site during the execution of the Works, a suitable replacement person shall be appointed, subject to the Engineer's prior consent, and the Engineer shall be notified accordingly.

The Contractor's Representative shall, on behalf of the Contractor, receive instructions under Sub-Clause 3.3 [*Instructions of the Engineer*].

The Contractor's Representative may delegate any powers, functions and authority to any competent person, and may at any time revoke the delegation. Any delegation or revocation shall not take effect until the Engineer has received prior notice signed by the Contractor's Representative, naming the person and specifying the powers, functions and authority being delegated or revoked.

The Contractor's Representative and all these persons shall be fluent in the language for communications defined in Sub-Clause 1.4 [*Law and Language*].

4.4

Subcontractors

The Contractor shall not subcontract the whole of the Works.

The Contractor shall be responsible for the acts or defaults of any Subcontractor, his agents or employees, as if they were the acts or defaults of the Contractor. Unless otherwise stated in the Particular Conditions:

(a) the Contractor shall not be required to obtain consent to suppliers of Materials, or to a subcontract for which the Subcontractor is named in the Contract;
(b) the prior consent of the Engineer shall be obtained to other proposed Subcontractors;
(c) the Contractor shall give the Engineer not less than 28 days' notice of the intended date of the commencement of each Subcontractor's work, and of the commencement of such work on the Site; and
(d) each subcontract shall include provisions which would entitle the Employer to require the subcontract to be assigned to the Employer under Sub-Clause 4.5 [*Assignment of Benefit of Subcontract*] (if or when applicable) or in the event of termination under Sub-Clause 15.2 [*Termination by Employer*].

4.5

Assignment of Benefit of Subcontract

If a Subcontractor's obligations extend beyond the expiry date of the relevant Defects Notification Period and the Engineer, prior to this date, instructs the Contractor to assign the benefit of such obligations to the Employer, then the Contractor shall do so. Unless otherwise stated in the assignment, the Contractor shall have no liability to the Employer for the work carried out by the Subcontractor after the assignment takes effect.

4.6

Co-operation

The Contractor shall, as specified in the Contract or as instructed by the Engineer, allow appropriate opportunities for carrying out work to:

(a) the Employer's Personnel,
(b) any other contractors employed by the Employer, and
(c) the personnel of any legally constituted public authorities,

who may be employed in the execution on or near the Site of any work not included in the Contract.

Any such instruction shall constitute a Variation if and to the extent that it causes the Contractor to incur Unforeseeable Cost. Services for these personnel and other contractors may include the use of Contractor's Equipment, Temporary Works or access arrangements which are the responsibility of the Contractor.

If, under the Contract, the Employer is required to give to the Contractor possession of any foundation, structure, plant or means of access in accordance with Contractor's Documents, the Contractor shall submit such documents to the Engineer in the time and manner stated in the Specification.

4.7 Setting Out

The Contractor shall set out the Works in relation to original points, lines and levels of reference specified in the Contract or notified by the Engineer. The Contractor shall be responsible for the correct positioning of all parts of the Works, and shall rectify any error in the positions, levels, dimensions or alignment of the Works.

The Employer shall be responsible for any errors in these specified or notified items of reference, but the Contractor shall use reasonable efforts to verify their accuracy before they are used.

If the Contractor suffers delay and/or incurs Cost from executing work which was necessitated by an error in these items of reference, and an experienced contractor could not reasonably have discovered such error and avoided this delay and/or Cost, the Contractor shall give notice to the Engineer and shall be entitled subject to Sub-Clause 20.1 [*Contractor's Claims*] to:

(a) an extension of time for any such delay, if completion is or will be delayed, under Sub-Clause 8.4 [*Extension of Time for Completion*], and
(b) payment of any such Cost plus reasonable profit, which shall be included in the Contract Price.

After receiving this notice, the Engineer shall proceed in accordance with Sub-Clause 3.5 [*Determinations*] to agree or determine (i) whether and (if so) to what extent the error could not reasonably have been discovered, and (ii) the matters described in sub-paragraphs (a) and (b) above related to this extent.

4.8 Safety Procedures

The Contractor shall:

(a) comply with all applicable safety regulations,
(b) take care for the safety of all persons entitled to be on the Site,
(c) use reasonable efforts to keep the Site and Works clear of unnecessary obstruction so as to avoid danger to these persons,
(d) provide fencing, lighting, guarding and watching of the Works until completion and taking over under Clause 10 [*Employer's Taking Over*], and
(e) provide any Temporary Works (including roadways, footways, guards and fences) which may be necessary, because of the execution of the Works, for the use and protection of the public and of owners and occupiers of adjacent land.

4.9 Quality Assurance

The Contractor shall institute a quality assurance system to demonstrate compliance with the requirements of the Contract. The system shall be in accordance with the details stated in the Contract. The Engineer shall be entitled to audit any aspect of the system.

Details of all procedures and compliance documents shall be submitted to the Engineer for information before each design and execution stage is commenced. When any document of a technical nature is issued to the Engineer, evidence of the prior approval by the Contractor himself shall be apparent on the document itself.

Compliance with the quality assurance system shall not relieve the Contractor of any of his duties, obligations or responsibilities under the Contract.

4.10 Site Data

The Employer shall have made available to the Contractor for his information, prior to the Base Date, all relevant data in the Employer's possession on sub-surface and hydrological conditions at the Site, including environmental aspects. The Employer shall similarly make available to the Contractor all such data which come into the Employer's possession after the Base Date. The Contractor shall be responsible for interpreting all such data.

To the extent which was practicable (taking account of cost and time), the Contractor shall be deemed to have obtained all necessary information as to risks, contingencies and other circumstances which may influence or affect the Tender or Works. To the same extent, the Contractor shall be deemed to have inspected and examined the Site, its surroundings, the above data and other available information, and to have been satisfied before submitting the Tender as to all relevant matters, including (without limitation):

(a) the form and nature of the Site, including sub-surface conditions,
(b) the hydrological and climatic conditions,
(c) the extent and nature of the work and Goods necessary for the execution and completion of the Works and the remedying of any defects,
(d) the Laws, procedures and labour practices of the Country, and
(e) the Contractor's requirements for access, accommodation, facilities, personnel, power, transport, water and other services.

4.11

Sufficiency of the Accepted Contract Amount

The Contractor shall be deemed to:

(a) have satisfied himself as to the correctness and sufficiency of the Accepted Contract Amount, and
(b) have based the Accepted Contract Amount on the data, interpretations, necessary information, inspections, examinations and satisfaction as to all relevant matters referred to in Sub-Clause 4.10 [*Site Data*].

Unless otherwise stated in the Contract, the Accepted Contract Amount covers all the Contractor's obligations under the Contract (including those under Provisional Sums, if any) and all things necessary for the proper execution and completion of the Works and the remedying of any defects.

4.12

Unforeseeable Physical Conditions

In this Sub-Clause, "physical conditions" means natural physical conditions and man-made and other physical obstructions and pollutants, which the Contractor encounters at the Site when executing the Works, including sub-surface and hydrological conditions but excluding climatic conditions.

If the Contractor encounters adverse physical conditions which he considers to have been Unforeseeable, the Contractor shall give notice to the Engineer as soon as practicable.

This notice shall describe the physical conditions, so that they can be inspected by the Engineer, and shall set out the reasons why the Contractor considers them to be Unforeseeable. The Contractor shall continue executing the Works, using such proper and reasonable measures as are appropriate for the physical conditions, and shall comply with any instructions which the Engineer may give. If an instruction constitutes a Variation, Clause 13 [*Variations and Adjustments*] shall apply.

If and to the extent that the Contractor encounters physical conditions which are Unforeseeable, gives such a notice, and suffers delay and/or incurs Cost due to these conditions, the Contractor shall be entitled subject to Sub-Clause 20.1 [*Contractor's Claims*] to:

(a) an extension of time for any such delay, if completion is or will be delayed, under Sub-Clause 8.4 [*Extension of Time for Completion*], and
(b) payment of any such Cost, which shall be included in the Contract Price.

After receiving such notice and inspecting and/or investigating these physical conditions, the Engineer shall proceed in accordance with Sub-Clause 3.5 [*Determinations*] to agree or determine (i) whether and (if so) to what extent these physical conditions were Unforeseeable, and (ii) the matters described in sub-paragraphs (a) and (b) above related to this extent.

However, before additional Cost is finally agreed or determined under sub-paragraph (ii), the Engineer may also review whether other physical conditions in similar parts of the Works (if any) were more favourable than could reasonably have been foreseen when the Contractor submitted the Tender. If and to the extent that these more favourable conditions were encountered, the Engineer may proceed in accordance with Sub-Clause 3.5 [*Determinations*] to agree or determine the reductions in Cost which were due to these conditions, which may be included (as deductions) in the Contract Price and Payment Certificates. However, the net effect of all adjustments under sub-paragraph (b) and all these reductions, for all the physical conditions encountered in similar parts of the Works, shall not result in a net reduction in the Contract Price.

The Engineer may take account of any evidence of the physical conditions foreseen by the Contractor when submitting the Tender, which may be made available by the Contractor, but shall not be bound by any such evidence.

4.13

Rights of Way and Facilities

The Contractor shall bear all costs and charges for special and/or temporary rights-of-way which he may require, including those for access to the Site. The Contractor shall also obtain, at his risk and cost, any additional facilities outside the Site which he may require for the purposes of the Works.

4.14

Avoidance of Interference

The Contractor shall not interfere unnecessarily or improperly with:

(a) the convenience of the public, or
(b) the access to and use and occupation of all roads and footpaths, irrespective of whether they are public or in the possession of the Employer or of others.

The Contractor shall indemnify and hold the Employer harmless against and from all damages, losses and expenses (including legal fees and expenses) resulting from any such unnecessary or improper interference.

4.15

Access Route

The Contractor shall be deemed to have been satisfied as to the suitability and availability of access routes to the Site. The Contractor shall use reasonable efforts to prevent any road or bridge from being damaged by the Contractor's traffic or by the Contractor's Personnel. These efforts shall include the proper use of appropriate vehicles and routes.

Except as otherwise stated in these Conditions:

(a) the Contractor shall (as between the Parties) be responsible for any maintenance which may be required for his use of access routes;
(b) the Contractor shall provide all necessary signs or directions along access routes, and shall obtain any permission which may be required from the relevant authorities for his use of routes, signs and directions;
(c) the Employer shall not be responsible for any claims which may arise from the use or otherwise of any access route,

(d) the Employer does not guarantee the suitability or availability of particular access routes, and
(e) Costs due to non-suitability or non-availability, for the use required by the Contractor, of access routes shall be borne by the Contractor.

4.16

Transport of Goods

Unless otherwise stated in the Particular Conditions:

(a) the Contractor shall give the Engineer not less than 21 days' notice of the date on which any Plant or a major item of other Goods will be delivered to the Site;
(b) the Contractor shall be responsible for packing, loading, transporting, receiving, unloading, storing and protecting all Goods and other things required for the Works; and
(c) the Contractor shall indemnify and hold the Employer harmless against and from all damages, losses and expenses (including legal fees and expenses) resulting from the transport of Goods, and shall negotiate and pay all claims arising from their transport.

4.17

Contractor's Equipment

The Contractor shall be responsible for all Contractor's Equipment. When brought on to the Site, Contractor's Equipment shall be deemed to be exclusively intended for the execution of the Works. The Contractor shall not remove from the Site any major items of Contractor's Equipment without the consent of the Engineer. However, consent shall not be required for vehicles transporting Goods or Contractor's Personnel off Site.

4.18

Protection of the Environment

The Contractor shall take all reasonable steps to protect the environment (both on and off the Site) and to limit damage and nuisance to people and property resulting from pollution, noise and other results of his operations.

The Contractor shall ensure that emissions, surface discharges and effluent from the Contractor's activities shall not exceed the values indicated in the Specification, and shall not exceed the values prescribed by applicable Laws.

4.19

Electricity, Water and Gas

The Contractor shall, except as stated below, be responsible for the provision of all power, water and other services he may require.

The Contractor shall be entitled to use for the purposes of the Works such supplies of electricity, water, gas and other services as may be available on the Site and of which details and prices are given in the Specification. The Contractor shall, at his risk and cost, provide any apparatus necessary for his use of these services and for measuring the quantities consumed.

The quantities consumed and the amounts due (at these prices) for such services shall be agreed or determined by the Engineer in accordance with Sub-Clause 2.5 [*Employer's Claims*] and Sub-Clause 3.5 [*Determinations*]. The Contractor shall pay these amounts to the Employer.

4.20

Employer's Equipment and Free-Issue Material

The Employer shall make the Employer's Equipment (if any) available for the use of the Contractor in the execution of the Works in accordance with the details, arrangements and prices stated in the Specification. Unless otherwise stated in the Specification:

(a) the Employer shall be responsible for the Employer's Equipment, except that

(b) the Contractor shall be responsible for each item of Employer's Equipment whilst any of the Contractor's Personnel is operating it, driving it, directing it or in possession or control of it.

The appropriate quantities and the amounts due (at such stated prices) for the use of Employer's Equipment shall be agreed or determined by the Engineer in accordance with Sub-Clause 2.5 [*Employer's Claims*] and Sub-Clause 3.5 [*Determinations*]. The Contractor shall pay these amounts to the Employer.

The Employer shall supply, free of charge, the "free-issue materials" (if any) in accordance with the details stated in the Specification. The Employer shall, at his risk and cost, provide these materials at the time and place specified in the Contract. The Contractor shall then visually inspect them, and shall promptly give notice to the Engineer of any shortage, defect or default in these materials. Unless otherwise agreed by both Parties, the Employer shall immediately rectify the notified shortage, defect or default.

After this visual inspection, the free-issue materials shall come under the care, custody and control of the Contractor. The Contractor's obligations of inspection, care, custody and control shall not relieve the Employer of liability for any shortage, defect or default not apparent from a visual inspection.

4.21

Progress Reports

Unless otherwise stated in the Particular Conditions, monthly progress reports shall be prepared by the Contractor and submitted to the Engineer in six copies. The first report shall cover the period up to the end of the first calendar month following the Commencement Date. Reports shall be submitted monthly thereafter, each within 7 days after the last day of the period to which it relates.

Reporting shall continue until the Contractor has completed all work which is known to be outstanding at the completion date stated in the Taking-Over Certificate for the Works.

Each report shall include:

(a) charts and detailed descriptions of progress, including each stage of design (if any), Contractor's Documents, procurement, manufacture, delivery to Site, construction, erection and testing; and including these stages for work by each nominated Subcontractor (as defined in Clause 5 [*Nominated Subcontractors*]),
(b) photographs showing the status of manufacture and of progress on the Site;
(c) for the manufacture of each main item of Plant and Materials, the name of the manufacturer, manufacture location, percentage progress, and the actual or expected dates of:

   (i) commencement of manufacture,
   (ii) Contractor's inspections,
   (iii) tests, and
   (iv) shipment and arrival at the Site;

(d) the details described in Sub-Clause 6.10 [*Records of Contractor's Personnel and Equipment*];
(e) copies of quality assurance documents, test results and certificates of Materials;
(f) list of notices given under Sub-Clause 2.5 [*Employer's Claims*] and notices given under Sub-Clause 20.1 [*Contractor's Claims*];
(g) safety statistics, including details of any hazardous incidents and activities relating to environmental aspects and public relations; and

(h) comparisons of actual and planned progress, with details of any events or circumstances which may jeopardise the completion in accordance with the Contract, and the measures being (or to be) adopted to overcome delays.

4.22

Security of the Site

Unless otherwise stated in the Particular Conditions:

(a) the Contractor shall be responsible for keeping unauthorised persons off the Site, and
(b) authorised persons shall be limited to the Contractor's Personnel and the Employer's Personnel; and to any other personnel notified to the Contractor, by the Employer or the Engineer, as authorised personnel of the Employer's other contractors on the Site.

4.23

Contractor's Operations on Site

The Contractor shall confine his operations to the Site, and to any additional areas which may be obtained by the Contractor and agreed by the Engineer as working areas. The Contractor shall take all necessary precautions to keep Contractor's Equipment and Contractor's Personnel within the Site and these additional areas, and to keep them off adjacent land.

During the execution of the Works, the Contractor shall keep the Site free from all unnecessary obstruction, and shall store or dispose of any Contractor's Equipment or surplus materials. The Contractor shall clear away and remove from the Site any wreckage, rubbish and Temporary Works which are no longer required.

Upon the issue of a Taking-Over Certificate, the Contractor shall clear away and remove, from that part of the Site and Works to which the Taking-Over Certificate refers, all Contractor's Equipment, surplus material, wreckage, rubbish and Temporary Works. The Contractor shall leave that part of the Site and the Works in a clean and safe condition. However, the Contractor may retain on Site, during the Defects Notification Period, such Goods as are required for the Contractor to fulfil obligations under the Contract.

4.24

Fossils

All fossils, coins, articles of value or antiquity, and structures and other remains or items of geological or archaeological interest found on the Site shall be placed under the care and authority of the Employer. The Contractor shall take reasonable precautions to prevent Contractor's Personnel or other persons from removing or damaging any of these findings.

The Contractor shall, upon discovery of any such finding, promptly give notice to the Engineer, who shall issue instructions for dealing with it. If the Contractor suffers delay and/or incurs Cost from complying with the instructions, the Contractor shall give a further notice to the Engineer and shall be entitled subject to Sub-Clause 20.1 [*Contractor's Claims*] to:

(a) an extension of time for any such delay, if completion is or will be delayed, under Sub-Clause 8.4 [*Extension of Time for Completion*], and
(b) payment of any such Cost, which shall be included in the Contract Price.

After receiving this further notice, the Engineer shall proceed in accordance with Sub-Clause 3.5 [*Determinations*] to agree or determine these matters.

5 Nominated Subcontractors

5.1

Definition of "nominated Subcontractor"

In the Contract, "nominated Subcontractor" means a Subcontractor:

(a) who is stated in the Contract as being a nominated Subcontractor, or
(b) whom the Engineer, under Clause 13 [*Variations and Adjustments*], instructs the Contractor to employ as a Subcontractor.

5.2

Objection to Nomination

The Contractor shall not be under any obligation to employ a nominated Subcontractor against whom the Contractor raises reasonable objection by notice to the Engineer as soon as practicable, with supporting particulars. An objection shall be deemed reasonable if it arises from (among other things) any of the following matters, unless the Employer agrees to indemnify the Contractor against and from the consequences of the matter:

(a) there are reasons to believe that the Subcontractor does not have sufficient competence, resources or financial strength;
(b) the subcontract does not specify that the nominated Subcontractor shall indemnify the Contractor against and from any negligence or misuse of Goods by the nominated Subcontractor, his agents and employees; or
(c) the subcontract does not specify that, for the subcontracted work (including design, if any), the nominated Subcontractor shall:

   (i) undertake to the Contractor such obligations and liabilities as will enable the Contractor to discharge his obligations and liabilities under the Contract, and
   (ii) indemnify the Contractor against and from all obligations and liabilities arising under or in connection with the Contract and from the consequences of any failure by the Subcontractor to perform these obligations or to fulfil these liabilities.

5.3

Payments to nominated Subcontractors

The Contractor shall pay to the nominated Subcontractor the amounts which the Engineer certifies to be due in accordance with the subcontract. These amounts plus other charges shall be included in the Contract Price in accordance with sub-paragraph (b) of Sub-Clause 13.5 [*Provisional Sums*], except as stated in Sub-Clause 5.4 [*Evidence of Payments*].

5.4

Evidence of Payments

Before issuing a Payment Certificate which includes an amount payable to a nominated Subcontractor, the Engineer may request the Contractor to supply reasonable evidence that the nominated Subcontractor has received all amounts due in accordance with previous Payment Certificates, less applicable deductions for retention or otherwise. Unless the Contractor:

(a) submits this reasonable evidence to the Engineer, or
(b) (i) satisfies the Engineer in writing that the Contractor is reasonably entitled to withhold or refuse to pay these amounts, and
   (ii) submits to the Engineer reasonable evidence that the nominated Subcontractor has been notified of the Contractor's entitlement,

then the Employer may (at his sole discretion) pay, direct to the nominated Subcontractor, part or all of such amounts previously certified (less applicable deductions) as are due to the nominated Subcontractor and for which the Contractor has failed to submit the evidence described in sub-paragraphs (a) or (b) above. The Contractor shall then repay, to the Employer, the amount which the nominated Subcontractor was directly paid by the Employer.

6 Staff and Labour

6.1 Engagement of Staff and Labour

Except as otherwise stated in the Specification, the Contractor shall make arrangements for the engagement of all staff and labour, local or otherwise, and for their payment, housing, feeding and transport.

6.2 Rates of Wages and Conditions of Labour

The Contractor shall pay rates of wages, and observe conditions of labour, which are not lower than those established for the trade or industry where the work is carried out. If no established rates or conditions are applicable, the Contractor shall pay rates of wages and observe conditions which are not lower than the general level of wages and conditions observed locally by employers whose trade or industry is similar to that of the Contractor.

6.3 Persons in the Service of Employer

The Contractor shall not recruit, or attempt to recruit, staff and labour from amongst the Employer's Personnel.

6.4 Labour Laws

The Contractor shall comply with all the relevant labour Laws applicable to the Contractor's Personnel, including Laws relating to their employment, health, safety, welfare, immigration and emigration, and shall allow them all their legal rights.

The Contractor shall require his employees to obey all applicable Laws, including those concerning safety at work.

6.5 Working Hours

No work shall be carried out on the Site on locally recognised days of rest, or outside the normal working hours stated in the Appendix to Tender, unless:

(a) otherwise stated in the Contract,
(b) the Engineer gives consent, or
(c) the work is unavoidable, or necessary for the protection of life or property or for the safety of the Works, in which case the Contractor shall immediately advise the Engineer.

6.6 Facilities for Staff and Labour

Except as otherwise stated in the Specification, the Contractor shall provide and maintain all necessary accommodation and welfare facilities for the Contractor's Personnel. The Contractor shall also provide facilities for the Employer's Personnel as stated in the Specification.

The Contractor shall not permit any of the Contractor's Personnel to maintain any temporary or permanent living quarters within the structures forming part of the Permanent Works.

6.7 Health and Safety

The Contractor shall at all times take all reasonable precautions to maintain the health and safety of the Contractor's Personnel. In collaboration with local health authorities, the Contractor shall ensure that medical staff, first aid facilities, sick bay and ambulance service are available at all times at the Site and at any accommodation for Contractor's and Employer's Personnel, and that suitable arrangements are made for all necessary welfare and hygiene requirements and for the prevention of epidemics.

The Contractor shall appoint an accident prevention officer at the Site, responsible for maintaining safety and protection against accidents. This person shall be qualified for this responsibility, and shall have the authority to issue instructions and take protective measures to prevent accidents. Throughout the execution of the Works, the Contractor shall provide whatever is required by this person to exercise this responsibility and authority.

The Contractor shall send, to the Engineer, details of any accident as soon as practicable after its occurrence. The Contractor shall maintain records and make reports concerning health, safety and welfare of persons, and damage to property, as the Engineer may reasonably require.

6.8

Contractor's Superintendence

Throughout the execution of the Works, and as long thereafter as is necessary to fulfil the Contractor's obligations, the Contractor shall provide all necessary superintendence to plan, arrange, direct, manage, inspect and test the work.

Superintendence shall be given by a sufficient number of persons having adequate knowledge of the language for communications (defined in Sub-Clause 1.4 [*Law and Language*]) and of the operations to be carried out (including the methods and techniques required, the hazards likely to be encountered and methods of preventing accidents), for the satisfactory and safe execution of the Works.

6.9

Contractor's Personnel

The Contractor's Personnel shall be appropriately qualified, skilled and experienced in their respective trades or occupations. The Engineer may require the Contractor to remove (or cause to be removed) any person employed on the Site or Works, including the Contractor's Representative if applicable, who:

(a) persists in any misconduct or lack of care,
(b) carries out duties incompetently or negligently,
(c) fails to conform with any provisions of the Contract, or
(d) persists in any conduct which is prejudicial to safety, health, or the protection of the environment.

If appropriate, the Contractor shall then appoint (or cause to be appointed) a suitable replacement person.

6.10

Records of Contractor's Personnel and Equipment

The Contractor shall submit, to the Engineer, details showing the number of each class of Contractor's Personnel and of each type of Contractor's Equipment on the Site. Details shall be submitted each calendar month, in a form approved by the Engineer, until the Contractor has completed all work which is known to be outstanding at the completion date stated in the Taking-Over Certificate for the Works.

6.11

Disorderly Conduct

The Contractor shall at all times take all reasonable precautions to prevent any unlawful, riotous or disorderly conduct by or amongst the Contractor's Personnel, and to preserve peace and protection of persons and property on and near the Site.

7 Plant, Materials and Workmanship

7.1
Manner of Execution

The Contractor shall carry out the manufacture of Plant, the production and manufacture of Materials, and all other execution of the Works:

(a) in the manner (if any) specified in the Contract,
(b) in a proper workmanlike and careful manner, in accordance with recognised good practice, and
(c) with properly equipped facilities and non-hazardous Materials, except as otherwise specified in the Contract.

7.2
Samples

The Contractor shall submit the following samples of Materials, and relevant information, to the Engineer for consent prior to using the Materials in or for the Works:

(a) manufacturer's standard samples of Materials and samples specified in the Contract, all at the Contractor's cost, and
(b) additional samples instructed by the Engineer as a Variation.

Each sample shall be labelled as to origin and intended use in the Works.

7.3
Inspection

The Employer's Personnel shall at all reasonable times:

(a) have full access to all parts of the Site and to all places from which natural Materials are being obtained, and
(b) during production, manufacture and construction (at the Site and elsewhere), be entitled to examine, inspect, measure and test the materials and workmanship, and to check the progress of manufacture of Plant and production and manufacture of Materials.

The Contractor shall give the Employer's Personnel full opportunity to carry out these activities, including providing access, facilities, permissions and safety equipment. No such activity shall relieve the Contractor from any obligation or responsibility.

The Contractor shall give notice to the Engineer whenever any work is ready and before it is covered up, put out of sight, or packaged for storage or transport. The Engineer shall then either carry out the examination, inspection, measurement or testing without unreasonable delay, or promptly give notice to the Contractor that the Engineer does not require to do so. If the Contractor fails to give the notice, he shall, if and when required by the Engineer, uncover the work and thereafter reinstate and make good, all at the Contractor's cost.

7.4
Testing

This Sub-Clause shall apply to all tests specified in the Contract, other than the Tests after Completion (if any).

The Contractor shall provide all apparatus, assistance, documents and other information, electricity, equipment, fuel, consumables, instruments, labour, materials, and suitably qualified and experienced staff, as are necessary to carry out the specified tests efficiently. The Contractor shall agree, with the Engineer, the time and place for the specified testing of any Plant, Materials and other parts of the Works.

The Engineer may, under Clause 13 [*Variations and Adjustments*], vary the location or details of specified tests, or instruct the Contractor to carry out additional tests. If these varied or additional tests show that the tested Plant, Materials or workmanship is not in accordance with the Contract, the cost of carrying out this Variation shall be borne by the Contractor, notwithstanding other provisions of the Contract.

The Engineer shall give the Contractor not less than 24 hours' notice of the Engineer's intention to attend the tests. If the Engineer does not attend at the time and place agreed, the Contractor may proceed with the tests, unless otherwise instructed by the Engineer, and the tests shall then be deemed to have been made in the Engineer's presence.

If the Contractor suffers delay and/or incurs Cost from complying with these instructions or as a result of a delay for which the Employer is responsible, the Contractor shall give notice to the Engineer and shall be entitled subject to Sub-Clause 20.1 [*Contractor's Claims*] to:

(a) an extension of time for any such delay, if completion is or will be delayed, under Sub-Clause 8.4 [*Extension of Time for Completion*], and
(b) payment of any such Cost plus reasonable profit, which shall be included in the Contract Price.

After receiving this notice, the Engineer shall proceed in accordance with Sub-Clause 3.5 [*Determinations*] to agree or determine these matters.

The Contractor shall promptly forward to the Engineer duly certified reports of the tests. When the specified tests have been passed, the Engineer shall endorse the Contractor's test certificate, or issue a certificate to him, to that effect. If the Engineer has not attended the tests, he shall be deemed to have accepted the readings as accurate.

7.5

Rejection

If, as a result of an examination, inspection, measurement or testing, any Plant, Materials or workmanship is found to be defective or otherwise not in accordance with the Contract, the Engineer may reject the Plant, Materials or workmanship by giving notice to the Contractor, with reasons. The Contractor shall then promptly make good the defect and ensure that the rejected item complies with the Contract.

If the Engineer requires this Plant, Materials or workmanship to be retested, the tests shall be repeated under the same terms and conditions. If the rejection and retesting cause the Employer to incur additional costs, the Contractor shall subject to Sub-Clause 2.5 [*Employer's Claims*] pay these costs to the Employer.

7.6

Remedial Work

Notwithstanding any previous test or certification, the Engineer may instruct the Contractor to:

(a) remove from the Site and replace any Plant or Materials which is not in accordance with the Contract,
(b) remove and re-execute any other work which is not in accordance with the Contract, and
(c) execute any work which is urgently required for the safety of the Works, whether because of an accident, unforeseeable event or otherwise.

The Contractor shall comply with the instruction within a reasonable time, which shall be the time (if any) specified in the instruction, or immediately if urgency is specified under sub-paragraph (c).

If the Contractor fails to comply with the instruction, the Employer shall be entitled to employ and pay other persons to carry out the work. Except to the extent that the Contractor would have been entitled to payment for the work, the Contractor shall subject to Sub-Clause 2.5 [*Employer's Claims*] pay to the Employer all costs arising from this failure.

7.7

Ownership of Plant and Materials

Each item of Plant and Materials shall, to the extent consistent with the Laws of the Country, become the property of the Employer at whichever is the earlier of the following times, free from liens and other encumbrances:

(a) when it is delivered to the Site;
(b) when the Contractor is entitled to payment of the value of the Plant and Materials under Sub-Clause 8.10 [*Payment for Plant and Materials in Event of Suspension*].

7.8

Royalties

Unless otherwise stated in the Specification, the Contractor shall pay all royalties, rents and other payments for:

(a) natural Materials obtained from outside the Site, and
(b) the disposal of material from demolitions and excavations and of other surplus material (whether natural or man-made), except to the extent that disposal areas within the Site are specified in the Contract.

8 Commencement, Delays and Suspension

8.1

Commencement of Works

The Engineer shall give the Contractor not less than 7 days' notice of the Commencement Date. Unless otherwise stated in the Particular Conditions, the Commencement Date shall be within 42 days after the Contractor receives the Letter of Acceptance.

The Contractor shall commence the execution of the Works as soon as is reasonably practicable after the Commencement Date, and shall then proceed with the Works with due expedition and without delay.

8.2

Time for Completion

The Contractor shall complete the whole of the Works, and each Section (if any), within the Time for Completion for the Works or Section (as the case may be), including:

(a) achieving the passing of the Tests on Completion, and
(b) completing all work which is stated in the Contract as being required for the Works or Section to be considered to be completed for the purposes of taking-over under Sub-Clause 10.1 [*Taking Over of the Works and Sections*].

8.3

Programme

The Contractor shall submit a detailed time programme to the Engineer within 28 days after receiving the notice under Sub-Clause 8.1 [*Commencement of Works*]. The Contractor shall also submit a revised programme whenever the previous programme is inconsistent with actual progress or with the Contractor's obligations. Each programme shall include:

(a) the order in which the Contractor intends to carry out the Works, including the anticipated timing of each stage of design (if any), Contractor's Documents, procurement, manufacture of Plant, delivery to Site, construction, erection and testing,
(b) each of these stages for work by each nominated Subcontractor (as defined in Clause 5 [*Nominated Subcontractors*]),
(c) the sequence and timing of inspections and tests specified in the Contract, and
(d) a supporting report which includes:

(i) a general description of the methods which the Contractor intends to adopt, and of the major stages, in the execution of the Works, and
(ii) details showing the Contractor's reasonable estimate of the number of each class of Contractor's Personnel and of each type of Contractor's Equipment, required on the Site for each major stage.

Unless the Engineer, within 21 days after receiving a programme, gives notice to the Contractor stating the extent to which it does not comply with the Contract, the Contractor shall proceed in accordance with the programme, subject to his other obligations under the Contract. The Employer's Personnel shall be entitled to rely upon the programme when planning their activities.

The Contractor shall promptly give notice to the Engineer of specific probable future events or circumstances which may adversely affect the work, increase the Contract Price or delay the execution of the Works. The Engineer may require the Contractor to submit an estimate of the anticipated effect of the future event or circumstances, and/or a proposal under Sub-Clause 13.3 [*Variation Procedure*].

If, at any time, the Engineer gives notice to the Contractor that a programme fails (to the extent stated) to comply with the Contract or to be consistent with actual progress and the Contractor's stated intentions, the Contractor shall submit a revised programme to the Engineer in accordance with this Sub-Clause.

8.4

Extension of Time for Completion

The Contractor shall be entitled subject to Sub-Clause 20.1 [*Contractor's Claims*] to an extension of the Time for Completion if and to the extent that completion for the purposes of Sub-Clause 10.1 [*Taking Over of the Works and Sections*] is or will be delayed by any of the following causes:

(a) a Variation (unless an adjustment to the Time for Completion has been agreed under Sub-Clause 13.3 [*Variation Procedure*]) or other substantial change in the quantity of an item of work included in the Contract,
(b) a cause of delay giving an entitlement to extension of time under a Sub-Clause of these Conditions,
(c) exceptionally adverse climatic conditions,
(d) Unforeseeable shortages in the availability of personnel or Goods caused by epidemic or governmental actions, or
(e) any delay, impediment or prevention caused by or attributable to the Employer, the Employer's Personnel, or the Employer's other contractors on the Site.

If the Contractor considers himself to be entitled to an extension of the Time for Completion, the Contractor shall give notice to the Engineer in accordance with Sub-Clause 20.1 [*Contractor's Claims*]. When determining each extension of time under Sub-Clause 20.1, the Engineer shall review previous determinations and may increase, but shall not decrease, the total extension of time.

8.5
Delays Caused by Authorities

If the following conditions apply, namely:

(a) the Contractor has diligently followed the procedures laid down by the relevant legally constituted public authorities in the Country,
(b) these authorities delay or disrupt the Contractor's work, and
(c) the delay or disruption was Unforeseeable,

then this delay or disruption will be considered as a cause of delay under sub-paragraph (b) of Sub-Clause 8.4 [*Extension of Time for Completion*].

8.6

Rate of Progress

If, at any time:

(a) actual progress is too slow to complete within the Time for Completion, and/or
(b) progress has fallen (or will fall) behind the current programme under Sub-Clause 8.3 [*Programme*],

other than as a result of a cause listed in Sub-Clause 8.4 [*Extension of Time for Completion*], then the Engineer may instruct the Contractor to submit, under Sub-Clause 8.3 [*Programme*], a revised programme and supporting report describing the revised methods which the Contractor proposes to adopt in order to expedite progress and complete within the Time for Completion.

Unless the Engineer notifies otherwise, the Contractor shall adopt these revised methods, which may require increases in the working hours and/or in the numbers of Contractor's Personnel and/or Goods, at the risk and cost of the Contractor. If these revised methods cause the Employer to incur additional costs, the Contractor shall subject to Sub-Clause 2.5 [*Employer's Claims*] pay these costs to the Employer, in addition to delay damages (if any) under Sub-Clause 8.7 below.

8.7

Delay Damages

If the Contractor fails to comply with Sub-Clause 8.2 [*Time for Completion*], the Contractor shall subject to Sub-Clause 2.5 [*Employer's Claims*] pay delay damages to the Employer for this default. These delay damages shall be the sum stated in the Appendix to Tender, which shall be paid for every day which shall elapse between the relevant Time for Completion and the date stated in the Taking-Over Certificate. However, the total amount due under this Sub-Clause shall not exceed the maximum amount of delay damages (if any) stated in the Appendix to Tender.

These delay damages shall be the only damages due from the Contractor for such default, other than in the event of termination under Sub-Clause 15.2 [*Termination by Employer*] prior to completion of the Works. These damages shall not relieve the Contractor from his obligation to complete the Works, or from any other duties, obligations or responsibilities which he may have under the Contract.

8.8

Suspension of Work

The Engineer may at any time instruct the Contractor to suspend progress of part or all of the Works. During such suspension, the Contractor shall protect, store and secure such part or the Works against any deterioration, loss or damage.

The Engineer may also notify the cause for the suspension. If and to the extent that the cause is notified and is the responsibility of the Contractor, the following Sub-Clauses 8.9, 8.10 and 8.11 shall not apply.

8.9 Consequences of Suspension

If the Contractor suffers delay and/or incurs Cost from complying with the Engineer's instructions under Sub-Clause 8.8 [*Suspension of Work*] and/or from resuming the work, the Contractor shall give notice to the Engineer and shall be entitled subject to Sub-Clause 20.1 [*Contractor's Claims*] to:

(a) an extension of time for any such delay, if completion is or will be delayed, under Sub-Clause 8.4 [*Extension of Time for Completion*], and
(b) payment of any such Cost, which shall be included in the Contract Price.

After receiving this notice, the Engineer shall proceed in accordance with Sub-Clause 3.5 [*Determinations*] to agree or determine these matters.

The Contractor shall not be entitled to an extension of time for, or to payment of the Cost incurred in, making good the consequences of the Contractor's faulty design, workmanship or materials, or of the Contractor's failure to protect, store or secure in accordance with Sub-Clause 8.8 [*Suspension of Work*].

8.10 Payment for Plant and Materials in Event of Suspension

The Contractor shall be entitled to payment of the value (as at the date of suspension) of Plant and/or Materials which have not been delivered to Site, if:

(a) the work on Plant or delivery of Plant and/or Materials has been suspended for more than 28 days, and
(b) the Contractor has marked the Plant and/or Materials as the Employer's property in accordance with the Engineer's instructions.

8.11 Prolonged Suspension

If the suspension under Sub-Clause 8.8 [*Suspension of Work*] has continued for more than 84 days, the Contractor may request the Engineer's permission to proceed. If the Engineer does not give permission within 28 days after being requested to do so, the Contractor may, by giving notice to the Engineer, treat the suspension as an omission under Clause 13 [*Variations and Adjustments*] of the affected part of the Works. If the suspension affects the whole of the Works, the Contractor may give notice of termination under Sub-Clause 16.2 [*Termination by Contractor*].

8.12 Resumption of Work

After the permission or instruction to proceed is given, the Contractor and the Engineer shall jointly examine the Works and the Plant and Materials affected by the suspension. The Contractor shall make good any deterioration or defect in or loss of the Works or Plant or Materials, which has occurred during the suspension.

9 Tests on Completion

9.1 Contractor's Obligations

The Contractor shall carry out the Tests on Completion in accordance with this Clause and Sub-Clause 7.4 [*Testing*], after providing the documents in accordance with sub-paragraph (d) of Sub-Clause 4.1 [*Contractor's General Obligations*].

The Contractor shall give to the Engineer not less than 21 days' notice of the date after which the Contractor will be ready to carry out each of the Tests on Completion. Unless otherwise agreed, Tests on Completion shall be carried out within 14 days after this date, on such day or days as the Engineer shall instruct.

In considering the results of the Tests on Completion, the Engineer shall make allowances for the effect of any use of the Works by the Employer on the performance or other characteristics of the Works. As soon as the Works, or a Section, have passed any Tests on Completion, the Contractor shall submit a certified report of the results of these Tests to the Engineer.

9.2

Delayed Tests

If the Tests on Completion are being unduly delayed by the Employer, Sub-Clause 7.4 [*Testing*] (fifth paragraph) and/or Sub-Clause 10.3 [*Interference with Tests on Completion*] shall be applicable.

If the Tests on Completion are being unduly delayed by the Contractor, the Engineer may by notice require the Contractor to carry out the Tests within 21 days after receiving the notice. The Contractor shall carry out the Tests on such day or days within that period as the Contractor may fix and of which he shall give notice to the Engineer.

If the Contractor fails to carry out the Tests on Completion within the period of 21 days, the Employer's Personnel may proceed with the Tests at the risk and cost of the Contractor. The Tests on Completion shall then be deemed to have been carried out in the presence of the Contractor and the results of the Tests shall be accepted as accurate.

9.3

Retesting

If the Works, or a Section, fail to pass the Tests on Completion, Sub-Clause 7.5 [*Rejection*] shall apply, and the Engineer or the Contractor may require the failed Tests, and Tests on Completion on any related work, to be repeated under the same terms and conditions.

9.4

Failure to Pass Tests on Completion

If the Works, or a Section, fail to pass the Tests on Completion repeated under Sub-Clause 9.3 [*Retesting*], the Engineer shall be entitled to:

(a) order further repetition of Tests on Completion under Sub-Clause 9.3;
(b) if the failure deprives the Employer of substantially the whole benefit of the Works or Section, reject the Works or Section (as the case may be), in which event the Employer shall have the same remedies as are provided in sub-paragraph (c) of Sub-Clause 11.4 [*Failure to Remedy Defects*]; or
(c) issue a Taking-Over Certificate, if the Employer so requests.

In the event of sub-paragraph (c), the Contractor shall proceed in accordance with all other obligations under the Contract, and the Contract Price shall be reduced by such amount as shall be appropriate to cover the reduced value to the Employer as a result of this failure. Unless the relevant reduction for this failure is stated (or its method of calculation is defined) in the Contract, the Employer may require the reduction to be (i) agreed by both Parties (in full satisfaction of this failure only) and paid before this Taking-Over Certificate is issued, or (ii) determined and paid under Sub-Clause 2.5 [*Employer's Claims*] and Sub-Clause 3.5 [*Determinations*].

10 Employer's Taking Over

10.1

Taking Over of the Works and Sections

Except as stated in Sub-Clause 9.4 [*Failure to Pass Tests on Completion*], the Works shall be taken over by the Employer when (i) the Works have been completed in accordance with the Contract, including the matters described in Sub-Clause 8.2 [*Time for Completion*] and except as allowed in sub-paragraph (a) below, and (ii) a

Taking-Over Certificate for the Works has been issued, or is deemed to have been issued in accordance with this Sub-Clause.

The Contractor may apply by notice to the Engineer for a Taking-Over Certificate not earlier than 14 days before the Works will, in the Contractor's opinion, be complete and ready for taking over. If the Works are divided into Sections, the Contractor may similarly apply for a Taking-Over Certificate for each Section.

The Engineer shall, within 28 days after receiving the Contractor's application:

(a) issue the Taking-Over Certificate to the Contractor, stating the date on which the Works or Section were completed in accordance with the Contract, except for any minor outstanding work and defects which will not substantially affect the use of the Works or Section for their intended purpose (either until or whilst this work is completed and these defects are remedied); or

(b) reject the application, giving reasons and specifying the work required to be done by the Contractor to enable the Taking-Over Certificate to be issued. The Contractor shall then complete this work before issuing a further notice under this Sub-Clause.

If the Engineer fails either to issue the Taking-Over Certificate or to reject the Contractor's application within the period of 28 days, and if the Works or Section (as the case may be) are substantially in accordance with the Contract, the Taking-Over Certificate shall be deemed to have been issued on the last day of that period.

10.2

Taking Over of Parts of the Works

The Engineer may, at the sole discretion of the Employer, issue a Taking-Over Certificate for any part of the Permanent Works.

The Employer shall not use any part of the Works (other than as a temporary measure which is either specified in the Contract or agreed by both Parties) unless and until the Engineer has issued a Taking-Over Certificate for this part. However, if the Employer does use any part of the Works before the Taking-Over Certificate is issued:

(a) the part which is used shall be deemed to have been taken over as from the date on which it is used,

(b) the Contractor shall cease to be liable for the care of such part as from this date, when responsibility shall pass to the Employer, and

(c) if requested by the Contractor, the Engineer shall issue a Taking-Over Certificate for this part.

After the Engineer has issued a Taking-Over Certificate for a part of the Works, the Contractor shall be given the earliest opportunity to take such steps as may be necessary to carry out any outstanding Tests on Completion. The Contractor shall carry out these Tests on Completion as soon as practicable before the expiry date of the relevant Defects Notification Period.

If the Contractor incurs Cost as a result of the Employer taking over and/or using a part of the Works, other than such use as is specified in the Contract or agreed by the Contractor, the Contractor shall (i) give notice to the Engineer and (ii) be entitled subject to Sub-Clause 20.1 [*Contractor's Claims*] to payment of any such Cost plus reasonable profit, which shall be included in the Contract Price. After receiving this notice, the Engineer shall proceed in accordance with Sub-Clause 3.5 [*Determinations*] to agree or determine this Cost and profit.

If a Taking-Over Certificate has been issued for a part of the Works (other than a Section), the delay damages thereafter for completion of the remainder of the Works shall be reduced. Similarly, the delay damages for the remainder of the Section (if any) in which this part is included shall also be reduced. For any period of delay after the date stated in this Taking-Over Certificate, the proportional reduction in these delay damages shall be calculated as the proportion which the value of the part so certified bears to the value of the Works or Section (as the case may be) as a whole. The Engineer shall proceed in accordance with Sub-Clause 3.5 [*Determinations*] to agree or determine these proportions. The provisions of this paragraph shall only apply to the daily rate of delay damages under Sub-Clause 8.7 [*Delay Damages*], and shall not affect the maximum amount of these damages.

10.3

Interference with Tests on Completion

If the Contractor is prevented, for more than 14 days, from carrying out the Tests on Completion by a cause for which the Employer is responsible, the Employer shall be deemed to have taken over the Works or Section (as the case may be) on the date when the Tests on Completion would otherwise have been completed.

The Engineer shall then issue a Taking-Over Certificate accordingly, and the Contractor shall carry out the Tests on Completion as soon as practicable, before the expiry date of the Defects Notification Period. The Engineer shall require the Tests on Completion to be carried out by giving 14 days' notice and in accordance with the relevant provisions of the Contract.

If the Contractor suffers delay and/or incurs Cost as a result of this delay in carrying out the Tests on Completion, the Contractor shall give notice to the Engineer and shall be entitled subject to Sub-Clause 20.1 [*Contractor's Claims*] to:

(a) an extension of time for any such delay, if completion is or will be delayed, under Sub-Clause 8.4 [*Extension of Time for Completion*], and
(b) payment of any such Cost plus reasonable profit, which shall be included in the Contract Price.

After receiving this notice, the Engineer shall proceed in accordance with Sub-Clause 3.5 [*Determinations*] to agree or determine these matters.

10.4

Surfaces Requiring Reinstatement

Except as otherwise stated in a Taking-Over Certificate, a certificate for a Section or part of the Works shall not be deemed to certify completion of any ground or other surfaces requiring reinstatement.

11 Defects Liability

11.1

Completion of Outstanding Work and Remedying Defects

In order that the Works and Contractor's Documents, and each Section, shall be in the condition required by the Contract (fair wear and tear excepted) by the expiry date of the relevant Defects Notification Period or as soon as practicable thereafter, the Contractor shall:

(a) complete any work which is outstanding on the date stated in a Taking-Over Certificate, within such reasonable time as is instructed by the Engineer, and
(b) execute all work required to remedy defects or damage, as may be notified by (or on behalf of) the Employer on or before the expiry date of the Defects Notification Period for the Works or Section (as the case may be).

If a defect appears or damage occurs, the Contractor shall be notified accordingly, by (or on behalf of) the Employer.

11.2

Cost of Remedying Defects

All work referred to in sub-paragraph (b) of Sub-Clause 11.1 [*Completion of Outstanding Work and Remedying Defects*] shall be executed at the risk and cost of the Contractor, if and to the extent that the work is attributable to:

(a) any design for which the Contractor is responsible,
(b) Plant, Materials or workmanship not being in accordance with the Contract, or
(c) failure by the Contractor to comply with any other obligation.

If and to the extent that such work is attributable to any other cause, the Contractor shall be notified promptly by (or on behalf of) the Employer, and Sub-Clause 13.3 [*Variation Procedure*] shall apply.

11.3

Extension of Defects Notification Period

The Employer shall be entitled subject to Sub-Clause 2.5 [*Employer's Claims*] to an extension of the Defects Notification Period for the Works or a Section if and to the extent that the Works, Section or a major item of Plant (as the case may be, and after taking over) cannot be used for the purposes for which they are intended by reason of a defect or damage. However, a Defects Notification Period shall not be extended by more than two years.

If delivery and/or erection of Plant and/or Materials was suspended under Sub-Clause 8.8 [*Suspension of Work*] or Sub-Clause 16.1 [*Contractor's Entitlement to Suspend Work*], the Contractor's obligations under this Clause shall not apply to any defects or damage occurring more than two years after the Defects Notification Period for the Plant and/or Materials would otherwise have expired.

11.4

Failure to Remedy Defects

If the Contractor fails to remedy any defect or damage within a reasonable time, a date may be fixed by (or on behalf of) the Employer, on or by which the defect or damage is to be remedied. The Contractor shall be given reasonable notice of this date.

If the Contractor fails to remedy the defect or damage by this notified date and this remedial work was to be executed at the cost of the Contractor under Sub-Clause 11.2 [*Cost of Remedying Defects*], the Employer may (at his option):

(a) carry out the work himself or by others, in a reasonable manner and at the Contractor's cost, but the Contractor shall have no responsibility for this work; and the Contractor shall subject to Sub-Clause 2.5 [*Employer's Claims*] pay to the Employer the costs reasonably incurred by the Employer in remedying the defect or damage;
(b) require the Engineer to agree or determine a reasonable reduction in the Contract Price in accordance with Sub-Clause 3.5 [*Determinations*]; or
(c) if the defect or damage deprives the Employer of substantially the whole benefit of the Works or any major part of the Works, terminate the Contract as a whole, or in respect of such major part which cannot be put to the intended use. Without prejudice to any other rights, under the Contract or otherwise, the Employer shall then be entitled to recover all sums paid for the Works or for such part (as the case may be), plus financing costs and the cost of dismantling the same, clearing the Site and returning Plant and Materials to the Contractor.

11.5
Removal of Defective Work

If the defect or damage cannot be remedied expeditiously on the Site and the Employer gives consent, the Contractor may remove from the Site for the purposes of repair such items of Plant as are defective or damaged. This consent may require the Contractor to increase the amount of the Performance Security by the full replacement cost of these items, or to provide other appropriate security.

11.6
Further Tests

If the work of remedying of any defect or damage may affect the performance of the Works, the Engineer may require the repetition of any of the tests described in the Contract. The requirement shall be made by notice within 28 days after the defect or damage is remedied.

These tests shall be carried out in accordance with the terms applicable to the previous tests, except that they shall be carried out at the risk and cost of the Party liable, under Sub-Clause 11.2 [*Cost of Remedying Defects*], for the cost of the remedial work.

11.7
Right of Access

Until the Performance Certificate has been issued, the Contractor shall have such right of access to the Works as is reasonably required in order to comply with this Clause, except as may be inconsistent with the Employer's reasonable security restrictions.

11.8
Contractor to Search

The Contractor shall, if required by the Engineer, search for the cause of any defect, under the direction of the Engineer. Unless the defect is to be remedied at the cost of the Contractor under Sub-Clause 11.2 [*Cost of Remedying Defects*], the Cost of the search plus reasonable profit shall be agreed or determined by the Engineer in accordance with Sub-Clause 3.5 [*Determinations*] and shall be included in the Contract Price.

11.9
Performance Certificate

Performance of the Contractor's obligations shall not be considered to have been completed until the Engineer has issued the Performance Certificate to the Contractor, stating the date on which the Contractor completed his obligations under the Contract.

The Engineer shall issue the Performance Certificate within 28 days after the latest of the expiry dates of the Defects Notification Periods, or as soon thereafter as the Contractor has supplied all the Contractor's Documents and completed and tested all the Works, including remedying any defects. A copy of the Performance Certificate shall be issued to the Employer.

Only the Performance Certificate shall be deemed to constitute acceptance of the Works.

11.10
Unfulfilled Obligations

After the Performance Certificate has been issued, each Party shall remain liable for the fulfilment of any obligation which remains unperformed at that time. For the purposes of determining the nature and extent of unperformed obligations, the Contract shall be deemed to remain in force.

11.11
Clearance of Site

Upon receiving the Performance Certificate, the Contractor shall remove any remaining Contractor's Equipment, surplus material, wreckage, rubbish and Temporary Works from the Site.

If all these items have not been removed within 28 days after the Employer receives a copy of the Performance Certificate, the Employer may sell or otherwise dispose of any remaining items. The Employer shall be entitled to be paid the costs incurred in connection with, or attributable to, such sale or disposal and restoring the Site.

Any balance of the moneys from the sale shall be paid to the Contractor. If these moneys are less than the Employer's costs, the Contractor shall pay the outstanding balance to the Employer.

12 Measurement and Evaluation

12.1 Works to be Measured

The Works shall be measured, and valued for payment, in accordance with this Clause.

Whenever the Engineer requires any part of the Works to be measured, reasonable notice shall be given to the Contractor's Representative, who shall:

(a) promptly either attend or send another qualified representative to assist the Engineer in making the measurement, and
(b) supply any particulars requested by the Engineer.

If the Contractor fails to attend or send a representative, the measurement made by (or on behalf of) the Engineer shall be accepted as accurate.

Except as otherwise stated in the Contract, wherever any Permanent Works are to be measured from records, these shall be prepared by the Engineer. The Contractor shall, as and when requested, attend to examine and agree the records with the Engineer, and shall sign the same when agreed. If the Contractor does not attend, the records shall be accepted as accurate.

If the Contractor examines and disagrees the records, and/or does not sign them as agreed, then the Contractor shall give notice to the Engineer of the respects in which the records are asserted to be inaccurate. After receiving this notice, the Engineer shall review the records and either confirm or vary them. If the Contractor does not so give notice to the Engineer within 14 days after being requested to examine the records, they shall be accepted as accurate.

12.2 Method of Measurement

Except as otherwise stated in the Contract and notwithstanding local practice:

(a) measurement shall be made of the net actual quantity of each item of the Permanent Works, and
(b) the method of measurement shall be in accordance with the Bill of Quantities or other applicable Schedules.

12.3 Evaluation

Except as otherwise stated in the Contract, the Engineer shall proceed in accordance with Sub-Clause 3.5 [*Determinations*] to agree or determine the Contract Price by evaluating each item of work, applying the measurement agreed or determined in accordance with the above Sub-Clauses 12.1 and 12.2 and the appropriate rate or price for the item.

For each item of work, the appropriate rate or price for the item shall be the rate or price specified for such item in the Contract or, if there is no such item, specified for similar work. However, a new rate or price shall be appropriate for an item of work if:

(a) (i) the measured quantity of the item is changed by more than 10% from the quantity of this item in the Bill of Quantities or other Schedule,
(ii) this change in quantity multiplied by such specified rate for this item exceeds 0.01% of the Accepted Contract Amount,
(iii) this change in quantity directly changes the Cost per unit quantity of this item by more than 1%, and
(iv) this item is not specified in the Contract as a "fixed rate item";

or

(b) (i) the work is instructed under Clause 13 [*Variations and Adjustments*],
(ii) no rate or price is specified in the Contract for this item, and
(iii) no specified rate or price is appropriate because the item of work is not of similar character, or is not executed under similar conditions, as any item in the Contract.

Each new rate or price shall be derived from any relevant rates or prices in the Contract, with reasonable adjustments to take account of the matters described in sub-paragraph (a) and/or (b), as applicable. If no rates or prices are relevant for the derivation of a new rate or price, it shall be derived from the reasonable Cost of executing the work, together with reasonable profit, taking account of any other relevant matters.

Until such time as an appropriate rate or price is agreed or determined, the Engineer shall determine a provisional rate or price for the purposes of Interim Payment Certificates.

12.4

Omissions

Whenever the omission of any work forms part (or all) of a Variation, the value of which has not been agreed, if:

(a) the Contractor will incur (or has incurred) cost which, if the work had not been omitted, would have been deemed to be covered by a sum forming part of the Accepted Contract Amount;
(b) the omission of the work will result (or has resulted) in this sum not forming part of the Contract Price; and
(c) this cost is not deemed to be included in the evaluation of any substituted work;

then the Contractor shall give notice to the Engineer accordingly, with supporting particulars. Upon receiving this notice, the Engineer shall proceed in accordance with Sub-Clause 3.5 [*Determinations*] to agree or determine this cost, which shall be included in the Contract Price.

13 Variations and Adjustments

13.1

Right to Vary

Variations may be initiated by the Engineer at any time prior to issuing the Taking-Over Certificate for the Works, either by an instruction or by a request for the Contractor to submit a proposal.

The Contractor shall execute and be bound by each Variation, unless the Contractor promptly gives notice to the Engineer stating (with supporting particulars) that the Contractor cannot readily obtain the Goods required for the Variation. Upon receiving this notice, the Engineer shall cancel, confirm or vary the instruction.

Each Variation may include:

(a) changes to the quantities of any item of work included in the Contract (however, such changes do not necessarily constitute a Variation),
(b) changes to the quality and other characteristics of any item of work,
(c) changes to the levels, positions and/or dimensions of any part of the Works,
(d) omission of any work unless it is to be carried out by others,
(e) any additional work, Plant, Materials or services necessary for the Permanent Works, including any associated Tests on Completion, boreholes and other testing and exploratory work, or
(f) changes to the sequence or timing of the execution of the Works.

The Contractor shall not make any alteration and/or modification of the Permanent Works, unless and until the Engineer instructs or approves a Variation.

13.2

Value Engineering

The Contractor may, at any time, submit to the Engineer a written proposal which (in the Contractor's opinion) will, if adopted, (i) accelerate completion, (ii) reduce the cost to the Employer of executing, maintaining or operating the Works, (iii) improve the efficiency or value to the Employer of the completed Works, or (iv) otherwise be of benefit to the Employer.

The proposal shall be prepared at the cost of the Contractor and shall include the items listed in Sub-Clause 13.3 [*Variation Procedure*].

If a proposal, which is approved by the Engineer, includes a change in the design of part of the Permanent Works, then unless otherwise agreed by both Parties:

(a) the Contractor shall design this part,
(b) sub-paragraphs (a) to (d) of Sub-Clause 4.1 [*Contractor's General Obligations*] shall apply, and
(c) if this change results in a reduction in the contract value of this part, the Engineer shall proceed in accordance with Sub-Clause 3.5 [*Determinations*] to agree or determine a fee, which shall be included in the Contract Price. This fee shall be half (50%) of the difference between the following amounts:

    (i) such reduction in contract value, resulting from the change, excluding adjustments under Sub-Clause 13.7 [*Adjustments for Changes in Legislation*] and Sub-Clause 13.8 [*Adjustments for Changes in Cost*],and
    (ii) the reduction (if any) in the value to the Employer of the varied works, taking account of any reductions in quality, anticipated life or operational efficiencies.

However, if amount (i) is less than amount (ii), there shall not be a fee.

13.3

Variation Procedure

If the Engineer requests a proposal, prior to instructing a Variation, the Contractor shall respond in writing as soon as practicable, either by giving reasons why he cannot comply (if this is the case) or by submitting:

(a) a description of the proposed work to be performed and a programme for its execution,
(b) the Contractor's proposal for any necessary modifications to the programme according to Sub-Clause 8.3 [*Programme*] and to the Time for Completion, and
(c) the Contractor's proposal for evaluation of the Variation.

The Engineer shall, as soon as practicable after receiving such proposal (under Sub-Clause 13.2 [*Value Engineering*] or otherwise), respond with approval, disapproval or comments. The Contractor shall not delay any work whilst awaiting a response.

Each instruction to execute a Variation, with any requirements for the recording of Costs, shall be issued by the Engineer to the Contractor, who shall acknowledge receipt.

Each Variation shall be evaluated in accordance with Clause 12 [*Measurement and Evaluation*], unless the Engineer instructs or approves otherwise in accordance with this Clause.

13.4

Payment in Applicable Currencies

If the Contract provides for payment of the Contract Price in more than one currency, then whenever an adjustment is agreed, approved or determined as stated above, the amount payable in each of the applicable currencies shall be specified. For this purpose, reference shall be made to the actual or expected currency proportions of the Cost of the varied work, and to the proportions of various currencies specified for payment of the Contract Price.

13.5

Provisional Sums

Each Provisional Sum shall only be used, in whole or in part, in accordance with the Engineer's instructions, and the Contract Price shall be adjusted accordingly. The total sum paid to the Contractor shall include only such amounts, for the work, supplies or services to which the Provisional Sum relates, as the Engineer shall have instructed. For each Provisional Sum, the Engineer may instruct:

(a) work to be executed (including Plant, Materials or services to be supplied) by the Contractor and valued under Sub-Clause 13.3 [*Variation Procedure*]; and/or
(b) Plant, Materials or services to be purchased by the Contractor, from a nominated Subcontractor (as defined in Clause 5 [*Nominated Subcontractors*]) or otherwise; and for which there shall be included in the Contract Price:

  (i) the actual amounts paid (or due to be paid) by the Contractor, and
  (ii) a sum for overhead charges and profit, calculated as a percentage of these actual amounts by applying the relevant percentage rate (if any) stated in the appropriate Schedule. If there is no such rate, the percentage rate stated in the Appendix to Tender shall be applied.

The Contractor shall, when required by the Engineer, produce quotations, invoices, vouchers and accounts or receipts in substantiation.

13.6

Daywork

For work of a minor or incidental nature, the Engineer may instruct that a Variation shall be executed on a daywork basis. The work shall then be valued in accordance with the Daywork Schedule included in the Contract, and the following procedure shall apply. If a Daywork Schedule is not included in the Contract, this Sub-Clause shall not apply.

Before ordering Goods for the work, the Contractor shall submit quotations to the Engineer. When applying for payment, the Contractor shall submit invoices, vouchers and accounts or receipts for any Goods.

Except for any items for which the Daywork Schedule specifies that payment is not due, the Contractor shall deliver each day to the Engineer accurate statements in duplicate which shall include the following details of the resources used in executing the previous day's work:

(a) the names, occupations and time of Contractor's Personnel,
(b) the identification, type and time of Contractor's Equipment and Temporary Works, and
(c) the quantities and types of Plant and Materials used.

One copy of each statement will, if correct, or when agreed, be signed by the Engineer and returned to the Contractor. The Contractor shall then submit priced statements of these resources to the Engineer, prior to their inclusion in the next Statement under Sub-Clause 14.3 [*Application for Interim Payment Certificates*].

13.7

Adjustments for Changes in Legislation

The Contract Price shall be adjusted to take account of any increase or decrease in Cost resulting from a change in the Laws of the Country (including the introduction of new Laws and the repeal or modification of existing Laws) or in the judicial or official governmental interpretation of such Laws, made after the Base Date, which affect the Contractor in the performance of obligations under the Contract.

If the Contractor suffers (or will suffer) delay and/or incurs (or will incur) additional Cost as a result of these changes in the Laws or in such interpretations, made after the Base Date, the Contractor shall give notice to the Engineer and shall be entitled subject to Sub-Clause 20.1 [*Contractor's Claims*] to:

(a) an extension of time for any such delay, if completion is or will be delayed, under Sub-Clause 8.4 [*Extension of Time for Completion*], and
(b) payment of any such Cost, which shall be included in the Contract Price.

After receiving this notice, the Engineer shall proceed in accordance with Sub-Clause 3.5 [*Determinations*] to agree or determine these matters.

13.8

Adjustments for Changes in Cost

In this Sub-Clause, "table of adjustment data" means the completed table of adjustment data included in the Appendix to Tender. If there is no such table of adjustment data, this Sub-Clause shall not apply.

If this Sub-Clause applies, the amounts payable to the Contractor shall be adjusted for rises or falls in the cost of labour, Goods and other inputs to the Works, by the addition or deduction of the amounts determined by the formulae prescribed in this Sub-Clause. To the extent that full compensation for any rise or fall in Costs is not covered by the provisions of this or other Clauses, the Accepted Contract Amount shall be deemed to have included amounts to cover the contingency of other rises and falls in costs.

The adjustment to be applied to the amount otherwise payable to the Contractor, as valued in accordance with the appropriate Schedule and certified in Payment Certificates, shall be determined from formulae for each of the currencies in which the Contract Price is payable. No adjustment is to be applied to work valued on the basis of Cost or current prices. The formulae shall be of the following general type:

$$Pn = \mathbf{a} + \mathbf{b}\,\frac{Ln}{Lo} + \mathbf{c}\,\frac{En}{Eo} + \mathbf{d}\,\frac{Mn}{Mo} + \ldots\ldots$$

where:

"**Pn**" is the adjustment multiplier to be applied to the estimated contract value in the relevant currency of the work carried out in period "n", this period being a month unless otherwise stated in the Appendix to Tender;

"**a**" is a fixed coefficient, stated in the relevant table of adjustment data, representing the non-adjustable portion in contractual payments;

"**b**", "**c**", "**d**", ... are coefficients representing the estimated proportion of each cost element related to the execution of the Works, as stated in the relevant table of adjustment data; such tabulated cost elements may be indicative of resources such as labour, equipment and materials;

"Ln", "En", "Mn", ... are the current cost indices or reference prices for period "n", expressed in the relevant currency of payment, each of which is applicable to the relevant tabulated cost element on the date 49 days prior to the last day of the period (to which the particular Payment Certificate relates); and

"Lo", "Eo", "Mo", ... are the base cost indices or reference prices, expressed in the relevant currency of payment, each of which is applicable to the relevant tabulated cost element on the Base Date.

The cost indices or reference prices stated in the table of adjustment data shall be used. If their source is in doubt, it shall be determined by the Engineer. For this purpose, reference shall be made to the values of the indices at stated dates (quoted in the fourth and fifth columns respectively of the table) for the purposes of clarification of the source; although these dates (and thus these values) may not correspond to the base cost indices.

In cases where the "currency of index" (stated in the table) is not the relevant currency of payment, each index shall be converted into the relevant currency of payment at the selling rate, established by the central bank of the Country, of this relevant currency on the above date for which the index is required to be applicable.

Until such time as each current cost index is available, the Engineer shall determine a provisional index for the issue of Interim Payment Certificates. When a current cost index is available, the adjustment shall be recalculated accordingly.

If the Contractor fails to complete the Works within the Time for Completion, adjustment of prices thereafter shall be made using either (i) each index or price applicable on the date 49 days prior to the expiry of the Time for Completion of the Works, or (ii) the current index or price: whichever is more favourable to the Employer.

The weightings (coefficients) for each of the factors of cost stated in the table(s) of adjustment data shall only be adjusted if they have been rendered unreasonable, unbalanced or inapplicable, as a result of Variations.

14 Contract Price and Payment

14.1
The Contract Price

Unless otherwise stated in the Particular Conditions:

(a) the Contract Price shall be agreed or determined under Sub-Clause 12.3 [*Evaluation*] and be subject to adjustments in accordance with the Contract;

(b) the Contractor shall pay all taxes, duties and fees required to be paid by him under the Contract, and the Contract Price shall not be adjusted for any of these costs except as stated in Sub-Clause 13.7 [*Adjustments for Changes in Legislation*];

(c) any quantities which may be set out in the Bill of Quantities or other Schedule are estimated quantities and are not to be taken as the actual and correct quantities:

(i) of the Works which the Contractor is required to execute, or
(ii) for the purposes of Clause 12 [*Measurement and Evaluation*]; and

(d) the Contractor shall submit to the Engineer, within 28 days after the Commencement Date, a proposed breakdown of each lump sum price in the Schedules. The Engineer may take account of the breakdown when preparing Payment Certificates, but shall not be bound by it.

14.2

Advance Payment

The Employer shall make an advance payment, as an interest-free loan for mobilisation, when the Contractor submits a guarantee in accordance with this Sub-Clause. The total advance payment, the number and timing of instalments (if more than one), and the applicable currencies and proportions, shall be as stated in the Appendix to Tender.

Unless and until the Employer receives this guarantee, or if the total advance payment is not stated in the Appendix to Tender, this Sub-Clause shall not apply.

The Engineer shall issue an Interim Payment Certificate for the first instalment after receiving a Statement (under Sub-Clause 14.3 [*Application for Interim Payment Certificates*]) and after the Employer receives (i) the Performance Security in accordance with Sub-Clause 4.2 [*Performance Security*] and (ii) a guarantee in amounts and currencies equal to the advance payment. This guarantee shall be issued by an entity and from within a country (or other jurisdiction) approved by the Employer, and shall be in the form annexed to the Particular Conditions or in another form approved by the Employer.

The Contractor shall ensure that the guarantee is valid and enforceable until the advance payment has been repaid, but its amount may be progressively reduced by the amount repaid by the Contractor as indicated in the Payment Certificates. If the terms of the guarantee specify its expiry date, and the advance payment has not been repaid by the date 28 days prior to the expiry date, the Contractor shall extend the validity of the guarantee until the advance payment has been repaid.

The advance payment shall be repaid through percentage deductions in Payment Certificates. Unless other percentages are stated in the Appendix to Tender:

(a) deductions shall commence in the Payment Certificate in which the total of all certified interim payments (excluding the advance payment and deductions and repayments of retention) exceeds ten per cent (10%) of the Accepted Contract Amount less Provisional Sums; and
(b) deductions shall be made at the amortisation rate of one quarter (25%) of the amount of each Payment Certificate (excluding the advance payment and deductions and repayments of retention) in the currencies and proportions of the advance payment, until such time as the advance payment has been repaid.

If the advance payment has not been repaid prior to the issue of the Taking-Over Certificate for the Works or prior to termination under Clause 15 [*Termination by Employer*], Clause 16 [*Suspension and Termination by Contractor*] or Clause 19 [*Force Majeure*] (as the case may be), the whole of the balance then outstanding shall immediately become due and payable by the Contractor to the Employer.

14.3

Application for Interim Payment Certificates

The Contractor shall submit a Statement in six copies to the Engineer after the end of each month, in a form approved by the Engineer, showing in detail the amounts to which the Contractor considers himself to be entitled, together with supporting documents which shall include the report on the progress during this month in accordance with Sub-Clause 4.21 [*Progress Reports*].

The Statement shall include the following items, as applicable, which shall be expressed in the various currencies in which the Contract Price is payable, in the sequence listed:

(a) the estimated contract value of the Works executed and the Contractor's Documents produced up to the end of the month (including Variations but excluding items described in sub-paragraphs (b) to (g) below);
(b) any amounts to be added and deducted for changes in legislation and changes in cost, in accordance with Sub-Clause 13.7 [*Adjustments for Changes in Legislation*] and Sub-Clause 13.8 [*Adjustments for Changes in Cost*];
(c) any amount to be deducted for retention, calculated by applying the percentage of retention stated in the Appendix to Tender to the total of the above amounts, until the amount so retained by the Employer reaches the limit of Retention Money (if any) stated in the Appendix to Tender;
(d) any amounts to be added and deducted for the advance payment and repayments in accordance with Sub-Clause 14.2 [*Advance Payment*];
(e) any amounts to be added and deducted for Plant and Materials in accordance with Sub-Clause 14.5 [*Plant and Materials intended for the Works*];
(f) any other additions or deductions which may have become due under the Contract or otherwise, including those under Clause 20 [*Claims, Disputes and Arbitration*]; and
(g) the deduction of amounts certified in all previous Payment Certificates.

14.4

Schedule of Payments

If the Contract includes a schedule of payments specifying the instalments in which the Contract Price will be paid, then unless otherwise stated in this schedule:

(a) the instalments quoted in this schedule of payments shall be the estimated contract values for the purposes of sub-paragraph (a) of Sub-Clause 14.3 [*Application for Interim Payment Certificates*];
(b) Sub-Clause 14.5 [*Plant and Materials intended for the Works*] shall not apply; and
(c) if these instalments are not defined by reference to the actual progress achieved in executing the Works, and if actual progress is found to be less than that on which this schedule of payments was based, then the Engineer may proceed in accordance with Sub-Clause 3.5 [*Determinations*] to agree or determine revised instalments, which shall take account of the extent to which progress is less than that on which the instalments were previously based.

If the Contract does not include a schedule of payments, the Contractor shall submit non-binding estimates of the payments which he expects to become due during each quarterly period. The first estimate shall be submitted within 42 days after the Commencement Date. Revised estimates shall be submitted at quarterly intervals, until the Taking-Over Certificate has been issued for the Works.

14.5

Plant and Materials intended for the Works

If this Sub-Clause applies, Interim Payment Certificates shall include, under sub-paragraph (e) of Sub-Clause 14.3, (i) an amount for Plant and Materials which have been sent to the Site for incorporation in the Permanent Works, and (ii) a reduction when the contract value of such Plant and Materials is included as part of the Permanent Works under sub-paragraph (a) of Sub-Clause 14.3 [*Application for Interim Payment Certificates*].

If the lists referred to in sub-paragraphs (b)(i) or (c)(i) below are not included in the Appendix to Tender, this Sub-Clause shall not apply.

The Engineer shall determine and certify each addition if the following conditions are satisfied:

(a) the Contractor has:

(i) kept satisfactory records (including the orders, receipts, Costs and use of Plant and Materials) which are available for inspection, and
(ii) submitted a statement of the Cost of acquiring and delivering the Plant and Materials to the Site, supported by satisfactory evidence;

and either:
(b) the relevant Plant and Materials:

(i) are those listed in the Appendix to Tender for payment when shipped,
(ii) have been shipped to the Country, en route to the Site, in accordance with the Contract; and
(iii) are described in a clean shipped bill of lading or other evidence of shipment, which has been submitted to the Engineer together with evidence of payment of freight and insurance, any other documents reasonably required, and a bank guarantee in a form and issued by an entity approved by the Employer in amounts and currencies equal to the amount due under this Sub-Clause: this guarantee may be in a similar form to the form referred to in Sub-Clause 14.2 [*Advance Payment*] and shall be valid until the Plant and Materials are properly stored on Site and protected against loss, damage or deterioration;

or
(c) the relevant Plant and Materials:

(i) are those listed in the Appendix to Tender for payment when delivered to the Site, and
(ii) have been delivered to and are properly stored on the Site, are protected against loss, damage or deterioration, and appear to be in accordance with the Contract.

The additional amount to be certified shall be the equivalent of eighty percent of the Engineer's determination of the cost of the Plant and Materials (including delivery to Site), taking account of the documents mentioned in this Sub-Clause and of the contract value of the Plant and Materials.

The currencies for this additional amount shall be the same as those in which payment will become due when the contract value is included under sub-paragraph (a) of Sub-Clause 14.3 [*Application for Interim Payment Certificates*]. At that time, the Payment Certificate shall include the applicable reduction which shall be equivalent to, and in the same currencies and proportions as, this additional amount for the relevant Plant and Materials.

14.6

Issue of Interim Payment Certificates

No amount will be certified or paid until the Employer has received and approved the Performance Security. Thereafter, the Engineer shall, within 28 days after receiving a Statement and supporting documents, issue to the Employer an Interim Payment Certificate which shall state the amount which the Engineer fairly determines to be due, with supporting particulars.

However, prior to issuing the Taking-Over Certificate for the Works, the Engineer shall not be bound to issue an Interim Payment Certificate in an amount which would (after retention and other deductions) be less than the minimum amount of Interim Payment Certificates (if any) stated in the Appendix to Tender. In this event, the Engineer shall give notice to the Contractor accordingly.

An Interim Payment Certificate shall not be withheld for any other reason, although:

(a) if any thing supplied or work done by the Contractor is not in accordance with the Contract, the cost of rectification or replacement may be withheld until rectification or replacement has been completed; and/or
(b) if the Contractor was or is failing to perform any work or obligation in accordance with the Contract, and had been so notified by the Engineer, the value of this work or obligation may be withheld until the work or obligation has been performed.

The Engineer may in any Payment Certificate make any correction or modification that should properly be made to any previous Payment Certificate. A Payment Certificate shall not be deemed to indicate the Engineer's acceptance, approval, consent or satisfaction.

14.7

Payment

The Employer shall pay to the Contractor:

(a) the first instalment of the advance payment within 42 days after issuing the Letter of Acceptance or within 21 days after receiving the documents in accordance with Sub-Clause 4.2 [*Performance Security*] and Sub-Clause 14.2 [*Advance Payment*], whichever is later;
(b) the amount certified in each Interim Payment Certificate within 56 days after the Engineer receives the Statement and supporting documents; and
(c) the amount certified in the Final Payment Certificate within 56 days after the Employer receives this Payment Certificate.

Payment of the amount due in each currency shall be made into the bank account, nominated by the Contractor, in the payment country (for this currency) specified in the Contract.

14.8

Delayed Payment

If the Contractor does not receive payment in accordance with Sub-Clause 14.7 [*Payment*], the Contractor shall be entitled to receive financing charges compounded monthly on the amount unpaid during the period of delay. This period shall be deemed to commence on the date for payment specified in Sub-Clause 14.7 [*Payment*], irrespective (in the case of its sub-paragraph (b)) of the date on which any Interim Payment Certificate is issued.

Unless otherwise stated in the Particular Conditions, these financing charges shall be calculated at the annual rate of three percentage points above the discount rate of the central bank in the country of the currency of payment, and shall be paid in such currency.

The Contractor shall be entitled to this payment without formal notice or certification, and without prejudice to any other right or remedy.

14.9

Payment of Retention Money

When the Taking-Over Certificate has been issued for the Works, the first half of the Retention Money shall be certified by the Engineer for payment to the Contractor. If a Taking-Over Certificate is issued for a Section or part of the Works, a proportion of the Retention Money shall be certified and paid. This proportion shall be two-fifths (40%) of the proportion calculated by dividing the estimated contract value of the Section or part, by the estimated final Contract Price.

Promptly after the latest of the expiry dates of the Defects Notification Periods, the outstanding balance of the Retention Money shall be certified by the Engineer for payment to the Contractor. If a Taking-Over Certificate was issued for a Section, a proportion of the second half of the Retention Money shall be certified and paid promptly after the expiry date of the Defects Notification Period for the Section. This proportion shall be two-fifths (40%) of the proportion calculated by dividing the estimated contract value of the Section by the estimated final Contract Price.

However, if any work remains to be executed under Clause 11 [*Defects Liability*], the Engineer shall be entitled to withhold certification of the estimated cost of this work until it has been executed.

When calculating these proportions, no account shall be taken of any adjustments under Sub-Clause 13.7 [*Adjustments for Changes in Legislation*] and Sub-Clause 13.8 [*Adjustments for Changes in Cost*].

14.10

Statement at Completion

Within 84 days after receiving the Taking-Over Certificate for the Works, the Contractor shall submit to the Engineer six copies of a Statement at completion with supporting documents, in accordance with Sub-Clause 14.3 [*Application for Interim Payment Certificates*], showing:

(a) the value of all work done in accordance with the Contract up to the date stated in the Taking-Over Certificate for the Works,
(b) any further sums which the Contractor considers to be due, and
(c) an estimate of any other amounts which the Contractor considers will become due to him under the Contract. Estimated amounts shall be shown separately in this Statement at completion.

The Engineer shall then certify in accordance with Sub-Clause 14.6 [*Issue of Interim Payment Certificates*].

14.11

Application for Final Payment Certificate

Within 56 days after receiving the Performance Certificate, the Contractor shall submit, to the Engineer, six copies of a draft final statement with supporting documents showing in detail in a form approved by the Engineer:

(a) the value of all work done in accordance with the Contract, and
(b) any further sums which the Contractor considers to be due to him under the Contract or otherwise.

If the Engineer disagrees with or cannot verify any part of the draft final statement, the Contractor shall submit such further information as the Engineer may reasonably require and shall make such changes in the draft as may be agreed between them. The Contractor shall then prepare and submit to the Engineer the final statement as agreed. This agreed statement is referred to in these Conditions as the "Final Statement".

However if, following discussions between the Engineer and the Contractor and any changes to the draft final statement which are agreed, it becomes evident that a dispute exists, the Engineer shall deliver to the Employer (with a copy to the Contractor) an Interim Payment Certificate for the agreed parts of the draft final statement. Thereafter, if the dispute is finally resolved under Sub-Clause 20.4 [*Obtaining Dispute Adjudication Board's Decision*] or Sub-Clause 20.5 [*Amicable Settlement*], the Contractor shall then prepare and submit to the Employer (with a copy to the Engineer) a Final Statement.

14.12

Discharge

When submitting the Final Statement, the Contractor shall submit a written discharge which confirms that the total of the Final Statement represents full and final settlement of all moneys due to the Contractor under or in connection with the Contract. This discharge may state that it becomes effective when the Contractor has received the Performance Security and the outstanding balance of this total, in which event the discharge shall be effective on such date.

14.13

Issue of Final Payment Certificate

Within 28 days after receiving the Final Statement and written discharge in accordance with Sub-Clause 14.11 [*Application for Final Payment Certificate*] and Sub-Clause 14.12 [*Discharge*], the Engineer shall issue, to the Employer, the Final Payment Certificate which shall state:

(a) the amount which is finally due, and
(b) after giving credit to the Employer for all amounts previously paid by the Employer and for all sums to which the Employer is entitled, the balance (if any) due from the Employer to the Contractor or from the Contractor to the Employer, as the case may be.

If the Contractor has not applied for a Final Payment Certificate in accordance with Sub-Clause 14.11 [*Application for Final Payment Certificate*] and Sub-Clause 14.12 [*Discharge*], the Engineer shall request the Contractor to do so. If the Contractor fails to submit an application within a period of 28 days, the Engineer shall issue the Final Payment Certificate for such amount as he fairly determines to be due.

14.14

Cessation of Employer's Liability

The Employer shall not be liable to the Contractor for any matter or thing under or in connection with the Contract or execution of the Works, except to the extent that the Contractor shall have included an amount expressly for it:

(a) in the Final Statement and also
(b) (except for matters or things arising after the issue of the Taking-Over Certificate for the Works) in the Statement at completion described in Sub-Clause 14.10 [*Statement at Completion*].

However, this Sub-Clause shall not limit the Employer's liability under his indemnification obligations, or the Employer's liability in any case of fraud, deliberate default or reckless misconduct by the Employer.

14.15

Currencies of Payment

The Contract Price shall be paid in the currency or currencies named in the Appendix to Tender. Unless otherwise stated in the Particular Conditions, if more than one currency is so named, payments shall be made as follows:

(a) if the Accepted Contract Amount was expressed in Local Currency only:

 (i) the proportions or amounts of the Local and Foreign Currencies, and the fixed rates of exchange to be used for calculating the payments, shall be as stated in the Appendix to Tender, except as otherwise agreed by both Parties;
 (ii) payments and deductions under Sub-Clause 13.5 [*Provisional Sums*] and Sub-Clause 13.7 [*Adjustments for Changes in Legislation*] shall be made in the applicable currencies and proportions; and
 (iii) other payments and deductions under sub-paragraphs (a) to (d) of Sub-Clause 14.3 [*Application for Interim Payment Certificates*] shall be made in the currencies and proportions specified in sub-paragraph (a)(i) above;

(b) payment of the damages specified in the Appendix to Tender shall be made in the currencies and proportions specified in the Appendix to Tender;

(c) other payments to the Employer by the Contractor shall be made in the currency in which the sum was expended by the Employer, or in such currency as may be agreed by both Parties;

(d) if any amount payable by the Contractor to the Employer in a particular currency exceeds the sum payable by the Employer to the Contractor in that currency, the Employer may recover the balance of this amount from the sums otherwise payable to the Contractor in other currencies; and

(e) if no rates of exchange are stated in the Appendix to Tender, they shall be those prevailing on the Base Date and determined by the central bank of the Country.

15 Termination by Employer

15.1
Notice to Correct

If the Contractor fails to carry out any obligation under the Contract, the Engineer may by notice require the Contractor to make good the failure and to remedy it within a specified reasonable time.

15.2
Termination by Employer

The Employer shall be entitled to terminate the Contract if the Contractor:

(a) fails to comply with Sub-Clause 4.2 [*Performance Security*] or with a notice under Sub-Clause 15.1 [*Notice to Correct*],

(b) abandons the Works or otherwise plainly demonstrates the intention not to continue performance of his obligations under the Contract,

(c) without reasonable excuse fails:

(i) to proceed with the Works in accordance with Clause 8 [*Commencement, Delays and Suspension*], or

(ii) to comply with a notice issued under Sub-Clause 7.5 [*Rejection*] or Sub-Clause 7.6 [*Remedial Work*], within 28 days after receiving it,

(d) subcontracts the whole of the Works or assigns the Contract without the required agreement,

(e) becomes bankrupt or insolvent, goes into liquidation, has a receiving or administration order made against him, compounds with his creditors, or carries on business under a receiver, trustee or manager for the benefit of his creditors, or if any act is done or event occurs which (under applicable Laws) has a similar effect to any of these acts or events, or

(f) gives or offers to give (directly or indirectly) to any person any bribe, gift, gratuity, commission or other thing of value, as an inducement or reward:

(i) for doing or forbearing to do any action in relation to the Contract, or

(ii) for showing or forbearing to show favour or disfavour to any person in relation to the Contract,

or if any of the Contractor's Personnel, agents or Subcontractors gives or offers to give (directly or indirectly) to any person any such inducement or reward as is described in this sub-paragraph (f). However, lawful inducements and rewards to Contractor's Personnel shall not entitle termination.

In any of these events or circumstances, the Employer may, upon giving 14 days' notice to the Contractor, terminate the Contract and expel the Contractor from the Site. However, in the case of sub-paragraph (e) or (f), the Employer may by notice terminate the Contract immediately.

The Employer's election to terminate the Contract shall not prejudice any other rights of the Employer, under the Contract or otherwise.

The Contractor shall then leave the Site and deliver any required Goods, all Contractor's Documents, and other design documents made by or for him, to the Engineer. However, the Contractor shall use his best efforts to comply immediately with any reasonable instructions included in the notice (i) for the assignment of any subcontract, and (ii) for the protection of life or property or for the safety of the Works.

After termination, the Employer may complete the Works and/or arrange for any other entities to do so. The Employer and these entities may then use any Goods, Contractor's Documents and other design documents made by or on behalf of the Contractor.

The Employer shall then give notice that the Contractor's Equipment and Temporary Works will be released to the Contractor at or near the Site. The Contractor shall promptly arrange their removal, at the risk and cost of the Contractor. However, if by this time the Contractor has failed to make a payment due to the Employer, these items may be sold by the Employer in order to recover this payment. Any balance of the proceeds shall then be paid to the Contractor.

15.3

Valuation at Date of Termination

As soon as practicable after a notice of termination under Sub-Clause 15.2 [*Termination by Employer*] has taken effect, the Engineer shall proceed in accordance with Sub-Clause 3.5 [*Determinations*] to agree or determine the value of the Works, Goods and Contractor's Documents, and any other sums due to the Contractor for work executed in accordance with the Contract.

15.4

Payment after Termination

After a notice of termination under Sub-Clause 15.2 [*Termination by Employer*] has taken effect, the Employer may:

(a) proceed in accordance with Sub-Clause 2.5 [*Employer's Claims*],
(b) withhold further payments to the Contractor until the costs of execution, completion and remedying of any defects, damages for delay in completion (if any), and all other costs incurred by the Employer, have been established, and/or
(c) recover from the Contractor any losses and damages incurred by the Employer and any extra costs of completing the Works, after allowing for any sum due to the Contractor under Sub-Clause 15.3 [*Valuation at Date of Termination*]. After recovering any such losses, damages and extra costs, the Employer shall pay any balance to the Contractor.

15.5

Employer's Entitlement to Termination

The Employer shall be entitled to terminate the Contract, at any time for the Employer's convenience, by giving notice of such termination to the Contractor. The termination shall take effect 28 days after the later of the dates on which the Contractor receives this notice or the Employer returns the Performance Security. The Employer shall not terminate the Contract under this Sub-Clause in order to execute the Works himself or to arrange for the Works to be executed by another contractor.

After this termination, the Contractor shall proceed in accordance with Sub-Clause 16.3 [*Cessation of Work and Removal of Contractor's Equipment*] and shall be paid in accordance with Sub-Clause 19.6 [*Optional Termination, Payment and Release*].

16 Suspension and Termination by Contractor

16.1
Contractor's Entitlement to Suspend Work

If the Engineer fails to certify in accordance with Sub-Clause 14.6 [*Issue of Interim Payment Certificates*] or the Employer fails to comply with Sub-Clause 2.4 [*Employer's Financial Arrangements*] or Sub-Clause 14.7 [*Payment*], the Contractor may, after giving not less than 21 days' notice to the Employer, suspend work (or reduce the rate of work) unless and until the Contractor has received the Payment Certificate, reasonable evidence or payment, as the case may be and as described in the notice.

The Contractor's action shall not prejudice his entitlements to financing charges under Sub-Clause 14.8 [*Delayed Payment*] and to termination under Sub-Clause 16.2 [*Termination by Contractor*].

If the Contractor subsequently receives such Payment Certificate, evidence or payment (as described in the relevant Sub-Clause and in the above notice) before giving a notice of termination, the Contractor shall resume normal working as soon as is reasonably practicable.

If the Contractor suffers delay and/or incurs Cost as a result of suspending work (or reducing the rate of work) in accordance with this Sub-Clause, the Contractor shall give notice to the Engineer and shall be entitled subject to Sub-Clause 20.1 [*Contractor's Claims*] to:

(a) an extension of time for any such delay, if completion is or will be delayed, under Sub-Clause 8.4 [*Extension of Time for Completion*], and
(b) payment of any such Cost plus reasonable profit, which shall be included in the Contract Price.

After receiving this notice, the Engineer shall proceed in accordance with Sub-Clause 3.5 [*Determinations*] to agree or determine these matters.

16.2
Termination by Contractor

The Contractor shall be entitled to terminate the Contract if:

(a) the Contractor does not receive the reasonable evidence within 42 days after giving notice under Sub-Clause 16.1 [*Contractor's Entitlement to Suspend Work*] in respect of a failure to comply with Sub-Clause 2.4 [*Employer's Financial Arrangements*],
(b) the Engineer fails, within 56 days after receiving a Statement and supporting documents, to issue the relevant Payment Certificate,
(c) the Contractor does not receive the amount due under an Interim Payment Certificate within 42 days after the expiry of the time stated in Sub-Clause 14.7 [*Payment*] within which payment is to be made (except for deductions in accordance with Sub-Clause 2.5 [*Employer's Claims*]),
(d) the Employer substantially fails to perform his obligations under the Contract,
(e) the Employer fails to comply with Sub-Clause 1.6 [*Contract Agreement*] or Sub-Clause 1.7 [*Assignment*],
(f) a prolonged suspension affects the whole of the Works as described in Sub-Clause 8.11 [*Prolonged Suspension*], or
(g) the Employer becomes bankrupt or insolvent, goes into liquidation, has a receiving or administration order made against him, compounds with his creditors, or carries on business under a receiver, trustee or manager for the

benefit of his creditors, or if any act is done or event occurs which (under applicable Laws) has a similar effect to any of these acts or events.

In any of these events or circumstances, the Contractor may, upon giving 14 days' notice to the Employer, terminate the Contract. However, in the case of sub-paragraph (f) or (g), the Contractor may by notice terminate the Contract immediately.

The Contractor's election to terminate the Contract shall not prejudice any other rights of the Contractor, under the Contract or otherwise.

16.3

Cessation of Work and Removal of Contractor's Equipment

After a notice of termination under Sub-Clause 15.5 [*Employer's Entitlement to Termination*], Sub-Clause 16.2 [*Termination by Contractor*] or Sub-Clause 19.6 [*Optional Termination, Payment and Release*] has taken effect, the Contractor shall promptly:

(a) cease all further work, except for such work as may have been instructed by the Engineer for the protection of life or property or for the safety of the Works,
(b) hand over Contractor's Documents, Plant, Materials and other work, for which the Contractor has received payment, and
(c) remove all other Goods from the Site, except as necessary for safety, and leave the Site.

16.4

Payment on Termination

After a notice of termination under Sub-Clause 16.2 [*Termination by Contractor*] has taken effect, the Employer shall promptly:

(a) return the Performance Security to the Contractor,
(b) pay the Contractor in accordance with Sub-Clause 19.6 [*Optional Termination, Payment and Release*], and
(c) pay to the Contractor the amount of any loss of profit or other loss or damage sustained by the Contractor as a result of this termination.

17 Risk and Responsibility

17.1

Indemnities

The Contractor shall indemnify and hold harmless the Employer, the Employer's Personnel, and their respective agents, against and from all claims, damages, losses and expenses (including legal fees and expenses) in respect of:

(a) bodily injury, sickness, disease or death, of any person whatsoever arising out of or in the course of or by reason of the Contractor's design (if any), the execution and completion of the Works and the remedying of any defects, unless attributable to any negligence, wilful act or breach of the Contract by the Employer, the Employer's Personnel, or any of their respective agents, and
(b) damage to or loss of any property, real or personal (other than the Works), to the extent that such damage or loss:

  (i) arises out of or in the course of or by reason of the Contractor's design (if any), the execution and completion of the Works and the remedying of any defects, and
  (ii) is attributable to any negligence, wilful act or breach of the Contract by the Contractor, the Contractor's Personnel, their respective agents, or anyone directly or indirectly employed by any of them.

The Employer shall indemnify and hold harmless the Contractor, the Contractor's Personnel, and their respective agents, against and from all claims, damages, losses and expenses (including legal fees and expenses) in respect of (1) bodily injury, sickness, disease or death, which is attributable to any negligence, wilful act or breach of the Contract by the Employer, the Employer's Personnel, or any of their respective agents, and (2) the matters for which liability may be excluded from insurance cover, as described in sub-paragraphs (d)(i), (ii) and (iii) of Sub-Clause 18.3 [*Insurance Against Injury to Persons and Damage to Property*].

17.2

Contractor's Care of the Works

The Contractor shall take full responsibility for the care of the Works and Goods from the Commencement Date until the Taking-Over Certificate is issued (or is deemed to be issued under Sub-Clause 10.1 [*Taking Over of the Works and Sections*]) for the Works, when responsibility for the care of the Works shall pass to the Employer. If a Taking-Over Certificate is issued (or is so deemed to be issued) for any Section or part of the Works, responsibility for the care of the Section or part shall then pass to the Employer.

After responsibility has accordingly passed to the Employer, the Contractor shall take responsibility for the care of any work which is outstanding on the date stated in a Taking-Over Certificate, until this outstanding work has been completed.

If any loss or damage happens to the Works, Goods or Contractor's Documents during the period when the Contractor is responsible for their care, from any cause not listed in Sub-Clause 17.3 [*Employer's Risks*], the Contractor shall rectify the loss or damage at the Contractor's risk and cost, so that the Works, Goods and Contractor's Documents conform with the Contract.

The Contractor shall be liable for any loss or damage caused by any actions performed by the Contractor after a Taking-Over Certificate has been issued. The Contractor shall also be liable for any loss or damage which occurs after a Taking-Over Certificate has been issued and which arose from a previous event for which the Contractor was liable.

17.3

Employer's Risks

The risks referred to in Sub-Clause 17.4 below are:

(a) war, hostilities (whether war be declared or not), invasion, act of foreign enemies,
(b) rebellion, terrorism, revolution, insurrection, military or usurped power, or civil war, within the Country,
(c) riot, commotion or disorder within the Country by persons other than the Contractor's Personnel and other employees of the Contractor and Subcontractors,
(d) munitions of war, explosive materials, ionising radiation or contamination by radio-activity, within the Country, except as may be attributable to the Contractor's use of such munitions, explosives, radiation or radio-activity,
(e) pressure waves caused by aircraft or other aerial devices travelling at sonic or supersonic speeds,
(f) use or occupation by the Employer of any part of the Permanent Works, except as may be specified in the Contract,
(g) design of any part of the Works by the Employer's Personnel or by others for whom the Employer is responsible, and
(h) any operation of the forces of nature which is Unforeseeable or against which an experienced contractor could not reasonably have been expected to have taken adequate preventative precautions.

17.4
Consequences of Employer's Risks

If and to the extent that any of the risks listed in Sub-Clause 17.3 above results in loss or damage to the Works, Goods or Contractor's Documents, the Contractor shall promptly give notice to the Engineer and shall rectify this loss or damage to the extent required by the Engineer.

If the Contractor suffers delay and/or incurs Cost from rectifying this loss or damage, the Contractor shall give a further notice to the Engineer and shall be entitled subject to Sub-Clause 20.1 [*Contractor's Claims*] to:

(a) an extension of time for any such delay, if completion is or will be delayed, under Sub-Clause 8.4 [*Extension of Time for Completion*], and
(b) payment of any such Cost, which shall be included in the Contract Price. In the case of sub-paragraphs (f) and (g) of Sub-Clause 17.3 [*Employer's Risks*], reasonable profit on the Cost shall also be included.

After receiving this further notice, the Engineer shall proceed in accordance with Sub-Clause 3.5 [*Determinations*] to agree or determine these matters.

17.5
Intellectual and Industrial Property Rights

In this Sub-Clause, "infringement" means an infringement (or alleged infringement) of any patent, registered design, copyright, trade mark, trade name, trade secret or other intellectual or industrial property right relating to the Works; and "claim" means a claim (or proceedings pursuing a claim) alleging an infringement.

Whenever a Party does not give notice to the other Party of any claim within 28 days of receiving the claim, the first Party shall be deemed to have waived any right to indemnity under this Sub-Clause.

The Employer shall indemnify and hold the Contractor harmless against and from any claim alleging an infringement which is or was:

(a) an unavoidable result of the Contractor's compliance with the Contract, or
(b) a result of any Works being used by the Employer:

  (i) for a purpose other than that indicated by, or reasonably to be inferred from, the Contract, or
  (ii) in conjunction with any thing not supplied by the Contractor, unless such use was disclosed to the Contractor prior to the Base Date or is stated in the Contract.

The Contractor shall indemnify and hold the Employer harmless against and from any other claim which arises out of or in relation to (i) the manufacture, use, sale or import of any Goods, or (ii) any design for which the Contractor is responsible.

If a Party is entitled to be indemnified under this Sub-Clause, the indemnifying Party may (at its cost) conduct negotiations for the settlement of the claim, and any litigation or arbitration which may arise from it. The other Party shall, at the request and cost of the indemnifying Party, assist in contesting the claim. This other Party (and its Personnel) shall not make any admission which might be prejudicial to the indemnifying Party, unless the indemnifying Party failed to take over the conduct of any negotiations, litigation or arbitration upon being requested to do so by such other Party.

17.6
Limitation of Liability

Neither Party shall be liable to the other Party for loss of use of any Works, loss of profit, loss of any contract or for any indirect or consequential loss or damage which may be suffered by the other Party in connection with the Contract, other than under

Sub-Clause 16.4 [*Payment on Termination*] and Sub-Clause 17.1 [*Indemnities*].

The total liability of the Contractor to the Employer, under or in connection with the Contract other than under Sub-Clause 4.19 [*Electricity, Water and Gas*], Sub-Clause 4.20 [*Employer's Equipment and Free-Issue Material*], Sub-Clause 17.1 [*Indemnities*] and Sub-Clause 17.5 [*Intellectual and Industrial Property Rights*], shall not exceed the sum stated in the Particular Conditions or (if a sum is not so stated) the Accepted Contract Amount.

This Sub-Clause shall not limit liability in any case of fraud, deliberate default or reckless misconduct by the defaulting Party.

18 Insurance

18.1 General Requirements for Insurances

In this Clause, "insuring Party" means, for each type of insurance, the Party responsible for effecting and maintaining the insurance specified in the relevant Sub-Clause.

Wherever the Contractor is the insuring Party, each insurance shall be effected with insurers and in terms approved by the Employer. These terms shall be consistent with any terms agreed by both Parties before the date of the Letter of Acceptance. This agreement of terms shall take precedence over the provisions of this Clause.

Wherever the Employer is the insuring Party, each insurance shall be effected with insurers and in terms consistent with the details annexed to the Particular Conditions.

If a policy is required to indemnify joint insured, the cover shall apply separately to each insured as though a separate policy had been issued for each of the joint insured. If a policy indemnifies additional joint insured, namely in addition to the insured specified in this Clause, (i) the Contractor shall act under the policy on behalf of these additional joint insured except that the Employer shall act for Employer's Personnel, (ii) additional joint insured shall not be entitled to receive payments directly from the insurer or to have any other direct dealings with the insurer, and (iii) the insuring Party shall require all additional joint insured to comply with the conditions stipulated in the policy.

Each policy insuring against loss or damage shall provide for payments to be made in the currencies required to rectify the loss or damage. Payments received from insurers shall be used for the rectification of the loss or damage.

The relevant insuring Party shall, within the respective periods stated in the Appendix to Tender (calculated from the Commencement Date), submit to the other Party:

(a) evidence that the insurances described in this Clause have been effected, and
(b) copies of the policies for the insurances described in Sub-Clause 18.2 [*Insurance for Works and Contractor's Equipment*] and Sub-Clause 18.3 [*Insurance against Injury to Persons and Damage to Property*].

When each premium is paid, the insuring Party shall submit evidence of payment to the other Party. Whenever evidence or policies are submitted, the insuring Party shall also give notice to the Engineer.

Each Party shall comply with the conditions stipulated in each of the insurance policies. The insuring Party shall keep the insurers informed of any relevant changes to the execution of the Works and ensure that insurance is maintained in accordance with this Clause.

Neither Party shall make any material alteration to the terms of any insurance without the prior approval of the other Party. If an insurer makes (or attempts to make) any alteration, the Party first notified by the insurer shall promptly give notice to the other Party.

If the insuring Party fails to effect and keep in force any of the insurances it is required to effect and maintain under the Contract, or fails to provide satisfactory evidence and copies of policies in accordance with this Sub-Clause, the other Party may (at its option and without prejudice to any other right or remedy) effect insurance for the relevant coverage and pay the premiums due. The insuring Party shall pay the amount of these premiums to the other Party, and the Contract Price shall be adjusted accordingly.

Nothing in this Clause limits the obligations, liabilities or responsibilities of the Contractor or the Employer, under the other terms of the Contract or otherwise. Any amounts not insured or not recovered from the insurers shall be borne by the Contractor and/or the Employer in accordance with these obligations, liabilities or responsibilities. However, if the insuring Party fails to effect and keep in force an insurance which is available and which it is required to effect and maintain under the Contract, and the other Party neither approves the omission nor effects insurance for the coverage relevant to this default, any moneys which should have been recoverable under this insurance shall be paid by the insuring Party.

Payments by one Party to the other Party shall be subject to Sub-Clause 2.5 [*Employer's Claims*] or Sub-Clause 20.1 [*Contractor's Claims*], as applicable.

18.2

Insurance for Works and Contractor's Equipment

The insuring Party shall insure the Works, Plant, Materials and Contractor's Documents for not less than the full reinstatement cost including the costs of demolition, removal of debris and professional fees and profit. This insurance shall be effective from the date by which the evidence is to be submitted under sub-paragraph (a) of Sub-Clause 18.1 [*General Requirements for Insurances*], until the date of issue of the Taking-Over Certificate for the Works.

The insuring Party shall maintain this insurance to provide cover until the date of issue of the Performance Certificate, for loss or damage for which the Contractor is liable arising from a cause occurring prior to the issue of the Taking-Over Certificate, and for loss or damage caused by the Contractor in the course of any other operations (including those under Clause 11 [*Defects Liability*]).

The insuring Party shall insure the Contractor's Equipment for not less than the full replacement value, including delivery to Site. For each item of Contractor's Equipment, the insurance shall be effective while it is being transported to the Site and until it is no longer required as Contractor's Equipment.

Unless otherwise stated in the Particular Conditions, insurances under this Sub-Clause:

(a) shall be effected and maintained by the Contractor as insuring Party,
(b) shall be in the joint names of the Parties, who shall be jointly entitled to receive payments from the insurers, payments being held or allocated between the Parties for the sole purpose of rectifying the loss or damage,
(c) shall cover all loss and damage from any cause not listed in Sub-Clause 17.3 [*Employer's Risks*],

(d) shall also cover loss or damage to a part of the Works which is attributable to the use or occupation by the Employer of another part of the Works, and loss or damage from the risks listed in sub-paragraphs (c), (g) and (h) of Sub-Clause 17.3 [*Employer's Risks*], excluding (in each case) risks which are not insurable at commercially reasonable terms, with deductibles per occurrence of not more than the amount stated in the Appendix to Tender (if an amount is not so stated, this sub-paragraph (d) shall not apply), and

(e) may however exclude loss of, damage to, and reinstatement of:

(i) a part of the Works which is in a defective condition due to a defect in its design, materials or workmanship (but cover shall include any other parts which are lost or damaged as a direct result of this defective condition and not as described in sub-paragraph (ii) below),

(ii) a part of the Works which is lost or damaged in order to reinstate any other part of the Works if this other part is in a defective condition due to a defect in its design, materials or workmanship,

(iii) a part of the Works which has been taken over by the Employer, except to the extent that the Contractor is liable for the loss or damage, and

(iv) Goods while they are not in the Country, subject to Sub-Clause 14.5 [*Plant and Materials intended for the Works*].

If, more than one year after the Base Date, the cover described in sub-paragraph (d) above ceases to be available at commercially reasonable terms, the Contractor shall (as insuring Party) give notice to the Employer, with supporting particulars. The Employer shall then (i) be entitled subject to Sub-Clause 2.5 [*Employer's Claims*] to payment of an amount equivalent to such commercially reasonable terms as the Contractor should have expected to have paid for such cover, and (ii) be deemed, unless he obtains the cover at commercially reasonable terms, to have approved the omission under Sub-Clause 18.1 [*General Requirements for Insurances*].

18.3

Insurance against Injury to Persons and Damage to Property

The insuring Party shall insure against each Party's liability for any loss, damage, death or bodily injury which may occur to any physical property (except things insured under Sub-Clause 18.2 [*Insurance for Works and Contractor's Equipment*]) or to any person (except persons insured under Sub-Clause 18.4 [*Insurance for Contractor's Personnel*]), which may arise out of the Contractor's performance of the Contract and occurring before the issue of the Performance Certificate.

This insurance shall be for a limit per occurrence of not less than the amount stated in the Appendix to Tender, with no limit on the number of occurrences. If an amount is not stated in the Appendix to Tender, this Sub-Clause shall not apply.

Unless otherwise stated in the Particular Conditions, the insurances specified in this Sub-Clause:

(a) shall be effected and maintained by the Contractor as insuring Party,

(b) shall be in the joint names of the Parties,

(c) shall be extended to cover liability for all loss and damage to the Employer's property (except things insured under Sub-Clause 18.2) arising out of the Contractor's performance of the Contract, and

(d) may however exclude liability to the extent that it arises from:

(i) the Employer's right to have the Permanent Works executed on, over, under, in or through any land, and to occupy this land for the Permanent Works,

(ii) damage which is an unavoidable result of the Contractor's obligations to execute the Works and remedy any defects, and

(iii) a cause listed in Sub-Clause 17.3 [*Employer's Risks*], except to the extent that cover is available at commercially reasonable terms.

18.4

Insurance for Contractor's Personnel

The Contractor shall effect and maintain insurance against liability for claims, damages, losses and expenses (including legal fees and expenses) arising from injury, sickness, disease or death of any person employed by the Contractor or any other of the Contractor's Personnel.

The Employer and the Engineer shall also be indemnified under the policy of insurance, except that this insurance may exclude losses and claims to the extent that they arise from any act or neglect of the Employer or of the Employer's Personnel.

The insurance shall be maintained in full force and effect during the whole time that these personnel are assisting in the execution of the Works. For a Subcontractor's employees, the insurance may be effected by the Subcontractor, but the Contractor shall be responsible for compliance with this Clause.

19 Force Majeure

19.1
Definition of Force Majeure

In this Clause, "Force Majeure" means an exceptional event or circumstance:

(a) which is beyond a Party's control,
(b) which such Party could not reasonably have provided against before entering into the Contract,
(c) which, having arisen, such Party could not reasonably have avoided or overcome, and
(d) which is not substantially attributable to the other Party.

Force Majeure may include, but is not limited to, exceptional events or circumstances of the kind listed below, so long as conditions (a) to (d) above are satisfied:

(i) war, hostilities (whether war be declared or not), invasion, act of foreign enemies,
(ii) rebellion, terrorism, revolution, insurrection, military or usurped power, or civil war,
(iii) riot, commotion, disorder, strike or lockout by persons other than the Contractor's Personnel and other employees of the Contractor and Subcontractors,
(iv) munitions of war, explosive materials, ionising radiation or contamination by radio-activity, except as may be attributable to the Contractor's use of such munitions, explosives, radiation or radio-activity, and
(v) natural catastrophes such as earthquake, hurricane, typhoon or volcanic activity.

19.2

Notice of Force Majeure

If a Party is or will be prevented from performing any of its obligations under the Contract by Force Majeure, then it shall give notice to the other Party of the event or circumstances constituting the Force Majeure and shall specify the obligations, the performance of which is or will be prevented. The notice shall be given within 14 days after the Party became aware, or should have become aware, of the relevant event or circumstance constituting Force Majeure.

The Party shall, having given notice, be excused performance of such obligations for so long as such Force Majeure prevents it from performing them.

Notwithstanding any other provision of this Clause, Force Majeure shall not apply to obligations of either Party to make payments to the other Party under the Contract.

19.3

Duty to Minimise Delay

Each Party shall at all times use all reasonable endeavours to minimise any delay in the performance of the Contract as a result of Force Majeure.

A Party shall give notice to the other Party when it ceases to be affected by the Force Majeure.

19.4

Consequences of Force Majeure

If the Contractor is prevented from performing any of his obligations under the Contract by Force Majeure of which notice has been given under Sub-Clause 19.2 [*Notice of Force Majeure*], and suffers delay and/or incurs Cost by reason of such Force Majeure, the Contractor shall be entitled subject to Sub-Clause 20.1 [*Contractor's Claims*] to:

(a) an extension of time for any such delay, if completion is or will be delayed, under Sub-Clause 8.4 [*Extension of Time for Completion*], and
(b) if the event or circumstance is of the kind described in sub-paragraphs (i) to (iv) of Sub-Clause 19.1 [*Definition of Force Majeure*] and, in the case of sub-paragraphs (ii) to (iv), occurs in the Country, payment of any such Cost.

After receiving this notice, the Engineer shall proceed in accordance with Sub-Clause 3.5 [*Determinations*] to agree or determine these matters.

19.5

Force Majeure Affecting Subcontractor

If any Subcontractor is entitled under any contract or agreement relating to the Works to relief from force majeure on terms additional to or broader than those specified in this Clause, such additional or broader force majeure events or circumstances shall not excuse the Contractor's non-performance or entitle him to relief under this Clause.

19.6

Optional Termination, Payment and Release

If the execution of substantially all the Works in progress is prevented for a continuous period of 84 days by reason of Force Majeure of which notice has been given under Sub-Clause 19.2 [*Notice of Force Majeure*], or for multiple periods which total more than 140 days due to the same notified Force Majeure, then either Party may give to the other Party a notice of termination of the Contract. In this event, the termination shall take effect 7 days after the notice is given, and the Contractor shall proceed in accordance with Sub-Clause 16.3 [*Cessation of Work and Removal of Contractor's Equipment*].

Upon such termination, the Engineer shall determine the value of the work done and issue a Payment Certificate which shall include:

(a) the amounts payable for any work carried out for which a price is stated in the Contract;
(b) the Cost of Plant and Materials ordered for the Works which have been delivered to the Contractor, or of which the Contractor is liable to accept delivery: this Plant and Materials shall become the property of (and be at the risk of) the Employer when paid for by the Employer, and the Contractor shall place the same at the Employer's disposal;
(c) any other Cost or liability which in the circumstances was reasonably incurred by the Contractor in the expectation of completing the Works;

(d) the Cost of removal of Temporary Works and Contractor's Equipment from the Site and the return of these items to the Contractor's works in his country (or to any other destination at no greater cost); and

(e) the Cost of repatriation of the Contractor's staff and labour employed wholly in connection with the Works at the date of termination.

19.7

Release from Performance under the Law

Notwithstanding any other provision of this Clause, if any event or circumstance outside the control of the Parties (including, but not limited to, Force Majeure) arises which makes it impossible or unlawful for either or both Parties to fulfil its or their contractual obligations or which, under the law governing the Contract, entitles the Parties to be released from further performance of the Contract, then upon notice by either Party to the other Party of such event or circumstance:

(a) the Parties shall be discharged from further performance, without prejudice to the rights of either Party in respect of any previous breach of the Contract, and

(b) the sum payable by the Employer to the Contractor shall be the same as would have been payable under Sub-Clause 19.6 [*Optional Termination, Payment and Release*] if the Contract had been terminated under Sub-Clause 19.6.

20 Claim, Disputes and Arbitration

20.1

Contractor's Claims

If the Contractor considers himself to be entitled to any extension of the Time for Completion and/or any additional payment, under any Clause of these Conditions or otherwise in connection with the Contract, the Contractor shall give notice to the Engineer, describing the event or circumstance giving rise to the claim. The notice shall be given as soon as practicable, and not later than 28 days after the Contractor became aware, or should have become aware, of the event or circumstance.

If the Contractor fails to give notice of a claim within such period of 28 days, the Time for Completion shall not be extended, the Contractor shall not be entitled to additional payment, and the Employer shall be discharged from all liability in connection with the claim. Otherwise, the following provisions of this Sub-Clause shall apply.

The Contractor shall also submit any other notices which are required by the Contract, and supporting particulars for the claim, all as relevant to such event or circumstance.

The Contractor shall keep such contemporary records as may be necessary to substantiate any claim, either on the Site or at another location acceptable to the Engineer. Without admitting the Employer's liability, the Engineer may, after receiving any notice under this Sub-Clause, monitor the record-keeping and/or instruct the Contractor to keep further contemporary records. The Contractor shall permit the Engineer to inspect all these records, and shall (if instructed) submit copies to the Engineer.

Within 42 days after the Contractor became aware (or should have become aware) of the event or circumstance giving rise to the claim, or within such other period as may be proposed by the Contractor and approved by the Engineer, the Contractor shall send to the Engineer a fully detailed claim which includes full supporting particulars of the basis of the claim and of the extension of time and/or additional payment claimed. If the event or circumstance giving rise to the claim has a continuing effect:

(a) this fully detailed claim shall be considered as interim;

(b) the Contractor shall send further interim claims at monthly intervals, giving the accumulated delay and/or amount claimed, and such further particulars as the Engineer may reasonably require; and

(c) the Contractor shall send a final claim within 28 days after the end of the effects resulting from the event or circumstance, or within such other period as may be proposed by the Contractor and approved by the Engineer.

Within 42 days after receiving a claim or any further particulars supporting a previous claim, or within such other period as may be proposed by the Engineer and approved by the Contractor, the Engineer shall respond with approval, or with disapproval and detailed comments. He may also request any necessary further particulars, but shall nevertheless give his response on the principles of the claim within such time.

Each Payment Certificate shall include such amounts for any claim as have been reasonably substantiated as due under the relevant provision of the Contract. Unless and until the particulars supplied are sufficient to substantiate the whole of the claim, the Contractor shall only be entitled to payment for such part of the claim as he has been able to substantiate.

The Engineer shall proceed in accordance with Sub-Clause 3.5 [*Determinations*] to agree or determine (i) the extension (if any) of the Time for Completion (before or after its expiry) in accordance with Sub-Clause 8.4 [*Extension of Time for Completion*], and/or (ii) the additional payment (if any) to which the Contractor is entitled under the Contract.

The requirements of this Sub-Clause are in addition to those of any other Sub-Clause which may apply to a claim. If the Contractor fails to comply with this or another Sub-Clause in relation to any claim, any extension of time and/or additional payment shall take account of the extent (if any) to which the failure has prevented or prejudiced proper investigation of the claim, unless the claim is excluded under the second paragraph of this Sub-Clause.

20.2

Appointment of the Dispute Adjudication Board

Disputes shall be adjudicated by a DAB in accordance with Sub-Clause 20.4 [*Obtaining Dispute Adjudication Board's Decision*]. The Parties shall jointly appoint a DAB by the date stated in the Appendix to Tender.

The DAB shall comprise, as stated in the Appendix to Tender, either one or three suitably qualified persons ("the members"). If the number is not so stated and the Parties do not agree otherwise, the DAB shall comprise three persons.

If the DAB is to comprise three persons, each Party shall nominate one member for the approval of the other Party. The Parties shall consult both these members and shall agree upon the third member, who shall be appointed to act as chairman.

However, if a list of potential members is included in the Contract, the members shall be selected from those on the list, other than anyone who is unable or unwilling to accept appointment to the DAB.

The agreement between the Parties and either the sole member ("adjudicator") or each of the three members shall incorporate by reference the General Conditions of Dispute Adjudication Agreement contained in the Appendix to these General Conditions, with such amendments as are agreed between them.

The terms of the remuneration of either the sole member or each of the three members, including the remuneration of any expert whom the DAB consults, shall be mutually agreed upon by the Parties when agreeing the terms of appointment. Each Party shall be responsible for paying one-half of this remuneration.

If at any time the Parties so agree, they may jointly refer a matter to the DAB for it to give its opinion. Neither Party shall consult the DAB on any matter without the agreement of the other Party.

If at any time the Parties so agree, they may appoint a suitably qualified person or persons to replace (or to be available to replace) any one or more members of the DAB. Unless the Parties agree otherwise, the appointment will come into effect if a member declines to act or is unable to act as a result of death, disability, resignation or termination of appointment.

If any of these circumstances occurs and no such replacement is available, a replacement shall be appointed in the same manner as the replaced person was required to have been nominated or agreed upon, as described in this Sub-Clause.

The appointment of any member may be terminated by mutual agreement of both Parties, but not by the Employer or the Contractor acting alone. Unless otherwise agreed by both Parties, the appointment of the DAB (including each member) shall expire when the discharge referred to in Sub-Clause 14.12 [*Discharge*] shall have become effective.

20.3

Failure to Agree Dispute Adjudication Board

If any of the following conditions apply, namely:

(a) the Parties fail to agree upon the appointment of the sole member of the DAB by the date stated in the first paragraph of Sub-Clause 20.2, [*Appointment of the Dispute Adjudication Board*]
(b) either Party fails to nominate a member (for approval by the other Party) of a DAB of three persons by such date,
(c) the Parties fail to agree upon the appointment of the third member (to act as chairman) of the DAB by such date, or
(d) the Parties fail to agree upon the appointment of a replacement person within 42 days after the date on which the sole member or one of the three members declines to act or is unable to act as a result of death, disability, resignation or termination of appointment,

then the appointing entity or official named in the Appendix to Tender shall, upon the request of either or both of the Parties and after due consultation with both Parties, appoint this member of the DAB. This appointment shall be final and conclusive. Each Party shall be responsible for paying one-half of the remuneration of the appointing entity or official.

20.4

Obtaining Dispute Adjudication Board's Decision

If a dispute (of any kind whatsoever) arises between the Parties in connection with, or arising out of, the Contract or the execution of the Works, including any dispute as to any certificate, determination, instruction, opinion or valuation of the Engineer, either Party may refer the dispute in writing to the DAB for its decision, with copies to the other Party and the Engineer. Such reference shall state that it is given under this Sub-Clause.

For a DAB of three persons, the DAB shall be deemed to have received such reference on the date when it is received by the chairman of the DAB.

Both Parties shall promptly make available to the DAB all such additional information, further access to the Site, and appropriate facilities, as the DAB may require for the purposes of making a decision on such dispute. The DAB shall be deemed to be not acting as arbitrator(s).

Within 84 days after receiving such reference, or within such other period as may be proposed by the DAB and approved by both Parties, the DAB shall give its decision, which shall be reasoned and shall state that it is given under this Sub-Clause. The decision shall be binding on both Parties, who shall promptly give effect to it unless and until it shall be revised in an amicable settlement or an arbitral award as described below. Unless the Contract has already been abandoned, repudiated or terminated, the Contractor shall continue to proceed with the Works in accordance with the Contract.

If either Party is dissatisfied with the DAB's decision, then either Party may, within 28 days after receiving the decision, give notice to the other Party of its dissatisfaction. If the DAB fails to give its decision within the period of 84 days (or as otherwise approved) after receiving such reference, then either Party may, within 28 days after this period has expired, give notice to the other Party of its dissatisfaction.

In either event, this notice of dissatisfaction shall state that it is given under this Sub-Clause, and shall set out the matter in dispute and the reason(s) for dissatisfaction. Except as stated in Sub-Clause 20.7 [*Failure to Comply with Dispute Adjudication Board's Decision*] and Sub-Clause 20.8 [*Expiry of Dispute Adjudication Board's Appointment*], neither Party shall be entitled to commence arbitration of a dispute unless a notice of dissatisfaction has been given in accordance with this Sub-Clause.

If the DAB has given its decision as to a matter in dispute to both Parties, and no notice of dissatisfaction has been given by either Party within 28 days after it received the DAB's decision, then the decision shall become final and binding upon both Parties.

20.5

Amicable Settlement

Where notice of dissatisfaction has been given under Sub-Clause 20.4 above, both Parties shall attempt to settle the dispute amicably before the commencement of arbitration. However, unless both Parties agree otherwise, arbitration may be commenced on or after the fifty-sixth day after the day on which notice of dissatisfaction was given, even if no attempt at amicable settlement has been made.

20.6

Arbitration

Unless settled amicably, any dispute in respect of which the DAB's decision (if any) has not become final and binding shall be finally settled by international arbitration. Unless otherwise agreed by both Parties:

(a) the dispute shall be finally settled under the Rules of Arbitration of the International Chamber of Commerce,
(b) the dispute shall be settled by three arbitrators appointed in accordance with these Rules, and
(c) the arbitration shall be conducted in the language for communications defined in Sub-Clause 1.4 [*Law and Language*].

The arbitrator(s) shall have full power to open up, review and revise any certificate, determination, instruction, opinion or valuation of the Engineer, and any decision of the DAB, relevant to the dispute. Nothing shall disqualify the Engineer from being called as a witness and giving evidence before the arbitrator(s) on any matter whatsoever relevant to the dispute.

Neither Party shall be limited in the proceedings before the arbitrator(s) to the evidence or arguments previously put before the DAB to obtain its decision, or to the reasons for dissatisfaction given in its notice of dissatisfaction. Any decision of the DAB shall be admissible in evidence in the arbitration.

Arbitration may be commenced prior to or after completion of the Works. The obligations of the Parties, the Engineer and the DAB shall not be altered by reason of any arbitration being conducted during the progress of the Works.

20.7

Failure to Comply with Dispute Adjudication Board's Decision

In the event that:

(a) neither Party has given notice of dissatisfaction within the period stated in Sub-Clause 20.4 [*Obtaining Dispute Adjudication Board's Decision*],
(b) the DAB's related decision (if any) has become final and binding, and
(c) a Party fails to comply with this decision,

then the other Party may, without prejudice to any other rights it may have, refer the failure itself to arbitration under Sub-Clause 20.6 [*Arbitration*]. Sub-Clause 20.4 [*Obtaining Dispute Adjudication Board's Decision*] and Sub-Clause 20.5 [*Amicable Settlement*] shall not apply to this reference.

20.8

Expiry of Dispute Adjudication Board's Appointment

If a dispute arises between the Parties in connection with, or arising out of, the Contract or the execution of the Works and there is no DAB in place, whether by reason of the expiry of the DAB's appointment or otherwise:

(a) Sub-Clause 20.4 [*Obtaining Dispute Adjudication Board's Decision*] and Sub-Clause 20.5 [*Amicable Settlement*] shall not apply, and
(b) the dispute may be referred directly to arbitration under Sub-Clause 20.6 [*Arbitration*].

APPENDIX

General Conditions of Dispute Adjudication Agreement

1
Definitions

Each "Dispute Adjudication Agreement" is a tripartite agreement by and between:
(a) the "Employer";
(b) the "Contractor"; and
(c) the "Member" who is defined in the Dispute Adjudication Agreement as being:
  (i) the sole member of the "DAB" (or "adjudicator") and, where this is the case, all references to the "Other Members" do not apply, or
  (ii) one of the three persons who are jointly called the "DAB" (or "dispute adjudication board") and, where this is the case, the other two persons are called the "Other Members".

The Employer and the Contractor have entered (or intend to enter) into a contract, which is called the "Contract" and is defined in the Dispute Adjudication Agreement, which incorporates this Appendix. In the Dispute Adjudication Agreement, words and expressions which are not otherwise defined shall have the meanings assigned to them in the Contract.

2
General Provisions

Unless otherwise stated in the Dispute Adjudication Agreement, it shall take effect on the latest of the following dates:
(a) the Commencement Date defined in the Contract,
(b) when the Employer, the Contractor and the Member have each signed the Dispute Adjudication Agreement, or
(c) when the Employer, the Contractor and each of the Other Members (if any) have respectively each signed a dispute adjudication agreement.

When the Dispute Adjudication Agreement has taken effect, the Employer and the Contractor shall each give notice to the Member accordingly. If the Member does not receive either notice within six months after entering into the Dispute Adjudication Agreement, it shall be void and ineffective.

This employment of the Member is a personal appointment. At any time, the Member may give not less than 70 days' notice of resignation to the Employer and to the Contractor, and the Dispute Adjudication Agreement shall terminate upon the expiry of this period.

No assignment or subcontracting of the Dispute Adjudication Agreement is permitted without the prior written agreement of all the parties to it and of the Other Members (if any).

3
Warranties

The Member warrants and agrees that he/she is and shall be impartial and independent of the Employer, the Contractor and the Engineer. The Member shall promptly disclose, to each of them and to the Other Members (if any), any fact or circumstance which might appear inconsistent with his/her warranty and agreement of impartiality and independence.

When appointing the Member, the Employer and the Contractor relied upon the Member's representations that he/she is:
(a) experienced in the work which the Contractor is to carry out under the Contract,
(b) experienced in the interpretation of contract documentation, and
(c) fluent in the language for communications defined in the Contract.

4
General Obligations of the Member

The Member shall:

(a) have no interest financial or otherwise in the Employer, the Contractor or the Engineer, nor any financial interest in the Contract except for payment under the Dispute Adjudication Agreement;

(b) not previously have been employed as a consultant or otherwise by the Employer, the Contractor or the Engineer, except in such circumstances as were disclosed in writing to the Employer and the Contractor before they signed the Dispute Adjudication Agreement;

(c) have disclosed in writing to the Employer, the Contractor and the Other Members (if any), before entering into the Dispute Adjudication Agreement and to his/her best knowledge and recollection, any professional or personal relationships with any director, officer or employee of the Employer, the Contractor or the Engineer, and any previous involvement in the overall project of which the Contract forms part;

(d) not, for the duration of the Dispute Adjudication Agreement, be employed as a consultant or otherwise by the Employer, the Contractor or the Engineer, except as may be agreed in writing by the Employer, the Contractor and the Other Members (if any);

(e) comply with the annexed procedural rules and with Sub-Clause 20.4 of the Conditions of Contract;

(f) not give advice to the Employer, the Contractor, the Employer's Personnel or the Contractor's Personnel concerning the conduct of the Contract, other than in accordance with the annexed procedural rules;

(g) not while a Member enter into discussions or make any agreement with the Employer, the Contractor or the Engineer regarding employment by any of them, whether as a consultant or otherwise, after ceasing to act under the Dispute Adjudication Agreement;

(h) ensure his/her availability for all site visits and hearings as are necessary;

(i) become conversant with the Contract and with the progress of the Works (and of any other parts of the project of which the Contract forms part) by studying all documents received which shall be maintained in a current working file;

(j) treat the details of the Contract and all the DAB's activities and hearings as private and confidential, and not publish or disclose them without the prior written consent of the Employer, the Contractor and the Other Members (if any); and

(k) be available to give advice and opinions, on any matter relevant to the Contract when requested by both the Employer and the Contractor, subject to the agreement of the Other Members (if any).

5
General Obligations of the Employer and the Contractor

The Employer, the Contractor, the Employer's Personnel and the Contractor's Personnel shall not request advice from or consultation with the Member regarding the Contract, otherwise than in the normal course of the DAB's activities under the Contract and the Dispute Adjudication Agreement, and except to the extent that prior agreement is given by the Employer, the Contractor and the Other Members (if any). The Employer and the Contractor shall be responsible for compliance with this provision, by the Employer's Personnel and the Contractor's Personnel respectively.

The Employer and the Contractor undertake to each other and to the Member that the Member shall not, except as otherwise agreed in writing by the Employer, the Contractor, the Member and the Other Members (if any):

(a) be appointed as an arbitrator in any arbitration under the Contract;

(b) be called as a witness to give evidence concerning any dispute before arbitrator(s) appointed for any arbitration under the Contract; or

(c) be liable for any claims for anything done or omitted in the discharge or purported discharge of the Member's functions, unless the act or omission is shown to have been in bad faith.

The Employer and the Contractor hereby jointly and severally indemnify and hold the Member harmless against and from claims from which he is relieved from liability under the preceding paragraph.

Whenever the Employer or the Contractor refers a dispute to the DAB under Sub-Clause 20.4 of the Conditions of Contract, which will require the Member to make a site visit and attend a hearing, the Employer or the Contractor shall provide appropriate security for a sum equivalent to the reasonable expenses to be incurred by the Member. No account shall be taken of any other payments due or paid to the Member.

6

Payment

The Member shall be paid as follows, in the currency named in the Dispute Adjudication Agreement:

(a) a retainer fee per calendar month, which shall be considered as payment in full for:
   (i) being available on 28 days' notice for all site visits and hearings;
   (ii) becoming and remaining conversant with all project developments and maintaining relevant files;
   (iii) all office and overhead expenses including secretarial services, photocopying and office supplies incurred in connection with his duties; and
   (iv) all services performed hereunder except those referred to in sub-paragraphs (b) and (c) of this Clause.

   The retainer fee shall be paid with effect from the last day of the calendar month in which the Dispute Adjudication Agreement becomes effective; until the last day of the calendar month in which the Taking-Over Certificate is issued for the whole of the Works.

   With effect from the first day of the calendar month following the month in which Taking-Over Certificate is issued for the whole of the Works, the retainer fee shall be reduced by 50%. This reduced fee shall be paid until the first day of the calendar month in which the Member resigns or the Dispute Adjudication Agreement is otherwise terminated.

(b) a daily fee which shall be considered as payment in full for:
   (i) each day or part of a day up to a maximum of two days' travel time in each direction for the journey between the Member's home and the site, or another location of a meeting with the Other Members (if any);
   (ii) each working day on site visits, hearings or preparing decisions; and
   (iii) each day spent reading submissions in preparation for a hearing.
(c) all reasonable expenses incurred in connection with the Member's duties, including the cost of telephone calls, courier charges, faxes and telexes, travel expenses, hotel and subsistence costs: a receipt shall be required for each item in excess of five percent of the daily fee referred to in sub-paragraph (b) of this Clause;
(d) any taxes properly levied in the Country on payments made to the Member (unless a national or permanent resident of the Country) under this Clause 6.

The retainer and daily fees shall be as specified in the Dispute Adjudication Agreement. Unless it specifies otherwise, these fees shall remain fixed for the first 24 calendar months, and shall thereafter be adjusted by agreement between the Employer, the Contractor and the Member, at each anniversary of the date on which the Dispute Adjudication Agreement became effective.

The Member shall submit invoices for payment of the monthly retainer and air fares quarterly in advance. Invoices for other expenses and for daily fees shall be submitted following the conclusion of a site visit or hearing. All invoices shall be accompanied by a brief description of activities performed during the relevant period and shall be addressed to the Contractor.

The Contractor shall pay each of the Member's invoices in full within 56 calendar days after receiving each invoice and shall apply to the Employer (in the Statements under the Contract) for reimbursement of one-half of the amounts of these invoices. The Employer shall then pay the Contractor in accordance with the Contract.

If the Contractor fails to pay to the Member the amount to which he/she is entitled under the Dispute Adjudication Agreement, the Employer shall pay the amount due to the Member and any other amount which may be required to maintain the operation of the DAB; and without prejudice to the Employer's rights or remedies. In addition to all other rights arising from this default, the Employer shall be entitled to reimbursement of all sums paid in excess of one-half of these payments, plus all costs of recovering these sums and financing charges calculated at the rate specified in Sub-Clause 14.8 of the Conditions of Contract.

If the Member does not receive payment of the amount due within 70 days after submitting a valid invoice, the Member may (i) suspend his/her services (without notice) until the payment is received, and/or (ii) resign his/her appointment by giving notice under Clause 7.

7

Termination

At any time: (i) the Employer and the Contractor may jointly terminate the Dispute Adjudication Agreement by giving 42 days' notice to the Member; or (ii) the Member may resign as provided for in Clause 2.

If the Member fails to comply with the Dispute Adjudication Agreement, the Employer and the Contractor may, without prejudice to their other rights, terminate it by notice to the Member. The notice shall take effect when received by the Member.

If the Employer or the Contractor fails to comply with the Dispute Adjudication Agreement, the Member may, without prejudice to his other rights, terminate it by notice to the Employer and the Contractor. The notice shall take effect when received by them both.

Any such notice, resignation and termination shall be final and binding on the Employer, the Contractor and the Member. However, a notice by the Employer or the Contractor, but not by both, shall be of no effect.

8

Default of the Member

If the Member fails to comply with any obligation under Clause 4, he/she shall not be entitled to any fees or expenses hereunder and shall, without prejudice to their other rights, reimburse each of the Employer and the Contractor for any fees and expenses received by the Member and the Other Members (if any), for proceedings or decisions (if any) of the DAB which are rendered void or ineffective.

9

Disputes

Any dispute or claim arising out of or in connection with this Dispute Adjudication Agreement, or the breach, termination or invalidity thereof, shall be finally settled under the Rules of Arbitration of the International Chamber of Commerce by one arbitrator appointed in accordance with these Rules of Arbitration.

Annex PROCEDURAL RULES

1 Unless otherwise agreed by the Employer and the Contractor, the DAB shall visit the site at intervals of not more than 140 days, including times of critical construction events, at the request of either the Employer or the Contractor. Unless otherwise agreed by the Employer, the Contractor and the DAB, the period between consecutive visits shall not be less than 70 days, except as required to convene a hearing as described below.

2 The timing of and agenda for each site visit shall be as agreed jointly by the DAB, the Employer and the Contractor, or in the absence of agreement, shall be decided by the DAB. The purpose of site visits is to enable the DAB to become and remain acquainted with the progress of the Works and of any actual or potential problems or claims.

3 Site visits shall be attended by the Employer, the Contractor and the Engineer and shall be co-ordinated by the Employer in co-operation with the Contractor. The Employer shall ensure the provision of appropriate conference facilities and secretarial and copying services. At the conclusion of each site visit and before leaving the site, the DAB shall prepare a report on its activities during the visit and shall send copies to the Employer and the Contractor.

4 The Employer and the Contractor shall furnish to the DAB one copy of all documents which the DAB may request, including Contract documents, progress reports, variation instructions, certificates and other documents pertinent to the performance of the Contract. All communications between the DAB and the Employer or the Contractor shall be copied to the other Party. If the DAB comprises three persons, the Employer and the Contractor shall send copies of these requested documents and these communications to each of these persons.

5 If any dispute is referred to the DAB in accordance with Sub-Clause 20.4 of the Conditions of Contract, the DAB shall proceed in accordance with Sub-Clause 20.4 and these Rules. Subject to the time allowed to give notice of a decision and other relevant factors, the DAB shall:

(a) act fairly and impartially as between the Employer and the Contractor, giving each of them a reasonable opportunity of putting his case and responding to the other's case, and

(b) adopt procedures suitable to the dispute, avoiding unnecessary delay or expense.

6 The DAB may conduct a hearing on the dispute, in which event it will decide on the date and place for the hearing and may request that written documentation and arguments from the Employer and the Contractor be presented to it prior to or at the hearing.

7 Except as otherwise agreed in writing by the Employer and the Contractor, the DAB shall have power to adopt an inquisitorial procedure, to refuse admission to hearings or audience at hearings to any persons other than representatives of the Employer, the Contractor and the Engineer, and to proceed in the absence of any party who the DAB is satisfied received notice of the hearing; but shall have discretion to decide whether and to what extent this power may be exercised.

8 The Employer and the Contractor empower the DAB, among other things, to:

(a) establish the procedure to be applied in deciding a dispute,
(b) decide upon the DAB's own jurisdiction, and as to the scope of any dispute referred to it,
(c) conduct any hearing as it thinks fit, not being bound by any rules or procedures other than those contained in the Contract and these Rules,
(d) take the initiative in ascertaining the facts and matters required for a decision,
(e) make use of its own specialist knowledge, if any,
(f) decide upon the payment of financing charges in accordance with the Contract,
(g) decide upon any provisional relief such as interim or conservatory measures, and
(h) open up, review and revise any certificate, decision, determination, instruction, opinion or valuation of the Engineer, relevant to the dispute.

9 The DAB shall not express any opinions during any hearing concerning the merits of any arguments advanced by the Parties. Thereafter, the DAB shall make and give its decision in accordance with Sub-Clause 20.4, or as otherwise agreed by the Employer and the Contractor in writing. If the DAB comprises three persons:

(a) it shall convene in private after a hearing, in order to have discussions and prepare its decision;
(b) it shall endeavour to reach a unanimous decision: if this proves impossible the applicable decision shall be made by a majority of the Members, who may require the minority Member to prepare a written report for submission to the Employer and the Contractor; and
(c) if a Member fails to attend a meeting or hearing, or to fulfil any required function, the other two Members may nevertheless proceed to make a decision, unless:
    (i) either the Employer or the Contractor does not agree that they do so, or
    (ii) the absent Member is the chairman and he/she instructs the other Members to not make a decision.

2. Silver Book 1999 (General Conditions)

GENERAL CONDITIONS

GUIDANCE FOR THE PREPARATION OF PARTICULAR CONDITIONS

FORMS OF LETTER OF TENDER, CONTRACT AGREEMENT AND DISPUTE ADJUDICATION AGREEMENT

Conditions of Contract for **EPC/Turnkey Projects**

First Edition 1999
ISBN 2-88432-021-0

FEDERATION INTERNATIONALE DES INGENIEURS-CONSEILS
INTERNATIONAL FEDERATION OF CONSULTING ENGINEERS
INTERNATIONALE VEREINIGUNG BERATENDER INGENIEURE
FEDERACION INTERNACIONAL DE INGENIEROS CONSOLTORES

ERRATA to the First Edition, 1999

The following significant errata are corrected in this reprinting of the First Edition of the EPC/Turnkey Contract. Several minor typographical errors and layout irregularities have also been corrected.

GENERAL PROVISIONS

Page 971 In the title of Sub-Clause 14.2, delete "Advanced" and substitute "Advance".

Page 985 In the fifth line of the fifth paragraph, after "Clause 20.4", insert the italicised title "[*Obtaining Dispute Adjudication Board's Decision*]".
Sub-Clause 20.4: in the fifth line, delete each of the italicised acronyms "*DAB*" and substitute the italicised "*Dispute Adjudication Board*'".

Page 990 In the third paragraph: in the second line, delete the word "the" from the phrase "General Conditions of the Dispute Adjudication Agreement"; and in the sixth line, delete "Member" and substitute "member".

Page 994 In sub-paragraph (ii): delete "day's" and substitute "days'"; and in the third line, delete "an other" and substitute "another".
In the middle of the page, delete "Agreement until each member has been paid" and substitute "Agreement until each of the Members has been paid".
At the end of the next paragraph, after "a decision shall have", insert "been".
In the last sentence of Clause 6, delete the comma after the phrase "Any such notice".

Page 1003 In the third line of Clause 6, delete the first two words "notice to".

GUIDANCE FOR THE PREPARATION OF PARTICULAR CONDITIONS

Annexes Delete "© FIDIC".

INTRODUCTORY NOTE TO FIRST EDITION

FIDIC's Red and Yellow Books (i.e. standard forms of contract for works of civil engineering construction and for electrical and mechanical works) have been in widespread use for several decades, and have been recognised - among other things - for their principles of balanced risk sharing between the Employer and the Contractor. These risk sharing principles have been beneficial for both parties, the Employer signing a contract at a lower price and only having further costs when particular unusual risks actually eventuate, and the Contractor avoiding pricing such risks which are not easy to evaluate. The principles of balanced risk sharing are continued in the new "Construction" and "Plant and Design-Build" Books.

During recent years it has been noticed that much of the construction market requires a form of contract where certainty of final price, and often of completion date, are of extreme importance. Employers on such turnkey projects are willing to pay more - sometimes considerably more - for their project if they can be more certain that the agreed final price will not be exceeded. Among such projects can be found many projects financed by private funds, where the lenders require greater certainty about a project's costs to the Employer than is allowed for under the allocation of risks provided for by FIDIC's traditional forms of contracts. Often the construction project (the EPC - Engineer, Procure, Construct - Contract) is only one part of a complicated commercial venture, and financial or other failure of this construction project will jeopardize the whole venture.

For such projects it is necessary for the Contractor to assume responsibility for a wider range of risks than under the traditional Red and Yellow Books. To obtain increased certainty of the final price, the Contractor is often asked to cover such risks as the occurrence of poor or unexpected ground conditions, and that what is set out in the requirements prepared by the Employer actually will result in the desired objective. If the Contractor is to carry such risks, the Employer obviously must give him the time and opportunity to obtain and consider all relevant information before the Contractor is asked to sign on a fixed contract price. The Employer must also realize that asking responsible contractors to price such risks will increase the construction cost and result in some projects not being commercially viable.

Even under such contracts the Employer does carry certain risks such as the risks of war, terrorism and the like and the other risks of Force Majeure, and it is always possible, and sometimes advisable, for the Parties to discuss other risk sharing arrangements before entering into the Contract. In the case of BOT (Build-Operate-Transfer) type projects, which are normally negotiated as a package, the allocation of risk provided for in the turnkey construction Contract negotiated initially between the Sponsors and the EPC Contractor may need to be adjusted in order to take into account the final allocation of all risks between the various contracts forming the total package.

Apart from the more recent and rapid development of privately financed projects demanding contract terms ensuring increased certainty of price, time and performance, it has long been apparent that many employers, particularly in the public sector, in a wide range of countries have demanded similar contract terms, at least for turnkey contracts. They have often irreverently taken the FIDIC Red or Yellow Books and altered the terms so that risks placed on the Employer in the FIDIC Books have been transferred to the Contractor, thus effectively removing FIDIC's traditional principles of balanced risk sharing. This need of many employers has not gone unnoticed, and FIDIC has considered it better for all parties for this need to be openly recognised and regularised. By providing a standard FIDIC form for use in such contracts, the Employer's requirements for more risk to be taken by the Contractor are clearly stated. Thus the Employer does not have to attempt to alter a standard form intended for another risk arrangement, and the Contractor is fully aware of the increased risks he must bear. Clearly the Contractor will rightly increase his tender price to account for such extra risks.

This form for EPC/Turnkey Projects is thus intended to be suitable, not only for EPC Contracts within a BOT or similar type venture, but also for all the many projects, both large and smaller, particularly E & M (Electrical and Mechanical) and other process plant projects, being carried out around the world by all types of employers, often in a civil law environment, where the government departments or private developers wish to implement their project on a fixed-price turnkey basis and with a strictly two party approach.

Employers using this form must realise that the "Employer's Requirements" which they prepare should describe the principle and basic design of the plant on a functional basis. The Tenderer should then be permitted and required to verify all relevant information and data and make any necessary investigations. He shall also carry out any necessary design and detailing of the specific equipment and plant he is offering, allowing him to offer solutions best suited to his equipment and experience. Therefore the tendering procedure has to permit discussions between the Tenderer and the Employer about technical matters and commercial conditions. All such matters, when agreed, shall then form part of the signed Contract.

Thereafter the Contractor should be given freedom to carry out the work in his chosen manner, provided the end result meets the performance criteria specified by the Employer. Consequently, the Employer should only exercise limited control over and should in general not interfere with the Contractor's work. Clearly the Employer will wish to know and follow progress of the work and be assured that the time programme is being followed. He will also wish to know that the work quality is as specified, that third parties are not being disturbed, that performance tests are met, and otherwise that the "Employer's Requirements" are being complied with.

A feature of this type of contract is that the Contractor has to prove the reliability and performance of his plant and equipment. Therefore special attention is given to the "Tests on Completion", which often take place over a considerable time period, and Taking Over shall take place only after successful completion of these tests.

FIDIC recognizes that privately-financed projects are usually subject to more negotiation than publicly-financed ones and that therefore changes are likely to have to be made in any standard form of contract proposed for projects within a BOT or similar type venture. Among other things, such form may need to be adapted to take account of the special, if not unique, characteristics of each project, as well as the requirements of lenders and others providing financing. Nevertheless, such changes do not do away with the need for a standard form.

These Conditions of Contract for EPC/Turnkey Projects are not suitable for use in the following circumstances:

- If there is insufficient time or information for tenderers to scrutinise and check the Employer's Requirements or for them to carry out their designs, risk assessment studies and estimating (taking particular account of Sub-Clauses 4.12 and 5.1).
- If construction will involve substantial work underground or work in other areas which tenderers cannot inspect.
- If the Employer intends to supervise closely or control the Contractor's work, or to review most of the construction drawings.
- If the amount of each interim payment is to be determined by an official or other intermediary.

FIDIC recommends that the Conditions of Contract for Plant and Design-Build be used in the above circumstances for Works designed by (or on behalf of) the Contractor.

ACKNOWLEDGEMENTS

Fédération Internationale des Ingénieurs-Conseils (FIDIC) extends special thanks to the following members of its Update Task Group: Christopher Wade (Group Leader), SWECO-VBB, Sweden; Peter L Booen (Principal Drafter), GIBB Ltd, UK; Hermann Bayerlein, Fichtner, Germany; Christopher R Seppala (Legal Adviser), White & Case, France; and José F Speziale, IATASA, Argentina.

The preparation was carried out under the general direction of the FIDIC Contracts Committee which comprised John B Bowcock, Consulting Engineer, UK (Chairman); Michael Mortimer-Hawkins, SwedPower, Sweden; and Axel-Volkmar Jaeger, Schmidt Reuter Partner, Germany; together with K B (Tony) Norris as Special Adviser.

Drafts were reviewed by many persons and organisations, including those listed below. Their comments were duly studied by the Update Task Group and, where considered appropriate, have influenced the wording of the clauses. Mushtaq Ahmad, NESPAK, Pakistan; Peter Batty, Post Buckley International, USA; Roeland Bertrams, Clifford Chance, Netherlands; Charles G Borthwick, SwedPower, Sweden; Manfred Breege, Lahmeyer International, Germany; Pablo Bueno, TYPSA, Spain; Nael G Bunni, Consulting Engineer, Ireland; Ian Fraser, Beca Carter Hollings & Ferner, New Zealand; Roy Goode, Oxford University, UK; Dan W Graham, Bristows Cooke & Carpmael, UK; Mark Griffiths, Griffiths & Armour, UK; Geoffrey F Hawker, Consulting Engineer, UK; Hesse & Steinberger, VDMA, Germany; Poul E Hvilsted, Elsamprojekt, Denmark; Lennart Iwar, Lindahl, Sweden; Gordon L Jaynes, Whitman Breed Abbott & Morgan, UK; Tonny Jensen (Chairman of FIDIC Quality Management Committee), COWI, Denmark; Martin Klapper, Hopgood and Ganim, Australia; Philip Loots & Associates, South Africa; Neil McCole, Merz and McLellan, UK; Matthew Needham-Laing, Victoria Russell & Paul J Taylor, Berrymans Lace Mawer, UK; J Gordon Rees, Binnie Black & Veatch, UK; Tim Reynolds, Constant & Constant, UK; David R Wightman & Gerlando Butera, Nabarro Nathanson, UK; the Association of Japanese Consulting Engineers; the Construction Industry Authority of the Philippines; the Dutch Vereniging voor Bouwrecht; the European International Contractors (EIC); ORGAnisme de Liaison Industries Métalliques Européennes (ORGALIME); the International Association of Dredging Contractors; the International Bar Association; the Asian Development Bank; and the World Bank. Acknowledgement of reviewers does not mean that such persons or organizations approve of the wording of all clauses. In particular, EIC and ORGALIME have expressed reservations about some clauses of this EPC Contract.

FIDIC wishes to record its appreciation of the time and effort devoted by all the above.

The ultimate decision on the form and content of the document rests with FIDIC.

FOREWORD

The Fédération Internationale des Ingénieurs-Conseils (FIDIC) published, in 1999, First Editions of four new standard forms of contract:

Conditions of Contract for Construction,
which are recommended for building or engineering works designed by the Employer or by his representative, the Engineer. Under the usual arrangements for this type of contract, the Contractor constructs the works in accordance with a design provided by the Employer. However, the works may include some elements of Contractor-designed civil, mechanical, electrical and/or construction works.

Conditions of Contract for Plant and Design-Build,
which are recommended for the provision of electrical and/or mechanical plant, and for the design and execution of building or engineering works. Under the usual arrangements for this type of contract, the Contractor designs and provides, in accordance with the Employer's requirements, plant and/or other works; which may include any combination of civil, mechanical, electrical and/or construction works.

Conditions of Contract for EPC/Turnkey Projects,
which may be suitable for the provision on a turnkey basis of a process or power plant, of a factory or similar facility, or of an infrastructure project or other type of development, where (i) a higher degree of certainty of final price and time is required, and (ii) the Contractor takes total responsibility for the design and execution of the project, with little involvement of the Employer. Under the usual arrangements for turnkey projects, the Contractor carries out all the Engineering, Procurement and Construction (EPC): providing a fully-equipped facility, ready for operation (at the "turn of the key").

Short Form of Contract,
which is recommended for building or engineering works of relatively small capital value. Depending on the type of work and the circumstances, this form may also be suitable for contracts of greater value, particularly for relatively simple or repetitive work or work of short duration. Under the usual arrangements for this type of contract, the Contractor constructs the works in accordance with a design provided by the Employer or by his representative (if any), but this form may also be suitable for a contract which includes, or wholly comprises, Contractor-designed civil, mechanical, electrical and/or construction works.

The forms are recommended for general use where tenders are invited on an international basis. Modifications may be required in some jurisdictions, particularly if the Conditions are to be used on domestic contracts. FIDIC considers the official and authentic texts to be the versions in the English language.

In the preparation of these Conditions of Contract for EPC/Turnkey Projects, it was recognised that, while there are many sub-clauses which will be generally applicable, there are some sub-clauses which must necessarily vary to take account of the circumstances relevant to the particular contract. The sub-clauses which were considered to be applicable to many (but not all) contracts have been included in the General Conditions, in order to facilitate their incorporation into each contract.

The General Conditions and the Particular Conditions will together comprise the Conditions of Contract governing the rights and obligations of the parties. It will be necessary to prepare the Particular Conditions for each individual contract, and to take account of those sub-clauses in the General Conditions which mention the Particular Conditions.

For this publication, the General Conditions were prepared on the following basis:

(i) interim payments, in respect of the lump sum Contract Price, will be made as work proceeds, and will typically be based on instalments specified in a schedule;

(ii) if the wording in the General Conditions necessitates further data which would typically be prescribed by the Employer, then the sub-clause makes reference to this data being contained in the Particular Conditions or in the Employer's Requirements;

(iii) where a sub-clause in the General Conditions deals with a matter on which different contract terms are likely to be applicable for different contracts, the principles applied in writing the sub-clause were:

(a) users would find it more convenient if any provisions which they did not wish to apply could simply be deleted or not invoked, than if additional text had to be written (in the Particular Conditions) because the General Conditions did not cover their requirements; or

(b) in other cases, where the application of (a) was thought to be inappropriate, the sub-clause contains the provisions which were considered applicable to most contracts.

For example, Sub-Clause 14.2 [*Advance Payment*] is included for convenience, not because of any FIDIC policy in respect of advance payments. This Sub-Clause becomes inapplicable (even if it is not deleted) if it is disregarded by not specifying the amount of the advance. It should therefore be noted that some of the provisions contained in the General Conditions may not be appropriate for an apparently-typical contract.

Further information on these aspects, example wording for other arrangements, and other explanatory material and a check-list and example wording to assist in the preparation of the Particular Conditions and the other tender documents, are included within this publication as Guidance for the Preparation of the Particular Conditions. Before incorporating any example wording, it must be checked to ensure that it is wholly suitable for the particular circumstances; if not, it must be amended.

Where example wording is amended, and in all cases where other amendments or additions are made, care must be taken to ensure that no ambiguity is created, either with the General Conditions or between the clauses in the Particular Conditions. It is essential that all these drafting tasks, and the entire preparation of the tender documents, are entrusted to personnel with the relevant expertise, including the contractual, technical and procurement aspects.

This publication concludes with example forms for the Letter of Tender, the Contract Agreement, and alternatives for the Dispute Adjudication Agreement. This Dispute Adjudication Agreement provides text for the agreement between the Employer, the Contractor and the person appointed to act either as sole adjudicator or as a member of a three-person dispute adjudication board; and incorporates (by reference) the terms in the Appendix to the General Conditions.

FIDIC intends to publish a guide to the use of its Conditions of Contract for Construction, for Plant and Design-Build, and for EPC/Turnkey Projects.

In order to clarify the sequence of Contract activities, reference may be made to the charts on the next two pages and to the Sub-Clauses listed below (some Sub-Clause numbers are also stated in the charts). The charts are illustrative and must not be taken into consideration in the interpretation of the Conditions of Contract.

1.1.3.1	&	13.7	Base Date
1.1.3.2	&	8.1	Commencement Date
1.1.6.6	&	4.2	Performance Security
1.1.3.3	&	8.2	Time for Completion (as extended under 8.4)
1.1.3.4	&	9.1	Tests on Completion
1.1.3.5	&	10.1	Taking-Over Certificate
1.1.3.6	&	12.1	Tests after Completion (if any)
1.1.3.7	&	11.1	Defects Notification Period (as extended under 11.3)
1.1.3.8	&	11.9	Performance Certificate

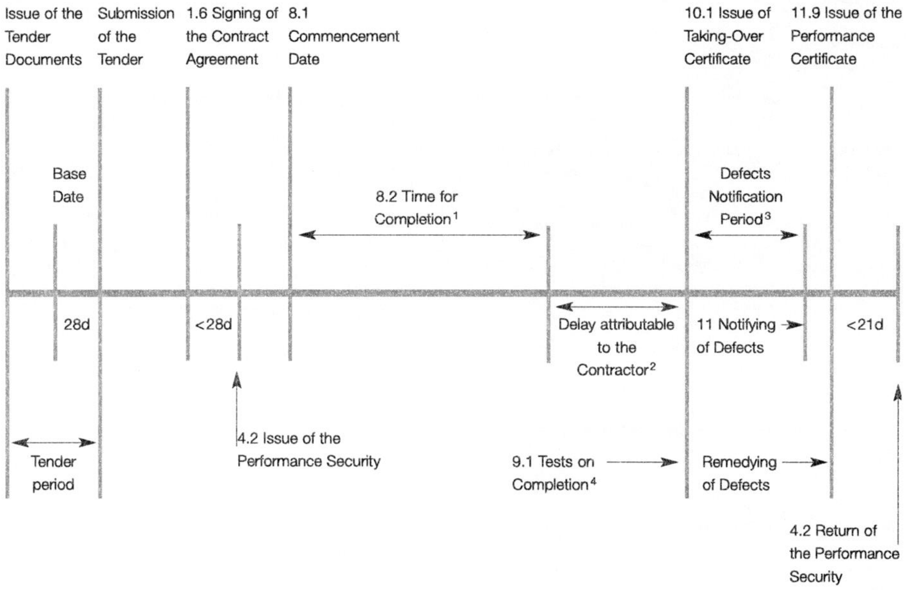

Typical sequence of Principal Events during Contracts for EC/Turnkey Projects

1. The Time for Completion is to be stated (in the Particular Conditions) as a number of days, to which is added any extensions of time under Sub-Clause 8.4.
2. In order to indicate the sequence of events, the above diagram is based upon the example of the Contractor failing to comply with Sub-Clause 8.2.
3. The Defects Notification Period is to be stated (in the Particular Conditions) as a number of days, to which is added any extensions under Sub-Clause 11.3.
4. Depending on the type of Works, Tests after Completion may also be required.

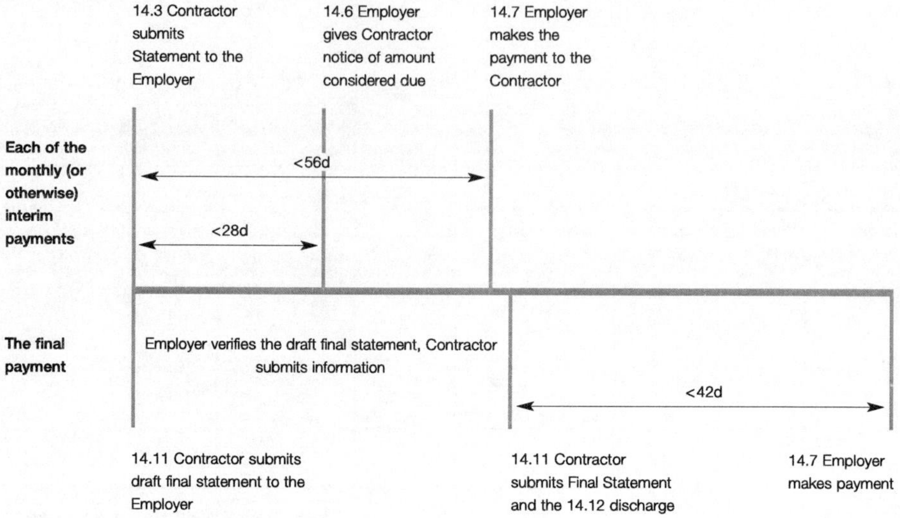

Typical sequence of Payment Events envisaged in Clause 14

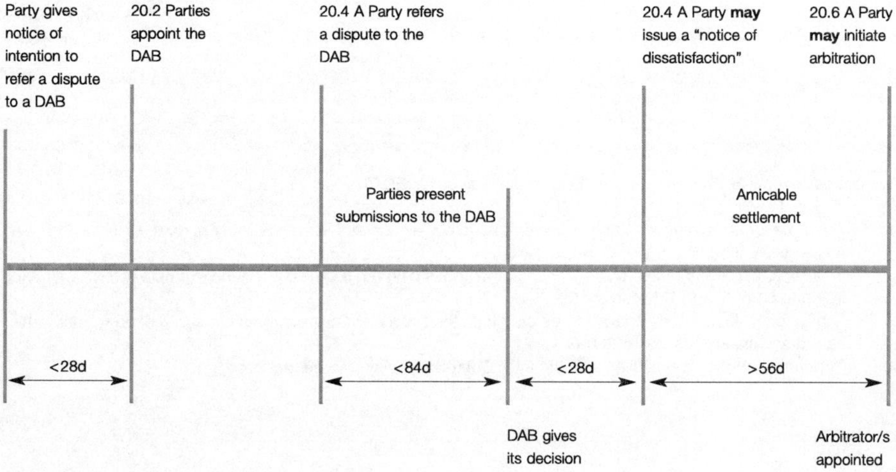

Typical sequence of Dispute Events envisaged in Clause 20

GENERAL CONDITIONS

GUIDANCE FOR THE
PREPARATION OF
PARTICULAR CONDITIONS

FORMS OF LETTER OF
TENDER, CONTRACT
AGREEMENT AND
DISPUTE ADJUDICATION
AGREEMENT

Conditions of Contract
for EPC/Turnkey Projects

General Conditions

FEDERATION INTERNATIONALE DES INGENIEURS-CONSEILS
INTERNATIONAL FEDERATION OF CONSULTING ENGINEERS
INTERNATIONALE VEREINIGUNG BERATENDER INGENIEURE
FEDERACION INTERNACIONAL DE INGENIEROS CONSOLTORES

General Conditions

CONTENTS

Definitions listed alphabetically

1.1.3.1	Base Date	1.1.6.5	Laws
1.1.3.2	Commencement Date	1.1.4.5	Local Currency
1.1.1.1	Contract	1.1.5.3	Materials
1.1.1.2	Contract Agreement	1.1.2.1	Party
1.1.4.1	Contract Price	1.1.3.8	Performance Certificate
1.1.2.3	Contractor	1.1.1.5	Performance Guarantees
1.1.6.1	Contractor's Documents	1.1.6.6	Performance Security
1.1.5.1	Contractor's Equipment	1.1.5.4	Permanent Works
1.1.2.7	Contractor's Personnel	1.1.5.5	Plant
1.1.2.5	Contractor's Representative	1.1.4.6	Provisional Sum
1.1.4.2	Cost	1.1.4.7	Retention Money
1.1.6.2	Country	1.1.1.5	Schedule of Payments
1.1.2.9	DAB	1.1.5.6	Section
1.1.3.9	day	1.1.6.7	Site
1.1.3.7	Defects Notification Period	1.1.4.8	Statement
1.1.2.2	Employer	1.1.2.8	Subcontractor
1.1.6.3	Employer's Equipment	1.1.3.5	Taking-Over Certificate
1.1.2.6	Employer's Personnel	1.1.5.7	Temporary Works
1.1.2.4	Employer's Representative	1.1.1.4	Tender
1.1.1.3	Employer's Requirements	1.1.3.6	Tests after Completion
1.1.2.10	FIDIC	1.1.3.4	Tests on Completion
1.1.4.3	Final Statement	1.1.3.3	Time for Completion
1.1.6.4	Force Majeure	1.1.6.8	Variation
1.1.4.4	Foreign Currency	1.1.5.8	Works
1.1.5.2	Goods	1.1.3.9	year

General Conditions

1 General Provisions

1.1
Definitions

In the Conditions of Contract ("these Conditions"), which include Particular Conditions and these General Conditions, the following words and expressions shall have the meanings stated. Words indicating persons or parties include corporations and other legal entities, except where the context requires otherwise.

1.1.1
The Contract

1.1.1.1 **"Contract"** means the Contract Agreement, these Conditions, the Employer's Requirements, the Tender, and the further documents (if any) which are listed in the Contract Agreement.

1.1.1.2 **"Contract Agreement"** means the contract agreement referred to in Sub-Clause 1.6 [*Contract Agreement*], including any annexed memoranda.

1.1.1.3 **"Employer's Requirements"** means the document entitled employer's requirements, as included in the Contract, and any additions and modifications to such document in accordance with the Contract. Such document specifies the purpose, scope, and/or design and/or other technical criteria, for the Works.

1.1.1.4 **"Tender"** means the Contractor's signed offer for the Works and all other documents which the Contractor submitted therewith (other than these Conditions and the Employer's Requirements, if so submitted), as included in the Contract.

1.1.1.5 **"Performance Guarantees"** and **"Schedule of Payments"** mean the documents so named (if any), as included in the Contract.

1.1.2
Parties and Persons

1.1.2.1 **"Party"** means the Employer or the Contractor, as the context requires.

1.1.2.2 **"Employer"** means the person named as employer in the Contract Agreement and the legal successors in title to this person.

1.1.2.3 **"Contractor"** means the person(s) named as contractor in the Contract Agreement and the legal successors in title to this person(s).

1.1.2.4 **"Employer's Representative"** means the person named by the Employer in the Contract or appointed from time to time by the Employer under Sub-Clause 3.1 [*The Employer's Representative*], who acts on behalf of the Employer.

1.1.2.5 **"Contractor's Representative"** means the person named by the Contractor in the Contract or appointed from time to time by the Contractor under Sub-Clause 4.3 [*Contractor's Representative*], who acts on behalf of the Contractor.

1.1.2.6 **"Employer's Personnel"** means the Employer's Representative, the assistants referred to in Sub-Clause 3.2 [*Other Employer's Personnel*] and all other staff, labour and other employees of the Employer and of the Employer's Representative; and any other personnel notified to the Contractor, by the Employer or the Employer's Representative, as Employer's Personnel.

1.1.2.7 **"Contractor's Personnel"** means the Contractor's Representative and all personnel whom the Contractor utilises on Site, who may include the staff, labour and other employees of the Contractor and of each Subcontractor; and any other personnel assisting the Contractor in the execution of the Works.

1.1.2.8 **"Subcontractor"** means any person named in the Contract as a subcontractor, or any person appointed as a subcontractor, for a part of the Works; and the legal successors in title to each of these persons.

1.1.2.9 **"DAB"** means the person or three persons so named in the Contract, or other person(s) appointed under Sub-Clause 20.2 [*Appointment of the Dispute Adjudication Board*] or Sub-Clause 20.3 [*Failure to Agree Dispute Adjudication Board*].

1.1.2.10 **"FIDIC"** means the Fédération Internationale des Ingénieurs-Conseils, the international federation of consulting engineers.

1.1.3
Dates, Tests, Periods and Completion

1.1.3.1 **"Base Date"** means the date 28 days prior to the latest date for submission of the Tender.

1.1.3.2 **"Commencement Date"** means the date notified under Sub-Clause 8.1 [*Commencement of Works*], unless otherwise defined in the Contract Agreement.

1.1.3.3 **"Time for Completion"** means the time for completing the Works or a Section (as the case may be) under Sub-Clause 8.2 [*Time for Completion*], as stated in the Particular Conditions (with any extension under Sub-Clause 8.4 [*Extension of Time for Completion*]), calculated from the Commencement Date.

1.1.3.4 **"Tests on Completion"** means the tests which are specified in the Contract or agreed by both Parties or instructed as a Variation, and which are carried out under Clause 9 [*Tests on Completion*] before the Works or a Section (as the case may be) are taken over by the Employer.

1.1.3.5 **"Taking-Over Certificate"** means a certificate issued under Clause 10 [*Employer's Taking Over*].

1.1.3.6 **"Tests after Completion"** means the tests (if any) which are specified in the Contract and which are carried out under Clause 12 [*Tests after Completion*] after the Works or a Section (as the case may be) are taken over by the Employer.

1.1.3.7 **"Defects Notification Period"** means the period for notifying defects in the Works or a Section (as the case may be) under Sub-Clause 11.1 [*Completion of Outstanding Work and Remedying Defects*], as stated in the Particular Conditions (with any extension under Sub-Clause 11.3 [*Extension of Defects Notification Period*]), calculated from the date on which the Works or Section is completed as certified under Sub-Clause

10.1 [*Taking Over of the Works and Sections*]. If no such period is stated in the Particular Conditions, the period shall be one year.

1.1.3.8 **"Performance Certificate"** means the certificate issued under Sub-Clause 11.9 [*Performance Certificate*].

1.1.3.9 **"day"** means a calendar day and **"year"** means 365 days.

1.1.4
Money and Payments

1.1.4.1 **"Contract Price"** means the agreed amount stated in the Contract Agreement for the design, execution and completion of the Works and the remedying of any defects, and includes adjustments (if any) in accordance with the Contract.

1.1.4.2 **"Cost"** means all expenditure reasonably incurred (or to be incurred) by the Contractor, whether on or off the Site, including overhead and similar charges, but does not include profit.

1.1.4.3 **"Final Statement"** means the statement defined in Sub-Clause 14.11 [*Application for Final Payment*].

1.1.4.4 **"Foreign Currency"** means a currency in which part (or all) of the Contract Price is payable, but not the Local Currency.

1.1.4.5 **"Local Currency"** means the currency of the Country.

1.1.4.6 **"Provisional Sum"** means a sum (if any) which is specified in the Contract as a provisional sum, for the execution of any part of the Works or for the supply of Plant, Materials or services under Sub-Clause 13.5 [*Provisional Sums*].

1.1.4.7 **"Retention Money"** means the accumulated retention moneys which the Employer retains under Sub-Clause 14.3 [*Application for Interim Payments*] and pays under Sub-Clause 14.9 [*Payment of Retention Money*].

1.1.4.8 **"Statement"** means a statement submitted by the Contractor as part of an application for payment under Clause 14 [*Contract Price and Payment*].

1.1.5
Works and Goods

1.1.5.1 **"Contractor's Equipment"** means all apparatus, machinery, vehicles and other things required for the execution and completion of the Works and the remedying of any defects. However, Contractor's Equipment excludes Temporary Works, Employer's Equipment (if any), Plant, Materials and any other things intended to form or forming part of the Permanent Works.

1.1.5.2 **"Goods"** means Contractor's Equipment, Materials, Plant and Temporary Works, or any of them as appropriate.

1.1.5.3 **"Materials"** means things of all kinds (other than Plant) intended to form or forming part of the Permanent Works, including the supply-only materials (if any) to be supplied by the Contractor under the Contract.

1.1.5.4 **"Permanent Works"** means the permanent works to be designed and executed by the Contractor under the Contract.

1.1.5.5 **"Plant"** means the apparatus, machinery and vehicles intended to form or forming part of the Permanent Works.

1.1.5.6 **"Section"** means a part of the Works specified in the Particular Conditions as a Section (if any).

1.1.5.7 **"Temporary Works"** means all temporary works of every kind (other than Contractor's Equipment) required on Site for the execution and completion of the Permanent Works and the remedying of any defects.

1.1.5.8 **"Works"** mean the Permanent Works and the Temporary Works, or either of them as appropriate.

1.1.6
Other Definitions

1.1.6.1 **"Contractor's Documents"** means the calculations, computer programs and other software, drawings, manuals, models and other documents of a technical nature supplied by the Contractor under the Contract; as described in Sub-Clause 5.2 [*Contractor's Documents*].

1.1.6.2 **"Country"** means the country in which the Site (or most of it) is located, where the Permanent Works are to be executed.

1.1.6.3 **"Employer's Equipment"** means the apparatus, machinery and vehicles (if any) made available by the Employer for the use of the Contractor in the execution of the Works, as stated in the Employer's Requirements; but does not include Plant which has not been taken over by the Employer.

1.1.6.4 **"Force Majeure"** is defined in Clause 19 [*Force Majeure*].

1.1.6.5 **"Laws"** means all national (or state) legislation, statutes, ordinances and other laws, and regulations and by-laws of any legally constituted public authority.

1.1.6.6 **"Performance Security"** means the security (or securities, if any) under Sub-Clause 4.2 [*Performance Security*].

1.1.6.7 **"Site"** means the places where the Permanent Works are to be executed and to which Plant and Materials are to be delivered, and any other places as may be specified in the Contract as forming part of the Site.

1.1.6.8 **"Variation"** means any change to the Employer's Requirements or the Works, which is instructed or approved as a variation under Clause 13 [*Variations and Adjustments*].

1.2

Interpretation

In the Contract, except where the context requires otherwise:

(a) words indicating one gender include all genders;
(b) words indicating the singular also include the plural and words indicating the plural also include the singular;
(c) provisions including the word "agree", "agreed" or "agreement" require the agreement to be recorded in writing, and
(d) "written" or "in writing" means hand-written, type-written, printed or electronically made, and resulting in a permanent record.

The marginal words and other headings shall not be taken into consideration in the interpretation of these Conditions.

1.3

Communications

Wherever these Conditions provide for the giving or issuing of approvals, certificates, consents, determinations, notices and requests, these communications shall be:

(a) in writing and delivered by hand (against receipt), sent by mail or courier, or transmitted using any of the agreed systems of electronic transmission as stated in the Particular Conditions; and
(b) delivered, sent or transmitted to the address for the recipient's communications as stated in the Contract. However:

 (i) if the recipient gives notice of another address, communications shall thereafter be delivered accordingly; and
 (ii) if the recipient has not stated otherwise when requesting an approval or consent, it may be sent to the address from which the request was issued.

Approvals, certificates, consents and determinations shall not be unreasonably withheld or delayed.

1.4

Law and Language

The Contract shall be governed by the law of the country (or other jurisdiction) stated in the Particular Conditions.

If there are versions of any part of the Contract which are written in more than one language, the version which is in the ruling language stated in the Particular Conditions shall prevail.

The language for communications shall be that stated in the Particular Conditions. If no language is stated there, the language for communications shall be the language in which the Contract (or most of it) is written.

1.5

Priority of Documents

The documents forming the Contract are to be taken as mutually explanatory of one another. For the purposes of interpretation, the priority of the documents shall be in accordance with the following sequence:

(a) the Contract Agreement,
(b) the Particular Conditions,
(c) these General Conditions,
(d) the Employer's Requirements,
(e) the Tender and any other documents forming part of the Contract.

1.6

Contract Agreement

The Contract shall come into full force and effect on the date stated in the Contract Agreement. The costs of stamp duties and similar charges (if any) imposed by law in connection with entry into the Contract Agreement shall be borne by the Employer.

1.7

Assignment

Neither Party shall assign the whole or any part of the Contract or any benefit or interest in or under the Contract. However, either Party:

(a) may assign the whole or any part with the prior agreement of the other Party, at the sole discretion of such other Party, and

(b) may, as security in favour of a bank or financial institution, assign its right to any moneys due, or to become due, under the Contract.

1.8

Care and Supply of Documents

Each of the Contractor's Documents shall be in the custody and care of the Contractor, unless and until taken over by the Employer. Unless otherwise stated in the Contract, the Contractor shall supply to the Employer six copies of each of the Contractor's Documents.

The Contractor shall keep, on the Site, a copy of the Contract, publications named in the Employer's Requirements, the Contractor's Documents, and Variations and other communications given under the Contract. The Employer's Personnel shall have the right of access to all these documents at all reasonable times.

If a Party becomes aware of an error or defect of a technical nature in a document which was prepared for use in executing the Works, the Party shall promptly give notice to the other Party of such error or defect.

1.9

Confidentiality

Both Parties shall treat the details of the Contract as private and confidential, except to the extent necessary to carry out obligations under it or to comply with applicable Laws. The Contractor shall not publish, permit to be published, or disclose any particulars of the Works in any trade or technical paper or elsewhere without the previous agreement of the Employer.

1.10

Employer's Use of Contractor's Documents

As between the Parties, the Contractor shall retain the copyright and other intellectual property rights in the Contractor's Documents and other design documents made by (or on behalf of) the Contractor.

The Contractor shall be deemed (by signing the Contract) to give to the Employer a non-terminable transferable non-exclusive royalty-free licence to copy, use and communicate the Contractor's Documents, including making and using modifications of them. This licence shall:

(a) apply throughout the actual or intended working life (whichever is longer) of the relevant parts of the Works,
(b) entitle any person in proper possession of the relevant part of the Works to copy, use and communicate the Contractor's Documents for the purposes of completing, operating, maintaining, altering, adjusting, repairing and demolishing the Works, and
(c) in the case of Contractor's Documents which are in the form of computer programs and other software, permit their use on any computer on the Site and other places as envisaged by the Contract, including replacements of any computers supplied by the Contractor.

The Contractor's Documents and other design documents made by (or on behalf of) the Contractor shall not, without the Contractor's consent, be used, copied or communicated to a third party by (or on behalf of) the Employer for purposes other than those permitted under this Sub-Clause.

1.11

Contractor's Use of Employer's Documents

As between the Parties, the Employer shall retain the copyright and other intellectual property rights in the Employer's Requirements and other documents made by (or on behalf of) the Employer. The Contractor may, at his cost, copy, use, and obtain communication of these documents for the purposes of the Contract.

They shall not, without the Employer's consent, be copied, used or communicated to a third party by the Contractor, except as necessary for the purposes of the Contract.

1.12

Confidential Details

The Contractor shall not be required to disclose, to the Employer, any information which the Contractor described in the Tender as being confidential. The Contractor shall disclose any other information which the Employer may reasonably require in order to verify the Contractor's compliance with the Contract.

1.13

Compliance with Laws

The Contractor shall, in performing the Contract, comply with applicable Laws. Unless otherwise stated in the Particular Conditions:

(a) the Employer shall have obtained (or shall obtain) the planning, zoning or similar permission for the Permanent Works, and any other permissions described in the Employer's Requirements as having been (or being) obtained by the Employer; and the Employer shall indemnify and hold the Contractor harmless against and from the consequences of any failure to do so; and

(b) the Contractor shall give all notices, pay all taxes, duties and fees, and obtain all permits, licences and approvals, as required by the Laws in relation to the design, execution and completion of the Works and the remedying of any defects; and the Contractor shall indemnify and hold the Employer harmless against and from the consequences of any failure to do so.

1.14

Joint and Several Liability

If the Contractor constitutes (under applicable Laws) a joint venture, consortium or other unincorporated grouping of two or more persons:

(a) these persons shall be deemed to be jointly and severally liable to the Employer for the performance of the Contract;

(b) these persons shall notify the Employer of their leader who shall have authority to bind the Contractor and each of these persons; and

(c) the Contractor shall not alter its composition or legal status without the prior consent of the Employer.

2 The Employer

2.1

Right of Access to the Site

The Employer shall give the Contractor right of access to, and possession of, all parts of the Site within the time (or times) stated in the Particular Conditions. The right and possession may not be exclusive to the Contractor. If, under the Contract, the Employer is required to give (to the Contractor) possession of any foundation, structure, plant or means of access, the Employer shall do so in the time and manner stated in the Employer's Requirements. However, the Employer may withhold any such right or possession until the Performance Security has been received.

If no such time is stated in the Particular Conditions, the Employer shall give the Contractor right of access to, and possession of, the Site with effect from the Commencement Date.

If the Contractor suffers delay and/or incurs Cost as a result of a failure by the Employer to give any such right or possession within such time, the Contractor shall give notice to the Employer and shall be entitled subject to Sub-Clause 20.1 [*Contractor's Claims*] to:

(a) an extension of time for any such delay, if completion is or will be delayed, under Sub-Clause 8.4 [*Extension of Time for Completion*], and
(b) payment of any such Cost plus reasonable profit, which shall be added to the Contract Price.

After receiving this notice, the Employer shall proceed in accordance with Sub-Clause 3.5 [*Determinations*] to agree or determine these matters.

However, if and to the extent that the Employer's failure was caused by any error or delay by the Contractor, including an error in, or delay in the submission of, any of the Contractor's Documents, the Contractor shall not be entitled to such extension of time, Cost or profit.

2.2

Permits, Licences or Approvals

The Employer shall (where he is in a position to do so) provide reasonable assistance to the Contractor at the request of the Contractor:

(a) by obtaining copies of the Laws of the Country which are relevant to the Contract but are not readily available, and
(b) for the Contractor's applications for any permits, licences or approvals required by the Laws of the Country:

   (i) which the Contractor is required to obtain under Sub-Clause 1.13 [*Compliance with Laws*],
   (ii) for the delivery of Goods, including clearance through customs, and
   (iii) for the export of Contractor's Equipment when it is removed from the Site.

2.3

Employer's Personnel

The Employer shall be responsible for ensuring that the Employer's Personnel and the Employer's other contractors on the Site:

(a) co-operate with the Contractor's efforts under Sub-Clause 4.6 [*Co-operation*], and
(b) take actions similar to those which the Contractor is required to take under sub-paragraphs (a), (b) and (c) of Sub-Clause 4.8 [*Safety Procedures*] and under Sub-Clause 4.18 [*Protection of the Environment*].

2.4

Employer's Financial Arrangements

The Employer shall submit, within 28 days after receiving any request from the Contractor, reasonable evidence that financial arrangements have been made and are being maintained which will enable the Employer to pay the Contract Price (as estimated at that time) in accordance with Clause 14 [*Contract Price and Payment*]. If the Employer intends to make any material change to his financial arrangements, the Employer shall give notice to the Contractor with detailed particulars.

2.5

Employer's Claims

If the Employer considers himself to be entitled to any payment under any Clause of these Conditions or otherwise in connection with the Contract, and/or to any extension of the Defects Notification Period, he shall give notice and particulars to the Contractor. However, notice is not required for payments due under Sub-Clause 4.19 [*Electricity, Water and Gas*], under Sub-Clause 4.20 [*Employer's Equipment and Free-Issue Material*], or for other services requested by the Contractor.

The notice shall be given as soon as practicable after the Employer became aware of the event or circumstances giving rise to the claim. A notice relating to any extension of the Defects Notification Period shall be given before the expiry of such period.

The particulars shall specify the Clause or other basis of the claim, and shall include substantiation of the amount and/or extension to which the Employer considers himself to be entitled in connection with the Contract. The Employer shall then proceed in accordance with Sub-Clause 3.5 [*Determinations*] to agree or determine (i) the amount (if any) which the Employer is entitled to be paid by the Contractor, and/or (ii) the extension (if any) of the Defects Notification Period in accordance with Sub-Clause 11.3 [*Extension of Defects Notification Period*].

The Employer may deduct this amount from any moneys due, or to become due, to the Contractor. The Employer shall only be entitled to set off against or make any deduction from an amount due to the Contractor, or to otherwise claim against the Contractor, in accordance with this Sub-Clause or with sub-paragraph (a) and/or (b) of Sub-Clause 14.6 [*Interim Payments*].

3 The Employer's Administration

3.1
The Employer's Representative

The Employer may appoint an Employer's Representative to act on his behalf under the Contract. In this event, he shall give notice to the Contractor of the name, address, duties and authority of the Employer's Representative.

The Employer's Representative shall carry out the duties assigned to him, and shall exercise the authority delegated to him, by the Employer. Unless and until the Employer notifies the Contractor otherwise, the Employer's Representative shall be deemed to have the full authority of the Employer under the Contract, except in respect of Clause 15 [*Termination by Employer*].

If the Employer wishes to replace any person appointed as Employer's Representative, the Employer shall give the Contractor not less than 14 days' notice of the replacement's name, address, duties and authority, and of the date of appointment.

3.2
Other Employer's Personnel

The Employer or the Employer's Representative may from time to time assign duties and delegate authority to assistants, and may also revoke such assignment or delegation. These assistants may include a resident engineer, and/or independent inspectors appointed to inspect and/or test items of Plant and/or Materials. The assignment, delegation or revocation shall not take effect until a copy of it has been received by the Contractor.

Assistants shall be suitably qualified persons, who are competent to carry out these duties and exercise this authority, and who are fluent in the language for communications defined in Sub-Clause 1.4 [*Law and Language*].

3.3
Delegated Persons

All these persons, including the Employer's Representative and assistants, to whom duties have been assigned or authority has been delegated, shall only be authorised to issue instructions to the Contractor to the extent defined by the delegation. Any approval, check, certificate, consent, examination, inspection, instruction, notice, proposal, request, test, or similar act by a delegated person, in accordance with the delegation, shall have the same effect as though the act had been an act of the Employer. However:

(a) unless otherwise stated in the delegated person's communication relating to such act, it shall not relieve the Contractor from any responsibility he has under the Contract, including responsibility for errors, omissions, discrepancies and non-compliances;

(b) any failure to disapprove any work, Plant or Materials shall not constitute approval, and shall therefore not prejudice the right of the Employer to reject the work, Plant or Materials; and

(c) if the Contractor questions any determination or instruction of a delegated person, the Contractor may refer the matter to the Employer, who shall promptly confirm, reverse or vary the determination or instruction.

3.4

Instructions

The Employer may issue to the Contractor instructions which may be necessary for the Contractor to perform his obligations under the Contract. Each instruction shall be given in writing and shall state the obligations to which it relates and the Sub-Clause (or other term of the Contract) in which the obligations are specified. If any such instruction constitutes a Variation, Clause 13 [*Variations and Adjustments*] shall apply.

The Contractor shall take instructions from the Employer, or from the Employer's Representative or an assistant to whom the appropriate authority has been delegated under this Clause.

3.5

Determinations

Whenever these Conditions provide that the Employer shall proceed in accordance with this Sub-Clause 3.5 to agree or determine any matter, the Employer shall consult with the Contractor in an endeavour to reach agreement. If agreement is not achieved, the Employer shall make a fair determination in accordance with the Contract, taking due regard of all relevant circumstances.

The Employer shall give notice to the Contractor of each agreement or determination, with supporting particulars. Each Party shall give effect to each agreement or determination, unless the Contractor gives notice, to the Employer, of his dissatisfaction with a determination within 14 days of receiving it. Either Party may then refer the dispute to the DAB in accordance with Sub-Clause 20.4 [*Obtaining Dispute Adjudication Board's Decision*].

4 The Contractor

4.1

Contractor's General Obligations

The Contractor shall design, execute and complete the Works in accordance with the Contract, and shall remedy any defects in the Works. When completed, the Works shall be fit for the purposes for which the Works are intended as defined in the Contract.

The Contractor shall provide the Plant and Contractor's Documents specified in the Contract, and all Contractor's Personnel, Goods, consumables and other things and services, whether of a temporary or permanent nature, required in and for this design, execution, completion and remedying of defects.

The Works shall include any work which is necessary to satisfy the Employer's Requirements, or is implied by the Contract, and all works which (although not mentioned in the Contract) are necessary for stability or for the completion, or safe and proper operation, of the Works.

The Contractor shall be responsible for the adequacy, stability and safety of all Site operations, of all methods of construction and of all the Works.

The Contractor shall, whenever required by the Employer, submit details of the arrangements and methods which the Contractor proposes to adopt for the execution of the Works. No significant alteration to these arrangements and methods shall be made without this having previously been notified to the Employer.

4.2

Performance Security

The Contractor shall obtain (at his cost) a Performance Security for proper performance, in the amount and currencies stated in the Particular Conditions. If an amount is not stated in the Particular Conditions, this Sub-Clause shall not apply.

The Contractor shall deliver the Performance Security to the Employer within 28 days after both Parties have signed the Contract Agreement. The Performance Security shall be issued by an entity and from within a country (or other jurisdiction) approved by the Employer, and shall be in the form annexed to the Particular Conditions or in another form approved by the Employer.

The Contractor shall ensure that the Performance Security is valid and enforceable until the Contractor has executed and completed the Works and remedied any defects. If the terms of the Performance Security specify its expiry date, and the Contractor has not become entitled to receive the Performance Certificate by the date 28 days prior to the expiry date, the Contractor shall extend the validity of the Performance Security until the Works have been completed and any defects have been remedied.

The Employer shall not make a claim under the Performance Security, except for amounts to which the Employer is entitled under the Contract in the event of:

(a) failure by the Contractor to extend the validity of the Performance Security as described in the preceding paragraph, in which event the Employer may claim the full amount of the Performance Security,
(b) failure by the Contractor to pay the Employer an amount due, as either agreed by the Contractor or determined under Sub-Clause 2.5 [*Employer's Claims*] or Clause 20 [*Claims, Disputes and Arbitration*], within 42 days after this agreement or determination,
(c) failure by the Contractor to remedy a default within 42 days after receiving the Employer's notice requiring the default to be remedied, or
(d) circumstances which entitle the Employer to termination under Sub-Clause 15.2 [*Termination by Employer*], irrespective of whether notice of termination has been given.

The Employer shall indemnify and hold the Contractor harmless against and from all damages, losses and expenses (including legal fees and expenses) resulting from a claim under the Performance Security to the extent to which the Employer was not entitled to make the claim.

The Employer shall return the Performance Security to the Contractor within 21 days after the Contractor has become entitled to receive the Performance Certificate.

4.3

Contractor's Representative

The Contractor shall appoint the Contractor's Representative and shall give him all authority necessary to act on the Contractor's behalf under the Contract.

Unless the Contractor's Representative is named in the Contract, the Contractor shall, prior to the Commencement Date, submit to the Employer for consent the name and particulars of the person the Contractor proposes to appoint as Contractor's Representative. If consent is withheld or subsequently revoked, or if the appointed person fails to act as Contractor's Representative, the Contractor shall similarly submit the name and particulars of another suitable person for such appointment.

The Contractor shall not, without the prior consent of the Employer, revoke the appointment of the Contractor's Representative or appoint a replacement.

The Contractor's Representative shall, on behalf of the Contractor, receive instructions under Sub-Clause 3.4 [*Instructions*].

The Contractor's Representative may delegate any powers, functions and authority to any competent person, and may at any time revoke the delegation. Any delegation or revocation shall not take effect until the Employer has received prior notice signed by the Contractor's Representative, naming the person and specifying the powers, functions and authority being delegated or revoked.

The Contractor's Representative and all these persons shall be fluent in the language for communications defined in Sub-Clause 1.4 [*Law and Language*].

4.4

Subcontractors

The Contractor shall not subcontract the whole of the Works.

The Contractor shall be responsible for the acts or defaults of any Subcontractor, his agents or employees, as if they were the acts or defaults of the Contractor. Where specified in the Particular Conditions, the Contractor shall give the Employer not less than 28 days' notice of:

(a) the intended appointment of the Subcontractor, with detailed particulars which shall include his relevant experience,
(b) the intended commencement of the Subcontractor's work, and
(c) the intended commencement of the Subcontractor's work on the Site.

4.5

Nominated Subcontractors

In this Sub-Clause, "nominated Subcontractor" means a Subcontractor whom the Employer, under Clause 13 [*Variations and Adjustments*], instructs the Contractor to employ as a Subcontractor. The Contractor shall not be under any obligation to employ a nominated Subcontractor against whom the Contractor raises reasonable objection by notice to the Employer as soon as practicable, with supporting particulars.

4.6

Co-operation

The Contractor shall, as specified in the Contract or as instructed by the Employer, allow appropriate opportunities for carrying out work to:

(a) the Employer's Personnel,
(b) any other contractors employed by the Employer, and
(c) the personnel of any legally constituted public authorities,

who may be employed in the execution on or near the Site of any work not included in the Contract.

Any such instruction shall constitute a Variation if and to the extent that it causes the Contractor to incur Cost in an amount which was not reasonably foreseeable by an experienced contractor by the date for submission of the Tender. Services for these personnel and other contractors may include the use of Contractor's Equipment, Temporary Works or access arrangements which are the responsibility of the Contractor.

The Contractor shall be responsible for his construction activities on the Site, and shall co-ordinate his own activities with those of other contractors to the extent (if any) specified in the Employer's Requirements.

If, under the Contract, the Employer is required to give to the Contractor possession of any foundation, structure, plant or means of access in accordance with Contractor's Documents, the Contractor shall submit such documents to the Employer in the time and manner stated in the Employer's Requirements.

4.7

Setting Out

The Contractor shall set out the Works in relation to original points, lines and levels of reference specified in the Contract. The Contractor shall be responsible for the correct positioning of all parts of the Works, and shall rectify any error in the positions, levels, dimensions or alignment of the Works.

4.8

Safety Procedures

The Contractor shall:

(a) comply with all applicable safety regulations,
(b) take care for the safety of all persons entitled to be on the Site,
(c) use reasonable efforts to keep the Site and Works clear of unnecessary obstruction so as to avoid danger to these persons,
(d) provide fencing, lighting, guarding and watching of the Works until completion and taking over under Clause 10 [*Employer's Taking Over*], and
(e) provide any Temporary Works (including roadways, footways, guards and fences) which may be necessary, because of the execution of the Works, for the use and protection of the public and of owners and occupiers of adjacent land.

4.9

Quality Assurance

The Contractor shall institute a quality assurance system to demonstrate compliance with the requirements of the Contract. The system shall be in accordance with the details stated in the Contract. The Employer shall be entitled to audit any aspect of the system.

Details of all procedures and compliance documents shall be submitted to the Employer for information before each design and execution stage is commenced. When any document of a technical nature is issued to the Employer, evidence of the prior approval by the Contractor himself shall be apparent on the document itself.

Compliance with the quality assurance system shall not relieve the Contractor of any of his duties, obligations or responsibilities under the Contract.

4.10

Site Data

The Employer shall have made available to the Contractor for his information, prior to the Base Date, all relevant data in the Employer's possession on subsurface and hydrological conditions at the Site, including environmental aspects. The Employer shall similarly make available to the Contractor all such data which come into the Employer's possession after the Base Date.

The Contractor shall be responsible for verifying and interpreting all such data. The Employer shall have no responsibility for the accuracy, sufficiency or completeness of such data, except as stated in Sub-Clause 5.1 [*General Design Responsibilities*].

4.11
Sufficiency of the Contract Price

The Contractor shall be deemed to have satisfied himself as to the correctness and sufficiency of the Contract Price.

Unless otherwise stated in the Contract, the Contract Price covers all the Contractor's obligations under the Contract (including those under Provisional Sums, if any) and all things necessary for the proper design, execution and completion of the Works and the remedying of any defects.

4.12
Unforeseeable Difficulties

Except as otherwise stated in the Contract:

(a) the Contractor shall be deemed to have obtained all necessary information as to risks, contingencies and other circumstances which may influence or affect the Works;
(b) by signing the Contract, the Contractor accepts total responsibility for having foreseen all difficulties and costs of successfully completing the Works; and
(c) the Contract Price shall not be adjusted to take account of any unforeseen difficulties or costs.

4.13
Rights of Way and Facilities

The Contractor shall bear all costs and charges for special and/or temporary rights-of-way which he may require, including those for access to the Site. The Contractor shall also obtain, at his risk and cost, any additional facilities outside the Site which he may require for the purposes of the Works.

4.14
Avoidance of Interference

The Contractor shall not interfere unnecessarily or improperly with:

(a) the convenience of the public, or
(b) the access to and use and occupation of all roads and footpaths, irrespective of whether they are public or in the possession of the Employer or of others.

The Contractor shall indemnify and hold the Employer harmless against and from all damages, losses and expenses (including legal fees and expenses) resulting from any such unnecessary or improper interference.

4.15
Access Route

The Contractor shall be deemed to have been satisfied as to the suitability and availability of access routes to the Site. The Contractor shall use reasonable efforts to prevent any road or bridge from being damaged by the Contractor's traffic or by the Contractor's Personnel. These efforts shall include the proper use of appropriate vehicles and routes.

Except as otherwise stated in these Conditions:

(a) the Contractor shall (as between the Parties) be responsible for any maintenance which may be required for his use of access routes;
(b) the Contractor shall provide all necessary signs or directions along access routes, and shall obtain any permission which may be required from the relevant authorities for his use of routes, signs and directions;
(c) the Employer shall not be responsible for any claims which may arise from the use or otherwise of any access route,
(d) the Employer does not guarantee the suitability or availability of particular access routes, and
(e) Costs due to non-suitability or non-availability, for the use required by the Contractor, of access routes shall be borne by the Contractor.

4.16
Transport of Goods

Unless otherwise stated in the Particular Conditions:

(a) the Contractor shall give the Employer not less than 21 days' notice of the date on which any Plant or a major item of other Goods will be delivered to the Site;
(b) the Contractor shall be responsible for packing, loading, transporting, receiving, unloading, storing and protecting all Goods and other things required for the Works; and
(c) the Contractor shall indemnify and hold the Employer harmless against and from all damages, losses and expenses (including legal fees and expenses) resulting from the transport of Goods, and shall negotiate and pay all claims arising from their transport.

4.17
Contractor's Equipment

The Contractor shall be responsible for all Contractor's Equipment. When brought on to the Site, Contractor's Equipment shall be deemed to be exclusively intended for the execution of the Works.

4.18
Protection of the Environment

The Contractor shall take all reasonable steps to protect the environment (both on and off the Site) and to limit damage and nuisance to people and property resulting from pollution, noise and other results of his operations.

The Contractor shall ensure that emissions, surface discharges and effluent from the Contractor's activities shall not exceed the values indicated in the Employer's Requirements, and shall not exceed the values prescribed by applicable Laws.

4.19
Electricity, Water and Gas

The Contractor shall, except as stated below, be responsible for the provision of all power, water and other services he may require.

The Contractor shall be entitled to use for the purposes of the Works such supplies of electricity, water, gas and other services as may be available on the Site and of which details and prices are given in the Employer's Requirements. The Contractor shall, at his risk and cost, provide any apparatus necessary for his use of these services and for measuring the quantities consumed.

The quantities consumed and the amounts due (at these prices) for such services shall be agreed or determined in accordance with Sub-Clause 2.5 [*Employer's Claims*] and Sub-Clause 3.5 [*Determinations*]. The Contractor shall pay these amounts to the Employer.

4.20
Employer's Equipment and Free-Issue Material

The Employer shall make the Employer's Equipment (if any) available for the use of the Contractor in the execution of the Works in accordance with the details, arrangements and prices stated in the Employer's Requirements. Unless otherwise stated in the Employer's Requirements:

(a) the Employer shall be responsible for the Employer's Equipment, except that
(b) the Contractor shall be responsible for each item of Employer's Equipment whilst any of the Contractor's Personnel is operating it, driving it, directing it or in possession or control of it.

The appropriate quantities and the amounts due (at such stated prices) for the use of Employer's Equipment shall be agreed or determined in accordance with Sub-Clause 2.5 [*Employer's Claims*] and Sub-Clause 3.5 [*Determinations*]. The Contractor shall pay these amounts to the Employer.

The Employer shall supply, free of charge, the "free-issue materials" (if any) in accordance with the details stated in the Employer's Requirements. The Employer shall, at his risk and cost, provide these materials at the time and place specified in the Contract. The Contractor shall then visually inspect them, and shall promptly give notice to the Employer of any shortage, defect or default in these materials. Unless otherwise agreed by both Parties, the Employer shall immediately rectify the notified shortage, defect or default.

After this visual inspection, the free-issue materials shall come under the care, custody and control of the Contractor. The Contractor's obligations of inspection, care, custody and control shall not relieve the Employer of liability for any shortage, defect or default not apparent from a visual inspection.

4.21

Progress Reports

Unless otherwise stated in the Particular Conditions, monthly progress reports shall be prepared by the Contractor and submitted to the Employer in six copies. The first report shall cover the period up to the end of the first calendar month following the Commencement Date. Reports shall be submitted monthly thereafter, each within 7 days after the last day of the period to which it relates.

Reporting shall continue until the Contractor has completed all work which is known to be outstanding at the completion date stated in the Taking-Over Certificate for the Works.

Each report shall include:

(a) charts and detailed descriptions of progress, including each stage of design, Contractor's Documents, procurement, manufacture, delivery to Site, construction, erection, testing, commissioning and trial operation;
(b) photographs showing the status of manufacture and of progress on the Site;
(c) for the manufacture of each main item of Plant and Materials, the name of the manufacturer, manufacture location, percentage progress, and the actual or expected dates of:

    (i) commencement of manufacture,
    (ii) Contractor's inspections,
    (iii) tests, and
    (iv) shipment and arrival at the Site;

(d) the details described in Sub-Clause 6.10 [*Records of Contractor's Personnel and Equipment*];
(e) copies of quality assurance documents, test results and certificates of Materials;
(f) list of Variations, notices given under Sub-Clause 2.5 [*Employer's Claims*] and notices given under Sub-Clause 20.1 [*Contractor's Claims*];
(g) safety statistics, including details of any hazardous incidents and activities relating to environmental aspects and public relations; and
(h) comparisons of actual and planned progress, with details of any events or circumstances which may jeopardize the completion in accordance with the Contract, and the measures being (or to be) adopted to overcome delays.

4.22

Security of the Site

Unless otherwise stated in the Particular Conditions:

(a) the Contractor shall be responsible for keeping unauthorised persons off the Site, and

(b) authorised persons shall be limited to the Contractor's Personnel and the Employer's Personnel; and to any other personnel notified to the Contractor, by (or on behalf of) the Employer, as authorised personnel of the Employer's other contractors on the Site.

4.23

Contractor's Operations on Site

The Contractor shall confine his operations to the Site, and to any additional areas which may be obtained by the Contractor and agreed by the Employer as working areas. The Contractor shall take all necessary precautions to keep Contractor's Equipment and Contractor's Personnel within the Site and these additional areas, and to keep them off adjacent land.

During the execution of the Works, the Contractor shall keep the Site free from all unnecessary obstruction, and shall store or dispose of any Contractor's Equipment or surplus materials. The Contractor shall clear away and remove from the Site any wreckage, rubbish and Temporary Works which are no longer required.

Upon the issue of the Taking-Over Certificate for the Works, the Contractor shall clear away and remove all Contractor's Equipment, surplus material, wreckage, rubbish and Temporary Works. The Contractor shall leave the Site and the Works in a clean and safe condition. However, the Contractor may retain on Site, during the Defects Notification Period, such Goods as are required for the Contractor to fulfil obligations under the Contract.

4.24

Fossils

All fossils, coins, articles of value or antiquity, and structures and other remains or items of geological or archaeological interest found on the Site shall be placed under the care and authority of the Employer. The Contractor shall take reasonable precautions to prevent Contractor's Personnel or other persons from removing or damaging any of these findings.

The Contractor shall, upon discovery of any such finding, promptly give notice to the Employer, who shall issue instructions for dealing with it. If the Contractor suffers delay and/or incurs Cost from complying with the instructions, the Contractor shall give a further notice to the Employer and shall be entitled subject to Sub-Clause 20.1 [*Contractor's Claims*] to:

(a) an extension of time for any such delay, if completion is or will be delayed, under Sub-Clause 8.4 [*Extension of Time for Completion*], and
(b) payment of any such Cost, which shall be added to the Contract Price.

After receiving this further notice, the Employer shall proceed in accordance with Sub-Clause 3.5 [*Determinations*] to agree or determine these matters.

5 Design

5.1

General Design Obligations

The Contractor shall be deemed to have scrutinised, prior to the Base Date, the Employer's Requirements (including design criteria and calculations, if any). The Contractor shall be responsible for the design of the Works and for the accuracy of such Employer's Requirements (including design criteria and calculations), except as stated below.

The Employer shall not be responsible for any error, inaccuracy or omission of any kind in the Employer's Requirements as originally included in the Contract and shall not be deemed to have given any representation of accuracy or completeness of any data or information, except as stated below. Any data or information received by the Contractor, from the Employer or otherwise, shall not relieve the Contractor from his responsibility for the design and execution of the Works.

However, the Employer shall be responsible for the correctness of the following portions of the Employer's Requirements and of the following data and information provided by (or on behalf of) the Employer:

(a) portions, data and information which are stated in the Contract as being immutable or the responsibility of the Employer,
(b) definitions of intended purposes of the Works or any parts thereof,
(c) criteria for the testing and performance of the completed Works, and
(d) portions, data and information which cannot be verified by the Contractor, except as otherwise stated in the Contract.

5.2

Contractor's Documents

The Contractor's Documents shall comprise the technical documents specified in the Employer's Requirements, documents required to satisfy all regulatory approvals, and the documents described in Sub-Clause 5.6 [*As-Built Documents*] and Sub-Clause 5.7 [*Operation and Maintenance Manuals*]. Unless otherwise stated in the Employer's Requirements, the Contractor's Documents shall be written in the language for communications defined in Sub-Clause 1.4 [*Law and Language*].

The Contractor shall prepare all Contractor's Documents, and shall also prepare any other documents necessary to instruct the Contractor's Personnel.

If the Employer's Requirements describe the Contractor's Documents which are to be submitted to the Employer for review, they shall be submitted accordingly, together with a notice as described below. In the following provisions of this Sub-Clause, (i) "review period" means the period required by the Employer for review, and (ii) "Contractor's Documents" exclude any documents which are not specified as being required to be submitted for review.

Unless otherwise stated in the Employer's Requirements, each review period shall not exceed 21 days, calculated from the date on which the Employer receives a Contractor's Document and the Contractor's notice. This notice shall state that the Contractor's Document is considered ready, both for review in accordance with this Sub-Clause and for use. The notice shall also state that the Contractor's Document complies with the Contract, or the extent to which it does not comply.

The Employer may, within the review period, give notice to the Contractor that a Contractor's Document fails (to the extent stated) to comply with the Contract. If a Contractor's Document so fails to comply, it shall be rectified, resubmitted and reviewed in accordance with this Sub-Clause, at the Contractor's cost.

For each part of the Works, and except to the extent that the Parties otherwise agree:

(a) execution of such part of the Works shall not commence prior to the expiry of the review periods for all the Contractor's Documents which are relevant to its design and execution;
(b) execution of such part of the Works shall be in accordance with these Contractor's Documents, as submitted for review; and

(c) if the Contractor wishes to modify any design or document which has previously been submitted for review, the Contractor shall immediately give notice to the Employer. Thereafter, the Contractor shall submit revised documents to the Employer in accordance with the above procedure.

Any such agreement (under the preceding paragraph) or any review (under this Sub-Clause or otherwise) shall not relieve the Contractor from any obligation or responsibility.

5.3

Contractor's Undertaking

The Contractor undertakes that the design, the Contractor's Documents, the execution and the completed Works will be in accordance with:

(a) the Laws in the Country, and
(b) the documents forming the Contract, as altered or modified by Variations.

5.4

Technical Standards and Regulations

The design, the Contractor's Documents, the execution and the completed Works shall comply with the Country's technical standards, building, construction and environmental Laws, Laws applicable to the product being produced from the Works, and other standards specified in the Employer's Requirements, applicable to the Works, or defined by the applicable Laws.

All these Laws shall, in respect of the Works and each Section, be those prevailing when the Works or Section are taken over by the Employer under Clause 10 [*Employer's Taking Over*]. References in the Contract to published standards shall be understood to be references to the edition applicable on the Base Date, unless stated otherwise.

If changed or new applicable standards come into force in the Country after the Base Date, the Contractor shall give notice to the Employer and (if appropriate) submit proposals for compliance. In the event that:

(a) the Employer determines that compliance is required, and
(b) the proposals for compliance constitute a variation,

then the Employer shall initiate a Variation in accordance with Clause 13 [*Variations and Adjustments*].

5.5

Training

The Contractor shall carry out the training of Employer's Personnel in the operation and maintenance of the Works to the extent specified in the Employer's Requirements. If the Contract specifies training which is to be carried out before taking-over, the Works shall not be considered to be completed for the purposes of taking-over under Sub-Clause 10.1 [*Taking Over of the Works and Sections*] until this training has been completed.

5.6

As-Built Documents

The Contractor shall prepare, and keep up-to-date, a complete set of "as-built" records of the execution of the Works, showing the exact as-built locations, sizes and details of the work as executed. These records shall be kept on the Site and shall be used exclusively for the purposes of this Sub-Clause. Two copies shall be supplied to the Employer prior to the commencement of the Tests on Completion.

In addition, the Contractor shall supply to the Employer as-built drawings of the Works, showing all Works as executed, and submit them to the Employer for review under Sub-Clause 5.2 [*Contractor's Documents*]. The Contractor shall obtain the consent of the Employer as to their size, the referencing system, and other relevant details.

Prior to the issue of any Taking-Over Certificate, the Contractor shall supply to the Employer the specified numbers and types of copies of the relevant as-built drawings, in accordance with the Employer's Requirements. The Works shall not be considered to be completed for the purposes of taking-over under Sub-Clause 10.1 [*Taking Over of the Works and Sections*] until the Employer has received these documents.

5.7

Operation and Maintenance Manuals

Prior to commencement of the Tests on Completion, the Contractor shall supply to the Employer provisional operation and maintenance manuals in sufficient detail for the Employer to operate, maintain, dismantle, reassemble, adjust and repair the Plant.

The Works shall not be considered to be completed for the purposes of taking-over under Sub-Clause 10.1 [*Taking Over of the Works and Sections*] until the Employer has received final operation and maintenance manuals in such detail, and any other manuals specified in the Employer's Requirements for these purposes.

5.8

Design Error

If errors, omissions, ambiguities, inconsistencies, inadequacies or other defects are found in the Contractor's Documents, they and the Works shall be corrected at the Contractor's cost, notwithstanding any consent or approval under this Clause.

6 Staff and Labour

6.1

Engagement of Staff and Labour

Except as otherwise stated in the Employer's Requirements, the Contractor shall make arrangements for the engagement of all staff and labour, local or otherwise, and for their payment, housing, feeding and transport.

6.2

Rates of Wages and Conditions of Labour

The Contractor shall pay rates of wages, and observe conditions of labour, which are not lower than those established for the trade or industry where the work is carried out. If no established rates or conditions are applicable, the Contractor shall pay rates of wages and observe conditions which are not lower than the general level of wages and conditions observed locally by employers whose trade or industry is similar to that of the Contractor.

6.3

Persons in the Service of Others

The Contractor shall not recruit, or attempt to recruit, staff and labour from amongst the Employer's Personnel.

6.4

Labour Laws

The Contractor shall comply with all the relevant labour Laws applicable to the Contractor's Personnel, including Laws relating to their employment, health, safety, welfare, immigration and emigration, and shall allow them all their legal rights.

The Contractor shall require his employees to obey all applicable Laws, including those concerning safety at work.

6.5

Working Hours

No work shall be carried out on the Site on locally recognised days of rest, or outside normal working hours, unless:

(a) otherwise stated in the Contract,
(b) the Employer gives consent, or
(c) the work is unavoidable, or necessary for the protection of life or property or for the safety of the Works, in which case the Contractor shall immediately advise the Employer.

6.6

Facilities for Staff and Labour

Except as otherwise stated in the Employer's Requirements, the Contractor shall provide and maintain all necessary accommodation and welfare facilities for the Contractor's Personnel. The Contractor shall also provide facilities for the Employer's Personnel as stated in the Employer's Requirements.

The Contractor shall not permit any of the Contractor's Personnel to maintain any temporary or permanent living quarters within the structures forming part of the Permanent Works.

6.7

Health and Safety

The Contractor shall at all times take all reasonable precautions to maintain the health and safety of the Contractor's Personnel. In collaboration with local health authorities, the Contractor shall ensure that medical staff, first aid facilities, sick bay and ambulance service are available at all times at the Site and at any accommodation for Contractor's and Employer's Personnel, and that suitable arrangements are made for all necessary welfare and hygiene requirements and for the prevention of epidemics.

The Contractor shall appoint an accident prevention officer at the Site, responsible for maintaining safety and protection against accidents. This person shall be qualified for this responsibility, and shall have the authority to issue instructions and take protective measures to prevent accidents. Throughout the execution of the Works, the Contractor shall provide whatever is required by this person to exercise this responsibility and authority.

The Contractor shall send, to the Employer, details of any accident as soon as practicable after its occurrence. The Contractor shall maintain records and make reports concerning health, safety and welfare of persons, and damage to property, as the Employer may reasonably require.

6.8

Contractor's Superintendence

Throughout the design and execution of the Works, and as long thereafter as is necessary to fulfil the Contractor's obligations, the Contractor shall provide all necessary superintendence to plan, arrange, direct, manage, inspect and test the work.

Superintendence shall be given by a sufficient number of persons having adequate knowledge of the language for communications (defined in Sub-Clause 1.4 [*Law and Language*]) and of the operations to be carried out (including the methods and techniques required, the hazards likely to be encountered and methods of preventing accidents), for the satisfactory and safe execution of the Works.

6.9

Contractor's Personnel

The Contractor's Personnel shall be appropriately qualified, skilled and experienced in their respective trades or occupations. The Employer may require the Contractor to remove (or cause to be removed) any person employed on the Site or Works, including the Contractor's Representative if applicable, who:

(a) persists in any misconduct or lack of care,
(b) carries out duties incompetently or negligently,

(c) fails to conform with any provisions of the Contract, or
(d) persists in any conduct which is prejudicial to safety, health, or the protection of the environment.

If appropriate, the Contractor shall then appoint (or cause to be appointed) a suitable replacement person.

6.10

Records of Contractor's Personnel and Equipment

The Contractor shall submit, to the Employer, details showing the number of each class of Contractor's Personnel and of each type of Contractor's Equipment on the Site. Details shall be submitted each calendar month, in a form approved by the Employer, until the Contractor has completed all work which is known to be outstanding at the completion date stated in the Taking-Over Certificate for the Works.

6.11

Disorderly Conduct

The Contractor shall at all times take all reasonable precautions to prevent any unlawful, riotous or disorderly conduct by or amongst the Contractor's Personnel, and to preserve peace and protection of persons and property on and near the Site.

7 Plant, Materials and Workmanship

7.1

Manner of Execution

The Contractor shall carry out the manufacture of Plant, the production and manufacture of Materials, and all other execution of the Works:

(a) in the manner (if any) specified in the Contract,
(b) in a proper workmanlike and careful manner, in accordance with recognised good practice, and
(c) with properly equipped facilities and non-hazardous Materials, except as otherwise specified in the Contract.

7.2

Samples

The Contractor shall submit samples to the Employer, for review in accordance with the procedures for Contractor's Documents described in Sub-Clause 5.2 [*Contractor's Documents*], as specified in the Contract and at the Contractor's cost. Each sample shall be labelled as to origin and intended use in the Works.

7.3

Inspection

The Employer's Personnel shall at all reasonable times:

(a) have full access to all parts of the Site and to all places from which natural Materials are being obtained, and
(b) during production, manufacture and construction (at the Site and, to the extent specified in the Contract, elsewhere), be entitled to examine, inspect, measure and test the materials and workmanship, and to check the progress of manufacture of Plant and production and manufacture of Materials.

The Contractor shall give the Employer's Personnel full opportunity to carry out these activities, including providing access, facilities, permissions and safety equipment. No such activity shall relieve the Contractor from any obligation or responsibility.

In respect of the work which Employer's Personnel are entitled to examine, inspect, measure and/or test, the Contractor shall give notice to the Employer whenever any such work is ready and before it is covered up, put out of sight, or packaged for storage or transport. The Employer shall then either carry out the examination, inspection, measurement or testing without unreasonable delay, or promptly give notice to the Contractor that the Employer does not require to do so. If the Contractor fails to give the notice, he shall, if and when required by the Employer, uncover the work and thereafter reinstate and make good, all at the Contractor's cost.

7.4

Testing

This Sub-Clause shall apply to all tests specified in the Contract, other than the Tests after Completion (if any).

The Contractor shall provide all apparatus, assistance, documents and other information, electricity, equipment, fuel, consumables, instruments, labour, materials, and suitably qualified and experienced staff, as are necessary to carry out the specified tests efficiently. The Contractor shall agree, with the Employer, the time and place for the specified testing of any Plant, Materials and other parts of the Works.

The Employer may, under Clause 13 [*Variations and Adjustments*], vary the location or details of specified tests, or instruct the Contractor to carry out additional tests. If these varied or additional tests show that the tested Plant, Materials or workmanship is not in accordance with the Contract, the cost of carrying out this Variation shall be borne by the Contractor, notwithstanding other provisions of the Contract.

The Employer shall give the Contractor not less than 24 hours' notice of the Employer's intention to attend the tests. If the Employer does not attend at the time and place agreed, the Contractor may proceed with the tests, unless otherwise instructed by the Employer, and the tests shall then be deemed to have been made in the Employer's presence.

If the Contractor suffers delay and/or incurs Cost from complying with these instructions or as a result of a delay for which the Employer is responsible, the Contractor shall give notice to the Employer and shall be entitled subject to Sub-Clause 20.1 [*Contractor's Claims*] to:

(a) an extension of time for any such delay, if completion is or will be delayed, under Sub-Clause 8.4 [*Extension of Time for Completion*], and
(b) payment of any such Cost plus reasonable profit, which shall be added to the Contract Price.

After receiving this notice, the Employer shall proceed in accordance with Sub-Clause 3.5 [*Determinations*] to agree or determine these matters.

The Contractor shall promptly forward to the Employer duly certified reports of the tests. When the specified tests have been passed, the Employer shall endorse the Contractor's test certificate, or issue a certificate to him, to that effect. If the Employer has not attended the tests, he shall be deemed to have accepted the readings as accurate.

7.5

Rejection

If, as a result of an examination, inspection, measurement or testing, any Plant, Materials, design or workmanship is found to be defective or otherwise not in accordance with the Contract, the Employer may reject the Plant, Materials, design or workmanship by giving notice to the Contractor, with reasons. The Contractor shall then promptly make good the defect and ensure that the rejected item complies with the Contract.

If the Employer requires this Plant, Materials, design or workmanship to be retested, the tests shall be repeated under the same terms and conditions. If the rejection and retesting cause the Employer to incur additional costs, the Contractor shall subject to Sub-Clause 2.5 [*Employer's Claims*] pay these costs to the Employer.

7.6

Remedial Work

Notwithstanding any previous test or certification, the Employer may instruct the Contractor to:

(a) remove from the Site and replace any Plant or Materials which is not in accordance with the Contract,
(b) remove and re-execute any other work which is not in accordance with the Contract, and
(c) execute any work which is urgently required for the safety of the Works, whether because of an accident, unforeseeable event or otherwise.

If the Contractor fails to comply with any such instruction, which complies with Sub-Clause 3.4 [*Instructions*], the Employer shall be entitled to employ and pay other persons to carry out the work. Except to the extent that the Contractor would have been entitled to payment for the work, the Contractor shall subject to Sub-Clause 2.5 [*Employer's Claims*] pay to the Employer all costs arising from this failure.

7.7

Ownership of Plant and Materials

Each item of Plant and Materials shall, to the extent consistent with the Laws of the Country, become the property of the Employer at whichever is the earlier of the following times, free from liens and other encumbrances:

(a) when it is delivered to the Site;
(b) when the Contractor is entitled to payment of the value of the Plant and Materials under Sub-Clause 8.10 [*Payment for Plant and Materials in Event of Suspension*].

7.8

Royalties

Unless otherwise stated in the Employer's Requirements, the Contractor shall pay all royalties, rents and other payments for:

(a) natural Materials obtained from outside the Site, and
(b) the disposal of material from demolitions and excavations and of other surplus material (whether natural or man-made), except to the extent that disposal areas within the Site are specified in the Contract.

8 Commencement, Delays and Suspension

8.1

Commencement of Works

Unless otherwise stated in the Contract Agreement:

(a) the Employer shall give the Contractor not less than 7 days' notice of the Commencement Date; and
(b) the Commencement Date shall be within 42 days after the date on which the Contract comes into full force and effect under Sub-Clause 1.6 [*Contract Agreement*].

The Contractor shall commence the design and execution of the Works as soon as is reasonably practicable after the Commencement Date, and shall then proceed with the Works with due expedition and without delay.

8.2
Time for Completion

The Contractor shall complete the whole of the Works, and each Section (if any), within the Time for Completion for the Works or Section (as the case may be), including:

(a) achieving the passing of the Tests on Completion, and
(b) completing all work which is stated in the Contract as being required for the Works or Section to be considered to be completed for the purposes of taking-over under Sub-Clause 10.1 [*Taking Over of the Works and Sections*].

8.3

Programme

The Contractor shall submit a time programme to the Employer within 28 days after the Commencement Date. The Contractor shall also submit a revised programme whenever the previous programme is inconsistent with actual progress or with the Contractor's obligations. Unless otherwise stated in the Contract, each programme shall include:

(a) the order in which the Contractor intends to carry out the Works, including the anticipated timing of each major stage of the Works,
(b) the periods for reviews under Sub-Clause 5.2 [*Contractor's Documents*],
(c) the sequence and timing of inspections and tests specified in the Contract, and
(d) a supporting report which includes:

 (i) a general description of the methods which the Contractor intends to adopt for the execution of each major stage of the Works, and
 (ii) the approximate number of each class of Contractor's Personnel and of each type of Contractor's Equipment for each major stage.

Unless the Employer, within 21 days after receiving a programme, gives notice to the Contractor stating the extent to which it does not comply with the Contract, the Contractor shall proceed in accordance with the programme, subject to his other obligations under the Contract. The Employer's Personnel shall be entitled to rely upon the programme when planning their activities.

The Contractor shall promptly give notice to the Employer of specific probable future events or circumstances which may adversely affect or delay the execution of the Works. In this event, or if the Employer gives notice to the Contractor that a programme fails (to the extent stated) to comply with the Contract or to be consistent with actual progress and the Contractor's stated intentions, the Contractor shall submit a revised programme to the Employer in accordance with this Sub-Clause.

8.4

Extension of Time for Completion

The Contractor shall be entitled subject to Sub-Clause 20.1 [*Contractor's Claims*] to an extension of the Time for Completion if and to the extent that completion for the purposes of Sub-Clause 10.1 [*Taking Over of the Works and Sections*] is or will be delayed by any of the following causes:

(a) a Variation (unless an adjustment to the Time for Completion has been agreed under Sub-Clause 13.3 [*Variation Procedure*]),
(b) a cause of delay giving an entitlement to extension of time under a Sub-Clause of these Conditions, or
(c) any delay, impediment or prevention caused by or attributable to the Employer, the Employer's Personnel, or the Employer's other contractors on the Site.

If the Contractor considers himself to be entitled to an extension of the Time for Completion, the Contractor shall give notice to the Employer in accordance with Sub-

Clause 20.1 [*Contractor's Claims*]. When determining each extension of time under Sub-Clause 20.1, the Employer shall review previous determinations and may increase, but shall not decrease, the total extension of time.

8.5

Delays Caused by Authorities

If the following conditions apply, namely:

(a) the Contractor has diligently followed the procedures laid down by the relevant legally constituted public authorities in the Country,
(b) these authorities delay or disrupt the Contractor's work, and
(c) the delay or disruption was not reasonably foreseeable by an experienced contractor by the date for submission of the Tender,

then this delay or disruption will be considered as a cause of delay under sub-paragraph (b) of Sub-Clause 8.4 [*Extension of Time for Completion*].

8.6

Rate of Progress

If, at any time:

(a) actual progress is too slow to complete within the Time for Completion, and/or
(b) progress has fallen (or will fall) behind the current programme under Sub-Clause 8.3 [*Programme*],

other than as a result of a cause listed in Sub-Clause 8.4 [*Extension of Time for Completion*], then the Employer may instruct the Contractor to submit, under Sub-Clause 8.3 [*Programme*], a revised programme and supporting report describing the revised methods which the Contractor proposes to adopt in order to expedite progress and complete within the Time for Completion.

Unless the Employer notifies otherwise, the Contractor shall adopt these revised methods, which may require increases in the working hours and/or in the numbers of Contractor's Personnel and/or Goods, at the risk and cost of the Contractor. If these revised methods cause the Employer to incur additional costs, the Contractor shall subject to Sub-Clause 2.5 [*Employer's Claims*] pay these costs to the Employer, in addition to delay damages (if any) under Sub-Clause 8.7 below.

8.7

Delay Damages

If the Contractor fails to comply with Sub-Clause 8.2 [*Time for Completion*], the Contractor shall subject to Sub-Clause 2.5 [*Employer's Claims*] pay delay damages to the Employer for this default. These delay damages shall be the sum stated in the Particular Conditions, which shall be paid for every day which shall elapse between the relevant Time for Completion and the date stated in the Taking-Over Certificate. However, the total amount due under this Sub-Clause shall not exceed the maximum amount of delay damages (if any) stated in the Particular Conditions.

These delay damages shall be the only damages due from the Contractor for such default, other than in the event of termination under Sub-Clause 15.2 [*Termination by Employer*] prior to completion of the Works. These damages shall not relieve the Contractor from his obligation to complete the Works, or from any other duties, obligations or responsibilities which he may have under the Contract.

8.8

Suspension of Work

The Employer may at any time instruct the Contractor to suspend progress of part or all of the Works. During such suspension, the Contractor shall protect, store and secure such part or the Works against any deterioration, loss or damage.

The Employer may also notify the cause for the suspension. If and to the extent that the cause is notified and is the responsibility of the Contractor, the following Sub-Clauses 8.9, 8.10 and 8.11 shall not apply.

8.9

Consequences of Suspension

If the Contractor suffers delay and/or incurs Cost from complying with the Employer's instructions under Sub-Clause 8.8 [*Suspension of Work*] and/or from resuming the work, the Contractor shall give notice to the Employer and shall be entitled subject to Sub-Clause 20.1 [*Contractor's Claims*] to:

(a) an extension of time for any such delay, if completion is or will be delayed, under Sub-Clause 8.4 [*Extension of Time for Completion*], and
(b) payment of any such Cost, which shall be added to the Contract Price.

After receiving this notice, the Employer shall proceed in accordance with Sub-Clause 3.5 [*Determinations*] to agree or determine these matters.

The Contractor shall not be entitled to an extension of time for, or to payment of the Cost incurred in, making good the consequences of the Contractor's faulty design, workmanship or materials, or of the Contractor's failure to protect, store or secure in accordance with Sub-Clause 8.8 [*Suspension of Work*].

8.10

Payment for Plant and Materials in Event of Suspension

The Contractor shall be entitled to payment of the value (as at the date of suspension) of Plant and/or Materials which have not been delivered to Site, if:

(a) the work on Plant or delivery of Plant and/or Materials has been suspended for more than 28 days, and
(b) the Contractor has marked the Plant and/or Materials as the Employer's property in accordance with the Employer's instructions.

8.11

Prolonged Suspension

If the suspension under Sub-Clause 8.8 [*Suspension of Work*] has continued for more than 84 days, the Contractor may request the Employer's permission to proceed. If the Employer does not give permission within 28 days after being requested to do so, the Contractor may, by giving notice to the Employer, treat the suspension as an omission under Clause 13 [*Variations and Adjustments*] of the affected part of the Works. If the suspension affects the whole of the Works, the Contractor may give notice of termination under Sub-Clause 16.2 [*Termination by Contractor*].

8.12

Resumption of Work

After the permission or instruction to proceed is given, the Parties shall jointly examine the Works and the Plant and Materials affected by the suspension. The Contractor shall make good any deterioration or defect in or loss of the Works or Plant or Materials, which has occurred during the suspension.

9 Tests on Completion

9.1 Contractor's Obligations

The Contractor shall carry out the Tests on Completion in accordance with this Clause and Sub-Clause 7.4, [*Testing*] after providing the documents in accordance with Sub-Clause 5.6 [*As-Built Documents*] and Sub-Clause 5.7 [*Operation and Maintenance Manuals*].

The Contractor shall give to the Employer not less than 21 days' notice of the date after which the Contractor will be ready to carry out each of the Tests on Completion. Unless otherwise agreed, Tests on Completion shall be carried out within 14 days after this date, on such day or days as the Employer shall instruct.

Unless otherwise stated in the Particular Conditions, the Tests on Completion shall be carried out in the following sequence:

(a) pre-commissioning tests, which shall include the appropriate inspections and ("dry" or "cold") functional tests to demonstrate that each item of Plant can safely under-take the next stage, (b);
(b) commissioning tests, which shall include the specified operational tests to demonstrate that the Works or Section can be operated safely and as specified, under all available operating conditions; and
(c) trial operation, which shall demonstrate that the Works or Section perform reliably and in accordance with the Contract.

During trial operation, when the Works are operating under stable conditions, the Contractor shall give notice to the Employer that the Works are ready for any other Tests on Completion, including performance tests to demonstrate whether the Works conform with criteria specified in the Employer's Requirements and with the Performance Guarantees.

Trial operation shall not constitute a taking-over under Clause 10 [*Employer's Taking Over*]. Unless otherwise stated in the Particular Conditions, any product produced by the Works during trial operation shall be the property of the Employer.

In considering the results of the Tests on Completion, appropriate allowances shall be made for the effect of any use of the Works by the Employer on the performance or other characteristics of the Works. As soon as the Works, or a Section, have passed each of the Tests on Completion described in sub-paragraph (a), (b) or (c), the Contractor shall submit a certified report of the results of these Tests to the Employer.

9.2

Delayed Tests

If the Tests on Completion are being unduly delayed by the Employer, Sub-Clause 7.4 [*Testing*] (fifth paragraph) and/or Sub-Clause 10.3 [*Interference with Tests on Completion*] shall be applicable.

If the Tests on Completion are being unduly delayed by the Contractor, the Employer may by notice require the Contractor to carry out the Tests within 21 days after receiving the notice. The Contractor shall carry out the Tests on such day or days within that period as the Contractor may fix and of which he shall give notice to the Employer

If the Contractor fails to carry out the Tests on Completion within the period of 21 days, the Employer's Personnel may proceed with the Tests at the risk and cost of the Contractor. These Tests on Completion shall then be deemed to have been carried out in the presence of the Contractor and the results of the Tests shall be accepted as accurate.

9.3

Retesting

If the Works, or a Section, fail to pass the Tests on Completion, Sub-Clause 7.5 [*Rejection*] shall apply, and the Employer or the Contractor may require the failed Tests, and Tests on Completion on any related work, to be repeated under the same terms and conditions.

9.4
Failure to Pass Tests on Completion

If the Works, or a Section, fail to pass the Tests on Completion repeated under Sub-Clause 9.3 [*Retesting*], the Employer shall be entitled to:

(a) order further repetition of Tests on Completion under Sub-Clause 9.3;
(b) if the failure deprives the Employer of substantially the whole benefit of the Works or Section, reject the Works or Section (as the case may be), in which event the Employer shall have the same remedies as are provided in sub-paragraph (c) of Sub-Clause 11.4 [*Failure to Remedy Defects*]; or
(c) issue a Taking-Over Certificate.

In the event of sub-paragraph (c), the Contractor shall proceed in accordance with all other obligations under the Contract, and the Contract Price shall be reduced by such amount as shall be appropriate to cover the reduced value to the Employer as a result of this failure. Unless the relevant reduction for this failure is stated (or its method of calculation is defined) in the Contract, the Employer may require the reduction to be (i) agreed by both Parties (in full satisfaction of this failure only) and paid before this Taking-Over Certificate is issued, or (ii) determined and paid under Sub-Clause 2.5 [*Employer's Claims*] and Sub-Clause 3.5 [*Determinations*].

10 Employer's Taking Over

10.1
Taking Over of the Works and Sections

Except as stated in Sub-Clause 9.4 [*Failure to Pass Tests on Completion*], the Works shall be taken over by the Employer when (i) the Works have been completed inaccordance with the Contract, including the matters described in Sub-Clause 8.2 [*Time for Completion*] and except as allowed in sub-paragraph (a) below, and (ii) a Taking-Over Certificate for the Works has been issued, or is deemed to have been issued in accordance with this Sub-Clause.

The Contractor may apply by notice to the Employer for a Taking-Over Certificate not earlier than 14 days before the Works will, in the Contractor's opinion, be complete and ready for taking over. If the Works are divided into Sections, the Contractor may similarly apply for a Taking-Over Certificate for each Section.

The Employer shall, within 28 days after receiving the Contractor's application:

(a) issue the Taking-Over Certificate to the Contractor, stating the date on which the Works or Section were completed in accordance with the Contract, except for any minor outstanding work and defects which will not substantially affect the use of the Works or Section for their intended purpose (either until or whilst this work is completed and these defects are remedied); or
(b) reject the application, giving reasons and specifying the work required to be done by the Contractor to enable the Taking-Over Certificate to be issued. The Contractor shall then complete this work before issuing a further notice under this Sub-Clause.

If the Employer fails either to issue the Taking-Over Certificate or to reject the Contractor's application within the period of 28 days, and if the Works or Section (as the case may be) are substantially in accordance with the Contract, the Taking-Over Certificate shall be deemed to have been issued on the last day of that period.

10.2
Taking Over of Parts of the Works

Parts of the Works (other than Sections) shall not be taken over or used by the Employer, except as may be stated in the Contract or as may be agreed by both Parties.

10.3
Interference with Tests on Completion

If the Contractor is prevented, for more than 14 days, from carrying out the Tests on Completion by a cause for which the Employer is responsible, the Contractor shall carry out the Tests on Completion as soon as practicable.

If the Contractor suffers delay and/or incurs Cost as a result of this delay in carrying out the Tests on Completion, the Contractor shall give notice to the Employer and shall be entitled subject to Sub-Clause 20.1 [*Contractor's Claims*] to:

(a) an extension of time for any such delay, if completion is or will be delayed, under Sub-Clause 8.4 [*Extension of Time for Completion*], and
(b) payment of any such Cost plus reasonable profit, which shall be added to the Contract Price.

After receiving this notice, the Employer shall proceed in accordance with Sub-Clause 3.5 [*Determinations*] to agree or determine these matters.

11 Defects Liability

11.1
Completion of Outstanding Work and Remedying Defects

In order that the Works and Contractor's Documents, and each Section, shall be in the condition required by the Contract (fair wear and tear excepted) by the expiry date of the relevant Defects Notification Period or as soon as practicable thereafter, the Contractor shall:

(a) complete any work which is outstanding on the date stated in a Taking-Over Certificate, within such reasonable time as is instructed by the Employer, and
(b) execute all work required to remedy defects or damage, as may be notified by the Employer on or before the expiry date of the Defects Notification Period for the Works or Section (as the case may be).

If a defect appears or damage occurs, the Employer shall notify the Contractor accordingly.

11.2
Cost of Remedying Defects

All work referred to in sub-paragraph (b) of Sub-Clause 11.1 [*Completion of Outstanding Work and Remedying Defects*] shall be executed at the risk and cost of the Contractor, if and to the extent that the work is attributable to:

(a) the design of the Works,
(b) Plant, Materials or workmanship not being in accordance with the Contract,
(c) improper operation or maintenance which was attributable to matters for which the Contractor is responsible (under Sub-Clauses 5.5 to 5.7 or otherwise), or
(d) failure by the Contractor to comply with any other obligation.

If and to the extent that such work is attributable to any other cause, the Employer shall give notice to the Contractor accordingly, and Sub-Clause 13.3 [*Variation Procedure*] shall apply.

11.3
Extension of Defects Notification Period

The Employer shall be entitled subject to Sub-Clause 2.5 [*Employer's Claims*] to an extension of the Defects Notification Period for the Works or a Section if and to the extent that the Works, Section or a major item of Plant (as the case may be, and after taking over) cannot be used for the purposes for which they are intended by reason of a defect or damage. However, a Defects Notification Period shall not be extended by more than two years.

If delivery and/or erection of Plant and/or Materials was suspended under Sub-Clause 8.8 [*Suspension of Work*] or Sub-Clause 16.1 [*Contractor's Entitlement to Suspend Work*], the Contractor's obligations under this Clause shall not apply to any defects or damage occurring more than two years after the Defects Notification Period for the Plant and/or Materials would otherwise have expired.

11.4

Failure to Remedy Defects

If the Contractor fails to remedy any defect or damage within a reasonable time, a date may be fixed by (or on behalf of) the Employer, on or by which the defect or damage is to be remedied. The Contractor shall be given reasonable notice of this date.

If the Contractor fails to remedy the defect or damage by this notified date and this remedial work was to be executed at the cost of the Contractor under Sub-Clause 11.2 [*Cost of Remedying Defects*], the Employer may (at his option):

(a) carry out the work himself or by others, in a reasonable manner and at the Contractor's cost, but the Contractor shall have no responsibility for this work; and the Contractor shall subject to Sub-Clause 2.5 [*Employer's Claims*] pay to the Employer the costs reasonably incurred by the Employer in remedying the defect or damage;

(b) agree or determine a reasonable reduction in the Contract Price in accordance with Sub-Clause 3.5 [*Determinations*]; or

(c) if the defect or damage deprives the Employer of substantially the whole benefit of the Works or any major part of the Works, terminate the Contract as a whole, or in respect of such major part which cannot be put to the intended use. Without prejudice to any other rights, under the Contract or otherwise, the Employer shall then be entitled to recover all sums paid for the Works or for such part (as the case may be), plus financing costs and the cost of dismantling the same, clearing the Site and returning Plant and Materials to the Contractor.

11.5

Removal of Defective Work

If the defect or damage cannot be remedied expeditiously on the Site and the Employer gives consent, the Contractor may remove from the Site for the purposes of repair such items of Plant as are defective or damaged. This consent may require the Contractor to increase the amount of the Performance Security by the full replacement cost of these items, or to provide other appropriate security.

11.6

Further Tests

If the work of remedying of any defect or damage may affect the performance of the Works, the Employer may require the repetition of any of the tests described in the Contract, including Tests on Completion and/or Tests after Completion. The requirement shall be made by notice within 28 days after the defect or damage is remedied.

These tests shall be carried out in accordance with the terms applicable to the previous tests, except that they shall be carried out at the risk and cost of the Party liable, under Sub-Clause 11.2 [*Cost of Remedying Defects*], for the cost of the remedial work.

11.7

Right of Access

Until the Performance Certificate has been issued, the Contractor shall have the right of access to all parts of the Works and to records of the operation and performance of the Works, except as may be inconsistent with the Employer's reasonable security restrictions.

11.8

Contractor to Search

The Contractor shall, if required by the Employer, search for the cause of any defect, under the direction of the Employer. Unless the defect is to be remedied at the cost of the Contractor under Sub-Clause 11.2 [*Cost of Remedying Defects*], the Cost of the search plus reasonable profit shall be agreed or determined in accordance with Sub-Clause 3.5 [*Determinations*] and shall be added to the Contract Price.

11.9

Performance Certificate

Performance of the Contractor's obligations shall not be considered to have been completed until the Employer has issued the Performance Certificate to the Contractor, stating the date on which the Contractor completed his obligations under the Contract.

The Employer shall issue the Performance Certificate within 28 days after the latest of the expiry dates of the Defects Notification Periods, or as soon thereafter as the Contractor has supplied all the Contractor's Documents and completed and tested all the Works, including remedying any defects. If the Employer fails to issue the Performance Certificate accordingly:

(a) the Performance Certificate shall be deemed to have been issued on the date 28 days after the date on which it should have been issued, as required by this Sub-Clause, and
(b) Sub-Clause 11.11 [*Clearance of Site*] and sub-paragraph (a) of Sub-Clause 14.14 [*Cessation of Employer's Liability*] shall be inapplicable.

Only the Performance Certificate shall be deemed to constitute acceptance of the Works.

11.10

Unfulfilled Obligations

After the Performance Certificate has been issued, each Party shall remain liable for the fulfilment of any obligation which remains unperformed at that time. For the purposes of determining the nature and extent of unperformed obligations, the Contract shall be deemed to remain in force.

11.11

Clearance of Site

Upon receiving the Performance Certificate, the Contractor shall remove any remaining Contractor's Equipment, surplus material, wreckage, rubbish and Temporary Works from the Site.

If all these items have not been removed within 28 days after the Employer issues the Performance Certificate, the Employer may sell or otherwise dispose of any remaining items. The Employer shall be entitled to be paid the costs incurred in connection with, or attributable to, such sale or disposal and restoring the Site.

Any balance of the moneys from the sale shall be paid to the Contractor. If these moneys are less than the Employer's costs, the Contractor shall pay the outstanding balance to the Employer.

12 Tests after Completion

12.1

Procedure for Tests after Completion

If Tests after Completion are specified in the Contract, this Clause shall apply. Unless otherwise stated in the Particular Conditions:

(a) the Employer shall provide all electricity, fuel and materials, and make the Employer's Personnel and Plant available;
(b) the Contractor shall provide any other plant, equipment and suitably qualified

and experienced staff, as are necessary to carry out the Tests after Completion efficiently; and

(c) the Contractor shall carry out the Tests after Completion in the presence of such Employer's and/or Contractor's Personnel as either Party may reasonably request.

The Tests after Completion shall be carried out as soon as is reasonably practicable after the Works or Section have been taken over by the Employer. The Employer shall give to the Contractor 21 days' notice of the date after which the Tests after Completion will be carried out. Unless otherwise agreed, these Tests shall be carried out within 14 days after this date, on the day or days determined by the Employer.

The results of the Tests after Completion shall be compiled and evaluated by the Contractor, who shall prepare a detailed report. Appropriate account shall be taken of the effect of the Employer's prior use of the Works.

12.2

Delayed Tests

If the Contractor incurs Cost as a result of any unreasonable delay by the Employer to the Tests after Completion, the Contractor shall (i) give notice to the Employer and (ii) be entitled subject to Sub-Clause 20.1 [*Contractor's Claims*] to payment of any such Cost plus reasonable profit, which shall be added to the Contract Price.

After receiving this notice, the Employer shall proceed in accordance with Sub-Clause 3.5 [*Determinations*] to agree or determine this Cost and profit.

If, for reasons not attributable to the Contractor, a Test after Completion on the Works or any Section cannot be completed during the Defects Notification Period (or any other period agreed upon by both Parties), then the Works or Section shall be deemed to have passed this Test after Completion.

12.3

Retesting

If the Works, or a Section, fail to pass the Tests after Completion:

(a) sub-paragraph (b) of Sub-Clause 11.1 [*Completion of Outstanding Work and Remedying of Defects*] shall apply, and

(b) either Party may then require the failed Tests, and the Tests after Completion on any related work, to be repeated under the same terms and conditions.

If and to the extent that this failure and retesting are attributable to any of the matters listed in sub-paragraphs (a) to (d) of Sub-Clause 11.2 [*Cost of Remedying Defects*] and cause the Employer to incur additional costs, the Contractor shall subject to Sub-Clause 2.5 [*Employer's Claims*] pay these costs to the Employer.

12.4

Failure to Pass Tests after Completion

If the following conditions apply, namely:

(a) the Works, or a Section, fail to pass any or all of the Tests after Completion,

(b) the relevant sum payable as non-performance damages for this failure is stated (or its method of calculation is defined) in the Contract, and

(c) the Contractor pays this relevant sum to the Employer during the Defects Notification Period,

then the Works or Section shall be deemed to have passed these Tests after Completion.

If the Works, or a Section, fail to pass a Test after Completion and the Contractor proposes to make adjustments or modifications to the Works or such Section, the Contractor may be instructed by (or on behalf of) the Employer that right of access to the Works or Section cannot be given until a time that is convenient to the Employer. The Contractor shall then remain liable to carry out the adjustments or modifications and to satisfy this Test, within a reasonable period of receiving notice by (or on behalf of) the Employer of the time that is convenient to the Employer. However, if the Contractor does not receive this notice during the relevant Defects Notification Period, the Contractor shall be relieved of this obligation and the Works or Section (as the case may be) shall be deemed to have passed this Test after Completion.

If the Contractor incurs additional Cost as a result of any unreasonable delay by the Employer in permitting access to the Works or Plant by the Contractor, either to investigate the causes of a failure to pass a Test after Completion or to carry out any adjustments or modifications, the Contractor shall (i) give notice to the Employer and (ii) be entitled subject to Sub-Clause 20.1 [*Contractor's Claims*] to payment of any such Cost plus reasonable profit, which shall be added to the Contract Price.

After receiving this notice, the Employer shall proceed in accordance with Sub-Clause 3.5 [*Determinations*] to agree or determine this Cost and profit.

13 Variations and Adjustments

13.1
Right to Vary

Variations may be initiated by the Employer at any time prior to issuing the Taking-Over Certificate for the Works, either by an instruction or by a request for the Contractor to submit a proposal. A Variation shall not comprise the omission of any work which is to be carried out by others.

The Contractor shall execute and be bound by each Variation, unless the Contractor promptly gives notice to the Employer stating (with supporting particulars) that (i) the Contractor cannot readily obtain the Goods required for the Variation, (ii) it will reduce the safety or suitability of the Works, or (iii) it will have an adverse impact on the achievement of the Performance Guarantees. Upon receiving this notice, the Employer shall cancel, confirm or vary the instruction.

13.2
Value Engineering

The Contractor may, at any time, submit to the Employer a written proposal which (in the Contractor's opinion) will, if adopted, (i) accelerate completion, (ii) reduce the cost to the Employer of executing, maintaining or operating the Works, (iii) improve the efficiency or value to the Employer of the completed Works, or (iv) otherwise be of benefit to the Employer.

The proposal shall be prepared at the cost of the Contractor and shall include the items listed in Sub-Clause 13.3 [*Variation Procedure*].

13.3
Variation Procedure

If the Employer requests a proposal, prior to instructing a Variation, the Contractor shall respond in writing as soon as practicable, either by giving reasons why he cannot comply (if this is the case) or by submitting:

(a) a description of the proposed design and/or work to be performed and a programme for its execution,
(b) the Contractor's proposal for any necessary modifications to the programme according to Sub-Clause 8.3 [*Programme*] and to the Time for Completion, and
(c) the Contractor's proposal for adjustment to the Contract Price.

The Employer shall, as soon as practicable after receiving such proposal (under Sub-Clause 13.2 [*Value Engineering*] or otherwise), respond with approval, disapproval or comments. The Contractor shall not delay any work whilst awaiting a response.

Each instruction to execute a Variation, with any requirements for the recording of Costs, shall be issued by the Employer to the Contractor, who shall acknowledge receipt.

Upon instructing or approving a Variation, the Employer shall proceed in accordance with Sub-Clause 3.5 [*Determinations*] to agree or determine adjustments to the Contract Price and the Schedule of Payments. These adjustments shall include reasonable profit, and shall take account of the Contractor's submissions under Sub-Clause 13.2 [*Value Engineering*] if applicable.

13.4

Payment in Applicable Currencies

If the Contract provides for payment of the Contract Price in more than one currency, then whenever an adjustment is agreed, approved or determined as stated above, the amount payable in each of the applicable currencies shall be specified. For this purpose, reference shall be made to the actual or expected currency proportions of the Cost of the varied work, and to the proportions of various currencies specified for payment of the Contract Price.

13.5

Provisional Sums

Each Provisional Sum shall only be used, in whole or in part, in accordance with the Employer's instructions, and the Contract Price shall be adjusted accordingly. The total sum paid to the Contractor shall include only such amounts, for the work, supplies or services to which the Provisional Sum relates, as the Employer shall have instructed. For each Provisional Sum, the Employer may instruct:

(a) work to be executed (including Plant, Materials or services to be supplied) by the Contractor and valued under Sub-Clause 13.3 [*Variation Procedure*]; and/or

(b) Plant, Materials or services to be purchased by the Contractor, for which there shall be added to the Contract Price less the original Provisional Sums:

(i) the actual amounts paid (or due to be paid) by the Contractor, and

(ii) a sum for overhead charges and profit, calculated as a percentage of these actual amounts by applying the relevant percentage rate (if any) stated in the Contract.

The Contractor shall, when required by the Employer, produce quotations, invoices, vouchers and accounts or receipts in substantiation.

13.6

Daywork

For work of a minor or incidental nature, the Employer may instruct that a Variation shall be executed on a daywork basis. The work shall then be valued in accordance with the daywork schedule included in the Contract, and the following procedure shall apply. If a daywork schedule is not included in the Contract, this Sub-Clause shall not apply.

Before ordering Goods for the work, the Contractor shall submit quotations to the Employer. When applying for payment, the Contractor shall submit invoices, vouchers and accounts or receipts for any Goods.

Except for any items for which the daywork schedule specifies that payment is not due, the Contractor shall deliver each day to the Employer accurate statements in duplicate which shall include the following details of the resources used in executing the previous day's work:

(a) the names, occupations and time of Contractor's Personnel,
(b) the identification, type and time of Contractor's Equipment and Temporary Works, and
(c) the quantities and types of Plant and Materials used.

One copy of each statement will, if correct, or when agreed, be signed by the Employer and returned to the Contractor. The Contractor shall then submit priced statements of these resources to the Employer, prior to their inclusion in the next Statement under Sub-Clause 14.3 [*Application for Interim Payments*].

13.7

Adjustments for Changes in Legislation

The Contract Price shall be adjusted to take account of any increase or decrease in Cost resulting from a change in the Laws of the Country (including the introduction of new Laws and the repeal or modification of existing Laws) or in the judicial or official governmental interpretation of such Laws, made after the Base Date, which affect the Contractor in the performance of obligations under the Contract.

If the Contractor suffers (or will suffer) delay and/or incurs (or will incur) additional Cost as a result of these changes in the Laws or in such interpretations, made after the Base Date, the Contractor shall give notice to the Employer and shall be entitled subject to Sub-Clause 20.1 [*Contractor's Claims*] to:

(a) an extension of time for any such delay, if completion is or will be delayed, under Sub-Clause 8.4 [*Extension of Time for Completion*], and
(b) payment of any such Cost, which shall be added to the Contract Price.

After receiving this notice, the Employer shall proceed in accordance with Sub-Clause 3.5 [*Determinations*] to agree or determine these matters.

13.8

Adjustments for Changes in Costs

If the Contract Price is to be adjusted for rises or falls in the cost of labour, Goods and other inputs to the Works, the adjustments shall be calculated in accordance with the provisions in the Particular Conditions.

14 Contract Price and Payment

14.1

The Contract Price

Unless otherwise stated in the Particular Conditions:

(a) payment for the Works shall be made on the basis of the lump sum Contract Price, subject to adjustments in accordance with the Contract; and
(b) the Contractor shall pay all taxes, duties and fees required to be paid by him under the Contract, and the Contract Price shall not be adjusted for any of these costs, except as stated in Sub-Clause 13.7 [*Adjustments for Changes in Legislation*].

14.2

Advance Payment

The Employer shall make an advance payment, as an interest-free loan for mobilization and design, when the Contractor submits a guarantee in accordance with this Sub-Clause including the details stated in the Particular Conditions. If the Particular Conditions does not state:

(a) the amount of the advance payment, then this Sub-Clause shall not apply;
(b) the number and timing of instalments, then there shall be only one;
(c) the applicable currencies and proportions, then they shall be those in which the Contract Price is payable; and/or
(d) the amortisation rate for repayments, then it shall be calculated by dividing the total amount of the advance payment by the Contract Price stated in the Contract Agreement less Provisional Sums.

The Employer shall pay the first instalment after receiving (i) a Statement (under Sub-Clause 14.3 [*Application for Interim Payments*]), (ii) the Performance Security in accordance with Sub-Clause 4.2 [*Performance Security*], and (iii) a guarantee in amounts and currencies equal to the advance payment. This guarantee shall be issued by an entity and from within a country (or other jurisdiction) approved by the Employer, and shall be in the form annexed to the Particular Conditions or in another form approved by the Employer. Unless and until the Employer receives this guarantee, this Sub-Clause shall not apply.

The Contractor shall ensure that the guarantee is valid and enforceable until the advance payment has been repaid, but its amount may be progressively reduced by the amount repaid by the Contractor. If the terms of the guarantee specify its expiry date, and the advance payment has not been repaid by the date 28 days prior to the expiry date, the Contractor shall extend the validity of the guarantee until the advance payment has been repaid.

The advance payment shall be repaid through proportional deductions in interim payments. Deductions shall be made at the amortization rate stated in the Particular Conditions (or, if not so stated, as stated in sub-paragraph (d) above), which shall be applied to the amount otherwise due (excluding the advance payment and deductions and repayments of retention), until such time as the advance payment has been repaid.

If the advance payment has not been repaid prior to the issue of the Taking-Over Certificate for the Works or prior to termination under Clause 15 [*Termination by Employer*], Clause 16 [*Suspension and Termination by Contractor*] or Clause 19 [*Force Majeure*] (as the case may be), the whole of the balance then outstanding shall immediately become due and payable by the Contractor to the Employer.

14.3

Application for Interim Payments

The Contractor shall submit a Statement in six copies to the Employer after the end of the period of payment stated in the Contract (if not stated, after the end of each month), in a form approved by the Employer, showing in detail the amounts to which the Contractor considers himself to be entitled, together with supporting documents which shall include the relevant report on progress in accordance with Sub-Clause 4.21 [*Progress Reports*].

The Statement shall include the following items, as applicable, which shall be expressed in the various currencies in which the Contract Price is payable, in the sequence listed:

(a) the estimated contract value of the Works executed and the Contractor's Documents produced up to the end of the month (including Variations but excluding items described in sub-paragraphs (b) to (f) below);
(b) any amounts to be added and deducted for changes in legislation and changes in cost, in accordance with Sub-Clause 13.7 [*Adjustments for Changes in Legislation*] and Sub-Clause 13.8 [*Adjustments for Changes in Cost*];
(c) any amount to be deducted for retention, calculated by applying the percentage of retention stated in the Particular Conditions to the total of the

above amounts, until the amount so retained by the Employer reaches the limit of Retention Money (if any) stated in the Particular Conditions;

(d) any amounts to be added and deducted for the advance payment and repayments in accordance with Sub-Clause 14.2 [*Advance Payment*];

(e) any other additions or deductions which may have become due under the Contract or otherwise, including those under Clause 20 [*Claims, Disputes and Arbitration*]; and

(f) the deduction of amounts included in previous Statements.

14.4

Schedule of Payments

If the Contract includes a Schedule of Payments specifying the instalments in which the Contract Price will be paid, then unless otherwise stated in this Schedule:

(a) the instalments quoted in the Schedule of Payments shall be the estimated contract values for the purposes of sub-paragraph (a) of Sub-Clause 14.3 [*Application for Interim Payments*], subject to Sub-Clause 14.5 [*Plant and Materials intended for the Works*]; and

(b) if these instalments are not defined by reference to the actual progress achieved in executing the Works, and if actual progress is found to be less than that on which the Schedule of Payments was based, then the Employer may proceed in accordance with Sub-Clause 3.5 [*Determinations*] to agree or determine revised instalments, which shall take account of the extent to which progress is less than that on which the instalments were previously based.

If the Contract does not include a Schedule of Payments, the Contractor shall submit non-binding estimates of the payments which he expects to become due during each quarterly period. The first estimate shall be submitted within 42 days after the Commencement Date. Revised estimates shall be submitted at quarterly intervals, until the Taking-Over Certificate has been issued for the Works.

14.5

Plant and Materials intended for the Works

If the Contractor is entitled, under the Contract, to an interim payment for Plant and Materials which are not yet on the Site, the Contractor shall nevertheless not be entitled to such payment unless:

(a) the relevant Plant and Materials are in the Country and have been marked as the Employer's property in accordance with the Employer's instructions; or

(b) the Contractor has delivered, to the Employer, evidence of insurance and a bank guarantee in a form and issued by an entity approved by the Employer in amounts and currencies equal to such payment. This guarantee may be in a similar form to the form referred to in Sub-Clause 14.2 [*Advance Payment*] and shall be valid until the Plant and Materials are properly stored on Site and protected against loss, damage or deterioration.

14.6

Interim Payments

No amount will be paid until the Employer has received and approved the Performance Security. Thereafter, the Employer shall within 28 days after receiving a Statement and supporting documents, give to the Contractor notice of any items in the Statement with which the Employer disagrees, with supporting particulars. Payments due shall not be withheld, except that:

(a) if any thing supplied or work done by the Contractor is not in accordance with the Contract, the cost of rectification or replacement may be withheld until rectification or replacement has been completed; and/or

(b) if the Contractor was or is failing to perform any work or obligation in accordance with the Contract, and had been so notified by the Employer, the value of this work or obligation may be withheld until the work or obligation has been performed.

The Employer may, by any payment, make any correction or modification that should properly be made to any amount previously considered due. Payment shall not be deemed to indicate the Employer's acceptance, approval, consent or satisfaction.

14.7

Timing of Payments

Except as otherwise stated in Sub-Clause 2.5 [*Employer's Claims*], the Employer shall pay to the Contractor:

(a) the first instalment of the advance payment within 42 days after the date on which the Contract came into full force and effect or within 21 days after the Employer receives the documents in accordance with Sub-Clause 4.2 [*Performance Security*] and Sub-Clause 14.2 [*Advance Payment*], whichever is later;

(b) the amount which is due in respect of each Statement, other than the Final Statement, within 56 days after receiving the Statement and supporting documents; and

(c) the final amount due, within 42 days after receiving the Final Statement and written discharge in accordance with Sub-Clause 14.11 [*Application for Final Payment*] and Sub-Clause 14.12 [*Discharge*].

Payment of the amount due in each currency shall be made into the bank account, nominated by the Contractor, in the payment country (for this currency) specified in the Contract.

14.8

Delayed Payment

If the Contractor does not receive payment in accordance with Sub-Clause 14.7 [*Timing of Payments*], the Contractor shall be entitled to receive financing charges compounded monthly on the amount unpaid during the period of delay.

Unless otherwise stated in the Particular Conditions, these financing charges shall be calculated at the annual rate of three percentage points above the discount rate of the central bank in the country of the currency of payment, and shall be paid in such currency.

The Contractor shall be entitled to this payment without formal notice, and without prejudice to any other right or remedy.

14.9

Payment of Retention Money

When the Taking-Over Certificate has been issued for the Works, and the Works have passed all specified tests (including the Tests after Completion, if any), the first half of the Retention Money shall be paid to the Contractor. If a Taking-Over Certificate is issued for a Section, the relevant percentage of the first half of the Retention Money shall be paid when the Section passes all tests.

Promptly after the latest of the expiry dates of the Defects Notification Periods, the outstanding balance of the Retention Money shall be paid to the Contractor. If a Taking-Over Certificate was issued for a Section, the relevant percentage of the second half of the Retention Money shall be paid promptly after the expiry date of the Defects Notification Period for the Section.

However, if any work remains to be executed under Clause 11 [*Defects Liability*] or Clause 12 [*Tests after Completion*], the Employer shall be entitled to withhold the estimated cost of this work until it has been executed.

The relevant percentage for each Section shall be the percentage value of the Section as stated in the Contract. If the percentage value of a Section is not stated in the Contract, no percentage of either half of the Retention Money shall be released under this Sub-Clause in respect of such Section.

14.10

Statement at Completion

Within 84 days after receiving the Taking-Over Certificate for the Works, the Contractor shall submit to the Employer six copies of a Statement at completion with supporting documents, in accordance with Sub-Clause 14.3 [*Application for Interim Payments*], showing:

(a) the value of all work done in accordance with the Contract up to the date stated in the Taking-Over Certificate for the Works,
(b) any further sums which the Contractor considers to be due, and
(c) an estimate of any other amounts which the Contractor considers will become due to him under the Contract. Estimated amounts shall be shown separately in this Statement at completion.

The Employer shall then give notice to the Contractor in accordance with Sub-Clause 14.6 [*Interim Payments*] and make payment in accordance with Sub-Clause 14.7 [*Timing of Payments*].

14.11

Application for Final Payment

Within 56 days after receiving the Performance Certificate, the Contractor shall submit, to the Employer, six copies of a draft final statement with supporting documents showing in detail in a form approved by the Employer:

(a) the value of all work done in accordance with the Contract, and
(b) any further sums which the Contractor considers to be due to him under the Contract or otherwise.

If the Employer disagrees with or cannot verify any part of the draft final statement, the Contractor shall submit such further information as the Employer may reasonably require and shall make such changes in the draft as may be agreed between them. The Contractor shall then prepare and submit to the Employer the final statement as agreed. This agreed statement is referred to in these Conditions as the "Final Statement".

However if, following discussions between the Parties and any changes to the draft final statement which are agreed, it becomes evident that a dispute exists, the Employer shall pay the agreed parts of the draft final statement in accordance with Sub-Clause 14.6 [*Interim Payments*] and Sub-Clause 14.7 [*Timing of Payments*]. Thereafter, if the dispute is finally resolved under Sub-Clause 20.4 [*Obtaining Dispute Adjudication Board's Decision*] or Sub-Clause 20.5 [*Amicable Settlement*], the Contractor shall then prepare and submit to the Employer a Final Statement.

14.12

Discharge

When submitting the Final Statement, the Contractor shall submit a written discharge which confirms that the total of the Final Statement represents full and final settlement of all moneys due to the Contractor under or in connection with the Contract. This discharge may state that it becomes effective when the Contractor has received the Performance Security and the out-standing balance of this total, in which event the discharge shall be effective on such date.

14.13

Final Payment

In accordance with sub-paragraph (c) of Sub-Clause 14.7 [*Timing of Payments*], the Employer shall pay to the Contractor the amount which is finally due, less all amounts previously paid by the Employer and any deductions in accordance with Sub-Clause 2.5 [*Employer's Claims*].

14.14

Cessation of Employer's Liability

The Employer shall not be liable to the Contractor for any matter or thing under or in connection with the Contract or execution of the Works, except to the extent that the Contractor shall have included an amount expressly for it:

(a) in the Final Statement and also
(b) (except for matters or things arising after the issue of the Taking-Over Certificatefor the Works) in the Statement at completion described in Sub-Clause 14.10 [*Statement at Completion*].

However, this Sub-Clause shall not limit the Employer's liability under his indemnification obligations, or the Employer's liability in any case of fraud, deliberate default or reckless misconduct by the Employer.

14.15

Currencies of Payment

The Contract Price shall be paid in the currency or currencies named in the Contract Agreement. Unless otherwise stated in the Particular Conditions, if more than one currency is so named, payments shall be made as follows:

(a) if the Contract Price was expressed in Local Currency only:

  (i) the proportions or amounts of the Local and Foreign Currencies, and the fixed rates of exchange to be used for calculating the payments, shall be as stated in the Contract Agreement, except as otherwise agreed by both Parties;
  (ii) payments and deductions under Sub-Clause 13.5 [*Provisional Sums*] and Sub-Clause 13.7 [*Adjustments for Changes in Legislation*] shall be made in the applicable currencies and proportions; and
  (iii) other payments and deductions under sub-paragraphs (a) to (d) of Sub-Clause 14.3 [*Application for Interim Payments*] shall be made in the currencies and proportions specified in sub-paragraph (a)(i) above;

(b) payment of the damages specified in the Particular Conditions shall be made in the currencies and proportions specified in the Particular Conditions;
(c) other payments to the Employer by the Contractor shall be made in the currency in which the sum was expended by the Employer, or in such currency as may be agreed by both Parties;
(d) if any amount payable by the Contractor to the Employer in a particular currency exceeds the sum payable by the Employer to the Contractor in that currency, the Employer may recover the balance of this amount from the sums otherwise payable to the Contractor in other currencies; and
(e) if no rates of exchange are stated in the Contract, they shall be those prevailing on the Base Date and determined by the central bank of the Country.

15 Termination by Employer

15.1
Notice to Correct

If the Contractor fails to carry out any obligation under the Contract, the Employer may by notice require the Contractor to make good the failure and to remedy it within a specified reasonable time.

15.2
Termination by Employer

The Employer shall be entitled to terminate the Contract if the Contractor:

(a) fails to comply with Sub-Clause 4.2 [*Performance Security*] or with a notice under Sub-Clause 15.1 [*Notice to Correct*],

(b) abandons the Works or otherwise plainly demonstrates the intention not to continue performance of his obligations under the Contract,

(c) without reasonable excuse fails to proceed with the Works in accordance with Clause 8 [*Commencement, Delays and Suspension*],

(d) subcontracts the whole of the Works or assigns the Contract without the required agreement,

(e) becomes bankrupt or insolvent, goes into liquidation, has a receiving or administration order made against him, compounds with his creditors, or carries on business under a receiver, trustee or manager for the benefit of his creditors, or if any act is done or event occurs which (under applicable Laws) has a similar effect to any of these acts or events, or

(f) gives or offers to give (directly or indirectly) to any person any bribe, gift, gratuity, commission or other thing of value, as an inducement or reward:

(i) for doing or forbearing to do any action in relation to the Contract, or

(ii) for showing or forbearing to show favour or disfavour to any person in relation to the Contract,

or if any of the Contractor's Personnel, agents or Subcontractors gives or offers to give (directly or indirectly) to any person any such inducement or reward as is described in this sub-paragraph (f). However, lawful inducements and rewards to Contractor's Personnel shall not entitle termination.

In any of these events or circumstances, the Employer may, upon giving 14 days' notice to the Contractor, terminate the Contract and expel the Contractor from the Site. However, in the case of sub-paragraph (e) or (f), the Employer may by notice terminate the Contract immediately.

The Employer's election to terminate the Contract shall not prejudice any other rights of the Employer, under the Contract or otherwise.

The Contractor shall then leave the Site and deliver any required Goods, all Contractor's Documents, and other design documents made by or for him, to the Employer. However, the Contractor shall use his best efforts to comply immediately with any reasonable instructions included in the notice (i) for the assignment of any subcontract, and (ii) for the protection of life or property or for the safety of the Works.

After termination, the Employer may complete the Works and/or arrange for any other entities to do so. The Employer and these entities may then use any Goods, Contractor's Documents and other design documents made by or on behalf of the Contractor.

The Employer shall then give notice that the Contractor's Equipment and Temporary Works will be released to the Contractor at or near the Site. The Contractor shall promptly arrange their removal, at the risk and cost of the Contractor. However, if by this time the Contractor has failed to make a payment due to the Employer, these items may be sold by the Employer in order to recover this payment. Any balance of the proceeds shall then be paid to the Contractor.

15.3
Valuation at Date of Termination

As soon as practicable after a notice of termination under Sub-Clause 15.2 [*Termination by Employer*] has taken effect, the Employer shall proceed in accordance with Sub-Clause 3.5 [*Determinations*] to agree or determine the value of the Works,

Goods and Contractor's Documents, and any other sums due to the Contractor for work executed in accordance with the Contract.

15.4

Payment after Termination

After a notice of termination under Sub-Clause 15.2 [*Termination by Employer*] has taken effect, the Employer may:

(a) proceed in accordance with Sub-Clause 2.5 [*Employer's Claims*],

(b) with-hold further payments to the Contractor until the costs of design, execution, completion and remedying of any defects, damages for delay in completion (if any), and all other costs incurred by the Employer, have been established, and/or

(c) recover from the Contractor any losses and damages incurred by the Employer and any extra costs of completing the Works, after allowing for any sum due to the Contractor under Sub-Clause 15.3 [*Valuation at Date of Termination*]. After recovering any such losses, damages and extra costs, the Employer shall pay any balance to the Contractor.

15.5

Employer's Entitlement to Termination

The Employer shall be entitled to terminate the Contract, at any time for the Employer's convenience, by giving notice of such termination to the Contractor. The termination shall take effect 28 days after the later of the dates on which the Contractor receives this notice or the Employer returns the Performance Security. The Employer shall not terminate the Contract under this Sub-Clause in order to execute the Works himself or to arrange for the Works to be executed by another contractor.

After this termination, the Contractor shall proceed in accordance with Sub-Clause 16.3 [*Cessation of Work and Removal of Contractor's Equipment*] and shall be paid in accordance with Sub-Clause 19.6 [*Optional Termination, Payment and Release*].

16 Suspension and Termination by Contractor

16.1

Contractor's Entitlement to Suspend Work

If the Employer fails to comply with Sub-Clause 2.4 [*Employer's Financial Arrangements*] or Sub-Clause 14.7 [*Timing of Payments*], the Contractor may, after giving not less than 21 days' notice to the Employer, suspend work (or reduce the rate of work) unless and until the Contractor has received the reasonable evidence or payment, as the case may be and as described in the notice.

The Contractor's action shall not prejudice his entitlements to financing charges under Sub-Clause 14.8 [*Delayed Payment*] and to termination under Sub-Clause 16.2 [*Termination by Contractor*].

If the Contractor subsequently receives such evidence or payment (as described in the relevant Sub-Clause and in the above notice) before giving a notice of termination, the Contractor shall resume normal working as soon as is reasonably practicable.

If the Contractor suffers delay and/or incurs Cost as a result of suspending work (or reducing the rate of work) in accordance with this Sub-Clause, the Contractor shall give notice to the Employer and shall be entitled subject to Sub-Clause 20.1 [*Contractor's Claims*] to:

(a) an extension of time for any such delay, if completion is or will be delayed, under Sub-Clause 8.4 [*Extension of Time for Completion*], and

(b) payment of any such Cost plus reasonable profit, which shall be added to the Contract Price.

After receiving this notice, the Employer shall proceed in accordance with Sub-Clause 3.5 [*Determinations*] to agree or determine these matters.

16.2

Termination by Contractor

The Contractor shall be entitled to terminate the Contract if:

(a) the Contractor does not receive the reasonable evidence within 42 days after giving notice under Sub-Clause 16.1 [*Contractor's Entitlement to Suspend Work*] in respect of a failure to comply with Sub-Clause 2.4 [*Employer's Financial Arrangements*],
(b) the Contractor does not receive the amount due within 42 days after the expiry of the time stated in Sub-Clause 14.7 [*Timing of Payments*] within which payment is to be made (except for deductions in accordance with Sub-Clause 2.5 [*Employer's Claims*]),
(c) the Employer substantially fails to perform his obligations under the Contract,
(d) the Employer fails to comply with Sub-Clause 1.7 [*Assignment*],
(e) a prolonged suspension affects the whole of the Works as described in Sub-Clause 8.11 [*Prolonged Suspension*], or
(f) the Employer becomes bankrupt or insolvent, goes into liquidation, has a receiving or administration order made against him, compounds with his creditors, or carries on business under a receiver, trustee or manager for the benefit of his creditors, or if any act is done or event occurs which (under applicable Laws) has a similar effect to any of these acts or events.

In any of these events or circumstances, the Contractor may, upon giving 14 days' notice to the Employer, terminate the Contract. However, in the case of sub-paragraph (e) or (f), the Contractor may by notice terminate the Contract immediately.

The Contractor's election to terminate the Contract shall not prejudice any other rights of the Contractor, under the Contract or otherwise.

16.3

Cessation of Work and Removal of Contractor's Equipment

After a notice of termination under Sub-Clause 15.5 [*Employer's Entitlement to Termination*], Sub-Clause 16.2 [*Termination by Contractor*] or Sub-Clause 19.6 [*Optional Termination, Payment and Release*] has taken effect, the Contractor shall promptly:

(a) cease all further work, except for such work as may have been instructed by the Employer for the protection of life or property or for the safety of the Works,
(b) hand over Contractor's Documents, Plant, Materials and other work, for which the Contractor has received payment, and
(c) remove all other Goods from the Site, except as necessary for safety, and leave the Site.

16.4

Payment on Termination

After a notice of termination under Sub-Clause 16.2 [*Termination by Contractor*] has taken effect, the Employer shall promptly:

(a) return the Performance Security to the Contractor,
(b) pay the Contractor in accordance with Sub-Clause 19.6 [*Optional Termination, Payment and Release*], and
(c) pay to the Contractor the amount of any loss of profit or other loss or damage sustained by the Contractor as a result of this termination.

17 Risk and Responsibility

17.1
Indemnities

The Contractor shall indemnify and hold harmless the Employer, the Employer's Personnel, and their respective agents, against and from all claims, damages, losses and expenses (including legal fees and expenses) in respect of:

(a) bodily injury, sickness, disease or death, of any person whatsoever arising out of or in the course of or by reason of the design, execution and completion of the Works and the remedying of any defects, unless attributable to any negligence, wilful act or breach of the Contract by the Employer, the Employer's Personnel, or any of their respective agents, and

(b) damage to or loss of any property, real or personal (other than the Works), to the extent that such damage or loss:

(i) arises out of or in the course of or by reason of the design, execution and completion of the Works and the remedying of any defects, and

(ii) is not attributable to any negligence, wilful act or breach of the Contract by the Employer, the Employer's Personnel, their respective agents, or anyone directly or indirectly employed by any of them.

The Employer shall indemnify and hold harmless the Contractor, the Contractor's Personnel, and their respective agents, against and from all claims, damages, losses and expenses (including legal fees and expenses) in respect of (1) bodily injury, sickness, disease or death, which is attributable to any negligence, wilful act or breach of the Contract by the Employer, the Employer's Personnel, or any of their respective agents, and (2) the matters for which liability may be excluded from insurance cover, as described in sub-paragraphs (d)(i), (ii) and (iii) of Sub-Clause 18.3 [*Insurance Against Injury to Persons and Damage to Property*].

17.2
Contractor's Care of the Works

The Contractor shall take full responsibility for the care of the Works and Goods from the Commencement Date until the Taking-Over Certificate is issued (or is deemed to be issued under Sub-Clause 10.1 [*Taking Over of the Works and Sections*]) for the Works, when responsibility for the care of the Works shall pass to the Employer. If a Taking-Over Certificate is issued (or is so deemed to be issued) for any Section of the Works, responsibility for the care of the Section shall then pass to the Employer.

After responsibility has accordingly passed to the Employer, the Contractor shall take responsibility for the care of any work which is outstanding on the date stated in a Taking-Over Certificate, until this outstanding work has been completed.

If any loss or damage happens to the Works, Goods or Contractor's Documents during the period when the Contractor is responsible for their care, from any cause not listed in Sub-Clause 17.3 [*Employer's Risks*], the Contractor shall rectify the loss or damage at the Contractor's risk and cost, so that the Works, Goods and Contractor's Documents conform with the Contract.

The Contractor shall be liable for any loss or damage caused by any actions performed by the Contractor after a Taking-Over Certificate has been issued. The Contractor shall also be liable for any loss or damage which occurs after a Taking-Over Certificate has been issued and which arose from a previous event for which the Contractor was liable.

17.3
Employer's Risks

The risks referred to in Sub-Clause 17.4 below are:

(a) war, hostilities (whether war be declared or not), invasion, act of foreign enemies,
(b) rebellion, terrorism, revolution, insurrection, military or usurped power, or civil war, within the Country,
(c) riot, commotion or disorder within the Country by persons other than the Contractor's Personnel and other employees of the Contractor and Subcontractors,
(d) munitions of war, explosive materials, ionising radiation or contamination by radio-activity, within the Country, except as may be attributable to the Contractor's use of such munitions, explosives, radiation or radio-activity, and
(e) pressure waves caused by aircraft or other aerial devices travelling at sonic or supersonic speeds.

17.4
Consequences of Employer's Risks

If and to the extent that any of the risks listed in Sub-Clause 17.3 above results in loss or damage to the Works, Goods or Contractor's Documents, the Contractor shall promptly give notice to the Employer and shall rectify this loss or damage to the extent required by the Employer.

If the Contractor suffers delay and/or incurs Cost from rectifying this loss or damage, the Contractor shall give a further notice to the Employer and shall be entitled subject to Sub-Clause 20.1 [*Contractor's Claims*] to:

(a) an extension of time for any such delay, if completion is or will be delayed, under Sub-Clause 8.4 [*Extension of Time for Completion*], and
(b) payment of any such Cost, which shall be added to the Contract Price.

After receiving this further notice, the Employer shall proceed in accordance with Sub Clause 3.5 [*Determinations*] to agree or determine these matters.

17.5
Intellectual and Industrial Property Rights

In this Sub-Clause, "infringement" means an infringement (or alleged infringement) of any patent, registered design, copyright, trade mark, trade name, trade secret or other intellectual or industrial property right relating to the Works; and "claim" means a claim (or proceedings pursuing a claim) alleging an infringement.

Whenever a Party does not give notice to the other Party of any claim within 28 days of receiving the claim, the first Party shall be deemed to have waived any right to indemnity under this Sub-Clause.

The Employer shall indemnify and hold the Contractor harmless against and from any claim alleging an infringement which is or was:

(a) an unavoidable result of the Contractor's compliance with the Employer's Requirements, or
(b) a result of any Works being used by the Employer:

   (i) for a purpose other than that indicated by, or reasonably to be inferred from, the Contract, or
   (ii) in conjunction with any thing not supplied by the Contractor, unless such use was disclosed to the Contractor prior to the Base Date or is stated in the Contract.

The Contractor shall indemnify and hold the Employer harmless against and from any other claim which arises out of or in relation to (i) the Contractor's design, manufacture, construction or execution of the Works, (ii) the use of Contractor's Equipment, or (iii) the proper use of the Works.

If a Party is entitled to be indemnified under this Sub-Clause, the indemnifying Party may (at its cost) conduct negotiations for the settlement of the claim, and any litigation or arbitration which may arise from it. The other Party shall, at the request and cost of the indemnifying Party, assist in contesting the claim. This other Party (and its Personnel) shall not make any admission which might be prejudicial to the indemnifying Party, unless the indemnifying Party failed to take over the conduct of any negotiations, litigation or arbitration upon being requested to do so by such other Party.

17.6
Limitation of Liability

Neither Party shall be liable to the other Party for loss of use of any Works, loss of profit, loss of any contract or for any indirect or consequential loss or damage which may be suffered by the other Party in connection with the Contract, other than under Sub-Clause 16.4 [*Payment on Termination*] and Sub-Clause 17.1 [*Indemnities*].

The total liability of the Contractor to the Employer, under or in connection with the Contract other than under Sub-Clause 4.19 [*Electricity, Water and Gas*], Sub-Clause 4.20 [*Employer's Equipment and Free-Issue Material*], Sub-Clause 17.1 [*Indemnities*] and Sub-Clause 17.5 [*Intellectual and Industrial Property Rights*], shall not exceed the sum stated in the Particular Conditions or (if a sum is not so stated) the Contract Price stated in the Contract Agreement.

This Sub-Clause shall not limit liability in any case of fraud, deliberate default or reckless misconduct by the defaulting Party.

18 Insurance

18.1
General Requirements for Insurances

In this Clause, "insuring Party" means, for each type of insurance, the Party responsible for effecting and maintaining the insurance specified in the relevant Sub-Clause.

Wherever the Contractor is the insuring Party, each insurance shall be effected with insurers and in terms approved by the Employer. These terms shall be consistent with any terms agreed by both Parties before they signed the Contract Agreement. This agreement of terms shall take precedence over the provisions of this Clause.

Wherever the Employer is the insuring Party, each insurance shall be effected with insurers and in terms consistent with the details annexed to the Particular Conditions.

If a policy is required to indemnify joint insured, the cover shall apply separately to each insured as though a separate policy had been issued for each of the joint insured. If a policy indemnifies additional joint insured, namely in addition to the insured specified in this Clause, (i) the Contractor shall act under the policy on behalf of these additional joint insured except that the Employer shall act for Employer's Personnel, (ii) additional joint insured shall not be entitled to receive payments directly from the insurer or to have any other direct dealings with the insurer, and (iii) the insuring Party shall require all additional joint insured to comply with the conditions stipulated in the policy.

Each policy insuring against loss or damage shall provide for payments to be made in the currencies required to rectify the loss or damage. Payments received from insurers shall be used for the rectification of the loss or damage.

The relevant insuring Party shall, within the respective periods stated in the Particular Conditions (calculated from the Commencement Date), submit to the other Party:

(a) evidence that the insurances described in this Clause have been effected, and
(b) copies of the policies for the insurances described in Sub-Clause 18.2 [*Insurance of Works and Contractor's Equipment*] and Sub-Clause 18.3 [*Insurance against Injury to Persons and Damage to Property*].

When each premium is paid, the insuring Party shall submit evidence of payment to the other Party.

Each Party shall comply with the conditions stipulated in each of the insurance policies. The insuring Party shall keep the insurers informed of any relevant changes to the execution of the Works and ensure that insurance is maintained in accordance with this Clause.

Neither Party shall make any material alteration to the terms of any insurance without the prior approval of the other Party. If an insurer makes (or attempts to make) any alteration, the Party first notified by the insurer shall promptly give notice to the other Party.

If the insuring Party fails to effect and keep in force any of the insurances it is required to effect and maintain under the Contract, or fails to provide satisfactory evidence and copies of policies in accordance with this Sub-Clause, the other Party may (at its option and without prejudice to any other right or remedy) effect insurance for the relevant coverage and pay the premiums due. The insuring Party shall pay the amount of these premiums to the other Party, and the Contract Price shall be adjusted accordingly.

Nothing in this Clause limits the obligations, liabilities or responsibilities of the Contractor or the Employer, under the other terms of the Contract or otherwise. Any amounts not insured or not recovered from the insurers shall be borne by the Contractor and/or the Employer in accordance with these obligations, liabilities or responsibilities. However, if the insuring Party fails to effect and keep in force an insurance which is available and which it is required to effect and maintain under the Contract, and the other Party neither approves the omission nor effects insurance for the coverage relevant to this default, any moneys which should have been recoverable under this insurance shall be paid by the insuring Party.

Payments by one Party to the other Party shall be subject to Sub-Clause 2.5 [*Employer's Claims*] or Sub-Clause 20.1 [*Contractor's Claims*], as applicable.

18.2

Insurance for Works and Contractor's Equipment

The insuring Party shall insure the Works, Plant, Materials and Contractor's Documents for not less than the full reinstatement cost including the costs of demolition, removal of debris and professional fees and profit. This insurance shall be effective from the date by which the evidence is to be submitted under sub-paragraph (a) of Sub-Clause 18.1 [*General Requirements for Insurances*], until the date of issue of the Taking-Over Certificate for the Works.

The insuring Party shall maintain this insurance to provide cover until the date of issue of the Performance Certificate, for loss or damage for which the Contractor is liable arising from a cause occurring prior to the issue of the Taking-Over Certificate, and for loss or damage caused by the Contractor or Subcontractors in the course of any other operations (including those under Clause 11 [*Defects Liability*] and Clause 12 [*Tests after Completion*]).

The insuring Party shall insure the Contractor's Equipment for not less than the full replacement value, including delivery to Site. For each item of Contractor's Equipment, the insurance shall be effective while it is being transported to the Site and until it is no longer required as Contractor's Equipment.

Unless otherwise stated in the Particular Conditions, insurances under this Sub-Clause:

(a) shall be effected and maintained by the Contractor as insuring Party,
(b) shall be in the joint names of the Parties, who shall be jointly entitled to receive payments from the insurers, payments being held or allocated between the Parties for the sole purpose of rectifying the loss or damage,
(c) shall cover all loss and damage from any cause not listed in Sub-Clause 17.3 [*Employer's Risks*],
(d) shall also cover loss or damage from the risks listed in sub-paragraph (c) of Sub-Clause 17.3 [*Employer's Risks*], with deductibles per occurrence of not more than the amount stated in the Particular Conditions (if an amount is not so stated, this sub-paragraph (d) shall not apply), and
(e) may however exclude loss of, damage to, and reinstatement of:

   (i) a part of the Works which is in a defective condition due to a defect in its design, materials or workmanship (but cover shall include any other parts which are lost or damaged as a direct result of this defective condition and not as described in sub-paragraph (ii) below),
   (ii) a part of the Works which is lost or damaged in order to reinstate any other part of the Works if this other part is in a defective condition due to a defect in its design, materials or workmanship,
   (iii) a part of the Works which has been taken over by the Employer, except to the extent that the Contractor is liable for the loss or damage, and
   (iv) Goods while they are not in the Country, subject to Sub-Clause 14.5 [*Plant and Materials intended for the Works*].

If, more than one year after the Base Date, the cover described in sub-paragraph (d) above ceases to be available at commercially reasonable terms, the Contractor shall (as insuring Party) give notice to the Employer, with supporting particulars. The Employer shall then (i) be entitled subject to Sub-Clause 2.5 [*Employer's Claims*] to payment of an amount equivalent to such commercially reasonable terms as the Contractor should have expected to have paid for such cover, and (ii) be deemed, unless he obtains the cover at commercially reasonable terms, to have approved the omission under Sub-Clause 18.1 [*General Requirements for Insurances*].

18.3

Insurance against Injury to Persons and Damage to Property

The insuring Party shall insure against each Party's liability for any loss, damage, death or bodily injury which may occur to any physical property (except things insured under Sub-Clause 18.2 [*Insurance for Works and Contractor's Equipment*]) or to any person (except persons insured under Sub-Clause 18.4 [*Insurance for Contractor's Personnel*]), which may arise out of the Contractor's performance of the Contract and occurring before the issue of the Performance Certificate.

This insurance shall be for a limit per occurrence of not less than the amount stated in the Particular Conditions, with no limit on the number of occurrences. If an amount is not stated in the Contract, this Sub-Clause shall not apply.

Unless otherwise stated in the Particular Conditions, the insurances specified in this Sub-Clause:

(a) shall be effected and maintained by the Contractor as insuring Party,
(b) shall be in the joint names of the Parties,
(c) shall be extended to cover liability for all loss and damage to the Employer's property (except things insured under Sub-Clause 18.2) arising out of the Contractor's performance of the Contract, and
(d) may however exclude liability to the extent that it arises from:

(i) the Employer's right to have the Permanent Works executed on, over, under, in or through any land, and to occupy this land for the Permanent Works,
(ii) damage which is an unavoidable result of the Contractor's obligations to execute the Works and remedy any defects, and
(iii) a cause listed in Sub-Clause 17.3 [*Employer's Risks*], except to the extent that cover is available at commercially reasonable terms.

18.4

Insurance for Contractor's Personnel

The Contractor shall effect and maintain insurance against liability for claims, damages, losses and expenses (including legal fees and expenses) arising from injury, sickness, disease or death of any person employed by the Contractor or any other of the Contractor's Personnel.

The Employer shall also be indemnified under the policy of insurance, except that this insurance may exclude losses and claims to the extent that they arise from any act or neglect of the Employer or of the Employer's Personnel.

The insurance shall be maintained in full force and effect during the whole time that these personnel are assisting in the execution of the Works. For a Subcontractor's employees, the insurance may be effected by the Subcontractor, but the Contractor shall be responsible for compliance with this Clause.

19 Force Majeure

19.1
Definition of Force Majeure

In this Clause, "Force Majeure" means an exceptional event or circumstance:

(a) which is beyond a Party's control,
(b) which such Party could not reasonably have provided against before entering into the Contract,
(c) which, having arisen, such Party could not reasonably have avoided or overcome, and
(d) which is not substantially attributable to the other Party.

Force Majeure may include, but is not limited to, exceptional events or circumstances of the kind listed below, so long as conditions (a) to (d) above are satisfied:

(i) war, hostilities (whether war be declared or not), invasion, act of foreign enemies,
(ii) rebellion, terrorism, revolution, insurrection, military or usurped power, or civil war,
(iii) riot, commotion, disorder, strike or lockout by persons other than the Contractor's Personnel and other employees of the Contractor and Subcontractors,
(iv) munitions of war, explosive materials, ionising radiation or contamination

by radio-activity, except as may be attributable to the Contractor's use of such munitions, explosives, radiation or radio-activity, and

(v) natural catastrophes such as earthquake, hurricane, typhoon or volcanic activity.

19.2

Notice of Force Majeure

If a Party is or will be prevented from performing any of its obligations under the Contract by Force Majeure, then it shall give notice to the other Party of the event or circumstances constituting the Force Majeure and shall specify the obligations, the performance of which is or will be prevented. The notice shall be given within 14 days after the Party became aware, or should have become aware, of the relevant event or circumstance constituting Force Majeure.

The Party shall, having given notice, be excused performance of such obligations for so long as such Force Majeure prevents it from performing them.

Notwithstanding any other provision of this Clause, Force Majeure shall not apply to obligations of either Party to make payments to the other Party under the Contract.

19.3

Duty to Minimise Delay

Each Party shall at all times use all reasonable endeavours to minimise any delay in the performance of the Contract as a result of Force Majeure.

A Party shall give notice to the other Party when it ceases to be affected by the Force Majeure.

19.4

Consequences of Force Majeure

If the Contractor is prevented from performing any of his obligations under the Contract by Force Majeure of which notice has been given under Sub-Clause 19.2 [*Notice of Force Majeure*], and suffers delay and/or incurs Cost by reason of such Force Majeure, the Contractor shall be entitled subject to Sub-Clause 20.1 [*Contractor's Claims*] to:

(a) an extension of time for any such delay, if completion is or will be delayed, under Sub-Clause 8.4 [*Extension of Time for Completion*], and

(b) if the event or circumstance is of the kind described in sub-paragraphs (i) to (iv) of Sub-Clause 19.1 [*Definition of Force Majeure*] and, in the case of sub-paragraphs (ii) to (iv), occurs in the Country, payment of any such Cost.

After receiving this notice, the Employer shall proceed in accordance with Sub-Clause 3.5 [*Determinations*] to agree or determine these matters.

19.5

Force Majeure Affecting Subcontractor

If any Subcontractor is entitled under any contract or agreement relating to the Works to relief from force majeure on terms additional to or broader than those specified in this Clause, such additional or broader force majeure events or circumstances shall not excuse the Contractor's non-performance or entitle him to relief under this Clause.

19.6

Optional Termination, Payment and Release

If the execution of substantially all the Works in progress is prevented for a continuous period of 84 days by reason of Force Majeure of which notice has been given under Sub-Clause 19.2 [*Notice of Force Majeure*], or for multiple periods which total more than 140 days due to the same notified Force Majeure, then either Party may give to the other Party a notice of termination of the Contract. In this event, the termination shall take effect 7 days after the notice is given, and the Contractor shall proceed in accordance with Sub-Clause 16.3 [*Cessation of Work and Removal of Contractor's Equipment*].

Upon such termination, the Employer shall pay to the Contractor:

(a) the amounts payable for any work carried out for which a price is stated in the Contract;
(b) the Cost of Plant and Materials ordered for the Works which have been delivered to the Contractor, or of which the Contractor is liable to accept delivery: this Plant and Materials shall become the property of (and be at the risk of) the Employer when paid for by the Employer, and the Contractor shall place the same at the Employer's disposal;
(c) any other Cost or liability which in the circumstances was reasonably incurred by the Contractor in the expectation of completing the Works;
(d) the Cost of removal of Temporary Works and Contractor's Equipment from the Site and the return of these items to the Contractor's works in his country (or to any other destination at no greater cost); and
(e) the Cost of repatriation of the Contractor's staff and labour employed wholly in connection with the Works at the date of termination.

19.7

Release from Performance under the Law

Notwithstanding any other provision of this Clause, if any event or circumstance outside the control of the Parties (including, but not limited to, Force Majeure) arises which makes it impossible or unlawful for either or both Parties to fulfil its or their contractual obligations or which, under the law governing the Contract, entitles the Parties to be released from further performance of the Contract, then upon notice by either Party to the other Party of such event or circumstance:

(a) the Parties shall be discharged from further performance, without prejudice to the rights of either Party in respect of any previous breach of the Contract, and
(b) the sum payable by the Employer to the Contractor shall be the same as would have been payable under Sub-Clause 19.6 [*Optional Termination, Payment and Release*] if the Contract had been terminated under Sub-Clause 19.6.

20 Claims, Disputes and Arbitration

20.1

Contractor's Claims

If the Contractor considers himself to be entitled to any extension of the Time for Completion and/or any additional payment, under any Clause of these Conditions or otherwise in connection with the Contract, the Contractor shall give notice to the Employer, describing the event or circumstance giving rise to the claim. The notice shall be given as soon as practicable, and not later than 28 days after the Contractor became aware, or should have become aware, of the event or circumstance.

If the Contractor fails to give notice of a claim within such period of 28 days, the Time for Completion shall not be extended, the Contractor shall not be entitled to additional payment, and the Employer shall be discharged from all liability in connection with the claim. Otherwise, the following provisions of this Sub-Clause shall apply.

The Contractor shall also submit any other notices which are required by the Contract, and supporting particulars for the claim, all as relevant to such event or circumstance.

The Contractor shall keep such contemporary records as may be necessary to substantiate any claim, either on the Site or at another location acceptable to the Employer. Without admitting liability, the Employer may, after receiving any notice under this Sub-Clause, monitor the record-keeping and/or instruct the Contractor to keep further contemporary records. The Contractor shall permit the Employer to inspect all these records, and shall (if instructed) submit copies to the Employer.

Within 42 days after the Contractor became aware (or should have become aware) of the event or circumstance giving rise to the claim, or within such other period as may be proposed by the Contractor and approved by the Employer, the Contractor shall send to the Employer a fully detailed claim which includes full supporting particulars of the basis of the claim and of the extension of time and/or additional payment claimed. If the event or circumstance giving rise to the claim has a continuing effect:

(a) this fully detailed claim shall be considered as interim;
(b) the Contractor shall send further interim claims at monthly intervals, giving the accumulated delay and/or amount claimed, and such further particulars as the Employer may reasonably require; and
(c) the Contractor shall send a final claim within 28 days after the end of the effects resulting from the event or circumstance, or within such other period as may be proposed by the Contractor and approved by the Employer.

Within 42 days after receiving a claim or any further particulars supporting a previous claim, or within such other period as may be proposed by the Employer and approved by the Contractor, the Employer shall respond with approval, or with disapproval and detailed comments. He may also request any necessary further particulars, but shall nevertheless give his response on the principles of the claim within such time.

Each interim payment shall include such amounts for any claim as have been reasonably substantiated as due under the relevant provision of the Contract. Unless and until the particulars supplied are sufficient to substantiate the whole of the claim, the Contractor shall only be entitled to payment for such part of the claim as he has been able to substantiate.

The Employer shall proceed in accordance with Sub-Clause 3.5 [*Determinations*] to agree or determine (i) the extension (if any) of the Time for Completion (before or after its expiry) in accordance with Sub-Clause 8.4 [*Extension of Time for Completion*], and/or (ii) the additional payment (if any) to which the Contractor is entitled under the Contract.

The requirements of this Sub-Clause are in addition to those of any other Sub-Clause which may apply to a claim. If the Contractor fails to comply with this or another Sub-Clause in relation to any claim, any extension of time and/or additional payment shall take account of the extent (if any) to which the failure has prevented or prejudiced proper investigation of the claim, unless the claim is excluded under the second paragraph of this Sub-Clause.

20.2

Appointment of the Dispute Adjudication Board

Disputes shall be adjudicated by a DAB in accordance with Sub-Clause 20.4 [*Obtaining Dispute Adjudication Board's Decision*]. The Parties shall jointly appoint a DAB by the date 28 days after a Party gives notice to the other Party of its intention to refer a dispute to a DAB in accordance with Sub-Clause 20.4.

The DAB shall comprise, as stated in the Particular Conditions, either one or three suitably qualified persons ("the members"). If the number is not so stated and the Parties do not agree otherwise, the DAB shall comprise three persons.

If the DAB is to comprise three persons, each Party shall nominate one member for the approval of the other Party. The Parties shall consult both these members and shall agree upon the third member, who shall be appointed to act as chairman.

However, if a list of potential members is included in the Contract, the members shall be selected from those on the list, other than anyone who is unable or unwilling to accept appointment to the DAB.

The agreement between the Parties and either the sole member ("adjudicator") or each of the three members shall incorporate by reference the General Conditions of Dispute Adjudication Agreement contained in the Appendix to these General Conditions, with such amendments as are agreed between them.

The terms of the remuneration of either the sole member or each of the three members, shall be mutually agreed upon by the Parties when agreeing the terms of appointment. Each Party shall be responsible for paying one-half of this remuneration.

If at any time the Parties so agree, they may appoint a suitably qualified person or persons to replace any one or more members of the DAB. Unless the Parties agree otherwise, the appointment will come into effect if a member declines to act or is unable to act as a result of death, disability, resignation or termination of appointment. The replacement shall be appointed in the same manner as the replaced person was required to have been nominated or agreed upon, as described in this Sub-Clause.

The appointment of any member may be terminated by mutual agreement of both Parties, but not by the Employer or the Contractor acting alone. Unless otherwise agreed by both Parties, the appointment of the DAB (including each member) shall expire when the DAB has given its decision on the dispute referred to it under Sub-Clause 20.4, [*Obtaining Dispute Adjudication Board Decision*], unless other disputes have been referred to the DAB by that time under Sub-Clause 20.4, in which event the relevant date shall be when the DAB has also given decisions on those disputes.

20.3

Failure to Agree Dispute Adjudication Board

If any of the following conditions apply, namely:

(a) the Parties fail to agree upon the appointment of the sole member of the DAB by the date stated in the first paragraph of Sub-Clause 20.2,

(b) either Party fails to nominate a member (for approval by the other Party) of a DAB of three persons by such date,

(c) the Parties fail to agree upon the appointment of the third member (to act as chairman) of the DAB by such date, or

(d) the Parties fail to agree upon the appointment of a replacement person within 42 days after the date on which the sole member or one of the three members declines to act or is unable to act as a result of death, disability, resignation or termination of appointment,

then the appointing entity or official named in the Particular Conditions shall, upon the request of either or both of the Parties and after due consultation with both Parties, appoint this member of the DAB. This appointment shall be final and conclusive. Each Party shall be responsible for paying one-half of the remuneration of the appointing entity or official.

20.4

Obtaining Dispute Adjudication Board's Decision

If a dispute (of any kind whatsoever) arises between the Parties in connection with, or arising out of, the Contract or the execution of the Works, including any dispute as to any certificate, determination, instruction, opinion or valuation of the Employer, then after a DAB has been appointed pursuant to Sub-Clauses 20.2 [*Appointment of the Dispute Adjudication Board*] and 20.3 [*Failure to Agree Dispute Adjudication Board*], either Party may refer the dispute in writing to the DAB for its decision, with a copy to the other Party. Such reference shall state that it is given under this Sub-Clause.

For a DAB of three persons, the DAB shall be deemed to have received such reference on the date when it is received by the chairman of the DAB.

Both Parties shall promptly make available to the DAB all information, access to the Site, and appropriate facilities, as the DAB may require for the purposes of making a decision on such dispute. The DAB shall be deemed to be not acting as arbitrator(s).

Within 84 days after receiving such reference, or the advance payment referred to in Clause 6 of the Appendix - General Conditions of Dispute Adjudication Agreement, whichever date is later, or within such other period as may be proposed by the DAB and approved by both Parties, the DAB shall give its decision, which shall be reasoned and shall state that it is given under this Sub-Clause. However, if neither of the Parties has paid in full the invoices submitted by each member pursuant to Clause 6 of the Appendix, the DAB shall not be obliged to give its decision until such invoices have been paid in full. The decision shall be binding on both Parties, who shall promptly give effect to it unless and until it shall be revised in an amicable settlement or an arbitral award as described below. Unless the Contract has already been abandoned, repudiated or terminated, the Contractor shall continue to proceed with the Works in accordance with the Contract.

If either Party is dissatisfied with the DAB's decision, then either Party may, within 28 days after receiving the decision, give notice to the other Party of its dissatisfaction. If the DAB fails to give its decision within the period of 84 days (or as otherwise approved) after receiving such reference or such payment, then either Party may, within 28 days after this period has expired, give notice to the other Party of its dissatisfaction.

In either event, this notice of dissatisfaction shall state that it is given under this Sub-Clause, and shall set out the matter in dispute and the reason(s) for dissatisfaction. Except as stated in Sub-Clause 20.7 [*Failure to Comply with Dispute Adjudication Board's Decision*] and Sub-Clause 20.8 [*Expiry of Dispute Adjudication Board's Appointment*], neither Party shall be entitled to commence arbitration of a dispute unless a notice of dissatisfaction has been given in accordance with this Sub-Clause.

If the DAB has given its decision as to a matter in dispute to both Parties, and no notice of dissatisfaction has been given by either Party within 28 days after it received the DAB's decision, then the decision shall become final and binding upon both Parties.

20.5

Amicable Settlement

Where notice of dissatisfaction has been given under Sub-Clause 20.4 above, both Parties shall attempt to settle the dispute amicably before the commencement of arbitration. However, unless both Parties agree otherwise, arbitration may be commenced on or after the fifty-sixth day after the day on which notice of dissatisfaction was given, even if no attempt at amicable settlement has been made.

20.6

Arbitration

Unless settled amicably, any dispute in respect of which the DAB's decision (if any) has not become final and binding shall be finally settled by international arbitration. Unless otherwise agreed by both Parties:

(a) the dispute shall be finally settled under the Rules of Arbitration of the International Chamber of Commerce,

(b) the dispute shall be settled by three arbitrators appointed in accordance with these Rules, and

(c) the arbitration shall be conducted in the language for communications defined in Sub-Clause 1.4 [*Law and Language*].

The arbitrator(s) shall have full power to open up, review and revise any certificate, determination, instruction, opinion or valuation of (or on behalf of) the Employer, and any decision of the DAB, relevant to the dispute.

Neither Party shall be limited in the proceedings before the arbitrator(s) to the evidence or arguments previously put before the DAB to obtain its decision, or to the reasons for dissatisfaction given in its notice of dissatisfaction. Any decision of the DAB shall be admissible in evidence in the arbitration.

Arbitration may be commenced prior to or after completion of the Works. The obligations of the Parties and the DAB shall not be altered by reason of any arbitration being conducted during the progress of the Works.

20.7

Failure to Comply with Dispute Adjudication Board's Decision

In the event that:

(a) neither Party has given notice of dissatisfaction within the period stated in Sub-Clause 20.4 [*Obtaining Dispute Adjudication Board's Decision*],

(b) the DAB's related decision (if any) has become final and binding, and

(c) a Party fails to comply with this decision,

then the other Party may, without prejudice to any other rights it may have, refer the failure itself to arbitration under Sub-Clause 20.6 [*Arbitration*]. Sub-Clause 20.4 [*Obtaining Dispute Adjudication Board's Decision*] and Sub-Clause 20.5 [*Amicable Settlement*] shall not apply to this reference.

20.8

Expiry of Dispute Adjudication Board's Appointment

If a dispute arises between the Parties in connection with, or arising out of, the Contract or the execution of the Works and there is no DAB in place, whether by reason of the expiry of the DAB's appointment or otherwise:

(a) Sub-Clause 20.4 [*Obtaining Dispute Adjudication Board's Decision*] and Sub-Clause 20.5 [Amicable Settlement] shall not apply, and

(b) the dispute may be referred directly to arbitration under Sub-Clause 20.6 [*Arbitration*].

APPENDIX

General Conditions of Dispute Adjudication Agreement

1

Definitions

Each "Dispute Adjudication Agreement" is a tripartite agreement by and between:
(a) the "Employer";
(b) the "Contractor"; and
(c) the "Member" who is defined in the Dispute Adjudication Agreement as being:
(i) the sole member of the "DAB" (or "adjudicator") and, where this is the case, all references to the "Other Members" do not apply,
or
(ii) one of the three persons who are jointly called the "DAB" (or "dispute adjudication board") and, where this is the case, the other two persons are called the "Other Members".

The Employer and the Contractor have entered (or intend to enter) into a contract, which is called the "Contract" and is defined in the Dispute Adjudication Agreement, which incorporates this Appendix. In the Dispute Adjudication Agreement, words and expressions which are not otherwise defined shall have the meanings assigned to them in the Contract.

2

General Provisions

The Dispute Adjudication Agreement shall take effect when the Employer, the Contractor and each of the Members (or Member) have respectively each signed a dispute adjudication agreement.

When the Dispute Adjudication Agreement has taken effect, the Employer and the Contractor shall each give notice to the Member accordingly. If the Member does not receive either notice within six months after entering into the Dispute Adjudication Agreement, it shall be void and ineffective.

This employment of the Member is a personal appointment. No assignment or subcontracting of the Dispute Adjudication Agreement is permitted without the prior written agreement of all the parties to it and of the Other Members (if any).

3

Warranties

The Member warrants and agrees that he/she is and shall be impartial and independent of the Employer, the Contractor and the Employer's Representative. The Member shall promptly disclose, to each of them and to the Other Members (if any), any fact or circumstance which might appear inconsistent with his/her warranty and agreement of impartiality and independence.

When appointing the Member, the Employer and the Contractor relied upon the Member's representations that he/she is:
(a) experienced in the work which the Contractor is to carry out under the Contract,
(b) experienced in the interpretation of contract documentation, and
(c) fluent in the the language for communications defined in the Contract.

4

General Obligations of the Member

The Member shall:
(a) have no interest financial or otherwise in the Employer or the Contractor, nor any financial interest in the Contract except for payment under the Dispute Adjudication Agreement;

(b) not previously have been employed as a consultant or otherwise by the Employer or the Contractor, except in such circumstances as were disclosed in writing to the Employer and the Contractor before they signed the Dispute Adjudication Agreement;

(c) have disclosed in writing to the Employer, the Contractor and the Other Members (if any), before entering into the Dispute Adjudication Agreement and to his/her best knowledge and recollection, any professional or personal relationships with any director, officer or employee of the Employer or the Contractor, and any previous involvement in the overall project of which the Contract forms part;

(d) not, for the duration of the Dispute Adjudication Agreement, be employed as a consultant or otherwise by the Employer or the Contractor, except as may be agreed in writing by the Employer, the Contractor and the Other Members (if any);

(e) comply with the annexed procedural rules and with Sub-Clause 20.4 of the Conditions of Contract;

(f) not give advice to the Employer, the Contractor, the Employer's Personnel or the Contractor's Personnel concerning the conduct of the Contract, other than in accordance with the annexed procedural rules;

(g) not while a Member enter into discussions or make any agreement with the Employer or the Contractor regarding employment by any of them, whether as a consultant or otherwise, after ceasing to act under the Dispute Adjudication Agreement;

(h) ensure his/her availability for any site visit and hearings as are necessary; and

(i) treat the details of the Contract and all the DAB's activities and hearings as private and confidential, and not publish or disclose them without the prior written consent of the Employer, the Contractor and the Other Members (if any).

5

General Obligations of the Employer and the Contractor

The Employer, the Contractor, the Employer's Personnel and the Contractor's Personnel shall not request advice from or consultation with the Member regarding the Contract, otherwise than in the normal course of the DAB's activities under the Contract and the Dispute Adjudication Agreement, and except to the extent that prior agreement is given by the Employer, the Contractor and the Other Members (if any). The Employer and the Contractor shall be responsible for compliance with this provision, by the Employer's Personnel and the Contractor's Personnel respectively.

The Employer and the Contractor undertake to each other and to the Member that the Member shall not, except as otherwise agreed in writing by the Employer, the Contractor, the Member and the Other Members (if any):

(a) be appointed as an arbitrator in any arbitration under the Contract;

(b) be called as a witness to give evidence concerning any dispute before arbitrator(s) appointed for any arbitration under the Contract; or

(c) be liable for any claims for anything done or omitted in the discharge or purported discharge of the Member's functions, unless the act or omission is shown to have been in bad faith.

The Employer and the Contractor hereby jointly and severally indemnify and hold the Member harmless against and from claims from which he/she is relieved from liability under the preceding paragraph.

6

Payment

The Member shall be paid as follows, in the currency named in the Dispute Adjudication Agreement:

(a) a daily fee which shall be considered as payment in full for:

(i) each working day spent reading submissions, attending hearings (if any), preparing decisions, or making site visits (if any); and
(ii) each day or part of a day up to maximum of two days travel time in each direction for the journey (if any) between the Member's home and site or an other location of a meeting with Other Members (if any) and/or the Employer and the Contractor;

(b) all reasonable expenses incurred in connection with the Member's duties, including the cost of secretarial services, telephone calls, courier charges, faxes and telexes, travel expenses, hotel and subsistence costs; a receipt shall be required for each item in excess of five percent of the daily fee referred to in sub-paragraph (a) of this Clause; and

(c) any taxes properly levied in the Country on payments made to the Member (unless a national or permanent resident of the Country) under this Clause 6.

The daily fee shall be as specified in the Dispute Adjudication Agreement.

Immediately after the Dispute Adjudication Agreement takes effect, the Member shall, before engaging in any activities under the Dispute Adjudication Agreement, submit to the Contractor, with a copy to the Employer, an invoice for (a) an advance of twenty-five (25) percent of the estimated total amount of daily fees to which he/she will be entitled and (b) an advance equal to the estimated total expenses that he/she shall incur in connection with his/her duties. Payment of such invoice shall be made by the Contractor upon his receipt of the invoice. The Member shall not be obliged to engage in activities under the Dispute Adjudication Agreement until each of the Members has been paid in full for invoices submitted under this paragraph.

Thereafter the Member shall submit to the Contractor, with a copy to the Employer, invoices for the balance of his/her daily fees and expenses, less the amounts advanced. The DAB shall not be obliged to render its decision until invoices for all daily fees and expenses of each Member for making a decision shall have been paid in full.

Unless paid earlier in accordance with the above, the Contractor shall pay each of the Member's invoices in full within 28 calendar days after receiving each invoice and shall apply to the Employer (in the Statements under the Contract) for reimbursement of one-half of the amounts of these invoices. The Employer shall then pay the Contractor in accordance with the Contract.

If the Contractor fails to pay to the Member the amount to which he/she is entitled under the Dispute Adjudication Agreement, the Employer shall pay the amount due to the Member and any other amount which may be required to maintain the operation of the DAB; and without prejudice to the Employer's rights or remedies. In addition to all other rights arising from this default, the Employer shall be entitled to reimbursement of all sums paid in excess of one-half of these payments, plus all costs of recovering these sums and financing charges calculated at the rate specified in Sub-Clause 14.8 of the Conditions of Contract.

If the Member does not receive payment of the amount due within 28 days after submitting a valid invoice, the Member may (i) suspend his/her services (without notice) until the payment is received, and/or (ii) resign his/her appointment by giving notice to to the Employer and the Contractor. The notice shall take effect when received by them both. Any such notice shall be final and binding on the Employer, the Contractor and the Member.

7

Default of the Member

If the Member fails to comply with any obligation under Clause 4, he/she shall not be entitled to any fees or expenses hereunder and shall, without prejudice to their other rights, reimburse each of the Employer and the Contractor for any fees and expenses received by the Member and the Other Members (if any), for proceedings or decisions (if any) of the DAB which are rendered void or ineffective.

8

Default of the Member

Any dispute or claim arising out of or in connection with this Dispute Adjudication Agreement, or the breach, termination or invalidity thereof, shall be finally settled under the Rules of Arbitration of the International Chamber of Commerce by one arbitrator appointed in accordance with these Rules of Arbitration.

Annex PROCEDURAL RULES

1 The Employer and the Contractor shall furnish to the DAB one copy of all documents which the DAB may request, including Contract documents, progress reports, variation instructions, certificates and other documents pertinent to the matter in dispute. All communications between the DAB and the Employer or the Contractor shall be copied to the other Party. If the DAB comprises three persons, the Employer and the Contractor shall send copies of these requested documents and these communications to each of these persons.

2 The DAB shall proceed in accordance with Sub-Clause 20.4 and these Rules. Subject to the time allowed to give notice of a decision and other relevant factors, the DAB shall:

(a) act fairly and impartially as between the Employer and the Contractor, giving each of them a reasonable opportunity of putting his case and responding to the other's case, and
(b) adopt procedures suitable to the dispute, avoiding unnecessary delay or expense.

3 The DAB may conduct a hearing on the dispute, in which event it will decide on the date and place for the hearing and may request that written documentation and arguments from the Employer and the Contractor be presented to it prior to or at the hearing.

4 Except as otherwise agreed in writing by the Employer and the Contractor, the DAB shall have power to adopt an inquisitorial procedure, to refuse admission to hearings or audience at hearings to any persons other than representatives of the Employer and the Contractor, and to proceed in the absence of any party who the DAB is satisfied received notice of the hearing; but shall have discretion to decide whether and to what extent this power may be exercised.

5 The Employer and the Contractor empower the DAB, among other things, to:

(a) establish the procedure to be applied in deciding a dispute,
(b) decide upon the DAB's own jurisdiction, and as to the scope of any dispute referred to it,
(c) conduct any hearing as it thinks fit, not being bound by any rules or procedures other than those contained in the Contract and these Rules,
(d) take the initiative in ascertaining the facts and matters required for a decision,
(e) make use of its own specialist knowledge, if any,
(f) decide upon the payment of financing charges in accordance with the Contract,
(g) decide upon any provisional relief such as interim or conservatory measures, and
(h) open up, review and revise any certificate, decision, determination, instruction, opinion or valuation of the Employer, relevant to the dispute.

6 The DAB shall not express any opinions during any hearing concerning the merits of any arguments advanced by the Parties. Thereafter, the DAB shall make and give its decision in accordance with Sub-Clause 20.4, or as otherwise agreed by the Employer and the Contractor in writing. If the DAB comprises three persons:

(a) it shall convene in private after a hearing, if any, in order to have discussions and prepare its decision;

(b) it shall endeavour to reach a unanimous decision: if this proves impossible, the applicable decision shall be made by a majority of the Members, who may require the minority Member to prepare a written report for submission to the Employer and the Contractor; and

(c) if a Member fails to attend a meeting or hearing, or to fulfil any required function, the other two Members may nevertheless proceed to make a decision, unless:

    (i) either the Employer or Contractor does nor agree that they do so, or
    (ii) the absent Member is the chairman, and he/she instructs the other Members to not make a decision.

II. Weltbank Bietungsbedingungen

STANDARD BIDDING DOCUMENTS

Procurement of Works

The World Bank
Washington, D.C.

May 2004[*]

(Auszug ohne FIDIC Red Book 1987)
Das Red Book 1987 ist in deutscher Übersetzung auszugsweise in § 44 abgedruckt.

[*] Die Standard Bidding Dcuments for Works wurden zwischenzeitlich mehrfach überarbeitet und verweisen seit Mai 2005 auf die FIDIC Red Book 1999 in einer für die Bankzwecke harmoniserten Version. Die letzte Fassung, die FIDIC herausgegeben hat, datiert von Juni 2010. Die Weltbank hat eine eigene Version mit Datum August 2010 veröffentlicht. Die verschiedenen Entwicklungsbanken, die das Red Book nutzen, haben partiell eigene Vorstellungen zu Fragen der Kündigung des Vertragswerkes. Die von FIDIC veröffentlichte Version der Red Book harmonised version enthält deshalb teilweise Klauseln mit unterschiedlichem Wortlaut. Es wurde hier bewusst die ältere Version (2004) der SDB abgedruckt, da diese immer noch verwendet wird, aber nicht mehr vollständig im Internet heruntergeladen werden kann.

May 2004 Revisions

The features of May 2004 Procurement Guidelines have been incorporated in this revision dated May 2004. The following list accounts for the principal revisions.

- Clauses dealing with eligibility [ITB 3.1(a), 4.1]
- Clause dealing with Bid Security with options [ITB 17.1, 17.2]
- Clause dealing with Bid submission with option for electronic bids [ITB 22.1]
- Clause dealing with Bid opening with option for electronic bids [ITB 25.1]
- Clause dealing with notification of award to include publication [ITB 35.1, 35.4]
- Clause dealing with Performance Bond (Foreign institution issuing a bond to have a correspondent institution in the Employer's Country for enforcement [ITB 37.3]
- Clause dealing with Fraud and Corruption to include collusive practice and coercive practice [ITB 39]

Principal Amendments to SBD Procurement of Works, January 1995 Edition

Following publication of the SBD Procurement of Works, January 1995, a number of amendments were made through four corrigenda—June 23, 1995; June 7, 1996; September 10, 1996; and October 20, 1999. In addition, several editorial corrections and further amendments relating to the introduction of the Euro, briefing of unsuccessful bidders, corrections of bid and performance securities, and updating of the Postqualification and Disputes Settlement sections have been made. All of these amendments have been incorporated in this new May 2000 edition. The following list accounts for the principal amendments:

- Clauses dealing with corrupt and fraudulent practices are added (ITB 3.1 [d], 20.4, 39.2; COPA 26.2, 63.5, Form of Bid)
- The submission of an alternative Letter of Intent to execute a Joint Venture Agreement has been introduced (ITB 5.2 [f])
- The eligibility for applying a 7½ percent margin of preference in bid evaluation is restricted to domestic individual firms and joint ventures of domestic firms (ITB 5.4, 32)
- The "one bid per bidder" revised clause clarifies the participation of a subcontractor in any bid (ITB 6)
- Clauses dealing with currencies of bid and payments allow for the use of the euro (ITB 15.2, 30; COPA 72.2)
- The bid validity period starts from the deadline for bid submission instead of from bid opening (ITB 16.1)
- The requirements for bid security are modified to include bid bonds (ITB 17.2; Form of Bid Bond)
- The Employer notifies the name of the successful bidder to other bidders (ITB 35.3)
- A clause for debriefing by the Employer has been included (ITB 35.4)
- The disputes settlement clauses, including the disputes review methods have been simplified (ITB 38; COPA 67)
- The certificates and payment clause is revised to allow the Contractor a timely suspension of the Works and provides shorter times for outstanding payment certificates, in the event of suspension of Bank-financing (COPA 60.8, 69.4, 69.6)
- A new arbitration sub-clause is provided, including rules of procedure from among well-recognized institutions for foreign bidders (COPA 67.3.2)
- The form for the Performance Bank Guarantee (Conditional) is corrected to ensure consistency with COPA 10.2 (annex A, Form: Alternative 2)
- A footnote to the Performance Bond form clarifies the use of bonds and allows for the use of other forms of bonds (annex A, Form: Alternative 3)
- Section XII, Postqualification, is substantially revised in light of the Standard Prequalification Document: Procurement of Works, September 1999 (revised March 2000)
- Section XIII, Disputes Settlement Procedures, has been revised and excludes the procedure for settling disputes through an "independent" Engineer.

Contents

INTRODUCTION

These Standard Bidding Documents for Works (SBDW) have been prepared by the World Bank for use by borrowers in the procurement of admeasurement (unit price or rate) type of works contracts through international competitive bidding. The procedures and practices presented in this document have been developed through broad international experience. They are mandatory for use in works contracts financed in whole or in part by the World Bank (which includes the International Bank for Reconstruction and Development [IBRD] and the International Development Association [IDA], hereinafter called "the Bank"), which are estimated to cost more than US$10 million (including contingency allowance) unless the Bank agrees to the use of other Bank Standard Bidding Documents on a case-by-case basis. (The Bank has also issued a civil law version of the SBDW as well as a SBDW for smaller contracts.)

This edition of the SBDW is based on Part I of the fourth edition of the International Federation of Consulting Engineers (*Federation Internationale des Ingenieurs Conseils*, or FIDIC) *Conditions of Contract for Works of Civil Engineering Construction* (1987, reprinted 1992 with amendments), as well as changes to it resulting from the Bank's experience. Section XI, Explanatory Notes, explains the differences between Part II of the Conditions of Contract, as included in this SBDW, and Part II of FIDIC.

In order to simplify the preparation of bidding documents for each procurement, the SBDW groups the provisions that shall remain unchanged in Section II, Instructions to Bidders, and in Section IV, Part I—General Conditions of Contract. Data and provisions specific to each procurement and contract shall be included in Section III, Bidding Data, in Section V, Part II—Conditions of Particular Application, and in the Appendix to Bid included in Section VII. The documents also require Technical Specifications (Section VI), Drawings (Section X), Bill of Quantities (Section VIII), and other materials, which should be incorporated in the appropriate sections. In addition, sample forms to be used are provided where necessary.

This SBDW has been prepared for bidding when prequalification has taken place. The process of prequalification shall follow the procedure indicated in *Standard Prequalification Documents: Procurement of Works*, issued by the World Bank. Prequalification shall be followed for all major works. Exceptionally, in the absence of prequalification, postqualification shall be followed, with prior agreement by the Bank. Postqualification procedures are covered in Section XII.

A major change has been introduced with respect to the "quasi-judicial" role of the Engineer, as set forth in Subsection 67.1 of Part I of FIDIC. For contracts estimated to cost more than US$50 million (including contingency allowances), it will be mandatory to refer disputes in the first instance to a three-member Disputes Review Board (DRB) rather than to the Engineer. For contracts estimated to cost less than US$50 million, Employers will have the option of (i) providing for a DRB or (ii) referring disputes to one Disputes Review Expert (rather than to the three-member DRB).

Care should be taken to check the relevance of the SBDW against the requirements of the specifics works to be procured. The following general directions should be observed when using the document:

(a) Explanatory text and notes are presented in a sans serif typeface such as that used in this line and in the body of this Introduction. All the notes, except those applying to forms to be filled in by bidders, are intended only as information for the person drafting the bidding documents and should not be included in the final documents. Standard SBD text is presented in a serif roman typeface, such as used in this line.

(b) When parameters, options, instructions, and/or explanatory notes appear directly within the standard text, they are enclosed with square brackets, italicized, and the key parameter bolded. For example:

"The Warranty Period is *[insert: **number**]* months from the date of the Operational Acceptance of the System."

(c) Specific details, such as the *name of the Employer* or *address for bid submission*, should be furnished in the space provided in the Bidding Data, and in the Conditions of Particular Application or Appendix to Bid. The final document should contain neither blank spaces nor options.

(d) Amendments, if any, to the Instructions to Bidders and to the General Conditions of Contract, can only be made through the Bidding Data and Conditions of Particular Application, respectively.

(e) Except where indicated as mandatory, clauses included in the Conditions of Particular Application are illustrative of the provisions that should be drafted by the Employer for each procurement.

These bidding documents are not suitable for lump sum contracts without substantial changes to the method of payment and price adjustment, and to the Bill of Quantities, Schedules of Activities, and so forth.

The Bank welcomes any feedback or experiences from the use of these bidding documents from bidders and from others as well.

Procurement Policy and Services Group
Operations Policy and Country Services
The World Bank
1818 H Street, N.W.
Washington, D.C. 20433
U.S.A.
pdocuments@worldbank.org
http://www.worldbank.org/procure

SECTION I. INVITATION FOR BIDS (IFB)

Notes on the Form of Invitation for Bids

The Invitation for Bids for contracts, subject to prequalification, is sent only to firms determined by the Borrower to be qualified in accordance with the Borrower's prequalification procedure. This procedure must be reviewed and commented on by IBRD if the potential contract is to be eligible for IBRD financing (see *Guidelines: Procurement under IBRD Loans and IDA Credits*, hereinafter referred to as *IBRD Guidelines for Procurement*, Appendix 1, para. 1).

Ideally, the Letter of Invitation for Bids is sent to the qualified bidders at the time that the prequalification results are announced.

For major works, prequalification shall be used. If, exceptionally, prequalification is not used, refer to Section XII for the appropriate Invitation for Bids and for other changes to the document.

Form of Invitation for Bids[1]

[letterhead paper of the Employer][2]

____________________ *[date]*

To: *[name of Contractor]*
[address]

Reference: *[Insert IBRD Loan No. or IDA Credit No.]*

Contract Name, and Identification No. ________ / ________ [3]

Dear Sirs:

We hereby inform you that you are prequalified for bidding for the above cited contract. A list of prequalified and conditionally prequalified Applicants is attached to this invitation.

On the basis of information submitted in your application, you would *[not] (insert if appropriate)* appear eligible for application of the domestic bidder price preference in bid evaluation. Eligibility is subject to confirmation at bid evaluation.

We now invite you and other prequalified Applicants to submit sealed bids for the execution and completion of the cited contract.

You may obtain further information from, and inspect and acquire the bidding documents at, our offices at *[mailing address, street address, and cable/telex/facsimile numbers]*.[4]

A complete set of bidding documents may be purchased by you at the above office, on or after *[time and date]* and upon payment of a nonrefundable fee of *[insert amount and currency]*.[5]

All bids must be accompanied by a security in the form and amount specified in the bidding documents, and must be delivered to *[address and exact location]* at or before *[time and date]*. Bids will be opened immediately thereafter in the presence of bidders' representatives who choose to attend.[6]

---

[1] This sample "Form of Invitation for Bids" is a basic form that should be adapted appropriately by the Employer to cover the following points as required:
- the conditions, if any, for prequalification, stating explicitly the deficiencies that must be corrected to meet al the conditions and the time to fulfill them before bid submission;
- in slice and package bidding, the number of individual contracts (slices) or the specified ceiling amount in total value for which the Applicant is qualified; and
- the finalization of preliminary joint venture agreement and any modifications required.

[2] The Borrower and the Employer may be the same or different entities. The text of the Invitation for Bids and the texts of the other documents herein must be footnoted to indicate which agency will act as the Employer.

[3] The Employer should insert the name and identification number of a single contract, or for concurrent slice and package bidding, those of individual contracts (slices) within the package for which Applicants expressed a preference, and for which they are prequalified.

[4] The office for inquiries and issue of bidding documents and the office for bid submission may or may not be the same. The place of bid opening may also differ and, if so, should be identified.

[5] The chargeable fee should only be nominal, to cover reproduction and mailing costs. An amount of between US$50 and US$500 equivalent is considered appropriate, depending on the size and complexity of the works and the bidding documents.

Please confirm receipt of this letter immediately in writing by cable, fax, or telex. If you do not intend to bid, we would appreciate being so notified also in writing at your earliest opportunity.

Yours truly,

Authorized signature ______________________________
Name and title ______________________________
Employer ______________________________

SECTION II. INSTRUCTIONS TO BIDDERS

Notes on the Instructions to Bidders

Section II provides the information necessary for bidders to prepare responsive bids in accordance with the requirements of the Employer. It also gives information on bid submission, opening, and evaluation, and on the award of Contract.

Section II includes provisions that are to be used unchanged. Section III, Bidding Data, consists of provisions that supplement, amend, or specify information or changes to Section II that are specific to each procurement.

Matters governing the performance of the Contractor under the Contract, payments under the Contract, or matters affecting the risks, rights, or obligations of the parties under the Contract are not included in this section, but rather in the General Conditions of Contract, Particular Conditions of Contract, and/or Appendix to Bid. If duplication of a subject is inevitable in the different sections of the documents, the Employer should exercise care to avoid contradiction or conflict between clauses dealing with the same topic.

These Instructions to Bidders will not be part of the Contract.

Tables of Clauses

A. General

1. Scope of Bid

1.1 The Employer, as defined in the **Bidding Data** and Appendix to Bid, hereinafter "the Employer," wishes to receive bids for the construction of Works, as described in Sections V, VI, VII, VIII, and X and summarized in the **Bidding Data**, hereinafter referred to as "the Works."

1.2 The successful bidder will be expected to complete the Works within the period stated in the **Bidding Data** and Appendix to Bid from the date of commencement of the Works.

1.3 Throughout these bidding documents, the terms "bid" and "tender" and their derivatives ("bidder/tenderer," "bid/tendered," "bidding/tendering," etc.) are synonymous, and *day* means calendar day. Singular also means plural.

2. Source of Funds

2.1 The Borrower named in the **Bidding Data** has applied for or received a loan or credit (hereinafter called "loan") from the International Bank for Reconstruction and Development or from the International Development Association (hereinafter interchangeably called "the Bank") in various currencies equivalent to the amount in U.S. dollars indicated in the Bidding Data toward the cost of the Project specified in the **Bidding Data**, and the Borrower intends to apply a part of the proceeds of this loan to eligible payments under the Contract for which these bidding documents are issued.

2.2 Payments by the Bank will be made only at the request of the Borrower and upon approval by the Bank in accordance with the terms and conditions of the Loan Agreement, and will be subject in all respects to the terms and conditions of that Agreement. The Loan Agreement prohibits a withdrawal from the loan account for the purpose of any payment to persons or entities, or for any import of equipment, Plant, or materials, if such payment or import, to the knowledge of the Bank, is prohibited by a decision of the United Nations Security Council taken under Chapter VII of the Charter of the United Nations. No party other than the Borrower shall derive any rights from the Loan Agreement or have any claim to the loan proceeds.

---

[6] Coordinate this paragraph with Clause 25 of Section II, Instructions to Bidders, "Bid Opening." Also see footnote 4.

3. Eligible Bidders

3.1 This invitation to bid is open to any bidder (including all members of a joint venture and all subcontractors of a bidder) meeting all four of the following requirements:

(a) A bidder shall be from any country as defined under the *Guidelines: Procurement under IBRD Loans and IDA Credits* (hereinafter referred to as the Guidelines).

(b) A bidder shall not be affiliated with a firm or entity

(i) that has provided consulting services related to the Works to either the Employer or the Borrower during the preparatory stages of the Works or of the Project of which the Works form a part, or

(ii) that has been hired (or is proposed to be hired) by the Employer or Borrower as Engineer for the contract.

(c) A bidder shall be prequalified for the contract as notified by the Employer.

(d) A bidder shall not be under a declaration of ineligibility for corrupt or fraudulent practices issued by the Bank in accordance with Sub-Clause 39.1 (c).

3.2 Bidders shall provide such evidence of their continued eligibility satisfactory to the Employer as the Employer shall reasonably request.

3.3 Majority publicly owned enterprises from the Borrower country may be eligible to qualify if, in addition to meeting all the above requirements, they are also legally and financially autonomous, operate under commercial law and are not a dependent agency of the Borrower or Sub-Borrower.

4. Eligible Materials, Plant, Supplies, Equipment, and Services

4.1 The materials, Plant or Contractor's Equipment, other supplies, and services to be supplied under the Contract, shall have their origin in any country pursuant to Section XIV Eligible Countries, and all expenditures made under the Contract will be limited to such materials, Plant or Contractor's Equipment, other supplies, and services.

4.2 For purposes of Sub-Clause 4.1 above, "origin" means the place where the materials, Plant, equipment, and other supplies are mined, grown, produced, or manufactured, and from which the services are supplied.

5. Qualification of the Bidder

5.1 Bidders shall, as part of their bid:

(a) submit a written power of attorney authorizing the signatory of the bid to commit the bidder; and

(b) update any information submitted with their applications for prequalification, which has changed, and update in any case the information indicated in the **Bidding Data**, and continue to meet the minimum threshold criteria set out in the prequalification documents.

As a minimum, bidders shall update the following information:

(a) evidence of access to lines of credit and availability of other financial resources;

(b) financial predictions for the current year and the two following years, including the effect of known commitments;

(c) work commitments acquired since prequalification;

(d) current litigation information; and

(e) availability of critical equipment.

5.2 Bids submitted by a joint venture of two or more firms as partners shall comply with the following requirements:

(a) the bid shall include all the information listed in Sub-Clause 5.1 above;

(b) the bid security, the bid, and in case of a successful bid, the Agreement, shall be signed so as to be legally binding on all partners;

(c) one of the partners shall be nominated as being in charge, and this authorization shall be evidenced by submitting a power of attorney signed by legally authorized signatories of all the partners;

(d) the partner in charge shall be authorized to incur liabilities and receive instructions for and on behalf of any and all partners of the joint venture and the entire execution of the Contract, including payment, shall be done exclusively with the partner in charge;

(e) all partners of the joint venture shall be liable jointly and severally for the execution of the Contract in accordance with the contract terms, and a statement to this effect shall be included in the authorization mentioned under (c) above, as well as in the bid and in the Agreement (in case of a successful bid); and

(f) a copy of the Joint Venture Agreement entered into by all partners shall be submitted with the bid. Alternatively, a Letter of Intent to execute a Joint Venture Agreement in the event of a successful bid shall be signed by all partners and submitted with the bid, together with a copy of the proposed agreement.

5.3 Bidders shall also submit proposals of work methods and schedule in sufficient detail to demonstrate the adequacy of the bidders' proposals to meet the technical specifications and the completion time referred to in Sub-Clause 1.2 above.

5.4 Domestic bidders, individually or in joint ventures, applying for eligibility for a 7½ percent margin of preference in bid evaluation shall supply all information required to satisfy the additional criteria for eligibility as described in Clause 32.

6. One Bid per Bidder

6.1 A firm shall submit only one bid in the same bidding process, either individually as a bidder or as a partner in a joint venture. No firm can be a subcontractor while submitting a bid individually or as a partner of a joint venture in the same bidding process. A firm, if acting in the capacity of subcontractor in any bid, may participate in more than one bid, but only in that capacity. A bidder who submits or participates in more than one bid will cause all the proposals in which the bidder has participated to be disqualified.

7. Cost of Bidding

7.1 The bidder shall bear all costs associated with the preparation and submission of its bid, and the Employer will in no case be responsible or liable for those costs, regardless of the conduct or outcome of the bidding process.

8. Site Visit

8.1 The bidder is advised to visit and examine the Site of Works and its surroundings and obtain for itself on its own responsibility all information that may be necessary for preparing the bid and entering into a contract for construction of the Works. The costs of visiting the Site shall be at the bidder's own expense.

8.2 The bidder and any of its personnel or agents will be granted permission by the Employer to enter upon its premises and lands for the purpose of such visit, but only upon the express condition that the bidder, its personnel, and agents will release and indemnify the Employer and its personnel and agents from and against all liability in respect thereof, and will be responsible for death or personal injury, loss of or damage to property, and any other loss, damage, costs, and expenses incurred as a result of the inspection.

8.3 The Employer may conduct a Site visit concurrently with the pre-bid meeting referred to in Clause 19.

B. Bidding Documents

9. Content of Bidding Documents

9.1 The bidding documents are those stated below and should be read in conjunction with any Addenda issued in accordance with Clause 11:

Section I.	Invitation for Bids
Section II.	Instructions to Bidders
Section III.	Bidding Data
Section IV.	Part I—General Conditions of Contract
Section V.	Part II—Conditions of Particular Application
Section VI.	Technical Specifications
Section VII.	Form of Bid, Appendix to Bid, and Bid Security
Section VIII.	Bill of Quantities

Section IX.	Form of Agreement, Forms of Performance Security, and Bank Guarantee for Advance Payment
Section X.	Drawings
Section XI.	Explanatory Notes
Section XII.	Postqualification
Section XIII.	Disputes Settlement Procedure

10. Clarification of Bidding Documents

10.1 A prospective bidder requiring any clarification of the bidding documents may notify the Employer in writing or by cable (hereinafter, the term "cable" is deemed to include telex and facsimile) at the Employer's address indicated in the **Bidding Data**. The Employer will respond to any request for clarification that he receives earlier than 28 days prior to the deadline for submission of bids. Copies of the Employer's response will be forwarded to all purchasers of the bidding documents, including a description of the inquiry but without identifying its source.

11. Amendment of Bidding Documents

11.1 At any time prior to the deadline for submission of bids, the Employer may amend the bidding documents by issuing Addenda.

11.2 Any Addendum thus issued shall be part of the bidding documents pursuant to Sub-Clause 9.1 and shall be communicated in writing or by cable to all purchasers of the bidding documents. Prospective bidders shall promptly acknowledge receipt of each Addendum by cable to the Employer.

11.3 To give prospective bidders reasonable time in which to take an Addendum into account in preparing their bids, the Employer shall extend as necessary the deadline for submission of bids, in accordance with Clause 22.

9. Content of Bidding Documents

9.1 The bidding documents are those stated below and should be read in conjunction with any Addenda issued in accordance with Clause 11:

Section I.	Invitation for Bids
Section II.	Instructions to Bidders
Section III.	Bidding Data
Section IV.	Part I—General Conditions of Contract
Section V.	Part II—Conditions of Particular Application
Section VI.	Technical Specifications
Section VII.	Form of Bid, Appendix to Bid, and Bid Security
Section VIII.	Bill of Quantities
Section IX.	Form of Agreement, Forms of Performance Security, and Bank Guarantee for Advance Payment
Section X.	Drawings
Section XI.	Explanatory Notes
Section XII.	Postqualification
Section XIII.	Disputes Settlement Procedure

10. Clarification of Bidding Documents

10.1 A prospective bidder requiring any clarification of the bidding documents may notify the Employer in writing or by cable (hereinafter, the term "cable" is deemed to include telex and facsimile) at the Employer's address indicated in the **Bidding Data**. The Employer will respond to any request for clarification that he receives earlier than 28 days prior to the deadline for submission of bids. Copies of the Employer's response will be forwarded to all purchasers of the bidding documents, including a description of the inquiry but without identifying its source.

11. Amendment of Bidding Documents

11.1 At any time prior to the deadline for submission of bids, the Employer may amend the bidding documents by issuing Addenda.

11.2 Any Addendum thus issued shall be part of the bidding documents pursuant to Sub-Clause 9.1 and shall be communicated in writing or by cable to all purchasers of the bidding documents. Prospective bidders shall promptly acknowledge receipt of each Addendum by cable to the Employer.

11.3 To give prospective bidders reasonable time in which to take an Addendum into account in preparing their bids, the Employer shall extend as necessary the deadline for submission of bids, in accordance with Clause 22.

C. Preparation of Bids

12. Language of Bid

12.1 The bid, and all correspondence and documents related to the bid exchanged by the bidder and the Employer, shall be written in the bid language stipulated in the **Bidding Data** and Conditions of Particular Application. Supporting documents and printed literature furnished by the bidder may be in another language provided they are accompanied by an accurate translation of the relevant passages in the above stated language, in which case, for purposes of interpretation of the bid, the translation shall prevail.

13. Documents Comprising the Bid

13.1 The bid submitted by the bidder shall comprise the following: duly filled-in Form of Bid and Appendix to Bid, Bid Security, priced Bill of Quantities, alternative offers where invited, and any information or other materials required to be completed and submitted by bidders in accordance with these Instructions to Bidders. The documents listed under Sections VII and VIII shall be filled in without exception, subject to extensions thereof in the same format and to the provisions of Sub-Clause 17.2 regarding the alternative forms of bid security.

13.2 If so indicated in the **Bidding Data**, bidders bidding for this contract, together with other contracts to form a package, will so indicate in the bid, together with any discounts offered for the award of more than one contract.

14. Bid Prices

14.1 Unless stated otherwise in the bidding documents, the Contract shall be for the whole Works as described in Sub-Clause 1.1, based on the unit rates and prices in the Bill of Quantities submitted by the bidder.

14.2 The bidder shall fill in rates and prices for all items of the Works described in the Bill of Quantities. Items against which no rate or price is entered by the bidder will not be paid for by the Employer when executed and shall be deemed covered by the rates for other items and prices in the Bill of Quantities.

14.3 All duties, taxes, and other levies payable by the Contractor under the Contract, or for any other cause, as of the date 28 days prior to the deadline for submission of bids, shall be included in the rates and prices and the total Bid Price submitted by the bidder.

14.4 Unless otherwise provided in the **Bidding Data** and Conditions of Particular Application, the rates and prices quoted by the bidder are subject to adjustment during the performance of the Contract in accordance with the provisions of Clause 70 of the Conditions of Contract. The bidder shall furnish the indices and weightings for the price adjustment formulae in the Appendix to Bid, and shall submit with its bid such other supporting information as required under Clause 70 of the Conditions of Contract. The Employer may require the bidder to justify its proposed weightings.

15. Currencies of Bid and Payment

15.1 The currency(ies) of the bid shall follow Alternative A or B, as specified in the **Bidding Data**.

Alternative A: Bidders quote entirely in local currency

15.2 The unit rates and the prices shall be quoted by the bidder entirely in the currency of the Employer's country specified in the **Bidding Data** and Conditions of Particular Application. A bidder expecting to incur expenditures in other currencies for inputs to the Works supplied from outside the Employer's country (referred to as "the foreign currency requirements") shall indicate in the Appendix to Bid the percentage(s) of the Bid Price (excluding Provisional Sums) needed by him for the payment of such foreign currency requirements, limited to no more than three foreign currencies of any member country of the Bank.

15.3 The rates of exchange to be used by the bidder in arriving at the local currency equivalent and the percentage(s) mentioned in Sub-Clause 15.2 above shall be specified by the bidder in the Appendix to Bid, and shall apply for all payments under the Contract so that no exchange risk will be borne by the successful bidder.

15.4 Bidders shall indicate their expected foreign currency requirements in the Appendix to Bid.

15.5 Bidders may be required by the Employer to clarify their local and foreign currency requirements, and to substantiate that the amounts included in the unit rates and prices and shown in the Appendix to Bid are reasonable and responsive to Sub-Clause 15.2, in which case a detailed breakdown of its foreign currency requirements shall be provided by the bidder.

15.6 During the progress of the Works, the foreign currency portions of the outstanding balance of the Contract Price may be adjusted by agreement between the Employer and the Contractor in order to reflect any changes in foreign currency requirements for the Contract, in accordance with Sub-Clause 72.4 of the Conditions of Particular Application. Any such adjustment shall be effected by comparing the percentages quoted in the bid with the amounts already used in the Works and the Contractor's future needs for imported items.

Alternative B: Bidders quote in local and foreign currencies

15.2 The unit rates and prices shall be quoted by the bidder separately in the following currencies:

(a) for those inputs to the Works that the bidder expects to supply from within the Employer's country, in the currency of Employer's country specified in the **Bidding Data** and Conditions of Particular Application; and

(b) for those inputs to the Works that the bidder expects to supply from outside the Employer's country (referred to as "the foreign currency requirements") in up to any three currencies of any member country of the Bank.

15.3 Bidders shall indicate their expected foreign currency requirements in the Appendix to Bid.

15.4 Bidders may be required by the Employer to clarify their local and foreign currency requirements, and to substantiate that the amounts included in the unit rates and prices and shown in the Appendix to Bid are reasonable and responsive to Sub-Clause 15.2, in which case a detailed breakdown of its foreign currency requirements shall be provided by the bidder.

15.5 During the progress of the Works, the foreign currency portions of the outstanding balance of the Contract Price may be adjusted by agreement between the Employer and the Contractor in order to reflect any changes in foreign currency requirements for the Contract, in accordance with Sub-Clause 72.4 of the Conditions of Particular Application. Any such adjustment shall be effected by comparing the amounts quoted in the bid with the amounts already used in the Works and the Contractor's future needs for imported items.

16. Bid Validity

16.1 Bids shall remain valid for the period stipulated in the **Bidding Data** after the deadline for bid submission as specified in Clause 22.

16.2 In exceptional circumstances, prior to expiry of the original bid validity period, the Employer may request that the bidders extend the period of validity for a specified additional period. The request and the responses thereto shall be made in writing or by cable. A bidder may refuse the request without forfeiting its bid security. A bidder agreeing to the request will not be required or permitted to modify its bid, but will be required to extend the validity of its bid security for the period of the extension and in compliance with Clause 17 in all respects.

16.3 In the case of contracts in which the Contract Price is fixed (not subject to price adjustment), if the period of bid validity is extended beyond eight weeks, the amounts payable in local and foreign currency to the bidder selected for award shall be increased by applying to both the local and the foreign currency component of the payments, respectively, the factors specified in the **Bidding Data** or in the request for extension, for the period of delay beyond eight weeks after the expiry of the initial bid validity, up to the notification of award. Bid evaluation will be based on the bid prices without taking into consideration the above correction.

17. Bid Security

17.1 If required in the **Bidding Data**, the bidder shall furnish, as part of its bid, a Bid Securing Declaration or a bid security in the amount stipulated in the **Bidding Data** in the currency of the Employer's country, or the equivalent amount in a freely convertible currency.

17.2 If required the bid security shall:

(a) at the bidder's option, be in the form of either a letter of credit, or a bank guarantee from a banking institution, or a bond issued by an insurance or bonding institution;

(b) be issued by a reputable institution selected by the bidder and located in any eligible country; If the institution issuing the bond is located outside the Employer's Country, it shall have a correspondent financial institution located in the Employer's country to make it enforceable.

(c) be substantially in accordance with one of the forms of bid security included in Section VII or other form approved by the Employer prior to bid submission;

(d) be payable promptly upon written demand by the employer in case any of the conditions listed in Sub-Clause 17.7 are invoked;

(e) be submitted in its original form; copies will not be accepted;

(f) remain valid for a period of 28 days beyond the original validity period of bids, or beyond any period of extension subsequently requested under Sub-Clause 16.2.

17.3 The bid security of a joint venture shall be issued so as to commit fully all partners to the proposed joint venture.

17.4 Any bid not accompanied by an acceptable bid security shall be rejected by the Employer as nonresponsive.

17.5 The bid securities of unsuccessful bidders will be returned as promptly as possible, but not later than 28 days after the expiration of the original period, or any subsequently extended period, of bid validity.

17.6 The bid security of the successful bidder will be returned when the bidder has signed the Agreement and furnished the required performance security.

17.7 The bid security may be forfeited

(a) if the bidder withdraws its bid, except as provided in Sub-Clause 24.2;

(b) if the bidder does not accept the correction of its Bid Price, pursuant to Sub-Clause 29.2; or

(c) in the case of a successful bidder, if he fails within the specified time limit to

(i) sign the Agreement, or

(ii) furnish the required performance security.

18. Alternative Proposals by Bidders

18.1 When alternative times for completion are explicitly invited, a statement to that effect will be included in the **Bidding Data**, as will the method of evaluating different times for completion.

18.2 Except as provided under Sub-Clause 18.3 below, bidders wishing to offer technical alternatives to the requirements of the bidding documents must first price the Employer's design as described in the bidding documents and shall further provide all information necessary for a complete evaluation of the alternative by the Employer, including drawings, design calculations, technical specifications, breakdown of prices, and proposed construction methodology and other relevant details. Only the technical alternatives, if any, of the lowest evaluated bidder conforming to the basic technical requirements shall be considered by the Employer.

18.3 When bidders are permitted to submit alternative technical solutions for specified parts of the Works, such parts shall be described in Section VI, Technical Specifications.

19. Pre-Bid Meeting

19.1 The bidder's designated representative is invited to attend a pre-bid meeting, which, if convened, will take place at the venue and time stipulated in the **Bidding Data**.

19.2 The purpose of the meeting will be to clarify issues and to answer questions on any matter that may be raised at that stage.

19.3 The bidder is requested, as far as possible, to submit any questions in writing or by cable, to reach the Employer not later than one week before the meeting. It may not be practicable at the meeting to answer questions received late, but questions and responses will be transmitted in accordance with the following sub-clause.

19.4 Minutes of the meeting, including the text of the questions raised and the responses given, together with any responses prepared after the meeting, will be transmitted without delay to all purchasers of the bidding documents. Any modification of the bidding documents listed in Sub-Clause 9.1 that may become necessary as a result of the pre-bid meeting shall be made by the Employer exclusively through the issue of an Addendum pursuant to Clause 11 and not through the minutes of the pre-bid meeting.

19.5 Nonattendance at the pre-bid meeting will not be a cause for disqualification of a bidder.

20. Format and Signing of Bid

20.1 The bidder shall prepare one original of the documents comprising the bid as described in Clause 13 of these Instructions to Bidders clearly marked "original." In addition, the bidder shall submit copies of the bid, in the number specified in the **Bidding Data** and clearly marked "copies." In the event of discrepancy between them, the original shall prevail.

20.2 The original and all copies of the bid shall be typed or written in indelible ink (in the case of copies, photocopies are also acceptable) and shall be signed by a person or persons duly authorized to sign on behalf of the bidder, pursuant to Paragraphs 5.1 (a) or 5.2 (c), as the case may be. All pages of the bid where entries or amendments have been made shall be initialed by the person or persons signing the bid.

20.3 The bid shall contain no alterations, omissions, or additions, unless such corrections are initialed by the person or persons signing the bid.

20.4 The bidder shall furnish information as described in paragraph 7 of the Form of Bid on commissions or gratuities, if any, paid or to be paid to agents relating to this Bid, and to contract execution if the bidder is awarded the Contract.

D. Submission of Bids

21. Sealing and Marking of Bids

21.1 The bidder shall seal the original and each copy of the bid in separate envelopes, duly marking the envelopes as "original" and "copies." The envelopes shall then be sealed in an outer envelope.

21.2 The inner and outer envelopes shall

(a) be addressed to the Employer at the address provided in the **Bidding Data**;

(b) bear the name and identification number of the Contract as defined in the **Bidding Data**; and

(c) provide a warning not to open before the time and date for bid opening, as specified in the **Bidding Data**.

21.3 In addition to the identification required in Sub-Clause 21.2, the inner envelopes shall indicate the name and address of the bidder to enable the bid to be returned unopened in case it is declared "late" pursuant to Clause 23, and for matching purposes under Clause 24.

21.4 If the outer envelope is not sealed and marked as above, the Employer will assume no responsibility for the misplacement or premature opening of the bid. If the outer envelope discloses the bidder's identity, the Employer will not guarantee the anonymity of the bid submission, but this shall not constitute grounds for rejection of the bid.

E. Bid Opening and Evaluation

25. Bid Opening

25.1 The Employer will open the bids, including withdrawals and modifications made pursuant to Clause 24, in the presence of bidders' designated representatives who choose to attend, at the time, date, and location stipulated in the **Bidding Data.** Any specific electronic bid opening procedures required if electronic bidding is permitted in accordance with ITB Sub-clause 22.1, shall be as specified in the **Bidding Data.** The bidders' representatives who are present shall sign a register evidencing their attendance.

25.2 Envelopes marked "WITHDRAWAL" shall be opened first, and the name of the bidder shall be read out. Bids for which an acceptable notice of withdrawal has been submitted pursuant to Clause 24 shall not be opened. Subsequently, all envelopes marked "MODIFICATION" shall be opened and the submissions therein read out in appropriate detail.

25.3 The bidders' names, the Bid Prices, including any alternative Bid Price or deviation, any discounts, bid modifications and withdrawals, the presence (or absence) and amount of bid security, and any such other details as the Employer may consider appropriate, will be announced by the Employer at the opening. No bid shall be rejected at bid opening except for late bids pursuant to Clause 23.

25.4 The Employer shall prepare minutes of the bid opening, including the information disclosed to those present in accordance with Sub-Clause 25.3.

25.5 Bids not opened and read out at bid opening shall not be considered further for evaluation, irrespective of the circumstances.

26. Process to Be Confidential

26.1 Information relating to the examination, clarification, evaluation, and comparison of bids, and recommendations for the award of a contract, shall not be disclosed to bidders or any other persons not officially concerned with such process until the award to the successful bidder has been announced. Any effort by a bidder to influence the Employer's processing of bids or award decisions may result in the rejection of the bidder's bid.

27. Clarification of Bids and Contacting the Employer

27.1 To assist in the examination, evaluation, and comparison of bids, the Employer may, at its discretion, ask any bidder for clarification of its bid, including breakdowns of unit rates. The request for clarification and the response shall be in writing or by cable, but no change in the price or substance of the bid shall be sought, offered, or permitted except as required to confirm the correction of arithmetic errors discovered by the Employer in the evaluation of the bids in accordance with Clause 29.

27.2 From the time of bid opening to the time of Contract award, if any bidder wishes to contact the Employer on any matter related to the bid, it should do so in writing.

27.3 Any effort by the bidder to influence the Employer in the Employer's bid evaluation, bid comparison, or Contract award decisions may result in the rejection of the bidder's bid.

28. Examination of Bids and Determination of Responsiveness

28.1 Prior to the detailed evaluation of bids, the Employer will determine whether each bid (a) meets the eligibility criteria of the Bank; (b) has been properly signed; (c) is accompanied by the required securities; (d) is substantially responsive to the requirements of the bidding documents; and (e) provides any clarification and/or substantiation that the Employer may require to determine responsiveness pursuant to Sub-Clause 28.2. Furthermore, the bidder shall, if required, provide substantiation that the Employer may require, pursuant to Sub-Clause 15.5.

28.2 A substantially responsive bid is one that conforms to all the terms, conditions, and specifications of the bidding documents without material deviation or reservation. A material deviation or reservation is one (a) that affects in any substantial way the scope, quality, or performance of the Works; (b) that limits in any substantial way, inconsistent with the bidding documents, the Employer's rights or the bidder's obligations under the contract; or (c) whose rectification would affect unfairly the competitive position of other bidders presenting substantially responsive bids.

28.3 If a bid is not substantially responsive, it will be rejected by the Employer and may not subsequently be made responsive by correction or withdrawal of the nonconforming deviation or reservation.

29. Correction of Errors

29.1 Bids determined to be substantially responsive will be checked by the Employer for any arithmetic errors. Errors will be corrected by the Employer as follows:

(a) where there is a discrepancy between the amounts in figures and in words, the amount in words will govern; and

(b) where there is a discrepancy between the unit rate and the line item total resulting from multiplying the unit rate by the quantity, the unit rate as quoted will govern, unless in the opinion of the Employer there is an obviously gross misplacement of the decimal point in the unit rate, in which case the line item total as quoted will govern and the unit rate will be corrected.

29.2 The amount stated in the bid will be adjusted by the Employer in accordance with the above procedure for the correction of errors and, with the concurrence of the bidder, shall be considered as binding upon the bidder. If the bidder does not accept the corrected amount of bid, its bid will be rejected, and the bid security may be forfeited in accordance with Paragraph 17.6 (b).

30. Conversion to Single Currency for Comparison of Bids

Option 1: To be used with Clause 15, Alternative A

30.1 For comparison of bids, the Bid Price, corrected pursuant to Clause 29, shall first be broken down into the respective amounts payable in various currencies by using the exchange rates specified by the bidder in accordance with Sub-Clause 15.3.

30.2 In the second step, the Employer will convert the amounts in various currencies in which the Bid Price is payable (excluding Provisional Sums but including Daywork where priced competitively) to either:

(a) the currency of the Employer's country at the selling rates established for similar transactions by the authority specified in the **Bidding Data** on the date stipulated in the **Bidding Data**;

or

(b) a currency widely used in international trade, such as the U.S. dollar, stipulated in the **Bidding Data**, at the selling rate of exchange published in the international press as stipulated in the **Bidding Data** on the date stipulated in the **Bidding Data**, for the amounts payable in foreign currency; and, at the selling exchange rate established for similar transactions by the same authority specified in Paragraph 30.2 (a) above on the date specified in the **Bidding Data** for the amount payable in the currency of the Employer's country.

Option 2: To be used with Clause 15, Alternative B

30.1 The Employer will convert the amounts in various currencies in which the Bid Price, corrected pursuant to Clause 29, is payable (excluding Provisional Sums but including Daywork where priced competitively) to either:

(a) the currency of the Employer's country at the selling rates established for similar transactions by the authority specified in the **Bidding Data** on the date stipulated in the **Bidding Data**;

or

(b) a currency widely used in international trade, such as the U.S. dollar, stipulated in the **Bidding Data**, at the selling rate of exchange published in the international press as stipulated in the **Bidding Data** on the date stipulated in the **Bidding Data**, for the amounts payable in foreign currency; and, at the selling exchange rate established for similar transactions by the same authority specified in Paragraph 30.1 (a) above on the date specified in the **Bidding Data** for the amount payable in the currency of the Employer's country.

31. Evaluation and Comparison of Bids

31.1 The Employer will evaluate and compare only the bids determined to be substantially responsive in accordance with Clause 28.

31.2 In evaluating the bids, the Employer will determine for each bid the Evaluated Bid Price by adjusting the Bid Price as follows:

(a) making any correction for errors pursuant to Clause 29;

(b) excluding Provisional Sums and the provision, if any, for contingencies in the Summary Bill of Quantities, but including Daywork, where priced competitively;

(c) converting the amount resulting from applying (a) to (b) above and (f) below, if relevant, to a single currency in accordance with Clause 30;

(d) making an appropriate adjustment on sound technical and/or financial grounds for any other quantifiable acceptable variations, deviations, or alternative offers;

(e) making an allowance for varying times for completion offered by bidders, if permitted in the **Bidding Data** and in the manner prescribed therein; and

(f) applying any discounts offered by the bidder for the award of more than one contract, if bidding for this Contract is being done concurrently with other Contracts (Sub-Clause 13.2).

31.3 The Employer reserves the right to accept or reject any variation, deviation, or alternative offer. Variations, deviations, alternative offers, and other factors that are in excess of the requirements of the bidding documents shall not be taken into account in bid evaluation.

31.4 The estimated effect of the price adjustment provisions of the Conditions of Contract, applied over the period of execution of the Contract, shall not be taken into account in bid evaluation.

31.5 If the bid, which results in the lowest Evaluated Bid Price, is seriously unbalanced or front loaded in relation to the Engineer's estimate of the items of work to be performed under the Contract, the Employer may require the bidder to produce detailed price analyses for any or all items of the Bill of Quantities, to demonstrate the internal consistency of those prices with the construction methods and schedule proposed. After evaluation of the price analyses, taking into consideration the schedule of estimated Contract payments, the Employer may require that the amount of the performance security set forth in Clause 37 be increased at the expense of the bidder to a level sufficient to protect the Employer against financial loss in the event of default of the successful bidder under the Contract.

32. Preference for Domestic Bidders

32.1 If so indicated in the **Bidding Data**, domestic bidders may receive a margin of preference in bid evaluation for which this clause shall apply.

32.2 Domestic bidders shall provide all evidence necessary to establish that they meet the following criteria to be eligible for a 7½ percent margin of preference in the comparison of their bids with those of bidders who do not qualify for the preference.

32.3 A domestic bidder is one that meets the following criteria:

(a) for an individual firm:

(i) is registered in the country of the Borrower;

(ii) has more than 50 percent ownership by nationals of the country of the Borrower;

(iii) does not subcontract more than 10 percent of the Contract Price, excluding Provisional Sums, to foreign contractors.

(b) for a joint venture (JV) of domestic firms:

(i) individual member firms shall satisfy Sub-Paragraphs 32.3 (a) (i) and (a) (ii) above;

(ii) the JV shall be registered in the country of the Borrower;

(iii) the JV shall not subcontract more than 10 percent of the Contract Price, excluding Provisional Sums, to foreign firms.

32.4 The following procedure will be used to apply the margin of preference:

(a) After bids have been converted to a single currency in accordance with the provisions of Paragraphs 31.2 (c) above, responsive bids will be classified into the following groups:

(i) Group A: bids offered by domestic bidders and joint ventures meeting the criteria set out in the above Sub-Clause 32.3; and

(ii) Group B: all other bids.

(b) For the purpose of further evaluation and comparison of bids only, an amount equal to 7½ percent of the evaluated Bid Price determined in accordance with the provisions of Paragraphs 31.2 (a), (b), (c), and, where applicable, (f), will be added to all bids classified in Group B.

32.5 Alternative offers, where solicited or permitted, will be evaluated separately, in accordance with the provisions of Clause 18, and shall be subject to the margin of preference in accordance with Sub-Clause 32.4.

F. Award of Contract

33. Award

33.1 Subject to Clause 34, the Employer will award the Contract to the bidder whose bid has been determined to be substantially responsive to the bidding documents and who has offered the lowest Evaluated Bid Price pursuant to Clauses 31 and 32, provided that such bidder has been determined to be (a) eligible in accordance with the provisions of Sub-Clause 3.1; and (b) qualified in accordance with the provisions of Clause 5.

33.2 If, pursuant to Sub-Clause 13.2, this Contract is being let on a "slice and package" basis, the lowest evaluated Bid Price will be determined when evaluating this Contract in conjunction with other contracts to be awarded concurrently, taking into account any discounts offered by the bidders for the award of more than one contract.

34. Employer's Right to Accept Any Bid and to Reject Any or All Bids

34.1 The Employer reserves the right to accept or reject any bid, and to annul the bidding process and reject all bids, at any time prior to award of Contract, without thereby incurring any liability to the affected bidder or bidders or any obligation to inform the affected bidder or bidders of the grounds for the Employer's action.

35. Notification of Award

35.1 Prior to expiration of the period of bid validity prescribed by the Employer, the Employer will notify the successful bidder in writing that its bid has been accepted. This letter (hereinafter and in the Conditions of Contract called the "Letter of Acceptance") shall specify the sum that the Employer will pay the Contractor in consideration of the execution and completion of the Works and the remedying of any defects therein by the Contractor as prescribed by the Contract (hereinafter and in the Conditions of Contract called "the Contract Price").

35.2 The notification of award will constitute the formation of the Contract.

35.3 Upon the successful bidder's furnishing of the performance security pursuant to ITB Clause 37, the Employer will promptly notify the name of the winning bidder to each unsuccessful bidder and will discharge the bid security of the unsuccessful bidders, pursuant to ITB Clause 17.

35.4 The Employer shall publish in *UNDB online* and in the *dgMarket* the results identifying the bid and lot numbers and the following information: (i) name of each Bidder who submitted a Bid; (ii) bid prices as read out at Bid Opening; (iii) name and evaluated prices of each Bid that was evaluated; (iv) name of bidders whose bids were rejected and the reasons for their rejection; and (v) name of the winning Bidder, and the Price it offered, as well as the duration and summary scope of the contract awarded. If, after notification of award, a unsuccessful bidder wishes to ascertain the grounds on which its bid was not selected, it should address its request to the Employer. The Employer will promptly respond in writing to the unsuccessful bidder.

36. Signing of Agreement

36.1 At the same time that the Employer notifies the successful bidder that its bid has been accepted, the Employer will send the bidder the Agreement in the form provided in the bidding documents, incorporating all agreements between the parties.

36.2 Within 28 days of receipt of the Agreement, the successful bidder shall sign the Agreement and return it to the Employer, together with the required performance security.

36.3 Upon fulfillment of Sub-Clause 36.2, the Employer will promptly notify the other bidders that their bids have been unsuccessful and their bid security will be returned as promptly as possible, in accordance with Sub-Clause 17.5.

37. Performance Security

37.1 Within 28 days of receipt of the Letter of Acceptance from the Employer, the successful bidder shall furnish to the Employer a performance security in the form stipulated in the **Bidding Data** and the Conditions of Contract. The form of performance security provided in Section IX of the bidding documents may be used or some other form acceptable to the Employer.

37.2 If it is stipulated in the **Bidding Data** that the performance security is to be provided by the successful bidder in the form of a bank guarantee, it shall by issued either (a) at the bidder's option, by a bank located in the country of the Employer or by a foreign bank through a correspondent bank located in the country of the Employer, or (b) with the prior agreement of the Employer directly by a foreign bank acceptable to the Employer.

37.3 If it is stipulated in the **Bidding Data** that the performance security may also be provided by the successful bidder in the form of a bond, it shall be issued by a bonding or insurance company that has been determined by the successful bidder to be acceptable to the Employer. A foreign institution providing a bond shall have a correspondent financial institution located in the Employer's Country.

37.4 Failure of the successful bidder to comply with the requirements of Clauses 36 or 37 shall constitute a breach of Contract, cause for annulment of the award, forfeiture of the bid security, and any such other remedy the Employer may take under the Contract, and the Employer may resort to awarding the Contract to the next ranked bidder.

38. Disputes Review Method

38.1 The disputes review method (i.e., the Disputes Review Board or the Disputes Review Expert) is indicated in the **Bidding Data**. The Employer and the successful bidder will select Disputes Review Board members or the Disputes Review Expert, as the case may be, according to the procedure set forth in Clause 67 of the Conditions of Particular Application.

39. Fraud and Corruption

39.1 The Bank requires that Borrowers (including beneficiaries of Bank loans), as well as bidders/suppliers/contractors under Bank-financed contracts, observe the highest standard of ethics during the procurement and execution of such contracts. In pursuance of this policy, the Bank:

(a) defines, for the purposes of this provision, the terms set forth below as follows:

(i) "corrupt practice" means the offering, giving, receiving, or soliciting of anything of value to influence the action of a public official in the procurement process or in contract execution; and

(ii) "fraudulent practice" means a misrepresentation of facts in order to influence a procurement process or the execution of a contract to the detriment of the Borrower, and includes collusive practice among bidders (prior to or after bid submission) designed to establish bid prices at artificial noncompetitive levels and to deprive the Borrower of the benefits of free and open competition;

(iii) "collusive practice" means a scheme or arrangement between two or more bidders, with or without the knowledge of the Borrower, designed to establish bid prices at artificial, **noncompetitive levels; and**

(iv) "coercive practice" means harming or threatening to harm, directly or indirectly, persons or their property to influence their participation in the procurement process or affect the execution of a contract;

(b) will reject a proposal for award if it determines that the Bidder recommended for award has, directly or through an agent, engaged in corrupt, fraudulent, collusive or coercive practices in competing for the Contract in question;

(c) will cancel the portion of the loan allocated to a contract if it determines at any time that representatives of the Borrower or of a beneficiary of the loan engaged in corrupt, fraudulent, collusive or coercive practices during the procurement or the execution of that contract, without the Borrower having taken timely and appropriate action satisfactory to the Bank to remedy the situation;

(d) will sanction a firm or individual, including declaring them ineligible, either indefinitely or for a stated period of time, to be awarded a Bank-financed contract if it at any time determines that they have, directly or through an agent, engaged, in corrupt, fraudulent, collusive or coercive practices in competing for, or in executing, a Bank-financed contract; and

(e) will have the right to require that a provision be included in Bidding Documents and in contracts financed by a Bank Loan, requiring bidders, suppliers, contractors and consultants to permit the Bank to inspect their accounts and records and other documents relating to the Bid submission and contract performance and to have them audited by auditors appointed by the Bank.

39.2 Furthermore, bidders shall be aware of the provision stated in Sub-Clause 26.2 and Sub-Clause 63.5 of the General Conditions of Contract, Part II—Conditions of Particular Application.

SECTION III. BIDDING DATA

Notes on the Bidding Data

Section III is intended to assist the Employer in providing the specific information in relation to corresponding clauses in Section II, Instructions to Bidders, and must be prepared for each specific procurement.

The Employer should provide in the Bidding Data information and requirements specific to the circumstances of the Employer, the processing of the procurement, the applicable rules regarding Bid Price and currency, and the bid evaluation criteria that will apply to the bids. In preparing Section III, the following aspects should be checked:

(a) Information that specifies and complements the provisions of Section II must be incorporated.

(b) Amendments and/or supplements, if any, to the provisions of Section II, necessitated by the circumstances of the specific procurement, can be introduced only in Section III, since Section II will remain unchanged.

Bidding Data

Note: This section should be filled in by the Employer before issuance of the bidding documents. The following specific data for the Works to be procured shall complement, amend, or supplement the provisions in the Instructions to Bidders. *[Instructions are provided, as needed, in italics.]*

Instructions to Bidders Clause Reference

Whenever there is a conflict, the provisions herein shall prevail over those in the Instructions to Bidders.

ITB Clause Reference	Bidding Data
1.1	Name and address of the Employer. *[insert name, and address, including room number; and e-mail address]*
1.1	Summary of the Works. *[Insert brief summary, including relationship to other contracts under the Project. If the Works are to be bid in separate contracts, describe all the contracts.]*
1.2	Period of Completion: *[insert number(s) of days or months].*
2.1	Name of the Borrower. *[Insert name of Borrower and statement of relationship with the Employer, if different from the Borrower. This insertion should correspond to the information provided in the Invitation for Bids.]*
2.1	Name and description of the Project and amount and type of the Bank financing: *[insert name of Project and loan amount]*
5.1	Prequalification information to be updated. *[Indicate what information originally submitted with the application for prequalification should be updated.]*
10.1	Refer to ITB 1.1
12.1	Bid language: *[Insert "English" or " Spanish" or "French"]. [In Countries that the Bank has agreed with the Borrower that in addition to one internationally used language, bids may be also issued in the language of the Borrower's Country (or the language used nation-wide in the Borrower's Country for commercial transactions), the following text shall be added: "In addition to the above indicated language, these Bidding Documents have been issued in the following language [insert the language of the Borrower's Country or the language used nation-wide in the Borrower's Country for commercial transactions]. Bidders are permitted, at their choice, to submit their bids in one of the two languages above indicated. Bidders shall not submit bids in more than one language. The Contract to be signed with the winning Bidder shall be written in the language in which the Bid was submitted, which shall be the language that shall govern the contractual relations between the Purchaser and the winning Bidder. A Bidder shall not sign a translated version of its Contract."*
13.2	Indicate whether this contract *[insert "shall" or "shall not", as appropriate]* be bid simultaneously with other contracts on a "slice and package" basis.
14.4	*Indicate whether the contract is subject to price adjustment. Price adjustment is mandatory for contracts expected to last more than 18 months.*] The Contract *[insert "is "or "is not," as appropriate]* subject to price adjustment.
15.1	Indicate whether the currency(ies) of the bid is (are) in accordance with Alternative A or Alternative B of Clause 15. *[Two alternative methods of pricing bids are acceptable for Works contracts:* *(A) bidders quote entirely in the currency of the Employer's country but specify the percentages of foreign currency or currencies (up to three) they require; or* *(B) bidders quote separately in local and foreign (up to three) currencies.* *Alternative (A) is the more frequently used arrangement. Alternative A or B should be used in conjunction with, respectively, Alternative A or B of Sub-Clause 30.1 of these Instructions and Clause 60 of the Conditions of Contract.]*
15.2	Currency of the Employer's country: *[insert name of the currency].*
16.1	Period of bid validity. *[Insert number of days after the deadline for bid submission. This period should be realistic, allowing sufficient time to evaluate the bids, bearing in mind the complexity of the Works and the time required for obtaining references, clarifications, clearances, and approvals (including the Bank's "No Objection") and for notification of the award. Normally the validity period should not exceed 182 days.]*

16.3	Percentage annual increase for foreign costs to adjust Bid Price. Percentage annual increase for local costs. *[The value of the foreign currency factor should be based on, or comparable to, the expected annual increases in international prices. The value of the local currency factor should be based on the projected inflation in the Employer's country for the period in question.]*
17.1	*[Select one of the following options]* • No Bid Security is required. **OR** • Bid shall include a Bid Security (bank guarantee or bid bond) using the form for bid security included in Section VII. The Bid Security shall be *[insert amount ……….. This amount should be the same as quoted in the Invitation for Bids. To avoid disclosure of bidders' prices originating in the financial institution issuing the security, a fixed sum should be specified, in preference to a percentage of the Bid Price. The sum should be the equivalent of 1 percent of the estimated cost of the Works for very large contracts of over US$100 million, ranging to 3 percent of the estimated cost for small contracts. Alternatively, if the Employer wishes to specify a percentage of the Bid Price, it should be indicated as a "minimum of _____percent," to enable bidders to provide in excess of the minimum and thus conceal their prices.]* or an equivalent amount in a freely convertible currency. **OR** • Bid shall include a Bid-Securing Declaration using the form included in Section VII.
18.1	Bids are invited for alternative times for completion between _______ days minimum and ________ days maximum. The method of evaluation is indicated in Paragraph 31.2 (e). The time for completion offered by the successful bidder shall be the contractual time for completion. *[This provision should be included, and appropriate time periods inserted, when Employers see potential net benefits in different times for completion; the provision also has merit for contracts bid on a "slice and package" basis. Otherwise omit.]*
19.1	Venue, time, and date of the pre-bid meeting. *[Insert address of venue, or indicate that the meeting will not take place. The meeting should take place not later than four weeks before the deadline for bid submission. It should take place concurrently with the Site visit, if any (see Sub-Clause 8.3).]*
20.1	Number of copies of the bid to be completed and returned. *[Usually two; more if essential.]*
21.2(a)	Employer's address for the purpose of bid submission is: *[insert address including room number; and e-mail address for electronic bidding, if permitted]* *[Should match the receiving address provided in the Invitation for Bids.]*
21.2 (b)	The name and identification number of the contract are: *[insert name and identification number]*.
21.2 (c)	The warning is: *[insert " do not open before (date and time of bid opening)"]*
22.1	Deadline for submission of bid is: *[insert date and time]* *[The time and date should be the same as that given in the Invitation for Bids, unless subsequently amended pursuant to Sub-Clause 22.2.]* Bidders *[insert "shall" or "shall not"]* have the option of submitting their bids electronically. If bidders shall have the option of submitting their bids electronically, the electronic bidding submission procedures shall be: *[insert a description of the electronic bidding submission procedures, otherwise not applicable]*
25.1	Venue, time, and date of bid opening are: *[insert address, date and time]* *[Time and date should be the same as those given for the deadline for submission of bids (Clause 22).]* If bidders shall have the option of submitting their bids electronically, the electronic bid opening procedures shall be: *[insert a description of the electronic bid opening procedures]*

30.2	For Option 1, ITB Clause 30.2 (a) and for Option 2, ITB Clause 30.1 The authority is: *[insert name of the source of exchange rates(e.g., the Central Bank in the Employer's Country).]* The date is: *[Insert date; Select a date that shall not be earlier than 28 days prior to the submission of bids, and later than the original date for expiry of the period of bid validity.]* *Or* For Option 1 , ITB Clause 30.2 (b) and for Option 2, ITB Clause 30.1 (b) The international currency is: *[insert name of currency]* The international press is: *[insert name of an internationally circulated newspaper that lists daily currency exchange rates (e.g., Financial Times)].* The date is: *[Insert date; Select a date that shall not be earlier than 28 days prior to the submission of bids, and later than the original date for expiry of the period of bid validity.]*
31.2(e)	Alternative times for completion will be evaluated as follows. *[If varying times for completion are to be used in bid comparison, the method for evaluating the differences offered by bidders should be specified here as a specific amount for each week of delay from a specified "standard" or minimum completion date related to the loss of benefits to the Employer. The amount should be no more than the corresponding amount of liquidated damages, Section VII, Appendix to Bid, Sub-Clause 47.1.]*
32.1	Indicate whether domestic contractors will receive a margin of preference in bid evaluation. *[If the Loan Agreement authorizes the application of domestic contractor price preference, and the Employer intends to apply it to the subject contract, state "yes"; otherwise, state "no."]*
37	Performance Security shall be in the form of: *[insert "a bank guarantee" or "a performance bond"]* *[Select the kind of performance security (bank guarantee and/or bond), and indicate the amount.* *A* ***bank guarantee*** *can be conditional or unconditional/on demand (see standard forms in Section IX). An amount of 5 to 10 percent of the Contract Price is commonly specified for bank guarantees. In some countries, these guarantees are called "bonds"; however, the term "bank guarantee" is used consistently throughout this document, to distinguish this type of security from the U.S.-style "performance bond."* *A* ***performance bond*** *is a conditional undertaking by a bonding or insurance company to complete the construction in the event of default by the Contractor, or to pay the amount of bond to the Employer, provided the Contractor accepts the default or a court or arbitration process so decides. An amount of 30 percent of the Contract Price is recommended for this type of security. See standard forms in Section IX.]*
38	Disputes Review Method is : *[Insert "Disputes Review Board," or "Disputes Review Expert."]*

SECTION IV. PART I. GENERAL CONDITIONS OF CONTRACT

Notes on the Conditions of Contract

The Conditions of Contract comprise two parts:

(a) Part I: General Conditions of Contract (Section IV of this document), and

(b) Part II: Conditions of Particular Application (Section V of this document).

Over the years, a number of "model" General Conditions of Contract have evolved. The one used in these Standard Bidding Documents was prepared by the International Federation of Consulting Engineers (*Fédération Internationale des Ingénieurs-Conseils*, or FIDIC) and is commonly known as the FIDIC Conditions of Contract. (The current version is the fourth edition, 1987, reprinted in 1992 with further amendments.)

The FIDIC Conditions of Contract have been prepared for an admeasurement (unit price or unit rate) type of contract and cannot be used without major modifications for other types of contract, such as lump sum, turnkey, or target cost contracts.

The standard text of the General Conditions of Contract chosen must be retained intact to facilitate its reading and interpretation by bidders and its review by IBRD. Any amendments and additions to the General Conditions, specific to the contract in hand, should be introduced in the Conditions of Particular Application, or in the Appendix to Bid. A number of such Particular Conditions, applicable to the above FIDIC Conditions of Contract, are included in Section V and, in the interest of the Employer, are recommended for use instead of the Particular Conditions published by FIDIC. Some of the clauses are mandatory for works partly financed by the World Bank and are so indicated.

The use of standard conditions of contract for all civil Works will ensure comprehensiveness of coverage, better balance of rights or obligations between Employer and Contractor, general acceptability of its provisions, and savings in time and cost for bid preparation and review, leading to more economical prices.

The Conditions of Particular Application take precedence over the General Conditions of Contract—see Sub-Clause 5.2, Priority of Contract Documents, in the FIDIC General Conditions of Contract.

The FIDIC Conditions of Contract are copyrighted and may not be copied, faxed, or reproduced.

The bidding document may include a purchased copy, the cost of which can be retrieved as part of the selling price of the bidding document. Alternatively, the FIDIC Conditions of Contract can be referred to in the bidding documents, and the bidders advised to obtain copies directly from FIDIC.

Where a copy of Part I of the FIDIC Conditions of Contract is not included in the bidding documents, a page consistent with the example that follows should be completed and incorporated.

Part I: General Conditions of Contract

____

[name of Employer]

____

[name of contract]

CONDITIONS OF CONTRACT

PART I: GENERAL CONDITIONS[1]

The Conditions of Contract, Part I: General Conditions shall be those forming Part I of the "Conditions of Contract for Works of Civil Engineering Construction," fourth edition 1987, reprinted in 1992 with further amendments, prepared by the *Fédération Internationale des Ingénieurs-Conseils* (FIDIC). These Conditions are subject to the variations and additions set out in Part II hereof entitled "Conditions of Particular Application."

[1] Add the following text if the bidding documents, as issued, do not include a copy:

Copies of the FIDIC Conditions of Contract can be obtained from:
FIDIC Secretariat
P.O. Box 86
1000 Lausanne 12
Switzerland
Facsimile: 41 21 653 5432
Telephone: 41 21 653 5003

Hier folgen im Original die FIDC Conditions for Works (Red Book 1987 mit Ergänzungen 1992). Sie werden hier aus Platzgründen nicht abgedruckt.

SECTION V. PART II: CONDITIONS OF PARTICULAR APPLICATION (COPA)

Notes on the Conditions of Particular Application

The following clauses are intended for use by the Employer in preparing the Conditions of Particular Application (Part II). Use them instead of the Particular Conditions published by FIDIC. **They are not a complete standard set of Part II provisions**; country- or Project-specific provisions for Part II must also be prepared in each case. However, standard, country-specific Conditions of Particular Application should be developed.

The provisions of Part II complement the General Conditions of Contract (Part I), specifying contractual requirements linked to the special circumstances of the country, the Employer, the Engineer, the sector, the overall project, and the contract Works. In preparing Part II, check that you have done the following:

(a) **Incorporated essential information to complete the provisions of Part I** (without which Part I would be incomplete), e.g., in Sub-Clauses 1.1, subparas. (a) (i) and (iv); 5.1; 14.1; 14.3; 68.2; and 70.1.

(b) **Added information referred to in the respective provisions of Part I as an option**, e.g., in Sub-Clauses 2.1, para. (b); 5.1; 21.1, para. (b); and 72.2.

(c) **Amended and/or supplemented the provisions of Part I** as required or recommended by the Bank or as necessitated by the circumstances of the specific Works.

The Appendix to Bid in Section VII complements COPA in a manner similar to the way in which the Bidding Data complement the Instructions to Bidders.

Whoever drafts Part II should be thoroughly familiar with the provisions of Part I and with any specific requirements of the Contract. Legal advice is recommended when amending provisions or drafting new ones. Note that the **Part II provisions take precedence over those in Part I.**

The origin of the clauses of Part II is shown by the following notations in the margin, to the left of the text:

(WB) denotes **clauses drafted by the Bank;** and

(F) denotes **clauses drawn verbatim from the FIDIC Conditions of Contract for Works,** fourth edition, 1987, reprinted in 1992 with further amendments, Parts I and II.

(*) An **asterisk** below the above notations indicates that **explanations for any differences** in text from the FIDIC Conditions are given in the Section XI, Notes and Additional Clauses to Section IV, at the end of this book.

Several clauses **must be incorporated** in Part II for contracts financed from Bank loans. They are marked **(M) (for "Mandatory")** next to the indication of origin. Other clauses, without being mandatory, are normally incorporated in Part II. They are marked **(R) (for "Recommended").** Use of the remaining clauses is **"Optional" (O),** and they are accordingly marked; where appropriate, those clauses may be incorporated in Part II or adapted to suit the specific circumstances of each Contract. In sum,

(M) **Mandatory**

(R) **Recommended**

(O) **Optional**

Clause numbers in Part II correspond to those in Part I, except for clauses with numbers higher than 72 for which there are no counterparts in Part I.

Special consideration must be given to Part II where dredging and certain types of reclamation work are involved. For this reason, the fourth edition of the FIDIC Conditions of Contract, reprinted in 1992, contains a number of applicable clauses that, for convenience, have not been reprinted here. If required, they can be drawn directly from Part II of the FIDIC document, specifically Sub-Clauses 11.1, 12.2, 18.1, 19.1, 28.2, 40.1, 40.3, 45.1, 49.5, 50.2, and 51.1.

Part II: Conditions of Particular Application

Definitions and Interpretation

Sub-Clause 1.1: Definitions

(a) The "Bank" includes the International Bank for Reconstruction and Development (IBRD) and the International Development Association (IDA). *(WB-M)*

(a) (i) The Employer is the party stipulated in the Appendix to Bid. *(F-M)*

(a) (iv) The Engineer is the party stipulated in the Appendix to Bid. *(F-M)*

Amend Subpara. (a) (iv) also by adding the following words after the word "Conditions": *(WB-M)*

"or any other competent person appointed by the Employer, and notified to the Contractor, to act in replacement of the Engineer." *(*)*

Amend Subpara. (b) (v) of Sub-Clause 1.1 by adding the following words at the end: *(WB-R)*

"The word 'tender' is synonymous with 'bid,' and the words 'Appendix to Tender' with 'Appendix to Bid,' and the words 'tender documents' with 'bidding documents.'"

Engineer and Engineer's Representative

Sub-Clause 2.1: Engineer's Duties and Authority[7]

With reference to Sub-Clause 2.1 (b), the following provision shall also apply: *(WB-O)* *

The Engineer shall obtain the specific approval of the Employer before taking any of the following actions specified in Part I:

(a) consenting to the subletting of any part of the Works under Clause 4;

(b) certifying additional cost determined under Clause 12;

(c) determining an extension of time under Clause 44;

(d) issuing a variation under Clause 51, except:

(i) in an emergency situation, as reasonably determined by the Engineer; or

(ii) if such variation would increase the Contract Price by less than the amount stated in the Appendix to Bid; or

(e) fixing rates or prices under Clause 52.

Note: In the absence of the above Subpara. 2.1 (d) (i), if the obligation to obtain the approval of the Employer could lead to the Engineer's being unable to take action in an emergency, where matters of safety are involved, an additional provision may be necessary at the end of this sub-clause:

"Notwithstanding the obligation, as set out above, to obtain approval, if, in the opinion of the Engineer, an emergency occurs affecting the safety of life or of the Works or of adjoining property, he may, without relieving the Contractor of any of his duties and responsibilities under the Contract, instruct the Contractor to execute all such work or to do all such things as may, in the opinion of the Engineer, be necessary to abate or reduce the risk. The Contractor shall forthwith comply, despite the absence of approval of the Employer, with any such instruction of the Engineer. The Engineer shall determine an addition to the Contract Price, in respect of such instruction, in accordance with Clause 52 and shall notify the Contractor accordingly, with a copy to the Employer. *(F-R)*

Contract Documents

Sub-Clause 5.1: Language and Law

(a) The language is stipulated in the Appendix to Bid. *(F-M)*

(b) The law is that in force in the country stipulated in the Appendix to Bid. *(F-M)*

Sub-Clause 5.2: Priority of Contract Documents

Delete the documents listed 1–6 and substitute: *(WB-M)* *(*)*

(1) the Contract Agreement (if completed);

(2) the Letter of Acceptance;

(3) the Bid and the Appendix to Bid;

(4) the Conditions of Contract, Part II;

(5) the Conditions of Contract, Part I;

(6) the Technical Specifications;

(7) the Drawings;

(8) the priced Bill of Quantities; and

(9) other documents, as listed in the Appendix to Bid.

---

[7] The circumstances, if any, under which the Engineer should seek the specific approval of the Employer should be defined in this sub-clause. Some Employers may wish not to include this optional clause, or to delete certain actions indicated in the example clause; other Employers may wish to add more actions relating to payment, delays, completion, etc., such as those under Clauses 40, 42, 48, 49, 58, 65, and 70. Employers should note that the Loan Agreement between the Bank and the borrowing country may require consultation before any substantial changes are made in the contract, e.g., normally any increase in cost by more than 15 percent or any extension of the Time for Completion by more than one month.

General Obligations

Sub-Clause 10.1: Performance Security

Replace the text of Sub-Clause 10.1 with the following: *(WB-M)*

"The Contractor shall provide security for his proper performance of the Contract to the Employer within 28 days after the receipt of the Letter of Acceptance. The performance security shall be in the form of a bank guarantee or performance bond, as stipulated by the Employer in the Appendix to Bid. The performance security shall be denominated in the types and proportions of currencies in which the Contract Price is payable. The Contractor shall notify the Engineer when providing the performance security to the Employer. *(*)*

"If the performance security is a bank guarantee, it shall be issued either (a) by a bank located in the country of the Employer or a foreign bank through a correspondent bank located in the country of the Employer, or (b) directly by a foreign bank that has been determined in advance to be acceptable to the Employer.

"If the performance security is a performance bond, it shall be issued by a bonding or insurance company acceptable to the Employer.

"Without limitation to the provisions of the preceding paragraph, whenever the Engineer determines an addition to the Contract Price as a result of a change in cost and/or legislation or as a result of a variation amounting to more than 25 percent of the portion of the Contract Price payable in a specific currency, the Contractor, at the Engineer's written request, shall promptly increase the value of the performance security in that currency by an equal percentage. The performance security of a joint venture shall be in the name of the joint venture."

Sub-Clause 10.2: Period of Validity of the Performance Security

The performance security shall be valid until a date 28 days from the date of issue of the Taking-Over Certificate in the case of a bank guarantee, and one year from such date of issue in the case of a performance bond. The security shall be returned to the Contractor within 14 days of expiration. *(WB-M)*

Sub-Clause 10.3: Claims under Performance Security

Note: While not making this a mandatory requirement for contracts financed by it, the Bank strongly advises Employers to consider deleting Sub-Clause 10.3. *(WB-R)* *(*)*

Sub-Clause 10.4: Cost of Performance Security

Add the following Sub-Clause 10.4: *(WB-M)*

The cost of complying with the requirements of this clause shall be borne by the Contractor.

Sub-Clause 11.2: Access to Data

Note: Where the bulk or complexity of the data, for reasons of security enforced by the country where the Works are to be executed, makes it impracticable for the Employer to make all data available with the bidding documents and inspection of some data by the Contractor at an office is therefore expected, it would be advisable to make the circumstances clear in a new Sub-Clause 11.2: *(F-R)* *(*)*

Add new Sub-Clause 11.2:

"Data made available by the Employer in accordance with Sub-Clause 11.1 shall be deemed to include data listed elsewhere in the Contract as open for inspection at the address stipulated in the Appendix to Bid."

Sub-Clause 14.1: Program to Be Submitted

"The time within which the program shall be submitted shall be the number of days stipulated in the Appendix to Bid." *(F-M)*

Sub-Clause 14.3: Cash Flow Estimate to Be Submitted

"The time within which the detailed cash flow estimate shall be submitted shall be the number of days specified in the Appendix to Bid." *(F-M)*

Sub-Clause 15.2: Language Ability of Contractor's Representative

Add the following Sub-Clause 15.2: *(F-R)*

"If the Contractor's authorized representative is not, in the opinion of the Engineer, fluent in the language specified in the Appendix to Bid, the Contractor shall have available on site at all times a competent interpreter to ensure the proper transmission of instructions and information."

Sub-Clause 16.3: Language Ability of Superintending Staff

Add the following Sub-Clause 16.3: *(F-R)*

"A reasonable proportion of the Contractor's superintending staff shall have a working knowledge of the language specified in the Appendix to Bid, or the Contractor shall have available on site at all times a sufficient number of competent interpreters to ensure the proper transmission of instructions and information."

Sub-Clause 16.4: Employment of Local Personnel

Note: Where the Employer wishes to encourage the Contractor to engage local staff and labor, the following Sub-Clause 16.4 may be inserted: *(F-O)*

"The Contractor is encouraged, to the extent practicable and reasonable, to employ staff and labor with appropriate qualifications and experience from sources within the country of the Employer stipulated in the Appendix to Bid."[8]

Sub-Clause 19.1: Safety, Security, and Protection of the Environment

Note: Employers should note that the Loan Agreement between the Bank and the borrowing country may establish specific measures to be taken during construction of the Works for the protection of the environment. Sub-Clause 19.1 should be written to take into account such specific measures.

Sub-Clause 20.4: Employer's Risks

Amend Sub-Clause 20.4 to read as follows: *(WB-M)*

The Employer's risks are *(*)*

(a) insofar as they directly affect the execution of the Works in the country where the Permanent Works are to be executed:
  - (i) war and hostilities (whether war be declared or not), invasion, act of foreign enemies;
  - (ii) rebellion, revolution, insurrection, military or usurped power, or civil war;
  - (iii) ionizing radiations, or contamination by radioactivity from any nuclear fuel, or from any nuclear waste from the combustion of nuclear fuel, radioactive toxic explosive, or other hazardous properties of any explosive nuclear assembly or nuclear component thereof;
  - (iv) pressure waves caused by aircraft or other aerial devices traveling at sonic or supersonic speeds;
  - (v) riot, commotion, or disorder, unless solely restricted to the employees of the Contractor or of his Subcontractors and arising from the conduct of the Works;

(b) loss or damage due to the use or occupation by the Employer of any Section or part of the Permanent Works, except as may be provided for in the Contract;

(c) loss or damage to the extent that it is due to the design of the Works, other than any part of the design provided by the Contractor or for which the Contractor is responsible; and

---

8 Restrictions on bidders/contractors regarding the sources of inputs to a Works contract reduce the competitive potential and may affect adversely the economy and efficiency requirements of project execution. The Bank will therefore not accept bidding or contractual conditions containing restrictions on sources of staff and labor, except for unskilled labor.

Bidders/contractors should have the option to recruit staff and skilled personnel (engineers, technicians, craftsmen, foremen, etc.) from any source. Unskilled labor only might be restricted to sources within the Employer's country, provided suitable candidates are available.

(d) any operation of the forces of nature (insofar as it occurs on the Site) that an experienced contractor:

(i) could not have reasonably foreseen, or

(ii) could reasonably have foreseen, but against which he could not reasonably have taken at least one of the following measures:

(A) prevent loss or damage to physical property from occurring by taking appropriate measures, or

(B) insure against such loss or damage.

Clauses 21, 23, and 25: Insurances Arranged by Employer

Note: Sample sub-clauses for a Contract where the Employer arranges for insurances are given in the Notes and Additional Clauses to Section IV at the end of this book. *(F-O)* *(*)*

Sub-Clause 21.1: Insurance of Works and Contractor's Equipment

Add the following words at the end of sub-para. (a) and immediately before the last word of sub-para. (b) of Sub-Clause 21.1: *(WB-M)*

"it being understood that such insurance shall provide for compensation to be payable in the types and proportions of currencies required to rectify the loss or damage incurred,"

Sub-Clause 21.2: Scope of Cover

Amend sub-para. (a) of Sub-Clause 21.2 by deleting the words "from the start of work at the Site" and by substituting therefore the words "from the first working day after the Commencement Date." *(WB-M)* *(*)*

Sub-Clause 21.2: Scope of Cover

Add the following as Sub-Clause (c) under Sub-Clause 21.2: *(WB-M)*

(c) It shall be the responsibility of the Contractor to notify the insurance company of any change in the nature and extent of the Works and to ensure the adequacy of the insurance coverage at all times during the period of the Contract.

Sub-Clause 21.4: Exclusions

Amend Sub-Clause 21.4 to read as follows: *(WB-M)*

"There shall be no obligation for the insurances in Sub-Clause 21.1 to include loss or damage caused by the risks listed under Sub-Clause 20.4 sub-paras. (a) (i) to (iv) of the Conditions of Particular Application."

Sub-Clause 25.1: Evidence and Terms of Insurances

Amend Sub-Clause 25.1 by inserting the words "as soon as practicable after the respective insurances have been taken out but in any case" before the words "prior to the start of work at the Site." *(WB-M)* *(*)*

Sub-Clause 25.5: Source of Insurance

Add the following Sub-Clause 25.5: *(WB-M)* *(*)*

"The Contractor shall be entitled to place all insurance relating to the Contract (including, but not limited to, the insurance referred to in Clauses 21, 23, and 24) with insurers from any eligible source country as defined in the *Guidelines: Procurement under IBRD Loans and IDA Credits*, which have been determined to be acceptable to the Employer."

Sub-Clause 26.2: Inspections and Audit by the Bank

Add the following Sub-Clause 26.2: *(WB-M)*

The Contractor shall permit the Bank to inspect the Contractor's accounts and records relating to the performance of the Contract and to have them audited by auditors appointed by the Bank, if so required by the Bank.

Labor

Clauses 34 and 35: Labor

Note: Sample sub-clauses relevant to matters of detail in the hiring, housing, health, etc., of labor are given in the Notes and Additional Clauses to Section IV at the end of this book. *(WB-R)* *(*)*

Materials, Plant, and Workmanship

Sub-Clause 36.1: Quality of Materials, Plant, Supplies, and Workmanship

Add the following paragraph at the end of Sub-Clause 36.1: *(WB-O)*

"The Contractor is encouraged, to the extent practicable and reasonable, to use materials, Contractor's Equipment, Plant, and supplies from sources within the country of the Employer, as stipulated in the Appendix to Bid."[9]

Commencement and Delays

Sub-Clause 43.1: Time for Completion

Note: Where completion is stated to be by a date and not within a period, Sub-Clause 43.1 should be amended, as follows: *(F-O)*

Delete the words from "within the time" to "such extended time" and substitute "by the date or dates stated in the Appendix to Bid for the whole of the Works or the Section (as the case may be) or such later date or dates."

Sub-Clause 45.1: Restriction on Working Hours

Note: For a Contract located in an isolated area, where environmental restrictions do not apply, or where a Contract comprises work such as tunneling or pouring of concrete that may require continuous working, Sub-Clause 45.1 may be varied: *(F-O)*

Delete Sub-Clause 45.1 and substitute:

"Subject to any provision to the contrary contained in the Contract, the Contractor shall have the option to work continuously by day and by night and on locally recognized days of rest."

Note: The Contractor's option may be further extended by substituting in place of the last three words:

"holidays or days of rest." *(F-O)*

Sub-Clause 47.3: Bonus for Early Completion

Note: Where it is desired to make provision for the payment of a bonus for early completion of the whole Works or partial bonuses for completion of key sections of the Works,[10] an additional Sub-Clause 47.3 may be added. The amount to be paid for bonus(es) should reflect a substantial portion of the true net profit derived by the Employer over the period by which completion was earlier than scheduled. The amount of daily bonus should normally be the same as the amount of daily liquidated damages. A ceiling of total bonus (say, 10 percent of Contract Price, as for liquidated damages) may be inserted to discourage unrealistically rapid Contract implementation by the Contractor, which could *(WB-O)* *(*)*

---

9 As with the recruitment of personnel (Sub-Clause 16.4), restrictions on bidders/contractors regarding the sources of other inputs to a works contract reduce the competitive potential and may affect adversely the economy and efficiency requirements of project execution. The Bank, therefore, will not accept bidding or contractual conditions containing restrictions on sources of materials, Contractor's Equipment, Plant, and supplies. Bidders/contractors should have the option to provide all inputs from any eligible source.

10 Partial earlier completion may not always produce net benefits to the Employer, for example where utilization of the completed Works requires (a) the fulfillment of all parts of the Contract (e.g., the training of personnel); or (b) the completion of all Sections (e.g., in a hydroelectric power station, where early completion of the penstocks would not be useful if the powerhouse is still under construction); or (c) certain seasonal effects to take place (e.g., the onset of the rainy season, for impounding a reservoir); or (d) other circumstances. Also, a more rapid drawdown of budgeted funds may be required. All such factors should be considered prior to the inclusion of a bonus clause in the Contract.

adversely affect overall performance. Where bonuses for completion of Sections will apply, Clause 47 should be complemented with a table attached to the Appendix to Bid, showing the dates of completion and the amounts of liquidated damages and bonus for each Section.

If the Contractor achieves completion of the Works or, if applicable, any Section thereof prior to the relevant time prescribed by Clause 43, the Employer shall pay to the Contractor the relevant sum stated in the Appendix to Bid as bonus for early completion, subject to the limit stated in the Appendix to Bid, for every calendar day that shall elapse between the date stated in a Taking-Over Certificate of the whole of the Works or the applicable Section, and the relevant time prescribed in Clause 43.

Sub-Clause 48.5: Prevention from Testing

Note: Where it can be foreseen that, when the whole of the Works have been substantially completed, the Contractor may be prevented by reasons beyond his control from carrying out the Tests on Completion, an additional Sub-Clause 48.5 may be added: *(F-O)*

If the Contractor is prevented from carrying out the Tests on Completion by a cause for which the Employer or the Engineer or other contractors employed by the Employer are responsible, the Employer shall be deemed to have taken over the Works on the date when the Tests on Completion would have been completed but for such prevention. The Engineer shall issue a Taking-Over Certificate accordingly, provided always that the Works shall not be deemed to have been taken over if they are not substantially in accordance with the Contract.

If the Works are taken over under this sub-clause, the Contractor shall nevertheless carry out the Tests on Completion during the Defects Liability Period. The Engineer shall require the Tests to be carried out by giving 14 days' notice.

Any additional costs to which the Contractor may be put, in making the Tests on Completion during the Defects Liability Period, shall be added to the Contract Price.

Defects Liability

Sub-Clause 49.5: Extension of Defects Liability

Note: For a Contract that includes a high proportion of Plant, an additional Sub-Clause 49.5 may be necessary: *(WB-O)* *(*)*

The provisions of this clause shall apply to all replacements or renewals of Plant carried out by the Contractor to remedy defects and damages as if the replacements and renewals had been taken over on the date they were completed. The Defects Liability Period for the Works shall be extended by a period equal to the period during which the Works cannot be used by reason of a defect or damage. If only part of the Works is affected, the Defects Liability Period shall be extended only for that part. In neither case shall the Defects Liability Period extend beyond the number of years from the date of taking over, as specified in the Appendix to Bid.

When progress in respect of Plant has been suspended under Clause 40, the Contractor's obligations under this Clause shall not apply to any defects occurring more than the number of years stipulated in the Appendix to Bid after the Time for Completion established on the date of the Letter of Acceptance.

Alterations, Additions, and Omissions

Sub-Clause 52.1: Valuation of Variations

Note: Where provision is made in the Contract for payment in foreign currency, Sub-Clause 52.1 shall be varied, as follows: *(WB-M)* *(*)*

Add final sentences as follows:

"Where the Contract provides for the payment of the Contract Price in more than one currency, and varied work is valued at, or on the basis of, the rates and prices set out in the Contract, payment for such varied work shall be made in the proportions of various currencies specified in the Appendix to Bid for payment of the Contract Price. Where the Contract provides for payment of the Contract Price in more than one currency, and new rates or prices are agreed, fixed, or determined as stated above, the amount or proportion payable in each of the applicable currencies shall be specified when the rates or prices are agreed, fixed, or determined, it being understood that in specifying these amounts or proportions the Contractor and the Engineer (or, failing agreement, the Engineer) shall take into account the actual or expected currencies of cost (and the proportions thereof) of the inputs of the varied work without regard to the proportions of various currencies specified in the Appendix to Bid for payment of the Contract Price."

Sub-Clause 52.2: Power of Engineer to Fix Rates

Note: Where provision is made in the Contract for payment in foreign currency, Sub-Clause 52.2 shall be varied, as follows: *(WB-M) (*)*

Add a final sentence to the first paragraph, as follows:

"Where the Contract provides for the payment of the Contract Price in more than one currency, the amount or proportion payable in each of the applicable currencies shall be specified when the rates or prices are agreed, fixed, or determined as stated above, it being understood that in specifying these amounts or proportions the Contractor and the Engineer (or, failing agreement, the Engineer) shall take into account the actual or expected currencies of cost (and the proportions thereof) of the inputs of the varied work without regard to the proportions of various currencies specified in the Appendix to Bid for payment of the Contract Price."

Sub-Clause 52.2: Power of Engineer to Fix Rates

Note: In addition, it is usually advisable to establish thresholds below which changes in rates or prices do not apply, by modifying Sub-Clause 52.2 as follows: *(F-R)*

Add as a third paragraph:

"Provided further that no change in the rate or price for any item contained in the Contract shall be considered unless such item accounts for an amount more than 2 percent of the Contract Price, and the actual quantity of work executed under the item exceeds or falls short of the quantity set out in the Bill of Quantities by more than 25 percent."

Sub-Clause 52.3: Variations Exceeding 15 Percent

Add a final sentence, as follows: *(WB-M) (*)*

"Where the Contract provides for the payment of the Contract Price in more than one currency, the amount or proportion payable in each of the applicable currencies shall be specified when such further sum is agreed or determined, it being understood that in specifying these amounts or proportions the Contractor and the Engineer (or, failing agreement, the Engineer) shall take into account the currencies (and the proportions thereof) in which the Contractor's Site and general overhead cost of the Contract were incurred without being bound by the proportions of various currencies specified in the Appendix to Bid for payment of the Contract Price."

Contractor's Equipment, Temporary Works, and Materials

Clause 54: Contractor's Equipment, Temporary Works, and Materials

Note: The Bank recommends not to use Sub-Clauses 54.2 and 54.5 of FIDIC Part II. *(WB-R) (*)*

Measurement

Sub-Clause 55.2: Omissions of Quantities

Note: Sub-Clause 55.2 is added to reflect the warning in the Instructions to Bidders Sub-Clause 14.2 that bidders avoid omissions in pricing the Bill of Quantities. *(WB-M)*

Items of the Works described in the Bill of Quantities for which no rate or price has been entered in the Contract shall be considered as included in other rates and prices in the Contract and will not be paid for separately by the Employer.

Nominated Subcontractors

Clause 59: Materials and Plant Supplied by the Employer

Note: The Bank does not recommend the practice of the Employer supplying materials to the Contractor. *(WB-R) (*)*

The supply of Plant by the Employer should be treated as a nominated subcontract, pursuant to Clause 59.

Certificates and Payment

Note: Alternative clauses are given for the cases where (A) the Contract Price is expressed entirely in local currency, with proportions thereof payable in a foreign currency or currencies and (B) where the Contract Price is expressed in amounts of local and foreign currencies.

Alternative A

To be used when the Contract Price is expressed in local currency, with proportions of the Contract Price payable in a foreign currency or currencies.

Clause 60: Certificates and Payment

Clause 60 of the General Conditions is deleted and the following Sub-Clauses 60.1-60.14 are substituted therefore: *(WB-R)* *(*)*

Sub-Clause 60.1: Monthly Statements

The Contractor shall submit a statement in the number of copies specified in the Appendix to Bid to the Engineer at the end of each month, in a tabulated form approved by the Engineer, showing the amounts to which the Contractor considers himself to be entitled. The statement shall include the following items, as applicable, which shall be taken into account in the sequence listed: *(WB-R)*

(a) the estimated Contract value of the Temporary and Permanent Works executed up to the end of the month in question, determined in accordance with Sub-Clause 56.1, at the unit rates and prices included in the Contract, in local currency;

(b) the actual value certified for payment for the Temporary and Permanent Works executed up to the end of the previous month, at the unit rates and prices included in the Contract, in local currency;

(c) the estimated Contract value at the unit rates and prices included in the Contract of the Temporary and Permanent Works for the month in question, in local currency, obtained by deducting (b) from (a);

(d) the equivalent of the amount set forth in (c), expressed in the various currencies in which the Contract Price is payable, and calculated by applying the proportions and the exchange rates set forth in the Appendix to Bid to the amount set forth in (c);

(e) the value of any variations executed up to the end of the month in question, less the amount certified in the previous Interim Payment Certificate, expressed in the relevant amounts of foreign and local currencies, pursuant to Clause 52;

(f) amounts approved in respect of Daywork executed up to the end of the month in question, less the amount for Daywork certified in the previous Interim Payment Certificate, indicating the amounts of foreign and local currencies as determined from the Daywork Schedule of the Bill of Quantities;

(g) amounts reflecting changes in cost and legislation, pursuant to Clause 70, expressed in the relevant amounts of foreign and local currencies;

(h) any credit or debit for the month in question in respect of materials and Plant for the Permanent Works, in the relevant amounts, in foreign and local currencies, and under the conditions set forth in Sub-Clause 60.3;

(i) any amount to be withheld under the retention provisions of Sub-Clause 60.5, determined by applying the percentage set forth in Sub-Clause 60.5 to the amounts in foreign and local currencies due under Paragraphs 60.1 (d), (e), (f), and (g);

(j) any amounts to be deducted as repayment of the Advance under the provisions of Sub-Clause 60.7; and

(k) any other sum, expressed in the applicable currency or currencies, to which the Contractor may be entitled under the Contract or otherwise.

Sub-Clause 60.2: Monthly Payments

The said statement shall be approved or amended by the Engineer in such a way that, in his opinion, it reflects the amounts in various currencies due to the Contractor in accordance with the Contract, after deduction, other than pursuant to Clause 47, of any sums that may have become due and payable by the Contractor to the Employer. In cases where there is a difference of opinion as to the value of any item, the Engineer's view shall prevail. **Within 14 days of receipt of the monthly statement referred to in Sub-Clause 60.1,** the Engineer shall determine the amounts due to the Contractor and shall deliver to the Employer and the Contractor an Interim Payment Certificate, certifying the amounts due to the Contractor. *(WB-R)*

The Engineer shall not be bound to certify any payment under this sub-clause if the net amount thereof, after all retentions and deductions, would be less than the Minimum Amount of Interim Payment Certificates stated in the Appendix to Tender. However, in such case, the unpaid certified amount will be added to the next interim payment, and the cumulative unpaid certified amount will be compared to the minimum amount of interim payment. *(F-R)* *(*)*

Notwithstanding the terms of this clause or any other clause of the Contract, no amount will be certified by the Engineer for payment until the performance security has been provided by the Contractor and approved by the Employer.

Sub-Clause 60.3: Materials and Plant for the Permanent Works

With respect to materials and Plant brought by the Contractor to the Site[11] for incorporation in the Permanent Works, the Contractor shall (a) receive a credit in the month in which these materials and Plant are brought to the Site and (b) be charged a debit in the month in which they are incorporated in the Permanent Works, both such credit and debit to be determined by the Engineer in accordance with the following provisions: *(WB-R)*

(a) no credit shall be given unless the following conditions shall have been met to the Engineer's satisfaction:
   (i) the materials and Plant are in accordance with the specifications for the Works;
   (ii) the materials and Plant have been delivered to the Site and are properly stored and protected against loss, damage, or deterioration;
   (iii) the Contractor's records of the requirements, orders, receipts, and use of materials and Plant are kept in a form approved by the Engineer, and such records are available for inspection by the Engineer;
   (iv) the Contractor has submitted a statement of his cost of acquiring and delivering the materials and Plant to the Site, together with such documents as may be required for the purpose of evidencing such cost;
   (v) the origin of the materials and Plant and the currencies of payment therefor are those indicated in the Appendix to Bid; and
   (vi) the materials are to be used within a reasonable time.

(b) the amount to be credited to the Contractor shall be the equivalent of 75 percent of the Contractor's reasonable cost of the materials and Plant delivered to the Site, as determined by the Engineer after review of the documents listed in subpara. (a) (iv) above;

(c) the amount to be debited to the Contractor for any materials and Plant incorporated into the Permanent Works shall be equivalent to the credit previously granted to the Contractor for such materials and Plant pursuant to subpara (b) above, as determined by the Engineer; and

(d) the currencies in which the respective amounts shall be credited or debited as set forth above shall be determined by the Engineer.

Sub-Clause 60.4: Place of Payment

Payments to the Contractor by the Employer shall be made in the currencies in which the Contract Price is payable into a bank account or accounts nominated by the Contractor. *(WB-R)*

Sub-Clause 60.5: Retention Money

A retention amounting to the percentage stipulated in the Appendix to Bid of the amounts due in each currency, determined in accordance with the procedure set out in Sub-Clause 60.1 (i) shall be made by the Engineer in the first and following Interim Payment Certificates. *(WB-R)* *(*)*

Sub-Clause 60.6: Payment of Retention Money

Upon the issue of the Taking-Over Certificate with respect to the whole of the Works, one-half of the Retention Money, or upon the issue of a Taking-Over Certificate with respect to a Section or part of the Permanent Works only such proportion thereof as the Engineer determines having regard to the relative value of such Section or part of the Permanent Works, shall be certified by the Engineer for payment to the Contractor. The Contractor may substitute the remaining retention money with an on-demand bank guarantee in a form, and from a source, acceptable to the Employer. *(F-R)* *(*)*

---

11 Where the Contractor has to supply large and costly items of Plant, the Bank's Standard Bidding Document (Supply and Installation) should be considered a more appropriate type of contract.

Upon the expiration of the Defects Liability Period for the Works, the other half of the Retention Money shall be certified by the Engineer for payment to the Contractor (or return of the remaining security, which replaced the Retention Money). Provided that, in the event of different Defects Liability Periods being applicable to different Sections or parts of the Permanent Works pursuant to Clause 48, the expression "expiration of the Defects Liability Period" shall, for the purposes of this sub-clause, be deemed to mean the expiration of the latest of such periods.

Provided also that if at such time, there shall remain to be executed by the Contractor any work instructed, pursuant to Clauses 49 and 50, in respect of the Works, the Engineer shall be entitled to withhold certification until completion of such work of so much of the balance of the Retention Money as shall, in the opinion of the Engineer, represent the cost of the work remaining to be executed.

Sub-Clause 60.7: Advance Payment

The Employer will make an interest-free advance payment to the Contractor exclusively for the costs of mobilization in respect of the Works in an amount named in the Letter of Acceptance, payable in the proportions of foreign and local currencies of the Contract Price, but in no event exceeding the amount stated in the Appendix to Bid. Payment of such advance amount will be due under separate certification by the Engineer after (a) execution of the Form of Agreement by the parties hereto; (b) provision by the Contractor of the performance security in accordance with Sub-Clause 10.1; and (c) provision by the Contractor of an unconditional bank guarantee in a form and by a bank acceptable to the Employer in amounts and currencies equal to the advance payment. Such bank guarantee shall remain effective until the advance payment has been repaid pursuant to the paragraph below, but the amount thereof shall be progressively reduced by the amount repaid by the Contractor as indicated in Interim Payment Certificates issued in accordance with this clause. *(WB-R)*

The advance payment shall be repaid through percentage deductions from the interim payments certified by the Engineer in accordance with this clause. Deductions shall commence in the next Interim Payment Certificate following that in which the total of all interim payments certified to the Contractor has reached the percentage of the Contract Price stipulated in the Appendix to Bid less Provisional Sums, and shall be made at the rate stated in the Appendix to Bid of the amount of all Interim Payment Certificates in the types and proportionate amounts of currencies of the advance payment until such time as the advance payment has been repaid; always provided that the advance payment shall be completely repaid prior to the time when 80 percent of the Contract Price has been certified for payment.

Sub-Clause 60.8: Time of Payment and Interest

(a)The amount due to the Contractor under any Interim or Final Payment Certificate issued by the Engineer pursuant to this clause, or to any other term of the Contract, shall, subject to Clause 47, be paid by the Employer to the Contractor as follows: *(WB-M) (*)*

(i) (A) in the case of Interim Payment Certificates, within 42 days after the Contractor's monthly statement has been submitted to the Engineer for certification, pursuant to Sub-Clause 60.1, provided that if the Engineer's Interim Certificate has not yet been issued within said 42 days, the Employer shall pay the amount shown in the Contractor's monthly statement and that any discrepancy shall be added to, or deducted from, the next payment to the Contractor; and

(B) in the case of any monthly statement submitted by the Contractor at a time when the Bank's loan or credit (from which part of the payments to the Contractor are being made) is suspended, within 14 days after such monthly statement is submitted; provided that if the Engineer's Interim Certificate has not yet been issued within said 14 days, the Employer shall pay the amount shown in the Contractor's monthly statement and that any discrepancy shall be added to, or deducted from, the next payment to the Contractor.

(ii) (A) in the case of the Final Payment Certificate pursuant to Sub-Clause 60.13, within 84 days after the Final Statement and written discharge have been submitted to the Engineer for certification; and

(B) in the case of a Final Statement submitted by the Contractor at a time when the Bank's loan or credit (from which part of the payments to the Contractor are being made) is suspended or for which payment under (ii) (A) becomes due after 60 days of the date of notification of the suspension notice, payment will be made within 60 days after the date of notification of the suspension pursuant to Sub-Clause 69.6

(a), provided that if the Engineer's Final Payment Certificate has not been issued within the said 60 days, the Employer shall pay the undisputed amounts shown in the Final Statement.

(b) In the event of the failure of the Employer to make payment within the times stated, the Employer shall pay to the Contractor interest compounded monthly at the rate(s) stated in the Appendix to Bid upon all sums unpaid from the date upon which the same should have been paid, in the currencies in which the payments are due. The provisions of this sub-clause are without prejudice to the Contractor's entitlement under Clause 69 or otherwise. *(WB-R)* *(*)*

Sub-Clause 60.9: Correction of Certificates

The Engineer may by any Interim Payment Certificate make any correction or modification in any previous Interim Payment Certificate that has been issued by him, and shall have authority, if any work is not being carried out to his satisfaction, to omit or reduce the value of such work in any Interim Payment Certificate. *(F-R)* *(*)*

Sub-Clause 60.10: Statement at Completion

Not later than 84 days after the issue of the Taking-Over Certificate in respect of the whole of the Works, the Contractor shall submit to the Engineer a Statement at Completion in the number of copies specified in the Appendix to Bid with supporting documents showing in detail, in the form approved by the Engineer, *(F-R)* *(*)*

(a) the final value of all work done in accordance with the Contract up to the date stated in such Taking-Over Certificate;

(b) any further sums which the Contractor considers to be due; and

(c) an estimate of amounts that the Contractor considers will become due to him under the Contract. Estimated amounts shall be shown separately in such Statement at Completion. The Engineer shall certify payment in accordance with Sub-Clause 60.2.

Sub-Clause 60.11: Final Statement

Not later than 56 days after the issue of the Defects Liability Certificate pursuant to Sub-Clause 62.1, the Contractor shall submit to the Engineer for consideration a draft final statement in the number of copies stipulated in the Appendix to Bid with supporting documents showing in detail, in the form approved by the Engineer, *(F-R)* *(*)*

(a) the value of all work done in accordance with the Contract; and

(b) any further sums that the Contractor considers to be due to him under the Contract or otherwise.

If the Engineer disagrees with or cannot verify any part of the draft final statement, the Contractor shall submit such further information as the Engineer may reasonably require and shall make such changes in the draft as may be agreed between them. The Contractor shall then prepare and submit to the Engineer the final statement as agreed (for the purposes of these Conditions referred to as the "Final Statement").

If, following discussions between the Engineer and the Contractor and any changes to the draft final statement that may be agreed between them, it becomes evident that a dispute exists, the Engineer shall deliver to the Employer an Interim Payment Certificate for those parts of the draft final statement, if any, that are not in dispute. The dispute shall then be settled in accordance with Clause 67. The Final Statement shall be the agreed upon settlement of the dispute. *(WB-R)* *(*)*

Sub-Clause 60.12: Discharge

Upon submission of the Final Statement, the Contractor shall give to the Employer, with a copy to the Engineer, a written discharge confirming that the total of the Final Statement represents full and final settlement of all monies due to the Contractor arising out of or in respect of the Contract. Provided that such discharge shall become effective only after payment due under the Final Payment Certificate issued pursuant to Sub-Clause 60.13 has been made and the performance security referred to in Sub-Clause 10.1 has been returned to the Contractor. *(F-R)* *(*)*

Sub-Clause 60.13: Final Payment Certificate

Within 28 days after receipt of the Final Statement, and the written discharge, the Engineer shall deliver to the Employer (with a copy to the Contractor) a Final Payment Certificate stating *(F-R)* *(*)*

(a) the amount that, in the opinion of the Engineer, is finally due under the Contract or otherwise, and

(b) after giving credit to the Employer for all amounts previously paid by the Employer and for all sums to which the Employer is entitled, other than under Clause 47, the balance, if any, due from the Employer to the Contractor or from the Contractor to the Employer as the case may be.

Sub-Clause 60.14: Cessation of Employer's Liability

The Employer shall not be liable to the Contractor for any matter or thing arising out of or in connection with the Contract or execution of the Works, unless the Contractor shall have included a claim in respect thereof in his Final Statement and (except in respect of matters or things arising after the issue of the Taking-Over Certificate in respect of the whole of the Works) in the Statement at Completion referred to in Sub-Clause 60.10. *(F-R)* *(*)*

Alternative B:

Note: To be used when the Contract Price is expressed in the currencies of the origin (local and foreign) of the various inputs.

Clause 60: Certificates and Payment

Clause 60 of the General Conditions is deleted and the following Sub-Clauses 60.1–60.14 are substituted therefore: *(WB-R)*

Sub-Clause 60.1: Monthly Statements

The Contractor shall submit a statement in the number of copies stipulated in the Appendix to Bid to the Engineer at the end of each month, in a tabulated form approved by the Engineer, showing the amounts to which the Contractor considers himself to be entitled. The statement shall include the following items, as applicable, which shall be taken into account in the sequence listed: *(WB-R)*

(a) the estimated contract value of the Temporary and Permanent Works executed up to the end of the month in question, determined in accordance with Sub-Clause 56.1, at the unit rates and prices included in the Contract, in the various currencies of the Contract Price;

(b) the actual value certified for payment for the Temporary and Permanent Works executed up to the end of the previous month, at the unit rates and prices included in the Contract, in the various currencies of the Contract Price;

(c) the estimated contract value at the unit rates and prices included in the Contract of the Temporary and Permanent Works for the month in question, in the various currencies of the Contract Price, obtained by deducting (b) from (a);

(d) the value of any variations executed up to the end of the month in question, less the amount certified in the previous Interim Payment Certificate, expressed in the relevant amounts of foreign and local currencies, pursuant to Clause 52;

(e) amounts approved in respect of Daywork executed up to the end of the month in question, less the amount for Daywork certified in the previous Interim Payment Certificate, indicating the amounts of foreign and local currencies as determined from the Daywork Schedule of the Bill of Quantities;

(f) amounts reflecting changes in cost and legislation, pursuant to Clause 70, expressed in the relevant amounts of foreign and local currencies;

(g) any credit or debit for the month in question in respect of materials and Plant for the Permanent Works, in the relevant amounts in foreign and local currencies, and under the conditions set forth in Sub-Clause 60.3;

(h) any amount to be withheld under the provisions of Sub-Clause 60.5, determined by applying the percentage set forth in Sub-Clause 60.5 to the amounts in foreign and local currencies due under Paragraphs 60.1 (c), (d), (e), and (f);

(i) any amounts to be deducted as repayment of the Advance under the provisions of Sub-Clause 60.8; and

(j) any other sum, expressed in the applicable currency or currencies, to which the Contractor may be entitled under the Contract or otherwise.

Note: [Use Sub-Clauses 60.2 to 60.4 of Alternative A.] *(WB-R)*

Sub-Clause 60.5: Retention Money

Note: [Use Sub-Clause 60.5 of Alternative A, substituting "Sub-Clause 60.1(h)" for "Sub-Clause 60.1(i)."] *(WB-R)*

Sub-Clauses 60.6, 60.7, and 60.9 to 60.14

Note: [Use Sub-Clauses 60.6, 60.7, and 60.9 to 60.14 of Alternative A.] *(WB-R)*

Sub-Clause 60.8 (a):

Note: [Use Sub-Clause 60.8 (a) of Alternative A.] *(WB-M)*

Sub-Clause 60.8 (b):

Note: [Use Sub-Clause 60.8 (b) of Alternative A.] *(WB-R)*

Remedies

Sub-Clause 63.1: Default of Contractor[12]

Delete the last paragraph of this sub-clause and substitute: *(WB-R)* *(*)*

"then the Employer may, after giving 14 days' notice to the Contractor, enter upon the Site and expel the Contractor therefrom without thereby voiding the Contract, or releasing the Contractor from any of his obligations or liabilities under the Contract, or affecting the rights and powers conferred on the Employer or the Engineer by the Contract, and may himself complete the Works or may employ any other contractor to complete the Works. The Employer or such other contractor may use for such completion so much of the Contractor's Equipment, Plant, Temporary Works, and materials, which have been deemed to be reserved exclusively for the execution of the Works, under the provisions of the Contract, as he or they may think proper, and the Employer may, at any time, sell any of the said Contractor's Equipment, Temporary Works, and unused Plant and materials, and apply the proceeds of sale in or toward the satisfaction of any sums due or that may become due to him from the Contractor under the Contract."

Sub-Clause 63.2: Valuation at Date of Expulsion

Modify the heading of Sub-Clause 63.2 by substituting "Valuation at Date of Expulsion" for "Valuation at Date of Termination." In Sub-Clause 63.2, delete the word "termination" on the second and fifth lines and substitute "expulsion." *(WB-R)*

Sub-Clause 63.3: Payment after Expulsion

Modify the heading of Sub-Clause 63.3 by substituting "Payment after Expulsion" for "Payment after Termination." In Sub-Clause 63.3, delete the words "terminates the Contractor's employment" on the first line, and substitute "shall enter and expel the Contractor." *(WB-R)*

Sub-Clause 63.4: Assignment of Benefit of Agreement

In Sub-Clause 63.4, delete the word "termination" on the second line, and substitute "expulsion." *(WB-R)*

Sub-Clause 63.5: Corrupt or Fraudulent Practices

Add the following Sub-Clause 63.5: *(WB-M)*

If in the judgment of the Employer the Contractor has engaged in corrupt or fraudulent practices, in competing for or in executing the Contract, then the Employer may, after having given 14 days' notice to the Contractor, terminate the Contractor's employment under the Contract and expel him from the Site, and the provisions of Clause 63 shall apply as if such expulsion had been made under Sub-Clause 63.1.

For the purpose of this sub-clause:

"corrupt practice" means the offering, giving, receiving, or soliciting of anything of value to influence the action of a public official in the procurement process or in Contract execution.

---

[12] In some countries, it is not possible for the Employer to enter upon the Site or into a new contract for completion of the Works until the Contract has been formally terminated. Sub-Clause 63.1 should be considered carefully in the light of local law. The text of Sub-Clauses 63.2, 63.3, and 63.4 (below) is linked to the above text of Sub-Clause 63.1.

"fraudulent practice" means a misrepresentation of facts in order to influence a procurement process or the execution of a Contract to the detriment of the Borrower, and includes collusive practice among bidders (prior to or after bid submission) designed to establish bid prices at artificial noncompetitive levels and to deprive the Borrower of the benefits of free and open competition.

Special Risks

Sub-Clause 65.2: Special Risks

Amend Sub-Clause 65.2 to read as follows: "The Special Risks are the risks defined under para. (a), subparas. (i) to (v) of Sub-Clause 20.4." *(WB-M)* *(*)*

Settlement of Disputes

Clause 67: Settlement of Disputes[13]

Sub-Clauses 67.1 through 67.4 set forth the procedure for settlement of disputes. *(WB-M)*

[SUB-CLAUSE 67.1—VERSION 1]

Sub-Clause 67.1: Disputes Review Board

Delete Sub-Clause 67.1 and replace with the following: *(WB-M)*

"If any dispute arises between the Employer and the Contractor in connection with, or arising out of, the Contract or the execution of the Works, whether during the execution of the Works or after their completion and whether before or after the repudiation or other termination of the Contract,

including any disagreement by either party with any action, inaction, opinion, instruction, determination, certificate, or valuation of the Engineer, the matter in dispute shall, in the first place, be referred to the Disputes Review Board ('the Board').

"The Board shall be established when each of the three Board Members has signed a Board Member's Declaration of Acceptance as required by the DRB's Rules and Procedures (which, along with the Declaration of Acceptance form, are attached to these Conditions of Particular Application).[14]

"The Board shall comprise three Members experienced with the type of construction involved in the Works and with the interpretation of contractual documents. One Member shall be selected by each of the Employer and the Contractor and approved by the other. If either of these Members is not so selected and approved within 28 days of the date of the Letter of Acceptance, then upon the request of either or both parties such Member shall be selected as soon as practicable by the Appointing Authority specified in the Appendix to Bid.[15] The third Member shall be selected by the other two and approved by the

---

[13] Clause 67: Settlement of Disputes. These Standard Bidding Documents include alternative versions of Sub-Clause 67.1, titled "Dispute Review Board" (Version 1) and "Disputes Review Expert" (Version 2), respectively. The Employer shall select one of the two versions to include in the final bidding documents (and delete the version that is not selected). In selecting between Version 1 and Version 2, the Employer should take into account the following considerations:

(a) Version 1 provides for disputes between the parties to be referred to a Disputes Review Board ("the Board") consisting of three members. Version 1 is mandatory for contracts estimated to cost more than US$50 million and for contracts referred to in the Procurement Schedule of the Loan Agreement.

(b) Version 2 is essentially identical to Version 1, except that it provides for such disputes to be referred to a single Disputes Review Expert ("DRE").

For contracts estimated to cost less than US$50 million, the Employer may select either Version 1 or Version 2, depending on the Employer's regulatory framework and preferences. Contracts smaller than US$10 million should generally follow the Standard Bidding Documents, Procurement of Works, Smaller Contracts, which provide for a similar disputes review method ("the Adjudicator").

[14] The DRB's Rules and Procedures along with the Declaration of Acceptance form can be found in Section XIII of these Standard Bidding Docments.

[15] Name an appropriate international appointing authority, e.g., the Secretary-General of the Permanent Court of Arbitration, The Hague; the Secretary-General of the International Centre for Settlement of Investment Disputes, Washington, D.C.; the Chairman of the International Court of Arbitration of the International Chamber of Commerce, Paris; the President of the London Court of International Arbitration, etc. These

parties. If the two Members selected by or on behalf of the parties fail to select the third Member within 14 days after the later of their selections, or if within 14 days after the selection of the third Member, the parties fail to approve that Member, then upon the request of either or both parties such third Member shall be selected promptly by the same Appointing Authority specified in the Appendix to Bid who shall seek the approval of the proposed third Member by the parties before selection but, failing such approval, nevertheless shall select the third Member. The third Member shall serve as Chairman of the Board.

"In the event of death, disability, or resignation of any Member, such Member shall be replaced in the same manner as the Member being replaced was selected. If for whatever other reason a Member shall fail or be unable to serve, the Chairman (or failing the action of the Chairman then either of the other Members) shall inform the parties and such nonserving Member shall be replaced in the same manner as the Member being replaced was selected. Any replacement made by the parties shall be completed within 28 days after the event giving rise to the vacancy on the Board, failing which the replacement shall be made by the Appointing Authority in the same manner as described above. Replacement shall be considered completed when the new Member signs the Board Member's Declaration of Acceptance. Throughout any replacement process the Members not being replaced shall continue to serve and the Board shall continue to function and its activities shall have the same force and effect as if the vacancy had not occurred, provided, however, that the Board shall not conduct a hearing nor issue a Recommendation until the replacement is completed.

"Either the Employer or the Contractor may refer a dispute to the Board in accordance with the provisions of the DRB's Rules and Procedures, attached to these Conditions of Particular Application.

"The Recommendation of the Board shall be binding on both parties, who shall promptly give effect to it unless and until the same shall be revised, as hereinafter provided, in an arbitral award. Unless the Contract has already been repudiated or terminated, the Contractor shall continue to proceed with the Works in accordance with the Contract.

If either the Employer or the Contractor is dissatisfied with any Recommendation of the Board, or if the Board fails to issue its Recommendation within 56 days after receipt by the Chairman of the Board of the written Request for Recommendation, then either the Employer or the Contractor may, within 14 days after his receipt of the Recommendation, or within 14 days after the expiry of the said 56-day period, as the case may be, give notice to the other party, with a copy for information to the Engineer, of his intention to commence arbitration, as hereinafter provided, as to the matter in dispute. Such notice shall establish the entitlement of the party giving the same to commence arbitration, as hereinafter provided, as to such dispute and, subject to Sub-Clause 67.4, no arbitration in respect thereof may be commenced unless such notice is given.

"If the Board has issued a Recommendation to the Employer and the Contractor within the said 56 days and no notice of intention to commence arbitration as to such dispute has been given by either the Employer or the Contractor within 14 days after the parties received such Recommendation from the Board, the Recommendation shall become final and binding upon the Employer and the Contractor.

"Whether or not it has become final and binding upon the Employer and the Contractor, a Recommendation shall be admissible as evidence in any subsequent dispute resolution procedure, including any arbitration or litigation having any relation to the dispute to which the Recommendation relates.

"All Recommendations that have become final and binding shall be implemented by the parties forthwith, such implementation to include any relevant action of the Engineer."

[END OF VERSION 1]

---

officials are generally not obligated to act as appointing authority under rules other than those of their own institutions. It is thus strongly recommended that the designated official's consent to act as appointing authority be obtained in advance. Parties should also be aware that some institutions may levy a charge for the performance of the appointing authority service.

[SUB-CLAUSE 67.1—VERSION 2]

Sub-Clause 67.1: Disputes Review Expert

Delete Sub-Clause 67.1 and replace with the following:

"If any dispute arises between the Employer and the Contractor in connection with, or arising out of, the Contract or the execution of the Works, whether during the execution of the Works or after their completion and whether before or after the repudiation or other termination of the Contract, including any disagreement by either party with any action, inaction, opinion, instruction, determination, certificate, or valuation of the Engineer, the matter in dispute shall, in the first place, be referred to the Disputes Review Expert ('DRE').

"The DRE shall take up his functions after having signed a DRE's Declaration of Acceptance as required by the DRE's Rules and Procedures (which along with the Declaration of Acceptance, are attached to these Conditions of Particular application).[16]

"The DRE shall be a person experienced with the type of construction involved in the Works and with the interpretation of contractual documents and shall be selected by agreement between the Employer and the Contractor. If the DRE is not selected within 28 days of the date of the Letter of Acceptance, then upon the request of either or both parties the DRE shall be selected as soon as practicable by the Appointing Authority specified in the Appendix to Bid.[17]

"In the event of death, disability, or resignation of the DRE, the latter shall be replaced by agreement between the Employer and the Contractor. Any replacement made by the parties shall be completed within 28 days after the event giving rise to the need for a replacement, failing which the replacement shall be made by the same international appointing authority as above.

"Either the Employer or the Contractor may refer a dispute to the DRE in accordance with the provisions of the DRE's Rules and Procedures, attached to these Conditions of Particular Application.

"The Recommendation of the DRE shall be binding on both parties, who shall promptly give effect to it unless and until the same shall be revised, as hereinafter provided, in an arbitral award. Unless the Contract has already been repudiated or terminated, the Contractor shall continue to proceed with the Works in accordance with the Contract.

"If either the Employer or the Contractor is dissatisfied with any Recommendation of the DRE, or if the DRE fails to issue his Recommendation within 56 days after he has received the written Request for Recommendation, then either the Employer or the Contractor may, within 14 days after his receipt of the Recommendation, or within 14 days after the expiry of the said 56-day period, as the case may be, give notice to the other party, with a copy for information to the Engineer, of his intention to commence arbitration, as hereinafter provided, as to the matter in dispute. Such notice shall establish the entitlement of the party giving the same to commence arbitration, as hereinafter provided, as to such dispute and, subject to Sub-Clause 67.4, no arbitration in respect thereof may be commenced unless such notice is given.

"If the DRE has issued a Recommendation to the Employer and the Contractor within the said 56 days and no notice of intention to commence arbitration as to such dispute has been given by either the Employer or the Contractor within 14 days after the parties received such Recommendation from the DRE, the Recommendation shall become final and binding upon the Employer and the Contractor.

"Whether or not it has become final and binding upon the Employer and the Contractor, a Recommendation shall be admissible as evidence in any subsequent dispute resolution procedure, including any arbitration or litigation having any relation to the dispute to which the Recommendation relates.

---

16 The DRE's Rules and Procedures along with the Declaration of Acceptance form can be found in Section XIII of these Standard Bidding Documents.

17 Name an appropriate international appointing authority, e.g., the Secretary-General of the Permanent Court of Arbitration, The Hague; the Secretary-General of the International Centre for Settlement of Investment Disputes, Washington, D.C.; the Chairman of the International Court of Arbitration of the International Chamber of Commerce, Paris; the President of the London Court of International Arbitration, etc. These officials are generally not obligated to act as appointing authority under rules other than those of their own institutions. It is thus strongly recommended that the designated official's consent to act as appointing authority be obtained in advance. Parties should also be aware that some institutions may levy a charge for the performance of the appointing authority service.

"All Recommendations that have become final and binding shall be implemented by the parties forthwith, such implementation to include any relevant action of the Engineer."

[END OF VERSION 2]

Sub-Clause 67.2

Sub-Clause 67.2 is deleted without a change in the numbering of the other sub-clauses of this Clause 67.

Sub-Clause 67.3: Arbitration[18]

Sub-Clause 67.3 is deleted and replaced by the following Sub-Clauses 67.3.1 and 67.3.2:

"**67.3.1** Arbitration Proceedings

"Any dispute in respect of which the Recommendation, if any, of the ______ [**"Board"** or **"DRE"**][19] has not become final and binding shall be finally settled by arbitration in accordance with the rules of procedure designated in Sub-Clause 67.3.2 below. The arbitral tribunal shall have full power to open up, review, and revise any decision, opinion, instruction, determination, certificate, or valuation of the Engineer and any Recommendation(s) of the _____ [**"Board"** or **"DRE"**][20] related to the dispute.

"Neither party shall be limited in the proceedings before such tribunal to the evidence or arguments put before the _____ [**"Board"** or **"DRE"**][21] for the purpose of obtaining his Recommendation(s) pursuant to Sub-Clause 67.1. No Recommendation shall disqualify the _____ [**"any Board Member"** or **"DRE"**][22] from being called as a witness and giving evidence before the arbitrator(s) on any matter whatsoever relevant to the dispute.

"Arbitration may be commenced prior to or after completion of the Works, provided that the obligations of the Employer, the Engineer, the Contractor, and the _____ [**"Board"** or **"DRE"**][23] shall not be altered by reason of the arbitration being conducted during the progress of the Works.

"**67.3.2** Rules of Procedure[24]

(a) Contracts with foreign contractors[25]

United Nations Commission on International Trade Law (UNCITRAL) Arbitration Rules:

Sub-Clause 67.3.2 (a)—Any dispute, controversy, or claim arising out of or relating to this Contract, or breach, termination, or invalidity thereof, shall be settled by arbitration in accordance with the UNCITRAL Arbitration Rules as at present in force.[26]

---

18 Where indicated in Sub-Clause 67.3.1, the Employer shall select the reference to the "Board" or "DRE" corresponding to the Employer's selection between Version 1 ("Board") and Version 2 ("DRE") of Sub-Clause 67.1 (and delete the reference inapplicable to this Contract).

19 Insert "Board" or "DRE" to reflect alternative selected in Sub-Clause 67.1.

20 Insert "Board" or "DRE" to reflect alternative selected in Sub-Clause 67.1.

21 Insert "Board" or "DRE" to reflect alternative selected in Sub-Clause 67.1.

22 Insert "any Board Member" or "DRE" to reflect alternative selected in Sub-Clause 67.1.

23 Insert "Board" or "DRE" to reflect alternative selected in Sub-Clause 67.1.

24 Since at the time of bidding it cannot be determined whether the Contractor will be foreign or domestic, the final bidding documents should contain one clause to be retained in the event of a Contract with a foreign Contractor and one clause to be retained in the event of a Contract with a domestic Contractor. At the time of finalizing the Contract, the respective applicable clause should be retained in the Contract. The following explanatory note should therefore be inserted as a header to this Sub-Clause 67.3.2 in the bidding documents:

"Sub-Clause 67.3.2 (a) shall be retained in the case of a Contract with a foreign Contractor or Sub-Clause 67.3.2 (b) shall be retained in the case of a Contract with a domestic Contractor. The determination of whether a Contractor (as an individual firm or as a Joint Venture) is foreign or domestic for the purposes of this sub-clause, will be made by reference to the criteria set forth in Sub-Clauses 32.3 (a) (i) and 32.3 (a) (ii) or Sub-Clauses 32.3 (b) (i) and 34 (b) (ii) of the Instructions to Bidders, Preference for Domestic Bidders."

25 The Employer is invited to select rules to govern the arbitration proceedings from among the well-recognized rules of procedures listed in Sub-Clause 67.3.2 (a). Other rules might be acceptable, subject to the Bank's prior concurrence. After the Employer makes its selection, the applicable clause shall be retained in the final bidding documents as Sub-Clause 67.3.2 (a) (and all other listed clauses deleted). The World Bank should not be named as arbitrator, nor should it be asked to name an arbitrator.

26 The Employer may wish to consider adding:

Rules of Conciliation and Arbitration of the International Chamber of Commerce (ICC):

Sub-Clause 67.3.2 (a)—All disputes arising in connection with the present Contract shall be finally settled under the Rules of Conciliation and Arbitration of the International Chamber of Commerce by one or more arbitrators appointed in accordance with said Rules.

Rules of Arbitration Institute of the Stockholm Chamber of Commerce:

Sub-Clause 67.3.2 (a)—Any dispute, controversy, or claim arising out of or in connection with this Contract, or the breach, termination, or invalidity thereof, shall be settled by arbitration in accordance with the Rules of the Arbitration Institute of the Stockholm Chamber of Commerce.

Rules of the London court of International Arbitration:

Sub-Clause 67.3.2 (a)—Any dispute arising out of or in connection with this Contract, including any question regarding its existence, validity, or termination shall be referred to and finally resolved by arbitration under the Rules of the London Court of International Arbitration, which rules are deemed to be incorporated by reference to this clause.

(b) Contracts with domestic contractors:[27]

Sub-Clause 67.3.2 (b)—Any dispute between the Employer and a domestic Contractor arising in connection with the present Contract shall be referred to adjudication or arbitration in accordance with the laws of the Employer's country.

Sub-Clause 67.4: Failure to Comply with Recommendations

Delete Sub-Clause 67.4 and replace with the following:

"Where neither the Employer nor the Contractor has given notice of intention to commence arbitration of a dispute within the period stated in Sub-Clause 67.1 and the related Recommendation has become final and binding, either party may, if the other party fails to comply with such Recommendation and without prejudice to any other right it may have, refer the failure to arbitration in accordance with Sub-Clause 67.3. The provisions of Sub-Clause 67.1 shall not apply to any such reference."

Notices

Sub-Clause 68.2: Notice to Employer and Engineer

For the purposes of this sub-clause, the addresses are those specified in the Appendix to Bid. *(F-M)*

Default of Employer

Clause 69: Default of Employer

In Sub-Clauses 69.1, 69.4, and 69.5, substitute "Sub-Clause 60.8" for "Sub-Clause 60.10." *(WB-R)*

Sub-Clause 69.1 (d): Economic Dislocation

Sub-Clause 69.1 (d) is deleted. *(WB-M)* *(*)*

Sub-Clause 69.3: Payment on Termination

Delete from ", but in addition to the payments specified..." to the end of the sub-clause. *(WB-M)*

(i) The appointing authority shall be [name of institution or person];
(ii) The number of arbitrators shall be [one or three];
(iii) The place of arbitration shall be [town or country];
(iv) The language(s) to be used in the arbitral proceedings shall be [language(s)].

[27] This sample Sub-Clause 67.3.2 (b) shall be included in the bidding documents and shall be retained in the Contract in the event that award is made to a domestic Contractor.

Sub-Clause 69.4: Contractor's Entitlement to Suspend Work

Add this paragraph: *(WB-R)*

Without prejudice to the Contractor's entitlement to interest under Sub-Clause 60.8 (of these conditions of Particular Application) and to terminate under Sub-Clause 69.1, the Contractor may suspend work or reduce the rate of work within 56 days after notification by the Bank to the Employer's government that the Bank has suspended disbursements from its loan, which finances in whole or in part the execution of the Works.

Sub-Clause 69.6: Suspension of World Bank Loan or Credit

Add the following Sub-Clause 69.6: *(WB-M)*

In the event the Bank suspends the loan or credit from which part of the payments to the Contractor are being made:

(a) The Employer shall notify the Contractor, with copy to the Engineer, of such suspension within 7 days of having received the suspension notice from the World Bank, provided (i) that the Employer shall state in such notification whether sufficient funds in appropriate currencies are expected to be available to the Employer to continue making payments to the Contractor beyond a date 60 days after the date of Bank notification of the suspension, and (ii) that, if such funds are not expected to be available, the Employer shall immediately instruct the Engineer to instruct the Contractor to suspend the progress of the Works pursuant to Sub-Clause 40.1.

(b) If the Contractor has not received the sums due to him upon expiration of the 14 days referred to in Sub-Paragraph 60.8 (a) (i) (B) for payments under Interim Certificates, the Contractor may, without prejudice to the Contractor's entitlement to interest under Sub-Clause 60.8, immediately take one or both of the following actions, namely (i) suspend work or reduce the rate of work, and (ii) terminate his employment under the Contract by giving notice to the Employer, with copy to the Engineer, such termination to take effect 14 days after the giving of the notice.

Changes in Cost and Legislation

Clause 70: Changes in Cost and Legislation

Note: In Works contracts financed in whole or in part by the Bank, it is mandatory to include price adjustment provisions if the contracts extend beyond 18 months (or even shorter periods in countries with high inflation rates). The method of price adjustment prescribed (i.e., the use of a formula) is for cases where official or proxy indices for the fluctuation of the prices of constructional inputs are available. Use of the "documentary evidence" method of price adjustment is discouraged and should be applied only in the rare cases where there are no official indices available and it is not possible to determine proxy indices. Use of the "documentary evidence" method will require different clauses, and care and diligence in the checking of base price documents and actual invoices submitted by the Contractor. If this document is used for a fixed-price contract, only Sub-Clause 70.8 should be retained (and renumbered) with the omission of the last sentence therein. *(WB-R)* *(*)*

Sub-Clause 70.1: Price Adjustment

Delete Clause 70 in its entirety, and substitute: *(WB-R)*

The amounts payable to the Contractor, in various currencies pursuant to Sub-Clause 60.1, shall be adjusted in respect of the rise or fall in the cost of labor, Contractor's Equipment, Plant, materials, and other inputs to the Works, by applying to such amounts the formulae prescribed in this clause.

Sub-Clause 70.2: Other Changes in Cost

To the extent that full compensation for any rise or fall in costs to the Contractor is not covered by the provisions of this or other clauses in the Contract, the unit rates and prices included in the Contract shall be deemed to include amounts to cover the contingency of such other rise or fall of costs. *(WB-R)*

Sub-Clause 70.3: Adjustment Formulae

The adjustment to the Interim Payment Certificates in respect of changes in cost and legislation shall be determined from separate formulae for each of the currencies of payment[28] and each of the types of construction work to be performed and Plant to be supplied.[29] The formulae will be of the following general type: *(WB-R)*

$$pn = A + b\frac{Ln}{Lo} + c\frac{Mn}{Mo} + d\frac{En}{Eo} + etc.$$

Where:

pn is a price adjustment factor to be applied to the amount in each specific currency for the payment of the work carried out in the subject month, determined in accordance with Paragraph 60.1 (d), and with Paragraphs 60.1 (e) and (f), where such variations and daywork are not otherwise subject to adjustment;

A is a constant, specified in the Appendix to Bid, representing the nonadjustable portion in contractual payments;[30]

b, c, d, etc., are weightings or coefficients representing the estimated proportion of each cost element (labor, materials, equipment usage, etc.) in the Works or sections thereof, net of Provisional Sums, as specified in the Appendix to Bid; the sum of A, b, c, d, etc., shall be one;

Ln, Mn, En, etc., are the current cost indices or reference prices of the cost elements in the specific currency of origin for month "**n**," determined pursuant to Sub-Clause 70.5, applicable to each cost element; and

Lo, Mo, Eo, etc., are the base cost indices or reference prices corresponding to the above cost elements at the date specified in Sub-Clause 70.5.

If a price adjustment factor is applied to payments made in a currency other than the currency of the source of the index for a particular indexed input, a correction factor **Zo/Zn** will be applied to the respective component factor of **pn** for the formula of the relevant currency. **Zo** is the number of units of currency of the country of the index, equivalent to one unit of the currency of payment on the date of the base index, and **Zn** is the corresponding number of such currency units on the date of the current index.[31]

Sub-Clause 70.4: Sources of Indices and Weightings

The sources of indices shall be those listed in the Appendix to Bid, as approved by the Engineer. Indices shall be appropriate for their purpose and shall relate to the Contractor's proposed source of supply of inputs on the basis of which his Contract Price and expected foreign currency requirements shall have been computed. As the proposed basis for price adjustment, the Contractor shall have submitted with his bid the tabulation of Weightings and Source of Indices in the Appendix to Bid, which shall be subject to approval by the Engineer. *(WB-R)*

Sub-Clause 70.5: Base, Current, and Provisional Indices

The base cost indices or prices shall be those prevailing on the day 28 days prior to the latest date for submission of bids. Current indices or prices shall be those prevailing on the day 28 days prior to the last day of the period to which a particular Interim Payment Certificate is related. If at any time the current indices are not available, provisional indices as determined by the Engineer will be used, subject to subsequent correction of the amounts paid to the Contractor when the current indices become available. *(WB-R)*

---

[28] In contracts involving various currencies, formulae, or families of formulae that derive price adjustment factors for each currency are essential.

[29] For complex Works involving several types of construction work with different inputs, a family of formulae will be necessary. The various items of Daywork may also require different formulae, depending on the nature and source of the inputs.

[30] Insert a figure for factor A only where there is a part of the Contractors' expenditures that will not be subject to fluctuation in cost (for example, stamp duties and other expenses incurred in formalizing the Contract), or to compensate for the unreliability of some indices. A should normally not exceed 0.10.

[31] The correct procedure for price adjustment is to use an index relating to the country of supply for a particular input and to make payment in the currency of that country. However, if price adjustment payments are made in a currency other than the currency of the source of the indexed input, distortions may occur due to differential rates of price variation and periodic exchange rate changes. Hence, the need for a correction factor.

Sub-Clause 70.6: Adjustment after Completion

If the Contractor fails to complete the Works within the time for completion prescribed under Clause 43, adjustment of prices thereafter until the date of completion of the Works shall be made using either the indices or prices relating to the prescribed time for completion, or the current indices or prices, whichever is more favorable to the Employer, provided that if an extension of time is granted pursuant to Clause 44, the above provision shall apply only to adjustments made after the expiry of such extension of time. *(WB-R)*

Sub-Clause 70.7: Weightings

The weightings for each of the factors of cost given in the Appendix to Bid shall be adjusted if, in the opinion of the Engineer, they have been rendered unreasonable, unbalanced, or inapplicable as a result of varied or additional work already executed or instructed under Clause 51 or for any other reason. *(WB-R)*

Sub-Clause 70.8: Subsequent Legislation

If, after the date 28 days prior to the latest date for submission of bids for the Contract, there occur in the country in which the Works are being or are to be executed changes to any National or State Statute, Ordinance, Decree, or other Law or any regulation or by-law of any local or other duly constituted authority, or the introduction of any such State Statute, Ordinance, Decree, Law, regulation, or by-law that causes additional or reduced cost to the Contractor, other than under the preceding sub-clauses of this clause, in the execution of the Contract, such additional or reduced cost shall, after due consultation with the Employer and the Contractor, be determined by the Engineer and shall be added to or deducted from the Contract Price and the Engineer shall notify the Contractor accordingly, with a copy to the Employer. Notwithstanding the foregoing, such additional or reduced cost shall not be separately paid or credited if the same shall already have taken into account in the indexing of any inputs to the Price Adjustment Formulae in accordance with the provisions of Sub-Clauses 70.1 to 70.7. *(F-M)* *(*)*

Currency and Rates of Exchange

Sub-Clause 72.2: Currency Proportions

Alternative A: To be used with Clause 60, Alternative A

Delete the words from "prevailing, as determined by the Central Bank..." to the end of the sub-clause and substitute with "stated by the Contractor in the Appendix to Bid, included with its original bid." *(WB-M)*

Add to end of paragraph "All payments shall be made in the currency or currencies specified in the Appendix to Bid pursuant to GCC 72.2."

Sub-Clause 72.2: Currency Proportions

Alternative B: To be used with Clause 60, Alternative B.

Delete entirely and replace with "All payments shall be made in the currency or currencies specified in the Appendix to Bid." *(WB-M)*

Sub-Clause 72.4: Substantial Changes in Currency Requirements

The proportions of foreign and local currency payments of the balance of the Contract Price shall be amended by agreement between the Employer and the Contractor to reflect any substantial changes in the expected foreign and local currency requirements of the Contractor during the execution of the Works, provided that *(WB-M)*

(a) the Contractor shall inform the Employer and the Engineer whenever any such substantial change may occur; or

(b) the Engineer may recommend a review of such expected requirements if in his judgment there is evidence of a change in the country of origin of materials, Plant, or services to be provided under the Contract that should result in any substantial change of such expected requirements.

Sub-Clause 73.1: Foreign Taxation

The prices bid by the Contractor shall include all taxes, duties, and other charges imposed outside the Employer's country on the production, manufacture, sale, and transport of the Contractor's Equipment, Plant, materials, and supplies to be used on or furnished under the Contract, and on the services performed under the Contract. *(WB-M)* *(*)*

Sub-Clause 73.2: Local Taxation

The prices bid by the Contractor shall include all customs duties, import duties, business taxes, and income and other taxes that may be levied in accordance with the laws and regulations in being on the date 28 days prior to the latest date for submission of bids in the Employer's country on the Contractor's Equipment, Plant, materials, and supplies (permanent, temporary, and consumable) acquired for the purpose of the Contract and on the services performed under the Contract. Nothing in the Contract shall relieve the Contractor from his responsibility to pay any tax that may be levied in the Employer's country on profits made by him in respect of the Contract. *(WB-M)* *(*)*

Sub-Clause 73.3: Income Taxes on Staff

The Contractor's staff and labor will be liable to pay personal income taxes in the Employer's country in respect of such of their salaries and wages as are chargeable under the laws and regulations for the time being in force, and the Contractor shall perform such duties in regard to such deductions thereof as may be imposed on him by such laws and regulations. *(WB-R)* *(*)*

Sub-Clause 73.4: Duties on Contractor's Equipment[32]

Notwithstanding the provisions of Sub-Clause 73.2, Contractor's Equipment, including essential spare parts therefor, imported by the Contractor for the sole purpose of executing the Contract shall be temporarily exempt from the payment of import duties and taxes upon initial importation, provided the Contractor shall post with the customs authorities at the port of entry an approved export bond or bank guarantee, valid until the time of completion of the Contract plus six months, in an amount equal to the full import duties and taxes that would be payable on the assessed imported value of such Contractor's Equipment and spare parts, and callable in the event that the Contractor's Equipment is not exported from the Employer's country on completion of the Contract. A copy of the bond or bank guarantee endorsed by the customs authorities shall be provided by the Contractor to the Employer upon the importation of individual items of Contractor's Equipment and spare parts. Upon export of individual items of Contractor's Equipment or spare parts, or upon completion of the Contract, the Contractor shall prepare, for approval by the customs authorities, an assessment of the residual value of the Contractor's Equipment and spare parts to be exported, based on the depreciation scale(s) and other criteria used by the customs authorities for such purposes under the provisions of the applicable law. Import duties and taxes shall be due and payable to the customs authorities by the Contractor on (a) the difference between the initial imported value and the residual value of the Contractor's Equipment and spare parts to be exported; and (b) on the initial imported value of that Contractor's Equipment and spare parts remaining in the Employer's country after completion of the Contract. Upon payment of such dues within 28 days of being invoiced, the bond or bank guarantee shall be reduced or released accordingly; otherwise the security shall be called in the full amount remaining. *(WB-R)* *(*)*

Sub-Clause 75.1: Termination of Contract for Employer's Convenience

The Employer shall be entitled to terminate this Contract at any time for the Employer's convenience after giving 56 days' prior notice to the Contractor, with a copy to the Engineer. In the event of such termination, the Contractor *(WB-O)*

(a) shall proceed as provided in Sub-Clause 65.7; and

(b) shall be paid by the Employer as provided in Sub-Clause 65.8.

---

32 Sub-Clause 73.4 should apply where import duties and taxes are to be levied on the value of the Contractor's Equipment that depreciates during construction. Its use is recommended in situations where domestic contractors who have paid full duties for the Contractor's Equipment they use are to compete with foreign contractors. If the Employer wishes to exempt the Contractor from import duties, the sub-clause can be modified by deleting in the first sentence the words "temporarily" and "initial" and concluding the sub-clause on the word "importation" of the same sentence.

Sub-Clause 76.1: Restrictions on Eligibility

(a) Any Plant, materials, or services that will be incorporated in or required for the Works, as well as the Contractor's Equipment and other supplies, shall have their origin in any of the countries and territories eligible under the Bank's *Guidelines for Procurement,* as defined in section 14 of the bidding documents, "Eligibility for the Provisions of Goods, Works, and Services in Bank-Financed Procurement," as amended periodically by the Bank. *(WB-M)*

(b) For the purposes of this clause, "origin" means the place where the materials and equipment were mined, grown, produced, or manufactured, or from which the services are provided.

(c) The origin of Goods and Services is distinct from the nationality of the Supplier.

Sub-Clause 77.1: Joint and Several Liability

If the Contractor is a joint venture of two or more persons, all such persons shall be jointly and severally bound to the Employer for the fulfillment of the terms of the Contract and shall designate one of such persons to act as a partner in charge with authority to bind the joint venture. The composition or the constitution of the joint venture shall not be altered without the prior consent of the Employer. *(F-M)*

Sub-Clause 78.1: Details to Be Confidential

The Contractor shall treat the details of the Contract as private and confidential, save insofar as may be necessary for the purposes thereof, and shall not publish or disclose the same or any particulars thereof in any trade or technical paper or elsewhere without the previous consent in writing of the Employer or the Engineer. If any dispute arises as to the necessity of any publication or disclosure for the purpose of the contract, the same shall be referred to the Employer whose determination shall be final. *(F-R)*

SECTION VI. TECHNICAL SPECIFICATIONS

Notes for Preparing Technical Specifications

Precise and clear Specifications are a prerequisite for bidders to respond realistically and competitively to the requirements of the Employer without qualifying or conditioning their bids. In the context of international competitive bidding, the Specifications must be drafted to permit the widest possible competition and, at the same time, present a clear statement of the required standards of materials, Plant, other supplies, and workmanship to be provided. Only if this is done will the objectives of economy, efficiency, and equality in procurement be realized, responsiveness of bids be ensured, and the subsequent task of bid evaluation facilitated. The Specifications should require that all materials, Plant, and other supplies to be incorporated in the Works are new, unused, of the most recent or current models, and incorporate all recent improvements in design and materials unless provided otherwise in the Contract. A clause setting out the scope of the Works is often included at the beginning of the Specifications, and it is customary to give a list of the Drawings. Where the Contractor is responsible for the design of any part of the Permanent Works, the extent of his obligations must be stated. (See Sub-Clause 8.1 of the Conditions of Contract.)

Samples of Specifications from previous similar projects in the same country are useful in this respect. The use of metric units is encouraged by IBRD. Most Specifications are normally written specially by the Employer or Engineer to suit the contracts for Works in hand. There are no standard Specifications for universal application in all sectors in all countries, but there are established principles and practices that are reflected in these documents.

There are considerable advantages in standardizing **General Specifications** for repetitive Works in recognized public sectors, such as highways, ports, railways, urban housing, irrigation, and water supply, in the same country or region where similar conditions prevail. The General Specifications should cover all classes of workmanship, materials, and equipment commonly involved in construction, although not necessarily to be used in a particular Works contract. Deletions or addenda should then adapt the General Specifications to the particular Works.

Care must be taken in drafting Specifications to ensure that they are not restrictive. In the specification of standards for materials, Plant, other supplies, and workmanship, recognized international standards should be used as much as possible. Where other particular standards are used, whether national standards of the Borrower's country or other standards, the Specifications should state that materials, Plant, other supplies, and workmanship meeting other authoritative standards, and which ensure substantially equal performance, as the standards mentioned, will also be acceptable. The following clause may be inserted in the Conditions of Particular Application or the Specifications:

Sample Clause: Equivalency of Standards and Codes

Wherever reference is made in the Contract to specific standards and codes to be met by the materials, Plant, and other supplies to be furnished, and work performed or tested, the provisions of the latest current edition or revision of the relevant standards and codes in effect shall apply, unless otherwise expressly stated in the Contract. Where such standards and codes are national, or relate to a particular country or region, other authoritative standards that ensure substantial equivalence to the standards and codes specified will be accepted subject to the Engineer's prior review and written approval. Differences between the standards specified and the proposed alternative standards must be fully described in writing by the Contractor and submitted to the Engineer at least 28 days prior to the date when the Contractor desires the Engineer's approval. In the event the Engineer determines that such proposed deviations do not ensure substantially equal performance, the Contractor shall comply with the standards specified in the documents.

Alternative Technical Proposals

Employers should decide whether technical solutions to specified parts of the Works are to be permitted. Alternatives are appropriate in cases where obvious (and potentially less costly) alternatives are possible to the technical solutions indicated in the bidding documents for certain elements of the Works, taking into consideration the comparative specialized advantage of potential bidders. For example:

- pile foundations (proprietary methods and different material)
- bridge foundations (open well, caissons, piles, etc.)
- columns, beams, decking (reinforced concrete, prestressed concrete, steel, etc.)
- proprietary methods for post-tensioning concrete
- lining of canals
- pipeline materials, coating, jointing
- road surfacing (asphalt, concrete, etc.)
- transmission tower design and erection
- street lighting
- offshore foundations
- offshore trestle spans

The Employer should provide a description of the selected parts of the Works with appropriate references to Drawings, Specifications, Bill of Quantities, and Design or Performance criteria, stating that the alternative solutions shall be at least structurally and functionally equivalent to the basic design parameters and specifications.

Such alternative solutions shall be accompanied by all information necessary for a complete evaluation by the Employer, including drawings, design calculations, technical specifications, breakdown of prices, proposed construction methodology, and other relevant details. Technical alternatives permitted in this manner shall be considered by the Employer each on its own merits and independently of whether the bidder has priced the item as described in the Employer's design included with the bidding documents.

In more complex cases, a "turnkey" or "design-and-construct" approach may be more appropriate, in which cases a two-stage bidding process is recommended in conformity with other Bank Standard Bidding Documents.

These **Notes for Preparing Technical Specifications** are intended only as information for the Employer or the person drafting the bidding documents. They should **not** be included in the final documents.

SECTION VII. FORM OF BID, APPENDIX TO BID, AND BID SECURITY

The Bid Appendix and Agreement contained in FIDIC Part I—General Conditions of Contract—are hereby deleted and replaced by the Form of Bid, Appendix to Bid, and Form of Agreement that follow.

Note: Prior to the issue of the bidding documents, the Employer should insert relevant data for all items marked with an asterisk (*) and for any related clauses that have been included in the Conditions of Particular Application.

Form of Bid

Name of Contract:*

To:* *[insert name of Employer]*

Gentlemen:

1. In accordance with the Conditions of Contract, Specification, Drawings, and Bill of Quantities and Addenda Nos. *[insert Addenda Nos.]* for the execution of the above-named Works we, the undersigned,

offer to construct and install such Works and remedy any defects therein in conformity with the Conditions of Contract, Specifications, Drawings, Bill of Quantities, and Addenda for the sum of *[insert amounts in numbers and words] [as specified in the Appendix to Bid or such other sums as may be ascertained in accordance with the conditions]*.

2. We acknowledge that the Appendix forms part of our Bid.
3. We undertake, if our Bid is accepted, to commence the Works as soon as is reasonably possible after the receipt of the Engineer's notice to commence, and to complete the whole of the Works comprised in the Contract within the time stated in the Appendix to Bid.
4. We agree to abide by this Bid until the date specified in ITB Clause 16 *[insert date]*, and it shall remain binding upon us and may be accepted at any time before that date.
5. Unless and until a formal Agreement is prepared and executed this Bid, together with your written acceptance thereof, shall constitute a binding Contract between us.
6. We understand that you are not bound to accept the lowest or any bid you may receive.
7. We certify/confirm that we comply with the eligibility requirements as per ITB Clause 3 of the bidding documents.
8. Commissions or gratuities, if any, paid or to be paid by us to agents relating to this Bid, and to Contract execution if we are awarded the Contract, are listed below:

Name and address of agent	Amount and currency	Purpose of commission or gratuity
______________________	______________________	______________________
______________________	______________________	______________________

(if none, state "none")

Dated this ______________________ day of ______________________ 20 ____________

Signature ______________________ in the capacity of ______________________

duly authorized to sign bids for and on behalf of ______________________

[in block capitals or typed]

Address: ______________________

Witness: ______________________

Address: ______________________

Occupation ______________________

Appendix to Bid

Note: The Employer should insert relevant data for all the items marked with an asterisk (*) prior to the issue of the bidding documents and for all related clauses that have been included in the Conditions of Particular Application. Where a number of days is to be inserted, it is desirable for the number to be a multiple of seven, for consistency with the Conditions of Contract.

Bidders should fill in all the appropriate blank spaces. Bidders are required to sign each page of the Appendix to Bid.

Conditions of Contract Sub-Clause

Definitions	1.1 (a), 69.6	The "Bank" and/or "World Bank" includes the International Bank for Reconstruction and Development (IBRD) and the International Development Association (IDA).
	*1.1 (a) (i)	The Employer is *[insert name]*
	*1.1 (a) (iv)	The Engineer is *[insert name]*

Engineer's Authority to Issue Variations	*2.1 (d) (ii)	________ percent of the Contract Price.
	*5.1 (a)	The language is ________________________ . *[insert language]*[33]
	*5.1 (b)	The law in force is that of ________________ *[insert name of country]*
Performance Security	*10.1	The performance security will be in the form of a ________ *[insert either one of "conditional" or "unconditional" "bank guarantee" or "performance bond"]* in the amount(s) of _____ *[insert related figure(s)]* percent of the Contract Price.
Inspection of Site	*11.2	Data made available by the Employer under Sub-Clause 11.1 is open for inspection at *[insert address]*.
Program to Be Submitted	*14.1	________ days.[34]
Cash Flow Estimate	*14.3	________ days.[34]
Country of the Employer	*16.4	The country of the Employer is *[insert country]*.
Minimum Amount of Third-Party Insurance	*23.2	______________ per occurrence, with the number of occurrences unlimited.
Time for Issue of the Notice to Commence	*41.1	________ days.
Time for Completion[35]	*43.1	________ days[36] *[or insert date]*.
Amount of Liquidated Damages[37]	*47.1	______________ per day.
Limit of Liquidated Damages	*47.1	________ percent of the final Contract Price.
Amount of Bonus for Early Completion[38]	*47.3	______________ per day.
Limit of Bonus[39]	*47.3	________ percent of Contract Price.
Taking Over of Sections or Parts	*48.2 (a)	***[if applicable, listed under Sub-Clause 43.1]***
Defects Liability Period	*49.1	________ days.
	*49.5	________ years *[if applicable]*.

---

[33] The Bank requires that the language be English, French, or Spanish for International Competitive Bidding (ICB).

[34] For consistency with the rest of the Conditions of Contract, the number of days inserted should be a multiple of 7. The number of days for submission of the program and cash flow should be between 14 and 35 days after receipt of the Letter of Acceptance.

[35] Insert the time for completion of the whole of the Works and also the time for completion of Sections, if applicable.

[36] Substitute a specific date, if the optional wording of Sub-Clause 43.1 of the Conditions of Particular Application is used. Further, if times (or dates) are to be specified for various sections of the Works, they should be listed here.

[37] Insert amounts of liquidated damages for Sections, if applicable.

[38] Insert amounts of bonuses for Sections, if applicable.

[39] If specified in Sub-Clause 47.3.

Minimum Amount of Interim Payment Certificates	*60.2	_________ amount.
Retention Money[40]	*60.5	_________ percent of Interim Payment Certificates.
Maximum Amount of Advance Payment[41]	*60.7	_________ percent of the Contract Price.
Start Repayment of Advance Payment[42]	*60.7	After certification of _______________ percent of the Contract Price.
Monthly Recovery of Advance Payment[43]	*60.7	_________ percent[44] of the amount of monthly Interim Payment Certificates.
Number of Copies of Statement of Completion and Final Statement	*60.1 60.10 60.11	_________ Number.
Settlement of Disputes	*67.1	The appointing authority shall be: ___________________________________
Notice to Employer and Engineer	*68.2	The Employer's address is: ___________________________________ ___________________________________ ___________________________________ *[insert name and address]* The Engineer's address is: ___________________________________ ___________________________________ ___________________________________ *[insert name and address]*

The items on the following pages are to be filled in by the bidder as part of its bid, except for the items marked*.

---

40 The amount is usually 5 to 10 percent. Note that one-half will be repaid on Taking-Over, and only the balance will remain as security during the Defects Liability Period.

41 The advance payment is usually 10 to 15 percent, but may be up to 20 percent in special cases.

42 Repayment should commence only when about 20 to 30 percent of the Contract payments have been made.

43 The percentage of each monthly Interim Payment Certificate to be deducted for repayment should be calculated so as to obtain full recovery of the advance payment by the time 80 percent of the Contract Price has been certified for payment.

44 A form of Bank Guarantee for Advance Payment is provided in Section IX.

Alternative A: For Use with Alternatives A of Clause 60 and Sub-Clause 72.2	60.1 72.2	*[see **Table: Alternative A** immediately below]*

Table: Alternative A

Summary of payment currencies of the Bid for ______________________ *[insert name of Section of the Works]*[45]

Name of payment currency	*A* *Amount of currency*	*B* *Rate of exchange (local currency per unit of foreign)*	*C* *Local currency equivalent* *C = A x B*	*D* *Percentage of Net Bid Price (NBP)* *100xC / NBP*
Local currency ________		1.00		
Foreign currency #1 ________				
Foreign currency #2 ________				
Foreign currency #3 ________				
Net Bid Price				100.00
Provisional sums expressed in local currency	123,456*		**123,456***	
BID PRICE				

* To be entered by Employer.

45 Separate tables may be required if the various sections of the Works (or of the Bill of Quantities) will have substantially different foreign and local currency requirements. The Employer should insert the names of each Section of the Works.

Alternative B: For Use with Alternatives B of Clause 60 and Sub-Clause 72.2	60.1 72.2	*[see **Table: Alternative B** immediately below]*

Table: Alternative B

Summary of currencies of the bid for ______________ *[insert name of Section of the Works]* [46]

Name of currency	*Amounts payable*
Local currency: ____________	
Foreign currency #1: ____________	
Foreign currency #2: ____________	
Foreign currency #3: ____________	

Origin of Materials and Plant	60.3 (a) (v) 60.3 (d)	*[listed under Sub-Clause 70.4]*
Rate of Interest upon Unpaid Sums	*60.8	_______ percent for payments in local currency. For other currencies, refer to the table immediately below.

Currency (as per Sub-Clause 60.1)	*London Inter-Bank On-Lending Rate (LIBOR) plus 2 percent*[a]
____________	____________
____________	____________
____________	____________
etc.	etc.

a The above rates of interest for foreign currencies shall be supplied by the bidder, and these rates are subject to clarification/negotiation before formalizing the Contract.

Approximate Weightings for Price Adjustment Formulae	*70.3	*[See table immediately below.]*

Description of index	*% range of weighting*[a]
Fixed ____________	* ____________ ____________
Labor ____________	* ____________ to ____________
____________	* ____________ to ____________
____________	* ____________ to ____________
etc.	
Total	100

a. As guidance to bidders and for the purpose of checking their submissions, the Employer has estimated and provided a range of acceptable weightings for related major construction inputs in accordance with the potential range of construction methodologies, based on estimated cost in a common currency.

---

46 Separate tables may be required if the various Sections of the Works (or of the Bill of Quantities) will have substantially different foreign and local currency requirements. The Employer should insert the names of each Section of the Works.

Weightings and Indices[47] 70.3 70.4

In the tables immediately below, bidders shall (a) indicate their amounts of local currency payment, (b) indicate their proposed source and base values of indices for the different foreign currency elements of cost, (c) derive their proposed weightings for local and foreign currency payment as indicated below, and (d) list the exchange rates used in the currency conversion. If payment is to be made in more than one foreign currency, the bidder shall complete a similar table of source indices for each currency. In the case of very large and/or complex works contracts, it may be necessary to specify several families of price adjustment formulae corresponding to the different works involved.

Table A. Local Currency

*Index code**	*Index description**	*Source of index**	*Base value and date**	*Bidder's related currency amount*	*Bidder's proposed weighting*
	Nonadjustable	—	—	—	A: ______*
					B: ______
					C: ______
					D: ______
					E: ______
			Total		1.00

Table B. Foreign Currency 1 (FC1). State type: ________________________ **a**

Index code	*Index description*	*Source of index*	*Base value and date*	*Bidder's related source currency in type/amount*	*Equivalent in FC1*	*Bidder's proposed weighting*
	Nonadjustable	—	—	—		A: ______*
						B: ______
						C: ______
						D: ______
						E: ______
				Total		1.00

a. If the bidder wishes to quote in more than one foreign currency (up to three), this table should be repeated for each foreign currency.

47 The Employer shall enter the amount of the fixed element A in the tables below, and the source of indexing of local currency elements of cost.

Schedule of Named Specialist Subcontractorsa

Item	*Element of work*	*Approximate value*	*Name and address of subcontractor*	*Statement of similar works executed*

a. The bidder shall enter in this schedule a list of the specialized works and approximate value of the work for which he proposes to use specialist subcontractors, together with the names and addresses of the proposed subcontractors.

Form of Bid Security (Bank Guarantee)[48]

____

[Bank's Name, and Address of Issuing Branch or Office]

Beneficiary: _______________ *[Name and Address of Employer]*
Date: _______________

BID GUARANTEE No.: _______________

We have been informed that ___________ *[name of the Bidder]* (hereinafter called "the Bidder") has submitted to you its bid dated ______________ (hereinafter called "the Bid") for the execution of __________________ *[name of contract]* under Invitation for Bids No. __________ ("the IFB").

Furthermore, we understand that, according to your conditions, bids must be supported by a bid guarantee.

At the request of the Bidder, we _____________ *[name of Bank]* hereby irrevocably undertake to pay you any sum or sums not exceeding in total an amount of _____________ *[amount in figures]* (_________) *[amount in words]* upon receipt by us of your first demand in writing accompanied by a written statement stating that the Bidder is in breach of its obligation(s) under the bid conditions, because the Bidder:

(a) has withdrawn its Bid during the period of bid validity specified by the Bidder in the Form of Bid; or

(b) does not accept the correction of errors in accordance with the Instructions to Bidders (hereinafter "the ITB") of the IFB; or

(c) having been notified of the acceptance of its Bid by the Employer during the period of bid validity, (i) fails or refuses to execute the Contract Form, if required, or (ii) fails or refuses to furnish the performance security, in accordance with the ITB.

This guarantee will expire: (a) if the Bidder is the successful bidder, upon our receipt of copies of the contract signed by the Bidder and the performance security issued to you upon the instruction of the Bidder; or (b) if the Bidder is not the successful bidder, upon the earlier of (i) our receipt of a copy of your notification to the Bidder of the name of the successful bidder; or (ii) twenty-eight days after the expiration of the Bidder's Bid.

Consequently, any demand for payment under this guarantee must be received by us at the office on or before that date.

This guarantee is subject to the Uniform Rules for Demand Guarantees, ICC Publication No. 458.

____

[signature(s)]

[48] The Bidder shall complete either this form of Bank Guarantee or may provide another security acceptable to the Employer.

Form of Bid Security (Bid Bond)

BOND NO. ____________________

BY THIS BOND *[insert name of Bidder]* as Principal (hereinafter called "the Principal"), and *[insert name, legal title, and address of surety]*, **authorized to transact business in** *[insert name of country of Employer]*, as Surety (hereinafter called "the Surety"), are held and firmly bound unto *[insert name of Employer]* as Obligee (hereinafter called "the Employer") in the sum of *[insert amount of Bond]*[49] *[insert amount in words]*, for the payment of which sum, well and truly to be made, we, the said Principal and Surety, bind ourselves, our successors and assigns, jointly and severally, firmly by these presents.

WHEREAS the Principal has submitted a written Bid to the Employer dated the ___ day of ______, 20__, for the construction of *[insert name of Contract]* (hereinafter called the "Bid").

NOW, THEREFORE, THE CONDITION OF THIS OBLIGATION is such that if the Principal:

(1) withdraws its Bid during the period of bid validity specified in the Form of Bid; or

(2) refuses to accept the correction of its Bid Price, pursuant to Sub-Clause 29.2 of the Instructions to Bidders; or

(3) having been notified of the acceptance of its Bid by the Employer during the period of Bid validity;

   (a) fails or refuses to execute the Form of Agreement in accordance with the Instructions to Bidders, if required; or

   (b) fails or refuses to furnish the Performance Security in accordance with the Instructions to Bidders;

then the Surety undertakes to immediately pay to the Employer up to the above amount upon receipt of the Employer's first written demand, without the Employer having to substantiate its demand, provided that in its demand the Employer shall state that the demand arises from the occurrence of any of the above events, specifying which event(s) has occurred.

The Surety hereby agrees that its obligation will remain in full force and affect up to and including the date 28 days after the date of expiration of the Bid validity as stated in the Invitation to Bid or extended by the Employer at any time prior to this date, notice of which extension(s) to the Surety being hereby waived.

IN TESTIMONY WHEREOF, the Principal and the Surety have caused these presents to be executed in their respective names this ____ day of ___________ 20__.

Principal: ____________________

Surety: ____________________
Corporate Seal (where appropriate)

____
(Signature)

____
(Printed name and title)

____
(Signature)

____
(Printed name and title)

[49] The amount of the Bond shall be denominated in the currency of the Employer's country or the equivalent amount in a freely convertible currency.

Bid-Securing Declaration

[If required, the ***Bidder*** *shall fill in this form in accordance with the instructions indicated in brackets.]*

Date: *[insert date]*

Name of contract: *[insert name]*

Contract Identification N°: *[insert number]*

Invitation for Bid No.: *[insert number]*

To: ___________________________

We, the undersigned, declare that:

1. We understand that, according to your conditions, bids must be supported by a bid-securing declaration.
2. We accept that we shall be suspended from being eligible for bidding in any contract with the Employer for the period of time of *[insert time period]* starting on *[insert start date]*, if we are in breach of our obligation(s) under the bid conditions, because we:
   (a) have withdrawn our Bid during the period of bid validity specified by us in the Bid Submission Sheet; or
   (b) do not accept the correction of errors in accordance with the Instructions to Bidders (hereinafter "the ITB") of the Bidding Documents; or
   (c) having been notified of the acceptance of our Bid by the Employer during the period of bid validity, (i) fail or refuse to execute the Contract Form, if required, or (ii) fail or refuse to furnish the performance security, in accordance with the ITB.
3. We understand this bid securing shall expire if we are not the successful bidder, upon the earlier of (i) our receipt of a copy of your notification to the Bidder that the bidder was unsuccessful; or (ii) twenty-eight days after the expiration of our bid.
4. We understand that if we are a JV, the Bid Securing Declaration must be in the name of the JV that submits the bid. If the JV has not been legally constituted at the time of bidding, the Bid Securing Declaration shall be in the names of all future partners as named in the letter of intent.

Signed *[insert signature(s) of authorized representative]* In the Capacity of *[insert title]*

Name *[insert printed or typed name]*

Duly authorized to sign the bid for and on behalf of *[insert authorizing entity]*

Dated on *[insert day]* day of *[insert month]*, *[insert year]*

Section VIII. Bill of Quantities

Notes for Preparing a Bill of Quantities

Objectives

The objectives of the Bill of Quantities are

(a) to provide sufficient information on the quantities of Works to be performed to enable bids to be prepared efficiently and accurately; and

(b) when a contract has been entered into, to provide a priced Bill of Quantities for use in the periodic valuation of Works executed.

In order to attain these objectives, Works should be itemized in the Bill of Quantities in sufficient detail to distinguish between the different classes of Works, or between Works of the same nature carried out in different locations or in other circumstances which may give rise to different considerations of cost. Consistent with these requirements, the layout and content of the Bill of Quantities should be as simple and brief as possible.

Content

The Bill of Quantities should be divided generally into the following sections:

(a) Preamble;

(b) Work Items (grouped into parts);

(c) Daywork Schedule; and

(d) Summary.

Preamble

The Preamble should indicate the inclusiveness of the unit prices, and should state the methods of measurement that have been adopted in the preparation of the Bill of Quantities and that are to be used for the measurement of any part of the Works.

Rock

Where excavation, boring, or driving is included in the Works, a comprehensive definition of rock (always a contentious topic in contract administration), if not given in the Technical Specification, should be given in the Preamble, and this definition should be used for the purposes of measurement and payment.

Work Items

The items in the Bill of Quantities should be grouped into sections to distinguish between those parts of the Works that by nature, location, access, timing, or any other special characteristics may give rise to different methods of construction, phasing of the Works, or considerations of cost. General items common to all parts of the Works may be grouped as a separate section in the Bill of Quantities. When a family of Price Adjustment Formulae are used, they should relate to appropriate sections in the Bill of Quantities.

Quantities

Quantities should be computed net from the Drawings, unless directed otherwise in the Contract, and no allowance should be made for bulking, shrinkage, or waste. Quantities should be rounded up or down where appropriate, and spurious accuracy should be avoided.

Units of Measurement

The following units of measurement and abbreviations are recommended for use (unless other national units are mandatory in the country of the Employer).

Unit	Abbreviation	Unit	Abbreviation
cubic meter	m^3 *or* cu m	millimeter	mm
	ha	month	mon
hectare	h	number	nr
	kg	square meter	m^2 *or* sq m
hour	sum	square millimeter	mm^2 *or* sq mm
kilogram	m	week	wk
lump sum	t		
meter			
metric ton			
(1,000 kg)			

Ground and Excavation Levels

The commencing surface should be identified in the description of each item for work involving excavation, boring, or driving, for which the commencing surface is not also the original surface. The excavated surface should be identified in the description of each item for work involving excavation for which the excavated surface is not also the final surface. The depths of work should be measured from the commencing surface to the excavated surface, as defined.

Daywork Schedule

A Daywork Schedule should be included if the probability of unforeseen work, outside the items included in the Bill of Quantities, is relatively high. To facilitate checking by the Employer of the realism of rates quoted by the bidders, the Daywork Schedule should normally comprise:

(a) a list of the various classes of labor, materials, and Contractor's Equipment for which basic Daywork rates or prices are to be inserted by the bidder, together with a statement of the conditions under which the Contractor will be paid for work executed on a Daywork basis; and

(b) a percentage to be entered by the bidder against each basic Daywork Subtotal amount for labor, materials, and Plant representing the Contractor's profit, overheads, supervision, and other charges.

Provisional Quantities and Sums

Provision for quantity contingencies in any particular item or class of work with a high expectation of quantity overrun should be made by entering specific "Provisional Quantities" or "Provisional Items" in the Bill of Quantities, and *not* by increasing the quantities for that item or class of work beyond those of the work normally expected to be required. To the extent not covered above, a general provision for physical contingencies (quantity overruns) should be made by including a "Provisional Sum" in the Summary of the Bill of Quantities. Similarly, a contingency allowance for possible price increases should be provided as a "Provisional Sum" in the Summary of the Bill of Quantities. The inclusion of such Provisional Sums often facilitates budgetary approval by avoiding the need to request periodic supplementary approvals as the future need arises.

The estimated cost of specialized work to be carried out, or of special goods to be supplied, by a Nominated Subcontractor (reference Clause 59 or Part I) should be indicated in the relevant part of the Bill of Quantities as a particular Provisional Sum with an appropriate brief description. A separate bidding procedure is normally carried out by the Employer to select the specialists, who are then nominated as subcontractors to the main or prime contractor. To provide an element of competition among the main bidders (or prime contractors) in respect of any facilities, amenities, attendance, etc., to be provided by the successful bidder as prime contractor for the use and convenience of the specialist or nominated subcontractor, each related Provisional Sum should be following by an item in the Bill of Quantities inviting a percentage (to be quoted by the main bidder) payable on the actual expenditure from the Provisional Sum.

Summary

The Summary should contain a tabulation of the separate parts of the Bill of Quantities carried forward, with provisional sums for Daywork, for physical (quantity) contingencies, and for price contingencies (upward price adjustment) where applicable.

These Notes for Preparing a Bill of Quantities are intended only as information for the Employer or the person drafting the bidding documents. They should not be included in the final documents.

Sample

Bill of Quantities

A. Preamble

1. The Bill of Quantities shall be read in conjunction with the Instructions to Bidders, General and Special Conditions of Contract, Technical Specifications, and Drawings.
2. The quantities given in the Bill of Quantities are estimated and provisional, and are given to provide a common basis for bidding. The basis of payment will be the actual quantities of work ordered and carried out, as measured by the Contractor and verified by the Engineer and valued at the rates and prices bid in the priced Bill of Quantities, where applicable, and otherwise at such rates and prices as the Engineer may fix within the terms of the Contract.
3. The rates and prices bid in the priced Bill of Quantities shall, except insofar as it is otherwise provided under the Contract, include all Constructional Plant, labor, supervision, materials, erection, maintenance, insurance, profit, taxes, and duties, together with all general risks, liabilities, and obligations set out or implied in the Contract.
4. A rate or price shall be entered against each item in the priced Bill of Quantities, whether quantities are stated or not. The cost of Items against which the Contractor has failed to enter a rate or price shall be deemed to be covered by other rates and prices entered in the Bill of Quantities.
5. The whole cost of complying with the provisions of the Contract shall be included in the Items provided in the priced Bill of Quantities, and where no Items are provided, the cost shall be deemed to be distributed among the rates and prices entered for the related Items of Work.
6. General directions and descriptions of work and materials are not necessarily repeated nor summarized in the Bill of Quantities. References to the relevant sections of the Contract documentation shall be made before entering prices against each item in the priced Bill of Quantities.
7. Provisional Sums included and so designated in the Bill of Quantities shall be expended in whole or in part at the direction and discretion of the Engineer in accordance with Sub-Clause 52.4 and Clause 58 of Part I of the Conditions of Contract.

8. The method of measurement of completed work for payment shall be in accordance with *[insert the name of a standard reference guide, or full details of the methods to be used]*.[50]

9. Errors will be corrected by the Employer for any arithmetic errors in computation or summation as follows:

   (a) where there is a discrepancy between amounts in figures and in words, the amount in words will govern; and

   (b) where there is a discrepancy between the unit rate and the total amount derived from the multiplication of the unit price and the quantity, the unit rate as quoted will govern, unless in the opinion of the Employer, there is an obviously gross misplacement of the decimal point in the unit price, in which event the total amount as quoted will govern and the unit rate will be corrected.

10. Rock is defined as all materials that, in the opinion of the Engineer, require blasting, or the use of metal wedges and sledgehammers, or the use of compressed air drilling for their removal, and that cannot be extracted by ripping with a tractor of at least 150 brake hp with a single, rear-mounted, heavy-duty ripper.

Sample

Bill of Quantities

B. Work Items

1. The Bill of Quantities usually contains the following part Bills, which have been grouped according to the nature or timing of the work:

   Bill No. 1—General Items;

   Bill No. 2—Earthworks;

   Bill No. 3—Culverts and Bridges;

   Bill No. 4—etc., as required;

   Daywork Schedule; and

   Summary Bill of Quantities.

2. Bidders shall price the Bill of Quantities in local currency only and shall indicate in the Appendix to Bid the percentage expected for payment in foreign currency or currencies.[51]

Die in der Originalversion folgenden einzelnen Beispiele wurden als Platzgründen nicht mit abgedruckt.

SECTION IX. FORM OF AGREEMENT, FORMS OF PERFORMANCE SECURITY, AND BANK GUARANTEE FOR ADVANCE PAYMENT

Form of Agreement

AGREEMENT

THIS AGREEMENT made the __________ day of ________________ 20______________________

[50] The method of measurement should be spelled out precisely in the Preamble to the Bill of Quantities, describing for example the allowances (if any) for timbering in excavation, etc. Many national standard reference guides have been prepared on the subject, and one such guide is the Standard Method of Measurement of the U.K. Institution of Civil Engineers.

[51] The example given illustrates one of the two alternative methods of setting up a Bill of Quantities, in which rates and prices are entered in local currency only, with bidders stating separately their proportionate requirements in different types and amounts of foreign currencies. The second method is where rates and prices are broken down for each item into local and foreign currency components. The first method is administratively more convenient and hence is more commonly used in Works contracts.

between ______________________ of______________________
(hereinafter called "the Employer") of the one part and______________________
of ______________ (hereinafter called "the Contractor") of the other part.

WHEREAS the Employer is desirous that certain Works should be executed by the Contractor, viz., , and has accepted a Bid by the Contractor for the execution and completion of such Works and the remedying of any defects therein.

NOW THIS AGREEMENT WITNESSETH as follows:

1. In this Agreement, words and expressions shall have the same meanings as are respectively assigned to them in the Conditions of Contract hereinafter referred to.
2. The following documents shall be deemed to form and be read and construed as part of this Agreement, and the priority of the documents shall be as follows:
   (a) the Letter of Acceptance;
   (b) the said Bid and Appendix to Bid;
   (c) the Conditions of Contract (Part II);
   (d) the Conditions of Contract (Part I);
   (e) the Specifications;
   (f) the Drawings;
   (g) the Priced Bill of Quantities; and
   (h) other documents, as listed in the Appendix to Bid
3. In consideration of the payments to be made by the Employer to the Contractor as hereinafter mentioned, the Contractor hereby covenants with the Employer to execute and complete the Works and remedy any defects therein in conformity in all respects with the provisions of the Contract.
4. The Employer hereby covenants to pay the Contractor in consideration of the execution and completion of the Works and the remedying of defects therein the Contract Price or such other sum as may become payable under the provisions of the Contract at the times and in the manner prescribed by the Contract.

IN WITNESS whereof the parties hereto have caused this Agreement to be executed the day and year first before written.

The Common Seal of______________________ was hereunto affixed in the presence of:
______________________ or ______________________

Signed, sealed, and delivered by the said______________________
in the presence of: ______________________

Binding Signature of Employer ______________________

Binding Signature of Contractor ______________________

Forms of Performance Security and Bank Guarantee for Advance Payment

Samples of acceptable forms of performance security are annexed. Bidders should not complete the forms at this time. Only the successful bidder will be required to provide performance security in accordance with one of the samples, or in a similar form acceptable to the Employer.

Annex A Form:[52]	**Alternative 1**	Performance Bank Guarantee
	Alternative 2	Performance Bank Guarantee (Conditional)
	Alternative 3	Performance Bond
Annex B Form:[53]	Bank Guarantee for Advance Payment	

[52] The Employer should select one or more of the alternatives indicated and include it (them) in the bidding documents prior to issue.

Annex A Form: Alternative 1

Performance Bank Guarantee

______________________________ *[Bank's Name, and Address of Issuing Branch or Office]*

Beneficiary: ____________________ *[Name and Address of Employer]*

Date: _______________

PERFORMANCE GUARANTEE No.: _______________

We have been informed that *[name of Contractor]* (hereinafter called "the Contractor") has entered into Contract No. *[reference number of the contract]* dated with you, for the execution of *[name of contract and brief description of Works]* (hereinafter called "the Contract").

Furthermore, we understand that, according to the conditions of the Contract, a performance guarantee is required.

At the request of the Contractor, we *[name of Bank]* hereby irrevocably undertake to pay you any sum or sums not exceeding in total an amount of *[amount in figures]* (__________) *[amount in words]*,[54] such sum being payable in the types and proportions of currencies in which the Contract Price is payable, upon receipt by us of your first demand in writing accompanied by a written statement stating that the Contractor is in breach of its obligation(s) under the Contract, without your needing to prove or to show grounds for your demand or the sum specified therein.

This guarantee shall expire no later than twenty-eight days from the date of issuance of the Taking-Over Certificate, calculated based on a copy of such Certificate which shall be provided to us, or on the ___ day of ______, 2___,[55] whichever occurs first. Consequently, any demand for payment under this guarantee must be received by us at this office on or before that date.

This guarantee is subject to the Uniform Rules for Demand Guarantees, ICC Publication No. 458, except that subparagraph (ii) of Sub-article 20(a) is hereby excluded.

____

[signature(s)]

Annex A Form: Alternative 2

Performance Bank Guarantee (Conditional)[56]

THIS AGREEMENT is made on the ___________________ day of _________________ 20 __________

between *[name of bank]* of *[address of bank]* (hereinafter called "the Guarantor") of the one part and *[name of Employer]* of *[address of Employer]* (hereinafter called "the Employer") of the other part.

---

53 The Employer should omit annex B if no Advance Payment is to be provided.

54 The Guarantor shall insert an amount representing the percentage of the Contract Price specified in the Contract and denominated either in the currency(ies) of the Contract or a freely convertible currency acceptable to the Employer.

55 Insert the date twenty-eight days after the expected completion date. The Employer should note that in the event of an extension of the time for completion of the Contract, the Employer would need to request an extension of this guarantee from the Guarantor. Such request must be in writing and must be made prior to the expiration date established in the guarantee. In preparing this guarantee, the Employer might consider adding the following text to the form, at the end of the penultimate paragraph: "The Guarantor agrees to a one-time extension of this guarantee for a period not to exceed [six months][one year], in response to the Employer's written request for such extension, such request to be presented to the Guarantor before the expiry of the guarantee."

56 The triggering of this form of performance guarantee is conditional (see sub-clause (a) of the Guarantee) upon the Contractor "failing to execute the Contract or committing a breach of his obligations thereunder" and requires a statement by the Employer and/or the Engineer to that effect and an exercise of judgment by the Guarantor as to whether the required conditions of default have been fulfilled. Some forms of guarantee contain further qualifying conditions and are not triggered until an agreement has been reached on the amount of damages payable, or until an award has been made under the applicable settlement of disputes procedures. The construction industry favors this form of guarantee over the unconditional guarantee whenever it is available. However, not all commercial banks (as Guarantors) are willing to issue conditional guarantees, and not all Employers are prepared to accept this form of performance security.

WHEREAS

(1) this Agreement is supplemental to a contract (hereinafter called the "Contract") made between *[name of Contractor]* of *[address of Contractor]* (hereinafter called "the Contractor") of the one part and the Employer of the other part whereby the Contractor agreed and undertook to execute the Works of *[name of Contract and brief description of the Works]* for the sum of *[amount in Contract currency]* being the Contract Price; and

(2) the Guarantor has agreed to guarantee the due performance of the Contract in the manner hereinafter appearing.

NOW, THEREFORE, the Guarantor hereby agrees with the Employer as follows:

(a) If the Contractor (unless relieved from the performance by any clause of the Contract or by statute or by the decision of a tribunal of competent jurisdiction) shall in any respect fail to execute the Contract or commit any breach of his obligations thereunder, then the Guarantor will indemnify and pay the Employer the sum of *[amount of Guarantee]*, *[amount in words]*,[57] such sum being payable in the types and proportions of currencies in which the Contract Price is payable, provided that the Employer or his authorized representative has notified the Guarantor to that effect and has made a claim against the Guarantor before a date 28 days after the issue date of the Taking-Over Certificate.

(b) The Guarantor shall not be discharged or released from his guarantee by an arrangement between the Contractor and the Employer, with or without the consent of the Guarantor, or by any alteration in the obligations undertaken by the Contractor, or by any forbearance on the part of the Contractor, whether as to the payment, time, performance, or otherwise, and any notice to the Guarantor of any such arrangement, alteration, or forbearance is hereby expressly waived.

This Guarantee shall be valid until a date 28 days from the date of issue of the Taking-Over Certificate.

Given under our hand on the date first mentioned above.

SIGNED BY ____

for and on behalf of the Guarantor in the presence of:

____

(Witness)

SIGNED BY ____

for and on behalf of the Employer in the presence of:

____

(Witness)

Annex A Form: Alternative 3

Performance Bond[58]

By this Bond *[name and address of Contractor]* as Principal (hereinafter called "the Contractor") and *[name, legal title, and address of Surety, bonding company, or insurance company]* as Surety (hereinafter called "the Surety"), are held and firmly bound unto *[name and address of Employer]* as Obligee (hereinafter called "the Employer") in the amount of *[amount of Bond]*, *[amount in words]*,[59] for the payment of which sum well and truly to be made in the types and proportions of currencies in which the Contract Price is payable, the Contractor and the Surety bind themselves, their heirs, executors, administrators, successors and assigns, jointly and severally, firmly by these presents.

---

57 An amount is to be inserted by the Guarantor, representing the percentage of the Contract Price specified in the Contract, and denominated either in the currency(ies) of the Contract or in a freely convertible currency acceptable to the Employer.

58 This form of bond corresponds to the North American practice, and should not be interpreted in the context of a "bond," as known in some other countries. Other forms of bonds, such as those prepared by ICC, may be used, provided they are acceptable to the Employer. As with the conditional bank guarantee, the wording of some bonds may be such that a default has to be established by a third party to trigger action by the Surety.

59 An amount is to be inserted by the Surety, representing the percentage of the Contract Price specified in the Contract and denominated either in the currency(ies) of the Contract or in a freely convertible currency acceptable to the Employer.

WHEREAS the Contractor has entered into a written Agreement with the Employer dated the day of____, 20 ________________, for *[name of Contract]* in accordance with the documents, plans, specifications, and amendments thereto, which to the extent herein provided for, are by reference made part hereof and are hereinafter referred to as the Contract.

NOW, THEREFORE, the Condition of this Obligation is such that, if the Contractor shall promptly and faithfully perform the said Contract (including any amendments thereto), then this obligation shall be null and void; otherwise, it shall remain in full force and effect. Whenever the Contractor shall be, and declared by the Employer to be, in default under the Contract, the Employer having performed the Employer's obligations thereunder, the Surety may promptly remedy the default, or shall promptly:

(1) complete the Contract in accordance with its terms and conditions; or

(2) obtain a Bid or bids from qualified Bidders for submission to the Employer for completing the Contract in accordance with its terms and conditions, and upon determination by the Employer and the Surety of the lowest responsive Bidder, arrange for a Contract between such Bidder and Employer and make available as work progresses (even though there should be a default or a succession of defaults under the Contract or Contracts of completion arranged under this paragraph) sufficient funds to pay the cost of completion less the Balance of the Contract Price; but not exceeding, including other costs and damages for which the Surety may be liable hereunder, the amount set forth in the first paragraph hereof. The term "Balance of the Contract Price," as used in this paragraph, shall mean the total amount payable by Employer to Contractor under the Contract, less the amount properly paid by Employer to Contractor; or

(3) pay the Employer the amount required by Employer to complete the Contract in accordance with its terms and conditions up to a total not exceeding the amount of this Bond.

The Surety shall not be liable for a greater sum than the specified penalty of this Bond.

Any suit under this Bond must be instituted before the expiration of one year from the date of the issuing of the Taking-Over Certificate.

No right of action shall accrue on this Bond to or for the use of any person or corporation other than the Employer named herein or the heirs, executors, administrators, successors, and assigns of the Employer.

In testimony whereof, the Contractor has hereunto set his hand and affixed his seal, and the Surety has caused these presents to be sealed with his corporate seal duly attested by the signature of his legal representative, this ______________________________ day of ______________________________ 20 __________.

SIGNED ON ____________________ on behalf of ______________________________

By ______________________________ in the capacity of ______________________________

In the presence of ______________________________

SIGNED ON ____________________ on behalf of ______________________________

By ______________________________ in the capacity of ______________________________

In the presence of ______________________________

Annex B Form

Bank Guarantee for Advance Payment

______________________________ *[Bank's Name, and Address of Issuing Branch or Office]*

Beneficiary: ________________ *[Name and Address of Employer]*

Date: ______________

ADVANCE PAYMENT GUARANTEE No.: ______________

We have been informed that *[name of Contractor]* (hereinafter called "the Contractor") has entered into Contract No. *[reference number of the contract]* dated ______ with you, for the execution of *[name of contract and brief description of Works]* (hereinafter called "the Contract").

Furthermore, we understand that, according to the conditions of the Contract, an advance payment in the sum *[amount in figures]* (_____) *[amount in words]* is to be made against an advance payment guarantee.

At the request of the Contractor, we *[name of Bank]* hereby irrevocably undertake to pay you any sum or sums not exceeding in total an amount of *[amount in figures]* (__________) *[amount in words]*[60] upon receipt by us of your first demand in writing accompanied by a written statement stating that the Contractor is in breach of its obligation under the Contract because the Contractor used the advance payment for purposes other than the costs of mobilization in respect of the Works.

It is a condition for any claim and payment under this guarantee to be made that the advance payment referred to above must have been received by the Contractor on its account number ______________________ at __________________ *[name and address of Bank]*.

The maximum amount of this guarantee shall be progressively reduced by the amount of the advance payment repaid by the Contractor as indicated in copies of interim statements or payment certificates which shall be presented to us. This guarantee shall expire, at the latest, upon our receipt of a copy of the interim payment certificate indicating that eighty (80) percent of the Contract Price has been certified for payment, or on the ___ day of _____, 2___,[61] whichever is earlier. Consequently, any demand for payment under this guarantee must be received by us at this office on or before that date.

This guarantee is subject to the Uniform Rules for Demand Guarantees, ICC Publication No. 458.

____

[signature(s)]

SECTION X. DRAWINGS

Notes for Preparing the Drawings

These Notes for Preparing the Drawings are intended only as information for the Employer or the persons preparing the bidding documents. They should not be included in the final documents.

It is customary to bind the drawings in a separate volume, which is often larger than other volumes of the Contract documents. The size will be dictated by the scale of the drawings, which must not be reduced to the extent that details are rendered illegible.

A simplified map showing the location of the Site in relation to the local geography, including major roads, posts, airports, and railroads, is helpful.

The construction drawings, even if not fully developed, must show sufficient details to enable bidders to understand the type and complexity of the work involved and to price the Bill of Quantities.

SECTION XI. EXPLANATORY NOTES

Notes and Additional Clauses to Section IV

(Part II—Conditions of Particular Application)

These notes contain annotations to the clauses of Part II, particularly related to the changes introduced in the text of FIDIC, fourth edition, reprinted 1992, to adapt it to IBRD required or recommended practice. Additional clauses for detailed aspects of contract formulation are also included. These Notes should not appear in the bidding documents. Rather, any desired sub-clauses should be incorporated in Part II of the Conditions of Contract.

Reference to annotations or additional clauses is indicated in Part II by an asterisk (*) in the margin. The clause numbers hereunder refer to Part II clause numbers.

---

[60] The Guarantor shall insert an amount representing the amount of the advance payment and denominated either in the currency(ies) of the advance payment as specified in the Contract, or in a freely convertible currency acceptable to the Employer.

[61] Insert the expected expiration date of the Time for Completion. The Employer should note that in the event of an extension of the time for completion of the Contract, the Employer would need to request an extension of this guarantee from the Guarantor. Such request must be in writing and must be made prior to the expiration date established in the guarantee. In preparing this guarantee, the Employer might consider adding the following text to the form, at the end of the penultimate paragraph: "The Guarantor agrees to a one-time extension of this guarantee for a period not to exceed [six months][one year], in response to the Employer's written request for such extension, such request to be presented to the Guarantor before the expiry of the guarantee."

Die hier folgenden einzelnen Anmerkungen und ergänzenden Klauselbeispiele wurden aus Platzgründen nicht mit abgedruckt.

SECTION XII. POSTQUALIFICATION

The documents have been prepared assuming that prequalification has taken place. Exceptionally, with previous Bank approval, postqualification might be appropriate, and, in such a case, the following Section XII provides the necessary changes to the documents.

Invitation for Bids (without Prequalification)

Notes on the Form of Invitation for Bids

If bids are invited openly from contractors without using a prequalification procedure, the Invitation for Bids should be issued directly to the public (see *IBRD Guidelines for Procurement*, paras. 2.7 and 2.8) as

(a) a General Procurement notice (for procurement by ICB) in UN Development Business;

(b) an advertisement in at least one newspaper of general circulation in the Employer's country and in the official gazette, if any;

(c) an advertisement in *Development Business* and/or well-known technical magazines for large or important contracts; and

(d) a letter addressed to contractors who, following the publication of the General Procurement Notice, have expressed interest in bidding for the Works.

Its purpose is to supply information to enable potential bidders to decide on their participation. Apart from the essential items listed in the standard documents, the Invitation for Bids should also indicate any important bid evaluation criteria (for example, the application of a margin of preference in bid evaluation).

The Specific Invitation for Bids (see sample) should be incorporated in the bidding documents and should be consistent with the information contained in the Bidding Data.

SPECIFIC PROCUREMENT NOTICE
SAMPLE FORMAT FOR INVITATION FOR BIDS

[NAME OF COUNTRY]

[NAME OF PROJECT]

[BRIEF DESCRIPTION OF GOODS/WORKS]

Loan/Credit No.

Contract/Bid No.

This invitation for bids follows the general procurement notice for this project that appeared in *Development Business* No. [*insert number*] of [*insert date*].[62]

The [*insert name of Borrower*] [*has received/has applied for/intends to apply for*] a [*loan/credit*] from the [*International Bank for Reconstruction and Development (IBRD)/International Development Association (IDA)*] toward the cost of the [*insert name of Project*], and it intends to apply part of the proceeds of this [*loan/credit*] to payments under the contract for [*insert name/no. of Contract*].[63] The [*insert name of implementing agency*] now invites sealed bids from eligible bidders for [*insert description of goods or works to be procured*].[64] The delivery/construction period is [*insert number of days/months/years or dates*].[65]

---

62 Day, month, year; for example, 31 January 1998.

63 [Insert the following if applicable]. This Contract will be jointly financed by [insert name of cofinancing agency]. Bidding will be governed by the World Bank's eligibility rules and procedures.

64 A brief description of the type(s) of goods or Works should be provided, including quantities, location of Project, and other information necessary to enable potential bidders to decide whether or not to respond to the in-

Bidding will be conducted through the international competitive bidding procedures specified in the World Bank's *Guidelines: Procurement under IBRD Loans and IDA Credits*, January 1995 (revised January and August 1996 and September 1997), and is open to all bidders from eligible source countries as defined in the guidelines.[66]

Interested eligible bidders may obtain further information from and inspect the bidding documents at the [*insert name of agency*] at the address below [*state address at end of document*] from [*insert office hours*].[67] A complete set of bidding documents in [*insert name of language*] may be purchased by interested bidders on the submission of a written application to the address below and upon payment of a nonrefundable fee[68] of [*insert amount in local currency*] or in [*insert amount in specified convertible currency*]. The method of payment will be [*insert method of payment*].[69] The document will be sent by [*insert delivery procedure*].[70]

Bids must be delivered to the address below by [*insert time and date*]. All bids must be accompanied by a bid security of [*insert amount in local currency or minimum percentage of bid price]* or an equivalent amount in a freely convertible currency.[71] Late bids will be rejected. Bids will be opened in the presence of bidders' representatives who choose to attend at the address below[72] at [*insert time and date*].

[Insert name of office]
[Insert name of officer]
[Insert postal address and/or street address]
Tel: *[Indicate country and city code]*
Fax: *[Indicate country and city code]*
E-mail:

Statement of Qualification

In the event of postqualification being required, bidders should be required to complete all the forms and tables of and provide all the information required by the *Standard Prequalification Document: Procurement of Works*, September 1999, (revised March 2000). The Employer must, in that case, provide the qualification criteria as indicated therein. Such approach requires modifications to Clauses 3 and 5 of the Instructions to Bidders and Bidding Data and prior approval by the Bank. This information will not be incorporated in the Contract.

Qualification of the Bidder

Modification to Section IIA, Instructions to Bidders

To be used where prequalification *has not* taken place.

Sub-Clause 3.1 (c): Eligible Bidders

Delete.

Sub-Clauses 5.1 to 5.4

Delete and substitute the following:

vitation. Bidding documents may require bidders to have specific experience or capabilities; such restrictions should also be included in this paragraph.

65 Insert this sentence if applicable.

66 Occasionally, contracts may be financed out of special funds that would further restrict eligibility to a particular group of member countries. When this is the case, it should be mentioned in this paragraph. Also indicate any margin of preference that may be granted as specified in the loan or credit agreement and set forth in the bidding documents.

67 For example, 0900 to 1200 hours.

68 The fee, to defray printing and mailing/shipping costs, should be nominal.

69 For example, cashier's check, direct deposit to specified account number, etc.

70 The delivery procedure is usually airmail for overseas delivery and surface mail or courier for local delivery. If urgency or security dictates, courier services may be required for overseas delivery.

71 The amount of bid security should be stated as a fixed amount or as a minimum percentage of the Bid Price. Alternatively, if a bid security is not required (often the case in supply contracts), the paragraph should so state.

72 The office for bid opening may not necessarily be the same as that for inspection or issuance of documents or for bid submission. If they differ, each address must appear at the end of the notice and be numbered; as, for example, (1), (2), (3). The text in the paragraph would then refer to address (1), (2), etc. Only one office and its address may be specified for submission, and it should be near the place where bids will be opened.

Sub-Clause 5.1: Qualification of the Bidder

To be qualified for award of the Contract, bidders shall provide evidence satisfactory to the Employer of their capability and adequacy of resources to carry out the Contract effectively. Bids shall include the following documentation and information on the relevant Information Forms (IF) attached:

(a) copies of original documents defining the constitution or legal status, place of registration and principal place of business; written power of attorney of the signatory of the Bid to commit the bidder;

(b) total annual turnover in the civil works construction business expressed as total of payment certificates for work performed in each of the last five years;

(c) performance as prime contractor, management contractor, or proportionately as member of a joint venture or subcontractor, on works of a similar nature and complexity over the last five years, and details of other work in hand and contractual commitments;

(d) major items of Contractor's Equipment proposed for carrying out the Contract;

(e) the qualifications and experience of key personnel proposed for administration and execution of the Contract, both on and off site;

(f) any proposals for subcontracting elements of the Works such that the total of subcontracting is more than 20 percent of the Bid Price;

(g) detail proposals for subcontracting any highly specialized elements of the Works to named specialist subcontractors;

(h) reports on the financial standing of the bidder including profit and loss statements, balance sheets and auditor's reports for the past five years, and an estimated financial projection for the next two years;

(i) evidence of access to lines of credit and availability of other financial resources;

(j) authority to seek references from the bidder's bankers;

(k) information regarding any litigation or arbitration resulting from contracts executed by the bidder in the last five years or currently under execution. The information shall include the names of the parties concerned, the disputed amount, cause of litigation, and matter in dispute; and

(l) proposal of work methods and program, in sufficient detail to demonstrate the adequacy of the bidder's proposals to meet the technical specifications and the completion time referred to in Sub-Clause 1.2 above.

Sub-Clause 5.2

Bids submitted by a joint venture of two or more firms as partners shall comply with the following requirements:

(a) the Bid shall include all the information listed in Sub-Clauses 5.1 (a) to (e) and (h) to (k) above for each joint venture partner and 5.1 (f), (g), and (l) for the joint venture;

(b) the Bid, and in case of a successful Bid, the Form of Agreement, shall be signed so as to be legally binding on all partners;

(c) one of the partners shall be nominated as being in charge, and this authorization shall be evidenced by submitting a power of attorney signed by legally authorized signatories of all the partners;

(d) the partner in charge shall be authorized to incur liabilities and receive instructions for and on behalf of any and all partners of the joint venture, and the entire execution of the Contract, including payment, shall be done exclusively with the partner in charge;

(e) all partners of the joint venture shall be liable jointly and severally for the execution of the Contract in accordance with the Contract terms, and a statement to this effect shall be included in the authorization mentioned under (c) above, as well as in the Form of Bid and in the Form of Agreement (in case of a successful Bid); and

(f) a copy of the Joint Venture Agreement entered into by all partners shall be submitted with the bid. Alternatively, a Letter of Intent to execute a Joint Venture Agreement in the event of a successful bid shall be signed by all partners and submitted with the bid, together with a copy of the proposed Agreement.

Sub-Clause 5.3

For the purposes of this particular Contract, bidders shall meet the following minimum qualifying criteria:[73]

(a) annual turnover in construction work, during the last five years, of *[insert figure in international trading currency]*[74] equivalent;

(b) successful experience as prime contractor, management contractor, partner in a joint venture, or subcontractor, in the execution of at least one project of a nature and complexity comparable to the Works within the last five years; this experience should include *[insert requirements]*;[75]

(c) proposals for timely acquisition (own, lease, hire, etc.) of the following essential Contractor's Equipment: *[list equipment]*

(d) a project manager with 10 years' experience in works of a comparable nature and complexity, including not less than five years as manager;[76]

(e) liquid assets and/or evidence of access to or availability of credit facilities of no less than *[insert figure in international trading currency]* equivalent;[77] and

Note: For projects that are bid in separate contracts, on a "slice and package" basis, insert a new Sub-Clause 5.3 (f):

(f) for the bidder to qualify for a package of contracts made up of this and other contracts, he must demonstrate having experience and resources sufficient to meet the aggregate of the qualifying criteria for the individual contracts that make up the package in question.

Sub-Clause 5.4

The figures for each of the partners of a joint venture shall be added together to determine the bidder's compliance with the minimum qualifying criteria set out in Sub-Clause 5.3 above.

Sub-Clause 5.5

Domestic bidders and joint ventures of domestic bidders applying for eligibility for a 7½ percent margin of preference in bid evaluation shall supply all information required to satisfy the criteria for eligibility as described in Clause 32 of these Instructions to Bidders.[78]

Sub-Clause 5.6

The qualifications, capacity, and resources of proposed subcontractors will not be taken into account in assessing those of individual or joint venture bidders, unless they are named specialist subcontractors and the scope of their specialized participation in the Works is clearly defined in the bid.

Bidding Data (Section III)

Delete section 5.1 "Prequalification information to be updated."

---

73 Delete from or add to the list as appropriate.

74 Usually not less than 2.0 times the estimated annual payments under the Contract.

75 Indicate an annual production rate for the key construction activity (or activities) in this project, e.g., "One million m^3 of rock placed in rockfill dams in one year." The annual rate shown should be a percentage (say 80 percent) of the expected peak rate of construction for the key activity (or activities) in the Works.

76 Add requirements for other key personnel as necessary.

77 Usually the equivalent of the estimated cash flow over a number of months at the average (straight line distribution) construction rate, accessible or available after taking into account the financial requirements of existing commitments. Assuming payment by monthly interim certificates, the number of months is determined from the start of a work month as the total time needed by the Employer to pay an invoice, allowing time to prepare the invoice, for the Engineer's time to certify it, and a one-month contingency. The total period should not exceed six months.

78 Delete Sub-Clause 5.5 where not applicable (see Clause 32).

SECTION XIII. DISPUTES SETTLEMENT PROCEDURE[79]

(VERSION 1)

Disputes Review Board's Rules and Procedures

(see Clause 67 of the Conditions of Particular Application)

1. Except for providing the services required hereunder, the Board Members shall not give any advice to either party or to the Engineer concerning conduct of the Works. The Board Members:
   (a) shall have no financial interest in any party to the Contract, or the Engineer, or a financial interest in the Contract, except for payment for services on the Board;
   (b) shall have had no previous employment by, or financial ties to, any party to the Contract, or the Engineer, except for fee-based consulting services on other projects, all of which must be disclosed in writing to both parties prior to appointment to the Board;
   (c) shall have disclosed in writing to both parties prior to appointment to the Board any and all recent or close professional or personal relationships with any director, officer, or employee of any party to the Contract, or the Engineer, and any and all prior involvement in the project to which the Contract relates;
   (d) shall not, while a Board Member, be employed whether as a consultant or otherwise by either party to the Contract, or the Engineer, except as a Board Member, without the prior consent of the parties and the other Board Members;
   (e) shall not, while a Board Member, engage in discussion or make any agreement with any party to the Contract, or with the Engineer, regarding employment whether as a consultant or otherwise either after the Contract is completed or after service as a Board Member is completed;
   (f) shall be and remain impartial and independent of the parties and shall disclose in writing to the Employer, the Contractor, the Engineer, and one another any fact or circumstance that might be such as to cause either the Employer or the Contractor to question the continued existence of the impartiality and independence required of Board Members; and
   (g) shall be fluent in the language of the Contract.
2. Except for its participation in the Board's activities as provided in the Contract and in this Agreement none of the Employer, the Contractor, or the Engineer shall solicit advice or consultation from the Board or the Board Members on matters dealing with the conduct of the Works.
3. The Contractor shall:
   (a) Furnish to each Board Member one copy of all documents that the Board may request including Contract documents, progress reports, variation orders, and other documents pertinent to the performance of the Contract.
   (b) In cooperation with the Employer, coordinate the Site visits of the Board, including conference facilities, and secretarial and copying services.
4. The Board shall begin its activities following the signing of a Board Member's Declaration of Acceptance by all three Board Members, and it shall terminate these activities as set forth below:
   (a) The Board shall terminate its regular activities when either (i) the Defects Liability Period referred to in Sub-Clause 49.1 (or, if there are more than one, the Defects Liability Period expiring last) has expired, or (ii) the Employer has expelled the Contractor from the Site pursuant to Sub-Clause 63.1, and when, in either case, the Board has communicated to the parties and the Engineer its Recommendations on all disputes previously referred to it.
   (b) Once the Board has terminated its regular activities as provided by the previous paragraph, the Board shall remain available to process any dispute referred to it by either party. In case of such a referral, Board Members shall receive payments as provided in paragraphs 7 (a) (ii), (iii), and (iv).

---

[79] This Section XIII contains alternative Rules and Procedures and Declaration of Acceptance for the Disputes Review Board and Disputes Review Expert, respectively. The Employer shall select the version of the Rules and Procedures corresponding to the version of Sub-Clause 67.1 that was selected in the Conditions of Particular Application (and delete the other version from the final bidding documents).

5. Board Members shall not assign or subcontract any of their work under these Rules and Procedures. However, the Board may in its discretion decide to seek independent expert advice on a particular specialized issue to assist in reaching a Recommendation, and the cost of obtaining any such expert opinion(s) shall be shared equally by the Employer and the Contractor in accordance with the procedure specified in paragraph 7 (d) below.

6. The Board Members are independent contractors and not employees or agents of either the Employer or the Contractor.

7. Payments to the Board Members for their services shall be governed by the following provisions:

(a) Each Board Member will receive payments as follows:

(i) A retainer fee per calendar month equivalent to three times the daily fee established from time to time for arbitrators under the Administrative and Financial Regulations of the International Centre for Settlement of Investment Disputes (the ICSID Arbitrator's Daily Fee), or such other retainer as the Employer and Contractor may agree in writing. This retainer shall be considered as payment in full for:

(A) Being available, on seven days' notice, for all hearings, Site visits, and other meetings of the Board.

(B) Being conversant with all project developments and maintaining relevant files.

(C) All office and overhead expenses such as secretarial services, photocopying, and office supplies (but not including telephone calls, faxes, and telexes) incurred in connection with the duties as a Board Member.

(D) All services performed hereunder except those performed during the days referred to in paragraph (ii) below.

(ii) A daily fee equivalent to the ICSID Arbitrator's Daily Fee, or such other daily fee as the Employer and Contractor may agree in writing. This daily fee shall only be payable in respect of the following days and shall be considered as payment in full for:

(A) Each day up to a maximum of two days of travel time in each direction for the journey between the Board Member's home and the Site or other location of a Board meeting.

(B) Each day on Site or other locations of a Board meeting.

(iii) Expenses. In addition to the above, all reasonable and necessary travel expenses (including less than first-class air fare, subsistence, and other direct travel expenses) as well as the cost of telephone calls, faxes, and telexes incurred in connection with the duties as Board Member shall be reimbursed against invoices. Receipts for all expenses in excess of US$25.00 (U.S. Dollars Twenty Five) shall be provided.

(iv) Reimbursement of any taxes that may be levied in the country of the Site on payments made to the Board Member (other than a national or permanent resident of the country of the Site) pursuant to this paragraph 8.

(b) Escalation. The retainer and fees shall remain fixed for the period of each Board Member's term.

(c) Phasing out of monthly retainer fee. Beginning with the next month after the Taking-Over Certificate referred to in Clause 48 (or, if there are more than one, the one issued last) has been issued, the Board Members shall receive only one-third of the monthly retainer fee. Beginning with the next month after the Board has terminated its regular activities pursuant to paragraph 4 (a) above, the Board members shall no longer receive any monthly retainer fee.

(d) Payments to the Board Members shall be shared equally by the Employer and the Contractor. The Contractor shall pay Members' invoices within 30 calendar days after receipt of such invoices and shall invoice the Employer (through the monthly statements to be submitted in accordance with Sub-Clause 60.1 of the General Conditions) for one-half of the amounts of such invoices. The Employer shall pay such Contractor's invoices within the time period specified in the Construction Contract for other payments to the Contractor by the Employer.

(e) Failure of either the Employer or the Contractor to make payment in accordance with this Agreement shall constitute an event of default under the Contract, entitling the nondefaulting party to take the measures set forth, respectively, in Clause 63 or Clause 69.

(f) Notwithstanding such event of default, and without waiver of rights therefrom, in the event that either the Employer or the Contractor fails to make payment in accordance with these Rules and Procedures, the other party may pay whatever amount may be required to finance the operation of the Board. The party making such payments, in addition to all other rights arising from such default, shall be entitled to reimbursement of all sums paid in excess of one-half of the amount required to maintain operation of the Board, plus all costs of obtaining such sums.

8. Board Site Visits:

(a) The Board shall visit the Site and meet with representatives of the Employer and the Contractor and the Engineer at regular intervals, at times of critical construction events, at the written request of either party, and in any case not less than three times in any period of 12 months. The timing of Site visits shall be as agreed among the Employer, the Contractor, and the Board, but failing agreement shall be fixed by the Board.

(b) Site visits shall include an informal discussion of the status of the construction of the Works, an inspection of the Works, and the review of any Requests for Recommendation made in accordance with paragraph 10 below. Site visits shall be attended by personnel from the Employer, the Contractor, and the Engineer.

(c) At the conclusion of each Site visit, the Board shall prepare a report covering its activities during the visit and shall send copies to the parties and to the Engineer.

9. Procedure for Dispute Referral to the Board:

(a) If either party objects to any action or inaction of the other party or the Engineer, the objecting party may file a written Notice of Dispute to the other party with a copy to the Engineer stating that it is given pursuant to Clause 67 and stating clearly and in detail the basis of the dispute.

(b) The party receiving the Notice of Dispute will consider it and respond in writing within 14 days after receipt.

(c) This response shall be final and conclusive on the subject, unless a written appeal to the response is filed with the responding party within 7 days after receiving the response. Both parties are encouraged to pursue the matter further to attempt to amicably settle the dispute.

(d) When it appears that the dispute cannot be resolved without the assistance of the Board, or if the party receiving the Notice of Dispute fails to provide a written response within 14 days after receipt of such Notice, either party may refer the dispute to the Board by written Request for Recommendation to the Board. The Request shall be addressed to the Chairman of the Board, with copies to the other Board Members, the other party, and the Engineer, and it shall state that it is made pursuant to Clause 67.

(e) The Request for Recommendation shall state clearly and in full detail the specific issues of the dispute to be considered by the Board.

(f) When a dispute is referred to the Board, and the Board is satisfied that the dispute requires the Board's assistance, the Board shall decide when to conduct a hearing on the dispute. The Board may request that written documentation and arguments from both parties be submitted to each Board Member before the hearing begins. The parties shall submit insofar as possible agreed statements of the relevant facts.

(g) During the hearing, the Contractor, the Employer, and the Engineer shall each have ample opportunity to be heard and to offer evidence. The Board's Recommendations for resolution of the dispute will be given in writing to the Employer, the Contractor, and the Engineer as soon as possible, and in any event not less than 56 days after receipt by the Chairman of the Board of the written Request for Recommendation.

10. Conduct of Hearings:

(a) Normally hearings will be conducted at the Site, but any location that would be more convenient and still provide all required facilities and access to necessary documentation may be utilized by the Board. Private sessions of the Board may be held at any cost-effective location convenient to the Board.

(b) The Employer, the Engineer, and the Contractor shall be given the opportunity to have representatives at all hearings.

(c) During the hearings, no Board Member shall express any opinion concerning the merit of the respective arguments of the parties.

(d) After the hearings are concluded, the Board shall meet privately to formulate its Recommendations. All Board deliberation shall be conducted in private, with all Members' individual views kept strictly confidential. The Board's Recommendations, together with an explanation of its reasoning, shall be submitted in writing to both parties and to the Engineer. The Recommendations shall be based on the pertinent Contract provisions, applicable laws and regulations, and the facts and circumstances involved in the dispute.

(e) The Board shall make every effort to reach a unanimous Recommendation. If this proves impossible, the majority shall decide, and the dissenting Member may prepare a written minority report for submission to both parties and to the Engineer.

11. In all procedural matters, including the furnishing of written documents and arguments relating to disputes, Site visits, and conduct of hearings, the Board shall have full and final authority. If a unanimous decision on any such matter proves impossible, the majority shall decide.

12. After having been selected and, where necessary, approved, each Board Member shall sign two copies of the following declaration and make one copy available each to the Employer and to the Contractor:

Board Member's Declaration of Acceptance

WHEREAS

(a) a Construction Contract (the Contract) for the *[name of project]* project has been signed on *[fill in date]* between *[name of Employer]* (the Employer) and *[name of Contractor]* (the Contractor);

(b) Clause 67 of the Conditions of Particular Application of the Construction Contract provides for the establishment and operation of a Disputes Review Board (the Board);

(c) the undersigned has been selected (and where required, approved) to serve as a Board Member on said Board;

NOW THEREFORE, the undersigned Board Member hereby declares as follows:

1. I accept the selection as a Board Member and agree to serve on the Board and to be bound by the provisions of Clause 67 of the Conditions of Particular Application of the Contract and the Disputes Review Board's Rules and Procedures attached to the Conditions of Particular Application.

2. With respect to paragraph 1 of said Disputes Review Board's Rules and Procedures, I declare

   (a) that I have no financial interest of the kind referred to in subparagraph (a);

   (b) that I have had no previous employment nor financial ties of the kind referred to in subparagraph (b); and

   (c) that I have made to both parties any disclosures that may be required by sub-paragraphs (b) and (c).

BOARD MEMBER

____

______________________________*[print name of Board Member]*

Date:______________________________

(VERSION 2)

Rules and Procedures for the Functions of the Disputes Review Expert (DRE)

(see Clause 67 of the Conditions of Particular Application)

1. Except for providing the services required hereunder, the DRE shall not give any advice to either party or to the Engineer concerning conduct of the Works. The DRE:

   (a) shall have no financial interest in any party to the Contract, or the Engineer, or a financial interest in the Contract, except for payment for his services;

   (b) shall have had no previous employment by, or financial ties to, any party to the Contract, or the Engineer, except for fee-based consulting services on other projects, all of which must be disclosed in writing to both parties prior to selection as DRE;

(c) shall have disclosed in writing to both parties prior to selection as DRE any and all recent or close professional or personal relationships with any director, officer, or employee of any party to the Contract, or the Engineer, and any and all prior involvement in the project to which the Contract relates;

(d) shall not, while serving as DRE, be employed whether as a consultant or otherwise by either party to the Contract, or the Engineer, except as a DRE, without the prior consent of the parties;

(e) shall not, while serving as DRE, engage in discussion or make any agreement with any party to the Contract, or with the Engineer, regarding employment whether as a consultant or otherwise either after the Contract is completed or after service as DRE is completed;

(f) shall be and remain impartial and independent of the parties and shall disclose in writing to the Employer, the Contractor, and the Engineer, any fact or circumstance that might be such as to cause either the Employer or the Contractor to question the continued existence of the impartiality and independence required of a DRE; and

(g) shall be fluent in the language of the Contract.

2. Except for its participation in DRE's activities as provided in the Contract and in this Agreement, none of the Employer, the Contractor, or the Engineer shall solicit advice or consultation from the DRE on matters dealing with the conduct of the Works.

3. The Contractor shall:

(a) Furnish to the DRE a copy of all documents that he may request including Contract documents, progress reports, variation orders, and other documents pertinent to the performance of the Contract.

(b) In cooperation with the Employer, coordinate the Site visits of the DRE, including conference facilities, and secretarial and copying services.

4. The DRE shall begin his activities following the signing of a DRE's Declaration of Acceptance, and he shall terminate these activities as set forth below:

(a) The DRE shall terminate his regular activities when either (i) the Defects Liability Period referred to in Sub-Clause 49.1 (or, if there are more than one, the Defects Liability Period expiring last) has expired, or (ii) the Employer has expelled the Contractor from the Site pursuant to Sub-Clause 63.1, and when, in either case, the DRE has communicated to the parties and the Engineer his Recommendations on all disputes previously referred to him.

(b) Once the DRE has terminated his regular activities as provided by the previous paragraph, the DRE shall remain available to process any dispute referred to him by either party. In case of such a referral, the DRE shall receive payments as provided in paragraphs 7 (a) (ii), (iii), and (iv).

5. The DRE shall not assign or subcontract any of his work under these Rules and Procedures. However, the DRE may in his/her discretion decide to seek independent expert advice on a particular specialized issue to assist in reaching a Recommendation, and the cost of obtaining any such expert opinion(s) shall be shared equally by the Employer and the Contractor in accordance with the procedure specified in paragraph 7 (d) below.

6. The DRE is an independent contractor and not an employee or agent of either the Employer or the Contractor.

7. Payments to the DRE for his services shall be governed by the following provisions:

(a) The DRE will receive payments as follows:

(i) A retainer fee per calendar month equivalent to three times the daily fee established from time to time for arbitrators under the Administrative and Financial Regulations of the International Centre for Settlement of Investment Disputes (the ICSID Arbitrator's Daily Fee), or such other retainer as the Employer and Contractor may agree in writing. This retainer shall be considered as payment in full for:

(A) Being available, on seven days' notice, for Site visits requested by either party.

(B) Being conversant with all project developments and maintaining relevant files.

(C) All office and overhead expenses such as secretarial services, photocopying, and office supplies (but not including telephone calls, faxes, and telexes) incurred in connection with the duties as a DRE.

(D) All services performed hereunder except those performed during the days referred to in paragraph (ii) below.

(ii) A daily fee equivalent to the ICSID Arbitrator's Daily Fee, or such other daily fee as the Employer and Contractor may agree in writing. This daily fee shall only be payable in respect of the following days and shall be considered as payment in full for:

(A) Each day up to a maximum of two days of travel time in each direction for the journey between the DRE's home and the Site.

(B) Each day on Site.

(iii) Expenses. In addition to the above, all reasonable and necessary travel expenses (including less than first-class air fare, subsistence, and other direct travel expenses) as well as the cost of telephone calls, faxes, and telexes incurred in connection with the duties as DRE shall be reimbursed against invoices. Receipts for all expenses in excess of US$25.00 (U.S. Dollars Twenty Five) shall be provided.

(iv) Reimbursement of any taxes that may be levied in the country of the Site on payments made to the DRE (other than a national or permanent resident of the country of the Site) pursuant to this paragraph 8.

(b) Escalation. The retainer and fees shall remain fixed for the period of the DRE's term.

(c) Phasing out of monthly retainer fee. Beginning with the next month after the Taking-Over Certificate referred to in Clause 48 (or, if there are more than one, the one issued last) has been issued, the DRE shall receive only one-third of the monthly retainer fee. Beginning with the next month after the Board has terminated its regular activities pursuant to paragraph 4 (a) above, the DRE shall no longer receive any monthly retainer fee.

(d) Payments to the DRE shall be shared equally by the Employer and the Contractor. The Contractor shall pay the DRE's invoices within 30 calendar days after receipt of such invoices and shall invoice the Employer (through the monthly statements to be submitted in accordance with Sub-Clause 60.1 of the General Conditions) for one-half of the amounts of such invoices. The Employer shall pay such Contractor's invoices within the time period specified in the Construction Contract for other payments to the Contractor by the Employer.

(e) Failure of either the Employer or the Contractor to make payment in accordance with this Agreement shall constitute an event of default under the Contract, entitling the nondefaulting party to take the measures set forth, respectively, in Clause 63 or Clause 69.

(f) Notwithstanding such event of default, and without waiver of rights therefrom, in the event that either the Employer or the Contractor fails to make payment in accordance with these Rules and Procedures, the other party may pay whatever amount may be required to finance the activities of the DRE. The party making such payments, in addition to all other rights arising from such default, shall be entitled to reimbursement of all sums paid in excess of one-half of the amount required to finance the activities of the DRE, plus all costs of obtaining such sums.

8. DRE Site Visits:

(a) The DRE shall visit the Site and meet with representatives of the Employer and the Contractor and the Engineer at regular intervals, at times of critical construction events, at the written request of either party, and in any case not less than three times in any period of 12 months. The timing of Site visits shall be as agreed among the Employer, the Contractor, and the DRE, but failing agreement shall be fixed by the DRE.

(b) Site visits shall include an informal discussion of the status of the construction of the Works, an inspection of the Works, and the review of any Requests for Recommendation made in accordance with paragraph 10 below. Site visits shall be attended by personnel from the Employer, the Contractor, and the Engineer.

(c) At the conclusion of each Site visit, the DRE shall prepare a report covering his activities during the visit and shall send copies to the parties and to the Engineer.

9. Procedure for Dispute Referral to the DRE:

(a) If either party objects to any action or inaction of the other party or the Engineer, the objecting party may file a written Notice of Dispute to the other party with a copy to the Engineer stating that it is given pursuant to Clause 67 and stating clearly and in detail the basis of the dispute.

(b) The party receiving the Notice of Dispute will consider it and respond in writing within 14 days after receipt.

(c) This response shall be final and conclusive on the subject, unless a written appeal to the response is filed with the responding party within seven days after receiving the response. Both parties are encouraged to pursue the matter further to attempt to amicably settle the dispute.

(d) When it appears that the dispute cannot be resolved without the assistance of the DRE, or if the party receiving the Notice of Dispute fails to provide a written response within 14 days after receipt of such Notice, either party may refer the dispute to the DRE by written Request for Recommendation to the DRE. The Request shall be addressed to the DRE, with copies to the other party and the Engineer, and it shall state that it is made pursuant to Clause 67.

(e) The Request for Recommendation shall state clearly and in full detail the specific issues of the dispute to be considered by the DRE.

(f) When a dispute is referred to the DRE, and the DRE is satisfied that the dispute requires his assistance, the DRE shall decide when to conduct a hearing on the dispute. The DRE may request that written documentation and arguments from both parties be submitted to him before the hearing begins. The parties shall submit insofar as possible agreed statements of the relevant facts.

(g) During the hearing, the Contractor, the Employer and the Engineer shall each have ample opportunity to be heard and to offer evidence. The DRE's Recommendations for resolution of the dispute will be given in writing to the Employer, the Contractor, and the Engineer as soon as possible, and in any event not less than 56 days after receipt by the DRE of the written Request for Recommendation.

10. Conduct of Hearings:

(a) Normally hearings will be conducted at the Site, but any location that would be more convenient and still provide all required facilities and access to necessary documentation may be utilized by the DRE.

(b) The Employer, the Engineer, and the Contractor shall be given the opportunity to have representatives at all hearings.

(c) During the hearings, the DRE shall not express any opinion concerning the merit of the respective arguments of the parties.

(d) After the hearings are concluded, the DRE shall formulate his Recommendations and shall submit them in writing, together with an explanation of his reasoning, to both parties and to the Engineer. The Recommendations shall be based on the pertinent Contract provisions, applicable laws and regulations, and the facts and circumstances involved in the dispute.

11. In all procedural matters, including the furnishing of written documents and arguments relating to disputes, Site visits, and conduct of hearings, the DRE shall have full and final authority.

12. After having been selected, the DRE shall sign two copies of the following declaration and make one copy available each to the Employer and to the Contractor:

Disputes Review Expert's Declaration of Acceptance

WHEREAS

(a) a Construction Contract (the Contract) for the *[name of Project]* project has been signed on *[fill in date]* between *[name of Employer]* (the Employer) and *[name of Contractor]* (the Contractor);

(b) Clause 67 of the Conditions of Particular Application of the Construction Contract provides for the selection of a Disputes Review Expert (DRE);

(c) the undersigned has been selected to serve as the DRE;

NOW THEREFORE, the undersigned DRE hereby declares as follows:

1. I accept the selection as a DRE and agree to serve in this capacity and to be bound by the provisions of Clause 67 of the Conditions of Particular Application of the Contract and the Disputes Review Expert's Rules and Procedures attached to the Conditions of Particular Application.

2. With respect to paragraph 1 of said Disputes Review Expert's Rules and Procedures, I declare

(a) that I have no financial interest of the kind referred to in subparagraph (a);

(b) that I have had no previous employment nor financial ties of the kind referred to in subparagraph (b); and

(c) that I have made to both parties any disclosures that may be required by sub-paragraphs (b) and (c).

DISPUTES REVIEW EXPERT

____

____*[print name of DRE]*

Date:____

Section XIV. Eligible Countries

Public Information Center

Eligibility for the Provision of Goods, Works and Services in Bank-Financed Procurement

As of May 2004

1. In accordance with Para 1.8 of the Guidelines: Procurement under IBRD Loans and IDA Credits, dated May 2004, the Bank permits firms and individuals from all countries to offer goods, works and services for Bank-financed projects. As an exception, firms of a Country or goods manufactured in a Country may be excluded if:

   Para 1.8 (a) (i): as a matter of law or official regulation, the Borrower's Country prohibits commercial relations with that Country, provided that the Bank is satisfied that such exclusion does not preclude effective competition for the supply of the Goods or Works required, or

   Para 1.8 (a) (ii): by an Act of Compliance with a Decision of the United Nations Security Council taken under Chapter VII of the Charter of the United Nations, the Borrower's Country prohibits any import of goods from that Country or any payments to persons or entities in that Country.

2. For the information of borrowers and bidders, at the present time firms, goods and services from the following countries are excluded from this bidding:[80]

   (a) With reference to paragraph 1.8 (a) (i) of the Guidelines:

   ____

   ____

   (b) With reference to paragraph 1.8 (a) (ii) of the Guidelines:

   ____

   ____

[80] Any questions regarding this list should be addressed to the Director, Procurement Policy and Services Group, Operational Core Services Network, The World Bank

III. Auszugsweise Übersetzung FIDIC Red Book 1987[81]

3.1 Abtretung des Vertrages

Der Unternehmer darf ohne vorherige Genehmigung des Bauherrn (wobei die Erteilung dieser Genehmigung, ungeachtet der Vorschriften der Klausel 1.5, im alleinigen Ermessen des Unternehmers liegt) den Vertrag weder ganz noch teilweise, noch einen Nutzen oder Vorteil daraus abtreten, ausgenommen

(a) Abtretung von Beträgen, die aufgrund dieses Vertrages zahlbar sind oder werden, zu Gunsten der Bank des Unternehmers, oder
(b) Abtretung des Rechts des Unternehmers, von anderen haftenden Parteien Ausgleich zu verlangen, an die Versicherer des Unternehmers (in Fällen, in denen die Versicherungen die Verluste oder Verbindlichkeiten des Unternehmers ausgeglichen hat).

4.1 Untervergabe

Der Unternehmer darf die Arbeiten nicht als Ganzes weitervergeben. Wenn im Vertrag nichts anderes vorgesehen ist, darf der Unternehmer Teile der Arbeiten nur mit vorheriger Zustimmung des Ingenieurs weitervergeben. Wird eine solche Zustimmung erteilt, so wird der Unternehmer dadurch keinesfalls von einer seiner vertraglichen Haftungen oder Verpflichtungen entbunden. Er bleibt für Handlungen, Fehler und Unterlassungen jedes Nachunternehmers, von dessen Vertreter, Angestellten und Arbeitern genauso uneingeschränkt verantwortlich wie für die Handlungen, Fehler und Unterlassungen seiner eigenen Vertreter, Angestellten und Arbeiter.

Der Unternehmer darf eine solche Zustimmung nicht verlangen für:

(a) die Bereitstellung von Arbeit,
(b) den Erwerb von Materialien, die in Übereinstimmung mit den Standards im Vertrag bestimmt sind, oder
(c) die Untervergabe eines Teils der Arbeit, für den der Subunternehmer im Vertrag genannt ist.

4.2 Abtretung von Verpflichtungen des Subunternehmers

Im Fall, dass ein Subunternehmer gegenüber dem Unternehmer für von ihm ausgeführte Arbeiten, oder von ihm gelieferte Güter, Materialien, Werke oder Dienstleistungen für einen Zeitraum irgendeine Verpflichtung übernommen hat, die über die vertragliche Mängelgewährleistungsfrist hinausgeht, soll der Unternehmer auf Wunsch und auf Kosten des Bauherrn nach Ablauf dieses Zeitraums jederzeit den Vorteil aus diesen Verpflichtungen an den Bauherrn abtreten.

5.1 Sprache/n und Recht

In Teil II dieser Bedingungen ist festzugelegen:

(a) die Sprache oder Sprachen, in der die Vertragsunterlagen abzufassen sind, und
(b) das Land oder der Staat, dessen Recht auf den Vertrag angewendet werden soll und auf dessen Grundlage der Vertrag zustandekommen soll.

Wenn die Unterlagen in mehr als einer Sprache abgefasst sind, wird die Sprache, nach der der Vertrag auszulegen bzw. zu übersetzen ist, ebenfalls in Teil II dieser Bedingungen festgelegt und als „maßgebliche Sprache" bezeichnet.

5.2 Priorität der Vertragsunterlagen

Die verschiedenen den Vertrag bildenden Unterlagen sind als sich gegenseitig erklärend aufzufassen, Doppelsinn oder Widersprüche sind durch den Ingenieur zu erläutern und zu berichtigen, der demgemäß dem Unternehmer Anweisung gibt, in welcher Art die Arbeiten auszuführen sind. Wenn und soweit im Vertrag nichts Gegenteiliges vorgesehen ist, ist die Rangfolge der Vertragsunterlagen wie folgt:

(1) das Vertragsabkommen (soweit es vollständig ist)
(2) das Bestätigungsschreiben;
(3) das Angebot
(4) Teil II dieser Bedingungen;
(5) Teil I dieser Bedingungen;
(6) alle anderen Vertragsunterlagen.

---

[81] Die Übersetzung wurde von Dr. Hök erstellt und ist nicht von der FIDIC autorisiert. Die Übersetzung gibt die Meinung des Übersetzers wieder und dient als Arbeitshilfe.

6.1 Aufbewahrung und Lieferung von Zeichnungen und Unterlagen

Die Zeichnungen werden allein vom Ingenieur aufbewahrt; zwei Ausfertigungen derselben erhält der Unternehmer unentgeltlich. Der Unternehmer muss auf seine Kosten alle weiterhin von ihm benötigten Kopien beschaffen und herstellen lassen. Wenn es nicht unbedingt für den Vertragszweck notwendig ist, sollen die vom Bauherrn oder Ingenieur zur Verfügung gestellten Zeichnungen, Beschreibungen und anderen Unterlagen nicht ohne Zustimmung des Ingenieurs durch den Unternehmer einer dritten Partei zur Verfügung gestellt werden. Zur Ausstellung der Gewährleistungsurkunde soll der Unternehmer dem Ingenieur alle Zeichnungen, Beschreibungen und anderen Unterlagen, die ihm vertragsgemäß zur Verfügung gestellt wurden, zurückgeben.

Der Unternehmer soll dem Ingenieur vier Kopien aller vom Unternehmer eingereichten und vom Ingenieur gemäß Klausel 7 genehmigten Zeichnungen, Beschreibungen und anderen Unterlagen zusammen mit einer reproduzierbaren Kopie allen Materialien, die nicht durch Fotokopien auf einem gleichen Standard vervielfältigt werden können, liefern. Zusätzlich sind vom Unternehmer alle weiteren Kopien der Zeichnungen, Beschreibungen und anderer Dokumente zu beschaffen, die der Ingenieur schriftlich zugunsten des Bauherrn anfordert, welcher die Kosten für diese trägt.

6.2 Aufbewahrung eines Exemplars der Zeichnungen

Je ein Exemplar der vorstehend erwähnten, dem Unternehmer zugestellten Zeichnungen ist vom Unternehmer auf der Baustelle aufzubewahren und zur Einsichtnahme und Benutzung durch den Ingenieur oder dessen Vertreter sowie anderer vom Ingenieur schriftlich ermächtigter Personen zu jeder angemessenen Zeit zur Verfügung zu stellen.

6.3 Unterbrechung des Baufortschritts

Der Unternehmer soll den Ingenieur (mit Kopie an den Bauherrn) informieren, wenn die Planung oder Ausführung der Arbeiten voraussichtlich verzögert oder unterbrochen wird, es sei denn, eine weitere Zeichnung oder Anweisung wird vom Ingenieur in einer angemessenen Zeit herausgegeben. Die Mitteilung soll Einzelheiten der erforderlichen Zeichnung oder Anweisung und warum und zu wann sie benötigt wird und jede voraussichtliche Unterbrechung oder Verzögerung, wenn sie zu spät kommt, enthalten.

6.4 Verzögerungen und die Kosten der Verzögerung von Zeichnungen

Wenn aufgrund von Versäumnis oder Unfähigkeit des Ingenieurs zur Herausgabe innerhalb einer unter allen Umständen angemessenen Zeit irgend eine Zeichnung oder Anweisung, über die der Unternehmer gemäß Klausel 6.3 informiert hat, der Unternehmer Verzug und/oder Verluste erleidet, soll der Ingenieur, nach vorschriftsmäßiger Rücksprache mit dem Bauherrn und dem Unternehmer, feststellen:

(a) jede Zeitverlängerung, zu der der Unternehmer nach Klausel 44 berechtigt ist, und
(b) den Betrag dieser Kosten, der dem Vertragspreis hinzugefügt werden soll,

und soll den Unternehmer entsprechend informieren. Der Bauherr erhält eine Kopie.

6.5 Versäumnis des Unternehmers, Zeichnungen einzureichen

Wenn das Versäumnis oder die Unfähigkeit des Ingenieurs zur Herausgabe von Zeichnungen oder Anweisungen ganz oder teilweise auf dem Versäumnis des Unternehmers beruht, Zeichnungen, Anweisungen oder andere Unterlagen einzureichen, wozu er vertraglich verpflichtet ist, soll der Ingenieur dieses Versäumnis des Unternehmers bei der Erstellung seiner Festsetzung gemäß Klausel 6.4 in Anrechnung bringen.

7.1 Zusätzliche Zeichnungen und Anordnungen

Der Ingenieur ist autorisiert, dem Unternehmer gegebenenfalls während der Ausführung der Arbeiten weitere Zeichnungen zu liefern und Anordnungen zu treffen, soweit sie zum Zweck ordnungsgemäßer, angemessener Ausführung und Unterhaltung der Bauten nötig sind. Der Unternehmer hat dieselben auszuführen bzw. ist daran gebunden.

7.2 Vom Unternehmer gestaltete ständige Arbeiten

Wo es der Vertrag ausdrücklich vorsieht, dass ein Teil der ständigen Arbeiten vom Unternehmer gestaltet werden soll, soll er dem Ingenieur zur Genehmigung einreichen:

(a) solche Zeichnungen, Beschreibungen, Kalkulationen und anderen Informationen, die nötig sein können, um den Ingenieur hinsichtlich der Eignung und Angemessenheit dieser Gestaltung zufrieden zu stellen, und
(b) Betriebs- und Instandhaltungsanweisungen zusammen mit Zeichnungen der fertig gestellten ständigen Arbeiten, in ausreichenden Einzelheiten um den Bauherrn zu befähigen, die ständigen Arbeiten einschließlich dieser Gestaltung zu betreiben, instand zu halten, abzubauen, wieder zusammenzubauen und anzupassen. Die Arbeiten sollen nicht als fertig gestellt zum Zwecke der Abnahme im Sinne von Klausel 48 erklärt werden, solange nicht solche Betriebs- und Instandhaltungsanweisungen zusammen mit den Zeichnungen der Fertigstellung dem Ingenieur eingereicht und von diesem genehmigt worden sind.

7.3 Verantwortung wird nicht durch die Genehmigung beeinflusst

Die Genehmigung durch den Ingenieur gemäß Klausel 7.2 soll den Unternehmer nicht von einer seiner vertraglichen Verantwortungen befreien.

10.1 Ausführungsgarantie

Die Ausführungsgarantie muss gültig sein, bis der Unternehmer die Arbeiten ausgeführt und vollendet und alle Mängel vertragsgemäß behoben hat. Nach Herausgabe des Defects Liability Certificate gemäß Klausel 62.1 soll kein Anspruch gegen die Sicherheit geltend gemacht werden. Die Sicherheit ist dem Unternehmer innerhalb von 14 Tagen nach Ausstellung des Defects Liability Certificate zurückzugeben.

11. Baustellenbesichtigung

Vor der Vorlage des Angebots durch den Unternehmer sollte der Bauherr dem Unternehmer sämtliche Unterlagen über hydrologische und andere Untergrundbedingungen der Bauten, die bei den vom Bauherrn verlangten Untersuchungen erlangt wurden, zugänglich machen, jedoch ist der Unternehmer für deren Auslegung verantwortlich.

Trotzdem muss der Unternehmer die Baustelle und deren Umgebung besichtigen und untersuchen und sich selbst (soweit praktisch durchführbar im Hinblick auf finanzielle und zeitliche Überlegungen) vor Abgabe des Angebots unterrichten über:

(a) Form und Natur der Baustelle, eingeschlossen der physikalischen Bedingungen,
(b) die hydrologischen und klimatischen Bedingungen,
(c) Mengen und Art der Arbeiten, notwendige Baustoffe zur Vollendung der Arbeiten und die Beseitigung jeglicher Schäden daran,
(d) Zugangswege zur Baustelle und die erforderlichen Unterkünfte

und sich jede erforderliche Auskunft verschaffen (soweit durchführbar) über Risiken, Unsicherheiten oder andere Umstände, die auf sein Angebot einwirken oder es beeinflussen könnten. Wie vorstehend erwähnt soll der Unternehmer sein Angebot auf die Daten, die ihm der Bauherr zugänglich gemacht hat, und seine eigenen Prüfungen und Untersuchungen stützen.

12.1 Hinlänglichkeit des Angebots

Es wird angenommen, dass sich der Unternehmer vor Angebotsabgabe hinreichend von der Richtigkeit und Zulänglichkeit seines Angebots bezüglich der Arbeiten und der im Leistungsverzeichnis und der Einheitspreisliste angegebenen Sätze und Preise überzeugt hat, wobei die Sätze und Preise, (wenn im Vertrag nichts anderes festgesetzt ist) alle seine Vertragsverpflichtungen und alle Angelegenheiten und Dinge, die zur ordnungsgemäßen Ausführung und Unterhaltung der Bauten notwendig sind, decken müssen.

12.2 Nicht vorhersehbare ungünstige physikalische Bedingungen oder Hindernisse

Sollte der Unternehmer während der Bauausführung ungünstige physikalische Verhältnisse oder künstliche Hindernisse antreffen, die billigerweise von einem erfahrenen Unternehmer nicht vorausgesehen werden konnten, muss er den Vertreter des Ingenieurs hiervon unverzüglich schriftlich benachrichtigen; der Bauherr erhält eine Kopie. Nach Erhalt dieser Benachrichtigung soll der Ingenieur, wenn seiner Meinung nach solche Hindernisse und Verhältnisse auch von einem erfahrenen Unternehmer billigerweise nicht vorhergesehen werden konnten, nach ordnungsgemäßer Beratung mit Bauherr und Unternehmer festlegen:

(a) jede Verlängerung der Zeit, auf die der Unternehmer nach Klausel 44 ein Recht hat, und
(b) den Betrag aller Kosten, der beim Unternehmer aufgrund solcher Hindernisse und Verhältnisse entstanden ist und auf den Vertragspreis aufgeschlagen werden soll.

Der Unternehmer soll entsprechend benachrichtigt werden; der Bauherr erhält eine Kopie. Diese Festlegungen sollen bei jeder Anweisung, die der Ingenieur dem Unternehmer in Verbindung damit erteilt, in Betracht gezogen werden, und jede vernünftige und angemessene Maßnahme, die der Unternehmer bei Fehlen von genauen Anweisungen durch den Ingenieur ergreift.

17.1 Absteckung

Der Unternehmer ist verantwortlich für

(a) die richtige und genaue Absteckung der Bauten nach den vom Ingenieur schriftlich gegebenen Original-Bezugspunkten, Niveaus und Höhenlinien,
(b) die Richtigkeit (gemäß Vorstehendem) von Lage, Höhen, Abmessungen und Fluchtlinien aller Teile der Bauten und
(c) die Beschaffung aller erforderlichen Instrumente, Vorrichtungen und Arbeiter in Verbindung damit.

Wenn sich während des Baufortschritts Fehler bezüglich Lage, Höhen, Abmessungen oder Fluchtlinien eines Teils der Bauten ergeben oder entstehen sollten, muss der Unternehmer bei Aufforderung durch den Ingenieur oder dessen Vertreter den Fehler auf seine Kosten zur Zufriedenheit des Ingenieurs oder Vertreters des Ingenieurs berichtigen, vorausgesetzt, dass derselbe nicht auf unrichtigen schriftlichen Angaben des Ingenieurs oder von dessen Vertreter beruht, da in diesem Falle der Ingenieur gemäß Klausel 52 eine Mehrung des Vertragspreises festlegen soll. Unternehmer und Bauherr sind entsprechend zu benachrichtigen.

Nachprüfung einer Absteckung, Fluchtlinie oder Höhe durch den Ingenieur oder dessen Vertreter entbindet den Unternehmer keinesfalls von seiner Haftung für die Genauigkeit derselben; alle Höhenmarken, Latten, Pflöcke und sonstigen für die Absteckung der Bauten verwendeten Zeichen sind vom Unternehmer sorgfältig zu schützen und zu erhalten.

20.1 Erhaltung der Bauten

Vom Beginn der Arbeiten bis zur Ausstellung der Abnahmebescheinigung, wenn die Verantwortlichkeit für die Erhaltung der Bauten und der Hilfsbauten auf den Bauherr übergeht, ist der Unternehmer für die Erhaltung derselben voll verantwortlich. Vorausgesetzt dass:

(a) der Ingenieur eine Abnahmebescheinigung für einen Abschnitt oder einen Teil der dauerhaften Arbeiten ausstellt, soll der Unternehmer ab dem Tag der Ausstellung der Abnahmebescheinigung nicht länger für die Erhaltung dieses Abschnitts oder Teils verantwortlich sein. Die Verantwortlichkeit für die Erhaltung dieses Abschnitts oder Teils geht dann auf den Bauherrn über.

(b) der Unternehmer die volle Verantwortlichkeit für die Erhaltung der noch ausstehenden Arbeiten und damit verbundenen Materialien und Werke trägt, die er übernommen hat, während der Mängelgewährleistungsfrist zu beenden, bis die ausstehenden Arbeiten gemäß Klausel 49 fertig gestellt sind.

20.2 Verantwortlichkeit für die Berichtigung von Verlust oder Beschädigung

Wenn die Bauten, Teile derselben oder die Hilfsbauten Beschädigung, Verlust oder Beeinträchtigung aus irgendeinem Grund erleiden (mit Ausnahme der in Absatz (4) dieser Klausel festgesetzten ausgenommenen Risiken), muss der Unternehmer dieselben auf seine Kosten reparieren und in Ordnung bringen, damit sich die Bauten bei Fertigstellung der Arbeiten in guter Verfassung und in voller Übereinstimmung mit den Vertragsbedingungen und den Anweisungen des Ingenieurs befinden. Der Unternehmer ist haftbar für jeden Verlust oder Schaden an den Bauten, der durch ihn im Verlauf seiner Handlungen zum Zweck der Erfüllung seiner Verpflichtungen aus Klausel 49 und 50 verursacht wurde.

20.3 Verlust oder Beschädigung, die zu den Risiken des Bauherrn gehören

Wenn Beschädigung, Verlust oder Beeinträchtigung durch ein in Klausel 20.4 definiertes Risiko oder in Kombination mit anderen Risiken eintreten, muss der Unternehmer auf Verlangen des Ingenieurs in dem von diesem verlangten Umfang unter Berücksichtigung der Bestimmungen der Klausel 52 dieser Bedingungen diese auf Kosten des Bauherrn nach Vorstehendem reparieren und wiedergutmachen. Der Unternehmer muss entsprechend informiert werden; der Bauherr erhält eine Kopie. Im Fall einer gemeinschaftlichen Verursachung von Verlust und Beschädigung soll die anteilige Verantwortlichkeit von Unternehmer und Bauherr bei der Festlegung berücksichtigt werden.

20.4 Risiken des Bauherrn

Risiken des Bauherrn sind:

(a) Kriegshandlungen (mit und ohne Kriegserklärung), Feindinvasion,

(b) Aufstand, Revolution, Aufruhr, Akte militärischer oder widerrechtlicher Machtübernahme, Bürgerkrieg,

(c) radioaktive Strahlung oder Verseuchung mit Radioaktivität von Nuklearstoff oder von nuklearem Abfall von der Verbrennung von Nuklearstoff, radioaktiver giftiger Sprengstoff oder andere gefährliche Güter aus nuklearen Bestandteilen oder nuklearen Komponenten,

(d) Druckwellen, die von Flugzeugen oder anderen Luftfahrzeugen, die sich mit Schall- oder Überschallgeschwindigkeit fortbewegen, verursacht worden sind,

(e) Unruhen, Aufruhr oder Durcheinander, sofern sie nicht ausschließlich auf die Angestellten des Unternehmers oder seiner Subunternehmer beschränkt sind und von der Ausführung der Arbeiten herrühren,

(f) Verlust oder Beschädigung bei Benutzung oder Inbesitznahme durch den Bauherrn von einem Abschnitt oder Teil der dauerhaften Arbeiten, außer wenn es im Vertrag so vorgesehen ist,

(g) Verlust oder Beschädigung in der Form, dass es auf das Design der Arbeiten zurückzuführen ist, jedoch nicht die durch den Unternehmer vorgesehenen Teile des Designs oder für Teile, für die der Unternehmer verantwortlich ist, und

(h) alle Auswirkungen von Naturkräften, die der Unternehmer trotz Vorsicht und Erfahrung nicht vorhersehen konnte, so dass es unmöglich war, entsprechende Vorkehrungen zu treffen.

21.1 Versicherung der Bauten und der Ausrüstung des Unternehmers

Ohne dass dadurch die Verpflichtungen und die Haftung des Unternehmers nach Klausel 20 dieser Bedingungen eingeschränkt werden, muss der Unternehmer versichern:

(a) Bauwerke, zusammen mit Material und Werken oder daraus verbundene Teile zum vollen Wert der jeweilig fertiggestellten Arbeiten (= Ersatzkosten, der Begriff „Kosten" soll in diesem Zusammenhang einen Gewinn beinhalten);
(b) eine zusätzliche Summe von 15 Prozent dieser Ersatzkosten oder wenn in Teil II dieser Bedingungen genauer angegeben, um alle zusätzlichen Kosten für die Korrektur von Verlust oder Beschädigung, inklusive Steuern und die Kosten für Abbruch und Beseitigung eines Teils der Bauten und für die Beseitigung von Schutt egal welcher Art zu decken, und
(c) Materialien, Baugerät und sonstiges, das vom Unternehmer auf die Baustelle gebracht wurde, zum vollen Wert der Materialien, Baugeräte und sonstigen Gegenstände.

21.2 Deckungsbereich

Die Versicherungen in Klausel 21.1 (a) und (b) müssen namens des Bauherrn und des Unternehmer abgeschlossen werden und sollen absichern:

(a) den Bauherrn und den Unternehmer gegen jeglichen Verlust oder Beschädigung, die aus irgendeinem Grund, mit Ausnahme der ausgesprochenen Risiken gemäß Klausel 21.4, entstehen, vom Beginn der Arbeiten auf der Baustelle bis zur Ausstellung der Abnahmebescheinigung im Hinblick auf die Bauten oder eines Abschnitts oder Teils davon, wenn es der Fall ist, und
(b) den Unternehmer für seine Verpflichtungen:
    (i) während der Mängelgewährleistungszeit für Verlust oder Beschädigung, die von einer Ursache herrühren, die sich vor der Mängelgewährleistungsfrist ereignet hat, und
    (ii) für vom Unternehmer im Verlauf von Arbeiten, die von ihm zum Zwecke der Erfüllung seiner Verpflichtungen gemäß Klausel 49 und 50 ausgeführt wurden, verursachten Verlust oder Beschädigung.

21.3 Verantwortlichkeit für nicht abgesicherte Beträge

Jeder vom Versicherer nicht versicherte oder nicht gedeckte Betrag soll vom Bauherrn oder Unternehmer in Übereinstimmung mit ihren Verantwortlichkeiten gemäß Klausel 20 getragen werden.

21.4 Ausnahmen

Es besteht keine Verpflichtung für die Versicherungen gemäß Klausel 21.1, Verlust und Beschädigung einzuschließen, die verursacht sind durch:

(a) Kriegshandlungen (mit und ohne Kriegserklärung), Feindinvasion, feindliche Übernahme,
(b) Aufstand, Revolution, Aufruhr, Akte militärischer oder widerrechtlicher Machtübernahme, Bürgerkrieg,
(c) radioaktive Strahlung oder Verseuchung mit Radioaktivität von Nuklearstoff oder von nuklearem Abfall von der Verbrennung von Nuklearstoff, radioaktiver giftiger Sprengstoff oder andere gefährliche Güter aus nuklearen Bestandteilen oder nuklearen Komponenten, oder
(d) Druckwellen, die von Flugzeugen oder anderen Luftfahrzeugen, die sich mit Schall- oder Überschallgeschwindigkeit fortbewegen, verursacht worden sind.

22.1 Beschädigung von Personen und Eigentum

Der Unternehmer muss (sofern und soweit in der Baubeschreibung nichts anderes vorgesehen ist), den Bauherrn schadlos halten in Bezug auf alle Schäden und Forderungen hinsichtlich:

(a) Tod oder Verletzung einer Person, oder
(b) Verlust oder Beschädigung von Eigentum (ausgenommen der Bauten),

die durch oder infolge Bau und Unterhaltung der Bauwerke entstehen und gegen alle Forderungen, Klagen, Prozesse, Schäden, Kosten, Belastungen und Ausgaben daraus oder die im Zusammenhang damit stehen. Diese unterliegen den in Klausel 22.2 definierten Ausnahmen.

22.2 Ausnahmen

Die Ausnahmen, auf die in Klausel 22.1 Bezug genommen wird, sind:

(a) dauernde Benutzung oder Inbesitznahme von Land durch die Bauten oder einen Teil derselben,
(b) Recht des Bauherrn, die Bauten oder einen Teil derselben auf, über, unter, in oder durch Gelände zu führen,
(c) Beschädigung von Eigentum, die ein unvermeidbares Resultat der Ausführung und Fertigstellung der Bauten oder der Beseitigung von Schäden daran in Übereinstimmung mit dem Vertrag ist,

(d) Verletzungen oder Beschädigung von Personen oder Eigentum infolge einer Handlung oder Unterlassung des Bauherrn, seiner Vertreter, Beamten oder anderen Unternehmer (die nicht vom Hauptunternehmer angestellt sind) während der Bauzeit sowie für und in bezug auf Forderungen, Anfragen, Prozesse, Schäden, Kosten, Belastungen und Ausgaben, die hierdurch oder in Verbindung damit entstehen. Wenn zu der Verletzung oder Beschädigung der Unternehmer oder seine Vertreter beigetragen haben, muss der Teil der genannten Beschädigung oder Verletzung angemessen und gerecht sein im Hinblick auf den Umfang der Verantwortlichkeit des Unternehmers, seiner Vertreter oder anderer Unternehmer für die Beschädigung oder Verletzung.

22.3 Schadenersatz durch den Bauherrn

Der Bauherr wird den Unternehmer hinsichtlich aller Forderungen, Anfragen, Prozesse, Schäden, Kosten, Belastungen, die ihre Ursache in Umständen haben, die Im Vorbehalt des Klausel 22.2 aufgeführt sind, schadlos halten und ihm Schadensersatz leisten.

23.1 Fremdversicherung (einschließlich des Eigentums des Bauherrn)

Vor Aufnahme der Arbeiten muss sich der Unternehmer (ohne dass dadurch seine Verpflichtungen und Haftungen nach Klausel 22 oder die des Bauherrn eingeschränkt werden) in seinem Namen und im Namen des Bauherrn gemeinsam gegen die Verantwortlichkeit für Tod oder Verletzung einer Person (mit Ausnahme der Fälle, die im Vorbehalt zu Klausel 24 angegeben sind) oder den Verlust oder Beschädigung von Eigentum (ausgenommen die Bauten) die diese infolge Ausführung des Vertrags eventuell erleiden, versichern. Ausgenommen sind die Ausnahmen, die in Klausel 22.2 (a), (b) und (c) definiert sind.

23.2 Mindestversicherung

Eine solche Versicherung soll mindestens in Höhe des im Angebot festgesetzten Betrags erfolgen.

23.3 Beiderseitige Haftpflicht

Die Versicherungspolice muss eine Klausel enthalten, nach der die Versicherung als für den Unternehmer und den Bauherrn als getrennt versichert gilt.

24.1 Unfall oder Verletzung von Arbeitern

Der Bauherr übernimmt keine Haftung für oder bezüglich gesetzlicher Schadensleistungen oder Abfindungen infolge von Unfällen oder Verletzungen von Arbeitern oder anderen Personen in Diensten des Unternehmers oder eines Nachunternehmers, außer bei Unfällen oder Verletzungen infolge einer Handlung oder Unterlassung des Bauherrn, seiner Vertreter oder Angestellten. Der Unternehmer hat den Bauherrn (mit Ausnahme der vorerwähnten Fälle) hinsichtlich aller Schäden und Entschädigungen dieser Art sicherzustellen und schadlos zu halten sowie hinsichtlich aller Forderungen, Anfragen, Prozesse, Kosten, Belastungen und Ausgaben daraus oder in Verbindung damit.

24.2 Unfallversicherung von Arbeitern

Der Unternehmer muss sich gegen die in Klausel 24.2 erwähnte Haftpflicht versichern. Diese Versicherung ist vom Unternehmer während der ganzen Zeit aufrechtzuerhalten, in der er Personen bei den Bauten beschäftigt. Die Verpflichtung des Unternehmers bezüglich Versicherung der von Nachunternehmer angestellten Personen wird als erfüllt angesehen, wenn der Nachunternehmer gegen diese Haftung in Bezug auf die bei ihm angestellten Personen derart versichert ist, dass der Bauherr durch die Police gleichfalls schadlos gehalten wird. In diesem Fall muss der Unternehmer vom Nachunternehmer fordern, dass dieser auf Verlangen dem Bauherrn die Versicherungspolice und die Quittungen der laufenden Prämien vorzeigt.

26.1 Einhaltung von Statuten und Vorschriften

Der Unternehmer muss in jeder Hinsicht alle Bestimmungen einhalten, auch alle Erklärungen abgeben und Abgaben zahlen, gemäß:

(a) Landes-, Staats- oder sonstiger Gesetze, Verordnungen oder Statute örtlicher oder anderen ordnungsgemäß eingesetzter Behörden in Verbindung mit der Ausführung der Bauten oder Hilfsbauten und
(b) Verordnungen und Richtlinien öffentlicher Körperschaften und Gesellschaften, deren Eigentum oder Rechte in irgendeiner Weise durch die Bauten oder Hilfsbauten berührt werden,

Der Unternehmer muss den Bauherrn schadlos halten hinsichtlich Strafen und Haftung infolge Verstoßes gegen Statuten, Verordnungen, Gesetze und Ortstatuten; vorausgesetzt, dass der Unternehmer für die Beschaffung jeglicher Baugenehmigungen, Genehmigungen für Flächennutzungspläne und ähnliche Genehmigungen, die für das Fortschreiten der Bauten notwendig sind, verantwortlich ist und den Unternehmer i.S.v Art 22.3 schadlos hält.

27.1 Fossilien

Alle Fossilien, Münzen, Wertgegenstände, Antiquitäten, Gebäudereste und anderen Reste oder Dinge von geologischem oder archäologischem Interesse, die auf der Baustelle gefunden werden, sind von Bauherrn und Unternehmer als uneingeschränktes Eigentum des Bauherrn anzusehen. Der Unternehmer muss angemessene Vorsichtsmaßnahmen treffen, um seine Arbeiter oder andere Personen am Entfernen oder Zerstören von Gegenständen dieser Art zu hindern; sofort nach Entdeckung und vor Entfernen muss er den Vertreter des Ingenieurs von dem Fund benachrichtigen, dessen Anordnungen auf Kosten des Bauherrn ausführen und den Fund zur weiteren Verfügung desselben halten. Wenn aufgrund solcher Anweisungen der Unternehmer eine Verzögerung erleidet oder ihm Kosten entstehen, soll der Unternehmer nach Rücksprache mit dem Bauherrn und dem Unternehmer bestimmen:

(a) eine Fristverlängerung, auf die der Unternehmer gemäß Klausel 44 ein Anrecht hat, und
(b) den Betrag dieser Kosten, die auf den Vertragspreis aufgeschlagen werden sollen.

Der Unternehmer muss entsprechend informiert werden. Der Bauherr erhält eine Kopie.

40.1 Einstellung der Arbeiten

Der Unternehmer muss auf Anweisung des Ingenieurs die Ausführung der Bauarbeiten oder eines Teils derselben so lange und auf solche Weise unterbrechen, wie es der Ingenieur für nötig erachtet. Während einer solchen Unterbrechung muss er den Bau oder Teile desselben so lange sichern und schützen, wie es nach Meinung des Ingenieurs nötig ist. Vorausgesetzt, dass die Einstellung nicht

(a) bereits im Vertrag berücksichtigt ist, oder
(b) notwendig wird aus Gründen von Verzug oder Vertragsbruch durch den Unternehmer oder wenn er hierfür verantwortlich ist,
(c) aufgrund von klimatischen Bedingungen auf der Baustelle notwendig wird, oder
(d) zur ordnungsgemäßen Ausführung oder der Sicherheit der Arbeiten oder eines Teils derselben notwendig wird (dabei muss gesichert sein, dass eine solche Notwendigkeit von einer Handlung oder Versäumnis des Ingenieurs oder Bauherrn oder von einem anderen in Klausel 20.4 definierten Risiken herrührt),

soll Klausel 40.2 zur Anwendung kommen.

40.2 Die auf die Einstellung folgenden Festlegungen des Ingenieurs

Wenn dieser Klausel in Ausführung von Klausel 40.1 zur Anwendung kommt, soll der Ingenieur nach Rücksprache mit dem Bauherrn und dem Unternehmer festlegen:

(a) eine Zeitverlängerung, auf die der Unternehmer nach Klausel 44 eine Anrecht hat und
(b) den Betrag, der unter Berücksichtigung der dem Unternehmer durch eine solche Einstellung entstehenden Kosten, auf den Vertragspreis aufgeschlagen wird

und soll den Unternehmer entsprechend benachrichtigen. Der Bauherr erhält eine Kopie.

40.3 Arbeitseinstellung über 84 Tage

Wenn auf Anordnung des Ingenieurs die Ausführung der Arbeiten oder von Teilen derselben eingestellt und die Erlaubnis zur Wiederaufnahme der Arbeiten nicht innerhalb von 84 Tagen seit dem Datum der Einstellung der Arbeiten erteilt wird, es sei denn die Einstellung erfolgt nach Klausel 40.1 (a), (b), (c) oder (d), ist der Unternehmer in jedem Fall berechtigt, den Ingenieur schriftlich aufzufordern, ihm die Genehmigung zur Wiederaufnahme der Arbeiten oder des eingestellten Teils derselben innerhalb 28 Tagen zu erteilen. Wird die Genehmigung zur Wiederaufnahme nicht innerhalb dieser Frist erteilt, kann der Unternehmer (ohne jedoch dazu verpflichtet zu sein) durch eine weitere schriftliche Benachrichtigung dem Ingenieur mitteilen, dass er die Einstellung, wenn sie sich auf einen Teil der Arbeiten bezieht, als Versäumnis nach Klausel 51 dieser Bestimmungen betrachtet, bzw. wenn sie sich auf die gesamten Arbeiten bezieht als Aufgabe des Vertrages durch den Bauherrn. Er kann seine Anstellung nach dem Vertrag gemäß den Bestimmungen des Klausel 69.1 kündigen; in diesem Fall finden die Bestimmungen der Klausel 69.2 und 69.3 Anwendung.

43.1 Fertigstellungszeit

Vorbehaltlich eventueller Bestimmungen der Leistungsbeschreibung über Fertigstellung von Teilen des Bauwerks vor Fertigstellung der gesamten Arbeiten ist das gesamte Bauwerk nach den Vorschriften der Klausel 48 und in der im Angebot festgesetzten Zeit auszuführen, die vom letzten Tag der Frist an rechnet, die im Angebot als Frist bis zur Aufnahme der Arbeiten festgesetzt ist, gegebenenfalls mit den zulässigen Verlängerungen nach Klausel 44.

44.1 Verlängerung der Ausführungsfrist

Im Fall dass

(a) der Umfang an Sonder- und zusätzlicher Arbeit,
(b) ein Grund zur Verzögerung, auf den in diesen Bedingungen Bezug genommen wird,
(c) außergewöhnlich widrige klimatische Bedingungen,
(d) eine Verzögerung, Behinderung oder Vorbeugungsmaßnahme des Bauherrn, oder
(e) andere möglicherweise eintretende spezielle Umstände, die nicht auf ein Versäumnis oder einen Vertragsbruch durch den Unternehmer zurückzuführen sind oder für die er sonstwie verantwortlich ist,

derartig sind, dass der Unternehmer billigerweise Anrecht auf Verlängerung der Ausführungsfrist für das Bauwerk oder Teile davon hat, muss der Ingenieur nach Rücksprache mit dem Bauherrn und dem Unternehmer die Fristverlängerung festsetzen. Der Unternehmer ist entsprechend zu informieren. Der Bauherr erhält eine Kopie.

44.2 Der Unternehmer hat Benachrichtigungen und detaillierte Angaben bereitzustellen.

Der Ingenieur ist nur verpflichtet, eine entsprechende Anweisung herauszugeben, wenn der Unternehmer

(a) innerhalb von 28 Tagen nach Eintreten derartiger Umstände den Ingenieur informiert und der Bauherr eine Kopie erhalten hat, und
(b) innerhalb von 28 Tagen, oder innerhalb einer angemessenen Frist, die mit dem Ingenieur vereinbart werden kann, nach dieser Benachrichtigung seine Forderung auf die ihm seiner Meinung nach zustehende Fristverlängerung dem Ingenieur ausführlich in allen Einzelheiten bekannt gibt, damit die Forderung rechtzeitig untersucht werden kann.

44.3 Vorläufige Bestimmung der Fristverlängerung

Für den Fall, dass das Ereignis andauernde Auswirkungen in der Art hat, dass es für den Unternehmer nicht durchführbar ist, gemäß Klausel 44.2 (b) innerhalb von 28 Tagen ausführliche Einzelheiten bekannt zugeben, soll er trotzdem zu einer Fristverlängerung berechtigt sein. Voraussetzung dafür ist, dass er dem Ingenieur vorläufige Einzelheiten innerhalb von nicht mehr als 28 Tagen und die endgültigen Einzelheiten nicht später als 28 Tage nach dem Ende der aus dem Ereignis resultierenden Auswirkungen bekannt gegeben hat. Nach Erhalt solcher vorläufigen Einzelheiten soll der Ingenieur ohne übermäßigen Verzug eine vorläufige Bestimmung zur Fristverlängerung erlassen. Nach Erhalt der endgültigen Einzelheiten soll der Ingenieur alle Umstände überprüfen und die gesamte Fristverlängerung im Hinblick auf das Ereignis festlegen. In beiden Fällen hat der Ingenieur die Fristverlängerung erst nach Rücksprache mit dem Bauherrn und dem Unternehmer festzulegen. Er hat den Unternehmer zu informieren. Der Bauherr erhält eine Kopie. Die endgültige Überprüfung darf nicht zu einer Verkürzung der Fristverlängerung führen, die der Ingenieur bereits gewährt hat.

47.1 Schadensersatz bei Verzug

Wenn der Unternehmer nicht imstande ist, die gesamten Arbeiten in der in Klausel 48 vorgeschriebenen Frist oder, gegebenenfalls, einen Teil davon innerhalb der in Klausel 43 vorgesehenen Zeit fertig zu stellen, muss der Unternehmer dem Bauherrn die im Angebot für ein solches Versagen als Schadenersatz, nicht aber als Vertragsstrafe, festgesetzte Summe für jeden Tag oder Teil eines Tages bezahlen, der zwischen der festgesetzten Frist und dem Datum der Fertigstellung der Arbeiten verstreicht. Der Bauherr kann ohne Beeinträchtigung anderer Eintreibungsverfahren den Schadenersatzbetrag von allen sich in seinen Händen befindenden Beträgen absetzen, die zur Zahlung an den Unternehmer fällig sind oder werden. Bezahlung oder Abzug solcher Beträge befreien den Unternehmer weder von seiner Verpflichtung zur Fertigstellung der Arbeiten noch von einer seiner sonstigen Vertragsverpflichtungen und -haftungen.

47.2 Verminderung des Schadensersatzbetrages

Wenn vor Fertigstellung des gesamten Bauwerks oder eines Teils desselben, für einen Teil der Bauten oder einen Abschnitt eine Abnahmebescheinigung ausgestellt wurde, wird der Schadenersatzbetrag für weiteren Verzug nach Ausstellung dieser Bescheinigung in dem Verhältnis gekürzt, in welchem der Wert des bescheinigten Teils zum Wert des gesamten Bauwerks steht. Die Vorschriften dieser Klausel sollen nur auf den Betrag des bezifferten Schadens angewandt werden. Sie sollen sich hingegen nicht das Limit des Schadensersatzes auswirken.

48.1 Abnahmebescheinigung

Sobald nach Ansicht des Ingenieurs die Arbeiten im wesentlichen vollendet worden und alle evtl. im Vertrag vorgesehenen Abschlussuntersuchungen zufriedenstellend verlaufen sind, muss der Ingenieur nach Erhalt einer schriftlichen Verpflichtung des Unternehmers (der Bauherr erhält eine Kopie), alle noch ausstehenden Arbeiten während der Unterhaltungsfrist auszuführen, eine Fertigstellungsbescheinigung für das Bauwerk ausstellen. Eine solche Benachrichtigung und Verpflichtung muss als Forderung des Unternehmers angesehen werden, der Ingenieur solle im Hinblick auf die Bauten eine Übernahmebescheinigung ausstellen. Der Ingenieur hat innerhalb von 21 Tagen nach Erhalt der Benachrichtigung dem Unternehmer eine Übernahmebescheinigung auszustellen und darin festzulegen, zu welchem Zeitpunkt seiner Meinung nach das Bauwerk vertragsgemäß fertig gestellt wurde, oder er hat dem Unternehmer eine schriftliche Aufstellung aller noch zu erledigenden Arbeiten zu geben, die seiner Meinung nach noch ausgeführt werden müssen, bevor die Übernahmebescheinigung ausgestellt werden kann. Der Ingenieur hat den Unternehmer auch über alle die Fertigstellung des Werkes betreffenden Fehler am Bauwerk zu informieren, die nach derartigen Anweisungen und vor der Fertigstellung des Werkes auftreten. Der Unternehmer hat das Recht, die Übernahmebescheinigung innerhalb von 21 Tagen zu erhalten, nachdem er das Bauwerk zur Zufriedenheit des Ingenieurs ausgeführt und alle ihm gemeldeten Fehler beseitigt hat.

48.2 Teilabnahme

Entsprechend der in Klausel 48.1 beschriebenen Vorgehensweise kann der Unternehmer die Ausstellung einer Übernahmebescheinigung vom Ingenieur verlangen im Hinblick auf:

(a) jeden Abschnitt, für den im Leistungsverzeichnis eine separate Fertigstellungszeit vorgesehen ist,
(b) jeden grundlegenden Teil der Bauarbeiten, wenn er sowohl zur Zufriedenheit des Ingenieurs ausgeführt wurde als auch, anders als im Vertrag vorgesehen, vom Bauherrn in Besitz genommen oder benutzt wird, oder
(c) jeden Teil der Bauarbeiten, den der Bauherr dazu ausgewählt hat, ihn bereits vor der Fertigstellung in Besitz zu nehmen oder zu benutzen (wenn eine solche vorherige Inbesitznahme oder Benutzung nicht im Vertrag vorgesehen ist oder der Unternehmer dem nicht als vorübergehende Maßnahme zugestimmt hat).

48.3 Wesentliche Vollendung von Teilen

Wenn ein Teil der Arbeiten im wesentlichen vollendet worden ist und alle im Vertrag vorgesehenen Abschlussuntersuchungen zufriedenstellend verlaufen sind, kann der Ingenieur eine Übernahmebescheinigung bezüglich dieses Teils ausstellen, bevor das komplette Werk vollendet ist. Bei der Ausstellung einer solchen Bescheinigung ist davon auszugehen, dass sich der Unternehmer verpflichtet, sämtliche ausstehenden Arbeiten in diesem Teil der Arbeiten schnellstmöglich innerhalb der Mängelgewährleistungsfrist fertig zustellen.

48.4 Gelände, das eine Wiederinstandsetzung erfordert

Eine gegebene Fertigstellungsbescheinigung für einen Teil oder eines Abschnitts der Bauten stellt keine Fertigstellungsbescheinigung bezüglich Grund und Boden oder Gelände dar, die eine Wiederinstandsetzung erfordern, wenn dies in der Bescheinigung nicht ausdrücklich festgelegt ist.

49.1 Mängelgewährleitungsfrist

Der Ausdruck „Mängelgewährleitungsfrist" in diesen Bedingungen bedeutet die im Angebot angeführte Gewährleistungsfrist für Mängel, die rechnet

(a) vom Datum der vom Ingenieur nach Klausel 48 bestätigten Fertigstellung an bzw.
(b) wenn mehr als eine Bescheinigung vom Ingenieur nach Klausel 48 ausgestellt wurde, von den Daten der betreffenden Bescheinigungen an.

Der Ausdruck „die Bauten" ist im Zusammenhang mit der Unterhaltungsfrist entsprechend auszulegen.

49.2 Ausführung von ausstehenden Arbeiten und Ausbesserungsarbeiten

Damit die Bauten bei Ablauf der Mängelgewährleitungsfrist oder so bald wie möglich danach dem Bauherrn so, wie es im Vertrag festgelegt ist (abgesehen von normaler Benutzung) zur Zufriedenheit des Ingenieurs übergeben werden können, ist der Unternehmer verpflichtet:

(a) Arbeiten, die zum in der Übernahmebescheinigung festgelegten Zeitpunkt noch ausstehen, so schnell wie möglich fertigzustellen, und
(b) Ausbesserungen, Reparaturarbeiten, Berichtigungen und die Beseitigung von Mängeln, Schrumpfungen oder anderen Fehlern auszuführen, die gegebenenfalls vom Ingenieur während der Unterhaltungsfrist oder bis 14 Tage nach deren Ablauf als Ergebnis einer seitens oder namens des Ingenieurs vor dem Ablauf der Frist erfolgten Besichtigung von dem Unternehmer verlangt werden.

49.3 Kosten der Ausführung von Ausbesserungsarbeiten

Die in Klausel 49.2 (b) aufgeführten Arbeiten muss der Unternehmer auf seine Kosten ausführen, wenn die Notwendigkeit hierzu nach Ansicht des Ingenieurs zurückzuführen ist auf:

(a) die Verwendung nicht vertragsgemäßer Materialien, Stoffe oder auf nicht vertragsgemäße Arbeit,
(b) dort, wo der Unternehmer für die Gestaltung eines Teils der Arbeiten verantwortlich ist, auf Fehler in der Gestaltung, oder
(c) Nachlässigkeit oder Unterlassung des Unternehmers bezüglich seiner im Vertrag festgelegten oder ihm nach diesem obliegenden Verpflichtungen.

Wenn nach Ansicht des Ingenieurs sich die Notwendigkeit aus anderen Gründen ergibt, ist der Wert der erwähnten Arbeiten festzusetzen und in Übereinstimmung mit Klausel 52 wie für eine zusätzliche Arbeit zu bezahlen. Der Unternehmer muss entsprechend benachrichtigt werden. Der Bauherr erhält eine Kopie.

49.4 Unterlassen von seitens des Unternehmers, Anweisungen auszuführen

Im Fall eines pflichtwidrigen Unterlassens von seiten des Unternehmers, solche Anweisungen innerhalb angemessener Zeit auszuführen, ist der Bauherr berechtigt, andere Personen anzustellen und zu bezahlen, um diese Arbeiten auszuführen. Handelt es sich dabei nach Ansicht des Ingenieurs um Arbeiten, die der Unternehmer dem Vertrag zufolge auf seine eigenen Kosten hätte ausführen müssen, dann sollen alle Folgekosten nach Rücksprache mit Bauherr und Unternehmer vom Ingenieur festgelegt werden. Der Bauherr kann diese Kosten vom Unternehmer einklagen oder von allen an den Unternehmer fälligen oder fällig werdenden Beträgen absetzen . Der Ingenieur soll den Unternehmer darüber informieren. Der Bauherr erhält eine Kopie.

50.1 Untersuchungen durch den Unternehmer

Wenn ein Mangel, eine Schrumpfung oder ein anderer Fehler an den Bauten vor dem Ende der Unterhaltungsfrist auftritt, kann der Ingenieur den Unternehmer (der Bauherr erhält eine Kopie) anweisen, die Ursachen nach der Weisung des Ingenieurs zu suchen. Wenn für diesen Mangel, die Schrumpfung oder die anderen Fehler der Unternehmer nach dem Vertrag verantwortlich ist, soll der Ingenieur, nach Rücksprache mit dem Bauherrn und dem Unternehmer, unter Berücksichtigung der Kosten, die dem Unternehmer durch die Untersuchung entstehen, den Betrag festlegen, der auf den Vertragspreis aufgeschlagen werden soll. Der Unternehmer muss entsprechend informiert werden. Der Bauherr erhält eine Kopie. Wenn der Unternehmer für den Mangel, die Schrumpfung und anderen Fehler verantwortlich ist, sind die Kosten der Untersuchung vom Unternehmer zu tragen. Er hat in diesem Fall den Mangel, die Schrumpfung oder anderen Fehler auf seine Kosten nach den Bestimmungen der Klausel 49 auszubessern.

51.1 Änderungen

Der Ingenieur kann jede Änderung bezüglich Form, Güte oder Menge der Bauten oder von Teilen derselben anordnen, die er für nötig hält. Zu diesem Zweck oder wenn es aus irgendeinem anderen Grund seiner Meinung nach wünschenswert erscheint, ist er bevollmächtigt, dem Unternehmer folgende Anordnungen verbindlich zu erteilen:

(a) die Menge jeder im Vertrag vorgesehenen Arbeit zu erhöhen oder zu vermindern,
(b) Arbeiten zu streichen (es sei denn, die gestrichenen Arbeit soll vom Bauherrn oder von einem anderen Unternehmer ausgeführt werden),
(c) Charakter, Güte oder Art jeder im Vertrag vorgesehenen Arbeit zu ändern,
(d) Höhen, Linien, Positionen und Abmessungen jedes Teils der Arbeiten zu ändern,
(e) alle zur Fertigstellung erforderlichen zusätzlichen Arbeiten auszuführen, oder
(f) Zeitenfolgen oder Bauausführungspläne jedes Teils der Arbeiten zu ändern.

Durch vorstehende Änderungen wird der Vertrag weder verletzt noch außer Kraft gesetzt, aber der Wert solcher Änderungen ist jedoch in Übereinstimmung mit Klausel 52 zu berücksichtigen. Vorausgesetzt, dass die Anweisung, die Arbeiten zu ändern, aufgrund von Verzug oder Vertragsverletzung durch den Unternehmer oder wenn er hierfür verantwortlich ist, erfolgte, hat der Unternehmer alle durch den Verzug entstehenden zusätzlichen Kosten zu tragen.

51.2 Änderungsanordnungen

Vorstehende Änderungen darf der Unternehmer nur auf Anordnung des Ingenieurs vornehmen. Eine Anordnung ist nicht erforderlich bei Erhöhung oder Verminderung der Massen, wenn diese nicht aufgrund einer nach diesem Klausel gegebenen Anordnung erfolgt, sondern aufgrund von Mehr- oder Mindermengen gegenüber dem Mengenansatz im Leistungsverzeichnis.

52.1 Schätzung von Änderungen

Für alle Änderungen, auf die sich Klausel 51 bezieht und jede Mehrung des Vertragspreises, bei der eine Bestimmung nach Klausel 52 notwendig ist, soll der Ingenieur gegebenenfalls den Betrag festsetzen, der seiner Meinung nach der Angebotssumme hinzuzufügen oder von derselben abzuziehen ist für die auf seine Anordnung ausgeführten Sonder- oder zusätzlichen Arbeiten bzw. für gestrichene Arbeiten. Diese Arbeiten sind zu den nach Ansicht des Ingenieurs anwendbaren Vertragspreisen zu bezahlen. Wenn der Vertrag keine auf die Extra – oder zusätzlichen Arbeiten anwendbaren Preise enthält, sind angemessene Preise zwischen dem Ingenieur und dem Unternehmer zu vereinbaren. Falls keine Vereinbarung zustande kommt, setzt der Ingenieur Preise fest, die er für angemessen hält. Der Unternehmer ist entsprechend zu unterrichten; der Bauherr erhält eine Kopie. Bis zu dem Zeitpunkt, wenn Beträge oder Preise vereinbart oder festgelegt worden sind, soll der Ingenieur provisorische Beträge oder Preise festlegen, um (planmäßige) Zahlungen gemäß den Bescheinigungen, die in Übereinstimmung mit Klausel 60 ausgestellt sind, zu ermöglichen.

52.2 Vollmacht des Ingenieurs, Preise festzusetzen

Wenn Art oder Wert einer Streichung oder eines Zusatzes im Verhältnis zu Art oder Wert der gesamten Vertragsarbeiten oder zu Teilen derselben derart sind, dass nach Ansicht des Ingenieurs der Vertragspreis oder Einheitspreis einer Arbeitsposition durch die Kürzung oder den Zusatz unangemessen oder unanwendbar geworden ist, muss ein angemessener Preis oder Einheitspreis zwischen Ingenieur und Unternehmer vereinbart werden. Falls keine Einigung zustande kommt, setzt der Ingenieur einen Preis oder Einheitspreis fest, der ihm den Umständen entsprechend für angemessen und richtig erscheint. Der Unternehmer ist entsprechend zu benachrichtigen; der Bauherr erhält eine Kopie. Bis zu dem Zeitpunkt, wenn Beträge oder Preise vereinbart oder festgelegt worden sind, soll der Ingenieur provisorische Beträge oder Preise festlegen, um (planmäßige) Zahlungen gemäß den Bescheinigungen, die in Übereinstimmung mit Klausel 60 ausgestellt sind, zu ermöglichen.

Wenn der Ingenieur keine geänderten Arbeiten in Ausübung von Klausel 51 beauftragt hat, soll nach Klausel 52.1 oder nach diesem Klausel innerhalb von 14 Tagen nach dem Datum der Anweisung und, anders als im Fall von gestrichenen Arbeiten, im Falle von Sonder- oder zusätzlichen Arbeiten vor dem Beginn dieser Arbeiten, folgende Benachrichtigung erfolgen:

(a) Vom Unternehmer gegenüber dem Ingenieur über seine Absicht, eine besondere Vergütung oder einen geänderten Preis zu verlangen, oder
(b) vom Ingenieur gegenüber dem Unternehmer über seine Absicht, einen Preis oder Einheitspreis zu ändern.

52.3 Änderungen über 15%

Wenn sich bei der Ausstellung der Abnahme-Bescheinigung für das gesamte Bauwerk herausstellt, dass als Folge:

(a) aller veränderten Arbeiten, die gemäß Klausel 52.1 und 52.2 geschätzt wurden, und
(b) aller Angleichungen der veranschlagten Leistungen, die im Leistungsverzeichnis festgesetzt sind, außer provisorische Summen, Tagelohnarbeiten und Preisangleichungen, die gemäß Klausel 70 durchgeführt wurden,

aber nicht aus einem anderen Grund, der Wert aller Mehrungen und Minderungen des Vertragspreises zusammen mehr als 15% der Angebotssumme beträgt, ist der Vertragspreis um einen zwischen Ingenieur und Unternehmer zu vereinbarenden Betrag abzuändern. Falls keine Einigung zustande kommt, setzt der Ingenieur unter Berücksichtigung des Stoffs und der einschlägigen Faktoren sowie der Herstellungskosten und Allgemeinen Geschäftskosten des Unternehmers den ihm als angemessen erscheinenden Betrag fest. Der Ingenieur soll den Unternehmer über jede Festlegung, die gemäß diesem Klausel erfolgt, informieren. Der Bauherr erhält eine Kopie davon. Eine solche Summe soll ausschließlich auf dem Betrag basieren, von dem solche Mehrungen und Minderungen mehr als 15% der Vertragssumme betragen sollen.

52.4 Tagelohnarbeit

Wenn es der Ingenieur für nötig oder wünschenswert hält, kann er anordnen, dass jede zusätzliche oder Ersatzarbeit auf Tagelohnbasis ausgeführt werden soll. Bezahlung des Unternehmers für die betreffenden Arbeiten erfolgt dann nach den Bedingungen der Tagelohnliste des Leistungsverzeichnisses zu den dafür von ihm im Angebot festgesetzten Einheitspreisen und Preisen.

Der Unternehmer muss dem Ingenieur Quittungen oder Belege zum Nachweis der bezahlten Beträge übergeben und vor der Bestellung von Stoffen und Bauteilen dem Ingenieur Preisangebote für dieselben zur Genehmigung vorlegen.

Über jede auf Tagelohnbasis ausgeführte Arbeit muss der Unternehmer während der Dauer derselben dem Vertreter des Ingenieurs täglich in doppelter Ausfertigung eine genaue Liste der Namen, Beschäftigung und Zeiten aller dabei eingesetzten Arbeiter liefern sowie – ebenfalls in doppelter Ausfertigung – eine Aufstellung mit Beschreibung und Angabe der Mengen aller hierfür oder hierbei verwendeten Stoffe und Geräte (ausgenommen Geräte, die in dem prozentualen Zuschlag gemäß der vorerwähnten Liste bereits eingeschlossen sind). Eine Ausfertigung jeder Liste und jeder Aufstellung wird nach Richtigbefund und Anerkennung vom Vertreter des Ingenieurs unterzeichnet und dem Unternehmer zurückgegeben.

Am Ende jedes Monats muss der Unternehmer dem Vertreter des Ingenieurs ein mit Preisen versehenes Verzeichnis der Arbeitsstunden, Stoffe und Geräte (ausgenommen wie vorerwähnt) liefern. Der Unternehmer hat nur Anspruch auf Bezahlung, wenn die erwähnten Listen und Verzeichnisse vollständig und pünktlich abgegeben wurden. Wenn nach Meinung des Ingenieurs aus irgendeinem Grunde die Übersendung einer Liste oder eines Verzeichnisses durch den Unternehmer nach den Bestimmungen dieser Klausel undurchführbar war, ist er trotzdem berechtigt, Zahlung für die betreffenden Arbeiten entweder als Tagelohnarbeit (wenn er mit der aufgewendeten Zeit und den verwendeten Geräten und Stoffen einverstanden ist) oder in Höhe einer ihm dafür als vernünftig und angemessen erscheinenden Vergütung anzuordnen.

56.1 Aufmaß von Arbeiten

Wenn keine anderen Bestimmungen vorliegen, muss der Ingenieur durch Aufmaß den Wert der ausgeführten Arbeiten in Übereinstimmung mit dem Vertrag feststellen und festsetzten. Dem Unternehmer soll in Übereinstimmung mit Klausel 60 dieser Vertragswert bezahlt werden. Wenn er die Aufmessung eines oder mehrerer Teile der Bauten wünscht, muss er den bevollmächtigten Angestellten oder Vertreter des Unternehmers entsprechend benachrichtigen, der darauf

(a) der Aufmessung beiwohnen oder einen qualifizierten Angestellten zur Unterstützung des Ingenieurs oder Vertreters des Ingenieurs bei den Aufmessungen abordnen muss und
(b) letzterem alle von demselben evtl. verlangten Auskünfte zu geben hat.

Sollte der Unternehmer weder anwesend sein noch einen Vertreter senden, werden die vom Ingenieur vorgenommenen oder anerkannten Aufmaße als richtige Aufmaße der Arbeiten angesehen. Für das Aufmaß von dauernden Bauten, das mittels Aufzeichnungen und Zeichnungen festzulegen ist, muss der Vertreter des Ingenieurs die diesbezüglichen Aufzeichnungen und Zeichnungen anfertigen; innerhalb von 14 Tagen nach Erhalt der schriftlichen Aufforderung muss der Unternehmer die Prüfung und Anerkennung der Zeichnungen mit dem Vertreter des Ingenieurs vornehmen und dieselben bei Anerkennung unterzeichnen. Sollte der Unternehmer die Aufzeichnungen und Zeichnungen nicht prüfen und anerkennen, sind diese als richtig anzusehen. Wenn nach Prüfung der Aufzeichnungen und Zeichnungen der Unternehmer diese nicht anerkennt bzw. sie nicht zur Anerkennung unterzeichnet, sind dieselben trotzdem als richtig anzusehen, sofern der Unternehmer nicht innerhalb 14 Tagen nach der Prüfung dem Vertreter des Ingenieurs zur Entscheidung durch den Ingenieur eine schriftliche Benachrichtigung sendet, in der er darlegt, in welcher Hinsicht er die Aufzeichnungen und Zeichnung als unrichtig beanstandet. Bei Zugang dieser Beanstandung soll der Ingenieur die Aufzeichnungen und Zeichnungen prüfen und sie dann entweder bestätigen oder ändern.

57.1 Aufmaßverfahren

Die Bauten sind netto aufzumessen, ungeachtet eventueller allgemeiner oder örtlicher Gebräuche, sofern der Vertrag nicht ausdrücklich anders lautende Beschreibungen oder Vorschriften enthält.

57.2 Aufschlüsselung von zusammengefassten Positionen

Zum Zweck der Berichterstattung gem. Klausel 60.1 soll der Unternehmer dem Ingenieur innerhalb von 28 Tagen nach Erhalt des Bestätigungsschreibens eine Aufschlüsselung jeder der zusammengefassten Positionen im Leistungsverzeichnis einreichen. Diese Aufschlüsselungen sind vom Ingenieur zu genehmigen.

59.1 Definition von „Ernannte Nachunternehmer"

Alle Handwerker, Kaufleute, Handelsleute und andere Personen, die Arbeiten ausführen oder Waren liefern, für die provisorische Beträge oder Selbstkostenbeträge im Leistungsverzeichnis eingesetzt sind, und die vom Bauherr oder vom Ingenieur ernannt, ausgewählt oder zugelassen sind oder werden, und alle Personen, an die der Unternehmer nach den Bestimmungen des Leistungsverzeichnisses oder der Baubeschreibung verpflichtet ist, Arbeiten weiterzuvererben, werden für die Ausführung solcher Arbeiten bzw. die Lieferung solcher Waren als von dem Unternehmer angestellte Nachunternehmern betrachtet und nachstehend „ernannte Nachunternehmer" genannt.

59.2 Ernannte Nachunternehmer; Einwand gegen Ernennung

Bauherr oder Ingenieur können jedoch nicht vom Unternehmer verlangen oder ihn für verpflichtet halten, einen ernannten Nachunternehmer anzustellen, der es ablehnt, mit dem Unternehmer einen Nachunternehmervertrag einzugehen, der folgende Bestimmungen enthält:

(a) dass in Bezug auf die jeweilige Arbeit oder Lieferungen der vom Nachunternehmer mit dem Unternehmer eingegangene Vertrag dieselben Bedingungen und Verpflichtungen enthält, wie sie dem Unternehmer dem Bauherrn gegenüber durch den Vertrag auferlegt sind, und dass er den Unternehmer bezüglich derselben schadlos hält und entschädigt bezüglich aller Forderungen, Ansprüche, Prozesse, Schäden, Kosten, Belastungen und Ausgaben, die sich in diesem Zusammenhang bzw. infolge Nichterfüllung dieser Verpflichtungen oder Haftungen eventuell ergeben;
(b) dass der Nachunternehmer den Unternehmer schadlos hält und entschädigt bei Fahrlässigkeit seitens des Nachunternehmers, seiner Vertreter, Arbeiter und Angestellten und bei Missbrauch von Baugerät oder Hilfsbauten, die vom Unternehmer für die Vertragszwecke beschafft worden sind, durch dieselben, sowie hinsichtlich der vorerwähnten Forderungen.

59.3 Ausdrücklich festgelegte Gestaltungserfordernisse

Wenn in Verbindung mit einer provisorischen Summe die vorgesehenen Dienste Angelegenheiten bezüglich Design oder Beschreibung eines Teils der dauerhaften Arbeiten oder eines damit verbundenen Werkes enthalten, sollen solche Anforderungen im Vertrag festgelegt werden und in jedem genannten Nachunternehmervertrag enthalten sein. Der genannte Nachunternehmervertrag soll genau angeben, dass der genannte Nachunternehmer, der solche Dienste vorsieht, den Unternehmer schadlos hält und entschädigt bezüglich aller Forderungen, Ansprüche, Prozesse, Schäden, Kosten, Belastungen und Ausgaben, die sich in diesem Zusammenhang bzw. infolge der Nichterfüllung dieser Verpflichtungen oder Haftungen eventuell ergeben.

59.4 Bezahlung an ernannten Nachunternehmer

Für alle ausgeführten Arbeiten oder Waren, Material, Werke oder Dienstleistungen, die durch einen ernannten Nachunternehmer geliefert werden, soll der Unternehmer berechtigt sein festzulegen:

(a) den vom Unternehmer tatsächlich gezahlten oder fällig gewordenen Preis, auf Anweisung des Ingenieurs und in Übereinstimmung mit dem Nachunternehmervertrag;
(b) mit Rücksicht auf die vom Unternehmer ausgeführten Arbeiten die in der Leistungsbeschreibung enthaltene oder, wenn durch den Ingenieur in Ausführung von Klausel 58.2 (a) angewiesen, die gemäß Klausel 52 festgelegte Summe; und
(c) mit Rücksicht auf alle anderen Forderungen und den Gewinn, eine Summe, die einen prozentualen Anteil des tatsächlichen gezahlten oder des kalkulierten fälligen Preises ausmacht; wenn dieser Anteil in der Leistungsbeschreibung bestimmt wurde, so ist er so hoch wie vom Unternehmer in der Leistungsbeschreibung dafür eingesetzt; wo derartige Bestimmungen nicht getroffen wurden, ist der Anteil so hoch wie durch den Unternehmer im Angebot eingesetzt und den er, wenn Bestimmungen darüber für einen speziellen Posten, der in der Leistungsbeschreibung zu diesem Zweck vorgesehen ist, gemacht wurden, bestätigt hat.

59.5 Bescheinigung der Bezahlung an ernannte Nachunternehmer

Bevor der Ingenieur nach Klausel 60 eine Bescheinigung ausstellt, die eine Zahlung für durch Nachunternehmer geleistete Arbeit oder gelieferte Güter einschließt, kann er vom Unternehmer einen angemessenen Nachweis verlangen, dass alle Zahlungen (abzüglich Rückhaltebeträge), die in vorausgegangenen Bescheinigungen für Arbeit und Lieferungen des ernannten Nachunternehmers enthalten waren, an den Nachunternehmer ausgezahlt wurden. Unterlässt der Unternehmer den Nachweis und:

(a) gibt er dem Ingenieur nicht schriftlich bekannt, dass er angemessenen Grund hat, die Zahlung zurückzuhalten und zu verweigern und
(b) erbringt er dem Ingenieur nicht den Nachweis, dass er den ernannten Nachunternehmer schriftlich davon in Kenntnis gesetzt hat,

ist der Bauherr berechtigt, dem ernannten Nachunternehmer direkt unter Zugrundelegung der Bescheinigung des Ingenieurs alle Beträge (abzüglich Rückhalt) auszuzahlen, die der Unternehmer dem ernannten Nachunternehmer nicht ausgezahlt hat und den diesbezüglichen Betrag durch Aufrechnung von den vom Bauherrn an den Unternehmer zu zahlenden oder fällig werdenden Beträgen abzusetzen.

Wenn der Bauherr auf eine vom Ingenieur ausgestellte Bescheinigung nach vorstehender Bestimmung direkt bezahlt hat, muss der Ingenieur bei Ausstellung weiterer Bescheinigungen zu Gunsten des Unternehmers von deren Betrag die vom Bauherrn direkt gezahlte Summe absetzen; er ist aber nicht berechtigt, die Herausgabe einer Bescheinigung zu verzögern, sobald diese nach den Vertragsbedingungen fällig ist.

63.1 Verzug des Unternehmers

Wenn der Unternehmer in Konkurs gerät, der Konkurseröffnungsbeschluss gegen ihn ausgesprochen wird oder wenn er selbst Konkurs anmeldet oder sich mit seinen Gläubigem vergleicht oder eine Abtretung zu deren Gunsten vornimmt oder seine Zustimmung zur Ausführung des Vertrags unter einem Gläubigerausschuss gibt oder wenn er (falls es sich um eine Gesellschaft handelt) in Liquidation tritt (ausgenommen zum Zwecke einer Fusion oder Neugründung) oder wenn der Unternehmer den Vertrag ohne vorherige schriftliche Genehmigung des Bauherrn abtritt oder sein Besitz beschlagnahmt werden sollte, oder wenn der Ingenieur dem Bauherrn schriftlich bescheinigt, dass der Unternehmer seiner Ansicht nach

(a) den Vertrag aufgegeben hat,
(b) ohne angemessene Entschuldigung
    (i) die Arbeit nicht gemäß Klausel 41.1 aufgenommen hat, oder
    (ii) die Arbeit oder einen Teil davon unterbrochen und trotz schriftlicher Aufforderung des Ingenieurs zur Wiederaufnahme gemäß Klausel 46.1 nach 28 Tagen vom Datum dieser Aufforderung ab nicht wieder aufgenommen hat, oder
(c) eine Anweisung, die gemäß Klausel 37.4 oder Klausel 39.1 ergangen ist, nicht 28 Tage nach Erhalt nicht erfüllt hat,
(d) trotz vorheriger schriftlicher Warnung des Ingenieurs weiterhin gegen Vorschriften des Vertrages verstößt, oder
(e) gegen Klausel 4.1 verstoßen hat,

kann der Bauherr 14 Tage nach entsprechender Benachrichtigung des Unternehmers Bauten und Baustelle in Besitz nehmen und den Werkvertrag mit dem Unternehmer kündigen, ohne dadurch den Unternehmer von seinen Verpflichtungen oder Haftungen nach dem Vertrag zu entbinden oder die Bauherr und Ingenieur vertragsgemäß zustehenden Rechte und Befugnisse zu beeinträchtigen; er kann dann die Arbeit selbst vollenden oder einen anderen Unternehmer zum Zwecke der Fertigstellung der Arbeiten anstellen. Der Bauherr oder der andere Unternehmer kann zur Fertigstellung das Baugerät, die Hilfsbauten und die Stoffe verwenden, die ausschließlich für den Bau und die Fertigstellung der Bauwerke nach dem Vertrag bestimmt waren, und die sie für angemessen halten. Der Bauherr kann zu jeder Zeit diese Baugeräte, Hilfsbauten und die nicht gebrauchten Stoffe verkaufen und die Verkaufserlöse gegen alle Beträge aufrechnen, die ihm der Unternehmer nach dem Vertrag schuldet oder schulden wird.

63.2 Bestimmung der Vergütung am Tag der Kündigung

Ingenieur muss so schnell wie möglich nach Inbesitznahme und Ausweisung durch den Bauherrn von sich aus oder auf Verlangen der Vertragsparteien oder nach Verständigung mit diesen oder nach Durchführung der Untersuchungen und Erhebungen, die ihm angebracht erscheinen, bescheinigen:

(a) den Betrag (gegebenenfalls), der bis zum Tag der Inbesitznahme und Ausweisung vom Unternehmer billigerweise verdient worden ist bzw. ihm billigerweise für die von ihm vertragsgemäß ausgeführten Arbeiten zusteht, sowie
(b) den Wert aller nicht oder teilweise gebrauchten Stoffe, Baugeräte und Hilfsbauten.

63.3 Zahlung nach Kündigung

Wenn der Bauherr nach diesem Klausel die Baustelle betritt und den Unternehmer ausweist, ist er vor Ablauf der Unterhaltungsperiode nicht verpflichtet, dem Unternehmer Beträge in Anrechnung auf den Vertrag auszuzahlen bzw. bis zu dem Zeitpunkt danach, an dem die Kosten für Fertigstellung, Unterhaltung und Schadenersatz für Verzug in der Fertigstellung (gegebenenfalls) sowie alle anderen Ausgaben des Bauherrn vom Ingenieur festgestellt wurden und der diesbezügliche Betrag von diesem bescheinigt worden ist. Der Unternehmer hat dann, wenn überhaupt, nur Anspruch auf den Betrag bzw. auf die Beträge, die ihm laut Bescheinigung des Ingenieurs nach ordnungsgemäßer Fertigstellung zugestanden hätten, abzüglich des vorerwähnten Betrags. Sollte letzterer jedoch höher sein als der Betrag, der an den Unternehmer bei ordnungsgemäßer Fertigstellung auszuzahlen gewesen wäre, muss der Unternehmer dem Bauherrn nach Aufforderung den Differenzbetrag auszahlen. Dieser Betrag wird als Schuld des Unternehmers an den Bauherrn betrachtet und ist demgemäß eintreibbar.

63.4 Festlegung des Gewinns der Vereinbarung

Wenn es nicht gesetzlich untersagt ist, hat der Unternehmer, wenn er innerhalb von 14 Tagen nach Inbesitznahme und Ausweisung, auf die in Klausel 63.1 Bezug genommen wird, vom Ingenieur eine entsprechende Anweisung erhält, dem Ingenieur den Gewinn jeder Vereinbarung über die Lieferung von Gütern oder Materialien oder Dienstleistungen und / oder für die Ausführung der Bauarbeiten nach dem Vertragszweck, die der Unternehmer übernommen hat, mitzuteilen.

65.1 Keine Haftung für spezielle Risiken

Der Unternehmer haftet für nichts, was als Folge von einem der speziellen Risiken, auf die sich Klausel 65.2 bezieht, passiert, und zwar weder im Wege der Entschädigung oder auf andere Weise, noch im Hinblick auf:

(a) Zerstörung oder Beschädigung der Bauwerke (außer für Arbeiten, die nach den Bestimmungen der Klausel 39 vor dem Eintreten eines der nachstehend erwähnten besonderen Risiken verworfen wurden), vorrangig vor dem Eintreten von einem der genannten besonderen Risiken,
(b) Zerstörung oder Beschädigung von Eigentum des Bauherrn oder dritter Parteien
(c) Verletzung oder Verlust des Lebens.

65.2 Spezielle Risiken

Die speziellen Risiken sind:

(a) die unter Klausel 20.4 (a), (c), (d) und (e) definierten Risiken, und
(b) die unter Klausel 20.4 (b) definierten Risiken, insoweit sie sich auf das Land beziehen, in dem die Arbeiten ausgeführt werden.

65.3 Beschädigungen der Bauwerke durch spezielle Risiken

Wenn die Bauwerke oder Hilfsbauten oder Stoffe oder die Ausrüstung des Unternehmers auf, in der Nähe oder während des Transports zur Baustelle aufgrund eines der genannten besonderen Risiken zerstört oder beschädigt werden, hat der Unternehmer trotzdem Anspruch auf Zahlung für alle dadurch zerstörten oder beschädigten dauernden Bauwerke und Stoffe. Der Unternehmer hat ferner Anspruch auf Erstattung der Kosten durch den Bauherrn, die ihm für

(a) Wiederherstellung von zerstörten oder beschädigten Bauten und Hilfsbauten und
(b) für Ersatz und Instandsetzen von Stoffen,

soweit er vom Ingenieur verlangt oder für die Fertigstellung der Bauten nötig werden, entstanden sind. Der Ingenieur hat eine Erhöhung des Vertragspreises in Übereinstimmung mit Klausel 52 festzulegen. (Diese sollen im Falle von Kosten für den Ersatz der Ausrüstung des Unternehmers einen vom Ingenieur als angemessen bescheinigten Gewinn enthalten.) Der Ingenieur hat den Unternehmer entsprechend zu informieren. Der Bauherr erhält eine Kopie.

65.4 Geschosse, Granaten

Zerstörungen, Schäden, Verletzungen oder Tod zu irgendeinem Zeltpunkt an irgendeinem Ort infolge Explosion oder Einschlag von Minen, Bomben, Sprengkörpern, Granaten oder sonstigen Geschossen bzw. durch Explosion von Munition oder Sprengstoff sind als Folgen der genannten besonderen Risiken anzusehen.

65.5 Durch besondere Risiken erhöhte Kosten

Zur Sicherung des Anspruchs des Unternehmers auf Zahlung nach allen anderen Bedingungen des Vertrags, muss der Bauherr dem Unternehmer erhöhte Kosten im Zusammenhang mit der Bauausführung vergüten (außer Kosten für den Neubau von Bauteilen, die nach Klausel 39 vor Eintreten eines besonderen Risikos verworfen wurden), wenn sie den genannten besonderen Risiken zuzuschreiben, eine Folge oder das Ergebnis derselben sind bzw. mit denselben in Zusammenhang stehen (vorbehaltlich der nachstehenden Bestimmungen dieser Klausel betreffend „Kriegsausbruch"); der Unternehmer muss jedoch sofort nach Bekanntwerden einer Kostenerhöhung dieser Art den Ingenieur schriftlich benachrichtigen. Im Hinblick darauf hat der Ingenieur nach Rücksprache mit dem Bauherrn und dem Unternehmer den Betrag der Kosten, der auf den Vertragspreis aufgeschlagen werden sollen. Der Unternehmer ist entsprechend zu informieren. Der Bauherr erhält eine Kopie.

65.6 Kriegsausbruch

Wenn während der Vertragsdauer in einem Teil der Welt (mit oder ohne Kriegserklärung) ein Krieg ausbricht, der die Bauausführung entweder finanziell oder in anderer Weise wesentlich beeinflusst, muss der Unternehmer, sofern nicht bzw. bis der Vertrag nach den Bestimmungen dieser Klausel beendet wird, sich bemühen, die Bauten fertigzustellen, jedoch vorbehaltlich der Berechtigung des Bauherrn, jederzeit nach Kriegsausbruch (wie vorgesagt) den Vertrag durch schriftliche Benachrichtigung des Unternehmers aufzugeben. Nach erfolgter Benachrichtigung endet der Vertrag (vorbehaltlich der Rechte der Vertragsparteien nach diesem Klausel sowie vorbehaltlich der Anwendung der Klausel 67), wodurch jedoch die Rechte der Vertragsparteien hinsichtlich einer früheren Vertragsverletzung nicht berührt werden.

65.7 Entfernung der Geräte des Unternehmers bei Beendigung

Wird der Vertrag entsprechend den Bestimmungen der Klausel 65.6 beendet, muss der Unternehmer so schnell wie möglich alles Baugerät von der Baustelle entfernen und seinen Nachunternehmern das gleiche ermöglichen.

65.8 Zahlung bei Vertragsbeendigung

Wird der Vertrag gemäß Vorstehendem beendet, erhält der Unternehmer vom Bauherrn Zahlung für alle vor dem Datum der Beendigung ausgeführten Arbeiten zu den im Vertrag vorgesehenen Sätzen und Preisen (soweit die entsprechenden Beträge oder Positionen noch nicht durch bereits an den Unternehmer geleistete Abschlagszahlungen gedeckt sind) zuzüglich:

(a) Beträgen, zahlbar für Positionen betreffend Vorarbeiten, soweit die darin enthaltenen Arbeiten bzw. Dienstleistungen bereits ausgeführt wurden, oder eines angemessenen vom Ingenieur zu bescheinigenden Anteils für solche Positionen, wenn die diesbezüglichen Arbeiten bzw. Dienstleistungen bereits teilweise ausgeführt wurden;
(b) Kosten von Stoffen oder Waren, deren Bestellung für die Bauten und Hilfsbauten unerlässlich war, soweit diese dem Unternehmer geliefert wurden bzw. zu deren Abnahme er gesetzlich verpflichtet ist (diese Stoffe oder Waren werden Eigentum des Bauherrn, sobald er Zahlung hierfür geleistet hat);
(c) einer vom Ingenieur zu bescheinigenden Summe für alle vom Unternehmer in Erwartung der Fertigstellung der Gesamtarbeiten angemessenerweise geleisteten Ausgaben, soweit solche Ausgaben nicht durch die in vorstehendem Absatz genannten Zahlungen abgedeckt sind;
(d) aller weiteren Beträge, die nach Klausel 65.3 uns 65.5 zu zahlen sind;
(e) angemessener Kosten für Räumung nach Klausel 65.7 und (wenn vom Unternehmer verlangt) Rücktransport zum Hauptgerätelager des Unternehmers in dem Lande, in dem er gerichtlich eingetragen ist bzw. nach jedem anderen Bestimmungsort, wenn keine höheren Kosten entstehen; und
(f) angemessener Kosten für Rückreise der Angestellten und Arbeiter des Unternehmers in die Heimat, die zum Zeitpunkt der Beendigung des Vertrages auf der Baustelle oder in Verbindung mit den Arbeiten beschäftigt waren.

Der Bauherr ist berechtigt, von allen von ihm nach Vorstehendem zu zahlenden Beträgen alle noch offenen Summen abzusetzen, die der Unternehmer dem Bauherrn für Rückzahlung vom Bauherrn geleisteter Vorauszahlungen für Gerät und Material sowie für die Ausführung der Arbeiten schuldet. Alle zahlbaren Summen gemäß diesem Klausel sollen, nach Rücksprache mit dem Bauherrn und dem Unternehmer, vom Ingenieur festgelegt werden, der auch den Unternehmer entsprechend zu informieren hat. Der Bauherr erhält eine Kopie.

67.1 Die Entscheidung des Ingenieurs

Wenn sich Streitigkeiten oder Meinungsverschiedenheiten irgendwelcher Art zwischen dem Bauherrn bzw. dem Ingenieur und dem Unternehmer im Zusammenhang mit oder aus dem Vertrag oder der Ausführung der Arbeiten ergeben (während der Ausführung der Arbeiten oder nach Fertigstellung derselben bzw. vor oder nach Beendigung, Aufgabe oder Bruch des Vertrags), sind diese zuerst dem Ingenieur schriftlich vorzutragen und von diesem beizulegen. Die andere Partei muss eine Kopie erhalten. Die Vorlage muss mit dem Hinweis versehen werden, dass sie nach den Vorschriften dieser Klausel erfolgt. Der Ingenieur soll seine Entscheidung dem Bauherrn und dem Unternehmer innerhalb einer Frist von 84 Tagen nach Anrufung durch eine der beiden Vertragsparteien schriftlich mitteilen. Die Entscheidung hat unter dem Hinweis zu erfolgen, dass sie nach den Vorschriften dieser Klausel getroffen wurde.

Wenn der Vertrag nicht sowie so schon zurückgewiesen oder gekündigt wurde, hat der Unternehmer in jedem Fall die Arbeiten mit aller erforderlichen Sorgfalt fortzusetzen. Der Unternehmer und der Bauherr haben jeder dieser Entscheidungen des Ingenieurs Folge zu leisten, bis die Entscheidung, wie nachstehend vorgeschrieben, in eine gütliche Beilegung oder einen Schiedsspruch aufgehoben wurde.

Ist entweder der Bauherr oder der Unternehmer mit der Entscheidung des Ingenieurs nicht einverstanden oder unterläßt es der Ingenieur, die beantragte Entscheidung innerhalb von 84 Tagen nach Stellung des Antrags zu treffen, kann in jedem dieser Fälle entweder der Bauherr oder der Unternehmer innerhalb von 70 Tagen nach Erhalt der schriftlichen Entscheidung des Ingenieurs oder innerhalb 70 Tagen nach Ablauf der ersten Frist von 84 Tagen (wenn dieser Fall gegeben ist) der anderen Partei seine Absicht mitteilen (der Ingenieur erhält zur Information eine Kopie), die Streitigkeit, wie nachstehend vorgesehen, einem Schiedsgericht zu unterbreiten. Diese Mitteilung soll das Recht der Partei aufzeigen, die gleiche Angelegenheit ebenfalls, wie nachstehend vorgesehen, einem Schiedsgericht zu unterbreiten und erklären, dass gemäß Klausel 67.4 kein Schiedsverfahren nach dieser Vorschrift ohne eine solche Mitteilung eingeleitet werden kann.

Wenn der Ingenieur seine Entscheidung als eine im Streit befindliche Angelegenheit zwischen dem Bauherrn und dem Unternehmer erteilt hat und keine Mitteilung darüber vorliegt, dass die Sache entweder vom Bauherrn oder vom Unternehmer am oder vor dem 70.Tag, nachdem beide Parteien die Mitteilung über die Entscheidung des Ingenieurs erhalten haben, einem Schiedsgericht vorgelegt werden soll, wird die vorgenannte Entscheidung endgültig und bindend für den Bauherrn und den Unternehmer.

67.2 Gütliche Beilegung

Wenn die Mitteilung über die Absicht, die Streitigkeit einem Schiedsgericht vorzulegen, in Übereinstimmung mit Klausel 67.1 gegeben wurde, sollen die Parteien versuchen, den Streit gütlich beizulegen, bevor die Sache einem Schiedsgericht vorgelegt wird. Vorausgesetzt , dass die Parteien sich nicht auf andere Weise einigen, kann das Schiedgerichtsverfahren am oder nach dem 65.Tag nach dem Tag, an dem die Mitteilung über die Absicht, die Sache einem Schiedsgericht vorzulegen, gegeben wurde, eingeleitet werden, sogar, wenn kein Versuch zu einer gütlichen Einigung unternommen wurde.

67.3 Schiedsgerichtsverfahren

Jede Streitigkeit,

(a) die durch Entscheidung des Ingenieurs (wenn eine getroffen wurde) nicht abschließend und bindend gemäß Klausel 67.1 geworden ist, und
(b) bei der eine gütliche Einigung nicht innerhalb der in Klausel 67.2 vorgeschriebenen Frist erreicht wurde,

soll, wenn es nicht anders im Vertrag vorgesehen ist, nach den Regeln über die Aussöhnung und das Schiedsgerichtsverfahren der Internationalen Handelskammer durch einen oder mehrere Schiedsrichter, die nach diesen Regeln berufen wurden, endgültig beigelegt werden. Der (die) genannte(n) Schiedsrichter hat (haben) die Befugnis, jede Entscheidung, Meinung, Anweisung, Bestimmung, Bescheinigung oder Schätzung des Ingenieurs bezüglich der Streitigkeit zu eröffnen, zu überprüfen oder zu revidieren.

Keine der Parteien soll dadurch in ihrem Vorgehen beschränkt werden, dass der (die) Schiedsrichter dem Ingenieur Beweise oder Argumente mit dem Ziel vorlegt, seine Entscheidung nach den Vorschriften der Klausel 67.1 zu erhalten. Keine Entscheidung, die der Ingenieur in Übereinstimmung mit den oben erwähnten Bestimmungen getroffen hat, macht ihn unfähig, als Zeuge geladen zu werden und vor dem (den) Schiedsrichter(n) über alle Dinge Zeugnis abzulegen, die für die dem (den) Schiedsrichter(n) vorgetragene Streitigkeit oder Meinungsverschiedenheit von Bedeutung sind.

Das Schiedsgerichtsverfahren kann vor oder nach der Fertigstellung der Bauten begonnen werden, vorausgesetzt, dass die Verpflichtungen des Bauherrn, des Ingenieurs oder des Unternehmers durch das Schiedsverfahren nicht derart abgeändert werden, dass der Baufortschritt beeinflusst wird.

67.4 Versäumnis, der Entscheidung des Ingenieurs nachzukommen

Wenn weder der Bauherr noch der Unternehmer die Absichtserklärung eingereicht hat, die Streitigkeit innerhalb der in Klausel 67.2 festgelegten Frist einem Schiedsgericht zur Entscheidung vorzulegen, und die fragliche Entscheidung endgültig und bindend geworden ist, kann jede Partei, wenn die andere Partei es versäumt, nach der Entscheidung zu handeln, und ohne Nachteil für ein anderes Recht, das sie vielleicht hat, das Versäumnis zu einem Schiedsgerichtsverfahren gem. Klausel 67.3 führen lassen. Die Vorschriften der Klausel 67.1 und 67.2 sollen nicht in diesem Zusammenhang angewendet werden.

69.1 Zahlungsverzug des Bauherrn

Wenn der Bauherr

(a) es unterlässt, dem Unternehmer den aufgrund einer Bescheinigung des Ingenieurs geschuldeten Betrag innerhalb 28 Tagen, nachdem derselbe nach Klausel 60.10 fällig geworden ist, zu bezahlen; ausgenommen der Teile, die der Bauherr nach dem Vertrag einzubehalten berechtigt ist,
(b) sich in die Ausstellung einer Bescheinigung einmischt oder diese verhindert,
(c) in Konkurs gerät oder (wenn es sich um eine Gesellschaft handelt) in Liquidation geht, außer dem Zwecke der Neuorganisierung oder einer Fusion,
(d) dem Unternehmer mitteilt, dass es aus nicht vorhersehbaren ökonomischen Gründen für ihn unmöglich ist, seine vertraglichen Verpflichtungen weiterhin einzuhalten,

ist der Unternehmer berechtigt, seine nach dem Vertrag ihm obliegende Tätigkeit durch schriftliche Mitteilung an den Bauherrn zu beenden. Der Ingenieur hat eine Kopie zu erhalten. Diese Beendigung soll 14 Tage nach ihrer Mitteilung wirksam werden.

69.2 Entfernung des Baugeräts des Unternehmers

Nach Abgabe einer solchen Mitteilung, auf die sich Klausel 69.1 bezieht, muss der Unternehmer ungeachtet der Bestimmungen der Klausel 54.1 dieser Bedingungen alles von ihm auf die Baustelle gebrachte Baugerät schnellstens von der Baustelle entfernen.

69.3 Bezahlung nach Beendigung

Im Falle einer solchen Vertragsbeendigung unterliegt der Bauherr dem Unternehmer gegenüber den gleichen Verpflichtungen hinsichtlich der Zahlungen wie bei Beendigung des Vertrags nach den Bestimmungen der Klausel 65 dieser Bedingungen; jedoch soll der Bauherr dem Unternehmer zusätzlich zu den in Klausel 65.8 festgesetzten Zahlungen den Betrag für jeden Verlust oder Schaden zahlen, der dem Unternehmer aus oder in Verbindung mit oder als Folge einer solchen Beendigung entsteht.

69.4 Berechtigung des Unternehmers, die Arbeiten einzustellen

Ohne Nachteil für die Berechtigung des Unternehmers zur Verzinsung gemäß Klausel 60.10 und zur Beendigung gemäß Klausel 69.1, kann der Unternehmer, wenn es der Bauherr unterlässt, dem Unternehmer den aufgrund einer Bescheinigung des Ingenieurs geschuldeten Betrag innerhalb 28 Tagen, nachdem derselbe nach Klausel 60.10 fällig geworden ist, ausgenommen der Teile, zu deren Einbehaltung der Bauherr nach dem Vertrag berechtigt ist, zu bezahlen, 28 Tage, nachdem er den Bauherrn mit einer Kopie an den Ingenieur benachrichtigt hat, die Arbeiten einstellen oder das Arbeitstempo zu reduzieren.

Wenn der Unternehmer die Arbeiten nach den Vorschriften dieser Klausel einstellt oder das Arbeitstempo in Übereinstimmung mit den Bestimmungen dieser Klausel reduziert und dabei in Verzug gerät oder Kosten verursacht, hat der Ingenieur nach Rücksprache mit dem Bauherrn und dem Unternehmer festzulegen:

(a) eine Fristverlängerung, auf die der Unternehmer nach Klausel 44 Anspruch hat und
(b) den Betrag der Kosten, der auf den Vertragspreis aufgeschlagen werden soll.

Der Unternehmer muss entsprechend benachrichtigt werden. Der Bauherr erhält eine Kopie.

69.5 Wiederaufnahme der Arbeiten

Wenn der Unternehmer die Arbeiten einstellt oder das Arbeitstempo verlangsamt und darüber in Übereinstimmung mit Klausel 69.4 informiert hat und der Bauherr den entsprechenden Betrag inklusive der Zinsen gemäß Klausel 60.10 später bezahlt, soll das Recht des Unternehmers aus Klausel 69.1 verfallen, wenn keine Benachrichtigung über die Beendigung gegeben wurde. Der Unternehmer soll die normalen Arbeiten so schnell wie möglich wieder aufnehmen.

§ 53 Vorschriften

I. EGBGB (Auszug)

Einführungsgesetz zum Bürgerlichen Gesetzbuch

Artikel 3: Anwendungsbereich; Verhältnis zu Regelungen der Europäischen Gemeinschaft und zu völkerrechtlichen Vereinbarungen

Soweit nicht

1. unmittelbar anwendbare Regelungen der Europäischen Gemeinschaft in ihrer jeweils geltenden Fassung, insbesondere
   a) die Verordnung (EG) Nr. 864/2007 des Europäischen Parlaments und des Rates vom 11. Juli 2007 über das auf außervertragliche Schuldverhältnisse anzuwendende Recht (Rom II) (ABl. L 199 vom 31.7.2007, S. 40) sowie
   b) die Verordnung (EG) Nr. 593/2008 des Europäischen Parlaments und des Rates vom 17. Juni 2008 über das auf vertragliche Schuldverhältnisse anzuwendende Recht (Rom I) (ABl. L 177 vom 4.7.2008, S. 6), oder
2. Regelungen in völkerrechtlichen Vereinbarungen, soweit sie unmittelbar anwendbares innerstaatliches Recht geworden sind,

maßgeblich sind, bestimmt sich das anzuwendende Recht bei Sachverhalten mit einer Verbindung zu einem ausländischen Staat nach den Vorschriften dieses Kapitels (Internationales Privatrecht).

Artikel 3a: Sachnormverweisung; Einzelstatut

(1) Verweisungen auf Sachvorschriften beziehen sich auf die Rechtsnormen der maßgebenden Rechtsordnung unter Ausschluss derjenigen des Internationalen Privatrechts.

(2) Soweit Verweisungen im Dritten und Vierten Abschnitt das Vermögen einer Person dem Recht eines Staates unterstellen, beziehen sie sich nicht auf Gegenstände, die sich nicht in diesem Staat befinden und nach dem Recht des Staates, in dem sie sich befinden, besonderen Vorschriften unterliegen.

Artikel 4: Rück- und Weiterverweisung, Rechtsspaltung

(1) Wird auf das Recht eines anderen Staates verwiesen, so ist auch dessen Internationales Privatrecht anzuwenden, sofern dies nicht dem Sinn der Verweisung widerspricht. Verweist das Recht des anderen Staates auf deutsches Recht zurück, so sind die deutschen Sachvorschriften anzuwenden.

(2) Soweit die Parteien das Recht eines Staates wählen können, können sie nur auf die Sachvorschriften verweisen.

(3) Wird auf das Recht eines Staates mit mehreren Teilrechtsordnungen verwiesen, ohne die maßgebende zu bezeichnen, so bestimmt das Recht dieses Staates, welche Teilrechtsordnung anzuwenden ist. Fehlt eine solche Regelung, so ist die Teilrechtsordnung anzuwenden, mit welcher der Sachverhalt am engsten verbunden ist.

Artikel 5: Personalstatut

(1) Wird auf das Recht des Staates verwiesen, dem eine Person angehört, und gehört sie mehreren Staaten an, so ist das Recht desjenigen dieser Staaten anzuwenden, mit dem die Person am engsten verbunden ist, insbesondere durch ihren gewöhnlichen Aufenthalt oder durch den Verlauf ihres Lebens. Ist die Person auch Deutscher, so geht diese Rechtsstellung vor.

(2) Ist eine Person staatenlos oder kann ihre Staatsangehörigkeit nicht festgestellt werden, so ist das Recht des Staates anzuwenden, in dem sie ihren gewöhnlichen Aufenthalt oder, mangels eines solchen, ihren Aufenthalt hat.

(3) Wird auf das Recht des Staates verwiesen, in dem eine Person ihren Aufenthalt oder ihren gewöhnlichen Aufenthalt hat, und ändert eine nicht voll geschäftsfähige Person den Aufenthalt ohne den Willen des gesetzlichen Vertreters, so führt diese Änderung allein nicht zur Anwendung eines anderen Rechts.

Artikel 6: Öffentliche Ordnung (ordre public)

Eine Rechtsnorm eines anderen Staates ist nicht anzuwenden, wenn ihre Anwendung zu einem Ergebnis führt, das mit wesentlichen Grundsätzen des deutschen Rechts offensichtlich unvereinbar ist. Sie ist insbesondere nicht anzuwenden, wenn die Anwendung mit den Grundrechten unvereinbar ist.

Zweiter Abschnitt: Recht der natürlichen Personen und der Rechtsgeschäfte

Artikel 7: Rechtsfähigkeit und Geschäftsfähigkeit

(1) Die Rechtsfähigkeit und die Geschäftsfähigkeit einer Person unterliegen dem Recht des Staates, dem die Person angehört. Dies gilt auch, soweit die Geschäftsfähigkeit durch Eheschließung erweitert wird.

(2) Eine einmal erlangte Rechtsfähigkeit oder Geschäftsfähigkeit wird durch Erwerb oder Verlust der Rechtsstellung als Deutscher nicht beeinträchtigt.

Artikel 11: Form von Rechtsgeschäften

(1) Ein Rechtsgeschäft ist formgültig, wenn es die Formerfordernisse des Rechts, das auf das seinen Gegenstand bildende Rechtsverhältnis anzuwenden ist, oder des Rechts des Staates erfüllt, in dem es vorgenommen wird.

(2) Wird ein Vertrag zwischen Personen geschlossen, die sich in verschiedenen Staaten befinden, so ist er formgültig, wenn er die Formerfordernisse des Rechts, das auf das seinen Gegenstand bildende Rechtsverhältnis anzuwenden ist, oder des Rechts eines dieser Staaten erfüllt.

(3) Wird der Vertrag durch einen Vertreter geschlossen, so ist bei Anwendung der Absätze 1 und 2 der Staat maßgebend, in dem sich der Vertreter befindet.

(4) Ein Rechtsgeschäft, durch das ein Recht an einer Sache begründet oder über ein solches Recht verfügt wird, ist nur formgültig, wenn es die Formerfordernisse des Rechts erfüllt, das auf das seinen Gegenstand bildende Rechtsverhältnis anzuwenden ist.

Artikel 12: Schutz des anderen Vertragsteils

Wird ein Vertrag zwischen Personen geschlossen, die sich in demselben Staat befinden, so kann sich eine natürliche Person, die nach den Sachvorschriften des Rechts dieses Staates rechts-, geschäfts- und handlungsfähig wäre, nur dann auf ihre aus den Sachvorschriften des Rechts eines anderen Staates abgeleitete Rechts-, Geschäfts- und Handlungsunfähigkeit berufen, wenn der andere Vertragsteil bei Vertragsabschluß diese Rechts-, Geschäfts- und Handlungsunfähigkeit kannte oder kennen mußte. Dies gilt nicht für familienrechtliche und erbrechtliche Rechtsgeschäfte sowie für Verfügungen über ein in einem anderen Staat belegenes Grundstück.

Fünfter Abschnitt: Außervertragliche Schuldverhältnisse

Artikel 27 bis 37 (weggefallen)

Artikel 38: Ungerechtfertigte Bereicherung

(1) Bereicherungsansprüche wegen erbrachter Leistung unterliegen dem Recht, das auf das Rechtsverhältnis anzuwenden ist, auf das die Leistung bezogen ist.

(2) Ansprüche wegen Bereicherung durch Eingriff in ein geschütztes Interesse unterliegen dem Recht des Staates, in dem der Eingriff geschehen ist.

(3) In sonstigen Fällen unterliegen Ansprüche aus ungerechtfertigter Bereicherung dem Recht des Staates, in dem die Bereicherung eingetreten ist.

Artikel 39: Geschäftsführung ohne Auftrag

(1) Gesetzliche Ansprüche aus der Besorgung eines fremden Geschäfts unterliegen dem Recht des Staates, in dem das Geschäft vorgenommen worden ist.

(2) Ansprüche aus der Tilgung einer fremden Verbindlichkeit unterliegen dem Recht, das auf die Verbindlichkeit anzuwenden ist.

Artikel 40: Unerlaubte Handlung

(1) Ansprüche aus unerlaubter Handlung unterliegen dem Recht des Staates, in dem der Ersatzpflichtige gehandelt hat. Der Verletzte kann verlangen, daß anstelle dieses Rechts das Recht des Staates angewandt wird, in dem der Erfolg eingetreten ist. Das Bestimmungsrecht kann nur im ersten Rechtszug bis zum Ende des frühen ersten Termins oder dem Ende des schriftlichen Vorverfahrens ausgeübt werden.

(2) Hatten der Ersatzpflichtige und der Verletzte zur Zeit des Haftungsereignisses ihren gewöhnlichen Aufenthalt in demselben Staat, so ist das Recht dieses Staates anzuwenden. Handelt es sich um Gesellschaften, Vereine oder juristische Personen, so steht dem gewöhnlichen Aufenthalt der Ort gleich, an dem sich die Hauptverwaltung oder, wenn eine Niederlassung beteiligt ist, an dem sich diese befindet.

(3) Ansprüche, die dem Recht eines anderen Staates unterliegen, können nicht geltend gemacht werden, soweit sie

1. wesentlich weiter gehen als zur angemessenen Entschädigung des Verletzten erforderlich,
2. offensichtlich anderen Zwecken als einer angemessenen Entschädigung des Verletzten dienen oder
3. haftungsrechtlichen Regelungen eines für die Bundesrepublik Deutschland verbindlichen Übereinkommens widersprechen.

(4) Der Verletzte kann seinen Anspruch unmittelbar gegen einen Versicherer des Ersatzpflichtigen geltend machen, wenn das auf die unerlaubte Handlung anzuwendende Recht oder das Recht, dem der Versicherungsvertrag unterliegt, dies vorsieht.

II. ROM I-Verordnung

Verordnung (EG) Nr. 593/2008 des Europäischen Parlaments und des Rates vom 17. Juni 2008 über das auf vertragliche Schuldverhältnisse anzuwendende Recht (Rom I) Amtsblatt Nr. L 177 vom 04/07/2008 S. 0006–0016

DAS EUROPÄISCHE PARLAMENT UND DER RAT DER EUROPÄISCHEN UNION –

gestützt auf den Vertrag zur Gründung der Europäischen Gemeinschaft, insbesondere auf Artikel 61 Buchstabe c und Artikel 67 Absatz 5, zweiter Gedankenstrich, auf Vorschlag der Kommission, nach Stellungnahme des Europäischen Wirtschafts- und Sozialausschusses[(1)], gemäß dem Verfahren des Artikels 251 des Vertrags[(2)],

in Erwägung nachstehender Gründe:

(1) Die Gemeinschaft hat sich zum Ziel gesetzt, einen Raum der Freiheit, der Sicherheit und des Rechts zu erhalten und weiterzuentwickeln. Zur schrittweisen Schaffung dieses Raums muss die Gemeinschaft im Bereich der justiziellen Zusammenarbeit in Zivilsachen, die einen grenzüberschreitenden Bezug aufweisen, Maßnahmen erlassen, soweit sie für das reibungslose Funktionieren des Binnenmarkts erforderlich sind.

(2) Nach Artikel 65 Buchstabe b des Vertrags schließen diese Maßnahmen solche ein, die die Vereinbarkeit der in den Mitgliedstaaten geltenden Kollisionsnormen und Vorschriften zur Vermeidung von Kompetenzkonflikten fördern.

(3) Auf seiner Tagung vom 15. und 16. Oktober 1999 in Tampere hat der Europäische Rat den Grundsatz der gegenseitigen Anerkennung von Urteilen und anderen Entscheidungen von Justizbehörden als Eckstein der justiziellen Zusammenarbeit in Zivilsachen unterstützt und den Rat und die Kommission ersucht, ein Maßnahmenprogramm zur Umsetzung dieses Grundsatzes anzunehmen.

(4) Der Rat hat am 30. November 2000 ein gemeinsames Maßnahmenprogramm der Kommission und des Rates zur Umsetzung des Grundsatzes der gegenseitigen Anerkennung gerichtlicher Entscheidungen in Zivil- und Handelssachen verabschiedet[(3)]. Nach dem Programm können Maßnahmen zur Harmonisierung der Kollisionsnormen dazu beitragen, die gegenseitige Anerkennung gerichtlicher Entscheidungen zu vereinfachen.

(5) In dem vom Europäischen Rat am 5. November 2004 angenommenen Haager Programm[(4)] wurde dazu aufgerufen, die Beratungen über die Regelung der Kollisionsnormen für vertragliche Schuldverhältnisse („Rom I") energisch voranzutreiben.

---

(1) ABl. C 318 vom 23.12.2006, S. 56.

(2) Stellungnahme des Europäischen Parlaments vom 29. November 2007 (noch nicht im Amtsblatt veröffentlicht) und Beschluss des Rates vom 5. Juni 2008.

(3) ABl. C 12 vom 15.1.2001, S. 1.

(4) ABl. C 53 vom 3.3.2005, S. 1.

(6) Um den Ausgang von Rechtsstreitigkeiten vorhersehbarer zu machen und die Sicherheit in Bezug auf das anzuwendende Recht sowie den freien Verkehr gerichtlicher Entscheidungen zu fördern, müssen die in den Mitgliedstaaten geltenden Kollisionsnormen im Interesse eines reibungslos funktionierenden Binnenmarkts unabhängig von dem Staat, in dem sich das Gericht befindet, bei dem der Anspruch geltend gemacht wird, dasselbe Recht bestimmen.

(7) Der materielle Anwendungsbereich und die Bestimmungen dieser Verordnung sollten mit der Verordnung (EG) Nr. 44/2001 des Rates vom 22. Dezember 2000 über die gerichtliche Zuständigkeit und die Anerkennung und Vollstreckung von Entscheidungen in Zivil- und Handelssachen („Brüssel I")[(5)] und der Verordnung (EG) Nr. 864/2007 des Europäischen Parlaments und des Rates vom 11. Juli 2007 über das auf außervertragliche Schuldverhältnisse anzuwendende Recht („Rom II")[(6)] im Einklang stehen.

(8) Familienverhältnisse sollten die Verwandtschaft in gerader Linie, die Ehe, die Schwägerschaft und die Verwandtschaft in der Seitenlinie umfassen. Die Bezugnahme in Artikel 1 Absatz 2 auf Verhältnisse, die mit der Ehe oder anderen Familienverhältnissen vergleichbare Wirkungen entfalten, sollte nach dem Recht des Mitgliedstaats, in dem sich das angerufene Gericht befindet, ausgelegt werden.

(9) Unter Schuldverhältnisse aus Wechseln, Schecks, Eigenwechseln und anderen handelbaren Wertpapieren sollten auch Konnossemente fallen, soweit die Schuldverhältnisse aus dem Konnossement aus dessen Handelbarkeit entstehen.

(10) Schuldverhältnisse, die aus Verhandlungen vor Abschluss eines Vertrags entstehen, fallen unter Artikel 12 der Verordnung (EG) Nr. 864/2007. Sie sollten daher vom Anwendungsbereich dieser Verordnung ausgenommen werden.

(11) Die freie Rechtswahl der Parteien sollte einer der Ecksteine des Systems der Kollisionsnormen im Bereich der vertraglichen Schuldverhältnisse sein.

(12) Eine Vereinbarung zwischen den Parteien, dass ausschließlich ein Gericht oder mehrere Gerichte eines Mitgliedstaats für Streitigkeiten aus einem Vertrag zuständig sein sollen, sollte bei der Feststellung, ob eine Rechtswahl eindeutig getroffen wurde, einer der zu berücksichtigenden Faktoren sein.

(13) Diese Verordnung hindert die Parteien nicht daran, in ihrem Vertrag auf ein nichtstaatliches Regelwerk oder ein internationales Übereinkommen Bezug zu nehmen.

(14) Sollte die Gemeinschaft in einem geeigneten Rechtsakt Regeln des materiellen Vertragsrechts, einschließlich vertragsrechtlicher Standardbestimmungen, festlegen, so kann in einem solchen Rechtsakt vorgesehen werden, dass die Parteien entscheiden können, diese Regeln anzuwenden.

(15) Wurde eine Rechtswahl getroffen und sind alle anderen Elemente des Sachverhalts in einem anderen als demjenigen Staat belegen, dessen Recht gewählt wurde, so sollte die Rechtswahl nicht die Anwendung derjenigen Bestimmungen des Rechts dieses anderen Staates berühren, von denen nicht durch Vereinbarung abgewichen werden kann. Diese Regel sollte unabhängig davon angewandt werden, ob die Rechtswahl zusammen mit einer Gerichtsstandsvereinbarung getroffen wurde oder nicht. Obwohl keine inhaltliche Änderung gegenüber Artikel 3 Absatz 3 des Übereinkommens von 1980 über das auf vertragliche Schuldverhältnisse anzuwendende Recht[(7)] („Übereinkommen von Rom") beabsichtigt ist, ist der Wortlaut der vorliegenden Verordnung so weit wie möglich an Artikel 14 der Verordnung (EG) Nr. 864/2007 angeglichen.

(16) Die Kollisionsnormen sollten ein hohes Maß an Berechenbarkeit aufweisen, um zum allgemeinen Ziel dieser Verordnung, nämlich zur Rechtssicherheit im europäischen Rechtsraum, beizutragen. Dennoch sollten die Gerichte über ein gewisses Ermessen verfügen, um das Recht bestimmen zu können, das zu dem Sachverhalt die engste Verbindung aufweist.

(17) Soweit es das mangels einer Rechtswahl anzuwendende Recht betrifft, sollten die Begriffe „Erbringung von Dienstleistungen" und „Verkauf beweglicher Sachen" so ausgelegt werden wie bei der Anwendung von Artikel 5 der Verordnung (EG) Nr. 44/2001, soweit der Verkauf beweglicher Sachen und die Erbringung von Dienstleistungen unter jene Verordnung fallen. Franchiseverträge und Vertriebsverträge sind zwar Dienstleistungsverträge, unterliegen jedoch besonderen Regeln.

(18) Hinsichtlich des mangels einer Rechtswahl anzuwendenden Rechts sollten unter multilateralen Systemen solche Systeme verstanden werden, in denen Handel betrieben wird, wie die geregelten Märkte und multilateralen Handelssysteme im Sinne des Artikels 4 der Richtlinie 2004/39/EG des Europäischen Parlaments und des Rates vom 21. April 2004 über Märkte für Finanzinstrumente[(8)], und zwar ungeachtet dessen, ob sie sich auf eine zentrale Gegenpartei stützen oder nicht.

---

(5) ABl. L 12 vom 16.1.2001, S. 1. Zuletzt geändert durch die Verordnung (EG) Nr. 1791/2006 (ABl. L 363 vom 20.12.2006, S. 1).

(6) ABl. L 199 vom 31.7.2007, S. 40.

(7) ABl. C 334 vom 30.12.2005, S. 1.

(8) ABl. L 145 vom 30.4.2004, S. 1. Zuletzt geändert durch die Richtlinie 2008/10/EG (ABl. L 76 vom 19.3.2008, S. 33).

(19) Wurde keine Rechtswahl getroffen, so sollte das anzuwendende Recht nach der für die Vertragsart spezifizierten Regel bestimmt werden. Kann der Vertrag nicht einer der spezifizierten Vertragsarten zugeordnet werden oder sind die Bestandteile des Vertrags durch mehr als eine der spezifizierten Vertragsarten abgedeckt, so sollte der Vertrag dem Recht des Staates unterliegen, in dem die Partei, welche die für den Vertrag charakteristische Leistung zu erbringen hat, ihren gewöhnlichen Aufenthalt hat. Besteht ein Vertrag aus einem Bündel von Rechten und Verpflichtungen, die mehr als einer der spezifizierten Vertragsarten zugeordnet werden können, so sollte die charakteristische Leistung des Vertrags nach ihrem Schwerpunkt bestimmt werden.

(20) Weist ein Vertrag eine offensichtlich engere Verbindung zu einem anderen als dem in Artikel 4 Absätze 1 und 2 genannten Staat auf, so sollte eine Ausweichklausel vorsehen, dass das Recht dieses anderen Staats anzuwenden ist. Zur Bestimmung dieses Staates sollte unter anderem berücksichtigt werden, ob der betreffende Vertrag in einer sehr engen Verbindung zu einem oder mehreren anderen Verträgen steht.

(21) Kann das bei Fehlen einer Rechtswahl anzuwendende Recht weder aufgrund der Zuordnung des Vertrags zu einer der spezifizierten Vertragsarten noch als das Recht des Staates bestimmt werden, in dem die Partei, die die für den Vertrag charakteristische Leistung zu erbringen hat, ihren gewöhnlichen Aufenthalt hat, so sollte der Vertrag dem Recht des Staates unterliegen, zu dem er die engste Verbindung aufweist. Bei der Bestimmung dieses Staates sollte unter anderem berücksichtigt werden, ob der betreffende Vertrag in einer sehr engen Verbindung zu einem oder mehreren anderen Verträgen steht.

(22) In Bezug auf die Auslegung von „Güterbeförderungsverträgen" ist keine inhaltliche Abweichung von Artikel 4 Absatz 4 Satz 3 des Übereinkommens von Rom beabsichtigt. Folglich sollten als Güterbeförderungsverträge auch Charterverträge für eine einzige Reise und andere Verträge gelten, die in der Hauptsache der Güterbeförderung dienen. Für die Zwecke dieser Verordnung sollten der Begriff „Absender" eine Person bezeichnen, die mit dem Beförderer einen Beförderungsvertrag abschließt, und der Begriff „Beförderer" die Vertragspartei, die sich zur Beförderung der Güter verpflichtet, unabhängig davon, ob sie die Beförderung selbst durchführt.

(23) Bei Verträgen, bei denen die eine Partei als schwächer angesehen wird, sollte die schwächere Partei durch Kollisionsnormen geschützt werden, die für sie günstiger sind als die allgemeinen Regeln.

(24) Insbesondere bei Verbraucherverträgen sollte die Kollisionsnorm es ermöglichen, die Kosten für die Beilegung von Rechtsstreitigkeiten zu senken, die häufig einen geringen Streitwert haben, und der Entwicklung des Fernabsatzes Rechnung zu tragen. Um die Übereinstimmung mit der Verordnung (EG) Nr. 44/2001 zu wahren, ist zum einen als Voraussetzung für die Anwendung der Verbraucherschutznorm auf das Kriterium der ausgerichteten Tätigkeit zu verweisen und zum anderen auf die Notwendigkeit, dass dieses Kriterium in der Verordnung (EG) Nr. 44/2001 und der vorliegenden Verordnung einheitlich ausgelegt wird, wobei zu beachten ist, dass eine gemeinsame Erklärung des Rates und der Kommission zu Artikel 15 der Verordnung (EG) Nr. 44/2001 ausführt, „dass es für die Anwendung von Artikel 15 Absatz 1 Buchstabe c nicht ausreicht, dass ein Unternehmen seine Tätigkeiten auf den Mitgliedstaat, in dem der Verbraucher seinen Wohnsitz hat, oder auf mehrere Staaten — einschließlich des betreffenden Mitgliedstaats —, ausrichtet, sondern dass im Rahmen dieser Tätigkeiten auch ein Vertrag geschlossen worden sein muss." Des Weiteren heißt es in dieser Erklärung, „dass die Zugänglichkeit einer Website allein nicht ausreicht, um die Anwendbarkeit von Artikel 15 zu begründen; vielmehr ist erforderlich, dass diese Website auch den Vertragsabschluss im Fernabsatz anbietet und dass tatsächlich ein Vertragsabschluss im Fernabsatz erfolgt ist, mit welchem Mittel auch immer. Dabei sind auf einer Website die benutzte Sprache oder die Währung nicht von Bedeutung."

(25) Die Verbraucher sollten dann durch Regelungen des Staates ihres gewöhnlichen Aufenthalts geschützt werden, von denen nicht durch Vereinbarung abgewichen werden kann, wenn der Vertragsschluss darauf zurückzuführen ist, dass der Unternehmer in diesem bestimmten Staat eine berufliche oder gewerbliche Tätigkeit ausübt. Der gleiche Schutz sollte gewährleistet sein, wenn ein Unternehmer zwar keine beruflichen oder gewerblichen Tätigkeiten in dem Staat, in dem der Verbraucher seinen gewöhnlichen Aufenthalt hat, ausübt, seine Tätigkeiten aber — unabhängig von der Art und Weise, in der dies geschieht — auf diesen Staat oder auf mehrere Staaten, einschließlich dieses Staates, ausrichtet und der Vertragsschluss auf solche Tätigkeiten zurückzuführen ist.

(26) Für die Zwecke dieser Verordnung sollten Finanzdienstleistungen wie Wertpapierdienstleistungen und Anlagetätigkeiten und Nebendienstleistungen nach Anhang I Abschnitt A und Abschnitt B der Richtlinie 2004/39/EG, die ein Unternehmer für einen Verbraucher erbringt, sowie Verträge über den Verkauf von Anteilen an Organismen für gemeinsame Anlagen in Wertpapieren, selbst wenn sie nicht unter die Richtlinie 85/611/EWG des Rates vom 20. Dezember 1985 zur Koordinierung der Rechts- und Verwaltungsvorschriften betreffend bestimmte Organismen für gemeinsame Anlagen in Wertpapieren (OGAW)[(9)] fallen, Artikel 6 der vorliegenden Verordnung unterliegen. Daher sollten, wenn die Bedingungen für die Ausgabe oder das öffentli-

---

(9) ABl. L 375 vom 31.12.1985, S. 3. Zuletzt geändert durch die Richtlinie 2008/18/EG des Europäischen Parlaments und des Rates (ABl. L 76 vom 19.3.2008, S. 42).

che Angebot bezüglich übertragbarer Wertpapiere oder die Zeichnung oder der Rückkauf von Anteilen an Organismen für gemeinsame Anlagen in Wertpapieren erwähnt werden, darunter alle Aspekte fallen, durch die sich der Emittent bzw. Anbieter gegenüber dem Verbraucher verpflichtet, nicht aber diejenigen Aspekte, die mit der Erbringung von Finanzdienstleistungen im Zusammenhang stehen.

(27) Es sollten verschiedene Ausnahmen von der allgemeinen Kollisionsnorm für Verbraucherverträge vorgesehen werden. Eine solche Ausnahme, bei der die allgemeinen Regeln nicht gelten, sollten Verträge sein, die ein dingliches Recht an unbeweglichen Sachen oder die Miete oder Pacht unbeweglicher Sachen zum Gegenstand haben, mit Ausnahme von Verträgen über Teilzeitnutzungsrechte an Immobilien im Sinne der Richtlinie 94/47/EG des Europäischen Parlaments und des Rates vom 26. Oktober 1994 zum Schutz der Erwerber im Hinblick auf bestimmte Aspekte von Verträgen über den Erwerb von Teilzeitnutzungsrechten an Immobilien[(10)].

(28) Es muss sichergestellt werden, dass Rechte und Verpflichtungen, die ein Finanzinstrument begründen, nicht der allgemeinen Regel für Verbraucherverträge unterliegen, da dies dazu führen könnte, dass für jedes der ausgegebenen Instrumente ein anderes Recht anzuwenden wäre, wodurch ihr Wesen verändert würde und ihr fungibler Handel und ihr fungibles Angebot verhindert würden. Entsprechend sollte auf das Vertragsverhältnis zwischen dem Emittenten bzw. dem Anbieter und dem Verbraucher bei Ausgabe oder Angebot solcher Instrumente nicht notwendigerweise die Anwendung des Rechts des Staates des gewöhnlichen Aufenthalts des Verbrauchers zwingend vorgeschrieben sein, da die Einheitlichkeit der Bedingungen einer Ausgabe oder eines Angebots sichergestellt werden muss. Gleiches sollte bei den multilateralen Systemen, die von Artikel 4 Absatz 1 Buchstabe h erfasst werden, gelten, in Bezug auf die gewährleistet sein sollte, dass das Recht des Staates des gewöhnlichen Aufenthalts des Verbrauchers nicht die Regeln berührt, die auf innerhalb solcher Systeme oder mit dem Betreiber solcher Systeme geschlossene Verträge anzuwenden sind.

(29) Werden für die Zwecke dieser Verordnung Rechte und Verpflichtungen, durch die die Bedingungen für die Ausgabe, das öffentliche Angebot oder das öffentliche Übernahmeangebot bezüglich übertragbarer Wertpapiere festgelegt werden, oder die Zeichnung oder der Rückkauf von Anteilen an Organismen für gemeinsame Anlagen in Wertpapieren genannt, so sollten darunter auch die Bedingungen für die Zuteilung von Wertpapieren oder Anteilen, für die Rechte im Falle einer Überzeichnung, für Ziehungsrechte und ähnliche Fälle im Zusammenhang mit dem Angebot sowie die in den Artikeln 10, 11, 12 und 13 geregelten Fälle fallen, so dass sichergestellt ist, dass alle relevanten Vertragsaspekte eines Angebots, durch das sich der Emittent bzw. Anbieter gegenüber dem Verbraucher verpflichtet, einem einzigen Recht unterliegen.

(30) Für die Zwecke dieser Verordnung bezeichnen die Begriffe „Finanzinstrumente“ und „übertragbare Wertpapiere“ diejenigen Instrumente, die in Artikel 4 der Richtlinie 2004/39/EG genannt sind.

(31) Die Abwicklung einer förmlichen Vereinbarung, die als ein System im Sinne von Artikel 2 Buchstabe a der Richtlinie 98/26/EG des Europäischen Parlaments und des Rates vom 19. Mai 1998 über die Wirksamkeit von Abrechnungen in Zahlungs- sowie Wertpapierliefer- und -abrechnungssystemen[(11)] ausgestaltet ist, sollte von dieser Verordnung unberührt bleiben.

(32) Wegen der Besonderheit von Beförderungsverträgen und Versicherungsverträgen sollten besondere Vorschriften ein angemessenes Schutzniveau für zu befördernde Personen und Versicherungsnehmer gewährleisten. Deshalb sollte Artikel 6 nicht im Zusammenhang mit diesen besonderen Verträgen gelten.

(33) Deckt ein Versicherungsvertrag, der kein Großrisiko deckt, mehr als ein Risiko, von denen mindestens eines in einem Mitgliedstaat und mindestens eines in einem dritten Staat belegen ist, so sollten die besonderen Regelungen für Versicherungsverträge in dieser Verordnung nur für die Risiken gelten, die in dem betreffenden Mitgliedstaat bzw. den betreffenden Mitgliedstaaten belegen sind.

(34) Die Kollisionsnorm für Individualarbeitsverträge sollte die Anwendung von Eingriffsnormen des Staates, in den der Arbeitnehmer im Einklang mit der Richtlinie 96/71/EG des Europäischen Parlaments und des Rates vom 16. Dezember 1996 über die Entsendung von Arbeitnehmern im Rahmen der Erbringung von Dienstleistungen[(12)] entsandt wird, unberührt lassen.

(35) Den Arbeitnehmern sollte nicht der Schutz entzogen werden, der ihnen durch Bestimmungen gewährt wird, von denen nicht oder nur zu ihrem Vorteil durch Vereinbarung abgewichen werden darf.

(36) Bezogen auf Individualarbeitsverträge sollte die Erbringung der Arbeitsleistung in einem anderen Staat als vorübergehend gelten, wenn von dem Arbeitnehmer erwartet wird, dass er nach seinem Arbeitseinsatz im Ausland seine Arbeit im Herkunftsstaat wieder aufnimmt. Der Abschluss eines neuen Arbeitsvertrags mit dem ursprünglichen Arbeitgeber oder einem Arbeitgeber, der zur selben Unternehmensgruppe gehört wie der ursprüngliche Arbeitgeber, sollte nicht ausschließen, dass der Arbeitnehmer als seine Arbeit vorübergehend in einem anderen Staat verrichtend gilt.

[(10)] ABl. L 280 vom 29.10.1994, S. 83.
[(11)] ABl. L 166 vom 11.6.1998, S. 45.
[(12)] ABl. L 18 vom 21.1.1997, S. 1.

(37) Gründe des öffentlichen Interesses rechtfertigen es, dass die Gerichte der Mitgliedstaaten unter außergewöhnlichen Umständen die Vorbehaltsklausel („ordre public") und Eingriffsnormen anwenden können. Der Begriff „Eingriffsnormen" sollte von dem Begriff „Bestimmungen, von denen nicht durch Vereinbarung abgewichen werden kann", unterschieden und enger ausgelegt werden.

(38) Im Zusammenhang mit der Übertragung der Forderung sollte mit dem Begriff „Verhältnis" klargestellt werden, dass Artikel 14 Absatz 1 auch auf die dinglichen Aspekte des Vertrags zwischen Zedent und Zessionar anwendbar ist, wenn eine Rechtsordnung dingliche und schuldrechtliche Aspekte trennt. Allerdings sollte mit dem Begriff „Verhältnis" nicht jedes beliebige möglicherweise zwischen dem Zedenten und dem Zessionar bestehende Verhältnis gemeint sein. Insbesondere sollte sich der Begriff nicht auf die der Übertragung einer Forderung vorgelagerten Fragen erstrecken. Vielmehr sollte er sich ausschließlich auf die Aspekte beschränken, die für die betreffende Übertragung einer Forderung unmittelbar von Bedeutung sind.

(39) Aus Gründen der Rechtssicherheit sollte der Begriff „gewöhnlicher Aufenthalt", insbesondere im Hinblick auf Gesellschaften, Vereine und juristische Personen, eindeutig definiert werden. Im Unterschied zu Artikel 60 Absatz 1 der Verordnung (EG) Nr. 44/2001, der drei Kriterien zur Wahl stellt, sollte sich die Kollisionsnorm auf ein einziges Kriterium beschränken, da es für die Parteien andernfalls nicht möglich wäre, vorherzusehen, welches Recht auf ihren Fall anwendbar ist.

(40) Die Aufteilung der Kollisionsnormen auf zahlreiche Rechtsakte sowie Unterschiede zwischen diesen Normen sollten vermieden werden. Diese Verordnung sollte jedoch die Möglichkeit der Aufnahme von Kollisionsnormen für vertragliche Schuldverhältnisse in Vorschriften des Gemeinschaftsrechts über besondere Gegenstände nicht ausschließen.

Diese Verordnung sollte die Anwendung anderer Rechtsakte nicht ausschließen, die Bestimmungen enthalten, die zum reibungslosen Funktionieren des Binnenmarkts beitragen sollen, soweit sie nicht in Verbindung mit dem Recht angewendet werden können, auf das die Regeln dieser Verordnung verweisen. Die Anwendung der Vorschriften im anzuwendenden Recht, die durch die Bestimmungen dieser Verordnung berufen wurden, sollte nicht die Freiheit des Waren- und Dienstleistungsverkehrs, wie sie in den Rechtsinstrumenten der Gemeinschaft wie der Richtlinie 2000/31/EG des Europäischen Parlaments und des Rates vom 8. Juni 2000 über bestimmte rechtliche Aspekte der Dienste der Informationsgesellschaft, insbesondere des elektronischen Geschäftsverkehrs, im Binnenmarkt („Richtlinie über den elektronischen Geschäftsverkehr")[13] ausgestaltet ist, beschränken.

(41) Um die internationalen Verpflichtungen, die die Mitgliedstaaten eingegangen sind, zu wahren, darf sich die Verordnung nicht auf internationale Übereinkommen auswirken, denen ein oder mehrere Mitgliedstaaten zum Zeitpunkt der Annahme dieser Verordnung angehören. Um den Zugang zu den Rechtsakten zu erleichtern, sollte die Kommission anhand der Angaben der Mitgliedstaaten ein Verzeichnis der betreffenden Übereinkommen im Amtsblatt der Europäischen Union veröffentlichen.

(42) Die Kommission wird dem Europäischen Parlament und dem Rat einen Vorschlag unterbreiten, nach welchen Verfahren und unter welchen Bedingungen die Mitgliedstaaten in Einzel- und Ausnahmefällen in eigenem Namen Übereinkünfte mit Drittländern über sektorspezifische Fragen aushandeln und abschließen dürfen, die Bestimmungen über das auf vertragliche Schuldverhältnisse anzuwendende Recht enthalten.

(43) Da das Ziel dieser Verordnung auf Ebene der Mitgliedstaaten nicht ausreichend verwirklicht werden kann und daher wegen des Umfangs und der Wirkungen der Verordnung besser auf Gemeinschaftsebene zu verwirklichen ist, kann die Gemeinschaft im Einklang mit dem in Artikel 5 des Vertrags niedergelegten Subsidiaritätsprinzip tätig werden. Entsprechend dem ebenfalls in diesem Artikel festgelegten Grundsatz der Verhältnismäßigkeit geht diese Verordnung nicht über das zur Erreichung ihres Ziels erforderliche Maß hinaus.

(44) Gemäß Artikel 3 des Protokolls über die Position des Vereinigten Königreichs und Irlands im Anhang zum Vertrag über die Europäische Union und im Anhang zum Vertrag zur Gründung der Europäischen Gemeinschaft beteiligt sich Irland an der Annahme und Anwendung dieser Verordnung.

(45) Gemäß den Artikeln 1 und 2 und unbeschadet des Artikels 4 des Protokolls über die Position des Vereinigten Königreichs und Irlands im Anhang zum Vertrag über die Europäische Union und zum Vertrag zur Gründung der Europäischen Gemeinschaft beteiligt sich das Vereinigte Königreich nicht an der Annahme dieser Verordnung, die für das Vereinigte Königreich nicht bindend oder anwendbar ist.

(46) Gemäß den Artikeln 1 und 2 des Protokolls über die Position Dänemarks im Anhang zum Vertrag über die Europäische Union und dem Vertrag zur Gründung der Europäischen Gemeinschaft beteiligt sich Dänemark nicht an der Annahme dieser Verordnung, die für Dänemark nicht bindend oder anwendbar ist —

HABEN FOLGENDE VERORDNUNG ERLASSEN:

---

[13] ABl. L 178 vom 17.7.2000, S. 1.

KAPITEL I: ANWENDUNGSBEREICH

Artikel 1: Anwendungsbereich

(1) Diese Verordnung gilt für ver tragliche Schuldverhältnisse in Zivil- und Handelssachen, die eine Verbindung zum Recht verschiedener Staaten aufweisen. Sie gilt insbesondere nicht für Steuer- und Zollsachen sowie verwaltungsrechtliche Angelegenheiten.

(2) Vom Anwendungsbereich dieser Verordnung ausgenommen sind:

a) der Personenstand sowie die Rechts-, Geschäfts- und Handlungsfähigkeit von natürlichen Personen, unbeschadet des Artikels 13;

b) Schuldverhältnisse aus einem Familienverhältnis oder aus Verhältnissen, die nach dem auf diese Verhältnisse anzuwendenden Recht vergleichbare Wirkungen entfalten, einschließlich der Unterhaltspf lichten;

c) Schuldverhältnisse aus ehelichen Güterständen, aus Güterständen aufgrund von Verhältnissen, die nach demauf diese Verhältnisse anzuwendenden Recht mit der Ehe vergleichbare Wirkungen entfalten, und aus Testamenten und Erbrecht;

d) Verpflichtungen aus Wechseln, Schecks, Eigenwechseln und anderen handelbaren Wertpapieren, soweit die Verpf lichtungen aus diesen anderen Wer tpapieren aus deren Handelbarkeit entstehen;

e) Schieds- und Gerichtsstandsvereinbarungen;

f) Fragen betreffend das Gesellschaftsrecht, das Vereinsrecht und das Recht der juristischen Personen, wie die Errichtung durch Eintragung oder auf andere Weise, die Rechts- und Handlungsfähigkeit, die innere Verfassung und die Auflösung von Gesellschaften, Vereinen und juristischen Personen sowie die persönliche Haftung der Gesellschafter und der Organe für die Verbindlichkeiten einer Gesellschaft, eines Vereins oder einer juristischen Person;

g) die Frage, ob ein Vertreter die Person, für deren Rechnung er zu handeln vorgibt, Dritten gegenüber verpf lichten kann, oder ob ein Organ einer Gesellschaft, eines Vereins oder einer anderen juristischen Person diese Gesellschaft, diesen Verein oder diese juristische Person gegenüber Dritten verpf lichten kann;

h) die Gründung von „Trusts" sowie die dadurch geschaffenen Rechtsbeziehungen zwischen den Verfügenden, den Treuhändern und den Begünstigten;

i) Schuldverhältnisse aus Verhandlungen vor Abschluss eines Vertrags;

j) Versicherungsverträge aus von anderen Einrichtungen als den in Artikel 2 der Richtlinie 2002/83/EG des Europäischen Parlaments und des Rates vom 5. November 2002 über Lebensversicherungen[14] genannten Unternehmen durchgeführ ten Geschäf ten, deren Zweck darin besteht, den unselbstständig oder selbstständig tätigen Arbeitskräften eines Unternehmens oder einer Unternehmensgruppe oder den Angehörigen eines Berufes oder einer Berufsgruppe im Todes- oder Erlebensfall oder bei Arbeitseinstellung oder bei Minderung der Erwerbstätigkeit oder bei arbeitsbedingter Krankheit oder Arbeitsunfällen Leistungen zu gewähren.

(3) Diese Verordnung gilt unbeschadet des Ar tikels 18 nicht für den Beweis und das Verfahren.

(4) Im Sinne dieser Verordnung bezeichnet der Begriff „Mitgliedstaat" die Mitgliedstaaten, auf die diese Verordnung anwendbar ist. In Ar tikel 3 Absatz 4 und Ar tikel 7 bezeichnet der Begriff jedoch alle Mitgliedstaaten.

Artikel 2: Universelle Anwendung

Das nach dieser Verordnung bezeichnete Recht ist auch dann anzuwenden, wenn es nicht das Recht eines Mitgliedstaats ist.

KAPITEL II: EINHEITLICHE KOLLISIONSNORMEN

Artikel 3: Freie Rechtswahl

(1) Der Vertrag unterliegt dem von den Parteien gewählten Recht. Die Rechtswahl muss ausdrücklich erfolgen oder sich eindeutig aus den Bestimmungen des Vertrags oder aus den Umständen des Falles ergeben. Die Parteien können die Rechtswahl für ihren ganzen Vertrag oder nur für einen Teil desselben treffen.

---

[14] ABl. L 345 vom 19.12.2002, S. 1. Zuletzt geändert durch die Richtlinie 2008/19/EG (ABl. L 76 vom 19.3.2008, S. 44)

(2) Die Parteien können jederzeit vereinbaren, dass der Vertrag nach einem anderen Recht zu beurteilen ist als dem, das zuvor entweder aufgrund einer früheren Rechtswahl nach diesem Artikel oder aufgrund anderer Vorschriften dieser Verordnung für ihn maßgebend war. Die Formgültigkeit des Vertrags im Sinne des Artikels 11 und Rechte Dritter werden durch eine nach Vertragsschluss erfolgende Änderung der Bestimmung des anzuwendenden Rechts nicht berührt.

(3) Sind alle anderen Elemente des Sachverhalts zum Zeitpunkt der Rechtswahl in einem anderen als demjenigen Staat belegen, dessen Recht gewählt wurde, so berührt die Rechtswahl der Parteien nicht die Anwendung derjenigen Bestimmungen des Rechts dieses anderen Staates, von denen nicht durch Vereinbarung abgewichen werden kann.

(4) Sind alle anderen Elemente des Sachverhalts zum Zeitpunkt der Rechtswahl in einem oder mehreren Mitgliedstaaten belegen, so berührt die Wahl des Rechts eines Drittstaats durch die Parteien nicht die Anwendung der Bestimmungen des Gemeinschaftsrechts – gegebenenfalls in der von dem Mitgliedstaat des angerufenen Gerichts umgesetzten Form –, von denen nicht durch Vereinbarung abgewichen werden kann.

(5) Auf das Zustandekommen und die Wirksamkeit der Einigung der Parteien über das anzuwendende Recht finden die Artikel 10, 11 und 13 Anwendung.

Artikel 4: Mangels Rechtswahl anzuwendendes Recht

(1) Soweit die Parteien keine Rechtswahl gemäß Artikel 3 getroffen haben, bestimmt sich das auf den Vertrag anzuwendende Recht unbeschadet der Artikel 5 bis 8 wie folgt:

a) Kaufverträge über bewegliche Sachen unterliegen dem Recht des Staates, in dem der Verkäufer seinen gewöhnlichen Aufenthalt hat.

b) Dienstleistungsverträge unterliegen dem Recht des Staates, in dem der Dienstleister seinen gewöhnlichen Aufenthalt hat

c) Verträge, die ein dingliches Recht an unbeweglichen Sachen sowie die Miete oder Pacht unbeweglicher Sachen zum Gegenstand haben, unterliegen dem Recht des Staates, in dem die unbewegliche Sache belegen

d) Ungeachtet des Buchstabens c unterliegt die Miete oder Pacht unbeweglicher Sachen für höchstens sechs aufeinander folgende Monate zum vorübergehenden privaten Gebrauch dem Recht des Staates, in dem der Vermieter oder Verpächter seinen gewöhnlichen Aufenthalt hat, sofern der Mieter oder Pächter eine natürliche Person ist und seinen gewöhnlichen Aufenthalt in demselben Staat hat.

e) Franchiseverträge unterliegen dem Recht des Staates, in dem der Franchisenehmer seinen gewöhnlichen Aufenthalt hat.

f) Vertriebsverträge unterliegen dem Recht des Staates, in dem der Vertriebshändler seinen gewöhnlichen Aufenthalt hat.

g) Verträge über den Kauf beweglicher Sachen durch Versteigerung unterliegen dem Recht des Staates, in dem die Versteigerung abgehalten wird, sofern der Ort der Versteigerung bestimmt werden kann

h) Verträge, die innerhalb eines multilateralen Systems geschlossen werden, das die Interessen einer Vielzahl Dritter am Kauf und Verkauf von Finanzinstrumenten im Sinne von Artikel 4 Absatz 1 Nummer 17 der Richtlinie 2004/39/EG nach nicht diskretionären Regeln und nach Maßgabe eines einzigen Rechts zusammenführt oder das Zusammenführen fördert, unterliegen diesem Recht.

(2) Fällt der Vertrag nicht unter Absatz 1 oder sind die Bestandteile des Vertrags durch mehr als einen der Buchstaben a bis h des Absatzes 1 abgedeckt, so unterliegt der Vertrag dem Recht des Staates, in dem die Partei, welche die für den Vertrag charakteristische Leistung zu erbringen hat, ihren gewöhnlichen Aufenthalt hat.

(3) Ergibt sich aus der Gesamtheit der Umstände, dass der Vertrag eine offensichtlich engere Verbindung zu einem anderen als dem nach Absatz 1 oder 2 bestimmten Staat aufweist, so ist das Recht dieses anderen Staates anzuwenden.

(4) Kann das anzuwendende Recht nicht nach Absatz 1 oder 2 bestimmt werden, so unterliegt der Vertrag dem Recht des Staates, zu dem er die engste Verbindung aufweist.

Artikel 5: Beförderungsverträge

(1) Soweit die Parteien in Bezug auf einen Vertrag über die Beförderung von Gütern keine Rechtswahl nach Artikel 3 getroffen haben, ist das Recht des Staates anzuwenden, in dem der Beförderer seinen gewöhnlichen Aufenthalt hat, sofern sich in diesem Staat auch der Übernahmeort oder der Ablieferungsort oder der gewöhnliche Aufenthalt des Absenders befindet. Sind diese Voraussetzungen nicht erfüllt, so ist das Recht des Staates des von den Parteien vereinbarten Ablieferungsorts anzuwenden.

(2) Soweit die Parteien in Bezug auf einen Vertrag über die Beförderung von Personen keine Rechtswahl nach Unterabsatz 2 getroffen haben, ist das anzuwendende Recht das Recht des Staates, in dem die zu befördernde Person ihren gewöhnlichen Aufenthalt hat, sofern sich in diesem Staat auch der Abgangsort oder der Bestimmungsort befindet. Sind diese Voraussetzungen nicht erfüllt, so ist das Recht des Staates anzuwenden, in dem der Beförderer seinen gewöhnlichen Aufenthalt hat.

Als auf einen Vertrag über die Beförderung von Personen anzuwendendes Recht können die Parteien im Einklang mit Artikel 3 nur das Recht des Staates wählen,

a) in dem die zu befördernde Person ihren gewöhnlichen Aufenthalt hat oder

b) in dem der Beförderer seinen gewöhnlichen Aufenthalt hat oder

c) in dem der Beförderer seine Hauptverwaltung hat oder

d) in dem sich der Abgangsort befindet oder

e) in dem sich der Bestimmungsort befindet.

(3) Ergibt sich aus der Gesamtheit der Umstände, dass der Vertrag im Falle fehlender Rechtswahl eine offensichtlich engere Verbindung zu einem anderen als dem nach Absatz 1 oder 2 bestimmten Staat aufweist, so ist das Recht dieses anderen Staates anzuwenden.

Artikel 6: Verbraucherverträge

(1) Unbeschadet der Artikel 5 und 7 unterliegt ein Vertrag, den eine natürliche Person zu einem Zweck, der nicht ihrer beruflichen oder gewerblichen Tätigkeit zugerechnet werden kann („Verbraucher"), mit einer anderen Person geschlossen hat, die in Ausübung ihrer beruflichen oder gewerblichen Tätigkeit handelt („Unternehmer"), dem Recht des Staates, in dem der Verbraucher seinen gewöhnlichen Aufenthalt hat, sofern der Unternehmer

a) seine berufliche oder gewerbliche Tätigkeit in dem Staat ausübt, in dem der Verbraucher seinen gewöhnlichen Aufenthalt hat, oder

b) eine solche Tätigkeit auf irgend einer Weise auf diesen Staat oder auf mehrere Staaten, einschließlich dieses Staates, ausrichtet

und der Vertrag in den Bereich dieser Tätigkeit fällt.

(2) Ungeachtet des Absatzes 1 können die Parteien das auf einen Vertrag, der die Anforderungen des Absatzes 1 erfüllt, anzuwendende Recht nach Artikel 3 wählen. Die Rechtswahl darf jedoch nicht dazu führen, dass dem Verbraucher der Schutz entzogen wird, der ihm durch diejenigen Bestimmungen gewährt wird, von denen nach dem Recht, das nach Absatz 1 mangels einer Rechtswahl anzuwenden wäre, nicht durch Vereinbarung abgewichen werden darf.

(3) Sind die Anforderungen des Absatzes 1 Buchstabe a oder b nicht erfüllt, so gelten für die Bestimmung des auf einen Vertrag zwischen einem Verbraucher und einem Unternehmer anzuwendenden Rechts die Artikel 3 und 4.

(4) Die Absätze 1 und 2 gelten nicht für:

a) Verträge über die Erbringung von Dienstleistungen, wenn die dem Verbraucher geschuldeten Dienstleistungen ausschließlich in einem anderen als dem Staat erbracht werden müssen, in dem der Verbraucher seinen gewöhnlichen Aufenthalt hat;

b) Beförderungsverträge mit Ausnahme von Pauschalreiseverträgen im Sinne der Richtlinie 90/314/EWG des Rates vom 13. Juni 1990 über Pauschalreisen(15)

c) Verträge, die ein dingliches Recht an unbeweglichen Sachen oder die Miete oder Pacht unbeweglicher Sachen zum Gegenstand haben, mit Ausnahme der Verträge über Teilzeitnutzungsrechte an Immobilien im Sinne der Richtlinie 94/47/EG;

d) Rechte und Pflichten im Zusammenhang mit einem Finanzinstrument sowie Rechte und Pflichten, durch die die Bedingungen für die Ausgabe oder das öffentliche Angebot und öffentliche Übernahmeangebote bezüglich übertragbarer Wertpapiere und die Zeichnung oder den Rückkauf von Anteilen an Organismen für gemeinsame Anlagen in Wertpapieren festgelegt werden, sofern es sich dabei nicht um die Erbringung von Finanzdienstleistungen handelt;

e) Verträge, die innerhalb der Art von Systemen geschlossen werden, auf die Artikel 4 Absatz 1 Buchstabe h Anwendung findet.

(15) ABl. L 158 vom 23.6.1990, S. 59.

Artikel 7: Versicherungsverträge

(1) Dieser Artikel gilt für Verträge nach Absatz 2, unabhängig davon, ob das gedeckte Risiko in einem Mitgliedstaat belegen ist, und für alle anderen Versicherungsverträge, durch die Risiken gedeckt werden, die im Gebiet der Mitgliedstaaten belegen sind. Er gilt nicht für Rückversicherungsverträge.

(2) Versicherungsverträge, die Großrisiken im Sinne von Artikel 5 Buchstabe d der Ersten Richtlinie 73/239/EWG des Rates vom 24. Juli 1973 zur Koordinierung der Rechts- und Verwaltungsvorschriften betreffend die Aufnahme und Ausübung der Tätigkeit der Direktversicherung (mit Ausnahme der Lebensversicherung)[16] decken, unterliegen dem von den Parteien nach Artikel 3 der vorliegenden Verordnung gewählten Recht.

Soweit die Parteien keine Rechtswahl getroffen haben, unterliegt der Versicherungsvertrag dem Recht des Staats, in dem der Versicherer seinen gewöhnlichen Aufenthalt hat. Ergibt sich aus der Gesamtheit der Umstände, dass der Vertrag eine offensichtlich engere Verbindung zu einem anderen Staat aufweist, ist das Recht dieses anderen Staates anzuwenden.

(3) Für Versicherungsverträge, die nicht unter Absatz 2 fallen, dürfen die Parteien nur die folgenden Rechte im Einklang mit Artikel 3 wählen:

a) das Recht eines jeden Mitgliedstaats, in dem zum Zeitpunkt des Vertragsschlusses das Risiko belegen ist;

b) das Recht des Staates, in dem der Versicherungsnehmer seinen gewöhnlichen Aufenthalt hat;

c) bei Lebensversicherungen das Recht des Mitgliedstaats, dessen Staatsangehörigkeit der Versicherungsnehmer besitzt;

d) für Versicherungsverträge, bei denen sich die gedeckten Risiken auf Schadensfälle beschränken, die in einem anderen Mitgliedstaat als dem Mitgliedstaat, in dem das Risiko belegen ist, eintreten können, das Recht jenes Mitgliedstaats;

e) wenn der Versicherungsnehmer eines Vertrags im Sinne dieses Absatzes eine gewerbliche oder industrielle Tätigkeit ausübt oder freiberuflich tätig ist und der Versicherungsvertrag zwei oder mehr Risiken abdeckt, die mit dieser Tätigkeit in Zusammenhang stehen und in unterschiedlichen Mitgliedstaaten belegen sind, das Recht eines betroffenen Mitgliedstaats oder das Recht des Staates des gewöhnlichen Aufenthalts des Versicherungsnehmers.

Räumen in den Fällen nach den Buchstaben a, b oder e die betreffenden Mitgliedstaaten eine größere Wahlfreiheit bezüglich des auf den Versicherungsvertrag anwendbaren Rechts ein, so können die Parteien hiervon Gebrauch machen.

Soweit die Parteien keine Rechtswahl gemäß diesem Absatz getroffen haben unterliegt der Vertrag dem Recht des Mitgliedstaats, in dem zum Zeitpunkt des Vertragsschlusses das Risiko belegen ist.

(4) Die folgenden zusätzlichen Regelungen gelten für Versicherungsverträge über Risiken, für die ein Mitgliedstaat eine Versicherungspflicht vorschreibt

a) Der Versicherungsvertrag genügt der Versicherungspflicht nur, wenn er den von dem die Versicherungspflicht auferlegenden Mitgliedstaat vorgeschriebenen besonderen Bestimmungen für diese Versicherung entspricht. Widerspricht sich das Recht des Mitgliedstaats, in dem das Risiko belegen ist, und dasjenige des Mitgliedstaats, der die Versicherungspflicht vorschreibt, so hat das letztere Vorrang.

b) Ein Mitgliedstaat kann abweichend von den Absätzen 2 und 3 vorschreiben, dass auf den Versicherungsvertrag das Recht des Mitgliedstaats anzuwenden ist, der die Versicherungspflicht vorschreibt.

(5) Deckt der Vertrag in mehr als einem Mitgliedstaat belegene Risiken, so ist für die Zwecke von Absatz 3 Unterabsatz 3 und Absatz 4 der Vertrag als aus mehreren Verträgen bestehend anzusehen, von denen sich jeder auf jeweils nur einen Mitgliedstaat bezieht.

(6) Für die Zwecke dieses Artikels bestimmt sich der Staat, in dem das Risiko belegen ist, nach Artikel 2 Buchstabe d der Zweiten Richtlinie 88/357/EWG des Rates vom 22. Juni 1988 zur Koordinierung der Rechts- und Verwaltungsvorschriften für die Direktversicherung (mit Ausnahme der Lebensversicherung) und zur Erleichterung der tatsächlichen Ausübung des freien Dienstleistungsverkehrs[17], und bei Lebensversicherungen ist der Staat, in dem das Risiko belegen ist, der Staat der Verpflichtung im Sinne von Artikel 1 Absatz 1 Buchstabe g der Richtlinie 2002/83/EG.

---

[16] ABl. L 228 vom 16.8.1973, S. 3. Zuletzt geändert durch die Richtlinie 2005/68/EG des Europäischen Parlaments und des Rates (ABl. L 323 vom 9.12.2006, S. 1).

[17] ABl. L 172 vom 4.7.1988, S. 1. Zuletzt geändert durch die Richtlinie 2005/14/EG des Europäischen Parlaments und des Rates (ABl. L 149 vom 11.6.2005, S. 14).

Artikel 8: Individualarbeitsverträge

(1) Individualarbeitsverträge unterliegen dem von den Parteien nach Artikel 3 gewählten Recht. Die Rechtswahl der Parteien darf jedoch nicht dazu führen, dass dem Arbeitnehmer der Schutz entzogen wird, der ihm durch Bestimmungen gewährt wird, von denen nach dem Recht, das nach den Absätzen 2, 3 und 4 des vorliegenden Artikels mangels einer Rechtswahl anzuwenden wäre, nicht durch Vereinbarung abgewichen werden darf.

(2) Soweit das auf den Arbeitsvertrag anzuwendende Recht nicht durch Rechtswahl bestimmt ist, unterliegt der Arbeitsvertrag dem Recht des Staates, in dem oder andernfalls von dem aus der Arbeitnehmer in Erfüllung des Vertrags gewöhnlich seine Arbeit verrichtet. Der Staat, in dem die Arbeit gewöhnlich verrichtet wird, wechselt nicht, wenn der Arbeitnehmer seine Arbeit vorübergehend in einem anderen Staat verrichtet.

(3) Kann das anzuwendende Recht nicht nach Absatz 2 bestimmt werden, so unterliegt der Vertrag dem Recht des Staates, in dem sich die Niederlassung befindet, die den Arbeitnehmer eingestellt hat.

(4) Ergibt sich aus der Gesamtheit der Umstände, dass der Vertrag eine engere Verbindung zu einem anderen als dem in Absatz 2 oder 3 bezeichneten Staat aufweist, ist das Recht dieses anderen Staates anzuwenden.

Artikel 9: Eingriffsnormen

(1) Eine Eingriffsnorm ist eine zwingende Vorschrift, deren Einhaltung von einem Staat als so entscheidend für die Wahrung seines öffentlichen Interesses, insbesondere seiner politischen, sozialen oder wirtschaftlichen Organisation, angesehen wird, dass sie ungeachtet des nach Maßgabe dieser Verordnung auf den Vertrag anzuwendenden Rechts auf alle Sachverhalte anzuwenden ist, die in ihren Anwendungsbereich fallen.

(2) Diese Verordnung berührt nicht die Anwendung der Eingriffsnormen des Rechts des angerufenen Gerichts.

(3) Den Eingriffsnormen des Staates, in dem die durch den Vertrag begründeten Verpflichtungen erfüllt werden sollen oder erfüllt worden sind, kann Wirkung verliehen werden, soweit diese Eingriffsnormen die Erfüllung des Vertrags unrechtmäßig werden lassen. Bei der Entscheidung, ob diesen Eingriffsnormen Wirkung zu verleihen ist, werden Art und Zweck dieser Normen sowie die Folgen berücksichtigt, die sich aus ihrer Anwendung oder Nichtanwendung ergeben würden.

Artikel 10: Einigung und materielle Wirksamkeit

(1) Das Zustandekommen und die Wirksamkeit des Vertrags oder einer seiner Bestimmungen beurteilen sich nach dem Recht, das nach dieser Verordnung anzuwenden wäre, wenn der Vertrag oder die Bestimmung wirksam wäre.

(2) Ergibt sich jedoch aus den Umständen, dass es nicht gerechtfertigt wäre, die Wirkung des Verhaltens einer Partei nach dem in Absatz 1 bezeichneten Recht zu bestimmen, so kann sich diese Partei für die Behauptung, sie habe dem Vertrag nicht zugestimmt, auf das Recht des Staates ihres gewöhnlichen Aufenthalts berufen.

Artikel 11: Form

(1) Ein Vertrag, der zwischen Personen geschlossen wird, die oder deren Vertreter sich zum Zeitpunkt des Vertragsschlusses in demselben Staat befinden, ist formgültig, wenn er die Formerfordernisse des auf ihn nach dieser Verordnung anzuwendenden materiellen Rechts oder die Formerfordernisse des Rechts des Staates, in dem er geschlossen wird, erfüllt.

(2) Ein Vertrag, der zwischen Personen geschlossen wird, die oder deren Vertreter sich zum Zeitpunkt des Vertragsschlusses in verschiedenen Staaten befinden, ist formgültig, wenn er die Formerfordernisse des auf ihn nach dieser Verordnung anzuwendenden materiellen Rechts oder die Formerfordernisse des Rechts eines der Staaten, in denen sich eine der Vertragsparteien oder ihr Vertreter zum Zeitpunkt des Vertragsschlusses befindet, oder die Formerfordernisse des Rechts des Staates, in dem eine der Vertragsparteien zu diesem Zeitpunkt ihren gewöhnlichen Aufenthalt hatte, erfüllt.

(3) Ein einseitiges Rechtsgeschäft, das sich auf einen geschlossenen oder zu schließenden Vertrag bezieht, ist formgültig, wenn es die Formerfordernisse des materiellen Rechts, das nach dieser Verordnung auf den Vertrag anzuwenden ist oder anzuwenden wäre, oder die Formerfordernisse des Rechts des Staates erfüllt, in dem dieses Rechtsgeschäft vorgenommen worden ist oder in dem die Person, die das Rechtsgeschäft vorgenommen hat, zu diesem Zeitpunkt ihren gewöhnlichen Aufenthalt hatte.

(4) Die Absätze 1, 2 und 3 des vorliegenden Artikels gelten nicht für Verträge, die in den Anwendungsbereich von Artikel 6 fallen. Für die Form dieser Verträge ist das Recht des Staates maßgebend, in dem der Verbraucher seinen gewöhnlichen Aufenthalt hat.

(5) Abweichend von den Absätzen 1 bis 4 unterliegen Verträge, die ein dingliches Recht an einer unbeweglichen Sache oder die Miete oder Pacht einer unbeweglichen Sache zum Gegenstand haben, den Formvorschrif-

ten des Staates, in dem die unbewegliche Sache belegen ist, sofern diese Vorschriften nach dem Recht dieses Staates

a) unabhängig davon gelten, in welchem Staat der Vertrag geschlossen wird oder welchem Recht dieser Vertrag unterliegt, und

b) von ihnen nicht durch Vereinbarung abgewichen werden darf.

Artikel 12: Geltungsbereich des anzuwendenden Rechts

(1) Das nach dieser Verordnung auf einen Vertrag anzuwendende Recht ist insbesondere maßgebend für

a) seine Auslegung,

b) die Erfüllung der durch ihn begründeten Verpflichtungen,

c) die Folgen der vollständigen oder teilweisen Nichterfüllung dieser Verpflichtungen, in den Grenzen der dem angerufenen Gericht durch sein Prozessrecht eingeräumten Befugnisse, einschließlich der Schadensbemessung, soweit diese nach Rechtsnormen erfolgt,

d) die verschiedenen Arten des Erlöschens der Verpflichtungen sowie die Verjährung und die Rechtsverluste, die sich aus dem Ablauf einer Frist ergeben,

e) die Folgen der Nichtigkeit des Vertrags.

(2) In Bezug auf die Art und Weise der Erfüllung und die vom Gläubiger im Falle mangelhafter Erfüllung zu treffenden Maßnahmen ist das Recht des Staates, in dem die Erfüllung erfolgt, zu berücksichtigen.

Artikel 13: Rechts-, Geschäfts- und Handlungsunfähigkeit

Bei einem zwischen Personen, die sich in demselben Staat befinden, geschlossenen Vertrag kann sich eine natürliche Person, die nach dem Recht dieses Staates rechts-, geschäfts- und handlungsfähig wäre, nur dann auf ihre sich nach dem Recht eines anderen Staates ergebende Rechts-, Geschäfts- und Handlungsunfähigkeit berufen, wenn die andere Vertragspartei bei Vertragsschluss diese Rechts-, Geschäfts- und Handlungsunfähigkeit kannte oder infolge von Fahrlässigkeit nicht kannte.

Artikel 14: Übertragung der Forderung

(1) Das Verhältnis zwischen Zedent und Zessionar aus der Übertragung einer Forderung gegen eine andere Person („Schuldner") unterliegt dem Recht, das nach dieser Verordnung auf den Vertrag zwischen Zedent und Zessionar anzuwenden ist.

(2) Das Recht, dem die übertragene Forderung unterliegt, bestimmt ihre Übertragbarkeit, das Verhältnis zwischen Zessionar und Schuldner, die Voraussetzungen, unter denen die Übertragung dem Schuldner entgegengehalten werden kann, und die befreiende Wirkung einer Leistung durch den Schuldner.

(3) Der Begriff „Übertragung" in diesem Artikel umfasst die vollkommene Übertragung von Forderungen, die Übertragung von Forderungen zu Sicherungszwecken sowie von Pfandrechten oder anderen Sicherungsrechten an Forderungen.

Artikel 15: Gesetzlicher Forderungsübergang

Hat eine Person („Gläubiger") eine vertragliche Forderung gegen eine andere Person („Schuldner") und ist ein Dritter verpflichtet, den Gläubiger zu befriedigen, oder hat er den Gläubiger aufgrund dieser Verpflichtung befriedigt, so bestimmt das für die Verpflichtung des Dritten gegenüber dem Gläubiger maßgebende Recht, ob und in welchem Umfang der Dritte die Forderung des Gläubigers gegen den Schuldner nach dem für deren Beziehung maßgebenden Recht geltend zu machen berechtigt ist.

Artikel 16: Mehrfache Haftung

Hat ein Gläubiger eine Forderung gegen mehrere für dieselbe Forderung haftende Schuldner und ist er von einem der Schuldner ganz oder teilweise befriedigt worden, so ist für das Recht dieses Schuldners, von den übrigen Schuldnern Ausgleich zu verlangen, das Recht maßgebend, das auf die Verpflichtung dieses Schuldners gegenüber dem Gläubiger anzuwenden ist. Die übrigen Schuldner sind berechtigt, diesem Schuldner diejenigen Verteidigungsmittel entgegenzuhalten, die ihnen gegenüber dem Gläubiger zugestanden haben, soweit dies gemäß dem auf ihre Verpflichtung gegenüber dem Gläubiger anzuwendenden Recht zulässig wäre.

Artikel 17: Aufrechnung

Ist das Recht zur Aufrechnung nicht vertraglich vereinbart, so gilt für die Aufrechnung das Recht, dem die Forderung unterliegt, gegen die aufgerechnet wird.

Artikel 18: Beweis

(1) Das nach dieser Verordnung für das vertragliche Schuldverhältnis maßgebende Recht ist insoweit anzuwenden, als es für vertragliche Schuldverhältnisse gesetzliche Vermutungen aufstellt oder die Beweislast verteilt.

(2) Zum Beweis eines Rechtsgeschäfts sind alle Beweisarten des Rechts des angerufenen Gerichts oder eines der in Artikel 11 bezeichneten Rechte, nach denen das Rechtsgeschäft formgültig ist, zulässig, sofern der Beweis in dieser Art vor dem angerufenen Gericht erbracht werden kann.

Kapitel III: Sonstige Vorschriften

Artikel 19: Gewöhnlicher Aufenthalt

(1) Für die Zwecke dieser Verordnung ist der Ort des gewöhnlichen Aufenthalts von Gesellschaften, Vereinen und juristischen Personen der Ort ihrer Hauptverwaltung.

Der gewöhnliche Aufenthalt einer natürlichen Person, die im Rahmen der Ausübung ihrer beruflichen Tätigkeit handelt, ist der Ort ihrer Hauptniederlassung.

(2) Wird der Vertrag im Rahmen des Betriebs einer Zweigniederlassung, Agentur oder sonstigen Niederlassung geschlossen oder ist für die Erfüllung gemäß dem Vertrag eine solche Zweigniederlassung, Agentur oder sonstigen Niederlassung verantwortlich, so steht der Ort des gewöhnlichen Aufenthalts dem Ort gleich, an dem sich die Zweigniederlassung, Agentur oder sonstige Niederlassung befindet.

(3) Für die Bestimmung des gewöhnlichen Aufenthalts ist der Zeitpunkt des Vertragsschlusses maßgebend.

Artikel 20: Ausschluss der Rück- und Weiterverweisung

Unter dem nach dieser Verordnung anzuwendenden Recht eines Staates sind die in diesem Staat geltenden Rechtsnormen unter Ausschluss derjenigen des Internationalen Privatrechts zu verstehen, soweit in dieser Verordnung nichts anderes bestimmt ist.

Artikel 21: Öffentliche Ordnung im Staat des angerufenen Gerichts

Die Anwendung einer Vorschrift des nach dieser Verordnung bezeichneten Rechts kann nur versagt werden, wenn ihre Anwendung mit der öffentlichen Ordnung („ordre public") des Staates des angerufenen Gerichts offensichtlich unvereinbar ist.

Artikel 22: Staaten ohne einheitliche Rechtsordnung

(1) Umfasst ein Staat mehrere Gebietseinheiten, von denen jede eigene Rechtsnormen für vertragliche Schuldverhältnisse hat, so gilt für die Bestimmung des nach dieser Verordnung anzuwendenden Rechts jede Gebietseinheit als Staat.

(2) Ein Mitgliedstaat, in dem verschiedene Gebietseinheiten ihre eigenen Rechtsnormen für vertragliche Schuldverhältnisse haben, ist nicht verpflichtet, diese Verordnung auf Kollisionen zwischen den Rechtsordnungen dieser Gebietseinheiten anzuwenden.

Artikel 23: Verhältnis zu anderen Gemeinschaftsrechtsakten

Mit Ausnahme von Artikel 7 berührt diese Verordnung nicht die Anwendung von Vorschriften des Gemeinschaftsrechts, die in besonderen Bereichen Kollisionsnormen für vertragliche Schuldverhältnisse enthalten.

Artikel 24: Beziehung zum Übereinkommen von Rom

(1) Diese Verordnung tritt in den Mitgliedstaaten an die Stelle des Übereinkommens von Rom, außer hinsichtlich der Hoheitsgebiete der Mitgliedstaaten, die in den territorialen Anwendungsbereich dieses Übereinkommens fallen und für die aufgrund der Anwendung von Artikel 299 des Vertrags diese Verordnung nicht gilt.

(2) Soweit diese Verordnung die Bestimmungen des Übereinkommens von Rom ersetzt, gelten Bezugnahmen auf dieses Übereinkommen als Bezugnahmen auf diese Verordnung.

Artikel 25: Verhältnis zu bestehenden internationalen Übereinkommen

(1) Diese Verordnung berührt nicht die Anwendung der internationalen Übereinkommen, denen ein oder mehrere Mitgliedstaaten zum Zeitpunkt der Annahme dieser Verordnung angehören und die Kollisionsnormen für vertragliche Schuldverhältnisse enthalten.

(2) Diese Verordnung hat jedoch in den Beziehungen zwischen den Mitgliedstaaten Vorrang vor den ausschließlich zwischen zwei oder mehreren Mitgliedstaaten geschlossenen Übereinkommen, soweit diese Bereiche betreffen, die in dieser Verordnung geregelt sind.

Artikel 26: Verzeichnis der Übereinkommen

(1) Die Mitgliedstaaten übermitteln der Kommission bis spätestens 17. Juni 2009 die Übereinkommen nach Artikel 25 Absatz 1. Kündigen die Mitgliedstaaten nach diesem Stichtag eines dieser Übereinkommen, so setzen sie die Kommission davon in Kenntnis.

(2) Die Kommission veröffentlicht im Amtsblatt der Europäischen Union innerhalb von sechs Monaten nach Erhalt der in Absatz 1 genannten Übermittlung

a) ein Verzeichnis der in Absatz 1 genannten Übereinkommen;

b) die in Absatz 1 genannten Kündigungen.

Artikel 27: Überprüfungsklausel

(1) Die Kommission legt dem Europäischen Parlament, dem Rat und dem Europäischen Wirtschafts- und Sozialausschuss bis spätestens 17. Juni 2013 einen Bericht über die Anwendung dieser Verordnung vor. Diesem Bericht werden gegebenenfalls Vorschläge zur Änderung der Verordnung beigefügt. Der Bericht umfasst:

a) eine Untersuchung über das auf Versicherungsverträge anzuwendende Recht und eine Abschätzung der Folgen etwaiger einzuführender Bestimmungen und

b) eine Bewertung der Anwendung von Artikel 6, insbesondere hinsichtlich der Kohärenz des Gemeinschaftsrechts im Bereich des Verbraucherschutzes.

(2) Die Kommission legt dem Europäischen Parlament, dem Rat und dem Europäischen Wirtschafts- und Sozialausschuss bis 17. Juni 2010 einen Bericht über die Frage vor, ob die Übertragung einer Forderung Dritten entgegengehalten werden kann, und über den Rang dieser Forderung gegenüber einem Recht einer anderen Person. Dem Bericht wird gegebenenfalls ein Vorschlag zur Änderung dieser Verordnung sowie eine Folgenabschätzung der einzuführenden Bestimmungen beigefügt.

Artikel 28: Zeitliche Anwendbarkeit

Diese Verordnung wird auf Verträge angewandt, die ab dem 17. Dezember 2009 geschlossen werden.

KAPITEL IV: SCHLUSSBESTIMMUNGEN

Artikel 29: Inkrafttreten und Anwendbarkeit

Diese Verordnung tritt am zwanzigsten Tag nach ihrer Veröffentlichung im Amtsblatt der Europäischen Union in Kraft.

Sie gilt ab 17. Dezember 2009, mit Ausnahme des Artikels 26, der ab dem 17. Juni 2009 gilt.

III. Rom II-Verordnung

Verordnung (EG) Nr. 864/2007 des Europäischen Parlaments und des Rates vom 11. Juli 2007 über das auf außervertragliche Schuldverhältnisse anzuwendende Recht („Rom II“)

DAS EUROPÄISCHE PARLAMENT UND DER RAT DER EUROPÄISCHEN UNION –

gestützt auf den Vertrag zur Gründung der Europäischen Gemeinschaft, insbesondere auf Artikel 61 Buchstabe c und Artikel 67, auf Vorschlag der Kommission, nach Stellungnahme des Europäischen Wirtschafts- und Sozialausschusses[(1)], gemäß dem Verfahren des Artikels 251 des Vertrags, aufgrund des vom Vermittlungsausschuss am 25. Juni 2007 gebilligten gemeinsamen Entwurfs[(2)], in Erwägung nachstehender Gründe:

(1) Die Gemeinschaft hat sich zum Ziel gesetzt, einen Raum der Freiheit, der Sicherheit und des Rechts zu erhalten und weiterzuentwickeln. Zur schrittweisen Schaffung eines solchen Raums muss die Gemeinschaft im Bereich der justiziellen Zusammenarbeit in Zivilsachen, die einen grenzüberschreitenden Bezug aufweisen, Maßnahmen erlassen, soweit sie für das reibungslose Funktionieren des Binnenmarkts erforderlich sind.

---

(1) ABl. C 241 vom 28.9.2004, S. 1.

(2) Stellungnahme des Europäischen Parlaments vom 6. Juli 2005 (ABl. C 157 E vom 6.7.2006, S. 371), Gemeinsamer Standpunkt des Rates vom 25. September 2006 (ABl. C 289 E vom 28.11.2006, S. 68) und Standpunkt des Europäischen Parlaments vom 18. Januar 2007 (noch nicht im Amtsblatt veröffentlicht). Legislative Entschließung des Europäischen Parlaments vom 10. Juli 2007 und Beschluss des Rates vom 28. Juni 2007.

(2) Nach Artikel 65 Buchstabe b des Vertrags schließen diese Maßnahmen auch solche ein, die die Vereinbarkeit der in den Mitgliedstaaten geltenden Kollisionsnormen und Vorschriften zur Vermeidung von Kompetenzkonflikten fördern.

(3) Auf seiner Tagung vom 15. und 16. Oktober 1999 in Tampere hat der Europäische Rat den Grundsatz der gegenseitigen Anerkennung von Urteilen und anderen Entscheidungen von Justizbehörden als Eckstein der justiziellen Zusammenarbeit in Zivilsachen unterstützt und den Rat und die Kommission ersucht, ein Maßnahmenprogramm zur Umsetzung dieses Grundsatzes anzunehmen.

(4) Der Rat hat am 30. November 2000 ein gemeinsames Maßnahmenprogramm der Kommission und des Rates zur Umsetzung des Grundsatzes der gegenseitigen Anerkennung gerichtlicher Entscheidungen in Zivil- und Handelssachen[(3)] angenommen. Nach dem Programm können Maßnahmen zur Harmonisierung der Kollisionsnormen dazu beitragen, die gegenseitige Anerkennung gerichtlicher Entscheidungen zu vereinfachen.

(5) In dem vom Europäischen Rat am 5. November 2004 angenommenen Haager Programm[(4)] wurde dazu aufgerufen, die Beratungen über die Regelung der Kollisionsnormen für außervertragliche Schuldverhältnisse („Rom II“) energisch voranzutreiben.

(6) Um den Ausgang von Rechtsstreitigkeiten vorhersehbarer zu machen und die Sicherheit in Bezug auf das anzuwendende Recht sowie den freien Verkehr gerichtlicher Entscheidungen zu fördern, müssen die in den Mitgliedstaaten geltenden Kollisionsnormen im Interesse eines reibungslos funktionierenden Binnenmarkts unabhängig von dem Staat, in dem sich das Gericht befindet, bei dem der Anspruch geltend gemacht wird, dieselben Verweisungen zur Bestimmung des anzuwendenden Rechts vorsehen.

(7) Der materielle Anwendungsbereich und die Bestimmungen dieser Verordnung sollten mit der Verordnung (EG) Nr. 44/2001 des Rates vom 22. Dezember 2000 über die gerichtliche Zuständigkeit und die Anerkennung und Vollstreckung von Entscheidungen in Zivil- und Handelssachen[(5)] (Brüssel I) und den Instrumenten, die das auf vertragliche Schuldverhältnisse anzuwendende Recht zum Gegenstand haben, in Einklang stehen.

(8) Diese Verordnung ist unabhängig von der Art des angerufenen Gerichts anwendbar.

(9) Forderungen aufgrund von „acta iure imperii“ sollten sich auch auf Forderungen gegen im Namen des Staates handelnde Bedienstete und auf die Haftung für Handlungen öffentlicher Stellen erstrecken, einschließlich der Haftung amtlich ernannter öffentlicher Bediensteter. Sie sollten daher vom Anwendungsbereich dieser Verordnung ausgenommen werden.

(10) Familienverhältnisse sollten die Verwandtschaft in gerader Linie, die Ehe, die Schwägerschaft und die Verwandtschaft in der Seitenlinie umfassen. Die Bezugnahme in Artikel 1 Absatz 2 auf Verhältnisse, die mit der Ehe oder anderen Familienverhältnissen vergleichbare Wirkungen entfalten, sollte nach dem Recht des Mitgliedstaats, in dem sich das angerufene Gericht befindet, ausgelegt werden.

(11) Der Begriff des außervertraglichen Schuldverhältnisses ist von Mitgliedstaat zu Mitgliedstaat verschieden definiert. Im Sinne dieser Verordnung sollte der Begriff des außervertraglichen Schuldverhältnisses daher als autonomer Begriff verstanden werden. Die in dieser Verordnung enthaltenen Regeln des Kollisionsrechts sollten auch für außervertragliche Schuldverhältnisse aus Gefährdungshaftung gelten.

(12) Das anzuwendende Recht sollte auch für die Frage gelten, wer für eine unerlaubte Handlung haftbar gemacht werden kann.

(13) Wettbewerbsverzerrungen im Verhältnis zwischen Wettbewerbern aus der Gemeinschaft sind vermeidbar, wenn einheitliche Bestimmungen unabhängig von dem durch sie bezeichneten Recht angewandt werden.

(14) Das Erfordernis der Rechtssicherheit und die Notwendigkeit, in jedem Einzelfall Recht zu sprechen, sind wesentliche Anforderungen an einen Rechtsraum. Diese Verordnung bestimmt die Anknüpfungskriterien, die zur Erreichung dieser Ziele am besten geeignet sind. Deshalb sieht diese Verordnung neben einer allgemeinen Regel Sonderregeln und, in bestimmten Fällen, eine „Ausweichklausel“ vor, die ein Abweichen von diesen Regeln erlaubt, wenn sich aus der Gesamtheit der Umstände ergibt, dass die unerlaubte Handlung eine offensichtlich engere Verbindung mit einem anderen Staat aufweist. Diese Gesamtregelung schafft einen flexiblen Rahmen kollisionsrechtlicher Regelungen. Sie ermöglicht es dem angerufenen Gericht gleichfalls, Einzelfälle in einer angemessenen Weise zu behandeln.

(15) Zwar wird in nahezu allen Mitgliedstaaten bei außervertraglichen Schuldverhältnissen grundsätzlich von der lex loci delicti commissi ausgegangen, doch wird dieser Grundsatz in der Praxis unterschiedlich angewandt, wenn sich Sachverhaltselemente des Falles über mehrere Staaten erstrecken. Dies führt zu Unsicherheit in Bezug auf das anzuwendende Recht.

---

(3) ABl. C 12 vom 15.1.2001, S. 1.

(4) ABl. C 53 vom 3.3.2005, S. 1.

(5) ABl. L 12 vom 16.1.2001, S. 1. Zuletzt geändert durch die Verordnung (EG) Nr. 1791/2006 (ABl. L 363 vom 20.12.2006, S. 1).

(16) Einheitliche Bestimmungen sollten die Vorhersehbarkeit gerichtlicher Entscheidungen verbessern und einen angemessenen Interessenausgleich zwischen Personen, deren Haftung geltend gemacht wird, und Geschädigten gewährleisten. Die Anknüpfung an den Staat, in dem der Schaden selbst eingetreten ist (lex loci damni), schafft einen gerechten Ausgleich zwischen den Interessen der Person, deren Haftung geltend gemacht wird, und der Person, die geschädigt wurde, und entspricht der modernen Konzeption der zivilrechtlichen Haftung und der Entwicklung der Gefährdungshaftung.

(17) Das anzuwendende Recht sollte das Recht des Staates sein, in dem der Schaden eintritt, und zwar unabhängig von dem Staat oder den Staaten, in dem bzw. denen die indirekten Folgen auftreten könnten. Daher sollte auch bei Personen- oder Sachschäden als Staat, in dem der Schaden eintritt, der Staat gelten, in dem der Personen- oder Sachschaden tatsächlich eingetreten ist.

(18) Als allgemeine Regel in dieser Verordnung sollte die „lex loci damni" nach Artikel 4 Absatz 1 gelten. Artikel 4 Absatz 2 sollte als Ausnahme von dieser allgemeinen Regel verstanden werden; durch diese Ausnahme wird eine besondere Anknüpfung für Fälle geschaffen, in denen die Parteien ihren gewöhnlichen Aufenthalt in demselben Staat haben. Artikel 4 Absatz 3 sollte als „Ausweichklausel" zu Artikel 4 Absätze 1 und 2 betrachtet werden, wenn sich aus der Gesamtheit der Umstände ergibt, dass die unerlaubte Handlung eine offensichtlich engere Verbindung mit einem anderen Staat aufweist.

(19) Für besondere unerlaubte Handlungen, bei denen die allgemeine Kollisionsnorm nicht zu einem angemessenen Interessenausgleich führt, sollten besondere Bestimmungen vorgesehen werden.

(20) Die Kollisionsnorm für die Produkthaftung sollte für eine gerechte Verteilung der Risiken einer modernen, hochtechnisierten Gesellschaft sorgen, die Gesundheit der Verbraucher schützen, Innovationsanreize geben, einen unverfälschten Wettbewerb gewährleisten und den Handel erleichtern. Die Schaffung einer Anknüpfungsleiter stellt, zusammen mit einer Vorhersehbarkeitsklausel, im Hinblick auf diese Ziele eine ausgewogene Lösung dar. Als erstes Element ist das Recht des Staates zu berücksichtigen, in dem die geschädigte Person beim Eintritt des Schadens ihren gewöhnlichen Aufenthalt hatte, sofern das Produkt in diesem Staat in den Verkehr gebracht wurde. Die weiteren Elemente der Anknüpfungsleiter kommen zur Anwendung, wenn das Produkt nicht in diesem Staat in Verkehr gebracht wurde, unbeschadet von Artikel 4 Absatz 2 und der Möglichkeit einer offensichtlich engeren Verbindung mit einem anderen Staat.

(21) Die Sonderregel nach Artikel 6 stellt keine Ausnahme von der allgemeinen Regel nach Artikel 4 Absatz 1 dar, sondern vielmehr eine Präzisierung derselben. Im Bereich des unlauteren Wettbewerbs sollte die Kollisionsnorm die Wettbewerber, die Verbraucher und die Öffentlichkeit schützen und das reibungslose Funktionieren der Marktwirtschaft sicherstellen. Durch eine Anknüpfung an das Recht des Staates, in dessen Gebiet die Wettbewerbsbeziehungen oder die kollektiven Interessen der Verbraucher beeinträchtigt worden sind oder beeinträchtigt zu werden drohen, können diese Ziele im Allgemeinen erreicht werden.

(22) Außervertragliche Schuldverhältnisse, die aus einem den Wettbewerb einschränkenden Verhalten nach Artikel 6 Absatz 3 entstanden sind, sollten sich auf Verstöße sowohl gegen nationale als auch gegen gemeinschaftliche Wettbewerbsvorschriften erstrecken. Auf solche außervertraglichen Schuldverhältnisse sollte das Recht des Staates anzuwenden sein, in dessen Gebiet sich die Einschränkung auswirkt oder auszuwirken droht. Wird der Markt in mehr als einem Staat beeinträchtigt oder wahrscheinlich beeinträchtigt, so sollte der Geschädigte seinen Anspruch unter bestimmten Umständen auf das Recht des Mitgliedstaats des angerufenen Gerichts stützen können.

(23) Für die Zwecke dieser Verordnung sollte der Begriff der Einschränkung des Wettbewerbs Verbote von Vereinbarungen zwischen Unternehmen, Beschlüssen von Unternehmensvereinigungen und abgestimmten Verhaltensweisen, die eine Verhinderung, Einschränkung oder Verfälschung des Wettbewerbs in einem Mitgliedstaat oder innerhalb des Binnenmarktes bezwecken oder bewirken, sowie das Verbot der missbräuchlichen Ausnutzung einer beherrschenden Stellung in einem Mitgliedstaat oder innerhalb des Binnenmarktes erfassen, sofern solche Vereinbarungen, Beschlüsse, abgestimmte Verhaltensweisen oder Missbräuche nach den Artikeln 81 und 82 des Vertrags oder dem Recht eines Mitgliedstaats verboten sind.

(24) „Umweltschaden" sollte eine nachteilige Veränderung einer natürlichen Ressource, wie Wasser, Boden oder Luft, eine Beeinträchtigung einer Funktion, die eine natürliche Ressource zum Nutzen einer anderen natürlichen Ressource oder der Öffentlichkeit erfüllt, oder eine Beeinträchtigung der Variabilität unter lebenden Organismen umfassen.

(25) Im Falle von Umweltschäden rechtfertigt Artikel 174 des Vertrags, wonach ein hohes Schutzniveau erreicht werden sollte, und der auf den Grundsätzen der Vorsorge und Vorbeugung, auf dem Grundsatz, Umweltbeeinträchtigungen vorrangig an ihrem Ursprung zu bekämpfen, sowie auf dem Verursacherprinzip beruht, in vollem Umfang die Anwendung des Grundsatzes der Begünstigung des Geschädigten. Die Frage, wann der Geschädigte die Wahl des anzuwendenden Rechts zu treffen hat, sollte nach dem Recht des Mitgliedstaats des angerufenen Gerichts entschieden werden.

(26) Bei einer Verletzung von Rechten des geistigen Eigentums gilt es, den allgemein anerkannten Grundsatz der lex loci protectionis zu wahren. Im Sinne dieser Verordnung sollte der Ausdruck „Rechte des geistigen Eigentums" dahin interpretiert werden, dass er beispielsweise Urheberrechte, verwandte Schutzrechte, das Schutzrecht sui generis für Datenbanken und gewerbliche Schutzrechte umfasst.

(27) Die exakte Definition des Begriffs „Arbeitskampfmaßnahmen", beispielsweise Streikaktionen oder Aussperrung, ist von Mitgliedstaat zu Mitgliedstaat verschieden und unterliegt den innerstaatlichen Vorschriften der einzelnen Mitgliedstaaten. Daher wird in dieser Verordnung grundsätzlich davon ausgegangen, dass das Recht des Staates anzuwenden ist, in dem die Arbeitskampfmaßnahmen ergriffen wurden, mit dem Ziel, die Rechte und Pflichten der Arbeitnehmer und der Arbeitgeber zu schützen.

(28) Die Sonderbestimmung für Arbeitskampfmaßnahmen nach Artikel 9 lässt die Bedingungen für die Durchführung solcher Maßnahmen nach nationalem Recht und die im Recht der Mitgliedstaaten vorgesehene Rechtsstellung der Gewerkschaften oder der repräsentativen Arbeitnehmerorganisationen unberührt.

(29) Für Schäden, die aufgrund einer anderen Handlung als aus unerlaubter Handlung, wie ungerechtfertigter Bereicherung, Geschäftsführung ohne Auftrag oder Verschulden bei Vertragsverhandlungen, entstanden sind, sollten Sonderbestimmungen vorgesehen werden.

(30) Der Begriff des Verschuldens bei Vertragsverhandlungen ist für die Zwecke dieser Verordnung als autonomer Begriff zu verstehen und sollte daher nicht zwangsläufig im Sinne des nationalen Rechts ausgelegt werden. Er sollte die Verletzung der Offenlegungspflicht und den Abbruch von Vertragsverhandlungen einschließen. Artikel 12 gilt nur für außervertragliche Schuldverhältnisse, die in unmittelbarem Zusammenhang mit den Verhandlungen vor Abschluss eines Vertrags stehen. So sollten in den Fällen, in denen einer Person während der Vertragsverhandlungen ein Personenschaden zugefügt wird, Artikel 4 oder andere einschlägige Bestimmungen dieser Verordnung zur Anwendung gelangen.

(31) Um den Grundsatz der Parteiautonomie zu achten und die Rechtssicherheit zu verbessern, sollten die Parteien das auf ein außervertragliches Schuldverhältnis anzuwendende Recht wählen können. Die Rechtswahl sollte ausdrücklich erfolgen oder sich mit hinreichender Sicherheit aus den Umständen des Falles ergeben. Bei der Prüfung, ob eine solche Rechtswahl vorliegt, hat das Gericht den Willen der Parteien zu achten. Die Möglichkeit der Rechtswahl sollte zum Schutz der schwächeren Partei mit bestimmten Bedingungen versehen werden.

(32) Gründe des öffentlichen Interesses rechtfertigen es, dass die Gerichte der Mitgliedstaaten unter außergewöhnlichen Umständen die Vorbehaltsklausel (ordre public) und Eingriffsnormen anwenden können. Insbesondere kann die Anwendung einer Norm des nach dieser Verordnung bezeichneten Rechts, die zur Folge haben würde, dass ein unangemessener, über den Ausgleich des entstandenen Schadens hinausgehender Schadensersatz mit abschreckender Wirkung oder Strafschadensersatz zugesprochen werden könnte, je nach der Rechtsordnung des Mitgliedstaats des angerufenen Gerichts als mit der öffentlichen Ordnung („ordre public") dieses Staates unvereinbar angesehen werden.

(33) Gemäß den geltenden nationalen Bestimmungen über den Schadensersatz für Opfer von Straßenverkehrsunfällen sollte das befasste Gericht bei der Schadensberechnung für Personenschäden in Fällen, in denen sich der Unfall in einem anderem Staat als dem des gewöhnlichen Aufenthalts des Opfers ereignet, alle relevanten tatsächlichen Umstände des jeweiligen Opfers berücksichtigen, insbesondere einschließlich tatsächlicher Verluste und Kosten für Nachsorge und medizinische Versorgung.

(34) Zur Wahrung eines angemessenen Interessenausgleichs zwischen den Parteien müssen, soweit dies angemessen ist, die Sicherheits- und Verhaltensregeln des Staates, in dem die schädigende Handlung begangen wurde, selbst dann beachtet werden, wenn auf das außervertragliche Schuldverhältnis das Recht eines anderen Staates anzuwenden ist. Der Begriff „Sicherheits- und Verhaltensregeln" ist in dem Sinne auszulegen, dass er sich auf alle Vorschriften bezieht, die in Zusammenhang mit Sicherheit und Verhalten stehen, einschließlich beispielsweise der Straßenverkehrssicherheit im Falle eines Unfalls.

(35) Die Aufteilung der Kollisionsnormen auf zahlreiche Rechtsakte sowie Unterschiede zwischen diesen Normen sollten vermieden werden. Diese Verordnung schließt jedoch die Möglichkeit der Aufnahme von Kollisionsnormen für außervertragliche Schuldverhältnisse in Vorschriften des Gemeinschaftsrechts in Bezug auf besondere Gegenstände nicht aus.

Diese Verordnung sollte die Anwendung anderer Rechtsakte nicht ausschließen, die Bestimmungen enthalten, die zum reibungslosen Funktionieren des Binnenmarkts beitragen sollen, soweit sie nicht in Verbindung mit dem Recht angewendet werden können, auf das die Regeln dieser Verordnung verweisen. Die Anwendung der Vorschriften im anzuwendenden Recht, die durch die Bestimmungen dieser Verordnung berufen wurden, sollte nicht die Freiheit des Waren- und Dienstleistungsverkehrs, wie sie in den Rechtsinstrumenten der Gemeinschaft wie der Richtlinie 2000/31/EG des Europäischen Parlaments und des Rates vom 8. Juni 2000 über bestimmte rechtliche Aspekte der Dienste der Informationsgesellschaft, insbesondere des elektronischen Geschäftsverkehrs, im Binnenmarkt („Richtlinie über den elektronischen Geschäftsverkehr")[6] ausgestaltet ist, beschränken.

(36) Um die internationalen Verpflichtungen, die die Mitgliedstaaten eingegangen sind, zu wahren, darf sich die Verordnung nicht auf internationale Übereinkommen auswirken, denen ein oder mehrere Mitgliedstaaten zum Zeitpunkt der Annahme dieser Verordnung angehören. Um den Zugang zu den Rechtsakten zu erleichtern, sollte die Kommission anhand der Angaben der Mitgliedstaaten ein Verzeichnis der betreffenden Übereinkommen im Amtsblatt der Europäischen Union veröffentlichen.

(37) Die Kommission wird dem Europäischen Parlament und dem Rat einen Vorschlag unterbreiten, nach welchen Verfahren und unter welchen Bedingungen die Mitgliedstaaten in Einzel– und Ausnahmefällen in eigenem Namen Übereinkünfte mit Drittländern über sektorspezifische Fragen aushandeln und abschließen dürfen, die Bestimmungen über das auf außervertragliche Schuldverhältnisse anzuwendende Recht enthalten.

(38) Da das Ziel dieser Verordnung auf Ebene der Mitgliedstaaten nicht ausreichend verwirklicht werden kann und daher wegen des Umfangs und der Wirkungen der Verordnung besser auf Gemeinschaftsebene zu verwirklichen ist, kann die Gemeinschaft im Einklang mit dem in Artikel 5 des Vertrags niedergelegten Subsidiaritätsprinzip tätig werden. Entsprechend dem ebenfalls in diesem Artikel festgelegten Grundsatz der Verhältnismäßigkeit geht diese Verordnung nicht über das für die Erreichung dieses Ziels erforderliche Maß hinaus.

(39) Gemäß Artikel 3 des Protokolls über die Position des Vereinigten Königreichs und Irlands im Anhang zum Vertrag über die Europäische Union und im Anhang zum Vertrag zur Gründung der Europäischen Gemeinschaft beteiligen sich das Vereinigte Königreich und Irland an der Annahme und Anwendung dieser Verordnung.

(40) Gemäß den Artikeln 1 und 2 des dem Vertrag über die Europäische Union und dem Vertrag zur Gründung der Europäischen Gemeinschaft beigefügten Protokolls über die Position Dänemarks beteiligt sich Dänemark nicht an der Annahme dieser Verordnung, die für Dänemark nicht bindend oder anwendbar ist —

HABEN FOLGENDE VERORDNUNG ERLASSEN:

KAPITEL I: ANWENDUNGSBEREICH

Artikel 1: Anwendungsbereich

(1) Diese Verordnung gilt für außervertragliche Schuldverhältnisse in Zivil- und Handelssachen, die eine Verbindung zum Recht verschiedener Staaten aufweisen. Sie gilt insbesondere nicht für Steuer- und Zollsachen, verwaltungsrechtliche Angelegenheiten oder die Haftung des Staates für Handlungen oder Unterlassungen im Rahmen der Ausübung hoheitlicher Rechte („acta iure imperii").

(2) Vom Anwendungsbereich dieser Verordnung ausgenommen sind

a) außervertragliche Schuldverhältnisse aus einem Familienverhältnis oder aus Verhältnissen, die nach dem auf diese Verhältnisse anzuwendenden Recht vergleichbare Wirkungen entfalten, einschließlich der Unterhaltspflichten;

b) außervertragliche Schuldverhältnisse aus ehelichen Güterständen, aus Güterständen aufgrund von Verhältnissen, die nach dem auf diese Verhältnisse anzuwendenden Recht mit der Ehe vergleichbare Wirkungen entfalten, und aus Testamenten und Erbrecht;

c) außervertragliche Schuldverhältnisse aus Wechseln, Schecks, Eigenwechseln und anderen handelbaren Wertpapieren, sofern die Verpflichtungen aus diesen anderen Wertpapieren aus deren Handelbarkeit entstehen;

d) außervertragliche Schuldverhältnisse, die sich aus dem Gesellschaftsrecht, dem Vereinsrecht und dem Recht der juristischen Personen ergeben, wie die Errichtung durch Eintragung oder auf andere Weise, die Rechts- und Handlungsfähigkeit, die innere Verfassung und die Auflösung von Gesellschaften, Vereinen und juristischen Personen, die persönliche Haftung der Gesellschafter und der Organe für die Verbindlichkeiten einer Gesellschaft, eines Vereins oder einer juristischen Person sowie die persönliche Haftung der Rechnungsprüfer gegenüber einer Gesellschaft oder ihren Gesellschaftern bei der Pflichtprüfung der Rechnungslegungsunterlagen;

e) außervertragliche Schuldverhältnisse aus den Beziehungen zwischen den Verfügenden, den Treuhändern und den Begünstigten eines durch Rechtsgeschäft errichteten „Trusts";

f) außervertragliche Schuldverhältnisse, die sich aus Schäden durch Kernenergie ergeben;

g) außervertragliche Schuldverhältnisse aus der Verletzung der Privatsphäre oder der Persönlichkeitsrechte, einschließlich der Verleumdung.

---

[6] ABl. L 178 vom 17.7.2000, S. 1.

(3) Diese Verordnung gilt unbeschadet der Artikel 21 und 22 nicht für den Beweis und das Verfahren.

(4) Im Sinne dieser Verordnung bezeichnet der Begriff „Mitgliedstaat" jeden Mitgliedstaat mit Ausnahme Dänemarks.

Artikel 2: Außervertragliche Schuldverhältnisse

(1) Im Sinne dieser Verordnung umfasst der Begriff des Schadens sämtliche Folgen einer unerlaubten Handlung, einer ungerechtfertigten Bereicherung, einer Geschäftsführung ohne Auftrag („Negotiorum gestio") oder eines Verschuldens bei Vertragsverhandlungen („Culpa in contrahendo").

(2) Diese Verordnung gilt auch für außervertragliche Schuldverhältnisse, deren Entstehen wahrscheinlich ist.

(3) Sämtliche Bezugnahmen in dieser Verordnung auf

a) ein schadensbegründendes Ereignis gelten auch für schadensbegründende Ereignisse, deren Eintritt wahrscheinlich ist, und

b) einen Schaden gelten auch für Schäden, deren Eintritt wahrscheinlich ist.

Artikel 3: Universelle Anwendung

Das nach dieser Verordnung bezeichnete Recht ist auch dann anzuwenden, wenn es nicht das Recht eines Mitgliedstaats ist.

Kapitel II: Unerlaubte Handlungen

Artikel 4: Allgemeine Kollisionsnorm

(1) Soweit in dieser Verordnung nichts anderes vorgesehen ist, ist auf ein außervertragliches Schuldverhältnis aus unerlaubter Handlung das Recht des Staates anzuwenden, in dem der Schaden eintritt, unabhängig davon, in welchem Staat das schadensbegründende Ereignis oder indirekte Schadensfolgen eingetreten sind.

(2) Haben jedoch die Person, deren Haftung geltend gemacht wird, und die Person, die geschädigt wurde, zum Zeitpunkt des Schadenseintritts ihren gewöhnlichen Aufenthalt in demselben Staat, so unterliegt die unerlaubte Handlung dem Recht dieses Staates.

(3) Ergibt sich aus der Gesamtheit der Umstände, dass die unerlaubte Handlung eine offensichtlich engere Verbindung mit einem anderen als dem in den Absätzen 1 oder 2 bezeichneten Staat aufweist, so ist das Recht dieses anderen Staates anzuwenden. Eine offensichtlich engere Verbindung mit einem anderen Staat könnte sich insbesondere aus einem bereits bestehenden Rechtsverhältnis zwischen den Parteien – wie einem Vertrag – ergeben, das mit der betreffenden unerlaubten Handlung in enger Verbindung steht.

Artikel 5: Produkthaftung

(1) Unbeschadet des Artikels 4 Absatz 2 ist auf ein außervertragliches Schuldverhältnis im Falle eines Schadens durch ein Produkt folgendes Recht anzuwenden:

a) das Recht des Staates, in dem die geschädigte Person beim Eintritt des Schadens ihren gewöhnlichen Aufenthalt hatte, sofern das Produkt in diesem Staat in Verkehr gebracht wurde, oder anderenfalls

b) das Recht des Staates, in dem das Produkt erworben wurde, falls das Produkt in diesem Staat in Verkehr gebracht wurde, oder anderenfalls

c) das Recht des Staates, in dem der Schaden eingetreten ist, falls das Produkt in diesem Staat in Verkehr gebracht wurde.

Jedoch ist das Recht des Staates anzuwenden, in dem die Person, deren Haftung geltend gemacht wird, ihren gewöhnlichen Aufenthalt hat, wenn sie das Inverkehrbringen des Produkts oder eines gleichartigen Produkts in dem Staat, dessen Recht nach den Buchstaben a, b oder c anzuwenden ist, vernünftigerweise nicht voraussehen konnte.

(2) Ergibt sich aus der Gesamtheit der Umstände, dass die unerlaubte Handlung eine offensichtlich engere Verbindung mit einem anderen als dem in Absatz 1 bezeichneten Staat aufweist, so ist das Recht dieses anderen Staates anzuwenden. Eine offensichtlich engere Verbindung mit einem anderen Staat könnte sich insbesondere aus einem bereits bestehenden Rechtsverhältnis zwischen den Parteien – wie einem Vertrag – ergeben, das mit der betreffenden unerlaubten Handlung in enger Verbindung steht.

Artikel 6: Unlauterer Wettbewerb und den freien Wettbewerb einschränkendes Verhalten

(1) Auf außervertragliche Schuldverhältnisse aus unlauterem Wettbewerbsverhalten ist das Recht des Staates anzuwenden, in dessen Gebiet die Wettbewerbsbeziehungen oder die kollektiven Interessen der Verbraucher beeinträchtigt worden sind oder wahrscheinlich beeinträchtigt werden.

(2) Beeinträchtigt ein unlauteres Wettbewerbsverhalten ausschließlich die Interessen eines bestimmten Wettbewerbers, ist Artikel 4 anwendbar.

(3) a) Auf außervertragliche Schuldverhältnisse aus einem den Wettbewerb einschränkenden Verhalten ist das Recht des Staates anzuwenden, dessen Markt beeinträchtigt ist oder wahrscheinlich beeinträchtigt wird.

b) Wird der Markt in mehr als einem Staat beeinträchtigt oder wahrscheinlich beeinträchtigt, so kann ein Geschädigter, der vor einem Gericht im Mitgliedstaat des Wohnsitzes des Beklagten klagt, seinen Anspruch auf das Recht des Mitgliedstaats des angerufenen Gerichts stützen, sofern der Markt in diesem Mitgliedstaat zu den Märkten gehört, die unmittelbar und wesentlich durch das den Wettbewerb einschränkende Verhalten beeinträchtigt sind, das das außervertragliche Schuldverhältnis begründet, auf welches sich der Anspruch stützt; klagt der Kläger gemäß den geltenden Regeln über die gerichtliche Zuständigkeit vor diesem Gericht gegen mehr als einen Beklagten, so kann er seinen Anspruch nur dann auf das Recht dieses Gerichts stützen, wenn das den Wettbewerb einschränkende Verhalten, auf das sich der Anspruch gegen jeden dieser Beklagten stützt, auch den Markt im Mitgliedstaat dieses Gerichts unmittelbar und wesentlich beeinträchtigt.

(4) Von dem nach diesem Artikel anzuwendenden Recht kann nicht durch eine Vereinbarung gemäß Artikel 14 abgewichen werden.

Artikel 7: Umweltschädigung

Auf außervertragliche Schuldverhältnisse aus einer Umweltschädigung oder einem aus einer solchen Schädigung herrührenden Personen- oder Sachschaden ist das nach Artikel 4 Absatz 1 geltende Recht anzuwenden, es sei denn, der Geschädigte hat sich dazu entschieden, seinen Anspruch auf das Recht des Staates zu stützen, in dem das schadensbegründende Ereignis eingetreten ist.

Artikel 8: Verletzung von Rechten des geistigen Eigentums

(1) Auf außervertragliche Schuldverhältnisse aus einer Verletzung von Rechten des geistigen Eigentums ist das Recht des Staates anzuwenden, für den der Schutz beansprucht wird.

(2) Bei außervertraglichen Schuldverhältnissen aus einer Verletzung von gemeinschaftsweit einheitlichen Rechten des geistigen Eigentums ist auf Fragen, die nicht unter den einschlägigen Rechtsakt der Gemeinschaft fallen, das Recht des Staates anzuwenden, in dem die Verletzung begangen wurde.

(3) Von dem nach diesem Artikel anzuwendenden Recht kann nicht durch eine Vereinbarung nach Artikel 14 abgewichen werden.

Artikel 9: Arbeitskampfmaßnahmen

Unbeschadet des Artikels 4 Absatz 2 ist auf außervertragliche Schuldverhältnisse in Bezug auf die Haftung einer Person in ihrer Eigenschaft als Arbeitnehmer oder Arbeitgeber oder der Organisationen, die deren berufliche Interessen vertreten, für Schäden, die aus bevorstehenden oder durchgeführten Arbeitskampfmaßnahmen entstanden sind, das Recht des Staates anzuwenden, in dem die Arbeitskampfmaßnahme erfolgen soll oder erfolgt ist.

Kapitel III: Ungerechtfertigte Bereicherung, Geschäftsführung ohne Auftrag und Verschulden bei Vertragsverhandlungen

Artikel 10: Ungerechtfertigte Bereicherung

(1) Knüpft ein außervertragliches Schuldverhältnis aus ungerechtfertigter Bereicherung, einschließlich von Zahlungen auf eine nicht bestehende Schuld, an ein zwischen den Parteien bestehendes Rechtsverhältnis – wie einen Vertrag oder eine unerlaubte Handlung – an, das eine enge Verbindung mit dieser ungerechtfertigten Bereicherung aufweist, so ist das Recht anzuwenden, dem dieses Rechtsverhältnis unterliegt.

(2) Kann das anzuwendende Recht nicht nach Absatz 1 bestimmt werden und haben die Parteien zum Zeitpunkt des Eintritts des Ereignisses, das die ungerechtfertigte Bereicherung zur Folge hat, ihren gewöhnlichen Aufenthalt in demselben Staat, so ist das Recht dieses Staates anzuwenden.

(3) Kann das anzuwendende Recht nicht nach den Absätzen 1 oder 2 bestimmt werden, so ist das Recht des Staates anzuwenden, in dem die ungerechtfertigte Bereicherung eingetreten ist.

(4) Ergibt sich aus der Gesamtheit der Umstände, dass das außervertragliche Schuldverhältnis aus ungerechtfertigter Bereicherung eine offensichtlich engere Verbindung mit einem anderen als dem in den Absätzen 1, 2 und 3 bezeichneten Staat aufweist, so ist das Recht dieses anderen Staates anzuwenden.

Artikel 11: Geschäftsführung ohne Auftrag

(1) Knüpft ein außervertragliches Schuldverhältnis aus Geschäftsführung ohne Auftrag an ein zwischen den Parteien bestehendes Rechtsverhältnis – wie einen Vertrag oder eine unerlaubte Handlung – an, das eine enge Verbindung mit dieser Geschäftsführung ohne Auftrag aufweist, so ist das Recht anzuwenden, dem dieses Rechtsverhältnis unterliegt.

(2) Kann das anzuwendende Recht nicht nach Absatz 1 bestimmt werden und haben die Parteien zum Zeitpunkt des Eintritts des schadensbegründenden Ereignisses ihren gewöhnlichen Aufenthalt in demselben Staat, so ist das Recht dieses Staates anzuwenden.

(3) Kann das anzuwendende Recht nicht nach den Absätzen 1 oder 2 bestimmt werden, so ist das Recht des Staates anzuwenden, in dem die Geschäftsführung erfolgt ist.

(4) Ergibt sich aus der Gesamtheit der Umstände, dass das außervertragliche Schuldverhältnis aus Geschäftsführung ohne Auftrag eine offensichtlich engere Verbindung mit einem anderen als dem in den Absätzen 1, 2 und 3 bezeichneten Staat aufweist, so ist das Recht dieses anderen Staates anzuwenden.

Artikel 12: Verschulden bei Vertragsverhandlungen

(1) Auf außervertragliche Schuldverhältnisse aus Verhandlungen vor Abschluss eines Vertrags, unabhängig davon, ob der Vertrag tatsächlich geschlossen wurde oder nicht, ist das Recht anzuwenden, das auf den Vertrag anzuwenden ist oder anzuwenden gewesen wäre, wenn er geschlossen worden wäre.

(2) Kann das anzuwendende Recht nicht nach Absatz 1 bestimmt werden, so ist das anzuwendende Recht

a) das Recht des Staates, in dem der Schaden eingetreten ist, unabhängig davon, in welchem Staat das schadensbegründende Ereignis oder indirekte Schadensfolgen eingetreten sind, oder,

b) wenn die Parteien zum Zeitpunkt des Eintritts des schadensbegründenden Ereignisses ihren gewöhnlichen Aufenthalt in demselben Staat haben, das Recht dieses Staates, oder,

c) wenn sich aus der Gesamtheit der Umstände ergibt, dass das außervertragliche Schuldverhältnis aus Verhandlungen vor Abschluss eines Vertrags eine offensichtlich engere Verbindung mit einem anderen als dem in den Buchstaben a oder b bezeichneten Staat aufweist, das Recht dieses anderen Staates.

Artikel 13: Anwendbarkeit des Artikels 8

Auf außervertragliche Schuldverhältnisse aus einer Verletzung von Rechten des geistigen Eigentums ist für die Zwecke dieses Kapitels Artikel 8 anzuwenden.

KAPITEL IV: RECHTSWAHL

Artikel 14: Freie Rechtswahl

(1) Die Parteien können das Recht wählen, dem das außervertragliche Schuldverhältnis unterliegen soll:

a) durch eine Vereinbarung nach Eintritt des schadensbegründenden Ereignisses;

oder

b) wenn alle Parteien einer kommerziellen Tätigkeit nachgehen, auch durch eine vor Eintritt des schadensbegründenden Ereignisses frei ausgehandelte Vereinbarung.

Die Rechtswahl muss ausdrücklich erfolgen oder sich mit hinreichender Sicherheit aus den Umständen des Falles ergeben und lässt Rechte Dritter unberührt.

(2) Sind alle Elemente des Sachverhalts zum Zeitpunkt des Eintritts des schadensbegründenden Ereignisses in einem anderen als demjenigen Staat belegen, dessen Recht gewählt wurde, so berührt die Rechtswahl der Parteien nicht die Anwendung derjenigen Bestimmungen des Rechts dieses anderen Staates, von denen nicht durch Vereinbarung abgewichen werden kann.

(3) Sind alle Elemente des Sachverhalts zum Zeitpunkt des Eintritts des schadensbegründenden Ereignisses in einem oder mehreren Mitgliedstaaten belegen, so berührt die Wahl des Rechts eines Drittstaats durch die Parteien nicht die Anwendung – gegebenenfalls in der von dem Mitgliedstaat des angerufenen Gerichts umgesetzten Form – der Bestimmungen des Gemeinschaftsrechts, von denen nicht durch Vereinbarung abgewichen werden kann.

Kapitel V: Gemeinsame Vorschriften

Artikel 15: Geltungsbereich des anzuwendenden Rechts

Das nach dieser Verordnung auf außervertragliche Schuldverhältnisse anzuwendende Recht ist insbesondere maßgebend für

a) den Grund und den Umfang der Haftung einschließlich der Bestimmung der Personen, die für ihre Handlungen haftbar gemacht werden können;

b) die Haftungsausschlussgründe sowie jede Beschränkung oder Teilung der Haftung;

c) das Vorliegen, die Art und die Bemessung des Schadens oder der geforderten Wiedergutmachung;

d) die Maßnahmen, die ein Gericht innerhalb der Grenzen seiner verfahrensrechtlichen Befugnisse zur Vorbeugung, zur Beendigung oder zum Ersatz des Schadens anordnen kann;

e) die Übertragbarkeit, einschließlich der Vererbbarkeit, des Anspruchs auf Schadenersatz oder Wiedergutmachung;

f) die Personen, die Anspruch auf Ersatz eines persönlich erlittenen Schadens haben;

g) die Haftung für die von einem anderen begangenen Handlungen;

h) die Bedingungen für das Erlöschen von Verpflichtungen und die Vorschriften über die Verjährung und die Rechtsverluste, einschließlich der Vorschriften über den Beginn, die Unterbrechung und die Hemmung der Verjährungsfristen und der Fristen für den Rechtsverlust.

Artikel 16: Eingriffsnormen

Diese Verordnung berührt nicht die Anwendung der nach dem Recht des Staates des angerufenen Gerichts geltenden Vorschriften, die ohne Rücksicht auf das für das außervertragliche Schuldverhältnis maßgebende Recht den Sachverhalt zwingend regeln.

Artikel 17: Sicherheits- und Verhaltensregeln

Bei der Beurteilung des Verhaltens der Person, deren Haftung geltend gemacht wird, sind faktisch und soweit angemessen die Sicherheits- und Verhaltensregeln zu berücksichtigen, die an dem Ort und zu dem Zeitpunkt des haftungsbegründenden Ereignisses in Kraft sind.

Artikel 18: Direktklage gegen den Versicherer des Haftenden

Der Geschädigte kann seinen Anspruch direkt gegen den Versicherer des Haftenden geltend machen, wenn dies nach dem auf das außervertragliche Schuldverhältnis oder nach dem auf den Versicherungsvertrag anzuwendenden Recht vorgesehen ist.

Artikel 19: Gesetzlicher Forderungsübergang

Hat eine Person („der Gläubiger") aufgrund eines außervertraglichen Schuldverhältnisses eine Forderung gegen eine andere Person („den Schuldner") und hat ein Dritter die Verpflichtung, den Gläubiger zu befriedigen, oder befriedigt er den Gläubiger aufgrund dieser Verpflichtung, so bestimmt das für die Verpflichtung des Dritten gegenüber dem Gläubiger maßgebende Recht, ob und in welchem Umfang der Dritte die Forderung des Gläubigers gegen den Schuldner nach dem für deren Beziehungen maßgebenden Recht geltend zu machen berechtigt ist.

Artikel 20: Mehrfache Haftung

Hat ein Gläubiger eine Forderung gegen mehrere für dieselbe Forderung haftende Schuldner und ist er von einem der Schuldner vollständig oder teilweise befriedigt worden, so bestimmt sich der Anspruch dieses Schuldners auf Ausgleich durch die anderen Schuldner nach dem Recht, das auf die Verpflichtung dieses Schuldners gegenüber dem Gläubiger aus dem außervertraglichen Schuldverhältnis anzuwenden ist.

Artikel 21: Form

Eine einseitige Rechtshandlung, die ein außervertragliches Schuldverhältnis betrifft, ist formgültig, wenn sie die Formerfordernisse des für das betreffende außervertragliche Schuldverhältnis maßgebenden Rechts oder des Rechts des Staates, in dem sie vorgenommen wurde, erfüllt.

Artikel 22: Beweis

(1) Das nach dieser Verordnung für das außervertragliche Schuldverhältnis maßgebende Recht ist insoweit anzuwenden, als es für außervertragliche Schuldverhältnisse gesetzliche Vermutungen aufstellt oder die Beweislast verteilt.

(2) Zum Beweis einer Rechtshandlung sind alle Beweisarten des Rechts des angerufenen Gerichts oder eines der in Artikel 21 bezeichneten Rechte, nach denen die Rechtshandlung formgültig ist, zulässig, sofern der Beweis in dieser Art vor dem angerufenen Gericht erbracht werden kann.

KAPITEL VI: SONSTIGE VORSCHRIFTEN

Artikel 23: Gewöhnlicher Aufenthalt

(1) Für die Zwecke dieser Verordnung ist der Ort des gewöhnlichen Aufenthalts von Gesellschaften, Vereinen und juristischen Personen der Ort ihrer Hauptverwaltung. Wenn jedoch das schadensbegründende Ereignis oder der Schaden aus dem Betrieb einer Zweigniederlassung, einer Agentur oder einer sonstigen Niederlassung herrührt, steht dem Ort des gewöhnlichen Aufenthalts der Ort gleich, an dem sich diese Zweigniederlassung, Agentur oder sonstige Niederlassung befindet.

(2) Im Sinne dieser Verordnung ist der gewöhnliche Aufenthalt einer natürlichen Person, die im Rahmen der Ausübung ihrer beruflichen Tätigkeit handelt, der Ort ihrer Hauptniederlassung.

Artikel 24: Ausschluss der Rück- und Weiterverweisung

Unter dem nach dieser Verordnung anzuwendenden Recht eines Staates sind die in diesem Staat geltenden Rechtsnormen unter Ausschluss derjenigen des Internationalen Privatrechts zu verstehen.

Artikel 25: Staaten ohne einheitliche Rechtsordnung

(1) Umfasst ein Staat mehrere Gebietseinheiten, von denen jede für außervertragliche Schuldverhältnisse ihre eigenen Rechtsnormen hat, so gilt für die Bestimmung des nach dieser Verordnung anzuwendenden Rechts jede Gebietseinheit als Staat.

(2) Ein Mitgliedstaat, in dem verschiedene Gebietseinheiten ihre eigenen Rechtsnormen für außervertragliche Schuldverhältnisse haben, ist nicht verpflichtet, diese Verordnung auf Kollisionen zwischen den Rechtsordnungen dieser Gebietseinheiten anzuwenden.

Artikel 26: Öffentliche Ordnung im Staat des angerufenen Gerichts

Die Anwendung einer Vorschrift des nach dieser Verordnung bezeichneten Rechts kann nur versagt werden, wenn ihre Anwendung mit der öffentlichen Ordnung („ordre public") des Staates des angerufenen Gerichts offensichtlich unvereinbar ist.

Artikel 27: Verhältnis zu anderen Gemeinschaftsrechtsakten

Diese Verordnung berührt nicht die Anwendung von Vorschriften des Gemeinschaftsrechts, die für besondere Gegenstände Kollisionsnormen für außervertragliche Schuldverhältnisse enthalten.

Artikel 28: Verhältnis zu bestehenden internationalen Übereinkommen

(1) Diese Verordnung berührt nicht die Anwendung der internationalen Übereinkommen, denen ein oder mehrere Mitgliedstaaten zum Zeitpunkt der Annahme dieser Verordnung angehören und die Kollisionsnormen für außervertragliche Schuldverhältnisse enthalten.

(2) Diese Verordnung hat jedoch in den Beziehungen zwischen den Mitgliedstaaten Vorrang vor den ausschließlich zwischen zwei oder mehreren Mitgliedstaaten geschlossenen Übereinkommen, soweit diese Bereiche betreffen, die in dieser Verordnung geregelt sind.

KAPITEL VII: SCHLUSSBESTIMMUNGEN

Artikel 29: Verzeichnis der Übereinkommen

(1) Die Mitgliedstaaten übermitteln der Kommission spätestens 11. Juli 2008 die Übereinkommen gemäß Artikel 28 Absatz 1. Kündigen die Mitgliedstaaten nach diesem Stichtag eines dieser Übereinkommen, so setzen sie die Kommission davon in Kenntnis.

(2) Die Kommission veröffentlicht im Amtsblatt der Europäischen Union innerhalb von sechs Monaten nach deren Erhalt

i) ein Verzeichnis der in Absatz 1 genannten Übereinkommen;

ii) die in Absatz 1 genannten Kündigungen.

Artikel 30: Überprüfungsklausel

(1) Die Kommission legt dem Europäischen Parlament, dem Rat und dem Europäischen Wirtschafts- und Sozialausschuss bis spätestens 20. August 2011 einen Bericht über die Anwendung dieser Verordnung vor. Diesem Bericht werden gegebenenfalls Vorschläge zur Anpassung der Verordnung beigefügt. Der Bericht umfasst:

i) eine Untersuchung über Auswirkungen der Art und Weise, in der mit ausländischem Recht in den verschiedenen Rechtsordnungen umgegangen wird, und darüber, inwieweit die Gerichte in den Mitgliedstaaten ausländisches Recht aufgrund dieser Verordnung in der Praxis anwenden;

ii) eine Untersuchung der Auswirkungen von Artikel 28 der vorliegenden Verordnung im Hinblick auf das Haager Übereinkommen vom 4. Mai 1971 über das auf Verkehrsunfälle anzuwendende Recht.

(2) Die Kommission legt dem Europäischen Parlament, dem Rat und dem Europäischen Wirtschafts- und Sozialausschuss bis spätestens 31. Dezember 2008 eine Untersuchung zum Bereich des auf außervertragliche Schuldverhältnisse aus der Verletzung der Privatsphäre oder der Persönlichkeitsrechte anzuwendenden Rechts vor, wobei die Regeln über die Pressefreiheit und die Meinungsfreiheit in den Medien sowie die kollisionsrechtlichen Aspekte im Zusammenhang mit der Richtlinie 95/46/EG des Europäischen Parlaments und des Rates vom 24. Oktober 1995 zum Schutz natürlicher Personen bei der Verarbeitung personenbezogener Daten und zum freien Datenverkehr[7] zu berücksichtigen sind.

Artikel 31: Zeitliche Anwendbarkeit

Diese Verordnung wird auf schadensbegründende Ereignisse angewandt, die nach ihrem Inkrafttreten eintreten.

Artikel 32: Zeitpunkt des Beginns der Anwendung

Diese Verordnung gilt ab dem 11. Januar 2009, mit Ausnahme des Artikels 29, der ab dem 11. Juli 2008 gilt.

IV. Europäische Gerichtsstands- und Vollstreckungsverordnung (EuG-VO/EuGVO/ Brüssel I-Verordnung)

Verordnung (EG) Nr. 44/2001 des Rates vom 22. Dezember 2000 über die gerichtliche Zuständigkeit und die Anerkennung und Vollstreckung von Entscheidungen in Zivil- und Handelssachen, Amtsblatt Nr. L 012 vom 16/01/2001 S. 0001–0023

DER RAT DER EUROPÄISCHEN UNION –

gestützt auf den Vertrag zur Gründung der Europäischen Gemeinschaft, insbesondere auf Artikel 61 Buchstabe c und Artikel 67 Absatz 1,

auf Vorschlag der Kommission[1],

nach Stellungnahme des Europäischen Parlaments[2],

nach Stellungnahme des Wirtschafts- und Sozialausschusses[3],

in Erwägung nachstehender Gründe:

(1) Die Gemeinschaft hat sich zum Ziel gesetzt, einen Raum der Freiheit, der Sicherheit und des Rechts, in dem der freie Personenverkehr gewährleistet ist, zu erhalten und weiterzuentwickeln. Zum schrittweisen Aufbau dieses Raums hat die Gemeinschaft unter anderem im Bereich der justiziellen Zusammenarbeit in Zivilsachen die für das reibungslose Funktionieren des Binnenmarkts erforderlichen Maßnahmen zu erlassen.

(2) Die Unterschiede zwischen bestimmten einzelstaatlichen Vorschriften über die gerichtliche Zuständigkeit und die Anerkennung von Entscheidungen erschweren das reibungslose Funktionieren des Binnenmarkts. Es ist daher unerlässlich, Bestimmungen zu erlassen, um die Vorschriften über die internationale Zuständigkeit in Zivil- und Handelssachen zu vereinheitlichen und die Formalitäten im Hinblick auf eine rasche und unkompli-

---

(7) ABl. L 281 vom 23.11.1995, S. 31.

(1) ABl. C 376 vom 28.12.1999, S. 1.

(2) Stellungnahme vom 21.9.2000 (noch nicht im Amtsblatt veröffentlicht).

(3) ABl. C 117 vom 26.4.2000, S. 6.

zierte Anerkennung und Vollstreckung von Entscheidungen aus den durch diese Verordnung gebundenen Mitgliedstaaten zu vereinfachen.

(3) Dieser Bereich fällt unter die justizielle Zusammenarbeit in Zivilsachen im Sinne von Artikel 65 des Vertrags.

(4) Nach dem in Artikel 5 des Vertrags niedergelegten Subsidiaritäts- und Verhältnismäßigkeitsprinzip können die Ziele dieser Verordnung auf der Ebene der Mitgliedstaaten nicht ausreichend erreicht werden; sie können daher besser auf Gemeinschaftsebene erreicht werden. Diese Verordnung beschränkt sich auf das zur Erreichung dieser Ziele notwendige Mindestmaß und geht nicht über das dazu Erforderliche hinaus.

(5) Am 27. September 1968 schlossen die Mitgliedstaaten auf der Grundlage von Artikel 293 vierter Gedankenstrich des Vertrags das Übereinkommen von Brüssel über die gerichtliche Zuständigkeit und die Vollstreckung gerichtlicher Entscheidungen in Zivil- und Handelssachen, dessen Fassung durch die Übereinkommen über den Beitritt der neuen Mitgliedstaaten zu diesem Übereinkommen[(4)] geändert wurde (nachstehend „Brüsseler Übereinkommen" genannt). Am 16. September 1988 schlossen die Mitgliedstaaten und die EFTA-Staaten das Übereinkommen von Lugano über die gerichtliche Zuständigkeit und die Vollstreckung gerichtlicher Entscheidungen in Zivil- und Handelssachen, das ein Parallelübereinkommen zu dem Brüsseler Übereinkommen von 1968 darstellt. Diese Übereinkommen waren inzwischen Gegenstand einer Revision; der Rat hat dem Inhalt des überarbeiteten Textes zugestimmt. Die bei dieser Revision erzielten Ergebnisse sollten gewahrt werden.

(6) Um den freien Verkehr der Entscheidungen in Zivil- und Handelssachen zu gewährleisten, ist es erforderlich und angemessen, dass die Vorschriften über die gerichtliche Zuständigkeit und die Anerkennung und Vollstreckung von Entscheidungen im Wege eines Gemeinschaftsrechtsakts festgelegt werden, der verbindlich und unmittelbar anwendbar ist.

(7) Der sachliche Anwendungsbereich dieser Verordnung sollte sich, von einigen genau festgelegten Rechtsgebieten abgesehen, auf den wesentlichen Teil des Zivil- und Handelsrechts erstrecken.

(8) Rechtsstreitigkeiten, die unter diese Verordnung fallen, müssen einen Anknüpfungspunkt an das Hoheitsgebiet eines der Mitgliedstaaten aufweisen, die durch diese Verordnung gebunden sind. Gemeinsame Zuständigkeitsvorschriften sollten demnach grundsätzlich dann Anwendung finden, wenn der Beklagte seinen Wohnsitz in einem dieser Mitgliedstaaten hat.

(9) Beklagte ohne Wohnsitz in einem Mitgliedstaat unterliegen im Allgemeinen den nationalen Zuständigkeitvorschriften, die im Hoheitsgebiet des Mitgliedstaats gelten, in dem sich das angerufene Gericht befindet, während Beklagte mit Wohnsitz in einem Mitgliedstaat, der durch diese Verordnung nicht gebunden ist, weiterhin dem Brüsseler Übereinkommen unterliegen.

(10) Um den freien Verkehr gerichtlicher Entscheidungen zu gewährleisten, sollten die in einem durch diese Verordnung gebundenen Mitgliedstaat ergangenen Entscheidungen in einem anderen durch diese Verordnung gebundenen Mitgliedstaat anerkannt und vollstreckt werden, und zwar auch dann, wenn der Vollstreckungsschuldner seinen Wohnsitz in einem Drittstaat hat.

(11) Die Zuständigkeitsvorschriften müssen in hohem Maße vorhersehbar sein und sich grundsätzlich nach dem Wohnsitz des Beklagten richten, und diese Zuständigkeit muss stets gegeben sein außer in einigen genau festgelegten Fällen, in denen aufgrund des Streitgegenstands oder der Vertragsfreiheit der Parteien ein anderes Anknüpfungskriterium gerechtfertigt ist. Der Sitz juristischer Personen muss in der Verordnung selbst definiert sein, um die Transparenz der gemeinsamen Vorschriften zu stärken und Kompetenzkonflikte zu vermeiden.

(12) Der Gerichtsstand des Wohnsitzes des Beklagten muss durch alternative Gerichtsstände ergänzt werden, die entweder aufgrund der engen Verbindung zwischen Gericht und Rechtsstreit oder im Interesse einer geordneten Rechtspflege zuzulassen sind.

(13) Bei Versicherungs-, Verbraucher- und Arbeitssachen sollte die schwächere Partei durch Zuständigkeitsvorschriften geschützt werden, die für sie günstiger sind als die allgemeine Regelung.

(14) Vorbehaltlich der in dieser Verordnung festgelegten ausschließlichen Zuständigkeiten muss die Vertragsfreiheit der Parteien hinsichtlich der Wahl des Gerichtsstands, außer bei Versicherungs-, Verbraucher- und Arbeitssachen, wo nur eine begrenztere Vertragsfreiheit zulässig ist, gewahrt werden.

(15) Im Interesse einer abgestimmten Rechtspflege müssen Parallelverfahren so weit wie möglich vermieden werden, damit nicht in zwei Mitgliedstaaten miteinander unvereinbare Entscheidungen ergehen. Es sollte eine klare und wirksame Regelung zur Klärung von Fragen der Rechtshängigkeit und der im Zusammenhang stehenden Verfahren sowie zur Verhinderung von Problemen vorgesehen werden, die sich aus der einzelstaatlich unterschiedlichen Festlegung des Zeitpunkts ergeben, von dem an ein Verfahren als rechtshängig gilt. Für die Zwecke dieser Verordnung sollte dieser Zeitpunkt autonom festgelegt werden.

---

(4) ABl. L 299 vom 31.12.1972, S. 32; ABl. L 304 vom 30.10.1978, S. 1; ABl. L 388 vom 31.12.1982, S. 1; ABl. L 285 vom 3.10.1989, S. 1; ABl. C 15 vom 15.1.1997, S. 1; Siehe konsolidierte Fassung in ABl. C 27 vom 26.1.1998, S. 1.

(16) Das gegenseitige Vertrauen in die Justiz im Rahmen der Gemeinschaft rechtfertigt, dass die in einem Mitgliedstaat ergangenen Entscheidungen, außer im Falle der Anfechtung, von Rechts wegen, ohne ein besonderes Verfahren, anerkannt werden.

(17) Aufgrund dieses gegenseitigen Vertrauens ist es auch gerechtfertigt, dass das Verfahren, mit dem eine in einem anderen Mitgliedstaat ergangene Entscheidung für vollstreckbar erklärt wird, rasch und effizient vonstatten geht. Die Vollstreckbarerklärung einer Entscheidung muss daher fast automatisch nach einer einfachen formalen Prüfung der vorgelegten Schriftstücke erfolgen, ohne dass das Gericht die Möglichkeit hat, von Amts wegen eines der in dieser Verordnung vorgesehenen Vollstreckungshindernisse aufzugreifen.

(18) Zur Wahrung seiner Verteidigungsrechte muss der Schuldner jedoch gegen die Vollstreckbarerklärung einen Rechtsbehelf im Wege eines Verfahrens mit beiderseitigem rechtlichen Gehör einlegen können, wenn er der Ansicht ist, dass einer der Gründe für die Versagung der Vollstreckung vorliegt. Die Möglichkeit eines Rechtsbehelfs muss auch für den Antragsteller gegeben sein, falls sein Antrag auf Vollstreckbarerklärung abgelehnt worden ist.

(19) Um die Kontinuität zwischen dem Brüsseler Übereinkommen und dieser Verordnung zu wahren, sollten Übergangsvorschriften vorgesehen werden. Dies gilt auch für die Auslegung der Bestimmungen des Brüsseler Übereinkommens durch den Gerichtshof der Europäischen Gemeinschaften. Ebenso sollte das Protokoll von 1971[(5)] auf Verfahren, die zum Zeitpunkt des Inkrafttretens dieser Verordnung bereits anhängig sind, anwendbar bleiben.

(20) Das Vereinigte Königreich und Irland haben gemäß Artikel 3 des dem Vertrag über die Europäische Union und dem Vertrag zur Gründung der Europäischen Gemeinschaft beigefügten Protokolls über die Position des Vereinigten Königreichs und Irlands schriftlich mitgeteilt, dass sie sich an der Annahme und Anwendung dieser Verordnung beteiligen möchten.

(21) Dänemark beteiligt sich gemäß den Artikeln 1 und 2 des dem Vertrag über die Europäische Union und dem Vertrag zur Gründung der Europäischen Gemeinschaft beigefügten Protokolls über die Position Dänemarks nicht an der Annahme dieser Verordnung, die daher für Dänemark nicht bindend und ihm gegenüber nicht anwendbar ist.

(22) Da in den Beziehungen zwischen Dänemark und den durch diese Verordnung gebundenen Mitgliedstaaten das Brüsseler Übereinkommen in Geltung ist, ist dieses sowie das Protokoll von 1971 im Verhältnis zwischen Dänemark und den durch diese Verordnung gebundenen Mitgliedstaaten weiterhin anzuwenden.

(23) Das Brüsseler Übereinkommen gilt auch weiter hinsichtlich der Hoheitsgebiete der Mitgliedstaaten, die in seinen territorialen Anwendungsbereich fallen und die aufgrund der Anwendung von Artikel 299 des Vertrags von der vorliegenden Verordnung ausgeschlossen sind.

(24) Im Interesse der Kohärenz ist ferner vorzusehen, dass die in spezifischen Gemeinschaftsrechtsakten enthaltenen Vorschriften über die Zuständigkeit und die Anerkennung von Entscheidungen durch diese Verordnung nicht berührt werden.

(25) Um die internationalen Verpflichtungen, die die Mitgliedstaaten eingegangen sind, zu wahren, darf sich diese Verordnung nicht auf von den Mitgliedstaaten geschlossene Übereinkommen in besonderen Rechtsgebieten auswirken.

(26) Um den verfahrensrechtlichen Besonderheiten einiger Mitgliedstaaten Rechnung zu tragen, sollten die in dieser Verordnung vorgesehenen Grundregeln, soweit erforderlich, gelockert werden. Hierzu sollten bestimmte Vorschriften aus dem Protokoll zum Brüsseler Übereinkommen in die Verordnung übernommen werden.

(27) Um in einigen Bereichen, für die in dem Protokoll zum Brüsseler Übereinkommen Sonderbestimmungen enthalten waren, einen reibungslosen Übergang zu ermöglichen, sind in dieser Verordnung für einen Übergangszeitraum Bestimmungen vorgesehen, die der besonderen Situation in einigen Mitgliedstaaten Rechnung tragen.

(28) Spätestens fünf Jahre nach dem Inkrafttreten dieser Verordnung unterbreitet die Kommission einen Bericht über deren Anwendung. Dabei kann sie erforderlichenfalls auch Anpassungsvorschläge vorlegen.

(29) Die Anhänge I bis IV betreffend die innerstaatlichen Zuständigkeitsvorschriften, die Gerichte oder sonst befugten Stellen und die Rechtsbehelfe sind von der Kommission anhand der von dem betreffenden Mitgliedstaat mitgeteilten Änderungen zu ändern. Änderungen der Anhänge V und VI sind gemäß dem Beschluss 1999/468/EG des Rates vom 28. Juni 1999 zur Festlegung der Modalitäten für die Ausübung der der Kommission übertragenen Durchführungsbefugnisse[(6)] zu beschließen –

HAT FOLGENDE VERORDNUNG ERLASSEN:

---

(5) ABl. L 204 vom 2.8.1975, S. 28; ABl. L 304 vom 30.10.1978, S. 1; ABl. L 388 vom 31.12.1982, S. 1; ABl. L 285 vom 3.10.1989, S. 1; ABl. C 15 vom 15.1.1997, S. 1; Siehe konsolidierte Fassung in ABl. C 27 vom 26.1.1998, S. 28.

(6) ABl. L 184 vom 17.7.1999, S. 23.

KAPITEL I: ANWENDUNGSBEREICH

Artikel 1

(1) Diese Verordnung ist in Zivil- und Handelssachen anzuwenden, ohne dass es auf die Art der Gerichtsbarkeit ankommt. Sie erfasst insbesondere nicht Steuer- und Zollsachen sowie verwaltungsrechtliche Angelegenheiten.

(2) Sie ist nicht anzuwenden auf:

a) den Personenstand, die Rechts- und Handlungsfähigkeit sowie die gesetzliche Vertretung von natürlichen Personen, die ehelichen Güterstände, das Gebiet des Erbrechts einschließlich des Testamentsrechts;

b) Konkurse, Vergleiche und ähnliche Verfahren;

c) die soziale Sicherheit;

d) die Schiedsgerichtsbarkeit.

(3) In dieser Verordnung bedeutet der Begriff „Mitgliedstaat" jeden Mitgliedstaat mit Ausnahme des Königreichs Dänemark.

KAPITEL II: ZUSTÄNDIGKEIT

Abschnitt 1: Allgemeine Vorschriften

Artikel 2

(1) Vorbehaltlich der Vorschriften dieser Verordnung sind Personen, die ihren Wohnsitz im Hoheitsgebiet eines Mitgliedstaats haben, ohne Rücksicht auf ihre Staatsangehörigkeit vor den Gerichten dieses Mitgliedstaats zu verklagen.

(2) Auf Personen, die nicht dem Mitgliedstaat, in dem sie ihren Wohnsitz haben, angehören, sind die für Inländer maßgebenden Zuständigkeitsvorschriften anzuwenden.

Artikel 3

(1) Personen, die ihren Wohnsitz im Hoheitsgebiet eines Mitgliedstaats haben, können vor den Gerichten eines anderen Mitgliedstaats nur gemäß den Vorschriften der Abschnitte 2 bis 7 dieses Kapitels verklagt werden.

(2) Gegen diese Personen können insbesondere nicht die in Anhang I aufgeführten innerstaatlichen Zuständigkeitsvorschriften geltend gemacht werden.

Artikel 4

(1) Hat der Beklagte keinen Wohnsitz im Hoheitsgebiet eines Mitgliedstaats, so bestimmt sich vorbehaltlich der Artikel 22 und 23 die Zuständigkeit der Gerichte eines jeden Mitgliedstaats nach dessen eigenen Gesetzen.

(2) Gegenüber einem Beklagten, der keinen Wohnsitz im Hoheitsgebiet eines Mitgliedstaats hat, kann sich jede Person, die ihren Wohnsitz im Hoheitsgebiet eines Mitgliedstaats hat, in diesem Staat auf die dort geltenden Zuständigkeitsvorschriften, insbesondere auf die in Anhang I aufgeführten Vorschriften, wie ein Inländer berufen, ohne dass es auf ihre Staatsangehörigkeit ankommt.

Abschnitt 2: Besondere Zuständigkeiten

Artikel 5

Eine Person, die ihren Wohnsitz im Hoheitsgebiet eines Mitgliedstaats hat, kann in einem anderen Mitgliedstaat verklagt werden:

1. a) wenn ein Vertrag oder Ansprüche aus einem Vertrag den Gegenstand des Verfahrens bilden, vor dem Gericht des Ortes, an dem die Verpflichtung erfüllt worden ist oder zu erfüllen wäre

   b) im Sinne dieser Vorschrift – und sofern nichts anderes vereinbart worden ist – ist der Erfüllungsort der Verpflichtung

   – für den Verkauf beweglicher Sachen der Ort in einem Mitgliedstaat, an dem sie nach dem Vertrag geliefert worden sind oder hätten geliefert werden müssen;

   – für die Erbringung von Dienstleistungen der Ort in einem Mitgliedstaat, an dem sie nach dem Vertrag erbracht worden sind oder hätten erbracht werden müssen;

   c) ist Buchstabe b) nicht anwendbar, so gilt Buchstabe a);

2. wenn es sich um eine Unterhaltssache handelt, vor dem Gericht des Ortes, an dem der Unterhaltsberechtigte seinen Wohnsitz oder seinen gewöhnlichen Aufenthalt hat, oder im Falle einer Unterhaltssache, über die im Zusammenhang mit einem Verfahren in Bezug auf den Personenstand zu entscheiden ist, vor dem nach seinem Recht für dieses Verfahren zuständigen Gericht, es sei denn, diese Zuständigkeit beruht lediglich auf der Staatsangehörigkeit einer der Parteien;
3. wenn eine unerlaubte Handlung oder eine Handlung, die einer unerlaubten Handlung gleichgestellt ist, oder wenn Ansprüche aus einer solchen Handlung den Gegenstand des Verfahrens bilden, vor dem Gericht des Ortes, an dem das schädigende Ereignis eingetreten ist oder einzutreten droht;
4. wenn es sich um eine Klage auf Schadensersatz oder auf Wiederherstellung des früheren Zustands handelt, die auf eine mit Strafe bedrohte Handlung gestützt wird, vor dem Strafgericht, bei dem die öffentliche Klage erhoben ist, soweit dieses Gericht nach seinem Recht über zivilrechtliche Ansprüche erkennen kann;
5. wenn es sich um Streitigkeiten aus dem Betrieb einer Zweigniederlassung, einer Agentur oder einer sonstigen Niederlassung handelt, vor dem Gericht des Ortes, an dem sich diese befindet;
6. wenn sie in ihrer Eigenschaft als Begründer, trustee oder Begünstigter eines trust in Anspruch genommen wird, der aufgrund eines Gesetzes oder durch schriftlich vorgenommenes oder schriftlich bestätigtes Rechtsgeschäft errichtet worden ist, vor den Gerichten des Mitgliedstaats, in dessen Hoheitsgebiet der trust seinen Sitz hat;
7. wenn es sich um eine Streitigkeit wegen der Zahlung von Berge- und Hilfslohn handelt, der für Bergungs- oder Hilfeleistungsarbeiten gefordert wird, die zugunsten einer Ladung oder einer Frachtforderung erbracht worden sind, vor dem Gericht, in dessen Zuständigkeitsbereich diese Ladung oder die entsprechende Frachtforderung
   a) mit Arrest belegt worden ist, um die Zahlung zu gewährleisten, oder
   b) mit Arrest hätte belegt werden können, jedoch dafür eine Bürgschaft oder eine andere Sicherheit geleistet worden ist;

diese Vorschrift ist nur anzuwenden, wenn behauptet wird, dass der Beklagte Rechte an der Ladung oder an der Frachtforderung hat oder zur Zeit der Bergungs- oder Hilfeleistungsarbeiten hatte.

Artikel 6

Eine Person, die ihren Wohnsitz im Hoheitsgebiet eines Mitgliedstaats hat, kann auch verklagt werden:

1. wenn mehrere Personen zusammen verklagt werden, vor dem Gericht des Ortes, an dem einer der Beklagten seinen Wohnsitz hat, sofern zwischen den Klagen eine so enge Beziehung gegeben ist, dass eine gemeinsame Verhandlung und Entscheidung geboten erscheint, um zu vermeiden, dass in getrennten Verfahren widersprechende Entscheidungen ergehen könnten;
2. wenn es sich um eine Klage auf Gewährleistung oder um eine Interventionsklage handelt, vor dem Gericht des Hauptprozesses, es sei denn, dass die Klage nur erhoben worden ist, um diese Person dem für sie zuständigen Gericht zu entziehen;
3. wenn es sich um eine Widerklage handelt, die auf denselben Vertrag oder Sachverhalt wie die Klage selbst gestützt wird, vor dem Gericht, bei dem die Klage selbst anhängig ist;
4. wenn ein Vertrag oder Ansprüche aus einem Vertrag den Gegenstand des Verfahrens bilden und die Klage mit einer Klage wegen dinglicher Rechte an unbeweglichen Sachen gegen denselben Beklagten verbunden werden kann, vor dem Gericht des Mitgliedstaats, in dessen Hoheitsgebiet die unbewegliche Sache belegen ist.

Artikel 7

Ist ein Gericht eines Mitgliedstaats nach dieser Verordnung zur Entscheidung in Verfahren wegen einer Haftpflicht aufgrund der Verwendung oder des Betriebs eines Schiffes zuständig, so entscheidet dieses oder ein anderes an seiner Stelle durch das Recht dieses Mitgliedstaats bestimmtes Gericht auch über Klagen auf Beschränkung dieser Haftung.

Abschnitt 3: Zuständigkeit für Versicherungssachen

Artikel 8

Für Klagen in Versicherungssachen bestimmt sich die Zuständigkeit unbeschadet des Artikels 4 und des Artikels 5 Nummer 5 nach diesem Abschnitt.

Artikel 9

(1) Ein Versicherer, der seinen Wohnsitz im Hoheitsgebiet eines Mitgliedstaats hat, kann verklagt werden:

a) vor den Gerichten des Mitgliedstaats, in dem er seinen Wohnsitz hat,

b) in einem anderen Mitgliedstaat bei Klagen des Versicherungsnehmers, des Versicherten oder des Begünstigten vor dem Gericht des Ortes, an dem der Kläger seinen Wohnsitz hat, oder

c) falls es sich um einen Mitversicherer handelt, vor dem Gericht eines Mitgliedstaats, bei dem der federführende Versicherer verklagt wird.

(2) Hat der Versicherer im Hoheitsgebiet eines Mitgliedstaats keinen Wohnsitz, besitzt er aber in einem Mitgliedstaat eine Zweigniederlassung, Agentur oder sonstige Niederlassung, so wird er für Streitigkeiten aus ihrem Betrieb so behandelt, wie wenn er seinen Wohnsitz im Hoheitsgebiet dieses Mitgliedstaats hätte.

Artikel 10

Bei der Haftpflichtversicherung oder bei der Versicherung von unbeweglichen Sachen kann der Versicherer außerdem vor dem Gericht des Ortes, an dem das schädigende Ereignis eingetreten ist, verklagt werden. Das Gleiche gilt, wenn sowohl bewegliche als auch unbewegliche Sachen in ein und demselben Versicherungsvertrag versichert und von demselben Schadensfall betroffen sind.

Artikel 11

(1) Bei der Haftpflichtversicherung kann der Versicherer auch vor das Gericht, bei dem die Klage des Geschädigten gegen den Versicherten anhängig ist, geladen werden, sofern dies nach dem Recht des angerufenen Gerichts zulässig ist.

(2) Auf eine Klage, die der Geschädigte unmittelbar gegen den Versicherer erhebt, sind die Artikel 8, 9 und 10 anzuwenden, sofern eine solche unmittelbare Klage zulässig ist.

(3) Sieht das für die unmittelbare Klage maßgebliche Recht die Streitverkündung gegen den Versicherungsnehmer oder den Versicherten vor, so ist dasselbe Gericht auch für diese Personen zuständig.

Artikel 12

(1) Vorbehaltlich der Bestimmungen des Artikels 11 Absatz 3 kann der Versicherer nur vor den Gerichten des Mitgliedstaats klagen, in dessen Hoheitsgebiet der Beklagte seinen Wohnsitz hat, ohne Rücksicht darauf, ob dieser Versicherungsnehmer, Versicherter oder Begünstigter ist.

(2) Die Vorschriften dieses Abschnitts lassen das Recht unberührt, eine Widerklage vor dem Gericht zu erheben, bei dem die Klage selbst gemäß den Bestimmungen dieses Abschnitts anhängig ist.

Artikel 13

Von den Vorschriften dieses Abschnitts kann im Wege der Vereinbarung nur abgewichen werden:

1. wenn die Vereinbarung nach der Entstehung der Streitigkeit getroffen wird,
2. wenn sie dem Versicherungsnehmer, Versicherten oder Begünstigten die Befugnis einräumt, andere als die in diesem Abschnitt angeführten Gerichte anzurufen,
3. wenn sie zwischen einem Versicherungsnehmer und einem Versicherer, die zum Zeitpunkt des Vertragsabschlusses ihren Wohnsitz oder gewöhnlichen Aufenthalt in demselben Mitgliedstaat haben, getroffen ist, um die Zuständigkeit der Gerichte dieses Staates auch für den Fall zu begründen, dass das schädigende Ereignis im Ausland eintritt, es sei denn, dass eine solche Vereinbarung nach dem Recht dieses Staates nicht zulässig ist,
4. wenn sie von einem Versicherungsnehmer geschlossen ist, der seinen Wohnsitz nicht in einem Mitgliedstaat hat, ausgenommen soweit sie eine Versicherung, zu deren Abschluss eine gesetzliche Verpflichtung besteht, oder die Versicherung von unbeweglichen Sachen in einem Mitgliedstaat betrifft, oder
5. wenn sie einen Versicherungsvertrag betrifft, soweit dieser eines oder mehrere der in Artikel 14 aufgeführten Risiken deckt.

Artikel 14

Die in Artikel 13 Nummer 5 erwähnten Risiken sind die folgenden:

1. sämtliche Schäden
   a) an Seeschiffen, Anlagen vor der Küste und auf hoher See oder Luftfahrzeugen aus Gefahren, die mit ihrer Verwendung zu gewerblichen Zwecken verbunden sind,
   b) an Transportgütern, ausgenommen Reisegepäck der Passagiere, wenn diese Güter ausschließlich oder zum Teil mit diesen Schiffen oder Luftfahrzeugen befördert werden;
2. Haftpflicht aller Art, mit Ausnahme der Haftung für Personenschäden an Passagieren oder Schäden an deren Reisegepäck,
3. finanzielle Verluste im Zusammenhang mit der Verwendung oder dem Betrieb von Seeschiffen, Anlagen oder Luftfahrzeugen gemäß Nummer 1 Buchstabe a), insbesondere Fracht- oder Charterverlust;
4. irgendein zusätzliches Risiko, das mit einem der unter den Nummern 1 bis 3 genannten Risiken in Zusammenhang steht;
5. unbeschadet der Nummern 1 bis 4 alle „Großrisiken" entsprechend der Begriffsbestimmung in der Richtlinie 73/239/EWG des Rates[(7)], geändert durch die Richtlinie 88/357/EWG[(8)] und die Richtlinie 90/618/EWG[(9)], in der jeweils geltenden Fassung.

Abschnitt 4: Zuständigkeit für Verbrauchersachen

Artikel 15

(1) Bilden ein Vertrag oder Ansprüche aus einem Vertrag, den eine Person, der Verbraucher, zu einem Zweck geschlossen hat, der nicht der beruflichen oder gewerblichen Tätigkeit dieser Person zugerechnet werden kann, den Gegenstand des Verfahrens, so bestimmt sich die Zuständigkeit unbeschadet des Artikels 4 und des Artikels 5 Nummer 5 nach diesem Abschnitt,

a) wenn es sich um den Kauf beweglicher Sachen auf Teilzahlung handelt,

b) wenn es sich um ein in Raten zurückzuzahlendes Darlehen oder ein anderes Kreditgeschäft handelt, das zur Finanzierung eines Kaufs derartiger Sachen bestimmt ist, oder

c) in allen anderen Fällen, wenn der andere Vertragspartner in dem Mitgliedstaat, in dessen Hoheitsgebiet der Verbraucher seinen Wohnsitz hat, eine berufliche oder gewerbliche Tätigkeit ausübt oder eine solche auf irgend einem Wege auf diesen Mitgliedstaat oder auf mehrere Staaten, einschließlich dieses Mitgliedstaats, ausrichtet und der Vertrag in den Bereich dieser Tätigkeit fällt.

(2) Hat der Vertragspartner des Verbrauchers im Hoheitsgebiet eines Mitgliedstaats keinen Wohnsitz, besitzt er aber in einem Mitgliedstaat eine Zweigniederlassung, Agentur oder sonstige Niederlassung, so wird er für Streitigkeiten aus ihrem Betrieb so behandelt, wie wenn er seinen Wohnsitz im Hoheitsgebiet dieses Staates hätte.

(3) Dieser Abschnitt ist nicht auf Beförderungsverträge mit Ausnahme von Reiseverträgen, die für einen Pauschalpreis kombinierte Beförderungs- und Unterbringungsleistungen vorsehen, anzuwenden.

Artikel 16

(1) Die Klage eines Verbrauchers gegen den anderen Vertragspartner kann entweder vor den Gerichten des Mitgliedstaats erhoben werden, in dessen Hoheitsgebiet dieser Vertragspartner seinen Wohnsitz hat, oder vor dem Gericht des Ortes, an dem der Verbraucher seinen Wohnsitz hat.

(2) Die Klage des anderen Vertragspartners gegen den Verbraucher kann nur vor den Gerichten des Mitgliedstaats erhoben werden, in dessen Hoheitsgebiet der Verbraucher seinen Wohnsitz hat.

(3) Die Vorschriften dieses Artikels lassen das Recht unberührt, eine Widerklage vor dem Gericht zu erheben, bei dem die Klage selbst gemäß den Bestimmungen dieses Abschnitts anhängig ist.

Artikel 17

Von den Vorschriften dieses Abschnitts kann im Wege der Vereinbarung nur abgewichen werden:

1. wenn die Vereinbarung nach der Entstehung der Streitigkeit getroffen wird,

---

(7) ABl. L 228 vom 16.8.1973, S. 3. Richtlinie zuletzt geändert durch die Richtlinie 2000/26/EG des Europäischen Parlaments und des Rates (ABl. L 181 vom 20.7.2000, S. 65)

(8) ABl. L 172 vom 4.7.1988, S. 1. Richtlinie zuletzt geändert durch die Richtlinie 2000/26/EG

(9) ABl. L 330 vom 29.11.1990, S. 44

2. wenn sie dem Verbraucher die Befugnis einräumt, andere als die in diesem Abschnitt angeführten Gerichte anzurufen, oder
3. wenn sie zwischen einem Verbraucher und seinem Vertragspartner, die zum Zeitpunkt des Vertragsabschlusses ihren Wohnsitz oder gewöhnlichen Aufenthalt in demselben Mitgliedstaat haben, getroffen ist und die Zuständigkeit der Gerichte dieses Mitgliedstaats begründet, es sei denn, dass eine solche Vereinbarung nach dem Recht dieses Mitgliedstaats nicht zulässig ist.

Abschnitt 5: Zuständigkeit für individuelle Arbeitsverträge

Artikel 18

(1) Bilden ein individueller Arbeitsvertrag oder Ansprüche aus einem individuellen Arbeitsvertrag den Gegenstand des Verfahrens, so bestimmt sich die Zuständigkeit unbeschadet des Artikels 4 und des Artikels 5 Nummer 5 nach diesem Abschnitt.

(2) Hat der Arbeitgeber, mit dem der Arbeitnehmer einen individuellen Arbeitsvertrag geschlossen hat, im Hoheitsgebiet eines Mitgliedstaats keinen Wohnsitz, besitzt er aber in einem Mitgliedstaat eine Zweigniederlassung, Agentur oder sonstige Niederlassung, so wird er für Streitigkeiten aus ihrem Betrieb so behandelt, wie wenn er seinen Wohnsitz im Hoheitsgebiet dieses Mitgliedstaats hätte.

Artikel 19

Ein Arbeitgeber, der seinen Wohnsitz im Hoheitsgebiet eines Mitgliedstaats hat, kann verklagt werden:

1. vor den Gerichten des Mitgliedstaats, in dem er seinen Wohnsitz hat, oder
2. in einem anderen Mitgliedstaat
   a) vor dem Gericht des Ortes, an dem der Arbeitnehmer gewöhnlich seine Arbeit verrichtet oder zuletzt gewöhnlich verrichtet hat, oder
   b) wenn der Arbeitnehmer seine Arbeit gewöhnlich nicht in ein und demselben Staat verrichtet oder verrichtet hat, vor dem Gericht des Ortes, an dem sich die Niederlassung, die den Arbeitnehmer eingestellt hat, befindet bzw. befand.

Artikel 20

(1) Die Klage des Arbeitgebers kann nur vor den Gerichten des Mitgliedstaats erhoben werden, in dessen Hoheitsgebiet der Arbeitnehmer seinen Wohnsitz hat.

(2) Die Vorschriften dieses Abschnitts lassen das Recht unberührt, eine Widerklage vor dem Gericht zu erheben, bei dem die Klage selbst gemäß den Bestimmungen dieses Abschnitts anhängig ist.

Artikel 21

Von den Vorschriften dieses Abschnitts kann im Wege der Vereinbarung nur abgewichen werden,

1. wenn die Vereinbarung nach der Entstehung der Streitigkeit getroffen wird oder
2. wenn sie dem Arbeitnehmer die Befugnis einräumt, andere als die in diesem Abschnitt angeführten Gerichte anzurufen.

Abschnitt 6: Ausschließliche Zuständigkeiten

Artikel 22

Ohne Rücksicht auf den Wohnsitz sind ausschließlich zuständig:

1. für Klagen, welche dingliche Rechte an unbeweglichen Sachen sowie die Miete oder Pacht von unbeweglichen Sachen zum Gegenstand haben, die Gerichte des Mitgliedstaats, in dem die unbewegliche Sache belegen ist.

   Jedoch sind für Klagen betreffend die Miete oder Pacht unbeweglicher Sachen zum vorübergehenden privaten Gebrauch für höchstens sechs aufeinander folgende Monate auch die Gerichte des Mitgliedstaats zuständig, in dem der Beklagte seinen Wohnsitz hat, sofern es sich bei dem Mieter oder Pächter um eine natürliche Person handelt und der Eigentümer sowie der Mieter oder Pächter ihren Wohnsitz in demselben Mitgliedstaat haben;
2. für Klagen, welche die Gültigkeit, die Nichtigkeit oder die Auflösung einer Gesellschaft oder juristischen Person oder die Gültigkeit der Beschlüsse ihrer Organe zum Gegenstand haben, die Gerichte des Mitgliedstaats, in dessen Hoheitsgebiet die Gesellschaft oder juristische Person ihren Sitz hat. Bei der Entscheidung darüber, wo der Sitz sich befindet, wendet das Gericht die Vorschriften seines Internationalen Privatrechts an;

3. für Klagen, welche die Gültigkeit von Eintragungen in öffentliche Register zum Gegenstand haben, die Gerichte des Mitgliedstaats, in dessen Hoheitsgebiet die Register geführt werden;
4. für Klagen, welche die Eintragung oder die Gültigkeit von Patenten, Marken, Mustern und Modellen sowie ähnlicher Rechte, die einer Hinterlegung oder Registrierung bedürfen, zum Gegenstand haben, die Gerichte des Mitgliedstaats, in dessen Hoheitsgebiet die Hinterlegung oder Registrierung beantragt oder vorgenommen worden ist oder aufgrund eines Gemeinschaftsrechtsakts oder eines zwischenstaatlichen Übereinkommens als vorgenommen gilt.
   Unbeschadet der Zuständigkeit des Europäischen Patentamts nach dem am 5. Oktober 1973 in München unterzeichneten Übereinkommen über die Erteilung europäischer Patente sind die Gerichte eines jeden Mitgliedstaats ohne Rücksicht auf den Wohnsitz der Parteien für alle Verfahren ausschließlich zuständig, welche die Erteilung oder die Gültigkeit eines europäischen Patents zum Gegenstand haben, das für diesen Staat erteilt wurde;
5. für Verfahren, welche die Zwangsvollstreckung aus Entscheidungen zum Gegenstand haben, die Gerichte des Mitgliedstaats, in dessen Hoheitsgebiet die Zwangsvollstreckung durchgeführt werden soll oder durchgeführt worden ist.

Abschnitt 7: Vereinbarung über die Zuständigkeit

Artikel 23

(1) Haben die Parteien, von denen mindestens eine ihren Wohnsitz im Hoheitsgebiet eines Mitgliedstaats hat, vereinbart, dass ein Gericht oder die Gerichte eines Mitgliedstaats über eine bereits entstandene Rechtsstreitigkeit oder über eine künftige aus einem bestimmten Rechtsverhältnis entspringende Rechtsstreitigkeit entscheiden sollen, so sind dieses Gericht oder die Gerichte dieses Mitgliedstaats zuständig. Dieses Gericht oder die Gerichte dieses Mitgliedstaats sind ausschließlich zuständig, sofern die Parteien nichts anderes vereinbart haben. Eine solche Gerichtsstandsvereinbarung muss geschlossen werden

a) schriftlich oder mündlich mit schriftlicher Bestätigung,
b) in einer Form, welche den Gepflogenheiten entspricht, die zwischen den Parteien entstanden sind, oder
c) im internationalen Handel in einer Form, die einem Handelsbrauch entspricht, den die Parteien kannten oder kennen mussten und den Parteien von Verträgen dieser Art in dem betreffenden Geschäftszweig allgemein kennen und regelmäßig beachten.

(2) Elektronische Übermittlungen, die eine dauerhafte Aufzeichnung der Vereinbarung ermöglichen, sind der Schriftform gleichgestellt.

(3) Wenn eine solche Vereinbarung von Parteien geschlossen wurde, die beide ihren Wohnsitz nicht im Hoheitsgebiet eines Mitgliedstaats haben, so können die Gerichte der anderen Mitgliedstaaten nicht entscheiden, es sei denn, das vereinbarte Gericht oder die vereinbarten Gerichte haben sich rechtskräftig für unzuständig erklärt.

(4) Ist in schriftlich niedergelegten trust-Bedingungen bestimmt, dass über Klagen gegen einen Begründer, trustee oder Begünstigten eines trust ein Gericht oder die Gerichte eines Mitgliedstaats entscheiden sollen, so ist dieses Gericht oder sind diese Gerichte ausschließlich zuständig, wenn es sich um Beziehungen zwischen diesen Personen oder ihre Rechte oder Pflichten im Rahmen des trust handelt.

(5) Gerichtsstandsvereinbarungen und entsprechende Bestimmungen in trust-Bedingungen haben keine rechtliche Wirkung, wenn sie den Vorschriften der Artikel 13, 17 und 21 zuwiderlaufen oder wenn die Gerichte, deren Zuständigkeit abbedungen wird, aufgrund des Artikels 22 ausschließlich zuständig sind.

Artikel 24

Sofern das Gericht eines Mitgliedstaats nicht bereits nach anderen Vorschriften dieser Verordnung zuständig ist, wird es zuständig, wenn sich der Beklagte vor ihm auf das Verfahren einlässt. Dies gilt nicht, wenn der Beklagte sich einlässt, um den Mangel der Zuständigkeit geltend zu machen oder wenn ein anderes Gericht aufgrund des Artikels 22 ausschließlich zuständig ist.

Artikel 25

Das Gericht eines Mitgliedstaats hat sich von Amts wegen für unzuständig zu erklären, wenn es wegen einer Streitigkeit angerufen wird, für die das Gericht eines anderen Mitgliedstaats aufgrund des Artikels 22 ausschließlich zuständig ist.

Artikel 26

(1) Lässt sich der Beklagte, der seinen Wohnsitz im Hoheitsgebiet eines Mitgliedstaats hat und der vor den Gerichten eines anderen Mitgliedstaats verklagt wird, auf das Verfahren nicht ein, so hat sich das Gericht von Amts wegen für unzuständig zu erklären, wenn seine Zuständigkeit nicht nach dieser Verordnung begründet ist.

(2) Das Gericht hat das Verfahren so lange auszusetzen, bis festgestellt ist, dass es dem Beklagten möglich war, das verfahrenseinleitende Schriftstück oder ein gleichwertiges Schriftstück so rechtzeitig zu empfangen, dass er sich verteidigen konnte oder dass alle hierzu erforderlichen Maßnahmen getroffen worden sind.

(3) An die Stelle von Absatz 2 tritt Artikel 19 der Verordnung (EG) Nr. 1348/2000 des Rates vom 29. Mai 2000 über die Zustellung gerichtlicher und außergerichtlicher Schriftstücke in Zivil- oder Handelssachen in den Mitgliedstaaten[(10)], wenn das verfahrenseinleitende Schriftstück oder ein gleichwertiges Schriftstück nach der genannten Verordnung von einem Mitgliedstaat in einen anderen zu übermitteln war.

(4) Sind die Bestimmungen der Verordnung (EG) Nr. 1348/2000 nicht anwendbar, so gilt Artikel 15 des Haager Übereinkommens vom 15. November 1965 über die Zustellung gerichtlicher und außergerichtlicher Schriftstücke im Ausland in Zivil- und Handelssachen, wenn das verfahrenseinleitende Schriftstück oder ein gleichwertiges Schriftstück nach dem genannten Übereinkommen zu übermitteln war.

Abschnitt 9: Rechtshängigkeit und im Zusammenhang stehende Verfahren

Artikel 27

(1) Werden bei Gerichten verschiedener Mitgliedstaaten Klagen wegen desselben Anspruchs zwischen denselben Parteien anhängig gemacht, so setzt das später angerufene Gericht das Verfahren von Amts wegen aus, bis die Zuständigkeit des zuerst angerufenen Gerichts feststeht.

(2) Sobald die Zuständigkeit des zuerst angerufenen Gerichts feststeht, erklärt sich das später angerufene Gericht zugunsten dieses Gerichts für unzuständig.

Artikel 28

(1) Sind bei Gerichten verschiedener Mitgliedstaaten Klagen, die im Zusammenhang stehen, anhängig, so kann jedes später angerufene Gericht das Verfahren aussetzen.

(2) Sind diese Klagen in erster Instanz anhängig, so kann sich jedes später angerufene Gericht auf Antrag einer Partei auch für unzuständig erklären, wenn das zuerst angerufene Gericht für die betreffenden Klagen zuständig ist und die Verbindung der Klagen nach seinem Recht zulässig ist.

(3) Klagen stehen im Sinne dieses Artikels im Zusammenhang, wenn zwischen ihnen eine so enge Beziehung gegeben ist, dass eine gemeinsame Verhandlung und Entscheidung geboten erscheint, um zu vermeiden, dass in getrennten Verfahren widersprechende Entscheidungen ergehen könnten.

Artikel 29

Ist für die Klagen die ausschließliche Zuständigkeit mehrerer Gerichte gegeben, so hat sich das zuletzt angerufene Gericht zugunsten des zuerst angerufenen Gerichts für unzuständig zu erklären.

Artikel 30

Für die Zwecke dieses Abschnitts gilt ein Gericht als angerufen:

1. zu dem Zeitpunkt, zu dem das verfahrenseinleitende Schriftstück oder ein gleichwertiges Schriftstück bei Gericht eingereicht worden ist, vorausgesetzt, dass der Kläger es in der Folge nicht versäumt hat, die ihm obliegenden Maßnahmen zu treffen, um die Zustellung des Schriftstücks an den Beklagten zu bewirken, oder
2. falls die Zustellung an den Beklagten vor Einreichung des Schriftstücks bei Gericht zu bewirken ist, zu dem Zeitpunkt, zu dem die für die Zustellung verantwortliche Stelle das Schriftstück erhalten hat, vorausgesetzt, dass der Kläger es in der Folge nicht versäumt hat, die ihm obliegenden Maßnahmen zu treffen, um das Schriftstück bei Gericht einzureichen.

Abschnitt 10: Einstweilige Maßnahmen einschließlich solcher, die auf eine Sicherung gerichtet sind

Artikel 31

Die im Recht eines Mitgliedstaats vorgesehenen einstweiligen Maßnahmen einschließlich solcher, die auf eine Sicherung gerichtet sind, können bei den Gerichten dieses Staates auch dann beantragt werden, wenn für die Entscheidung in der Hauptsache das Gericht eines anderen Mitgliedstaats aufgrund dieser Verordnung zuständig ist.

---

(10) ABl. L 160 vom 30.6.2000, S. 37

Kapitel III: Anerkennung und Vollstreckung

Artikel 32

Unter „Entscheidung" im Sinne dieser Verordnung ist jede von einem Gericht eines Mitgliedstaats erlassene Entscheidung zu verstehen, ohne Rücksicht auf ihre Bezeichnung wie Urteil, Beschluss, Zahlungsbefehl oder Vollstreckungsbescheid, einschließlich des Kostenfestsetzungsbeschlusses eines Gerichtsbediensteten.

Abschnitt 1: Anerkennung

Artikel 33

(1) Die in einem Mitgliedstaat ergangenen Entscheidungen werden in den anderen Mitgliedstaaten anerkannt, ohne dass es hierfür eines besonderen Verfahrens bedarf.

(2) Bildet die Frage, ob eine Entscheidung anzuerkennen ist, als solche den Gegenstand eines Streites, so kann jede Partei, welche die Anerkennung geltend macht, in dem Verfahren nach den Abschnitten 2 und 3 dieses Kapitels die Feststellung beantragen, dass die Entscheidung anzuerkennen ist.

(3) Wird die Anerkennung in einem Rechtsstreit vor dem Gericht eines Mitgliedstaats, dessen Entscheidung von der Anerkennung abhängt, verlangt, so kann dieses Gericht über die Anerkennung entscheiden.

Artikel 34

Eine Entscheidung wird nicht anerkannt, wenn

1. die Anerkennung der öffentlichen Ordnung (ordre public) des Mitgliedstaats, in dem sie geltend gemacht wird, offensichtlich widersprechen würde;
2. dem Beklagten, der sich auf das Verfahren nicht eingelassen hat, das verfahrenseinleitende Schriftstück oder ein gleichwertiges Schriftstück nicht so rechtzeitig und in einer Weise zugestellt worden ist, dass er sich verteidigen konnte, es sei denn, der Beklagte hat gegen die Entscheidung keinen Rechtsbehelf eingelegt, obwohl er die Möglichkeit dazu hatte;
3. sie mit einer Entscheidung unvereinbar ist, die zwischen denselben Parteien in dem Mitgliedstaat, in dem die Anerkennung geltend gemacht wird, ergangen ist;
4. sie mit einer früheren Entscheidung unvereinbar ist, die in einem anderen Mitgliedstaat oder in einem Drittstaat zwischen denselben Parteien in einem Rechtsstreit wegen desselben Anspruchs ergangen ist, sofern die frühere Entscheidung die notwendigen Voraussetzungen für ihre Anerkennung in dem Mitgliedstaat erfüllt, in dem die Anerkennung geltend gemacht wird.

Artikel 35

(1) Eine Entscheidung wird ferner nicht anerkannt, wenn die Vorschriften der Abschnitte 3, 4 und 6 des Kapitels II verletzt worden sind oder wenn ein Fall des Artikels 72 vorliegt.

(2) Das Gericht oder die sonst befugte Stelle des Mitgliedstaats, in dem die Anerkennung geltend gemacht wird, ist bei der Prüfung, ob eine der in Absatz 1 angeführten Zuständigkeiten gegeben ist, an die tatsächlichen Feststellungen gebunden, aufgrund deren das Gericht des Ursprungsmitgliedstaats seine Zuständigkeit angenommen hat.

(3) Die Zuständigkeit der Gerichte des Ursprungsmitgliedstaats darf, unbeschadet der Bestimmungen des Absatzes 1, nicht nachgeprüft werden. Die Vorschriften über die Zuständigkeit gehören nicht zur öffentlichen Ordnung (ordre public) im Sinne des Artikels 34 Nummer 1.

Artikel 36

Die ausländische Entscheidung darf keinesfalls in der Sache selbst nachgeprüft werden.

Artikel 37

(1) Das Gericht eines Mitgliedstaats, vor dem die Anerkennung einer in einem anderen Mitgliedstaat ergangenen Entscheidung geltend gemacht wird, kann das Verfahren aussetzen, wenn gegen die Entscheidung ein ordentlicher Rechtsbehelf eingelegt worden ist.

(2) Das Gericht eines Mitgliedstaats, vor dem die Anerkennung einer in Irland oder im Vereinigten Königreich ergangenen Entscheidung geltend gemacht wird, kann das Verfahren aussetzen, wenn die Vollstreckung der Entscheidung im Ursprungsmitgliedstaat wegen der Einlegung eines Rechtsbehelfs einstweilen eingestellt ist.

Abschnitt 2: Vollstreckung

Artikel 38

(1) Die in einem Mitgliedstaat ergangenen Entscheidungen, die in diesem Staat vollstreckbar sind, werden in einem anderen Mitgliedstaat vollstreckt, wenn sie dort auf Antrag eines Berechtigten für vollstreckbar erklärt worden sind.

(2) Im Vereinigten Königreich jedoch wird eine derartige Entscheidung in England und Wales, in Schottland oder in Nordirland vollstreckt, wenn sie auf Antrag eines Berechtigten zur Vollstreckung in dem betreffenden Teil des Vereinigten Königreichs registriert worden ist.

Artikel 39

(1) Der Antrag ist an das Gericht oder die sonst befugte Stelle zu richten, die in Anhang II aufgeführt ist.

(2) Die örtliche Zuständigkeit wird durch den Wohnsitz des Schuldners oder durch den Ort, an dem die Zwangsvollstreckung durchgeführt werden soll, bestimmt.

Artikel 40

(1) Für die Stellung des Antrags ist das Recht des Vollstreckungsmitgliedstaats maßgebend.

(2) Der Antragsteller hat im Bezirk des angerufenen Gerichts ein Wahldomizil zu begründen. Ist das Wahldomizil im Recht des Vollstreckungsmitgliedstaats nicht vorgesehen, so hat der Antragsteller einen Zustellungsbevollmächtigten zu benennen.

(3) Dem Antrag sind die in Artikel 53 angeführten Urkunden beizufügen.

Artikel 41

Sobald die in Artikel 53 vorgesehenen Förmlichkeiten erfüllt sind, wird die Entscheidung unverzüglich für vollstreckbar erklärt, ohne dass eine Prüfung nach den Artikeln 34 und 35 erfolgt. Der Schuldner erhält in diesem Abschnitt des Verfahrens keine Gelegenheit, eine Erklärung abzugeben.

Artikel 42

(1) Die Entscheidung über den Antrag auf Vollstreckbarerklärung wird dem Antragsteller unverzüglich in der Form mitgeteilt, die das Recht des Vollstreckungsmitgliedstaats vorsieht.

(2) Die Vollstreckbarerklärung und, soweit dies noch nicht geschehen ist, die Entscheidung werden dem Schuldner zugestellt.

Artikel 43

(1) Gegen die Entscheidung über den Antrag auf Vollstreckbarerklärung kann jede Partei einen Rechtsbehelf einlegen.

(2) Der Rechtsbehelf wird bei dem in Anhang III aufgeführten Gericht eingelegt.

(3) Über den Rechtsbehelf wird nach den Vorschriften entschieden, die für Verfahren mit beiderseitigem rechtlichen Gehör maßgebend sind.

(4) Lässt sich der Schuldner auf das Verfahren vor dem mit dem Rechtsbehelf des Antragstellers befassten Gericht nicht ein, so ist Artikel 26 Absätze 2 bis 4 auch dann anzuwenden, wenn der Schuldner seinen Wohnsitz nicht im Hoheitsgebiet eines Mitgliedstaats hat.

(5) Der Rechtsbehelf gegen die Vollstreckbarerklärung ist innerhalb eines Monats nach ihrer Zustellung einzulegen. Hat der Schuldner seinen Wohnsitz im Hoheitsgebiet eines anderen Mitgliedstaats als dem, in dem die Vollstreckbarerklärung ergangen ist, so beträgt die Frist für den Rechtsbehelf zwei Monate und beginnt von dem Tage an zu laufen, an dem die Vollstreckbarerklärung ihm entweder in Person oder in seiner Wohnung zugestellt worden ist. Eine Verlängerung dieser Frist wegen weiter Entfernung ist ausgeschlossen.

Artikel 44

Gegen die Entscheidung, die über den Rechtsbehelf ergangen ist, kann nur ein Rechtsbehelf nach Anhang IV eingelegt werden.

Artikel 45

(1) Die Vollstreckbarerklärung darf von dem mit einem Rechtsbehelf nach Artikel 43 oder Artikel 44 befassten Gericht nur aus einem der in den Artikeln 34 und 35 aufgeführten Gründe versagt oder aufgehoben werden. Das Gericht erlässt seine Entscheidung unverzüglich.

(2) Die ausländische Entscheidung darf keinesfalls in der Sache selbst nachgeprüft werden.

Artikel 46

(1) Das nach Artikel 43 oder Artikel 44 mit dem Rechtsbehelf befasste Gericht kann auf Antrag des Schuldners das Verfahren aussetzen, wenn gegen die Entscheidung im Ursprungsmitgliedstaat ein ordentlicher Rechtsbehelf eingelegt oder die Frist für einen solchen Rechtsbehelf noch nicht verstrichen ist; in letzterem Fall kann das Gericht eine Frist bestimmen, innerhalb deren der Rechtsbehelf einzulegen ist.

(2) Ist die Entscheidung in Irland oder im Vereinigten Königreich ergangen, so gilt jeder im Ursprungsmitgliedstaat statthafte Rechtsbehelf als ordentlicher Rechtsbehelf im Sinne von Absatz 1.

(3) Das Gericht kann auch die Zwangsvollstreckung von der Leistung einer Sicherheit, die es bestimmt, abhängig machen.

Artikel 47

(1) Ist eine Entscheidung nach dieser Verordnung anzuerkennen, so ist der Antragsteller nicht daran gehindert, einstweilige Maßnahmen einschließlich solcher, die auf eine Sicherung gerichtet sind, nach dem Recht des Vollstreckungsmitgliedstaats in Anspruch zu nehmen, ohne dass es einer Vollstreckbarerklärung nach Artikel 41 bedarf.

(2) Die Vollstreckbarerklärung gibt die Befugnis, solche Maßnahmen zu veranlassen.

(3) Solange die in Artikel 43 Absatz 5 vorgesehene Frist für den Rechtsbehelf gegen die Vollstreckbarerklärung läuft und solange über den Rechtsbehelf nicht entschieden ist, darf die Zwangsvollstreckung in das Vermögen des Schuldners nicht über Maßnahmen zur Sicherung hinausgehen.

Artikel 48

(1) Ist durch die ausländische Entscheidung über mehrere mit der Klage geltend gemachte Ansprüche erkannt und kann die Vollstreckbarerklärung nicht für alle Ansprüche erteilt werden, so erteilt das Gericht oder die sonst befugte Stelle sie für einen oder mehrere dieser Ansprüche.

(2) Der Antragsteller kann beantragen, dass die Vollstreckbarerklärung nur für einen Teil des Gegenstands der Verurteilung erteilt wird.

Artikel 49

Ausländische Entscheidungen, die auf Zahlung eines Zwangsgelds lauten, sind im Vollstreckungsmitgliedstaat nur vollstreckbar, wenn die Höhe des Zwangsgelds durch die Gerichte des Ursprungsmitgliedstaats endgültig festgesetzt ist.

Artikel 50

(1) Ist dem Antragsteller im Ursprungsmitgliedstaat ganz oder teilweise Prozesskostenhilfe oder Kosten- und Gebührenbefreiung gewährt worden, so genießt er in dem Verfahren nach diesem Abschnitt hinsichtlich der Prozesskostenhilfe oder der Kosten- und Gebührenbefreiung die günstigste Behandlung, die das Recht des Vollstreckungsmitgliedstaats vorsieht.

(2) Der Antragsteller, der die Vollstreckung einer Entscheidung einer Verwaltungsbehörde begehrt, die in Dänemark in Bezug auf die Anordnung von Unterhaltsleistungen ergangen ist, kann in dem ersuchten Mitgliedstaat Anspruch auf die in Absatz 1 genannten Vorteile erheben, wenn er eine Erklärung des dänischen Justizministeriums darüber vorlegt, dass er die finanziellen Voraussetzungen für die vollständige oder teilweise Bewilligung der Prozesskostenhilfe oder für die Kostenbefreiung erfüllt.

Artikel 51

Der Partei, die in einem Mitgliedstaat eine in einem anderen Mitgliedstaat ergangene Entscheidung vollstrecken will, darf wegen ihrer Eigenschaft als Ausländer oder wegen Fehlens eines inländischen Wohnsitzes oder Aufenthalts eine Sicherheitsleistung oder Hinterlegung, unter welcher Bezeichnung es auch sei, nicht auferlegt werden.

Artikel 52

Im Vollstreckungsmitgliedstaat dürfen im Vollstreckbarerklärungsverfahren keine nach dem Streitwert abgestuften Stempelabgaben oder Gebühren erhoben werden.

Abschnitt 3: Gemeinsame Vorschriften

Artikel 53

(1) Die Partei, die die Anerkennung einer Entscheidung geltend macht oder eine Vollstreckbarerklärung beantragt, hat eine Ausfertigung der Entscheidung vorzulegen, die die für ihre Beweiskraft erforderlichen Voraussetzungen erfüllt.

(2) Unbeschadet des Artikels 55 hat die Partei, die eine Vollstreckbarerklärung beantragt, ferner die Bescheinigung nach Artikel 54 vorzulegen.

Artikel 54

Das Gericht oder die sonst befugte Stelle des Mitgliedstaats, in dem die Entscheidung ergangen ist, stellt auf Antrag die Bescheinigung unter Verwendung des Formblatts in Anhang V dieser Verordnung aus.

Artikel 55

(1) Wird die Bescheinigung nach Artikel 54 nicht vorgelegt, so kann das Gericht oder die sonst befugte Stelle eine Frist bestimmen, innerhalb deren die Bescheinigung vorzulegen ist, oder sich mit einer gleichwertigen Urkunde begnügen oder von der Vorlage der Bescheinigung befreien, wenn es oder sie eine weitere Klärung nicht für erforderlich hält.

(2) Auf Verlangen des Gerichts oder der sonst befugten Stelle ist eine Übersetzung der Urkunden vorzulegen. Die Übersetzung ist von einer hierzu in einem der Mitgliedstaaten befugten Person zu beglaubigen.

Artikel 56

Die in Artikel 53 und in Artikel 55 Absatz 2 angeführten Urkunden sowie die Urkunde über die Prozessvollmacht, falls eine solche erteilt wird, bedürfen weder der Legalisation noch einer ähnlichen Förmlichkeit.

KAPITEL IV: ÖFFENTLICHE URKUNDEN UND PROZESSVERGLEICHE

Artikel 57

(1) Öffentliche Urkunden, die in einem Mitgliedstaat aufgenommen und vollstreckbar sind, werden in einem anderen Mitgliedstaat auf Antrag in dem Verfahren nach den Artikeln 38 ff. für vollstreckbar erklärt. Die Vollstreckbarerklärung ist von dem mit einem Rechtsbehelf nach Artikel 43 oder Artikel 44 befassten Gericht nur zu versagen oder aufzuheben, wenn die Zwangsvollstreckung aus der Urkunde der öffentlichen Ordnung (ordre public) des Vollstreckungsmitgliedstaats offensichtlich widersprechen würde.

(2) Als öffentliche Urkunden im Sinne von Absatz 1 werden auch vor Verwaltungsbehörden geschlossene oder von ihnen beurkundete Unterhaltsvereinbarungen oder -verpflichtungen angesehen.

(3) Die vorgelegte Urkunde muss die Voraussetzungen für ihre Beweiskraft erfüllen, die in dem Mitgliedstaat, in dem sie aufgenommen wurde, erforderlich sind.

(4) Die Vorschriften des Abschnitts 3 des Kapitels III sind sinngemäß anzuwenden. Die befugte Stelle des Mitgliedstaats, in dem eine öffentliche Urkunde aufgenommen worden ist, stellt auf Antrag die Bescheinigung unter Verwendung des Formblatts in Anhang VI dieser Verordnung aus.

Artikel 58

Vergleiche, die vor einem Gericht im Laufe eines Verfahrens geschlossen und in dem Mitgliedstaat, in dem sie errichtet wurden, vollstreckbar sind, werden in dem Vollstreckungsmitgliedstaat unter denselben Bedingungen wie öffentliche Urkunden vollstreckt. Das Gericht oder die sonst befugte Stelle des Mitgliedstaats, in dem ein Prozessvergleich geschlossen worden ist, stellt auf Antrag die Bescheinigung unter Verwendung des Formblatts in Anhang V dieser Verordnung aus.

Kapitel V: Allgemeine Vorschriften

Artikel 59

(1) Ist zu entscheiden, ob eine Partei im Hoheitsgebiet des Mitgliedstaats, dessen Gerichte angerufen sind, einen Wohnsitz hat, so wendet das Gericht sein Recht an.

(2) Hat eine Partei keinen Wohnsitz in dem Mitgliedstaat, dessen Gerichte angerufen sind, so wendet das Gericht, wenn es zu entscheiden hat, ob die Partei einen Wohnsitz in einem anderen Mitgliedstaat hat, das Recht dieses Mitgliedstaats an.

Artikel 60

(1) Gesellschaften und juristische Personen haben für die Anwendung dieser Verordnung ihren Wohnsitz an dem Ort, an dem sich

a) ihr satzungsmäßiger Sitz,

b) ihre Hauptverwaltung oder

c) ihre Hauptniederlassung

befindet.

(2) Im Falle des Vereinigten Königreichs und Irlands ist unter dem Ausdruck „satzungsmäßiger Sitz" das registered office oder, wenn ein solches nirgendwo besteht, der place of incorporation (Ort der Erlangung der Rechtsfähigkeit) oder, wenn ein solcher nirgendwo besteht, der Ort, nach dessen Recht die formation (Gründung) erfolgt ist, zu verstehen.

(3) Um zu bestimmen, ob ein trust seinen Sitz in dem Vertragsstaat hat, bei dessen Gerichten die Klage anhängig ist, wendet das Gericht sein Internationales Privatrecht an.

Artikel 61

Unbeschadet günstigerer innerstaatlicher Vorschriften können Personen, die ihren Wohnsitz im Hoheitsgebiet eines Mitgliedstaats haben und die vor den Strafgerichten eines anderen Mitgliedstaats, dessen Staatsangehörigkeit sie nicht besitzen, wegen einer fahrlässig begangenen Straftat verfolgt werden, sich von hierzu befugten Personen vertreten lassen, selbst wenn sie persönlich nicht erscheinen. Das Gericht kann jedoch das persönliche Erscheinen anordnen; wird diese Anordnung nicht befolgt, so braucht die Entscheidung, die über den Anspruch aus einem Rechtsverhältnis des Zivilrechts ergangen ist, ohne dass sich der Angeklagte verteidigen konnte, in den anderen Mitgliedstaaten weder anerkannt noch vollstreckt zu werden.

Artikel 62

(1) Bei den summarischen Verfahren betalningsföreläggande (Mahnverfahren) und handräckning (Beistandsverfahren) in Schweden umfasst der Begriff „Gericht" auch die schwedische kronofogdemyndighet (Amt für Beitreibung).

(2) In Unterhaltssachen umfasst der Begriff „Gericht" auch die dänischen Verwaltungsbehörden.

Artikel 63

(1) Eine Person, die ihren Wohnsitz im Hoheitsgebiet Luxemburgs hat und vor dem Gericht eines anderen Mitgliedstaats aufgrund des Artikels 5 Nummer 1 verklagt wird, hat die Möglichkeit, die Unzuständigkeit dieses Gerichts geltend zu machen, wenn sich der Bestimmungsort für die Lieferung beweglicher Sachen oder die Erbringung von Dienstleistungen in Luxemburg befindet.

(2) Befindet sich der Bestimmungsort für die Lieferung beweglicher Sachen oder die Erbringung von Dienstleistungen nach Absatz 1 in Luxemburg, so ist eine Gerichtsstandsvereinbarung nur rechtswirksam, wenn sie schriftlich oder mündlich mit schriftlicher Bestätigung im Sinne von Artikel 23 Absatz 1 Buchstabe a) angenommen wurde.

(3) Der vorliegende Artikel ist nicht anwendbar auf Verträge über Finanzdienstleistungen.

(4) Dieser Artikel gilt für die Dauer von sechs Jahren ab Inkrafttreten dieser Verordnung.

Artikel 64

(1) Bei Streitigkeiten zwischen dem Kapitän und einem Mitglied der Mannschaft eines in Griechenland oder in Portugal eingetragenen Seeschiffs über die Heuer oder sonstige Bedingungen des Dienstverhältnisses haben die Gerichte eines Mitgliedstaats zu überprüfen, ob der für das Schiff zuständige diplomatische oder konsulari-

sche Vertreter von der Streitigkeit unterrichtet worden ist. Sie können entscheiden, sobald dieser Vertreter unterrichtet ist.

(2) Dieser Artikel gilt für die Dauer von sechs Jahren ab Inkrafttreten dieser Verordnung.

Artikel 65

(1) Die in Artikel 6 Nummer 2 und Artikel 11 für eine Gewährleistungs- oder Interventionsklage vorgesehene Zuständigkeit kann in Deutschland, Österreich und Ungarn nicht geltend gemacht werden. Jede Person, die ihren Wohnsitz in einem anderen Mitgliedstaat hat, kann vor Gericht geladen werden

a) in Deutschland nach den §§ 68 und 72 bis 74 der Zivilprozessordnung, die für die Streitverkündung gelten,

b) in Österreich nach § 21 der Zivilprozessordnung, der für die Streitverkündung gilt,

c) in Ungarn nach den §§ 58 bis 60 der Zivilprozessordnung (Polgári perrendtartás), die für die Streitverkündung gelten.

(2) Entscheidungen, die in den anderen Mitgliedstaaten aufgrund des Artikels 6 Nummer 2 und des Artikels 11 ergangen sind, werden in Deutschland, Österreich und Ungarn nach Kapitel III anerkannt und vollstreckt. Die Wirkungen, welche die in diesen Staaten ergangenen Entscheidungen nach Absatz 1 gegenüber Dritten haben, werden auch in den anderen Mitgliedstaaten anerkannt.

KAPITEL VI: ÜBERGANGSVORSCHRIFTEN

Artikel 66

(1) Die Vorschriften dieser Verordnung sind nur auf solche Klagen und öffentliche Urkunden anzuwenden, die erhoben bzw. aufgenommen worden sind, nachdem diese Verordnung in Kraft getreten ist.

(2) Ist die Klage im Ursprungsmitgliedstaat vor dem Inkrafttreten dieser Verordnung erhoben worden, so werden nach diesem Zeitpunkt erlassene Entscheidungen nach Maßgabe des Kapitels III anerkannt und zur Vollstreckung zugelassen,

a) wenn die Klage im Ursprungsmitgliedstaat erhoben wurde, nachdem das Brüsseler Übereinkommen oder das Übereinkommen von Lugano sowohl im Ursprungsmitgliedstaat als auch in dem Mitgliedstaat, in dem die Entscheidung geltend gemacht wird, in Kraft getreten war;

b) in allen anderen Fällen, wenn das Gericht aufgrund von Vorschriften zuständig war, die mit den Zuständigkeitsvorschriften des Kapitels II oder eines Abkommens übereinstimmen, das im Zeitpunkt der Klageerhebung zwischen dem Ursprungsmitgliedstaat und dem Mitgliedstaat, in dem die Entscheidung geltend gemacht wird, in Kraft war.

KAPITEL VII: VERHÄLTNIS ZU ANDEREN RECHTSINSTRUMENTEN

Artikel 67

Diese Verordnung berührt nicht die Anwendung der Bestimmungen, die für besondere Rechtsgebiete die gerichtliche Zuständigkeit oder die Anerkennung und Vollstreckung von Entscheidungen regeln und in gemeinschaftlichen Rechtsakten oder in dem in Ausführung dieser Akte harmonisierten einzelstaatlichen Recht enthalten sind.

Artikel 68

(1) Diese Verordnung tritt im Verhältnis zwischen den Mitgliedstaaten an die Stelle des Brüsseler Übereinkommens, außer hinsichtlich der Hoheitsgebiete der Mitgliedstaaten, die in den territorialen Anwendungsbereich dieses Übereinkommens fallen und aufgrund der Anwendung von Artikel 299 des Vertrags zur Gründung der Europäischen Gemeinschaft von der vorliegenden Verordnung ausgeschlossen sind.

(2) Soweit diese Verordnung die Bestimmungen des Brüsseler Übereinkommens zwischen den Mitgliedstaaten ersetzt, gelten Verweise auf dieses Übereinkommen als Verweise auf die vorliegende Verordnung.

Artikel 69

Diese Verordnung ersetzt unbeschadet des Artikels 66 Absatz 2 und des Artikels 70 im Verhältnis zwischen den Mitgliedstaaten die nachstehenden Abkommen und Verträge:

- das am 8. Juli 1899 in Paris unterzeichnete belgisch-französische Abkommen über die gerichtliche Zuständigkeit, die Anerkennung und die Vollstreckung von gerichtlichen Entscheidungen, Schiedssprüchen und öffentlichen Urkunden;

- das am 28. März 1925 in Brüssel unterzeichnete belgisch-niederländische Abkommen über die Zuständigkeit der Gerichte, den Konkurs sowie die Anerkennung und die Vollstreckung von gerichtlichen Entscheidungen, Schiedssprüchen und öffentlichen Urkunden;
- das am 3. Juni 1930 in Rom unterzeichnete französisch-italienische Abkommen über die Vollstreckung gerichtlicher Urteile in Zivil- und Handelssachen;
- das am 18. Januar 1934 in Paris unterzeichnete britisch-französische Abkommen über die gegenseitige Vollstreckung gerichtlicher Entscheidungen in Zivil- und Handelssachen mit Protokoll;
- das am 2. Mai 1934 in Brüssel unterzeichnete britisch-belgische Abkommen über die gegenseitige Vollstreckung gerichtlicher Entscheidungen in Zivil- und Handelssachen mit Protokoll;
- das am 9. März 1936 in Rom unterzeichnete deutsch-italienische Abkommen über die Anerkennung und Vollsteckung gerichtlicher Entscheidungen in Zivil- und Handelssachen;
- das am 25. Oktober 1957 in Wien unterzeichnete belgisch-österreichische Abkommen über die gegenseitige Anerkennung und Vollstreckung von gerichtlichen Entscheidungen und öffentlichen Urkunden betreffend Unterhaltsverpflichtungen;
- das am 30. Juni 1958 in Bonn unterzeichnete deutsch-belgische Abkommen über die gegenseitige Anerkennung und Vollstreckung von gerichtlichen Entscheidungen, Schiedssprüchen und öffentlichen Urkunden in Zivil- und Handelssachen;
- das am 17. April 1959 in Rom unterzeichnete niederländisch-italienische Abkommen über die Anerkennung und Vollstreckung gerichtlicher Entscheidungen in Zivil- und Handelssachen;
- den am 6. Juni 1959 in Wien unterzeichneten deutsch-österreichischen Vertrag über die gegenseitige Anerkennung und Vollstreckung von gerichtlichen Entscheidungen, Vergleichen und öffentlichen Urkunden in Zivil- und Handelssachen;
- das am 16. Juni 1959 in Wien unterzeichnete belgisch-österreichische Abkommen über die gegenseitige Anerkennung und Vollstreckung von gerichtlichen Entscheidungen, Schiedssprüchen und öffentlichen Urkunden auf dem Gebiet des Zivil- und Handelsrechts;
- das am 14. Juli 1960 in Bonn unterzeichnete deutsch-britische Abkommen über die gegenseitige Anerkennung und Vollstreckung von gerichtlichen Entscheidungen in Zivil- und Handelssachen;
- den am 14. Juli 1961 in Wien unterzeichneten britisch-österreichischen Vertrag über die gegenseitige Anerkennung und Vollstreckung gerichtlicher Entscheidungen in Zivil- und Handelssachen und das am 6. März 1970 in London unterzeichnete Protokoll;
- den am 4. November 1961 in Athen unterzeichneten Vertrag zwischen der Bundesrepublik Deutschland und dem Königreich Griechenland über die gegenseitige Anerkennung und Vollstreckung von gerichtlichen Entscheidungen, Vergleichen und öffentlichen Urkunden in Zivil- und Handelssachen;
- das am 6. April 1962 in Rom unterzeichnete belgisch-italienische Abkommen über die Anerkennung und Vollstreckung von gerichtlichen Entscheidungen und anderen vollstreckbaren Titeln in Zivil- und Handelssachen;
- den am 30. August 1962 in Den Haag unterzeichneten deutsch-niederländischen Vertrag über gegenseitige Anerkennung und Vollstreckung gerichtlicher Entscheidungen und anderer Schuldtitel in Zivil- und Handelssachen;
- das am 6. Februar 1963 in Den Haag unterzeichnete niederländisch-österreichische Abkommen über die gegenseitige Anerkennung und Vollstreckung von gerichtlichen Entscheidungen und öffentlichen Urkunden auf dem Gebiet des Zivil- und Handelsrechts;
- das am 7. Februar 1964 in Rom unterzeichnete britisch-italienische Abkommen über die gegenseitige Anerkennung und Vollstreckung gerichtlicher Entscheidungen in Zivil- und Handelssachen und das am 14. Juli 1970 in Rom unterzeichnete Zusatzprotokoll;
- das am 15. Juli 1966 in Wien unterzeichnete französisch-österreichische Abkommen über die Anerkennung und die Vollstreckung von gerichtlichen Entscheidungen und öffentlichen Urkunden auf dem Gebiet des Zivil- und Handelsrechts;
- das am 17. November 1967 in Den Haag unterzeichnete britisch-niederländische Abkommen über die gegenseitige Anerkennung und Vollstreckung gerichtlicher Entscheidungen in Zivilsachen;
- das am 28. Mai 1969 in Paris unterzeichnete französisch-spanische Abkommen über die Anerkennung und Vollstreckung von gerichtlichen Entscheidungen und Schiedssprüchen in Zivil- und Handelssachen;

- das am 29. Juli 1971 in Luxemburg unterzeichnete luxemburgisch-österreichische Abkommen über die Anerkennung und die Vollstreckung von gerichtlichen Entscheidungen und öffentlichen Urkunden auf dem Gebiet des Zivil- und Handelsrechts;
- das am 16. November 1971 in Rom unterzeichnete italienisch-österreichische Abkommen über die Anerkennung und Vollstreckung von gerichtlichen Entscheidungen in Zivil- und Handelssachen, von gerichtlichen Vergleichen und von Notariatsakten;
- das am 22. Mai 1973 in Madrid unterzeichnete italienisch-spanische Abkommen über die Rechtshilfe und die Anerkennung und Vollstreckung gerichtlicher Entscheidungen in Zivil- und Handelssachen;
- das am 11. Oktober 1977 in Kopenhagen unterzeichnete Übereinkommen zwischen Dänemark, Finnland, Island, Norwegen und Schweden über die Anerkennung und Vollstreckung gerichtlicher Entscheidungen in Zivilsachen;
- das am 16. September 1982 in Stockholm unterzeichnete österreichisch-schwedische Abkommen über die Anerkennung und die Vollstreckung von Entscheidungen in Zivilsachen;
- den am 14. November 1983 in Bonn unterzeichneten deutsch-spanischen Vertrag über die Anerkennung und Vollstreckung von gerichtlichen Entscheidungen und Vergleichen sowie vollstreckbaren öffentlichen Urkunden in Zivil- und Handelssachen;
- das am 17. Februar 1984 in Wien unterzeichnete österreichisch-spanische Abkommen über die Anerkennung und die Vollstreckung von gerichtlichen Entscheidungen, Vergleichen und vollstreckbaren öffentlichen Urkunden in Zivil- und Handelssachen;
- das am 17. November 1986 in Wien unterzeichnete finnisch-österreichische Abkommen über die Anerkennung und die Vollstreckung von Entscheidungen in Zivilsachen;

und, insoweit als er in Kraft ist,

- den am 24. November 1961 in Brüssel unterzeichneten belgisch-niederländisch-luxemburgischen Vertrag über die gerichtliche Zuständigkeit, den Konkurs, die Anerkennung und die Vollstreckung von gerichtlichen Entscheidungen, Schiedssprüchen und öffentlichen Urkunden;
- das am 23. November 1927 in Lissabon unterzeichnete Abkommen zwischen der Tschechoslowakischen Republik und Portugal über die Anerkennung und Vollstreckung gerichtlicher Entscheidungen, das zwischen der Tschechischen Republik und Portugal noch in Kraft ist
- das am 16. Dezember 1954 in Wien unterzeichnete Abkommen zwischen der Föderativen Volksrepublik Jugoslawien und der Republik Österreich über die justizielle Zusammenarbeit;
- das am 6. März 1959 in Budapest unterzeichnete Abkommen zwischen der Volksrepublik Polen und der Volksrepublik Ungarn über die Rechtshilfe in Zivil-, Familien- und Strafsachen;
- das am 18. Juni 1959 in Athen unterzeichnete Abkommen zwischen der Föderativen Volksrepublik Jugoslawien und dem Königreich Griechenland über die gegenseitige Anerkennung und Vollstreckung gerichtlicher Entscheidungen;
- das am 6. Februar 1960 in Warschau unterzeichnete Abkommen zwischen der Volksrepublik Polen und der Föderativen Volksrepublik Jugoslawien über die Rechtshilfe in Zivil- und Strafsachen, das nun zwischen Polen und Slowenien in Kraft ist;
- das am 18. März 1960 in Belgrad unterzeichnete Abkommen zwischen der Föderativen Volksrepublik Jugoslawien und der Republik Österreich über die gegenseitige Anerkennung und die Vollstreckung von Schiedssprüchen und schiedsgerichtlichen Vergleichen in Handelssachen;
- das am 10. Oktober 1961 in Wien unterzeichnete Abkommen zwischen der Föderativen Volksrepublik Jugoslawien und der Republik Österreich über die gegenseitige Anerkennung und die Vollstreckung gerichtlicher Entscheidungen in Unterhaltssachen;
- das am 11. Dezember 1963 in Wien unterzeichnete polnisch-österreichische Abkommen über die gegenseitigen Beziehungen in Zivilsachen und über Urkunden;
- den am 20. Januar 1964 in Belgrad unterzeichneten Vertrag zwischen der Tschechoslowakischen Sozialistischen Republik und der Sozialistischen Föderativen Republik Jugoslawien über die Schlichtung von Rechtsbeziehungen in Zivil-, Familien- und Strafsachen, der zwischen der Tschechischen Republik, der Slowakei und Slowenien noch in Kraft ist;
- das am 5. April 1967 in Warschau geschlossene polnisch-französische Abkommen über das anwendbare Recht, die Rechtsprechung und die Vollstreckung gerichtlicher Entscheidungen im Bereich des Personenstands- und Familienrechts;

- das am 18. Mai 1971 in Paris unterzeichnete Abkommen zwischen den Regierungen Jugoslawiens und Frankreichs über Anerkennung und die Vollstreckung gerichtlicher Entscheidungen in Zivil- und Handelssachen;
- das am 12. Dezember 1973 in Belgrad unterzeichnete Abkommen zwischen der Sozialistischen Föderativen Republik Jugoslawien und dem Königreich Belgien über die Anerkennung und Vollstreckung gerichtlicher Entscheidungen in Unterhaltssachen;
- das am 8. Oktober 1979 in Budapest unterzeichnete ungarisch-griechische Abkommen über die Rechtshilfe in Zivil- und Strafsachen;
- das am 24. Oktober 1979 in Athen unterzeichnete polnisch-griechische Abkommen über die Rechtshilfe in Zivil- und Strafsachen;
- das am 31. Juli 1980 in Budapest unterzeichnete ungarisch-französische Abkommen über die Rechtshilfe in Zivil- und Familiensachen und über die Anerkennung und Vollstreckung gerichtlicher Entscheidungen sowie die Rechtshilfe in Strafsachen und die Auslieferung;
- den am 22. Oktober 1980 in Athen unterzeichneten Vertrag zwischen der Tschechoslowakischen Sozialistischen Republik und der Hellenischen Republik über die Rechtshilfe in Zivil- und Strafsachen, der zwischen der Tschechischen Republik, der Slowakei und Griechenland noch in Kraft ist;
- das am 30. November 1981 in Nikosia unterzeichnete Abkommen zwischen der Republik Zypern und der Volksrepublik Ungarn über die Rechtshilfe in Zivil- und Strafsachen;
- der am 23. April 1982 in Nikosia unterzeichnete Vertrag zwischen der Tschechoslowakischen Sozialistischen Republik und der Republik Zypern über die Rechtshilfe in Zivil- und Strafsachen, das zwischen der Tschechischen Republik, der Slowakei und Zypern noch in Kraft ist;
- das am 5. März 1984 in Nikosia unterzeichnete Abkommen zwischen der Republik Zypern und der Republik Griechenland über die rechtliche Zusammenarbeit in Zivil-, Familien-, Handels- und Strafsachen;
- den am 10. Mai 1984 in Paris unterzeichneten Vertrag zwischen der Regierung der Tschechoslowakischen Sozialistischen Republik und der Regierung der Französischen Republik über die Rechtshilfe und die Anerkennung und Vollstreckung gerichtlicher Entscheidungen in Zivil-, Familien- und Handelssachen, der zwischen der Tschechischen Republik, der Slowakei und Frankreich noch in Kraft ist;
- das am 19. September 1984 in Nikosia unterzeichnete Abkommen zwischen der Republik Zypern und der Sozialistischen Föderativen Republik Jugoslawien über die Rechtshilfe in Zivil- und Strafsachen, das nun zwischen Zypern und Slowenien in Kraft ist;
- das am 19. September 1984 in Nikosia unterzeichnete Abkommen zwischen der Republik Zypern und der Sozialistischen Föderativen Republik Jugoslawien über die Rechtshilfe in Zivil- und Strafsachen, das nun zwischen Zypern und Slowenien in Kraft ist;
- den am 6. Dezember 1985 in Prag unterzeichneten Vertrag zwischen der Tschechoslowakischen Sozialistischen Republik und der Italienischen Republik über die Rechtshilfe in Zivil- und Strafsachen, der zwischen der Tschechischen Republik, der Slowakei und Italien noch in Kraft ist;
- den am 4. Mai 1987 in Madrid unterzeichneten Vertrag zwischen der Tschechoslowakischen Sozialistischen Republik und dem Königreich Spanien über die Rechtshilfe sowie die Anerkennung und Vollstreckung gerichtlicher Entscheidungen in Zivilsachen, der zwischen der Tschechischen Republik, der Slowakei und Spanien noch in Kraft ist;
- den am 21. Dezember 1987 in Warschau unterzeichneten Vertrag zwischen der Tschechoslowakischen Sozialistischen Republik und der Volksrepublik Polen über die Rechtshilfe und die Schlichtung von Rechtsbeziehungen in Zivil-, Familien-, Arbeits- und Strafsachen, der zwischen der Tschechischen Republik, der Slowakei und Polen noch in Kraft ist;
- den am 28. März 1989 in Bratislava unterzeichneten Vertrag zwischen der Tschechoslowakischen Sozialistischen Republik und der Volksrepublik Ungarn über die Rechtshilfe und die Schlichtung von Rechtsbeziehungen in Zivil-, Familien-, und Strafsachen, der zwischen der Tschechischen Republik, der Slowakei und Ungarn noch in Kraft ist;
- das am 28. April 1989 in Warschau unterzeichnete polnisch-italienische Abkommen über gerichtliche Hilfe und die Anerkennung und Vollstreckung gerichtlicher Entscheidungen in Zivilsachen;
- den am 29. Oktober 1992 in Prag unterzeichneten Vertrag zwischen der Tschechischen Republik und der Slowakischen Republik über die von Gerichten geleistete Rechtshilfe sowie Schlichtung bestimmter rechtlicher Beziehungen in Zivil- und Strafsachen;
- das am 11. November 1992 in Tallinn unterzeichnete Abkommen zwischen der Republik Lettland, der Republik Estland und der Republik Litauen über Rechtshilfe und Rechtsbeziehungen;

- das am 26. Januar 1993 in Warschau unterzeichnete Abkommen zwischen der Republik Polen und der Republik Litauen über Rechtshilfe und Rechtsbeziehungen in Zivil-, Familien-, Arbeits- und Strafsachen;
- das am 23. Februar 1994 in Riga unterzeichnete Abkommen zwischen der Republik Lettland und der Republik Polen über Rechtshilfe und Rechtsbeziehungen in Zivil-, Familien-, Arbeits- und Strafsachen;
- das am 14. November 1996 in Nikosia unterzeichnete Abkommen zwischen der Republik Zypern und der Republik Polen über die rechtliche Zusammenarbeit in Zivil- und Strafsachen;
- das am 27. November 1998 in Tallinn unterzeichnete estnisch-polnische Abkommen über Rechtshilfe und Rechtsbeziehungen in Zivil-, Arbeits- und Strafsachen.

Artikel 70

(1) Die in Artikel 69 angeführten Abkommen und Verträge behalten ihre Wirksamkeit für die Rechtsgebiete, auf die diese Verordnung nicht anzuwenden ist.

(2) Sie bleiben auch weiterhin für die Entscheidungen und die öffentlichen Urkunden wirksam, die vor Inkrafttreten dieser Verordnung ergangen oder aufgenommen sind.

Artikel 71

(1) Diese Verordnung lässt Übereinkommen unberührt, denen die Mitgliedstaaten angehören und die für besondere Rechtsgebiete die gerichtliche Zuständigkeit, die Anerkennung oder die Vollstreckung von Entscheidungen regeln.

(2) Um eine einheitliche Auslegung des Absatzes 1 zu sichern, wird dieser Absatz in folgender Weise angewandt:

a) Diese Verordnung schließt nicht aus, dass ein Gericht eines Mitgliedstaats, der Vertragspartei eines Übereinkommens über ein besonderes Rechtsgebiet ist, seine Zuständigkeit auf ein solches Übereinkommen stützt, und zwar auch dann, wenn der Beklagte seinen Wohnsitz im Hoheitsgebiet eines Mitgliedstaats hat, der nicht Vertragspartei eines solchen Übereinkommens ist. In jedem Fall wendet dieses Gericht Artikel 26 dieser Verordnung an.

b) Entscheidungen, die in einem Mitgliedstaat von einem Gericht erlassen worden sind, das seine Zuständigkeit auf ein Übereinkommen über ein besonderes Rechtsgebiet gestützt hat, werden in den anderen Mitgliedstaaten nach dieser Verordnung anerkannt und vollstreckt.

Sind der Ursprungsmitgliedstaat und der ersuchte Mitgliedstaat Vertragsparteien eines Übereinkommens über ein besonderes Rechtsgebiet, welches die Voraussetzungen für die Anerkennung und Vollstreckung von Entscheidungen regelt, so gelten diese Voraussetzungen. In jedem Fall können die Bestimmungen dieser Verordnung über das Verfahren zur Anerkennung und Vollstreckung von Entscheidungen angewandt werden.

Artikel 72

Diese Verordnung lässt Vereinbarungen unberührt, durch die sich die Mitgliedstaaten vor Inkrafttreten dieser Verordnung nach Artikel 59 des Brüsseler Übereinkommens verpflichtet haben, Entscheidungen der Gerichte eines anderen Vertragsstaats des genannten Übereinkommens gegen Beklagte, die ihren Wohnsitz oder gewöhnlichen Aufenthalt im Hoheitsgebiet eines dritten Staates haben, nicht anzuerkennen, wenn die Entscheidungen in den Fällen des Artikels 4 des genannten Übereinkommens nur in einem der in Artikel 3 Absatz 2 des genannten Übereinkommens angeführten Gerichtsstände ergehen können.

KAPITEL VIII. SCHLUSSVORSCHRIFTEN

Artikel 73

Die Kommission legt dem Europäischen Parlament, dem Rat und dem Wirtschafts- und Sozialausschuss spätestens fünf Jahre nach Inkrafttreten dieser Verordnung einen Bericht über deren Anwendung vor. Diesem Bericht sind gegebenenfalls Vorschläge zur Anpassung der Verordnung beizufügen.

Artikel 74

(1) Die Mitgliedstaaten notifizieren der Kommission die Texte, durch welche die Listen in den Anhängen I bis IV geändert werden. Die Kommission passt die betreffenden Anhänge entsprechend an.

(2) Aktualisierungen oder technische Anpassungen der in den Anhängen V und VI wiedergegebenen Formblätter werden von der Kommission beschlossen. Diese Maßnahmen zur Änderung nicht wesentlicher Bestim-

mungen dieser Verordnung werden nach dem in Artikel 75 Absatz 2 genannten Regelungsverfahren mit Kontrolle erlassen.

Artikel 75

(1) Die Kommission wird von einem Ausschuss unterstützt.

(2) Wird auf diesen Absatz Bezug genommen, so gelten Artikel 5a Absätze 1 bis 4 und Artikel 7 des Beschlusses 1999/468/EG unter Beachtung von dessen Artikel 8.

Artikel 76

Diese Verordnung tritt am 1. März 2002 in Kraft.

Diese Verordnung ist in allen ihren Teilen verbindlich und gilt gemäß dem Vertrag zur Gründung der Europäischen Gemeinschaft unmittelbar in den Mitgliedstaaten.

V. Beweisverordnung

Verordnung (EG) Nr. 1206/2001 des Rates vom 28. Mai 2001 über die Zusammenarbeit zwischen den Gerichten der Mitgliedstaaten auf dem Gebiet der Beweisaufnahme in Zivil- oder Handelssachen
Amtsblatt Nr. L 174 vom 27/06/2001 S. 0001–0024

DER RAT DER EUROPÄISCHEN UNION –

gestützt auf den Vertrag zur Gründung der Europäischen Gemeinschaft, insbesondere auf Artikel 61 Buchstabe c) und Artikel 67 Absatz 1,

auf Initiative der Bundesrepublik Deutschland[(1)],

nach Stellungnahme des Europäischen Parlaments[(2)],

nach Stellungnahme des Wirtschafts- und Sozialausschusses[(3)],

in Erwägung nachstehender Gründe:

(1) Die Union hat sich zum Ziel gesetzt, einen Raum der Freiheit, der Sicherheit und des Rechts, in dem die Freizügigkeit gewährleistet ist, zu erhalten und weiterzuentwickeln. Zum schrittweisen Aufbau dieses Raums erlässt die Gemeinschaft unter anderem im Bereich der justiziellen Zusammenarbeit in Zivilsachen die für das reibungslose Funktionieren des Binnenmarkts erforderlichen Maßnahmen.

(2) Für das reibungslose Funktionieren des Binnenmarkts sollte die Zusammenarbeit zwischen den Gerichten auf dem Gebiet der Beweisaufnahme verbessert, insbesondere vereinfacht und beschleunigt werden.

(3) Der Europäische Rat hat auf seiner Tagung vom 15. und 16. Oktober 1999 in Tampere daran erinnert, dass neue verfahrensrechtliche Vorschriften für grenzüberschreitende Fälle, insbesondere im Bereich der Beweisaufnahme, auszuarbeiten sind.

(4) Dieser Bereich fällt unter Artikel 65 des Vertrags.

(5) Da die Ziele dieser Verordnung – die Verbesserung der Zusammenarbeit zwischen den Gerichten auf dem Gebiet der Beweisaufnahme in Zivil- oder Handelssachen – auf der Ebene der Mitgliedstaaten nicht ausreichend erreicht werden können und daher besser auf Gemeinschaftsebene erreicht werden können, kann die Gemeinschaft diese Maßnahmen im Einklang mit dem in Artikel 5 des Vertrags niedergelegten Grundsatz der Subsidiarität annehmen. Entsprechend dem in demselben Artikel niedergelegten Verhältnismäßigkeitsprinzip geht diese Verordnung nicht über das für die Erreichung dieser Ziele erforderliche Maß hinaus.

(6) Bislang gibt es auf dem Gebiet der Beweisaufnahme keine alle Mitgliedstaaten bindende Übereinkunft. Das Haager Übereinkommen vom 18. März 1970 über die Beweisaufnahme im Ausland in Zivil- oder Handelssachen gilt nur zwischen elf Mitgliedstaaten der Europäischen Union.

(7) Da es für eine Entscheidung in einem bei einem Gericht eines Mitgliedstaats anhängigen zivil- oder handelsrechtlichen Verfahren oft erforderlich ist, in einem anderen Mitgliedstaat Beweis erheben zu lassen, darf sich die Tätigkeit der Gemeinschaft nicht auf den unter die Verordnung (EG) Nr. 1348/2000 des Rates vom 29. Mai 2000 über die Zustellung gerichtlicher und außergerichtlicher Schriftstücke in Zivil- oder Handelssachen

---

(1) ABl. C 314 vom 3.11.2000, S. 2.

(2) Stellungnahme vom 14. März 2001 (noch nicht im Amtsblatt veröffentlicht).

(3) Stellungnahme vom 28. Februar 2001 (noch nicht im Amtsblatt veröffentlicht).

in den Mitgliedstaaten[(4)] fallenden Bereich der Übermittlung gerichtlicher und außergerichtlicher Schriftstücke in Zivil- und Handelssachen beschränken. Daher muss die Zusammenarbeit der Gerichte der Mitgliedstaaten auf dem Gebiet der Beweisaufnahme weiter verbessert werden.

(8) Eine effiziente Abwicklung gerichtlicher Verfahren in Zivil- oder Handelssachen setzt voraus, dass die Übermittlung der Ersuchen um Beweisaufnahme und deren Erledigung direkt und auf schnellstmöglichem Wege zwischen den Gerichten der Mitgliedstaaten erfolgt.

(9) Eine schnelle Übermittlung der Ersuchen um Beweisaufnahme erfordert den Einsatz aller geeigneten Mittel, wobei bestimmte Bedingungen hinsichtlich der Lesbarkeit und der Zuverlässigkeit des eingegangenen Dokuments zu beachten sind. Damit ein Hoechstmaß an Klarheit und Rechtssicherheit gewährleistet ist, müssen die Ersuchen um Beweisaufnahme anhand eines Formblatts übermittelt werden, das in der Sprache des Mitgliedstaats des ersuchten Gerichts oder in einer anderen von diesem Staat anerkannten Sprache auszufuellen ist. Aus denselben Gründen empfiehlt es sich, auch für die weitere Kommunikation zwischen den betreffenden Gerichten nach Möglichkeit Formblätter zu verwenden.

(10) Ein Ersuchen um Beweisaufnahme sollte rasch erledigt werden. Kann das Ersuchen innerhalb von 90 Tagen nach Eingang bei dem ersuchten Gericht nicht erledigt werden, so sollte dieses das ersuchende Gericht hiervon unter Angabe der Gründe, die einer zügigen Erledigung des Ersuchens entgegenstehen, in Kenntnis zu setzen.

(11) Um die Wirksamkeit dieser Verordnung zu gewährleisten, ist die Möglichkeit, die Erledigung eines Ersuchens um Beweisaufnahme abzulehnen, auf eng begrenzte Ausnahmefälle zu beschränken.

(12) Das ersuchte Gericht sollte das Ersuchen nach Maßgabe des Rechts seines Mitgliedstaats erledigen.

(13) Die Parteien und gegebenenfalls ihre Vertreter sollten der Beweisaufnahme beiwohnen können, wenn dies im Recht des Mitgliedstaats des ersuchenden Gerichts vorgesehen ist, damit sie die Verhandlungen wie im Falle einer Beweisaufnahme im Mitgliedstaat des ersuchenden Gerichts verfolgen können. Sie sollten auch das Recht haben, die Beteiligung an den Verhandlungen zu beantragen, damit sie an der Beweisaufnahme aktiver mitwirken können. Die Bedingungen jedoch, unter denen sie teilnehmen dürfen, sollten vom ersuchten Gericht nach Maßgabe des Rechts seines Mitgliedstaats festgelegt werden.

(14) Die Beauftragten des ersuchenden Gerichts sollten der Beweisaufnahme beiwohnen können, wenn dies mit dem Recht des Mitgliedstaats des ersuchenden Gerichts vereinbar ist, damit eine bessere Beweiswürdigung erfolgen kann. Sie sollten ebenfalls das Recht haben, die Beteiligung an den Verhandlungen zu beantragen – wobei die vom ersuchten Gericht nach Maßgabe des Rechts seines Mitgliedstaats festgelegten Bedingungen zu beachten sind –, damit sie an der Beweisaufnahme aktiver mitwirken können.

(15) Damit die Beweisaufnahme erleichtert wird, sollte es einem Gericht in einem Mitgliedstaat möglich sein, nach seinem Recht in einem anderen Mitgliedstaat mit dessen Zustimmung unmittelbar Beweis zu erheben, wobei die von der Zentralstelle oder der zuständigen Behörde des ersuchten Mitgliedstaats festgelegten Bedingungen zu beachten sind.

(16) Für die Erledigung des Ersuchens nach Artikel 10 sollte keine Erstattung von Gebühren und Auslagen verlangt werden dürfen. Falls jedoch das ersuchte Gericht die Erstattung verlangt, sollten die Aufwendungen für Sachverständige und Dolmetscher sowie die aus der Anwendung von Artikel 10 Absätze 3 und 4 entstehenden Auslagen nicht von jenem Gericht getragen werden. In einem solchen Fall hat das ersuchende Gericht die erforderlichen Maßnahmen zu ergreifen, um die unverzügliche Erstattung sicherzustellen. Wird die Stellungnahme eines Sachverständigen verlangt, kann das ersuchte Gericht vor der Erledigung des Ersuchens das ersuchende Gericht um eine angemessene Kaution oder einen angemessenen Vorschuss für die Sachverständigenkosten bitten.

(17) Diese Verordnung sollte in ihrem Anwendungsbereich Vorrang vor den Bestimmungen zwischen den Mitgliedstaaten geschlossener internationaler Übereinkommen haben. Es sollte den Mitgliedstaaten freistehen, untereinander Übereinkünfte oder Vereinbarungen zur weiteren Vereinfachung der Zusammenarbeit auf dem Gebiet der Beweisaufnahme zu treffen, sofern diese Übereinkünfte oder Vereinbarungen mit dieser Verordnung vereinbar sind.

(18) Die nach dieser Verordnung übermittelten Daten müssen geschützt werden. Da die Richtlinie 95/46/EG des Europäischen Parlaments und des Rates vom 24. Oktober 1995 zum Schutz natürlicher Personen bei der Verarbeitung personenbezogener Daten und zum freien Datenverkehr[(5)] und die Richtlinie 97/66/EG des Europäischen Parlaments und des Rates vom 15. Dezember 1997 über die Verarbeitung personenbezogener Daten

(4) ABl. L 160 vom 30.6.2000, S. 37.
(5) ABl. L 281 vom 23.11.1995, S. 31.

und den Schutz der Privatsphäre im Bereich der Telekommunikation[6] Anwendung finden, sind entsprechende spezielle Bestimmungen in dieser Verordnung über Datenschutz nicht erforderlich.

(19) Die zur Durchführung dieser Verordnung erforderlichen Maßnahmen sollten gemäß dem Beschluss 99/468/EG des Rates vom 28. Juni 1999 zur Festlegung der Modalitäten für die Ausübung der der Kommission übertragenen Durchführungsbefugnisse[7] erlassen werden.

(20) Um eine einwandfreie Anwendung dieser Verordnung sicherzustellen, sollte die Kommission deren Durchführung prüfen und gegebenenfalls die notwendigen Änderungen vorschlagen.

(21) Das Vereinigte Königreich und Irland haben gemäß Artikel 3 des dem Vertrag über die Europäische Union und dem Vertrag zur Gründung der Europäischen Gemeinschaft beigefügten Protokolls über die Position des Vereinigten Königreichs und Irlands mitgeteilt, dass sie sich an der Annahme und Anwendung dieser Verordnung beteiligen möchten.

(22) Dänemark beteiligt sich gemäß den Artikeln 1 und 2 des dem Vertrag über die Europäische Union und dem Vertrag zur Gründung der Europäischen Gemeinschaft beigefügten Protokolls über die Position Dänemarks nicht an der Annahme dieser Verordnung, die daher für Dänemark nicht bindend und Dänemark gegenüber nicht anwendbar ist –

HAT FOLGENDE VERORDNUNG ERLASSEN:

KAPITEL I: ALLGEMEINE BESTIMMUNGEN

Artikel 1: Anwendungsbereich

(1) Diese Verordnung ist in Zivil- oder Handelssachen anzuwenden, wenn das Gericht eines Mitgliedstaats nach seinen innerstaatlichen Rechtsvorschriften

a) das zuständige Gericht eines anderen Mitgliedstaats um Beweisaufnahme ersucht, oder

b) darum ersucht, in einem anderen Mitgliedstaat unmittelbar Beweis erheben zu dürfen.

(2) Um Beweisaufnahme darf nicht ersucht werden, wenn die Beweise nicht zur Verwendung in einem bereits eingeleiteten oder zu eröffnenden gerichtlichen Verfahren bestimmt sind.

(3) Im Sinne dieser Verordnung bezeichnet der Ausdruck „Mitgliedstaat" die Mitgliedstaaten mit Ausnahme Dänemarks.

Artikel 2: Unmittelbarer Geschäftsverkehr zwischen den Gerichten

(1) Ersuchen nach Artikel 1 Absatz 1 Buchstabe a) (nachstehend „Ersuchen" genannt) sind von dem Gericht, bei dem das Verfahren eingeleitet wurde oder eröffnet werden soll (nachstehend „ersuchendes Gericht" genannt), unmittelbar dem zuständigen Gericht eines anderen Mitgliedstaats (nachstehend „ersuchtes Gericht" genannt) zur Durchführung der Beweisaufnahme zu übersenden.

(2) Jeder Mitgliedstaat erstellt eine Liste der für die Durchführung von Beweisaufnahmen nach dieser Verordnung zuständigen Gerichte. In dieser Liste ist auch der örtliche Zuständigkeitsbereich und gegebenenfalls die besondere fachliche Zuständigkeit dieser Gerichte anzugeben.

Artikel 3: Zentralstelle

(1) Jeder Mitgliedstaat bestimmt eine Zentralstelle, die

a) den Gerichten Auskünfte erteilt;

b) nach Lösungswegen sucht, wenn bei einem Ersuchen Schwierigkeiten auftreten;

c) in Ausnahmefällen auf Ersuchen eines ersuchenden Gerichts ein Ersuchen an das zuständige Gericht weiterleitet;

(2) Bundesstaaten, Staaten mit mehreren Rechtssystemen oder Staaten mit autonomen Gebietskörperschaften können mehrere Zentralstellen bestimmen.

(3) Jeder Mitgliedstaat benennt ferner die in Absatz 1 genannte Zentralstelle oder eine oder mehrere zuständige Behörden als verantwortliche Stellen für Entscheidungen über Ersuchen nach Artikel 17.

---

(6) ABl. L 24 vom 30.1.1998, S. 1.

(7) ABl. L 184 vom 17.7.1999, S. 23.

KAPITEL II: ÜBERMITTLUNG UND ERLEDIGUNG DER ERSUCHEN

Abschnitt 1: Übermittlung des Ersuchens

Artikel 4: Form und Inhalt des Ersuchens

(1) Das Ersuchen wird unter Verwendung des im Anhang enthaltenen Formblattes A oder gegebenenfalls des Formblattes I gestellt. Es enthält folgende Angaben:

a) das ersuchende und gegebenenfalls das ersuchte Gericht;

b) den Namen und die Anschrift der Parteien und gegebenenfalls ihrer Vertreter;

c) die Art und den Gegenstand der Rechtssache sowie eine gedrängte Darstellung des Sachverhalts;

d) die Bezeichnung der durchzuführenden Beweisaufnahme;

e) bei einem Ersuchen um Vernehmung einer Person:
   - Name und Anschrift der zu vernehmenden Personen;
   - die Fragen, welche an die zu vernehmenden Personen gerichtet werden sollen, oder den Sachverhalt, über den sie vernommen werden sollen;
   - gegebenenfalls einen Hinweis auf ein nach dem Recht des Mitgliedstaats des ersuchenden Gerichts bestehendes Zeugnisverweigerungsrecht;
   - gegebenenfalls den Antrag, die Vernehmung unter Eid oder eidesstattlicher Versicherung durchzuführen, und gegebenenfalls die dabei zu verwendende Formel;
   - gegebenenfalls alle anderen Informationen, die das ersuchende Gericht für erforderlich hält;

f) bei einem Ersuchen um eine sonstige Beweisaufnahme die Urkunden oder die anderen Gegenstände, die geprüft werden sollen;

g) gegebenenfalls Anträge nach Artikel 10 Absätze 3 und 4, Artikel 11 und Artikel 12 und für die Anwendung dieser Bestimmungen erforderliche Erläuterungen.

(2) Die Ersuchen sowie alle dem Ersuchen beigefügten Unterlagen bedürfen weder der Beglaubigung noch einer anderen gleichwertigen Formalität.

(3) Schriftstücke, deren Beifügung das ersuchende Gericht für die Erledigung des Ersuchens für notwendig hält, sind mit einer Übersetzung in die Sprache zu versehen, in der das Ersuchen abgefasst wurde.

Artikel 5: Sprachen

Das Ersuchen und die aufgrund dieser Verordnung gemachten Mitteilungen sind in der Amtssprache des ersuchten Mitgliedstaats oder, wenn es in diesem Mitgliedstaat mehrere Amtssprachen gibt, in der Amtssprache oder einer der Amtssprachen des Ortes, an dem die beantragte Beweisaufnahme durchgeführt werden soll, oder in einer anderen Sprache, die der ersuchte Mitgliedstaat zugelassen hat, abzufassen. Jeder Mitgliedstaat hat die Amtssprache bzw. die Amtssprachen der Organe der Europäischen Gemeinschaft anzugeben, die er außer seiner bzw. seinen eigenen für die Ausfuellung des Formblatts zulässt.

Artikel 6: Übermittlung der Ersuchen und der sonstigen Mitteilungen

Ersuchen und Mitteilungen nach dieser Verordnung werden auf dem schnellstmöglichen Wege übermittelt, mit dem der ersuchte Mitgliedstaat sich einverstanden erklärt hat. Die Übermittlung kann auf jedem geeigneten Übermittlungsweg erfolgen, sofern das empfangene Dokument mit dem versandten Dokument inhaltlich genau übereinstimmt und alle darin enthaltenen Angaben lesbar sind.

Abschnitt 2: Entgegennahme des Ersuchens

Artikel 7: Entgegennahme des Ersuchens

(1) Das ersuchte zuständige Gericht übersendet dem ersuchenden Gericht innerhalb von sieben Tagen nach Eingang des Ersuchens eine Empfangsbestätigung unter Verwendung des Formblatts B im Anhang; entspricht das Ersuchen nicht den Bedingungen der Artikel 5 und 6, so bringt das ersuchte Gericht einen entsprechenden Vermerk in der Empfangsbestätigung an.

(2) Fällt die Erledigung eines unter Verwendung des Formblatts A im Anhang gestellten Ersuchens, das die Bedingungen nach Artikel 5 erfuellt, nicht in die Zuständigkeit des Gerichts, an das es übermittelt wurde, so leitet dieses das Ersuchen an das zuständige Gericht seines Mitgliedstaats weiter und unterrichtet das ersuchende Gericht unter Verwendung des Formblatts A im Anhang hiervon.

Artikel 8: Unvollständiges Ersuchen

(1) Kann ein Ersuchen nicht erledigt werden, weil es nicht alle erforderlichen Angaben gemäß Artikel 4 enthält, so setzt das ersuchte Gericht unverzüglich, spätestens aber innerhalb von 30 Tagen nach Eingang des Ersuchens das ersuchende Gericht unter Verwendung des Formblatts C im Anhang davon in Kenntnis und ersucht es, ihm die fehlenden Angaben, die in möglichst genauer Weise zu bezeichnen sind, zu übermitteln.

(2) Kann ein Ersuchen nicht erledigt werden, weil eine Kaution oder ein Vorschuss nach Artikel 18 Absatz 3 erforderlich ist, teilt das ersuchte Gericht dem ersuchenden Gericht dies unverzüglich, spätestens 30 Tage nach Eingang des Ersuchens unter Verwendung des Formblatts C im Anhang mit; es teilt dem ersuchenden Gericht ferner mit, wie die Kaution oder der Vorschuss geleistet werden sollten. Das ersuchte Gericht bestätigt den Eingang der Kaution oder des Vorschusses unverzüglich, spätestens innerhalb von 10 Tagen nach Erhalt der Kaution oder des Vorschusses unter Verwendung des Formblatts D.

Artikel 9: Vervollständigung des Ersuchens

(1) Hat das ersuchte Gericht gemäß Artikel 7 Absatz 1 auf der Empfangsbestätigung vermerkt, dass das Ersuchen nicht die Bedingungen der Artikel 5 und Artikel 6 erfuellt, oder hat es das ersuchende Gericht gemäß Artikel 8 davon unterrichtet, dass das Ersuchen nicht erledigt werden kann, weil es nicht alle erforderlichen Angaben nach Artikel 4 enthält, beginnt die Frist nach Artikel 10 Absatz 1 erst mit dem Eingang des ordnungsgemäß ausgefuellten Ersuchens beim ersuchten Gericht zu laufen.

(2) Sofern das ersuchte Gericht gemäß Artikel 18 Absatz 3 um eine Kaution oder einen Vorschuss gebeten hat, beginnt diese Frist erst mit der Hinterlegung der Kaution oder dem Eingang des Vorschusses.

Abschnitt 3: Beweisaufnahme durch das ersuchte Gericht

Artikel 10: Allgemeine Bestimmungen über die Erledigung des Ersuchens

(1) Das ersuchte Gericht erledigt das Ersuchen unverzüglich, spätestens aber innerhalb von 90 Tagen nach Eingang des Ersuchens.

(2) Das ersuchte Gericht erledigt das Ersuchen nach Maßgabe des Rechts seines Mitgliedstaats.

(3) Das ersuchende Gericht kann unter Verwendung des Formblatts A im Anhang beantragen, dass das Ersuchen nach einer besonderen Form erledigt wird, die das Recht seines Mitgliedstaats vorsieht. Das ersuchte Gericht entspricht einem solchen Antrag, es sei denn, dass diese Form mit dem Recht des Mitgliedstaats des ersuchten Gerichts unvereinbar oder wegen erheblicher tatsächlicher Schwierigkeiten unmöglich ist. Entspricht das ersuchte Gericht aus einem der oben genannten Gründe nicht dem Antrag, so unterrichtet es das ersuchende Gericht unter Verwendung des Formblatts E im Anhang hiervon.

(4) Das ersuchende Gericht kann das ersuchte Gericht bitten, die Beweisaufnahme unter Verwendung von Kommunikationstechnologien, insbesondere im Wege der Videokonferenz und der Telekonferenz, durchzuführen.

Das ersuchte Gericht entspricht einem solchen Antrag, es sei denn, dass dies mit dem Recht des Mitgliedstaats des ersuchten Gerichts unvereinbar oder wegen erheblicher tatsächlicher Schwierigkeiten unmöglich ist.

Entspricht das ersuchte Gericht aus einem dieser Gründe dem Antrag nicht, so unterrichtet es das ersuchende Gericht unter Verwendung des Formblatts E im Anhang hiervon.

Hat das ersuchende oder das ersuchte Gericht keinen Zugang zu den oben genannten technischen Mitteln, können diese von den Gerichten im gegenseitigen Einvernehmen zur Verfügung gestellt werden.

Artikel 11: Erledigung in Anwesenheit und unter Beteiligung der Parteien

(1) Sofern im Recht des Mitgliedstaats des ersuchenden Gerichts vorgesehen, haben die Parteien und gegebenenfalls ihre Vertreter das Recht, bei der Beweisaufnahme durch das ersuchte Gericht zugegen zu sein.

(2) Das ersuchende Gericht teilt in seinem Ersuchen unter Verwendung des Formblatts A im Anhang dem ersuchten Gericht mit, dass die Parteien und gegebenenfalls ihre Vertreter zugegen sein werden und dass gegebenenfalls ihre Beteiligung beantragt wird. Diese Mitteilung kann auch zu jedem anderen geeigneten Zeitpunkt erfolgen.

(3) Wird die Beteiligung der Parteien und gegebenenfalls ihrer Vertreter an der Durchführung der Beweisaufnahme beantragt, so legt das ersuchte Gericht nach Artikel 10 die Bedingungen für ihre Teilnahme fest.

(4) Das ersuchte Gericht teilt den Parteien und gegebenenfalls ihren Vertretern unter Verwendung des Formblatts F im Anhang Ort und Zeitpunkt der Verhandlung und gegebenenfalls die Bedingungen mit, unter denen sie teilnehmen können.

(5) Die Absätze 1 bis 4 lassen die Möglichkeit des ersuchten Gerichts unberührt, die Parteien und gegebenenfalls ihre Vertreter zu bitten, der Beweisaufnahme beizuwohnen oder sich daran zu beteiligen, wenn das Recht des Mitgliedstaats des ersuchenden Gerichts dies vorsieht.

Artikel 12: Erledigung in Anwesenheit und unter Beteiligung von Beauftragten des ersuchenden Gerichts

(1) Sofern mit dem Recht des Mitgliedstaats des ersuchenden Gerichts vereinbar, haben die Beauftragten des ersuchenden Gerichts das Recht, bei der Beweisaufnahme durch das ersuchte Gericht zugegen zu sein.

(2) Der Begriff „Beauftragte" im Sinne dieses Artikels umfasst vom ersuchenden Gericht nach Maßgabe des Rechts seines Mitgliedstaats bestimmte Gerichtsangehörige. Das ersuchende Gericht kann nach Maßgabe des Rechts seines Mitgliedstaats auch andere Personen wie etwa Sachverständige bestimmen.

(3) Das ersuchende Gericht teilt in seinem Ersuchen unter Verwendung des Formblatts A im Anhang dem ersuchten Gericht mit, dass seine Beauftragten zugegen sein werden und gegebenenfalls, dass ihre Beteiligung beantragt wird. Diese Mitteilung kann auch zu jedem anderen geeigneten Zeitpunkt erfolgen.

(4) Wird die Beteiligung der Beauftragten des ersuchenden Gerichts an der Beweisaufnahme beantragt, legt das ersuchte Gericht nach Artikel 10 die Bedingungen für ihre Teilnahme fest.

(5) Das ersuchte Gericht teilt dem ersuchenden Gericht unter Verwendung des Formblatts F im Anhang Ort und Zeitpunkt der Verhandlung und gegebenenfalls die Bedingungen mit, unter denen die Beauftragten daran teilnehmen können.

Artikel 13: Zwangsmaßnahmen

Soweit erforderlich, wendet das ersuchte Gericht bei der Erledigung des Ersuchens geeignete Zwangsmaßnahmen in den Fällen und in dem Umfang an, wie sie das Recht des Mitgliedstaats des ersuchten Gerichts für die Erledigung eines zum gleichen Zweck gestellten Ersuchens inländischer Behörden oder einer beteiligten Partei vorsieht.

Artikel 14: Ablehnung der Erledigung

(1) Ein Ersuchen um Vernehmung einer Person wird nicht erledigt, wenn sich die betreffende Person auf ein Recht zur Aussageverweigerung oder auf ein Aussageverbot beruft,

a) das nach dem Recht des Mitgliedstaats des ersuchten Gerichts vorgesehen ist oder
b) das nach dem Recht des Mitgliedstaats des ersuchenden Gerichts vorgesehen und im Ersuchen bezeichnet

oder erforderlichenfalls auf Verlangen des ersuchten Gerichts von dem ersuchenden Gericht bestätigt worden ist.

(2) Die Erledigung eines Ersuchens kann über die in Absatz 1 genannten Gründe hinaus nur insoweit abgelehnt werden, als

a) das Ersuchen nicht in den Anwendungsbereich dieser Verordnung nach Artikel 1 fällt oder
b) die Erledigung des Ersuchens nach dem Recht des Mitgliedstaats des ersuchten Gerichts nicht in den Bereich der Gerichtsgewalt fällt oder
c) das ersuchende Gericht der Aufforderung des ersuchten Gerichts auf Ergänzung des Ersuchens gemäß Artikel 8 nicht innerhalb von 30 Tagen, nachdem das ersuchte Gericht das ersuchende Gericht um Ergänzung des Ersuchens gebeten hat, nachkommt oder
d) eine Kaution oder ein Vorschuss, die gemäß Artikel 18 Absatz 3 verlangt wurden, nicht innerhalb von 60 Tagen nach dem entsprechenden Verlangen des ersuchenden Gerichts hinterlegt bzw. einbezahlt werden.

(3) Die Erledigung darf durch das ersuchte Gericht nicht allein aus dem Grund abgelehnt werden, dass nach dem Recht seines Mitgliedstaats ein Gericht dieses Mitgliedstaats eine ausschließliche Zuständigkeit für die Sache in Anspruch nimmt oder das Recht jenes Mitgliedstaats ein Verfahren nicht kennt, das dem entspricht, für welches das Ersuchen gestellt wird.

(4) Wird die Erledigung des Ersuchens aus einem der in Absatz 2 genannten Gründe abgelehnt, so setzt das ersuchte Gericht unter Verwendung des Formblatts H im Anhang das ersuchende Gericht innerhalb von 60 Tagen nach Eingang des Ersuchens bei dem ersuchten Gericht davon in Kenntnis.

Artikel 15: Mitteilung über Verzögerungen

Ist das ersuchte Gericht nicht in der Lage, das Ersuchen innerhalb von 90 Tagen nach Eingang zu erledigen, setzt es das ersuchende Gericht unter Verwendung des Formblatts G im Anhang hiervon in Kenntnis. Dabei sind die Gründe für die Verzögerung anzugeben sowie der Zeitraum, der nach Einschätzung des ersuchten Gerichts für die Erledigung des Ersuchens voraussichtlich benötigt wird.

Artikel 16: Verfahren nach Erledigung des Ersuchens

Das ersuchte Gericht übermittelt dem ersuchenden Gericht unverzüglich die Schriftstücke, aus denen sich die Erledigung des Ersuchens ergibt, und sendet gegebenenfalls die Schriftstücke, die ihm von dem ersuchenden Gericht zugegangen sind, zurück. Den Schriftstücken ist eine Erledigungsbestätigung unter Verwendung des Formblatts H im Anhang beizufügen.

Abschnitt 4: Unmittelbare Beweisaufnahme durch das ersuchende Gericht

Artikel 17

(1) Beauftragt ein Gericht eine unmittelbare Beweisaufnahme in einem anderen Mitgliedstaat, so übermittelt es der nach Artikel 3 Absatz 3 bestimmten Zentralstelle oder zuständigen Behörde in diesem Staat unter Verwendung des Formblatts I im Anhang ein entsprechendes Ersuchen.

(2) Die unmittelbare Beweisaufnahme ist nur statthaft, wenn sie auf freiwilliger Grundlage und ohne Zwangsmaßnahmen erfolgen kann.

Macht die unmittelbare Beweisaufnahme die Vernehmung einer Person erforderlich, so teilt das ersuchende Gericht dieser Person mit, dass die Vernehmung auf freiwilliger Grundlage erfolgt.

(3) Die Beweisaufnahme wird von einem nach Maßgabe des Rechts des Mitgliedstaats des ersuchenden Gerichts bestimmten Gerichtsangehörigen oder von einer anderen Person wie etwa einem Sachverständigen durchgeführt.

(4) Die genannte Zentralstelle oder die zuständige Behörde des ersuchten Mitgliedstaats teilt dem ersuchenden Gericht unter Verwendung des Formblatts J im Anhang innerhalb von 30 Tagen nach Eingang des Ersuchens mit, ob dem Ersuchen stattgegeben werden kann und, soweit erforderlich, unter welchen Bedingungen nach Maßgabe des Rechts ihres Mitgliedstaats die betreffende Handlung vorzunehmen ist.

Die Zentralstelle oder die zuständige Behörde kann insbesondere ein Gericht ihres Mitgliedstaats bestimmen, das an der Beweisaufnahme teilnimmt, um sicherzustellen, dass dieser Artikel ordnungsgemäß angewandt wird und die festgelegten Bedingungen eingehalten werden.

Die Zentralstelle oder die zuständige Behörde fördert den Einsatz von Kommunikationstechnologie, wie Video- und Telekonferenzen.

(5) Die Zentralstelle oder die zuständige Stelle kann die unmittelbare Beweisaufnahme nur insoweit ablehnen, als

a) das Ersuchen nicht in den Anwendungsbereich dieser Verordnung nach Artikel 1 fällt,

b) das Ersuchen nicht alle nach Artikel 4 erforderlichen Angaben enthält oder

c) die beantragte unmittelbare Beweisaufnahme wesentlichen Rechtsgrundsätzen ihres Mitgliedstaats zuwiderläuft.

(6) Unbeschadet der nach Absatz 4 festgelegten Bedingungen erledigt das ersuchende Gericht das Ersuchen nach Maßgabe des Rechts seines Mitgliedstaats.

Abschnitt 5: Kosten

Artikel 18

(1) Für die Erledigung des Ersuchens nach Artikel 10 darf die Erstattung von Gebühren oder Auslagen nicht verlangt werden.

(2) Falls jedoch das ersuchte Gericht dies verlangt, stellt das ersuchende Gericht unverzüglich die Erstattung folgender Beträge sicher:

- der Aufwendungen für Sachverständige und Dolmetscher und
- der Auslagen, die durch die Anwendung von Artikel 10 Absätze 3 und 4 entstanden sind.

Die Pflicht der Parteien, diese Aufwendungen und Auslagen zu tragen, unterliegt dem Recht des Mitgliedstaats des ersuchenden Gerichts.

(3) Wird die Stellungnahme eines Sachverständigen verlangt, kann das ersuchte Gericht vor der Erledigung des Ersuchens das ersuchende Gericht um eine angemessene Kaution oder einen angemessenen Vorschuss für die Sachverständigenkosten bitten. In allen übrigen Fällen darf die Erledigung eines Ersuchens nicht von einer Kaution oder einem Vorschuss abhängig gemacht werden.

Die Kaution oder der Vorschuss wird von den Parteien hinterlegt bzw. einbezahlt, falls dies im Recht des Mitgliedstaats des ersuchenden Gerichts vorgesehen ist.

KAPITEL III: SCHLUSSBESTIMMUNGEN

Artikel 19: Durchführungsbestimmungen

(1) Die Kommission sorgt für die Erstellung und regelmäßige Aktualisierung eines Handbuchs, das auch in elektronischer Form bereit gestellt wird und die von den Mitgliedstaaten nach Artikel 22 mitgeteilten Angaben sowie die in Kraft befindlichen Übereinkünfte oder Vereinbarungen nach Artikel 21 enthält.

(2) Die Aktualisierung oder technische Anpassung der im Anhang wiedergegebenen Formblätter erfolgt nach dem Beratungsverfahren gemäß Artikel 20 Absatz 2.

Artikel 20: Ausschuss

(1) Die Kommission wird von einem Ausschuss unterstützt.

(2) Wird auf diesen Absatz Bezug genommen, so gelten die Artikel 3 und 7 des Beschlusses 1999/468/EG.

(3) Der Ausschuss gibt sich eine Geschäftsordnung.

Artikel 21: Verhältnis zu bestehenden oder künftigen Übereinkünften oder Vereinbarungen zwischen Mitgliedstaaten

(1) In den Beziehungen zwischen den Mitgliedstaaten, die Vertragsparteien einschlägiger, von den Mitgliedstaaten geschlossener bilateraler oder multilateraler Übereinkünfte oder Vereinbarungen sind, insbesondere des Haager Übereinkommens vom 1. März 1954 über den Zivilprozess und des Haager Übereinkommens vom 18. März 1970 über die Beweisaufnahme im Ausland in Zivil- oder Handelssachen, hat diese Verordnung in ihrem Anwendungsbereich Vorrang vor den Bestimmungen, die in den genannten Übereinkünften oder Vereinbarungen enthalten sind.

(2) Diese Verordnung hindert die Mitgliedstaaten nicht daran, dass zwei oder mehr von ihnen untereinander Übereinkünfte oder Vereinbarungen zur weiteren Vereinfachung der Beweisaufnahme schließen oder beibehalten, sofern sie mit dieser Verordnung vereinbar sind.

(3) Die Mitgliedstaaten übermitteln der Kommission

a) zum 1. Juli 2003 eine Abschrift der zwischen den Mitgliedstaaten beibehaltenen angeführten Übereinkünfte oder Vereinbarungen nach Absatz 2,

b) eine Abschrift der zwischen den Mitgliedstaaten geschlossenen Übereinkünfte oder Vereinbarungen nach Absatz 2 und den Entwurf von ihnen geplanter Übereinkünfte oder Vereinbarungen sowie

c) jede Kündigung oder Änderung dieser Übereinkünfte oder Vereinbarungen.

Artikel 22: Mitteilungen

Jeder Mitgliedstaat teilt der Kommission bis zum 1. Juli 2003 Folgendes mit:

1. die Liste nach Artikel 2 Absatz 2 sowie eine Angabe des örtlichen und gegebenenfalls fachlichen Zuständigkeitsbereichs der Gerichte;
2. den Namen und die Anschrift der Zentralstellen und zuständigen Behörden nach Artikel 3 unter Angabe ihres örtlichen Zuständigkeitsbereichs;
3. die technischen Mittel, über die die in der Liste nach Artikel 2 Absatz 2 aufgeführten Gerichte für die Entgegennahme von Ersuchen verfügen;
4. die Sprachen, die für die Ersuchen nach Artikel 5 zugelassen sind.

Die Mitgliedstaaten teilen der Kommission alle späteren Änderungen dieser Angaben mit.

Artikel 23: Überprüfung

Bis zum 1. Januar 2007 und danach alle fünf Jahre legt die Kommission dem Europäischen Parlament, dem Rat und dem Wirtschafts- und Sozialausschuss einen Bericht über die Anwendung dieser Verordnung vor, wobei sie insbesondere auf die praktische Anwendung des Artikels 3 Absatz 1 Buchstabe c) und Absatz 3 der Artikel 17 und 18 achtet.

Artikel 24: Inkrafttreten

(1) Diese Verordnung tritt am 1. Juli 2001 in Kraft.

(2) Diese Verordnung gilt ab dem 1. Januar 2004, mit Ausnahme der Artikel 19, 21 und 22, die ab dem 1. Juli 2001 gelten.

Diese Verordnung ist in allen ihren Teilen verbindlich und gilt gemäß dem Vertrag zur Gründung der Europäischen Gemeinschaft unmittelbar in den Mitgliedstaaten.

Geschehen zu Brüssel am 28. Mai 2001.

Im Namen des Rates
Der Präsident
T. Bodström

VI. Zustellungsverordnung

Verordnung (EG) Nr. 1393/2007 des Europäischen Parlaments und des Rates vom 13. November 2007 über die Zustellung gerichtlicher und außergerichtlicher Schriftstücke in Zivil- oder Handelssachen in den Mitgliedstaaten (Zustellung von Schriftstücken) und zur Aufhebung der Verordnung (EG) Nr. 1348/2000 des Rates Amtsblatt Nr. L 324 vom 10/12/2007 S. 0079–0120

DAS EUROPÄISCHE PARLAMENT UND DER RAT DER EUROPÄISCHEN UNION –

gestützt auf den Vertrag zur Gründung der Europäischen Gemeinschaft, insbesondere auf Artikel 61 Buchstabe c und Artikel 67 Absatz 5 zweiter Gedankenstrich, auf Vorschlag der Kommission, nach Stellungnahme des Europäischen Wirtschafts- und Sozialausschusses[(1)], gemäß dem Verfahren des Artikels 251 des Vertrags[(2)],

in Erwägung nachstehender Gründe:

(1) Die Union hat sich zum Ziel gesetzt, einen Raum der Freiheit, der Sicherheit und des Rechts, in dem der freie Personenverkehr gewährleistet ist, zu erhalten und weiterzuentwickeln. Zum schrittweisen Aufbau dieses Raums erlässt die Gemeinschaft unter anderem im Bereich der justiziellen Zusammenarbeit in Zivilsachen die für das reibungslose Funktionieren des Binnenmarkts erforderlichen Maßnahmen.

(2) Für das reibungslose Funktionieren des Binnenmarkts muss die Übermittlung gerichtlicher und außergerichtlicher Schriftstücke in Zivil- oder Handelssachen, die in einem anderen Mitgliedstaat zugestellt werden sollen, zwischen den Mitgliedstaaten verbessert und beschleunigt werden.

(3) Der Rat hat mit Rechtsakt vom 26. Mai 1997[(3)] ein Übereinkommen über die Zustellung gerichtlicher und außergerichtlicher Schriftstücke in Zivil- oder Handelssachen in den Mitgliedstaaten der Europäischen Union erstellt und das Übereinkommen den Mitgliedstaaten zur Annahme gemäß ihren verfassungsrechtlichen Vorschriften empfohlen. Dieses Übereinkommen ist nicht in Kraft getreten. Die bei der Aushandlung dieses Übereinkommens erzielten Ergebnisse sind zu wahren.

(4) Am 29. Mai 2000 hat der Rat die Verordnung (EG) Nr. 1348/2000 über die Zustellung gerichtlicher und außergerichtlicher Schriftstücke in Zivil- oder Handelssachen in den Mitgliedstaaten[(4)] angenommen. Der wesentliche Inhalt des Übereinkommens hat in jene Verordnung Eingang gefunden.

(5) Am 1. Oktober 2004 hat die Kommission einen Bericht über die Anwendung der Verordnung (EG) Nr. 1348/2000 angenommen. Diesem Bericht zufolge hat sich die Übermittlung und Zustellung von Schriftstücken in den Mitgliedstaaten seit Anwendung der Verordnung (EG) Nr. 1348/2000 im Allgemeinen verbessert und beschleunigt, doch werden bestimmte Vorschriften nicht gänzlich zufrieden stellend angewandt.

---

(1) ABl. C 88 vom 11.4.2006, S. 7.

(2) Stellungnahme des Europäischen Parlaments vom 4. Juli 2006 (ABl. C 303 E vom 13.12.2006, S. 69), Gemeinsamer Standpunkt des Rates vom 28. Juni 2007 (ABl. C 193 E vom 21.8.2007, S. 13) und Standpunkt des Europäischen Parlaments vom 24. Oktober 2007.

(3) ABl. C 261 vom 27.8.1997, S. 1. Der Rat hat am Tag der Fertigstellung des Übereinkommens von dem erläuternden Bericht zu diesem Übereinkommen Kenntnis genommen. Dieser erläuternde Bericht ist auf Seite 26 des vorstehenden Amtsblatts enthalten.

(4) ABl. L 160 vom 30.6.2000, S. 37.

(6) Die Wirksamkeit und Schnelligkeit der gerichtlichen Verfahren in Zivilsachen setzt voraus, dass die Übermittlung gerichtlicher und außergerichtlicher Schriftstücke unmittelbar und auf schnellstmöglichem Wege zwischen den von den Mitgliedstaaten benannten örtlichen Stellen erfolgt. Die Mitgliedstaaten dürfen erklären, dass sie nur eine Übermittlungs- oder Empfangsstelle oder eine Stelle, die beide Funktionen zugleich wahrnimmt, für einen Zeitraum von fünf Jahren benennen wollen. Diese Benennung kann jedoch alle fünf Jahre erneuert werden.

(7) Eine schnelle Übermittlung erfordert den Einsatz aller geeigneten Mittel, wobei bestimmte Anforderungen an die Lesbarkeit und die Originaltreue des empfangenen Schriftstücks zu beachten sind. Zur Sicherstellung der Übermittlung muss das zu übermittelnde Schriftstück mit einem Formblatt versehen sein, das in der Amtssprache oder einer der Amtssprachen des Ortes auszufüllen ist, an dem die Zustellung erfolgen soll, oder in einer anderen vom Empfängerstaat anerkannten Sprache.

(8) Diese Verordnung sollte nicht für die Zustellung eines Schriftstücks an den Bevollmächtigten einer Partei in dem Mitgliedstaat gelten, in dem das Verfahren anhängig ist, unabhängig davon, wo die Partei ihren Wohnsitz hat.

(9) Die Zustellung eines Schriftstücks sollte so bald wie möglich, in jedem Fall aber innerhalb eines Monats nach Eingang bei der Empfangsstelle erfolgen.

(10) Um die Wirksamkeit dieser Verordnung zu gewährleisten, sollte die Möglichkeit, die Zustellung von Schriftstücken zu verweigern, auf Ausnahmefälle beschränkt werden.

(11) Um die Übermittlung und Zustellung von Schriftstücken zwischen den Mitgliedstaaten zu erleichtern, sollten die in den Anhängen dieser Verordnung enthaltenen Formblätter verwendet werden.

(12) Die Empfangsstelle sollte den Zustellungsempfänger schriftlich unter Verwendung des Formblatts darüber belehren, dass er die Annahme des Schriftstücks bei der Zustellung oder dadurch verweigern darf, dass er das Schriftstück binnen einer Woche an die Empfangsstelle zurücksendet, wenn es nicht in einer Sprache, die er versteht, oder in der Amtssprache oder einer der Amtssprachen des Zustellungsortes abgefasst ist. Diese Regel sollte auch für später erfolgende Zustellungen gelten, wenn der Empfänger sein Verweigerungsrecht ausgeübt hat. Diese Verweigerungsregeln sollten auch für die Zustellung durch die diplomatischen oder konsularischen Vertretungen, die Zustellung durch Postdienste oder die unmittelbare Zustellung gelten. Die Zustellung eines Schriftstücks, dessen Annahme verweigert wurde, an den Zustellungsempfänger sollte durch die Zustellung einer Übersetzung des zuzustellenden Schriftstücks an den Zustellungsempfänger bewirkt werden können.

(13) Auf eine schnelle Übermittlung muss auch eine schnelle Zustellung des Schriftstücks in den Tagen nach seinem Eingang folgen. Konnte das Schriftstück nach Ablauf eines Monats nicht zugestellt werden, so setzt die Empfangsstelle die Übermittlungsstelle davon in Kenntnis. Der Ablauf dieser Frist bedeutet nicht, dass der Antrag an die Übermittlungsstelle zurückgesandt werden muss, wenn feststeht, dass die Zustellung innerhalb einer angemessenen Frist möglich ist.

(14) Die Empfangsstelle sollte auch in den Fällen weiterhin alle für die Zustellung des Schriftstücks erforderlichen Schritte unternehmen, in denen es nicht möglich war, die Zustellung des Schriftstücks innerhalb eines Monats zu bewirken, beispielsweise weil der Beklagte urlaubsbedingt nicht zuhause war oder sich aus dienstlichen Gründen nicht in seinem Büro aufhielt. Die Übermittlungsstelle sollte jedoch zur Vermeidung einer unbefristeten Pflicht der Empfangsstelle, Schritte zur Zustellung des Schriftstücks zu unternehmen, in dem Formblatt eine Frist festlegen können, nach deren Ablauf die Zustellung nicht mehr erforderlich ist.

(15) Aufgrund der verfahrensrechtlichen Unterschiede zwischen den Mitgliedstaaten bestimmt sich der Zustellungszeitpunkt in den einzelnen Mitgliedstaaten nach unterschiedlichen Kriterien. Unter diesen Umständen und in Anbetracht der möglicherweise daraus entstehenden Schwierigkeiten sollte diese Verordnung deshalb eine Regelung vorsehen, nach der sich der Zustellungszeitpunkt nach dem Recht des Empfangsmitgliedstaats bestimmt. Muss jedoch nach dem Recht eines Mitgliedstaats ein Schriftstück innerhalb einer bestimmten Frist zugestellt werden, so sollte im Verhältnis zum Antragsteller als Datum der Zustellung das Datum gelten, das sich aus dem Recht dieses Mitgliedstaats ergibt. Diese Regelung des doppelten Datums besteht nur in einer begrenzten Zahl von Mitgliedstaaten. Diejenigen Mitgliedstaaten, die diese Regelung anwenden, sollten dies der Kommission mitteilen, die diese Information im Amtsblatt der Europäischen Union veröffentlichen und über das Europäische Justizielle Netz für Zivil- und Handelssachen, das durch die Entscheidung 2001/470/EG des Rates[(5)] eingerichtet worden ist, zugänglich machen sollte.

(16) Um den Zugang zum Recht zu erleichtern, sollten die Kosten, die dadurch entstehen, dass bei der Zustellung eine Amtsperson oder eine andere nach dem Recht des Empfangsmitgliedstaats zuständige Person mitwirkt, einer von diesem Mitgliedstaat nach den Grundsätzen der Verhältnismäßigkeit und der Nichtdiskriminierung im Voraus festgesetzten einheitlichen Festgebühr entsprechen. Das Erfordernis einer einheitlichen Festgebühr sollte nicht die Möglichkeit ausschließen, dass die Mitgliedstaaten unterschiedliche Festgebühren für unterschiedliche Arten der Zustellung festlegen, sofern sie diese Grundsätze beachten.

(5) ABl. L 174 vom 27.6.2001, S. 25.

(17) Es sollte jedem Mitgliedstaat freistehen, Personen, die ihren Wohnsitz in einem anderen Mitgliedstaat haben, Schriftstücke unmittelbar durch Postdienste per Einschreiben mit Rückschein oder gleichwertigem Beleg zustellen zu lassen.

(18) Jeder an einem gerichtlichen Verfahren Beteiligte sollte Schriftstücke unmittelbar durch Amtspersonen, Beamte oder sonstige zuständige Personen des Empfangsmitgliedstaats zustellen lassen können, wenn eine solche unmittelbare Zustellung nach dem Recht dieses Mitgliedstaats zulässig ist.

(19) Die Kommission sollte ein Handbuch mit Informationen zur ordnungsgemäßen Anwendung dieser Verordnung erstellen, das über das Europäische Justizielle Netz für die Zusammenarbeit in Zivil- und Handelssachen zugänglich gemacht werden sollte. Die Kommission und die Mitgliedstaaten sollten ihr Möglichstes tun, um sicherzustellen, dass diese Informationen aktuell und vollständig sind, insbesondere hinsichtlich der Kontaktinformationen zu den Empfangs- und den Übermittlungsstellen.

(20) Die Berechnung der in dieser Verordnung vorgesehenen Fristen und Termine sollte nach Maßgabe der Verordnung (EWG, Euratom) Nr. 1182/71 des Rates vom 3. Juni 1971 zur Festlegung der Regeln für die Fristen, Daten und Termine[(6)] erfolgen.

(21) Die zur Durchführung dieser Verordnung erforderlichen Maßnahmen sollten gemäß dem Beschluss 1999/468/EG des Rates vom 28. Juni 1999 zur Festlegung der Modalitäten für die Ausübung der der Kommission übertragenen Durchführungsbefugnisse[(7)] erlassen werden.

(22) Der Kommission sollte insbesondere die Befugnis zur Aktualisierung oder technischen Anpassung der Formblätter in den Anhängen übertragen werden. Da es sich bei diesen Maßnahmen um Maßnahmen von allgemeiner Tragweite zur Änderung bzw. Streichung nicht wesentlicher Bestimmungen dieser Verordnung handelt, müssen sie nach Artikel 5a des Beschlusses 1999/468/EG im Regelungsverfahren mit Kontrolle erlassen werden.

(23) In den Beziehungen zwischen den Mitgliedstaaten, die Vertragsparteien der von den Mitgliedstaaten geschlossenen bilateralen oder multilateralen Übereinkünfte oder Vereinbarungen sind, insbesondere des Protokolls zum Brüsseler Übereinkommen vom 27. September 1968[(8)] und des Haager Übereinkommens vom 15. November 1965[(9)], hat diese Verordnung in ihrem Anwendungsbereich Vorrang vor den Bestimmungen der Übereinkünfte oder Vereinbarungen mit demselben Anwendungsbereich. Es steht den Mitgliedstaaten frei, Übereinkünfte oder Vereinbarungen zur Beschleunigung oder Vereinfachung der Übermittlung von Schriftstücken beizubehalten oder zu schließen, sofern diese Übereinkünfte oder Vereinbarungen mit dieser Verordnung vereinbar sind.

(24) Die nach dieser Verordnung übermittelten Daten sollten angemessen geschützt werden. Diese Frage wird durch die Richtlinie 95/46/EG des Europäischen Parlaments und des Rates vom 24. Oktober 1995 zum Schutz natürlicher Personen bei der Verarbeitung personenbezogener Daten und zum freien Datenverkehr[(10)] und die Richtlinie 2002/58/EG des Europäischen Parlaments und des Rates vom 12. Juli 2002 über die Verarbeitung personenbezogener Daten und den Schutz der Privatsphäre im Bereich der Telekommunikation (Datenschutzrichtlinie für elektronische Kommunikation)[(11)] geregelt.

(25) Spätestens am 1. Juni 2011 und danach alle fünf Jahre sollte die Kommission die Anwendung der Verordnung prüfen und gegebenenfalls erforderliche Änderungen vorschlagen.

(26) Da die Ziele dieser Verordnung auf Ebene der Mitgliedstaaten nicht ausreichend erreicht werden können und daher wegen ihres Umfangs und ihrer Wirkungen besser auf Gemeinschaftsebene zu verwirklichen sind, kann die Gemeinschaft im Einklang mit dem in Artikel 5 des Vertrags niedergelegten Subsidiaritätsprinzip tätig werden. Entsprechend dem in demselben Artikel genannten Grundsatz der Verhältnismäßigkeit geht diese Verordnung nicht über das zur Erreichung dieser Ziele erforderliche Maß hinaus.

(27) Im Interesse einer besseren Übersicht und Verständlichkeit sollte die Verordnung (EG) Nr. 1348/2000 aufgehoben und durch die vorliegende Verordnung ersetzt werden.

---

(6) ABl. L 124 vom 8.6.1971, S. 1.

(7) ABl. L 184 vom 17.7.1999, S. 23. Geändert durch den Beschluss 2006/512/EG (ABl. L 200 vom 22.7.2006, S. 11).

(8) Brüsseler Übereinkommen vom 27. September 1968 über die gerichtliche Zuständigkeit und die Vollstreckbarkeit gerichtlicher Entscheidungen in Zivil- und Handelssachen (ABl. L 299 vom 31.12.1972, S. 32. Konsolidierte Fassung im ABl. C 27 vom 26.1.1998, S. 1).

(9) Haager Übereinkommen vom 15. November 1965 über die Zustellung gerichtlicher und außergerichtlicher Schriftstücke im Ausland in Zivil- und Handelssachen.

(10) ABl. L 281 vom 23.11.1995, S. 31. Geändert durch die Verordnung (EG) Nr. 1882/2003 (ABl. L 284 vom 31.10.2003, S. 1).

(11) ABl. L 201 vom 31.7.2002, S. 37. Geändert durch die Richtlinie 2006/24/EG (ABl. L 105 vom 13.4.2006, S. 54).

(28) Gemäß Artikel 3 des dem Vertrag über die Europäische Union und dem Vertrag zur Gründung der Europäischen Gemeinschaft beigefügten Protokolls über die Position des Vereinigten Königreichs und Irlands beteiligen sich das Vereinigte Königreich und Irland an der Annahme und Anwendung dieser Verordnung.

(29) Gemäß den Artikeln 1 und 2 des dem Vertrag über die Europäische Union und dem Vertrag zur Gründung der Europäischen Gemeinschaft beigefügten Protokolls über die Position Dänemarks beteiligt sich Dänemark nicht an der Annahme dieser Verordnung, die für Dänemark nicht bindend oder anwendbar ist —

HABEN FOLGENDE VERORDNUNG ERLASSEN:

KAPITEL I: ALLGEMEINE BESTIMMUNGEN

Artikel 1: Anwendungsbereich

(1) Diese Verordnung ist in Zivil- oder Handelssachen anzuwenden, in denen ein gerichtliches oder außergerichtliches Schriftstück von einem in einen anderen Mitgliedstaat zum Zwecke der Zustellung zu übermitteln ist. Sie erfasst insbesondere nicht Steuer- und Zollsachen, verwaltungsrechtliche Angelegenheiten sowie die Haftung des Staates für Handlungen oder Unterlassungen im Rahmen der Ausübung hoheitlicher Rechte („acta iure imperii").

(2) Diese Verordnung findet keine Anwendung, wenn die Anschrift des Empfängers des Schriftstücks unbekannt ist.

(3) Im Sinne dieser Verordnung bezeichnet der Begriff „Mitgliedstaat" alle Mitgliedstaaten mit Ausnahme Dänemarks.

Artikel 2: Übermittlungs- und Empfangsstellen

(1) Jeder Mitgliedstaat benennt die Amtspersonen, Behörden oder sonstigen Personen, die für die Übermittlung gerichtlicher und außergerichtlicher Schriftstücke, die in einem anderen Mitgliedstaat zuzustellen sind, zuständig sind, im Folgenden „Übermittlungsstellen" genannt.

(2) Jeder Mitgliedstaat benennt die Amtspersonen, Behörden oder sonstigen Personen, die für die Entgegennahme gerichtlicher und außergerichtlicher Schriftstücke aus einem anderen Mitgliedstaat zuständig sind, im Folgenden „Empfangsstellen" genannt.

(3) Die Mitgliedstaaten können entweder eine Übermittlungsstelle und eine Empfangsstelle oder eine Stelle für beide Aufgaben benennen. Bundesstaaten, Staaten mit mehreren Rechtssystemen oder Staaten mit autonomen Gebietskörperschaften können mehrere derartige Stellen benennen. Diese Benennung ist für einen Zeitraum von fünf Jahren gültig und kann alle fünf Jahre erneuert werden.

(4) Jeder Mitgliedstaat teilt der Kommission folgende Angaben mit:

a) die Namen und Anschriften der Empfangsstellen nach den Absätzen 2 und 3,

b) den Bereich, für den diese örtlich zuständig sind,

c) die ihnen zur Verfügung stehenden Möglichkeiten für den Empfang von Schriftstücken und

d) die Sprachen, in denen das Formblatt in Anhang I ausgefüllt werden darf.

Die Mitgliedstaaten teilen der Kommission jede Änderung dieser Angaben mit.

KAPITEL II: GERICHTLICHE SCHRIFTSTÜCKE

Abschnitt 1: Übermittlung und Zustellung von gerichtlichen Schriftstücken

Artikel 4: Übermittlung von Schriftstücken

(1) Gerichtliche Schriftstücke sind zwischen den nach Artikel 2 benannten Stellen unmittelbar und so schnell wie möglich zu übermitteln.

(2) Die Übermittlung von Schriftstücken, Anträgen, Zeugnissen, Empfangsbestätigungen, Bescheinigungen und sonstigen Dokumenten zwischen den Übermittlungs- und Empfangsstellen kann auf jedem geeigneten Übermittlungsweg erfolgen, sofern das empfangene Dokument mit dem versandten Dokument inhaltlich genau übereinstimmt und alle darin enthaltenen Angaben mühelos lesbar sind.

(3) Dem zu übermittelnden Schriftstück ist ein Antrag beizufügen, der nach dem Formblatt in Anhang I erstellt wird. Das Formblatt ist in der Amtssprache des Empfangsmitgliedstaats oder, wenn es in diesem Mitgliedstaat mehrere Amtssprachen gibt, der Amtssprache oder einer der Amtssprachen des Ortes, an dem die Zustellung erfolgen soll, oder in einer sonstigen Sprache, die der Empfangsmitgliedstaat zugelassen hat, auszufüllen. Jeder Mitgliedstaat gibt die Amtssprache oder die Amtssprachen der Organe der Europäischen Union an, die er außer seiner oder seinen eigenen Amtssprache(n) für die Ausfüllung des Formblatts zulässt.

(4) Die Schriftstücke sowie alle Dokumente, die übermittelt werden, bedürfen weder der Beglaubigung noch einer anderen gleichwertigen Formalität.

(5) Wünscht die Übermittlungsstelle die Rücksendung einer Abschrift des Schriftstücks zusammen mit der Bescheinigung nach Artikel 10, so übermittelt sie das betreffende Schriftstück in zweifacher Ausfertigung.

Artikel 5: Übersetzung der Schriftstücke

(1) Der Antragsteller wird von der Übermittlungsstelle, der er das Schriftstück zum Zweck der Übermittlung übergibt, davon in Kenntnis gesetzt, dass der Empfänger die Annahme des Schriftstücks verweigern darf, wenn es nicht in einer der in Artikel 8 genannten Sprachen abgefasst ist.

(2) Der Antragsteller trägt etwaige vor der Übermittlung des Schriftstücks anfallende Übersetzungskosten unbeschadet einer etwaigen späteren Kostenentscheidung des zuständigen Gerichts oder der zuständigen Behörde.

Artikel 6: Entgegennahme der Schriftstücke durch die Empfangsstelle

(1) Nach Erhalt des Schriftstücks übersendet die Empfangsstelle der Übermittlungsstelle auf schnellstmöglichem Wege und so bald wie möglich, auf jeden Fall aber innerhalb von sieben Tagen nach Erhalt des Schriftstücks, eine Empfangsbestätigung unter Verwendung des Formblatts in Anhang I.

(2) Kann der Zustellungsantrag aufgrund der übermittelten Angaben oder Dokumente nicht erledigt werden, so nimmt die Empfangsstelle auf schnellstmöglichem Wege Verbindung zu der Übermittlungsstelle auf, um die fehlenden Angaben oder Schriftstücke zu beschaffen.

(3) Fällt der Zustellungsantrag offenkundig nicht in den Anwendungsbereich dieser Verordnung oder ist die Zustellung wegen Nichtbeachtung der erforderlichen Formvorschriften nicht möglich, sind der Zustellungsantrag und die übermittelten Schriftstücke sofort nach Erhalt unter Verwendung des Formblatts in Anhang I an die Übermittlungsstelle zurückzusenden.

(4) Eine Empfangsstelle, die ein Schriftstück erhält, für dessen Zustellung sie örtlich nicht zuständig ist, leitet dieses Schriftstück zusammen mit dem Zustellungsantrag an die örtlich zuständige Empfangsstelle in demselben Mitgliedstaat weiter, sofern der Antrag den Voraussetzungen in Artikel 4 Absatz 3 entspricht; sie setzt die Übermittlungsstelle unter Verwendung des Formblatts in Anhang I davon in Kenntnis. Die örtlich zuständige Empfangsstelle teilt der Übermittlungsstelle gemäß Absatz 1 den Eingang des Schriftstücks mit.

Artikel 7: Zustellung der Schriftstücke

(1) Die Zustellung des Schriftstücks wird von der Empfangsstelle bewirkt oder veranlasst, und zwar entweder nach dem Recht des Empfangsmitgliedstaats oder in einem von der Übermittlungsstelle gewünschten besonderen Verfahren, sofern dieses Verfahren mit dem Recht des Empfangsmitgliedstaats vereinbar ist.

(2) Die Empfangsstelle unternimmt alle erforderlichen Schritte, um die Zustellung des Schriftstücks so rasch wie möglich, in jedem Fall jedoch binnen einem Monat nach Eingang auszuführen. Konnte die Zustellung nicht binnen einem Monat nach Eingang vorgenommen werden, verfährt die Empfangsstelle wie folgt:

a) Sie teilt dies der Übermittlungsstelle unverzüglich unter Verwendung der Bescheinigung mit, die in dem Formblatt in Anhang I vorgesehen und gemäß Artikel 10 Absatz 2 auszufüllen ist, und

b) Sie unternimmt weiterhin, sofern die Übermittlungsstelle nichts anderes angibt, alle für die Zustellung des Schriftstücks erforderlichen Schritte, falls die Zustellung innerhalb einer angemessenen Frist möglich scheint.

Artikel 8: Verweigerung der Annahme eines Schriftstücks

(1) Die Empfangsstelle setzt den Empfänger unter Verwendung des Formblatts in Anhang II davon in Kenntnis, dass er die Annahme des zuzustellenden Schriftstücks bei der Zustellung verweigern oder das Schriftstück der Empfangsstelle binnen einer Woche zurücksenden darf, wenn das Schriftstück nicht in einer der folgenden Sprachen abgefasst oder keine Übersetzung in einer der folgenden Sprachen beigefügt ist:

a) einer Sprache, die der Empfänger versteht,

oder

b) der Amtssprache des Empfangsmitgliedstaats oder, wenn es im Empfangsmitgliedstaat mehrere Amtssprachen gibt, der Amtssprache oder einer der Amtssprachen des Ortes, an dem die Zustellung erfolgen soll.

(2) Wird der Empfangsstelle mitgeteilt, dass der Empfänger die Annahme des Schriftstücks gemäß Absatz 1 verweigert hat, so setzt sie die Übermittlungsstelle unter Verwendung der Bescheinigung nach Artikel 10 unverzüglich davon in Kenntnis und sendet den Antrag sowie die Schriftstücke, um deren Übersetzung ersucht wird, zurück.

(3) Hat der Empfänger die Annahme des Schriftstücks gemäß Absatz 1 verweigert, kann die Zustellung dadurch bewirkt werden, dass dem Empfänger im Einklang mit dieser Verordnung das Dokument zusammen mit einer Übersetzung des Schriftstücks in eine der in Absatz 1 vorgesehenen Sprachen zugestellt wird. In diesem Fall ist das Datum der Zustellung des Schriftstücks das Datum, an dem die Zustellung des Dokuments zusammen mit der Übersetzung nach dem Recht des Empfangsmitgliedstaats bewirkt wird. Muss jedoch nach dem Recht eines Mitgliedstaats ein Schriftstück innerhalb einer bestimmten Frist zugestellt werden, so ist im Verhältnis zum Antragsteller als Datum der Zustellung der nach Artikel 9 Absatz 2 ermittelte Tag maßgeblich, an dem das erste Schriftstück zugestellt worden ist.

(4) Die Absätze 1, 2 und 3 gelten auch für die Übermittlung und Zustellung gerichtlicher Schriftstücke nach Abschnitt 2.

(5) Für die Zwecke von Absatz 1 gilt Folgendes: Erfolgt die Zustellung gemäß Artikel 13 durch diplomatische oder konsularische Vertretungen bzw. gemäß Artikel 14 durch eine Behörde oder Person, so setzen die diplomatischen oder konsularischen Vertretungen bzw. die zustellende Behörde oder Person den Empfänger davon in Kenntnis, dass er die Annahme des Schriftstücks verweigern darf und dass Schriftstücke, deren Annahme verweigert wurden, diesen Vertretungen bzw. dieser Behörde oder Person zu übermitteln sind.

Artikel 9: Datum der Zustellung

(1) Unbeschadet des Artikels 8 ist für das Datum der nach Artikel 7 erfolgten Zustellung eines Schriftstücks das Recht des Empfangsmitgliedstaats maßgeblich.

(2) Muss jedoch nach dem Recht eines Mitgliedstaats ein Schriftstück innerhalb einer bestimmten Frist zugestellt werden, so ist im Verhältnis zum Antragsteller als Datum der Zustellung der Tag maßgeblich, der sich aus dem Recht dieses Mitgliedstaats ergibt.

(3) Die Absätze 1 und 2 gelten auch für die Übermittlung und Zustellung gerichtlicher Schriftstücke nach Abschnitt 2.

Artikel 10: Bescheinigung über die Zustellung und Abschrift des zugestellten Schriftstücks

(1) Nach Erledigung der für die Zustellung des Schriftstücks vorzunehmenden Schritte wird nach dem Formblatt in Anhang I eine entsprechende Bescheinigung ausgestellt, die der Übermittlungsstelle übersandt wird. Bei Anwendung von Artikel 4 Absatz 5 wird der Bescheinigung eine Abschrift des zugestellten Schriftstücks beigefügt.

(2) Die Bescheinigung ist in der Amtssprache oder in einer der Amtssprachen des Übermittlungsmitgliedstaats oder in einer sonstigen Sprache, die der Übermittlungsmitgliedstaat zugelassen hat, auszustellen. Jeder Mitgliedstaat gibt die Amtssprache oder die Amtssprachen der Organe der Europäischen Union an, die er außer seiner oder seinen eigenen Amtssprache(n) für die Ausfüllung des Formblatts zulässt.

Artikel 11: Kosten der Zustellung

(1) Für die Zustellung gerichtlicher Schriftstücke aus einem anderen Mitgliedstaat darf keine Zahlung oder Erstattung von Gebühren und Auslagen für die Tätigkeit des Empfangsmitgliedstaats verlangt werden.

(2) Der Antragsteller hat jedoch die Auslagen zu zahlen oder zu erstatten, die dadurch entstehen,

a) dass bei der Zustellung eine Amtsperson oder eine andere nach dem Recht des Empfangsmitgliedstaats zuständige Person mitwirkt;

b) dass ein besonderes Verfahren der Zustellung gewählt wird.

Auslagen, die dadurch entstehen, dass bei der Zustellung eine Amtsperson oder eine andere nach dem Recht des Empfangsmitgliedstaats zuständige Person mitwirkt, müssen einer von diesem Mitgliedstaat nach den Grundsätzen der Verhältnismäßigkeit und der Nichtdiskriminierung im Voraus festgesetzten einheitlichen Festgebühr entsprechen. Die Mitgliedstaaten teilen der Kommission die jeweiligen Festgebühren mit.

Abschnitt 2: Andere Arten der Übermittlung und Zustellung gerichtlicher Schriftstücke

Artikel 12: Übermittlung auf konsularischem oder diplomatischem Weg

Jedem Mitgliedstaat steht es in Ausnahmefällen frei, den nach Artikel 2 oder Artikel 3 benannten Stellen eines anderen Mitgliedstaats gerichtliche Schriftstücke zum Zweck der Zustellung auf konsularischem oder diplomatischem Weg zu übermitteln.

Artikel 13: Zustellung von Schriftstücken durch die diplomatischen oder konsularischen Vertretungen

(1) Jedem Mitgliedstaat steht es frei, Personen, die ihren Wohnsitz in einem anderen Mitgliedstaat haben, gerichtliche Schriftstücke unmittelbar durch seine diplomatischen oder konsularischen Vertretungen ohne Anwendung von Zwang zustellen zu lassen.

(2) Jeder Mitgliedstaat kann nach Artikel 23 Absatz 1 mitteilen, dass er eine solche Zustellung in seinem Hoheitsgebiet nicht zulässt, außer wenn das Schriftstück einem Staatsangehörigen des Übermittlungsmitgliedstaats zuzustellen ist.

Artikel 14: Zustellung durch Postdienste

Jedem Mitgliedstaat steht es frei, Personen, die ihren Wohnsitz in einem anderen Mitgliedstaat haben, gerichtliche Schriftstücke unmittelbar durch Postdienste per Einschreiben mit Rückschein oder gleichwertigem Beleg zustellen zu lassen.

Artikel 15: Unmittelbare Zustellung

Jeder an einem gerichtlichen Verfahren Beteiligte kann gerichtliche Schriftstücke unmittelbar durch Amtspersonen, Beamte oder sonstige zuständige Personen des Empfangsmitgliedstaats zustellen lassen, wenn eine solche unmittelbare Zustellung nach dem Recht dieses Mitgliedstaats zulässig ist.

Kapitel III: Aussergerichtliche Schriftstücke

Artikel 16: Übermittlung

Außergerichtliche Schriftstücke können zum Zweck der Zustellung in einem anderen Mitgliedstaat nach Maßgabe dieser Verordnung übermittelt werden.

Kapitel IV: Schlussbestimmungen

Artikel 17: Durchführungsbestimmungen

Die Maßnahmen zur Änderung nicht wesentlicher Elemente dieser Verordnung wie die Aktualisierung oder technische Anpassung der Formblätter in den Anhängen I und II werden nach dem Regelungsverfahren mit Kontrolle gemäß Artikel 18 Absatz 2 erlassen.

Artikel 18: Ausschuss

(1) Die Kommission wird von einem Ausschuss unterstützt.

(2) Wird auf diesen Absatz Bezug genommen, so gelten Artikel 5a Absätze 1 bis 4 und Artikel 7 des Beschlusses 1999/468/EG unter Beachtung von dessen Artikel 8.

Artikel 19: Nichteinlassung des Beklagten

(1) War ein verfahrenseinleitendes Schriftstück oder ein gleichwertiges Schriftstück nach dieser Verordnung zum Zweck der Zustellung in einen anderen Mitgliedstaat zu übermitteln und hat sich der Beklagte nicht auf das Verfahren eingelassen, so hat das Gericht das Verfahren auszusetzen, bis festgestellt ist,

a) dass das Schriftstück in einem Verfahren zugestellt worden ist, das das Recht des Empfangsmitgliedstaats für die Zustellung der in seinem Hoheitsgebiet ausgestellten Schriftstücke an dort befindliche Personen vorschreibt, oder

b) dass das Schriftstück tatsächlich entweder dem Beklagten persönlich ausgehändigt oder nach einem anderen in dieser Verordnung vorgesehenen Verfahren in seiner Wohnung abgegeben worden ist,

und dass in jedem dieser Fälle das Schriftstück so rechtzeitig zugestellt oder ausgehändigt bzw. abgegeben worden ist, dass der Beklagte sich hätte verteidigen können.

(2) Jeder Mitgliedstaat kann nach Artikel 23 Absatz 1 mitteilen, dass seine Gerichte ungeachtet des Absatzes 1 den Rechtsstreit entscheiden können, auch wenn keine Bescheinigung über die Zustellung oder die Aushändigung bzw. Abgabe eingegangen ist, sofern folgende Voraussetzungen gegeben sind:

a) Das Schriftstück ist nach einem in dieser Verordnung vorgesehenen Verfahren übermittelt worden.

b) Seit der Absendung des Schriftstücks ist eine Frist von mindestens sechs Monaten verstrichen, die das Gericht nach den Umständen des Falles als angemessen erachtet.

c) Trotz aller zumutbaren Schritte bei den zuständigen Behörden oder Stellen des Empfangsmitgliedstaats war eine Bescheinigung nicht zu erlangen.

(3) Unbeschadet der Absätze 1 und 2 kann das Gericht in dringenden Fällen einstweilige Maßnahmen oder Sicherungsmaßnahmen anordnen.

(4) War ein verfahrenseinleitendes Schriftstück oder ein gleichwertiges Schriftstück nach dieser Verordnung zum Zweck der Zustellung in einen anderen Mitgliedstaat zu übermitteln und ist eine Entscheidung gegen einen Beklagten ergangen, der sich nicht auf das Verfahren eingelassen hat, so kann ihm das Gericht in Bezug auf Rechtsmittelfristen die Wiedereinsetzung in den vorigen Stand bewilligen, sofern

a) der Beklagte ohne sein Verschulden nicht so rechtzeitig Kenntnis von dem Schriftstück erlangt hat, dass er sich hätte verteidigen können, und nicht so rechtzeitig Kenntnis von der Entscheidung erlangt hat, dass er sie hätte anfechten können, und

b) die Verteidigung des Beklagten nicht von vornherein aussichtslos scheint.

Ein Antrag auf Wiedereinsetzung in den vorigen Stand kann nur innerhalb einer angemessenen Frist, nachdem der Beklagte von der Entscheidung Kenntnis erhalten hat, gestellt werden.

Jeder Mitgliedstaat kann nach Artikel 23 Absatz 1 erklären, dass dieser Antrag nach Ablauf einer in seiner Mitteilung anzugebenden Frist unzulässig ist; diese Frist muss jedoch mindestens ein Jahr ab Erlass der Entscheidung betragen.

(5) Absatz 4 gilt nicht für Entscheidungen, die den Personenstand betreffen.

Artikel 20: Verhältnis zu von den Mitgliedstaaten geschlossenen Übereinkünften oder Vereinbarungen

(1) Die Verordnung hat in ihrem Anwendungsbereich Vorrang vor den Bestimmungen, die in den von den Mitgliedstaaten geschlossenen bilateralen oder multilateralen Übereinkünften oder Vereinbarungen enthalten sind, insbesondere vor Artikel IV des Protokolls zum Brüsseler Übereinkommen von 1968 und vor dem Haager Übereinkommen vom 15. November 1965.

(2) Die Verordnung hindert einzelne Mitgliedstaaten nicht daran, Übereinkünfte oder Vereinbarungen zur weiteren Beschleunigung oder Vereinfachung der Übermittlung von Schriftstücken beizubehalten oder zu schließen, sofern sie mit dieser Verordnung vereinbar sind.

(3) Die Mitgliedstaaten übermitteln der Kommission:

a) eine Abschrift der zwischen den Mitgliedstaaten geschlossenen Übereinkünfte oder Vereinbarungen nach Absatz 2 sowie Entwürfe dieser von ihnen geplanten Übereinkünfte oder Vereinbarungen sowie

b) jede Kündigung oder Änderung dieser Übereinkünfte oder Vereinbarungen.

Artikel 21: Prozesskostenhilfe

Artikel 23 des Abkommens über den Zivilprozess vom 17. Juli 1905, Artikel 24 des Übereinkommens über den Zivilprozess vom 1. März 1954 und Artikel 13 des Abkommens über die Erleichterung des internationalen Zugangs zu den Gerichten vom 25. Oktober 1980 bleiben im Verhältnis zwischen den Mitgliedstaaten, die Vertragspartei dieser Übereinkünfte sind, von dieser Verordnung unberührt.

Artikel 22: Datenschutz

(1) Die Empfangsstelle darf die nach dieser Verordnung übermittelten Informationen – einschließlich personenbezogener Daten – nur zu dem Zweck verwenden, zu dem sie übermittelt wurden.

(2) Die Empfangsstelle stellt die Vertraulichkeit derartiger Informationen nach Maßgabe ihres nationalen Rechts sicher.

(3) Die Absätze 1 und 2 berühren nicht das Auskunftsrecht von Betroffenen über die Verwendung der nach dieser Verordnung übermittelten Informationen, das ihnen nach dem einschlägigen nationalen Recht zusteht.

(4) Die Richtlinien 95/46/EG und 2002/58/EG bleiben von dieser Verordnung unberührt.

Artikel 23: Mitteilung und Veröffentlichung

(1) Die Mitgliedstaaten teilen der Kommission die Angaben nach den Artikeln 2, 3, 4, 10, 11, 13, 15 und 19 mit. Die Mitgliedstaaten teilen der Kommission mit, ob nach ihrem innerstaatlichen Recht ein Dokument gemäß Artikel 8 Absatz 3 und Artikel 9 Absatz 2 innerhalb einer bestimmten Frist zugestellt werden muss.

(2) Die Kommission veröffentlicht die gemäß Absatz 1 mitgeteilten Angaben im *Amtsblatt der Europäischen Union*, mit Ausnahme der Anschriften und sonstigen Kontaktdaten der Stellen und der Zentralstellen und ihrer geografischen Zuständigkeitsgebiete.

(3) Die Kommission sorgt für die Erstellung und regelmäßige Aktualisierung eines Handbuchs, das die Angaben nach Absatz 1 enthält und in elektronischer Form bereitgestellt wird, insbesondere über das Europäische Justizielle Netz für Zivil- und Handelssachen.

Artikel 24: Überprüfung

Die Kommission legt dem Europäischen Parlament, dem Rat und dem Europäischen Wirtschafts- und Sozialausschuss spätestens am 1. Juni 2011 und danach alle fünf Jahre einen Bericht über die Anwendung dieser Verordnung vor, wobei sie insbesondere auf die Effizienz der nach Artikel 2 bezeichneten Stellen und die praktische Anwendung des Artikels 3 Buchstabe c und des Artikels 9 achtet. Diesem Bericht werden erforderlichenfalls Vorschläge zur Anpassung dieser Verordnung an die Entwicklung der Zustellungssysteme beigefügt.

Artikel 25: Aufhebung der Verordnung (EG) Nr. 1348/2000

(1) Die Verordnung (EG) Nr. 1348/2000 wird mit Beginn der Geltung dieser Verordnung aufgehoben.

(2) Jede Bezugnahme auf die aufgehobene Verordnung gilt als Bezugnahme auf die vorliegende Verordnung nach Maßgabe der Entsprechungstabelle in Anhang III.

Artikel 26: Inkrafttreten

Diese Verordnung tritt am zwanzigsten Tag nach ihrer Veröffentlichung im Amtsblatt der Europäischen Union in Kraft.

Sie gilt ab dem 13. November 2008 mit Ausnahme des Artikels 23, der ab dem 13. August 2008 gilt.

VII. Auszug ZPO

§ 38: Zugelassene Gerichtsstandsvereinbarung

(1) Ein an sich unzuständiges Gericht des ersten Rechtszuges wird durch ausdrückliche oder stillschweigende Vereinbarung der Parteien zuständig, wenn die Vertragsparteien Kaufleute, juristische Personen des öffentlichen Rechts oder öffentlich-rechtliche Sondervermögen sind.

(2) Die Zuständigkeit eines Gerichts des ersten Rechtszuges kann ferner vereinbart werden, wenn mindestens eine der Vertragsparteien keinen allgemeinen Gerichtsstand im Inland hat. Die Vereinbarung muss schriftlich abgeschlossen oder, falls sie mündlich getroffen wird, schriftlich bestätigt werden. Hat eine der Parteien einen inländischen allgemeinen Gerichtsstand, so kann für das Inland nur ein Gericht gewählt werden, bei dem diese Partei ihren allgemeinen Gerichtsstand hat oder ein besonderer Gerichtsstand begründet ist.

(3) Im Übrigen ist eine Gerichtsstandsvereinbarung nur zulässig, wenn sie ausdrücklich und schriftlich

1. nach dem Entstehen der Streitigkeit oder
2. für den Fall geschlossen wird, dass die im Klageweg in Anspruch zu nehmende Partei nach Vertragsschluss ihren Wohnsitz oder gewöhnlichen Aufenthaltsort aus dem Geltungsbereich dieses Gesetzes verlegt oder ihr Wohnsitz oder gewöhnlicher Aufenthalt im Zeitpunkt der Klageerhebung nicht bekannt ist.

§ 183: Zustellung im Ausland

(1) Eine Zustellung im Ausland ist nach den bestehenden völkerrechtlichen Vereinbarungen vorzunehmen. Wenn Schriftstücke auf Grund völkerrechtlicher Vereinbarungen unmittelbar durch die Post übersandt werden dürfen, so soll durch Einschreiben mit Rückschein zugestellt werden, anderenfalls die Zustellung auf Ersuchen des Vorsitzenden des Prozessgerichts unmittelbar durch die Behörden des fremden Staates erfolgen.

(2) Ist eine Zustellung nach Absatz 1 nicht möglich, ist durch die zuständige diplomatische oder konsularische Vertretung des Bundes oder die sonstige zuständige Behörde zuzustellen. Nach Satz 1 ist insbesondere zu verfahren, wenn völkerrechtliche Vereinbarungen nicht bestehen, die zuständigen Stellen des betreffenden Staates zur Rechtshilfe nicht bereit sind oder besondere Gründe eine solche Zustellung rechtfertigen.

(3) An einen Deutschen, der das Recht der Immunität genießt und zu einer Vertretung der Bundesrepublik Deutschland im Ausland gehört, erfolgt die Zustellung auf Ersuchen des Vorsitzenden des Prozessgerichts durch die zuständige Auslandsvertretung.

(4) Zum Nachweis der Zustellung nach Absatz 1 Satz 2 Halbsatz 1 genügt der Rückschein. Die Zustellung nach Absatz 1 Satz 2 Halbsatz 2 und den Absätzen 2 und 3 wird durch das Zeugnis der ersuchten Behörde nachgewiesen.

(5) Die Vorschriften der Verordnung (EG) Nr. 1393/2007 des Europäischen Parlaments und des Rates vom 13. November 2007 über die Zustellung gerichtlicher und außergerichtlicher Schriftstücke in Zivil- oder Handelssachen in den Mitgliedstaaten und zur Aufhebung der Verordnung (EG) Nr. 1348/2000 (ABl. EU Nr. L 324 S. 79) bleiben unberührt. Für die Durchführung gelten § 1068 Abs. 1 und § 1069 Abs. 1.

§ 328: Anerkennung ausländischer Urteile

(1) Die Anerkennung des Urteils eines ausländischen Gerichts ist ausgeschlossen:

1. wenn die Gerichte des Staates, dem das ausländische Gericht angehört, nach den deutschen Gesetzen nicht zuständig sind;
2. wenn dem Beklagten, der sich auf das Verfahren nicht eingelassen hat und sich hierauf beruft, das verfahrenseinleitende Dokument nicht ordnungsmäßig oder nicht so rechtzeitig zugestellt worden ist, dass er sich verteidigen konnte;
3. wenn das Urteil mit einem hier erlassenen oder einem anzuerkennenden früheren ausländischen Urteil oder wenn das ihm zugrunde liegende Verfahren mit einem früher hier rechtshängig gewordenen Verfahren unvereinbar ist;
4. wenn die Anerkennung des Urteils zu einem Ergebnis führt, das mit wesentlichen Grundsätzen des deutschen Rechts offensichtlich unvereinbar ist, insbesondere wenn die Anerkennung mit den Grundrechten unvereinbar ist;
5. wenn die Gegenseitigkeit nicht verbürgt ist.

(2) Die Vorschrift der Nummer 5 steht der Anerkennung des Urteils nicht entgegen, wenn das Urteil einen nichtvermögensrechtlichen Anspruch betrifft und nach den deutschen Gesetzen ein Gerichtsstand im Inland nicht begründet war.

§ 1025: Anwendungsbereich

(1) Die Vorschriften dieses Buches sind anzuwenden, wenn der Ort des schiedsrichterlichen Verfahrens im Sinne des § 1043 Abs. 1 in Deutschland liegt.

(2) Die Bestimmungen der §§ 1032, 1033 und 1050 sind auch dann anzuwenden, wenn der Ort des schiedsrichterlichen Verfahrens im Ausland liegt oder noch nicht bestimmt ist.

(3) Solange der Ort des schiedsrichterlichen Verfahrens noch nicht bestimmt ist, sind die deutschen Gerichte für die Ausübung der in den §§ 1034, 1035, 1037 und 1038 bezeichneten gerichtlichen Aufgaben zuständig, wenn der Beklagte oder der Kläger seinen Sitz oder seinen gewöhnlichen Aufenthalt in Deutschland hat.

(4) Für die Anerkennung und Vollstreckung ausländischer Schiedssprüche gelten die §§ 1061 bis 1065.

§ 1026: Umfang gerichtlicher Tätigkeit

Ein Gericht darf in den in den §§ 1025 bis 1061 geregelten Angelegenheiten nur tätig werden, soweit dieses Buch es vorsieht.

§ 1027: Verlust des Rügerechts

Ist einer Bestimmung dieses Buches, von der die Parteien abweichen können, oder einem vereinbarten Erfordernis des schiedsrichterlichen Verfahrens nicht entsprochen worden, so kann eine Partei, die den Mangel nicht unverzüglich oder innerhalb einer dafür vorgesehenen Frist rügt, diesen später nicht mehr geltend machen. Dies gilt nicht, wenn der Partei der Mangel nicht bekannt war.

§ 1028: Empfang schriftlicher Mitteilungen bei unbekanntem Aufenthalt

(1) Ist der Aufenthalt einer Partei oder einer zur Entgegennahme berechtigten Person unbekannt, gelten, sofern die Parteien nichts anderes vereinbart haben, schriftliche Mitteilungen an dem Tag als empfangen, an dem sie bei ordnungsgemäßer Übermittlung durch Einschreiben gegen Rückschein oder auf eine andere Weise, welche den Zugang an der letztbekannten Postanschrift oder Niederlassung oder dem letztbekannten gewöhnlichen Aufenthalt des Adressaten belegt, dort hätten empfangen werden können.

(2) Absatz 1 ist auf Mitteilungen in gerichtlichen Verfahren nicht anzuwenden.

§ 1029: Begriffsbestimmung

(1) Schiedsvereinbarung ist eine Vereinbarung der Parteien, alle oder einzelne Streitigkeiten, die zwischen ihnen in Bezug auf ein bestimmtes Rechtsverhältnis vertraglicher oder nichtvertraglicher Art entstanden sind oder künftig entstehen, der Entscheidung durch ein Schiedsgericht zu unterwerfen.

(2) Eine Schiedsvereinbarung kann in Form einer selbständigen Vereinbarung (Schiedsabrede) oder in Form einer Klausel in einem Vertrag (Schiedsklausel) geschlossen werden.

§ 1030: Schiedsfähigkeit

(1) Jeder vermögensrechtliche Anspruch kann Gegenstand einer Schiedsvereinbarung sein. Eine Schiedsvereinbarung über nichtvermögensrechtliche Ansprüche hat insoweit rechtliche Wirkung, als die Parteien berechtigt sind, über den Gegenstand des Streites einen Vergleich zu schließen.

(2) Eine Schiedsvereinbarung über Rechtsstreitigkeiten, die den Bestand eines Mietverhältnisses über Wohnraum im Inland betreffen, ist unwirksam. Dies gilt nicht, soweit es sich um Wohnraum der in § 549 Abs. 2 Nr. 1 bis 3 des Bürgerlichen Gesetzbuchs bestimmten Art handelt.

(3) Gesetzliche Vorschriften außerhalb dieses Buches, nach denen Streitigkeiten einem schiedsrichterlichen Verfahren nicht oder nur unter bestimmten Voraussetzungen unterworfen werden dürfen, bleiben unberührt.

§ 1031: Form der Schiedsvereinbarung

(1) Die Schiedsvereinbarung muss entweder in einem von den Parteien unterzeichneten Dokument oder in zwischen ihnen gewechselten Schreiben, Fernkopien, Telegrammen oder anderen Formen der Nachrichtenübermittlung, die einen Nachweis der Vereinbarung sicherstellen, enthalten sein.

(2) Die Form des Absatzes 1 gilt auch dann als erfüllt, wenn die Schiedsvereinbarung in einem von der einen Partei der anderen Partei oder von einem Dritten beiden Parteien übermittelten Dokument enthalten ist und der Inhalt des Dokuments im Falle eines nicht rechtzeitig erfolgten Widerspruchs nach der Verkehrssitte als Vertragsinhalt angesehen wird.

(3) Nimmt ein den Formerfordernissen des Absatzes 1 oder 2 entsprechender Vertrag auf ein Dokument Bezug, das eine Schiedsklausel enthält, so begründet dies eine Schiedsvereinbarung, wenn die Bezugnahme dergestalt ist, dass sie diese Klausel zu einem Bestandteil des Vertrages macht.

(4) Eine Schiedsvereinbarung wird auch durch die Begebung eines Konnossements begründet, in dem ausdrücklich auf die in einem Chartervertrag enthaltene Schiedsklausel Bezug genommen wird.

(5) Schiedsvereinbarungen, an denen ein Verbraucher beteiligt ist, müssen in einer von den Parteien eigenhändig unterzeichneten Urkunde enthalten sein. Die schriftliche Form nach Satz 1 kann durch die elektronische Form nach § 126a des Bürgerlichen Gesetzbuchs ersetzt werden. Andere Vereinbarungen als solche, die sich auf das schiedsrichterliche Verfahren beziehen, darf die Urkunde oder das elektronische Dokument nicht enthalten; dies gilt nicht bei notarieller Beurkundung.

(6) Der Mangel der Form wird durch die Einlassung auf die schiedsgerichtliche Verhandlung zur Hauptsache geheilt.

§ 1032: Schiedsvereinbarung und Klage vor Gericht

(1) Wird vor einem Gericht Klage in einer Angelegenheit erhoben, die Gegenstand einer Schiedsvereinbarung ist, so hat das Gericht die Klage als unzulässig abzuweisen, sofern der Beklagte dies vor Beginn der mündlichen Verhandlung zur Hauptsache rügt, es sei denn, das Gericht stellt fest, dass die Schiedsvereinbarung nichtig, unwirksam oder undurchführbar ist.

(2) Bei Gericht kann bis zur Bildung des Schiedsgerichts Antrag auf Feststellung der Zulässigkeit oder Unzulässigkeit eines schiedsrichterlichen Verfahrens gestellt werden.

(3) Ist ein Verfahren im Sinne des Absatzes 1 oder 2 anhängig, kann ein schiedsrichterliches Verfahren gleichwohl eingeleitet oder fortgesetzt werden und ein Schiedsspruch ergehen.

§ 1033: Schiedsvereinbarung und einstweilige gerichtliche Maßnahmen

Eine Schiedsvereinbarung schließt nicht aus, dass ein Gericht vor oder nach Beginn des schiedsrichterlichen Verfahrens auf Antrag einer Partei eine vorläufige oder sichernde Maßnahme in Bezug auf den Streitgegenstand des schiedsrichterlichen Verfahrens anordnet.

§ 1034: Zusammensetzung des Schiedsgerichts

(1) Die Parteien können die Anzahl der Schiedsrichter vereinbaren. Fehlt eine solche Vereinbarung, so ist die Zahl der Schiedsrichter drei.

(2) Gibt die Schiedsvereinbarung einer Partei bei der Zusammensetzung des Schiedsgerichts ein Übergewicht, das die andere Partei benachteiligt, so kann diese Partei bei Gericht beantragen, den oder die Schiedsrichter abweichend von der erfolgten Ernennung oder der vereinbarten Ernennungsregelung zu bestellen. Der Antrag

ist spätestens bis zum Ablauf von zwei Wochen, nachdem der Partei die Zusammensetzung des Schiedsgerichts bekannt geworden ist, zu stellen. § 1032 Abs. 3 gilt entsprechend.

§ 1035: Bestellung der Schiedsrichter

(1) Die Parteien können das Verfahren zur Bestellung des Schiedsrichters oder der Schiedsrichter vereinbaren.

(2) Sofern die Parteien nichts anderes vereinbart haben, ist eine Partei an die durch sie erfolgte Bestellung eines Schiedsrichters gebunden, sobald die andere Partei die Mitteilung über die Bestellung empfangen hat.

(3) Fehlt eine Vereinbarung der Parteien über die Bestellung der Schiedsrichter, wird ein Einzelschiedsrichter, wenn die Parteien sich über seine Bestellung nicht einigen können, auf Antrag einer Partei durch das Gericht bestellt. In schiedsrichterlichen Verfahren mit drei Schiedsrichtern bestellt jede Partei einen Schiedsrichter; diese beiden Schiedsrichter bestellen den dritten Schiedsrichter, der als Vorsitzender des Schiedsgerichts tätig wird. Hat eine Partei den Schiedsrichter nicht innerhalb eines Monats nach Empfang einer entsprechenden Aufforderung durch die andere Partei bestellt oder können sich die beiden Schiedsrichter nicht binnen eines Monats nach ihrer Bestellung über den dritten Schiedsrichter einigen, so ist der Schiedsrichter auf Antrag einer Partei durch das Gericht zu bestellen.

(4) Haben die Parteien ein Verfahren für die Bestellung vereinbart und handelt eine Partei nicht entsprechend diesem Verfahren oder können die Parteien oder die beiden Schiedsrichter eine Einigung entsprechend diesem Verfahren nicht erzielen oder erfüllt ein Dritter eine ihm nach diesem Verfahren übertragene Aufgabe nicht, so kann jede Partei bei Gericht die Anordnung der erforderlichen Maßnahmen beantragen, sofern das vereinbarte Bestellungsverfahren zur Sicherung der Bestellung nichts anderes vorsieht.

(5) Das Gericht hat bei der Bestellung eines Schiedsrichters alle nach der Parteivereinbarung für den Schiedsrichter vorgeschriebenen Voraussetzungen zu berücksichtigen und allen Gesichtspunkten Rechnung zu tragen, die die Bestellung eines unabhängigen und unparteiischen Schiedsrichters sicherstellen. Bei der Bestellung eines Einzelschiedsrichters oder eines dritten Schiedsrichters hat das Gericht auch die Zweckmäßigkeit der Bestellung eines Schiedsrichters mit einer anderen Staatsangehörigkeit als derjenigen der Parteien in Erwägung zu ziehen.

§ 1036: Ablehnung eines Schiedsrichters

(1) Eine Person, der ein Schiedsrichteramt angetragen wird, hat alle Umstände offen zu legen, die Zweifel an ihrer Unparteilichkeit oder Unabhängigkeit wecken können. Ein Schiedsrichter ist auch nach seiner Bestellung bis zum Ende des schiedsrichterlichen Verfahrens verpflichtet, solche Umstände den Parteien unverzüglich offen zu legen, wenn er sie ihnen nicht schon vorher mitgeteilt hat.

(2) Ein Schiedsrichter kann nur abgelehnt werden, wenn Umstände vorliegen, die berechtigte Zweifel an seiner Unparteilichkeit oder Unabhängigkeit aufkommen lassen, oder wenn er die zwischen den Parteien vereinbarten Voraussetzungen nicht erfüllt. Eine Partei kann einen Schiedsrichter, den sie bestellt oder an dessen Bestellung sie mitgewirkt hat, nur aus Gründen ablehnen, die ihr erst nach der Bestellung bekannt geworden sind.

§ 1037: Ablehnungsverfahren

(1) Die Parteien können vorbehaltlich des Absatzes 3 ein Verfahren für die Ablehnung eines Schiedsrichters vereinbaren.

(2) Fehlt eine solche Vereinbarung, so hat die Partei, die einen Schiedsrichter ablehnen will, innerhalb von zwei Wochen, nachdem ihr die Zusammensetzung des Schiedsgerichts oder ein Umstand im Sinne des § 1036 Abs. 2 bekannt geworden ist, dem Schiedsgericht schriftlich die Ablehnungsgründe darzulegen. Tritt der abgelehnte Schiedsrichter von seinem Amt nicht zurück oder stimmt die andere Partei der Ablehnung nicht zu, so entscheidet das Schiedsgericht über die Ablehnung.

(3) Bleibt die Ablehnung nach dem von den Parteien vereinbarten Verfahren oder nach dem in Absatz 2 vorgesehenen Verfahren erfolglos, so kann die ablehnende Partei innerhalb eines Monats, nachdem sie von der Entscheidung, mit der die Ablehnung verweigert wurde, Kenntnis erlangt hat, bei Gericht eine Entscheidung über die Ablehnung beantragen; die Parteien können eine andere Frist vereinbaren. Während ein solcher Antrag anhängig ist, kann das Schiedsgericht einschließlich des abgelehnten Schiedsrichters das schiedsrichterliche Verfahren fortsetzen und einen Schiedsspruch erlassen.

§ 1038: Untätigkeit oder Unmöglichkeit der Aufgabenerfüllung

(1) Ist ein Schiedsrichter rechtlich oder tatsächlich außerstande, seine Aufgaben zu erfüllen, oder kommt er aus anderen Gründen seinen Aufgaben in angemessener Frist nicht nach, so endet sein Amt, wenn er zurücktritt oder wenn die Parteien die Beendigung seines Amtes vereinbaren. Tritt der Schiedsrichter von seinem Amt nicht zurück oder können sich die Parteien über dessen Beendigung nicht einigen, kann jede Partei bei Gericht eine Entscheidung über die Beendigung des Amtes beantragen.

(2) Tritt ein Schiedsrichter in den Fällen des Absatzes 1 oder des § 1037 Abs. 2 zurück oder stimmt eine Partei der Beendigung des Schiedsrichteramtes zu, so bedeutet dies nicht die Anerkennung der in Absatz 1 oder § 1036 Abs. 2 genannten Rücktrittsgründe.

§ 1039: Bestellung eines Ersatzschiedsrichters

(1) Endet das Amt eines Schiedsrichters nach den §§ 1037, 1038 oder wegen seines Rücktritts vom Amt aus einem anderen Grund oder wegen der Aufhebung seines Amtes durch Vereinbarung der Parteien, so ist ein Ersatzschiedsrichter zu bestellen. Die Bestellung erfolgt nach den Regeln, die auf die Bestellung des zu ersetzenden Schiedsrichters anzuwenden waren.

(2) Die Parteien können eine abweichende Vereinbarung treffen.

§ 1040: Befugnis des Schiedsgerichts zur Entscheidung über die eigene Zuständigkeit

(1) Das Schiedsgericht kann über die eigene Zuständigkeit und im Zusammenhang hiermit über das Bestehen oder die Gültigkeit der Schiedsvereinbarung entscheiden. Hierbei ist eine Schiedsklausel als eine von den übrigen Vertragsbestimmungen unabhängige Vereinbarung zu behandeln.

(2) Die Rüge der Unzuständigkeit des Schiedsgerichts ist spätestens mit der Klagebeantwortung vorzubringen. Von der Erhebung einer solchen Rüge ist eine Partei nicht dadurch ausgeschlossen, dass sie einen Schiedsrichter bestellt oder an der Bestellung eines Schiedsrichters mitgewirkt hat. Die Rüge, das Schiedsgericht überschreite seine Befugnisse, ist zu erheben, sobald die Angelegenheit, von der dies behauptet wird, im schiedsrichterlichen Verfahren zur Erörterung kommt. Das Schiedsgericht kann in beiden Fällen eine spätere Rüge zulassen, wenn die Partei die Verspätung genügend entschuldigt.

(3) Hält das Schiedsgericht sich für zuständig, so entscheidet es über eine Rüge nach Absatz 2 in der Regel durch Zwischenentscheid. In diesem Fall kann jede Partei innerhalb eines Monats nach schriftlicher Mitteilung des Entscheids eine gerichtliche Entscheidung beantragen. Während ein solcher Antrag anhängig ist, kann das Schiedsgericht das schiedsrichterliche Verfahren fortsetzen und einen Schiedsspruch erlassen.

§ 1041: Maßnahmen des einstweiligen Rechtsschutzes

(1) Haben die Parteien nichts anderes vereinbart, so kann das Schiedsgericht auf Antrag einer Partei vorläufige oder sichernde Maßnahmen anordnen, die es in Bezug auf den Streitgegenstand für erforderlich hält. Das Schiedsgericht kann von jeder Partei im Zusammenhang mit einer solchen Maßnahme angemessene Sicherheit verlangen.

(2) Das Gericht kann auf Antrag einer Partei die Vollziehung einer Maßnahme nach Absatz 1 zulassen, sofern nicht schon eine entsprechende Maßnahme des einstweiligen Rechtsschutzes bei einem Gericht beantragt worden ist. Es kann die Anordnung abweichend fassen, wenn dies zur Vollziehung der Maßnahme notwendig ist.

(3) Auf Antrag kann das Gericht den Beschluss nach Absatz 2 aufheben oder ändern.

(4) Erweist sich die Anordnung einer Maßnahme nach Absatz 1 als von Anfang an ungerechtfertigt, so ist die Partei, welche ihre Vollziehung erwirkt hat, verpflichtet, dem Gegner den Schaden zu ersetzen, der ihm aus der Vollziehung der Maßnahme oder dadurch entsteht, dass er Sicherheit leistet, um die Vollziehung abzuwenden. Der Anspruch kann im anhängigen schiedsrichterlichen Verfahren geltend gemacht werden.

§ 1042: Allgemeine Verfahrensregeln

(1) Die Parteien sind gleich zu behandeln. Jeder Partei ist rechtliches Gehör zu gewähren.

(2) Rechtsanwälte dürfen als Bevollmächtigte nicht ausgeschlossen werden.

(3) Im Übrigen können die Parteien vorbehaltlich der zwingenden Vorschriften dieses Buches das Verfahren selbst oder durch Bezugnahme auf eine schiedsrichterliche Verfahrensordnung regeln.

(4) Soweit eine Vereinbarung der Parteien nicht vorliegt und dieses Buch keine Regelung enthält, werden die Verfahrensregeln vom Schiedsgericht nach freiem Ermessen bestimmt. Das Schiedsgericht ist berechtigt, über die Zulässigkeit einer Beweiserhebung zu entscheiden, diese durchzuführen und das Ergebnis frei zu würdigen.

§ 1043: Ort des schiedsrichterlichen Verfahrens

(1) Die Parteien können eine Vereinbarung über den Ort des schiedsrichterlichen Verfahrens treffen. Fehlt eine solche Vereinbarung, so wird der Ort des schiedsrichterlichen Verfahrens vom Schiedsgericht bestimmt. Dabei sind die Umstände des Falles einschließlich der Eignung des Ortes für die Parteien zu berücksichtigen.

(2) Haben die Parteien nichts anderes vereinbart, so kann das Schiedsgericht ungeachtet des Absatzes 1 an jedem ihm geeignet erscheinenden Ort zu einer mündlichen Verhandlung, zur Vernehmung von Zeugen, Sach-

verständigen oder der Parteien, zur Beratung zwischen seinen Mitgliedern, zur Besichtigung von Sachen oder zur Einsichtnahme in Dokumente zusammentreten.

§ 1044: Beginn des schiedsrichterlichen Verfahrens

Haben die Parteien nichts anderes vereinbart, so beginnt das schiedsrichterliche Verfahren über eine bestimmte Streitigkeit mit dem Tag, an dem der Beklagte den Antrag, die Streitigkeit einem Schiedsgericht vorzulegen, empfangen hat. Der Antrag muss die Bezeichnung der Parteien, die Angabe des Streitgegenstandes und einen Hinweis auf die Schiedsvereinbarung enthalten.

§ 1045: Verfahrenssprache

(1) Die Parteien können die Sprache oder die Sprachen, die im schiedsrichterlichen Verfahren zu verwenden sind, vereinbaren. Fehlt eine solche Vereinbarung, so bestimmt hierüber das Schiedsgericht. Die Vereinbarung der Parteien oder die Bestimmung des Schiedsgerichts ist, sofern darin nichts anderes vorgesehen wird, für schriftliche Erklärungen einer Partei, mündliche Verhandlungen, Schiedssprüche, sonstige Entscheidungen und andere Mitteilungen des Schiedsgerichts maßgebend.

(2) Das Schiedsgericht kann anordnen, dass schriftliche Beweismittel mit einer Übersetzung in die Sprache oder die Sprachen versehen sein müssen, die zwischen den Parteien vereinbart oder vom Schiedsgericht bestimmt worden sind.

§ 1046: Klage und Klagebeantwortung

(1) Innerhalb der von den Parteien vereinbarten oder vom Schiedsgericht bestimmten Frist hat der Kläger seinen Anspruch und die Tatsachen, auf die sich dieser Anspruch stützt, darzulegen und der Beklagte hierzu Stellung zu nehmen. Die Parteien können dabei alle ihnen erheblich erscheinenden Dokumente vorlegen oder andere Beweismittel bezeichnen, derer sie sich bedienen wollen.

(2) Haben die Parteien nichts anderes vereinbart, so kann jede Partei im Laufe des schiedsrichterlichen Verfahrens ihre Klage oder ihre Angriffs- und Verteidigungsmittel ändern oder ergänzen, es sei denn, das Schiedsgericht lässt dies wegen Verspätung, die nicht genügend entschuldigt wird, nicht zu.

(3) Die Absätze 1 und 2 gelten für die Widerklage entsprechend.

§ 1047: Mündliche Verhandlung und schriftliches Verfahren

(1) Vorbehaltlich einer Vereinbarung der Parteien entscheidet das Schiedsgericht, ob mündlich verhandelt werden soll oder ob das Verfahren auf der Grundlage von Dokumenten und anderen Unterlagen durchzuführen ist. Haben die Parteien die mündliche Verhandlung nicht ausgeschlossen, hat das Schiedsgericht eine solche Verhandlung in einem geeigneten Abschnitt des Verfahrens durchzuführen, wenn eine Partei es beantragt.

(2) Die Parteien sind von jeder Verhandlung und jedem Zusammentreffen des Schiedsgerichts zu Zwecken der Beweisaufnahme rechtzeitig in Kenntnis zu setzen.

(3) Alle Schriftsätze, Dokumente und sonstigen Mitteilungen, die dem Schiedsgericht von einer Partei vorgelegt werden, sind der anderen Partei, Gutachten und andere schriftliche Beweismittel, auf die sich das Schiedsgericht bei seiner Entscheidung stützen kann, sind beiden Parteien zur Kenntnis zu bringen.

§ 1048: Säumnis einer Partei

(1) Versäumt es der Kläger, seine Klage nach § 1046 Abs. 1 einzureichen, so beendet das Schiedsgericht das Verfahren.

(2) Versäumt es der Beklagte, die Klage nach § 1046 Abs. 1 zu beantworten, so setzt das Schiedsgericht das Verfahren fort, ohne die Säumnis als solche als Zugeständnis der Behauptungen des Klägers zu behandeln.

(3) Versäumt es eine Partei, zu einer mündlichen Verhandlung zu erscheinen oder innerhalb einer festgelegten Frist ein Dokument zum Beweis vorzulegen, so kann das Schiedsgericht das Verfahren fortsetzen und den Schiedsspruch nach den vorliegenden Erkenntnissen erlassen.

(4) Wird die Säumnis nach Überzeugung des Schiedsgerichts genügend entschuldigt, bleibt sie außer Betracht. Im Übrigen können die Parteien über die Folgen der Säumnis etwas anderes vereinbaren.

§ 1049: Vom Schiedsgericht bestellter Sachverständiger

(1) Haben die Parteien nichts anderes vereinbart, so kann das Schiedsgericht einen oder mehrere Sachverständige zur Erstattung eines Gutachtens über bestimmte vom Schiedsgericht festzulegende Fragen bestellen. Es kann ferner eine Partei auffordern, dem Sachverständigen jede sachdienliche Auskunft zu erteilen oder alle für das Verfahren erheblichen Dokumente oder Sachen zur Besichtigung vorzulegen oder zugänglich zu machen.

(2) Haben die Parteien nichts anderes vereinbart, so hat der Sachverständige, wenn eine Partei dies beantragt oder das Schiedsgericht es für erforderlich hält, nach Erstattung seines schriftlichen oder mündlichen Gutachtens an einer mündlichen Verhandlung teilzunehmen. Bei der Verhandlung können die Parteien dem Sachverständigen Fragen stellen und eigene Sachverständige zu den streitigen Fragen aussagen lassen.

(3) Auf den vom Schiedsgericht bestellten Sachverständigen sind die §§ 1036, 1037 Abs. 1 und 2 entsprechend anzuwenden.

§ 1050: Gerichtliche Unterstützung bei der Beweisaufnahme und sonstige richterliche Handlungen

Das Schiedsgericht oder eine Partei mit Zustimmung des Schiedsgerichts kann bei Gericht Unterstützung bei der Beweisaufnahme oder die Vornahme sonstiger richterlicher Handlungen, zu denen das Schiedsgericht nicht befugt ist, beantragen. Das Gericht erledigt den Antrag, sofern es ihn nicht für unzulässig hält, nach seinen für die Beweisaufnahme oder die sonstige richterliche Handlung geltenden Verfahrensvorschriften. Die Schiedsrichter sind berechtigt, an einer gerichtlichen Beweisaufnahme teilzunehmen und Fragen zu stellen.

§ 1051: Anwendbares Recht

(1) Das Schiedsgericht hat die Streitigkeit in Übereinstimmung mit den Rechtsvorschriften zu entscheiden, die von den Parteien als auf den Inhalt des Rechtsstreits anwendbar bezeichnet worden sind. Die Bezeichnung des Rechts oder der Rechtsordnung eines bestimmten Staates ist, sofern die Parteien nicht ausdrücklich etwas anderes vereinbart haben, als unmittelbare Verweisung auf die Sachvorschriften dieses Staates und nicht auf sein Kollisionsrecht zu verstehen.

(2) Haben die Parteien die anzuwendenden Rechtsvorschriften nicht bestimmt, so hat das Schiedsgericht das Recht des Staates anzuwenden, mit dem der Gegenstand des Verfahrens die engsten Verbindungen aufweist.

(3) Das Schiedsgericht hat nur dann nach Billigkeit zu entscheiden, wenn die Parteien es ausdrücklich dazu ermächtigt haben. Die Ermächtigung kann bis zur Entscheidung des Schiedsgerichts erteilt werden.

(4) In allen Fällen hat das Schiedsgericht in Übereinstimmung mit den Bestimmungen des Vertrages zu entscheiden und dabei bestehende Handelsbräuche zu berücksichtigen.

§ 1052: Entscheidung durch ein Schiedsrichterkollegium

(1) Haben die Parteien nichts anderes vereinbart, so ist in schiedsrichterlichen Verfahren mit mehr als einem Schiedsrichter jede Entscheidung des Schiedsgerichts mit Mehrheit der Stimmen aller Mitglieder zu treffen.

(2) Verweigert ein Schiedsrichter die Teilnahme an einer Abstimmung, können die übrigen Schiedsrichter ohne ihn entscheiden, sofern die Parteien nichts anderes vereinbart haben. Die Absicht, ohne den verweigernden Schiedsrichter über den Schiedsspruch abzustimmen, ist den Parteien vorher mitzuteilen. Bei anderen Entscheidungen sind die Parteien von der Abstimmungsverweigerung nachträglich in Kenntnis zu setzen.

(3) Über einzelne Verfahrensfragen kann der vorsitzende Schiedsrichter allein entscheiden, wenn die Parteien oder die anderen Mitglieder des Schiedsgerichts ihn dazu ermächtigt haben.

§ 1053: Vergleich

(1) Vergleichen sich die Parteien während des schiedsrichterlichen Verfahrens über die Streitigkeit, so beendet das Schiedsgericht das Verfahren. Auf Antrag der Parteien hält es den Vergleich in der Form eines Schiedsspruchs mit vereinbartem Wortlaut fest, sofern der Inhalt des Vergleichs nicht gegen die öffentliche Ordnung (ordre public) verstößt.

(2) Ein Schiedsspruch mit vereinbartem Wortlaut ist gemäß § 1054 zu erlassen und muss angeben, dass es sich um einen Schiedsspruch handelt. Ein solcher Schiedsspruch hat dieselbe Wirkung wie jeder andere Schiedsspruch zur Sache.

(3) Soweit die Wirksamkeit von Erklärungen eine notarielle Beurkundung erfordert, wird diese bei einem Schiedsspruch mit vereinbartem Wortlaut durch die Aufnahme der Erklärungen der Parteien in den Schiedsspruch ersetzt.

(4) Mit Zustimmung der Parteien kann ein Schiedsspruch mit vereinbartem Wortlaut auch von einem Notar, der seinen Amtssitz im Bezirk des nach § 1062 Abs. 1, 2 für die Vollstreckbarerklärung zuständigen Gerichts hat, für vollstreckbar erklärt werden. Der Notar lehnt die Vollstreckbarerklärung ab, wenn die Voraussetzungen des Absatzes 1 Satz 2 nicht vorliegen.

§ 1054: Form und Inhalt des Schiedsspruchs

(1) Der Schiedsspruch ist schriftlich zu erlassen und durch den Schiedsrichter oder die Schiedsrichter zu unterschreiben. In schiedsrichterlichen Verfahren mit mehr als einem Schiedsrichter genügen die Unterschriften der Mehrheit aller Mitglieder des Schiedsgerichts, sofern der Grund für eine fehlende Unterschrift angegeben wird.

(2) Der Schiedsspruch ist zu begründen, es sei denn, die Parteien haben vereinbart, dass keine Begründung gegeben werden muss, oder es handelt sich um einen Schiedsspruch mit vereinbartem Wortlaut im Sinne des § 1053.

(3) Im Schiedsspruch sind der Tag, an dem er erlassen wurde, und der nach § 1043 Abs. 1 bestimmte Ort des schiedsrichterlichen Verfahrens anzugeben. Der Schiedsspruch gilt als an diesem Tag und diesem Ort erlassen.

(4) Jeder Partei ist ein von den Schiedsrichtern unterschriebener Schiedsspruch zu übermitteln.

§ 1055: Wirkungen des Schiedsspruchs

Der Schiedsspruch hat unter den Parteien die Wirkungen eines rechtskräftigen gerichtlichen Urteils.

§ 1056: Beendigung des schiedsrichterlichen Verfahrens

(1) Das schiedsrichterliche Verfahren wird mit dem endgültigen Schiedsspruch oder mit einem Beschluss des Schiedsgerichts nach Absatz 2 beendet.

(2) Das Schiedsgericht stellt durch Beschluss die Beendigung des schiedsrichterlichen Verfahrens fest, wenn

1. der Kläger
   a) es versäumt, seine Klage nach § 1046 Abs. 1 einzureichen und kein Fall des § 1048 Abs. 4 vorliegt, oder
   b) seine Klage zurücknimmt, es sei denn, dass der Beklagte dem widerspricht und das Schiedsgericht ein berechtigtes Interesse des Beklagten an der endgültigen Beilegung der Streitigkeit anerkennt; oder
2. die Parteien die Beendigung des Verfahrens vereinbaren; oder
3. die Parteien das schiedsrichterliche Verfahren trotz Aufforderung des Schiedsgerichts nicht weiter betreiben oder die Fortsetzung des Verfahrens aus einem anderen Grund unmöglich geworden ist.

(3) Vorbehaltlich des § 1057 Abs. 2 und der §§ 1058, 1059 Abs. 4 endet das Amt des Schiedsgerichts mit der Beendigung des schiedsrichterlichen Verfahrens.

§ 1057: Entscheidung über die Kosten

(1) Sofern die Parteien nichts anderes vereinbart haben, hat das Schiedsgericht in einem Schiedsspruch darüber zu entscheiden, zu welchem Anteil die Parteien die Kosten des schiedsrichterlichen Verfahrens einschließlich der den Parteien erwachsenen und zur zweckentsprechenden Rechtsverfolgung notwendigen Kosten zu tragen haben. Hierbei entscheidet das Schiedsgericht nach pflichtgemäßem Ermessen unter Berücksichtigung der Umstände des Einzelfalles, insbesondere des Ausgangs des Verfahrens.

(2) Soweit die Kosten des schiedsrichterlichen Verfahrens feststehen, hat das Schiedsgericht auch darüber zu entscheiden, in welcher Höhe die Parteien diese zu tragen haben. Ist die Festsetzung der Kosten unterblieben oder erst nach Beendigung des schiedsrichterlichen Verfahrens möglich, wird hierüber in einem gesonderten Schiedsspruch entschieden.

§ 1058: Berichtigung, Auslegung und Ergänzung des Schiedsspruchs

(1) Jede Partei kann beim Schiedsgericht beantragen,

1. Rechen-, Schreib- und Druckfehler oder Fehler ähnlicher Art im Schiedsspruch zu berichtigen;
2. bestimmte Teile des Schiedsspruchs auszulegen;
3. ergänzenden Schiedsspruch über solche Ansprüche zu erlassen, die im schiedsrichterlichen Verfahren zwar geltend gemacht, im Schiedsspruch aber nicht behandelt worden sind.

(2) Sofern die Parteien keine andere Frist vereinbart haben, ist der Antrag innerhalb eines Monats nach Empfang des Schiedsspruchs zu stellen.

(3) Das Schiedsgericht soll über die Berichtigung oder Auslegung des Schiedsspruchs innerhalb eines Monats und über die Ergänzung des Schiedsspruchs innerhalb von zwei Monaten entscheiden.

(4) Eine Berichtigung des Schiedsspruchs kann das Schiedsgericht auch ohne Antrag vornehmen.

(5) § 1054 ist auf die Berichtigung, Auslegung oder Ergänzung des Schiedsspruchs anzuwenden.

§ 1059: Aufhebungsantrag

(1) Gegen einen Schiedsspruch kann nur der Antrag auf gerichtliche Aufhebung nach den Absätzen 2 und 3 gestellt werden.

(2) Ein Schiedsspruch kann nur aufgehoben werden,

1. wenn der Antragsteller begründet geltend macht, dass
   a) eine der Parteien, die eine Schiedsvereinbarung nach den §§ 1029, 1031 geschlossen haben, nach dem Recht, das für sie persönlich maßgebend ist, hierzu nicht fähig war, oder dass die Schiedsvereinbarung nach dem Recht, dem die Parteien sie unterstellt haben oder, falls die Parteien hierüber nichts bestimmt haben, nach deutschem Recht ungültig ist oder
   b) er von der Bestellung eines Schiedsrichters oder von dem schiedsrichterlichen Verfahren nicht gehörig in Kenntnis gesetzt worden ist oder dass er aus einem anderen Grund seine Angriffs- oder Verteidigungsmittel nicht hat geltend machen können oder
   c) der Schiedsspruch eine Streitigkeit betrifft, die in der Schiedsabrede nicht erwähnt ist oder nicht unter die Bestimmungen der Schiedsklausel fällt, oder dass er Entscheidungen enthält, welche die Grenzen der Schiedsvereinbarung überschreiten; kann jedoch der Teil des Schiedsspruchs, der sich auf Streitpunkte bezieht, die dem schiedsrichterlichen Verfahren unterworfen waren, von dem Teil, der Streitpunkte betrifft, die ihm nicht unterworfen waren, getrennt werden, so kann nur der letztgenannte Teil des Schiedsspruchs aufgehoben werden; oder
   d) die Bildung des Schiedsgerichts oder das schiedsrichterliche Verfahren einer Bestimmung dieses Buches oder einer zulässigen Vereinbarung der Parteien nicht entsprochen hat und anzunehmen ist, dass sich dies auf den Schiedsspruch ausgewirkt hat; oder
2. wenn das Gericht feststellt, dass
   a) der Gegenstand des Streites nach deutschem Recht nicht schiedsfähig ist oder
   b) die Anerkennung oder Vollstreckung des Schiedsspruchs zu einem Ergebnis führt, das der öffentlichen Ordnung (ordre public) widerspricht.

(3) Sofern die Parteien nichts anderes vereinbaren, muss der Aufhebungsantrag innerhalb einer Frist von drei Monaten bei Gericht eingereicht werden. Die Frist beginnt mit dem Tag, an dem der Antragsteller den Schiedsspruch empfangen hat. Ist ein Antrag nach § 1058 gestellt worden, verlängert sich die Frist um höchstens einen Monat nach Empfang der Entscheidung über diesen Antrag. Der Antrag auf Aufhebung des Schiedsspruchs kann nicht mehr gestellt werden, wenn der Schiedsspruch von einem deutschen Gericht für vollstreckbar erklärt worden ist.

(4) Ist die Aufhebung beantragt worden, so kann das Gericht in geeigneten Fällen auf Antrag einer Partei unter Aufhebung des Schiedsspruchs die Sache an das Schiedsgericht zurückverweisen.

(5) Die Aufhebung des Schiedsspruchs hat im Zweifel zur Folge, dass wegen des Streitgegenstandes die Schiedsvereinbarung wiederauflebt.

§ 1060: Inländische Schiedssprüche

(1) Die Zwangsvollstreckung findet statt, wenn der Schiedsspruch für vollstreckbar erklärt ist.

(2) Der Antrag auf Vollstreckbarerklärung ist unter Aufhebung des Schiedsspruchs abzulehnen, wenn einer der in § 1059 Abs. 2 bezeichneten Aufhebungsgründe vorliegt. Aufhebungsgründe sind nicht zu berücksichtigen, soweit im Zeitpunkt der Zustellung des Antrags auf Vollstreckbarerklärung ein auf sie gestützter Aufhebungsantrag rechtskräftig abgewiesen ist. Aufhebungsgründe nach § 1059 Abs. 2 Nr. 1 sind auch dann nicht zu berücksichtigen, wenn die in § 1059 Abs. 3 bestimmten Fristen abgelaufen sind, ohne dass der Antragsgegner einen Antrag auf Aufhebung des Schiedsspruchs gestellt hat.

§ 1061: Ausländische Schiedssprüche

(1) Die Anerkennung und Vollstreckung ausländischer Schiedssprüche richtet sich nach dem Übereinkommen vom 10. Juni 1958 über die Anerkennung und Vollstreckung ausländischer Schiedssprüche (BGBl. 1961 II S. 121). Die Vorschriften in anderen Staatsverträgen über die Anerkennung und Vollstreckung von Schiedssprüchen bleiben unberührt.

(2) Ist die Vollstreckbarerklärung abzulehnen, stellt das Gericht fest, dass der Schiedsspruch im Inland nicht anzuerkennen ist.

(3) Wird der Schiedsspruch, nachdem er für vollstreckbar erklärt worden ist, im Ausland aufgehoben, so kann die Aufhebung der Vollstreckbarerklärung beantragt werden.

§ 1062: Zuständigkeit

(1) Das Oberlandesgericht, das in der Schiedsvereinbarung bezeichnet ist oder, wenn eine solche Bezeichnung fehlt, in dessen Bezirk der Ort des schiedsrichterlichen Verfahrens liegt, ist zuständig für Entscheidungen über Anträge betreffend

1. die Bestellung eines Schiedsrichters (§§ 1034, 1035), die Ablehnung eines Schiedsrichters (§ 1037) oder die Beendigung des Schiedsrichteramtes (§ 1038);
2. die Feststellung der Zulässigkeit oder Unzulässigkeit eines schiedsrichterlichen Verfahrens (§ 1032) oder die Entscheidung eines Schiedsgerichts, in der dieses seine Zuständigkeit in einem Zwischenentscheid bejaht hat (§ 1040);
3. die Vollziehung, Aufhebung oder Änderung der Anordnung vorläufiger oder sichernder Maßnahmen des Schiedsgerichts (§ 1041);
4. die Aufhebung (§ 1059) oder die Vollstreckbarerklärung des Schiedsspruchs (§§ 1060 ff.) oder die Aufhebung der Vollstreckbarerklärung (§ 1061).

(2) Besteht in den Fällen des Absatzes 1 Nr. 2 erste Alternative, Nr. 3 oder Nr. 4 kein deutscher Schiedsort, so ist für die Entscheidungen das Oberlandesgericht zuständig, in dessen Bezirk der Antragsgegner seinen Sitz oder gewöhnlichen Aufenthalt hat oder sich Vermögen des Antragsgegners oder der mit der Schiedsklage in Anspruch genommene oder von der Maßnahme betroffene Gegenstand befindet, hilfsweise das Kammergericht.

(3) In den Fällen des § 1025 Abs. 3 ist für die Entscheidung das Oberlandesgericht zuständig, in dessen Bezirk der Kläger oder der Beklagte seinen Sitz oder seinen gewöhnlichen Aufenthalt hat.

(4) Für die Unterstützung bei der Beweisaufnahme und sonstige richterliche Handlungen (§ 1050) ist das Amtsgericht zuständig, in dessen Bezirk die richterliche Handlung vorzunehmen ist.

(5) Sind in einem Land mehrere Oberlandesgerichte errichtet, so kann die Zuständigkeit von der Landesregierung durch Rechtsverordnung einem Oberlandesgericht oder dem obersten Landesgericht übertragen werden; die Landesregierung kann die Ermächtigung durch Rechtsverordnung auf die Landesjustizverwaltung übertragen. Mehrere Länder können die Zuständigkeit eines Oberlandesgerichts über die Ländergrenzen hinaus vereinbaren.

§ 1063: Allgemeine Vorschriften

(1) Das Gericht entscheidet durch Beschluss. Vor der Entscheidung ist der Gegner zu hören.

(2) Das Gericht hat die mündliche Verhandlung anzuordnen, wenn die Aufhebung des Schiedsspruchs beantragt wird oder wenn bei einem Antrag auf Anerkennung oder Vollstreckbarerklärung des Schiedsspruchs Aufhebungsgründe nach § 1059 Abs. 2 in Betracht kommen.

(3) Der Vorsitzende des Zivilsenats kann ohne vorherige Anhörung des Gegners anordnen, dass der Antragsteller bis zur Entscheidung über den Antrag die Zwangsvollstreckung aus dem Schiedsspruch betreiben oder die vorläufige oder sichernde Maßnahme des Schiedsgerichts nach § 1041 vollziehen darf. Die Zwangsvollstreckung aus dem Schiedsspruch darf nicht über Maßnahmen zur Sicherung hinausgehen. Der Antragsgegner ist befugt, die Zwangsvollstreckung durch Leistung einer Sicherheit in Höhe des Betrages, wegen dessen der Antragsteller vollstrecken kann, abzuwenden.

(4) Solange eine mündliche Verhandlung nicht angeordnet ist, können zu Protokoll der Geschäftsstelle Anträge gestellt und Erklärungen abgegeben werden.

§ 1064: Besonderheiten bei der Vollstreckbarerklärung von Schiedssprüchen

(1) Mit dem Antrag auf Vollstreckbarerklärung eines Schiedsspruchs ist der Schiedsspruch oder eine beglaubigte Abschrift des Schiedsspruchs vorzulegen. Die Beglaubigung kann auch von dem für das gerichtliche Verfahren bevollmächtigten Rechtsanwalt vorgenommen werden.

(2) Der Beschluss, durch den ein Schiedsspruch für vollstreckbar erklärt wird, ist für vorläufig vollstreckbar zu erklären.

(3) Auf ausländische Schiedssprüche sind die Absätze 1 und 2 anzuwenden, soweit Staatsverträge nicht ein anderes bestimmen.

§ 1065: Rechtsmittel

(1) Gegen die in § 1062 Abs. 1 Nr. 2 und 4 genannten Entscheidungen findet die Rechtsbeschwerde statt. Im Übrigen sind die Entscheidungen in den in § 1062 Abs. 1 bezeichneten Verfahren unanfechtbar.

(2) Die Rechtsbeschwerde kann auch darauf gestützt werden, dass die Entscheidung auf einer Verletzung eines Staatsvertrages beruht. Die §§ 707, 717 sind entsprechend anzuwenden.

§ 1066: Entsprechende Anwendung der Vorschriften des Buches 10

Für Schiedsgerichte, die in gesetzlich statthafter Weise durch letztwillige oder andere nicht auf Vereinbarung beruhende Verfügungen angeordnet werden, gelten die Vorschriften dieses Buches entsprechend.

§ 1067: Zustellung durch diplomatische oder konsularische Vertretungen

Eine Zustellung nach Artikel 13 der Verordnung (EG) Nr. 1393/2007 des Europäischen Parlaments und des Rates vom 13. November 2007 über die Zustellung gerichtlicher und außergerichtlicher Schriftstücke in Zivil- oder Handelssachen in den Mitgliedstaaten und zur Aufhebung der Verordnung (EG) Nr. 1348/2000 (ABl. EU Nr. L 324 S. 79), die in der Bundesrepublik Deutschland bewirkt werden soll, ist nur zulässig, wenn der Adressat des zuzustellenden Schriftstücks Staatsangehöriger des Übermittlungsstaats ist.

§ 1068: Zustellung durch die Post

(1) Zum Nachweis der Zustellung nach Artikel 14 der Verordnung (EG) Nr. 1393/2007 genügt der Rückschein oder der gleichwertige Beleg.

(2) Ein Schriftstück, dessen Zustellung eine deutsche Empfangsstelle im Rahmen von Artikel 7 Abs. 1 der Verordnung (EG) Nr. 1393/2007 zu bewirken oder zu veranlassen hat, kann ebenfalls durch Einschreiben mit Rückschein zugestellt werden.

§ 1069: Zuständigkeiten

(1) Für Zustellungen im Ausland sind als deutsche Übermittlungsstelle im Sinne von Artikel 2 Abs. 1 der Verordnung (EG) Nr. 1393/2007 zuständig:

1. für gerichtliche Schriftstücke das die Zustellung betreibende Gericht und
2. für außergerichtliche Schriftstücke dasjenige Amtsgericht, in dessen Bezirk die Person, welche die Zustellung betreibt, ihren Wohnsitz oder gewöhnlichen Aufenthalt hat; bei notariellen Urkunden auch dasjenige Amtsgericht, in dessen Bezirk der beurkundende Notar seinen Amtssitz hat; bei juristischen Personen tritt an die Stelle des Wohnsitzes oder des gewöhnlichen Aufenthalts der Sitz; die Landesregierungen können die Aufgaben der Übermittlungsstelle einem Amtsgericht für die Bezirke mehrerer Amtsgerichte durch Rechtsverordnung zuweisen.

(2) Für Zustellungen in der Bundesrepublik Deutschland ist als deutsche Empfangsstelle im Sinne von Artikel 2 Abs. 2 der Verordnung (EG) Nr. 1393/2007 dasjenige Amtsgericht zuständig, in dessen Bezirk das Schriftstück zugestellt werden soll. Die Landesregierungen können die Aufgaben der Empfangsstelle einem Amtsgericht für die Bezirke mehrerer Amtsgerichte durch Rechtsverordnung zuweisen.

(3) Die Landesregierungen bestimmen durch Rechtsverordnung die Stelle, die in dem jeweiligen Land als deutsche Zentralstelle im Sinne von Artikel 3 Satz 1 der Verordnung (EG) Nr. 1393/2007 zuständig ist. Die Aufgaben der Zentralstelle können in jedem Land nur einer Stelle zugewiesen werden.

(4) Die Landesregierungen können die Befugnis zum Erlass einer Rechtsverordnung nach Absatz 1 Nr. 2, Absatz 2 Satz 2 und Absatz 3 Satz 1 einer obersten Landesbehörde übertragen.

§ 1070

– weggefallen –

§ 1071

– weggefallen –

§ 1072: Beweisaufnahme in den Mitgliedstaaten der Europäischen Union

Soll die Beweisaufnahme nach der Verordnung (EG) Nr. 1206/2001 des Rates vom 28. Mai 2001 über die Zusammenarbeit zwischen den Gerichten der Mitgliedstaaten auf dem Gebiet der Beweisaufnahme in Zivil- oder Handelssachen (ABl. EG Nr. L 174 S. 1) erfolgen, so kann das Gericht

1. unmittelbar das zuständige Gericht eines anderen Mitgliedstaats um Aufnahme des Beweises ersuchen oder
2. unter den Voraussetzungen des Artikels 17 der Verordnung (EG) Nr. 1206/2001 eine unmittelbare Beweisaufnahme in einem anderen Mitgliedstaat beantragen.

§ 1073: Teilnahmerechte

(1) Das ersuchende deutsche Gericht oder ein von diesem beauftragtes Mitglied darf im Geltungsbereich der Verordnung (EG) Nr. 1206/2001 bei der Erledigung des Ersuchens auf Beweisaufnahme durch das ersuchte ausländische Gericht anwesend und beteiligt sein. Parteien, deren Vertreter sowie Sachverständige können sich hierbei in dem Umfang beteiligen, in dem sie in dem betreffenden Verfahren an einer inländischen Beweisaufnahme beteiligt werden dürfen.

(2) Eine unmittelbare Beweisaufnahme im Ausland nach Artikel 17 Abs. 3 der Verordnung (EG) Nr. 1206/2001 dürfen Mitglieder des Gerichts sowie von diesem beauftragte Sachverständige durchführen.

VIII. UN-Schiedsübereinkommen

Übereinkommen über die Anerkennung und Vollstreckung ausländischer Schiedssprüche

Abgeschlossen in New York am 10. Juni 1958 (BGBL 1961 II, 122)

Von der Schweizer Bundesversammlung genehmigt am 2. März 1965

Schweizerische Ratifikationsurkunde hinterlegt am 1. Juni 1965

In Kraft getreten für die Schweiz am 30. August 1965, in Kraft getreten für die Bundesrepublik Deutschland am 28.9.1961

Art. I

1. Dieses Übereinkommen ist auf die Anerkennung und Vollstreckung von Schiedssprüchen anzuwenden, die in Rechtsstreitigkeiten zwischen natürlichen oder juristischen Personen in dem Hoheitsgebiet eines anderen Staates als desjenigen ergangen sind, in dem die Anerkennung und Vollstreckung nachgesucht wird. Es ist auch auf solche Schiedssprüche anzuwenden, die in dem Staat, in dem ihre Anerkennung und Vollstreckung nachgesucht wird, nicht als inländische anzusehen sind.

2. Unter „Schiedssprüchen" sind nicht nur Schiedssprüche von Schiedsrichtern, die für eine bestimmte Sache bestellt worden sind, sondern auch solche eines ständigen Schiedsgerichts, dem sich die Parteien unterworfen haben, zu verstehen.

3. Jeder Staat, der dieses Übereinkommen unterzeichnet oder ratifiziert, ihm beitritt oder dessen Ausdehnung gemäss Artikel X notifiziert, kann gleichzeitig auf der Grundlage der Gegenseitigkeit erklären, dass er das Übereinkommen nur auf die Anerkennung und Vollstreckung solcher Schiedssprüche anwenden werde, die in dem Hoheitsgebiet eines anderen Vertragsstaates ergangen sind. Er kann auch erklären, dass er das Übereinkommen nur auf Streitigkeiten aus solchen Rechtsverhältnissen, sei es vertraglicher oder nichtvertraglicher Art, anwenden werde, die nach seinem innerstaatlichen Recht als Handelssachen angesehen werden.

Art. II

1. Jeder Vertragsstaat erkennt eine schriftliche Vereinbarung an, durch die sich die Parteien verpflichten, alle oder einzelne Streitigkeiten, die zwischen ihnen aus einem bestimmten Rechtsverhältnis, sei es vertraglicher oder nichtvertraglicher Art, bereits entstanden sind oder etwa künftig entstehen, einem schiedsrichterlichen Verfahren zu unterwerfen, sofern der Gegenstand des Streites auf schiedsrichterlichem Wege geregelt werden kann.

2. Unter einer „schriftlichen Vereinbarung" ist eine Schiedsklausel in einem Vertrag oder eine Schiedsabrede zu verstehen, sofern der Vertrag oder die Schiedsabrede von den Parteien unterzeichnet oder in Briefen oder Telegrammen enthalten ist, die sie gewechselt haben.

3. Wird ein Gericht eines Vertragsstaates wegen eines Streitgegenstandes angerufen, hinsichtlich dessen die Parteien eine Vereinbarung im Sinne dieses Artikels getroffen haben, so hat das Gericht auf Antrag einer der Parteien sie auf das schiedsrichterliche Verfahren zu verweisen, sofern es nicht feststellt, dass die Vereinbarung hinfällig, unwirksam oder nicht erfüllbar ist.

Art. III

Jeder Vertragsstaat erkennt Schiedssprüche als wirksam an und lässt sie nach den Verfahrensvorschriften des Hoheitsgebietes, in dem der Schiedsspruch geltend gemacht wird, zur Vollstreckung zu, sofern die in den folgenden Artikel festgelegten Voraussetzungen gegeben sind. Die Anerkennung oder Vollstreckung von Schiedssprüchen, auf die dieses Übereinkommen anzuwenden ist, darf weder wesentlich strengeren Verfahrensvorschriften noch wesentlich höheren Kosten unterliegen als die Anerkennung oder Vollstreckung inländischer Schiedssprüche.

Art. IV

1. Zur Anerkennung und Vollstreckung, die im vorangehenden Artikel erwähnt wird, ist erforderlich, dass die Partei, welche die Anerkennung und Vollstreckung nachsucht, zugleich mit ihrem Antrag vorlegt:

a. die gehörig beglaubigte (legalisierte) Urschrift des Schiedsspruchs oder eine Abschrift, deren Übereinstimmung mit einer solchen Urschrift ordnungsgemäß beglaubigt ist;

b. die Urschrift der Vereinbarung im Sinne des Artikels II oder eine Abschrift, deren Übereinstimmung mit einer solchen Urschrift ordnungsgemäss beglaubigt ist.

2. Ist der Schiedsspruch oder die Vereinbarung nicht in einer amtlichen Sprache des Landes abgefasst, in dem der Schiedsspruch geltend gemacht wird, so hat die Partei, die seine Anerkennung und Vollstreckung nachsucht, eine Übersetzung der erwähnten Urkunden in diese Sprache beizubringen. Die Übersetzung muss von einem amtlichen oder beeidigten Übersetzer oder von einem diplomatischen oder konsularischen Vertreter beglaubigt sein.

Art. V

1. Die Anerkennung und Vollstreckung des Schiedsspruches darf auf Antrag der Partei, gegen die er geltend gemacht wird, nur versagt werden, wenn diese Partei der zuständigen Behörde des Landes, in dem die Anerkennung und Vollstreckung nachgesucht wird, den Beweis erbringt.

a. dass die Parteien, die eine Vereinbarung im Sinne des Artikels II geschlossen haben, nach dem Recht, das für sie persönlich massgebend ist, in irgendeiner Hinsicht hierzu nicht fähig waren, oder dass die Vereinbarung nach dem Recht, dem die Parteien sie unterstellt haben, oder, falls die Parteien hierüber nichts bestimmt haben, nach dem Recht des Landes, in dem der Schiedsspruch ergangen ist, ungültig ist, oder

b. dass die Partei, gegen die der Schiedsspruch geltend gemacht wird, von der Bestellung des Schiedsrichters oder von dem schiedsrichterlichen Verfahren nicht gehörig in Kenntnis gesetzt worden ist oder dass sie aus einem anderen Grund ihre Angriffs- oder Verteidigungsmittel nicht hat geltend machen können, oder

c. dass der Schiedsspruch eine Streitigkeit betrifft, die in der Schiedsabrede nicht erwähnt ist oder nicht unter die Bestimmungen der Schiedsklausel fällt, oder dass er Entscheidungen enthält, welche die Grenzen der Schiedsabrede oder der Schiedsklausel überschreiten; kann jedoch der Teil des Schiedsspruches, der sich auf Streitpunkte bezieht, die dem schiedsrichterlichen Verfahren unterworfen waren, von dem Teil, der Streitpunkte betrifft, die ihm nicht unterworfen waren, getrennt werden, so kann der erstgenannte Teil des Schiedsspruches anerkannt und vollstreckt werden, oder d. dass die Bildung des Schiedsgerichtes oder das schiedsrichterliche Verfahren der Vereinbarung der Parteien oder, mangels einer solchen Vereinbarung, dem Recht des Landes, in dem das schiedsrichterliche Verfahren stattfand, nicht entsprochen hat, oder

e. dass der Schiedsspruch für die Parteien noch nicht verbindlich geworden ist oder dass er von einer zuständigen Behörde des Landes, in dem oder nach dessen Recht er ergangen ist, aufgehoben oder in seinen Wirkungen einstweilen gehemmt worden ist.

2. Die Anerkennung und Vollstreckung eines Schiedsspruches darf auch versagt werden, wenn die zuständige Behörde des Landes, in dem die Anerkennung und Vollstreckung nachgesucht wird, feststellt,

a. dass der Gegenstand des Streites nach dem Recht dieses Landes nicht auf schiedsrichterlichem Wege geregelt werden kann, oder

b. dass die Anerkennung oder Vollstreckung des Schiedsspruches der öffentlichen Ordnung dieses Landes widersprechen würde.

Art. VI

Ist bei der Behörde, die im Sinne des Artikels V Absatz 1 Buchstabe *e* zuständig ist, ein Antrag gestellt worden, den Schiedsspruch aufzuheben oder ihn in seinen Wirkungen einstweilen zu hemmen, so kann die Behörde, vor welcher der Schiedsspruch geltend gemacht wird, sofern sie es für angebracht hält, die Entscheidung über den Antrag, die Vollstreckung zuzulassen, aussetzen; sie kann aber auch auf Antrag der Partei, welche die Vollstreckung des Schiedsspruches begehrt, der andern Partei auferlegen, angemessene Sicherheit zu leisten.

Art. VII

1. Die Bestimmungen dieses Übereinkommens lassen die Gültigkeit mehrseitiger oder zweiseitiger Verträge, welche die Vertragsstaaten über die Anerkennung und Vollstreckung von Schiedssprüchen geschlossen haben,

unberührt und nehmen keiner beteiligten Partei das Recht, sich auf einen Schiedsspruch nach Maßgabe des innerstaatlichen Rechts oder der Verträge des Landes, in dem er geltend gemacht wird, zu berufen.

2. Das Genfer Protokoll über die Schiedsklauseln von 1923[3] und das Genfer Abkommen zur Vollstreckung ausländischer Schiedssprüche von 1927[4] treten zwischen den Vertragsstaaten in dem Zeitpunkt und in dem Ausmaß außer Kraft, in dem dieses Übereinkommen für sie verbindlich wird.

Art. VIII

1. Dieses Übereinkommen liegt bis zum 31. Dezember 1958 zur Unterzeichnung durch jeden Mitgliedstaat der Vereinten Nationen sowie durch jeden anderen Staat auf, der Mitglied einer Spezialorganisation der Vereinten Nationen oder Vertragspartei des Statutes des Internationalen Gerichtshofes[5] ist oder später wird oder an den eine Einladung der Generalversammlung der Vereinten Nationen ergangen ist.

2. Dieses Übereinkommen bedarf der Ratifizierung; die Ratifikationsurkunde ist bei dem Generalsekretär der Vereinten Nationen zu hinterlegen.

Art. IX

1. Alle in Artikel VIII bezeichneten Staaten können diesem Übereinkommen beitreten.

2. Der Beitritt erfolgt durch Hinterlegung einer Beitrittsurkunde bei dem Generalsekretär der Vereinten Nationen.

Art. X

1. Jeder Staat kann bei der Unterzeichnung, bei der Ratifizierung oder beim Beitritt erklären, dass dieses Übereinkommen auf alle oder auf einzelne der Gebiete ausgedehnt werde, deren internationale Beziehungen er wahrnimmt. Eine solche Erklärung wird wirksam, sobald das Übereinkommen für den Staat, der sie abgegeben hat, in Kraft tritt.

2. Später kann dieses Übereinkommen auf solche Gebiete durch eine an den Generalsekretär der Vereinten Nationen gerichtete Notifikation ausgedehnt werden; die Ausdehnung wird am neunzigsten Tage, nachdem die Notifikation dem Generalsekretär der Vereinten Nationen zugegangen ist oder, sofern dieses Übereinkommen für den in Betracht kommenden Staat später in Kraft tritt, erst in diesem Zeitpunkt wirksam.

3. Hinsichtlich der Gebiete, auf welche dieses Übereinkommen bei der Unterzeichnung, bei der Ratifizierung oder beim Beitritt nicht ausgedehnt worden ist, wird jeder in Betracht kommende Staat die Möglichkeit erwägen, die erforderlichen Maßnahmen zu treffen, um das Übereinkommen auf sie auszudehnen, und zwar mit Zustimmung der Regierungen dieser Gebiete, falls eine solche aus verfassungsrechtlichen Gründen notwendig sein sollte.

Art. XI

Für einen Bundesstaat oder einen Staat, der kein Einheitsstaat ist, gelten die folgenden Bestimmungen:

a. hinsichtlich der Artikel dieses Übereinkommens, die sich auf Gegenstände der Gesetzgebungsbefugnis des Bundes beziehen, sind die Verpflichtungen der Bundesregierung die gleichen wie diejenigen der Vertragsstaaten, die keine Bundesstaaten sind;
b. hinsichtlich solcher Artikel dieses Übereinkommens, die sich auf Gegenstände der Gesetzgebungsbefugnis der Gliedstaaten oder Provinzen beziehen, die nach der verfassungsrechtlichen Ordnung des Bundes nicht gehalten sind, Massnahmen im Wege der Gesetzgebung zu treffen, ist die Bundesregierung verpflichtet, die in Betracht kommenden Artikel den zuständigen Behörden der Gliedstaaten oder Provinzen so bald wie möglich befürwortend zur Kenntnis zu bringen;
c. ein Bundesstaat, der Vertragspartei dieses Übereinkommens ist, übermittelt auf das ihm von dem Generalsekretär der Vereinten Nationen zugeleitete Ersuchen eines anderen Vertragsstaates eine Darstellung des geltenden Rechts und der Übung innerhalb des Bundes und seiner Gliedstaaten oder Provinzen hinsichtlich einzelner Bestimmungen dieses Übereinkommens, aus der insbesondere hervorgeht, inwieweit diese Bestimmungen durch Maßnahmen im Wege der Gesetzgebung oder andere Maßnahmen wirksam geworden sind.

Art. XII

1. Dieses Übereinkommen tritt am neunzigsten Tage nach der Hinterlegung der dritten Ratifikations- oder Beitrittsurkunde in Kraft.

2. Für jeden Staat, der dieses Übereinkommen nach Hinterlegung der dritten Ratifikations- oder Beitrittsurkunde ratifiziert oder ihm beitritt, tritt es am neunzigsten Tage nach der Hinterlegung seiner Ratifikations- oder Beitrittsurkunde in Kraft.

Art. XIII

1. Jeder Vertragsstaat kann dieses Übereinkommen durch eine an den Generalsekretär der Vereinten Nationen gerichtete schriftliche Notifikation kündigen. Die Kündigung wird ein Jahr, nachdem die Notifikation dem Generalsekretär zugegangen ist, wirksam.

2. Jeder Staat, der gemäss Artikel X eine Erklärung abgegeben oder eine Notifikation vorgenommen hat, kann später jederzeit dem Generalsekretär der Vereinten Nationen notifizieren, dass die Ausdehnung des Übereinkommens auf das in Betracht kommende Gebiet ein Jahr, nachdem die Notifikation dem Generalsekretärzugegangen ist, ihre Wirkung verlieren soll.

3. Dieses Übereinkommen bleibt auf Schiedssprüche anwendbar, hinsichtlich derer ein Verfahren zum Zwecke der Anerkennung oder Vollstreckung eingeleitet worden ist, bevor die Kündigung wirksam wird.

Art. XIV

Ein Vertragsstaat darf sich gegenüber einem anderen Vertragsstaat nur insoweit auf dieses Übereinkommen berufen, als er selbst verpflichtet ist, es anzuwenden.

Art. XV

Der Generalsekretär der Vereinten Nationen notifiziert allen in Artikel VIII bezeichneten Staaten:

a. die Unterzeichnungen und Ratifikationen gemäss Artikel VIII;
b. die Beitrittserklärungen gemäss Artikel IX;
c. die Erklärungen und Notifikationen gemäss den Artikeln I, X und XI;
d. den Tag, an dem dieses Übereinkommen gemäss Artikel XII in Kraft tritt;
e. die Kündigungen und Notifikationen gemäss Artikel XIII.

Art. XVI

1. Dieses Übereinkommen, dessen chinesischer, englischer, französischer, russischer und spanischer Wortlaut in gleicher Weise massgebend ist, wird in dem Archiv der Vereinten Nationen hinterlegt.

2. Der Generalsekretär der Vereinten Nationen übermittelt den in Artikel VIII bezeichneten Staaten eine beglaubigte Abschrift dieses Übereinkommens.

(Es folgen die Unterschriften)

Die aktuelle Liste der Staaten, die das UN-Übereinkommen über die Anerkennung und Vollstreckung ausländischer Schiedssprüche unterzeichnet und ratifiziert haben, kann auf der Website des Ausschusses für Internationales Handelsrecht der Vereinten Nationen (UNCITRAL) – http://www.uncitral.org/uncitral/en/uncitral_texts/arbitration/NYConvention_status.html eingesehen werden.

IX. ILO-Konvention

The General Conference of the International Labour Organisation,

Having been convened at Geneva by the Governing Body of the International Labour Office, and having met in its Thirty-second Session on 8 June 1949, and

Having decided upon the adoption of certain proposals concerning labour clauses in public contracts, which is the sixth item on the agenda of the session, and

Having determined that these proposals shall take the form of an international Convention,

adopts this twenty-ninth day of June of the year one thousand nine hundred and forty-nine the following Convention, which may be cited as the Labour Clauses (Public Contracts) Convention, 1949:

Article 1

1. This Convention applies to contracts which fulfil the following conditions:
   (a) that one at least of the parties to the contract is a public authority;
   (b) that the execution of the contract involves–
      (i) the expenditure of funds by a public authority; and
      (ii) the employment of workers by the other party to the contract;
   (c) that the contract is a contract for–

(i) the construction, alteration, repair or demolition of public works;

(ii) the manufacture, assembly, handling or shipment of materials, supplies or equipment; or

(iii)the performance or supply of services; and

(d) that the contract is awarded by a central authority of a Member of the International Labour Organisation for which the Convention is in force.

2. The competent authority shall determine the extent to which and the manner in which the Convention shall be applied to contracts awarded by authorities other than central authorities.

3. This Convention applies to work carried out by subcontractors or assignees of contracts; appropriate measures shall be taken by the competent authority to ensure such application.

4. Contracts involving the expenditure of public funds of an amount not exceeding a limit fixed by the competent authority after consultation with the organisations of employers and workers concerned, where such exist, may be exempted from the application of this Convention.

5. The competent authority may, after consultation with the organisations of employers and workers concerned, where such exist, exclude from the application of this Convention persons occupying positions of management or of a technical, professional or scientific character, whose conditions of employment are not regulated by national laws or regulations, collective agreement or arbitration award and who do not ordinarily perform manual work.

Article 2

1. Contracts to which this Convention applies shall include clauses ensuring to the workers concerned wages (including allowances), hours of work and other conditions of labour which are not less favourable than those established for work of the same character in the trade or industry concerned in the district where the work is carried on—

(a) by collective agreement or other recognised machinery of negotiation between organisations of employers and workers representative respectively of substantial proportions of the employers and workers in the trade or industry concerned; or

(b) by arbitration award; or

(c) by national laws or regulations.

2. Where the conditions of labour referred to in the preceding paragraph are not regulated in a manner referred to therein in the district where the work is carried on, the clauses to be included in contracts shall ensure to the workers concerned wages (including allowances), hours of work and other conditions of labour which are not less favourable than–

(a) those established by collective agreement or other recognised machinery of negotiation, by arbitration, or by national laws or regulations, for work of the same character in the trade or industry concerned in the nearest appropriate district; or

(b) the general level observed in the trade or industry in which the contractor is engaged by employers whose general circumstances are similar.

3. The terms of the clauses to be included in contracts and any variations thereof shall be determined by the competent authority, in the manner considered most appropriate to the national conditions, after consultation with the organisations of employers and workers concerned, where such exist.

4. Appropriate measures shall be taken by the competent authority, by advertising specifications or otherwise, to ensure that persons tendering for contracts are aware of the terms of the clauses.

Article 3

Where appropriate provisions relating to the health, safety and welfare of workers engaged in the execution of contracts are not already applicable in virtue of national laws or regulations, collective agreement or arbitration award, the competent authority shall take adequate measures to ensure fair and reasonable conditions of health, safety and welfare for the workers concerned.

Article 4

The laws, regulations or other instrument giving effect to the provisions of this Convention–

(a) shall–

(i) be brought to the notice of all persons concerned;

(ii) define the persons responsible for compliance therewith; and

(iii) require the posting of notices in conspicuous places at the establishments and workplaces concerned with a view to informing the workers of their conditions of work; and

(b) shall, except where other arrangements are operating to ensure effective enforcement, provide for the maintenance of–

(i) adequate records of the time worked by, and the wages paid to, the workers concerned; and

(ii) a system of inspection adequate to ensure effective enforcement.

Article 5

1. Adequate sanctions shall be applied, by the withholding of contracts or otherwise, for failure to observe and apply the provisions of labour clauses in public contracts.

2. Appropriate measures shall be taken, by the withholding of payments under the contract or otherwise, for the purpose of enabling the workers concerned to obtain the wages to which they are entitled.

Article 6

There shall be included in the annual reports to be submitted under Article 22 of the Constitution of the International Labour Organisation full information concerning the measures by which effect is given to the provisions of this Convention.

Article 7

1. In the case of a Member the territory of which includes large areas where, by reason of the sparseness of the population or the stage of development of the area, the competent authority considers it impracticable to enforce the provisions of this Convention, the authority may, after consultation with the organisations of employers and workers concerned, where such exist, exempt such areas from the application of this Convention either generally or with such exceptions in respect of particular undertakings or occupations as it thinks fit.

2. Each Member shall indicate in its first annual report upon the application of this Convention submitted under Article 22 of the Constitution of the International Labour Organisation any areas in respect of which it proposes to have recourse to the provisions of the present Article and shall give the reasons for which it proposes to have recourse thereto; no Member shall, after the date of its first annual report, have recourse to the provisions of the present Article except in respect of areas so indicated.

3. Each Member having recourse to the provisions of this Article shall, at intervals not exceeding three years, reconsider in consultation with the organisations of employers and workers concerned, where such exist, the practicability of extending the application of the Convention to areas exempted in virtue of paragraph 1.

4. Each Member having recourse to the provisions of this Article shall indicate in subsequent annual reports any areas in respect of which it renounces the right to have recourse to the provisions of this Article and any progress which may have been made with a view to the progressive application of the Convention in such areas.

Article 8

The operation of the provisions of this Convention may be temporarily suspended by the competent authority, after consultation with the organisations of employers and workers concerned, where such exist, in cases of force majeure or in the event of emergency endangering the national welfare or safety.

Article 9

1. This Convention does not apply to contracts entered into before the coming into force of the Convention for the Member concerned.

2. The denunciation of this Convention shall not affect the application thereof in respect of contracts entered into while the Convention was in force.

Article 10

The formal ratifications of this Convention shall be communicated to the Director-General of the International Labour Office for registration.

Article 11

1. This Convention shall be binding only upon those Members of the International Labour Organisation whose ratifications have been registered with the Director-General.

2. It shall come into force twelve months after the date on which the ratifications of two Members have been registered with the Director-General.

3. Thereafter, this Convention shall come into force for any Member twelve months after the date on which its ratification has been registered.

Article 12

1. Declarations communicated to the Director-General of the International Labour Office in accordance with paragraph 2 of Article 35 of the Constitution of the International Labour Organisation shall indicate –

a) the territories in respect of which the Member concerned undertakes that the provisions of the Convention shall be applied without modification;

b) the territories in respect of which it undertakes that the provisions of the Convention shall be applied subject to modifications, together with details of the said modifications;

c) the territories in respect of which the Convention is inapplicable and in such cases the grounds on which it is inapplicable;

d) the territories in respect of which it reserves its decision pending further consideration of the position.

2. The undertakings referred to in subparagraphs (a) and (b) of paragraph 1 of this Article shall be deemed to be an integral part of the ratification and shall have the force of ratification.

3. Any Member may at any time by a subsequent declaration cancel in whole or in part any reservation made in its original declaration in virtue of subparagraph (b), (c) or (d) of paragraph 1 of this Article.

4. Any Member may, at any time at which the Convention is subject to denunciation in accordance with the provisions of Article 14, communicate to the Director-General a declaration modifying in any other respect the terms of any former declaration and stating the present position in respect of such territories as it may specify.

Article 13

1. Declarations communicated to the Director-General of the International Labour Office in accordance with paragraph 4 or 5 of Article 35 of the Constitution of the International Labour Organisation shall indicate whether the provisions of the Convention will be applied in the territory concerned without modification or subject to modifications; when the declaration indicates that the provisions of the Convention will be applied subject to modifications, it shall give details of the said modifications.

2. The Member, Members or international authority concerned may at any time by a subsequent declaration renounce in whole or in part the right to have recourse to any modification indicated in any former declaration.

3. The Member, Members or international authority concerned may, at any time at which the Convention is subject to denunciation in accordance with the provisions of Article 14, communicate to the Director-General a declaration modifying in any other respect the terms of any former declaration and stating the present position in respect of the application of the Convention.

Article 14

1. A Member which has ratified this Convention may denounce it after the expiration of ten years from the date on which the Convention first comes into force, by an act communicated to the Director-General of the International Labour Office for registration. Such denunciation shall not take effect until one year after the date on which it is registered.

2. Each Member which has ratified this Convention and which does not, within the year following the expiration of the period of ten years mentioned in the preceding paragraph, exercise the right of denunciation provided for in this Article, will be bound for another period of ten years and, thereafter, may denounce this Convention at the expiration of each period of ten years under the terms provided for in this Article.

Article 15

1. The Director-General of the International Labour Office shall notify all Members of the International Labour Organisation of the registration of all ratifications, declarations and denunciations communicated to him by the Members of the Organisation.

2. When notifying the Members of the Organisation of the registration of the second ratification communicated to him, the Director-General shall draw the attention of the Members of the Organisation to the date upon which the Convention will come into force.

Article 16

The Director-General of the International Labour Office shall communicate to the Secretary-General of the United Nations for registration in accordance with Article 102 of the Charter of the United Nations full particulars of all ratifications, declarations and acts of denunciation registered by him in accordance with the provisions of the preceding articles.

Article 17

At such times as it may consider necessary the Governing Body of the International Labour Office shall present to the General Conference a report on the working of this Convention and shall examine the desirability of placing on the agenda of the Conference the question of its revision in whole or in part.

Article 18

1. Should the Conference adopt a new Convention revising this Convention in whole or in part, then, unless the new Convention otherwise provides—

a) the ratification by a Member of the new revising Convention shall ipso jure involve the immediate denunciation of this Convention, notwithstanding the provisions of Article 14 above, if and when the new revising Convention shall have come into force;

b) as from the date when the new revising Convention comes into force this Convention shall cease to be open to ratification by the Members.

2. This Convention shall in any case remain in force in its actual form and content for those Members which have ratified it but have not ratified the revising Convention.

Article 19

The English and French versions of the text of this Convention are equally authoritative.

Ratifizierungsstand: Algeria 19:10:1962 ratified Antigua and Barbuda 02:02:1983 ratified Austria 10:11:1951 ratified Bahamas 25:05:1976 ratified Barbados 08:05:1967 ratified Belgium 13:10:1952 ratified Belize 15:12:1983 ratified Bosnia and Herzegovina ratified 18:01:2010 Brazil 18:06:1965 ratified Bulgaria 07:11:1955 ratified Burundi 11:03:1963 ratified Cameroon 03:09:1962 ratified Central African Republic 09:06:1964 ratified Democratic Republic of the Congo 20:09:1960 ratified Costa Rica 02:06:1960 ratified Cuba 29:04:1952 ratified Cyprus 23:09:1960 ratified Denmark 15:08:1955 ratified Djibouti 03:08:1978 ratified Dominica 28:02:1983 ratified Egypt 26:07:1960 ratified Finland 22:12:1951 ratified France 20:09:1951 ratified Ghana 04:04:1961 ratified Grenada 09:07:1979 ratified Guatemala 13:02:1952 ratified Guinea 12:12:1966 ratified Guyana 08:06:1966 ratified Iraq 25:04:1986 ratified Israel 30:03:1953 ratified Italy 22:10:1952 ratified Jamaica 26:12:1962 ratified Kenya 13:01:1964 ratified Macedonia ratified 06:09:2010 Malaysia Sabah 03:03:1964 ratified Malaysia Sarawak 03:03:1964 ratified Mauritania 08:11:1963 ratified Mauritius 02:12:1969 ratified Morocco 20:09:1956 ratified Netherlands 20:05:1952 ratified Nigeria 17:10:1960 ratified Norway 12:02:1996 ratified Panama 04:06:1971 ratified Philippines 29:12:1953 ratified Rwanda 18:09:1962 ratified Saint Lucia 14:05:1980 ratified Saint Vincent and the Grenadines Sierra Leone 15:06:1961 ratified Singapore 25:10:1965 ratified Solomon Islands 06:08:1985 ratified Somalia 18:11:1960 ratified Spain 05:05:1971 ratified Suriname 15:06:1976 ratified Swaziland 05:06:1981 ratified Syrian Arab Republic 07:06:1957 ratified Tanzania United Republic of 30:01:1962 ratified Turkey 29:03:1961 ratified Uganda 04:06:1963 ratified United Kingdom 30:06:1950 denounced on 20:09:1982 Uruguay 18:03:1954 ratified Yemen 14:04:1969 ratified

X. Europäische Vergaberichtlinien

Richtlinie 2009/81/EG des Europäischen Parlaments und des Rates vom 13. Juli 2009 über die Koordinierung der Verfahren zur Vergabe bestimmter Bau-, Liefer- und Dienstleistungsaufträge in den Bereichen Verteidigung und Sicherheit und zur Änderung der Richtlinien 2004/17/EG und 2004/18/EG Text von Bedeutung für den EWR Amtsblatt Nr. L 216 vom 20/08/2009 S. 0076–0136

DAS EUROPÄISCHE PARLAMENT UND DER RAT DER EUROPÄISCHEN UNION –

gestützt auf den Vertrag zur Gründung der Europäischen Gemeinschaft, insbesondere auf Artikel 47 Absatz 2 und die Artikel 55 und 95, auf Vorschlag der Kommission, nach Stellungnahme des Europäischen Wirtschafts- und Sozialausschusses(1), gemäß dem Verfahren des Artikels 251 des Vertrags(2), in Erwägung nachstehender Gründe:

(1) ABl. C 100 vom 30.4.2009, S. 114.

(2) Stellungnahme des Europäischen Parlaments vom 14. Januar 2009 (noch nicht im Amtsblatt veröffentlicht) und Beschluss des Rates vom 7. Juli 2009.

(1) Die nationale Sicherheit in den Bereichen der Verteidigung und Sicherheit fällt weiterhin in die alleinige Zuständigkeit jedes Mitgliedstaats.

(2) Der schrittweise Aufbau eines europäischen Markts für Verteidigungsgüter ist für die Verbesserung der europäischen rüstungstechnologischen und -industriellen Basis und den Ausbau der zur Umsetzung der europäischen Sicherheits- und Verteidigungspolitik notwendigen militärischen Kapazitäten unerlässlich.

(3) Die Mitgliedstaaten stimmen darin überein, dass es notwendig ist, eine europäische rüstungstechnologische und -industrielle Basis zu fördern, zu entwickeln und zu unterhalten, die fähigkeitsgetrieben, kompetent und wettbewerbsfähig ist. Zur Erreichung dieses Ziels können die Mitgliedstaaten unterschiedliche Instrumente einsetzen, die mit dem Gemeinschaftsrecht vereinbar sind und auf einen echten europäischen Markt für Verteidigungsgüter und gleiche Wettbewerbsbedingungen sowohl auf europäischer als auch auf globaler Ebene abzielen. Sie sollten auch dazu beitragen, die Diversifizierung der europäischen Zuliefererbasis im Verteidigungsbereich vertikal ausbauen, indem sie insbesondere die Beteiligung kleiner und mittlerer Unternehmen (KMU) und nicht traditioneller Lieferanten an der europäischen rüstungstechnologischen und -industriellen Basis unterstützen, die industrielle Zusammenarbeit verbessern und effiziente und flexible Unterauftragnehmer fördern. In diesem Zusammenhang sollten sie die Mitteilung der Kommission vom 7. Dezember 2006 zu Auslegungsfragen bezüglich der Anwendung des Artikels 296 des Vertrags zur Beschaffung von Verteidigungsgütern und die Mitteilung der Kommission vom 5. Dezember 2007 zu einer Strategie für eine stärkere und wettbewerbsfähigere europäische Verteidigungsindustrie berücksichtigen.

(4) Die Schaffung eines europäischen Markts für Verteidigungsgüter setzt einen auf dessen Bedürfnisse zugeschnittenen rechtlichen Rahmen voraus. Im Bereich des Auftragswesens ist hierfür die Koordinierung der Vergabeverfahren unter Beachtung der Sicherheitsanforderungen der Mitgliedstaaten und der aus dem Vertrag erwachsenden Verpflichtungen erforderlich.

(5) Zur Erreichung dieses Ziels hat das Europäische Parlament in seiner Entschließung vom 17. November 2005 zum Grünbuch über die Beschaffung von Verteidigungsgütern[(3)] die Kommission aufgefordert, eine Richtlinie auszuarbeiten, die besondere Rücksicht auf die Sicherheitsinteressen der Mitgliedstaaten nimmt, die Gemeinsame Außen- und Sicherheitspolitik weiter entwickelt, einen Beitrag zur Stärkung des europäischen Zusammenhalts leistet und den Charakter der Union als „Zivilmacht" bewahrt.

(6) Eine bessere Koordinierung der Vergabeverfahren, wie beispielsweise bei Aufträgen über Logistikdienstleistungen, Transport und Lagerung, hat ebenfalls das Potenzial, die Kosten im Verteidigungssektor zu senken und die Umweltauswirkungen des Sektors deutlich zu verringern.

(7) Diese Verfahren sollten die globale Sicherheitsstrategie der Union widerspiegeln, die ihrerseits den Entwicklungen des strategischen Umfelds Rechnung trägt. So haben asymmetrische und länderübergreifende Bedrohungen dazu geführt, dass sich die Grenze zwischen äußerer und innerer und zwischen militärischer und nicht-militärischer Sicherheit zunehmend verwischt.

(8) Verteidigungs- und Sicherheitsausrüstungen sind sowohl für die Sicherheit und Souveränität der Mitgliedstaaten als auch für die Autonomie der Union von zentraler Bedeutung. Öffentliche Liefer- und Dienstleistungsaufträge in den Bereichen der Verteidigung und Sicherheit sind deshalb häufig sensibel.

(9) Dies bringt besondere Anforderungen vor allem an die Versorgungs- und die Informationssicherheit mit sich. Diesen Anforderungen unterliegen vor allem die Beschaffung von Waffen, Munition und Kriegsmaterial (sowie die unmittelbar damit verbundenen Dienst- und Bauleistungen) für die Streitkräfte, daneben aber auch einige besonders sensible öffentliche Aufträge im Bereich der nicht-militärischen Sicherheit. In diesen Bereichen behindert das Fehlen unionsweiter Regelungen die Öffnung der Verteidigungs- und Sicherheitsmärkte zwischen den Mitgliedstaaten. Diese Situation muss rasch verbessert werden. Eine unionsweite Regelung über Informationssicherheit, die die gegenseitige Anerkennung nationaler Sicherheitsüberprüfungen einschließt und den Austausch von Verschlusssachen zwischen Auftraggebern und europäischen Unternehmen zulässt, wäre äußerst nützlich. Gleichzeitig sollten die Mitgliedstaaten konkrete Maßnahmen zur Verbesserung ihrer Versorgungssicherheit untereinander ergreifen, die auf die schrittweise Schaffung eines Systems mit angemessenen Garantien abzielen.

(10) Für die Zwecke dieser Richtlinie sollten unter Militärausrüstung insbesondere die Arten von Produkten verstanden werden, die in der vom Rat in der Entscheidung 255/58 vom 15. April 1958[(4)] angenommenen Liste von Waffen, Munition und Kriegsmaterial aufgeführt sind, und die Mitgliedstaaten können sich bei der Umsetzung dieser Richtlinie allein auf diese Liste beschränken. Diese Liste enthält ausschließlich Produkte, die speziell zu militärischen Zwecken konzipiert, entwickelt und hergestellt werden. Es handelt sich jedoch um eine

---

(3) ABl. C 280 E vom 18.11.2006, S. 463.

(4) Entscheidung zur Festlegung der Produkte (Waffen, Munition und Kriegsmaterial), für die Artikel 223 Absatz 1 Buchstabe b (heute Artikel 296 Absatz 2, Buchstabe b) des Vertrags gilt (Dok. 255/58). Protokoll vom 15. April 1958: Dok. 368/58.

generische Liste, die unter Berücksichtigung der sich weiter entwickelnden Technologie, Beschaffungspolitik und militärischen Anforderungen, die die Entwicklung neuer Arten von Produkten nach sich ziehen, beispielsweise auf der Grundlage der gemeinsamen Militärgüterliste der Union, weit auszulegen ist. Für die Zwecke dieser Richtlinie sollte der Begriff „Militärausrüstung" auch Produkte einschließen, die zwar ursprünglich für zivile Zwecke konzipiert wurden, später aber für militärische Zwecke angepasst werden, um als Waffen, Munition oder Kriegsmaterial eingesetzt zu werden.

(11) Im speziellen Bereich der nicht-militärischen Sicherheit sollte diese Richtlinie für Beschaffungen gelten, die ähnliche Merkmale aufweisen wie Beschaffungen im Verteidigungsbereich und ebenso sensibel sind. Dies kann insbesondere in Bereichen der Fall sein, in denen militärische und nicht-militärische Einsatzkräfte bei der Erfüllung derselben Missionen zusammenarbeiten und/oder die Beschaffung dazu dient, die Sicherheit der Union und/oder der Mitgliedstaaten auf ihrem Hoheitsgebiet oder darüber hinaus vor ernsten Bedrohungen durch nicht-militärische und/oder nichtstaatliche Akteure zu schützen. Dies kann beispielsweise den Grenzschutz, polizeiliche Tätigkeiten und Kriseneinsätze einschließen.

(12) Diese Richtlinie sollte den Erfordernissen des Auftraggebers während des gesamten Lebenszyklus der Produkte, d. h. der Forschung und Entwicklung, industriellen Entwicklung, Herstellung, Reparatur, Modernisierung, Änderung, Instandhaltung, Logistik, Schulung, Erprobung, Rücknahme und Beseitigung Rechnung tragen. Diese Stadien schließen beispielsweise Studien, Bewertung, Lagerung, Transport, Integration, Wartung, Demontage, Zerstörung und alle weiteren Dienstleistungen nach der ursprünglichen Konzipierung ein. Einige Verträge können die Lieferung von Teilen, Bauteilen und/oder Bausätzen, die zum Einbau in die Produkte oder zur Befestigung an diesen bestimmt sind, und/oder die Lieferung von Spezialwerkzeug, Prüfvorrichtungen oder Hilfsmitteln einschließen.

(13) Für die Zwecke dieser Richtlinie sollte der Begriff der Forschung und Entwicklung Grundlagenforschung, angewandte Forschung und experimentelle Entwicklung umfassen. Grundlagenforschung umfasst experimentelle oder theoretische Arbeiten, die hauptsächlich dem Erwerb von neuem Grundlagenwissen über Phänomene oder beobachtbare Tatsachen ohne erkennbare direkte praktische Anwendungsmöglichkeiten dienen. Angewandte Forschung umfasst auch Originalarbeiten zur Erlangung neuer Erkenntnisse. Sie ist jedoch in erster Linie auf ein spezifisches praktisches Ziel oder einen spezifischen praktischen Zweck ausgerichtet. Experimentelle Entwicklung umfasst Arbeiten auf der Grundlage von vorhandenen, aus Forschung und/oder praktischer Erfahrung gewonnenen Kenntnissen zur Initiierung der Herstellung neuer Materialien, Produkte oder Geräte, zur Entwicklung neuer Verfahren, Systeme und Dienstleistungen oder zur erheblichen Verbesserung des bereits Vorhandenen. Experimentelle Entwicklung kann Herstellung von technologischen Demonstrationssystemen, d. h. von Vorrichtungen zur Demonstration der Leistungen eines neuen Konzepts oder einer neuen Technologie in einem relevanten oder repräsentativen Umfeld einschließen.

Der Begriff der Forschung und Entwicklung schließt die Herstellung und Qualifizierung von der Produktion vorausgehenden Prototypen, Werkzeug- und Fertigungstechnik, Industriedesign oder Herstellung nicht ein.

(14) Diese Richtlinie sollte dem Bedarf des Auftraggebers an Bau- und Dienstleistungen Rechnung tragen, die zwar nicht unmittelbar mit der Lieferung von Militärausrüstung oder sensibler Ausrüstung in Zusammenhang stehen, aber zur Erfüllung bestimmter militärischer Anforderungen oder bestimmter Sicherheitsanforderungen erforderlich sind.

(15) Die Vergabe von Aufträgen in den Mitgliedstaaten durch Auftraggeber im Sinne der Richtlinie 2004/17/EG des Europäischen Parlaments und des Rates vom 31. März 2004 zur Koordinierung der Zuschlagserteilung für Auftraggeber im Bereich der Wasser-, Energie- und Verkehrsversorgung sowie der Postdienste[(5)] und durch öffentliche Auftraggeber im Sinne der Richtlinie 2004/18/EG des Europäischen Parlaments und des Rates vom 31. März 2004 über die Koordinierung der Verfahren zur Vergabe öffentlicher Bauaufträge, Lieferaufträge und Dienstleistungsaufträge[(6)] ist an die Einhaltung der im Vertrag niedergelegten Grundsätze gebunden, insbesondere des freien Warenverkehrs, der Niederlassungsfreiheit und der Dienstleistungsfreiheit sowie der davon abgeleiteten Grundsätze wie z. B. des Grundsatzes der Gleichbehandlung, des Grundsatzes der Nichtdiskriminierung, des Grundsatzes der gegenseitigen Anerkennung, des Grundsatzes der Verhältnismäßigkeit und des Grundsatzes der Transparenz.

Die Transparenz- und Wettbewerbsanforderungen für Aufträge unterhalb der Schwellen für die Anwendung dieser Richtlinie sollten von den Mitgliedstaaten unter Einhaltung dieser Grundsätze und insbesondere unter Berücksichtigung von Situationen festgelegt werden, bei denen ein grenzüberschreitendes Interesse besteht. Insbesondere ist es Sache der Mitgliedstaaten, die für die Vergabe dieser Aufträge am besten geeigneten Regelungen zu treffen.

---

(5) ABl. L 134 vom 30.4.2004, S. 1.
(6) ABl. L 134 vom 30.4.2004, S. 114.

Für Aufträge, die einen bestimmten Wert überschreiten, empfiehlt sich die Ausarbeitung von auf diesen Grundsätzen beruhenden Bestimmungen zur gemeinschaftlichen Koordinierung der nationalen Verfahren für die Vergabe solcher Aufträge, um die Wirksamkeit dieser Grundsätze und die Öffnung des Beschaffungswesens für den Wettbewerb zu garantieren. Folglich sollten diese Koordinierungsbestimmungen nach Maßgabe der genannten Regeln und Grundsätze sowie gemäß den anderen Bestimmungen des Vertrags ausgelegt werden.

(16) Die Artikel 30, 45, 46, 55 und 296 des Vertrags sehen besondere Ausnahmen von der Anwendung seiner Grundsätze und damit auch von der Anwendung des von diesen abgeleiteten Rechts vor. Dies bedeutet, dass keine Bestimmung dieser Richtlinie dem Erlass oder der Durchsetzung von Maßnahmen entgegenstehen sollte, die sich zur Wahrung von Interessen als notwendig erweisen, die aufgrund dieser Bestimmungen des Vertrags als legitim anerkannt sind.

Dies bedeutet insbesondere, dass die Vergabe von Aufträgen, die in den Anwendungsbereich dieser Richtlinie fallen, von dieser Richtlinie ausgenommen werden kann, wenn dies aus Gründen der öffentlichen Sicherheit gerechtfertigt ist oder der Schutz der wesentlichen Sicherheitsinteressen eines Mitgliedstaats dies gebietet. Dies kann bei Verträgen sowohl im Bereich der Verteidigung als auch der Sicherheit der Fall sein, die äußerst hohe Anforderungen an die Versorgungssicherheit stellen oder so vertraulich und/oder wichtig für die nationale Souveränität sind, dass selbst die besonderen Bestimmungen dieser Richtlinie nicht ausreichen, um wesentliche Sicherheitsinteressen der Mitgliedstaaten zu schützen, deren Definition in die ausschließliche Zuständigkeit der Mitgliedstaaten fällt.

(17) Allerdings sollte die Möglichkeit, von solchen Ausnahmen Gebrauch zu machen, nach der Rechtsprechung des Gerichtshofs der Europäischen Gemeinschaften nur so weit in Anspruch genommen werden, wie dies zur Wahrung der nach den genannten Artikeln als legitim anerkannten Interessen unbedingt erforderlich ist. Dies bedeutet, dass eine Nichtanwendung der Richtlinie sowohl den verfolgten Zielen angemessen sein als auch die Option darstellen muss, die den freien Warenverkehr und die Dienstleistungsfreiheit am wenigsten behindert.

(18) Die im Verteidigungsbereich durch Auftraggeber vergebenen Aufträge zur Beschaffung von Waffen, Munition und Kriegsmaterial sind vom Anwendungsbereich des im Rahmen der Welthandelsorganisation geschlossenen Übereinkommens über das öffentliche Beschaffungswesen (Government Procurement Agreement, GPA) ausgenommen. Alle anderen unter diese Richtlinie fallenden Aufträge sind ebenfalls vom Anwendungsbereich des GPA im Sinne von Artikel XXIII dieses Übereinkommens ausgenommen. Artikel 296 des Vertrags und Artikel XXIII Absatz 1 des GPA haben einen unterschiedlichen Anwendungsbereich und unterliegen unterschiedlichen Standards der gerichtlichen Prüfung. In Situationen, in denen Artikel 296 des Vertrags nicht herangezogen werden kann, können sich die Mitgliedstaaten nach wie vor auf Artikel XXIII Absatz 1 des GPA berufen. Für die Anwendung der beiden Bestimmungen müssen daher unterschiedliche Voraussetzungen gegeben sein.

Diese Ausnahmebestimmung bedeutet auch, dass die Mitgliedstaaten im spezifischen Kontext der Verteidigungs- und Sicherheitsmärkte weiterhin befugt sind zu entscheiden, ob ihr Auftraggeber Wirtschaftsteilnehmern aus Drittländern die Teilnahme an Vergabeverfahren gestatten darf. Sie sollten diese Entscheidung auf der Grundlage von Preis-/Leistungserwägungen unter Berücksichtigung der Notwendigkeit einer weltweit wettbewerbsfähigen europäischen rüstungstechnologischen und -industriellen Basis, der Bedeutung offener und fairer Märkte und der Erzielung gegenseitigen Nutzens treffen. Die Mitgliedstaaten sollten auf eine immer stärkere Öffnung der Märkte drängen. Ihre Partner sollten auf der Grundlage international vereinbarter Bestimmungen ebenfalls Offenheit beweisen, insbesondere was den offenen und fairen Wettbewerb betrifft.

(19) Ein Auftrag gilt nur dann als Bauauftrag, wenn er speziell die Ausführung der Tätigkeiten zum Gegenstand hat, die unter die Abteilung 45 des in der Verordnung (EG) Nr. 2195/2002 des Europäischen Parlaments und des Rates vom 5. November 2002 festgelegten „Gemeinsamen Vokabulars für öffentliche Aufträge“[(7)] (nachstehend „CPV“ genannt) fallen; er kann sich jedoch auf andere Leistungen erstrecken, die für die Ausführung dieser Tätigkeiten erforderlich sind. Dienstleistungsaufträge können unter bestimmten Umständen Bauleistungen umfassen. Sofern diese Bauleistungen jedoch nur Nebenarbeiten im Verhältnis zum Hauptgegenstand des Vertrags darstellen und eine mögliche Folge oder Ergänzung des letzteren sind, rechtfertigt die Tatsache, dass der Vertrag diese Bauleistungen umfasst, nicht eine Einstufung des Vertrags als Bauauftrag.

(20) Aufträge in den Bereichen Verteidigung und Sicherheit enthalten oftmals Verschlusssachen, die nach den in dem betreffenden Mitgliedstaat geltenden Rechts- und Verwaltungsvorschriften aus Sicherheitsgründen vor nicht autorisiertem Zugriff geschützt werden müssen. Im militärischen Bereich verfügen die Mitgliedstaaten über Systeme zur Klassifizierung solcher Informationen für militärische Zwecke. Im Bereich der nichtmilitärischen Sicherheit, in dem andere Informationen ähnlich geschützt werden müssen, stellt sich die Lage weniger einheitlich dar. Es ist daher angezeigt, einen Ansatz zu verfolgen, der den vielfältigen Praktiken der Mitgliedstaaten Rechnung trägt und der die Erfassung sowohl des militärischen als auch des nicht-militärischen

---

(7) ABl. L 340 vom 16.12.2002, S. 1.

Bereichs ermöglicht. Keinesfalls aber sollte die Vergabe öffentlicher Aufträge in diesen Bereichen die Verpflichtungen berühren, die sich aus dem Beschluss 2001/844/EG, EGKS, Euratom der Kommission vom 29. November 2001 zur Änderung ihrer Geschäftsordnung[8] oder dem Beschluss 2001/264/EG des Rates vom 19. März 2001 über die Annahme der Sicherheitsvorschriften des Rates[9] ergeben.

Darüber hinaus räumt Artikel 296 Absatz 1 Buchstabe a des Vertrags den Mitgliedstaaten die Möglichkeit ein, Verträge aus den Bereichen Verteidigung und Sicherheit von den Bestimmungen dieser Richtlinie auszunehmen, wenn die Anwendung dieser Richtlinie sie dazu zwingen würde, Auskünfte zu erteilen, deren Preisgabe ihres Erachtens ihren wesentlichen Sicherheitsinteressen widerspricht. Dies kann insbesondere dann der Fall sein, wenn Aufträge so sensibel sind, dass sogar deren Existenz geheim gehalten werden muss.

(21) Die Auftraggeber sollten auf Rahmenvereinbarungen zurückgreifen dürfen, und es ist daher erforderlich, die Begriffe Rahmenvereinbarung und spezifische Vorschriften zu definieren. Nach diesen Vorschriften kann ein Auftraggeber, wenn er eine Rahmenvereinbarung gemäß den Vorschriften dieser Richtlinie insbesondere über Veröffentlichung, Fristen und Bedingungen für die Abgabe von Angeboten abschließt, während der Laufzeit der Rahmenvereinbarung Aufträge auf der Grundlage dieser Rahmenvereinbarung entweder durch Anwendung der in der Rahmenvereinbarung enthaltenen Bedingungen oder, falls nicht alle Bedingungen im Voraus in dieser Vereinbarung festgelegt wurden, durch erneute Eröffnung des Wettbewerbs zwischen den Parteien der Rahmenvereinbarung in Bezug auf die nicht festgelegten Bedingungen vergeben. Bei der Wiedereröffnung des Wettbewerbs sollten bestimmte Vorschriften eingehalten werden, um die erforderliche Flexibilität und die Einhaltung der allgemeinen Grundsätze, insbesondere des Grundsatzes der Gleichbehandlung, zu gewährleisten. Aus diesen Gründen sollte die Laufzeit der Rahmenvereinbarung begrenzt werden und sieben Jahre nicht überschreiten dürfen, außer in von den Auftraggebern ordnungsgemäß begründeten Fällen.

(22) Die Auftraggeber sollten die Möglichkeit haben, Techniken der Online-Beschaffung einzusetzen, sofern bei ihrer Verwendung die Vorschriften dieser Richtlinie und die Grundsätze der Gleichbehandlung, der Nichtdiskriminierung und der Transparenz eingehalten werden. Elektronische Auktionen stellen eine Technik dar, die sich noch stärker verbreiten wird; deshalb sollten diese Auktionen im Gemeinschaftsrecht definiert und speziellen Vorschriften unterworfen werden, um sicherzustellen, dass sie unter uneingeschränkter Wahrung dieser Grundsätze ablaufen. Dazu ist vorzusehen, dass diese elektronischen Auktionen nur Aufträge für Bauleistungen, Lieferungen oder Dienstleistungen betreffen, für die präzise Spezifikationen erstellt werden können. Dies kann insbesondere bei wiederkehrenden Liefer-, Bau- und Dienstleistungsaufträgen der Fall sein. Zu demselben Zweck muss es auch möglich sein, die jeweilige Rangfolge der Bieter zu jedem Zeitpunkt der elektronischen Auktion festzustellen. Der Rückgriff auf elektronische Auktionen bietet den Auftraggebern die Möglichkeit, die Bieter zur Vorlage neuer, nach unten korrigierter Preise aufzufordern, und — sofern das wirtschaftlich günstigste Angebot den Zuschlag erhalten soll — auch andere als die preisbezogenen Angebotskomponenten zu verbessern. Zur Wahrung des Grundsatzes der Transparenz dürfen allein diejenigen Komponenten Gegenstand elektronischer Auktionen sein, die auf elektronischem Wege — ohne Eingreifen und/oder Beurteilung seitens des Auftraggebers — automatisch bewertet werden können, d. h. nur die Komponenten, die quantifizierbar sind, so dass sie in Ziffern oder in Prozentzahlen ausgedrückt werden können. Hingegen sollten diejenigen Aspekte der Angebote, bei denen nichtquantifizierbare Komponenten zu beurteilen sind, nicht Gegenstand von elektronischen Auktionen sein. Folglich sollten bestimmte Bau- und Dienstleistungsaufträge, bei denen eine geistige Leistung zu erbringen ist, wie z. B. die Konzeption von Bauleistungen, nicht Gegenstand von elektronischen Auktionen sein.

(23) Zentrale Beschaffungsverfahren ermöglichen es, den Wettbewerb auszuweiten und die Effizienz des Beschaffungswesens zu verbessern. Die Mitgliedstaaten sollten daher vorsehen dürfen, dass die Auftraggeber Waren, Bauleistungen und/oder Dienstleistungen durch zentrale Beschaffungsstellen erwerben dürfen. Aus diesem Grund sollte im Gemeinschaftsrecht eine Definition für zentrale Beschaffungsstellen vorgesehen und unter Einhaltung der Grundsätze der Nichtdiskriminierung und der Gleichbehandlung definiert werden, unter welchen Voraussetzungen vermutet werden kann, dass Auftraggeber, die Bau-, Liefer- und/oder Dienstleistungen über eine zentrale Beschaffungsstelle beziehen, diese Richtlinie eingehalten haben. Ein Auftraggeber, der die Richtlinie anzuwenden hat, sollte in jedem Fall als zentrale Beschaffungsstelle in Betracht kommen. Gleichzeitig sollte es den Mitgliedstaaten auch freistehen, nicht dieser Richtlinie unterliegende europäische öffentliche Einrichtungen wie beispielsweise die Europäische Verteidigungsagentur als zentrale Beschaffungsstellen zu benennen, sofern diese Einrichtungen auf diese Beschaffungen Beschaffungsvorschriften anwenden, die mit allen Bestimmungen dieser Richtlinie in Einklang stehen.

(24) Auftraggeber können sich gezwungen sehen, einen einzigen Auftrag für Beschaffungen zu erteilen, der zu einem Teil unter diese Richtlinie fällt, während der übrige Teil dem Anwendungsbereich der Richtlinie 2004/17/EG oder der Richtlinie 2004/18/EG unterliegt oder nicht unter diese Richtlinie, die Richtlinie

[8] ABl. L 317 vom 3.12.2001, S. 1.
[9] ABl. L 101 vom 11.4.2001, S. 1.

2004/17/EG oder die Richtlinie 2004/18/EG fällt. Dies ist der Fall, wenn die betreffenden Beschaffungen aus objektiven Gründen nicht aufgeteilt und als getrennte Aufträge vergeben werden können. In diesen Fällen sollten die Auftraggeber einen einzigen Auftrag erteilen dürfen, sofern ihre Entscheidung nicht zu dem Zweck getroffen wird, Aufträge von der Anwendung dieser Richtlinie oder der Richtlinie 2004/17/EG oder der Richtlinie 2004/18/EG auszunehmen.

(25) Eine Vielzahl von Schwellenwerten für die Anwendung der koordinierten Bestimmungen erschwert die Arbeit der Auftraggeber. In Anbetracht des Durchschnittswerts der Aufträge in den Bereichen Verteidigung und Sicherheit ist es angebracht, die gemäß dieser Richtlinie geltenden Schwellenwerte an die gemäß der Richtlinie 2004/17/EG für Auftraggeber geltenden Schwellenwerte anzugleichen. Bei Überarbeitung der Schwellenwerte der Richtlinie 2004/17/EG sollten die Schwellenwerte dieser Richtlinie ebenfalls angepasst werden.

(26) Darüber hinaus sollte vorgesehen werden, dass diese Richtlinie in bestimmten Fällen nicht zur Anwendung kommt, wenn besondere Vergabeverfahren anzuwenden sind, die sich aus internationalen Übereinkommen oder Vereinbarungen zwischen den Mitgliedstaaten und Drittländern ergeben. Die Bestimmungen bestimmter Übereinkünfte im Zusammenhang mit der Stationierung von Truppen aus einem Mitgliedstaat in einem anderen Mitgliedstaat oder in einem Drittland oder der Stationierung von Truppen aus einem Drittland in einem Mitgliedstaat sollten auch die Anwendung der in dieser Richtlinie vorgesehenen Vergabeverfahren ausschließen. Diese Richtlinie sollte weder für Aufträge gelten, die von internationalen Organisationen für ihre Zwecke vergeben werden, noch für Aufträge, die von einem Mitgliedstaat nach für diese Organisationen spezifischen Regeln vergeben werden müssen.

(27) Im Bereich der Verteidigung und Sicherheit sind einige Aufträge so sensibel, dass eine Anwendung dieser Richtlinie trotz ihrer Spezifität unangebracht wäre. Dies gilt für Beschaffungen durch Nachrichtendienste oder Beschaffungen für alle Arten von nachrichtendienstlichen Tätigkeiten, einschließlich Maßnahmen zur Abwehr nachrichtendienstlicher Tätigkeiten, entsprechend der Definition durch die Mitgliedstaaten. Dies gilt auch für andere besonders sensible Beschaffungen, die ein äußerst hohes Maß an Vertraulichkeit erfordern, wie beispielsweise bestimmte Beschaffungen, die für den Grenzschutz oder die Bekämpfung des Terrorismus oder der organisierten Kriminalität bestimmt sind, die Verschlüsselung betreffen oder speziell für verdeckte Tätigkeiten oder ebenso sensible Tätigkeiten der Polizei und der Sicherheitskräfte bestimmt sind.

(28) Die Mitgliedstaaten führen häufig Kooperationsprogramme durch, um neue Verteidigungsausrüstung gemeinsam zu entwickeln. Diesen Programmen kommt besondere Bedeutung zu, da sie die Entwicklung neuer Technologien und die Übernahme der hohen Forschungs- und Entwicklungskosten komplexer Waffensysteme erleichtern. Einige dieser Programme werden von internationalen Organisationen, insbesondere von der Gemeinsamen Organisation für Rüstungskooperation (Organisation conjointe de coopération en matière d'armement, OCCAR) und von der NATO (über spezielle Agenturen) oder von Agenturen der Union wie der Europäischen Verteidigungsagentur verwaltet, die die Aufträge im Namen der Mitgliedstaaten vergeben. Derartige Aufträge sollten nicht unter diese Richtlinie fallen. Bei anderen derartigen Kooperationsprogrammen werden die Aufträge von den Auftraggebern eines Mitgliedstaats auch im Namen eines anderen Mitgliedstaat oder weiterer Mitgliedstaaten vergeben. Auch in diesen Fällen sollte diese Richtlinie nicht zur Anwendung kommen.

(29) Für den Fall, dass die Streitkräfte oder die Sicherheitskräfte der Mitgliedstaaten außerhalb der Grenzen der Union Operationen durchführen, sollten die im Einsatzgebiet stationierten Auftraggeber, wenn der Einsatz dies erfordert, die Erlaubnis erhalten, bei der Vergabe von Aufträgen an im Einsatzgebiet ansässige Marktteilnehmer von der Anwendung dieser Richtlinie abzusehen, und zwar auch für zivile Beschaffungen, die in unmittelbarem Zusammenhang mit der Durchführung dieses Einsatzes stehen.

(30) Angesichts der Besonderheit des Verteidigungs- und Sicherheitssektors sollte die Beschaffung von Ausrüstung und von Bau- und Dienstleistungen durch eine Regierung bei einer anderen Regierung vom Anwendungsbereich dieser Richtlinie ausgenommen sein.

(31) Dienstleistungsaufträge, die den Erwerb oder die Miete bzw. Pacht von unbeweglichem Vermögen oder Rechten daran betreffen, weisen Merkmale auf, die die Anwendung von Vergabevorschriften unangemessen erscheinen lassen.

(32) Schiedsgerichts- und Schlichtungsdienste werden normalerweise von Organisationen oder Personen übernommen, deren Bestimmung oder Auswahl in einer Art und Weise erfolgt, die sich nicht nach Vergabevorschriften richten kann.

(33) Mit Finanzdienstleistungen werden ebenfalls Personen oder Einrichtungen zu Bedingungen beauftragt, die nicht mit der Anwendung von Vergabevorschriften vereinbar sind.

(34) Nach Artikel 163 des Vertrags trägt unter anderem die Unterstützung der Forschung und technologischen Entwicklung dazu bei, die wissenschaftlichen und technologischen Grundlagen der Industrie der Gemeinschaft zu stärken, und die Öffnung der Dienstleistungsaufträge hat einen Anteil an der Erreichung dieses Zieles. Die

Mitfinanzierung von Forschungs- und Entwicklungsprogrammen sollte nicht Gegenstand dieser Richtlinie sein. Nicht unter diese Richtlinie fallen deshalb Aufträge über Forschungs- und Entwicklungsdienstleistungen, mit Ausnahme derer, deren Ergebnisse ausschließlich Eigentum des Auftraggebers für die Nutzung bei der Ausübung seiner eigenen Tätigkeit sind, sofern die Dienstleistung vollständig durch den Auftraggeber vergütet wird.

(35) Beruf und Beschäftigung sind Schlüsselelemente zur Gewährleistung gleicher Chancen für alle und tragen zur Eingliederung in die Gesellschaft bei. In diesem Zusammenhang tragen geschützte Werkstätten und geschützte Beschäftigungsprogramme wirksam zur Eingliederung oder Wiedereingliederung von Menschen mit Behinderungen in den Arbeitsmarkt bei. Derartige Werkstätten sind jedoch möglicherweise nicht in der Lage, unter normalen Wettbewerbsbedingungen Aufträge zu erhalten. Es ist daher angemessen, vorzusehen, dass Mitgliedstaaten das Recht, an Verfahren zur Vergabe von Aufträgen teilzunehmen, derartigen Werkstätten, oder die Ausführung eines Auftrags geschützten Beschäftigungsprogrammen vorbehalten können.

(36) Für die Anwendung dieser Richtlinie auf in ihren Anwendungsbereich fallende Dienstleistungsaufträge und zur Beobachtung sollten die Dienstleistungen in Anlehnung an bestimmte Positionen der CPV-Klassifizierung in Kategorien unterteilt werden und in zwei Anhängen nach der für sie geltenden Regelung zusammengefasst werden. Für die in Anhang II genannten Dienstleistungen sollten die einschlägigen Bestimmungen dieser Richtlinie unbeschadet der Anwendung besonderer gemeinschaftsrechtlicher Bestimmungen für die jeweiligen Dienstleistungen gelten. Damit die Bestimmungen dieser Richtlinie und nicht die Bestimmungen der Richtlinie 2004/17/EG oder der Richtlinie 2004/18/EG zur Anwendung gelangen, muss jedoch festgelegt werden, dass die betreffenden Dienstleistungsaufträge in den Anwendungsbereich dieser Richtlinie fallen.

(37) Die volle Anwendung dieser Richtlinie auf Dienstleistungsaufträge sollte während eines Übergangszeitraums auf Aufträge beschränkt werden, bei denen ihre Bestimmungen dazu beitragen, das volle Wachstumspotenzial des grenzüberschreitenden Handels auszuschöpfen. Es ist notwendig, Aufträge für andere Dienstleistungen in diesem Übergangszeitraum zu beobachten, bevor die volle Anwendung dieser Richtlinie beschlossen werden kann.

(38) Die von den Auftraggebern erarbeiteten technischen Spezifikationen sollten es erlauben, die Beschaffungsmärkte für den Wettbewerb zu öffnen. Hierfür muss es möglich sein, Angebote einzureichen, die die Vielfalt technischer Lösungsmöglichkeiten widerspiegeln. Damit dies gewährleistet ist, müssen einerseits technische Spezifikationen auf der Grundlage von Leistungs- und Funktionsanforderungen festgelegt werden. Andererseits müssen im Fall der Bezugnahme auf eine europäische Norm oder auf internationale oder nationale Normen, einschließlich Normen aus dem Verteidigungsbereich, Angebote auf der Grundlage anderer gleichwertiger Lösungen von den Auftraggebern geprüft werden. Diese Gleichwertigkeit kann insbesondere im Hinblick auf die Anforderungen an Interoperabilität und operative Wirksamkeit bewertet werden. Die Bieter sollten die Möglichkeit haben, die Gleichwertigkeit ihrer Lösungen mit allen ihnen zur Verfügung stehenden Nachweisen zu belegen. Die Auftraggeber müssen jede Entscheidung, dass die Gleichwertigkeit in einem bestimmten Fall nicht gegeben ist, begründen können. Im Übrigen bestehen internationale Normungsübereinkommen, die die Interoperabilität der Streitkräfte gewährleisten sollen und in den Mitgliedstaaten Gesetzeskraft haben können. Sollte eines dieser Übereinkommen anwendbar sein, können die Auftraggeber verlangen, dass die Angebote den in diesem Übereinkommen enthaltenen Normen entsprechen. Die technischen Spezifikationen sollten klar festgelegt werden, so dass alle Bieter wissen, was die Anforderungen des Auftraggebers umfassen.

(39) Die präzise Auflistung der technischen Spezifikationen und die zusätzlichen Angaben zu den Aufträgen müssen entsprechend den Gepflogenheiten in den Mitgliedstaaten in den Verdingungsunterlagen für jeden einzelnen Auftrag bzw. in allen gleichwertigen Unterlagen enthalten sein.

(40) Es sollte keine Diskriminierung potenzieller Unterauftragnehmer aus Gründen der Staatsangehörigkeit erfolgen. Im Bereich der Verteidigung und Sicherheit kann es angebracht sein, dass die Auftraggeber den erfolgreichen Bieter verpflichten, bei der Vergabe von Unteraufträgen an Dritte einen transparenten und nicht diskriminierenden Wettbewerb durchzuführen. Diese Pflicht kann für alle Unteraufträge oder nur für bestimmte, vom Auftraggeber ausgewählte Unteraufträge gelten.

Darüber hinaus erscheint es angebracht, das Recht des Bieters auf Vergabe von Unteraufträgen durch die dem Mitgliedstaat eingeräumte Möglichkeit zu ergänzen, seinen Auftraggebern zu erlauben oder sie zu verpflichten zu verlangen, dass Unteraufträge, die einem bestimmten Mindestanteil des Auftragswerts entsprechen, an Dritte vergeben werden, wobei verbundene Unternehmen nicht als Dritte gelten. Wird ein derartiger Anteil verlangt, sollte der erfolgreiche Bieter Unteraufträge im Anschluss an einen transparenten und nicht diskriminierenden Wettbewerb vergeben, damit alle interessierten Unternehmen dieselben Chancen haben, die Vorteile der Untervergabe zu nutzen. Gleichzeitig sollte das ordnungsgemäße Funktionieren der Lieferkette des erfolgreichen Bieters nicht beeinträchtigt werden. Daher sollte der Prozentsatz, der auf Antrag des Auftraggebers durch Untervergabe an Dritte vergeben werden kann, den Gegenstand und den Wert des Auftrags angemessen widerspiegeln.

Im Rahmen eines Verhandlungsverfahrens oder eines wettbewerblichen Dialogs mit Verpflichtungen zur Vergabe von Unteraufträgen können der Auftraggeber und die Bieter die Verpflichtungen oder Empfehlungen zur Vergabe von Unteraufträgen erörtern, um sicherzustellen, dass der Auftraggeber über die Auswirkungen der verschiedenen Möglichkeiten der Untervergabe, insbesondere über Kosten, Qualität oder Risiko, umfassend informiert wird. Vom erfolgreichen Bieter vorgeschlagene Unterauftragnehmer sollten in jedem Fall die Möglichkeit haben, an für die Vergabe von Unteraufträgen veranstalteten Wettbewerben teilzunehmen.

Im Bereich der Verteidigungs- und Sicherheitsmärkte sollten die Mitgliedstaaten und die Kommission ferner die Entwicklung und Verbreitung bewährter Praktiken zwischen den Mitgliedstaaten und der europäischen Industrie anregen, um den freien Verkehr und die Wettbewerbsfähigkeit auf den Märkten der Union für Untervergaben und das effiziente Management von Auftragnehmern und KMU zur Erhöhung der Wirtschaftlichkeit zu fördern. Die Mitgliedstaaten sollten allen erfolgreichen Bietern die Vorteile transparenter und wettbewerbsorientierter Vergabeverfahren und einer Diversifizierung der Auftragnehmer bei der Vergabe von Unteraufträgen verdeutlichen und bewährte Praktiken für Lieferkettenmanagement auf den Verteidigungs- und Sicherheitsmärkten entwickeln und verbreiten.

(41) Bedingungen für die Ausführung eines Auftrags sind mit dieser Richtlinie vereinbar, sofern sie nicht unmittelbar oder mittelbar zu einer Diskriminierung führen und in der Bekanntmachung oder den Verdingungsunterlagen angegeben sind.

(42) Die Bedingungen für die Auftragsausführung können insbesondere Anforderungen der Auftraggeber an die Informations- und die Versorgungssicherheit umfassen. Diese Anforderungen sind angesichts der Sensibilität der unter diese Richtlinie fallenden Ausrüstungsgegenstände von besonders großer Bedeutung und betreffen die gesamte Lieferkette.

(43) Zur Gewährleistung der Informationssicherheit können Auftraggeber insbesondere verlangen, dass sich Auftragnehmer und Unterauftragnehmer verpflichten, Verschlusssachen vor nicht autorisiertem Zugriff zu schützen, und dass sie ausreichende Informationen zu ihrer Fähigkeit liefern, dies zu tun. Solange es keine gemeinschaftliche Regelung über Informationssicherheit gibt, ist es Sache der Auftraggeber oder der Mitgliedstaaten, diese Anforderungen im Einklang mit ihren nationalen Rechtsvorschriften festzulegen und zu entscheiden, ob sie nach den nationalen Rechtsvorschriften eines anderen Mitgliedstaats mit positivem Ergebnis durchgeführte Sicherheitsüberprüfungen als den von ihren eigenen zuständigen Behörden mit positivem Ergebnis durchgeführten Sicherheitsüberprüfungen gleichwertig ansehen.

(44) Die Anforderungen zur Gewährleistung der Versorgungssicherheit können sehr unterschiedlich sein und beispielsweise die internen Grundsätze, nach denen zwischen Tochter- und Muttergesellschaft in Bezug auf gewerbliche Schutzrechte verfahren wird, oder das Vorhandensein kritischer Wartungs-, Instandhaltungs- und Überholungskapazitäten zur Gewährleistung der Unterstützung während des Lebenszyklus einer angeschafften Ausrüstung einschließen.

(45) Auf jeden Fall dürfen die Bedingungen für die Auftragsausführung nur die Ausführung des Auftrags selbst betreffen.

(46) Die im Bereich der Arbeitsbedingungen und der Sicherheit am Arbeitsplatz geltenden nationalen und gemeinschaftlichen Gesetze, Regelungen und Tarifverträge sind während der Ausführung eines Auftrags anwendbar, sofern derartige Vorschriften sowie ihre Anwendung mit dem Gemeinschaftsrecht vereinbar sind. Für grenzüberschreitende Situationen, in denen Arbeitnehmer eines Mitgliedstaats Dienstleistungen in einem anderen Mitgliedstaat zur Ausführung eines Auftrags erbringen, enthält die Richtlinie 96/71/EG des Europäischen Parlaments und des Rates vom 16. Dezember 1996 über die Entsendung von Arbeitnehmern im Rahmen der Erbringung von Dienstleistungen[(10)] die Mindestbedingungen, die im Aufnahmeland in Bezug auf die entsandten Arbeitnehmer einzuhalten sind. Enthält das nationale Recht entsprechende Bestimmungen, so kann die Nichteinhaltung dieser Verpflichtungen als eine schwere Verfehlung oder als ein Delikt betrachtet werden, das die berufliche Zuverlässigkeit des Wirtschaftsteilnehmers in Frage stellt und dessen Ausschluss vom Verfahren zur Vergabe eines Auftrags zur Folge haben kann.

(47) Die unter diese Richtlinie fallenden Aufträge sind durch besondere Anforderungen an Komplexität, Informationssicherheit und Versorgungssicherheit gekennzeichnet. Deren Erfüllung erfordert oftmals eingehende Verhandlungen bei der Auftragsvergabe. Aus diesem Grund können die Auftraggeber bei unter diese Richtlinie fallenden Aufträgen neben dem nichtoffenen Verfahren auch das Verhandlungsverfahren mit Veröffentlichung einer Bekanntmachung nutzen.

(48) Für Auftraggeber, die besonders komplexe Vorhaben durchführen, kann es — ohne dass ihnen dies anzulasten wäre — objektiv unmöglich sein, die Mittel zu bestimmen, die ihren Bedürfnissen gerecht werden können, oder zu beurteilen, was der Markt an technischen bzw. finanziellen oder rechtlichen Lösungen bieten

---

(10) ABl. L 18 vom 21.1.1997, S. 1.

kann. Dies kann insbesondere bei der Durchführung von Projekten der Fall sein, die die Integration oder Kombination vielfältiger technologischer oder operativer Fähigkeiten erfordern, oder die auf einer komplexen strukturierten Finanzierung basieren, deren finanzielle und rechtliche Konstruktion nicht im Voraus vorgeschrieben werden kann. Da ein solcher Auftrag nicht präzise genug festgelegt werden kann, um den Bietern die Erstellung ihrer Angebote zu ermöglichen, wäre die Anwendung des nichtoffenen Verfahrens oder des Verhandlungsverfahren mit Veröffentlichung einer Bekanntmachung nicht praktikabel. Es sollte deshalb ein flexibles Verfahren vorgesehen werden, das sowohl den Wettbewerb zwischen den Wirtschaftsteilnehmern aufrechterhält als auch die Verpflichtung der Auftraggeber, mit den einzelnen Bewerbern alle Aspekte des Auftrags zu erörtern. Dieses Verfahren darf allerdings nicht in einer Weise angewandt werden, die den Wettbewerb insbesondere dadurch einschränkt oder verfälscht, dass grundlegende Elemente der Angebote geändert oder dem ausgewählten Bieter neue wesentliche Elemente vorgeschrieben werden oder andere Bieter als der mit dem wirtschaftlich günstigsten Angebot einbezogen werden.

(49) Bevor ein Verfahren zur Vergabe eines Auftrags eingeleitet wird, können die Auftraggeber unter Rückgriff auf einen technischen Dialog eine Stellungnahme einholen bzw. entgegennehmen, die bei der Erstellung der Verdingungsunterlagen verwendet werden kann, vorausgesetzt, dass diese Stellungnahme den Wettbewerb nicht ausschaltet.

(50) Unter bestimmten außergewöhnlichen Umständen kann die Anwendung eines Verfahrens mit Veröffentlichung einer Bekanntmachung unmöglich oder völlig unangemessen sein. Die Auftraggeber sollten also in bestimmten Fällen und unter bestimmten Umständen die Möglichkeit haben, auf das Verhandlungsverfahren ohne vorherige Veröffentlichung einer Bekanntmachung zurückzugreifen.

(51) Einige dieser Fälle dürften mit den in der Richtlinie 2004/18/EG genannten identisch sein. In diesem Zusammenhang ist insbesondere der Tatsache Rechnung zu tragen, dass Verteidigungs- und Sicherheitsgüter in vielen Fällen technisch komplex sind. Diese Komplexität und die damit verbundenen Anforderungen an Interoperabilität und Standardisierung sollten etwa bei der Beurteilung der Frage zugrunde gelegt werden, ob bei Aufträgen über zusätzliche Lieferungen das Verhandlungsverfahren ohne vorherige Veröffentlichung einer Bekanntmachung zulässig ist, um Inkompatibilitäten oder unverhältnismäßigen technischen Schwierigkeiten bei Nutzung und Wartung zu vermeiden. Dies ist beispielsweise bei der Integration neuer Bauteile in bestehende Systeme oder bei der Modernisierung solcher Systeme der Fall.

(52) Unter Umständen ist bei bestimmten unter diese Richtlinie fallenden Beschaffungen nur ein einziger Wirtschaftsteilnehmer in der Lage, den Auftrag auszuführen, da er Ausschließlichkeitsrechte besitzt oder technische Gründe vorliegen. In solchen Fällen sollte der Auftraggeber Aufträge oder Rahmenvereinbarungen unmittelbar an diesen Wirtschaftsteilnehmer vergeben dürfen. Technische Gründe, die dafür ausschlaggebend sind, dass nur ein einziger Wirtschaftsteilnehmer den Auftrag ausführen kann, sollten jedoch genau definiert und im Einzelfall nachgewiesen werden. Hierzu zählen beispielsweise der Umstand, dass es einem anderen Bewerber als dem ausgewählten Wirtschaftsteilnehmer eindeutig technisch unmöglich ist, die geforderten Ziele zu erreichen, oder die Notwendigkeit, spezielles Know-how, Spezialwerkzeug oder spezielle Instrumente einzusetzen, die nur einem einzigen Wirtschaftsteilnehmer zur Verfügung stehen. Dies kann beispielsweise bei der Änderung oder Nachrüstung einer besonders komplexen Ausrüstung der Fall sein. Technische Gründe können auch bei speziellen Anforderungen an die Interoperabilität oder speziellen Sicherheitsanforderungen vorliegen, die zur Gewährleistung des Funktionierens der Streitkräfte oder der Sicherheitskräfte erfüllt sein müssen.

(53) Die besonderen Merkmale der unter diese Richtlinie fallenden Aufträge zeigen zudem die Notwendigkeit, neue Fälle vorzusehen, die speziell in den von ihr abgedeckten Bereichen auftreten können.

(54) So kann es sein, dass die Streitkräfte der Mitgliedstaaten bei einer Krise im Ausland, beispielsweise im Rahmen von friedenssichernden Maßnahmen, eingreifen müssen. Zu Beginn oder im Laufe einer solchen Intervention kann die Sicherheit der Mitgliedstaaten und die ihrer Streitkräfte eine so rasche Vergabe bestimmter Aufträge erfordern, dass die bei den Vergabeverfahren gemäß dieser Richtlinie normalerweise geltenden Fristen nicht eingehalten werden können. Ein solcher Notfall könnte auch bei nicht-militärischen Sicherheitskräften eintreten, beispielsweise bei terroristischen Angriffen auf dem Gebiet der Europäischen Union.

(55) Die Förderung von Forschung und Entwicklung ist zur Stärkung der europäischen rüstungstechnologischen und -industriellen Basis von zentraler Bedeutung, und die Öffnung des Auftragswesens trägt zur Erreichung dieses Ziels bei. Die Bedeutung von Forschung und Entwicklung in diesem speziellen Bereich rechtfertigt ein Maximum an Flexibilität bei der Auftragsvergabe für Forschungslieferungen und -dienstleistungen. Gleichzeitig sollte diese Flexibilität jedoch nicht den lauteren Wettbewerb in den späteren Phasen des Lebenszyklus eines Produkts ausschalten. Forschungs- und Entwicklungsaufträge sollten daher nur Tätigkeiten bis zu der Stufe umfassen, auf der die Ausgereiftheit neuer Technologien in angemessener Weise beurteilt und deren Risikolosigkeit festgestellt werden kann. Forschungs- und Entwicklungsaufträge sollten nach dieser Stufe nicht dazu eingesetzt werden, die Bestimmungen dieser Richtlinie zu umgehen, indem u. a. die Auswahl des Bieters für die späteren Phasen vorherbestimmt wird.

Andererseits sollte der Auftraggeber nicht verpflichtet sein, die späteren Phasen getrennt auszuschreiben, wenn der Auftrag für die Forschungstätigkeiten bereits eine Option für diese Phasen einschließt und im Wege eines nichtoffenen Verfahrens oder eines Verhandlungsverfahrens mit Veröffentlichung einer Bekanntmachung oder gegebenenfalls eines wettbewerblichen Dialogs vergeben wurde.

(56) Zur Gewährleistung der Transparenz sollten Vorschriften vorgesehen werden, wonach Auftraggeber entsprechende Angaben vor Beginn und nach Abschluss des Vergabeverfahrens veröffentlichen. Darüber hinaus sollten den Bewerbern und Bietern weitere spezifische Angaben zu den Ergebnissen dieses Verfahrens zur Verfügung gestellt werden. Den Auftraggebern sollte es jedoch erlaubt sein, einige der Angaben, die auf diese Weise eingeholt werden können, nicht zu veröffentlichen, wenn deren Offenlegung den Gesetzesvollzug behindern, dem öffentlichen Interesse zuwiderlaufen, die berechtigten geschäftlichen Interessen der Wirtschaftsteilnehmer schädigen oder den lauteren Wettbewerb zwischen ihnen beeinträchtigen könnte. In Anbetracht der Art und Merkmale der unter diese Richtlinie fallenden Bau-, Liefer- und Dienstleistungen sind Gründe des öffentlichen Interesses im Zusammenhang mit der Einhaltung nationaler zwingender Vorschriften im Bereich der nationalen öffentlichen Ordnung, insbesondere betreffend Verteidigung und Sicherheit, hier besonders relevant.

(57) Angesichts der neuen Informations- und Kommunikationstechnologien und der damit verbundenen Erleichterungen sollten die elektronischen Medien den klassischen Kommunikations- und Informationsmitteln gleichgestellt werden. Soweit möglich, sollten die gewählten Mittel und die gewählte Technologie mit den in den anderen Mitgliedstaaten verwendeten Technologien kompatibel sein.

(58) Damit auf dem von dieser Richtlinie erfassten Gebiet des öffentlichen Auftragswesens ein wirksamer Wettbewerb entsteht, ist es erforderlich, dass die Bekanntmachungen der Auftraggeber der Mitgliedstaaten gemeinschaftsweit veröffentlicht werden. Die Angaben in diesen Bekanntmachungen müssen es den Wirtschaftsteilnehmern in der Gemeinschaft erlauben zu beurteilen, ob die vorgeschlagenen Aufträge für sie von Interesse sind. Zu diesem Zweck sollten sie hinreichend über Auftragsgegenstand und Auftragsbedingungen informiert werden. Es ist daher wichtig, für veröffentlichte Bekanntmachungen durch geeignete Mittel, wie die Verwendung von Standardformularen sowie die Verwendung des CPV — der Referenzklassifikation für Aufträge —, eine bessere Publizität zu gewährleisten.

(59) Die Richtlinie 1999/93/EG des Europäischen Parlaments und des Rates vom 13. Dezember 1999 über gemeinschaftliche Rahmenbedingungen für elektronische Signaturen(11) und die Richtlinie 2000/31/EG des Europäischen Parlaments und des Rates vom 8. Juni 2000 über bestimmte rechtliche Aspekte der Dienste der Informationsgesellschaft, insbesondere des elektronischen Geschäftsverkehrs, im Binnenmarkt („Richtlinie über den elektronischen Geschäftsverkehr")(12) sollten für die elektronische Übermittlung von Informationen im Rahmen der vorliegenden Richtlinie gelten. Die Verfahren zur Vergabe von Aufträgen erfordern einen höheren Grad an Sicherheit und Vertraulichkeit als in den genannten Richtlinien vorgesehen ist. Daher sollten die Vorrichtungen für den elektronischen Eingang von Anträgen auf Teilnahme und Angeboten besonderen zusätzlichen Anforderungen genügen. Zu diesem Zweck sollte die Verwendung elektronischer Signaturen, insbesondere fortgeschrittener elektronischer Signaturen, so weit wie möglich gefördert werden. Ferner könnten Systeme der freiwilligen Akkreditierung einen günstigen Rahmen zur Hebung des Niveaus der Zertifizierungsdienste für diese Vorrichtungen darstellen.

(60) Der Einsatz elektronischer Mittel spart Zeit. Dementsprechend ist beim Einsatz dieser elektronischen Mittel eine Verkürzung der Mindestfristen für den Eingang der Angebote und der Teilnahmeanträge vorzusehen, unter der Voraussetzung, dass sie mit den auf Gemeinschaftsebene vorgesehenen spezifischen Übermittlungsmodalitäten vereinbar sind.

(61) Die Prüfung der Eignung der Bewerber und deren Auswahl sollten unter transparenten Bedingungen erfolgen. Zu diesem Zweck sind nichtdiskriminierende Kriterien festzulegen, anhand deren die Auftraggeber die Bewerber auswählen können, sowie die Mittel, mit denen die Wirtschaftsteilnehmer nachweisen können, dass sie diesen Kriterien genügen. Im Hinblick auf die Transparenz sollte der Auftraggeber gehalten sein, bei einer Aufforderung zum Wettbewerb für einen Auftrag die Eignungskriterien zu nennen, die er anzuwenden gedenkt, sowie gegebenenfalls die Fachkompetenz, die er von Wirtschaftsteilnehmern fordert, um sie zum Vergabeverfahren zuzulassen.

(62) Ein Auftraggeber kann die Zahl der Bewerber im nichtoffenen Verfahren und im Verhandlungsverfahren mit Veröffentlichung einer Bekanntmachung sowie beim wettbewerblichen Dialog begrenzen. Solch eine Begrenzung sollte auf der Grundlage objektiver Kriterien erfolgen, die in der Bekanntmachung anzugeben sind. Hinsichtlich der Kriterien betreffend die persönliche Lage des Wirtschaftsteilnehmers kann ein allgemeiner Verweis in der Bekanntmachung auf die in dieser Richtlinie genannten Fälle ausreichen.

(11) ABl. L 13 vom 19.1.2000, S. 12.
(12) ABl. L 178 vom 17.7.2000, S. 1.

(63) Im Rahmen des wettbewerblichen Dialogs und der Verhandlungsverfahren mit Veröffentlichung einer Bekanntmachung empfiehlt es sich, aufgrund der eventuell erforderlichen Flexibilität sowie der mit diesen Vergabemethoden verbundenen hohen Kosten den Auftraggebern die Möglichkeit zu bieten, eine Abwicklung des Verfahrens in sukzessiven Phasen vorzusehen, so dass die Anzahl der Angebote, die noch Gegenstand des Dialogs oder der Verhandlungen sind, auf der Grundlage von vorher angegebenen Zuschlagskriterien schrittweise reduziert wird. Diese Reduzierung sollte — sofern die Anzahl der geeigneten Lösungen oder Bewerber es erlaubt — einen wirksamen Wettbewerb gewährleisten.

(64) Soweit für die Teilnahme an einem Verfahren zur Vergabe eines öffentlichen Auftrags der Nachweis einer bestimmten Qualifikation gefordert wird, sind die einschlägigen Gemeinschaftsvorschriften über die gegenseitige Anerkennung von Diplomen, Prüfungszeugnissen und sonstigen Befähigungsnachweisen anzuwenden.

(65) Es sind Vorkehrungen zu treffen, um der Vergabe von Aufträgen an Wirtschaftsteilnehmer, die sich an einer kriminellen Vereinigung beteiligt oder der Bestechung oder des Betrugs zu Lasten der finanziellen Interessen der Europäischen Gemeinschaften, der Geldwäsche, der Terrorismusfinanzierung, terroristischer Straftaten oder Straftaten im Zusammenhang mit dem Terrorismus schuldig gemacht haben, vorzubeugen. Die Auftraggeber sollten gegebenenfalls von den Bewerbern/Bietern geeignete Unterlagen anfordern und, wenn sie Zweifel in Bezug auf die persönliche Lage dieser Bewerber/Bieter hegen, die zuständigen Behörden des betreffenden Mitgliedstaats um Mitarbeit ersuchen können. Diese Wirtschaftsteilnehmer sollten ausgeschlossen werden, wenn dem Auftraggeber bekannt ist, dass es eine nach einzelstaatlichem Recht ergangene endgültige und rechtskräftige gerichtliche Entscheidung zu derartigen Straftaten gibt. Enthält das nationale Recht entsprechende Bestimmungen, so kann ein Verstoß gegen Rechtsvorschriften über unrechtmäßige Absprachen bei Aufträgen, der mit einem rechtskräftigen Urteil oder einem Beschluss gleicher Wirkung geahndet wurde, als Delikt, das die berufliche Zuverlässigkeit des Wirtschaftsteilnehmers in Frage stellt, oder als schwere Verfehlung betrachtet werden. Es sollte auch möglich sein, Wirtschaftsteilnehmer auszuschließen, wenn dem Auftraggeber gegebenenfalls auch aus geschützten Quellen stammende Informationen vorliegen, wonach sie nicht die erforderliche Vertrauenswürdigkeit aufweisen, um Risiken für die Sicherheit des Mitgliedstaats auszuschließen. Diese Risiken können mit bestimmten Merkmalen der vom Bewerber gelieferten Produkte oder mit der Gesellschaftsstruktur des Bewerbers zusammenhängen.

(66) Die Nichteinhaltung nationaler Bestimmungen zur Umsetzung der Richtlinie 2000/78/EG des Rates vom 27. November 2000 zur Festlegung eines allgemeinen Rahmens für die Verwirklichung der Gleichbehandlung in Beschäftigung und Beruf[13] und der Richtlinie 76/207/EWG des Rates vom 9. Februar 1976 zur Verwirklichung des Grundsatzes der Gleichbehandlung von Männern und Frauen hinsichtlich des Zugangs zur Beschäftigung, zur Berufsbildung und zum beruflichen Aufstieg sowie in Bezug auf die Arbeitsbedingungen von Arbeitnehmern[14], die mit einem rechtskräftigen Urteil oder einem Beschluss gleicher Wirkung sanktioniert wurde, kann als Verstoß, der die berufliche Zuverlässigkeit des Wirtschaftsteilnehmers in Frage stellt, oder als schwere Verfehlung betrachtet werden.

(67) Angesichts der Sensibilität des Verteidigungs- und Sicherheitsbereichs ist die Vertrauenswürdigkeit der Wirtschaftsteilnehmer, die öffentliche Aufträge erhalten, von elementarer Bedeutung. Diese hängt insbesondere von deren Fähigkeit ab, die Anforderungen der Auftraggeber an die Informations- und die Versorgungssicherheit zu erfüllen. Darüber hinaus sollte diese Richtlinie einen Auftraggeber nicht daran hindern, einen Wirtschaftsteilnehmer jederzeit im Laufe eines Vergabeverfahrens auszuschließen, wenn der Auftraggeber Kenntnis davon erhält, dass die Vergabe des gesamten oder eines Teils des Auftrags an diesen Wirtschaftsteilnehmer wesentliche Sicherheitsinteressen des betreffenden Mitgliedstaats gefährden könnte.

(68) Solange es keine gemeinschaftliche Regelung über die Informationssicherheit gibt, ist es Sache der Auftraggeber oder der Mitgliedstaaten, das Niveau der technischen Kapazität festzulegen, das diesbezüglich für die Teilnahme an einem Vergabeverfahren erforderlich ist, und zu beurteilen, ob die Bewerber das geforderte Sicherheitsniveau erreicht haben. In vielen Fällen haben die Mitgliedstaaten bilaterale Sicherheitsübereinkünfte mit Bestimmungen über die gegenseitige Anerkennung nationaler Sicherheitsüberprüfungen abgeschlossen. Auch wenn derartige Übereinkünfte bestehen, können die Fähigkeiten von Wirtschaftsteilnehmern aus anderen Mitgliedstaaten auf dem Gebiet der Informationssicherheit überprüft werden und diese Überprüfung sollte unter Einhaltung der Grundsätze der Nichtdiskriminierung, der Gleichbehandlung und der Verhältnismäßigkeit erfolgen.

(69) Die Zuschlagserteilung sollte auf der Grundlage objektiver Kriterien erfolgen, die die Einhaltung der Grundsätze der Transparenz, der Nichtdiskriminierung und der Gleichbehandlung gewährleisten und sicherstellen, dass die Angebote transparent und objektiv und unter wirksamen Wettbewerbsbedingungen bewertet werden. Dementsprechend sind nur zwei Zuschlagskriterien zuzulassen: das des „niedrigsten Preises“ und das des „wirtschaftlich günstigsten Angebots“.

---

[13] ABl. L 303 vom 2.12.2000, S. 16.
[14] ABl. L 39 vom 14.2.1976, S. 40.

(70) Um bei der Zuschlagserteilung die Einhaltung des Gleichbehandlungsgrundsatzes sicherzustellen, ist die — in der Rechtsprechung anerkannte — Verpflichtung zur Sicherstellung der erforderlichen Transparenz vorzusehen, damit sich jeder Bieter angemessen über die Kriterien und Modalitäten unterrichten kann, anhand deren das wirtschaftlich günstigste Angebot ermittelt wird. Die Auftraggeber haben daher die Zuschlagskriterien und deren jeweilige Gewichtung anzugeben, und zwar so rechtzeitig dass diese Angaben den Bewerbern bei der Erstellung ihrer Angebote bekannt sind. Die Auftraggeber können in begründeten Ausnahmefällen, die zu rechtfertigen sie in der Lage sein sollten, auf die Angabe der Gewichtung der Zuschlagskriterien verzichten, wenn diese Gewichtung insbesondere aufgrund der Komplexität des Auftrags nicht im Vorhinein vorgenommen werden kann. In diesen Fällen sollten sie diese Kriterien in der absteigenden Reihenfolge ihrer Bedeutung angeben.

(71) Beschließen die Auftraggeber, dem wirtschaftlich günstigsten Angebot den Zuschlag zu erteilen, so müssen sie die Angebote unter dem Gesichtspunkt des besten Preis-Leistungs-Verhältnisses bewerten. Zu diesem Zweck müssen sie die wirtschaftlichen und qualitativen Kriterien festlegen, anhand deren insgesamt das für den Auftraggeber wirtschaftlich günstigste Angebot zu bestimmen ist. Die Festlegung dieser Kriterien hängt insofern vom Auftragsgegenstand ab, als sie es ermöglichen müssen, das Leistungsniveau jedes einzelnen Angebots im Verhältnis zu dem in den technischen Spezifikationen beschriebenen Auftragsgegenstand zu bewerten sowie das Preis-Leistungs-Verhältnis jedes Angebots zu bestimmen.

(72) Die Einhaltung der Transparenz- und Wettbewerbsanforderungen sollte durch ein wirksames Nachprüfungsverfahren nach dem Vorbild des Verfahrens gewährleistet werden, dass die Richtlinien 89/665/EWG[(15)] und 92/13/EWG[(16)] des Rates in der Fassung der Richtlinie 2007/66/EG des Europäischen Parlaments und des Rates[(17)] für unter die Richtlinien 2004/17/EG und 2004/18/EG fallende Aufträge vorsehen. Insbesondere sollten die Möglichkeit einer Anfechtung des Vergabeverfahrens vor Vertragsunterzeichnung und die für die Wirksamkeit der Nachprüfung erforderlichen Garantien, wie beispielsweise eine Stillhaltefrist, vorgesehen werden. Es sollte auch die Möglichkeit bestehen, rechtswidrige Direktvergaben oder Vertragsschlüsse, die gegen diese Richtlinie verstoßen, anzufechten.

(73) Die Nachprüfungsverfahren sollten jedoch dem Schutz der Verteidigungs- und Sicherheitsinteressen im Zusammenhang mit den Verfahren der Nachprüfungsstellen, der Auswahl der vorläufigen Maßnahmen oder der Sanktionen zur Ahndung von Verstößen gegen die Transparenz- und Wettbewerbsanforderungen Rechnung tragen. Insbesondere sollten die Mitgliedstaaten vorsehen können, dass die von dem Auftraggeber unabhängige Nachprüfungsstelle einen Vertrag nicht für unwirksam erachten kann, selbst wenn der Auftrag aus den in dieser Richtlinie genannten Gründen rechtswidrig vergeben wurde, wenn die Nachprüfungsstelle nach Prüfung aller einschlägigen Aspekte zu dem Schluss kommt, dass die außergewöhnlichen Umstände des betreffenden Falls die Berücksichtigung bestimmter zwingender Gründe eines Allgemeininteresses erforderlich machen. In Anbetracht der Art und Merkmale der unter diese Richtlinie fallenden Bau-, Liefer- und Dienstleistungen sollten diese zwingenden Gründe in erster Linie Allgemeininteressen der Mitgliedstaaten im Verteidigungs- und Sicherheitsbereich betreffen. Dies kann beispielsweise der Fall sein, wenn die Unwirksamkeit eines Vertrags nicht nur die Verwirklichung des speziellen Projekts, dem der Vertrag dient, sondern ein umfassenderes Verteidigungs- und/oder Sicherheitsprogramm, zu dem das Projekt gehört, in seiner Existenz ernsthaft gefährden würde.

(74) Bestimmte technische Vorschriften, insbesondere diejenigen bezüglich der Bekanntmachungen, der statistischen Aufstellungen sowie der verwendeten Nomenklaturen und die Vorschriften hinsichtlich des Verweises auf diese Nomenklaturen müssen nach Maßgabe der Entwicklung der technischen Erfordernisse angenommen und geändert werden. Zu diesem Zweck ist es angebracht, ein flexibles und rasches Beschlussverfahren einzuführen.

(75) Die zur Durchführung dieser Richtlinie erforderlichen Maßnahmen sollten gemäß dem Beschluss 1999/468/EG des Rates vom 28. Juni 1999 zur Festlegung der Modalitäten für die Ausübung der der Kommission übertragenen Durchführungsbefugnisse[(18)] erlassen werden.

(76) Insbesondere sollte die Kommission die Befugnis erhalten, die Schwellenwerte für Verträge anzupassen, indem sie diese an die Schwellenwerte gemäß der Richtlinie 2004/17/EG anpasst, und bestimmte CPV-Referenznummern und die Modalitäten für Bezugnahmen auf bestimmte Positionen des CPV in Bekanntmachungen sowie die Modalitäten und technischen Merkmale von Vorrichtungen für den elektronischen Empfang zu ändern.

---

(15) Richtlinie 89/665/EWG des Rates vom 21. Dezember 1989 zur Koordinierung der Rechts- und Verwaltungsvorschriften für die Anwendung der Nachprüfungsverfahren im Rahmen der Vergabe öffentlicher Liefer- und Bauaufträge (ABl. L 395 vom 30.12.1989, S. 33).

(16) Richtlinie 92/13/EWG des Rates vom 25. Februar 1992 zur Koordinierung der Rechts- und Verwaltungsvorschriften für die Anwendung der Gemeinschaftsvorschriften über die Auftragsvergabe durch Auftraggeber im Bereich der Wasser-, Energie- und Verkehrsversorgung sowie im Telekommunikationssektor (ABl. L 76 vom 23.3.1992, S. 14).

(17) Richtlinie 2007/66/EG des Europäischen Parlaments und des Rates vom 11. Dezember 2007 zur Änderung der Richtlinien 89/665/EWG und 92/13/EWG des Rates im Hinblick auf die Verbesserung der Wirksamkeit der Nachprüfungsverfahren bezüglich der Vergabe öffentlicher Aufträge (ABl. L 335 vom 20.12.2007, S. 31).

(18) ABl. L 184 vom 17.7.1999, S. 23.

Da es sich hierbei um Maßnahmen von allgemeiner Tragweite handelt, die eine Änderung nicht wesentlicher Bestimmungen dieser Richtlinie bewirken, sind diese Maßnahmen nach dem Regelungsverfahren mit Kontrolle des Artikels 5a des Beschlusses 1999/468/EG zu erlassen.

(77) Können aus Gründen äußerster Dringlichkeit die Fristen, die normalerweise im Rahmen des Regelungsverfahrens mit Kontrolle Anwendung finden, nicht eingehalten werden, so sollte die Kommission beim Erlass dieser Maßnahmen die Möglichkeit haben, das Dringlichkeitsverfahren des Artikels 5a Absatz 6 des Beschlusses 1999/468/EG anzuwenden.

(78) Nach Nummer 34 der Interinstitutionellen Vereinbarung über bessere Rechtsetzung[(19)] sind die Mitgliedstaaten aufgefordert, für ihre eigenen Zwecke und im Interesse der Gemeinschaft eigene Tabellen aufzustellen, aus denen im Rahmen des Möglichen die Entsprechungen zwischen dieser Richtlinie und den Umsetzungsmaßnahmen zu entnehmen sind, und diese zu veröffentlichen.

(79) Die Kommission sollte in regelmäßigen Abständen eine Bewertung vornehmen, ob der Markt für Verteidigungsgüter in einer offenen und transparenten Weise und als Wettbewerbsmarkt funktioniert, wobei auch die Auswirkungen dieser Richtlinie auf den Markt, beispielsweise auf die Beteiligung der KMU, in die Bewertung einbezogen werden sollte —

HABEN FOLGENDE RICHTLINIE ERLASSEN:

Inhaltsverzeichnis:

(19) ABl. C 321 vom 31.12.2003, S. 1.

TITEL I: DEFINITIONEN, ANWENDUNGSBEREICH UND ALLGEMEINE GRUNDSÄTZE

Artikel 1: Definitionen

Für die Zwecke dieser Richtlinie gelten die folgenden Definitionen:

1. „Gemeinsames Vokabular für öffentliche Aufträge" (Common Procurement Vocabulary, CPV): die mit der Verordnung (EG) Nr. 2195/2002 angenommene, auf von Auftraggebern vergebene Aufträge anwendbare Referenzklassifikation;
2. „Aufträge": schriftlich geschlossene entgeltliche Verträge im Sinne von Artikel 1 Absatz 2 Buchstabe a der Richtlinie 2004/17/EG und Artikel 1 Absatz 2 Buchstabe a der Richtlinie 2004/18/EG;
3. „Bauaufträge": Aufträge über die Ausführung oder gleichzeitig die Planung und die Ausführung von Bauvorhaben im Zusammenhang mit einer der in Abteilung 45 des CPV genannten Tätigkeiten oder

über ein Bauwerk oder die Erbringung einer Bauleistung, gleichgültig mit welchen Mitteln, gemäß den vom Auftraggeber genannten Erfordernissen. Ein „Bauwerk" ist das Ergebnis einer Gesamtheit von Tief- oder Hochbauarbeiten, das seinem Wesen nach eine wirtschaftliche oder technische Funktion erfüllen soll;

4. „Lieferaufträge": andere Aufträge als Bauaufträge; sie betreffen den Kauf, das Leasing, die Miete, die Pacht oder den Ratenkauf, mit oder ohne Kaufoption, von Waren.

   Ein Auftrag über die Lieferung von Waren, der das Verlegen und die Installation lediglich als Nebenarbeiten umfasst, gilt als „Lieferauftrag".

5. „Dienstleistungsaufträge": andere Aufträge als ein Bau- oder Lieferaufträge über die Erbringung von Dienstleistungen.

   Ein Auftrag, der sowohl Waren als auch Dienstleistungen umfasst, gilt als „Dienstleistungsauftrag", wenn der Wert der betreffenden Dienstleistungen den Wert der in den Auftrag einbezogenen Waren übersteigt.

   Ein Auftrag über die Erbringung von Dienstleistungen, der Tätigkeiten im Sinne von Abteilung 45 des CPV lediglich als Nebenarbeiten im Verhältnis zum Hauptauftragsgegenstand umfasst, gilt als Dienstleistungsauftrag;

6. „Militärausrüstung": Ausrüstung, die eigens zu militärischen Zwecken konzipiert oder für militärische Zwecke angepasst wird und zum Einsatz als Waffen, Munition oder Kriegsmaterial bestimmt ist;

7. „Sensible Ausrüstung", „sensible Bauleistungen" und „sensible Dienstleistungen": Ausrüstung, Bauleistungen und Dienstleistungen für Sicherheitszwecke, bei denen Verschlusssachen verwendet werden oder die solche Verschlusssachen erfordern und/oder beinhalten;

8. „Verschlusssachen": Informationen bzw. Material, denen (dem) unabhängig von Form, Beschaffenheit oder Art der Übermittlung ein Geheimhaltungsgrad zugewiesen ist oder für die (das) eine Schutzbedürftigkeit anerkannt wurde und die (das) im Interesse der nationalen Sicherheit und nach den in dem betreffenden Mitgliedstaat geltenden Rechts- und Verwaltungsvorschriften gegen Missbrauch, Zerstörung, Entfernung, Bekanntgabe, Verlust oder Zugriff durch Unbefugte oder jede andere Art der Preisgabe an Unbefugte geschützt werden müssen (muss);

9. „Regierung": nationale, regionale oder lokale Gebietskörperschaften eines Mitgliedstaats oder eines Drittlands;

10. „Krise": jede Situation in einem Mitgliedstaat oder einem Drittland, in der ein Schadensereignis eingetreten ist, welches deutlich über die Ausmaße von Schadensereignissen des täglichen Lebens hinausgeht und dabei Leben und Gesundheit zahlreicher Menschen erheblich gefährdet oder einschränkt, eine erhebliche Auswirkung auf Sachwerte hat oder lebensnotwendige Versorgungsmaßnahmen für die Bevölkerung erforderlich macht; eine Krise liegt auch vor, wenn das Eintreten eines solchen Schadensereignisses als unmittelbar bevorstehend angesehen wird; bewaffnete Konflikte und Kriege sind Krisen im Sinne dieser Richtlinie;

11. „Rahmenvereinbarung": eine Vereinbarung zwischen einem oder mehreren Auftraggebern und einem oder mehreren Wirtschaftsteilnehmern, die zum Ziel hat, die Bedingungen für die Aufträge, die im Laufe eines bestimmten Zeitraums vergeben werden sollen, festzulegen, insbesondere in Bezug auf den Preis und gegebenenfalls die in Aussicht genommene Menge;

12. „Elektronische Auktion": ein iteratives Verfahren, bei dem mittels einer elektronischen Vorrichtung nach einer ersten vollständigen Bewertung der Angebote jeweils neue, nach unten korrigierte Preise und/oder neue, auf bestimmte Komponenten der Angebote abstellende Werte vorgelegt werden, und das eine automatische Klassifizierung dieser Angebote ermöglicht.

    Folglich dürfen bestimmte Bau- und Dienstleistungsaufträge, bei denen eine geistige Leistung zu erbringen ist — wie z. B. die Konzeption von Bauleistungen —, nicht Gegenstand von elektronischen Auktionen sein;

13. „Unternehmer", „Lieferant" und „Dienstleistungserbringer": natürliche oder juristische Personen, öffentliche Einrichtungen oder Gruppen dieser Personen und/oder Einrichtungen, die auf dem Markt die Ausführung von Bauleistungen, die Errichtung von Bauwerken, die Lieferung von Waren bzw. die Erbringung von Dienstleistungen anbieten;

14. „Wirtschaftsteilnehmer": ein Unternehmer, ein Lieferant oder ein Dienstleistungserbringer. Der Begriff „Wirtschaftsteilnehmer" dient ausschließlich der Vereinfachung des Textes;

15. „Bewerber": ein Wirtschaftsteilnehmer, der sich um eine Aufforderung zur Teilnahme an einem nichtoffenen Verfahren, einem Verhandlungsverfahren oder einem wettbewerblichen Dialog beworben hat;

16. „Bieter": ein Wirtschaftsteilnehmer, der bei einem nichtoffenen Verfahren, einem Verhandlungsverfahren oder einem wettbewerblichen Dialog ein Angebot vorgelegt hat;

17. „Auftraggeber“: öffentliche Auftraggeber im Sinne von Artikel 1 Absatz 9 der Richtlinie 2004/18/EG und Auftraggeber im Sinne von Artikel 2 der Richtlinie 2004/17/EG;

18. „Zentrale Beschaffungsstelle“: öffentliche Auftraggeber im Sinne von Artikel 1 Absatz 9 der Richtlinie 2004/18/EG und Artikel 2 Absatz 1 Buchstabe a der Richtlinie 2004/17/EG oder eine europäische öffentliche Einrichtung, die
    – für Auftraggeber bestimmte Waren und/oder Dienstleistungen erwirbt oder
    – Aufträge vergibt oder Rahmenvereinbarungen über Bau-, Liefer- oder Dienstleistungen für Auftraggeber schließt;

19. „Nichtoffene Verfahren“: Verfahren, bei denen sich alle Wirtschaftsteilnehmer um Teilnahme bewerben können und bei denen nur die vom Auftraggeber aufgeforderten Wirtschaftsteilnehmer ein Angebot abgeben können;

20. „Verhandlungsverfahren“: Verfahren, bei denen der Auftraggeber die Wirtschaftsteilnehmer seiner Wahl einlädt und mit diesen über die Auftragsbedingungen verhandelt;

21. „Wettbewerblicher Dialog“: ein Verfahren, bei dem sich alle Wirtschaftsteilnehmer um die Teilnahme bewerben können und bei dem der Auftraggeber einen Dialog mit den zu diesem Verfahren zugelassenen Bewerbern führt, um eine oder mehrere seinen Bedürfnissen entsprechende Lösungen herauszuarbeiten, auf deren Grundlage bzw. Grundlagen die ausgewählten Bewerber zur Angebotsabgabe aufgefordert werden.

    Für die Zwecke des Rückgriffs auf das in Unterabsatz 1 genannte Verfahren gilt ein Auftrag als „besonders komplex“, wenn der Auftraggeber objektiv nicht in der Lage ist,
    – die technischen Mittel gemäß Artikel 18 Absatz 3 Buchstaben b, c oder d anzugeben, mit denen seine Bedürfnisse und seine Ziele erfüllt werden können, und/oder
    – die rechtlichen und/oder finanziellen Konditionen eines Vorhabens anzugeben;

22. „Unterauftrag“: ein zwischen einem erfolgreichen Bieter und einem oder mehreren Wirtschaftsteilnehmern geschlossener entgeltlicher Vertrag über die Ausführung des betreffenden Auftrags, dessen Gegenstand Bau-, Liefer- oder Dienstleistungen sind;

23. „Verbundenes Unternehmen“: ein Unternehmen, auf das der erfolgreiche Bieter unmittelbar oder mittelbar einen beherrschenden Einfluss ausüben kann, das seinerseits einen beherrschenden Einfluss auf den erfolgreichen Bieter ausüben kann oder das ebenso wie der erfolgreiche Bieter dem beherrschenden Einfluss eines dritten Unternehmens unterliegt, sei es durch Eigentum, finanzielle Beteiligung oder sonstige Bestimmungen, die die Tätigkeit der Unternehmen regeln. Ein beherrschender Einfluss wird vermutet, wenn ein Unternehmen unmittelbar oder mittelbar
    – die Mehrheit des gezeichneten Kapitals eines anderen Unternehmens besitzt,
    – über die Mehrheit der mit den Anteilen eines anderen Unternehmens verbundenen Stimmrechte verfügt oder
    – mehr als die Hälfte der Mitglieder des Verwaltungs-, Leitungs- oder Aufsichtsorgans eines anderen Unternehmens bestellen kann.

24. „Schriftlich“ ist jede aus Wörtern oder Ziffern bestehende Darstellung, die gelesen, reproduziert und mitgeteilt werden kann. Darin können auch elektronisch übermittelte und gespeicherte Informationen enthalten sein;

25. „Elektronisch“ ist ein Verfahren, bei dem elektronische Geräte für die Verarbeitung (einschließlich digitaler Kompression) und Speicherung von Daten zum Einsatz kommen und bei dem Informationen über Kabel, über Funk, mit optischen Verfahren oder mit anderen elektromagnetischen Verfahren übertragen, weitergeleitet und empfangen werden.

26. „Lebenszyklus“: alle aufeinander folgenden Phasen, die ein Produkt durchläuft, d. h. Forschung und Entwicklung, industrielle Entwicklung, Herstellung, Reparatur, Modernisierung, Änderung, Instandhaltung, Logistik, Schulung, Erprobung, Rücknahme und Beseitigung;

27. „Forschung und Entwicklung“: alle Tätigkeiten, die Grundlagenforschung, angewandte Forschung und experimentelle Entwicklung beinhalten, wobei letztere die Herstellung von technologischen Demonstrationssystemen, d. h. von Vorrichtungen zur Demonstration der Leistungen eines neuen Konzepts oder einer neuen Technologie in einem relevanten oder repräsentativen Umfeld einschließen kann;

28. „Zivile Beschaffungen“: Aufträge, die nicht Artikel 2 unterliegen und die Beschaffung von nichtmilitärischen Produkten, Bau- oder Dienstleistungen für logistische Zwecke zum Gegenstand haben und nach Maßgabe von Artikel 17 vergeben werden.

Artikel 2: Anwendungsbereich

Diese Richtlinie gilt vorbehaltlich der Artikel 30, 45, 46, 55 und 296 des Vertrags für Aufträge in den Bereichen Verteidigung und Sicherheit, die Folgendes zum Gegenstand haben:

a) die Lieferung von Militärausrüstung, einschließlich dazugehöriger Teile, Bauteile und/oder Bausätze;

b) die Lieferung von sensibler Ausrüstung, einschließlich dazugehöriger Teile, Bauteile und/oder Bausätze;

c) Bauleistungen, Lieferungen und Dienstleistungen in unmittelbarem Zusammenhang mit der in den Buchstaben a und b genannten Ausrüstung in allen Phasen ihres Lebenszyklus;

d) Bau- und Dienstleistungen speziell für militärische Zwecke oder sensible Bauleistungen und sensible Dienstleistungen.

Artikel 3: Gemischte Aufträge

(1) Ein Auftrag über Bauleistungen, Lieferungen oder Dienstleistungen, die unter diese Richtlinie und teilweise unter die Richtlinie 2004/17/EG oder die Richtlinie 2004/18/EG fallen, wird gemäß dieser Richtlinie vergeben, sofern die Vergabe eines einzigen Vertrags aus objektiven Gründen gerechtfertigt ist.

(2) Die Vergabe eines Auftrags über Bauleistungen, Lieferungen oder Dienstleistungen, die zu einem Teil unter diese Richtlinie fallen, während der andere Teil weder unter diese Richtlinie noch unter die Richtlinie 2004/17/EG oder die Richtlinie 2004/18/EG fällt, unterliegt nicht dieser Richtlinie, sofern die Vergabe eines einzigen Vertrags aus objektiven Gründen gerechtfertigt ist.

(3) Die Entscheidung über die Vergabe eines einzigen Auftrags darf jedoch nicht zu dem Zweck getroffen werden, Aufträge von der Anwendung dieser Richtlinie oder der Richtlinie 2004/17/EG oder der Richtlinie 2004/18/EG auszunehmen.

Artikel 4 Grundsätze für die Vergabe von Aufträgen

Die Auftraggeber behandeln alle Wirtschaftsteilnehmer gleich und nicht diskriminierend und gehen in transparenter Weise vor.

TITEL II: VORSCHRIFTEN FÜR AUFTRÄGE

Kapitel I: Allgemeine Bestimmungen

Artikel 5: Wirtschaftsteilnehmer

(1) Bewerber oder Bieter, die gemäß den Rechtsvorschriften des Mitgliedstaats, in dem sie ihre Niederlassung haben, zur Erbringung der betreffenden Leistung berechtigt sind, dürfen nicht allein deshalb zurückgewiesen werden, weil sie gemäß den Rechtsvorschriften des Mitgliedstaats, in dem der Auftrag vergeben wird, eine natürliche oder juristische Person sein müssten.

Bei Dienstleistungs- und Bauaufträgen sowie bei Lieferaufträgen, die zusätzliche Dienstleistungen und/oder Arbeiten wie Verlegen und Installation umfassen, können juristische Personen jedoch verpflichtet werden, in ihrem Angebot oder ihrem Antrag auf Teilnahme die Namen und die beruflichen Qualifikationen der Personen anzugeben, die für die Durchführung des betreffenden Auftrags als verantwortlich vorgesehen sind.

(2) Angebote oder Anträge auf Teilnahme können auch von Gruppen von Wirtschaftsteilnehmern eingereicht werden. Die Auftraggeber können nicht verlangen, dass nur Gruppen von Wirtschaftsteilnehmern, die eine bestimmte Rechtsform haben, ein Angebot oder einen Antrag auf Teilnahme einreichen können; allerdings kann von der ausgewählten Gruppe von Wirtschaftsteilnehmern verlangt werden, dass sie eine bestimmte Rechtsform annimmt, wenn ihr der Zuschlag erteilt worden ist, sofern dies für die ordnungsgemäße Durchführung des Auftrags erforderlich ist.

Artikel 6: Verpflichtungen der Auftraggeber zur Wahrung der Vertraulichkeit

Unbeschadet der Bestimmungen dieser Richtlinie — insbesondere der Artikel 30 Absatz 3 und Artikel 35, die die Pflichten im Zusammenhang mit der Bekanntmachung vergebener Aufträge und der Unterrichtung der Bewerber und Bieter regeln — gibt ein Auftraggeber nach Maßgabe des innerstaatlichen Rechts, dem er unterliegt, insbesondere der Rechtsvorschriften über den Zugang zu Informationen, vorbehaltlich vertraglich erworbener Rechte keine ihm von den Wirtschaftsteilnehmern übermittelten und von diesen als vertraulich eingestuften Informationen weiter, wozu insbesondere technische und Betriebsgeheimnisse sowie die vertraulichen Aspekte der Angebote selbst gehören.

Artikel 7: Schutz von Verschlusssachen

Auftraggeber können Wirtschaftsteilnehmern Auflagen zum Schutz von Verschlusssachen machen, die sie im Zuge des Verfahrens zur Vergabe eines Auftrags weitergeben. Sie können von diesen Wirtschaftsteilnehmer auch verlangen, die Einhaltung dieser Auflagen durch ihre Unterauftragnehmer sicherzustellen.

Kapitel II: Schwellenwerte, zentrale Beschaffungsstellen und Ausnahmen

Abschnitt 1: Schwellenwerte

Artikel 8: Schwellenwerte für Aufträge

Diese Richtlinie gilt für die Aufträge, deren geschätzter Wert ohne Mehrwertsteuer (MwSt.) die folgenden Schwellenwerte nicht unterschreitet:

a) 412000 EUR bei Liefer- und Dienstleistungsaufträgen;

b) 5150000 EUR bei Bauaufträgen.

Artikel 9: Methoden zur Berechnung des geschätzten Wertes von Aufträgen und Rahmenvereinbarungen

(1) Grundlage für die Berechnung des geschätzten Auftragswertes ist der Gesamtwert ohne MwSt., der vom Auftraggeber voraussichtlich zu zahlen ist. Bei dieser Berechnung ist der geschätzte Gesamtwert einschließlich aller Optionen und der etwaigen Verlängerungen des Vertrags zu berücksichtigen.

Sieht der Auftraggeber Prämien oder Zahlungen an Bewerber oder Bieter vor, so berücksichtigt er diese Prämien oder Zahlungen bei der Berechnung des geschätzten Auftragswertes.

(2) Für die Schätzung ist der Wert zum Zeitpunkt der Absendung der Bekanntmachung gemäß Artikel 32 Absatz 2 oder, falls eine solche Bekanntmachung nicht erforderlich ist, zum Zeitpunkt der Einleitung des Vergabeverfahrens durch den Auftraggeber maßgeblich.

(3) Ein Bauvorhaben oder ein Beschaffungsvorhaben mit dem Ziel, eine bestimmte Menge von Waren und/oder Dienstleistungen zu beschaffen, darf nicht in im Wesentlichen identische Teilaufträge unterteilt oder anderweitig zu dem Zwecke aufgeteilt werden, das Vorhaben der Anwendung dieser Richtlinie zu entziehen.

(4) Bei der Berechnung des geschätzten Auftragswerts von Bauaufträgen wird außer dem Wert der Bauleistungen auch der geschätzte Gesamtwert der für die Ausführung der Bauleistungen nötigen und vom Auftraggeber dem Unternehmer zur Verfügung gestellten Lieferungen berücksichtigt.

(5) a) Kann ein Bauvorhaben oder die beabsichtigte Beschaffung von Dienstleistungen zu Aufträgen führen, die gleichzeitig in mehreren Losen vergeben werden, so ist der geschätzte Gesamtwert aller dieser Lose zugrunde zu legen.

Erreicht oder übersteigt der kumulierte Wert der Lose den in Artikel 8 genannten Schwellenwert, so gilt die Richtlinie für die Vergabe jedes Loses.

Der Auftraggeber kann jedoch von der Anwendung absehen, wenn es sich um Lose handelt, deren geschätzter Gesamtwert ohne MwSt. bei Dienstleistungen unter 80000 EUR und bei Bauleistungen unter 1000000 EUR liegt, sofern der kumulierte Wert dieser Lose 20% des kumulierten Werts aller Lose nicht übersteigt.

b) Kann ein Vorhaben zum Zweck des Erwerbs gleichartiger Waren zu Aufträgen führen, die gleichzeitig in Losen vergeben werden, so wird bei der Anwendung von Artikel 8 Buchstaben a und b der geschätzte Gesamtwert aller dieser Lose berücksichtigt.

Erreicht oder übersteigt der kumulierte Wert der Lose den in Artikel 8 genannten Schwellenwert, so gilt die Richtlinie für die Vergabe jedes Loses.

Der Auftraggeber kann jedoch von dieser Bestimmung abweichen, wenn es sich um Lose handelt, deren geschätzter Gesamtwert ohne MwSt. unter 80000 EUR liegt, sofern der kumulierte Wert dieser Lose 20% des kumulierten Wertes aller Lose nicht übersteigt.

(6) Bei Lieferaufträgen für Leasing, Miete, Pacht oder Ratenkauf von Waren wird der geschätzte Auftragswert wie folgt berechnet:

a) bei zeitlich begrenzten Aufträgen mit höchstens zwölf Monaten Laufzeit auf der Basis des geschätzten Gesamtwerts für die Laufzeit des Auftrags oder, bei einer Laufzeit von mehr als zwölf Monaten, auf der Basis des Gesamtwerts einschließlich des geschätzten Restwerts,

b) bei Aufträgen mit unbestimmter Laufzeit oder bei Aufträgen, deren Laufzeit nicht bestimmt werden kann, auf der Basis des Monatswerts multipliziert mit 48.

(7) Bei regelmäßig wiederkehrenden Aufträgen oder Daueraufträgen über Lieferungen oder Dienstleistungen wird der geschätzte Auftragswert wie folgt berechnet:

a) entweder auf der Basis des tatsächlichen Gesamtwerts entsprechender aufeinander folgenden Aufträge aus den vorangegangenen zwölf Monaten oder dem vorangegangenen Haushaltsjahr; dabei sind voraussichtliche Änderungen bei Mengen oder Kosten während der auf den ursprünglichen Auftrag folgenden zwölf Monate nach Möglichkeit zu berücksichtigen; oder

b) auf der Basis des geschätzten Gesamtwerts aufeinander folgender Aufträge, die während der auf die erste Lieferung folgenden zwölf Monate bzw. während des Haushaltsjahres, soweit dieses länger als zwölf Monate ist, vergeben werden.

Die Wahl der Methode zur Berechnung des geschätzten Wertes eines Auftrags darf nicht in der Absicht erfolgen, die Anwendung dieser Richtlinie zu umgehen.

(8) Bei Dienstleistungsaufträgen wird der geschätzte Auftragswert gegebenenfalls wie folgt berechnet:

a) nach Art der Dienstleistung:
   i) bei Versicherungsleistungen: auf der Basis der Versicherungsprämie und sonstiger Entgelte;
   ii) bei Aufträgen über Planungsarbeiten: auf der Basis der Gebühren, Provisionen sowie anderer vergleichbarer Vergütungen;

b) bei Aufträgen, für die kein Gesamtpreis angegeben wird:
   i) bei zeitlich begrenzten Aufträgen mit einer Laufzeit von bis zu 48 Monaten: auf der Basis des geschätzten Gesamtwerts für die Laufzeit des Vertrags;
   ii) bei Verträgen mit unbestimmter Laufzeit oder mit einer Laufzeit von mehr als 48 Monaten: auf der Basis des Monatswerts multipliziert mit 48.

(9) Der zu berücksichtigende Wert einer Rahmenvereinbarung ist gleich dem geschätzten Gesamtwert ohne MwSt. aller für die gesamte Laufzeit der Rahmenvereinbarung geplanten Aufträge.

Abschnitt 2: Zentrale Beschaffungsstellen

Artikel 10: Vergabe von Aufträgen und Abschluss von Rahmenvereinbarungen durch zentrale Beschaffungsstellen

(1) Die Mitgliedstaaten können festlegen, dass die Auftraggeber Bau-, Liefer- und/oder Dienstleistungen durch zentrale Beschaffungsstellen erwerben dürfen.

(2) Bei Auftraggebern, die Bauleistungen, Lieferungen und/oder Dienstleistungen durch eine zentrale Beschaffungsstelle gemäß Artikel 1 Nummer 18 erwerben, wird vermutet, dass sie diese Richtlinie eingehalten haben, sofern

– diese zentrale Beschaffungsstelle sie eingehalten hat, oder,
– falls es sich bei der zentralen Beschaffungsstelle nicht um einen Auftraggeber handelt, die von ihr angewandten Vergabevorschriften mit allen Bestimmungen dieser Richtlinie im Einklang stehen und gegen die Auftragsvergaben wirksame Rechtsbehelfe eingelegt werden können, die den in Titel IV vorgesehenen Rechtsbehelfen vergleichbar sind.

Abschnitt 3: Aufträge, die nicht unter diese Richtlinie fallen

Artikel 11: Anwendung der Ausnahmen

Die in diesem Abschnitt genannten Vorschriften, Verfahren, Programme, Vereinbarungen, Regelungen oder Verträge dürfen ausnahmslos nicht zur Umgehung der Bestimmungen dieser Richtlinie angewandt genommen werden.

Artikel 12: Aufträge, die auf der Grundlage internationaler Vorschriften vergeben werden

Diese Richtlinie gilt nicht für Aufträge, die

a) besonderen Verfahrensregeln einer zwischen einem oder mehreren Mitgliedstaaten und einem oder mehreren Drittländern geschlossenen internationalen Übereinkunft oder Vereinbarung unterliegen;

b) besonderen Verfahrensregeln einer geschlossenen internationalen Übereinkunft oder Vereinbarung im Zusammenhang mit der Stationierung von Truppen unterliegen, die Unternehmen eines Mitgliedstaats oder eines Drittlands betrifft;

c) besonderen Verfahrensregeln einer internationalen Organisation unterliegen, die für ihre Zwecke Beschaffungen tätigt, oder für Aufträge, die von einem Mitgliedstaat nach diesen Regeln vergeben werden müssen.

Artikel 13: Besondere Ausnahmen

Diese Richtlinie findet in folgenden Fällen keine Anwendung:

a) Aufträge, bei denen die Anwendung der Vorschriften dieser Richtlinie einen Mitgliedstaat zwingen würde, Auskünfte zu erteilen, deren Preisgabe seines Erachtens nach seinen wesentlichen Sicherheitsinteressen widerspricht;

b) Aufträge für die Zwecke nachrichtendienstliche Tätigkeiten;

c) Aufträge, die im Rahmen eines Kooperationsprogramms vergeben werden, das auf Forschung und Entwicklung beruht und von mindestens zwei Mitgliedstaaten für die Entwicklung eines neuen Produkts und gegebenenfalls die späteren Phasen des gesamten oder eines Teils des Lebenszyklus dieses Produkts durchgeführt wird. Beim Abschluss eines solchen Kooperationsprogramms allein zwischen Mitgliedstaaten teilen die Mitgliedstaaten der Kommission den Anteil der Forschungs- und Entwicklungsausgaben an den Gesamtkosten des Programms, die Vereinbarung über die Kostenteilung und gegebenenfalls den geplanten Anteil der Beschaffungen je Mitgliedstaat mit;

d) Aufträge, die in einem Drittland vergeben werden, einschließlich ziviler Beschaffungen im Rahmen des Einsatzes von Truppen außerhalb des Gebiets der Union, wenn der Einsatz es erfordert, dass sie mit im Einsatzgebiet ansässigen Wirtschaftsteilnehmern geschlossen werden;

e) Dienstleistungsaufträge, die den Erwerb oder die Miete von Grundstücken oder vorhandenen Gebäuden oder anderem unbeweglichen Vermögen oder Rechte daran zum Gegenstand haben, ungeachtet der Finanzierungsmodalitäten dieser Aufträge;

f) Aufträge, die eine Regierung an eine andere Regierung vergibt und die Folgendes betreffen:

   i) die Lieferung von Militärausrüstung oder sensibler Ausrüstung,

   ii) in unmittelbarem Zusammenhang mit dieser Ausrüstung stehende Bau- und Dienstleistungen oder

   iii) Bau- und Dienstleistungen speziell für militärische Zwecke oder sensible Bauleistungen und sensible Dienstleistungen;

g) Schieds- und Schlichtungsleistungen;

h) Finanzdienstleistungen mit Ausnahme von Versicherungsdienstleistungen;

i) Arbeitsverträge;

j) Forschungs- und Entwicklungsdienstleistungen, außer denen, deren Ergebnisse ausschließlich Eigentum des Auftraggebers für seinen Gebrauch bei der Ausübung seiner eigenen Tätigkeit sind, sofern die Dienstleistung vollständig durch den Auftraggeber vergütet wird.

Abschnitt 4: Sonderregelungen

Artikel 14: Vorbehaltene Aufträge

Die Mitgliedstaaten können im Rahmen von Programmen für geschützte Beschäftigungsverhältnisse vorsehen, dass nur geschützte Werkstätten an den Verfahren zur Vergabe von Aufträgen teilnehmen oder solche Aufträge ausführen dürfen, sofern die Mehrheit der Arbeitnehmer Menschen mit Behinderungen sind, die aufgrund der Art oder der Schwere ihrer Behinderung keine Berufstätigkeit unter normalen Bedingungen ausüben können.

Diese Bestimmung wird in der Bekanntmachung angegeben.

Kapitel III: Regelungen für Dienstleistungsaufträge

Artikel 15: Dienstleistungsaufträge gemäß Anhang I

Aufträge über unter Artikel 2 fallende Dienstleistungen gemäß Anhang I werden nach den Artikeln 18 bis 54 vergeben.

Artikel 16: Dienstleistungsaufträge gemäß Anhang II

Aufträge über unter Artikel 2 fallende Dienstleistungen gemäß Anhang II unterliegen ausschließlich Artikel 18 und Artikel 30 Absatz 3.

Artikel 17: Gemischte Aufträge über Dienstleistungen gemäß den Anhängen I und II

Aufträge über unter Artikel 2 fallende Dienstleistungen, die sowohl in Anhang I als auch in Anhang II genannt sind, werden nach den Artikeln 18 bis 54 vergeben, wenn der Wert der Dienstleistungen gemäß Anhang I höher ist als derjenige der Dienstleistungen gemäß Anhang II. In allen anderen Fällen wird der Auftrag nach Artikel 18 und Artikel 30 Absatz 3 vergeben.

Kapitel IV: Besondere Vorschriften über die Auftragsunterlagen

Artikel 18: Technische Spezifikationen

(1) Die technischen Spezifikationen im Sinne von Anhang II Nummer 1 sind in den Auftragsunterlagen (Bekanntmachung, Verdingungsunterlagen, Beschreibung oder unterstützende Unterlagen) enthalten.

(2) Die technischen Spezifikationen müssen allen Bietern gleichermaßen zugänglich sein und dürfen die Öffnung der Beschaffungsmärkte für den Wettbewerb nicht in ungerechtfertigter Weise behindern.

(3) Unbeschadet zwingender einzelstaatlicher technischer Vorschriften (einschließlich die Produktsicherheit betreffender Vorschriften) und technischer Anforderungen, die der Mitgliedstaat laut internationalen Normenvereinbarungen zur Garantierung der in diesen Vereinbarungen geforderten Interoperabilität erfüllen muss, werden die technischen Spezifikationen wie folgt formuliert:

a) unter Bezugnahme auf die in Anhang III definierten technischen Spezifikationen in der Rangfolge:
   - nationale zivile Normen, mit denen europäische Normen umgesetzt werden,
   - europäische technische Zulassungen,
   - gemeinsame zivile technische Spezifikationen,
   - nationale zivile Normen, mit denen internationale Normen umgesetzt werden,
   - andere internationale zivile Normen,
   - andere technische Bezugssysteme, die von den europäischen Normungsgremien erarbeitet wurden, oder, falls solche Normen und Spezifikationen fehlen, andere nationale zivile Normen, nationale technische Zulassungen, nationale technische Spezifikationen für die Planung, Berechnung und Ausführung von Bauwerken und den Einsatz von Produkten,
   - zivile technische Spezifikationen, die von der Industrie entwickelt wurden und von ihr allgemein anerkannt werden, oder
   - die in Anhang III Nummer 3 definierten nationalen „Verteidigungsnormen“ und Spezifikationen für Verteidigungsgüter, die diesen Normen entsprechen.

   Jede Bezugnahme ist mit dem Zusatz „oder gleichwertig“ zu versehen;

b) oder in Form von Leistungs- oder Funktionsanforderungen; diese können Umwelteigenschaften umfassen. Die Anforderungen sind jedoch so genau zu fassen, dass sie den Bietern ein klares Bild vom Auftragsgegenstand vermitteln und dem Auftraggeber die Erteilung des Zuschlags ermöglichen;

c) oder in Form von Leistungs- oder Funktionsanforderungen gemäß Buchstabe b unter Bezugnahme auf die Spezifikationen gemäß Buchstabe a als Mittel zur Vermutung der Konformität mit diesen Leistungs- und Funktionsanforderungen;

d) oder unter Bezugnahme auf die Spezifikationen gemäß Buchstabe a hinsichtlich bestimmter Merkmale und mit Bezugnahme auf die Leistungs- oder Funktionsanforderungen gemäß Buchstabe b hinsichtlich anderer Merkmale.

(4) Macht der Auftraggeber von der Möglichkeit Gebrauch, auf die in Absatz 3 Buchstabe a genannten Spezifikationen zu verweisen, so kann er ein Angebot nicht mit der Begründung ablehnen, die angebotenen Waren und Dienstleistungen entsprächen nicht den von ihm herangezogenen Spezifikationen, sofern der Bieter in seinem Angebot dem Auftraggeber mit geeigneten Mitteln nachweist, dass die von ihm vorgeschlagenen Lösungen den Anforderungen der technischen Spezifikation, auf die Bezug genommen wurde, gleichermaßen entsprechen.

Als geeignetes Mittel kann eine technische Beschreibung des Herstellers oder ein Prüfbericht einer anerkannten Stelle gelten.

(5) Macht der Auftraggeber von der Möglichkeit nach Absatz 3 Gebrauch, die technischen Spezifikationen in Form von Leistungs- oder Funktionsanforderungen zu formulieren, so darf er ein Angebot über Bauleistungen, Waren oder Dienstleistungen, die einer nationalen Norm, mit der eine europäischen Norm umgesetzt wird, oder einer europäischen technischen Zulassung, einer gemeinsamen technischen Spezifikation, einer internationalen Norm oder einem technischen Bezugssystem, das von den europäischen Normungsgremien erarbeitet wurde, entsprechen, nicht zurückweisen, wenn diese Spezifikationen die von ihm geforderten Leistungs- oder Funktionsanforderungen betreffen.

Der Bieter muss in seinem Angebot mit allen geeigneten Mitteln dem Auftraggeber nachweisen, dass die der Norm entsprechende jeweilige Bauleistung, Ware oder Dienstleistung den Leistungs- oder Funktionsanforderungen des Auftraggebers entspricht.

Als geeignetes Mittel kann eine technische Beschreibung des Herstellers oder ein Prüfbericht einer anerkannten Stelle gelten.

(6) Schreiben die Auftraggeber Umwelteigenschaften in Form von Leistungs- oder Funktionsanforderungen gemäß Absatz 3 Buchstabe b vor, so können sie die detaillierten Spezifikationen oder gegebenenfalls Teile davon verwenden, die in europäischen, (pluri-) nationalen Umweltzeichen oder anderen Umweltzeichen definiert sind, wenn

- sie sich zur Definition der Merkmale der Waren oder Dienstleistungen eignen, die Gegenstand des Auftrags sind,
- die Anforderungen an das Umweltzeichen auf der Grundlage von wissenschaftlich abgesicherten Informationen ausgearbeitet werden,
- die Umweltzeichen im Rahmen eines Verfahrens erlassen werden, an dem interessierte Kreise — wie z. B. staatliche Stellen, Verbraucher, Hersteller, Händler und Umweltorganisationen — teilnehmen können,
- und wenn das Umweltzeichen für alle Betroffenen zugänglich und verfügbar ist.

Die Auftraggeber können angeben, dass bei Waren oder Dienstleistungen, die mit einem Umweltzeichen ausgestattet sind, vermutet wird, dass sie den in den Verdingungsunterlagen festlegten technischen Spezifikationen genügen; sie müssen jedes andere geeignete Beweismittel, wie technische Unterlagen des Herstellers oder Prüfberichte anerkannter Stellen, akzeptieren.

(7) „Anerkannte Stellen" im Sinne dieses Artikels sind die Prüf- und Eichlaboratorien sowie die Inspektions- und Zertifizierungsstellen, die mit den anwendbaren europäischen Normen übereinstimmen.

Die Auftraggeber erkennen Bescheinigungen von in anderen Mitgliedstaaten ansässigen anerkannten Stellen an.

(8) Soweit es nicht durch den Auftragsgegenstand gerechtfertigt ist, darf in technischen Spezifikationen nicht auf eine bestimmte Produktion oder Herkunft oder ein besonderes Verfahren oder auf Marken, Patente, Typen, einen bestimmten Ursprung oder eine bestimmte Produktion verwiesen werden, wenn dadurch bestimmte Unternehmen oder bestimmte Produkte begünstigt oder ausgeschlossen werden. Solche Verweise sind jedoch ausnahmsweise zulässig, wenn der Auftragsgegenstand nach den Absätzen 3 und 4 nicht hinreichend genau und allgemein verständlich beschrieben werden kann; solche Verweise sind mit dem Zusatz „oder gleichwertig" zu versehen.

Artikel 19: Varianten

(1) Bei Aufträgen, die nach dem Kriterium des wirtschaftlich günstigsten Angebots vergeben werden, können die Auftraggeber es zulassen, dass die Bieter Varianten vorlegen.

(2) Die Auftraggeber geben in der Bekanntmachung an, ob Varianten zulässig sind. Fehlt eine entsprechende Angabe, so sind keine Varianten zugelassen.

(3) Lassen die Auftraggeber Varianten zu, so nennen sie in den Verdingungsunterlagen die Mindestanforderungen, die Varianten erfüllen müssen, und geben an, in welcher Art und Weise sie einzureichen sind.

Die Auftraggeber berücksichtigen nur Varianten, die die von ihnen verlangten Mindestanforderungen erfüllen.

(4) Bei den Verfahren zur Vergabe von Liefer- oder Dienstleistungsaufträgen dürfen Auftraggeber, die Varianten zugelassen haben, eine Variante nicht allein deshalb zurückweisen, weil sie, wenn sie den Zuschlag erhalten sollte, entweder zu einem Dienstleistungsauftrag anstatt zu einem Lieferauftrag bzw. zu einem Lieferauftrag anstatt zu einem Dienstleistungsauftrag führen würde.

Artikel 20: Bedingungen für die Auftragsausführung

Die Auftraggeber können zusätzliche Bedingungen für die Ausführung des Auftrags vorschreiben, sofern diese mit dem Gemeinschaftsrecht vereinbar und in den Auftragsunterlagen (Bekanntmachung, Verdingungsunterlagen, Beschreibung oder unterstützende Unterlagen) angegeben sind. Diese Bedingungen können insbesondere gemäß den Artikeln 21, 22 und 23 Unteraufträge betreffen oder darauf abzielen, die Erfüllung der vom Auftraggeber in Bezug auf die Sicherheit von Verschlusssachen und die Versorgungssicherheit festgelegten Anforderungen zu gewährleisten, oder umweltbezogene oder soziale Aspekte betreffen.

Artikel 21: Unteraufträge

(1) Der erfolgreiche Bieter darf seine Unterauftragnehmer für alle Unteraufträge, die nicht den in den Absätzen 3 und 4 genannten Anforderungen unterliegen, frei wählen und von ihm darf insbesondere nicht verlangt werden, potenzielle Unterauftragnehmer aus Gründen der Staatsangehörigkeit zu diskriminieren.

(2) Der Auftraggeber kann den Bieter auffordern oder von einem Mitgliedstaat dazu verpflichtet werden, den Bieter aufzufordern,

- in seinem Angebot den Teil des Auftrags, den er gegebenenfalls im Wege von Unteraufträgen an Dritte zu vergeben gedenkt, und die bereits vorgeschlagenen Unterauftragnehmer sowie den Gegenstand der Unteraufträge, für die sie vorgeschlagen werden, bekannt zu geben, und/oder
- jede im Zuge der Ausführung des Auftrags eintretende Änderung auf der Ebene der Unterauftragnehmer mitzuteilen.

(3) Der Auftraggeber kann verlangen oder von einem Mitgliedstaat dazu verpflichtet werden zu verlangen, dass der erfolgreiche Bieter die Bestimmungen von Titel III auf alle oder bestimmte Unteraufträge anwendet, die der erfolgreiche Bieter an Dritte zu vergeben gedenkt.

(4) Die Mitgliedstaaten können vorsehen, dass der Auftraggeber den erfolgreichen Bieter auffordern kann oder dazu verpflichtet werden kann, einen erfolgreichen Bieter aufzufordern, einen Teil des Auftrags an Dritte weiter zu vergeben. Der Auftraggeber, der eine derartige Vergabe von Unteraufträgen vorschreibt, gibt diesen Mindestprozentsatz in Form einer Wertspanne unter Einschluss des Mindest- und Höchstprozentsatzes an. Der Höchstprozentsatz darf 30% des Auftragswerts nicht übersteigen. Diese Spanne muss im Verhältnis zum Gegenstand und zum Wert des Auftrags und zur Art des betroffenen Industriesektors stehen, einschließlich des auf diesem Markt herrschenden Wettbewerbsniveaus und der einschlägigen technischen Fähigkeiten der industriellen Basis.

Jeder Prozentsatz der Unterauftragsvergabe, der in die vom Auftraggeber angegebene Wertspanne fällt, gilt als Erfüllung der in diesem Absatz genannten Verpflichtung zur Vergabe von Unteraufträgen.

Bieter können vorschlagen, einen über die vom Auftraggeber geforderte Spanne hinausgehenden Anteil vom Gesamtwert als Unteraufträge zu vergeben.

Der Auftraggeber fordert die Bieter auf, in ihrem Angebot anzugeben, welchen Teil oder welche Teile ihres Angebots sie im Wege von Unteraufträgen zu vergeben gedenken, um die im ersten Unterabsatz genannte Anforderung zu erfüllen.

Der Auftraggeber kann die Bieter auffordern oder von einem Mitgliedstaat dazu verpflichtet werden, die Bieter aufzufordern, auch den oder die Teile ihres Angebots, die sie über den geforderten Prozentsatz hinaus im Wege von Unteraufträgen zu vergeben gedenken, sowie die bereits feststehenden Unterauftragnehmer bekannt zu geben.

Der erfolgreiche Bieter vergibt die Unteraufträge, die dem vom Auftraggeber von ihm verlangten Prozentsatz von Unteraufträgen entsprechen, nach den Bestimmungen von Titel III.

(5) In allen Fällen, in denen ein Mitgliedstaat vorsieht, dass die Auftraggeber die vom Bieter zum Zeitpunkt des Verfahrens für die Vergabe des Hauptauftrags oder vom erfolgreichen Bieter während der Auftragsausführung ausgewählten Unterauftragnehmer ablehnen können, darf diese Ablehnung nur auf der Grundlage der Kriterien erfolgen, die bei der Auswahl der Bieter für den Hauptauftrag angewandt wurden. Lehnt der Auftraggeber einen Unterauftragnehmer ab, muss er dies gegenüber dem Bieter oder dem erfolgreichen Bieter schriftlich begründen und darlegen, warum der Unterauftragnehmer seines Erachtens die Kriterien nicht erfüllt.

(6) Die in den Absätzen 2 bis 5 genannten Anforderungen werden in der Bekanntmachung angegeben.

(7) Die Frage der Haftung des hauptverantwortlichen Wirtschaftsteilnehmers bleibt von den Absätzen 1 bis 5 unberührt.

Artikel 22: Informationssicherheit

Bei Aufträgen, bei denen Verschlusssachen verwendet werden oder die solche Verschlusssachen erfordern und/oder beinhalten, benennt der Auftraggeber in den Auftragsunterlagen (Bekanntmachung, Verdingungsunterlagen, Beschreibung oder unterstützende Unterlagen) alle Maßnahmen und Anforderungen, die erforderlich sind, um den Schutz solcher Verschlusssachen auf der vorgeschriebenen Sicherheitsstufe zu gewährleisten.

Zu diesem Zweck kann der Auftraggeber verlangen, dass das Angebot unter anderem folgende Angaben enthält:

a) die Verpflichtung des Bieters und der bereits feststehenden Unterauftragnehmer, während der gesamten Vertragsdauer sowie nach Kündigung oder Auslaufen des Vertrags die Vertraulichkeit aller in ihrem Besitz befindlichen oder ihnen zur Kenntnis gelangter Verschlusssachen gemäß den einschlägigen Rechts- und Verwaltungsvorschriften in geeigneter Weise zu wahren;

b) die Verpflichtung des Bieters, von anderen Unterauftragnehmern, an die er im Zuge der Auftragsausführung Unteraufträge vergibt, die Verpflichtung gemäß Buchstabe a einzuholen;

c) ausreichende Auskünfte über bereits feststehende Unterauftragnehmer, die es dem Auftraggeber ermöglichen festzustellen, ob jeder einzelne Unterauftragnehmer in der Lage ist, die Vertraulichkeit der Verschlusssachen, zu denen er bei Ausführung seines Unterauftrags Zugang erhält oder die er in diesem Rahmen zu verfassen hat, in geeigneter Weise zu wahren;

d) die Verpflichtung des Bieters, die in Buchstabe c geforderten Angaben über jeden neuen Unterauftragnehmer vor der Vergabe des Unterauftrags bereitzustellen.

Solange die nationalen Regelungen über Sicherheitsüberprüfungen nicht auf Gemeinschaftsebene harmonisiert sind, können die Mitgliedstaaten vorsehen, dass die in Unterabsatz 2 genannten Maßnahmen und Anforderungen ihren nationalen Bestimmungen über Sicherheitsüberprüfungen entsprechen müssen. Die Mitgliedstaaten erkennen Sicherheitsüberprüfungen an, die ihres Erachtens den nach ihren nationalen Rechts- und Verwaltungsvorschriften mit positivem Ergebnis durchgeführten Sicherheitsüberprüfungen gleichwertig sind, wobei sie jedoch weitere eigene Untersuchungen durchführen und berücksichtigen können, falls dies für notwendig erachtet wird.

Artikel 23: Versorgungssicherheit

Der Auftraggeber legt in den Auftragsunterlagen (Bekanntmachung, Verdingungsunterlagen, Beschreibung oder unterstützende Unterlagen) seine Anforderungen an die Versorgungssicherheit fest.

Zu diesem Zweck kann der Auftraggeber verlangen, dass das Angebot unter anderem folgende Angaben enthält:

a) eine Bescheinigung oder Unterlagen, die zur Zufriedenheit des Auftraggebers belegen, dass der Bieter in Bezug auf Warenausfuhr, -verbringung und -transit die mit dem Vertrag verbundenen Verpflichtungen erfüllen kann, wozu auch unterstützende Unterlagen des oder der betreffenden Mitgliedstaaten zählen;

b) die Angabe aller für den Auftraggeber aufgrund von Ausfuhrkontroll- oder Sicherheitsbeschränkungen geltenden Einschränkungen bezüglich der Preisgabe, Verbringung oder Verwendung der Produkte und Dienstleistungen oder der Ergebnisse aus diesen Produkten und Dienstleistungen;

c) eine Bescheinigung oder Unterlagen, die belegen, dass Organisation und Standort der Lieferkette des Bieters ihm erlauben, die vom Auftraggeber in den Verdingungsunterlagen genannten Anforderungen an die Versorgungssicherheit zu erfüllen, und die Zusage, sicherzustellen, dass mögliche Änderungen in seiner Lieferkette während der Auftragsausführung die Erfüllung dieser Anforderungen nicht beeinträchtigen werden;

d) die Zusage des Bieters, die zur Deckung möglicher Bedarfssteigerungen des Auftraggebers infolge einer Krisensituation erforderlichen Kapazitäten unter zu vereinbarenden Bedingungen zu schaffen und/oder beizubehalten;

e) unterstützende Unterlagen der nationalen Behörden des Bieters bezüglich der Deckung des zusätzlichen Bedarfs des Auftraggebers infolge einer Krisensituation;

f) die Zusage des Bieters, für Wartung, Modernisierung oder Anpassung der im Rahmen des Auftrags gelieferten Güter zu sorgen;

g) die Zusage des Bieters, den Auftraggeber rechtzeitig über jede Änderung seiner Organisation, Lieferkette oder Unternehmensstrategie zu unterrichten, die seine Verpflichtungen dem Auftraggeber gegenüber berühren könnte,

h) die Zusage des Bieters, dem Auftraggeber unter zu vereinbarenden Bedingungen alle speziellen Mittel zur Verfügung zu stellen, die für die Herstellung von Ersatzteilen, Bauteilen, Bausätzen und speziellen Testgeräten erforderlich sind, einschließlich technischer Zeichnungen, Lizenzen und Bedienungsanleitungen, sofern er nicht mehr in der Lage sein sollte, diese Güter zu liefern.

Von einem Bieter darf nicht verlangt werden, eine Zusage eines Mitgliedstaats einzuholen, welche die Freiheit dieses Mitgliedstaats einschränken würde, im Einklang mit den einschlägigen internationalen und gemeinschaftlichen Rechtsvorschriften seine eigenen Kriterien für die Erteilung einer Ausfuhr-, Verbringungs- oder Transitgenehmigung unter den zum Zeitpunkt der Genehmigungsentscheidung geltenden Bedingungen anzuwenden.

Artikel 24: Verpflichtungen im Zusammenhang mit Steuern, Umweltschutz, Arbeitsschutzvorschriften und Arbeitsbedingungen

(1) Ein Auftraggeber kann in den Verdingungsunterlagen die Stelle(n) angeben, bei der/denen die Bewerber oder Bieter die erforderlichen Auskünfte über ihre Verpflichtungen im Zusammenhang mit Steuern und dem Umweltschutz sowie über die Verpflichtungen erhalten, die sich aus den Vorschriften über Arbeitsschutz und Arbeitsbedingungen ergeben können, die in dem Mitgliedstaat, in der Region, an dem Ort oder in dem Drittland gelten, an dem die Leistungen zu erbringen sind, und die während der Ausführung des Auftrags auf die ausgeführten Bauaufträge oder die erbrachten Dienstleistungen anzuwenden sind; der Auftraggeber kann auch durch einen Mitgliedstaat zu dieser Angabe verpflichtet werden.

(2) Ein Auftraggeber, der die Auskünfte nach Absatz 1 erteilt, verlangt von den Bietern die Angabe, dass sie bei der Ausarbeitung ihres Angebots den Verpflichtungen aus den am Ort der Leistungserbringung geltenden Vorschriften über Arbeitsschutz und Arbeitsbedingungen Rechnung getragen haben.

Unterabsatz 1 steht der Anwendung des Artikels 49 über die Prüfung ungewöhnlich niedriger Angebote nicht entgegen.

Kapitel V: Verfahren

Artikel 25: Anwendbare Verfahren

Für die Vergabe von Aufträgen wenden die Auftraggeber die einzelstaatlichen Verfahren in einer für die Zwecke dieser Richtlinie angepassten Form an.

Die Auftraggeber vergeben Aufträge im nichtoffenen Verfahren oder im Verhandlungsverfahren mit Veröffentlichung einer Bekanntmachung.

Unter den in Artikel 27 genannten Umständen können sie ihre Aufträge im wettbewerblichen Dialog vergeben.

In den Fällen und unter den Umständen, die in Artikel 28 ausdrücklich genannt sind, können die Auftraggeber auf ein Verhandlungsverfahren ohne Veröffentlichung einer Bekanntmachung zurückgreifen.

Artikel 26: Verhandlungsverfahren mit Veröffentlichung einer Bekanntmachung

(1) Bei Verhandlungsverfahren mit Veröffentlichung einer Bekanntmachung verhandelt der Auftraggeber mit den Bietern über die Angebote, um sie entsprechend den in der Bekanntmachung, den Verdingungsunterlagen und etwaigen unterstützenden Unterlagen angegebenen Anforderungen anzupassen und das beste Angebot im Sinne von Artikel 47 zu ermitteln.

(2) Die Auftraggeber gewährleisten, dass alle Bieter bei den Verhandlungen gleich behandelt werden. Insbesondere enthalten sie sich jeder diskriminierenden Weitergabe von Informationen, durch die bestimmte Bieter gegenüber anderen begünstigt werden könnten.

(3) Der Auftraggeber kann vorsehen, dass das Verhandlungsverfahren in verschiedenen aufeinander folgenden Phasen abgewickelt wird, um so die Zahl der Angebote, über die verhandelt wird, anhand der in der Bekanntmachung oder in den Verdingungsunterlagen angegebenen Zuschlagskriterien zu verringern. In der Bekanntmachung oder in den Verdingungsunterlagen ist anzugeben, ob diese Möglichkeit in Anspruch genommen wird.

Artikel 27: Wettbewerblicher Dialog

(1) Bei besonders komplexen Aufträgen können die Mitgliedstaaten vorsehen, dass der Auftraggeber, falls seines Erachtens die Vergabe eines Auftrags im nichtoffenen Verfahren oder im Verhandlungsverfahren mit Veröffentlichung einer Bekanntgabe nicht möglich ist, den wettbewerblichen Dialog gemäß diesem Artikel anwenden kann.

Die Vergabe eines Auftrags darf ausschließlich nach dem Kriterium des wirtschaftlich günstigsten Angebots erfolgen.

(2) Die Auftraggeber veröffentlichen eine Bekanntmachung, in der sie ihre Bedürfnisse und Anforderungen formulieren, die sie in dieser Bekanntmachung und/oder in einer Beschreibung näher erläutern.

(3) Die Auftraggeber eröffnen mit den nach den einschlägigen Bestimmungen der Artikel 38 bis 46 ausgewählten Bewerbern einen Dialog, dessen Ziel es ist, die Mittel, mit denen ihre Bedürfnisse am besten erfüllt werden können, zu ermitteln und festzulegen. Bei diesem Dialog können sie mit den ausgewählten Bewerbern alle Aspekte des Auftrags erörtern.

Die Auftraggeber tragen dafür Sorge, dass alle Bieter bei dem Dialog gleich behandelt werden. Insbesondere enthalten sie sich jeder diskriminierenden Weitergabe von Informationen, durch die bestimmte Bieter gegenüber anderen begünstigt werden könnten.

Die Auftraggeber dürfen Lösungsvorschläge oder vertrauliche Informationen eines teilnehmenden Bewerbers nicht ohne dessen Zustimmung an die anderen Teilnehmer weitergeben.

(4) Die Auftraggeber können vorsehen, dass das Verfahren in verschiedenen aufeinander folgenden Phasen abgewickelt wird, um so die Zahl der in der Dialogphase zu erörternden Lösungen anhand der in der Bekanntmachung oder in der Beschreibung angegebenen Zuschlagskriterien zu verringern. In der Bekanntmachung oder in der Beschreibung ist anzugeben, ob diese Möglichkeit in Anspruch genommen wird.

(5) Der Auftraggeber setzt den Dialog fort, bis er — erforderlichenfalls nach einem Vergleich — die Lösung bzw. die Lösungen ermitteln kann, mit denen seine Bedürfnisse erfüllt werden können.

(6) Nachdem die Auftraggeber den Dialog für abgeschlossen erklären und die Teilnehmer entsprechend informiert haben, fordern sie diese auf, auf der Grundlage der eingereichten und in der Dialogphase näher ausgeführten Lösungen ihr endgültiges Angebot einzureichen. Diese Angebote müssen alle zur Ausführung des Projekts erforderlichen Einzelheiten enthalten.

Auf Verlangen des Auftraggebers können Klarstellungen, Präzisierungen und Feinabstimmungen zu diesen Angeboten gemacht werden. Diese Präzisierungen, Klarstellungen, Feinabstimmungen oder Ergänzungen dürfen jedoch keine Änderung der grundlegenden Elemente des Angebots oder der Ausschreibung zur Folge haben, die den Wettbewerb verfälschen oder sich diskriminierend auswirken könnte.

(7) Die Auftraggeber beurteilen die eingereichten Angebote anhand der in der Bekanntmachung oder in der Beschreibung festgelegten Zuschlagskriterien und wählen das wirtschaftlich günstigste Angebot gemäß Artikel 47 aus.

Auf Wunsch des Auftraggebers darf der Bieter, dessen Angebot als das wirtschaftlich günstigste ermittelt wurde, ersucht werden, bestimmte Aspekte des Angebots näher zu erläutern oder im Angebot enthaltene Zusagen zu bestätigen, sofern dies nicht dazu führt, dass wesentliche Aspekte des Angebots oder der Ausschreibung geändert werden, und sofern dies nicht die Gefahr von Wettbewerbsverzerrungen oder Diskriminierungen mit sich bringt.

(8) Der Auftraggeber kann Prämien oder Zahlungen an die Teilnehmer am Dialog vorsehen.

Artikel 28: Fälle, die das Verhandlungsverfahren ohne Veröffentlichung einer Bekanntmachung rechtfertigen

In folgenden Fällen können Auftraggeber Aufträge im Verhandlungsverfahren ohne vorherige Bekanntmachung vergeben und begründen die Anwendung dieses Verfahrens in der Bekanntmachung gemäß Artikel 30 Absatz 3:

1. bei Bau-, Liefer- und Dienstleistungsaufträgen:
   a) wenn im Rahmen eines nichtoffenen Verfahrens, eines Verhandlungsverfahrens mit Veröffentlichung einer Bekanntmachung oder im wettbewerblichen Dialog keine oder keine geeigneten Angebote oder keine Bewerbungen abgegeben worden sind, sofern die ursprünglichen Auftragsbedingungen nicht grundlegend geändert werden; der Kommission muss in diesem Fall ein Bericht vorgelegt werden, wenn sie dies wünscht;
   b) wenn im Rahmen eines nichtoffenen Verfahrens, eines Verhandlungsverfahren mit Veröffentlichung einer Bekanntmachung oder eines wettbewerblichen Dialogs keine ordnungsgemäßen Angebote oder nur Angebote abgegeben worden sind, die nach den innerstaatlichen, mit den Artikeln 5, 19, 21 und 24 sowie mit Titel II Kapitel VII zu vereinbarenden Vorschriften unannehmbar sind, sofern:
      i) die ursprünglichen Auftragsbedingungen nicht grundlegend geändert werden und
      ii) wenn sie in das betreffende Verhandlungsverfahren alle die Bieter und nur die Bieter einbeziehen, die die Kriterien der Artikel 39 bis 46 erfüllen und die im Verlauf des vorangegangenen nichtoffenen Verfahrens oder wettbewerblichen Dialogs Angebote eingereicht haben, die den formalen Voraussetzungen für das Vergabeverfahren entsprechen;
   c) wenn dringliche Gründe auf Grund von Krisensituationen es nicht zulassen, die Fristen, auch nicht die verkürzten Fristen gemäß Artikel 33 Absatz 7, einzuhalten, die für die nichtoffenen Verfahren und die Verhandlungsverfahren mit Veröffentlichung einer Bekanntmachung vorgeschrieben sind. Dies kann beispielsweise in den Fällen gemäß Artikel 23 Absatz 2 Buchstabe d zutreffen;
   d) soweit dies unbedingt erforderlich ist, wenn dringliche, zwingende Gründe im Zusammenhang mit Ereignissen, die die betreffenden Auftraggeber nicht voraussehen konnten, es nicht zulassen, die Fristen, auch nicht die verkürzten Fristen gemäß Artikel 33 Absatz 7 einzuhalten, die für das nichtoffene Verfahren oder das Verhandlungsverfahren mit Veröffentlichung einer Bekanntmachung vorgeschrieben sind. Die angeführten Umstände zur Begründung der zwingenden Dringlichkeit dürfen auf keinen Fall den Auftraggebern zuzuschreiben sein;
   e) wenn der Auftrag aus technischen Gründen oder aufgrund des Schutzes von Ausschließlichkeitsrechten nur von einem bestimmten Wirtschaftsteilnehmer ausgeführt werden kann;
2. bei Liefer- und Dienstleistungsaufträgen:
   a) wenn es sich um Forschungs- und Entwicklungsleistungen handelt, die nicht unter Artikel 13 fallen;
   b) wenn es sich um Erzeugnisse handelt, die ausschließlich zu Forschungs- und Entwicklungszwecken hergestellt werden; dies gilt nicht für Serienfertigungen zum Nachweis der Marktfähigkeit eines Erzeugnisses oder zur Deckung der Forschungs- und Entwicklungskosten;
3. bei Lieferaufträgen:
   a) bei zusätzlichen Lieferungen des ursprünglichen Unternehmers, die entweder zur teilweisen Erneuerung von gelieferten marktüblichen Waren oder Einrichtungen oder zur Erweiterung von Lieferungen oder bestehenden Einrichtungen bestimmt sind, wenn ein Wechsel des Unternehmers dazu führen würde, dass der Auftraggeber Waren mit unterschiedlichen technischen Merkmalen kaufen müsste und dies eine technische Unvereinbarkeit oder unverhältnismäßige technische Schwierigkeiten bei Gebrauch und Wartung mit sich bringen würde.

Die Laufzeit dieser Aufträge sowie der Daueraufträge darf fünf Jahre nicht überschreiten, abgesehen von Ausnahmefällen, die unter Berücksichtigung der zu erwartenden Nutzungsdauer gelieferter Güter, Anlagen oder Systeme und den durch einen Wechsel des Unternehmens entstehenden technischen Schwierigkeiten bestimmt werden;

b) bei auf einer Warenbörse notierten und gekauften Waren;

c) wenn Waren zu besonders günstigen Bedingungen bei Lieferanten, die ihre Geschäftstätigkeit endgültig einstellen, oder bei Insolvenz/Konkursverwaltern oder Liquidatoren im Rahmen eines Insolvenz-/Konkurs-, Vergleichs- oder Ausgleichsverfahren oder eines in den Rechts- oder Verwaltungsvorschriften eines Mitgliedstaats vorgesehenen gleichartigen Verfahrens erworben werden;

4. bei Bau- und Dienstleistungsaufträgen:

a) für zusätzliche Bau- oder Dienstleistungen, die weder in dem der Vergabe zugrunde liegenden Entwurf noch im ursprünglich geschlossenen Vertrag vorgesehen sind, die aber wegen eines unvorhergesehenen Ereignisses zur Ausführung der darin beschriebenen Bau- oder Dienstleistung erforderlich sind, sofern der Auftrag an den Wirtschaftsteilnehmer vergeben wird, der diese Bau- oder Dienstleistung erbringt:

i) wenn sich diese zusätzlichen Bau- oder Dienstleistungen in technischer und wirtschaftlicher Hinsicht nicht ohne wesentlichen Nachteil für den Auftraggeber vom ursprünglichen Auftrag trennen lassen oder

ii) wenn diese Bau- oder Dienstleistungen zwar von der Ausführung des ursprünglichen Auftrags getrennt werden können, aber für dessen Vollendung unbedingt erforderlich sind.

Der Gesamtwert der Aufträge für die zusätzlichen Bau- oder Dienstleistungen darf jedoch 50% des Wertes des ursprünglichen Auftrags nicht überschreiten;

b) bei neuen Bau- oder Dienstleistungen, die in der Wiederholung gleichartiger Bau- oder Dienstleistungen bestehen, die durch den gleichen Auftraggeber an den Auftragnehmer vergeben werden, der den ursprünglichen Auftrag erhalten hat, sofern sie einem Grundentwurf entsprechen und dieser Entwurf Gegenstand des ursprünglichen Auftrags war, der nach einem nichtoffenen Verfahren, einem Verhandlungsverfahren mit Veröffentlichung einer Bekanntmachung oder im wettbewerblichen Dialog vergeben wurde.

Die Möglichkeit der Anwendung dieses Verfahrens wird bereits beim Aufruf zum Wettbewerb für das erste Vorhaben angegeben; der für die Fortführung der Bau- oder Dienstleistungen in Aussicht genommene Gesamtauftragswert wird vom Auftraggeber bei der Anwendung des Artikels 8 berücksichtigt.

Dieses Verfahren darf jedoch nur binnen fünf Jahren nach Abschluss des ursprünglichen Auftrags angewandt werden, abgesehen von Ausnahmefällen, die durch die Berücksichtigung der zu erwartenden Nutzungsdauer gelieferter Güter, Anlagen oder Systeme und den durch einen Wechsel des Unternehmens entstehenden technischen Schwierigkeiten bestimmt werden;

5. für Aufträge im Zusammenhang mit der Bereitstellung von Luft- und Seeverkehrsdienstleistungen für die Streit- oder Sicherheitskräfte eines Mitgliedstaats, die im Ausland eingesetzt werden beziehungsweise eingesetzt werden sollen, wenn der Auftraggeber diese Dienste bei Wirtschaftsteilnehmern beschaffen muss, die die Gültigkeit ihrer Angebote nur für so kurze Zeit garantieren, dass die Frist für das nichtoffene Verfahren oder das Verhandlungsverfahren mit Veröffentlichung einer Bekanntmachung, einschließlich der verkürzten Fristen gemäß Artikel 33 Absatz 7, nicht eingehalten werden kann.

Artikel 29: Rahmenvereinbarungen

(1) Die Mitgliedstaaten können für die Auftraggeber die Möglichkeit des Abschlusses von Rahmenvereinbarungen vorsehen.

(2) Für den Abschluss einer Rahmenvereinbarung befolgen die Auftraggeber die Verfahrensvorschriften dieser Richtlinie in allen Phasen bis zur Zuschlagserteilung der Aufträge, die auf diese Rahmenvereinbarung gestützt sind. Für die Auswahl der Parteien einer Rahmenvereinbarung gelten die Zuschlagskriterien gemäß Artikel 47.

Aufträge, die auf einer Rahmenvereinbarung beruhen, werden nach den in den Absätzen 3 und 4 beschriebenen Verfahren vergeben. Diese Verfahren sind nur zwischen dem Auftraggeber und den Wirtschaftsteilnehmern anwendbar, die von Anbeginn an der Rahmenvereinbarung beteiligt sind.

Bei der Vergabe der auf einer Rahmenvereinbarung beruhenden Aufträge dürfen die Parteien keinesfalls substanzielle Änderungen an den Bedingungen dieser Rahmenvereinbarung vornehmen; dies ist insbesondere für den in Absatz 3 genannten Fall zu beachten.

Mit Ausnahme von Sonderfällen, die unter Berücksichtigung der zu erwartenden Nutzungsdauer gelieferter Güter, Anlagen oder Systeme und der durch einen Wechsel des Unternehmens entstehenden technischen Schwierigkeiten bestimmt werden, darf die Laufzeit der Rahmenvereinbarung sieben Jahre nicht überschreiten.

In solchen Sonderfällen geben die Auftraggeber eine angemessene Rechtfertigung für diese Umstände in der Bekanntmachung gemäß Artikel 30 Absatz 3 an.

Der Auftraggeber darf das Instrument der Rahmenvereinbarung nicht missbräuchlich oder in einer Weise anwenden, durch die der Wettbewerb behindert, eingeschränkt oder verfälscht wird.

(3) Wird eine Rahmenvereinbarung mit einem einzigen Wirtschaftsteilnehmer geschlossen, so werden die auf dieser Rahmenvereinbarung beruhenden Aufträge entsprechend den Bedingungen der Rahmenvereinbarung vergeben.

Für die Vergabe dieser Aufträge kann der Auftraggeber den an der Rahmenvereinbarung beteiligten Wirtschaftsteilnehmer schriftlich konsultieren und dabei auffordern, sein Angebot erforderlichenfalls zu vervollständigen.

(4) Wird eine Rahmenvereinbarung mit mehreren Wirtschaftsteilnehmern geschlossen, so müssen mindestens drei Parteien beteiligt sein, sofern eine ausreichend große Zahl von Wirtschaftsteilnehmern die Eignungskriterien und/oder eine ausreichend große Zahl von zulässigen Angeboten die Zuschlagskriterien erfüllt.

Die Vergabe von Aufträgen, die auf einer mit mehreren Wirtschaftsteilnehmern geschlossenen Rahmenvereinbarung beruhen, erfolgt entweder

- nach den Bedingungen der Rahmenvereinbarung ohne erneuten Aufruf zum Wettbewerb oder,
- sofern nicht alle Bedingungen in der Rahmenvereinbarung festgelegt sind, nach erneutem Aufruf der Parteien zum Wettbewerb zu denselben Bedingungen, die erforderlichenfalls zu präzisieren sind, oder gegebenenfalls nach anderen, in den Verdingungsunterlagen der Rahmenvereinbarung genannten Bedingungen, und zwar nach folgendem Verfahren:
  - a) Vor Vergabe jedes Einzelauftrags konsultieren die Auftraggeber schriftlich die Wirtschaftsteilnehmer, die in der Lage sind, den Auftrag auszuführen.
  - b) Die Auftraggeber setzen eine hinreichende Frist für die Abgabe der Angebote für jeden Einzelauftrag; dabei berücksichtigen sie unter anderem die Komplexität des Auftragsgegenstands und die für die Übermittlung der Angebote erforderliche Zeit.
  - c) Die Angebote sind schriftlich einzureichen, ihr Inhalt ist bis zum Ablauf der Einreichungsfrist geheim zu halten.
  - d) Die Auftraggeber vergeben die einzelnen Aufträge an den Bieter, der auf der Grundlage der in den Verdingungsunterlagen der Rahmenvereinbarung aufgestellten Zuschlagskriterien das jeweils beste Angebot vorgelegt hat.

Kapitel VI: Vorschriften über die Veröffentlichung und die Transparenz

Abschnitt 1: Veröffentlichung der Bekanntmachungen

Artikel 30: Bekanntmachungen

(1) Die Auftraggeber können im Rahmen einer Vorinformation, die von der Kommission oder von ihnen selbst in ihrem „Beschafferprofil" nach Anhang VI Nummer 2 veröffentlicht wird, Folgendes mitteilen:

a) bei Lieferungen den geschätzten Gesamtwert der Aufträge oder der Rahmenvereinbarungen, aufgeschlüsselt nach Warengruppen, die sie in den kommenden 12 Monaten vergeben bzw. abschließen wollen.
Die Warengruppen werden vom Auftraggeber unter Bezugnahme auf die Positionen des CPV festgelegt.

b) bei Dienstleistungen den geschätzten Gesamtwert der Aufträge oder der Rahmenvereinbarungen, aufgeschlüsselt nach Dienstleistungskategorien, die sie in den kommenden 12 Monaten vergeben bzw. abschließen wollen.

c) bei Bauleistungen die wesentlichen Merkmale der Aufträge oder der Rahmenvereinbarungen, die sie vergeben bzw. abschließen wollen.

Die in Unterabsatz 1 genannten Bekanntmachungen werden so bald wie möglich nach der Entscheidung, mit der das Projekt genehmigt wird, für das die Auftraggeber beabsichtigen, Aufträge zu erteilen oder Rahmenvereinbarungen zu schließen, an die Kommission gesandt oder im Beschafferprofil veröffentlicht.

Veröffentlicht ein Auftraggeber eine Vorinformation in seinem Beschafferprofil, so meldet er der Kommission auf elektronischem Wege die Veröffentlichung einer Vorinformation in einem Beschafferprofil, unter Beachtung der Angaben in Anhang VI Nummer 3 zu Mustern und Verfahren bei der Übermittlung von Bekanntmachungen.

Die Veröffentlichung der in Unterabsatz 1 genannten Bekanntmachungen ist nur verpflichtend, wenn der Auftraggeber von der Möglichkeit einer Verkürzung der Fristen für den Eingang der Angebote gemäß Artikel 33 Absatz 3 Gebrauch macht.

Dieser Absatz gilt nicht für Verhandlungsverfahren ohne Veröffentlichung einer Bekanntmachung.

(2) Ein Auftraggeber, der einen Auftrag oder eine Rahmenvereinbarung im Wege eines nichtoffenen Verfahrens, eines Verhandlungsverfahrens mit Veröffentlichung einer Bekanntmachung oder eines wettbewerblichen Dialogs vergeben will, teilt seine Absicht durch eine Bekanntmachung mit.

(3) Ein Auftraggeber, der einen Auftrag vergeben oder eine Rahmenvereinbarung geschlossen hat, sendet spätestens 48 Tage nach der Vergabe dieses Auftrags bzw. nach Abschluss der Rahmenvereinbarung eine Bekanntmachung mit den Ergebnissen des Vergabeverfahrens ab.

Bei Rahmenvereinbarungen im Sinne von Artikel 29 brauchen die Auftraggeber nicht für jeden Einzelauftrag, der aufgrund dieser Vereinbarung vergeben wird, eine Bekanntmachung mit den Ergebnissen des jeweiligen Vergabeverfahrens abzusenden.

Bestimmte Angaben über die Auftragsvergabe oder den Abschluss der Rahmenvereinbarung müssen jedoch nicht veröffentlicht werden, wenn die Offenlegung dieser Angaben den Gesetzesvollzug behindern, dem öffentlichen Interesse, insbesondere Verteidigungs- und/oder Sicherheitsinteressen, zuwiderlaufen, die berechtigten geschäftlichen Interessen öffentlicher oder privater Wirtschaftsteilnehmer schädigen oder den lauteren Wettbewerb zwischen ihnen beeinträchtigen könnte.

Artikel 31: Freiwillige Veröffentlichung

Die Auftraggeber können gemäß Artikel 32 Bekanntmachungen über Aufträge veröffentlichen, die nicht der Veröffentlichungspflicht gemäß dieser Richtlinie unterliegen.

Artikel 32: Abfassung und Modalitäten für die Veröffentlichung der Bekanntmachungen

(1) Die Bekanntmachungen enthalten die in Anhang IV aufgeführten Informationen und gegebenenfalls jede andere vom Auftraggeber für sinnvoll erachtete Angabe gemäß dem jeweiligen Muster der Standardformulare, die von der Kommission gemäß dem in Artikel 67 Absatz 2 genannten Beratungsverfahren angenommen werden.

(2) Die von den Auftraggebern an die Kommission gesendeten Bekanntmachungen werden entweder auf elektronischem Wege unter Beachtung der Angaben in Anhang VI Nummer 3 zu Muster und Verfahren bei der Übermittlung oder auf anderem Wege übermittelt. Bei dem beschleunigten Verfahren nach Artikel 33 Absatz 7 sind die Bekanntmachungen unter Beachtung der Angaben in Anhang VI Nummer 3 zu Muster und Verfahren für die Übermittlung entweder per Fax oder auf elektronischem Wege zu übermitteln.

Die Bekanntmachungen werden gemäß den technischen Merkmalen für die Veröffentlichung in Anhang VI Nummer 1 Buchstaben a und b veröffentlicht.

(3) Bekanntmachungen, die gemäß dem Muster und unter Beachtung der Verfahren bei der Übermittlung nach Anhang VI Nummer 3 elektronisch erstellt und übermittelt wurden, werden spätestens fünf Tage nach ihrer Absendung veröffentlicht.

Bekanntmachungen, die nicht gemäß dem Muster und unter Beachtung der Verfahren für die Übermittlung nach Anhang VI Nummer 3 auf elektronischem Wege übermittelt wurden, werden spätestens zwölf Tage nach ihrer Absendung oder bei dem beschleunigten Verfahren nach Artikel 33 Absatz 7 spätestens fünf Tage nach ihrer Absendung veröffentlicht.

(4) Die Bekanntmachungen werden ungekürzt in einer vom Auftraggeber hierfür gewählten Amtssprache der Gemeinschaft veröffentlicht, wobei nur der in dieser Originalsprache veröffentlichte Text verbindlich ist. Eine Zusammenfassung der wichtigsten Bestandteile einer jeden Bekanntmachung wird in den anderen Amtssprachen veröffentlicht.

Die Kosten für die Veröffentlichung der Bekanntmachungen durch die Kommission gehen zu Lasten der Gemeinschaft.

(5) Die Bekanntmachungen und ihr Inhalt dürfen auf nationaler Ebene oder in einem Beschafferprofil nicht vor dem Tag ihrer Absendung an die Kommission veröffentlicht werden.

Die auf nationaler Ebene veröffentlichten Bekanntmachungen dürfen nur die Angaben enthalten, die in den an die Kommission abgesendeten Bekanntmachungen enthalten sind oder in einem Beschafferprofil gemäß Artikel 30 Absatz 1 Unterabsatz 1 veröffentlicht wurden, und müssen zusätzlich auf das Datum der Absendung der Bekanntmachung an die Kommission bzw. der Veröffentlichung im Beschafferprofil hinweisen.

Die Vorinformationen dürfen nicht in einem Beschafferprofil veröffentlicht werden, bevor die Ankündigung dieser Veröffentlichung an die Kommission abgesendet wurde; das Datum der Absendung muss angegeben werden.

(6) Der Inhalt der Bekanntmachungen, die nicht auf elektronischem Wege gemäß dem Muster und unter Beachtung der Verfahren bei der Übermittlung nach Anhang VI Nummer 3 abgesendet werden, ist auf ca. 650 Worte beschränkt.

(7) Die Auftraggeber müssen den Tag der Absendung der Bekanntmachungen nachweisen können.

(8) Die Kommission stellt dem Auftraggeber eine Bestätigung der Veröffentlichung der übermittelten Informationen aus, in der das Datum dieser Veröffentlichung angegeben ist. Diese Bestätigung dient als Nachweis der Veröffentlichung.

Abschnitt 2: Fristen

Artikel 33: Fristen für den Eingang der Anträge auf Teilnahme und der Angebote

(1) Bei der Festsetzung der Fristen für den Eingang der Anträge auf Teilnahme und der Angebote berücksichtigt der Auftraggeber unbeschadet der in diesem Artikel festgelegten Mindestfristen insbesondere die Komplexität des Auftrags und die Zeit, die für die Angebotserstellung erforderlich ist.

(2) Bei nichtoffenen Verfahren, den Verhandlungsverfahren mit Veröffentlichung einer Bekanntmachung und dem wettbewerblichen Dialog beträgt die Mindestfrist für den Eingang der Anträge auf Teilnahme 37 Tage, gerechnet ab dem Tag der Absendung der Bekanntmachung.

Bei nichtoffenen Verfahren beträgt die Frist für den Eingang der Angebote mindestens 40 Tage, gerechnet ab dem Tag der Absendung der Aufforderung zur Angebotsabgabe.

(3) Hat der Auftraggeber eine Vorinformation veröffentlicht, kann die Frist für den Eingang der Angebote nach Absatz 2 Unterabsatz 2 im Allgemeinen auf 36 Tage, jedoch auf keinen Fall auf weniger als 22 Tage, verkürzt werden.

Diese Frist beginnt an dem Tag der Absendung der Aufforderung zur Angebotsabgabe zu laufen.

Die in Unterabsatz 1 genannte verkürzte Frist ist zulässig, sofern die Vorinformation alle die für die Bekanntmachung nach Anhang IV geforderten Informationen — soweit diese zum Zeitpunkt der Veröffentlichung der Bekanntmachung vorlagen — enthielt und die Vorinformation spätestens 52 Tage und frühestens 12 Monate vor dem Tag der Absendung der Bekanntmachung zur Veröffentlichung übermittelt wurde.

(4) Bei Bekanntmachungen, die gemäß dem Muster und unter Beachtung der Verfahren bei der Übermittlung nach Anhang VI Nummer 3 elektronisch erstellt und versandt werden, kann die in Absatz 2 Unterabsatz 1 genannte Frist für den Eingang der Anträge auf Teilnahme um sieben Tage verkürzt werden.

(5) Die in Absatz 2 Unterabsatz 2 genannte Frist für den Eingang der Angebote kann um 5 Tage verkürzt werden, wenn der Auftraggeber ab der Veröffentlichung der Bekanntmachung die Verdingungsunterlagen und alle unterstützenden Unterlagen entsprechend den Angaben in Anhang VI auf elektronischem Wege frei, direkt und vollständig verfügbar macht; in der Bekanntmachung ist die Internet-Adresse anzugeben, unter der diese Unterlagen abrufbar sind.

Diese Verkürzung kann mit der in Absatz 4 genannten Verkürzung kumuliert werden.

(6) Wurden, aus welchen Gründen auch immer, die Verdingungsunterlagen und unterstützende Unterlagen oder Auskünfte, obwohl sie rechtzeitig angefordert wurden, nicht innerhalb der in Artikel 34 festgesetzten Fristen zugesandt bzw. erteilt oder können die Angebote nur nach einer Ortsbesichtigung oder Einsichtnahme in Anlagen zu den Verdingungsunterlagen vor Ort erstellt werden, so sind die Fristen entsprechend zu verlängern, und zwar so, dass alle betroffenen Wirtschaftsteilnehmer von allen Informationen, die für die Erstellung des Angebotes notwendig sind, Kenntnis nehmen können.

(7) Bei nichtoffenen Verfahren und Verhandlungsverfahren mit Veröffentlichung einer Bekanntmachung kann der Auftraggeber, wenn die Dringlichkeit die Einhaltung der in dem vorliegenden Artikel vorgesehenen Mindestfristen unmöglich macht, folgende Fristen festlegen:

- mindestens 15 Tage für den Eingang der Anträge auf Teilnahme, gerechnet ab dem Tag der Absendung der Bekanntmachung, bzw. mindestens 10 Tage, wenn die Bekanntmachung gemäß dem Muster und unter Beachtung der Verfahren für die Übermittlung nach Anhang VI Nummer 3 elektronisch übermittelt wurde; und
- bei nichtoffenen Verfahren mindestens 10 Tage für den Eingang der Angebote, gerechnet ab dem Tag der Absendung der Aufforderung zur Angebotsabgabe.

Abschnitt 3: Inhalt und Übermittlung von Informationen

Artikel 34: Aufforderung zur Angebotsabgabe, zur Verhandlung oder zum Dialog

(1) Bei nichtoffenen Verfahren, bei Verhandlungsverfahren mit Veröffentlichung einer Bekanntmachung und beim wettbewerblichen Dialog fordert der Auftraggeber die ausgewählten Bewerber gleichzeitig schriftlich auf, ihre Angebote einzureichen oder zu verhandeln oder — im Falle des wettbewerblichen Dialogs — am Dialog teilzunehmen.

(2) Die Aufforderung an die Bewerber enthält Folgendes:

– die Verdingungsunterlagen bzw. die Beschreibung und alle unterstützenden Unterlagen oder
– einen Hinweis auf den Zugang zu den im ersten Gedankenstrich genannten Unterlagen, wenn sie gemäß Artikel 33 Absatz 5 auf elektronischem Wege unmittelbar zugänglich gemacht werden.

(3) Wenn eine andere Einrichtung als der für das Vergabeverfahren zuständige Auftraggeber die Verdingungsunterlagen, die Beschreibung und/oder die unterstützenden Unterlagen bereithält, ist in der Aufforderung die Anschrift der Stelle, bei der diese Unterlagen angefordert werden können, und gegebenenfalls der Termin anzugeben, bis zu dem sie angefordert werden können; ferner sind der Betrag und die Bedingungen für die Zahlung des Betrags anzugeben, der für den Erhalt der Unterlagen zu entrichten ist. Die zuständigen Stellen schicken diese Unterlagen den Wirtschaftsteilnehmern nach Erhalt der Anfrage unverzüglich zu.

(4) Die zusätzlichen Informationen über die Verdingungsunterlagen, die Beschreibung und/oder die unterstützenden Unterlagen werden vom Auftraggeber bzw. von den zuständigen Stellen spätestens sechs Tage vor Ablauf der für die Einreichung von Angeboten festgelegten Frist übermittelt, sofern die Anfrage rechtzeitig eingegangen ist. Bei nichtoffenen Verfahren oder beschleunigten Verhandlungsverfahren beträgt diese Frist vier Tage.

(5) Eine Aufforderung enthält neben den in den Absätzen 2, 3 und 4 genannten zumindest folgende weitere Angaben:

a) einen Hinweis auf die veröffentlichte Bekanntmachung;

b) den Tag, bis zu dem die Angebote eingehen müssen, die Anschrift der Stelle, bei der sie einzureichen sind, sowie die Sprache(n), in der (denen) sie abzufassen sind. Im Fall eines wettbewerblichen Dialogs ist diese Information nicht in der Aufforderung zur Teilnahme am Dialog, sondern sind in der Aufforderung zur Angebotsabgabe aufzuführen.

c) beim wettbewerblichen Dialog den Termin und den Ort des Beginns der Konsultationsphase sowie die verwendete(n) Sprache(n);

d) die Bezeichnung der gegebenenfalls beizufügenden Unterlagen entweder zum Beleg der vom Bewerber gemäß Artikel 38 abgegebenen nachprüfbaren Erklärungen oder als Ergänzung der in demselben Artikel vorgesehenen Auskünfte, wobei keine anderen als die in den Artikeln 41 und 42 genannten Anforderungen gestellt werden dürfen;

e) die Gewichtung der Zuschlagskriterien oder gegebenenfalls die absteigende Reihenfolge der Bedeutung der Kriterien, anhand deren das wirtschaftlich günstigste Angebot bestimmt wird, wenn sie nicht in der Bekanntmachung, den Verdingungsunterlagen oder der Beschreibung enthalten sind.

Artikel 35: Unterrichtung der Bewerber und Bieter

(1) Der Auftraggeber teilt den Bewerbern und Bietern schnellstmöglich seine Entscheidungen über die Zuschlagserteilung oder den Abschluss einer Rahmenvereinbarung mit, einschließlich der Gründe, aus denen beschlossen wurde, auf die Vergabe eines Auftrags oder den Abschluss einer Rahmenvereinbarung, für den bzw. die eine Ausschreibung stattgefunden hat, zu verzichten oder das Verfahren erneut einzuleiten; diese Information wird schriftlich erteilt, falls dies beim Auftraggeber beantragt wurde.

(2) Auf Verlangen der betroffenen Partei unterrichtet der Auftraggeber vorbehaltlich des Absatzes 3 unverzüglich, spätestens aber 15 Tage nach Eingang des schriftlichen Antrags,

a) jeden nicht erfolgreichen Bewerber über die Gründe für die Ablehnung der Bewerbung;

b) jeden nicht berücksichtigten Bieter über die Gründe für die Ablehnung des Angebots; dazu gehört insbesondere in den Fällen des Artikels 18 Absätze 4 und 5 genannten Fällen eine Unterrichtung über die Gründe für seine Entscheidung, dass keine Gleichwertigkeit vorliegt oder dass die Bauleistungen, Lieferungen oder Dienstleistungen nicht den Leistungs- oder Funktionsanforderungen entsprechen, und in den Fällen der Artikel 22 und 23 eine Unterrichtung über die Gründe für seine Entscheidung, dass keine Gleichwertigkeit bezüglich der Erfordernisse an Informationssicherheit und Versorgungssicherheit vorliegt;

c) jeden Bieter, der ein ordnungsgemäßes Angebot eingereicht hat, das jedoch abgelehnt worden ist, über die Merkmale und Vorteile des ausgewählten Angebots sowie über den Namen des Zuschlagsempfängers oder der Parteien der Rahmenvereinbarung.

(3) Die Auftraggeber können beschließen, bestimmte in Absatz 1 genannte Angaben über die Zuschlagserteilung oder den Abschluss von Rahmenvereinbarungen nicht mitzuteilen, wenn die Offenlegung dieser Angaben den Gesetzesvollzug behindern, dem öffentlichen Interesse, insbesondere den Verteidigungs- und/oder Sicherheitsinteressen, zuwiderlaufen, berechtigte geschäftliche Interessen öffentlicher oder privater Wirtschaftsteilnehmer schädigen oder den lauteren Wettbewerb zwischen ihnen beeinträchtigen würde.

Abschnitt 4: Unterrichtung

Artikel 36: Vorschriften über Mitteilungen

(1) Jede Mitteilung sowie jede in diesem Titel genannte Übermittlung von Informationen kann nach Wahl des Auftraggebers per Post, per Fax, elektronisch gemäß den Absätzen 4 und 5, auf telefonischem Wege in den in Absatz 6 genannten Fällen und unter den dort genannten Bedingungen oder durch eine Kombination dieser Kommunikationsmittel erfolgen.

(2) Die gewählten Kommunikationsmittel müssen allgemein verfügbar sein, sie dürfen daher nicht dazu führen, dass der Zugang der Wirtschaftsteilnehmer zum Vergabeverfahren beschränkt wird.

(3) Bei der Mitteilung bzw. Übermittlung und Speicherung von Informationen sind die Integrität der Daten und die Vertraulichkeit der Anträge auf Teilnahme und der Angebote zu gewährleisten; der Auftraggeber darf vom Inhalt der Anträge auf Teilnahme und der Angebote erst nach Ablauf der Frist für ihre Einreichung Kenntnis erhalten.

(4) Die für die elektronische Übermittlung zu verwendenden Mittel und ihre technischen Merkmale müssen nichtdiskriminierend und allgemein zugänglich sowie mit den allgemein verbreiteten Erzeugnissen der Informations- und Kommunikationstechnologie kompatibel sein.

(5) Für die Vorrichtungen zur Übermittlung und für den elektronischen Eingang von Angeboten sowie für die Vorrichtungen für den elektronischen Eingang der Anträge auf Teilnahme gelten die folgenden Bestimmungen:

a) Die Informationen über die Spezifikationen, die für die elektronische Übermittlung der Angebote und Anträge auf Teilnahme erforderlich sind, einschließlich der Verschlüsselung, müssen den interessierten Parteien zugänglich sein. Außerdem müssen die Vorrichtungen für den elektronischen Eingang der Angebote und Teilnahmeanträge den Anforderungen des Anhangs VIII genügen.

b) Die Mitgliedstaaten können unter Beachtung des Artikels 5 der Richtlinie 1999/93/EG verlangen, dass elektronisch übermittelte Angebote mit einer fortgeschrittenen elektronischen Signatur gemäß Artikel 5 Absatz 1 der genannten Richtlinie zu versehen sind.

c) Die Mitgliedstaaten können Systeme der freiwilligen Akkreditierung einführen oder beibehalten, die zu einem verbesserten Angebot von Zertifizierungsdiensten für diese Vorrichtungen führen sollen.

d) Bewerber sind verpflichtet, vor Ablauf der vorgeschriebenen Frist für die Vorlage der Angebote und Anträge auf Teilnahme die in den Artikeln 39 bis 44 und Artikel 46 genannten Unterlagen, Bescheinigungen und Erklärungen einzureichen, wenn diese nicht auf elektronischem Wege verfügbar sind.

(6) Die nachfolgenden Bestimmungen gelten für die Übermittlung der Anträge auf Teilnahme:

a) Anträge auf Teilnahme am Vergabeverfahren können schriftlich oder telefonisch gestellt werden.

b) Werden Anträge auf Teilnahme telefonisch gestellt, sind diese vor Ablauf der Frist für den Eingang der Anträge schriftlich zu bestätigen.

c) Die Auftraggeber können verlangen, dass per Fax gestellte Anträge auf Teilnahme per Post oder auf elektronischem Wege bestätigt werden, sofern dies für das Vorliegen eines gesetzlich gültigen Nachweises erforderlich ist. In diesem Fall geben die Auftraggeber in der Bekanntmachung diese Anforderung zusammen mit der Frist für die Übermittlung der Bestätigung an.

Abschnitt 5: Vergabevermerke

Artikel 37: Inhalt der Vergabevermerke

(1) Die Auftraggeber fertigen zur Bestätigung, dass das Verfahren zur Auswahl in transparenter und nicht diskriminierender Weise erfolgt ist, über jeden vergebenen Auftrag und jede Rahmenvereinbarung einen Vergabevermerk an, der mindestens Folgendes umfasst:

a) den Namen und die Anschrift des Auftraggebers und Gegenstand und Wert des Auftrags oder der Rahmenvereinbarung;

b) das gewählte Vergabeverfahren;

c) im Fall eines wettbewerblichen Dialogs die Umstände, die die Anwendung dieses Verfahrens rechtfertigen;

d) bei Verhandlungsverfahren ohne Veröffentlichung einer Bekanntmachung die in Artikel 28 genannten Umstände, die die Anwendung dieses Verfahrens rechtfertigen; gegebenenfalls die Begründung für die Überschreitung der Fristen gemäß Artikel 28 Absatz 3 Buchstabe a Unterabsatz 2 und Artikel 28 Absatz 4 Buchstabe b Unterabsatz 3 sowie für die Überschreitung der Schwelle von 50% gemäß Artikel 28 Absatz 4 Buchstabe a Unterabsatz 2;

e) gegebenenfalls die Gründe, die eine über sieben Jahre hinausgehende Laufzeit einer Rahmenvereinbarung rechtfertigen;

f) die Namen der berücksichtigten Bewerber und die Gründe für ihre Auswahl;

g) die Namen der nicht berücksichtigten Bewerber und die Gründe für ihre Ablehnung;

h) die Gründe für die Ablehnung von Angeboten;

i) den Namen des erfolgreichen Bieters und die Gründe für die Auswahl seines Angebots sowie — falls bekannt — den Teil am Auftrag oder an der Rahmenvereinbarung, den der Zuschlagsempfänger an Dritte weiterzugeben beabsichtigt oder verpflichtet ist weiterzugeben;

j) gegebenenfalls die Gründe, aus denen der Auftraggeber auf die Vergabe eines Auftrags oder den Abschluss einer Rahmenvereinbarung verzichtet hat.

(2) Die Auftraggeber treffen geeignete Maßnahmen, um den Ablauf der mit elektronischen Mitteln durchgeführten Vergabeverfahren zu dokumentieren.

(3) Der Vermerk bzw. sein wesentlicher Inhalt wird der Kommission auf deren Ersuchen mitgeteilt.

Kapitel VII: Ablauf des Verfahrens

Abschnitt 1: Allgemeine Bestimmungen

Artikel 38: Überprüfung der Eignung und Auswahl der Teilnehmer und Vergabe des Auftrags

(1) Die Auftragsvergabe erfolgt aufgrund der in den Artikeln 47 und 49 festgelegten Kriterien unter Berücksichtigung des Artikels 19, nachdem die Auftraggeber die Eignung der Wirtschaftsteilnehmer, die nicht aufgrund von Artikel 39 oder 40 ausgeschlossen wurden, geprüft haben; diese Eignungsprüfung erfolgt nach den in den Artikeln 41 bis 46 genannten Kriterien der wirtschaftlichen und finanziellen Leistungsfähigkeit sowie der beruflichen und technischen Fachkunde und gegebenenfalls nach den in Absatz 3 des vorliegenden Artikels genannten nicht diskriminierenden Vorschriften und Kriterien.

(2) Die Auftraggeber können Mindestanforderungen an die Leistungsfähigkeit gemäß den Artikeln 41 und 42 stellen, denen die Bewerber genügen müssen.

Der Umfang der Informationen gemäß den Artikeln 41 und 42 sowie die für einen bestimmten Auftrag gestellten Mindestanforderungen an die Leistungsfähigkeit müssen mit dem Auftragsgegenstand zusammenhängen und ihm angemessen sein.

Diese Mindestanforderungen werden in der Bekanntmachung angegeben.

(3) Bei Verhandlungsverfahren mit Veröffentlichung einer Bekanntmachung können die Auftraggeber die Zahl der Bewerber, die zu Verhandlungen oder zum wettbewerblichen Dialog eingeladen werden, begrenzen. In diesem Fall gilt Folgendes:

- Die Auftraggeber geben in der Bekanntmachung die von ihnen vorgesehenen objektiven und nicht diskriminierenden Kriterien oder Vorschriften, die vorgesehene Mindestzahl und gegebenenfalls auch die Höchstzahl an einzuladenden Bewerbern an. Die Mindestzahl der einzuladenden Bewerber darf nicht niedriger als drei sein;
- Die Auftraggeber laden anschließend, sofern geeignete Bewerber in ausreichender Zahl zur Verfügung stehen, eine Anzahl von Bewerbern ein, die zumindest der im Voraus bestimmten Mindestzahl an Bewerbern entspricht.

Sofern die Zahl von Bewerbern, die die Eignungskriterien und die Mindestanforderungen an die Leistungsfähigkeit erfüllen, unter der Mindestanzahl liegt, kann der Auftraggeber das Verfahren fortführen, indem er den oder die Bewerber einlädt, die über die geforderte Leistungsfähigkeit verfügen.

Ist der Auftraggeber der Auffassung, dass die Zahl der geeigneten Bewerber zu gering ist, um einen echten Wettbewerb zu gewährleisten, so kann er das Verfahren aussetzen und die erste Bekanntmachung gemäß Artikel 30 Absatz 2 und Artikel 32 zur Festsetzung einer neuen Frist für die Einreichung von Anträgen auf Teilnahme erneut veröffentlichen. In diesem Fall werden die nach der ersten sowie die nach der zweiten Veröffentlichung ausgewählten Bewerber gemäß Artikel 34 eingeladen. Diese Möglichkeit besteht unbeschadet des Rechts des Auftraggebers, das laufende Vergabeverfahren einzustellen und ein neues Verfahren auszuschreiben.

(4) Der Auftraggeber kann Wirtschaftsteilnehmer, die sich nicht um die Teilnahme beworben haben, oder Bewerber, die nicht über die geforderte Leistungsfähigkeit verfügen, nicht zu einem Vergabeverfahren zulassen.

(5) Machen die Auftraggeber von der in Artikel 26 Absatz 3 und Artikel 27 Absatz 4 vorgesehenen Möglichkeit Gebrauch, die Zahl der zu erörternden Lösungen oder der Angebote, über die verhandelt wird, zu verringern, so tun sie dies aufgrund der Zuschlagskriterien, die sie in der Bekanntmachung oder in den Verdingungsunterlagen angegeben haben. In der Schlussphase müssen noch so viele Angebote vorliegen, dass ein echter Wettbewerb gewährleistet ist, sofern eine ausreichende Zahl von Lösungen oder geeigneten Bewerbern vorliegt.

Abschnitt 2: Eignungskriterien

Artikel 39: Persönliche Lage des Bewerbers bzw. Bieters

(1) Ein Bewerber oder Bieter wird von der Teilnahme an einem Vergabeverfahren ausgeschlossen, wenn der Auftraggeber Kenntnis davon hat, dass dieser Bewerber oder Bieter aus einem der nachfolgenden Gründe rechtskräftig verurteilt worden ist:

a) Beteiligung an einer kriminellen Vereinigung im Sinne von Artikel 2 Absatz 1 der gemeinsamen Maßnahme 98/733/JI [20],

b) Bestechung im Sinne von Artikel 3 des Rechtsakts vom 26. Mai 1997[21] und von Artikel 2 Absatz 1 des Rahmenbeschlusses 2003/568/JI[22],

c) Betrug im Sinne von Artikel 1 des Übereinkommens über den Schutz der finanziellen Interessen der Europäischen Gemeinschaften[23],

d) terroristische Straftaten oder Straftaten im Zusammenhang mit terroristischen Aktivitäten im Sinne von Artikel 1 bzw. Artikel 3 des Rahmenbeschlusses zur Terrorismusbekämpfung 2002/475/JI[24] oder Anstiftung, Mittäterschaft und Versuch im Sinne von Artikel 4 dieses Rahmenbeschlusses;

e) Geldwäsche und Terrorismusfinanzierung im Sinne von Artikel 1 der Richtlinie 2005/60/EG[25].

Die Mitgliedstaaten legen im Einklang mit ihren nationalen Rechtsvorschriften und unter Beachtung des Gemeinschaftsrechts die Bedingungen für die Anwendung dieses Absatzes fest.

Sie können Ausnahmen von der in Unterabsatz 1 genannten Verpflichtung aus zwingenden Gründen des Allgemeininteresses zulassen.

Zum Zwecke der Anwendung dieses Absatzes verlangen die Auftraggeber gegebenenfalls von den Bewerbern oder Bietern die Vorlage der in Absatz 3 genannten Unterlagen, und sie können die nach ihrem Ermessen erforderlichen Informationen über die persönliche Lage dieser Bewerber oder Bieter bei den zuständigen Behörden einholen, wenn sie Bedenken in Bezug auf die persönliche Lage dieser Bewerber oder Bieter haben. Betreffen die Informationen einen Bewerber oder Bieter, der in einem anderen Staat als der Auftraggeber ansässig ist, so kann dieser die zuständigen Behörden um Mitarbeit ersuchen. Nach Maßgabe des nationalen Rechts des Mitgliedstaats, in dem der Bewerber oder Bieter ansässig ist, betreffen diese Ersuchen juristische und/oder natürliche Personen, gegebenenfalls auch die jeweiligen Unternehmensleiter oder jede andere Person, die befugt ist, den Bewerber oder Bieter zu vertreten, in seinem Namen Entscheidungen zu treffen oder ihn zu kontrollieren.

(2) Von der Teilnahme am Vergabeverfahren kann jeder Wirtschaftsteilnehmer ausgeschlossen werden,

a) der sich im Insolvenz-/Konkursverfahren oder einem gerichtlichen Ausgleichsverfahren oder in Liquidation befindet oder seine gewerbliche Tätigkeit eingestellt hat oder sich in einem Vergleichsverfahren oder Zwangsvergleich oder aufgrund eines in den einzelstaatlichen Rechtsvorschriften vorgesehenen gleichartigen Verfahrens in einer entsprechenden Lage befindet;

b) gegen den ein Insolvenz-/Konkursverfahren oder ein gerichtliches Ausgleichsverfahren oder ein Vergleichsverfahren oder ein Zwangsvergleich eröffnet wurde oder gegen den andere in den einzelstaatlichen Rechtsvorschriften vorgesehene gleichartige Verfahren eingeleitet worden sind;

---

[20] Gemeinsame Maßnahme 98/733/JI vom 21. Dezember 1998 — vom Rat aufgrund von Artikel K.3 des Vertrags über die Europäische Union angenommen — betreffend die Strafbarkeit der Beteiligung an einer kriminellen Vereinigung in den Mitgliedstaaten der Europäischen Union (ABl. L 351 vom 29.12.1998, S. 1).

[21] Rechtsakt des Rates vom 26. Mai 1997 über die Ausarbeitung des Übereinkommens aufgrund von Artikel K.3 Absatz 2 Buchstabe c) des Vertrags über die Europäische Union über die Bekämpfung der Bestechung, an der Beamte der Europäischen Gemeinschaften oder der Mitgliedstaaten der Europäischen Union beteiligt sind (ABl. C 195 vom 25.6.1997, S. 1).

[22] Rahmenbeschluss 2003/568/JI des Rates vom 22. Juli 2003 zur Bekämpfung der Bestechung im privaten Sektor (ABl. L 192 vom 31.7.2003, S. 54).

[23] ABl. C 316 vom 27.11.1995, S. 49.

[24] Rahmenbeschluss 2002/475/JI des Rates vom 13. Juni 2002 zur Terrorismusbekämpfung (ABl. L 164 vom 22.6.2002, S. 3).

[25] Richtlinie 2005/60/EG des Europäischen Parlaments und des Rates vom 26. Oktober 2005 zur Verhinderung der Nutzung des Finanzsystems zum Zwecke der Geldwäsche und der Terrorismusfinanzierung (ABl. L 309 vom 25.11.2005, S. 15).

c) die aufgrund eines nach den Rechtsvorschriften des betreffenden Landes rechtskräftigen Urteils wegen eines Deliktes bestraft worden sind, das ihre berufliche Zuverlässigkeit in Frage stellt, wie beispielsweise wegen eines Verstoßes gegen geltende Rechtsvorschriften über die Ausfuhr von Verteidigungs- und/oder Sicherheitsgütern;

d) der im Rahmen seiner beruflichen Tätigkeit eine schwere Verfehlung begangen hat, die vom Auftraggeber nachweislich festgestellt wurde, wie die Verletzung seiner Pflicht zur Gewährleistung der Informations- oder Versorgungssicherheit im Rahmen eines früheren Auftrags;

e) die nicht die erforderliche Vertrauenswürdigkeit aufweisen, um Risiken für die Sicherheit des Mitgliedstaats auszuschließen, was mit Hilfe irgendeines Beweismittels, einschließlich geschützter Datenquellen, nachgewiesen wurde;

f) die ihre Verpflichtung zur Zahlung der Sozialbeiträge nach den Rechtsvorschriften des Landes, in dem sie niedergelassen sind, oder des Landes des Auftraggebers nicht erfüllt haben;

g) die ihre Verpflichtung zur Zahlung der Steuern und Abgaben nach den Rechtsvorschriften des Landes, in dem sie niedergelassen sind, oder des Landes des Auftraggebers nicht erfüllt haben;

h) die sich bei der Erteilung von Auskünften, die gemäß diesem Abschnitt eingeholt werden können, in erheblichem Maße falscher Erklärungen schuldig gemacht oder diese Auskünfte nicht erteilt haben.

Die Mitgliedstaaten legen im Einklang mit ihren nationalen Rechtsvorschriften und unter Beachtung des Gemeinschaftsrechts die Bedingungen für die Anwendung dieses Absatzes fest.

(3) Als ausreichenden Nachweis dafür, dass die in Absatz 1 oder Absatz 2 Buchstaben a, b, c, f oder g genannten Fälle auf den Wirtschaftsteilnehmer nicht zutreffen, akzeptiert der Auftraggeber

a) im Fall von Absatz 1 und Absatz 2 Buchstaben a, b und c einen Auszug aus dem Strafregister oder — in Ermangelung eines solchen — eine gleichwertige Urkunde einer zuständigen Gerichts- oder Verwaltungsbehörde des Ursprungs- oder Herkunftslands, aus der hervorgeht, dass diese Anforderungen erfüllt sind;

b) im Fall von Absatz 2 Buchstaben f oder g eine von der zuständigen Behörde des betreffenden Mitgliedstaats ausgestellte Bescheinigung.

Wird eine Urkunde oder Bescheinigung von dem betreffenden Land nicht ausgestellt oder werden darin nicht alle in Absatz 1 und Absatz 2 Buchstaben a, b oder c vorgesehenen Fälle erwähnt, so kann sie durch eine eidesstattliche Erklärung oder in den Mitgliedstaaten, in denen es keine eidesstattliche Erklärung gibt, durch eine förmliche Erklärung ersetzt werden, die der betreffende Wirtschaftsteilnehmer vor einer zuständigen Gerichts- oder Verwaltungsbehörde, einem Notar oder einer dafür qualifizierten Berufsorganisation des Ursprungs- oder Herkunftslands abgibt.

(4) Die Mitgliedstaaten benennen die für die Ausgabe der Urkunden, Bescheinigungen und Erklärungen nach Absatz 3 zuständigen Behörden und Stellen und unterrichten davon die Kommission. Die datenschutzrechtlichen Bestimmungen bleiben von dieser Mitteilung unberührt.

Artikel 40: Eignung zur Berufsausübung

Wenn ein Bewerber in ein Berufs- oder Handelsregister seines Herkunftsmitgliedstaates oder des Mitgliedstaats seiner Niederlassung zur Ausübung seiner beruflichen Tätigkeit eingetragen werden muss, kann er aufgefordert werden, nachzuweisen, dass er in einem solchen Register vorschriftsmäßig eingetragen ist, bzw. eine Erklärung unter Eid oder eine Bescheinigung vorzulegen; für die Vergabe von Bauaufträgen gelten die Angaben in Anhang VII Teil A, für die Vergabe von Lieferaufträgen gelten die Angaben in Anhang VII Teil B und für die Vergabe von Dienstleistungsaufträgen gelten die Angaben in Anhang VII Teil C. Die Listen gemäß Anhang VII sind unverbindlich. Die Mitgliedstaaten geben der Kommission und den anderen Mitgliedstaaten die Änderungen ihrer Register und der in den genannten Listen aufgeführten Beweismittel bekannt.

Müssen Bewerber eine bestimmte Berechtigung besitzen oder Mitglied einer bestimmten Organisation sein, um die betreffende Dienstleistung in ihrem Ursprungsmitgliedstaat erbringen zu können, so kann der Auftraggeber bei der Vergabe von Dienstleistungsaufträgen den Nachweis ihrer Berechtigung oder Mitgliedschaft verlangen.

Dieser Artikel gilt unbeschadet der gemeinschaftlichen Rechtsvorschriften über die Niederlassungsfreiheit und die Dienstleistungsfreiheit.

Artikel 41: Wirtschaftliche und finanzielle Leistungsfähigkeit

(1) Die finanzielle und wirtschaftliche Leistungsfähigkeit eines Wirtschaftsteilnehmers kann in der Regel durch einen oder mehrere der nachstehenden Nachweise belegt werden:

a) entsprechende Bankerklärungen oder gegebenenfalls Nachweis einer entsprechenden Berufshaftpflichtversicherung;

b) Vorlage von Bilanzen oder Bilanzauszügen, falls die Veröffentlichung von Bilanzen in dem Land, in dem der Wirtschaftsteilnehmer ansässig ist, gesetzlich vorgeschrieben ist;

c) eine Erklärung über den Gesamtumsatz und gegebenenfalls den Umsatz für den Tätigkeitsbereich, der Gegenstand der Ausschreibung ist, höchstens in den letzten drei Geschäftsjahren, entsprechend dem Gründungsdatum oder dem Datum der Tätigkeitsaufnahme des Wirtschaftsteilnehmers, sofern entsprechende Angaben verfügbar sind.

(2) Ein Wirtschaftsteilnehmer kann sich gegebenenfalls für einen bestimmten Auftrag auf die Leistungsfähigkeit anderer Unternehmen ungeachtet des rechtlichen Charakters der zwischen ihm und diesen Unternehmen bestehenden Verbindungen stützen. Er muss in diesem Falle dem Auftraggeber gegenüber nachweisen, dass ihm die erforderlichen Mittel zur Verfügung stehen, indem er beispielsweise die diesbezüglichen Zusagen dieser Unternehmen vorlegt.

(3) Unter denselben Voraussetzungen können sich Gemeinschaften von Wirtschaftsteilnehmern nach Artikel 4 auf die Leistungsfähigkeit der Mitglieder der Gemeinschaften oder anderer Unternehmen stützen.

(4) Die Auftraggeber geben in der Bekanntmachung an, welche der in Absatz 1 genannten Nachweise sowie welche anderen Nachweise vorzulegen sind.

(5) Kann ein Wirtschaftsteilnehmer aus einem berechtigten Grund die vom Auftraggeber geforderten Nachweise nicht beibringen, so kann er den Nachweis seiner finanziellen und wirtschaftlichen Leistungsfähigkeit durch Vorlage jedes anderen vom Auftraggeber für geeignet erachteten Belegs erbringen.

Artikel 42: Technische und/oder berufliche Leistungsfähigkeit

(1) Der Nachweis der technischen Leistungsfähigkeit eines Wirtschaftsteilnehmers kann in der Regel durch einen oder mehrere der nachstehenden Nachweise je nach Art, Menge oder Umfang und Verwendungszweck der Bauleistungen, der zu liefernden Erzeugnisse oder der Dienstleistungen erbracht werden:

a) i) durch eine Liste der in den letzten fünf Jahren erbrachten Bauleistungen, wobei für die wichtigsten Bauleistungen Bescheinigungen über die ordnungsgemäße Ausführung beizufügen sind. Aus diesen Bescheinigungen muss Folgendes hervorgehen: der Wert der Bauleistung sowie Zeit und Ort der Bauausführung und die Angabe, ob die Arbeiten fachgerecht und ordnungsgemäß ausgeführt wurden; gegebenenfalls leitet die zuständige Behörde diese Bescheinigungen direkt dem Auftraggeber zu;

   ii) durch eine Liste der wesentlichen Lieferungen oder Dienstleistungen, die in der Regel in den letzten fünf Jahren erbracht wurden, mit Angabe des Werts, des Liefer- bzw. Erbringungszeitpunkts sowie des öffentlichen oder privaten Empfängers. Die Lieferungen und Dienstleistungen werden wie folgt nachgewiesen:

   – durch eine von der zuständigen Behörde ausgestellte oder beglaubigte Bescheinigung, wenn es sich bei dem Empfänger um einen Auftraggeber handelte;

   – wenn es sich bei dem Empfänger um einen privaten Erwerber handelt, durch eine vom Erwerber ausgestellte Bescheinigung oder, falls eine derartige Bescheinigung nicht erhältlich ist, durch eine einfache Erklärung des Wirtschaftsteilnehmers;

b) durch Angabe der technischen Fachkräfte oder der technischen Stellen, unabhängig davon, ob sie dem Unternehmen des Wirtschaftsteilnehmers angehören oder nicht, und zwar insbesondere derjenigen, die mit der Qualitätskontrolle beauftragt sind, und bei Bauaufträgen derjenigen, über die der Unternehmer für die Ausführung des Bauwerks verfügt;

c) durch die Beschreibung der technischen Ausrüstung des Wirtschaftsteilnehmers, seiner Maßnahmen zur Qualitätssicherung und seiner Untersuchungs- und Forschungsmöglichkeiten sowie der internen Regeln in Bezug auf gewerbliche Schutzrechte;

d) sind die zu liefernden Erzeugnisse oder die zu erbringenden Dienstleistungen komplexer Art oder sollen sie ausnahmsweise einem besonderen Zweck dienen, durch eine Kontrolle, die vom Auftraggeber oder in dessen Namen von einer zuständigen amtlichen Stelle durchgeführt wird, die sich dazu bereit erklärt und sich in dem Land befindet, in dem der Wirtschaftsteilnehmer ansässig ist; diese Kontrolle betrifft die Produktionskapazität des Lieferanten bzw. die technische Leistungsfähigkeit des Wirtschaftsteilnehmers und erforderlichenfalls seine Untersuchungs- und Forschungsmöglichkeiten sowie die von ihm für die Qualitätskontrolle getroffenen Vorkehrungen;

e) bei Bau-, Dienstleistungs- oder Lieferaufträgen, die auch Verlege- oder Installationsarbeiten oder entsprechende Dienstleistungen umfassen, durch Studiennachweise und Bescheinigungen über die berufliche Befähigung des Wirtschaftsteilnehmers und/oder der Führungskräfte des Unternehmens, insbesondere der für die Erbringung der Dienstleistungen oder für die Ausführung der Bauleistungen verantwortlichen Personen;

f) bei Bau- und Dienstleistungsaufträgen, und zwar nur in den geeigneten Fällen durch Angabe der Umweltmanagementmaßnahmen, die der Wirtschaftsteilnehmer bei der Ausführung des Auftrags gegebenenfalls anwenden will;

g) durch eine Erklärung, aus der die durchschnittliche jährliche Beschäftigtenzahl des Dienstleistungserbringers oder des Unternehmers und die Zahl seiner Führungskräfte in den letzten drei Jahren ersichtlich ist;

h) durch eine Beschreibung der Ausstattung, der Geräte, der technischen Ausrüstung sowie der Anzahl der Mitarbeiter und ihres Know-hows und/oder der Lieferquellen — mit einer Angabe des geografischen Standorts des Wirtschaftsteilnehmers, falls dieser sich außerhalb der Union befindet —, auf die der Wirtschaftsteilnehmer zurückgreifen kann, um den Auftrag auszuführen, eventuelle Bedarfssteigerungen des Auftraggebers infolge einer Krisensituation zu decken oder die Wartung, Modernisierung oder Anpassung der im Rahmen des Auftrags gelieferten Güter sicherzustellen;

i) hinsichtlich der zu liefernden Erzeugnisse:

i) durch Muster, Beschreibungen und/oder Fotografien, wobei die Echtheit auf Verlangen des Auftraggebers nachweisbar sein muss;

ii) durch Bescheinigungen, die von als zuständig anerkannten Instituten oder amtlichen Stellen für Qualitätskontrolle ausgestellt wurden und in denen bestätigt wird, dass die durch entsprechende Bezugnahmen genau bezeichneten Erzeugnisse bestimmten Spezifikationen oder Normen entsprechen;

j) bei Aufträgen, bei denen Verschlusssachen verwendet werden oder die Verschlusssachen erfordern und/oder beinhalten, durch den Nachweis des Auftragnehmers, die Verarbeitung, Speicherung und Übermittlung solcher Verschlusssachen auf der vom Auftraggeber geforderten Sicherheitsstufe gewährleisten zu können.

Solange die nationalen Regelungen über Sicherheitsüberprüfungen nicht auf Gemeinschaftsebene harmonisiert sind, können die Mitgliedstaaten vorsehen, dass dieser Nachweis den Anforderungen ihren nationalen Bestimmungen über Sicherheitsüberprüfungen entsprechen muss. Die Mitgliedstaaten erkennen Sicherheitsüberprüfungen an, die ihres Erachtens den nach ihren nationalen Rechts- und Verwaltungsvorschriften mit positivem Ergebnis durchgeführten Sicherheitsüberprüfungen gleichwertig sind, wobei sie jedoch weitere eigene Untersuchungen durchführen und berücksichtigen können, falls dies für notwendig erachtet wird.

Der Auftraggeber kann gegebenenfalls Bewerbern, die noch nicht sicherheitsüberprüft sind, zusätzliche Zeit gewähren, um eine solche Überprüfung zu erhalten. In diesem Fall teilt der Auftraggeber diese Möglichkeit und die Frist in der Bekanntmachung mit.

Der Auftraggeber kann die nationale Sicherheitsbehörde des Landes des Bewerbers oder die designierte Sicherheitsbehörde dieses Landes ersuchen zu überprüfen, ob die voraussichtlich genutzten Räumlichkeiten und Einrichtungen, die vorgesehenen Produktions- und Verwaltungsverfahren, die Verfahren zur Behandlung von Informationen und/oder die persönliche Lage des im Rahmen des Auftrags voraussichtlich eingesetzten Personals den einzuhaltenden Sicherheitsvorschriften entsprechen.

(2) Ein Wirtschaftsteilnehmer kann sich gegebenenfalls für einen bestimmten Auftrag auf die Kapazitäten anderer Unternehmen ungeachtet des rechtlichen Charakters der zwischen ihm und diesen Unternehmen bestehenden Verbindungen stützen. Er muss in diesem Falle dem Auftraggeber gegenüber nachweisen, dass ihm für die Ausführung des Auftrags die erforderlichen Mittel zur Verfügung stehen, indem er beispielsweise die Zusage dieser Unternehmen vorlegt, dass sie dem Wirtschaftsteilnehmer die erforderlichen Mittel zur Verfügung stellen.

(3) Unter denselben Voraussetzungen können sich Gemeinschaften von Wirtschaftsteilnehmern nach Artikel 5 auf die Leistungsfähigkeit der Mitglieder der Gemeinschaften oder anderer Unternehmen stützen.

(4) Bei der Vergabe von Aufträgen, die die Lieferung von Waren, für die Verlege- oder Anbringarbeiten erforderlich sind, die Erbringung von Dienstleistungen und/oder Bauleistungen zum Gegenstand haben, kann die Eignung der Wirtschaftsteilnehmer zur Erbringung dieser Leistungen oder zur Ausführung der Verlege- und Anbringarbeiten insbesondere anhand ihrer Fachkunde, Leistungsfähigkeit, Erfahrung und Zuverlässigkeit beurteilt werden.

(5) Der Auftraggeber gibt in der Bekanntmachung an, welche der in Absatz 1 genannten Nachweise sowie welche anderen Nachweise vorzulegen sind.

(6) Kann ein Wirtschaftsteilnehmer aus einem berechtigten Grund die vom Auftraggeber geforderten Nachweise nicht beibringen, so kann er den Nachweis seiner technischen und beruflichen Leistungsfähigkeit durch Vorlage jedes anderen vom Auftraggeber für geeignet erachteten Belegs erbringen.

Artikel 43: Normen des Qualitätsmanagementsystems

Verlangen die Auftraggeber zum Nachweis dafür, dass der Wirtschaftsteilnehmer bestimmte Normen der Qualitätsmanagementsysteme erfüllt, die Vorlage von Bescheinigungen unabhängiger und akkreditierter Stellen, so nehmen sie auf Qualitätsmanagementsysteme Bezug, die den einschlägigen europäischen Normen genügen und von unabhängigen akkreditierten Stellen zertifiziert sind, die den europäischen Normen für die Akkreditierung und Zertifizierung entsprechen. Gleichwertige Bescheinigungen von unabhängigen akkreditierten Stellen aus anderen Mitgliedstaaten werden anerkannt. Die Auftraggeber erkennen auch andere Nachweise für gleichwertige Qualitätsmanagementsysteme an, die von den Wirtschaftsteilnehmern vorgelegt werden.

Artikel 44: Normen für Umweltmanagement

Verlangen die Auftraggeber in den in Artikel 42 Absatz 1 Buchstabe f genannten Fällen zum Nachweis dafür, dass der Wirtschaftsteilnehmer bestimmte Normen für das Umweltmanagement erfüllt, die Vorlage von Bescheinigungen unabhängiger Stellen, so nehmen sie auf das Gemeinschaftssystem für das Umweltmanagement und die Umweltbetriebsprüfung (EMAS) oder auf Normen für das Umweltmanagement Bezug, die auf den einschlägigen europäischen oder internationalen Normen beruhen und von entsprechenden Stellen zertifiziert sind, die dem Gemeinschaftsrecht oder gemäß einschlägigen europäischen oder internationalen Zertifizierungsnormen entsprechen. Gleichwertige Bescheinigungen von Stellen in anderen Mitgliedstaaten sind anzuerkennen. Die Auftraggeber erkennen auch andere Nachweise für gleichwertige Umweltmanagement-Maßnahmen an, die von den Wirtschaftsteilnehmern vorgelegt werden.

Artikel 45: Unterstützende Unterlagen und Auskünfte

Der Auftraggeber kann Wirtschaftsteilnehmer auffordern, die in Anwendung der Artikel 39 bis 44 vorgelegten Bescheinigungen und Dokumente zu vervollständigen oder zu erläutern.

Artikel 46: Amtliche Verzeichnisse zugelassener Wirtschaftsteilnehmer und Zertifizierung durch öffentlich-rechtliche oder privatrechtliche Stellen

(1) Die Mitgliedstaaten können entweder amtliche Verzeichnisse zugelassener Bauunternehmer, Lieferanten oder Dienstleistungserbringer oder eine Zertifizierung durch öffentlich-rechtliche oder privatrechtliche Stellen einführen.

Die Mitgliedstaaten passen die Bedingungen für die Eintragung in diese Verzeichnisse sowie für die Ausstellung der Bescheinigungen durch die Zertifizierungsstellen an Artikel 39 Absatz 1 und Artikel 39 Absatz 2 Buchstaben a bis d und h, Artikel 40, Artikel 41 Absätze 1, 4 und 5, Artikel 42 Absatz 1 Buchstaben a bis i, Artikel 42 Absätze 2 und 4, Artikel 43 und gegebenenfalls Artikel 44 an.

Die Mitgliedstaaten passen die Bedingungen ferner an die Bestimmungen des Artikels 41 Absatz 2 und des Artikels 42 Absatz 2 an, sofern Anträge auf Eintragung von Wirtschaftsteilnehmern gestellt werden, die zu einer Gruppe gehören und sich auf die von anderen Unternehmen der Gruppe bereitgestellten Kapazitäten stützen. Diese Wirtschaftsteilnehmer müssen in diesem Falle gegenüber der das amtliche Verzeichnis herausgebenden Behörde nachweisen, dass sie während der gesamten Geltungsdauer der Bescheinigung über ihre Eintragung in ein amtliches Verzeichnis über diese Kapazitäten verfügen und dass die Eignungskriterien, die nach den in Unterabsatz 2 genannten Artikeln vorgeschrieben sind und auf die sie sich für ihre Eintragung berufen, von den betreffenden anderen Unternehmen in diesem Zeitraum fortlaufend erfüllt werden.

(2) Wirtschaftsteilnehmer, die in amtlichen Verzeichnissen eingetragen sind oder über eine Bescheinigung verfügen, können dem Auftraggeber bei jeder Vergabe eine Bescheinigung der zuständigen Stelle über die Eintragung oder die von der zuständigen Zertifizierungsstelle ausgestellte Bescheinigung vorlegen. In diesen Bescheinigungen sind die Nachweise, aufgrund deren die Eintragung des Wirtschaftsteilnehmers in das Verzeichnis oder die Zertifizierung erfolgt ist, sowie die sich aus dem Verzeichnis ergebende Klassifizierung anzugeben.

(3) Die von den zuständigen Stellen bescheinigte Eintragung in die amtlichen Verzeichnisse bzw. die von der Zertifizierungsstelle ausgestellte Bescheinigung stellt für die Auftraggeber der anderen Mitgliedstaaten nur eine Eignungsvermutung in Bezug auf Artikel 39 Absatz 1 und Artikel 39 Absatz 2 Buchstaben a bis d und h, Artikel 40, Artikel 41 Absatz 1 Buchstaben b und c sowie Artikel 42 Absatz 1 Buchstabe a Ziffer i und Artikel 42 Absatz 1 Buchstaben b bis g für Auftragnehmer, Artikel 42 Absatz 1 Buchstabe a Ziffer ii und Artikel 42 Absatz 1 Buchstaben b bis e und i für Lieferanten sowie Artikel 42 Absatz 1 Buchstabe a Ziffer ii und Artikel 42 Absatz 1 Buchstaben b bis e und g für Dienstleistungserbringer dar.

(4) Die Angaben, die den amtlichen Verzeichnissen bzw. der Zertifizierung zu entnehmen sind, können nicht ohne Begründung in Zweifel gezogen werden. Hinsichtlich der Zahlung der Sozialbeiträge und der Zahlung von Steuern und Abgaben kann bei jeder Vergabe von jedem in das Verzeichnis eingetragenen Wirtschaftsteilnehmer eine zusätzliche Bescheinigung verlangt werden.

Auftraggeber aus anderen Mitgliedstaaten wenden die Bestimmungen von Absatz 3 und des Unterabsatzes 1 des vorliegenden Absatzes nur auf Wirtschaftsteilnehmer an, die in dem Mitgliedstaat ansässig sind, in dem das amtliche Verzeichnis geführt wird.

(5) Für die Eintragung von Wirtschaftsteilnehmern aus anderen Mitgliedstaaten in ein amtliches Verzeichnis bzw. für ihre Zertifizierung durch die in Absatz 1 genannten Stellen können nur die für inländische Wirtschaftsteilnehmer vorgesehenen Nachweise und Erklärungen gefordert werden, in jedem Fall jedoch nur diejenigen, die in den Artikeln 39 bis 43 und gegebenenfalls in Artikel 44 genannt sind.

Eine solche Eintragung oder Zertifizierung kann jedoch den Wirtschaftsteilnehmern aus anderen Mitgliedstaaten nicht zur Bedingung für ihre Teilnahme an einer Ausschreibung gemacht werden. Die Auftraggeber erkennen gleichwertige Bescheinigungen von Stellen in anderen Mitgliedstaaten an. Sie erkennen auch andere gleichwertige Nachweise an.

(6) Die Wirtschaftsteilnehmer können jederzeit die Eintragung in ein amtliches Verzeichnis oder die Ausstellung der Bescheinigung beantragen. Sie sind innerhalb einer angemessen kurzen Frist von der Entscheidung der zuständigen Zertifizierungsstelle bzw. der Stelle, die das amtliche Verzeichnis führt, zu unterrichten.

(7) Die in Absatz 1 genannten Zertifizierungsstellen sind Stellen, die die europäischen Normen für die Zertifizierung erfüllen.

(8) Mitgliedstaaten, die amtliche Verzeichnisse führen oder über Zertifizierungsstellen im Sinne von Absatz 1 verfügen, sind verpflichtet, der Kommission und den übrigen Mitgliedstaaten die Anschrift der Stelle mitzuteilen, bei der die Anträge eingereicht werden können.

Abschnitt 3: Auftragsvergabe

Artikel 47: Zuschlagskriterien

(1) Der Auftraggeber wendet unbeschadet der für die Vergütung von bestimmten Dienstleistungen geltenden einzelstaatlichen Rechts- und Verwaltungsvorschriften bei der Erteilung des Zuschlags folgende Kriterien an:

a) entweder — wenn der Zuschlag auf das aus Sicht des Auftraggebers wirtschaftlich günstigste Angebot erfolgt — verschiedene mit dem Auftragsgegenstand zusammenhängende Kriterien, z. B. Qualität, Preis, technischer Wert, Zweckmäßigkeit, Umwelteigenschaften, Betriebskosten, Kosten während der gesamten Lebensdauer, Rentabilität, Kundendienst und technische Hilfe, Lieferzeitpunkt und Lieferungs- oder Ausführungsfrist, Versorgungssicherheit, Interoperabilität und Eigenschaften beim Einsatz; oder

b) ausschließlich das Kriterium des niedrigsten Preises.

(2) Unbeschadet des Unterabsatzes 3 gibt der Auftraggeber im Fall von Absatz 1 Buchstabe a in den Auftragsunterlagen (Bekanntmachung, Verdingungsunterlagen, Beschreibung oder unterstützende Unterlagen) an, wie er die einzelnen Kriterien gewichtet, um das wirtschaftlich günstigste Angebot zu ermitteln.

Die Gewichtung kann mittels einer Marge angegeben werden, deren größte Bandbreite angemessen sein muss.

Kann nach Ansicht des Auftraggebers die Gewichtung aus nachvollziehbaren Gründen nicht angegeben werden, so gibt der Auftraggeber in den Auftragsunterlagen (Bekanntmachung, Verdingungsunterlagen, Beschreibung oder unterstützende Unterlagen) die Kriterien in der absteigenden Reihenfolge ihrer Bedeutung an.

Artikel 48: Durchführung von elektronischen Auktionen

(1) Die Mitgliedstaaten können festlegen, dass die Auftraggeber elektronische Auktionen durchführen dürfen.

(2) Bei der Verwendung des nichtoffenen Verfahrens sowie des Verhandlungsverfahrens mit Veröffentlichung einer Bekanntmachung kann der Auftraggeber beschließen, dass der Vergabe eines Auftrags eine elektronische Auktion vorausgeht, sofern die Spezifikationen des Auftrags hinreichend präzise beschrieben werden können.

Eine elektronische Auktion kann unter den gleichen Bedingungen bei einem erneuten Aufruf zum Wettbewerb der Parteien einer Rahmenvereinbarung nach Artikel 29 Absatz 4 Unterabsatz 2 zweiter Gedankenstrich durchgeführt werden.

Die elektronische Auktion erstreckt sich:

– allein auf die Preise, wenn der Zuschlag für den Auftrag zum niedrigsten Preis erteilt wird; oder

– auf die Preise und/oder die neuen Werte der in den Auftragsunterlagen genannten Angebotskomponenten, wenn das wirtschaftlich günstigste Angebot den Zuschlag für den Auftrag erhält.

(3) Auftraggeber, die die Durchführung einer elektronischen Auktion beschließen, weisen in der Bekanntmachung darauf hin.

Die Auftragsunterlagen enthalten unter anderem folgende Informationen:

a) die Komponenten, deren Werte Gegenstand der elektronischen Auktion sein werden, sofern diese Komponenten in der Weise quantifizierbar sind, dass sie in Ziffern oder in Prozentangaben ausgedrückt werden können;

b) gegebenenfalls die Obergrenzen der Werte, die unterbreitet werden können, wie sie sich aus den Spezifikationen des Auftragsgegenstandes ergeben;

c) die Informationen, die den Bietern im Laufe der elektronischen Auktion zur Verfügung gestellt werden, sowie den Termin, an dem sie ihnen gegebenenfalls zur Verfügung gestellt werden;

d) die relevanten Angaben zum Ablauf der elektronischen Auktion;

e) die Bedingungen, unter denen die Bieter Gebote tätigen können, und insbesondere die Mindestabstände, die bei diesen Geboten gegebenenfalls einzuhalten sind;

f) die relevanten Angaben zur verwendeten elektronischen Ausrüstung und zu den Modalitäten und technischen Spezifikationen der Anschlussverbindung.

(4) Vor der Durchführung einer elektronischen Auktion nehmen die Auftraggeber anhand des Zuschlagskriteriums bzw. der Zuschlagskriterien und der dafür festgelegten Gewichtung einc erste vollständige Evaluierung der Angebote vor.

Alle Bieter, die zulässige Angebote unterbreitet haben, werden gleichzeitig auf elektronischem Wege aufgefordert, neue Preise und/oder Werte vorzulegen; die Aufforderung enthält sämtliche relevanten Angaben betreffend die individuelle Verbindung zur verwendeten elektronischen Vorrichtung sowie das Datum und die Uhrzeit des Beginns der elektronischen Auktion. Die elektronische Auktion kann mehrere aufeinander folgende Phasen umfassen. Die elektronische Auktion darf frühestens zwei Arbeitstage nach der Versendung der Aufforderungen beginnen.

(5) Erfolgt der Zuschlag auf das wirtschaftlich günstigste Angebot, so wird der Aufforderung das Ergebnis einer vollständigen Bewertung des Angebots des betreffenden Bieters, die entsprechend der Gewichtung nach Artikel 47 Absatz 2 Unterabsatz 1 durchgeführt wurde, beigefügt.

In der Aufforderung ist ebenfalls die mathematische Formel vermerkt, nach der bei der elektronischen Auktion die automatische Neureihung entsprechend den vorgelegten neuen Preisen und/oder den neuen Werten vorgenommen wird. Aus dieser Formel geht auch die Gewichtung aller Kriterien für die Ermittlung des wirtschaftlich günstigsten Angebots hervor, so wie sie in der Bekanntmachung oder in den Auftragsungsunterlagen angegeben ist; zu diesem Zweck sind etwaige Margen durch einen im Voraus festgelegten Wert auszudrücken.

Sind Varianten zulässig, so wird für jede einzelne Variante eine gesonderte Formel angegeben.

(6) Die Auftraggeber übermitteln allen Bietern im Laufe einer jeden Phase der elektronischen Auktion unverzüglich zumindest die Informationen, die erforderlich sind, damit den Bietern jederzeit ihr jeweiliger Rang bekannt ist. Sie können ferner zusätzliche Informationen zu anderen vorgelegten Preisen oder Werten übermitteln, sofern dies in den Auftragsunterlagen angegeben ist. Darüber hinaus können sie jederzeit die Zahl der Teilnehmer an der Phase der Auktion bekannt geben. Sie dürfen jedoch keinesfalls während der Phasen der elektronischen Auktion die Identität der Bieter bekannt geben.

(7) Die Auftraggeber schließen die elektronische Auktion nach einer oder mehreren der folgenden Vorgehensweisen ab:

a) sie schließen das Verfahren zu dem Datum und der Uhrzeit ab, die von vornherein in der Aufforderung zur Teilnahme an der Auktion festgelegt wurden;
b) sie schließen das Verfahren ab, wenn keine neuen Preise oder neuen Werte mehr eingehen, die den Anforderungen an die Mindestabstände gerecht werden. In diesem Falle geben die Auftraggeber in der Aufforderung zur Teilnahme an der Auktion die Frist an, die sie ab dem Erhalt der letzten Vorlage bis zum Abschluss der elektronischen Auktion verstreichen lassen;
c) sie schließen das Verfahren ab, wenn die in der Aufforderung zur Teilnahme an der Auktion angegebenen Auktionsphasen durchgeführt worden sind.

Wenn die Auftraggeber beschließen, die elektronische Auktion gemäß Buchstabe c, gegebenenfalls kombiniert mit dem Verfahren nach Buchstabe b, abzuschließen, wird in der Aufforderung zur Teilnahme an der Auktion der Zeitplan für jede Auktionsphase angegeben.

(8) Nach Abschluss der elektronischen Auktion vergibt der Auftraggeber den Auftrag gemäß Artikel 47 entsprechend den Ergebnissen der elektronischen Auktion.

Auftraggeber dürfen elektronische Auktionen nicht missbräuchlich oder dergestalt durchführen, dass der Wettbewerb ausgeschaltet, eingeschränkt oder verfälscht wird, oder dergestalt, dass der Auftragsgegenstand, wie er im Zuge der Veröffentlichung der Bekanntmachung ausgeschrieben und in den Auftragsunterlagen definiert worden ist, verändert wird.

Artikel 49: Ungewöhnlich niedrige Angebote

(1) Erwecken im Fall eines bestimmten Auftrags Angebote den Eindruck, im Verhältnis zur Leistung ungewöhnlich niedrig zu sein, so muss der Auftraggeber vor Ablehnung dieser Angebote schriftlich Aufklärung über die Einzelposten des Angebots verlangen, wo er dies für angezeigt hält.

Die betreffenden Erläuterungen können insbesondere Folgendes betreffen:

a) die Wirtschaftlichkeit des Bauverfahrens, des Fertigungsverfahrens oder der Erbringung der Dienstleistung,
b) die gewählten technischen Lösungen und/oder alle außergewöhnlich günstigen Bedingungen, über die der Bieter bei der Durchführung der Bauleistungen bzw. der Lieferung der Waren oder der Erbringung der Dienstleistung verfügt,
c) die Originalität der Bauleistungen, der Lieferungen oder der Dienstleistungen wie vom Bieter angeboten,

d) die Einhaltung der Vorschriften über Arbeitsschutz und Arbeitsbedingungen, die am Ort der Leistungserbringung gelten,

e) die etwaige Gewährung einer staatlichen Beihilfe an den Bieter.

(2) Der Auftraggeber prüft — in Rücksprache mit dem Bieter — die betreffende Zusammensetzung und berücksichtigt dabei die gelieferten Nachweise.

(3) Stellt der Auftraggeber fest, dass ein Angebot ungewöhnlich niedrig ist, weil der Bieter eine staatliche Beihilfe erhalten hat, so kann er das Angebot allein aus diesem Grund nur nach Rücksprache mit dem Bieter ablehnen, sofern dieser binnen einer von dem Auftraggeber festzulegenden ausreichenden Frist nicht nachweisen kann, dass die betreffende Beihilfe rechtmäßig gewährt wurde. Lehnt der Auftraggeber ein Angebot unter diesen Umständen ab, so teilt er dies der Kommission mit.

TITEL III: VORSCHRIFTEN FÜR DIE VERGABE VON UNTERAUFTRÄGEN

Kapitel I: Unteraufträge, die von erfolgreichen Bietern vergeben werden, die keine Auftraggeber sind

Artikel 50: Anwendungsbereich

(1) Wenn dieser Titel gemäß Artikel 21 Absätze 3 und 4 anwendbar ist, stellen die Mitgliedstaaten sicher, dass erfolgreiche Bieter, die keine Auftraggeber sind, bei der Vergabe von Unteraufträgen an Dritte die Vorschriften der Artikel 51 bis 53 anwenden.

(2) Für die Zwecke von Absatz 1 gelten Gruppen von Unternehmen, die gebildet wurden, um den Zuschlag zu erhalten, oder mit den betreffenden Unternehmen verbundene Unternehmen nicht als Dritte.

Der Bieter fügt dem Angebot eine vollständige Liste dieser Unternehmen bei. Diese Liste ist auf den neuesten Stand zu bringen, falls sich später in den Beziehungen zwischen den Unternehmen Änderungen ergeben.

Artikel 51: Grundsätze

Der erfolgreiche Bieter geht transparent vor und behandelt sämtliche potenziellen Unterauftragnehmer gleich und in nichtdiskriminierender Weise.

Artikel 52: Schwellenwerte und Vorschriften über die Veröffentlichung

(1) Wenn ein erfolgreicher Bieter, der kein Auftraggeber ist, einen Unterauftrag vergibt, dessen geschätzter Wert ohne MwSt. die in Artikel 8 genannten Schwellenwerte nicht unterschreitet, teilt er seine Absicht in Form einer Bekanntmachung mit.

(2) Bekanntmachungen über Unteraufträge enthalten die in Anhang V aufgeführten Informationen und sämtliche anderen vom erfolgreichen Bieter für sinnvoll erachteten Angaben, gegebenenfalls mit Zustimmung des Auftraggebers.

Bekanntmachungen über Unteraufträge sind gemäß den Mustern der Standardformulare abzufassen, die von der Kommission nach dem in Artikel 67 Absatz 2 genannten Beratungsverfahren erlassen werden.

(3) Bekanntmachungen über Unteraufträge werden gemäß Artikel 32 Absätze 2 bis 5 veröffentlicht.

(4) Eine Bekanntmachung über Unteraufträge ist nicht erforderlich, wenn ein Unterauftrag die Voraussetzungen des Artikels 28 erfüllt.

(5) Erfolgreiche Bieter können Bekanntmachungen über Unteraufträge, für die keine Veröffentlichung erforderlich ist, nach Artikel 32 veröffentlichen.

(6) Die Mitgliedstaaten können ferner vorsehen, dass der erfolgreiche Bieter die Anforderungen an die Vergabe von Unteraufträgen gemäß Artikel 21 Absätze 3 oder 4 erfüllen kann, indem Unteraufträge auf der Grundlage einer Rahmenvereinbarung vergeben werden, die unter Einhaltung der Vorschriften der Artikel 51 und 53 sowie der Absätze 1 bis 5 dieses Artikels geschlossen wurde.

Unteraufträge auf der Grundlage einer solchen Rahmenvereinbarung werden gemäß den Bedingungen der Rahmensvereinbarung vergeben. Sie dürfen nur an Wirtschaftsteilnehmer vergeben werden, die ursprünglich Partei der Rahmenvereinbarung waren. Bei der Vergabe der Aufträge schlagen die Parteien in jedem Fall Bedingungen vor, die denen der Rahmenvereinbarung entsprechen.

Die Laufzeit einer Rahmenvereinbarung beträgt höchstens sieben Jahre, abgesehen von Ausnahmefällen, die unter Berücksichtigung der zu erwartenden Nutzungsdauer gelieferter Güter, Anlagen oder Systeme und der durch einen Wechsel des Lieferanten entstehenden technischen Schwierigkeiten bestimmt werden.

Rahmenvereinbarungen dürfen nicht missbräuchlich oder in einer Weise angewandt werden, durch die der Wettbewerb behindert, eingeschränkt oder verfälscht wird.

(7) Für die Vergabe von Unteraufträgen, deren geschätzter Wert ohne MwSt. unter den in Artikel 8 genannten Schwellenwerten liegt, wenden die erfolgreichen Bieter die Grundsätze des Vertrags im Hinblick auf Transparenz und Wettbewerb ab.

(8) Für die Berechnung des geschätzten Werts des Unterauftrags gilt Artikel 9.

Artikel 53: Eignungskriterien für Unterauftragnehmer

In der Bekanntmachung für den Unterauftrag gibt der erfolgreiche Bieter die von dem Auftraggeber festgelegten Eignungskriterien sowie alle anderen Kriterien an, die er für die Auswahl der Unterauftragnehmer anwendet. Diese Kriterien müssen objektiv und nichtdiskriminierend sein und im Einklang mit den Kriterien stehen, die der Auftraggeber für die Auswahl der Bieter für den Hauptauftrag angewandt hat. Die geforderte Leistungsfähigkeit muss in direktem Zusammenhang zu dem Gegenstand des Unterauftrags stehen, und das Niveau der geforderten Fähigkeiten muss dem Gegenstand des Unterauftrags entsprechen.

Vom erfolgreichen Bieter darf nicht verlangt werden, einen Unterauftrag zu vergeben, wenn er zur Zufriedenheit des Auftraggebers nachweist, dass keiner der Unterauftragnehmer, die an dem Wettbewerb teilnehmen, oder keines der eingereichten Angebote die in der Bekanntmachung über den Unterauftrag genannten Kriterien erfüllt und es daher dem erfolgreichen Bieter unmöglich wäre, die Anforderungen des Hauptauftrags zu erfüllen.

Kapitel II: Unteraufträge, die von erfolgreichen Bietern vergeben werden, die Auftraggeber sind

Artikel 54: Anzuwendende Vorschriften

Wenn der erfolgreiche Bieter ein Auftraggeber ist, hält er bei der Vergabe von Unteraufträgen die Bestimmungen über Hauptaufträge gemäß den Titeln I und II ein.

Titel IV: Vorschriften für Nachprüfungen

Artikel 55: Anwendungsbereich und Zugang zu Nachprüfungsverfahren

(1) Die Nachprüfungsverfahren nach diesem Titel gelten für die in Artikel 2 genannten Aufträge, vorbehaltlich der in den Artikeln 12 und 13 vorgesehenen Ausnahmen.

(2) Die Mitgliedstaaten ergreifen die erforderlichen Maßnahmen, um sicherzustellen, dass Entscheidungen von Auftraggebern wirksam und vor allem möglichst rasch nach Maßgabe der Artikel 56 bis 62 auf Verstöße gegen das Gemeinschaftsrecht im Bereich des Auftragswesens oder gegen die einzelstaatlichen Vorschriften, die dieses Recht umsetzen, nachgeprüft werden können.

(3) Die Mitgliedstaaten stellen sicher, dass die in diesem Titel getroffene Unterscheidung zwischen einzelstaatlichen Vorschriften zur Umsetzung des Gemeinschaftsrechts und den übrigen innerstaatlichen Bestimmungen nicht zu Diskriminierungen zwischen Unternehmen führt, die im Rahmen eines Verfahrens zur Vergabe eines Auftrags einen Schaden geltend machen könnten.

(4) Die Mitgliedstaaten stellen sicher, dass Nachprüfungsverfahren entsprechend den gegebenenfalls von den Mitgliedstaaten festzulegenden Bedingungen zumindest jeder Person zur Verfügung stehen, die ein Interesse an einem bestimmten Auftrag hat oder hatte und der durch einen behaupteten Verstoß ein Schaden entstanden ist bzw. zu entstehen droht.

(5) Die Mitgliedstaaten können verlangen, dass die Person, die ein Nachprüfungsverfahren anzustrengen beabsichtigt, den Auftraggeber über den behaupteten Verstoß und die beabsichtigte Nachprüfung unterrichtet, sofern die Stillhaltefrist nach Artikel 57 Absatz 2 oder andere Fristen für die Einreichung eines Antrags auf Nachprüfung nach Artikel 59 hiervon unberührt bleiben.

(6) Die Mitgliedstaaten können verlangen, dass die betreffende Person zunächst beim Auftraggeber eine Nachprüfung beantragt. In diesem Fall tragen die Mitgliedstaaten dafür Sorge, dass die Einreichung eines solchen Antrags einen unmittelbaren Suspensiveffekt auf den Vertragsschluss auslöst.

Die Mitgliedstaaten entscheiden über die geeigneten Kommunikationsmittel, einschließlich Fax oder elektronischer Mittel, die für die Beantragung der Nachprüfung gemäß Unterabsatz 1 zu verwenden sind.

Der Suspensiveffekt nach Unterabsatz 1 endet nicht vor Ablauf einer Frist von mindestens zehn Kalendertagen, gerechnet ab dem Tag, der auf den Tag folgt, an dem der Auftraggeber eine Antwort abgesendet hat, falls sie per Fax oder auf elektronischem Weg abgesendet wird, oder, falls andere Kommunikationsmittel verwendet werden, nicht vor Ablauf einer Frist von entweder mindestens 15 Kalendertagen, gerechnet ab dem Tag, der auf den Tag folgt, an dem der Auftraggeber eine Antwort abgesendet hat, oder mindestens zehn Kalendertagen, gerechnet ab dem Tag nach dem Eingang einer Antwort.

Artikel 56: Anforderungen an die Nachprüfungsverfahren

(1) Die Mitgliedstaaten stellen sicher, dass die Maßnahmen für die in Artikel 55 genannten Nachprüfungsverfahren folgende Befugnisse umfassen:

a) so schnell wie möglich im Wege der einstweiligen Verfügung vorläufige Maßnahmen zu ergreifen, um den behaupteten Verstoß zu beseitigen oder weitere Schädigungen der betroffenen Interessen zu verhindern — dazu gehören Maßnahmen, um das Vergabeverfahren oder die Durchführung jeder Entscheidung der Auftraggeber auszusetzen oder die Aussetzung zu veranlassen —, und die Aufhebung rechtswidriger Entscheidungen, einschließlich der Streichung diskriminierender technischer, wirtschaftlicher oder finanzieller Spezifikationen in den Ausschreibungsdokumenten, den Verdingungsunterlagen oder in jedem sonstigen sich auf das betreffende Vergabeverfahren beziehenden Dokument vorzunehmen oder zu veranlassen, ode

b) so schnell wie möglich, möglichst im Wege der einstweiligen Verfügung und erforderlichenfalls im Rahmen eines endgültigen Verfahrens in der Sache, andere als die unter Buchstabe a genannten Maßnahmen zu erlassen, um den festgestellten Rechtsverstoß zu beseitigen und eine Schädigung der betroffenen Interessen zu verhindern; insbesondere eine Aufforderung zur Zahlung eines bestimmten Betrags zu erlassen, falls der Verstoß nicht beseitigt oder verhindert wurde.

In beiden genannten Fällen schließen die vorgesehenen Befugnisse auch die Befugnis ein, denjenigen, die durch den Rechtsverstoß geschädigt worden sind, Schadensersatz zuzuerkennen.

(2) Die in Absatz 1 und in den Artikeln 60 und 61 genannten Befugnisse können getrennt mehreren Stellen übertragen werden, die für das Nachprüfungsverfahren unter verschiedenen Gesichtspunkten zuständig sind.

(3) Wird eine von dem Auftraggeber unabhängige Stelle in erster Instanz mit der Nachprüfung einer Zuschlagsentscheidung befasst, so sorgen die Mitgliedstaaten dafür, dass der Auftraggeber den Vertragsschluss nicht vornehmen kann, bevor die Nachprüfungsstelle eine Entscheidung über einen Antrag auf vorläufige Maßnahmen oder eine Entscheidung in der Hauptsache getroffen hat. Diese Aussetzung endet frühestens mit Ablauf der Stillhaltefrist nach Artikel 57 Absatz 2 und Artikel 60 Absätze 4 und 5.

(4) Außer in den Fällen nach Absatz 3 dieses Artikels und Artikel 55 Absatz 6 haben die Nachprüfungsverfahren als solche nicht notwendigerweise einen automatischen Suspensiveffekt auf die betreffenden Vergabeverfahren.

(5) Die Mitgliedstaaten können vorsehen, dass die Nachprüfungsstelle die voraussehbaren Folgen der vorläufigen Maßnahmen im Hinblick auf alle möglicherweise geschädigten Interessen sowie das Interesse der Allgemeinheit, insbesondere Verteidigungs- und/oder Sicherheitsinteressen, berücksichtigen kann und dass sie beschließen kann, diese Maßnahmen nicht zu ergreifen, wenn deren nachteilige Folgen die damit verbundenen Vorteile überwiegen könnten.

Die Ablehnung der vorläufigen Maßnahmen beeinträchtigt nicht die sonstigen Rechte des Antragstellers.

(6) Die Mitgliedstaaten können vorsehen, dass bei Schadensersatzansprüchen, die auf die Rechtswidrigkeit einer Entscheidung gestützt werden, diese zunächst von einer mit den dafür erforderlichen Befugnissen ausgestatteten Stelle aufgehoben worden sein muss.

(7) Außer in den in den Artikeln 60 bis 62 genannten Fällen richten sich die Wirkungen der Ausübung der in Absatz 1 dieses Artikels genannten Befugnisse auf den nach der Zuschlagserteilung geschlossenen Vertrag nach dem einzelstaatlichen Recht.

Abgesehen von dem Fall, in dem eine Entscheidung vor Zuerkennung von Schadensersatz aufgehoben werden muss, kann ein Mitgliedstaat ferner vorsehen, dass nach dem Vertragsschluss in Übereinstimmung mit Artikel 55 Absatz 6, Absatz 3 des vorliegenden Artikels oder den Artikeln 57 bis 62 die Befugnisse der Nachprüfungsstelle darauf beschränkt werden, einer durch einen Verstoß geschädigten Person Schadensersatz zuzuerkennen.

(8) Die Mitgliedstaaten stellen sicher, dass die Entscheidungen der Nachprüfungsstellen wirksam durchgesetzt werden können.

(9) Eine Nachprüfungsstelle, die kein Gericht ist, muss ihre Entscheidung stets schriftlich begründen. Ferner ist in diesem Falle sicherzustellen, dass eine behauptete rechtswidrige Maßnahme der Nachprüfungsstelle oder ein behaupteter Verstoß bei der Ausübung der ihr übertragenen Befugnisse zum Gegenstand einer gerichtlichen Nachprüfung oder einer Nachprüfung bei einer anderen gegenüber dem Auftraggeber und der Nachprüfungsstelle unabhängigen Stelle, die ein Gericht im Sinne des Artikels 234 des Vertrags ist, gemacht werden können.

Für die Ernennung und das Ende der Amtszeit der Mitglieder dieser unabhängigen Stelle gelten bezüglich der für ihre Ernennung zuständigen Behörde, der Dauer ihrer Amtszeit und ihrer Absetzbarkeit die gleichen Bedingungen wie für Richter. Zumindest der Vorsitzende der unabhängigen Stelle muss die juristischen und beruflichen Qualifikationen eines Richters besitzen. Die Entscheidungen der unabhängigen Stelle sind in der von den einzelnen Mitgliedstaaten jeweils zu bestimmenden Weise rechtsverbindlich.

(10) Die Mitgliedstaaten stellen sicher, dass die für die Nachprüfungsverfahren zuständigen Stellen ein angemessenes Maß an Vertraulichkeit von Verschlusssachen oder anderer Informationen, die in den von den Parteien übermittelten Unterlagen enthalten sind, garantieren und während des gesamten Verfahrens im Einklang mit den Verteidigungs- und/oder Sicherheitsinteressen handeln.

Zu diesem Zweck können die Mitgliedstaaten entscheiden, dass eine spezielle Stelle die ausschließliche Zuständigkeit für die Nachprüfung von Aufträgen in den Bereichen Verteidigung und Sicherheit hat.

In jedem Fall können die Mitgliedstaaten vorsehen, dass nur Mitglieder der Nachprüfungsstellen, die persönlich für den Umgang mit Verschlusssachen ermächtigt sind, Anträge auf Nachprüfung bearbeiten, die solche Informationen umfassen. Sie können ferner besondere Sicherheitsmaßnahmen ergreifen, die die Erfassung von Anträgen auf Nachprüfung, den Eingang von Unterlagen und die Speicherung von Dateien betreffen.

Die Mitgliedstaaten legen fest, wie die Nachprüfungsstellen die Vertraulichkeit von Verschlusssachen mit der Einhaltung der Verteidigungsrechte in Einklang bringen, und gewährleisten dabei im Fall einer gerichtlichen Nachprüfung oder einer Nachprüfung durch eine Stelle, die ein Gericht im Sinne von Artikel 234 des Vertrags ist, dass das Verfahren insgesamt dem Recht auf ein faires Verfahren entspricht.

Artikel 57: Stillhaltefrist

(1) Die Mitgliedstaaten legen nach Maßgabe der Mindestbedingungen in Absatz 2 dieses Artikels und in Artikel 59 Fristen fest, die sicherstellen, dass die in Artikel 55 Absatz 4 genannten Personen gegen Zuschlagsentscheidungen der Auftraggeber wirksame Nachprüfungsverfahren anstrengen können.

(2) Der Vertragsabschluss im Anschluss an die Zuschlagsentscheidung für einen Auftrag, der in den Anwendungsbereich dieser Richtlinie fällt, darf nicht vor Ablauf einer Frist von mindestens zehn Kalendertagen erfolgen, gerechnet ab dem Tag, der auf den Tag folgt, an dem die Zuschlagsentscheidung an die betroffenen Bieter und Bewerber abgesendet wurde, falls sie per Fax oder auf elektronischem Weg abgesendet wird, oder, falls andere Kommunikationsmittel verwendet werden, nicht vor Ablauf einer Frist von entweder mindestens 15 Kalendertagen, gerechnet ab dem Tag, der auf den Tag folgt, an dem die Zuschlagsentscheidung an die betroffenen Bieter und Bewerber abgesendet wurde, oder mindestens zehn Kalendertagen, gerechnet ab dem Tag nach dem Eingang der Zuschlagsentscheidung.

Bieter gelten als betroffen, wenn sie noch nicht endgültig ausgeschlossen wurden. Ein Ausschluss ist endgültig, wenn er den betroffenen Bietern mitgeteilt wurde und entweder von einer unabhängigen Nachprüfungsstelle als rechtmäßig anerkannt wurde oder keinem Nachprüfungsverfahren mehr unterzogen werden kann.

Bewerber gelten als betroffen, wenn der Auftraggeber ihnen keine Informationen über die Ablehnung ihrer Bewerbung zur Verfügung gestellt hat, bevor die Mitteilung über die Zuschlagsentscheidung an die betroffenen Bieter ergangen ist.

Der Mitteilung über die Zuschlagsentscheidung an jeden betroffenen Bieter und Bewerber wird Folgendes beigefügt:

- vorbehaltlich des Artikels 35 Absatz 2 eine Zusammenfassung der einschlägigen Gründe gemäß Artikel 35 Absatz 3 und
- eine genaue Angabe der konkreten Stillhaltefrist, die gemäß den einzelstaatlichen Vorschriften zur Umsetzung dieses Absatzes anzuwenden ist.

Artikel 58: Ausnahmen von der Stillhaltefrist

Die Mitgliedstaaten können vorsehen, dass die in Artikel 57 Absatz 2 genannten Fristen in folgenden Fällen nicht angewendet werden:

a) wenn nach dieser Richtlinie keine vorherige Veröffentlichung einer Bekanntmachung im Amtsblatt der Europäischen Union erforderlich ist;

b) wenn der einzige betroffene Bieter im Sinne des Artikels 57 Absatz 2 der Bieter ist, dem der Zuschlag erteilt wird, und wenn es keine betroffenen Bewerber gibt;

c) bei einem Auftrag, dem eine Rahmenvereinbarung gemäß Artikel 29 zugrunde liegt.

Wird von dieser Ausnahmeregelung Gebrauch gemacht, so stellen die Mitgliedstaaten sicher, dass der Vertrag gemäß den Artikeln 60 und 62 unwirksam ist, wenn

- ein Verstoß gegen Artikel 29 Absatz 4 Unterabsatz 2 zweiter Gedankenstrich vorliegt und
- der geschätzte Auftragswert die in Artikel 8 genannten Schwellenwerte erreicht oder diese übersteigt.

Artikel 59: Fristen für die Beantragung einer Nachprüfung

Legt ein Mitgliedstaat fest, dass alle Nachprüfungsanträge gegen Entscheidungen eines Auftraggebers, die im Rahmen von oder im Zusammenhang mit einem Vergabeverfahren im Sinne der vorliegenden Richtlinie ergehen, vor Ablauf einer bestimmten Frist gestellt werden müssen, so beträgt diese Frist mindestens zehn Kalendertage, gerechnet ab dem Tag, der auf den Tag folgt, an dem die Entscheidung des Auftraggebers an den Bieter oder Bewerber abgesendet wurde, falls sie per Fax oder auf elektronischem Weg abgesendet wird, oder, falls andere Kommunikationsmittel verwendet werden, entweder mindestens 15 Kalendertage, gerechnet ab dem Tag, der auf den Tag folgt, an dem die Entscheidung des Auftraggebers an den Bieter oder Bewerber abgesendet wurde, oder mindestens zehn Kalendertage, gerechnet ab dem Tag nach dem Eingang der Entscheidung des Auftraggebers. Der Mitteilung über die Entscheidung des Auftraggebers an sämtliche Bieter oder Bewerber wird eine Zusammenfassung der einschlägigen Gründe beigefügt. Wird ein Antrag auf Nachprüfung in Bezug auf die in Artikel 56 Absatz 1 Buchstabe b genannten Entscheidungen eingereicht, die keiner besonderen Mitteilungspflicht unterliegen, so beträgt die Frist mindestens zehn Kalendertage, gerechnet ab dem Zeitpunkt der Veröffentlichung der betreffenden Entscheidung.

Artikel 60: Unwirksamkeit

(1) Die Mitgliedstaaten tragen in folgenden Fällen dafür Sorge, dass ein Vertrag durch eine von dem Auftraggeber unabhängige Nachprüfungsstelle für unwirksam erklärt wird oder dass sich seine Unwirksamkeit aus der Entscheidung einer solchen Stelle ergibt,

a) falls der Auftraggeber einen Auftrag ohne vorherige Veröffentlichung einer Bekanntmachung im Amtsblatt der Europäischen Union vergeben hat, ohne dass dies nach der vorliegenden Richtlinie zulässig ist,

b) bei einem Verstoß gegen Artikel 55 Absatz 6, Artikel 56 Absatz 3 oder Artikel 57 Absatz 2, falls dieser Verstoß dazu führt, dass der Bieter, der eine Nachprüfung beantragt, nicht mehr die Möglichkeit hat, vor Abschluss des Vertrags Rechtsschutz zu erlangen, und dieser Verstoß verbunden ist mit einem anderen Verstoß gegen die Titel I oder II, falls der letztgenannte Verstoß die Aussichten des Bieters, der eine Nachprüfung beantragt, auf die Erteilung des Zuschlags beeinträchtigt hat,

c) in Fällen gemäß Artikel 58 Buchstabe c Unterabsatz 2, falls die Mitgliedstaaten von der Ausnahmeregelung bezüglich der Stillhaltefrist für Aufträge, die auf einer Rahmenvereinbarung beruhen, Gebrauch gemacht haben.

(2) Die Folgen der Unwirksamkeit eines Vertrags richten sich nach einzelstaatlichem Recht. Die einzelstaatlichen Rechtsvorschriften können somit vorsehen, dass alle vertraglichen Verpflichtungen rückwirkend aufgehoben werden oder dass die Wirkung der Aufhebung auf die Verpflichtungen, die noch zu erfüllen sind, beschränkt ist. Im letzteren Fall tragen die Mitgliedstaaten dafür Sorge, dass alternative Sanktionen im Sinne des Artikels 61 Absatz 2 Anwendung finden.

(3) Die Mitgliedstaaten können vorsehen, dass die gegenüber dem Auftraggeber unabhängige Nachprüfungsstelle einen Vertrag nicht für unwirksam erachten kann, selbst wenn er aus den in Absatz 1 genannten Gründen rechtswidrig vergeben wurde, wenn die Nachprüfungsstelle nach Prüfung aller einschlägigen Aspekte zu dem Schluss kommt, dass zwingende Gründe eines Allgemeininteresses, in erster Linie im Zusammenhang mit Verteidigungs- und/oder Sicherheitsinteressen, es rechtfertigen, die Wirkung des Vertrags zu erhalten.

Wirtschaftliche Interessen an der Wirksamkeit eines Vertrags dürfen nur als zwingende Gründe eines Allgemeininteresses im Sinne des Unterabsatzes 1 gelten, wenn die Unwirksamkeit unverhältnismäßige Folgen hätte.

Wirtschaftliche Interessen in unmittelbarem Zusammenhang mit dem betreffenden Vertrag sind jedoch keine zwingenden Gründe eines Allgemeininteresses im Sinne von Unterabsatz 1. Zu den wirtschaftlichen Interessen in unmittelbarem Zusammenhang mit dem Vertrag gehören unter anderem die durch die Verzögerung bei der Ausführung des Vertrags verursachten Kosten, die durch die Einleitung eines neuen Vergabeverfahrens verursachten Kosten, die durch den Wechsel des Wirtschaftsteilnehmers, der den Vertrag ausführt, verursachten Kosten und die Kosten, die durch rechtliche Verpflichtungen aufgrund der Unwirksamkeit verursacht werden.

Ein Vertrag darf jedoch nicht als unwirksam angesehen werden, wenn die Folgen der Unwirksamkeit die Existenz eines umfassenderen Verteidigungs- oder Sicherheitsprogramms, das für die Sicherheitsinteressen eines Mitgliedstaats von grundlegender Bedeutung ist, erheblich gefährden würden.

In allen genannten Fällen sehen die Mitgliedstaaten alternative Sanktionen im Sinne des Artikels 61 Absatz 2 vor, die stattdessen angewandt werden.

(4) Die Mitgliedstaaten sehen vor, dass Absatz 1 Buchstabe a nicht zur Anwendung kommt, wenn

- der Auftraggeber der Ansicht ist, dass die Auftragsvergabe ohne vorherige Veröffentlichung einer Bekanntmachung im Amtsblatt der Europäischen Union gemäß dieser Richtlinie zulässig ist,
- der Auftraggeber im Amtsblatt der Europäischen Union eine Bekanntmachung veröffentlicht hat, wie sie in Artikel 64 beschrieben ist und mit der er seine Absicht bekundet, den Vertrag abzuschließen, und

– der Vertrag nicht vor Ablauf einer Frist von mindestens zehn Kalendertagen, gerechnet ab dem Tag nach der Veröffentlichung dieser Bekanntmachung, abgeschlossen wurde.

(5) Die Mitgliedstaaten sehen vor, dass Absatz 1 Buchstabe c nicht zur Anwendung kommt, wenn

– der Auftraggeber der Ansicht ist, dass die Auftragsvergabe im Einklang mit Artikel 29 Absatz 4 Unterabsatz 2 zweiter Gedankenstrich erfolgt,
– der Auftraggeber eine Zuschlagsentscheidung mit einer Zusammenfassung der Gründe gemäß Artikel 57 Absatz 2 Unterabsatz 4 erster Gedankenstrich an die betroffenen Bieter abgesendet hat und
– der Vertrag nicht vor Ablauf einer Frist von mindestens zehn Kalendertagen geschlossen wurde, gerechnet ab dem Tag, der auf den Tag folgt, an dem die Zuschlagsentscheidung an die betroffenen Bieter abgesendet wurde, falls sie per Fax oder auf elektronischem Weg abgesendet wird, oder, falls andere Kommunikationsmittel verwendet werden, nicht vor Ablauf einer Frist von entweder mindestens 15 Kalendertagen, gerechnet ab dem Tag, der auf den Tag folgt, an dem die Zuschlagsentscheidung an die betroffenen Bieter abgesendet wurde, oder mindestens zehn Kalendertagen, gerechnet ab dem Tag nach dem Eingang der Zuschlagsentscheidung.

Artikel 61: Verstöße gegen diesen Titel und alternative Sanktionen

(1) Bei Verstößen gegen Artikel 55 Absatz 6, Artikel 56 Absatz 3 oder Artikel 57 Absatz 2, die nicht von Artikel 60 Absatz 1 Buchstabe b erfasst sind, sehen die Mitgliedstaaten die Unwirksamkeit gemäß Artikel 60 Absätze 1 bis 3 oder alternative Sanktionen vor. Die Mitgliedstaaten können vorsehen, dass die vom Auftraggeber unabhängige Nachprüfungsstelle nach Bewertung aller einschlägigen Aspekte entscheidet, ob der Vertrag als unwirksam erachtet oder alternative Sanktionen verhängt werden sollten.

(2) Die alternativen Sanktionen müssen wirksam, verhältnismäßig und abschreckend sein. Sie umfassen Folgendes:

– die Verhängung von Geldbußen bzw. -strafen gegen den Auftraggeber oder
– die Verkürzung der Laufzeit des Vertrags.

Die Mitgliedstaaten können der Nachprüfungsstelle einen weiten Ermessensspielraum einräumen, damit sie alle relevanten Faktoren berücksichtigen kann, einschließlich der Schwere des Verstoßes, des Verhaltens des Auftraggebers und — in den in Artikel 60 Absatz 2 genannten Fällen — des Umfangs, in dem der Vertrag seine Gültigkeit behält.

Die Zuerkennung von Schadensersatz stellt keine angemessene Sanktion im Sinne dieses Absatzes dar.

Artikel 62: Fristen

(1) Die Mitgliedstaaten können vorsehen, dass eine Nachprüfung gemäß Artikel 60 Absatz 1 innerhalb der folgenden Fristen beantragt werden muss:

a) vor Ablauf von mindestens 30 Kalendertagen, gerechnet ab dem Tag, der auf den Tag folgt, an dem
   – der Auftraggeber eine Bekanntmachung über die Auftragsvergabe gemäß Artikel 30 Absatz 3 und den Artikeln 31 und 32 veröffentlicht hat, sofern darin die Entscheidung des Auftraggebers begründet wird, einen Auftrag ohne vorherige Veröffentlichung einer Bekanntmachung im Amtsblatt der Europäischen Union zu vergeben, oder
   – der Auftraggeber die betroffenen Bieter und Bewerber über den Abschluss des Vertrags informiert, sofern diese Information eine Zusammenfassung der einschlägigen Gründe gemäß Artikel 35 Absatz 2 enthält, vorbehaltlich des Artikels 35 Absatz 3. Diese Option findet auch in den in Artikel 58 Buchstabe c genannten Fällen Anwendung; und
b) in jedem Fall vor Ablauf einer Frist von mindestens sechs Monaten, gerechnet ab dem Tag, der auf den Tag folgt, an dem der Vertrag geschlossen wurde.

(2) In allen anderen Fällen, einschließlich der Beantragung einer Nachprüfung gemäß Artikel 61 Absatz 1, werden die Fristen für die Beantragung einer Nachprüfung vorbehaltlich des Artikels 59 durch das einzelstaatliche Recht geregelt.

Artikel 63: Korrekturmechanismus

(1) Die Kommission kann das in den Absätzen 2 bis 5 vorgesehene Verfahren anwenden, wenn sie vor Abschluss eines Vertrags zu der Auffassung gelangt, dass bei einem Vergabeverfahren, das in den Anwendungsbereich dieser Richtlinie fällt, ein schwerer Verstoß gegen das Gemeinschaftsrecht im Bereich des Auftragswesens vorliegt.

(2) Die Kommission teilt dem betroffenen Mitgliedstaat mit, aus welchen Gründen sie einen schweren Verstoß als gegeben ansieht, und fordert dessen Beseitigung durch geeignete Maßnahmen.

(3) Innerhalb von 21 Kalendertagen nach Eingang der in Absatz 2 genannten Mitteilung übermittelt der betroffene Mitgliedstaat der Kommission

a) die Bestätigung, dass der Verstoß beseitigt wurde,

b) eine Begründung dafür, weshalb der Verstoß nicht beseitigt wurde, oder

c) die Mitteilung, dass das betreffende Vergabeverfahren entweder auf Betreiben des Auftraggebers oder aber in Wahrnehmung der in Artikel 56 Absatz 1 Buchstabe a vorgesehenen Befugnisse ausgesetzt wurde.

(4) In einer gemäß Absatz 3 Buchstabe b übermittelten Begründung kann insbesondere geltend gemacht werden, dass der behauptete Verstoß bereits Gegenstand eines Gerichtsverfahrens oder eines anderen Verfahrens oder einer Nachprüfung nach Artikel 56 Absatz 9 ist. In diesem Fall unterrichtet der Mitgliedstaat die Kommission über den Ausgang dieser Verfahren, sobald dieser bekannt ist.

(5) Hat der betroffene Mitgliedstaat gemäß Absatz 3 Buchstabe c mitgeteilt, dass ein Vergabeverfahren ausgesetzt wurde, so ist die Beendigung der Aussetzung oder die Eröffnung eines neuen Vergabeverfahrens, das sich ganz oder teilweise auf das frühere Vergabeverfahren bezieht, der Kommission bekannt zu geben. In der neuen Mitteilung bestätigt der Mitgliedstaat entweder, dass der behauptete Verstoß beseitigt wurde, oder er gibt eine Begründung dafür, weshalb der Verstoß nicht beseitigt wurde.

Artikel 64: Inhalt einer Bekanntmachung für die Zwecke der freiwilligen Ex-Ante-Transparenz

Die Bekanntmachung nach Artikel 60 Absatz 4 zweiter Gedankenstrich, deren Format von der Kommission nach dem in Artikel 67 Absatz 2 genannten Beratungsverfahren festgelegt wird, enthält folgende Angaben:

a) Name und Kontaktdaten des Auftraggebers,

b) Beschreibung des Vertragsgegenstands,

c) Begründung der Entscheidung des Auftraggebers, den Auftrag ohne vorherige Veröffentlichung einer Bekanntmachung im Amtsblatt der Europäischen Union zu vergeben,

d) Name und Kontaktdaten des Wirtschaftsteilnehmers, zu dessen Gunsten die Zuschlagsentscheidung getroffen wurde, und

e) gegebenenfalls jede andere vom Auftraggeber für sinnvoll erachtete Angabe.

TITEL V: STATISTISCHE PFLICHTEN, DURCHFÜHRUNGSBEFUGNISSE UND SCHLUSSBESTIMMUNGEN

Artikel 65: Statistische Pflichten

Um eine Einschätzung der Ergebnisse der Anwendung dieser Richtlinie zu ermöglichen, übermitteln die Mitgliedstaaten der Kommission spätestens am 31. Oktober jeden Jahres eine statistische Aufstellung gemäß Artikel 66 der von den Auftraggebern im Vorjahr vergebenen Liefer-, Dienstleistungs- und Bauaufträge.

Artikel 66: Inhalt der statistischen Aufstellung

Die statistische Aufstellung enthält die Anzahl und den Wert der vergebenen Aufträge, aufgeschlüsselt nach dem Mitgliedstaat oder dem Drittstaat des erfolgreichen Bieters. Sie erfolgt getrennt nach Dienstleistungs-, Liefer- und Bauaufträgen.

Die Daten gemäß Absatz 1 werden nach den gewählten Verfahrensarten aufgeschlüsselt, wobei für jedes Verfahren die Lieferungen, Dienstleistungen und Bauleistungen gemäß den Kategorien der CPV-Nomenklatur angegeben werden.

Werden Aufträge im Verhandlungsverfahren ohne Veröffentlichung einer Bekanntmachung vergeben, so werden die Daten gemäß Absatz 1 auch nach den in Artikel 28 genannten Fallgruppen aufgeschlüsselt.

Der Inhalt der statistischen Aufstellung wird nach dem in Artikel 67 Absatz 2 genannten Beratungsverfahren festgelegt.

Artikel 67: Ausschussverfahren

(1) Die Kommission wird von dem Beratenden Ausschuss für öffentliches Auftragswesen („Ausschuss") unterstützt, der durch Artikel 1 des Beschlusses 71/306/EWG des Rates[26] eingesetzt wurde.

(2) Wird auf diesen Absatz Bezug genommen, so gelten die Artikel 3 und 7 des Beschlusses 1999/468/EG unter Beachtung von dessen Artikel 8.

---

[26] ABl. L 185 vom 16.8.1971, S. 15.

(3) Wird auf diesen Absatz Bezug genommen, so gelten Artikel 5a Absätze 1 bis 4 und Artikel 7 des Beschlusses 1999/468/EG unter Beachtung von dessen Artikel 8.

Für die Überprüfung der in Artikel 8 vorgesehenen Schwellenwerte werden die in Artikel 5a Absatz 3 Buchstabe c und Artikel 5a Absatz 4 Buchstaben b und e des Beschlusses 1999/468/EG vorgesehenen Fristen wegen der zeitlichen Zwänge, die sich aus den in Artikel 69 Absatz 1 Unterabsatz 2 und Artikel 69 Absatz 3 der Richtlinie 2004/17/EG festgelegten Modalitäten für Berechnung und Veröffentlichung ergeben, auf jeweils vier, zwei und sechs Wochen festgesetzt.

(4) Wird auf diesen Absatz Bezug genommen, so gelten Artikel 5a Absätze 1, 2, 4 und 6 und Artikel 7 des Beschlusses 1999/468/EG unter Beachtung von dessen Artikel 8.

Artikel 68

Neufestsetzung der Schwellenwerte

(1) Bei Überprüfung der Schwellenwerte gemäß der Richtlinie 2004/17/EG gemäß deren Artikel 69 überprüft die Kommission ebenfalls die in Artikel 8 der vorliegenden Richtlinie genannten Schwellenwerte und passt

a) den in Artikel 8 Buchstabe a dieser Richtlinie genannten Schwellenwert an den geänderten Wert des Artikels 16 Buchstabe a der Richtlinie 2004/17/EG an,

b) den in Artikel 8 Buchstabe b dieser Richtlinie genannten Schwellenwert an den geänderten Wert des Artikels 16 Buchstabe b der Richtlinie 2004/17/EG an.

Bei einer solchen Überprüfung und Anpassung zur Änderung nicht wesentlicher Bestimmungen dieser Richtlinie wendet die Kommission das in Artikel 67 Absatz 3 genannte Regelungsverfahren mit Kontrolle an. Aus Gründen äußerster Dringlichkeit kann die Kommission auf das in Artikel 67 Absatz 4 genannte Dringlichkeitsverfahren zurückgreifen.

(2) Der Gegenwert der gemäß Absatz 1 festgesetzten Schwellenwerte in den Währungen der Mitgliedstaaten, die den Euro nicht eingeführt haben, wird an den Gegenwert der in Absatz 1 genannten Schwellenwerte gemäß der Richtlinie 2004/17/EG angepasst, die gemäß Artikel 69 Absatz 2 Unterabsatz 2 der Richtlinie 2004/17/EG ermittelt werden.

(3) Die in Absatz 1 genannten neu festgesetzten Schwellenwerte und ihr Gegenwert in den Währungen der Mitgliedstaaten werden von der Kommission im Amtsblatt der Europäischen Union zu Beginn des Monats November, der auf die Neufestsetzung folgt, veröffentlicht.

Artikel 69: Änderungen

(1) Die Kommission kann nach dem in Artikel 67 Absatz 2 genannten Beratungsverfahren Folgendes ändern:

a) die Modalitäten für Erstellung, Übermittlung, Eingang, Übersetzung, Erhebung und Verteilung der in Artikel 30 genannten Bekanntmachungen und der in Artikel 65 genannten statistischen Aufstellungen;

b) die Modalitäten der Übermittlung und Veröffentlichung von Daten nach Anhang VI aus Verwaltungsgründen oder wegen Anpassung an den technischen Fortschritt;

c) das in Anhang VII enthaltene Verzeichnis von Registern, Erklärungen und Bescheinigungen, soweit sich dies aufgrund von Mitteilungen der Mitgliedstaaten als erforderlich erweist.

(2) Die Kommission kann die folgende nicht wesentliche Bestimmungen dieser Richtlinie nach dem in Artikel 67 Absatz 3 genannten Regelungsverfahren mit Kontrolle ändern:

a) die in den Anhängen I und II genannten CPV-Referenznummern, sofern der materielle Anwendungsbereich dieser Richtlinie davon unberührt bleibt, und die Modalitäten, nach denen in den Bekanntmachungen auf bestimmte Positionen des CPV innerhalb der in jenen Anhängen aufgeführten Dienstleistungskategorien Bezug genommen wird;

b) die Modalitäten und technischen Merkmale der Vorrichtungen für den elektronischen Empfang gemäß Anhang VIII Buchstaben a, f und g.

In Fällen äußerster Dringlichkeit kann die Kommission auf das in Artikel 67 Absatz 4 genannte Dringlichkeitsverfahren zurückgreifen.

Artikel 70: Änderung der Richtlinie 2004/17/EG

Der folgende Artikel wird in die Richtlinie 2004/17/EG eingefügt:

„Artikel 22a

Aufträge in den Bereichen Verteidigung und Sicherheit

Diese Richtlinie gilt nicht für Aufträge, die unter die Richtlinie 2009/81/EG des Europäischen Parlaments und des Rates vom 13. Juli 2009 über die Koordinierung der Verfahren zur Vergabe bestimmter Bau-, Liefer- und

Dienstleistungsaufträge in den Bereichen Verteidigung und Sicherheit(*) fallen, und nicht für Aufträge, die nach den Artikeln 8, 12 und 13 der genannten Richtlinie von deren Anwendungsbereich ausgenommen sind."

Artikel 71: Änderung der Richtlinie 2004/18/EG

Artikel 10 der Richtlinie 2004/18/EG erhält folgende Fassung:

„Artikel 10

Aufträge in den Bereichen Verteidigung und Sicherheit

Diese Richtlinie gilt — vorbehaltlich des Artikels 296 des Vertrags — für öffentliche Aufträge in den Bereichen Verteidigung und Sicherheit, mit Ausnahme der unter die Richtlinie 2009/81/EG des Europäischen Parlaments und des Rates vom 13. Juli 2009 über die Koordinierung der Verfahren zur Vergabe bestimmter Bau-, Liefer- und Dienstleistungsaufträge in den Bereichen Verteidigung und Sicherheit(*) fallenden Aufträge.

Diese Richtlinie gilt nicht für Aufträge, die nach den Artikeln 8, 12 und 13 der Richtlinie 2009/81/EG von deren Anwendungsbereich ausgenommen sind."

Artikel 72: Umsetzung

(1) Die Mitgliedstaaten erlassen und veröffentlichen bis zum 21. August 2011 die Rechts- und Verwaltungsvorschriften, die erforderlich sind, um dieser Richtlinie nachzukommen. Sie teilen der Kommission unverzüglich den Wortlaut dieser Vorschriften mit.

Wenn die Mitgliedstaaten diese Vorschriften erlassen, nehmen sie in den Vorschriften selbst oder durch einen Hinweis bei der amtlichen Veröffentlichung auf diese Richtlinie Bezug. Die Mitgliedstaaten regeln die Einzelheiten der Bezugnahme.

(2) Die Mitgliedstaaten teilen der Kommission den Wortlaut der wichtigsten innerstaatlichen Rechtsvorschriften mit, die sie auf dem unter diese Richtlinie fallenden Gebiet erlassen.

Artikel 73: Überprüfung und Berichterstattung

(1) Die Kommission berichtet bis zum 21. August 2012 über die Maßnahmen der Mitgliedstaaten zur Umsetzung dieser Richtlinie, insbesondere der Artikel 21 und 50 bis 54.

(2) Die Kommission überprüft die Durchführung dieser Richtlinie und legt dem Europäischen Parlament und dem Rat einen Bericht darüber vor, und zwar erstmals bis zum 21. August 2016. Sie bewertet insbesondere, ob und in welchem Umfang die Ziele dieser Richtlinie im Hinblick auf einen funktionierenden Binnenmarkt, den Aufbau eines europäischen Markts für Verteidigungsgüter und die Schaffung einer europäischen rüstungstechnologischen und -industriellen Basis verwirklicht worden sind, unter anderem unter Berücksichtigung der Lage von kleinen und mittleren Unternehmen. Gegebenenfalls fügt sie dem Bericht einen Legislativvorschlag bei.

(3) Die Kommission überprüft ferner die Anwendung von Artikel 39 Absatz 1 und untersucht dabei insbesondere, ob die Bedingungen für eine Wiederzulassung von Bewerbern oder Bietern, die verurteilt worden sind und die aus diesem Grund von der Teilnahme an Ausschreibungen ausgeschlossen sind, harmonisiert werden können, und fügt dem Bericht gegebenenfalls einen entsprechenden Legislativvorschlag bei.

Artikel 74: Inkrafttreten

Diese Richtlinie tritt am Tag nach ihrer Veröffentlichung im Amtsblatt der Europäischen Union in Kraft.

Artikel 75: Adressaten

Diese Richtlinie ist an die Mitgliedstaaten gerichtet.

Geschehen zu Brüssel am 13. Juli 2009.

Im Namen des Europäischen Parlaments

Der Präsident
H.-G. Pöttering

Im Namen des Rates
Der Präsident
E. Erlandsson

(*) ABl. L 217 vom 20.8.2009, S. 76.

XI. Europäisches Schuldvertragsübereinkommen (EVÜ)

*Übereinkommen über das auf vertragliche Schuldverhältnisse anzuwendende Recht aufgelegt zur Unterzeichnung am 19. Juni 1980 in Rom (80/934/EWG) ABl Nr. L 266 vom 9. Oktober 1980, 1–19**

Präambel

DIE HOHEN VERTRAGSPARTEIEN des Vertrages zur Gründung der Europäischen Wirtschaftsgemeinschaft –

IN DEM BESTREBEN, die innerhalb der Gemeinschaft insbesondere im Bereich der gerichtlichen Zuständigkeit und der Vollstreckung gerichtlicher Entscheidungen bereits begonnene Rechtsvereinheitlichung auf dem Gebiet des internationalen Privatrechts fortzusetzen,

IN DEM WUNSCH, einheitliche Normen für die Bestimmung des auf vertragliche Schuldverhältnisse anzuwendenden Rechts zu schaffen –

SIND WIE FOLGT ÜBEREINGEKOMMEN:

Titel I. Anwendungsbereich

Artikel 1: Anwendungsbereich

(1) Die Vorschriften dieses Übereinkommens sind auf vertragliche Schuldverhältnisse bei Sachverhalten, die eine Verbindung zum Recht verschiedener Staaten aufweisen, anzuwenden.

(2) Sie sind nicht anzuwenden auf

a) den Personenstand sowie die Rechts-, Geschäfts- und Handlungsfähigkeit von natürlichen Personen, vorbehaltlich des Artikels 11;

b) vertragliche Schuldverhältnisse betreffend – Testamente und das Gebiet des Erbrechts,
   - die ehelichen Güterstände,
   - die Rechte und Pflichten, die auf einem Familien-, Verwandschafts- oder eherechtlichen Verhältnis oder auf einer Schwägerschaft beruhen, einschließlich der Unterhaltsverpflichtungen gegenüber einem nichtehelichen Kind;

c) Verpflichtungen aus Wechseln, Schecks, Eigenwechseln und anderen handelbaren Wertpapieren, sofern die Verpflichtungen aus diesen anderen Wertpapieren aus deren Handelbarkeit entstehen;

d) Schieds- und Gerichtsstandsvereinbarungen;

e) Fragen betreffend das Gesellschaftsrecht, das Vereinsrecht und das Recht der juristischen Personen, wie z.B. die Errichtung, die Rechts- und Handlungsfähigkeit, die innere Verfassung und die Auflösung von Gesellschaften, Vereinen und juristischen Personen sowie die persönliche gesetzliche Haftung der Gesellschafter und der Organe für die Schulden der Gesellschaft, des Vereins oder der juristischen Person;

f) die Frage, ob ein Vertreter die Person, für deren Rechnung er zu handeln vorgibt, Dritten gegenüber verpflichten kann, oder ob das Organ einer Gesellschaft, eines Vereins oder einer juristischen Person diese Gesellschaft, diesen Verein oder dieser juristische Person gegenüber Dritten verpflichten kann;

g) die Gründung von „Trusts“ sowie die dadurch geschaffenen Rechtsbeziehungen zwischen den Verfügenden, den Treuhändern und den Begünstigten;

h) den Beweis und das Verfahren, vorbehaltlich des Artikels 14.

(3) Die Vorschriften dieses Übereinkommens sind nicht anzuwenden auf Versicherungsverträge, die in den Hoheitsgebieten der Mitgliedstaaten der Europäischen Wirtschaftsgemeinschaft belegene Risiken decken. Ist zu entscheiden, ob ein Risiko in diesen Hoheitsgebieten belegen ist, so wendet das Gericht sein innerstaatliches Recht an.

(4) Absatz 3 gilt nicht für Rückversicherungsverträge.

Artikel 2: Anwendung des Rechts von Nichtvertragsstaaten

Das nach diesem Übereinkommen bezeichnete Recht ist auch dann anzuwenden, wenn es das Recht eines Nichtvertragsstaats ist.

---

* Übereinkommen über das auf vertragliche Schuldverhältnisse anzuwendende Recht aufgelegt zur Unterzeichnung am 19. Juni 1980 in Rom

Titel II. Einheitliche Bestimmungen

Artikel 3: Freie Rechtswahl

(1) Der Vertrag unterliegt dem von den Parteien gewählten Recht. Die Rechtswahl muss ausdrücklich sein oder sich mit hinreichender Sicherheit aus den Bestimmungen des Vertrages oder aus den Umständen des Falles ergeben. Die Parteien können die Rechtswahl für ihren ganzen Vertrag oder nur für einen Teil desselben treffen.

(2) Die Parteien können jederzeit vereinbaren, dass der Vertrag nach einem anderen Recht zu beurteilen ist als dem, das zuvor entweder aufgrund einer früheren Rechtswahl nach diesem Artikel oder aufgrund anderer Vorschriften dieses Übereinkommens für ihn maßgebend war. Die Formgültigkeit des Vertrages im Sinne des Artikels 9 und Rechte Dritter werden durch eine nach Vertragsabschluss erfolgende Änderung der Bestimmung des anzuwendenden Rechts nicht berührt.

(3) Sind alle anderen Teile des Sachverhalts im Zeitpunkt der Rechtswahl in ein und demselben Staat belegen, so kann die Wahl eines ausländischen Rechts durch die Parteien – sei sie durch die Vereinbarung der Zuständigkeit eines ausländischen Gerichtes ergänzt oder nicht – die Bestimmungen nicht berühren, von denen nach dem Recht jenes Staates durch Vertrag nicht abgewichen werden kann und die nachstehend „zwingende Bestimmungen" genannt werden.

(4) Auf das Zustandekommen und die Wirksamkeit der Einigung der Parteien über das anzuwendende Recht sind die Artikel 8, 9 und 11 anzuwenden.

Artikel 4: Mangels Rechtswahl anzuwendendes Recht

(1) Soweit das auf den Vertrag anzuwendende Recht nicht nach Artikel 3 vereinbart worden ist, unterliegt der Vertrag dem Recht des Staates, mit dem er die engsten Verbindungen aufweist. Lässt sich jedoch ein Teil des Vertrages von dem Rest des Vertrages trennen und weist dieser Teil eine engere Verbindung mit einem anderen Staat auf, so kann auf ihn ausnahmsweise das Recht dieses anderen Staates angewendet werden.

(2) Vorbehaltlich des Absatzes 5 wird vermutet, dass der Vertrag die engsten Verbindungen mit dem Staat aufweist, in dem die Partei, welche die charakteristische Leistung zu erbringen hat, im Zeitpunkt des Vertragsabschlusses ihren gewöhnlichen Aufenthalt oder, wenn es sich um eine Gesellschaft, einen Verein oder eine juristische Person handelt, ihre Hauptverwaltung hat. Ist der Vertrag jedoch in Ausübung einer beruflichen oder gewerblichen Tätigkeit dieser Partei geschlossen worden, so wird vermutet, dass er die engsten Verbindungen zu dem Staat aufweist, in dem sich deren Hauptniederlassung befindet oder in dem, wenn die Leistung nach dem Vertrag von einer anderen als der Hauptniederlassung zu erbringen ist, sich die andere Niederlassung befindet.

(3) Ungeachtet des Absatzes 2 wird, soweit der Vertrag ein dingliches Recht an einem Grundstück oder ein Recht zur Nutzung eines Grundstücks zum Gegenstand hat, vermutet, dass der Vertrag die engsten Verbindungen zu dem Staat aufweist, in dem das Grundstück belegen ist.

(4) Die Vermutung nach Absatz 2 gilt nicht für Güterbeförderungsverträge. Bei diesen Verträgen wird vermutet, dass sie mit dem Staat die engsten Verbindungen aufweisen, in dem der Beförderer im Zeitpunkt des Vertragsabschlusses seine Hauptniederlassung hat, sofern sich in diesem Staat auch der Verladeort oder der Entladeort oder die Hauptniederlassung des Absenders befindet. Als Güterbeförderungsverträge gelten für die Anwendung dieses Absatzes auch Charterverträge für eine einzige Reise und andere Verträge, die in der Hauptsache der Güterbeförderung dienen.

(5) Absatz 2 ist nicht anzuwenden, wenn sich die charakteristische Leistung nicht bestimmen lässt. Die Vermutungen nach den Absätzen 2, 3 und 4 gelten nicht, wenn sich aus der Gesamtheit der Umstände ergibt, dass der Vertrag engere Verbindungen mit einem anderen Staat aufweist.

Artikel 5: Verbraucherverträge

(1) Dieser Artikel gilt für Verträge über die Lieferung beweglicher Sachen oder die Erbringung von Dienstleistungen an eine Person, den Verbraucher, zu einem Zweck, der nicht der beruflichen oder gewerblichen Tätigkeit des Verbrauchers zugerechnet werden kann, sowie für Verträge zur Finanzierung eines solchen Geschäfts.

(2) Ungeachtet des Artikels 3 darf die Rechtswahl der Parteien nicht dazu führen, dass dem Verbraucher der durch die zwingenden Bestimmungen des Rechts des Staates, in dem er seinen gewöhnlichen Aufenthalt hat, gewährte Schutz entzogen wird: – wenn dem Vertragsabschluss ein ausdrückliches Angebot oder eine Werbung in diesem Staat vorausgegangen ist und wenn der Verbraucher in diesem Staat die zum Abschluss des Vertrages erforderlichen Rechtshandlungen vorgenommen hat oder

- wenn der Vertragspartner des Verbrauchers oder sein Vertreter die Bestellung des Verbrauchers in diesem Staat entgegengenommen hat oder

– wenn der Vertrag den Verkauf von Waren betrifft und der Verbraucher von diesem Staat ins Ausland gereist ist und dort seine Bestellung aufgegeben hat, sofern diese Reise vom Verkäufer mit dem Ziel herbeigeführt worden ist, den Verbraucher zum Vertragsabschluss zu veranlassen.

(3) Abweichend von Artikel 4 ist mangels einer Rechtswahl nach Artikel 3 für Verträge, die unter den in Absatz 2 bezeichneten Umständen zustande gekommen sind, das Recht des Staates maßgebend, in dem der Verbraucher seinen gewöhnlichen Aufenthalt hat.

(4) Dieser Artikel gilt nicht für

a) Beförderungsverträge,

b) Verträge über die Erbringung von Dienstleistungen, wenn die dem Verbraucher geschuldeten Dienstleistungen ausschließlich in einem anderen als dem Staat erbracht werden müssen, in dem der Verbraucher seinen gewöhnlichen Aufenthalt hat.

(5) Ungeachtet des Absatzes 4 gilt dieser Artikel für Reiseverträge, die für einen Pauschalpreis kombinierte Beförderungs- und Unterbringungsleistungen vorsehen.

Artikel 6: Arbeitsverträge und Arbeitsverhältnisse von Einzelpersonen

(1) Ungeachtet des Artikels 3 darf in Arbeitsverträgen und Arbeitsverhältnissen die Rechtswahl der Parteien nicht dazu führen, dass dem Arbeitnehmer der Schutz entzogen wird, der ihm durch die zwingenden Bestimmungen des Rechts gewährt wird, das nach Absatz 2 mangels einer Rechtswahl anzuwenden wäre.

(2) Abweichend von Artikel 4 sind mangels einer Rechtswahl nach Artikel 3 auf Arbeitsverträge und Arbeitsverhältnisse anzuwenden:

a) das Recht des Staates, in dem der Arbeitnehmer in Erfüllung des Vertrages gewöhnlich seine Arbeit verrichtet, selbst wenn er vorübergehend in einen anderen Staat entsandt ist, oder

b) das Recht des Staates, in dem sich die Niederlassung befindet, die den Arbeitnehmer eingestellt hat, sofern dieser seine Arbeit gewöhnlich nicht in ein und demselben Staat verrichtet,

es sei denn, dass sich aus der Gesamtheit der Umstände ergibt, dass der Arbeitsvertrag oder das Arbeitsverhältnis engere Verbindungen zu einem anderen Staat aufweist; in diesem Fall ist das Recht dieses anderen Staates anzuwenden.

Artikel 7: Zwingende Vorschriften

(1) Bei Anwendung des Rechts eines bestimmten Staates aufgrund dieses Übereinkommens kann den zwingenden Bestimmungen des Rechts eines anderen Staates, mit dem der Sachverhalt eine enge Verbindung aufweist, Wirkung verliehen werden, soweit diese Bestimmungen nach dem Recht des letztgenannten Staates ohne Rücksicht darauf anzuwenden sind, welchem Recht der Vertrag unterliegt. Bei der Entscheidung, ob diesen zwingenden Bestimmungen Wirkung zu verleihen ist, sind ihre Natur und ihr Gegenstand sowie die Folgen zu berücksichtigen, die sich aus ihrer Anwendung oder ihrer Nichtanwendung ergeben würden.

(2) Dieses Übereinkommen berührt nicht die Anwendung der nach dem Recht des Staates des angerufenen Gerichtes geltenden Bestimmungen, die ohne Rücksicht auf das auf den Vertrag anzuwendende Recht den Sachverhalt zwingend regeln.

Artikel 8: Einigung und materielle Wirksamkeit

(1) Das Zustandekommen und die Wirksamkeit des Vertrages oder einer seiner Bestimmungen beurteilen sich nach dem Recht, das nach diesem Übereinkommen anzuwenden wäre, wenn der Vertrag oder die Bestimmung wirksam wäre.

(2) Ergibt sich jedoch aus den Umständen, dass es nicht gerechtfertigt wäre, die Wirkung des Verhaltens einer Partei nach dem in Absatz 1 bezeichneten Recht zu bestimmen, so kann sich diese Partei für die Behauptung, sie habe dem Vertrag nicht zugestimmt, auf das Recht des Staates ihres gewöhnlichen Aufenthaltsorts berufen.

Artikel 9: Form

(1) Ein zwischen Personen, die sich in demselben Staat befinden, geschlossener Vertrag ist formgültig, wenn er die Formerfordernisse des auf ihn nach diesem Übereinkommen materiell-rechtlich anzuwendenden Rechts oder des Rechts des Staates, in dem er geschlossen wurde, erfüllt.

(2) Ein zwischen Personen, die sich in verschiedenen Staaten befinden, geschlossener Vertrag ist formgültig, wenn er die Formerfordernisse des auf ihn nach diesem Übereinkommen materiell-rechtlich anzuwendenden Rechts oder des Rechts eines dieser Staaten erfüllt.

(3) Wird der Vertrag durch einen Vertreter geschlossen, so muss bei Anwendung der Absätze 1 und 2 der Staat berücksichtigt werden, in dem sich der Vertreter befindet.

(4) Ein einseitiges Rechtsgeschäft, das sich auf einen geschlossenen oder zu schließenden Vertrag bezieht, ist formgültig, wenn es die Formerfordernisse des Rechts, das nach diesem Übereinkommen für den Vertrag maßgebend ist oder maßgebend wäre, oder die Formerfordernisse des Rechts des Staates erfüllt, in dem dieses Rechtsgeschäft vorgenommen worden ist.

(5) Die Absätze 1 bis 4 sind nicht anzuwenden auf Verträge, für die Artikel 5 gilt und die unter den in Artikel 5 Absatz 2 bezeichneten Umständen geschlossen worden sind. Für die Form dieser Verträge ist das Recht des Staates maßgebend, in dem der Verbraucher seinen gewöhnlichen Aufenthalt hat.

(6) Abweichend von den Absätzen 1 bis 4 beurteilen sich Verträge, die ein dingliches Recht an einem Grundstück oder ein Recht zur Nutzung eines Grundstücks zum Gegenstand haben, nach den zwingenden Formvorschriften des Staates, in dem das Grundstück belegen ist, sofern diese nach dem Recht dieses Staates ohne Rücksicht auf den Ort des Abschlusses des Vertrages und auf das auf ihn anzuwendende Recht gelten.

Artikel 10: Geltungsbereich des auf den Vertrag anzuwendenden Rechts

(1) Das nach den Artikeln 3 bis 6 und nach Artikel 12 dieses Übereinkommens auf einen Vertrag anzuwendende Recht ist insbesondere maßgebend für

a) seine Auslegung,

b) die Erfüllung der durch ihn begründeten Verpflichtungen,

c) die Folgen der vollständigen oder teilweisen Nichterfüllung dieser Verpflichtungen, einschließlich der Schadensbemessung, soweit sie nach Rechtsnormen erfolgt, in den Grenzen der dem Gericht durch sein Prozessrecht eingeräumten Befugnisse,

d) die verschiedenen Arten des Erlöschens der Verpflichtungen sowie die Verjährung und die Rechtsverluste, die sich aus dem Ablauf einer Frist ergeben,

e) die Folgen der Nichtigkeit des Vertrages.

(2) In bezug auf die Art und Weise der Erfüllung und die vom Gläubiger im Falle mangelhafter Erfüllung zu treffenden Maßnahmen ist das Recht des Staates, in dem die Erfüllung erfolgt, zu berücksichtigen.

Artikel 11: Rechts-, Geschäfts- und Handlungsunfähigkeit

Bei einem zwischen Personen, die sich in demselben Staat befinden, geschlossenen Vertrag kann sich eine natürliche Person, die nach dem Recht dieses Staates rechts-, geschäfts- und handlungsfähig wäre, nur dann auf ihre aus dem Recht eines anderen Staates abgeleitete Rechts-, Geschäfts- und Handlungsunfähigkeit berufen, wenn der andere Vertragsteil bei Vertragsabschluss diese Rechts-, Geschäfts- und Handlungsunfähigkeit kannte oder infolge Fahrlässigkeit nicht kannte.

Artikel 12: Übertragung der Forderung

(1) Für die Verpflichtungen zwischen Zedent und Zessionar einer Forderung ist das Recht maßgebend, das nach diesem Übereinkommen auf den Vertrag zwischen ihnen anzuwenden ist.

(2) Das Recht, dem die übertragene Forderung unterliegt, bestimmt ihre Übertragbarkeit, das Verhältnis zwischen Zessionar und Schuldner, die Voraussetzungen, unter denen die Übertragung dem Schuldner entgegengehalten werden kann, und die befreiende Wirkung einer Leistung durch den Schuldner.

Artikel 13: Gesetzlicher Forderungsübergang

(1) Hat eine Person, der Gläubiger, eine vertragliche Forderung gegen eine andere Person, den Schuldner, und hat ein Dritter die Verpflichtung, den Gläubiger zu befriedigen, oder befriedigt er den Gläubiger aufgrund dieser Verpflichtung, so bestimmt das für die Verpflichtung des Dritten maßgebende Recht, ob der Dritte die Forderung des Gläubigers gegen den Schuldner gemäss dem für deren Beziehungen maßgebenden Recht ganz oder zu einem Teil geltend zu machen berechtigt ist.

(2) Dies gilt auch, wenn mehrere Personen dieselbe vertragliche Forderung zu erfüllen haben und der Gläubiger von einer dieser Personen befriedigt worden ist.

Artikel 14: Beweis

(1) Das nach diesem Übereinkommen für den Vertrag maßgebende Recht ist insoweit anzuwenden, als es für vertragliche Schuldverhältnisse gesetzliche Vermutungen aufstellt oder die Beweislast verteilt.

(2) Zum Beweis eines Rechtsgeschäfts sind alle Beweisarten der lex fori oder eines jener in Artikel 9 bezeichneten Rechte, nach denen das Rechtsgeschäft formgültig ist, zulässig, sofern der Beweis in dieser Art vor dem angerufenen Gericht erbracht werden kann.

Artikel 15: Ausschluss der Rück- und Weiterverweisung

Unter dem nach diesem Übereinkommen anzuwendenden Recht eines Staates sind die in diesem Staat geltenden Rechtsnormen unter Ausschluss derjenigen des internationalen Privatrechts zu verstehen.

Artikel 16: Öffentliche Ordnung

Die Anwendung einer Norm des nach diesem Übereinkommen bezeichneten Rechts kann nur versagt werden, wenn dies offensichtlich mit der öffentlichen Ordnung des Staates des angerufenen Gerichtes unvereinbar ist.

Artikel 17: Ausschluss der Rückwirkung

Dieses Übereinkommen ist in einem Vertragsstaat auf Verträge anzuwenden, die geschlossen worden sind, nachdem das Übereinkommen für diesen Staat in Kraft getreten ist.

Artikel 18: Einheitliche Auslegung

Bei der Auslegung und Anwendung der vorstehenden einheitlichen Vorschriften ist ihrem internationalen Charakter und dem Wunsch Rechnung zu tragen, eine einheitliche Auslegung und Anwendung dieser Vorschriften zu erreichen.

Artikel 19: Staaten ohne einheitliche Rechtsordnung

(1) Umfasst ein Staat mehrere Gebietseinheiten, von denen jede für vertragliche Schuldverhältnisse ihre eigenen Rechtsnormen hat, so gilt für die Bestimmung des nach diesem Übereinkommen anzuwendenden Rechts jede Gebietseinheit als Staat.

(2) Ein Staat, in dem verschiedene Gebietseinheiten ihre eigenen Rechtsnormen für vertragliche Schuldverhältnisse haben, ist nicht verpflichtet, dieses Übereinkommen auf Kollisionen zwischen den Rechtsordnungen dieser Gebietseinheiten anzuwenden.

Artikel 20: Vorrang des Gemeinschaftsrechts

Dieses Übereinkommen berührt nicht die Anwendung der Kollisionsnormen für vertragliche Schuldverhältnisse auf besonderen Gebieten, die in Rechtsakten der Organe der Europäischen Gemeinschaften oder in dem in Ausführung dieser Akte harmonisierten innerstaatlichen Recht enthalten sind oder enthalten sein werden.

Artikel 21: Verhältnis zu anderen Übereinkommen

Dieses Übereinkommen berührt nicht die Anwendung internationaler Übereinkommen, denen ein Vertragsstaat angehört oder angehören wird.

Artikel 22: Vorbehalte

(1) Jeder Vertragsstaat kann sich bei der Unterzeichnung, der Ratifizierung, der Annahme oder der Zustimmung das Recht vorbehalten, folgende Bestimmungen nicht anzuwenden:

a) Artikel 7 Absatz 1,

b) Artikel 10 Absatz 1 Buchstabe e).

(2) Jeder Vertragsstaat kann außerdem bei der Notifizierung einer Ausdehnung des Übereinkommens gemäss Artikel 27 Absatz 2 einen oder mehrere dieser Vorbehalte einlegen, deren Wirkung auf die oder einige der Gebiete begrenzt ist, die von der Ausdehnung erfasst werden.

(3) Jeder Vertragsstaat kann jederzeit einen von ihm eingelegten Vorbehalt zurückziehen; der Vorbehalt wird am ersten Tag des dritten Kalendermonats nach Notifizierung der Rücknahme unwirksam.

Titel III Schlussvorschriften

Artikel 23

(1) Wünscht ein Vertragsstaat, nachdem dieses Übereinkommen für ihn in Kraft getreten ist, eine neue Kollisionsnorm für eine bestimmte Gruppe von Verträgen einzuführen, die in den Anwendungsbereich des Übereinkommens fallen, so teilt er seine Absicht den anderen Unterzeichnerstaaten über den Generalsekretär des Rates der Europäischen Gemeinschaften mit.

(2) Innerhalb von sechs Monaten nach der Mitteilung an den Generalsekretär des Rates kann jeder Unterzeichnerstaat bei diesem beantragen, Konsultationen mit den Unterzeichnerstaaten einzuleiten, um zu einem Einvernehmen zu gelangen.

(3) Hat innerhalb dieser Frist kein Unterzeichnerstaat Konsultationen beantragt oder haben die Konsultationen innerhalb von zwei Jahren nach Mitteilung an den Generalsekretär des Rates nicht zu einem Einvernehmen geführt, so kann der betreffende Vertragsstaat sein Recht ändern. Die von diesem Staat getroffene Maßnahme wird den anderen Unterzeichnerstaaten über den Generalsekretär des Rates der Europäischen Gemeinschaften zur Kenntnis gebracht.

Artikel 24

(1) Wünscht ein Vertragsstaat, nachdem dieses Übereinkommen für ihn in Kraft getreten ist, einem mehrseitigen Übereinkommen beizutreten, dessen Hauptziel oder eines seiner Hauptziele eine international-privatrechtliche Regelung auf einem der Gebiete dieses Übereinkommens ist, so findet das Verfahren des Artikels 23 Anwendung. Jedoch wird die in Artikel 23 Absatz 3 vorgesehene Frist von zwei Jahren auf ein Jahr verkürzt.

(2) Das in Absatz 1 bezeichnete Verfahren braucht nicht befolgt zu werden, wenn ein Vertragsstaat oder eine der Europäischen Gemeinschaften dem mehrseitigen Übereinkommen bereits angehört oder wenn sein Zweck darin besteht, ein Übereinkommen zu revidieren, dem der betreffende Staat angehört, oder wenn es sich um ein im Rahmen der Verträge zur Gründung der Europäischen Gemeinschaften geschlossenes Übereinkommen handelt.

Artikel 25

Ist ein Vertragsstaat der Auffassung, dass die durch dieses Übereinkommen erzielte Rechtsvereinheitlichung durch den Abschluss anderer als in Artikel 24 Absatz 1 bezeichneter Übereinkommen gefährdet ist, so kann dieser Staat beim Generalsekretär des Rates der Europäischen Gemeinschaften beantragen, Konsultationen zwischen den Unterzeichnerstaaten dieses Übereinkommens einzuleiten.

Artikel 26

Jeder Vertragsstaat kann die Revision dieses Übereinkommens beantragen. In diesem Fall beruft der Präsident des Rates der Europäischen Gemeinschaften eine Revisionskonferenz ein.

Artikel 27

(1) Dieses Übereinkommen gilt für das europäische Hoheitsgebiet der Vertragsstaaten einschließlich Grönlands und für das gesamte Hoheitsgebiet der Französischen Republik.

(2) Abweichend von Absatz 1

a) gilt dieses Übereinkommen nicht für die Färöer, sofern nicht das Königreich Dänemark eine gegenteilige Erklärung abgibt;

b) gilt dieses Übereinkommen nicht für die europäischen Gebiete außerhalb des Vereinigten Königreichs, deren internationale Beziehungen dieses wahrnimmt, sofern nicht das Vereinigte Königreich eine gegenteilige Erklärung in bezug auf ein solches Gebiet abgibt;

c) gilt dieses Übereinkommen für die Niederländischen Antillen, sofern das Königreich der Niederlande eine Erklärung in diesem Sinn abgibt.

(3) Diese Erklärungen können jederzeit durch Notifikation an den Generalsekretär des Rates der Europäischen Gemeinschaften abgegeben werden.

(4) Rechtsmittelverfahren, die im Vereinigten Königreich gegen Entscheidungen von Gerichten in einem der in Absatz 2 Buchstabe b) genannten Gebiete angestrengt werden, gelten als Verfahren vor diesen Gerichten.

Artikel 28

(1) Dieses Übereinkommen liegt vom 19. Juni 1980 an für die Vertragsstaaten des Vertrages zur Gründung der Europäischen Wirtschaftsgemeinschaft zur Unterzeichnung auf.

(2) Dieses Übereinkommen bedarf der Ratifizierung, Annahme oder Zustimmung durch die Unterzeichnerstaaten. Die Urkunden über die Ratifizierung, Annahme oder Zustimmung werden beim Generalsekretär des Rates der Europäischen Gemeinschaften hinterlegt.

Artikel 29

(1) Dieses Übereinkommen tritt am ersten Tag des dritten Monats in Kraft, der auf die Hinterlegung der siebten Urkunde über die Ratifizierung, Annahme oder Zustimmung folgt.

(2) Das Übereinkommen tritt für jeden Unterzeichnerstaat, der später ratifiziert, annimmt oder zustimmt, am ersten Tag des dritten Monats in Kraft, der auf die Hinterlegung seiner Urkunde über die Ratifizierung, Annahme oder Zustimmung folgt.

Artikel 30

(1) Dieses Übereinkommen wird für zehn Jahre vom Zeitpunkt seines Inkrafttretens nach Artikel 29 Absatz 1 an geschlossen; dies gilt auch für die Staaten, für die es nach diesem Zeitpunkt in Kraft tritt.

(2) Vorbehaltlich einer Kündigung verlängert sich die Dauer dieses Übereinkommens stillschweigend jeweils um fünf Jahre.

(3) Die Kündigung ist dem Generalsekretär des Rates der Europäischen Gemeinschaften mindestens sechs Monate vor Ablauf der zehnjährigen oder fünfjährigen Frist zu notifizieren. Sie kann auf eines der Gebiete beschränkt werden, auf das dieses Übereinkommen nach Artikel 27 Absatz 2 erstreckt worden ist.

(4) Die Kündigung hat nur Wirkung gegenüber dem Staat, der sie notifiziert hat. Für die anderen Vertragsstaaten bleibt das Übereinkommen in Kraft.

Artikel 31

Der Generalsekretär des Rates der Europäischen Gemeinschaften notifiziert den Vertragsstaaten des Vertrages zur Gründung der Europäischen Wirtschaftsgemeinschaft

a) die Unterzeichnungen,

b die Hinterlegung jeder Urkunde über die Ratifizierung, Annahme oder Zustimmung,

c) den Tag, an dem dieses Übereinkommen in Kraft tritt,

d) die Mitteilungen gemäss den Artikeln 23, 24, 25, 26, 27 und 30,

e) die Vorbehalte und deren Rücknahme gemäss Artikel 22.

Artikel 32

Das im Anhang enthaltene Protokoll ist Bestandteil des Übereinkommens.

Artikel 33

Dieses Übereinkommen ist in einer Urschrift in dänischer, deutscher, englischer, französischer, irischer, italienischer und niederländischer Sprache abgefasst, wobei jeder Wortlaut gleichermaßen verbindlich ist; es wird im Archiv des Generalsekretariats des Rates der Europäischen Gemeinschaften hinterlegt. Der Generalsekretär übermittelt der Regierung jedes Unterzeichnerstaats eine beglaubigte Abschrift.

Til bekräftelse heraf har untertegnede behörigt befuldmägtigede underskrevet denne konvention.

Zu Urkund dessen haben die hierzu gehörig befugten Unterzeichneten ihre Unterschriften unter dieses Übereinkommen gesetzt.

In witness whereof the undersigned, being duly authorized thereto, have signed this Convention.

En foi de quoi, les soussignés, dûment autorisés à cet effet, ont signé la présente convention.

Dá fhianú sin, shínigh na daoine seo thíos, arna n-údarú go cuí chuige sin, an Coinbhinsiún seo.

In fede di che, i sottoscritti, debitamente autorizzati a tal fine, hanno firmato la presente convenzione.

Ten blijke waarvan, de ondergetekenden, daartö behoorlijk gemachtigd, hun handtekening onder dit Verdrag hebben geplaatst.

Udfärdiget i Rom, den nittende juni nitten hundrede og firs.

Geschehen zu Rom am neunzehnten Juni neunzehnhundertachtzig.

Done at Rome on the nineteenth day of June in the year one thousand nine hundred and eighty.

Fait à Rome, le dix-neuf juin mil neuf cent quatre-vingt.

Arna dhéanamh sa Róimh, an naoú lá déag de Mheitheamh sa bhliain míle naoi gcéad ochtó.

Fatto a Roma, addì diciannove giugno millenovecentoottanta.

Gedaan te Rome, de negentiende juni negentienhonderd tachtig.

Protokoll

Die hohen Vertragsparteien haben folgende Bestimmung vereinbart, die dem Übereinkommen als Anhang beigefügt ist:

Ungeachtet der Vorschriften des Übereinkommens kann Dänemark den Paragraphen 169 des „Sölov" (Schifffahrtsgesetz) beibehalten, der das Recht betrifft, das auf Fragen im Zusammenhang mit der Güterbeförderung zur See anzuwenden ist, und diese Vorschrift ohne Einhaltung des Verfahrens des Artikels 23 des Übereinkommens ändern.

Til bekräftelse heraf har undertegnede behörigt befuldmägtigede underskrevet denne protokol.

Zu Urkund dessen haben die hierzu gehörig befugten Unterzeichneten ihre Unterschriften unter dieses Protokoll gesetzt.

In witness whereof the undersigned, being duly authorized thereto, have signed this Protocol.

En foi de quoi, les soussignés, dûment autorisés à cet effet, ont signé le présent protocole.

Dá fhianú sin, shínig na daoine seo thíos, arna n-údarú go cuí chuige sin, an Prótacal seo.

In fede di che, i sottoscritti, debitamente autorizzati a tal fine, hanno firmato il presente protocollo.

Ten blijke waarvan, de ondergetekenden, daartö behoorlijk gemachtigd, hun handtekening onder dit Protocol hebben geplaatst.

Udfärdiget i Rom, den nittende juni nitten hundrede og firs.

Geschehen zu Rom am neunzehnten Juni neunzehnhundertachtzig.

Done at Rome on the nineteenth day of June in the year one thousand nine hundred and eighty.

Fait à Rome, le dix-neuf juin mil neuf cent quatre-vingt.

Arna dhéanamh sa Róimh, an naoú lá déag de Mheitheamh sa bhliain míle naoi gcéad ochtó.

Fatto a Roma, addì diciannove giugno millenovecentoottanta.

Gedaan te Rome, de negentiende juni negentienhonderd tachtig.

Gemeinsame Erklärung

Die Regierung des Königreichs Belgien, des Königreichs Dänemark, der Bundesrepublik Deutschland, der Französischen Republik, Irlands, der Italienischen Republik, des Großherzogtums Luxemburg, des Königreichs der Niederlande und des Vereinigten Königreichs Großbritannien und Nordirland – im Augenblick der Unterzeichnung des Übereinkommens über das auf vertragliche Schuldverhältnisse anzuwendende Recht –

I. in dem Bestreben, die Aufteilung der Kollisionsnormen auf zahlreiche Rechtsinstrumente und Unterschiede zwischen diesen Normen soweit irgend möglich zu vermeiden, wünschen, dass sich die Organe der Europäischen Gemeinschaften in Ausübung der ihnen aufgrund der Verträge zur Gründung der Europäischen Gemeinschaften gegebenen Zuständigkeiten bemühen, gegebenenfalls Kollisionsnormen anzunehmen, die soweit wie möglich mit denen des Übereinkommens in Einklang stehen;

II. erklären ihre Absicht, von der Unterzeichnung des Übereinkommens an, solange sie nicht durch Artikel 24 des Übereinkommens gebunden sind, in den Fällen gegenseitige Konsultationen vorzunehmen, in denen einer der Unterzeichnerstaaten Vertragspartei eines Übereinkommens werden will, auf das das Verfahren des Artikels 24 Anwendung findet;

III. äußern in Erwägung des Beitrags, den das Übereinkommen über das auf vertragliche Schuldverhältnis anzuwendende Recht zur Vereinheitlichung der Kollisionsnormen innerhalb der Europäischen Gemeinschaften leistet, die Ansicht, dass jeder Staat, der Mitglied der Europäischen Gemeinschaften wird, diesem Übereinkommen beitreten müsste.

Til bekräftelse heraf har untertegnede behörigt befuldmägtigede underskrevet denne fälleserkläring.

Zu Urkund dessen haben die hierzu gehörig befugten Unterzeichneten ihre Unterschriften unter diese gemeinsame Erklärung gesetzt.

In witness whereof the undersigned, being duly authorized thereto, have signed this Joint Declaration.

En foi de quoi, les soussignés, dûment autorisés à cet effet, ont signé la présente déclaration commune.

Dá fhianu sin, shínigh na daoine seo thíos, arna n-údarú go cuí chuige sin, an Dearbhu Comhphairteach seo.

In fede di che, i sottoscritti, debitamente autorizzati a tal fine, hanno firmato la presente dichiarazione comune.

Ten blijke waarvan, de ondergetekenden, daartö behoorlijk gemachtigd, hun handtekening onder deze Verklaring hebben geplaatst.

Udfärdiget i Rom, den nittende juni nitten hundrede og firs.

Geschehen zu Rom am neunzehnten Juni neunzehnhundertachtzig.

Done at Rome the nineteenth day of June in the year one thousand nine hundred and eighty.

Fait à Rome, le dix-neuf juin mil neuf cent quatre-vingt.

Arna dhéanamh sa Róimh, an naoú lá déag de Mheitheamh sa bhliain míle naoi gcéad ochtó.

Fatto a Roma, addì diciannove giugno millenovecentoottanta.

Gedaan te Rome, de negentiende juni negentienhonderd tachtig.

Gemeinsame Erklärung

Die Regierung des Königreichs Belgien, des Königreichs Dänemark, der Bundesrepublik Deutschland, der Französischen Republik, Irlands, der Italienischen Republik, des Grossherzogtums Luxemburg, des Königreichs der Niederlande und des Vereinigten Königreichs Großbritannien und Nordirland –

im Augenblick der Unterzeichnung des Übereinkommens über das auf vertragliche Schuldverhältnisse anzuwendende Recht,

in dem Wunsch, eine möglichst wirksame Anwendung dieses Übereinkommens zu gewährleisten,

in dem Bestreben zu verhindern, dass durch unterschiedliche Auslegung die durch dieses Übereinkommen angestrebte Einheitlichkeit beeinträchtigt wird –

erklären sich bereit:

1. die Möglichkeit zu prüfen, dem Gerichtshof der Europäischen Gemeinschaften bestimmte Zuständigkeiten zu übertragen und gegebenenfalls über den Abschluss eines derartigen Übereinkommens zu verhandeln;
2. ihre Vertreter in regelmäßigen Zeitabständen miteinander in Verbindung treten zu lassen.

Til bekräftelse heraf har undertegnede behörigt befuldmägtigede underskrevet denne fälleserklâring.

Zu Urkund dessen haben die hierzu gehörig befugten Unterzeichneten ihre Unterschriften unter diese gemeinsame Erklärung gesetzt.

In witness whereof the undersigned, being duly authorized thereto, have signed this Joint Declaration.

En foi de quoi, les soussignés, dûment autorisés à cet effet, ont signé la présente déclaration commune.

Dá fhianú sin, shínigh na daoine seo thíos, arna n-údarú go cuí chuige sin, an Dearbhu Comhphairteach seo.

In fede di che, i sottoscritti, debitamente autorizzati a tal fine, hanno firmato la presente dichiarazione comune.

Ten blijke waarvan, de ondergetekenden, daartö behoorlijk gemachtigd, hun handtekening onder deze Verklaring hebben geplaatst.

Udfärdiget i Rom, den nittende juni nitten hundrede og firs.

Geschehen zu Rom am neunzehnten Juni neunzehnhundertachtzig.

Done at Rome on the nineteenth day of June in the year one thousand nine hundred and eighty.

Fait à Rome, le dix-neuf juin mil neuf cent quatre-vingt.

Arna dhéanamh sa Róimh, an naoú lá déag de Mheitheamh sa bhliain míle naoi gcád ochtó.

Fatto a Roma, addì diciannove giugno millenovecentoottanta.

Gedaan te Rome, de negentiende juni negentienhonderd tachtig.

Stichwortverzeichnis

Die **fett** gedruckten Angaben verweisen auf den jeweiligen Paragraphen. Die normal gedruckten Ziffern verweisen auf die jeweiligen Randnummern. Die in Klammern hinzugesetzten Buchstaben verweisen auf ein Land, und zwar: Algerien = **AL**; Australien = **AU**; Belgien = **BE**; China = **CN**; Frankreich = **FR**; Indien = **IN**; Irland = **IR**; Italien = **IT**; Österreich = **AT**; Polen = **PL**; Qatar = **QA**; Rumänien = **RO**; Schweiz = **CH**; Südafrika = **ZA**; Spanien = **ES**; Syrien = **SY**; Türkei = **TK**; USA = **US**; Vereinigtes Königreich = UK.

A

B

D

E

F

H

I

N

Q

R

S

T

U

V

W

Y

Z